英汉科学技术词典

AN ENGLISH-CHINESE DICTIONARY
OF SCIENCE AND TECHNOLOGY

《英汉技术词典》增订版
缩印本

清华大学外语系《英汉科学技术词典》编写组　编

国防工业出版社

英汉科学技术词典

《英汉技术词典》增订版

缩印本

清华大学外语系《英汉科学技术词典》编写组 编

责任编辑：蒋 怡

*

国防工业出版社 出版发行

（北京市海淀区紫竹院南路23号）

（邮政编码 100044）

北京市顺义李史山印刷厂印刷

新华书店经售

开本 787×1092 1/32 印张 61⅛ 插页 2 5187千字
1991年9月第1版 1998年5月第17次印刷 印数:269001—289000册

ISBN 7-118-00821-4/TB·33 定价:55.00元

(本书如有印装错误,我社负责调换)

《英汉科学技术词典》

"荣获中国辞书奖"
（1995 年）

《英汉技术词典》

1983 年 12 月被新华书店评选为

**"十种发行量比较大，
最受读者欢迎的书"之一**

1984 年 7 月由中国出版工作者协会评为

"1983 年度全国优秀科技图书"

1986 年 8 月由中国青年报社、《博览群书》
杂志社、北京市新华书店评为

"1986 年全国优秀畅销书"

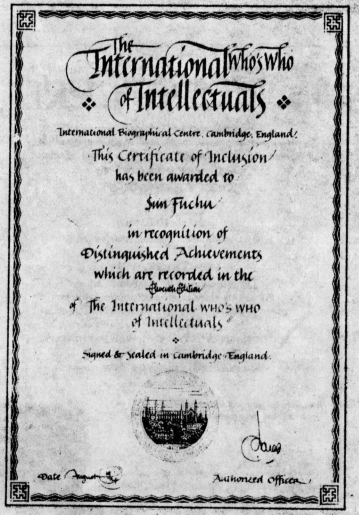

注：英国剑桥《国际传记中心》授给本词典编写组组长、清华大学孙复初教授的荣誉证书。

THE INTERNATIONAL BIOGRAPHICAL CENTRE
CAMBRIDGE · ENGLAND

DECREE of MERIT

In recognition of meritorious achievements
now made known to all people in all countries of the world,
the International Biographical Centre of Cambridge, England
hereby awards this exclusive

DECREE OF MERIT
to

SUN FUCHU

who has made an outstanding contribution to

LEXICOGRAPHY

The International Biographical Centre,
known and respected throughout the field of
biographical reference, has caused the publication
of the

DICTIONARY OF INTERNATIONAL BIOGRAPHY
TWENTY-THIRD EDITION

to be made, this including the above-named
Decree recipient

Given under the hand and seal of the
International Biographical Centre

Authorized Officer   Authorized Officer
Cambridge · England   Dated 14th June 1994

目 录

《英汉科学技术词典》前言 …………………………………………… V
《英汉技术词典》重印本前言 ………………………………………… VII
使用说明 ……………………………………………………………… VIII
关于注音和重音的说明 ……………………………………………… XIII
《英汉科学技术词典》正文 ………………………………………… 1～1890
附录 ……………………………………………………………… 1891～1935

  附录1 希腊字母表 …………………………………………… 1891
  附录2 英美拼写法对照表 …………………………………… 1892
  附录3 常用的一些词尾 ……………………………………… 1893
  附录4 常用数学符号及一些数学式的读法 ………………… 1895
  附录5 国际单位制中用以表示十进制倍数
      的词头及符号 ………………………………………… 1906
  附录6 外贸方面的一些名词 ………………………………… 1908
    I 世界货币
    II 外贸术语
    III 包装外表标志
  附录7 化学元素表 …………………………………………… 1932

重印说明

　　本增订本自 1991 年出版以来,深受广大读者欢迎。在这次重印时,我们又对《词典》进行了认真的校订,使这次重印本更加完善,相信它能更好地为读者服务。

1997 年 3 月

《英汉科学技术词典》前言

《英汉科学技术词典》是《英汉技术词典》的增订版。

原《英汉技术词典》自 1978 年出版发行以来,已分别用 32 开本和照相缩印本叁种版本七次印刷,总发行量达 969,800 册。1983 年 12 月由新华书店评为"十种发行量比较大、最受读者欢迎的书"之一。1984 年 7 月由中国出版工作者协会评为"1983 年度全国优秀科技图书"。1986 年 8 月由中国青年报社、《博览群书》杂志社、北京市新华书店评为"1986 年全国优秀畅销书"。与此同时,我们还收到大量读者来信,信中除对我们的工作表示鼓励之外,还热情指出原词典在编写、抄写、校对、装订中的一些错误和缺点,我们在此一并表示衷心的感谢。

综合广大读者在实际使用中提出的意见,我们决定对原词典进行增订,除保留原版的主要特点外,在收词上从原来以工程技术词汇为主、兼收政治、经济、生活词汇的基础上,着重增加了理化、生物、医学方面的词汇,并补充了新学科、新技术、新工艺方面近年来出现的新词,共收词目十余万条;同时将书名改为《英汉科学技术词典》。我们的基本思想是为读者阅读翻译英文科学技术书刊文献资料提供一本常备工具书,其特点是兼有综合性英汉普通词典和专业性英汉科技词典之长,可以同时起这两种词典的作用。希望读者在阅读时遇到的大部分词汇(包括所有的基本词汇、常用词汇)都能在本词典中查到,只有少量专业性很强的或文学等方面的词汇才需要参考其它词典,这样就大大节省了读者的时间和精力。

本词典释义丰富,凡多义词首先列出其基本的常用词义,然后分别列出不同专业的词义和转义,全部词义均按词性集中排列,这样便于读者全面了解该词的全貌,也有助于读者阅读综合性的和跨专业的边缘学科的英文科技文献。

增订版改正了原版的一些错误和不妥当之处,清除了个别例句中反映出的"左"的影响。

参加本词典增订工作的教师有丁孝弘、詹尔震、许毓云、孙复初、陈槐庆等。沈淑贻、谭振邦参加抄写和部分增补工作。程慕胜同志负责总审校。孙复初同志在组织本词典的修订工作中起了重要作用。

　　增订工作得到许多方面特别是广大读者的热情关心和帮助,在此谨表示衷心的谢意。

　　限于增订的人力和水平,词典中肯定还存在不少缺点和错误,希望广大读者在使用过程中随时提出宝贵意见。

清华大学外语系《英汉科学技术词典》编写组

《英汉技术词典》
重印本前言

本词典为读者提供一本阅读和翻译英语工程技术书刊的常用工具书,它可以同时起英汉专业技术词典和英汉普通词典的作用。

本词典共收 73,000 个词目(包括缩写词 7,800 个)。在相应的词目内收工程技术专业术语 85,000 条,固定词组 14,000 条,内容以机电、冶金、动力、电子、仪表、计算机、自动化、化工、土建、水利等工程技术方面的词汇为主。同时,考虑到阅读翻译工程技术英语书刊的实际需要,也收入了相当数量的政治、经济、生活词汇,以及近代新技术方面的词语、技术进出口方面的词语、工程技术书刊中常见的外来语。一部分常用词汇附有例句和固定词组。

本词典主要编写人员有孙复初、丁孝弘、程慕胜、詹尔震、吴琼等同志。孟昭英、钱伟长、施嘉炀、张任、李相崇、徐日新、王遵明、宋镜瀛、孙绍先等同志参加审校。

编写工作得到许多工厂、研究所和校内外兄弟单位的热情帮助,在此谨表示衷心的谢意。

由于我们的水平有限,又缺乏经验,词典中肯定存在不少缺点和错误,衷心希望广大读者在使用时提出宝贵意见。

清华大学《英汉技术词典》编写组

使 用 说 明

1. 词目

全部词目一律按字母顺序编排。外来语印成黑斜体,其他词目一律印成黑正体。

列为词目的有:

1)英语单词 查阅时要注意从动词变来的词(特别是以-ed,-ing 之类结尾的词),除去该词目中所列的那些词义之外,必要时还可结合相应的动词词目中所列的词义来互相补充。例如词目 plating 的词义可参考词目 plate 的 Ⅰ *vt*. 各条词义来补充;词目 made 可结合词目 make 来考虑,等等。

反之,在查阅某个动词的词义时,必要时也可参照由这个动词派生或变化而成的词(例如以-ed,-ing,-tion,-ment,-er 等结尾的有关词目)。

2)复合词 工程技术词汇的复合词可以有带连字符和不带连字符等几种形式。以 setup 为例,有 setup,set-up 和 set up 三种形式。在查这类复合词的词义时,必要时要参照分开来写的有关词目。例如 setup 的词义除了查词目 setup 外,还可参考词目 set 中的固定词组段落里的 *set up* 的词义。反之,词目 block 中的词条 *building block* 的词义可参考词目 building-block 的词义。

3)外来语 如果是两个或多个单词构成的短语,其排列位置按连写的字母顺序来查。例如 *a priori*(事前),是按 apriori 的字母顺序来编排的。

此外,对某些常用的外来语,还另外排了一次。例如查词目 *priori* 可查出外来语 *a priori* 的词义。

4)缩写字 缩写字的大小写和标点符号往往因作者的使用习惯而异,很难逐一罗列其各种可能的形式。例如缩写词 AC 就有 AC; Ac; A. C.; a. c.; A/C; A-c; ac; a/c 等等。因此,在本《词典》中,虽然有时也分别作为词目列了一些不同的形式,但却是不完全的。查考时,只要字母(包括字母顺序)和要查找的相同(例如都是 AC),那就不管它是大写还是小写,标点符号如何,只要所代内容适用于具体的上下文就行。

缩写字的"="号后是所缩代的词的全文。在确定词义时,要以全文为准。对于多义词,必要时还应结合上下文参考其全词的词目,例如词目 mtg = mounting 的词义只列了"装置,安装";必要时,可查看词目 mounting(以及词目 mount)来确定词义。

5) 词头和构词成分　供对本《词典》未收编的词作构词分析以便确定词义之用。词头或构词成分的含义还可参看位于其后的已收编各词目的有关内容来补充。

6) 少数短语　有少数不便于或不宜于作为词条编入某个单词词目内的名词性短语,列入词目。它们多半是些以专有名词(如商标名,人名等)开头的两个或多个单词构成的短语。

7) 按美国拼写法拼写的英语单词,没有逐一收编。英美拼写法的对照可参看本《词典》的附录 2。

2. 工程技术专业术语

主要是工程技术方面的名词性短语,印成白斜体字。同一词目内的各专业术语按(头一个单词的)字母顺序排在词义(或例句,——如果有的话)之后。大多数专业术语排在它的中心词(即主导词)的词目下,例如 *oil keeper*(油承)排在词目 keeper 下;但也有的排在词条的第一个词的词目下,例如 *blast hole*(炮眼、钻孔)可查词目 blast。因此,查专业术语时,首先可按它的中心词(即主导词)的词目查找,必要时还得按它的第一个词的词目查找。

3. 固定词组

包括动词同前置词或副词的搭配,英语中的习惯用法和成语等等,一律印成黑斜体,并以"▲"作开头标记,按字母顺序编排在工程技术专业术语之后。

4. 例句

部分常用词汇附有例句以帮助说明该词的用法,排在词义之后(工程技术专业术语之前)。它们不是按字母顺序,而是根据用法排列。

5. 常用词的不规则变化

常用词的不规则变化都已在其原形词的词目后给出,排成黑斜体,如 set

(set, set; setting)。同时把每种不规则变化作为词目排列,并注明其原形,例如词目 made 注明是 make 的过去式和过去分词;词目 radii 注明了是 radius 的复数。

6. 词义和词类

为了节省版面和便于读者查找,采用了下列编排方式。

1)先罗列该词目各词类的全部词义(例如 I v.; II a.; III n.),然后接排例句、工程技术专业术语和固定词组。

2)当某个词既可用作名词,又可用作(譬如说)动词,而词义在汉语字面上又大体相同时,就统一地标明词类和给出词义。例如词目 plunge v.; n.,不再细分 I vt.; II vi.; III n.。

7. 符号

A. 六角括号〔 〕

1)六角括号内的字可以各自替换前面那个(或几个)字,例如 set(请参照该词目):

〔1〕放〔装,布,设〕置=①放置 ②装置 ③布置 ④设置。

〔2〕安放〔排,插〕=①安放 ②安排 ③安插。

〔3〕 *set much* 〔great, little, no〕 *store by* 非常〔极,不太,简直不〕重视=① *set much store by* 非常重视 ② *set great store by* 极重视 ③ *set little store by* 不太重视 ④ *set no store by* 简直不重视。又如 transport(请参照该词目):运输船〔机,工具,装置〕=①运输船 ②运输机 ③运输工具 ④运输装置。

2)六角括号内是说明和注解,例如词目 by 中 I *prep.* 的"②〔途径〕沿,经〔通,横〕过","*vice*…〔拉丁语〕"。

B. 方括号[ ]

方括号内是国际音标,例如 for [fɔː]; set [set]。

C. 黑括号【 】

表示词义的学科范围,例如【天】表示"天文";【计】表示"计算机";【地】表示"地质";等等。

D. 圆括号( )

1)圆括号内是注解或同时是词义的一部分,例如:

〔1〕词目 by I *prep.* 的:"③…(根,依)据,逐(个)…"。

〔2〕词目 a 中的:"(某,任)一"=①一 ②某一 ③任一;"一(个,种,套)"=①一 ②一个 ③一种 ④一套,…等等。

〔3〕词目 freeze 中的"*v.*(使)凝固"= I *vt.* 使凝固,II *vi.* 凝固。

2)圆括号内是可以省略的词语,或可以有词形变化的词语,例如(请参照词目 set):"(*be*)(*well*) *set up with* 得到…的(充分)供应"——这里"*well*"和"充分"是对应的,它们可同时删去。而括号里的 *be* 可以是各种人称、时态、语态的。又例如"*colo*(*u*)*r*"代表 *color* 和 *colour* 两种写法。

3)圆括号内是举的例子,即替换词,例如(见词目 set):

"*in sets of* (*five*)(每五件)组成一套"——这里 five 可替换成任何数目。

4)圆括号内是词形变化,例如:set (*set, set; setting*)

5)表示不同的词类,例如:

"*a priori* 事前(的)"——表示①事前(用作副词) ②事前的(用作形容词)。

E. 黑三角▲

作为标记加在**固定词组**这个段落的开头。

F. 竖短划 '

是国际音标的重音符号,表示它后面那个音节是重读的。

G. 左撇 ʻ

是词目重音符号,用于词目本身,表示它前面那个音节是重读的(详见本《词典》关于注音的说明)。

H. 代字号~

代替词目本身,完全等同于词目的词形。这种词是附在词目的最后。例如词目 Siberia 末尾的"~n *a.*"表示"Siberian *a.* 西伯利亚的"。

I. 符号 &

即 and,多见于缩写字的词目中。

J. 本《词典》中用的代字词(或字母)和缩写字。

1)**M** 和 **N**——主要用来代表起宾语作用的一个名词或名词性的短语,有时也代表别的词语,例如:

〔1〕*make M of N* 用 **N** 做〔制〕**M**,使 **N** 成为 **M**。

〔2〕*M rather than N* 或 *rather M than N* 宁可M也不N,与其(说)N不如(说)M。

2)+*ing*——表示"后接动名词或有动作含义的名词",例如(请参照词目 **keep**):

〔1〕*keep from* +*ing* 避而不,使…不,防止。

〔2〕*keep* +*ing* (使)继续,一直。

3)+*inf.*——表示"后接动词原形(即不带to的动词不定式)"之意,例如(请参照词目 **prefer**):

prefer to +*inf.* (rather than +*inf.*)喜欢(做)…(而不喜欢…),情愿(做)…(而不愿…)。

4)*one's*——表示"某人的",代表一个物主代词,如his, their…等等。例如(请参照词目 **set**):

set one's teeth 咬紧牙关,下决心。

5)*oneself*——表示"某人自己",代表一个反身代词,如himself, themselves,…等等。例如(请参照词目 **set**):

set oneself to +*inf.* 决心,着手。

6)语法术语的缩写字

a. 形容词(adjective)

ad. 副词(adverb)

conj. 连接词(conjunction)

int. 感叹词(interjection)

n. 名词(noun)

pl. 复数(plural)

prep. 前置词(preposition)

pron. 代词(pronoun)

v. 动词(verb) (同时包括 *vt.* 和 *vi.*)

v. aux. 助动词(auxiliary verb)

vi. 不及物动词(intransitive verb)

vt. 及物动词(transitive verb)

关于注音和重音的说明

本英语语音注音方法的重点放在使读者掌握主要的读音规律,以便把单词的读音和拼写直接结合起来,而不依赖国际音标。这样可以避免在学习26个字母的同时又面临46个音标符号,而造成字母、音标符号相混淆。本词典中采用按读音规则在单词上打上重音的方法,即:

〔1〕重音符号(′)一律打在重读音节之后。

〔2〕①如果重音符号是打在元音字母之后,则这个元音字母就读它的字母名称的音(即长音):

字　母	读　音	例　词
a	[ei]	la′bour
e	[i:]	me′ter
i 和 y	[ai]	mi′ner
o	[ou]	mo′tor
u	[ju:]	stu′dent

②如果重音符号打在辅音字母之后,这个辅音字母前面的元音字母就读短音,即:

字　母	读　音	例　词
a	[æ]	bat′tery
e	[e]	met′al
i 和 y	[i]	win′ter
o	[ɔ]	com′mon
u	[ʌ]	un′der

③重音符号的位置只表示重读元音字母读长音还是读短音(不作为移行的标准),注意以下这种类型词的重音的位置与旧的传统位置不同。

重读元音字母读长音:

原词 mine 派生的 mi′ner(而不是习惯打法 min′er)

原词 plane 变来的 pla′ning(而不是习惯打法 plan′ing)

对比原词 plan 变来的 plan′ning

〔3〕重读元音字母后带"r"的情况:

元音字母+r′+辅音字母			元音字母′+r		
字母	读音	例词	字母	读音	例词
ar′	[ɑː]	par′ticle	a′r	[ɛər]	va′ry
er′	[əː]	ver′tical	e′r	[iər]	pe′riod
ir′	[əː]	cir′cuit	i′r	[aiər]	inspi′ring
or′	[ɔː]	mor′ning	o′r	[ɔːr] / [ɔər]	sto′rage
ur′	[əː]	tur′ning	u′r	[juər]	du′ring

如果"元音字母+r′"之后是 r 或元音字母,r 前的元音字母往往读其短音,如:car′ry 和 char′acter 中,重读 a 都读[æ]。

〔4〕非重读元音字母的读音:

①一般情况:a,o,u 读轻音[ə];i,y 读[i];e 一般读[ə],有时读[i]。

②动词词尾:-ate 中的 a,-ize 中的 i,-ify 中的 y 都读长音。例如:op′erate compu′terize am′plify

③次重音:从重读音节算起,往前第三个音节,一般带次重音;带次重音的元音字母,一般读它的短音。

例如:opera′tion 中的 o 读[ɔ]

applica′tion 中的 a 读[æ]

〔5〕辅音 b,d,f,h,j,k,l,m,n,p,v,w,z 这几个辅音字母只有一种读音。

注意以下几个辅音字母或字母组合的读音:

字 母	读 音	例 词	注
c	[k]	can	一般情况
	[s]	place	在 e, i, y 前
	[ʃ]	so′cial	在 ia, ie 等前
ch	[tʃ]	Chi′na	一般情况
	[ʃ]	machine	}外来语
	[k]	school	
g	[g]	go	一般情况
	[dʒ]	charge	词尾 -ge, -gy 中的 g
ng	[ŋ]	long	
ph	[f]	phys′ical	外来语
qu	[kw]	quick	
sh	[ʃ]	she	
-tion	[ʃn]	produc′tion	
-ture	[tʃə]	pic′ture	

对于发音比较特殊的词的注音方法,现在还在继续试验中。

由于这一语音注音方法还待进一步实践和完善,同时考虑到社会上有很多读者是使用国际音标,因此本词典中对常用词汇和部分技术专业词汇注有国际音标。

A a

a [ei,ə]〔不定冠词〕①(某,任)一、一(个,种,套),同一、每(一). *Hand me a hammer.* 递(一)把榔头给我. *in a sense* 在某种意义上. *a wheel and an axle* 一个轮子和一根轴. *a wheel and an axle* 一套轮轴. *all of a sort*〔size,price〕(都属)同一种类(大小,价格). *twice a week* 每(一)星期两次. *ten yuan a ton* 十块钱一吨 ②(a 和 an 的区别)在辅音音素开头的单词前用 a, 在元音音素开头的单词前用 an. *a pump* 一台泵. *an oil pump* 一台油泵. *a unit* (unit 开头是辅音音素〔j〕)一个单位. *an hour* (hour 开头是元音音素〔au〕)一小时. *a P-N-P type transistor* 一个 PNP 型晶体管. *an N-P-N type transistor* 一个 NPN 型晶体管 ③(同 half, rather, such, how 等某几个单词连用时,置于其后) *half a dozen* 半打,六个. *half an hour* 半小时. *how* 〔so, this, too, as〕 *large a range* 多么(这么,这样,太,(像…)那么)大的范围. *many*〔such,what〕 *a book* 许多(这样的一本,多好的一本)书. *quite a long time* 相当长的时间. *It's rather a pity.* 颇令人惋惜. ▲*a class* 第一等,头等. *A class division* 耐火(第一级)区间. *A one* 最上级.

A = ①A-battery 甲〔A〕电池 ②absolute temperature 绝对温度 ③absolute temperature scale 绝对温标 ④abstract 摘要 ⑤academician 院士,学会会员 ⑥academy 研究院,学会 ⑦acid 酸 ⑧addendum 齿顶高 ⑨alcohol 酒精,乙醇 ⑩alternating current generator 交流发电机 ⑪altimeter 高度计(表) ⑫altitude 高度,标高,海拔 ⑬aluminum oxide (regular abrasive)氧化铝(标准磨料) ⑭America(n) 美国(的) ⑮ammeter 安培计,电流计 ⑯ampere(s)安培 ⑰amplification 放大(率) ⑱amplifier 放大器 ⑲amplitude 振幅 ⑳analysis 分析 ㉑annealed 退(了)火的 ㉒anode 阳极 ㉓answer 回答,解答 ㉔apparent 表观的 ㉕Arbert 功,工作 ㉖area 地带,区域,范围,面积 ㉗argon 氩 ㉘arrest 制动(器) ㉙assembly 装配,会议 ㉚association 协会,团体 ㉛Atlantic 大西洋的 ㉜atomic 原子的 ㉝atomic weight 原子量 ㉞augmentation 增大,增量 ㉟automatic 自动的 ㊱auxiliary 辅助的,辅助设备 ㊲axial vector 轴矢量 ㊳azimuth 方位(角).

a = ①absolute 绝对的 ②absolute pressure 绝对压强(力) ③absorbance 吸收 ④absorption (coefficient) 吸收(系数) ⑤acceleration (线性)加速度 ⑥accepted 经认可,(验收)合格的 ⑦accomodation 调节 ⑧acetum 醋(剂) ⑨acre 英亩 ⑩adjective 形容词 ⑪ampere 安(培) ⑫amplitude 幅度,振(波)幅 ⑬annual 每年 ⑭antenna 天线 ⑮anterior 前(面,部)的 ⑯approved 经审批 ⑰arc 弧(度) ⑱are 公亩 ⑲area 积 ⑳army 军(用的),军事上的 ㉑axial 轴的.

@ = at 单价,每…价.

Å = angstrom 埃(波长单位, 10-8 cm).

°A = absolute temperature 绝对温度.

A° = atomic weight 原子量.

Ā 或 **ĀĀ** 或 **aa** = 【医药】同〔等〕量,各….

aa = aa-lava 块熔岩.

Al 或 **A No. 1** ①头等(的),一级(的),极佳的 ②经过劳氏船级社船舶检验,表示舰装品为第一级的记号.

A process = alkaline process 碱法.

A register 运算寄存器.

A to D = analog to digital 模拟-数字转换.

A wire = address wire 地址线.

AA = ①Aluminum Company of America 美国铝公司 ②antiaircraft 防空的,高射的 ③approximate absolute temperature scale 近似绝对温标 ④arithmetic average 算术平均 ⑤atomic age 原子时代 ⑥autoanalyzer 自动分析器 ⑦Automobile Association 汽车协会.

A/A = any acceptable 任何可以接受的.

A&A = additions and amendments 增补和修订.

AAA = ①American Automobile Association 美国汽车协会 ②antiaircraft artillery 高(射)炮.

AAAS = ① American Academy of Arts and Sciences 美国艺术和科学研究院 ②American Association for the Advancement of Science 美国科学促进会.

AAB = ①American Association of Bioanalysists 美国生物分析学家协会 ②Association of Applied Biologists(英国)应用生物学家协会 ③Atomenergi AB (瑞典)原子能公司.

aabomycin *n.* 阿博霉素.

AAC = ①All American Cable and Radio Company 全美电缆无线电公司 ②American Armament Corporation 美国军械公司 ③Association of American Colleges 美国大学院校协会 ④autoautocollimator 自动自准直仪 ⑤automa-tic amplitude control 自动振幅〔幅度〕控制.

AACC = American Automatic Control Council 美国自动控制委员会.

AAD = antiaircraft defense 对空防御,防空.

AADS = automatic aircraft diagnostic system 飞机自动识别系统.

AAE =American Association of Engineers 美国工程师协会.
AAEE = Aeroplane and Armament Experimental Establishment 飞机和军械实验研究中心.
AAF =①Académie Aéronautique de France 法国航空学院 ②American Architectural Foundation 美国建筑基金会 ③antiaircraft fire 防空火力.
AAFC =antiaircraft fire control 防空火力控制.
aa-field 块熔岩地面.
AAG = Association of American Geographers 美国地理学家协会.
AAGM =antiaircraft guided missile 防空导弹.
AAGMC =antiaircraft artillery and guided missile center 高射炮和导弹中心.
AAI =air-to-air identification 空对空识别.
AAI(S) = Automatic Approval Import (System)进口自动批准制.
AAL =antiaircraft light 防空探照灯.
Aalenian stage(中侏罗世早期)阿连阶.
A-alloy 铝合金.
AAM = ①air-to-air missile "空对空"导弹 ②American Academy of Microbiology 美国微生物学协会.
AAMM =antiantimissile missile 反反导弹的导弹.
aao =*an anderen Orten*(德语)在别处.
AAOP =①American Academy of Oral Pathology 美国口腔病理学会 ②American Academy of Pediatrics 美国儿科学会 ③ antiaircraft observation post 对空观察哨,防空监视哨.
AAPCO = Association of American Pesticide Control Officials 美国农药管理委员会.
AAPG = American Association of Petroleum Geologists 美国石油地质学家协会.
AAR = Association of American Railroads 美国铁路协会.
aar =①against all risks 承保一切风险 ②average annual rainfall 年平均降雨量.
AAS =①advanced antenna system 高级天线系统 ②American Academy of Science 美国科学院 ③American Astronautical Society 美国宇宙航行学会 ④Association for the Advancement of Science(美)科学发展协会 ⑤Australian Academy of Sciences 澳大利亚科学院 ⑥Atomic absorption spectrometry 原子吸收光谱测量法 ⑦Automatic Approval System (进口)自动批准制,输入自动承认制.
AASE = Association for Applied Solar Energy 应用太阳能协会.
AASM = Association of American Steel Manufacturers 美国钢铁制造商协会.
aasmus n. 气喘.
AASW =American Association of Scientific Workers 美国科学工作者协会.
AAT = ①accelerated ageing test 加速老化试验 ② altitude acquisition technique 高空探测技术.
Aatram n. (农药)津安混剂.
AAU = Association of African Universities 非洲大学协会 ②Association of American Universities 美国大学协会.
AAV =adeno-associated virus 腺病毒群.
AAW = Antiair Warfare 防空线.
ab [æb](拉丁语) *prep*. 从,自. *ab extra* 从外部,外来. *ab initio* 从头开始. *ab intra* 从内部. *ab origine* 从最初,从起源. *ab ovo* 从开始. *ab uno disce omnes* 由一斑而知全豹.
AB = ①advisory board 咨询委员会 ②after burner 补燃室,加力燃烧室 ③air base 航空(空军)基地 ④ all before (电报)…字前所有的字 ⑤ ammonium benzoate 苯酸铵 ⑥ anchor bolt 锚栓 ⑦ artificial breeding 人工授精,人工配种 ⑧Bachelor of Arts 文学士.
Ab = ①abnormal 反常的 ②abrasion resistance 抗磨性 ③antibody 抗体.
A/B = ①afterburner 后燃室 ②air bill 空运提单 ③air borne 空运的,飞机上的,气载的.
ab = ①about 大约 ②absolute (pressure)绝对(压力).
ab- [词头] ①脱离,除去 ②CGS 电磁制(单位).
AB electrodes AB(供电)电极.
AB rectangular array AB 矩形排列, (中间)梯度电极系.
abac n. 坐标网,列线(诺漠)图.
abaca' [ɑːbəˈkɑː] n. 蕉麻,马尼拉麻,吕宋(大)麻,马尼拉制品.
ab'aci [ˈæbəsai] n. abacus 的复数.
abacis'cus [æbəˈsiskəs] n. 嵌饰,用嵌工的石(瓦).
aback' [əˈbæk] *ad*. ①向,向后 ②逆,退 ③迎帆. ▲*all aback* 全成逆帆,(船)停止,倒行. *be taken aback* 吃惊,吓一跳;突然遇到抢风.
abac'rial *a*. 无齿的.
abac'ulus [əˈbækjuləs] n. =abaciscus
ab'acus [ˈæbəkəs] (pl. *ab'acuses* 或 *ab'aci*) n. ①算盘 ②(圆柱顶部的)顶(冠)板,柱冠 ③(陈列杯瓶用的)有孔板 ④列(曲)线图 ⑤淘金盘.
▲*use*[work, move counters of] *an abacus* 打算盘.
Abadan [æbəˈdɑːn] n. (伊朗)阿巴丹岛,阿巴丹(伊朗)港口.
abaft' [əˈbɑːft] *ad*.; *prep*. 在…之后,在…后面,向…后,在[向]船尾,较…更近于船尾. *abaft the beam* 正横后的方向.
aba'lienated *a*. 精神紊乱的,精神错乱的.
abalienatio (拉丁语) n. 精神紊乱,精神错乱.
abaliena'tion [æbeiliəˈneiʃn] n. 精神紊乱,精神错乱.
ABAMP =absolute ampere 绝对安培.
abam'pere [æbˈæmpeə] n. CGS 电磁制安培,绝(对)安(培)(电磁制电流强度单位,=10A).
abamurus n. 挡土墙.
A-band A-波段(157~187 MHz), A 频段.
aban'don [əˈbændən] *vt*. 抛[放,废,舍]弃.
aban'doned [əˈbændənd] *a*. (被)抛(弃)的,被抛弃的. *abandoned channel* 废河道. *abandoned stope* 废弃区,采空区.
aban'donment [əˈbændənmənt] n. ①放[弃,抛]弃的,委付. *abandonment of a right* 弃权.
abarthro'sis [æbɑːˈθrousis] n. 动关节.
abartic'ular *a*. 关节外的,非关节的.
abarticula'tion [æbɑːtikjuˈleiʃn] n. 动关节,关节脱位.
abas n. 列(曲)线图,诺谟图.
aba'sable [əˈbeisəbl] *a*. 可降(贬)低的.
abase' [əˈbeis] *vt*. 降(贬)低,屈辱.

abash' [ə'bæʃ] vt. 使害臊〔羞愧,局促不安〕. ▲*be* [*feel*] *abashed* 害臊,局促不安. ~ment n.

aba'sia [ə'beisiə] n. 步行不能.

aba'sic a. 步行不能的.

abate' [ə'beit] v. ①减少〔小,轻,退〕,降〔压〕低,抑制,削弱 ②除去,消除 ③作废,废除,中止,撤消,成为无效.

A&B editing (影片)A-B 盘剪辑,(录像磁带)A-B 卷合成.

abate'ment [ə'beitmənt] n. ①减少〔小,轻,退,低,减,价〕,降〔压〕低,取消,消除,除却,削弱,削减,中断,失效,作废,撤消 ②废料,刨花. *noise abatement* 噪声抑制,减声. *smoke abatement* 除〔消〕烟法.

abatic a. 步行不能的.

aba'ting n. ①减少〔小,轻,退〕,降〔压〕低 ②抑制,削弱 ③消除,取消,除去,切除 ④作废,撤消.

abatis = abattis.

A-battery n. A 电池(组),甲电池组,丝极电池.

abat'tis [ə'bætis] n. ①鹿砦,拒木 ②通风隔墙,风挡 ③三角形木架透水坝.

ab'attoir n. 屠宰场.

abat-vent n. ①转向装置,折转板,致偏板 ②固定百页窗,通风帽.

abatvoix n. 吸声〔音〕板.

abax'ial [æb'æksiəl] a. 轴外的,远轴的,离轴的,离开轴心的.

abb [æb] n. ①经纱〔线〕②最次等边坎毛,等外羊毛,劣等羊毛.

ABB = ①air-blast circuit breaker 空气吹弧断路器 ②automatic back bias 自动反偏压.

ab'bau ['æbau] n. 分解与分解代谢.

Abbé condenser 阿贝聚光镜.

Abbé refractometer 阿贝折射仪.

abbe number 色散系数.

abberration n. = aberration.

ab'bertite ['æbətait] n. 黑沥青.

abb(r) = ①abbreviated 简化〔写〕的 ②abbreviation 缩写.

abbrev = ①abbreviated 简化〔写〕的 ②abbreviation 缩写.

abbre'viate [ə'bri:vieit] vt. ①将…缩短,省〔简,节〕略 ②缩〔简〕写 ③【数】约分. *abbreviated address* 短缩地址. *abbreviated analysis* 简易分析. *abbreviated dialing* 简化〔缩位〕拨号. *abbreviated drawing* 简图. *abbreviated formula* 简写式. *abbreviated signal code* 传输电码. *abbreviated version* 节本. ▲*be abbreviated to*… 缩写为….

abbrevia'tion [əbri:vi'eiʃən] n. ①缩短,省略 ②〔简〕写(词),节略,略〔缩〕语,简称,简略符号,大要 ③【数】约分,简化. *service abbreviation* 业务略语.

abbre'viator n. 略语者.

abbre'viatory [ə'bri:viətəri] a. 省略的,缩短的.

ABC ['ei bi:'si:] (pl. *ABC's, ABCs*) n. *ABC's* ①初步,入门 ②基本要素,基础知识 ③字母表 ④按字母顺序排列的火车时刻表. *ABC of natural sciences* 自然科学入门. ▲*as easy as ABC* 极其容易.

ABC = ①advanced biomedical capsule 先进的生物医学(密封)座舱 ②after bottom center 在下死点后 ③air blast cooled 鼓风冷却的 ④aluminium bronze casting 铸铝青铜 ⑤American Bibliographical Center 美国文献目录中心 ⑥American, British, Canadian 美国、英国、加拿大(三国)的 ⑦American Broadcasting Company 美国广播公司 ⑧atomic, biological, and chemical 原子的,生物的和化学的 ⑨automatic bandwidth control 自动带宽控制 ⑩automa-tic bias compensation 自动偏压补偿 ⑪automatic bias control 自动偏压控制 ⑫automatic boiler control 锅炉自动〔调节〕⑬automatic brightness control 自动亮度控制.

a-b-c = automatic brightness control 自动亮度控制.

ABC method 低速带的 ABC 校正法.

ABC power unit 热丝、阳极和栅极电源部件,甲、乙、丙电源组.

ABC process 污水三级净化处理过程.

ABC warfare = atomic, biological, chemical warfare 原子、生物、化学战.

ABC weapons = atomic, biological, chemical weapons 原子、生物、化学武器.

ABCB = air blast circuit breaker 气吹断路器.

ABCC = automatic brightness contrast control 自动亮度对比(反差)调整.

abcou'lomb [æb'ku:lɔm] n. CGS 电磁制库仑,绝(对)库(仑)(电磁制电量单位,=10库(仑)).

ABD = all but dissertation (尚欠论文的)准博士(学位考生).

abd = ①abandoned 报废的 ②aboard 在船上 ③apparent bulk density 表观松装密度.

ABDC = after bottom dead centre 在下死点后.

ab' dicate ['æbdikeit] v. ①放弃 ②让〔退〕(位),辞(职). ▲*abdicate M in favor of N* 把 M 让〔推委〕给 N.

abdica'tion [æbdi'keiʃən] n. 放弃,弃权,辞职,让(位).

ABDL = automatic binary data link 自动二位数据传输线路.

abdom n. = abdomen.

ab'domen ['æbdəmen] n. (下)腹(部).

abdom'inal a. 腹(位)的,腹部的.

abduc'tion n. 外展(运动).

abeam' [ə'bi:m] ad. 正横(向),横(梁)向,在与船的龙骨(飞机机身)成直角的线上.

abeceda'rian [eibi:si:'dɛəriən] I a. ①初学的,入门的,基础的 ②字母的,按字母顺序排列的. II n. 初学者,启蒙老师.

abed' [ə'bed] ad. 在床上.

Abel equation 阿贝尔方程.

abele [ə'bi:l] n. 银白杨.

Abelian a. 阿贝尔的. *Abelian group* 阿贝尔群,可(交)换群.

Abel's close test 阿贝尔氏密闭试验(测定液体燃料和润滑油闪点的方法之一).

Abel's reagent 阿贝尔试剂.

aber n. (两河)河口汇流点.

Aberdeen [æbə'di:n] n. ①阿伯丁(英国港口) ②(英国)阿伯丁郡.

abernathyite n. (水)砷钾铀矿.

aber'rance [æ'berəns] 或 **aber'rancy** [æ'berənsi] n. 离开正道,越轨,脱离常规.

aber'rant [æ'berənt] a. 离开正道的,脱离常规的 ②畸变的,畸形的 ③异常的,迷失的,迷行的. *aberrant* *source* 异常误差来源.

aberra'tio *n.* 迷行,迷乱,光行差,像差.

aberra'tion [æbə'reiʃən] *n.* ①离开轨道,越轨,脱离常规 ②失〔反〕常,畸变,变型〔体〕③【物】像〔色〕差,【天】光行差 ④偏差,误差 ⑤迷乱 ⑥(高炉)不顺行. *aberration of light* 光行差,光线的偏差. *aberration of needle* 磁针偏差. *chromatic aberration* 色(像)差. *coma aberration* 彗形差〔失真〕. *lens aberration* 透镜像差. *spherical aberration* 球面像差. ~al *a.*

aberration-free *a.* 无像差的.

aberra'tionless *a.* 无像差的.

aberwind *n.* 解冻风(阿尔卑斯山的热风).

abet' [ə'bet] *vt.* ①唆使,煽动,怂恿 ②帮助,支持. ~ment *n.*

abetalipoproteinemia *n.* 无β脂蛋白血(症).

ABETS = airborne beacon electronic test set 飞机信标电子试验装置.

abet'ter 或 **abet'tor** [ə'betə] *n.* 唆使〔煽动〕者.

abevacua'tion *n.* 排泄失常,转移,迁徙.

ab ex = ab extra 自外,从外部.

abey'ance [ə'beiəns] *n.* 暂搁(缓),暂时无效,中止,停〔终〕止,停顿,活动停止,未定,【化】潜态. ▲*be in abeyance* 暂搁〔缓〕,(暂时)搁置,未定. *fall into abeyance* 失效,中止. *hold* 〔*leave*, *keep*〕 *in abeyance* 暂搁,把…停搁〔暂缓〕一下.

ABF = ①aggregate breaking force (钢丝绳) 钢丝绳断拉力总和 ②audio bandpass filter 音频带通滤波器.

abfar'ad [æb'færəd] *n.* CGS 电磁制法拉,绝(对)法(拉)(电磁制电容单位) = 10^9 法拉.

abhen'ry [æb'henri] *n.* CGS 电磁制亨利,绝(对)亨(利)(电磁制电感单位) = 10^{-9} 亨利.

abherent *n.* 防粘材料,防粘剂.

abhe'sion *n.* 脱粘.

abhor' [əb'hɔ:] (*abhorred*; *abhorring*) *vt.* 憎恨,厌恶.

abhor'rence [əb'hɔrəns] *n.* 憎恨,厌恶,深恶痛绝. ▲*have an abhorrence of* 痛恨.

abhor'rent [əb'hɔrənt] *a.* ①可恨〔恶〕,讨厌的 (to) ②不相容的,与…不合的 (to, from) ③不一致的,相反的,不相同的 ④使…厌恶,与…不合 〔不相容〕,与…不一致,与…相反. ▲*be abhorrent to*…使…厌恶,与…不合〔不相容〕,与…不一致,与…相反.

abichite *n.* 光线矿, 砷铜矿.

abi'dance *n.* 遵守,持续.

abide [ə'baid] (*abode* 或 *abi'ded*) *v.* ①持(继)续,持久,保留 ②忍耐,遵守,依从 ③容忍,忍受,倩受 ④等待 ⑤居住,住在 (at, in, with). ▲*abide by* 遵守,坚持,〔依〕从,容忍,守约.

abi'ding [ə'baidiŋ] *a.* 永久的,永恒的,不变的.

abi'ding-place *n.* 住宅,寓所.

Abidjan [æbi'dʒɑ:n] *n.* 阿比让(象牙海岸首都).

abienol *n.* 冷杉醇.

ab'ient ['æbiənt] *a.* 避开的.

abies *n.* 冷杉(属). *abies oil* 枞节(松杉),冷杉油.

abietate *n.* 枞酸酯〔盐〕,松香酯〔盐〕.

abi'etene [æ'bi:ati:n] *n.* 松香烯,枞烯.

abiet'ic *a.* 松香的. *abietic acid* 松香酸. *abietic resin* 松脂,松树脂.

abietin 冷香亭(烯). *abietin acid* 松香酸. ~ic *a.*

abietinal *n.* 枞醛.

abietinean *a.* 松杉的.

abietinol *n.* 松香,松香醇.

abietyl *n.* 松香.

abil'ity [ə'biliti] *n.* 能力,性能,效率,本领,(pl.) 才能,技能. *interchange ability* 互换性. *load-carrying ability* 载重量,载重〔载荷,负载〕能力,容量. *range ability* 航程,能飞距离,能射范围. *resolving ability* 鉴别力,分辨能力,解算性能. *sealing ability* 密封性能. ▲*ability for* 〔*in*〕 M M (方面)的能力〔本领〕. *ability to* + *inf.* 〔*of* + *ing*〕(做…)的能力〔本领〕. *ability to harden* 硬化性能〔能力〕. *of ability* 有才干〔本事〕的. *to the best* 〔*utmost*〕 *of one's ability* 尽力地,竭尽全力,尽最大努力.

ab init 或 *ab initio* [æbi'niʃiou] 〔拉丁语〕从头〔从最初〕开始,从开头,从开头.

ab intra [æb'intrə] 〔拉丁语〕从内部.

abiochem'istry [eibaiou'kemistri] *n.* 无生〔机〕化学.

abiogen'esis [eibaiou'dʒenisis] 或 **abiog'eny** [eibai'ɔdʒəni] *n.* 自然发生(说),偶发,无生源说,非生物起源. **abiogene-t'ic** 或 **abiog'enous** *a.* abiogenet'ically *ad.*

abiophysiol'ogy [æbiɔfizi'ɔlədʒi] *n.* 无机生理学.

abio'sis [æbi'ousis] *n.* 死亡,无生命;生活力缺损.

abiot'ic *a.* 非生命的,无生命的.

abir'itant [æb'iritənt] I *a.* 缓和的,减轻刺激的. II *n.* 镇定〔痛〕剂,缓和药.

abject' [æb'dʒekt] *a.* ①悲惨的 ②卑鄙的,无耻的. ~ly *ad.* ~ness *n.*

abjec'tion *n.* (孢子)掷出,(孢子)脱出.

abjoint' *v.* 分隔.

abjunc'tion [æb'dʒʌŋkʃn] *n.* 分隔,切落.

abjure' [əb'dʒuə] *vt.* (公开)放弃,誓绝,弃绝. **abjura'tionn.**

ABL = ①ablative 烧蚀剂 ②Atlas Basic Language 阿特拉斯计算机的基本语言 ③automatic brightness limiter 自动亮度限制器.

ablastin *n.* 抑菌抗体,抑殖素,抑菌素.

ab'late ['æbleit] *vt.* ①烧蚀,消融,腐蚀〔融化,溶化,蒸发汽化,销蚀〕②切开〔除〕.

abla'ted *a.* 烧蚀的,剥落的,消融的,蒸发掉的.

abla'tio *n.* 脱落,剥离.

abla'tion [æb'leiʃən] *n.* ①消融(作用),冰面融化 ②烧〔消〕蚀,风化,剥〔脱,蚀〕落,磨耗 ③(部分)切开〔除〕,去,摘除,脱〔剥离〕 ④冲蚀,水力冲刷,风蚀,消蚀,磨蚀作用. *ablation cone* 冰锥. *ablation shield* 防烧蚀的屏蔽,烧蚀防护罩. *radiation ablation* 热辐射烧饨.

ablation-cooled *a.* 烧蚀冷却的,烧蚀法冷却的.

ab'lative ['æblətiv] I *a.* 消融的,烧蚀的,脱落的. II *n.* 烧蚀材料. *ablative mode of protection* 烧蚀防护法. *ablative protection* 烧蚀防护,防烧蚀. ~ly *ad.*

ablativ'ity *n.* 烧蚀性能,烧蚀率.

abla'tor *n.* 烧蚀体〔剂〕,烧蚀材料.

ablaze' [ə'bleiz] *a.*; *ad.* ①着火燃烧(的) ②光辉明亮(的),闪耀(的) ③激动(的). ▲*be ablazed with lights* 灯火辉煌. *set ablaze* 使燃烧〔烧〕起.

Able ['eibl] 艾布尔(美地对地,地对水下研究火箭)

a'ble ['eibl] a. ①有能力的,有才干的,能干的 ②能…的. With their help we were able to overfulfil the plan ahead of schedule. 承他们的帮助,我们得以提前超额完成了这一计划. ▲be able to +inf. 能(够),会,有能力;(在某具体条件下)得以,终于. may (must,shall,will) be able to +inf. 也许(必须,将)能. have (has,had) been able to +inf. 已能,得以.

a'ble-bod'ied ['eibl'bɔdid] a. 强壮的. able-bodied man 壮丁. able-bodied seaman 熟练水手,二等水兵.

able-minded a. 能干的.

ablep'sia [ə'blepsiə] n. 盲,视觉缺失,失明.

ablep'sy [ə'blepsi] n. =ablepsia.

ab'luent ['æbluənt] I a. 洗涤的,清洗的,清洁的. II n. 洗涤剂,清洗剂.

ablu'tion [ə'blu:ʃən]. n. 吹(清)除,清洗法,洗净(液).

a'bly ['eibli] ad. (精明)能干地,灵巧地,好,适宜. ably done 搞(做)得好.

ABM = ①ablation meter 烧蚀表. ②antiballistic missile 反(弹道)导弹. ③automatic batch mixing 自动配料混合.

ABMA = American Boiler Manufacturers Association and Affiliated Industries 美国锅炉制造商协会及附属工业.

abmho' n. CGS 电磁制姆欧,绝对姆(欧)(电磁制电导单位), = 109 姆欧).

ABMTM = Associated British Machine Tool Makers 英国机床制造业协会.

abn = airborne 空运的,飞机上的,气载的.

ab'negate ['æbnigeit] vt. 拒绝,否认,放弃.

abnega'tion [æbni'geiʃən] n. 弃,拒绝,否认,克制.

Ab'ney lev'el 手水准仪.

abni = available but not installed 可以得(买)到但尚未安装的.

abnor'mal [æb'nɔ:məl] a. 反(异,非)常的,不正常的,不(非)规则的,非正态的,畸形的. abnormal curve 反常曲线,非正规曲线. abnormal fault 逆(异)断层. abnormal load 不规则载荷. abnormal phenomena 反(异)常现象.

abnor'malism [æb'nɔ:məlizm] n. 异常(性),变态性.

abnormal'ity [æbnɔ:'mæliti] n. ①反(异)常(性),不正常(性,式,现象),非正态(性),不规则,例外,变态(差),畸形 ②素(错)乱 ③破坏,违反.

abnor'mity [æb'nɔ:miti] n. 异(反)常,不规则,紊乱,错乱,破坏,违反;畸(异)形.

abo = aboriginal 原来(土)的.

aboard' [ə'bɔ:d] ad.; prep. 在船(舰,机,火车,火箭,导弹,卫星,飞行器,运载工具上)上. ▲close (hard) aboard 靠紧船(车,机)边. fall aboard (of) 与(他船)相撞. go aboard 上船(车)的,登机.

abode' [ə'boud] I n. 住宅(所),居住. ▲make one's abode 居住. take up one's abode 定居,住进,与…同住(with). II abide 的过去式和过去分词.

ab'ohm ['æboum] n. CGS 电磁制欧姆,绝对欧姆(电磁制电阻单位),= 10-9 欧).

aboideau [ɑ:'bwadou] n. 挡潮闸,水闸,坝,堰.

aboil' [ə'bɔil] ad.; a. 沸腾(着),滚(着).

aboiteau [ɑ:'bwatou] n. = aboideau.

abol'ish [ə'bɔliʃ] vt. 废除(止),取(撤)消,消除.

abol'ishable [ə'bɔliʃəbl] a. 可废除(取消)的.

abol'isher n. 废除(取消)者.

abol'ishment [ə'bɔliʃmənt] n. 废(消)除,取消.

aboli'tion [æbə'liʃən] n. 废除,禁止,取消,撤消,消失.

abomasum n. (反刍动物)第四胃,皱胃.

A'-bomb ['ei'bɔm] = atomic bomb 原子弹.

abom'inable [ə'bɔminəbl] a. ①讨厌的,可恶的 (to) ②恶劣的,坏透的. abom'inably ad.

abom'inate [ə'bɔmineit] vt. 憎恨,厌恶,不喜欢.

abomina'tion [əbɔmi'neiʃən] n. ①憎恨,厌恶 ②讨厌的事物(习惯,行为)(to).

aborad [æb'ouræd] ad. 【解剖】离开嘴,离口.

abor'al [æ'bɔ:rəl] a. 离口的,远口的,远口端的,反口的.

aborig'inal [æbə'ridʒinəl] a.; n. 原始(生,来)的,土著(的),本地居民(的),土产.

aborig'inally ad. 原(本)来,从最初.

ab origine [æb ɔ'ridʒini:] (拉丁语)从最初,从起源.

aborig'ines [æbə'ridʒini:z] n. 本地居民,土著居民,土产,土生动植物.

abor'ning [ə'bɔ:niŋ] a.; ad. 正在产生中的,当产生的时候.

abort' [ə'bɔ:t] v.; n. ①早(流)产,(使)夭折,中断 ②故障,失灵,失败 ③紧急停车,(中途,空中)中止飞行,取消飞行,(中)途中损坏,未能完成飞行任务 ④异常结束(终止). abort escape system 紧急逃逸系统. abort from orbit 脱离轨道失事. abort handle 应急控制把手. abort light 紧急故障信号. abort packet 提前(异常)结束包. abort recovery zone 紧急(故障)回收(降落)区. abort return 事故返回. abort sensing 故障测定. abort situation 故障位置. abort velocity 故障后的速度.

abort'ed a. ①流产的,夭折的 ②出故障的,(中途)失败的,空中毁坏的.

abor'ticide [ə'bɔ:tisaid] n. 堕胎剂,堕胎药.

abor'tient [ə'bɔ:ʃənt] a. 堕胎的. n. 堕胎药.

abortifa'cient [əbɔ:ti'feiʃənt] a. 堕胎的. n. 堕胎药.

abor'tin [ə'bɔ:tin] n. 流产素.

abor'tion [ə'bɔ:ʃn] n. 流产,发育不全,停止发育.

abor'tionist n. 堕胎者,打胎者.

abor'tive [ə'bɔ:tiv] a. ①早(流)产的,故障的,应急的,一时性的,(中途)失败的,无效的,没结果的,未成功的,未发生作用的. abortive failure 空中故障. abortive launch 紧急发射(未成功的)发射. abortive rise 一时性回升. prove abortive 终归失败. ~ly ad. ~ness n.

abound' [ə'baund] vi. 丰富,充满,多. ▲abound in 富于(有),盛产,繁生. abound with 多,有很多.

about' [ə'baut] ad.; prep. ①(在…)周围(附近),围(环)绕,到处,在全…范围内. jostle about 乱(四面八方)撞. move about(到处)乱动. turn about the axis 绕轴旋转. ②大约,左右. about as good as that one 差不多同那个一样地好. about the size of the gear 和齿轮差不多大的大小. walked for about five miles 步行了大约五英里. ③关于,(相)对于. a book about welding 关于焊接的书. take moment *about* C 对 C 点取力矩. ④从事于. ⑤(转到)相反方向. ▲*about and about* 差不多, 大致相同. *about face* 改变主意〔观点〕,变卦. *all about* (在全…)各处,到处;全是关于. *be about* 活动,动手做,散布,流行. *be about to* +*inf*. 即将〔将要,正准备〕(做),(不久)就要(做). *bring about* 引起,使发生. *come about* 发生. *go a long way about* 绕很多路. *go about* 走来走去,东奔西走;开始(工作);将要,传开,流行. *how* 〔*what*〕*about* M M 怎么样〔如何〕? *out and about* 从事日常工作. *set about* 动〔着〕手. *take turns about* 轮流. *turn and turn about* 交互. *whilst* 〔*while*〕*we are about it*. 顺便.

aboutface I [ə'bautfeis] *n*.; II [əbaut'feis] *vi*. 向后转;改变立场,立场. 改大改变. *make a 180° aboutface* 来一个 180°大转弯.

aboutship' *vi*. 改变航向.

about'sledge [ə'bautsledʒ] *n*. (铁工用的)大铁锤.

aboutturn I [ə'bauttɜːn] *n*.; II [əbaut'tɜːn] *vi*. =aboutface.

above' [ə'bʌv] I *prep*. ①高于,在…之上上游,边,以北. *above sea level* 海拔,拔海,超过海平面,在海平面以上. 1000 *metres above sea-level* 海拔〔高出海平面〕一千米. 10 *miles above the city* 该城上游十英里〔在英里的上空〕. *above grade* 高于原订等级. *above ground* 在地面以上. *above ground power station* 地面电站. *above ground altimeter* 相对〔对地〕高度计. *above earth potential* 对地电位. ②超〔胜〕过,在…以上. *above freezing* 零上,冰点以上. *special poles above* 90 *ft*. 长度在 90 英尺以上的特种电杆. *The tensile strength of steel is well above concrete*. 钢的抗拉强度比混凝土的大得多. *This book is not above me*. 这本书对我不太难. ▲*above all* (*else*,*things*) 尤其是,最重要的是,首先是,第一是. *above all praise* 赞扬不尽. *above measure* 非常,无比,极,过于. *above norm* 限额以上的. *above normal* 超额的,异常的. *above reproach* 无可指责. *above the rest* 特别,格外. *as stated above* 如上所述. *over and above* 超过,在…之外,在上面,而且. *well above* 大大超过.

II *a*.;*ad*.;*n*. (在)上面,上游,以上,上述,上级. *as* (*has been*) *indicated above* 如上所指出. *above mentioned* 上述的,如上所述的. *for the above reasons* 根据上述理由. *from above* 从上(所述). (*the*) *above* (之内容). *poles of 25ft*. *and above* (25英尺及)25英尺以上的电杆. *the equation above* 上(面的方程)式. *The laboratory is above*. 实验室(就)在楼上. *The bridge is two miles above*. 那桥在上游两英里处.

above'(-)board' [ə'bʌv'bɔːd] *ad*.; *a*. 照直,依实,公开〔正〕的,光明正大(的). ▲*be open and aboveboard* 要光明正大.

above'-ci'ted [ə'bʌv'saitid] *a*. 上面引用的.

above'-crit'ical *a*. 超临界的,临界以上的.

above'-deck *ad*. 在甲板上.照直,光明磊落地.

above' ground [ə'bʌvɡraund] *a*.; *ad*. 地面(上)的, 在地上, 在世, 活着. *above ground hard launch complex* 地面硬入综合发射阵地.

above'-men'tioned [ə'bʌv'menʃənd] *a*. 上(前述)的.

above'-named [ə'bʌv'neimd] *a*. 上(前述)的.

above-normal *a*. 正常以上的,超常的.

above' stairs' [ə'bʌv'stɛəz] *a*.; *ad*.; *n*. (在,向)二楼(的),(在,向)楼上(的).

above'-ther'mal *a*. 超热的.

above-threshold *a*. 超阈值的.

above-water [ə'bʌv'wɔːtə] *a*. 水面(上)的,水上部分的,吃水线以上的.

abo'vo [æb'ouvou] (拉丁语)从(头)开始.

ABP ⇒ ① absolute boiling point 绝对沸点 ② airborne beacon processor 机载信标信息处理机 ③arterial blood pressure 动脉血压.

ABR =acrylate butadiene rubber 丙烯丁二烯橡胶.

abr = ① abraded 磨损的 ② abridged 节略的 ③ abridgement 节略,摘要.

abra *n*. 岩洞.

A-bracket *n*. (双推进器船的)推进器架,人字架.

abradabil'ity *n*. 磨蚀(损)性,磨损度(性).

abra'dant [ə'breidənt] I *n*. ①(研)磨(材)料,研磨〔磨蚀〕剂,金刚砂 ②(磨蚀试验的)对磨体. II *a*. ①研磨用的,摩擦着的 ②擦除的,擦破的,剥落的,脱落的.

abrade' [ə'breid] *v*. ①擦伤〔破,去,掉〕②磨(损,蚀,耗,去,削,薄,光),研磨 ③用喷砂或喷丸)清理,清除. *abraded platform* 【地】浪成〔浪蚀,海蚀〕台地.

abra'dent *n*. 磨料.

abra'der [ə'breidə] *n*. 研磨机(器,工具),磨石,磨蚀(试验)机,磨光(砂轮)机.

abradibil'ity *n*. 可研磨性.

abranchiate *n*.; *a*. 无鳃的,无鳃类动物.

abrase' [ə'breiz] *vt*. =abrade.

abra'ser [ə'breizə] *n*. 磨料,研磨剂.

abra'sio [ə'breiziou] *n*. 磨耗〔蚀,擦〕,耗损.

abra'sion [ə'breiʒən] *n*. ①擦伤〔掉,去〕,刮掉〔去〕 ②磨损〔之处〕,磨蚀〔损〕 ③冲〔海,浪,刮,水〕蚀. *abrasion drill* 回旋钻. *abrasion drilling* 研磨钻机. *abrasion hardness* 磨耗〔蚀,耐磨,研磨〕硬度. *abrasion loss* 磨耗损失. *abrasion platform* 【地】浪蚀台地. *abrasion resistance* 抗磨力〔性〕,耐磨性〔强〕度. *abrasion test* 耐磨〔磨损〕试验. *abrasion value* 磨耗量〔值〕. *abrasion wear* 磨耗(量).

abra'sion-proof *a*. 耐磨的.

abra'sion-resis'tance *n*. 耐磨性〔度〕.

abra'sion-resis'tant *a*. 耐磨的,抗磨的.

abra'sive [ə'breisiv] I *n*. ①(研)磨(材)料,研〔磨蚀〕剂,砾料,擦粉 ②打磨用具,研磨器具 ③磨擦力. II *a*. ①磨料的 ②磨损〔蚀,耗,光〕的,研磨的,有磨蚀作用的,擦伤的. *abrasive blast cleaning* 喷砂清理. *abrasive blast equipment* 喷砂设备. *abrasive cloth* 砂布. *abrasive disc* 砂(轮)盘. *abrasive dresser* 砂轮修整器. *abrasive dust tape* 磨料. *abrasive grain* 磨(料)粒(度). *abrasive hardness* 磨蚀〔磨耗,研磨,耐磨〕硬度. *abrasive machining* 磨削加工,强力磨削. *abrasive material* [media]磨料,研磨剂. *abrasive powder* 研磨〔料,金刚砂〕粉. *abrasive resistance* 抗磨力(性),耐磨(损)能力,耐磨强度. *abrasive sawing machine* 砂轮切断机. *abrasive stick* 油石,磨条. *abrasive surface* 磨耗〔磨蚀,研磨〕面. *abrasive tool* 研磨工具. *abrasive wear* 磨耗〔损,蚀〕. *abrasive wheel* 砂〔磨〕轮. *coated abrasive* 砂纸〔布〕,被覆磨料,外涂磨料.

abra'sive-contain'ing *a.* 含有磨料的.
abra'sive-la'den *a.* 含有磨料的.
abra'siveness [ə'breisivnis] *n.* 磨耗(度),磨损性,磨蚀(性),研磨,耐磨性. *abrasiveness factor* 磨耗系数,磨损系数.
abra'sive-type *a.* 研磨式(的).
abrasive-wear tester 磨损试验机.
abrasiv'ity *n.* 研磨性,磨蚀性.
abra'sor *n.* 打磨用具〔器械〕,擦除器.
abra'tor *n.* 喷丸清理机,抛丸(清理)机. *abrator head* 抛丸器,抛(丸)头. *hanger abrator* 悬挂式抛丸清理机. *wheel abrator* 喷丸器,抛丸清理装置.
ab'razite ['æbrəzait] *n.* 水钙沸石.
abreast' [ə'brest] *ad.* ①并肩〔列,排,联〕,相并②平行,等速前进. ▲*be* 〔*keep*〕 *abreast of* 〔*with*〕与…并进〔非驾齐驱〕,保持与…并列,不落后于,跟上,适应. *in line abreast* 并列〔横排〕成一线.
abreuvage *n.* 机械粘砂.
abreuvoir *n.* 石块间缝隙,砌石间缝隙.
abri *n.* 岩洞(穴),防空洞.
abridge' [ə'bridʒ] *vt.* ①删节,缩短,省〔节〕略,摘要,简化②剥夺,夺去. *abridged drawing* 略图. *abridged edition* 节略版,节本. *abridged general view* 示意图. *abridged multiplication* 捷(速)乘法. *abridge(d) division* 捷(速)除法. *abridged notation* 简记法. *abridged spectrophotometer* 滤色〔简易型分光〕光度计. ▲*be abridged from* 是根据…删节〔简化〕的.
abridg(e)'ment [ə'bridʒmənt] *n.* ①节略,删节,缩短②摘要,概略,节本.
abrim' [ə'brim] *ad.* 满满地.
abrin *n.* 红豆因.
abrine *n.* 红豆碱,N-甲基色氨酸.
abroad' [ə'brɔːd] *ad.* ①在(国,海)外,到国〔海〕外②户〔室〕外③遍布,到处,传开,流行,广泛地. ▲*at home and abroad* (在)国内外. *be all abroad* 猜错,不中肯,离题;感到莫名其妙. *from abroad* 从国〔海〕外(来的),国外进口的. *get abroad* 出门;传开. *ygo* 〔*travel*〕 *abroad* 出国.
ab'rogate ['æbrougeit] *vt.* 废除,取消. **abroga'tion** [æbrou'geiʃən] *n.*
abros *n.* 阿布洛斯镍基耐蚀合金(88% Ni, 10% Cr, 2% Mn).
ABRSV =abrasive 磨蚀的.
ABRSV RES =abrasive resistant 耐磨蚀的.
abrupt' [ə'brʌpt] *a.* ①突〔猝〕然的,意外的②突变的,陡的,急的(如转)的,支离〔破碎〕的,断裂的,断开的③粗暴的,生硬的. *abrupt change* 突〔陡,剧〕变. *abrupt curve* 急弯〔急转,陡变〕曲线. *abrupt discharge* 猝然排出(量). *abrupt junction* 突变〔阶跃〕结. *abrupt slope* 陡坡. *abrupt transformation* 突跃突变换. *abrupt wall* 陡壁. ▲*an abrupt turn* 急转弯. *in an abrupt manner* 匆促,慌慌张张.

abrup'tio *n.* 分裂,分离,分开,剥落.
abrup'tion [ə'brʌpʃən] *n.* 分(断,破,裂)裂,拉(中,隔,急)断,断路〔裂〕,突然分离,【航】脱流.
abrupt'ly [ə'brʌptli] *ad.* 突(猛)然,仓猝间,粗暴地.
abrupt'ness [ə'brʌptnis] *n.* 陡(峭)度,陡峭性,缓急性.
abs- 〔词头〕①离②从.
ABS = ①abstract 摘要 ②acrylonitrile-butadiene-styrene 丙烯腈-丁二烯-苯乙烯三元共聚物 ③air break switch 空气断路开关 ④alkyl benzene sulfonate 烷基苯磺酸盐〔脂〕⑤American Broadcasting System 美国广播系统 ⑥American Bureau of Shipping 美国海运局 ⑦American Bureau of Standard(s) 美国标准局 ⑧Sodium alkyl benzene sulphonate 烷基苯磺酸钠.
abs = ①abstract 摘要 ②absolute 绝对的 ③absorption 吸收.
abs alc = ①absolute alcohol 无水酒精 ②abscisic acid 脱落酸.
abs E =absolute error 绝对误差.
abs visc =absolute viscosity 绝对粘度.
ab'scess ['æbses] *n.* ①脓肿,溃疡②(金属中的)砂眼,气孔(泡),泡孔,缩孔,夹渣内孔.
abscind' *vt.* 切断.
abscisin *n.* 脱落素.
abscis'sa [æb'sisə] (pl. *abscis'sas* 或 *abscis'sæ*) *n.* 横〔坐〕标(轴), X 轴横线. *abscissa of convergence* 收敛横〔坐〕标.
abscis'sæ [æb'sisiː] *n.* abscissa 的复数.
abscis'sion *n.* 截去,切除,分割,隔断,脱离. *abscission layer* 离层.
abscond' [əb'skɔnd] *vi.* 潜逃,逃跑,失踪,躲避(from, with). —ence *n.*
abscopal *a.* 界外的,离位的,远位的.
abscured aperture 遮拦孔径.
ABSE =absolute error 绝对误差.
ab'sence ['æbsəns] *n.* ①缺少〔乏,席〕②没有,不(存)在 ③出神,失神. *absence of restriction* 无约束. *absence rate* 缺勤率. ▲*absence from* 缺(勤,席,课…),暂离. *absence of M* 缺少〔乏〕M. *absence of mind* 不留心,心不在焉. *absence without leave* 旷职,擅离职守,无故缺席. *in one's absence* 不在(场)的时候. *in the absence of M* 在没有(缺少)M 的情况(条件)下,由于缺少 M,当 M 不在(场)的时候. *leave of absence* 请(准)假.
absent I ['æbsənt] *a.* 不(存)在的,缺少〔乏,席〕的,不在场的. *absent order* 缺序. *absent (subscriber) service* 【信】空号服务. ▲(*be*) *absent from* 不在…(地方),缺(勤,席,课). 是…所缺少〔没有〕的. *be absent in* 外出(了)暂时在…. *be absent without excuse* 擅自缺席,无故旷职. *in an absent sort of way* 心不在焉地.
Ⅱ [æb'sent] *vt.* ▲*absent oneself from* 不在,离开,缺(勤,席,课…).
absentee' [æbsən'tiː] *n.* ①缺勤〔席〕者,缺席人员,在

外者②空号.

absen'tia n. =absence 失神,出神.

ab'sently ['æbsəntli] ad. 漫不经心地,心不在焉地.

ab'sent-mind'ed ['æbsənt'maindid] a. 精神不集中的,心不在焉的. ~ly ad. ~ness n.

absinthiin n. =absinthin.

absinthin n. 苦艾素.

absis n. 远日点或近日点.

absite n. 钍钛铀矿.

ab'solute ['æbsəlu:t] a. ①绝对的,完全(无缺)的,纯粹的,无条件的,无限制的,不受限制的. ②确实〔定〕的,一定的,无疑的. ③无水的. ④独立的. absolute alcohol 纯(无水)酒精. absolute altitude 绝对高度,标高,海拔. absolute amplification 固有〔绝对〕放大系数. absolute ceiling 绝对升限. absolute construction 独立结构. absolute ether 无水醚. absolute language 机器〔计算机〕语言. absolute loader 绝对地址装入程序. absolute plotter control 全值绘图机控制器. absolute refusal 断然拒绝. absolute term 绝对〔常数〕项. absolute threshold 听阈,绝对阈值. absolute valency 最高价. absolute value 绝对值. absolute weapon 绝对〔原子〕武器. absolute zero 绝对零度. ▲by absolute necessity 万不得已,因绝对需要.

ab'solutely ['æbsəlutli] ad. ①绝对(地),无条件(地),(完)全(地),当然,完全. ②实际,真正. absoluutely dry wood 全干木材. absolutetly impossible 绝对不可能的.

ab'soluteness n. 绝对,完全.

absolu'tion [æbsə'lju:ʃən] n. 免除,赦免,解除责任.

absolute-value computer 全值计算机.

absolve' [æb'zolv] vt. 免〔除,于〕,解除,赦免. ▲absolve M from N 使 M 免于 N,免除〔开脱〕M 的 N.

ab'sonant ['æbsənənt] a. 不合拍〔理〕的,不谐和的. ▲absonant from〔to〕(nature)违反(自然).

absorb' [əb'sɔ:b] vt. ①吸收,附,热,液),并(吞),吞并②减震,缓冲③吸引(注意),使…全神贯注④承担(费用)⑤酸中和. absorbing capacity 吸收力,吸收量. absorbing resistor 吸收〔消耗〕电阻. absorbing well 吸〔渗〕水井. ▲be absorbed in 专心于,全神贯注在…上.

absorbabil'ity [əbsɔ:bə'biliti] n. (可,被)吸收性,吸收[取]能力[本领],吸收量.

absorb'able [əb'sɔ:bəbl] a. 可〔被〕吸收的.

absorb'ance [əb'sɔ:bəns] 或 **absorb'ancy** [əb'sɔ:bənsi] n. ①吸收率〔比,力〕,吸收系数的(常用对数)②光密度,吸光度〔率〕.

absor'bar n. 反应堆中子的吸收体.

absor'bate n. (被)吸收的(物〔质〕),吸收质.

absorbed [əb'sɔ:bd] a. (被)吸收的,注意力集中的,全神贯注的. absorbed dose 吸收剂量. absorbed energy 吸收能. absorbed layer 吸附层. with absorbed interest 全神贯注地.

absorbed-in-fracture energy 冲击韧性〔强度〕,冲击功,弹能.

absorb'edly [əb'sɔ:bidli] ad. 一心(一意)地,专心地.

absorbefa'cient [əbsɔ:bi'feiʃənt] I a. 吸收性的,使吸收的,促进吸收的. II n. 吸收(促进)剂.

absor'bency [əb'sɔ:bənsi] n. ①吸收能力,吸墨性 ②光密度,吸光度.

absor'bent [əb'sɔ:bənt] I a. (能)吸收的,有吸收(能)力的,吸收性的. II n. 吸收〔附,中和〕剂,吸收体,吸声剂. absorbent aggregate 吸水集料. absorbent carbon 活性碳. absorbent charcoal 活性炭,吸收性炭. absorbent cotton 脱脂棉. gas absorbent 吸气剂,气体吸收剂. ▲be absorbent of (water)能吸(水).

absorb'ent-type a. 吸收剂型的.

absorb'er [əb'sɔ:bə] n. ①吸收器〔体,剂,管,装置,电路,电阻〕,过滤〔滤波〕器 ②中和剂 ③减震〔缓冲,阻尼〕器,减震体 ④电流〔波〕吸收装置. absorber cooler 吸收冷却器. absorber diode 吸收二极管. digit absorber 数字吸收器,消位器. electronic absorber 电子吸声器. energy absorber 减能器,能量吸收器. neutron absorber 中子吸收. oil shock absorber 油压缓冲〔减震〕器. shock〔vib-ration〕absorber 减震〔消震,缓冲〕器,振动〔阻尼〕器,缓冲装置. sound absorber 吸音剂,减音材料. thermal〔heat〕absorber 吸热器.

absorber-type a. 吸收型的.

absorber-washer n. 吸收洗涤器.

absor'bing [əb'sɔ:biŋ] a.;n. ①吸收(的),减震(的). ②引人入胜的,非常有趣的,使人注意力集中的. absorbing agent 吸收剂. absorbing power〔ability,capacity〕吸收能力. absorbing well 吸(渗,泻)水井. ~ly ad.

absorpt' [əb'sɔ:pt] a. (被)吸收的,注意力集中的.

absorp'tance [əb'sɔ:ptəns] n. ①吸收比〔性,度,率,系数,能力,本领〕. screen absorptance 屏蔽吸收系数.

absorptiom'eter [əbsɔ:pfi'ɔmitə] n. 吸收(率,比色,光度)计,(光电比色用)吸光计,透明液体比色计,吸收测定器. Spekker absorptiometer 粉末比表面测定仪,吸收测定仪.

absorptiomet'ric [əbsɔ:pfiə'metrik] a. 吸收(比色)计的,溶〔吸〕气计的.

absorptiom'etry [əbsɔ:pfi'ɔmitri] n. 吸收测量学,吸收(能力)的测量,吸光测定法.

absorp'tion [əb'sɔ:pʃən] n. ①吸收〔取,附,入,溶〕(作用),吸水(性,作用),粘着,附着 ②缓冲,阻尼 ③专心(注),热衷于(in)④吞并,并吞. absorption band 吸收(光,谱,频,光谱)带. absorption cell 吸收池(槽,匣). absorption edge 吸收(界)限,吸收带边界. absorption meter (液体)溶〔吸〕气计,吸收(比色,光度)计. absorption of moisture 吸湿(潮). absorption of shocks 缓冲,减震. absorption plane (天线的)有效面. absorption well 吸〔渗〕水井. digit absorption 数字吸收,消位. epithermal absorption 超热中子吸收. fission neutron absorption 裂变中子吸收(俘获). specific absorption 吸收率〔比,系数〕. thermal absorption 热(中子)吸收,吸热. water absorption 吸水(率,性). X-ray absorption method X 射线测量密度法.

absorption-dispersion pair 吸收波散对.
absorp'tion-type a. 吸收式的.
absorp'tive [əb'sɔːptiv] a. 吸收(性)的,吸水性的,有吸收力的. *absorptive index* 吸收指数〔系数,率〕. *absorptive capacity* 吸收能力,吸收量.
absorp'tive-type a. 吸收型的.
absorptiv'ity [əbsɔːp'tiviti] n. 吸收〔取,液〕能力,吸收率〔量,度,性,系数〕,吸热率,吸湿性,吸引力〔率〕,吸光系数. *absorptivity wavemeter* 吸收式波长计.
absorptivity-emissivity ratio 吸收发射比.
abst =abstract ①摘要,提要,文摘 ②抽出质,提出物,萃取物.
abstain' [əb'stein] vi. 戒除,禁绝,节制,避免〔开〕,弃权(from). ▲*abstain from* +ing 不(做).
abstatampere n. 绝静安培.
abstatvolt n. 绝静伏特.
absten'tion [æb'stenʃən] n. 禁戒,节制,避免〔开〕,弃权(from).
abster'gent [əb'stəːdʒənt] I a. 洗去⋯的,洗涤的,(有)去垢(性质)的有洁净作用的. II n. 洗涤〔去垢,去污〕剂,去污粉,洗涤器.
abster'sion [əb'stəːʃən] n. 洗净,净化.
abster'sive a. 使⋯洁净的,净化的.
ab'stinence ['æbstinəns] 或 **ab'stinency** ['æbstinənsi] n. 节制〔约〕,禁戒〔忌〕,戒除.
abstr. =abstract n.
abstract I [æb'strækt] vt. ①提取〔炼〕(出),萃取,抽〔取〕出,除〔移〕去,散开 ②摘要,概括,使抽象(化) ③转移(注意). *abstract heat* 散热. *abstracting metal from ore* 从矿石中提炼金属. *abstracting service* 简介服务〔业务〕,文摘〔摘要〕服务工作.
Ⅱ ['æbstrækt] n. ①抽象(观念,物),概括 ②提〔摘〕要,摘录,简介,文摘,小计 ③(将热或水)引出,蒸馏 ④提出〔萃取〕物,浸出物,浸膏粉,强散剂.
Ⅲ [æb'strækt] a. ①抽象的,理论〔观念〕上的,无实际意义的 ②【数】不名的 ③难解的,深奥的. *abstract code* 抽象码,理想代码. *abstract number* 不名〔抽象〕数. *abstract set* 电视演播室布景. *abstract studio design* 电视演播室布景设计. *indicative abstract* 简介,内容提要. *information abstract* 信息萃取,报告性文摘. ▲*abstract one's attention from* 从⋯上转移开某人注意. *in the abstract* 抽象地,理论上. *make an abstract of* 把⋯的要点摘录下来.
abstract'ed [æb'stræktid] a. ①抽象的,抽出来的 ②心不在焉的. *abstracted river* 袭夺河. ~ly ad.
abstract'er =abstractor.
abstrac'tion [æb'strækʃən] n. ①抽象(观念,化) ②分离,抽〔取〕出,提取〔炼〕,萃取,抽〔浸〕除〔移〕去,(将热或水)引出 ③耗〔蒸,散〕溜 ④抽血,放血 ⑤心不在焉. *abstraction of heat* 或 *heat abstraction* 除〔散,排,减〕热,热的排除〔散失,抽除〕.
ab'stractly ['æbstræktli] ad. 抽象地,理论〔观念〕上.
ab'stractness ['æbstræktnis] n. 抽象性.
abstract'or [æb'stræktə] n. ①摘录者 ②吸水者 ③提取器,萃取器. *heat abstractor* 散热器,散热装置.
abstrac'tum n. 强散剂.
abstric'tion n. (孢子)缢断形成作用.

abstruse' [æb'struːs] a. 深奥的,难懂的. ~ly ad. ~ness n.
absurd' [əb'səːd] a. 不合理的,荒谬的,愚蠢的,可笑的.
absurd'ity n. 不合理,荒谬,谬论,荒唐的事. *reduction to absurdity*【逻辑】间接证明法,归谬法(为了证明某一命题之真而证明其反对之为谬的方法).
absurd'ly [əb'səːdli] ad. 荒谬地.
absurd'ness [əb'səːdnis] n. 不合理,荒谬.
ABT =air blast transformer 气冷式变压器.
ABT 或 **abt** =about 大约.
abter'minal a. 远末端的.
ABTICS =abstract and book title index card service 文摘和书目索引卡服务处.
ABTY =A-battery A 电池.
Abu Dhabi n. 阿布扎比(阿拉伯联合酋长国首都).
abukumalite n. 钇(硅)磷灰石,磷钇钙矿,阿武隈石.
abun'dance [ə'bʌndəns] n. ①丰富,充裕〔足〕,富足 ②丰度,个体密度 ③(数,大,分布)量. *abundance sensitivity* (质谱仪)同位素灵敏度. *cosmic abundance* 宇宙中元素丰度. *isotope abundance* 同位素丰度. *mass abundance* (定)质量子额. *meteoritic abundance* 陨星中元素丰度. *percent abundance* 百分率丰度,百分率中相对分布量. ▲*an abundance of* 许许多多的,丰富的,充裕的. *in abundance* 多,充足,富裕.
abun'dant [ə'bʌndənt] a. 丰富的,充裕〔足,分〕的,大量的,许多的. *abundant harvest* 丰收. *abundant number* 过剩〔剩余〕数. *abundant proof* 充分的证据. ▲*be abundant in* 富有〔于〕,⋯多.
abun'dantly [ə'bʌndəntli] ad. 大量地,丰富地,多.
abunits n. CGS 电磁制单位.
ab uno disce omnes [æb'juːnou (disi'ɔmniːz] 〔拉丁语〕闻一而知十,察微而知著,由一斑而知全豹.
abu'sage [ə'bjuːzidʒ] n. 乱(误)用.
abuse' I [ə'bjuːz] vt. ①滥〔乱,误〕用,不合理地使用,糟蹋 ②诋毁,辱骂.
Ⅱ [ə'bjuːs] n. ①滥〔误〕用 ②(pl.)恶习,弊病. *abuse failure* 使用不当的故障.
abu'sive [ə'bjuːsiv] a. 滥〔乱,误〕用的,辱骂的. ~ly ad. ~ness n.
abut' [ə'bʌt] Ⅰ (*abutted; abutting*) v. ①邻〔连〕接,毗连,接(临)近(on, upon) ②(紧)靠在(⋯上),倚在,靠着,支撑(against, on, upon) ③止动. *abutted surface* 相接〔贴合〕面.
Ⅱ n. ①端,尽头 ②支点〔架,座,承,撑,柱,面〕,柱〔拱〕脚,桥台,扶壁 ③止动点〔器〕④贴合物,对头接合 ⑤接(合)点,接界.
abu'tilon [ə'bjuːtilən] n. 白〔青〕麻.
abut'ment [ə'bʌtmənt] n. ①邻〔连,相〕接,接界,贴合,对头接合 ②(支,承,墩式合)座,(拱)脚,桥台墩,架〔,岸〔边〕墩,支〔墩〕柱,桥垛,坝墩,坝肩,斜撑,护墩 ③(支〔撑〕面,接合点. *abutment joint* 接〔抵〕接头,桥台接缝,坝肩接缝. *abutment pier* (靠)岸(桥)墩,墩式桥台. *abutment pressure* 桥台〔拱脚〕压力. *pawl abutment* 掣子轮〔钥〕. *spring abutment* 弹簧支座.
abut'tal [ə'bʌtl] n. ①邻接,接界 ②桥台〔墩〕,承座,支柱 ③(pl.)境〔地〕界.

abut′ter [əˈbʌtə] n. 邻接道路的土地所有者.

abut′ting [əˈbʌtiŋ] a. ①毗连的,邻近的,相邻的 ②对接的,端[对]接的 ③凸出的. *abutting joint* 对接[对抵,端接]接头,对接,端接.

abv = ①abbreviation 缩写(词) ②above 以上.

ab′volt [ˈæbvoult] n. CGS 电磁制伏特,绝(对)伏(特)(电磁制电压单位, = 10^{-8} 伏特).

abys′mal [əˈbizməl] a. ①深渊的,无底的,深潭中 ②【地】深成的,深海的. *abysmal deposit* 深海沉积. *abysmal ignorance* 完全无知. ~ly ad.

abyss′ [əˈbis] n. ①深渊(海),无底洞,地下 ②地狱. ▲*abyss of time* 永远.

abys′sal [əˈbisəl] a. ①深不可测的,深渊的 ②【地】深成的,深水的,深海的. *abyssal rock* 深成岩. *abyssal sea* 深海,海渊. *abyssal zone* 深海区(大陆架以外,海面以下 2000～7000m).

Abyssin′ian a. 埃塞俄比亚的.

abyssobenthos n. 深海海底生物,底栖生物.

abyssopelagic a. 深渊的.

AC = ①absorption coefficient 吸收系数 ②academician 院士,学部委员 ③accumulator 蓄电池 ④acid 酸 ⑤acre 英亩 ⑥adapter cable 适配电缆 ⑦adjustment-calibration 调整-校准 ⑧aerial current 天线电流 ⑨aerodynamic center 空气动力中心 ⑩after Christ 公元后 ⑪aiming circle 测角罗盘 ⑫air condenser 空气冷凝器,空气电容器 ⑬air conditioner 空气调节器 ⑭air conduction 空气传导 ⑮air-cooled 气冷的 ⑯alternating component 交流成分 ⑰alternating current 交流(电) ⑱analog computer 模拟计算机 ⑲Ante Christum 公元前 ⑳anti-corrosive 防蚀的 ㉑armoured car 装甲汽车,装甲车 ㉒asbestos cement 石棉水泥 ㉓asphalt cement 膏体地沥青,地沥青胶泥 ㉔autocollimator 自动准直仪,光学测角仪 ㉕automatic computer 自动计算机 ㉖automatic control 自动控制 ㉗auxiliary console 辅助控制台 ㉘axial centrifugal 轴向离心式.

Ac = ①acetate radical 乙酸基 ②acetone 丙酮 ③acetyl 乙酰 ④acetyl radical 乙酰基 ⑤actinium 锕 ⑥alicyclic 脂环(族)的.

A/C = ①absolute ceiling 绝对升限 ②air compressor 空气压缩机 ③air conditioning 空气调节 ④aircraft 飞机 ⑤associate contractor 副承包人.

a/c = ①account 计算,帐单 ②account current 来往账户,活期存款账户.

a-c = ①alternating component 交流成分 ②alternating current 交流(电).

A&C = addenda and corrigenda 补遗与勘误.

AC&A = acetic acid 乙酸.

AC&Dial = alternating current dialling 交流拨号.

AC&REL = alternating-current relay 交流continuous电继电器.

ACA = automatic circuit analyzer 自动电路分析器.

aca′cia [əˈkeiʃə] n. ①刺槐,金合欢 ②阿拉伯橡胶树,阿拉伯树胶,金合欢胶 ③润滑剂,缓和剂.

Acad = academy(学术)协会,高等学校.

academ′ia n. 学术界,学术生活(环境).

academ′ic [ækəˈdemik] I a. ①高等[专科]院校的,研究院的,学院的,学会的,学术的 ②单纯理论的,脱离实际的,学究式的,非实用的,空谈的,枯燥无味的 ③正式的.

II n. (大)学生,大学教师,学会会员,学究式人物 (pl.)(纸上)空论. *academic body* 学术团体. *academic degree* 学位. *academic discussion* 学术讨论. *academic year* 学年.

academ′ical a. =academic.

academi′cian [əkædəˈmiʃən] n. (英、法等国学会的)会员,院士.

academ′icism n. 学院式.

acad′emy [əˈkædəmi] n. ①高等[专科]院校,(科)学院,研究院[所] ②(学术)协会,学会. *Academy of Sciences* 科学院.

aca′dialite n. 红斜方沸石.

Aca′dian [əˈkeidiən] a.; n. ①(加拿大)新斯科舍省的(人) (Nova Scotian 的旧称) ②阿卡德(中寒武纪).

acalc(a)emia n. 缺钙血.

acalcero′sis n. 缺钙(症).

acalcu′lia n. 计算力缺失,计算不能.

acam′psia [əˈkæmpsiə] n. 屈挠(身体某部位或关节)不能.

acantha n. 棘,棘突.

acantha′ceous a. 有刺的.

acanthite n. 螺状硫银矿.

acan′thus [əˈkænθəs] n. ①茛苕,爵床科植物 ②茛苕叶形装饰 ③叶板. *acanthus leaf* 叶板.

acap′nia n. 血液二氧化碳缺乏,血液碳酸缺乏,缺碳酸血(症).

acap′sular a. 无荚膜的.

Acapul′co n. 阿卡普尔科(墨西哥港口).

acardite n. 二苯脲.

acaricide n. (农药)杀螨剂.

acaroid gum 禾木胶.

acaroid resin 禾木(草树)树脂.

acar′pia n. 不结果实,不育.

acar′pous [eiˈkɑːpəs] a. 不结果实的,不育的.

acar′yote [əˈkɑːriout] n.; a. 无核的,无核细胞.

ACAS = Advisory, Conciliation and Arbitration Service(英)咨询调解和仲裁局.

ACASTD = Advisory Committee on the Application of Science and Technology to Development 科学技术用于开发咨询委员会.

acatalep′sia [əkætəˈlepsiə] 或 **acatalep′sy** [əˈkætəˈlepsi] n. 领会不能,诊断不明.

acatalep′tic [əkætəˈleptik] a. 智能缺陷的,不明的,领悟不能的.

acatamathe′sia [əkætəməˈθiːziə] n. 感知辨别不能,理解不能.

acatapha′sia [əkætəˈfeiziə] n. 连贯表意不能,表达不能.

acatasta′sia [əkætæsˈteisiə] n. 反[异]常,失规.

acatastatic a. 反[异]常的,失规的.

acathar′sia [əkəˈθɑːsiə] 或 **acathar′sy** [əkəˈθɑːsi] n. 排泄不能,便秘.

acathec′tic [ækəˈθektik] a. 排泄失禁的.

acathex′is [ækəˈθeksis] n. 排泄失禁.

acau′dal 或 **acau′date** a. 无(缺)尾的.

ACAV = automatic circuit analyzer and verifier 自动电路分析检验器.

ACB = ①air circuit breaker 空气断路器 ②asbestos cement board 石棉水泥板 ③automatic circuit breaker 自动断路器.

ACC = ①accumulator 蓄电池,蓄压器 ②air control center 空中[气]操纵中心 ③automatic chrominance control 自动色品控制 ④automatic colour control 自动色度控制 ⑤automatic combustion control 自动燃烧控制 ⑥anodal closure contraction 阳极通电收缩.

acc = ①acceleration 加速度 ②acceptance 承兑,验收(合格) ③accommodation 调节,适应 ④according to 按照 ⑤account 账(目,户) ⑥accountant 会计 ⑦accumulating register 累加寄存器 ⑧accumulator 储存[蓄压]器,蓄电池,累加器.

accede' [æk'si:d] *vi.* ①同意,答应,允诺,接受(to) ②就任,即位,继承(to) ③加入,参加(to).

ACCEL = ①accelerate 加速 ②accelerator 加速器,风门,加速踏板;催化剂 ③accelerometer 加速表.

accel-decel *a.* 加速-减速的.

acceleransstoff n. [德语]加速物质.

accel'erant [æk'selərənt] *n.* ①催化[催化剂,促进,促煤,触媒,捕集]剂 ②accelerant *coatings* 速燃层.

accel'erate [æk'seləreit] *v.* ①加[催,变]速,增加速度,促进. *accelerate the car to a speed of 100 mph.* 把汽车的速度增加到每小时 100 英里. *accelerated ageing* 加速老化[时效],人工(加速)老化[时效]. *accelerated at a growing rate*(不断)加速的. *accelerated cement* 快凝水泥. *accelerated charging* 短期填充,加速充电. *accelerated gum* 速成胶质. *accelerated particle* 被加速粒子,加速粒子流. *accelerating agent* 催化[催速,促凝]剂. *accelerating relay* 加速(多路式)继电器. *accelerating well* 补偿油井.

accelera'tion [æk,selə'reiʃən] *n.* ①加(速)(度,作用)加速度值,加速度矢量;催化(作用),促进(作用)②加快,剧升,(火箭的)起飞. *acceleration of* [*due to*] *gravity* 或 *gravitational acceleration* 重力加速度. *acceleration response* 加速度反应,过载反应. *acceleration time* 加速(起动,存取)时间. *drag acceleration* 负加速度,阻力加速度,减速. *linear acceleration* 直线加速度. *transient acceleration* 瞬时加速度.

acceleration-cancelling hydrophone 消加速度海洋检波器.

acceleration-deceleration *a.* 加速-减速的.

acceleration-insensitive *a.* 对加速不敏感的.

accelera'tionless *a.* 未加速的,无加速度的.

acceleration-sensitive *a.* 对加速敏感的.

accel'erative [æk'selərətiv] *a.* 加[催]速的,促进的.

accel'erator [æk'seləreitə] *n.* 加速器[泵,装置,电极,踏板],风门,加速剂,促凝,速凝,催凝剂,反应堆计. *accelerator pedal* 加速踏板. *particle accelerator* 粒子加速器. *second accelerator* 第二阳极,第二加速(电)极.

accelerator-type *a.* 加速器型的.

accelerin *n.* 促凝血球蛋白.

accel'erogram *n.* 加速度(自动)记(录)图.

accel'erograph [æk'seləræɡrɑːf] *n.* 自动(记)加速仪,加速自(动)记(录)计[器,仪],加速度测量仪,加速度测定器.

accelerom'eter [æk,selə'rɔmitə] *n.* 加速(度)表(计,器,仪),过荷[载]传感(指示,自记)器. *accelerometer tube* 加速度测量管. *accelerometer type seismometer* 加速度地震检波器. *integrating accelerometer* 积分加速表,积分仪.

accelerom'etry *n.* 加速度测量术.

accelo-filter *n.* 加速过滤器.

accent I ['æksənt] *n.* ①重音(符号),扬音 ②音[声]调. II [æk'sent] *vt.* ①加重,强调,重读 ②加重音符号 ③使特别显著. *accent light* 加强灯光,强光灯. *accent lighting* 重点照明. *accented term* 重点项.

accen'tual [æk'sentjuəl] *a.* 重音的.

accen'tuate [æk'sentjueit] *vt.* ①着重(指出),强调,增强,重读 ②(音频)加重,提升,(音频)强化 ③加重音符号.

accentua'tion [æksentju'eiʃən] *n. accetuation filter* 预加重滤波器.

accen'tuator [æk'sentjueitə] *n.* ①(音频)加重器,增强器,选频放大器,加重电路 ②振幅加强线路,频率校正电路 ③增强剂.

accept [ək'sept] *vt.* ①接受[收],验收(合格) ②答应,应答,承认,认可,允许,许可 ③承兑. *accept battle* 迎(接)战. *accept the challenge* 应战,为解决问题而努力. *accepted meaning* 普遍[大家公认的]意义. *accepted standards* 采用的标准. *accepted tolerance* 容许公差. *accepting circuit* 接收(通波,串联谐振)电路. *currently accepted* 目前通用的. *generally accepted* 通用的,普遍承认的. ▲ *accept M as* (to be)*N* 把 M 当作 N,认为 M 是 N.

acceptabil'ity [əksepta'biliti] *n.* (可)接受(性),合格,满意.

accept'able [ək'septəbl] *a.* 可接受的,容许的,验收的,合格的,满意的,受到欢迎的. *acceptable contrast ratio* 较佳(可接受的)对比度. *acceptable environment* 验收环境. *acceptable explosives* 准运爆炸品,合格炸药. *acceptable quality level* 验收[合格]质量标准. *acceptable test* 验收(合格)试验. *acceptable velocity* 容许速度. ▲ *acceptable for* 适用于,可为...所接受的.

accept'ably [ək'septəbli] *ad.* 可以接受[允许]地,满意地.

accept'ance [ək'septəns] *n.* ①接收(度),验收,收录,容纳 ②答应,承认,认可,肯定 ③承兑. *acceptance angle*(电波)到达角,接收角. *acceptance certificate* 验收合格证,验收证书. *acceptance check* 验收. *acceptance condition* 验收(合格)条件. *acceptance contract* 承兑合同. *acceptance of materials* 材料的验收. *acceptance range* 作用(目标截获)距离. *acceptance region* 可接受域. *acceptance survey* 验收. *acceptance test* 验收试验. ▲ *find acceptance with* [in] 得到...允许[认可]. *receive* (*wide*) *acceptance* 得到(广泛)承认. *win the acceptance of M of N* 赢得 M 对 N 的承认[接收,采纳].

accept'ant *a.* (愿)接受的.

accepta'tion [æksep'teiʃən] *n.* 词义,意义. *different acceptations of a word* 一词数义.

accep'ter 或 **accep'tor** [ək'septə] *n.* ①接受器[体,程

ac′cess

序〕,接收器,受主〔子,体〕 ②通波器 ③带通电路,谐〔共〕振电〔回〕路 ④被诱场. *acceptor circuit* 带通〔分出,接收器,谐振〕电路. *acceptor level* 受主〔能〕级,承受水平,接受级. *acceptor rejector circuit*（由带除电路和带通电路组成的）综合滤波器电路. *acceptor resonance* 电压〔串联〕谐振. *ion acceptor* 离子（接）受体,离子受主. *ionized acceptor* 离子化受主.

ac′cess [ˈækses] *n.* ①接近,进入〔出〕通道,人孔,检修孔,(出)入口,进入孔,引道〔桥〕,通〔进〕路,调整孔 ②【计】存取,取数,(数据,信息)选取,(数据)选择,访问,查索 ③接触使用,接近〔的〕机会〔方法〕,门路,捷径 ④(拆机)备用空间 ⑤发病. *access arm*〔存取〕访问,定位〕臂. *access board* 搭板,跳板. *access bridge* 引桥,便桥. *access code* 选取码. *access door* 便门〔出入门,检修门,孔〕,通开门. *access duct* 进线管道. *access floor* 活地板. *access method* 访问方法,(存取)方法. *access mode* 存取方式,取数方式. *access panel* 观测台,观察板. *access scan* 取数访问. *access speed* (数据)选取速度. *access time* 存取〔选取,取数,信息发送〕时间. *access tunnel* 交通〔交通〕通道. *direct access* 直接存取,直接存取. *random access* 随机存取. *solve problems by direct access to a computer* 直接用计算机解题. ▲*access to M* (能)利（使）用 M,通向 M 的入口〔门道〕. *(be) easy* 〔*hard, difficult*〕*of access* 易〔难〕接近〔到达,看到,得到,理解〕的. *have* 〔*get, obtain*〕 *access to* 可以〔得以,有机会〕使用〔看到,获得,利用,接近,接触,出入,理解〕.

ACCESS = ①accessory 附〔零,配件,附属的 ②aircraft communication electronic signaling system 飞机通讯电子信号系统.

acces′sary *a.* =accessory.

accessibil′ity [æksesiˈbiliti] *n.* ①可达〔亲,及〕性,(易)接近性,易维护性 ②(新仪表使用前的)检查〔查看,操作)步骤〔方法.

acces′sible [ækˈsesəbl] *a.* ①(容易)接近〔达到,看到,够得着,使用,通入,进入)的,可以理解的,易受影响. *accessible address space* 可存取地址空间. *accessible compressor* 易卸(现场用,半密封)压缩机. *accessible point* 可达点. ▲(*be*) *accessible for*（便于）于. (*be*) *acces-sible to* n〔为…所能接近〕到达,拿到手,看到,理解)的. **accessibly** *ad.*

acces′sion [ækˈseʃən] I *n.* ①接近,到达 ②增加（物),加入,新到图书,新添书籍,新增资料 ③就职〔任〕④同意.
II *vt.* 把(新书)登记入册. ▲*accession* (*of M*) *to* N (M)达到 N,(M)接近 N;(M)就任〔继承〕N;N 增加〔添加〕M.

acces′sional *a.* 附加的.

accessor′ial *a.* 附属的.

accessor′ius [æksoˈsɔːriəs] *n.* 副神经. *a.* 副的.

acces′sory [ækˈsesəri] *a.* 附〔从)属的,附带〔加)的,副的,次要的,辅(补)助的,【数】配连的. II *n.* ①(pl.)附(零,配)件,附属品,辅助设备(装置,部件,仪表,用具) ②(pl.)次要矿物,岩屑. *accessory case* 附(零)件箱. *accessory condition* 配连条件. *accessory mineral* 副矿物,副生矿物. *ac-*

accom′modate

cessory structure 附属结构. *accessory substances* 副产物. *anchoring accessories* 锚定件的加固钢筋,地脚钢筋. *die accessories* 压模附件.

access-well *n.* 交通（竖)井,进入井.

ac′cidence [ˈæksidəns] *n.* 初步,入门,词法.

ac′cident [ˈæksidənt] I *n.* ①(偶联)故障,(偶发)故障,失事,遇险,损伤,破坏,偶然(意外,不测,突发)事件. II *a.* 紧〔数〕急用的. *accident brake* 紧急用的制动器. *accident error* 偶然误差. *accident insurance* 事故保险. *accident of the ground* 地形不平,地面起伏,褶皱. *accident prevention* 安全措施,事故预防. *human element accident* 责任事故. *industrial accident* 工伤事故. *traffic accident* 交通事故. ▲*by accident* 偶然,无意中,不小心. *by no accident* 并非偶然. *cause an accident* 造成〔引起〕事故. *have*〔meet with〕*an accident* 出事故,失事. *without accident* 安全地,(并)无意外,没有发生事故.

acciden′tal [æksiˈdentl] *a.* ①偶然的,意外的,临时的 ②随机的 ③附属的,附带的,无规的,不重要的 ④【地】外源的. II *n.* 偶然事件,偶有种,附带事物,非本质的属性. *accidental air admission* 空气偶然进入. *accidental error* 偶然〔随机)误差. *accidental inclusion* 外来〔源)包体. *accidental irradiation* 事故性辐照,偶然辐照. *accidental printing* 复印效应.

accidental-coincidence *n.* 偶然符合的.

accident′ally [æksiˈdentli] *ad.* 偶然地,附带地.

ac′cidented *a.* 凹凸(高低)(不平)的.

ac′cidently [ˈæksidəntli] *ad.* 偶然地,附带地.

accident-prone *a.* (因粗枝大叶而)特别易出事故的. ～ness *n.*

acclaim′ [əˈkleim] *vt.* *n.* (向…)欢呼〔喝彩〕,称赞.

acclama′tion [ækləˈmeiʃən] *n.* acclam′atory *a.*

accli′mate [əˈklaimeit] =acclimatize.

acclima′tion [ækliˈmeiʃən] 或 acclimatiza′tion [əklaimə-taiˈzeiʃən] *n.* 适应(气候,环境),驯化作用,气候(环境,水土)适应;风土驯化.

acclimatiza′tion 或 **acclimatisa′tion** *n.* 气候(环境,水土)适应,驯化(作用).

accli′matize 或 **accli′matise** [əˈklaimətaiz] *v.* (使)服水土,(使)适应(气候,环境). ▲*acclimatize oneself to* 适应(气候,环境).

acclinal *a.* 倾斜的.

accli′ve [əˈklaiv] *a.* 倾斜的,有坡度的.

accliv′itous [əˈklivitəs] *a.* 倾斜的,慢斜的,向上斜的.

accliv′ity [əˈkliviti] *n.* (向上的)斜坡,上升坡上斜,(向上)倾斜.

accli′vous [əkˈlaivəs] *a.* 倾斜的,向上斜的,上〔升)坡的.

accolade′ *n.* 连谱号.

Accoloy *n.* 镍铬铁耐热合金(铬 12～18%,镍 38～78%,少量钼及钛,其余铁).

accom′modate [əˈkɔmədeit] *v.* 调节,(使)适应,接〔容)纳,收容,寄存,供应(给),提供. ▲*accommodate oneself to* 适应(…的需要). *accommodate* (*M*) *to N* (使 M)适应 N. *accommodate M with N* 为 M 提供 N. (*be*) *well accommodated* (招待,居住)设备齐全,设备良好.

accommoda′tion [əkɔmə′deiʃən] *n.* ①调节(机能),适(供)应,容纳 ②(招待,居住)设备,膳宿供应,床(铺,座)位,住舱,居住舱室,房舍,舱室布置,家[用]俱 ③贷款. *accommodation bridge* 专用[特设]桥梁. *accommodation coefficient* 适应[调节]系数. *accommodation ladder* 舷梯,扛梯. *accommodation of traffic* 交通调度. *accommodation road* 专用公路. *accommodation train* 慢车. *beaching accommodation* 登陆设备. *office accommodations* 办公用具. ▲*accommodation of M to N* M 适应 N,M 与 N 配合.

accom′modative [ə′kɔmədeitiv] *a.* 适合[应]的,调节的.

accom′modator [ə′kɔmədeitə] *n.* 调节器[者,装置].

accommodom′eter *n.* 眼调节计,调节测量计.

accommodom′etry *n.* 调节测量.

ACCOMP = accomplished 已完成的.

accom′paniment [ə′kʌmpənimənt] *n.* 伴随[附属]物,伴奏,助音,跟踪. *sound accompaniment* 伴音,合奏. ▲*to the accompaniment of* (伴)随着.

accom′panist [ə′kʌmpənist] *n.* 伴奏[陪衬]物,伴奏者.

accom′pany [ə′kʌmpəni] *vt.* 伴随[生,奏],陪同,与…同时发生[进行]. *accompanying diagram* 附图. *accompanying element* 伴生[伴同]元素. *accompanying mineral* 伴生矿物. *accompanying sound trap* 伴音陷波器. *accompanying table* 附表. ▲(*be*) *accompanied by* 伴随[同时]有,附[带]有. (*be*) *accompanied with* 伴随有,附[带,兼]有,以…为其特征.

accom′plice [ə′kɔmplis] *n.* 帮凶,同谋者(in);协同菌.

accom′plish [ə′kɔmpliʃ] *vt.* 完成,达到(目的),实行. *accomplish work* 做功.

accom′plished [ə′kɔmpliʃt] *a.* (已)完成的,竣工的,熟练的. ▲*be accomplished in* 擅(专)长,精于.

accom′plishment [ə′kɔmpliʃmənt] *n.* ①完成(量,进度),实行(施) ②成就(绩) ③(pl.) 本领,才艺,技能. *post accomplishment each day* 每天登记[公布]完成进度.

accord′ [ə′kɔːd] *v.; n.* ①一致,符合,调和,和谐,和音 ②给予 ③(国际)条约,协定(between, with). *accord with* 与…一致(符合,相协调). (*be*) *in accord* (*with*) (与…)一致[调和]. (*be*) *out of accord* (*with*) (与…)不一致[不调和]. *bring M into accord with N* 使 M 与 N 一致(相调和). *of one′s own accord* 自动(地),自行,自然而然地,自愿地,主动地. *with one accord* 一致地.

accord′ance [ə′kɔːdəns] *n.* 一致,协调,调和,匹配,相适应[协调] ②给予. ▲*in accordance with* (*to*) 按照,根据,与…一致[相适应]. *out of accordance with* 与…不协调的.

accor′dant [ə′kɔːdənt] *a.* 一致的,匹配的,协调的,协和的,相合[和]的,整合[一]的,平齐的. *accordant connection* 匹配[整合]连接. *accordant junction* 平行汇流. *accordant unconformity* 平行[平齐]不整合. ▲*accordant with* (*to*) 与…一致[相合,相调和]的. ~*ly ad.*

accord′ing [ə′kɔːdiŋ] *a.* ▲*according as* 取决于,视[随]…而定;依照…而,根据…而,这就要看. *according to* 按照,根据,按…,与…相应,随…而(而不同). *according to circumstances* 根据情况,随机应变. *from each according to his ability* 各尽所能.

accord′ingly [ə′kɔːdiŋli] *ad.* 因此,于是,所以,从而;适当地,相应地,照着(做). ▲*accordingly as* = *according as*.

accor′dion [ə′kɔːdjən] Ⅰ *n.* ①手风琴 ②(印制电路的)"Z"形[折式]插孔. Ⅱ *a.* 褶(状)的,折成褶的,可折叠的,折叠式的. *accordion coil* 褶状线圈. *accordion contact* 手风琴式("Z"形)触点簧片. *accordion door* 褶[折叠]门.

accost′ [ə′kɔst] *vt.* (走上前)向…打招呼[对…说话].

accouchee *n.* 〔法〕产妇.

accouchement [əkuː′ʃmɑ̃] *n.* 〔法语〕分娩,生产.

accoucheur [æku:′ʃə] *n.* 〔法语〕助产士,产科医生.

accoucheuse [æku:′ʃəːz] *n.* 〔法语〕女助产士,产科女医师.

account′ [ə′kaunt] Ⅰ *n.* ①计算,核算,估计,考虑 ②利益,价值,好处,重要性 ③理由,缘故 ④账(户,单,目),计算书,报表 ⑤说明,解释,叙述,报导. *account for the repair* 修理费用单. *account number* 账号. *account valuation* 估价(计). *cost account* 成本核算. *current account* 或 *account current* 往来账户 (a/c). *newspaper accounts* 新闻报道(消息). *subscriber′s account* 用户账单. ▲*an account of* 关于…的说明,叙述. *a more extensive account of* (关于…的)更详细的说明,详细叙述. *bring* 〔*call*〕 *M to account* 质问 M,要求 M 说明理由. *for every account* 无论如何,总之. *give an account of* 报告,叙述,说明. *hold…in great account* 非常重视. *hold…of no account* 轻视,不重视,等于零数. *in the last account* 归根到底,终于. *leave* 〔*put*〕 *…out of account* 不注意,不顾,不把…考虑在内,不把…打在数内. *make* (*little, much, no*) *account of* (不大,非常,完全不)重视. *not on any account* 决不. *of little* 〔*some, no*〕 *account* 不大(有点,不重要)的,没有多少可重视,没有价值(的). *on account of* 因为,由于,基于. *on all accounts* 无论如何,总之. *on any* 〔*every*〕 *account* 无论如何,总之. *on* 〔*not any*〕 *account* 决不(应),千万不(要). *on one′s account* 为了,由于…的原因. *on one′s own account* 独自,独立地,自行负责为了…本身的缘故. *on this* 〔*that*〕 *account* 为了这(那)个缘故,因此,于是. *sale on open book account* 赊售. *take account of* 考虑(到),注意(到),把…考虑在内,重视. *take…into account* 考虑到,把…考虑进去,注意(到),重视,计及. *turn to* (*good, full*) *account* (好好,充分)利用.

Ⅱ *vt.* 以为,认为. *vi.* ①说明(原因,用途),是…的原因 ②(数量)占 ③击落,解决 ④算账. *account it useful to* 认(以)为 M 是 N. ▲*account M as N* 认(以)为 M 是 N. *account for* 解释,说明(原因,用途),引起,导致,是(造成)的原因;计算(出),计及,构成,(总共)占,对…负责,击落,打死. *account M to N* 把 M 派(推)给 N. *be much* 〔*little*〕 *ac-*

counted of 被轻〔轻〕视.
accountabil′ity [əkauntə′biliti] *n.* (有)责任.
account′able [ə′kauntəbl] *a.* 负有责任的, 可解释〔说明)的. ▲*(be) accountable to M for N* 在 N 方面对 M 负责. *hold M accountable for N* 要 N 对 N 负责.
account′ably *ad.* 可证(说)明地.
account′ancy [ə′kauntənsi] *n.* 会计(工作).
account′ant [ə′kauntənt] *n.* 会计(员), 出纳(员). *chartered* 〔*certified public*〕 *accountant* 会计师. *mechanized accountant* (机械)计算装置.
account′ing [ə′kauntiŋ] *n.* 会计(学, 制度), 统计, 计算, 账, 报表. *accounting book* 账簿. *accounting device* 计算装置, 计算机. *accounting machine* (会计)计算机. *accounting program* 记账程序. *accounting report* 会计(财务)报告. *accounting routine* 费用计算程序.
account-receivable program 收账程序.
a-c-coupled *a.* 交流耦合的.
accouplement *n.* 匹配, 配合, 耦合, 连接.
accou′ter or **accou′tre** [ə′ku:tə] *vt.* 给…供应装备. ▲*be accoutred with* 〔*in*〕 穿着.
accou′trements [ə′ku:təmənts] *n.* (军服及武器以外的)装〔配〕备.
Accra′ [ə′kra:] *n.* 阿克拉(加纳首都).
accred′it [ə′kredit] *vt.* ①信任〔托〕, 相信, 认可 ②委派, 任命 (*to*) ③认可, 特许, 归在, 把…归咎 (*to*, *with*) ④鉴定. *accredita′tion* 为合格.
accredita′tion *n.* 任命, 鉴定. *accreditation of the sample* 代表性样品的选定.
accred′ited *a.* 认可的, 被普遍采纳的.
accrementit′ion [ækrimen′tiʃən] *n.* 增产, 生产.
accrete′ [æ′kri:t] I *vt.* 增大, 生长, 堆〔累, 吸〕积. II *a.* 增积的, 附加物的.
accre′tio (拉丁语) *n.* 粘连.
accre′tion [æ′kri:ʃən] *n.* ①生长(量, 部分), 增量(之物), 添加(物), 增长(大)(作用), 外加 ②堆积(物), 淤积物, 累积, (土壤)冲积(层), 冲积土, 积冰, 积液物, 液填 ③长〔压, 结〕连, 生连, 合生, 构〔积〕结 ④ (pl.) (熔炉中的)炉结〔瘤〕, 底结. *accretion disk* 吸积(圆)盘. *accretion of bed levels* 河床淤高. *accretion of population* 人口增加. *ice accretion* 结冰, 积冰(现象). *oxide accretion* 氧化物炉瘤〔结〕. *rime accretion* 结霜. *wall accretion* 炉(壁结)瘤.
~*al a.* ~*ary a.*
accre′tive *a.* 增积的, 堆积的, 冲积的, 积成的, 粘连的.
accroides (**gum**) 禾木胶, 禾木树脂.
accru′al [ə′kru:əl] *n.* 增加〔殖〕, 增加物(额).
accrue′ [ə′kru:] *vi.* 产生, 出现, 增长, 达. ▲*M accrue to N from P* P 给 N 带来 M, N 从 P 得到 M.
ACCRY =accessory 附件.
acct =account 计算, 账单.
ACCUM =accumulate 累加, 存储, 蓄压.
accum′bent [ə′kʌmbənt] *a.* 凭着…的, 横卧的, 斜靠着的, 对位的.
accu′mulate [ə′kju:mjuleit] *v.* 累积(加, 计), 聚集, 积〔聚, 蓄〕, 蓄能〔压〕蓄〔储电. *accu-*

mulated angle 总(合成)角. *accumulated deformation* 累积变形. *accumulated error* 累计(积)误差, 综合误差. *accumulated fund* 公积金. *accumulated total punch* 累计穿孔数.
accumula′tion [əkju:mju′leiʃən] *n.* 累积(过程), 积累, 累加, 积聚(集, 蓄), 存储, 蓄能(压), 聚集(物, 作用), 堆积物. *accumulation curve* 累加(积, 总)曲线. *accumulation distribution unit* 累加分配器. *accumulation of mud* 淤泥(沉积), 淤积. *accumulation of pressure* 或 *pressure accumulation* 压力的累积, 蓄压. *accumulation point* 聚点. *accumulation test* 蓄压试验. *product accumulation* 乘积存储, 产品存储. *round-off accumulation* 舍入误差的积累.
accumula′tional [əkju:mju′leiʃənəl] *a.* 累(堆)积的, 聚集的.
accumulation-mode CCD 积累模式电荷耦合器件.
accumulation-quotient register 累加-商寄存器.
accu′mulative [ə′kju:mjulətiv] *a.* 积累(加)的, 积累的, 堆积的, 积累起来的. *accumulative carry* 累加〔复合〕进位. *accumulative crystallization* 聚集结晶. *accumulative error* 累积误差. ~*ly ad.*
accu′mulator [ə′kju:mjuleitə] *n.* ①累积〔累加, 累计, 加法, 存储, 收集, 集尘, 储器〕, 蓄能(力, 压, 势, 气, 热, 液, 水, 油, 电)器, 蓄电(水)池, 储气筒, 蓄压桶, 集聚, 集管 ②储能电路 ③【计】记忆累加 ④贮料塔(坑). *accumulator carriage* 累加(载运)器. *accumulator cell* 蓄电池, 存储元件. *accumulator metal* 蓄电池极板合金. *accumulator plate* 蓄电池(极)板. *accumulator register* 累加存储(计数)器. *accumulator switch* 蓄电池转换开关. *accumulator tank* 储器〔蓄电(池)〕槽, 集(集油)罐. *automatic inspection data accumulator* 控制(工艺过程的)数据的自动存储器. *decimal accumulator* 十进制累加器. *gravity* 〔*weight*〕 *loaded accumulator* 重力〔锤〕蓄力器. *heat accumulator* 蓄热器. *hydraulic accumulator* 液力蓄能器, 液压蓄能器. *infeed accumulator* 进料活套塔(坑). *lead accumulator* 铅蓄电池. *pressure accumulator* 蓄压器, 压缩空气箱(瓶), 冷气瓶. *real accumulator* 实数累加器, 累加计数器的实数部分. *reverse accumulator* 反向电流电池组. *round-off accumulator* 舍入误差累加器.
ac′curacy [′ækjurəsi] *n.* 准确(度, 性), 精(性), 精确(性), 精(密)度, 正确度(性). *accuracy control* 精确〔精度〕控制, (整个装置的)准确度, 总精度. *overall accuracy* 总的〔整个装置的〕准确度, 总精度. *relative accuracy* 相对精确度, 误差. *With care a micrometer will give an accuracy of better than 1 part in a thousand.* 使用得法时, 测微计能给出高于千分之一的准确度.
▲*to* 〔*within*〕 *accuracies* 〔*an accuracy*〕 *of* 准确到, 精度达. *with accuracy* 正确, 精密地.
accuracy-control system 准确(精确, 精)度控制系统.
ac′curate [′ækjurit] *a.* 准(精)确的, 精密的, 已校准的. *accurate pointing* 精确定向, 点测. (*be*) *accurate to dimension* 精确符合尺寸的, 符合加工尺寸. (*be*) *accurate to within plus or minus five per*

cent 精确到〔精度在〕±6%以内.(be) accurate within 0.0001 mm. 精度达 0.0001mm. ~ly ad.
accurs'ed [əˈkəːsid] 或 accurst' [əˈkəːst] a. 可恶〔根〕的,讨厌的.
accu'sant n. 指责者,控告者.
accusa'tion [ækjuˈzeiʃən] 或 accusal [əˈkjuːzəl] n. 谴责,责备,控告〔诉〕,告发,罪状〔名〕. ▲be under an accusation 受责备,被控告. bring an accusation against sb. 控告,责备,谴责.
accu'satory a. 责问的,控告的.
accuse' [əˈkjuːz] vt. 控告〔诉〕,指控,告发,谴责.
accused' [əˈkjuːzd] n. 被告.
accu'ser [əˈkjuːzə] n. 原告,控诉人.
accu'singly [əˈkjuːziŋli] ad. 以控诉〔谴责〕的态度.
accus'tom [əˈkʌstəm] vt. 使…习惯于. ▲accustom M to N [+inf.] 使 M 习惯于 N(做). be accustomed to M [+inf.] 习惯于 N(做). get accustomed to 对…习以为常,司空见惯.
accus'tomed [əˈkʌstəmd] a. 习惯的,通常的,惯例的.
accus'tomize vt. 适〔顺〕应. accustomiza'tion n.
ac'cutron [ˈækjutrən] n. 电子手表,电子计时计.
ACCW = alternating current continuous waves 交流等幅波,交流连续波.
accy = accessory 附件.
ACD = ①AC demagnetized 交流消磁的 ②AC dump 交流电源切断 ③automatic contour digitizer 自动等深线数字转换器.
ACDU = active duty 现役.
ace [eis] I n. ①(纸牌的)么,一;一点,少许,毫厘;痕迹,痕量,微量 ②能手,专家 ③空中英雄,王牌(一级,第一流的)飞行员. II a. 最高的,第一流的,优秀的,能干的. double ace 特级飞行员. triple ace 超级飞行员. ▲ace run 头轮. aces up 顶好. not an ace 毫无. within an ace of 差一点儿,几乎,险些.
AC-DC receiver 交直流两用接收机.
ACE = ①acceptance checkout equipment 验收检验设备 ②air conditioning equipment 空气调节设备 ③assistant chief engineer 副总工程师 ④automatic checkout equipment 自动检验设备 ⑤automatic circuit exchange 自动电路交换机 ⑥automatic computing equipment 自动计算机,自动计算装置.
aceanthrylene n. 醋蒽萘.
acenaphthene n. 【化】苊.
acen'tric [əˈsentrik] a. ①无中心的,离开中心的,偏心的,非正中的 ②非中枢(性)的,末梢的 ③无着丝点的.
acephale'mia n. 头部血液缺乏,脑贫血.
acephate n. 高灭磷,杀虫灵,乙酰甲胺磷.
acer n. 槭属.
ac'erate [ˈæsəreit] a. 〔拉丁语〕尖的,针尖状的.
acerb'(ic) [əˈsəːb(ik)] a. 酸的,涩的,尖刻的.
acer'bity [əˈsəːbiti] n. 酸,涩度〔味〕,苦味,尖〔酸〕刻(薄).
ac'erdol n. 高锰酸钙.
ac'erose [ˈæsirous] a. 针叶树的,针状〔形〕的,针叶状的.
ac'erous [ˈæsərəs] a. 针状〔形〕的.
acervuline a. 堆合的,集合的.
ACES = ①automatic checkout and evaluation system 自动检测和估算系统 ②automatic control evaluation simulator 自动控制鉴定模拟器.
aces'cence [əˈsesns] 或 aces'cency n. 微酸,变酸,酸败,酸度.
aces'cent [əˈsesənt] a. 容易变酸的,有酸味的,(微)酸的,酸败的.
aces'odyne [əˈsesədain] a. 止痛的. n. 止痛药.
acesodynous a. 止痛的.
acet n. 乙川,乙酰.
acet = ①acetone 丙酮 ②acetum 醋〔剂〕.
ACET = acetylene 乙炔.
aceta n. 醋,醋剂.
acetab'ulum n. 髋臼,腹吸盘,蝶状体.
ac'etal [ˈæsitæl] n. (乙)缩醛. acetal copolymer 乙缩醛共聚物.
acetala'tion n. 缩醛化(作用).
acetal'dehyde [æsiˈtældihaid] n. 乙醛.
acetaldol n. 丁间(醇)醛;羟基丁醛.
acetaliza'tion n. 缩醛〔化〕作用.
acetamide n. 乙酰胺.
acetan'ilid 或 acetan'ilide n. 乙酰(替)苯胺,退热冰.
ac'etate [ˈæsitit] n. 乙酸盐〔酯,根,基〕,乙酸纤维素. acetate base 乙酸纤维片基. acetate silk 乙酸(纤维素)丝. cellulose acetate 乙酸纤维素.
ace'tic [əˈsiːtik] a. (乙)酸的. acetic acid 乙酸. acetic anhydride 或 acetic oxide 乙(酸)酐.
acetidin n. 乙酸乙酯.
acetifica'tion [əsetifiˈkeiʃən] n. 醋化(作用).
acet'ifier [əˈsetifaiə] n. 醋酸器.
acet'ify [əˈsetifai] v. (使)醋化,醋酸化,使〔发,变〕酸,使酸化.
acetim'eter [æsiˈtimitə] n. 乙酸(比重,定量)计,酸度计.
acetim'etry [æsiˈtimitri] n. 乙酸测定(法),乙酸定量法.
ac'etin [ˈæsitin] n. 醋精,乙酸甘油酯.
aceto- (词头)乙酰,乙川.
acetoacetate n. 乙酰乙酸盐〔酯,根〕. ethyl acetoacetate 乙酰乙酸乙酯.
acetoethyla'tion n. 乙酰乙基化(作用).
acetoguaiacone n. 乙酰愈创木酮.
acetoin n. 羟基丁酮.
acetol n. 丙酮醇,乙酰甲醇.
acetol'ysis [æsiˈtɔlisis] n. 乙酰解(作用).
acetom'eter [æsiˈtɔmitə] n. 乙酸(比重)计,乙酸定量计〔器〕.
acetomor'phine [æsitɔˈmɔːfin] n. 海洛因.
acetonaph'tone n. 萘乙酮.
acetonate n. 丙酮酸盐〔酯〕.
acetona'tion n. 丙酮化作用.
acetonchloride n. 氯代丙酮,氯丙酮.
ac'etone [ˈæsitoun] n. 丙酮.
acetonformal'dehyde n. 甲醛丙酮.
aceton'ic a. 丙酮的. acetonic acid 醋酮酸,α-羟基异丁酸.
acetonide n. 丙酮化合物.
acetoni'trile [æsitouˈnaitril] n. 乙腈,氰甲烷.
acetoniza'tion n. 丙酮化(作用).
acetonuria n. 酮尿.
acetonyl n. 丙酮基,乙酰甲基.
acetophenone n. 乙酰苯,苯乙酮,海卜能.

ac′etose [ˈæsitous] 或 **ac′etous** [ˈæsitəs] a. 乙酸的,酸的,含酸的.
acetovanillon n. 加大麻素.
acetoxon n. 【农药】乙酯磷.
acetoxy n. 乙酸基,乙酰氧基.
acetoxyla′tion n. 乙酸氧基化作用,乙酸(基)化作用.
ace′tum [əˈsiːtəm] n. 醋,醋剂.
ac′etyl [ˈæsitil] n. 乙酰(基). *acetyl cellulose* 乙酸纤维素,乙酸纤维素. *acetyl cellulose sheet* 乙酸(布片)层胶,乙酰纤维素薄片.
acetylacetonate n. 乙酰丙酮化物.
acetylacetone n. 乙酰丙酮,戊(间)二酮.
acetylase n. 乙酰基转移酶.
acetylate I v. 乙酰化. II n. 乙酰化(产)物. *acetylated paper* 乙酰纸.
acetyla′tion n. 乙酰化(作用). *acetylation number* 〔value〕乙酰(化)值.
acetylcholine n. 乙酰胆碱.
acet′ylene [əˈsetiliːn] n. 乙炔〔电石〕气,二乙叉,乙叉撑,双亚乙基. *acetylene acids* 炔属酸,炔酸系. *acetylene beacon* 乙炔灯信标,乙炔灯塔. *acetylene black* 乙炔炭黑. *acetylene cutter* 乙炔切割器. *acetylene generation* 乙炔发生器. *acetylene series* 炔属烃. *acetylene welding* 气〔乙炔〕焊.
acetylfluo′ride n. 氟化乙酰,乙酰氟.
acetyl-gasoline n. 乙炔〔乙炔〕汽油.
acetylglucosamine n. 乙酰氨基葡萄糖,乙酰葡糖胺.
acetylhydroperox′ide n. 过氧化氢乙酰,乙酰基过氧化氢.
acet′ylide [əˈsetilaid] n. 乙炔化(合)物.
acetyli′odide n. 碘化乙酰,乙酰碘.
acetyliza′tion n. 乙酰化(作用).
acet′ylize v. 乙酰化.
acet′ylizer n. 乙酰化器.
acetyllipoate n. 乙酰硫辛酸(盐,酯,根).
acetylmannosamine n. 乙酰甘露糖胺.
acetylox′ide n. 氧化乙酰,乙酰(酸)酐.
acetylperox′ide n. 过氧化乙酰〔乙酐〕.
acetylphos′phatase n. 乙酰磷酸酶.
acetylphos′phate n. 乙酰磷酸盐(酯,根).
acetylpyrazone n. 乙酰吡唑啉酮.
acetylpyridine n. 乙酰吡啶.
acetyltryptophan n. 乙酰色氨酸.
ACF = autocorrelation function 自相关函数.
ACFT = ①aircraft 飞机 ②aircraft flying training 飞机飞行训练.
ACH = ①acceleration-cancelling hydrophone 加速补偿水听器 ②acetaldehyde 乙醛.
ache [eik] I vi. ①(疼,酸)痛 ②渴望(for, to + inf). II n. 疼痛.
a-c heated diode 旁热式二极管.
Achernar n. 水委一,波江座 a.
Acheulian age (旧石器时代的)阿舍利时代.
achie′vable [əˈtʃiːvəbl] a. 可完成〔达到〕的,能实现的.
achieve′ [əˈtʃiːv] vt. 完成,达到(目的),实现,获得,得到(胜利). *achieve a (great) step forward* 前进一(大)步. *achieved reliability* 实际〔工作〕可靠性.
achieve′ment [əˈtʃiːvmənt] n. 完成,达到 ②成就,功成绩. *achievement of one's object* 达到目的.
Achil′les [əˈkiliːz] n. 阿基里斯(小行星),勇士星.
▲*Achilles' heel* 或 *heel of Achilles* 唯一的弱点.
a′ching [ˈeikiŋ] a. (疼)痛的,使人痛苦的.
achiral a. 无手〔性〕性的.
achlorop′sia [əkloˈrɔpsiə] n. 绿色盲.
achnakaite n. 黑云(倍)长岩.
acholuria n. 无胆色(素)尿.
achon′drite n. 无球粒陨石〔星〕.
achrodex′trin n. 消色糊精.
achroite n. 无色电气石,白碧.
ach′romat [ˈækroumæt] n. 消色差透〔物〕镜.
achro′mate [əˈkroumeit] n. 色盲者.
achromat′ic [ˌækroˈmætik] a. ①消色(差)的 ②无色的,单色的,不着〔变〕色的,非彩色的 ③非染色质的 ④色盲的. *achromatic doublet* 消色差双合透镜. *achromatic lens* 消色差透镜. *achromatic light* 白光,消色差光. *achromatic locus* 消色差区,"白色"光源轨迹.
achromatic′ity [əkroʊməˈtisiti] 或 **achro′matism** [əˈkroʊ-mətizm] n. 消色差(性),消色差的视觉(性),色,非彩色.
achromatin n. 非染色质.
achromatiza′tion n. 消色差(化,性),色差的消除.
achro′matize [əˈkroʊmətaiz] vt. 使无色,消…色差,消色差的,非彩色的.
achro′matized a. (已)消色差的.
achromatop′sia 或 **achro′matopsy** n. (全)色盲.
achro′mic [əˈkroumik] 或 **achro′mous** [əˈkroʊməs] a. 消色的,无色的,色素缺乏的.
achromycin n. 无色霉素,四环素;嘌呤霉素.
achynite n. 氟硅铌钍矿.
ACI = ①airborne controlled intercept 空中控制拦截 ②Alloy Casting Institute (美)合金铸造学会 ③allowable concentration index 允许浓度指数 ④American Concrete Institute 美国混凝土学会 ⑤annealed cast iron 退火铸铁 ⑥automatic car identification system 车辆自动识别系统.
aci- 〔词头〕酸式.
aci (pl. *ascus*) n. 子囊.
aci-compound n. 酸式化合物.
acic′ular [əˈsikjulə] a. 针(尖)状的,针形的. *acicular constituent* 针状组织,贝氏体. *acicular crystal* 针状晶体. *acicular ice* 屑冰,针状冰. *acicular iron* 针状〔贝茵体〕铸铁.
acic′ulate [əˈsikjuleit] a. 针状的.
aciculilignosa n. 针状木本群落.
ac′id [ˈæsid] I n. 酸(类,性物). II a. 酸(性,味)的. *acid bronze* 耐酸青铜(铜 2～17%,锡 8～10%,镍 < 1.6%,磷 < 0.2%,锌 1～7%,其余铜). *acid cleaning* 酸洗. *acid etch* 酸浸〔刻〕蚀,酸洗. *acid hydrolysis*〔加〕酸(水)解(作用). *acid lead* 耐酸铅. *acid metal* 耐酸金属,耐酸铜合金(锡 10%,铅 2%,铜 88%). *acid nitrile* 腈. *acid pickling* 酸洗(浸). *acid process* 酸〔亚硫酸气〕吸收法,酸(性转炉)法. *acid radical* 酸根〔基〕,酰基. *acid reaction* 酸性反应. *acid resistance* 耐酸性. *acid soil* 酸性土. *acid steel* 酸性(炉)钢. *acid test* 酸性试验,严格〔决定性〕

的考验. *carbonic acid* 碳酸. *concentrated acid* 浓酸. *nitric acid* 硝酸. *sulphuric acid* 硫酸. *waste acid* 废酸.
acidaffin n. 亲酸物.
acidamide n. 酰胺.
ac′idate v. 酸催化的.
acida′tion n. 酸化,酸(基取)代.
ac′id-base ['æsidbeis] a. 酸碱的.
acid-catalyzed a. 酸催化的.
acid-consuming a. 耗酸的,费酸的.
acid-containing a. 含酸的.
acid-cooling n. 酸冷式的.
acid-cured resin 酸凝树脂.
ac′id-defic′ient ['æsid-di′fiʃənt] a. 弱酸的,缺酸的.
acidemia n. 酸血.
acid-etched a. 酸浸蚀(蚀刻)的.
ac′id-fast ['æsidfɑːst] a. 耐酸的,抗酸性的.
acid-forming a. 生酸的.
ac′id-free ['æsidfriː] a. 无酸的.
acid′ic [ə′sidik] a. 酸(性)的,酸式.
acidif′erous [æsə′difərəs] a. 含酸的.
acid′ifiable [ə′sidifaiəbl] a. 可酸化的,能变酸的.
acidif′ic [æsi′difik] a. 使酸的,生酸的.
acidifica′tion [əsidifi′keiʃən] n. 酸化(作用),发酸,变酸,酸败.
acid′ifier [ə′sidifaiə] n. 酸化剂(器),致酸剂.
acid′ify [ə′sidifai] v. 酸化,使发酸.
acidim′eter n. 酸度计,pH 计,酸(液)比重计,酸定量器.
acidimet′ric a. 酸量滴定的,酸定量的.
acidim′etry [æsi′dimitri] n. 酸量滴定法,酸定量法,酸量测定.
acid-in-extractant leaching 加酸萃取剂浸出.
acidite n. 酸性岩.
acid′ity [ə′siditi] n. 酸性(度,味). *acidity coefficient* 酸性系数. *feed acidity* 料液(给料)酸度.
ac′idize ['æsidaiz] v. 酸处理,酸化.
acid-leach v. 酸浸(出),酸滤.
acid-leached a. 酸滤的.
ac′idless ['æsidlis] a. 无酸的.
ac′idness ['æsidnis] n. 酸性(度).
acid-neutralizing n.; a. 酸中和(的).
acidofuge a. 避酸的,嫌酸的.
acidogenic a. 生酸的,成酸的.
ac′idoid ['æsidɔid] Ⅰ a. 似酸的,变酸的. Ⅱ n. 酸性物质,可变酸的物质.
acidol′ysis [æsi′dɔlisis] (pl. *acidol′yses* [æsi′dɔlisiːz]) n. 酸解.
acidom′eter n. = acidimeter.
acidom′etry [æsi′dɔmitri] n. 酸定量法.
acidophil′ia n. 酸嗜性.
acidophil(e) Ⅰ a. 嗜(喜)酸的. Ⅱ n. 嗜酸生物,嗜酸细胞,嗜酸菌.
acidophil′ic 或 **acidophil′ous** a. 嗜酸(性)的.
acidophilin n. 嗜酸素.
acidopho′bous a. 嫌酸的,避酸的,疏酸的.
acidoresis′tance [æsidori′zistəns] n. 抗(耐)酸性.
acidoresis′tant a. 抗(耐)酸的.
acidoresistiv′ity n. 抗(耐)酸性.
acidosic a. 酸中毒的.

acido′sis [æsi′dousis] n. 酸中毒,酸毒症,酸血症.
acidot′ic a. 定酸量的,酸中毒的.
acid-produced a. 产酸的.
acid-producing a. 产酸的.
ac′idproof ['æsidpruːf] a. 耐(防,抗)酸的.
acid-pugged a. 用酸拌和的.
ac′id-resis′tant ['æsidri′zistənt] Ⅰ a. 耐(抗)酸的. Ⅱ n. 耐(抗)酸物.
acid-resisting a. 耐(抗)酸的.
acid-sludge n. 酸渣.
acid-soluble a. 酸溶的,可溶于酸的.
acid-stage oil 酸性油.
acid-treated a. 酸化的,酸处理过的. *acidtreated oil* 酸洗油.
acid′ulant a. 酸化剂.
acid′ulate [ə′sidjuleit] v. 酸化,使带酸味.
acidula′tion [əsidju′leiʃən] n. 酸化(作用),酰代.
acid′ulous [ə′sidjuləs] a. 微酸(性)的,(带)酸性的,(有,带)酸味的.
acidum n. 酸. *acidum carbolicum* 石炭酸.
aciduric a. 耐酸的.
acidyl′able a. 酰化的.
acid′ylate v. 酰化,使酰化. **acidyla′tion** n.
acierage n. 金属镀钢(铁)法.
ac′ieral n. 铝基合金(铜 3～7%,铁 0.1～1.4%,锰 0～1.6%,镁 0.6～0.9%,硅 0～0.4%).
a′cies ['eisiiːz] (拉丁语) n. 界,缘,边缘.
acie′sis [æsi′iːsis] n. 不孕,不育.
ac′iform a. 针状的.
acinar n.; a. 腺泡(的).
acinesia n. 动作(运动)不能.
acinet′ic a. 运动不能的.
ac′inose ['æsinous] 或 **ac′inous** ['æsinəs] a. 细粒状的.
acisculis n. 石工小锤.
ACK = ①acknowledge 肯定,应答,确认,感谢,传送结束信号. ②acknowledge character (信息)收到符号.
ack-ack ['æk′æk] n.; a. 高射炮(火,的),防空炮火.
ack emma ①在午前 ②飞机工人.
Ackey n. 硝(酸)硫(酸)混(合)酸浸渍液,硝酸硫酸混合清洗液.
acknowl′edge [ək′nɔlidʒ] vt. ①(公开)承认,确认,肯定,应答 ②证实,承认(宣布,告知)收到 ③感(致,答,函)谢. *acknowledge character* 肯定(信息收到)符号,肯定字符. *acknowledge signal* 认可(承认)信号. *It is universally acknowledged that*… 大家公认,…是大家所公认的.
acknowl′edged [ək′nɔlidʒd] a. 世所公认的,已有评定的.
acknowl′edg(e)ment [ək′nɔlidʒmənt] n. ①认可,承认,应答 ②收到的通知 ③感(答,致)谢,表示谢意 ④(pl.)书刊前的(感)谢. *acknowledgement signal* 认可(承认)信号. *fee for acknowledgement of receipt* 回执费. ◆*in acknowledgement of* 感(答)谢.
ACL =allowable cabin (cargo) load 容许搭载(载货)量.
aclas′tic a. 不折射的.
ACLD =aircooled 气冷式.

acli′nal [əˈklainəl] *a.* 无倾角的,不倾斜的,水平的.
acline *n.* 水平地层.
aclin′ic [əˈklinik] *a.* 无倾角的,不倾斜的,水平的. *a-clinic line* 无倾线,(地)磁赤道(线).
ACM = ①acrylamide 丙烯酰胺 ②active countermeasures 主动电子干扰〔对抗〕③asbestos covered metal 包石棉金属 ④ Association for Computing Machinery(美国)计算机协会.
Acme = Acme (screw) thread (英制) 爱克米〔梯形〕螺纹(顶角为29°). Acme thread tap 梯形丝锥.
ac′me [ˈækmi] *n.* 顶(点,上),极点〔度,期〕,弧点,最高点. *acme harrow* 阀刀齿耙. ▲*be*〔*reach*〕*the acme of perfection* 尽善尽美,十全十美.
acmite *n.* 锥辉石.
ACN = ①acrylonitrile 丙烯腈 ②advance change notice(有关)更改的先期通知 ③all concerned notified 已通知有关各方 ④automatic celestial navigation 自动天文导航.
A/CN = automatic celestial navigation 自动天文导航.
acno′dal *a.* 孤点的.
ac′node [ˈæknoud] *n.* 孤(立)点,顶点,极点.
A&CO = assembly and checkout 装配和测试〔检验,调整,校正〕.
acoasma *n.* 幻听,听幻觉.
ACOE = automatic checkout equipment 自动检测〔调整〕装置.
acoelomate *n.* 无体腔动物.
ac′olite [ˈækəlait] *n.* 低熔合金.
acol′ogy [əˈkɔlədʒi] *n.* 治疗学.
ac′olous *a.* 无肢的.
AcOH = acetic 乙酸.
ACOM = automatic coding machine 自动编码机.
aco′mia [əˈkəumiə] *n.* 无鬃,秃.
aconitase *n.* (顺)乌头酸酶.
aconitate *n.* (顺)乌头酸盐〔酯,根〕.
aconitine *n.* 乌头碱.
A-control *n.* 原子能控制.
a′cor [ˈeikɔː] *n.* ①酸性,酸涩 ②辛辣,苦.
acoradiene *n.* 菖蒲二烯.
acorite *n.* 锆石.
a′corn [ˈeikɔːn] *n.* ①橡实(子) ②尖(端) ③【电】橡实管,【航】整流罩. *acorn nut* (盖形)螺母(帽). *a-corn tube*〔*valve*〕(电子)管.
ACORN = automatic checkout and recording equipment 自动检测与记录设备.
Acorn cell 钒电池,通信机偏压用电池.
acou- 〔词头〕听,听觉.
acou′asm [əˈkuːæzm] *n.* 幻听,听幻觉.
acouesthe′sia [əkuːesˈθiːziə] *n.* 听觉.
acou′meter [əˈkuːmitə] *n.* 测听计〔器〕,听力计,听力测验器.
acou′metry [əˈkuːmitri] *n.* 测听(技)术.
acouom′eter [əkuˈɔmitə] *n.* 听力计,听力测验器.
acou′ophone *n.* 助听器.
acousim′eter *n.* = acoumeter.
acou′stic(al) [əˈkuːstik(əl)] *a.* ①听觉的 ②声(学)的,声的,传音的,音响的. *acoustic absorptivity* 吸声率〔系数〕. *acoustic board* 吸声〔共鸣〕板. *a-*

coustic coloration 室内声学条件,声配置. *acoustic colouring* 增加音色. *acoustic conductivity* 声导率,传声性. *acoustic coupler* 声耦合器,声频调制-解调器. *acoustic delay line* 声延迟线. *acoustic depth finder* 回响测深仪. *acoustic (depth) sounding* 声波〔回声〕测深(法). *acoustic design* 音〔声〕学(设)计. *acoustic detector* 声波探测器. *acoustic filter* 消声器,滤声器,声滤波器. *acoustic flat* 唱片〔乐器〕盒. *acoustic frequency* 声(音)频(30Hz～20kHz). *acoustic fuse* 感声引信. *acoustic generator* 发声器,声换能器. *acoustic horn* 射声器,喇叭(筒),传话筒. *acoustic image* 声像. *acoustic inertance* 声惯量,声抗〔声感抗对角频之比〕. *acoustic intercept receiver* 窃听器,监听接收机. *acoustic irradiation* 扩声. *acoustic labyrinth* 声迷宫,曲径号筒. *acoustic magnetic mine* 音响磁性水雷. *a-coustic material* 声学〔隔声〕材料. *acoustic memory* 声波存储器,超声波延迟线存储器. *acoustic meter* 比声计. *acoustic phonon* 声频声子. *acoustic pickup* 拾声器,唱头. *acoustic quartz* 传声石英. *acoustic radiation pressure* 声压. *acoustic radiator* 声辐射器. *acoustic resonator* 共鸣〔声〕器. *acoustic signal* 声(频)信号. *acoustic sounder* 回声测深〔探测〕器. *acoustic speech power* 语言声功率. *acoustic streaming* 声流. *acoustic telegraphy* 声频电报. *acoustic transducer array* 声波换能器组. *a-coustic treatment* 防声措施,声学处理. *acoustic wave* 声波. ～*ly ad. acoustically dead* 不透声的,隔声〔的〕. *acoustically treated construction* 音调〔声处理〕结构.
acoustic-celotex *n.* 纤维隔音板. *acoustic-celotex board* 纤维隔音板.
acoustic-celotextile *n.* 纤维隔音板.
acoustic(al)-electrical transducer 声电换能(变换)器.
acousti′cian [æku:sˈtiʃən] *n.* 声学工作者,声学家.
acou′sticon [əˈkuːstikɔn] *n.* 助听器.
acou′stics [əˈkuːstiks] *n.* ①声学,音响学 ②音质,传声性 ③音响装置〔效果〕. *physical acoustics* 物理(波动)声学.
acoustim′eter [əkuːsˈtimitə] *n.* 声强(度)测量器,声响测计计,声强〔比声〕计,声强(级)仪,噪声仪(计),测音计.
acou′stilog *n.* 声波测井.
acou′stmeter [əˈkuːstmiːtə] *n.* = acoumeter.
acoustochem′ical *a.* 声化学的.
acoustochem′istry *n.* 声化学.
acousto-dynamic effect 声动电效应.
acousto-elastic′ity *n.* 声弹性.
acousto-elec′tric *a.* 声-电(学)的.
acousto-electric-index *n.* 声-电系数.
acoustolith tile 吸音贴砖.
acoustom′eter *n.* = acoustimeter.
acoustomo′tive *a.* 声波的. *acoustomotive pressure* 声压.
acoustoop′tic(al) *a.* 声光的.

ACP = ①acid converter process 酸性转炉炼钢法 ②anodalclosing picture 阳极通电图(像) ③automatic cathodic protector 自动阴极防护器 ④auxiliary check point 辅助检测点 ⑤auxiliary control panel 辅助的控制仪表板.

ACQ = acquisition(目标)探测,目标显示,获得.

acquaint' [əˈkweint] vt. 使熟悉[知道,认识,通晓], 通[告]知. ▲*acquaint oneself with* [of] 通晓,熟悉,开始知道. *acquaint M with* [of,that] N 把 N 通[告]知 M,使 M 熟悉 N,向 M 介绍[讲述] N. *be acquainted with* 熟悉,通晓,认识,知道. *get acquainted with* 开始了解[认识]. *keep M acquainted with* N 使 M 对 N 保持接触,使 M 能经常了解 N. *make M acquainted with* N 把 N 通知[介绍给] M.

acquaint'ance [əˈkweintəns] n. ①熟悉,了解,相识,心得,感性认识 ②熟人,相识的人. ▲*a passing acquaintance with* 对…的浮浅的了解. *have* (no) *acquaintance with*(不)熟悉,(不)认识. *have a bowing* [*nodding*] *acquaintance with* 与…为点头之交,对…略知一二. *make one's acquaintance* 或 *make the acquaintance of* 和…认识〔接近〕,结识.

acquiesce' [ækwiˈes] vi. 默认〔许〕,勉强同意〔接受〕(in). ~nce n. ~nt a. ~ntly ad.

acquire' [əˈkwaiə] vt. 获〔求,取〕得,带来,得〔达,学〕到.

acqui'red [əˈkwaiəd] a. 已得到〔获得〕的,已成习惯的,(后天)获得的,后天的.

acquire'ment [əˈkwaiəmənt] n. 获〔求,取〕得, (pl.) 学识,技能〔艺〕,学到的东西.

acquisi'tion [ækwiˈziʃən] n. ①获〔取〕得,获取,采收〕集 ②发现,探测,搜索,接收 ③捕获,拦截 ④征收,征用 ⑤目标显示 ⑥获得[添加]捕获物 ⑦收获,学识. *acquisition aid* 截获辅助装置. *acquisition gate* 目标显示[目标信号检测],跟踪[门]. *acquisition or loss* 得失. *acquisition probability* 占用概率. *acquisition radar* 搜索[目标指示]雷达. *acquisition system* (目标)探测系统. *catalogue of foreign acquisitions* 外文藏书目录. *data acquisition* 数据获得,数据测定,量测. *electronic missile acquisition* 导弹电子探索系统. *target acquisition* 目标搜索〔探测〕,捕获目标.

acquis'itive [əˈkwizitiv] a. 可得到〔取得,获得〕的,想〔渴望〕得到的,能够获得的. ▲*be acquisitive of* 〔迫切〕想获得,渴望得到. ~ly ad. ~ness n.

acquis'itus 〔拉丁语〕a. 获得的,后天的.

acquit' [əˈkwit] vt. ①宣告无罪,赦免,释放(of) ②尽(责任,职责)(of, from) ③偿还,还清 ▲*acquit oneself of* 尽(责任,职责),履行,完成.

acquit'tal [əˈkwitl] n. ①释放,宣告无罪 ②尽责,履行 ③还清,偿还.

acquit'tance n. ①免〔解除〕②还清 ③收据,电报收受通知.

ACR = ①airfield control radar 机场指挥雷达 ②approach control radar 进场控制〔临场指挥〕雷达 ③automatic controller 自动控制器 ④automatic current regulator 自动电流调节器.

acr = acrylics 丙烯酸酯类.

Acrab n. 房宿四,天蝎座 β1.

acraldehyde n. 丙炔醛.

acrania n. 头索动物门.

acraniata n. 无头类.

acrasin n. 聚集素.

acrasinase n. 聚集素酶.

acratia n. 无力,失禁.

Acrawax n. 合成脂肪酸酯,阿克蜡,阿克罗瓦克斯(浸渍材料).

a'cre [ˈeikə] n. ①英亩(= 4047.87m² = 7.07亩) ②(pl.) 耕(土)地,大量. *Alexander's Acres* 回声深水散射层.

ACRE = automatic checkout and readiness equipment 自动检查和准备装置.

a'creage [ˈeikəridʒ] n. 英亩数,(土地)面积.

acree n. 岩屑锥.

a'crefeet [ˈeikəfiːt] n. acrefoot 的复数.

a'crefoot [ˈeikəfut] (pl. *a'crefeet*) 英亩-英尺(= 43660 立方英尺).

ac rel = alternating-current relay 交流继电器.

acre-inch n. 英亩-英寸.

acrem'eter n. 英亩计数器.

acribom'eter [ækriˈbɔmitə] n. 精微测量器.

acrichine n. 阿的平.

acricid n. 【农药】乐杀螨.

ac'rid [ˈækrid] a. (辛,毒)辣的,腐蚀性的,奇性的,恶毒的. ~ity n. ~ness n.

acridine n. 吖啶.

acridone n. 吖啶酮.

acriflavine n. 吖黄素,吖啶黄(素).

acrimo'nious [ækriˈmounjəs] a. 辛辣的,苦的,剧烈的,厉害的,恶毒的. ~ly ad.

ac'rimony [ˈækriməni] n. 辛辣,苦,剧烈,厉害,恶毒.

acrinia n. 分泌缺乏.

acrit'ical a. ①无极期的,无危象的 ②安稳的,非骤变的

acritochro'macy [əkritoˈkrouməsi] n. 色盲.

acritol n. 吖橄醇.

acro- 〔词头〕最高,顶上,肢[尖,顶]端,四肢.

ac'robacy n. 高级(飞行)特技.

ac'robat [ˈækrəbæt] n. 特技(飞行)演员.

acrobat'ic [ækrəˈbætik] a. 特技(飞行)的,杂技的.

acrobat'ics [ækrəˈbætiks] n. 特技,特技飞行(术),奇(杂)技,技艺.

ac'roblast n. 原顶体.

acrocen'tric a. 具近端着丝点的.

acrocepha'lia [ækrosəˈfeiliə] n. 尖头(畸形).

acrocephal'ic a. 尖头的.

acrocine'sis [ækrosaiˈniːsis] n. 非正常的自由活动,活动超常,运动过度.

acrocinet'ic a. 运动过度的,活动超常的.

acrodynia n. 肢端痛,肢痛症.

acrofugal a. 离茎的.

acrog'enous [əˈkrɔdʒinəs] a. 顶生的,上长的.

ac'rojet [ˈækrɔdʒet] n. 特技飞行的喷气飞机.

acrokine'sia [ækrokaiˈniːziə] n. = acrocinesis.

acro'lein [əˈkrouliin] n. 丙烯醛.

acrolite n. 从酚与丙三醇合成的树脂,丙烯醛树脂.

acrol(o)yl- 〔词头〕丙烯酰(基).

acrom'eter n. 油类比重计.

ac'romorph n. 火山瘤.

Acron n. 铝基铜硅合金(铝96%,铜4%,硅1%).

acronecrosis n. 向顶坏死.
acron'ychal [ə'kronikəl] a. 日落后出没的.
acronycine n. 山油柑碱.
ac'ronym ['ækronim] n. (首字母)缩写(词), 字首组合词, 缩语, 简称. ~ic 或 ~ous a.
acropet'al a. 向顶的.
acropho'bia n. 高空恐怖.
ac'rospore n. 顶生孢子.
acrospor'ous a. 顶生孢子的.
across' [ə'krɔs] prep. ;ad. ①穿〔超〕越, 横〔穿〕过, 横切〔过〕, 横断, 从…的这头到那头, 在…那边〔对过〕. *across bulkhead* 横向隔墙. *across corners* 对角. *across cutting* 横向切割. *across flats* 对边. *across grain* 横纹. *across the board* 广播节目表. *across the grain* 与纹理垂直, 横断面. *across the line* 并行〔跨接〕线路. *run across the street* 跑〔横穿〕过马路. *The hydroelectric plant stretches across the river*. 水电站横跨在河上. *Our factory is across the river*. 我们厂在河对岸. ②跨(接, 在), 并联, 加分路. *across the line* 并行线路, 跨接线. *voltage across the resistor* 电阻两端之间的电压. *Place a voltmeter across CD* 在 CD (两点间)并联〔跨接〕一个伏特计. ③交叉, 成十字形. *The two lines pass across each other at right angles*. 这两条线成直角交叉. ④(横)宽.直径. *a hole 2m across and 3m deep* 直径 2m 深 3m 的洞. *The ship is 26m long and 7m across*. 这船 26m 长, 7m 宽. ⑤经过(一整段时期). *across the century* 在整整一个世纪中. ▲*across (the) country* 越野, 穿过田野. *across from* 在…对面〔过〕. *come 〔run〕 across* 碰到, 发现. *come across one's mind* 忽然想起. *from across* 从…那边. *go across* 渡〔越〕过. *hold M square across N* 使 M 与 N 垂直.
across-flat n. (六角形)对边面.
across-the-board a. ①全面的, 包括一切的 ②在固定时间内播送的.
acroter'ic a. 末梢的, 周围的, 外围的.
acrot'ic a. ①无脉的, 弱脉的 ②表面性(的).
ac'rotism ['ækrotizm] n. 弱脉, 无脉, 脉搏微茫.
ac'rotorque ['ækrotɔ:k] n. 最大扭力(矩).
Acrowax = Acrawax.
ac'ryl ['ækril] n. 丙烯(醛基, 酰基).
acrylal'dehyde n. 丙烯醛.
acrylamide n. 丙烯酰胺.
acrylanilide n. 丙烯酰替苯胺.
ac'rylate ['ækrilit] n. 丙烯酸(盐)(酯).
acryl'ic a. 丙烯酸(衍生物)的, 聚丙烯的, 丙醛烯的. *acrylic acid* 丙烯酸. *acrylic fibre* 丙烯酸系纤维. *acrylic lens* 丙烯酸有机玻璃透镜. *acrylic resin* 丙烯酸(类)(聚丙烯酸)树脂.
acryl-nitrile rubber 丙烯腈(丙烯乙烯)橡胶.
acryloid n. 丙烯酸(树脂)溶剂.
acrylonitrile ['ækrilonai'tril] n. 丙烯腈, 氰乙烯. *acrylonitrile butadiene styrene* 丙烯腈丁二烯苯乙烯共聚物.
acrylonitrile-butadiene-styrene 丙烯腈-丁二烯-苯乙烯(树脂, 三元共聚物), ABS 塑料.
acrylonitrile-itaconic acid ester copolymer fiber 丙烯腈-衣康酸酯(共聚)纤维.
acrylonitrile-vinyl chloride copolymer 丙烯腈-氯乙烯(共聚)纤维.
acrylophenone n. 丙烯酰苯, 苯丙烯酮.
acryloyl n. 丙烯酰.
acrylyl n. 丙烯酰.
ACS = ①accumulator switch 电池转换开关 ②alternating current synchronous 交流同步 ③American Ceramic Society 美国陶瓷学会 ④American Chemical Society 美国化学学会 ⑤annealed coppercovered steel 退火铜包钢 ⑥anodal closing sound 阳极通电声(音) ⑦assembly control system 装配控制系统 ⑧automatic control system 自动控制系统.
A-CS = alignment countdown test 校准计时装置.
ACS-O = access opening 检修孔, 人孔.
ACSP = AC spark plug 交流火花塞.
ACS-PNL = access panel 观察板(台).
ACSR = aluminum cable (conductor) steel reinforced 钢芯铝(绞)线.
a/cs rec = accounts receivable 应收账.
ACST = ①acoustic 声学的, (有)声的 ②Advisory Committee on Science and Technology 科学技术咨询委员会.
act [ækt] I n. ①行为, 动作, 作用 ②证(明)书, 报告(书), 学位论文 ③法规, 法令, 规章, 条例 ④【戏剧】幕. *act of God* (nature) 天灾. *act of reception* 验收条例. *Atomic Energy Act* (美国)原子能法律. *Civil Aeronautics Act* 民航法. *Clean Air Act* 大气污染禁令. ▲*in the (very) act* 当场. *in the (very) act of + ing* 正当(做)的时候, 正在…之中. *put on an act* 装模作样.
Ⅱ v. 行动, 动作, 办事, 扮演, 表现(得), (起)作用, 生效. *The brake acts well*. 这车闸很灵. *The brakes refused to act*. 刹车不灵了. *Some acids act corrosively*. 某些种酸(表现得)有腐蚀性. *The force acts perpendicular* (parallel, normal) *to the axis*. 这力垂直(平行, 法线)作用于轴线方向. ▲*act against* 违反. *act as* 起…作用, 作为, 充当, 当作, 相当于, 担任. *act as though* (as if) 表现得似乎(仿佛). *act for* 起…作用, 相当于, 代理, 担任. *act like* (…的)作用就像(…一样). *act on* (upon) 作用于(在…上), 影响到, 对…起作用(起反应), 按…行动, *act up* 表现不好. *act up to* 实(履)行, 遵守, 遵照…办事.
act = ①acting 代理 ②activator 活性剂 ③active 主动的, 现行的 ④activities 活动 ⑤actual 实际的 ⑥actuary 保险统计员 ⑦actuate 开动.
ACT = ①actual 实际的, 有效的, 现行的 ②actuate 或 actuating 开(驱), 行动 ③analog circuit technique 模拟电路技术 ④anti-comet-tail 消彗星尾光(电子枪), 消减彗差(电子枪) ⑤automatic cable tester 自动电缆测试器 ⑥automatic code translator 自动译码机.
Actanium n. 镍铬钴低膨胀合金(钴 40%, 铬 20%, 镍 16.6%, 铁 16%, 钼 7%, 锰 2%, 碳 0.16%, 铍 0.03%).
ACTE = automatic checkout test equipment 自动检查试验装置, 自动测试装置.
actidione n. 放线(菌)酮, 环己酰亚胺, 亚胺环己酮.

actifica'tion n. 再生[复活]作用.
ac'tified a. 再生的.
ac'tifier col'umn 再生器[塔].
ac'tin n. 肌动朊,肌动蛋白.
ac'tinal a. 口(腔)的.
ac'tinate n. 肌动蛋白化物.
act'ing ['æktiŋ] I a. ①作用的,动作的,工作的,有效的,代理的 ②演出用的. II n. ①行为,动作 ②表演 ③代理. *acting force* 作用力. *acting head* 有效[作用]水头,代理负责人. *acting surface* 作用[推进,压力]面. *direct acting* 直接作用[传动](的). *double acting* 双动(式)(的). *quick acting* 快动的,快速(作用)的. *self acting* 自动的. *single acting* 单动(式)的,单作用的.
actin'ic [æk'tinik] a. (有)光化(性)的,光化学的. *actinic balance* 分光测处计,测辐射热计. *actinic glass* 光化[闪光]玻璃. *actinic ray* 光化射线.
actinic'ity [ækti'nisiti] n. 光化性[度,力].
ac'tinides ['æktinaidz] n. 锕类,锕化物,锕系(类)元素,超锕元素.
actin'iform a. 放射形[状]的.
ac'tinism ['æktinizəm] n. 光化性[度,力,作用],感光度[性],光灵敏度,射线作用[化学].
actin'ity [æk'tiniti] n. 光化性[度].
actin'ium [æk'tiniəm] n. 【化】锕 Ac. *actinium A* 锕 A, AcA (钋同位素 Po^{216}). *actinium B* 锕 B, AcB (铅同位素 Pb^{211}). *actinium C* 锕 C, AcC (铋同位素 Bi^{211}). *actinium C'* 锕 C', AcC' (钋同位素 Po^{211}). *actinium C''* 锕 C'', AcC'' (铊同位素 Tl^{207}). *actinium D* 锕 D, AcD (铅同位素 Pb^{207}). *actinium emanation* 锕射气 An (射气同位素 Em^{219}). *actinium K* 锕 K, AcK (钫同位素 Fr^{223}). *actinium X* 锕 X, AcX (镭同位素 Ra^{223}).
actinium-uranium n. 锕铀 AcU (铀同位素 U^{235}).
actino- (词头) 放射.
actinobacillosis n. 放线杆菌病.
actinobiol'ogy n. 放射生物学.
actinoch'emistry [æktino'kemistri] n. 光化学.
actinoconges'tin n. 海葵毒素.
actinodermati'tis n. 射线皮炎.
actino-dielec'tric a. 光敏介电(性)的.
ac'tino (-) electric'ity ['æktinouilek'trisiti] n. 光(化)电,辐照电.
actinogen'esis [æktino'dʒenisis] n. 射线发生.
actinogen'ic a. 射线发生的.
actinogen'ics [æktino'dʒeniks] n. 射线(发生)学.
actinogram n. 射线照相.
actin'ograph [æk'tinəgra:f] n. ①(日光)光化力测定器,(日)光量(度)测定仪,光强测定仪,日光强度自动记录器,光化线强度记录器 ②辐射(自记)仪,日射计,自记曝光计[露光仪].
actinographe'ma [æktinəgrəˈfi:mə] n. X光像,X 线(照)片.
actinog'raphy [ækti'nɔgrəfi] n. 光量测定(法),光能[光化力]测定术.
ac'tinoid ['æktinɔid] a. 放(辐)射线状的,放射形的.
actin'olite [æk'tinəlait] n. 阳起石. 光化(学产)物.
actinolit'ic a. 阳起石的.
actinolitum n. 阳起石.

actinol'ogy [ækti'nɔlədʒi] n. 光(射)线化学,放射线学.
actinolysin n. 放线菌溶素.
actinom'eter [ækti'nɔmitə] n. ①露(感)光计,曝光表,日照仪 ②光(化)线强度计,光化计,光透射量计,光化强度记录器. 日(光辐)射计,(日)光能(量)测定器,太阳光能计,日光热功率计. *summation actinometer* 累积露光计.
actinom'etry [ækti'nɔmitri] n. ①光能(强度)测定(术,学),日射测定术(法,学),日光热功率测定术 ②曝光测定术,感光测定术.
actinomor'phic a. 放射对称的.
actinomorphy n. 放射对称.
actinomycete n. 放线菌.
actinomycete-antagonist n. 放线菌相克体,抗放线菌药物.
actinomycetes n. 放线菌属(纲).
actinomycetin n. 白放线菌素.
actinomy'cin [æktinou'maisin] n. 放线菌素.
actinomycosis n. 放线菌病.
actinon n. = *acton* 繁,锕射气 An (氡的同位素, Em^{219}).
actinophage n. 放线菌噬菌体.
actinorubin n. 红放线菌素.
actin'oscope n. 光能测定器(仪),光强,测定仪,日射计,辐射测定器.
actinos'copy [ækti'nɔskəpi] n. X线透视检查,放射检查.
actinote n. 阳起石.
actinotherapeu'tics n. 射线(辐射)疗法.
actinother'apy n. 射线(辐射)疗法.
actinotox'in n. 海葵毒素.
actinou'ran 或 **actinoura'nium** n. 锕铀, AcU (铀同位素, U^{235}).
actinozyme n. 放线菌酶.
ac'tion ['ækʃən] n. ①作用,动(操)作,行动,反(效)应,影响,机能,运算(转),战斗 ②作用[主动]力,作用量,行程 ③机械装置 ④(电钮)开关, *action at a distance* 远距离作用,超距作用. *action center* 作用[动作,活动]中心,机械设计万能[通用]计算机,万能[通用]数字控制机,电网. *action current* 作用电流. *action element* 执行元件. *action of lens material* (透镜)镜体作用. *action of points* 尖端作用. *action potential* 动态电势. *action pulse* 动作[触发]脉冲. *action radius* 作用半径,有效距离. *action roller* 动辊,活动滚轮. *action through the medium* 媒达作用. *action turbine* 冲击式水轮机,冲动式涡轮机. *action wheel* 主动轮,冲击式水轮. *air action* 空战,空袭. *back action* 反作用,倒扫[转],逆动. *centrifugal action* 离心作用(沉降). *correcting action* 修正,校准,校正偏差,返回初始位置. *cutting action* 切削(能力,作用). *finding action* 选择,搜寻,寻线. *fission action* 裂变,(核)分裂. *focusing action* 调焦,聚焦作用. *fuze action* 起爆,引信开始动作. *least action* 最小作用量. *logical action* 逻辑运算(操作). *nodding action* 摆动. *quick action valve* 速动[泄敏]阀. *safety action* 屏蔽效应,防(保)护作用. *sampling action* 脉冲[周期]作用,抽(选,采)

样. shim action 粗(略)调整(节),垫补作用,填隙作用. single action 单效,单动. slag action 炉渣侵蚀(作用). surface action 表面效应,集肤作用. trigger action 触发作用,脉冲触发,开启. valve action 阀(整流)作用. wobbler action 偏心轮运动,摇(抖)动. ▲action on M 对 M 的作用〔影响〕. (be) in action 〔正〕在工作〔运转,使用,起作用〕的. (be) out of action 失去作用,停止运行〔使用〕. (be) put out of action (机械)出毛病,停止工作,不适用. bring (call) ... into action 使 ... 发挥〔起作用〕,开始工作(,开动,使用,实行. by the action of 在 ... 作用下,因 ... 起作用. come into action 开始动作〔运行,起作用〕. put 〔set〕... in 〔into〕action 开动,使 ... 运行,使行动起来,使开始工作,把 ... 付诸实行. put ... out of action 使 ... 停止工作〔活动,运行〕,使 ... 中断〔瘫痪,不通,不适用,不起作用〕,使失去效用,失去战斗力. take action 采取行动,进行活动. take concerted action 采取一致行动. take action in 开始,着手,动手. under the action of = by the action of.

action-current n. 作用〔动作〕电流.
ac'tivable ['æktivəbl] a. 能被活化的.
ac'tivate ['æktiveit] vt.; n. ①使 ... 活动,对 ... 起作用,开〔起,启,促,驱〕动,激励 ②活化(作用),致活,激活,使激化,赋能,放射化,使 ... 产生放射性 ③活化(产)物,激活物. activate button 启动按钮. activate key 启动键. activating agent 激活〔活化〕剂. activating signal 起动信号.
ac'tivated ['æktiveitid] a. 活化了的,激活后的,放射化了的. activated alumina 活性氧化铝,活性铝(土). activated carbon 活性炭. activated carburizing 活性渗碳. activated complex 活化复合体,活化络合物.
activated-sludge a. 活化污泥的.
activa'tion [ækti'veiʃən] n. ①开〔驱,起,促,启,活〕动,接通 ②活化(作用),活化〔化〕,致活,激活〔化,励〕(作用),敏化,使 ... 产生放射性 ③(污水)曝气处理法. activation analysis 活化〔激活〕分析,赋(放)射(性)分析. activation energy 激活〔活化〕能. activation of block 分程序动用,分程序的活动. activation of filament 灯丝〔阴极〕激活. activation of homing 自动寻的(制导系统)接通,接通自动寻的制导系统,接通引导导系统,进入自动寻的制导状态. activation pointer 激励指示字. activation process (光电阴极)敏化过程,(阴极)激活过程. foil activation (金属)箔活化法. heat activation 加热激活. impurity activation 加杂质激活. neutron activation 中子激活〔活化〕,以中子使 ... 产生放射性.
ac'tivator ['æktiveitə] n. ①活化〔激活,激化,催化,致活,促进,触媒〕剂 ②激励器,活化器,抖动器 ③灵敏度提高装置. activator atom 激活〔活化〕原子. tissue plasminogen activator 组织胞浆素原活化剂.
activa'tory a. 活化的.
ac'tive ['æktiv] a. ①活〔主,能〕动的,积极的,灵敏的,敏捷的 ②活性〔度,化〕的,放射性的,激活的 ③有效〔源,功〕的,实际的,常〔现〕用的,工作的,运行的,现行〔役〕的 ④(有)旋〔光〕性的. active aircraft inventory 现役作战飞机总数. active antenna 有源(辐射,激励)天线. active area 有效〔工作〕面积,活性〔灵敏,现投〕区,放射性区域. active balance 等类平衡. active block 有源组件. active carbon 活性炭. active card 活(现)用卡(片). active center 有效〔活性〕中心. active channel 占线有源)信道,工作电路. active circuit 有源电路. active coating 活性涂(敷)层,活性被覆(层). active component 有功有效,实数,主动,电阻)部分,有效作用(分量,有效)元件. active correlator 主动相关器. active cross-section 有效(水流)断面. active current 有功电流. active deposit 活性(放射性)沉积. active display 主动式(发光型)显示(器). active duty 现役. active element 有源元件,激活(活性)元素. active emitting material 放射性活性材料. active failure 自行破坏. active fault 活断层. active fiber optics element 纤维光学活性元素. active file 常用存储档案(资料),有用的资料,现(常)用文件,现在工作的外存储器. active following 主动跟踪. active force 主动(有效)力. active ga(u)ge 电阻应变仪的动作部分. active gas 活性(腐蚀性)气体. active glacier 活(动)冰川. active guidance 主动制导〔导航,导向〕. active homing 自(主)动寻的,主动导航,自动式自动引导. active instruction 活动指令. active layer 融冻(活性)层. active leg (射流)有源支路,有源电气元件,(通道)臂. active light modulation 光源调制. active line 作用(工作,扫描,有效,实)线,有效线路. active list 现役表. active loop 有源环状天线,放射性回路. active loss 有功损耗. active material 活性(工作)材料,活性物质. active medium 激活媒(介)质,工作媒质. active memory 快速存储(器),主动(式)存储(器),有源(元件)存储器. active metal 活性金属. active network 有源网络. active oil calculation 有效(石油)贮量计算. active page 活动(有效)页. active power 有功(效)功率. active prominence 日珥. active radar homing 主动式雷达寻的. active region 激活(活性,作用,活化,现役)区. active remedy 特效药物. active return loss 有源(四端网络)反射损耗,回波损耗,回声衰减. active runway 正在使用的跑道. active satellite 有源(主动)卫星. active sleeve (阴极)活性套,激活(活性)(阴极)套管,活性层. active stack 操作栈. active time 扫描时间,有效(扫描)时间. active transducer 主动变换器,有源换能器. active user 现时用户. active volcano 活火山. active weapons 编制武器. optically active 旋光的. ▲in 〔on〕 active service 〔服〕现役.

ac'tively ['æktivli] ad. 活〔主,自,能〕动地,积极地.
ac'tiveness ['æktivnis] n. 活动,积极性.
activise = activize.
ac'tivist ['æktivist] n. 积极分子.
activ'ity [æk'tiviti] n. ①活动(性),激活性,能动性,活力(量,度),放射性(强度),作用(浓度),动作 ②功(效)率,(线圈的)占空系数 ③(pl.)活动范围,领域,工作,业务 ④组织,机构. *activity coefficient* 活动〔占空,激活〕系数,功率因数. *activity for defocus* 散焦灵敏度. *activity loading* 有效装入法. *activity number* 活性指数. *activity of cathode* 阴极活度〔性〕,阴极活性〔动〕效[能]性. *activity of cement* 水泥的活性. *activity ratio* 活动〔使用〕率,活度比〔率〕,工作比(对一个题目或一段时间内,有用的资料与全部资料之比). *chemical activity* 化学活性〔度〕. *contain activity* 预防放射性传播,含有放射性物质. *delayed activity* 缓发放射性. *government activity* 政府机关. *optical activity* 旋光度〔性〕. *practical activities* 实践活动. *research activity* 研究活动,研究中心. *solar activity* 太阳活动. *specific activity* 放射性比度,比活度. *subjective activity* 主观能动性. *trace-level activity* 微量放射性. ▲*be in activity* 在活动中.

activity-directed *a.* 指向活动的.

ac′tivize [ˈæktivaiz] *vt.* 激起,使行动起来.

ACTM =axis-crossing interval meter 交轴频程计.

actomy′osin *n.* 肌动球蛋白.

ac′ton [ˈæktən] *n.* ①篆,锕射气 An ②三乙氧基甲烷.

ac′tor *n.* ①(两级)作用〔反应〕物,原动质 ②男演员,行动者.

ACTR =actuator.

ac′tress *n.* 女演员.

ACTS =acoustic control and telemetry system 音响控制及通测系统.

act std =actual standard 现行标准.

ac′tual [ˈæktjuəl] *a.* 实际〔在〕的,现〔真〕实的,事实上,有效的,现行的,不隐蔽的. *actual distance* 实距. *actual loading test* 实际负载试验,真载试验. *actual measure-ment* 实测. *actual monitor* 线路〔输出〕监视器. *actual parameter* 实际参数. *actual state* 现状. *actual stress* 有效〔作用,实际〕应力. *actual time* 动作〔实际〕时间,实时. *actual tooth density* 有效齿端距通密度. *actual zero point* 绝对零点,基点. *actual-formal parameter correspondence* 实〔际〕-形〔式〕参数对应. *in actual existence* 现存. *in actual life* 在实际生活中.

actualite [aktyali:ˈtei] *n.* (法语)时事新闻.

actual′ity [ˌæktjuˈæliti] *n.* 现〔真〕实,实在〔际〕,(pl.)现状,事实,实际情况.

actualiza′tion [ˌæktjuəlaiˈzeiʃən] *n.* 实现〔行〕,现实化.

ac′tualize [ˈæktjuəlaiz] *vt.* 实现〔行〕,现实化.

ac′tually [ˈæktjuəli] *ad.* 实际地〔上〕,目〔竟〕然,现在,如今.

actually-semicomputable *a.* 实际半可计算的.

actua′rial [ˌæktjuˈeəriəl] *a.* 保险统计(员计算出来)的.

ac′tuary [ˈæktjuəri] *n.* 保险公司的计算员,保险统计员.

ac′tuate [ˈæktjueit] *vt.* 开[推,驱,作,促,起,致]动,使动作,作用,操纵,驱使,激励(磁),励磁. *actuated error* 动作误差. *actuated mine* 待发地雷. *actuating cam* 致〔主,推〕动凸轮. *actuating cylinder* 作

〔主〕动筒,动力气缸,主动油缸. *actuating device* 调节〔驱动,起动,传动〕装置. *actuating lever* 启〔传〕动杆,执行杠杆. *actuating motor* 起动〔伺服〕电动机,作动马达. *actuating pressure* 工作压力. *actuating section* 控制设备,起动部分. *actuating signal* 〔起动〕信号. *actuating strut* 动作筒〔杆〕. *actuating system* 传动〔执行〕系统. *actuating time* 动作〔吸动〕时间. *actuating unit* 驱动机组,动力机构,动力传动装置.

actua′tion [ˌæktjuˈeiʃən] *n.* 活〔开,驱,启,起,作,传〕动,动作,吸合,激励,接通,作用效率. *actuation time* 动作〔吸动〕时间. *electric actuation* 电驱动,电拖动.

ac′tuator [ˈæktjueitə] *n.* 致动器(促动,作动,激励,调节)器,传动(装置,机构),作动机构,拖动装置,马达,操作机构,执行机构(元件),(电磁铁)螺线管,调速控制器,开关. *electropneumatic actuator* 电力气动致动器,电动气压致动器. *hydraulic actuator* 液压致动器,液压(动力)传动(装置). *leaf actuator* 刀形断路器. *linear actuator* 线性致动器,线性执行机构. *push button actuator* 按钮开关. *solenoid actuator* 螺线管传动(机构).

ACTVTR =activator 活化剂,激励器,灵敏度提高装置.

ACTWT =actual weight 实际重量.

actynolin *n.* 阳起石.

ACU =add control unit 加法控制部件.

acu- 〔词头〕针,尖锐.

acuesthe′sia [ˌækjuesˈθiːziə] *n.* 听觉.

acuit′ion [ækjuˈiʃn] *n.* 锐敏性.

acu′ity [əˈkjuː(ː)iti] *n.* ①尖[敏]锐,锋[锐]利,剧烈 ②(敏)锐度,分辨能力,鉴别力. *acuity for defocus* 散焦灵敏度. *acuity of hearing* 听觉敏度,听力 *auditory acuity* 听力,听觉(敏)度,听敏度. *visual acuity* 视觉锐度.

acu′leate [əˈkjuːliit] 或 **acu′leated** *a.* 有刺的,尖(锐)的.

acu′men [əˈkjuːmen] *n.* ①敏锐,聪明(才智) ②尖头.

acu′meter [əˈkuːmitə] *n.* 听力计,听力测验器,听音器.

acu′minate Ⅰ [əˈkjuːminit] *a.* 锐利的,尖锐的,(有)尖(头)的. Ⅱ [əˈkjuːmineit] *v.* 弄〔变〕尖,变锐利.

acumina′tion [əkjuːmiˈneiʃən] *n.* 尖锐,锋利,尖头.

acu′minous *a.* 尖的,敏锐的.

acupuncture Ⅰ [ˈækjupʌŋktʃə] *n.* Ⅱ [ækjuˈpʌŋktʃə] *v.* 【中医】针刺(法,疗法),针术,针术. *acupuncture anaesthesia* 针刺麻醉. *acupuncture and moxibustion* 针灸.

ACURAD method =accurate rapid dense method 高速度高密度精密压铸法.

acusim′eter *n.* 听力计,听力测验器.

acu′tance [əˈkjuːtəns] *n.* 锐度(曲线),分光敏度,清晰度.

acute′ [əˈkjuːt] *a.* ①(敏,尖)锐的,尖的 ②锐角的 ③剧烈的,严重的,厉害的,急(剧烈)的 ④高音的 *acute angle* 锐角. *acute exposure* 短时间强照射〔曝光〕. *acute irradiation* 强烈照射〔辐射〕. *acute poisoning* 急性中毒. *acute triangle* 锐角三角形.

acute-angled *a.* 锐角的.

acute'ly *ad.* 尖(敏)锐地,剧烈地.

acute'ness [ə'kju:tnis] *n.* 锐度,锐利,敏锐,剧烈.

ACV =①air-cushion vehicles 气垫船(车) ②alarm check valve 报警单向阀 ③automatic control valve 自动控制阀.

acv =actual cash value 实际现金价值.

ACW =①AC continuous wave 交流等幅波 ②aircraft control and warning service 飞机控制和警戒勤务 ③anticlockwise 逆时针方向.

acy'clic [ə'saiklik] *a.* ①非周期(性)的,非循环的,非环形的,非回路的 ②【化】无环(型)的,无环族的,开链式的 ③单极的 ④零调的. *acyclic dynamo* [*generator*] 单极发电机. *acyclic machine* 单极电机,非周期性电机.

ac'yl ['æsil] *n.* 酰(基),脂酰(基).

acyl'amide *n.* 酰胺.

acylamino- (词头)酰胺基.

ac'ylate *v.*;*n.* 酰化(产物).

acyla'tion *n.* 酰化(作用).

acylhydrazine *n.* 酰(基)肼.

acyloin *n.* 偶姻.

acylous action 增酸(降)性作用.

acyloxy *n.* 酸基,酰氧基.

aczoiling *n.* (电杆)防腐.

AD =①acetone drying 丙酮干燥 ②active duty 现役 ③advanced development 试制(样机,样品) ④aerodynamic decelerator 空气动力减速器 ⑤air defense 防空 ⑥air-dried 空气干燥的 ⑦air dry cell 空气干电池 ⑧Anno Domini 公元 ⑨application to deliver for export 出口交货申请 ⑩atomic drive 核动力推进 ⑪automatic detection 自动探测(检波) ⑫average deviation 平均偏差.

ad =①adverb 副词 ②advertisement 广告 ③anodal duration 阳极期间 ④average depth 平均深度,平均高度.

A-D =analog to digital 模拟数字. *A-D converter* 模(拟)数(字信息)转(变)换器.

ad- (词头)(表示运动,方向,变化,添加或加强语气)向,去,到,近.

ADA =①air defense area 防空区域 ②analog differential analyzer 模拟微分分析器 ③angular differentiating accelerometer 角微分加速度计 ④Atomic Development Authority 原子能开发局 ⑤automatic data acquisition 自动数据测取装置 ⑥British Action Data Automation System 英国数字资料自动化系统.

ADAC =analog-digital-analog converter 模拟-数字-模拟转换器.

ADACC = automatic data acquistion system and computer complex 自动数据测取系统与计算机联合装置.

ad'age ['ædidʒ] *n.* 谚语,格言.

adaline *n.* 适应机,学习机.

ADAM =①advanced data management (system) 高级数据处理(系统) ②air deflection and modulation 空中偏转和调制.

ad'amant ['ædəmənt] *a.*;*n.* ①坚硬无比的(东西),坚定不移的(to) ②硬(铁,刚)石,金刚石,刚玉 ③釉质. *Adamant metal* 锡基巴氏合金,以锡为主体的锡-锑-铜轴承合金. *Adamant steel* 铬钼特殊耐磨钢.

adamantanamine *n.* 金刚胺;氨基三环癸烷.

adamantane *n.* 金刚烷.

adaman'tine [ædə'mæntain] *n.*;*a.* ①坚硬无比的, 花岗石硬的,不屈不挠的 ②金刚石制(胶)的 ③釉质的 ④金刚砂,金刚合金,(金)刚石,冷铸钢粒. *adamantine luster* 金刚光泽. *adamantine spar* 刚玉.

ad'amas ['ædəməs] *n.* 金刚石.

adam'ellite ['ædæmilait] *n.* 石英二长石.

adamic earth 红粘土.

adamine *n.* 水砷锌矿.

ad'amite ['ædəmait] *n.* ①水砷锌矿(含80%三氧化二铝的)人造刚玉 ②(高碳)镍铬耐磨铸铁(碳 1.26～3.6%,硅 0.5～0.2%,锰 0.45～0.7%,磷< 0.12%,镍 0.25～1.0%,铬 0.5～1.0%,硫< 0.05%)。●

ad'amsite [ædəmzait] *n.* ①暗绿云母 ②喷嚏性毒气,二苯胺氯胂.

Adamson's ring 阿达姆松联接环.

ADAPS =automatic display and plotting system 自动显示与标图系统.

ADAPSO =Association of Data Processing Service Organizations (美,加)数据处理组织联合会.

adapt' [ə'dæpt] *v.* ①(使)适应(合),配上(装,合) ②修改,改编(作) ③采用(纳). *adapting flange* 连[配]接法兰. *adapting pipe* 连接管,套管. *▲adapt M into N* 将 M 改编(造)成 N. *adapt oneself to* 适应,适合于,习惯于. *adapt (M) to N* (使M)适应 N. *(be) adapted for* 适宜(用)于,为…改编(修改)的. *adapted to* 适合(宜)于,适应.

adaptabil'ity [ədæptə'biliti] *n.* 适应(合)性,可用性,顺应性,灵活性,适应(能)力.

adapt'able [ə'dæptəbl] *a.* ①可适(顺)应的,适(通)用的,适合的,适应性强的,善于适应环境的 ②可改编的 ③可用的. *adaptable color television system* 顺应式彩色电视制. *▲(be) adaptable to* 可适应(用)于…的.

adapta'tion [ædæp'teiʃən] *n.* ①适(顺)应(性),适合 ②匹配,配合,配装 ③采用 ④改编(本)(适应,修正,进),调节 ⑤免疫,免疫作用 ⑥适应力(性). *adaptation kit* 成套配合件. *adaptation luminance* 光线(亮)适应. *▲adaptation of M into N* 把 M 改编(造)成 N. *adaptation of M to N* M 适应 N.

adapt'ative ['ædəptətiv] *a.* 适应(合)的.

adapt'er [ə'dæptə] *n.* ①配(匹)配用,衔接器,接合 (续)器 ②(连,换,转,衔,应)接器,转接器,匹配(附加)器,调整器 ③(转换,异径)接头,管接头,(承,应)接管,联轴套管,连接装置,计套,应接板 ④(插)座, (夹)架,附件 ④拾音(波)器 ⑤控制阀 ⑥改编者. *adapter amplifier* 匹配放大器. *adapter connector* 接头,连接器. *adapter coupling* 管套转接器. *adapter glass* 玻璃接头,配接玻璃. *adapter junction box* 分[接]线盒,适配箱. *adapter lens* 附加[适配]透镜. *adapter module* 过渡(适配)舱. *adapter ring* 接合[配接,适配,过渡,中间]环. *adapter skirt* 连接裙[套]. *adapter sleeve* 紧固套,接头套(筒),连接套管. *ball adapter* 转接器,电子管适配器. *blade adapter* 刀架. *ingot adapter* 取锭器,锭料转接装置. *phase adapter* 换相器,相位变换附加器. *plug* *adapter* 插头,插装式接合器. *pressure balance adapter* 压力平衡架〔平衡装置〕. *quick change adapter* 快速调换器.

adapter-connector n. 连接器,接合器.

adapter-converter n. 附加变频器.

adapteriza′tion [ədæptərai′zeiʃən] n. 拾声,拾音,换接.

adap′tion [ə′dæpʃən] n. 适应,配合,匹配(to).

adap′tive [ə′dæptiv] a. 适合〔应,配〕的,应〔适〕用的. *adaptive communication* 自动调整〔自动工作,适应式〕通信. *adaptive control system* 自适应〔自动调整〕控制系统,自动补偿系统. *adaptive filter* 自调谐滤波器. *adaptive metallurgy* 物理冶金. *adaptive system* 自适应系统,答疑装置.

adaptive-weighting scheme 自适应加权电路.

adaptom′eter n. 黑暗适应性测量计,匹配测量计.

adaptom′etry n. 黑暗适应性测量术.

adap′tor [ə′dæptə] n. =*adapter*.

adarce [ə′dɑːsi] n. 泉渣,石灰华,钙华.

ADAS =①automatic data acquisition system 自动数据测取系统 ②auxiliary data annotation set 辅助数据解读装置.

ADAT =automatic data accumulator and transfer 自动数据贮存与传输装置.

adatom n. (被)吸附(的)原子.

adax′ial [æ′dæksiəl] a. ①向轴的,近轴的 ②腹面的.

ADC =①Air Defence Command 防空司令部 ②airborne digital computer 机载数字计算机 ③albumin,dextrose,catalase 白蛋白、葡萄糖、过氧化氢酶(细菌培养基) ④analog-digital converter 模拟-数字转换器 ⑤areas of deep convection (海洋)深层对流区 ⑥automatic digital calculator 自动数字计算机 ⑦automatic drive control 传动自动控制 ⑧ascending-descending chromatography 升降色谱法.

ADCC =air defense control center 防空指挥中心.

AD cell =air dry cell 空气电池.

ADCN =advance drawing change notice (有关)图纸更改的先期通知.

Adcock direction finder 旋转天线探向器.

Adcock system 爱德考克天线系统.

ADCON =①advise all concerned 请通知有关各方 ②analog to digital converter 模拟信息-数字信息转换器.

add [æd] v.; n. ①加(上),增(追,附)加,添(加),连接,加法〔算〕②接着又说,补充说. *add circuit* 加法〔求和〕电路. *add in-place* 原位加(相加结果存原位). *add pulse* 加法脉冲. *added circuit* 加达〔回加,附加〕电路. *added losses* 附加〔杂散〕损耗. *added metal* 填充金属. *added resistance* 附加电阻. *adding box* 加法器. *adding machine* 加法器〔机〕. ▲ *add in* (把)包括〔含〕(在内). *add to* (增)加,加到〔入〕. *add to storage* 加完后存储,存储加. *add 6 to 4* 四加五. *Four added to five makes nine.* 四加五等于九. *add together* 把...加起来,合计,求出...的总和. *add up* 把...加起来,总和,合计;总数相符;凑成. *add up to* 总数为,总计(为);总而言之,(总起来说)意味着. *added to this* [that] 除此之外,此外(还有). *to add to* 更加,除...之外.

Add =①adde 或 addetur 加(至,到),添加 ②addendum 补遗,附录,齿顶高 ③addition 加法,补充,附加物 ④additive 添加(剂) ⑤address 地址,通信处.

ADDAC =analog data distributor and computer 模拟数据分配器与计算机.

add-and-subtract relay 双位继电器.

ADDAR = automatic digital data aquisition and recording 自动数字数据测取与记录.

ADDAS = automatic digital data assembly system 自动数字数据组合系统.

addaver′ter 或 **addaver′tor** [ædə′vəːtə] n. 加法转换器.

Add comp =addition compound 加成化合物.

add-compare unit 加法比较部件.

adde [拉丁语]加,加到,加上.

ADDEE =addressee 收报〔信,件〕人.

addend′ [ə′dend] n. 加数,(第一)被加数,附加物.

adden′da [ə′dendə] addendum 的复数.

adden′dum [ə′dendəm] (pl. *adden′da*) n. ①补遗〔篇〕,附录,附〔追加〕物(to) ②齿顶〔齿顶〕高. *addendum angle* (伞轮的)齿顶角. *addendum circle* (齿轮的)齿顶圆(直径). *addendum correction* 齿顶高修正. *addendum line* 齿顶线.

ad′der [′ædə] n. ①加法〔相加,求和,综合〕器,加法电路,信号合并电路 ②求和部份〔组件,装置,寄存器〕③混频器 ④毒蛇. *adder amplifier* 加法〔加算,求和,混合〕放大器. *adder stage* 相加〔混频〕级. *adder tube* 加算管.

ADDER =automatic digital data error recorder 自动数字数据传送误差记录器.

ad′der-accu′mulator n. 加法累加器.

ad′der-subtrac′ter 或 **ad′der-subtrac′tor** n. 加减器,加-减装置.

addi =additional 额外的,附加的.

ad′dible [′ædəbl] a. 可添加的.

addict Ⅰ [′ædikt] n. 有嗜好者,有瘾者,酷爱...者...迷.

Ⅱ [ə′dikt] vt. ▲ *be addicted to* 或 *addict oneself to* 耽迷〔热衷〕于,嗜好,一心在.

addic′tion [ə′dikʃən] n. 热衷,耽溺,嗜好,瘾.

addic′tive a. 有瘾的,有嗜好的,热衷的.

ad′diment n. 补体.

adding-machine [′ædiŋmæʃiːn] n. 加法器〔机〕.

adding-storage register 求和存储〔加法存储〕寄存器.

Ad′dis Ab′aba [′ædis′æbəbə] n. 亚的斯亚贝巴(埃塞俄比亚首都).

additament n. 附加物.

addit′ion [ə′diʃən] n. ①加(法,成),加法指令 ②增〔附,相,追〕加,添加(入),补充〔添〕加,掺杂,增长,连接 ③组〔结〕合,合成,叠加〔迭〕部分 ④附〔增,加〕物,添加剂,杂质(物) ⑤扩建部分. *addition agent* 掺和〔加入,加成,添加,触媒〕剂,合金元素. *addition by subtraction* 采用减法运算的加法. *addition compound* 加成(化合)物,加合物. *addition polymer* 加聚物. *addition record* 补充记录. *addition without carry* 按位〔无进位〕加(法). *algebraic addition* 代数相加〔加法〕. *alloy(ing) addition* 添加合金,合

金元素,合金加成〔添加〕剂. *heat addition* 供〔加〕预热. *remelt with additions* 掺杂再熔法. *repeated addition* 叠加,重复相加. ▲*in addition* 另外还有,此外,而且. *in addition to* 除…以外(还有,又). *with the addition of* 外加.

addit′ional [ə'diʃənəl] *a*. 附〔追,外〕加的,额〔另外〕的,补充的,辅助的,更多的. *additional character* 辅加字符,专用〔条件〕字符. *additional combining* 相加合成. *additional heating* 〔焊〕补偿〔充〕加热. *additional information* 可加信息. *additional item* 补充〔增添〕项. *additional load* 附〔增〕加荷载. *additional noise* 附〔寄生〕噪声. *additional pipe* 支管,接长的管子. *additional survey* 补充测量.

addit′ionally [ə'diʃnəli] *ad*. 另外,加之,又.

ad′ditivate ['æditiveit] *vt*. 加添加剂.

ad′ditivated ['æditiveitid] *a*. 加(了)添加剂的.

ad′ditive ['æditiv] Ⅰ *a*. (相,附,增,叠)加的,加添的,辅助的,【数】加法(法)的,【化】加成(和)的. Ⅱ *n*. ①附加(物),添加(加成,掺合,掺和)剂,加料,保护剂,添加(食)物,外加物 ②【数】加性,加法. *additive channel* 加成信道. *additive colour reproduction* 补色〔加色法彩色〕重现. *additive colour system* 混(合彩)色系统. *additive complementary colours* 相加合成补色. *additive compound* 加成(化合)物. *additive effect* 加性(累加)效应. *additive factor* 加性(累加)因素. *additive method* 叠加法. *additive mixture of colours* (加)色混合. *additive number theory* 或 *additive theory of numbers* 堆垒数论. *additive operation* 加法(性)运算. *additive property* 可(相)加性. *chemical additives for making plastics* 塑料制造添加剂. *extreme pressure additive* (耐)极高压添加剂.

additive-operator *n*. 加法运算符.

additive-treated oil (含)添加剂油.

additive-type oil 含有添加剂的油,添加剂型的油.

additiv′ity [ædi'tiviti] *n*. 加性,加法,加合性,加和性.

ad′ditron ['æditrɔn] *n*. 加法(开关)管.

addl = additional 额外的,附加的.

ad′dle ['ædl] Ⅰ *a*. 坏的,腐败的,混浊的,糊涂不清的,空(虚)的. Ⅱ *v*. (使)变(腐)坏,(使)糊涂,弄乱.

ad′dle-head *n*. 糊涂虫.

addn =①addition 加(法) ②additional 附加.

addom′eter [ə'dɔmitə] *n*. 加算器.

add-on memory 添加〔累加〕外存储器.

add-on system 增加系统(一种图像副载波的调制方法).

address′ [ə'dres] Ⅰ *vt*. ①写(收件人)姓名,地址,称呼,写(信)给,交,委托(to),向…致词〔讲话〕②向…提〔建〕议(to) ③【计】寻(选,定)址,访问. *addressed circuit* 寻址〔地址选择〕,电路. *addressed location* 访问单元. *addressed memory* 编址存储器. *addressing level* 寻(定)址级. ▲*address oneself to* 从事于,致力于,着手于,向…说话;论述,谈到. *address questions to* 向…提出问题. Ⅰ *n*. ①(姓名)住址,通讯处,称呼,致词(函),演说(to) ②

【计】地址,存储器号码. *address blank* 【计】空地址. *address constant* 地址常数,基数地址. *address field* 地址字段(部分). *address file* 地址数据存储器,地址文件,地址行列. *address modification* 地址修改,变址. *address out of range* 地址溢出. *address stop* 地址符合停机. *address substitution* 地址替换〔变化〕,变换地址. *cable address* 电报挂号. *form of address* 称呼. *inside address* 信纸左上角的收信人姓名,地址. *public address system* (有线广播)扩音系统. ▲*with address* 巧妙地.

address′able [ə'dresəbl] *a*. 【计】可寻(选)址的,可编址的,可访问的. *addressable register* 可寻〔编〕址寄存器.

addressee′ [ædre'si:] *n*. 收信〔件〕人.

address′er [ə'dresə] *n*. 发信〔署名,发言〕人.

address′ing *n*. 寻(定,选)址,访问,选择. *selective addressing* 选择寻址.

addressing-machine *n*. 姓名住址印写机.

addressless *a*. 无地址的.

addressograph *n*. 姓名地址印写机.

address′or = addresser.

address-read wire 地址读出线.

address-write wire 地址写入线.

ADDS = automatic data digitizing system 自动数据数字化系统.

ADDSEE = addressee 收报〔信〕人.

add-subtract control 加减控制.

add-the-hash rehash 加散列码的再散列(法).

ad du = additional duty 附加任务.

adduce′ [ə'dju:s] *vt*. 提〔举〕出,引证〔用〕,说明(理由).

addu′cible [ə'dju:sibl] *a*. 可以引用〔证〕的.

ad′duct ['ædʌkt] *n*. ①引证 ②加合物,加成体,加成产物〔过程〕.

adduc′tion [ə'dʌkʃən] *n*. ①引证〔用〕②加合(作用),氧化(作用) ③收,内收(运动).

addu′cent [ə'dju:snt] *a*. 收的,内收的.

adduc′tor *n*. 内收肌.

add-without-carry 不〔无〕进位加算,按位加算. *add-without-carry gate* 【计】"异"门,按位〔无进位〕加门.

ADE = automatic draughting equipment 自动通风设备.

adele *n*. 赋值向量.

adelpholite *n*. 褐钇铌矿.

A′den ['eidn] *n*. 亚丁(也门民主人民共和国首都).

adenic *a*. 腺的.

adenine *n*. 腺嘌呤.

adenocarcino′ma *n*. 腺癌.

adenohypophysis *n*. 垂体腺体叶,腺垂体,(脑下)垂体前叶.

adenosin(e) *n*. 腺(嘌呤核)甙.

adenovi′rus *n*. 腺病毒.

ad′eps ['ædeps] *n*. (猪,动物)脂.

adept Ⅰ [ə'dept] *a*. 熟练的,内行的. ▲*be adept in* 〔*at*〕擅长,善于,精通. Ⅱ ['ædept] *n*. 擅长者,内行,专家,能手. ~*ly* *ad*. ~*ness* *ad*.

ad′equacy ['ædikwəsi] *n*. 足够,适当〔合〕,恰当,充

ad′equate [′ædikwit] *a.* ①足够的,充分的,相[适]当的,满足要求的 ②可以胜任的. *adequate distribution* 均匀分布. *adequate sample* 充足样本. ▲(*be*) *adequate for* 足够…之用,适用于…(*be*) *adequate to* 充分满足,够作…之用,胜任. (*be*) *adequate to* +*inf.* 足于,足以. ~*ly ad.* ~*ness n.*

adequa′tion *n.* 足够,适当,适合,修[调]整. *adequation of stress* 应力适当[均衡,均匀化].

ader wax（粗,生）地蜡.

A-derrick A 型转臂起重机.

ADES = automatic digital encoding system 自动数字编码系统.

ADESS = automatic data editing and switching system（观测）资料自动编集中继装置.

ADF = ①after deducting freight 减去运费之后 ②Air Defense Force 美国空军防空部队 ③air direction finder 空中定向仪 ④automatic direction finder 自动定向仪[测向器].

ad fin 或 **ad finem**〔拉丁语〕到最后.

adflux′ion *n.* 流集,汇[合]流.

adfree′zing *n.* 冻附[结,硬].

ADFR = automatic direction finder, remote-controlled（遥控）自动测向仪.

ADG = ①assistant director general 副局长,副董事长,副总裁,助理总监 ②average daily gain 平均日增重.

adglu′tinate *v.* ,*n.*（使）凝集,烧结,粘结(产)物.

adgru = advisory group 顾问[咨询]组.

ADH = adhesive 胶粘的,粘着的[胶粘剂].

adhere′ [əd′hiə] *v.* 粘[附,固]着(于),粘附(于)(to) ②坚[固]持,遵守(to) ③道循,依附(to). *adhere to assigned limits*（严格）遵守规定的限度[范围]. *adhering moulding material* 涂模材料,铸型涂料.

adhe′rence [əd′hiərəns] 或 **adhe′rency** [əd′hiərənsi] *n.* ①粘着[附],附着(力),吸附,固着,连接 ②流[注]入 ③坚[固]持,遵守. *adherence to specification* 遵守技术规范. *electrostatic adherence* 静电附着[吸附].

adherend *n.* 被粘物,粘接体.

adhe′rent [əd′hiərənt] Ⅰ *a.* 粘着[合,连]的,附着的,依附的,连生的,焊接住的(to). Ⅱ *n.* 胶粘体,依附じ主,拥护者.

adhere-o-scope *n.* 润滑油油性〔粘附性〕试验装置.

adherog′raphy *n.* 胶印法.

adherom′eter *n.* 胶粘〔合〕计,附着力试验仪,涂粘计.

adherom′etry *n.* 粘着〔附着力〕测量法.

adhe′roscope *n.* 粘着计.

adhe′sio *n.* 连接带,连接体.

adhesiogram *n.* 粘附图.

adhesiom′eter *n.* 粘附计.

adhe′sion [əd′hi:ʒən] *n.* ①附着(力,作用),粘着(力,物,性),粘合(力),粘着(力,现象),胶粘(作用),粘结(力),胶合(力),粘连(物) ②（电线）接头 ③支持,同意(加入). *adhesion agent* 粘着剂. *adhesion factor* 粘着〔附〕系数. *give in one's adhesion* 表示同意〔支持〕. *give one's adhesion to*（对…予以）支持. *tin adhesion* 镀锡层的粘附〔强度〕.

adhe′sional [əd′hi:ʒənl] *a.* 粘附〔合〕的. *adhesional wetting* 粘润作用.

adhe′sive [əd′hi:siv] Ⅰ *a.* 附〔粘〕着的,（有）粘性的,粘连的,胶粘的. Ⅱ *n.* ①粘着力,粘附（现象）②粘合〔结〕物,胶粘,胶合〔结〕剂,粘性物质,胶. *adhesive backed* 涂满粘合剂的. *adhesive coating* 粘附层. *adhesive plaster* 橡皮膏,胶布. *adhesive power* 粘附（能）力. *adhesive strength* 胶粘〔附着〕强度,粘着力. *adhesive tape* 胶带〔压〕. *adhesive water* 薄膜〔吸附〕水. *adhesive wax* 胶粘〔粘着〕蜡,封蜡. *all-purpose adhesive* 万能胶. *epoxy adhesive*（环氧树脂）粘合剂. ~*ly ad.*

adhesivemeter *n.* 粘着力计,胶粘计.

adhe′siveness [əd′hi:sivnis] *n.* 粘〔着,附〕性,附着〔胶粘〕性,粘附度,胶粘度.

adhesiv′ity *n.* 粘合性.

adhib′it [æd′hibit] *vt.* ①引进 ②贴,粘.

adhint *n.* 粘合〔胶接〕接头.

ad h l 或 **ad hunc locum**〔拉丁语〕在此处.

ad hoc [′æd′hɔk]〔拉丁语〕*a.* ;*ad.* 尤其,格外,特别,关于这;特定的,为这一目的安排的,针对某一问题而指定（制造,设置）的. *ad hoc approach* 特定方法〔设计法〕. *ad hoc committee* 特设委员会. *ad hoc fashion* 特定方式.

ADHOCC = ad hoc committee 特设委员会.

ADI = ①acceptable daily intake 每日允许摄入量 ②antidetonate injection 防爆剂.

ad′iabat [′ædiəbæt] *n.* 绝热线.

adiabat′ic(al) [ædiə′bætik(əl)] *a.* 绝热的,不传热的,非热传导的. *adiabatic curve* 绝热曲线. *adiabatic heat drop* 绝热焓降.

adiabat′ically [ædiə′bætikəli] *ad.* 绝热地.

adiabatic′ity *n.* 绝热性.

adiabat′ics [ædiə′bætiks] *n.* 绝热（曲）线. *irreversible adiabatics* 不可逆的绝热线.

adiabator [ædiə′beitə] *n.* 保温材料,绝热材料.

adiaphanous *a.* 不透光的,不透明的,混白色的.

adiatherm′al [ædiə′θə:məl] 或 **adiatherm′ic** [ædiə′θə:mik] *a.* 绝热的.

adiather′mance 或 **adiather′mancy** *n.* 绝热性,不透热性,不透红外线性.

adiather′manous *a.* 绝热的,不透红外线的.

adiatin′ic *n.* ;*a.* 绝光化(性,辐射)的(物质),不透光化线的(物质),不容射线透过的(物质),不透射线的（物质）,不透过光化学上的活性辐射（的）物质.

adic′ity [ə′disiti] *n.*（化合）价,原子价.

adience *n.* 趋近性.

adient *a.* 趋近的.

adieu [ə′dju:] Ⅰ *int.* 再见〔会〕. Ⅱ *n.* 告别. *make* [*take*] *one's adieu* 辞行.

ad inf 或 **ad infinitum** [æd infi′naitəm]〔拉丁语〕无穷无尽的,永久,无限地.

ad init 或 **ad initium**〔拉丁语〕起始.

adinol(slate) 或 **adinole** 或 **adinolite** 钠长英板岩.

ad init 或 **ad in′terim** [æd′intərim]〔拉丁语〕其间,在此期间内;临〔暂〕时的,过渡的.

adion *n.*（被）吸附离子.

ADIOS = automatic digital input-output system 自动数字输入-输出系统.

adipate n. 己二酸(盐,酯,根).
adipic [拉丁语] a. 脂肪的. *adipic acid* 己二酸.
adipo- [词头] 脂肪.
adipo-cellulose n. 含脂纤维素.
adipocerous a. 尸蜡状的.
adiponitrile n. 己二腈.
ad′ipose ['ædipous] a.; n. (似,多)脂肪(的),动物性脂肪,脂肪质的,肥胖的.
adipo′sis n. 肥胖(症).
adipoyl n. 己二酰.
adipping n. 倾斜,下倾.
adipyl n. 己二酰.
ADIS =①air defence integrated system 综合防空系统 ②automatic date interchange system 自动数据互换系统.
A-dlsplay n. A 型[距离]显示器.
ad′it ['ædit] n. (水平)坑道,横坑(道),(坑道)入口,平硐,通路,出入口,出入支洞. *adit collar* 平硐口,支洞洞口. *adit entrance* [opening] 坑道(入)口.
ADIT =analog-digital integrating translator 模拟-数字综合转换器.
ad′itus ['æditəs] [拉丁语] n. 入口,口.
ADIZ =air defence identification zone 防空识别区(域).
adj =①adjacent 相邻的,邻接的,接近…的 ②adjective 形容词 ③adjourned 中止的 ④adjunct 副手 ⑤adjustable 可调的 ⑥adjusted 已校正的 ⑦adjust(ment) 校准,调节(整).
adj sp =adjustable speed 可调速率.
adja′cency [ə'dʒeisənsi] n. 接[邻]近,毗邻,相邻(性),邻接(物),(邻近)间距.
adja′cent [ə'dʒeisənt] a. 邻接,邻,贴,附近的,(无限)接近的,毗连的,相邻的,邻(位,的,交界的(to). *adjacent angles* 邻角. *adjacent arm* 相邻臂. *adjacent bed effect* 围岩影响. *adjacent channel* 相邻通[频]信[道,路]. *adjacent coil* (近)相邻线[连接]线圈. *adjacent position* 邻近位(置),相邻位置. *adjacent side* (相)邻边. *adjacent vision carrier* 邻信道图像载波. ▲*be adjacent to* 靠[接]近,与…邻接. ~*ly ad*.
adjacent-channel a. (相)邻信[频,通,磁]道的.
adjacent-line signal 邻行信号.
adjacent-sound carrier trap 邻道伴音载频陷波器电路.
adjace′nt-to-end carbon 与末位相邻的碳原子.
adjec′tion [ə'dʒekʃn] n. 附加物,附加作用.
adjecti′val [ædʒik'taivəl] a. (似)形容词的.
ad′jective ['ædʒiktiv] n.; a. 形容词(的),附属的,辅助的,有关程序的. *adjective dyes* 间接(媒染)染料. *adjective law* 程序法. ~*ly ad*. 作形容词用.
adjoin′ [ə'dʒɔin] v. (联,连)接,毗连,邻接(近),靠(贴)近,(附)加.
adjoin′ing [ə'dʒɔiniŋ] a. 毗连(邻)的,邻(紧)接的,伴随的. *adjoining course* 邻接层. *adjoining rock* 围岩.
adjoint′ [ə'dʒɔint] n.; a. 【数】伴随(的),伴(随)矩阵,共轭的,相结合的,修正. *adjoint function* 伴随(共轭)函数. *adjoint (of a) kernel* 伴随核. *adjoint (of a) operator* 伴(随)算符,伴随运算子.

adjourn′ [ə'dʒəːn] v. ①(使)延期,推迟,使中止,(使)休(闭)会 ②移(搬)动,搬到(to). *adjourn without day* 无限期休会. *The meeting will be adjourned to* [*till*] *next Monday*. 会议暂停,下星期一继续举行.
adjourn′ment [ə'dʒəːnmənt] n. 延期,休会(时期).
adjudge′ [ə'dʒʌdʒ] v. 宣(告)判(决),判定(给),断定. *adjudg(e)′ment* n.
adju′dicate [ə'dʒuːdikeit] v. 判决(on, upon),宣判(告),裁判. ▲*adjudicate M to N* 将 M 判给 N.
adjudica′tion n. adjudicative a.
adju′dicator [ə'dʒuːdikeitə] n. 审[评裁]判员.
adjugate determinant 转置伴随行列式.
adjugate matrix 转置伴随矩阵.
ad′junct ['ædʒʌŋkt] n.; a. ①附属品[物],附加物(法),添加剂,附加[配]件(to) ②助(副)手 ③附属[加]的(to, of).
adjunc′tion n. 附益,附(添)加.
adjunc′tive [ə'dʒʌŋktiv] a. 附属的,附加的,补助的.
adjure′ [ə'dʒuə] vt. 恳求(请),郑重请求. **adjura′tion** n.
adjust′ [ə'dʒʌst] vt. ①调(节,准,整,谐),校(对,配)准,校(修)正,微调,匹配 ②控制,整理,安排,检查(验),核对,理算 ③【就】使(拉)平. *acceptor adjusted crystal* 受主调整晶体. *adjusted angle* 校正面,平差角. *adjusted data* 修正诸元,订正资料. *adjusted mean* 校正平均数. *adjusted value* 【测】平差(校正,调整)值. *adjusting gear* 调整齿轮,调整装置. *adjusting magnet* 调整用磁铁片,调整分路调整片. *adjusting pin* 定位销,校正针. *adjusting screw* 调整[调节,校正]螺丝(钉). *self adjusting* 自调整,自稳定. ▲*adjust oneself to* 使自己适应于. *adjust M to N* 把 M 调节[整,准]到 N. *adjust the instrument to zero* 把仪器调到零,使仪器对零. *adjust the error to within one micron* 把误差调整到 1 微米之内.
adjustabil′ity n. 可调(整,节)性,调整能力.
adjust′able [ə'dʒʌstəbl] a. 可调(整,节,准,谐)的,可校准的. *adjustable and fixed-blade propeller hydraulic turbine* 可调叶片和固定叶片轴流式水轮机. *adjustable bolt* 可调(调整)螺栓. *adjustable clamp* 活动钳,可调夹头. *adjustable condenser* 变量(可调(整))电容器. *adjustable die* 活动(可调)板牙. *adjustable drawing table* 活动制图桌. *adjustable gibs* 调整镶条. *adjustable leak* 可调漏孔. *adjustable pitch* 活(可调)螺距. *adjustable ring* 控制环. *adjustable round split die* 开口(可调)圆板牙,开缝环形板牙. *adjustable stem* 校正杆,可调整的基杆. *adjustable wrench* (spanner) 活(动,络)扳手,可调扳手,活扳子. *be adjustable to changing conditions* 可随情况的变化面调整.
adjustable-blade a. 可调叶片式的,转叶式的.
adjustable-speed a. 可调速的,速度可调的.
adjustable-thrust a. 推力可调的.
adjustable-vane a. 转叶式的,旋桨式的.
adjus′tage n. 辅助[精整]设备.

adjus′ter [ə'dʒʌstə] n. ①调节〔整〕器,校准〔正〕器,调整〔节,准〕装置,调整设备,调节〔调整机构,精调装置〕,正确安装用装置 ②调整者,调节者,调〔装〕配,安装)工 ③调整体. *adjuster rod* 调节棒. *zero adjuster* 零点调置〔校正〕器,零位调整装置,归零器.

adjust′ment [ə'dʒʌstmənt] n. ①调节〔整,准,定,配,谐〕,校〔修〕正,校〔对〕准,定心,调节〔零位〕平衡 ②控制,安装,装〔匹〕配,配制,安排,调和,适应 ③【测】平差.【海损】理算 ④(pl.)调节器,调整机构〔装置〕. *adjustment by coordinates* 或 *coordinate adjustment* 座标平差. *adjustment controls* 调谐〔控制〕钮. *adjustment curve* 缓和曲线. *adjustment for altitude* (仪器的)高度修正. *adjustment for definition* 聚焦调节,调焦,锐度〔清晰度〕调节. *adjustment in direction* 方向修正. *adjustment in groups* 分组平差. *adjustment of highlight* 亮平衡,高亮度调整. *adjustment of lowlight* 暗平衡,低亮度调整. *adjustment on the target* 对目标的射击修正. *adjustment to structure* 对构造的适应(性). *coarse adjustment* 粗调〔整〕. *fine adjustment* 精调〔整〕. *manual adjustment* 手调,人工调整. *recorder adjustment* 自动记录仪校准. *shading adjustment* 噪声信号补偿,噪声电平调整. *zero adjustment* 零点〔位〕调置〔装置〕,归零.

adjus′tor [ə'dʒʌstə] n. =adjuster.

ad′jutage ['ædʒutidʒ] n. 喷射管,放水管,排水筒.

ad′jutant ['ædʒutənt] I a. 辅助的. II n. 副官,助手.

ad′juvant I a. 辅助的. II n. ①辅〔佐〕药,辅〔佐〕剂 ②助手.

ADL = ①acceptable defect level 合格〔容许〕缺陷标准 ②atmospheric devices laboratory 大气设备实验室 ③authorized data list 核数据表.

Adler tube 阿德勒管(一种高速射线管).

ad lib 或 *ad lib′itum* [æd'libitəm](拉丁语)随(任)意,即兴(的,演唱),无限制地,不限量的.

ad loc 或 *ad locum* (拉丁语) 在此处.

ADM = ①air decoy missile 空中诱惑导弹 ②air-defence missile 防空导弹.

adm =admitted 承认的.

ad′man ['ædmən] n. 广告员.

ADMB =air defense missile base 防空导弹基地.

ADMCT =Admiralty Court 海事法庭.

admeas′ure [æd'meʒə] vt. ①(测,度)量,量测,测定,分配,配给. *admeasuring apparatus* 量测器具,测像仪.

admeas′urement n. 量测,测〔度,计〕量,尺度,(外形)尺寸,分配.

admin′icle n. 辅助(物),补充性证明.

adminic′ular [ædmi'nikjulə] a. 补助〔充〕的,辅助的.

adminiculum (pl. *adminicula*) n. 支座.

admin′ister [əd'ministə] v. ①管〔治,处理,支配,操纵,控制,照料 ②执行,实施,给与,供给(to) ③给药,投药,引入(机体中) ④辅〔补〕助 ⑤有助于(to).

admin′istrate [əd'ministreit] =administer.

administra′tion [ədminis'treiʃən] n. ①管理(机构),行政(机关,事务),(管理)局,署,处,政府 ②执行,施行〔用〕,用法,给与 ③投药,给药,用〔服〕法 ④引入(机体). *administration building* 办公楼. *administration cost* 行政管理费. *administration of radiation* 辐射,辐照. *Civil Aeronautics Administration* 民航管理局. *National Aeronautics and Space Administration* 航空和航天管理局.

admin′istrative [əd'ministrətiv] a. 管理的,行政(管理)的,后方勤务的. *administrative organ* 行政机关. *administrative support unit* 后勤支援器材供应单位. *simp-lify the administrative structure* 精简机构. ~ly ad.

admin′istrator [əd'ministreitə] n. 管理人,行政人员.

ad′mirable ['ædmərəbl] a. 极佳〔好〕的,令人赞美〔羡慕,钦佩〕的. **ad′mirably** ad.

ad′miral ['ædmərəl] n. ①海军上将〔将官〕,舰队司令,旗舰 ②商〔渔〕船队长.

ad′miralty ['ædmərəlti] n. ①海军部,海军上将〔舰队司令〕(之职) ②制海权. *admiralty brass* [metal]海军黄铜(铜 70%,锡 1%,锌 29%). *admiralty bronze* 海军青铜(锌 2%). *admiralty chart* 海图. *admiralty creeper* 探海锚. *admiralty fuel oil* 船用燃料油. *admiralty knot* 节,海里. *admiralty gunmetal* 海军炮铜(铜 88%,锡 10%,锌 2%). *Admiralty mile* 英制海里. *admiralty nickel* 铜镍合金,海军镍(=adnic). *admiralty port* 或 *port admiralty* 海军要塞. *admiralty rule of heating* 英国海军部振荡器加热法则. *Admiralty sign*(英国海军)急信. *admiralty test* 干涸燕化试验,海军试验.

admira′tion [ædmi'reiʃən] n. ①赞赏〔美〕,美慕,钦佩(for) ②令人赞美的对象. *be struck with admiration* 惊〔赞〕叹. *express admiration for* 对⋯表示赞美. *in admiration of* 赞美,赏识. *to admiration* 极好.

admire′ [əd'maiə] vt. 赞美,称赏,喜欢,美慕,佩服,想要(to +*inf*.). **admi′ring** a. **admi′ringly** ad.

ADMIS =automated data management information system 自动化数据管理情报系统.

admissibil′ity [ədmisə'biliti] n. 许入〔进〕,准许.

admis′sible [əd'misəbl] a. (可)容〔允许的,可(被)采纳(考虑,承认)的,有资格(加入)的(to). *admissible clearance* 容许间隙. *admissible error* 容许误差. *admissible solution* 容许解. *admissible stress* 容许应力.

admis′sion [əd'miʃən] n. ①进〔给〕入气,进〔放,吸,通,输〕入 ②接纳,承认,允许,许可(进入),入场(费),放进 ③公〔容〕差. *admission space* 装填体积,进气空间. *admission stroke* 进气冲程. *admission ticket* 入场券. *admission valve* 进(入)阀. *axial admission* 轴向进〔供〕给. *degree of admission* 进气度,充填系数. *high pressure admission* 高压进气. ▲*Admission by ticket only.* 凭票入场. *Admission free.* 免费入场.

admis′sive [əd'misiv] a. 容许有的(of),许入的,入场的,承认的.

admit′ [əd'mit] (*admitted*; *admitting*) v. ①接

admit'table [əd'mitəbl] *a.* 许认的,可以容许的.

admit'tance [əd'mitəns] *n.* ①许可进入,入场(许可),通过,进入(气),输入端②流(通,诱)导,导纳,导电,导电性(率)③加工余量(隙),公(容)差. *admittance area* 流导面积,通导截面. *admittance bridge* 导纳电桥. *admittance function* 容抗(导纳)函数. *admittance parameter* 容许(导纳)参数. *admittance chart* 导纳圆图. *admittance wave* 入口波. *aperture admittance* 孔径透射力. *feedback admittance* 回授(反馈)电路(的)导纳. *impulsive admittance* 脉冲导纳. *mutual admittance* 互导纳. ▲ *gain [get] admittance to* 获准进入. *No admittance (except on business)* 非公莫入,闲人免进,禁止入内.

admit'ted [əd'mitid] *a.* 公认的,被承认的,无可否认的,断然的.～ly *ad.*

admix' [əd'miks] *v.* 掺(混)合,掺杂,混和(with).

admix'er *n.* 混合器.

admix'ture [əd'mikstʃə] *n.* 混合(物,料),混入(物),掺合(物),掺和(物,剂),附加(分散)剂,杂质,外加剂. *mechanical admixture* 机械杂质.

admon'ish [əd'mɔniʃ] *vt.* 警(劝)告,告诫(against). **admonit'ion** *n.* **admon'itory** *a.*

admov. =admove 加,加入,添加.

ADMSC =automatic digital message switching center 自动数字信息转换中心.

adnascent *a.* 附生的.

adnex'a [æd'neksə] *n.* (复)附件,附属品.

adnexal *a.* 附件的,附属器的.

adnexed *a.* 附着的.

Ad'nic *n.* 阿德尼克铜镍(系)合金,海军镍(铜79.12%,镍28.3%,锡1.03%,铁0.18%,锰0.94%,硫0.07%,碳0.07%,锌0.43%).

ADO =①automotive diesel oil 内燃机柴油②aviation diesel oil 航空柴油机.

ado' [ə'du:] *n.* 忙乱,费力,艰难. ▲ *make [have] much ado* 大忙一阵,费尽力气. *(make) much ado about nothing* 无事空忙,瞎忙一阵. *with much ado* 费尽心血,费尽力才. *without more [further] ado* 立即,干脆.

ado'be [ə'doubi] *n.* ①(砂)灰陶土,多孔粘土,龟裂土②砖土,土坯,泥砖,风干砖②土坯房,土墙.

adoles'cence [ædə'lesəns] *n.* 青年(春)期.

adoles'cent [ædə'lesnt] *n.;a.* 青年(期的),青春(的),青少年.

adon'ic *n.* (制冷凝器等用)铜镍锡合金.

Adon'is *n.* 阿多尼斯(小行星).

ADONIS =automatic digital on-line instrumentation system 自动数字联机测试系统.

adonitol *n.* 核糖醇,阿东糖醇,侧金盏花醇.

adonose *n.* 阿东糖.

adopt' [ə'dɔpt] *vt.* ①采用(取,纳),接受,沿(选)用,仿效②正式(表决)通过. *words adopted from a foreign language* 外来语.

adopt'able [ə'dɔptəbl] *a.* 可采(沿)用的.

adopt'er [ə'dɔptə] *n.* (蒸馏用)接受管,接受器.

adop'tion [ə'dɔpʃən] *n.* 采(沿,选)用,接受,正式通过.

adop'tive [ə'dɔptiv] *a.* 采用的,接受的.

adop'tor [ə'dɔptə] *n.* =adopter.

ador'able [ə'dɔ:rəbl] *a.* 值得敬慕的,可爱的. **ador'ably** *ad.*

adoral *a.* 向(近)口的,口旁的.

adore' [ə'dɔ:] *vt.* ①顶喜欢②崇拜,敬慕. **adora'tion** *n.*

adorn' [ə'dɔ:n] *vt.* 装(修)饰(with).

adorn'ment [ə'dɔ:nmənt] *n.* 装饰(品,物).

ADP =①adaptor 适配(转接)器②adenosine diphosphate 二磷酸腺甙③air drive pump 空气传动泵④ammonium dihydrogen phosphate 磷酸二氢铵,二氢化铵磷酸盐⑤assembly detail, purchased part 组装详图(购得部分)⑥associative data processing 相联数据处理⑦automatic data processing 自动数据处理(系统).

ADPC =automatic data processing center 自动数据处理中心.

ADPE =automatic data-processing equipment 自动数据处理装置.

adped'ance [əd'pedəns] *n.* 导(纳阻)抗.

adp microphone 压电晶体传声器.

ADPS =automatic data-processing system 自动数据处理系统.

ADR =①accident data recording 事故数据记录②advance deviation report (发生)偏差的先期报告③American Depositary Receipt 美国信托证券.

ADRAC =automatic digital recording and control 自动数字记录与控制.

ADR alloy ADR (热膨胀系数极小的)铁镍合金.

ADRDE =advise reason for delay 请通知推迟原因.

ad referendum [æd refə'rendəm] [拉丁语]还要斟酌,尚须考虑. *ad referendum contract* 暂定合同,草约.

ad rem ['æd 'rem] [拉丁语]得要领,中肯,适宜.

adre'nal *n.* 肾上腺.

adrenalec'tomy *n.* 肾上腺摘除术.

adren'aline *n.* 肾上腺素.

adret *n.* 山阳,阳坡.

adretto *n.* 阳坡.

Adriat'ic [eidri'ætik] *a.* 亚得里亚海的.

adrift' [ə'drift] *ad.; a.* ①漂浮(流,移)(的),失去控制(的),解(松)开②游弋的③风压(差)的. ▲ *be all adrift* 莫名其妙,茫然失措. *come adrift* 松(脱)开. *get [go] adrift* (随风)漂流,脱节,逸出(from). *go adrift from the subject* 离题.

Adrm =airdrome 机场.

ADRN =advanced document revision notice (公文)资料订正的预告.

adroit' [ə'drɔit] *a.* 熟练的,灵巧(便,活)的(in, at). ▲ *(be) adroit in* 善于(精通)…(的). ～ly *ad.* ～ness *n.*

adro'mia *n.* 无传导性.

ADRT =analog data recorder transcriber 模拟数据记录与转换器.

A-DRV =atomic drive 核动力推进.

ADS =①address 地址 ②air defense sector 防空地区 ③autograph document signed 签名的亲笔文件 ④automatic door seal 舱门〔检修口,出入口〕自动密封.

ADSC =automatic data service center 自动数据服务中心.

adscitit′ious [ædsi′tiʃəs] a. 追〔附〕加的,添补上的,补遗〔足〕的.

adsel n. 选择寻址系统.

adsere n. 附加演替系列.

adsorb′ [æd′sɔːb] vt. 吸附〔收,取,引〕. *adsorbed film* 吸附膜. *adsorbing matter* 吸附材料〔物质,剂〕.

adsorbabil′ity n. 吸收性,吸附能力〔本领〕.

adsorb′able a. 可吸附的,能吸收的.

adsorb′ate [æd′sɔːbit] n. (被)吸附物〔体〕,吸附质,吸附被吸附物(吸附物+被吸附物).

adsorb′ent [æd′sɔːbənt] I a. 吸附剂〔药,物质〕. II a. 吸附的,能吸收的.

adsorb′er [æd′sɔːbə] n. 吸附器〔塔〕. *acid adsorber* 酸类吸附器.

adsorp′tion [æd′sɔːpʃən] n. 吸附(作用),表面吸收〔附,着〕. *adsorption chromatography* 吸附色谱,吸附色层分离法. *adsorption type frequency meter* 吸收式计频率计.

adsorption-active a. 吸附活性的.

adsorp′tional a. *adsorptional earth* 吸附土.

adsorp′tive [æd′sɔːptiv] I a. 吸附的. II n. (被)吸附物,吸附剂. *adsorptive power* 吸附能力.

adsorptiv′ity n. 吸附性(度).

adstadis =advise status and/or disposition 报告现状和/或部署〔安排〕.

Adst. feb. =adstante febre 发热时.

adstric′tio 〔拉丁语〕n. 抑留,收敛.

adstrin′gent I n. 收敛剂〔药〕. II a. 涩嘴的.

ADT =①Atlantic daylight time 大西洋夏令时间 ②automatic data translator 自动数据转换器 ③average daily traffic (道路指定地段的)平均每日交通量.

ADTAC =automatic digital tracking analyzer computer 自动跟踪分析数字计算机.

adtake =advise what action taken 报告所采取的动作.

ADTELP =advise by teletype 用打字电报通知.

adter′minal a. 向末端的,离心的.

ad 2 vic. =ad duas vices 连续两次,两个剂量.

ad′tevak [′ædtəvæk] n. (用鲜血制成的)血浆.

ad-tower n. 广告塔.

ADTP =accelerated development test program 加速研制试验规划.

ADU =angular display unit 角度显示器.

adular(ia) n. 冰长石,低温钾长石.

adult′ [ə′dʌlt] a.; n. 成年(人,的),(的),成熟的,成虫的,成体.

adul′terant [ə′dʌltərənt] I n. 掺〔混〕杂物,掺杂剂,伪造品,假药. II a. 掺杂用的.

adul′terate I [ə′dʌltəreit] vt. 掺(杂,假).
II [ə′dʌltərit] a. 掺(杂了)假的,品质低劣的. ▲ *adulterate M with N* 把 N 掺到 M 里.

adul′terated [ə′dʌltəreitid] a. 掺杂的,伪造的,低劣的.

adultera′tion [əˌdʌltə′reiʃən] n. ①掺杂(物),掺假,掺水,改装,伪造,劣〔冒〕牌(货) ②贬质.

adult′hood n. 成人(时)期.

adum′bral a. 遮阴的.

ad′umbrate [′ædʌmbreit] vt. ①画轮廓 ②预〔暗〕示 ③前兆,预兆 ④遮蔽〔暗〕.

adumbra′tion [ˌædʌm′breiʃən] n. ①轮廓,草图,素描,阴影 ②预示,暗示.

adum′brative [ə′dʌmbrətiv] a. 轻描淡写的,暗示的,投影.

ad unguem (factus) 〔拉丁语〕完美地,圆满地,精密地.

ad′urol [′ædjurol] n. (对苯二酚的氯〔溴〕衍生物所制成的)一种显像剂,阿扎罗尔显像剂,阿扎酚.

adust′(ed) [ə′dʌst(id)] a. 烘焦了的,晒黑了的.

adus′tion n. 可燃性.

ADV =①advance 提前点火 ②arcdrop voltage 电弧电压降.

adv =①adverb 副词 ②adversum 对(抗,照),反对 ③advertisement 广告 ④advice 通知 ⑤advisory 顾问的,咨询的,报告.

adv pmt =advance payment 预付.

adv st =advance stoppage 提前停止.

ad val or *ad valorem* [′æd və′lɔːrem] 〔拉丁语〕照价,按照价格化(计)税.

advance′ [əd′vɑːns] I v. ①(使)前进,推〔增,趋,促〕进,进步〔展〕 ②提(起,超)前,走力 ③提〔升,抬,上升〔涨〕④(提,移)前,(预,领)先,提早 ⑤提出〔倡〕⑥预付,贷(款). *advance in one′s studies* 学习进步. *advance in price* 涨价. *advance reasons for* 给…提出理由. *advance the development of* 促进…的发展. *advance the hour hand* 拨快时针. *advancing edge* 前缘. *advancing side* (传动皮带的)张紧侧,受拉部份. *advancing wavefront* 新波前. *For every complete revolution of the worm, the gear wheel will be advanced a single tooth.* 蜗杆每旋转一周,蜗轮就前进一个齿. ▲ *advance against* (向…)前进. *advance on 〔upon, towards〕* 向…前进. II n. ①前进,进展〔步,程〕,先进 ②提前(量,角,点火),前置(量),超前 ③送进,走刀 ④升,上升 ⑤预付(款),贷款 ⑥(pl.)建议 ⑦回转〔旋回〕纵距. III a. 预先的,提〔在,事〕前的,先期(于正式…)的,前置的. *advance agent* 先遣人员. *advance angle* or *angular advance* 前置〔超前,提前,导程〕角. *advance ball* 滑动滚珠. *advance call* 预约呼叫. *advance control* 超前〔步进〕控制. *advance copy* (新书)样本,试本. *advance ignition* 提前点火. *advance item* 前置项. *advance notice* 预告. *advance of a shoreline* 滨线(海岸线)(向海)推进. *advance of detritus* 岩屑侵入. *advance of the perigee* 近地点前移. *advance of the sea* 海浸. *advance preparation* 事前〔预先〕准备. *advance pulse* 推进脉冲. *advance report* (正式报告前的)先期报告. *advance showing* 初〔预〕演. *advance sign* 前置标志. *phase advance* 相位提前. *propeller advance* 螺旋桨进程. *punch advance* 冲

杆冲程. ▲*advance in* 〔*on*〕(…方面)的进步〔进展,发展,增进,提高,上涨〕. (*be*) *in advance of* 在…的前面,比…提前〔进步〕,优于,胜〔超〕过. *be on the advance* 逐渐上升〔涨〕. *in advance* 预〔事〕先;在前头;预付,垫款. *pay*(*ment*) *in advance* 预付. *receive in advance* 预支. *make advances* 〔*an advance*〕有〔取得〕进步;预提〔建〕议. *provide an advance on* 比…改进. *with the advance of* 随着…的增建〔加〕,随着(时间)的推移,与…俱进地.

Advance (metal) 高比阻铜镍合金,阿范斯电阻合金(铜67%,锰1.6%,其余镍).

advanced' [əd'vɑːnst] *a.* ①先(前,推)进的,进步的,高级(等)的 ②(提,导)前的,前置的,预先的,先期(于正式…)的 ③改进的,(新)式的,现(近)代的. *advanced algebra* 大(高等)代数. *advanced control* 先行控制. *advanced course* 高级教程. *advanced development* 研制,试制(样机,模型)研究. *advanced feed tape* 前置导孔纸带. *advanced ignition* 提前点火. *advanced interpretive modeling system* 高级解释模拟系统. *advanced notice* (正式通知前的)先期通知. *advanced payment* 预付款. *advanced potential* 超前电位,提早(电)势. *advanced research* 远景〔探索性〕研究,预研. *advanced science* 尖端科学. *advanced stage of cracking* 深度裂化阶段. *advanced starting valve* 预开起动阀. *advanced ways of working* 先进工作法. *present advanced stage* 目前的先进水平.

advanced-class *a.* 高级的.

advance'ment [əd'vɑːnsmənt] *n.* ①前(推,促,改)进,进步 ②提升(前),前移,移(徙)前术 ③预付.

advan'cer [əd'vɑːnsə] *n.* (相位)超前(补偿)器,进相机. *phase advancer* (相位)超前补偿器,进相机.

advan'tage [əd'vɑːntidʒ] Ⅰ *n.* ①利益,效益,好处,便利 ②优点,优越,有利条件. Ⅰ *vt.* 有利〔益,助〕于,能帮助,促进. *vi.* 得益. *advantaged diode-transistor logic circuit* 改进型二极管-晶体管逻辑电路. *mechanical advantage* 机械利益. ▲*advantage* (*of M*) *over N* (*M*)优于 N 之处. *be of advantage* (*for*) (对…)有利. *be of great* 〔*particular, no*〕*advantage to* 〔*for*〕对…很有〔特别有,无〕利. *for the advantage of* 为…的便利…起见. *gain advantage* 获益. *have* 〔*gain, get, win*〕*an advantage over* 〔*of*〕胜过,优于,占〔获得〕优势. *have* (+*a.*) *advantage over M* 比 M 具有(…)优点,在(…)方面着眼优于 M,在(…)上较 M 有利. *have an advantage* (*over M*) *in N* (与 M 相比)有一个优点在于 N,(在 N 方面)胜于 M. *have* (*the*) *advantage of* 有…的好处〔优点〕,在…上占优势,优点是;胜过. *have the advantage over* 优于,较 *have the advantage that* 有下列好处即. *take* (*the*) *advantage of* 利用,运用,趁,乘,便,引诱. *to advantage* 合算,有利,从中得到好处. *to full advantage* 完全地,充分地. *to the advantage of* 〔*one's advantage*〕对…有利〔便利〕. *to the best advantage* 最好地,以最好的方式. *turn to advantage* 使转化为有利. *turn* … *to one's advantage* 使…有利于(某人),使…为(某人)用. *with advantage* 有利地,有效地.

advanta'geous [ædvən'teidʒəs] *a.* 有利〔益,助〕的,便利的. *be advantageous to* 为利〔助〕于. ~*ly ad.*

advect' [æd'vekt] *vt.* 平流输送.

advec'tion [æd'vekʃən] *n.* ①移〔对〕流,平流(热效) ②转〔平〕移. *advection heat* 对流热. *advection of heat* 供〔加,引入〕热,平流热效.

advec'tive *a.* 对流的. *advective cooling* 对〔移〕流冷却. *advective duct* 对流性波道.

ad'vent [ædvənt] *n.* 到来,出现,来临. ▲*with the advent of* 随着…的到来(出现).

adventit'ia *n.* 外膜.

adventit'ious [ædven'tiʃəs] *a.* 偶然的,偶(然产)生的,非典型的,不〔非〕正常的,附加的,外来〔加〕的,不定的,异位的. *adventitious deposit* 附着沉积. ~*ly ad.*

adven'tive [æd'ventiv] *a.* 偶然的,外来的,不定的. *adventive cone* 寄生(火山)锥. *adventive crater* 侧裂火山口,附属火口.

adven'ture [əd'ventʃə] *n.;v.* ①冒〔危,惊〕险 ②奇事,偶然遭遇 ③大胆进行〔提出〕④(矿山)企业,勘查〔探〕工作 ⑤投机活动.

adven'turer *n.* ①冒险家〔者〕②矿业主,矿业股东,勘探公司经理.

adven'turesome [əd'ventʃəsəm] *a.* (爱)冒险的.

adven'turism *n.* 冒险主义.

adven'turous [əd'ventʃərəs] *a.* 冒险的,(有)危险的,胆大的.

adven'turously *ad.* 冒险地,乱〔胡,瞎〕来.

ad'verb [ædvəːb] *n.* 副词.

adver'bial [əd'vəːbjəl] *a.;n.* 副词的,状语(的).

ad verbum ['æd'vəːbəm] 〔拉丁语〕逐字.

adversaria *n.* ①备忘录,杂记 ②注解,眉批,脚注.

ad'versary [ædvəsəri] *n.* 对手,敌方〔手,人〕.

adver'sative [əd'vəːsətiv] Ⅰ *a.* 意义相反的,反对的. Ⅰ *n.* 反意词.

ad'verse [ædvəːs] *a.* 逆的,相反的,反向(对)的,不利的,有害的,敌对的. *adverse current* 逆流. *adverse effect* 反作用,有害〔不利〕影响,反向效应. *adverse grade* 反向坡度. *adverse trade balance* 入超. *adverse wind* 逆风. ▲*be adverse to* 与…相反,不利于. ~*ly ad.* ~*ness n.*

adver'sion *n.* 反意词.

adver'sity [əd'vəːsiti] *n.* 逆境,艰(灾)难,不幸,祸患. ▲*in* 〔*under*〕*adversity* 在艰难中.

adver'tent *n.* 注意〔抗,照〕,留心.

advert' Ⅰ [əd'vəːt] *vi.* 论〔谈,提,想〕到,提及,注意到(*to*). Ⅰ [ædvəːt] *n.* 广告.

advert'ence [əd'vəːtəns] 或 **advert'ency** [əd'vəːtənsi] *n.* 谈到,提及,注意,留心.

advert'ent [əd'vəːtənt] *a.* 注意的,留心的.

ad'vertise 或 **ad'vertize** [ædvətaiz] *v.* ①为…做广告,登广告,大肆宣扬,宣传 ②通告〔知〕(of) ▲*advertise for* 登广告征求.

ad'vertisement 或 **ad'vertizement** [əd'vəːtismənt] *n.* 广通,公)告,启事,宣传.

ad'vertiser 或 **ad'vertizer** [ædvətaizə] *n.* ①信号装置,信号器,传播器,广告器 ②登广告者.

ad'vertising 或 **advertizing** [ædvətaiziŋ] *n.;a.* 广

告(的). *advertising agency* 〔firm〕广告公司. *advertising expenses* 〔fee〕广告费.

advice' [əd'vais] *n.* ①忠〔劝〕告,建议,意见 ②通知 ③(pl.)报道,消息. *advice note* 通知单. *advice of drawing* 汇票通知书. *advice sheet* 汇总交易报告书. ▲*a piece* 〔bit, word, few words〕*of advice* 一项建议〔劝告〕. *act by* 〔on〕 *advice* 依照劝告. *ask advice of* or *ask for one's advice* 向…征求意见. *give* 〔tender〕 *advice* 提出忠告 *take* 〔follow〕 *advice* 接受意见,请教.

advice-note *n.* 通知单.

advisabil'ity [ədvaizə'biliti] *n.* 适〔得〕当,合理.

advi'sable [əd'vaizəbl] *a.* 适〔得〕当的,合理的,可行〔取〕的. —**ness** *n.* **advi'sably** *ad.*

advise' [əd'vaiz] *v.* ①劝〔忠〕告建议,向…提意见,作顾问 ②通知〔告〕,报告 ③商量. *advising commission* 通知手续费. ▲*advise M against N* 劝 M 别干〔提防〕N. *advise M of N* 把 N 通知 M. *advise M on N* 向 M 提出 N 的建议,向 M 建议 N. *advise with M on* 〔about〕*N* 和 M 商量(有关)N.

advised' [əd'vaizd] *a.* 考虑过的,仔细想出的,故意的,得到消息的. *be kept thoroughly advised* 保持消息灵通. *ill advised* 愚蠢的,失策的,欠考虑的. *well advised* 深思熟虑的,考虑周到的.

advi'sedly [əd'vaizidli] *ad.* 深思熟虑地,故意地.

advisement *n.* ①劝告,意见 ②深思熟虑. *take … under advisement* 对…进行周密考虑.

advi'ser or **advi'sor** [əd'vaizə] *n.* 顾问,参谋. *adviser in water conservancy* 水利顾问. *adviser on N* (*affairs*) *to M* M 的 N 顾问. *legal adviser* 法律顾问.

advi'sory [əd'vaizəri] Ⅰ *a.* ①劝〔忠〕告的 ②顾问的,咨询的. Ⅱ *n.* (气象)报告. *advisory body* 顾问团. *advisory commission* 咨询〔顾问〕委员会. ▲*in an advisory capacity* 以顾问资格〔身份〕.

advitant *n.* 维生素,维他命.

ad'vocacy ['ædvəkəsi] *n.* 拥〔辩〕护,提倡,主张,支持.

ad'vocate Ⅰ ['ædvəkeit] *vt.* Ⅱ ['ædvəkit] *n.* 拥护(者),提倡(者),辩(士),主张,鼓吹(者),代言人.

ad'vocator ['ædvəkeitə] *n.* 拥〔辩〕护人,倡导者.

advt = *advertisement* 广告.

ADW = air defense warning 防空警报.

ADWKP = air defense warning key point 防空警戒枢纽点.

ADX = automatic data exchanger 〔exchange system〕自动数据交换系统.

adyna'mia [ædi'neimiə] *n.* 无力,衰竭,动力乏力(缺失).

adynam'ic [ædai'næmik] *a.* 衰弱〔竭〕的,无力的,动力缺失的.

adz(e) [ædz] Ⅰ *n.* 锛子,扁斧,横口斧,刨刀. Ⅱ *vt.* 用扁斧〔锛子〕锛. *adze block* 炮身. *adze plane* 刮刨.

adz-eye hammer 小铁锤.

ae = at the age of (拉丁语)…岁.

AE = ①absolute error 绝对误差 ②address-enable 地址启动 ③administrative engineering 管理工学 ④aeon 亿万年,〔天〕十亿年,京年 ⑤air eocapc 空中弹射救生,放飞 ⑥angle of elevation 仰角 ⑦antitoxic unit 抗毒素单位 ⑧assistant engineer 助理工程师 ⑨arithmetic element 运算单元 ⑩automatic exposure 自动曝光 ⑪auxiliary engine 辅助发动机.

ae = ①acid equivalent 酸当量 ②air entraining 充气 ③air escape 放气.

Ae = aerial 航空的,空气的,天线的,架空的.

A-E = architect-engineer 建筑工程师.

AE and P = Ambassador Extraordinary and Plenipotentiary 特命全权大使.

AEA = ①active element array 活性元素组 ②Atomic Energy Authority (英国)原子能管理局 ③Automotive Electric Association 汽车电器协会.

AEC = ①analog electronic computer 模拟电子计算机 ②at earliest convenience 得便即请,尽早 ③Atomic Energy Commission (美国)原子能委员会 ④automatic exposure control 自动辐照控制.

AE-cellulose *n.* 氨(基)乙基纤维素.

aecium *n.* 春孢器,锈(孢)子器.

AED = ①acceptable emergency dose 事故时允许剂量 ②automated engineering design 自动工程设计语言.

AEDS = atomic energy detection system 原子能探测系统.

AEE = absolute essential equipment 绝对必须的装备.

AEEC = Airline Electronic Engineering Commission 航空电子技术委员会.

AEG = active element group 有源(活性)元件组.

Aeg = aeger or aegra 男病人,女病人.

Aege'an [i(:)'dʒi:ən] *a.* 爱琴海的.

ae'ger ['i:dʒə] *n.* ①男病人 ②疾病证明书.

aegiapite *n.* 霓磺灰岩.

aegirine or **aegirite** *n.* 霓石.

aegirinolite *n.* 霓磁斑岩.

ae'gis ['i:dʒis] *n.* 保〔掩,庇,拥〕护. ▲*under the aegis of* 在…的支持〔保护〕下.

AEG-process (金属板)联轧试验.

aegra (拉丁语) *n.* 女病人.

AEI = ①Atomic Energy Institute (英国)原子能学会 ②average efficiency index 平均效率指数 ③azimuth error indicator 方位误差指示器.

A-eliminator *n.* 灯丝电源整流器,代甲电池.

aemu = absolute electromagnetic unit 绝对电磁单位.

A-end (液压传动机构的) A 端,主动部分.

aeneolith'ic age 次薪石器时代.

A-energy *n.* 原子能.

aenigmatite *n.* 三斜闪石.

Aeo tube 辉光放电电子管.

aeola'tion *n.* 风蚀,风化(作用).

aeo'lian [i:'oulien] or **aeol'ic** [i:'olik] *a.* 【地】风成(积)的. *aeolian erosion* 风蚀(作用). *aeolian tone* 风吹音.

aeolight' [iə'lait] *n.* (录音用)充气冷阴极辉光管,辉光灯(管),强度可调的辉光放电灯.

aeol'ipile or **aeol'ipyle** *n.* 汽转球.

aeolotrop'ic [i:əlou'tropik] *a.* 各向异性的,有方向性的,非均质的,偏等性的.

aeolotrop′ism [i:ələ'trɔpizm] 或 **aeolot′ropy** [i:ə'lɔtrəpi] n. 各向异性, 偏等性, 有方向性, 不等方性.

ae′on ['i:ən] n. ①亿万年,永世,万古 ②【天】十亿年,京年. ~**ian** a.

AEP = atomic energy project 原子动力装置施工设计,原子动力装置计划.

AE&P = ambassador extraordinary and plenipotentiary 特命全权大使.

aequator [拉丁语] n. 赤道, 中档线.

aequorin n. 水母发光蛋白.

aequum [拉丁语] n. 维持量, 平衡量.

aer ['eiə 或 eə] n. 气压单位.

AER = ①acoustic evoked response 音响反应 ②after engine room 后发动机室 ③anion exchange resin 阴离子交换树脂.

aer = aerodynamics 空气(气体)动力学.

aer- 〔词头〕空气(中), 气体, 大气, 航空, 飞机(船).

aerad n. 航空无线电.

aeradio n. 航空无线电台, 空中导航用的无线电(站).

aeragron′omy n. 航空农业(飞机播种, 施农药, 施肥).

aera′rium [i'rɛəriəm] (pl. **aera′ria** [i'rɛəriə]) n. 通风器, 供气器.

aer′ate ['ɛəreit] vt. ①充(通, 换, 透, 吹, 鼓, 曝)气, 通(鼓, 吹, 供)风 ②打松, 松(砂, 散) ③分解. *aerated bath concrete* 加气水泥搅拌液体渗氮土. *aerated concrete* 加气(多孔)混凝土. *aerated flame* 充气焰, 富空气焰. *aerated layer* 风化层, 近地表低速层. *aersated plastics* 多孔(海绵)塑料. *aerated solids* 气溶胶, 气氛固体. *aerated water* 汽水. *aerating filter* 空气滤清器.

aera′tion [ɛə'reiʃən] n. ①充(通, 换, 透, 进, 吹, 掺, 曝)气, 气化, 通(鼓, 吹, 透)风, 空气松松(包括) ②松砂(散) ③分解. *aeration cell* 充(氧)用电池. *aeration column* 充气塔风塔. *aeration drilling* 充气泥浆钻井. *aeration of moulding sand* 松砂. *aeration pipe* 通风管. *aeration tank* 曝气池. *aeration zone* 饱气带.

aeration-cooling n. 通风降温.

aeration-drying n. 通风干燥.

aer′ator ['ɛəreitə] n. ①充(通)气器, 充气(通风)器, 通气(熏烟)装置, 曝气器(池, 设备) ②鼓风机, 松(破)砂机. *aerator tank* 充气槽.

aeratron n. 自平衡电子交流电位计.

AERDL = Army Electronic Research & Development La-boratory 美国陆军电子研究和发展试验所.

AERE = Atomic Energy Research Establishment (英国)原子能研究中心.

aeremphyse′ma n. 航空性气肿.

aeri- 〔词头〕空气(中), 气体, 航空, 飞机(船).

aer′ial ['ɛəriəl] Ⅰ a. 大气的, 气体的, 气生的, 稀薄的 ②空中的, 架空的, 航空的 ③航摄的 ④天线的 ⑤无形的, 空想的. Ⅱ n. 天线(系统, 装置), 架空线. *aerial array* 天线阵(组), 多振子天线. *aerial attack* 空中攻击, 空袭. *aerial bare line* 架空明线(裸线). *aerial barrage* 空中气球阻塞网. *aerial bird* 飞禽, 飞鸟. *aerial blitz(krieg)* 空中闪击战. *aerial cable* 架空电缆. *aerial cableway* 架空(中)索道. *aerial camera* 航空摄像机. *aerial car* 高架铁道车. *aerial conductor* 架空线, 明线. *aerial contamination* 空气污染. *aerial current* 气流, 天线电流. *aerial defence* 防空. *aerial depth charge* 空投深水炸弹. *aerial (down) lead* 天线引入线. *aerial dust filter* 空气滤尘器. *aerial fleet* 大机群. *aerial fog* 空照片中走光引起的(空中阴翳). *aerial growth* (植物)地上部分的生长. *aerial guidance* 空中制导. *aerial image* 空间图像, 虚像. *aerial information* 大气层资料. *aerial ladder* 架空消梯. *aerial lighthouse* 航空灯塔. *aerial line* 天线, 架空线路. *aerial liner* 班机, 定期民航机. *aerial mail* [post] 航空信. *aerial map* 航测[摄]图. *aerial perspective* 空中透视. *aerial photograph* 航摄照片, 航空摄影. *aerial railway* 高架(架空)铁道. *aerial ropeway* 架空索道, 空中缆道. *aerial sounding line* (飞)机载声呐. *aerial survey(ing)* 航(空)测(量). *aerial switch* 天线转换开关. *aerial train* 天机, 空中列车. *aerial topographic map* 航测地形图. *aerial transmission* 空气传播, 飞机, 空中列车. *aerial unit* 飞行部队. *aerial view* 空中摄影照片, 航摄照片, 鸟(俯)瞰图. *aerial wire* 天线, 空中线, *tuned aerial* 调谐天线.

aerial′ity [ɛəri'æliti] n. 空气性, 空虚.

aer′ially ['ɛəriəli] ad. 在空中, 空气似地.

aer′iator n. 天线驾驶员.

aerif′erous [ɛə'rifərəs] a. 通气的, 藉以送气的, 带空气的, 传气的.

aerifica′tion [ɛərifi'keiʃən] n. 气(体)化, 空气导入, 充满气体, 掺(入空)气.

ae′riform ['ɛərifɔ:m] a. 气态[体, 样]的, 空气状的, 无形的, 难捉摸的.

ae′rify ['ɛərifai] v. 使呈气态, 使气化, 吹气, 充气于, 掺气于.

aeriotron n. 一种收信放大管.

aeriscope n. 超光电摄(移)像管, 爱利管.

aer′o ['ɛərou] Ⅰ n. ①气体 ②飞机(船), 飞行. Ⅱ a. 飞机的, 航空的, 飞行(器)的. *aero camera* 空(中)用摄像机, 航空照像机. *aero casing* 飞机轮外胎. *aero oil* 航空汽油.

aero- 〔词头〕空气(中), 气体, 航空, 飞机(船).

aero-accelerator n. 加速爆气池.

aero-acoustics n. 航空声学.

aeroallergen n. 空气中变应原.

aero-amphibious a. 海陆空(联合)的.

aeroasthe′nia [ɛəroæs'θi:niə] n. 飞行疲劳, 飞行虚弱.

aeroastromed′icine n. 航空航天医学.

aerobacte′ria n. 需氧(好气)细菌.

aeroballis′tic [ɛərəbə'listik] a. 空气(航空)弹道(学)的. *aeroballistic range* 飞行弹道试验靶场.

aeroballis′tics n. 航空弹道学.

aerobat ['ɛəroubæt] n. ①飞行器, 航空器 ②特技飞行员.

aerobat′ic ['ɛərəbætik] a. 特技飞行的.

aerobat′ics n. 特技飞行(术), 航空表演.

aeroba′tion [ɛərou'beiʃən] n. 特技飞行.

aerobe ['ɛəroub] n. 需氧菌, 需氧(需气, 好气)微生

物. *facultative aerobes* 好氧〔兼性需氧〕微生物. *obligateaerobes* 专性需氧微生物.
aero-bearing plate 导航瞄准器方位图.
aero'bian Ⅰ a. 需氧的,好气性的. Ⅱ n. 需氧菌,需氧〔好气〕微生物.
aero'bic [εə'roubik] a. 需氧〔气〕的,好气的,有氧的.
aerobiol'ogy n. 大气〔空气,高空〕生物学,空气微生物学.
aerobion n. 需氧菌.
aerobi'oscope n. 空中微生物检查器,空气细菌计算器.
aerobio'sis [εərəbai'ousis] n. 需氧〔气〕生活.
aer'oboat [ε'ərəbout] n. 水上飞机,飞船〔艇〕.
aer'obronze n. (航空发动机用)铝〔青〕铜(锰 4.5%,镍 4.5%,硅 1.7%,钛 0.2%,锌 1%,其余铜).
aer'obus [ε'ərəbʌs] n. 客〔班〕机.
aerocade [ε'ərə'keid] n. 飞行〔机〕队.
aer'ocamera ['εərəkæmərə] n. 空(中)用摄影机,航空照相机.
aer'ocar [ε'ərəuka:] n. 飞行车,气垫车.
aerocar'buretor ['εərəu'ka:bjurətə] n. 航空汽化器.
aerocar'tograph [εərəu'ka:tɔgræf] n. 航空测量图,航空测图仪,摄影测量绘图仪.
aerocasing n. 钙盐氰化.
aerochart n. 航空图.
aerochem'istry n. 航空化学,气体化学.
aerochir n. 手术飞机.
aerochlorina'tion n. (废水的)空气氯化(处理).
aerochronom'eter n. 航空精密时计.
aerocin n. 气杆菌素.
aeroclimat'ic n. 高空气候的.
aeroclinoscope n. 天候信号器.
aer'oclub [ε'ərəuklʌb] n. 航空俱乐部.
aerocol'loid n. 气溶胶,气凝胶体.
aerocolloi'dal n. 气溶胶的.
aeroconcrete n. 加气〔多孔〕混凝土.
aer'ocraft [ε'ərəukra:ft] n. 飞机,飞行器.
aerocrete n. 泡沫〔气孔,加气〕混凝土.
aer'ocurve [ε'ərəkə:v] n. 曲翼(面飞机),弯曲支持面.
aerocy'anate n. 需氧氰酸盐.
aerocy'cle [ε'ərə'saikl] n. 空中自行车(一种垂直起落飞行器).
aer'ocyst [ε'ərosist] n. 气囊.
aerodental'gia n. 高空牙痛.
aeroden'tistry n. 航空牙科学.
aerodie'sel n. 狄塞尔航空发动机.
aerodiscone antenna 机载盘锥天线.
aer'odome [ε'ərəudoum] n. 飞机库.
aer'odone [ε'ərədoun] n. 滑翔机.
aerodonet'ics [εərəudou'netiks] n. 滑翔(力)学,飞行安定学.
aerodontalgia n. 高空牙痛.
aerodon'tia n. 航空牙科学.
aer'odreadnaught [ε'ərəu'drednɔ:t] n. 巨(大)型飞机,特大飞行器.
aer'odrome [ε'ərədroum] n. (飞)机场,航空站. *aerodrome control radio (station)* 机场联络(无线)电台.
aerodromesta'tion n. (飞)机场电台.
aerodrom'ics [εərə'drɔmiks] n. 滑翔(力)学.

aerodromom'eter [εərədrou'mɔmitə] n. 气流速度表〔计〕,空气流速计,气速表.
aeroduct' [εərou'dʌkt] n. 冲压式(空气)喷气发动机.
aeroduster n. 飞机〔航空〕喷粉器.
aerodux n. 酚醛树脂粘合剂.
Aerodyn = aerodynamic 空气动力的.
aerodynam'ic(al) [εərəudai'næmik(əl)] a. 空气〔气体〕动力(学)的,气动的. *aerodynamic controls* 气动控制. *aerodynamic missile* 有翼〔飞机式〕导弹. *aerodynamic trail* 喷气冷凝尾迹. *aerodynamic turbine* 气动透平,空气动力涡轮机. ~ally ad.
aerodynam'icist n. (空)气动力学家.
aerodynam'ics [εərəudai'næmiks] n. (空)气动力学,气〔空〕动力学,气流动力学,空气动力学.
aerodyne [ε'ərədain] n. 重航空器,重飞行器(升力大部由空气动力得来).
aeroelas'tic [εəroui'læstik] a. 气动(力)弹性的.
aeroelas'tician n. 气动弹性力学家.
aeroelastic'ity [εərouelæs'tisiti] 或 **aeroelas'tics** [εərə-i'læstiks] n. 气动弹性(力)学.
aer'oelectromagnet'ica n. 航空电磁的.
aeroembolism n. 高空病,气栓(症),高空气体栓塞(病).
aeroemphyse'ma n. 高空气肿病.
aer'oen'gine [ε'ərou'endʒin] n. 航空发动机.
aer'ofil'ter n. 空气过滤器,加气滤池.
aer'ofloat n. ①二硫代磷酸型浮选剂,浮选促集剂 ②(水上)飞机浮筒.
Aerofloc 3000 或 Aeroflox 300 聚丙烯腈絮凝剂.
aeroflot [ε'ərəflɔt] n. 苏联国家航空公司,民航.
aerofluxus n. 排气,泄气.
aerofoil [ε'ərəfoil] n. 翼型,(机)翼(剖)面,机翼,(叶片)轮廓,断面,剖面. *aerofoil fan* 轴流通风机. *aerofoil of infinite* 无限展翼.
Aeroform method 爆炸成形法.
aero-gas turbine 航空燃气轮机.
aerogel n. 气凝胶(溶)胶.
aerogene n. 产气微生物.
aerogen'erator n. 风力发动机.
aerogen'esis n. 产气作用.
aerogen gas 照明气,空气与汽油蒸气的可燃混合气.
aerogenic a. 产气的.
aerogen'ous a. 产气的.
aerogens n. 产气微生物.
aerogeog'raphy n. 航空地理学.
aer'ogeol'ogy n. 航空地质学.
aerogradiom'eter n. 航空倾斜〔陡度〕计,航空梯度测定仪.
aer'ogram(me) [ε'ərəgræm] n. 无线电信〔报〕,航空信件.
aer'ograph [ε'ərəgra:f] Ⅰ v. 发无线电报. Ⅱ n. ①无线电报机 ②(高空,航空)气象(记录)仪 ③喷(气)染(色)器,气刷.
aer'ographer [ε'ərəgra:fə] n. (航空)气象员.
aerog'raphy [εə'rɔgrəfi] n. ①(高空)气象学,大气学,大气(状况)图(表) ②喷〔染〕染(色)术.
aer'ogun [ε'ərəgʌn] n. 高射炮.
aerohydrodynam'ica a. 空气流体动力学的.
aerohydrodynam'ics n. 空气流体动力学.
aerohydromechan'ics n. 空气水力学.

aerohy'droplane [ˈɛərouˈhaidrouplein] n. 水上飞机.
aerohydrous a. 含有空气与水的.
aerohypsometer n. 高空测高计[器].
aeroioniza'tion [ˌɛəroaiənaiˈzeiʃən] n. 空气离子化,空气电离(作用).
aeroionother'apy n. 离子空气疗法.
aerojet [ˈɛəroudʒet] n. 空气喷气器,空气射流.
Aerol = aerological 航空气象的.
aer'olite [ˈɛəroulait] 或 **aerolith** [ˈɛəroliθ] n. ①陨石,石陨星 ②硝酸钾、硝铵、硫磺炸药.
Aer'olite n. 埃罗铝合金,活塞铝合金(铜 1.2%,少量锌,硅镁).
aerolithol'ogy n. 陨星学.
aerolit'ics n. 陨石学.
aer'olog [ˈɛorolog] n. 飞行模拟装置,航行记录簿.
aerolog'ical [ˌɛəroˈlɔdʒikəl] a. (航空,高空)气象(学)的,大气学的. *aerological office* 气象局. *aerological sounding* 高空探测.
aerol'ogist [ˌɛəˈrɔlədʒist] n. 大气(气象)学家.
aerol'ogy [ɛəˈrɔlədʒi] n. 航(高)空气象学,大气学.
aeromagnet'ic a. 航(空)磁(力)的,用于探测地磁的. *aeromagnetic map* 航空磁力图. *aeromagnetic survey* 航空磁(力)测(量).
aeromagnet'ics n. 航(空磁)测.
aeromagnetom'eter n. 航空磁力(地磁)仪,航空磁强计.
aeromancy n. 天气预测[报].
aeromap n. 航空地图.
aeromarine' [ˌɛəroumeˈriːn] a. 海上航空的.
aer'omechan'ic [ˌɛəroumiˈkænik] Ⅰ a. 航空(气体,空气(动)力学(上)的. Ⅱ n. 航空机械士,航空机工.
aeromechan'ical a. 航空(气体,空气(动)力学的.
aeromechan'ics n. 航空(气体,空气(动)力学.
AEROMED = aeromedical.
aer'omed'ical [ˌɛərouˈmedikəl] a. 航空医学的.
aer'omed'icine [ˌɛərouˈmedsin] n. 航空医学(药).
aeromet'al n. 航空(铝)合金(铜 0.2～4%,铁 0.3～1.3%,锰 0～0.2%,镁 0～3%,锌 0～3%,硅 0.5～1.0%).
aerometeorograph [ˌɛərəˈmiːtiərəgrɑːf] n. 航空气象自(动)记(录)仪.
aerom'eter [ɛəˈrɔmitə] n. 气体比重计,气量(量)计.
aerom'etry [ɛəˈrɔmitri] n. 气体(比重)测定学(法),气体测量.
aeromi'crobe n. 需氧菌.
aeromobile n. 气垫汽车.
aer'omotor [ˈɛəroumoutə] n. 航空发动机.
aeron n. 一种铝合金(铜 1.5～2.0%,硅 1.0%,锰 0.75%).
aer'onaut [ˈɛərənɔːt] n. 飞行员,(飞艇,气球)驾驶员,飞艇(气球)乘客.
aeronautic(al) [ˌɛərəˈnɔːtik(əl)] a. 航空(学)的,(航空)导航(用)的. *aeronautical fixed radio service* 固定无线电导航业务. *aeronautical ground radio station* 无线电地面导航站. *aeronautical radionavigation land station* 导航陆地电台. *aeronautical utility land station* 航运地面站.
aeronau'tics [ˌɛərəˈnɔːtiks] n. 航空(学),飞行学和飞行艺术,飞行器建造科学和技术.
aero-naval a. 海空军的.
aeronaviga'tion [ˌɛərənæviˈgeiʃən] n. (空中)导航,空中领航学.
aeronav'igator [ˌɛərəˈnævigeitə] n. 领航(飞行)员.
aer'onef [ˈɛərənef] n. 重航空器,飞机.
aeroneuro'sis n. 飞行员神经机能病.
aeronom'ic a. 高层大气(物理)的.
aeron'omy [ɛəˈrɔnəmi] n. 高空((超)高层)大气物理学,高空大气科学,星体大气物理学.
aero-oil n. 航空润滑油.
aero-otitis n. 航空性中耳炎,高空耳炎症.
aeropad n. 浮动发射台.
aeropause [ˈɛərəpɔːz] n. 大气航空边界,大气上界,大气层外限(飞机能飞达的区域与外部空间之间的边界线),(气(压)层,大气终止层.
aerophare [ˈɛəroufɛə] n. (空中导航用的)无线电信标,航空用信标,航空指示灯.
aerophile n.; a. 好气的,航空爱好者.
aerophil'ic a. 需气的,嗜气的.
aerophilous a. 需气的,嗜气的.
aerophily n. 亲气性.
aeropho'bia n. 高空恐惧病.
aer'ophone [ˈɛərəfoun] n. 扩音器,(探测飞机的)助听器,气体电话,报话机,对讲机,(空中)无线电话机,(空袭时用的)探音机. *aerophone listening device* 空中听音机.
aerophore [ˈɛərəfɔː] n. 通风(呼吸)面具,手提式呼吸器,人工呼吸器,输气器,灌气器.
aer'ophotogrammet'ric(al) a. 航空摄影测量的.
aerophotogrammetry n. 航空(摄影)测量(学).
aeropho'tograph n. 航空(空中)摄影.
aerophotograph'ic a. 航空(空中)摄影的.
aerophotog'raphy n. 航空摄影学,空中照相(摄影)(术).
aerophototopograph'ic a. 航空摄影地形(学)的.
aerophototopog'raphy n. 航空摄影地形学.
aerophys'ical a. 航空(大气)物理的.
aerophys'ics n. 航空(大气)物理学.
aerophyte n. 气生植物.
aerophytobioint n. 需氧土壤微生物.
aer'oplane [ˈɛərəplein] n. 飞机. *aeroplane carrier* 航空母舰, *aeroplane heading* 机头方向, *aeroplane mapping* 航空测绘, *aeroplane spotter* 弹着观测机, *aeroplane view* 空(鸟)瞰图. *fighter aeroplane* 歼击(战斗)机.
aer'oplanist [ˈɛərəpleinist] n. 飞行家.
aeroplank'ton n. 空气浮游生物,空中浮游植物(微生物).
aeroplethysmograph n. 呼吸气量计.
aeroplex n. 航空用安全玻璃.
aeropneumat'ic [ˌɛərounjuːˈmætik] a. 气动的.
aeropol'itics [ˌɛərouˈpɔlitiks] n. 航空政策.
aer'o-projec'tor n. 航测制图仪.
aer'opulse [ˈɛərəpʌls] n. 脉动式空气喷气发动机.
aer'opul'verizer n. 吹气磨粉机,喷磨机.
aer'o-ra'diator n. 航空散热器.
aeroradio [ˌɛərəˈreidiou] n. 航空无线电.
aeroradioactiv'ity n. 大气放射性,大气放射强度,空中放射性强度.
aeroradiomet'ric a. 航空放射性测量的.

aerores'onator ['ɛərə'rezəneitə]
aeroscloscope n. 空气电子检查器.
aeroscope ['ɛərəskoup] n. 空气集尘器,气溶胶采集器,空中细菌厌尘收检器,空中[微]生物采集器,空气纯度镜(检器).
aeroseal n. 空气密封.
aeroshed n. (飞)机库.
aeroshow n. 航空展览.
aerosiderite n. 陨铁,铁陨石(星).
aerosiderolite n. 陨铁石,铁石陨石(星).
aerosimplex n. 航空摄影测图仪.
aerosinusitis n. 航空鼻窦炎.
aeroside n. 深红银矿.
aer'osol ['ɛərəsɔl] n. ①悬浮(大气)微粒,浮质,带有悬浮粒的气体,(空)气溶胶,气悬体 ②烟(气)雾剂,雾化剂雾状吸入(杀菌剂(碘化丁二酸酯型)湿润剂 ③按钮式喷雾器 ④液化气体 ⑤液化气罐. aerosol scattering 浮尘散射.
aerosolize vt. 使成烟雾状散开.
aerosoloscope ['ɛərousəlɔskoup] n. 空气(中)微粒测算器(测量表).
aerosome ['ɛərəsoum] n. 气障.
aerosowing n. 飞机播种.
aer'ospace ['ɛərouspeis] n. ①航空和航天,宇航(工业)②宇宙(航空(与)航天)空间 ③大气(空间),空气圈. aerospace activity 航空活动(事业,机构). aerospace electronics 航天电子学. aerospace engineering 航天工程. aerospace ground equipment 地面宇航设备. aerospace seal 气封(密),航天(高天)密封.
aerospacecraft n. 航天飞行器,宇宙飞船.
aerospaceplane n. 航天飞机.
aerospatial n. 宇航空间的.
aer'osphere ['ɛərəsfiə] n. (空)气圈,(大)界,(航空)大气层.
aer'osprayer n. 飞机(航空)喷雾器.
aer'ostat ['ɛərəustæt] n. ①高空气球,气球体,浮空器 ②气球驾驶员.
aerostat'ic(al) [ɛərou'stætik (əl)] a. 空气(气体)浮力(学)的.
aerostat'ics [ɛərou'stætiks] n. 空气(气体)静力学.
aer'osta'tion n. 浮空(器操纵)术.
aer'ostruc'ture n. 飞机结构学,升面构造.
aer'osurvey' n.; v. 航空测量.
aerothermochem'istry n. 空气热化学.
aer'osurvey'ing n. 航空摄影(照相)测量学.
aerotar n. 航摄镜头.
aerotaxis n. 趋氧(气)性,趋氧(气)作用.
aerotech'nics n. 航空技术.
aerotherapeu'tics [ɛərəθerə'pju:tiks] n. 空气治疗学,空(大)气疗法.
aerother'apy [ɛərə'θerəpi] n. 空(大)气疗法.
aerother'mal a. 气动热的. aerothermal ablation 气动热烧蚀.
aero-thermoacou'stics n. 气热(湍流)声学.
aerothermochem'ical a. 气动热化学的.
aer'other'mochem'ist n. 空气热力学家,气动热化学家.
aer'other'mochem'istry n. 空气热力化学,气动热化学.
aer'other'modynam'ic a. 空气(气动)热力学的.

aero...
内...
aerotono... 压术.
aer'otow ['ɛə...]
aer'otrack ...
aerotrain ['ɛərəutr... 轨列车,气垫列车,...
aerotran'sport n. ①空...
aerotriangula'tion n. 航...
aerotron n. 三极管.
aerotrop'ic a. 向(趋,嗜)气(性)的...
aerot'ropism [ɛə'rɔtrəpizm] n. 向... 作用.
aerotur'bine n. 航空(空气)涡轮.
aer'ovan n. (运)货(飞)机.
aer'ovane n. ①风向风速仪,风向计,风速计 ②... 旋翼.
aerovelox n. 小型投影测图仪.
aer'oview ['ɛərəvju:] n. 空(中俯)瞰图,鸟瞰图.
Aerp= aeroplane 飞机.
aeru'ginous [iə'ru:dʒinəs] a. 涂氧化铜的,铜绿(色)的,蓝绿色的.
aerugo n. 氧化铜,铜绿,(铜)锈,金属氧化物,腐锈斑,凹坑.
AES =①agricultural experiment station 农业试验站,农业研究所 ②Aircraft Electrical Society (美国)飞机电气协会 ③American Electrochemical Society 美国电化学协会 ④American Electromechanical Society 美国机电学会 ⑤American Electronical Society 美国电子学会 ⑥American Electroplaters' Society 美国电镀工作者协会 ⑦artificial earth satellite 人造地球卫星 ⑧atomic emission spectrometry 原子发射光谱法 ⑨auxiliary encoder system 辅助编码器系统.
aesar n. 蛇丘.
AESC = American Engineering Standards Committee 美国工程标准委员会.
aeschynite n. 易解石.
aescula'pian [eskju'leipiən] Ⅰ a. 医术的,医学的. Ⅱ n. 医生.
Ae'sop ['i:sɔp] n. 伊索. Aesop's Fables〈伊索寓言〉.
AESOP = artificial earth satellite observation program 人造地球卫星观测计划.
Aesopian a. 伊索(寓言)式的.
aesthema n. 感觉.
aesthe'sia [i:s'θi:ʒə] n. 感(知)觉,敏感性.
aesthe'sis n. 感觉,感触性.
aesthetes n. 微眼.

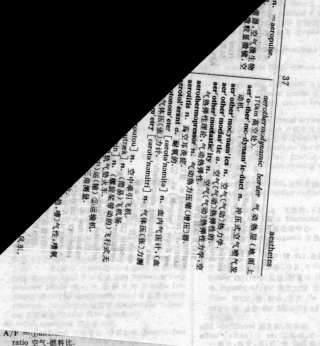

A/F = ①...
ratio 空气-燃料比.
AFA = ①American Foundrymen's Association 美国铸造工作者协会 ②audio-frequency amplifier 音频放大器 ③ audio frequency apparatus 音频设备.
AFAC = automatic field analog computer 自动磁场模拟计算机.
afar′ [ə'fɑ:] *ad.* 在〔从,到〕远处,遥远. *A bosom friend afar brings a distant land near.* 海内存知己,天涯若比邻. ▲*afar off* 远远地,在〔从〕远处. (*come*) *from afar* 从远处(来).
AFB = ①Air Force base 空军基地 ②air freight bill 空运货单 ③antifriction bearing 减摩轴承.
AFBM = Air Force ballistic missile 空军弹道导弹.
AFBMA = Antifriction Bearing Manufacturers Association 减摩轴承制造商协会.
AFBMIR = Air Force ballistic missile installation regulation 空军弹道导弹安装规范.
AFC = ①asking for correction 申请更正 ②audio fre-quency change 音频变换 ③audio-frequency choke 音〔低〕频扼流圈 ④automatic fidelity control 自动逼真度控制 ⑤automatic fire control 自动

aerothermodynamic border 气动热边层(地面上170km高空处).
aer-o-ther′mo-dyn′am-ic-duct *n.* 冲压式空气喷气发动机.
aer other mocynam′ics n. 空气(气)动力学.
aer other modas′tic′ity n. 空气(气)动热弹性.
aerothermopres′sor n. 空气(气)动热力压缩器.
aeroiitis n. 高空耳炎症.
aerotol′erant a. 耐厌氧的.
...nom′eter [əroutə'nomitə] n. 〔气体压〕气压计.
m err [əroutə'nomitri] n. (螺旋桨带动的)飞行式无人...

爱,倾向于...
affecta′tion [æfek'teiʃən] *n.* 假装,做作,装模作样,矫饰.
affect′ed [ə'fektid] *a.* ①受了影响的,起了作用的,已感光的,改变了的,损伤了的 ②做作的,假装的,不自然的 ③倾向于...的(to). ▲*as affected* 受影响〔作用〕. ~*ly ad.*
affect′ing [ə'fektiŋ] *a.* 令人感动的,动人的,可怜的. ~*ly ad.*
affec′tion [ə'fekʃən] *n.* ①好感,爱(好),感情 ②影响,障碍 ③感染,(疾病)侵袭,病(变,患) ④(事物的)属性,特性.
affec′tive [ə'fektiv] *a.* 感情的,情绪上的,情感的,精...
affectless polynomial 无偏差多项式.
af′ferent ['æfərənt] *a.* (传,输)入的,向中(心)的,同向的.
afferen′tia [æfə'renʃiə] 〔拉丁语〕*n.* 输入管.
affil′iate Ⅰ [ə'filiit] *n.* ①联号,分支,分公司,机构 ②(pl.)联(合广播)(电)台 ③同伙. Ⅱ [ə'filieit] *vt.* ①使...加入,合并,参与,接纳...为分支机构 ②追源,溯流(to). *affiliated society* 分会,支部. *the*

affiliated middle school 附属中学. ▲*affiliate oneself with* 〔to〕加入···作为成员. *be affiliated with* 〔to〕与···有关系,···附属,与···结合,和···来往.
affilia′tion [əfili′eiʃən] n. ①加入,接纳,入会 ②追溯由来,溯源. *democrats with no party affiliation* 无党派民主人士.
affinage n. 精炼.
affina′tion n. 精炼法,精制.
affine′ [ə′fain] I a. 【化】亲合的,【数】仿射的,拟似的,远交的. II vt. 精炼〔制〕. *affine deformation* 仿射形变,均匀〔质〕变形. *affine normal* 仿射法线.
affined a. ①有密切关系的,有义务约束的 ②同类〔族〕的.
affine′ly [ə′fainli] ad. 仿射(地).
affin′ity [ə′finiti] n. ①类似,相似,亲缘,共鸣,吸引(between, to) ②【化】亲合力〔性,势,能〕,化合〔亲和〕力 ③【数】仿射〔相似〕性. *adsorption affinity* 吸附力. *affinity coefficient* 亲合系数. *affinity of common salt for water* 食盐与水的亲和力. *chemical affinity* 化学亲和力. *cohesive affinity* 凝聚力. ▲*have an affinity for* 喜爱,对···有吸引力,和···有亲合力.
affinor n. 反对称张量.
affion n. (大)烟土,鸦〔阿〕片土.
affirm′ [ə′fəm] v. 肯定,断言,确认,证实,声明,批阨.
affirm′able a. 可断言的,可确定的.
affirm′ance [ə′fəːməns] n. 断言,确认.
affirma′tion [æfə′meiʃən] n. 肯定,断言,主张,确认,证实,批准.
affirm′ative [ə′fəːmətiv] a. 肯定的,正面的,赞成的. n. 肯定(语),确认,断言,赞成. *affirmative sign* 正号. ▲*in the affirmative* 肯定地. *answer in the affirmative* 作肯定答复.
affirm′atively ad. 肯定地,断然.
affix I [ə′fiks] vt. ①固定〔附〕上,添加 ②使固定,结牢,贴上,签,打上,加接(to) ③签署,盖(章). II [′æfiks] n. 附加物,添加剂,附录〔件,标〕. *affix one′s signature* 署〔签〕名.
affixa′tion 或 **affix′ion** n. 添加,附加.
affix′ture [ə′fikstʃə] n. 添加(产物),附加,粘〔贴〕上,加成物.
afflict′ [ə′flikt] vt. 使苦恼〔痛苦〕,折磨. ▲*be afflicted with* 为···所苦,害(病). ~ion n. ~ive a.
afflight n. 近月飞行,帮近月球背面的轨道,月球背面的接近轨线 ②邻近(并排)飞行.
af′fluence [′æfluəns] n. ①富足〔裕〕,丰富 ②流〔涌〕入,集流,富〔汇〕集.
af′fluent [′æfluənt] I a. ①富足〔饶,裕〕的,丰富的 ②流流的,流入〔畅〕的. II n. 支〔汇,属〕流. *be affluent in minerals* 矿产丰富. ~ly ad.
af′flux [′æflʌks] 或 **afflux′ion** [ə′flʌkʃən] n. ①汇〔流,涌〕入,流向〔动,冲〕,集〔汇,流〕流〔集〕注 ②(洪水时)壅上下游水位差 ③富〔群〕集.
afford′ [ə′fɔːd] vt. ①*can* 〔*be able to*〕*afford to* + *inf.* 有力(做),经〔买〕得起,担负得起,够得上(做),抽得出,能〔应,堪〕(做) ②给予,提供,供给,生 〔出〕产. *can afford the time* 抽得出〔花得起〕时间. *cannot afford to neglect its function* 不应忽视它的作用.
affor′est [ə′fɔrist] vt. 造〔植〕林于,使成为林区,绿化.
afforesta′tion n. 造林(计划),绿化.
affreight′ment [ə′freitmənt] n. 租船运货〔契约〕,合同. *contract of affreightment* 租船契约.
af′fricate n. (辅音)塞擦.
affu′sion [ə′fjuːʒən] n. 灌注〔浇〕,灌〔淋〕水,灌注疗法.
Af′ghan [′æfgæn] n.; a. 阿富汗的,阿富汗人(的).
Afghan′istan [æf′gænistæn] n. 阿富汗.
AFI = automatic fault isolation 故障自动隔离.
AFIC = Air Force Intelligence Center 空军情报中心.
afield′ [ə′fiːld] ad. (在)野外,在(向)远处,远离,在战场上,上战场. ▲*far afield* 远离,迷路,离题太远. *go too far afield* 走入歧途.
afire′ [ə′faiə] ad.; a. 着火(的),燃烧(的).
aflagellate a. 无鞭毛的.
aflame′ [ə′fleim] ad.; a. 着火(的),燃烧(的),冒烟(的),发亮,红似火色的(with).
aflatoxin(s) n. 黄曲霉毒素.
afld = airfield 机场.
afloat′ [ə′flout] ad.; a. ①(漂)浮(的),(能)浮水的,浮动的,(能)航行的,顺流 ②在海上〔海浪所冲打的〕,浸在水中,泛滥 ③传播(各处)的,在流传(中)的 ⑤〔属〕流通,开张(的),新开(的). *afloat contact* 浮动触点. *all the shipping afloat* 航行中的船只总数. *cargo afloat* 在海上的货物,在水运中的货物. ▲*keep afloat* 使漂浮不沉,使流通. *set* ··· *afloat* 使(船)下水,散布.
aflut′ter [ə′flʌtə] ad.; a. (旗)飘扬的.
AFM = ①Air Force manual 空军手册 ②antifrictional me-tal 减摩金属 ③automatic fault finding and maintenance 自动故障探测和维护.
Afmag method 声频磁法.
AFMTC = Air Force Missile Test Center (美国)空军导弹试验中心.
AF/NA = Air Force-Navy Aeronautical 空军-海军航空の.
AFNOR = *Association Française de Normalisation* 法国标准化协会.
AFO = audio-frequency overlay (circuit) 音频叠加(电路).
afo′cal a. 无〔异,远〕焦的,非聚焦的. *afocal lens* 无焦透镜. *afocal resonator* 异焦谐振器. *afocal system* 远焦系统,非聚系统.
à fond [ɑː′fɔːŋ] (法语)彻底地,完全地.
afoot′ [ə′fut] ad.; a. ①徒步为,步行 ②在准备〔进行,酝酿,计划〕中(的),着手,开始. ▲*be early afoot* 早起未停. *be well afoot* 在顺利进行中. *set* ··· *afoot* 使···开始进行,开始执行.
afore′ [ə′fɔː] ad.; prep. 在(···)前〔先〕,前面,在船首.
afore′cited [ə′fɔːsaitid] a. 上述的,前面所举的.
afore′going [ə′fɔːgouiŋ] a. 上〔前〕述的.
afore′hand [ə′fɔːhænd] a.; ad. 预先,事先准备的.
afore′men′tioned [ə′fɔː′menʃənd] a. 上〔前〕述的,前

afore'named [ə'fɔ:neimd] *a.* 前〔上〕面所举的.
afore'said [ə'fɔ:sed] *a.* 上〔前〕述的,前面所说的.
afore'thought [ə'fɔ:θɔ:t] *a.* 预谋的,故意的.
afore'time [ə'fɔ:taim] *ad.* 从前,早先,往昔.
a fortiori ['eifɔ:ti'ɔ:rai] 〔拉丁语〕*ad.* 更不必说,更为,何况,更有理由.
afoul' [ə'faul] *a.*; *ad.* 碰撞,冲突. ▲*run*〔*fall*〕*afoul of* 和…碰〔相〕撞,同…冲突,与…纠缠在一起.
AFP = ① Agence France-Presse 法〔国〕新〔闻〕社 ② Air Force Pamphlet (美)空军手册.
AFR = ① acceptable failure rate 容许故障率 ② Air France 法国航空公司 ③ airframe 飞机骨架,导弹弹体 ④ air-fuel ratio 气油比.
Afr = ① Africa 非洲 ② African 非洲的,非洲人(的).
AFRA = average freight rate assessment 平均运费估计.
afraid' [ə'freid] *a.* 害怕的,恐惧的. ▲*be afraid of* 〔*to* + *inf.*〕(害,恐)怕,惟恐,不敢.
A-frame *n.* A 形(构,框)架.
A-framed *a.* A 形(构,框)架的.
afresh' [ə'freʃ] *ad.* 再,重新,另外.
Af'rica ['æfrikə] *n.* 非洲.
Af'rican ['æfrikən] *n.*; *a.* 非洲的,非洲人(的),黑人.
Afro-Americanese *n.* 黑人英语.
Af'ro-A'sian ['æfrou'eiʃən] *a.* 亚非的.
afront' [ə'frʌnt] *ad.* 在前〔对〕面.
AFS = ① Air Force Standard 空军标准 ② American Foundrymen's Society 美国铸造协会 ③ antifilamentous phage substance 抗纤丝型噬菌体物质.
AFSAB = Air Force Scientific Advisory Board 空军科技咨询委员会.
AFSD = aforesaid 上述的.
aft [ɑ:ft] I *a.*; *ad.* 在〔从〕后部(的),在〔从〕尾部(的),在(近,到,向)船尾(的). II *n.* 尾,尾部. *aft deck* 后甲板. *aft engine* 尾机,尾发动机. *aft gate* 下游〔尾水〕闸门. *aft turbine* 倒车涡轮. ▲*fore and aft* 从船头到船尾,在〔向〕船头和船尾. *right aft* 正在(船)后.
AFT = ① acceptance functional test 验收性能试验 ② acetate film tape 乙酸纤维薄膜带 ③ after 以后 ④ afternoon 下午 ⑤ air freight terminal 空运终点站 ⑥ audio-frequency transformer 音〔低〕频变压器 ⑦ automatic fine tuning 自动微调 ⑧ automatic frequency tuner 自动频率调谐器.
AFTAC = Air Force Technical Applications Center 空军技术应用中心.
AFTB = Air Force Test Base 空军试验基地.
af'ter ['ɑ:ftə] I *prep.*; *ad.* ①(在…)以后,后来,(跟)(在后面,滞后,跟〔接〕着,道随,接替,次于,在 *the day after* 第二天,次日. *three days after* 或 *after three days* 三天后. *be after* 寻找. *come after* 继…而来,探寻〔求〕. *look after* 注意,监督. *run after* 追〔随〕寻,寻求. *copy after a model* 仿照原本. *take after* 仿效,像,与…相同. (*named*) *after Marx* 以马克思命名的. ③虽然(经过),经过(…之后). *after all one's efforts* 虽然(某人)尽了一切力量(终不免). II *conj.* 在…以后. III *a.* ①(以,滞)后的,后期的 ②靠近后部的,靠近船尾的. *after acceleration* 后段加速,(电子束的)偏转后加速. *after baking* 后(期)烘烤,后(期)熔(烧),二次熔烧. *after bay* 后尾间. *after blow* 二次吹风,(转炉)后吹. *after burner* 后〔复〕燃室,补燃器,加力燃烧室. *after burning* 二次〔加力〕燃烧,迟〔补〕燃. *after cooler* 后〔二次,末次〕冷却器. *after effects* (滞)后效(应),后效作用,余功,副作用. *after etching* 残余(最后)腐蚀. *after exposure* 后期〔二次〕曝光. *after fire* (未燃气体在)消音器内爆炸. *after frame* 后框〔架〕,补架. *after generation*【焊】乙炔余气. *after glow* 余辉. *after heating* 后(加)热. *after image* 余像,残留图〔影〕像,视觉暂留. *after payment type* 后付〔款后投币〕式. *after pulsing* (跟在主要脉冲)后(面的)寄生脉冲. *after recording* 后期录音(法). *after service* 售出后的技术服务(如修理等). *after shock* 余〔后〕震. *after space* (印刷数据的)空白行. *after summer* 〔*heat*〕秋老虎. *after table* 后工作台. *after tack* 回〔返〕粘(性),软化. *after time* 业余〔余辉〕时间. *in after years* 在后来的岁月里,在以后几年. ▲*a little after* 不久 *after a fashion* 〔*sort*〕多多少少,在某种程度上. *after a time* 过一段时间,过一定时候. *after all* 毕竟,终于〔后〕,到底,最后. *after the manner of* 按照…方法,仿效…式的. *before and after* 前后. *day after day* 一天一天地,成〔每〕天了人. *just after* 刚在…以后,紧接着. *one after another* 或 *one after the other* 一个接一个地,轮流,陆续,依次,连续不断地. *shortly after* 以后不久. *soon after* 不久以后,很快. *time after time* 一次又一次地,屡次地. *well after* 在…以后很久.
after- 〔词头〕后(期,部,来),二次,第二.
af'ter-accel'erated *a.* 后(段)加速的,后加速式的.
af'ter-accelera'tion *n.* 后(段)加速,偏转后加速.
af'ter-action *n.* 后效.
af'ter-bake *v.*; *n.* 后(期)烘(烤),二次熔烧.
af'ter-bay *n.* 后架间;尾水池,下游河湾〔闸箱〕.
af'ter-birth *n.* 胞衣,胎盘胎膜.
af'ter-blow *v.*; *n.* 后吹,过吹.
af'terbody *n.* ①物体(机体,船体)后部,后体,机尾,机身(弹体,飞船)尾部,(火箭弹体的)最后一级 ②人造卫星伴体. *afterbody effect* 后体效应.
af'terbrain ['ɑ:ftəbrein] *n.* 后脑,菱脑.
af'terburn'er *n.* 后〔复〕燃室,补燃器,后〔加力〕燃烧室,喷射式燃烧室,(汽车排气)后燃烧装置. *afterburner nozzle* 加力燃烧室的喷管.
af'terburn'ing *n.* ①(燃料)燃后〔完〕燃 ②后〔复,补,迟〕燃,复燃 ③补充〔后期,二次,加力,剩余,脉动,喷射式〕燃烧.
af'terburst *n.* (地下坑道岩石爆炸后发生的)后(期)崩坍.
af'tercastle *n.* 尾楼.
af'terchine *n.* 后(舷)脊.
af'terclap *n.* 意外的变动〔结果〕.
af'ter-collec'tor *n.* 后加收集器.

af'ter-combus'tion n. 后〔再次,补充〕燃烧,复烧,燃尽〔完〕.
af'ter-condens'er n. 再〔后,二次〕冷凝器.
af'ter-contrac'tion n. 后〔期〕附加,残余〕收缩.
af'tercool'er n. 后〔二次,末次,附加,后置,补充〕冷却器.
af'tercool'ing n. 再〔次〕冷〔却〕,后〔加〕冷却,压缩后冷却.
af'ter-crop n. 后作,第二次的收获.
af'ter-cul'ture n. 补插,后播作物.
af'tercur'rent n. 剩余电流,后〔效〕电流.
af'terdamp n. (煤矿坑道内)煤气爆炸后产生的(CO_2,CO,N 等)有毒混合气体.
afterdeck n. 后甲板.
af'ter-deflec'tion a. 偏转后的.
af'ter-depolariza'tion n. 后去极化.
af'ter-dis'charge n. 后放,后效现象.
after-drawing n. 后拉伸.
af'ter-drip'ping n. 喷油后的燃烧.
af'ter-drying n. 再次干燥.
af'ter-edge n. 后沿〔缘〕.
aftereffect' ['ɑːftəriˈfekt] n. 后效(应,作用),后遗作用,余功,副作用,次生效应. elastic aftereffect 弹性后效.
af'ter-etch'ing n. 残余〔最后〕腐蚀.
af'ter-expan'sion n. 后〔期〕膨胀,(残)余膨胀,附加膨胀.
af'ter-expo'sure n. 后照射.
af'ter-fermenta'tion n. 后发酵.
af'ter-fil'ter n. 后〔二次,补充〕过滤器.
af'ter-filtra'tion n. (最)后〔过〕滤,二次〔补充〕过滤.
af'ter-fire n. ; v. 消音器内爆炸.
af'ter-fix'ing n. 后定影.
af'terflaming n. 完全〔补充,再次,停止供油后的〕燃烧,燃尽〔完〕.
af'ter-flow n. 塑性后效,残余塑性流动,蠕变.
af'ter-frac'tionating tower 第二蒸馏塔.
af'ter-frame n. 后框〔架〕,补架.
af'terglow ['ɑːftəɡləu] n. 余辉,晚霞,夕照,滞光,(荧光屏的)光惰性. afterglow screen 余辉(荧光)屏. screen afterglow (荧)光屏(上)余辉.
after-hardening n. 后〔期〕硬化.
af'terhatch n. 后舱.
af'terheat I n. 余热,(反应堆停止运行)后〔放出的〕热,余热热容〔量〕. II v. 后加热.
af'terheater n. 后热器.
af'terheating n. 后〔加〕热.
af'terhold n. 后舱.
af'ter-hyperpolariza'tion n. 后超极化.
af'terim'age ['ɑːftəˈrimidʒ] n. (电子辐射管荧光屏上)余(留)影像,后像,残影,残留影〔图〕像.
af'ter-impres'sion n. 残影,残留影像.
af'ter-irriga'tion n. 灌溉后的.
af'terlight n. ①余晖,夕照 ②事后的领悟.
af'ter-loading n. 后装载,后负荷,后装(料).
af'ter-market n. (汽车)零件市场.
af'termath ['ɑːftəmæθ] n. ①后〔结,恶〕果 ②余波 ③再长,再生草.
af'termost a. 最后(头)的,靠近船尾的.
af'ter-movement n. 后继性运动.
af'ternoon' ['ɑːftəˈnuːn] n. 下午,午后;后半期.

af'ternoons' ad. 每天下午,在任何下午.
af'ter-pains n. 产后痛.
af'terpeak n. (船)尾尖舱,后尖舱.
af'terpiece n. ①舵轮〔盘〕脚 ②下一幕,余兴.
af'ter-poten'tial n. 后电势,后电位.
af'terpower n. 剩余功率.
af'terprecipita'tion n. 后〔二次〕沉淀(作用).
af'terproduct n. 后〔副〕,二次〕产物〔产品〕.
af'terpulse n. 剩余〔残留,寄生,假〕脉冲.
af'terpulsing n. 跟在主要脉冲后面的寄生〔残留,后继〕脉冲.
af'ter-purifica'tion n. (最)后净化,补充净化.
af'ter-quake n. 余震.
af'ter-recording n. 后期录音(法).
af'ter-ripening n. 后熟(作用).
af'tersection n. 尾部,后部.
af'ter-sensa'tion n. 残〔后遗〕感觉.
af'terservice n. 售出后的技术服务(如修理等).
af'tershock n. (地震的)余〔后〕震.
af'ter-shrink'age n. 后〔后期,残余〕收缩.
af'terstain n. ①互补〔对比〕色 ②复〔后〕染.
af'ter-stretch v. 后拉〔牵〕伸.
af'ter-stretching n. 后拉〔牵〕伸.
af'tersummer n. 秋老虎.
af'tertable n. 后工作台.
af'ter-tack n. 回粘(性),返〔残余〕粘性,软化.
af'tertaste n. 回〔余〕余〔回〕味.
af'ter-teeming n. 补注〔铸,浇〕,顶冒口.
after-the-fact a. 事后的. after-the-fact appraisal of results 对结果的事后鉴定.
af'terthought n. ①回〔追〕想,反省,后悔 ②事后聪明,马后炮.
af'tertime n. 业余〔余辉〕时间.
af'tertossing n. 船尾波动,(船尾)余波.
af'ter-tow n. 后曳,船尾浪.
af'tertreatment n. 后〔补充,二次〕处理,后加工,术后疗法.
af'ter-vis'ion n. 后视觉,视觉遗留.
af'tervulcaniza'tion n. 后硫化作用.
af'terward(s) ['ɑːftəwəd(z)] ad. 后来,以后,向后. long afterwards 好久以后. postpone M till afterwards 把 M 往后延些时候. shortly afterwards 此后不久. soon afterwards 不久以后.
af'terwash ['ɑːftəwɔʃ] n. 后洗流(水洗).
af'terwinds' ['ɑːftəˈwindz] n. 余风.
af'terword ['ɑːftəwəːd] n. (编)后记,书后,跋.
af'ter-working n. 后效. elastic afterworking 弹性后效.
aft'-fan n. 后风扇.
aft'-gate n. 尾水闸门,下游闸门.
AFTN = ① aeronautical fixed telecommunication network 航空固定通信网 ② afternoon 下午.
AFU = Air Force Units 空军部队.
afunc'tion [eiˈfʌŋkʃn] n. 机能缺损〔失〕,功能消失.
afunc'tional a. 机能缺损〔失〕的,无功能的.
AFUS = ① Air Force of the United States 美国空军 ② Armed Forces of the United States 美国武装部队.
AFW = Air Force weapons 空军武器.
AFWC = automatic feed water control 自动供水控

afwilite n. (柱)硅钙石.

AG = ①agarose 琼脂糖 ②agent-general 总代表 ③air gage 气压表 ④air gap 空气(间)隙 ⑤air-to-ground 空对地 ⑥alternating gradient 交变梯度 ⑦American gallon 美制加仑 ⑧anti-gas 防毒(气) ⑨arresting gear 制动装置.

Ag = ①August 八月 ②silver 银.

ag [æg] a. 农业的, 农用的.

ag = attogram 渺克(= 10^{-18} g).

AGA = ①air-to-ground-to-air 空地空 ②American Gas Association 美国煤气协会 ③as good as 和…几乎一样.

AGACS = automatic ground-to-air communications system 地对空自动通信系统.

again' [ə'gein] ad. ①再, 又, 重新 ②恢复原状 ③再一次, 再一倍 ④也, 还, 仍然 ⑤此外, 而且 ⑥在另一方面. ▲*again* [once, time] *and* again *and* over *and* over again 一再, 屡次, 再三, 一次又一次地, 反复不断地. *and* [then, or, and then] a*gain* 此外, 而且, 再者, 在另一方面. *as many* [large, much, heavy] again *as* 比…多〔大, 多, 重〕一倍, 两倍于. *back* again 照旧, 照样, 照旧. *ever and* again 或(every) now and again 时时, 不时(地), 有时. *half as many* [large, heavy] again *as* 比…多〔大, 重〕60%, 一半于. *here a*gain (这)又是. *never* again 不再, 再也不. *once* [over] again 再一次, 重新(再来一遍).

against' [ə'genst] prep. ①反对, 抵抗, 逆〔对〕着, 违背, 克服, 阻止, 防备. *advance against difficulties* 迎着困难上. *fight against the flood* 抗洪. *fly against the wind* 顶风飞行. *take precautions against fire* 采取防火措施. *The work done against friction is transformed into heat*. 克服摩擦所作的功被转化为热. *The machine is cushioned against vibrations*. 这机器置了座垫防震. *The air-to-air missile can be used by one aircraft against another*. 空对空导弹可由一架飞机用来对付另一架飞机. *The jets are directly against the rim of the wheel*. 喷嘴正对着轮缘, 射流直接射向轮缘. ②相对于, 与对照〔比〕, 衬托〔比〕, 对比, 相对, 与…为背景. *check M against N* 对照〔根据〕N 来校核〔检验〕M. *draw a curve of velocity against time* 绘制速度对时间的(关系)曲线. *Friction is the rubbing of one thing against another*. 摩擦是一物和另一物相擦. *The various considerations are weighed against each other*. 各种想法彼此对照着加以权衡. *The moon is moving west against the background of the stars*. 月亮以群星为衬托正向西运行. ③支撑, 倚着, 贴着, 顶着, 撞击. *against the ear type earphone* 触耳式(靠垫)耳机. *The ladder was placed against the wall*. 梯子靠在墙上. *The ship struck against a rock*. 这船触礁了. ④用…交换〔抵付〕. *rates against US dollars* 美元兑换率. ▲*over against* 在…对面, 与…相反.

agalite n. 纤(维)滑石.

ag'amete ['ægəmi:t] n. 无性生殖体.

agam'ic [ə'gæmik] a. 无性(生殖)的, 隐花的.

agamobium n. 无性世代.

agamogen'esis n. 无配生殖, 无性生〔繁〕殖.

agamog'ony n. 无配子生殖.

agamont n. 裂殖体, 非生配体.

agar(-agar) n. (冻)琼脂, 石花菜, 琼脂〔细菌〕培养基. *plate agar* 琼脂平面培养.

AGAR (D) = Air Force advisory group for aeronautical research and development 空军航空研究及发展咨询组.

agaricin n. 蘑菇素.

agaricoid a. 伞菌状的.

agarics n. 伞菌科.

agaritine n. 伞菌氨酸.

agaroid ① a. 琼脂样的. Ⅱ n. 类琼胶.

agaroidase n. 类琼胶酶.

agaroidin n. 琼脂素.

agaropectin n. 琼脂胶.

agarose n. 琼脂(胶)糖.

A-gas = aviation gasoline oil 飞机〔航空〕汽油.

ag'ate ['ægit] n. 玛瑙. *agate mortar* 玛瑙研钵.

ag'ateware ['ægətweə] n. 玛瑙〔搪瓷〕器皿, 斑纹瓷器.

agave n. 龙舌兰, 剑麻, 西沙尔麻.

agb = any good brand 名牌货均可.

AGC = ①automatic gain control 自动增益控制〔调整〕②automatic gauge control 自动(钢板锻压)厚度控制 ③automatic gauge controller 自动测量调整装置.

AGCA = automatic ground controlled approach 自动引导(地面)进场, 地面控制自动进场.

AGCL = automatic ground controlled landing 自动引导着陆.

agcy = agency 代理处.

agd = agreed 同意.

AGDE = escort research ship 研究护卫舰.

AGDS = American gauge design standard 美国量测仪表设计标准.

age [eidʒ] Ⅰ n. ①年龄, 龄期, 时代, 世(纪), 一百年, (长)时期 ②寿〔生〕命, 使用〔工作〕期限, 持续时间 ③老〔陈, 熟〕化, 老煤, 经时, 时效. *achievement age* 智力成就年龄, 成熟年龄. *adolescent age* 青年期. *age hardening* 时效(经时, 沉淀, 扩散)硬化, 陈硬. *age of cathodes* 阴极工作时间. *age of concrete* 混凝土龄期. *age of consent* 合法年龄. *age to absorption* 到被吸收为止的中子龄. *age to indium resonance* 减速到铟振能量时的中子龄. *age to thermal* 慢化到热能为止的中子龄. *atomic age* 原子时代. *chronological age* 实足年龄. *climacteric age* 更年期. *Fermi age* 费米中子龄. *neutron age* 中子龄. *nuclear age* 核时代. *physical age* 生理年龄. ▲*ages ago* 往昔, 许久以前. *an age ago* 很久以前. *at the age of* 在…岁时. *be of age* 成年, 成熟. *be under age* 未成年. *come of age* (达到)成年〔熟〕, 达到法定年龄. *for ages* 或 *for an age* (持续)很长一个时期, 很久很久. *from age to age* 世世代代, 一代一代(地). *(in) all ages* 历代, 今昔(都). *over age* 超龄. *through the ages* 长久以来. *to ages* 直到千秋万代. Ⅱ v. (aged; ageing 或 ag-

ing)老(陈,熟,衰,硬)化,老成,养护,经时,时效.
AGE = ①aerospace ground equipment 航空航天地面设备 ②aerospace ground-support equipment 航空航天地面辅助设备 ③allyl glycidyl ether 烯丙基缩水甘油醚 ④automatic ground equipment 自动地面设备.
A-GEAR = arresting gear 制动装置.
age-bracket n. 某一年龄范围(内的人们).
a'ged ['eidʒid] a. ①老年的,老(陈)化的,被老化的,时效过的 ②衰(蛀)варить的,分裂的,分(离)解的 ③稳定的,均匀的. aged steel 时效钢.
AGED = Advisory group on electronic devices 电子设备咨询组.
age-dating n. 时代鉴定,年龄测定.
age-diffusion n. 年龄扩散.
age-grade 或 age-group n. 同一年龄(年龄相仿)的人们.
age-growth n. 年龄生长.
AGEH = hydrofoil research ship 水翼研究船.
age'-harden ['eidʒ-ha:dn] v. 时效(经时,沉淀,扩散)硬化,老化,陈化.
agehardenabil'ity n. 可时效硬化性,可老化性.
age'-hardening n. 时效(经时,沉淀,扩散)硬化.
age'ing ['eidʒiŋ] n. ①老(陈,熟,衰,硬)化,老炼,老成,养护,经时,时效,陈酿 ②迟滞,裂变,衰化,分裂,冷却(作用),变质,随时间而起的质量变化. ageing even 自然вая(开裂),时效变化. ageing stability 经时(老化)稳定性. ageing time 老化时间,老成时间(由完成粘合至达到最高粘合强度的时间). ageing voltage 老炼(用)电压.
age'ing-hardening n. 时效硬化.
age'ing-resis'tant n.; a. 抗老化剂(的).
age'-inhib'iting n. 防老化的.
agelike n. 同辈,年纪相同的人.
age'long ['eidʒlɔŋ] a. 延续很久的,长久的.
a'gency ['eidʒənsi] n. ①经销,代理,代办(处,所),代理处,代理店(商),办事处,社,所,局,署,公司,机构,通讯社 ②作用,动作,行为,手段,因素,媒介,介质,工具,代理. agency agreement 代理合同. cooling agency 冷却介质. International Atomic Energy Agency 国际原子能机构. news agency 通讯社. Information Agency 情报处,情报局. sole agency 独家经理. ▲through (by) the agency of 借助于,经…的介绍,经…之手.
agen'da [ə'dʒendə] n. (agendum 的复数)议(事日)程,待办事项(表),待议事本,备忘录. place (put)… on the agenda 把…提到议事日程上来.
agen'dum [ə'dʒendəm] n. 见 agenda. agendum call card 待议事件调用卡.
agene'sia [eidʒə'ni:siə] n. 发育不全,无生殖力.
agen'esis [ə'dʒenisis] n. 发育不全,无生殖力.
a'gent ['eidʒənt] I n. ①(试,媒,作用,附加)剂,(作用)因素,力量,作用力 ②催化物,反应物,动力,工具 ③原因,动因,病原体,刺激物 ④代理人(商,店),代表,经理 ⑤间谍. II vi. 代理(办),服务. active agent 活化(作用)剂. agent of dilution 稀释剂. agent of fusion 熔剂. agent of erosion 侵蚀力. agent of oxidation 氧化剂. alloying agent 合金添加剂. carrying agent 载体,载运(波)介质. control agent 控制剂,控制介质,调节体. cooling agent 冷却(冷冻,致冷)剂,冷却介质. drying agent 干燥剂. fluxing agent 熔剂,焊剂. forwarding agent's receipt 转运公司收据. natural agent 自然力. paying agent 付款银行. reimbursing agent 偿付银行. shipping agent 运货代理商. sole agent 独家代理. ~ial a.

agen'tia (复)(拉丁语) n. 药剂,试剂.
age'-old ['eidʒould] a. 古老的,久远的,从古代传下来的.
ageostroph'ic a. 非地转的.
ageotrop'ic a. 无(非)向地的.
ageotropism n. 非向地性.
AGEP = Advisory group on electronic parts 电子零件咨询组.
AGER = environmental research ship 电子侦察船.
a'ger ['eidʒə] n. 蒸(酿,熟)化器,调色装置.
ageusic a. 味觉缺乏的,失味的.
AGFF = miscellaneous command ship 杂务指挥舰.
Agfa colour 阿克发彩色胶片.
agg = aggregate 总数,共计,集料,机组.
ag'ger (pl. ag'geres) n. 双潮,堤,丘. agger arenal 沙洲,泥沙,小石.
aggiornamen'to [ədʒɔ:nə'mentou] n. 现代化.
agglomerabil'ity n. 可聚集性,可附聚结性.
agglom'erable a. 可团聚的,可附聚的,可烧结的.
agglom'erant n.; a. ①粘(凝,熔)结剂,凝聚剂 ②烧结工 ③附集的,烧结的.
agglom'erate I [ə'glɔməreit] v. (使)聚结(集),(使)结(集),(使)成团,制团,团(成)块,烧结. II [ə'glɔmərit] n. ①附聚物 ②烧结块(物,矿),团(矿)块 ③集块岩 ④大块,大堆,集聚. III [ə'glɔmərit] a. 团(附,凝)聚的,成(结,集)块的,烧结的. agglomerating agent 凝结(胶凝)剂,成块烧结元素. metal-ceramic agglomerate 金属陶瓷烧结制品. particle agglomerate 粉粒团块.
agglomerate-foam concrete 烧结矿渣泡沫混凝土.
agglomerater n. 团结机,团矿机,烧结机,结块机.
agglomerat'ic a. 团聚的,块集的,成块的.
agglomera'tion [əglɔmə'reiʃən] n. 团(附,凝,聚)作用,团矿,结块,集块(作用),成团(作用),簇(丛集,烧(团,结)结(作用),加热粘结.
agglom'erative [ə'glɔmərəitiv] a. 附聚的,凝聚(结)的,成团的,胶凝的.
agglom'erator n. 团结物.
agglutinabil'ity n. 可凝集性,凝集能力.
agglu'tinant n. 烧结(凝集,胶着,促集)剂,凝集素,促凝物质. fine agglutinant 细集集体.
agglu'tinate I [ə'glu:tineit] v. (使)胶结(粘,烧)结,(使)粘(胶)合,(使)凝集,附(胶)着,使(变)成胶(状)物.II [ə'glu:tinit] n. 胶结(产)物,粘合集块岩,附(胶)着的,凝集的.
agglutina'tion [əglu:ti'neiʃən] n. 胶结(烧结,凝集)作用,团(粘)结,附(粘)结,胶着,愈合(创口),粘法,成胶状.
agglu'tinative [ə'glu:tinətiv] a. 胶(粘,附)着的,胶合(结)的,烧(凝)结的,凝集的.
agglu'tinin n. 凝集素,凝抗体.
agglutin'ogen n. 凝集原.
agglu'tinoid n. 类凝集素.
AGGR = aggregate.

aggra′date vt. 加积,填积,使淤积.

aggrada′tion n. 加积,(河床)淤积〔高〕,(砾石)填积(作用),浚填.

aggrade′ v. 加〔淤〕填,洪,冲〕积,淤высь. ~ment n.

ag′grandize ['ægrəndaiz] vt. 增〔加,扩〕大,增加,提〔增〕高,扩张. ~ment n.

ag′gravate ['ægrəveit] vt. 使恶化,强化,使更严重,加重〔剧〕,变本加厉,激怒. **aggrava′tion** [ˌægrə′veiʃən] n.

aggred. feb. =aggrediente febre 热续升时.

ag′gregate I ['ægrigeit] v. ①(使)聚集,(使)集〔凝〕结,〔集,聚〕合,加〔总,堆〕聚,集成 ②共计,合计为,计达. II ['ægrigit] n. ①集〔骨,粒,填(充)〕料,团粒,聚集(体),聚合(体),集合(体,物,组合(体),聚集体 ②机组〔件〕,成套设备〔装置〕③【建】集〔合〕料 ④总额〔计,数,量〕,合计. III ['ægrigit] a. ①集〔组〕,总,汇〕合的,聚集的,共同的 ②合计的. *aggregate breaking force*(钢丝绳)钢丝破坏拉力总和. *aggregate capacity* 总容量,总功率. *aggregate chips* 石屑. *aggregate map* 综合地图. *aggregate momentum* 总动量. *aggregate motion* 组合运动. *aggregate of atoms* 原子的集聚. *aggregate polarization* 集偏振化. *aggregate sample* 混合样. *aggregate storage capa-city* 总库容. *aggregated error* 累积误差,总误差. *aggregated filter* 集中滤波器. *aggregated structure* 团粒结构. *bounded aggregate* 有界集,囿集. *finite aggregate* 有限〔穷〕集. *infinite aggregate* 无限〔穷〕集. *mineral aggregate* 矿(质集)料,石料. *ordered aggregate* 有序集. *product aggregate* 积集. *soil aggregate* 土壤团粒结构. *sum aggregate* 并集,和集. ▲*in the aggregate* 总〔合〕计,整个,一总.

aggregate-cement ratio 骨灰比,骨料水泥比.

aggregate-surfaced a. 铺集料的.

aggrega′tion [ˌægri′geiʃən] n. 聚集(体,物,态,作用),群集,聚〔集,组〕合,聚合(体,作用),集结〔团,族,凝〕聚,团块,球化.

aggrega′tional a. 聚集的,集合的.

ag′gregative a. 聚〔集,总〕合的,聚集(而成)的.

aggrem′eter n. 集料骨料称量计.

aggress′ [ə′gres] v. 侵略,挑衅,攻击(on, against).

aggressin n. 攻击素.

aggressinogen n. 攻击素原.

aggres′sion [ə′greʃən] n. 侵略〔犯〕(行为),攻击.

aggres′sive [ə′gresiv] a. ①侵略的,攻击性的 ②〔腐〕蚀性的,侵害性的 ③进取的,不怕阻力的,积极的. *aggressive device* 主动装置. *aggressive tack* 干粘性. *aggressive water* 侵〔腐〕蚀性水. ~**ly** ad. ~**ness** n.

aggressiv′ity n. 侵蚀性,攻击力.

aggres′sor [ə′gresə] n. 侵略者,攻击者.

aggro n. 挑衅(性).

AGI = ①American Geological Institute 美国地质学会 ②annual general inspection 年度普遍检查 ③ *Año Geofísico Internacional* 国际地球物理年.

ag′ile ['ædʒail] a. 灵活的,敏捷的,活泼的. ~**ly** ad.

agil′ity [ə′dʒiliti] n. 敏捷性,灵活性,频率快变,车辆活动能力.

agin′ [ə′gin] = ①again ②against.

a′ging = ageing.

ag′io ['ædʒiou] n. 折扣,贴水.

ag′iotage ['ædʒətidʒ] n. 汇兑行情〔业务〕,兑换.

AGIPS = Advisory Group for Increasing Productivity by Standardization (OEEC)标准化提高生产率咨询组.

ag′itate ['ædʒiteit] v. ①搅动〔拌,匀〕,拌〔混〕合,扰〔摇,振,骚〕动,扰乱 ②激发〔励〕,煽惑 ③鼓〔煽〕动,倡议(for) ④热烈讨〔辩〕论 ⑤使焦虑. *agitating truck* 〔*lorry*〕(混凝土)拌和车.

agitated-bed 搅动床.

agita′tion [ˌædʒi′teiʃən] n. ①搅动(作用),摇动,振荡,搅拌(作用),搅匀,拌和,湍流 ②激发〔励〕,煽惑 ③激〔骚,扰,敷,运)动 ④兴奋,刺激. *thermal agitation* 热扰〔骚〕动,热激发. ~**al** a.

agita′tion-froth process 搅动生泡法.

ag′itator ['ædʒiteitə] n. ①搅拌器(体,装置),搅动〔翻动,振动,振荡,拌合,混合〕器 ②鼓动者,宣传员. *agitator bath*〔*tank*〕搅动槽.

agitator-conveyor n. 搅拌送料器.

agitprop n.;a. 宣传鼓动(者,机关,性)的.

agl =above ground level 地平面以上.

AGL = ①argon gas laser 氩气激光(器) ②argon glow lamp 氩辉光灯.

aglaite n. 变锂辉石.

AGLC =air ground liaison code 陆空联络密码.

aglet n. (绳,带两端的)金属签.

agley ad. 歪,斜.

aglim′mer a.; ad. 闪着微光.

aglite n. 烧结(膨胀)粘土,轻质骨料.

aglitter a.; ad. 闪耀光.

aglow [ə′glou] ad.; a. ①灼热(的),发红(的) ②发光彩的,发红光的. ▲*be aglow with* 因…而发红〔热〕.

aglycone n. 配质,糖式配基.

AGM = ①air-to-ground missile 空对地导弹 ②annual general meeting 年度大会,年会 ③assistant general manager 襄理.

AGMA = American Gear Manufacturers Association 美国齿轮制造商协会.

agmatine n. 胍(基)丁胺,鲱精胺.

ag′men ['ægmen] (pl. *ag′mina*) n. 集合,聚集,集合物.

ag′minate(d) ['ægmənit(id)] a. 集合的,聚集的.

agmt =agreement 一致.

AGN = ①again 重复 ②augmentation 增大〔加〕.

ag′nate ['ægneit] a. ①父系的,父方的 ②同系的,同种的.

agne′a [æg′ni:ə] n. 认识不能,失认.

agnoea n. 认识不能,失认.

agnogen′ic a. 原因不明的.

agno′sia [æg′nousiə] n. 认识不能,失认,理会不能.

agnos′tic n.; a. 不可知论者〔的〕.

agnos′ticism n. 不可知论.

ago′ [ə′gou] ad. (以)前. ▲*a long*〔*short*〕*time ago* 长久〔不久〕以前. *as long ago as* 早在…时. *long*〔*a long while*〕*ago* 很久以前,从前. *not long ago* 不久以前. *some time ago* 前些时候. (*many*) *years ago* 许(好)多年前.

agog′ [ə′gɔg] a.; ad. 渴望着,激动着,急切的,兴奋

的，激动的. ▲*be agog for* 急切等待着. (*be*) *all agog for* 渴望. (*be*) *all agog to* + *inf.* 急着要（做）.

ago'ing [ə'gouiŋ] *ad.*; *a.* 行，动，在进行中. ▲*set agoing* 发起，开动，放行，创始，转动，发动.

agomphious *a.* 无齿的.

ag'on ['ægoun] *n.* ①辅基 ②有奖竞赛，比赛.

agone *n.* 无(磁)偏线.

agon'ic [ə'gɔnik] *a.* 无偏差的，不成角的. *agonic line* 无偏(差)线，零磁偏线.

ag'onist *n.* 兴奋剂，激动剂.

ag'onized ['ægənaizd] *a.* (表示，感到)(极度)痛苦的.

ag'onizing ['ægənaiziŋ] *a.* 令人[引起]痛苦的，苦恼的. ~**ly** *ad.*

ag'ony ['ægəni] *n.* (极大的)痛苦，剧痛，苦恼，极度. ▲*be in agony* 苦恼不安. *in an agony of* 在极度的…中.

AGOR = Advisory Group on Ocean Research 海洋研究咨询小组.

ag'ora *n.* ① (pl. *agorot*) 阿格拉(以色列货币单位; =1/100 英镑) ② (pl. *agorae*)(古希腊)广场.

AGP = auxiliary generating plant 辅助发电设备.

agpaite *n.* 钠质火成岩类.

agpe = angle plate angle.

AGR = Advanced gas-cooled reactor 高级(先进)气冷反应堆.

agr ①advanced gas-cooled reactor 高级(先进)气冷反应堆 ②agricultural 农业的 ③agriculture 农业.

agraff *n.* 搭扣(钩).

agranulocyto'sis *n.* 粒性白细胞缺乏症.

agraph'ia [əg'ræfiə] *n.* 书写不能，失写，无写字能力.

agraph'ic *a.* 书写不能的，失写的.

agraphitic carbon 无定形(非结晶，非石墨)碳，化合(结合)碳.

agra'rian [ə'grɛəriən] *a.* 土(耕)地的，农民的. *agrarian reform* 土地改革.

A/G ratio = albumin-globulin ratio 白蛋白/球蛋白比.

agrav'ic [ə'grævik] *a.*; *n.* ①失重的，(在)无重力(条件下)的，重力为零的，无重量的 ②失重，无重力状态(情况)，无重力区. *agravic illusion* 无重力幻觉，失重错觉.

agrav'ity *n.* 失重.

agree' [ə'gri:] *v.* (意见)一致，符(并)合，相同，同意，赞成，认为正确. *agree life* 模拟寿命. *agreed insured value* 约定保险价值. *These answers don't agree.* 这些答案不一致. *Results should agree within 6 per cent.* 各次结果相差不应超过6%. ▲*agree in* (about, as to)在…(方面)同意，对于…意见一致. *agree on* (upon) 对(关于)…意见一致，(一致)同意；商定，决定. *agree to* 赞同，同意，答应，承认. *agree* + *inf.* 同意. *agree with* 赞同，与…(意见)一致，与…相符(同，似)，对…合适，适合. *It is unanimously agreed that* 一致同意.

AGREE = Advisory group on reliability of electronic equipment 电子设备可靠性咨询组.

agree'able [ə'griəbl] *a.* 可同意的，适合的，适宜的，合意的. ▲*agreeable to…* 依(遵，按)照，合乎，适

(符)合，与…一致的. *be agreeable to*(欣然)赞同，(能)同意，合乎. ~**ness** *n.*

agree'ably [ə'griəbli] *ad.* 欣然. ▲*agreeably to* 依(遵，按)照.

agreed'-on [ə'gri:d-ɔn] *a.* 约定的，(各方)同意的.

agree'ment [ə'gri:mənt] *n.* ①一致，同意，符合，吻合，相同 ②协定(议，约)，合同，契约. *agreement by piece* 计件合同，计件契约，计件部件. *agreement year* 协定年度. *final agreement* 最后协议. *trade agreement* 贸易协定. ▲*agreement on* (about, for, upon, concerning)(…方面)的协议，有关…的协议(合同). *be in agreement on* (about, upon) 对…意见一致. *be in agreement with* (with)(与…)一致(相符合)，同意，按照. *by agreement* 经同意，合意. *come to* (arrive at) *an agreement* (with)(与…)商定，(与…)达成协议. *make* (conclude, enter into, sign) *an agreement* 签订(订立)协定.

ag'ria *n.* 脓疱，疱疹.

ag'ribusiness ['ægribiznis] *n.* (垄断资本的)农业综合企业(包括农业机械制造，农产品加工的大型农场).

ag'ric *n.* 耕作(熟化)土层.

ag'ricopter *n.* 农业用直升飞机.

Agric. Res = Agricultural Research 农业研究.

agricul'tural [ægri'kʌltʃərəl] *a.* 农业(用，艺)的，耕作的.

ag'riculture ['ægrikʌltʃə] *n.* 农业(艺，学).

agricul'turist [ægri'kʌltʃərist] *n.* 农民，农业技师，农学家.

agrilla'ceous *a.* 泥质的.

agrimonine *n.* 仙鹤草素.

ag'rimotor ['ægriməutə] *n.* 农用动力(拖拉)机，农用汽(拖，牵引)车.

agrinierite *n.* 锶钾铀矿.

agriol'ogy *n.* 无文字民族的风俗研究.

agriro'bot *n.* 自动犁.

ag'rius (拉丁语) *a.* 剧烈的.

ag'ro *n.* 挑衅.

agrobacteriocin *n.* 土壤杆菌素.

agrobacteriophage *n.* 土壤杆菌噬菌体.

agrobiol'ogy [ægroubai'ɔlədʒi] *n.* 农业生物学.

agrochem'ical [ægrou'kemikəl] Ⅰ *a.* 农业化学的. Ⅱ *n.* 农药，农业化肥，农产品中提炼出的化学品.

agrochem'istry *n.* 农业化学.

ag'rocin *n.* 土壤杆菌素.

agroclimat'ic *a.* 农业气候的.

agroclimatol'ogy [ægroʊ] *n.* 农业气候学.

agroecol'ogy *n.* 农业生态学.

agro-ec'osystem *n.* 农业生态系统.

agroec'otype *n.* 作物生态型.

agrogeolog'ical *n.* 农业(土壤)地质的.

agrogeol'ogy *n.* 农业地质学.

agrohydrol'ogy *n.* 农业水文学.

agro-indus'trial *a.* 农业-工业的.

agrol fluid 酒精汽油掺混燃料(乙醇78%，汽油22%).

agrol'ogy [ə'grɔlədʒi] *n.* 农业土壤学.

agrometeorol'ogy *n.* 农业气象学.

agromicrobiol'ogy *n.* 农业微生物学.

agron = ①agronomic 农学的 ②agronomy 农学.

agronom'ic(al) [ægrə'nɔmik(əl)] *a.* 农(艺)学的，农

agron'omist [ə'grɒnəmist] *n.* 农业专家,农学家,农艺师.

agron'omy [ə'grɒnəmi] *n.* 农业[事],农村经济,农(艺)学,作物学.

agrophys'ics *n.* 农业物理学.

agropyrene *n.* 冰草炔.

ag'rotech'nical [ægrou'teknikəl] *a.* 农业技术的.

ag'rotechnic'ian [ægroutek'niʃən] *n.* 农业技术员.

agrotechnique [ægroutek'ni:k] *n.* 农业技术.

ag'rotechny [ægroutekni] *n.* 农产品加工学.

agro-town *n.* 农村地区的城镇.

ag'ro-type [ægroutaip] *n.* 农业土壤类型,农业型,作物类型.

aground' [ə'graund] *ad.* 在地上,在岸上,搁浅,触礁.
▲*be* (*go, run*) *aground* 搁浅,触礁.

AGRT = agreement 协定[议].

agryp'nia *n.* 失眠,不眠症.

AGS = ①Aircraft General Standards(英国)航空通用标准 ②alternating gradient synchrotron 交变磁场梯度同步加速器,变梯度回旋加速器 ③automatic gain stabilization 自动增益稳定.

AGSS = auxiliary submarine 辅助潜艇.

agt = ①agent 剂,媒介物;代理商[人],代表 ②agreement一致,协议(定).

AGU = American Geophysical Union 美国地球物理协会.

a'gue ['eigju:] *n.* 疟疾,寒颤,发冷.

agustite *n.* 磷灰石.

AGW = ①actual gross weight 实际毛重,实际总重量 ②air gap width 气隙宽度 ③allowable gross (take-off) weight 容许起飞总重.

ah [ɑ:] *int.* 啊! 呀!

ah = ①ampere-hour 安培-小时,安时 ②hypermetropic astigmatism 远视散光.

AH = ①absolute height 绝对高度 ②access hole 人孔 ③Anno Hegirae 伊斯兰教纪元 ④Arab heavy 阿拉伯重原油.

aha [ə'hɑ:] *int.* 啊哈! 嗳呀!

AHC = asbestos-covered, heat-resistant cord 石棉编包耐热软线.

ahead' [ə'hed] *a.*；*ad.* 在前(面),前头,向前,前进,提前,领先. *ahead cam* 前进凸轮. *ahead turbine* 推进(前进,顺车)涡轮. *instruction look ahead* 指令超前. *look ahead control* 先行[超前]控制. *move ahead* 前进. *the decade ahead* 未来〔今后〕的十年. *tasks for the period ahead* 今后的任务. *well ahead of the original target date* 比原定日期提前了许多. *set the clock ahead* 把时钟指针往前拨. *Peking time is 8 hours ahead of Greenwich Mean Time.* 北京时间比格林尼治标准时间早〔提前〕八小时. *The plan covers 5 years ahead of current date.* 这计划包括今后的五年. ▲*ahead of* 在…前头,领先于;优胜于,超过,超前于,比…提前. *ahead of estimate* 比估计时间提前,超出预料. (3 days) *ahead of schedule* [scheduled time, time] (比预定时间)提前(三天). *force one's way ahead* 冲向前. *go ahead* (不迟疑地)前进,领先,有进展,继续进行. *go ahead with* 继续(某事). *look ahead* 预先作好准备,向前看,展望未来,考虑未来(的首要),超前,提前. *look ahead for* [*to*] 为…预先作准备,预见到,预期,盼望. *push ahead with* 推进. *push M ahead of N* 使M超过N,使M比N进步. *right* (*straight*) *ahead* 对直地,直前. *wind ahead* 顶头风,迎面风.

A-head ['eihed] *n.* (带)核弹(的导弹)弹头.

aheap' [ə'hi:p] *ad.* 重叠,堆积.

ahem'eral [ei'hemərəl] *a.* 不够一整天的;非昼夜的.

AHG = ad hoc group 特别〔专设〕小组.

ahistor'ic(**al**) [eihis'tɔrik(əl)] *a.* 与历史无关的,历史记载的. ~**ally** *ad.*

ahl = ad hunc locum〔拉丁语〕在此处.

ahm = ampere-hour meter 安培小时计.

A-horizon *n.* A(甲)层(土),淋溶〔溶〕土层.

Ahp = air horsepower 流体〔风风〕马力.

AHPS = auxiliary hydraulic power supply 辅助水力供应.

AHQ = army headquarters 集团军司令部.

Ah Q ['ɑ:'kju:] 阿Q.

AHR = another 其他.

Ahrens prism 阿伦斯偏光棱镜.

AHS = American Helicopter Society 美国直升飞机学会.

AHVC = automatic high-voltage control 自动高电压控制.

ahyp'nia [ə'hipniə] *n.* 失眠,不眠症.

ahypno'sis [əhip'nousis] *n.* 失眠,不眠症.

AI = ① *ad interim* 临时,暂时 ② after inspection 检查以后 ③ air intercept (radar) 空中截击(雷达) ④ air interception 截击飞机,飞机截击 ⑤ airborne interception (equipment) 机载截击雷达(设备) ⑥ all-inertial 全惯性的 ⑦ all iron 全铁的 ⑧ alteration and improvement (program) 变更与改进(计划) ⑨ amplifier input 放大器输入(信号) ⑩ angle iron 角铁 ⑪ anti-icing 防冰(的) ⑫ approval of import 进口许可 ⑬ artificial insemination 人工授精 ⑭ automatic input 自动输入 ⑮ azimuth indicator 方位显示器.

A/I = aptitude index 适应性指数.

a.i. = ①active ingredient 有效成份 ②after inspection 检查后.

AIA = ① Aerospace Industries Association of America 美国航空航天工业协会 ②Aircraft Industries Association 飞机工业协会 ③American Institute of Architects 美国建筑学会.

AIAA = ① Aircraft Industries Association of America 美国飞机工业协会 ② American Institute of Aeronautics and Astronautics 美国航空与宇宙航行学会,美国航空与星际航行学会.

AI alloy 银钢合金.

AIBS = American Institute of Biological Sciences 美国生物科学学会.

AIBUP = Association Internationale des Bibliotheques d'Universites Polytechniques 国际理工科大学图书馆协会.

AIC = ①Agricultural Institute of Canada 加拿大农业研究所 ②air intercepter centimeters 截击机用厘米波雷达 ③ammunition identification code 弹药标志略号.

AICB = *Association Internationale de Lutte Contre Le Bruit* 国际防噪音协会.

AICBM = anti-intercontinental ballistic missile 反洲际(导弹的)弹道(式)导弹.

AICE = ①American Institute of Chemical Engineers 美国化学工程师协会 ②American Institute of Consulting Engineers 美国工程顾问协会.

AICFO = *Associacion Internacional para las Ciencias Fisicas del Oceano* 国际海洋物理科学协会.

Aich metal 含铁四六黄铜 (铜60%, 锌38.2%, 铁1.8%), 艾奇合金(铜56%, 锌42%, 铁1%).

AIChE = American Institute of Chemical Engineers 美国化学工程师协会.

aid [eid] I n. ①帮[援]助, 支持[援], 救护 ②(辅助)设备[装置, 手段], 辅助工具[仪器], 仪器、器件 ③辅助器, 功能辅助器 ④人工授精 ⑤助手[理]. *aids to final approach and landing* 引导进场和着陆设备. *anti-plastering aid* 抗粘剂. *directional aids* 定向器材. *economic aid* 经济援助. *filter aid* 助滤剂. *first aid* (紧)急救(护), 抢修, 事故抢救. *hearing aid* 或 *aid to hearing* 助听器. *long-distance aids* 远距无线电导航设备. *navigation aid* 或 *aid to navigation* 导航设备[系统,工具]. *radio aid* 无线电设备. *sedimentation aid* 絮凝[助沉降]剂. *training aid* 教具, 训练设备. ▲(be) *an aid to* (…方面)的一个帮助, 有助于. *be of (great) aid (to)* (对…)有(很大)帮助. *by the aid of* 借助于, 用, 通过. *give aid to* 帮助, 给…以帮助. *in aid of* 以帮助, 作(帮助)…之用. *with the aid of* 借助于, 用, 通过. II v. 帮[援]助, 支援. ▲*aid M in +ing* [*to +inf.*] 帮助 M (做…). *aid M with N* 用 N 支援 M, 帮助 M 做 N.

AID = ①Agency for International Development(美国)国际开发署 ②argon ionization device 氩离子检查器.

AIDA = ①attention, interest, desire, action (贸易)注意, 兴趣, 愿望及行动 ②automated inspection of data 数据自动检查.

aide n. 随从参谋, (侍从)副官, 助手.

aided a. 辅助的, 半自动的.

aided-tracking servo 半自动伺服机构.

aide-memoire ['eidmemwɑː] 〔法语〕 n. 备忘录.

aiding n. 帮助. *rate aiding* 变率辅助.

AIDS = airborne integrated display system 机载综合显示系统.

AIEE = ①American Institute of Electrical Engineers 美国电气工程师学会 ②American Institute of Electronic Engineers 美国电子工程师学会.

AIF = Atomic Industrial Forum (美国)原子工业公会.

AIG = ①accident investigation (飞机)失事调查 ②all-inertial guidance 全惯性制导.

AIGS = all-inertial guidance system 全惯性制导系统.

ai'guille ['eigwiːl] n. ①钻头, 钻孔器 ②尖峰, 尖(山)岩.

AIIE = American Institute of Industrial Engineers 美国工业工程师协会.

AIL = absolute interferometric laser 绝对干涉测量激光器 ②airborne instruments [instrumentation] laboratory 机载仪器实验室 ③argon ion laser 氩离子激光(器) ④Association of International Libraries 国际图书馆协会.

ail [eil] v. 使苦〔烦〕恼, 闹病.

AILAS = automatic instrument landing approach system 自动仪表着陆进场系统.

ai'lavator n. 副翼升降舵.

aile = aisle.

ai'leron ['eilərɔn] n. 副[辅助]翼. *aileron control* 横向[用副翼]控制.

ail'ment ['eilmənt] n. 小(毛)病, 疾病.

AILS = automatic instrument landing system 自动仪表着陆系统.

aim [eim] v. n. ①瞄[对, 照]准, 导航, 引[制]导 ②感应 ③目标(的), 宗旨, 方针 ④目的是, 旨在. ▲*achieve* [*attain*] *one's aim* 达到目的. *aim against* [*at*] N 把 M 瞄准 N. *aim at +ing* [*to +inf.*] 目的在于. *be aimed at* 指向, (被)指向于使用, 是针对…的, 目的在于. *miss one's aim* 打不中目标, 达不到目的. *take aim* 瞄准. *take aim at* 以…为目标, 瞄准. *with the aim of* 为了. *without aim* 无目的地.

AIM = ①AC input module 交流输入组件 ②adhesive insulation 胶合绝缘材料 ③air intercept missile 空中截击导弹 ④air isolated monolithic (circuit) 空气绝缘单块电路 ⑤American Institute of Management 美国管理学会 ⑥automated information management 自动化信息管理.

aimable cluster 一串炸弹, 弹束.

aimafibrite n. 血纤维石.

aimant n. 磁铁石.

AIME = AIMMPE.

ai'mer ['eimə] n. 瞄准器[具, 手], 射击[引导]员.

aim'ing ['eimiŋ] n. ①瞄[对, 照]准, 瞄准目标, 引导, 导航 ②感应. *aiming device* 瞄准器. *aiming light* 标灯. *aiming line* 视线, 照准线. *aiming point* 视[瞄准]点. *aiming post* 标杆. *aiming rule* 表[瞄准尺. *aiming rule sight* (表尺的)瞄准镜. *automatic aiming* 自动瞄准. ▲*aiming off* 修正瞄准, 瞄准点前置量, 瞄准提前量.

aim'less ['eimlis] a. 无目的的, 无目标的, 无瞄准的, 无引导的, 紊乱的, 没有准则的. ~**ly** ad. ~**ness** n.

AIMME = American Institute of Mining and Metal-lurgical Engineers 美国采矿与冶金工程师协会.

AIMMPE = American Institute of Mining, Metal-lurgical and Petroleum Engineers 美国矿冶石油工程师学会.

aim-off n. 瞄准提前量, 瞄准点前置量.

AIN = assembly identification signal 识别.

ain't [eint] = are not, am not, is not, has not, have not.

AInt = air intelligence 空军(航空)情报.

AIOP = *Association Internationale d'Oceanographie Physique* 国际海洋物理学会.

AIP = ①ablative insulative plastic 烧蚀绝缘塑料 ②American Institute of Physics 美国物理学会 ③*Association Internationale de Photobiologie* 国际光生物学协会.

AIR = ①American Institute of Refrigeration 美国制冷学会 ②azimuthal inhomogeneity ratio 方位不均性比.

air [eə] **I** n. ①空[大]气, 气流 ②空中[间] ③航空, 空军 ④风格, 气派. **II** a. 空[大]气的, 气动[力, 压, 垫]的, 风(动)的, (航空的)飞行的. **III** vt. ①通风[气], 透气[风], 吹风[晾, 晒]干, 气曝 ④充气 ⑤广播, 播送, 发表 ⑤夸耀. *air accidental* 偶然进气. *air action* [battle] 空战. *air admission* [admittance] 进气. *air bake* 露天烘烙. *air ballast* (ing) 气镇, 掺气. *air base* 空中基线, 航空基地. *air bearing* 空气[气浮]轴承. *air blast* 强〔鼓〕气流, 鼓〔吹, 送〕风, 气喷净法, 空中爆炸. *air blast circuit breaker* 空气吹弧断路器. *air blast connection pipe* 风管. *air blast cooling* 强制空气冷却, 强制风冷. *air bleeder cap* 通风帽. *air bottle* 压缩空气瓶. *air brake* 气[风]闸, 空气制动器. *air breather* 通风装置, 通风孔. *air brick* 空心砖. *air burner* 喷灯. *air car* 气垫汽车. *air cargo* 空运货物〔邮件〕. *air castle* 空中楼阁. *air cell* 空气室, 气包, 充气式浮流机. *air chamber* 空气室, 气包. *air channel* [chute, drain, duct, passage] 通风[排气, 空气]道, 风管. *air characteristic*〔铁心〕空气隙安匝(数). *air choke* 空心扼流圈. *air chuck* 气动卡盘. *air clamp* 气夹具. *air compressor* 空(气)压(缩)机. *air condenser* 空气(介质)电容器. *air conditioner* 空气调节器. *air conditioning* 通风, 空(气)调(节)的. *air control* 气动, 空气控制[调节], 压气操纵. *air cooler* 空气冷却器, 冷风机. *air cushion* (空)气(缓冲)垫. *air defence* 防空. *air drill* 风钻, 空气钻, 风动钻具. *air drome* 飞机场, 航空站. *air drying* 风[晾]干, 空气[自然]干燥. *air engine* 航空(空气)发动机. *air escape* 漏[放, 排]气. *air escape valve* 排[放]气阀. *air exhauster* 排气机. *air express* 航空快递信件, 空运包裹. *air feeder* 进气[吸气]管, 送风机. *air film* 气垫[膜]. *air force* 风力, 空军, 航空部队. *Air France* 法国航空公司. *air free* 无[抽了]空气的. *air gap* 气隙, 空(气间)隙. *air gate* 出气孔, 排气口, 气闸, 溢(铁)水口. *air ga(u)ge* 气压表[计], 气动量仪. *air grinder* 风动磨头, 气动砂轮机. *air hardening steel* 空气淬硬钢, 气硬钢, 自硬钢. *air heater* 空气预〔加〕热器, 热风器. *air hoist* 气动葫芦, 气(动)吊〔车〕, 气绞车, 气动卷扬机. *air hole* (通气, 空气)孔, 空中陷阱, 气潭, (结冰河中)不冰冻部分. *air hunger* 空气缺乏, 缺氧. *air in screen* 进气滤网. *air in the core* 型心(里的通)气道. *air injection* 空气喷射, 喷气. *air inlet* 空气入口, 进气(口). *air input* 进气量, 风量. *air jacket* 空气套路衣, 气套, 气套. *air jet* 空气喷射, 喷嘴, 喷气口. *air lane* 航空路线. *air leakage* 漏[泄]气. *air letter* 航空信, 航空邮笺. *air level* 气泡水准仪. *air lever* 吸风控制杆. *air lift* (空)气举(力), 气(压)升(力), 空中补给;气力升降机, 空气升液器;空运. *air light* 散光, 漫射光, 航空灯, 航空指标. *air line* 航空公司〔系统〕, (大圆)航

线, 两点间的直线, 架空线〔路〕. *air liner* 班机, 航空客机. *air lock* 气锁〔闸, 塞, 栓, 窝〕, 门斗, 密封舱. *air lock type head (of leak detector)* (探漏器的)蓄压头, 截止探头. *air log* 航空日记, 空哩计. *air louver* 空气调节孔, 放气孔〔窗〕. *air machine* 扇风机, 风扇. *air mail* (航)空邮(件). *air man* 飞行员. *air meter* 风速〔气〕表, 气量〔气〕计, 含气量测计. *air micrometer* (测1/1000 mm 物体的)测微计. *air monitor* 大气污染监测器, (空气)放射性检验器, 广播节目监视器. *air mortar* 加气砂浆. *air motor* 航空〔空气, 气压, 风动〕发动机. *air'moving target* 空中活动目标. *air navigation* (航空)导〔领〕航. *air painter* 喷漆器. *air patenting* 空气淬火, 风冷. *air permeability test* 透气(性)试验. *air plot* 气象情况测绘板. *air pocket* 气阱(穴, 潭孔), 空气槽〔窝〕. *air proof* 密〔气〕封的, 气密封的, 不漏气的. *air pump* (空, 抽, 排)气泵. *air pump lever* 气泵杆(往复式空气泵传动杆). *air rammer* 气动夯锤〔活塞〕, (空)气锤, 风镐子, 风锤. *air reactor* 空心扼流圈〔电抗器〕. *air reed* 笛类乐器. *air refining* 精炼(使金属物还原), 吹炼. *air relay* 气动继电器, 电触式气动测量仪. *air release* 放气. *air relief valve* 减压〔放气, 安全〕阀. *air removal* 换〔排, 抽〕气, 通风. *air sand blower* 喷砂机. *air scout* 对空监视哨, 侦察机. *air seal* 气封. *air search radar* 防空(情报)雷达. *air set* 空气中凝固, 常温凝固〔自硬〕, 自然硬化. *air set pipe* 空气冷凝管. *air shaft* (通)风井, 气筒. *air shower* 大气(中宇宙线)簇射, 空气吹淋室. *air silencer* 空气消音器. *air silk* 空心丝. *air sleeve* [sock] (圆锥形)风标. *air spaced coil* 大绕距电感〔非密绕空心〕线圈. *air speed* 风〔空〕速, 飞行〔排气〕速度. *air starting valve* 空气起动阀. *air station* 空中摄影站, 机场, 航空站. *air surface vessel radar* 飞机用水面舰艇搜索雷达. *air surveillance radar* 对空监视雷达. *air survey photo* 空测图. *air test (管材)* 通风试验, 空气试验. *air time* 广播(发射)时间. *air transformer* 空(气)心变压器. *air transportable* 可空运的, 飞机携带的. *air type* 气动式. *air union nut* 气管接合螺母. *air valve* (空)气阀, 气门. *air vehicle* 航空〔飞行〕器. *air volume* 风量. *air washing plant* 洗尘车间. *air waves* 无线电广播. *air well* 通风井. *air wire* 天线, 明线, 架空〔导〕线. *air working chamber* 沉箱工作室. *air zero* 原子弹空中爆炸中心. *air zoning* 分区送风. *alkaline air* 氨气, 游离氨. *altitude air* 高空空气. *atmospheric air* 大气. *compressed air* 压缩(空)气. *dead air* 滞止空气区, 气流滞止区, 静(止空)气. *free air* 大(气层的空)气. *high-velocity air* 高速气流. *hot air* 热空气, 热风. *light air* 软风(一级风), 1~3英里/小时), 稀薄空气, 高空大气. *liquid air* 液体〔态〕空气. *rough air* 紊空(冲激, 颠簸, 扰动)气流, 尾流. *solid air* 固体空气, *stagnant air* 滞止空气(区), 滞止气流, 静区. *standard air* 标准大气(中空气参数). ▲*by air* 用〔坐

飞机,用无线电. *clear the air* 使空气流通,澄清真相,消除误会. *give air to* 发表(意见). *go off the air* 停止广播. *go on the air*(无线电)开始[播]播送. *hang in the air* 未完成,未证实,未正式核准. *in the air* (计划)悬搁着,渺茫;传[散]布的,风行,露天,在室[野]外;在空中;未设防的,无掩蔽的. *in (the) open air* 户外,露天. *into thin air* 无影无踪. *leave in the air* 使悬而不决. *on the air* (正在)广播. *out of thin air* 无中生有地. *take air* 传走. *take the air* (飞机)起飞,开始广播,到户外. *up in the air* 气愤,悬而未决.

air- [词头]空气(中),航空,

air-acetylene a. 空气-乙炔的.

air-actuated a. 气力动的,气动的.

airadio n. 航空无线电设备.

air-agitated a. 空气搅拌的.

air-arc a. 空气电弧的.

air'arm'ament ['ɛərɑ:məmənt] n. 航空武器,军用飞机等所用飞行装备.

air-atomic a. 能通过空间发射核武器的,能将原子武器送入大气的.

air-atomized a. 空气雾化的.

airator n. 冷却松砂机.

air'-attack ['ɛərətæk] vt. 对...进行空袭.

air-backed a. 背面有气孔的.

air-bag n. 里胎,气囊,气袋.

airballoon n. 气球(艇).

air'-base ['ɛəbeis] n. 空军(航空)基地,空中基线.

air'-based ['ɛəbeist] a. 在母机上的.

air'-bath ['ɛəbɑ:θ] n. 空气浴(装置),空气干燥器.

air'-bed ['ɛəbed] n. 气床(垫),气褥.

air blast ['ɛəblɑ:st] n. 鼓风,喷气(器),强气流,疾风,空气喷射,气喷净法. *airblast atomizer* 空气喷油嘴. *airblast circuit-breakers* 空气吹弧断路器. *airblast quenching* 气流淬火,风冷淬火.

air'-bleed ['ɛəbli:d] n. 抽气. *air-bleed set* 抽气机.

air'-bleeder ['ɛəbli:də] n. 放气管[阀].

air'-block a. 气阻的.

air'-blower ['ɛəbləuə] n. 鼓[吹]风机,增压机.

air-blowing n.; a. 吹气的.

air-blown a. 吹气的,吹制的.

AIRBM = anti-intermediate range ballistic missile 反中程弹道导弹.

airbond n. ①型芯砂结合剂(有常温自硬性的高分子材料)②气culo.

air-boost compressor 增压式压气机.

air'-borne ['ɛəbɔ:n] a. 空运的,气流载送(支承,传播)的,浮在空中的,大气中的,空中(飞行)的,通过无线电(电视)播送的,空降的,航空的,飞机上(用)的,弹上的,机载的,风成的. *airborne beacon* 机载信标,飞机应答信号. *airborne dryer* 悬浮空气干燥器. *airborne input* 航空感应脉冲瞬变电磁装,航空脉冲送系统. *airborne instrumentation* 机载仪器装置. *airborne radar* 航空(机载)雷达. *airborne receiver* (装在飞机上的)飞机接收机. *airborne sound* 空气噪声,空气噪声. *airborne vehicle* 飞行器,空中运载工具.

air'bound ['ɛəbaund] a. 气阻的,被气体阻塞的.

air'-brake ['ɛəbreik] n. 气(风)闸,空气制动机(器),减速板,气动力制动装置.

air'brasive n. (用压缩空气)喷砂磨光,喷气研磨.

air'-break ['ɛəbreik] n. 空气断开(路). *air-break circuit-breakers* 空气断弧断路器.

air'-brea'ther ['ɛə'bri:ðə] n. 通气孔,通气(风)装置,空气吸潮器,吸气式飞行器(飞机),用吸进的大气助燃推动的导弹.

air'-breathing ['ɛəbri:ðiŋ] a. 吸气(式)的. *air-breathing missile* 吸气式导弹.

air-bridge n. 空运线.

airbrush Ⅰ n. ①(喷漆用)喷枪 ②气刷. Ⅱ vt. 用喷枪喷.

air-bubble n. 气泡.

airburst n. 空中爆炸.

airbus n. 大(重)型客机.

air'call n. 空中呼号.

air-casing n. (空)气套,气隔层.

air'-cast ['ɛəkɑ:st] n.; vt. (用)无线电广播.

aircav n. 空降部队.

air'-chamber ['ɛəʃeimbə] n. 气泡(腔,室).

air-choke ['ɛəʃouk] n. 空心扼流圈.

air-circulating n.; a. 空气循环(的).

air-cleaning n.; a. 空气净化(的).

air-coach n. 航空班机.

air-coil n. 气冷蛇管.

AIRCOM = airways communications system 航空线通讯系统.

aircomatic welding 惰性气体保护金属极弧焊,合金焊条取代钨电极的氢弧焊.

air'-compres'sor ['ɛəkəm'presə] n. 空气压缩机,压气机.

air'-condit'ion ['ɛə-kən'diʃən] vt. ①装以空气调节器,装气(暖)气 ②空气调节,调节...的空气.

air'-condit'ioned ['ɛəkən'diʃənd] a. 空气(调)节(节)的,装有空气调节(设备)的,装暖(冷)气的.

air'-condit'ioner n. 空(气)调(节)器,空(气)调(节)装置.

air'-condit'ioning ['ɛəkən'diʃəniŋ] n.; a. 空气(温度)调节,通风,空(气)调(节)的.

air-conduction n.; a. 空气传导(的).

air-conductivity n. 透气性.

air-conductor n. 空气导体.

air-content n. 含气量,空气含量.

air-controlled a. 空气控制的,空气操纵的.

air-cool vt. 用空气冷却.

air'-cooled ['ɛəku:ld] a. 气冷(式)的,空气冷却的,风冷的. *air-cooled steel* 气硬钢.

air-cooler n. 空气冷却器.

air'-cooling ['ɛəku:liŋ] n.; a. 空气冷却(式)的,气(风)冷的.

air-core a. 空心的.

air-cored ['ɛəkɔ:d] a. 空气(铁)心的,无铁心的. *air-core(d) coil* 空心线圈.

aircospot welding 氢电电极惰性气体保护接地点焊.

air'course n. 风道,风巷.

air-cover n. 空中掩护.

air-crack v.; n. 干裂.

air'craft ['ɛəkrɑ:ft] n. (单复数相同)航空(飞行)器,飞机(艇,船). *aircraft cable* [wire rope]航空钢丝绳. *aircraft carrier* 航空母舰. *aircraft cord wire*

航空钢丝. *aircraft handling capacity* 飞机运载能力. *aircraft turbine* 航空涡轮机. *drone aircraft* 靶(飞)机,无人驾驶飞机. *fighter aircraft* 战斗机. *mother* [*parent*] *aircraft* 运载飞机,母机. *training aircraft* 教练机.

aircraft-controlled *a.* 由飞机控制的.
aircraft-shaped *a.* 飞机形的.
air′crash *n.* 空中碰撞,空中失事.
air′crew ['ɛəkru:] *n.* 空勤(飞行,机务)人员.
air′crewman *n.* 空勤(飞行)人员.
air-cured *a.* 空气养护的,用热空气硫化的.
air-current ['ɛəkʌrənt] *n.* (空)气流.
air′-cu′shion ['ɛəkuʃin] *n.* 气垫(褥,枕).
air-damped ['ɛədæmpt] *a.* 空气减震[阻尼]的.
air-damping *n.* 空气制动[阻尼].
air-data computer 空中数据计算机.
air-defence *a.* 防空的.
ardent *n.* 喷砂磨齿刻琢.
air-depolarized *a.* 空气去极化的.
air-detraining *n.;a.* 去气(的).
air′-dielectric *n.* 空气介质.
air′-distilla′tion *n.* 常压蒸馏.
air-dock *n.* 飞机棚.
airdox *n.* 压气爆破筒.
air′-drain ['ɛədrein] *n.* 气眼(门),道),排气孔,通气管,通风道.
air-drainage *n.* 排气.
airdraulic *a.* 气力水力的.
air-dried *a.* 风干的,空气干燥的.
air′-driven ['ɛədrivn] *a.* (压)气(驱)动的,气力传动的,风动的.
air′drome ['ɛədroum] *n.* (飞)机场,航空站.
air′drop ['ɛədrɔp] *n.;vt.* 空投(降).
air-drum *n.* 气筒,气鼓.
air-dry *n.;vt.* 风干,空气干燥,晾干(的).
air-drying *n.;a.* 风干(的),空气干燥.
air′duct *n.* 通风道(沟),空气管道(通路).
air′-dump ['ɛədʌmp] *n.* 气动倾卸.
air-earth interface 空气-地表分界面.
airedale *n.* 海军飞行人员,海军航空地勤人员.
air′-ejec′tor ['ɛəidʒektə] *n.* 气动弹射器.
air-elutriation *n.* (空)气(淘)析.
air′-entrain′ed ['ɛərin'treind] *a.* 加气的.
air′-entraining *n.;a.* 加气(作用,的).
air′-entrain′ment *n.* 加气(处理).
air′-entrapping ['ɛərintræpiŋ] *a.* 加气的.
air′-equivalent *a.* 空气等价(当量,等效)的.
airexperimental station 航空研究所(实验站).
air′-express *n.* 航空快递信件.
air′(-)fast *a.* 不透气的,不通气的,密封的.
air′-feed ['ɛəfi:d] *n.* 供(送,进)气,压气供应.
air′field ['ɛəfi:ld] *n.* (飞)机场.
air′fight *n.* 空战.
air′-fil′led *a.* 充气的.
air′-fil′ter *n.* 空气过滤器.
air′-fil′tering *n.;a.* 空气过滤(的).
air′-fi′red *a.* 空中起动的.
air-floated *a.* 空气浮动的.
air′flow ['ɛəflou] *n.* (空)气流,空气流量. *air-flow meter* (空)气流(量)计.

air-flue *n.* 气[烟,风]道.
air′foil ['ɛəfɔil] *n.* 翼(剖)面,翼型,(机,弹)翼,方向舵.
airfone *n.* 传话筒.
air′force ['ɛəfɔ:s] *n.* ①空气(动)力,气动力 ②空军.
air′frame ['ɛəfreim] *n.* (飞行器,火箭,飞机)骨(机,构)架,弹体构架,机体,结构. *airframe control* 姿态控制,(火箭的)飞行控制. *airframe dynamics* 构架力学.
air-free *a.* 无空气的,抽了空气的,(被抽)空的,真空的.
airfreight Ⅰ *n.* 空中货运(费),空运货物. Ⅱ *vt.* 由空中运输.
air′freighter *n.* (大型)运输机,(运)货(飞)机.
air-gage =air-gauge.
air′-gap ['ɛəgæp] *n.* 气隙,(空)气(间)隙,火花隙.
air′-gauge ['ɛəgeidʒ] *n.* 空气压力表,气压计.
air′glow ['ɛəglou] *n.* (大气辉(光),大气在夜间放光的现象. *airglow excitation* 大气辐射激励.
air-graph *n.* 航空摄影邮件.
air-gravel concrete 气干砾石混凝土.
air′ground ['ɛəgraund] *a.* 陆空的,空对地的,空-地的. *air-ground control radio station* 指挥飞机的地面电台.
air′-guide section (发动机)导气段.
air′-gun ['ɛəgʌn] *n.* 气喷枪,喷雾器.
air-handling *n.* 空气处理的.
air-harbor *n.* 水上飞机航站.
air-hardening *n.;a.* (空)气硬(化)(的),自硬的.
airhead *n.* 空降场.
airheater *n.* 空气加热器,热风炉.
air-heating *n.* 空气加温法.
air′-hole *n.* 气孔,风眼(窗).
airhood *n.* 空气罩.
air-hose *n.* 空气软管,压风软管.
air′ily ['ɛərili] *ad.* 轻轻地,快快地.
air′-in *n.* 送(进)气,空气供给,空气输入口,空气入口.
air-induction *n.;a.* 进气(的).
air′iness ['ɛərinis] *n.* 空气流通,通风.
air′ing ['ɛəriŋ] *n.* ①通风,透(充,换)气 ②风(晾)干,曝气,空气干燥法 ③起沫 ④无线电或电视广播,发表. *airing valve* 通风(换气)阀.
air-injection *n.* 空气喷射.
air′-in′let ['ɛə'inlet] *n.;a.* 进气(口,的). *air-inlet valve* 进气阀(门).
air-inlet-grille *n.* 空气进口栅.
air-insulated *a.* 空气绝缘的.
air′-in′take *n.* 吸(进)气.
air-interception *n.* 空中截击的.
air-jacketed condenser 空气套冷凝器.
air-lance *n.* 空气枪.
airland *vt.* 空降(运,投). *airlanding troops* 空降部队.
air-lane *n.* 航空路线.
air′-launch′ ['ɛə'lɔ:ntʃ] *vt.* 空中发射.
air-launched *a.* 空中发射的.
air-leg *n.* 气动推杆.
air′less ['ɛəlis] *a.* ①无[缺少]空气的,真空的 ②不通

风的,空气不流通的 ③无风的,平静的. *airless shot blastingmachine*(铸件)喷丸清理机.

airletter n. 航空邮笺,航空信.
air'lift [ˈɛəlift] n.; vt. ①空运 ②(空)气举,(空)(提)升 ③气动提升机,空气升液(器),气力升降〔起重〕机 ④空中补给线.
airlike a. ①空气等价〔当量〕的 ②类空气的.
air'line [ˈɛəlain] n.; a. ①航(空)线 ②空气管〔线〕路,直路,一直线的 ③航空系统,航空公司. *airline distance* 直路〔空中直线,航空线〕距离. *airline reservation system* 飞机订票系统. *international airline* 国际航线.
air'liner [ˈɛəlainə] n. 班(客)机.
air'load [ˈɛəloud] n. 空气(气动力)负荷,气动负载,空运装载(载重). *air-loaded accumulator* 储气器.
air'-lock [ˈɛəlɔk] Ⅰ n. ①气锁〔塞,闸〕,锁风装置,空气穴〔窝〕 ②密封舱(室),气密进出口. Ⅱ a. 气密的. Ⅲ vt. 用气塞堵住.
air'-locked' [ˈɛəlɔkt] a. 不透气的,密封的,密闭的,被气锁的,用气堵塞的,用气室隔开的,因充气而断流的.
air'-ma'da [ˈɛəmɑ:də] n. 机群,航空大队.
air'mail Ⅰ n.; a. 航空信,航空邮件〔政,票〕. Ⅱ vt. 航空邮寄. ad. 以航空邮寄.
air-main n. 风管干线.
air'man [ˈɛəmæn] (pl. *air'men*) n. 飞行员,航空兵. *airman's guide* 飞行指南.
airmanship n. 飞行〔导航〕技术.
air-map n. 航空(距离,地)图,空中摄影(制成的)地图.
air-mapping a. 空中测绘的.
airmarker n. 飞行的地面标志.
air'-mass [ˈɛəmæs] n. 气团.
airmat n. 气席,气垫.
air'mat'tress [ˈɛəˈmætris] n. 气垫(子).
air'-me'ter [ˈɛəˈmi:tə] n. 风速计,空气流速〔量〕计,气量计,量气计,气流表.
air-mile n. 空英里.
air-mileage unit 空气流速测量计.
air-mine n. 空投水雷.
air'-mobile a. 空中机动的.
air-monitoring n.; a. 大气监护〔监测〕(的).
air'-mo'tor [ˈɛəˈmoutə] n. 航空发动机,压〔缩〕气发动机.
air-mounted a. 机载的,(安装在)机上的.
air'-myelog'raphy n. 脊髓充气造影.
airnaut n. 飞行员,航空家.
air'-o-line [ˈɛəroʊlain] n. 气动调节器.
airometer n. 空气流速〔量〕计,风速〔气流〕计.
AIROP = air-operated.
air'-operated [ˈɛəroʊpəreitid] a. (空)气(驱,制)动的,空气操纵的,风动的.
airosol n. 气溶胶.
air-out n. 出〔放,排〕气,空气输出(口),空气出口.
air-oven n. 热空气干燥炉.
air-park n. 小型飞机场.
air-particle a. 大气粒子(的).
airpass n. 机上自动(拦)截(攻)击系统.
airpatch n. 机场.
airpatrol n. ①空中侦察 ②空中侦察〔巡逻〕队.

air'phib'ian [ˈɛəˈfibiən] n. 陆空两用机.
air'phib'ious a. 空运的,伞兵的.
air'photo [ˈɛəfoutou] n. 航空〔空中〕摄影,航摄像片〔照片〕.
air'pillow [ˈɛəpilou] n. 气垫〔枕〕.
air'-pipe [ˈɛəpaip] n. 通风通〔气〕道,压〔气〕管.
air'-placed [ˈɛəpleist] a. 喷注的.
air'plane [ˈɛəplein] Ⅰ n. 飞机. Ⅱ vi. 坐〔乘〕飞机. *airplane dial* 飞行中刻度盘. *airplane insulator* 航空绝缘物. *rocket airplane* 火箭飞机.
airplane-altimeter n. 机载高度计.
air'plot [ˈɛəplɔt] n. ①空中描绘〔测位〕 ②飞行指挥站.
air'poc'ket [ˈɛəˈpɔkit] n. 气阱〔穴,袋,泡,囊,孔,潭〕.
air'poise [ˈɛəpɔiz] n. 空气重量计.
air'port [ˈɛəpɔ:t] n. ①(民航)飞机场,航空站〔港〕 ②空气孔,风孔 ③舷窗.
air'-port'able [ˈɛəpɔ:təbl] a. 可空运的.
air-position n. 空中位置.
airpost n. = airmail.
air'power n. 制空权,空中威力,空军(实力).
air'-pow'ered [ˈɛəpauəd] a. 气动(传动,拖动)的,风动的,气压传动的.
air-pressure n. 气压的,压(缩空)气的. Ⅱ n. 气压.
air-producer gas 空气(发生器)煤气.
air'proof' [ˈɛəˈpru:f] Ⅰ a. 不透(漏)气的,密封(闭)的,不透(漏)气,使密封.
air-pulsed a. 空气脉冲的.
air'-pump [ˈɛəpʌmp] n. 抽(排)气机,空(排)气泵.
air-purge a. 空气清洗的.
air-purification n. 空气净化.
air-quenching a. 气淬的,空气淬火的.
air'-raid [ˈɛəreid] n. 空袭. *air-raid precautions* 防空措施.
air-raider n. 空袭者〔兵,机〕.
air'-range [ˈɛəreindʒ] n. 航程.
air-refined a. 空气精炼的,吹风精制的.
air-release a. 除气的.
air-removal a. 除气的.
air-retaining substance 加气剂.
air-right n. 领〔制〕空权.
air-roasting n. 氧化(空气(中))熔烧.
air-route n. 航(空路)线.
AIRS = automatic information retrieval system 自动信息恢复系统.
air-sampling a. 空气取样的.
air'-scape [ˈɛəskeip] n. 空〔鸟〕瞰图.
air-scattered a. 空气中散逸的,分(扩)散的,(空气)散射的.
air'scoop [ˈɛəsku:p] n. 进气口(道),进气喇叭口,空气口,自然通风吸入口,(招)风斗.
air-scout n. 侦察机.
air'screw [ˈɛəskru:] n. (飞机)螺旋桨. *pusher aircrew* 推进式(航空)螺(旋)桨.
airscrew-propelled a. 螺(旋)桨推进的.
air-sea a. 海空的.
air-seasoning 通风干燥,风干.
airsecond n. (分析扰动时的)时间标度.
air'-sep'arating a. 吹(气分)离的,吹气选分的.
air-set a. 常温(空气中)凝固的,自(然)硬(化)的.

air-setting n.; a. 自(然)硬(化)的.
air′-shaft [ˈɛəfɑːft] n. 通风(竖)井,(通)风井.
air-shed n. (飞)机库.
air′ship [ˈɛəʃip] n. 飞艇(船). *pressure airship* 压力飞艇.
air′sick a. 晕机的.
air′sickness n. 晕机(病),空晕病.
air-slake v. 潮解,空气熟化,风化.
air-sleeve n. 圆锥形风标.
air′slide n. 气动滑道,气动传(输)送机. *airslide conveyer* 压缩空气输送器.
air-slip forming 气滑成型,用气泡帮助真空成型.
air′-sock n. 圆锥形风标.
air′space [ˈɛəspeis] n. ①空域,领空,大气层,大气空间 ②空气室,空气窒 ③广播averages)电缆. *airspace cable* 空气(纸)绝缘电缆. *restricted airspace* 空中禁区.
air-spaced coil 大绕距线圈.
air-spaced condenser 空气(介质)电容器.
air′speed [ˈɛəspiːd] n. 空速,风速,(迎面)气流速度,飞行速度.
air′speedom′eter [ˈɛəspiːdɔmitə] n. 航(空)速表,风速计.
air′-spot n. 落弹的空中观测.
air-spray a. 气喷的.
air′-spring [ˈɛə-spriŋ] n. 气垫.
air-stack n. 空中堆旋,飞机降落前在机场上空不同高度盘旋.
air-stage n. 航空(驿)站,航空定期驿站.
air′-stair [ˈɛəstɛə] n. 登(飞)机梯.
airstart v.; n. 空中起(开)动.
air′sta′tion n. 航空站.
air′stop n. 直升飞机航空站.
air-stove n. 热风炉.
air′strainer n. 空气过滤网(滤清器,粗滤器),滤气网.
air′stream [ˈɛəstriːm] n. 空)气(射)流.
air-strength n. 自然干燥强度.
air′-strike n. 空中袭击.
air′strip [ˈɛəstrip] n. ①飞机跑道 ②小型(简易)机场.
air′-supplied [ˈɛəsəplaid] a. 飞机供应的,空运的.
air-supply a. 供(给空)气的.
air′-take [ˈɛəteik] n. 进气口.
air-taxi n. 出租飞机.
air-tested a. 飞行试验过的,经过飞行试验的.
air′-tight [ˈɛətait] a. ①不透(漏)气的,气密的,密封(闭)的 ②严密的,无懈可击的. *air-tight joint* (紧)密接(缝). *air-tight seal* 密封,气(垫)垫. *air-tight test* 气密试验.
air′tightness n. 气密(性),密封(度,性),不漏气性.
airtime n. (电台或电视台)广播时间.
air-to-air a. 空对空的.
air-to-close a. 气关式的.
air-to-ground a. 空对地的.
air-tool n. 气动工具的.
air-to-open a. 气开式的.
air-to-ship a. 空对舰的.
air-to-space a. 航空对航天的.
air-to-subsurface a. 空对水下的.
air′-to-sur′face [ˈɛətəˈsəːfis] a. 空对(地,海)面的.

air-to-surface vessel radar 海上目标监视雷达.
air-to-underwater a. 空对水下的.
airtow n. 飞机牵引车,机场用牵引车.
air-traffic-control radar 空中交通指挥雷达.
air-train n. 空中列车.
air′transport [ˈɛətrænspɔːt] n. 空运,运输机.
air-transportable a. 可空运的.
air-trap n. 气穴,气阱,气潭.
air-treating a. 空气处理的.
air-tube n. (空)气管.
air-turbine n. 空气涡轮,气轮机.
air′vane n. 空气舵,风标.
air-vehicle n. (航空)飞行器.
air′-vent [ˈɛəvent] I n. 气孔,排气口. II a. 通气的,排气的.
air′-view [ˈɛəvjuː] n. 空(鸟)瞰图,航空摄影.
air-wall n. (空)气壁.
air′wave n. (广播,电视)的无线电波.
air′way [ˈɛəwei] n. ①航(空)线,航路 ②(pl.)航空公司 ③风(气)眼,气道,导气管,通气(气)孔,通气井(道),风道,风巷 ④波长.
air′wing n. 空军联队.
air′woman (pl. *air′women*) n. 女飞行员.
air′wor′thiness [ˈɛəˈwəːðinis] n. 适航性,飞行性能. *airworthiness requirements* 飞行性能(航空工作)要求.
air′wor′thy [ˈɛəˈwəːði] a. 适(于)航(行)的,飞行性能良好的.
airy [ˈɛəri] a. ①轻的,像空气一样的 ②空气的,空中的,通风的 ③空想的,不实际的. *Airy circle* 弥散(爱里)圆. *Airy point* 爱里点(两点支承的梁的自重变形最小的支点).
airy-fairy a. 空想的,不实际的.
AIS = ①advanced information shee 先期情报 ②Association of Industrial Scientists(美国)工业科学工作者协会 ③automatic interplanetary station 自动行星际站.
AISC = ①American Institute of Steel Construction 美国钢结构学会 ②*Annee Internationale du soleil calme* 国际宁静太阳年.
AISI = American Iron and Steel Institute 美国钢铁学会.
aisle [ail] n. ①通(过,走)道,(会堂的)走廊,侧廊(翼) ②(车间的)跨,工段,舱间,耳房 ③台,场. *common aisle* 公共通道.
ait [eit] n. 河(潮)州,河(潮)心岛,河(潮)中小岛.
AIT = ①auto-ignition-temperature 自动着火点 ②automatic information test 自动信息试验.
AITA = Air Industries and Transports Association 航空工业与运输协会.
aitch [eitʃ] n.; a. H,H 形(的).
AIV = air inlet valve 进气阀.
AIW = asbestos insulated wire 石棉绝缘线.
AIWM = American Institute of Weights and Measures 美国度量衡学会.
AJ = ①alloy junction 合金结 ②antijamming 抗干扰.
ajar′ [əˈdʒɑː] ad. ①不调和,不协调 ②(门)半开(着),微开(着).
Ajax metal 一种轴承合金(镍 25~50%,铁 70~30%,

铜 5～20%).

Ajax-Northrup furnace 阿加克斯-诺斯拉普无心高频感应炉.

AJBO =anti-jamming blackout 防止人为干扰的设备.

AJD =antijam display 反干扰显示器.

AJM =abrasive jet machining 磨料喷射加工.

ajutage n. 放水管；排水筒；承接管；送风管.

AK =①acknowledge 电悉 ②adaption kit 成套配合件.

akerite n. 英辉正长(斑)岩.

akin' [ə'kin] a. 同族〔类，质〕的，类似的. ▲*be akin to* 类似(于)，近似.

akine'sia [æki'ni:siə] n. 运动不能，失运动能，暂时肌麻痹.

akine'sis [æki'ni:sis] n. 运动不能，失运动能.

akinesthe'sia [əkinis'θi:ʒiə] n. 运动感觉缺失.

akinet'ic a. 运动不能的.

Akita n. 秋田(日本港口).

akmite n. 锥辉石.

ak'oasm ['ækoəzəm] n. 幻听.

ak'ouphone ['ækoufoun] n. 助听器.

akrit n. 阿克利特钴铬钨工具〔硬质〕合金，钴铬钨系刀具用铸造合金（钴 37.5～38%，铬 30%，钨 16%，镍 10%，钼 4%，碳 2%），特硬耐磨合金（钴 30～50%，铬 15～35%，钨 10～20%，铁 0～5%）.

aktian deposit 陆波沉积物.

aktolog'ical a. 近岸浅水的.

akton n. 【农药】硫虫805.

akupulas n. 针刺激光.

AL =①adaptation level 适应水平 ②airline 航空公司，航空线 ③amendment list 修正品目表 ④Arabian light 阿拉伯轻原油 ⑤arm length 臂长 ⑥autograph letter 亲笔信 ⑦autolean mixture 自动贫油混合气.

al =①airlock 气塞〔锁〕②alcohol 酒精，乙醇 ③*alia*〔拉〕其他事情 ④alias 别名 ⑤*alii* 拉丁语〕其他人.

Al =alumin(i)um 铝. *Al metalization* 敷铝.

A/L =airlift 空运.

ALA =①American League of Automobilists 美国汽车驾驶者同盟 ②artificial lightweight aggregate 人造轻骨料.

Ala =Alabama.

ala [ɑ:lɑ:]〔法语〕*prep.* …式的，按照…的方式.

Alabam'a [ælə'bæmə] n. (美国)亚拉巴马(州).

alaba'mine [ælə'ba:mi:n] 或 **alabamium** n. 【化】砹Ab(砹的旧称).

alabandite n. 硫锰矿.

al'abaster ['æləba:stə] n.；a. 雪花石膏(制的)，细白石膏，蜡石；光滑白润的. *alabaster glass* 乳白〔乳色，雪花〕玻璃.

alabastrian 或 **alabastrine** a. 雪花状的.

ALABM =air launched anti-ballistic missile 空射导弹道导弹截击导弹.

alachlor n. 【农药】草不绿.

aladar n. 阿089德硅铝合金，硅铝明（硅 10～13%，镁 0.2～0.6%，锰 0.3～0.7%）.

alader n. 硅铝合金(铝 12%).

ala'lia [ə'leiliə] n. 哑，言语不清.

alalic a. 哑的，言语不清的.

alalite n. 绿透辉石.

alame'da [ælə'mi:də] n. 林荫散步道，林荫路.

alamode 或 *a la mode*〔法语〕*a.*；*ad.* 时髦(的)，流行(的).

alamosite n. 铅辉石.

alanate n. 铝氢化物.

alane n. 铝烷.

alanine n. 丙氨酸.

alanosine n. 亚硝基羟基丙氨酸.

alantin n. 菊粉，阿兰粉，土木香.

alanyl-glycine n. 丙氨酰甘氨酸.

alap n. 铝硅系合金.

alar a. 翼(状)的，翅的，腋的.

alarm' [ə'lɑ:m] I n. 警报(器，机)，信号(器，机)，告警(机，信号，装置)，警铃(笛)，报警〔信号，装置〕，(音响)报警设备. II *vt.* 报(告)警，告急，警戒，使惊慌. *alarm bell* 警铃〔钟〕，信号铃. *alarm box* 警报信号器. *alarm clock* 闹钟. *alarm lamp* 信号〔报警〕灯. *alarm relay* 报警(信号)继电器. *alarm signal* 警报(信号)，紧急〔非常〕信号. *fire alarm* 火警(信号)，火灾信号装置. *heat*〔*temperature*〕*alarm* 过热(温度)(信号)报警器，温度(温升)信号. *visual alarm* 可见信号设备，光报警信号. ▲*be alarmed at* 对…惊慌〔感到吃惊〕. *be alarmed for* 担心（…的安全）. *give*〔*raise*〕*the alarm* 发警报，告急. *take the alarm* 警告.

alarm-repeated transmission signal 报警重复传输信号.

alar'um [ə'lɛərəm] n. =alarm. *alarum clock* 闹钟.

alary a. 翼(状)的，翅的，有翅的，腋生〔下〕的.

Alas'ka [ə'læskə] n. (美国)阿拉斯加(州).

Alas'kan [ə'læskən] a.；n. 阿拉斯加的，阿拉斯加人(的).

alaskite n. 白(花)岗岩.

a'late ['eileit] a. 有翼的，翼状的.

alaterite n. 矿物性生橡胶.

alaun n. 明矾.

alazimuth n. 地平经纬仪.

alba a. 白(色)的.

Alba alloy 钯银系合金.

Al-backed screen 复铝屏.

Albaloy n. 电解沉淀用合金，铜锡锌合金.

albamycin n. 新生霉素.

Alba'nia [æl'beinjə] n. 阿尔巴尼亚.

Alba'nian [æl'beinjən] a.；n. 阿尔巴尼亚的，阿尔巴尼亚人(的).

albanite n. 地沥青，白榴岩.

albar'ium n. 白石粉.

alba'tion [æl'beiʃn] n. 漂白，白化.

Albatra metal 一种铜合金（锌 20%，镍 20%，铅 1.25%，其余铜）.

al'batross n. 信天翁(鸟).

ALBD =automatic load balancing device 负载自动平衡装置.

albe'do [æl'bi:dou] n. ①(星体)反照率，反射率，漫〔扩散〕反射系数 ②白色.

albedom'eter n. 反照率计，反照率测定表.

albe'dowave n. (地球的)反照波.

albefac'tion [ælbi'fækʃn] n. 白化，褪色，漂白.

albe'it [ɔ:l'bi:it] *conj.* 虽然，即使.

alberene n. 高级皂石.

Al'bert n. 阿尔伯特（小行星）.
albert coal =albertite.
Albert lay 同向捻, 顺捻. *Albert lay wire rope* 顺捻（同向捻）钢丝绳.
albertite n. 黑沥青.
Albertol n. 阿尔别托尔酚甲醛型（亚氏）人造塑料, 人工漆（油溶性酚醛）树脂.
albes'cent [æl'besnt] a. 发白的, 带白(色)的, 浅白色的.
Al'bian 阿尔必世（阶）.
al'bic n. 漂白土, 白土层.
albicans (pl. *albicantia*) n. 白体.
albidus〔拉丁语〕a. 带白的, 微白的.
albifac'tion [ælbi'fækʃn] n. 漂白.
al'binism n. 白化症, 白化（现象）.
albi'no n. 白化病人, 白化体.
Albion metal 夹铅锡箔.
albit n. 猛性氢醌盐苯烯药.
al'bite ['ælbait] n. 钠长石.
albitite n. 钠长岩.
albitiza'tion n. 钠长石化.
albitophyre n. 钠长斑岩.
albizziine n. 合欢（脲基丙）氨酸.
ALBM =air-launched ballistic missile 飞机（空中）发射的弹道导弹.
albo-〔词头〕白.
albocar'bon n. 萘.
albomycin n. 白霉素.
albond n. 粘土（一种高岭土）.
albor〔拉丁语〕n. 白.
alboranite n. 拉长安山岩.
Abrac n. 阿尔布赖科铝砷高强度黄铜, 耐腐蚀铜合金（铝 2%, 硅 0.3%, 砷 0.05%, 微量锌, 其余铜）.
albronze n. 铝（青）铜, 铜铝合金.
al'bum ['ælbəm] n. ①图［纪念, 集邮］册, 影集, 像片簿, 底片盒, 唱片套［集］ ②白色物.
albu'men [æl'bju:min] n. (清, 白)蛋白, 蛋白质, 蛋清.
albu'min [æl'bju:min] n. 蛋白质, 清(白)蛋白.
albu'minate n. 清蛋白盐.
albu'minoid [æl'bju:minɔid] I a. 蛋白质的, 白蛋白似的. II n. 拟(类, 硬)蛋白, 赛白蛋白.
albu'minose [æl'bju:minəus] 或 **albu'minous** [æl'bju:minəs] a. (含)蛋白(质)的, (含)白蛋白的.
al'burn [ˈælbə:n] =alburnum.
albur'nous [æl'bə:nəs] a. 白木质(性)的.
albur'num [æl'bə:nəm] n. 白木质, 边材(材).
albus〔拉丁语〕a. 白色的.
albylcel'lulose n. 丙烯基纤维素.
ALC = ①adaptive logic circuit 适配逻辑电路 ②alclad 镀（衬）铝 ③alcohol (ic) 醇（的）, 酒精（的） ④analytical li-quid chromatograph(y) 分析液色谱（法） ⑤autoclaved light weight concrete 蒸压轻质混凝土 ⑥automatic level control 自动电平控制 ⑦automatic light compensation 自动光补偿, 自动辉光校正 ⑧automatic light control 自动光亮调整 ⑨automatic load control 自动荷载控制.
alcali =alkali.
alcaline-earth (metal) 碱土金属.
Alcan aluminium 加拿大铝.
alcatron n. 圆片式场效应晶体管.

alchem'ic(al) [æl'kemik(əl)] a. 炼金（丹）术的.
al'chemist ['ælkəmist] n. 炼金术士.
alchemis'tic a. 炼金（丹）术的.
al'chemy ['ælkimi] n. 炼金术, 炼丹术.
alchlor n. 三氯化铝.
Alchrome n. 铁铬铝系电炉丝(铁 79.5%, 铬 15.5%, 铝 5%).
al'clad 或 **Al'-clad** ['ælklæd] a. ; n. ①用铝作覆盖层的, 镀铝的, 包铝(的) ②包(纯)铝的硬铝合金, 铝衣合金 ③纯铝包皮超硬铝板. *dural alclad* 包（硬, 杜拉）铝.
ALCM =air-launched cruise missile 空中发射巡航导弹.
Alco Gyro cracking process 气相裂化过程.
Alco metal 铝基轴承合金（钢 1～2%, 钙 0.5～1%, 其余铅）.
Alco two-stage distillation process 常减压二段式蒸馏过程.
Alcoa n. 耐蚀铝合金.
al'cogas n. 乙醇汽油混合物.
al'cogel ['ælkɔdʒel] n. 醇凝胶.
alcoh =alcohol.
al'cohol ['ælkəhɒl] n. 酒精, (乙)醇. *absolute alcohol* 无水酒精. *alcohol gauge* 酒精气(测)压计. *alcohol kali* 钾碱溶液, 氢氧化钾的酒精溶液. *benzyl alcohol* 苯甲醇. *ethyl alcohol* 乙醇, 酒精. *higher alcohol* 高(级, 分子)醇, 多碳醇. *methyl alcohol* 甲醇, 木精.
alcoholase n. 醇酶.
al'coholate ['ælkəholeit] n. (乙)醇化物, 烃氧基金属, 醇渣. *thallium alcoholate* 醇亚铊, 烃氧基亚铊.
alcohol'ic [ælkə'həlik] I a. (乙)醇的, (含)酒精的. II n. ①(pl.)酒类 ②嗜酒者. *alcoholic varnish* 凡立水, 酒精清漆.
alcoholim'eter n. 酒精比重计.
alcoholim'etry [ælkəhə'limitri] n. 醇定量法.
al'coholism [ælkəhəlizəm] n. 醇（酒精）中毒.
alcoholiza'tion [ælkəhəli'zeiʃn] n. ①醇化（作用）, 精馏, 酒精饱和 ②酒精测定.
al'coholize ['ælkəhəlaiz] vt. ①使醇化, 使变为酒精 ②用酒精泡［浸渍, 置换］ ③用酒精治疗.
alcoholom'eter [ælkəhɒ'lɔmitə] n. 酒精(比重)计, 醇比重计, 醇定量计.
alcoholom'etry n. 酒精测定(法), 醇定量法.
alcohol-soluble resin 醇溶性树脂.
alcohol'ysis [ælkə'həlisis] n. 醇解.
ALCOM =ALGOL COMpiler 算法语言编译程序.
alcomax n. 奥尔柯麦克斯无碳铝镍钴磁铁(铝 10%, 镍 15%, 钴 20～25%, 其余铁, 常加少量钛, 铌, 铜).
ALCON =all concerned 有关各方.
Alcor n. ①辅（大熊座 ζ2）②"阿尔柯"相干测量雷达.
al'cosol ['ælkəsəul] n. 醇溶胶.
alcotate n. (酒精)变性剂.
al'cove ['ælkəuv] n. 凹室［处, 壁］, 岸壁, 附室, 小亭（子）.
alcoxides n. (酒精)烃氧基金属.
Alcres n. 铁铬铬耐蚀耐热合金(铬 12%, 铝 5%, 铁 83%).
Alcumite n. 阿尔克麦特白色氧化膜铝合金, 铜铝铁镍耐蚀合金, 铝青铜(铜 88～90%, 铝 7.5%, 铁 2.8～3.5%, 镍 1%).

alcunic n. 阿尔科尼克铝黄铜.
alcyl n. 脂环基.
ALD = ①acoustic locating device 音响定位仪 ②at a later date 在以后日期 ③automated logic diagram 自动化逻辑图.
ald = aldehyde(乙)醛.
aldan facies 阿尔丹相.
aldanite n. 钍铀铅矿.
aldary n. 铜合金.
Aldebaran n. 毕宿五, 金牛座α星.
Aldecor n. 高强度低合金钢(碳<0.15%, 硫<0.05%, 铜 0.25~1.3%, 镍 0~2%, 铬 0.5~1.25%, 钼 0.08~0.28%).
al′dehyde [′ældihaid] n. (乙)醛. *aldehyde resin* 聚醛树脂. *amine aldehyde resin* 胺醛树脂.
aldehydene n. 乙炔的别名.
aldehyde-sulphoxylate n. 醛基次硫酸盐.
aldehy′dic a. 醛(式)的.
aldehydo-ester n. 醛酯.
aldehy′drol n. 水合醛.
al′der [′ɔːldə] n. 桤木, 赤杨(木).
Alderamin n. 天钩五(仙王座α星).
al′derman [′ɔːldəmən] n. (pl. *al′dermen*) n. (英、美)市参议员, 市议会长老议员.
al′dimine n. 醛亚明.
Aldip process 阿尔迪浦热镀铝法, 铝喷镀法, 浸铝法.
aldoheptose n. 庚醛糖.
aldohexose n. 己醛糖.
al′dol n. 羟(基)丁醛, (丁间)醇醛.
aldolactol n. 内缩醛.
aldolase n. 醛缩酶.
aldopentose n. 戊醛糖.
al′dose n. 醛(式)糖.
aldosterone′ n. 醛固(留)酮.
aldotetrose n. 丁醛糖.
aldotriose n. 丙醛糖.
aldoxime n. (乙)醛肟.
Aldray 或 **Aldrey** n. 奥特莱铝镁硅合金, 无铜硬铝(镁 0.3~0.5%, 硅 0.4~0.7%, 铁 0.3%, 其余铝). *Aldrey wire* 高强度铝线(铝中加入铁、锰、硅, 经过特殊热处理制成).
al′drin n. 艾氏剂, 氯甲桥萘, 118 农药.
aldural n. 奥尔杜拉尔高强度铝合金.
Aldurbra n. 奥尔杜布拉铝黄铜(铜 76%, 锌 22%, 铝 2%).
alee′ [əˈliː] ad.; a. 在(向)背风的一边, 向(在)下风.
alem′bic [əˈlembik] n. 蒸馏罐(釜,器), 净化器具.
alemite grease fitting (利用)压力(输送润滑脂的)润滑器.
aleph-naught 或 **aleph-null** 或 **aleph-zero** n. 阿列夫零.
alert′ [əˈləːt] I a. 留心的, 警惕(觉)的, 清醒的, 机警的, 灵活的. II n. 警戒(状态、期间), 报警(期间), 警报, 报警信号 (期间). III vt. 向…发出警报, 命令戒命行动, 使…处于待机状态. *air alert* 空袭警报, 空中警戒. *alert apron* 处于战斗准备状态的(导弹)发射场地. *alerting signal* 报警信号. *No. one alert* 一级战备. ▲*alert to + inf.* 留心(做). *alert ... to the fact that* 提醒…注意如下事实. *(be) on the alert* 注意, 提防, 警戒, (随时)警惕着, 处于戒备状态.

~**ly** ad.
alert′ness [əˈləːtnis] n. 机警(敏), 警惕性.
aler′tor n. 报警器.
ale′thia [əˈliːθiə] n. 失忆症, 忘却不能.
aleukae′mia n. 白细胞缺乏症.
aleukocyto′sis n. 白血球减少.
aleuriospore n. 侧生孢子.
aleurone n. 糊粉.
Aleu′tian(s) [əˈluːʃiən(z)] a.; n. 阿留申(群岛).
aleuvite n. 粉砂岩.
alex′ [əˈleks] n. 阿莱克斯氧化铝, 氧化铝耐火材料.
Alexan′der tester 凝胶强度试验器.
Alexan′der's Acres 回声探水散射层.
Alexanderson altimeter 反射高度计, 回波测高计.
Alexan′dria [æligˈzaːndriə] n. (埃及)亚历山大港.
Alexan′drian n. 亚历山大绫.
alexan′drite n. 变石, 紫翠玉.
alexeter′ica n. 防卫的, 解毒的.
alex′ia [əˈleksiə] n. 阅读不能, 失读症.
alex′in [əˈleksin] n. 杀菌素, 补体.
alexipharmacon n. 解(内)毒药.
alexiphar′mic [əleksiˈfaːmik] I a. 消(解)毒的. II n. 解毒药.
alexipyret′ic a. 退热的(药).
al′fa n. 芦苇草.
ALFA = air lubricated free attitude 空气润滑的自由位置.
alfal′fa n. (紫)苜蓿. *alfalfa gate* 螺旋式闸门, 金属板滑动门. *alfalfa valve* 螺旋式阀.
alfalfone n. 苜蓿酮.
alfam′eter n. (用光线反射法测量拉丝模模孔锥角用的)阿尔法法仪.
alfatox′in n. 草毒素.
ALFC = automatic local frequency control 自动本机频率控制.
alfenide (metal) 阿尔芬尼德铜锌镍合金(铜 60%, 锌 30%, 镍 10%), 德银, 假银, 锌白铜.
Alfenol n. 阿尔费诺铝铁高导磁合金(铝 16%或 14~18%, 其余铁).
Alfer n. α 阿尔费尔铝铁合金, 阿尔费尔铝铁合金(磁致伸缩材料, 铝 13~14%).
Alfere 或 **Alfero** n. 阿尔费罗铝铁合金(磁致伸缩材料).
Alferon n. 阿尔费隆(耐酸)合金.
alfer′ric a. 含铝铁的, 含有铝氧及铁氧的. *alferric mineral* 铝铁矿物.
alfin catalyst 醇(钠)烯催化剂.
Alfin process 铁心铝铸件的热浸镀铝后铸型法(先将铁坯件浸镀上一层铝膜, 然后放入铸型再浇上铝液获得夹心铝铸件).
alfisol n. 淋溶土.
alfresco [ælˈfreskou] ad.; a. 在户外(的), 露天(的).
Alfven n. 阿耳文. *Alfven speed* 阿耳文波速(率). *Alfven wave* 阿耳文波(一种沿磁化等离子体的力线传播的电磁横波).
alg = algebra(ical) 代数学(上的).
al′ga [ˈælgə] (pl. *al′gae*) n. 海藻, 藻(类).
al′gae [ˈældʒiː] n. alga 的复约.
algaecide n. 除(杀)藻剂.
algaesthesis n. 痛觉.

al′gal *a.* 藻类的.
al′galbloom *n.* 水华,藻华.
algam *n.* 铁皮.
alganesthe′sia [ælgænes′θi:ziə] *n.* 痛觉缺失.
al′gebra [′ældʒibrə] *n.* 代数(学).
algebra′ic(al) *a.* 代数(学)的. *algebraic oriented language* 面向代数语言.
algebra′ically *ad.* 在代数学上,用代数方法. *algebraically closed* 代数封闭的. *algebraically independent* 代数无关[独立]的.
algebra′ist [′ældʒi′breiist] 或 **al′gebrist** [′ældʒibrist] *n.* 代数学家.
algebroidal function 代数931函数.
ALGEC =algorithmic language for economic problems 经济问题中的算法语言.
algefa′cient Ⅰ *a.* 清凉的. Ⅱ *n.* 清凉剂.
Algenib *n.* 壁宿一(飞马座 γ 星).
Alger metal 锡锑系轴承合金(锑10%,铜 0～0.3%,其余锡).
Alge′ria [æl′dʒiəriə] *n.* 阿尔及利亚.
Alge′rian [æl′dʒiəriən] *a.*; *n.* 阿尔及利亚的,阿尔及利亚人(的).
algerite *n.* 柱块云母.
algesi- [词头]痛.
alge′sia [æl′dʒi:ziə] *n.* 痛觉,痛.
algesic *a.* 疼痛的.
algesim′eter [ældʒi′simitə] *n.* 痛觉计.
algesim′etry *n.* 痛觉测定.
algesiogenic *a.* 产生疼痛的.
algesiom′eter *n.* 痛觉计.
algesirecep′tor *n.* 痛感受器.
algesthe′sia [ældʒes′θi:ziə] *n.* 痛觉.
algesthe′sis [ældʒes′θi:sis] *n.* 痛觉.
algicide *n.* 杀海藻物质,除[杀]藻剂.
algid′ity [æl′dʒiditi] *n.* 寒冷,严寒.
Algiers [æl′dʒiəz] *n.* 阿尔及尔(阿尔及利亚首都). *Algiers metal* 锡锑系轴承合金(锑10%,铜 0～0.3%,其余锡).
al′gin *n.* 藻蛋白(酸),藻素,藻胶,海草素.
al′ginate *n.* 蛋白藻蛋白酸盐,海藻胶质. *alginate fiber* 藻(蛋白)酸纤维.
alginic acid 藻蛋白酸.
ALGM =air-launched guided missile 空射导弹.
algo- [词头]痛.
algoflon *n.* 聚四氟乙烯.
algogene′sia [ælgodʒe′ni:ziə] *n.* 疼痛产生.
algogen′esis [ælgo′dʒenisis] *n.* 疼痛产生.
ALGOL = ① algebraic oriented language 代数排列语言 ② algorithmic language 算法[代数符号,ALGOL]语言.
Algol n. 大陵五(英仙座 β 星).
ALGOL-like language 类似 ALGOL 的语言.
algology *n.* 藻类学.
Algonkian *n.* 阿尔冈的.
al′gor [′ælgɔ] *n.* 冷,寒战.
al′gorism [′ælgərizm] *n.* 阿拉伯数字(系统),阿拉伯记数法 ②十进位计数法,算法.
algoris′tic *a.* 算法的.
al′gorithm [′ælgəriðəm] *n* ①算法 ②规则系统,演算

algorithm of division 或 *division algorithm* 辗转相除法. *cipher in algorithm* 0字.
algorith′mic *a.* 算法的. *algorithmic language* 算法语言.
algorith′mically *ad.* 在算法上.
al′gos *n.* 痛.
algovite *n.* 辉斜岩(类).
algraphy *n.* 铝版刻版法.
Alhena *n.* 井宿三(双子座 α 星).
a′lias [′eiliæs] Ⅰ *n.*, *ad.* ①别[化,假,同义]名,代号,标记,又叫,亦称 ②假频 ③(程序,替换)入口. Ⅱ *v.* 混淆. *alias filter* 假频滤波器. *aliasing distortion* 折叠失真.
alias-type transformation 图像固定座标移动的变换.
alibate *n.* 铝护层.
al′ibi [′ælibai] *n.*; *vi.* ①藉口,口实,托词,辩解 ②不在犯罪现场(的证据).
alibi-type transformation 座标固定图像移动的变换.
ALICE = assembly line balance 装配线平衡.
alicy′clic [ˌæli′saiklik] *a.* 脂环(族)的.
al′idade [′ælideid] *n.* 照准仪(器,架),视准(距)仪,对准(游标,方位)盘,旋标装置,指方规,测高仪. *sectional alidade* 断面照准仪.
a′lien [′eiljən] Ⅰ *a.* ①外国的,外来的,异己的 ②(与…)相异的,异样的,不同性质的(from) ③(与…)相反的,不合格的,格格不入的(to) ④无关的,局外的. Ⅱ *n.* 外国人,侨民. Ⅲ *vt.* 转让,让渡. *class alien* 或 *alien(-)class elements* 阶级异己分子.
a′lienable *a.* 可转让的,可让渡的. **alienability** *n.*
a′lienate [′eiljəneit] *vt.* ①(使)疏远[不和] ②转移[让],移交. ▲*be alienated from* 与…不和[疏远]. *Don't alie-nate yourself from the masses.* 不要脱离群众.
aliena′tion [eiljə′neiʃən] *n.* 疏远[隔,离] ②转让,移交 ③精神错乱. *alienation coefficient* 不相关系数,相离系数.
a′lienism *n.* 精神错乱,精神病学.
aliesterase *n.* 脂族酯酶.
a′liform [′eilifɔ:m] Ⅰ *a.* 翼(翅)状的. Ⅱ *n.* 翼墙,八字墙.
alight′ [ə′lait] Ⅰ *a.* 燃烧的,发(光)亮的,照亮(着)的,点着的. ▲*be alight with* 被…照亮. *set alight* 把…烧[点]着,使燃烧起来. Ⅱ *vi.* (*alight′ed* 或 *alit′*) ①下车[马],从…下来(from) ②(降)落,着陆 ②偶然发现,碰见(on, upon). *alighting deck* 降落甲板.
align′ [ə′lain] *v.*; *n.* ①(使,排)成一直线,列成一行 ②校直(平,准,列),我平(齐,正),(直线)切下,矫正,使水平 ③定线(位,中心),对中,装定 ④调整(准,直,节),绸调,整顿,排列,匹配,配比 ⑤瞄准目标 ⑥均匀压,补偿 ⑦(使)与…密切合作,一致(with). *align boring* 镗同心孔(系). *align reamer* 长铰刀. *align reaming* (用组合铰刀)铰同心孔. *aligning capacitor* 微调(校正)电容器. *aligning pin* 对准(定位)销. *aligning plug* 卡口插座. *non-aligned country* 不结盟国家.
alignabil′ity *n.* 可校直性,可调准性,可对准性.
align′able *a.* 可校直的,可调(照,准)准的.
aligned [ə′laind] *a.* 对准的,校直(平)的,排列好的,

aligne′ment =alignment.

align′er [ə'lainə] *n.* ①(直线性)校准[对准,调整,找正,对中检查]器,整行(平)器 ②(汽车的)转向轮安装角测定仪,前轴定位器. *wheel aligner* 车轮对准器.

align′ment [ə'lainmənt] *n.* ①成直线,(直线)对准,(直线)校直[准,正],准直,对中,找平[直,正],排列成行,(印字电报机)整字,顺序,序列 ②调整[准,节,直],微[统]调,对光,补偿,匹配 ③线[方,取]向,线形,准线 ④定线[位,向],对中,对准中心,定中线 ⑤直线[同轴,垂直,平行]性 ⑥结盟,联合,组合. *alignment array* 直线列,轴向辐射天线阵. *alignment chart* (调正)列线图,准线[地形,诺谟]图,计算〔求解〕图表. *alignment coil* 校正(校列,微调)线圈. *alignment design* 定线〔路线〕设计. *alignment diagram* 列线图. *alignment mark* 对准标记. *alignment precision* 对准〔准直,校套,套刻〕精度. *alignment scope* 调准用示波器. *alignment test* 准直精度〔轴线找正〕检查. *beam alignment* 射线校直,射束正对中心. *class alignment* 阶级阵线. *collision alignment* 击中校正,撞击后的排列. *document alignment* 文件定位(文字识别用). *proper alignment* 同心〔轴〕度. *tight alignment* 精确调整(谐). *wheel alignment* 轮位对准,转向轮定位,转向轮安装角的调整. ▲*in alignment* 成一直线. *out of alignment* 不成一直线.

alike′ [ə'laik] *a.; ad.* 同样(的),相似〔同,等〕的,以同样方式. *think alike* 有同样想法. *treat alike* 同样对待,以同样方式处理. ▲*be (all) alike to* 对…都是一样的. *be very much alike* 非常相像.

al′ima ['ælimə] *n.* 营养品.

al′iment I ['ælimənt] *n.* 食物,养料,营养品,(精神)食粮. II ['æliment] *vt.* 给与养料,供给〔电〕,补给.

alimen′tal I *n.* 营养品. II *a.* 有营养的.

alimen′tary [æli'mentəri] *a.* 食物的,营养的,消化的.

alimenta′tion [ælimen'teiʃən] *n.* ①营(饲)养,补充 ②电源 ③饮食法. *refrigerant alimentation* 冷却液[冷冻剂]供应.

alimen′tative *a.* 营养的,补给的.

alimentol′ogy [ælimen'tɔlədʒi] *n.* 营养学.

aline′ =align.

aline′ment =alignment.

Alioth *n.* 玉衡,北斗五(大熊座 ε 星).

aliphat′ic [æli'fætik] *a.* 脂(肪)族的,脂肪(质)的,无环的,属于开链碳化合物的. *aliphatic hydrocarbon* 链(脂肪)烃.

aliphat′ics *n.* 脂肪族(化合物).

alipoi′dic *a.* 无脂的.

al′iquant ['ælikwənt] *a.; n.* 除不尽的(数).

aliqua′tion *n.* 偏析,熔(液)析,层化,起(成)层.

al′iquot ['ælikwɔt] I *a.,n.* ①除得尽的数,整除数 ②可分量,(整分)部分 ③等分试样,矿样,试验. II *vt.* 等分,把…分成相等的(整分)部分. *aliquot part* 部分,分部分. *aliquot part charge* 等分装药.

alisonite *n.* 闪铜铅矿.

alit′ [ə'lit] I alight 的过去式和过去分词. II *n.* 硅酸三钙石.

alite *n.* ①硅酸三钙石,A〔子〕盐 ②铝铁岩.

ali′ting [ə'laitiŋ] *n.* 渗铝.

alitizing *n.* (钢铁表面的)渗铝法.

alive′ [ə'laiv] *a.* ①活(着,泼,动,跃)的,存在的,充满着…的,热闹的(with) ②发〔感〕觉,对…敏感,明白,晓得(to) ③作用着的,运行中的 ④通(有)电(流)的,带电的,加有电压的,处在电压下的. *alive circuit* 有源电路,带电线[电]路. ▲*be fully alive to the danger of* 充分注意到…的危险. *keep alive* 使活着,让(火)烧着,把…保持下去. *keep alive electrode* (汞弧管中)保〔维〕弧电极. *keep alive the memory of* 牢记.

aliz′arin(e) [ə'lizərin] *n.* 茜素,1,2-二羟基蒽醌.

alizarinic acid 茜酸.

alk = ①alkali 碱 ②alkaline 碱性 ③alkyl 烷基.

alkacid process 裂化气净化过程.

alkadienes *n.* 链二烯,二烯属烃.

alkadiynes *n.* 链二炔,二炔属烃.

Alkaid *n.* 摇光,北斗七(大熊座 η).

alkale′mia *n.* 碱血(症).

alkales′cence 或 **alkales′cency** *n.* (微,弱)碱性,碱化.

alkales′cent *a.* (微,弱)碱性的,碱化的.

al′kali ['ælkəlai] (*pl.* **alkalis** 或 **alkalies**) *n.* 碱(性,质),强碱,(*pl.*) 碱金属. *alkali cellulose* 碱(性)纤维素. *alkali earth* 碱土,碱(金属)氧化物. *alkali flat* 盐碱滩. *alkali halide* 卤化碱,碱(金属)卤化物. *alkali metal* 碱金属. *alkali meter* 碳酸定量计,碱量计. *alkali process* 碱(碳酸钠)吸收法. *alkali resistance* 抗碱性. *alkali sulphate* 碱金属类硫酸盐. *aqueous alkali* 碱溶液.

alkali-aggregate reaction (水泥)碱-集料反应,碱骨料反应.

alkali-andeside *n.* 碱性安山岩.

alkali-aplite *n.* 碱性细晶岩.

alkali-basalt *n.* 碱性玄武岩.

alkalic *a.* 碱(性)的.

alkali-chloride *n.* 碱金属氯化物.

alkali-earth (metal) 碱土(金属氧化物).

alkali-fast *a.* 耐碱的.

alkali-feldspars *n.* 碱性长石.

al′kalif′erous ['ælkə'lifərəs] *a.* 含碱的.

al′kalifiable *a.* 可碱化的.

alkali-free *a.* 不含碱的,无碱的.

al′kalify ['ælkəlifai] *v.* (使)碱化,化为碱性;加碱于.

alkali-gabbro *n.* 碱性辉长岩.

alkaligenous *a.* 生碱的.

alkali-granite *n.* 碱性花岗岩.

alkali-labile *a.* 碱不稳定的.

alkalim′eter *n.* 碱量计,碱度计(表),碳酸定量计.

alkalimet′ric *a.* 碱量测定的.

alkalim′etry *n.* 碱量滴定法,碳酸定量,碱定量法,定碱法.

alkalimist *n.* 碱雾.

al′kaline ['ælkəlain] I *n.* 碱性(度). II *a.* 碱(性)的,碱性的,含碱的. *alkaline cleaning* 碱洗. *alkaline derusting* 碱法除锈. *alkaline earth metal* 土金属. *alkaline etching* 碱腐蚀法. *alkaline hydrol-*

ysis(加)碱(水)解. *alkaline plating process* 碱性电镀法. *alkaline process*(镀锡薄钢板的)碱液电镀锡法.
alkaline-earth *n.*; *a.* 碱土(的).
alkaline-leach *v.* 碱浸出.
alkaline-manganese *n.* 碱性电池.
alkaline-resisting *a.* 抗[耐]碱的.
alkalin'ity [ælkə'liniti] *n.* (强)碱性,碱度,含碱量.
alkaliniza'tion *n.* 碱性,使成碱性.
al'kalinize ['ælkəlinaiz] *vt.* 使碱化,使成碱性.
al'kalinous ['ælkəlinəs] *a.* 碱性的,含碱的.
alkali-proof *a.* 耐碱的.
alkali-reactive *a.* (对)碱反应的.
alkali-resistant *a.* 耐[抗]碱的.
alkali-resisting *a.* 耐[抗]碱的.
alkali-sensitive *a.* 对碱敏感的.
alkali-soluble *a.* 可溶于碱的.
alkali-syenite *n.* 碱性正长岩.
alkali-syenite-porphyry *n.* 碱性正长斑岩.
alkali-trachyte *n.* 碱性粗面岩.
alkal'ity *n.* 碱性(度).
alkali-vapor magnetometer 碱-蒸汽磁力仪.
alkaliza'tion [ælkəlai'zeiʃən] *n.* 碱化(作用),使成碱性.
al'kalize ['ælkəlaiz] *vt.* (使)碱化,使成碱性,加碱.
al'kalizer ['ælkəlaizə] *n.* 碱化剂.
al'kaloid ['ælkəloid] Ⅰ *a.* (含)碱的,生物碱的. Ⅱ *n.* 生(植)物碱,有机含氮碱. ~al *a.*
alkalom'etry *n.* 生物碱测定法.
alkalophil'ic *a.* 嗜碱的.
alkalo'sis *n.* 碱中毒,增碱症.
alkalot'ic *a.* 碱中毒的.
alkamet'ric *a.* 碱量测定的.
alkamine *n.* 氨基醇.
al'kane ['ælkein] *n.* 烷(属)烃,(链)烷.
alkanisa'tion *n.* 烷化(作用).
alkanoate *n.* 链烷酸酯[盐].
alkano-derivatives *n.* 链烯衍生物.
alkanol *n.* (链)烷醇.
alkatri'ene [ælkə'tra:li:n] *n.* 三烯属烃,链三烯.
alkatri'yne *n.* 三炔(属)烃,链三炔.
al'kene ['ælki:n] *n.* 烯(属)烃,(链)烯.
alkeno-derivatives *n.* 链烯衍生物.
alkenyl *n.* 链烯基.
al'ki ['ælki] *n.* (掺水)酒精.
alkide resin 醇酸树脂.
al'kine ['ælkain] *n.* 炔属烃,(链)炔.
al'kone ['ælkoun] *n.* 酮.
alkox'ide *n.* 醇(酚)盐,(pl.)烃氧化物类. *zirconium alko-xide* 烷氧基锆.
alkoxy *n.* 烷(烃)氧基.
alkox'yl *n.* 烷氧基.
alkoxyla'tion *n.* 烷氧基化作用.
alkoxyorganosilane *n.* 烷氧基有机硅烷.
al'ky ['ælki] *n.*; *a.* 酒精(的),乙醇(的). *alky gas* 酒精(汽油混合物)燃料.
al'kyd *n.* 醇酸(的). *alkyd resin* 醇酸[聚酯]树脂.
alkydal *n.* 邻苯二树脂.
al'kyl ['ælkil] *n.* 烷(烃)基. *alkali alkyl* 烷(烃)基碱金属. *alkyl compound* 烷(烃)(基)化合物. *alkyl group* 烷(烃)基. *alkyl naphthenate oil* 烷基环烷油 (耐寒性精密机油). *alkyl phenol resins* 烷基苯基树脂. *alkyl phenyl* 烷基(代)苯基.
alkylable *a.* 可烷基化的.
alkylaluminium *n.* 烷基铝.
alkylamine *n.* 烷基胺,烷胺.
alkyl-aryl *n.* 烷基芳基.
alkylatable *a.* =alkylable.
al'kylate ['ælkileit] *v.*; *n.* 烷基化,烷(基)化(产)物,烷化(产物). *alkylating agent* 烷(烃)化剂.
al'kylated *a.* 烷基化的,烃化的.
alkyla'tion [ælki'leiʃən] *n.* 烷基取代(作用),烯烃异化(石油).
alkylbenzene *n.* 烷基苯.
alkylcel'lulose *n.* 烷基纤维素.
alkylchlorosilane *n.* 烷基氯硅烷.
alkyl-dialkylphosphinate *n.* 二烷基亚磷酸烷基酯.
alkyle *n.* 链烃基化合物.
alkylene *n.* 烯属烃,烷撑,亚烷基,烯化.
al'kylide ['ælkilaid] *n.* (链)基化物.
alkylidene *n.* 烷叉,次烷基.
alkyl-metal *n.* 烷基金属.
alkylogen *n.* 烷基卤,卤代烷.
alkylphosphonate *n.* 磷酸烷基酯.
alkyls *n.* 烷基类,链烃基化合物.
alkylsilanol *n.* 烷基硅醇.
alkymer *n.* 烷化(汽)油.
al'kyne ['ælkain] *n.* 炔(属这).
alkynol *n.* 炔醇.
alkynyl compound 炔基化合物.
alkoxycarbonyl *n.* 酯基.
all =alia lectio(拉丁语)(不同版本的)异文.
all [ɔ:l] Ⅰ *a.* ①全,全部,总,整 ②一切的,所有的 ③极度的,极点的. *all band* 全波段[频段]. *all case furnace* 全能(渗碳,淬火)炉. *all China* 全中国(人民). *all concentric triode* 同心极三极管. *all day (long)* 整天,终日. "all in one" *camera* 万能(多用途)电视摄像机. *all kinds of work* 各种工作. *all mark* 全穿孔,全标记. *all one's state* 全"1"状态. *all print* 全印刷电路. *all purpose road* 多功能道路. *all serial A/D converter* 全串行模/数转换器. *all service* 通用的,万能的. *all synchro* 全(自动)同步机,全部同步的. *all talkie* 全发声影片. *all the amount* 总额. *all trunks-busy cyclic retest* 长途全忙路环重复测试. *all the world over* 世界各地. *all the year (round)* 一年到头. *all water wall boiler* 全水冷壁锅炉. *all wave* 全波(无线电收音机). *all wave band* 全波段. *all weather* 全天候的,(飞机). *all wool* 纯毛. *be all attention* 十分注意. *beyond all doubt* 毫无疑问. *with all speed* 以最高的速度. Ⅰ *n.*; *pron.* 全部,全体,一切. *all of us* [you, them]或 *we* [you, they]我们[你们,他们]全体. *All are agreed*. 全体同意. *All goes well.* 一切顺利. *All you need do is to press a switch, and the motor starts.* 只要按(掀)一下开关,电动机就开动

了. Ⅲ ad. 完全,十分,非常. all electronic 完全电子化的. all to the good 很〔非常〕有利. go all out 全力以赴,鼓足干劲. ▲above all (things)尤其是,特别是,最重要的是,首先是. after all 毕〔究〕竟,到底,终究. all about(在…) 处处,到处,到处. all alone 独自(一人)地,独立地. all along 始终,连续,一直,一贯,自始至终,沿,沿〔从头到尾,沿…〕沿途,一路,沿…全长. all and singular 全体,一律,皆. all and sundry 全部,所有的人. all around(在…四周围,四面八方)到处,各处,▲at once 突然,立刻,同时(一齐). all but 几乎,差点儿,几乎跟…一样,除…之外全都. all by oneself 独自(力),单独,自动地. all clear (空袭)解除警报. all day long 全天,整天. all for naught 徒然,无用. all in all 全部,整个地,总计;最重要地,(就是)一切;总之,总的说来,从各方面考虑,总而言之,就整个而言. all in one (成)一个整体,一致. all … not 或 not all …或 not …all 不是所有的,全部,不全(都),并不全,并不都. all of 所有的,全部,全体,实足. all of a sudden 突然,忽然. all one 全然〔完全〕相同. all one to 对…说来都一样. all or noon 全有或全无,全或无定律. all other conditions(things) being equal 在其它条件相同的情况下,如果其他情况都一样. all out 全力以赴. go all out 鼓足干劲. all over 各处,到处,普遍,遍及,整个都,完全,全停,全部结束,都已过去. all over with 终了,完结. all right 好,行;顺利,无误;确实. all round 万能(的),全能(的),普通(的),全面(的);(在…)四周围,四面八方,到处,各处,用于等等,一切. all the better〔more〕更(加)好〔多〕,更加,反而更(好). all the same(虽然如此)仍然,依然,还是,完全一样. all the time〔while〕(那时)一直,始终. all the world over 在全世界,世界各处. all the year round 一年到头,终年. all through 自始至终,一直,从来就,在整个…(时间)之内,从头到尾. all to nothing 百分之百的. all together 同时(一起),一道,总共. all told 总计,合计. all too 真是太,可惜太;过于. all too and 三番两遍. all to-morrow〔蛋〕了. all walks of life 各界,各行各业. and all 连同其他一切. and all that 及其它一切,等等. and all this 而且,全. all(在每一点上,当真,真正,稍微,多少有一点 ②〔与具有否定意义的词连用〕hardly〔little, scarcely〕…at all 几乎不,并不 ③〔疑问或怀疑〕果真,真的吗？果否 ④〔条件下〕无论如何,无论怎样,真要,不管在哪一点上,在任何程度上,以什么方式,由于任何原因. be at agog for〔to + inf.〕急盼,极想. be all alike 都是一模一样. be all in all to to〔一来说〕是最重要的,对一来说就是一切. be all one〔the same〕to 对…完全一样,对…来说无所谓. before all (else)首先. best of all 最好,第一. each and all 每一个都,各自(都),分别(都),(彼此)全部. first of all 首先,第一. for〔with〕all 尽管,虽然. for all that 尽管这样,虽然如此. for good (and all)永久,永远. in all 总共,共计. last of all 最末了. least of all 最不. not all that 不是那么. Actually it is not all that easy to get a chain reaction. 事实上,获得链式反应并不是那么容易的.

not〔no〕… at all〔绝〕不,一点也不,根本不,并不. not so… as all that 不像设想的那么. once (and) for all 只此一次(地),最后一次(地),永远(地). one and all 人人,谁都,全部. over all 遍,从一头到另一头. the all and the one 全部,整体. when all comes to all 通盘考虑后. when all is said and done 结果,毕竟.

all-aged a. 多龄的.
allagite n. 绿蔷薇辉石.
allalinite n. 蚀变辉长石.
all-Amer'ican a. 全美国(的).
al'lanite n. 褐帘石,铈等稀有金属硅酸盐矿物.
all-around' a. 多方面的,全面的,万能的,适合于多种用途的,综合性的,整周的. all-around man 多面手.
all-arounder n. 多面手,全能运动员.
all-attitude a. 全姿态的.
Allautal n. 纯铝包皮铝合金板.
all'-automat'ic a. 全自动的.
allax'is [ə'læksis] n. 变形,变化.
allay' [ə'lei] vt. 减轻〔少〕,缓和. ▲allay a fear 消除顾虑.
allay'er n. 抑制器,消除器.
all-basic a. 全碱性的.
all-blank field 全空字段.
all-brick a. 全砖的.
all'-burnt' ['ɔːl'bəːnt] Ⅰ n.(火箭)燃料完全烧尽的瞬间. Ⅱ a. 烧尽了的,完全燃烧的.
all-cast a. 全铸的.
all-cellulose a. 全纤维的.
all-chan'nel a. 全通道的.
All-China ['ɔːltʃainə] a. 中华全国的.
all-chloride n. 纯(全)氯化物.
all(-)clear ['ɔːl'kliə] n. 解除警报.
all-concrete a. 全混凝土的.
all-conquering a. 所向无敌的.
all-control-rod-in a. 控制棒全插入的.
all-cover a. 全罩式的.
all-cryotron computer 全冷子管计算机.
all-day a. 全日的.
all-diffused monolithic integrated circuit 相容整体〔全扩散单片〕集成电路.
all-directional a. 全定向的. all-directional interchange 全定向道路立体枢纽.
allega'tion [æli'geiʃən] n. ①宣〔声〕称,扬言 ②断言,主张,陈述,辩解.
allege' [ə'ledʒ] vt. ①宣〔声,伪〕称,扬言,推说,藉口,辩解 ②断定,主张,引证,提出,援引,陈述. ▲allege … as a reason 提出…作为理由. It is alleged that 据说.
alleg'ed a. 被断定的,被说成的,被当作确实的,所谓的. alleged Turing machine 判定图灵机.
alleg'edly ad. 据说,假设. This is allegedly the case. 据说情况是这样.
alle'giance [ə'liːdʒəns] n. ①结〔耦〕合,通信,联系 ②忠诚,专心(to).
allegor'ic(al) [æli'gorik(əl)] a. 譬喻的,寓意的. ~ally ad.
al'legorize ['æligəraiz] v. 打比,用比喻说,寓言化.
al'legory ['æligəri] n. 譬喻,寓言.
allel(e) [ə'liːl] n. 等位〔对偶〕基因.

all-electric *a.* 全电气化的. *all-electric receiver* 通用电源接收机.
all'-electron'ic ['ɔːlilek'trɔnik] *a.* 完全电子化的.
all-electrostatic tube 全静电射线管, 静电聚焦偏转(射线)管.
allelic *a.* 等位的, 对偶的.
allelism ['ælilizm] *n.* 对偶[等位]性, 等位效应.
alle'lo- [ə'liːlo] [词头]对偶.
alle'lomorph [ə'liːləmɔːf] *n.* 等位[对偶]基因, 对偶质(溶液中各异构物的混合物会先析出[结晶出]的一种).
allelomor'phic *a.* 等位的, 对偶的.
allelomor'phism [əli:lo'mɔːfizm] *n.* 异形异位(现象), 型链两异(现象), 稳变异构(现象), 对偶性, 等位性.
allelop'athy *n.* 远隔作用, 对等影响, 等位基因病, 异株克生(现象), 植物毒素抑制.
allelotrope *n.* 稳变异构体(物).
allelotropism *n.* 稳变异构(现象).
allelot'ropy *n.* 稳变异构现象, 等位基因现象.
all-embracing *a.* 包括一切的.
allemontit(e) *n.* (自然)砷锑矿.
allen key L形六角扳手.
allen screw 六角固定螺丝.
allen wrench (六)方孔螺钉头用扳手.
allene *n.* 丙二烯.
allenic *a.* 丙二烯(系)的.
allenolic *a.* 丙二烯的.
Allen's metal 铅青铜(铜 55%, 铅 40%, 锡 5%).
alleo'sis [əli'ousis] *n.* 变化, 精神障碍.
al'lergen *n.* 变应[过敏](原), 变(态)反应素, 致过敏物.
aller'gia *n.* 变态反应性, 过敏性.
aller'gic [ə'ləːdʒik] *a.* 变态反应的, 神经过敏的, 过敏性的, 反感的, 厌恶的(to). *allergic to drug* 药物过敏.
al'lergy ['ælədʒi] *n.* 变态反应, 变(态反)应性, 反感, 憎恶, 过敏症(性, 反应). *bronchial allergy* 气喘. *have an allergy to* 讨厌.
allevardite *n.* 板石.
alle'viate [ə'liːvieit] *vt.* (使)减轻, (使)缓和, 使易于忍受. *allevia'tion* [əliːvi'eifən] *n.*
alle'viative I *a.* 减轻痛苦的, 起缓和作用的. II *n.* 解痛药, 缓和物.
alle'viator [ə'liːvieitə] *n.* 解痛剂, 缓和物[剂], 减轻[缓和]装置.
alle'viatory *a.* 减轻(痛苦)的, (起)缓和(作用)的.
al'ley ['æli] *n.* 小巷[径], 胡同, 弄, 通道. *alley stone* 矾石. *alley way* 小路[径]. *blind alley* 死胡同.
alley-stone *n.* 矾石.
alley-way *n.* 小巷[径], 胡同, 弄.
all-fired *a.; ad.* 非常(的), …得要命的.
all-gas-turbine *a.* 全燃气轮机的.
all-gear(ed) *a.* 全齿轮的, 全齿轮传动的.
all-glass *a.* 全玻璃(式)的, 玻璃壳的.
allgovite *n.* 辉绿岩岩.
all-graphite *a.* 全石墨的.
all-haydite *a.* 全陶粒的.
all-hydraulic press 全水压机, 水压机.
all-hypersonic *a.* (全, 纯)高超音速的.
al'liage ['ælieidʒ] *n.* 合金术, 混合法.

alli'ance [ə'laiəns] *n.* 联合, 同[联]盟. *the alliance of workers and peasants* 工农联盟. ▲*enter into alliance with* 与…结为同盟(订立盟约), 与…联合. *in alliance with* (与…)联合.
allicin *n.* 蒜素.
allicinol *n.* 蒜醇.
allied' [ə'laid] I *a.* ①同类[族]的, 相近的, 性质上有密切联系的, 有关的 ②联合的, 同盟的. *allied compound* 有关化合物. *allied substances* 同类物质. II *ally* 的过去式和过去分词.
allies I [ə'laiz] *ally* 的第三人称单数现在时. II ['ælaiz] *ally* 的复数.
alliga'tion [æli'geiʃən] *n.* ①(金属的)熔合, 合金, 混合(物, 法), 和(性) ②合剂求值, 混合计算法.
al'ligator ['æligeitə] I *n.* ①颚口工具, 颚式破碎[碎石, 压轧]机 ②辊式压渣机, 鳄口形挤渣机 ③一种印刷机 ④水陆两用坦克, 水陆平底军用车 ⑤皮带扣, 皮带卡子, 齿键, 齿销 ⑥鳄鱼(皮). II *v.* 龟裂. *alligator clip* 鳄鱼夹, 弹簧夹. *alligator crack* 龟裂, 网状裂缝. *alligator effect* 鳄鱼皮效应, 橘皮效应. *alligator ring* 齿环. *alligator shears* 鳄牙剪, 颚式剪床. *alligator skin* (轧制 金属的)鳄鱼皮状表面, 粒状[橘皮]表面. *alligator wrench* 管扳手.
alligator-hide crack 龟裂, 网状裂缝.
alligatoring *n.* 鳄嘴裂口(板坯纵向劈裂缺陷), (轧制表面)裂痕, 龟[皱]裂, 鳄(皮皱)纹, 鳄鱼纹.
alliin *n.* 蒜素原, 蒜氨酸.
alliinase *n.* 蒜氨酸酶.
all-important *a.* 最(极其)重要的, 重大的.
allin *n.* 蒜素.
all'-in' ['ɔːl'in] *a.* ①包含一切的, 全部的, 总的 ②疲劳已极的 ③全插入的. *all-in aggregate* 统货集料. *all-in ballast* 统货道碴.
all-inclusive *a.* 全部的, 所有的, 包括一切的.
allingite *n.* 含硫树脂.
all-in-one-place *a.* 整体式的, 成一体的.
all-invar *a.* 全殷钢的, 全镍铁合金的. *all-invar cavity* 全殷钢谐振腔, 全殷钢空腔谐振器.
all-ion-exchange *a.* 全离子交换的.
Allis diagram 阿里士(波)图.
allistatin *n.* 蒜鲰菌素.
allivalite *n.* 橄(榄钙)长岩.
all'-jet' ['ɔːl'dʒet] *a.* 全部喷气(发动机)的.
all-level sample 全级试样, 从各个水平位置取出的液体试样.
all-LSI minicomputer 全大规模集成小型计算机.
all'-magnet'ic *a.* 全磁(性)的. *all-magnetic tube* 全磁射线管, 磁聚焦磁偏转(电子射线)管.
all-mains *a.* 可调节于各种电压的, 可由任何电源供电的, 交直流两用的, 有通用电源的.
all'-met'al ['ɔːl'metl] *a.* 全(部用)金属(制成)的. *all-metal tube* 金属壳电子管.
all-night *a.* 通宵的.
al'lo ['ælou] I *a.* 紧密相联的, 【化】同分异构的. II [词头]异, 别.
al'lobar ['æləbɑː] *n.* 异组份体(同位素组份与天然元素不同的元素), 同素异重体 ②【气】气压等变线, 气压变化区, 变压区.
allobare *n.* 异(组)份体.

allobioceno′sis n. 异源生物群落.
allocatal′ysis n. 外来,催化,异催化.
al′locate ['æləkeit] vt. ①分配〔派〕,配给(to),把…划归,调拨…给,规〔指〕定,部署 ②定位〔置〕,定地址,配置,【计】地址分配. *allocate band* 指配的频段. *allocate storage* 存储区分配,分配存储器. *allocated lines*(用)分配行(播送其他信息).
allocated-use circuit 指定用途电路.
alloca′tion [ælə'keiʃən] n. 配置,分派〔配,布〕,指配,部署,【计】地址〔存储工作单元〕分配,定位〔置〕,规定. *allocation of materials* 物质分配. *allocation plan* 地址分配方案,分配(指配)规划.
al′locator n. 分配程序,分配器,连接编辑程序.
allochem n. 全化学沉积.
allochemical metamorphism 他化变质(作用).
allochite n. 绿帘石.
allochroic 或 allochromat′ic a. 别色的,(易)变色的,非本色的,带假色的,屬质色的. *allochromatic colour* 他色,假色. *allochromatic crystal* 屬质色晶体,屬质光电导性晶体. *allochromatic photoconductor* 掺质光电导体.
allochro′ism [ælo'krouizm] n. 变色.
allochroma′sia [ælokro'meisiə] n. 变色.
allochro′matism n. 屬质色性.
allochromy n. 磷光效应,荧光再次射.
allochthon n. 移置体,外来体.
allochthonous a. 移置的,外来的,非固有的,漂移的. *allochthonous deposit* 移置〔积〕.
allocine′sis [ælosi'ni:sis] n. 反射〔被动〕运动.
allocolloid n. 同质异相胶体.
allocs n. 艾洛陶瓷.
allodimer n. 异二聚物.
allodiploid n. 异源二倍体.
alloeo′sis [æli'ousis] n. 变化,精神障碍.
allogenes n. 他生物.
allogenic 或 allogenet′ic a. 他生的,外〔异〕源的,同种(异基因的).
allogonite n. 磷铍钙石.
al′lograft n. 同种(异体)移植.
alloimmuniza′tion n. 异源免疫.
alloisomerism n. 立体异构(现象).
allokine′sis [ælokai'ni:sis] n. 被动运动,反射运动.
allokinet′ic a. 被动运动的,反射运动的.
allola′lia [ælo'leiliə] n. 言语障碍.
allolysog′eny n. 异溶源性.
al′lomer n. 异质〔分〕同晶质.
allomer′ic a. 异质〔分〕同晶的.
allom′erism n. 异质同晶(性,形,现象),异分同晶性.
allometamor′phism n. 同变质作用.
allomone n. 异种信息素.
al′lomorph ['æləmɔ:f] n. 同质异晶.
allomorphes n. 同源异构包体.
allomor′phic a. 同质异晶的,副像的.
al′lomor′phism ['ælo'mɔ:fizm] n. 同质异晶(性,现象).
allomorphite n. 贝状重晶石.
allomor′phosis [ælomɔ:'fəsis] n. 异形变态,畸形.
allomorphous a. 同质异相质.
al′lonym n. 笔名.

allopalladium n. 硒钯矿,别钯.
allopat′ric [ælə'pætrik] a. 在各区发生的,孤立地发生的,分布区不重叠的.
allophanate n. 脲基甲酸盐〔酯〕.
allophane 或 allophanite n. 水铝英石,天然的水合硅酸铝.
allophanyl n. 脲氨基,脲基甲酰.
alloph′asis [ə'lɒfəsis] n. 语无伦次.
allophemy n. 语无伦次.
al′loplasm n. 异质.
allopolyploid n. 异源多倍体.
alloprene n. 氯化橡胶.
all-optical a. 全光学的.
all-or-none Ⅰ a. 全(有)或(全)无的. Ⅱ n. 全(有)或无(定)律,动静极限律.
all-or-nothing a. 孤注一掷的,并有一切或一无所有的,"有"或"无"的,非完全有效即完全无效的,非此即彼的. *all-or-nothing relay* 逻辑运算继电器,有或无继电器.
allos n. 异源.
allose n. 阿洛糖.
allosome n. 性〔异〕染色体.
alloster′ic a. 变构(像)的,酶异变的.
allot′ [ə'lɒt] (*allotted; allotting*) v. ①分配〔摊,派,给〕,调配,配〔拨〕给,指派(to) ②充(当)(for) ③依靠〔赖〕 ④规〔派〕定. *within the allotted time* 在规定时间内. ~ment n.
allotetraploid n. 异源四倍体.
allothigene a.; n. 他生的,(pl.)他生物.
allothigenic 或 allothigenous a. 他生的,外源的.
allothimor′phic c. 变生的.
allot′ment [ə'lɒtmənt] n. 分配(额,地段),调配,配置,份儿(额),【药】剂量,服量.
alloto′pia [ælo'toupiə] n. 异位,错位.
allotopic a. 异位的,错位的.
allotriomorph n. 外形不规则性状,外表的不完整性.
allotriomor′phic a. 他形的,不整形的,无本形的,外形不规则的.
al′lotrope ['ælotroup] n. 同素异形体.
allotrop′ic(al) [ælo'trɒpik(əl)] a. 同素异形(性)的. ~ally ad.
allot′ropism [ə'lɒtrəpizm] n. 同素异形(构)(性,化,现象).
allot′ropy [ə'lɒtrəpi] n. 同素异形(性,现象),同素异构(晶,性).
allot(t)ee′ n. 接受调拨者.
allot′(t)er [ə'lɒtə] n. 分配器(者). *allotter relay* 分配继电器.
allotype n. 他形.
all′-out′ Ⅰ a.; ad. ①全面的,彻底的,没有保留的 ②竭(尽全力)的,全力以赴的,全提出的,尽快(的),尽力(的). Ⅱ n. 全功率,总功率.
allow′ [ə'lau] v. ①允许,让,使…能 ②给,提供 ③(计)算 ④承认 ⑤考虑到,斟量,酌加(减). ▲*allow M N* 允许 M 有(达到)N,使 M 能 N. *The cold, compressed hydrogen is allowed free expansion.* 使冷的压缩氢气以自由膨胀. *allow for* 考虑(到),估计(到),顾情(处理),可以供…之用,便于,为…作好准备,为…创造条件. *allow of* 容许(有),可以有. *allow of no* 不许(有),没有…的余地. *allow M to+inf.* 允许 M(做),使〔让〕M 可以(做).

allow the pressure to fall 使压力降低.
allow'able [ə'lauəbl] *a.* (可)容〔允〕许的,许可〔用〕的,(可以)承认的,正当的. *allowable distance between stations* 电台间最大〔允许〕距离. *allowable error* 许可误差,公差. *allowable load* 容许荷载〔载重〕,许可负载. *allowable tolerance* 容限公差,容许偏差. ~**ness** *n.*
allow'ably [ə'lauəbli] *ad.* 可容许地,可承认地.
allow'ance [ə'lauəns] I *n.* ①允许(量),容许(限度),(允许)限额〔期〕②考虑,斟酌,估量③容限〔隙〕,(配合)容(许)误差,(配合)公差,(加工)余量〔留量〕,裕度④间〔孔,空〕隙,紧度⑤修正量,瞄准点前置量⑥〔饲料〕供给量⑦补助,津贴,折扣. II *vt.* 定量供应,把物品定量发给,发津贴给. *allowance error* 容许〔许用〕误差. *allowance for camber*(模型的)假曲率,预变形曲率. *allowance for depreciation* 折旧率,折旧提成. *allowance for finish* 光制留〔裕〕量. *allowance for shrinkage* 许可收缩量,收缩留量. *allowance for machining* 机械加工公差〔余量〕. *allowance test* 公差配合试验,容差试验. *metal* 〔*machining*〕 *allowance* 加工余量. *negative allowance* 余容差,负余量,过盈,紧度. *positive allowance* 正容差,正余量,间隙. *sending allowance* 发送裕量,传输衰耗. *wear allowance* 磨损留量. *zero allowance* 无〔零〕容差. ▲*allowance for M* M的留量〔修正值〕,可容许为M. *make allowance(s)* 把情况〔条件等〕考虑进去,留余量,留出余地,作修正. *make allowance(s) for* 考虑〔估计〕到,估及,扣除,把…考虑进去,为…留余量〔留出余地〕,对…进行修正.
allowed' [ə'laud] *a.* 容〔允〕许的. *allowed frequency* 许用频率. *allowed value* 容许值. *more or less allowed* 〔冶〕允许溢短.
allow'edly [ə'lauidli] *ad.* 被〔经〕许可,当然,肯定地.
allow'edness *n.* 容〔允〕许,许可.
alloy I ['æloi ə'loi] *n.* ①合金,【化】齐,成色,纯度②杂质,混合物. II [ə'loi] *v.* 熔合〔结〕,熔成〔产生〕合金,合铸,掺杂(金属),加进合金成分(元素),减低…成色. *A alloy* 铝镁硅合金. *A alloy* 铬基和铝基耐热合金. *alba alloy* 白合金. *Alloy 97* 97 号合金(在铜70%,锌30%的合金中加入汞10%). *alloy addition* 添加合金,合金添加剂. *alloy cast iron* 铸铁合金. *alloy constructional steel* 合金结构钢. *alloy iron* 铁合金. *alloy steel* 或 *alloyed steel* 合金〔特殊〕钢. *alloy tool steel* 合金工具钢. *alloyed diode* 合金(型)二极管. *alloyed oil* 掺合油,添加植〔动〕物油的润滑油. *C alloy* 铜镍硅〔电话线用〕合金. *carat alloy* 成色合金. *contact alloy* 电触头合金. *E alloy* 锌铝合金(铜2～3%, 0.25～0.5%, 锰0.25～0.5%, 锌15～20%, 硅0.2%, 其余铝). *F alloy* F 含锌硬铝(铜2～3%,镁0.25～0.5%, 锰0.25～0.5%,锌15～20%, 硅0.2%, 其余铝). *G alloy* G 铝合金(锌18%, 铜2.5%, 镁0.35%, 锰0.35%, 铁0.02%, 硅0.75%, 其余铝). *H355 alloy* H355 铬镍钴耐热钢(碳 0.3%, 硅 0.6%, 锰 1.5%, 铬 20%, 镍 25%, 钴 25%, 钼 3%). *H418 alloy* H418 铬镍钴耐热钢(碳 0.4%, 硅 0.6%, 锰 1.5%, 铬 16%, 镍 25%, 钴 3%, 钨 2%, 钴 25%). *H439 alloy* H439 铬镍钴耐热钢(碳 0.4%, 硅 0.6%, 锰 1.5%, 铬 20%, 镍 30%, 钼 5%, 钴 30%, 钽 2%). *hard metal alloy* 硬质〔高硬度〕合金. *heavy alloy* 重(钨基,高密度)合金. *powdered alloy* 合金粉末. *X alloy* 铝合金(铜3.5%, 铁1.25%, 镁0.6%, 镍0.6%, 硅0.6%, 其余铝). *Y alloy* Y 高强度耐热铝合金(加有少量铜,镍,镁). *Z alloy* Z 铝基轴承合金(铅93%,铜7.5%, 铁0.5%). ▲*alloy M in* 把 M 熔进去(形成合金),把M 作为合金成分加进去. *alloy M into* N 把 M 熔合到 N 里去,把 M 作为合金成分加到 N 里去. *alloy to M* 熔到 M 里去(形成合金),作为合金成分加进 M 里. *alloy M with N* 把 M 与 N 熔合(成合金).
alloyable *a.* 可成合金的.
alloyage *n.* 合金法,合金化工艺.
alloybath *n.* 沉积合金用电解槽.
alloy-diffused transistor 扩散合金型晶体管.
al'loying ['æloiiŋ] *n.* ; *a.* 合金(化的),(炼)制合金,加合金元素,熔合〔结〕. *alloying addition* 〔*agent*〕合金添加剂. *alloying constituent* 〔*component*〕合金成分〔组份〕. *alloying element* 合金元素〔成分〕,掺杂元素. *alloying for acid* 耐酸合金. *fusion alloying*(用)熔(化法)配(制)合金. *gas alloying* 气体合金化处理. *alloying* 母(主)合金.
alloy-intermediate *n.* 合金中间物.
al'loy-junc'tion ['æloi'dʒʌŋkʃən] *n.* 合金结.
al'loy-steel' *n.* 合金钢.
alloy-treated steel 合金处理钢.
alloy-type *a.* 合金(型)的.
all-parallel *a.* 全平(并)行的.
all-pass *n.* 全通的. *all-pass filter* 全通〔移相〕滤波器. *all-pass network* 全通网络. *all-pass transducer* 全通(理想)换能器.
all-paved *a.* 全铺式的(交叉).
all-pervasive *a.* 无孔不入的.
all-plas'tic *a.* 全塑料的.
all-position *a.* 全位置的.
all-possessed *a.* 入了迷的.
all-powerful *a.* 最强大的,全能的.
all-product line (各种)产品管路.
all-pur'pose [ɔ:l'pə:pəs] *a.* 通用的,万能的,多用途的,适合于各种用途的. *all-purpose computer* 通用计算机. *all-purpose machine* 万能工具机. *all-purpose tester* 通用测试仪.
all-radiant furnace (无对流加热部分的)辐射炉.
all-red period 全红信号时间,封闭车辆交通期间.
all-relay *a.* 全继电器式的.
all-right ['ɔ:l'rait] *a.* 合格的,行了.
all-rocket *a.* 全(纯)火箭的.
all'-round' ['ɔ:l'raund] *a.* ①全面的,全能的,适合于各种用途的,综合性的 ②全向的,圆周的,环形的,可作360°旋转的. *all-round adsorbent* 万能吸附剂. *all-round deve-lopment* 综合开发. *all-round looking radar* 全景〔环视〕雷达. *all-round looking scanner* 全面扫描〔四周搜索〕装置. *all-round magazine* 综合性的杂志.
all-rounder *n.* 多面手,全能运动员.

all-rubber *a.* 全(用橡)胶(制成)的.
all-shattering *a.* 把一切[所有]都炸碎的.
all-sided ['ɔːl'saidid] *a.* 全面的. ~**ly** *ad.*
all-sidedness *n.* 全面性.
all-sky signal 环视信号.
all-sliming *n.* 全矿泥[泥浆]化.
all-solid *a.* 全(纯)固体火箭的.
all-solvent-extraction *a.* 全溶剂萃取的.
all-steel *a.* 全(部用)钢(制)的.
all-subsonic *a.* (全,纯)亚音速的.
all-sulfate *n.* 纯(全)硫酸盐.
all-sulphide *n.* 全硫化物.
all-supersonic *a.* (全,纯)超音速的.
all-terrain vehicle (ATV) 全地形车.
all'-time ['ɔːltaim] *a.* ①全时工作的,一刻不闲的 ②空前的,创记录的 ③全部时间的,专[本]职的. *all-time high*(空前)最高记录,记录上所列最高数字(水平). *all-time low*(空前)最低记录,记录上所列最低数字(水平).
all-transistor ['ɔːltræn'sistə] *a.* 全晶体管的.
all-transistorised 或 **all-transistorized** *a.* 全部[完全]晶体管化的.
all-triode *a.* 全三极管的.
allude' [ə'ljuːd] *vi.* ①(间接)提到,引证,指…说的 (to) ②暗示(指). ▲*be alluded to as* M 称作 M.
allu'mage [ə'ljuːmidʒ] *n.* 点火.
allu'men [ə'ljuːmən] *n.* 锌铝合金.
All-Union *a.* 全苏的.
all-up (-weight) *n.* 总[最大,满载,发射,起飞]重量,最大容许载荷(飞机在空中的全重(包括机上人员,乘客,货物等).
allure' [ə'ljuə] *vt., n.* 吸引(力),引诱,诱惑(力).
allure'ment *n.* 有吸引(诱惑)力的事物,诱惑,吸引力.
allu'ring *a.* 有吸引(诱惑)力的.
allu'sion [ə'ljuːʒən] *n.* ①暗示,提及 (to) ②典故,引喻 (to). ▲*in allusion to* 暗射,针对…而提的. *make (an) allusion to*(不明言地)提及[到].
allu'sive [ə'ljuːsiv] *a.* (含)暗示的,引喻的 (to). ~**ly** *ad.* ~**ness** *n.*
allu'via [ə'luːvjə] *alluvium* 的复数.
allu'vial [ə'luːvjəl] *a.* 冲积(土,层)的,冲积土[层],矿床],淤积土. *alluvial gold* 砂金. *alluvial mining* 淘金. *alluvial soil* 冲[淤]积土.
alluvial-slope *a.* 冲积坡的.
allu'viated *a.* 冲积物覆盖的.
alluvia'tion [əljuːvi'eiʃən] *n.* 冲积(作用),淤积(作用).
allu'vion [ə'luːvjən] *n.* ①冲积层[地,物],冲积成的新地,沙洲 ②泛滥,洪水 ③波浪的冲击,击岸波 ④火山溶泥流出.
allu'vious *a.* 冲积的.
allu'vium [ə'luːvjəm] (pl. **allu'viums** 或 **allu'via**) *n.* 冲积[土,物,层],沙洲,泥沙,淤积层.
all-veneer construction 全胶合板构造.
all-wave *a.* 全波(段)的.
all-way *I. a.* 多路的,多跑道的,从所有方向和向外方向运动的. *II. n.* 全程引导(制)的.
allways fuse 起爆信管[雷管,引信].
all'-weather ['ɔːlweðə] *a.* 不论晴雨的,常年候的,全天候的,适应各种气候的,耐风雨的. *all-weather gauging device* 四季均可应用的测[计]量器. *all-weather port* 不冻港. *all-weather liquefied petroleum gas* 四季均为液态的石油气体.
all-welded *a.* 全焊的.
all-weld-metal *a.* 全熔质的,整体焊件的,全焊接金属的.
all-wood *a.* 全木的.
all-work *n.* 全部工程,全线开工.
ally I [ə'lai] *v.* 同盟,联(结)合,与(在起源,性质上)关联. II ['ælai] *n.* ①盟国,同盟者 ②伙伴,助手. ▲*(be) allied to* M 与 M 有关系,与 M 类似,与 M 属于同类[同系]. *(be) allied with* M 与 M 有关系,与 M 结成同盟.
allyl *n.* 烯丙基,丙烯-[2]-基. *allyl alcohol* 烯丙[丙烯]醇. *allyl plastic(s)* 丙烯(类)塑料. *allyl resin* 烯丙树脂.
allyla'tion *n.* 烯丙基化(作用).
al'lylene *n.* 丙炔,甲基乙炔.
allyl'ic *a.* 烯丙基的.
allylurea *n.* 烯丙基脲.
alm *n.* 捐赠,施予.
ALM =arm lock magnet 臂联锁磁铁.
alm =alarm 报警(器).
almacantaer =almucantar.
Alma Mater ['ælmə'meitə] *n.* (拉丁语)母校,校歌.
al'manac ['ɔːlmənæk] *n.* 日(年)历,历书,月份牌,年鉴,天文年历(鉴).
al'mandine 或 **al'mandite** *n.* 贵榴石,铁铝榴石.
almanographer *n.* 年历编纂者.
Almasilium *n.* 铝镁硅合金(镁 1%,硅 2%,其余铝).
almight'y [ɔːl'maiti] I *a.* 全[万]能的,非常的,无比的. II *ad.* 非常,极.
Alminal *n.* 铝硅系合金.
alminize *v.* 镀铝.
Almit *n.* 铝钎料(铝 4~4.3%,铜 4.8~5%,杂质<0.06%,其余锌).
al'mond ['ɑːmənd] *n.* 杏(仁,核).
al'most ['ɔːlmoust] I *ad.* 几乎,差不多,差一点就. II *a.* 几乎是…的,近乎的. *almost complex manifold* 殆复流形. *almost everywhere* 几乎处处,殆遍. *almost periodic function* 概[殆,准,几乎]周期函数. *almost ring* 准环. *almost triangular matrix* 拟(准)三角.
almost-human *a.* 像人似的.
almost-linear *a.* 准线性的.
almost-periodic 准(概,殆)周期(性)的.
almost-plain *a.* 准平原的.
alms *n.* 救济金.
ALMS =air-launched missile system 空射导弹系统.
almucantar *n.* (地)平纬圈,等高圈,高度方位仪.
ALN =align 直立,对准,定线,匹配.
Alneon *n.* 锌铜铝合金(锌 7~22%,铜 2~3%,铁+硅及其它元素 0.5~1%,其余铝).
alni *n.* 阿尔尼铝镍(磁铁,永磁)合金(铁 51%,镍 32%,铝 13%,铜 4%). *alni magnet* 永(铝镍)磁铁合金(一种高保磁力磁铁).
Alnic *n.* 阿尔尼克铁镍铝系(铁)合金,铝镍磁铁(铁 60~70%,镍 10~20%,铝 15%).
alnic'o [əl'nikou] *n.* 阿尔尼科铝镍钴(永磁)合金,

（铝镍钴）磁钢,吕桌古（高保磁力磁铁）（铝 12～20%,镍 20%,钴 5～10%；或铝 1～2%,镍 10～20%,钴 0.5～4%,铁 60～70%）.
Alniko V magnet 铝镍钴 V 形磁铁.
Alni-magnet n. 铝镍磁铁,铁镍钴磁铁合金.
Alni-steel n. 铝镍钢.
ALNOT =all notified 已全部通知.
alnusenone n. 赤杨(桤木)酮.
A-locomotive n. 原子机车.
aloft′ [ə'lɔft] a.; ad. ①高,上,在高处,在桅杆顶上 ②高高的,空中的,飞行中的.
alogous a. 不讲理的,无理性的.
al'oin n. 芦荟素,葡萄蒽酮.
alone [ə'loun] a.; ad. 单独,独自,单单,仅仅,只(有),唯一. *liquefy air by pressure alone* 单靠压力来液化空气. ▲*all alone* 独个儿(地),独立地. *let* (*leave*) … *alone* 听任,别去管,不去碰,听…自然. *let alone* 更不用说(了). *stand alone in* 在…方面独一无二.
along′ [ə'lɔŋ] *prep.*; *ad.* ①沿(循)着 ②向前,一道. *the distance along a line* 直线距离. *uniformly distributed along the length* 沿长度方向均匀分布. ▲*all along* 始终,一贯,沿…全长. *all along the line* 在整个过程中,全线的. *all the way along* 始终,一直. *along the lines of* 在…方向上,沿着…方向),根据(…方法). *along with* 与…一道(同时),以及,随着,除…之外(还). *be along* 来到. *come along* 到来,出现. *further along* 更向前,(在本文中)稍后一点. *get along* 进行(展),过日子. *right along* 继续地,不断地.
along′**shore** a. ; ad. 顺岸的,沿滨的,沿岸的.
along′**side** [ə'lɔŋ'said] Ⅰ *prep.* 靠在…旁边,并靠,横列. Ⅱ *ad.* 在旁,并排地. *alongside date* 船舶靠岸接受装货日期. *free alongside ship* 船边交货价格. ▲*alongside of* 在…的侧面(旁边),与…并并. *alongside with* 与…一道,除…以外.
along-track scanning 沿径迹扫描.
aloof′ [ə'lu:f] a.; ad. 远离(的),离(隔,避)开. ▲*keep*(*hold*, *stand*) *aloof* (*from*) 离(避)开,站得远远的,不接近,不参加. ～*ness* n.
alope'cia [æləˈpi:ʃiə] n. 脱毛(发)症；秃发症.
alope'cic a. 脱发的,秃的.
alotm =allotment 份额.
ALOTS =airborne lightweight optical tracking system 机载轻型光学跟踪系统.
aloud′ [ə'laud] ad. 出声地,高(大)声地.
aloxite n. 铝砂,(美国)刚玉磨料.
Aloyco n. 镍铬铁耐蚀合金.
ALP =air lift pump 空气升液泵.
alp [ælp] n. 高山(峰). *the Alps* 阿尔卑斯山脉.
Alpaka n. 镍白铜,德国银(铜 50%,锌 25%,镍 25%).
alpakka n. (锌)白铜,德银(铜 50～99%,镍 40～3%,铝<10%).
al'pax ['ælpæks] n. 阿尔派克斯铝硅合金,硅铝明(合金),硬铝(铝 87%,硅 13%). *alpax alpha* α-硅铝明(硅 10～13%,其余铝).
al'penglow n. 高山辉,染山霞.
Alperm n. 阿尔塔姆高导磁(率磁)合金(铝 16%,其余铁,一种磁致伸缩材料).

Alpert bakable valve 阿耳珀特可烘烤阀,全金属耐烘烤阀.
Alpert foil trap 烘烤铜箔阱.
Alpert-ionization gauge 阿尔珀特电离计.
Alpeth cable 聚乙烯绝缘铝芯电缆,阿尔贝斯电缆.
al'pha ['ælfə] Ⅰ n. ①希腊字母的第一个字母 α, α粒子(射线) ②最初,开始,(任何物的)居首者；第一位的东西 ③未知数 ④(晶体管的共基极)短路电流放大系数 a. Ⅱ a. 【化】第一位的, α 位的. *alpha code* 字母编码. *alpha counter* α 质点计数器. *alpha loop* (*wrap*) α 形走带方式. *alpha radiation* α(粒子)辐射. *alpha ray* α(甲种)射线. ▲(*the*) *alpha and omega* 首尾,始终,全体(部).
alpha-active a. α 放射性的.
al'phabet ['ælfəbit] n. 字母(表),特种文字,符号,初步,入门.
alphabet'ic(al) [ælfəˈbetik(əl)] a. ABC 的,字母(表)的,按字母(表)(ABC)顺序(排列)的. *alphabetic puncher* 字母穿孔机. *alphabetic shift* 换字母档. ▲(*in*) *alphabetic order* (按)字母表顺序.
alphabet'ically ad. 按字母(表)(ABC)顺序.
alphabet'ic-numeric Ⅰ a. 字母-数字的. Ⅱ n. 字母数字,字母.
al'phabetize ['ælfəbətaiz] vt. ①按字母(表)(ABC)顺序排列,用字母标记 ②拼音化.
alpha-bombardment conductivity α 轰击电导率.
alpha-carbon n. α 碳,子位碳.
alpha-chloralose n. α 氯醛糖.
alpha-chloroacrylate α-氯丙烯酸盐.
alpha-code n.; vt. 字母(代,编)码,α 编码.
alpha-contamination meter α 放射沾污测量计.
alpha-counted a. 测定过 α 放射性的.
alpha-crystal n. α 晶体.
alpha-cutoff frequency α 截止频率.
alpha-emitter n. α 粒子辐射器.
alpha-emitting a. α 辐射的.
alpha-form n.; a. α 形(的).
al'pha-i'ron ['ælfə'aiən] n. α 铁.
alpha-irradiation n. α 射线照射.
alpha-martensite n. α 马丁体.
alphamer'ic(al) [ælfəˈmerik(əl)] Ⅰ a. 字母数字(混合编制)的. Ⅱ n. 字母数字符号. *alphameric digit* 字母数字数码. *alphameric tube* 字母数字显示管. *alphameric video display* 字符视频(字符图像)显示.
alphameric-graphic display 字母数字-图像显示器.
alpha-mesosaprobic n. α-腐生原生物的.
alphamet'ic ['ælfəˈmetik] n. 字母算术.
alphamotoneu'ronal a. α-运动神经原的.
alpha-naphthol n. α-萘酚.
al'phanumer'ic(al) ['ælfənju:ˈmerik(əl)] = alphameric.
alpha-olefines n. α-烯烃表.
al'pha-oxida'tion n. α-氧化,子位氧化.
al'pha-par'ticle n. α 质点, α-粒(子).
alpha-phase n. α 相, α 震相.
alphaphone n. α 脑(电)波听器.
al'pha-radia'tion n. α 粒子辐射.
al'pha-radioac'tive a. α 放射性的.
alpha-ray n. α 射线.

Alphard n. 星宿一,长蛇座 α 星.
alpha-rolled a. 在 α 相位中被轧制过的(铀).
al'phascope n. 字母显示器.
al'pha-substitu'tion n. α-取代,子位取代.
al'phatizing n. (钢材表面)镀铬,渗铬.
alphatop'ic I a. 失荚的,失(差)荚的,两核素差一 α 粒子的。II n. 组成差一对 α 粒子的一对核. *alphatopic change* α-粒(子)发射变化,失荚变化.
al'phatron ['ælfətrɔn] n. α 电离真空regulation, α 粒子电离压强[压力,强度]计,(测量电离程度用的)α 管, α 射线管. *alphatron gauge* α 管真空计, α 粒子电离真空计. *alphatron vacuum gauge* α 电离真空规.
alpha-uranopilite n. α 铀钙矿.
alpha-uranotile n. α 硅钙铀矿.
alpha-wave detector α 波检测器.
alpha-wiikite n. α 杂铌矿.
alphax n. 在电场中会变色的特种试纸.
Alpheratz n. 壁宿一,仙女座 α 星.
al'phol n. 水杨酸 α 萘酯.
al'phyl n. 脂苯基.
al'pine ['ælpain] a. 高山(峰)的. *alpine diamond* 黄铁矿. *alpine light* 紫外线,人工日光. *alpine road* 高山道路,山(岭)道(路).
Al'pine I a. 阿尔卑斯(山脉,造山运动)的。II n. 高山植(动)物.
alplate process 铝锌法热镀锌,镀铝[铍、镁]法.
Alps [ælps] n. 阿尔卑斯山脉.
ALPS = ①advanced linear programming system 改进型线性程序设计系统 ②assembly line planning system 装配线计划系统.
ALPURCOMS = all purpose communications system (美国军用能传送电话、电报、传真等的)全能通信系统.
ALR = automatic load regulator 自动负载调节器.
Alrak method (铝及铝合金)表面防蚀化学处理法.
alra'menting [æl'reimənti ŋ] n. 表面磷化(保护钢铁表面).
Alray n. 镍铬铁耐热合金(铬 35%,镍 15%,其余铁).
alread'y [ɔːl'redi] ad. 已经,早已. ▲*already in* 早在…时候.
ALS = ①approach and landing simulator 进场与着陆模拟器 ②autograph letter signed 亲笔签名 ③automatic landing system 自动着陆系统.
alshedite n. 忆橘石.
ALSI = aluminum silicon 硅铝合金.
Alsial n. 硅铝钙合金.
Alsifer n. 阿尔西非硅铝铁合金(铝 20%,铁 40%,硅 40%).
alsi-film n. 铝硅片(防油防热材料).
Alsimag n. 阿尔西玛格铝硅镁(昌圭美)合金(一种高频绝缘材料).
Alsimin n. 阿尔西明硅铝铁合金(硅 45%,铝 15%,其余铁,代替铝作脱氧剂用).
Alsiron n. (日本)三菱牌铝铸铁,耐热耐酸铝铸铁(铝 9%,硅 1%,其余铁、碳).
alsither'mic n. 铝硅热的.
al'so ['ɔːlsou] ad. ; conj. ①也,亦 ②并且,(此外)还,同样地. ▲*not only … but also* …不但…而且….
ALSOR = air launch sounding rocket 空中发射探测火箭.

alstonite n. 碳酸钙钡矿,钡霞石.
alt = ①alternate 或 alternating 或 alternation 交变[替,错,流] ②alternate aerodrome 备用机场 ③alternator 交流发电机 ④altimeter 测高计 ⑤altitude (海拔)高度.
Altai' [æl'tai] n. 阿尔泰山.
Al'tair n. ①阿鼓二,天鹰座 α 星,牛郎星 ②"阿泰尔"(远程跟踪测量雷达).
altaite n. 碲铅矿.
Altam n. 阿尔坦铬钛合金.
al'tar n. ①祭坛,(干船坞的)台阶,梯底 ②(反射炉)挡烟桥,火桥.
altaz'imuth n. 高度方位仪,地平经纬仪.
Alt. dieb. = alternis diebus 隔日.
al'ter ['ɔːltə] v. ①改变[造,建],变更[化,换],修改 ②陶瓷,去势. *alter polarity* 交替(变更)极性. *altered granite* 变质花岗岩. *altered mineral* 蚀变矿物. *altered symbol* 交变符号.▲*alter for the better*[*worse*]变好[坏]. *alter M from N* 使 M 不同于 N.
alterabil'ity [ɔːltərə'biliti] n. 可变性.
al'terable ['ɔːltərəbl] a. 可(改)变的,可修改的,可改动的. alterably ad.
al'terant ['ɔːltərənt] I a. (引起)改变的,变质的。II n. 变色(质变)剂,变质(恢复)药.
altera'tion [ɔːltə'reiʃən] n. 改变[造,建],变更[化,动,换],更改,变种[体,形,性,质],蚀变(作用). *alteration switch* 变换开关. *make alterations for the better* 作出改进.
al'terative ['ɔːltəreitiv] I a. (引起)改变的。II n. 变质剂,恢复药.
al'tern n. 对称交替晶体.
alternando n. 更比定理.
alternans [拉丁语] a. 交替的,轮流的.
alter'nant [ɔːl'təːnənt] I n. 交替函数,交错行列式。II a. 交替的,互换的.
alternate I ['ɔːlːtəːneit] v. ①交替[错,变,流],更迭[替,换],轮流,相间 ②区别。II ['ɔːlːtəːnit] I a. 交替[错,流,变,换]的,轮流[替,换]的,更叠的,间隔[索]的,断续的,另外的,替代的,备用的,补充的,候补的。II n. ①交替,轮流 ②比较方案 ③区别 ④代替者,代理人,(国际会议)副代表 ⑤【数】错比例. *alternate angle*(几何)相反位置错角,对角. *alternate arm* 相零臂. *alternate black and white blocks* 黑白格图案. *alternate block* 交变部件. *alternate channel* 备用(替代,交替,更替)信道,相隔通道. *alternate channel interference* 相间信道干扰. *alternate depth*【水】共轭水深. *alternate design*[*layout*]比较设计(方案). *alternate exterior*[*interior*]*angle* 外(内)错角. *alternate form* 替换式. *alternate fuel* 代用(人造液体)燃料,石油燃料代用品. *alternate joint* 错缝,错列(式)接缝. *alternate lay* 混合捻. *alternate load* 交替(交变,反复)荷载. *alternate material* 替换(代用)材料. *alternate method* 相反(交错)法. *alternate motion* 往复[变速]运动. *alternate route* 比较路线. *alternate scanning* 隔行扫描,影片间歇扫描法. *alternate stage* 共轭(交替)水位. *alternate stress* 交变应力.

alternate tooth slot 交错齿槽. ▲ *in alternate lines* 隔一行. *on alternatedays* 隔日(地).
alternate-channel interference 相邻信道干扰.
alternate-line scanning 隔行扫描.
alter′nately [ˈɔːltənitli] *ad.* ①交替地,轮流地,相间地 ②另一方面.
alternate-row mask 变行掩蔽模.
al′ternating [ˈɔːltəneitiŋ] *a.* ①交替(错,换,变,流)的,振荡的 ②斜(反)对称的. *alternating bending* 反复弯曲. *alternating block* 交变部件. *alternating current* 交流(电),交变电流,回转流. *alternating load* 交变〔交替,反复,更迭〕荷载,交变〔交〕负载. *alternating motion* 往复〔变速〕运动. *alternating series* 交错级数. *alternating stress* 交错〔交变,反复〕应力. *alternating theorem* 择一定理.
al′ternating-current *a.* 交流(电)的.
alternating-direction implicit method 交错方向(隐式)法.
alternating-field demagnetization 交变场退磁.
alternating-gradient *a.* 交变陡〔梯〕度的. *alternating-gradient focusing* 交变〔可变〕梯度聚焦,强聚焦. *alternating-gradient theory* 交变梯度理论,强聚焦理论.
alterna′tion [ɔːltəˈneiʃən] *n.* ①交替〔变,流〕,变换〔更〕,更替〔化〕,改变,轮流,交替,循环,反复变换〔化〕②世代交替,交替工作 ③(交流电,交变量)半周(期),(交流)半波 ④【数】错列,【计】"或" ⑤互斥,互植 ⑥区别,种类. *alternation gate*【计】"或"门. *alternation law* 更迭(定)律. *alternation of beds* 交互层,地层交替,地层间杂. *alternation switch* 转换开关. *complete alternation* 整周期,全变化(循环),全部交替(过程). *electrical alternation of heart* 心电图波形改变. *free alternation* 自由振荡〔变化,交替〕. *stress alternation* 变负荷,应力循环〔交替〕.
alter′native [ɔːlˈtəːnətiv] **I** *a.* ①交替〔交错,流,换〕的,变更的,更迭的,(可)替换的 ②(二者之中)任取其一的,另一个(可供选择)的,别的,其他的,比较的,备择的,(其它)可能的. **II** *n.* ①(供选择的)比较方案,二者之一,两者挑一,取舍,(二者取一的)选择(余地),可采用的(可供选择的方法,替换物 ②选择对象,【计】选择元 ③变质药. *That's the only alternative.* (除此之外)那是唯一可供选择的. *alternative activity* 择一活动. *alternative denial gate*【计】"与非"门. *alternative design* 〔*project*〕比较设计(方案). *alternative fuel* 代用〔人造液体〕燃料,石油燃料代用品. *alternative hypothesis* 备择〔择一〕假设. *alternative interchange* 互通式立体交叉. *alternative line* 比较(路)线. *alternative material* 代用材料. *alternative method* 交错(补充,变异)法. *alternative route* 旁(分)路,迂回(辅助)路线. *alternative slot winding* 交叉槽式绕组. *alternative ways* 可供选择的两种(或两种以上)方法. ▲ (*be*) *an alternative to M* 是 M 的替换物,可以代替 M. (*have*) *no alternative but* M 除 M 之外别无他法.
alter′natively [ɔːlˈtəːnətivli] *ad.* ①二中〔两者〕择一地,(互相)交替地,替换着 ②换句话说,另一方面,用另一种方法,或者反过来(也行),要不(然). *alternatively hot and cool* 忽冷忽热,冷热交替. ▲ *or alternatively* 或者,换个办法,另一个办法是,作为一个代替的办法.

al′ternator [ˈɔːltəneitə] *n.* ①交流(同步)发电机 ②振荡器 ③交替符,列表-茨威达张量密度;置换符号;排列符号,e号. *alternator transmitter* (高频)发电机式发射机,高频发电机. *high-frequency alternator* 高频振荡〔发生〕器. *radio-frequency alternator* 射频振荡〔发生〕器.
alternator-transmitter *n.* (高频)发电机式发射机,高频发电机.
al′ternizer *n.* 交错化.
ALTFL = alternating flashing 变色闪光的.
altho′ = although.
Alt. hor 每隔一小时.
although [ɔːlˈðou] *conj.* 虽然,即使,尽管,不过.
al′tichamber *n.* 高空(模拟)试验室.
al′tigraph [ˈæltigraːf] *n.* 高度记录器,高度自记仪,高度计,压力计.
altim′eter [ælˈtimitə] *n.* 高度表〔计〕,测高计〔仪〕,高程计. *altimeter coder* 高度计编码器. *altimeter radar link* 雷达测高仪(信息)线路.
altimeter-aneroid *n.* 空盒气压计.
altimet′ric *a.* 高程的. *altimetric measurement* 测高,高程量测. *altimetric point* 高程点.
altim′etry [ælˈtimitri] *n.* 测高学〔法,术〕.
altimolec′ular [æltiməˈlekjulə] *a.* 高分子的.
alti (*peri*) *scope* *n.* 测远镜,对空了望镜,隔(物)望(远)镜.
altither′mal *n.* 冰后期的高温期.
al′titude [ˈæltitjuːd] *n.* (飞行,星)高度,高空,高程,海拔,标高,水位,【天】地平纬度,【数】高(线),顶垂线, (*pl.*) 高处,海拔最高的地方. *altitude acclimatization* 高空适应性. *altitude angle* 仰〔高低〕角. *altitude capability* 可达高度,升限. *altitude capsule* 真空气膜〔气压计〕盒. *altitude chamber* 高空试验〔模拟〕室,高度室,压力室. *altitude charging* 高空增压. *altitude circle* 竖直度盘,地平经圈. *altitude difference* 高(度)差. *altitude gain* 爬(升)高. *altitude gauge* 测高仪,高度〔程〕计. *altitude grade gasoline* 高空使用(高海拔)级汽油. *altitude mixture control*(燃料空气混合比)按拔〔高度〕调节. *altitude of celestial body* 天体的平纬. *altitude simulation* 高度〔空〕模拟. *altitude transmitting selsyn* 仰角自动同步传送机. *emergency* 〔*extreme, peak, summit*〕 *altitude* 最大飞行高度,极限高度,(上)升限(度). *low altitude* 低空. *zero altitude* 零高度,掠地飞行高度,超低空.
altitude-circle *n.* 等高圈,地平圈.
altitude-limit indicator 极限高度指示器.
altitude-line clutter 垂线杂波.
altitude-marking radar 标高雷达.
altitude-tint *a.* 着色高程的,用颜色表示高程的. *altitude-tint legend* 高程色表.
altm = altimeter 高度表,测高计.
al′to *n.* 中音(部),男声最高音,女低音.

Alto steel 加铝镇静钢.

al'to-clouds n. 高云.

al'to-cu'mulus n. 高积云.

altofre'quency [ælto'fri:kwensi] n. 高频率.

altofre'quent a. 高频(率)的.

altogeth'er [ɔ:ltə'geðə] Ⅰ ad. ①完全,一概 ②总共, 全体地 ③总而言之,总之. Ⅱ n. 总共,全体. *altogether coal* 原煤. *altogether new aspect* 崭新的面貌. *not altogether good* 不全(都)好. ▲*taken altogether* 整个说来,大体,总而言之.

altoll n. 黑软土.

altom'eter [æl'tɔmitə] n. 经纬仪.

altonim'bus n. 高雨云.

al'to-relie'vo n. 高凸浮雕.

al'tostra'tus n. 高层云.

altric'ious a. 长期护理的,长期养护的.

altruis'tic a. 利他的,爱他的.

ALTU = adder, logical and transfer unit 加法器, 逻辑和转换组件.

ALU = arithmetic (and logical) unit 运算器,运算部件.

Alubond method 铝化学防蚀薄膜法.

aludip n. 热浸镀铝法.

aludipping n. 热浸镀铝(法).

Aludirome n. 阿鲁特罗姆铁铬铝合金,铁铬铝系电炉丝.

Aludur n. 铝镁(硬铝系铝)合金,阿鲁杜合金.

alufer n. ①铝合金,耐蚀铝锰合金 ②包铝(铝合金)钢板.

aluflex n. (电缆电线用)锰铝合金.

al'um [æləm] n. 明,(白)矾.

ALUM = aluminium 铝.

Alumal n. 铝锰合金(锰 1.25%).

Aluman n. 阿鲁曼含锰锻造用铝合金.

alumdum power 人造金刚砂粉.

Al'umel [ælju:məl] n. 阿留迈尔镍铝(臬吕美,镍基铝锰)合金(高温热电偶材料,镍 94%,铝 2%,锰 2.5%,硅 1%,铁 0.5%).

alumel-chromel n. 铝铬-镍铬合金.

alumel-chromel thermocouple 或 **alumel-chromel-thermoelement** n. 镍铝-镍铬热电偶,镍基合金-铬基合金温差电偶.

alumen =alum.

alumetized steel 渗铝钢.

alumian n. 水钠(无水)矾石.

Alumilite process 阳极氧化法,硬质氧化铝膜处理法.

alu'mina [ə'lju:minə] n. 矾土,铝(氧)土,铝氧粉,氧化铝,刚玉. *alumina brick* 高铝砖. *alumina cement* 矾土(高铝)水泥. *alumina titanate ceramics* 钛酸铝陶瓷. *oxide of alumina* 刚玉,氧化铝.

alumina-bearing material 含铝材料.

alu'minate [ə'lju:mineit] n. 铝酸盐,氧化铝夹杂物. *barium aluminate* 铝酸钡.

alu'minated a. 含明矾的.

alumina-titanate ceramics 钛酸铝陶瓷.

alu'minaut [ə'lju:minɔ:t] n. 铝合金潜艇.

alumine n. 矾土,氧化铝. *alumine acid* 铝酸.

Aluminibond method 铝(铁)心铝制品的热浸镀铝后铸着法(先将钢铁坯料浸入熔融铝液中,使其表面产生一层钢铁的金属间化合物,然后再将铝浇在上面.)

aluminic acid (偏,原)铝酸.

aluminide n. 铝化物,铝的金属互化物.

aluminif'erous Ⅰ a. 含铝(土)的,含矾的. Ⅱ n. 铝铁岩.

alu'minise =aluminize.

alu'minite [ə'lju:minait] n. 矾石,铝氧石.

aluminither'mic a. 铝热的. *aluminithermic welding* 铝热(剂)焊接.

alumin'ium [ælju'miniəm] n. 【化】铝 Al. *aluminium brass* 铝黄铜(铜 76%, 锌 22%, 铝 2%). *a-luminium cable* 铝芯电缆. *aluminium cable steel reinforced* 钢芯铝绞线, 钢心铝电缆. *aluminium casting* 铸铝, 铝铸造. *aluminium clad iron* 镀铝铁(板), 铝皮铁(板). *aluminium coating* 热镀铝法. *a-luminium for wire drawing* 拉丝用铝线锭. *aluminium impregnation* 铝化, 渗铝. *aluminium killed steel* 铝(脱氧)镇静钢. *aluminium oxide* 氧化铝, 矿物陶瓷. *aluminium oxide tool* 氧化铝陶瓷刀具. *aluminium paint* 铝涂料,铝(银 灰)漆. *aluminium plate* 厚铝板. *aluminium plating* 镀铝. *aluminium product* 铝材,铝制品. *aluminium rectifier* 铝(电解)整流器. *aluminium sheet* 铝片,薄铝板. *aluminium speaker* 铝膜扬声器. *aluminium steel* 渗(含)铝钢. *beaten aluminium* 薄铝片,铝箔. *cast a-luminium* 铸(生)铝. *flake aluminium* 片状铝粉. *liquid [molten] aluminium* 熔融(液态)铝. *scrap aluminium* 废铝,铝屑. *sheet aluminium* 铝板(片).

aluminium-alloy n. 铝合金.

aluminium-backed a. 铝衬底的.

aluminium-barium chart 铝钡状态图.

aluminium-bronze n. 铝青铜.

aluminium-cell arrester 铝杯(管)避雷器.

aluminium-clad wire 包铝钢线(双金属线).

aluminium-coated a. 覆铝的.

aluminium-copper n. 铝铜.

aluminium-copper-iron n. 铝铜铁合金.

aluminium-deoxidized a. 用铝脱氧的.

aluminium-epidote n. 斜黝帘石.

aluminium-foil n. 铝箔.

aluminium-gate n. 铝栅.

aluminium-killed steel 铝镇静钢.

aluminium-leaf n. 铝箔.

aluminium-manganese n. 铝锰合金.

aluminium-nickel steel 铝镍钢.

aluminium-silicon n. 铝硅合金.

aluminium-soup n. 铝汤.

aluminium-tin n. 铝锡合金.

alu'minize [ə'lju:minaiz] vt. 镀(涂,敷)铝)铝, 用铝浸镀,铝化.

alu'minized [ə'lju:minaizd] a. (浸)镀铝的,渗(敷)铝的,铝化的. *aluminized phosphor* 铝化磷光体. *a-luminized picture tube* 铝背显像管. *aluminized screen* 铝化(涂)荧光屏. *aluminized steel* 渗铝钢, (热浸)镀铝钢.

alu'minizer n. (镀)铝膜.

alu′minizing [ə'lju:mainiziŋ] *n.* 镀〔涂,喷,敷〕铝,渗铝(法),铝化,蒸(发)铝.
alumino- 〔词头〕铝.
aluminocopiapite *n.* 铝叶绿矾.
alumino-ferric *n.* 铝铁剂.
alumino′graphy *n.* 铝板印刷术.
alu′minon *n.* 试铝灵,铝试剂,金精三羧酸.
alumino-nickel *n.* 铝镍合金.
aluminosil′icate *n.* 铝硅酸盐,硅酸铝. *sodium aluminosilicate* 硅酸钠,钠铝硅酸盐.
alumino-ther′mal *a.* 铝热的.
alu′minother′mic(al) [ə'lju:minou'θə:-mik(əl)] *a.* 铝热的. *aluminothermic method* 铝热剂焊接法. *aluminothermic welding* 铸焊,铝热剂焊接.
aluminother′mics *n.* 铝热法(剂).
alu′minothermy *n.* 铝热.
alu′minous [ə'lju:minəs] *a.* (含有)铝土的,(多)铝的,矾的. *aluminous cement* 矾土〔高铝〕水泥. *aluminous slag* 高铝炉渣.
alu′minum [ə'lju:minəm] = alumin′ium.
aluminum-cell arrester 铝(管)避雷器.
aluminum-group *n.* 铝族.
aluminum-steel cable 钢心铝电缆.
alu′miseal *n.*; *vt.* 铝密封.
alu′mite [ə'lju:mait] *n.* ①(表面有电解氧化膜的)防蚀〔防腐,耐酸〕铝,耐热(绝缘性)铝,(阳极)氧化铝膜(处理法),铝氧化膜 ② 明矾石. *alumite process* 氧化铝膜处理法. *alumite wire* 防蚀(耐酸)铝线.
alum′ni [ə'lʌmnai] *n.* alumnus 的复数.
alum′nus [ə'lʌmnəs] (pl. *alum′ni*) *n.* 毕业生,校友.
alumobetafite *n.* 铝贝塔石.
alumobritholite *n.* 铝铈磷灰石.
alumoeschynite *n.* 铝易解石.
alu′mogel *n.* 胶铝矾.
alumo-silicate *n.* 铝硅酸盐,硅酸铝.
alumstone *n.* 明矾石.
alumyte *n.* 铝土矿.
alun′dum [ə'lʌndəm] *n.* 刚玉〔石〕,(人造,电熔)刚玉,铝氧粉,(矾)三氧化(二)铝.
Aluneon *n.* 阿留尼翁镍,铝、锌、铜合金(一种铸造用轻合金,供发动机室用).
al′unite *n.* (俄)明矾石.
alunogel *n.* 胶铝矾.
alurate *n.* 阿尿酸盐〔酯〕.
alure *n.* 院廊,通(廊)道.
alurgite *n.* 淡云母.
alusil (alloy) 阿鲁西尔铝硅合金.
alvarolite *n.* (斜)铝锰矿.
alveated *a.* 槽形的.
alve′olar *a.* 气(肺)泡的,牙(工)槽的,蜂窝状的.
al′veolate ['ælviəlit] *a.* 蜂窝状的,有小窝的,有气泡的.
al′veolus ['ælviələs] (pl. *al′veoli* ['ælviəlai]) *n.* 小(蜂)窝,气(肺)泡,腔区,筒石,牙槽.
alveolusity *n.* 蜂窝.
al′veus ['ælviəs] (pl. *al′vei* ['ælviai]) *n.* 管;(海马)槽,海马白质;正常河床.
alvine *a.* 腹的,肠的.
alvite *n.* 硅铁〔铪〕钴矿,硅酸锆铪钍矿.

al′vus ['ælvəs] (pl. *al′vi*) *n.* 腹,腹脏.
alw = allowance 容差,公差,余量,间隙.
al′ways ['ɔ:lwəz] *ad.* 总是,一直,始终,永远地. ▲*almost always* 通常〔大致〕总是. *not always* 未必〔不一定〕总是.
ALY = alloy 合金.
alychn(e) *n.* 零亮度(平)面,零发光线.
Alzak aluminium 铝制金属反射镜.
Alzak method (制造铝反射镜的)电解光辉法.
Alzen 306 铝铜锌合金(铝 30～40%,铜 5～10%,其余锌).
am [æm] *v.* be 的第一人称单数现在式.
am = ①above-mentioned 上述的 ②aircooled motor 空气冷却式电动机 ③ampere-meter 安培计,电流表 ④amyl 戊基 ⑤ante meridiem 上午.
AM = ①add to memory 加到存储器内 ②air mail 航空邮件 ③amatol 硝铵,三硝基甲苯炸药 ④ammonium 铵,阿摩尼亚 ⑤amperemeter 安培计 ⑥amplitude 幅度 ⑦amplitude modulation 调幅,幅度调制 ⑧augular momentum 角动量 ⑨ante meridiem 上午 ⑩arithmetic mean 算术平均值 ⑪artium magister(拉)文学硕士 ⑫associative memory 相联(内容定址)存储(器) ⑬awaiting maintenance 等待维修 ⑭axiomesial 轴近中的,中轴的 ⑮meter-angle 米角.
Am = ① America 美国〔洲〕 ② American 美国的〔人〕,美洲的〔人〕 ③americium 镅.
AMA = ①Aeromedical Association 航空医学协会 ②American Medical Association 美国医学协会 ③Automobile Manufacturers Association 汽车制造商协会 ④automatic message accounting 自动通话(次数)计算.
amacrine *n.* 无足〔无长突〕细胞.
am′adou ['æmədu:] *n.* 黑火栗,火绒.
amagat *n.* 阿码(加脱)(在 0°C,1 大气压下气体的密度单位,=1 mol/22.4 dm³).
amal = ①amalgam 汞齐,汞合金 ②amalgamated 混汞的,汞齐化的 ③amalgamation 汞齐(化)作用,混汞法.
amal′gam [ə'mælgəm] *n.* ①汞齐〔剂,膏,合金〕(和)汞,与水银混合 ②(任何软的)混合物. *alloy amalgam* 合金汞齐. *amalgam test (ing)* 汞齐试验法,镁(铜)合金干裂检查法. *copper amalgam* 铜汞合金,铜汞齐. *mercury amalgam* 汞汞齐.
amal′gamate [ə'mælgəmeit] *v.* ①使与汞混合,混汞,(使金属)汞齐化 ②(使)混〔联〕合,(使)合并. *Amalgamated Society of Engineers* 工程师联合会.
amalgama′tion [əmælgə'meiʃən] *n.* ①汞齐化(作用),汞齐作用,混(和)汞(法),汞合 ②混合,(期刊)合并 ③混合物. *amalgamation in pans* 或 *pan amalgamation* 盘内混汞法. *plate amalgamation* 铜板混汞法.
amal′gamative *a.* 汞齐的,能混合的,合并的.
amal′gamator *n.* 汞齐器,(混汞)提金器,混汞(合)器.
amal′gam-exchange *n.* 汞齐交换.
amal′gamize *v.* 混汞,汞齐化.
Amalog *n.* 在钨铬钴合金中,以镍置换钴的合金.
amantadine *n.* 金刚胺,氨基三环癸烷.
amanuen′sis [əmænju'ensis] *n.* 抄录者,抄写员,书记,文书.

AMAR =antimissile array radar 反导弹阵雷达.
am'aranth n. ①苋(菜红),酸性红 ②苋紫(素),深紫色,紫红色.~ine a.
amaranthus n. 苋属.
amarantite n. 红铁矾.
amargosa n. 苦楝树皮.
amarmatic a. 碎屑注入(贯入)的.
AMARV = advanced maneuvering reentry vehicle 改进型机动重返大气层分弹头导弹.
amass' [ə'mæs] vt. 积聚[蓄],聚[堆]积,聚集.~ment n.
am'ateur ['æmətə:] n. 业余工作者,(业余)爱好者,外行. a. 业余的,爱好…的. amateur (frequency) band 业余波段. amateur film maker 业余电影摄师. amateur (radio) station 业余无线电台. radio amateur 无线电业余爱好者.
amateur'ish [æmə'tə:riʃ] a. 业余的,不熟练的,不完善的,浅薄的.~ly ad.
am'atol ['æmətɒl] n. 阿马图炸药,铵硝甲苯(硝酸铵80%,三硝基甲苯20%).
amausite n. ①礧石 ②奥长石.
amaze' [ə'meiz] vt. (使)大为惊奇,令(人) 惊愕. ▲be amazed at [by]对…大为吃惊.~dly ad.
amaze'ment [ə'meizmənt] n. 大为惊奇,惊愕. be filled with amazement 大为惊奇. in amazement 惊异[奇]地. to one's amazement 使…感到惊奇的是.
ama'zing [ə'meiziŋ] a. 惊人的,可惊的,无比的,惹人注目的.
ama'zingly ad. 惊人地,无比地,非常.
Am'azon ['æməzən] n. 亚马河.
Amazo'nia n. 亚马孙古陆.
Amazo'nian [æmə'zounjən] a. 亚马孙河(流域)的.
am'azonite 或 **am'azonstone** n. 天河石,微斜长石.
AMB = ①Arms bronze 兵器铝青铜 ②asbestos millboard 石棉麻丝板.
amb = ①amber 琥珀 ②ambient 周围的,环境的 ③ambulance 救护车,野战医院.
amb-〔词头〕
ambas'sador [æm'bæsədə] n. 大(专,特)使,使节 (at, in, to).
ambassado'rial [æmbæsə'dɔ:riəl] a. 大使(级)的.
ambas'sadress [æm'bæsədres] n. 女大(特)使.
ambatoarinite n. 碳酸锶铈矿.
am'ber ['æmbə] Ⅰ n. ①琥珀(色,色的,制的),淡黄色的 ②线状无烟火药(弹). Ⅱ vt. 使成琥珀色. amber glass 琥珀玻璃(加硫着色的玻璃). amber light 黄(琥珀)色灯. amber period (交通灯的)黄灯时间. amber ray filter 黄色滤色器(镜). carbon amber glass 琥珀有色)玻璃.
am'berglass n.
am'bergris ['æmbəgri:s] n. 龙涎香.
am'berite n. 琥珀炸药,灰黄琥珀,压缩琥珀膏.
am'berlite n. (苯酚甲醛)离子交换树脂. Amberlite IR-1〔IR-100〕离子交换树脂. Amberlite IR-4B〔IR-46〕弱碱性阴离子交换树脂. Amberlite IR-120 磺化聚苯乙烯阳离子交换树脂. Amberlite IRA-400〔IRA-410〕强碱性阴离子交换树脂. Amberlite IRA-401〔IRA-411〕多孔阴离子交换树脂. Amberlite IRC-60 羧酸阳离子交换树脂. Amberlite LA-1 十二碳烯胺萃取剂,液体阴离子交换剂. Amberlite LA-2 月桂胺萃取剂,液体阴离子交换剂.
am'berplex n. 离子交换膜.
am'berwood n. 酚醛树脂胶合板.
ambi-〔词头〕在周围,两边(侧),双,复.
ambiance =ambience.
am'bidex'ter n. ; a. ①左右手都善于使用的(人),两手同能(用)的(人) ②表里不一的(人),两面讨好的(人).
ambidexter'ity n. ①两手同能,左右手都善于使用的能力 ②表里不一,两面讨好.
ambidex't(e)rous [æmbi'dekstrəs] a. ①左右手都善于使用的,表里不一的,两面讨好的 ②非常灵巧(熟练)的.~ly ad.~ness n.
am'bience ['æmbiəns] n. 环境,周围,气氛,布景.
am'bient ['æmbiənt] Ⅰ a. ①周围的,环境的,外界的 ②环境的,包围着的,绕流的. Ⅰ n. ①环境,环境空间,(使能得到一定的压力或温度的)保护条件 ②包围物. ambient air 大气,周围空气. ambient condition 环境,周围条件. ambient field 背景场. ambient light 周围,外来)光. ambient light filter 中灰(保护)滤光片. ambient temperature 环境〔周围〕温度,室温.
ambigu'ity [æmbi'gjuiti] n. ①模糊(点,度),含糊(度,字),(意义)不明确,分歧 ; 错读 ②多〔二,歧〕义性,二(双)重性,双值(关)性,不定性,非单值性 ③双原子价,双化合价. ambiguity function 含糊(模糊度)函数. ambiguity resolving tone 模糊分辨测(距)音,解模测音. ambiguity surrounding …(关于…)情报的不明.
ambig'uous [æm'bigjuəs] a. ①(意义)含糊的,不明确的,模棱两可的 ②分歧的,歧义的,二义性的,双意义的 ③二价的,双原子价的. ambiguous case 分歧情况,歧例. ambiguous event 不明事例. ambiguous grammar 二义性文法. ambiguous symbol 歧义符号. ambiguous tracking 多值〔模糊〕跟踪.
ambilat'eral [æmbi'lætərəl] a. 在两边的 ; 两方面的.
ambiophonic system 立体混响系统.
ambiophony n. 环境立体声.
ambio'pia [æmbi'oupiə] 〔拉丁语〕 n. 复视.
ambiplas'ma n. 双极性等离子体.
ambipo'lar [æmbi'poulə] a. 二极的,双极(性)的.
ambipolar'ity n. 双极性.
ambisex'ual a. 雌雄同体的,两性的.
AMBIT = acronym may be ignored totally AMBIT 语言,一种用代数符号处理的程序设计语言.
am'bit ['æmbit] n. (常用 pl.)境界,范围[围],界线,轮廓,外形,周边.
ambit'ion [æm'biʃən] Ⅰ n. ①野心 (for 或 to +inf.) ②雄心,志气. Ⅱ vt. 妄想获得,渴望,切盼.
ambit'ious [æm'biʃəs] a. ①有野心的 ②有雄心的,豪迈的. be ambitious of [for]渴望得到.~ly ad.~ness n.
am'bitus n. 周边.
ambiv'alence n. 矛盾心理,两极化合能力.

ambiv′alent [æm′bivələnt] a. ①(对同一人、物、事)有矛盾心理的 ②相对等力的 ③矛盾情绪的.
amblo′ma [æm′bloumə] n. 流产.
amblo′sis [æm′blousis] n. 流产.
amblot′ic a. 使流产的,堕胎的.
am′bly- [′æmbli-] [词头] 钝,弱,不清楚.
amblyacou′sia [æmbliə′ku:siə] n. 听觉迟钝,弱视.
amblya′phia [æmbli′eifiə] n. 触觉迟钝.
amblygeu′stia [æmbli′gju:stiə] n. 味觉迟钝.
amblygonite n. (锂)磷铝石.
amblyku′sis [æmbli′ku:sis] n. 听觉迟钝.
am′blyope [′æmblioup] n. 弱视者.
amblyo′pia [æmbli′oupiə] n. 弱视,视力衰钝.
ambo- [æmbo-] [词头] 两, 复, 双, 两侧.
am′boceptor [′æmboseptə] n. 双受体,(细胞与补体间的)介体,溶血素,溶血抗体.
amboceptorgen n. 双受体原.
ambosex′ual a. 两性的.
ambra [拉丁语] n. 琥珀.
Am′brac [′æmbræk] n. 安白铜,铜镍合金(铜70%,镍30%),铜镍锌合金(铜75%,镍20%,锌5%,或铜65%,镍30%,锌5%).
am′brain [′æmbrein] n. 人造琥珀(绝缘塑料),龙涎香脂.
Ambraloy n. 铜合金.
ambrite n. 灰黄琥珀.
am′broid n. 人造〔安伯罗德合成〕琥珀.
ambroin n. 假琥珀,安伯罗因绝缘塑料. *ambroin cement* 假琥珀胶.
am′brotype [′æmbrotaip] n. 玻璃板照像.
am′bry [′æmbri] n. 橱〔食品〕柜,壁橱,书库,食品〔备膳〕室.
am′bulance [′æmbjuləns] n. 救护车(船,艇,飞机),野战医院,流动医院.
am′bulant [′æmbjulənt] a. 走〔流〕动的,不卧床的.
am′bulate [′æmbjuleit] vi. 走,步行,移动.
am′bulator n. 测距仪〔计,器〕.
ambulato′rium [æmbjulə′touriəm] n. (门)诊所.
am′bulatory [′æmbjulətəri] Ⅰ n. 回〔走〕廊,步道.
Ⅱ a. (适于)步行的,巡行的,变〔流〕动的,不定的,不卧床的.
am′bulet n. 流动救护车.
Ambursen dam 平板支墩坝.
ambuscade′ n.; v. 伏击(兵),打埋伏,设伏地点.
am′bush [′æmbuʃ] n.; v. 伏兵,埋〔设〕伏,伏〔狙〕击.
ambus′tion n. 灼伤,烧伤,烫伤.
ambutte-seed oil 黄薔薇油.
AMC =①Aerospace Manufacturers Council 航空航天空间制造(商)协会 ②automatic mixture control 自动混合控制(器).
Am Chem Soc =American Chemical Society 美国化学会.
AMD =①advance manufacturing directive (关于)制造(的)先期指示 ②air movement data 空(大)气运动数据.
AMDC =Army Missile Development Center 美国陆军导弹研制中心.
AMDR =advance missile deviation report 导弹偏差先期报告.
amdt =amendment 修正.
AME =angle measuring equipment 测〔量〕角装置.

AME COTAR =angle measuring equipment, correlation tracking and ranging system 测角装置,相关跟踪和测距系统.
ame′ba [ə′mi:bə] n. 阿米巴(变形虫).
amelanot′ic a. 无黑(色)素的,无色素的.
ame′lia [ə′mi:liə] n. 无肢(畸形),缺肢(畸形).
ame′liorate [ə′mi:liəreit] v. 改善〔良,进〕,修正,变好. *ameliora′tion* n. *ameliorative* a.
ame′liorator n. 改良者(物).
amenabil′ity [əmi:nə′biliti] n. 可控制〔处理,解决,测验〕(性),责任性,适应(性).
ame′nable [ə′mi:nəbl] a. ①有义务的,应负责的 ②顺(服)从的,可依照〔控制,处理,解决,测验〕的,经得起检验〔考查〕的,适合于…的(to) ③易处理的.
ame′nably [ə′mi:nəbli] ad. 负责地,服从地,服服贴贴地(to).
amend′ [ə′mend] v. 改善〔良,正〕,修正,订正,变更,更改.
amend′able [ə′mendəbl] a. 能改正的.
amende [æ′maind] [法语] n. 罚款,道歉,赔偿.
amend′ment [ə′mendmənt] n. ①修正〔改〕,改正〔善〕,变更,校正〔订〕,调准,校正数 ②调理〔改良〕剂 ③修正案 ④改良措施. *amendment advice* 修改通知书. *amendment commission* 修改手续费.
amends′ [ə′mendz] n. (pl.)赔偿. ▲*make amends to M for N* 赔(补)偿M的N,由于N向M道歉.
ame′nity [ə′mi:niti] n. 舒适,适宜;(pl.)愉快,乐事等.
amensalism n. 无害寄生.
a′ment [′eimənt] n. 智力有缺陷的人,精神错乱者,呆子.
amen′tia [ə′menʃiə] n. 精神错乱,精神发育不全,智力缺陷.
amen′tial a. 精神错乱的.
Amer =①America 美国,美洲 ②American 美国的〔人〕,美洲的〔人〕.
Amer Std =American standard 美国标准.
amerce′ [ə′mə:s] vt. 罚…款,惩罚. ~ment n.
amer′ciable a. 应罚款的.
Amer′ica [ə′merikə] n. 美洲,美国.
Amer′ican [ə′merikən] Ⅰ a. 美国的〔人〕,美洲的〔人〕. *American filter* 圆板过滤器. *American gauge* 美国量度规.
Amer′icanism [ə′merikənizəm] n. 美语〔式〕,美国习惯.
Americaniza′tion [əmerikənai′zeiʃən] n. 美国化.
Amer′icanize [ə′merikənaiz] vt. (使)美国化,(使)带美国腔.
americ′ium [æmə′riʃiəm] n. 【化】镅 Am.
americium-free a. 无镅的,不含镅的.
americyl n. 镅酰.
amer′ipol [ə′meripol] n. 人造橡皮(丁二烯共聚物).
amerospore n. 无隔孢子.
am′esdial [′æmisdaiəl] n. 测微仪,千分表.
ametabola n. 无变态类.
ametab′olous a. 不(无)变态的.
ametamorpho′sis n. ①不变态(形) ②不理会,凝神,凝思状态.
am′ethyst [′æmiθist] n. 【矿】紫(水)晶,紫石英,水碧.

amethys′tine [æmi′θistain] *n.*; *a.* 紫水晶,水碧,紫晶(质,色的),紫石英色的. *amethystine quartz* 紫晶.

ametryn(e) *n.* 莠灭净.

Amex = American Stock Exchange 美国证券交易所.

Amex flowsheet 胺萃提铀流程图.

AMF alloy AMF 镍铁耐蚀合金(镍 47～50%,碳 0.1～0.2%,锰 1～2%,其余铁).

AMG = automatic magnetic guidance 自动磁性制导.

amg = among 在…中间.

AMHF = amplitude modulation, high frequency 高频调幅.

AMHS = ①automated material handling system 自动化材料处理〔装卸〕系统 ②automatic message handling system 自动处理电报装置.

AMI = airspeed Mach indicator 空气流速马赫指示计.

amiabil′ity [eimjə′biliti] *n.* 友好,亲切.

a′miable [′eimjəbl] *a.* 和蔼的,友好的,亲切的,温和的. **a′miably** *ad.*

amianite *n.* 一种用石棉作填料的塑料.

am′iant [′æmiænt] 或 **am′ianth** 或 **amian′thine** [æmi′ænθain] 或 **amian′thinite** 或 **amian′t(h)us** 或 **amiantos** *n.* 石棉(绒,麻),细丝石棉.

amic *a.* 氨的,氨衍化的,酰氨的. *amic acid* 酰胺(基)酸.

amicabil′ity [æmikə′biliti] *n.* 友好(谊).

am′icable [′æmikəbl] *a.* 友好的,亲切的. *amicable number* 互满数. *amicable relations* 友谊关系. **am′icably** *ad.*

amicrobic *a.* 非微生物的,无菌的.

amicron(e) *n.* 次(亚)微(胶)粒,超微粒〔子〕(超倍显微镜不可见的,直径小于 10^{-7} cm).

amicroscop′ic *a.* 超显微镜的.

amid [ə′mid] *prep.* =amidst.

am′idable *a.* 可酰胺化的.

am′idase [′æmideis] *n.* 酰胺酶.

am′idate [′æmideit] *v.*; *n.* 酰胺化(物).

amida′tion *n.* 酰胺化(作用),成酰胺(作用).

am′ide [′æmaid] *n.* 酰胺,氨(基)化(合)物. *alkali amide* 氨基碱金属. *cyan amide* 氨基氰. *sulfanilic amide* (对氨基苯)磺酰胺.

amide-epoxy resin 酰胺环氧树脂.

am′idin [′æmidin] *n.* 淀粉在水中的透明溶液,淀粉溶素.

am′idine [′æmidi:n] *n.* 脒,淀粉溶素.

amidinothiourea *n.* 脒硫脲.

amido (gen) *n.* (酰)胺基,氨基. *soda amido* 氨基(化)钠.

am′idol [′æmidɔl] *n.* 阿米多尔,二氨酚显影剂.

amidol′ysis *n.* 酰胺解.

amidomethyla′tion *n.* 酰胺甲基化作用.

amidosulfuric acid 氨基硫酸.

amidpulver *n.* 酰胺粉,硝铵、硝酸钾、炭末炸药.

amid′ships [ə′midʃips] *ad.* 在(船的,机身)中部,在纵中线上.

amidst′ [ə′midst] *prep.* 在…(当)中,在…的包围中.

Amiesite *n.* 冷铺沥青石子混合料.

amietic lake 永久封冻湖.

amilan *n.* 聚酰胺(树脂,纤维).

am′inable *a.* 可胺化的.

am′inate [′æməneit] *v.*; *n.* 胺化(产物).

am′inated *a.* 胺化了的.

amina′tion [əmi′neiʃən] *n.* 胺化(作用),氨基化(作用).

amine′ [ə′mi:n] *n.* 胺. *amine aldehyde resin* 胺酚树脂. *amine cellulose* 氨基纤维素. *amine 9D-178* 十二碳烯胺萃取剂,液体阴离子交换剂. *amine 21F81* 乙戊基、乙辛基胺萃取剂,液体阴离子交换剂. *amine S-24* 双异丁二甲辛胺萃取剂,液体阴离子交换剂. *amine resin* 氨基树脂.

am′ino [′æminou] *a.* 氨基的. *amino acid* 氨基酸,胺酸. *amino resin* 氨基树脂.

amino- 〔词头〕氨基.

aminoac′etal *n.* 氨基乙缩醛.

aminoacetic acid 氨基乙酸.

amino-acid [æ′mi:nou′æsid] *n.* 氨基酸,胺酸.

amino-alcohol *n.* 氨基醇.

aminoben′zene [əmi:nou′benzi:n] *n.* 氨基苯,苯胺.

aminocarboxylic acid 氨基羧酸.

aminocel′lulose *n.* 氨基纤维素.

aminocyclitol *n.* 氨基环醇.

aminoeth′ane *n.* 氨基乙烷.

aminoeth′anol *n.* 氨基乙醇.

aminoethylcel′lulose *n.* 氨乙基纤维素.

aminoffite *n.* 铍黄长石,铵密黄石.

aminogen′esis *n.* 生氨作用,氨基之形成.

aminoglu′cose *n.* 氨基葡糖,葡糖胺.

amino-group *n.* 氨基.

aminoguanidine *n.* 氨基胍.

aminohexose *n.* 氨基己糖.

aminol′ysis [æmi′nɔlisis] 氨(基分)解,成氨分解.

aminomercura′tion *n.* 氨基汞化作用.

aminometh′yl *n.* 氨甲基.

aminomethyla′tion *n.* 氨解(作用),氨甲基化(作用).

aminonitrox′yl(ol) *n.* 硝基二甲苯基苯胺.

aminooc′tane *n.* 氨基辛烷.

aminopen′tane *n.* 氨基戊烷.

aminophenol *n.* 氨基(苯)酚.

aminopherase *n.* 转氨酶.

aminoplast [ə′mi:nəplæst] 或 **aminoplas′tics** *n.* 聚酰胺塑料,氨基塑料.

aminopropanol *n.* 氨丙醇.

aminosubstrate *n.* 氨基底物.

aminosugar *n.* 氨基糖.

aminosulfonic acid 氨基磺酸.

aminothiol *n.* 氨基硫醇.

amino-toluene *n.* 氨基甲苯,甲苯胺.

aminotranferase *n.* 转氨酶.

aminoxidase *n.* 氨基氧化酶.

aminozide *n.* 丁酰肼.

amiphos *n.* 【农药】敌磷.

amiss′ [ə′mis] *a.*; *ad.* 偏,歪,差错,错误地,有毛病(的),不适(恰)当(的),有碍事. ▲*be amiss with*…出了毛病. *come amiss* 不称心,有妨碍. *go amiss* 出岔子,不顺当,错. *not amiss* 不错〔坏〕. *take amiss* 见怪,误会.

amiton *n.* 【农药】胺吸磷.

amito′sis *n.* 无丝〔直接〕分裂.

amitrole n. 【农药】杀草强,氨三唑.
am'ity ['æmiti] n. 友好(关系).
AML =air mail letter 航空信.
amlure n. 【农药】诱虫酯.
AMM =anti-missile missile 反导弹导弹.
amm = ①amalgam 汞汞 ②ammonium 铵(基).
Amman [ə'mɑːn] n. 安曼(约旦首都).
am'meter ['æmitə] n. 安培计,电(流)表. *tong-type ammeter* 钳式安培计(电流表).
am'mine ['æmiːn] n. 氨络(物),氨(络)合物. *blue cupric ammine* 蓝色氨基铜. *nickel ammine* 镍氨络物.
am'mino n. 氨络. *ammino compound* 氨络(化合)物.
ammino-complex n. 氨络(合)物.
ammiolite n. 锑酸汞矿.
ammislite n. 锑汞矿.
am'mo ['æmou] n. 弹药,军火.
am'mogas n. 离解氨. *ammogas atmosphere* 离解氨气氛. *ammogas atmosphere generator* 离解氨气体发生器.
ammon =ammonia.
am'monal n. 阿芒拿硝胺、铝、炭炸药.
am'monate v. ; n. 氨合(物).
ammona'tion n. 氨合(作用).
ammon(-gelatin)-dynamite 铵(胶)代拿amy(炸药).
ammo'nia [ə'mounjə] n. 氨(水),阿摩尼亚. *ammonia dynamite* 硝氨炸药. *ammonia leak testing* 氨探漏试验. *ammonia nitrogen* 氨型氮. *ammonia soda* 氨法(制的)苏打〔碳酸钠〕. *ammonia spirit* 氨水. *aqueous ammonia* 氨水,氢氧化氨. *liquid ammonia* 液体氨,氨水. *synthetic ammonia* 合成氨.
ammo'niac [ə'mounjæk] n. 氨树胶,阿摩尼亚胶.
ammoni'acal [æmou'naikəl] a. (含,用,似)氨的,氨性的.
ammoni'acum n. 氨(树)脂,氨草胶.
ammonialyase n. 解氨酶.
ammoniameter n. =ammoniometer.
ammonia-N =ammonia-nitrogen 氨氮.
ammo'niate [ə'mounieit] Ⅰ n. 氨合(络)物,有机氨肥. Ⅱ v. 充氨,氨化,与氨化合.
ammo'niated [ə'mounieitid] a. 与氨化合的,充[含,加]氨的.
ammonia'tion n. 氨化(作用).
ammonibacte'ria n. 氨细菌类.
ammonifica'tion [əmounifi'keiʃən] n. 化氨(作用),氨化(作用),氨形成,(分解)成氨(作用),加氨(作用),生氨(作用).
ammo'nifier n. 氨化菌.
ammo'nifying [ə'mounifaiiŋ] n. ; a. 生氨(的),加氨(的).
ammoniogen n. 生氨剂.
ammoniogen'esis n. 生氨作用.
ammoniom'eter n. 氨量计.
am'monite ['æmənait] n. ①菊石,鹦鹉螺的化石 ②阿芒(硝石,硝铵二硝基萘)炸药.
ammo'nium [ə'mounjəm] n. 铵(基). *ammonium chloride* 氯化铵,卤砂,盐卤. *ammonium dihydrogen phosphate* 磷酸(氢二)铵(强导电体). *ammonium nitrate* 硝(酸)铵.

ammonizator n. 氨化剂,加氨剂.
ammono a. 氨溶的,属于氨(溶物)系的.
ammonobase n. 氨基金属.
ammonocarbonous acid 氢氧酸.
ammonol'ysis [æmo'nɔlisis] n. 氨解(作用).
ammonotelism n. 排氨(型)代谢.
ammonpulver n. 铵炸药,硝铵发射药.
ammophos n. 磷铵肥料.
ammophoska n. 氮磷钾肥.
ammoxida'tion n. 氨氧化反应(作用),氨解氧化(作用).
ammunit'ion [æmju'niʃən] n. 军火,弹药(量). vt. 供给弹药,装弹药(于). *inert ammunition* 慢(缓)燃弹药. *rocket ammunition* 火箭武器(弹药).
AMN =atomic mass number 原子质量数.
Amn =airman 飞行员,航空兵.
amne'sia [æm'niːsiə] n. 健忘症,记忆缺失.
amne'siac [æm'niːsiæk] n. 健忘症患者.
amne'sic a. 健忘的,遗忘的,失去记忆的.
amnestic a. 遗(健)忘的,引起遗忘的.
Am NIT =ammonium nitrate 硝酸铵.
AMO = ①advance material order (有关)器材的先期定单. ②air mail only 仅限航邮.
amoe'ba [ə'miːbə] (pl. *amoebae* 或 *amoebas*) n. 阿米巴,变形虫. *amoeba effect* 或 *amoeba attack* 阿米巴效应. **amoe'bic** a.
amoe'biform a. 变形虫状的,阿米巴状的.
amoe'bocyte n. 变形细胞.
amoe'boid a. 变形虫状的,阿米巴样的.
amoil n. 戊(基)油,用于高度真空泵的邻苯二甲酸戊酯,酞酸戊酯. *Amoil-S* S-戊基油,癸二酸戊酯.
among [ə'mʌŋ] prep. 在…之中(间),属…之列,是…之一,被…所环绕. ▲*among other M* 连同这个 M 一道. *A relatively large percentage of nonmetallic impurities serves, among other features, to distinguish wroughtiron from steel.* 锻铁中含非金属杂质的百分比相当大,这一点跟其它特征一道可用来区别锻铁和熟铁. *among others* 〔other things, many other things〕亦在其中,其中包括,这只是其中之一,除了其它许多东西之外(还),其中,尤其(还),格外. *among the rest* 其中之一,也在其中. *from among* 从…中.
amongst' [ə'mʌŋst] =among.
amorce' [ə'mɔːs] n. 点火药,起爆剂,引爆药.
amor(ph) =amorphous 无定形的.
amorph n. 无效等位基因.
amor'pha [ə'mɔːfə] n. 无定形,无晶形.
amor'phism [ə'mɔːfizm] n. ①非晶性(形),不结晶(性),无定形(性,现象),无结构性 ②无定向,无目的,杂乱.
amor'phous [ə'mɔːfəs] a. ①非晶(体,形,质)的,无〔不〕定形的,不〔非〕结晶的,无组织的,玻璃状〔质〕的 ②无一定方向〔目的〕的,乱七八糟的. *amorphous carbon* 非晶碳,无定形碳. *amorphous grain boundary theory* 晶粒间界非晶(理)论. *amorphous solid* 非晶体,无定形固体.
amor'phousness n. 非晶形态,无定形态.
amort' [ə'mɔːt] a. 死了似的,死气沉沉的. *amort winding* 制动线圈,阻尼绕组(线圈).

amortisation =amortization.

amortise =amortize.

amor'tisseur [ə'mɔːtizə] n. ①阻尼(缓冲)器,减震器 ②阻尼绕组(线圈) ③消音器.

amortiza'tion [əmɔːtiˈzeiʃən] n. ①阻尼,缓冲,衰减,减(消)振,消音,抑制,阻(防)止 ②熄灭 ③折旧,分期偿还,清偿. *amortization period* 偿债期,偿还期限. *mould amortization* 模型系固〔槽〕.

amor'tize [ə'mɔːtaiz] vt. ①阻尼,缓冲,减震,熄灭 ②分期偿还. *amortized depreciation* 分期偿还,折旧.

AMOS = ①automatic meteorological observing station 自动气象观测站 ②avalanche injection metal-oxide-semiconductor 雪崩注入金属-氧化物-半导体.

amosa asbestos 铁石棉.

am'osite n. 铁石棉(铁直闪石),长纤维石棉.

amotio n. 脱落,剥落. *amotio retinae* 视网膜脱落.

amount [ə'maunt] Ⅰ vi. 总(共,合)计,共达,相当于,等于,占(比例)(to). ▲*amount to little* 或 *not amount to much* 没有什么了不起,有限得很,没多大道理. Ⅱ n. ①合计,总数〔量、额〕,和 ②(数,数,分)量,大小 ③结果,效果 ④要旨,要点,总的意思,重要性,价值. *amount of agitation* 搅拌强度,搅拌量. *amount of air* 空气量. *amount of available memory* 可用存储空间. *amount of crown* 拱度〔高〕. *amount of deflection* 挠〔垂,变〕位〕度. *amount of gas evolved* 除气率,脱气量. *amount of inclination* (地层的)倾角,(井身的)斜率. *amount of information* 信息量. *amount of modulation* 调制率,调制度〔百分数〕. *amount of porosity* 孔隙度. *amount of yaw* 偏航量,偏航角值. *requisite amount* 需要量,规定量. *trace amount* 痕(微)量. ▲*a large* 〔*small, certain*〕 *amount of* 大(少,一定)量的. *an amount of* 相当的,适量的. *any amount* (*of*)任何数量(的),大量的. *be of little amount* 不重要,无价值. *in amount* 总之(计),结局. *in large* 〔*small*〕 *amounts* 大〔小〕量地,大〔小〕批地. *no amount of* 怎么〔再多〕也不. *No amount of washing will remove them.* 怎样洗也洗不掉. (*to*) *the* +*a. amount to* ...程度. *Many nuts and bolts must be tightened* (*to*) *the correct amount—not too little or too much.* 许多螺母和螺栓必须拧紧到适当的程度,不过松也不过紧. *to the amount of* 总数〔计〕达.

amount-of-change scale 等差尺度.

amoxy n. 戊氧基.

Amoy' [ə'mɔi] n. 厦门.

amozonolysis n. 氨(解)臭氧化反应〔作用〕.

AMP = ①adenosine monophosphate 一磷酸腺甙 ②muscle adenylic phosphoric acid 肌肉腺嘌呤核甙酸.

amp = ①amplification 放大 ②amplifier 放大器 ③average melting point 平均熔点.

amp(s) = ampere(s)安培(数).

amp hr = ampere-hour 安培-小时.

amp in = amplifier input 放大器输入端.

amp out = amplifier output 放大器输出端.

ampacity n. 载流量.

ampangabeite n. 铌钛铁铀矿.

AMPase n. 腺甙-磷酸酶.

Ampco n. 铝铁青铜.

Ampcoloy n. 耐蚀耐热铜合金.

am'perage ['æmpəridʒ] n. 安培数,电流量,电流强度.

am'pere ['æmpɛə] n. 安(培). *ampere density* 电流密度. *ampere meter* 安培计,电流表,安培米. *ampere turn law* 安匝数平衡〔相等〕定律. *ampere turns* 安(培)匝(数). *international ampere* 国际安培. *volt ampere* 伏安.

ampere-balance n. 安培秤.

ampere-capacity n. 安培容量.

ampere-conductors n. 安培导体(数).

ampere-foot n. 安培英尺.

ampere-hour n. 安(培小)时.

am'peremeter ['æmpəəmiːtə] n. 安培计,电流表.

ampere-minute n. 安(培)分.

ampere-second n. 安(培)秒,库仑.

am'pere-turn' ['æmpɛəˈtəːn] n. 安(培)匝(数).

am'pere-volt ['æmpɛəvoult] n. 伏安.

am'perite ['æmpɛərait] n. 镇流(电阻)器,镇流管,限流器,平稳灯.

amperometer =amperemeter.

amperomet'ric a. 测量电流的. *amperometric determination* 电流测定. *amperometric titration* 电流滴定法.

amperom'etry n. 电流分析(法),电流滴定法.

ampe'rostat n. 稳流器.

am'persand n. & 号(表示 and 的符号).

amph = amphibious 或 amphibian.

amphemera n. 每日热.

amphemerous a. 每日(发生)的.

amphenol connector 电缆接头,接线端子,线夹.

amphet'amine n. 苯异丙胺.

amphi- (词头) 两(种,边),对,双,在周围.

amphib'ia n. 两栖纲(类).

amphib'ian ['æmˈfibiən] n. ; a. ①两栖(类的,动物) ②水陆(水空)(两用)(的),飞机,坦克,车辆).

amphibianous =amphibious.

amphib'ious [æmˈfibiəs] a. 两栖的,水陆(水空)两用的,水陆两栖的,具有双重性的. *amphibious operations* 〔*warfare*〕两栖作战. *amphibious vessel* 登陆(两栖作战)舰艇. ~**ly** ad. ~**ness** n.

amphiblestro'des [æmfibles'troudiːz] n. 视网膜.

amphiblestroid a. 网状的,视网膜的.

am'phibole ['æmfiboul] n. (角)闪石,闪···岩.

amphiboleschist n. 闪片岩.

amphibolia [æmfiˈbouliə] n. 动摇期,不稳定(期).

amphibol'ic a. 无定向的,动摇的,不稳定的,预后未定的.

amphib'olite n. 闪岩.

amphibol'ogy [æmfiˈbɔlədʒi] n. 意义含糊〔不明〕,模棱两可.

amphibololite n. 火成闪岩,角闪石岩.

amphib'olous [æmˈfibələs] a. (意义)含糊的,模棱两可的,动摇的,不稳定的.

amphib'oly [æmˈfibəli] n. 意义含糊〔不明确〕,模棱两可.

am'phicar ['æmfikɑː] n. 水陆两用车.

amphicelous *a.* 两(边)凹的,两面凹陷的.
amphidip'loid *n.* 双二倍体.
amphidromic *a.* 转[无]潮的. *amphidromic center* 潮位不定点,潮流旋转中心.
amphidromos *n.* 转风点,转潮点.
amphi-form *a.* 跨位式的.
am'phigene *n.* 白榴石.
amphikaryon *n.* 双组核.
amphimix'is [æmfi'miksis] *n.* 有性生殖,杂交,两性融[混]合.
amphimor'phic *a.* 二重的.
amphinu'cleus *n.* 双组[中央]核.
amphi'on *n.* 两性离子. *colloid amphion*(胶态)两性离子.
amphiphat'ic *a.* 亲水亲油的.
amphiphil'ic *a.* 亲水亲油的.
am'phiphyte *n.* 两栖植物.
amphipoda *n.* 端足目.
amphi-position *n.* 跨位.
amphiprot'ic *a.* 两性的,有可以失质子也可以得质子的能力的.
am'phispore *n.* 抗旱[休眠]孢子.
am'phitheater 或 **am'phitheatre** ['æmfiθiətə] *n.* 圆形露天剧场,比赛场,大会堂,倾斜看台,看台式讲堂,半圆形的梯形楼座,【地】冰斗. **amphitheat'ric(al)** 或 **amphitheatral** *a.*
amphitrichous *a.* 两端鞭毛的.
ampho- [词头] 两(个,边).
amphodelite *n.* 钙长石.
amphogneiss *n.* 混合片麻岩.
ampholyte *n.* 两性电解质.
ampholytoid *n.* 两性胶体.
amphoph(ic) 或 **amphophilous** *a.* 双嗜性的,嗜两性的,中性的.
amphotere *n.* 两性元素.
amphoter'ic *a.* 两性的,同时有酸碱性或正负电荷的. *amphoteric colloid* 两性胶体.
amphotericin *n.* 两性霉素.
amphoterism *n.* 两性(现象).
amp-hr = ampere-hour 安(培小)时.
amphtrac *n.* 水陆履带牵引车.
amph-trk = amphibious truck 水陆两用载重汽车.
amphyl *n.* 酚衍生物.
Am Phys Soc = American Physical Society 美国物理学会.
Ampiltron *n.* 工业用 2856MC 直线加速器.
AMPINST = American Petroleum Institute 美国石油学会.
ampl = ①amplifier 放大器 ②amplitude 振幅,幅度.
am'ple ['æmpl] *a.* 广大的,丰富的,宽敞的,充分的,足够的,有余裕的,强大的. *ample flow* 丰水. *ample power*(强)大功率. ▲(be) ample for 足够,足以. *be of ample scope to* +inf. 对(做)是绰绰有余的. ~ness *n.*
am'plidyne ['æmpldain] *n.* 交磁放大机,(微场)电机放大器,直流功率放大器. *amplidyne generator* 放大(微场扩流)发电机,电机放大器,微场电流放大机.
amplifica'tion [æmplifi'keiʃən] *n.* ①放大(率,系数,倍数,作用),加强(系数),增强[幅,益],激励 ②扩大[张,充],膨胀 ③推广,详述. *amplification control* 增益控制.
amplif'icative [æm'plifikətiv] *a.* 放[扩]大的.
am'plifier ['æmplifaiə] *n.* 放大器(镜,机,杆],扩大[扩音,增音,增强,增幅]器,增幅剂. *amplifier in* 放大器输入端,接放大器端. *amplifier out* 放大器输出端. *amplifier section* 放大(器)部分. *amplifier stage* 放大极. *amplifier tube [valve]* 放大管. *head amplifier* 电路端脉冲波放大器. *pulse amplifier* 脉冲放大器. *resistance(-coupled) amplifier* 电阻耦合放大器.
amplifier-filter-recorder system 放大-滤波-记录系统.
amplifier-inverter *n.* 倒相放大器,放大器-倒相器,放大器-换流器.
amplifier-rectifier *n.* 放大整流器.
am'pli-fil'ter ['æmpli'filtə] *n.* 放大-滤波器.
am'plify ['æmplifai] *v.* ①放大,扩大[音],增强[幅],加强 ②充实,推广,详(细叙)述,引伸,作进一步阐述(on, upon). *amplified AVC* 放大式自动音量控制. *amplifying klystron* 放大速调管,速调放大管. *amplifying transformer* 放大用变压器. *have an amplifying effect* 起放大的作用.
ampli-rectifier *n.* 放大整流器.
amplisca'ler *n.* 百位标电路.
am'plistat ['æmplistæt] *n.* 自(内)反馈式磁放大器.
am'plitrans *n.* 特高频功率放大器(一种磁放大器).
am'plitron *n.* 增幅管,特高频功率放大管.
am'plitude ['æmplitjuːd] *n.* ①(振,波,摆)幅,幅度[角] ②射程,距离,范围,作用,半径,【天】(天体)出没方位角 ③广阔,充足,丰富. *amplitude gate* 振幅选通器,双向限幅器. *amplitude light modulater* 光调幅器. *amplitude limit* 振幅限制,限幅. *amplitude limiter* 振幅限制器,振幅限制器. *amplitude modulation* 振幅调制,调幅. *amplitude noise control gate* 噪声电平限幅器,噪声振幅控制门. *amplitude lopper* 限幅器,削波器. *amplitude of beat* 跳动(拍频)振幅,差(拍)振幅. *amplitude of oscillation* 振[摆]幅,振荡幅度. *amplitude of vibration* 振[幅],振峰. *amplitude peak* 最大幅度,幅峰. *amplitude quantizing* 振幅量化,幅度分层. *amplitude shift keying* 幅移键控,幅变调制. *amplitude stabilizer* 稳压[稳幅]器. *amplitude step time* 阶跃波时间,台阶延迟时间. *double amplitude*(正负峰间的)全幅(值),双幅. *peak-to-peak amplitude* 双(振)幅,正负峰间幅值,全部信号范围. *total amplitude* 双(摆,振)幅,(正负峰间)总幅值.
amplitude-comparison-monopulse technique 单脉冲比幅技术.
amplitude-controlled rectifier 幅控整流器.
am'plitude-distortion *n.* 振幅失真,波幅(幅度)畸变.
amplitude-frequency *n.* 振幅[幅度]频率. *amplitude-frequency distribution* 振幅频谱.
am'plitude-gating circuit 振幅选通电路.
amplitude-level measurement 振幅电平测试.
amplitude-limited *a.* 限幅的.
am'plitude-mod'ulated *a.* (已)调幅的,振幅调制的.
am'plitude-modula'tion *n.* 调幅,振幅调制.

amplitude-phase response 幅度相位响应.
amplitude-quantized control 幅度量化控制.
amplitude-quantizing tube 振幅量化管.
amplitude-response curve 振幅特性曲线.
amplitude-suppression ratio 幅度抑制比.
amplitude-versus-frequency curve (振)幅-频(率)特性曲线.
amplitude-vs-frequency distortion 幅度-频率畸变.
am′ply ['æmpli] *ad.* ①广大(泛)地 ②充足地,十分,详细地.
AM-PM coefficient 调幅-调相系数.
am′poul(e) ['æmpu:l] 或 **am′pul(e)** ['æmpju:l] *n.* 安瓿,针剂(瓶),细颈瓶,玻管,小玻璃瓶. *quartz ampoule* 石英管.
AMPP = advanced micro-programmable processors 高级微程序处理机.
AMPS = atmospheres, magnetospheres and plasmas-in-space 大气层,磁层和空间等离子区.
am′putate ['æmpjuteit] *vt.* 截断〔除〕肢,切〔删〕除,切断. **amputa′tion** *n.*
amputee′ [æmpju'ti:] *n.* 被截肢者.
AMR = ①advance material request 〔requirement〕(有关)器材的先期申请(要求) ②Atlantic Missile Range 大西洋导弹试验场 ③average minimum requirement 平均最小需要量.
AMRAC = Antimissile Research Advisory Council 反导弹研究咨询委员会.
AMRC = Army Mobility Research Center 美国陆军机动性研究中心.
AMREG = air mail regular 航空平信.
AMRI = Association of Missile and Rocket Industries 导弹与火箭工业协会.
AMS = ①Aeronautical Materials Specification 航空器材技术规格 ②American Mathematical Society 美国数学会 ③American Metallurgical Society 美国冶金学会 ④American Meteorological Society 美国气象学会 ⑤Appareillages et maériels de Servitudes S. A. (法)附件仪表器材公司.
AMSAM = anti-missile surface-to-air missile 面对空反导弹的导弹.
Amsco G 合成芳烃油溶剂.
AMSL = above mean sea level 平均海平面以上.
Am std = American Standard 美国标准.
Am′sterdam′ ['æmstə'dæm] *n.* 阿姆斯特丹(荷兰首都).
amt = amount 数量,值,总额,合计.
AMT prospecting system 声频磁大地电流勘探系统.
AMTBA = American Machine-tool Builders' Association 美国机床制造业协会.
AMTEC = automatic time element compensator 自动延时补偿器.
AMTI = ①airborne moving-target indicatory 机载活动目标自动显示器 ②automatic moving-target indicator 活动目标自动显示器.
AMTR = Atlantic Missile Test Range 大西洋导弹试验场.
am′track ['æmtræk] *n.* 履带式登陆车,水陆两用车辆,水陆两用履带装甲车.
AMU = ①antenna matching unit 天线匹配器 ②astronaut maneuvering unit 航天员机动设备 ③atomic mass unit 原子质量单位.

amuse′ [ə'mju:z] *vt.* 使…高兴〔感到有趣〕,逗…乐.
▲**be amused at** 〔by, with〕觉得…有趣〔好笑〕.
amuse′ment [ə'mju:zmənt] *n.* 兴趣,娱乐活动. *amusement hall* 娱乐厅. *amusement park* 公共游乐场. ▲**find much amusement in** 对…很有兴趣,很爱.
amu′sing [ə'mju:ziŋ] *a.* 有趣的,好笑的(to). ~**ly** *ad.*
amyg′dale *n.* 【地】气孔,气泡,杏仁子.
amyg′dalin *n.* 苦杏仁甙.
amyg′daloid Ⅰ *n.* 杏仁岩. Ⅱ *a.* 杏仁(状)的,扁桃似的.
amygdaloi′dal *a.* 杏仁(状)的,扁桃(似)的.
am′yl ['æmil] *n.* 戊(烷)基. *amyl alcohol* 戊醇. *amyl ester* 戊酯. *amyl ether* 戊(基)醚. *amyl hydrate* 戊醇. *amyl hydride* 戊烷.
amyla′ceous [æmi'leifəs] *a.* 淀粉(质,性,状)的,含淀粉的.
am′yl-acetate *n.* 醋酸戊酯.
amylacetylene *n.* 戊基乙炔,庚炔.
amylaceum *n.* 葡萄糖.
amylalcohol *n.* 戊醇.
amylamine *n.* 戊胺.
am′ylase *n.* 液化(淀粉)酶.
am′ylene [æ'mili:n] *n.* 戊烯,戊撑,次戊基.
amylic alcohol 戊醇.
amylidene *n.* 戊叉,亚戊基.
am′ylin ['æmilin] *n.* 糊精,淀粉不溶素.
amylis *n.* 戊基.
amylo- (词头)淀粉.
amylograph *n.* (淀粉)粘稠力测量器.
am′yloid ['æmiloid] Ⅰ *a.* 淀粉(状,质)的. Ⅱ *n.* ①淀粉状蛋白,类淀粉物,(硫酸)胶化纤维素 ②羊皮纸.
amylol′ysis *n.* 淀粉分解.
amylolytic *a.* (使)淀粉分解的.
amylomaltase *n.* 麦芽糖转葡糖基酶,淀粉麦芽糖酶.
amylomaltose *n.* 麦芽糖.
amylomyces *n.* 淀粉霉.
am′ylon *n.* (直)淀粉,糖原.
amylopec′tase *n.* 支链淀粉胶酶〔支链〕淀粉酶.
amylopec′tin *n.* 胶〔支链〕淀粉,淀粉粘胶质.
amylophosphatase *n.* 淀粉磷酸二酯酶.
amylophosphorylase *n.* 淀粉磷酸化酶.
amyloplast *n.* 淀粉(质)体.
am′ylose *n.* (直)链淀粉.
amylosis *n.* 谷物症,蛋白样变性.
amylosucrase *n.* 淀粉蔗糖酶,蔗糖葡糖基转移酶.
am′ylum *n.* 淀粉.
amyradiene *n.* 白檀二烯.
amyranol *n.* 香树烷醇.
amyrenone *n.* = amyrone.
am′yrin *n.* 香树脂素,香树精.
amyrone *n.* 白檀酮.
an [æn, ən] *art.* (不定冠词)见 a(在元音开头的单词前用 an).
AN = ①acid number 酸值 ②acrylonitrile 丙烯腈 ③Air Force-Navy 空军-海军 ④air natural (cooled) 自然空气冷却 ⑤ammonium nitrate 硝铵 ⑥Army and Navy 或 Army-Navy 陆(军和)海军 ⑦arrival

notice 到货通知 ⑧atomic number 原子序数.
AN connector 标准连接器.
An = ①actinon 锕射气 ②atnenium 墙(即 einsteinium 锿 Es) ③anodal 阳极的,正极的 ④anode 阳极,正极.
An = ①annealed in nitrogen 氮气中退火 ②normal atmosphere 标准大气压.
an = ①above-named 上述的 ②annual 年度的,周年的 ③anode 阳[极].
an- 〔词头〕缺,无,非.
ANA = ①Air Force-Navy Aeronautical 空军-海军航空的 ②All Nippon Airways 全日本航空公司 ③Army-Navy Aeronautical 陆军-海军航空的.
ana = in equal quantities of each 各自等量.
ana- 〔词头〕上,后,向上,向后,再,类似,过度,过多,经过,沿着.
anabacte'ria n. 预防菌苗,(甲醛处理的)细菌溶解物.
anabasine n. 新烟碱.
anab'asis [ə'næbəsis] n. 增able期,远征.
anabat'ic [ænə'bætik] a. ①上升(气流)的,上滑的 ②加重的,加剧的.
anaberra'tional a. 消像差的.
anabiont n. 常年结实(花果)植物.
anabjo'sis n. 回生,复苏,恢复知觉,间生态.
anabohitsite n. 铁橄苏辉岩.
anabolic process 组成过程.
anab'olism n. 组(合)成代谢.
an'abranch n. 汊河,河岔,交织支流,小河道网,再会流侧流,再流入主流的支流.
anacamptic sound 回声〔音〕.
anachron'ic [ænə'krɔnik] 或 **anachronis'tic(al)** [ənækrə'nistik(əl)] 或 **anach'ronous** [ə'nækrənəs] a. 记时错误的,时(年)代错误的.
anach'ronism [ə'nækrənizəm] n. 记时〔时代,年代〕错误,弄错年代,过时〔时代不符〕的事物.
anacid a. 酸缺乏的,无酸的,微酸的.
anacid'ity n. 酸缺乏(症),微酸.
anaclasis n. 光反〔折〕射,反〔折〕射作用.
anaclastactics n. 屈光学.
anaclas'tic [ænə'klæstik] a. 屈折的,由折射引起的.
anacli'nal a. 逆斜的.
anacline n. 正倾斜.
anaclit'ic [ænə'klitik] a. 依靠的,依赖的.
anacom = analog computer 模拟计算机.
anacou'sia [ænə'ku:siə] n. 聋,听觉缺失.
anacou'stic a. 隔〔防,微〕音的.
anacroa'sia [ænəkro'eiziə] n. 失听解能,听解不能.
anad'romous a. 溯河(性)的,上行的,向上的.
anad'romy n. 溯河〔上行〕.
anae'mia [ə'ni:mjə] n. 贫血(症).
anae'mic [ə'ni:mik] a. (患)贫血症的.
anaemot'rophy n. 血液滋养不足.
ana'erobe [ə'neiəroub] n. 厌氧(气)菌,厌氧(气,嫌)气〔微〕生物. *facultative anaerobes* 兼性厌氧微生物. *obligate anaerobes* 专性厌氧微生物.
anaero'bia n. anaerobion 的复数.
anaero'bic [æneiə'roubik] a. 厌(绝,不需)氧的,厌气的,嫌气(性)的. *anaerobic culture* 厌氧培养. *anaerobic sediments* 缺氧沉积. ~ally *ad*.
anaero'bion (pl. *anaero'bia*) n. 厌氧菌,厌气〔嫌气〕微生物.
anaerobio'sis n. 厌〔缺,绝,乏〕氧生活.
anaerobiot'ic a. 厌氧(生活)的,嫌气的.
anaerophytobiont n. 嫌气土壤微生植物.
anaesth'a)e'sia [ænis'θi:zjə] n. 麻醉(法),失去知觉,麻木.
anaesthet'ic [ænis'θetik] n. 麻醉剂. a. 麻醉的.
anaesthetisa'tion 或 **anaesthetiza'tion** n. 麻醉,失去知觉.
anaes'thetise 或 **anaes'thetize** vt. 使麻醉,施以麻醉剂.
ANAF = Army-Navy-Air Force 陆-海-空军.
anafront n. 上升锋(面),上推锋(面).
anagalactic a. 银河系外的,河外的.
anagen n. 生长期.
anagen'esis [ænə'dʒenisis] n. 新生,再生.
anagenet'ic a. 新生的,再生的.
anagenite n. 铬华.
an'aglyph ['ænəglif] n. 立体影片,立体彩色照片,补色(彩色)立体图,浮雕(像,装饰). ~ic a.
anaglyphoscope n. 观看立体影片〔彩色立体图〕用眼镜.
anaglyp'tic a. 浮雕(装饰)的.
anago'ge [ænə'goudʒi] n. 理想精神,神秘的解释.
anagog'ic [ænə'gɔdʒik] a. 理想精神的,神秘的.
anago'gy [ænə'goudʒi] n. 理想精神.
anagotox'ic a. 抗毒(作用)的.
an'agraph n. 处方,药方.
anakinetomere n. 高能体.
anakinetomer'ic a. 高能的.
anaku'sis [ænə'ku:sis] n. 聋.
a'nal ['einəl] a. 肛门的.
anal = ①analogy 类似 ②analysis 分析,解析.
analagmat'ic a. 自反的.
Analar *pure analar* 伦琴射线光谱分析纯净的.
analbite n. 歪长石.
analbumine'mia n. 无清蛋白血,血清〔内〕白蛋白缺少症.
analci(di)te 或 **analcime** n. 方沸石.
analec'tic a. 选集的.
an'alects 或 **analec'ta** n. 文选,选集,语录.
analem'ma n. 赤纬时差图,地球仪上刻有8字的尺度.
analep'sia [ænə'lepsiə] n. 回苏,苏醒,兴奋,复原(壮).
analep'sis n. 痉愈,复原.
analep'tic [ænə'leptik] Ⅰ a. 复原的,强壮的,提神的. Ⅱ n. 回苏(兴奋,强壮,复原)剂.
analgecize vt. 使无痛,止痛.
analge'sia [ænæl'dʒi:zjə] n. 无痛,痛觉丧〔缺〕失,止痛(法).
analge'sic [ænæl'dʒi:sik] 或 **analget'ic** [ænæl'dʒetik] Ⅰ n. 止〔镇〕痛药剂. Ⅱ a. 止痛的,痛觉缺失的.
analge'sist [ænæl'dʒi:sist] n. 麻醉师.
analgia æ'nældʒiə n. 痛觉缺失,无痛.
anal'gic a. 痛觉缺失的,无痛感的.
anallatic Ⅰ n. 光学测远机. Ⅱ a. 测距的. *anallatic lens* 测距透镜,移准距点透镜. *anallatic point* 准复点. *anallatic telescope* 视距望远镜.
analler'gic a. 非过敏性的,非变应性的.
anallobar n. 增压区,气压上升区.

Analmat'ic n. 自动检查分析装置.
analog =analogue.
analog-digital converter 模拟-数字转换器.
analog/hybrid computer programming 模拟与混合计算机程序设计.
analog'ic(al) [ænə'lɔdʒik (əl)] a. 类〔相〕似的,模拟的,比拟的,类推的. *analogical reasoning* 类比推论. ~**ally** ad.
anal'ogism n. 类比推理,类比法.
anal'ogize [ə'nælədʒaiz] v. (用)类推(法说明),比喻.
anal'ogous [ə'næləgəs] a. 类〔相〕似的,类比的,模〔比〕拟的,同功的. *analogous column* 比拟柱. *analogous pole* 热正极. *analogous transistor* 类比晶体管. ▲(*be*) *ana-logous to* 与…类似的,类似余. ~**ly** ad.
analog-regenerative connection 模拟再生连接.
analog-to-digital a. 模拟-数字的,模拟信息变数字信息的. *analog-to-digital convertor* 物理量-数字转换器,模拟(信息)-数字(信号)转换器. *analog-to-digital programmed control* 程控模-数转换.
analog-to-frequency converter 模拟-频率〔电压-频率〕变换器.
analog-type a. 模拟式的.
an'alogue ['ænəlɔg] n. ①类〔相〕似(物),类比,比拟 ②模拟(量,行为,装置,设备,系统,计算机) ③相对应的人,对手. *analogue circuit* 模拟〔等效〕电路. *analogue computer* 模拟计算机. *analogue computing system* 模拟〔连续计算〕装置. *analogue distributor* 模拟量分配器. *analogue divider* 模拟〔连续式〕除法器. *analogue equation solver* 方程模拟解算器〔机〕. *analogue filter* 模拟(信息)滤波器. *analogue input* 模拟(电压)输入. *analogue line driver* (模拟计算机用)功率驱动器. *analogue quantity* 模拟过程的物理量. *analogue result* 模拟(试验)结果. *analogue scaling* 定模拟比例因子. *analogue simulation* 连续过程的模拟,相似模拟. *analogue to time to digital* 模拟-时间-数字(转换). *analogue transistor* 类比晶体管,与三极电子管特性相似的晶体三极管. *analogue voltage* 模拟连续变化电压. *structural analogue* 结构模拟.
anal'ogy [ə'nælədʒi] n. ①类比,相似(性,形) ②模(比)拟,类推(比),〔数〕等比 ③同功(器官),后加演化. *direct analogy* 直接模拟. *electrical analogy* 电模拟. *forced analogy* 牵强附会. *impedance-type analogy* 阻抗型类比. ▲*analogy between M and N* M 和 N 间的相似(性). *analogy of M to* 〔*with*〕 *N* M 和 N 类似. *bear* 〔*have*〕 *analogy to* 〔*with*〕 *M* 与 M 有相似之处. *by analogy* 照此类推,同样,用类推法. *by analogy with M* 从 M 类推,照 M 来推论. *in a rough analogy* 大致类似地. *in* 〔*the*〕 *closest analogy to M* 与 M (极其)相似的. *on the analogy of M* 从(根据) M 类推,照 M 来推论.
an'aloids n. 试剂片.
analo'sis [ænə'lousis] n. 消耗,萎缩.
an'alysable ['ænəlaizəbl] a. 可以分析(解)的,可解析的,分解得了的.

an'alyse =analyze.
an'alyser =analyzer.
anal'yses [ə'næləsi:z] analysis 的复数.
anal'ysis [ə'næləsis] n. (pl. *anal'yses*) n. 分析(法,学),分解,解析(法,学),研究,验定. *aerodynamical analysis* 空气动力分析(计算). *analysis by elutriation* 淘析法. *analysis by titration* 滴定(分析)法. *analysis filter* 分光滤色片. *analysis of variance* 方差分(解)析,离散分析. *analysis pass*(程序)分析遍. *analysis situs* 拓扑(学). *circuit analysis* 线〔电〕网路分析. *Fourier analysis* 傅里叶分析(变换),谐量分析,展成傅里叶级数. *image analysis* 图像分析,析像. *matrix analysis* 矩阵分析(运算,计算法). ▲*in the last* 〔*final*〕 *analysis* 总之,毕竟,(归根)到底.
an'alysor ['ænəlaizə] n. 分析器(体).
an'alyst ['ænəlist] n. 分析(工作)者,系统分析专家,分析(化验)员.
analyst-programmer n. 程序分析(人)员.
an'alyt ['ænəlit] n. 分析几何(学),分析化学.
anal'yte n. (被)分析物.
analyt'ic(al) [ænə'litik (əl)] a. 分(解,可)析的,分解的. *analytical balance* 分析天平. *analytic geometry* 解析几何. *analytical spectrometer* 频谱分析仪.
analyt'ical-func'tion n. 解析函数.
analyt'ically [ænə'litikəli] ad. 分析上. *analytically pure* 分析纯.
analytic'ity [ænəli'tisiti] n. 分析性,解析性.
analyt'ics [ænə'litiks] n. 分析学,解析法,逻辑分析的方法.
an'alyze ['ænəlaiz] vt. 分析,(分析)研究分解,解析. *analyzing crystal* 分光晶体,析射晶. *analyzing film* 分光膜,电极分析器. *analyzing filter* 分光滤色片. *analyzing spot* 扫描光点. ▲*analyze M for N* 对 M 作 N 方面〔成分〕的分析. *analyze M into N* 把 M 分解成 N.
an'alyzer ['ænəlaizə] n. ①分析器〔仪,镜,程序〕,测定器,解析器 ②(分)析机 ③试验器,试验装置,数据分析机,试验资料处理仪 ③检偏〔振〕器〔镜〕,分光镜 ④模拟装置 ⑤分析员〔者〕 ⑥分析程序(的程序)〔仪. *analyzer electron tube* 光电显像管. *complex plane analyzer* 复平面分析器,矢量分析计算器〔计算装置〕. *differential analyzer* 解微分方程的积分器. *digital differential analyzer* 数值积分器,解微分方程的数值计算机. *electrical network analyzer* 电模拟机,计算台,电路(电网络)分析器. *electronic engine analyzer* 发动机故障电子探测仪. *lexical analyzer* 词法分析程序. *mass analyzer* 质谱(分析)仪. *micropolar analyzer* 测微偏振棱镜. *polarization analyzer* 检偏振镜. *polaroid analyzer* 偏振片式检偏振器. *production analyzer* 产品缺陷记录仪. *set analyzer* 接收(通信)机式(检)验器. *sonic analyzer* 声波探伤仪,声波分析仪.
analyzer-controller n. 分析控制(调节)器.
anamesite n. 细玄岩,中粒玄武岩.
anamne'sis [ænæm'ni:sis] n. ①回忆,回想,想起 ②

病历,既往病史,既往症,备忘录.
anamnes'tic [ænæm'nestik] *a.* ①记忆的 ②既往病史的,病历的 ③抗体再生的.
anamor'phic *a.* 合成(变质)的.
anamor'phism *n.* 合成(复化)变质.
anamor'phoscope *n.* 歪像校正镜,像畸变校正镜.
anamor'phose *n.* 变形,失真,图像变形(畸变).
anamor'phoser *n.* 失真透镜.
anamor'phosis [ænəˈmɔːfəsis] *n.* ①变形(态,体),失真,歪像,像畸变,畸形 ②渐(变)进(化),生物进(演)化,发育.
anamorphot'ic *a.* 变形的,失真的,歪像的,像畸变的.
ananaphylaxis *n.* 抗过敏性.
ananastasia *n.* 起立不能.
anancasm *n.* 重复行为.
anancas'tia *n.* 强迫状态(行为).
anancas'tic *a.* 强迫性的.
anan'dia *n.* 语言不能,失语症.
anapausis *n.* 催眠.
anapeiratic *a.* 过度使用的.
anaperia *n.* 残缺,残毁.
anapetia *n.* 血管扩张.
anaphalanx *n.* 暖锋面.
an'aphase *n.* (细胞)分裂后期.
anaphia *n.* 触觉缺失.
anaphore'sis *n.* 阴离子电泳,电泳升液.
anaphylac'tia *n.* 过敏性病,变应性病.
anaphylac'tic *a.* 过敏(性)的.
anaphylac'tin *n.* 过敏素.
anaphylac'toid *a.* 过敏样的,类过敏性的.
anaphylatox'is *n.* 过敏毒素反应.
anaphylax'is *n.* 过敏性.
anaphysis *n.* 回复.
anaplas'tic *a.* 整(补)形术的,还原成形术的.
an'aplasty *n.* (还原)成形术,整(补)形术.
anaplero'sis *n.* 回补,(组织)补复(作用).
anapnom'eter *n.* 肺量计,呼吸量计.
anar'chic(al) [æˈnɑːkik(əl)] *a.* 无政府(主义)的,反常的.
an'archism [ˈænəkizəm] *n.* 无政府主义,混乱,恐怖.
an'archy [ˈænəki] *n.* 无政府状态,混乱.
anarith'mia *n.* 计算不能.
anar'thria [ænˈɑːθriə] *n.* 口吃,口齿不清.
anar'throus *a.* 口吃的.
anaseism *n.* 背震中.
anastal'sis [ænəˈstælsis] *n.* 止血(作用).
anastaltic Ⅰ *n.* 止血药. Ⅱ *a.* 收敛止血的.
anas'tasis [əˈnæstəsis] *n.* ①恢复,复原 ②体液逆流.
anastate *n.* ①恢复,复原 ②补偿 ③同化产物 ④合成代谢物质(状态).
anastat'ic [ænəˈstætik] *a.* ①凸字(版)的,锌版术的 ②复原的,补偿的.
anas'tigmat [æˈnæstigmæt] *n.* 消(去)像散透镜,消像散镜组.
anastigmat'ic *a.* 消(去)像散的,无散光的,正像的.
anastig'matism *n.* 消像散性.
anas'tole [əˈnæstəli] *n.* 收(退)缩,退后,缩回.
anas'tomose [əˈnæstəmouz] *v.* (使)吻(接,融,联)合,接通,交叉合流. *anastomosed stream* 网状河. *anastomosing drainage* 交织水系,排水网.
anastomo'sis [ənæstəˈmousis] (pl. *anastomo'ses*)

n. 吻(融,接,愈)合,交(联)接,接通,网结,交叉合流.
anastomot'ic *a.* 吻(联)合的,接通的.
anastroph'ic *a.* 反向的,可逆的.
anat. = ①anatomical 解剖学的 ②anatomy 解剖学.
an'atase *n.* 锐钛矿.
anatectic earthquake 深源地震.
anatexis *n.* 深熔(作用),再熔(作用).
ana'tion *n.* 引入阴离子作用.
anatom'ic(al) [ænəˈtɔmik(əl)] *a.* 解剖(用,学上)的,组织的,构造上的. ~**ally** *ad.*
anat'omist *n.* 解剖学家,解剖(剖析)者.
anat'omize 或 **anatomise** [əˈnætəmaiz] *vt.* 解剖,分(解,剖)析.
anat'omy [əˈnætəmi] *n.* 解剖(学,模型),分解(析)的,组织,构造,人体,骨胳.
anatox'in *n.* 变性毒素,减(类)毒素.
ANATRAN = analog translator 模拟变换器.
anatroph'ic *n.* ; *a.* 防衰剂的.
anau'dia *n.* 听觉缺失.
anautogenous *a.* 非自生的,非自体产卵的.
ANB = Army-Navy-British Standard 英国陆海军标准.
ANBS = armed nuclear bombardment satellite 带核弹的卫星.
anbury *n.* 根肿病,软瘤.
ancaster stone 棕灰色粗纹石灰石.
an'cestor [ˈænsistə] *n.* ①祖先(宗) ②最初效应(现象) ③原始粒子.
ances'tral [ænˈsestrəl] *a.* 祖先的,祖宗传下的. *ancestral rivers* 古代河系.
an'cestry [ˈænsistri] *n.* 祖先,世系,家谱.
anchi-eutectic *a.* 近共融(结)的.
an'chor [ˈæŋkə] Ⅰ *n.* ①锚,锚着钢筋 ②铰钉(链),固定器 ③拉桩(线) ④支座,支撑点(物) ⑤(泥心)吊钩,钩子 ⑥电枢,衔铁 ⑦垫(动)片 ⑧固定凹,固定环 ⑨紧急制动器. Ⅱ *v.* ①抛锚,停泊 ②锚定(接,固,紧(加)固,(使)固定,栓(系,定)住,粘连(结)上 ③稳定 ④【化】碇系. *anchor block*(定螺)块,地下横木. *anchor bolt* 锚(定螺)栓,地脚[基础,系紧]螺栓. *anchor buoy* (下)锚(浮)标,系泊浮筒. *anchor capstan* 起锚绞盘. *anchor core* 衔铁心. *anchor ear* 拉耳环. *anchor escapement* 锚形擒纵轮. *anchor eye* 锚孔. *anchor gap* 火花隙. *anchor gear* 起锚设备. *anchor ice* 底冰. *anchor insulator* 拉桩绝缘子,拉线隔电子. *anchor mixer* 锚式搅动(混合)器. *anchor pin* 锚固定(固定,连接)销. *anchor plate* 地基(基础)(金属),系定,锚定)板. *anchor ring* 锚环,(圆)环面. *anchor stone* 底碇. *anchor strut* 拉桩(线)支柱. *anchor wire* 锚索,桩线,(灯丝)的支持线. *anchored filament* 固定灯丝. *anchored radio sonobuoy* 锚泊无线电声纳浮标. *anchored suspension bridge* 锚定式悬桥. *anchoring strength* 锚定(接)强度. *base anchor* 地脚板. *bearing anchor* 轴瓦固定螺钉. *brake anchor* 闸瓦支持件. *cathode anchor* 阴极锚(电子管阴极零件之一),阴极支架. *guy anchor* 拉线桩. *kedge anchor* 小锚. *ram anchor* 油缸联结锚. *sheet anchor* 备用大锚. ▲**anchor one's**

hope in 〔on〕把希望寄托在…上. *anchor M to N* 把M固定到N上. *be* 〔lie, ride〕*at anchor* 停泊着, 抛着锚. *cast* 〔drop, let go〕*anchor* 抛锚. *come to* (*an*) *anchor* 停泊〔罩〕, 抛锚. *weigh anchor* 起锚〔动〕.

an′chorage ['æŋkəridʒ] *n.* ①抛锚〔地〕, 锚泊〔地〕, 锚泊, 碇泊〔处〕, 停泊〔处, 所〕②锚具〔头, 墩〕③锚窝〔窟〕, (铰钉, 锚式)固定(术), 镶齿固定法, 拉牙 ④死支座, 固定支座 ⑤【化】碇系. *anchorage clip* 紧固夹. *anchorage pier* 锚墩. *anchorage stone* 底砾. *anchorage stress* 锚固应力.

an′chor-ground *n.* 锚地.

an′chorite *n.* ①带状闪长岩 ②磷酸锌铁矾.

an′chorman ['æŋkəmæn] *n.* 现场新闻报导员(广播电视讨论),主持人.

anchor-shaped *a.* 锚形的.

anchylo- 〔词头〕①弯曲 ②粘连.

an′chylose ['æŋkilouz] *v.* 胶合(起来).

a′ncient ['einʃənt] Ⅰ *a.* ①古(代)的,远古的 ②旧式的,老式的. *ancient relics* 古迹. Ⅱ *n.* 老人. *the ancients* 古人, 古代民族. ~*ly ad.*

a′ncientry *n.* 古代, 古风.

ancil′lary [æn′siləri] Ⅰ *a.* 辅助的,附属的(to),次要的, 备用的, 补充的, 副的. Ⅱ *n.* 辅助设备, 助手. *ancillary attachment*(替用)附件. *ancillary electronics* 外围〔外部〕电子学. *ancillary equipment* 辅助〔外围, 外围〕设备. *ancillary lens* 附加(透)镜. *mill ancillaries* 轧钢车间辅助设备.

ancip′ital [æn′sipit] *a.* 二头的,二边的.

ancistroid *a.* 钩状的.

an′con ['æŋkən] *n.* ①肘(托),肘状支柱〔突出部〕,悬臂托梁,肱木 ②河(渠)弯(道).

ancona ruby 红水晶.

anco′na *a.* 肘的.

anco′neal *a.* 肘的.

ANCOVA =analysis of covariance 协方差分析.

ancylite *n.* 碳酸锶矿.

ancylo- 〔词头〕①弯曲 ②粘连.

ancymidol *n.* 【农药】嘧啶醇.

ancyroid *a.* 锚(钩)状的.

and¹ [ænd, ənd] *conj.* ①和, 与, (以)及, 加, 并且, 而(且), (而)又, 兼. *tools and speed, feed, and depth of cut* 刀具和切削速度、进给及深度. *a hundred and one books* 一百零一本书. *speak loud and clear* 说话声音洪亮而清晰. *Six and four make*(*s*) *ten.* 六加四等于十. *Air has weight and occupies space.* 空气具有重量并且占有空间 ②(然后)就, 便. *Try hard, and you will work the nut loose.* (只要)使点劲, 你便能把这螺母拧松. ③(表示连续, 反复) *years and years* 许许多多年. *many and many a time* 一次又一次. *better and better* 愈来愈好. *trial and error* (*method*) 试凑法, 累试法. ④ (在 come, go, try 之后,等于 to) *go and see* = go to see 去看. *try and do* = try to do 试做. ⑤(在句首或一段的开头)于是,那末,而(且),并且,同时,当然则. *And now something more happens.* (于是)这时又出现了一种现象. ▲*and all* 还有其它等等. *and all that* 等等, 以及其它, 诸如此类. *and all this* 而且. *and Co.* =*and Company*＝ Co. ＝&. Co. (某某)公司. *and*/*or* 和(或), 和/或, 与(或), 与/或. *take M and*/*or N* 取M和/或N(或取M, 或取N,或二者都取). *and others*(以及其它)等等. *and so* 因此, 从而. *and so do* (*they*) (他们)也是如此. *and so forth* 或 *and so on* (*and so forth*)或 *and the like* 或 *and the rest* 或 *and what not* 等等, 诸如此类. *and that* 而且. *and then* 其次, 然后, 于是就. *and yet* 可是, 然而.

AND² [ænd] *n.; v.*【计】与(计算机中逻辑运算的一种,或称逻辑乘法). *A AND NOT B gate* A与B非门, 禁止门. *AND bridge* "与"型桥接. *AND circuit* "与"(门)电路. *AND element* "与"元件, "与"门. *AND gate* "与"门(电路, 脉冲), "与"(逻辑)线路, 重合电路. *AND logic* "与"逻辑(电路). *AND NOT gate* "与非"门, 禁(止)门. *AND output* "与"输出, "与"值. *AND tube* "与"门管. *AND unit* "与"元件, "与"门, "与"单元. ▲*be ANDed with M* 同M进行逻辑乘,同M"与"起来, 同M成"与"的关系.

AND ＝Army-Navy design 陆军和海军批准的设计.

And ＝Andromeda 仙女座.

andalusite *n.* 红柱石.

andanite *n.* 硅藻土.

ANDAS = automatic navigation and data acquisition system 自动导航和数据汇集系统.

AND-circuit *n.* "与"(门)电路, 符合电路.

AND-connection *n.* "与"连接.

AND-element *n.* "与"元件, "与"门.

anderbergite *n.* 铈锆锆矿.

an′dersonite *n.* 水钠钙铀矿, 水碳酸钠铀矿.

An′des ['ændi:z] *n.* 安第斯山(脉).

andesine *n.* 中长石.

andesine-andesite *n.* 中长安山岩.

andesine-anorthosite *n.* 中长斜长岩.

andesinite *n.* 中长岩.

an′desite *n.* 安山岩. **andesit′ic** *a.*

andesite-tuff *n.* 安山凝灰岩.

AND-function *n.* "与"作用(功能).

AND-gate *n.* "与"门(电路, 脉冲).

andhi *n.* 旱季流性尘暴.

ANDing *n.* 进行"与"操作, "与"作用.

AND-NAND-OR-NOR *n.* "与-非-或-非或.

AND-operation *n.* "与"操作.

AND-operator *n.* "与"算子.

AND-OR *n.* "与或".

AND-OR-AND *n.* "与或与".

AND-OR-INVERTER *n.* "与或非"(逻辑).

AND-OR-NOT gate "与或非"门.

Andor′ra [æn′dɔrə] *n.* 安道尔.

andr- 〔词头〕男, 雄.

andradite *n.* 钙铁榴石.

andro- 〔词头〕男,雄.

an′drocyte *n.* 雄细胞.

androgamete *n.* 雄配子.

an′drogen ['ændrədʒen] *n.* 雄(性)激素.

androgen′esis *n.* 雄核发育.

androg′ynous *a.* 雌雄同丝的.

androlep′sis [ændrə′lepsis] *n.* 受孕.

Androm′eda n. 仙女(星)座. *Andromeda tube* 安多美达彩色显像管.

andros′pore n. 雄配子.

androst- 〔词头〕.

andros′tene n. 雄(甾)烯.

androste′none n. 雄(甾)烯酮.

andros′terone n. 雄(甾)(烯)酮.

AND-to-OR function "与-或"作用.

AND-tube n. "与"门管.

an′ecdote [ˈænikdout] n. 轶事. **anecdotic(al)** 或 **anecdotal** a.

anecho′ic [æneˈkouik] a. 无回声的,无反响的,消声的. *anechoic chamber* 〔room〕消声室,无回音室,吸音室. *anechoic studio* 短混响的播音室.

anelastic′ity [ænilæsˈtisiti] n. 内摩擦力,滞弹性.

anelec′tric [æniˈlektrik] I a. 不能摩擦起电的物体,不可电解的,无电性的. II n. ①不能摩擦起电的物体,非电化体 ②导体(线).

anelec′trode [æniˈlektroud] n. 正(阳)电极.

anelec′trolyte n. 非电解质.

anelectrot′onic a. 阳极(电)紧张的.

anelectroto′nus n. 抑激态,阳极(电)紧张.

anematize vt. 使贫血,致贫血.

ane′mia [əˈni:miə] n. 贫血(症).

ane′mic [əˈni:mik] a. (患)贫血(症)的,无力的,衰弱的,无精神的.

anemium n. 【化】铜 Ac.

anemize vt. 致贫血,使成贫血.

anemo- 〔词头〕.

anemobarom′eter [ænimobəˈrɔmitə] n. 风速风压计(表).

anemobi′agraph 或 **anemobi′ograph** [ænimoˈbaiəgræf] n. 风速风压记录器,(自记)风压表(仪,计),压管风速计.

anemochore n. 风播植物.

anemocinemograph n. 电动风速(记录器),风速自记器.

anemocli′nograph [ænimoˈklainəgræf] n. 风斜计,风速风向仪(表).

anemoclinom′eter n. 风斜表,铅〔垂〕直风速表.

anemodispersibil′ity n. 风力分散率.

anemofica′tion n. 风力化.

anem′ogram [əˈneməgræm] n. 风力自记曲线,风速记录表(图).

anem′ograph [əˈneməgrɑ:f] n. (自记)风速计,风力分记录仪,自记风速表,风力自记曲线(器). ~**ic** a.

anemog′raphy n. 测风学.

anemol′ogy [æniˈmɔlədʒi] n. 风学.

anemom′eter [æniˈmɔmitə] n. 风速计(表,器),风力计.

anemomet′ric [ænimoˈmetrik] a. 测定风力的,测定风速和风向的.

anemomet′rograph [ænimoˈmetrəgrɑ:f] n. 记风仪,风向风速风压记录仪.

anemom′etry [æniˈmɔmitri] n. 风速和风向测定法(测速术),测风(速和风向)法.

anemoph′ily n. 风媒.

anemoplank′ton n. 风浮生物.

anemorumbom′eter n. 风向风速表.

anem′oscope [əˈneməskoup] n. 风速仪,风速计(仪),风速风向指示器,测风器.

anemostart n. 风动起动器.

anemostat n. (暖气或通风系统管路中的)稳(恒)流管,扩散管.

anemot′rophy n. 血液滋养不足.

anemovane n. (接触式)风向风速仪.

anempei′ria n. 经验丧失,经验利用不能.

anener′gia n. 精力不足.

anepithy′mia n. 食欲不振.

anero′bic =anaerobic.

an′eroid [ˈænərɔid] n.; a. ①无液〔空盒〕气压表,(无液的)膜盒气压表(计),真空气压盒,无液晴雨表 ②(真)空(膜)盒,膜盒 ③无液的,不湿的,不用液体的,不装水银的. *aneroid battery* 干电池. *aneroid chamber* 〔cell〕真空膜盒,气压计盒. *aneroid manometer* 无液压力计. *aneroid mixture control* 燃绕混合物组份自动调节器.

aneroid-altimeter n. 无液测高计,无液〔膜盒〕高度表.

aneroidogram n. 空(膜)盒气压曲线.

aneroidograph n. 无液(自动)气压器,空(膜)盒气压计.

ane′sis [əˈni:sis] n. 缓和,缓解.

anesthe′sia n. 失去知觉,麻醉症,麻痹〔木〕.

anesthet′ic =anaesthetic.

anes′thetize =anaesthetize.

anet′ic a. 弛缓的,缓和的,止痛的,减轻的.

aneuploid n.; a. 非整倍体,非整倍的,非倍数染体的.

aneuploidy n. 非整倍体.

aneu′ria [əˈnu:riə] n. 精力不足,脑力衰弱.

aneu′ric [əˈnu:rik] a. 精力不足的,脑力衰弱的.

aneu′rosa n. 无力的,松弛的.

anew′ [əˈnju:] ad. 重新,再,又,另.

ANF =anchored filament 固定灯丝.

anfo explosive 铵油炸药.

AN/FO 硝铵燃料油(炸药),铵弗.

anfractuos′ity [ænfræktjuˈɔsiti] n. 弯曲的(路,的河流,的沟渠),曲折,纡曲,错综,脑沟.

anfrac′tuous [ænˈfræktjuəs] a. (多)弯曲的,迂回的,错综的.

ANG/ANL/R-O =angle analog read-out 角模拟读出.

angei- 〔词头〕血管.

angeial a. 血管的.

angeio- 〔词头〕血管.

a′ngel [ˈeindʒəl] n. ①天使 ②寄生目标,假目标 ③(低空由于飞鸟等引起的)杂散反射,(低大气层内)干扰反射,雷达反射波,仙波,异常回波.

angelica-tree n. 楤木.

an′ger [ˈæŋgə] I n. (愤)怒,气愤. II vt. 使生气,激怒.

angi- 〔词头〕血管,管.

angio- 〔词头〕血管,管.

angiocardiog′raphy n. 心血管描记法.

angiocardiop′athy [ændʒiokɑ:diˈɔpəθi] n. 心血管病.

angiograph n. 脉搏描记图.

angiog′raphy n. 脉搏描记术,血管照相术.

angiom′eter n. 脉搏计.

angioneurosin n. 硝化甘油.

angioplast n. 原生质体.

angioscintiphotog′raphy n. 血管闪烁照相(术).

angioscle′rosis [ændʒiosklɪəˈrousis] n. 血管硬化.

angiosclerot′ic a. 血管硬化的.

angiosperm *n.* 被子植物.

angiospermae *n.* 被子植物门,被子植物亚门.

an'gle ['æŋgl] Ⅰ *n.* ①角(度,铁,钢,材,形物),隅 ②【矿】对角(交叉)平巷 ③观点,方面,情况. Ⅱ *a.* 角形的,(倾)斜的. Ⅲ *v.* 使…形成角度,使转一角度,转变角度,倾斜,歪曲. *acute* [*sharp*] *angle* 锐角. *angle adjustable spanner* 弯头活络扳手. *angle bar* [*iron*] 角铁〔钢〕. *angle beam* 对角支撑(杆),角钢梁. *angle bend* (角形)弯管,角形接头. *angle blanking* 角座标照明. *angle block* 角铁,弯板. *angle* (*block*) *gauge* 角(度)块规,量角器(规),角度[倾斜]计. *angle bracket* 角铁(托架),角撑架,角形撑铁. *angle branch* [*pipe*] 弯[时]管. *angle bulb iron* 球头角钢. *angle centrifuge* 斜角离心机. *angle check valve* 直角止回[单向]阀. *angle clip* 角卡. *angle cutter* (斜)角铣刀,角铁(钢)切断机,圆锥指形铣刀. *angle gauge block* 角(度块)规,量角器(规),角度[倾斜]计. *angle gear* 斜交轴[两轴线非直交的]伞齿轮. *angle guide* 斜(角)导轨. *angle head* 弯头. *angle indicator* (转)角指示器. *angle iron* 角铁〔钢〕. *angle lap* 磨角. *angle measuring* 量角,角度测量. *angle meter* 测角器,倾斜计. *angle* (*moulding*) *press* 压角ક机,压(弯)弧机. *angle of arrival* 入射(电波)到达,弹道到达)角. *angle of coverage* 像场[视界]角. *angle of dip* 倾入(射,磁倾)角. *angle of hysteresis advance of phase* 磁滞超前相角. *angle of lag* 移(落,滞)后角. *angle of lead* 移〔超〕前角,导程[领先,前置]角. *angle of sides* (孔型)侧壁斜角. *angle planing* 斜面刨削,斜削法. *angle plug* 弯曲插头. *angle protractor* 量(斜,分)角规,分度规. *angle reflector* 角形反射器〔反射天线〕. *angle roll* 角度矫正机. *angle scale* 角度盘,角度标尺,摄像角的标度. *angle scraper* 带角度(蜗漩形)刮刀〔板〕,弯头刮刀. *angle shears* 剪角铁机,角钢,剪切机. *angle shot* 侧侧面镜头,角度拍摄. *angle splice* (角型)鱼尾板. *angle splice bar* (角形)鱼尾板,制造连接板用的异形部材. *angle tee* 分路,分叉. *angles back to back* 角背间距,背靠背组合的角钢. *angling hole angle* 钌炮眼. *crank angle* 曲柄角. (*die*) *exit angle* 模孔出口喇叭锥角. *equal angle* 等边角钢. *lug angle* 节点板上的短角钢,轮胎花纹角. *obtuse angle* 钝角. *right angle* 直角. *rolled angle* (轧制)角钢. *unequal angle* 不等边角钢. *valve seat angle* 阀座斜角,气门座锥角. ▲*angle a camera* (摄像时)对角度. *at a different angle* 从不同的角度. *at an angle* 斜地,成一定角度,以某一角度. *at an angle of θ to* [*with*] M 与 M 成 θ 角度. *at right angles to* [*with*] M 与 M 成直角,与 M 垂直. *cross at right angles* 相交成直角. *from all* [*various*] *angles* 从各个(各种不同的)角度. *make an angle of θ with* M 与 M 成 θ 角. *meet at right angles* 相交成直角. *take the angle* 测角度. *the angle included between*… 间的夹角.

an'gle-bar *n.* 角铁〔钢〕.

an'gle-bend'er *n.* 钢筋弯折机.

angle-bulb *n.* 球缘角钢.

angle-cross-ties *n.* 角钢横系杆.

an'gle-cut *n.* (接头部份的)斜切口.

an'gled ['æŋgld] *a.* (有)…角的,成角度的. *angled deck* 斜角甲板. *angled loop antenna* 角状环形天线. *angled no-zzle* 倾斜〔定角安装的〕喷管.

angled-anode tube 阳极偏斜的电子束管.

angle-data *n.* 角度数据.

angle(d)-iron *n.* 角铁〔钢〕.

angledozer *n.* 铲土机,侧铲〔斜铲〕,万能,侧推式,能斜向推土的)推土机.

an'gledozing *n.* 侧铲推土.

an'gle-gauge ['æŋglgeidʒ] *n.* 角(度块)规,量角器,角度[倾斜]计.

angle-index potentiometer 示角电位计.

angle-lapped cross-section 磨角截面.

angle-off *n.* 偏角,提前角,角提前量.

an'gle-off'set (*method*) 夹(差)角法.

an'gle-ped'estal-bear'ing *n.* 斜(托架)轴承.

angle-phase-digital converter 轴角-相移-数字转换器.

an'glesite *n.* 硫酸铅矿,铅矾.

anglesobarite *n.* 北投石.

an'gle-table *n.* 牛腿,托座,角撑架,承托.

angle-to-digit converter 角度-数字转换器.

angle-track servo 天线角度控制伺服系统.

angleworm *n.* 蚯蚓.

An'glice ['æŋglisi] [拉丁语] *ad.* 用英语.

An'glicism ['æŋglisizəm] *n.* 英国习惯,英国人的说法.

an'glicize ['æŋglisaiz] *vt.* 英国[语]化,译成英文. *anglicized statement* 英文陈述.

Anglo-American *a.* 英美的.

an'glophone *n.* 以英语为母语的人.

An'glo-Sax'on ['æŋglouˈsæksən] *n.* ; *a.* 盎格鲁撒克逊人(的).

Ango'la [æŋˈgoulə] *n.* 安哥拉.

an'gor ['æŋɡɔː] *n.* 绞痛,极度痛苦.

an'grily ['æŋɡrili] *ad.* 愤怒地,生气地.

an'gry ['æŋɡri] *a.* 愤怒的,生气的. ▲*be* [*get*] *angry at* [*about*] 因…而发怒〔生气〕. *be* [*get*] *angry with* M (*for* N) 生 M 的气(因为做了 N). *get angry* 生气,发怒. *make angry* 使生气.

ångˈstrom ['æŋstrom] 或 **Ångˈstromunit** ['æŋstrəmjuːnit] *n.* 埃 Å (光线或辐射线波长单位, $= 10^{-10}$ m).

angual'ity *n.* (骨料的)积角度.

an'guclast *n.* 角碎屑.

an'guine ['æŋɡwin] *a.* (像)蛇的.

an'guish ['æŋɡwiʃ] *n.* (极度)苦痛,苦恼. *v.* (使)感到极度痛苦,(使)苦恼. ▲*be in anguish* 感到痛苦. ~*ed a.*

an'gular ['æŋɡjulə] *a.* 角(形,状)的,(有,成)角度的,有(尖,棱,斜)角的,斜(角,面)的,倾斜的,多角的,用角度量的. *angular advance* 角提前. *angular altitude* 高(度)角,平炮. *angular aperture* 孔径角,开(像)角,天线张角,天线角开度,方向图宽度. *angular bevel gear* 斜交伞齿轮. *angular brackets* 尖括号. *angular contact* 斜(角连)接. *angular* contact (ball) bearing 向心上推径轴承. *angular brush* 倾斜电刷. *angular coverage* 扇形作用[扫描扇面]区,覆盖角. *angular cutter* (斜角(铣))刀,角钢切断机. *angular field* 视场(野,界),像角. *angular field of view* 视界角,(摄影机)视角范围. *angular force* 角(偏)向力. *angular fracture* 斜面断口. *angular grain* 尖[有棱]角颗粒. *angular height* 高低角. *angular instrument* 测角仪. *angular (milling) cutter* 斜角〔角度〕铣刀. *angular minute* 角分＝(1/70度). *angular misalignment* 角度误差[失准]. *angular modulation* 角度调制,调角. *angular moment* 角矩,旋转力矩. *angular momentum* 角(转)动量,动量矩. *angular motion* 角(转运)动. *angular second* 角秒(＝1/70 角分). *angular sector* 扇形角. *angular separation* 方向夹角,角间距. *angular speed* 角速度,转速. *angular surface* 斜面. *angular table* (工具机上的)三角桌. *angular thread* 三角螺纹. *angular velocity* 角速度〔频率〕. *angular wheel slide* 斜置砂轮(滑)座.

angular'ity [æŋgju'læriti] n. 尖,棱角,成角度,有角性,曲角[弯曲,翘曲]度,斜(倾)度,曲率. *angularity measurement* 角因素测量. *pass angularity* (菱形)孔型的顶角.

an'gular-momen'tum quan'tum num'ber 角[轨道矩]量子数.

angular-motion n. 角位移.
angular-movement n. 角位移.
angular-spread beam 发散束.
an'gulate ['æŋguleit] I a. 有(成)角的,角状的. II v. (使)成角形,(使)具棱角,改变角度. ~ly ad.
angula'tion [æŋgju'leiʃən] n. ①(形成)角度,成角度安装,测角 ②扭曲.
an'gulator n. 角投影器,变角器(仪).
angulom'eter n. 测(量)角器,量角仪.
an'gulus (pl. *an'guli*) n. 角.
anh ＝anhydrous 无水的.
anha'phia [æn'heifiə] n. 触觉缺失.
anharmon'ic [ænhɑː'mɔnik] a. 非调和的,非谐(振)的,非简谐的. *anharmonic force* 非谐力. *anharmonic oscillator* 非简谐波振荡器. *anharmonic ratio* 交(重)比,非调和比.
anharmonic'ity n. 非(简)谐性.
anharmonism n. 非谐振.
anhe'dral [æn'hiːdrəl] n. (机翼的,水平安定面的)正上反角的. n. 下反角的,劣(锐)角的.
anhedritite n. 硬石膏,无水石膏.
anhedron n. 劣(他)形晶.
anhela clamosa 百日咳.
anhela'tion [ænhə'leiʃən] n. 气促,呼吸困难.
anhelous a. 气促的.
anhemolyt'ic a. 不(非)溶血的.
anhidro'sis [ænhi'drousis] n. 无汗(症).
anhidrot'ic a. n. 止汗的,止汗药.
anhydr- (词头)脱水,去水,无水.
anhydr- ①anhydride 酐 ②anhydrous 无水的.
anhydrase n. 脱水酶. *carbonic anhydrase* 碳酸脱水酶.

anhydra'tion [ænhai'dreiʃən] n. 干化,脱水,失水,不含水.
anhy'dride [æn'haidraid] n. (酸)酐,脱水物. *columbic (niobic) anhydride* 五氧化二铌,铌酐. *silicic anhydride* 硅(酸)酐,二氧化硅. *sulfurous (acid) anhydride* 亚硫(酸)酐,二氧化硫. *zirconium anhydride* 二(氧化)锆,锆酸酐.
anhydridisa'tion 或 **anhydridiza'tion** n. 酐化作用.
anhy'drite [æn'haidrait] n. 硬(无水)石膏,硫酸钙矿.
anhydro- (词头)脱水,无水.
anhydrobiosis n. 间生态.
anhydroglu'cose n. 葡萄酐.
anhydrone n. 无水高氯酸镁(强干燥剂).
anhy'drous [æn'haidrəs] a. 无水的. *anhydrous period* 无水期.
anhydrovi'tamin n. 脱水维生素.
anhyetism n. 缺雨性(区).
anhypnia n. 失眠(症),不眠症.
anhypno'sis [ænhip'nousis] n. 失眠症,不眠症.
Anhyster n. 铁镍磁性合金.
anhystere'sis n. 无磁滞.
anhysteret'ic [ænhistə'retik] n.; a. 无磁滞(效应的)磁化,无磁滞的,非滞后的.
ANI ＝automatic number identification 发信号码的自动识别装置.
anianthus n. 白色细纤维石棉.
anicut n. (灌溉)小坝,堰.
anidea'tion n. 无观念,联想力缺乏.
anidous a. 无体形的.
an'il ['ænil] n. ①靛蓝 ②缩苯胺.
an'ilide n. 酰替苯胺.
an'iline ['ænilin] n. 【化】苯胺,阿尼林,生色精,酰油(青). I a. 苯胺的. *aniline furfural* 糠醛苯胺. *aniline nitrate* 硝酸苯胺. *aniline point* 苯胺点,苯胺溶液临界温度(同体积的石油燃料与苯胺刚好能够混合的最低温度). *aniline printing* 曲面(双色)印刷. *aniline resin* 苯胺树脂.
aniline-formaldehyde resin 苯胺甲醛树脂.
aniline-furfural n. 糠醛苯胺.
anilino- (词头)苯胺基.
aniloplast n. 苯胺塑料.
anilite n. 液态二氧化氮汽油炸药.
anilol(e) n. 酒精苯胺混合物(一种高辛烷值汽油的掺合组份).
anilonium n. 苯胺锇.
anils n. 缩苯胺,苯胺衍生物.
an'ima ['ænimə] n. ①生命,灵魂,精华 ②精神,精力 ③药物之有效成分.
animadver'sion [ænimæd'vəːʃən] n. 批评(判),指(谴)责,责备(on).
animadvert' [ænimæd'vəːt] v. 批评(判),指(谴)责(on).
an'imal ['æniməl] n.; a. 动物(的),(野)兽(的). *animal agriculture* 畜牧(产)业. *animal by-product* 动物副产品. *animal chamber* 动物试验容器. *animal charcoal* 骨炭. *animal electricity* 动物电. *animal husbandry* 畜牧(学,业). *animal industry* 畜牧业,畜牧

经营. *animal kingdom* 动物界. *animal matter* 动物的有机残留物质. *animal oil* 动物油. *animal resin* 动物树脂. *animal transport* 兽(力)运,驮载(运).
animal'cule n. 微型动物.
an'imal-drawn a. 兽力(拖曳)的.
animal'ity [ˌæniˈmæliti] n. ①动物界 ②兽性,动物性.
an'imalize vt. (使纤维)动物(羊毛)化. *animalized fibre* 动物(羊毛)化纤维. **animalization** n.
an'imate I [ˈænimeit] vt. 使有生气,赋于生命,鼓舞,激励. II [ˈænimit] a. 有生命的,生气勃勃的. *animate nature* 生物界,动植物界. *animated caption* 特技字幕. *animated cartoon* (drawing, film, picture)动画(美术)片. *animated discussion* 热烈的讨论.
animatic projector 字幕放映机.
anima'tion n. ①生气,活泼,生动,生机 ②假动作,活动性(在电视中用机械装置使无生命物体显出运动),特技,动画(卡通)片(制作). *animation camera* 特技摄像机. *animation timing* 动画片(特技)同步. *suspended animation* 假死,晕厥;生活暂停,生机停顿. ▲*with animation* 生动地,活泼地.
an'imator n. 鼓舞者,动画(卡通)片绘制者.
an'imé [ˈænimei] (法文) n. 硬树脂,芳香树脂,矿树脂.
Animikian system (元古代)安尼米基系.
animi resin 硬树脂,珀珀树脂.
animikite n. 铅银砷镍矿.
an'imism n. 万物有名论.
animos'ity [ˌæniˈmɔsiti] n. 仇恨,憎恶,敌意(against, towards).
an'imus [ˈænimos] n. ①仇恨,憎恶,敌意(against) ②意向,意图 ③基本态度,主导精神.
an'ion [ˈæn(a)iən] n. 阴(负)离子,阳向离子. *anion (exchange) resin* 阴离子交换树脂.
anion-adsorption n. 阴离子吸附.
anion-containing a. 含阴离子的.
anion-exchange n. 阴离子交换(的).
anion-exchanger n. 阴离子交换剂(器).
anion'ic a. ; n. 阴(负)离子的,阴离子型.
anionite n. 阴离子交换剂.
ani'onoid I a. 阴离子的. II n. 类阴离子. *anionoid recombination* 阴离子催化聚合.
anionot'ropy n. 阴离子移变(现象),阴离子交换位置的互变(异构)现象,向阴离子性.
anis- (词头)不同(等,均),参差,非等同.
anisal'dehyde n. 茴香醛,甲氧(基)苯甲醛.
anisallobar n. 非等等压线.
aniscam'phor n. 茴香樟脑.
aniseikon n. (侦察物质缺陷、裂缝、变形的)侦疵光电装置,电子照相仪(显微仪,显像计),目标移动电子显示器.
anisentrop'ic a. 非等熵的.
anisidide n. 甲氧基苯酰磺胺.
anisidine n. 甲氧基苯胺.
aniso- = anisotropic 异向性的.
aniso- = anis-.
anisobar'ic [ˌænaisouˈbærik] a. 不等压的.
anisoelas'tic [ˌænaisouiˈlæstik] a. 非(等)弹性的,

anisoelastic'ity n. 非等弹性,非各向弹性.
anisogamate n. 异型配子.
anisog'amy n. 异配生殖,配子异型.
an'isol n. 苯甲醚,茴香醚,甲氧基苯.
anisomer'ic a. 非(同质)异构的.
anisom'eter n. 各向异性测量仪.
anisomet'ric [ˌænaisouˈmetrik] a. 非(不)等轴的,不等容(角,周)的.
anisometrop'ic eye 屈光参差(变常)眼.
anisospore n. 异型孢子.
anisother'mal [ˌænaisəˈθəːməl] a. 非等温的.
anisoton'ic a. 非(不)等渗的,异渗的,张力及强度不等的.
anisotrop'ic [ˌænaisouˈtrɔpik] a. 各向异性(不匀)的,非均质的,异向性的,重折光性的.
anisotrop'ically ad. 非均质地,各向异性(不匀)地.
anisotropic-orthotropic a. 正交各向异性的.
anisotropisa'tion n. 各向异性化作用.
anisot'ropism n. 各向异性,非均质(匀)性.
anisot'ropy [ˌænaiˈsɔtrəpi] n. 各向异性(现象),非均质性(现象),有(异)向性. *magnetic anisotropy* 磁性异向.
anisylacetone n. 【农药】诱虫酮.
anisylidene acetone 亚大茴香基(代)丙酮.
An'kara [ˈænkərə] n. 安卡拉(土耳其首都).
ankerite n. 铁白云石(母),铁镁白云石.
an'kle [ˈæŋkl] n. 踝(关节).
ankylosing a. 强直性的,关节强直的.
ankylo'sis n. 关节强直(硬).
ANL = ①anneal 退火 ②Argonne National Laboratory 阿贡国立实验室 ③automatic noise limiter 自动噪声限制器.
anlys = analysis 分析.
ANN = annunciator 信号器,指示仪器.
ann = annals 年报(表).
Annaba n. 安纳巴(阿尔及利亚港口).
annabergite n. 镍华.
annalis'tic [ˌænəˈlistik] a. 编年史的,年表的,按年代编载的.
annals [ˈænlz] n. 编年史,历史记载,记事,记录,年鉴(表),(学会)年刊.
anneal' [əˈniːl] v. ; n. (使)退(焖,煨)火,韧化,使坚韧,缓燃,(加),煨,熬,焖,焖火,(加热)缓冷,逐渐冷却. *mill anneal* 工厂(厂内)退火.
annealed' [əˈniːld] a. 退(过)火的,回了火的,韧(化,炼)的,煨过的,经过锻炼的. *annealed aluminum wire* 软铝线. *annealed castiron* 退了火的铸铁. *annealed casting* 退火铸件. *annealed copper* 韧(化)铜,退火(软)铜. *annealed copper wire* 炼铜丝,软铜线. *annealed steel* 退火钢,韧钢. *annealed tensile strength* 退火后的拉伸强度.
anneal'er [əˈniːlə] n. 退火炉,退火工.
anneal'ing [əˈniːliŋ] n. (低温)退火,焖火,锻烧,(韧,熟)炼,韧化,热处理,加热缓冷,转色(试金). *annealing for workability* 改善加工性的退火. *annealing of lattice disturbance* 晶格结构破坏退火,以退火消除晶格扰动. *annealing twin* 炼生(退火)孪晶. *dead-soft annealing* 极软退火. *process annealing* 中间(低温,亚临界温度)退火. *spheroidize*

[spheroidal] annealing 球化退火. spot annealing 局部退火.
annealing-descaling a. 退火除鳞(作业)的.
annealing-pickle a. 退火酸洗的.
anneal-pickle a. 退火酸洗的.
annec′tent [əˈnektənt] a. 连接的,接合的.
an′nelid n. 环节动物.
annelleted a. 稠合的.
annerōdite n. 杂(黑铀)铌钇矿,铌钇铀矿.
annex I [əˈneks] vt. 附(添,追)加,增加,附加,合并,并吞(to). II [ˈæneks] n. 附加物,附件(录),附加建筑,附属建筑物,增建部分,边(群)房. an annex to a building 建筑物的扩建部分. annex storage 附属(相联,内容定址)存储器. annexed table 附表. annexed triangulation net 附连三角网.
annex′a [əˈneksə] n. 附器,附件.
annexal a. 附件的.
annexa′tion [ænekˈseiʃən] n. 附加(物),合并(地),归并,并吞.
annexe n. =annex.
annex′ment n. 附加物,并吞地.
an′nicut n. (灌溉)小坝,堰.
anni′hilate [əˈnaiəleit] vt. 消(歼,毁,湮)灭,使(一核粒子及一反粒子)湮没,熄火,消除,摧毁. annihilating ideal 零化理想子环.
annihila′tion [ənaiəˈleiʃən] n. ①消(歼)灭,消(摧)毁 ②消失(除),相消,熄火 ③湮灭,湮没(质湮)(作用,现像). annihilation of dislocations 位错的相消. annihilation photon 质湮(湮没)光子. annihilation radiation 湮没(质湮)辐射.
anni′hilator n. ①[数] 消去者,零化子,湮没算符 ② 吸收(减弱,减震,熄灭)器,熄灭,消火,阻尼器 ③歼灭者. fire annihilator 灭火器.
anniver′sary [æniˈvəːsəri] I n. 周年纪念(日),节日. II a. 每年的,全年的,周年(纪念)的. *An′no Dom′ini* [拉丁语]公元.
an′notate [ˈænouteit] vt. 给…作注解(释).
an′notated a. 带注释的,附有简明注释摘要的.
annota′tion [ænouˈteiʃən] n. 注解(释)(on).
annotator n. 注解(释)者.
announce [əˈnauns] vt.; n. 宣布(告),通告(知),发表,广播,通报,预告. announce a call 通话预告,接通通知. announce booth 播音(员)室. announce machine 广播录音机. announce room 广播室,播音室.
▲just announced 上述的.
announce′ment [əˈnaunsmənt] n. ①宣布(告),通知,通(布),预(告),告示 ②广播,播音. verbal announcement 自动电话机械的声音.
announc′er [əˈnaunsə] n. (无线电)广播(播音,报告)员,报幕员,讲解员,长途电话叫员,表示器. announcer studio 语言播音室,小播音室. call announcer 呼叫指示器.
announ′cerbooth n. 广播(员)室.
announciator n. 报警器,信号器.
annoy′ [əˈnɔi] vt. 使…烦恼,打扰. annoying pluse 扰动脉冲. ▲be annoyed (with…) for (at) (对…)为…而生气.
annoy′ance [əˈnɔiəns] n. 烦恼(事),骚扰,麻烦,噪音

(等),可厌的东西[事情]. annoyance value 干扰值.
▲put (one) to annoyance 使(人)受骚扰,打扰.
to one's annoyance 使某人为难(烦恼)的是.
an′nual [ˈænjuəl] I a. 每年的,一年一次的,一年(生)的,周年的,年(度)的. II n. ①年报(刊,鉴),年金(租)②一年生植物. annual institute (学术组织的)年会. annual output (production) 年产量. annual overhaul 年度检修. annual parallax 周年视差. annual range 年较差. annual precipitation 年降雨量. annual ring 年轮. annual yield 年产量. mean annual 年平均.
an′nually [ˈænjuəli] ad. 每年,年年.
annuent a. 点头的.
annu′ity [əˈnjuiti] n. 年(积)金,养老金.
annul′ [əˈnʌl] (annulled, annulling) vt. 取(注)销,废除,宣告无效.
an′nular [ˈænjulə] a. 环(形,状)的,轮状的,有环纹的. annular ball bearing 径向(滚珠)轴承. annular borer 环孔镗床(刀). annular burner 环状喷灯. annular contact 接触滑环. annular domain 圆环域. annular eclipse 环蚀. annular gear 内齿轮. annular (jet) nozzle 环状喷嘴. annular knurl 滚花. annular ring 年轮,环孔. annular saw 圆锯. annular tubes 套管. annular vault 筒(形),圆形弯顶. annular wheel (gear) 内齿轮. ~ly ad.
annular-jet n. 环喷口.
an′nulate(d) [ˈænjuleit(id)] a. 有环(纹)的,用环组成的. annulated column 环柱.
annula′tion n. 环(形物)的形成.
annulene n. 轮烯.
an′nulet [ˈænjulit] n. 小环(轮),轮缘,环状平缘,圆箍线.
an′nuli [ˈænjulai] annulus 的复数.
annul′ment [əˈnʌlmənt] n. 取(注)消,废除.
an′nuloid [ˈænjuloid] a. 环状的.
an′nulose [ˈænjulous] a. 有环的,有环节的.
annulo-spiral a. 环状螺旋的.
an′nulus [ˈænjuləs] (pl. *annuli* 或 *annuluses*) n. 环(带,节,腔,体,形)物,环形套筒,环状空间(裂缝,孔道,通路,面),(内齿轮,(内齿)圈,[数]圈(环域),[天]环食带. annulus chamber 环形室. graphite annulus 石墨环. water annulus 环形水道.
an′num [ˈænəm] [拉丁语] n. 年. per annum (指期刊的期次,订费)每年.
annun′ciate [əˈnʌnʃieit] vt. 告示,通告,公布.
annuncia′tion [ənʌnsiˈeiʃən] n. 布告,通知(告),公告.
annun′ciator [əˈnʌnʃieitə] n. 信号(示号,表号,报警,呼铃)器,信号装置,指示仪器(装置),电铃报警器,号头箱,回转号码机,通告者. alarm annunciator 警报信号器,事故指示装置. annunciator jack 示号器塞孔. drop annunciator 掉牌通报器,号牌式交换机.
ano- [词头] 向上,上面;肛(门).
anocelia n. 胸(腔).
anod = anodize 阳极氧化(电镀),阳极化处理.
an′odal [æˈnoud] a. 阳(正,板)极的.

an'ode ['ænoud] n. 阳[正,板,屏,氧化]极. anode bendrectification 阳极整流(利用屏栅特性弯曲部分检波). anode coating 阳极(氧化)镀层[敷层]. anode drop [fall] 阳极压降,板压降. anode follower 阳极输出器. anode grid 阳栅极. anode loss 阳极损耗,板(极损)耗. anode screen 帘栅极. anode tank circuit magnetron 阳极谐振电路型磁控管. collecting anode 集电极. focusing anode 聚焦阳极.
anode-bend detection 阳极检波,屏极检波器.
anode-modulated a. 阳极调制的.
anode-screen modulation 阳极-帘栅极调幅.
anode-screening grid 帘栅极.
anode-slime blanket 阳极泥覆盖层.
anode-voltage-stabilized camera tube 高速电子束摄像管.
anod'ic [æ'nɔdik] a. 阳(正,板)极的. anodic oxidation 阳极氧化. anodic treatment 阳极化处理.
anodic-cathodic wave 换极连续(电谱)波.
anodisa'tion =anodization.
an'odise =anodize.
an'odised =anodized.
anodising n. =anodizing.
anodiza'tion [ænodai'zeiʃən] n. 阳极(氧)化(电镀,处理,防腐法).
an'odize ['ænodaiz] v. 阳极(氧)化(电镀,处理,防腐,作用).
an'odized ['ænodaizd] a.; n. 阳极(氧)化的.受过阳极化处理的(金属表面). anodized finish 阳极化抛光. anodized wire 氧化膜铝线.
an'odizing ['ænodaiziŋ] n. 阳极(氧)化(防腐,作用,处理),阳极透明氧化被膜法.
anod'mia ['ænɔdmiə] n. 嗅觉缺失.
anodolumines'cence n. 阳极发光,在阳极射线作用下发光.
an'odyne ['ænɔdain] n.; a. 止(镇)痛药[剂],的.
anodyn'ia [æno'diniə] n. 无痛,痛觉缺失.
anodynon n. 氯乙烷.
anoedochium n. 精神病收容所.
anoe'sia [æno'i:ziə] n. 智力缺失,白痴.
anoet'ic a. 智力缺失的,无意识的,无理解力的.
anogene a. 下源的.
anoi'a [ə'nɔiə] n. 精神错乱,白痴,智力缺乏.
anoint' [ə'nɔint] Ⅰ n. 涂油膏. Ⅱ vt. 擦油,涂油.
an'olyte ['ænəlait] n. 阳极(电解)液,电解时阳极附近的液体. spent anolyte 废阳极液,阳极废液.
anom'alism [ə'nɔməlizm] =anomaly.
anomalis'tic(al) [ənɔmə'listik(əl)] a. 异常的,不规则的,例外的,【天】近点的. anomalistic month【天】近点月(=27.664660日). anomalistic period 近点角周期. anomalistic revolution【天】近点周. anomalistic year【天】近点年(=365日6时13分53.1秒). ～ally ad.
anomalo- [词头]不规则,异常,反常.
anom'aloscope ['ə'nɔmələskoup] n. 色盲(检查)镜.
anom'alous [ə'nɔmələs] a. 反(异)常的,不规则的,变则的,例外的,特殊的,【气】距平的. anomalous field 异常(剩余)磁场. anomalous sound propagation in sea water 海上[水中]超远距离传播. ～ly ad.

anom'aly [ə'nɔməli] n. ①不规则,反[异]常(的事情况,现象),异常结构,不按常规 ②变[异]态,偏差,畸形象,破例 ③【天】近点角,近点距离,【气】距平. anomalies of the ionosphere 电离层反常现象. eccentric anomaly 偏近点角. gravity anomaly 重力异常. mean anomaly 平均近点角. thermal anomaly 热的反常. true anomaly 真近点距[角].
anomer n. 异(分)头物.
anomeriza'tion n. 正位异构化(作用).
anomers n. 正位(差向)异构体.
anomie 或 anomy n. 社会的反常状态,杂乱,无目的性.
anomite n. 褐云母.
anomor'phic a. 岩粒流动变质的.
anon' [ə'nɔn] ad. 不久(以后),另一次;即刻,立即. ▲ and anon 时或. ever and anon 时时[刻刻],不时地.
anon 或 Anon=anonymous 作者不详的.匿名的,无名的.
anone n. 环己酮.
anonizing n. 阳极透明氧化被膜法.
an'onym ['ænənim] n. 无名(氏),匿名(者,作者).
anonym'ity [ænə'nimiti] n. 无名(者),匿名(者),作者不详.
anon'ymous [ə'nɔniməs] a. 无[匿,假,不具]名的,作者不详的. by an anonymous author 不具名的作者,无名氏. ～ly ad. ～ness n.
anoph'eles [ə'nɔfəli:z] n. 疟蚊. anopheles mosquito 疟蚊.
anoph'elicide [ə'nɔfelisaid] a.; n. 杀蚊的,杀蚊药.
anoph'elifuge [ə'nɔfelifju:dʒ] a.; n. 驱(防)蚊的,驱(防)蚊剂.
anoph'eline [ə'nɔfilain] a.; n. 灭蚊的,灭蚊剂.
ano'pia [æ'noupiə] n. 色盲,视力消失,上斜眼,无眼(畸形).
anopisthograph n. 单面印刷品.
anoptic system 非光学系统.
anorak n. 带风帽的厚茄克,皮袄,防水布[衣].
anorec'tic a. n. 食欲缺乏的,厌食的,减食欲物质.
anoret'ic a. n. 厌食的,食欲缺乏的,减食欲剂.
anorex'ia [æno'reksiə] n. 厌食,食欲不振,厌食.
anorex'ic Ⅰ a. 厌食的,食欲缺乏的. Ⅱ n. 减食欲剂.
anorexigenic a. 使食欲不振的.
anorgan'ic a. 无机的,非有机的.
anorganotroph'ic a. 非有机营养的.
anor'mal a. 反常的,异常的.
anormaly n. 反常,异常.
anorogenic a. 非造山的.
anorth'ic a. (晶体)三斜的. anorthic system 三斜(晶)系.
anor'thite n. 钙长石.
anorthoclase n. 歪长石.
anorthoclasite n. 歪长岩.
anorthose n. 斜长石.
anortho'sis n. 直立不能.
anorthosite n. 斜长岩.
anorthospi'ral a. 平行螺旋.
ano'sia n. 健壮,健康.

ano′sis [æ'nousis] *n.* 无病,健康(壮).
anosmat′ic *a.* 嗅觉缺失的,嗅觉迟钝的.
anos′mia [æ'nɔzmiə] *n.* 嗅觉缺失.
anos′mic *a.* 嗅觉缺失的.
anosphra′sia [ænɔs'freiziə] *n.* 嗅觉缺失.
anot =annotate 注(释).
anoth′er [ə'nʌðə] Ⅰ *a.* 别的,另一,又(一),再. Ⅱ *pron.* 另一个,别一个. *in another five years* 再过五年. ▲ *another day* 他日,改天. *another thing* 另一回事. *(in) one way or another* 用种种方法;不管怎样,无论如何. *one after another* 一个接着一个,一个又一个地,陆续(地),相继(地). *one another* 相互(地). *one or another* 这个或那个,这样那样的,各种各样的,某种. *lean one way or another* 左右倾斜,朝各个方向倾斜. *to put it another way* 换句话说. *quite another* 完全不同的. *taking〔taken〕one with another* 大体(总)的看来,大体上,大概.
anotron *n.* 辉光放电管,冷阴极充气整流管.
anox(a)e′mia [ænɔk'si:miə] *n.* 血液缺氧(乏)症,缺氧血症.
anox′ia [æ'nɔksiə] *n.* 缺氧症. *histotoxic anoxia* 缺氧症. **anox′ic** [æ'nɔksik] *a.*
anox′iate *vt.* 使缺氧.
anox′ic [æ'nɔksik] *a.* 缺氧(症)的.
anoxybiosis *n.* 缺(绝,乏)氧生活.
anoxybiot′ic *a.* 绝(缺)氧,厌氧的.
anoxyscope *n.* 实示需氧器.
ANPT =aeronautical national taper pipe threads 国家标准航空用锥形管螺纹.
ANS = ①American National Standard 美国国家标准 ②American Nuclear Society 美国核能学会 ③automatic noise suppressor 自动噪声抑制器.
ans =answer 回答,答案,解答.
ANSA = Agenzia Nazionale Stampa Associata (意大利)安莎通讯社.
an′sate ['ænseit] *a.* 有柄的,环状的,蹄系状的.
An′shan['ænʃæn] *n.* 鞍山(市).
ANSI = American National Standards Institute 美国国家标准协会,美国国家标准研究所.
ansilite *n.* 锥锶铈矿.
anstatic agent 抗静电剂.
an′swer ['ɑ:nsə] Ⅰ *n.* 答(案),回(应)答(解〕,回话,响(反)应,补偿. *answer back* 回拨(启〕,回答,响应,回答[应答返回]信号. *answer back unit* 自动应答机构. *answer next lamp* 副应答灯. *answering service* 代客接听电话服务. ▲ *an answer to* 对…回答[解答〕,…的答案. *in answer to* 用以〔为了〕回答,作为对…的回答,响应. Ⅱ *v.* ①回(解,应)答,答复(辩〕②补偿③符(适)合,适用(应〕,与…相符(to)④见效,成功,令人满意. ▲ *answer for* 对…负责,用作,符合. *answer to* 与…符合(相一致〕. *answer (to) the demand* 满足需要(要求〕. *answer (to) the purpose* 符合目的,解决问题,合用,满足要求. *answer (to) the purpose of* 符合…目的,足以代替…之用.
an′swerable *a.* 可回答(答复,驳斥)的. *questions answe-rable in one word* 用一句话(一个字〕就可回答的问题. ▲ *be answerable for* 应对…(事)负责. *(be) answerable to* 应向…(人)负责,对…负责

(的).
answer-back *n.* 回报(答〕,应答,响应. *answer-back drum* 响应鼓.
ANT =antenna 天线.
ant [ænt] *n.* 蚂蚁.
ant- (词头)对抗,解,取消,抑制.
an′t [ænt] =①am not ②are not.
ant′ac′id ['ænt'æsid] *n.*; *a.* 解酸药(剂)(的),抗酸剂(的),防酸剂(的),制酸剂(的),中和酸的.
Antaciron *n.* 硅铁合金(硅14.5%,其余铁).
antag′onism [æn'tægənizm] *n.* ①对抗(性,作用〕,对立(性)②反协同(效应)③消效(拮抗,颉颃,毒性抵消〕作用. ▲ *antagonism against〔to〕*对…的敌视,和…的对抗. *be in antagonism to* 同…对抗,反对. *come〔be brought〕into antagonism with* 同…对抗起来. *the antagonism between…*之间的对立(对抗性〕.
antag′onist [æn'tægənist] *n.* ①对(拮)抗物(体)②对抗者,对(敌)手②对抗剂,反协同(试)剂,反抗剂.
antagonis′tic(al) [æntægə'nistik(əl)] *a.* 反抗(性)的,对立的,反(敌)对的,相反的,有反作用的,互相抵制的,不相容的,拮抗的,反协同的. *antagonistic spring* 放松(复原,抵抗)弹簧. ~ally *ad.*
antag′onize *v.* *and* **antag′onise** [æn'tægənaiz] *v.* ①反对,使对抗,引起(…的)对抗 ②(与…)中和,对…起反作用.
antalgesic *a.*; *n.* 止痛的,止痛药.
antal′gic [æn'tældʒik] Ⅰ *a.* 止(镇)痛的. Ⅱ *n.* 止痛药.
antalgica *n.* 止痛药.
antal′kali *n.* 解碱药,抗碱剂.
antal′kaline *n.*; *a.* 解碱药(的),抗碱剂(的).
antamokite *n.* 磷金银矿.
antanacathar′tic *a.*; *n.* 止吐的,止吐药.
ant-apex *n.* 〔测〕背点,〔天〕奔离点.
antarafa′cial *a.* 异侧的.
antarc′tic [æn'tɑ:ktik] *n.* 南极(区,圈)的,南极地带(的). *Antarctic Circle* 南极圈. *Antarctic Continent* 南极洲(大陆). *Antarctic Ocean* 南冰洋. *antarctic pole* 南极. *the Antarctic (Regions)* 南极地带.
Antarc′tica [æn'tɑ:ktikə] *n.* 南极洲,南极地带(大陆).
Anta′res *n.* 心宿二,大火,天蝎座α星.
antasthenic Ⅰ *a.* 恢复体力的. Ⅱ *n.* 强壮剂.
ante- 〔词头〕(在…之)前.
an′te-bel′lum ['ænti'beləm] *a.* 战前的.
antebrachial *a.* 前臂的.
antecede′ [ænti'si:d] *vt.* 先(行)在,在先走,在…之前,居…之先.
antece′dence [ænti'si:dəns] 或 **antece′dency** [ænti'si:dənsi] *n.* 在前占〔居)先,先行(例〕,〔天〕逆行.
antece′dent [ænti'si:dənt] *n.* 【数】(比例)前项,前件(提,率,事,ης),先行词,先(前)例,(pl.)履历,经历. Ⅱ *a.* 前述(提,期,驱,件)的,起初的,先成(行)的,前的,以前的,在…之前的(to),假定的. *antecedent year* 上年(度).
ante′dently *ad.* 在前(先).
antecessor *n.* 先行(队〕.
an′techamber ['æntitʃeimbə] *n.* ①前厅,接待室 ②预燃室,副室 ③沉淀(沙)室.

antecon'sequent a. 顺向先成的.
an'tecourt n. 前庭.
antecur'vature [ænti'kə:vətʃə] n. 前弯,轻度前屈.
an'tedate ['ænti'deit] Ⅰ vt. ①使提前发生 ②发生时间在…之前,先于,前于 ③预料 ④在…上写上比实际日期早的日期,把…发生的日期说成比实际早. Ⅱ n. 比实际早的日期[时期].
antedilu'vial a. 前洪积世的.
antedilu'vian n.; a. 前洪积世(的).
antedisplace'ment [æntidis'pleismənt] n. 向前变位, 前移.
anteflexed a. 前屈的.
anteflexio n. 前屈.
anteflex'ion [ænti'flekʃn] n. 前屈.
an'tegrade a. 前进的,顺行的.
anteklise n. 台拱,台[陆]背斜.
anteloca'tion [ænti'lokeiʃn] n. 前置,向前变位.
an'temerid'ian [æntimə'ridiən] a. 午前的.
an'te merid'iem [æntimə'ridiem] (拉丁语)午前.
antemet'ic [ænti'metik] a. 止吐的, n. 止吐剂.
an'te mòr'tem [ænti 'mɔːtəm] a. (临)死前的.
antena'tal [ænti'neitl] a. 出生前的,产前的.
anten'na [æn'tenə] n. Ⅰ (pl. antennas)天线. Ⅱ (pl. antennæ)触角(须,毛). antenna condenser 天线(缩短)电容器. antenna connector 天线馈线连接套管. antenna constant measuring set 天线常数测定器,天线阻抗测试器. antenna eliminator 假(等效)天线. antenna form factor 天线波形因数,天线方向性系数. antenna lens 透镜天线. antenna mine (一种有长触须的)触角水雷,天线控制地雷. antenna panel 天线阵操纵板. antenna pick-up 天线噪声,天线电路中(产生的)起伏电压. antenna position data 天线角座标[角数据]. antenna repeat dial 旋转天线位置指示刻度盘. antenna spike 鞭状天线,天线杆[销]. antenna trailer 拖曳天线. antenna with lobe switching 波瓣转换天线. antenna wire 天(线用)线. directional antenna 定向天线.
antenna-beam n. 天线波瓣.
anten'na-feed n. 天线馈电的.
anten'nafier n. 天线-放大器.
antenna-point accuracy 天线指向精度.
anten'na-tu'ning n.; a. 天线调谐(的).
anten'na-turning motor 天线转动电动机.
antennaverter n. 天线-变频器.
an'tepenult' ['æntipi'nʌlt] n.; a. 倒数第三(位,的).
antepenul'timate a.; n. 倒数第三个的(东西).
an'teport ['æntipɔːt] n. 外门[槛].
anteposit'ion [æntipə'ziʃn] n. 前位.
an'tepran'dial [ænti'prændjəl] a. 饭前的.
ante prandium ['ænti 'prændiəm] 上午.
antepyret'ic a. 发热前的.
antereisis n. 抵抗.
antereth'ic a. 减轻刺激的,缓和性的.
anter'gia n. 对[拮]抗作用.
anter'gic a. 对[拮]抗的.
an'tergy ['æntədʒi] n. 对[拮]抗作用.

anteriad ad. 向前.
ante'rior [æn'tiəriə] a. 以前[先]的,前(面,部)的, (时间,位置)在…之前的,先于的(to).
anterior'ity [æntieri'ɔriti] n. 先,(先)前,原先(位), 在前面.
ante'riorly [æn'tiəriəli] ad. 在以前,在前面.
antero- [词头]前.
antero-external n. 前外的.
anterograde a. 前进的,顺行的.
antero-inferior a. 前下的.
antero-internal a. 前内的.
anterolat'eral [æntirou'lætərəl] a. 前外侧的.
anterome'dian a. 前正中的.
an'teroom ['æntirum] n. 前厅,接待[休息]室,回笔间.
anteroparietal a. 顶前的.
anteroposte'rior a. 前后的.
anterosupe'rior a. 前上的.
an'tescript n. 信前附注.
antetheca n. 前壁.
an'tetype ['æntitaip] n. 前(先,原)型.
antever'sion [ænti'vəːʒn] n. 前倾.
antever'ted a 前倾的
antexed a. 前屈的.
antex'ion [æn'tekʃn] n. 前屈.
anthanthrene n. 蒽嵌(咔)蒽.
anthanthrone n. 蒽嵌(咔)蒽醌.
anthe'lion [æn'θiːliən] n. 【气】幻(反)日,日映云辉,防太阳.
an'them ['ænθəm] n. 颂歌. national anthem 国歌.
an'thema [æn'θiːmə] n. 疹.
anthemorrhagic a. 止血的.
an'ther n. 花药.
anthe'sis [æn'θiːsis] n. 开花(期).
anthigen'ic a. 自生的.
anthol'ogise 或 anthol'ogize [æn'θɔlədʒaiz] v. 编纂(…)的选集,把…收入选集.
anthol'ogy [æn'θɔlədʒi] n. 选集,文(诗)选,诗(文)集.
anthophyllite n. 直闪石.
anthoxanthin n. 黄酮,花黄色素.
an'thracene ['ænθrəsiːn] n. (闪烁晶体)蒽,并三苯.
anthracenol n. 蒽酚.
anthracenone n. 蒽酮.
an'thraces ['ænθrəsiːz] anthrax 的复数.
anthra'cia [æn'θreiʃiə] n. 痈.
an'thracite ['ænθrəsait] n. 无烟煤,硬(白,红)煤. anthracite coal 无烟煤.
anthracit'ic ['ænθrə'sitik] 或 an'thracitous ['ænθrəsaitəs] a. 无烟煤(似,质)的.
an'thraco- ['ænθrəko-] [词头] ①煤,炭 ②二氧化碳 ③痈.
anthracolithic period 大石炭纪(石炭二迭纪).
anthraco'ma [ænθrə'koumə] n. 痈.
anthracom'eter n. 二氧化碳计.
anthraconite n. (黑)沥青灰岩,黑方解石.
anthraco-silicosis 或 anthracosis n. 硅肺病,硅肺病.
anthrafilt n. 过滤用无烟煤. anthrafilt filter 无烟煤介质过滤器.
an'thrafine n. 无烟煤末.

anthramine n. 蒽胺.
anthranilate n. 氨茴酸盐〔酯〕;邻氨基苯甲酸酯.
anthranol n. 蒽酚.
anthranone n. 蒽酮.
anthranylamine n. 蒽胺.
anthraquinone' n. 蒽醌,烟华石.
anthraquinonyl n. 蒽醌基.
an'thrax ['ænθræks] (pl. an'thraces) n. ①疽,痈,炭疽热 ②古宝石.
anthraxolite n. 碳沥青.
anthraxylon n. 镜煤,纯木煤.
anthrene n. 蒽烯.
anthrocometer n. 二氧化碳计.
anthroic acid 蒽(甲)酸.
anthrol n. 蒽酚.
anthrone n. 蒽酮.
anthrop'ic a. 耕作表层的,人为(表层)的. anthropic soil 熟土,耕作土壤.
an'thropo- 〔词头〕人类,人.
anthropocen'trism n. 人类中心说.
Anthropogene n. 人类纪,第四纪.
anthropogen'esis [ænθropo'dʒenisis] n. 人类发生〔起源,进化〕.
anthropogen'ic a. ①人为的,似人形的 ②人类活动〔发生,起源,进化〕的.
anthropog'eny [ænθro'pɔdʒini] n. 人类发生〔起源,进化〕.
anthropog'raphy [ænθro'pɔɡrəfi] n. 人类分布学,人种志.
an'thropoid ['ænθrəpoid] a.; n. 似人(类)的,类人猿,似猿的,类人的.
Anthropolithic age 石器时代.
anthropol'ogist [ænθro'pɔlədʒist] n. 人类学家.
anthropol'ogy [ænθro'pɔlədʒi] n. 人类学. anthropolog'ic-(al) a.
anthropom'etry n. 人体测量学〔术〕.
anthropomor'phic a. 拟人的,有人形的,类人的.
anthropomor'phism [ænθropo'mɔ:fizm] n. 拟人论,人格化.
anthropon'omy [ænθro'pɔnəmi] n. 人体进化论〔学〕.
anthroposomatol'ogy [ænθropousəmə'tɔlədʒi] n. 人体学.
anthropos'ophy [ænθro'pɔsəfi] n. 人性论,人智论.
anthropot'omy [ænθro'pɔtəmi] n. 人体解剖(学).
Anthropozoic era 灵生代.
anthryl n. 蒽基.
anthrylene n. 亚蒽基,蒽烯基.
an'ti ['ænti] ①反,逆,防,抗,非,排 ②反导弹 ③反对论者. anti lambda hyperon 反Λ超子. anti sigma hyperon 反Σ超子. anti tank ditch 防坦克壕. anti xi hyperon 反Ξ超子.
anti- 〔词头〕反,逆,防,抗,非,解,阻,减,排斥,对抗,抑制,取消.
an'ti-abra'sive a. 耐磨损的.
an'ti-ac'id Ⅰ a. 抗〔解,耐〕酸的. Ⅱ n. 抗〔解,耐〕酸剂.
anti-acidic a. 抗〔解,耐〕酸的.
anti-actinic a. 隔热的.
an'ti-ac'tivator n. 阻活剂,活化阻止剂.
anti-aera'tion n. 阻气.

an'tiaer'ial a. 防空的.
antiager n. 防〔抗〕老化剂.
antiaging n. 防老化(的).
antiair n.; a. 防空(的).
an'tiair'borne a. 反空降的.
an'tiair'craft ['ænti'ɛəkrɑ:ft] Ⅰ a. 防空(用,袭)的,高射(炮)的. Ⅱ n. 高射兵器. antiaircraft car 高射自行火炮. antiaircraft director 高射炮射击指挥仪. anti-aircraft fuse 高射炮弹信管. antiaircraft gun (installation)高射炮. antiaircraft tower 对空观测台.
an'ti-airplane gun 高射炮.
an'ti-air-pollu'tion sys'tem 防止空气污染系统.
antialexine n. 抗补体.
antialias filter 去假频滤波器.
anti-allergic a. 抗变应性的,抗过敏性的.
antialpha particle 反α粒子.
anti-anemia a.; n. 抗贫血的(症),补血的.
antianemic a. 抗贫血的,补血的(药).
antiantibody n. 抗抗体.
an'ti-antimissile n. 反反导弹的弹.
antiantitoxin n. 抗抗毒素.
antiatom n. 防原子.
an'tiattrit'ion n. 减(少)磨(损).
anti-automorphism n. 反自同构.
antiaveraging n.; a. 消(去)平均(的).
an'ti-back'lash Ⅰ a. 消隙的,防止齿隙游移的. Ⅱ n. 反回差.
antibacte'rial [ænti'bæk'tiəriəl] a.; n. 抗菌的,抗菌药物.
an'tiballis'tic ['ænti bə'listik] a. 反弹道的.
antibaric a. 反压的.
an'tibar'reling n. 反〔抗〕桶形畸变,桶形失真补偿〔校正〕.
antibaryon n. 反重子.
antibiogram n. 抗菌谱.
antibionts n. 相克〔对抗〕生物.
an'tibio'sis ['ænti bai'ousis] n.(拮)抗菌(作用),抗生(现象).
antibiot'ic [ænti bai'ɔtik] Ⅰ a. 抗菌〔生〕的,破坏〔伤害〕生命的. Ⅱ n. (pl.)抗生〔菌〕素,抗生素学.
antiblackout a. 反遮截的,反匿影的.
anti-blooming target 抗曝光靶,抗"开花"效应靶.
an'tibody ['ænti bɔdi] n. 抗体,抗物质.
antibonding orbital 反键轨函数.
antiboson n. 反玻色子.
antibouncer ['ænti'baunsə] n. 防跳装置,减振器.
antibound n. 反束缚的.
antibrachial a. 前臂的.
antibra'chium ['ænti'breikiəm] n. 前臂.
antibreaker n. 防碎装置.
antibromic Ⅰ a. 抗臭的. Ⅱ n. 除臭剂.
antibunch n. 逆聚束.
anti-buoyancy n. 防浮(力),抗浮(力).
anticancer n. 抗癌剂.
an'ti-capac'ity n. 抗(防,反)电容.
an'ti-carbon a. 防〔抗〕积碳的.
an'ti-car'burizer n. 渗碳防止剂,防渗碳剂.
anticarcin'ogen [ænti kɑ:'sinədʒen] n. 防癌剂,抗生癌剂.

anticarcinogenic a. 防癌的,抗生癌的.
anti-carrier n. 反载体.
an'ticat'alyst ['ænti'kætəlist] n. 反〔抗〕催化剂,催化毒剂〔物〕,缓化剂.
an'ticatalyt'ic a. 反〔抗〕催化的.
an'ticat'alyzer n. 反〔抗〕催化剂.
anticatar'rhal [æntikə'tarəl] I a. 消炎的,抗卡他的,治卡他的. II n. 抗卡他性药剂.
anticathex'is [æntikə'θeksis] n. 反感.
an'ticath'ode n. 对阴〔负〕极 (X射线管中的靶子).
anticaustic a. 反凹,二次凹腐蚀的.
anticement I v. 防止渗碳. II n. 反白口元素,防增碳剂.
anticentre n. 反中心,反震中. anticentre of earthquake 震中对点.
anticentripedal a. 离心的.
anti-chain n. 反链.
anticharm n. 反魅(粒子).
anti-checking iron 防裂钩,扒钉.
antichill n. 防白口镀块(涂料).
antichirping n. 反啁啾效应,反线性调频.
antichlor n. 去〔脱〕氯剂.
antichlora'tion n. 脱氯,去氯.
antic'ipant [æn'tisipant] I a. 预期的,期望的,期待中的,并先的(of). II n. 先发制人的人,预期者.
antic'ipate [æn'tisipeit] vt. ①预先考虑〔讨论,处理,使用,提出,做出〕,预先采取措施以防止,预料〔测,见,期,防〕,期望 ②抢〔讲〕先,在…行动在…之前,超〔越〕前,超〔过〕过,提前进行〔使用〕,使提前发生,促进 ③与以后的…类似. anticipating control 预调. ▲it is anticipated that 可以预料.
antic'ipated a. 预先的,预期的,预计的. anticipated carry adder 预进位〔先行进位〕加法器. anticipated load 预期荷载.
antic'ipater [æn'tisipeitə] n. ①预感〔测〕器,超前预防器 ②期望者,抢〔并〕先者.
anticipa'tion [æntisi'peiʃən] n. ①事先,预先考虑〔处理〕,预期〔测,料,言,防,支〕,期望 ②前发,超前作用,提前出现. anticipation network 加速电路,超前〔预期〕网络. ▲in anticipation 预先地. in anticipation of 预想到,预期(着).
antic'ipative [æn'tisipeitiv] a. 预期〔料,先〕的,先行的,超前〔越〕的,期望的.
antic'ipator = anticipater.
antic'ipatory [æn'tisipeitəri] a. 期待着的,提早发生的,先行的. anticipatory control (一次)导数控制. antic'ipatorily ad.
anticlas'tic I n. 【地】抗裂面. II a. 鞍形面的,一面凸一面凹的,互反曲(面)的. anticlastic surface 【数】互反曲面,鞍形面,抗裂面.
an'ti-cli'max n. 高潮突降,虎头蛇尾.
anti-climbing n. 防攀登的.
anticli'nal [ænti'klainl] a.; n. 【地质】背〔逆〕斜(的),倾向对侧的,对向倾斜的. anticlinal bowing 构造隆起,构造岛.
anticline n. (复)背斜(层).
anticlinorium n. 复背斜(层).
anti-clock circuit 倒钟形电路,色载波衰辞电路.
an'ticlock'wise ['ænti'klɔkwaiz] a.; ad. 逆〔反〕时针(方向,转)(的),左旋的.

an'ticlog'ging a. 防结渣〔堵塞〕的. anticlogging fuel oil compositions (锅炉燃料油用)防结渣添加剂.
an'ticlut'ter ['ænti'klʌtə] n. 防干扰,防干扰线路,抗本地干扰,抗地物干扰系统. anticlutter circuits 反杂乱回波电路,抗地物〔抗本地〕干扰电路. anti-clutter radar 防杂乱回波干扰雷达.
anticne'mion [ænti'ni:miən] n. 胫.
antincnesmatic a. ; n. 止痒的(药).
an'ti-coag'ulant ['æntikou'ægjulənt] n. 阻〔抗〕凝剂〔素〕,抗凝血剂.
anticode n. 反密码.
anticodon n. 反密码子.
an'ti-cohe'rer ['æntikou'hiərə] n. 散屑器,反检波粉屑粘合装置,防粘合器.
an'ticoin'cidence n. 反〔舛〕符合,反重合,非〔反〕一致. anticoincidence circuit 非一致〔重合〕电路,舛〔反〕符合计数线路,反符合电路,"异"门(电路). anticoincidence element "异"元件,"异"门. anticoincidence gate "异"门,按位加门. anticoincidence pulse 不重合脉冲,"异"脉冲. anticoincidence unit "异"(反重合)单元,异或,按位加.
an'ti-collinea'tion n. 反直射(变换).
an'ticollis'ion [æntikə'liʒən] n. 防(碰)撞. anticollision device 防撞装置,(无线电定位)碰撞警告装置.
anti-colonial a. 反殖民主义的. ~ism n.
anti-comet-tail n. 抗厄,消彗尾,抗彗差电子枪.
anti-commutation n. 反对换.
anti-commutator n. 反换位子(反换位)对易子,反对易量.
anticommute v. 反〔负〕对易,反交换.
anticomplement n. 抗补体.
anticomplemen'tary a. ; n. 抗补体的,抗补体物质.
anticoncep'tive a. ; n. 避孕的,避孕剂.
anticoncip'iens [æntikən'sipiənz] n. 避孕剂.
anti-condensa'tion n. 防(抗)凝(结).
an'ti-configura'tion n. 反(式构)型.
anticonta'gious a. 防传染的.
anti-contain'ing a. 含锑的.
anticontamina'tion n. 防沾污,防污染.
Anticorodal n. 铝基硅镁合金,高强耐蚀铝合金(铸造用;硅 4～6%,镁 0.4～1%,锰 0.5～1%,其余铝;锻造用,硅 0.5～1.5%,镁 0.5～1%,锰 0.2～1%,其余铝).
an'ti-correla'tion n. 反对射(变换),反相关性.
anticorro'dant n. 防锈(蚀)剂.
an'ticorro'sion ['æntikə'rouʒən] n. 防〔腐〕蚀,防锈,耐蚀. anticorrosion coating [insulation]防蚀层. anticorrosion composition 防蚀化合剂,防蚀〔锈〕油漆.
an'ticorro'sive I a. 防蚀〔腐,锈〕的. II n. 防蚀〔腐〕剂,(船底)防锈漆. anticorrosive paint 防腐涂料,防锈油漆.
anticotan'gent n. 反余切.
anticounter measures n. 反对抗,抗干扰.
anticoustic n. 反聚光(线).
anti-crack a. 抗裂的.
anti-craft n. 防空(的). anti-craft missile 防空〔地对空〕导弹.
an'ticream'ing agent 防(膏)冻剂.

an'ti-crease' ['ænti'kri:s] v. ; n. ; a. 耐〔防〕皱(的).
an'ticreep n. ; v. 防蠕动,防〔蠕〕爬,防漏电. anticreep baffle 防蠕爬障板. anticreep barrier 防蠕爬障栅. anti-creep device 防漏电装置,抑制频率漂移装置. anticreep shield 防蠕爬挡板.
anticreepage n. 防漏电.
an'ti-creep'er n. (钢轨)防爬器,防潜动〔防爬行〕装置,防漏电设备.
anti-creeping n. ; a. 防蠕动(的),防潜动(的),防漏电(的).
anticrit'ical n. 防穿变的,解危机的.
an'ticrustator n. 表面沉垢防止剂.
anticus 〔拉丁语〕 a. 前的.
an'ticyclogen'esis n. 反气旋发生〔生成〕.
anticyclolysis n. 反气旋消散.
an'ticy'clone n. 反气旋,反〔逆〕旋风,高(气)压.
anticyclonic a. 反气旋的.
anticy'clotron n. 一种行波管.
antidamped a. 反〔抗〕阻尼的.
antidamp'ing n. ; a. 反〔抗〕阻尼〔摇摆,振动〕(的).
an'ti-daz'zle v. ; n. 防眩. antidazzle lamp 静光〔防眩〕灯. anti-dazzle lighting 防眩灯光. anti-dazzling screen 防敌屏,遮光片,遮阳光器.
an'tidecomposit'ion n. 防分解.
antidecuplet n. 反十重态.
an'tidegra'dant n. 抗降解〔变质〕剂.
anti-degrada'tion n. 抗降解,预防质量降解.
anti-derail'ing n. 防止出轨的.
an'tideriv'ative n. ①反导数,反微商 ②原函数,不定积分 ③反式衍生物.
an'ti-dete'riorant n. 防老〔坏〕剂.
an'tidet'onant ['æntidetonənt] n. 抗爆〔震〕剂.
antidetonating a. 抗爆〔震〕的. antidetonating fluid 抗爆〔乙醚〕液.
an'tidetona'tion ['æntidi:tou'neiʃən] n. 抗爆〔震,燃〕.
antidetonator n. 抗爆〔震〕剂,防爆〔震〕剂.
antideute'rium n. 反氘.
antideuteron n. 反氘核.
antidiag'onal a. ; n. 反对角(的).
antidiarrheal a. ; n. 止泻的〔剂〕.
antidiarrheic a. ; n. 止泻的〔剂〕.
an'tidifferen'tial n. 反微分.
antidiges'tive a. 妨碍〔抵制〕消化的.
antidim v. ; n. ; a. (防止水分积集于玻璃上)保明(剂,的),抗朦(剂,的). antidim compound 保明剂. antidim set 保明用品.
antidimmer n. 保明〔抗朦〕剂.
antidinic a. 止止眩晕的.
antidip stream 反倾斜河.
antidirection finding 反测向,反定位.
anti-dirt n. 防尘的.
anti-dislocation n. 反位错.
an'ti-disturb'ance n. 反干扰,反扰动.
antidolorin n. 氯乙烷.
anti-doming a. 防止(半球形)隆起的.
an'tidotal ['æntidoutl] a. (有)解毒(功效)的.
an'tidote ['æntidout] Ⅰ n. 解毒剂〔药〕,抗毒药 (against,for,to),矫正方法. Ⅱ vt. 解〔消〕毒.

antidotic a. 解毒的.
an'tidrag ['æntidræg] n. ; a. 减阻(力,的),反〔抗,灭〕阻(的),反阻力.
antidrip n. 防滴〔漏〕.
andromic a. 逆向的,反正常方向的.
antidulling n. 抗夜深性.
antidumping a. 反倾覆的,反倾销政策的.
antidunes n. 逆行沙丘,逆沙迹.
antidusting n. ; a. 抗尘(作用,性的).
antidynam'ic a. 减力的.
antidyne a. ; n. 止痛的〔剂〕.
antidyon n. 反双荷子.
anti-ECM technique 反干扰技术.
antiedemic a. 治水肿的.
anti-electrode n. 反电极.
an'tielec'tron ['ænti-i'lektrən] n. 反〔阳〕电子,正(电)子.
antiel'ement n. 反元素.
antiemetic a. ; n. 止吐的〔剂〕.
antiener'gic a. 反作用的.
anti-entrain'ment n. 防夹带,消雾沫.
antien'zyme n. 抗酶.
anti-epicentre 或 anti-epicentrum n. 震中对点,反震中.
an'ti-evap'orant n. 防蒸发剂.
an'ti-explo'sion n. 防爆(作用).
antifading n. ; a. 抗〔防〕衰落〔减〕(的)(的).
an'ti-fas'cist ['ænti'fæʃist] Ⅰ n. 反法西斯主义者. Ⅱ a. 反法西斯(主义)的.
an'tifatigue' n. 耐〔抗〕疲劳,抗(疲)劳剂.
an'tife'brile ['ænti'fi:brail] a. ; n. 退热的〔药〕,解热的〔剂〕.
antifer'ment n. 防酵剂.
antifermenta'tion n. 防〔发〕酵(作用).
antifermen'tive a. 抗〔防〕发酵的.
antifermion n. 反费密子.
an'tiferroelec'tric ['æntiferoui'lektrik] Ⅰ a. 反铁电的. Ⅱ n. 反铁电材料. antiferroelectric crystal 反铁电晶体.
an'tiferroelectric'ity n. 反铁电现象.
an'tiferromag'net n. 反铁磁体,反铁磁材料.
an'tiferromagnet'ic ['æntiferoumæg'netik] a. 反铁磁(性)的. antiferromagnetic resonance 反铁磁共振.
an'tiferromagnet'ics n. 反铁磁质〔体〕.
an'tiferromag'netism ['æntiferou'mægnetizm] n. 反〔抗〕铁磁性,反铁磁现象.
anti-feudal a. 反封建的.
antifibrinolysin n. 抗纤维蛋白溶素;抗纤维蛋白酶.
antifield n. 反(物质)场.
antifilter n. 反滤波.
an'tiflak' ['ænti'flæk] n. 反高射炮火.
an'tiflash a. 防闪的.
antiflex cracking 抗折(弯)裂.
antiflocculating a. 防絮凝的.
an'tifloccula'tion n. 反〔絮〕凝作用,防(絮)凝作用.
anti-flood n. ; n. 防洪(的).
an'ti-fluc'tuator ['ænti'flʌktjueitə] n. 缓冲〔稳压〕器.
antifluorite n. 反荧石.
an'ti-flut'ter wire 灭震线.

an'tifoam Ⅰ n. 消泡剂,抗泡(沫)剂. Ⅱ a. 阻(防)沫(的).
antifoamer n. 防(消)沫剂;消泡剂.
an'tifoam'ing a.; n. 防沫(泡)的,消泡(处理),防沫(泡).
an'tifog' ['ænti'fɔg] v.; n. 防雾.
an'tifog'gant n. 防雾剂,灰雾抑制剂.
antiforeign a. 排外的.
an'ti-form' a. 反(向)式.
antifoulant n. 防污剂.
an'tifoul'ing n.; a. 防污(塞)的. antifouling coating [paint](船底)防污油漆(涂料).
antifr = antifreezing 防冻的.
an'tifreeze' ['ænti'friːz] n.; a. 防冻(剂,液,的),不冻(剂,液),抗冻(剂),阻凝(剂),抗凝(剂).
an'tifree'zer n. 防(阻)冻剂.
an'tifree'zing n.; a. 防(阻)冻(的),抗凝(的).
an'tifric'tion ['ænti'frikʃən] n.; a. 减摩(的,剂,设备),防(耐,抗)磨(擦)(的),润滑剂. antifriction bearing 耐磨(滚动)轴承. antifriction material 润滑剂(油,料),减摩(耐磨)材料. antifriction metal 减(抗,耐)摩(磨)金属.
an'tifric'tional a. 减摩的,耐磨的,抗摩擦的.
an'tifrost a. 防霜(冻)(的).
an'tifrost'ing ['ænti'frɔstin] n.; a. 防霜(冰,冻)(的),减摩合金.
an'tifroth'er n. 防起泡沫添加剂.
an'tifun'gal Ⅰ a. 抗(杀)真菌的,耐菌的. Ⅱ n. 抗真菌剂.
an'ti-fun'gus a. 防霉的,杀真菌的.
anti-G n. 反重力.
an'tigalac'tic a.; n. 制乳的(剂).
an'tigal'axy n. 反(物质)星系.
antigas' [ænti'gæs] n. 防毒(气)的. antigas defence 毒气防御,防毒. antigas mask 防毒面具.
an'tigen n. 抗(体)原. ～ic a.
antigenic a. 抗原的.
antigenic'ity n. 抗原性,抗毒性.
anti-ghost image 抗象,抗(消)重影.
antiglare n. 防闪光的,防眩光的,遮光的.
antigorite n. 叶蛇纹石,鳞蛇岩.
an'tigra'dient n. 逆(负)梯度.
an'tigraph n. 抄本.
an'tigravita'tion n. 耐(防,抗,反)重力.
an'tigrav'ity ['ænti'græviti] n. 耐(防)重力,抗重(力). antigravity device 耐重力装置. antigravity screen 抗重筛,重力式筛分机. antigravity system 抗重系统,空气运输,催化剂系统.
an'ti-ground' a. 消除地面影响的,防接地的. antiground noise 消除背景噪声.
antigrowth Ⅰ n. 抗生长作用. Ⅱ a. 抗生长的.
anti-G-suit n. 重力防护服.
an'tigum'inhib'itor 防胶剂.
anti-G-valve n. 重力阀.
antihadron n. 反强子.
an'ti-hala'tion ['æntihə'leiʃən] n. 消(抗)晕作用.
an'tihan'dling fuze 忌动引信.
antihefe (德) a. 抗酵母的.
antihelion n. 抗原.

antihe'lium n. 反氦.
antih(a)emagglutina'tion n. 抗血球凝集(作用).
antih(a)emoagglutinin n. 抗血凝集素.
antih(a)emolysin n. 抗溶血素.
antih(a)emolysis n. 抗溶血作用.
an'ti-hemorrhag'ic a.; n. 止血的(剂).
antihermitian matrix 反厄密矩阵.
antihidrot'ic a.; n. 止汗的(剂).
anti-hole n. 反洞.
anti-homomor'phism n. 反(逆)同态(性).
antihor'mone n. 抗激素.
an'tihum' Ⅰ n. ①静噪器,哼声抑制(消除)器 ②抗(去)哼声,交流声消除. Ⅱ a. 静噪的,消声的,消除交流声的,抗(去)哼的.
an'tihunt' ['ænti'hʌnt] n.; v.; a. ①阻尼(器,的),防震(的),抗(防,猎)振(的),缓冲(的),制动(的),防摆动(的),反振荡(的),稳定的,稳态的 ②反搜索(的),反寻觅(的). antihunt field 防振(稳定)绕组. antihunt filter 防摆滤波器,抗振回路. antihunt signal 阻尼(防振,猎振,反搜索,反振荡)装置. elevation antihunt 天线仰角阻尼. gyro antihunt 回转稳定器.
antihun'ter n. 反振荡器,阻尼器,反搜索器.
antihy'drogen n. 反氢.
antihygien'ic a. 不(合)卫生的.
antihyperon n. 反超子.
antihypo n. 高碳酸钾.
anti-ICBM n. 反洲际弹道导弹.
an'ti-i'cer ['ænti'aisə] n. 防冰器,防冰设备,防冰装置,防止(飞机上)结冰的装置.
anti-icing n. 防冰(冻). anti-icing fluid 防冻液.
anti-image-lock device 抗假锁定装置.
an'ti-impe'rialism n. 反帝国主义.
an'ti-impe'rialist a. 反帝(国主义)的.
an'ti-incrusta'tion a.; n. 防垢(的).
an'ti-induc'tion 反感应,消感.
an'ti-infec'tious a. 抗传染病的.
an'ti-infec'tive a. 抗感染的.
antiinsulinase n. 抗胰岛素酶.
an'ti-in'sulin ['ænti'insjulin] n. 抗胰岛素.
an'ti-interfe'rence ['æntiintə'fiərəns] n.; a. 抗(反)干扰,无线电干扰障碍,防无线电干扰设备.
anti-IRSM n. 中程弹道导弹.
anti-isobar n. 反同量异位素.
anti-isomerism n. 反式同分异构(现像).
anti-isomor'phic a. 反同构的.
anti-isomor'phism n. 反同构性,反同型性.
anti-isomor'phous a. 反同构的. anti-isomorphous to fluorspar structure 逆氟石结构. anti-isomorphous to oxide 逆氧化物.
an'tijam' ['ænti'dʒæm] n.; v. 抗(反)干扰.
an'tijam'ming n.; a. 抗(反,消除)干扰(的),防阻塞的,反阻塞干扰.
antikaon n. 反K介子.
an'tiketogen'esis n. 抗生酮作用.
an'ti-kick'back attach'ment 防反向安全装置.
antikine'sis [ænti'ki:nisis] n. 逆向(反向,对抗)运动.
antiklystron n. 反速调管.
an'tiknock' ['ænti'nɔk] n.; a. 防爆(的,燃剂),抗爆

an'tiknock'ing

（的），抗爆（燃）剂，抗震（的，剂），消震（的）。*antiknock component* 抗爆〔高辛烷值〕组份。*antiknock fluid* 抗爆〔乙基〕液。*antiknock petrol* 抗爆汽油，高辛烷值燃料。*antiknock value* 抗爆值。
an'tiknock'ing n. 抗爆〔震〕。
anti-lambda hyperon 反 λ 超子。
antilep'tic a. 诱导的，辅助的。
antilepton n. 反轻子。
antilift wire 降落线，固定索。
antilight nucleus 反轻核。
an'tilin'ear Ⅰ a. 反线性的。Ⅱ n. 孔（径），口径。
an'tilog = antilogarithm 反对数。
antiloga n. 反性曲线。
an'tilog'arithm [ˈænti'lɔɡəriθəm] n. 反（逆）对数，真数。
antilogous pole 热负极。
antil'ogy [ænˈtilədʒi] n. 前后矛盾，自相矛盾。
antilysin n. 抗溶菌素。
antimacassar n. 沙发〔椅子〕套子。
an'timagnet'ic Ⅰ a. 抗（防，反）磁（性）的。Ⅱ n. 抗〔防〕磁钟表，无磁性。
an'ti-mag'netized a. 消磁的。
an'timat'ter [ˈænti'mætə] n. 反物质。
antimate'rial a. 反物质的。
antimech'anized a. 防机械化部队的。
antimed'ical a. 违反医理的，非医学的。
antimer n. 对映体。
antimercury protective coating 防汞保护层。
antimerid'ian n. 子午午线。
antimeson n. 反介子。
antimetabolite n. 抗代谢（产）物，代谢拮抗物。
antimicrobial a. 抗微生物的，抗菌的。
antimicrobic a. 抗微生物的，抗微生物剂。
antimicrophonic a. 抗噪声的，反颤噪声。
antimigra'tion n. 防迁移。*antimigration shield* 防螨爬挡板。
antimil'dew n. 防霉的。
antimil'itarism [ænti'militərizm] n. 反军国主义的。
an'timis'sile [ˈænti'misail] a.; n. 反导弹（的）。
antimoist a. 防潮（湿）的。
an'timon n. 【化】锑 Sb. *antimon butter* 三氯化锑，锑酪。*antimon cesium* 锑铯合金。*antimon point* 锑熔点（630.5℃）。*star antimon* 精炼锑，星形锑锭。
an'timonate n. 锑酸盐。
antimona'tion n. 锑酸化作用。
antimon-cesium alloy surface 锑-铯合金面〔屏〕。
antimo'nial [ˈænti'mounjəl] Ⅰ a. （含）锑的。Ⅱ n. 含锑药剂。*antimonial copper* 硫铜锑矿。*antimonial lead* （含）锑铅，硬铅，锑铅合金。
antimonial-lead furnace （生产）锑铅（的）炉，硬铅炉。
antimo'niate n. 锑酸盐。
antimon'ic n.; a. 锑基〔根〕，含锑的，（五价）锑的（化合物）。*antimonic acid* 锑酸。*antimonic chloride* （五）氯化锑。
antimonide(s) n. 锑化物（类）。*aluminum antimonide* 锑铝化。
antimonif'erous arsenic 砷锑矿。
antimo'nious a. 亚〔含，三价〕锑的。*antimonious acid* 锑华，亚锑酸。

antipather'ic(al)

an'timonite n. 辉锑矿，亚锑酸盐。
antimonium n. 【化】锑 Sb.
antimon-luzonite n. 硫砷锑铜矿。
antimonopole n. 反单极子。
antimonous a. 亚锑（根，基）的，含（三价）锑的。
an'timonsoon n. 反季风。
an'timony [ˈæntiməni] n. 【化】锑 Sb. *antimony detector* 锑检波器。*antimony lead* 锑铅合金，含锑铅。*antimony sulphide* 硫化锑。*star antimony* 星〔纯，精炼〕锑。
antimony-cesium mosaic 锑铯镶嵌幕。
an'timonyl n. 氧锑（根，基）。
antimonylike a. 似锑的。
an'timorph n. 反形体。
antimul'tiplet n. 反多重态。
antimu'on n. 反 μ（介）子。
antimuonium n. 反 μ 子素。
antimutagen n. 抗诱变剂，抗诱变因素。
antimycin n. 抗霉素。
antimycoin n. 抗霉菌素。
antinau'seant n. 止〔防〕恶心的，止恶心剂。
antineutrino n. 反中微子。*antineutrino spectrum* 反中微子能（量）谱。
an'tineu'tron n. 反中子。
anti-nitrite n. 抗〔抑〕亚硝酸根。
anti-nodal a. 波腹的。
an'tinode [ˈæntinoud] n. （波）腹，腹点，反波节，肯交点。*current antinode* 电流波腹。
an'tinoise a. 抗〔防，反〕噪声的，吸〔消〕音的。
antin'omy [ænˈtinəmi] n. 自相矛盾，矛盾法则，悖论。
an'tinu'cleon n. 反核子。
antinu'cleus n. 反原子核。
an'ti-nutri'tional a. 阻碍营养的，不利于营养的。
an'tiodontal'gic [ˈæntioudən'tældʒik] a.; n. 止牙痛（剂）。
anti-omega hyperon 反 Ω 超子。
antioncotic a.; n. 消肿的（剂）。
antiopsonin n. 抗调理素。
antiovalbumin n. 抗卵清（白）蛋白。
an'ti-overload'ing n. ; a. 防过载（的），防超载（的）。
an'tiox'idant [ˈænti'ɔksidənt] n. 阻（防，抗）氧化剂，防老（化）剂，抗〔耐〕氧剂。*antioxidant additive* 抗氧添加剂。
antioxidation n. 反氧化作用。
antiox'ygen [ˈænti'ɔksidʒn] =antioxidant. ~ic a.
antiozonant n. 抗臭氧剂。
an'tipar'allel n.; a. ①逆（反，不）平行的（线），反向平行（的）②反并联（的）③逆流的。*antiparallel arrangement* 逆平行并置。
antiparalyse pulse 起动（防休痹，（不断）激励）脉冲。
an'tiparasit'ic [ˈæntipærəˈsitik] Ⅰ a. 防寄生振荡的，抗寄生（生物）的。Ⅱ n. 抗寄生生物剂。*antiparasitic resistor* 寄生振荡抑制电阻。
an'tipar'ticle [ˈænti'paːtikl] n.; a. 反粒子（的），反质子（的），反质点（的）。
antiparton n. 反部分子。
antipan'ic a. 反恐慌的，应急的。
antipather'ic(al) [ænti'pəˈθetik(əl)] 或 antipath'ic-

(al) [ˌæntiˈpæθik (əl)] a. 引起反〔恶〕感的, 憎恶的, 格格不入的, (本性上)不相容的, 不同性质的, 对抗的, 反对的(to).
antip′athy [ænˈtipəθi] n. 反〔恶〕感, 憎恶(感), 反对性, 不相容 (to, towards, against). ▲ *have an antipathy to* 对…有反感.
an′ti-per′colator n. 防渗装置.
antiperiod′ic a. 反周期的.
an′tiperox′ide n. 抗过氧化物. *antiperoxide additive* 抗过氧化物添加剂.
antipersonnel′ [ˌæntipəːsəˈnel] a. 杀伤(用,性,地面步兵)的, 防步兵的.
antiphagocyt′ic a. 抗吞噬的.
an′tiphase [ˈæntifeiz] n.; a. 逆相(位,的),反相(位,的)(相位相差 180°).
antiphen n. 双胞胃.
an′tiphlogis′tic I a. 消炎的, 非燃素说的. II n. 消炎剂.
antiphlog′istine n. 消炎膏.
antiphlogo′sis n. 消炎(作用).
antipho′bic n.; a. 镇惊物〔的〕.
antiphthisic a. 抗痨的, 抗结核的.
antipinking fuel 高辛烷值汽油.
antipion n. 反 π 介子.
anti-piping compound 缩孔防止剂.
antipitch′ing a. 减纵摇的.
antipit′ting a. 抗点〔腐〕蚀的.
antiplane a. 反平面的.
antiplas′ma n. 反等离子体.
antiplas′min n. 抗血纤维蛋白酶, 抗血纤维, 蛋白溶素.
antiplas′tering n. 阻〔反, 抗〕粘(结).
antiplas′tic a. 阻止成形的, 妨碍愈合的.
antipleion n. 负偏差中心, 欠准区.
antip′odal [ænˈtipədl] a. 正反对的, 对跖〔极, 映〕的, 在地球上正相反面的; 恰恰相反的(to). *antipodal plane* 对映面. *antipodal points* 对跖点, *antipodal position* 对映位置. *antipodal relations* (海陆的)对跖关系.
antipode′ [ˈæntiˌpoud] n. ①(pl.)(相)对极, 对跖〔跖, 映〕点, 对映体(极), 对跖地 ②正反对, 逆 ③恰恰相反的事物(of, to).
antipode′an [ˌæntipəˈdiːən] a. =antipodal.
antipoi′son n. 解〔抗〕毒剂.
an′tipoi′soning n. 消毒.
antipo′lar a. 反极的.
an′tipole [ˈæntipoul] n. (相反〔的〕)极, 相对极, 对映体, 恰恰相反的事物(of, to). *antipole condition* 反极条件, *antipole effect* 对称点〔反极点〕效应.
anti-pollu′tant n. 抗污染剂.
antipollu′tion [ˌæntipəˈljuːʃən] n. 防〔抗, 去, 反〕污染.
anti-pop′ular a. 反人民的.
an′tiport n. 反向转移.
antiposic n.; a. 止渴的〔剂〕.
antiposit′ion n. 反位(置).
antipreignit′ion n. 防爆燃.
antipriming pipe 多〔筛〕孔管, 汽水共腾防止管.
an′ti-prin′cipal point 负主点.
antiprism n. 反棱镜.

an′ti-projectiv′ity n. 反射影对应〔变换〕.
antiprotec′tive a. 抗防护的.
antiprothrombin n. 抗凝血酶原.
an′tipro′ton [ˌæntiˈprouton] n. 反(负)质子. ~**ic** a.
antipruriginous a. 止痒的.
an′tiprurit′ic [ˈæntipruəˈritik] a.; n. 止痒的〔剂〕.
antipsoric a. 治疗癣的, 止痒的.
an′tiputrefac′tive a. 防腐的.
antipy′ic [æntiˈpaiik] a.; n. 防止化脓的〔药〕.
antipyogenic a. 防止化脓的.
an′tipyret′ic [ˈæntipaiˈretik] I a. 退〔解〕热的. II n. 退〔解〕热剂.
antipyrogenous a. 防热的.
an′tipyrot′ic [ˈæntipaiˈrɔtik] a.; n. 消炎的〔剂〕, 治灼伤的〔剂〕.
antiqua′rian [ˌæntiˈkwɛəriən] I a. 研究〔收藏〕文物的. II n. 文物工作者, 古物收藏家.
an′tiquark n. 反夸克.
an′tiquary [ˈæntikwəri] n. 文物工作者, 古物收藏家, 文物商.
an′tiquate [ˈæntikweit] vt. ①废弃 ②使变旧〔过时, 复古〕.
an′tiquated a. 陈旧的, 旧式的, 过了时的, 已废弃的.
antique′ [ænˈtiːk] I n. 古物〔董〕, 黑体字. II a. 古代的, 旧〔老〕式的, 过时的. *antique bronze colour* 古铜色. ~**ly** ad. ~**ness** n.
antiq′uity [ænˈtikwiti] n. 古代〔旧, 老, 人〕, (pl.)古迹〔物〕, 文物, 古代的习俗. ▲*of antiquity* 太古的, 古.
an′tirab′ic [ˌæntiˈræbik] a. 治〔防〕狂犬病(发生)的.
antirace coding 抗抢先编码.
antirachit′ic [ˌæntirəˈkitik] a. 预防〔治疗〕佝偻病的.
an′tirad n. 一种防辐射材料.
an′tira′dar a. 反〔防〕雷达的. *antiradar coating* 抗雷达敷层, 反雷达涂层. *antiradar device* 抗雷达干扰装置, 雷达抗干扰设备.
antiradia′tion n. 反〔抗〕辐射. *antiradiation protection* 辐射防护.
antiratchetting a. 防〔止〕松〔脱〕的.
an′ti-rat′tler n. 减〔消〕声器, 防振器.
an′ti-reac′tion coil 防〔反〕再生线圈.
an′tireflect′ing a. 减〔抗, 消〕反射的. *antireflecting coating* 减〔抗, 消〕反射敷〔涂〕层. *antireflecting film* 减〔抗, 消〕反射膜.
an′ti-reflec′tion n. 抗〔减〕反射, 增透. *anti-reflection coating* 抗反射涂〔敷〕层.
an′ti-reflect′ive a. 抗〔消〕反射的. *antireflective coating* 增透膜层, 抗反射敷层.
anti-reflex n. 抗〔消〕反射.
an′ti-reflex′ion n. 抗〔减〕反射, 增透.
an′ti-reflex′ive rela′tion 反〔非, 逆〕自反关系.
an′ti-regenera′tion n. 抗〔防〕再生.
antirennin n. 抗凝乳酶.
antirepresenta′tion n. 反表示.
antiresistant/DDT 增效滴滴涕.
an′tires′onance [ˈæntiˈrezənəns] n. 反〔抗, 并联, 电流〕谐振, 反〔电流〕共振. *antiresonance circuit* 并联谐振电路. *displacement antiresonance* 位移反谐

an'tirheumat'ic 振特性,位移反共振. *velocity antiresonance* 速度反共振. an'tires'onant a.

an'tirheumat'ic ['æntiru:'mætik] a.; n. 治〔防〕风湿病的(药剂).

antirock'et n.; a. 反火箭的.

anti-roll bar 车体角位移横向平衡杆.

anti-roll fence 防滚栅.

antiroll(ing) n.; a. 减(横)摇(的),抗横摇(的),防滚(动)的,防侧滚的.

anti-Rossi circuit "或"〔"分离〕线路,分隔电路.

an'tirot' a. *antirot substance* 防腐材料.

anti-rotating rope (由二层或二层以上各按相反方向绞合而成的)抗扭绳(使各层的扭转作用相互抵销).

an'ti-rum'ble n.; a. ①消音器(的) ②防صدا,防噪杂.

an'tirust' n.; a. 防锈(的),耐锈〔蚀〕的. *antirust coat* 防锈(面)层.

an'tirust'ing a. 防锈的. *antirusting agent* 防锈剂. *antirusting paint* 防锈漆,防锈涂料.

an'tisat'ellite ['ænti'sætəlait] n.; a. 反卫星(的).

an'tisatura'tion ['æntisætʃə'reiʃən] n. 抗〔反〕饱和.

an'tiscale' n. 防垢(剂).

antiscarlatinal a. 治猩红热的.

antischistosomal a.; n. 杀血吸虫的(剂).

an'tiscorch'(ing) n. 抗焦(作用)的.

anti-scour n. 抗冲刷〔蚀〕的. *anti-scour sill* 消力槛.

antiscuffing paste 抛光〔研磨〕膏.

antiseco'sis [ænti'kousis] n. (体力)复原,饮食调节.

an'tisecre'tory n. 抗分泌的.

an'tiseep n. 防渗〔漏〕的.

anti-seepage n. 防渗.

anti-sei'smic a. 抗〔防〕(地)震的.

antiseize n. 防卡塞,防粘. *antiseize compound* 防粘剂,抗粘添加剂. *antiseize lubricant* (螺纹接合部等的)防止过热卡死润滑剂,防烧结剂.

antiselena n. 幻月.

antiselene n. 反假月.

anti-selfadjoint a. 反自伴(随)的.

antisensitiza'tion n. 抗敏化.

antisep'sis n. 防腐〔抗菌,消毒〕(法).

antisep'tic [ænti'septik] n.; a. 防腐〔消毒,杀菌的,防腐〔抗菌,消毒〕剂.

antisep'tical = antiseptic a.

antisep'ticize [ænti'septisaiz] vt. 防腐,消毒,杀菌.

antise'rum (pl. antise'ra) n. 抗(免疫)血清.

antisetoff powder 吸墨粉.

anti-settling n.; n. 防沉(的).

antishad'owing n. 反隐蔽.

antiship armament 主炮.

anti-shoe rattler 闸瓦(减)振消声器.

anti-shrink n. 抗〔耐,防〕缩(的).

antishunt field 反分流场.

anti-side circuit 消侧音电路.

anti-sideband circuit 抗边带电路.

antisideric a. 抗〔忌〕铁的.

anti-sidetone n. 消侧音(的).

antisigma hyperon 反Σ超子.

antisigma-minus-hyperon 反Σ负超子.

anti-sine n. 反正弦.

antisinging a. 振鸣〔啸声〕抑制的,抑制振鸣的.

an'tiskid' ['ænti'skid] n.; a. 防〔抗〕滑(移)(的),防滑轮胎纹,防(车轮)抱死的. *antiskid tread* 防滑轮胎纹,防滑轮胎踏面.

an'tiskid'ding a. 防滑的.

an'tislip' n. 防滑(转).

an'tisludge n.; a. 抗淤沉,抗沉淀,去垢.

antisludging a. 防淤积的,抗沉淀的,去垢的.

an'tiso'cial ['ænti'souʃəl] a. 不喜社交的,(违)反社会制度的.

an'ti-soft'ener n. 防软剂.

antisohite n. 云斑闪长岩,黑斑云闪岩.

antiso'lar a. 防太阳光的. *antisolar point* 对日点.

antisotypic a. 反同型的.

antisotypism n. 反同型性.

an'tispark n.; n. 消(防)火花的.

antispasmod'ic a. 解(痉挛(孪)的,解痉剂.

antispas'tic a. 镇(治)痉(挛)的,镇痉剂(药).

antispattering agent 防溅剂.

an'tispin n. 消旋,反螺旋,反尾旋.

an'tispray n. 防喷溅(的),防沫的. *antispray film* 隔沫层,隔沫薄膜. *antispray guard* 〔plate〕防油喷溅护板.

antispurion n. 反假粒子.

an'tisqueak n. 消音〔消声,减声〕器.

antistall n. 防(止)失速.

antistaphylolysin n. 抗葡萄球菌溶血素.

antistate n. 反物质态.

an'tistat'ic a.; n. 抗静电(的),(pl.)防(静)电剂, *antistat-lic agent* 抗(静)电剂 *antistatic rubber* 抗(静)电橡胶.

antisteril'ity n.; a. 治(抗)不孕症(的).

an'tistick'ing a'gent 防粘剂.

antistickoff voltage 反粘电压.

Anti-stokes line 反斯托克斯线.

antistreptodornase n. 抗链球菌脱氧核糖核酸酶.

antistreptokinase n. 抗链球菌激酶.

antistreptolysin n. 抗链球菌溶血素.

an'ti-stress' min'eral 反应力矿物.

an'ti-strip'(ping) n. 抗剥落.

an'tistruc'ture n. 反结构. *antistructure disorder* 换位〔反结构〕无序.

an'tisub'(marine) ['ænti'sʌb (məri:n)] n.; a. 反潜(艇)(的),反潜艇(用)的. *antisubmarine bomb* 深水炸弹. *antisubmarine submarine* 反潜潜艇.

antisub'stance n. 抗体.

antisudoral a. 止汗的(剂).

antisudorif'ic [æntisu:də'rifik] a.; n. 防〔止〕汗的(剂).

an'tisulphu'ric a. 防硫的.

an'tisun I n. 幻日,日映云辉. II a. 抵抗日光照射(作用)的. *antisun material* 抗日物,抵抗日光(光线)照射作用的物质.

an'ti-sur'face-ves'sel n. 防(反)水面舰艇的. *anti-surface-vessel radar* 水面侦察(水上舰艇搜索)雷达.

an'tiswirl n. 反涡流的,反漩涡的.

an'tisymmet'ric(al) ['æntisi'metrik(əl)] a. 反〔非,逆〕对称的. *antisymmetrical load* 反(不)对称荷载.

an'tisymmetriza'tion n. 反对称化.
an'tisym'metrize vt. 反对称化.
an'tisym'metrizer n. 反对称化子,反对称算符.
an'tisym'metry n. 反(非,斜)对称(性). *antisymmetry postulate* 反对称性假设.
antisyn'chronism n. 异步,非同步.
antisynergism n. 反协同现象(效应).
antisyphonage n. 反虹吸.
an'ti-sys'tem ['æntiˈsistim] n. 反火箭防御系统.
anti-tailspin n. 反螺旋,反尾旋.
antitan'gent n. 反正切.
an'titank' ['æntiˈtæŋk] a.; n. 反(防)坦克(的).
anti-tarnish paper 防锈纸.
antitemplate n. 反模板.
antitetanic a. 抗(防治)破伤风的.
antither'mic a.; n. 解(退)热的(剂).
antith'eses æn'tiθisi:z] antithesis 的复数.
antith'esis æn'tiθisis] (pl. *antith'eses*) n. 对立(面),对照(偶,语,句),(正)相反(of, to).
antithet'ic(al) [æntiˈθetik(əl)] a. 对立的,(正)相反的,对偶(性)的,正反对的. *antithetic faults* (相)反(组)断层.
antithi'amine n. 抗硫胺素.
anti-thixotropy n. 反(防)触变性,抗摇溶(现象).
antithrombokinase n. 抗凝血激酶.
antithromboplastin n. 抗凝血激素.
an'ti-thrust' a. 止推的.
antithy'roid a. 抗甲状腺的.
an'titone n. 反序.
antitonic a. 减张力的,减紧张(度)的.
anti-torpedo a. 防鱼雷的.
an'titox'ic ['æntiˈtɔksik] n.; a. 抗毒(性,素)的,解毒剂.
an'titox'in(e) [æntiˈtɔksin] n. 抗毒素,抗毒血清.
antitoxinserum n. 抗毒素血清.
anti-TR n. 反收发. *anti-TR box* 天线"收-发"转换开关,反"发-收"转换开关. *anti-TR switch* 天线"收-发"转换开关,反收发开关. *anti-TR tube* 发射机阻塞放电管. ATR 管,反收发转换管,反收发管.
antitracking n. 反(防)跟踪.
antitrade (wind) 反信风,反贸易风,逆悃(信)风.
antitransforma'tion n. 反变换.
anti-transmit receive a. (天线)收发转换的.
antitranspirants n. 防蒸发剂.
an'ti-trigonomet'ric func'tion 反三角函数.
an'titrip'tic wind 减速风,摩擦风.
antitrope' [æntiˈtroup] n. 对称体(器),抗体.
antitrop'ic a. 对称的.
an'titrust' a. 反托拉斯的,反垄断的.
antitrypsin n. 抗胰蛋白酶.
antitumorigen'esis n. 抗肿瘤发生.
antitumorigenic a. 抗肿瘤发生的.
antitur'bulence n. 抗干扰.
antitussive a.; n. 镇咳的(剂).
anti-twilight n. 反辉.
an'titype ['æntitaip] n. 模型所代表的实体,对型,象征的实体(物). antityp'ic(al) a.
antity'phoid a. 抗(防治)伤寒的.
antiunitary n.; a. 反幺(正)的.

anti-universe n. 反宇宙.
antivaccina'tion n. 反对接种.
an'ti-vac'uum n. 反(非)真空,反压力.
antivenene n. 抗毒素.
antivermicular a. 除虫的,驱蠕虫的.
an'tivibra'tion n. 抗(防,减)振,阻尼. *antivibration mounting* 抗振台(托)架,装置).
an'tivibra'tor n. 防振(阻振,阻尼)器.
antivi'ral a. 抗病毒的.
antivirotic a.; n. 抗病毒的(剂).
antivi'rus n. 抗病毒素.
antivitamin n. 抗维生素.
an'tivoice-op'erated a. 反(非)音频驱动的.
antivortex n. 抗(漩)涡,防漩涡.
an'ti-war' a. 反(防)战的.
anti-warp wire 抗翘线.
anti-water-logging n. 抗涝.
an'tiwear' a. 抗磨(损)的,耐磨的.
an'tiweld'ing a. 抗焊接的.
antiwind n. 防缠绕.
an'ti-withdraw'al fuze 防拆信管.
an'tiworld n. 反(物质)世界.
anti-wrinkling n. 耐(防)皱.
antixi hyperon 反Ξ超子.
antizymotic n. 抗发酵的.
an'tler ['æntlə] n. 鹿角(的一枝),分支的兽角,鹿茸.
Antlia n. 唧筒(星)座.
antoc'ular a. 眼前的.
antodontal'gic [æntoudɔnˈtældʒik] a.; n. 止牙痛的(剂).
an'todyne n. 苯基甘油醚.
Antofagasta n. 安托法加斯大(智利港口).
an'tonym ['æntənim] n. 反义词.
antophthal'mic a. 治眼病的.
antozone n. 单(一)原子氧.
antral n. 室的.
antrorse' [ænˈtrɔːs] a. 向(直)前的,向(直)上的.
antu n. 【农药】安妥,萘硫脲.
Ant'werp ['æntwəːp] n. 安特卫普(比利时港口).
anu'clear [eiˈnjuːkliə] a. 无核的.
an'ulus ['ænjuləs] n. 环.
anure'sis [ənjuˈriːsis] n. 无尿,尿闭.
anuret'ic a. 尿闭的.
anu'ria [əˈnjuəriə] n. 尿闭,无尿(症).
anu'ric a. 无尿的.
anu'rous [əˈnjuərəs] a. 无尾的.
a'nus ['einəs] (pl. *a'nuses*) n. 肛门.
an'vil ['ænvil] n. ①(铁,锤,测)砧,砧座 ②基准面,平台,测量头 ③触点,电键的下接点,下固定标(接)点,支点 ④雷管底铁 ⑤反射板 ⑥砧骨. *anvil block* 砧座(台). *anvil cinder* 锻渣. *anvil faced rail* 耐磨钢轨. *anvil piece* (万能千分尺的)可换砧. *anvil plate* 砧面垫片. *anvil with an arm* 鸟嘴砧. *slide anvil micrometer* 滑动测砧(测砧可调式)千分尺.
▲*on the anvil* 在讨论中,在准备中.
anvil-chisel n. 砧凿.
anvil-dross n. 锻渣.
anx = annex 附录,附件,附加.
anxi'ety [æŋˈzaiəti] n. ①担心,忧(焦)虑 ②渴望,切

望 (for). ▲be all anxiety 焦急万分. be in (great) anxiety (非常)担忧着. feel no anxiety about 不着急,不关心. with great anxiety 非常担忧,焦急着.

anx'ious ['æŋkʃəs] *a.* ①(引起)忧〔焦〕虑的,(使)担心的,(使)不安的 ②渴望的,切望的. ▲be anxious about 担心,为…而焦急. be anxious for 为…而焦急,渴望,担心. be anxious to ＋inf. 急于要. ~ly *ad.*

an'y ['eni] Ⅰ *a.*; *pron.* ①任何,任一. Any tool will do. 任何工具都行. You may take any ten of these bolts. 你可以从这些螺栓中任取十个. be any distance from N 距 N 较远,距 N 无论远近 ②(疑问,条件)什么,一些. Is there any oil left? 还(剩)得)有油吗? There is little , if any. 有也不多(了). ③(否定)什么也(不),一点也(不),丝毫(不),根本(不). without any difficulty 毫无困难地. Neither air nor water has any effect on this element. 无论空气或是水对这种元素都没有任何影响. Ⅱ *ad.* (any 十比较级)稍(微),…一些. stop the car from falling any further 防止车厢再往下掉. ▲any and all (things)随便什么(都). any and every 任何,统统,全体. any longer (与否定词连用)(已不)再. any more (疑问)还(有),更;(与否定词连用)(已不)再,再也(不). any old 任何…都. any otherwise than 用…以外的方式(方法). any the better〔worse〕for〔丝毫没有〕因…而 好〔坏〕一点,(丝毫没有)受…的影响. at any rate 无论如何,至少. hardly〔scarcely〕any 几乎没有(什么),几乎什么…也不. if any〔插入语〕如果有(的话),即使需要(也). in any case 无论如何,总之. not … any longer (已)不再. not … any more (已)不再,再也不. not … any more than M 正像 M 一样也不,并不比 M 多些. not any more than 不过(是),仅仅只(是). of any 在所有的…当中.

an'ybody ['enibɔdi] *pron.*;*n.* ①任何人,无论谁,谁都 ②(疑问,条件,否定)名人,重要人物 ③(pl.)普通人,常人. anybody else 别人,其他任何人.

an'yhow ['enihau] *ad.* 无论如何,无论怎样;随随便便,马虎;总之,反正. anyhow and everyhow 尽一切办法.

anymore ['eni'mɔː] *ad.* 〔一般用于否定句〕现在.

an'yone ['eniwʌn] *pron.*;*n.* 任何人,无论谁,谁也,谁都.

an'yplace ['enipleis] *ad.* 在任何地方,无论何处.

anyp'nia [æ'nipniə] *n.* 失眠(症).

an'ything ['eniθiŋ] *pron.* ①(肯定)什么都,任何事物,一切 ②(否定)无论什么,什么也(不),丝毫(不),根本(不)什么. anything else 其它任何事情〔东西〕. if anything at all goes wrong 如果发生任何问题〔毛病〕的话. if there is anything the matter with the machine 机器如果发生什么毛病的话. ▲anything but 除…外什么都,根本不. anything from M (down) to N 从 M 到 N 的任何东西(数值). anything like (有点)像…(那样)的完全(不),丝毫(不),根本(不). anything of 有些,稍许. anything up to 最大〔多,高〕到…的东西. as anything 无可比拟地,像人似地,非常,十分. be anything but 决不(是),一点也不是. for anything 无论如何. for anything I know 据我所知. if anything 即使有(的话),即使需要(也),(如果说有什么不同)只不过是…罢了,甚至可能. like anything 非常(地),无可比拟地,像什么似地.

anytime ['enitaim] *ad.* 在任何时候.

an'yway ['eniwei] *ad.* 无论如何,横竖,总要,不管怎样地,无论用什么方法〔以什么方式〕.

an'ywhere ['enihwɛə] Ⅰ *ad.* 在任何地方,无论哪里;(用于否定句)根本. Ⅱ *n.* 任何地方.

an'ywise ['eniwaiz] *ad.* 无论如何,以任何方式,在任何方面,决(不),总(不).

AO =①access opening 检修孔,人孔 ②amplifier output 放大器输出 ③anodal opening 阳极断电 ④antioxidant 抗氧化剂,防老化剂 ⑤A-operator 甲台〔去话〕话务员 ⑥authorized order 核准的指示.

ao =①and others 及其它,等等 ②anti-oxidant 抗氧剂,防老化剂.

A/O 或 **a/o** =account of …账上.

a/o =atom per cent 原子百分率(数).

AOB =angle of bank 侧倾(倾斜)角.

AOC =① air oil cooler 空气油冷却器 ② air 〔airport〕 operation center 空中〔飞机场〕指挥中心 ③automatic output control 自动输出功率控制 ④automatic overload control 自动超载控制.

AOD process 氢氧脱碳法.

A-odd *a.* A 为奇数的.

AOG =automated onboard gravimeter 船上自动重力仪.

AOI =①advanced ordering information (关于)定货的先期通知 ②and-or-inverter 与或非.

AOIV =automatically operated inlet valve 自动操作进给阀.

A-OK =ALL OK 完全可以,一切正常的,极好的.

AOM =add one to memory 加1存储.

Aomori *n.* 青森(日本港口).

A-one Ⅰ *n.* 第一级. Ⅱ *a.* 第一等的,头等的.

AOP =①air observation post 空中观察哨 ②automatic operations panel 自动操作仪表板.

AOPV =air-operated plastic valve 气动塑料阀.

AOQ =average outgoing quality 平均输出质量.

AOQL =average outgoing quality limit 平均抽检质量极限.

aort- 〔词头〕主动脉.

aor'ta [ei'ɔːtə] (pl. **aortae**) *n.* 主(大)动脉.

aor'tal *a.* 主动脉的.

aortecta'sia [eiɔtek'teiziə] *n.* 主动脉扩张.

aortec'tasis [eiɔ'tektəsis] *n.* 主动脉扩张.

aor'tic [ei'ɔːtik] *a.* 主(大)动脉的.

aortog'raphy *n.* 动脉造影术.

aortosclero'sis [eiɔːtəskliə'rousis] *n.* 主动脉硬化.

aortosteno'sis [eiɔːtəsti'nousis] *n.* 主动脉狭窄.

AOS =add or substract 加或减.

aos'mic *a.* 无气味的.

AOSO =Advanced orbiting solar observatory 高级轨道运行太阳观象台.

AOSP =automatic operating and scheduling program 自动操作和调度程序.

AOU =apparent oxygen utilization 表观氧利用.

AOV =automatically operated valve 自动阀.

ap- (词头)远,离,分离.
AP =①above proof (酒精含量)在标准以上 ②access panel 观测台,观察板 ③acidproof 耐酸 ④advanced post 前哨,观察岗 ⑤aiming point 瞄准点 ⑥air pipe 空气管 ⑦airplane 飞机 ⑧airplane pilot 飞机驾驶员 ⑨airport 飞机场 ⑩American Patent 美国专利 ⑪ammonium perchlorate 高氯酸铵 ⑫analytically pure 分析纯 ⑬anomalous propagation 不规则传播 ⑭A-Pole A形杆 ⑮appearance potential 表观电位 ⑯arithmetical progression 算术(等差)级数 ⑰Associated Press 美联社,(美国)联合通讯社 ⑱atmospheric pressure 大气压力 ⑲atomic power 原子动力 ⑳automatic programming 自动程序设计.

Ap =April 四月.

ap =①*ante prandium* 上午,午餐前 ②*apex* 顶点,峰 ③*apud* (拉丁语)据…的著作.

A/P =autopilot 自动驾驶仪.

A/P CTL =autopilot control unit 自动驾驶仪控制装置.

A/P POI =autopilot positioning indicator 自动驾驶仪上的位置指示器.

apace' [ə'peis] *ad.* 飞快地,急速(地),迅速地.

apache = automatic programmed check-out equipment 自动程序检查设备.

aparalyt'ic *a.* 无麻痹的.

aparaphynasia *n.* 无侧性的.

apart' [ə'pɑːt] *ad.* ①相隔(距) ②离开(去),拆开,分开,除去,撤开 ③区(分,各)别. ▲*apart from* 除了…(不算)外(还),且不说,撇开…不论,在不考虑…的情况下,与…无关,离开,脱离. (*be*) *far* [*wide*] *apart* 离得很远,间距很大. *fall apart* 崩溃,土崩瓦解. *put* [*set*] *M apart for N* 储备 M 留作 N 之用. *quite apart from* 更何况,更不用说. *take apart* 把…拆开. *tell* [*know*]… *apart* 分辨(两种事物),区分.

apart'heid *n.* 种族隔离.

apart'ment [ə'pɑːtmənt] *n.* 房间,公寓,(一)套房(间),一套公寓房间,(住宅的)单元,部门. ~al *a.*

apas'tia [ə'pæstiə] *n.* 绝食.

apas'tic [ə'pæstik] *n.* 绝食的.

apastron *n.* 远星点(时).

apathet'ic [æpə'θetik] *a.* 冷淡的,无.

ap'athy ['æpəθi] *n.* 冷淡,无兴趣,漠不关心(towards). ▲*have an apathy to* [*towards*]对…漠不关心.

ap'atite ['æpətait] *n.* 磷灰石.

APATS =automatic programming and test system 自动程序设计和试验系统.

APB =①antiphase boundary 反相边界 ②auxiliary power breaker 辅助电源断路器.

APC =①adjustable-pressure conveyor 调压输送机 ②American Power Conference 美国动力会议 ③approach control 进场控制 ④automatic phase control 自动相位调整 ⑤automatic power control 自动功率调整 ⑥automatic program control 自动程序控制.

A/PC =autopilot capsule 自动驾驶仪舱.

apc =amp per cm 安/厘米,A/cm.

APC loop 自动相位控制回路.

APC system 自动相位控制回路.

APChE =automatic programed checkout equipment 自动程序测试设备.

APCS =air photographic and charting service 空中照相和制图工作.

APD =①angular position digitizer 角位置数字转换器 ②antiphase domain 反相畴 ③approved 批准,许可 ④avalanche photodiode 雪崩光电二极管.

APDA =auxiliary pump drive assembly 辅助泵传动机组.

APDI =Asia and Pacific Development Institute 亚洲及太平洋发展研究所.

APDX =appendix 附录,补遗.

ape [eip] I *n.* (类人)猿,猴. *ape hanger* 高柄,高把手. ▲*play the ape* 模仿. II *vt.* 摹仿,仿.

apeak' [ə'piːk] *ad.* 垂直,竖着,立桨〔锚〕.

apellous *a.* 无皮的.

Ap'ennines ['æpinainz] *n.* 亚平宁山脉.

apep'sia [ə'pepsiə] *n.* 不消化,消化不良〔停止〕.

apercep'tion [æpə'sepʃn] *n.* 明觉,感知.

apercu' [æpə:'sjuː] (法语) *n.* 概要,一览.

ape'rient [ə'piəriənt] I *a.* 轻泻的. II *n.* 轻〔缓〕泻剂.

aperiod'ic(al) [eipiəri'ɔdik(əl)] *a.* 非周期(性)的,不[无]定期的,非调谐的,非振荡的,强阻尼的,直指的. *aperiodic antenna* 非调谐〔非定振〕天线. *aperiodic circuit* 非周期(振荡)电路,无谐振电路. *aperiodic compass* 定指罗盘针. *aperiodic elongation* 非周期伸长. *aperiodic galvanometer* 不摆〔非周期,大阻尼,直指〕电流计. *aperio-dic voltmeter* 不摆〔非周期,大阻尼,直指〕伏特计.

aperiodic'ity [eipiəriɔ'disiti] *n.* 非[无]周期性,非调谐性.

aperiodograph *n.* 非周期性线图.

apers =antipersonnel 杀伤(用)的.

apertom'eter [æpə'tɔmitə] *n.* 开角计,(数值)孔径仪(计),数值(物镜)口径计.

apertura (pl. *aperturae*) *n.* 孔,口.

ap'erture ['æpətjuə] *n.* ①(小,壁)孔,(小)眼,洞,(开,窗)口,嘴 ②孔(缝)隙,裂缝,光圈,(校准,照门)口 ③孔径(口),口径,(孔径)开度,孔径阑的直径 ④膜片. *angular aperture* (天线等)张角,方向图宽度. *aperture angle* 孔径(张,波幅,波束)角. *aperture antenna* 开口〔孔径〕天线. *aperture card* (镶有显微胶片的)窗片,开口〔孔,缝〕卡(片). *aperture colour* 孔径[非物理]色. *aperture compensation* 孔径失真补偿,孔阑(畸变)补偿. *aperture correction factor* 孔阻计算系数. *aperture diaphragm* 有效[孔径]光阑. *aperture dimension* 孔径. *aperture disc* 装扫描大旋盘分像盘,有孔圆盘. *aperture distortion* 孔阑〔小孔,光瞳〕畸变,孔径失真. *aperture effect* 孔径〔阑〕效应,孔径失真. *aperture efficiency* 开口[孔径]面积效率. *aperture gap* 孔隙. *aperture grille* 障栅,荫栅. *aperture illumination* 照度分布,孔径照明. *aperture lens* 针孔[孔阑,孔径,膜孔,电子]透镜. *aperture mask* 孔眼掩模,多孔(金属皮幕管的)荫罩,(彩色显像管的)荫罩. *aperture mask tricolor kinescope* 多孔障板式三色显像管,荫罩(式)彩色显像管. *aperture of beam* 射束的横截面,射束

孔径. *aperture of bridge* 桥孔,桥洞. *aperture of screen* 筛孔. *aperture of the diaphragm* 光阑孔径,光圈. *aperture stop number* 孔径数. *atomizer aperture* 喷雾嘴. *cathode aperture* 阴极(插入孔). *effective aperture* 有效〔孔〕径. *full aperture* 全口〔孔〕径;最大光圈照相机. *quantizing aperture* 电视摄像管电子束孔. *scanning aperture* 扫掠张角,扫描孔. *synthesizing aperture* 电视显像管电子束孔.

ap'ertured *a.* 带口的,有〔多〕孔的,有孔眼的,有缝隙的. *apertured plate for memory* 多孔存储板. *apertured shadow-mask* 多孔隙板,多孔影孔板,荫罩.

apertured-disc *n.* 有孔圆板,穿孔圆盘,旋转分像盘.
ap'erturing *n.* 孔径作用.
aperwind *n.* 解冻风,融雪风.
a'pery ['eipəri] *n.* 仿,学样.
apet'alous *a.* 无花瓣的.
a'pex ['eipeks] (pl. *a'pexes* 或 *a'pices*) *n.* 顶(点,尖,体),(顶)峰,尖,最高点,(脊斜)脊,褶皱线,矿脉顶,(电波由电离层反射时的)反射点,【天】奔赴点,向点,填充胶条. *apex angle* 顶角,(天线)孔径角. *apex distance* 顶距,钻尖偏移距离. *apex drive* (天线)中点馈电. *apex law* 脉尖法. *apex matching method* 顶点匹配法. *apex of arch* 拱顶,拱冠. *apex of trajectory* 弹道最高点. *apex point* 顶点,钻尖. *solar apex* 太阳向点. ▲ *apex up* 上顶点,顶朝上的.

apexcar'diogram *n.* 顶点心动描记曲线(图).
APF = ①accurate position finder 精确定位雷达 ②acidproof floor 耐酸的地板.
APG = ①air pressure gauge 气压计 ②apogee 远地点,(弹道)最高点.
apha'cia [ə'feisiə] *n.* 无晶状体.
aphacic *a.* 无晶状体的.
aphagia *n.* 拒食,不能咽食,吞咽不能.
apha'kia [ə'feikiə] *n.* 无晶状体.
aphakic *a.* 无晶状体的.
aph'amite *n.*【农药】一六〇五.
aphanesite *n.* 光线矿,砷磷矿.
aphaniphyric = aphanophyric.
aph'anite *n.* 隐〔非显〕晶岩.
aphanit'ic *a.* 隐晶(质)的,非显晶(质)的.
aphe'lia [æ'fi:liə] aphelion 的复数.
aphe'lion [æ'fi:liən] (pl. *aphe'lia*) *n.* ①【天】远日点 ②远核点.
a'phid ['eifid] *n.* 蚜虫.
aphidicide *n.* 杀虫剂.
a'phis ['eifis] *n.* 蚜虫.
aphlogis'tic [æflə'dʒistik] *a.* 无焰燃烧的,不能燃烧的.
apholate *n.*【农药】环磷氮丙啶.
apho'nia [ə'founiə] *n.* 失音(症),发音不能.
aphon'ic [æ'fɔnik] *a.* 失音(症)的,无音的.
aphon'ous *a.* 失音的,患失音症的.
aphore'sis *n.* 部份抑除,无耐受力.
aphoria *n.* 不育(症).
aph'orism ['æfərizm] *n.* 格言,警语.
aphosphoro'sis *n.* 缺磷症.
aphot'ic [ei'fɔtik] *a.* 无光的. *aphotic zone* 无(微)光带,非生化带,无光的深水区.
aphre'nia [ə'fri:niə] *n.* 痴呆.
aph'rodite *n.* (镁)泡石.
aphroid *a.* 互嵌状.
aphrolite *n.* 泡沫岩.
aphrone'sia [æfrɔ'ni:ziə] *n.* 痴呆.
aphro'nia [ə'frouniə] *n.* 辩解不能.
aphthitalite *n.* 钾芒硝.
aphylac'tic *n.* 无免疫的,无防御力的.
aphylaxis *n.* 无防御力.
a'phylly *n.* 缺叶,无叶.
aphyr'ic *a.* ;*n.* 无斑隐〔非显〕晶质(的).
APhysS = American Physical Society 美国物理学会.
API = ①accurate position indicator 精确位置显示器 ②airposition indicator 空中位置显示器 ③American Petroleum Institute 美国石油学会.
Api'a [ɑː'piːə] *n.* 阿批亚(西萨摩亚首都).
apia'rian *n.* ; *n.* 蜜蜂的,养蜂的(人).
apiary *n.* 养蜂场,蜂房.
APIC = ①automatic power-input controller 自动功率输入控制器 ②Automatic Programming Information Center 自动程序设计情报中心.
ap'ical ['æpikəl] *a.* 顶(点,上,端,尖,生)的,(根)尖的,峰顶的. *apical angle* 顶角. *apical system* (在)顶端的,顶(极)系.
a'pices ['eipisi:z] apex 的复数.
apiciform *a.* 尖形的.
apicle *n.* 顶体.
apico- 〔词头〕尖顶.
apic'ulate(d) *a.* 细尖的,针锋状的.
a'piculture *n.* 养蜂(业).
apiece' [ə'pi:s] *ad.* 每个(人,件),各.
Apiezon *n.* 阿匹松真空泵用油,阿匹松真空润滑酯. *Apiezon grease* 阿匹松脂,阿匹松(真空)密封蜡. *Apiezon oil* 阿匹松真空泵用油,扩散泵用油. *Apiezon wax* 阿匹松蜡,封蜡.
a-pinacoid *n.* a 轴面.
apinclum *n.* 臭松油.
apinoid *a.* 清洁的,洁净的.
apinol *n.* 臭松油.
apiquage *n.* 航空器横轴的周转.
APL = ①A programming language APL 语言,程序设计语言 ②Applied Physics Laboratory 应用物理实验室 ③approved parts (and materials) list 已批准的〔验收合格的〕部件(器材)清单 ④assembly parts list 装配部件清单 ⑤associative programming language 组合程序设计语言 ⑥average picture level 平均图像电平.
apl = airplane 飞机.
ap'lanat ['æplənæt] *n.* 消球差(透)镜,齐明(物)镜,不晕(物)镜. *aplanat lens* 消球差(透)镜,齐明的不晕透镜.
aplanat'ic *a.* 消球差的,齐明的,不〔非〕晕的,等光程的. *aplanatic surface* 等射程面.
aplan'atism *n.* 消球差(性),齐明,不晕,等光程.
A-plane [ei'plein] *n.* 原子飞机.
aplanogam'ic *a.* 静孢子的.
aplanospore *n.* 静孢子.

apla′sia n. 发育〔成形〕不全,先天萎缩,再生障碍.
aplas′tic a. ①非塑性的 ②发育不全的,成形不全的,再生不能的,再生障碍性的.
Aplataer process 热镀锌法〔铅锌法热镀锌〕.
aplen′ty [ə′plenti] a.; ad. 丰富(的),绰绰有余的,极丰.
ap′lite [′æplait] n. 细晶岩;半花岗岩;红钴银矿.
aplite-granitic a. 细晶花岗质的.
aplit′ic a. 细晶岩(质)的.
aplomb [ə′plom] [法语] n. 垂直,沉着.
aplune n. 远月点.
APM ＝ automatic programming machine 自动程序设计机.
APMP ＝ aluminium powder metallurgy product 烧结铝粉制品.
APN ＝ aircraft pulse navigation 飞机脉冲导航.
apneumat′ic a. 无气的.
apn(o)e′a n. 窒息,呼吸暂停.
APO ＝ "A" assembly production order.
apo ＝ apogee.
apo- 〔词头〕远,(分)离,来自.
apoapsis n. 远拱点,远主点.
apobio′sis [æpobai′ousis] n. 自然死,生理死亡.
apobiot′ic a. 生活能力减弱的.
apobole n. 流产,排出.
apocamno′sis n. 疲劳症.
apocatas′tasis [æpokə′tæstəsis] n. 恢复原状,复原,再建.
apocathar′sis [æpokə′θɑːsis] n. 泻除,排泄.
apocathar′tic a. 泻除的,排泄的.
ap′ocenter 或 ap′ocentre n. 远心点,远主焦点.
ap′ochromat [′æpəkroumæt] n.; a. 复消色差的,消多色差的,复消〔消多〕色差透镜.
apochromat′ic [æpəkrou′mætik] a. 复消色差的,消多色差的.
apochro′matism n. 复消色差(性),消多色差(性).
apoclei′sis [æpo′klaisis] n. 拒食,厌食.
apocrus′tic Ⅰ a. 收敛的,驱除的. Ⅱ n. 收敛剂,驱虫剂.
apocynthion n. (火箭或其它物体离月球最远的位置)远月点.
apocyte n. 多核细胞.
ap′odal [′æpədəl] a. 无足的.
apod(e)ic′tic a. 不容置疑的,绝对肯定的,明白的,确实的,必然的. ~ally ad.
apodisa′tion 或 apodiza′tion [æpoudai′zeiʃən] n. 切趾法,变迹法,衍射控像法,旁瓣缩减.
ap′odiser 或 ap′odizer n. 切趾器,变迹器.
ap′odous [′æpodəs] a. 无足的.
apofocus n. 远(银)心点,远主焦点.
apog ＝ apogee.
apogalacteum n. 远银心点.
apogalactica n. 远银心点.
apog′amy n. 无性生殖,无配子生殖.
apoge′an [æpə′dʒiən] a. 远地点的,最高〔远〕的,极点的.
ap′ogee [′æpədʒiː] n. 【天】远地点(月球或任何行星轨道上距离地球最远之点) ②(弹道)最高点,远速点,极点 ③椭圆与其长半轴之交点. apogee motor 远地点控制电动机. apogee rocket 远地(最远)点火箭. apogee tide 【气】远月潮.

apogee-motor-firing n. (弹道)最高点点火,远地点发动机点火.
ap′ograph n. 影写本,复制本.
apolar a. 从配极的,无(非)极的,无衰(起)的. apolar conics 从配极二次曲线. apolar triads 从配极的拼三小组.
apolar′ity n. 从配极性.
apolegamic a. 选配的.
apoleg′amy [æpo′legəmi] n. 选配.
apolex′is [æpo′leksis] n. 衰老.
apolip′sis [æpo′lipsis] n. 闭止.
apolit′ical a. ①不关心政治的 ②无政治意义的. ~ly ad.
apollina′ris n. 碳酸泉水. apollinaris spring 碳酸泉.
Apol′lo n. ①阿波罗(小行星) ②"阿波罗"飞船 ③太阳神.
apologet′ic [əpolə′dʒetik] Ⅰ a. ①道歉的,认错的 ②辩解(护)的. Ⅱ n. 辩解,正式的道歉. ~ally ad.
apol′ogise 或 apol′ogize [ə′polədʒaiz] vi. ①道歉,认错 ②辩解(护),分辩. ▲apologize for oneself 替自己辩护. apologize to M (for N, for ＋ing)(因 N,因做某事)向 M 道歉.
apol′ogy [ə′polədʒi] n. 道歉,辩解(护)勉强代用的东西. ▲an [a mere] apology for 勉强充抵(作)…用的东西. in apology for 为…辩解(道歉). make [offer] an apology to M for N 因 N 向 M 道歉.
ap′olune n. 远月点.
A-poly ＝ addition polymerization 加聚作用.
A-polymer n. 加聚物.
apomecom′eter n. (光学)测距(测高,测角)仪.
apomictic a. 无融合生殖的.
apomix′is n. 无融合生殖.
apomorpho′sis n. 变形.
apone′a [æpo′niːə] n. 智力缺陷,精神发育不全,精神错乱.
apo′nia [ə′pouniə] n. 无痛.
aponic a. 止〔无〕痛的,减疲劳的.
apophorom′eter n. 升华(物质)收集测定仪.
apophyllite n. 鱼眼石.
apophyse 或 apoph′ysis n. 岩枝〔支〕.
apoplec′tic [æpə′plektik] Ⅰ a. (患)中风的. Ⅱ n. (易)患中风症者.
apoplectigenous a. 引起中风的.
apoplex′ia [æpo′pleksiə] n. 中风,卒中.
ap′oplexy [′æpopleksi] n. 中风,卒中. cerebral apoplexy 脑溢血.
apopro′tein n. 脱辅基蛋白.
apopsychia n. 晕厥.
apopyle n. 肛门.
aporino′sis [æpori′nousis] n. 营养缺乏病.
aport′ [ə′poːt] ad. 在(向)左舷. Hard aport! 左满舵!
aposand′stone n. 石英岩.
aposedimen′tary a. 沉积后生的.
aposele′nium n. 远月点.
aposep′sis n. 腐败.
aposit′ia [æpo′sifiə] n. 厌食症.
aposit′ic a. 厌食的.
apospory a. 无孢子的.

apos′tasis [ə′pɒstəsis] n. 脓肿，病情骤变.

apos′tasy [ə′pɒstəsi] n. 背叛，变节，脱党.

apos′tate [ə′pɒstit] n.，a. 叛徒，变节者[的]，脱党的，背叛的. **apostat′ic** a.

apos′tatize vi. 背叛，变节，脱党.

apostem n. 脓肿.

a posterio′ri [′eipɒsteri′ɔ:rai] [拉丁语] a.；ad. ①后天的，(根据)经验的，事后(的) ②归纳的，从结果追溯到原因的，由事实推论出原理的. *a posteriori probability* 经验[后验]概率. *a priori vs. a posteriori probabilities* 事前对事后[先验对后验]概率.

apostilb n. 阿熙提(亮度单位,流明/米², 10⁻⁴朗伯).

apos′til(le) n. (旁)注.

apos′trophe [ə′pɒstrəfi] n. (表示所有格、省略、复数等的)撇号，省略号"'".

APOTA = automatic positioning of telemetering antenna 遥测天线的自动定位.

apothecaries′ measure 药衡制，药剂用液量制.

apothecaries′ weight 药衡制，药剂用衡量制.

apoth′ecary [ə′pɒθikəri] (pl. **apoth′ecaries**) n. 药剂师.

ap′othem n. 边心距. *apothem of a regular polygon* 正多边形的边心距[垂幂].

apotheo′sis n. 极点，顶峰.

apoth′esis [ə′pɒθisis] n. 回复(术).

apotox′in n. 过敏毒素.

apotransaminase n. 转氨酶蛋白.

apotropa′ic [æpətrə′peiik] a. 预防的，避邪去病的.

apotype n. 补型.

A-power [′eipauə] n. 原子能，核能. *A-power supply* A电源，甲电源，丝极电源.

APP = approved by 经…批准，批准人.

app = ①apparatus 仪表，装置，器件，设备 ②appendix 附录 ③appointed 指定的 ④approximate 近似的.

Appala′chian [æpə′leitʃiən] a. 阿帕拉契(山脉)的.

appal(l) vt. 使吃惊.

appal′ling a. 令人震惊的，骇人听闻的. ~ly ad.

appar = apparatus.

appara′tus [æpə′reitəs] n. ①仪(器，表)，装置，设备，器(具，械，件，官)，机(器，件) ②机构[关] ③(学术著作中的)注解，索引. *apparatus centering* 定圆心器，用仪器定圆心. *apparatus glass* 仪表玻璃. *apparatus of resistance* 测电阻仪. *apparatus with several arm wipers* 多弧刷旋转选择器. *auxiliary apparatus* 辅助设备. *clamping apparatus* 夹具. *commanding apparatus* 操纵设备，指令设备[器件]. *control apparatus* 调节[整]器，控制(一的)装置. *counting apparatus* 计数管. *flash point apparatus* 燃[闪(燃)]点测定仪. *government apparatus* 政府机构. *guide apparatus* 导向器，导向装置，导轨. *liquating apparatus* 熔析设备，熔析锅. *measuring apparatus* 测量仪器. *pinch apparatus* 研究收缩效应用装置. *radio apparatus* 无线电设备. *sintering apparatus* 烧结炉，烧结设备. *spectrum apparatus* 分光镜[仪]. *state apparatus* 国家机器. *X-ray apparatus* X光机，伦琴射线装置.

appar′el [ə′pærəl] Ⅰ n. ①衣服，(外)衣，服装 ②外表，外观 ③船上用具. Ⅱ vt. 穿衣.

appar′ent [ə′pærənt] a. ①明白「的，显然的 ②看(在)的，表[外]观的，外显的，表面(上)的，肤浅的 ③近似的，形(貌，显)似的. *as will be apparent shortly* 正如很快就会明显地看到的那样. *it was apparent to all of us* 这对我们大家是显而易见的. *more apparent than real* 表面上的而非实际的. *apparent angle of attack* 表观迎角，视迎角. *apparent bedding* 形似层理. *apparent cohesion* 视[表观，显似]凝聚力. *apparent colour* 视[表观]颜色. *apparent density* 视[表观，散装，松装]密度. *apparent distance* 视距. *apparent diurnal motion* 周日视在运动. *apparent error* 视误差. *apparent force* 视在[表观]力. *apparent height* 视在[有效，表观]高度. *apparent pitch* 视[表观]螺距. *apparent power* 视在[表观]功率. *apparent radar center* 表观雷达中心. *apparent resolution* 可见分辨率，清晰度. *apparent solar time* 视太阳时. *apparent stress* 视[表观]应力. *apparent to the naked eye* 肉眼可见. *apparent volume* 视容积，松装体积，松装比容. *apparent weight* 毛重，视重量.

apparent-energy meter 伏安时计.

appar′ently ad. 显然，俨然，表面上(看来像).

appar′entness n. 显然，明白，外观.

apparit′ion [æpə′riʃən] n. (行星，彗星隐没后)初现，幻象的出现，神奇的现象.

appd = approved 批准的，(验收)合格的.

appeal′ [ə′pi:l] vi.；n. ①要[恳，请]求，呼吁，控诉，上诉 ②吸引…的注意，请求…决定，引起…的兴趣 ③(有)感染(力)，(有)吸引力. *three-dimensional appeal* 立体感. ▲*appeal to* 要[请]求，求助于，诉(诸)，引起…的兴趣[注意]. *appeal to M for N* 向M要[恳]求N. *appeal to M to + inf.* 请求M(做). *make an appeal (for, to)* 呼吁，恳求，诉诸，引起兴趣.

appeal′ing [ə′pi:liŋ] a. 动(吸引)人的，有感染力的，引人入胜的. ~ly ad.

appear′ [ə′piə] vi. ①出现，显现，到达，来到，露面，问世，登(载)，出版，发表 ②显得，看来(好像)，似乎，*appearing diagram* 外貌[观]图. *The condenser appears in a number of different forms.* 电容器有各种不同的形式. *So it appears.* 似乎是如此. *It appears not.* 看来并非如此，看来不像是这么一回事. ▲*appears as* 作为…出现，表现为. *appear to + inf.* 看来像是，看来似乎，仿佛. *appear to be* (看来)似乎是，(表现出)好像是，可认为是，好像. *appear to M to + inf.* 在M看来像(似乎). *it appears (to M) that …* (在M看来)似乎(好像，仿佛).

appear′ance [ə′piərəns] n. ①出现，显露，问世，出版，发表，刊行 ②外观(貌，形)，外表，外部特性(表征)，状态，现[表]像. *appearance fracture test* 断口外观试验. *appearance of fracture* 断口形状(外观). *appearance of persistent cloud* 持续浓浊现象. *appearance of slush* 冰(的)出现，初冰. *appearance potential* 外观电位. *appearance surface*

外表. *surface appearance* 表面状况. ▲*at first appearance* 初看起来,咋一看来. *at the appearance of* 在…出现的同时,看见…就. *by all appearances* 显然,看来. *by appearances* 根据外表〔现象〕. *enter an appearance* 到场. *in appearance* 看上来,外表上(看起来). *make* 〔*put in*〕 *an appearance* 出现,出面. *make one's appearance* 出现,问世,出版. *there is every appearance of* 〔*that*〕 …无一处不像…. *there is no appearance of* 简直看不见…的影子,一点没有…的样子. *to all appearance(s)* 显然,看来.

appea'sable *a.* 可平息的,可满足的.

appease' [ə'pi:z] *vt.* ①使平息,满足(要求),充(饥),解(渴) ②对…止步,迁就,绥靖. ~ment *n.*

appel'lant [ə'pelənt] I *a.* 控(上)诉的. II *n.* 控〔上〕诉人.

appella'tion [æpe'leiʃən] *n.* 名称(义),称呼(号),命名.

appel'lative [ə'pelətiv] *a.*; *n.* 名称(的),称号,定名的.

appellee' *n.* 被上诉人.

appel'lor *n.* 上诉人.

append' [ə'pend] *vt.* 附加(上),添加,增补,贴上,挂上,(用线等)悬挂. *notes appended* 附注. ▲*append M to N* 在 N 上附加 M.

appen'dage [ə'pendidʒ] *n.* ①附属部分,附属(加)物,附件(具),备(配)件 ②备用仪器(仪表),附(属)器. *appendage pump* 备用〔附属〕泵.

appen'dant 或 **appen'dent** [ə'pendənt] I *a.* 附加(上)的,附属的(to). II *n.* 附属物.

appendec'tomy *n.* 阑尾截除术.

appendic(e)al *a.* 阑尾的,附件的.

appen'dices [ə'pendisi:z] *appendix* 的复数.

appendici'tis [əpendi'saitis] *n.* 阑尾〔盲肠〕炎,蚓突炎.

appendic'ular *a.* 阑尾的,附件的.

appen'dix [ə'pendiks] (pl. **appen'dixes** 或 **appen'dices**) *n.* ①附录(言),附属(加)物,补遗,附加(物),附件,附属 ②(气球)充气管,输送管 ③阑尾.

appen'tice [ə'pentis] *n.* 厢〔耳〕房.

appercep'tion [æpə'sepʃn] *n.* 感知(受).

appercep'tive *a.* 感知的.

appertain' [æpə'tein] *vi.* 属于,有关于,专属,适合于(to). *and everything appertaining to it* 及其一切附属物.

appet *n.* 欲望,渴望.

ap'petence 或 **ap'petency** *n.* ①强烈的欲望,渴望(of, for, after),癖好 ②【化】亲和力(for). **appetent** *a.*

ap'petite ['æpitait] *n.* ①食欲,胃口 ②(自然)欲望,爱好.

appeti'tion [æpi'tiʃn] *n.* 渴望,嗜好,志趣,欲望.

ap'petizer ['æpitaizə] *n.* 开胃剂,开胃的食物.

ap'petizing ['æpitaiziŋ] *a.* 引起欲望〔食欲〕的,促进食欲的,开胃的.

appl =①*applicable* 能应用的,合适的 ②*application* 应用,用途,申请.

applanate *a.* 扁平的.

applaud' [ə'plɔ:d] *v.* ①鼓掌,欢呼,喝采,称赞(for) ②赞成.

applause' [ə'plɔ:z] *n.* 热烈称赞,鼓掌,欢呼. *Stormy applause broke out.* 响起了暴风雨般的掌声.

applauseograph *n.* 噪声录音机.

ap'ple ['æpl] *n.* 苹果,炸弹. "*apple*" *cathode-ray tube* "苹果式"阴极射线管. *apple coal* 沥青煤. *apple of discord* 祸根. *Apple tube* 爱博尔彩色〔苹果色〕,线状荧光屏的单电子束彩色〕显像管. *the apple of the eye* 瞳仁,掌上明珠.

apple-and-biscuit microphone 全向传声器.

apple-cart *n.* 运苹果车. *upset one's apple-cart* 或 *upset the apple-cart of* 打破(某人)的计划.

Applegate diagram 阿普尔盖特图(表示速调管聚束的时空图).

apple-pie I *n.* 苹果饼(排). II *a.* 典型美国式的. *in* 〔*into*〕 *apple-pie order* 十分整齐,整整齐齐,井然有序.

Appleton layer 阿普顿层, F〔电离〕层.

appli'ance [ə'plaiəns] *n.* ①器(用),工具,设〔装〕备,装置,(备用)仪表,器械,附件 ②适(应)用. *appliance circuit* 仪表用电(线)路. *appliance outlet* 设备(电源)插口. *electric appliance* 电气用具,耗电器具. *measuring appliance* 测量器具(仪器,设备). *portable appliance* 便携式仪表(用具).

applicabil'ity [æplikə'biliti] *n.* 适用〔适应,可应用〕性,适用范围,可取(合)性.

ap'plicable ['æplikəbl] *a.* 可适用的,能应用的,可贴(合)的,有利的,合适的,适当的. *applicable surface* 可贴(互展)曲面. ▲(*be*) *applicable for* 可应用到…上去,对…很合适. (*be*) *applicable to* (适)用于.

ap'plicably ['æplikəbli] *ad.* 可适用地,适当地.

ap'plicant ['æplikənt] *n.* 申请人,请求者,报名〔应征〕者(for).

applica'tion [æpli'keiʃən] *n.* ①应(使,利,运,适)用,用途 ②【数】贴合 ③作用,施加(力,荷载),操作(包括贴、涂、浇、洒、撒、镀、敷等),馈给 ④敷用(贴,物,剂) ⑤申请(表,单),请求,委托书 ⑥努力,专心. *application form* 申请书(表格). *application of a surface* 曲面的贴合. *application of brakes* 或 *brake application* 施闸,制动,刹车. *application of force* 施力. *application of load* 加载,(施)加负荷〔荷载〕. *application program* 应用〔操作〕程序. *application software* 应用(算题)软件. *application to become subscriber* 登记作为用户. *application valve* 控制阀. *field* 〔*scope*〕 *of application of M* M 的适(应)用范围. *heat application* 供热. *hot-melt application* 热熔施工. *hot spot application* 热面预热. *patent application* 专利申请. *point of application* (*of a force*) 作用点,施力点. *service application* 使用(装机)申请书. *spray application* 用喷枪喷涂. *stress application* 加力,加负荷. ▲*find application* 获得应用. *have application in* 应用于. *in application to M* (在)应用于 M (时). *make an application for M* (*to N*) (向N)要求(申请) M. *on application* 函索(即寄),索(即送),申请(就给). *on application to M* 向 M

索取[申请]. *the application of M to N* 把M应用于N, M对N的作用, 对N浇[撒,敷,涂,镀]M.
application-defined data structure 定义应用的数据结构.
application-dependent configuration 根据应用配制.
ap'plicator ['æplikeitə] *n.* ①敷贴[敷料,涂药,涂层,涂板]器, 洒[注]油机, 撒药[撒粉]机 ②扣环起子 ③高频发热电极. *fog applicator* 烟雾发生器. *radium applicator* 施镭器.
applied' [ə'plaid] I apply 的过去式和过去分词. II *a.* ①应[使,适,实,作]用的 ②施[外]加的, 外施的. *applied dose* 施加剂量. *applied force* 作用力, 外加力. *applied hydraulics* 应用水力学. *applied load* 外加荷载. *applied mathematics* 应用数学. *applied mechanics* 应用力学. *applied stress* 外加应力, 作用应力. *applied voltage* 外加电压.
apply' [ə'plai] *v.* ①适用[合], 应用 ②施加, 作用(力,荷载), 加(热), 做(功), 敷, 涂, 搽, 撒, 贴, 镀, 施, 浇 ③申请, 接洽. *apply force* 作用力施加之力. *apply oil* 上油, 加润滑油. *apply work* 做功. ▲(*be*) *applied to* 适(用)于, 应用于, 施加于, 用来表示, 与…接触. *apply for* 申请, (谋)求, 接洽. *apply M on N* 把M作用[加到]N上. *apply to* 适用于, 适合, 应用到. *apply one's mind to* 专心于…. *apply oneself to* (专心)致力于, 钻研. *apply N to N* 把M(应)用于N施加于N, 使M与N接触, 把M放[涂,镀,敷,搽,撒,浇]到N上. *apply to M for N* 向M求[接洽]N.
appn = appropriation 拨款, 经费.
appoint' [ə'point] *vt.* ①指(决,约)定 ②任命(指, 委)派, 下[命]令 ③给…提供设备, 装备. *appoint a committee* 成立一个委员会. *The time appointed for the meeting was 2.30 p.m.* 会议定于下午二点半召开. ▲*be badly appointed* 设备差(不好). *be well appointed* 设备好(齐全). *appoint M to N* 派[任命]M担任N. *appoint M to N* 任命M为N.
appoint'ed *a.* 决[指,约]定的, 被任命的, 设备好的.
appointee' [əpɔin'ti:] *n.* 被任命者, 被指定人.
appoint'ive [ə'pɔintiv] *a.* 任命的, 委任的.
appoint'ment [ə'pɔintmənt] *n.* ①指定, 约定, 约会 ②任命[用], 委(选)派 ③职位, 位置 ④(pl.)设备, 家具 ⑤车身内部装饰. *appointment call* 定人定时呼叫. ▲*an appointment as M* 担任M的职位. *break an appointment* 背约. *by appointment* 按照约定的时间(和地点), 经预先约定. *keep an appointment* 践(约). *make (fix) an appointment with M* 与M约定(会). *take up an appointment* 就任.
appoin'tor *n.* 指定人.
appor'tion [ə'pɔ:ʃən] *vt.* (按比例,按计划)分配[摊,派], 均分(between, among). ~ment *n.*
apposed *a.* 紧贴的.
ap'posite ['æpəzit] *a.* 适[妥,恰]当的, 合适的(to), 附着的, 并生的. *apposite fault* 归并断层. *apposite to the case* 切合实际情况的. ~ly *ad.* ~ness *n.*
apposi'tion *n.* 并置, 并列, 归并, 对(接)合, 外积[加], 聚集, 同位(语).

appr = ①approve 批准, 同意, 验收, 认可 ②approximate(ly) 近似(的), 大约(的).
apprais'able [ə'preizəbl] *a.* 可评[估]价的, 可鉴定的.
apprais'al [ə'preizəl] *n.* 估[评]价, 估计, 鉴定. *appraisal survey* 估价调查. *give (make) an objective appraisal of* 对…作一个客观的评价.
appraise' [ə'preiz] *vt.* 估价[计], 评价, 检验, 鉴定. *appraised price* 估价. ~ment *n.*
apprais'er *n.* 评价人, (内行)鉴定人.
appre'ciable [ə'pri:ʃəbl] *a.* ①看得出的, 感觉得到的 ②明显的, 相当大的, 可观的, 值得重视的 ③可估计[价]的. *appreciable error* 显著误差.
appre'ciably [ə'pri:ʃəbli] *ad.* 相当地, 可观地, 明显地.
appre'ciate [ə'pri:ʃieit] I *vt.* ①(正确)估[评]价, 鉴定[赏,别] ②理解, 体会(感觉,意识)到, 知道, 懂得 ③珍(重)视 ④赏[欣]赏, 感激. II *vi.* 涨价, 价值增高, 增值[多].
apprecia'tion [ə,pri:ʃi'eiʃən] *n.* ①估价(计), 评价(定), 鉴定(赏) ②了解, 判断, 赏识, 欣赏, 感激 ③涨价, 增值. ▲*in appreciation of* 作为…的奖赏.
appre'ciative [ə'pri:ʃiətiv] 或 **appre'ciatory** [ə'pri:ʃiətəri] *a.* 有能力的, 有鉴别力的, 欣赏的, 赏识的, 感谢的. ~ly *ad.*
apprehend' [æpri'hend] *v.* ①理(了)解, 明了, 领会, 认识 ②忧虑, 怕 ③逮捕, 拘押.
apprehensibil'ity [,æprihensi'biliti] *n.* 可理解(性).
apprehen'sible [,æpri'hensibl] *a.* 可理解(了解,明了,想像)的.
apprehen'sion [,æpri'henʃən] *n.* ①理解(力), 领会, 明了 ②逮捕 ③(pl.)忧虑, 担心, 不安. ▲*be under some apprehensions about* 对…有点担心. *entertain [have] some apprehensions for [of]* 对…有点担心, 恐[深]怕. *in [to] one's apprehension* 照…的理解, 依…看来. *under the apprehension that* 唯恐, 就怕.
apprehen'sive [,æpri'hensiv] *a.* ①有理解力的, 善于领会的, 聪明的 ②忧虑的, 担心的, 不安的. ▲*be apprehensive for [of]* 忧虑, 为…担心(惦恐,恐怕). *be apprehensive that* 担心将发生. ~ly *ad.* ~ness *n.*
appren'tice [ə'prentis] I *n.* 学徒, 徒工(弟), 生手, 见习(实)习生. II *vt.* 使(送)…做学徒. ▲*be apprenticed to M* 或 *be bound apprentice to M* 当M的学徒(徒工).
appren'ticeship *n.* 做学徒, 学徒期间, 训练(期). *serve one's apprenticeship with (at)* 跟(在)…做学徒.
appressed *a.* 紧贴的.
appres'sion *n.* 有重量, 重力感.
appressorium *n.* 附着胞.
apprise' 或 **apprize'** [ə'praiz] *vt.* 通(告)知, 报告(导). ▲*apprise M of N* 把N通知M. *be apprised of (that)* (已)获悉.
ap'pro ['æprou] *n. on appro* 看货后再做决定, 供试用的, 包退包换的. *goods on appro* 看货后再做决定之货物(如不满意可以退还), 供试用(包退包换)的货物.
approach' [ə'proutʃ] I *v.* ①接(趋,逼,迫)近, 近似,

快到 ②探讨,研究,处理,解决,与…打交道. ▲*approach M as a limit* 以 M 为极限. *approach infinity as a limit* 趋近于无穷大为极限. *approach M on* (*to* + *inf.*) 向 M 接洽(商量,交涉). *approach* (*to*) *M* 接近(趋近,近似,约等)于 M. *approach unity* 趋(近)于 1. *approach M with* N 向 M 提出 N. *be approaching* (*to*) *M* 与 M 差不多(大致相同),接近于 M. **I** *n.* ①接(趋,逼,送)近,近似(值,法),计算法 ②途径,方法,手段 ③通道,引道(路,桥,槽) ④进(机)场,临场,进入 ⑤入门,入口 ⑥(铁路)专用线 ⑦近海(地区). *analog approach* 用相似法解题,模拟法求解. *approach alignment* 桥头引道接线. *approach angle* 前进(接近,引进,航路)角. *approach beam* 临场引导波束. *approach bridge* 引桥. *approach channel* 引水渠,引航道,进港航道. *approach chart* 进场图. *approach guidance* 末段制导. *approach light* 着陆(进场,指示,降落信号)灯(光). *approach path* 下着陆轨迹,接近目标轨迹,临场途径. *approach point* 接近点. *approach rail* 引轨. *approach receiver* 着陆接收机. *approach relay* 接近继电器. *approach span* 或 *approach to a bridge* 引桥(跨),岸跨. *approach speed* 驶近(进场,接近)速率. *approach switch* 接近开关. *approach system* 导进机场系统. *approach table* 输入辊道. *approach to a question* 解决问题的方法(途径). *approach viaduct* 高架引桥. *blind approach* 盲目(仪表)进场,盲目着陆. *die approach* 【塑】机头流精. *elevated approach* 高架引道. *frequency-response approach* 频率响应法求解. *gas approach* 烟气进口,入口烟道. *hot-press approach* 热压法. *impeller approach* 叶轮进口. *lead pursuit approach* 沿追踪曲线接近. *poly cell approach* 多单元法. *powder metallurgy approach* 粉末冶金法. *second approach* 二次近似. ▲*approach to* (做某事,解决某问题)的方法(途径,入门),近于…的事. *at the approach of* 在…将到的时候. *be easy* (difficult) *of approach* 易(难)于接近(到达). *make an approach to* 对…进行探讨.

approachabil′ity [əprəutʃə′biliti] *n.* 〔可及〕接近.
approach′able [ə′prəutʃəbl] *a.* 易接近的,可达到的.
approach′er *n.*
approach-marker-beacon transmitter 机场信标发送机.
ap′probate [′æprəbeit] *vt.* 许可,认可,批准,对…感到满意.
approba′tion [æprə′beiʃən] *n.* 许可,认可,批准,感到满意. ▲*on approbation* 看货后再作决定,供试用的,包退包换的. *goods on approbation* 看货后再作决定的货物(不满意可退货),供试用(包退包换)的货物.
ap′probatory *a.* 认可的,采纳的,许可的.
appro′priate **I** [ə′prəuprit] *a.* 适当(应)的,合适的,恰当的,恰如其份的(*to*),相当(称)的. ▲(*be*) *appropriate to* 〔for〕适于,合乎,与…相称. **I** [ə′prəuprieit] *vt.* 适用(出),充当,专(化)用②窃取,盗(挪)用. ▲*appropriate M for N* 拨 M 给

N,拨 M 供 N 之用,使 M 当作〔合于〕N 之用. *be appropriated for* 专供…之用.
appro′priately *ad.* 适(恰,相)当地.
appro′priateness *n.* 适合程度,适当性.
appropria′tion [əproupri′eiʃən] *n.* ①拨款,经费,预算,充当,使用,专用 ②拨(盗),占)用. ▲*make an appropriation for* 拨一笔款供…之用.
appro′priative [ə′prəuprieitiv] *a.* ①拨出的,专有(用)的 ②占(盗)用的. ▲(*be*) *appropriative for* 〔*to*〕(能)充作…用的.
appro′priator *n.* 拨给者,盗用者,专有者.
approv′able [ə′pru:vəbl] *a.* 可承认的,可批准的,可赞成的.
approv′al [ə′pru:vəl] *n.* 赞成(赏),同意,认可,批(核)准. *approval sales* 试销. *approval test* 鉴定(检查,验收)试验,合格性检验. *final approval* 最后核准. *goods on approval* 看货(试用)后再作(是否购买的)决定的货物(不满意可退货),包退包换的货物. ▲*for one's approval* 求…指正(教), *have the approval of M* 得到 M 的准许(许可,赞同). *have the approval of all concerned* 得到各有关方面的一致赞同. *meet with one's approval* 获得…的同意. *on approval* 供试用的,包退包换的. *present* (submit) *M to N for approval* 把 M 提交 N 批准. *win approval* 获得批准,博得赞许. *with* (*without*) *approval of* (*from*) M 经(未经)M 的批准.
approve′ [ə′pru:v] *v.* ①赞成,同意,承认,满意(*of*) ②批准,验收,认可,通过,审定 ③证明(实).
approved′ [ə′pru:vd] *a.* ①已验收(试过,被认可的,许可的),批准的,(已)审定的 ②良好的,有效的,规定的.
approver *n.* 批准者,赞成者.
approvingly *ad.* 赞成地.
approx = approximate (ly).
approximabil′ity *n.* 可逼〔接〕近性.
approx′imable *a.* 可逼〔接〕近的.
approx′imal *a.* 邻接的,接近的,近似的.
approx′imant [ə′prɔksimənt] *n.* 近似值(式,结果).
approx′imate **I** [ə′prɔksimit] *a.* 近似的,接近的,大约的,估计的. *approximate calculation* 近似计算,概算. *approximate contour* 近似等高线,假想构造等值线. *approximate formula* 近似公式. *approximate solution* 近似解. *approximate value* 近似值. ▲(*be*) *approximate to* 近似,约计. *approximate to the standard* 接近标准的数值. **I** [ə′prɔksimeit] *v.* 近似,(使互相)接近(逼)近,近于. *approximating function* 逼近函数. ▲*approximate* (*M*) *to* (*N*) (使 M)接(逼)近 N,近似(等于)N,约计为 N.
approx′imately [ə′prɔksimitli] *ad.* 近似地,大致(约,概).
approxima′tion [əprɔksi′meiʃən] *n.* 接近,逼近(法),近似(法,值,度,化),概算,略计. *approximation by least squares* 用最小二乘方的近似(法). *approximation by power formula* 用幂公式的近似(法). *approximation in the mean* 平均逼近,平均近似. *approximation of 1st* (2nd) *degree* —

(二)次近似(值). *approximation of road conditions* 道路条件的模拟. *approximation of root* 根的近似值法. *approximation on the average* 平均近似. *first approximation* 一次[第一级]近似. *obstacle approximation* 障碍模拟. *point approximation* 点近似法,单点近似值. *satisfactory approximation* 足够精确的近似值. *successive [progressive] approximation* 逐步[次]近似(计算法). ▲ *in [to (a)] first approximation* 大致上,相当[一级]近似的,以一级近似表示. *in [to] a good approximation* 极[非常]近似地. *to a further approximation* 更进一步的近似(地). *to the same approximation* 以同样的近似(地). *to this degree approximation* 在这一近似程度上.

approx'imative [əˈprɔksimətiv] *a.* 近似的,用近似法求得的. ~ly *ad.*

appt = appointment 任命,选派.

appui [æˈpwi]【法语】*n.* 支持(物),支援,预备队. *point d'appui* 支点,作战根据地.

appulse *n.* "合",表襄接近. *lunar appulse* 月象表观接近,月食.

appur'tenance [əˈpəːtinəns] *n.* (常用 pl.)附[从]属物,附属设备[建筑,装置,机组],配件,附件,辅助工具[机组,设备].

appur'tenant [əˈpəːtinənt] Ⅰ *a.* 附[从]属的(to),贴切的,恰当的(to). Ⅱ *n.* 附属物.

appx = appendix 附录.

Apr = April 四月.

apr = apprentice 学徒,徒工.

aprac'tic *a.* 运用不能的,失用的.

apractogno'sia *n.* 工作不能.

aprax'ia [əˈpræksiə] *n.* 失用症,运用不能.

aprax'ic *a.* 运用不能的,失用的.

aprica'tion [æpriˈkeiʃn] *n.* 日光浴.

ap'ricot [ˈeiprikɔt] *n.* 杏黄色.

A'pril [ˈeipril] *n.* 四月.

a priori [ˈeipraiˈɔːrai]【拉丁语】*a.; ad.* ①先验(的),先天的,既定的,从原因[假定]推出结果(的),不根据经验(的),事前(的) ②演绎(的). *a priori information* 先验信息. *a priori probability* 先验概率.

aprior'ism [eipraiˈɔːrizm] *n.* 先验论,演绎的推论.

aprior'ity [eipraiˈɔriti] *n.* 先验性[法].

APrk = Air Park 停机场.

aprocynum hendersonu hook 大花罗布麻.

a'pron [ˈeiprən] *n.* ①(围)裙,(防护)挡板,裙[盖,铺,垫,底,跳,遮檐]板,(输送机的)平板,保护盖,(炮的)口罩,(烟囱)顶罩 ②【机】护床,(机床刀座下的)箱,滑[拖板,拖板箱,拖板]箱,(挡墙口],防冲铺[砖]砌,冲积裙,海曼,冰川前的砂碛层 ④停机坪 ⑤(舞台脚)突出部分,台口 ⑥(皮带)扁圆形起落架底线,护桥,码头前沿,火车轮渡的接岸桥 ⑧船头护肘木 ⑨屋顶形铁丝网面,伪装天幕. *apron board* 裙板. *apron conveyer* 裙式(链式,皮带,带式)运输机,[鳞]板板输送机. *apron feeder* 板式给料机,带式进料机. *apron flashing (piece)* 遮檐[披水]板. *apron plain* 冰前平原,冰川沉积平原. *apron plate* 裙(挡)板,闸门. *apron ring* 裙圈,活塞下裙部

涨圈. *apron rolls* 运输机皮带滚轴,(皮带运输机)托辊. *apron track* (码头)轻便轨道. *apron wall* 前护墙. *apron wheel* 罩带. *deflector apron* 导向板. *feed apron* 进料挡板,裙板进料机. *parking apron* 停车场地,停机坪. *solid apron* 强固[重型]铺板. *tool apron* 刀座.

apron-type *a.* 板式的,裙式的.

A-proof *a.* 防原子的.

ap'ropos [ˈæprəpou] *a.; ad.* 恰[适]当(的),中肯(的),切合[题](的),及时(的),凑巧(的),恰好,顺便. ▲ *apropos of* 关于[于],就…而论,说到,那么. *apropos of nothing* 突然.

apropos'ity [æprouˈpɔziti] *n.* 恰当,贴切.

aprosex'ia *n.* 注意力涣散,注意不能.

aprot'ic *a.* (对)质子(无)亲性的,无施受的.

APRS = ①applied physics research section 应用物理研究组 ②automatic production record system 自动化生产记录系统.

APRST = averaged probability ratio sequential test 平均概率比序列试验.

aprt = airport 飞机场.

aprx = approximate 近似,约计.

APS = ①accessory power supply 辅助电[能]源 ②air pressure switch 空气压力开关 ③American Physical Society 美国物理学会 ④atomic power station 原子能发电站 ⑤automatic phase shifter 自动移相器 ⑥automatic phase synchronization 自动相位同步.

APSA = automatic particle size analyzer 自动粒度分析器.

apsacline 斜倾型.

apse [æps] *n.* 半圆(形)室,【天】回归点,极距点,拱点. *higher apse* 远星点. *lower apse* 近星点.

apse-buttress 半圆状扶垛.

apselaphe'sia [æpseləˈfiːziə] *n.* 触觉缺失[减退].

apsi = amperes per square inch 每平方英寸安培数.

ap'sidal [ˈæpsidl] *a.* 半圆室的,拱点的,极距(点)的. *apsidal angle* 拱心角,眠拱角. *apsidal distance* 拱(点力心)距. *apsidal motion* 拱线运动. *apsidal surface* 长短径曲面. *apsidal transformation* 长短径变换.

apsi'des [æpˈsaidiːz] apsis 的复数.

ap'sis [ˈæpsis] (pl. **apsi'des**) *n.* 半圆(形)室,【天】拱点,极距点.

apstron *n.*【天】远星点.

apsy'chia [æpˈsaikiə] *n.* 晕厥,人事不省,意识缺失.

apsych'ical *a.* 非精神性的.

apsycho'sis [əsaiˈkousis] *n.* 思想缺失,思考不能,思考力丧失.

apt [æpt] *a.* ①适[恰]当的,贴切的,合式的 ②有…倾向的,易于…的,可能 ③灵敏的,巧的. ▲ *be apt at* 善[长]于. *be apt to* + *inf.* 易于,往往,通常,动辄.

APT = ①advanced passenger train 特高速火车(时速150英里的) ②analog program tape 模拟程序磁带 ③automatic picture transmission 自动图像传输 ④automatic programming tool APT 语言,刀具机的控制程序 ⑤automatically programmed tools 刀具控制程序自动编制系统,APT 系统.

Apt = airport 飞机场,航空站.

Apt 或 **apt** =apartment(一套)房间,公寓.
ap′teral [ˈæptərəl] *a.* 无侧柱的.
ap′teroid *n.* 无翼机.
ap′terous *a.* 无翼的.
APTI =actions per time interval 单位时间内动作次数.
Aptian stage (早白垩世)阿普第阶.
ap′titude [ˈæptitjuːd] *n.* ①适应性,(自然)倾向,趋势(for) ②性能,特质,能力,(特殊)才能. *aptitude test* 适应性试验,性能试验,合格试验,鉴定试验. *aptitude to rolling* 可轧性. ▲*have an aptitude for* 有…的才能(素质). *have an aptitude to* (*vices*) 易于(染恶习)
apt′ly *ad.* 适当地,合适地,善,敏捷.
apt′ness [ˈæptnis] *n.* 适合性,倾向,才能.
APTS =automatic picture transmission subsystem 自动图像传送子系统.
APU =①audio playback unit 音重放设备 ②automatic program unit 自动程序设计器 ③auxiliary power unit 辅助电源设备,辅助动力装置.
APUHS =automatic program units (high-speed) 自动高速程序设计器.
APULS =automatic program units (low-speed) 自动低速程序设计器.
apus *n.* 无足者.
Apus *n.* 天燕(星)座.
APW =architectural projected window 按建筑学原理设计的窗户.
apyre *n.* 红柱石.
apyrene *a.* 无核(质)的.
apyret′ic [ˌæpaiˈretik] *a.* 无热的,不发热的.
apyrex′ia [eipaiˈreksiə] *n.* 无热(期),热歇期.
apyrex′ial *a.* 无热(期)的,热歇期的.
apyrite *n.* 红电气石.
apyrogenetic *a.* 不致(生)热的.
apyrogenic *a.* 不致(生)热的.
apyrous Ⅰ *a.* 耐(防,抗)火的,不易燃的. Ⅱ *n.* 抗火性.
AQ =①achievement quotient 能力商 ②any quantity 任何数量.
aq =①aqua 水(剂),溶液 ②aqueous 水的.
aq · chlor =aqua *chlorformii*[拉丁语]氯仿溶液.
AQL =①acceptable quality level 合格质量标准,容许品质等级 ②acceptance quality level 验收质量等级 ③average quality level 平均质量水平.
aq · reg. =aqua *regia*[拉丁语]王水.
aq · sol. =aqueous solution 水溶液.
aq′ua [ˈækwə] (*pl. aq′uae*) *n.* 水(剂),液体,溶液. *aqua acuta* 硝酸. *aqua aerata* 碳酸水. *aqua ammonia*(*e*) 氨水. *aqua bulliens* 沸水,开水. *aqua calcis* 石灰水. *aqua chlori* 氯水. *aqua communis* 普通水. *aqua distillata* 蒸馏水. *aqua fervens* 热水. *aqua fluvialis* 河水. *aqua fontana* 泉水,井水. *aqua fortis* (浓)硝酸,(硝)镪水. *aqua frigida* 冷水. *aqua ion* 水合离子. *aqua marina* 海水. *aqua nivalis* 雪水. *aqua pluvialis* 雨水. *aqua pura* 纯水. *aqua regia* 王水. *aqua sterilisa* 灭菌水. *aqua storage tank* 储水槽. *aqua vitae* 酒精.
aquacul′ture [ˈækwəˌkʌltʃə] *n.* 海洋动植物的人工养殖和管理,水产养殖.
aq′uadag [ˈækwədæg] *n.* ①胶态〔体〕石墨(悬浮液),石墨悬胶〔乳剂〕,【冶】石墨沉淀,碳末润滑剂②导电敷层.
aquaeduc′tus [ækwiˈdʌktəs] *n.* 导(水)管.
aquafalfa *n.* 地下水位高的土地.
aquafluor process 水氟化流程.
aquafortis [拉丁语] *n.* 浓硝酸.
aquage *n.* 水路.
aquagraph *n.* 导电敷层.
aqualite *n.* 冰岩.
aq′ualung [ˈækwəlʌŋ] *n.* 水肺,水中呼吸器(潜水员背的氧气瓶及戴的面罩).
aq′ualunger *n.* 水肺人.
aquamarine′ [ˌækwəməˈriːn] *n.* 海蓝宝石,蓝晶,蓝绿石〔色〕.
aq′uamarsh *n.* 水沼地,沼泽.
aquam′etry *n.* 滴定测水法.
aquamotrice *n.* 一种挖泥器具.
aq′uanaut [ˈækwənɔːt] *n.* 海底观察员,海底实验室工作人员,潜航员.
aquaplane Ⅰ *n.* (汽船拖行的)驾浪板,滑水板. Ⅱ *v.* 滑水,在水面滑动.
aq′uaplaning *n.* 滑水,在水面上滑动,漂滑现象.
aquapulper *n.* 水力碎浆机.
Aquapulse *n.* 水脉冲震源(商标名).
aq′ua-reg′ia [ˈækwəˈridʒiə] [拉丁语] *n.* 王水.
aquarelle′ [ˌækwəˈrel] [法语]水彩画(法).
Aquarids *n.* 宝瓶(座)流星群.
aqua′rium *n.* 水池,混合〔混录〕室. *aquarium reaction* 水池室反应堆.
Aqua′rius *n.* 宝瓶(星)座,宝瓶宫.
aq′uaseal *n.*; *a.* (电缆绝缘涂敷用)密封剂,密封的,水封.
Aquaseis *n.* 海上爆炸索震源(商标名).
aq′uastat *n.* 水温自动调节器.
aq′uated *a.* 水合(了)的.
aq′uatel [ˈækwətel] *n.* 水上旅店.
aq′uathruster *n.* 脉振汁,气压扬水机.
aquat′ic Ⅰ *a.* 水(生,产,栖,边,上,中)的. Ⅱ *n.* ①水生动〔植〕物,水草 ②水上运动. *aquatic animal* 水栖动物,水生动物. *aquatic bird* 水禽,水鸟. *aquatic livestock* 水产动物. *aquatic plant* 水生植物. *aquatic product* 水产.
aq′uatint *n.*; *vt.* 凹版腐蚀制版法(印刷的图片),用凹版腐蚀制版法复制.
aqua′tion *n.* 水化〔合〕作用.
aq′ua-vi′tae [ˈækwəˈvaitiː] [拉丁语] *n.* 酒液.
aque- [词头]水,液.
aq′ueduct [ˈækwidʌkt] *n.* (沟,高架)渠,(导)水管,渡槽,水道桥,(输,高架)水道,高架过水桥. *aqueduct bridge* 渡槽,渠桥.
aqueoglacial deposit 冰水沉积.
aqueo-igneous *a.* 水火成的.
aqueo-residual sand 水蚀残沙.
a′queous [ˈeikwiəs] *a.* (含,多,似)水的,水成〔化,性,样,状,多〕的,液状的. *aqueous alcohol* 含水酒精. *aqueous caustic* 苛性碱液. *aqueous lava* 泥流岩. *aqueous rock* 水成岩. *aqueous sample* 含水试样. *aqueous soil* 含水土,饱水土〔壤〕,沉积土.

aqueous solution 水溶液，含水溶剂. *aqueous vapour* 水(蒸)汽.
aqueous-continuous *a.* 水相连续的.
aqueous-corrosion *a.* 水腐蚀的.
aqueous-favoring 亲水相的.
aqueous-injection *a.* 水液注入(式)的.
aqui- 〔词头〕水，溶液.
aquic *a.* 饱水缺氧的.
aquiclude *n.* ①含水层 ②弱透水层，阻〔滞〕水层，滞水岩层，透水性微弱的含水层.
aq'uiculture ['ækwəkʌltʃə] *n.* 水生〔产〕养殖业，室〔缸〕内养鱼.
aq'uifer *n.* 蓄〔含〕水层，含水地带. *bed of aquifer* 含水层.
aquif'erous *a.* 蓄〔含，输〕水的，水成(团)的.
aquifuge *n.* 滞水(岩)层，不透水层.
aquiherbosa *n.* 水生草本群落.
Aq'uila *n.* 天鹰(星)座.
aq'uiline ['ækwilain] *a.* 弯曲的，钩状的，(似)鹰的.
Aquilonian stage (晚侏罗世晚期)阿基隆阶.
aquinite *n.* 氯化苦(炸药).
aquiparous *a.* 水合的，液体分泌的.
aquiprata *n.* 水生平原.
aquitard *n.* 滞〔隔〕水层，弱含水层，弱透水岩体.
aquo *a.* 水合的，含水的.
aquo- 〔词头〕水，溶液.
aquo-acid *n.* 水系酸.
aquo-base *n.* 水系碱.
aquocobalamin *n.* 水钴胺素，维生素 B_{12b}.
aquo-complex *n.* 含水络合物.
aquo-compound *n.* 含水化合物.
aquogel *n.* 水凝胶.
aquo-ion *n.* 水合离子.
aquoliza'tion process 加水裂化过程.
aquolumines'cence *n.* 水(合)发光.
aquol'ysis *n.* 水解(作用).
aquom'eter *n.* 蒸汽吸气泵圆盘.
aquos'ity [ə'kwɔsiti] *n.* 潮湿，(含)水性，水态〔状，样〕.
aquo-system *n.* 水系.
aquotization *n.* 水合作用.
AR ＝①acceptance requirements 验收要求，接收规格 ②account receivable 应收帐 ③acid resistant 耐酸的 ④acknowledgment of receipt 回执，收据 ⑤acrylic rubber 丙烯酸酯橡胶 ⑥activity report 活(行)动报告 ⑦alarm reaction 紧急反应 ⑧alkali resistance 抗碱性 ⑨all rail 全由铁路(运输) ⑩all risks 一切险 ⑪analytical reagent 分析试剂 ⑫approved for release 批准发行 ⑬autorich mixture 自动富化燃烧混合物.
A/R ＝①acquisition radar 搜索〔目标指示〕雷达 ②action and/or reply (control system) (控制系统)动作与/或答复 ③as required 按照规定〔要求〕 ④at the rate (of) 以…速度，按…比率（价格，费用）.
Ar ＝argon 氩.
A&R ＝①assembly and recycle 组装与再循环 ②assembly and repair 装配和修理.
AR alloy 耐酸铜合金(硅 3%，锡 1%，锗 0.1%，其余铜).
AR steel 高温度锰钢 (碳 0.35～0.5%，锰 1.5～

2.0%，硅 0.15～0.30%)，耐摩钢(碳 0.9～1.4%，锰 10～15%).
ARA ＝①airborne radar attachment 机载雷达附件 ②American Railway Association 美国铁路协会.
Ara *n.* 天坛(星)座.
Arab ['ærəb] *n.* ; *a.* 阿拉伯人(的). *Arab States Broadcasting Union* 阿拉伯国家广播联盟.
araban *n.* 阿拉伯树胶.
Ar'abdom *n.* 阿拉伯世界.
arabesque *n.* ; *a.* ①阿拉伯式 ②花叶饰，阿拉伯式花纹，蔓藤花纹 ③精致的，奇异的.
arabesquitic 花纹(结构).
Ara'bia [ə'reibjə] *n.* 阿拉伯半岛.
Ara'bian [ə'reibjən] *a.* ; *n.* 阿拉伯的，阿拉伯人(的). *Arabian cypher* 阿拉伯数码. *Arabian Nights* 天方夜谭，一千零一夜故事集.
Ar'abic ['ærəbik] I *a.* 阿拉伯(人)的. II *n.* 阿拉伯语. *Arabic figure(s)* 〔*numeral(s)*〕阿拉伯数字〔码〕. *Arabic gum* 阿拉伯(树)胶.
arabinal *n.* 阿(拉)伯醛.
arab'inose *n.* 阿拉伯糖.
arabitol *n.* 阿拉伯糖醇.
ar'able ['ærəbl] *a.* ; *n.* 可耕的，适于耕种的，可开垦的，(可)耕地. *arable land* (可)耕地.
arabogalactan *n.* 阿拉伯半乳聚糖.
araboketose *n.* 阿拉伯酮糖.
arabopyranose *n.* 阿拉伯吡喃糖.
araboxylan *n.* 阿拉伯木聚糖.
arabulose *n.* 阿拉伯糖.
arachain *n.* 花生仁蛋白酶.
arachin *n.* 花生球蛋白.
arach'noid [ə'ræknɔid] *a.* 蛛网状的.
araeom'eter *n.* (液体)比重计，比浮计.
arae'ostyle *a.* ; *n.* 疏柱式的(建筑物).
araeosys'tyle *a.* ; *n.* 对柱式的(建筑物).
aragonite *n.* 霰〔文〕石.
Aragos' disc 阿拉哥圆盘.
aragotite *n.* 黄沥青.
Aral Sea ['a:rəl'si:] *n.* 碱海.
A'ralac ['ɛərəlæk] *n.* 干酪素塑胶纤维.
araldite *n.* 阿拉尔第特，环氧(类)树脂，合成树脂粘结剂.
aralkyl *n.* 芳(代脂)烷基，芳基代的烷基.
araneid *n.* 蜘蛛.
arauca'ria *n.* 南洋杉. ～n *a.*
ARB ＝APChE relay box 自动程序检查装置继电器箱.
ARBA ＝American Road Builders' Association 美国道路建筑者协会.
ARBBA ＝ American Railway Bridge and Building Association 美国铁路桥梁与建筑协会.
arbite *n.* 一种安全炸药.
ar'biter *n.* ①仲裁人，公断人 ②判优器，判优电路. *arbiter speed* 判优速度.
arbit'rament [ɑ:'bitrəmənt] *n.* 仲裁，调停.
ar'bitrarily [ˈɑ:bitrərili] *ad.* 任(随，恣)意地，人为地，擅自.
ar'bitrary ['ɑ:bitrəri] *a.* ①任(随，恣)意的，任选的，随机的，不定的 ②独立的，自主的 ③适宜的 ④武断的. *arbitrary constant* 任意常数〔恒量〕，泛常数.

arbitrary decision 任意的决定,武断. *arbitrary number of level* (存储器的)任意级. *arbitrary proportions method* 经验[习用]配合法.

arbitrary-function *n.* 任意函数.

arbitrary-sequence computer 可变时序计算机.

ar'bitrate ['ɑːbitreit] *v.* 仲裁,调停[解],解决,公[判]断,判优. **arbitra'tion** *n.*

ar'bitrator ['ɑːbitreitə] *n.* 仲裁[调停]人.

arbitron *n.* 电视节目观看状况报告设备.

arbo *a.* 节肢动物(如蚊等)传播的.

ar'bor ['ɑːbə] Ⅰ *n.* ①(pl. **ar'bores** ['ɑːbəriːz]) 树,乔木 ②(心,主,辊,刀,柄)轴,(轴,刀)杆,芯骨 ③立榫 ④枝编棚架 ⑤凉亭 ⑥林荫步道. *arbor flange* (铣刀杆上的)盘式刀架. *arbor press* 手扳压床,矫正机. *arbor support* 柄轴[刀杆]支架. *expanding arbor* 胀轴,胀杆. *hob arbor* 滚刀刀杆(心轴). *knife arbor* 圆盘刀片的心轴,圆盘剪的刀杆. *milling arbor* 铣刀轴. *work arbor* 工作紧固轴. Ⅱ *v.* 螺(钉)孔刮(平)面. *arboring tool* 螺孔刮面刀具.

ARBOR = Proposed Argonne Boiling Reactor (Nuclear power project).

arbora'ceous [ɑːbəˈreiʃəs] *a.* 树状的,树木茂盛的.

arbo'real [ɑːˈbɔːriəl] *a.* ①树(木,状)的,木本的,乔木的 ②树上生活的.

arbo'reous [ɑːˈbɔːriəs] *a.* 树(木茂盛)的,多森林的,树状的,乔木(状)的.

arbores'cence [ɑːbəˈresns] *n.* 树枝(乔木)状,树质.

arbores'cent *a.* 树(枝)形[状]的,似树木的,有枝的. *arborescent crystal* (树)枝(状)晶(体).

arboret *n.* 灌木.

arbore'tum *n.* 植物园,林园.

ar'boriculture *n.* 造林,树木栽培[培植].

ar'borist *n.* 树木学家,林学家.

arboriza'tion *n.* (树枝)分枝.

ar'borize *v.* 分枝,分歧.

ar'boroid *a.* 树状的.

ar'borvi'tae [ɑːbəˈvaiti] *n.* 侧柏.

ar'bour = arbor.

arbovirus *n.* 虫媒病毒,节肢动物传染病毒.

arc [ɑːk] Ⅰ *n.* ①(弧)形,电(圆,岛,山)弧,弧光(灯),伏打电弧,电弧振荡器 ②弓形(板,物,滑接器),拱(洞),扇形物,弧形板.

Ⅱ *a.* 电(圆)弧的. *arc air cutting* 电弧气割,压缩空气电弧切割. *arc air gouging method* 电弧气刨法,压缩空气电弧割槽法. *arc back* 逆弧. *arc blow out* 熄(灭)弧,电弧吹熄. *arc booster* (焊接)起弧稳定器. *arc brazing* (电)弧钎焊. *arc chamber* 放电(电弧)室. *arc chute* 电弧隔板,(灭)弧沟,消弧栅. *arc correction* 弯轴改正. *arc description* 弧线段描述. *arc discharge* 弧光(电弧)放电. *arc dissociation* 电弧灯用直流发电机,弧光灯用直流发电机. *arc element* 元弧,弧元. *arc end* 引弧端. *arc extinguish chamber* 灭弧室. *arc furnace* 电弧炉. *arc gap* 弧(气)隙,弧光(电弧)间隙. *arc guide* (汞弧整流器内的)水银蒸汽阻流筒,(汞)弧导筒,汞弧整流器,电弧波导. *arc heating* 电弧加热. *arc jet (engine)* 电弧喷射引擎. *arc lamp* 弧光灯. *arc light* 弧光(灯). *arc measurement* 弧度测量. *arcs of contact of halo* 耳. *arc of fire* 火焰面,射击区域[扇面]. *arc plasma* 等离子弧. *arc plasma ejector* 弧光等离子体喷射器. *arc resistance* 电弧电阻,耐电弧性. *arc ring* 电(分)弧环,防闪络环,绝缘子. *arc shooting* 弧线爆破. *arc sine* [*cosine*] 反正(余)弦. *arc source* 电弧离子源. *arc spectrum* 弧光谱. *arc starting* 接通电弧,起弧. *arc strike* 弧光放电,电弧触放(闪击). *arc stud welding* 螺柱(柱钉)(电弧)焊. *arc subtended by a chord* 对弦弧,弦的对弧. *arc suppressing* 灭(消)弧,静 电 反正 切. *arc thickness* 弧线厚度. *arc tight* 耐弧的. *arc time* 发弧(拉弧,燃弧,弧光发生,弧爆开动)时间. *arc timer* 燃弧时间测定装置. *arc tip* 电弧接触点,弧尖. *arc transmitter* 电弧发射机. *arc welding* (电)弧焊,电弧焊(熔)接. *arc without contact* 无切弧. *CO₂ arc welding* 二氧化碳保护焊.

Ⅲ *vi.* ①走弧线,作弧线运动,沿弧线飞行 ②击穿,飞(燃)弧,构成逆弧,发(弧)光,电弧放电,严重打火,发火花. ▲*arc back* (发生)逆弧. *arc over* 产生电弧,电弧放电,击穿[打]穿,闪络,飞弧,(火箭动力上升后的)改变方向. *arc through* (电)弧穿(过).

ARC = ①advanced reentry concepts 先进的重返大气层的概念 ②Aeronautical Research Council (英国)航空研究委员会 ③automatic range control 自动距离控制 ④automatic relay computer 自动继电器计算机 ⑤automatic remote control 自动遥控.

arcade' [ɑːˈkeid] *n.* (连)拱廊,拱形建筑物,连拱,拱街,有拱顶的走道.

arca'ded *a.* 有拱廊[拱顶,连拱]的.

arca'na [ɑːˈkeinə] *n.* arcanum 的复数.

arcane' [ɑːˈkein] *a.* 秘密的,神秘的.

arcanite *n.* 单钾芒硝,硫酸钾石.

arca'num [ɑːˈkeinəm] (*pl.* *arca'na*) *n.* ①秘密,神(奥)秘 ②秘药.

arc-arrester *n.* 放电器,消弧器,火花熄灭器.

ar'catron *n.* (瑞士)冷阴极功率控制管.

arc-back' [ɑːkˈbæk] *n.* (整流器的)逆弧.

arc-cast *a.* (电)弧铸(铸)的. *arc-cast metal* 电弧熔铸的金属,弧熔金属锭.

arc-cosine *n.* 反余弦.

arc-control *n.* 电弧控制,消除火花.

arc-damping *a.* 熄弧的.

arc-dozer *n.* 弧形板推土机.

arc-drop *n.* (电)弧(压)降.

arcenite *n.* 单钾芒硝.

arc-extinguishing *n.* 消弧,灭弧.

arc-flame *n.* 弧焰.

arch [ɑːtʃ] Ⅰ *n.* ①拱(门,廊,桥,路,形,顶),弓形(结构,状物),半圆形,圆,圆顶,弓型结构,拱顶(孔),穹窿,电炉盖,炉顶 ②背斜. Ⅰ *v.* 用拱连接[覆盖],作(成)拱,起旋,(使)变成弓形,形成弧形,架拱(空),拱起,弓着,形成拱堆. Ⅲ *a.* 主要的,最重要的,头等(号)的,总的,著名的,极端的,大…. *arch action* 拱(的,圈)作用,起拱作用,架拱. *arch bend* 背斜弯曲(鞍部). *arch block* 拱圈(旋)块,拱面石.

arch brick 楔形〔拱形,砌拱用〕砖. *arch* bridge 拱桥. *arch* camber 拱势〔矢,度〕,起拱. *arch* center(ing) 拱(脚)架,脚手架. *arch* cover(ing) 拱板,拱盖,上铺装. *arch* culvert 拱(形)涵洞,券涵. *arch* hinged at ends 双铰拱. *arch* in trellis work 格形拱. *arch* invert 倒(仰)拱,倒拱形的沟底. *arch* key (stone) 拱顶〔冠〕石. *arch* press 拱门式冲床〔压力机〕. *arch* rise 拱矢(高),拱高. *arch* roof 拱形屋顶. *arch* viaduct 高架拱桥. *arch* with three articulations 三铰拱. flattened *arch* 平(扁)拱. inverted *arch* 倒(反,底)拱. sprung *arch* 正(弓形)拱,拱式炉顶.

arch = ①architecture 建筑(学) ②archives 记录,档案,文件,档案馆(室).
arch- 〔词头〕主要,最高,第一,大,初,原(始),旧.
arch-abdomen dam 腹拱坝.
Archae'an [ɑːˈkiːən] *a*.; *n*. 太古代(的). *Archaean era* 太古代.
archaeolith'ic *a*. 旧石器时代的.
archaeolog'ical [ɑːkiəˈlɔdʒikəl] *a*. 考古学的.
archaeol'ogist [ɑːkiˈɔlədʒist] *n*. 考古学家.
archaeol'ogy [ɑːkiˈɔlədʒi] *n*. 考古学.
Archaeozoic (era) 太古代.
archaeus *n*. 元气,活力.
Archai'an = Archaean.
archa'ic [ɑːˈkeiik] *a*. 古(代,体,风,语)的,原始的,已废的,已不通用的. *the archaic* 古物(代).
ar'chaism [ɑːˈkeiizəm] *n*. 古字(语).
arch-core *n*. 拱心.
arch-criminal *n*. 罪魁祸首.
arch-deck *n*. 拱(形)面(板).
arche- 〔词头〕初,原(始),旧,第一,主要.
archean basement 弧形基底.
archebio'sis [ɑːkibiˈousis] *n*. 生物自生,自然发生.
archecen'tric *a*. 原始中心的.
arched [ɑːtʃt] *a*. 拱形的,半圆形的,弓形(结构)的,弓架结构的. *arched abutment* 拱形拱台〔支座〕. *arched area* 隆起地带,背斜顶部. *arched bridge* 拱桥. *arched cantilever bridge* 悬臂式拱桥. *arched concrete dam* 混凝土拱坝. *arched type piling bar* 拱形(钢)板桩. *arched up folds* 弯起(背斜)褶皱.
arched-beam *n*. 拱形梁.
arched-truss *n*. 拱形桁架.
archegen'esis [ɑːkiˈdʒenisis] *n*. 生物自生,自然发生.
archeg'ony [ɑːˈkegəni] *n*. ①生物自生,自然发生 ②非生物起源,无生源说.
archekinet'ic *a*. 原始运动的.
arch'en'emy *n*. 主要敌人.
archeocyte *n*. 原始细胞.
archeological area 古文化遗址.
ar'cher *n*. 射箭运动员.
ar'chery *n*. 射箭(术,用器,运动员).
ar'chetypal [ɑːˈkitaipəl] *a*. 原型的.
ar'chetype [ɑːˈkitaip] *n*. 原(始模)型,基本货币形.
arch-flat *n*. 平拱.
arch-gravity *n*. 重力拱.
archi- 〔词头〕初,原(始),第一,主要.
archia'ter [ɑːkiˈeitə] *n*. 主任医师.

ar'chibald [ɑːˈtʃibəld] Ⅰ *n*. 高射炮. Ⅱ *vt*. 用高射炮打.
archibenthos *n*. 深海底栖生物.
archicen'ter [ɑːkiˈsentə] *n*. 原始型,初型.
archicen'tric *a*. 原始中心的,初型的.
ar'chie [ɑːˈtʃi] *n*. 高射炮.
Archie's formula 阿尔奇公式.
archigen'esis [ɑːkiˈdʒenisis] *n*. 生物自生,自然发生.
archimedean drill 螺旋钻.
archimedean pump 螺旋泵.
Archime'des [ɑːkiˈmiːdiːz] *n*. 阿基米德. *Archimedes principle* 阿基米德原理. *Archimedes spiral* 阿基米德螺线(蜷)线.
archine *n*. 阿绅,俄尺(长度单位=28英寸).
ar'ching Ⅰ *n*. 成(起)拱作用,拱(的)作用,架拱(空)形成,拱堆. Ⅱ *a*. 隆起的,弧形的. *arching factor* 拱度,弯拱因素.
archipelag'ic *a*. 列(群)岛的.
archipel'ago [ɑːkiˈpeliɡou] (pl. *archipel'ago(e)s*) *n*. ①列(群)岛 ②the Archipelago 多岛(爱琴)海.
archit = architecture.
ar'chitect [ɑːˈtʃitekt] *n*. 建筑师,设计师. *naval architect* 造船技师.
ar'chitective *a*. 关后建筑(设)的.
architecton'ic(al) [ɑːkitekˈtɔnik(əl)] *n*.; *a*. ①建筑(学,师)的 ②地质(大地)构造(的),结构的,构型的 ③成体系的.
architecton'ics *n*. 建(构)筑学,建筑原理,构造设计,(认识)体系论,大地构造学.
architec'tural [ɑːkiˈtektʃərəl] *a*. 建筑(学,术,上)的. *architectural bronze* 铜锌铅合金,建筑青铜(铜57%,锌40%,铅3%). *architectural characteristics* 体系(结构)特性. *architectural engineering* 建筑工程(学). *architectural structure* 总体结构. ~ly *ad*.
ar'chitecture [ɑːˈkitektʃə] *n*. ①建筑(学,物,艺术,式样,风格) ②构造,(体系)结构,组织,设计. *naval architecture* 造船学.
ar'chitrave [ɑːˈkitreiv] *n*. 框梁,下楣(柱),柱顶线梁,门(窗)头线条板,线脚,贴脸板,额枋.
archi'val [ɑːˈkaiv] *a*. 档案(室,中)的.【计】 *archival memory* 数据库(档案库)存储器.
ar'chive [ɑːˈkaiv] *vt*. 归档,编档保存. *archiving process* 归档过程.
ar'chives [ɑːˈkaivz] *n*. ①档案(室,馆,保管处),案卷,文件(献),丛(集)刊 ② 【计】档案库存储器,文史馆,档卷库.
ar'chivolt [ɑːˈkaivəlt] *n*. 穹窿形,拱缘装饰,拱门饰.
arch'less *a*. 无拱的.
arch-limb *n*. 拱(弯,顶,背斜)翼.
ar'chos *n*. 肛(门).
arch-ring *n*. 拱环.
arch-type *n*. 拱形的.
arch'way [ɑːˈtʃwei] *n*. 拱道(路,廊),牌楼.
arch'wise [ɑːˈtʃwaiz] *ad*. 拱似(状)地,成弓形.
arc-hyperbol'ic [ɑːkhaipəːˈbɔlik] *a*. 反双曲的.
ar'ciform [ɑːˈkifɔːm] *a*. 弓状的,拱形的,成弓形的.
arc-image furnace 电弧反射(成像)炉.

arc′ing [ˈɑːkiŋ] *n.* 飞[逆,发,起,燃]弧,形成电弧,构成逆弧,(发生)弧光,严重打火,跳火,击穿,发火花. *arcing back* (发生)逆弧. *arcing brush* 跳火[生弧]电刷. *arcing distance* 火花间隙,放电距高. *arcing ground* 电弧接地. *arcing horn* 角形避雷器,防闪络角形件. *arcing ring* 屏蔽环,环形消弧器. *arcing time* 燃弧[飞弧,闪络]时间. *arcing voltage* 跳火[电弧]电压.

arcing-over *n.* 飞弧,闪络.

arc′lamp [ˈɑːklæmp] *n.* 弧光(灯). *enclosed arclamp* 封闭式弧光灯.

arc′light [ˈɑːklait] *n.* 弧光(灯,照明),电弧光.

arc-melting *n.* 电弧熔化[炼].

arcogen welding 电弧氧乙炔焊(电焊气焊同时进行).

ar′cograph [ˈɑːkəgrəf] *n.* 圆弧规.

arcola *n.* 小锅炉.

ar′colite *n.* 阿尔科列特酚醛树脂.

arcol′ogy *n.* 生态建筑.

arco′nium *n.* 【化】钌.

Arcosarc welding 管状(药芯)焊丝,二氧化碳保护电弧焊.

ar′cotron [ˈɑːkətrɔn] *n.* 显光管.

arc′-o′ver [ˈɑːkˈouvə] *n.* ①电弧放电,闪络,飞弧,跳火,击[打]穿 ②火箭动力上升后的改变方向. *arc-over voltage* 飞弧[电弧放电,崩溃,击穿]电压.

arc-oxygen *n.* 电弧(电)的.

arc-proof *a.* 耐(电)弧的.

arc-quenching *n.* 电弧猝熄[熄灭].

arc-resistance *n.* (绝缘材料的)抗电弧性,弧阻.

arc-resistant *a.* 抗[耐]电弧的.

arc-resisting *a.* 抗[耐]电弧的.

arc′sine *n.* 反正弦.

arc-spark stand 电极架.

arc-strike *n.* 弧光放电,电弧闪击.

arc-suppressing *a.* 消[灭]弧的.

arc-suppression *n.* 消[灭]弧,消火花.

arc-through *n.* 通弧,电弧穿过.

arc′tic [ˈɑːktik] *n.; a.* ①北极的,(圆的,地方,)极地的,寒冷的 ②(pl.)(御寒防水)橡胶套鞋. *Arctic Circle* 北极圈. *Arctic Ocean* 北冰洋. *arctic oil* 圆地区用油. *Arctic Pole* 北极. *arctic weather* 严寒的天气. *arctic zone* (北)寒带,北极地. ~ally *ad.*

arc′ticize *vt.* 使北极化,使适于在北极地区工作.

Arctoge′an *n.* 北界(动物地理区).

Arctur′us *n.* (牧夫座α)大角星.

ar′cual *a.* 拱(圆)形的,弓(状)的.

ar′cuate [ˈɑːkjuit] or **ar′cuated** [ˈɑːkjueitid] *a.* 拱式的,弓[弧]形的.

arcua′tion [ɑːkjuˈeiʃən] *n.* 拱工,等曲.

ar′cus *n.* ①弧状云,滚轴云 ②弓.

arc/w = arc weld.

arc-weld *vt.* 电弧焊,电弧熔接.

arc-welding *a.* 电弧的,电弧焊的.

arc′wise *a.; ad.* 弧式(的). *arcwise connected set* 弧式连通集. *arcwise connnectedness* 弧式连通性.

ARD = ①acute respiratory disease 急性呼吸道(疾)病 ②Advanced Research Division 远景研究部.

AR&D = air research and development 航空研究与发展.

Ardal *n.* 铝合金(铜 2%,铁 1.5%,镍 0.6%,其快食余铝).

ARDE = aircraft and rocket design engineers 飞机与火箭设计工程师.

ar′dency *n.* 热情[烈].

Ardennic movement (晚泥盆世)阿当运动.

ar′dennite *n.* 锰硅铝矿.

ar′dent [ˈɑːdənt] *a.* 热心[情,烈]的,灼热的,强烈的. ~ly *ad.* ~ness *n.*

ardom′eter [ɑːˈdɔmitə] *n.* 光测[辐射]高温计,表面温度计.

ar′do(u)r [ˈɑːdə] *n.* ①灼痛[热] ②迫切希望 ③热心[情,忱](for). *with ardour* 热心地.

ARDS = aviation research and development service 航空研究发展局.

ar′duous [ˈɑːdjuəs] *a.* ①陡峭的,险峻的 ②费力的,艰巨[苦]的,刻苦的. *make arduous efforts* 努力奋斗. ~ly *ad.* ~ness *n.*

are¹ [ɑː] *be* 的第二人称单数的现在时及复数各人称的现在时.

are² [ɑː] *n.* 公亩 (=100m²).

AREA = American Railway Engineering Association 美国铁道工程协会.

a′rea [ˈɛəriə] *n.* ①面积,表面,(基,曲)面 ②空地,场,地区(方,面) ③区[领]域,范围,方面. *area closed sign* 封锁区标志. *area code* 电话分区的三位数代号. *area expansion ratio* 喷嘴膨胀系数. *area factor* 面积系[因]数. *area grating* 栅盖. *area image sensor* (固体)面形摄像管,面图像传感器. *area measurement* (表)面积测定. *area meter* 面积计量器. *area method* (求)面积法. *Area monitor* 特定范围放射线检测器. *area normalization method* 面积归一化法. *area of beam* (电子)束截面. *area of bearing* 支承面(积). *area of contact* 接触面积. *area of hysteresis loop* 滞后回线面积. *area of the inlet [intake port]* 入口面积. *area research* 区域检索. *area search* 区间搜索,区域检索. *area under cultivation* 耕地面积. *blind area* 死[盲,无信号,不灵敏]区. *coded area* 代(电)码面积,电码存储区. *contact(ing) area* 接触面(积),接触区. *drainage area* 流域(面积). *emitting area* 发射区,发[放]射面,辐射表面积. *fenced-off area* 禁区. *filling-up area* 加油[水]点. *fin area* 水平安定面,垂直安定面面积,尾翼[面]. *floor area* (设备的)占地面积. *focal area* 聚焦区. *hot area* 受热面,加热段,加热面积,热区,高度放射性区域. *landing area* 降落(着陆)场. *loading area* 载货面积,负载面积,码头装卸区,装载区. *metallic area of wire rope* 钢丝绳的有效金属横断面. *operations area* 工作地区,工(操)作台,操作区. *phase-contact area* 相界面. *process area* 工艺台,加工(工艺)区. *test area* 试验面,试验场. *throat area* 喷管临界截面积,喷管喉部面积,喉部面积. *trunk group area* 多局制市内电话网. *unit area* 单位面积. *working area* 工作

区,操作地带,工作面积,数据存储〔运算〕区.
area-coefficient n. (传力)面积系数.
a'real ['εəriəl] a. 面积的,表面的,区〔地〕域的,地区的,广大的. *areal coordinates* 重心坐标,面区坐标. *areal limits* 分布〔传播〕范围. *areal velocity* 掠面速度,【数】面积速度.
areamet'ric a. 面积计的,测量面积的.
area-preserving a. 保面积的,等面积的.
arear a. 在后方的,向后方的.
areatus a. 簇状的.
areawide count 地区(道路网)光通量观测.
a'reaway n. (建筑物之间的)通道,地下室前的空地.
arecaidine n. 槟榔啶.
arecoline n. 槟榔碱. *arecoline hydrobromide* 臭氢酸.
arefac'tion n. 除湿,干燥,除(结晶)水.
areflex'ia [æri'fleksiə] n. 无反射,反射消失.
aregen'erative a. 再生障碍(性)的,再生不能的.
A-register n. A 寄存器,运算〔累加〕寄存器.
areic a. 无流的,无河的.
areism n. 无流区.
are'na [ə'ri:nə] n. ①圆剧场,表演场 ②界,活动舞台〔场所〕.
arena'ceous [æri'neiʃəs] a. 砂(质,状)的,多(含)砂的,散碎的,枯燥无味的. *arenaceous quartz* 石英砂. *arenaceous texture* 砂质(松散)结构.
arene n. (风化)粗砂.
Arenigian stage 阿伦尼克阶(早奥陶世晚期).
arenite n. 砂质岩,砂粒碎屑岩.
arenoid a. 沙状的.
ar'enose a. 粗砂质的.
arenosol n. 红砂土.
ar'enous a. 砂质的,多砂的.
aren't [α:nt] =①are not ②am not.
ARENTS =①advanced research environmental test satellite 远景研究环境试验卫星 ②Advanced Research Projects Agency environmental test satellite 远景研究规划局环境试验卫星.
arenyte n. 沙粒(粗屑)岩.
areo- 〔词头〕火星的.
areocar'dia [æriɔ'kɑ:diə] n. 心搏徐缓.
areocen'tric a. 火(星)心的,以火星为中心的.
areograph'ic a. 火星地理的.
areog'raphy n. 火星地理学.
are'ola [ə'ri:ələ] n. (pl. *are'olae*) n. ①晕 ②细隙,小区.
are'olar a. ①晕的 ②细隙的,小区的 ③蜂窝状的.
are'olate(d) a. 小空腔的,网眼状的.
areola'tion n. 形成网眼状空腔,网眼状结构.
a'reole n. 小腔,小区.
areol'ogy n. 火星学,火星地质学.
areom'eter [æri'ɔmitə] n. (液体)比重计,浮秤,比浮计.
areomet'ric a. 液体比重〔密度〕测定(法)的.
areom'etry [æri'ɔmitri] n. 液体比重〔密度〕测定(法).
areopycnom'eter n. 联管(液体)比重计(与比重瓶联合的比重计,测定微量液体的比重),稠液比重计.
areopyknometer n. =areopycnometer.
areosaccharim'eter n. 糖液比重计.

areo'sis n. 疏松,稀薄〔释〕.
areostyle =araeostyle.
areosystyle =araeosystyle.
A'res n. 火星.
arête [æ'reit] 〔法语〕n. 刃岭,峻岭,险峻的山脊.
arfvedsonite n. 钢铁闪石.
arg =①argentum 银 ②argument 自变量,宗数 ③arresting (gear or hook) (飞机在舰上着陆时用)拦阻(装置或钩).
ar'gand ['α:gænd] n. 具有管状灯芯和灯罩的灯. *Argand plot* 阿根图.
ar'gent ['α:dʒənt] n.; a. 银(色,白,似,制)的.
argental a. 银汞膏(的). *argental mercury* 含银汞,银泵膏.
argentalium n. 银铅.
argentan n. 新银,白铜.
argen'tic a. (高价)银的. *argentic sulfide* 硫化银.
argentif'erous a. (含,产,有)银的.
argentifica'tion n. 银化.
argentilium n. 银铅.
argentim'etry n. 银液滴定(法).
Argenti'na [α:dʒen'ti:nə] n. 阿根廷. *Argentina method* 钢线除锈法(使钢线通过放有钢球并装有转动刷的铁盒的除锈法).
ar'gentine ['α:dʒəntain] I a. 银(色,制)的,含(似)银的. II n. ①银器,包银之物,银色金属,锡绵 ②珠光石,层解石.
Ar'gentine ['α:dʒəntain] n.; a. 阿根廷(的),阿根廷人(的). *Argentine metal* 锡锑合金(锡85%,锑15%).
argentite n. 辉银矿.
argento- 〔词头〕银.
argentol n. 银酚.
argentom'eter n. 测银比重计,银盐定量计,电量计表.
argentometric titration 银量滴定法.
argentom'etry n. 银盐定量.
argentophil'ic a. 嗜银的.
argentopho'bic a. 嫌银的.
argen'tous a. 亚(一价,低价)银的.
argen'tum ['α:dʒəntəm] 〔拉丁语〕n. 银 Ag.
argic water (土壤水下的)含气带水.
ar'gil ['α:dʒil] n. 白〔陶〕土,瓷(酒)石.
argilla n. ①泥〔陶,粘,高岭,铝氧〕土.
argilla'ceous [α:dʒi'leiʃəs] a. 泥质的,(含,像)陶土的,粘土(质,似)的,含粘土的,泥土做成的.
argillaza'tion n. 泥质化.
argillic horizon 粘化层.
argillif'erous a. 泥质的,出产〔富有〕陶土的,含泥的,含粘土的,粘土似的.
ar'gillite n. 泥(质)板岩,(厚层)泥岩.
argillo-arenaceous a. 泥砂质的.
argillo-calcareous a. 泥灰质的.
argillo-calcite n. 泥灰方解石.
ar'gillous a. 泥质的,含粘土的,粘土似的.
ar'ginase n. 精氨酸酶.
ar'ginine n. 精氨酸.
Ar'go n. 南船(星)座.
argodromile n. 缓流,河流.
ar'gon ['α:gɔn] n. 【化】氩 Ar. *argon arc cutting* 氩弧切割,惰性气体(中)电弧切割. *argon arc*

(welding) 氩弧焊. argon detector 氩检测器. argon filling 充氩. argon shield 氩气保护,氩气覆盖层. argon stability 氩(弧)稳定性. argon treatment 氩气处理. welding-grade argon 焊接级〔用〕氩.

argon-arc a. 氩弧的. argon-arc torch 氩弧focus炬. argon-arc welding 氩弧焊.

argonaut welding 自动调整氩弧焊.

argon-bromine a. 氩溴的.

argon-filled a. 充氩的.

argon-ion n. 氩离子.

Argonne ZGS 阿贡零陡〔梯〕度质子同步加速器.

ar'gosy ['a:gəsi] n. 大商船.

ar'guable ['a:gjuəbl] a. 可论证的,可辩论的. **arguably** ad.

ar'gue ['a:gju] v. ①辩〔争,讨,议〕论,说服 ②证〔表〕明,论述,主张. ▲argue (with M) about (on, over) N (与 M)讨论〔议论,辩论〕… argue against N 反对 N. argue for (in favour of) 支持,赞成,为…辩护. argue M into (out of) 说服 M 做〔不做〕. argue M to be N 证明〔说明,显示〕M 是 N.

ar'gufy v. 争论,(以立论证)说服.

ar'gument ['a:gjumənt] n. ①论〔争,辩〕论 ②理论,论证〔据,点〕,理由 ③(复数的)幅角,幅度,位相 ④(函数的)自变量〔数〕,角变数,变元,宗数〔量〕⑤主题,概要,内容提要〔说明,简介〕. argument association 变元结合. argument expression 主目式. argument of the latitude 升交距角. argument of vector 矢量幅角. arguments of the reference generic function 访问广函数的变元. complex argument 复(合)自变量,复宗数〔量〕. zero argument 宗标零值,零宗数〔标〕. ▲argument about (on, over) 争〔议,辩〕论. argument against 反对…(的理由,论据). argument for (in favour of) 支持〔赞成〕…的理由. get (fall) into an argument with 与…起争论. without argument 无异议.

argumenta'tion [a:gjumen'teiʃən] n. 议〔辩〕论,论证.

argumen'tative [a:gju'mentətiv] a. (好)议〔争论〕的,辩论性的.

argyr'ia [a:'dʒiriə] n. 银中毒,银质沉着病.

argyric a. 银的,银所致的.

argyrism n. 银中毒,银质沉着病.

argyrite n. 辉银矿.

argyrodite n. 硫银锗矿.

argy'rol [a:'dʒairol] n. 弱蛋白银,含银的防腐剂.

argyrophil'ic a. 嗜银的.

argyrose n. 辉银矿.

arheic a. 无流的,无河的.

arheism n. 无神论.

arhyth'mia [ə'riθmiə] n. 心律失常〔不齐〕,无节律syn.

arhyth'mic a. 无节律的,节律不齐的.

arhythmic'ity n. 无节律性.

ARI = ①Agricultural Research Institute 农业(科学)研究所 ②airborne radio installation 机上无线电装置.

ariboflavino'sis n. 核黄素缺乏症

Arica n. 亚里加(智利港口).

ar'id ['ærid] a. 干燥〔旱〕的,不毛的,荒芜的,贫瘠的,枯燥的. arid area (region) 干旱地区. arid climate 干燥气候. arid land 旱地. arid period 旱季.

aridextor n. (产生)侧〔横〕向力(的)操纵机构.

aridic a. 干燥的.

aridisol n. 干燥土,旱成土.

arid'ity [æ'riditi] n. 干燥(性,度),干旱性,不毛,枯涸.

A'riel n. 天(王)卫一,羚羊(英国卫星).

A'ries n. ①白羊(星)座,白羊宫 ②艾里斯计划(天文学射电相干地球测量).

aright [ə'rait] Ⅰ v. 改正,纠正. Ⅱ ad. 正确地,不错,对. put (set) … aright 把…搞正确.

ar'il n. 假种皮,子衣,子壳.

Ariron n. 耐酸铸铁.

ariscope n. 移像光电摄像管.

arise [ə'raiz] (arose, aris'en) vi. ①发〔产〕生,出(呈)现 ②起来,上升,(兴,升)起. ▲arise from (out of) 由于…而产生〔引起,造成,做出〕,起因于,是…的结果.

aris'en [ə'rizn] arise 的过去分词.

aristoc'racy [æris'tokrəsi] n. 贵族(集团,统治). labour aristocracy (资本主义国家)工人贵族. the aristocracy of wealth 富豪,豪门.

aris'tocrat [æ'ristəkræt] n. 贵族.

aristocrat'ic a. 贵族(式,政治)的,势利的. ~ally ad.

aristogen'esis [æristo'dʒenisis] n. 优生.

aristogen'ics [æristo'dʒeniks] n. 优生学.

arith = arithmetic(al).

arithmetic Ⅰ [ə'riθmətik] n. 算术〔法〕,计算,运算(器). Ⅱ [æriθ'metik] a. 算术的,计算的. arithmetic chart 算术〔等差〕图. arithmetic circuit 运算电路. arithmetic complement 余数. arithmetic continuum 实数连续统. arithmetic device 运算装置,运算器. arithmetic element 算术(运算)元素,运算元件. arithmetic IF statement 算术条件语句. arithmetic invariant (算术)不变数. arithmetic mean 算术平均(值),算术(等差)中项. arithmetic of quadratic forms 二次形式整数论. arithmetic operation 算术运算. arithmetic point 小数点. arithmetic product (算术)乘积. arithmetic progression (series) 算术(等差)级数. arithmetic register 运算寄存器. arithmetic section (unit) 运算器,运算部件(份). arithmetic solution 数值解. arithmetic unit 算术部件,(算术)运算器. binary arithmetic 二进制运算. fixed point 定点运算. floating point 浮点运算. multiple arithmetic 多路〔重〕运算.

arithmet'ical [æriθ'metikəl] a. =arithmetic.

arithmet'ically ad. 用算术上,算术上.

arithmetic'ian [əriθmə'tiʃən] n. 算术家.

arithmetic-logic unit 运算部件,运算器.

arithmetico-geometric a. 算术几何的. arithmetico-geometric series 算术几何级数,等差等比级数.

arithmetiza'tion n. 算术化.

arithmograph n. 自记计算器,运算图.

arithmom'eter [æriθ'momitə] n. (四则)计(运)算机,计数器.

Aritieren n. （钢铁表面的）渗铝法.
Arizo'na [æri'zounə] n. （美国）亚利桑那（州）.
arizonite n. 红钛铁矿.
Ar'kansas ['ɑ:kənsɔ:] n. （美国）阿肯色（州，河），阿肯色地面实验站. *arkansas stone* 均密石英岩.
arkansite n. 黑钛矿.
ar'kite n. 阿克炸药.
Arkon n. 抗热及绝缘的浅色脂环饱和烃树脂.
ar'kose n. 长石砂岩. **arkosic** a.
arkose-sandstone n. 长石砂岩.
ARL = ①acceptable reliability level 容许可靠性程度，可靠性合格标准 ②Aeronautical Research Laboratory 航空研究实验室 ③Aircraft Radio Laboratory 航空无线电实验室.
arl =aerial 天线的，架空的，航空的.
arm [ɑ:m] Ⅰ n. ①(手，力，悬，吊，电唱头)臂，(手柄，摇把，(杠，吊))，(条，轮)辐，滑块 ②支（托）架，线（工壁.支臂，扶（架）手 ③指针，指示器 ④支管（线路），分路，分支 ⑤港（海）湾 ⑥(pl.) 见 arms. *actuating arm*（杠杆）力臂，操作杆. *arm bearing* 音臂轴承. *arm crane* 悬臂（式）起重机. *arm file* 粗齿方锉. *arm indicator* 方向(转向)指示器. *arm of couple* 力偶臂. *arm of force* 力臂. *arm of lake* 湖湾，汊湖. *arm of wheel* 轮辐. *arm rest* 拾音器臂架，靠手，扶手. *arm rest switch* 拾音器臂停止开关. *arm sprue cut* 盲口切削. *arm stirrer* 桨叶式搅拌器. *arm structure*（银河）旋臂结构. *arm tie* 横臂拉条，交叉撑. *arm's length* 不友好（亲密）的. *artificial arm* 假臂. *control arm* 操纵杆. *counter arm* 计数器指针. *crank arm* 曲柄（力），连杆，(起动)手柄. *direction arm* 方向导杆. *mechanical arm*（操纵器，控制器）机械手. *mixing〔stirrer〕arm* 搅拌臂，搅拌桨叶，搅拌器叶片. *over arm* 横杆. *pen arm* 笔杆，（自记器）笔杆. *rheostat arm* 变阻器的滑块（滑动）臂. *rock〔rocker, rocking〕arm* 摇臂. *steady arm* 定位器（销），钻杆定向器，支柱杆. *waveguide arm* 波导支路.
Ⅱ v. ①武装，装备〔军〕，配备，供给 ②(作好，进入战斗)准备，进入战斗状态，打开保险，装药，备炸. *be) armed to the teeth* 武装到牙齿.
ARM = ①antiradar missile 反雷达导弹 ②antiradiation missile 反辐射导弹 ③armament 武装，装备，军械 ④armature 电枢，转子，衔铁 ⑤arming 进入战斗准备，装药.
arma'da [ɑ:'mɑ:də] n. ①舰队 ②（飞机）机群.
ar'mament ['ɑ:məmənt] n. ①军队，武装力量〔军〕，军备〔械〕，（武器）装备 ②（导弹的战斗部，(军舰和要塞等的)火炮 ④备战. *armament race* 军备竞赛. *fixed armament* 固定装备〔武器〕. *missile〔rocket〕armament* 导弹装备，导弹，火箭武器.
armamenta'rium n. (pl. **armamenta'ria** 或 **armamenta'riums**) n. （一套，医疗）设备.
armarium n. 医疗设备.
ar'mature ['ɑ:mətjuə] n. ①电枢（电机）转子，衔铁，引铁，磁舌，(电容器) ②（电缆）的铠装，装甲板，铠外壳 ④加强〔加固，补强〕，钢筋 ⑤铠装. *armature conductor* 电枢导线. *armature core* 电

枢铁芯. *armature core disc* 电枢（铁）芯片. *armature end* 衔铁（磁芯）端. *armature iron* 衔〔芯〕铁. *armature loudspeaker* 舌簧扬声器〔喇叭〕. *current regulator armature* 电流调节器衔铁〔附件〕.
arm-brace n. 撑架.
arm' chair ['ɑ:m'tʃɛə] n. 扶手椅，单人沙发. *arm-chair scholar* 闭门造车的学者.
armco aluminized steel 表面浸镀铝(的)钢.
armco (magnetic) iron ①阿姆柯磁性铁(直流继电器磁芯用材料) ②工业(用)纯铁(碳 0.0012%,锰 0.017%,磷 0.005%,硫 0.025%,其余铁，总杂质量<0.1%).
armco (stabilized) steel 阿姆柯不硬化钢.
armco-iron =armco magnetic iron.
armd = armoured 铠装的，装甲的.
armed [ɑ:md] a. 武装(了)的，战斗的，军用的，已装装药的，有（准，戒）备（）的. *armed beam* 加强梁. *armed forces* 武装部队〔力量〕. *armed interrupt* 待命〔待处理〕中断. *armed position* 发火位置. *armed struggle* 武装斗争.
Arme'nia [ɑ:'mi:njə] n. 亚美尼亚.
armeniaca n. （巴旦）杏.
Arme'nian [ɑ:'mi:njən] a.；n. 亚美尼亚的，亚美尼亚人(的).
arm'ful ['ɑ:mful] n. 一抱.
armilla n. 浑天仪.
armil'lary ['ɑ:miləri] a. 环（形）的. *armillary sphere* 浑天仪.
arm-in-arm ad. 臂挽着臂
arm'ing ['ɑ:miŋ] n. ①进入战斗准备，装药，解除〔打开〕保险，备炸 ②（测深锤）的加牛油〔附着物〕. *arming acceleration* 打开保险（导弹弹头）加速度，引爆加速度. *arming pin* 炸弹信管保险针. *arming sleeve* 臂状套筒. *arming wire* 炸弹信管保险丝.
ar'mistice ['ɑ:mistis] n. 停战(协定)，休战.
armlak n. 电枢用亮漆.
arm'less a. 无臂的，无武装（器）的.
arm'let ['ɑ:mlit] n. ①护臂 ②小(海)湾. *cotton armlet* 棉护箍.
arm-lie n. 攀条.
ar'mo(u)r ['ɑ:mə] Ⅰ n. ①装〔护，钢，铁〕甲，（电缆的覆盖金属编织层）铠装，包层，(钢)铠板 ②防具，护身具，潜水员的防护服 ③武装，装甲部队，装甲兵(种). Ⅱ a. 装甲的，铠装的，防护的，护面的. Ⅲ v. 装甲，铠（武）装，穿铠甲. *armour coat* 护〔甲〕层(即厚的沥青浇注层). *armour corps* 装甲兵. *armour course* 保护层. *armour layer* 护甲层. *armour piercer* 穿甲弹. *armour plate* (装)甲板，铁板，护舷板，防护板，防弹钢板. *flyer's armour* 防弹飞行服. *metal armour* 金属铠装. *steel tube armour* 钢管铠装. *submarine armour* 潜水服. *wire armour* 金属线铠装.
armo(u)r-clad a. 装甲的，铠装的.
ar'mo(u)red ['ɑ:məd] a. 装甲（部队）的，铠装的，武装的，包铁（皮）的. *armoured cable* 铠装电缆. *armoured cable wire* 铠装电缆钢丝. *armoured concrete* 钢筋混凝土. *armoured corps*〔forces, troops〕装甲部队. *armoured glass* 装甲玻璃. ar-

ar'mo(u)rer 　　　　　　　113　　　　　　　around-the-clock

moured hose 铠装软管. armoured thermometer 带套[铠装]温度计. armoured vehicle [car] 装甲车辆. armoured wire 铠装电线. armoured wood 包铁(或加金属箍的)木材.

ar'mo(u)rer n. 军械士, 武器制造者.

ar'mo(u)ring ['ɑ:mәriŋ] Ⅰ n. ①套, 壳 ②护板 ③装甲, 铠装. Ⅱ a. 装甲的, 铠装的. armouring for cord 塞缠保护. close armouring 覆盖铠装. steel tape armouring 钢带铠装.

ar'mo(u)rless a. 无铠装的, 无装甲的.

armo(u)r-piercing a. 穿甲的. armour-piercing bullet [shell] 穿甲弹.

ar'mo(u)r-plate ['ɑ:mәpleit] n. 装甲(钢)板, 铁板.

ar'mo(u)r-plated a. 装甲的.

ar'mo(u)ry ['ɑ:mәri] n. 军械库, 军械工厂, 兵工厂, 整套武器, 美军后备队训练场所. anti-aircraft armoury 高射火器.

arm'pit ['ɑ:mpit] n. 腋窝.

arm-prosthesis n. 假臂.

arm'rest ['ɑ:mrest] n. 扶手, 靠手.

arms [ɑ:mz] n. (pl.) ①兵[武]器, 武[兵]力, 军械[事] ②兵种 ③桥臂. all services and arms 各军、兵种. arms and ammunition 武器弹药. arms industry 军需工业. arms plant 兵工厂. arms race 军备竞赛. ▲bear arms 服兵役. by arms 用武力. go to arms 或 appeal to arms 诉诸武力. in arms 武装的. take up arms 拿起武器, 武装起义. turn one's arms against 攻击. under arms 在备战状态. up in arms 起来进行武装斗争, 竭力反对. without arms 徒手.

Arms bronze 特殊铝青铜(铝 8～12%, 铁 2～5%, 锰 0.5～2%, 镍 0.5～2%, 其余铜).

arm'-shop ['ɑ:mʃɔp] n. 兵工厂.

Armstrong circuit (阿姆斯特朗)再生[反馈, 回授]电路, 反馈回路, 超再生式接收电路.

Armstrong motor 活塞液压马达.

Armstrong oscillator 阿姆斯特朗振荡器, 调屏调栅振荡器.

Armstrong process 双金属轧制法.

armt =armament 武装, 装备, 军械.

arm-tie ['ɑ:mtai] n. 横臂拉条, 斜(交叉)撑(支)撑杆, 拉板, 连臂板, 连结臂.

arm-to-arm (导弹)进入战斗准备.

armtr =armature 电枢, 转子, 衔铁.

arm-twisting n.; a. 强大压力(的).

ar'my ['ɑ:mi] Ⅰ n. ①军(队)陆军, 集团军 ②大群[队] ③团体, 协会. Ⅱ a. 军[人, 事, 用]的. the Chinese People's Liberation Army 中国人民解放军. Army Day (中国人民解放军)八一建军节. Army Fieldata Code(美国)陆军信息编码. army grade 军用级. army pictorial centre 军用电视情报中心. army rifle 步枪. army specifications 军用规范. army training 军事训练. field army 野战军. join (go into) the army 参军. regular army 正规军. reserve army 后备军. standing army 常备军. ▲an army of 一大群(队).

army-corps n. 军团, 兵团.

Armydata n. (美国)陆军信息编码系统.

Armyord 或 **Army-Ord** =Army Ordnance (美国)陆军军械.

ARN =aeronautical radio navigation 无线电导航.

ArNa =Army with Navy 陆军同海军.

Ar'neb n. 厕一, 天兔座 α 星.

ar'nica n. 山金车油, 山菊油.

ar'nimite n. 无钙铜矿.

Arno meter 阿尔诺电表.

ARO =①airborne range only 飞机(上的)无线电测距器, 机上测距仪 ②automatic range only 自动测距仪.

ARODYN =aerodynamics 空气[气体]动力学.

arohebiont n. 生命起源.

arom =aromatic.

aro'ma [ә'roumә] n. ①芳香, (芳)香气, 香味[料] ②风格.

aromadendrene n. 香橙烯.

aromadendrin n. 香树精.

aromadendrol n. 香树醇.

aromadendrone n. 香橙酮.

aromat'ic [ærou'mætik] Ⅰ a. 芳香(族)的, 芳(香)烃的, 有香味的. Ⅱ n. 芳香剂[族], 香料, (pl.)芳香族环烃, 芳香族(化合物), 芳香剂. aromatic diluent 芳族稀释剂. aromatic hydrocarbon 芳香烃. aromatic nucleus 芳基核.

aromatic-base n. 芳(香族)基.

aromat'ic-free a. 不含芳烃的.

aromatic'ity n. 芳香性(度).

aromatiza'tion n. 芳构化.

aro'matize v. (使)芳(香, 构)化, 使芳香. aromatizing cracking 芳构裂化.

aro'matizer n. 香料, 芳化剂.

aromatophore n. 芳香团.

aromatous a. 芳香的.

arone n. 芳酮.

aronotta n. 胭脂树红.

arose' [ә'rouz] arise 的过去式.

arosorb process 吸附分离芳烃过程.

around' [ә'raund] ad.; prep. ①(在)周围, 围绕, 环绕着, 绕过, 整整一圈. carry M around 带动 M 旋转, 随身带 M. wind M around N 把 M 绕在 N 上. An electric current flows around a circuit. 电流沿着电路流动. the insulation around the wire 包着导线的绝缘材料. The tree measures four feet around. 这棵树树围四英尺. ②(在)各处, (在)附近, 靠近, (在)那处, 存在着. around here 在这一带. around the corner 在拐过去的地方. ③根据, 以…为基础. around this principle 根据这个原理, 以这个原则为基础. ④大约, 在…前后. around 3 gallons 大约3加仑. around 1974 1974 年前后. around M to N 大约在 M 到 N 之间. ▲all around 四处, 四周围, 到处, 都, 一一. weld all around 围焊. all the year around 全年, 全年. get around (a fact) 回避(事实). go around a curve (turn) 拐(转)弯. the other way around 从相反方向, 用相反的方式.

around-the-clock a. 全天的, 连续二十四小时的, 昼夜

arou′sal n. 唤起.

arouse [ə′rauz] vt. 唤醒(起), 引(激)起.

aroyla′tion n. 芳酰基化(作用).

ARP = ①air raid precautions 空袭预防措施 ②all risks policy 综合险保单 ③autofocus radar projector 自动聚焦雷达投影仪.

ARPA = Advanced Research Projects Agency 远景研究规划局.

Arpanet n. 阿帕网.

ARPD = advanced research planning document 远景研究计划文件.

arpent n. 阿潘特(法国古代土地计量单位, 接近一英亩).

ARQ = ①automatic error request equipment 自动误差校正装置, 自动误字检查订正装置 ②automatic request for repetition 自动要求重复.

arquerite n. 轻汞膏, 银汞齐.

ARR = ①aircraft radio regulations 飞机无线电规程 ②anti-repeat relay 防重复继电器, 防重复转播 ③arrangement 安排, 布置 ④arrestor. 制动器, 避雷器.

arr = arrival 或 arrive(d)到达.

arr n. = arrival notice 到达通告.

arrachement [æra′ma] n. 拔牙(除)术.

arraign [ə′rein] vt. ①传讯, 审讯 ②弹劾, 控告, 指责, 非难. ~ment n.

arrange [ə′reindʒ] vt. ①安排, 排列, 布(配)置, 装配, 安装 ②调整, 置换, 处理, 改编 ③商定(妥), 准(筹)备, 办妥. ▲arrange M as (to be) N 把 M 排列(分)成 N. arrange M for N 为 N 安排 M. arrange for 安排, 准备. arrange for M to + inf. 安排 M(做), 使 M(做). arrange in groups 分组(排列). arrange in order 整理, 排列. arrange M into (in) N 把 M 排列(整理)成 N, 按 N 来排列 M. arrange tools in order 把工具整理好. arrange to + inf. 准备, 安排(做某事). arrange M with N 在 M 上安装[N], 同 N 商定 M. arrange with M for (about) N 同 M 商定 N.

arrange′ment [ə′reindʒmənt] n. ①排列, 整理, 布(配)置, 分布, 安装, 装配 ②装置(备), 设备, 构造, 结构, 布局, 电路, 接(线)法, 系统布置图 ③办法 ④改编, 计划, 方案, 安排, 准(预)备 ⑤协议, 议定书. arrangement in parallel 并列. arrangement of wires 布线. arrangement plan 布置图. coupling arrangement 连接机构(装置). detector arrangement 探测器, 检波装置. die arrangement 模具, 压模装置. end (-to-end) arrangement 纵向排列(配置). general arrangement 总体(总平面)布置. parallel arrangement 并联连接(配置) 并联电路. ▲arrangement of M with N 和 N 组合(配合)(起来). come to an arrangement 谈妥, 达成协议. make arrangements for 做好…的准备, 安排, 准备. make arrangements with 与…安排.

arra′nger [ə′reindʒə] n. 传动装置.

ar′rant [′ærənt] a. 臭名昭著的, 极端坏的, 最坏的. ~ly ad.

array′ [ə′rei] Ⅰ vt. ①排列, 布(配)置, 整列(队伍) ②修饰, 装扮. Ⅱ n. ①序, 行, 排, 列, 队, 组 ②(基, 矩, 列, 台, 天)阵, (固体电路)阵列, 系统 ③【化】族, 系, 类 ④【数】级数, 数组 ⑤. aerial (antenna) array 天线阵. array antenna 天线阵, 阵列天线. array component 阵列组件. array curtain (天线)阵帘. array element 天线阵元. array factor (天线阵)排列系数. array list 数组表. array of difference 【代】差分格式. array of dislocation 位错行列, 位错(阵). array pitch 行距. array segment 数组段. array station 组合测站. array tester 阵列测试器. circular array 圆形天线阵. coincidence array 重合列, 符合列. counter array 计数管组(列). dislocation array 位错阵列. foil array 箔片束. phased array 相控(天线)阵. phosphor dot array 磷光点发光系统, 镶嵌发光屏. random array 无规则排列. rectangular array 矩[长方]阵列. ▲a whole array of(排列整齐的)一批. an array of 一排(列), 一系列. array themselves against 或 be arrayed against 一致反对.

ARRB = Australian Road Research Board 澳大利亚道路研究会.

arrear′ [ə′riə] n. (常用 pl.) ①欠款, 应付而未付之款 ②(未付的)尾数, 余额 ③尚待完成的工作, 剩留的部分 ④拖延, 拖欠, 拖延. arrear of work 剩下未做完的工作. ▲be in arrear(s) (with) 拖欠, 耽误. in arrear of 落在…之后, 赶不上, 不及. work off arrears 扫尾.

arrear′age [əriə′ridʒ] n. ①余欠, (pl.)欠款, 债 ②迟(延)期, 落后, 拖延.

arrect′ [ə′rekt] a. 竖立的, 警觉的.

arrec′tor n. 竖立(者).

arrest′ [ə′rest] vt. ; n. ①阻(停)止, 抑制, 关闭, 中断, 制动(器, 装置), 妨碍 ②延(停)滞, 延迟 ③吸引(注意), 吸住 ④抓住, 逮捕, 捕获. arrest point 驻[转变, 转化, 临界]点. arrested anticline 平缓背斜. arresting gear 制动器, 制动(停机)装置. arresting lever 制动杆. dust arrest 收(除, 吸, 集)尘. ▲arrest one′s attention 引起…注意.

arrest′er [ə′restə] n. ①制动器(限动, 止动, 制止, 防止)器, 制动器(停机, 镇定, 稳定)装置, 挡板, 行程限制器 ②捕捉器, 捕集器 ③避雷(放电)器, 气体放电管, 过压保险丝 ④(使气相热裂的裂化反应停止进行的)制动室. dust arrester 挡(吸, 除, 集)尘器. flame arrester 灭火器, 火焰消除器. lightning arrester 避雷器. sneak-current arrester 防止潜流的装置, 热线圈.

arrest′ing [ə′restiŋ] a. 显著的, 引人注意的, 可观的.

arrest′ment [ə′restmənt] n. ①阻止, 制止, 制动, 刹车 ②制动装置 ③消能建筑物 ④逮捕, 扣留, 捕获.

arrest′or = arrester.

arrgt = arrangement.

arrhea n. 液流停止, 停流.

arrhenic a. 砷的, 含砷的.

arrhenite n. 镱钽铌矿.

arrhi′zal [ə′raizəl] a. 无根的.

arrhyth′mia n. 无节律性, 心律失常(不齐).

arrhyth′mic a. 心律失常(不齐)的, 无节律的.

ar′ris [′æris] n. 棱(角), 隅, 边棱, 尖脊. arris fillet

ar′ris-gut′ter *n.* V形檐槽.
arris-wise *ad.* 成对角方向[铺砌].
arri′val [ə′raivəl] *n.* 到达[来],出现,到达的人[物]. *arrival angle* (电波)到达角. *arrival card* 更改地址通知单. *arrival current* 终端[输入,收信]电流. *arrival curve* 终端[输入]电流曲线. *arrival station* 末[终点]站. *arrival time* 到达[又到,波至]时间. *arrival wave* 来波. *cash on arrival* 货到付款. *delivery on arrival* 货到即交. *Earth arrival* 到达地球. *new arrival* 新到货物,新来者. *payment ... days after arrival of goods* 货到…日付款. *payment upon arrival of shipping documents* (发货)单到付款. *port of arrival* 到达港. ▲*arrival at a conclusion* 得出结论.
arrive′ [ə′raiv] *vi.* 到达[来],得到,发生,成功. ▲*arrive at* (in)到[抵]达,达到[成],创造出,获得,得出. *arrive at a conclusion* 作出结论. *arrive at a destination* 到达目的地. *arrive on* [upon] *the scene* 到场.
ar′rogance 或 **ar′rogancy** *n.* 傲慢,骄傲自大.
ar′rogant [′ærəgənt] *a.* 傲慢的,骄傲自大的,妄自尊大的. ~ly *ad.*
ar′rogate [′ærougeit] *vt.* 冒称具有,霸占,擅取. **arroga′tion** *n.*
arro′sion [ə′rouʒən] *n.* 磨损,磨耗溃蚀.
ar′row [′ærou] I *n.* 箭[头],(记号),指针,矢. II *vt.* 标以箭头. *arrow antenna* 箭形[矢形]天线. *arrow diagram* 向[矢]量图. *arrow height* 矢高,箭头高度. *danger arrow* 危险箭头,危险符号. *traffic arrow* 交通箭头标志. ▲*shoot the arrow at the target* 有的放矢.
ar′rowed *a.* 标有箭头的.
ar′row(-)head [′ærouhed] *n.* 箭头,镞,矢向,楔形符号"<".
ar′row-headed *a.* 箭头形的,楔形的,后掠的,镞状的.
ar′row-like *a.* 箭形的.
ar′rowy [′æroui] *a.* 矢的,箭一样的,迅速的,笔直的.
arroy′o [ə′nɔicu] *n.* ①(干)河道,旱谷 ②小河[溪],细流.
arryth′mia *n.* (心脏)失调症.
ARS = ①accumulator right shift 累加器右移 ②advanced reconnaissance satellite 高级侦察卫星 ③American Rocket Society 美国火箭学会(现为 A-IAA) ④anchored radiosight 或 aircraft radiosight 飞机无线电瞄准器 ⑤asbestos roof shingles 石棉屋面板.
ars = arsenal.
ARSB = anchored radio sonobuoy 锚泊无线电声纳浮标.
arschinowite *n.* 变锆石.
Arsem furnace 阿森高温真空炉,碳粒发热体[螺丝状硬质碳精管式]电炉.
arsen- [词头]砷.
ar′senal [′ɑːsinl] *n.* 兵工厂,武器[军械,军火]库.
ar′senate [′ɑːsnit] *n.* 砷酸盐[酯]的,(pl.) 砷酸盐类.

arsenate-As = arsenate-arsenic 砷酸盐的砷.
arseniasis *n.* 慢性砷中毒.
arsenic I [′ɑːsnik] *n.* ①【化】砷 As ②信石,砒霜,三氧化二砷. II [ɑː′senik] *a.* (正,含,五价)砷的,含砷的. *arsenic acid* 砷酸. *arsenic bloom* 砷华. *arsenic copper* 砷铜. *arsenic selenide* 硒化砷. *arsenic trioxide* 三氧化二砷. *white arsenic* 砒霜.
arsen′ical [ɑː′senikəl] I *a.* (含)砷的,含砒的. II *n.* (含)砷(制)剂,含砷药物,砷化物. *arsenical copper* 砷铜(含 0.1～0.6％,其余铜). *arsenical poisoning* 砷中毒. *arsenical pyrite* 毒砂,砷黄铁矿.
arsenicum *n.* 【化】砷 As.
ar′senide [′ɑːsinaid] *n.* 砷化物.
arse′nious [ɑː′siːniəs] *a.* (含,亚,三价)砷的. *arsenious acid* (亚)砷酸. *arsenious chloride* 三氯化砷.
ar′senite [′ɑːsinait] *n.* 亚砷酸盐,砷华.
ar′senite-As = arsenite-arsenic 亚砷酸盐的砷.
arse′nium *n.* 【化】砷 As.
arseniuret *n.* 砷化物.
arse′niuretted [ɑː′siːnjəretid] *a.* 与砷化合的,含砷的,砷化物的. *arseniuretted hydrogen* 砷化(三)氢,胂.
arseno- [词头]砷,偶砷基.
arsenocholine *n.* 砷胆碱.
arsenolite *n.* 砷华.
arsenometric titration 亚砷酸滴定.
arsenom′etry *n.* 亚砷酸滴定法.
arsenomolybdate *n.* 砷钼酸盐.
arsenopy′rite *n.* 毒砂,砷黄铁矿.
arsenostibite *n.* 砷黄锑矿.
ar′senous [′ɑːsinəs] = arsenious.
arsenthorite *n.* 砷钍石.
arsenuranocircite *n.* 砷钡铀云母.
arsenuranylite *n.* 砷钙铀矿.
arshan *n.* 矿泉.
arshine = archine.
arshinovite *n.* 胶锆石.
ar′sinate *n.* 次胂酸盐.
ar′sine [′ɑːsin] *n.* 胂,砷化(三)氢,三氯化砷.
ar′son [′ɑːsn] *n.* 放火,纵火.
ar′sonate [′ɑːsəneit] *n.* 胂酸盐.
ar′sonist *n.* 放[纵]火犯.
arso′nium *n.* 砷,氢化砷基.
arsonvaliza′tion *n.* 高频电疗法.
arsonyla′tion *n.* 胂酸化(作用).
ARSR = air route surveillance radar 航线监视雷达.
ar′syl *n.* (二氢)胂基.
ar′sylene *n.* 亚胂基,胂叉.
art [ɑːt] I *n.* (艺,美,技)术,工艺,技艺(巧),人工,手段,权术. II *v.* 使艺术化. *art deco* 装饰艺术. *art gallery* 美术(陈列)馆. *art of building* 建筑艺术. *art paper* 铜板[美术]纸. *art work* 原图,布线图,工艺图,艺术品. *communication art* 通讯技术. *fine arts* 美术(包括绘画,雕塑,建筑). *industrial art* 工艺(美术). *missile art* 导弹技术. *nuclear reactor art* 反应堆技术[工程]. *useful arts* 手艺,工艺. *work of*

art 艺术品. ▲*art and part* 策划并参与. *art for art's sake* 为艺术而艺术. *art up* 使艺术化.
ART = ①airborne radiation thermometer 机载辐射温度计 ②automatic range tracking 自动距离跟踪.
art = ①article 条款,项目,物〔制,产〕品 ②artificial 人造的,模似的,假的.
ar'tascope n. 万花筒.
Artbond n. 粘氯乙烯薄膜钢板.
ARTC = ①Aircraft Research and Testing Committee 飞机研究与试验委员会 ②air route traffic control 空中交通管理.
ARTCC = Air Route Traffic Control Center 空中交通管理中心.
art'-direc'tor n. 艺术指导.
artefact = artifact.
arteri- 〔词头〕动脉.
arte'ria [ɑːˈtiəriə] (pl. *arte'riae*) n. 动脉.
arte'rial [ɑːˈtiəriəl] Ⅰ a. 主干的,干线的,干道的,动脉的. *arterial canal* 干渠,总渠. *arterial grid* 干线网. *arterial highway* 干道,干线公路. *arterial railway* 铁路干线. Ⅱ n. 干线,干道.
arte'riograph n. 动脉搏记录器,脉搏描记图.
arteriog'raphy n. 动脉搏描记法,动脉相.
arte'rioscle'rosis [ɑːˈtiəriouskliəˈrousis] n. 动脉硬化(症).
arteriosclerot'ic a. 动脉硬化的.
arte'rious a. 动脉的.
arterite n. 脉状混合岩.
ar'tery [ˈɑːtəri] n. ①干线〔道〕,运输线,大路 ②动脉. *economic artery* 经济命脉.
arte'sian [ɑːˈtiːzjən] a. 自流(水)的,喷水的. *artesian condition* 自流〔承压〕水情况,承压状态〔条件〕. *artesian pressure* 自流水压力,自流井水头. *artesian slope* 承压含水层坡降. *artesian well* 自流〔喷水〕井,深〔钻〕井.
art'ful [ˈɑːtful] a. ①狡猾的,欺诈的,精明的 ②人工的.～ly ad.
arthr- 〔词头〕关节.
ar'thral [ˈɑːθrəl] a. 关节的.
arthral'gia [ɑːˈθrældʒiə] n. 关节痛.
arthral'gic a. 关节痛的.
arthrit'ic [ɑːˈθritik] Ⅰ a. 关节炎的. Ⅱ n. 关节炎病人.
arthri'tis [ɑːˈθraitis] n. 关节炎.
arthro- 〔词头〕关节.
arthrobacter n. 土壤细菌类.
ar'throcele [ˈɑːθrosiːl] n. 关节肿大.
arthrodyn'ia [ɑːθroˈdiniə] n. 关节痛.
arthrodyn'ic a. 关节痛的.
ar'thron n. 关节.
arthronalgia n. 关节痛.
arthron'cus [ɑːˈθrɔŋkəs] n. 关节肿大.
arthrophlogo'sis n. 关节炎.
ar'thropod n. 节肢动物.
arthropoda n. 节肢动物门.
arthro'sis [ɑːˈθrousis] n. 关节(病).
arthrositis n. 关节炎.
ar'throspore n. 节孢子.
ar'throus a. 关节的.

ar'ticle [ˈɑːtikl] Ⅰ n. ①物品〔件〕,东西,制〔产,成,商〕品 ②论文,文章 ③项目,条款〔文〕,章程 ④冠词〔语〕. Ⅱ vt. ①把…逐条〔登载,罗列〕,分条〔解释,陈述〕,列举 ②用条款约束. *definite article* 定冠词(即 the). *feature article* 特论. *fragile article* 易碎品,脆弱体. *hard metal article* 硬质合金制品. *leading article* 社论. ▲*an article of* 一件,一种.
artic'ular [ɑːˈtikjulə] a. 关节的.
artic'ulate Ⅰ [ɑːˈtikjuleit] v. ①铰〔链〕接〔合〕,联〔环〕接,活动连接,挂钩,尼活节接合 ②清晰发音〔讲话〕,明确表达. Ⅱ [ɑːˈtikjulit] a. ①铰链的,接合起来的,曲柄的 ②有关节的,分节的,肘状的,联成关节的 ③明白的,(发音)清晰的,语言表现得出的.
artic'ulated a. 铰链〔接〕的,有活〔关〕节的,关节(连接)的. *urticulated chute* 溜管,(浇灌混凝土用)象鼻管,活接卸槽. *articulated connecting rod* 活节连杆,铰接式连杆. *articulated joint* 铰链〔关节,活节〕接合. *articulated lorry* 铰接式货车. *articulated mirror* 万向转镜. *articulated pin* 活节销. *articulated traffic* 拖拉车运输. *articulated trailer* (用链链连接的)拖车,半拖挂车. ～ly ad.
articulated-type a. 铰接式的.
articulatio (pl. *articulationes*) n. 关节.
articula'tion [ɑːtikjuˈleiʃən] n. ①联接〔接合〕(方式) ②铰(链轴),关〔铰〕节,转动中心,活接头 ③(声)清晰度,可懂度 ④(清楚的)发音. *articulation block* 【计】铰块. *articulation by ball and socket* 球窝关节〔接合〕. *articulation index* 清晰〔度〕指数. *articulation reference equivalent* 等效清晰度衰减. *good articulation* 良好清晰度. *letter articulation* 字母清晰度. *sound articulation* 声音清晰度.
artic'ulator [ɑːˈtikjuleitə] n. 接合关节者,铰接车,(电话)扩音器,联接器.
artic'ulatory [ɑːˈtikjuleitəri] a. ①关节的 ②发音清晰的,有音节的 ③发音的,言语的.
ar'tifact [ˈɑːtifækt] n. ①(人工)制品,制造物,艺术作品 ②臆象,人工寄象,人工产物 ③后生物,后生现象 ④石器. *explosive artifacts* 爆炸物.
artifac'titious [ɑːtifækˈtiʃəs] a. 人工制品〔产物的〕,加工的,人为现象的.
ar'tifice [ˈɑːtifis] n. 技巧〔术〕,手段,方法,策略,特技,巧计,妙计. ▲*by artifice* 用手段〔计谋〕.
artif'icer [ɑːˈtifisə] n. 技工,工匠〔长〕,技术员,设计者,发明者.
artific'ial [ɑːtiˈfiʃəl] a. ①人工〔造〕的,②模拟的,仿真的,假的,不自然的. *artificial abortion* 人工流产. *artificial black signal* 黑电平测试信号. *artificial brain* 电脑,计算机. *artificial breathing* 人工呼吸. *artificial breeding* 人工授精〔繁殖,配种〕. *artificial canal* 人工渠道,运河. *artificial circuit* 仿真模拟电路. *artificial crystal* 人造晶体. *artificial ear* 仿真耳. *artificial echo unit* 人工混响器,人造回声器. *artificial ground* 人为接地. *artificial intelligence* 智能模拟,人工智能,仿真信息. *artificial lighting* 人工光照〔采光〕. *artificial line* 仿真〔人工,模拟〕线. *artificial network* 仿真网络,模拟网络. *artificial precipitation* 〔*rain, rainfall*〕

人工降雨,人造雨. *artificial rearing* 人工饲养〔培育〕. *artificial respiration* 人工呼吸. *artificial rubber* 人造〔合成〕橡胶. *artificial satellite* 人造卫星. *artificial service* 人工配件〔授精〕. *artificial traffic* 模拟〔人工〕通信量,参考业务量,模拟报务. *artificial white signal* 白电平测试信号. *artificial zeolite* 人造沸石,分子筛.

artificial'ity [ɑːtifiʃiˈæliti] *n.* 人工,人造(物),人为(的事情).

artific'ialize [ɑːtiˈfiʃəlaiz] *vt.* 使成为人造,变成人工.

artific'ially [ɑːtiˈfiʃəli] *ad.* 人工〔造〕地,不自然地.

artific'ialness [ɑːtiˈfiʃəlnis] *n.* 人工〔为〕,不自然.

artificial-particle belt 人造微粒反导弹屏带.

artil'lerist *n.* 炮兵〔手〕.

artil'lery [ɑːˈtiləri] *n.* ①大〔火〕炮 ②炮兵〔队〕③炮术〔学〕. *artillery wheel* 炮轮,宽辐条车轮. *long-range artillery* 远射程炮. *missile artillery* 导弹部队. *rocket artillery* 火箭炮兵,火箭部队.

artil'leryman (pl. **artillerymen**) *n.* 炮兵〔手〕.

artisan' [ɑːtiˈzæn] *n.* (手工业)工人,技工,工匠.

art'ist [ɑːˈtist] *n.* 〔美〕术家,画家,能手. *artist's impression* 透视图.

artis'tic(al) [ɑːˈtistik (əl)] *a.* 艺〔美〕术(家)的,艺术性强的,技术的,技艺的,美化的. *artistic form* 艺术形式. *artistic treatment* 美化处理.

artis'tically *ad.* 艺术上〔地〕,美术上.

art'istry [ˈɑːtistri] *n.* 艺术(性,技巧,手法,才能,效果,作品).

art'less [ˈɑːtlis] *a.* ①自然的,朴实的 ②拙劣的. ~ly *ad.* ~ness *n.*

ART method 附加基准信号传输法.

art'mobile *n.* 流动艺术展览(车).

Artois "阿尔泰"(多目标雷达扫描跟踪雷达).

ar'totype [ˈɑːtotaip] *n.* 阿胶版,一种照相版.

arts =articles 条款,项目,物品,零件.

art-title *n.* 美术字幕.

ARTU =automatic range tracking unit 自动跟踪装置.

ar'tus (拉丁语) *n.* 关节,肢节.

art'ware [ˈɑːtwɛə] *n.* 实用工艺美术品,工艺品. *artware glaze* 美术釉.

art'work [ˈɑːtwəːk] *n.* ①图(形,模),原图,布线图,印刷线路模型图 ②工艺(品),艺术作品. *artwork master* 照相图〔底〕图,黑白图. *original artwork* 原图.

Artz press sheet 特殊薄钢板.

ARU =①audio response unit 音频响应单元 ②automatic range unit 自动跟踪〔测距〕装置.

ARV =armored recovery vehicle 装甲抢救车.

arv =arrive 到达.

Arvee' [ɑːˈviː] *n.* 游乐汽车.

ar'yl [ˈæril] *n.* 芳基.

ar'ylate *v.; n.* 芳化,芳基化物.

aryla'tion *n.* 芳基化(作用).

aryle *n.* 芳基金属(化合物).

arylene *n.* 芳撑,亚芳香基.

arylesterase *n.* 芳(香)基酯酶.

ar'ylide *n.* 芳基化物,芳基金属(化合物).

arylmercu'rial *n.* 芳基汞的.

arylmer'cury *n.* 芳基汞.

aryne *n.* 芳炔,脱氢芳烃.

aryth'mia [əˈriθmiə] *n.* 心律失常,无节律.

as [æz] *ad.; conj.; pron.; prep.* ①像,如同…(那样,一般),例如,(这)正如,(用作代词)这(就像). *as heavy as lead* 像铅一样重. *four times as big as N N* 的四倍那么大. *This machine is not so new as that one.* 这台机器不如那台新. *As two is to four, so is three to six.* 三之于六,正像二之于四. *Some colours, such as green and blue, seem cool.* 有的颜色,例如绿和蓝,看上去凉. *Leave it as it is.* 让它现(在这)样呆着吧. *There are no such machines as you mention.* 没有像你说的机器. *This pen is the same colour as yours* (is). 这枝钢笔色同你那支的颜色一样. *Air is attracted by the earth as is every other substance.* 空气像任何其它物质一样被地球吸引. *The change of shape of a body may be an increase in length, as of a rubber band or a coil spring.* 物体形状的改变可以是长度的增加,例如橡皮筋或螺旋弹簧(长度的增加). ②那么,(同…)一样,一般. *twice as long four times as big as N N* 的四倍那么大. *He has ten books, I have as many.* 他有十本书,我也有同样多. *Air is just as much a fluid as water* (is a fluid). 就像水(是一种流体)一样,空气也(同样)是一种流体. ③作为,(用)作,(看)成,以…形式. *as an example* 作为一个例子. *The energy of the sun comes to the earth mainly as light and heat.* 太阳的能量主要以光和热的形式传至地球. *The conclusion is finally accepted as true.* 这个结论终于被认为是正确的. *Ordinarily we don't consider air as having weight.* 我们通常认为空气没有重量. ▲*act* 〔*appear, function, serve*〕 as M 充当 M,起 M 的作用,表现为 M. *accept* 〔account, acknowledge, conceive of, count, define, employ, esteem, express, look on, look upon, picture, qualify, regard, represent, set down, speak of, think of, treat, use, view〕 M *as* N (这些动词搭配都表示)把 M 看(用)作 N. ④当,随着…(而),在…情况下. *as air-cooled condition* 空冷状态. *as annealed condition* 退火状态. *as cast* 铸出后不加工保留黑皮. *as cast cold (rolled)* 铸出后加工但不进行热处理. *as cold reduced* 〔*rolled*〕冷轧成的. *as drawn* 冷拔成的. *as drawn condition* 拉制状态. *as dug* (*condition*) 原状. *as forged condition* 锻成(后,造)状态. *as heat treated condition* 热处理状态. *as hot rolled* 轧成的. *as normalized condition* 正火状态. *as quenched condition* 淬火状态. *as received* 【分析】按来样计算(法). *as received basis* 【燃】工作质. *as received condition* 接收状态. *as received material* 进厂材料. *as rolled condition* 轧制〔成,后〕状态. *vary directly* 〔*inversely*〕 *as* M 随 M 而正

〔反〕变,与 M 成正〔反〕比. *Air pressure decreases as the altitude increases.* 大气压力随着高度的增加而减小. *One gram of water occupies 1 cm³ of space as a liquid.* 液态时,一克水的体积是一毫升. *The nucleus is heavy as compared with electrons.* 比起电子来,原子核是重的. *Stuffing box is as cast with pump bearing lantern.* 填料函是同泵轴承罩铸成一体的. ⑤因为,既然. *The cutting speed is stated in linear terms, as a speed stated in r. p. m. is, by itself, meaningless.* 切削速度是用线速度来表示的,因为用每分钟的转数来表示的速度本身是没有意义的. ⑥虽然,尽管. *Small as they are, atoms are made up of still smaller units.* 原子尽管很小,但却是由一些更小的单元组成的. *Difficult as was the work, it was finished in time.* 工作虽然困难,却是按时完成了. *Try as he would, he could not lift that rock.* 他虽然作了很大努力,但还是不能把那块石头搬起来. ▲*as a consequence* 因此,从而. *as a consequence of M* 由于 M(的结果). *as a general rule* [thing] 照例,通例,通常. *as a matter of course* 当然,诚然. *as a matter of experience* 按照经验. *as a matter of fact* 其实,实在,实际上,事实上. *as a result* 因此,所以. *as a result of ···* ···的结果. *as a rule* 照例,通常,一般地. *as a whole* 整个地(说来),概括地. *as above* 如上(所述). *as affected by ···* 受···作用[影响]. *as against* 与···相对照,同···比起来,而. *as also* 还有,以及. *as an example* 例如. *as an exception* 作为例外,除外. *as M as N* and *N* 一样 M,M 达 N. *as big* [quickly] *as M* 和 M 一样大[快]. *as high as 10m* 高达 10m. *as ··· as possible* 尽可能···地. *as big* [quickly] *as possible* 尽可能地大[快]. *as before* 如前(所述),依旧. (*as ···*) *as anything* 非常(之···),十分. *as circumstances demand* 按照情况,根据需要. *as clear as day* 很清楚,极明白. *as compared to* 与···相比. *as compared with* 与···相比,较之. *as concerns* 关于,至于,就···而论. *as consistent with* 按照,和···一致. *as contrasted to* [with]与···相反,与···相对比. *as distinct* [distinguished] *from* 不同于,有别于,与···不同的. *as early as* 早在···就. *as ever* 依旧. *as expected* 正如所料〔预期〕. *as far* 至今,到这里为止. *as far as* 远至,直到,到···为止(所···),据,依照,就···(来说). *as far as eye can reach* 眼所能及之处. *as far as ··· goes* 至于,就···而论,照···来看. *as far as I can see* 据我看来. *as far as I know* 据我所知. *as far as ··· is concerned* 而言,就···而论,就···来说. *as far as it goes* 讲到这里,关于这一点,以目前而论,就现在情形来说. *as far as it will go* 到头,到极限点. *as far as possible* 尽可能,尽量,在可能范围内,极力. *as far as we know* 据[尽]我们所知. *as far back as* 早在···(就已),远在···(就已). *as fast as* 象···一样快,随着,···就. *as follows* 如下(所述). *as for* 至于,关于,在···方面,就···而论,讲到. *as from* 从···时起. *as good as* 和···一样,实际上等于,无异于,简直是. *as high as* (完全)达到,高达. *as I see it* 据我看. *as if* 好像,似乎,仿佛···似的.

as in the case of 像在···的场合. *as is* 原样,照原来样子. *as is customary* 按照常例,照例. *as is also* 以及,还有···也是这样. *as is now well known* (正如现在)众所周知. *as is the case* 实际如此,正是如此. *as is often* [usually] *the case* 通常就是这样. *as is usual* 按照常例,照例. *as is does* 实际上(是这样). *as it happens* 偏巧. *as it is* 可是在事实上,实际上,其实,按现状,照原来样子. *as it is known* 如众所周知. *as it is seen from* 由···可见. *as it may happen* 可能会发生,说不定. *as it may turn out* 可能会发生,说不定. *as it stands* 按现状来说,照实际情况来说. *as it was* 其实是,事实上. *as it were* 好像,可以说. *as judged by* 据···判断,按···说来. *as large again as* 两倍于···,比···大一倍. *as late us* ···直到···是. *as likely as not* 说不定,或许. *as little as* 和···同样少的,仅仅,只不过,只有,少至. *as long ago as* 早在···(就已),远在···以前. *as long as* 只要,既然,长达···之久,直到···时止. *as many* 一样多(的),同样数量(的). *as many* [much] *again as* 二倍之···,as many as和···一样多,多达. *as matters stand* 照目前情况. *as may well be the case* 情况很可能就是如此. *as mentioned above* 如上所述,上述. *as mentioned earlier* 如前所述. *as might have been expected* 如本来可以预料到的. *as much* 同样,同量,正是如此. *as much as* (尽)···那么多,和···一样多. *as much as possible* 尽量,尽可能. *as much as that* 也是这样. *as much as to say* 好像要说,等于说,就是说,即. *as near as* 在···限度内,(近)到···为止. *as occasion serves* 得便(就),一有机会(就). *as of* 十(日期),在(年月日),到···时为止,···时起,根据(某时的)资料,为现在来说,迄今,现在. *as often as not* 时常,屡次. *as opposed to* 与···相反,与···相对(比). *as per* 根据,按,照. *as recently as ··· ago* 就在距今···以前. *as regards* [respects] 关于,至于,提到,就···而论,在···方面. *as seen* 显然,正如所看到的那样. *as shown* 如所示. *as ···, so ···* 正如···一样,···也···;因为···所以···. *as soon as* 刚···就,一···就,只要. *as soon as convenient* 愈早愈好. *as soon as not* 更愿意. *as soon as possible* 尽快,愈早愈好. *as stated above* 如上所述. *as such* 照这样,像这样的,在这个名义上,本身,就这点而论,因此. *as the case may be* 视情况而定,看情况,随机应变地. *as the case* [matter] *stands* 事实上,照现实情况而论,照目前状况,这样一来. *as the effect of* 因为,由于. *as the final result* 作为最后结果. *as the saying goes* [is] 俗话说,常言说得好. *as they are* 可是在事实上. *as things are* 在现状下,照目前情况,既然如此. *as this is the case* 既然如此. *as though* 好像,似乎,犹如,仿佛···似的. *as time goes on* 随着时间的过去. *as to* +inf. 以便,为了. *as to* (how, what, when, where, whether, why)至于,关于,按照,就···而论. *as touching* 关于. *as usual* 照例,照常,仍然. *··· as well* 同样,也,并且,倒不如说. *as well as M* 除 M 以外还,不但 M 而且,以及 M,像 M 一样(···也). *as well ··· as not* 反正都行. *as with* 如同···一样,正如···的情况一样,就像···的场合. *as yet* 到目前为止(仍),现在还,到当时为止(还). *be such as to* +inf. 达到···的程度

〔地步〕,属于…这样一类的. be that as it may 尽管如此. except insofar as 除非,除去. go so far as to+inf. 甚至. half as many again as N 比N多50%,一倍半于N. half as many as N 为N的一半,N的50%. in as 〔so〕 much as 或 inasmuch as 或 insomuch as 由于,因为,既然. insofar 〔in so far〕 as 就…来说,在…的范围内,到…的程度. (in) so far as …is concerned 就…而论. it seems as if 仿佛像是. just as 正如…一样,正当…的时候. just as…,so…正如…一样也. much as 差不多就像…那样,和…几乎一样,虽然,尽管. not go so far as to+inf. 不致于. not nearly so…as N 远不及 N 那样…. not so…as N 不像 N 那样…. not so…as all that 不像设想的那么…. not so much as N 甚至连 N 也不〔也没〕. not so much M as N 与其说是 M 不如说是 N. so as to+inf. 以便,为了,致使. so…as to+inf. 这样…以致,…的程度,以使. so far as 就到,到…为止,据,就…来说. so far as…is concerned 就…而论. so far…as to+inf. 非常之…以致. so long as 只要. such…as M 像 M 那样…的. such as 例如,像…之类. taken as a whole 整个说来,整个地. the same (M) as N 像〔同〕N 一样的(M). without so much as+ing 甚至于不….

AS = ①Academy of Science 科学院 ②account sales 销货帐 ③air scoop 空气收集器 ④air seasoned 风干(木材) ⑤air speed 空速,气流速率 ⑥air station 航空站,飞机场 ⑦American Standard 美国标准 ⑧ampere second 安培秒 ⑨antisubmarine 防〔反〕潜艇(的) ⑩atmosphere and space 大气层与宇宙空间 ⑪auris sinistra 左耳 ⑫Australian standard 澳大利亚国家标准 ⑬automatic sprinkler 自动洒水器 ⑭automatic synchronizer 自动同步器.

As = ①arsenic 砷 ②Asia 亚洲.

as = ①antisubmarine 反潜艇 ②asbestos 石棉 ③asymmetric 不对称的.

a/s = ①after sight 见票后(…日付款) ②as stated 按照规定的.

as- 〔词头〕①…时(的),在…状态〔情况〕下,当(已)〔在 S 开头的单词前〕= ad-.

ASA = ①Acoustical Society of America 美国声学学会 ②American Standard(s) Association 美国标准(化)协会,美国度量衡制度协会 ③ Atomic Scientists' Association(英国)原子能科学工作者协会.

ASA FORTRAN 美国标准协会 FORTRAN 语言.

ASA resin 丙烯酸酯苯乙烯-丙烯腈树脂.

ASA scale 美国感度标准.

ASAE = American Society of Agricultural Engineers 美国农业工程师协会.

asar n. 蛇形丘.

ASARCO = American Smelting and Refining Co. 美国熔炼公司. Asarco lead 高耐蚀铅合金(铜 0.06%,铋 0.02%,其余铅). Asarco method (铜及铜合金的)连续铸造法.

ASB = ①antisurface boat 水上目标搜索雷达,搜索海面的舰上雷达 ②auxiliary switch board 辅助配电盘.

asb ①aircraft safety beacon 飞机安全信标 ②antishock body 抗震物体 ③asbestos 石棉.

asb. -c. = asbestos-covered 石棉覆盖的.

asbecasite n. 砷硅钙石.

asbest' 〔æs'best〕 n. 石棉.

asbest- 〔词头〕石棉-.

asbes'tic 〔æz'bestik〕 a. 石棉(性)的,不燃性的.

asbes'tiform a. 石棉状的,似石棉的,石棉构造的.

asbes'tine 〔æz'bestain〕 I n. 微〔滑〕石棉,纤滑石. II a. 石棉(状,性)的,不燃性的.

asbes'toid a. 似〔类〕石棉的,石棉状的.

asbes'ton 〔æz'bestən〕 n. 防火布.

asbes'tonite n. 石棉制绝热材料.

asbesto-organic a. 石棉-有机物的.

asbes'tophalt n. 石棉地沥青.

asbes'tos 或 asbes'tus 〔æz'bestəs〕 n. 石棉,石绒. asbestos board 或 sheet asbestos 石棉板. asbestos cloth 〔fabric〕石棉织品. asbestos 布. asbestos cord 〔rope〕石棉绳. asbestos covered wire 石棉被覆线. asbestos sheet 石棉板(片).

asbestos-bitumen n. 石棉沥青.

asbestos-cement n. 石棉水泥.

asbes'tos-cov'ered a. 石棉被覆〔覆盖〕的.

asbestos-diatomite n. 石棉硅藻土.

asbesto'sis n. (肺)石棉吸入〔沉着〕病.

asbi = assemble 装配,组合.

asbolan(e) 或 asbolite n. 钴土(矿),土状钴矿,锰钴的水合氧化物,钴锰氧化物矿石. nickel asbolan 镍钴土.

as-built drawing 竣工图.

ASC = ①advanced scientific computer 先进科学计算机 ②American Standards Committee 美国标准委员会 ③analog signal converter 模拟信号转换器 ④automatic selectivity control 自动选择性控制 ⑤automatic sensibility control 自动灵敏度控制 ⑥auxiliary switch normally closed 辅助开关正常闭合.

Ascalloy n. 铁素体系耐热钢(铬 12%,钼 0.4~1%,钒 0.3~0.4%,锰 0.6~1%,少量铌).

A-scan n. A 型扫描.

ascaricide n. 杀蛔虫剂.

as'caris 〔'æskəris〕 (pl. ascarides) n. 蛔虫.

as'carite n. 烧碱石棉剂,二氧化碳吸收剂.

as-cast' 〔æz'ka:st〕 n.; a. 铸(态,造,出来)的,铸出后不加工保留黑皮(的),铸出后加工但不进行热处理(的). as-cast state〔condition〕铸造(成)状态,铸态. as-cast structure 铸态结构〔组织〕.

ASCC = automatic sequence-controlled calculator 自动程序控制计算机.

ASCE = American Society of Civil Engineers 美国土木工程师学会.

ascend' 〔ə'send〕 v. (攀)登,溯,往(河的)上(游)走,上升,升(高). 【天】向天顶上升,上浮,浮起. ▲ ascend to 升至,追溯(到…时期).

ascend'ance 〔ə'sendəns〕 或 ascend'ancy 〔ə'sendənsi〕 n. 优势〔越〕(over). ▲ensure the ascendancy of 保证…的支配地位. gain ascendancy over 对…占优势. have an ascendancy over 比…占优势,优于,胜过.

ascend'ant 〔ə'sendənt〕 n.; a. (占)优势(的),升度,

ascend′ency 占支配地位的,上升的,向上的. ▲*be in the ascendant* 占优势,蒸蒸日上.
ascend′ency =ascendancy.
ascendent =ascendant.
ascend′ing [ə'sendiŋ] *a.* 上升〔浮,行〕的,向上的,增长的. *ascending angle* 爬高角. *ascending branch* 上升线〔部分〕,弹道升弧. *ascending grade* 上坡〔度〕,升坡. *ascending method* 上行法. *ascending pipe* 直〔上升,注入,压入,增压〕管. *ascending powers* 升幂. *ascending sort* 递升〔升序〕排序. *ascending tube* 上行管.
ascen′sion [ə'senʃən] *n.* 上升〔浮〕,升高〔起,腾〕,往上,【天】(赤)经. *ascension pipe* 上行管. *right ascension*【天】赤经.
ascen′sional *a.* 上升〔行,向〕的. *ascensional force* 升力.
ascen′sive *a.* (使)上升的,进步的,强调的.
ascent′ [ə'sent] *n.* ①攀登,爬〔升,提〕高,上升〔行,浮〕,坡 ②坡(度)③高地,斜坡,(一段)阶梯 ④升高度,升 ⑤上行 ⑤入轨 ⑥上溯,追溯. *ascent path* 弹道升弧. *buoyant ascent* 浮力上升. *capillary ascent* 毛细上升. *gentle ascent* 缓坡. *rapid ascent* 陡坡. *vertical ascent* 垂直起飞〔上浮〕. ▲ *have an ascent of* 坡度为. *make an ascent (of)* 登,上升.
ascertain′ [æsə'tein] *vt.* 确(断)定,定出,调〔勘〕明,查〔探〕明,弄清. *ascertain what really happened* 查明事情真相. *ascertain where the trouble lies* 弄清〔查明〕故障的部位.
ascertain′able *a.* 可确定的,可查明的,可弄清楚的,探查得出的.
ascertain′ment *n.* 确定,调查,探知. *ascertainment error* 断定错误.
ascharite porcelain 硼镁瓷.
ASChE = American Society of Chemical Engineers 美国化学工程师学会.
aschist′ic *a.* 未分异的,非片状的. *aschistic process* (由功)直接生热法.
aschistite *n.* 未分异岩.
ASCII = American Standard Code for Information Interchange 美国信息交换标准代码(代表字母数字信息的密码).
asci′tes [ə'saitiːz] *n.* 腹水.
ascit′ic *a.* 腹水的. *ascitic fluid* 腹水.
ASCO = ①abort sensing control unit (紧急)故障传感控制装置 ②automatic sustainer cut-off 主发动机自动停车.
as-cold *a.* ; *ad.* (在)冷却(时,状态)(的). *as-cold reduced* 〔*rolled*〕冷轧成的. *in as-cold condition* 冷却状态〔情况〕下.
ascoloy *n.* 镍铬铁(防锈)合金.
as-construct′ed *a.* 建成时的.
A-scope *n.* A 型显示器,距离显示器. *A-scope presentation* A 型指示器.
ascorbate *n.* 抗坏血酸,维生素 C.
ascorbigen *n.* 抗坏血酸原.
as′cospore *n.* 子囊孢子.
ascosporula′tion *n.* 子囊孢子形成.

ascri′bable [əs'kraibəbl] *a.* 可归因于…的,起因于…的(to).
ascribe′ [əs'kraib] *vt.* 把…归(功,咎,因)于,认为…属于. ▲*ascribe M to N* 把 M 归于 N 则,把 M 赋予 N,给 N 加上 M,说 N 具有 M,认为 N 是(由于)M (所)引起的,把 M 解释为 N 所造成的.
ascrip′tion [əs'kripʃən] *n.* 归于〔因,功,咎〕(of, to).
ASCS = automatic stabilization (&.) control system 自动稳定(和)控制系统.
as′cus *n.* 子囊.
ASD = ①anthracene scintillation dosimeter 蒽闪烁剂量计 ②automatic synchronized discriminator 自动同步鉴别器 ③automatic synchronizing device 自动同步装置.
ASDC = Aeronomy and Space Data Center(美国)高空与宇宙资料中心.
ASDE = airport surface detection equipment 机场地面探索设备.
as-deposited *a.* 熔敷状态的,焊着状态的,沉积的. *as-deposited layer* 原定积层.
as′dic ['æzdik] *n.* ①潜艇〔超声波,水下〕探测器,防潜仪 ②声纳(站),声波测位器. *asdic gear* 水下探测器,声纳. *dipping* 〔*dunking*〕 *asdic* 声纳.
as-drawn *a.* 冷拔(成,状态)的,拉制的,拉拔成的.
as-dug gravel 原状砾石.
ASE = ①airborne search 〔*support*〕 equipment 机载搜索〔发射,辅助〕设备 ②Amalgamated Society of Engineers 工程师联合会 ③automatic stabilization equipment 自动稳定装置 ④L'Association Suisse des Electriciens 瑞士电气师协会.
asea′ *ad.* 在海上,向海.
ASEA = American Society of Engineers and Architects 美国工程师及建筑师学会.
aseismat′ic [eisaiz'mætik] 或 **aseis′mic** [ei'saizmik] *a.* 耐(地)震的,抗地震的,不受震动的,无(排)(地)震的. *aseismatic* 〔*aseismic*〕 *design* 抗震设计,耐震设计. *aseismatic structure* 抗震结构. *aseismic region* 无(地)震区.
asep′sis [ei'sepsis] *n.* 无菌(法,操作),无毒,防腐(法).
aseptate *a.* 无隔膜的.
asep′tic [æ'septik] Ⅰ *a.* 无菌的,防腐的,消毒的,使清洁的,起净化作用的. Ⅱ *n.* ①无菌 ②防腐剂. ~ally *ad.*
asep′ticise 或 **asep′ticize** [ə'septisaiz] *vt.* 防腐,消毒,使无菌.
aser *n.* 量子放大器,受激辐射放大器.
ASESA = Armed Services Electrostandards Agency (美国)军用电气标准局.
ASETC = Armed Service Electron Tube Committee (美国)军用电子管委员会.
as-extruded *a.* 挤(压)出(来)的,压出的.
asex′ual *a.* 无性的. *asexual reproduction* 无性繁〔生〕殖.
asf = ①amperes per square foot 安培/平方英尺 ② and so forth 等等.
ASFA = American Steel Foundrymen's Association 美国钢铁铸造工作者协会.
as-fabricated *a.* 制成的.

ASFIP =accelerometer scale factor input panel 加速(度)表比例系数输入板.

as-forged condition 锻后状态,锻(成状)态.

ASG = ①Aeronautical Standards Group 航空标准局 ②apparent specific gravity 视比重.

asg =assign 分配,指定.

asgd =assigned 指定的.

as-grown crystal 生成态晶体.

ash [æf] Ⅰ n. ①灰(粉,烬,渣,分,色,堆),粉尘,尘埃,火山灰,煤渣,煤灰 ②槐木,桦木,白蜡树,桉树. *ash bin* 灰仓,灰坑,出[煤]灰箱,深水炸弹. *ash can* 垃圾桶,灰坑,深水炸弹. *ash concrete* 炉灰混凝土. *ash content* 灰分(含量),含灰(量). *ash crusher* 碎渣机. *ash ejector* 排[冲]灰器. *ash erosion* 炉内结渣. *ash gun* 排(煤)渣器,吹灰枪. *ash separator* 除灰[渣]器. *ash structure* 火山灰结构. *ash test* 灰分试验[测定]. *black ash* [化] 黑灰,原碱. *copper ash* 铜渣. *fly ash* 煤灰,飞灰. *soda ash* 纯碱,碱灰,苏打灰(碳),碳酸钠,*zinc ash* 锌灰(粉). Ⅱ vt. ①灰化,把…变成灰分(尘埃) ②消失,幻灭 ③元灰(砂)磨光,砂磨. ▲*be reduced* [burnt] *to ashes* 化为灰烬(尽),变成灰烬,使全部消失. *turn to dust and ashes* 消失,幻灭,化为尘埃.

ASH =armature shunt 电枢分路.

ASHAE = American Society of Heating and Air Conditioning Engineers 美国供暖与空气调节工程师学会.

ashamed' [ə'feimd] a. 惭愧的,羞耻的. ▲*be ashamed at*[that] *or be ashamed of oneself for* 因…感到惭愧. *be ashamed of* 因[替]…感到害臊. *be ashamed to* +inf. 不好意思(做).

ash-bed diabase 渣状杏仁辉绿岩.

ash'-bin n. ①灰仓[坑],出灰[煤灰,垃圾]桶 ②深水炸弹.

Ashbury metal 锡合金(锑14%,铜2%,锌1%,镍3%,锡80%).

ash'-can = ash-bin.

ash'-chute n. 灰槽.

ashed a. 灰化了的,成了灰的.

ash'en ['æʃn] a. ①灰(色,白,似,烬)的 ②桦木(制成)的.

ash'ery n. 堆灰场,烧灰场.

ash'-free a. 无灰的. *ash-free basis* 除灰计算. *ash-free coal* 不含灰份煤.

ash-handling n. 尘灰[灰分,粉尘]处理.

ash'ing n. ①灰化,成灰 ②除灰(装置) ③用灰(砂)磨光,抛光.

A-ship n. 核动力船,原子动力船.

aship'board ad. 在船上.

ash-lagoon n. 灰分处理池.

ash'lar ['æʃlə] n. 琢石,(细)方石,石板. *rubble ashlar* 粗料石.

ash'laring ['æʃləriŋ] n. 砌琢石(墙面),贴琢石(墙面).

ashler =ashlar.

ash'less a. 无灰的. *ashless filter paper* 无灰滤纸.

ash'man n. 除灰工.

ashore' [ə'ʃɔː] ad. 在[向,到]岸上,在陆上,上陆,(海)滨上. ▲*run* [be driven] *ashore* 搁浅. *go* [come] *ashore* 登陆,上岸.

as-hot a.; ad. (在)热(时,态)的. *as-hot rolled* 热轧成的. *in as-hot condition* 在热态时.

ash'-pan n. 灰盆(盘).

ash'phalt n. 土沥青.

ash'pit n. 灰坑(仓,池,斗),除渣井.

ash-rich a. 多灰的.

ash-shoot n. (烬521)出.

ash-tuff n. 火山灰,凝岩.

ash-valve n. 排灰阀.

ASHVE = American Society of Heating and Ventilating Engineers 美国暖气通风工程师学会.

ash'y ['æʃi] a. 灰(色,白,烬)的,含灰的,似灰的,被灰覆盖的.

ASI = ①air speed indicator 空速指示器 ②amended shipping instructions 修改后的海运规章.

A'sia ['eiʃə] n. 亚洲. *Asia Minor* 小亚细亚. *Central Asia* 中亚(细亚). *Southeast Asia* 东南亚.

A'sian ['eiʃən] a.; n. 亚洲的,亚洲人(的).

Asiat'ic [eiʃi'ætik] a.; n. 亚洲的,亚洲人(的)(对亚洲人)的贬语).

aside' [ə'said] ad. 侧,(在,到,向)旁边,在(向)一边,离开. ▲*aside from* 加之,除…外(还),且不说,暂且不论,与…无关,离开. *lay aside* 把…放在一边,把…搁置起来,打消,停止,抛弃. *push asdie* 排(推)开,*put* (set)…*aside* 把…搁在一边,收起来,不考虑,取消. *turn aside* 朝(向)一边,拐(转)向一边,拐弯.

asid'erite [ə'sidərait] n. 石陨星,(无铁)陨石.

asidero'sis n. 铁缺乏.

ASII = American Science Information Institute 美国科学情报研究所.

as'inine a. (像)驴的,愚蠢的.

asinin'ity n. 愚蠢.

ASIS = ①abort sensing and implementation [instrumentation] system (紧急)故障传感和处理(仪表)系统 ② American Society for Industrial Security 美国工业安全协会.

asit'ia [ə'siʃiə] n. 厌食.

asji'ke [æs'dʒaiki] n. 脚气病.

ASK =amplitude shift keying 幅度漂移键控.

ask [ɑːsk] v. ①(询)问,打听 ②要求,请求,需要 ③讨(价) ④(邀)请. *ask M a question* 问 M 一问题. ▲*ask* (M) *about* N (向 M)询问(问到) N. *ask after* 询问,探问. *ask* (M) *for* (向 M)(请,要)求,(需)要;索,找. *ask for trouble* [it] 自找麻烦,自讨苦吃. *ask M of N* 向 N 问(求)M. *ask out* 辞退,引退. *ask to* +inf. 请求被许可(做). *ask M to* +inf. 要求 M(做). *for the asking* 有求必应地,一经要求(就)。.

Askania n. 液压自动控制装置. *Askania auxiliary piston* 喷射管滑阀式两级液压放大器(一种多级液压放大器). *Askania gravimeter* 阿斯卡尼亚重力仪.

askanite n. 蒙脱石.

askelia n. 无腿.

askew' [ə'skjuː] a.; ad. (歪)斜(的),歪(曲)的,侧. *askew arch* 斜拱.

askiat'ic *a.* 无影(像)的.

Asklepitron *n.* 瑞士 31MeV 电子感应加速器.

ASL =①above sea level 海拔高度 ②applied science laboratory 应用科学实验室 ③astrosurveillance science laboratory 天文探测科学实验室 ④average service life 平均使用寿命.

aslant' [ə'slɑ:nt] *ad.* ; *prep.* ①(倾)斜地,斜过 ②成斜角地(to). ▲**run aslant** 和…相抵触.

asleep' [ə'sli:p] *a.* ①睡着的,睡眠状况的,麻木(痹)的,不活泼的 ②(陀螺转得像定住一样)稳,静止(状态). ▲**asleep at the switch** 玩忽职守. **be fast asleep** 酣睡,睡熟. **fall asleep** 入睡,睡着(了),玩忽职守;静止不动,(陀螺转动得像定住一样)稳.

aslo =assembly layout 装配设计方案.

aslope' [ə'sloup] *ad.* (倾)斜,在斜坡上,成斜坡状.

ASLT =advanced solid (-state) logic technology 先进固体〔态〕逻辑技术〔工艺〕.

aslt =assault 袭〔攻〕击.

ASM =①air stagnation model 大气静止模型 ②air-to-surface missile 空对地〔舰〕导弹 ③American Society for Metals 美国金属学会.

as-maintained *a.* (国家标准局)规定的.

ASME =①airport surface movement equipment 机场地面活动目标显示设备 ②American Society of Mechanical Engineers 美国机械工程师学会.

ASMI =airfield surface movement indicator 机场地面活动目标显示器.

ASMO =automatic standard magnetic observatory 自动标准地磁观测台.

ASMOR =automatic standard magnetic observatory-remote 自动标准地磁遥测台.

ASN =average sample number 平均抽样数.

ASNE =American Society of Naval Engineers 美国造船工程师学会.

as-new *a.* 在新的时候〔状况〕的. *in as-new condition* 在新状况下.

ASO =①advanced solar observatory 高级的太阳测台 ②American Society for Oceanography 美国海洋学会 ③area of safe operation 安全工作区 ④auxiliary switch [breaker] normally open 辅助开关〔断路器〕正常断开.

Asomat *n.* 福美砷(杀菌剂).

asom'nia [ə'sɔmniə] *n.* 失眠(症).

asonia *n.* 听音不能.

asophia *n.* 发音不清.

ASP =①activated sludge process 活性污泥法 ②aerospace plane 航天飞行器 ③American selling price 美国售价 ④American Society of Petroleum 美国石油协会 ⑤antifriction self-lubricating plastics 减摩自润滑塑料 ⑥atmospheric sounding projectile 高层大气探测火箭 ⑦automatic servo plotter 自动伺服制图机.

asparaginase *n.* 天冬酰胺酶.

asparaginate *n.* 天冬酰胺.

aspar'agine *n.* 氨琥丙氨酸,(天)门冬酰胺.

aspartate *n.* 天冬氨酸,天冬氨酸盐〔酯,根〕.

ASPC =①air space paper core cable 空气纸绝缘电缆 ②analysis of spare parts change 备件更换分析.

aspecif'ic *a.* 非特异性的,非特殊的.

as'pect ['æspekt] *n.* ①方面〔向〕,(目标)方位(角)正面 ②状〔情〕,景〔况,(平面)形状,(信号)方式,形势〔态〕,光景 ③缩图〔影〕,外观〔貌〕,样子,面貌 ④见解,观点. *aspect angle* 视线〔视界〕,扫描,搜索〕角. *aspect card* 标号〔状况,特征,式样〕卡片. *aspect effect* 姿态效应,(目标)方向影响. *aspect of approach* 目标缩影,目标投影比. *aspect of moon* 或 *lunar aspect* 月相. *aspect ratio* 纵横(尺寸)比,(平均)长度(与)直径(之)比,(倾)的高宽比,幅形比,弦径比,展弦比,形态〔状,数〕比,形成系数. *assume [take on] an entirely new aspect* 出现新气象,面目一新. *biomedical aspect* 生物医学方面. *consider a question in all its aspects* 全面地〔从各方面〕考虑一个问题. *encounter aspect* 遭遇情景. *general aspects* 一般特性〔情况〕. *multiple aspect indexing* 〔计〕信息加下标. *operational aspect* 运行情况.

aspect-stabilized *a.* 景况稳定的,空间定向的.

asp'en ['æspən] *n.* ①(白)杨木 ②(利用两地面电台及飞机设备的)夜间盲目袭炸系统.

aspergillin *n.* 曲霉菌素.

aspergillo'sis *n.* 曲霉病害.

aspergil'lus (拉丁语) *n.* 曲霉属.

asper'ity [æs'periti] *n.* ①(表面上的)粗糙(度)(电极表面的)微粒,不平,不平滑,凹凸不平 ②(声音)的清晰度,嘎声 ③(天气)严酷 ④粗暴,生硬 ⑤(pl.)严酷的气候,艰苦的条件.

asperous *a.* 不平的,粗糙的.

asperse' [əs'pə:s] *vt.* 诽谤,中伤;洒水于.

asper'sion [əs'pə:ʃən] *n.* ①诽谤,中伤,谗言 ②洒水,喷洒(法). ▲**cast aspersions on** *N* 对 N 进行诽谤.

aspertox'in *n.* 曲霉毒素.

asphalite *n.* 沥青矿〔岩〕.

as'phalt ['æsfælt] Ⅰ *n.* (地,石油)沥青,柏油,(铺路用)沥青混合料. Ⅱ *vt.* 涂柏油,浇灌沥青,涂沥青于,用地沥青铺(路). *asphalt felt* 油毛毡,(地)沥青毡. *asphalt jute* 柏油(麻)布. *asphalted paper* 沥青纸.

asphalt-base *a.* (地)沥青基的.

as'phalt-bear'ing *a.* 含(地)沥青的.

asphalt-coated *a.* 涂沥青的.

asphalt-concrete *n.* 沥青-混凝土.

asphalted *a.* 涂沥青的. *asphalted felt* 油毛毡. *asphalted paper* 沥青纸.

asphalt-emulsion *n.* 沥青乳浊液.

asphaltene *n.* 沥青烯〔质〕,地沥青精.

as'phalt-free *a.* 不含沥青的.

asphalt-grouted *a.* 沥青贯穿砾石的,沥青灌浆的.

asphal'tic [æs'fæltik] *a.* (地,含)沥青的,柏油的.

asphaltic-base *a.* 地沥青基的.

asphalt-impregnated *a.* 浸地沥青的.

asphaltine *n.* 沥青质.

asphaltite *n.* 地沥青石,沥青岩.

asphaltiza'tion *n.* 沥青化(作用).

asphalt-macadam *a.* (地)沥青碎石的.

asphalt-mastic *a.* 地沥青砂胶的.

asphaltogenic *a.* 成沥青的.

asphaltos *n.* 地沥青.

asphaltous acid (地)沥青酸.

asphaltous-acid *a.* 地沥青酸的.

asphalt-pavement *a.* (地)沥青路面的.

asphalt-primed *a.* 浇过地沥青透层的.
asphaltum *n.* (地,溶剂)沥青. *asphaltum oil* (地)沥青(油),柏油,焦油,铺路油.
aspher'ic(al) *a.* 非球面(形)的. *aspherical correcting lens* 非球面校正透镜. *aspherical lens* 消球差透镜.
aspher'icity *n.* 非球面性.
aspher'ics *n.* 非球面镜.
asphyctic *a.* 窒息的.
asphyctous *a.* 窒息的.
asphyg'mia [æs'figmiə] *n.* 脉搏消失,(暂时性)无脉.
asphyx'ia [æs'fiksiə] *n.* 窒息(状态),无脉,绝脉,假死,昏厥.
asphyx'ial [æs'fiksiəl] *a.* 窒息的,无脉的,绝脉的.
asphyx'iant [æs'fiksiənt] *a.*; *n.* 窒息性的,发生(引起)窒息的,窒息剂,窒息状态.
asphyx'iate [æs'fiksieit] *vt.* 使(人)窒息,闷死. *asphyxiating gas* 窒息性毒气. **asphyxia'tion** *n.*
asphyx'iator *n.* 窒息器〔二氧化碳,碳酸气〕灭火器,下水管漏泄试验器;窒息装置.
asphyx'y [æs'fiksi] = asphyxia.
aspidelite *n.* 楣石.
aspidinol *n.* 绵马醇.
aspirail *n.* 通风孔.
aspi'rant *a.* 吸入的,努力向上的.
as'pirate ['æspəreit] Ⅰ *vt.* 吸气〔引,入〕,吸〔抽〕出(空气等). Ⅱ *n.* 抽出物,吸出物. *aspirated hygrometer* 吸气湿度计. *aspirating pump* 抽吸泵. *aspirating stroke* 进汽行程〔冲程〕.
aspira'tion [æspi'reiʃən] *n.* ①吸气〔入,出,引〕,抽出,(真空)抽吸,气吸,吸尘作用,吸引术 ②愿〔渴〕望,志向 (for; after; to + *inf.*) *aspiration condenser* 吸入冷凝器. *aspiration ventilation* 排气通风(法).
as'pirator ['æspəreitə] *n.* ①吸气〔出,尘,收,引〕器 ②抽气管〔器〕,抽风扇〔机〕,吸气泵,气吸管道. *aspirator bottle* 吸气瓶. *aspirator pump* 吸气〔油气,抽水〕泵. *chimney aspirator* 烟囱抽气管,风帽.
aspire' [əs'paiə] *vi.* ①向往,热望 ②登,(上)升,高耸. ▲*aspire after* [to; to + *inf.*] 热切期望,向往,追求,一心想要.
as'pirin ['æspirin] *n.* 阿司匹灵.
aspiring-pump *n.* 抽气〔吸,水〕泵.
asporogenous *a.* 不产生芽孢〔孢子〕的.
asporous *a.* 无芽孢的.
asporulate *a.* 不产芽孢的.
ASPP = alloy steel protective plating 合金钢保护电镀.
ASQC = American Society for Quality Control 美国质量控制协会,美国质量检查学会.
as-quenched [æz'kwentʃt] *a.* 淬火状态的.
ASR = ①acceptance summary report 验收总结报告 ②advanced system research 远景系统研究 ③air surveillance radar 对空监视雷达 ④air(borne)search radar 对空〔机载〕搜索雷达 ⑤airport surveillance radar 机场对空监视雷达 ⑥automatic sprinkler riser 自动洒水器升液管 ⑦available supply rate 有效供给速度.

ASRE = American Society of Refrigeration Engineers 美国冷藏工程师学会.
as-reduced *a.* 已还原的.
ASROC = antisubmarine rocket 反潜艇火箭.
as-rolled condition 轧制〔后〕状态,轧(成状)态.
ASS = ①accessory supply system 附属供给系统 ②advanced space station 先期发射的空间站 ③aerospace surveillance 航空航天监视.
ass = ①assembly 装配,组件,机组 ②assistant 辅助的,助手 ③association 协会,学会,公司 ④assortment 分类.
Assab special steel 冷挤压冲模用特殊钢.
assail' [ə'seil] *vt.* ①攻击,袭击 ②困扰 ③决心克服(困难),着手解决.
assail'able *a.* 可(易受)攻击的,有弱点的.
assail'ant [ə'seilənt] *n.*; *a.* 攻击者〔的〕.
assart *n.* 开荒,垦伐.
assault' [ə'sɔ:lt] *n.*; *vt.* 冲〔突,袭,攻,强〕击. *air assault* 空(袭)袭. *airborne assault* 空降袭击. *assault fire command console* 火炮发射控制台. ▲*make an assault on* 〔*upon*〕突击,对…进行突然袭击.
assault'able *a.* 可攻〔袭〕击的.
assault'er *n.* 攻击者.
assay' [ə'sei] *n.*; *vt.* ①化〔试,检〕验,(干,火,定量)分析,检验,鉴(测)定,试金,被验明(成分) ②试(验用)样(品),矿样,试料,被分析〔化验〕物,试金(物) ③检定法. *assay balance* 试金天平. *assay furnace* 试金炉. *assay ton* 化验〔验定〕吨(短吨为29.1667g,长吨为32.67g). *average assay* 平均成分. *blank assay* 空白试验. *fire assay* 试金(燃烧)分析,火(干)试,着火性试验. *gold* [*silver*] *assay* 金(银)鉴定. *isotope assay* 同位素分析. *non-destructive assay* 非破坏性试验. *radioactive assay* 放射性分析. *spectroscopic assay* 光(频)谱分析. ▲*assay to + inf.* 试图(做). *make an assay of M* 分析M.
assay'er [ə'seiə] *n.* 化〔实〕验员,分析者〔员〕,试金者.
assay'ing *n.* 化(试)验,(定量)分析,验(测)定,试金.
ASSEM = assemble 或 assembly.
assem'blage [ə'semblidʒ] *n.* ①集〔会,结,配〕合,收〔会〕集 ②装配,安〔组〕装 ③装置,组〔总体,装配〔组装〕件,集合物,组合,【数】族 ④系综 ⑤人群. *assemblage of curves* 曲线族. *assemblage of forces* 力系.
assem'ble [ə'sembl] Ⅰ *v.* ①集(合,中),收集 ②装配〔备〕,总装〔合〕,合〔组〕集,(机)装,配〔组〕合 ③汇编,剪辑. Ⅱ *n.* 组(装元)件.
assem'bled [ə'sembld] *a.* 装配好的,安装的,组合的.
assem'bler [ə'semblə] *n.* ①装配工〔者,员〕 ②装配器,收集器 ③【计】汇编程序〔语言〕.
assem'bling [ə'sembliŋ] *n.*; *a.* 装配(的),安(组)装(的),集装(合),收集,组(合)装,结构. *assembling bolt* 装配螺栓. *assembling die* 合成模. *assembling jig* 装配(工作)夹具,装配架. *assembling line* 装配(作业)法.
assem'bly [ə'sembli] *n.* ①组〔集,会,联〕合,装配,总〔总装,组,集〕装,成套 ②组(合)件,部件,装配图,装配单元〔车间〕,系统,群落的最小单位 ③(组合件)总成,机组,仪表组,汇编,系集 ④集[大]会,(全体)会议. *assembly adhesive* 装配(用)胶粘[粘合]剂. *assembly average* 汇集平均值. *assembly drawing* 总[装配,组装]图. *assembly housing* 组件盒. *assembly language* 汇编[组合]语言. *assembly line* 装配[汇编,大(作业),生产]线. *assembly line method* 流水作业法. *assembly parts* 装配[组装]件,组合零件. *assembly program* [*routine*]汇编程序. *cage assembly* 升降台,升降装置,拉单晶装置. *coil assembly* 线圈组. *cone assembly* 锥体接合(装配),圆锥配合. *counting assembly* 计算装置. *detail assembly* 细部装配. *die assembly* 模具,压模装置. *differential assembly* 差动总成,差动组合件. *engine* [*motor*] *assembly* 发动机总成. *final assembly* 总装,输出装置,最末组件. *general assembly* 大会,总装配. *plug-in assembly* 插入(部)件. *pump assembly* 泵组. *stack assembly* 叠层[片]组件. *terminal assembly* 接头排,线缆,触排. *track* [*rail*] *assembly* 履带总成. *warhead assembly* 战斗部,弹头. *the General Assembly* 联合国大会.

assembly-disassembly *a.* (组件)装拆的.
assembly-line *n.* 装配线,装水(作业)线. *assembly-line operation* 流水作业.
assem'blyman *n.* ①装配工 ②议员.
assent' [ə'sent] *vi.*; *n.* 赞成,同意,批准,赞同(to). ▲*give one's assent to* 同意,对…表示赞成. *by common assent* 经一致同意. *with one assent* 一致通过,无异议. **assenta'tion** [æsen'teiʃən] *n.*
assen'tient [ə'senʃiənt] I *a.* 同意的,赞成的. II *n.* 同意者,赞成者.
assert' [ə'sə:t] *vt.* ①宣称,认定,断言,声明,坚持说 ②维护,要求. *The laws of historical development will assert themselves.* 历史发展的规律是不可抗拒的.
asser'tion [ə'sə:ʃən] *n.* ①主张,要求,断定[言],维持,坚持 ②确定[立] ③【数】命题. ▲*make an assertion* 作强硬的声明. *stand to one's assertion* 坚持己见,坚持自己的主张.
asser'tive [ə'sə:tiv] *a.* ①断然[言]的,肯定的,确定无疑的 ②固执己见的,武断的. ~*ly ad.* ~*ness n.*
assess' [ə'ses] *vt.* ①估计[价],评[鉴,查]定,审估 ②征收(on, upon, at, in).
assess'able [ə'sesəbl] *a.* 可估计[定]的,可征收的.
assessed *a.* 已审估的. *n.* 估定值.
assess'ment [ə'sesmənt] *n.* ①估计[价],评[鉴,确,查]定,评价(法),估计数 ②征税,税额.
asses'sor [ə'sesə] *n.* ①鉴定器[官] ②鉴定者,估计员,(技术)顾问. *trace assessor* 坐标自动记录器.
as'set ['æset] *n.* ①优点,好处,有益处 ②贵重器材,贵重的东西,有价值的贡献 ③(pl.)资[财]产,财富. *be a great asset* 是极可贵的. *be an asset* 是有益的.
ASSET = aerothermodynamic-elastic structural system environmental test 气热动力弹性结构系统环境试验.
assev'erate [ə'sevəreit] *vt.* 断言,宣称,声明,确言,硬说. **assevera'tion** *n.*

as'sident ['æsidənt] *a.* 随伴的,附属的.
assidu'ity [æsi'djuiti] *n.* ①刻苦,勤勉,专心致志,小心谨慎 ②(pl.)(细心)照顾[关怀](to). ▲*with assiduity* 兢兢业业地,孜孜不倦地.
assid'uous [ə'sidjuəs] *a.* ①刻苦的,努力工作的,勤奋的,有毅力的 (in, at) ② 小心谨慎的. ~*ly ad.* ~*ness n.*
assign' [ə'sain] *vt.* ①分配[派],指[派,选]确,给[定,给[授,让]予,转让,赋予[值] ②把…归因于(to, for). ▲*assign M to N* 把 M 分配给 N,规定 N 具有(等于),为 M,分配 M 去做 N(工作).
assign'able [ə'sainəbl] *a.* 可分配[指定,指出,归因,转让]的.
assigna'tion [æsig'neiʃən] *n.* 分配,指[选]定,委托,转让,归因,赋值.
assigned' [ə'saind] *a.* 给[指,预,规]定的,赋予[值]的,已知的. *arbitrarily assigned* 任意给定的. *assigned channel* 指配频道. *assigned frequency* 分配[规定的](工作)频率. *assigned Go To statement* 赋值转向语句.
assignee' [æsi'ni:] *n.* 受托者,接受任务者,代理人.
assigner = assignor.
assign'ment [ə'sainmənt] *n.* ①分配[派],委派 ②指[确]定,测定 ③(工作)任务,课题 ④用途,功用 ⑤委托,转让 ⑥【计】赋值. *assignment key* 呼叫键. *assignment lamp* 呼叫(联络)灯. *assignment of call sign* 呼号分配. *assignment statement* 指定陈述,赋值语句. *assignment symbol* 赋值符号. *assignment switch* 呼叫开关,呼叫分配器. *mass assignment* 质量分配,质量数调定.
assign'or *n.* 转让(与)人,分配者,(专利)转让者.
assimilabil'ity *n.* 同化性.
assim'ilable *a.* 可同化的,可吸收的.
assim'ilate [ə'simileit] *v.* ①(使)同化(的,使)变成一样,比较(to, with) ②吸收,消化,融会贯通. ▲*assimilate M to* [*with*] *N* 把 M 和 N 相比,把 M 比作 N,使 M 和 N 同化(相似,相同,变成一样).
assimila'tion [əsimi'leiʃən] *n.* 同化(作用),光化学同化,吸收(作用). **assimilative** 或 **assimilatory** *a.*
assist' [ə'sist] *v.*; *n.* ①帮[协,援,辅]助,促使 ②参加(与),出[列]席 ③加速[强],助推,助力,增加推力. *assisted access* 加速存取. *assisted draft* 辅助[人工]通风. *jet assist* 喷气助推器. *rocket assist* 火箭助推(器). ▲*assist at* 参与[加],列席. *assist M in* 帮[协]助 M(做). *assist M with N* 帮[协]助 M 做 N.
assist'ance [ə'sistəns] *n.* ①帮[协,辅]助 ②辅助设备. *technical assistance* 技术援助. ▲*be of great assistance in* + *ing* (很)有助于(做). *come to M's assistance* 帮[援]助 M. *give* [*render, extend*] *assistance to* 帮助,给…以帮助.
assist'ant [ə'sistənt] I *a.* 辅[补]助的,助理的,副的. II *n.* ①助理[手,教] ②辅助物,(染色的)助剂. *assistant cylinder* 辅助气缸. *assistant director* 副经理,副主任,副理事,副社长,副厂长,副校长. *assistant engineer* 助理工程师. *assistant manager* 副经理,协[襄]理. *assistant to M* M 的助手. *technical assistant* 技术助理.

assisted-circulation boiler 强制循环锅炉.
assist'or [ə'sistə] n. ①加力[加速,助推]器 ②辅助装置 ③帮[助]手,援助者. *brake assistor* 制动加力器.
assize [ə'saiz] n. 法定标准,法令,条令.
assn = association 协会,学会.
assoc = ①associate 联合,副的,副手 ②association 协会,学会.
asso'ciable [ə'souʃəbl] a. 可以联想的,易联想的,联想得到的,可联合的.
asso'ciate I [ə'souʃieit] v. 联[结,缔]合,联想,结交,参加,连带,伴生,使发生联系. ▲*associate M with N* 把 M 和 N 联系起来. *associate oneself with* 参加,加入,支持,赞成. *associate oneself with … in an enterprise* 与…联合从事一项事业. *(be) associated with* 与…有关(联)(相联系),涉及,伴随…(产生),在…的同时. *be associated with … in an enterprise* 与…联合从事一项事业. II [ə'souʃiit] a. 连带的,有联系的,有关的,组合的. n. ①相伴因素[元素,物],共生体,联想物 ②同事[行,伙,友] ③副[助]手 ④通讯院士,副总编辑,准[副]会员. ⑤(点缺陷)缔合子. *associate algebra* 结合[缔合]代数. *associate matrix* 共轭转置[矩]阵. *associate number* 连带[相伴]数. *associate of zinc* 锌的伴生金属. *associate operator* 关联算子. *(the firm of) M & Associates* M 联合公司.
asso'ciated [ə'souʃieitid] a. 联[结,组]合的,关联的,相联的,与…有关的,连带的,毗连的,辅助的,伴生的,伴随着的,协同的. *associated dislocation* 缔合位错. *associated element* 伴生元素. *associated integral equation* 连带积分方程. *associated ion* 缔合离子. *associated layers* 毗连层次. *associated metal* 共[伴]生金属. *associated minerals* 伴生矿物. *associated particle* 伴生粒子. *Associated Press* 美联社,(美国)联合通讯社. *associated system* 辅助系统. *associated wave* 缔合波. *personnel associated with the work of the exhibition* 展览会工作的有关人员.
associa'tion [əsousi'eiʃən] n. ①联[结,组]合,缔合(作用),连带,联想,交往 ②共生体,伴随共生,共生集合体 ③协会,学会,联合会,团体,公司 ④(点缺陷)缔合子 ⑤【天】缔合. *association constant* 缔合常数. *association in time* 时间关联. *association of ideas* 联想. *association of stars* 星协. *input-output association* 出入联锁. *international association* 国际协会. *ion association extraction* 离子缔合物萃取,离子缔合萃取法. *mineral association* 矿物共生(体). *molecular association* 分子缔合. *scientists' association* 科学工作者协会. ▲*in association with* 与…结合(相联系).
associa'tional a. 协会的,联想的.
asso'ciative [ə'sousieitiv] a. 联[结,组]合的,相关[应]的,协会的. *associative law* 结[缔]合律. *associative memory (storage, store)* 相联存储器,内容定址存储器.
associativ'ity n. 结[缔]合性.
asso'ciator n. 相联器,缔合子.
associes n. 演替植物群丛.

assort' [ə'sɔːt] v. 分类[级,等,配],配合[齐,集],相配[合齐],分级,调和. *It ill assorts with*(这)和…不调和(不相称). *It well assorts with*(这)和…很调和(很相称).
assort'ed [ə'sɔːtid] a. ①各种各样的,各色俱备的,混[配]合的,杂色的,什锦的 ②相称的,相配的 ③分了类的,分类排列的.
assort'ment [ə'sɔːtmənt] n. 种类,花色品种,分类[配,发,级],各色俱备之物,(一批)货色. *a rich [large] assortment of goods* 一批花色品种齐全的货物. *an assortment of goods* 一批货色. *have a good assortment of goods to choose from* 各色货物俱备,任凭挑选.
ASST = American Society for Steel Treating 美国钢处理协会.
asst = ①assist 帮助,出席,助推 ②assistant 副的,助理(人员) ③assort 分类.
assuage' [ə'sweidʒ] vt. 缓和,减轻,镇静. ~ment n.
as'suetude ['æswitjuːd] n. 习惯,瘾.
assula n. 夹板.
assu'mable [ə'sjuːməbl] a. 可假定的,可设想的,可采取的.
assu'mably ad. 假想地,可设想地,多半,大概.
assume' [ə'sjuːm] vt. ①假定,设想,以为 ②采取,呈现(形式,姿态,位置等),装作 ③承担,担任,接受. *The motion of matter always assumes certain forms.* 物质的运动总是表现为一定的形式. ▲*assume M (to be)* 假定 M 是. *assuming that* 假定[设]. *be assumed to be* 假定[设]为.
assumed' [ə'sjuːmd] a. ①假定的,设想的 ②计算的,理论的 ③采用的. *assumed load* 假定[计算]荷载. *assumed mean* 假定平均数.
assu'medly [ə'sjuːmidli] ad. 大概,也许.
assu'ming [ə'sjuːmiŋ] I n. 假定[设],令. II a. 傲慢的,自大的. ~ly ad.
assump'tion [ə'sʌmpʃən] n. ①假设[定,说],设想,前提 ②承担,担任 ③采取. *assumption of congruence* 相合性假说. *assumption value* 假定[假设]值. ▲*make an assumption* 假定. *on the assumption that*(在)假定(…的情况下),以…的设想为根据.
assump'tive [ə'sʌmptiv] a. 假定[设,装]的,设想的.
assu'rable [ə'ʃuərəbl] a. 可保证的.
assu'rance [ə'ʃuərəns] n. 保证,把握,信心 ②保险. *assurance coefficient [factor]* 安全系数. ▲*give (an) assurance (that)* 保证. *have full assurance of* 完全相信. *make assurance double sure* 加倍小心.
assure' [ə'ʃuə] vt. 保证(障,险),担保,使确信. ▲*assure M of (that)* 向 M 确信. assure M 确信. *assure oneself of (that)* 弄清楚[明白],查明.
assured' I a. 确实(信)的,有把握[保证]的,保险的,安全的. II n. 被保险人. ▲*be assured of*(可以)确信,坚信,…是保险的.
assu'redly ad. 的确,无疑地,一定;自信地.
assu'redness n. 确实[信].
assu'rer [ə'ʃuərə] n. 保证者,保险人(商).
assur'gent a. 向上上升起的.
assu'ring [ə'ʃuəriŋ] a. 使人确信的,使人放心的. ~ly

ad.

assy =assembly 组(合)件,机组,总成,部件;装配,总装.

AST =Atlantic standard time 大西洋标准时间.

ASt =automatic starter 自动起动器.

astable′ [æ′steibl] *a.* 不稳(定)的,非稳态的,非稳定式的. *astable multivibrator* 无稳态〔不稳,自激〕多谐振荡器.

astacin *n.* 虾红素.

ASTAP =advanced statistical analysis program 高级统计分析程序语言.

astar′**board** *ad.* 在〔向〕右舷. *Hard astarboard*! 右满舵!

asta′**sia** [əs′teiʒiə] *n.* 不能站立,起立不能.

asta′**sia-aba**′**sia** [əs′teiʒiə-ə′beiʒiə] *n.* 立行不能.

astat′**ic(al)** [æ′stætik(əl)] *a.* ①无定向〔位〕的,不定向〔位〕的,无静差的 ②不稳〔安〕定的,非静止〔态〕的 ③起立不能的. *astatic coil* 无定向〔无方向性〕线圈. *astatic galvanometer* 无定向电流计. *astatic microphone* 全向传声器. *astatic multivibrator* 自激多谐振荡器. *astatic regulator* 无静差调整器,无定向调整器〔调节器〕.

as′**tatide** *n.* 砹化物.

as′**tatine** [′æstətin] 或 **astatium** *n.* 【化】砹 At.

A-station *n.* A 台,甲台.

astatische *n.* 无定向控制对象.

astatism *n.* 无定向性.

astatiza′**tion** *n.* 使无定向,地磁场的补偿作用.

astaxanthin *n.* 虾青素.

ASTC =automatic steam-temperature control 自动蒸汽温度控制.

ASTE =American Society of Tool Engineers 美国工具工程师学会.

asten′**osphere** *n.* 岩流圈,重〔软〕圈.

as′**ter** *n.* 星,星(状)体,天体,(航天器)弃件,碎片.

as′**teriated** *a.* 星彩的.

asterion *n.* 小星.

as′**terisk** [′æstərisk] Ⅰ *n.* 星号〔标〕"*",星状物. Ⅱ *vt.* 注上星号,加星号于.

as′**terism** *n.* 星点,星群〔座〕,(三)星标,(七光点的,X 射线)星芒,星彩性,星状图形〔光彩〕.

astern′ [əs′tə:n] *a.* ; *ad.* 向〔在〕后(的),倒车(的),后退(的),向〔在〕船尾(的),向〔在〕飞机尾部的(的). *astern cam* 倒车凸轮. *astern power* 倒车功率. *back astern* 倒舵,开回. ▲*astern of* 在…之后(的后面). *fall* 〔*drop*〕 *astern* 落于(另一船)之后,被赶过.

as′**teroid** [′æstərɔid] Ⅰ *n.* 星形(曲)线,小行星. Ⅱ *a.* 星状(形,样)的.

asteroi′**dal** *a.* 星状的,小行星的.

Asterope *n.* 昴宿三,金牛座 21.

asthe′**nia** [æs′θi:niə] *n.* 虚弱,无力,衰弱.

asthen′**ic** [æs′θenik] *a.* 虚弱的,衰弱的,无力的,身材细长的.

asthenopyra *n.* 低度发烧.

asthen′**osphere** *n.* 重〔软流,岩流〕圈.

asth′**ma** [′æsmə] *n.* 气〔哮〕喘病.

asthmat′**ic** [æs′mætik] Ⅰ *a.* (患)气〔哮〕喘的. Ⅱ *n.* 气〔哮〕喘病患者.

asthmogenic *a.* 引起气喘的.

ASTI =applied science and technology index 应用科技索引.

ASTIA =Armed Services Technical Information Agency 美国国防部技术情报局(后改为 Defence Documentation Center 国防文件中心).

Astian Stage (上新世中期)阿斯蒂阶.

astig′**ma** *n.* 无孔的.

astigmat′**ic(al)** [æstig′mætik(əl)] *a.* 像散的,散光的,乱视的. *astigmatic lens* 像散透镜,散光镜. ~**ally** *ad.*

astigma′**tion** *n.* 像差〔散〕. *astigmation control* 像差控制〔调整〕.

astig′**matism** [əs′tigmətizəm] *n.* 像散(性,现象),散光,乱视.

astig′**matizer** [æs′tigmətaizə] *n.* 像散器,像散装置,像间测距〔光〕仪.

astigmatom′**eter** [æstigmi′tɔmitə] *n.* 像散计,像散测定仪,散光计.

astig′**mator** *n.* 像散校正装置.

astigmatoscope *n.* 像散〔散光〕镜.

astig′**mia** [ə′stigmiə] *n.* 散光.

astig′**mic** *a.* 散光的.

astigmom′**eter** [æstig′mɔmitə] =astigmatometer.

astigmom′**etry** *n.* 像散测定法.

astir′ *a.* ; *ad.* (轰,骚)动起来.

ASTM = ①American Society for Testing and Materials 美国材料试验学会 ②American standard of testing materials 美国材料试验标准 ③American standards test manual 美国标准试验手册.

ASTM Designation 美国材料试验学会标准编号.

ASTM distillation test method ASTM 蒸馏法(测定液体燃料挥发性的一种方法).

ASTM Standards 美国材料试验学会标准,ASTM 标准.

as-told-to *a.* 口述笔录式的.

astom′**atous** [ei′stɔmətəs] *a.* 无嘴〔口〕的,无气孔的.

ASTME =American Society of Tool and Manufacturing Engineers 美国工具与制造工程师学会.

as′**ton** *n.* 阿斯顿(单位). *Aston dark space* 阿斯顿阴极暗区. *Aston spectrum* 阿斯顿光谱.

aston′**ish** [əs′tɔniʃ] *vt.* 使惊讶〔惊奇,大吃一惊〕. ▲*be astonished at* 对于…感到惊异.

aston′**ishing** *a.* (非常)惊人的. ~**ly** *ad.*

aston′**ishment** [əs′tɔniʃmənt] *n.* 惊讶〔奇〕. ▲*in* 〔*with*〕 *astonishment* 惊讶〔奇〕地. *to one*′*s astonishment* 使某人吃惊的是.

astound′ [əs′taund] *vt.* 使…大吃一惊,令…震惊.

astound′**ing** *a.* 令人惊奇的,异常的. ~**ly** *ad.*

astr =astronomy 天文学.

ASTRA = ①advanced static test recording apparatus 先进的静态试验自动记录仪 ②automatic sorting, testing, recording analysis 自动分类、试验和记录分析.

astracon *n.* 穿透式薄膜二次倍增图像增强器.

astrad′**dle** [əs′trædl] *ad.* ; *prep.* 跨〔骑〕着,两脚分开站着 (*of, on*) ,把…置于跨下. *stand astraddle* 叉腿〔两脚分开〕站着.

Astrae′**a** *n.* 义神星.

as′**trafoil** *n.* 透明箔.

as′**tral** [′æstrəl] *a.* ①星(际,形,云,体)的 ②(飞

的)星窗,观测天窗. *astral dome* 天文观察舱,天体. *astrallamp* 无影灯. *astral oil* 星油,变质精制石油.

as′tralite *n.* 星字炸药,硝铵、硝酸甘油、三硝甲苯炸药.

as′trasil *n.* 一种夹层材料.

astray′ [əs′trei] *a.*;*ad.* 迷路[途],离正路,犯错误. ▲*go astray* 走错路,走入歧途. *lead … astray* 把…引入歧途.

astream′ *a.*;*ad.* 顺流(的).

astre-fictif *n.* 参考恒星,天体时间参考点.

astrict′ [əs′trikt] *vt.* 束缚.限制,收〔紧〕缩,约束,收束,收狭.

astric′tion [əs′trikʃn] *n.* ①限制,束缚,约束 ②收敛(作用),收〔紧〕缩 ③义务,责任.

astric′tive *a.* 收敛(用)的,使收缩的.

astride′ [əs′traid] *a.*;*ad.*;*prep.* 骑,跨,两脚分开者(of),横跨…的两旁.

astringe′ [əs′trindʒ] *vt.* 束紧,使收缩,收敛.

astrin′gency [əs′trindʒənsi] *n.* ①收敛(性,作用) ②涩味 ③严厉.

astrin′gent [əs′trindʒənt] *a.*;*n.* ①收敛性的,收缩的,涩的 ②严厉的 ③收敛剂,涩剂. *astringent substance* 收敛性物质. ～*ly* *ad.*

astrion′ics [æstri′ɔniks] *n.* 航天〔宇航,天文〕电子学,航天〔天文〕电子设备.

ASTRO = ①artificial satellite time and radio orbit 人造卫星时间和无线电轨道 ②astronautics 航天学.

astro- 〔词头〕表示天体、宇宙,宇航,星(形).

astro-attack *n.* 航天攻击.

astroballis′tic(al) *a.* 天文弹道(学)的.

astroballis′tics [æstrəbə′listiks] *n.* 天文弹道学.

astrobiol′ogy *n.* 天体〔行星〕生物学.

astrobion′ics *n.* 天体生物电子学.

astrobot′any *n.* 天体植物学.

ASTROC = automatic stellar tracking, recognition and orientation computer 天体自动跟踪、辨认和定位计算机.

astrochem′istry *n.* 天体化学.

astrochronolog′ical *a.* 天文年代学的,天文编年的.

astrocli′mate *n.* 天体气候.

astroclimatol′ogy *n.* 天体气候学.

astrocom′pass [æstrou′kʌmpəs] *n.* 天文〔星象〕罗盘.

astrocyte *n.* 星形细胞.

as′trodrome [′æstrədoum] *n.* ①(飞机机身顶部透明的半圆形的)天文航行〔观察,观测〕舱,天测窗,天文舱罩 ②天体.

astrodynam′ics [æstroudai′næmiks] *n.* 天体〔航天〕动力学,宇宙〔星际〕飞行动力学.

astroecol′ogy *n.* 宇宙生态学.

as′trofix *n.* 天文定位(点).

as′trogate [′æstrougeit] *v.* 航天,驾驶(宇宙飞船),宇宙航行,导引…在宇宙飞行.

astroga′tion [æstrou′geiʃən] *n.* 宇宙航行学,天文导〔领〕航,天体航行,天文学.

as′trogator [′æstrougeitə] *n.* 宇宙〔星际〕航行者,航天员.

astrogeodetic *a.* 天文大地的.

astrogeog′raphy *n.* 天体地理学.

astrogeol′ogy *n.* 天体〔行星〕地质学.

astrogeophys′ics *n.* 天文地球物理(学).

astrognosy *n.* 恒星学.

as′trograph [′æstrougra:f] *n.* 天体摄影〔照相〕仪,天文定位器.

astrograph′ic *a.* 天文摄影〔照相〕的,天体图的.

astrog′raphy *n.* 天体(摄影)图.

as′trohatch *n.* 天文观测窗.

as′troid Ⅰ *n.* ①星形线,星形结构 ②四尖内摆线. Ⅱ *a.* 星状〔形〕的.

as′troid-shaped *a.* 星形的.

astro-inertial guidance 天文惯性制导.

as′trolabe [′æstroleib] *n.* 【天】星盘,观象〔测高,等高〕仪. *meridian astrolabe* 子午天体测量.

astrolabium *n.* 星盘,观象仪.

as′trolite *n.* 星盘(耐热)塑料.

astrolithol′ogy *n.* 陨石学.

astroloy *n.* 阿斯特洛依(超耐热)镍合金.

astromag′netism *n.* 天体磁学.

astromechan′ics *n.* 天体力学.

as′trometeorol′ogy *n.* 天体气象学.

astrom′eter [æs′trɔmitə] *n.* 天体测量仪.

astrom′etry [æs′trɔmitri] *n.* 天体测量(学).

Astron *n.* 天体器,美国热核装置.

astron = astronomy.

as′tronaut [′æstrounɔ:t] *n.* 宇(宙)航(行)员,宇航〔天文〕工作者,星际航行员,航天员,太空人.

as′tronautess *n.* 女宇航员.

astronau′tic(al) [æstrə′nɔ:tik (əl)] *a.* 宇宙航行(员)的. *astronautical speed* 宇宙速度. ～*ally* *ad.*

astronau′tics [æstro′nɔ:tiks] *n.* 宇宙〔星际〕航行(学),航天学.

astronaviga′tion [æstrənævi′geiʃən] *n.* 宇宙航行(学),天文,天文导航(学,法).

astronav′igator *n.* 航天员,宇(宙)航(行)员.

astronette *n.* 女航天员,女宇(宙)航(行)员.

astron′ics *n.* 天文电子学.

astron′omer [əs′trɔnəmə] *n.* 天文学家.

astronom′ic(al) [æstrə′nɔmik (əl)] *a.* 天文(学)的,天体的,宇航学的. *astronomical distance* 天文距离. *astronomical figures* 天文〔极巨大的〕数字. *astronomical longitude* 黄经,天文经度. *astronomical observatory* 天文台. *astronomical refraction* 蒙气差,大气折射. *astronomical telescope* 天文望远镜. *astronomical transit* 子午〔中星〕仪. *astronomical triangle* 球面三角形. ～*ally* *ad.*

astronom′ical-aberra′tion *n.* 天文光行差.

astron′omy [əs′trɔnəmi] *n.* 天文学. *air navigation astronomy* 空中导航天文学. *galactic radio astronomy* 银河系射电天文学. *gravitational astronomy* 天体力学,重力天文学. *mathematical astronomy* 数学天文学,天体力学. *radio astronomy* 射电天文学.

astronucleon′ics *n.* 天体核子学,恒星核过程学说.

astro-observa′tion *n.* 天文观测.

astroorienta′tion *n.* 天文测向〔定位〕.

astrophotocam′era *n.* 天文摄影〔照相〕机.

astrophotogram *n.* 天文摄影底片.

astrophotog′raphy *n.* 天体摄影〔照相〕术.

astrophotom′eter *n.* 天体光度计.

astrophotom′etry *n.* 天体光度学.

astrophyllite n. 星叶石.
astrophys'ical a. 天体〔文〕物理的.
astrophys'ics [æstrou'fiziks] n. 天文〔体〕物理(学).
astrophysiol'ogy n. 航天生理学.
as'troplane n. 航天飞机,宇宙飞行器.
astroposition line 天体位置线.
as'tropower n. 航天威力,航天导能.
astrorelativ'ity n. 宇宙相对论.
astrorock'et n. 宇航〔航天〕火箭.
as'troscope ['æstroskoup] n. 天文仪.
astrospec'trograph n. 恒星〔天体〕摄谱仪.
astrospec'troscope n. 天体光谱仪.
astrospectroscopy n. 天体光谱学.
as'trosphere ['æstrosfiə] n. 摄引球,星(状)体,星心球.
astrosurveillance n. 天文探测.
astrotax'is n. 趋中心体性.
astrotorus a. 星状的.
astrotracker n. 星像跟踪仪.
astrotrainer n. 航天训练机.
as'trotug n. 航天拖船.
as'trove'hicle ['æstrə'vi:ikl] n. 航天器,宇宙飞行器.
as'troweapon n. 航天武器.
Asturain movement (晚石炭纪)阿斯突里运动.
astute' [əs'tju:t] a. 机敏的,精明的,狡猾的. ~ly ad. ~ness n.
astyclin'ic [æsti'klinik] n. 市立医院〔诊所〕.
asty'lar [əs'tailə] a. 无柱式的.
astyllen n. 拦水埝.
A-submarine n. 核潜艇.
Asuncion [əsunsi'oun] n. 亚松森(巴拉圭首都).
asun'der [ə'sʌndə] ad. 分开〔散,离,为二〕,(扯)碎,(折)断. ▲*break asunder* 折断. *come asunder* 离〔分〕开. *fall asunder* 崩散〔溃〕. *fly asunder* 逃散. *pull asunder* 拉开. *take asunder* 拆〔隔〕开. *tear asunder* 将…扯碎.
as-used sample 用料取样.
ASUSSR =Academy of Science USSR 苏联科学院.
ASV = ①acceleration switching valve 加速控制活门,快速开关阀 ②air solenoid valve 空气电磁阀,空气螺管(控制)活门 ③air-to-surface vessel 空对海搜索雷达,搜索船舰的机载雷达 ④angle stop valve 节流角阀 ⑤anti-surface-vessel 海面船舰搜索航空雷达 ⑥automatic self-verification 自动核对 ⑦automatic shuttle valve 自动关闭阀.
ASW = ①alternation switch 交替开关 ②American Standard Wire 美国线径规(不测钢线,铜线) ③antisubmarine warfare 反潜战.
Aswan' [ɑ:s'wɑ:n] n. 阿斯旺(水坝).
as-welded a. 焊(后状)态的.
AS(&)WG = American Steel and Wire Gage 美国线径规(包括钢丝线及其它金属线).
as-worked a. 工作(状态)时的. *as-worked penetration of grease* 润滑油工作时的渗透性.
asy'lum [ə'sailəm] n. ①养育院,救济院 ②精神病院 ③避难所,庇护所.
ASYM =asymmetrical.
asymbiot'ic a. 非共生的.
asym'eter n. 非对称计.
asymmet'ric(al) [æsi'metrik(əl)] a. 不〔非,反〕对称的,不平衡的,不齐的. *asymmetrical anastigmat* 不对称消像散镜组. *asymmetric circuit element* 单向导电性元件. *asymmetric system* 三斜晶系. ~ally ad.
asym'metry [æ'simitri] n. 不〔非,反〕对称(性,现象),不均衡(度),【化】不齐,偏位(性).
asymphytous a. 不并的,分离的.
asymptomat'ic a. 无症状的.
asym'ptote ['æsimptout] n. 渐近(曲)线.
asymptot'ic(al) [æsimp'tɔtik(əl)] a. 渐近(线)的. *asymptotic curve* (*on a surface*)渐近〔主切〕曲线(曲线的). *asymptotic expansion solution* 渐近(级数)展开法. *asymptotic formula* 渐近公式. *asymptotic solution* 渐近解. *asymptotic value* 渐近值. ~ly ad.
asymptot'ics n. 渐近.
asymptotism n. 渐近.
asymptotol'ogy n. 渐近学.
asynapsis n. 不联会.
asyn'chronism [ə'siŋkrənizəm] 或 **asynchroniza'tion** n. ①异步(性) ②时间不同,不(非)同时(性),时间不一致.
asyn'chronous [ə'siŋkrənəs] a. 异步的,非同步的,不〔非〕同时的,不同时的,不协调的.
asyndesis n. 思想连贯不能.
asyndet'ic a. 省略连接〔接续〕词的.
asyne'chia [æsi'ni:kiə] n. 连续性丧失,不连续.
asyner'gia [æsi'nə:dʒiə] n. 失调,协同不能.
asyner'gic a. 协同不能的,失调的.
asyn'ergy [ə'sinədʒi] n. 协同不能,失调.
asyne'sia [æsi'nizio] n. 精神迟钝,愚鲁.
asyn'thesis [ə'sinθisis] n. 不连接,连接障碍.
asyntrophia n. 非对称发育.
asystemat'ic a. 非系统性的,弥漫的.
asys'tole [ə'sistəli:] n. 心搏停止.
asysto'lia [æsis'touliə] n. 心搏停止.
asystolic a. 心搏停止的.
asys'tolizm [ə'sistəlizm] n. 心搏停止.
asyzygetic bitangents (**of a quartic**) (四次曲线的)不合冲双切线.
at [æt] *prep.* ①〔位置,范围〕在…之处〔之点,之内,之旁,附近〕,在(方面,场合),到达(终点),经由(出入). *at the centre* 在中心(点). *at the station* 在(车)站(上). *at the meeting* 在会上. *stand at the door* 站在门口(内,外,中). *sit at the desk* 坐在(书)桌前. *at hand* 在近旁,在手边. *a bar supported at the ends* 两端支承住的一根杆件. *at the positive pole* 在正极. *at a distance M from the centre* 在距中心为 M 远之处. *at the top* 〔*bottom*〕在顶〔底〕部. *at a depth about 30 m. below river bed* 在河床以下 30m 深处. *at one-third of the height* 在高度的三分之一处. *arrive at a port* 抵达港口. *arrive at a conclusion* 得出结论. *go in at the front door* 从前门进 ②〔目标,指向〕向(着),对(准). *aim a gun at an object* 以枪对准目标. *rush at the enemy* 向敌人冲去. *catch at the rope* 向绳索抓去. *look at the signal lamp* 看信号灯. *snap at a chance* 连忙

乘机(会) ③〔时间〕在,于,当. *at the instant* 在那一瞬间,当其时. *at any moment* 在任何时刻. *at once* 立刻,一眼(见). *at 2 o'clock* 在两点钟. *at noon* 在中午. *at present* 现在,当今. *at the same time* 同时. *at no time* 从来不. *at regular intervals* 每隔一定时间. *at each revolution* 每旋转一周. *at the beginning of the month* 在月初. *at first* 起初,首先. *at (the age of) ten* 在十岁时 ④〔程度〕快慢,比率,数量,价格〕以,按,依. *at least* 至少. *at most* 至多. *at best* 最好,充其量. *at full speed* 以全速. *at 200 rpm* 以每分钟200转的转速. *at any cost* 不惜任何代价. *buy something at 5 yuan a hundred* 以五元钱一百个的价格购物. *walk at the rate of 4 km. an hour* 以每小时四公里的速度行路. *be estimated at from 300 to 350* (被)估计约为300～350 ⑤〔条件,情况,状态〕在〔条件,情况〕下,以…(方式),处于…(状态),正在(从事). *at high pressure* 在高压下. *at temperatures above 1000°C* 在1000°C以上的(各种)温度下. *at white heat* 在白(炽)热时. *at 7000volts* 在7000伏电压下. *at rest* 静止的. *at random* 紊乱地,随便地,任意地,无目的〔标〕地,无定向地. *at will* 随意. *at a blow* 一击(之下就…). *at right angles to each other* 互成直角. *be good at learning* 善于学习. *be busy at work*(正)忙于工作 ⑥〔原因〕因…(而感到…),由于,因为. *be pleased at the result* 对这结果感到高兴. ★*at one (with…)*(和…)一致,协力地. *at that* 而且,就照现状. *leave it at that* 就这样吧,行了.

AT = ①acceptance test 验收试验 ②access time 存取〔选取,信息发送〕时间 ③air temperature 空气温度 ④ambient temperature 环境温度 ⑤ampere turn 安培匝 ⑥angle of train 方向角,传导方位 ⑦angle template 角样板 ⑧antitank 反〔防〕坦克的 ⑨apparent time 视(太阳)时 ⑩assay ton 化验〔验定〕吨 (= 29.1667g) ⑪atomic time 原子时 ⑫automatic transmitter 自动发报机 ⑬auto-transformer 自耦变压器.

at = ①acid treatment 酸处理 ②airtight 不漏气的,气密的 ③ampere-turns 安(培)匝(数) ④atmosphere (标准)大气压(单位) ⑤atmospheric 大气的 ⑥atomic 原子的.

At =astatine 砹.

a-t =ampere-turn 安(培)匝(数).

A/T =action time 动作时间.

A&T = ①acceptance and transfer 验收与移交 ②assemble and test 装配与测试

at% =atomic percent 或 atom per cent 原子百分数.

at a =atmosphere absolute 绝对大气压

AT cut (晶片的)AT 切割.

at ht =atomic heat 原子热容量.

At No =atomic number 原子序数.

AT rocket =antitank rocket 反坦克火箭(弹).

at vol =atomic volume 原子体积.

at wt =atomic weight 原子量.

at xpl =atomic explosion 核爆炸.

ATA = ①actual time of arrival 实际到达时间 ②air-to-air 空对空的 ③Air Transport Association 航空运输协会 ④air turbine alternator 空气涡轮交流发电机 ⑤American Trucking Association 美国汽车货运协会,美国汽车运输商协会 ⑥atmosphere, absolute 绝对大气压.

ATAC = Army Tank-Automotive Center 美国陆军坦克和机动车辆试验中心.

atac'tic [ə'tæktik] *a.* ①无规(则)的,无规立构的 ②运动失调的. *atactic polymer* 无规(立构)聚合物.

A-tanker *n.* 核(原子)动力油轮.

ATAR =antitank aircraft rocket 反坦克航空火箭.

atarac'tic [ætə'ræktik] *a.*; *n.* 镇静的〔剂〕,使精神安定的.

atarax'ia [ætə'ræksiə] *n.* 心神安定.

atarax'ic *a.*; *n.* 心神安定的,镇定药.

atarax'y [ætə'ræksi] *n.* 精(心)神安定(药).

ATAS = ①automatic terrain avoidance system 绝对高度自动控制仪 ②automatic three-axis stabilization 自动三轴稳定.

atav'ic [ə'tævik] *a.* 返祖性的,隔代重现的.

at'avism ['ætəvizəm] *n.* 返祖(性,现象),隔代遗传.

atavis'tic [ætə'vistik] *a.* 返祖性的,隔代遗传(重现)的.

atax'ia [ə'tæksiə] *n.* 不协调,不整齐,运动〔共济〕失调,混乱,无秩序.

atax'ic [ə'tæksik] *a.* 不整齐的,运动失调的,(混)乱的,无秩序的. *ataxic deposit* 不成层矿床.

ataxite *n.* 杂陨石,角砾斑杂岩.

atax'y [ə'tæksi] =ataxia.

Atbas metal 镍铬钢(镍22%,铬8%,硅1.8%,铜1%,锰0.25%,碳0.25%,其余铁).

ATBM = ①anti-tactic ballistic missile 反战术弹道导弹 ②average time between maintenance 维修平均间隔时间.

ATC = ①acoustical tile ceiling 吸声砖吊顶 ②actual time of completion 实际完成时间 ③aerial tuning capacitor 天线调谐电容器 ④after top center 在上死点后 ⑤air traffic control 空中交通指挥 ⑥automatic temperature control 自动温度控制 ⑦automatic timing corrector 自动时间校正器 ⑧automatic tone correction 自动音调调整 ⑨automatic tool changer 工具自动转位装置 ⑩automatic traffic control 自动通路控制 ⑪automatic train control system 自动序列控制系统 ⑫automatic tuning control 自动调谐(控制) ⑬average total cost 平均总成本.

ATCC = ①aerospace traffic control center 航空航天交通控制中心 ②America Type Culture Collection 美国标准菌库.

atch =attachment 附件,附属装置,夹具.

ATCRBS =air traffic control radar beacon system 空中交通指挥雷达信标系统.

ATCSS =air traffic control signal(ing) system 空中交通控制信号系统.

AT-cut crystal AT 切割(石英)晶片.

ATD = ①analogue to time to digital 模拟-时间-数字(转换) ②anthropomorphic test dummy 拟人试验模型 ③average temperature difference 平均温度差.

ATDC =after top dead centre 在上死点后.

ate [eit] *v.* eat 的过去式.

atectonic *a.* 非构造的.

atelectasis n. (压迫性)膨胀不全.
atelene n. 不完全晶形.
ate'lia [ə'tiːliə] n. 发育不全.
at'elier ['ætəliei] (法语) n. 工作室,画室,雕刻室,摄影棚,制作车间.
atelio'sis [ætili'ousis] n. 发育不全,幼稚型.
ateliot'ic a. 发育不全的.
atelo- (词头)不完全.
atelomit'ic a. 非终末的.
aterite n. 铜镍锌合金.
ATF = ①asphalt tile floor 沥青砖地面 ②automatic transmission fluid 自动变速箱用油.
ATFOS = alignment and test facility for optical system 光学系统准直与试验设备.
ATG = air-to-ground (missile) 空对地(导弹).
Atgard n. （农药）敌敌畏.
at-grade n.; a. 平面(的),地面(的),在同一水平面上的.
a'theism ['eiθiizm] n. 无神论.
a'theist ['eiθiist] n. 无神论者.
atheis'tic(al) [eiθi'istik(əl)] a. 无神论(者)的.
athe'nium [æ'θiːniəm] n. 【化】钅丫 An(镄 Es 的旧名).
Ath'ens ['æθinz] n. 雅典(希腊首都).
ather'mal a. 无热的,非热的,不温的.
ather'mancy [ə'θəːmənsi] n. 不透(辐射)热(性),不透红外线性质.
ather'manous 或 **ather'mic** 或 **ather'mous** a. 不透(辐射)热的,不透红外线的,绝热的,不导热的.
ather'mic a. 无热的,不发(透)热的.
atherosclero'sis n. 粥样硬化.
ATHESA = automatic three-dimensional electronic scanned array 自动三元电子扫描阵列.
ath'lete ['æθliːt] n. (田径)运动员.
athlet'ic [æθ'letik] a. 运动(员)的,体育的. *athletic sports* 体育运动. ~ally ad.
athlet'ics [æθ'letiks] n. 体育(运动),田径运动,运动技巧,竞技.
ath'odyd ['æθədid] = aero-thermodynamic-duct 冲压(脉动)式(空气)喷气发动机.
athopia n. 精神衰弱.
athrep'sia [ə'θrepsiə] n. 营养不足(良).
ath'repsy ['æθrepsi] n. 营养不足(良).
athrep'tic a. 营养不足(良)的.
athwart [ə'θwɔːt] I ad.; prep. ①横跨(向,切),横(斜)穿过,从…的一边至另一边,斜 ②逆,相反,不顺. II n. 横座板,横梁. *athwart sea* 横浪. ▲**go athwart** 不如意. *Things go athwart.* 事与愿违. *go athwart one's purpose* 与…的目的相违背.
athwart'ship a. 垂直于龙骨的,垂直于纵轴的.
athwart'ships ad. 【航海】与龙骨成直交,与船中线面直交,垂直于纵轴,垂直于肋骨面,横对于船体.
athy'mia [ə'θaimiə] n. 痴愚,人事不省.
athym'ic a. 痴愚的,人事不省的.
ATI = aerial tuning inductance 天线调谐电感.
ATIC = ①Aerospace Technical Intelligence Center 航空航天技术情报中心 ②Air Technical Intelligence Center 空军技术情报中心.
atilt ad. 倾斜.
ATIS = automatic terminal information service 自动终端信息业务.

Atkinson (repulsion) motor 爱金逊推斥电动机(一种单相分激电动机).
ATL = ①actual total loss 实际总损耗 ②automatic turret lathe 自动六角车床.
Atl = Atlantic.
Atlan'tic [ət'læntik] n.; a. 大西洋(的). *Atlantic Missile Range* (美)大西洋导弹靶场.
atlapulgite n. 活性白土.
At'las 昂宿七,金牛座 27.
at'las ['ætləs] n. (地)图册(集),图谱集.
Atlas alloy 一种铜合金(铝 9%,铁 1%,其余铜).
Atlas bronze 一种青铜(铝 9%,铅 9%,其余铜).
ATM = aerial turning motor 转动天线的马达.
atm = ①atmo ②atmospheric pressure (标准)大气压 ③atomic mass 原子质量.
At/m = ampere-turns per meter 安匝/米.
atm chgs = atmospheric changes 大气变化.
atm drg = atmospheric drag 空气阻力.
atm press = atmospheric pressure 大气压力.
atmidom'eter n. 蒸发计,汽化计.
atmidom'etry n. 蒸发测定(法).
atmo- (词头)(蒸)气,大气.
atmogenic a. 气生成的,风积的.
at'mograph n. 蒸发计.
at'molith n. 气成岩,风积岩.
atmol'ogy n. 水汽学,水蒸气学.
atmol'ysis n. 微孔(透壁)分气法.
at'molyzer n. 气体分离指示仪.
atmom'eter ['æt'mɔmitə] n. (测定水的蒸发速度用)蒸发计(器,表),汽化计.
atmom'etry n. 蒸发测定(法).
atmophile a. 亲气的.
atmos n. 大气压,气压单位. *atmos valve* 大气阀.
at'moseal ['ætməsiːl] n.; vt. 气封(法).
at'mosphere ['ætməsfiə] n. ①大气(层,圈,介质),空气,大气压(力) ②(保护)气氛,环境. *arc atmosphere* 电弧(炉内)气氛. *argon atmosphere* 氩(保护)气氛. *atmosphere equipment* 保护气氛供应设备. *atmosphere gas* 保护气体. *atmosphere gauge* 气压计. *atmosphere monitor satellite* 大气监测(中监测)卫星. *carbonaceous atmosphere* 碳质气氛,含碳保护气氛. *cell atmosphere* 电解槽(电解保护)气. *cloudless atmosphere* 晴空,无云天. *controlled atmosphere* 受控大气(空气,气氛). *electron atmosphere* 电子云. *furnace atmosphere* 炉膛介质,炉气. *inert atmosphere* 惰性气体. *ion atmosphere* 离子雾. *metric atmosphere* 国际度量衡制气压,公(米)制气压. *mobile atmosphere* 可动气团. *moist atmosphere* 潮湿的空气. *protective atmosphere* 保护气,保护介质. *radio atmosphere* 电离层. *reducing atmosphere* 还原气氛(气层). *simulated atmosphere* 模拟气候. *standard (normal) atmosphere* 标准(大)气压,标准大气,常压. *working atmosphere* 工作环境. ▲*clear the atmosphere* 消除误会,消除紧张气氛.
atmosphere-controlling a. 空气控制的,气控的.
at'mosphereless a. 无气的.

atmosphere-purifying equipment 保护气体净化设备.
atmospher'ic(al) [ætməs'ferik(əl)] *a.* 大气(中,压)的,空气的,常压的. *atmospheric (and) vacuum distillation unit* 常减压蒸馏装置. *atmospheric crack* 老(风)化裂纹. *atmospheric condensation* [precipitation] 降雨,降水,雨量. *atmospheric depression* 低压区. *atmospheric discharge* 天电[大气]放电. *atmospheric interference* 天电[大气]干扰. *atmospheric line* 大气压力线. *atmospheric penetration* 进入稠密大气层飞行. *atmospheric pipe* 通大气管路,放空管路. *atmospheric polluting material* 大气污染物. *atmospheric pressure* (大)气压(力). *atmospheric radio waves* 空间无线电波. *atmospheric riser* 大气(压力暗)冒口,压冒口. *atmospheric (riser) core* (冒口)通气芯. *atmospheric steam* 常压蒸汽. *atmospheric temperature inversion* 气温逆转(倒布). *atmospheric test* 大气层试验. *atmospheric turbulence* 大气湍流,大气素动(骚动)干扰. *atmospheric valve* 空气(放空)阀. ~**ally** *ad.*
atmospheric-compartment drier 常压间隔干燥室.
atmospher'ics [ætməs'feriks] *n.* 大气干扰[噪扰],天电(干扰),引起天电干扰的电磁现象,自然产生的离散电磁波.
atmosphe'rium *n.* 大气(模拟)馆.
atmos-valve *n.* 大气阀,放空阀.
ATO = ① action technical order 动作技术指令 ② assisted takeoff 助推起飞,辅助起飞.
ATO (rocket) = assisted takeoff (rocket) 起飞助推(火箭),辅助起飞.
ATO unit = assisted takeoff unit 起飞助推器,起飞发动机.
atoleine 或 **atolin** *n.* 液体石蜡.
atoll' [ə'tɔl] *n.* 环状珊瑚岛,环礁.
at'om ['ætəm] *n.* ①原子 ②微粒,微量,微小部分,极微小的东西 ③组合电路单元. *atom fault* 电路单元故障. *atom line* 原子(谱)线. *atom per cent* 原子(含量)百分数,at%. *atom smasher* 核粒子加速器,中子发生器. *D atom* 氘(重氢)原子. *displaced atom* (晶格中)移位原子. *ionized atom* (电)离(原子,离子化原子. *pick off an atom* 打出原子. *strip an atom* 全部电离原子. *tagged* [labelled] *atom* 示踪[显迹]原子. ▲*have not an atom of* 一点(丝毫)(也)没有,毫无. *the atom* 原子能. *to atoms* (弄得,打得)粉碎. *smash* [break]… *to atoms* 把…打得粉碎.

atoma'rium *n.* 原子(陈列)馆.
atom-blitz *n.; vt.* 原子弹闪电战.
at'om-bomb Ⅰ *n.* 原子弹. Ⅱ *vt.* 用原子弹轰炸.
at'om-bomber *n.* 原子弹轰炸机.
at'om-conver'tible *a.* 容许改装原子发动机的.
atom DEF = atomic defense 原子防御.
atomed'ics *n.* 原子医药学.
at'omdef *n.* 原子防御.
at'omerg ['ætəm:g] *n.* 微原子,低能微粒子.
atom'eter *n.* 蒸发速度测定器.
atom-free *a.* 无原子武器的.

atom'ic(al) [ə'tɔmik(əl)] *a.* ①原子(能,武器)的,极微的 ②强大的,全力以赴的. *atomic aircraft carrier* 原子动力航空母舰. *atomic battery* 原子能电池. *atomic beam* 原子束. *atomic effect* 巨大的努力. *atomic energy* 原子能,核能. *atomic fuel* 原子燃料,核燃料. *atomic H welding* 氢原子焊. *atomic mass unit* 原子质量单位. *atomic number* 原子序(数). *atomic power station* 原子能发电站. *atomic reactor* 原子反应堆. *atomic scale* 原子标度. *atomic submarine* 核潜艇. *atomic volume* (克)原子体积. *atomic weight* 原子量.
atom'ically *ad.* 利用原子能地. *atomically clean surfaces* 原子级清洁表面.
atomic-armed *a.* 原子弹头的.
atomic-beam *n.* 原子束.
atomic-bearing *a.* 携带原子弹的.
atomic-burst *a.* 原子爆炸的.
atomic-cosmic *a.* 掌握原子能和空间技术的.
atomic-driven *a.* 核动力驱动的,原子动力驱动的.
atomic-energy *a.* 原子能的,核能的.
atomic-fluorescence *a.* 原子荧光的.
atomichron *n.* 原子小时,原子钟.
atomic-hydrogen *a.* 原子氢的.
atom'ity [ætə'misiti] *n.* ①原子性[能,数],原子(化合)价 ②可分性.
atomic-power(ed) *a.* 核动力的,原子动力的.
atomic-proof *a.* 防原子的.
atom'ics [ə'tɔmiks] *n.* 原子(工艺)学,核子学,核工艺学,原子论.
atomic-tipped *a.* 装有原子弹头的.
atomic-weight *a.* 原子量的.
atomindex *n.* 原子能索引.
atomisa'tion =atomization.
at'omise =atomize.
at'omiser =atomizer.
at'omism *n.* 原子论,原子学(假)说.
at'omist *n.; a.* 原子学家(的),原子论的.
atomis'tic *a.* 原子(论)的,原子学(派)的.
atomite *n.* 一种烈性炸药.
atomiza'tion *n.* ①雾化(法),喷雾(作用),喷成雾状,喷[溅]射,洒水,扩散 ②粉化(作用),磨成(细)粉 ③原子化,(使)化成原子.
at'omize ['ætəmaiz] *vt.* ①使雾化,把…喷成雾状,喷雾,散布 ②使分裂成原子 ③吹制硅铁珠 ④把…粉碎,粉化 ⑤彻底摧毁,用原子弹轰炸. *atomized fuel* 雾化燃料. *atomized liquid* 雾化液体. *atomized lubrication* 雾化润滑. *atomized pig iron powder* 雾化生铁粉.
at'omizer ['ætəmaizə] *n.* 喷雾[洒雨(液化)]器,喷雾,粉碎机. *atomizer burner* 喷射燃烧器,燃烧喷嘴. *atomizer cone* 雾化锥. *oil atomizer* 喷油器(嘴),油雾喷射器. *spray atomizer* 喷雾器.
at'omizing *n.; a.* 雾化(的,作用),粉化(的,作用). *atomizing pump* 雾化式泵. *atomizing spraying* 雾化喷洗(涂).
atomless set function 缺原子的集函数.
Atomloy treatment 放射性 WC 微粉渗浸处理.
atom-meter *n.* 原子米,埃A(波长单位,= 10^{-10} m).

atomol'ogy [ætəmˈɒlədʒi] n. 原子论〔学〕.
atomotron n. 一种高压发生器.
at'om-powered a. 核〔原子〕动力的.
atom-probe n. 原子探针.
at'om-smasher n. 核粒子加速器.
at'om-split'ting n.; a. 原子裂变(的).
atom-stricken a. 受原子爆炸污染的.
at'om-tipped a. 装有核〔原子〕弹头的.
ato-muffler n. 消音〔减声〕器.
at'omy n. 原子, 微粒, 尘埃.
ato'nable a. 可赎回的, 可补偿的.
ato'nal [æˈtounl] a. (音乐)无调的, 不合任何音调系统的, 不成调的.
at-once a. 立即的. *at-once payment* 立即付款.
atone' [əˈtoun] v. 赔〔抵, 补〕偿, 偿还, 弥补 (for).
atone'ment n. 赔〔补〕偿. ▲*make atonement for* 赔〔补〕偿.
ato'nia [əˈtouniə] n. 张力缺乏, 弛缓.
aton'ic a. ①张力缺乏的, 弛缓的 ②清音的.
Aton'ic n. (农药)四霜混剂.
at'onied a. 张力缺乏的.
at'ony [ˈætəni] n. 张力缺乏, 无力, 弛缓.
atop' [əˈtɒp] I ad. 在顶上. II prep. 在…的顶上〔部〕.
atop'ic a. 特位性的, 异位的.
atopy n. 特应性, 感毒性.
atox'ic a. 无毒的, 非毒物性的.
atoxigenic and **atoxinogenic** a. 不产毒的, 无毒的.
ATP = ①acceptance test procedure 验收测试程序 ②adenosine triphosphate 三磷酸腺甙 ③advance test procedure 先期测试程序 ④apparent total porosity 视在总空隙度 ⑤astronautics test procedure 宇宙航行测试程序.
ATPA = auxiliary turbopump assembly 辅助涡轮泵机组.
ATR = ①antitransmit-receive 或 antitransmitting-receiving (tube) (天线) 收发转换管〔开关〕, 辅收发管, 反"收-发"转换开关, 发射机阻塞放电管 ②antitransmitter receiver 收发两用雷达, 能利用一天线发送和接收的微波雷达装置 ③attenuated total reflection 衰减全反射.
ATR switch 天线〔收发〕转换开关.
a-tr = auto-transformer 自耦变压器.
A-trace n. A 扫迹.
atractoplasm n. 纺锤体基质.
Atram n. (农药)二甲代森硫.
atrament process 磷酸盐处理法.
atramentize vt. 磷酸盐处理.
ATRAN = automatic terrain recognition and navigation (system) 自动地图匹配导航(系统).
atraton(e) n. (农药) 阿特拉通, 莠去通.
atraumat'ic a. 无损伤的.
atrazine n. (农药) 莠去津.
ATRC = antitracking control 反跟踪操纵装置.
atreol n. 磺化油.
at'repsy [ˈætrepsi] n. 营养不良.
atrep'tic a. 营养不足的.
atre'sia [əˈtriːsiə] n. 闭锁, 无孔, 不通.
atresic a. 闭锁的.
atretic a. 闭锁的.

atreto- 〔词头〕闭锁, 无孔, 不通.
atria [ˈɑːtriə] n. atrium 的复数.
atrich'ia [əˈtrikiə] n. 无(鞭)毛, 毛发缺乏, 秃.
atricho'sis [ætriˈkousis] n. 无毛(症), 毛发缺乏, 秃, 无鞭毛.
atrichous a. 无(鞭)毛的, 无发的.
atrio- 〔词头〕(心)房.
atrio n. 火山原.
atrip' [əˈtrip] ad. (锚) 拉离海底, 起锚, 启航.
a'trium [ˈɑːtriəm] (pl. *a'tria*) n. 天井, 前庭〔厅〕, 正厅, 门廊, 房, 前房, 心房.
atro'cious [əˈtrouʃəs] a. ①极恶毒的, 残忍的, 凶恶的 ②极坏的, 极恶劣的. ~ly ad. ~ness n.
atroc'ity [əˈtrɒsiti] n. 恶毒, 残忍, 暴行.
atro'phia n. 萎缩(症).
atroph'ic a. 萎缩的.
atrophie n. 萎缩(症).
at'rophied a. 萎缩的.
at'rophy [ˈætrəfi] n., v. 退化, 萎缩, 衰退, 失去.
atropine n. 阿托品, 颠茄碱.
ATRT = antitransmit-receive tube 发射机阻塞放电管, 收发管.
A-truss n. A 形桁架, 三角形桁架.
ATS = ①absolute temperature scale 绝对温标 ②acceptance test specification 验收测试技术规格 ③Advanced Technology Satellite 高级技术卫星 ④air transportable sonar 机载声纳 ⑤analytic trouble shooting 分析法故障测查 ⑥applications technology satellite 应用技术卫星 ⑦astronomical time switch 天文时间继电器 ⑧automatic telephone set 自动电话机 ⑨automatic tuning system 自动调谐系统.
ats = ampere-turns 安(培)匝(数).
at-symbol n. 位于符号.
ATT = ①activity 活动, 活性 ②American Telephone and Telegraph Co. 美国电话电报公司 ③attached 附着的, 连接的, 悬挂的 ④attachment 附件, 辅助设备, 附属装置 ⑤average task time 平均(完成)任务时间.
atta = atto.
attach' [əˈtætʃ] v. ①附着〔属, 加, 上〕, 加〔缚, 系, 结, 添〕上, 相连, 接近 ②加罩, 查封. *attaching nut* 配合螺母. *attaching plug* (小型)电源插头, 插塞, 电话塞子. *attaching task* 归属任务. ▲*attach importance to* 着重于, 认为…有重要意义, 重视. *attach M to N* 把 M 连接〔安装, 固定, 悬挂, 附〕到 N 上, 把 M 放在 N 上, 使 M 附属于 N. *attach oneself to* 加入, 依附. *be attached to* 附(属)于, 连〔接, 附, 固定)在…上, 喜爱.
attach'able [əˈtætʃəbl] a. 可附〔接〕上的, 可联接〔装〕的.
attache [əˈtæʃei] (法语) n. (使馆)馆员, 专员, 武官, 参赞. *attaché case* 手提公文包. *office of commercial attaché* 商务参赞处.
attached' a. 附(装, 着式)的, 配属的, 悬挂的, 连接的. *attached pier* 扶梁, 支墩. *attached pump* 辅助泵, (主机)附备泵. *attached shock wave* 附体〔着〕激波. *attached support processor* 增援处理机. *aid with no conditions attached* 无附加条件的援助. *pivotal-*

attach′ment [ə′tætʃmənt] n. ①附着(物),附〔隶〕属(物),吸附(作用),连接(法),接合〔触〕,固位〔体〕,固定(物,法),焊接②附〔配,备〕件,(附属)装置〔设备,附助机构(镜头),夹具,铣床上的万能附件③〔附在单据上的〕附条,票签④查封,扣留. acute-angle attachment(测)锐角附件,辅助测量刀. attachment clip 卡钉,夹子. attachment driving shaft 辅助传动轴. attachment lens 辅助镜头〔透镜〕. attachment link 连接杆. attachment plug (连接)插头,插塞. attachment screw 止动〔装合,配合,连接〕螺钉. ball-and-socket attachment 球窝连接. ball attachment 球形头〔端〕. differential attachment 差动〔分〕装置. drilling attachment 钻工夹具. grinding attachment 磨削装置〔附件〕. hanger attachment 悬吊装置,吊车. spring-suspension attachment 弹簧吊架. universal attachment 万能附件〔部件,铣头〕.

attack [ə′tæk] vt.; n. ①攻〔谕,袭〕击,进攻,侵袭,破坏,起坏作用〔化学〕腐蚀,锈〔蚀,影响,感染,起化学反应③着手〔解决〕,投入,开始(工作)④迎谕,攻角⑤发病. attack polishing method 腐蚀抛光法. attack problem 着手解决问题. attack time (信号电平)增高〔上升〕时间,攻击〔起动〕时间. chemical attack 化学反应〔浸蚀,腐蚀,作用〕. corrosive attack 腐蚀(作用). hydrogen attack 氢脆. intercrystalline attack 晶间腐蚀. pitting attack 点蚀. pyrogenic attack 火法处理. stern attack 从后方袭击,向机尾攻击. ▲have an attack of 为…所侵袭,害〔患〕病. make an attack on〔upon〕攻击.

attack′able a. 易受腐蚀的,易受浸蚀的.
attack′er [ə′tækə] n. 强击机,空袭导弹,攻击者.
attacolite n. 红橙石.
attain [ə′tein] v. 达到,到达,实现,获得(to).
attain′able [ə′teinəbl] a. 可达(到)的,可得到的.
attain′ment [ə′teinmənt] n. 达到,到达,成就,收获,(pl.)学识,造诣,成就.
attapulgite n. 绿坡缕石,硅镁土,凹凸棒石.
at′tar [′ætə] n. 玫瑰油,挥发油,精油. attar of roses 玫瑰油.
ATTC =automatic transmission test and control equipment 自动传输试验和控制设备.
ATTD =attitude 状态,位置,空间方位角.
attem′per [ə′tempə] vt. ①调节(温度),控制(温度),减温②调和(匀),使缓和,使适应②锻炼,使(金属)回火. ~ment n.
attem′perater =attemperator.
attempera′tion n. 温度调节,温度调节(作用),减温.
attem′perator [ə′tempritə] n. 温度调节〔调节〕器,恒温箱〔器〕,过热调节器,减热〔温〕器,保温水管,控制温度用旋管冷却器.
attempt′ [ə′tempt] vt.; n. 尝试,企〔试〕图,试验,努力,攻击. ▲attempt to +inf. 试图,努力,设法. 着手. an attempt at +ing〔to +inf.〕…的企图,…的努力〔尝试〕. attempt to be 试图成为. in an attempt to +inf. 企图,极力要. in any attempts to +inf. 在做任何尝试以(达到某目的)的时候. make an attempt at +ing〔to +inf.〕试图,努力,设法. make no attempt at +ing〔to +inf.〕不企图,不致力于. without much attempt to +inf. 没有花很多力量来(做).

Atten = ①attenuation 衰减〔耗〕,减幅②attenuator 衰减器,消音器.

attend′ [ə′tend] v. ①出席,参加②伴随,随从③照顾〔料〕,维护,看管,护理. attend lectures 听演讲. attended operation 连接操作. attended repeater 有人站增音机,有人(值班)增音站. attended repeater section 有人段〔増音〕. attended by〔with〕伴随有,带来. attend on〔upon〕看护. attend to 注意,留心,倾听,专心于,照应.

attend′ance [ə′tendəns] n. ①出席〔勤〕,参加(at)②(一次)出席人数,人次③维(养)护,维修,保养,看管,照料④值班,服务. a large attendance (出席)人数很多. attendance book 签到簿. machine attendance 机器维修. medical attendance 护理.

attend′ant [ə′tendənt] I n. ①服务员,助理员,维护(修)人员,运行人员,值班人员,值班用户(用户小交换机中的分机)②出席者③伴随物,附属品〔物〕. II a. 附带的,伴随的,跟随的(to),出席的. attendant board 专用中继台,转接台. attendant equipment 辅助设备. attendant phenomenon 伴随(生)现象. engine attendant 机工,司机. furnace attendant 炉工. hearth attendant 炉前工.

atten′tion [ə′tenʃən] n. 注意,留(关,专)心,维(养)护,保养,看管. attention device 维护设备,引注器件,(显示用)注意装置. attention display 注目显示. attention key 注意键,终端)联机键. undivided attention 专心. ▲attract〔call, direct, draw〕M′s attention to N 促使〔引起〕M 注意 N. attract〔call, direct, draw〕the attention of M to N 促使〔引起〕M 注意 N. call〔bring〕M to the attention of N 使(叫)N 注意 M. center〔concentrate, focus〕one′s attention on 把注意力集中. deserve extra attention 值得特别注意. devote one′s attention to 专心于. divide one′s attention between 把注意力分散在. have (special) attention 受到(特别)注意. pay〔give〕one′s attention to 注意,关心. rivet one′s attention 引起〔获得〕…的注意. rivet one′s attention on〔upon〕集中注意,注视. turn one′s attention to 开始注意. ~al a.

atten′tive [ə′tentiv] a. 注意的,留(当,专)心的. ▲(be) attentive to 注意,照应〔料〕. ~ly ad.
atten′tiveness [ə′tentivnis] n. 注意(力).
atten′uance n. 衰减率,稀释. attenuance components 各衰减成分.
atten′uant [ə′tenjuənt] I a. 使变稀薄的. II n. 稀释(剂),衰减剂.
atten′uate [ə′tenjueit] v. ①(使)变细(弱,小),减少(低,弱,毒),削弱,拉细〔薄〕②衰减③(使)变稀薄,稀释,(使)冲淡④散射〔布〕,扩散. II [ə′tenjuit] a. ①稀薄的,稀释了的,弱的,细的②衰减的,减少(弱)的. attenuating pad (可变)衰减器.
atten′uater =attenuator.
attenua′tion [ətenju′eiʃən] n. 衰减(现象,量),衰〔损〕耗,稀〔变〕轻,小,少,低,辐)削减〔小〕,降低②稀释〔薄),冲(掺)淡,减毒(作用),毒力改变③阻尼,熄灭,渐止,钝化 ④散布[射],扩[消]散 ⑤拉细[薄],变细[薄]. *attenuation band* 衰减(频)带,带. *attenuation by absorption* 吸收衰减. *attenuation constant* 衰减[减幅]常数. *attenuation distortion* 衰落[振幅]失真. *attenuation network* 衰耗[减]网络,衰耗器. *frequency attenuation* 频率[特性曲线]衰减. *particle attenuation* 粒子流减小[衰减],粒子能量减弱[减小]. *shock wave attenuation* 激波(强度)衰减. *sideband attenuation* 边频带抑制[衰减]. *step in attenuation* 衰减的差距. *velocity attenuation* 减速.

atten'uator [əˈtenjueitə] n. 衰减[衰耗,阻尼,减震,减震,减压]器,消声[音,光]器,增益控制[调整]器,缩小束的装置,衰减网络,阻尼电阻,屏蔽材料. *attenuator circuit* 衰减电路. *pulsed attenuator* 脉冲衰减器.

attera'tion n. 冲积土,表土.

attest' [əˈtest] v. (正式)证明[实],表明,郑重宣布,对…为…作证(to).

attesta'tion [ætesˈteiʃən] n. 证明(书),证据.

attes'tor [əˈtestə] n. 证人,证明者.

at'tic [ˈætik] n. 顶[阁]楼,屋顶(下的小)室.

Attic movement (中新世纪)阿提克运动.

attire' [əˈtaiə] n.; v. 服饰,打扮,服[盛]装.

at'titude [ˈætitjuːd] n. ①状(体,层)态,姿(势),体位,样子,空间方位(角,位置,情形 ②态度,看法,意向…作法(to). *attitude control* (飞行)姿态[位置]控制. *attitude error* 姿态(角)误差. *attitude gyro* 姿态仪,陀螺地平仪. *attitude hold limit* 角稳定极限. *attitude of the joint* 焊缝特征[位置]. *attitude senser* 姿态传感器. ▲*attitude to* [*towards*] 对…态度[看法]. *take* [*assume*] *an attitude of* 取…态度.

attitu'dinal a. 姿势的.

at'tle n. 废石[屑,矿渣]屑.

attn = attention 注意,维护,保养.

atto n. 渺,阿托,沙微,纤灯,毫尘,10⁻¹⁸.

atto- [词头]渺,阿托,10⁻¹⁸.

attoa = atto.

attor'ney [əˈtəːni] n. 代理[辩护]人,律师. *attorney at law* 律师. *Attorney General* (英国)检察长,首席检察官,(美国)司法部长. *attorney in fact* 代理人. *letter* [*warrant*] *of attorney* 委任状,委托书. *power of attorney* 授权书,委托书;代理权.

attorney-at-law n. 律师.

attorney-in-fact n. 代理人.

attor'neyship n. 代理人的身分,代理权.

attosecond n. 毫尘(微微微)秒,10⁻¹⁸秒.

ATTRA = automatic tracking telemetry receiving antenna 自动跟踪遥测接收天线.

attract' [əˈtrækt] v. 吸(牵)引,引起[诱],有吸引力. *attract one's attention to* 引起[促使]…注意. *attracting particles* 相引粒子. ▲*Like attracts like* 物以类聚.

attrac'table a. 可被吸引的.

attractability n. 可吸引性. *attractability of metal* 金属(对润滑油)的吸附[附着]性.

attrac'tant n. 吸引剂,引诱剂,诱饵.

attrac'tion [əˈtrækʃən] n. 吸引,吸(引)力,引力,吸引人的事物. *attraction force* 吸(引)力. *attraction of gravitation* 或 *attraction to the center of the earth* 地心引力. *chemical attraction* 亲合力. *magnetic attraction* 磁力. *mechanical attraction* 机械引力. *molecular attraction* 分子吸引力. *mutual attraction* 互相吸引,相互引力. ▲*attraction* (*of M*) *for N*(M)对 N 的引力. *have an attraction for M* 对 M 具有吸引力.

attraction-iron type 吸铁式

attrac'tive [əˈtræktiv] a. (有)吸引(力)的,吸力的,引起注意[兴趣]的. *attractive force* 引力. *attractive mineral* 磁性矿物. *goods attractive in price and quality* 价廉物美的货物. ~ly ad.

attrac'tiveness [əˈtræktivnis] n. 吸引(性).

attrib'utable [əˈtribjutəbl] a. 基于…的,可归因于…的(to).

attribute I [əˈtribjuːt] vt. ▲*attribute M to N* 认为 M 是(由于)N 引起的(N 的结果),把 M 解释为 N 所造成的,把 M 归功[因于 N,把 M 赋于 N. (*be*) *attributed to* 起因于,是因为,被认为是…所造成的. II [ˈætribjuːt] n. 属性,特性(征),征[记]志,记号,表征,象征. *attribute data* 特征数据. *attribute sampling* 按属性抽样. *quantative attribute* 数量特征[符号].

attribute-based model 属性设计模型.

attribu'tion [ætriˈbjuːʃən] n. 归属[因],属性.

attrib'utive [əˈtribjutiv] a. 属性的,修饰的. *attributive classification* 依照属性的分类. ~ly ad.

attrite' [əˈtrait] v. ①磨擦[碎,耗] ②擦去,消除.

attri'ted a. 磨损的.

attri'tion [əˈtriʃən] n. 磨(擦,损,耗),互[研]磨,擦除,消[损]耗,(缩)减(人)员. *attrition mill* 碾磨[碎]机. *attrition rate* 磨损[磨耗,损耗]率,磨损程度. *attrition resistance* 抗磨耗性. *attrition resistant* 耐磨的. *attrition test* 磨损试验. *attrition value* 磨损值. *attrition wear* 磨损[耗].

attrition-resistant a. 耐磨的.

attritor n. 磨碎[碾磨]机.

attritus n. 暗[杂质]煤.

attune' [əˈtjuːn] vt. 调(音,节,谐),对(音),使调和[协调],一致,适合.

ATU = auxiliary test unit 辅助测试装置.

ATV = ①aid-to-navigation 助航 ②all-terrain vehicle 全地形交通工具 ③Associated Television (英国)联合电视公司.

ATW = aircraft tail warning 飞机护尾雷达.

AT/W = atomic hydrogen weld 原子氢焊.

ATWS = automatic track while scanning 扫描时自动跟踪.

at wt = atomic weight 原子量.

A-type Sentron A 型仙台放电管.

atyp'ia [əˈtipiə] n. 非典型,异型,不标准.

atyp'ical [əˈtipikəl] a. 不合定型的,非典型的,异型的,不规则的,不正常的,不标准的.

au [ou] ①[法语]*prep*…地,至…,照 ②[拉丁语]*ad usum* 照,惯例.

AU = ①alarm unit 警报装置 ②angstrom unit 埃

(Å) ③Antitoxin unit 抗毒素单位 ④arbitrary unit 任意单位 ⑤arithmetical unit 运算器,运算部件 ⑥astronomical unit 天文(距离)单位(日地平均距离 149,597,870km) ⑦atom unit 原子单位.

Au =*aurum* 金.

au =author 著者,作者.

ÅU =Ångstrom unit 埃单位 Å.

A&U =above and under 以上和以下.

auan'tic *a.* 消瘦的,萎缩的.

au'burn ['ɔːbən] *n.; a.* 赤(深)褐色(的),枣红色(的),栗色(的),赭色(的).

AUC =average unit cost 平均单位成本.

Auckland ['ɔːklənd] *n.* 奥克兰(新西兰港口).

au contraire [ou kɔ̃ːˈtreə] (法语)反之.

au courant [ou kuːˈrɑ̃ː] (法语)熟悉(现状)的,通晓(with),跟上时代的.

AuCT =auxiliary current transformer 辅助变流器, 辅助电流互感器.

auc'tion ['ɔːkʃən] *n.; vt.* 拍卖.▲*auction off* 拍卖掉. *put up to* [*at*]*auction* 把…交付拍卖. *sell M by* [*at*]*auction* 拍卖 M.

auctioneer' [ˌɔːkʃəˈniə] Ⅰ *vt.* ①拍卖 ②发出最大脉冲. Ⅱ *n.* 拍卖商.

auctor'ial [ɔːkˈtɔːriəl] *a.* 作者的. *auctorial comment* 作者的说明.

aud =①audible 音响的,可听的,可听见的 ②audio 声频的 ③audit 审查,决算,旁听 ④auditor 审计员.

aud equip =audio equipment 声频设备.

aud l =audio line 声频线路,实线电路.

aud snl =audio signal 声频信号.

auda'cious [ɔːˈdeiʃəs] *a.* ①大胆的,勇敢的 ②厚颜无耻的. ~**ly** *ad.* ~**ness** *n.*

audac'ity [ɔːˈdæsiti] *n.* ①大胆,冒险性 ②厚颜无耻.

audibil'ity [ˌɔːdiˈbiliti] *n.* (能,可)听(见的程)度,听力,可闻度,可听性,成音度. *audibility current* 可闻度电流. *audibility factor* 可闻系数. *audibility meter* 听度(听力,闻度)计. *threshold of audibility* 闻阈.

au'dible ['ɔːdibl] *a.* 可听(闻)的,可听见的,成声的, 音响的. *audible alarm* 可闻报警信号,音响警报,声音报警;音响(声频)报警器. *audible frequency*(成)声频(率). *audible indication* 音响指示,可闻信号. *audible range* 可闻(可听)范围. *audible region* 声频(可闻)区,声频频段. *audible signal* 声频(声响,可闻)信号. *audible spectrum* 声谱. *audible test* 声频检验(测试)的. *in a scarcely audible voice* 以几乎听不见的声音. ~**ness** *n.*

au'dible-type *a.* 可吵型(的).

au'dibly ['ɔːdibli] *ad.* 听得清清楚楚地,可以听得见地.

au'diclave ['ɔːdiˌkleiv] *n.* 助音器.

au'dience ['ɔːdjəns] *n.* ①听(观)众,读者 ②接(会)见. *audience studio* 没有观众席的演播室. *audience television transmission* 电视广播.▲*be given an audience* 得到发表意见的机会. *be received* [*admitted*] *in audience* 被接见. *give* [*grant an*] *audience to* 听取,倾听,接(召)见.

have audience with 或 *have* (*an*) *audience of* 拜会. *in general* [*open*] *audience* 当众,公然. *in one's audience* 当着某人面前,据某人所闻.

au'dience-cha'mber 或 **audience-room** *n.* 接(会)见室.

audifier =audio frequency amplifier 声(音)频放大器.

au'digage *n.* (携带式)超声波探厚仪.

au'dile ['ɔːdail] *a.* 听觉(力)的,听得到的.

audim'eter *n.* 自动播音记录装置.

au'dio ['ɔːdiou] *n.; a.* 声(音)频(的),可闻的,声音的,听觉的. *audio amplifier* 声(音)频放大器. *audio and video crosstalk* 伴音和图像(声频和视频)串扰. *audio circuit* 声(音)频电路. *audio coder* 声(频)音(频)信号编码器. *audio cue channel* 声频插入(声频提示,第二伴音)通道. *audio demodulator* 伴音(信号)解调器. *audio disc* (留声机)唱片,声盘. *audio fader amplifier* 声频(音量)控制放大器,音量渐减器-放大器. *audio frequency* 声(音)频,音频率. *audio head* 声频磁头,拾音头. *audio man* 伴音工作人员. *audio mixer* 调音台,音频混频器. *audio mixing unit* 混色部件(装置). *audio modulating voltage* 调制声压. *audio noise meter* 噪声计. *audio oscillator* 声频振荡器. *audio output* 声频输出. *audio recorder* 录音机. *audio record*(*ing*)录音. *audio reproduction test* 还音测试设备. *audio response unit* 声频响应器,声音应答装置,答话器. *audio spectrum* 可闻声频谱. *audio tape* 录音磁带. *audio track* (伴音)声迹(道).

audio- (词头)听,声,音.

audiobil'ity *n.* 可闻度,可闻度.

audio-cassette *n.* 声频盒式磁带.

au'dio-circuit *n.* 声(音)频电路.

audio-feedback path 低频回授电路.

au'dio-fidel'ity *n.* 声(音)频保真度. *audio-fidelity control* 声频保真度控制.

audio-follow-video operation 图像、伴音相继预选.

au'dioformer ['ɔːdioufɔːmə] *n.* 声频(成音)变压器.

au'diofre'quency *n.* 声(音)频(30Hz～20kHz), *audiofrequency range* 声频范围.

au'diogram *n.* 闻阈(声波,听力)图,听力敏度图. *masking audiogram* 声掩蔽闻阈图. *noise audiogram* 噪声闻阈图. *threshold audiogram* 闻阈图.

audiograph *n.* 闻阈(听力)图,声波(图).

audiog'raphy *n.* 测听术.

audiohowler *n.* 噪声(鸣)发生器.

audiolloy *n.* 铁镍透磁合金(镍 48%,铁 52%).

au'dioloca'tor [ˌɔːdiouloukeitə] *n.* 声波定位器.

audiol'ogy *n.* 听觉学.

audiomasking *n.* 听觉淹没,遮声,掩声.

audiom'eter [ˌɔːdiˈɔmitə] *n.* 听度(听力,音波,测听)计,声音测量器,自动式播音记录装置. *noise audiometer* 噪声计.

audiomet'ric *a.* 测听的,听力测定的. *audiometric room* 试听室.

audiom'etry [ˌɔːdiˈɔmitri] *n.* 测听术,听觉(力)测定

audiomon′itor [ˈɔ:diəˌmɔnitə] n. 监听器,监听设备.
au′dion [ˈɔ:diən] n. 三极(检波,真空)管,再生栅极检波器.
audio-noise meter (音频)噪声计.
audiophile n. 唱片〔录音,广播〕爱好者,讲究音质者.
audiorange n. 音频区,音频范围,听度范围.
audio-rejector filter 伴音抑制器.
audio-spectrograph n. 声波仪,声谱仪.
audiotac′tile a. 触(觉)听(觉)的.
audiovis′ion n. 有声传真.
au′dio-vis′ual [ˈɔ:diouˈvidʒuəl] a. 视(觉)听(觉)的,有声传真的. *audio-visual aids* 视听辅助(装置),直观教具. *audio-visual instruction* 直观教学. *audio-visual material* 视听教材,直观教材. *audio-visual recording and presentation* 声、像录放,视听录放. *audio-visual unit* 声音-图像单元,视听单元.
au′diphone [ˈɔ:difoun] n. 助(利)听器.
au′dit [ˈɔ:dit] v.; n. ①检(审)查 ②决(核)算,查帐 ③旁听. *audit trail* 〔计〕(数据)检查跟踪.
audit′ion [ɔ:ˈdiʃən] n.; v. ①播音试验,试听,试演(奏),音量〔色〕检查 ②听(觉,感,力,闻). *audition amplifier* 试听放大器,(试听用)声频放大器. *audition limits* 听力范围.
au′ditive a. 听力的,耳的.
auditogno′sis [ˌɔ:ditəɡˈnousis] n. 听觉.
au′ditor [ˈɔ:ditə] n. ①(旁)听者,旁听生,听众(之一) ②审计〔查帐〕员.
audito′ria [ˌɔ:diˈtɔ:riə] auditorium 的复数.
audito′rium [ˌɔ:diˈtɔ:riəm] (pl. **auditoria**) n. ①(大)会〔礼,讲〕堂,音乐厅 ②观〔听〕众席.
au′ditory [ˈɔ:ditri] I a. 听觉的,听(音)的,耳的. II n. 听众(席),礼堂. *auditory acuity* 听力,听觉敏锐度. *auditory canal* 传声管(道). *auditory fatigue* 听觉疲乏. *auditory localization* 声源定位. *auditory perspective* 听觉透视,空间感,声的远近. *auditory sensation area* 听觉范围.
au′ditron n. 语音识别机.
au′ditus n. 听(力).
Auer metal 奥厄火石合金,奥厄发火合金(稀土金属 76％,铁 35％).
auer′lite n. 磷硅钍矿,磷钍石.
au fait [ou ˈfei] 〔法语〕a. 精通的,能胜任的(in, at).
aufeis n. 层层结冰.
au fond [ouˈfɔ̃] 〔法语〕 ad. 根本上,实际上,彻底地.
aufs ＝absorbance unit full scale 满刻度吸光度单位.
aufwuchsplate n. 〔德语〕生长面(土壤微生物测定用).
Aug ＝August 八月.
au′ganite n. 辉安岩.
augen-gneiss n. 眼状片麻岩.
augen structure 眼状构造.
au′gend [ˈɔ:dʒend] n. 被加数,加数.
au′ger [ˈɔ:gə] n. (螺旋,麻花)钻,土钻,螺旋钎子,螺旋推运器,螺旋送物机,推进加料器,搅龙,麻花钻孔机〔器〕. *annular auger* 环孔钻. *auger bit* 木螺钻. *auger boring* 螺钻〔麻花钻孔,麻花钻〕钻孔,钻探. *auger drill* 螺旋钻. *auger extention* 螺钻接柄. *auger stem* 螺(旋)钻杆,钻(头)柄. *auger with hydraulic feed* 水压〔液压〕进给式钻机. *earth boring auger* 地钻. *expanding auger* 扩孔钻.
Au′ger n. 俄歇. *Auger coefficient* 俄歇系数. *Auger effect* 俄歇效应. *Auger shower* 俄歇簇射. *Auger transmission* 俄歇跃迁.
auger-hole n. 钻孔.
auger-type a. 螺旋式.
au′get n. 雷管.
au′getron n. (高真空)电子倍增管.
aught [ɔ:t] I n. ①任何事物,任何一部分 ②零. II ad. 一点也,到任何程度. *read. 01 as point aught one* 把 .01 读作点零一. *for aught I know* 也未可知,也许.
au′gite [ˈɔ:dʒait] n. (斜,普通)辉石.
augite-porphyrite n. 辉石玢岩.
augite-porphyry n. 辉石斑岩.
augment [ɔ:gˈment] I v. 增大[加,长,进],扩(张),添(扩)增. II [ˈɔ:gməmt] n. 增加. *augmented code* 增信码. *augmented complexes* 已扩张的复合形. *augmented flow* 增大流量. *augmented jet engine* 内含式喷气发动机,具有加力燃烧室的喷气发动机. *augmented launch station* 加强〔多导弹〕发射场. *augmented matrix* 〔数〕增广〔矩〕阵. *augmented operation code* 扩充操作码. *augmenting factor* 增(音)度因子,增大系数.
augment′able a. 可增大的,可扩张的.
augmenta′tion [ˌɔ:gmenˈteiʃən] n. ①增大〔加,进,长,值〕,加强 ②扩张,增广 ③增加物(率,量). *augmentation equipment* 回波信号放大器.
augmen′tative [ɔ:gˈmentətiv] a. 增大(性)的,增加的,扩张的.
augmen′ter 或 **augmen′tor** [ɔ:gˈmentə] n. ①增压〔强〕器,增加推力(速度,动力)的装置〔导管〕,加力装置,助力器,加大器 ②增力〔大〕器 ③加强剂,促进素〔物〕,细胞分裂促进因子 ③加力燃烧室 ④增量 ⑤增力器人. *tailpipe*〔thrust〕*augmentor* 加力燃烧室,推力增加器,尾喷管.
augmentor-wing n. 增(加)升(力的)机翼.
au grand sérieux [ouˈgrɑ:n seriˈə:] 〔法语〕极其认真地.
au′gur [ˈɔ:gə] v. 预兆〔示〕.
au′gury [ˈɔ:gjuri] n. 预(征)兆.
Au′gust [ˈɔ:gəst] n. 八月.
august′ [ɔ:ˈgʌst] a. 庄(威,尊)严的,雄伟的.
aukuba n. 桃叶珊瑚.
AUM ＝air-to-underwater missile 空对潜导弹.
auntie [ˈɑ:nti] n. 反导弹导弹.
AuPT ＝auxiliary potential transformer 辅助电压互感器.
au′ra [ˈɔ:rə] n. ①气氛,预兆,先兆 ②电风,辉风,尖端放电所激起的气流. *blue aura* 蓝晖,电子管中的辉光.
au′ral [ˈɔ:rəl] a.; n. ①听觉〔的,耳的,声音的,音响(式)的 ②(电视)伴音 ③电风的,辉光的 ④气〔香〕味的 ⑤先兆的,预感的. *aural carrier* 伴音〔声频〕载波. *aural course* 音响航向(信标). *aural de-*

aural-null presentation

tector 声波检波器. *aural harmonics* 听觉谐波〔音〕. *aural indication* 声响〔音响〕指示. *aural null* 无〔消〕音. *aural null direction finder* 零信号无线电定向设备. *aural radio beacon* 音响无线电信标. *aural radio range* 声指示〔音响式〕无线电(航向)信标,无线电导航(有)声信标,可收听无线电距离. *aural signal* 可闻〔声响,音频,音频,音频,伴音〕信号. *aural transmitter* 伴音〔录音广播〕发射机. *aural-type receiver* (电视)伴音接收机,广播接收机. *visual aural* 可见可听式,声影显示的.

aural-null presentation 无声〔消声〕显示.
auramin(e) n. 金胺,碱性槐黄.
auran′tia a. 橘黄色的,橙色的.
auran′tium [ɔːˈrænʃiəm] n. 橘黄(色),橙,柑.
au′rate n. 金酸盐.
au′reate a. 金色的,镀金的,灿烂的.
aure′ola [ɔːˈriːələ] 或 **au′reole** [ˈɔːrioul] n. ①光轮〔环〕,日〔月〕晕(轮),晕环,电晕,华,华盖 ②【地】接触变质带.
aureomy′cin n. 金霉素.
au revoir [ou rəˈvwɑː] 〔法语〕再见.
auri- (词头) ①金(基),②耳.
auri-argentiferous a. 含金银的.
au′ric [ˈɔːrik] a. (含,正,三价)金的. *auric cyanide* 氰化金. *auric hydroxide* 氢氧化金. *auric sulfate* 硫酸金.
aurichlor′ide n. 氯金酸盐.
au′ricle [ˈɔːrikl] n. ①心耳,心房 ②外耳,耳壳〔廓〕耳状部. *auricle of heart* 心耳.
au′ricled a. 有耳的,耳形的,耳状物的.
auricome n. 过氧化氢.
auric′ula [ɔːˈrikjulə] (pl. **auric′ulae**) n. 心耳〔房〕,耳廓.
auric′ular [ɔːˈrikjulə] a. 耳(状)的,听觉的. *auricular tube* 听诊器.
auricula′ris [ɔːrikjuˈlɛəris] a. (心)耳的.
auric′ularly ad. 用耳.
auric′ulate a. 有耳的,耳形的.
auricy′anide n. 氰金酸盐.
aurif′erous [ɔːˈrifərəs] a. 含〔产〕金的. *auriferous ore* 金矿.
au′riform [ˈɔːrifɔːm] a. 耳形(状)的.
Auri′ga n. 御夫(星)座.
Aurigna′cian age (旧石器时代晚期)欧里纳克期.
auriio′dide n. 碘金酸盐.
au′rin(e) n. 金精,玫红酸.
au′riphone [ˈɔːrifoum] n. 助听器.
auripigment n. 雌黄.
au′ris [ˈɔːris] (pl. **au′res**) n. 耳. *auris dextra* 右耳. *auris externa* 外耳. *auris interna* 内耳. *auris media* 中耳. *auris sinistra* 左耳.
au′riscope [ˈɔːriskoup] n. (检)耳镜.
au′rist [ˈɔːrist] n. 耳科医生,耳科学家.
au′rite n. 亚金酸盐.
auriterous a. 含金的.
auro- (词头)(亚)金(基),一价金基.
aurobromide n. 溴亚金酸盐.
au′roch n. (欧洲)野牛,原牛.

au′stenitize 或 **au′stenitise**

aurochrome n. 金色素.
auro′ra [ɔːˈrɔːrə] n. ①极光,曙光,朝霞 ②"极光号"卫星. *aurora australis* 南极光. *aurora borealis* 北极光. *aurora polaris* 极光.
auro′ral [ɔːˈrɔːrəl] a. (像)极光的,(像)曙光的,红色的,光亮的.
au′rous [ˈɔːrəs] a. (含,亚,一价)金的. *aurous oxide* 氧化金. *aurous cyanide* 氰化亚金.
auroxanthin n. 金黄质.
au′rum [ˈɔːrəm] 〔拉丁语〕n. 金 Au. *aurum foliatum* 金箔.
au′ryl n. 氧金根 AuO.
AUS = Army of the United States 美国陆军.
AuS = auxiliary switch 辅助开关.
ausaging n. 奥氏体时效处理.
Ausannealing n. 奥氏体等温退火.
aus-bay quenching 奥氏体湾淬火法,分级淬火法.
aus′cult n. 听诊.
aus′cultate [ˈɔːskəlteit] v. 听诊. *ausculta′tion* n.
aus′cultator n. 听诊器,听诊者.
auscul′tatory [ɔːsˈkʌltətəri] a. 听诊的.
auscultoscope n. 电听诊器.
aus′drawing n. 拉伸形变热处理.
aus′forging n. 锻压形变热处理,锻造淬火.
ausform′ [ɔːsˈmɔːf] n.; vt. 奥氏(体)形变,低温形变淬火,形变热处理. *ausform hardening* 奥氏体形变淬火. *ausformed steel wire* 形变热处理钢丝.
ausform-annealing n. 奥氏体形变退火,形变热处理退火(法).
ausformed a. 形变退火的,形变热处理的.
ausform-hardening n. 形变淬火,变形硬化(法).
ausforming n. 奥氏体形变,形变热处理,低温形变淬火,奥氏体轧制成形法.
aus′pice [ˈɔːspis] n. ①预(前)兆 ②(pl.)赞助,主办,保护. ▲ *under one′s auspices* 或 *under the auspices of* 由…主办(持),在…赞助下. *under favourable auspices* 顺利地.
auspic′ious [ɔːsˈpiʃəs] a. 顺〔吉〕利的,繁荣昌盛的. ~*ly* ad.
aus′puller n. 引出电报,吸极.
ausroll′ing [ɔːsˈrouliŋ] n. 奥氏体等温轧嘴淬火,贝氏体淬火,恒温淬火,滚轧形变热处理.
ausrolltempering n. 滚轧等温淬火.
austausch n. 紊流交换(量).
austem′per [ɔːsˈtempə] n.; vt. 奥氏体回火,等温淬火. *austemper case hardening* 等温淬火表面硬化,表面等温淬火(硬化). *austemper stressing* 形变等温淬火.
austenaging [ɔːstənˈeidʒiŋ] n. 奥氏体(等温)时效,奥氏体时效处理,奥氏体回火,等温淬火(调质).
austenic steel 奥氏体钢.
aus′tenite [ˈɔːstənait] n. 奥氏体,碳丙基铁. *austenite annealing* 奥氏体退火,等温退火. *austenite steel* 奥氏体钢. *Krupp austenite steel* 奥氏体铬镍合金钢.
austenit′ic [ɔːstəˈnitik] a. 奥氏体的. *austenitic manganese steel* 高锰钢,奥氏体锰钢. *austenitic stainless steel* 奥氏体不锈钢. *austenitic steel* 奥氏体钢.
au′stenitize 或 **au′stenitise** [ˈɔːstənətaiz] vt. 使成奥

au′stenize 氏体,奥氏体化. *austenitiza′tion n.*
au′stenize *v.* 奥氏体化. *austeniza′tion n.*
au′stenizer *n.* 奥氏体化元素.
austennealing *n.* 奥氏体退火,等温退火.
austeno-martensite 奥氏体-马氏体.
austere′ [ɔːsˈtiə] *a.* ①严(格,厉,肃,峻)的 ②朴素的,节约的,紧缩的. ~ly *ad.* ~ness *n.*
auster′ity [ɔːsˈteriti] *n.* ①严格[厉,肃] ②朴素,节约,紧缩.
Au′stin *n.* 奥斯丁. *Austin dam* 奥斯丁式坝. *Austin empirical formula* 奥斯丁经验公式.
aus′tral [ˈɔːstrəl] Ⅰ *a.* 南(方)的,向(偏)南的,热的. Ⅱ *n.* 南方生物带.
Austral′asia [ɔːstrəˈleiʒə] *n.* 大洋洲.
Austraia′sian *a.* ; *n.* 大洋洲的,大洋洲人(的).
Austra′lia [ɔːsˈtreiljə] *n.* 澳洲,澳大利亚.
Austra′lian [ɔːsˈtreiljən] *n.* ; *a.* 澳洲人(的),澳大利亚人(的).
Aus′tria [ˈɔːstriə] *n.* 奥地利.
Aus′trian [ˈɔːstriən] *n.* ; *a.* 奥地利的,奥地利人(的).
auswittering *n.* 铸件时效.
aut- 〔词头〕自(己,动,体,发).
aut =automatic 自动的.
aut eq =automatic equipment 自动装置[设备].
aut send = ①automatic sender 自动发送器 ②automatic sending 自动发送.
aut sign =①automatic signal 自动信号 ②automatic signalling 自动发送信号(设备).
aut tr =automatic transmitter 自动发报机,快机.
au′tacoid *n.* 自体有效物质,内分泌物.
au′tag *n.* 燃气轮机用煤油,航空汽油.
autallotriomor′phic 原生他形.
autar′chic(al) 或 **autarkic(al)** [ɔːˈtɑːkik(əl)] *a.* 经济独立的,自给自足的,绝对主权的.
au′tarchy 或 **au′tarky** [ˈɔːtɑːki] *n.* 经济独立,自给自足,自治,绝对主权.
AUTEC =Atlantic undersea [underwater] test and evaluation center 大西洋水下导弹试验和鉴定中心.
autecol′ogy *n.* 环境生态学,个体生态学.
autemesia *n.* 自发[机能]性呕吐.
auth = ①author 著者,作者 ②authority 当局,管理局 ③authorization 核准,审定 ④authorized 核准的,规定的.
authalic projection 等积投影.
authen′tic [ɔːˈθentik] *a.* ①真[确]实的,有根据的,权威性的 ②可信[靠]的,真正的,正式的. ~ally *ad.*
authen′ticate [ɔːˈθentikeit] *vt.* 证实[明],鉴定[别],认证,使生效.
authentica′tion [ɔːθentiˈkeiʃən] *n.* 证实[明],鉴定,(文电)鉴别,辨证.
authen′ticator [ɔːˈθentikeitə] *n.* ①确定[认证]者 ②文电鉴别码,密码证明信[暗]号,辨证证件.
authentic′ity [ɔːθenˈtisiti] *n.* 可靠[真实]性.
authigenes *n.* 自生. **authigenic** 或 **authigenous** *a.*
au′thor [ˈɔːθə] Ⅰ *n.* ①作[著者,作家,创始者,发起者 ②程序设计者. Ⅱ *v.* 写(作),著(书)编制,创造〔始〕.
au′thoress *n.* 女作家.
autho′rial [ɔːˈθɔːriəl] *a.* 作[著]者的,作家要.
authorisa′tion =authorization.

au′thorise =authorize.
author′itative [ɔːˈθɔːriteitiv] *a.* ①(有)权威的,权威性的,来源可靠的,可相信的 ②官方的,当局的,命令式的. *authoritative information* 官方消息. *authoritative person* 权威人士. *from an authoritative source* 据权威方面. ~ly *ad.* ~ness *n.*
author′ity [ɔːˈθɔriti] *n.* ①管理局,管理机构,上级,(pl.) 当局,官方 ②权力[限,威],职权 ③根[凭]据 ④代理权. *academic authority* 学术权威. *Atomic Energy Authority* 原子能管理局. *authorities concerned* 或 *the proper authorities* 有关方面,(有关)当局. *local authorities* 地方当局. *the competent authorities* 主管机关. ▲*authority on* M M(方面)的权威. *authority over* M 管理 M 的权力[限]. *authority to + inf.* (做…)的职权[权力]. *authority to purchase* 委托购买证. *(be) of great authority* 有权威的. *(be) the best authority on* M M(方面)的最高权威. *by the authority of* M 得 M 的许可,以 M 的权力. *exercise authority over* 对…行使权力. *have good authority for stating that* 有足够的证据说. *on good authority* 由可靠方面,由确实根据. *on the authority of* 根据. *seek an authority in* M 在 M 里找根据. *under authority* 经有关当局许可.
authority-owned *a.* 官方所有的.
au′thorizable [ˈɔːθəraizəbl] *a.* 可批准[认定,授权]的.
authoriza′tion [ɔːθəraiˈzeiʃən] *n.* 授权,委任,核准,审定,公认,认可(for, to + inf). *authorization data* 特许数据.
au′thorize [ˈɔːθəraiz] *vt.* 批[核]准,审定,认可,允许,授权,委任[托]. ▲*authorize* M *to + inf.* 授权[委托]M(做). *be authorized to issue the following statement* 受权发表下列声明.
au′thorized [ˈɔːθəraizd] *a.* 核组的,委任的,规[指]定的,公认的. *authorized access* 特许存取. *authorized agent* 指定的代理人. *authorized pressure* 容许[规定,极限]压力. *authorized signature* 印鉴. *authorized translation* 经(原作者)同意的译本.
au′thorship [ˈɔːθəʃip] *n.* 原作者,著述,来源. *Nothing is known of the authorship (of the book).* 或 *The authorship is unknown* 著者不详.
autis′tic *a.* 孤独的,自我中心的.
au′tism *n.* 孤独癖,孤僻性.
aut meas =automatic measurement 自动测量.
au′to [ˈɔːtou] *n.* 汽车. *a.* 自动的. *vi.* 乘汽车. *auto accident* (汽车)行车事故. *auto coding* 自动编码. *auto feed* 自动进给[刀]. *auto heterodyne* 自差(电路,收音机). *auto industry* 汽车工业. *auto license* 汽车执照. *auto parts* 汽车配件. *auto track* 自动调谐(线调). *auto trip* 乘汽车旅行.
auto- 〔词头〕自(动,己,身,发).
AUTO RECL =automatic reclosing 自动再次接通,自动重新闭合.
auto S &CV =automatic stop and check valve 自动截止止回阀.
autoabstract *v.* 自动摘要〔抽样,抽取〕.
au′toaccelera′tion [ˈɔːtouækseləˈreiʃən] *n.* 自动加速

(作用),自加速度.
au′to-activa′tion n. 自动活化,自体促动作用.
au′to-agglutina′tion n. 自动[体]凝集作用,自聚.
autoagglutinin n. 自凝集体.
au′to-alarm′ ['ɔ:touə'lɑ:m] n. 自动报警[器,信号,装置,接受器].
auto-analyser n. =autoanalyzer.
autoan′alyzer n. 自动分析器.
auto-antag′onism n. 自动对抗作用.
autoantibio′sis n. 自动抗生作用,自体抗菌作用.
autoan′tibody n. 自身抗体.
auto-antigena′tion n. 自身抗原形成.
autoatigen n. 自身[体]抗原.
au′tobahn ['ɔ:toubɑ:n] (pl. autobahns 或 autobahnen) n. 高速[超级]公路,快车道.
au′tobalance n. 自动平衡(器).
au′tobar n. 棒料自动送进装置.
autobarotropy n. 自动正压(状态).
au′tobias I n. 自(动)偏压,自偏差. II v. 自动偏置.
au′tobicycle n. 摩托车,机器脚踏车.
au′tobike ['ɔ:toubaik] n. 摩托车,机器脚踏车.
auto-bin-indicator n. 料仓(储量)自动指示器.
au′tobiograph′ic(al) ['ɔ:təbaiə'græfik(əl)] a. 自传(式)的. ~ally ad.
autobiog′raphy ['ɔ:toubai'ɔgrəfi] n. 自传.
autobiol′ogy n. 个体生物学.
au′toblast ['ɔ:toblæst] n. 原生子,微生物.
au′toboat ['ɔ:toubout] n. 汽艇,摩托艇.
au′tobody n. 汽车车身. autobody sheet 汽车车身薄钢板.
au′tobond n.; v. 自动接合[键接,焊接].
au′tobrake n. 自动制动器,自动刹车.
autobridge-factory n. 自动化桥梁厂.
au′tobulb n. 汽车灯泡.
au′tobus ['ɔ:toubʌs] n. 公共汽车.
au′tocade ['ɔ:təkeid] n. 汽车队伍[行列],一长列汽车.
autocap n. 变容二极管.
auto-capacity n. 本身[自身,固有,分布]电容.
au′tocar ['ɔ:touka:] n. 汽车,机动车.
autocartograph n. 自动测[制]图仪.
au′tocatal′ysis ['ɔ:təta'tælisis] n. ①自动[身]催化(作用) ②链式反应扩大.
autocatalyt′ic 或 autocat′alyzed a. 自(动)催化的.
auto-change turntable 自动唱片换局.
autochangeover n. (备用系统)自动接通机构.
au′tochanger n. 自动变换[换片]器. record autochanger 能自动换片的唱机,唱片自动交换(的)唱机.
Autochart n. 自动画流程图程序.
autochemogram n. 自辐射照像.
autochemograph n. 组织化学自显影照片.
autochroma circuit 自动色度信号电路.
autochromatank n. 自动色度信号槽.
au′tochrome ['ɔ:toukroum] I n. 彩色[天然色]照相(胶片),彩色照片[底片],投影底片,感影片. II a. (有)彩色的.
autoch′thon ['ɔ:'tɔkθən] (pl. autochthon(e)s) n. 本地人,原地岩,土著生物,土生土长的动[植]物. autochthon druse 同基晶簇.

autoch′thonal 或 autochthon′ic 或 autoch′thonous a. 本地的,原地(生成)的,本处发生的,土著的,固有的.
autocinesis n. 自动,随意运动.
auto-circuit breaker 自动断路器.
autocircula′tion n. 自动循环.
autoclasis n. 自破,自裂.
au′toclast n. 自碎岩.
autoclas′tic a. 自碎的.
autoclavable a. 可加压加热的.
au′toclave ['ɔ:təkleiv] I n. ①蒸压[压热,压煮,热压,密蒸]器,高压锅[釜],蒸压釜,耐压罐,高压灭菌器,压力反应罐,高压消毒蒸锅,蒸汽脱蜡[水]罐 ②蒸汽养护室,加压凝固室. II vt. 用高压锅[蒸压器]蒸[消毒],高压浸出,压煮,热压[压热器]处理的,蒸汽养护. autoclave curing 蒸汽高压养护. autoclave leach 高压釜[压煮器]浸出. autoclave sterilizer 高压蒸汽灭菌器. autoclave test 蒸压[压热]试验.
au′toclaved a. 热压处理过的,高压釜处理的.
autoclave-treated a. 高压釜(经压煮)处理的.
au′toclaving n. 高压灭菌[消毒].
au′toclawing n. 自动抓紧.
au′tocleaner n. 自动清洁器.
autocoacerva′tion n. 自动凝聚,自动分解脱水凝聚.
autocoagula′tion n. 自动凝结[聚].
au′tocode n.; v. 自动编码[代真].
au′toco′der ['ɔ:touˈkoudə] n. 自动编码器.
autocohe′rer ['ɔ:touko'hiərə] n. 自动粉末[凝屑]检波器.
au′tocoid n. 内分泌物,自泌物.
au′tocol′limate vt. 自(动)准直,自动对(视,照)准.
autocollimat′ic a. 自准的.
au′tocollima′tion ['ɔ:toukɔli'meiʃən] n. 自(动)准直,自动对(视,照)准.
au′tocol′limator ['ɔ:tou'kɔlimeitə] n. 自动准直[照准,瞄准]仪,自动准直管,自动平行光管,光学测角仪,(自)准直望远镜.
autocol′onizing n. 自体形成集落.
autocompensa′tion n. 自动补偿.
autocondensa′tion n. 自冷凝.
autoconduc′tion n. 自动传导,自感(应)的,自体导电法.
autoconnec′tion n. 按自耦变压器线路接线.
au′tocontrol′ ['ɔ:toukən'troul] n.; vt. 自动控制[调整,调节]. radio autocontrol 无线电自动控制.
autoconvec′tion n. 自动对流.
autoconvec′tive a. 自动对流的. autoconvective lapse rate 自动对流速率[梯度].
au′toconver′ter ['ɔ:toukən'və:tə] n. 自动变换器,自耦变压器.
autoconvolu′tion n. 自摺积.
autocorrec′tion n. 自动校正.
autocor′relater n. 自相关器.
au′tocorrela′tion ['ɔ:toukɔri'leiʃən] n. 自相关[自动校正,自动交互作用].
au′tocor′relator n. 自相关器.
autocorrelogram n. 自相关图. autocorrelogram computer 自相关式计算机.
au′tocoupling n. 自动耦合.
autocova′riance n. 自协方差,自协变. autocovariance function 自协方差函数,自协变函数.

au′tocrack n. 热裂纹,热裂(焊缝).
autoc′racy [ɔːˈtɒkrəsi] n. 独裁(政治,政府),专制制度.
au′tocrane n. 汽车(式)起重机,汽车吊.
au′tocrat [ˈɔːtəkræt] n. 独裁者.
autocrat′ic [ɔːtəˈkrætik] a. 独裁的,专制的. ~ally ad.
auto-crucible melting apparatus 自动坩埚熔炼.
au′tocue n. 自动提示器(美 tele-prompter).
auto-cut-out n. 自动阻断(截止,断路)(器).
AUTOCV = automatic check valve 自动止回阀.
au′tocycle [ˈɔːtousaikl] n. ①摩托车,机器脚踏车 ②自动循环.
autocytom′eter n. 血球自动计数器.
autodecomposit′ion n. 自动分解.
auto-decrement 自动减数〔减 1,递减〕.
AUTODEG = automatic degaussing 自动去磁.
autodestruc′tion [ɔːtodiˈstrʌkʃn] n. 自动破坏(作用),自动裂解.
autodestruc′tive a. 自动破坏的,自动裂解的.
autodetec′tor [ˈɔːtodiˈtektə] n. 自动(粉末,凝ля)检波器,自动探测仪.
autodiagno′sis [ˌɔːtodaiəɡˈnousis] n. 自己诊断.
autodiagnos′tic a. 自己诊断的.
au′todial n. 自动标(刻)度盘,自动(拨)号盘.
au′todidact [ˈɔːtodidækt] n. 自学(修)者.
autodiffu′sion n. 自扩散.
autodiges′tion n. 自身(体)消化,自溶(作用).
autodin = automatic digital network 自动数字网(络).
auto-distress signal apparatus 自动报警(呼救)信号接收机.
au′to-dope′ [ˈɔːtouˈdoup] n.; v. 自(动)掺杂.
au′to-do′ping n. 自(动)掺杂(作用).
au′to-draft v. 自偏差,自动制图.
au′todrafter n. 自动绘图机.
autodrinker n. 自动饮水器.
au′todyne [ˈɔːtdain] a.; n. ①自差(的,的)自拍(的)②自差接收器,自差收音机 ③自差接收电路,自激振荡电路. autodyne circuit 自差(自拍)电路. autodyne radio 自差式接收(收音)机.
autoe′cism n. 单主寄生.
autoecol′ogy n. 个体生态学.
au′toelectron′ic [ˈɔːtouilekˈtrɔnik] a. 场致(电子)放射(的),自动电子发射的. autoelectronic current 场致发射电流. autoelectronic emission 自动电子放射.
autoemis′sion n. 自动发(辐)射.
autoenlarging apparatus 自动放大机(器).
autoen′zyme n. 自溶酶.
auto-epila′tion n. 毛发自落.
au′toexcita′tion [ˈɔːtouekˈsiteiʃən] n. 自激(励,振荡).
au′toexci′ting a.; n. 自激(的).
au′to-exhaust n. 汽车排汽.
au′tofeed n.; v. 自动送料,自动进给,自动推进.
au′to-feed′er n. 自动送料器,自动进给装置.
autofermenta′tion n. 自发酵(作用).
au′tofining n. 自动(氢自供)精炼(催化加氢精炼石油产品),自氢精制,自动澄清(法).
autoflareout n. 自动拉平.

au′toflash n. 自(动)闪光.
au′tofleet n. 汽车队.
autoflocculation n. 自动絮集,自絮凝(作用).
au′toflow n. 自动流程图,自动画框图.
autofluores′cence n. 自(身)荧光.
autoflu′orogram n. 自身荧光图.
autoflu′orograph n. 自身荧光图.
autoflu′oroscope n. 自身荧光镜.
autofly′ing n. 自控飞行.
auto-fo′cus v. 自(动)聚焦,自动对光.
autofol′low n.; v. 自(动)跟踪.
autofol′lowing n. 自动跟踪.
au′toform′er n. 自耦变压器.
autofrettage n. 挤压硬化内表面的压力容器制造法,(炮筒)内膛挤压硬化法;预胀,冷作预应力(法),预应力加工,冷加工.
autofretted gun 自紧(内膛挤压硬化)炮.
autog = autograph(ed)亲笔,手稿.
auto-gain control 自动增益控制.
autog′amy n. 自身受精.
autogardener n. 手扶园艺拖拉机.
autogeneous a. 自生的.
autogen′esis n. 自生(论),自然发生,自热.
autogenet′ic a. 自生的,自然的,自成的.
autogenic = autogenous.
autogenor n. 自动生氧器.
autog′enous [ɔːˈtɔdʒinəs] a. ①自生〔气〕焊的,不用焊料焊接的,锻接的,自热的 ②自(偶)生的,自动的. autogenous cutting 气炔熔化,(乙炔)气割. autogenous fusing 气(炔)气割. autogenous grinder (mill) 自磨机. autogenous hose 气焊用软管. autogenous ignition 自动着火,自燃. autogenous soldering 气焊(法),熔接(法),氧铁软焊. autogenous stream 自生河流. autogenous weld(ing)气(乙炔,熔融)焊.
autog′eny [ɔːˈtɔdʒini] n. 自生.
autogeosyncline n. 平原地槽.
autogira′tion n. 自(动旋)转,自旋.
autogi′ro [ɔːtouˈdʒaiərou] n. ①(自转)旋翼(飞)机,直升飞机 ②自动陀螺仪.
autogno′sis [ɔːtɔɡˈnousis] n. 自己诊断.
autognos′tic a. 自己诊断的.
au′tograft n. 自身移植,自体组织移植.
au′togram [ˈɔːtoɡræm] n. 压印,皮印(痕).
au′tograph [ˈɔːtoɡrɑːf] Ⅰ n. ①亲笔(签名,书写),手稿,手笔 ②自动绘图仪 ③真迹石印版. Ⅱ vt. ①亲笔写,署名,签名于 ②用真迹石版术复制. autograph reception 记录接收.
autograph′ic [ɔːtəˈɡræfik] a. 亲笔的,自署的,自动记录的,自动绘图的,用石版术复制的. autographic record 自动记录. autographic (recording) apparatus 自动(图示)记录仪.
autographom′eter [ɔːtəɡræˈfɔmitə] n. 自动图示仪,地形自动记录器.
autog′raphy [ɔːˈtɔɡrəfi] n. 亲笔(签名),笔迹(按手稿影印)真迹版,石版复制术,自动测图(描绘)记).
autogravure′ [ɔːtəɡrəˈvjuə] n. 照相版雕刻法.
autogy′ro = autogiro.

au'tohand n. 机械手,自动手.
autohe'sion n. 自粘(性,力,作用).
autohet'erodyne [ɔ:tou'hetərədain] n. 自差线路(收音机),自差接收机,自差,自拍.
autohighway n. 汽车公路.
autohitch n. 自动挂钩.
autohoist n. 汽车起重机,汽车吊.
autohomeomor'phism n. 自动异质同像.
autoignite' v. 自燃,自动点(着)火. *autoigniting propellant* 自燃推进剂.
autoigni'ter n. 自动点火器.
autoignit'ion [ɔ:touig'niʃən] n. 自燃(点),自动点火. *autoignition temperature* 自燃(自动)点火温度.
autoimmune n. 自身免疫.
autoimmu'nity n. 自身免疫性.
auto-increment n. 自动加数(加1,递增).
autoin'dex n.; v. 自动变址(数),自动(编)索,自动索引.
auto-induc'tion n. 自(动)感(应).
auto-induc'tive a. 自(动)感(应)的.
autoinfec'tion n. 自体感染,内源性感染.
autoinfla'tion n. 自动充气(膨胀).
au'to-inhibition [ɔ:touinhi'biʃən] n. 自动抑制(阻化,阻尼)作用.
autoinocula'tion n. 自体接种.
autointerfe'rence n. 自身干扰.
autointoxica'tion n. 自身中毒.
auto-ioniza'tion n. 自电离,自体电离(作用).
autoi'onize v. 自电离.
au'toist n. 开汽车的人.
auto-jigger n. 自耦变压器.
au'tokeyer ['ɔ:toukiə] n. 自动键控器.
autokine'sis [ɔ:toukai'ni:sis] n. 自动(体)运动,运动灵敏度.
autokinet'ic a. 自动的,自体动作的,随意运动的.
autoland n.; v. 自动着陆(系统).
autolay n. 自动开关(敷设,扭绞).
autolean n. 自动贫化的.
au'tolesion [ɔ:toli:ʒn] n. 自伤.
au'tolesionism [ɔ:toli:ʒnizm] n. 自伤行为.
autolesionist n. 自伤者.
au'tolevel n. 自动找平,自动调节水准.
au'tolift n. 汽车(自动)升降机,汽车起重机,汽车吊.自动升(举)船机.
au'toline n. (高速)道路,高速公路.
autolith n. 同源色体.
au'toload v. 自动加载(装入,装填,装载,上料,送料).
au'toloader [ɔ:touloudə] n. 自动装载机,自动装运机,自动装卸机(车),自动装填器,自动送料机.
autologous a. 自体的.
autolumines'cence n. 自发光.
autolysate n. 自溶(产)物.
autolyse =autolyze.
autol'ysis n. 自(动)溶,自变质,自体分解.
autolysin n. 自溶素(酶).
au'tolyte n. (矿)道脉.
autolyt'ic a. 自溶的.
autolyzate n. 自溶产物.
au'tolyze ['ɔ:tǝlaiz] v. 自溶,自己溶解.
automa-design n. 自动设计.

au'tomaker ['ɔ:toumeikǝ] n. 汽车制造者(厂,公司,商).
au'to-man n. ①汽车制造商 ②自动-手控转(换开关).
automan'ual a. 半自动的,自动-手动的. *automanual system* 半自动式,半自动系统.
au'tomat ['ɔ:təmæt] n. ①自动机(器),自动装置(开关,电话),自动调节(控制,监控)器,自动照相(售货,售票)机 ②自动(涡锋)枪,机关炮 ③自助食堂.
autom'ata [ɔ:'tɔmǝtǝ] automaton的复数.
automatable a. 可自动化的.
au'tomate [ɔ:tǝ'meit] vt. 使…自动化.
au'tomated [ɔ:tǝ'meitid] a. 自动化的,自动操纵的.
au'tomath n. 自动数学程序.
automat'ic [ɔ:tǝ'mætik] a. Ⅰ. ①自动(机,化,操作,作用)的,自记的,自然的. Ⅱ n. 自动装置,机械,手枪,火炮. *automatic alternative routing* 迂回接续. *automatic arc welding* 自动(电)弧焊(接). *automatic attenuator* 自动衰减器. *automatic burette* 自调(给)滴定管. *automatic carriage* (电动打字机送纸用的)自动滚轴(走纸,滑架). *automatic computer* 电子(自动)计算机. *automatic control* 自动控制(调节). *automatic cut-out* 自动截止(切断,阻断),自动开关,自动断路(流)(器). *automatic dictionary* 自动化(翻译,检索)词典. *automatic factory* 全自动工厂. *automatic feed* 自动送装(进料,送卡,走刀,馈电). *automatic flap gate* 自动活瓣(舌瓣)门. *automatic ignitor* 自动点火器. *automatic interrupter* 自动开关(断续器). *automatic machine* 自动机,自动装置. *automatic plug mill process* 自动轧管法. *automatic programming* 自动编程作,自动程序设计,程序自动化. *automatic remote control* 自动遥控. *automatic reporting* 数据自动传送. *automatic rich* 自动富化. *automatic steel* 易切钢,高速加工钢,自动机用钢. *automatic time switch* 自动定时开关. *automatic toll dialling* 长途全自动拨号. *automatic window* 自动开闭玻璃窗. *completely automatic* 完全自动的. *full(y) automatic* 全自动-. *partial(ly) automatic* 半自动的.
automat'ical [ɔ:tǝ'mætikǝl] a. 自动(化,操作,作用)的.
automat'ically ad. ①自动地,机械地,自然(而然)地 ②(同时)本身. *The information is automatically the control* 信息本身就是控制.
automatic-blowdown system 自动快速卸压系统.
automatic-control n. 自动控制(调节).
automatic-feed n. 自动进料(走刀,馈电).
automatic-gain-control n. 自动增益控制.
automatic'ity [ɔ:təmə'tisiti] n. 自动(性),自动化程度,灵巧度.
automat'ic-man'ual a. 自动-手动的,自动-人工的,半自动的.
automatic-range-only radar 自动测距雷达.
automat'ic-re'lay sta'tion 自动中继站.
automat'ic-release' n. 自动释放.
automat'ics n. 自动学,自动化理论,自动装置(车床,机(械)).

automatic-track-following 自动径迹跟踪.

automa′tion [ɔ:təˈmeiʃən] n. 自动(学,机,器,机构,装置,操作),自动监控器,(工业)自动化. *automation design* 自动设计(在设计上应用电子计算机的方法). *automation line* 自动线. *automation process* 自动化过程. *digital automation* 数字自动装置,数字自动化. *process automation* (生产)过程自动化.

autom′atism [ɔ:ˈtɔmətizm] n. 自动(性,力,作用).

automatiza′tion [ɔ:təmæti′zeiʃən] n. 自动化. *digital automatization* 藉数字计算机自动化.

autom′atize [ɔ:ˈtɔmətaiz] vt. 使...自动化.

automat′ograph [ɔ:təˈmætəgrɑ:f] n. 自动记录器,点火检查示波器.

autom′aton [ɔ:ˈtɔmətən] (pl. *autom′atons* 或 *autom′ata*) n. =automat.

autom′atous [ɔ:ˈtɔmətəs] a. 自动的.

auto-mechanism n. 自动机构.

autometamor′phism n. 自变质作用.

autom′eter n. 汽车速度表(计).

automicrom′eter n. 自动千分尺.

automne′sia n. 自(然回)忆.

automobile [ɔ:təˈmi:əl; ɔ:təməˈbi:l] Ⅰ n. ①(小)汽车,自动(机动)车 ②车辆,机器,发动机. Ⅱ a. 自动的,汽车的. Ⅲ v. 开(乘)汽车. *automobile body sheet* 汽车车身薄钢板. *automobile engine* 汽车发动机,汽车内燃机. *automobile oil* 车用润滑油.

automo′bilism n. 开汽车,汽车使用.

automo′bilist n. 驾驶(使用)汽车者,汽车司机(驾驶员).

automodula′tion [ɔ:toumɔdju′leiʃən] n. 自调制.

automoment n. 自(相关)矩.

automon′itor [ɔ:tou′mɔnitə] n. 自动(程序)监控器,自动监测器,自动监视程序(器),自动记录器.

automor′phic a. 【地】自形的,【数】自守的,自同构的. *automorphic function* 自(有)守函数. *automorphic granular* 自形粒状.

automor′phism n. 自同构.

automorphous a. =automorphic.

automo′tive [ɔ:təˈmoutiv] a. 自动(机,车,推进)的,自放的,机动(车)的,汽车的. *automotive effect* 自放效应. *automotive engineering* 汽车工程. *automotive industry* 汽车制造业. *automotive truck* 载重汽车,卡车,运货汽车.

automotoneer n. (电车)手轮限位装置.

automutagen n. 自生引变剂.

automutagenic′ity n. 自发突变性.

autonarco′sis n. 自我催眠(麻醉).

autonav′igator n. 自动导航仪(领航仪,导航系统),自动定位器.

autonomic a. 自治(主)的,自己管制的.

auton′omous [ɔ:ˈtɔnəməs] a. 自治(主)的,自备(给,激)给的,自律(身)的,自主的. *autonomous channel* 独立(自主)通道. *autonomous circuit* 自激电路. *autonomous information handling* 自控的信息处理. *autonomous working* 自主(孤立,独立)工作.

auton′omy n. 自治(权),自主(性),自立工作.

au′tonym [ˈɔ:tənim] n. 本(真)名,用真实姓名发表的著作.

auton′ymous a. 自名的.

autooscilla′tion n. 自振(荡),自摆.

autooxida′tion n. 自(动,然,行)氧化.

auto-oxidizable a. 自身可被氧化的.

auto-pack n. 自动填塞.

auto-panel n. 自动控制指示板.

autopar′asite n. 自身寄生物.

autoparthenogen′esis n. 人工单性生殖.

au′topatching n. 自动插接(修补).

au′topath n. 自发病者.

autopath′ic a. 自(特)发病的.

autopathy n. 自发病.

autopatrol n. ①自动巡逻 ②汽车巡逻.

autoped n. 双轮机动车.

autophagy n. 自体吞噬.

autophasing n. 自动稳相.

au′topho′toelec′tric effect 自生光电效应.

autopia n. 汽车专用区.

autopiler n. 自动编译程序.

autopiling n. 自动传送.

au′topi′lot [ˈɔ:təˈpailət] n. 自动驾驶仪,自动驾驶装置,自动导航(装置),自动舵(装置).

autopilot-navigator n. 自动驾驶领航仪.

autopi′racy n. 本族袭夺,自然裁育.

auto-pitch control 仰角自动控制.

au′toplane n. 有翼汽车,自动(操纵)飞机.

auto-plant n. 自动设备(装置,工厂).

autoplotter n. 自动绘图机.

autopneumatol′ysis n. 自气化(作用).

autopoi′sonous a. 自毒的,毒害自身的.

autopolling n. 自动轮询.

autopol′ymer n. 自聚物.

auto-polymeriza′tion n. 自(动)聚合(作用).

autopolyploid n. 同源多倍体.

autoprecipita′tion n. 自动沉淀析出,自沉淀(作用).

autopressuregram n. 加压反应产生的自射线照相(片).

auto-preview n. 自动预观(预看).

autoprothrombin n. 自凝血酶原.

autoprotolysis n. 自质子分解,质子自迁作用,质子自迁移作用.

autop′sia [ɔ:ˈtɔpsiə] (拉丁语) n. 尸体解剖(剖检). *auto-psia in vivo* 活体剖检.

au′topsy [ˈɔ:tɔpsi] n. 尸检,尸体解剖(检验),亲自勘察,实地观察.

autopsy′che [ɔ:toˈsaiki] n. 自我意识,自觉.

autop′tic(al) [ɔ:ˈtɔptik(əl)] a. 尸体解剖的,检查的,以实地观察为依据的.

au′topulse n. 自动脉动(冲).

auto-punch n. 自动冲压硬度试验机,砂型硬度计.

autopunit′ion [ɔ:tɔpjuˈniʃn] n. 自谴,自罚,自责.

auto-purifica′tion n. 自动净化,自净(作用).

autoradar n. 自动跟踪雷达. *autoradar plot* 雷达标图板.

au′to-ra′dio [ˈɔ:toʊˈreidiou] n. 汽车(用)收音机.

autora′diogram [ɔ:təˈreidiougræm] n. 自动射线照相(摄影),放射自显影.

autora′diograph [ˈɔ:toʊˈreidiəgrɑ:f] n. 自动射线(X光)照相(摄影),放射自显影照片,射线(自)显迹,放射自显影(谱).

autoradiographed a. 自动射线照相过的.

autoradiograph′ic a. 自动射线的,射线[放射性]自身照相的,放射自显影的.
autoradiog′raphy n. 自动射线照相[摄影]术,射线显迹法,放射自显影(术,法).
autoradiol′ysis n. 自辐射分解.
autoradiomicrog′raphy n. 自动放射显微照相术.
autoradiotitrim′eter n. 自动放射滴定法.
au′toraise n. 自动升起.
autorecor′der n. 自动记录器.
autoreduc′tion n. 自动还原.
autoreduplica′tion n. 自重复.
autorefrigera′tion n. 自(动制)冷作用.
autoregistra′tion n. 自动登记[读数,对准].
autoregres′sion n. 自回归.
autoregressive source 自(回)归信号源.
autoregula′tion n. 自动[体]调节.
auto-relay n. 帮电[级]继电器,自动替续器.
auto-repeater n. 自动重发器,自动替续增音器.
autorepopula′tion n. 自动再殖,自行增殖.
autoreproduc′tion n. 自体繁殖.
autorever′sive a. 自动倒车[换向]的.
au′torich n.; a. 自动富化[加浓](的). autorich mixture 自动富化的混合气(燃料-空气比).
au′toroad n. 汽车路.
auto-room n. 自动(交换)机室.
autorotate v. 自转[旋].
autorota′tion n. 自(动旋)转,自旋.
au′toroute n. 汽车行驶线.
autorhythmic a. 自主节律的.
autoscintigraph n. 闪烁自显影(谱).
autoscintig′raphy n. 闪烁自显影法.
au′toscope n. (检查发动机点火系统故障用)点火检查示波器.
AUTOS & CV =automatic stop and check valve 自动停止和止回阀.
autoselec′tor n. 自动选择[速]器.
autosensibiliza′tion n. 自敏化.
autosensitiza′tion n. 自身敏感,自动增感,自体致敏(作用).
Autosevcom n. 自动安全频通信网.
au′tosizing n. 自动尺寸监控,自动测定大小;自动上胶.
au′toslat n. 自动前缘缝翼.
autosledge n. 自卸式拖运器.
autoslot n. 自动缝隙[翼缝].
autosome n. 常[正,体]染色体.
auto-sorter n. 自动分类机.
autospinning n. 自动旋转.
autospore n. 自体孢子.
AUTOSPOT = automatic system for positioning tools 刀具自动定位系统.
au′tospotter n. 着弹自报机.
au′tospray n. 自喷器.
autostabil′ity [ɔːtoʊstəˈbiliti] n. 自(动)稳定性.
autostabiliza′tion n. 自动稳定(过程).
autosta′bilizer n. 自动稳定器,自动稳定装置. autostabilizer unit 自稳装置.
au′tostable a. 自动稳定的.
autostairs n. 自(活)动梯.
autostar′ter [ɔːtoʊˈstɑːtə] n. 自动(单卷,自耦变压器式)起动器;自动发射架,自动发射装置.
autosteerer n. 自动转向装置.
autostereoscopic screens 自动立体(荧光)屏.
autosteriliza′tion n. 自灭作用.
au′tostop n.; v. 自动停止(器,装置),自动停机,自动停车(装置).
autostopper n. 自动停止装置,自动制动器.
autostrada (pl. autostrade) [意大利语] n. 高速公路干线,高速公路.
auto-stressing n. 自应力.
au′tostrip n.; v. 自动剥落[拆卸].
auto-switch n. 自动开关.
autosyn′ [ˈɔːtouˈsin] I n. 自动同[整]步机[器],交流同步器,自动同步的伺服电机;自整角机,远距传动器. II a. 自动同步的. tilt autosyn 仰角自动同步机.
autosyn′chronous a. 自(动)同步的.
autosyndesis n. 同源联会.
autosyn′thesis n. 自动(体)合成,自身再生.
au′totelegraph n. 电写,书面电传机,电传真机.
autotemnous a. 自断的,自切的.
auto-tempering n. 自身回火.
au′totest n. 自动测试(程序).
autotetraploid n. 同源四倍体.
autother′apy [ˈɔːtouˈθerəpi] n. 自愈,自疗.
autother′mic [ˈɔːtouˈθəːmik] a. 热自动(补偿)的,自(供)热的. autothermic cracking 自裂解,自(供)热裂化,氧化裂化.
autothermoreg′ulator n. 自动温度调节器.
autothreading n. 自动引带.
auto-throttle n. 自动节流活门,自动油门.
au′totimer [ˈɔːtoutaimə] n. 自动计[定]时器,接触式自动定时钟.
autotitrator n. 自动滴定器.
autot′omy n. 自身分裂(动物体)自断.
autotoxin n. 自体毒素.
au′totrace n. 电气-液压靠模仿型铣床.
au′totrack n.; v. 自动跟踪.
autotracker n. 自动跟踪装置.
au′totrain n. 汽车列车.
AUTOTRANS =autotransformer.
autotransduc′tor n. 自耦磁放大器.
autotransfor′mer [ˈɔːtoutrænsˈfɔːmə] n. 自耦(单卷)变压器. starting autotransformer 启动(用)自耦变压器.
autotransmit′ter n. 自动传送机,自动发报机.
autotransplanta′tion n. 自体移植.
autotrembler n. 自动断续器,自动振动器.
auto-tricycle n. 三轮卡车.
autotrigger n. 自动触发.
auto-trol a. 自动控制的.
autotroph(e) n. 自养[无机营养]生物,自养菌. facultative autotrophs 兼性自养生物. obligate autotrophs 专性自养生物.
autotroph′ic a. 自养的,自给的,无机营养的. autotrophic bacteria 自养细菌.
autot′rophy [ɔːˈtɔtrəfi] n. 自养,无机营养,自养性营养.
autotrop′ic a. 向自的.
autotropism n. 向自性,自养.

au′totruck [′ɔ:toutrʌk] n. 载重[运货]汽车,(大)卡车.

au′totune [′ɔ:tou′tju:n] n.; v. 自动调谐[统调].

au′totype [′ɔ:tətaip] I n. ①复印[制]品,复写 ②影印术,照像印刷术,用感光性树脂代替明胶的制版法 ③自型. II vt. 影印,复制.

au′tovac n. 真空箱(罐),真空装置.

autovaccine n. 自体疫苗.

au′tovalve n. 自动阀,自动活门.

auto-vapo(u)r v.; n. 自己蒸汽压缩,自汽压缩(法),自动汽化.

autovariance n. 自方差.

autover′ify vt. 自动检验[核实].

autovoltmeter n. 自动电压表.

autovon = automatic voice network 自动电话网.

autovulcaniza′tion n. 自动硫化.

autovulcanize v. 自动硫化.

autowarehouse n. 自动化仓库.

autoweak n.; a. 自动贫化[稀释](的).

autoweighing n. 自动计量.

auto-wrecking a. 废车的,失事汽车的,汽车残骸的.

auto-wrench n. 自动扳手.

autoxida′tion n. 自动氧化,自(身)氧化(作用).

autoxidator n. 自动氧化剂.

autoxidisable 或 **autoxidizable** a. (可以)自动氧化的.

autrom′eter n. 自动多元素摄谱仪(可在一样品中同时定性定量分析达 24 种元素).

au′tumn [′ɔ:təm] n. ①秋(天,季) ②成熟[渐衰]期.

autum′nal [ɔ:′tʌmnəl] a. 秋(天,季)的. autumnal equinox 秋分(点).

autunite n. 钙铀云母. sodium autunite 钠铀云母.

autur n. 燃气轮机燃料.

AUW = all-up weight (火箭)发射重量,(飞机)起飞重量,总(最大)重量.

auxano- [′ɔ:ksəno-] 〔词头〕增大,肥大,长大,发育.

auxanogram n. 生长谱,(测环境因素的)多种生长情况平面培养象.

auxanograph n. 生长谱测定仪,(测环境因素影响的)生长仪.

auxanol′ogy n. 发育学.

auxe′sis [ɔ:k′si:sis] n. 增大,发育,成长,长大.

auxet′ic [ɔ:k′setik] I a. 增大的,(有关)成长的,发育的. II n. 长成物,发育剂.

aux(il) = auxiliary.

AUX-in = auxiliary input 辅助输入.

auxil′iary [ɔ:g′ziljəri] I a. 辅(补)助的,副的,备用〔份〕的,次要的,补充的,附加的[从]属的. II n. 常用〔借〕物件,附件,辅助品,辅助〔附属,辅助设备〔装置〕,辅助物,辅助人员,附属人员[团体],辅助部队. auxiliary air 辅助(二次,补给)空气, auxiliary boards 厂用配电盘. auxiliary bridge 便〔临时,辅助〕桥. auxiliary circle 辅助〔参考〕圆. auxiliary circuit 辅助电路. auxiliary condition 附加条件. auxiliary electrode 副〔辅助〕电极. auxiliary engine 辅(助发动)机,备用发动机. auxiliary equipment 辅助设备〔机件〕,附件,辅助品,辅助〔备用〕设备. auxiliary feeder 副辅助〕馈(电)线. auxiliary machine 辅(助)机,备用机器. auxiliary power station 辅助〔备用〕发电站. auxiliary power supply 自备供电设备. auxil-

iary service 附属服务设备. auxiliary sound carrier unit 伴音载波设备. auxiliary stair 便梯. auxiliary value 修正〔校正〕系数. mill auxiliaries 工厂〔车间〕附属设备. naval auxiliaries 辅助舰.

auxiliomotor n. 辅助[刺激]运动的.

auxilium n. 救护车.

auxilysin n. 促溶素.

auxilyt′ic [ɔ:ksi′litik] a. 促溶解的.

aux′ximone [′ɔ:ksimoun] n. 促生长素[剂].

au′xin n. 植物生长[激]素.

auxinotron n. 辅助加速器,强流电子回旋加速器.

auxiom′eter [ɔ:ksi′ɔmitə] n. ①度度计,透镜放大计,量测透镜放大率的装置 ②测[动]力计.

au′xo- [′ɔ:kso-] 〔词头〕发育,促进,增加,加速.

auxo-action n. 促进[辅助,加速]作用.

auxoautotrophs n. 生长素自养微生物.

auxobaric a. (心)加压的.

auxocar′dia [ɔ:kso′kɑ:diə] n. 心扩大,心舒展.

au′xochrome n. 助色团[基].

auxochrom′ic a. 助色的.

auxoflorence n. 荧光增强.

auxofluorogen n. 助荧光团.

au′xograph [′ɔ:ksəgrɑ:f] n. 体积变化(自动)记录器.

auxoheterotroph n. 生长素他给微生物.

auxohor′mone [ɔ:kso′hɔ:moun] n. 维素素.

auxol′ogy [ɔ:k′sɔlədʒi] n. 生长学,发育学.

auxometer = auxiometer.

AV = ①acid value 酸值 ②actual velocity 实际速度 ③air vent 空气出口 ④apparent viscosity 表观粘度 ⑤apparent volume 表观容积 ⑥audio-visual 视听的.

av = ①ad valorem 〔拉丁语〕按价值 ②atomic volume 原子体积 ③ average 平均(值),海损 ④ avoirdupois (英国)常衡(制) (一磅=17 英两).

A-V = audio-visual 视听的.

av wt = ①average weight 平均重量 ②avoirdupois weights 英国常衡制(一磅=17 英两).

avail′ [ə′veil] I v. 有益[利,助]于,有用[效],帮助. ▲avail (oneself) of 利用,趁(机会). II n. 效用,利益,帮助. ▲(be) of avail 有用[益]. (be) of little avail 不怎么有用[效]. (be) of no avail(完全)无用[效]. to little avail 不大有用[效]. without avail 徒然,无效[益],徒劳地.

availabil′ity [əveilə′biliti] n. ①可得到的,可获量,可达性,存在,具备,(现)有 ②可利用,可(利,资应)用性,有用[效](性),使用价值,(有效)利用率,工作效率,有效工作时间,可用能,媾 ③有效(度),有益. availability energy 有效能. availability factor (使用)效率,(可用)效[性],使用系数,利用因素,设备资用因数,运转因数(设备的运转时间与包括准备时间的总时间之比). availability of oil 可采石油. availability system 系统利用率(可用性),有效工作系统. limited availability 有限利用度.

avail′able [ə′veiləbl] a. ①可得到[买到],达到,获得,供应的,现有的,存在的,备有的 ②可[有用]的,可用[效]的,合用的,适合的,适用于…的 ③通用的,便利的. available base 符合要求的基层. available energy 有效能(量),可利用能,代谢能,资用能. avail-

able factor 可利用系数. *available head* 可用水头〔压差〕,有效水头. *available line* 有效扫描线长度. *available (machine) time* 机器(的)有效工作时间,开机时间. *available metal* 可用金属. *available moisture* 有效水分. *available nutrient* 有效养分. *available power* 有效〔可用,费用〕功率,匹配负载功率. *available power efficiency* 有效功率效率,有功效率. *available supplies* 现有备品. *available surface* (海)的自由表面. *available work* 费用功(量). *commercially available* 市场上可以买到的. *Accessories are available to convert the instrument to other variations.* 备有改装本仪器的附件. *Chinese commodities available for export* 供出口的中国商品. *Pamphlet No. 14 is available on request* 说明书 No. 14 承索即寄. ▲*(be) available for use* 可以加以应用. *be available to* M M 可以采用〔得到〕的. *be available to + inf.* 可以用来(做). *employ all available means* 千方百计,用尽所有办法.

avail'ableness [ə'veiləblnis] *n.* 有效〔利〕,效〔利〕用.
avail'ably [ə'veibli] *ad.* 有效〔益〕地.
avaite *n.* 铂铱矿.
aval 〔法语〕担保.
aval =available.
av'alanche ['ævəla:nʃ] *n.*; *v.* ①(离子)雪崩(效应),冰(土,山)崩,崩落(坍),坍方,崩下的雪堆 ②拥至,大量拥进(投入),飞来,蜂拥而来(of). *avalanche baffle* 坍方防御建筑物. *avalanche breakdown* (电子)雪崩击穿. *avalanche defence* 防坍,崩坍防护. *avalanche mode* 崩溃模. *avalanche prevention works* 防崩工程. *avalanche transistor* 雪崩晶体管. *avalanche voltage* (电子)雪崩电压. *avalanches of dislocation* 位错崩. *electron avalanche* 电子雪崩. ▲*an avalanche of* 突然一阵的,蜂拥而来的,如雪片飞来的. *with the momentum* 〔*force*〕 *of an avalanche* 以排山倒海之势.
avalite *n.* (富)铬云母.
avalvular *a.* 无瓣的.
av'ant-cou'rier ['ævã:ŋ'kuriə] (法语) *n.* 先驱, (pl.)先锋,先进部队,侦察队.
av'ant-garde ['ævã:ŋ'gɑ:d] (法语) *n.*; *a.* 先锋(的),先驱(的),创始的,标新立异的. *avant-garde pictures* (电影正片开映前的)副片.
avant-port *n.* 前港.
av'arice *n.* 贪婪,贪得无厌. **avaric'ious** *a.*
avascular *a.* 无血管(供应)的.
avasite *n.* 硅(褐)铁矿.
avast' [ə'vɑ:st] *int.* 停住.
avatar' [ævə'tɑ:] *n.* 化身,体现,具体化.
AVC = ①automatic volume control 自动音量〔容积〕控制 ②auxiliary voltage controller 辅助电压控制器.
Avcat *n.* 航空用重煤油(航空母舰所载飞机的重油燃料).
AVCS =advanced vidicon camera system 先进光导摄像管摄影系统.

avdp =avoirdupois (英国)常衡(制)(一磅=17英两).
AVE =automatic volume expansion 自动音量扩展.
ave =avenue 大路,道路.
aven *n.* 落水洞.
avenge' [ə'vendʒ] *vt.* (替…)报(仇),报复. ▲*avenge M on* 〔*upon*〕 *N* 替 M 向 N 报仇. *be avenged on* 或 *avenge oneself on* 向…报仇.
aven'turine [ə'ventjurin] I *n.* 砂金石(一种含铁的长石),金星石(嵌有黄铜粉的茶色)玻璃. II *a.* (有)星彩的,有金星的. *aventurine quartz* 星彩石英.
aventuriza'tion *n.* 光点闪光,闪光,闪烁.
av'enue ['ævənju:] *n.* ①大路(道),(大)马路(道),林荫路 ②通路,门〔途〕径,方法,手段. *an avenue to success* 成功的途径〔道路〕. *avenue of approach* 解决的途径. *avenue tree* 行道树.
aver' [ə'və:] (*averred*; *averring*) *vt.* 断言,主张,证明.
av'erage ['ævəridʒ] I *n.* ①平均(数,值,标准),一般水平 ②海损,(核反应堆)事故. II *a.* ①平均的 ②普通的,一般的,正常的,平常(中间,中性)的 ③按海损估价的. *assembly* 〔*ensemble*〕 *average* 统计〔系集〕平均值,"数学期待",数学预算. *average adjuster* 海损理算师. *average error* 平均误差. *average man* 普通人,常人. *average quadratic error* 均方误差. *average repair* 海损修理. *average tempering* 中温回火. *average value* 平均值. *circular error average* 平均圆形误差. *efficiency average* 平均效率,平均出力. *fuel average* 平均燃油消耗量. *general average* 一般平均值,共同海损. *particular average* 单独海损. *time average* (对)时间(的)平均值. *weighted average* 加权中数,加权平均(值). ▲*above* (*the*) *average* 在平均(一般水准)以上. *below* (*the*) *average* 在平均(一般水准)以下. *on a rough average* 大致平均一下. *on an* 〔*the*〕 *average* 平均,作为平均数,按平均数计算. *strike* 〔*take*〕 *an average over* 把…平均起来,对…求平均值〔数〕. III *vt.* 平均(是,为),求平均数(值),均分,按比例分配,均化. ▲*average out* 平均是,达到平均值,中(匀)和,最终得到平衡. *average over* 在…上求平均值.
av'eraged *a.* 平均的,平均了的.
av'erage-edge line 平均边沿线,平均宽度.
average-power-range *n.* 平均功率范围.
av'erager *n.* 平均(中和,均衡)器,中和剂.
average-reading detector 平均值检波器.
average-test-car run 平均试验车行程.
av'erage-to-good *a.* 中上等的(中等以上(质量)的).
av'erage-weight'ed *a.* 加权平均的.
av'eraging *n.*; *a.* 平均(的),求平均数,求(取)平均值,平均值(的)中和,(的),混匀(的). *averaging AGC* 平均值自动增益控制. *averaging operator* (求)平均(数)算子. *averaging rectifier* 平均整流器.
aver'ment [ə'və:mənt] *n.* 断言,主张,表明,证明.
aver'sion [ə'və:ʃən] *n.* ①厌(嫌)恶(for, from, to) ②互避生长 ③移转,移位 ④讨厌的人〔东西〕. ▲*have an aversion to* 〔*for*〕不喜欢,讨厌.

avert' [ə'vəːt] vt. ①避〔转〕开,躲避,转移,掉转(from) ②防止,避免. *Preparedness averts peril* 有备无患.

aver'tence n. 偏斜,倾斜.

aver'ter n. 避免(危险)装置. *panic averter* 应急弹射装置.

aver'tible a. 可避免的,可防止的.

AVF =availability factor 效率,利用率因数.

AVFR =available for reassignment 可供再分配.

avg =average 平均值,海损.

av'gas ['ævgæs] n. 航空(飞机用)汽油,活塞式飞机发动机的燃料.

AVI =adjustable voltage inverter 可调电压反向变换器.

a'vian ['eivion] a. 鸟(类)的,禽的.

a'viate ['eivieit] vi. 飞行,航行,驾驶飞机.

avia'tion [eivi'eiʃən] n. ①航空(兵,学,术),飞行(术) ②飞机制造业 ③军用飞机. *aviation channel* 航空空用信道,航空无线电信道. *aviation colors* 航空信号用色. *aviation ground*〔field〕飞机场. *aviation oil* 航空用油. *civil*〔commercial〕*aviation* 民(用)航(空). *combat aviation* 军用机练习飞行,战斗飞行. *pursuit aviation* 歼击飞行.

a'viator ['eivieitə] n. 飞行员,飞机驾驶员.

aviato'rial [eiviə'tɔːriəl] n. 航空评论的.

a'viatress 或 **a'viatrix** n. 女飞行员.

avicel n. 微晶(粉末)纤维素.

avicelase n. 微晶纤维素酶.

avicennite n. 铜〔铁〕铊矿.

a'viculture ['eivikʌltʃə] n. 养禽〔鸟〕业.

av'id ['ævid] a. 热〔渴〕望的,贪求的. ▲*be avid for*〔*of*〕渴望,急着想.

av'idin n. 抗生物素蛋白.

avid'ity [ə'viditi] n. ①欲〔渴〕望 ②【化】活动性,亲合力,抗体亲和质.

av'idly ['ævidli] ad. 热(渴)望地.

aviette n. 小(轻)型飞机.

aviga'tion [ævi'geiʃən] n. 空中导〔领〕航,航空(学,术). *radio avigation* 无线电空中导航.

av'igator ['ævigeitə] n. 领航员,飞机师.

av'igraph ['ævigrɑːf] n. ①导航仪,自动领〔导〕航仪,航行计算仪 ②速度三角形机械计算器.

avion ['æviʃən] 〔法语〕 n. (军用)飞机. *par avion* 航空邮寄.

Avional n. 阿维奥纳尔铝合金(铜 4%,镁 0.5∼1.0%,锰 0.5∼0.7%,硅 0.3∼0.7%,其余铝).

avion de chasse 〔法语〕驱逐机.

avion'ic [eivi'ɔnik] a. 航空电子学的.

avion'ics [eivi'ɔniks] n. ①航空电子学,航空电子技术 ②(航空、导弹、宇航用)电子设备和控制系统.

aviotron'ics n. 航空电子学.

avir'ulence [ei'virjuləns] n. 无毒性.

avir'ulent [ei'virjulənt] a. 无毒(性)的,无致病力的.

avi'so n. ①通知(报) ②通报舰.

avitamino'sis n. 维生素缺乏症.

avivement [ɔviv'mɑ̃] 〔法〕 n. 再新术.

AVJ =anti-vibration joint 防振接头.

AVL =approved vendor list 批蚍的售主名单.

AVMA =American Veterinary Medical Association 美国兽医协会.

avn =aviation.

AVO =avoid verbal orders 避免口头指示.

AVO meter (安伏欧)万用(电)表.

avoca'tion [ævəu'keiʃən] n. ①副业,兼职,业余爱好 ②【罕】职业,本职工作.

avogadrite n. 氟硼钾石.

Avogadro n. 阿伏伽德罗. *Avogadro hypothesis* 阿伏伽德罗假说. *Avogadro number* 阿伏伽德罗数 (6.023×10^{23}).

avo-gram n. 阿伏克(质量单位=克/阿伏伽德罗数).

avoid' [ə'vɔid] vt. 避免,躲〔逃〕,回〔避,取消,作废,使无效. *learn from past mistakes and avoid future ones* 惩前毖后.

avoid'able [ə'vɔidəbl] a. 可避免的,可作废的,可作为无效的.

avoid'ance [ə'vɔidəns] n. 避免,免除,回避,取消,作废,无效. *obstacle avoidance* 故障免除.

Avoir =avoirdupois.

avoirdupois' [ævədə'pɔiz] n. ①(英国)常衡(制)(一磅=17英两) ②重(量),体重. *avoirdupois weights* 英国常衡制.

avom'eter [ə'vɔmitə] n. 安伏欧计,三用电表,伏安表,万用(电)表.

avouch' [ə'vautʃ] v. ①断言,公然主张,肯定说,(公开)承认 ②保证,担保(for). ∼**ment** n.

avow' [ə'vau] vt. (公开)承认(宣布),声明,供认. *avow oneself* (*to be*) 自称为.

avow'able a. 可公开承认〔宣布〕的.

avow'al [ə'vauəl] n. 公开(坦白)承认,声明.

avow'edly [ə'vauidli] ad. 公然(地),公开地,自认.

AVPD =heat-and moisture-resistant cord 耐热防潮软线.

AVR =①ampere-volt regulator 安培-伏特调整器 ②automatic voltage regulation 自动电压调整 ③automatic voltage regulator 自动电压调节器.

Av'tag n. 航空涡轮用汽油.

Av'tur n. 航空涡轮用煤油.

avul'sion [ə'vʌlʃən] n. 冲裂(作用),扯开,撕裂(之物).

avulsive cutoff 裁弯.

AW =①acid waste 酸性废物,废酸 ②air to water 空对水 ③all water 全由水路 ④all-weather 全天候的 ⑤all widths 各种宽度(木材) ⑥atomic warfare 原子战争 ⑦atomic weight 原子量 ⑧automatic weapons 自动武器 ⑨automatic welding 自动熔(焊)接 ⑩auxiliary winding 辅助绕组 ⑪A-wire 甲线,A 线(电话),正线.

A/W =actual weight 实际重量.

A-W wire =address write wire 地址写入线.

await' [ə'weit] vt. 等(候),等待(者). ▲*await a decision* 急待决定. *await orders* 待命.

awaiting-repair time 等待修复时间.

awake' [ə'weik] Ⅰ (*awoke*, *awoke* 或 *awaked*) v. ①唤醒〔起〕,提醒 ②觉醒〔察〕,觉悟(认识),领会)到(to). Ⅱ a. 被唤醒的,醒着的,认识到,警戒着. *awake to a fact* 开始发觉〔了解〕某事. *awake to find* 醒过来才知道〔发现〕. *be awake to* 认识〔意识)到,深知,十分了解.

awa'ken [ə'weikən] v. 唤醒〔起〕,(使)觉醒〔悟〕,(使)认识到(to).

awa′kening [əˈweikniŋ] I n. (觉)醒,觉悟,明白. II a. 唤醒的,觉醒中的.

award′ [əˈwɔːd] I vt. ①授予,颁发 ②给与,判给. II n. 决断[定],判决(书),仲裁书,裁决,奖(品). ▲award a contract 或 award of contract 签订合同. make an award (作)判定,裁决.

awardee′ n. 受奖者.

aware′ [əˈwɛə] a. 知道(认识,明白,发觉,领悟)的,察觉[意识]到的. ▲be aware of [that, how…]意识[察觉]到,知道,了解. become aware of [that]发[察]觉(,(开始)注意[意识]到).

aware′ness n. 认[意]识,了解,知道.

awash′ [əˈwɔʃ] I a.; ad. ①与水面[海浪,浪头]齐平,被波[海]浪冲打(的),被海水打湿,被水覆盖的 ②醉的. II n. 浪刷(岩).

A-waste(s) n. 放射性废料[物].

away′ [əˈwei] I ad. 离开,远离,(去)掉,(失)去,(继续)下去,不断. I a. 在外的. (be) one mile away (在)一英里外(的地方). cut away 切去. rub away 擦去. work away 做下去. ▲(be) away from M 离开 M,远离 M,不在 M 处;向离开 M 的方向. do away with 除掉,消除,免除;摆脱,撤消;结束,解决. far and away 远远,大大;绝对地,肯定地;远较…得多. far away 在远处,离得远远地,很远,远较,大为. from away 从远方. (keep)away from contact with(使)不与…接触. make away with 拿[偷]走,携斯,除去,浪费. once and away 哪此一次(地);偶而,间或;最后一次(地);永远(地). out and away 无比地,最,最,非常,超过其它地. right [straight] away 立刻,马上.

AWB =airway bill 航空货运单.

AWC =absolute worst case 绝对最坏情况.

AWCS =①aircraft weapons and control system 机上武器与控制系统 ②all words count single【讯】各字均作单字计算.

awd =award.

awe [ɔː] n.; v. (使)敬畏[畏惧].

A-weap′on [ei'wepən] n. 核(原子)武器.

aweath′er [əˈweðə] ad. 迎风,向(上)风.

aweigh′ [əˈwei] ad.; a. (锚)刚离开水底,就要被拉上来.

awe′less a. 无畏的,大胆的.

awe′some [ˈɔːsəm] a. 可怕的,显得可畏的.

aw′ful [ˈɔːful] a. ①可怕的 ②非[异]常的,极(大,度,端)的.

aw′fully ad. 可怕地,非常,极,极其,厉害.

AWG =American wire gauge 美国线规.

awhile′ [əˈ(h)wail] ad. 暂时,片刻,少顷.

awhirl′ [əˈ(h)wəːl] a.; ad. 旋转着.

AWI =American Welding Institute 美国焊接协会.

A wire =address wire 地址线.

A-wire n. 甲线,A 线(电话),正线.

awk′ward [ˈɔːkwəd] a. ①难用的,难对付的,难处理的,不合适的,(使用起来)不方便[不称手]的,棘手的),别扭的 ②笨拙的,不灵巧的,不熟练的. ▲awkward to+inf. 难以(做)的,不适合于(做)的. awkward corner to turn 难拐弯的转角. awkward to handle 难以对付(处理)的. ～ly ad.

awk′wardness [ˈɔːkwədnis] n. ①为难 ②粗[拙]笨.

awl [ɔːl] n. 锥子,钻子. brad awl 锥钻. scratch awl 画针. sewing awl 缝锥.

AWL =average work load 平均工作负载.

AWM =arc welding machine 电(弧)焊机.

awn =awning.

awn′ing [ˈɔːniŋ] n. (遮,凉,雨,船,车,天,帆布)篷,遮阳,天幕. awning boom 天幕[篷]杆.

AWO =accounting work order 计算工作指令.

awoke′ [əˈwouk] awake 的过去式和过去分词.

AWP =awaiting parts 维修用备件.

awp =actual working pressure 实际工作压力.

AWRE =Atomic Weapons Research Establishment (英国)核武器科学研究中心.

awry′ [əˈrai] ad.; a. ①(倾)斜(的),(弯)曲(的),歪(的) ②错误,差错. ▲be awry from 违反. go [run,tread] awry 失败,弄错,出差错.

AWS =①Air Weather Service (美国)航空气象处 ②aircraft warning service 空袭警报勤务 ③American war standards 美国战时标准 ④American Welding Society 美国焊接学会.

AWSO =assembly work schedule order 装配工作计划表顺序.

awu =atomic weight unit 原子量单位.

AWV =automatic washing valve 自动洗涤阀.

AWWA =American Water Works Association 美国自来水厂协会.

A-W wire =address write wire 地址写入线.

AX =axis wire (线,心).

ax =①axe ②axiom 原理.

AX FL =axial flow 轴向流动.

ax(e) [æks] I (pl. axes) n. ①斧(子) ②(俚)乐器 ③削减. II vt. 削减,减少(经费等). axe hammer 斧锤. axe stone 钺石,硬玉. axed arch 斧折拱面. pick axe 鹤嘴锄. ▲have an axe to grind 别有用心(企图).

axe′-ham′mer [ˈækshæmə] n. 斧锤.

axehandle n. 斧柄.

axe′man [ˈæksmən] n. 用斧[伐木]者.

axen′ic a. 纯净培养的,未污染的,无外来菌的.

ax′es I [ˈæksiz] n. ax 或 axe 的复数. II [ˈæksiːz] n. (axis 的复数)轴,轴线,座标轴[系]. axes of abscissa 横座标轴. axes of coordinate 座标轴. axes of ordinate 纵座标轴. space axes 空间座标轴.

axhammer n. 斧锤.

ax′ial [ˈæksiəl] a. 轴(向)的,轴流(式)的,轴线的,沿轴(分布)的,直立的. axial acceleration 轴向加速度. axial angle (光)轴角,晶轴(向)角. axial cam 凸轮轴. axial clearance 轴向余(间)隙. axial compression 轴向压力. axial compressor 轴流式压缩机,轴流式压气机. axial diffusion 轴向扩散. axial direction 轴向. axial displacement 轴向位移. axial element 结晶常数. axial fan 轴流式风扇. axial flow 轴向轴对称流(动),轴流式. axial force 轴向力. axial rake (轴)的偏位角,轴向(前角),轴倾角. axial ray 倚轴(光)线,近轴射线. axial road 轴向(辐射)道路. axial sensitivity 轴(正)向灵敏度. axial stress 轴向应力. axial thrust bearing 轴向止推轴承. axial turbine 轴流式涡轮机. axial vector 轴(向)矢量.

ax′ial-flow′ [ˈæksiəl-ˈflou] n.; a. 轴流式(的),轴向流动.

axial-flow-type a. 轴流式的.

axialite n. 轴晶.

axial′ity n. 同心[轴]度.

ax′ial-lat′eral a. 交会的.

ax′ially [ˈæksiəli] ad. 轴向地,与轴平行地.

axially-symmetric(al) a. 轴对称的.

axial-mode n. 轴向波型.

ax′ial-substitu′tion n. 轴位取代.

axial-tag terminal n. 轴端.

axial-vector n. 轴矢量.

axia′tion [æksiˈeiʃn] n. 轴(心)化,定轴.

axi-compressor n. 轴流式压缩机.

axicon n. 旋转三棱镜,轴维体,能量再分配器. *axicon lens* 展像(透)镜,旋转三透镜.

axifugal a. 远心的,离心的,离轴索的.

ax′il [ˈæksil] n. (叶,枝)腋.

ax′ile [ˈæksail] a. 轴(上)的,中轴的.

axil′la [ækˈsilə] n. (pl. *axil′lae*) 腋(部).

axillare n. 轴板.

axil′lary [ækˈsiləri] a. (枝,叶)腋的,腋生的. *axillary bud* 侧芽.

ax′inite n. 斧石.

axinitiza′tion n. 斧石化作用.

axio- [词头]轴.

axiolite n. 椭球粒.

axiolith n. 十字晶条.

axiolitic a. 椭球状的.

ax′iom [ˈæksiəm] n. ①公[原,定]理,规律,原[通]则 ②格言.

axiomat′ic(al) [æksiəˈmætik (əl)] a. ①公理(化)的,自明的,理所当然的 ②格言的.

axiomat′ically ad. 照公理,公理上,自明地.

axiomat′ics n. 公理体系(系统),公理学.

axiomatiza′tion n. 公理化.

axiomatize v. (使)公理化.

ax′ion n. 轴子.

axiotron n. 阿克西(加热电流的磁场控制型)磁控管,辐式磁控管.

axipet′al [拉丁语] a. 求心的,向心的,趋轴的.

axira′dial a. 轴流式的.

ax′is [ˈæksis] (pl. *axes*) n. 轴(线,心),【化】晶轴,中心线,中[转,连接]轴,枢椎,第二颈椎. *axis of extensive air shower* 大气簇射轴线. *axis of reference* 参考[基准]轴. *axis of thrust* 推力线. *axis to sun* 太阳定向轴. *guidance axis* 瞄准轴,导引[向]轴. *major axis* (椭圆)长轴. *minor axis* (椭圆)短轴. *radical axis* (等)幂线,根轴. *rectangular axes* 直交轴,直角座标[轴]. *reference axis* 座标[基准,参考]轴线. *solid axes* 实心轴. 空间座标轴. *X axis* X 轴,横座标[轴]. *Y axis* Y 轴,纵座标(轴).

axis-cylinder n. 神经轴,轴索.

ax′is-of-free′dom n. 自由度轴.

ax′istyle n. 轴柱.

axisymmet′ric(al) [æksisiˈmetrik (əl)] a. (与)轴(线)对称的.

axite n. 无烟炸药,阿西(硝酸甘油,硝酸棉,石油)炸药.

ax′le [ˈæksl] n. (轮,车)轴,心棒,(电)杆,驱动轴. *axle bearing* 轴承. *axle block* 轴座. *axle box* 轴箱[函,套]. *axle grease* 轴用(润滑)脂. *axle guide fitting* 导轴零件. *axle journal* [neck] 轴头[颈]. *axle neck* 轴颈. *axle of the double source* 双源偶极子轴. *axle pin* 销. *axle shaft* 车(后)轴,主[驱]动轴,(后轴的)内轴. *axle shaft gear* (汽车的)半轴齿轮,驱动轴齿轮. *axle sleeve* 轴套. *axle steel* 车轴(用)钢. *axle wire* 中轴线. *back* (rear) *axle* 后桥. *differential axle* 半轴. *driving axle* 驱动轴. *fore* (front, leading) *axle* 前桥,前轴. *live axle* 驱动桥,转动轴. *split axle* 组合轴,组合式驱动桥. *stub axle* 转向节轮轴,短轴,枢轴. *wheel and axle* 轮轴,差动滑车.

axle-base n. (车)轴距.

ax′lebox n. 轴箱(函,套).

ax′le-load n. 轴(荷)载.

ax′le-neck [ˈækslnek] n. 轴颈[头].

ax′le-steel n. (车)轴用钢.

ax′letree [ˈæksltri:] n. 心棒,(车,轮)轴,轴干.

ax′men n. 斧工.

axofugal a. 远(离)心的.

ax′ode n. 瞬轴面.

axom′eter [ækˈsomitə] n. 测(光)轴计,调轴器.

ax′on n. 轴索,轴突.

ax′oneure [ˈæksənjuə] n. 中枢神经细胞.

axoneu′ron [æksəˈnjuərən] n. 中枢神经细胞.

axonomet′ric(al) [æksənəˈmetrik (əl)] a. 三向投影的,不等角投影的,测井斜的. *axonometric chart* 立体投影图. *axonometric drawing* 轴测图,不等角投影图. *axonometric projection* (轴测投影)三向图,不等角投影图.

axonom′etry [æksəˈnomitri] n. ①轴测(量)法,(晶体的)轴(线)测定,晶轴测定法,测晶学 ②三面正投法,均角投影[影]图.

axopet′al a. 求心的,向心的.

ax′oplasm n. 轴浆.

ax′oplast n. (神经)轴突的厚生质体.

axotomous a. 立轴解理的.

axun′gia [ækˈsandʒiə] n. 油脂,脂肪,猪油.

ay(e) [ai] int.; n.; ad. 是,赞成(票),同意. *The ayes have it* 赞成者占多数.

ayfivin n. 地衣杆菌素.

aypnia n. 失眠.

Ayrton-Mother ring test method 亚尔登模盘环路测试法(一种藉助惠斯登电桥原理找寻输电线故障的方法).

AZ = ①air zero 原子弹空中爆炸中心 ②all-inclusive 包括一切的.

az = azimuth(al) 方位(角).

azacyanine n. 叶菁类(杂)菁.

azadarach n. 苦楝树皮.

Azania [əˈzæniə] n. 阿扎尼亚.

AZAR = adjustable zero, adjustable range 可调零点,可调量程.

azedarine n. 苦楝根碱,楝树碱.

AZEL = azimuth-elevation 方位-仰角,方位-高度.

azel n. 方位-高度.

azel display 方位-高度显示器.
azelon n. 蛋白纤维(类).
azel-scope n. 方位-高度镜,方位-高度雷达显示器.
aze′otrope [ə′ziːətroup] n. ①共沸(点)混合物,恒沸(混合)物,(共沸)混合冷剂 ②共沸曲线. *azeotrope former* 共沸生成添加物.
azeotrop′ic a. 共沸(点)的,恒沸(点)的,恒组分的. *azeotropic copolymer* 恒组份〔比〕共聚物. *azeotropic point* 共沸点.
azeot′ropism n. 共沸作用,共〔恒〕沸现象.
azeot′ropy n. 共〔恒〕沸性,共沸学.
az′ide [′æzaid] n. 叠氮化物.
aziethylene n. 重氮乙烷.
azimethane n. 重氮甲烷.
azimide n. 烃基重氮胺.
az′imuth [′æziməθ] n.; a. ①方位(角,的) ②(地)平经(度). *azimuth at future position* 将来(位置)的方位. *azimuth circle*【天】方位圈,地平经图,方位刻度盘. *azimuth compass* 方位(测量)罗盘. *azimuth dial* 日规,方位日晷仪,方位刻度盘. *azimuth lock* 方位角锁定器. *azimuth mirror* 方位(测向)仪,定向器. *azimuth motor* 方位电动机. *azimuth only* 按方位控制. *azimuth scanning of antenna* 天线水平扫掠. *azimuth search rate* 目标搜索方位角旋转速度. *azimuth stabilizer* 纵舵机. *azimuth table* 方位(角)表. *azimuth tracking telescope* 活动目标观察镜. *back azimuth* 后向角,反方位角(增或减180°). *geodetic azimuth* 大地方位(角). *reference azimuth* 基准方位(角). *zero azimuth* 零方位(角).
azimuth′al [æzi′mʌθəl] a. ①方位(角)的 ②水平的,(地)平经(度)的. *azimuthal plane* 地平经度平面. *azimuthal quantum number* 角量子数. *azimuthal scan rate* 角扫描(时)率. ~ly ad.
azimuth-elevation n. 方位-高度.
azimuth-range n. 方位-距离.
azimuth-stabilized a. 方位稳定的.
az′ine [′æziːn] n. 连氮,氮杂苯(类),吖嗪(染料).
aziridine n. 氮丙啶.
azo n. 偶氮(基).
azo- (词头)偶氮(基).
azobacte′ria n. 固氮细菌.
azobenzene′ 或 **azobenzide** 或 **azoben′zol** n. 偶氮苯.
azobilirubin n. 偶氮胆红素.
azocarmine n. 偶氮胭脂红.
az′o-com′pound n. 偶氮化合物.
azodermine n. 乙酰胺基-偶氮甲苯.
az′o-dyes [′æzodaiz] n. 偶氮染料.
azoethane n. 偶氮乙烷.
azofer n. 固氮铁(氧还)蛋白.
azofica′tion n. 固氮(作用).
az′oflex n. 重氮复印机.
azo-group n. 偶氮基.
azo′ic [ə′zouik] n.; a. 无生(命,物)的,无生代,偶氮的.
azoimide n. 三(叠)氮化氢,叠氮酸.
azolesterase n. 氮醇酯酶.
az′olite n. 硫酸钡硫化锌混合颜料(硫酸钡71%,硫化锌29%).
azolitmin n. 石蕊素.
azomethane n. 偶氮甲烷.
azomy′cin n. 氮霉素.
az′on [′æzɔn] =azimuth only 按方位控制,仅按天体方位控制的(导弹). *azon scope* 方位显示器.
azonal a. 非地带性的. *azonal soil* 原生土,未发育土.
azon′ic [æ′zɔnik] a. 非地方性的,非局部地区的,不限于一地方的.
azophenol n. 偶氮苯酚.
azophenylene n. 吩嗪.
azophoska n. 氮磷钾肥.
azophosphon n. 偶氮磷.
azopro′tein n. 偶氮蛋白.
Azores′ [ə′zɔːz] n. 亚速尔群岛.
az′orite n. 锆(英)石.
azor-pyrrhite n. 烧绿石.
azotase n. 固氮酶.
az′otate n. 硝酸盐.
azote′ [ə′zout] n. 氮 N.
azothoate n. (农药)偶氮磷.
azot′ic [ə′zɔtik] a. (含)氮的. *azotic acid* 硝酸.
azotifica′tion n. 固氮作用.
az′otine n. "艾若丁"炸药.
az′otize [′æzotaiz] vt. 使与氮化合,(使)氮〔硝〕化,渗氮.
az′otized a. 含氮的,氮化的,变为偶氮化合物的.
az′otizing n.; a. 氮化的(作用).
azotobacter n. 固氮菌.
azotobacte′ria n. 固氮细菌.
azotogen n. 固氮菌剂.
azotom′eter n. 氮(定)量器,氮素计,氮气测定仪,定氮仪.
azotom′etry n. 氮滴定法,氮量分析法.
Az′ov [′ɑːzɔf] n. 亚速(海).
azoxybenzene n. 氧化偶氮苯.
azran n. 方位距离.
AZS =automatic zero set 自动调零(装置).
azulene n. 奥,甙菊环烃.
az′ure [′æʒə] n.; vt. 天蓝(色,的),天青(色,的),蔚〔碧〕蓝(色,色染料,的),使成天蓝色,晴空. *azure spar* 天蓝石. *azure stone* 青金石,石青,琉璃.
az′urite [′æʒurait] n. 蓝铜矿,蓝玉髓,石青.
Az′usa [′æʒjusə] n. 相位比较(式)电子跟踪系统,比相电子跟踪系统.
AZUSA = ①azimuth, speed, and altitude (radio course directing set)方位-速度-高度(无线电定向装置) ② Azusa tracking station *Azusa* 跟踪站 ③ Azusa tracking system *Azusa* 跟踪系统.
az′ygos [′æzigɔs] n.; a. 奇数部(的).
azygospore n. 拟接合子.
az′ygote n. 单性合子.
az′ygous [′æzigəs] a. 单一的,无对偶的,奇的,不成双的.
asymia n. 酶缺乏.
azymic a. 不发酵的.
azymous a. 无发酵的.

B b

B [bi:] ①第二已知数 ②B字形.
B =①bacillus 杆菌 ②ballistic 弹道(式)的,冲击的 ③ bandwidth(幅)带宽(度) ④bat(压力)巴 ⑤Barbey degree(粘度)巴氏度 ⑥barn 靶形 ⑦base 碱;基础〔线,面,地〕;底座 ⑧battery 电池(组),蓄电池 ⑨Baumé 玻(美)度 ⑩bel 贝尔(电平单位) ⑪board 配电盘,仪表板 ⑫bonded 约束的,焊接的 ⑬booster 助推器,升压器 ⑭boron 硼 ⑮breadth 宽度 ⑯brightness 亮度 ⑰British 英国的 ⑱buoyancy 浮力.

b =①barn 靶(恩)(核子有效截面单位) ②billion (美国)10^9,(英国)万亿, 10^{12} ③bis (拉丁语)两次,重(复).

B battery B电池组,乙电池组,阳极电池组.
B cut-off frequency B 截止频率.
B eliminator 屏极电源整流器.
B except A gate B"与"A非门,禁止门.
B ignore A gate 与A无关的B门.
B implied A gate A"或"B非门.
B instruction 【计】变址(数)指令.
B plus voltage 阳极电压,乙正电压.
B power supply 乙电源,阳极电源.
B register 变址(数)寄存器.
B unit 【计】变址(数)部件.
BA =① Bachelor of Arts 文学士 ②beam approach 波束引导进场 ③breathing apparatus 吸气装置 ④bridging amplifier 桥式放大器 ⑤British Academy 英国研究院 ⑥British Airways 英国航空公司 ⑦bronze alloy 青铜合金 ⑧buffer amplifier 缓冲放大器 ⑨bulb angle 球头角钢.
B/A = braking action 制动作用.
Ba = barium 钡.
ba = base line 基(准)线.
bab(b) = babbit (metal).
bab'bit(t) ['bæbit] n. 巴氏(巴比特)合金,巴氏合金轴承衬,轴承铅,轴承合金,乌金,白合金,(轴承用)锡锑铜合金. babbit bushing 浇铅轴衬. babbit metal 巴氏合金(轴承,白合金. Ⅰ vt. 给…浇巴氏合金, 衬以巴氏合金. babbit the brass 轴瓦上浇巴氏合金.
bab'bitting n. 浇铸巴氏合金.
bab'bit(t)-lined 衬巴氏合金的,巴氏合金衬垫的,带巴氏合金层的. babbit-lined bearing 巴氏合金衬管轴承.
bab'ble ['bæbl] Ⅰ n.①很多线路的干扰,多路感应的复杂失真,多路通讯系统的串音,混串音 ②(流水的)潺潺之声. Ⅱ v. 唠叨,泄露(out). babble signal 迷惑信号.
Babcock and wilcox boiler 小组联箱式锅炉, B&W锅炉.
Babcock tube 带刻度的细颈瓶.
babefphite n. 钡铍氟磷矿.

bab'el n. 空想的计划.
bab'elize v. 使产生混乱.
babel-quartz n. 塔状石英.
baboon' [bə'bu:n] n. 狒狒.
BABS =①beam approach beacon system 进场波束指向标系 ②blind approach beacon system 盲目进场信标系统.
ba'by ['beibi] n.; a. 小(微)型(物,的),低功率的,小电力的,小型聚光灯,婴儿. baby blabbermouth 无线电信标电码发送机. baby blue 淡蓝色. baby bomb 婴儿弹. baby can 小型聚光灯. baby car 微型汽车. baby carrier 轻航空母舰. baby omni 小功率全向无线电信标,小型无定向信标. baby rail 小钢轨. baby square 小方材. baby tower 小型蒸馏塔. baby truck 坑道运输车,小型运货车.
babyline dose ratemeter 一种手枪式剂量率仪.
babylo'nian quartz 塔状石英.
BAC = binary-analog conversion 二进制-模拟转换.
bacalite n. 淡黄琥珀.
bac'ca ['bækə] (pl. bac'cae) n. (拉丁语)浆果. bacca box smoother 球面镘刀.
bac'cate a. 浆果状的.
bac'ciform a. 浆果状的.
bac'co 或 bac'cy n. 烟草.
bach'elor ['bætʃələ] n. 学士.
bacilipin n. 杆菌溶素.
bac'illar ['bæsilə] 或 bacil'lary [bə'siləri] a. 小杆的,杆状(细菌性)的,纤维状的.
bacillemia n. (杆)菌血症.
bacil'li [bə'silai] bacillus 的复数.
bacillic'idal a. 杀杆菌的.
bacillicide n. 杀杆菌剂.
bacil'liform [bə'silifɔ:m] a. 杆(菌)状的.
bacillin n. 杆菌素.
bacillo'sis n. 细(杆)菌病.
bacil'lus [bə'siləs] (pl. bacil'li) n. 杆(状)菌,芽胞杆菌(属),杆菌.
bacilluscoli n. 大肠杆菌.
back [bæk] Ⅰ n. ①背(脊,部,面,景),后(面,部,盾) ②基(底),支座,衬垫,支持,承托,靠板(背),叶背,机身上部 ③岭,峭 ④露头,走向,节理 ⑤室壁,悬帮,顶板. Ⅱ a. ①后面的,的背后面(向)的,里面的 ②(返)回的,反(向)的,逆(转)的,倒的 ③过期的,拖久的. a room in the back of the house 房屋内靠后面的一个房间. a well at the back of a house 房屋背后的一口井. arc back (发生)逆弧. back action 反冲作用. back ampere-turns 逆向(反作用)安匝. back angle 后视(方位)角,反方位角,后角. back balance 平衡器,地网. back bead 封底焊道. back bias 反馈(回授)偏压. back bridge relay 反桥接继电器. back

cargo 归程货物. back centre (车床)尾顶尖. back clamping反向箝位. back cloth 背景. back contact spring 静接点〔后接触〕弹簧,静触簧. back coat 底(面涂〔层〕). back cord 里塞线. back coupling 反馈耦合. back diffusion 返扩散,反行扩散. back digger 反铲挖土机,反向铲. back drop 交流声,哼声,干扰,背景. back echo 后瓣回波. back elevation 后视图. back end crops 切尾. back ends 尾端. back fall 山坡. back feed〔coupling〕反馈,回授. back fill(ing) 回填(土),回填充气,裂纹,轧疤. back fire 回火,逆火,逆弧反灼,逆向火焰. back focus 后焦点. back gear 背轮后齿轮. back guy 拉索〔条〕,支撑. back haul 回程运输,迂回信息,空载传输. back issue 过期期刊,已出期刊. back land 腹地,后方. back lash 偏移,间断〔隙〕. back lash phenomena 回差〔空引〕现象. back lighting 逆光,后照明,背面照明. back lining 背衬. back link 回指连接. back loader 反铲挖土机. back matter 正文后的附加资料(附录,参考书目,索引等). back number 过期(以出出版,旧)的杂志〔期刊〕,过时的方法〔人物〕. back nut 支承螺栓. back of dam〔weir〕坝(堰)的上游. back of piston ring 活塞环内表面. back of tool 刀(具)背. back order 暂时无法满足的订货,留待将来交付的订货. back oscillation 回程振荡. back play 空行程,游隙. back pressure 背(回)压,反压(力),前级(口)压缩. back pull 拉力,后张力. back reading 左读数. back seat 底(后)座. back shop 修理厂,(机车)修理车间,辅助车间. back slope (反)斜. back space (打字机)退格(位),倒退. back stay 拉索,后拉线. back streaming 返〔回〕,逆流. back stroke 回程,行程,返回冲程〔行程〕. back substitution 回代,倒转代换. back swing 反摆. back test 耕用弹簧加载的鉴定试验,弹性复原试验. back titration 回〔反,余液〕滴定. back to back angles 背角角钢,角背间距. back traverse 闭合导线. back view 后视图,背视图. back voltage 反电压,反电动势. back wave (反)回〔反,反射〕波. back weld 封底焊接. bent back 驼背,驱干前曲能差. blade back 桨(叶)背,叶(片)背(之),桨叶上表面. carbon back (送话器)碳精座,碳盒. couple back 反馈. course back 飞回航路,返航航线. falling back 可下落式靠背,退回〔缩〕. feed back 反馈,回授. flash back 返火,回火,反燃. floating strong back 活动强力垫衩. folding back 折叠式靠背. high back (驾驶员座位的)高靠背. hump back 驼背,脊柱后凸. inductive feed back 电感回授. kick back 逆(反)转. metal back 金属亮(背,衬垫),(电子射线管)金属底层. locating back 定位板,压平板. popping back 逆转,倒火. pressure back 压平板. slanting〔sloping〕back (车身)倾斜的后部. spring back 弹回. turtle back 龟背盖,折流板. ▲at the back of 在…之后(背后),支持,维护. back to back(with)

(同…)背对背,背间距. break one's back (使…)负担过重. break the back of (已)完成大部份(工作),伤其要害. in back of 在…之后,在…的背面,赞助着. on〔upon〕the back of 在…背后,紧察…的后面,加之. put one's back into 全力以人事. to the back 到骨髓,完全. turn one's back on〔upon〕one's word 食言,不守信. there〔to〕and back 往复,上下.

III ad. ①向后,后退,返回,回原处〔状〕②在后〔背〕面 ③以前,从前,回溯. some few years back 几年以前. a few pages back 几页前. back in 1927 回溯到 1927 年. How far is it there and back? 到那里来回有多远? The house stands back from the road. 那房屋位于路边缩后一点. ▲as far back as 早(及). back and forth 来回,前后地,往复〔返〕地. back and forth method 选择〔尝试〕法. back of 在…的背后(后部),(某时)以前的. back to 还到. far back 远溯到. go back upon〔from〕one's word 食言,不守信. there〔to〕and back 往复,上下.

IV v.①(使)后退,倒退〔车〕,反〔退〕回,逆转 ②支持,拥护,做后盾 ③加贴面(里衬〕,裱,糊,帮贴,衬托,装上(椅)背 ④位于…的背后,写〔印〕在…背〔面〕. He backed the car into〔out of〕the garage. 他把汽车倒退着开进〔开出〕车库. adhesive backed 涂满粘结剂的. backed stamper 双工模,衬板压模. bronze backed metal 青铜基滑动轴承. ▲back away 倒退. back down 放弃(权利、要求、立场等). back off 卸〔退,下,旋〕下,逆转,退避,补偿,磨出…后角. back on to 和…(的背后)相邻〔接〕. back out (of)放弃出退让,食言,退出,退〔拧,旋〕出,下卜,拧松. back up 支持(承,撑),固定,背撑,倒挡(转),后〔回〕退,逆行,回〔冲,行〕,衬砌,激发〔励〕,补充,做…的后盾,代替…去工作,执行…的任务. back up protection 后备(备用)保护(装置). back up system 后备(备用)系统.

back'ache ['bækeik] n. 背痛.
back'acter ['bækæktə] n. 反向挖土机,反向铲. back-acter shovel 反(向)机械铲.
backacting shovel 反铲(挖土机).
back-and-forth a. 来回的,往返的.
back-angle counter 逆向散射粒子计数器.
back-back porch 水平同步信号后沿(时间),后肩宽(电视信号).
back'bar n. 支承架,托梁.
back'-bias n. 反馈偏压.
back-biased a. 反馈偏压的,反向偏置的.
back'blast n. 废气冲击.
back'blowing n. 反吹(法).
back'board n. 底(后,背)板,背靠,后部挡板.
back'bone ['bækboun] n. ①脊骨〔柱〕,骨干,构(骨)架,(主)干,支柱,主要成分 ②主要山脉,分水岭 ③全链(大分子) ④书脊,书背 ⑤刚毅,骨气. backbone network 中框网络. backbone road 主干道. ▲to the backbone 完完全全,彻底地,道道地地.
back-boundary cell 后(肾)膜(层)光电管.
back'break v.; n. 超挖,超爆.
back'breaker n. 手摇泵.

back'breaking ['bækbreikiŋ] a. 累断腰的,繁重的.
back'-check n.; v. 复核.
back'cloth ['bækklɔθ] n. 背景幕,天幕.
back'country n. 边远地区.
back'-coupling n. 反馈,(耦合),逆耦合,回授.
back'cross n. 回交.
back-current n.; a. 反向电流(的).
back'cycling n. 反向循环.
back'date ['bæk'deit] vt. 追溯到(过去某时),回溯.
back'deeps n. 后渊,海洋深部.
back'-diffu'sion n. 反行[反向,背面,逆]扩散.
back'digger ['bækdigə] n. =backacter.
back'door ['bækdɔː] I n. 后门,二门,非法途径. II a. 暗中(幕后)的,通过秘密途径的.
back'down n. 弃权,让步,原来态度的改变.
back'draught 或 backdraft n. ①倒转,回程 ②反风流,逆通风 ③气体爆炸.
back'drift ['bækdrift] n. 后退偏航.
back'drop n. 交流声,干扰,背景(幕).
backed a. ①有支座的,带支架的 ②带靠背的.
backedge = backfin.
backed-off n. 从背部削去.
backed-off cutter 铲齿铣刀.
backed-up-weld n. 后托焊接.
back-electrode n. 背面电极.
back-emf n. 反电动势.
back'er ['bækə] n. 支持者,支持物,衬垫物,(打字机的)垫纸. backer pump 备用(级级)泵.
backer-up n. 指示轰炸目标的飞机.
back-extract n. 反萃(取),逆萃取.
back-extractant n. 反萃取剂.
back'face n. 反面,背面.
back'fall n. 山坡.
back'feed n. 反馈.
back'fill v.; n. 回填(土),复土,回填料,充填,填塞,反填充,重新填料,再充气.
back-filled n. 回填充的,回填充的,回填的.
back'filler ['bækfilə] n. 回填机,复土机.
back'fin n. 后脊,(脉冲)后沿,夹层,(软件)舌尖,压折,翘缝,轧冠.
back'(-)fire ['bækfaiə] n.; vi. 回火,逆火(燃,弧),反焰;火焰回闪,过早点火,发生意外,结果适得其反. backfire antenna 背射天线. backfire arrestor 回火制止器.
back'fit n. 不大的改形(变态),变(改)形不大,稍有变更,修(磨)合.
back'flash n. 回闪(燃),回火,逆火,逆燃火焰回闪.
back'flow ['bækflou] n. 回(逆,返)流,反流.
back'flush v. 逆流(反向)洗涤,回洗.
back'-flushed a. 倒灌的,反冲的.
back'folding n. 回折,向后折叠的.
back'form n. 后模,顶模.
back'furrow n. 回犁,闭垄.
back'gear n. 后(减速,后备)齿轮,背轮.
back-geared a. (具有)后齿轮的,鲤速的,带有减速齿轮的.
back'ground ['bækgraund] n. ①背景,后台,底色,本底,基础(底),底数 ②经历,基础知识,准备,背景材料,环境,伴音 ③配系,信道 ④干扰收听电子讯号的外来杂声 ⑤幕后,暗中 ⑥腹地,后方. background briefing [session] 背景情况介绍会. background brightness [luminance] 本底(背景)亮度. background current 本底电流. background heater 隐闭式供暖器. background impurity 本底杂质. background information 背景资料. background job 后备(后台)作业. background noise 本底噪声,背景噪声,后台干扰. background of cloth 织物的背面,布里. background of experience 所积累的经验. background of information (所)积累(的)资料. background register 辅助(后备)寄存器. background return 地面(背景)反射信号,地物干扰. background science 基础科学. background screen 黑底荧光屏. background signal 背景信号. background sound 衬音,配(背景)声. noise background 噪声背景. ▲against this background 在这个背景(历史条件)下. recede into the background (问题)不再突出,不再重要.

background-noise level 背景噪声电平.
back'guy n. 拉(牵)索,拉杂(缆),支撑.
back'hand(ed) ['bækhænd(id)] a. ①反手(的),反向(的) ②间接的,转弯抹角的. backhand welding 右向(反手,向左)焊,后退(式气)焊.
back'haul ['bækhɔːl] n. 载货反航,铁路空车运输,回程,返程,回运,后曳.
back'heating n. 逆热,回热,反加热,电子回袭(阴极)加热.
back'hoe n. 反(向)铲(挖土机). backhoe loader 反铲装载机. backhoe shovel 反(向)铲.
back'ing ['bækiŋ] I n. ①反向(接),倒车(转),逆行(向,转),后(退,备,援,部),回填土 ②支持(买,撑,座,营,背 ③底(座,板,层,子),基础,垫(板,片,圈,material),轴(衬)瓦),轴衬 ④衬垫,板,底,里,片),背垫,里壁,敷层,面板,背衬(材),裱褙 ⑤照相底板,乳剂,散射体. II a. 前级的,背面的. backing board 背纸板,底托板. backing coil 补偿线组织,反接线圈. backing condenser 前级冷凝器. backing groove 背缝,反面坡口. backing line 前级管道. backing memory [store, storage] 【计】后备(备用)存储器. backing of veneer 胶合板内层. backing of wall [window] 墙(窗)托. backing paper 背after衬背,底子(板). backing pass 封底焊道. backing pin 挡(支)销. backing plate 支撑板、底板、背垫板. backing pressure 托(持)压(力,强),前级压强,背压. backing pulley 回行皮带盘. backing pump 初级抽气泵,前级泵. backing register 后援寄存器. backing run 封底焊接,底层焊接,反向旋转. backing sand 填充砂,(填)背砂. backing sheet 衬板,衬板. backing stage 前级. backing strip [bar] 垫板. backing system 前级(真空)系统. backing turbine 倒车涡轮. backing vacuum 前级真空. backing weld 封底焊(缝). bearing backing 轴瓦,轴衬. composition backing 焊接垫板,焊剂垫本. melt backing 焊剂托板(焊接)垫板. metal backing 金属壳(背,衬垫,底层,敷层),(电子射管的)金属敷层. paper backing 纸垫(衬),(砂纸的)底纸. sheet backing 背板、钢板衬背. target backing 靶的衬背. ▲backing off 卸(退)下,反馈. backing up 回投(冲,行).

have the full backing of 得到…的充分支持.
back'ing-off n. 铲齿,铲,高.(应力的)消除.
backing-out punch 冲头,退钉(冲孔)器.
backing-up n. 封底焊. *backing-up tank* 预真空箱.
back'-kick n. 回跳,倒,回]转,回面放电.
back'-land n. 腹地.
back'lash ['bæklæʃ] Ⅰ n. ①后退[冲,座],反撞[冲,跳,拨],退[空]回,回差,空程[转],打滑,返回行程,无效行程 ②(游,间,余,丝,轮齿)隙,齿隙游移,侧向(后移)间隙,松动,间断 ③偏移,热离子管因有正离子而壅流特性不完善 ④拉(系)紧,牵引效应 ⑤滑脱比. Ⅱ vi. 发生后冲,对抗. *backlash circuit* 间隙[齿隙式]电路. *backlash current* 间断电流. *backlash eliminator* 齿隙[螺纹间隙]消除装置,反冲击消除器. *backlash play* 空隙(无效)行程. *backlash potential* 反栅栅极电位. *backlash spring* 消隙弹簧. *gear backlash* 齿轮啮合背隙,齿轮啮合间隙,齿(侧)隙. *take up the backlash* 消除间隙,走完空程.
back'leg n. 逆导磁体.
back'less a. 无(常)背的.
back-lighted plotting surface 反光绘画图面.
back-lighting n. 背景[来自后方的]照明.
back'lining ['bæklainiŋ] n. 衬板,背衬(料),衬脊纸,书脊衬纸(布).
back'list n.; vt. (把…)列入)多年重版书目.
back'log ['bæklɔg] Ⅰ n. ①积累,储备(物,金),储存量,后备,紧急时可依靠的东西 ②积压待办事项,积压的工作,积压而未交付的订货 ③储备导弹 ④未整理(未经编目的)书. *backlog of packet* 包积压(阻塞).
Ⅱ v. (把…)积压起来.
back-mix-flow a. 逆混流的,反向混流的.
back-mixing n. 回[返]混.
back'most ['bækmoust] a. 最后面的.
back'-mounted a. 背面安装的.
back'off n. 铲齿,从背部削除,凹进,补偿,倒转后解松. *back-off angle* 后角.
back'-office a. 办公室(商业机构)内部的.
back(-)out v.; n. 退火[反]回,逆序操作,倒转时间设定,(机制)松,旋[扩]紧,扭[出,取]转,放,散,放弃.
back'pack n. (携带式摄像设备的)背包,背包降落伞. *backpack transmitter* 背负式(便携式)发射机.
back'pass n. 尾部烟道,后基.
back'-ped'al ['bækpedl] Ⅰ v. 倒踏脚踏板;变卦. Ⅱ n. 后踏板.
back'piece n. 后挡板,背材.
back'pitch n. 背节距,反螺距.
back'plan n. 底视图.
back'plane n. 底(后,护,后挡)板.
back'plate n. ①后(挡)板,后插板,护板 ②背面板,底板 ③信号板. *backplate circuit* 信号板电路.
back'-porch n. 后肩.
back'-pour(ing) n. 补浇.
back'pres'sure n. 反(向)压力,背压(力)回压,吸入压力,背压复. *backpressure manometer* 后压侧压计. *backpressure operation* 背压操作. *backpressure valve* 反压(背压,止回)阀.
back-projection slide 背投影幻灯片.
back-pull n. 反拉(力).

back-reaction n. 逆反应.
back-reflection n. 背(反)射,回射.
back-resistance n. 反向电阻.
back'rest n. (座位)靠背,后几架.
back'-roll n. 反绕,倒卷,重算,重新运行.
back'run Ⅰ a. 逆向)的,反向的. Ⅱ v.; n. 封底焊(缝).
back'rush n. 回卷,退浪,退流.
back'sand n. 填砂,背砂.
back'saw n. 脊锯.
back'scat'ter(ing) n. 反向(后向)散射,背反射.
back'scat'terer n. 反(向)散射体(器),反射层(物,器,剂). *backscatter* 反向散射体.
back'scour n. 反向冲刷.
back'scratcher n. 临时管(道,缆)网.
back'seat' n. 后座,次要位置. *take a backseat* 处于次要地位.
back'set n. 后退,挫折,障碍,逆流,涡流,反流.
back'shaft n. 后轴.
back'-shock n. 反冲.
back'shot n. 反击,排气管(消声器)内爆音. *backshot wheel* 反击式水轮.
back'side n. 后部,背面.
back'sight n. 后视,向后瞄准,后视表尺,表尺(缺口),瞄准口(孔),反视.
backsiphon n. 回吸,反(回)吸.
backsiphonage n. 反虹吸(能力),回吸,回吸.
back-slagging n. 炉后出渣(法).
back'slide ['bækslaid] (*back'slid*, *back'slid*) vi. 退步,倒退,没落.
back'slope ['bækslоup] n. 内坡,后坡,(海脊)缓坡侧.
back'sloper n. 内坡机,刮沟刀.
back'space v. 反绕,返回,后移,向后移动,(打字机)退格(逆打一位),回退,倒退. *backspace character* 返回符号,回车字符,退格符. *backspace control* 倒带(速退)按键.
back'spin v. 回(空)旋.
back'spring n. 反向(回动,回程)弹簧.
back'stage' a.; ad. (在)后台(的),幕后(的),秘密(的). *backstage deals* 幕后交易. *retire backstage* 退居幕后.
back'stand n. 支撑结构.
back'stay ['bækstei] n. 后拉索(缆,杆),后支柱,牵条,后支条(撑条),背撑. *backstay cable* 后拉(支)索,牵索,斜(后拉)绳.
back'step n. 后退. *backstep (sequence) welding* 分段退(逆)焊,反手(反向,逆向)焊.
back'stop Ⅰ n. ①托架,止回(阻尼,吸收)器,棘爪(轮),止挡,挡板(铁,块) ②后障. Ⅱ vi. 挡住,支持.
back'stopping n. 上向梯段采矿.
back'streaming n. 反(返)流(率).
back'street a. 后巷的,鬼祟的.
back'stroke ['bækstrouk] n.; v. ①返回行(冲)程,回(动)程 ②反击 ③仰泳.
back'swept a. 后掠(角)(的).
back'swing n. 反冲,回摆(程). *backswing voltage* 反向电压.
back'talk n. 回(反)谈.
back'ten'sion n. 反张力,反电压.
back-to-back a.; n. 背对背的,叠置,对头拼接. *back-*

back-to-back counter 加倍计数器.
back-to-back coupling 背面耦合.
back-to-back directivity separation of antenna 天线背向防卫度.
back-to-back method 反馈法.
back′track ['bæktræk] vi. ①(沿原路)退回,折回,后退,倒行,重做,回测,追踪,反向跟踪 ②放弃[改变]原来的立场[态度,意见].
back′(-)up ['bækʌp] I n. ①支持[撑,援]后,【焊】挡块[板],(亮型)填背,阻塞 ②备用(品,零件,设备,保险线路),后援,(后援)接替,元件,备份,复喇品,代替方策,后回,保险保险装置 ⑤ 回喇,后后(在大气中高压电流所通过距离),保护间隔. II a. 备用的,备份的,预[后]备的,替代的,辅助的,支持性的. *backup bearing* 支承辊轴承座. *backup belt* 支承[后盾]皮带. *backup chock* 支承辊轴承座. *backup copy* 副本. *backup die*〔bolster〕(凸焊用)电极台板. *backup heel* 切料冲头的突出部. *backup plate* 垫片. *backup ring* (保护环),密封圈的保护垫圈,支承环. *backup roll* 支承[撑]轧辊. *backup sand* 填砂. *backup washer* 支撑垫圈,密封圈的保护垫圈,保护圈. *digit backup* 数字后备电路. *manual backup* 手动后备调节装置,人工接替.
Backus normal form〔BNF〕巴科斯范式.
back′wall n. 后壁(膜),背墙,里壁,后墙,水冷壁,工作间. *backwall photovoltaic cell* 部分透明电极光电池.
back′ward ['bækwəd] I a.; ad. 向后(的),反向(的),后向的,逆(向的),倒(行的),后边的,落后的,(进展)缓慢的. *backward brush-lead* 电刷后引线,电刷后向超前. *backward channel* 返回[反向]通道,反向〔控制〕信道. *backward cone* 朝后锥. *backward creep*【轧】后滑. *backward difference* 后向差分. *backward extrusion* 反向挤压. *backward feed* 逆流送料法. *backward flow* 逆[对,回,反]流,后滑. *backward power* 倒车功率. *backward reading* 反(向)读(出). *backward running*〔turning〕反转. *backward stroke* 返回冲(行)程. *backward voltage* 反向电压. *backward wave* 回(返,反向,反射)波. *backward welding* 后退焊. ▲ *backward and forward* 来回地,忽前忽后. *spell backward* 倒拼,误解,曲解.
back′ward-direc′ted a. 方向向后的.
back′wardness n. 落后(状态),精神迟钝.
back′ward(s) ['bækwəd(z)] ad. 向后,倒,退,自下而上,向后(方),反向.
back′ward-sur′ging a. 逆涌,后涌.
back′wash ['bækwɔʃ] I n. ①尾(回,倒,喷)流,反〔洗(流),(车后的)空气涡流,反洗(液),反冲,回刷,回卷浪,退浪冲刷 ②反喇吹,余波 ③反萃取. II v. 逆流,冲(回,反),回洗,反洗涤,反洗冲洗,反向洗涤,反萃),洗提. *backwash extractor* 反(回)萃器,洗提器. *backwash water* 回洗水. *backwashing agent* 反萃(洗提)剂.
back′washer n. 洗毛机.
back′water ['bækwɔ:tə] n. ①回(背,壅,死,滞,循环,

再用)水,逆[壅,回]流 ②停滞(状态).
back′way n. 后退距离.
back′weight n. 平衡重.
back′wind n. 倒片(带),回绕.
back′woods ['bækwudz] n.(边远的)森林地带,半开垦地,落后的边远地区.
back′yard ['bæk'jɑːd] n. 后天井,后院. ▲ *look in one's own backyard* 从自己方面找出原因.
ba′con ['beikən] n. 腊肉,咸肉. ▲ *bring home the bacon* 成功.
ba′cony ['beikəni] a. 脂肪质的,多油的.
bact = ① bacteria 细菌 ② bacteriological 细菌学的 ③ bacteriology 细菌学.
bactard n. 白垩班中.
bacte′ria [bæk'tiəriə] n.(bacterium 的复数)细菌. *bacteria coli* 大肠杆菌.
bacteria-bearing a. 带菌的.
bacteria-carrier n. 带菌者.
bacteria-free a. 无菌的.
bacte′rial a. 细菌(引起)的. *bacterial precipitation* 细菌性沉淀.
bacterially-active a. 细菌活性的.
bacterially-oxidized a. 细菌氧化的.
bacteri′cidal a. 杀菌(性)的.
bacte′ricide ['bæk'tiərisaid] n. 杀菌剂.
bactericidin n. 杀菌素.
bacter(i)emia n. 菌血症.
bacte′riform [bæk'tiəriəfɔːm] a. 细菌状的.
bac′terin n. 菌苗,疫苗.
bacterina′tion n. 细菌接种,细菌疗法.
bacte′rio- [bæk'tiəriə-](词头)细菌,菌.
bacteriochlorin n. 菌绿素.
bacteriochlor′ophyll n. 菌叶绿素.
bacteriocin(e) n. 细菌素.
bacteriocinogenic′ity n. 产细菌素能力.
bacteriocinogeny n. 产细菌素.
bacteriofluorescein n. 细菌荧光素.
bacteriogenic n. 细菌发生的.
bacteriohemolysin n. 细菌溶血素.
bacte′rioid [bæk'tiərioid] a.; n. 细菌样的,类似细菌体,菌体性的,类似细菌的,细菌样的.
bacteriolog′ic(al) [bæktiəriə'lɔdʒik(əl)] a. 细菌学的,使用细菌的.
bacteriol′ogist n. 细菌学家.
bacteriol′ogy [bæktiəri'ɔlədʒi] n. 细菌学.
bacteriolysant n. 溶菌剂.
bacteriolysin n. 溶菌素.
bacteriol′ysis n. 溶菌作用.
bacteriolyt′ic a. 溶菌的,能杀菌的.
bacte′riophage [bæk'tiəriofeidʒ] n.(细菌)噬菌体,细菌病毒.
bacteriophagia n. 噬菌现象.
bacteriophag′ic a.; n. 溶菌的(性).
bacteriophagol′ogy n. 噬菌体学〔现象〕.
bacteriophyta n. 细菌.
bacteriophytoma n. 细菌肿.
bacteriopsonin n. 噬菌调理素.
bacterioruberin n. 菌红素.
bacterios′copy [bæktiəri'ɔskəpi] n. 细菌镜检(法),用显微镜检查研究细菌.

bacteriosis n. 细菌(性疾)病.
bacteriosta'sis n. 制菌作用,抑菌作用.
bacte'riostat n. 抑菌剂,制菌剂.
bacteriostat'ic a.; n. 抑(制)菌的,抑(制)菌剂. *bacteriostatic action* 抑菌作用.
bacteriother'apy n.【医】细菌疗法.
bacteriotoxe'mia n. 细菌毒素血症.
bacteriotox'in n. 细菌毒素.
bacteriotrophy n. 细菌营养.
bacteriotropic a. 趋菌性的.
bacteriotropin n. 趋菌素.
bacte'rium [bæk'tiəriəm] n. (pl. *bacte'ria*) 细菌.
bacter(i)uria n. 杆菌尿症.
bacterize vt. 使受细菌作用.
bac'teroid ['bæktərɔid] n.; a. 假菌体,细菌状的,(根瘤菌)类菌体. ~al a.
bacterorrhiza n. 细菌根.
bactoprenol n. 细菌萜醇.
bacu'liform a. 杆状的.
bad [bæd] Ⅰ (*worse, worst*) a. ①坏的,不好的,低劣的,不良的 ②有害的,不利的,不充足的,不恰当的,不舒服的,严重的 ③严重的,恶性的,厉害的. *bad conductor* 不良导体. *bad earth* 接地不良. *bad feature* 缺点. *bad slip* 强烈滑坡. *bad timing* 不良定时,定时不准. ▲*be bad at* 不善于,…不好. (*be*) *bad for* 对…不合宜于.
Ⅱ n. 恶劣的事物(状态). ▲*to the bad* 损失,亏损,堕落.
BADAS =binary automatic data annotation system 二进制自动数据注释系统.
bad-bearing sector 无线电定位中的错误方位区.
baddeckite n. 含有铁质的白云母,赤铁粘土.
baddeleyite n. 斜锆石,二氧化锆矿.
bad'dish ['bædiʃ] a. 相当坏的,不甚好的,较劣的,稍次的.
bade [beid] bid 的过去式.
BADGE =Base Air Defense Ground Environment (美国空军)地域半自动防空警备体系.
badge [bædʒ] n. ①徽(像)章 ②标记,符号,表象(征) ③佩章剂量计. *badge reader* 【计】标记阅读器. *film badge* 胶片剂量计(徽章仪),测辐射的软片,胶片式射线报警器.
bad'ger ['bædʒə] n. ①獾 ②排水管清扫器 ③榫接边.
badigeon n. 油灰,嵌坝灰膏.
Badin metal 巴丁合金(硅 8~20%,铝 8~10%,钛 4~6%,其余铁).
Badische acid (=2-naphthylamine-8-sulfonic acid) 巴迪氏酸;2-萘胺-8-磺酸.
bad'land n. 荒原,崎岖地. *badland erosion* 痡地侵蚀.
bad'ly ['bædli] (*worse, worst*) ad. ①(很)坏,恶〔拙〕劣地,有害地 ②厉害,严重,大大地,强力地,非常. *be badly in need of repair* 急需修理. *badly bleeding ingot* 大量冒泡乳化作用[蒸馏作用]的钢锭. *badly foaming emulsion* 大量冒泡乳化作用[蒸馏作用]. ▲*badly off for* (感到)缺少….
bad'ness ['bædnis] n. 坏,恶劣,严重.
BAEA =British Atomic Energy Authority 英国原子能管理局.
baeckeol n. 岗松醇.

BAERE =British Atomic Energy Research Establishment 英国原子能科学研究中心.
Baeza method 热压硬质合金法.
BAF =baffle.
baf'fle ['bæfl] Ⅰ v. 挫败〔折〕,阻碍(挠,挡,断,塞,遏),挡〔堵〕住,用隔音板隔(音),消力(能),困〔干〕扰,难住,反抗(射). Ⅱ n. ①隔(挡,阻,障,围栅,助声)板,隔墙,消烟缩,遮光(热)板,(防)护板 ②导流板(片),折流板,扰(紊)流器,缓冲板,阻尼器,阻退体,节气门 ③翻[反]射板,定向屏蔽,反射体〔板,面〕 ④分水墩,阻墩,分流墩,砥(柱),偏流消能设备. *baffle blanket* 吸声〔音〕毡. *baffle block* 消力[竖]墩,砥. *baffle board* 挡板,消烟板,反射板,隔音板. *baffle cloth* 喇叭布. *baffle column* 挡板(蒸馏)塔. *baffle definition* 难下定义. *baffle description* 难以形容. *baffle painting* (船舶)涂保护色. *baffle pan* 挡板塔盘. *baffle pier* 砥[消力,分水]墩. *baffle plate* 挡板,隔板,火墙,缓冲板. *baffle sill* [*threshold*] 砥[消力]槛. *baffle tower* 挡板[层板式蒸馏]塔. *brake grease baffle* 刹车遮油圈. *cylinder baffle* 气缸外壳[导流片]. *deflecting baffle* 致偏[折流,反射]板. *diaphragm baffle* 挡气膜,阻流膜片,阻尼隔板. *finger* [*kicker*] *baffle* 导向隔板. *mud baffle* 挡泥板. *oil baffle* 挡油圈[板]. *piston baffle* 活塞折[导]流顶. *rotary baffle* 旋转叶板. *sound baffle* 隔音板. *splash baffle* 防溅(挡)板,防溅物. *stabilizing baffle* 火焰稳定器. *thermal baffle* 隔热板,遮热板.
baffle-board n. 反射板,隔音板,绝缘板,折流板.
baffled a. 带有障板的,用隔板分开的,阻挡的. *baffled speed* (通过)障板抽速. *baffled throughput* 通过障板的排气量(排气能力).
baf'fle-plate n. ①缓[障,隔,阻,塞]板 ②缓冲[遮护]板 ③折流[烟,风]板 ④门坎,火墙.
baf'fler ['bæflə] n. ①挡板,阻尼[挡]器,阻隔板,烟道隔墙 ②隔声[音]板,吸声板,触音器,消声器 ③折流器〔板,片〕,导流板,导流器,消力器 ④节流阀,操纵油门阀,泵的加湖滑油控制器.
baffle-type a. 挡板式的,百页窗式的.
baf'fling ['bæfliŋ] Ⅰ a. 阻碍…的,起阻碍作用的,令人迷惑的,使…为难的. Ⅱ n. 活门[节流阀,挡板]调节,节流(阀调节),阻碍[尼].
Ba-francevillite n. (金)黄钒铅铜钡矿.
bag [bæg] Ⅰ n. ①袋,囊,包,外壳,气球,(动物)乳房 ②贮藏[容]量 ③垫形软管囊,轮胎,药包的纸套 ④被击落敌机总数 ⑤(充水或瓦斯的)岩洞 ⑥(俚)情况,事情,问题. Ⅱ (*bagged; bagging*) v. 装入袋内,使膨胀,捕获,击落. *air bag* (空)气囊,气[里]胎. *bag concrete* 袋装混凝土. *bag* (*dust*) *filter* 滤尘袋. *bag machine* [*packer*] 装袋机. *bag molding* (膜)袋(模)塑(法). *bag process* 袋室除尘法. *bagged cement* 袋装水泥. *bagged tyre* 上套轴胎. *bumper bag* 缓冲袋. *flexible bag* (可变形)油柜. *rudder bag*【航】舵囊. *shoe bag* 防护套鞋. *tool* [*kit*] *bag* 工具袋(包). ▲*a mixed bag* (*of*) 一堆杂七杂八的.
bag =baggage.
bagasse [bə'gæs] n. (甘)蔗渣,甜菜渣.

bagassosis n. 蔗尘沉着病,蔗尘肺.
bagatelle' [ˈbægəˈtel] n. 小事,不重要之物.
Bag'dad [ˈbægdæd] n. 巴格达(伊拉克首都).
bag'ful [ˈbægful] n. (满满)一袋.
bag'gage [ˈbægidʒ] n. 行李,辎重,多余的东西. baggage office 行李房. excess baggage 超重行李,不必要的东西,累赘,负担.
bagged a. 松弛下垂的.
bag'ger [ˈbægə] n. ①(泥,枠)斗 ②多斗铲,挖泥机(船),挖沟机 ③装袋器.
bag'ging [ˈbægiŋ] n. 装袋(包),制袋的材料.
bag'ging-off n. 装(填,灌)袋.
bag'gy [ˈbægi] a. 宽松而下垂的,袋状的,囊状的.
Bagh'dad [ˈbægdæd] n. 巴格达(伊拉克首都).
bag'house [ˈbæghaus] n. 集尘(袋)室,沉渣室,袋室(气体过滤),袋滤室,大气污染微尘吸收器.
bag'man n. 行商,推销员.
bagnio [ˈbænjou] n. 浴室,浴室,监狱,牢房.
bag'pipe [ˈbægpaip] n. ①人为干扰发射机 ②风笛.
bagrationite n. 褐帘石.
Ba-grease n. 钡基润滑脂.
bagroom n. 布袋收尘室,集尘袋室.
baguio 或 **bagyo** n. 碧瑶风,热带性龙卷风.
bag'work n.①装袋工作 ②沙包.
bahada n. 山麓冲积平原.
Bahamas [bəˈhɑːməz] n. 巴哈马(群岛).
Bahia Blanca [bəˈhiːəˈblaːŋkə] n. 布兰卡港(阿根廷港口).
Bahn metal 铅基轴承合金,斑氏轴承合金(铅98.64%,铝0.2%,钙0.65～0.73%,钠0.58～0.66%).
bahnung [ˈbɑːnuŋ] n.〔德语〕接通,促进作用.
Bahrein 或 **Bahrain** [bɑːˈrein] n. 巴林(岛).
bai n. 黄尘雾.
baierine n. 铌铁矿.
baierite n. 铌铁矿.
baikiain n. 莜豆氨酸.
baikiaine n. 莜豆碱,四氢吡啶羧酸.
bail [beil] Ⅰ n. ①杓,桶〔水〕斗 ②横木,排,(打字机上把纸张压在圆筒上的夹紧篮 ③吊环,耳,钩,吊包架,卡钉圈,叉钩,把手 ④保释(人,金),畜栏,挤奶装置,天平(翻箱用). Ⅰ v. (bail out) ①舀〔戽〕出,匀取 ②跳伞 ③保释,委托. fuel pump bowl bail 燃料泵油杯攀. function level bail 动作杆排. printing bail 印帧. switch bail 开关圈.
bailee' [beiˈliː] n. 受委托人.
bail'er [ˈbeilə] n. 水斗,抽泥筒,泥浆泵.
bail'ey [ˈbeili] n. 城廓,外廓. Bailey bridge 活动便桥. bailey wall 永冷耐火壁.
bailiwick [ˈbeiliwik] n. 本行〔本专业,本职权〕范围.
Bailling n. 贝令(比重单位).
bail'ment [ˈbeilmənt] n. 保释,委托,寄托.
bail'or [ˈbeilə] n. 委托人.
bail'out n. 跳伞,卒出. bailout bottle 备用气瓶〔氧气〕. ejection bailout 弹射跳伞. overwater bailout 水上跳伞.
bain'ite [ˈbeinait] n.【冶】贝氏体,贝菌体.
bainitic a. 贝氏体的,贝菌体的.
bain-marie n.【化】水浴(器).
baisacki (=bisacki) 拜萨基(印度4～5月收的蓖麻尼品系紫胶).

bait [beit] Ⅰ n. 饵 Ⅰ v. 饵诱.
bai-u〔日语〕梅雨.
bajada n. 山麓冲积平原〔扇〕.
Bajocian stage (中侏罗世早期)巴柔阶.
baka n. 日本自杀飞机.
bake v. ①烘,烧,焙,烘〔烤〕干,烧硬〔固〕. after bake 后烘烙. bake cycle 烘烤周期. bake oven 烘箱.▲ bake … onto … 使…烤烙而凝结在…上. bake out 烘烙(干),退火.
bakeable a. 可烘烙的,可烤干的.
bake'board n. 烘板,烘烤面团板.
baked a. 烘烤的,烤干了的,烧固了的. baked carbon (electrode) 炭精(粒)电极,碳极. baked flux 陶质〔烧结〕焊剂. baked property 干态性能. baked strength 干强度.
bake'house n. 烘干机(装置).
Bakeland n. 酚醛树脂制品.
ba'kelite [ˈbeikəlait] n. 胶木,电木(粉),酚醛塑料〔树脂〕,酚醛〔绝缘〕电木. bakelite coating 酚醛塑料涂层.
bakelized paper 电(胶)木纸.
bake'-out n. 烘烙〔干〕,退火. bakeout clamp 烘烤用夹钳. bakeout degassing 烘烤除气. bakeout furnace〔oven〕烘烤炉,烘箱. bakeout jacket 烘烤箱套. bakeout temperature 烘烤温度. exhaust bakeout 抽气烘干.
ba'ker [ˈbeikə] n. ①(轻便)烘炉,烤箱,(线柜)烘干器 ②面包师傅.
Baker [ˈbeikə] n. 通讯中用以代表字母 b 的词. Baker Deoxo Puridryer 去氧纯净干燥器. Baker-Nann Camera 贝克-南恩摄像机(一种用来观测人造卫星的摄像机).
bakerite n. 纤硼钙石.
bakie n. 淘槽.
ba'king n. ①烘,烧,焙,烤干,烧固〔硬〕②干燥(烘)退火,低温干燥处理. baking coal 结焦〔粘结性〕煤. baking finish 烘漆,烤漆. baking oven 烘(烤)炉,烘(焙)箱,干燥炉. baking procedure 退火,烘烤步骤. baking soda 碳酸氢钠,小苏打 baking varnish 烘(干)漆,烤漆.
baking-hot a. 炙热的,极热的.
ba'king-out n. 烧废,过热.
ba'king-powder n. 焙粉,发(酵)粉.
Baku' [bɑːˈkuː] n. 巴库.
bal =①balance 平衡,天平 ②ballistics 弹道学.
BAL =①barrel 桶(合36加仑) ②basic assemble language 基本汇编程序语言 ③basic assembly language 基本汇编语言 ④British Anti-lewisite 二硫基丙醇,英国抗路易气剂 ⑤dithioglycerol 二硫代甘油.
BAL MOD =balanced modulator 平衡调制器.
bal tr =balancing transformer 平衡变压器,平衡转电线圈.
bal'ance [ˈbæləns] Ⅰ n. ①平衡,对称,均势,稳定,均衡,比较,补偿 ②天平(平衡)配重,天秤 ③电池,电路(网络) ④平衡力 ⑤(支付)差额,(存款于额,剩于部分 ⑥平衡表,对照表,结算差额表. aerial balance 天线调谐线圈.

〔匹配,平衡〕. *alloy balance* 合金天平. *analytical balance* 分析天平. *axial balance* 轴向平衡. *back balance* 后平衡,配重,平衡块,平衡重量. *balance attenuation* 平衡〔对称〕衰减. *balance bridge* 开启〔平衡〕桥. *balance brow* 踏板. *balance check* 平衡〔对称〕校验,零位检查. *balance check mode* 平衡检查状态. *balance cuts and fills* 平衡挖填方,均衡挖填. *balance detector* 平衡检波器,检零器. *balance method* 平衡方法,天平法(测定比重). *balance of roof* 拱脚. *balance potentiometer* 随动〔伺服〕系统电位计,平衡〔补偿〕电位计. *balance reading glass* 天平读镜. *balance rheometer* 平衡流变仪. *balance sheet* 平衡表,借贷对照表. *balance spring* 游丝. *balance weight* (平)衡重(量),平衡配重,平衡锤〔块〕,摆锤. *balance wheel* 摆轮,平衡轮. *balance wire* 中线. *balance zero* 天平零点. *coarse balance* (零点)粗调,粗平衡. *counter balance* 抗衡,配重. *current balance* 电动天平,电流天平. *dial balance* 表盘秤. *directional balance* 方向性平衡,方向稳定性. *face balance* 面平衡. *faired contour balance* 流线形酚阻平衡. *fine balance* (零点)精调,精平衡. *float counter balance* 浮筒杠杆. *gas density balance* 气体密度〔比重〕秤. *genic balance* 基因平衡. *inertia balance* 动(惯)性平衡. *mass balance* 质量〔物资〕平衡. *MRS balance* 计划差预算. *neutral balance* 随遇平衡. *over balance* 超(出)平衡,附加配重. *pitching balance* 俯仰力矩天平〔平衡〕. *platform balance* 台秤. *plating balance* 电镀槽自动断流装置. *running balance* (活)动平衡. *spring balance* 弹簧秤. *thermal〔heat〕balance* 热平衡. *torsion balance* 扭矩平衡,扭力天平,扭秤. *trial balance* 试算表. *Westphal balance* 韦氏比重天平. *zero balance* 零位〔点〕调整,平衡. ▲*be*〔*bang, hold*〕*in the balance* 悬置未决,(结果)尚未可知. (*be*) *out of balance* 失了平衡,不平衡. *in*〔*on*〕*balance* 总的说来. *lose one's balance* 失去平衡. *strike a balance* (*between*…)(在…之间)权衡轻重〔取得平衡〕,权衡(…)利弊,找到正确的解决办法. *turn the balance* 改变形势〔力量对比〕. *turn the balance in M's favo*(*u*)*r* 使M占上风,改变力量对比使有利于M.

Ⅱ *v.* ①(用天)秤,衡量,权衡,比较,对照 ②(使)平衡〔均衡〕,与…相等,与…保持平衡,中和 ③抵消,结算. *vi.* (保持)平衡. ▲*balance M against N* 使M与N相平衡,解决M和N的矛盾. *balance out* 平衡掉,抵〔销〕消,中和. *balance with* 和…相等〔平衡〕,等于.

bal'anceable ['bælənsəbl] *a.* 可秤的,可平衡的.

bal'anced *a.* (被)平衡的,均衡的,对称的,有补偿的,已抵偿的,卸载的; *balanced-blast cupola* 等风净风炉,均衡鼓风化铁炉. *balanced housing* 平衡装置的机架. *balanced pair* 对称(传输)线,对称〔平衡〕线对. *balanced pressure torch*〔*blowpipe*〕等压式焊〔割〕炬,非喷射式焊炬. *balanced reaction* 平衡反应. *balanced relay* 差动(平衡)继电器. *balanced steel* 半镇静钢,半脱氧钢. *balanced weight* 平衡重〔块〕,均衡重〔锤〕.

balanced-filter *n.* 衡消滤波器,平衡滤光片.

balanced-to-ground *a.* 对地平衡的.

balanced-to-unbalanced *a.* 平衡-不平衡(转换)的.

balanced-unbalanced transformer 平衡-不平衡变换〔变压,转换〕器.

bal'ancer ['bælənsə] *n.* 平衡器〔机,锤,杆,棒,台,装置〕,配重,均压器,稳定器,平衡发电机. *balancer piston* 平衡活塞. *dynamic balancer* 动平衡机〔台〕,动力减摆〔缓冲〕器. *hum balancer* 交流声平衡器〔消除器〕. *slide balancer* 滑块平衡器. *voltage balancer* 均压器.

bal'ance-sheet ['bælənsʃi:t] *n.* 资金平衡表,资产负债表,贷借对照表.

balance-to-unbalance transformer 平衡-不平衡变压器.

balance-type *a.* 天平式的.

bal'ancing *n.*; *a.* ①平衡(的),配平,均衡(法)(的),补偿,(嚷)平衡的 ②定零装置 ③(测)平差. *balancing arm* 平衡臂,天平臂,秤杆. *balancing battery* 浮充(补偿)电池. *balancing control* 控制中平衡装置,校零. *balancing illumination* 均匀照明. *balancing machine* 平衡(试验)机. *balancing out* 衡消,平衡掉,补偿,中和. *binary mass balancing* 两个自由度系统的质量平衡. *counter balancing* 抗衡,配重. *detailed balancing* 细致平衡.

bal'as ['bæləs] *n.* 玫红尖晶石,红(钢)玉,浅红晶石. *balas ruby* 玫红尖晶石,浅红晶(宝)石.

bal'ata ['bælətə] *n.* 巴拉塔树胶,铁线子胶,猿脸树胶.

balbucinate *n.* 口吃,讷吃.

balbu'ties [bæl'bju:fii:z] 口吃,讷吃.

bal'conied ['bælkənid] *a.* 有阳台的.

bal'cony ['bælkəni] *n.* 阳台,露台,眺台,(戏院)楼厅,眺台式工作台.

bald [bɔ:ld] *a.* 秃的,无树(叶)的,露骨的. *bald cypress* 落羽松. *bald mountain* 秃山. *bald pine* 澳洲柏. *bald wheat* 裸麦.

bal'dachin *n.* 龛室.

baldanfite *n.* 铁水磷锰矿.

bal'derdash *n.* 胡言乱语,废话.

bald'-head'ed ['bɔ:ld'hedid] *a.* 秃顶的.

bald'ly ['bɔ:ldli] *ad.* 露骨地,不加掩饰地. *put it baldly* 露骨地写〔讲〕.

bald'ness ['bɔ:ldnis] *n.* ①秃,毫无掩饰,露骨 ②脱须,秃(须)病.

Baldwin receiver 鲍德温受话器.

bale [beil] Ⅰ *n.* 包,捆,件,(pl.)货物. Ⅱ *v.* 打包,包装. Ⅲ =*bail*. *bale cargo* 包装货. *bale of wire* 线束. *bale press* 填料压机,包装〔打包〕机. *bale ties* 打包铁皮带(窄铜带,钢丝). *bale's catch* 自动扣.

bale'ful ['beilful] *a.* 有害的,破坏性的,恶意的.

bale'out *n.* ①跳伞 ②启出,勺取(金属液). *baleout pot furnace* 分批取用保温炉,启出式罐炉.

ba'ler *n.* ①打包机,压捆机 ②打包工.

Balfour-Stewart current 地球表面以上的电流.
Bali n. (印度尼西亚)巴厘(岛).
ba'ling n. 打包[捆],(板材)堆垛,压实. *baling band [strip]* 打包窄钢带[铁皮带]. *baling press* 打包[包装]机,填料压机. *baling wire* 打包钢[铁]丝.
balitron n. 稳定负阻特性电子管,稳流[镇流]器.
balk [bɔ:k] I n. ①大木[梁],梁木,粗木方 ②障[妨,阻]碍 ③错误,挫折,失败 ④煤层中的岩石包裹体. *balk board* 隔[障碍,防护]板. *balk ring* 阻[摩]擦环.
I v. ①妨[阻]碍,防止,使…受挫折 ②(突然)停止,犹豫.▲*be balked of* [in] 受挫折.
Bal'kan ['bɔ:lkən] n.; a. 巴尔干半岛(的).
ball [bɔ:l] I n. ①球(体,头),钢球,(滚)珠,丸,弹,(线)团,球状(物),球端 ②海岸沙洲,(气象)风球 ③团状海绵铁 ④团块,泥团(打坩埚用) ⑤压头(布氏硬度计). II v. (压,绕,滚,形,使)成球(形). *advance ball* 前导滚球. *air ball* 空气蓄压瓶,压缩空气瓶. *ball adapter* 电子管适配器,转接器,球形转接器. *ball and line float* 悬球浮子,锚索浮标. *ball and ring apparatus* (测定树脂熔点)球环软点测定器. *ball (and roller) bearing* 滚珠(和滚柱)轴承. *ball and socket coupling* 球窝联接器[联轴节]. *ball and sunk* 铰链球形接头,活动关节. *ball bearing nut* 滚珠轴承螺母. *ball bonding* 球焊. *ball burnishing* 钢球滚光,球丸磨光法. *ball cartridge* 实弹. *ball check* 球阀. *ball chuck* 球夹. *ball cock* 浮球旋簧,浮球阀. *ball collar thrust bearing* 滚珠止推轴承. *ball crusher* 球磨机. *ball cutter* 球面刀. *ball electrolyte tester* 色球试 电解液检验器. *ball end mill* 圆头槽铣刀,圆头雕刻铣刀. *ball finishing* 钢球挤光. *ball firing* 实弹射击. *ball float* 浮球,球浮体,浮球阀. *ball gate* (内浇口球顶)补缩包. *ball governor* 飞球式[离心式]调速器. *ball grinder* 球磨床[机]. *ball grinding mill* 球磨机. *ball (head) hammer* 圆头锤. *ball hardness* 钢球硬度,布氏(球印)硬度. *ball jet* 含球气动测头[组检]. *ball joint* 球节[承],球接头[接合,关节]. *ball lathe* 制球车床. *ball method* 球印(硬度)试验法. *ball mill* 球磨机. *ball packing* 球(状)填充物. *ball point* 滚珠支架. *ball race* 滚珠座圈,(轴承,滚珠)座圈,套圈,滚道. *ball race* (钢)球跑轨路(煤机). *ball receiver* 转播用接收机. *ball reception* (电视)中继接收系统. *ball resolver* 球坐标分解器. *ball socket* 球窝[套],球形支座. *ball squeezer* 压块铁块机. *ball test* 球印(硬度)试验. *ball thrust bearing* 滚珠推力轴承,止推滚珠轴承. *ball track* (轴承)滚道. *ball valve* (浮)球阀,球形阀,球闸门. *balled iron* 坯铁. *balling disk* 制粒机(盘),造球机(盘). *balling furnace* 搅炼炉. *balling press* 压块机. *bearing ball* 轴承用滚珠. *check valve ball* 止回球阀,单向活门球. *fire ball* 火球,流星. *friction ball* 摩擦球,球垫. *fulcrum ball* 支撑(点)球,球铰接头. *grinding [mill] ball* 磨
球. *hitch* [*link*] *ball* 悬挂装置的(拉杆)球头. *scrap balling press* 废铁压块压力机. *steering ball* 转向球. *tie rod ball* 系杆球端. *universal joint ball* 万向节球. ▲*ball up* 滚成球(形). *be (all) balled up* 一团糟[混]乱的. *have the ball at one's foot* 有成功的好机会. *keep the ball rolling* 不使…中断. *play ball* (开始)打球,开始[继续]某项活动. *start [set] the ball rolling* 开始(谈话).
BALL =ballast.
ballabactivi'rus n. 球形噬菌体.
bal'lad ['bæləd] n. 民谣,民歌.
balladrom'ic [bæləˈdromik] a. (火箭或导弹)飞向目标的,正确航向的. *balladromic course* 导弹命中航向.
balland n. 精铅矿,铅精矿.
ball-and-biscuit microphone 全指向传声器.
ball-and-ring method (测定树脂熔点)球环法.
ball-and-socket a. 球窝式的. *ball-and-socket joint* 球窝[万向]接头.
ball-and-spigot a. 球塞[销]式的.
ball-and-sunk a. 铰链球形接头.
ballas n. 半刚石,介于碳与金刚石之间的一种金刚石.
bal'last ['bæləst] I n. ①镇重[定]物,压块,砟,压载(舱)物,平衡器,平衡器,控制机构,(气球)砂囊 ,稳定因素 ②镇流(阻)器,镇流电阻 ③道[石]砟,石砟,碎石,基础 ④(燃料)惰性质 ⑤安定,沉着. II v. ①使稳定(平稳,平衡),镇重[定],平衡,气镇 ②装镇重物 ③铺道砟. *ballast car* [*truck*] 石砟(漏底)车. *ballast coil* 镇流[镇定,负载,平衡]线圈. *ballast lamp* 镇流灯. *ballast resistance* [*resistor*] 镇流[平稳,吸收]电阻,电阻箱,负载电阻. *ballast tank* 压载箱,压载水柜[箱],气镇容器,气镇罐. *ballast tray* 镇气分馏塔盘. *ballast tube* 镇流管. *ballast water* 压舱水. *ballasted deck [floor]* 铺道砟面. *ballasted pumping speed* 气镇抽速. *lead ballast* 镇重铅. *liquid ballast* 镇重液体. *sand ballast* 砂镇重. *trimming ballast* 配平镇重. *water ballast* 水镇(重),(镇船)水载,水载压. ▲*be in ballast* 只装着压载物.
bal'lasting n. 压载[道砟]材料,道碴材料.
ballasting-up n. 压载调整.
ballast-surfaced a. 石砟铺面的,麻面的.
ballast-tamper n. 捣道机.
ball'-bear'ing ['bɔ:lˈbɛəriŋ] n. 滚珠(球)轴承.
ball-cock n. 浮球阀.
ball'er n. 切边卷取机. *scrap baller* 切边[废线]卷取机,废料压块压力机.
ballerina [bæləˈriːnə] (意大利语) n. 芭蕾舞女演员,舞剧女演员.
bal'let ['bælei] n. 芭蕾舞(剧团,音乐),舞剧. *ballet shooting test* 枪弹射击试验,兼试冲击与摩擦.
ball'head n. 球形头.
ball-hooter n. 滚[滑]木工.
ball'ing n. ①团聚(制造球状海绵铁) ②成球(高粘土砂在运输中).
balling-iron n. 成球铁.
balling-up n. ①(切边)卷取,收集,(氧化皮)积聚 ②起球(织疵) ③成球.
ballis'tic [bəˈlistik] a. 弹道(学,式)的,发射的,冲

[射击的,射击(学)的,舞蹈状的,衡量冲击强度的. *ballisticarea* 弹着面积(地带). *ballistic cap* 【弹】风帽. *ballistic galvanometer* 冲击(式)电流计. *ballistic kick* (仪表指针)急冲,突跳. *ballistic missile* 弹道导弹. *ballistic parameter* 弹道参数. *ballistic pendulum* 冲击(弹道)摆. *ballistic round* 弹道式导弹. *ballistic test* 冲击试验. *ballistic throw* 冲击偏转.

ballistic′ian n. 弹道学家.
ballis′tics [bəˈlistiks] n. 弹道学,射击学,发射学,发射特性. *arbitrary ballistics* 不定弹道. *hyper ballistics* 高超音速弹道学. *racker ballistics* 火箭(导弹)弹道学. *terminal ballistics* 终段弹道学,末端弹道学. *wound ballistics* 创伤弹道学.
bal′listite [ˈbælistait] n. 巴里斯泰特,无烟火药,双固体燃料(主要是硝化纤维素和硝化甘油).
ballistocar′diogram n. 投影心搏图.
ballistocar′diograph n. 投影心搏仪.
ballistocardiog′raphy n. 投影心搏描记术.
ball′-joint a. 球的轴,球承的,球窝接合的.
ball′-lightning n. 球状闪电.
ball′mill n.; vt. 球磨(机),用球磨机磨碎,球磨加工.
balloelec′tric a. 雾状液体的电荷的.
ballom′eter n. 雾(粒)电(荷)计.
ballon d′essai [ˈbælɔdʒeˈsei] [法语] n. 试风向的小气球,(对舆论等的)试探.
ballonet′ [ˌbæləˈnet] n. 小气球,副气囊,空气房,气室.
balloon′ [bəˈluːn] I n. ①(袋,探测)气球 ②球形(大玻璃)瓶,气瓶,球型玻璃容器 ③球饰,囊,罐,筒,(橡皮)球. II a. 气球状的,分量轻而中鼓的. III vi. ①(用)乘气球上升 ②膨胀如气球 ③隆起,激增,加气膨胀. *balloon barrage* 气球拦阻网(防空袭的气球阻塞网). *balloon bed* 气球着陆台. *balloon construction* 轻捷(型)构造. *balloon framed construction* 轻捷骨架构造. *balloon framing* 轻型骨架. *balloon satellite* 气球卫星. *balloon sounding* 气球探测. *balloon tyre* 低压大轮胎. *captive balloon* 系留气球. *ceiling balloon* 测云气球. *nurse balloon* 辅助气球. *pilot balloon* 测风气球. *triangulation balloon* (三角)测量气球. ▲*like a lead balloon* 毫无作用.
balloon′-borne a. 用气球(或探测气球)升起的,(气)球载(带)的.
ballooneet =ballonet.
balloon′ing n. ①气球的操纵 ②膨胀. *ballooning instability* 气球(泡)上升形不稳定性.
balloon′ist n. 气球驾驶员.
balloon′-sickness n. 气球病,高空病.
balloon′-sonde n. 高空测候气球,探测(探空)气球.
bal′lot [ˈbælət] n.; vi. (无记名)投票. *ballot against* 投票反对. *ballot for* 投票赞成. *take a ballot* 举行投票. *vote by ballot* 投票表决(选举).
bal′lotini [ˈbælotini] n. (pl.) 小玻璃球.
ball′park [ˈbɔːlpɑːk] a. 近似的.
ball′-plant n. 带土植物,土包扎植物.
ball′-planting n. 带土栽植.
ball′(-point) pen′ 圆珠笔.

ball′-proof a. 避(防)弹的,子弹打不穿的.
ball′-race n. 滚球座圈,(轴承)座圈,滚道.
ball′stone n. 球石,菱铁矿.
ballute′ [bəˈluːt] n. 鲔鱼气球,气球式降落伞,膨胀伞.
bal′ly [ˈbæli] a.; ad. 非常,很,极. *be bally well sure* 十分肯定.
bal′lyhoo [ˈbælihuː] n.; v. 大吹大擂,大肆宣扬,招徕生意的广告.
balm [bɑːm] I n. 香油(脂,膏,味),镇痛剂,香蜂草,密里萨,香胶. I v. 擦香油,止痛.
Balmer n. 巴尔莫(波数单位,即每厘米内的波数,用波数/厘米表示).
balm′y [ˈbɑːmi] a. ①芳香的,香脂的,止痛的 ②(气候)温和的. *balmy breeze and sun* 和风和阳光.
balneol′ogy n. 矿泉浴疗养学.
bal′neum [ˈbælniəm] (pl. *bal′nea*) n. 浴.
balom′eter n. 辐射热测定器.
bal′op [ˈbælɔp] n. 反射式放映机(器).
balop′ticon [bæˈlɔptikən] n. = stereopticon 投影放大器,反射式放映机(器).
BALS = blind approach landing system 飞机盲目降落系统.
Bals = balsam.
balsa n. 轻木,白臭木. *balsa wood* 轻(筏)木.
bal′sam [ˈbɔːlsəm] I n. ①香液(胶,脂),软树脂,镇痛剂 ②冷杉木凤仙花属植物,枞胶,香油 II v. 擦香油. *balsam fir* 胶枞,香脂冷杉.
balsam′ic a. 香脂(性)的,香油(一样)的,止痛的,香胶的.
balsamif′erous a. 产生香液(油)的.
balsamo n. 香脂,香胶.
balsamous a. (有)香脂(气味)的.
balsamum [拉丁语] n. 香脂,香胶.
balter n. 筛,筛分机.
balteum [拉丁语] n. 托带,引力带,腰带,(束)带.
Bal′tic [ˈbɔːltik] a. 波罗的海的. *the Baltic (Sea)* 波罗的海.
Bal′timore [ˈbɔːltimɔː] n. 巴尔的摩(美国港口). *Baltimore groove* (阳极挂耳上的)凹形槽. *Baltimore truss* 平(行)弦再分桁架.
bal tr = balancing transformer 平衡变压器.
bal′un [ˈbælən] n. = balanced-unbalanced transformer 平衡-不平衡变换(变压,转换)器,对称-不对称变换器,连接在平衡和不平衡线路之间的变压器.
bal′uster [ˈbæləstə] n. 栏杆小柱,(pl.) 栏杆. *baluster railing* 立柱栏杆.
balustrade′ [ˌbæləsˈtreid] n. 栏杆(柱),扶手.
Bamako [ˈbɑːmɑːkəu] n. 巴马科(马里首都).
BAMBI = ballistic missile burning (boost) intercept (弹道)导弹燃烧中助中止.
bamboo′ [bæmˈbuː] n. 竹(材). *bamboo concrete* 竹筋混凝土. *bamboo steel* 竹节钢(筋).
bamboo′-reinforced a. 竹筋的.
bamboo′-ridge n.; a. 竹节,竹节状.
bambusaceae n. 竹.
BAMIRAC = ballistic missile radiation analysis center 导弹辐射分析中心.
ban [bæn] I n.; II (*banned; banning*) v. 禁止

〔令,制〕,取缔,谴责. *parking ban* 禁止停车. ▲*life* 〔*remove*〕*the ban* 解禁. *place* 〔*put*〕 *under a ban* 禁止.

banal' [bə'nɑ:l] *a*. 平凡的,陈腐的.

banal'ity [bæ'næliti] *n*. 平凡,陈腐,陈词滥调.

bana'na [bə'nɑ:nə] *n*. 香蕉. *banana jack* 香蕉〔插头的〕塞孔〔插孔〕. *banana plug* 香蕉插头. *banana tip* 香蕉型插头尖. *banana tube* 长筒形单枪阴极射线彩色显像管,香蕉管.

Ban'bury (mix'er) (橡胶型)密闭式混炼器.

bancoul nuts 油桐籽.

band [bænd] Ⅰ *n*. ①带,条,(包,卡)箍,圈,箍筋 ②(光)束,频(能,波,谱,光,晶)带,波段 ③区(域),范围,地带 ④条纹,束(镀)层 ⑤波带〔音〕,传送(砂箱)带 ⑥磁鼓上的组带 ⑦(飞机)跑道 ⑧队,组,伙,帮,羊群,畜群. Ⅱ *v*. ①绑扎,打箍,用铁皮打捆 ②结(联)合,结伙 (*with*). *band amplifier* 带通放大器. *band brake* 带状测功器,带式制动器,带闸. *band carrier* 传送器. *band chain* 钢卷尺. *band chart* 记录图. *band compensation* 频带补偿. *band conveyer* 皮带运输机,带式输送器. *band edge* 通带边缘,(板,带材)轧制的(未经剪切的)边. *band elimination filter* 带阻〔除〕滤波器. *band filter* 带通滤波器. *band impurity* 谱带杂质. *band iron* 扁铁条,(窄)带钢,扁钢. *band jaw tongs* 锻工钳,扁钢条(窄)带钳. *band level* 带强级. *band limiting* 频带限制. *band loudspeaker* 薄带扬声器. *band meter* 波长计. *band microphone* 带式微音(传声)器. *band model* (能)带模型. *band origin* 谱带原〔基〕线. *band pass* 带通. *band reduction method* 点阵带约化法. *band resistance* 带状电阻,电阻片. *band rope* 扁钢丝绳. *band saw* 带锯. *band selector* 〔*switch*〕波段开关〔选择器〕. *band sharing* 频带分割,通带共用制. *band shell* (室外)音乐台. *band shift* 带移. *band spread* 频带扩展〔展宽〕,波段展开. *band suspension meter* 带悬式〔拉丝式〕仪表. *band switching* 波段转换. *band tape* 卷(皮)尺. *band theory* 能带理论. *band tubing* 软钉橡皮管. *band tyre* 货车〔载重,实心〕轮胎. *band wheel* 带轮. *band width* (频)带宽(度),通带宽度. *band wound coil* 叠层线圈. *boiler lagging band* 锅炉外套带. *cable band* 缆绳卡箍. *dead band* (仪表)不灵敏区,死(静,不工作)区. *EHF band* 极高频(带) ($3 \times 10^4 \sim 30 \times 10^4$ MHz). *filament band* 射流,丝带. *forbidden band* 禁区能级,禁带. *H band* 晶体浮透性带. *metering band* 卷尺,带尺. *proportional band* (调节的)正比例区,相称的范围,比例范围. *SHF band* 超高频(带)($3000 \sim 3 \times 10^4$MHz). *stop band* 带阻〔抑制,衰减〕带. *tension band* 张紧带,箍圈. *twin bands* (金属中的)双晶带,孪生带. *UHF band* 特高频(带)($300 \sim 3000$MHz). *VHF band* 甚高频(带)($30 \sim 300$MHz). *vortex band* 涡流层〔带〕. *wave band* 波段. *wheel band* 轮箍.

band'age ['bændidʒ] Ⅰ *n*. 绷(扎,防沟)带,(叶栅)带,纽绳,铁箍. Ⅱ *v*. 上绷带.

ban'dager ['bændidʒə] *n*. 扎绷带者.

band'-aid *a*. 权宜的,暂时的.

Bandar Abbas 阿巴斯港(伊朗港口).

Bandar-Shah *n*. 班达沙赫(伊朗港口).

band'ed ['bændid] *a*. 带状的,有条纹的,箍的,连结的,结合的. *banded column* 〔*shaft*〕箍柱. *banded granite* 带状(纹)花岗岩. *banded lode* 带状矿脉. *banded structure* 条状组织,带状构造(结构),加箍结构.

bandelet = **bandlet**.

band-elimination filter 或 **band-eliminator filter** 带除〔阻〕滤波器.

band'er *n*. (线盘或带卷的)打捆机,打捆工,箍工.

ban'derize *vt*. 对钢材涂磷酸盐溶液防锈.

banderolle *n*. (测)标杆.

band-exclusion filter 带除〔阻〕滤波器.

band'-gap *n*. (能)带隙,禁带.

band'ing *n*. ①(线盘或带卷等)用铁条(皮)打捆,包箍,箍紧 ②带状条带效应,(图像上的)磁头痕迹,光讲中出现条 ③聚集成带,带状化,条状化,带状物. *banding ferrite* 条状铁素体. *banding plane* 线脚刨. *banding steel* 箍钢,带钢. *roll banding* (氧化皮)粘辊.

ban'dit ['bændit] (pl. *ban'dits* 或 *banditti*) *n*. 盗匪,敌机,匪.

band'let *n*. 细带,装饰细线条.

band-limited frequency spectrum (有)限带(宽)的频谱.

bandoleer' 或 **bandolier'** [bændə'liə] *n*. 子弹带.

band'(-)pass ['bændpɑ:s] *n*. ①带通,通(频)带 ②传动带. *bandpass filter* 带通滤波器. *bandpass tuner* 带通调谐器.

band'-rejection 频带抑制,带阻. *band-rejection filter* 带除〔阻〕滤波器.

band'saw *n*. 带锯.

band'-shift *n*. 带移.

band'-shaped *a*. 带状的,带状的.

band'spread ['bændspred] *n*.; *v*. 频带展(波段)扩展(展宽),调谐范围. *bandspread receiver* 带展接收机. *bandspread tuning control* (频)带展(开)调谐控制.

band'spreader ['bændspredə] *n*. 精调电容器,频带扩展微调电容器(电感器),频段扩展(展宽)器.

band'stand *n*. (室外)音乐台.

band-stop *n*. 带阻.

band-suppression filter 带除〔阻〕滤波器.

band'switch ['bændswitʃ] *n*.; *vt*. 波段转换(开关),波段开关,换(波)带.

band'tail *n*. 能带尾.

Ban'dung ['bɑ:ndʊŋ] *n*. 万隆(印度尼西亚城市).

band'width ['bændwidθ] *n*. ①(频)带宽(度),通(能)带宽度 ②误差范围. *bandwidth curve* 调谐曲线. *bandwidth switch* 带宽选择开关. *frequency bandwidth* 频带宽度. *laser bandwidth* 激光带宽. *pulse bandwidth* 脉冲宽带.

bandwidth-limiting amplifier 带宽限制放大器.

ban'dy ['bændi] Ⅰ *a*. ①(腿)膝部向外弯曲的,曲折的 ②带状的. Ⅱ *n*. 曲线.

ban'dylite *n*. 氯硼铜矿.

bane [bein] n. 毒物,死亡,祸根,毒(药).
bane'ful ['beinful] a. 有毒[害]的,致死的,引起毁灭的. *baneful influence* 恶劣影响. ~ly ad. ~ness n.
bang [bæŋ] n. ; ad. ; v. ①砰〔轰〕然,突〔全〕然 ②猛击〔撞〕(声),重击,啪,冲击,急跌 ③〔回声测深仪中的〕脉冲 ④嘭嘭〔喀喀,爆炸,砰砰〕作响的声音 ⑤大麻. *main bang* 主脉冲信号,主突波,领示〔探测,放射〕脉冲. *sonic bang* 声速冲响,波前冲击. ▲*bang in the middle* 在正当中. *bang (oneself) against* 砰地撞在…上,砰地撞上. *bang off* 轰然开炮,飞机由舰上起飞迎敌. *bang to* 〔*shut*〕砰地关上. *bang up* 砰地挥上,弄坏. *with a bang* 砰地一声,轰然,成功地.
bangalore (torpedo) 爆破筒.
bang-bang control n. 开关〔继电器〕式控制,继电〔起停〕控制.
bang-bang output 脉冲(输出)信号,脉冲输出.
bang-bang servo 双位调节器,继电(双位,开关)伺服机构.
bang-bang system (自由陀螺仪的)继电器式控制系统.
ban'ger n. (内燃机)气缸数.
bang'ing n. 消音器内爆炸(发动机不正常时,未燃气体在消音器内爆炸的现象,有时会将消音器炸破).
Bang'kok ['bæŋ'kɔk] n. 曼谷(泰国首都).
Bangladesh' [ba:ŋlə'deʃ] n. 孟加拉共和国.
bang'-off n. 飞机从舰上起飞.
Bangui [ba:ŋ'gi:] n. 班吉(中非帝国首都).
bang'up ['bæŋʌp] a. 很好的,上等的.
bang-zone n. 飞机噪音区.
ban'ian ['bænian] n. 榕树.
ban'ish ['bæniʃ] vt. 排〔驱,除〕掉,消除,放逐. ~ment n. *banister brush* 软毛刷(笔),笔.
ban'jo ['bændʒou] n. ①五弦琴,斑鸠琴,琵琶(形) ②匣,盒,箱 ③变速箱 ④短把铲. *banjo fixing* 对接接头〔组件〕. *banjo frame* (放射)曲线规. *banjo lubrication* 放射管式〔离心式〕润滑. *banjo oiler* (润滑油)伸长管加油器. *banjo union* 鼓形管接头.
Banjul [bændʒu:l] n. 班珠尔(冈比亚首都).
bank [bæŋk] I n. ①(堤)岸,堤,沙洲〔滩〕,暗礁 ②拐弯处路面或飞机身向内倾的倾斜,倾斜,横滚,侧向摆动,边(沿)坡,坡度,坡度 ③一排(键),(触,键)排,列,(一)系列,一叠,(管)束,族,群,组(合,件),机组,一排电梯,分组(笑) ④套 ⑤银行(仓,数据,资料)库,贮料器,储备(品) ⑥【计】存储单元,存储体 ⑦工(矿)厂(台架〔体〕⑧工作面,采煤工作面地区(通道),井口区 ⑦(锅炉)压火. II v. ①(使)倾倾(倾斜),使(路缘等处)外侧比内侧倾斜 ②堆积,叠堆,筑堤 ③存入银行 ④把…排成一行(排). *bank angle* 滚转(倾斜,超高)角,横倾(动)角. *bank axis* 纵(滚)轴. *bank blasting* 梯段爆破. *bank capacity* 线弧(组合触排)容量. *bank caving* 坍屏,河岸淘空. *bank channel* 信号处理单元. *bank cubic yard* (爆破)实体立方码. *bank deposit* 银行存款. *bank draft* 银行汇票. *bank fire* 压火,封火. *bank indicator* 倾斜指示器. *bank light* 〔聚光〕灯,泛光灯组. *bank measure* 填方数量. *bank money* 银行票据. *bank of a cut* 剖线边沿. *bank of capacitors* 电容器组. *bank of cylinders* 汽缸排. *bank of gears* 齿轮组. *bank of lamps* 灯吊架. *bank of ore* 层状矿体. *bank paper* 银行承兑的票据,钞票. *bank pier* 桥台,岸墩. *bank protection* 护岸(工程),护岸(工程). *bank rate* 贴现率. *bank rod* 触排排条. *bank seismic facies unit* 海岸地震岩相单元. *bank slope* 岸坡,梯段坡面,阶段〔路堤〕坡度. *bank storage* 河岸地下水贮量. *bank tube* 栅管,banks oil 鱼(肝)油. *blood bank* 血库. *channel bank* 信道处理单元. *culm bank* 废渣场,碎煤堆积场. *cylinder bank* 汽缸排. *data bank* 数据库〔排〕. *detector bank* 探测器组. *flat* 〔*gentle*〕*bank* 小坡度转弯. *front bank* 挖泥船工作面. *gentle bank* 小坡度,大转弯. *inlet valve bank* 进气活门栅. *line bank* 接线排. *pit bank* 井口出车台. *sharp* 〔*steer*〕*bank* 大坡度转弯. *skid bank* (带拨钢爪的)冷床,台架. *stock bank* 坯料库. *training bank* 导流堤. *transfer bank* (轧件横向)移送台架. *transformer bank* 变压器组. *tube bank* 管束〔簇,群〕,*bank the fires* 封火,压火. ▲*bank on* 〔*upon*〕指望,依靠(赖). *bank up* 堆起(成堤状), (筑堤)堵截,(重叠)成层,(使弯道外侧)超高,【冶】封炉. *banks of* 成排(组)的. *in banks* 成排(组)地. *tip into a bank* 使侧倾(倾斜).
bank'able a. 银行可兑的.
bank'-cleaner n. 触排清洁器.
banked a. ①(向)倾的,倾斜的 ②筑有堤的,堆成堤(状)的 ③分组的,集群的,积聚的 ④排成一排的 ⑤被压火的. *banked battery* 并联电池组. *banked crown on curves* 曲线超高,在路上的单坡路拱. *banked curve* 超高曲线,横向倾斜曲线. *banked turn* 超高弯道,倾斜转弯. *banked winding* 叠绕线圈,简单绕组.
banked-up water 回水,壅水. *banked-up water level* 壅高水位,壅水水平.
bank'er ['bæŋkə] n. ①挖土工人,(修堤)土工 ②造型台,工作台,人工搅拌台,石灰池 ③银行家〔业者〕. *banker's bill* 〔*draft*〕银行(对外国银行开出的)汇票. *Banker code* 班克码.
ban'ket ['bæŋkit] n. ①含金砾岩层 ②弃土堆,填土 ③护坡道,护脚.
bankette n. ①弃土堆,填土 ②护坡道.
bank'full a. ; n. (水位)齐岸(的),平岸(的),满槽,漫滩. *bankfull stage* 平岸(平槽,满槽,漫滩)水位.
bank'-head n. 岸首,坑口.
Banki turbine 双击式水轮机.
bank'ing ['bæŋkiŋ] n. 填土(高),堆积 ②超高,侧倾,斜度 ③成带,富集 ④组合 ⑤(锅炉)焊火 ⑥筑堤,堤防 ⑦银行事务,金融. *banking agreement* 〔*arrangements*〕银行议定书. *banking curve* 超高曲线,横向倾斜曲线. *banking hours* 银行营业时间. *banking house* 银行.
bank'note ['bæŋknout] n. 纸币,钞票.
bank'roll ['bæŋkroul] n. ; vt. 资金,提供资金给,资助.
bank'roller n. 提供资金者,资助者.

bank-run a. 河岸的,岸边的. *bank-run aggregate* 河岸[岸边]集料.

bank'rupt ['bæŋkrʌpt] Ⅰ n. 破产者. Ⅱ a. 破产的. Ⅲ vt. 使破产. ▲*be bankrupt of* [in] 丧失了…的.

bank'ruptcy ['bæŋkrəptsi] n. ①破产,经营失败,无偿付能力 ②完全丧失 (of, in).

banks'man n. 坑外领工(员),起重信号工.

bank-up water level 回水(位),壅水位.

bank-winding (coil) 叠绕(线圈),简单线组.

ban'ner ['bænə] Ⅰ n. 旗帜,标识[签],(报纸)头号标题. *banner cloud* 旗状云. *banner word* 标题字. Ⅱ a. 首要的,第一流的,杰出的.

banque d'affaires n. (法语)企业银行.

ban'quet ['bæŋkwit] Ⅰ n. (大)宴会,盛宴. Ⅱ v. 宴请,设宴招待. *banqueting hall* 宴会厅. *state banquet* 国宴. *give a banquet to* [in one's honour] 为…举行宴会.

banquette' [bæŋ'ket] n. ①弃土堆,填土 ②护坡道,踏垛 ③凸部,窗口凳 ④(高出路面的)人行道.

bant [bænt] vi. 忌食减肥.

ban'tam ['bæntəm] n. ①短小精干 ②小型设备,(降落伞降下的)携带式无线电信标. *bantam mixer* 非倾倒式拌和机. *bantam stem* 短茎,矮小心轴,小型管管啊. *bantam tube* 小型(电子)管.

ban'yan ['bænjən] n. 榕树.

BAohm = British Association ohm 英制欧姆 (= 0.9877 国际欧姆单位).

baotite n. 包头矿.

BAP = basic assembler program 基本汇编程序.

BAPL = base assembly parts list 基地装配零件表.

bap'tism of fire 炮火的洗礼,初经战阵.

bar [bɑ:] Ⅰ n. 条,棒,杆,尺,规 ②阻[障]碍(物),横木[杠],梁,闩,拉[挡,闩,隔]板,撑条,栅门 ③【压力单位】巴 (1bar = 10^5 Pa = 1.020 kg/cm²) ④【声压单位】巴 (1 bar = 10^{-5}N/cm² 均方根值) ⑤棒材,钢筋,(圆,方,扁,矩,六角,异形)型钢,条钢,铁条 ⑥线条,短划 ⑦(光,色)带,线,纹,段 ⑦拦江沙,沙洲,沙埂 ⑧【电】汇流条 ⑨反应堆铀坯 ⑩酒吧(间),小卖部,柜台,餐柜. *bar and sill method* 上导洞法. *bar bench* 棒材(型钢)拉我机. *bar bender* 弯条机,钢筋弯折机. *bar capstan* 推杆铰盘. *bar chair* 钢筋支座. *bar chart* [graph] (统计用)柱状图表,条线图. *bar code* 【计】条型码. *bar console typewriter* (杆式)控制台打印机. *bar diagram* 图表,直方图. *bar draft* (低潮)拦江沙水深,(低潮时)沙槛[浅滩上的]水深. *bar drawing* 棒材拉拔. *bar feed lock* (电)保险器. *bar gap* 棒形放电器. *bar gauge* 槛准棒. *bar generator* (图像直线性调节用)条状信号发生器. *bar grizzly* 格筛. *bar iron* 条(状)铁,铁条,钢条,条钢,型钢. *bar lathe* 棒材(加工)车床,两脚车床. *bar link* 有链链条. *bar magnet* 磁棒. *bar method* (焊缝)贯通法磁粉探伤. *bar mill* 轧条机,型材(小型,条材)轧机. *bar of flat* 板条,窄厚扁钢,扁刀棒. *bar oven* 条炉. *bar pressure* 大气压(力). *bar printer* 杆式(条式)打印机. *bar relay* 多接点继电器. *bar screen* 箅子(铁栅)筛. *bar section* 型材,棒形断面. *bar shape* (棒形)型钢. *bar shear* [shearing] machine 棒材剪切机,棒料剪床,剪条机. *bar signal* 河口潮水信号 *bar steel* (棒[条])钢,(圆,方,扁,矩,六角,异形)型钢. *bar stock* 棒[条]材,(圆,方,扁,矩,六角,异形)型材. *bar strip* 薄钢坯,钢带. *bar winding* 棒状(条形)绕组,绕杆. *bearing bar* 支架梁,托梁. *bucking bar* 铆钉顶棒,铆钉顶棒. *carrier bar* 载梁,托架. *channel bar* 槽钢,槽铁. *charge bar* 料锭(棒). *collecting bar* 汇流条. *counter* [position] *bar* 定位尺. *cranking bar* 摇柄[把]. *crown bar* 顶梁,拱顶梁,楼板梁. *damping bar* 扼languge钩. *fire* [grate, furnace] *bar* 炉排杆,炉条. *flat bar* 扁材,扁钢. *fraction bar* (radio code) (无线电码)分数斜线. *guard bar* 扶手,栏杆. *guide bar* 导向杆. *merchant bar* 小型轧材(型钢),订轧铁条. *omnibus bar* 汇流条. *sine bar* 正弦尺(规). *slide bar* 滑杆. *steel bar* 钢条. *wire bar* 线锭,拉丝锭. *wrenching bar* 撬螺(起钉)杆. ▲*be a bar to* 成为…的障碍. *in bar of* 为禁(防)止(的).

Ⅰ (barred; barring) v. ①闩(挡)上,防(禁)止,妨(障)碍,阻(隔)挡),拦住,排斥 ②划上线条,饰以条纹,用棒撬. *bar the engine over* (给发动机)盘车. 撬车. ▲*bar in* 把…关(挡)在里面. *bar out* 把…关(挡)在外面.

Ⅲ prep. 除…以外,除非,若无. ▲*bar none* 无例外(地). *bar one* 有一例外,除一个之外.

Bar [bɑ:] n. 巴尔(南斯拉夫港口).

bar = ①barometer 气压计 ②barrel 桶

bar = barye 微巴.

bar-and-dot generator 条点发生器

baralyme n. 二氧化碳吸收剂

barani n. 未灌溉农田.

baraquet [barɑ'ke] n. 流行性感冒.

barat n. 巴拉特风.

barb [bɑ:b] Ⅰ n. 倒刺(钩),毛刺(边),芒. Ⅱ v. 装上倒钩(倒刺),去毛刺. *barb bolt* 棘螺栓,地脚(基础)螺栓. *barbed dowel pin* 带刺销钉. *barbed nail* 钉. *barbed wire* 刺铁丝,有铁蒺藜的铁丝.

bar'ba ['bɑ:bə] n. 头发,须.

Barba'dos [bɑ:'beidɔuz] n. (拉美)巴巴多斯(岛).

barba'rian [bɑ:'bɛəriən] a., n. 野蛮的,(野蛮)人.

barbar'ic [bɑ:'bærik] a. 野蛮的.

bar'barism ['bɑ:bərizm] n. 野蛮,(语言)粗鄙.

barbar'ity [bɑ:'bæriti] n. 残暴,暴行,野蛮.

bar'barous a. 野蛮的,残暴的.

bar'ber n. ①大风雪,冷风暴,冻烟雾,风雹 ②理发师. *barber chair* 可调节椅.

barbette' [bɑ:'bet] n. 炮座(架),露天(舰上,固定)炮塔.

bar'bican ['bɑ:bikən] n. 外堡,望(哨)楼,桥头堡,枪[箭]眼.

barbiers [bɑ:bi'ei] n. 脚气(病).

bar'bing n. 竿,棒,柱.

bar'bital,(=barbitone) n. 巴比妥.

barbit'urate [bɑ:'bitjurit] n. 巴比妥(酸)盐.

barbituric acid 巴比土酸,丙二酰脲.

barbotage n. ①鼓波,喷沫,起泡(泡沫)作用 ②起泡器〔管〕.
barbula n. 稀须,须少.
bar'buoy n. 滩上(浅滩指示)浮标.
Barcelo'na [ˌbɑːsiˈlounə] n. 巴塞罗纳(西班牙港口).
barchiane n. 新月形沙丘.
bar-code scanner 条线代码扫描器.
bar'draft n. 拦江沙水深,过滩吃水.
bar'-drawing n. 棒材拉发.
bare [bɛə] Ⅰ a. ①(赤)裸的,(暴)露的,无屏蔽[掩护,外壳,反射层]的 ②(几乎)空的,无设备(装饰)的 ③仅有的,稀少的,微小的,最起码的,勉勉强强的. Ⅱ v. 揭[暴]露,揭[掀]开,剥去,拔出,露出,解冻,除去…的覆盖物. *axially bare* 轴向无反射层的. *bare bones* 梗概. *bare bus* 裸母线. *bare cable* 裸电缆. *bare cut slope* 新开挖的边坡. *bare electrode*〔rod〕裸(电)极,裸焊条,无药焊条. *bare facts* 简单明了的事实. *bare foot* 赤脚,无棒骨架. *bare ion* 裸离子. *bare machine* 裸机,硬件计算机. *bare majority* 勉强过半数. *bare pipe* 裸管,光(滑)管,暴露的管,不绝缘管. *bare possibility* 仅有的一点点(最低限度的)可能性. *bare source* 裸源,无屏蔽源. *bare weight* 净重,空重,皮重. *bare wire* 裸线,裸铜丝. *radially bare* 无径向反射层的. ▲(*be*) *bare of* 无,没有,缺乏. *lay bare* 揭露,暴露,揭发,展[掀]开. *make a bare mention of* 仅仅提一下.
bare'back n. 鞍式牵引车.
bare'foot a. 裸面的,不戴面具的,露骨的,无耻的. ～ly ad. ～ness n.
bare'foot [ˈbɛəfut] a.;ad. 光脚(的),赤脚(的),没有刹车的.
bare'footed a. 赤脚的.
baregin n. 粘胶质.
bare-handed a.;ad. 不戴手套(的),赤手空拳(的),手无寸铁的.
bare'headed [ˈbɛəhedid] a. 光着头的,不戴帽子的.
bare'ly [ˈbɛəli] ad. ①仅仅,几乎没有,好容易(才),才 ②裸,无遮蔽地 ③公开地,露骨地. *barely flow* 明流. ▲(*be*) *barely enough to* +inf. 勉强够.
bare'ness [ˈbɛənis] n. 赤裸,空,无.
baresthe'sia [bærɛsˈθiːziə] n. 厌觉,重觉.
baresthesiom'eter [bærɛsθiziˈɔmitə] n. 压觉计,压力计.
bare-turbine n. 开式涡轮机.
barffing n. 蒸汽发蓝,蒸汽处理.
bar'gain [ˈbɑːgin] Ⅰ n. ①契约,合同,交易 ②便宜货,廉价品,成交的商品. Ⅱ v. ①谈判,订约,磋商 ②议价,讨价还价 ③成交,商定(on) ④提出条件(要求)(that). ▲*bargain for* 期待,指望,预期. *conclude*〔*settle*〕*a bargain* 定契约(合同). *drive a bargain* 磋商,讨价还价中 *into the bargain* 加之,而且,此外还,再者. *strike*〔*make, close*〕*a bargain* 订契约(合同);与…成交(with). *That's a bargain*. 那已经决定了.
bargainee' [bɑːgiˈniː] n. 买主.
bar'gainer n. 讨价还价者.
bar'gainor [ˈbɑːginɔː] n. 卖主.
barge [bɑːdʒ] Ⅰ n. ①驳〔趸〕船,平底船,座艇 ②静(煤的重量单位,等于23.5t). Ⅱ v. ①闯,撞 ②用

驳船运载. *amphibious cargo barge* 水陆两用载重汽车. *barge bed* 驳船停泊区. *barge berge* 浮码头,停船处. *barge derrick*〔*crane*〕船式起重机,浮吊. *barge tug* 拖轮. *landing barge* 登陆艇. ▲*barge about* 乱蹿乱撞. *barge against* 相撞. *barge in* 闯入,干扰,干涉,强行加入. *barge into* 闯入,与…相撞. *barge one's way through* 挤出一条路,强行通过. *barge through the door* 闯入,破门而入.
barge-carrying a. 载驳的.
barged-in a. 用吸泥船填的,吹填的. *barged-in fill* 用吸泥船填成的土堤.
bargeen n. 驳船船员.
barge-loaded a. 平底船载的,驳船装载的.
barge'man n. 驳船船员.
barge-mounted a. 装在(平底)船上的.
barges-on-board ship 载驳母船.
barge-train n. (驳)船队,船列.
bar-graph oscilloscope 线条示波器.
baria n. 重晶石,氧化钡.
bar'ic [ˈbærik] a. ①(含)钡的 ②气压(计)的. *baric flow* 压流. *baric gradient* 气压(压力)梯度.
barie =barye.
barilla n. 苏打灰,海草灰苏打.
barine n. 巴林风.
ba'ring n. 剥(顶)开,开挖,暴露,解冻,掘开,扒砂.
bariohitchcockite n. 磷钡铝石.
barion n. 激(发核)子,重子.
barisal guns 震声.
Bari-Sol process 巴里-索尔(脱蜡)法.
ba'rite [ˈbɛərait] n. 重晶石. **baritic** a.
baritite n. 重晶石,(硫酸钡).
baritone n. 男中音,上低音(一种)铜号.
ba'rium [ˈbɛəriəm] n.【化】钡 Ba. *barium crown glass*(光学用)钡钙(苏打石灰)玻璃,冕号(无铅)玻璃,铬酸钡玻璃. *barium flint glass*(光学用)燧石玻璃,晶质玻璃.(光学用)铅玻璃,钡燧石玻璃. *barium oxide* 氧化钡.
barium-chloride test 氯化钡测硫试验.
barium-pariste n. 氰碳酸钡钾矿.
barium-phosphoruranite n. 钡铀云母.
barium-phosphoruranylite n. 钡磷铀矿.
barium-soap a. 钡皂(基)的.
barium-titanate n. 钛酸钡.
barium-uranophane 钡硅钙铀矿.
bark [bɑːk] n.;v. ①树皮,剥(树皮),蹭破(皮) ②擦,破皮(皮) ③脱损薄层 ④吼叫,吠 ⑤三桅帆船. *bark borer* 蛀虫. *bark pocket* 树穴. *bark press* 压皮机. *bark tanner* 树皮鞣料. *barking iron* 树皮剥刀. *cassia bark* 桂皮,肉桂,中国桂皮.
bar'ker [ˈbɑːkə] n. 剥皮器. *barker word* 起播字码.
barkhan =barchane.
Barkhausen-Kurtz oscillation 巴克好森-库尔兹振荡,拒斥场型振荡.
barkom'eter n. 鞣液比重计.
bar'ley [ˈbɑːli] n. 大麦,大麦穗无烟煤. *barley sugar* 麦芽糖. *barley water* 大麦煎(汤). *pearl barley* 大麦米,去皮大麦粒.
bar'ling n. 脚手杆.

barm [bɑ:m] n. 酵母, 发酵的泡沫, 酸母.

bar′magnet n. 条形磁铁.

bar′mat n. 钢筋网.

barmat′ic n. 棒料自动送进装置.

bar-matrix display 交叉条矩阵显示, 正交电极线寻址矩阵显示器.

bar-mill a. 小型(型钢)轧机的.

barms n. 面包酵媒.

barm′y [′bɑ:mi] a. 酵母的, 发泡沫的.

barn [bɑ:n] n.①谷仓、堆房,车库(房), 牲口圈 ②靶 (恩)(核子有效截面单位, = 10^{-24} cm^2). *barn door* 仓库大门, 挡光板, 不会打不中的目标.

bar′nacle [′bɑ:nəkl] n.①(附着在水下船底或桩、石上的贝属动物)茗荷介, 石砌, 藤壶 ②纠缠者, 依附者.

barnhardtite n. 块黄铜矿.

bar′ney n. 小卡车.

barn′yard n. 仓库前的空场.

baro = ① barometer 气压表 ② barometric 气压(计)的.

baro- [词头] 气压, 压(力), 重量.

barocep′tor [bæro′septə] n. 气压传感器, 气压敏感元件, 压力感受器.

barochamber n. 压力舱.

barocline n. 斜压.

baroclin′ic a. 【气象】斜压的, *baroclinic flow* 斜压气流.

baroclinic′ity 或 **baroclin(it)y** n. 斜压性.

barocyclom′eter n. 气压风暴表.

barocy′clonom′eter [bærou′saiklou′nomitə] n. 气压风暴计, 风暴位置测定仪, 气旋测验表.

barodental′gia n. 高空牙疼病.

barodiffu′sion n. 加压扩散.

barodynam′ics [bærəudai′næmiks] n. 重结构力学, 重型建筑动力学

bar′ogram [′bærougræm] n. 气压(记录)图, 气压自记曲线.

bar′ograph [′bærougrɑ:f] n. 气压(记录器)(仪), 自记气压(高度)计. ~ic a.

barogy′roscope n. 气压回转仪, 气压陀螺仪.

barol′ogy [bə′rɔlədʒi] n. 重力论.

barolumines′cence n. 气压发光, 高压发光.

barom′eter [bə′rɔmitə] n. 气压表(计), 晴雨表, 标记. *barometer cistern* 气压计水银槽. *barometer constant* 气压测高常数. *barometer tube* 测压(气压) 管. *cistern barometer* 水银槽气压计. *siphon barometer* 弯管(虹吸)气压计. *The barometer rises (falls).* 气压上升(下降)了, 天要故晴(下雨)了.

baromet′ric(al) [bærə′metrik(əl)] a. 气压(表,计)的, 测定气压的. *barometric discharge pipe* 大气排泄管. *barometric equation* 气压方程. *barometric leg* 气压(真空)腿, 气压柱. *barometric leveling* 气压测高, 气压水准测量. *barometric low* 低气压. *barometric maximum* 气压极大值. *barometric pressure* (大)气压(力). *barometric step* 单位气压高度差.

baromet′rically [bærə′metrikəli] ad. 用气压计.

baromet′rograph [bærə′metrogrɑ:f] n. 气压自动记录仪, 气压计, 气压描记器.

barom′etry [bə′rɔmitri] n. 气压测定法.

baromil n. (气)压毫巴(测气压的单位).

bar′on [′bærən] n.①男爵、贵族 ②巨商; …大王. *coal baron* 煤炭大王, *oil baron* 石油大王.

baropacer n. 血压调节器.

barophile n. 嗜压微生物.

barophilic a. 嗜(高)压的.

baropho′bia n. 恐重力症.

barophoresis n. 气泳(现象).

baroport n. (取)静压(的)孔.

baroque′ [bə′rouk] Ⅰ a.① 【建】 变态式的 ②异样的, 奇形怪状的. Ⅱ n. 【建】 变态式, 特饰建筑.

barorecep′tor n. 气压感受器.

baroresis′tor n. 气压电阻.

Baros metal 镍铬合金 (镍 90%, 铬 10%).

bar′oscope [′bærəskoup] n. 验气器, 气压测验器, 气压计, 大气浮力计, 敏感气压计, 脲定量器.

baroselenite n. 重晶石.

barosinusi′tis n. 高空窦炎症.

bar′osphere n. 气(压)层.

barospi′rator [bærə′spaireitə] n. 变压呼吸器.

bar′ostat [′bærəstæt] n. 恒压器, 气压调节器, 气压补偿器, 气压计. *fuel-control barostat* 气压式燃料供给调节器.

bar′oswitch [′bærəswitʃ] n. 气压(转换)开关.

barotax′is [bærə′tæksis] n. 趋(向)压性.

bar′other′mograph [′bærouθə:məgrɑ:f] n. (自记)气压温度计, (气)压温(度)记录器.

bar′other′mohy′grograph [′bærə′θə:məˈhaigrəgrɑ:f] n. (自记)气压温度湿度计, (气)压温(度)湿(度)记录器.

baroti′tis n. 高空耳炎症.

Barotor (machine) 高温高压卷染机.

barotraumat′ic n. 高空外伤症.

barotrop′ic n. 正压的.

barot′ropism [bæ′rɔtrəpizm] n. 向压性.

barotropy n. 正压(性), 质量的正压分布

BARR = barrier.

barracanite (cubanite) n. 方黄铜矿.

bar′rack [′bærək] n. (常用 pl.)工棚, 临时工房, 营房, 兵营. *barracks bag* 士兵背囊. *barrack ship* 仓库船.

bar′rage [′bærɑ:ʒ] n. ①阻塞, 拦阻, 遮断 ②弹幕(射击), 拦阻射击, 火网, 掩护炮火, 防雷网 ③阻塞干扰, (无线电干扰, 被抑制) ④空中巡逻 ⑤堰(坝), 拦河坝, 拦河闸堰, 挡水建筑物, 截水的建筑物. *air barrage* 拦阻森林, 对空拦阻射击网. *antiaircraft barrage* 防空火网. *antimissile barrage* 反导弹阻塞网. *barrage balloon* (防空袭用)阻塞气球. *barrage cell* 阻挡层光电池. *barrage jamming* 阻抑制(阻塞, 全波段)干扰. *barrage mortar* 防空迫击炮. *barrage photocell* 阻挡层光电管(池). *barrage power station* 堰坝式水电站. *barrage receiver* 双天线抗干扰(消噪声)接收机. *barrage type spillway* 堰式溢洪道. *missile barrage* 导弹火网. *protective barrage* 掩护火网.

barran′ca 或 **barran′co** [bə′ræŋkou] n. 峡谷, 深峡(谷).

barrandite n. 铝红磷铁矿.

Barranquilla n. 巴兰基利亚(哥伦比亚港口).

barras n. 毛松香.

barrate n. 转鼓.

barratron n. 非稳定波型磁控管(用以产生噪声干扰).

barratry n. (船长、海员的)非法行为.

barred [bɑ:d] I bar 的过去式和过去分词. II a. 被禁止的, 被阻塞了的, 有障隔的, 有闩的, 划了线[条]的, 划(红)线条的. *barred speed range* 禁用转速范围.

bar'rel ['bærəl] I n. ①(圆、木、筒形、桶腹)桶 ②【容量单位】桶(液体; 英桶为 36 英加仑, 合 163.65L; 美桶为 31.5 美加仑, 合 119L. 化工、石油; 美桶为 42 美加仑, 合 35 英加仑, 即 158L) 【重量单位】桶(随所装物质而变, 如美国标准桶装水泥每桶 376 磅, 合 170.5kg) ③(圆)柱体, 圆(滚、卷、料、滚光、油)缸, 绞盘(筒), 筒体, 辊子, 鼓轮, 钢筒, 汽包, 泵缸(筒), 套筒(管) ④枪(炮)管, 火箭发动机、(筒形)燃烧室 ⑤(光栅的)桶形失真(畸变) ⑥(照相机)镜头筒, (自来水笔)吸水管. II (*bar'rel(l)ed*, *bar'rel(l)ing*) v. ①装(人)桶 ②滚磨、磨研 ③高速行驶. *barrel arch* 筒形拱. *barrel bulk* (松散物料体积量)一桶(=一松方0.14m³). *barrel cam* 筒形凸轮, 凸轮鼓. *barrel converter*【冶】吹风炉. *barrel distortion* 桶形畸变, 负畸变. *barrel finish* 滚磨(光), 滚筒清理. *barrel head* 桶底. *barrel (of) cement* 桶装水泥. *barrel of piston* 活塞筒. *barrel of pump* 泵体, 泵筒. *barrel oil pump* 油桶手摇泵. *barrel plating* 筒(滚)镀. *barrel print* 鼓式打印. *barrel (shaped) distortion* 桶形失真(畸变), 负畸变. *"barrel stave" type antenna* 桶筒形天线. *barrel switch* 鼓形开关. *barrel (type) engine* 筒(活塞)式发动机. *barrel-type shopblasting machine* 喷丸滚筒. *barrel vault* 筒形拱顶(穹顶), 半圆形拱顶. *core barrel* 心管, 型心轴. *going barrel* 旋转鼓. *gun barrel* 枪(炮)管. *load barrel* 装载(料)(轮), 起重卷筒. *lock barrel* 锁心柱. *sleeve barrel* 套筒. *thrust barrel* 推力室, 燃烧室. *tumbling barrel* (摆动式)滚磨筒, 滚转筒.

bar'rel(l)ed ['bærəld] a. 桶装的, 装了桶的.

bar'relling n. ①滚(研)磨, 滚筒清理, 齿面修整, 辊身做出凸度 ②装桶 ③转桶清染法 ④转鼓涂染, 滚筒结流染色法.

bar'ren ['bærən] I a. ①荒芜的, 贫(瘠)的 ②空白的, 贫乏的, 无结果的, 没有一(of)③无矿的, 含金属量很少的 ④多孔的(岩石等) ⑤不生产(植物)的, 不生育的, 怀孕的, 不孕的, 无肥沃的, 无反应的, 无效果的. II n. ①瘠地, 荒地, 不毛之地 ②夹石, 夹层 ③不孕母畜, 不孕症. *barren flux* 净(不含金属的)熔剂. *barren gap* 无油地段. *barren of practical value* 无实际价值的. *barren ore* 贫化矿. *barren rock* 废(脉)石, 无矿岩石.

bar'renness ['bærənnis] n. 不育症, 不孕症.

barrette file n. 扁三角锉.

barret'ter ['bərətə] n. ①镇流(电阻)器, 辐射热测量器(非线性电阻), 电流调整器, 镇流(热变)电阻 ②稳流灯(管), 铁氢镇流电阻 ③热线检流器. *barretter bridge* 镇流电阻器电桥. *barretter resistance* 镇流管电阻.

barricade' [ˌbæriˈkeid] I n. ①路障(栏), 街垒, 栅栏, (防御)障碍物 ②隔板, 屏障, 防护屏, 屏蔽板, 挡(隔, 屏)板, 防御)墙. II vt. 阻塞, 设路障于, 遮(屏蔽)住.

barrica'do [ˌbæriˈkeidou] = barricade.

bar'rier ['bæriə] I n. ①障碍(物), 闭塞, 栅栏, (屏, 栏, 故)障, (墙, 壁, 障)物, 围(壁, 栏, 篱)栏(套), (挡, 拦, 阻)挡板, (扩散)膜 ③关卡, 哨所, 境界, 界线 ④堰洲, 潜堰, 砂堤, 堤. II vt. 阻窒, 用栅围住. *arming barrier* 引信保险器. *barrier capacitance* 势垒(阻挡层), 空间电荷(电)容. *barrier chain* 砂岛群, 砂坝列. *barrier diffusion* 膜扩散. *barrier film* 障蔽(隔密, 保护)膜. *barrier frequency* 阻挡(封闭, 闭锁, 截止)频率. *barrier height* 势垒高度. *barrier ice* 冰垒(堤), 冰岸. *barrier layer* 势垒(阻挡)层. *barrier light* 海岸探照灯. *barrier potential* 或 *potential barrier* 势垒, 位垒. *high-resistance barrier* 高电阻阻挡层. *light barrier* 光障. *nuclear barrier* 核(势)垒. *porous barrier* 多孔(消音)隔板. *radiation barrier* 辐射屏蔽, 防辐射屏. *sound barrier* (跨音速)音障, 声垒, 隔音板. *surface barrier* 表面势(位)垒. *vapor barrier* 防潮层. *voltage barrier* 电压垒.

barrier-film rectifier 阻挡层(膜)整流器.

barrier-layer n. 阻挡层. *barrier-layer cell* 阻挡层光(硒)电池. *barrier-layer rectifier* 阻挡层整流器.

bar'ring ['bɑ:riŋ] I bar 的现在分词. II n. 盘车, 撬转, 撬动, 【采】清砂渣块, 撬松石. III prep. 除…外, 不包括. *barring gear* 盘车装置, 曲轴变位传动装置. *barring traffic* 封锁交通.

bar'rister ['bæristə] n. 律师, 法律顾问.

Barro'nia n. 高温耐蚀铅锡合金黄铜(铜 83%, 铅 0.5%, 锡 4%, 锌 12.5%).

bar'row ['bærou] I n. ①手(推)车, 独轮车, 放线车 ②担架 ③穴, 古墓 ④弃石堆 ⑤阉猪. II v. 用手车运料. *barrow area* 取土坑, 采料场, 吸泥机作业区. *barrow runner* 手车跳(道)板. *drum barrow* 放线车. *tip barrow* 倾卸手车. *wheel barrow* (独轮)手推车.

barsanovite n. 变异性石.

barsowite n. 钙长石.

bar'ter ['bɑ:tə] v.; n. 物物交换, 易(换)货物, 作交易, 换算法. *barter agreement* 易货协定. *We will never barter away principles*. 我们决不拿原则做交易. ▲*barter M for [against] N* 以 M 换取 N.

Barthelmes method 巴塞姆斯法(一种地震折射解释方法).

bar'tizan ['bɑ:tizən] n. (小)塔台, 墙外吊楼.

Bartlane picture transmission 穿孔纸带影像传输系统.

bar'-type a. 棒形的, 棒式的, 栅条式的.

bar'way n. 有栏器横木, 场内小路.

bar'-wound a. 条绕的.

bar'y- ['bæri-] (词头)重的, 沉重, 困难, 迟钝.

bar'ycenter 或 **bar'ycentre** ['bærisentə] n. 重心, 质(量中)心, 引力中心.

barycen'tric ['bæri'sentrik, -kəl] a. 重心的.

bar'ye ['bɑ:ri] n. ①【气压单位】巴列 (=$10^{-5}N/cm^2$) ②【声压】微巴(压强单位 = $10^{-5}N/cm^2$).

baryecoi′a [bærii′kɔiə] *n*. 听觉迟钝.
baryencepha′lia [bæriensi′feiliə] *n*. 精神〔智力〕迟钝.
barygloss′ia [bærig′lɔsiə] *n*. 言语拙笨.
baryla′lia [bæril′eiliə] *n*. 言语不清.
barylite *n*. 硅铍钡矿.
baryod′mia [bæri′ɔdmiə] *n*. 嗅觉迟钝.
baryodyn′ia [bærio′diniə] *n*. 剧痛.
bar′yon [′bæriɔn] *n*. 重子,激〔发核〕子.
baryonium *n*. 重子（偶）素.
baryotropism *n*. 向中心球形.
barysil(ite) *n*. 硅铅矿.
barysomatia *n*. 身体过重.
bar′ysphere [′bærisfiə] *n*. (地球)重核层,重圈,地核(心),地心圈.
bary′ta [bə′raitə] *n*. 钡氧,氧化钡,重土. *baryta green* 钡绿. *baryta (light) flint* 含钡(轻)火石玻璃. *caustic baryta* 氢氧化钡.
baryte(s) 或 **barytine** 或 **barytite** *n*. 重晶石(混凝土).
barythym′ia [bæri′θimiə] *n*. 忧郁症.
barytone *n*. =baritone.
barytouranite *n*. 钡铀云母.
bar′ytron [′bæritrən] *n*. 介子,重电子.
baryum =barium.
bas [bɑː] ① (法语)底部 ②母线 ▲*de haut en bas* 从上到下.
ba′sad [′beisæd] *ad*. 朝底(面)地,朝基础地.
ba′sal [′beisl] Ⅰ *a*. 基部的,底部的. Ⅰ *n*. 【地质】基板. *basal contact* 底部接触. *basal crack* 底面裂缝. *basal face* 底面. *basal metabolic rate* 基础代谢率. *basal orientation* 基线定向. *basal plane* 底(平)面,基面. *basal pole* 基底. *basal principle* 基本原理. *basal water* 主要含水层,最低地下水层.
basalia *n*. 基板.
bas′alt [′bæsɔːlt] *n*. ① 玄武岩 ② 玄武岩嘲品〔器皿〕③ 黑色磁器. *basalt clay* 〔wacke〕玄武土. ～ic *a*.
basalt-agglomerate tuff 玄块凝灰岩.
basalt-glass *n*. 玄武玻璃.
basal′tic *a*. 玄武岩的.
basal′tine Ⅰ *a*. 玄武岩的. Ⅰ *n*. 辉石.
basalt-like *a*. 似玄武岩的.
basalt-porphyry *n*. 玄武斑岩.
bas′an [′bæzən] *n*. 书面羊皮.
basanite *n*. 碧玄岩,试金石(一种丝绒状石英).
bas′cule [′bæskjuːl] *n*. 竖旋桥的双翼,开启桥的平衡装置,(衡重式)吊桥〔开竹桥,开启桥〕. *bascule bridge* 开启〔竖旋,上开〕桥,竖开开启桥. *bascule door* 吊门. *bascule span* 竖旋孔.
base [beis] Ⅰ *n*. 基(底,础,本,柱,极,体,座,点,线)面,数,极,区,站,房,制),(磁带)带基,片基,基地址 ②底(边,面)层,子,脚,座,板),支承(区,面),基础,机座,台,(灯,管)座,墩(层基),(数据)库),(显微)镜座 ③ 碱,盐基,(燃料)基本组分,载体 ④(轮,胎,跨)距 ⑤根据(地),起(止)点,(垒球)垒 ⑥翼展刻度 ⑦主药. Ⅰ *a*, ①贱的,劣等的 ②低音的 ③基本的 ④用作基底金属的. Ⅰ *v*. 建立在…上,以…为根据,基于(on, upon). *air base* 空军〔航空〕基地,空中基线. *axle base* 轴距. *base address* 【计】基本〔数〕地址,地址基数. *base amplifier* 普通放大器. *base angle* 底角. *base bias bleeder circuit* 基极分压电路. *base block* 柱石,基石. *base bullion* 粗金属锭. *base bullion lead* 粗铅锭. *base centered lattice* 底心点阵. *base circle* 基圆. *base complement* 基数的补数,补码. *base course* 基〔底,下垫,勒脚〕层. *base current* 基〔极电〕流. *base direction* 基线定向〔方向〕. *base earth* 基极地. *base electrode* 基(电)极. *base electrolyte* 基电解质. *base element* 成碱元素. *base exchange* 碱交换,(阳)离子交换. *base face* 基准面. *base fertilizer* 基肥. *base frame* 底座,支架. *base frequency* 固有(基本)频率. *base gasoline* 基本汽油. *base impedance* 天线终端阻抗. *base insulator* 托脚绝缘子. *base iron* 原铁水(处理前铁水). *base lacquer* 底漆. *base leakage* 管座漏电. *base level* 基准面,基数电平. *base line* (时)基线,底线,扫描行. *base load* 基本〔基极〕负载. *base machine* 雏形〔基型〕机床. *base map* 工作草图,(基本)底图. *base material* 体材料,母料. *base measurement* 基线测量. *base metal* 贱(碱,非贵重)金属,基底(体,极)金属,底垫(母体)金属,母材,基(焊)料,金属底座. *base minus one's complement* 反码. *base mix* 原始混合物. *base net* 〔network〕基线网. *base notation* 【计】基数表示法,根值记数法,数制,基本符〔记〕号. *base number* 底数,基数. *base of a logarithm* 对数的底. *base of a triangle* 三角形的底. *base of blade* 叶片根部. *base oil* 原油,粗石油. *base paper* 原纸. *base peak* 基峰. *base pitch* 基圆节距. *base plate* 基〔底,垫,座,支承)板,基盘〔架〕,地线板,底座工作台,万能量角器底板. *base point* 基点,【计】小数点. *base pressure* 基础压力,(本)底压(强). *base product* 基础产物,蒸馏塔底不能排出的物质(蒸馏残渣). *base pump station* 泵总站. *base radius* 基本半径. *base rate area* 基本费率区,免费服务区. *base register* 基(本地)址寄存器,变址(数)寄存器. *base rock* 基(性)岩,底岩. *base saturation* 盐基(阳离子吸附)饱和(作用). *base spreading resistance* 扩展电阻. *base station* 基点,基地(电台),基本测站. *base stock* 基本原料〔组分,汽油〕,(油)基. *based variable* 有基变量. *base weight* 基准重. *binary number base* 二进制数制,二进制数. *broken base* 【测】折基线. *coil base* (带卷退火用的)固定式底,炉台. *colour base* 基色. *common base* 共基极,共用底座. *decimal base* 以十为底的,十进制数. *diheptal base* 十四脚管座. *eight-stack base* 〔轧〕八垛式炉台. *extraterrestrial base* 行星际站. *firing base* 发射台,发射阵地. *flywheel time base* 飞轮效应时基. *housing base* 轧机牌坊的轨座. *inorganic base* 无机碱. *jack base* 插座孔基. *launching base* 发射基地,发射台. *lead base* 铅基白色轴承合金. *lead-base grease* 铅皂润滑脂. *leveling base* 基(水)准面. *logarithmic base* 对数的底. *lubricant*

base 润滑油基油,润滑剂基础组分. *magnal base* 十一脚管低. *missile base* 导弹基地[底部]. *naphthene base* 环烷基. *number base* 数制. *octal base* 八脚管底. *orbital base* 轨道基线,空间[航天]站. *organic base* 有机碱. *paraffin base* 石蜡基,烷烃基. *relay base* 无线电中继台[转播站],中继无线电台. *short base* 短轴里[汽车前后车轴的距离]. *silo(-type,-launch) base* 竖井式发射基地. *space base* 航天基地. *spring base* 弹簧座. *swan base* 卡口接头. *time base* 时基[轴,标],时间坐标,扫描[基线]. *tube base* 电子管管底,电子管基,电子管管座. *valve base* 阀座,电子管底座. *well base rim* 深钢圈,深胎轮辋,凹弧轮辋. *wheel base* (轮)轴距,(机车)轮组定距. ▲(*be*) *based on* [*upon*]以…为基础[根据];根据. *be off one's base* (*about*)(对…)抱荒谬的态度. *get off base* (被)弄糟涂了. *off base* 大错特错,冷不防地. *reach* [*get to*] *first base* 获得初步成功.

base'ball ['beisbɔ:l] *n.* 棒球,垒球. *baseball computer program* 自动问答计算程序(这种程序最初用以回答有关棒球的问题).

base' band ['beisbænd] *n.* 基(本频)带. *baseband frequency switching system* 基频倒换制.

base'-bar ['beisbɑ:] *n.* 基线杆.

base'board ['beisbɔ:d] *n.* 护壁板,(踢)脚板.

base'burner ['beisbə:nə] *n.* 底燃火炉,自给暖炉.

base'-cen'tered 或 **base'-cen'tred** ['beis'sentəd] *a.* 底心的.

base' course *n.* 基层,底层,勒脚层.

base'-data *n.* 基本数据[资料].

base-driven antenna 底部馈电天线.

base-emitter barrier 基(极)-射(极)间势垒.

base-exchange 基(阳)离子交换,碱交换.

base' lap *n.* 底趾.

base-lead resistance 基极引线电阻.

base'less ['beislis] *a.* 无基础的[根据的],无管座的. *baseless bulb* 无基管壳. *baseless subminiature vacuum tube* 无座指形管.

base' level *n.* 基准面.

base' line Ⅰ *n.* (时)基线,扫描行,原始资料,底线. Ⅱ *a.* 原始的,基本的,开始的.

base'-load *n.* 基底负载(荷),基极负载,基底,底层,基本负荷(荷载),最低负荷.

base'ment ['beismənt] *n.* 底座[层],基础[脚,底,层],地下室. *basement complex* 基底杂岩.

base' plane ['beisplein] *n.* 底平面,基面,基准(平)面,底板.

base' plate ['beispleit] *n.* 底[垫,座,台]板,基板[础,座],支承板.

ba'ses *n.* base 和 basis 的复数.

base-stripped emulsion 剥离的乳胶,无衬乳胶.

base-timing sequencing 时基[时)定序.

base' tone *n.* 基(低)音.

base-vented *a.* 底面开孔的.

base-wafer assembly 基片装置.

bash [bæʃ] *v.*; *n.* 猛击[撞],打坏(in).

bash'er *n.* 散(泛)光灯.

bash'ertron *n.* 信号仪.

basi- [词头]底,基底.

basial *a.* 底的.

basia'lis [beisi'eilis] *a.* [拉丁语]底的,基底的.

BASIC = beginner's all-purpose symbolic instruction code BASIC 语言.

ba'sic ['beisik] Ⅰ *a.* ①基(本,础,准)的,根本的,主(要)的 ②碱(性,式)的,盐基的,基性的,含少量硅酸的. Ⅱ *n.* 基础(训练),基本. *basic access method* 基本取数[存取]法. *basic Bessemer steel* 底吹碱性转炉钢,碱性贝氏炉钢. *basic bottom* 碱性炉底. *basic capacity* 碱性,碱度,基本容量. *basic circuit* 基本线路(图),原理电路(图). *basic code* 代真码,代真程序,机器(代)码,绝对(代)码,绝对计算机语言. *basic complex* 碱式络合物. *basic data* 基本数据,原始资料. *basic diagram* 基本线图,原理图. *basic external operation of lathe* 车床基本外圆车削. *basic frequency* 主[基本]频率. *basic group* 基群,碱性基,碱性原子团. *basic hole* 基孔. *basic industry* 基础工业. *basic ion* 阳(正)离子. *basic lead white* 铅白,碱性碳酸铅白. *basic line* 基(准)线. *basic material* 碱性材料,原料. *basic meridian* 原始(参考)子午线. *basic nitril* 叔胺. *basic noise* 本底(固有)噪声. *basic oxygen furnace* 氧气顶吹转炉. *basic oxygen steel* 碱性氧吹钢,氧气顶吹转炉钢. *basic process* 碱性[基本]过程. *basic rack* 基本齿条. *basic research* 基本[基础理论]研究. *basic shaft* 主轴. *basic size* 基本[规定,公称]尺寸,标称[名义]直径. *basic slag practice* 碱性渣操作法. *basic statement* 【计】基本语句. *basic steel* 碱性钢. *basic stimulus* 基本刺激,衬底色,基色. *basic stress* 主应力. *basic technicals* 主要技术数据. *basic volumetric weight* 公定容量. ▲(*be*) *basic to* 是…的基础.

ba'sically *ad.* 基本上,根本上,本质上.

basic'ity [bə'sisiti] *n.* 容碱量,碱度[性],基性度,盐基度.

basidial *a.* 担子的.

basidiocarp *n.* 担子果.

basidiomycete [bəsidiəmai'si:t] *n.* 担子菌纲.

basid'iophore *n.* 担子体.

basid'iospore *n.* 担孢子.

basid'ium [bə'sidiəm] (pl. *basid'ia*) *n.* 担子(器).

basifica'tion [beisifi'keiʃən] *n.* 碱(性)化,基性岩化.

ba'sifier *n.* 碱化剂,盐基化剂.

ba'sifixed ['beisifikst] *a.* 基(以下部)附着的,基生的.

basifrit bottom (平炉)碱性烧结炉底.

basifugal *a.* 离基的,从基部向上生出的.

basifuge *n.* 嫌碱植物.

ba'sify ['beisifai] *vt.* 使碱化.

bas' il [bæzl] *n.* Ⅰ ①斜刃面,刃角,刀口 ②已用树皮鞣过的羊皮,熟羊皮. Ⅱ *v.* 磨(刃口). *basil buff* 皮布抛光轮(用于黄铜及镀铬件的抛光). *basil oil* 罗勒叶油(黄色芳香液).

bas'ilad ['bæsilæd] *a.* 向底的,底面的.

bas'ilar ['bæsilə] *a.* 基(本,部,础)的. *basilar membrane* 【生理】耳底膜.

basila'ris [bæsile'əris] *a.* [拉丁语]基底的.

basilat'eral *a.* 基侧的.

basil'ic(al) [bə'silik(əl)] a. 重要的，显要的.
basilicon (**ointment**) 松脂〔香〕蜡膏.
ba'sin ['beisn] n. ①盆，皿，浅口杯，水槽〔洼，池，坑〕②盆〔洼，泊〕地，盆形构造，小湾，海盆，流域，排水区域，受水面积，底源 ③〔水，溶，港，系船〕池，船坞〔渠〕，船模试验池 ④【机】承盆，【冶】炉盆，浇〔注〕盆，【矿】煤田，【铸】浇口杯 ⑤骨盆，第三脑室. *basin lock* 盆〔池〕形船闸. *basin method* 淤灌法. *basin plain* 盆地平原. *basin planning* 流域规划. *basin range* 断块山岭，不连续山脉. *catch basin* 盛盘，蓄水槽〔池〕，集水池，雨水井. *dock basin* 船坞. *lead basin* (炼铅膛式炉的)炉膛. *model basin* 船模试验池. *pouring basin* 浇注盘. *towing basin* 舰艇〔水上飞机，浮体〕模型试验槽. *turning basin* 【港】掉头区.

ba'sinful n. 一满盆.
ba'sio- ['beisio-] [词头]，基底
basip'etal [be'sipətl] a. 向基的，向底的，由上向下的.
ba'sis ['beisis] (pl. *ba'ses*) n. ①基〔础，底，准，本，线，数〕②根据，基本原理，算法 ③主要成分 ④军事基地 ⑤玻基，底，座. *as received basis* 按来料计算. *ash-free basis* 除灰为基础的(计算). *basis box* (英国)基准箱(镀锡薄板计量单位，每箱＝31360 英寸², 即 112 张 20 英寸×14 英寸镀锡薄板的面积). *basis heating* 主加热. *basis meridian* 首子午线. *basis of an argument* 论据. *basis of integers* 整数基〔底〕. *basis of issue* 装备供给表. *basis soap* 基皂. *basis weight* (纸张)定量. *dry basis* 干组份. *hole basis* 基孔制. *integral basis* 整基. *stop-gap basis* 临时塞座. *time-distance basis* 时间-距离运费制，时距原理. *wet basis* 按湿量计算，连湿计算. ▲*on a production basis* 在大量生产基础上. *on … basis* 或 *on the basis of* 根据，以…为基础，在…基础上，以…为度，以…为条件. *provide* 〔*furnish*〕 *the basis of* ＋ing 为…提供基础〔根据〕.

basite n. 基性岩类.
bas'ket ['bɑːskit] I n. ①篮，筐，笼，篓 ②吊篮，吊舱 ③铲斗，挖泥机，岩心管 ④篮〔笼〕形线圈，花篮状柱头. II vt. 装入篮内. *basket coil* 篮〔笼〕形线圈. *basket handle arch* 三心拱. *basket plating* 篮式电镀. *burner basket* 火焰篮，燃烧室. *centrifugal basket* 离子机滚筒，离心机篮. *fire basket* 焊炉，火盆〔篮〕.
bas'ket-ball ['bɑːskitbɔːl] n. 篮球(运动).
bas'ketful n. 一满篮〔筐〕.
basket-handle arch 三心拱.
ba'soid ['beisɔid] n. 碱性胶体，碱胶基.
ba'son =basin.
ba'sophil(e) ['beisəfil] n. 嗜碱体，嗜碱细胞.
basophil'ic [beisə'filik] a. 嗜碱的.
basophilous a. 适碱(性)的，喜碱(性)的.
basque n. 【冶】炉缸内衬，衬棕.
basquet n. 篮，桶.
Basra n. 巴士拉(伊拉克港口).
bas-relief ['bæsriliːf] n. 浅〔半〕浮雕.
bass I [beis] n. 低音(频，部). a. 低音的. II [bæs] n. ①椴木(的韧皮)，韧皮纤维制品 ②硬粘土.

bassanite n. 烧石膏.
bass-broom n. 级木〔椴木韧皮纤维〕扫帚.
bass'-drum' n. 大鼓.
basseol n. 椴树醇.
bas'set ['bæsit] I n. 【地】露出层的边缘，露出面，(矿层)露头. II vi. (矿脉)露出. *Basset method* 转炉制铁法(同时能得到矿渣水泥).
bassetite n. 铁铀云母.
bas'so ['bæsou] n. 男低音，低音部. *basso profundo* 最低音(奏唱者).
bassoon' n. 巴松(低音，大)管.
bass-reflex cabinet 低音反音箱，倒相式扬声器箱.
basso-rilievo [意大利语] n. 浅〔半〕浮雕.
bass'wood ['bæswud] n. 椴木，菩提树，美洲椴，级〔树，料〕. *basswood oil* 椴树油.
bassy n. 低音(加重).
bast [bæst] n. 韧皮部(，纤维)，内皮.
bas'tard ['bæstəd] I a. ①假的，不纯的，异形的，杂交的，不合法的，劣质的，有杂质的 ②粗〔劣〕级，齿牙的 ③畸形的，非〔不合〕标准的，异常尺码的. II n. ①假冒品，劣等货 ②坚硬巨砾，硬岩块 ③杂种，私生子. *bastard ALGOL* 【计】变形的 ALGOL(算法语言). *bastard ashlar* 粗琢石. *bastard coal* 硬煤. *bastard file* 粗齿锉，毛锉. *bastard sawed board* 粗锯板.
bastinite n. 透磷锂矿.
bas'tion ['bæstiən] n. 棱堡，堡垒，阵地工事. *bastion of iron* 铜墙铁壁.
bastite n. 绢石.
bastna(e)site n. 氟碳镧铈矿.
Basutoland n. (非洲)巴苏陀兰 (Lesotho 莱索托的旧称).
BASW ＝bell alarm switch 警铃开关.
ba'syl ['beisil] n. 碱基.
basylous a. 碱(性，式)的. *basylous action* 降酸作用.
bat [bæt] I n. ①半(非整)砖，砖头〔片〕，耐火硅片，湿土块，硬〔土〕块，泥质页岩，油页岩泥灰积，页岩夹粘土 ②(棒球，板球)球棒，(乒乓)球拍 ③导弹 ④编墙 ⑤棉絮〔胎〕⑥铆钉镦头. *bat rivet* 锥头铆钉. ▲*at full bat* 急走，全速前进. *off one's own bat* 凭自己努力，独立地. (*right*) *off the bat* 马上，立刻. II (*bat'ted*; *bat'ting*) v. ①执棒，击 ②眨(眼) ③详细讨论，反复考虑.
Bat ＝battery 电池(组)，蓄电池.
bat chg ＝battery charging 蓄电池充电.
Bata n. 巴塔(赤道几内亚港口).
batalum n. 钡吸气剂. *batalum ribbon getter* 钡钛吸气剂带.
batardeau n. 堤，堰，坝，围堰.
batch [bætʃ] I n. ①一次(配制，装炉投料)的份量，一次操作中装入〔炉，窑，拌〕的一次生产量，批〔配，炉〕料，定量混合物，装炉量 ②(一)批〔队，组，群〕，一束〔槽〕③【计】程序组. II v. 分批的，间歇去计算，分批〔类，组，段，选〕. *batch annealing* 分批退火(法)，室式炉中退火. *batch box* [bin] (定)量斗，投配器，分批箱，配料箱. *batch bulk* 成批. *batch counter* 选组(批)计数器，盘数计数器. *batch end point* 管线中石油产品分批点，(输油管道连续输油山)两

批油的交替点. *batch filter* 间歇式过滤器. *batch furnace* 间歇生产炉,分批处理炉,分层式烘炉. *batch leach* 分批[间歇]浸出. *batch method of operation* 分批作业法. *batch method (of treatment)* 分批[间歇]处理法. *batch mixer* 分批[间歇]式拌和机[混合器]. *batch monitor* 批量监督程序. *batch number* 批[炉]号. *batch oil* 醮砂[铸造,制造绳缆]用油. *batch operation* 分批[间歇]操作,分批[间歇]进行. *batch plant* 分批投配设备. *batch process* 间歇[断续]过程,成批[批量]处理[加工]. *batch solder(ing)* 分批[间歇]焊. *batch total* 〖计〗程序组总计,选组[分批,分类]总数. *batch type* 分批[间歇]式,一次混合式. *batch weigher* 〔weighing plant〕分批配料设备. *master batch* 母料,母体混合物. ▲ *in batches* 分[成]批地.

batch-bulk n. ['bætʃbʌlk] 成批.
batchelorite n. 绿叶石.
batch'er ['bætʃə] n. ①分批箱,配[送]料器,进料量斗,(送料)计量器,计量箱,供料定量器,计量给料器 ②混凝土分批搅拌机. *batcher bin* 料斗,投配器,分批箱. *batcher scale* 自动式(混料)计量器,进料量斗. *weigh(ing) batcher* 重量配料斗[计量器],分批秤料机.
batch-fed a. 分批给料的.
batch'ing n. ['bætʃiŋ] ①(按批)配料,投配,定[计,剂]量,定量调节 ②分批[类,选,组,段]. *batching bin* 量斗,投配器. *batching by volume* 〔weight〕按体积[重量]配合[料]. *batching counter* 剂量组计数器. *batching in product lines* 产品分批沿管线输送.
batch'meter n. (混合料)分批计,定[计]量器.
batch-pot-type n. 分批罐[锅]式的.
batch-still n. 分批[间歇]蒸馏.
batch'-type ['bætʃtaip] a. 分批(拌和)的,分批[间歇,周期]式的. *batch-type drying stove* 周期式烘(干)炉.
batch-weighed a. 按重量配量[投配]的.
batch'wise ['bætʃwaiz] a.; ad. 分批地,中断的,断续(的),间歇式.
bate [beit] Ⅰ n. ①脱灰(碱)液 ②〖地〗假节理. Ⅱ v. ①减少[去,弱],降低,减轻,削[变]弱 ②抑制,压低 ③(用脱灰碱液)使(生皮)软化,浸于脱灰液中. *bate pits* 〔picks, stains〕脱斑,脱灰. *with bated breath* 屏息中.
batea n. 尖底淘金盘.
bateau [bæ'tou] (pl. *bateaux'*) n. 平底(小)船,搭浮桥的船,浮桥脚. *bateau bridge* 浮桥.
bate'ment-light ['beitməntlait] n. 〖建〗跛窗.
bath [ba:θ] Ⅰ n. ①浴,浸,泡,蒸浴,洗澡 ②(电镀,电解,热处理)槽,(熔)池,浴盆[槽,池,锅,室,场] ③镀液,熔融金属(坩埚或包中),定影液,酸洗液,(浸泡)洁水 ④〖冶〗池铁紧(指反射炉中之铁),炉缸. Ⅱ v. ①洗澡 ②浸,泡. *acid bath* 酸浴. *air bath* 空气浴,气锅,热空气干燥箱. *bath analysis* 炉前快速分析. *bath brick* 砂砖,巴斯磨石. *bath carburizing* 液体渗碳(法). *bath component* 熔体[电解

质]组成. *bath composition* 熔体成分[组成],电解液成分[组成]. *bath filter* 浸油式空气滤清器. *bath lubrication* 油浴润滑. *bath metal* 电镀槽用金属. *bath oiling* 油浴润滑法. *bath process* 浴洗过程. *bath solution* 电解液. *bath voltage* 浴电压. *electrolytic bath* 电解槽. *electroplating bath* 电镀槽. *lead bath* 铅浴(槽). *neutron bath* 中子浴. *pickling bath* 酸洗槽. *plating bath* 电镀槽[液,浴]. *quenching bath* 淬火槽. *salt bath* 盐槽[浴],熔盐熔池. *salt bath mixture* 熔盐混合物. *water bath* 水槽[浴],恒温槽.
Bath stone 巴斯石灰石.
bat-handle switch 手柄开关.
bathe [beið] Ⅰ v. ①浸,泡,(冲)洗,冲刷 ②(光线等)充满,笼罩. Ⅱ vi. ; n. 游泳,(在河海)洗澡,沐浴,沉浸,把…沉浸在液体中. *bathing place* 海滨浴场.
bathile a. 深渊底的.
bathmic a. 生长力的,变阈(力)的.
bathmism n. 生长力,变阈力.
bathmom'etry n. 拐点法.
bathmos n. 小窝.
bathmotrop'ic a. 变阈性的.
bathmot'ropism [bæθ'motrəpizm] n. 变阈性,变阈作用.
batho- 〔词头〕深,底.
bathochrome n. 一种降低吸收频率的有机化合物原子团,(会引起吸收光谱趋向红色的)向红团,深色效应团.
bathochro'mic a. 向红(移)的.
bathochromous a. 深色的,向红的.
bathofluore n. 深荧光.
bath'olite 或 **bath'olith** n. 岩基,岩盘.
bathom'eter [bə'θomitə] n. =bathymeter.
bathomet'ric a. =bathymetric.
bathom'etry n. =bathymetry.
bathomor'phic a. 凹眼的,近视眼的.
Bathonian stage (中侏罗世晚期)巴通阶.
bathophenanthroline n. 红菲绕啉,红二氮杂菲.
bathophotom'eter n. =bathyphotometer.
bathothermograph n. =bathythermograph.
bathothermom'eter n. =bathythermometer.
bathotonic reagent 减弱表面张力试剂.
bathroclase n. 〖地〗水平节理.
bath'room n. 浴室,盥洗室.
bath'tub ['ba:θtʌb] n. 澡盆,浴缸,摩托车的边车,机下浴缸形突出物. *bathtub capacitor* 金属壳纸质电容器.
Bath'urst n. 巴瑟斯特(Banjul 班珠尔的旧称)(冈比亚首都).
BATHY =bathythermograph 深度温度计.
bath'y- ['bæθi-] 〔词头〕深,底.
bath'yal a. 半深海的,次深海的.
bathybic Ⅰ a. 深海底的,深渊底的. Ⅱ n. 深海层生物.
bathyconductograph n. 深度电导仪.
bathygastria n. 低位胃,胃下垂.
bathygastry n. 低位胃,胃下垂.
bathygraph n. 自记测深仪.
bathygraphic chart 表示深浅的海洋图.
bathylimnet'ic a. 栖息湖底的.

bathylite 或 **bathylith** n. 岩基,岩盘.
bathym'eter [bæ'θimitə] n. (深海)测深仪(计),水深测量器.
bathymet'ric(al) [bæθi'metrik(əl)] a. 深海测探法的,等深的. *bathymetric(al) chart* 水深图,等深线图.
bathym'etry [bæ'θimitri] n. 深海测量法,(海洋)测深学(术),深度测量法.
bathyorographic(al) map 水深及海底地形图.
bathypelagic a. 深海的.
bathyphotom'eter n. 深水光度计,深(海)光度计.
bathyphytia n. 深海植物群落.
bathypne'a [bæθip'niə] n. 深呼吸.
bathyscaph(e) n. 深海潜水(探察)器,深海艇.
bath'yscope n. 深海探望镜.
bathyseism n. 深海(源)地震.
bath'ysphere ['bæθisfiə] n. 深海观测用球形潜水器,海底观测球,深海球,深潜球.
bathythermogram n. 深温图.
bathytherm'ograph [bæθi'θə:məgra:f] n. 海水深度温度自动记录仪,温(度)深(度)仪,水深水温测量器.
bathythermom'eter n. 海洋深水温度计.
ba'ting ['beitiŋ] Ⅰ prep. 除…之外. Ⅱ n. 软化.
batiste' [bæ'ti:st] n. 细棉[麻]布,细薄毛织物.
baton ['bætən] n. 棍,(指挥,接力)棒. *baton gun* (胶弹)防暴枪. *dance to one's baton* 跟着…的指挥棒转.
bat'onet ['bætənit] n. 接棍,小鞭杆,系索棍.
batra'chia n. (无尾)两栖类.
bat'rachoid ['bætrəkɔid] a. 似蛙的,蛙状的.
batrachotox'in n. 箭毒蛙毒素.
bats'man ['bætsmən] n. ①(板球)击球员 ②(航空母舰上)降落指挥员.
BATT = battery 电池(组),蓄电池.
batt [bæt] n. ①棉胎 ②粘土〔沥青质页岩.
battal'ion [bə'tæljən] n. (一)营,营部,大队,(pl.)部队,军队.
bat'tarism ['bætərizm] n. 口吃,结舌.
bat'tarismus [bætə'rizməs] a. 口吃的.
bat'ten ['bætn] Ⅰ n. ①板〔撑,样,压,夹〕条,连接横木条,挂瓦〔压缝〕条,镶〔条,夹,扣]条 ②万能信曲线尺,标尺 ③小圆杆(末端直径在11英寸以下),小方材,壁板支柱,底板加固木条 ④〔计〕警戒孔,(一组)卡片的同位穿孔. Ⅱ vt. 用板条钉住,钉上扣板(条). *batten and button* 木板结合. *Batten check* 同位穿孔校验法. *batten plate* 缀(合)板. *battened wall* 板条墙,板壁. *battening arrangement* 压紧固,封舱装置. ▲*batten down the hatches* 封舱.
bat'ter ['bætə] Ⅰ v. ①连(续捶)击,乱敲,冲击 ②藏碎,捣薄,打扁,打坏,磨(毁)损 ③(用炮火)摧毁(down) ④摇荡,混合,(拉丝模)收凡 ⑤倾斜,(使)内倾. Ⅱ n. ①倾斜度,坡度(面),斜坡 ②糊状物,软泥,泥浆. *batter board* 定桩板,(放线)槽板. *batter gauge* (templet) 定锥规,斜坡样板. *batter level* 测斜器,倾斜仪. *battering charge* 最大装(弹)药量. *battering ram* 冲击夯,撞锤. *battering rule* 定斜规. *downstream batter* 【坝】背水(下游)面坡度.
bat'tery ['bætəri] n. ①电池(组),蓄电池,电解槽 ②一排,一组,一套 ③导弹〔炮兵〕连,炮组,排炮,兵器群,待发射状态 ④乐器组,多层鸡笼. *A battery* 甲电池(组). *B battery* 乙电池(组). *banked battery* 并联电池(组),数路供电用电池组. *battery amalgamation* 捣锤混汞法. *battery cell* 原电池,蓄电池单位. *battery charger* (蓄电池)充电器. *battery dialing* 单线拨号. *battery eliminator* 代[等效]电池,整流器. *battery gauge* (测量蓄电池用的)小型伏特[比重]计. *battery in quantity* 并联电池(组). *battery jar* 电瓶(池)壳(缸),电瓶单元(例如6电压计三单元),蓄电池容器,组电池,阶式蒸浓装置. *battery limit* 界区. *battery meter* 蓄电池充放电安(小时)时计. *battery of lens* 透镜组. *battery of saws* 锯组. *battery radio set* 电池(供电式)接收机,电池收音机. *battery solution* 蓄电池溶液,电池液. *battery supply* 电池电源. *battery terminal* 电池电极,蓄电池接线端子. *battery traction* 蓄电池牵引. *battery tube* 直流管,电池供电管. *C battery* 丙电池(组),栅极电池(组). *cascade battery* 级联电池组,阶式蒸浓装置. *coast battery* 海岸炮台. *divided battery* 分组电池. *dry battery* 干电(组). *Edison battery* 爱迪生(铁镍)蓄电池. *frozen battery* 不充电电池. *galvanic battery* 原(一次)电池. *rocket battery* 火箭连[组]. *stamp battery* 捣碎(矿)机组. *storage battery* 蓄电池(组).
battery-charging a. 蓄电池充电池的.
battery-driven a. 电池带动(驱动,供电)的.
battery-operated a. 电池供电的,用电池作电源的. *battery-operated counter* 直(电池式)流计数器. *battery-operated receiver* 电池接收机.
battery-powered a. 电池供电的.
bat'ting ['bætiŋ] n. 打(冲)击,打扑.
bat'tle ['bætl] n.; v. ①战役,战[斗,争,奋]斗,作[交,会,逐]战,斗[竞]争 ②成功,胜利. *battle disposition* 战斗部署. *battle effectiveness* 战斗力. *battle short* 保安短路器. *battle tracer* 战斗航迹会算器. ▲*do* [*fight a*] *battle* 开(作,交)战. *general's battle* 战略和战术的较量. *give* [*offer*] *battle* 挑战.
battle-clad a. 全副武装的.
battle-cruiser n. 战斗舰.
bat'tlefield ['bætlfi:ld] n. 战场.
bat'tlefront n. 前线,前沿阵地.
bat'tleground ['bætlgraund] n. ①战场,斗争的舞台 ②争论题.
bat'tlement n. 雉堞(墙),城垛(垒).
bat'tle-plane n. 战斗机.
battle-ready a. 作好战斗准备的.
bat'tleship 或 **battlewag(g)on** n. 战(列)舰,大钢铲斗.
battle-sight range 直射距离.
batture n. 河洲,河滩地.
batwing antenna 编蝠形〔超绕杆〕天线.
BAU = ① basic assembly unit 基本装配件〔部件〕 ② British absolute unit 英国绝对〔热量〕单位 ③ British Association Unit 英国标准单位.
baud [bɔ:d] n. 波特(信号速率单位,一波特等于每秒一比特). *baud-base system* (多路通报的)波特基准制.
baudot n. (多路通报用)博多机,博多印字电报制. *Baudot telegraph* 博多电报.

bauk 或 **baulk** =balk.

Baumé [bou'mei] n.; a. 玻美(标度的),玻(美)度,玻美液体比重计. *Baumé hydrometer* 玻美度比(浮)重计,玻美表. *Baumé scale* 玻美比重标(度),玻氏比重计

bauranoite n. 钡铀矿.

baux'ite ['bɔːksait] n. 铝土矿,铁铝矾石,(铁)矾土,铝矾土. *bauxite brick* 高铝砖,矾土砖. *bauxite clay* 铝质粘土. *bauxite process* (高温裂化)矾(铝)土催化重整过程,矾土渗滤过程.

bavenite n. 硬沸石.

baveno twin 斜坡(面)双晶.

bav'in ['bævin] n. 柴火束. *bavin drainage* 梢捆排水沟.

bawke [bɔːk] n. 吊(煤)桶,料罐.

bay [bei] Ⅰ n. ①(海,河,港湾,湖深山凹地,(火车站)跨线及其月台,堤 ②壁凹(洞),隐凹,入口,(凹)槽,门窗洞,外露单元 ③间隔(距,隔),分段,(机)舱,室,库房分区,隔(节,架,开)间,柱距,跨(度,距,径),浮桥桥节 ④(底)板,底板,框,厢,盘,座,台,支柱 ⑤部份天线阵,发射室 ⑥磁旁扰 ⑦月桂树,桂冠,荣誉 ⑧绝境. Ⅱ a. 栗(红棕,赤褐)色的. *battery bay* 蓄电池舱. *bay cable* 水下电缆. *bay delta* 海湾三角洲. *bay head* 湾头. *bay joint* 跨间接缝. *bay wall* 池墙,河湾边墙. *bay window* 凸窗. *control bay* 控制(系统)舱. *electronics bay* 电子仪器舱. *firing bay* 射击舱,试车间,(喷气发动机,火箭发动机)热试验间. *instrument bay* 仪器(表)舱. *loading bay* 货舱,装车(货)场. *marking bay* [轧]钢材打印跨. *miscellaneous bay* 混合设备架,杂项架. *motor* [engine] *bay* 发动机舱. *passing* [road] *bay* 让车道. *patch bay* 接线架,配电盘. *power bay* 发动机仓,动力仓. *repair bay* 维修区(间). *test bay* 试验间,试车台.

bayamo n. 巴耶莫雷雨.

Bayard-Alpert gauge B-A 型真空规.

Bayard-Alpert ion gauge B-A 型电离真空规.

bay'berry ['beiberi] n. 月桂树的果实,(制蜡)杨梅子. *bayberry oil* 月桂子油. *bayberry wax* (涂型板用)月桂树脂.

baycovin n. 焦碳酸二乙酯.

baycurine n. 矾松根碱.

Bayer method 拜耳法(一种由铝土提炼氧化铝的方法).

bay'erite n. 拜耳体,拜耳(白叶,三羟铝)石.

Bayesian a. [数] 贝斯定理的.

baylanizing n. 钢丝连续电镀法.

bayleyite n. 菱镁铀矿.

bay'-line ['beilain] n. (铁路)专用支线.

bay'onet ['beinit] Ⅰ n. ①刺刀 ②接合销钉,插杆[接],卡口 ③带槽瓦锥连接(快换目镜的一种接合). Ⅰ v. 用刺刀刺,插入. *bayonet arrangement* 回流管布置. *bayonet base* 卡口灯座,插座. *bayonet cap* 卡口灯座,卡口帽,插头盖. *bayonet catch* 锁销,插销节,插座,卡口式连接. *bayonet fixing* 卡口式固定,管脚固定. *bayonet gauge* 插入式测量仪器,机油表. *bayonet holder* 卡口[插销]座. *bayonet joint* 卡口[插旋]式连接,销形[插销]接合,螺扣接头,插销节.

bayonet lock 卡口式连接,插销节,插销接合,卡住,卡销. *bayonet point* 针刺法,点测法. *bayonet sampler* 插入式取样器. *bayonet unit* 卡口式连接. ▲*at the point of the bayonet* 在武力的威逼下. *by bayonets* 或 *by the bayonet* 用武力.

bayou ['baiju:] n. 长沼(河流入口),牛轭湖,浅滩海湾,支流,河湾入口.

bay'salt n. 晒(制)盐,海盐,粗粒盐.

baza(a)r' [bəˈzɑː] n. 市场,集市,百货商店,商品陈列所. *bazaar metal* 镍银合金(镍 8~10%,其余银).

bazoo'ka [bəˈzuːkə] n. ①火箭筒,飞机(反坦克)火箭炮 ②(从对称线到不对称线)超高频转接变换器,导线平衡转接器,平衡-不平衡变换装置,活动螺旋运送器. *bazooka balun* 平衡-不平衡变换器. *bazooka line balance* 不平衡-平衡变换装置.

BB =① ball bearing 滚珠轴承② bomb 炸弹,轰炸 ③ booster battery 升压电池组④ Budget Bureau 预算局.

Bb =babbit metal 巴氏合金.

B-B =back-to-back coupling 背对背联接.

B-battery n. B(乙,屏极)电池组.

BBC =① before bottom center 在下死点前 ②British Broadcasting Corporation 英国广播公司③ bumper to back of cab 保险杠至驾驶室后壁之间的距离.

BBD =bucket brigade device 斗式(电荷耦合)器件.

bbl =barrel 桶(容量或重量单位).

bbl ROLL =barrel roller 筒(鼓)形辊.

BBM =break-before-make 先开后合.

BBO =2,5-di-(4-dibiphenylyl) oxazole 2,5-二-(4-联二苯基)䂳唑

B-bomb n. 细菌弹.

B-box n. [计] 变址(数)寄存器,变地址寄存器.

BBS =building block system 积木式.

BBT =① ball bearing torque 球轴承扭矩 ②bombardment(projectile) 轰击,导弹,火箭)轰击,轰炸.

BBz =bearing bronze 轴承青铜.

BC =① back-connected 后部连接的 ②back cross 回交③ bare copper 裸铜(的) ④barium crown (光学用)钡钡(冕号,铬酸钡)(玻璃) ⑤bathyconductograph 深度电导仪 ⑥beam collimator (光)束准直仪 ⑦before Christ 公元前 ⑧beginning of curve 曲线起点 ⑨bell cord 铃绳 ⑩between centers 中心距,轴间(距) ⑪board of control 控制板(盘) ⑫bolt circle 螺栓分布圆 ⑬broadcast 广播 ⑭broadcast band 广播波段(频带)⑮broadcasting wave 广播电波 ⑯bronze casting 青铜铸件.

B/C =bill of collection (外汇)托收凭单.

BCC =body-centered cubic (lattice,structure) 体心立方(晶格,结构).

B/C of A =British College of Aeronautics 英国航空学院.

BCCW =bare copper clad wire 裸铜包线.

BCD =① between comfort and discomfort 临界照度 ② binary coded decimal 二-十进制编码,二进制编码的十进制 ③burst cartridge detection 释热元件损伤的探测.

bcd =behind completion date 没有按期完工.

BCDP =battery control data processor 电池控制数据处理机.

B-cell *n.* B细胞,骨髓产生细胞.
BCF =① bandpass crystal filter 带通晶体滤波器 ② basic control frequency 基本控制频率 ③ bromochlorodifluoromethane 溴氯二氟甲烷.
BCG =Bacillus calmette-Guerin 卡介苗.
bcgd =background 本底,背景(材料).
BCH =binary coded Hollerith 霍勒honteth二进代码.
Bch =branch 科,股,支线,分支机构.
BCH code 可纠错循环码,博斯-齐赫里码.
BCI =broadcast interference 广播干扰.
BCIRA =British Cast Iron Research Association 英国铸造研究协会.
BCM =battery control and monitor 电池控制和监控.
BCN =beacon 信标,标志.
BCO =① battery cutoff 电池电路自动断路器 ②battery cut-out 切断电池 ③binary coded octal 二-八进制编码,二进制编码的八进制 ④booster cutoff 推器闭火 ⑤bridge-cut-off (relay) 断桥(继电器).
BCOB =booster cutoff backup 备用助推器闭火系统.
BCOI =British Central Office of Information 英国中央情报局.
BCP =bromcresyl purple 溴甲酚紫(指示剂).
BCPL =bootstrap combined programming language 自展组合的程序语言,BCPL 语言.
BCR =battey control radar 蓄电池控制雷达.
BCS =British Computer Society 英国计算机协会.
bcst =broadcast 广播.
BCT =① body-centered tetragonal lattice 体心四方晶格〔格子〕② bushing current transformer 环形〔套管式〕电流互感器,通心变流器.
BCU =buffer control unit 缓冲控制器.
BCV =ball check valve 球形止回阀.
BCW =bare copper wire 裸铜线.
bcy =① bank cubic yard 实体立方码 ②bulk cubic yard 松散立方码.
BCY language 编译程序语言,BCY 语言.
bd =bis die 每天两次.
BD =① backward diode 反向二极管 ②board 板,仪表板 ③bulk density 散货密度.
B/D =binary to decimal 二进制变换为十进制.
BD/AN =butadiene-acrylonitrile rubber 丁腈橡胶.
BDC =bottom dead center (发动机的)下死点,下止点.
bddi =beading die 卷边冲模.
bdel′lium [′deliəm] *n.* 芳香树胶,生芳香树胶的植物.
bdellophage *n.* 蛭弧菌噬菌体.
bdelyg′mia [de′ligmiə] *n.* 恶心,厌食.
bd ft =board foot 板英尺(1英尺2×1英寸).
BDHI =bearing distance heading indicator 航程航向指示器.
BDI =① base diffusion isolation 基区扩散隔离(技术)② bearing deviation indicator 方位〔航向〕偏差指示器 ③both days included 首尾两天包括在内.
B-dig′it *n.* 【计】B 数字.
B-display′ *n.* B型显示(距离方位显示).
bdl =bundle 束,扎,捆,卷,盘.
BDM =① ballistic defense missile 反弹道导弹 ② bomber defense missile 轰炸机自卫导弹.
BDP =bottom dead point 下死点.
BD ratio =breadth depth ratio 宽深比.
BDS =① bomb damage survey 轰炸效果检查 ② bonded double silk 双丝包的 ③1,4-butadiolsuccinate 丁二酸-1,4-丁二醇酯.
BDT =backmann differential thermometer 贝克曼差示温度计.
bdth =breadth 宽度,横幅.
BDV =breakdown voltage 击穿电压.
BDY =boundary 边界,界线,极限,轮廓.
be [bi:] (*was* 和 *were*,*been*;*being*) *v.* I 【人称和一般时态的变化】①现在时:(I)*am*,(She, it) *is*,(we, you, they) *are*.〔否定〕*am not* 〔aren't〕, is not 〔isn't〕,*are not* 〔aren't〕. ②过去时:(I ,he, she, it)*was*,(we,you,they) *were*.〔否定〕*was not* 〔wasn't〕,*were not* 〔weren't〕. ③将来时:(I, we) *shall be*,(you, he, she, it, they) *will be*.〔否定〕*shall not be* 〔shan't be〕,*will not be* 〔won't be〕.
Ⅱ【实义动词】①存在,发生,有(常与 there 连用)②仍旧,继续 ③到,来,去 ④发生,产生. *There are ten pumps there.* 那里有十台泵. *For there to be life there must be air and water.* 要有生命,必须有水和空气. *Have you ever been to Yenan?* 你到过延安吗?
Ⅲ【联系(动)词】①是,值,等于 ②成为. *His father was a miner.* 他父亲是个矿工. *He wants to be a miner.* 他想做个矿工. *Doing is also learning.* 干也是学习 *To see is to believe.* 百闻不如一见. *Twice two is four.* 二二得四. *Let it be so.* 就这样吧. *The boiler is under overhaul.* 这台锅炉在检修中. *Be sure that the gas is off.* 要弄确实煤气是关着的.
Ⅳ【助动词】①(同及物动词的过去分词构成被动态)被. *The tool was made in Peking, and has been used for a long time.* 这工具是北京造的,已经用了很久了. *When a structure is to be built, suitable materials must be chosen for the parts.* 要建造一个structure,就得给它的各个部件选择合适的材料. *Are all the data checked?* 所有的数据都校核过了吗? ②(同现在分词构成进行时)(正)在. *The installation work is going on at full speed.* 安装工程正在全速进行. *The fifth blast furnace is being built successfully* 五号高炉在顺利兴建. *What have you been doing this week?* 你这星期以来在干什么?③(同 to + inf. 联用)打算,准备;应该,必须;可能. *We are to begin the test run at 5.* 我们打算5点钟开始试车. *The work is supported between centers if it is to be turned.* 工件支在(两)顶尖之间,如果要车制(它)的话. *Such a motor is not to be burned out easily.* 这样一个马达是不会很容易就烧坏的.
Ⅴ (在命令句中,*be* 用原形) *Be quick!* 请快点! *Be it so!* 就这样吧! *Be sure that the circuit is correctly connected.* 要弄确实这线路接得正确. ②(在虚拟语气中,*be* 用原形和 *were*)*It is important that the suitable tool bit be selected for the work to be cut.* 重要的是要为待切削的工件选择合适的

刀头. *Each instrument must be calibrated, be it a new one or an old one*. 每一仪表都应校准,不管它是个新的还是个旧的. *If the limit of elasticity be exceeded, the solid will be permanently deformed*. 如果超过了弹性极限,固体便会永久变形. *If it were so*〔=Were it so〕, *it would be well*. 要是这样,那就好了.
▲ *be*(*it*) *ever so* 虽然(它)如此(之…). *be it that* 假如,即使. *be it true or not* 不管是否如此. *be that as it may* 即使如此,尽管如此(这样). *have been at*〔*in, to*〕到过,去过.

BE =① bachelor of engineering 工学士 ②band elimination 带阻(滤波器) ③Baumé 玻美(度,比重计) ④bill of exchange 汇票 ⑤binding energy 结合〔束缚〕能 ⑥booster engine 助推发动机.
Be =beryllium 铍.
Bé =Baumé 玻美(度,比重).
b. e. 或 **B/E** =bill of exchange 汇票.
BEA =①background equivalent activity 本底当量放射性 ②British European Airways 英(国)欧(洲)航空公司.
beach [bi:tʃ] Ⅰ *n*. 海〔湖,水〕滨,海〔湖,河,沙〕滩. Ⅱ *v*. 把…拖上〔冲上〕海滩,推至岸边,搁浅. *beach comber*〔冲击海滩的〕拍岸浪,滚浪. *beach drift* 沿岸漂沙. *beach drifting* 沿海漂积物. *beach line* 滩线,海滩〔滨〕线. *beach pipe* 水力输泥管. *beach she-oak* 木麻黄. *beach wildrye* 野麦. *raised beach*〔海〕岸,上升海滩. ▲ *on the beach* 失业,处于困境;担任陆上职务.
beach-comber *n*. 〔冲击海滩的〕滚浪,拍岸浪.
beach'head ['bi:tʃhed] *n*. 登陆场地,滩头阵地,滩头堡.
beach'ing *n*. 海岸〔边〕堆积,滩头系留,船只搁浅,砌石护坡. *beaching gear* 登陆用轮架. *beaching of bank* 护岸工程.
beach'y *a*. 有沙滩的,岸边浅滩的,近岸的.
bea'con ['bi:kən] Ⅰ *n*. ①标志〔灯〕,灯〔灯,浮,岸,航,碳〕标,信(号)标,信号,(无线电)指向标,灯塔标志,标向波,定向无线电波 ②灯塔,信号台〔站,灯〕③指南,警告,烽火. Ⅱ *v*. ①立标,设信号,为…设置信标,标标导航 ②照亮,鼓励. *beacon course* 标程,无线电信标〔引导的〕航线,无线电信标航向. *beacon delay* 信标〔回答〕延迟. *beacon flasher* 闪光信号装置. *beacon receiver* 信标接收机. *beacon service* 导航业务. *beacon stealing* 信标遗失. *beacon tracking equipment* 雷达应答器. *beacon transmitter* 无线电指向标发射机. *beacon turret* 灯塔. *circular*〔*non-directional*〕 *radio beacon* 全向无线电信标. *crossband beacon* 交叉频率问答器. *marker beacon* 标志信标,(边界)信标,示航电台. *operational beacon* 有效〔工作的〕信标. *responder beacon* 应答器信标. *tracking beacon* 航线信标,跟踪〔回答〕信标,雷达应答信标,曳光管.
beacon-airborne *a*. 机上雷达信标(用)的.
bea'coning ['bi:kəniŋ] *n*. 航路信标,以信标指示航路.
beacon-transponder *n*.
bead [bi:d] Ⅰ *n*. ①(小,串)珠,滴,(空)泡,小珠,玻璃球(粉,碎粒),多孔小石块(防剧烈沸腾的),煤球〔锭〕②卷边,波纹,梗,磁珠(环),垫圈,(轮)胎边,撑轮圈,(车)轮(圆)缘,沿口 ③焊珠(蚕,道,缝),叠弧焊缝 ④压(玻璃)条,小木条,墙角护〔圆〕条,珠缘,凹半球状型腔,(凸圆,串珠状)线脚 ⑤算盘,枪的准星. Ⅱ *v*. ①成珠,起泡,作成细粒 ②用小珠装饰. *axial wire bead*（同轴电缆心线的）绝缘垫条. *back bead* 背面焊道. *bead and butt* 平圆接合. *bead building machine* 撑轮圈机. *bead butt and square* 平圆方角接. *bead catalyst* 颗粒催化剂. *bead core* 叶轮心. *bead crack* 焊道裂纹. *bead cutter* 切边机. *bead filler* 胎边芯. *bead joint* 圆凸缝. *bead machine* 压片〔绽〕机. *bead reaction* 熔珠反应. *bead resistance* 珠形热敏电阻. *bead sequence* 焊道顺序. *bead test* 熔珠试验（一定性的焰色试验）. *bead thermistor* 珠形热敏电阻〔器〕. *bead thermocouple* 珠形热（温差）电偶. *bead tool* 卷边工具,圆头嵌刀. *bead transistor* 熔珠〔珠形,珠状〕晶体管（锗丸嵌在玻璃球上而成）. *bead weld* 珠（堆）焊. *bead welding* 堆焊（焊道）. *cover bead* 外胎唇. *dielectric bead* 绝缘珠,介电垫圈,电介质小珠. *expansion bead* 补偿环〔圈〕,玻璃珠. *lunar bead* 月球小坑. *polystyrene bead* 聚苯乙烯垫珠. *quirk*(*ed*) *bead* 半圆形凸缘. *rim bead* 轮辋外缘. *sealing bead* 封口〔碰口〕焊,密封焊条. *sight bead*（瞄准用）准星,照星. *stiffening bead* 助强筋纹,加强梗,加强护条. *string*(*er*) *bead* 窄焊道,直线焊道,焊道. *thermistor bead* 珠状热敏电阻. *tyre bead* 轮胎缘,轮胎沿. *welding bead* 焊道.
bead'ed *a*. （串）珠状的,粒状的,带珠的. *beaded cable* 串珠绝缘电缆. *beaded counter* 带珠计数器. *beaded insulation* 串珠（球珠,垫圈）绝缘. *beaded lightning* 珠状闪电. *beaded pearlite* 球状珠光体. *beaded screen* 粒状荧光屏. *beaded stream* 深切融沟河. *beaded support* 珠形支架.
beaded-wire counter 串珠式计数管.
bead'er ['bi:də] *n*. 卷边工具,卷边器.
bead'ing ['bi:diŋ] *n*. ①形成珠状,作成细粒（玻璃珠）,玻璃缘线,起（圆）泡 ②压出凸缘,轧波纹,波纹片,缩（收）口,卷边,撑圆边 ③叠圈（焊上）焊道 ④串珠状缘饰. *beading machine* 卷边机. *beading roll* 波纹轧辊. *string beading* 挺进叠置焊道（不连条）.
bead'like *a*. （珍）珠状的.
bead-on-plate weld 堆焊焊缝.
bead'roll *n*. 名单,名册,目录.
bead-supported line 绝缘珠〔垫圈〕支撑传输线.
bead-thermistor *n*. 珠形〔状〕热敏电阻.
bead'y ['bi:di] *a*. 珠子似的,饰有珠子的,多〔有〕泡沫的.
bea'gle ['bi:gl] *n*. ①警察,密探 ②自动搜索〔探测〕的干扰台.
beak [bi:k] *n*. ①喙,（鸟）嘴（状物）②柱的尖头,圆口灯,喙形蚀像. *anvil beak* 砧角. *beak head* 海角,岬. *beak of cam* 凸轮的凸起部分. *beaking joint* 尖口接合.
beaked *a*. （有）钩形（嘴）的.
beak'er ['bi:kə] *n*. 烧〔大,量〕杯. *beaker flask* 锥形杯. *beaker sampling* 杯选试样.

beak'(-)iron ['bi:kaiən] n. 鸟嘴[双嘴,丁字,小角]砧. little beakiron 台砧.
be-all n. 全部. the be-all and the end-all 最高目标[理想],主要成分[因素],全部内容.
Beallon n. 铍铜合金.
Bealloy n. 铍铜合金的母合金,铜铍中间合金(铍4%,硅0.12～0.18%,铁0.02～0.05%,铝0.02～0.05%,其余铜).
bealock n. 垭口,分水岭山口.
beam [bi:m] Ⅰ n. ①(横,天平)梁,承重梁,桁条,梁架(称,横,牵引,杠)杆,卷轴 ②光(射)线,一束[道,柱]光(射)线 ③(射,集,线,光,波,电子,粒子)束,簇,束流,滑杆,射线束,(光,波)注[柱],电子注,(光)束选址存储器 ④机(船)身最大宽度,(扩音器)最大有效范围 ⑤【轧】导[推]板,【剑羽】刨皮机. Ⅱ v. ①发出波束(射线,光,热),发射(光,热,无线电信号),辐(定向)②用波束引导,(波束)导航,定向(发出),(定向)播送,(雷达)探测. angle beam 角锥[梁],对角撑. axle beam(汽车)前轴梁. balance beam 平衡杆[梁],天平梁. beam aerial system 定向天线系统. beam angle 束锥角. beam angle of scattering 散射波束圆锥角,散射光束. beam antenna 定向天线. beam aperture 束流孔径. beam balance 天平. beam bender 弯梁机. beam bending magnet 束流[电子束]偏转磁铁. beam bridge 梁(式)桥. beam callipers(大)卡尺. beam cathode 集射阴极. beam central line 等信号区. beam channel 束流孔道,槽形梁,槽钢. beam column 梁(型)柱. beam communication 定向通信. beam compasses 长臂[横杆]圆规,长台规. beam conductance 电子束电导. beam confining electrode 聚束极,集束屏. beam control 亮度控制[调节],射(波,电子)束控制. beam crossover 注交叉,电子束相交区的最小截面. beam current 电子注(射,束)电流,束电流. beam cutter 平压切断机. beam deflection 梁弯曲,(射)束偏转. beam density 光束密度. beam drill 摇臂钻床. beam engine 立式蒸气机. beam finder 寻波(线)器. beam focusing(电子,射线)束聚集,对光. beam forming cathode 聚焦阴极. beam index color picture tube 电子注引示彩色显像管. beam landing【计】射(电子)束沉陷. beam landing type 梁式型. beam load 电子束负载. beam lobe switching 波瓣转换. beam micrometer 可换尺杆千分尺. beam mill 钢梁轧机. beam of light 束光. beam of ship 船幅,船宽,船身最大宽度. beam pass 钢梁(轧制)孔型. beam pattern 指向性图样,方向图,方向特性(曲线). beam pencil 锐方向性射束. beam power tube 电子注(束射)功率管. beam primary aerial system 无反射器定向无线束统. beam radio station 无线电导航台. beam reflector aerial system 定向反射天线系统. beam relaxor 锯齿扫描振荡电路,锯齿波发生器. beam rider (missile) 驾束(导弹). beam scale 杆式(磅)秤. beam screen-grid tube 电子注(束射)四极管. beam sea 横浪. beam shoe 活动梁支座. beam slab 梁(式)板. beam splitter 分光(半透)镜,分束器,电子束分裂设备,射(光)束分裂器. beam spot 聚束照明,聚束光,射束点. beam square 角尺. beam stabilization 射束稳定. beam switching tube 束(线)开关管,电子注开关(电子)管,射束转换器. beam to beam weld【计】梁式引线焊接. beam transmission 定向发射(传输),束射发送,beam tuner 束管. beam to(集射,电子注)调节器. beam type maser 分子束微波激射器. beam voltage 电子注加速电压. beam wave 束状波. 横(向)波, beam width 天线方向图宽度,电子束横截面宽度,射束宽度. beam wind 航行侧风,横风. beam wireless 定向无线电通信. beam with central prop 三支点梁,三杠梁. beam with compression steel 双(复)筋梁(有受压钢筋). beam with fixed ends 固端架. beam with overhanging ends 悬臂梁. beam with simply supported ends 简支梁. blade beam 螺距测量架,桨叶角校核杆. box beam 箱形(截面)梁. cantilever beam 悬臂梁. channel beam 槽形(钢)梁,槽钢. conjugate beam 共轭梁. continuous beam 连续梁. convergent beam 集束束. cross beam 横梁. crossed beams 交叉线束. cut-off beam 截止电子束. cyclotron beam 回旋加速器线束. divergent beam 散光束. ell-beam L形梁. erector beam 千斤顶,起重臂,(导弹)竖立装置. flanged beam 工字(凸缘)梁. free [simple, freely supported] beam 简支梁. half-amplitude beam 半幅方向图,半幅度射束宽度. hammer beam 锤柄. H-beam 工字梁,H梁. I-beam 工字钢(梁). junior beam 次梁,轻型钢梁. laced beam 组合(花格,空腹)梁. lead beam 引导(操纵,瞄准)波束. narrow beam 窄(聚焦)射束. over beam 过梁. overhanging beam 伸出(冒头)梁,悬臂梁. parallel beam 平行束. pencil beam 锐方向性射束. reinforced beam 增力梁架. scanning beam 扫描射束. split (built-up) beam 组合梁. support beam 支承(简支)梁. tail beam 尾梁. teebeam T形梁. test pattern beam 测视图电子束. transverse beam 横梁(臂). V-beam V型束波(装有平面位置显示器和测高计的雷达的射束). walking beam 动杆,(摆)动梁,【轧】步进梁,步进式炉底(冷床). ▲beam M at N 向 N 发射 M. beam M to N 向 N(定向)播送 M. fly [ride] the beam 按照无线电射束飞行. kick the beam 过轻,不足抗衡. off the beam 未按无线电射束飞行,脱离航向,不对头,做错. on the beam 航向正确,对头,与龙骨垂直地.
beam-addressed display 束寻址显示器.
beam-addressed memory 电子束管.
Beaman n. 比曼(测量单位).
beam-bending n. 束流(束束)偏转.
beam-blocking contact 电子束阻挡接触.
beam'cast v. 定向无线电传真.
beam'-column n. 梁柱.
beam'-confining n.;a. 聚束(的).
beam'-coupling n.;a. 电子束耦合(的).
beam-current-lag n. 束流残像.
beam-defining aperture n. 限束孔径(小孔).

beam-deflection n. 射束偏转, 偏转电子束, 梁弯曲.
beam-focusing n.; a. 射束聚焦(的).
beam'-foil n. 束箔.
beam'-forming n.; a. 电子束形成(的), 射束形成(的), 聚束(的).
beam-guidance n. 波束制导.
beam-indexing tube 电子束引导管.
beam'ing ['biːmiŋ] I n. 辐(照)射, 聚(集,成)束, 定向发射. II. 放光的. *beaming effect* 射束效应, 集(聚)束作用.
beam'jitter ['biːmdʒitə] n. 波束抖动.
beam-leaded device 【计】梁式引线器件.
beam-leaded structure 【计】梁式引线结构.
beam-limiting a. 限束的, 射束限制的.
beam-loading a. 射束负载的.
beam-positioning n.; a. 射束定向(的), (射)束定位(的).
beam-retrace time 电子束回程时间.
beam-rider n. 驾束式导弹.
beam'-riding ['biːmraidiŋ] n.; a. 驾束(波束)制导, 驾束(的).
beam-rolling mill 钢梁轧机.
beam-shaper n. 波束成形器.
beam-shaping CRT 字码管.
beam-slab n. 梁板.
beam-splitting n.; a. 射束分裂(的), 分光的.
beam-switching n.; a. 射束转换(的).
beam-tetrode power amplifier 束射四极管功率放大器.
beamtherapy n. 射线治疗, 射线疗法.
beam'width ['biːmwidθ] n. 射线〔天线方向图〕宽度, (波, 射, 电子)束宽度.
beam'y ['biːmi] a. 放光的, 辐射的, (船身)宽大的.
bean [biːn] n. ①豆, 扁豆, 豆状物 ②粒煤, 豆级煤 ③(喷)油嘴. *bean ore* 豆〔褐〕铁矿. *bean performance* 油嘴处液流动态.
bean'stalk n. 火箭应急通讯装置.
bear [bɛə] I (*bore, borne*) v. ①负〔承〕担, 承〔经, 忍〕受, 承载, 支持, 支撑, 经得起, 耐得住 ②有着(负, 带, 具, 含)有, 显示 ③适宜于, 被, ④提供, 给(出), (产)生, 产行, 结实, 传播 ⑤推(动), 挤, 压, (倚)靠 ⑥开(运)动, 转(durd)指, 趋, 倾向 ⑦使跌价. II. ①熊, 【天】(大, 小)熊星 ②【冶】(炉内或桶内的)结块, 底结, 炉瘤, 残铁 ③打孔器, 小型冲(孔)机. *bear frame* 支架. *punching bear* 手动冲孔机, 小型冲床. *This bears some explanation.* 作点解释. *The following points are useful to bear in mind.* 记住下列各点是有用的. ▲*bear a definite ratio to* 与…有一定比例. *bear a part in* 在…中有一份, 参与. *bear (a) relation [relationship] to* 与…有关(类似), 类似于. *bear a resemblance to* 与…相似. *bear analogy to [with]* 与…类似, 与…有相似之处. *bear away* 夺得[取], 改变航道. *bear comparison with* 不亚于, 比得上, 可以与…相匹敌. *bear date (of)* 载有年月日, 时为…. *bear down* 克服, 击败, 压下, 使下垂. *bear down on [upon]* 压向, 袭击, 向…急速前进. *bear fruit* 结果实, 发生效果. *bear in mind* 记住, 牢记, 考虑到. *bear in with* 驶向(近). *bear off* 赢

得, 使离开, 驶离. *bear on [upon]* 正对着, 朝向, 压在…上, 对…施加压力, 对〔瞄〕准, 依靠, 根据, 与…有关, 对…有影响. *bear oneself* 表现出. *bear out* 证明, 证实, 支持, (颜色)显出. *bring M to bear on [upon] N* 将 M 用于[指向]N. *bear up* 支持, 支撑, 忍受, 坚持不拔. *bear with* 容忍. *bear witness to* 证明.
bear'able ['bɛərəbl] a. 承[忍]受得住的, 经得起的, 可支承的.
beard [biəd] I n. (胡)须, 口髭, (麦)芒, (箭, 钓钩等的)倒钩. *beard hair* 刚毛, 粗毛.
II v. 反抗[对]. *beard the lion in his den* 入虎穴取虎子.
bear'er ['bɛərə] n. ①持票人, 不记名支票的持票人(*order* 的对称), 送信人, 来人, 使者 ②支座工具, 载体, 受力体 ③支架[座], 托(支, 担)架, 垫块, 座板, 承木[梁]. *bearer cable* 承载(钢)索, 受力绳. *bearer check* 不记名[见票即付的]支票. *colloid bearer* 胶质载体. *engine [motor] bearer* 发动机架. *fire (bar) bearer* 炉箅托架.
bear'ing ['bɛəriŋ] n. ①轴承[座), 支承[座, 架], 承载(受, 座), 支承点[面], 支轴面 ②方(航, 矿脉)走向, 测[定]方, 方位, 无线电方位, 定向无线电, 方位角, 【测】象限角, 探向. ③关(联)系, 影响, 意义, 方面 ④行为, 举止 ⑤产行, 结实. *angle pedestal bearing* 斜架轴承. *antenna bearing* 天线方向. *anti-friction bearing* 减摩轴承. *axle bearing* 轴轴承. *azimuth bearing* 方位(角). *back bearing* 后轴承, 行方位角, 反象限角. *back-up bearing* 支架轴承. *ball bearing* 滚珠轴承. *bearing accuracy* 方位(定向)准确度, 定位精度. *bearing area [face]* 支承面(积), 承压面积. *bearing axle* 负载轴. *bearing blue* 蓝油, 底脚油, 普鲁士蓝. *bearing box* 轴承箱. *bearing brass* 轴承巴氏合金, 轴承黄铜, 黄铜轴村. *bearing bridge* 轴承支架. *bearing capacity* 承载(能)力, 载重能力, 承载量. *bearing circle* 方向盘. *bearing clearance [play]* 轴承间隙. *bearing collar* 轴承环. *bearing compass* 探向罗盘. *bearing cone* 锥形轴承内环. *bearing down* 下陷. *bearing finder* 探向器, 定向仪. *bearing force* 支承(承压)力. *bearing gauge* 同心量度规. *bearing liner* 轴瓦, 轴承里衬. *bearing metal* 轴承合金, 轴瓦. *bearing moment* 轴承(支座)力距. *bearing neck* 轴颈. *bearing of tangent* 切线方向. *bearing pad* 轴承垫, 乌金轴瓦. *bearing pile* 承重桩, 支柱, 宽底盘支座型钢, (基础用)重柱. *bearing plate* (飞机上)方位图板, 支承板, 承重板, 垫板, 底垫. *bearing plate bar* (钢轨)垫板, 轨条. *bearing potentiometer* (仰角)斜度分压器, 方位电位计. *bearing rate* 方位变化率. *bearing ratio* 承载[重]比. *bearing scraper* 轴瓦(柳叶)刮刀. *bearing shell* 轴承壳. *bearing spacer* 轴承隔离圈. *bearing spring* 托簧, 承簧. *bearing strength* 承载强度, *bearing stress* 承(支)应力. *bearing surface* 承压(支承)面. *bearing temperature relay* 轴承热动(温度控制)继电器. *bearing transmission unit* 方向读数传达装置. *bearing tube* 方位指示管

bearing wall 承重墙. blade bearing 刀片座，加支承. bracket bearing 托架（座），悬臂（伸）轴承. bush bearing 轴套. collar step bearing 环形阶式轴承. combination [compound] bearing 组合轴承，多层合金轴瓦. course bearing 航线方位. cross bearing 交叉探向. drag link bearing 拉杆球座. end bearing 端部轴承. footstep bearing 立[石]轴承. forward bearing 前象限角. half bearing 轴瓦. journal bearing 轴颈轴承，滑动轴承. knife [edge] bearing 刃形支承，刀口支座，刀口承. knuckle bearing 关节轴承，球铰. miniature bearing 微型轴承. needle bearing 滚针轴承. oilless bearing 自润滑轴承（包括含油轴承，固体润滑轴承，塑料润滑轴承）. pillow block bearing 轴架座. pivot bearing 枢轴承，中心支承. plain bearing 滑动（普通）轴承. planing slide bearing 刨台导轨. rail bearing 轴枕，轨承. sand bearing 型心撑. self-aligning bearing 自动对位轴承，自调（多孔）轴承，调心轴承. selfoiling bearing 含油轴承，自动油润（自润滑）轴承. step bearing 立式（轴）止推轴承，枢轴轴承. supporting bearing 支承轴承. target bearing 目标方位. thrust bearing 止推轴承，推力轴承. tip [tilting] bearing 调心轴承，关节轴承. toe bearing 止推[趾推]轴承. tooth bearing 轮齿接触面. two bearings and run between 双角测向法. two part bearing 分[对开]轴承. white metal bearing 巴比合金轴承. zero bearing 零方位. ▲beyond (all) bearing 忍无可忍. have a bearing on [upon] 与…有关系，对…有影响. have no bearing on [upon] 与[对]…没有关系[影响]. in all its [their] bearings 从各方面. lose [be out of] one's bearings 迷失方向. take one's bearings 查明（确定）自己的方位.

bearing-dependent phase （取决于）方位角的相位，方位角相位角.

bearing-distance computer 方向距离计算机，导航计算装置.

bear'ish ['bɛəriʃ] a. 熊一样的，笨拙的. ~ly ad. ~ness n.

bearsit n. 水砷铍石.

bear'-trap a. 熊井（式）. bear-trap dam 具有熊井式〔屋顶式〕闸门的坝. bear-trap drift-chute 熊井式〔屋顶式〕筏道〔放筏槽〕. bear-trap gate 熊井式〔屋顶式，双翻卧式〕闸门.

beast [bi:st] n. 兽，畜牲，导弹，大型火箭，人造卫星，飞行器. the Beast （美国）"阿特拉斯"火箭. beast of burden 驮畜. beast of draft 役畜. beast of prey 猛兽，食肉兽.

beast'ly ['bi:stli] I ad. 非常，极，很，…透了. II a. 野兽般的，残忍的，糟透的.

beat [bi:t] (beat, beat'en) I v. ①（敲，捶，拍，搅）打，锤薄，锤击振荡，敲平 ②搏（跳，脉）动，颤动，偏摆 ③打败（碎，松，浆），冲击，战胜，胜过 ④踏出，开辟〔克服〕困难，使困惑 ⑤打〔风〕吹，〔日〕晒，照射. ▲beat about 搜索. beat about the bush 拐弯抹角，兜圈子. beat away 连打，打跑，凿开. beat down 打倒，推翻，使沮丧（失望），还（价），逐次差拍〔法〕. beat down on （日光等）照射到. beat in 打〔推〕进，〔碰〕碎. beat M into N 把 M 揉入 N. beat off 击〔打〕退. beat out 敲出（平），锤腐〔金属〕；弄明白，搞懂，解决；使筋疲力尽. beat the record 打破记录，创新记录. beat time 打拍子.

II n. ①敲打（声）②拍音，差〔节〕拍，拍振动，干扰，频（率）差（器），音差（器）③脉冲（动，搏），跳（搏）动 ④小循环 ⑤占（抢）先，优点 ⑥【计】加〔数〕字时（间），时间间隔 ⑦巡逻路线. beat cob work 捣土〔夯土〕工作. beat counter 差频式计数器. beat frequency 拍频. beat frequency receiver 外差（式）接收机，外差式收音机. beat generation （美国）"垮了的一代". beat interference 拍频〔相拍，交调〕干扰. beat note 拍（差）音. beat of pointer 指针跳动. beat pattern 拍频波形图，跳动图. beat receiver 外差〔外差式〕接收机. beat telephone 调度电话. beat voltage 差拍（跳动）电压. cross beats 交叉脉动. dead beat 无差拍，无反跳，不摆，非周期性，筋疲力尽. single beat 单击差. subcarrier beat 副载波差拍. ▲be off [out of] beat 做自己不熟悉的事，越出自己熟悉的范围，做非本行的工作. in one's beat 在…所知的范围内，在…的职权内，（钟表声的）不匀整. out of one's beat 在…所知的范围外，在…的职权之外，（钟表声）不匀整.

beatabil'ity n. 打浆性能.

beat-beat Dovap 多民卜轨迹〔偏〕（差）指示器.

beat-down method 逐次差拍法.

beat'en ['bi:tn] I beat 的过去分词. II a. ①打成的，锤薄的，敲平的 ②陈腐的 ③被打击的 ④被击败的，精疲力尽的. beaten aluminium 铝板〔箔〕. beaten zone 弹着地区，落弹地带. the beaten path [track] 熟路，常规，惯例. ▲go off the beaten track 打破常规.

beaten-up a. 破旧的.

beat'er ['bi:tə] n. ①拍打器，锤，夯具，夯实机，捣棒，搅拌（子）②冲击式破碎机，打浆〔棉〕机，粒化机 ③打者，猎户. beater additive 打浆添加剂. beater colloid mill 打浆胶体磨. beater drag 打浆计算器. beater pulverizer 锤击粉磨机. beater roller 打浆辊，回转器. beater sizing 打浆机（中）上胶.

beat-frequency a. 拍（差）频的.

beat'ing ['bi:tin] n. ①打，拍，打浆，搅打〔拌〕，打制〔扁〕，波浪冲刷〔流水冲〕②锻炉〔长〕，锤击振薄〔搏，脉，冲动〕，拍频，差拍 ④击败. beating degree 打浆度，叩解度. beating in 合拍，拍入，进入同步. beating tower 打浆塔，塔式碎解机. zero beating 零拍.

beating-in of cable 电缆准备架设.

beat-up a. 年久失修的，残破的.

Beaufort('s) scale 蒲福风级.

Beaumé =Baumé.

beaumontage n. 填土料.

beau'tiful ['bju:təful] a. 美（丽，好）的，优秀〔美〕的，极好的. ~ly ad. ~ness n.

beau'tify ['bju:tifai] v. 美化，装饰. **beautification** n.

beau'ty ['bju:ti] n. 美（丽，好，观）. beauty quark b〔美〕夸克.

bea'ver ['bi:və] I n. ①海狸（皮），水獭（皮），厚毛呢

bea′vertail ②干扰雷达的电台③轻〔中〕型飞机加〔燃料〕油装置. *beaver board* 一种人造纤维板. *beaver type timber dam* 堆土〔木笼填石〕坝. Ⅰ *v*. 埋头苦干.

bea′vertail *n*. ①扇形雷达波束,(方向图的水平面宽、垂直面窄的)测高天线 ②主千斤顶. *beaver-tail beam* Π型方向图, 鲫尾型射束.

bebeerilene *n*. 贝比烯.

bebee′rine [bi'biəri:n] *n*. 贝比(令)碱.

Be-bronze *n*. 铍青铜.

becalm′ *vt*. 使平静〔息〕,使停止不动.

became′ ['bikeim] become 的过去式.

because′ [bi'kɔ(:)z] *conj*.; *ad*. 因为, 由于. ▲*because of* 因为, 由于.

beccarite *n*. 绿锆石.

be′chic ['bi:kik] *a*.; *n*. 咳嗽的, 镇咳药.

bechilite *n*. 硼钙石.

Bechstein photometer 比希斯坦光度计.

beck [bek] *n*. 小河, 山溪, 溪流.

beck′elite ['bekəlait] *n*. 方钙铈镧〔锆〕矿.

becken facies 槽盆相.

beck′erite *n*. 酚醛琥珀.

beckern =beak-iron.

beck′et(t) ['bekit] *n*. 【海】环索, 把手索, 绳〔套〕扣.

beck′ing (轮箍坯)辗轧, 辗孔, 扩孔.

beck-iron =beak-iron.

becloud′ [bi'klaud] *vt*. 遮暗, 使黑暗, 使混乱.

become′ [bi'kʌm] (*became′*, *become′*) *v*. ①成为, 变得 ②适合 ③结局(如何), 结果是; (结果)变成为(of). *What has [will] become of …?*…情况怎样? *become "red and expert"* 成为又红又专.

becoming [bi'kʌmiŋ] Ⅰ *a*. 合适的, 相称的. Ⅰ *n*. 适合〔应〕.

becquerel *n*. 贝克勒尔(Bq)(放射性活度,活度单位,等于1秒⁻¹).

becquerelite *n*. 深黄铀矿.

BECU =beryllium copper 铍铜.

bed [bed] Ⅰ *n*. ①床, 基, 底, 垫, 衬, 层, 褥, 台, 架, 底, 床铺, 机床身, 机座, 河〔海〕床, 轧辊〔座〕底, 牛, 畜)床. 【轧】冷床, 机(台)架, 装置 ③底盘〔脚, 座〕, 水〔海, 湖〕底 ④基础〔脚, 座, 地〕, 路〔地〕基 ⑤地〔岩, 矿〕层, 薄, 分〔层〕, 填充物. *air bed* 气褥, 气垫. *bed charge* 底料〔焦〕. *bed coke* 焦炭. *bed course* 垫层. *bed die* 阴模, 底模. *bed frame* 基座. *bed height* 底垫高度. *bed joint* 〔圬工〕底层〔层间〕接缝, 平缝, 平层节理. *bed load* 推移质. *bed of nails* "钉床"函数. *bed piece* 垫(底)板. *bed plate* 机座, 台〔座,床,底)板, (轧机)地脚板, 道岔垫板, 底刀〔板〕, 炉底. *bed separation* 分〔夹〕层, 层状剥落. *bed stone* 基石, 座石. *bed timber* 垫木, 枕木. *bed vein* 层状脉. *bed volume* 柱床体积. *bed ways* 床身导轨. *catalytic bed* 催化床. *cooling (carryover) bed* 冷床. *erecting bed* 装配〔安装〕台. *filter bed* 过滤层〔床〕. *fire bed* (燃料燃烧的)火床〔膛〕. *flat bed* 平板车厢. *fluid(ized) bed* 流化床〔床〕, 沸腾层. *initial bed* 底料层. *key bed* 键床〔座, 槽〕. *resin bed* 离子交换树脂层. *test bed* 试验台. *thrust bed* 推力试车台. *transfer bed* 机动台架, 移送床.

Ⅰ (*bed′ded*; *bed′ding*) *v*. ①嵌〔深〕入 ②置于基础中使之固定, 安装, 安〔平〕置, 分层叠置 ③摆得, 安置得(稳,不稳) ④刮研, 研配. ▲*bed down* 安〔平〕置, 摆稳, 下陷, 落下. *bed in* 磨合, 嵌入

bedaub′ [bi'dɔ:b] *vt*. (以脏粘物)涂, 敷, 染污(with).

bedaz′zle [bi'dæzl] *vt*. 使眼花缭乱.

bed′bug ['bedbʌg] *n*. 臭虫.

bed′-clothes ['bedklouðz] *n*. (*pl*.) 被褥, 床上用品.

bed′ded Ⅰ *a*. 成(分)层的, 层状的, 铺成层状的 ②被置于基础的, 安〔掩〕置的 ③已磨合的 ④已嵌入的. Ⅰ *v*. *bed* 的过去式和过去分词.

bed′ding ['bediŋ] *n*. ①铺盖, 垫褥〔层〕, 垫〔褥, 铺〕草, 衬垫, 基垫, 布料, 炉底分层铺料 ②层理〔面〕, 成(份)层 ③基床〔底, 坑, 础〕, 底层, 管道垫层, 管基 ④埋藏 ⑤卧模 ⑥磨合, 磨配 ⑦嵌入. Ⅰ *bed* 的现在分词. *bedding course* 垫(底)层. *bedding of a furnace* 【冶】分层铺炉底. *bedding plane* 层(理)面, 顺层面, 垫层面. *bedding plant* 储料场. *bedding sand* 垫层砂. *boiler bedding* 锅炉座. *protective bedding* 防毒被盖.

bed-building *a*. 造床的.

bed′-die *n*. 阴模.

bedding-generating *a*. 造床的.

bedding-joint *n*. 层面节理.

bed′ding-in *n*. (拉模的)研磨, 刮研, 研配, 刮面, 磨合.

bedeck′ [bi'dek] *vt*. 装〔修〕饰, 点缀.

Bedel circuit 扫描电路.

bedew′ [bi'dju:] *vt*. 沾湿, 滴湿.

bed′fast ['bedfɑ:st] *a*. 卧床不起的, 恋床的.

bed′frame *n*. 底座, 基架.

bedim′ [bi'dim] (*bedimmed*; *bedimming*) *vt*. 使模糊不清.

bed′-in *n*. 下箱不翻转的大件造型.

bed′lam ['bedləm] *n*. 精神病院, 精神病, 喧扰, 骚乱, 疯狂院.

bed′lamism ['bedləmizm] *n*. 精神病, 骚乱状态.

bed′-load *n*. 推移质.

bed′-making *n*. 铺床.

bed′ment (矫正)垫板.

bed′pan ['bedpæn] *n*. 便盆.

bed′piece 或 **bed′(-)plate** *n*. ①台〔底〕板, 底座板 ②底刀(板) ③炉座. *bedplate bar* 滚刀座.

bed′-rest *n*. 床靠背, 卧床休息.

bed′ridden ['bedridn] *a*. 卧床不起的, 卧病的.

bed′rock ['bedrɔk] *n*. ①底岩, 基岩, 岩床 ②基本事实〔原则〕, 底蕴 ③最低点, 最少量. ▲*get down to bedrock* 寻根究底.

bed′room ['bedru:m] Ⅰ *n*. 卧室, 寝室. Ⅰ *a*. 卧室的. *bedroom town* 中等住宅区.

bed′side ['bedsaid] Ⅰ *n*. 床边. Ⅰ *a*. 护理的, 床边(用)的.

bed′-silt *n*. 河底淤泥.

bed′sitter 或 **bed-sitting-room** *n*. 卧室兼起居室.

bed′soil *n*. 支承土壤.

bed′sore ['bedsɔ:] *n*. 褥疮.

bed′space *n*. 床位(总数).

bed'spread ['bedspred] n. 罩(床)单,床(罩)单.
bed'spring n. 弹簧床.
bed'stand n. 试验台.
bed'stead ['bedsted] n. ①试验台,试验装置 ②骨[构,床]架.
bed'stone n. 底[座,垫,基]石,底梁[木].
bed'-terrace n. 台地,梯田(地,岩)层,阶地.
bed'-tested a. 试验过的.
bed'-wetting n. 遗尿,夜尿症.
bedye' vt. 着色,施彩色,染色,漆.
bee [bi:] n. ①蜜蜂 ②积极分子[工作者]. *bee colony* 蜂群. *bee line* 最短路径,空中距离,捷径,直(径)线. *bee yard* 养蜂场. *queen bee* 遥控无人驾驶飞机,飞行靶标.
beech [bi:tʃ] n. 山毛榉,榉木,水青岗(木材).
beech'nut ['bi:tʃnʌt] n. ①榉子,山毛榉坚果 ②地空通信系统.
bee'-culture n. 养蜂(业).
beef [bi:f] I n. 牛肉,肌肉,肉用牛,菜牛. II vt. 加强,增大,充实(up). *beef breed* 肉用品种,肉牛品种. *beef broth* 牛肉汁. *beef cattle* 肉牛,菜牛. *beef industry* 肉牛业. *beef production* 肉牛生产,肉牛业,牛肉生产,牛肉产量. *beef raising* 肉牛业,肉牛的养育. *beef steak* 牛排,厚牛肉块. *beef stock* 肉牛. *beef tea* 牛肉汁[汤,茶]. *beef wood* 硬红木.
beef-suet n. 牛脂.
beef'y a. 牛(肉)一样的,结实的,粗壮的.
bee'gerite ['bi:gərait] n. (银)辉铋铅矿.
bee'hive ['bi:haiv] n.; a. ①蜂窝(状的),蜂房(箱,巢) ②集气架 ③空心(锥孔)紫坟(火)药. *beehive coke* (蜂房式炉)焦炭. *beehive cooler* 蜂房式冷却器. *beehive kiln* (蜂)巢式(炭)窑. *beehive oven* 蜂窝式炼焦炉. *beehive process* 蜂房炼焦法.
bee'house n. 蜂箱房.
bee'keeping n. 养蜂(业).
bee'(-)line ['bi:lain] n. 空中距离,(两点之间)最短距离,捷径,直(径)线,蜂线. *make a bee-line for (a place)* 抄近路迅速到(某地),径直朝(某地)而去.
been [bi:n] be 的过去分.
beep [bi:p] I n. ①簧音,嘟嘟声 ②汽车喇叭,报时信号的嘟嘟声,导弹遥控指令 ③小型侦察车,吉普车. *beep box* (雷达)遥控装置[部件,台],控制部件(导弹,无人飞机)遥控部件. II v. 发哺哺声,按喇叭,用哺哺声发出.
bee'per ['bi:pə] n. 导弹(无人飞机)遥控人员,雷达遥控装置,给无人飞机发送信号的装置.
beer [biə] n. ①啤酒 ②[织]比尔(分40根经纱),经线的头. *beer wort* 麦芽汁. *A small beer* 淡啤酒,琐事,微不足道的事情[东西]. *think small beer of* 轻视.
bees'wax ['bi:zwæks] I n. 蜂(黄,蜜)蜡. II vt. 涂蜜蜡,上蜡.
beet [bi:t] n. 甜菜.
bee'tle ['bi:tl] I n. ①夯具,木夯,大槌,捣棒 ②打桩机,砸布机 ③酚醛树脂(塑料) ④甲虫,糊涂虫. I a. 突出的,外伸的. II v. ①夯实,(用大槌)捶打,搅打 ②突(凸,伸)出 ③急开,赶(off, along). *beetle head* 送桩锤. *beetling cliffs* 悬崖. *beetling walls* 绝壁.
BEF =band elimination filter 带阻滤波器.
befall' [bi'fɔ:l] (*befell; befall'en*) v. 发生(于),落到,降临,临到…头上.
befanamite n. 钪石.
befell' [bi'fel] befall 的过去式.
befit [bi'fit] (*befit'ted; befit'ting*) vt. 适合,适宜于,为…所应做[有]的. *It does not befit you to do so.* 你这样做不合适,你不应这样做.
befit'ting [bi'fitiŋ] a. 适(应,恰)当的,适宜的. *in a befitting manner* 以适(恰)当的方式. ~ly ad.
befog' [bi'fɔg] (*befogged; befogging*) vt. 把…笼罩在雾中,使迷五里雾中,把…弄模糊.
before' [bi'fɔ:] I prep. 在…以前(之前),在…前头,向 ②(宁肯)而不,(优)先于. *before Christ* (即 B. C.)公元前. *long before the event* 在这个事件以前很久. I ad. ①以前,从前 ②在前面,在前头,向前. II conj. ①在…以前,然后(才) ②(宁肯…)而不,与其…(宁愿). *Check the circuit before you switch it on.* 在合闸以前先把线路校核一下,把这线路校核一遍然后合闸. N n. 先. *the relation of before and after among events* 各事件之间的先后关系. *before and after pump* (待机)备用泵. *before and after study* 前后对比研究(法). *before space* (印刷数据前的)空白行. ▲*before all* (all else, everything)首先. *before long* 不久,立刻. *before now* 从前,(在现在)以前. *before then* 在那时以前. *long before* 很久以前,老早,早在…之前.
before'hand ad. ①事先,预先 ②过早 ③提(超)前事先. *be prepared (ready) beforehand* 事先准备好. *be beforehand with* 预先(提前)(做,从事,对付).
befoul' [bi'faul] vt. 弄脏(污),污蔑,诽谤.
befud'dlement n. 晕迷失常,迷惘,迷糊.
beg [beg] (*begged; begging*) v. 请(恳,乞)求. ▲*beg for* 乞求. *beg of* 求,请. *beg off* 请求免除. *beg the question* 以尚待证明的假定为论据(来辩论),以尚待解决的问题作为论据,诡辩.
bega- (词头) n. 千兆,10^9.
began' [bi'gæn] begin 的过去式.
beget [bi'get] (*begot, begot(ten); begetting*) vt. 产生,引起,招致,生产.
beggar ['begə] I n. 乞丐. I vt. 使成为无用,难以.
beg'garly ['begəli] a. 赤贫的,少得可怜的.
Beggiatoa n. 贝氏硫细菌属.
begin' [bi'gin] (*began', begun'; begin'ning*) v. 开始,动手,着手,创建. *begin block* 开式分程序. *begin column* 首[起]列. *begin doing (to do) the job* 开始做这件工作. *When did you begin English?* 你什么时候开始学英文的? ▲*begin again* 重做,再从头开始. *begin at* 从…开始. *begin by +ing* 从…开始,首先(先来)(做). *begin on (upon)* 着手,动手做. *begin with* 从…开始,先做,以…打头阵. *begin M with N* 从 N(下手)来开始 M. *not begin to +inf.* 决(毫)不,做不到. *to begin with* (插入语)首先,第一(点).
begin'-block n.【计】开始(式)分程序.
begin'ner n. ①初学者,生手 ②开创者,创始人.

begin'ning [bi'giniŋ] n. 开始〔端〕,起点,起源,初,开头部分,(pl.) 早期阶段. ▲*at* 〔*in*〕 *the beginning* (在)当初,起初,首先. *at the beginning of* 在…的起初〔开始〕. *from* 〔*the*〕 *beginning to* 〔*the*〕 *end* 从头至尾,自始至终. *from the* 〔*very*〕 *beginning* 从一开始〔起〕,从最初起,从头开始. *have its beginning*(*s*) *in* 起源于. *make a beginning* 起头,着手,开始.

begin-of-tape marker 磁带上(某一区)的开始记号.

begird' [bi'gə:d] (*begird'ed* 或 *begirt*; *begirt*) vt. 用带囿〔束〕,围绕,包围.

beg'ma n. 咳嗽,咳出物,痰.

begohm n. 京欧姆,千兆欧(姆),10^9 Ω.

begot' [bi'got] beget 的过去式和过去分词.

begot'ten [bi'gotn] beget 的过去分词.

begrime' [bi'graim] vt. 弄脏,沾污.

begun' [bi'gʌn] begin 的过去分词.

behalf' [bi'hɑ:f] n. 利益. ▲*in* 〔*on*〕 *behalf of* 为(了),以…名义,代表. *in this* 〔*that*〕 *behalf* 关于〔那〕事.

behave' [bi'heiv] vi. ①表现,举止,行为 ②工作,运转,开动. *The material behaves elastically.* 这材料呈弹性. ▲*behave as* 起…作用,相当于,表现为性能〔活动,作用〕…一样. *behave like* 性能〔活动,作用〕就像…一样,具有…的性质〔特性〕,起…一样的作用.

beha'vio(u)r [bi'heivjə] n. ①(工作,运行)情况,工况,(运转)状态,动态,(变化)过程,制度,行为,动作特点〔征〕,性能,性质,作用,功效,效应,响应,习性. *aerodynamic behavior* 空气动力特性. *automatic behavior* 自动症,自动行为. *behavior of cross section* 截面特性,截面的变化(过程)曲线. *critical behavior* 临界状态. *off-design behavior* 非设计特性情况. *static behavior* 静态. *the behaviour of tin under heat* 锡在受热情况下性能的变化.

beha'viorist [bi'heivjərist] n. 行为主义者,行为心理学家.

beha'vio(u)ral [bi'heivjərəl] a. 行为的,行动的,(特性的)性能的.

behead' [bi'hed] vt. 砍头,断头,夺流. *beheaded river* 〔*stream*〕断头河,夺流河,被夺河.

beheld' [bi'held] behold 的过去式及过去分词.

behemoth n. 巨兽,庞然大物.

behest' n. 命令,紧急指示.

behierite n. 硼钽石.

behind' [bi'haind] Ⅰ prep. 在〔向〕…后面,落后于,迟于,不如. Ⅰ ad. ①在后,向后,落后 ②在幕后 ③迟,过期. *behind completion date* 没有按期完工. *ten minutes behind* 延误〔落后〕十分钟. *the man who directs behind the scenes* 幕后操纵〔策划〕者. ▲(*be*) *behind schedule* 〔*time*〕 误期,误时. (*be*) *behind the times* 落(在时代)后(面),不合时宜. *behind in* 〔*with*〕 (在…方面)拖拉,积压,落后,误〔逾〕期. *behind one's back* (在)后(面). *from behind* 从背后,从后面. *leave* … *behind* 把…留〔剩〕下来,遗忘. *put behind one* 拒绝考虑. *stay* 〔*remain*〕 *behind* 留下来. *There is more behind*. 背后〔其中〕还有文章.

behind'hand [bi'haindhænd] a.; ad. 落后(的),拖延(的),耽误(的),迟(的),慢(的),过期(的). ▲*be hindhand in* 〔*with*〕 (在…方面)延误〔落后〕.

behind-the scene(**s**) a. 幕后的. *behind-the-scene*(*s*) *master* 〔*boss*〕 幕后操纵者. *behind-the-scene*(*s*) *scheming* 幕后策划.

Behm lot 回声测深仪.

behoite n. 羟铍石.

behold' [bi'hould] (*beheld'*, *beheld'*) v. 看,(请)注意,见到,注视.

behold'en [bi'houldn] a. (对…)感激的 (to). ▲*be beholden to M for N* 因 N 而感激 M.

behold'er [bi'houldə] n. 旁观者.

behoof' [bi'hu:f] n. 利益. *for* 〔*to*, *on*, *in*〕 *the behoof of* 为了…起见,为了…的利益.

behove' [bi'houv] 或 **behoove'** [bi'hu:v] vt. (主语用 It)对…说来必须〔应当,应该,宜于〕,是…的义务〔责任〕. *It behoves every one to do his duty.* 人人应该负起责任〔尽自己的义务〕.

beidel'lite [bai'delait] n. 拜来石,贝得石.

beige [beiʒ] n. 米色,棕灰色.

be'ing [bi:iŋ] Ⅰ (be 的现在分词) ①(由于,既然)是 ②正(在,被). *The manometer, being newly repaired, ought to be calibrated.* 这压力计,因为是新修好的,应该校准. *The lathe was being adjusted at 10 o'clock.* 这车床在十点钟(正在)加以调整. Ⅰ n. ①存在,生存 ②人,生物 ③实在(物),本质,本性 ④be 的动名词(词义同 be). ▲*being as* 〔*that*〕 既然,因为. *bring* 〔*call*〕 *into being* 使出现〔产生,形成,成立〕,实现,创造,产生,建成. *come into being* 出现,产生,形成,成立,问世. *for the time being* 暂〔一〕时,目前. *human being*, *in being* 现存〔有〕的,存在的. *inanimate being* 无生物.

Beira n. 贝拉(莫桑比克港口).

Beirut' [bei'ru:t] n. 贝鲁特(黎巴嫩首都).

beiyinite n. 白云矿.

bel [bel] n. ①【电讯】贝(尔)(音量,音强,电平单位) ②河床沙岛. *bel curve* 【化】贝尔曲线(铬酸处理 pH 与被覆膜关系图).

BEL = **basic equipment list** 基本设备表.

bela n. 河中沙洲〔小岛〕.

bela'bo(u)r [bi'leibə] vt. ①痛击,重打 ②尽〔竭〕力,对…作过多的说明. *belabour the obvious* 对十分明显的事物作不必要的反复说明.

Belascaris n. 蛔虫.

belat [bi'lɑ:t] n. 皮拉陆风.

bela'ted [bi'leitid] a. 延误的,来得(晚)的,过期的,遗留下来的.

belaud' [bi'lɔ:d] vt. 对…大加赞扬,过分赞扬.

belay' [bi'lei] Ⅰ v. 拴(绳),用绳系住,把(绳)系在物体人身,系绳栓〕上. Ⅰ n. 系绳处,S形挽桩,握住系绳. *belaying pin* 系索柱,套索桩.

belay'ing-pin [bi'leiŋpin] n. 系索栓,缆耳,套索桩.

belch [beltʃ] v.; n. ①打嗝,嗳气 ②猛烈喷射[爆发],爆发〔出,声〕,喷[冒]出.

BELCRK = **bell crank** 直角(形)杠杆,双臂曲柄,曲拐.

belea'guer [bi'li:gə] vt. 围困,围攻. ~**ment** n.

bel'emnite ['beləmnait] n. 箭石.

belemnoi'dea [beləm'nɔidiə] n. 箭石.

Belfast' [bel'fɑ:st] n. 培尔法斯特（英国港口）. *Belfast truss* 弓（弧）形桁架.

Belflix n. 活动薄膜.

bel'fried ['belfrid] a. 有钟楼（塔）的.

bel'fry ['belfri] n. 钟楼，望楼，（钟）塔.

Bel'gian ['beldʒən] a.；n. 比利时的，比利时人（的）. *Belgian type layout*（轧机机座）横列式布置.

Bel'gium ['beldʒəm] n. 比利时.

Belgrade' [bel'greid] n. 贝尔格莱德（南斯拉夫首都）.

belie' [bi'lai] (*belied*；*bely'ing*) vt. ①给人以一假像，使人误解，掩饰 ②未能实现，使…落空 ③与…不符合（不一致）.

belief' [bi'li:f] n. ①相信 ②信念（心，任，仰），看法. (*be*) *beyond belief* 难以置信. *hold a firm belief that* 或 *hold to one's belief that* 坚决相信. *in the belief that* 相信. *to the best of my belief* 我相信，就我所知，在我看来.

belie'vable [bi'li:vəbl] a. 可信（任）的.

believe' [bi'li:v] v. 相信，认为，信任. *believe M (to be) N* 认为M是N. *believe in* 相信，信任（仰）.

belie'ver [bi'li:və] n. 信仰者，相信的人，信徒.

belie'ving [bi'li:viŋ] a. 有信仰（心）的. n. 相信.

B-elim'inator 乙（阳极）电源整流器，代乙电器.

belit [bel] ①B盐，丑式盐，二钙硅酸盐（水泥）②B岩，斜硅灰石.

belit'tle ['bi'litl] vt. ①缩〔弄〕小，使相形之下显得微小 ②小看，轻视，贬低.

bell [bel] Ⅰ n. ①钟（声），（电，信号）铃，船〔雾，轮班〕钟 ②钟（罩），锥体〔孔，形〕物，扩散管，承口，喇叭口〔漏斗（口）（降落）伞衣，（飞机）起落架 ④圆屋顶 ⑤（高炉）炉盖，钟盖（高炉）. *alarm* [*warning*] *bell* 警铃. *bell and hopper* 钟口漏斗，钟料和料斗，炉口装料斗和盖，进料器. *bell and plain end joint* 平接，套管接头. *bell and spigot* (*joint*) 套〔窝〕接，插承接合，(管端）套筒接合，钟口〔套筒，承插〕式接头. *bell bearing* (高炉）分钟球承. *bell button* 铃的按钮. *bell character*【计】报警符号. *bell counter tube* 钟罩式计数管. *bell crank* 直角（形）杠杆，双臂〔钟形〕曲柄，曲拐. *bell end* (*of pipe*) 承插端. *bell glass* (*jar*) 钟罩. *bell housing* 外壳〔罩，箱〕，飞轮壳，离合器壳，钟罩. *bell jar* 钟罩. *bell manometer* 浮钟压力计. *bell metal* 钟（青）铜，铜锡合金. *bell mouth* 喇叭口，锥形孔，(管口）套管. *bell of pipe* 管子承插端. *bell (push) button* 电铃按钮. *Bell receiver* 贝尔受话器. *bell recorder* 浮钟打压器. *bell rope hand pile driver* 人工拉索式打桩机，拉绳打桩机. *bell signal* 振铃信号. *bell socket* 套接，承插接合. *bell (ringing) transformer* 电铃变压器. *bell test* 电铃式导通试验. *bell type generator* 浮筒式(乙炔)发生器. *bell valve* 装料钟. *bell's bund* 导堤. *gas bell* 贮气罩的钟形. *sinter bell* 钟形烧结件. ▲*as sound* (*clear*) *as a bell* 极健全（清楚）. *bear the bell* 占首位，获胜. *ring the bell* 敲钟，摇铃.

Ⅰ v. ①装上铃 ②使成漏斗形 (*out*) ③鸣，叫. *bell the cat* 承办难事.

belladon'nine n. 颠茄碱.

bell-and-hopper arrangement (高炉）钟斗装置.

bell-and-spigot joint 套（窝）接，套筒连接〔接合〕，插承接合，钟口接头，套管接头.

Bellatrix n. 参宿五，猎户座 γ 星.

bell'boy ['belbɔi] n. 随身电话装置，无线电话机，旅馆服务员.

bell' button n. (电）铃的按钮.

bell' crank n. 直角（形）杠杆，(双臂）曲柄，曲拐. *space* 〔*spacing*〕*bellcrank* 间隔曲柄. *trip bellcrank* 起动曲柄.

belled [beld] a. 有承口的，(有）钟形口的，套接的. *belled mouth* 喇叭口，锥形孔.

Belleek ware 贝利克软瓷制品.

bellend n. 承插端，扩大端.

bell' glass n. 钟形玻璃制品，(玻璃）钟罩.

bellig'erence 或 **bellig'erency** n. 好战，交战（状态）.

bellig'erent a.；n. 交战中的，好战的，挑起战争的；交战国（的），交战的一方.

bell' ing ['beliŋ] n. 制造管子的喇叭口，扩（管）口. *belling expander* 扩管口器. *belling tool* 扩管口工具.

bellite n. 铬砷铅矿；硝铵，二硝基苯炸药.

bell'-jar n. 钟（形）罩，钟状玻璃制品，钟形烧结件.

bell' mouth n. 钟口，承口，钟形〔漏斗，喇叭〕口 ②锥形孔〔底〕③(管子）入口 ④套管，胀接管，承插口，管子大头 ④测流喷管〔嘴），扩流管.

bell'-mouthed a. 有承口的，有钟形口的. *bell-mouthed pipe* 承插管.

bell'-mouthing n. 按喇叭状扩大开口，喇叭，泰鸣.

bel'low ['belou] v.；n. 吼叫，怒吼，轰鸣.

bel'lows ['belouz] n. (*sing*. 或 *pl*.) ①(摺式手）风箱，手用吹风器，皮老虎，吹灰器 ②(真空）膜盒(组)，感压箱，给皮膜 ③波纹管（筒），真空管，伸缩软管，弹簧波纹管 ④凸面式涨筒 ⑤带网模皮球. *bellows (pressure) gauge* 波纹管压力表，膜盒压力计. *bellows type gun* 风箱嘴油枪，风箱型喷射器. *bellows valve* 波纹管阀. *hand* [*foot*] *bellows* 手[脚]风箱. *integrating bellows* 积分膜盒. *operating bellows* 操作膜盒. *spring-opposed bellows* 弹簧承力波纹管.

bellows-gauge n. 膜盒压力计.

bell' pull ['belpul] n. 门铃的拉索，铃扣.

bel' ly ['beli] Ⅰ n. ①腹（部），肚子，胃 ②(机身）腹部，炉膛，(孔型底边的）凹起，凸部，鼓旋（部份）. Ⅰ v. 张满，鼓起. *bellied jaw* 凸形颊板. *belly core* 内芯型. *belly plug* 膨胀（凸出）塞. *crucible belly* 熔罐腹.

bel'lyache ['belieik] Ⅰ n. 腹痛. Ⅰ vi. 抱怨，发牢骚.

bel'ly-band n. 腹带.

bel'ly-bound ['belibaund] a. 便秘的.

bel'lybrace n. 曲柄钻.

bel'ly-button ['belibʌtn] n. 肚脐.

bel'lying n. 托底.

bel'lying-out n. 陷车托底.

belly-land vi. (飞机）以机腹着陆.

bel'lytank n. (机腹）副油箱.

belonesite n. 针镍钼矿.

belong' [bi'lɔŋ] vi. ①属…所有，属于 ②应归入〔处

belong′ings

在，位于〕. *Put it where it belongs.* 把它放在应放的地方. ▲*belong among* 〔under〕属于(一类). *belong in* 属于〔列入〕…(一类)，住在. *belong in* 属于…(所有)，列入. *belong with* 与…有关，应归入.
belong′ings *n.* (pl.) 所有物，行李，附属物，性质.
belonite *n.* 针(棒)雏晶，镁氟晶.
bel′onoid ['belənɔid] *a.* 针尖的，似针的，茎状的.
beloved′ [bi'lʌvd] *a.* 受爱戴的，被热爱的，敬爱的.
belovite *n.* 锶铈磷灰石.
below′ [bi'lou] I *prep.* 在…的下面〔下方，下流〕，在…以下，低于，少于. II *ad.* 在下面〔下文，下图，下流，水下〕，向下. III *a.* 下列的，下文的，零下的. *below the average* 平均以下. *five degrees below zero* 或 *five below* 零下五度. ▲*as below* 如下. *below detection* 观察不到. *below grade* 不合格的，低于原订等级，标线〔地面〕以下. *below proof* 不合格，废品. *below the mark* 标准以下. *down below* 在下面，海底下，船舱里，在建筑物的较低部份. *from below* 自下，从下(面). *see below* 见下文. *see the note below* 参看底下的注释.
belt [belt] I *n.* (皮，布，钢)带，环状物，子弹，地，覆，云状)带，带状物，皮带运输机 ②区(域)，层，界 ③吃水线以下的装甲带 ④环行铁路，电车环行线路. II *vt.* 绕上〔系上〕带，用带结上〔系住〕. *abdominal belt* 腹带. *back*(ing) *belt* 倒车皮带. *belt building machine* 粘带机. *belt clamp*〔hook〕皮带扣. *belt composition* 传动皮带润滑剂. *belt conveyer*〔conveyor〕传送器〔带式〕运输机，传送〔输送〕带. *belt dressing*〔鞣革加工用〕皮带油. *belt drive* 皮带传动〔装置〕. *belt dynamometer* 传动式测力计. *belt filler* 皮带油. *belt gear* 皮带传动. *belt generator* 丝带静电发电机. *belt grinder* 砂带磨光机. *belt heading* 运输巷道. *belt highway* 环路，带状公路. *belt lace*〔lacing〕皮带接头〔卡子，扣〕. *belt leakage* 带绝缘漏电，相带漏泄〔漏磁〕，相位区磁漏. *belt line* 环行线. *belt material* (皮)带衬(材)，皮带料. *belt press* 压带机. *belt production* 流水作业. *belt prover* 带运机. *belt pulley* 皮带轮. *belt railroad* 环行铁道. *belt tightener* 紧带轮〔器〕，拉紧轮〔带绞轮. *belt tension release lever* 皮带松紧杆. *belt truck loader* 带式装载机. *belt weight meter* 带秤. *biotemperature belt* 生物温度带. *canvas belt* 帆布带. *chain belt* 传动〔输送〕链. *conveying*〔conveyer〕*belt* 传送〔输送〕带. *crawler belt* 履带. *dead belt*〔雷达〕静区，盲区，死界. *endless belt* 环(形)带. *green belt* 绿化地带. *life belt* 救生带，安全带，保险带. *magnetic belt* 磁气治病带. *open belt* 开口皮带. *quarter-turn belt* 直角回转皮带. *saw belt* 锯带(条). *seismic belt* 地震带. *test belt* 试验用束带. *thunder storm belt* 雷雨区. *tree belt* 林带. V *belt* 三角〔V形〕皮带. *wire mesh belt* (用)钢丝网(制作的)运输带.
belt′-driven *a.* 皮带传动的.
belt′ed *a.* 带带的，用安全带扣住的，用绳箍住的，带状的，铠装的，装甲的. *belted cable* 铠装电缆.
belt′-furnace *n.* 带式炉.

belt′ing *n.* ①包带，扎线 ②皮带〔引管，传动带〕装置 ③用轮带运输，用地面带拖光(混凝土路面). *angular belting* (皮)带(转)用装置.
belt′line railway 环行铁路.
belt′scanner *n.* 长凿孔带自动发报机.
belt′-tighten *vi.* 实行紧缩政策，勒紧裤带.
bel′vedere ['belvidiə] *n.* 望楼，瞭望塔〔台〕，观景楼.
belyankinite *n.* 锆钛钙石.
bely′ing [bi'laiiŋ] belie 的现在分词.
bemagalite *n.* 铁镁晶石.
BEMF =back electromotive force 反电动势.
ben [ben] *n.* ①山顶〔峰〕，贝昂 ②扩展波段〔宽频带〕雷达发射机 ③后房，内室.
Benard cell 贝纳涡胞(单体).
Benares hemp 本奈尔麻，印度麻.
bench [bentʃ] I *n.* ①长凳 ②(工作，钳工，实验，陈列，光学)台〔(座，台)架〕，台床，光具座，光具座，装置 ③拉拔(丝)机，拉床 ④(煤矿)台阶，(矿的)梯段 ⑤护道，(河岸)阶地，台地，岩滩，海蚀平台 ⑥组. II *v.* 安置凳子于，把…挖成台阶形，形成阶地. *belt bench* 皮带测长台，皮带定长器. *bench axe* 木工斧. *bench blasting* 阶梯式爆破. *bench board* 操纵〔工作〕台，控制盘，斜面台，台式配电盘. *bench clamp* 台钳. *bench cut* 阶梯式开挖，台阶式掏槽. *bench grinder* 台式〔仪表〕磨床. *bench insulator* 绝缘座. *bench land* 滩地，沙洲. *bench lathe* 台式车床. *bench man* 收音机电视机修理工. *bench mark* 水准(基)点，基准点，基准标记. 【计】标准检查程序，测定基准点. *bench method* 台阶式挖土法，分层开采法. *bench molder* (台上造型用的)短风锤. *bench press* 台式压(冲)床. *bench roller* 台床. *bench section* 横断〔剖〕面. *bench side* 焦面. *bench terrace* 梯田，阶形地埂，台地. *bench test* 台架〔工作台〕试验. *bench vice* 台钳. *bench welding* 在夹具上焊接. *bench work* 钳工(作业). *control bench* 控制台，操纵台. *draw bench* 拉线台，拉拔机，拉丝机，拉床. *file bench* 钳工台. *laying-out*〔*leveling*〕*bench* 划线(平)台. *optical bench* 光学试验台. *push bench* 顶管机. *repair bench* 修理台. *test bench* 试验台，测试台. *turn bench* 可用小车，钟表床. *vice bench* 钳工台.
benched *a.* (台)阶层状的，阶状的.
bench′mark ['bentʃmɑːk] *n.* ①水准(基点，标点)基准(点，标记)，标准 ②标准检查程序，测定基准点. *benchmark* (*test*) *program* 基准(检测)程序，(计算机的)标准试验程序.
bench-scale I *a.* 小型的，实验室规模的. II *n.* 台称. *bench-scale dissolver* 小型(电解)溶解器. *bench-scale experiment* 实验室试验.
bench′-table *n.* 墙基，墙台.
benchtop cave 半敞开(半蔽光)小室.
bend [bend] I (*bent*, *bent*) *v.* (使)弯(拱，挠，折)曲，(使)倾向，(使)屈服. II *n.* ①弯(管，头，道)，弯曲(处)接头 ②转弯，河湾，折弯，曲水道，褶曲，折变，倾向，转向 ③可曲绕导管，素结 ④(pl.) 沉箱(潜涵，高空)病. *angle bend* (角形)弯管. *bend alloy* 易熔〔弯管〕合金. *bend bar* 弯曲钢筋，挠钢，元宝钢. *bend improvement* 裁弯取直. *bend in river* 河湾(曲).

bend loss 弯头损失. *bend meter* 弯管[道]流量计. *bendof road* 道路弯曲. *bend piece* 弯管接头. *bend pipe* 弯管. *bend strength* 抗弯强度. *bend test* [挠]曲试验. *cold bend* 冷弯(试验). *diver's bends* 潜水员减压病. *elbow bend* 弯管[头], 肘管. *expansion bend*(膨胀)补偿器, 膨胀弯管. *flexible bend* 软弯头. *flier's bend* 高空减压病. *frame bend* 帧图像变形. *hairpin bend* 急转弯, U 形弯道. *offset bend* 弯(迂回)曲. *quarter bend* 直角弯管. *sharp bend* 急弯, 锐弯(接头, 管). *square* [*quarter*, *right-angled*] *bend* 直角弯头. *return bend* U 形弯(道). *T bend* 三通管, (波导的)T 形弯角. ▲*be bent on* [*upon*] 决心要, 一心想. *bend oneself to* 热心从事, 专心致志于. *bend one's mind to* [*on*, *upon*] 专心致志于. *bend* (…) *to* … 使(…)屈从于…. *bend to* 屈从于, 用全力于, 专心于. *bend up* 弯曲.

bend'able *a.* 可弯[挠]曲的.
bendalloy 弯管合金.
bend'er ['bendə] *n.* ① 折弯机, 弯曲(压力)机, 弯管[板, 轨, 钢筋]机, 弯曲模膛, 压电曲片式水声器 ② 泵缸上搅拌. *bar bender* 条条机. *bender and cutter* (钢筋)弯切两用机. (钢筋)挠曲折断两用机. *bender impression* 弯曲模膛. *Bender sweetening* 本德脱硫法. *pipe* [*tube*] *bender* 弯管机. *plate bender* 弯板机. *rail bender* 弯轨机. *rotary bender* 转辊折弯(缘)机.
bend'ing *n.* ① 弯曲(度), 挠曲(度), 扭弯, 弯头(管) ② 偏移(差), 折曲(屈) ③(透镜的)配油调整, 无线电波束曲折, 磁头条带效应. *bending and straightening press* 弯曲矫直两用压力机. *bending deflection* 挠曲变应. *bending fold* 隆曲褶皱. *bending furnace* 管弯炉. *bending iron* 弯钢筋扳子[工具]. *bending machine* 弯曲筋, 板[机], (钢筋)弯折机, 弯曲试验机. *bending moment* 弯矩, 挠矩. *bending of a lens* 透镜的配曲调整. *bending rolls* 弯板机. *bending schedule* 钢筋表. *bending strength* 抗弯强度. *bending table* 弯铁台. *bending test* 弯曲试验.
bend'way *n.* 两河湾间河段.
bene- [词头] 好.
bene [bi:n] *n.* 无恙, 佳适.
beneaped *n.* 淤浅.
beneath' [bi'ni:θ] Ⅰ *prep.* ① 在…之下, 在…(正)下方, 在(紧靠着)…底下, 低于 ② 劣于, 不值得, 不配. Ⅱ *ad.* 在下(面, 方), 在底下. (*be*) *beneath contempt* 不值一提, 不足齿, 卑鄙到极点. (*be*) *beneath notice* 不值得注意.
ben'eceptor ['benisəptə] *n.* 良性感受器.
Benedict metal 镍黄铜合金, 铜镍锌合金, 镍银(铜 57%, 锡 2%, 铅 9%, 锌 20%, 镍 12%). *white Benedict metal* 白铜(铜 60%, 镍 16.5%, 锌 18%, 铅 4.5%, 锡 1%).
benefac'tion [beni'fækʃən] *n.* 恩施, 捐助.
ben'efactor ['benifæktə] *n.* 施主, 恩人.
benefic'ial [beni'fiʃəl] *a.* ① 有利[益]的 ② 有使用权的. ▲(*be*) *beneficial to* 对…有利[益](的), 有利[益, 助]于…的. ~*ly ad.*

benefic'iary [beni'fiʃəri] *n.* 受益[惠]人, 收款人. *beneficiary of remittance* 汇款收款人.
benefic'iate [beni'fiʃieit] *vt.* ①(为改善性能而进行)处理 ②选矿, 选集, 精选, 富集, 提高矿石品位. **beneficia'tion** *n.*
ben'efit ['benifit] Ⅰ *n.* ①利益, 益[好]处 ②津贴, 保险赔偿费, 年金. *benefit-cost ratio* 利益与投资之比, 利润率. *benefit factor* 受益率. *benefit ratio* 受益比. *benefit-risk analysis* 利害分析. *principle of equality and mutual benefit* 平等互利原则. ▲*be of benefit* (*to*) (对…)有(所裨)益. *for the benefit of* 为…(的利益). *to the benefit of* 为…的利益, 有利于. *without the benefit of* 没有利用, 不利用.
Ⅱ *v.* ①对…有利, 有益[利]于 ②受益, 收益, 得到好处. *benefit the people* 有益于人民. ▲*benefit by* [*from*] 得益于…, 从…得到好处.
benemid *n.* 对二丙磺酰胺基苯甲酸. *benemid probenecid* 丙磺舒(羧苯磺胺).
Benet metal 铝镁合金(镁 3～10%, 钨微量, 其余铝).
Betnetnasch *n.* 摇光, 北斗七, 大熊座 η 星.
beng *n.* (印度)大麻.
Bengal [beŋ'gɔ:l] *n.* 孟加拉. *Bay of Bengal* 孟加拉湾. *Bengal light* 信号烟火. *Bengal stripes* 条花棉布.
bengala (荷兰语) *n.* (三)氧化(二)铁, 铁丹.
Bengalese' [beŋgə'li:z] Ⅰ *a.* 孟加拉(人)的. Ⅱ *n.* 孟加拉人.
Bengali [beŋ'gɔ:li] Ⅰ *a.* 孟加拉(人)的. Ⅱ *n.* 孟加拉人.
benign' [bi'nain] *a.* ① 有益于健康的, (气候, 风土等)温和的, 良好的 ②【医】良性的, 非恶性的, 可复元的, 非再发性. *benign tumor* 良性瘤.
benig'nant [bi'nignənt] *a.* 良性的, 有利的, 有益的, 亲切的, 仁慈的.
benihene *n.* 贝尼烯.
benihidiol *n.* 贝尼里二醇.
benihiol *n.* 贝尼里醇.
Benioff zone 贝尼奥夫带(包含若干震中的倾斜带).
Benito *n.* (连续波)飞机均向装置.
bent [bent] Ⅰ *bend* 的过去式和过去分词. Ⅱ *a.* ①(曲)的, 挠曲的, 弓形的, 曲轴的 ②决心的, 一心的 ③不正派的. Ⅲ *n.* ①弯曲, 弯头, 曲轴[折]②排架, 横向构架, V 形零, 构柱脚 ③荒地, 苇地, 沼泽 ④倾向, 爱好, 性格. *bent antenna* 曲折天线. *bent* [*steel*] *bar* 挠曲钢筋, 弯筋, 弯条. *bent clamp* 弓形夹具. *bent crystal* 弯晶. *bent dipole* Ⅱ 形振子. *bent gun* 曲轴电子枪. *bent lever* 直角杠杆, 曲(臂杠杆. *bent nose pliers* 歪嘴钳. *bent spanner* 弯头扳手. *bent stem thermometer* 曲管温度表. *bent tap* 弯管螺母丝锥. *bent tool* 弯头车刀. *square bent* 直角弯. *wind bent* 抗风排架. ▲*be*. *bent on* [*upon*] + *ing* 决心(做). *have a bent of* 爱好.
ben'thal *a.* = *benthic*.
ben'thic ['benθik] *a.* 水底的, 海洋深处的, 海底的, 河床的, 海底生物(的).
ben'thograph ['benθogra:f] *n.* 海底记录器(摄影机).
benthon = *benthos*.

benthon'ic *a.* 海洋的,底栖的,海底的,河床的,水底的.
benthophyte *n.* 海底植物.
bentho-potamous *a.* 河底的.
ben'thos ['benθɔs] *n.* 海洋深处,海底〔水底,底栖〕生物.
ben'thoscope *n.* 深海用球形潜水器.
bentogene *a.* 底栖生物沉积的.
bentone grease 膨润土润滑脂,皂土润滑油.
ben'tonite ['bentənait] *n.* 膨润土,皂[浆]石,膨土岩,斑脱岩. *bentonite thickened grease* 膨润土润滑脂.
bent-up *a.* 弯起的,上弯的.
bent'wing ['bentwiŋ] *n.* 后掠机翼,后掠翼飞机.
benumb' [bi'nʌm] *vt.* 使失去感觉,使麻木,使僵化〔瘫痪〕.
benumbed' *a.* 失去感觉的,麻庳了的,冻僵了的,吓呆了的(with).
benutzungsdauer 〔德语〕换算连续负载时间.
benz- 〔词头〕苯基,苯并.
Benzahex *n.* (农药)六六六.
benzal *n.* 苄叉,苯亚甲基,亚苄.
benzaldehyde *n.* 苯(甲)醛.
benzamide *n.* 苯酰胺.
benzanthracene *n.* 苯并蒽.
benzanthrone *n.* 苯并蒽酮.
benzedrine *n.* 1-苯-2-氨基丙烷.
ben'zene ['benzi:n] *n.* 苯 C_6H_6. *benzene bottoms* 苯残余物(苯精馏时蒸馏塔下的部分). *benzene dibromide* 二溴化苯. *benzene hydrocarbon* 苯系烃. *benzene sulfonic acid* 苯磺酸. *benzene sulfonic amide* 苯磺酰胺. *dimethyl benzene* 二甲苯. *ethyl benzene* 乙苯. *methyl benzene* 甲苯. *motor benzene* 动力苯.
benzene-alcohol *n.* 苯酒精,苯与酒精的混合物.
benzene-azo-benzene *n.* 苯偶氮苯.
benzenediazonium cyanide 氰化重氮苯.
ben'zene-insol'uble *a.* 不溶于苯的.
benzenesulfenyl *n.* 苯硫基.
benzenetriozonide *n.* 三臭氧(化)苯.
benzenoid *a.* 苯(环)型的.
benzestrol *n.* 苯雌酚.
Benzex *n.* (农药)六六六.
benzhydrol *n.* 二苯甲醇.
benzhydryl *n.* 二苯甲基.
ben'zidine ['benzidin] *n.* 联苯胺,对苯二氨基联苯.
benzil *n.* 联苯酰,苯偶酰,二苯(基)乙二酮.
benzilate *n.* 二(对溴苯基)乙醇酸酯.
benzilic acid 二苯乙醇酸.
benzimidazole *n.* 苯并咪唑.
benzimidazolium *n.* 苯并咪唑阳离子.
benzin(e)' ['benzi:n] *n.* 精制轻质石油醚,(轻)石〔油〕精,(轻质)汽油,挥发油,石脑油. *benzine resisting hose* 耐汽油软管.
benzin(e)-ligroin *n.* 轻汽油.
benzine-resisting *a.* 耐汽油的.
benzo- 〔词头〕苯并.
benzo-acridine *n.* 苯并吖啶,苯并氮蒽.
benzoate *n.* 苯(甲)酸盐,苯(甲)酸酯.
benzochromone *n.* 苯(并)色酮.

benzo-chrysene *n.* 苯并 .
benzodiazine *n.* 喹噁啉.
benzodioxole *n.* 苯并二噁茂.
benzo-fluoranthene *n.* 苯并荧蒽.
benzohydroxamic acid 苯羟肟酸.
benzo'ic [ben'zouik] *a.* 安息香的. *benzoic acid* 苯(甲)酸,安息香酸.
ben'zoin ['benzouin] *n.* 安息香,二苯偶姻,二苯乙醇酮.
ben'zol(e) ['benzəl] *n.* (粗)苯,安息油,工业苯,偏苏油. *benzol blends* 苯混合物. *motor benzol* 动力苯.
ben'zoline ['benzəli:n] *n.* ①不纯苯 ②=benzine ③苯汽油.
benzonitrile *n.* 苯基氰.
benzoperox'ide *n.* 过氧化苯酰,苯(甲)酰化过氧.
benzophenone *n.* 二苯(甲)酮.
benzopurpurin *n.* 苯紫红素.
benzoquinone' [benzəkwi'noun] *n.* 苯醌.
benzosul'fimide *n.* 糖精.
benzotrichloride *n.* 苄川三氯,三氯甲苯,苯三氯甲烷.
benzoxy 或 **benzoyloxy** 苯(甲)酸基,苯酰氧基.
ben'zoyl ['benzoil] *n.* 苯(甲)酰(基). *benzoyl peroxide* 过氧化苯酰.
benzoyla'tion *n.* 苯甲酰化(作用).
benzoyltrifluoroacetone *n.* 苯酰三氟丙酮.
ben'zyl ['benzil] *n.* 苄基,苯甲基.
benzylcel'lulose *n.* 苄基纤维素(一种难燃、不吸水、介质损耗小的绝缘材料).
benzylidene *n.* 苄叉,苯亚甲基.
benzyl-iodide *n.* 苄基碘.
benzylphenol *n.* 苄基苯酚.
BEP = break-even point 盈亏平衡点.
beplas'ter [bi'plɑ:stə] *vt.* 在…上厚涂,使布满,用泥灰涂上.
BEPO = British Experimental Pile O 英国实验性反应堆O.
bepowder [bi'paudə] *vt.* 在…上涂粉.
ber [bə:] *n.* 枣(树).
BER = bit error rate 二进制数位误差率.
Beraloy *n.* 一种铍青铜合金(铍1.9%,钴<0.5%,镍<0.5%,其余铜).
bereave' [bi'ri:v] (*bereaved'*, *bereaved'* 或 *bereft'*) *vt.* 使丧失,使失去(of). ~ment *n.*
bereft' [bi'reft] *vt.* bereave的过去分词.
berengelite *n.* 脂光沥青.
beresowite *n.* (碳)铬铅矿.
ber-function *n.* 第二类开尔文函数,ber函数.
berg [bə:g] *n.* 冰山,大冰块.
Ber'gen ['bə:gən] *n.* 卑而根(挪威港口).
bergenite *n.* 水铈铀云母,铈磷铀石.
Bergman generator 伯格曼(三刷)发电机,(电气机车用)恒压三刷发电机,(焊接用)恒流三刷发电机.
berg'meal 或 **bergmehl** *n.* 硅藻土.
berg'sc ...und *n.* 大冰隙,冰川后大裂隙,肯隙隙.
bergy bit ... 山.
beriberi ['beri'b...] *n.* 脚气病.
beriberic *a.* 脚气病的.
berillia *n.* 氧化铍.
berillite *n.* 水(白)硅铍石.
beril'lium [bə'riljəm] *n.* 【化】铍Be.
Ber'ing ['beriŋ] *n.* 白令海(峡).

Berkeley n. 伯克利(美国西岸城市).
berkelium ['bə:kliəm] n. 【化】锫 Bk.
Berl saddle 【冶】马鞍型填料.
Berlin' [bə:'lin] n. 柏林(德意志民主共和国首都). *Berlin black*〔漆火炉的〕耐热漆. *Berlin blue* 柏林蓝,深蓝色.
berlin(e) n. ①大四轮车, 在司机座后有玻璃窗分隔的轿车车厢 ②细毛线.
berm(e) [bə:m] n. ①护〔狭, 马, 傍山〕道, 崖径 ②小捆板, 小平台 ③后滨阶地, 滩肩. *berm ditch*(边坡)截水沟, 护道(傍山)排水沟.
Bern [bə:n] n. 伯尔尼(瑞士首都).
Bernoulli n. 伯努利. *Bernoulli equation* 伯努利方程. *Bernoulli formula* 伯努利公式. *Bernoulli's number* 伯努利数.
Berriasian n. 玻利亚斯亚阶.
berry ['beri] n. ①浆果 ②咖啡豆 ③虾〔鱼〕子, 卵.
Berry transformer 串联变压器.
bersaglie're n. 狙击兵.
berth [bə:θ] Ⅰ n. ①(船, 车, 飞机等的)铺〔座〕位, 卧铺, 架床 ②停泊处〔所〕, 泊〔锚〕位, 锚泊地, 船台, 码头 ③(船与灯塔, 沙滩间留出的)回旋〔操作〕余地, 安全距离 ④住所, 职业, 地位. Ⅱ v. ①(使)停泊, 入港〔渠〕②占〔提供〕铺位. *book* 〔*reserve*〕*a berth* 订购卧铺票. *berthing space* 停泊区. *lighter berth* 驳船泊位.
berthage n. 泊位, 停泊费.
ber'thierite ['bə:θiərait] n. 蓝〔辉锑〕铁矿.
ber'thollide ['bə:θəlaid] n. 贝陀立合金(化合物).
Bertrand lens 伯特兰透镜.
bertrandite n. 硅铍石.
BERU = British Empire Radio Union 英国皇家无线电爱好者联合会.
ber'yl ['beril] n. 绿(柱)玉, 绿柱(宝)石.
berylco alloy 铍铜合金.
beryllate n. 铍酸盐.
beryl'lia [be'riljə] n. 氧化铍(耐火材料). *beryllia ceramics* 氧化铍陶瓷.
beryllides n. 铍的金属间化合物.
berylliosis n. 铍中毒, 铍肺病.
beryllite n. 水(白)硅铍石.
beryl'lium [be'riljəm] n. 【化】铍 Be. *beryllium bronze* 铍青铜(铍 2~2.5%, 其余铜). *beryllium copper* 铍青铜, 铜铍合金(铍 2.25%). *beryllium dome tweeter* 铍膜球顶形高音扬声器. *beryllium doped germanium* 锗掺铍. *beryllium window* 铍窗.
beryllonite n. 磷酸钠铍石.
berzelianite n. 硒铜矿.
BES = balanced electrolyte solution 平衡电解溶液.
Bes = Bessel's functions 贝塞耳函数.
BESA = British Engineering Standard(s) Association 英国工程(技术)标准协会 (British Standards Institution 英国标准局 BSI 的前身).
beseech [bi'si:tʃ] v. 恳〔哀〕求.
beseem' [bi'si:m] v. ①似乎, 觉得 ②适当〔宜〕, 合适. *It ill beseems you to refuse.* 你不应该拒绝. ~**ingly** *ad.*
besel n. 监视窗(孔), 玻璃框(遮光, 荧光)屏.

beset' [bi'set] (*beset'*, *beset'*) vt. ①包围, 围住(绕, 困, 攻)的 (船)被冰冻住 ②缠绕, 为…所苦, ③镶, 嵌. *The problem is beset with* (by) *difficulties.* 这个问题困难重重.
beside' [bi'said] prep. 在…的旁边(附近) ②和…相比, 比起…来, 比得上 ③同…无关, 离开 ④除…之外. ▲*be beside oneself* (得意)忘形, 失常, 情不自禁. *beside the mark* 〔*point*〕不中肯, 不相干, 错. *beside the question* 离题.
besides' [bi'saidz] prep. ; ad. 除(在)…之外, 除了, 此外, 而且, 加之, 还有, 更, 又.
besiege' [bi'si:dʒ] vt. ①(包)围, 围困(攻) ②拥集在…的周围, 拥(纷)至. ~**ment** n.
besmear' ['bi'smiə] vt. ①抹(涂)遍 ②弄脏.
besmirch' [bi'smə:tʃ] vt. 弄脏, 染污.
besmoke vt. 烟污, 烟熏.
bespan'gle [bi'spæŋgl] vt. 饰以闪烁发光的小金属片, 使晶亮发光.
bespat'ter [bi'spætə] vt. 溅污(with).
bespeak' [bi'spi:k] (*bespoke'*, *bespo'ke(n)*) vt. ①预约(定), 订(货) ②证明, 表示 ③请求.
bespeck'le [bi'spekl] vt. 加上斑点.
bespoke [bi'spouk] Ⅰ bespeak 的过去式和过去分词. Ⅱ a. 专做定货的. n. 预定的货.
bespo'ken [bi'spoukən] bespeak 的过去分词.
bespot' [bi'spot] vt. 加上斑点.
bespread' [bi'spred] (*bespread'*) vt. 扩张, 盖, 覆, 铺(满).
besprin'kle [bi'spriŋkl] vt. 灌, 洒, 撒(布).
Bessel function 贝塞耳函数.
Bessel method 贝塞耳(图上定位)法.
Bes'semer ['besimə] n. 酸性转炉钢. *Bessemer blow* 吹炉(酸性转炉)吹炼. *Bessemer converter* 酸性转炉. *Bessemer copper* 粗铜, 转炉铜. *Bessemer heat* 吹炉(酸性转炉)熔炼. *Bessemer matte* 镍高锍. *Bessemer ore* 低磷铁矿, 酸性转炉铁矿. *Bessemer process* 酸性转炉法. *Bessemer steel* 〔*iron*, *pig*〕(底吹酸性)转炉钢, 酸性转炉铁.
bes'semerizing n. (酸性)转炉吹(冶炼)法. *bessemerizing of matte* 锍(冰铜)吹炼法.
best [best] *a.* ; *ad.* ; *n.* (good 和 well 的最高级) ①最好〔佳, 优, 上等)的, 优质〔等)的 ②最大的, 最适合的 ③大半的 ④最(好, 恰当), 极 ⑤最佳, 极〔尽, 全〕力 ⑥最好的东西. ▲*best as* 〔*best*〕 (*as*) *one can* 〔*may*〕尽可能, 尽量, 尽最大努力. *at its best* 全盛, 在顶峰上. *at* (*the*) *best* 或 *at the very best* 最好〔至多)也不过, 充其量也不过, 大不了. *be all for the best* 结果总会好的. *best bet* 最安全可靠的办法, 最好的措施. *best of all* 最(好), 首先, 第一. *best seller* 畅销书. *determine how best to* + *inf.* 确定怎样(做)最好. *do* (*try*) *one's* (*very*) *best to* + *inf.* 尽全力, 鼓足干劲, 尽量. *even at the best of times* 即使在最有利的情况下, 甚至在形势最有利的时候. *get* [*have*] *the best of* 胜过. *had best* + *inf.* 最好. *make the best of* 尽量(充分, 妥善)利用, 善于处理. *put one's best leg* 〔*foot*〕 *forward* 以最快步伐前进, 尽速工作. *Strive for the best*, *prepare for the worst*. 作最坏的打算, 争取最好的结果. *the best of it* 最佳处, 最妙处. *the*

best part of 大部分. *the best possible* 可能达到的最好的. *the best that can be done* 是我们最大努力所能做到的也只是. *the best thing to do* 最好的办法,最上策. *the best we can say* 是最多我们可以说. *to the best of one's knowledge* 尽…所知,就…所知道的. *to the best of one's power* 〔ability〕尽力地,不遗余力,竭尽全力. *with the best* 不比任何人差,跟任何人一样好.

BEST =business EOP (electronic data processing) systems technique 商业电子数据处理系统技术.

best-fit *v.*; *n.* 最佳拟合〔配合〕. *best-fit method* 最优满足法.

best-fitting *n.* 最佳拟〔配〕合.

bes′tial [′bestjəl] *a.* 野兽的,兽性的.

best-known *a.* 人所共知的,最著名的.

bestow′ [bi′stou] *vt.* ① 给〔授,赠〕予 ② 安〔放〕置,贮藏 ③使用,花费.

bestow′al [bi′stouəl] *n.* 赠予,赠品;收藏,贮藏.

bestrew′ [bi′stru:] (*bestrewed*; *bestrewn*) *vt.* 撒满〔布〕,撒在…上.

bestride′ [bi′straid] (*bestrode′*; *bestrid′*(*den*) 或 *bestrode′*) *vt.* ①骑,跨 ②跨越〔过〕,横跨…上 ③高踞…之上,控制.

best-selling *a.* 畅销的.

bet [bet] *v.*, *n.* ①(打)赌,赌注 ②敢断定. *betting curve* 博弈曲线. ▲*I bet*(*you*) 我敢断定,一定,必定. *miss a bet* 放过(一种解决问题的)好办法,失策. *you bet* 的确,当然,一定.

BET =①best estimate of trajectory 弹道的最佳估算 ②between 在中间,在…(二者)之间.

BET area 用布鲁瑙厄-埃梅特-泰勒法测定的催化剂表面积.

be′ta [′bi:tə] *n.*; *a.* ①(希腊字母)B, β ②第二位的(东西), β位的 ③(晶体管的共发射极电路)电流放大系数. *beta brass* β黄铜. *beta circuit* β电路,反馈电路. *beta curve* β(脉冲)曲线. *beta decay* β衰变. *beta factor* β系数. *beta-gamma double bond* β-碳原子与γ-碳原子间的双键. *beta minus* 仅次于第二等. *beta particle* β粒子,β质点. *beta plus* 稍高于第二等. *beta radiation* β辐射. *beta ray* β射线,乙种射线. *bata tester* β系数测定器. *beta thickness gauge* β射线测厚仪.

beta-absorption gauge β吸收规.

beta-active *a.* β放射性的.

beta-activity *n.* β放射性.

beta-backscattering *n.* β(粒子)反散射, β反射.

betacel *n.* 原子电池.

beta-conformation *n.* β构型.

beta-counted *a.* 由β放射性测量的.

beta-emitter *n.* β发射体.

bet′afite [′betəfait] *n.* 铌钛铀矿,钛酸铌酸铀矿.

beta-function *n.* β函数.

betaine *n.* 甜菜碱;甘氨酸三甲内盐.

betake′ [bi′teik] (*betook′*, *beta′ken*) *vt.* ▲*betake oneself to* 到…去,往;专心〔致力〕于;试行,使用.

beta-naphthol *n.* β-萘酚.

betaneutrino *n.* β中微子.

betanidin *n.* 甜菜(贰)配基.

betanin *n.* 甜菜贰.

beta-radia′tion *n.* β粒子辐射.

beta-ra′diator *n.* β发射体.

beta-radioactiv′ity *n.* β放射性.

beta-ray *n.* β射线.

beta-ray isotope β放射性同位素.

beta-ray spectrograph β射线摄谱仪.

betatopic *a.* 失(差)电子的,相差(电荷的同质量数原子核的). *betatopic change* 电子放射变化,失电子蜕变.

beta-transition *n.* β跃迁.

be′tatron [′beitətrɔn] *n.* 电子回旋加速器,电子(磁)感应加速器.

bethanise 或 **bethanize** *vt.* 钢丝电解镀锌法(用不溶解阳极). *bethanized wire* 电镀锌钢丝. *bethanizing process* 钢丝电解镀锌法.

Bethe cycle 倍兹循环,碳-氮循环.

Bethe-hole (directional) coupler 倍兹孔定向耦合器,公用耦合孔双波导定向耦合器.

bethelizing *n.* 木材注油(用杂酚油或煤油灌入木材).

Bethell process (木材防腐)填满细胞法.

bethink′ [bi′θiŋk] (*bethought′*, *bethought′*) *vt.* 思考,考虑,想起(到)(of, that). ▲*bethink oneself of* 想起(到,出).

bethought′ [bi′θɔ:t] bethink 的过去式和过去分词.

betide′ [bi′taid] *v.* 发生,降(临)到.

betimes′ [bi′taimz] *ad.* 早,及(准)时,即刻,不久(以后).

beto′ken [bi′toukən] *vt.* 表(指,预,前示),预兆(示).

beton [′betən] *n.* (法语)混凝土. *béton armée* 钢筋混凝土.

betook′ [bi′tuk] betake 的过去式.

betray′ [bi′trei] *vt.* ①背叛,出卖 ②辜负 ③泄露〔漏〕,暴露,显示,表现. *betray oneself* 暴露原来面目,原形毕露.

betray′al *n.* 背叛,变节,出卖.

betray′er *n.* 背叛(出卖,背信)者.

betrunk stream 断尾河.

bet′ter [′betə] Ⅰ *a.*; *ad.* (good, well 的比较级) ①较好的,更好(多)的,大半的 ②更好(些),超过,更(加,多),宁可. Ⅱ *v.* ①改良(善) ②胜(超)过. Ⅲ *n.* 较好的事物(条件),较优者. ▲*all the better* 更(加)好,更合适,更加,愈. *be better off* 更富裕,境况更好. *be the better for it* 因此反而(更)好. *better still* 就更好了,更好是. *better than nothing* 比什么都没有要强,聊胜于无. *for better for* 〔*or*〕*worse* 不论好环,不管怎么样. *for the better* 好转,改善. *get better* 改善. *get the better of* 胜过,克服,超出. *had better* + *inf.* 最好还是(做),以(做)为好,还是(做)好. *little better than* (几乎和)…一样,与…(几乎)没有差别. *no better than* 和…一样,简直是,只能是,实际(几乎)等于. *not better than* (并)不比…好,顶多不过是. *so much the better* 更好,这样就更好了. *the better part of…* 的一大半〔主要部分〕,大部分.

bet′terment [′betəmənt] *n.* 改善〔良,进,正〕,修缮和扩建, (pl.) 修缮经费.

bet′termost [′betəmoust] *a.* 最好的,大部分的.

betulin *n.* 桦木醇.

betulinol *n.* 桦木醇.

between′ [bi′twi:n] *prep.*; *ad.*; *n.* ①在…之间,介

于 ②当中，中间 ③为…所共有，由于…共同作用的结果. *between product* 中间产品. *between wind and water* 在吃水线(船的干湿两部间)，船体水线附近. *choose between the two* 两者择其一. *Values between may be found by proportion.* 中间各数值可按比例求出. *The two monomers give up two hydrogen atoms and one oxygen atom between them.* 这两个单体共同给出两个氢原子和一个氧原子. ▲(*be*) (*few and*) *far between* 极少，稀少. *between ourselves* [*you and me*] 只限于咱俩之间(不得外传). *between times* 时而，时时. *in between* 位于其间，每间隔，在…期间.

between-decks n. 甲板间，二层舱.
between-group variance 群间方差.
betweentimes 或 **betweenwhiles** ad. 有时，间或.
betwixt' [bi'twikst] prep. ; ad. = between. ▲ *betwixt and between* 在中间，模棱两可，两可之间的.
BEV =①bevatron ②bevel.
Bev = billion electron volts (美，法)京[千兆，十亿，10^9]电子伏.
bevalac = bevatron linear accelerator 贝伐加速器(的)直线加速器.
bev'atron ['bevətrɔn] n. 贝伐加速器，高能质子同步稳相加速器(高功率)质子回旋加速器.
bev'el ['bevəl] I n. ①斜角[面，齿，切边]，削面，边，棱 ②倾斜，斜削[截]，削平 ③斜[量]角规，万能角尺，歪角曲尺 ④伞齿轮. I a. 斜的，倾斜的，斜削的. *bevel angle* 坡口角度，斜角. *bevel arm piece* 斜三通管. *bevel drive* 伞齿轮传动. *bevel gauge* 斜角尺. *bevel gear* 斜齿轮，伞形[锥形，圆锥]齿轮，斜轮联动汽，锥形齿轮传动. *bevel lead* 斜导程，导线. *bevel protractor* 斜(活动)[量]角规，万能角尺. *bevel seat valve* 斜座阀，角阀，斜面密封阀. *bevel siding* 互搭[披叠]板壁. *bevel square* 斜[量]角规，分度规. *bevel wheel* 伞齿轮，斜齿擦轮. *bevel wheel drill* 角钻，锥形德钻. *combination bevel* 组合量角规，万能测角器. *double bevel* 双斜式，K形[双面]坡口. *universal bevel* 自由斜角(规)[量角规]. Ⅱ (*bev'el(l)ed; bev'el(l)ing*) vt. ①斜削[截]，对切，切削成锐角 ②削平 ③(弄)倾)斜，(使)成斜角，做成斜边，修成倾斜. *bevelled halving* 斜削扭接. *bevelled washer* 楔形螺栓垫圈，斜垫圈.
beveler n. 倒角机.
bev'el(l)ing ['bevlin] n. ; a. 斜切(削，视，面)，倾(偏)斜，做成斜边，倒斜角，斜棱法. *beveling (of the edge)* 坡口(加工). *beveling post* 磨角器. *bevelling radius* 弯曲半径. *corner beveling* 圆弯(波导管).
bev'elment n. 斜(切)削，削平.
bev'erage ['bevəridʒ] n. 饮料. *beverage bottle* 酒[饮料]瓶.
Beverage antenna 贝弗莱日天线，行波天线，由平行水平长线组成的定向天线.
Bev-range n. 千兆[十亿]电子伏(特)量级.
beware' [bi'wεə] v. 当心，注意，提[谨慎]防(*of*).
bewel n. 挠曲，预留曲度(抵消翘曲的挠曲).
bewil'der [bi'wildə] vt. 使迷惑[糊涂，看慌，为难].
　～**ment** n.

bewilderingly ad. 使人手足无措地，迷惑人地.
BEX = bill of exchange 汇票.
beyerite n. 碳酸钙铋矿.
beyond' [bi'jɔnd] I prep. ①超过 ②超出，在…以上 ②出于…之外，不能(难以，无法，毫无)… ③离…以外，在…的那边 ④除…以外. Ⅱ ad. 在那处，在[向]远处[以外，此外]，再往前. Ⅲ n. 远处. *a mile beyond the town* 离城一英里以外. *go beyond* 超过. *pass beyond* 越过，通过，超过. *stretch as far as the horizon and beyond* 一直伸展到地平线以外. ▲(*be*) *beyond* (*all*) *question* 毫无问(地)，的确，一定，当然. (*be*) *beyond comparison* 无比的，无双的. (*be*) *beyond control* 不能操纵，无法控制，无能为力. (*be*) *beyond doubt* 无疑(地). (*be*) *beyond example* 空前的. (*be*) *beyond measure* 极，过度，非常. (*be*) *beyond the scope of* 超出…范围，力量达不到. (*be*) *beyond the reach of* 为…力量[能力]所不及. *beyond all else* 比什么都. *beyond all things* 第一，首先. *beyond compare* 无与伦比. *beyond one's power* 是…力所不及的. *beyond the sea*(*s*)在 海外[国外]. *from beyond the seas* 从海外[国外]. *It's beyond me.* 我不能理解. *the back of beyond* 极远的地方，天涯海角.
beyond-the-horizon propagation 超视距[超越地平线]传播.
bez'el ['bezl] n. ①仪表前盖, (仪表的)玻璃框，嵌装玻璃的沟缘，企口 ②(荧光)屏，挡板 ③遮光板，聚光圈 ④凿的刃角，宝石的斜面.
BF =①back-feed 反馈 ② band-pass filter 带通滤波器 ③ base frequency 基频 ④ base fuse 弹底引信 ⑤ beat frequency 拍(差)频 ⑥ blank flange 盲板法兰 ⑦ board foot 板英尺 ⑧ boiler feed 锅炉给水 ⑨ both faces 两面 ⑩ bottom face 底面 ⑪ frequency band 频率带.
B/F 或 **bf** = brought forward【会计】结转，承上页，前页滚结，转入下页.
bf = boldface【印】黑体，粗体.
b&f = bell and flange 承口和凸缘.
BFL = back focal length 后焦距.
BFO = beat-frequency oscillator 拍(差)频振荡器. *BFO Ref. signal* 拍频振荡器基准信号.
BFP = boiler feed pump 锅炉给水泵.
bfr = buffer amplifier 缓冲器，消声器.
BFW = boiler feed water 锅炉给水.
BG = ①bag 口袋 ②back gear 倒档[后行传动]齿轮 ③bevel gear 锥(伞)齿轮 ④Birmingham gauge 伯明翰线规 ⑤ blast gauge 鼓风计，射流计 ⑥ blood group 血型 ⑦breeding gain 核燃料剩余再生系数(再生系数效1) ⑧butylene glycol 丁二醇.
Bg = ①bearing 方位(角)，轴承 ②broad gauge 宽轨距.
BGDN = butylene glycol dinitrate 丁二醇二硝酸酯.
BGG = booster gas generator 助推器燃气发生器.
bgl = below ground level 地平以下，基级以下.
BGMA = British Gear Manufacturers Association 英国齿轮制造商协会.
BH = ①blockhouse 地堡 ②boiler house 锅炉房 ③brain hormone 脑激素 ④Brinell hardness 布氏硬度 ⑤by hand 抄交，手交.

B-H curve 磁化曲线，B-H 曲线.
B/H loop 磁滞曲线，磁滞环，B-H 回线.
BHA =bleed hose assembly 放气软管装置.
Bhabha scattering 巴巴散射.
bhang [bæŋ] n. 大麻.
BHC =①ballistic height correction 弹道高修正量 ②borehole compensated sonic log 井眼补偿声波测井.
bhc =benzene hexachloride 六氯化苯，六六六.
BHD =bulkhead 舱壁，隔板.
BHET =bis hydroxyethyl terephthalate 对苯二甲酸乙二醇酯.
bhfx =broach fixture 拉刀夹具.
BHN 或 Bhn =Brinell hardness number 布氏硬度(数).
BHNo =Brinell hardness number 布氏硬度(数).
BHP 或 Bhp =①boiler horsepower 锅炉马力 ②brake horsepower 制动马力〔功率〕③British horsepower 英制马力.
Bhp-hr =brake horsepower-hour(s)制动马力-小时.
BHRA =British Hydromechanics Research Association 英国流体力学研究协会.
BHT =bottom hole temperature 井底温度.
BHTV =borehole televiewer 井下电视.
Bhutan′ [buːˈtɑːn] n. 不丹.
B/I =battery inverter 蓄电池变流〔压〕器.
Bi =①Biot 毕奥(电流单位) ②bismuth 铋.
bi- 〔词头〕双，两，二，重.
biabsor′**ption** [baiəbˈsɔːpʃən] n. 双吸收.
biacetyl n. 双乙酰.
biacidic base 二(酸)价碱.
biacuminate a. 两尖的，有两尖瓣的.
bialite n. 镁磷钙铝石.
bialkali photocathode 双碱光电阴极.
bian′**gular** [baiˈæŋɡjulə] a. 有二角的，双角的.
bian′**nual** [baiˈænjuəl] Ⅰ a. 一年二次的，半年一次的. Ⅱ n. 半年刊，一年两度出版物. ～ly ad.
BIAPS =battery inverter accessory power supply 蓄电池变流器附属动力源.
bi′**as** [ˈbaiəs] Ⅰ n. ①偏(离，移，置，倚，值，频，压，流，差，向，见)，位移，倾向(性)，倾斜 ②偏压〔流，航，倚，磁〕，栅偏压 ③斜线〔纹〕，歪圆形. Ⅱ a. 偏的，斜的. Ⅲ (bias(s)-ed; bias(s)ing) vt. ①使偏(重)，使倾向(一方)，使…有偏差 ②加偏压〔到〕. *back bias* 回授偏压，反馈偏压. *bias bell* 偏动电铃. *bias box* 偏压〔偏置〕器. *bias cell* 偏(流)电池，栅偏压电池组. *bias check* (=marginal check)边缘检验，偏压校验. *bias circuit* (栅)偏压电路. *bias crosstalk* (磁带录音的)偏磁串扰. *bias current* 偏(压电)流，栅流. *bias cutter* 斜切机. *bias distortion* 偏流畸变，偏置畸变，偏移(引起)失真. *bias error* 系统〔固有，偏值〕误差. *bias head* 偏置磁头. *bias light* 背景〔衬托〕光. *bias lighting* 偏置〔背景〕光，(照相)跑光. *bias meter* 本底〔背景，衬底〕照明. *bias meter* 偏畸度计，偏流表. *bias pulse* 偏压脉冲. *bias rectifier* 偏压整流器. *bias set frequency* 磁偏频率. *bias test* 边缘试验〔校验〕. *bias torque* 偏转力矩. *bias trap* 偏磁陷波器. *bias tube* 偏压管. *bias winding* 偏压线圈，偏置绕组，辅助磁化线圈. *heater bias* 灯丝偏压. *negative*〔*positive*〕*bias* 负〔正〕偏压. *supersonic bias* (录音)超声偏振. *zero-initial bias* 零起始偏压. *zinc bias* 负偏压. ▲*be bias*(*s*)*ed against* 对…有偏见. *be under bias towards* 有…的倾向，偏于，对…有一有偏见. *bias … into* 加偏压使…进入. *bias off* 偏置截止. *cut on the bias* 斜切〔裁〕. *have bias towards* 有…的倾向，偏于，对…有偏见.
bi′**as(s)ed** a. ①(有，加)偏压(的)，附加励磁的 ②偏置〔斜，倚〕的，移动的，位移的 ③有偏见的，*a biased view* 偏见. *biased blocking oscillator* 偏压间歇(式)振荡器. *biased flip-flop* 不对称触发电路. *biased induction* 偏磁感应. *biased multivibrator* 截止(偏置，闭锁)多谐振荡器. *biased relay* 极化(带制动的)继电器.
biased-rectifier amplifier 偏置(偏压)整流放大器.
bi′**as(s)ing** [ˈbaiəsiŋ] n. ①偏(置)，位移 ②偏压，加偏压(偏流) ③偏磁，附加励磁，磁化. *biasing capaci-tance* 偏压旁路电容. *biasing impedance* 偏置阻抗. *biasing voltage* 偏压.
bias-off n. 偏置截止，加偏压使截止.
bias-temperature treatment 偏压-温度处理.
biasteric a. 双星体的.
bias-voltage control (栅)偏压调整(控制).
biatom′**ic** a. 二〔双〕原子的，二酸价的，双酸的. *biatomic acid* 二价酸.
biauric′**ular** [baiɔːˈrikjulə] a. 两(双)耳的.
biaurite n. 有两耳的.
biax a. 双轴的. *biax (magnetic) element* 双轴(磁芯)元件. *biax memory* 双轴磁芯存贮器.
biax′**ial** [baiˈæksiəl] a. 【光】二〔双〕轴的. *biaxial crystal* 二〔双〕轴晶体.
biaxial′**ity** n. 二〔双〕轴性.
BIB =bibliographies 文献目录.
biba′**sic** [baiˈbeisik] a. 二元的，二代的，二盐基性的，二碱(价)的. *bibasic acid* 二碱(价)酸.
bib(b) [bib] n. 活门，龙头，弯管旋塞，活塞.
bib′**bley-rock** n. 砾(石)岩.
bib′**cock** [ˈbibkɔk] n. (小水)龙头，弯嘴旋塞，活塞(门).
bibelot n. 微型书，寸半本之类的特小图书.
bibeveled a. 双斜面的，两边斜面的.
BIBL =bibliography 参考文献，书目.
Bi′**ble** [ˈbaibl] n. 圣经. **bib**′**lical** a.
bib′**lio-** 〔词头〕书籍.
biblio- =bibliography 参考书目，书目，文献目录，著作目录.
bib′**liofilm** [ˈbibliəufilm] n. 拍摄书页用显微胶片，图书显微软片.
bibliog′**rapher** n. 目录学家，书目编纂者.
bibliograph′**ic(al)** [ˌbibliəuˈɡræfik(əl)] a. 书目(提要)的，书刊提要〔介绍〕的. ▽毗目录的.
bibliog′**raphy** [bibliˈɔɡrəfi] n. ①书刊目录(提要，评述，介绍)，参考书目(文献，史料)，著作目录，书目(提要)，书目汇 ②书志(文献，目录)学.
bibliol′**ogy** n. 图书学.
bibliom′**eter** n. 吸水性能测定仪.
bibliopole n. 珍籍商，珍本书商.

bibliothe′ca [bibliou'θi:kə] n. 图书馆,藏书室,藏书(目录),文库,书且.
bibliotic [bibli'ɔtik] a. 笔迹〔文件真伪〕鉴定学的.
bibliotics n. 笔迹〔文件真伪〕鉴定学.
bibromide n. 二溴化物.
bib′ulous ['bibjuləs] a. 吸水的,(高度)吸收性的,好饮的. *bibulous paper* 吸水〔墨〕纸,滤纸.
bicalcrate a. 二距的.
bicam′era n. 双镜头摄影机.
bicam′eral [bai'kæmərəl] a. 双房的,(有)二室的,两院制的,有两个议院的.
bicap′itate a. 二头的.
bicarb′ n. 碳酸氢钠,小苏打.
bicar′bonate [bai'kɑ:bənit] n. 碳酸氢盐,重〔酸式〕碳酸盐. *bicarbonate of soda* 或 *sodium bicarbonate* 碳酸氢钠,小苏打.
bicar′diogram n. 双心电图.
bicathode tube 双阴极管.
bicaudal a. 二距的.
bicaudate a. 双尾的.
bicausal′ity n. 双重因果关系.
bicavitary n. 两腔的.
bice [bais] n. 蓝色(颜料);绿色(颜料).
bicel′lular a. 两细胞的.
bicente′nary [baisen'ti:nəri] 或 **bicenten′nial** n.; a. 二百周年(纪念)(的).
BICEP (美国通用电气公司的)过程控制用语言.
bi′ceps ['baiseps] I n. 二头肌,臂力. II a. 双头的.
biceptor n. 双受体.
bicharacteris′tics n. 双特征(式,性).
bi′chlo′ride ['bai'klɔ:raid] n. 二氯化(合)物. *bichloride of mercury* (二)氯化汞,升汞.
bichro′mate ['bai'kroumit] n. 重铬酸盐. *bichromate cell* 重铬酸(盐)电池.
bichromatic a. 二色性的,双色的.
bichrome n. 两色的. n. 重铬酸盐(钾).
bicilliate a. 两鞭毛的.
bicip′ital [bai'sipitəl] a. (有)二头的,二头肌的.
bicir′cular [bai'sə:kjulə] a. 二(重)圆的. *bicircular quartic* 重(虚)圆点四次线. *bicircular surface* 四次圆纹曲面.
bicir′culating n.; a. 双重循环的,偶环流的,偶极流. *bicirculating motion* 偶环〔极〕流运动.
bicircula′tion n. 偶环流.
bick-iron n. 双嘴丁字形砧,铁站.
bicolorim′eter n. 双色(简)比色计.
bicolorimet′ric a. 双色比色的.
bicommutant n. 对换位阵.
bicom′pact a. 〔数〕(重)紧(致)的.
bicomplemen′tary set 〔数〕互余集(合).
bi-component a. 双组份.
bicon′cave [bai'kɔnkeiv] a. 两面凹的,双凹面的.
biconditional a. 双条件的. *biconditional gate* 【计】"同"门,双同(条件)门,恒等门,异"或非"门. *biconditional statement* 双态语句.
bicon′ic(al) [bai'kɔnik(əl)] a. 双锥(形)的.
bicontin′uous a. 双连续的.
bicon′vex [bai'kɔnveks] a. 两面凸的,双面凸的.
bicorn ['baikɔ:n] a. 双角的,新月形的.
bicornate a. 双角的,有两角的.
bicornous a. 两角的.
bicornuate a. 双角的,有两角的.
bicor′porate a. 双体的,双身的.
bicrofarad n. 10^{-9} 法(拉),毫微法(拉).
bi′cron ['baikrɔn] n. 10^{-9} 米,毫微米,mμ.
bicrural a. 两腿的,两脚的.
bicrys′tal [bai'kristəl] n. 双晶(体).
bicu′bic a. 双三次的.
bi′cycle ['baisikl] n.; vi. (骑)自行车. *bicycle tube* 自行车内胎.
bicy′clic [bai'saiklik] a. 二环的,两圈的,两个轮子的,自行车的.
bicyclo- (词头) 二(两)环.
bicyl′inder n. 双圆柱,双柱面透镜.
bi′cylin′drical ['baisi'lindrikəl] a. 双圆柱的,双柱状的.
b. i. d. = *bis in die* 每日两次.
bid [bid] (*bade*, *bid′den*) v.; n. ①出(报,喊)价,投标,出价(投标)数目 ②吩咐,命令,祝,表示 ③努力,尝试,企图. *bid M good-bye* 〔*farewell*〕向 M 告别. *bid price* 标价. *bid welcome to* 欢迎. ▲*bid fair to* 有…希望〔可能〕. *bid for* 〔*on*〕求包(工程),投标争取…的营造权,求…后援. *bid up* 哄抬(价钱). *make a bid for* 投标争取…的营造权,企图获得.
BIDAP = bibliographic data processing program 文献数据处理程序.
bid′den ['bidn] bid 的过去分词.
bid′der ['bidə] n. 出价人,投标者.
biddiblack n. 比地黑(一种天然颜料).
bid′ding ['bidiŋ] n. ①出(喊)价,投标 ②命令,吩咐 ③招待,公告. *bidding sheet* 标(价)单. ▲*at M's bidding* 按 M 的命令(吩咐). *do one's bidding* 照命令做,照办.
bide [baid] (*bi′ded* 或 *bode*, *bi′ded*) v. 等待. ▲*bide by* 守,固持. *bide one's time* 等机会,等待时机.
bid′ematron ['bidəmətrɔn] = beam injection distributed
emission magnetron amplifier 电子束注入分配放射磁控管放大器,毕代马答.
Bidery metal 白合金(锌 88.5%,其余铅和铜).
bidet [bi'dei] 〔法语〕n. 坐浴盆.
bidiagonal matrix 两(双)对角线的.
bidigital a. 两指(趾)的.
bidirec′tional [baidi'rekʃənl] a. 双向(作用)的.
bidous a. 持续两天的.
bieberite n. 赤矾,钴矾.
bielectrol′ysis [baiilek'trɔlisis] n. 双极电解.
Bieler-Watson method 比勒-沃森(电磁勘探)法.
biellip′tic(al) a. 双椭圆的.
bielliptic′ity n. 双椭圆率.
biennale [bien'nɑ:le] 〔法语〕n. 两年发生一次的事物.
bien′nial [bai'eniəl] I a. 二年一次的,每二年的,双年度的,二年生的. II n. ①二年生植物,二年一次的事 ②隔年出版物,双年刊. *biennial plant* 二年生植物.

bien'nially *ad.* 两年一次地,一连两年地.
bien'nium [bai'eniəm] *n.* 二年间,两年的时期.
biface *n.* 双界面.
bifa'cial [bai'feiʃəl] *a.* 两面一样的,双面的.
bifar'ious [bai'fɛəriəs] *a.* 二重的,两列的.
biferrocenyl *n.* 联二茂铁.
bifet *n.* 双极-场化(混合)晶体管.
bi'fid ['baifid] *a.* 叉形的,两(分)叉的,对(二)裂的,裂成两半的,二分的,两岔的.
bifi'lar [bai'failə] *a.* 双线(股,向,绕,层)的,双(灯)丝的. *bifilar choke* 双绕(无感)线圈(扼流圈). *bifilar helix* 双螺旋线. *bifilar secondary* 双股副线图. *bifilar suspension* 双线悬挂. *bifilar transformer* 双(线)绕变压器. *bifilar winding* 双线(无感)绕法(绕组),双线(股)(无感)线圈.
bifilar-wound transformer 双(线)绕变压器.
bifistular *a.* (有)两管的.
biflagellate *a.* 双鞭毛的.
biflaker *n.* 高速开卷机.
biflecnode *n.* 【数】双拐结点.
bifluoride *n.* 二氯化合物.
bi'fo'cal ['bai'foukəl] *a.*;*n.* ①两(双)焦点的,远近两用的(望远镜) ②双焦点透镜,(pl.)双光眼镜.
bifo'cus *n.* 双焦点.
bifo'lium *n.* 双叶,双薄层片.
biforate *a.* 双孔的.
bi'form ['baifɔ:m] *a.* 有两形的,两体的,把两种不同物体的性质,特征合在一起的.
biformin *n.* 双形萆素,二形多孔菌素.
bifor'mity *n.* 二形(性).
bi-frequency *n.* 双频(率).
bifuel system 双(二元)燃料系统.
bifumarate *n.* 富码酸氢盐(酯).
bifunctional molecule 二官能分子.
bi'furcate ['baifəːkeit] *v.*;*a.* (二)分叉(的),分枝(的),叉状的,分为二支(的),分路. *bifurcated chute* 分叉斜槽. *bifurcated contact* 双叉触点,双叉插接口,双叉触点簧片. *bifurcated line* 分叉线路. *bifurcated rivet* 开口(可分叉的)铆钉.
bifurcated-rivet wire 开口铆钉用钢丝.
bifurca'tion *n.* ①分歧(点),分枝(点),分叉(点),分枝.分向二边,【计】两歧(两异)状态,双态 ②分流(现象),双叉口(管),河道分叉口.
bifurcator *n.* 二分叉器,二分枝器.
big [big] (*big'ger*, *big'gest*) *a.* (巨)大的,重要(大)的. *ad.* 大量(大)地,宽广地,成功地. *Big Bird satellite* "大鸟"卫星(美国的一种侦察卫星). *big close-up* (close shot) 大特写镜头,大特写 大端(指环绕曲柄销的连杆端). *Big European Bubble chamber* 欧洲大泡室. *big head* 大头病,大骨头病. *big inch line* (pipe) 大直径管线(管路). *big mill* 粗轧机,开坯机. ~ *as big as life* 与原物一般大小. (*be*) *big on* 对…狂热(偏爱). *talk big* 说大话,吹牛,自吹自擂.
big-bang cosmology 大爆炸宇宙论.
big-character poster 大字报.
bigem'inal [bai'dʒeminəl] *a.* 成对的,二联的,双重的,二孪生的.
bigem'iny [bai'dʒemini] *n.* 二联(律),成对出现.

big-end *n.*;*a.* 大端(的).
big-end-down *a.* 上小下大的.
big-end-up *a.* 上大下小的.
bigener *n.* 属间杂种.
biger'minal *a.* 双胚的,双卵的.
BIG-FET = (hybrid structure of) bipolar transistor and isolated-gate field-effect transistor 双极(晶体)管和绝缘栅场效应(晶体)管混合结构.
big'ger ['bigə] *a.* big 的比较级.
big'gest ['bigist] *a.* big 的最高级.
biggish *a.* 相当大的,比较大的.
bight [bait] *n.* ①弯曲,曲(回)线,盘索,线束,凹 ② 绳环,索眼 ③小(海)湾,新月湾,开展海湾.
bigit *n.* 二进位,位.
big'ot ['bigət] *n.* 执拗的人,顽固分子,抱偏见的人.
big'oted ['bigətid] *a.* 顽固(不化)的,执迷不悟的.
big'otry ['bigətri] *n.* 固执,顽固.
bigraded group 双重分次的群.
bi-gradient microphone 双压差传声器.
bi'grid *n.*;*a.* 双栅极(的).
big-screen receiver 大(宽)屏(幕)电视接收机.
big-ticket *a.* 高价的.
big-time *a.* (一种职业之水平、地位等方面)最高一级.
biguanide *n.* 双缩胍.
big-vein *n.* 巨脉病.
bigwoodite *n.* 钠长微斜正长岩.
biharmon'ic *a.* 双调和的,双谐(波)的. *biharmonic equation* 重调方程.
bihole *n.* 双空穴.
BIIE = British Instrument Industries Exhibition 英国仪表工业展览会.
bijou ['biːʒuː] I. *n.* 宝石,珠宝. II. *a.* 小巧玲珑的.
bike [baik] *n.*,*vi.* (骑)自行(摩托)车.
BIL = ①basic impulse level 基本脉冲电平 ②basic insulation level 绝缘基本冲击耐压水平 ③billion 十亿 ④bulk items list 散装货物清单.
bilamellar *a.* 两片的.
bilaminar *a.* 二层的,两板的.
bilanz *n.* 平衡.
bilat'eral [bai'lætərəl] *a.* ①双向(通,边,侧)的,双向作用的 ②两面(侧)的,对向(称)的,左右均一(对称)的 ③交会的. *bilateral agreement* 双边协定. *bilateral circuit* 双向(双边,可逆,对称)电路. *bilateral element* 双通电路(双向作用)元件. *bilateral spotting* 交会观测法. *bilateral switching* 双向转换,双通开关. *bilateral talks* 双边会谈. *bilateral treaty* 双边条约. ~*ly ad.*
bilateral-area track 双边面积调制声道.
bilat'eralism [bai'lætərəlizm] *n.* 两侧对称性.
bilay'er *n.* 双分子层.
Bilbao [bil'baːou] *n.* 毕尔巴鄂(西班牙港口).
bile [bail] *n.* ①胆汁 ②愤怒.
bilec'tion *n.* 凸出嵌线.
bile-cyst *n.* 胆囊.
bilepton *n.* 双轻子.
bilevel *a.* 双电平的.
bi-level *n.* (室内地平略低于室外的)两层平房.
bilge [bildʒ] *n.*;*v.* ①舱底,舱底破漏,(桶等的)中

腹,鼓胀,凸出 ②弯〔凸,横,垂,拱〕度,矢高. *bilge trus shoop* 舱底中间襟〔轴环,箍夹〕. *bilge water* 舱底污〔漏〕水. *bulge water alarm* 漏水警报器.

bilge-pump n. 舱底污水泵.
bilharzia n. 血吸虫属,裂体虫属.
bilharzial a. 血吸虫的.
bilharzi'asis [bilhɑ:'zaiəsis] n. 血吸虫病,裂体吸虫病.
bilharzic a. (住)血吸虫的.
bili- 〔词头〕胆汁.
bil'iary a. 胆汁的,胆的.
bilicyanin n. 胆青素.
bilifuscin n. 胆褐素.
bilin'ear [bai'liniə] a. 双直线的,双线性的,双一次性的.
bilinear'ity n. 双线性.
bilineurine n. 胆碱.
bilin'gual [bai'liŋgwəl] a. 两种语言的,两种文字(对照)的.
bilinite n. 复铁矾.
biliproteins n. 胆质蛋白,光合辅助色素.
bilipurpurin n. 胆紫素.
bilirubin n. 胆红素.
bilirubinoid n. 类胆红素.
bilit'eral [bai'litərəl] a. 二字(母)的,由二字〔两个字母〕构成的.
bilithic filter 双片式滤波器.
biliverdin n. 胆绿素.
bill [bil] I n. ①(清,账,凭,报,传,节目)单(报)表,细目,招贴 ②票据,(支,汇,钞,发)票,证书(券),议(法)案 ③(鸟)喙 ④(尖,端),锚爪,钩刀(镰),嘴状岬. II vt. 填报,填表,撒传单,贴广告,通告,宣布. *air-way bill* 空运提单. *bill at sight* 见票即时的汇单. *bill of credit* 取款凭单,付款通知书. *bill of entry* 入港呈报税单,报税通知单. *bill of exchange* 汇票. *bill of health* (船只)检疫证书. *bill of lading* 运货证书,提单,提货(凭)单(略作 B/L). *bill of materials* 材料表(清单). *bill of parcels* 发票,货单. *bill of properties* 初步估计,建筑工程清单. *blank bill* 空白票据. *block bill* 宽刀口的斧. *original* [*duplicate*, *through*] *bills of lading* 正本〔副本,联运〕提单. *to fill* [*fit*] *the bill* 适合〔符合〕要求,满足需要,解决问题. *Post no bills*! 禁止招贴!

bill'board n. 广告牌,锚床. *billboard antenna* 横列定向天线. *billboard array* 横列定向天线阵,平面反射器同相多振子天线.
bill'book n. 支票簿.
bill'collec'tor n. 收账员.
bill'er ['bilə] n. 会计,票据(会计)机.
bill'let ['bilit] n. (钢)(方)坯,(金属)坯锭,短条(锭),棒料 ②错齿销 ③字条,通告 ④部队宿舍,职位,工作. *billet mill* 钢坯轧机. *billet necking* 钢坯切口. *billet unloader* 钢坯卸料机. *conditioned billet* 清理过表面(缺陷)的坯料. *extrusion billet* 挤压方坯,挤压条. *solid billet* 整杠坯. *steel billet* 钢坯.
billeteer n. 粗加工机床,钢坯剥皮机.
bill'fish n. 旗鱼.
bill'head n. (印有企业名称、地址的)空白单据.

billi n. 千兆〔十亿〕分之一,忽,毫微, 10^{-9}.
Billi capacitor 管状精(微)调电容器.
bil'liard ['biljəd] I a. 台球的. n. (pl.)台球. *billiard room* 弹子房.
billiard-ball collision 弹性碰撞.
billibit n. 十亿位,千兆位, 10^9 位(比特).
billi-condenser n. 管状精(微)调电容器.
bill'cycle n. 千兆周, 10^9 周.
billietite n. (金)黄钡轴矿.
bill'ing ['biliŋ] n. 记账,编制帐单. *billing machine* 会计机,填(造)表机,票据(计算)机.
bil'lion ['biljən] n. ①(美,法)京,千兆,十亿, 10^9 ②(英,德)垓,兆兆,万亿, 10^{12} ③无数. *billion electron-volts* 十亿(千兆,京)电子伏(BeV). ▲*billions of* 亿万个.
billionaire n. 亿万富翁.
bil'lionth ['biljənθ] n.; a. (美,法)第十亿(的),十亿分之一(的);(英,德)第一万亿(的),一万亿分之一(的).
bil'lisecond (=nanosecond) n. 毫微秒, 10^{-9} 秒,十亿分之一秒.
billon n. 金(银)与其它金属的合金.
bil'low ['bilou] I n. 巨浪,波涛. II v. 起大浪,汹涌,翻腾.
bil'lowing n. 波浪形.
bil'lowy ['biloui] a. 汹涌的,巨浪(般)的.
bilo'bate [bai'loubeit] a. 二叶的,二裂的,有二裂片的.
bilob'ular [bai'lɔbjələ] a. 二小叶的.
bilo'cal a. 双定域的.
bilog'ical a. 双逻辑的.
bilux bulb 双灯丝灯泡.
BIM = ①beginning of information marker 信息开始标志 ②blade inspection method 叶片检验方法.
bimag N. (带绕)磁心.
bimalar a. 两颊的.
bimaleate n. 马来酸氢盐(酯).
bimalonate n. 丙二酸氢盐(酯).
biman'ous a. (有)双手的.
biman'ual [bai'mænjuəl] a. (须)用两手的,双手的.
biman'ualness n. 双手操作.
bim'atron ['bimətrɔn] =beam injection magnetron 电子束注入磁控放大管,毕玛管.
bimes'ter [bai'mestə] n. 两月(期),两个月的时间.
bimes'trial a. 持续两个月的,两月一次的.
bi'(-)met'al ['bai'metl] n. 双金属(片),复合钢材. *bimetal sheet* 双金属板(片). *bimetal time-delay relay* 双金属片延时继电器.
bi(-)metal'lic [baimi'tælik] a. 双(二)金属的. *bimetallic standard* (货币)复本位制. *bimetallic strip* 双层金属片(带,条). *bimetallic strip gauge* 双金属带规. *bimetallic strip relay* 双金属片继电器.
bimirror n. 双镜.
bimo'dal [bai'moudl] a. 双峰(态,模)的. *bimodal distribution* 【统计】双峰分布.
bimolec'ular a. 双分子的.
bimo'ment [bai'moumənt] n. 双力矩,(弯曲-扭曲)复合力矩.

bi'month'ly ['bai'mʌnθli] *a.*; *ad.*; *n.* ①两月一次(的),隔月(的) ②一月两次(的) ③双月刊 ④半月刊.

bimorph ['baimɔːf] *n.* 双压电晶片(一种压敏电阻器件),双晶,双层. *bimorph cell* 双层晶体元件. *bimorph crystal* 耦合[耦联,双层,振荡相互补偿]晶体. *bimorph memory cell* 双态存储元件.

bi-motor *n.* 双发动机.

bimotored *a.* 装有两台发动机的,双马达的.

bin [bin] *n.* ①储存斗[器],贮藏室,仓室,箱,库 ②料箱[斗,盒,架,柜],组件屉,期刊架,器材架上之分门,接收器 ③活套坑,斜坡道 ④精神病院. *bin feeder* 仓式进料器. *bin hangup(s)* 料斗阻塞(物). *feed bin* 进料仓. *proportioning bin* 配给仓.

bina *n.* 坚硬粘土岩.

BINAC 或 **binac** ['bainæk] = binary automatic computer 二进制自动计算机.

bin'angle ['binæŋgl] I *n.* 双角器. II *a.* 二角的.

binant electrometer 双(象)限静电计.

binaphthyl *n.* 联萘.

binariants *n.* 双变式.

binaries *n.* 【天】双星.

binarite *n.* 白铁矿.

bi'nary ['bainəri] *a.*; *n.* ①二、双、复、双[复]体、双[联]星 ②二做的、二元素的,二进的,双态的,二部组成的,两等分的,二均分的,二分量(变量)的,二进制(位)的,有二自由度的. *binary acid* 二元酸. *binary alloy* 二元合金. *binary bit* 二进位. *binary cell* 二进位单元,二进制位的器件. *binary channels* 二进信道,双信道,双波(通)道. *binary circuit* 双稳态电路. *binary code* 二进制(代)码. *binary code decimal representation* 十进制数的二进制代码的表示(法). *binary computer* 二进制计算机. *binary condition* 双值条件. *binary decision* 双择判定. *binary decision tree* 二元判定树. *binary deck* 二进制穿孔片组. *binary element* 双值[二位]元件,二进位单元,两种状态的器件,二进制元素[元件]. *binary engine* 双元(燃料)发动机. *binary equivalent* 等效二进制位数. *binary fission cross-section* 二分(核)裂变截面. *binary galaxy* 双重星系. *binary logic element* 双(稳)态[双值]逻辑元件. *binary logic module* 二进逻辑微型组件. *binary minus* 二目减(算符). *binary node* 二枝节点. *binary number* 以二进位表示的数目,二进信息,二进(位)数字. *binary number system* 二进(元)制. *binary-octal* 二-八进制. *binary one* 二进制的"1". *binary operator* 二目算符. *binary pair* [flip-flop] 二进制触发器. *binary radio pulsar* 脉冲射电双星. *binary scale* 二进标度,二进制记数法. *binary scaler* 二进位换算电路,二进制计数器,二进定标器,二进制标度. *binary search* 对分[二分法]检索,折半查找. *binary semaphore* 二元信号灯. *binary signalling* 双态[二进制]通信,二进制信息传送,数据通信. *binary sum* 模 2 和. *binary synchronous communication* 双同步通信. *binary system* [scale] 二元系,二进制. *binary thermodiffusion factor* 双元素热扩散系数. *binary tree* 二叉树.

binary-analog conversion 二进制-模拟转换.

binary-code character 二进制码[二进化]字符.

binary-coded *a.* 二进制编码的. *binary-coded decimal* 二-十进制(编)码(法),二进制编码的十进制,编为二进制的十进制,二-十进制(记数法). *binary-coded octal* 二-八进制码,二进制编码的八进制. *binary-coded phase-modulated radar transmission* 二进码调相雷达传输.

binary-decade counter 二-十进制记数器.

binary-decimal conversion 二-十进制转换.

binary-multiplier *n.* 二进乘法器.

binary-number system 二进数制.

binary-state variable 二值变量,双态变量.

binary-to-analog converter 二进制-模拟转换器.

binary-to-decimal converter 二进制-十进制转换器.

binary-to-Gray converter 二进码-格雷码变换器.

binary-to-octal conversion 二-八进制变换.

binary-weighted ramp generation 加权二进制斜波发生.

binate I *vt.* 二分取样,相间清样. II *a.* 成对的,双生的.

binau'ral [bi'nɔːrəl] *a.* (有,用)两耳的. *binaural broadcasting* (两路)立体声广播. *binaural effect* 双耳作用. *binaural localization* 双耳定位. *binaural recorder* 双磁带录音机.

binauricular *a.* 两耳的,两心.

bind [baind] I (**bound**, **bound**) *v.* ①绑,缚,束(包)扎,裹(约束)拘,连接 ②联系 ③粘,胶)合,(使)粘(凝,紧,坚)固 ④装订,成边 ⑤【计】联编,汇集. II *n.* ①结[合]合 ②束缚物,带,索,藤,蔓 ③系杆,撑条,横撑 ④胶泥,硬粘土,页岩 ⑤【计】置(赋)值. *bind clip* 接线夹,线箍. *be bound for* (船)开往…去的. *be bound to* (被)束缚[约束]在…上. *be bound to* +inf. 必要得,非…不可,不得不,有…的义务,一定(会),决心要. *be bound up with* 与…有密切关系. *bind about* [around, round] 捆,绑. *bind together* 粘合,把…束缚[结合,聚合]在一起. *bind up* 包扎,装订.

BIND = binding.

bind'er ['baində] *n.* ①粘合[胶合,粘结]剂 ②粘[胶]结料,铺路沥青 ③凝[固]合物,结合件,包扎物,扎线,绷带 ④结合零件,夹(子),砂箱(夹),条梁 ⑤缚[捆]捆机,捆扎机,扎结机 ⑥装订者[工],装订机 ⑦封皮,活页封面,散页夹或(夹中可打开的封皮) *binder-clay* 胶黏土. *cotton binder* 扎线. *getter binder* 消气剂的胶合剂,消气剂用粘结剂.

bindery *n.* 装订厂.

bind'ing ['baindiŋ] I *n.* ①结[糊,粘,胶,咬]合,粘接,连接,装配 ②紧固(夹,约束,制约 ③键[联], 【计】联编,汇集 ④捆[包]扎,扎线,包带 ⑤包上,装订(帧),蒙皮 ⑥(平炉)构架. II *a.* 捆扎的,粘合的,有约束力的,有束缚力的. *binding agent* 粘合剂. *binding beam* 联梁. *binding bolt* 连接螺钉. *binding clip* 接线夹,线箍. *binding coal* 结块煤,粘结性煤. *binding course* 联系层,粘结层. *binding energy* 结合能. *binding force* [power] 结合(内聚)力. *binding head screw* 圆顶凳边接头螺钉. *binding metal*

粘结金属,硬化锌合金,锌基合金. *binding post* 接线柱,接线端子. *binding process* (程序的)联编过程. *binding rivet* 结合〔紧固〕铆钉. *binding screw* 接线〔紧固〕螺钉. *binding time* 汇集时间. *binding wire* 捆扎用钢丝. *ionic binding* 离子键〔耦合,接合,束缚〕. ▲*be binding on*〔*upon*〕对…具有约束力.

bineg′ative *a.* 二阴(电荷)的.
binenten-electrometer 二象限静电计.
bi′neu′tron *n.* 双中子.
bin′ful *n.* 满满一(料)斗,满满一仓.
bing [biŋ] *n.* 材料堆,垛;废料堆.
bing-bang *v.* 双响冲击.
binistor *n.* 四层半导体开关器件,四层开关二极管,pnpn 开关器件.
bi′nit ['bainit] *n.* ①二进制符号〔数位〕②【概率】"笔"(=bit, 1 bit=log$_2$2).
bin′nacle ['binəkl] *n.* 罗盘座〔箱〕,罗经柜,支流.
bin′ocle ['binəkl] *n.* (双眼)望远镜.
binocs′ ['bə'nɔks] *n.* (pl.)双筒望远镜.
binoc′ular [bai'nɔkjulə] Ⅰ *a.* 有(用)两眼的,双目〔眼,孔〕的. Ⅱ *n.* (常用 pl.)双目〔望远,显微〕镜,双筒〔望远,显微〕镜. *binocular accommodation* 双目调视,像散调节. *binocular coil* 双筒鞍线圈. *binocular 3D display* 双孔三维显示. *binocular head* 双目镜头. *binocular microscope* 双筒显微镜.
binoc′ulus [bi'nɔkjuləs] *n.* 双眼.
bino′dal [bai'noudəl] *a.* (有)双节的,双结点的,双阳极的.
binode *n.*; *a.* 双阳极(的),双结〔节〕(点). *binode of a surface* 二切面重点.
bino′mial [bai'noumiəl] Ⅰ *a.* 二项(式)的.二〔重〕的. Ⅰ *n.* 二项式,二〔双,重〕名法. *binomial expansion* 二项展开式. *binomial shading* 二项式束控. *binomial theorem* 二项式定理.
binor′mal [bai'nɔːməl] *n.* 副〔次,仲〕法线. *binormal acceleration* 副法向加速度. *binormal antenna array* 双V正交天线阵.
binoscope *n.* 双目镜.
binot′ic *a.* 双耳的.
binox′alate [bai'nɔksəleit] *n.* 草酸氢盐〔酯〕.
binox′ide *n.* 二氧化物.
binsearch *v.*; *n.* 对分检索.
bin-segrega′tion *n.* 料斗内材料分层.
bint =binary digit,bigit,或 bit 二进制数位〔符号〕.
binu′clear [bai'njuːkliə] *a.* 双核的.
binu′cleate *a.* 两〔双〕核的.
bio- 〔词头〕生(物),生活,生命.
bioaccumula′tion *n.* 生物累积.
bioacou′stics *n.* 生物声学.
bioac′tivator *n.* 生物活性剂.
bioactiv′ity *n.* 生物活性〔度〕,(对)生物(的)作用〔影响〕.
bio-aera′tion *n.* (污水等)活性通〔曝〕气法,生物通气〔曝气〕.
bi′oanal′ysis *n.* 生物分析(法).
bi′oas′say ['baiou'æsei] *n.* 生物鉴(测)定,活体鉴定.
bioastronau′tic *a.* 生物航天的,生物宇航的.
bi′oastronau′tics ['baiouæstrə'nɔːtiks] *n.* 生物航天

学,生物宇宙航行学.
bioastrophys′ics *n.* 天体生物物理学.
bio-autog′raphy *n.* 生物自显影法.
bioavailabil′ity *n.* 生物利用率.
biobal′ance *n.* 生物平衡.
biobat′tery *n.* 生物电池.
biocabina *n.* 生物舱.
biocalorim′etry *n.* 生物量热法.
biocatal′ysis *n.* 生物催化作用.
bi′ocat′alyst ['baiou'kætəlist] *n.* 生物催化剂,酶.
bi′ocell *n.* 生物电池.
bioceram′ics *n.* 生物陶瓷.
biochela′tion *n.* 生物螯合作用.
bi′ochem′ical ['baiou'kemikəl] *a.* 生物化学的. *biochemical conversion* 生化转化. *biochemical oxidation* 生化氧化. *biochemical oxygen demand* 生化耗〔需〕氧量. *biochemical process* 生化法. *biochemical purification* 生化净化.
biochem′ics *n.* 生化学,生物化学.
biochemigenic rock 生物化学岩.
bi′ochem′ist ['baiou'kemist] *n.* 生物化学家.
bi′ochem′istry ['baiou'kemistri] *n.* 生物化学,生(理)化学.
biochemor′phic *a.* 生化形态学的.
biochemorphol′ogy *n.* 生化形态学.
biochemy *n.* 生物化学力.
biochore *n.* 生物区域界线,植物区域气候界线.
bi′ochrome *n.* 生物色素.
biochronom′eter *n.* 生物钟.
biochronom′etry *n.* 生物钟学.
biocidal *a.* 杀生的,杀伤生物的.
bi′ocide *n.* 生物杀伤剂,杀虫剂.
bioclas′tic *a.* 生物碎屑的. *bioclastic limestone* 生物碎屑灰岩.
bioclas′tics 或 **bioclas′tic rock** 生物碎屑岩.
bi′oclean ['baiouklːn] *a.* 无菌的,十分清洁的.
bi′oclimate *n.* 生物气候.
bioclimat′ic *a.* 生物气候学的.
bi′oclimat′ics 或 **bioclimatol′ogy** *n.* 生物气候〔象〕学.
bi′oclock *n.* 生物钟.
biocoen *n.* 生物群落.
bioc(o)enol′ogy *n.* 生物群落学.
bioc(o)enose *n.* 生物群落.
bioc(o)eno′sis *n.* 生物群落.
bioc(o)eno′sium *n.* 生物群众.
bi′ocol′loid ['baiou'kɔlɔid] *n.* 生物胶体.
biocommu′nity *n.* 生物群落.
biocompatibil′ity *n.* 生物配伍,生物适应性.
biocompu′ter *n.* 生物计算机.
bioconnec′tor *n.* 生物传感连接器.
biocon′tent *n.* 生物能含量.
bio-control *n.* 生物(电)控制.
bioconver′sion *n.* 生物转化.
biocosmonau′tics *n.* 生物宇宙航行学.
biocrystal *n.* 生物晶体.
biocrystallog′raphy *n.* 生物晶体学.
biocurrent *n.* 生物电流.
bi′ocybernet′ics ['baiousaibə'netiks] *n.* 生物控制论.
bi′ocycle *n.* 生物带,生物循环,生物周期.

biocytin n. 生物细胞素，e-N-生物素酰-L-赖氨酸.
biocytoculture n. 活细胞培养法.
biodegradabil'ity n. 生物降解能力.
biodegra'dable a. 生物可降解的，可生物降解的.
biodegrada'tion n. 生物降解，生物递降分解作用.
biodeteriora'tion n. 生物腐蚀〔变质，退化〕.
biodetritus n. 生物碎屑.
bio-disc n. 生物转盘.
biodynam'ic a. 生物动态的，(生物)动力的，生活力的.
bi'odynam'ics [baiodai'næmiks] n. 生物(动)力学，生活机能学，活力学，生物动态学.
bioecol'ogy [baiouⅰkɔlədʒi] n. 生态学，(生物)生态学，环境适应学.
bioeconom'ics n. 生物经济学.
bi'oelectric'ity [baiouilek'trisiti] n. 生物电(流).
bioelec'trode n. 生物电极.
bi'oelectrogen'esis n. 生物电源学〔发生〕.
bi'oelectron'ics n. 生物电子学.
bi'oel'ement n. (生命)必要元素，生物元素.
bioenerget'ics n. 生物能(力)学，生物能量学.
bioen'ergy n. 生物能.
bioenginee'ring n. 生物工程学.
bioergonom'ics n. 生物功效学.
bioero'sion n. 生物侵蚀(作用).
biofacies n. 生物相.
biofeed'back n. 生物反馈.
biofermin n. 乳酶生.
bio-fer'tilizer n. 生物肥料.
bio-filter n. 生物过滤器，生物滤池.
biofiltra'tion n. 生物过滤.
bioflavonoid n. 生物黄酮类，生物类黄酮.
bioflocculat'tion n. 生物絮凝(作用).
bi'ofog n. 生物雾.
biofouling n. 生物附着.
bi'ogas n. 沼气.
biogen ['baiədʒen] n. 一种假定的蛋白质分子(前人认为是生物细胞的基本成份).
biogen'esis [baiou'dʒenisis] n. 生物发生〔起源〕，生源说.
biogenet'ic a. 生物发生的，生物起源的. *biogenetic rock* 生物岩.
biogen'ic [baiou'dʒenik] a. 生物起源的，由生物的活动所产生的，维持生命所必需的. *biogenic deposit* 生物沉积. *biogenic rock* 生物岩.
biog'enous a. 生命产生的，产生生命的，生命起源的.
biog'eny n. 生物发生，生原说.
biogeochem'ical a. 生物地球化学的.
bi'oge'ochem'istry ['baiou'dʒi:ou'kemistri] n. 生物地球〔地质，地理〕化学.
biogeocoenol'ogy n. 生物地理群落学.
biogeocoeno'sium n. 生物地理群落.
biogeog'rapher n. 生物地理学家.
biogeog'raphy n. 生物地理学.
bioge'osphere n. 生物地理图.
bi'oglipl n. 生物印痕.
biogno'sis [baiɔg'nousis] n. 生源说，生命学，生物论.
bi'ograph n. 生物运动描记器，呼吸描忆器.
biographee n. 传记人物，被传记所写的人.
biog'rapher n. 作传人，传记作家.
biograph'ic(al) [baiɔ'græfik(əl)] a. 传记(体)的.

biographic dictionary 人名词典.
biog'raphy [bai'ɔgrəfi] n. ①传(记)，传记文学 ②事物发展过程的记述 ③言行录 ④生物运动摄影术.
biogravics n. 生物重力学.
bioherm n. 生物岩礁，生物丘.
biohologr'aphy n. 生物全息术.
bioid n. 类生物体系.
bioim'agery n. 生物显像术，生物嘱品〔制剂，逻辑〕.
bi'oinorgan'ic a. 生物无机的.
bio-instruments n. 生物仪器.
bioisola'tion n. 生物隔离.
biokinet'ic a. 生物动力学的.
biokinet'ics [baioki'netiks] n. 生物动力〔运动〕学.
biol =①biological 生物学的 ② biology 生物学.
biolac n. 炼乳.
biolaser n. 生物学用的激光器.
biolipid n. 生物脂.
biolith n. 生物岩.
biolog'ic(al) [baiə'lɔdʒik(əl)] a. 生物(学)的. *biological clock* 生物钟，生理钟. *biological engineering* 生物工程，人工育种. *biological year* 生物年度.
biologics n. 生物药品〔制品〕.
biol'ogist [bai'ɔlədʒist] n. 生物学家.
biologiza'tion n. 生物学化.
biol'ogy [bai'ɔlədʒi] n. 生物学，生态学.
bi'olumines'cence ['baioulumi'nesns] n. 生物(体，性)发光，生物荧光. **biolumines'cent** a.
biol'ysis [bai'ɔlisis] n. 生物分解(作用)生命现象的破坏.
biolyt'ic a. 生物分解的，破坏生物的.
biolyt'ics n. 溶生素.
biomacromol'ecule n. 生物高分子，生物大分子.
biomagnet'ic a. 生物磁的.
biomag'netism n. 生物磁学.
bi'omass n. 生物量，生命体，生物统计.
biomate'rial n. 生物材料.
biomathemat'ics n. 生物数学.
biome n. 生物群落〔社会〕.
biomeas'urement n. 生物测量.
bi'omechan'ics ['baioumi'kæniks] n. 生物力学(机械学).
biomech'anism n. 生物机制.
biomed'ical a. 生物医学的〔科学的〕.
biomedic'inal n. 生物性药物.
biomed'icine [baiɔ'medisin] n. 生物医学.
biomem'brane n. 生物膜.
biometeorol'ogy n. 生物气象学.
biom'eter n. 生物计，活组织二氧化碳测定仪.
biomet'rics 或 **biom'etry** n. ①生物统计学，生物测量学 ②寿命测定〔预测〕.
biomicrominiaturiza'tion n. 生物微小型化.
biomi'croscope n. 生物显微镜.
biomimesis n. 生物拟态.
bi'omol'ecule [baiou'mɔlikju:l] n. 生命分子，原生质.
biomone n. 生命粒子.
biomon'itoring n. 生物监测.
biomo'tor [baio'moutə] n. 人工呼吸器.
biomuta'tion [baiomju'teiʃn] n. 生物变异.
bi'on ['baiɔn] n. 生物，生(物)体，生物型，生命单元.

bionecrosis n. 渐进性细胞坏死.
bion′ergy n. 生命力.
bion′ics [baiˈɒniks] n. 仿生(电子)学,生物机械学.
bionom′ical a. 生态学的.
bionom′ics [baiəˈnɒmiks] n. 生物学特性,生态学.
bion′omy n. (生物)生态学,生物动力学,生活机能学.
biono′sis n. 生物病源性疾病.
biont n. 生物(体),有机体.
bio-osmo′sis n. 生物渗透(现象).
bio-oxida′tion n. 生物氧化(作用).
bi′opack 或 **biopak** [ˈbaiopæk] n. (宇宙飞行器中)生物容器,生物舱,生物遥测器.
bio-parent n. 亲(生)父(母).
biophage n. 噬细胞体.
biophagous a. 食生物的.
biophotoel′ement n. 生物光电元件.
bi′ophotom′eter [baioufouˈtɒmitə] n. 光度适应计.
biophthorous a. 毁灭生命的.
biophys′icist n. 生物物理学家.
bi′ophys′ics [ˈbaioˈfiziks] n. 生物物理(学).
biophysiog′raphy n. 生物形态学.
biophysiol′ogy n. 生物生理学.
bi′oplasm [ˈbaiouplæzm] n. 原生质,活质.
bioplas′mic a. 原生质的.
bioplas′min [baiəˈplæzmin] n. 原生质素.
bioplas′son [baioˈplæsɒn] n. 原生质.
bi′oplast [ˈbaiouplæst] n. 原生体,原生质细胞,细胞,初粒.
bioplas′tic a. 生长的,助发育的,促生长的.
bi′oplex n. 生物质合体.
biopol′ymer n. 生物聚合物,生物高聚物.
biopoten′tial n. 生物电势(潜能).
bi′opower n. 生物电源.
biopreparate n. 生物制剂.
bioproductiv′ity n. 生物生产力.
biopsy n. 活体解剖,活组织检查.
biopsy′chic(al) a. 生物心理的.
biopsychol′ogy [baiosaiˈkɒlədʒi] n. 生物心理学,精神生物学.
biopterin n. 生物蝶呤.
bioptix n. 电流式色温(度)计.
bioresmethrin n. (农药)右旋反灭虫菊酯.
biorgan n. 生理器官.
biorheology n. 生物流变学.
bi′orhythm n. 生物节律.
bioriza′tion n. 低温加压消毒(法).
bio-robot n. 仿生自动机.
biorthog′onal a. 双正交的.
biorthogonal′ity n. 双正交性.
bi′os [ˈbaiɒs] n. 酵母促生物,生长素,生命(素),生物活素.
BIOS = ①biological investigation of space 空间的生物研究 ②biological satellite (载有)生物(的人造)卫星.
bi′osat′ellite [ˈbaiouˈsætəlait] n. 载(有)生物(的人造)卫星,生物研究卫星.
bi′o-science n. 生物科学,外太空生物学.
bi′oscope [ˈbaiəskoup] n. ①电影放映机 ②生死检定器.
bi′ose [ˈbaious] n. 乙(二)糖,二碳糖.
biosensor n. 生物(理)传感器(感受器).

bioseston n. 生物悬浮物.
bioside n. 二糖甙.
biosimula′tion n. 生物模拟.
bio′sis n. 生命,生活力,生机,生活现象,生活(状态).
bi′oslime n. 生物污泥.
biosociol′ogy n. 生物社会学.
biosorp′tion n. 生物吸着(作用).
bi′osphere [ˈbaiosfiə] n. 生物界〔圈〕,生物(可生存的)大气层,生物层,生物域,生物活动范围.
biosta′bilizer n. 生物稳定剂.
bi′ostat′ics [ˈbaiousˈtætiks] n. 生物静力学.
biosta′tion n. 生物处理站.
biostatis′tics n. 生物统计学.
biostereomet′rics n. 生物立体测量技术.
biosteritron n. 紫外线辐射仪.
biosterol n. 生甾醇.
biostim′ulants n. (水生生物)生长刺激剂.
biostimula′tion n. 生物刺激作用.
biostrata n. 生物地层.
biostratig′raphy n. 生物地层学.
biostrome n. 生物层.
bi′osyn′thesis [ˈbaiouˈsinθisis] n. 生物合成. **biosynthet′ic** a.
bi′osystem n. 生物系统.
biosystemat′ics n. 生物分类学,生物系统学.
Biot n. 毕奥(CGS制电流单位,=10A).
biota n. 生物群,生物区系〔区域志〕.
biotechnol′ogy n. 生物工艺学.
biotelem′etry n. 生物指标遥测术.
biotel′escanner n. 生物遥测扫描器.
biothalmy n. 长寿术.
biot′ic [baiˈɒtic] a. 生命〔物〕的,生物区(系)的. **biotic resource(s)** 生物〔动物,植物〕资源.
biot′ics n. 生物学,理〕学,生命论.
bi′otin [ˈbaiətin] n. 维生素 H,生物素.
biotine n. 钙长石.
biotinsulfone n. 生物素砜.
bi′otite (mica) n. 黑云母.
biot′omy n. 生物(活体)解剖学.
bi′otope n. (生物)群落生境,生活小区.
biotopol′ogy n. 生物拓扑学.
biotoxica′tion n. 生物中毒,生物致毒作用.
biotoxicol′ogy n. 生物毒物学.
biotox′ins n. 生物毒素.
biotransforma′tion n. 生物转化(变)(作用).
biotreatment n. 生物处理.
biotrepy n. 生体化学反应学.
bi′otron [ˈbaiotrɒn] n. ①高导导〔提高互导的〕孪生管 ②生物气候室.
biotron′ics n. 生物环境调节技术.
biotroph′ic a. 生体营养性的.
bi′otype n. 生物型,生活型,纯系群.
biox′alate [baiˈɒkseleit] n. = binoxalate.
bioxyl n. 氢化氧铋.
biozone n. 生物带.
BIP = ①biological index of water pollution 衡量水污染的生物指数 ②bipartite 由两部分组成的 ③Book in Print(美 Bowker 公司图书查目工具)在版书目 ④British Industrial Plastics 英国工业塑料.
bi′pack [ˈbaipæk] n. (彩色摄影用)二(双)重胶片,

biparamet′ric representa′tion 双参数表示．
biparasit′ic *a.* 寄生物上寄生的．
biparen′tal *a.* 双亲(本)的，两系的．
bi′parous ['bipərəs] *a.* ①二枝的，二轴的 ②双生的，双胎的，产第二胎的 ③二次生产的，生产次的．
biparted hyperboloid 双叶双曲面．
biparting *a.* 双扇〔对开)的(门)．
bipar′tite [bai'pɑ:tait] *a.* ①双向〔枝)的 ②二份的，两部的，由两部分构成的，(有)一式两份的 ③除两次的 ④两方之间的．
bipartit′ion *n.* 分为两部分，对〔等)二分，平分线．
bi-pass *n.* 双通，双行车路．
bipatch *a.* 双螺旋〔线)的，双节距的，双头的．
BIPCO = built-in-place component 装在内部的部件．
BIPD = biparting doors 双扇〔对开)门．
bi′ped ['baiped] Ⅰ *n.* 双足动物，两足动物． Ⅱ *a.* 双〔二)足的，双肢的．
bi′pedal ['baipidl] *a.* 双〔二)足的．
biper′forate *a.* 两孔的，有双孔的．
biperiod′ic *a.* 双周期的．
bi′phase ['baifeiz] *n.* ; *a.* 双〔二，两)相(的)． *biphase rectifier* 双相〔全波)整流器．
biphase-equilibrium *n.* 二相平衡．
biphasic *a.* 双相的．
biphen′yl [bai'fenil] *n.* 联(二)苯，联苯基
biphenylamine *n.* 联苯胺．
bi′phone ['baifoun] *n.* (电话)耳机，双耳受话器．
biphonon *n.* 双声子．
biphosphate *n.* 磷酸氢盐．
bipinnate *a.* 【植】二回羽状的，两翼状的．
bipla′nar [bai'pleinə] *a.* 二切面的，双平面的．
bi′(-)plane ['baiplein] *n.* ①双平面 ②双翼(飞)机．
biplanet *a.* 双行星的．
biplate *n.* 双片．
BIPM = Bureau International des Poids et Mesures〔法语)国际计量局．
bi′pod ['baipod] *n.* 两〔双)脚架．
bipo′lar [bai'poulə] Ⅰ *a.* ①两〔偶)极的，双极(性)式)的，双向的 ②地球两极(地区)的 ③有两种截然相反性质(见解)的． Ⅱ *n.* 两极(神经)细胞． *bipolar circuit* 二端网络，双极电路． *bipolar magnetic driving unit* 两〔双)极磁性驱动部件(装置)． *bipolar receiver* 双磁极受话器．
bipolar′ity [baipou'læriti] *n.* 双〔两)极性．
bipolar-transistor *n.* 双极(场效应)晶体管．
bipole *n.* 大极距偶极子．
bipol′ymer *n.* 二(元共)聚物．
bipos′itive *a.* 双正价的，二正(原子)价的．
bipoten′tial [baipə'tenʃəl] Ⅰ *a.* 双电位的，具双向潜能的． Ⅱ *n.* 双向潜能性． *bipotential lens* 双电位透镜．
bipotential′ity *n.* 双向〔重)潜能，两种潜力．
bip′pel *n.* 每个象素的比特数．
bi′prism ['bai'prizm] *n.* 双了镜，复柱．
biprojec′tive *a.* 双射〔投)影的．
bipropel′lant [baiprə'pelənt] *n.* 二元〔双组元，双组分)推进剂，二〔双)元燃料，双基火药．
bipun′ctate *a.* 两点的．
bipupillate *a.* ①双(重)瞳的，重瞳的

bipyr′amid [bai'pirəmid] *n.* 双(棱)锥，双角锥(体)． **bipyram′idal** *a.*
biquadrat′ic [baikwɔ'drætik] *a.* 四次(方)的，双二次的． *n.* 四次(次)幂，四次方程式．
bi′quartz ['baikwɔ:ts] *n.* 双石英片．
biqui′nary [bai'kwainəri] *a.* 二五五进(制，位)的，二五混合进制的． *biquinary DCU* 二五进制十进计数单元． *biquinary notation* 二五混合进制记数法，二五进位计数法．
biquinary-coded 二五混合编码十进制的．
BIR = break-in relay 插入继电器．
birad′ical Ⅰ *n.* 双(激离)基，二价自由基． Ⅰ *a.* 双基的． *biradial stylus* 双径向(椭圆形)唱针．
bi′rainy 两个雨季(的)．
bira′mous [bai'reiməs] *a.* (有)二枝的，双枝的，联枝的．
birational *a.* 【数】双有理的．
birch [bə:tʃ] Ⅰ *n.* 桦(木，树)，赤杨． Ⅰ *a.* 桦木(制成)的．
bir′chen ['bə:tʃən] *a.* 桦(木)的，桦木(制成)的．
bird [bə:d] *n.* ①鸟，禽类 ②飞机，火箭，导弹 ③(航磁测量)吊舱 ④传感器． *bird dog* 无线电测向器． *bird in lay* 产蛋母鸡〔禽)． *bird nest* 鸟巢，锅垢，炉渣． *bird of prey* 猛禽，食肉鸟． *bird strike* (飞机)撞鸟群． *early bird encounter* 早到导弹的交会． ▲*a bird in the bush* 没有把握的事，未定局的事情． *a bird in the hand* 有把握的事，已定局的事情． *kill two birds with one stone* 一箭双雕，一举两得．

bird′cage *n.* 鸟笼(式)． *birdcage antenna* 笼形〔圆柱形)天线．
Birdcall *n.* 单边带长途通讯设备．
"bird-dog" each target 一枚导弹跟踪一个目标．
bird-dogging *n.* 摆动．
bird-head bond 喙形接头．
bir′die ['bə:di] *n.* (一万赫左右的差拍引起的)尖叫声，哨音．
bird′man *n.* 飞行员，女飞行员．
bird′nesting *n.* 团絮(干扰金属片偶极子从飞机上撒出后聚集在一起的现象)．
bird's-eye ['bə:dzai] *a.* 俯视的，鸟瞰的． *bird's-eye view* 鸟瞰(图)，概观．
bird's-eye-perspective *n.* 鸟瞰图，大纲．
BIRE = British Institution of Radio Engineers 英国无线电工程师协会．
bireac′tant *n.* 双组份燃料，双元推进剂，双〔二元)反应物．
bi′rectan′gular ['bairek'tæŋgjulə] *a.* 两直角的．
birectifica′tion *n.* 双(重)精馏(法)．
birec′tifier *n.* 双(重)精馏器．
birefrac′ting *n.* ; *a.* 双(重)折射(的)．
birefrac′tion [bairi'frækʃən] *n.* 双(重)折射〔光)． **birefrac′tive** *a.*
bi′refrin′gence ['bairi'frindʒəns] *n.* 双(光)折(光)射，二次光折射，重折率．
bi′refrin′gent ['bairi'frindʒənt] *a.* 双(二次)折射的． *birefringent plate* 双折射片．
bi′reg′ular *a.* 【数】双正则的．
birimose *a.* 两裂的．

Birkenhead [ˈbəːkənhed] n. 别根海特(英国港口).

birkremite n. 紫苏花岗岩.

Birmabrite n. 耐蚀铝合金(镁 3.5～4.0%, 锰 0.5%, 其余铝).

Birmasil n. 铸造铝合金(硅 10～13%, 镍 2.5～3.5%, 铁<0.6%, 锰<0.5%, 铜、镁、锌、铅、锡都<0.1%, 其余铝).

Birmastic n. 耐热铸造铝合金(硅 12%, 镍 2.5～3.5%, 加少量铁、铜、锰、其余铝).

Bir'mingham Ⅰ [ˈbəːminəm] n. (英国)伯明翰(市).
Ⅱ [ˈbəːminhæm] n. (美国)伯明翰(市). *Birmingham wire gauge* 伯明翰线径规(表示金属丝直径大小的一种制度, 自 4/0 号(0.454 英寸)至 36 号(0.004 英寸)).

biro n. (可吸墨水的)圆珠笔.

bi'rota'tion [ˈbairouˈteiʃən] n. 双旋光, 变(双)异旋光.

biro'tor n. ; a. 双转子(的).

birr n. ①冲量[力] ②机械转动噪声.

BIRS = basic indexing and retrieval system 基本索引和检索系统.

birth [bəːθ] n. ①出(产)生, 分娩 ②创[开]始, 起源, 出身. *birth and death process* 增消过程. *birth process* 增殖过程. *birth rate* (人口)出生率. *birth weight* 初生重, 出生重. *multiple* [plural] *birth* 多胎产. *precocious* [premature] *birth* 早产. *still birth* 死产. *the date of one's birth* 出生年月日. ▲ *a second birth* 再(新)生. *by birth* 天生地, 生来. *give birth to* 生(产), 引起, 造成, 发生. *new birth* 新(更)生, 复活.

birth'date n. 出生日期.

birth'day [ˈbəːθdei] n. 生日, 诞辰.

birth'place [ˈbəːθpleis] n. 出生地, 故乡.

birth'rate [ˈbəːθreit] n. (人口)出生率.

bis ad. 复, 再, 又 ②二, 两(次, 个), 双. *page 10 bis* 第 10 页的副页.

BIS = British Interplanetary Society 英国星际航行协会.

bi'salt [ˈbaisɔːlt] n. 酸性盐.

bisamide n. 双酰胺.

bis-arylation n. 双芳基化(作用).

bisaxil'lary a. (左右)两腋的.

bisaz'o [biˈsæzou] n. 双偶氮. *bisazo compound* 双偶氮化合物.

bis-beta chloroethylsulfide 芥子气.

bischofite n. 水氯镁石.

bis'cuit [ˈbiskit] n. ①饼干, 芯饼 ②块、片, 盎状模制品, 紫胶二氧化硅饼, 录音盘 ③紫坏[瓷], 本色陶[瓷]器 ④海绵状金属 ⑤淡褐色. *biscuit firing* 初次熔烧. *biscuit furnace* 坯炉. *biscuit kiln* 坯窑. *biscuit metal* 或 *metal biscuit* 小块金属, 金属块.

bisdiazo n. 双偶氮.

bisecant n. 二度割线.

bisect' [baiˈsekt] v. ①对(截, 切)开, 两断, 二(等)分, 平分 ②相交, 交叉.

bisec'tion [baiˈsekʃən] n. 二等分, 二分切割, 平分(点, 线), 平分的两部分之一. *bisection theorem* 二等分定理, (网络网络的)电路中分定理.

bisec'tor [baiˈsektə] 或 **bisec'trix** [baiˈsektriks] n. (二)等分线, 平分线(面的), 等分角线; 二等分物.

bisegment [baiˈsegmənt] n. 线的平分部分之一.

biseptate a. 两层隔膜的, 二分隔的, 分隔为二的.

bise'rial [baiˈsiəriəl] a. 双(二)列的.

bi-service a. 两用的.

bisex'ual [baiˈseksjuəl] a. 两性(态, 征)的, 雌雄同体的.

bis'hop [ˈbiʃəp] n. 手锤, 手(工)夯(具).

bismanal 或 **bismanol** n. 毕斯曼诺尔铋锰磁性合金.

bismite n. 铋华.

bismithine n. 辉铋矿.

bis-motor n. 带发动机的自行车.

bis'muth [ˈbizməθ] n. 【化】铋 Bi. *bismuth spiral* 铋螺线, (螺旋)铋卷线.

bismuthal a. 含铋的.

bismu'thic a. (五价)铋的.

bismuthide n. 铋化物.

bismuthiferous a. 含铋的.

bismuthine n. ; 三氢化铋, 银(辉)铋矿.

bismuth'inite n. 辉铋矿.

bismuthino n. 基.

bis'muthous [ˈbizməθəs] a. 三价铋的.

bismuthyl [ˈbizməθil] n. 氧铋基.

bismutite n. 泡铋矿.

bi'son [ˈbaisn] n. 野牛.

bisphenoid n. 【晶, 矿】双楔.

bisphenols n. 双酚类.

bisphercal a. 双球面的.

bispin n. 双旋.

bispinor n. 双旋量.

bisporanglate a. 具大小孢子囊的.

bisporous a. 二孢子的.

bisque [bisk] n. 素瓷.

bisquit n. 小片(录音).

BISRA = British Iron and Steel Research Association 英国钢铁研究协会.

Bissau 或 **Bissao** [biˈsau] n. 比绍(几内亚(比绍)共和国首都).

bissex'tile [biˈsekstail] n. 闰年. a. 闰的.

BIST = built-in self tester 内装自测器.

bi'stabil'ity n. 双稳(定)性.

bi'sta'ble [ˈbaiˈsteibl] a. ; n. 双稳(态, 定)(的). *bistable multivibrator* 双稳态多谐振荡器, 触发器.

bistagite n. 透辉岩.

bistat'ic a. 双静止的, 双机(分置)的. *bistatic cross section* 双基地散射截面积. *bistatic radar* 双分(双基地)雷达, 收-发分置雷达. *bistatic sonar* 收发分置声纳.

bistellate a. 双星形的.

bistratal a. 双层的.

bistre 或 **bister** n. ; a. 深褐色(的, 颜料), 天线罩.

bistriate a. 两条纹的.

bisulcate a. (有)两沟的.

bisulfate = bisulphate.

bisul'fide n. 二硫化物.

bisul'phate [baiˈsʌlfeit] n. 硫酸氢盐, 酸式(性)硫酸盐.

bisul'phide n. 二硫化物.

bisul'phite n. 亚硫酸氢盐, 酸式亚硫酸盐.

biswitch n. 双向硅对称开关.

bisymmet'ric [ˈbaisiˈmetrik] a. 双对称的.

bisym'metry [baiˈsimitri] n. 两(双)对称(性).

bisync protocol 双同步协议.
bit [bit] Ⅰ *bite* 的过去式和过去分词. Ⅰ *n.* ①少许,一点点,小量[片,部],短时间 ②钻(头),刀头[刃,片],切削刀,车刀,烙铁头,锥,凿[钎]子,钳口,(截煤机)截齿,钥匙齿 ③二进制数[码],数字,信息单位,毕特(二进位数),(数)位,(计算机)环节,存储单元,存储信息容量单位 ④【概率】"笔"(=binit) (1bit=log₂) ⑤老套,惯例. Ⅱ (bitted; bitting) ①控制,抑制 ②给钥匙(锉)齿. *angular bit* 角钻. *annular bit* 环孔锥,(钻床用的)环状钻台. *binary bit* 二进位. *bit alignment* 位排列. *bit cutting angle* 钻冠的尖度,钻头磨角,钎子头刃角. *bit density* (二进制)位密度,(磁带的)信息密度. *bit drop-in* 信息混入. *bit drop-out* 信息丢失. *bit error rate* 误码率. *bit interval* 二进制位. *bit-string data* 位行型数据.

bitu′minize 或 **bitu′minise** [bi'tju:minaiz] *vt.* 沥青处理,沥青化,使成沥青,使与沥青混合.

bitu′minized 或 **bitu′minised** *a.* 加[含]沥青的.

bitu′minous [bi'tju:minəs] *a.* (含,地)沥青的. *bituminous coal* 沥青煤,烟煤,肥煤. *bituminous grout* 含沥青液,水沥青. *bituminous retreat* 二次沥青处理. *bituminous wood* 具有木质外形的褐煤.

bitumite *n.* 烟煤.

bit′wise *a.* 逐位的.

bit-write *a.* 数位记录的.

biuncinate *a.* 有二钩的.

biunique *a.* 双向皆一对一的.

biunivo′cal *a.* 一对一的.

biuret′ [baiə'ret] *n.* 缩二脲.

biva′cancy *n.* (在原子外壳中的)双空位.

biva′lence [bai'veiləns] *n.* 双化合价,双原子价,二价.

bi′va′lent ['bai'veilənt] Ⅰ *a.* 二[两]价的. Ⅱ *n.* 二价染色体,双价体.

bivalve Ⅰ *n.* ①双阀 ②双壳纲软体动物,双壳贝[类]. Ⅱ *a.* (有)两瓣的,(有)双壳的,两片的.

bivane *n.* 双向风向标.

bivariant system 双变系,双变(度)物系.

biva′riate [bai'veəriit] Ⅰ *a.* 二变量的,双变(量)的. Ⅱ *n.* 二元变量. *bivariate distribution* 二元[二维]分布. *bivariate normal distribution* 二元[二维]正态分布.

bivector *n.* 双矢(量),二重矢量,平面量.

bivector′ial *a.* 双矢的.

bivibrator *n.* 双稳态多谐振器.

bivicon *n.* 双枪视像管,双光导摄像管.

bi′vi′nyl ['bai'vainəl] *n.* 丁(间)二烯. *bivinyl rubber* 丁烯橡胶.

bivoltine *a.* 二化的.

biv′ouac ['bivuæk] Ⅰ *n.* 露营(地). Ⅱ *vi.* (*biv′ouacked*; *biv′ouacking*) 露营.

bi′week′ly ['bai'wi:kli] *a.; ad.* Ⅰ *n.* ①两周一次(的),每两周(的) ②一周两次(的) ③双周刊 ④半周刊.

bixbyite *n.* 方铁锰矿.

bixin *n.* 胭脂树橙.

bixylyl *n.* 联二甲苯基,四甲联苯基.

bizarre′ [bi'za:] *a.* 奇怪[妙,异]的.

bizar′rerie [bi'za:rəri] *n.* 奇怪[异],奇怪东西.

bizonal *a.* 共有两区的.

BJ =①ball joint 球节 ②brass jacket 黄铜套.

bk =①book 书,手册,册 ②brake 闸,刹车.

Bk =Berkelium 锫.

BK vibration =Barkhausen-Kurtz vibration 厘米波段的三极管正栅负昂振荡.

bkd =booked 已订购的.

B-key =B键,乙键(电报).

BKR =①beaker 烧杯 ②breaker 断电[路]器,开关,轧碎机.

BKT =bracket 托架,括号.

bkt =bracket plate 肘板.

BKW =breakwater 防波堤,挡水板.

Bkwr =breakwater 防波堤,挡水板.

BL =① base line 基(准)线 ②bill of lading 提(货)单 ③ bottom layer 底层 ④breaking load 破坏负载 ⑤ building line 建筑界线,房基 ⑥busy lamp 占线指示灯,忙线信号灯 ⑦ butt line 接缝.

bl =①barrel 桶(容积或重量单位) ② block 块;滑轮 ③blower 鼓风机.

B/L =bill of lading 提(货)单.

B/ldg =bill of lading.

black [blæk] Ⅰ *a.* ①黑(色,暗)的 ②吸收全部辐射能的 ③黑人的 ④不镀锌的,无镀层的. Ⅱ *n.* ①黑色,炭黑,烟黑,黑(颜)色,黑料,黑色物 ②软质黑色页岩,煤 ③黑人 ④黑斑,污点,煤炱 ⑤黑(色)毛,黑(色)毛. Ⅲ *v.* ①把…弄黑,(使)变黑,成黑色 ②轧制. *black after black* 黑拖黑(正拖黑). *black after white* 白拖黑(负拖影). *black and white* 黑白的,用墨水写的,白纸黑字,未着色的印刷的,黑白板,黑白图片. *black and white work* 木石结构. *black annealing* 黑退火,(热轧钢板)初退火. *black area* 黑面积,黑区,编码信号面积. *black body* (吸收全部投射辐射的)黑体. *black backing varnish* (地沥青)黑底漆. *black bolt* 粗制螺栓. *black box* "黑盒," 黑箱[匣],黑方块(指结构复杂的电子仪器),未知框,四端网络,快速调换部分. *black cable* 黑色(像)信号用电缆. *black chromium plating* 镀黑铬. *black clip* 黑色电平限幅. *black clipper* 黑色电平切割器. *black compression* 黑区信号[区域]压缩. *black deflection* 强振幅. *black discharge* 无光放电. *black frequency* 黑信号频率. *black glass* 黑玻璃, 中性滤光镜. *black iron* 黑铁板,平铁. *black jack* 闪(方)锌矿,粗黑焦油,劣(瘦)煤,(手推小车用)黑色润滑脂,军帽. *black lead* 石墨,黑铅. *black level* 黑色电平. *black light* 黑光,不可见光. "*black*" *lighting* "黑光"照明(紫外光照射有机染料面发光),不耀眼的照明. *black locust* 洋槐,刺槐. *black negative* 黑色为负. *black oil* 黑色油,润滑重油. *black patches* 黑斑点,(钢材上最)(次)酸蚀部分. *black peak* 黑色(信号)峰值,电视图像最黑点的信号电平. *black pickling* 初(黑,酸)洗. *black pipe* 非镀锌管,无镀层管. *black plate* (未镀的)黑钢板. *black positive* 黑色为正. *black products* 黑色石油产品,石油重油. *black radiation* 黑体辐射. *black scratch* (薄板)黑色抓痕. *black screen* 黑底荧光屏,中灰滤光屏. *black screen television set* 黑底管电视机. *black shaded* 加黑斑补偿. *black sheet* (未镀的)黑钢板,黑铁皮,薄钢板. *black signal* 黑电平(黑图像,全黑)信号. *black softened* 初(黑)退火的. *black spot* (离子)斑点,盲点,黑点失真. *black spotter* (传达中的)噪声[杂波]抑制器,静噪器. *black stock* 重油(残渣油)裂化原料,炭黑混合物. *black strap* 乳化黑色油,矿车用车轴油. *black tape* 黑(色绝缘)胶布,摩擦带,刹车带. *black vacuum* 低真空(10⁻³ 毛以下). *black wash* 造型涂料. *bone black* 骨炭. *half black* 半加工的,半处理的. *magnetite black* 磁性铁黑,四氧化三铁. *mineral black* 石墨. *thermally black* 吸收热中子的,对热中子为"黑"的. ▲*black out* 用黑涂掉,删去,熄灭,对…实行灯火管制,关(封)闭,封锁;被迫,使停刊;遮蔽,蔽(匿)影;晕(眩)没,消隐,使…转暗;昏过去.

black-and-white system 黑白电视系统.
black-ash n. 黑灰,粗碱灰.
blackband n. 黑菱铁矿.
black'base n. 沥青基层,黑色基层.
black'board ['blækbɔ:d] n. 黑板. *blackboard bulletin* 黑板报.
black'body ['blækbɔdi] n. 黑体,全部吸收辐射能的物体. *black-body photocell* 全吸收(黑体)光电管.
black-breath figure 黑呵痕.
black-bulb n. 黑球温度表.
blackdamp n. 炮烟.
black'en ['blækən] v. 使黑(暗),变黑(暗),涂黑,致黑,黑化.
black'ening ['blæknɪŋ] n. ①涂(烧,致,变)黑,发黑处理,黑化 ②(铸)碳粉,上黑鉴粉.粗度.
blacker-than-black level "黑外"电平.
blacker-than-black synchronizing signal 黑像加深同步信号,黑区同步信号.
black-face tube 黑底显像管.
black'head ['blækhed] n. 粉刺,黑头粉刺,黑冠(头)病,组织滴虫病.
black'heart n. 黑心.
black'-hole a. 黑洞的.
black'ing ['blækɪŋ] n. ①变(致,涂)黑,黑度,黑化 ② 黑色(造型)涂料,(改进铸件表面用的)粉磨石墨,黑鞋油 ③织物气孔,(铸件缺陷)石墨窝,针(气)孔. *blacking up* 泛黑(沥青路面铺石屑后黑色表面外露). *wet blacking* (涂)碳粉浆.
blacking-brush n. 涂料用的毛刷.
..'isi: ['blækɪʃi] a. 稍黑的,带黑色的
b.ck'ack ['blækdʒæk] n. ①闪(方)锌矿,粗黑焦油,(瘦)煤 ②革锤.
black'-lead ['blækled] n. 〔矿〕石墨(粉),笔铅,黑铅粉.
black-letter n. ; a. 黑体字(的),倒霉的.
black-level n. ; a. 黑色(信号)电平(的). *black-level setting* 黑色电平信号调整(固定).
black-light a. 黑色上升的.
black-light a. 黑色的,不可见光的.
black'ly ['blækli] ad. 〔黑,暗〕②残忍,阴险.
black'mail ['blækmeɪl] n. ; v. 敲诈,勒索,讹诈.
black-market(eer) v. 做黑市交易.
black-matrix screen 黑底(黑矩阵)屏.
black'ness ['blæknɪs] n. 黑,黑色,黑度.
black-on-white writing 白底黑色记录(书写).
black'out ['blækaut] n. ①灯光转暗,变黑(暗),色变暗,光变弱,灯火管制,无光,熄灭,信号消失,(完全,长时间)衰落,闭火 ②关(遮,封)闭,闭塞,封锁,遮蔽,删除 ③中断(通讯)截止,截割(部分信号) ④湮没,消隐,匿影 ⑤黑(内)障,黑视 ⑥黑油涂饰. *blackout effect* (接收机的关闭)闭塞,遮蔽)效应,(光线或电波的)遮蔽效应,反射能力瞬息损失,灵敏度瞬时降低. *blackout level* 消隐(熄灭)电平. *blackout pulse* 消隐(熄灭)脉冲. *blackout unit* 消隐部件.
black-out-signal n. 消隐(匿影)信号.
black-porch blacnking level 黑肩消隐电平.
black-sample n. 黑试样.
black-short n. 黑色裂口.
black'simith ['blæksmɪθ] n. 锻工,铁工. *blacksmith welding* 锻焊(接).

black'spot ['blækspɔt] n. 瑕痕(点),黑斑,(光电显像管)黑点,盲点.
black-surrounded tube 黑底管.
blacktopping n. 建筑黑色面层,用沥青铺路面.
black-to-white a. 黑(到)白的. *black-to-white amplitude range* 黑白间振幅宽度. *black-to-white transition* 黑白过渡亮度跃迁.
black'wash n. 黑色(造型)涂料.
black-white control 亮度调整(控制),双稳态控制.
black-white-sync level 黑白同步电平.
black'work n. 锻工物.
blad'der ['blædə] n. ①水(气)泡,汽球(囊),球胆,软外壳 ②膀胱.
blade [bleɪd] Ⅰ n. ①叶(片),桨(叶)叶,桨片,螺旋桨,(推进器的)翼,(膜片)②(刀,片,刃),刀,剑,犁片,锯条,刮刀 ③刀形开关,刀开盒 ④平铲,推土铲,推土机刮板 ⑤〔轧〕板,(无心磨床的)托板 ⑥波瓣,膜套,遮光板. Ⅱ vt. ①给…装叶片(刀片,刮刀) ②(铲)刮,(平路机)平(刮,平整)路. *adjustable blade* 可调叶片. *blade angle* 桨角,(无心磨的)托板刀角. *blade bearing* 刀型支承. *blade bone* 肩胛骨. *blade carrier* 刀箱(室). *blade clip* 刀形夹头. *blade connection* 刀形接触,线接触. *blade contact* 刀口式触点(插头). *blade grader* 平土(路)机. *blade latch* 开关保险销,宽迭通路开关(闸门电路). *blade magnetic domain* 刀片形磁畴. *blade of T-square* 丁字尺身. *blade wheel* 叶轮. *ducted blade* 函道桨叶. *fin blades* 尾翅. *impulse blade* 冲击式(涡轮)叶片. *mainrotor blade* 旋翼主叶片. *one piece blade* 整片片. *solidity of blades* 叶片的稠度. *stator blade* 导向器叶片,导气片. *switch blade* 撒(岔)尖,开关闸刀,闸刀开关铜片. *turbine nozzle blade* 涡轮导向器叶片.
bla'ded ['bleɪdɪd] a. (装)有叶片的,有刀身的. *bladed structure* 叶状组织,刃状构造.
blade-fork contact 加音叉式触点簧片.
blademan n. 平地机手,铲刮工.
bla'der n. 平路机,叶片安装工.
bla'ding n. ①装置叶片,叶片(栅)(装置) ②(用平路机)平路,刮路,整型,整平 ③移运.
blae [bleɪ] n. 灰青碳质页岩,劣质粘土页岩.
blain n. 疱,疮疡,水疱,杂血.
Blake bottle 布来克培养瓶.
blamable a. 有过错的,该受责备的.
blame [bleɪm] v. ; n. 责备,非难,推诿,过失. ▲*be to blame for* 应对…负责,应因…而受责备. *bear the blame* 应负责,该受谴责. *put (lay) the blame on (upon) M for N* 把 N 的责任归咎于 M,使 M 负 N 之责. *shift the blame (on) to other shoulders* 把责任推到别人身上.
blame'ful [bleɪmful] a. 该受责备的,有过错的. ~ly ad.
blame'less [bleɪmlɪs] a. 无可责怪的,无过失的. ~ly ad.
blame'worthy ['bleɪmwə:ðɪ] a. 该受责备的,有过失的.
blanc fix(e) 锶白,硫酸锶粉,重晶石粉.
blanch [blɑ:ntʃ] v. ①(使)变白,褐色 ②漂(煮)白,预

煮，熨漂 ③在…上镀锡 ④粉饰，蒙混，包装(over).
bland [blænd] a. 温和的，缓和的，柔和的，淡的，(药等)刺激性少的。~ly ad.
blank [blæŋk] I a.; n. ①空白(格，页，位，号，地，弹，虚)，(空)表格)，空白区(数字间的)间隔②(毛)坯，坯料③冲坏，半成品，代替板，木板，录音盘③熄灭〔消隐〕脉冲，(阴极射线管的)底④无宫〔门)，效果，表情的 ⑤单调的 ⑥完全的，无限的。I v. ①使无效，消除，作废 ②断开，熄灭 ③切削，下料.
a blank piece of paper 一张空白纸. *leave a blank*留出一个空白. *fill a blank in science* 填补科学上的一个空白. *application blank* 空白申请书. *beam blank* 轧制工字梁用的异形坯. *blank arch* 轻(假)拱,拱形装饰. *blank assdy* 空白检定(试验). *blank bolt* 无螺纹栓. *blank card* 空白(间隔)卡片,空插件. *blank character* 【计】间隔符(号)，空白(字)符. *blank common* 【计】空白公用区. *blank common block* 空白(无标号)公用块. *blank flange* (法兰)盲板，盲(死)法兰，无空(管口盖)凸缘，管口盖板. *blank form* 空白表格(格式). *blank groove* (录音盘的)哑(平)纹，未调纹，哑槽，无声槽. *blank impossibility* 完全不可能的事. *blank instruction* 【计】"空白"转移，间隔，虚，无操作》指令. *blank material* (电解)种板材料. *blank medium* 空白媒体, 【计】空白介质. *blank panel* 空白板，备用面板. *blank paper tape coil* 【计】空白纸带卷. *blank pipe* 空管，没有孔的管，管内过滤器. *blank plate* 盲板，空白板. *blank raster* 空白(扫描)光栅未调制(逆程补偿)光栅. *blank run* 空转. *blank signal* 间隔信号，空白信号(电码). *blank stock* 控制(调节)备料. *blank strips* 未填满的带，空带. *blank test* 空白试验，空试车. *blank wall* 无门窗的墙. *blanked deposit* 平伏矿床. *blanked picture signal* 消隐图像信号. *bolt blank* 螺栓坯件(毛坯). *cutter blank* 刀坯. *ingot blank* 铸锭坯. ▲*blank off* 掩盖,塞住,关(封)闭，消隐，(封堵)熄灭，用法兰堵住(封闭)使不通行. *blank out* 使无效，取消，作废. *in blank* 有空白待填写的.
BLANK = blanking.
blanked-off pipe 关闭管.
blank'er n. ①熄灭(消隐)装置 ②下料(冲切)制坯工.
blan'ket ['blæŋkit] I n. ①毯，毡 ②(敷，毡，热，封，表面，附面，覆盖，再生，防护)层，准备模制的木片叠层，垫，膜，烟幕③外壳，套，管，包皮 ④(反应堆)再生区，外围区 ⑤熄灭装置 ⑥(空气动力的)阴影。I a. ①一般的,共通的 ②综合的，总括的，一揽子的 ③无大差别的，不分上下的。Ⅲ vt. ①铺毡层,盖上毯子，包裹 ②覆(掩，遮)盖 ③(封，镀)上 ④把…置于自己的射程之内 ⑤涂敷(掩蔽，扑灭，抑制，(信号)抑制 ⑤通用于，普遍适用于. *blanket area* 敷(覆)盖(层)面积，掩蔽区，难听区域(常近强电台妨碍对他电台接收的区域). *blanket deposit* 平伏矿床，均厚沉积. *blanket order* 总订货单. *blanket rules* 各种情况的规则. *blanket sand* 冲刷砂层. *insulating blanket* 绝缘镀(涂)层，绝缘涂料. *pervious blanket* 排水层，透水铺盖. *sand* [*gravel*] *blanket* 砂(砾石)盖层，过滤层. ▲*throw a wet blanket on* [*over*]对…泼冷水，使锐气受挫折.
blanket-count station 大面积(运量)观测站.
blan'keted ['blæŋkitid] a. ①封了的，包上的，覆盖了(膜)的，包上外壳的 ②反应堆》有再生区的.
blan'keting ['blæŋkitiŋ] n. ①覆盖，包(封，镀)上，掩蔽(消隐) ②电影的阴影 ②(电视)匿影，(阴极射线管的)电子注阻塞(消隐，阻滞，熄灭，(强信号)堵扰 ③准备模制的叠层材料 ④核燃料的再生 ⑤(飞机失速时尾面)尾翼幕遮作用. *blanketing frequency* 抑制频率.
blank'ing ['blæŋkiŋ] n. ①遮没，(回描)消灭，淬熄，消〔选〕除，(逆程)消隐，屏隐 ②断〔开〕路,关闭，闭锁(塞) ③【雷达】照明 ④模压，冲切(截，割,压)(下，落)料 ⑤坯料. *angle blanking* 【雷达】角坐标照明. *anti jamming blanking* 反人为干扰堵塞. *blanking amplifier* 熄灭(消隐)脉冲放大器. *blanking bar* 暗(空)带. *blanking die* 下(落)料模. *blanking disc* 屏蔽(遮光)盘. *blanking gate* 消隐门，消隐(熄灭)脉冲选通电路. *blanking gate photocell* (产生)消隐脉冲(产生熄灭脉冲)的光电管，碎灭选通脉冲光电管. *blanking level* 消隐(熄灭)(信号)电平. *blanking line* 消隐(熄灭)脉冲生产线. *blanking mixer tube* 消隐(熄灭)脉冲混合管. *blanking pedestal* (电视)消隐(消隐脉冲)的电平. *blanking time* 消隐灭信号持续)时间. *blanking tube* 截止管，匿影管，消隐(脉冲)管. *blanking wave* 消隐(熄灭)波. *fine blanking press* 精密落料冲床. *range blanking* 距离照明.
blanking-pulse generator 熄灭脉冲发生器.
blanking-to-burst tolerance 消隐(脉冲)到色同步脉冲之间的(时间)容差.
blank'ly ['blæŋkli] ad. 茫然，全然.
blank'ness ['blæŋknis] n. 空白，空虚，茫然，单调.
blank'off ['blæŋkɔf] vi. n. ①熄灭，消隐(音)，断开，压低 ②抽净 ③空白，盲，不通 ④极限压强. *blankoff flange* 盲板，盲法兰. *blankoff plate* 盲(底)板. *blankoff pressure* 极限(低)压强.
blanquet n. 麻风病人.
blare [blɛə] I n. (号角)响声，嘟嘟声，光泽。I v. 发出(号角)响声,发嘟嘟声,高声发出.
blas [blæs] n. 微型栅极干电池.
blast [blast] n.; v. ①爆炸(声，波，气浪)，一次爆破所用炸药量，一阵(卫烈)(气，气流)，冲击(波)，气流，强射流，火舌 ②鼓(吹，送，通)风，喷砂(丸，气，焰，射)，吹炼(气)，打气，吹模 ③【计】清除 ④鼓风机,喷粉(气)器，压缩器 ⑤炸(破，毁，开)，摧毁(残)，损害 ⑥变(蓓)晶，有核的红血球 ⑦胚芽(胚)(细)胞，裂殖胚(胞)。*a blast of wind* 一阵风. *air blast* 吹(鼓)风，空中爆炸，气流，气喷净法，喷气(器)，鼓(通)风机，风车，空气熄泡. *blast box* 风箱. *blast burner* [*lamp*] 喷灯. *blast cleaning* 喷砂(丸)清理. *blast cover* (燃烧室内)火焰反射器. *blast fan* 风扇(叶轮)，鼓风机. *blast furnace* [*cupola*] 高(鼓风)炉. *blast heating* 预热送风，鼓热风. *blast hole* 炮眼，钻孔(眼)，风口. *blast line* [*main*] 空气道管. *blast pipe* 排(放，气，鼓)风管. *blast pressure* (鼓)风压(力), *blast protection* 冲击波防护. *blast shield* 防爆屏蔽. *blast*

blas′tard

volume 风量. blast wave 冲击波. free jet blast 无遮喷净(装置). H-bomb blast 氢弹爆炸. hot blast (炽)热空气(射)流,热鼓风,气动力加热. rocket blast 火箭发动机的火舌. sand blast 喷砂(器). ▲at one blast 一吹〔喷,气,直〕. blast off 发射. blast out 爆破. full blast (高炉,鼓风炉)全风,全力的,完全的,最大限度的,大规模的,强烈的,最有效率的. in blast 正在鼓风. out of blast 不在鼓风.

blas′tard ['blɑ:stɑ:d] n. 飞弹,(V-1型)飞航式导弹.

blast-burner n. 喷灯.

blast-cold n.【冶】吹冷.

blastema n. 芽基,胚轴原.

blastemic a. 胚基的,芽基的.

blas′ter n. ①导火线,爆发药,点火器,起爆器,爆破〔工〕机 ②喷砂机 ③爆炸点 ④爆炸工. blaster cap 起爆雷管. sand blaster 喷砂器.

blast′-furnace ['blɑ:stfə:nis] n. 高炉,鼓风炉. blast-furnace bear 高[鼓]炉结块. blast-furnace casting 高炉出铁. blast-furnace cast iron 生铁. blast-furnace gun 高炉泥炮. blast-furnace method 鼓风炉熔炼法. blast-furnace mixer 混铁炉. blast-furnace plant 炼铁厂. blast-furnace process 炼铁操作.

blast-heating apparatus 同流换热器.

blastin n. 胚素(刺激细胞增生的物质).

blast′ing n. ①爆破(炸)(声),放炮,碎裂 ②鼓(吹)风,环吹 ③喷砂法,喷砂(丸)清理 ④风洞试验 ⑤气流〔炉〕冲击,气流加速运动 ⑤〔扬声器的〕震声,过载失真〔畸变〕⑥射孔. blasting cap 起爆筒,(起爆)雷管. blasting cartridge 爆炸管,弹筒. blasting charge 炸药包. blasting fuse 导爆线,雷管,引信. blasting gear 爆破设备,放炮用具. blasting gelatin 甘油凝胶胶;胶质炸药. blasting machine 发爆机,电爆机. blasting oil 爆炸(甘)油,硝化甘油. blasting operations 爆破作业. blasting shot 喷炸的铁丸〔砂粒〕. blasting unit 电力放炮机. free sand blasting 无罩喷砂法. non-air blasting process 非空气喷砂处理法. shot blasting 吹(金属)粒. sled blasting 滑车加速.

blasto- [词头]胚,芽.

blastocoel(e) n. 囊胚腔.

blastocolysis n. 发育停止.

blas′tocyte ['blæstosait] n. 胚细胞.

blast-off n. (火箭,导弹)发射.

blastomere n. (分,卵)裂球.

blastomogen n. 致癌物质.

blastomogen′ic a. 生肿瘤的.

blastomogenous a. 生肿瘤的.

blastoph′yly ['blæs'tofili] n. 种族史.

blastopore n. 胚孔.

blastoprolep′sis [blæstoprou'lepsis] n. 发育迅速.

blastospore n. 芽生孢子.

blast′pipe ['blɑ:stpaip] n. 鼓风(放气,吹出)管.

blast-supply n. 充(空)气管.

Blatthaller (loudspeaker) n. 布拉特哈勒扬声器,平坦活塞式薄膜扬声器.

blatt′nerphone ['blætnəfoun] n. 磁带(电气,钢丝)录音机.

bleed′er

blau-gas n. 纯净水煤气,蓝煤气.

Blaw-Knox decarbonizing process 布劳-诺克斯低压延迟焦化过程.

blaze [bleiz] I v. ①(熊熊)燃烧,冒火焰,发(放)光,闪耀 ②激发(昂),发怒 ③刻记号(路标) ④传播,宣扬 ⑤放. II n. 火焰(光),光辉(明,亮,彩),闪(强)光,光栅最强光区,爆(突,激)发. blaze the line 标出(道路,设计)路线. blazed grating 炫耀光栅. ▲ blaze about [abroad]传播,宣扬出去. blaze away 连续射出,使劲干. blaze out 燃烧(起来),激怒. blaze the trail 刻指路记号,做路标. blaze the trail for to …铺平道路. blaze up 暴燃,暴怒. in a blaze 四面着火,激烈. like blazes 猛烈地,拚命地.

bla′zer ['bleizə] n. ①燃烧物,发焰物 ②颜色运动衣 ③传播者,宣传者.

bla′zing ['bleiziŋ] a. ①炽燃的,灿烂的,光辉的,闪耀的 ②强烈的,厉害的. blazing off (油中弹簧)回火.

bla′zon [bleizn] I n. (盾上)纹章. II vt. ①饰以纹章 ②显示,夸示,宣扬. ~ment n.

BLC =①baseline configuration 基线轮廓 ②boundary layer control 附面(边界,临界)层控制.

bldg =building 建筑物,大楼.

BLDI =blank die 下料模.

bleach [bli:tʃ] I v. 漂(弄,变)白,脱色. II n. 漂白〔剂,度,法〕. bleach oil 无色滑油,漂白油. bleached holographic grating 漂洗全息摄影栅.

bleachabil′ity n. 漂白率.

bleachable absorber 可变色(可漂)吸色体.

bleach′er ['bli:tʃə] n. ①漂白剂 ②脱色罐 ③(pl.)运动场的露天看台 ④漂白工人.

bleach′ery ['bli:tʃəri] n. 漂白问.

bleach′ing ['bli:tʃiŋ] n., a. 漂白(的),变白的,褪色,脱色. bleaching effect 消感应吸收作用. bleaching fastness 漂白坚牢度. bleaching powder 漂白粉. bleaching power 漂白本领.

bleaching-out n. 褪色(的).

bleak [bli:k] a. 风吹雨打的,无遮蔽的,阴冷的,暗淡的. ~ly ad.

blear [bliə] a. 眼花的,(轮廓)模糊的,朦胧的. vt. 使轮廓模糊.

bleary a. 模糊的.

bleb [bleb] n. (气,水,起)泡,气孔,空洞,疱疹;水泡状生长,水肿. bleb ingot 有泡锅锭.

bled [bled] ①bleed 的过去式和过去分词 ②削弱的,减轻(薄)的. bled steam 废蒸汽,散汽.

bleed [bli:d] (bled, bled) I v. ①出(流)血,受伤(树木)泌脂 ②渗(流,放,漏)出,泄漏,漏入,泛(冒)油,使〔让〕⑧吸(吹)除,放(泄,气,水),抽吸(气,水),从…抽气减压,除去,减轻,剪片(插图等) ④悲痛 ⑤敲诈,冻取,勒索,剥削. II n. ①泄放孔,放出(漏)气体. air bleed 通气器. bleed air (gas) 放气. bleed the tyre 减轻轮胎内压力. bleed turbine 放(抽)气式汽轮机. bleed valve 放气(放泄,排出)阀.

bleed′er ['bli:də] n. ①泄放器〔阀,管〕,放油开关,放水(油)装置,旁漏,泄流,漏入(出)装置 ②输气管放水阀,输气管水冷凝器的连接管 ③分压器,分泄(泄放,漏阀,旁漏,旁路,降压,附加,稳定负载)电阻 ④【铸】浇不足 ⑤裹着跑火,(浇满后箱箱火造成的)缺肉 ⑥放血者,易出血的人. air bleeder 放气阀

bleed'ing

[管],通气小孔. *bleeder chain* 分压器(泄放)电路,分压电路链. *bleeder circuit* 泄流电路. *bleeder cock* 放气活门,放水龙头(旋塞). *bleeder condensing turbine* 汽冷涡轮机. *bleeder current* 旁漏(泄漏,泄放,分压(器))电流. *bleeder hole* 放泄(通风)孔. *bleeder turbine* 放(抽)汽式汽(涡)轮机. *bleeder type condenser* 溢流式大气冷凝器.

bleed'ing ['bli:diŋ] I n. ①出(放,渗)血 ②放(渗,析,漏)出,渗漏(试验),吹风,放(抽)气 ③泛(放)油(混凝土表面)泛出水泥浮浆,析水,印流,(固定相的)流失,浸渍透过,印映扩散,色料扩散,(插图)洇渗(色,橡胶收缩,(胶体)脱水收缩(作用)④分级地加热(法)⑤空心铸造,未浇定的铸件,(冒口成钢锭表面)回涨.II a. 流血的,渗色的. *badly bleeding* [轧]冒顶,渗漏,跑闸. *bleeding of concrete* 混凝土泌水现象. *bleeding off* 放出(液体或气体),流下(出),除去,取消,印流. *bleeding turbine* 放气(抽)汽式透平. *brake bleeding* 油压制动器排气操作. *gas bleeding* 抽出气体,气体分出.

bleed-off n. ①泄放,漏泄,放(排)出,排水,(液压系统)溢流调节 ②除去,取消. *bleed-off belt* 抽气的环形室.

bleicherde n. 灰棕淋溶层.

blem'ish ['blemiʃ] I n. 瑕疵,(表面)缺陷,污斑,缺点. II vt. 损坏(毁,伤,害),沾污. *ion blemish* 离子斑伤.

blench [blentʃ] vi. 退(畏)缩,回避,熟视而不睹.

blend [blend] I v. (*blend'ed* 或 *blent*)混融,溶,捏(合),掺和(合,杂,混),共混,重叠,交叠,调和,配料(with). II n. 混合(清),混合物(料),掺和(合)物,伪装混合色,合金. ▲*blend M from N* 把N混合成 M.

blend'able a. 可混(掺)合的.

blende [blend] n. 闪锌矿,褐色闪光矿物.

blend'ed ['blendid] a. 混(掺)合(好)的,混杂的,混合性的. *blended asphalt* 掺合沥青. *blended gasoline* 掺混(抗爆,高辛烷值)汽油.

blend'er ['blendə] n. 混合(和)器,混料机,搅拌器(机),搅切(搅拌)器,拌和机,掺合机(器).【铸】松砂机.

blend'ing ['blendiŋ] n. ①混(掺)合,掺(混,融,拌)和,配料②[铸]松砂③[轧]倒圆④折变.

blendor n. =blender.

blenn- [词头] 粘液,粘膜.

blenno- [词头] 粘液,粘膜.

blennogen'ic a. 生粘液的.

blennogenous a. 分泌黏液的,粘液生成的.

blennoid a. 粘液样的.

blenometer n. 弹簧弹力(测量)仪.

blent [blent] blend 的过去式和过去分词.

blephar(o)- [词头] 眼睑,睫.

blepharal a. 眼睑的.

blepharon (pl. *blephara*) n. 眼睑.

blepharoplast n. 生毛体,基体颗粒.

bless [bles] (*blessed* 或 *blest*) I vt. 保佑,赐福. I *a blessing in disguise* 似祸而实福.

bless'ed ['blesid] a. 神圣的,有福的. ▲*be blessed* 受惠,幸喜,有(with). *every blessed one* 人人,彼此都. ~*ness* n.

blest [blest] bless 的过去式和过去分词.

BLEU=blind landing experimented unit 盲目降落实验装置.

blew [blu:] blow 的过去式.

blick n. (烤体冶金时的)耀光.

blight [blait] I v. 使枯萎,妨害,挫折,毁损. II n. 枯萎病,虫害;使挫,挫折因素. *blighted area* 荒废(芜)地区.

blimp [blimp] n. ①软式飞艇,小型飞船 ②摄影机等的)防音[隔声]罩. (*Colonel*) *Blimp* 老顽固.

blind [blaind] I a. ①瞎的,育(目)的,单凭仪表操纵的 ②封闭的,闭(填)塞的,无出口的,堵死的,(一端)不通的 ③隐蔽的,伪装的,不易识别的,不显露的,无光的 ④缺乏眼光(判断力,了解力)的,无知的,轻率的. II n. ①隐蔽(处)②遮眼之物,挡窗牌 ③帘,幕,白页窗,屏风,④挡板,防护板,罩,障碍物⑤塞子,螺旋帽,膜片,尽端 ⑥口实. III ad. 盲目地,单凭仪表操纵地. *blind alley* 死胡同. *blind angle* 盲角,遮蔽角. *blind approach* 盲目(仪表)进场. *blind area* 盲(静,""死"") ,阴影,无信号区. *blind axle* 游轴,惰轴,侧轴. *blind car* 行李车. *blind coal* 无烟煤,细薄干煤. *blind distance* 碍视距离. *blind ditch* 暗(盲)沟,埋沟或砾石的排水沟. *blind driver* 无翼缘主动轮. ""*blind*"" *effect* 爬行(""百叶窗""效应. *blind end* 封闭端. *blind flange* 盖(盲)板,法兰盘,管口盖凸缘,盲[堵塞,闷头]法兰. *blind flight* 盲目(仪表)飞行. *blind ground joint* 磨口塞头. *blind gut* 盲肠. *blind hole* 不通孔,盲孔. *blind joint* 无间隙接头. *blind main* 尽端干管. *blind monitoring* 监控传声器. *blind nail* 暗钉. *blind navigation* 仪表导航. *blind pack* 眼罩. *blind pass* 空轧,尽头路,死巷,暗道. *blind riser* 暗冒口. *blind roaster* 马弗炉,套炉. *blind sector* 荧光屏阴影区,扇形阴影区. *blind shell* 不发(炸)弹,失效弹,未炸炮弹. *blind side* 弱点,死角. *blind spot* 盲点,盲(死)区,收音机不清楚的地方. *blind taper joint* 锥柱塔头,锥口锥塞. *blind vein* 盲(隐)脉. *blind wall* 无窗墙. *blind well* 沙底水井. *blind zone* 盲(静,屏蔽)区,隐蔽层. *Persian blind* 百叶窗. ▲*be blind to* 不明(事实),对…是盲目的,看不到. *go blind* (变成)盲目. *turn a (one's) blind eye to* 装做未看见,对…睁只眼闭只眼.

IV vt. ①弄瞎,使目眩 ②填(堵)塞(孔,空隙等),铺砂石 ③隐蔽,蒙蔽(住),遮住(暗),使相形见细 ④使失去判断力 ⑤盲[单凭仪表]飞行. ▲*a blind off a line* 堵塞或关闭管路. *blind M to N* 使 M 看不见 N.

blind'age ['blaindidʒ] n. 盲障,掩体.

blind'er ['blaində] n. ①眩眼的东西,(pl.)(马的)眼罩,障眼物 ②游轴.

blind'fold ['blaindfould] I a.; ad. ①蒙住眼睛的,盲目(的),轻率(的) ②瞎,胡乱(的). II vt. ①蒙住…的眼睛,遮住(物) ②装瞄,使不理解. III n. 障眼物,遮眼物,蒙蔽人的事物.

blindgut ['blaindgʌt] n. 盲肠.

blind'ing ['blaindiŋ] n. ①眩目的,幌(迷)眼的,把人弄胡涂的②不清晰,模糊 ③填(堵,窒)塞,盖土,铺砂石,(填隙用的)石屑. *concrete blinding* 混凝土模壳〔板〕.

blind′ly ['blaindli] *ad.* 盲目地.

blindman *n.* ①盲人 ②(邮局的)辨字员.

blind′ness ['blaindnis] *n.* ①盲(目,区),静区 ②失明,视觉缺损〔失〕,失辨症,黑矇 ③蒙昧,轻举妄动.

blind′spot *n.* 盲斑,盲点,静区,收音机不清楚的地方.

B-line n.【计】变址(数)寄存器,B寄存器,B线.

b-line field 反向连接字段.

blink [bliŋk] *v.; n.* ①眨眼,瞥见,闪视,观测 ②闪烁〔光,亮〕,发火花,若隐若现,以闭光信号表示 ③不予考虑,假装不看,不顾,视若无睹 ④(一)瞬间 ⑤皱折 ⑥表面浅洼型缩孔,(表面)缩皱,缩洼. *blink comparator* 闪视比较镜,闪烁比较器. ▲*on the blink* 发生故障,出了毛病. *There is no blinking the fact that* 不能否认…的事实.

blink′er ['bliŋkə] *n.* ①闪光(灯),闪光警报标,闪光(莫尔斯)信号灯 ②(遮灯〔护目〕照镜,(马)眼罩 ③移带叉. *blinker light* 闪(烁)光.

blink′ing *n.* ①瞬目,眨眼 ②闪烁〔光,亮〕.

blip [blip] *n.* ①(显示器屏幕上的)标迹,信号,尖头〔峰〕信号,(雷达)可视信号 ②光(回)波,反射脉冲 ③(因抹音引起的)电视节目中的声音中断. I (*blipped; blipping*) *vt.* 在录像磁带上擦〔抹〕去(所录的音). *blip detector* 标志信号检测器. *radar blip* 雷达尖头脉冲(可视信号). *split blip* 双尖脉冲,分尖头信号.

blip-frame ratio 点-帧比.

blip-scan radar 反射脉冲扫描雷达.

blip-scan ratio 光点-扫描比,尖头回波-扫描比.

BLISS = basic language for implementation of system software 实现系统软件的基本语言.

blis′ter ['blistə] *n.; v.* ①气(水,浮,凸)泡,水〔起,发〕泡,结〔疱〕疱,气孔,砂眼,折叠,小丘,局部隆起 ②天线罩,天线屏蔽舱罩,流线型外罩,(飞机)固定枪座,(军舰)防雷隔舱,(船)附加外板 ③产生气泡,起〔发〕泡,肿胀,爆皮,起皮. *blister cake* 粗〔泡〕铜块. *blister copper* 粗〔泡,荒〕铜. *blister copper ore* 黄铜矿. *blister corrosion* 起泡腐蚀. *blister refining* 粗铜精炼. *blister sand* 砂疤. *blister steel* 泡钢,疱钢. *side blister* 侧旁瞭望窗.

blis′tered ['blistəd] *a.* 起泡的. *blistered casting* 多孔铸件.

blis′tery ['blistəri] *a.* 起〔有〕泡的.

blitz [blits] 或 **blitz′krieg** ['blitskri:g] *n.; a.; v.* 闪电(击)战,闪电式行动,猛烈空袭,用闪电战攻击〔摧毁〕. *blitz tactics* 闪电战术.

bliz′zard ['blizəd] *n.* 暴风雪,雪暴.

BLK = ①black 黑(色) ②blank 空白的,表格,坯料 ③block 块,部件,单元,滑车 ④bulk 容积,散装.

Bln = Balloon 气球.

BLO = blower 鼓风机,(空气)压缩机.

bloat [blout] *v.; a.* ①熏制〔(数,肿)胀,起泡,发胖 ③(使)得意忘形.

blob [blob] I *n.* ①一滴,滴状,一小圆块 ②点(子),斑,点,团 ③水泡,气泡. II (*blobbed; blobbing*) *v.* 用点弄污,弄错. *blob of slag* 渣饼,火山渣块. ▲*on the blob* 口头上,通过谈话方式.

bloc [blok] 〔法语〕 *n.* 集团. *en bloc* 总括,一总,全体.

block [blok] I *n.* ①块(体,材,形,锭),(方,砌,垫,滑,地,断,巨,试,金属,程序)块,片,板,枕,台,座,模 ②滑车(组),滑轮,(汽缸)体,(调节)楔,(印)版,砧板,铁砧,拉线〔卷筒,机〕轧机 ③单元,部件,装置,设备 ④部(成)分,块(段,间,组) ⑤(方)框,程序〔存储,功能,数据,字〕块 ⑥块(段,间,组)区(段,坊) ⑦毛坯(料,石)砾石,粗料〔坯〕,铸造板基板 ⑧(一)套,(一)组,(一)批,字〔数,号码,信息〕组,组合单元 ⑨黄团,汽球,大厦 ⑩阻塞(区断,阱,碍),障碍物 ⑪停振. II *vt.* ①堵(阻,闭),塞,断路(流),扼住 ②中截〔断,停用〕(比),冻结(资金) ③反阻(止),封锁(闭力),妨(阻)碍,屏蔽,自保 ④使联动〔合合〕 ⑤使成块状. *all ports block* 中立关闭(阀)(滑阀在中立位置上,全部通路关闭). *anchor block* 地锚,地下横木,锚桩. *angle block* 角铁,弯角. *angle block gauge* 角度块板. *block access* 【计】成组〔字组,字区〕存取,程序块访问,字组〔字区〕取数. *block accumulator* 条形极板蓄电池. *block and falls* 滑轮组. *block and tackle* 滑轮(工具). *block antenna* 共用〔集合〕天线,天线组. *block basin* 断块盆地. *block bearing* 止推轴承. *block body* 分程序体. *block cancel* [ignore] *character* 信息组作废符号. *block capacitor* 阻塞〔隔(直),级(间)耦合〕电容器. *block cast* 整铸. *block cathode* 方块〔闭塞,阻挡〕阴极. *block code* 分组码,块码,信息组代码. *block coefficient* 填充系数. *block condenser* 阻塞〔隔直流,级间耦合〕电容器,电解电容器组. *block constant* 【计】(表征数)字组特性常数. *block construction* 大型砌块建筑. *block curve* 实线,连续曲线. *block data* 【计】数据块. *block diagonal matrix* 分块对角矩阵. *block diagram* 方块〔程〕图,结构图,立体图,示意流程图,简〔草〕图. *block effect* 体效应. *block encoding* 分组编码. *block gap* (数据)块间隔,块间隙,信息区间隙. *block gauge* 块规. *block grease* (黄抽)润滑脂)块. *block hammer* 落锤. *block head* [分程序]首部. *block head cylinder* 整体汽缸(汽缸头和汽缸本体铸成一整体). *block holder* 块规夹持器〔夹子〕. *block indication* 区间位置指示信号. *block length* 组长〔字组,字区,信息组,分程序长度,块(码)长. *block letters* 印刷体(大写)字母. *block level* 气信水准仪,平放水准器,封(闭)锁电平,箱信号信电平. *block linkage* 滑块联动链. *block map* 略图,立体图解. *block mark* 块标志,字组〔分程序〕符号. *block meter rate* 分段收费制. *block mount* 组合装配〔安装〕. *block multiplexer channel* 字组多路通道,成组多路转换通道. *block number* (成)组(传送)号,段数. *block of offices* 办公室大楼. *block of valve* 阀锁. *block polymer* 成块〔整体,嵌段〕聚合物. *block post* 闭塞(信号)控制站. *block power plant* 河床式汽(电)站. *block press* 模压机. *block relay* 闭(联)锁继电器. *block relaxation* 整块松弛. *block salt* 盐砖. *block schematic diagram* 方框图. *block screw* 千斤顶,螺旋顶高器. *block sequence* [welding] 分段多层焊,多层焊叠置次序. *block set* 块规.

block signal 分段〔闭塞〕信号. *block sort* 块分类, 分组, 字组〔字区〕分类, 信息分块. *block square* 矩形角尺. *block system relay* 闭塞（系统）继电器, 切断继电器. *block test* (汽车发动机的)台上试验. *block tin* 锡块（锭）. *block transfer* 【计】 整块〔字组〕转移, 信息组〔整块, 字组, 成组〕传送. *blocked byte* 分组字节. *blocked file* 成块文件. *blocked fund* 冻结资金. *blocked grid limiter* 栅截止限幅器. *blocked heat* 【冶】中止氧化. *blocked impedance* 阻挡〔停塞〕阻抗. *blocked job* 分块作业. *blocked level* 封锁〔闭锁, 阻挡〕电平. *blocked off* 堵截(住). *blocked record* 成组〔成块, 块式〕记录. *blocked set* 逻辑记录块. *blocked state* 封锁状态. *brake block* 闸瓦. *building block* 积木(构件), 积木式〔元〕构件, 结构单元, 标准块〔部件, 组件, 元件〕, 组件块, (现成的, 预制的)装置构件, 空心砌块. *building block principle* 组〔拼〕装原理. *building block system* 【计】插入与程序系统. *bull block* 拉模. *cavity block* 阴〔凹〕模. *cell with packets of block anodes* 块状阳极装配在一起的电解槽. *crown block* 定〔顶部〕滑轮. *cupola block* 化铁炉异型耐火砖. *cutter block* 组合铣刀. *cylinder block* 汽缸体（组,排), 油缸体(组). *cylinder port block* 中立油缸口关闭(中立位置时, 一个油缸口关闭, 其他各口相通). *equalizer block* 平衡器功能块. *Foke block* 福克块. *follow block* (用于旋压的)抵板. *fuse block* 保险丝盒. *gauge block* 量块规. *hearth block* 炉床砖. *Johansson block* (约翰逊)块规. *keel block* 铸锭, (船)龙骨墩, 艇架, 底座. *link block* 连接滑块, 导块. *output block* 输出部件. *pillow block* 轴台. *raiser block* 垫块. *rear block* 后(刀)座(架). *screw block* 千斤顶. *side port block* 旁(侧)口关闭. *simple block letter* 简单方形字段. *size block* 块〔量〕块. *solid block* 整矿〔煤〕柱, 支柱, 基线三角架. *spacer block* 模具定位块. *step block* 多级滑轮, 级形垫铁. *stumbling block* 绊脚石. *swage block* 型砧. *tank block* 玻璃熔池耐火砖, 箱座, 槽砖. *terminal block* 接线板〔盒〕. *thrust block* 止推座, *tool block* 刀架. *traffic block* 交通堵塞. ▲ *a block of* 一大块, 一批〔组〕. *a road block to* 对…的绊脚石〔路障〕. *Blocked!* 此路不通! *block in* 画草图, 拟大纲, 筹划, 封锁, 堵塞. *block off* 阻塞, 挡住, 堵截. *block out* 画草图, 勾划轮廓, 规划, 拟大纲〔计划〕. *block up* 阻〔堵〕塞, 隔断, 垫高.

block-access *n.* 【计】成组〔字组, 字区〕存取.
blockade' [blɔˈkeid] *n., vt.* ①封锁, 禁运, 禁止贸易 ②堵塞, 封闭, 阻止〔断, 滞, 塞, 碍〕, 抑制.
block'age [ˈblɔkidʒ] *n.* ①阻〔堵, 充〕塞, 阻断〔滞〕, 关闭〔锁〕, 锁定 ②障碍(物) ③小方石, 拳石块. *blockage factor* 遮蔽因数, 阻塞系数. *solid blockage* 物体堵塞.
block'bus'ter [ˈblɔkˌbʌstə] *n.* 巨型轰炸弹, 巨型炸弹.
block'chain *n.* 块环链, 车链.
block-circulant matrix 分块循环矩阵.
block-coded communication 分组码通信.
block-coding 分组编码的, 组合码.
block-conden'ser *n.* 阻塞〔隔直流, 级间耦合〕电容器, 电解电容器组.
block'-di'agram *n.* 方框〔块〕图, 简〔草〕图.
blocked-grid keying 栅截止〔截止栅, 栅偏〕键控.
block'er *n.* 阻断器, 锥形锻模.
blockette *n.* 【计】数字组, 子(次)字组, 子群(组), 分〔小)程序块, 分区块, 数据小区组, 小信息块, 小组信息.
block-fault *n.* 块断层.
block'glide *n.* 块体滑动, 地块滑坍.
blockholing method 分块钻孔法.
block'house [ˈblɔkhaus] *n.* ①盒, (木)箱, 框架, 砌块间 ②水泥炮床, 碉〔地〕堡 ③掩蔽.
block'ing [ˈblɔkiŋ] *n.* ①阻塞〔碍, 断, 滞〕, 封〔联〕锁（端）, 闭塞〔锁, 合〕, 遮（阻, 中, 截）断, 截止, 阻〔间〕断, 中断〔间歇〕振荡 ②屏蔽, 保护 ③旁路, 分段〔块〕, 合〔成〕组, 成〔拼〕块 【计】字组化, 单元化, 模块化 ④传导阻滞 ⑤粗型〔模〕锻, (平) 凸衷 ⑥压榕〔女儿〕墙, 锤碎石块. *blocking bias* 截止偏压. *blocking capacitor* 隔直流〔极间耦合, 闭塞〕电容器. *blocking circuit* 闭锁电路. *blocking condenser* 阻塞〔直〕流, 级间耦合）电容器, 过渡冷凝器. *blocking contact* 闭锁接点, 阻隔接触. *blocking efficiency* 整流效率. *blocking factor* 块〔字组〕因子. *blocking high* 【气象】高压〔反气旋〕. *blocking junction* 阻挡结. *blocking level* 阻挡层, 阻塞电平. *blocking of oscillator* 振荡器停振. *blocking of thought* 思维中断. *blocking oscillator* 间歇〔闭塞, 阻塞〕振荡器. *blocking property* 粘结〔闭〕性能. *blocking test* 分块试验. *blocking time* 截止〔闭锁, 阻塞〕时间. *blocking tube oscillator* 电子管间歇振荡器. *blocking voltage* 阻塞〔截止, 闭锁, 阻塞, 间歇〕电压. *wood blocking* 木垫.
blocking-generator *n.* 间歇发生器.
blocking-layer rectifier 阻挡层整流器.
blocking-oscillator transformer 间歇振荡器变压器.
blocking-tube oscillator 电子管间歇振荡器.
block-layer photocell 阻挡层光电池(管).
block'mark *n.* 块标志.
block-organized storage 块结构存储器.
block-oriented associative processor 分块式〔面向块的〕相联处理机.
block-oriented random access memory 按区随机存取存储器.
block'-press *n.* 模压机.
block-resection *n.* 大块切除术.
block'-signal *n.* 阻塞〔截止, 分段〕信号.
block-structured code 分程序结构码.
block-switch technology 分组交换技术.
block-tridiagonal matrix 块三对角阵.
block'y [ˈblɔki] *a.* 块状的, 短而粗的, 结实的.
BLODI = block-diagram 方框图.
blomstrandite *n.* 钛铌铀矿.
Blondel *n.* 勃朗德尔(光亮单位, π 流明每平方米球面度).
blondin *n.* ①(架空)索道起重机 ②索道.
blood [blʌd] *n.* ①血(液) ②(家畜)血统(关系) ③气

质 ④纯种(马) ⑤美国羊毛等级标准. vt. ①使出血，抽血 ②用血处理(皮革). blood cell 血细胞,血球. blood flow meter 血流量计. blood gas apparatus 血内气体检验器. blood group [type] 血型. blood line 血统,世袭. blood plasma 血浆. blood platelet 血小板. blood poisoning 败血症,脓毒症. bloodproof paper 防血纸. blood serum 血清. blood spot 血斑. blood stream 血流. blood sugar 血糖. blood transfusion 输血. blood typing 血型鉴定. blood vessel 血管. blood volume 血量. sludged blood 凝血块. ▲in cold blood 蓄意地.

blood-cemented a. 鲜血凝成的.
blood-fat n. 血脂.
blood'hound ['blʌdhaund] n. 警犬.
blood'less ['blʌdlis] a. 贫血的,无血(色)的,不流血的.
blood'letting ['blʌdletiŋ] n. 放血(术),流血.
blood'-poi'soning ['blʌdpɔizniŋ] n. 血中毒,败血症.
blood'-pressure ['blʌdpreʃə] n. 血压.
blood-serum n. 血清.
blood-stain n. 血迹.
blood'stone ['blʌdstoun] n. 血滴石,血玉髓,赤铁矿.
blood'stream n. 血流,(在血管中流动的)血液.
blood'sucker ['blʌdsʌkə] n. 吸血者.
blood-transfusion n. 输血.
blood'-vessel ['blʌdvesl] n. 血(脉)管.
blood'wood n. 红(苏)木.
bloody ['blʌdi] a. ①(有,出,流)血的 ②血色的,血腥的 ③非常的.
blooey 或 **blooie** ['blu:i] a. 出毛病的. go blooey 出毛病,突然出差错,爆炸,完蛋.
bloom [blu:m] I n. ①花(朵) ②大量增殖,茂盛时期 ③(果实等的)粉(衣),霜,起霜(作用),菌蜕 ④光圈,晕,微光,闪光,图像变暗(浮散,模糊) ⑤模糊现象,模型表面沾污 ⑤大钢坯,钢锭,铁(钢)块,大[初轧]方坯 ⑥黄色鞣化酸 ⑦润滑油的荧光 ⑧华 (金属氧化物的水合物) ⑨流脂(压铸件缺陷) ⑩薄膜. I v. ①开花,繁荣,突然激增 ②起霜(晕),浮散,(给透镜)涂层 ③初轧,把…轧成钢坯. bloom base plate 支柱座板. bloom light 晕光. bloom pass 初轧孔型. bloom roll 初轧轧辊. bloom shear 大钢坯剪切机. bloom slab 扁钢坯. cogged bloom 初轧方坯. copper bloom 铜华. rerolling quality blooms 优质方坯. ▲bloom out (表面)起霜. in bloom 盛开,正在(充分)发挥中.
bloom'ary ['blu:məri] n. 【冶】土法熟铁吹炼炉,精炼炉床.
bloom'-base ['blu:mbeis] n. 支柱座.
bloom-blank 或 **bloom-block** n. (轧制轨梁等钢材用的)大异形坯.
bloomed a. 无反射的,模糊的,起霜的,发晕的. bloomed coating 无反射涂层. bloomed lens 敷膜透镜,镀膜镜头,减少光反射透镜.
bloom'er n. 初轧机,开坯机. three-high bloomer 三辊式开坯机.
bloomery = bloomary. bloomery process 熟铁块吹炼法.
bloom'ing ['blu:miŋ] n. ①敷(起)霜,表面起膜,模糊现象,图像浮散(模糊),散乱,开花,发晕,开花效

②加膜,光学膜,光学减层 ③光轮[圈],晕光 ④初轧(机),开坯. blooming film 光学膜. blooming mill 初轧[开坯]机. blooming pass 初轧机孔型. blooming stand 初轧机机座.
bloom'less ['blu:mlis] a. ①无花的 ②不起霜的. bloomless oil 不起霜润滑油.
bloom'y a. ①多花的 ②起霜的. bloomy sound 底部声音.
bloop [blu:p] I n. ①(灌音时的)杂音,(磁带)接头噪声 ②防杂音设备. II v. 发出(刺耳)噪音,(用防杂音设备)消除…的杂音.
bloop'er ['blu:pə] n. ①有发射的(发出射频电流的)接收机(其本身的天线能发出电波以使附近的接收机发生杂音),接收机辐射信号 ②大错.
blos'som ['blɔsəm] I n. ①花(簇) ②【地质】华 ③开花时期,(发育)的初期 ④色彩. I vi. ①开花,繁荣 ②发展 ③(降落伞)展开. blossom rock 落华石. ▲blossom (out) into 成长为. in full blossom 盛开. nip in the blossom 把…消灭于萌芽状态.
blot [blɔt] I n. 墨迹(污),污斑(点,厚),弱点,缺陷. I (blot'ted, blot'ting) v. 弄(沾)污,玷,抹掉,吸去(干,墨,油),渗开,遮蔽(暗),把…弄得模糊. ▲blot out 涂去(掉),抹算,弄模糊,遮蔽(暗),摧毁,消灭.
blotch [blɔtʃ] I n. ①疱,疙瘩 ②污渍(点),斑(点). I vt. 弄脏,涂污.
blot'ter ['blɔtə] n. ①吸墨纸(具),吸油纸(集料) ②(砂轮)缓冲用纸(垫) ③流水账,记事簿. blotter press 压滤机.
blot'ting ['blɔtiŋ] n. 吸去(干,墨,油),涂[抹]去. blotting pad 吸墨水纸滚台.
blot'ting-pa'per ['blɔtiŋpeipə] n. 吸墨水纸.
blouse [blauz] n. 工作服,罩衫,套衫,军上装,制服上衣.
blout n. 块状石英.
blow [blou] I (blew, blown) v. ①吹(风,除,炼,制,胀,走,响,奏),送(鼓)风,充(吹,喷,喘)气 ②爆炸(发),炸裂(毁),放炮,冲击,震动 ③【电】熔解[化],(保险丝)烧断 ④吹号,传播,浪费,告吹. blow the door open 把门吹开. ▲blow about 吹散. blow by 从…(旁,缝中)漏出,漏气,渗漏,不密封. blow down 吹倒(下,除,净,风),放水,泄料,排污,搅扑. blow hot and cold 反复无常,出尔反尔,摇摆不定. blow in 使吹入,鼓(风)入,开炉,自燃,(突然)冲来到,浪费,花光. blow in the furnace 开炉,开炉送风. blow off 吹散(掉),出,除),喷出,放气,吹(送)风,排出. blow on 开炉. blow out 吹熄(出,灭),吹风,(风)吹扫(一停),噎炮,岩石的崩出,(突然)爆裂(破),突然冒出,烧(熔)断,打穿,停炉. blow out the furnace 停炉,炉子停风. blow over 吹散,过去,停止,消灭,被淡忘,下陈,净,风),放水,泄料,排污(被)炸翻(掉),斐掉,弄糟,给…打气,充气,膨胀(过),鼓起,放大. blow to ①打(击),一击,碰撞 ②吹(风),喷,(沉箱)放气,吹炼期 ③疾(猛飞),(pl.)气(孔)(穴) ④(保险丝等)烧断. air blow 鼓风,吹气,气排肩. arc blow 【焊】电弧偏吹. blow case 吹气(容器)压料筒. blow engine 鼓风机. blow hole 气孔[穴],砂眼,(隧道)通风孔. blow lamp 喷灯,吹管. blow mo(u)lding 吹模[塑]法. blow off (check) valve 放气[排泄]阀. blow off pressure

【选矿】停吹气压. *blow pipe* 吹管,火焰喷灯,焊枪[吹];放泄管,压缩空气输送管. *blow plate* 吹芯〔砂〕版. *blow sand* 飞〔飘〕砂. *blow tank* 泄料桶,疏水箱. *blow torch* 焊接灯,喷灯,吹管. *blow ups*（由冻胀引起）隆起. *blow valve* 送风阀. *blow vent* 通〔排〕气口. *blow wash* 吹洗,压水冲洗. ▲*at one blow* 或 *at a (single) blow* 一击（就）,一下子（就）. *strike a blow against* 反对,企图阻止. *strike a blow for* 为…而战斗,支持. *without striking a blow* 毫不费力.

blowabil'ity n. 吹成性（塑砂的）.

blow'back n. 反吹, 气体后逆, 泵回, 回爆, 后坐.

blow'-by n.①吹去,瓦斯喷出 ②漏〔窜〕气,渗漏〔滤〕,不密封.

blow-by-blow a. 极为详细的.

blow-cock n. 排气栓, 放泄旋塞.

blow'down' ['blou'daun] n. ①吹风〔除,下〕,放气,（发动机试验后）换气〔吹净〕②泄料,放空,排污,泄放活门 ③扰动,搅拌 ④增压.

blow'er ['bloua] n. ①鼓〔吹,送,闭〕风〔箱〕,空气压缩机,压气机 ②吹风机（吹,射）芯杆,喷射机,汽枪 ③增压器（叶轮〕,螺旋桨,喷嘴 ④吹制（充气）工人,吹制者,吹泵工,转炉工. *air blower* 鼓风机. *blower fan* (离心)鼓风机,风扇,风机. *blower pump* 增压泵. *exhaust blower* 抽〔排〕风机,排气机. *heat blower* 热风吹送器〔发生器〕. *powder blower* 吹粉器. *Roots blower* 双转子鼓风机. *Roots blower pump* 双转子（真空）泵. *three-stage blower* 三级增压〔压缩〕机.

blow-extrusion process 压出吹塑法.

blow'-gun n. 喷枪, 喷粉器.

blow'hole ['blouhoul] n. ①铸（喷）气, 射, 通风, 喷水,〔喷〕孔 ②砂〔气〕眼,气泡,（模板）麻点. *slag blowhole* 砂眼,渣孔.

blow-in n. 鼓风, 吹入, 喷火（鼓风炉）开炉, 开始送风.

blow'ing n. ①喷吹（出,发),自鸣,吹（风,气,除,制,炼,塑,芯)②漏气(陶瓷表面)起泡,（纤维素）放浆,放料,放锅,喷放,（路面）爆裂 ③着〔发〕火 ④爆破〔破碎〕. *blowing agent* 发泡（起泡,生气）剂. *blowing current*（保险丝的）熔断电流. *blowing moulding* 吹模法. *blowing piston*（磨损的）漏气活塞. *blowing plant* 压缩空气装置. *blowing promotor* 发泡助剂. *blowing rate* 风量. *core blowing machine* 吹芯机. *glass blowing* 吹玻璃.

blowing-in n. (鼓风炉)开炉, 鼓风, 吹入.

blowing-out n. (鼓风炉)停风（炉）.

blowing-up furnace 铅锌矿烧结炉.

blow'(-)lamp ['blou-læmp] n. 喷〔焊〕灯.

blown [bloun] Ⅰ *blow* 的过去分词 Ⅰ a.①吹气的,吹〔涨〕的,吹成的,吹制的 ②多孔的,海绵状的,喘气的 ③被炸毁的. *blown asphalt* 吹炼沥青,吹制地沥青（即氧化沥青）. *blown fuse indicator* 熔线熔断指示器. *blown joint* 吹接. *blown metal* 吹炼金属. *blown oil* 吹成油,吹制油,气吹油. *blown out shot* 瞎〔废,空〕炮. *blown out tyre* 爆裂的轮胎. *blown petroleum* 吹制石油. *blown primer* 炸坏雷管. *blown stand oil* 氧化聚合油, 吹制定油. *hand blown glass* 人工吹制玻璃器皿.

blown-film n. 多孔膜, 吹塑薄膜.

blown-sponge n. 海绵胶.

blow(-)off n. ①吹除〔去, 出, 飞〕, 飞散, 排〔放〕出, 排〔放〕气, 排污, 放〔吹〕泄 ②喷出〔吹卸〕器 ③爆〔吹〕裂, 爆发 ④受压容器各段分离 ⑤高潮, 结局. *blow-off cock* 排气栓. *blow-off pressure* 停吹气压. *blow-off valve* 放气活门, 急泄阀.

blow-on n. 开炉.

blow'out n. 鼓〔吹,送〕风,放〔漏〕气,吹〔喷〕出,井喷,漏壳,跑火,突然漏气,散〔展〕开 ②爆发〔裂〕,断裂,烧〔吹〕断,裂〔决〕口 ③（风）吹〔灭〕火,熄〔吹〕风,熄弧,火花消灭 ④熔解 ⑤管路清除,风力移动 ⑥贫矿脉. *blowout coil* 消火花线圈,减震（熄弧,灭火）线圈. *blowout current* 熔断电流. *blowout diaphragm* 遮断膜片, 快速光阑, 快门. *blow-out disc* 保护隔膜, 防爆膜. *blowout magnet* 磁性熄弧(用)磁铁,磁吹熄弧磁铁. *blowout patch* 垫圈,管接头,补（胎）垫,补胎胶布. *blowout preventer* 防喷装置. *magnetic blowout*（磁力）熄弧器, 磁灭弧器.

blow'pipe ['bloupaip] n. ①吹（吸）管, 通风管, 压缩空气输送管, 空气喷嘴 ②焊〔炬〕, 喷焊灯. *blowpipe analysis* 吹管分析. *cutting blowpipe* 喷割器. *injector blowpipe* 低压喷焊器.

blow-run n. 鼓风掺气（过程）. *blow-run gas* 鼓风气（加入水煤气）.

blow'test n. 冲击试验.

blow'torch n. ①喷〔吹〕焰〔灯, 焊灯〔枪〕, 吹管 ②喷气战匪机. *multidirection oxyacetylene blowtorch* 多向氧块切割器.

blow'(-)up ['bloup] n.①爆发〔炸, 开, 裂, 破坏〔裂〕, 扭曲, 冲破, 崩塌 ②鼓〔胀〕起, 冻胀, 吹胀, 发泡 ③（照相等的）放大, 放大了的照片, 印有放大照片的封面 ④扩张, 散〔展〕开. *blow-up pan*（粗糖溶液加石灰后）蒸汽搅拌锅.

blow'y a. 惯风的, 风大的, 风吹过的.

blr = ① beyond local repair 本〔原〕地不能修理 ② boiler 锅炉.

BLU = blue 蓝色(的).

blub'ber ['blʌbə] n. 鲸脂〔油〕, 海兽脂. v. 哭泣.

blucite n. 含镁黄铁矿.

blue [blu:] Ⅰ n. ①青(色), 蓝(色), 普鲁士蓝 ②蓝(铅)油, 蓝颜〔染〕料 ③发青 ④(pl.)阴郁, 忧闷, 沮丧 ⑤(pl.)蓝色制服. Ⅰ v. 染成蓝〔青〕色. *blue amplifier* 蓝色图像信号放大器. *blue annealed wire* 发蓝钢丝. *blue annealing*（热轧钢板）蓝退火,（线材）发蓝退火. *blue apex*（色度图上）蓝基色点. *blue beam* "蓝色"射线, 蓝光束, 蓝电子束. *blue bind* 硬粘土. *Blue Book* 蓝皮书. *blue brittleness* 蓝脆. *blue cap* 光晕〔环〕. *blue colour difference axis* 蓝色差轴, B-Y 轴. *blue control grid*（显像管）蓝枪控制栅. *blue copperas*〔jack, stone, vitriol〕胆矾. *blue deflecting generator* 蓝电子束扫描发生器. *blue drive control* 蓝枪激励控制. *blue fish* 蓝鱼. *blue gas* 氢毒气, 水〔蓝〕煤气. *blue gold* 金铁合金, 蓝金(金 75%, 铁 25%). *blue heat* 蓝热. *blue highs* 蓝色高频. *blue ice* 纯结冰. *blue john*（蓝）萤石, 氟

石. *blue lateral convergence* 蓝向会聚,蓝位校正. *blue lateral magnet* 蓝位(调整)磁铁,蓝色横向(位置)调整磁铁. *blue lead* 蓝铅,金属铅. *blue lead-ore* 方铅矿. *blue light*(s) 蓝光,信号火花. *blue lows* 蓝色低频. *blue magnetism* 南极磁性. *blue mass* 汞软膏. *blue metal* 蓝(锌)粉(蒸馏锌的副产品,由锌和氧化锌组成),蓝铜锍(含铜约62%),粘土质片岩. *Blue Network* 蓝广播网. *blue oil* 蓝油,从重页岩油或地蜡制得的润滑油,滤过的石蜡馏出物. *blue planished steel* 发蓝薄钢板. *blue powder* 蓝(锌)粉(蒸馏锌的副产品,由锌和氧化锌组成). *blue print* 蓝图,规划. *blue response* 蓝光响应. *blue restorer* 蓝电平恢复器. *blue ribbon program* "蓝带"(一次通过)程序. *blue screen* 蓝屏光荧光体. *blue sheet* 蓝钢皮. *blue shortness* 发蓝退火的薄钢板蓝脆(性). *blue steel* 蓝钢. *Blue Steel* (英空对地导弹)蓝剑. *Blue Streak* (英地对地导弹)蓝光. *blue-top grade* 旧路改建前的纵断面. *blue vitriol* 胆(蓝)矾,五水(合),硫酸铜. *blue water* 大(苍)海. *darkblue* 暗青色,深蓝色. *light blue* 淡青色. *Prussian blue* 普鲁士蓝,蓝色颜料.
▲*a bolt from the blue* 晴天霹雳,意外之事. *appear* (*come*) *out of the blue* 意外地出现,爆出冷门. *be in* (*have*) *the blues* 无精神,沮丧. *blue streak* 极快的闪光. *once in a blue moon* 极少,千载难逢(的). *out of the blue* 突然地.

blue-beam magnet 蓝电子束(会聚)磁铁.
blue-black *a*. 深蓝黑色的.
blue-centering *n*. 蓝色定中调整.
blue-collar workers *n*. 直接从事生产的工人,产业(蓝领)工人,体力劳动者.
blue-colo(u)r *n*.; *a*. 蓝色(的).
blue-emitting phosphor 蓝光荧光体.
blue'-fin'ished ['blu:-'finiʃt] *a*. 蓝色回火的.
blue-free filter 去蓝色滤光器.
blue-green *a*.; *n*. 蓝绿(色).
blueing = **bluing**.
blue-john *n*. (蓝)萤石.
blue-light source 蓝(色)光源.
blue'ness *n*. 蓝色,青蓝.
blue-pencil *vt*. 用蓝色铅笔作记号,删改.
blue'print' ['blu:'print] *n*.; *vt*. ①(晒)蓝图,设计图②详细制订,(订)计划;方案 ③蓝色板,蓝色照相. *blue print process* 蓝图法.
blue'printer *n*. 晒图机.
blue-reflecting dichroic 蓝色反射镜.
blue-ribbon *a*. 第一流的. *blue-ribbon connector* 矩形插头座. *blue-ribbon program* 【计】无错(一次通过)程序.
blue'stone *n*. ①胆(蓝)矾,(五水)硫酸铜 ②筑路用青石,蓝灰砂岩,硬粘土.
bluey *a*. 带蓝色的.
bluff [blʌf] *n*. ①陡削的,绝壁的,具有宽而直立的平面的 ②直爽的. Ⅱ *n*. ①悬崖,陡岸,天然陡坡 ②非直线(形物)体,不良流线体,不良绕流型体,肥钝型体 ③欺骗,威(恐)吓. Ⅲ *v*. 欺骗,虚张声势,威吓.

blu'ing ['blu:iŋ] *n*. ①涂蓝,发蓝(处理),着色(检验)

②蓝色漂白剂,上蓝剂 ③蓝化,烧蓝,模温过高而引起的绿色氧化膜. *bluing of steel* 钢加蓝.
blu'ish ['blu:iʃ] *a*. 带蓝色的,浅蓝色的.
bluish-grey *a*. 蓝灰色的.
blun'der ['blʌndə] *n*.; *v*. ①(犯)大错,做错,失策,疏忽 ②故障,误差,错误 ③盲目行动,无意中说出.
▲*blunder against* 撞着,冲撞. *blunder away* 错过(机会),(因管理不善)挥霍掉,抛弃. *blunder on* (*upon*) 无意中发现,碰见. *blunder out* 无意中泄漏.
blundering *a*. 容易犯错误的,大错的. ~ly *ad*.
blunge [blʌndʒ] *vt*. 用水搅拌,揉软.
blun'ger ['blʌndʒə] *n*. 圆筒搀和机,搅拌器.
blunt [blʌnt] Ⅰ *a*. ①钝(头)的,不尖(利,快)的,无锋的,圆头的 ②粗率的. Ⅱ *n*. 短粗的针,钝器. Ⅲ *v*. 弄(变)钝,削(成)角,挫折,减弱. *blunt cutting edge* 钝切削刃. *blunt file* 直边锉. *blunt pile* 钝头桩. *blunt refusal* 干脆的拒绝. *blunted cone* 钝锥. *That's the blunt fact*. 事实的确就是这样.▲*to be blunt* (插入语)老实说.
blunt'ly ['blʌntli] *ad*. 钝,生硬,粗率. *bluntly tuned* 钝调谐.▲*to put it bluntly* (插入语)直截了当地说.
blunt'ness *n*. 钝(度),粗率.
blunt-nosed *a*. 钝头的.
blur [blə:] *v*. ①(*blurred*; *blur'ring*) *v*. 弄污(脏),(使)变模糊,(墨水等)渗开,影像位移. *n*. 污点(斑,迹,损),(影像)模糊.▲*blur out* 弄模糊,抹(涂)掉. *blur out distinctions between right and wrong* 混淆(抹煞)是非界线. ~ry *a*.
blurb [blə:b] Ⅰ *n*. 出版者对书籍内容(作广告,题)吹捧的简介(短评)(印在书的封面或封底),大肆吹捧的广告. Ⅱ *vt*. 通过简介(短评)吹捧,为…大做广告.
blurred [blə:d] *blur* 的过去式和过去分词. *blurred edges* (图像)边缘不清晰.
blur'ring *n*.; *a*. 模糊(的),(图像)混乱,不清晰,斑点甚多的.
blurt [blə:t] *vt*.; *n*. 脱口而出,漏出(out).
blush [blʌʃ] *v*. ①(使)呈现红色 ②羞愧,耻辱,赧颜. ▲*at* (*on*) (*the*) *first blush* 初看,乍一看来. *put … to the blush* 使某人脸红(困窘).
blush'ing ['blʌʃiŋ] *n*. 变红,褪色,(油漆)混浊膜. *a*. (脸)红的.
blus'ter ['blʌstə] *v*.; *n*. ①(风,浪)猛袭,咆哮,汹涌 ②威吓.
blus'tering 或 **blusterous** 或 **blustery** *a*. 格大风的,(波涛)汹涌的,猛烈的,狂暴的,恫吓的.
blvd = boulevard.
BLWS = bellows 风箱,膜盒,波纹管.
BM = ①Babbitt's metal 巴氏合金 ②ball mill 球磨机 ③ballistic missile 弹道导弹 ④beam 梁,射(光,波)束 ⑤bench mark 水准(基,标)点,基准点 ⑥bending moment 弯(曲力)矩 ⑦biphase modulation 双相调制 ⑧board measure (木材)按板英尺计算 ⑨brake (electro)magnet 制动电磁铁,阻尼磁铁 ⑩branch on minus 负转移 ⑪breakdown maintenance 故障维修 ⑫British Museum 不列颠博物馆.
B/M = bill of material 材料单(表).
BM ANT = boom antenna 桅杆塔式天线.

BMA =British Medical Association 英国医学协会.
BMB =Ballistic missile branch 弹道导弹部门.
BMC =①Ballistic missile center 弹道导弹中心 ② bearing mounted clutch 轴承支承离合器 ③binary magnetic core 双成分磁铁芯 ④ bulk moulding compound 松散的模制化合物.
BMD =Ballistic missile division 弹道导弹部.
BMDS =ballistic missile defence system 防弹道导弹系统.
BMEP =brake mean effective pressure 平均有效制动压力,制动(有效平)均压(力).
BMEWS =ballistic missile early warning system 弹道导弹的远程警戒系统,反弹道导弹预报系统.
BML =①basic machine language 基本机器语言 ② basic materials laboratory 基本材料实验室.
BMO =Ballistic missile office 弹道导弹局.
B-modulation 乙类调剂.
bmp =brake mean pressure 平均制动压力.
BMR =basic military requirement 基本军事要求.
BMS =Bachelor of Medical Science 医学士.
BMT =British Mean Time 英国平均时间.
bmtr =barometer 气压表.
BMV =①base mount value 底座阀.②bistable multivibrator 双稳态多谐振荡器.
BMWS =ballistic missiles weapon system 弹道导弹武器系统.
BN =①balancing network 平衡网络②battalion 营,大队 ③bolt and nut 螺栓与螺母 ④branch on nonzero 非零转移 ⑤bull nose 外圆角.
bn =①barn 靶(恩) ②beacon 信标.
bnchbd =benchboard 操纵台.
BNCW =bare nickel chrome wire 裸镍铬线.
BND =band (频,能,光)带,波段,跑道.
BNDDIS =band display 跑道标志.
BNEC =British Nuclear Energy Conference 英国核能会议.
BNES =British Nuclear Energy Society 英国核能学会.
BNF jet test 金属镀层厚度化学试剂喷镀试验.
BNF-like term 类巴科斯范式术语.
BNH =burnish 抛光,烧蓝,精加工.
BNL injector linac 布鲁克海文国立实验室注入用直线加速器.
BNPF format BNPF 格式(一种采用 BNPF 四个字符编码的格式).
BNR =①bond negative resistor 键接负阻二极管 ② burner 燃烧室,喷灯,吹管.
BNS =binary number system 二进制数字系统.
BO =①back order 暂时无法满足的订货,补运(拨)订单 ② bailout 跳伞 ③ Barkhausenkurtz oscillation 厘米波段的三极管正栅负屏振荡 ④blocking oscillator 间歇(阻塞)振荡器 ⑤blowoff 吹除,排气,火箭飞行器各段分离 ⑥ branch office 分机构 ⑦ brought over 由前账转来 ⑧burnout 烧毁,歇火.
B-O =boil-off 汽化,蒸发.
bo =①bad order 失调(待修) ②burnout 烧毁,歇火.
BOA =basic ordering agreement 基本订货协议.
BOAC =British Overseas Airways Corp. 英国海外航空公司.
board [bɔːd] I *n.* ①(纸,木,挡,护,垫,模,仪表,接线,印刷,插件)板,(配电)盘,(操纵)台,(控电板) 屏,甲板,船板,(广告)牌,座 ②转换(整流)器,交换机[台] ③电视演播室荧光照明系统,(pl.)照明灯光 ④委员会,研究会,(管理)局,部(门),厅 ⑤船(舱,车)内 ⑥暗冒口 ⑦伙食. II *vt.* ①用板铺[盖] ②管理,支配 ③上[乘](船,车,机) ④包伙食. *access board* 搭板,跳板. *auger board* 钻架. *board coal* 纤维质煤. *board drop hammer* 夹板(落)锤,木柄摩擦落锤. *board fade* (电视)图像逐渐消失. *board foot* 板英尺,木料英尺(=1英尺²×1英寸厚的木料). *board guide* 插件导轨. *board lifter* 插件板插接器. *board machine* 纸板机. *board measure* 板积计,板英尺(=1立方英尺的 $\frac{1}{12}$). *Board of directors* 董事会. *Board of Trade Unit* (英国商用)电能单位, "电度"单位(=1千瓦-小时). *board paper* 纸板,厚纸. *board plug* 插板. *bound in cloth boards* 布面精装的. *bulletin board* 布告栏. *bus board* 汇流条板. *calculating board* 计算台. *cut-out board* 装有保险丝的板[台],断流板. *dash board* (车辆的)挡泥板,(船的)遮水板,仪表板. *dispatcher's supervision board* 控制板,调度盘. *follow board* 模板. *high-tension switch board* 高压开关框. *jack board* 插口(孔)板. *low-tension power distribution board* 低压电力配电盘. *out board* 外侧. *power board* 配电板. *program board* 程序控制盘. *roof board* 顶篷. *run(ning) board* 布线板,机车两侧的平台,(汽车的)登车板. *switch board* 配电(分配)盘,电键(控制)板. *terminal board* 接线盒,分电器接线板. *test board* 测试台. *turning over board* 底板. *weather board* 挡风板,护墙板,檐瓦. ▲*above board* 公开地,无欺骗地. *board and lodging* 膳宿. *free on board* 船上交货,离岸价格. *go by the board* 落空,失败,破产,成泡影. *go [get] on board* 上船[车,飞机]. *have... on board* 装[载]有. *on board* 在运载工具上,在车(船,机)上. *on even board with* 在和…相同的条件下. *sweep the board* 完全成功. *take...on board* 装载.
board'ing [ˈbɔːdiŋ] I *n.* ①隔(围,镶,铺,背,地)板,(铺,大)木板,板条 ②起纹 ③上船(车,飞机),上船检查 ④膳(寄)宿. II *a.* 供膳(宿)的.
board'ing-card *n.* (旅客)乘(飞)机证,搭载客货单.
boarding-house *n.* 供膳寄宿处.
board-rule *n.* 量木尺.
boart *n.* 圆粒金刚石,金刚石屑[砂].
boast [boust] *v.*; *n.* ①(自)夸,自恃(有),以…自豪 ②可夸耀的事物. ▲*boast of (about)* 夸耀,自夸. *make a boast of* 自夸,夸耀.
boast'er *n.* 阔凿 ②自夸者.
boast'ful [ˈboustful] *a.* 夸口(张)的,自负(夸)的.
boast'ing [ˈboustiŋ] *n.* ①自夸 ②(石料的)粗琢.
boasting chisel 片石阔凿.
boat [bout] I *n.* ①(小)船,艇,舟,轮船 ②船形器皿,舟皿,蒸发皿(盘) ③汽车,飞机. II *v.* 船运,乘(划)船. *boat bridge* 浮桥. *boat compass* 航海罗盘. *boat melting* 烧舟熔化. *boat pan* 舟皿. *boat train* 与班船联运的列车. *boat seaplane* 飞艇. *collapsible life*

boat 折叠式救生艇. *landing boat* 船形起落架. *molybdenum boat* (加热用)钼舟. *motor boat* 摩托艇,汽艇. *nickel boat* 镍烧盘. *platinum boat* 铂盘. *water boat* 给水船. ▲*burn one's boats* 断绝退路,破釜沉舟. *in the same boat* 在同一状态下,处境相同,同舟共济.

boat'-house ['bouthaus] *n.* 船〔艇〕库.

boat'man ['boutmən] (*pl.* **boat'men**) *n.* ①船员〔工〕,桨手 ②租船老板.

boat'swain ['bousn] *n.* 水手长,帆缆(军士)长. *boatswain's chair* (绳系吊板的)高处工作台,高空操作坐板. *boatswain's store* 船具室.

boat'-tailed *a.* 有流线型尾部的,双尖(式)的,船尾式的. *boat-tailed bullet* 双尖(子)弹.

boat-tailing *n.* 使具尾形.

bob [bɔb] Ⅰ *n.* ①摆〔振〕浮)动,簸,轻打 ②振子球〔坠〕,秤[测]锤,摆[锤,垂球,浮子 ③擦光毡,布轮 ④暗冒口(包)②短头发 ⑤(俚)先令 ⑦嘲弄,欺骗. *bob gauge* 浮标. *felt polishing bob* 擦光毡,布轮. *plumb bob* (测量用)铅球,垂标坠.

Ⅰ (*bobbed; bob'bing*) *v.* ①上下或来回地急动,上下跳动,簸 ②剪短(发),点头 (at) ③抛光. ▲*bob up* 急忙浮上,突然出现(站起). *bob up and down* (*on the water*) (在水面上)忽沉忽浮. *bob up like a cork* 挽回颓势,东山再起.

BOB =Bureau of (the) Budget 预算局.

bobbed *a.* 形成尾形的.

bob'bin ['bɔbin] *n.* ①线轴,轴心,鼓[工字]轮,筒[大,木,卷丝]管,绕线管(筒,架,圈) ②点火线圈,线圈(架),(线)胎型,(门扣上的)吊带把手,细绳. *bobbin core* 带绕磁芯,线圈管芯. *bobbin disk* 卷盘. *bobbin oil* 锭子油. *ribbon bobbin* 色带盘.

bob'bing ['bɔbin] *n.* ①摆[振,振)开 ②(显示器射线管屏幕上的)标记的干扰性移动,目标标记移动 ③剪短 ④抛光. *bobbing target* 隐显靶,隐显目标.

bobbinite *n.* 筒警(硫铵)炸药.

bo br =boring bar 钻杆,镗杆.

bobweight *n.* 配重,平衡锤[重],秤锤.

BOC =①blowout coil 消火花线圈,灭火[减弧)线圈 ②building-out capacitor 外装电容器.

bocca *n.* 喷火口,小锥体.

bod [bɔd] *n.* (塔出铁口的)泥塞,砂塞,塞子.

BOD =biochemical (biological) oxygen demand 生化(生物)(化学)耗[需]氧量.

bode [boud] *v.* ①预兆[报,示] ②bide 的过去式. *bode well* [*ill*] *for* 预示有好的[不好的]前途,预示好[恶)兆.

bode'ment ['boudmənt] *n.* 前[预)兆,预示.

bod'iless ['bɔdilis] *a.* 无形体的.

bod'ily ['bɔdili] Ⅰ *a.* ①身体的 ②有形的,具体的. Ⅰ *ad.* ①亲自 ②全部[体],完全,整个,一切. *bodily light* 本轻的,具有正浮力的.

boding *a.; n.* 预示的,预兆的.

bodkin ['bɔdkin] *n.* 锥子,钻针.

bod'y ['bɔdi] Ⅰ *n.* ①身,躯,尸)体 ②物(实,立,机,壳,刀,弹,主)体,插座)体,(机,车,床,船)身,(机)外)壳 ③体[正]文,本(主)体,主[要)部分 ④支柱[架],细部,底盘 ⑤基[实,材)质,质地,浓[稠,调,强)度,流动性 ⑥(一)批[堆,群,团,片),团体 ⑦慢波系统. Ⅰ *vt.*

使具有形体,使…具体化,实[体)现,使稠化. *accessory body* 附体. *basal body* 基体. *between body* 介酸. *bodied oil* 聚合油,叠合润滑油. *body acid* 主份酸. *body aid* 助体(剂). *body axe* 体轴. *body brick* 炉体砖. *body burden* (放射性物质)全身沉积量. *body capacity* [capacitance](人)体(机壳,人手)电容,体(容)积. *body case* 壳体,外体. *body cavity* 体腔. *body composition* 体躯成分,身体结构. *body conformation* 体型(结构). *body contact* 接(触)壳子. *body diagonal* 体对角线. *body effect* 人体效应,人手电容效应,人体(电容)影响. *body force* 体积力. *body frame* 身(骨)架. *body jack* 车身千斤顶. *body leakage* 外壳漏电. *body length* 体[身]长. *body of equipment* 设备的壳体. *body of oil* 油基,润滑油的底质. *body of pump* 泵体. *body of valve* 阀体. *body of water* 水体,贮水池. *body plan* 正面图,横剖型线图. *body section* 外壳,主要部分. *body size* 体格大小,体重. *body statement* 本体语句. *body stress* 内(体)应力. *body support system* 身体保障系统. *carbon body* 电刷. *cavernous* [spongy] *body* 海绵体. *cell body* 细胞体. *collective bodies* 集团. *colloid bodies* 胶样体. *elementary body* 血小板,原生小体. *foreign body* 杂质,外来物体,异物,外物. *give the clay more body* 使粘土变得更硬. *loop body* 【计】循环本体体,循环部分. *main body* 本体,机身. *master body* 标准样件. *plasma body* 等离子体. *polar bodies* 极体. *reference body* 基准物件. *ring bodies* 环状体. *sand bodies* 沙状体. *spherical body* 球形体. *spiculated bodies* 刺状体. *thermostabile body* 耐热体,介体. *threshold bodies* (有)阈物质. *thyroid body* 甲状腺. *universal joint body* 万向接头. *wheel body* 轮心(体,盘).

▲*a body of* 一批[堆,群,团,片],很多. *body forth* 象征,给…以形像. *in a body* 全体,全部,整个(地). *in body* 亲身,身体.

body-builder *n.* 车身制造者.

bod'y-cen'tered 或 **bod'y-cen'tred** ['bɔdi'sentəd] *a.* 体心的. *body-centered cubic* (*lattice, structure*)体心立方(晶格,结构).

body-colo(u)r *n.* 体色,不透明色.

body-fixed *a.* 安装[固定]在机(壳,弹)体上的,机(弹)载的.

body-fuse *n.* 侧面[弹身]信管.

bod'ying *n.* 稠化. *bodying of oil* 油引(发)聚合,油的聚合.

bod'y-moun'ted ['bɔdi'mauntid] *a.* 装在弹(车,船,机)上的.

body-type antenna 弹体(外壳)天线.

bodywork *n.* 车(身)机)身制造.

boehmite *n.* 勃姆石,一水软铝石,薄水铝矿.

Boe'ing *n.* 波音(飞机).

Boeman *n.* 波音机器人(波音公司研制的仿生机).

BOF =basic oxygen furnace 氧气顶吹转炉.

boffin ['bɔfin] *n.* (航空工程等)科学技术人员.

Boffle *n.* 助声箱,箱式反射体.

Bo′fors ['boufɔːz] *n.* (瑞典 Bofors 地方制造的)双筒自动高射炮. *Bofors interrupted screw* 博福斯式断隔螺丝.

bog [bɔg] I. *n.* 沼泽(区), 泥炭[沼]地, 酸沼. II. (bogged; bog′ging) *n.* 陷入泥沼. *bog muck* 泥炭. ▲*bog down* (使)陷入泥沼, (使)陷于困境, (使)停顿, 阻碍, (使)不灵活.

bogaz *n.* 深岩沟.

bogen structure 弧形组织.

bogey = bogie.

bogged bog 的过去式и过去分词.

bog′giness *n.* 沼泽性, 泥沼状态.

bog′ging *n.* 沼泽土化. *bogging down* 下陷.

bog′gle ['bɔgl] *v.; n.* ①畏缩不前, 犹豫(at, about) ②推托, 搪塞(at) ③弄糟, 搞坏.

bog′gy ['bɔgi] *a.* (多)沼泽的, 泥炭[塘]的, 软而湿的(土地).

bog′head(ite) coal 泥[沼, 藻, 烟]煤.

bo′gie ['bougi] *n.* ①小[矿], 台, 手推, 直道[大]车 ②(四轮)转向架〔车, 盘〕, 转达机车架, 坦克的底架, 移车台, (吊车的)行走机构, 双后轴, 悬挂[平衡]装置. *bogie car* 转向车. *bogie hearth furnace* 活[车]底炉. *bogie wheel* 负重轮. *motor bogie* 自动转向架.

bog′iness *n.* 沼泽性.

Bogota [bougə'tɑː] *n.* 波哥大(哥伦比亚首都).

bo′gus ['bougəs] *a.* 赝(伪, 伪)造的, 虚假〔伪〕的 I . *n.* 赝品, 伪造物. *bogus paper* 废纸. *bogus wrapping* 灰色包装纸.

bogy = bogie.

Bohe′mian glass (波希明)钾玻璃.

bohler *n.* 银高钢(碳 1～1.25%, 锰 0.25～0.45%, 硫0.35%, 磷<0.35%).

Bohr [bouə] *n.* 玻尔. *Bohr effect* 玻尔氏效应. *Bohr magneton* 玻尔磁子(= 9.27×10⁻²¹ 尔格/高斯) *Bohr magnetron* 玻尔磁控管. *Bohr radius* 玻尔半径(约 5.29×10⁻⁹ cm). *Bohr theory* 玻尔学说, 玻尔氏原理, 玻尔原子构造论.

BOI = ①basis of issue 论据 ②break of inspection 检查中断.

boil [bɔil] *v.; n.* ①煮(沸), 沸腾, 汽化, 冒[起]泡, 蒸发〔煮〕②沸点 ③疖, (塑体)鼓泡气孔 ④喷干正片前空白处的)附加声. *boil mud* 渗水和土上蒸. ▲ *boil away* (继续)沸腾, 完全蒸发. *boil down* 蒸煮, 煮稠[浓, 干], 浓[压]缩, 简化, 缩短, 精简. *boil down to* 归结起来是. *boil dry* 煮干. *boil off* 蒸发, 浓缩, 汽化, 煮麻. *boil out* 熬[煎]煮. *boil over* 沸(腾而)溢(出), 蒸出, 激昂. *boil up* 沸腾, 煮升, (煮沸)消毒, 涌起, 膨胀, 进出. *bring to the boil* 使沸腾, 煮沸. *come to the boil* 开始沸腾. *on*(*at*) *the boil* 沸腾着, 在沸点.

boiled [bɔild] *a.* ①(煮)熟(的), 煮沸(过)的 ②熟炼的. *boiled oil* 熟(炼)油, 清油. *boiled tar* 熟〔脱水〕焦油. *boiled wood oil* 熟桐油.

boiled-out water 沸过的蒸馏水.

boil′er ['bɔilə] *n.* ①锅炉, 汽锅, 蒸煮〔发〕器, (汽力)热水器, 热水贮槽 ②报废的飞机〔发动机〕 ③导弹. *atomic* 〔*water, nuclear-fuelled*〕 *boiler* 沸腾反应堆. *Benson boiler* 本森锅炉(在临界压力 224.2 kg/cm² 下, 把水加热至临界温度 374℃, 使其蒸发的锅炉). *boiler compound* 锅炉防垢剂. *boiler feeder* 锅炉给水器. *boiler oil* 石油锅炉燃料, 燃料油, 残液油. *boiler plate* 锅炉〔钢〕板, 卫星的金属模型. *boiler plug alloys*(在 225℃以下)易熔合金. *boiler pressure* 锅炉〔沸腾〕压强. *boiler scale* 锅炉垢, 炉水垢. *boiler steel* 〔*iron*〕锅炉钢. *boiler tube* 锅炉管. *column boiler* 蒸馏锅. *double fired* 〔*flue, combustion chamber*〕 *boiler* 双燃烧管锅炉. *film-type boiler* 薄膜式汽化器. *high-duty boiler* 高能率锅炉. *horizontal boiler* 卧式锅炉. *once-through boiler* 直〔单〕流式锅炉. *packaged boiler* 整装〔快装〕锅炉. *return tube boiler* 回焰锅炉. *self-contained boiler* 整装锅炉. *stationary boiler* 固定〔陆用〕锅炉.

boil′erhouse *n.* 锅炉房.

boilerplate capsule 航天舱模型, 模拟舱.

boil′ing ['bɔiliŋ] I . *a.* ①沸腾的, 起泡的, 汹涌的 ②激昂的. II . *n.* ①煮沸, 沸腾 ②喷出〔溅, 渣〕, 打ф. III . *ad.* 达到沸腾的程度. *boiling bed* 沸腾床. *boiling bulb* 蒸馏瓶. *boiling fastness* 耐煮性. *boiling flask* 蒸瓶. *boiling hot* 滚(酷)热的. *boiling on strength* 加工煮. *boiling period* 【铸】(转炉)沸腾期, 石炭氧化期. *boiling point* 沸点. *boiling spread* (石油馏份的)沸点范围. *boiling steel* 沸腾钢. *boiling water* 〔喷〕水. *direct boiling* 直接汽化. *nucleate boiling* 成(泡)核沸腾, 气泡状汽化〔蒸发, 沸腾〕.

boiling-on-grain 砂炒法.

boil(-)off *n.* 汽化, 蒸发(损耗), 沸腾, 煮掉, 精炼, 脱胶. *boil-off liquor* 废皂水.

boil′proof *a.* 耐煮的.

bois′terous ['bɔistərəs] *a.* ①狂暴的, 猛烈的, 汹涌的 ②吵闹〔嚷〕的. ～**ly** *ad.*

BOJ = booster jettison 抛掷助推器.

bo′lar *a.* 粘土的.

bold [bould] *a.* 大胆的, 冒失的, 清楚的, 醒目的, 凸露的, 陡的. *bold cliff* 绝壁. *bold coast* 陡岸. *bold face letter* 黑体字. *bold figure* 黑体(数)字. *bold line* 粗线. ▲ *in bold outline* 轮廓鲜明(的). *make* (*be*)(*so*) *bold* (*as*) *to* + *inf.* 擅自(做), 敢. *put a bold face on* 对…假装不在乎.

bold′face *n.* 黑体字, 粗体.

bold-faced *a.* 黑[粗]体的.

bold′ly *ad.* 大胆地, 显著地, 显然, 粗.

bold′ness *n.* 大胆, 显著.

bole [boul] *n.* ①树干 ②(胶氷)粘土, 红玄武土.

bolec′tion [bou'lekʃən] *n.* 凸出嵌线.

boleg oil 氧化矿物油.

Boliden salts 卜立顿盐剂(一种木材防腐蚀剂, 含加铬砷酸锌等).

bolide *n.* 火流星, 流火, 陨石, 火球.

boling broke *n.* 试验雷达用的攻击机.

Boliv′ia [bə'liviə] *n.* 玻利维亚.

Boliv′ian *a.; n.* 玻利维亚的, 玻利维亚人(的).

bol′lard ['bɔləd] *n.* 系船(绳)桩, (双)系缆柱 ②(马路上交通安全岛的)标杆.

bologna spar 〔*stone*〕重晶石.

bolognian stone 〔spar〕重晶石.

bo′logram n. 辐射热测量记录器,热辐射测量图.

bo′lograph ['boulǝgra:f] n. (电阻)辐射热测量记录器,测辐射热器,辐射计.

bolom′eter [bou'lɔmitǝ] n. ①(热敏电阻的)辐射热测量计〔器〕,电阻式测辐射热计 ②心搏(力)计. *bolometer bridge* 辐射计电桥. *bolometer bridge circuit* 辐射计桥式线路. *bolometer method* (电阻)测辐射热法. *bolometer resistance* 辐射热计电阻. *superconducting bolometer* 超电导辐射热测量计. *thermistor bolometer* 热变电阻辐射热测量计, 热敏电阻测辐射热器.

bolomet′ric a. (测)辐射热的. *bolometric instrument* 测辐射热计,辐射热计仪表. *bolometric voltage standard* 热辐射计电压标准. *bolometric wave detector* 辐射热检波器.

bo′loscope n. 金属探测器.

bols =bolster 垫枕,承梁.

Bol′shevik ['bɔlʃǝvik] (pl. *Bol′sheviks* 或 *Bol′sheviki*) n.; a. 布尔什维克(的).

bolson n. 干湖盆,沙漠盆地.

bolster ['boulstǝ] Ⅰ n. ①承(长,垫)枕,垫木(块,板),软(枕)垫 ②支持物,垫枕状支撑物,横撑,(车架)承(横,轴)梁,(支承)架,承梁板,【建】肱木,托木 ③台面,穿孔台 ④坐圈,模板框,套管(板). Ⅱ vt. 支持(撑),垫,装填,加固,补强(up). *check bolster* 防松承梁. *truck bolster* 转向架承梁.

bolt [boult] Ⅰ n. ①(粗)螺栓(柱),栓,枢(门,窗)闩,锁簧 ②(短)箭,弩,矢,枪机,制旋机 ③闪电 ④筛 ⑤一匹(卷) ⑥逃跑,放矢. Ⅱ v. ①用螺栓固定,紧固,紧结,栓接,拧紧,上螺栓(on,up),支持 ②闩上,上插销 ③筛,淘汰,细查. *anchor bolt* 地脚螺栓,系紧螺栓. *bolt cathode* 螺旋状阴极. *bolt circle* 螺栓分布圆. *bolt cutter* 〔clipper〕断线钳. *bolt flange* 栓接法兰. *bolt header* 螺栓头锻机. *bolt washer* 螺栓垫圈. *bolt with feather* 带息螺栓. *bolt(ed) flange* 栓接法兰. *bottom fastening bolt* 底螺栓. *cap bolt* 圆角螺栓,盖螺栓. *catch bolt* 挡住(止动)螺栓. *cellar bolt* 用品箱螺栓. *check bolt* 防松螺栓. *cheese head bolt* (平顶)圆头螺栓. *coach bolt* 方头螺栓. *collar bolt* 环螺栓. *countersunk bolt* 埋头螺栓. *dormant bolt* 沉头螺栓. *draw-in bolt* 拉紧螺栓. *expansion bolt* 胀(扩开)螺栓. *eye bolt* 有眼螺栓. *fang bolt* 板座栓,锚栓,地脚螺栓. *fish bolt* 鱼尾(板)螺栓,对接螺栓. *flange bolt* 凸缘螺栓. *flush bolt* 平头插销〔螺栓〕. *holding down bolt* 地脚螺栓. *king bolt* 中心立轴,主销. *lifting bolt* 起重杆. *rag bolt* 棘〔地脚〕螺栓. *raised head bolt* 凸头螺栓. *staple bolt* 卡钉,夹线〔压〕板,夹子,箍,杆〔套〕环. *stud bolt* 柱〔双头〕螺栓. *threaded bolt* 螺纹螺栓. *through bolt* 贯穿螺栓,穿钉. *thunder bolt* 雷电,霹雳.

BOLT =beam-of-light-transistor 光束晶体管.

bolt′er n. ①筛,分离机,筛选〔分,石〕机 ②逃跑者 ③巨芽病.

bolt-head n. ①螺栓头 ②(蒸馏用)长颈烧瓶 ③(枪)机头.

bolthole circle 螺栓孔分布圆.

bolt′ing n. ①(螺)栓(连)接,拧紧,上螺栓 ②螺栓(丝),栓位 ③筛选(分). *bolting cloth* 筛布. *bolting reel* 转筒筛. *bolting steel* 螺栓钢.

bolt-lock n. 栓锁,联锁栓,螺栓保险,炮栓闭锁机.

bolt′-up′right a. 直竖的.

boltwoodite 黄硅钾铀矿.

Boltzmann constant 波耳兹曼常数 $(= 1.3709 \times 10^{-16}$ 尔格/绝对温度).

bo′lus ['boulǝs] n. ①团(块),胶状土,陶土 ②大药丸,丸剂 ③无谓之事物.

BOM =bill of material 材料单,物资清单.

bomb [bɔm] Ⅰ n. ①(炸)弹,炸药包 ②弹状储气器,高压液化气容器,弹形高压容器,氧气瓶 ③还原钢弹(金属热还原用),燃烧弹(金属热计的一部分),气弹(发气冒口) ④(治疗用)放射器,(用铅衬里的)放射性物质容器,钴炮 ⑤【地】火山弹 ⑥惊人事件. Ⅱ v. 投弹,轰炸. *aerosol bomb* 烟雾弹. *bomb aging* 弹内(加氧)陈化. *bomb bay* 炸弹舱. *bomb calorimeter* 弹式(爆炸)量热器. *bomb carrier* 轰炸机,炸弹架. *bomb cell* 弹舱,还原弹内腔. *bomb charge* 〔冶〕钢弹还原装料. *bomb cluster* 集束炸弹,集束燃烧弹. *bomb crucible* 还原弹坩埚,还原钢罐. *bomb furnace* 封管炉. *bomb gas* 钢瓶(瓶装)气体. *bomb method* 氧弹法(测定石油产品的硫含量). *bomb oxidation* 弹内氧化. *bomb rack* 炸弹滑轨,炸弹架. *bomb (reduction) process* 钢弹(金属热)还原法. *bomb release gear* 投弹装置. *bomb shelter* 防空洞. *bomb sight* 轰炸瞄准器. *bomb strike camera* 轰炸摄像机. *bomb test* 密闭爆发器试验. *fission bomb* 裂变(铀或钚)原子弹. *guided bomb* 导弹. *H bomb* 氢弹. *irradiation bomb* 辐射源,照射用的源. *nuclear bomb* 核弹(头),原子弹. *nuclear fusion bomb* 热核弹,氢弹,氢气瓶. *pitot bomb* 皮氏管,动压容器. *1(x)bomb* 额定原子弹(爆炸力等于 20000t 三硝基甲苯). *8(x) bomb* 八倍于额定原子弹威力的原子弹. ▲*bomb out* 把…炸毁,(але)惨炸. *bomb up* 给…装上炸弹. *bomb(s) away* 投弹完毕.

bomb- = bombardment.

bombard′ [bɔm'ba:d] vt. ①轰(射,冲,攻)击,轰炸,炮击,碰撞 ②照射,粒子辐射. *bombard uranium with neutrons* 用中子轰击铀.

bombar′der [bɔm'ba:dǝ] n. 轰击器.

bombardier′ [bɔmbǝ'diǝ] n. ①轰炸员,投弹手 ②炮手.

bombardier′-nav′igator n. 轰炸领航员.

bombar′ding [bɔm'ba:diŋ] n. ①轰(射)击,碰撞,炮击 ②照射,辐照,曝光. a. ①爆炸的,碰撞的 ②急袭的(粒子),施轰的. *bombarding current* 电子轰击电流.

bombard′ment [bɔm'ba:dmǝnt] n. ①轰(炮,射,打,冲,撞)击,轰炸,碰撞 ②照射,辐照,粒子辐射,曝光. *bombardment cleaning* 轰击清除(除气). *bombardment current* 电子轰击电流. *radioactive bombardment* 辐照,照射. *slow-neutron bombardment* 慢中子轰击(照射).

bombardment-induced a. 袭击(辐照)感生的.

bom'bast ['bɔmbæst] I n. 大话,高调. II a. 夸大的.

bombas'tic [bɔm'bæstik] a. 夸大(张)的,言过其实的. ~ally ad.

Bombay' [bɔm'bei] n. (印度)孟买(市).

bomb-disposal n. 未爆弹处理.

bomb-dropping n. 投弹.

bombed-out a. 空袭时被炸毁的.

bomb'er ['bɔmə] n. 轰炸机,投(掷)弹手. *guided bomber* 导航(无人驾驶)轰炸机,可操纵的飞航式导弹. *jet bomber* 喷气式轰炸机.

bomb'fall ['bɔmfɔ:l] n. 投下的炸弹,弹着点,投射散布图.

bomb-filling machine 还原钢弹装料机.

bomb-gear n. 投弹器.

bomb-hatch n. 炸弹舱门.

bomb'inate vi. 发嗡嗡声. **bombina'tion** n.

bomb'ing ['bɔmiŋ] n. 轰炸,投弹. *bombing plane* 轰炸机. *bombing proof* 防轰炸. *bombing radar* 投弹瞄准(用)雷达. *bombing sight* 投弹瞄准具. *bombing through overcast* 无线电指示轰炸系统,用雷达瞄准器轰炸看不见的目标,隔云轰炸,云上投弹. *carpet bombing* 地毯式轰炸. *pickle barrel bombing* 极精确的(对极小目标的)轰炸.

bomb'line ['bɔmlain] n. 轰炸线,爆炸线.

bomb-load n. 载弹量.

bombonne n. (吸收)坛.

bomb'proof ['bɔm-pru:f] I a. 防轰炸的,避(防)弹的,炸不破的. II n. 避弹室,防空洞.

bomb-reduced a. 钢弹还原的,金属热还原的.

bomb'shell [bɔm-ʃel] n. 炸弹,令人震惊的意外事件.

bomb'sight ['bɔmsait] n. 轰炸瞄准器(具).

bomb-thrower n. 掷弹手(筒).

bombus n. 耳鸣,腹鸣.

bombycin n. 蚕素.

bombykol n. 蚕蛾醇.

bom'byx ['bɔmbiks] n. 蚕.

bo'na ['bounə] (拉丁语) a. 好的,善意的. *bona fide* 真正(实,诚)(的),用诚意. *bona fides* 真实,诚意.

bonan'za [bou'nænzə] n. ①大矿藏,富矿带(体,脉) ②富源,兴隆.

bond [bɔnd] I n. ①结(接,粘,砌,烧,熔,耦,化,键合,连(搭,胶,卡,焊,粘)接,固定,握裹,约束,障,联系,附着 ②键,链,键合作用 ③粘合结合,握裹力,粘结(握裹)强度 ④粘结料,粘(胶)结合剂,连接(接)器,结合物,接头,接续线,轨条接线,(砖等的)砌式 ⑤熔透区,熔合部分 ⑥(释热元件的)扩散层 ⑦联盟,契(条)约,合同,票据,公债,证(保)单,价标,保证书(人). II v. ①结(接,砌,键,粘,烧)合,粘结,焊接 ②联络,通信 ③海关扣留,把(进口货)存入保税仓库,抵押. *air bond* 气障. *B bond* B 结合剂(人加氧化铁的白刚玉磨具结合剂). *ball bond* 球焊接头. *bird-head bond* 喙形接头. *bond between concrete and steel* 钢(筋)与混凝土的结合力. *bond clay* (胶结的)粘土. *bond dissociation energy* 键断裂能. *bond distance* 键长. *bond flux* (粘结)焊剂. *bond line* 粘结(剂)层. *bond master* 环氧树脂类粘合剂. *bond metal* 烧结(多孔)金属. *bond negative resister* 键接负阻. *bond open* 焊缝裂开,焊接(耦合)断开. *bond service* 奴役. *bond strength* 结合(粘结,粘着,焊接)强度,结合(粘合,握裹)力. *bond tester* 粘结试验器,接头电阻测试器. *bond timber* 枕距护木,墙结,木束. *bond type diode* 键型二极管. *bond weld* 钢轨接头焊接. *brick bond* 砌砖法. *cable bond* 电缆接头,电缆连接器. *chip bond* 小片接头. *covalent bond* 共价键. *dangling bond* 未结键,悬空键. *fuel-element bond* 使释热元件和外壳结合的合金. *goods in bond* 保税货物. *heteropolar bond* 电价(有极)键,离子结合,极性接合. *impedance bond* 阻抗轨缝连接器,阻抗结合. *ionic bond* 离子键. *rail bond* 钢轨夹紧器. *steel bond* 铁粉结合剂. ▲*bond M to N* 把 M 焊到 N 上. *enter into a bond (with)* (与…)订合同. *in bond* 在仓库中,尚未完税. *in bonds* 被束缚着,在拘留中. *take out of bond* (完税后)由仓库中提出(货物).

bondabil'ity n. (钢筋,预应力钢丝与混凝土的)握裹力.

bond'age ['bɔndidʒ] n. 约束,束缚,奴役. ▲*in bondage to* 被…所奴役.

bond-breaking mechanism 键断裂机构.

bond'ed ['bɔndid] a. ①(被)连接的,束缚的,(被)耦(化,结,砌)合的,粘着的 ②有担保的,(存在仓库)完税的,扣存仓库以待完税的. *bonded concrete* 胶结混凝土. *bonded flux* 陶质焊剂. *bonded metal* 包层金属板. *bonded NR diode* 键合负阻二极管. *bonded strain gauge* 粘贴式应变片. *bonded type diode* 结合型二极管. *bonded warehouse* 海关保税仓库. *ex bonded warehouse* 关仓交货.

bonded-barrier 键合垫垒,键合阻挡层.

bond'er n. ①连接(接合,耦合)器 ②砌墙石,顶砖. *bonder wire* (钢筋,弹簧等)绑接钢丝.

bonderite n. 磷酸盐(薄膜防锈)处理(层),磷酸锌铁底漆.

bonderizing n. (钢丝或钢管拉拔前的)磷化处理,磷酸盐处理.

bond'ing ['bɔndiŋ] n. ①连(搭,结,胶,焊,熔,会)接,结(耦,接,键,熔,会)合,粘合,压焊,粘结 ②粘结料(剂) ③(电缆铠甲或铅壳的)连接、加固和接地,屏蔽接地 ④键,结束 ⑤通信,联系. *bonding fixture* 粘合夹具. *bonding jumper* 金属条,搭接片. *bonding pad* 焊盘,焊接点(区),结合区,联结填料,焊(结合)合片. *bonding paste coating* 涂膏. *bonding point* 接(合)点,焊点. *bonding scheme* 键合形式. *bonding tool* 粘头. *bonding water* 结合水. *bonding wire* 接合线,焊线. *face down (up) bonding* 倒(正)焊. *nail head bonding* 钉头式焊. *spider bonding* 辐式键合. *stitch bonding* 自动点焊,跳焊. *thermo-compression bonding* 热压焊接.

bondman n. 奴隶,农奴.

bond'-me'ter ['bɔnd'mi:tə] n. 胶接检验仪.

bondslave or **bondsman** n. 奴隶.

bondstone n. 束石.

bond'-test'er ['bɔnd'testə] n. 胶接检验仪.

bondu n. 一种耐蚀的铝合金(含有铜 2~4%,锰 0.3~

0.6% 及镁 0.5～0.9%).

bone [boun] Ⅰ *n*. ①骨(头,质,架,)②骨状物,骨制品 ③炭质页岩,骨煤. Ⅱ *vt*. 去[剔]骨,装骨架于,施骨肥,用苦功学习(up),测量…的高度. *bone black* 骨炭. *bone china* 骨(灰)瓷. *bone dry* 干透的,极干燥的,完全无水的. *bone fracture* 骨折. *bone glass* 乳色玻璃. *bone marrow* 骨髓. *burnable bone* 可燃骨岩. ▲*bone of contention* 争论之点[题目,原因],争端. *cut to the bone* 彻底取消,削鲕. *feel in one's bones (that)* 确有把握,确信. *make no bones of* [*about*, *to* ＋*inf.*] 毫不犹豫,毫不掩饰. *to the bone* 彻[透,入,剥]骨,到极点,彻底,深,极端. *without more bones* 不再费力,立刻.

bone-ash *n*. 骨灰(粉).
bone-bed *n*. 骨层,含骨片岩层.
bone-black *n*. 骨灰(漂白剂),骨炭粉.
bone-conduction microphone 骨传导传声器.
bone-dry *a*. 十分干的,干透了的.
boneless *n*. 无骨的,去[剔]骨的.
bone-setting *n*. 正骨法.
bon'fire ['bɔnfaiə] *n*. 营[篝]火. ▲*make a bonfire of* 烧掉,焚毁.
Bo'nin Islands 小笠原群岛.
boning *n*. ①测平法 ②去骨,施骨肥. *boning board* [*rod*] 测杆,(T形)测平板,测(水)平杆.
bonkote *n*. 镀镍(的)软钎焊烙铁.
Bonn [bɔn] *n*. 波恩(德意志联邦共和国首都).
bon'net ['bɔnit] *n*. ①帽,手册,说明书 ②帽,卷,本,(记录)册. Ⅱ *v*. 登记[载],记入,注册,挂号,(接受)预约[定](车位,座位),售[买]票,记账,托运. *book condenser* 书形微调电容器. *book mold* 叠箱铸型,单面造箱造型法. *book of reference* 参考书. *book of time* 历史. *book test* (厚板180°)弯曲试验. *book value* 账面价值. *engine book* 发动机记录簿. *hand book* 手册,参考书. *instruction book* 使用说明书. *sealed book* "天书",高深莫测的事. ▲*be booked for* [*to*] 买有往…去的票子,非去不可,约好,预定好. *book through to* 买到…的直达票. *bring to book* 诘[盘]问,责备. *by the book* 按常规. *close* [*shut*] *the books* (暂)停记账(业务). *keep books* 记[簿]账. *know like a book* 熟悉,通晓. *off the books* 除名,退会. *suit one's book* 合目的(人意). *without book* 无根据,任[随]意,凭记忆.
bookable *a*. 可预购[约]的.

bookbindery *n*. 装订厂,装订作坊,图书装订所.
bookbinding *n*. (图书)装订.
book'case ['bukkeis] *n*. 书柜[架].
book-concern *n*. 出版社,发行所.
book'ery *n*. 书(book 的别称).
book'ing ['bukiŋ] *n*. ①登记,预约 ②卖[售]票 ③(单面)叠箱造型(法). *booking office* 售票处. *booking time* 通话(报)挂号时间.
book'ing-clerk ['bukiŋklɑ:k] *n*. 售票员.
book'ing-office ['bukiŋɔfis] *n*. 售票处.
book'ish ['buki∫] *a*. ①书籍的,书本上的 ②好读书的,只有书本知识的,咬文嚼字的.
book'keep *vt*. ①簿记 ②有系统地分门别类地记录.
book'keeper *n*. 簿记员,记账(会计)员.
book'(-)keeping ['bukki:piŋ] *n*. 簿记(学). *bookkeeping by double* [*single*] *entry* 复式[单式]簿记. *bookkeeping operation*【计】管理[簿记,内务,整理,辅助]操作,程序加工运算.
book-learned *a*. 迷信书本的,书上学来的.
book'-learning *n*. 书本知识.
book'let ['buklit] *n*. 小册子,目录单.
book-lore *n*. 书本知识.
book-maker *n*. 编辑人,著作者,编纂者.
book-making *n*. 编辑,著作.
book'mark ['bukma:k] *n*. 书签.
book'mobile *n*. 图书流通车.
book-phrase *n*. 只言片语.
bookpost *n*. 书籍邮寄(件).
book-review *n*. 书评.
book'seller ['buksələ] *n*. 书(业代理)商. *a bookseller's* 书店.
book'-shelf ['buk∫elf] *n*. 书架[橱].
book'shop ['buk∫ɔp] *n*. 书店.
book'stall ['buksto:l] *n*. 书摊[亭].
book'store ['buksto:] *n*. 书店.
book-structure *n*. 页状构造(岩).
book-work *n*. 理论(书本)的研究,印刷书籍.
book'worm ['bukwə:m] *n*. ①书蠹(虫),书呆子 ②一种活动书挡.
booky ＝*bookish*.
Boo'lean ＝*bookish*. *a*. ['bu:ljən] ①布尔的,逻辑的 ②布尔型,布尔符号. *Boolean add*【计】逻辑(布尔)加,布尔和,"或"门. *Boolean algebra* 布尔(逻辑,二进制)代数. *Boolean complementation* 逻辑(布尔)求反,"非".
boom [bu:m] Ⅰ *n*. ①吊[挺,弦,喷,管形,起重]杆,悬[转,起重]臂,起重机,(伸)梁[臂],桁,构(叉,钻)架 ②横(式)木,水(栏泊)栅,横江铁索,水上指航标,(河中的,乳胶中的)标柱,筏堤,拦河坝 ③隆隆声,(低)鸣声,录音(的)哼声 ④①繁荣,兴旺,畅销 ②轰鸣(声),发隆隆声,声震,鼓动 ③突然增加,迅速发展. *boom down* 将摄像机下移,拍摄斜仰景. *boom hoist* 臂式吊车(绞车),臂式起重机. *boom microphone* 悬挂式传声器(送话器),自由伸缩送话器. *boom net* 栅栏网. *boom over* 将送话(传声)器架向上提. *boom shot* 摄像机大半径转动拍摄. *boom tackle* 吊杆滑轮组. *boom up* 摄像机升高. *heavy* [*jumbo*] *boom* 重吊杆. *loader boom* 模梁式装料机. *microphone boom* 送话器架. *sonic boom* 声爆[震].

boom'erang ['bu:məræŋ] n. (掷出后能自动飞回的)飞标,飞旋标. *boomerang balloon* 飞标式气球. *boomerang order* 自动返回转移指令,带返回的转移指令. *boomerang sediment corer* 自返式沉积物取芯器.

boom'iness n. 箱[空腔]谐振. *boominess resonance* (机)箱共鸣.

boom'ing ['bu:miŋ] a. 突然兴旺的,大受欢迎的,暴涨的,轰隆的. n. 声震.

boom-mounted microphone 吊杆传声器.

boom-out n. (起重机)臂伸出极限长度,最大伸[臂]距.

boom-town n. 新兴城市.

boort n. 圆粒金刚石.

boost [bu:st] vt.; n. ①推起[上,前,起,进],助推[力],帮[辅]助,提拔,提升,升举,发展 ②加强(速,重),增加(高),升高,升[增压]压力 ③放大 ④助推发动机,加速[助推]器. *boost control* 增压调节(器),增压[压力]控制. *boost gauge* 增压压力表. *boost line* 增压[助推],引导,辅助[线],增压管道. *boost phase* 助推段. *boost pressure* 增压,吸入管[增压]压力. *boost up circuit* 增压回路,升压电路. *boosted voltage* 升压[助推]电压. *full boost* 最高进气管压力,最大增压. *wrap-round boost* 侧面[环绕式]加速器,侧置助推器.

boost'er ['bu:stə] n. ①助力[升压]器,加速器,机动增力机②增幅器,放大级,(辅助)放大器,升压器(机),增压器(机),泵,(升)压升降压机,升压[压压]比的起动助推器,电阻,[原]增益棒③附加[辅助]装置,机车辅助机,起动磁电机,起飞发动机,运载火箭,多级火箭的第一级④助(浮,爆)剂,引爆剂,(加)强发剂,辅助剂,(传)爆管,辅助油管⑤转播站⑥援助[后援,支持]者. *arc booster* (焊接)起弧稳定器. *booster amplifier* 辅助[接力,升压,高频倍压]放大器. *booster brake* 真空助力制动. *booster charge* 再[补充]充电,传爆装药. *booster circuit* 升压电路. *booster coil* 升压线圈,(磁电机)起动线圈,起动点火线圈. *booster compressor* (高压加氢设备)循环压缩机,增压[升压,辅助]压缩机. *booster diode* 辅助,阻尼二极管. *booster duration* 导弹加速工作时间. *booster fan* 鼓风机,(增压)辅助鼓风机. *booster light* 辅助光. *booster magneto* 启动[手动]磁电机,助力永磁发电机. *booster phase* 助推段,加速(飞行)段,主动段. *booster pump* 增压[升压]泵. *booster relay* 升压继电器[终接器]. *booster rocket* 火箭加速器,多级火箭第一级. *booster signal* (微波)中继信号,提升信号. *booster station* 升压电台(电视)接力[转播]电台,辅助[中继]电台,接力站. *booster telephone circuit* 电话增音电路. *booster trajectory* 主动段弹道. *booster transformer* 升压变压器. *booster transmitter* 辅助发射机. *heat booster* 增加[增幅,加温]器. *in-line booster* 串联(式)(轴向)助推器,轴向加速器,序列式增压器. *negative booster* 降压器. *video-line booster* 辅助视频(线路)放大器.

booster-type diffusion pump 增压式扩散泵.

boost'ing ['bu:stiŋ] n. 助推,升[压],加速,提(升)高,增加(大). *boosting charge* 升压(补充)充电,急充电. *boosting flight* 主动段飞行. *boosting power* (由后)推进力. *boosting site* 升[增]压部位. *boosting voltage* 辅助(升高)电压. *power boosting* 功率增大.

boost-phase n.; a. 主动(助推,加速(飞行))段(的).

boot [but] I n. ①(长)靴②(汽车后部)行李箱③罩,保护(引出)罩,盖④橡皮套,套管,管帽,引绒帽,胎垫,胎裂救急套⑤进料斗,接受器,料仓⑥屋面管(凸缘)套,水落管管槽⑦泄沟器,滑脚. *boot clamp* 密封套夹. *boot magnatron* 长阳极控管. II vt. 穿(靴),装走,踢[赶]出(out). ▲*in seven league boots* 极快(速). *The boot is on the other leg* [on the wrong leg]. 事实恰相反;应由其他方面负责. *to boot* 并[而]且,加之,除此之外.

booted a. 穿靴的.

booth [bu:ð] n. 小室(房,亭,箱),通话室,公用电话亭,暗箱,(窝,仪器)棚,推子,*control booth* 控制台(室). *spray booth* 喷台. *toll booth* 收税亭.

bootjack n. 脱靴器.

boot'leg n. 未爆炮眼,[轧]靴筒(缺陷). *boot-leg program* 自引程序.

boot'legging n. [轧]穿靴筒.

bootless ['bu:tlis] a. 无益的,无用的. ～ly ad. ～ness n.

boot'strap ['bu:tstræp] n. ①自举[益]电路,仿真(人工,幻像,模拟)线路,自持系统②搭扣,束紧带(自益)③[计]引导指令(程序),辅助程序 ④自展(系统程序设计方法),(输入)引导. *bootstrap amplifier* 自举(自益,引益,仿真)放大器,阴极输出器,辅助稳压放大器. *bootstrap cathode follower* 仿真线路阴极输出器. *bootstrap circuit* 自举电路[脉冲形成和放大电路,自举(放大)电路,(短)短脉冲形成和放大电路,仿真放大器组. *bootstrap diode* 限幅二极管,阴极负载二极管. *bootstrap driver* 自举[阴极输出,仿真线式]激励器. *bootstrap dynamics* 靴襻(自举)动力学. *bootstrap generator* 仿真线路振荡器. *bootstrap input program* 引导输入程序. *bootstrap integrator* 自举(自益)[仿真线路]积分器. *bootstrap loader* 引导装配(入)程序,输入引导子程序. *bootstrap model* 靴襻(自举)模型. *bootstrap sawtooth generator* 自举(电路)锯齿波振荡器.

boot'strapping n. 步步为营法(利用无错误部分的硬设备诊断未测试部分的硬设备上),引导指令,仿真.

boot'topping n. 水线间船壳. *boottopping paint* 水线漆.

boo'ty ['bu:ti] n. 赃物,战利品.

BOP ①blowout preventer 破裂(井喷)防止器 ②burnout-proof 防烧毁.

bo-peep n. (低空投弹用)投弹瞄准附加器.

bora n. 布拉风(亚得里亚海东岸的一种干冷东北风).

borac'ic [bə'ræsik] a. (含)硼的,硼砂的.

boracium = boron.

boral n. 碳酒石酸铝(防腐及收敛药),碳化硼铝(防痹中子用的轻物质).

bo'rane ['bourein] n. (甲)硼烷(衍生物),硼氢化合物,硼化氢.

bo'rate ['bo:reit] I n. 硼酸盐(酯). II vt. 使与硼砂(酸)混合,用硼酸(砂)处理. *borate flint* 含硼火石

玻璃.
bo′rated ['bɔ:reitid] *a.* 用硼酸处理过的, 覆盖上金属硼的, 含硼酸[砂]的.
boratto *n.* 丝毛交织物.
bo′rax ['bɔ:ræks] *n.* 硼砂, 硼酸钠. *borax glass* 四硼酸钠, 硼砂玻璃.
Borax = Boiling Reactor Experiment 沸腾式实验性反应堆, 实验性沸腾[反应]堆.
borax-bead *n.* 硼砂珠.
borax-boric acid mixture 硼酸盐缓冲剂.
borax-glass *n.* 硼砂玻璃.
borazine 或 **borazole** *n.* 硼吖嗪, 硼的衍生物 (一种挥发性无色液体).
borazon ['bɔ:rəzɔn] *n.* (一) 氮化硼(结晶体), 人造亚硝酸硼 (硬度接近金刚石, 研磨材料).
borazone *n.* 氮化硼半导体.
Bordeaux′ 波尔多 (法国港口). *Bordeaux B* 枣红 B, 波尔多 B (染料) (用作指示剂). *Bordeaux mixture* 石灰硫酸铜液, 波尔多液.
bor′der ['bɔ:də] Ⅰ *n.* ①边(界, 缘, 境, 际), 缘, 框, 壁 ②界限[面], 周界, 国界[境] ③边缘, 田埂, 缘饰 ④书脊边饰 (装帧). *border light* 场界灯, 边界灯. *border line* 边[国]界, 分界线. *border pen* 绘图笔 (画轮廓线用的). *border set* 【数】边缘集. *brightness contrast border* 亮[辉]度界限. *cathode border* 阴极边框. *channel border* 管[风洞]壁. ▲*on the border of* 将[正]要. *on the borders* 在边界上, 近交界处. Ⅱ *v.* ①接[交]界, 毗连, 邻接, 接近 ②近似, 几乎是 ③镶边, 接. *bordered matrix* 【数】加边矩阵. *bordered pit* 重纹孔, 有[加]边缘孔. ▲*border on* [*upon*] 接[邻]近, 接境, 邻接, 毗连; 近似(于).
bor′dering *n.* 设立疆界, 边界标志物, 边, 缘.
bor′derland *n.* 交界地区, 边区[域, 境], 过渡地(区), 模糊区, 模糊的境界.
bor′derline Ⅰ *n.* 边[界]线, 国界, 轮廓线. Ⅱ *a.* 边界上的, 不明确的, 模棱两可的.
border-punched *a.* 边(缘穿)孔(的).
bore [bɔ:] Ⅰ *n.* ①孔(枪, 炮, 膛) 膛, 汽缸筒, 砂芯, (中心)孔, (炮)眼, 洞 ②孔(内, 口)径 ③钻, 扩[穿]钻, 钻孔器, (炮)孔 ④怒潮, (海)涌潮现象 ⑤讨厌的人[物]. Ⅱ *v.* ①镗[穿, 扩], 打眼, 钻探, 开凿 ②推开 ③使厌烦, 打搅(*with*) ④*bear* 的过去式. *basic bore* 基孔. *bore bit* 钻孔钻头. *bore check* 精密小孔测定器. *bore chip* 镗屑. *bore diameter* 内径, 净径. *bore face machine* 镗孔镗端面加工机床. *bore hole* 钻[镗]孔, 井(炮)眼. *bore hole pump* 深井泵. *bore hole surveying* 钻孔测量. *bore log* 钻孔柱状图, 测井记录(曲线). *bore meal* 钻粉. *bore size* 内径, 孔径. *bore specimen* [*plug*] 钻探取样, 钻探岩心. *bore pile* 埋头钻孔. *counter bore* 埋头钻孔. *cylinder bore* 气缸内径(钻孔). *wash boring* 水冲钻探, 冲洗钻孔.
bo′real ['bɔ:riəl] *a.* 北(方, 风)的.
borealis *a.* 北的. *aurora borealis* 北极光.
bore-bit *n.* 钻头.
bore′dom ['bɔ:dəm] *n.* 讨厌, 厌烦, 无趣.

bore′-hole *n.* 钻(镗)孔, (炮)眼, (pl.)井孔. *borehole cable* 矿井电缆. *borehole gravimeter* 井中重力仪. *borehole log* 测井曲线, 录井. *bore hole televiewer* 井下电视.
bore-out-of-round *n.* (孔)不圆度.
bor′er ['bɔ:rə] *n.* ①镗(钻)工, 打眼工 ②镗床, 镗孔刀具 ③钻(头, 机), 钻(穿口)器, 风钻, 凿岩机 ④蠹船虫. *cork borer* 木塞穿孔器. *cylinder borer* 镗缸机. *jig borer* 坐标镗床.
bore′safe *n.* 膛内保险[安全].
bore′scope *n.* 管道(内孔)(探测)镜, 光学孔径仪.
bore′(-)sight ['bɔ:-sait] *n.* ①瞄准线(点, 轴), 视轴 ②炮膛觇视器, 校靶镜 ③孔径(枪瞄口)瞄准, 平行对准, 枪筒瞄准. *boresight alignment* 瞄视调整, 视轴准直, 枪筒瞄准. *boresight axis* 天线方向图对称轴, 瞄准轴. *boresight camera* 无线电瞄准照相机. *boresight error* 瞄视[准]误差. *boresight reticle* 孔膛十字丝. *boresight shift* 准向移位. *electronic boresight* 电轴.
bore′sighting *n.* 轴线校准. *beresighting test* 瞄准线检验.
boresight-motion-picture camera 瞄准式电影摄影机.
bo′ric ['bɔ:rik] *a.* (含)硼(素)的. *boric acid* 硼酸.
borickite *n.* 褐磷酸钙铁矿.
bo′ride [bɔ:raid] *n.* 硼化物. *boride cermet* [*ceramics*] 硼(金属)陶瓷.
boriding *n.* 渗硼.
bor′ine ['bɔ:rin] *n.* 烃基硼.
bor′ing ['bɔ:riŋ] Ⅰ *n.* ①钻[镗, 旋], 扩, 穿孔, 镗削加工, 钻探, 打眼, 镗凿 ②(pl.) 钻屑, 镗屑, 金属切屑 ③地质钻孔试验, 试钻. Ⅱ *a.* ①镗(穿孔)的 ②令人厌烦的. *boring casing* 钻探套管. *boring machine* 钻(孔)机, 镗床, 撞缸机. *boring rig* 钻探车, 钻探架, 钻孔设备. *boring sample* 取岩样. *boring table* 镗床工作台. *boring tower* 钻塔, 井架. *boring with line* 索钻, 钢丝绳冲击钻进.
boring-and-turning mill 旋转(立式)车床.
borism *n.* 硼中毒.
borizing *a.* (金刚石)镗孔.
born [bɔ:n] *a.* ①出生(*bear* 的过去分词) ②出身于, 源于(*of*) ③生来的, 天生的. *China-born American scientist* 出生在中国的美国科学家. *Chinese-born American scientist* 美籍中国科学家. ▲*born again* 再生.
bornadiene *n.* 蒎二烯.
bornane *n.* 蒎烷.
borne [bɔ:n] Ⅰ *v. bear* 的过去分词. Ⅱ *a.* ①由…运载的, 装在…上的, 以…为基地的 ②传播的. *carrier borne* 装载在航空母舰上的. *dust borne gas* 含尘气体.
bornene *n.* 蒎烯.
Bor′neo ['bɔ:niou] *n.* 婆罗洲(岛).
bor′neol ['bɔ:niɔl] *n.* 龙脑, 冰片, 莰醇.
bornhardt *n.* 岛山.
born′ite ['bɔ:nait] *n.* 斑铜矿.
bor′nyl ['bɔ:nil] *n.* 冰片[龙脑, 莰]基.
boro- [词头] 硼.

borocaine n. 硼酸普鲁卡因(局部麻醉剂).
borocarbon film resistor 硼碳膜电阻器.
Borod n. 博罗德焊条(碳化钨60%,铁40%).
borofluor(hydr)ic acid 氟硼酸.
borofluoride n. 氟硼酸盐.
borohydride n. 氢硼化物.
borolon n. 人造〔合成〕氧化铝(用作磨料,耐火料或助滤物).
bo′ron [′bɔ:rɔn] n. 【化】硼 B. *boron capsule diffusion* 硼箱(法)〔箱式硼〕扩散. *boron hydride* 氢化硼. *boron lined counter* 衬硼计数器. *boron oxide* 二氧化硼.
borona′tion n. 硼化(作用,反应).
boron-coated electrode 涂硼电极.
boron-doping n. 掺硼.
boron-filtered neutron 硼滤(过的)中子.
boron′ic a. 硼的.
bo′ronise 或 **bo′nonize** [′bɔ:rənaiz] v. 硼化,渗硼. **boronis-a′tion** 或 **boroniza′tion** n.
boron-lined a. 衬硼的,覆硼的.
boron-loaded a. 饱和了硼的,载硼的.
boron-poisoning a. 硼中毒的.
boron-trifluoride n. 三氟化硼. *boron-trifluoride counter* 三氟化硼计数器.
boron-trifluoride-filled a. (充)三氟化硼的.
bo′roscope [′bɔ:rɔskoup] n. 内孔表面检查仪,光学孔径检查仪,光学缺陷探测仪.
borosil n. 硼-硅-铁(中间)合金(3~4% B,40~50% Si).
borosilicate n. 硼硅酸盐. *borosilicate crown* 硅酸硼冕牌玻璃. *borosilicate glass* 硼硅(酸盐)玻璃,光学〔硅酸硼〕玻璃. *hard borosilicate glass* 硬质硼硅玻璃,耐火玻璃.
borosil′iconizing [bɔ:rə′silikənaizɪŋ] n. 渗硼硅法.
bor′ough [′bʌrə] n. (英国)自治城市,(美国)自治村镇,市行政区.
boroxane n. 硼氧烷.
borrelia n. 疏螺旋体.
bor′row [′bɔrou] v.；n. ①借(用,入),采用,模仿,剽窃 ②借〔取〕土,取料(借土坑,采料场,挖出〔开采〕料 ③【数】借位(数,计),(减法运算)向上位数借. *borrow area* 〔pit〕取土坑,采料场. *borrowed fill* 借土填方. ▲*borrow M from* 〔*of*〕 由 N 处借 M. *borrow trouble* 自找苦恼〔麻烦〕.
borsal 或 **borsyl** n. 硼酸钠.
bort 或 **bortz** [bɔ:t, bɔ:ts] n. 圆粒(球察,不纯)金刚石,钻石〔金刚石〕粒,(黑)金刚石粉〔屑〕,边石. *short bort* 劣等金刚石.
boryl n. ①氧硼基 ②环硼水杨酸乙酯.
boryslowite n. 硬地蜡.
BOS =①back-off system 补偿系统 ②building out section (加感线路用)附加的平衡网路 ③basic operating system 基本操作系统.
Bose normalization factor 玻色归一因子.
bosh [bɔʃ] n. ①浸冷(的)水槽,(酸洗)槽,浴,炉腹〔衬,腹〕②锅,桶 ③(刷)水笔,水刷 ④胡说. *bosh breakout* 炉腹烧穿. *bosh casing* 炉腹外壳. *bosh cooling box* 炉腹冷却器.
bosh′ing [′bɔʃɪŋ] n. 浸冷使冷冷却,除鳞】.

bosh′plate [′bɔʃpleit] n. 炉腹冷却板.
bosk 或 **bosket** n. (矮,小,)丛林.
bosom n. ①胸(部),内部 ②对缝连接角钢,角撑 ③矿藏,蕴藏.
bo′son [′bousɔn] n. 玻色子(遵从玻色统计法的粒子).
bosonic a. 玻色子的.
boss [bɔs] Ⅰ n. ①工头,领班,老板,经理,头子,首领 ②工长,线(机)务员 ③(轮,桨)毂 ④(铸锻件表面)凸起(突出)部,凸心〔圆〕台,浮凸,凸饰,浮雕〔饰〕,浮凸嵌片,隆起,结节,脐子,圆疤,(岩)瘤 ⑤进气道中心体 ⑥夹持器,止挡,支柱,四角螺丝套,轴衬〔套〕⑦灰泥桶 ⑧未(射)中,不成功. Ⅱ vt. ①指挥,控制,掌管,发号施令 ②浮雕. Ⅲ a. 主要的,首领的. *boss bolt* 轮毂螺栓. *boss hammer* 碎石锤. *boss ratio* 内外径比,幅比. *boss ring* 毂箍. *key boss* 键槽轮毂. *pressed-out boss* 压制毂. *wheel boss* 轮心毂.
BOSS =bioastronautical orbiting space station 宇宙生物轨道空间站.
boss′ing n. ①用粗面轧辊轧制,(轧辊表面)的刻痕和堆焊 ②轴包套,导流罩.
bostle pipe【冶】环风管.
Bos′ton [′bɔstən] n. (美国)波士顿(市). *Boston bag* 一种手提(文件)包.
BOT =①beginning of tape 磁带始端 ②Board of Trade(英国)贸易部 ③Board of Trade Unit (英国商用)电能单位(=1千瓦小时).
Bot =botany 植物学.
bot [bɔt] n. 泥塞 Ⅰ v. 堵出铁口.
BOT unit =Board of Trade unit 见 BOT③.
botan′ic [bə′tænik] a. 植物学的.
botan′ical [bə′tænikəl] Ⅰ a. 植物学的. Ⅱ n. 药材.
bot′anist [′bɔtənist] n. 植物学工作者.
bot′anize 或 **bot′anise** [′bɔtənaiz] v. (到野外)研究并采集植物.
bot′any [′bɔtəni] n. 植物学.
botch [bɔtʃ] vt. 拙劣的工作.
bot′fly [′bɔtflai] n. 牛蝇.
both [bouθ] a.；ad.；pron. 两(个,者,面),双(方,侧),(二者)都. *M and N both* M 和 N 二者都. *both M and N* M 和 N(二者)都,既 M 又 N,不但 M 而且 N. *both end threaded* 两端带螺纹的. *both red and expert* 又红又专. *both may* (*s*) 双向.
both′er [′bɔðə] v.；n. 烦扰,打搅,麻烦,累赘,迷惑,使糊涂. ▲*bother about* 操心,焦虑. ~**ation** n.
both′ersome a. 麻烦的,讨厌的.
both′rium [′bɔθriəm] (pl. *bothria*) n. 吸沟〔槽〕.
both-way a. 双向的. *both-way trunk(line)* 双向中继线,双向干线.
botryite 或 **botryogen(ite)** 或 **botryt** n. 赤铁矶.
bot′ryoid [′bɔtriɔid] 或 **botryoi′dal** [bɔtri′ɔidəl] a. 葡萄状的.
Botswana [bɔt′swɑ:nə] n. 博茨瓦纳.
bott [bɔt] n.；v. (化铁炉出铁口的)泥塞,堵塞.
bot′tle [′bɔtl] Ⅰ n. 瓶,罐,(流体)容器,外壳. Ⅱ v. ①装入瓶中,灌注 ②忍着,抑止(up). *air bottle* (压缩空)气瓶,气罐,外壳. *bottle air* 瓶装气体. *bottle capper* 轧盖机. *bottle coal* 气煤. *bottle green* 深绿色. *bottle jack* 瓶式千斤顶. *bottle method* 比重瓶法. *bottle oxygen* 瓶装氧气. *bottle washer* 洗瓶机.

holding bottle 存储瓶. *magnetic bottle* 磁瓶. *rato bottle* 火箭起飞助推器. *shock bottle* 瓶状激波系.▲*bottle off* 由桶中移装瓶内.
bottled *a.* 瓶装的. *bottled gas* 瓶装煤气, 瓶装液化石油气, 瓶装液态丁烷. *bottled television* 电视记录.
bottle-green *a.* 深绿色.
bot'tleneck Ⅰ *n.* ①瓶颈(现象) ②狭(隘)道, 难关, 【计】关键, 难关 ③涌塞(现象), 影响生产流程的因素(如缺乏原料等). Ⅱ *v.* 妨碍, 卡住, 梗塞, 阻塞. Ⅲ *a.* 狭隘拥挤的.
bot'tling ['bɔtliŋ] *n.* 装瓶(子), 灌注. *bottling machine* 装瓶机.
bot'tom ['bɔtəm] Ⅰ *n.* ①底(部), 下部, 深处, 末端, 尽头 ②基础, 根基(源), 原因, 底细 ③(pl.)底部沉淀物, 残留物, 残渣, 脚子. Ⅰ *a.* 最低(后)的, 最下的, 根本的. Ⅲ *v.* ①根据, 基于 ②(达)到底(部), 查明真相, 测量…深浅 ③使电子管在截止点附近工作, (使达到)饱和, (电)通导 ④装底, 做底脚. *basic bottom* 碱性炉底. *bottom aerial* 弹下天线. *bottom bounce* 海底多次反射. *bottom case* 底座, 底(下铸)箱. *bottom casting* 底座(箱), 下铸, 下注. *bottom clearance* 名间间隙. *bottom dead centre* 下(低)死点. *bottom diameter* (螺丝)根径. *bottom die* 底模. *bottom discharge* 底部排泄. *bottom document* 底层文件. *bottom flash* 底飞边. *bottom gate* 底注(内), 浇口. *bottom gear* 头档, 低速排档. *bottom gravimeter* 水底重力仪. *bottom house* (转炉)炉底修补房, 高炉下部. *bottom oil* 残油, 油脚. *bottom plate of column* 分馏塔的底塔盘. *bottom pour(ing)* 底注, 下铸. *bottom quark* 底(b)夸克. *bottom sampler* 底质(部)取样器. *bottom tapping* 底部分流. *bottom tool* 下刀具(架). *bottom view* 底(仰)视图. *bottomed region* 饱和区, 通导区. *drop bottom* 活底.▲*at (the) bottom* 实际上, 本质上, 从根本上说. *(be) at the bottom of* 在…的底部(尽头), 是(发生…的)原因, 引起. *bottom on (upon)* 建立在…的基础上. *bottom out* 探明, 使水落石出, 到了底, 接触到底, (证券)停跌回升. *bottom up* 从脚(脚)倒置, 颠倒, 自底向上. *from top to bottom* 从上(顶, 头)到下(底, 尾), 完全. *get to the bottom of* 详细调查, 了解…的底细, 探明…的真相. *go to the bottom* 沉没, 深究. *knock the bottom out of an argument* 推翻(有力驳斥)一种论点, 证明一种论点是错误的(无价值). *send to the bottom* 弄沉, 打沉. *to the bottom* 彻底, 彻底. *touch bottom* 达到最低点, 接触到实质, 得到根据, 查核事实.
bottom-dump *a.* 车底卸载的, 底倾式. *bottom-dump bucket* 活底铲斗.
bottom-grab *n.* (水底)挖泥抓斗, (底部)咬合采泥(样)器.
bot'toming Ⅰ *bottom* 的现在分词. Ⅰ *n.* ①石块铺底 ②从下面切断信号, 将五极管的工作点定在Ia/Va特性曲线的弯曲部以下, 以便使阳极在低电压状态工作, 精(攻)丝锥. *bottoming tap* 平底螺丝攻, 盲孔丝锥, 三(号丝)锥, 精(攻)丝锥.
bottomium *n.* b 夸若偶素.
bot'tomland *n.* 盆(洼)洼, 泛滥)地.

bot'tomless *a.* 无底(板)的, 无限的, 深不可测的, 空虚的, 没有根据的.
bot'tommost *a.* 最下(面)的, 最低的, 最深的, 最基本的.
bottom-poured *a.* 底注的, 下铸的.
bottomside sounding (电离层)低层探测.
bottom-up *ad.* (头脚)倒置, 颠倒, 自底向上.
bottstick *n.* 泥模杆.
BOTU =Board of Trade Unit 英国商用电能单位(=1千瓦小时).
bouche Ⅰ *n.* (枪炮)口, 嘴, 钻孔. Ⅰ *v.* 钻(一)孔.
boucherize *v.* 用蓝矾(硫酸铜)浸渍.
bouchon *n.* 手榴弹信管, 点火机.
bought [bɔ:t] Ⅰ buy 的过去式和过去分词. Ⅰ *a.* 买来的, 现成的. *account bought* 代购物账单.
bougie *n.* ①瓷制的多孔滤筒 ②栓剂, 杆剂 ③探条(子). *bougie decimale* [unit](=decimal candle) 一种(旧, 十进)烛光单位(法国光度计的标准. 1cm² 的铂在它的凝固点时所发射的光的1/20, 等于0.96 国际烛光).
bouillon *n.* 肉汤(肉汁), 液体培养基.
boulan'gerite *n.* 硫锑铅矿.
boulder ['bouldə] *n.* 漂(巨)砾, 圆(卵)拳, 玉, 蛮, 砾石. *boulder bed* 砂砾, 小卵石. *boulder dam* 顽(蛮)石坝. *boulder setter* 蛮石铺砌匠.
boulderet *n.* 中砾.
bouldery *a.* 漂(巨)砾类的.
boule *n.* ①台基, 球 ②刚玉, 毛坯, 梨晶.
bou'levard ['bu:lvɑ:] *n.* 林荫(大)道, (宽阔的)大马路.
boutl [boult] *n, v.* 筛, 淘汰.
boulton process (木材)去湿法.
bounce [bauns] Ⅰ *v.* *n.* ①蹦, 跳(振, 脉, 摆, 摇, 颤)动 ②反跳(冲, 映), 进(跳)回, 弹起(回, 力), (无线电)回波, 使(多次)反射, 发射 ③跨度 ④窄口, 威胁, 解雇 ⑤突然袭击. Ⅰ *a.* 硬地一下子. *bounce cylinder* (自由活塞燃气发生器的)缓冲气缸. *bounce plate* 反跳板. *bounce table* 冲击(振动)台.▲*come bounce against* 跟…砰地相撞.
boun'cing [baunsiŋ] *n. a.* ①蹦, 跳, 跃, 脉, 冲, 摇动, 跳钻, (示波器)图像跳动 ②失配 ③跳跃的, 活泼的, 巨大的, 重的. *bouncing motion* 图像跳动.
bouncing pin (仪表)跳针.
boun'cy *a.* 有弹性的, 自吹的, 活跃的.
bound [baund] *a. ; v. n.* ①bind 的过去式和过去分词 ②受约束的, 联(接, 粘, 耦)合的, 装订的 ③理应…的, 必定(然)…的, 一定的, 驶往…的 ④限制, 束缚, 约束, 不游离, 不许, 定界 ⑤界(限), 极限, 限度, 上下限, (算子的)范数· 边缘, 边(境)界 ⑥弹跳(回, 起), (使)跳跃(起, 回). *air bound* 气阻. *bound by ice* 冰封的. *bound energy* 结合(束缚)能. *bound layer* 固定层. *bound pair* 界限对(双, 偶). *bound segment* (程序的)联编段. *bound vector* 束缚矢量, 有界向量. *bound volume* 合订本. *bound water* 结合(束缚)水. *bounding dislocation* 边界位错. *bounding medium* 粘合介质. *bounds on error* 误差界限.▲*at a [with one] bound* 一跃[跳]. *(be) bound for* 开[驶]往…的, 准备到…去的. *(be) bound to +inf.* 理应, 必定[须, 然], 决心, 非…不

可,不得不.(be) bound up in 紧紧束缚在…里,埋头于.(be) bound up with 和…有密切关系. beyond the bounds of 超出…的范围. break bounds 超出界限,过度. by leaps and bounds 突飞猛进地. keep within bounds 使适中〔不过度〕. know no bounds 不知足,无限制. out of bounds 越轨〔限〕,禁止入内. set bounds to 限制. there (be) bound to be 必然有,势必出现. within the bounds of 在…范围内.

bound'ary ['baundəri] n. ①〔边,分,瓢,境〕界,界线〔限,标,面〕,间界,范围,边缘,极限,限度,限制,约束 ②轧槽孔型的轮廓,外形. boundary condition 边界条件. boundary contrast 亮度差圆,边界对比度. boundary effect 边界效应. boundary frequency 截止〔边界〕频率. boundary friction 边界〔附面〕摩擦. boundary function 分界功能. boundary layer 边〔临〕界层,附〔界〕面层. boundary light 机场界线灯,边界〔障碍物〕指示灯. boundary lubrication 界〔附〕面润滑. boundary science 边缘科学. boundary surface 〔边〕界面. divergence boundary 发散界层. grain boundary 颗粒周围,晶粒〔边〕界. lateral stability boundary 侧向稳定性区域. thermal boundary 热雾. twin-plane boundary 孪晶面边界.

boundary-contraction method 边界收缩法.
boundary-fault n. 边界断层.
bounded a. 有界〔限〕的,(受)束缚的,围的. (be) bounded above 有上界的,围于上. (be) bounded below 有下界的,围于下. bounded context 限界上下文. (be) bounded on the left 〔right〕左〔右〕边有界. bounded function 有界函数,圆面数. bounded reservoir 封闭〔圆围〕油藏. bounded type strain gauge 固定型应变仪. ▲be bounded on M by N M(这一面)与N相邻接.
boundedness n. 局限性,限度.
bounden ['baundən] a. 有责任的,必须担负的. bounden duty 应尽的义务〔责任〕.
bound'less a. 无限〔界〕的,无穷的,无边无际的. ~ly ad. ~ness n.
bound'script n. 界标.
boun'teous ['baunties] a. 丰富的,充足〔裕〕的,慷慨的. ~ly ad.
boun'tiful ['bauntiful] a. 丰富的,充足的(of),慷慨的. ~ly ad.
boun'ty ['baunti] n. 赠物,奖金,慷慨.
bouquet [bukei] n. ①香味,芳香,酒香 ②花球,花束.
bourdon ['buədn] n. 单调低音,(风琴)音栓. bourdon tube 弹簧管,弹性金属曲管. Bourdon (tube pressure) gauge 布尔登(管式)压力计,弹性金属管式压力计,弓端管式压力计.
Bourgas n. 布尔加斯(保加利亚港口).
bour'geois ['buəʒwɑ:] n. ;a. 资产阶级(分子,的).
bourgeoisie' [buəʒwɑ:'zi:] n. 资产阶级. the petty bourgeoisie 小资产阶级.
bourgeoisify vt. 使资产阶级化. bourgeoisification n.
bourn(e) [buən] n. ①边〔境〕界,界限,范围 ②目的(地),终点 ③小河〔溪〕,溪流.

bournonite n. 车轮矿,硫化锑铅铜矿.
bourrelet n. (炮弹下)定心凸缘,炮弹箍.
bourse n. (证券)交易所.
bouse v. 用滑车吊起.
bout [baut] n. ①(一)次(回,番,趟),(一个)来回(回合) ②竞争,比赛. in this bout 这时,这一回.
bouteillenstein n. 〔法语〕暗绿玻璃.
bouton n. 〔法语〕①钮扣,钮状物 ②疖,小结,节状隆起.
bovey coal 褐煤.
bovillae n. 麻疹.
bow I [bou] n. ;v. ①弓,虹,弧,舷 ②弓形(物,饰,部分),(锯,眼镜)框,蝶形,蝴蝶结 ③弯曲(成弓形),用弓拉奏 ④凸线规型. II [bau] n. ;v. ①船头,头部,船首,舰首 ②(使)弯曲,弯(腰),鞠躬. bow cap 整帽,机壳头罩. bow collector 集电弓,弓形集电〔滑接〕器. bow compass(es) 两脚规,(小)圆规,外卡钳. bow drill 弓钻. bow pen 两脚规,小圆规. bow saw 弓锯. bow shock 激波. bow tie 弓形交叉. bow wave 顶头头(弹道,脱体,船首,舷,弓形,冲激)波. spring bow 弹簧弓. vertical bow 立弓. bowing of loading (反应堆)"曲折"装料. ▲bow before〔to〕屈服于. bow down 压弯. bow out 退去,辞退. draw [pull] the long bow 夸大〔张〕,吹牛. have two [many] strings to one's bow 有几个办法,有不止一个计划,多备一手,以防万一.
bowdrill n. 弓钻[二叉钻].
bowed a. 弓一样弯曲的,有弓的. bowed instrument 拉弦〔弓弦〕乐器. bowed string 拉条弦.
bow'el ['bauəl] n. 肠,内脏 ②心,内部,中〔核〕心. bowel lavage 洗肠,灌肠. bowel movement 肠(的)蠕动,排粪.
bow'er ['bauə] n. ①树荫处,凉亭,村舍 ②大(主)锚,船首锚.
bowk n. 吊桶.
bowking n. (纺织)石灰水或碱剂煮炼.
bow-knot n. 活(滑)结.
bowl [boul] n. ①体,碗,盘,盆,杯,皿,饮水器,煤斗,贮油杯 ②衡器,杓,槽,(挖土机的)斗 ③球形物,滚球(珠),浮筒,报筒,轧辊,圆锥壳,离心机转筒,转子 ④反射筒,(板簧)支座 ⑤注地. bowl classifier 分级(类)槽. bowl metal 粗铸锑(99%纯的模铸锑). bowl mill 球磨机. bowl paper 研光纸(用)纸. cam bowl 凸轮滚子. filter bowl 滤杯. float bowl 浮筒. rotating bowl 转筒.
II v. 滚转(动),漂动,加深,(用车等)运送,(车辆)轻快地行驶. ▲at long bowls 远距离地. bowl over 击倒,使大吃一惊,使不知所措.
bowlder =boulder.
bow-legged ['boulegd] a. 弯腿的,弓形腿的.
bow'line ['boulain] n. 帆脚索,单结套(一种简单而极牢固之索结),弓形线.
bowling-alley test 电(蒸)球强度试验.
bowl-shell wall 离心机篮壁.
bow-pen n. (一种装铅或墨水笔尖的)两脚规,圆规.
bow-saw n. 弓锯(细用)锯.
bow'ser n. [bauzə] n. 加油车(艇),水槽〔桶〕车.
bow'string ['boustriŋ] I n. 弓弦,绞索. II a. 弓

bow-tie antenna 蝴蝶结天线.
bow-type spring 叠板弹簧.
bow-wave n. (头)激波,弓形波,艏首〔顶头,弹道,脱体〕波.
bow-window ['bou'windou] n. 弓形窗,凸窗.
box [bɔks] I n. ①箱,匣,盒,(窗)框;接线盒,砂箱,轴承座,(匣)电视机 ②外壳,套,罩,包皮,轴瓦〔套〕③母螺纹,管接头④部分,组件,(程序中的逻辑)单元,方块,【计】逻辑框 ⑤盒形小室,(车,包)厢,公共电话亭,岗亭,棚车 ⑥畜圈,畜栏 ⑦黄杨(木)⑧一箱〔盒〕的容量. *alarm box* 警报装置. *basis box* 基准箱(镀锡薄钢板的商业单位,相当于面积 31360 平方英寸,即 14×20 英寸钢板 112 张). *black box* 快速调换部分,(探测地下核试验用的)黑箱. *box and pin* 公母接头,公母扣. *box annealed sheet* 装箱退火的薄钢板. *box annealing*(板材)匣内〔箱〕退火. *box antenna* 箱形天线(一种抛物柱面天线). *box baffle* 扬声器助音箱. *box beam* 箱形梁. *box bridge* 电阻箱〔匣式〕电桥. *box car* 箱〔棚〕车,矩形波串. *box cooler* 箱式冷却器. *box coupling* 套管联接,轴套. *box diffusion* 箱式扩散. *box driver* 套管螺丝起子. *box hardening* 箱渗碳. *box horn* 喇叭形天线. *box iron* 槽钢. *box loop* 环形〔箱形〕天线. *box marking* 装箱标志. *box number* 信箱号. *box photometer* 盒景光度计. *box pump* 箱形泵. *box search scan* 搜索矩形扫描. *box sounding relay* 音响器. *box type* 箱式,箱〔匣〕形. *box wrench*〔key, spanner〕套筒扳手. *butt box*【轧】大块氧化皮收集箱. *cable box* 电缆分线盒(接续箱). *collector box* 集流〔集气,收集〕管. *cutter box* 箱形(齿条状插齿刀)刀架. *echo box* 回波(空箱)谐振器. *feeding box* 起片〔盒〕. *gland box* 无盖轴箱. *hot box process* 热芯盒造型法. *in-out box* 输入-输出盒〔组件〕. *key box* 电键图,电键式交换机. *out-side axle box* 轴袖箱. *packing box* 填密箱,装料箱. *pressure box* 气压试验箱. *pull box* 分线盒. *terminal box* 接线盒〔箱,板〕,出线盒,端子箱.
II v. ①装箱〔盒〕,分隔,做成箱〔匣〕形,扣〔盖〕上 ②给…装上外壳 ③拳击〔运动〕④改变…方向. *box the compass* 依次读出罗盘上的 32 方位点. *boxed dimension* 总〔全,最大,外形,轮廓〕尺寸. ▲ *box off* 隔成小间. *box M on N* 把 M 扣在 N 上(成箱形). *box up* (*in*) 装箱,挤在一起.
box-and-grid structure 盒棚式结构.
boxboard n. 供于印刷纸箱纸盒用)大型字体.
box'car ['bɔkskɑː] n. (铁路)箱(棚)车,闷罐车,有盖货车 ②矩形函数,(pl.)矩形波串. *boxcar circuit* 矩形波串电路,脉冲取样及存储电路. *boxcar detector* (噪声中)脉冲串检测器. *boxcar function* 矩形波函数. *boxcar lengthener* 脉冲加宽器. *flying boxcar* 大型运输机,货机.
box-compound n. 浇注电缆套管的混合物.
box-drain n. 箱形排水渠.
boxed-off a. 隔成小间的.
boxer n. 制箱〔盒〕者,装箱〔盒〕者;拳击家.
box-frame motor(箱)框壳〔封闭式〕电动机.
box-hat n. 钢锭帽.
box'ing ['bɔksiŋ] n. ①装箱,制箱木料 ②环焊,绕焊 (绕过拐角外的填角焊缝),端部周边焊接 ③拳击〔术〕.
box'like a. 箱〔匣〕形的.
box'-office ['bɔksɔfis] n. 票房,售票处.
box-shear apparatus 盒式剪切〔力〕仪.
box'wood ['bɔkswud] n. 黄杨木(料).
boy [bɔi] n. ①男孩,儿子 ②侍者,服务员 ③(棉绒毛纬)波埃厚法兰绒. *Boys calorimeter* 波伊斯量热器. *boys gun* 坦克炮.
boy'cott ['bɔikət] v.; n. 抵制(外货),绝交.
BP =① back pressure 反压力〔回压〕②band-pass 带通,传送带 ③barometric pressure 大气〔计示〕压力 ④base plate 底〔垫〕板,基底 ⑤base point 原(基,小数)点 ⑥battery package 蓄电池组装 ⑦beacon point 海岸信标 ⑧below proof 不合格,废品 ⑨between perpendiculars 垂线之间 ⑩black powder 黑色火药 ⑪blast propagation 爆炸波传播 ⑫blood pressure 血压 ⑬blueprint 蓝图 ⑭boiler pressure 锅炉汽压 ⑮boiling point 沸点 ⑯bolted plate 栓接(铆)板 ⑰boron plastic 硼化塑料 ⑱B-power 乙〔阳极〕电源 ⑲British Patent 英国专利 ⑳British Petroleum Company 英国石油公司 ㉑British Pharmacopoeia 英国药典 ㉒bronze plated 镀铜的 ㉓bulb plate 球头偏铜 ㉔by-pass 旁路.
bp =① birth place 出生地 ② boiling point 沸点 ③ by-product 副产.
B/P =① bill of parcels 发票 ② bill(s) payable 应付票据 ③ blueprint 蓝图.
BPBW = bare phosphor bronze wire 裸磷青铜线.
BPC = ① back-pressure control 反压力控制 ② base point configuration 基点布置 ③ British pharmacopoeia codex 英国药典 ④ British pharmacopoeia commission 英国药学委员会.
BPF = ① band pass filter 带通滤波器 ② bottom pressure fluctuation 底压起伏.
bpi = bits〔bytes〕per inch 每英寸位数.
BPL = basic parts list 基本零(元)件清单.
B-plus n. 阳极电源(B 电)的正极,B^+ 正极,乙电正极. *B-plus voltage* 阳极电压,乙正电压.
B-power supply B 电源,乙电源屏(阳)极电源.
BPP = beacon package portable packset 便携式信标.
BPR = battery plotting room 炮台测算室.
BPS = ①bits per second 每秒传送位数. ②basic programming support 基本程序设计后援系统.
BPT = base point 基(原,小数)点.
BPt 或 **bpt** = boiling point 沸点.
BPV = back-pressure valve 反压阀.
BPW = bare platinum wire 裸铂线.
BQ = basic qualification 基本条件.
BR = ① basic requirements 基本要求 ② basic research 基本研究 ③ beam rider 驾束式导弹,波束导引的导弹 ④ bearing 方位,轴承 ⑤ receivable 应收票据 ⑥ brake relay 制动继电器 ⑦ breeder reactor 增殖(反应)堆 ⑧ breeding ratio 增殖(再生)系数 ⑨ butadiene rubber 聚丁二烯橡胶.
Br = ① brass 黄铜 ② bromine 溴.

br =① branch 部门,分支,支线〔管〕,【计】转移 ② brief 概要.

bra n.【数】刁,左(态)矢. *bra vector* 左〔刁〕矢量. *ortho-gonal bras* 正交刁.

BRA =branch address【计】转移地址.

brace [breis] I n.①支柱〔撑〕,支持(物),撑柱〔臂,脚,条〕,拉条(板,杆,线),系杆,联条,木(电)杆下的垫基,吊〔背,绷〕带,桔具,固定器 ②钻孔器,手摇(曲柄)钻,曲柄,把 ③伸录,张力 ④大括弧〔{〕⑤一双〔对〕⑥坚忍力. II *vt*.支撑,撑牢,连接,固定,使坚固,紧固,装拉条,张〔叉〕开 ②用大括弧括③使紧贴,使有(思想)准备,迅速作好…准备,振作,奋起. *angle brace* 角(铁)撑,斜撑. *brace* (*and*)*bit* 曲柄钻孔器,手摇曲柄钻,摇(}钻. *brace angle* 撑杆角统. *brace nut* 拉条螺母. *brace summer* 双重梁. *cab brace* 司机室托架. *counter brace* 副撑臂,转帆索. *crank* (*hand*) *brace* 手摇钻. *expansion brace* 伸缩拉条. *form brace* 模板支柱,模板支撑. *knee brace* 膝形拉条,撑木,角撑. *lever brace* 挺弯弄器. *pole brace* 电杆的拉线. *sway brace* 斜撑块. *vertical brace* 线担撑脚. ▲ *a brace of* 一对〔双〕. *brace up* 包扎紧,(使)振作,下定决心.

braced [breist] a. 撑(拉)牢的,支张(撑)的,联结(接)的. *braced girder* 桁架,联结大梁. *braced panel* 斜撑节段.

brace'let ['breislit] n. 手镯. *bracelet of tyre carcass* 胎身布筒.

bracer n. 索,带,支持物.

bra'chial ['breikiəl] a. 臂的,似臂的.

brachial'gia [breiki'ældʒiə] n. 臂痛.

brachiform a. 臂形的.

brachio-〔词头〕臂.

brachistochrone n.【数】最速落径(降线),捷线,反射波垂直时距表. *brachistochrone path* 最捷路(航)程.

brachistochron'ic a. 速降的. *brachistochronic manoeuvre* 速降机动飞行.

bra'chium ['breikiəm] (pl. *bra'chia*) n. 臂,臂状突.

brachy-〔词头〕短.

brachy-anticlinal fold【地】短背斜褶皱.

brachy-axis n. 短轴.

brachycar'dia [bræki'kɑːdiə] n. 心搏徐缓.

brachychron'ic a. 急性的,急促的.

brachydome n.【地】短轴坡面.

brachyme'dial a. 短中的.

brachymetro'pia [brækimi'troupiə] n. 近视.

brachymetrop'ic a. 近视的.

brachypinacoid n. 短轴面.

brachyprism n. 短轴柱.

brachypyramid n. 短轴棱锥.

brachy-synclinal fold n.【地】短向斜褶皱.

brachytel'escope n. 短塑远镜.

brachyuric a. 短尾的.

bra'cing ['breisiŋ] I n.①拉(撑,联)条,撑杆〔臂,支撑(柱)〕加固,材料,系杆,张线 ②交叉,联结,加固〔劲〕刺,刺激. II a. 令人振奋的,爽快的,使某张的. *bracing piece* 加劲(撑)杆,撑条,斜(横)梁. *bracing wire* 拉线. *push bracing* 推杆. *radial bracing* 径向支撑.

brack'et ['brækit] I n.① (墙上伸出的,三角形)托〔支,撑,座,凳,角撑,承〕架,隔撑,捆脚,牛腿,臂,支柱,丁字支架,(墙上装的)煤气灯嘴(电灯座),平台②夹(子(又,线板),卡(板)(射),卡钉(平口,凹),磁夹,凸波段,音域)(铸件)加强筋,筋条⑤框框⑥(pl.)括号⑦级(归)类. II *vt*. 装托架,括以括号,把…分类,并列〔归类〕在一起. *angle bracket* 角撑架,角铁托,角形托座. *application valve bracket* 控制阀托架. *bearing bracket* 轴承座(架). *body hold down bracket* 车身托架. *bracket arm* 单臂线担,托柄扁担. *bracket block* 托架基块. *bracket count* 括号计数. *bracket crane* 壁臂式起重机,悬臂吊车. *bracket insulator* 卡口(直螺脚)绝缘子. *bracket metal* 托架轴承(合金). *bracket panel* (配电盘的)副盘,辅助盘. *bracket suspension* 横臂悬挂. *bracket table* 托座工作台. *bracketing process* 划分法. *bracketing theorem* 划界定理. *gage glass bracket* 水(油)位玻璃托架. *pole bracket* 悬臂支架. *spring bracket* (钢板)弹簧(吊耳)支架.

brack'ish ['brækiʃ] a. (略)有盐味的,稍(微,半)碱的,(轻度)盐渍的,碱化的. *brackish cooling water* 半硷冷水. *brackish water* 微(半)碱水.

brack'ishness n. 微碱性.

bracklesburg furnace 回转式反射炉.

bract n. 托叶,苞(片).

bracteole n. 小苞(叶),苞片.

brad [bræd] n. 土钉,角钉,曲头钉,无头钉,(平头)型钉. *brad terms* 火印名词.

brad'awl ['brædɔːl] n. 小锥子,锥钻,打眼钻.

bradfield leading-in insulator 天线引入绝缘子.

brady-〔词头〕缓慢,迟钝.

bradyba'sia [brædi'beisiə] n. 行走徐缓.

bradycar'dia [brædi'kɑːdiə] n. 心搏徐缓.

bradycar'dic a. 心搏徐缓的.

bradycrotic a. 脉搏徐缓的.

bradygen'esis [brædi'dʒenisis] n. 发育徐缓.

bradyglos'sia [brædi'ɡlɔsiə] n. 言语徐缓.

bradykinesia n. 运动徐缓.

bradykinet'ic a. 运动徐缓的.

bradykinin n. (血管)舒缓,舒缓.

bradypep'sia [brædi'pepsiə] n. 消化徐缓〔不良〕.

bradypep'tic a. 消化徐缓的.

bradyphre'nia [brædi'friːniə] n. 思想迟钝.

bradypne'a [brædip'niːə] n. 呼吸徐缓.

bradypra'gia [brædi'preidʒiə] n. 动作徐缓.

bradypraxia n. 动作徐缓.

bradyseism n. 缓震,海陆升降.

brag [bræɡ] (bragged; bragging) v. 自夸〔吹〕(of, about).

Bragg spectrometer 布拉格光谱计,晶体分光仪.

Bragg-curve n. 布拉格曲线.

braggite n. 硫碳铅钯矿.

bragite n. 褐钇钽矿.

braid [breid] I n. (条,绦,绦)带,编织物(层),辫子,发辫. II *vt*. ①编织(组),穿线,打辫子 ②调,搅. *braided channel* 网状水道,辫状河道. *braided hose* 有编织物填衬软管. *braided intersection* 群桥交叉.

braided packing 编织(的)填料. *braided river* 网状河道. *braided wire* 编(织)线. *braided wire rope* 编织钢丝绳. *wire braid* 金属丝编织物.

braid′er n. 编织工(结,带)机.

braid′ing n. 编织(组),(磁芯板的)穿线,(河道的)分枝.

brail [breil] n. 斜撑(杆,梁),卷帆索. v. 卷(帆,起).

Braille [breil] n. 点字法,文盲.

brain [brein] n. ①(脑)髓,头脑,智慧[力]②计算机,计算装置,电脑,自动电子(人,导弹)的)制导系统. *brain box* 电脑部分. *brain drain* 人才外流. *brain drainer* 外流(的)人才. *brain machine* 自动计算机. *brain power* 科学工作者,智能,智力. *brain unit* 计算机,自动引导头. *brain work* 脑力劳动. *electric brain* 电子计算机. *eye brain* 视脑. *little brain* 小脑. *wet brain* 脑水肿. ▲ *beat* [cudgel, puzzle, rack] *one's brains* 苦思,绞脑汁,动脑筋. *have ... on the brain* 专心(于),全神贯注在. *turn one's brain* 冲昏头脑.

brain′child n. 脑力劳动的产物.

brain′power n. 科学工作者,科技人员(干部),智囊. *brainpower drain* 见 brain drain.

brain′storm(ing) n. 发表独创(创造)性意见.

brain-trust n. 专家顾问团,智囊团.

brainwork n. 脑力劳动.

brainworker n. 脑力劳动者.

brain′y a. 聪明的,有头脑的.

braise 或 **braize** [breiz] Ⅰ vt. 炖,蒸. Ⅱ n. 煤[焦]粉.

braiser 或 **braizer** ['breizə] n. 锅,镬.

brait [breit] n. 粗金刚石.

brake [breik] Ⅰ n. ①制动器,制动装置,闸,刹车 ②(闸式)测功器,唧筒手柄 ③(金属板如)压穿成形机 ④揉麻机,碎土(重型)粑 ⑤灌,羊齿,矮丛(林带). Ⅰ v. ①制动(止),刹车,施闸,(使)减速,阻滞 ②捣(揉,粑)碎. *brake block* 制动片,闸瓦. *brake cable* 制动拉索(套管). *brake crusher* 双拍板(简单摆动)颚式破碎机. *brake drag* 制动(装置的阻滞). *brake dressing* 制动器润滑剂,刹车涂料. *brake dynamometer* 轮制功率计(测力计). *brake eccentric* 制动偏心轮. *brake equalizer* 制动平衡器(杆,滑轮). *brake horsepower* 制动(实际)马力. *brake lag* 制动生效时间,制动延时. *brake lining* 闸衬,制动衬带,刹车面(料). *brake magnet* 阻尼(制动)磁铁. *brake pipe* 制动(液)管. *brake shoe* 制动靴,闸瓦. *brake wire* 制动拉索. *braked landing* 制动降落. *coil brake* 盘簧闸. *counter pressure brake* 均压闸. *dead-weight brake* 配重闸. *double block brake* 双瓦闸. *ET* [expander tube] *wheel brake* 软管式机轮刹车. *hydraulic brake* [水力闸],闸式水力测功器. *lifting brake* 起重闸. *lining brake* 衬面闸. *press brake* 弯板(边)机. *side brake* 侧闸. *speed brake* 气动力减速装置,减速板,离心式制动器. ▲ *apply* [put on] *the brake(s)* 刹车,制动,施闸. *ride the brake* 半制动(指刹车,离合器不踩到底). *take off the brake(s)* 松(开)闸.

brakeage n. 制动器的动作[功用],制动力.

brake-block n. 闸瓦,刹车(制动)片.

brake-field triode [tube] 减速场管.

brake-field valve 正栅管.

brake-gear n. 闸(制动)装置.

brake′-press ['breikpres] n. 闸压床,压弯机.

brake′-shoe n. 闸瓦,刹车(制动)靴.

brake′(s)man ['breik(s)mən] n. 司闸员,制动司机.

brake-thermal efficiency 闸测热效率.

bra′king ['breikiŋ] n. ①刹车,制动,(用闸)减速 ②捣[耙]碎. *braking absorption* 阻尼吸收. *braking deceleration* 制动减速率. *braking device* (刹车)装置. *braking effort* 制动作用力. *braking index* (脉冲星)转慢指数. *braking radiation* 停滞[韧致]辐射.

brale n. (洛氏硬度计的)圆锥形金刚石压头.

bran [bræn] n. 糠(麦).

brancart n. 效果照明装置.

branch [braːntʃ] n.; v. ①分支[路,线,流,岔,出],【计】转移,分支(转移)指令 ②支路[流,管,线,脉,道] ③弹道段 ④部门,分部,分行,分店. *a branch school* 分校. *a branch of science* 一门科学. *a Party branch* 党支部. *branch and bound method* 分支界限法. *branch box* 分线盒(箱). *branch circuit* 分流[支]电路,支路. *branch current* 分(支电)流. *branch exchange of city telephone* 市内电话支局. *branch feeding* 分路供电. *branch highway* 分支总线. *branch indicator* 转移指示器. *branch instruction* 【计】转移指令,分支指令. *branch office* 分(支)行[局],支局,分公司. *branch on condition* 条件转移. *branch on false* 假条件转移. *branch operation* 【计】分路(分支)动作. *branch order* 转移(分支)指令. *branch pipe* 套[支,歧]管,三通. *branch point* 支点,转移点. *branch type switchboard* 分立型配电盘. *manifold branch* 支(歧)管. ▲ *branch from* 从...分出支管(线,路). *branch off* (away) 分出来,分支(线,路). *branch out* (使)分出岔道(支管,支线),偏离主题,横生枝节,向新的方向发展,创设新的部门,扩大...的规模. *branch out into* 把规模扩大到...方面.

branched [braːntʃt] a. 有枝的,枝状的,分岔的. *branched* (chain) *compound* 支链化合物. *branched chain explosion* 联锁爆炸. *branched hydrocarbon* 支链烃. *branched line* 支线. *branched lode* 支矿脉. *branched polymer* 支化高分子(聚合体).

branched-guide coupler 分支波导耦合器,短截线(分支)耦合器.

bran′chia ['bræŋkiə] n. 鳃.

bran′chial a. 鳃的.

branch′ing ['braːntʃiŋ] n.; a. ①分支[路,流,叉,岔,歧,科],支线(管,流,脉,化) ②【计】转移 ③叉形接头,叉子,插销头. *automatic branching* 【计】自动转移. *branching coefficient* 支化系数. *branching fault* 分枝(分枝)断层. *branching filter* 分向(分支)滤波器,分离过滤器. *branching jack* 分支塞孔. *branching operation* 转移操作. *branching pro-*

gram 线路图. *branching switch board* (并联)复式交换机. *chain branching* 分支电路.【化】分键.
branch-on-swich setting 按预置开关转移.
branch-on-zero instruction (按)零转移指令.
branch' point n. 支化点,分枝点,【计】转移点.
branch-waveguide n. 分支波导.
brand [brænd] Ⅰ n. ①商标,标记〔牌,号〕,牌号,钢〔厂,火,烙〕印,烙铁 ②品种〔质〕,种类. Ⅱ vt. ①打火印,刺字,铬刻,在…打上烙印. *brand iron* 烙铁. *brand mark* 商标(符号). *branded oil* 优质油.▲*be branded in one's memory* 铭记不忘.
brand' ing n. 标记,印号码,烙印. *branding equipment* 烙号器,打号用具.
brandisite n. 绿脆云母.
brand'-new' ['brænd'nju:] a. 崭(全)新的,新制的,最新出品的.
brand'reth ['brændreθ] n. 铁架,三脚架,井栏.
bran'dy ['brændi] n. 白兰地酒.
bran'ner n. 清净(抛光)机,(pl.)绒布轮,(镀锡钢皮用)绒布磨光轮.
brannerite n. 钛铀矿.
bran-new = brand-new.
branning machine 钢板清净机.
Brant's metal 一种低熔点合金(铅 23%,锡 23%,铋 48%,汞 6%).
brash [bræʃ] n. Ⅰ ①崩解石块,破(碎)片,碎石堆,瓦砾堆 ②残枝 ③脆性 ④心口灼热,胃灼热. Ⅱ a. ①易破(碎)的,脆的 ②粗率的,仓促的. *brash wood* 脆木.
brash'y a. 易碎的,脆的.
brasier = brazier.
Brasilia [brə'zi:ljə] n. 巴西利亚(巴西首都).
brasq(ue) n. 衬(填)料,炉衬,耐火封口材料,耐火堵泥.
brass [brɑ:s] Ⅰ n. ①黄铜(铜 60~90%,锌 40~10%) ②黄铜制品,黄铜铸造(车间) ③(铜)(轴)衬,空弹筒 ④(pl.)(煤层内)黄铁矿. Ⅱ a. 黄铜制的,含黄铜的,黄铜色的. *axle brass* 铜轴衬. *brass band* 铜乐队,吹奏乐队. *brass pipe* (铜)黄铜管. *brass pounder* 无线电信员. *Brass Pounder's League* 美国业余发报者协会. *brass tacks* 铜钉,实质问题,具体事实,重要事情,事实真相,细目. *brass wind instruments* 铜管乐器. *cartridge brass* 弹壳黄铜,铜锌合金(锌 30%). *journal brass* 轴颈铜衬. *red brass* 红(色黄)铜,低锌(高铜)黄铜.▲*come (get) down to brass tacks* 抓住要点,认真实质,直截了当地说. *pound brass* 按电键(发电报).
brassboard *a.* 试验的,实验(性)的,模型的.
brassbound *a.* 包黄铜的.
brassil n. 黄铁矿,含黄铁矿的煤.
bras'siness ['brɑ:sinis] n. 黄铜质(色).
bras'sing n. 黄铜铸件.
brassy A. ①(似)黄铜的,黄铜色的 ②厚颜(无耻)的.
brastil n. 压铸黄铜.
brat [bræt] n. ①小孩,不净煤 ②片煤. Ⅱ a. 含黄铁矿的,含硫酸钙的.
brat'tice ['brætis] n. (矿坑通气用)隔(间)壁,围板,隔布,风障,临时木建物,板壁.
Braun tube 布老恩(阴极射线)管,显像管.

braunerde n. 棕色森林土.
brau'nite ['braunait] n. ①褐锰矿 ②共析氮化铁,珠光体式的铁氮共析体.
brave [breiv] Ⅰ a. 勇敢的,漂亮的. Ⅱ vt. 冒着,抵抗,藐视. ▲*brave it out* 拼到底. ~ly ad. ~ry n.
bravoite n. 方硫铁镍矿.
brawn [brɔ:n] n. ①肌肉,肌质 ②膂(体)力. *brawn drain* 劳动力外流.
brawn'y a. 肌肉多的,肌性的,有力的,强壮的.
bray [brei] Ⅰ vt. 捣(研)碎. Ⅱ n. (喇叭)叫声. *bray stone* 多孔砂岩(石).
braze [breiz] ; n. Ⅰ ①(用锌铜合金)钎接,铜〔石,硬〕焊 ②用黄铜制造(镶饰,镀). *braze welding* 钎接焊,硬焊. *brazed joint* 黄铜接头,硬钎焊接. *sandwich braze* 夹心(层)钎接. ▲*braze over* 镀黄铜.
brazed *a.* 铜(钎,硬)焊的,焊接的.
bra'zen ['breizn] *a.* ①黄铜(制,色,般)的 ②厚颜无耻的. ▲*brazen it out* (虽已做错仍)厚着脸皮干下去.
bra'zier ['breizjə] n. ①黄铜工(匠) ②焊(烤,烙烧)炉,火钵(盆,篮),烘篮. *brazier head screw* 扁头螺钉.
bra'ziery n. 黄铜细工(厂).
brazil n. ①黄铁矿,含黄铁矿的煤 ②苏木,巴西木(红色植物染料).
Brazil' [brə'zil] n. 巴西. *Brazil twin* 巴西双晶. *Brazil wax* 巴西棕榈蜡.
brazilein n. 巴西红木精.
Brazil'ian [brə'ziljən] Ⅰ n. 巴西人. Ⅱ a. 巴西(人)的. *Brazilian chrysolite* 电气石. *Brazilian emerald* 绿电气石. *Brazilian pebble* 石英(水晶). *Brazilian ruby* 电气石,加热黄玉(尖晶石).
brazilin n. 巴西红木红.
brazilite n. 斜锆石.
brazil-wood = brazil ②.
bra'zing ['breiziŋ] n. (硬)钎焊,钎接,铜〔硬〕焊. *brazing powder* 钎焊粉. *brazing solder* 焊料. *electric brazing* 电热钎焊,硬质合金电焊.
Braz'zaville ['bræzəvil] n. 布拉柴维尔(刚果首都).
brazzil n. 黄铁矿.
BRDC = Bureau of Research and Development Center 研究及发展中心局.
brea n. 沥青(砂),焦油.
breach [bri:tʃ] Ⅰ n. ①违犯〔背〕,破坏,不履行,绝交 ②破(裂,缺)口,堤坝决口,罅隙,破烂. Ⅱ vt. 攻(击,冲,突)破. *breach of contract* 违约,违背合同. ▲*stand in the breach* 独当难局,挑重担.
bread [bred] n. ①面包 ②(粮)食. *bread board* 试验板,手提式电子实验线路板,模拟(电路)板,控制台. *bread board design* 模拟设计. *bread board experiment* 试验板(模拟板)实验. *bread boarding* 模拟试验. *daily bread* 必需的食物,生计. ▲*out of bread* 无职业,失业.
bread'board ['bredbɔ:d] Ⅰ n. ①试验(模拟)(电路)板,手提式电子实验线路板,模拟线路,实验模型,控制台 ②功能模型. Ⅱ a. 实验性的,实验室的,模型的. Ⅲ vt. 制作(试验系统等). *breadboard circuit*

试验电路.
bread-crumb n. 面包屑.
bread-crust structure 层剥构造.
breadless a. 无面包的, 缺粮的.
bread'stuffs ['bredstʌfs] n. (pl.) 面包, 粮食.
breadth [bredθ] n. ①宽(幅, 广, 阔)度, (横, 船)幅, 幅员 ②宽大〔宏〕, 雄浑 ③外延. develop in breadth and depth 向深度和广度发展. half breadth (船的) 中轴距离. ▲by a hair's breadth 差一丝丝, 险些儿, 间不容发地. in breadth 宽, 阔, 幅广. to a hair's breadth 精确地.
breadth'ways 或 **breadth'wise** ad. 横.
break [breik] I (broke, broken) v. ①破〔碎, 裂, 坏〕, 打断, 裂, 开, 砸, 破, 电, 流, 折, 〔截, 截, 间, 中, 跌〕断, 损坏, 中止, 停歇, (特性曲线的) 转折 ②违反〔犯〕, 犯, 背, 制止〔服〕, 开端 ③跌, 变弱, 削〔减〕弱, 消失〔能〕, (行市)暴跌 ③突变〔变, 跃〕, 〔超〕过, 波解, 爆发, 发作, 透露, 破密. break the glass 打破玻璃. break a record 打破记录. break open a door 撬开门. break a contract 违背合同. break new ground 开拓新天地, 开创新事业. Glass breaks easily. 玻璃易碎. The rope has broken in two. 绳子断成了两截. The engine broke down. 发动机坏掉了. ▲break a way 排除困难, 开路. break apart 使分裂开. break away 逃脱, 逸出, 消散, 离〔裂〕开, 背弃, 革除, 拆废, 粉碎. break away from 脱离, 摆脱. break down 破坏〔损, 除〕, 打碎, 坍场, 击穿, 断〔裂, 电, 入〕, 失灵〔败〕, 抛锚, 发生故障, 崩〔溃, 灾, 坏〕, 熔〔分, 粗粒, 熔〕化, 冲淡, 开启, 减低〔下降〕, 制动, 压制, 驯服, 衰竭, 垮, break even 不分胜负, 无盈亏. break forth 突〔发, 进〕出, 喷出. break free 逃离〔脱〕, 脱离. break ground 破土, 挖〔耕〕地. break in 强〔硬〕入, 插入〔通信〕, 驯服, 磨合〔合〕, 跑合, 开始工作. break in on〔upon〕打断〔扰〕, 插入〔嘴〕. break into 侵入, 插入, 突然开始, 分为. break into〔to〕pieces (使)成为碎片. break loose 解脱〔放〕, 松动〔散〕. break off 打〔折〕断, 拆除, 脱落, 绝, 〔突然〕停顿, 暂停工作. break open 撬〔折, 裂〕开, 砸〔劈〕开. break out 爆发, 〔突然〕发生, 打〔劈〕开, 倒空, 卸货, 起出, 取出. break out into 突然发作. break over 越〔冲〕过, 穿〔导〕通, 转折〔接〕. break over region 转折区. break short 折〔中〕断. break slow 锤合缓冲. break surface (潜艇)浮出水面. break through 断开〔峡〕, 突破, 穿透, 克服. break up 破坏〔损, 含〕, 弄坏, 揭裂, 分开〔解, 剖, 散〕, 粉〔打〕碎, 划分, 溶〔变, 变〕化, 中断, 结束, 破获. break with 断绝(关系), 革除.

I n. ①破裂〔损, 坏〕, 裂口, 口, 面, 断口, 裂, 线, 断, 打断, 折点, (曲线的)拐点, (金属表面)游动花纹, (荧光屏上的)脉冲光影迹, 决口, 变面 ②中断, 停顿, 间歇〔断〕③变动〔化〕, 突变〔破〕④断路器 ⑤断开接点的间距 ⑥(飞机失速后) 突然下降, 暴跌 ⑦跨越机, 暴(版), 失宜. break-(back) contact 静触点, 开路接点. break before make contact 先开后合〔静止〕, 开路接〔触〕点. break frequency 拐点〔截止, 折断)频率. break hiatus 间断. break impulse 切断〔断开〕脉冲. break jack 切断〔断路器〕塞孔. break joints 断〔错〕缝, 断裂节理. break make contact 断〔开〕合接点. break make system 先断后接式, 断续式. break point 转折点〔拐, 间歇, 休止, 停止〕点, 混浊液澄清点. break seal 破坏密封. break sign 分隔记号. break time 转效时间. break to make ratio of dial impulses 拨号盘脉冲断续比. coffee break 工间(短暂的)休息. conventional breaks 习用折断表示法. cross breaks (带卷开卷时形成的)横折, 折纹. smooth break 平滑断裂〔口〕.

breakabil'ity n. 脆性, 易破性.
break'able ['breikəbl] I a. 易破(碎)的, 脆的. II n. (pl.) 易破碎〔脆性〕物. breakable glass seal 易碎玻璃密封.
break'age ['breikidʒ] n. ①破裂〔损, 漏〕(处, 物), 断裂〔开〕, 损坏, 破裂, 破裂片 ②损耗(量), 破裂赔偿额 ③击穿, 断(线线)路, 断线 ④失率. breakage allowance 破损折扣. tool breakage 工具划伤.
break'away ['breikəwei] n. ①破〔分, 剥〕裂, 断开〔电, 流, 脱〕, 分离, 中断 ②脱钩安全器. breakaway corrosion 剥蚀离蚀. breakaway plug 分离插头. breakaway type (自动)断开式的, 分离式的.
break'back n. ①反击穿, 发射极倍增 ②(工作部件的)弹回装置.
break-before-make n. 先开后合(接点), 断—合.
break'down ['breikdaun] n. ①破坏〔损, 崩溃, 坍塌, 崩落, 塌陷, 击穿〔熔断, 绝缘〕破坏的, (电介质) 击穿, 断穿, 波滑, 垮 ②分解〔裂, 析, 类〕, 细分, 衰〔蜕〕变, 软化, 熔解, 气态分离〔融合干水〕②故障, 事故, 停炉 ④减低, 下降, 制动, (闸流管) 开启, 导电 ⑤开坯〔粗轧〕机, 机座, (pl.) 粗轧板坯 ⑥分类组目. breakdown current 击穿〔峰值〕电流. breakdown diode 击穿〔雪崩〕二极管. breakdown field strength 绝缘〔耐压〕强度. breakdown gang〔van〕(火车失事)救急队〔车〕, 抢修队〔车〕. breakdown lorry 救险车(汽车式)起重机. breakdown mill 轧机, 开坯(初轧)机座. breakdown minimum 最低击穿(电压). breakdown of oil 油的澄清. breakdown pass 粗轧孔型. breakdown point 击穿点, 屈服点. breakdown potential〔voltage〕击穿电压〔势〕, 穿透电位. breakdown process 击穿〔崩溃〕过程. breakdown spark 断路火花. breakdown stand 粗轧机座. breakdown strength 击穿〔介电〕强度. breakdown test 耐久力, 击穿, 破坏, 断裂〔耐久〕试验. breakdown time 击穿时间, 汽油的诱导期. radioactive〔radiation, radiation〕breakdown 辐射损〔杀〕伤. radiolytic breakdown 辐射分解. voltage breakdown〔电〕击穿.
break'er ['breikə] n. ①轧碎机, 破碎器〔机, 装置〕, 碎石〔矿〕机, 破冰船, 打洞机 ②断电器, (自动)断路器, 遮断器, (开)肩槽〔罩〕器 ③断层楔〔露〕, 纵切衬层片 ④(汽车)护胎带, (pl.)安全白〔盒〕⑤碎〔破, 白, 拍〕岸浪, 破碎波 ⑥破坏者, 开拓者. breaker arm 断路器可动杆, 断电臂. breaker block (专门设计的)过负载廉价易损件, 碎石机. breaker bolt 安全螺栓. breaker point 断电点. breaker roll 轧碎机滚筒, 对轧辊. breaker strip 防振条, 垫层, (保)护(胎)胎带. breaker timing 断电定时, 断路器定时. breaker

trip coil 自动断路器线圈. *contact breaker* 接触断路器,刀形开关. *impact breaker* 锤式破碎机. *rail breaker* 钢轨落锤试验机. *under voltage circuit breaker* 欠压断路器.

break (-) even *a.*; *n.* 无损失〔坏,耗〕(的),无亏损(的,任),无盈亏的,无胜负的,平均转效点. *breakeven point* 盈亏平衡点,平均转效点. *breakeven weight growth* 无损耗的重量增长.

break' fast ['brekfəst] Ⅰ *n.* 早餐,早点. Ⅱ *v.* 吃早饭.

breakhead *n.* 船头破冰装置.

break-in *n.* ①插〔嵌〕入,插话,挤,打断〔坏〕,轧碎 ②滚动,碾平 ③试车,试运转,磨〔跑〕走合 *break in facility* (操作系统中)截断功能. *break-in key* 插话键. *break-in keying* 插话式键控. *break-in oil* 磨〔跑〕合用油. *break-in relay* 插入(工作用)继电器,强刷继电器. *break-in system* 插入通信方式.

break'ing ['breikiŋ] *n.* ①破〔坏,裂,损〕,断〔开,裂,路,线〕,隔〔切,折〕断,打壳(铝电解) ②轧〔破,压〕碎,爆炸 ③断刀,崩刃 ④克(驯)服. *breaking capacity* 遮断功率(电容),致断容量,破坏能力. *breaking current* 断〔开〕路电流. *breaking down* 粗轧,出砂. *breaking down strength* 抗断〔断裂,破坏〕强度. *breaking down test* 耐(电)压破坏,断裂,击穿试验. *breaking elongation* 总〔致断〕延伸率. *breaking forepressure* 前级耐压,前级真空破坏压强. *breaking in* 试车,试运转,磨合,用惯〔熟〕. *breaking link* (水轮机)脆性连杆. *breaking load* 致断负载. *breaking moment* 断裂力矩. *breaking of contact* 断接,断电路. *breaking of oil* 油的澄清. *breaking of pigs* 破碎金属块. *breaking of vacuum* 真空下降. *breaking orbit* 制动〔螺旋〕轨道. *breaking out of cupola shell* 冲天炉壳穿裂. *breaking piece* 安全连接器. *breaking point* 断(裂)点,破损〔中止〕点,破损强度,强度极限. *breaking regularity* (对称)破缺规则性. *breaking speed* 遮断速率. *breaking step* 失步,不同步. *breaking strength* 破坏〔抗断,击穿〕强度. *breaking stress* 破坏〔破裂,抗断〕应力. *breaking torque* 制动转矩. *breaking wave* 碎浪. *cross breaking* 横裂.

breaking-down stand 粗轧机座.
breaking-down test 破坏性〔击穿〕试验.
breaking-down tool 锻工凿.
breaking-drop theory 【气象】水滴破碎理论.
break'ing-in *n.* ①滚动,碾平 ②试车,试运转,磨〔走,跑〕合,用惯〔熟〕③开始生产〔使用〕④带肉(铸件缺肉). *breaking-in period* 溶解期,开动期.
breaking-out *n.* ①跑火 ②烧穿(炉衬) ③喷火 ④破裂,打褶.
breaking-up *n.* 脱离,分离.
break-line *n.* 末行(每一段文字的最后一行).
break-make contact 断合(通断,换向)接点.
break'neck ['breiknek] *a.* (极)危险的.
break-off *n.* 破坏,中断,中断,破坏. *seal break-off* 密封破坏. *tip break-off* 接头断开.
break'out *n.* ①爆发,打开,突围,发生 ②烧穿炉衬,金属冲出,炉渣穿出 ③崩落. *blast breakout* 漏风.

break-over *n.* 转折,(报刊文章)转页刊登的部分,穿〔导〕通,【地】回谷. *breakover voltage* 击穿电压.
break-point *n.* 断〔分割,转折,停止〕点,转效点. *break-point instruction* 断点〔控制转移〕指令. *break-point order* 【射流】返回指令,【计】断点〔分割点〕指令.
breakstone *n.* 碎石.
break'through ['breikθru:] *n.* ①突破(穿),穿透〔破,贯〔击〕穿 ②漏过(功率),渗漏(点),断蚀 ③技术革新,重要(科学)发明(成,发现,重要(技术,工艺)成就,惊人的进展 ④烧穿炉衬,金属冲出 ⑤临界点〔吸附循环),突破点,转折点 ⑥串扰信号. *activity breakthrough* 放射性传播. *breakthrough capacity* 漏过〔贯蚀〕能量. *breakthrough point* 临界〔转折〕突破,穿透〕点,(离子交换)漏过点. ▲*make a breakthrough at some single point* 突破一点.
break-thrust *n.* 背斜上冲断层.
break'up ['breik'ʌp] *n.* ①破〔崩,分〕裂,解〔消,分〕散,分离 ②切,打,中断,断开 ③分〔分解,溶化,蜕〕裂变 ④馏份组成 ⑤停止,完结. *breakup altitude* 级分离高度. *breakup of a nucleus* 核脑(分)裂,核蜕变. *colour breakup* (彩色电视)色乱.
break'water ['breikwɔ:tə] *n.* 防波堤〔栏,板〕,防浪板,防浪设备. *composite breakwater* 混成式防波堤.
break'wind *n.* 防风墙〔林,设备〕,挡风(罩).
bream *n.* 扫除(烘烧)船底.
breast [brest] Ⅰ *n.* ①胸(部,膛,怀,肉) ②掌子面,(器物的)侧面,(扶栏,墙等的)下侧,梁底,炉〔窗〕腔,(山,炉)腹,炉胸,窗下墙 ③出铁口泥塞,(出铁口)底部炉衬,(高炉)风口铁水 ④套筒 ⑤刨锋,工作面,煤房. Ⅱ *vt.* 对付,迎而向进,挺进. *breast beam* (机床)前横梁. *breast roll* 胸〔递,机架,中心〕辊. *breast summer* 大木,过梁,托墙梁. *breast telephone* 挂胸(式)〔胸前〕电话机. *breast transmitter* 胸前〔胸挂式,话务员用〕送话器. *breast wheel* 中射式水轮(水车). ▲*make a clean breast of* 完全说出,坦白供认.
breast'bone ['brestboun] *n.* 胸骨.
breast-deep *a.* 深(高)及胸部的.
breast-drill *n.* 曲柄钻,胸压手摇钻.
breasted *a.* 贴…胸的.
breast-high *a.* 高与胸齐的.
breast'ing *n.* (水轮的)中部冲水式.
breast-pang *n.* 心绞痛.
breast'plate *n.* 胸板,挡风板,胸皮帘,胸前(胸挂式,话务员用)送受话器.
breast-summer *n.* 【建】横眉,大木,过梁木,托墙梁.
breast-type *n.* 胸耐式.
breast-wall *n.* 胸壁,防浪墙,挡土墙.
breast-wheel *n.* 腰部进水水轮,中射式水轮(车).
breath [breθ] *n.* ①呼(呵)气,气息 ②微(轻)风,(空气)的动静 ③一口气,一瞬间 ④痕迹,迹象. *breath figure* 呵痕. *lose one's breath* 喘气. *short breath* 气促. *breath of life* 要件,必需品. *catch one's breath* 吓一跳,屏息,喘一口气. *draw breath* 呼吸,活着,喘喘气. *get one's breath*

(again)恢复常态. give up〔yield〕the breath 断气,死. hold〔keep〕one's breath 屏息. in a〔one〕breath 齐声地,一(口)气. in one〔the same〕breath 同时. can't be mentioned in the same breath 不能相提并论. knock the breath out of 使吓一跳. not a breath of 一点儿没有. out of breath 喘不过气来. shortness of breath 呼吸困难. spend〔waste〕one's breath 徒费唇舌,白说. take breath 歇息,歇一歇. take one's breath away 使大吃一惊. under〔below〕one's breath 低声地说,小声. with the last breath 临终时,最后.

breathable a. 可以〔适宜于〕吸入的.

breathe [bri:ð] v. ①呼吸,活着,歇〔休〕息 ②灌输,注入(into) ③吹〔飘〕动,发散 ④说出,吐露. breathe a mould 开模排〔放〕气. ▲breathe freely〔again〕安心,放下了心. breathe in 吸入. breathe out 呼出. breathe upon 哈气,使失去光泽.

breath'er ['bri:ðə] n. ①呼吸者,生物 ②短时间的休息〔运动〕③通气孔[管,嘴],呼吸[瓶],通风器,呼吸装置[设备] ④(变压器的)吸潮器,换气器,(电瓶用)给油箱. breather bags 呼吸[捕气]囊. breather roof 呼吸顶,油罐浮顶. breather valve 呼吸[通气]阀. ▲have〔take〕a breather 歇(休)息一下.

breath'ing ['bri:ðiŋ] n. ①呼吸(音),供氧,通[放]气,微风,(变压器)受潮 ②鼓吹,感应 ③(一瞬间,刹那)休息,间歇的缓变(动) ④(画面)胀缩 ⑤切[隔]断. breathing drier 放气干燥器,放气压榨机. breathing effect (录音机)喘息效应. breathing film 吸气膜. breathing hole 通气孔. breathing of microphone 炭精送话器〔炭粒传声器〕电阻的周期性小变化. breathing of transmitter 送话器电阻的周期性小变化. breathing rate (每分钟)呼吸频率,呼吸次数. breathing roof (油罐的)浮顶,呼吸顶.

breath'ing-hole n. 通气孔.
breath'ing-pipe n. 通气管.
breath'ing-place n. 休息地.
breath'ing-space n. 休息时间[场所],喘息时机,考虑的时间.
breath'less a. ①屏息的,不出声的 ②(令人)喘息的,喘不过气来的 ③无风的,空气平静的.
breathom'eter [breˈɔmitə] n. 呼吸计.
breath'taking ['breθteikiŋ] a. 惊险的,(使)吃惊的.
brec'cia ['bretʃə] n. (断层)角砾岩. breccia marble 角砾大理岩.
bred [bred] breed 的过去式和过去分词.
breech [bri:tʃ] Ⅰ n. ①(水平)烟道 ②(枪,炮)后膛,尾部,炮栓〔门〕③臀〔部〕,尾部,(pl.)马裤. Ⅱ vt. 装枪〔炮〕. breeches pipe 叉管.
breech-block n. (炮)闩,(炮)的尾栓,闭锁机,游底,(枪炮柄)的螺体.
breeching n. 烟道,烟囱的水平连接部,(发射时阻止炮身后退的)驻退绳.
breech-loader n. 后膛枪[炮].
breech-loading n. (后装填)的,后装式.
breech-sight n. 瞄准器(具).
breed [bri:d] Ⅰ (bred, bred) v. ①生育,生产,孕产卵,繁殖,饲养,育种,(倍增)复制,再生,增殖 ③养[教]育,抚[教]养,训练 ④引[惹]起,产,造成,使发生. Ⅱ n. 品种,种类. breed cross 品种间杂交〔种〕. breed reactor 增殖反应堆. breed type 品种(理想)体型. ▲breed in and in 同种繁殖. breed out 育除(不良性状),排除(劣性). breed out and out 异种繁殖. breed up 养[教]育,养成. of all breeds and brands 形形色色的,各种各样的. what is bred in the bone 遗传的特质.

breed'er ['bri:də] n. ①饲养员,育种人员,发起人 ②种畜 ③增殖(反应)堆. breeder bird 种禽[鸡]. breeder flock 种鸡(鸡)群. breeder material 增殖材料. breeder reactor 增殖反应堆. fast breeder 快中子增殖反应堆.

breeder-converter n. 增殖反应堆.

breeding ['bri:diŋ] n. ①繁殖,饲[生,培,保]育,育[配]种,品种改良 ②教养,黑陶 ③(核燃料)增殖(过程),(核燃料的)再生. breeding by crossing 杂交育种法. breeding ratio 增殖系数. breeding season 繁殖[配种]季节. breeding station 育[配]种站. cross breeding 杂交育种. line breeding 近亲育种. thermal breeding 热中子增殖.

breed'ing-fire n. 自燃.

breeze [bri:z] Ⅰ n. ①微(和)风 ②煤屑(渣,末,粉),矿粉,(炭)粉,焦末[屑] ③流[谣]言,风波,争吵. Ⅱ vi. 徐徐地,轻快的前进[进行],闯入,冲进. breeze blocks (煤渣与水泥制的)水泥砖,焦渣石,轻质煤渣混凝土砌块. breeze oven 焦末化铁炉. fresh breeze 清劲风(五级风,8.0～10.7m/s). electric〔static〕breeze 静态电流,静电火花(疗法). gentle breeze 微风(三级风,3.4～5.4m/s). head breeze 头面火疾(疗法). light breeze 轻风(二级风,1.6～3.3m/s). moderate breeze 和风(四级风,5.5～7.9m/s). strong breeze 强风(六级风,10.8～13.8m/s). ▲breeze in 突然来到〔出现〕,(比赛)轻易取胜.

breeze'less a. 无风的,平静的.
breeze'way n. (行同步脉冲后沿与色同步信号前沿之间的)过渡肩.
bree'zing n. 不清晰,(图像)模糊.
breezy a. ①有微风的,通风的 ②开朗的,有生气的.
B-register n. 【计】B(变址)寄存器.
brei [brai] n. 糊,浆.
brein n. 橙香树脂醇.
breithauptite n. 红锑镍矿.
Bre'men ['breimən] n. 不来梅(德意志联邦共和国港口).
Bremerhaven n. 不来梅港(德意志联邦共和国港口).
brems = bremsstrahlen 或 bremsstrahlung 韧致辐射.
bremsspectrum n. 韧致辐射谱.
brems'strahlen 或 **brems'strahlung** ['bremsʃtra:luŋ] n. (德语) 韧致辐射[发]射, X 射线韧致辐射,连续 X 射线辐射,制动射流. bremsstrahlung effect 韧致辐射效应.
Bren [bren] n. 布朗式轻机枪. Bren carrier 履带式小型装甲车,小拖车.
brennschluss n. (德语)熄[断]火,燃烧终结,(火箭发动机内)结止燃烧.
brenstone n. 硫磺.
brenz- (词头) 焦(性).

brepho- 〔词头〕胚胎,新生儿.
Bresk n. 节路顿胶〔树脂〕.
bressummer n. 托墙梁,上梁,大木.
Brest n. 布雷斯特(法国港口).
brevi- 〔词头〕短.
breviary n. 摘要,缩略.
bre'viate v.; n. 缩简〔写〕,一览表.
brevilin'eal a. 短形的.
brevira'diate a. 短程〔径〕的.
brev'ity ['breviti] n. 简洁〔短〕,短促〔暂〕. *brevity code* 简(化)码,缩语(码). ▲**for brevity** 为了简便起见.
brevitype n. 肥瘦型.
brevium n. 轴 X_2〔UX_2〕(镤的同位素).
brew [bru:] I v. ①酿造(啤酒等),调(饮料) ②配酿,形(造)成,聚集,要来临 ③图谋,企图,策划. II n. 酿造(量,物),(酒类的)质地.
brew'age n. (啤酒,饮料).
brew'er and **brew'ster** n. 啤酒工人,酿造啤酒者.
brew'ery n. 啤酒厂,酿造〔酒〕厂.
brew'ing n. 酿造. *brewing SSTV monitors* 混合式慢扫描电视监视器.
brew-kettle n. 酿造锅.
Brew'ster n. 布鲁斯特(材料引力的光学系统单位; = $10^{-7} cm^2/kg$).
Brewster law 布鲁斯特定律(光的反射与折射定律).
BRG 或 **brg** = bearing 方位,轴承.
bribe n.; v. 贿赂,行贿,收买,~ry n.
bric-a-brac ['brikəbræk] n. (法语)骨董,古物,装饰品.
brick [brik] I n. ①砖(块,状物) ②方木材,块(方条)料,积木,(磨铸件表面用)方凿石 ③小饲料块 ④【计】程序块等 ⑤汽车竞赛路. II a. 砖砌的(铺)的,砖似的. III vt. 砌砖,用砖镶填(堵住)(up),用砖砌(in),用砖铺筑,建造. *acid brick* 酸性(耐火)砖. *air brick* 空心砖,干砖坯. *basic brick* 碱性砖. *black brick* 青砖. *brick clay* (制砖用)粘土. *brick condenser* 砖砌(制)冷凝器. *brick cup*【铸造】座砖. *brick die* 砖模. *brick fuel* 炭砖. *brick furnace* 砖窑. *brick grease* 砖块状润滑脂,脂质,砖脂. *brick inclusion* 夹(入)砖. *brick laying* 砌砖. *brick lining* 砖内衬. *brick setting* 砖砌体,砖工. *brick work* 砖工,炉堆,围砌. *fire brick* 耐火砖. *heater brick* 加热器格子砖. ▲**like a brick** 使劲地,活泼地,猛烈地. **make bricks without straw** 做徒劳无功的工作.
brick(-)bat n. 砖块〔片〕,碎砖.
brick-clay n. 砖土,(制砖用)粘土.
bricked-in a. 砖衬的.
brick-field n. 砖厂.
brick'ing n. 砌砖,砖衬.
brick'ing-up n. 用砖填塞,砖砌.
brick(-)kiln n. 砖窑〔场〕.
brick'layer n. 砌砖工(人),泥(瓦)工.
brick'laying n. 砌砖,砖工,泥水业.
brick'maker n. 制砖工.
brick'making n. 制砖.
brick'nogging n. 砖填木架隔墙,木架砖壁.
brick-on-edge n. 侧(砌)砖.

brick-on-end n. 竖(砌)砖.
brick-red a. 红砖色的.
brick-shaped a. 砖形的,长方形的.
brick'work n. 砖(坯)工,砌砖工程,砖造部分,砖房,砖砌(体). *brickwork casing* 砖工刷灰,砖块镶面,砖砌面层. *brickwork joint* 砖缝. *stack brickwork* (鼓风炉)炉身衬砌,炉身砌砖.
brick'y ['briki] a. 砖的,砖一样的.
brick'yard n. 砖厂.
bridge [bridʒ] I n. ①桥(梁,塞,式,形),船桥 ②桥台,桥座,分流(路) ③跨接线 ④天车 ⑤(反射炉)火桥 ⑥弦马 ⑥(扑克)桥牌. II vt. ①架〔立〕桥(于),跳〔跨,越,渡〕过 ②跨〔桥〕接,接通,分流(路). *build a trade bridge with* 与…建立贸易联系. *admittance bridge* 导纳电桥. *box bridge* 电阻箱电桥. *branch-cut bridge* 套线. *bridge amplifier* 桥式放大器. *bridge arm* 电桥臂,电桥支路. *bridge balance* 电桥平衡. *bridge cable* 吊桥索. *bridge circuit* 桥(接电)路,电桥电路. *bridge (construction) plate* 桥梁(结构)钢板. *bridge crane* 桥式起重机. *bridge cut-off relay* 断路〔桥式断路〕继电器. *bridge die* 空心件(桥式孔型)挤压模. *bridge duplex system* 桥接双工系统,桥接双工制(双连系统). *bridge floor* 桥面. *bridge joint* 桥式(电联)接,跨接. *bridge of nose* 鼻梁,鼻背. *bridge parts* 架桥器材. *bridge piece* (车床的)马鞍,过桥. *bridge polar duplex system* 桥接双工制(电报). *bridge reamer* 桥工(铆钉孔)铰刀. *bridge team* [party]架桥队. *bridge wall* (反射炉的)坝墙. *bridge wiper* 并接电刷. *bridge wire* 测量电桥中的标准导线. *bridged gutter* 渡槽. *bridged monitoring input* 跨接监控输入. *cantilever bridge* 悬臂,单端固定桥. *crystal bridge* 晶体〔交流〕电桥. *fire [flame, flue] bridge* (锅炉)火坝,火砖拱. *free-end bridge* 单端固定桥. *hydrogen bridge* 氢桥. *loading bridge* 装载桥式吊车. *metal bridge* 金属桥式连接. *Post Office bridge* 邮码式(电码)电桥. *semifixed bridge* 半固定桥. *swing-on bridge* 悬桁桥. *weigh bridge* 地秤. *Wheatstone bridge* 惠斯登电桥. *wire [suspension] bridge* 悬(索)桥,钢索吊桥. ▲**bridge a gap (between)** 填补空白,弥补缺陷,使连接起来. **bridge over** 渡(跨)过,架桥. **bridge over a difficulty** 渡过难关. **in bridge** 并联,加分路,跨接,旁路.
bridge(-)board ['bridʒ-'bɔ:d] n. 楼梯侧板,楼梯帮(梁),短梯基,斜梁.
bridge-cut-off n. 断桥,桥式断路. *bridge-cut-off relay* 断桥[分隔]继电器.
bridged-M trap circuit 桥接 M 形陷波电路.
bridged-T bridge 桥接 T 形电桥.
bridged-T filter 桥接 T 形滤波器.
bridged-T tap 桥接 T 形抽头.
bridged-T trap 桥接 T 形陷波器.
bridge(-)head n. 桥头(堡),桥塔. *bridgehead alignment* 桥头线向(定线). *bridgehead mercurial* 桥头汞剂.
bridge-house n. 护桥警卫室,【海】桥楼甲板室.

Bridgetown ['bridʒtaun] n. 布里奇顿(巴巴多斯的首都).

bridge-type a. 桥式的.

bridgewall n. (火管锅炉中的)挡火墙,坝墙.

bridgeward n. 守桥人.

bridgework n. 桥梁工程[建筑物].

bridg′ing ['bridʒiŋ] I n. ①架[造,搭]桥,桥接[连,键],跨[搭]接,分路[流],短路,起拱 ②搁栅撑,联结系,支杆 ③未焊透[漏] ④【计】连接[返回]指令,(钢锭)收缩孔上架桥,(炉内)搭棚. II a. 成键的,桥接的. *bridging amplifier* 桥式[并联,分路]放大器. *bridging beam* 横[渡]梁. *bridging coil* 并联线圈. *bridging condenser* 分流[隔流,跨接]电容器. *bridging connection* 分路连接. *bridging effect* (对裂缝)遮蔽作用,跨隙效应. *bridging jack* 桥接塞孔. *bridging multiple switchboard* 并联复式交换机. *bridging order* [计] 连接[返回]指令. *bridging piece* 挑(梁)板. *bridging run* 便桥式脚手架. *bridging wiper* 并接弧刷.

bridging-off command 拆桥命令.

bridging-on command 搭[架]桥命令.

bridging-type filter 桥接式滤波器.

Bridgman method 布里曼晶体生长法.

bri′dle ['braidl] I n. ①马笼头,缰,拘束(物) ②束(歧)带,系船索,短索,拖绳 ③限动器[物],拉紧器,板簧夹,辊式张紧装置,托架,承接梁 ④放大器并联 ⑤一致性记录 ⑥(测井)马笼头(有绝缘覆盖的电缆下端,测井仪器和它相联). II v. 抑[控]制,拘束. *bridle joint* 啃接. *bridle ring* 吊线环、绝缘杆吊环. *bridle road* 马[大车]道. *bridle wire* 跳线,绝缘跨接线. ▲*give the bridle to* 使…自由活动.

bri′dle-hand n. 执缰手,左手.

brief [bri:f] I a. 简短[洁]的,暂时的,短暂的. II n. 提[摘]要,短文,简令. III vt. 节略,给…做摘[提]要,向…做简要介绍[正,报告],下达指令. *brief acceleration* 瞬时加速度. *brief note* 便条. ▲*in brief* 简单地说,简短地. *news in brief* 简(汇)报.

brief′ing ['bri:fiŋ] n. 简[要作](报告),简要情况介绍[汇报](会),简令,简要情况. *briefing officer* (美国)新闻发布官.

brief′ly ad. 简短地,[插入语]简短[单]地说. ▲*put it briefly* 概括地说.

brief′ness ['bri:fnis] n. 简单,简略.

Brig n. 布里格(用对称法表示两量比值的单位).

brigade′ [bri′geid] I n. ①【军】旅 ②(工作)队,班,组. II vt. 把…编成旅[队]. *bucket brigade device* 斗式电荷耦合器件. *fire brigade* 消防队. *shock brigade* 突击队.

brigadier′ [brigə′diə] n. 旅长,准将.

Brigg's logarithm 或 **Briggean system of logarithm** 布氏对数,常用对数.

Brigg's standard pipe thread 布立格标准管螺纹.

bright [brait] a. ①光亮[明,泽,滑]的,辉[明,白]的,灿烂的 ②鲜(艳,聪)明的,愉快的. *bright and early* 清早. *bright annealing* 光亮退火. *bright band* 亮带[区]. *bright bolt* 光(制)螺栓. *bright border* 亮轮缘,(铁棒断口)白圈. *bright dip* 电解液浸亮,光泽[亮]浸渍. *bright drawing* 光亮拉拔[丝]. *bright emitter* 高能热离子管,白炽灯丝. *bright eruption* 喷焰. *bright field* 明视场,亮场. *bright finished* 磨光的,镜面抛光的. *bright fracture* 亮口(可锻铸铁件珠光体组织),亮晶断口(出现珠光体). *bright green* 嫩[鲜]绿的. *bright line* 明[辉,亮,闪烁]线,亮度线. *bright lustre sheet* 镜面光亮薄板. *bright nut* 光制螺母. *bright region* 透明区,亮区. *bright steel bars* 光亮[高级精整表面]的型钢. *bright studio response* 演播室的亮度响应. *bright sulfur* 纯硫. *bright vivid colour* 鲜明自然颜色. *bright wire* 光面线,光亮钢丝. *bright wool* 浅色毛. ~ly ad.

bright-drawn a. 光(亮冷)拔的,精拔的. *bright-drawn steel* 光拔[精拉,拉光]钢.

bright′en ['braitn] v. ①(使)发亮[光],照明,增光,擦光,磨亮 ②(使)快活,使有希望,晴. *brighten function* 亮度函数.

bright′ener n. 增白剂,抛光剂,光[明]亮剂,光学增亮剂.

bright′ening n. ①发[擦]亮,增亮,照明,亮度控制(阴极射线管的) ②澄清,纯化 ③亮度. *brightening pulse* 照明[扫描辉度]脉冲.

bright-field n. 明视野,亮场.

bright-ground wire 银亮磨光钢丝.

bright′ism ['braitizm] n. 肾炎.

bright′ness ['braitnis] n. ①光辉[泽] ②亮[辉,照,白]度,明澄度 ③鲜明,伶俐. *brightness noise* 亮度杂波干扰. *brightness pulse* (扫描)照明脉冲,亮度脉冲. *brightness scanning* 明暗扫描. *brightness signal* 亮度(单色,黑白)信号. *brightness temperature* 亮度温度.

bright-orange n. 鲜橙色.

bright-polished a. 镜面抛光的,磨光的. *bright-polished sheet* 磨光[镜面抛光]薄板.

Brightray n. 一种耐热镍铬合金(镍80%,铬20%).

bright-signal detector 亮度信号检测器.

bright′work ['braitwɔ:k] n. 五金器具,(车,船,机器上)擦得发亮的金属部分.

BRIL＝brilliance.

Bril n. 布里尔(一种主观亮度单位).

brill n. 辉[亮]度.

bril′liance ['briljəns] 或 **bril′liancy** ['briljənsi] n. ①光彩辉,辉) ②亮[辉)度 ③辉煌,灿烂,卓越,异彩. *point brilliance* 光点亮(辉)度.

bril′liant ['briljənt] I a. 极明亮的,光辉的,辉煌的,光耀(式)的,卓越的,英明的,有才华的,(重发高音)道真的. II n. ①宝石,(多角形)钻石 ②辉[亮]度. *brilliant finder* 镜式取(检)景器,反转式检像镜. *brilliant fracture* 亮断面. *brilliant green* (碱性)亮绿. *brilliant image* 清晰图像. *brilliant white* 亮白色,灯白色.

bril′liantly ['briljəntli] ad. 辉煌,灿烂. *brilliantly lit hall* 灯火辉煌的大厅.

Brillouin flux density 布里渊磁通[通量]密度.

Brillouin zone (半导体)布里渊区(域).

brim [brim] I n. (杯,帽)边,缘,井栏. ▲(*be*) *full*

brimful(1)

to the brim 满盈的. I (brim'med; brim'ming) v. 装[注,斟]满,满(到边). ▲*brim over with* 漫[横]溢,洋溢着.
brimful(1) a. 充满的,满到边的,洋溢着…的 (of).
brimless a. 无边缘的.
brimmer n. 满杯.
brim'stone ['brimstən] n. 硫黄(石).
brim'stony a. 硫黄(色,质)的.
brind'ed a. **brin'dled** a. 斑纹的,有虎斑的.
brin'dle n. 斑纹,虎斑.
brine [brain] I n. 盐[卤]水,海水,海. I v. 用盐水泡[处理]. *brine balance tank* 盐水膨胀箱. *brine circuit* 盐水回[卤]路. *brine circulation* 盐水环流. *brine cooling* 盐水冷却. *brine gauge* 盐浮计,盐水比重计. *brine leaching* (氯化熔烧后)浸滤. *brine method* 盐分法. *brine pit* 蒸盐锅,盐井.
Brinell n. 布里涅耳. *Brinell ball test* 布氏球印试验. *Brinell figure* [number] 布氏硬度值. *Brinell hardness* 布氏硬度. *Brinell on delivery state* 交货状态布氏硬度. *Brinell tester* 布氏硬度计.
brinelling n. ①测布氏硬度,布氏撞击损耗 ②变硬,渗碳,硬淬,(钢渗碳后的)表面变形现象 ③撞击磨损,剥蚀(落). *false brinelling* 摩擦腐蚀.
brine-pan n. 蒸盐锅,盐田(场).
bring [briŋ] (brought, brought) v. ①拿[带,取,传]来 ②(引)使,引起,(招)致,产生. *bring on stream* 开始通油. *brought in well* 生产井. *Please take your spanner over there and bring mine back here.* 请把你这把扳手拿到那头去,并把我那把捎回到我这儿来. *The joint effort will bring results sooner.* 协作能较快取得(带来)成果. *This method has been brought to practical use.* 这方法已得到实际运用. *I cannot bring him to go with me.* 我不能(劝)使他同我一块去. ▲*bring about* 引起,产生,造成,促使,导致,完成. *bring back* 拿(送,叫)回,(使)恢复,使想起. *bring down* 贬,减,降低,使下落,击落,打倒,浓(收缩)度,延续到 (to),招致 (on oneself). *bring forth* 产生,显现,发表,宣布. *bring forward* 提出[前],公开,显示. *bring home to* 使认识到[相信,领会], 明确. *bring in* 带进,引[收]入. *bring in focus* 聚焦. *bring in phase* 使同相(位). *bring in step* 使同步. *bring into action* 实行,开动,使[投入]起作用,…带动起来. *bring into being* [existence]使出现[成立],实现,(使)产生,创造,建立. *bring into line* 使成一致,使意见一致. *bring into order* 整顿,布置,使有秩序. *bring into operation* 开动,使运转,把…付诸实现. *bring into play* 发挥. *bring into practice* 实行,施行. *bring into service* 使…工作,使运转. *bring into step* 使同步. *bring into use* (开始)使用. *bring off* 撤走,(胜利)完成,救出. *bring on* 引起,导致,促成,带来,推出. *bring out* 公布,发表,阐明[达],说明,推论,引出,显示出,出版,印行,出版,生产. *bring over* 把…带来,传来,使转变. *bring round* 使转向(恢复知觉),使复元. *bring through* 使渡(通)过,使克服. *bring to +inf.* 说服,引导,(劝,促)使. *bring to an end* 完

成,结束. *bring to bear on* 施加(影响,压力),把(枪,炮)对准,竭尽全力,完成,实现,使成功. *bring to* [into] *effect* 实行. *bring to light* 揭示,发现,(掘),公开[布]. *bring to pass* 引起,完成,实行,使实现. *bring together* 集合,聚集,把…汇集(联系,装配,组合)在一起. *bring under* 制服,控制,纳入(…之下),归纳(为). *bring up* 教育,培养,提出,(使)停止,使再注意到,把…提[增]到. *bring up to date* 使包括新内容,使现代化,修改(指令). *bring within* 把…纳入.
bringing-up section (管式炉,裂化炉)加热[辐射]段.
bring-up n. 启动(操作).
bri'ning n. 盐浸作用.
bri'nish a. 盐水的,碱的.
bri'nishness n. 含盐度.
brink [briŋk] n. 边(缘,涯),(峭)岸. *the brink of war policy* 战争边缘政策. ▲(*be*) *on the brink of* 在…的边缘,濒于.
brink'manship n. 边缘政策的实行.
bri'ny a. 碱的,盐水的,海水的.
briquettabil'ity n. 压制[塑]性,成型性.
briquette' [bri'ket] n. 煤饼(球,砖),团块(矿),坯块,压坯,模制(标准)试块,水泥拉力试验的8字试块. *briquette mixture* 团块混合物. *EM briquette* 电磁铁合金块. *green briquette* [冶]生团块.
briquet'ting [bri'ketiŋ] n. 制(压)团(块),压型(块),团块[压,坯,矿],压制成块. *briquetting machine* 制团[压坯,压制]机. *briquetting press* 压片[块]机. *roll type briquetting machine* 对辊压制[制团]机.
brisance [bri'zɑ:ns] n. 炸药震力,爆炸威力,破坏效力,猛度,爆裂(性).
Bris'bane ['brizbən] n. 布里斯班(澳大利亚港口).
brisement [briz'mɑ̃] (法语) n. 裂断,折断.
brisk [brisk] I a. ①轻〔爽〕快的,敏捷的 ②活泼的,冒泡的 ③繁荣的,兴旺的. I v. (使)活泼,兴旺起来. ~ly ad. ~ness. n.
bris'tle ['brisl] I n. 硬[刚,刺]毛,鬃. I v. ①竖(鬃)起 ②密立,丛生,(困难等)重重,充满 (with) ③发[愤]怒.
bris'tletail n. 无翼昆虫,蛀[蠹]虫.
bris'tly a. 如刚毛的,多硬毛的,(毛,发等)粗糙的.
Bris'tol ['bristl] n. 布里斯托尔(英国港口). *Bristol alloy* 白铜(锌37%,铜58%,锡5%). *Bristol board* [paper] (绘图用)上等板纸,细料纸板. *Bristol glaze* 窑釉. *bristol stone* [diamond] 细砂磨砖,水晶石英.
Brit =① Britain ②British.
Brit pat = British patent 英国专利.
Brit'ain ['britən] n. 英国,不列颠. *Great Britain* 大不列颠.
Britan'nia [bri'tænjə] n. = Britain. *Britannia joint* 不列颠式焊接,英式焊接. *Britannia* (*metal*) (不列颠)锡铜锑合金.
Britan'nic [bri'tænik] a. 英国的,不列颠的.
Brit'ish ['britiʃ] I a. 英国(人)的,英联邦的,不列颠的. I n. 英国人. *British Association thread* 英协会螺纹. *British* (*Legal*) *Standard Wire Gauge*

英国标准线规线."*British meson*" π 介子. *British thermalunit* 英国热量单位.
British-candle n. 国际[英国]烛光.
Brit'isher n. 英国人.
Brit'on ['britən] n. 英国人, (大)不列颠人.
britonite n. 脆通炸药, 硝酸甘油, 硝酸钾, 草酸铵炸药.
brit'tle ['britl] a. 脆(性,化)的, 易碎的, 易损坏的. *brittle failure* 脆(剥)坏. *brittle fracture* [*rupture*] 脆性断裂. *brittle point* 脆折[化,裂]点,脆化温度. *brittle state* 脆性状态. *brittle temperature* 脆化温度,脆化点.
brit'tleness n. 脆(性,弱),脆度,易碎性. *brittleness temperature* 脆化温度, 脆化点. *red brittleness* 热脆(性). *temper brittleness* 回火脆性, 驯脆.
Brix n. 白利糖度, (糖度)含糖量. *Brix hydrometer* 白利比重计. *Brix spindle* 白利糖度计.
BRL = ① Ballistics Research Laboratory 弹道研究实验室 ②bomb release line 炸弹投掷线.
brl = barrel 桶, (容量单位)桶, (圆)筒.
broach [broutʃ] I n. 拉(削)刀, 剥刀 ②三角锥, 钻头, 扩孔器, (石工)宽凿 ③铁叉, 卷筒 ④尖塔. II v. ①(石工)粗刻, 砍平石块, 开口, 打眼, 钻开, 拉到圆(剜,凹), 扩[挖]孔, [水翼]划水 ②说[提,泄]出, 提倡, 把…提出讨论, [开始]讨论 ③(船)横向, 侧(面)向(to). *broaching machine* 剥(纹)孔机, 拉床. *built-up broach* 组合(式)拉刀. *burnish broaching* 挤光内孔. *combined broach* 组合拉刀. *form* [*profile*] *broach* 定形拉刀. *internal broaching* 内拉削. *sizing broach* 准削拉刀. *solid broach* 整体拉刀. *surface broaching* 平面拉削, 外拉法.
broacher n. 剥(纹)孔机, 拉床.
broad [brɔːd] I a. ①宽(广,阔)的, 广大(泛)的, 粗的 ②充足的, 完全的, 明白的 ③主要的, 概括的. II ad. 宽阔地. III n. ①宽处,宽的[开阔]部分 ②宽频带响应 ③扩孔刀具 ④灯槽. *broad angle* 钝角. *broad area photodiode* 大面积光电二极管. *broad axe* 阔斧, 宽头斧. *broad band* 宽(频)带, 宽波段. *broad bean* 蚕豆. *broad daylight* 全日(光)照, 光天化日. *broad distinction* 大致的区别. *broad flange(d)* (I-)*beam* 宽缘工字钢. *broad gauge* 宽轨距, 宽轨铁路, 在宽轨铁路上行驶的火车. *broad heading* 大项目, 大类. *broad image* 模糊(不明显)图像. *broad light* 漫(散)射光. *broad pulse* 宽(开情,帧同步)脉冲. *broad side* 舷侧(炮), 侧边. *broad spectrum noise* 宽带噪声. *broad stone* 石板. *broad tunable bandwidth travelling-wave maser* 可调带宽行波脉冲, 可调带宽行波微波激射器. *broad tuning* 宽(钝)调谐, 粗调. *broad wool* (羊毛)直毛, 无卷曲毛. ▲ *as broad as it is long* 横竖一样, 没有区别, 结果一样. *in broad outline* 概括地说.
broad(-)**band** ['brɔːdbænd] n. 宽(频,通)带, 宽频段. *broadband light pump* 宽带光泵. *broadband stub* 宽带短截线. *broadband video detector* 宽带视频检波器.
broad-beam aerial 宽波束天线.
broad-bottomed a. 平底的.
broad-brush a. 粗枝大叶的, 不完整的.
broad'cast ['brɔːdkɑːst] I (*broadcast*(*ed*), *broadcast*(*ed*)) v.; I n.; a. (无线电,电视)广播(的,节目),播音(的),播出, 无线电传送, 撒播(的),播散. II ad. 经广播. *broadcast band* 广播波段. *broadcast by television* 电视广播. *broadcast input* 播散输入. *broadcast relaying* 广播转播[中继]. *broadcast series* 播送次序. *broadcast teletext* 电视文字广播,广播电视杂志. *broadcast transmitting station* 广播电台, 发射台. ▲ *broadcast on* 用…波长广播.
broad'caster n. 广播装置(电台,机构), 广播员, 撒种机.
broad'casting n. (无线电)广播, 播音. *binaural broadcasting* 立体声广播. *broadcasting network* 广播(节目)网. *broadcasting service* 无线电广播业务[电台]. *broadcasting transmitter* 广播发射机. *chain broadcasting* 联播. *sound-sight broadcasting* 电视广播.
broadcasting-satellite space station 卫星广播空间站.
broadcast-tower antenna 铁塔广播天线.
broad'cloth n. 各色细平布, 绒面呢.
broad'en v. 加(放,变,增)宽, 扩展(张), 使扩大.
broad'ening n. ①增(加,扩,放)宽 ②增宽度 ③扩展, 扩大.
broad'flanged beam 宽缘工字钢.
broadga(**u**)**ge** a. 宽轨距的.
broad'loom n. (飞机用)磁控管波段[可调频率]干扰发射机, 阔幅地毯[绸缎].
broad'ly ad. 概括地, 广阔地, 大致地. ▲ *broadly speaking* 概括地说, 一般说来.
broad'ness n. 广度, 宽度, 钝度, 广阔, 明白.
broad-radiation pattern beam 宽方向图射束.
broad-screen n. 宽银(屏)幕.
broad'sheet n. 单(双)面印刷的大幅纸张, 单(双)面印刷品.
broad'side I n. ①宽边[面] ②(机身,船身)侧部(侧面, 全部舷炮 ③漫射聚光灯 ④非纵排列 ⑤=broadsheet. II ad. 舷侧的, 无目标地, 胡乱地. *broadside antenna* 边射[垂射,同相]天线. *broadside array* 垂射(垂直,端射)天线阵, 多列同相天线系统. *broadside dipole array* 多列同相天线阵. *broadside directional antenna* 垂射(同相)天线. *broadside incidence* 法线(垂直)入射. *broadside seismic reflection profiling* 非纵地震反射剖面. *broadside technique* 旁侧法(电磁勘探).
broadside-direction antenna 边射[垂射,同相]天线.
broad-spectrum noise 宽带噪声.
broad'step n. 楼梯踏板, (楼梯)休息平台.
broad-survey a. 普查的.
broad'sword n. (大)砍刀.
Broad'way n. (纽约)百老汇(大街).
broad'wise 或 **broad'ways** ad. 横(向)地, 沿宽度方向.
brocatel(**le**) n. 彩色大理石.
brochantite n. 水胆矾, 水硫酸铜(矿).
brochure' [brɔ'fjuə] (法语) n. 小册子.
brockie oil 陶瓷业用润滑油.
brod n. (棒形铸铁)型芯骨. *brod of a core iron* 芯铁

brog n. 曲柄手摇钻.
broggerite n. 牡铀矿.
brogue n. 半统工作靴,粗革厚底皮鞋.
broil [brɔil] v.; n. ①烤,焙,煨烧,炙 ②炎[酷,灼]热 ③吵闹.
broil'er ['brɔilə] n. ①烤[焙]器 ②酷暑 ③童子鸡,肉用仔鸡,笋鸡,肉用禽半自动养殖装置.
broke [brouk] Ⅰ break 的过去式. Ⅱ a. 一个钱也没有的. Ⅲ n. 废纸. *broke beater* 废物磨粉机. *go broke* 破产.
bro'ken ['broukən] Ⅰ break 的过去分词. Ⅱ a. 断开的,断路的,折断的,不连续的,破[零]碎的,不完整的,凹凸不平的,破产的,倒闭的. *broken base* 折基线. *broken circle* 虚线圆. *broken circuit* 断〔开〕路. *broken color* 复色,配合色. *broken corner* 角裂. *broken curve* 虚线(曲线). *broken emulsion* 分层的乳浊液. *broken gauge theory* 破缺规范理论. *broken hardening* 分级淬火. *broken line* 折〔虚〕线,"———". *broken number* 分数. *broken oil* 澄清了的油. *broken out section* 破断面,切面. *broken ray* 折线. *broken stone* 轧碎骨料,碎〔砾〕石. *broken time* 零星时间. *broken white* 缺白.
broken-down a. 临时出故障的,坏了的.
broken-line analysis 折线〔分析〕法,线段近似法.
bro'kenly ['broukənli] ad. 断断续续地,零零碎碎地,不规则地,变则地.
broken-tone negative 色调破坏的底片.
bro'ker ['broukə] n. 代理人,经纪人,掮客. *exchange broker* 外汇经纪人.
brom [broum] n. = bromine.
brom- 〔词头〕溴,臭.
bromacil n. (农药)除草定.
bromal n. (三)溴乙醛.
bro'mate ['broumeit] Ⅰ vt. 使与溴化合,用溴处理. Ⅱ n. 溴酸盐. *bromate ion* 溴酸根离子.
bro'mated a. 含溴的,溴化的.
bro'mating n. 溴化.
broma'tion = bromination.
bromatol'ogy [broumə'tɔlədʒi] n. 饮食学,食品学.
bromatotox'in [broumətə'tɔksin] n. 食物毒.
bromatotox'ismus n. 食物中毒.
bromatotox'ism n. 食物〔品〕中毒.
bromellite n. 铍石.
bromethol n. 三溴乙醇.
bromethyl n. 乙基,溴乙烷.
bro'mic ['broumik] a. (含,五价)溴的. *bromic acid* 溴酸.
bro'mide ['broumaid] n. 溴化物(乳剂). *bromide paper* 溴素〔放大,像片〕纸.
bro'minate ['broumineit] vt. 溴化,用溴处理.
bromina'tion n. 溴化(作用),溴处理.
bro'mine ['broumi:n] n. 【化】溴 Br. *bromine number*〔value〕溴值〔价〕. *bromine test* 溴化试验,测定溴值.
brominol n. (X射线的反衬介质)含溴的橄榄油.
bromipin n. (X射线的反衬介质)含溴的芝麻油.
bro'mism ['broumizm] n. 溴剂中毒.

bromite n. ①亚溴酸盐 ②溴银矿.
bromium n.〔拉丁语〕溴.
bromizate vt. 使溴化,用溴处理.
bromiza'tion n. 溴化(作用),溴处理,溴代.
brom(o)-〔词头〕溴代〔基〕.
bromo-amine n. 溴〔替〕胺.
brom(o)benzylcyanide n. 溴苯甲腈(催泪性毒气,简称 B.B.C.)
bro'mochlo'rometh'ane n. 溴氯甲烷.
bromocyanide process 溴氰化提金银法.
bromodichloride n. 二氯溴化物.
bromoform n. 溴仿,三溴甲烷.
hromo gclatine n. 溴明胶.
bromo mica 金云母.
bromomethane n. 甲基溴.
bromophenol n. 溴(苯)酚.
bromophos n. (农药)溴硫磷.
bromo-silicane n. 溴硅烷.
brompyrazon n. (农药)溴杀草敏.
bromstrandite n. 钇易解石.
bromum n.〔拉丁语〕溴.
bro'myrite n. 溴银矿.
bro'nchiole n. 细支气管.
bronchioli'tis n. 细支气管炎.
bronchi'tis n. 支气管炎.
bronchocephali'tis [brɔŋkɔsefə'laitis] n. 百日咳.
bronchopneumo'nia n. 支气管肺炎.
bronchus (pl. *bronchi*) n. 支气管.
brontides n. 轻微地震声.
brontograph n. 雷暴自记器,雷雨计.
brontolith n. 石陨石.
brontometer n. 雷暴计,雷雨表.
bronze [brɔnz] Ⅰ n. ①青(古)铜(铜锡合金),青铜制品 ②青铜(古铜,赤褐)色. Ⅱ v. ①镀青铜于,上青铜色于 ②使硬得像古铜 ③变成古铜色,晒黑. *bronze mica* 金云母. *bronze statue* 铜像. *gear bronze* 齿轮青铜,磷青铜. *gun bronze* 炮铜. *higher bronze* 铝铁镍锰高级青铜(铅 9～12.5%,镍 2.5～7%,铁 3～7%,锰 1～5%,锌 1～2%). *phosphor bronze* 磷铜. *white bronze* 白青铜(含镍 4%的铜锡镍合金).
bronzed a. 青铜色的.
bronzine n. 青铜制的,青铜色的.
bron'zing n. 青铜(色氧)化,着青铜色,镀青铜.
bronzit n. 8 种青铜合金.
bron'zite ['brɔnzait] n. 古铜辉石.
bron'zy ['brɔnzi] a. 青铜一样的,似青铜的,青铜(黄褐)色的.
brood [bru:d] Ⅰ v. 孵卵,低覆,沉思. Ⅱ n. ①同窝,一窝 ②一窝(一群)幼雏(幼畜等),一组,同那. *brood cell* 母细胞.
brood-body n. 繁殖芽,繁殖体,芽体,芽孢.
brook [bruk] Ⅰ n. 小河,溪,溪流. Ⅱ v. (常用在否定句或疑问句)容忍,忍受. *brook no delay* 刻不容缓. *The facts brook no distortion.* 事实不容歪曲.
brookite n. 板钛矿.
brook'let ['bruklit] n. 小溪,细流,涧.
broom [bru:m] Ⅰ n. ①(扫)帚,路骨〔刷〕 ②自动搜索干扰振荡器 ③染料木,金雀花(一种灌木). Ⅱ vt. 用扫帚扫,扫除,使(桩)顶篷裂〔开花〕,松弛. *broom*

corn 高粱. *broom drag* 刮路刷.
broom'ing n. 帚化,(用扫帚)扫除.
broom'stick n. 干扰抑制器,扫帚把. *broomstick charge* 细长药包.
Bros =brothers (公司名称中)兄弟.
broth n. ①肉汤,肉汁,清汤 ②液体培养基,发酵液.
broth'er ['brʌðə] n. ①兄弟,同胞 ②(pl. brethren) 同事〔业,伴〕. *brother field* 兄弟字段,(语法树节点的)兄弟字段. *brother of the brush* 画工,油漆工.
Brotherfood motor 一种活塞液压马达.
broth'erhood n. ①兄弟关系,同胞 ②会,社,协〔公〕会,团体.
broth'erly ['brʌðəli] a. 兄弟般的,友情深厚的.
brotocrystal n. 融蚀晶体〔斑晶〕.
brougham ['bru(:)əm] n. 四轮车.
brought [brɔːt] bring 的过去式及过去分词.
brow [brau] n. 边线〔缘〕,跳〔搭〕板,悬崖,山〔坡〕顶,陡坡,眉毛,(木板缺陷)眉棱.
browing n. 抹灰的垫实装置.
brown [braun] Ⅰ a.; n. 褐〔棕,咖啡,深黄〕色(的). *brown acids* 褐色酸,可溶于石油产品的石油磺酸. *Brown and Sharpe (Wire) Gauge* 美国线规,B & S 规. *Brown and Sharpe taper* 布朗夏普锥度. *brown goods* 茶(褐)色商品(电子产品,如电视机等). *brown lead ore* 氯磷铅矿. *brown lime* 褐〔次〕石灰. *brown rot* 褐腐. *brown size* 褐色胶(料). *brown spar* 铁白云石,铁菱镁矿. *brown study* 沉思,冥想. *brown ware* 陶器. *Brown's test* 钢丝绳磨损试验. ▲*do up brown* 把…彻底搞好,烘焦(面包). Ⅱ v. 上褐色,染成棕色,变褐,晒黑,烘焦. ▲*browned off* 厌烦的.
Brownian movement [motion] 布朗运动.
brown'ie ['brauni] n. 便携式雷达装置.
brown'ing ['brauniŋ] n. ①(照射时玻璃)变暗,致黑,褐变 ②(钢表面的)青铜色氧化,(金属)着色 ③白朗宁手枪,轻机关枪.
brown'ish ['brauniʃ] a. 带褐色的.
brownish-black a. 棕黑的.
brownish-red a. 棕红的.
brown'ness ['braunnis] n. 褐色.
brown'out ['braunaut] n. 节电,灯火管制,(为了节约用电而)降低电压.
brown'stone ['braunstoun] n. 褐砂岩.
brown'y a. 带褐色的.
browse [brauz] Ⅰ v. 浏览,(随便)翻阅 Ⅱ n. 浏览(的时间).
BrP =British Patent 英国专利.
BRS =branch subroutine 转移子程序.
BR STD =British standard 英国标准.
BRST =burst 爆炸〔裂,发〕,脉冲.
BRT =①bright 光亮的 ② brightness 亮度.
brt for =brought forward 转入下页.
BRU =branch unconditionally 无条件转移.
Bruce antenna 倒 V 形天线.
brucellin n. 布鲁氏菌素,布鲁氏菌滤液.
brucellosis n. 布鲁氏菌病,波状热.
brucine n. 番木鳖碱,二甲(氧基)马钱子碱(用于分析化学).
brucite n. 水(氢氧)镁石,天然氢氧化镁.

brucite-marble n. 水镁石大理岩.
bruiachite n. 萤石.
bruise [bruːz] Ⅰ v.; n. ①撞〔跌,压,打,碰,擦〕伤,损〔硬,暗,擦〕伤,皮下出血,伤痕,疵瑕 ②捣〔研,春〕碎,捣烂 ③压皱,使产生凹痕,分裂. *bruise mark* 碰痕. *stone bruise* 石伤.
bruiser n. 捣碎机,压碎〔扁〕机.
bruit [bruːt] Ⅰ n. ①杂音,音响 ②谣言. Ⅱ vt. ①传播,散布 ②传扬,宣扬.
bru'mal ['bruːməl] a. 冬的,冬天似的,雾深的.
brume [bruːm] n. 雾,霭.
bru'mous ['bruːməs] a. 雾多的,冬的.
brunizem n. 湿草原土.
brunorizing n. (钢轨)特别常化法.
Bruns'wick ['brʌnzwik] n. 布伦斯威克(在德国中部). *Brunswick black* 一种黑色清漆. *Brunswick green* 水久绿.
brunt [brʌnt] n. 锐气,(正面的)冲击,主要的压力. *bear the brunt (of an attack)* (在进攻面前)首当其冲.
brush [brʌʃ] Ⅰ n. ①刷(子,帚),电刷 ②画〔毛〕笔 ③灌木林,树枝,梢料 ④小冲突,遭遇战. Ⅱ v. ①刷(揩),擦,扫 ②擦光,涂刷(涂料) ③掠〔擦〕过. *block brush* 碳刷. *brush angle* 电刷倾斜角. *brush arc* 刷形电弧. *brush box* 刷握盒. *brush collector* 集(电流)刷. *brush compare check* 电刷穿孔比较检查. *brush discharge* 电暈〔刷形〕放电. *brush finish* 粉刷,刷(成)面. *brush force filter* 平滑滤波器. *brush function* 刷状函数. *brush loss* 电刷(放电)损耗. *brush mattress* (防冲铺刷)柴排. *brush rocker* 电刷摇转器. *brush station* [计]电刷测量点,刷子站. *brush treatment* 涂刷处理,涂刷防腐剂. *brush wheel* 刷(二次)轮. *brush wire* 电刷丝,碳刷. *pilot brush* 控制(测试,辅助)刷,选择器电刷. ▲*brush against* 擦,碰到. *brush aside* [away] 漠视,不顾,把…放一边,撇开不理. *brush by* 擦过. *brush down* 刷下来. *brush off* 刷(擦)掉. *brush out* 铲除,除掉. *brush over* 轻轻刷去(上色). *brush through* [by] 掠〔擦〕过. *brush up* 刷光〔新〕,擦亮,重温,重新学习,补习,改进.
brushabil'ity n. 刷涂性.
brush-breaker n. 灌木清除机.
brush-compare check 电刷穿孔比较检查.
brushgear n. 电刷装置.
brush'ing ['brʌʃiŋ] Ⅰ n. ①刷(去,光,亮,拢),清洁 ②刷尖(火花束)放电 ③侧面电切术 ④干扰. Ⅱ a. 一掠而过的. *brushing compound* 刷光涂料. *brushing lacquer* 刷漆. *brushing loss* 碳刷损耗. *brushing machine* 刷光机. *brushing property* 刷光〔涂刷〕性. *brushing test* 刷损试验.
brush-lead n. 电刷引线,碳刷导线.
brush'less a. 无(电刷)的.
brush-lubricated a. 油刷润滑的.
brush-topped a. (防冲刷而用)柴排盖顶的.
brushup n. 擦亮,刷新,提高,改进,重新学习,复习.
brush'wood ['brʌʃwud] n. ①灌木(林) ②梢料,柴 ③(防冲刷)柴排.
brush'y ['brʌʃi] a. 多灌木的,毛刷一样的.

Brus'sels ['brʌslz] n. 布鲁塞尔(比利时首都). *Brussels (classification) system* 【计】布鲁塞尔(分类)系统,通用十进制(分类)系统.

bru'tal ['bru:tl] a. 野(横)蛮的,剧烈的. *brutal facts* 严峻的事实. *brutal heat* 酷热. *brutal winter* 严冬.

brute [bru:t] n.; a. 畜生(的),残忍的. *brute force* 强力. *brute force filter* 平滑(倒 L 形)滤波器. *brute force focusing* 暴力式聚焦. *brute force method* 强制法.

brutonizing n. 钢丝(热)镀锌法.

bryanizing n. 钢丝连续电镀法.

bryophyta n. 苔藓植物.

bryozoon n. 苔藓虫.

BRZ = bronze 青铜.

BRZG = brazing 铜(钎,硬)焊.

BS = ①bachelor of science 理学士 ②Bachelor of surgery 外科学士 ③ballistic shell 弹道导弹 ④below specification 不合规格,低于法定标准 ⑤Bessemer steel 酸性转炉钢 ⑥bill of sight 临时起岸报关单 ⑦binary scale 二进位制 ⑧Birmingham standard wire gauge 伯明翰线径规 ⑨blood sugar 血糖 ⑩bomb sight 投弹瞄准器 ⑪bonded single silk 单丝包的 ⑫both sides 两边(面,侧)法兰 ⑬breaking strength 断裂强度 ⑭breath sounds 呼吸音 ⑮bremsstrahlung 轫致辐射 ⑯British standard(s)英国(工业)标准,英国(工业)规格 ⑰Brown and Sharpe wire gauge 美国线规 ⑱Bureau of Standards (美国)标准局 ⑲button switch 按钮开关 ⑳butyl stearate 硬脂酸丁酯(增塑剂).

B/S = ①bill of sale 卖契,抵押契 ②bits per second (二进制)位/秒.

b's complement = base complement 补码.

b-1's complement = base minus one's complement 反码.

B&S = ①beams and stringers 横梁与纵梁 ②bell and spigot 套(窝)接,套筒连接,插承接合,钟口接头 ③booster and sustainer 助推器与主发动机 ④Brown and Sharpe (gauge) 美国线规.

B&S wire gauge = Brown and Sharpe Wire gauge 美国线规.

BSB = both sideband 双边带.

BSC = ①basic 基本的,碱性的 ②binary symmetric channel 二进对称信通 ③borosilicate crown 硅酸硼冕牌玻璃.

BSc = bachelor of science 理学士.

BSc Eng = bachelor of science in engineering 工学士.

B-scan n. B 型扫描(纵坐标为距离,横坐标为方位角,目标为亮点).

B-school = business school 商业学校.

B-scope n. B 型指示器,距离方位显示器.

BSD = ①British standard dimension 英国度量标准 ②burst slug detection 释热元件损伤的探测.

BSF = ①British standard fine thread 英国细牙螺纹标准 ②bulk shielding facilities 整体(连续体)屏蔽反应堆.

BsF = brass forging 黄铜锻件.

BSF thread = British standard fine thread 英国细牙螺纹标准.

BSFC = brake specific fuel consumption 制动燃料消耗率.

BSFT = British standard fine thread 英国标准细牙纹.

BSG = British standard gauge 英国标准线规.

bsh = bushel 蒲式耳(谷类容量单位).

BSI = British Standards Institution 英国标准学会(协会).

BSJ = ball and socket joint 球窝接头.

Bs/L = bills of lading 提(货)单.

B-sour = B-source.

B-source n. 阳极电源,B(乙)电源.

BSP (thread) = British standard pipe thread 英国螺纹标准.

BSR = bulk shielding reactor 整体(连续式)屏蔽反应堆.

BSRL = Boeing Scientific Research Laboratory 波音科学研究室.

BSS = British standard specification 英国标准规范,英国标准技术规格.

BSSW = bare stainless-steel wire 不锈钢裸线.

B/st = bill of sight 临时起岸报关单.

B-stage n. 乙阶(树脂),半溶阶段(树脂).

BSTD = bastard (size or material) 假的,粗的,非标准(尺码)的(尺寸,材料).

B-store n. 【计】变址数寄存器.

BSTR = booster 助推器,增压器.

B-strain = back strain 后(B)张力.

BSW = British Standard Whitworth Thread 英国惠氏标准螺纹.

BS&W = bottom settlings and water 或 basic sediment and water 底部沉淀物和水.

BSW thread = British Standard Whitworth Thread 英国惠氏标准螺纹.

BSWG = ①Birmingham Standard Wire Gage 伯明翰线规,BS 规 ②British Standard Wire Gage 英国标准线规 ③Brown and Sharpe Wire Gage (美)布朗-夏普线规.

BT = ①basic tool industries 基本工具工业 ②bathythermograph 海水温度深度自记仪 ③Bellini-Tose system 贝立尼-托西无线电定向发射系统 ④bent 弯曲的,弯头 ⑤bias temperature 偏置温度 ⑥bus tie 母线联络 ⑦busy tone 忙音.

BTA = boring and trepanning association (用高压切削液使切屑从空心钻杆孔内排出的) BTA 深孔加工.

BTD = ①bomb testing device 炸弹试验装置 ②brief task description 任务简述.

BTDC = before top dead centre 在上死点前.

BTE = battery timing equipment 电池(供电)定(计)时装置.

BTF = ①Ballistic test facility 弹道试验设备 ②bomb tail fuze 弹尾引信.

BTG = ①battery timing group 电池定时组 ②beacon trigger generator 信标触发(信号)发生器.

BTG alloy 奥氏体钢(铬 10%,镍 60%,钨 2～5%,钼 1%,锰 1～3%).

BThE = brake thermal efficiency 实际(制动)热效率.

BThU = British thermal unit 英国热量单位(=252卡).

BTI = ①British Technology Index 英国技术资料索引 ②Bureau of Technical Information (苏)技术情

报局.
BTL =①balanced transformerless 无平衡变压器(电路) ②Bell Telephone Laboratories 贝尔电话(公司)试验室 ③bottle 瓶,罐,外壳.
BTN =button 按钮.
BTO =①blanket tool order 工具总订货单 ②blocking-tube oscillator 电子管间歇振荡器 ③brief task outline 任务提[大]纲.
BTS = Bellini-Tose system 贝立尼-托西无线电定向发射系统.
BTT =busy tone trunk 忙音中继线.
BTU 或 Btu =①Board of Trade Unit 英国商用电能单位(=1千瓦-小时) ②British thermal unit 英热量单位(=262卡).
B-tube =index register 【计】变址(数)寄存器.
BTX =benzene,toluene,xylene 苯、甲苯、二甲苯(总称).
B-type station n. 乙站.
BU =①back-up 备用,支承 ②Bureau 局,处,所,科.
bu =①burnup 燃耗 ②bushel 蒲式耳(谷类容量单位).
BUAER 或 BuAer =(Navy) Bureau of Aeronautics (海军)航空局.
BUB = Bureau of the Budget 预算局.
bub'ble ['bʌbl] I n.①(水,气,汽,玻,磁)泡,气囊,泡沫,旋涡 ②压力沿翼型的分布 ③前缘吸力式压力分布,气流离体(区,声),沸腾(声)人人泡声. bubble cap column 泡罩塔,泡罩分馏柱. bubble chamber 泡沫[起泡]室,泡沫箱. bubble formation 气泡形成. bubble ladder 泡梯. bubble method leak detection 气泡法探漏. bubble plate tower 泡罩层(蒸馏)塔. bubble point 始沸点. bubble proof 吹验[泡]法. bubble sort 上推[泡沫]分类法. bubble viscometer 气泡粘度计. circular bubble 圆水准器. separation bubble 离体(分离)气流(区).
 I v.①(使)起[鼓]泡,沸腾(涌),沸沸地响 ②作地状通过,使气体经液体而通过 ③起泡. bubble off 形成气泡跑掉. bubble out 扑突扑突地涌出. bubble over 发泡溢出. bubble up 冒泡,发出气泡.
bubble-cap plate 泡罩板.
bub'ble-domain n.【计】泡畴,磁泡. bubble-domain shift register 泡畴移位寄存器.
bub'bler n. 扩散器,起泡[鼓泡,泡饮]器,水浴瓶,喷水式饮水口.
bubble-top n. (汽车后部的)透明防弹罩.
bub'bling n.①沸腾,沸沸响 ②鼓[起]泡,气泡形成 ③飞[泼]溅. bubbling type of gas mixing 起泡式气体混合法. bubbling voltage 冒气(泡)电压.
bub'bly a. 起[多]泡的.
bubbly-slug flow 【原】泡状团状流动.
buc'ca ['bʌkə] n. 颊.
buc'cal ['bʌkəl] a. 颊的,口的.
Bu'charest ['bju:kərest] n. 布加勒斯特(罗马尼亚首都).
Buchner filter 瓷(平底)漏斗.
buck [bʌk] I v.①顶[抵]撞,冲,推,猛然开动,颠掷,反[抗]抗 ②轧碎,锯开 ③消除,抵消,清除,补偿 ④用碱水浸(洗),加煤入炉 ⑤(使)振作,鼓励. I n.①公鹿(羊,兔),雄(的),鹿弹,跳板 ②大模型架,锯架(台),大装架机,门立立木 ③灰(碱)水 ④反，

反极性. buck mortar 推式研体. buck saw 架[木]锯. buck scraper 弹板刮土机. buck slip 为把事情推给别人而写的便条. ▲pass the buck to 向…推诿,推卸责任于.
buck'er n. 破(压,粉)碎机,碎矿[木,铁]机,碾压机.
bucket ['bʌkit] I n. ①吊[提]桶,水,存储]桶,库(水,吊,料,提,铲,挖)斗,料罐(灼),(送锭车的)锭座 ②(唧筒)吸子,(往复泵)活塞,(涡轮)叶片,汲取器,容器,槽 ③【坝】挑流鼻坎,消力戽,反弧段 ④(速调管)桶形电极,【计】地址散列表元 ⑤稳定区.
 I v. ①用桶提水[装运] ②飞奔. bucket brigade 斗链(组)桶式移位寄存器. bucket brigade device 斗链式(电容耦合)器件. bucket chain (line)(多斗挖土机的)铲斗链. bucket conveyor [elevator] 斗式提升机. bucket ladder dredge 多斗式挖泥船. bucket lip 铲斗刃口. bucket loader 斗式(吊罐,自动单斗)装料机. bucket pump 斗式唧筒,斗式泵,(喷雾用)手摇带阀活塞泵,活塞式抽水(汲油)泵. bucket pump gun (加润滑油用)戽斗式加油枪. bucket thermometer 吊杯式水温表. bucket trap 浮子式阻汽器. bucket valve 活塞阀. bucket wheel 构轮. cell bucket 电池(桶). flame bucket 火焰反射器. skip bucket 翻斗,箕斗. turbine bucket 涡轮叶片. ▲a drop in the bucket 沧海一粟.
bucket-brigade capacitor storage 斗链电容存储.
buck'etful n. 一桶(斗),满桶.
bucket-tipping device (挖土机)翻斗装置.
buck-eye n. 橡树,七叶树.
buck-eyed a. 目力不好的,目中有斑点的.
buck'ing n.; a. ①顶撞,反作用 ②抵消电压 ③浸渍(洗). bucking coil 补偿(反感应,反作用,反[去]磁)线圈. bucking coil loudspeaker 反作用线圈式扬声器. bucking effect 反(电动势)效应. bucking electrodes 【测井】屏蔽电极. bucking voltage 抵消[反极性,反作用]电压. hum bucking 抵消交流声.
Buckingham equation 白金汉方程.
bucking-out system 补偿[抵消]系统.
buck'le ['bʌkl] I n.①(皮带等的金属)扣环,螺丝扣,系(猎)紧接头,拉紧套筒,猫,卡子 ②皱,纹,凹凸,纵弯曲,翘曲,(鳞片)疱听,(板材缺陷)中间瘦,(铸造缺陷)严重鼠尾. I v.①扣(上,住,紧),结扎(on,up) ②弄亏(紧),③(反)压,弯,压,凤,挠,皱,翘曲,折损,胀砂,变形,坍塌(up). coupling buckle 车钩环舌. slide valve buckle 滑阀套. spring buckle 弹簧猫. turn buckle 花篮螺丝,(松紧)螺旋扣. ▲buckle (down) to 倾全力于,努力从事.
buck'ler I n. 储锭孔盖,防水罩. I vt. 防寒[护].
buck'ling n. ①扣住 ②皱(褶,缩,损),(纵)弯曲,曲率[拱,压,折]率,弯折,波纹,膨胀 ③下垂,挠度,曲率,曲度参数,拉普拉斯参数[算符]. buckling load 压曲临界负荷,折断载荷. buckling resistance 翘曲阻力,抗纵向弯曲力. buckling strength 抗弯(翘曲,抗纵向弯曲)强度. buckling stress 弯曲(抗弯)应力. dry buckling 【核】干(栅格)曲率,干(栅格)拉氏参数,无冷却剂(栅格)拉氏参数. lateral buckling 横向屈曲(翘曲).

buck′-passing n. 推诿,卸责.
buck′plate n. 磨矿板,凹凸板.
buck′ram [′bʌkrəm] I n.; a. ①(装订用)硬麻布 ②生硬(的). II vt. 用硬(麻)布加固.
buck′-saw n. 架锯,(大)木锯.
buck′shot n. (冲积层中)熔岩粒,大号铅弹. *buckshot reaction* 鹿弹反应. *buckshot sand* 无棱角砂.
buck′skin n. 鹿皮,羊皮.
buck′staves [冶] 夹炉板.
buck′stay n. (拱边)支柱.
buckstone n. 【地】无金石.
buck-up n. 用铆钉撑锤（头模）顶住铆钉头.
buck′wheat n. 荞麦. *buckwheat coal* 小煤粒.
bucky diaphragm 平向闸.
bud [bʌd] I n. (萌)芽,芽状物. v. (bud′ded, bud′-ding) 发(出)芽,芽接.
Bu′dapest [′bju:dəpest] I n. 布达佩斯(匈牙利首都).
bud′ding [′bʌdiŋ] I a. 正发芽的,初露头角的. II n. 芽生(殖),分芽,发(出)芽,芽接.
bud′dle [′bʌdl] I n. 洗矿槽,淘汰盘,斜槽式洗矿台. II v. 用洗矿槽[淘汰盘]洗.
bud′ding n. (矿砂)碎屑.
budge [bʌdʒ] I v. 动(一动),挪动(一下). II n. 羔皮,革囊.
bud′get [′bʌdʒit] I n. ①预算 ②堆[存]积,聚集 ③一束[捆],大量,许多,库(存)④合算的,廉价的. II v. ①做预算,编入预算(for) ②预(先)算(划),预先排定,按照预算来计划[安排]. *actual* [*balanced*] *budget* 决算. *budget deficit* 预算赤字. *budget estimate* 概算. *budget making* 预算编制. *budget statement* 预算书.
bud′getary [′bʌdʒitəri] a. 预算上的.
Bue′nos Aires [′bwenəs′aiəriz] n. 布宜诺斯艾利斯(阿根廷首都).
buf =buffer 缓冲器,消声器.
buff [bʌf] I n. ①软皮,黄色厚革 ②浅黄色,米色,暗金褐色 ③磨轮,抛(擦)光轮. *buff unit* 抛光(动力)头. *double buff* 双折布抛光轮. *space buff* 隔层抛光轮(每层布轮心隔一层小布). II vt. ①用软皮摩擦,把(皮)弄软 ②抛[磨]光,擦光,缓冲,减弱. ▲*buff away* 擦光,磨去,消除.
buf′falo [′bʌfəlou] n. ①水牛,美洲野牛 ②水陆两用(数管)拖拉机,水陆两用坦克.
buf′fer [′bʌfə] I n. ①缓冲器[机,垫,装置],减震[防冲,阻尼]器,保险杠[杆] ②缓冲刷[铉,区,溶液] ③【讯】缓冲器[记忆,存储]装置 ④去耦元件消声[减音]器 ⑤摩[软]擦器 ⑥【微电子学】过渡(层) ⑦老码. II vt. ①缓冲(和),缓解,阻尼,隔离 ②用软皮摩擦,抛光擦光. *buffer action* 缓冲[隔离]作用. *buffer amplifier* 缓冲[隔离]放大器. *buffer attenuator* 缓冲[去耦]衰减器. *buffer circuit* 缓冲[阻尼,隔离,减震]电路. *buffer computer* 缓冲型计算机. *buffer gate* 缓冲[逻辑]门,"或"门. *buffer memory* (超高速)缓冲存储器. *buffer plunger* 缓冲柱塞. *buffer stage* 缓冲级. *buffer stop* 止冲器. *buffer storage* 缓冲存储(器),中间存储. *buffered computer* 有缓冲(存)器的[中间转换]计算机. *buffered input/output section* 输入输出

缓冲器. *oil buffer* 油压减震[缓冲]器. *radial buffer* 球形缓冲器.
buf′fering [′bʌfəriŋ] n. ①缓冲(作用),减震,阻尼,隔离 ②【计】中间转换[寄存],缓冲记忆等.
buffer-stop indicator (缓冲)停车标志.
buf′fet I [′bʌfit] n.; v. ①打[交]击,搏斗 ②抖[振,震,颤]动,颤[抖]振,振颤,扰流抖层. II [′bufei] n. 小卖[便餐]部,餐具架.
buf′feting [′bʌfitiŋ] n. 抖动,颤[抖]振,扰流抖振.
buff′ing [′bʌfiŋ] n. 抛[擦,磨,打]光. *buffing compound* 磨光剂. *buffing oil* 磨光[革]油. *buffing wheel* 抛光轮,弹性磨轮. *colour buffing* (镜面)抛光.
Buffon′s needle problem 蒲芬投针问题.
bug [bʌg] I n. ①(昆)虫,小虫,细菌 ②缺点[陷],瑕疵,错误[困难] ③损坏,故障,障碍,干扰 ④雷达位置测定器,动标,(指示器上)可移标,窃听器,防盗报警器,(双向)半自动发报键,电(快)键 ⑤清除管子内部表面的刮器 ⑥沿管线通信的自动电报 ⑦双座小型汽车 ⑧月球旅行飞行器. II (bugged; bugging) vt. 在…设防盗报警器,在…装窃听器. *bed bug* 臭虫. *bombing bug* 活动靶. *Bug Battery* 细菌电池. *bug hole* 晶穴. *bug key* 双向报键,快(速发报)键,半自动发报键. *bug patch*(程序的)错误补块. *bugged room* 调机机房. ▲*bug off* 走[滚]开. *bug out* 逃避责任. (*to*)*work out bugs* 消除缺陷,解决困难.
bug′aboo [′bʌgəbu:] 或 **bug′bear** [′bʌgbεə] n. 怪物,令人头痛的事.
bugantia (拉丁语)n. 冻疮.
bug′gy [′bʌgi] n. 手推(小)车,轻便马车. *buggy ladle* 浇(钢)包车,台车式浇包. *coil buggy* 带卷自动(万能)装卸车. *rocking buggy* 锭座回转式送锭车.
bugite n. 紫苏英闪岩.
bu′gle [′bju:gl] n. 军号,喇叭,号角.
bug′trap n. 小型炮舰.
buhr [bə:] n. 磨石.
buhrstone n. (细砂质)磨石,磨盘.
BUIC =backup interceptor control 后援截击机控制.
build [bild] I (built, built) v. I ①建造[筑,设],制造,设[敷]置 ②建(确,树)立 ③组合[成] ④达到最高峰,向最高峰发展. II n. ①建筑,构造,造型 ②砌体的竖缝 ③体格. *build socialism* 建设社会主义. *This area is getting built up*. 这一带逐渐盖满了房屋. *The bridge is built of concrete after* [*from, to*] *a new design*. 这座桥是仿照[根据,按照]一种新的设计用混凝土造的. *scrap build* 设备改装,改新. ▲*build down* 降落[低],减低,减缓. *build in* 嵌(砌,装,插,镶,加)入,埋置[入,设],固定[墨入],建造. *build M into N* 把 M 装[嵌,插,加]入 N 的内部,把 M 建设(造)成 N,使 M 成为 N 的不可分的部份. *build on* 建在…上,指望,依靠[赖],基于. *build up* 建设(成,立),制(构,建,组)合成,产生,安装,装配,聚集,积累,增高[加],进[上]升高,长成,更新,改建,振[复]兴,锻炼,拟订,编制,画出. *build up* (*M*) *into N*(把 M)聚合,堆积,形)成 N. *build up to* (使)增加[增长,积累]到. *build (M) upon N* (把 M) 寄托[依赖,依靠]于 N, 指望 N.
build-down n. 降落[低],减低,衰减.

build'er ['bildə] n. ①制[建,创]造者,施工人员,建筑工人,营造业者 ②【化】组份,增加洗涤剂清洁作用的物质,【计】编码程序.

build-in I a. ①内装〔部,设〕的,装上的 ②固有的. II n. 加[插]装,嵌入,固接,围上,埋设. *build-in calibrator* 内部校准器. *build-in control* 内部控制,自动校验. *build-in language* 【计】固有语言.

build'ing ['bildiŋ] n. ①建[制]造,建筑(物,术) ②房屋,大楼,间,室 ③组合[装]. *building a picture line by line* 图像逐行再现. *building act* [code, law, ordinance, regulation] 建筑法令[条例,法规,法令,规程]. *building berth* 造船台. *building block* (词义查 block 条). "*building block*" *counter* 标准部件构成的计数器. *building block principle* 积木式[积木构造]原理. *building machine* 轮胎装配床,配套机. *building methods* (制汽油)合成法. *building of slag* 〔冶〕造渣. *building out section* (加感线路用)附加的平衡网络,附加(匹配)节. *building paper* 防潮纸,油毛毡. *building room* 装配间. *building sheet* 建筑钢板. *building slip* (造)船台. *car building* 汽车制造. *fabricated building* 装配式建筑.

building-block counter 标准部件构成的计数器.

building-out n.; a. 附加(的),补偿(的). *building-out circuit* 匹配[补偿,平衡,附加]电路. *building-out condenser* 附加电容[冷凝]器. *building-out resistor* 匹配[补偿,附加]电阻.

building-up ['bildiŋʌp] n. ①建造[立],组[筑,合]成,堆起,叠合 ②装配,安装 ③积累,聚集 ④堆积(现象),结晶[垢],结渣,底结,(电压等)上升,升高,增长[加],长成 ⑤堆焊. *building-up curve* 组合曲线. *building-up of image* 图像合成. *building-up time* 建立[增长,起始]时间. *ice building-up* 组成冰堆.

build-up ['bildʌp] n. ①建造[起,立],装配,安[拼]装,填充填塞(门窗),阻塞[介质],结垢,构造 ③形成,产[发]生,出现 ④聚集,积累,累[堆]积(物,作用),(壳型)结垢现象,叠加,复合,合成 ⑤增加[加强,大,长,高],发[汗]展,延展,上升,加厚,接长 ⑥计算,作图 ⑦(辊型设计不正确而引起的)波浪缺⑧瞬变振荡,辐射和 delay distortion 配用时(所引起的)失真. *build-up curve* 增长[建起]曲线. *build-up member* 装配部件. *build-up of pulses* 脉冲起升建. *build-up sequence* 焊道熔敷顺序.

build-virtual-machine program 虚拟机构造程序.

***built** [bilt] I build 的过去式和过去分词. II a. 组合[成]的,建造的,拼[装]成的,堆积的. *built error correction* 内部纠错. *built mast* 复接杆. *bow built* 低重心车辆.

built-in ['bil'tin] a. ①安装在内部的,埋设的,内装〔建,接,插〕的 ②嵌〔镶,装,砌〕入的,固定〔嵌〕在...内的,端固的 ③机[体]内的 ④固有的,内在的. *built-in antenna* 机内(装在内部的)天线. *built-in beam* 固端梁. *built-in cavity* 管内空腔共振器[谐振器]. *built-in check* 内部校验. *built-in command* 【计】内部指令[命令]. *built-in current threshold* 内在电流阈. *built-in edge* [end]固定[嵌入,嵌固]边缘[端]. *built-in field* 内建场. *built-in flow circuit* 内装流路. *built-in function* 内部函数,内在功能. *built-in gauge* (*head*) 内装规管. *built-in leak detecting head* 内装探漏器探头. *built-in oscillation* 固定[固有]振荡. *built-in reactivity* 剩余(后备)反应性. *built-in storage* 内装存储器.

built-up ['bil'tʌp] a.; n. ①组[拼,构,建,合]成(的),组装(的),合成的,围建(的) ②建立,装配[置] ③积累,增长[大],上升,加厚,结垢. *built-up area* 已建满房屋或其他建筑物的地区,组合面积. *built-up circuit* 转接电路. *built-up connection* 转接. *built-up factor* 积累因子. *built-up gear* 组合齿轮. *built-up pattern* 组合[空心]模(用薄板或板条包在骨架外面而构成). *built-up time* 增长[建立]时间. *built-up welding* 堆焊. *wall built-up* 炉壁结块,挂壁.

built-up-edge ['bilt'ʌpedʒ] n. 刀瘤,切[积]屑瘤.

Bujumbura n. 布琼布拉(布隆迪首都).

BUL =bulletin 公报,会刊.

bulb [bʌlb] I n. ①球根[茎],鳞茎 ②(小)球,球形〔状〕物,球形零件,球管〔头〕,(温度计)水银球(断面的)球状增大部分[灯泡,灯〔玻璃〕泡,(烧)瓶,真空管 ④(测)温包,测温仪表,(外,管)壳 ⑤(带相机)快门 ⑥泡壁,延髓. II vi. ①成球状,形〔隆起,凸起. *baseless bulb* 无管底灯泡. *bulb angle* (显像管)玻壳的偏转角,圆[球]头角钢. *bulb angle bar* 圆头角料. *bulb barometer* 球管气压计. *bulb beam* 球头工字钢(梁). *bulb face* 玻壳面. *bulb getter* 环形消气剂. *bulb iron* 球头角钢. *bulb of percussion* 〔地〕打击点端,投击泡. *bulb pile* 圆址桩,球基桩. *bulb plate* 球头扁钢. *bulb potential* 玻壳(管壁)电位. *bulb rail* 圆头工字钢. *bulb steel* 球头钢. *bulb temperature* 泡壳温度. *bulb tubular turbine* 灯泡贯流式水轮机. *bulb of pressure* 膨胀压力,压力泡. *de Boer bulb* 碘化物热离解瓶. *nearly true rectangular bulb* 近真矩形泡壳. *neon bulb* 氖灯,氖管. *resistance bulb* 变阻泡,测温电阻器. *sediment bulb* 沉淀器. *single contact bulb* 单接头灯泡. *temperature bulb* (电)温泡,热检管,测热筒,热敏元件. *thermometer bulb* 温度计球管,(测)温包. *tungar bulb* 吞加(整流)管,钨氩(整流)管.

bulb-angle iron [steel] 球头角钢.

bul'bar ['bʌlbə] a. 球(茎)的,延髓的. *bulbar ring* 【地】打击[泡破泡].

bul'biform ['bʌlbifɔːm] a. 球状的.

bulb-blowing machine 吹管机,吹玻壳机.

bulbocapnine n. 空褐鲜减,紫堇减.

bulboid a. 球状的.

bul'bous ['bʌlbəs] a. 球(形,状,根)的. *bulbous dome* 球形屋顶.

bulb-rail steel 球头丁字钢.

bulb-sealing operation 管子封口过程.

bulb-tubulating machine 接管机.

bul'bus ['bʌlbəs] (pl. *bulbi*) n. 球(茎),延髓. *bulbus lilii* 百合. *bulbus oculi* 眼球.

bule'sis [bjuˈliːsis] n. 意志.

Bulga'ria [bʌlˈgɛəriə] n. 保加利亚.

Bulga'rian [bʌlˈgɛəriən] a.; n. 保加利亚的, 保加利亚人的.

bulge [bʌldʒ] n.; v. ①凸出(起, 处, 度), (桶)腰, (钢板)飘曲, (墙面)不平 ②(使)鼓(膨)胀, 隆(凸)丘, 上涨, 暴增, 加厚, 鼓凸加工 ③(船)底边, 船腹, 非耐压壳体, 防雷护体, (船底)破漏 ④优势. *bulge nucleation* 隆丘成核. *bulge test*（焊接）打压试验, 扩管(凸出)试验. *bulge theory* 膨胀(隆丘)理论.

bul'ging [ˈbʌldʒiŋ] n. ①膨胀, 凸出(部), 突出, 鼓突, 突皮 ②打气, 折皱 ③撑压内形法. *bulging force* 膨胀力. *bulging of tyre* 轮胎凸肌.

bul'gy [ˈbʌldʒi] a. 膨胀的, 凸出的.

bulk [bʌlk] Ⅰ n. ①(大)容(体)积, 容量, 大小, 尺寸 ②大块(量, 批), 堆, 整(主, 躯)体 ③大(基本)部分, 多半, 大数, 大批, 大量, 梗概 ④松密度, 胀量 ⑤松散(松装, 粒状)材料 ⑥货船, 船舱载货 ⑦图书厚度（封面, 封底不计在内）. Ⅱ a. ①散, 统, 舱)装的 ②块状的, 大块的, 笨重的 ③体积(内)的. *by bulk or by weight* 按体积或按重量. *break bulk* 开舱, 开始起(卸)货. *Bulk materials are unpackaged* (sand, coal, oil) while unit-load materials are contained in units (cartons, boxes, bags, drums, skids). 统装材料是不包装的（如砂, 煤, 油）, 而件装材料则是（用纸板盒, 箱, 袋, 卷盘, 撬垫）成件地盛装的. *bulk additive* 填充剂. *bulk analysis* 总(整体)分析. *bulk article* 标准产品, 标准产品. *bulk boat* 石油驳船, 散装船. *bulk buying* 大量购买. *bulk carrier* 散装大船. *bulk cement* 散装水泥. *bulk charge transfer device* 体电荷转移器件. *bulk core memory* 大容量磁芯存储器. *bulk data transfer* 成批数据传送. *bulk density* 松(堆)密度, 计算(重, 毛)体积)密度, (按体积计算的)容积密度, 体积重量, 容(幺)重. *bulk effect* 体(负阻)效应. *bulk elasticity* 体积弹性. *bulk encoding* 集群编码. *bulk eraser* (大)消磁器, 消磁装置, 整体擦除[清除]器. *bulk factor* 容积(压缩)因素, 粉末成型前后体积之比, 体积重量, 容积率. *bulk feed* 散装饲料. *bulk gallium arsenide device* 砷化镓体效应器件. *bulk getter* 积消(吸)气剂, 块状吸气剂. *bulk head*（词义见 bulkhead 条）. *bulk intrinsic germanium* 块状半征锗. *bulk irradiation* 体积辐照. *bulk lifetime* 本体寿命. *bulk material* 松散(疏松, 统装, 非包装)材料, 疏松物质. *bulk memory* 【计】大容量存储器, 档案 [资料]存储. *bulk method* 大量(成批)生产法. *bulk modulus* 体积(弹性)模量. *bulk modulus of elasticity* 体(容)积弹性模量. *bulk negative conductivity diode* 负(电)阻变容二极管. *bulk noise* 体噪声, 电流噪声. *bulk photocurrent* 体内光电流. *bulk plant* 油库. *bulk polymer* 本体聚合物. *bulk production* 大量(成批)生产. *bulk property* 特性, 整体(大块, 厚量)性质. *bulk resistance* 体阻. *bulk shielding* 整体屏蔽. *bulk shielding facility* 连续体屏蔽反应堆. *bulk specific gravity* 毛体积比重, 容重. *bulk station* 配油站, 散装油站. *bulk storage* 散装储存, 大容量存储器. *bulk storage memory* 【计】大容量存储. *bulk stress* 体积应力. *bulk technology* 体效应技术. *bulk temperature* 体温, (按体积计算的)平均温度. *bulk transition region* 体内转变区. *bulk trial* 大量生产试验. *bulk viscosity* 体积粘度. *bulk volume* 总(毛, 松散)体积, 总容积(尺寸). *bulk water* 重力水. *bulk weight* 毛重, 松填重量, 松物料单位体积重量. *data bulk* 数据(数)量. ▲*in bulk* 大量(批)地, 成块(堆)的, 不分件 [包, 罐], 散装(的). *sell in bulk* 整批(大量)出售, 批发. *the* (great) *bulk of* 大半, 大多数, 大部分的. Ⅲ v. ①用眼力估计(重量, 体积等) ②堆积(置) ③胀(大), 形成大(块) ④显得庞大(重要), (重要性, 尺寸)增加. *bulk large* 显得大, 显得重要. *bulk to a great amount* 积成巨额. *bulked yarns* 膨体纱. *bulking effect* 湿胀性. *bulking figure* 容重.

bulk-behavior region 体特性[大块性质]区.

bulk-cargo n. 散(舱)货. *bulk-cargo carrier* 散装(油)船.

bulk'er n. 舱货容量检查人.

bulkfactor n. 容积[压缩]因素, 粉末成型前后体积之比, 体积重量.

bulk'head [ˈbʌlkhed] Ⅰ n. ①舱壁, 隔板 ②墙, 框 ②堵塞物, (钢管的)闷头, 围墙, 护(驳), 堤, 岸, 挡土(水)墙, 防水壁 ③海塘. Ⅱ vt. 用墙(壁)分隔. *bulkhead gate* 平板(闸板式, 检修)闸门. *collision bulkhead* 防撞舱壁. *fireproof bulkhead* 防火壁. *pressure bulkhead* 气密隔板, 耐压舱壁.

bulk'iness n. 庞大, 笨重.

bulk'ing n. ①膨胀, 隆起 ②砂的(湿胀)性. *bulking agent* 填充剂.

bulk'load n. 毛载, 散装(物), 粒状物, 堆放物.

bulkmeter n. (测量容积的)流量计.

bulk-storage memory 大容量存储(器).

bulk'y [ˈbʌlki] a. 松散的, 体积(庞)大的, 笨重的.

Bull = Ⅰ **Bulletin** 小册, 简报, 专刊, 普及读物 ②**bulliat** 煮沸, 任沸.

bull [bul] Ⅰ n.; a. ①公牛(似)的, 像(鲸)似的, 雄(的), 大型的, 庞大物件 ②自相矛盾(的错误) (= Irish bull). Ⅱ v. 哄抬(价格), 吹牛, 强行实现. *bull block* 拉线机. *bull crack* 厚薄不均而裂. *bull fight(ing)* 斗牛. *bull gear reducer* 大齿轮减速机. *bull head* (宽度最大的)宽腰孔型, 双头式. *bull head rail* 工字钢轨. *bull ladle* 大型(起重机式)浇包, 吊(输送)包. *bull nose*【建】外圆角. *bull nose screed* (混凝土摊铺机的)整平板. *bull point* 有利的一分, 优势. *bull press* 型钢矫正压力机. *bull quartz* 烟色石英, 烟晶. *bull ring* 研磨圈. *bull rod* 钻杆, (供拉拔用的)盘条. *bull screen* 碎料筛. *bull switch* 照明控制开关. *bull wheel* 大齿轮, 牛轮. *bull's eye* 靶心, 牛眼灯, 独眼滑车, 小圆窗, (气象)风暴眼, *bull's eye pattern* (激光)条图图案. ▲*take the bull by the horns* 不畏艰险, 毅然处理难局.

bulla [ˈbulə] (pl. *bullae*) n. 大泡, 大疱.

bullate n.; a. ①水泡状的, 肿的, 膨(吹)胀的 ②水疱

状的微生物生长.
bulla′tion n. 大泡形成,膨〔吹〕胀.
bull′boat n. 牛皮浅水船.
bull′dog n. ①斗（牛）狗,牛头狗 ②手枪,大炮 ③【冶】（搅炼炉的）补炉底材料. *bulldog paper clamp*（铁皮制）纸夹.
bull′doze [′buldouz] vt. ①推〔挤〕压,（用推土机）推土,清除,挖出,削平 ②威迫,压倒.
bull′dozer [′buldouzə] n. ①推土〔压路〕机 ②压弯机,（厚板）矫正压力机,弯钢机,冲床机 ③粗碎机.
bullen-nail n. 阔圆头钉.
bul′let [′bulit] n. ①(子)弹 ②核（心）③针,撞针（尖）,插塞 ④锥形体,喷口整流体 ⑤【矿】取心弹,射孔弹. *bullet connection* 插塞式连接. *bullet connector* 插塞接头. *bullet locator* 弹片探测器. *bullet train*（日）高速旅客列车. *bullet transformer* 一种超高频转换器. *bullet wire* 中碳钢丝. *bullet(s) alloy* 子弹合金（铅94%,锑6%）. *movable*〔*throat*〕 *bullet* 可调节的尾喷管体.
bullet-and-flange joint 插塞-凸缘连接.
bullet-headed a. (小)圆头的,似子弹头的.
bul′letin [′bulitin] n.; v. ①公（通）告,简〔电〕报,揭〔告〕示,报（公）告,会〔专刊〕,新闻简报 ②小册,普及读物 ③用公报发表.
bullet-nosed a. (似子弹)凸头的.
bullet-proof a. 防弹的,枪弹打不穿的.
bull′grader n. 平路机,犁路机.
bull(-)head n. (初轧辊的)平面孔型,平板箱形孔型 ②双式 ③双头钢轨.
bull-headed rail n. 圆顶头钢轨.
bullhorn n. 带放大器的扩音器,大功率定向扬声器,鸣音器.
bul′lion [′buljən] n. ①金（银）条,纯金（银）②条形金属,(有色)粗金属锭,金银锭,粗铅. *bullion fall* 粗铅提取率. *bullion lead* 生铅(常含银). *copper bullion*（含有贵金属的）粗铜锭. *gold bullion standard* 金块本位制. *lead bullion* 锭形粗铅.
bullnose n. 外圆角,船首导缆锁.
bullous a. 大泡形的,大泡的.
bull′s-eye [′bulzai] n. ①牛眼(灯,窗,环,组织),舷（风,小圆）窗 ②凸（半球）透镜 ③靶（红）心,目标中心,风暴眼 ④黄铁矿结核. *bull's-eye condenser* 牛眼形聚光器.
bullvalene n. 瞬烯.
bull′wheel n. 大齿轮,起重机的水平转盘.
bul′ly [′buli] I n. ①暴徒,恶霸 ②罐头牛肉. II v. 恐吓,威胁,欺凌. ▲*bully into* 威胁…去做. *bully out of* 威胁…停止做. *play the bully* 横行霸道,欺软怕硬.
bul′rush n. 芦苇.
bul′wark [′bulwək] I n. ①壁〔堡〕垒,防御工事,障〔防波堤(板)〕,甲板栏柱〔舷墙〕,栅. II vt.（用堡垒）保护,防护〔御〕.
bum a. 质量低劣的 ②废度的,丧失劳动力的 ③假的,错误的. *on the bum* 失修,处于破损状态.
bump [bʌmp] I v.; n. 撞（凸,伤,破,击）,碰〔冲〕撞,冲击（against,into）②（车,飞机）颠簸,扰动,暴 ③碰撞肿〔损〕处,隆起凸（块）④耳,挡（板）⑤（曲线上的）折曲,拐点 ⑥飞机突然发生的

垂直加速度,连续起飞降落 ⑥现场校正钢板. I ad. 突然地,剧烈地,扑通一声. *bump coil* 凸起〔扰动〕线圈. *bump contact* 块形连接. *bump equalizer* (数据通讯)多峰均衡器. *bump method* 隆起物法,亚声速流中的超声速区模型试验法. *bump storage* 缓撞〔缓冲〕存储器. *bump test* 黑白跳变测试. *bumped head* 凸形的底. *hood bump* 发动机罩挡头,车盖挡. ▲*bump up against difficulties* 碰到困难.
bump-cutter machine (混凝土路)整平机.
bump′er [′bʌmpə] n. ①保险杆〔杠〕,车挡,防冲挡〔器〕,挡板,缓冲器(垫),减震器,消音器,阻尼器 ②脱模机,【铸】震动（实）台,震实造型机 ③满杯,丰盛（富）. *axle bumper* 轴挡. *bumper crop*〔*harvest*〕丰收. *bumper magnet* 凸起磁铁. *door bumper* 车门软垫. *spring bumper* 弹簧减震垫.
bump′iness [′bʌmpinis] n. 碰撞,撞击,颠簸（性）,混动空气.
bump′ing [′bʌmpiŋ] n. ①撞〔锤〕击,冲撞〔震〕,碰撞,颠簸 ②造成凹凸 ③剧〔暴,崩〕沸,突沸. *bumping bag* 冲袋. *bumping collision* 弹性碰撞. *bumping moulding machine*【铸】震实（式）造型机. *bumping table* 圆形振动台,碰撞式摇床.
bump′y [′bʌmpi] a. 崎岖不平的,颠簸的,反跳多的,气流变换不定的. *bumpy flow* 涡流. *bumpy torus* 葫芦环.
bu′na [′bu:nə] n. 丁（钠）橡胶.
buna-N n. 丁腈橡胶.
buna-S n. 丁苯橡胶.
bunch [bʌntʃ] I n. ①一（束〔串,簇,团,捆,包,卷〕盘,群）②线(集,聚)束,波包,脱绳 ③草垛 ④粘合剂,凝块,隆起块,疱,瘤 ⑤小矿囊,管状矿脉膨大部分. II v. ①捆成一束,拴在一起,堆聚,集我,群聚,聚束,粘(结)合 ②隆起,生瘤,成核. *bunch discharge* 束形(电晕)放电. *bunch light* 聚束灯光. *bunch type* 丛生型. *bunched beam* 聚束束. *bunched cables* 束状电缆. *bunched conductors* 导线束. *bunched current* 聚束电流. *bunched frame alignment signal* 集中式帧定位信号. *bunched wire* 绞合（多绞）线,合股线. *ore bunch* 矿囊(集). ▲*the best of the bunch* 一批中最好的,精华.
bunch′er [′bʌntʃə] n. ①聚束器〔栅,极〕,（电子）推栅,群聚器〔腔〕,速度调制电极,（速度调节的）输入电极,输入共振器 ②无级变速器 ③搓捻机,合股机 ④接线板. *"buncher" gap* 集聚（聚束）栅极,输入共振腔（间）隙. *buncher resonator* 聚束谐振器,聚束空腔谐振器. *buncher space* 聚束栅空间. *buncher voltage* 聚束（群聚）电压.
bunch′ing [′bʌntʃiŋ] n. ①聚束（群）,成组（群）,群聚 ②改变. *bunching admittance* 聚束导纳. *bunching of picture element* 像素拥挤,像素群聚. *bunching parameter* 组（群聚）参数. *bunching theory* 群聚理论.
bunch′y [′bʌntʃi] a. 成束（球）的,穗状的,隆起的.
bund [bʌnd] n. 滨江(河,湖,路)路,堤(岸),河(海)岸,湖(河)边,码头 ②（德语,读作 [bunt]）同盟,盟约.
bun′der n. 码头,港口(湾).

bund′ing n. 坝,岸堤,筑堤.

bun′dle ['bʌndl] Ⅰ n. (一,光,波,维管)束,扎,捆,群,组,【数】丛,卷,把,包,线圈（线材的）盘,一大堆. *bundle cleaning method* 换热器管束清扫法. *bundle conductor* 导线束. *bundle finishing* 束状纹. *bundle of inputs* 输入线束. *bundle of rays* 光束,射线束. *divergent bundle* 发散电子束. *electron bundle* 电子束（注）. *seed bundle*【核】点燃区燃料组件.
Ⅱ v. ①包,捆,扎 ②成束,成结,粘合 ③乱塞[扔],匆匆离去[赶走]. *bundled conductor* 导线束,成束导线. *bundled program* 附随程序. ▲*bundle out* [*off, away*] 匆忙赶出,撵出. *bundle up* 汇总,综合起来,把…捆扎起来.

bundline n. 岸线.

Bundyweld tube 铜钎接双层钢管.

bung [bʌŋ] Ⅰ n. ①木（盲,瓶）塞,塞子 ②（桶）盖,（可移动的）反射炉炉盖 ③桶口（孔）. *bung hole* 桶（侧）口.
Ⅱ v. 塞住（up, down）,打坏（瘪）.

bun′galoid ['bʌŋgəlɔid] a. 平房式的.

bun′galow ['bʌŋgəlou] n.（有凉台的）平房.

bun′gee ['bʌŋgi] n. ①橡皮筋,松紧绳,弹性束 ②过度操纵防止器,跳簧,炸弹舱启门机.

bung′hole ['bʌŋhoul] n. 桶口,桶孔.

bun′gle ['bʌŋl] v.; n. 拙劣（的）工作,粗制滥造,搞坏.

bun′glesome ['bʌŋlsəm] a. 手艺笨拙的,粗笨的,拙劣的.

bun′gling ['bʌŋliŋ] a. 笨拙的,拙劣的.

buninoid a. 丘状的,圆形的.

bunk [bʌŋk] n.（轮船,火车等）座床,床铺,铺位.
Ⅱ vt. 为…提供卧铺. *bunk fatique* 假寐,休息.

bun′ker ['bʌŋkə] Ⅰ n. ①仓库,料（浅）斗[仓,贮仓（槽）,储藏库,贮藏器,煤仓（燃料）舱,油槽舱（料箱,漏）倒]斗 ③（小型）掩体,填土堆,浅沟,障碍. *bunker car* 仓[运煤]车. *bunker coal* 燃料（船用）煤. *bunker oil* 船用油. *end bunker refrigerated truck* 端部加冰冷藏车.
Ⅱ vt. 把（煤）堆进煤舱,把（油）注入燃料舱,料斗装料,使陷入困境.▲*be bunkered* 遇到困境.

bun′kering n. 装燃料,燃料的仓储.

bun′khouse n. 简易工棚.

bunkie station 泵送站.

Bunsen beaker 烧杯,平底烧瓶.

Bunsen burner 本生灯（一种煤气灯）.

Bunsen cone 本生焰锥.

Bunsen-lamp n. 本生灯.

bunt [bʌnt] n.; v. ①抵,撞,轻打,半外斜斗 ②（帆等）鼓起（部分）③（小麦）黑穗（病菌）,腥黑穗病.

Bunter n. 本特尔阶.

bunter plate 阻弹板.

bunton n. ①横梁 ②罐道梁（井筒）③横撑.

Buntsand stein 斑砂岩统.

buntsandstone n. 斑砂岩统.

BuOrd =（Navy）Bureau of Ordnance （美国海军）军械局.

buoy [bɔi] Ⅰ n. ①浮标[子,筒,圈,体] ②救生具（圈,衣）. Ⅱ vt.（漂浮,浮起[升]）,使…浮到水面上（up）②装浮标,用浮标指示（out）③振作,鼓舞

[励],支持（up）. *cable buoy* 水底电缆浮标. *dan buoy*（小）浮标（白天挂旗,夜间悬灯）. *fog* [*position*]*buoy* 雾标,标志浮标. *marker buoy* 航向浮标. *mooring buoy* 碇泊浮标. *night-landing buoy* 夜间降落标. *release buoy* 失事浮标.

buoy′age ['bɔiidʒ] n. 浮标（装置,系统,费）,浮子,标识.

buoy′ance ['bɔiəns] 或 **buoy′ancy** ['bɔiənsi] n. ①（静）浮力,浮（动）性 ②（轻）泛 ③弹性,恢复力,轻快. *buoyancy level indicator* 浮力液面指示器. *centre of buoyance* 浮（力中）心.

buoy′ant ['bɔiənt] a. ①能（漂）浮的,有浮力的,易（飘）浮的 ②有弹力的,弹性的 ③轻快的,意气风发的 ④（价格）上涨的. *buoyant probe* 浮飘探针. *buoyant roof* 浮顶.

BUP =①bent up 弯曲的 ②British United Press 英国合众社.

bur [bə:] Ⅰ n. ①毛口（口）,芒（突,毛）刺 ②圈,凸珠,磨石,块燧石 ③小齿轮 ④（牙）钻 ⑤牛蒡,有芒刺的植物〔草屑〕,粘附着不离的东西,寄生虫. Ⅱ（*burred, burring*）v. ①去毛口[头] ②有毛刺.

Bur = Bureau 局,处,所,社.

Bur of Stds 或 **BUR ST** = Bureau of Standards （美国）标准局.

buran n. 【气象】布冷风.

Bur′berry ['bə:bəri] n. 一种防水布,雨衣.

bur′ble ['bə:bl] Ⅰ n. ①起（气）泡,沸腾 ②泡流分裂,（产生）涡〔紊〕流,扰流,（产生）旋涡 ③失速. *burble angle* 失速角. *compressibility burble* 激波致扰气流区,激波后的紊流,压缩性失速（泡流）.

bur′bling ['bə:bliŋ] n. ①泡流分离〔分聚,离体（点）〕②扰流,流体起旋,生旋涡 ③层流变湍流,无旋流底破坏.

bur′den ['bə:dn] Ⅰ n. ①担子,重[负]担 ②负重（荷）,荷载,装料 ③装载量,（放射性同位素在生物体或有机体内的）积存量,含量,载重,吨数（位）④炉配料 ⑤表土,覆盖层,冲积层 ⑥制造费用 ⑦主（本）旨,重点,要点 ⑧责任,义务. Ⅱ vt. ①使负重担,加负担于,加载于 ②装载（满）,装货上（船,车）,配料 ③烦扰,劳累（with）. *blown-in burden* 开炉配料. *burden calculation* 配（炉）料计算. *burden rates* 装载量定额. *burdened stream* 含悬浮土粒的水流.▲*be a burden to* [*on*] 对…是一个负担.

bur′dening n. ①装载（货）②配料.

bur′densome ['bə:dnsəm] a. ①（繁）重的,累赘的,难于负担的 ②有输送趋向的.

Burdigalian stage（早中新世）波尔多阶.

bureau′ [bjuə'rou]（*pl. bureaus* 或 *bureaux*）n. ①局,科,处,司,社,所 ②（写字）台,办公桌,大衣柜. *Bureau of Public Works* 市政〔公共〕工程局. *commodity inspection and testing bureau certificate*【贸】商检局证明书. *travel bureau* 旅行社.

bureaucracy [bjuə'rɔkrəsi] n. 官僚（政治,制度,主义）.

bu′reaucrat ['bjuərəukræt] n. 官僚.

bureaucrat′ic [bjuərəu'krætik] a. 官僚（主义）的,墨守成规的. ~ally ad.

bureauc′ratism n. 官僚主义.

bureauc′ratist n. 官僚主义者.

buret(te) [bjuə'ret] n. 滴定管,量管,玻璃量杯. *bu-*

rette viscometer 滴定管粘度计. *gas buret(te)* 量管.

burg [bə:g] *n.* (美国)市, 镇, 城.
Burgas *n.* 布尔加斯 (保加利亚港口).
Burgers body 伯格斯体 (理想粘弹体).
Burgers vector 伯格斯矢量 (原子间距).
bur'glar ['bə:glə] *n.* 夜盗, 窃贼. *burglar alarm* 防盗警报器. ~**ious** *a.*
bur'glary ['bə:gləri] *n.* 盗窃(行为).
bur'gy *n.* 细粉, 煤屑, 粉炭, 薄煤.
burial ['beriəl] *n.* ①埋葬(藏) ②(在寒冷坑中)冷却. *burial layer* 埋层. *sea burial* (放射性废料等)埋入海中.
buried ['berid] I *bury* 的过去式和过去分词. II *a.* ①埋入(藏,置)的, 遮盖的, 掩蔽的 ②沉没的, 浸入(没)的. *buried antenna* 埋地天线, 地下天线. *buried cable* 埋置地下电缆. *buried channel CCD* 埋沟(掩埋信道的)电荷耦合器件. *buried dump* 填入土. *buried explosion* 地下爆炸. *buried hill* 潜山, 埋藏山. *buried layer* 埋层. *buried missile* 井内的导弹. *buried oil pipe line* 地下油管. *buried shelter* 地下防空洞(掩蔽部). *buried structure* 潜伏构造. *buried tank* 地下贮罐.
buried-stripe double-heterostructure laser 隐埋条形双异质结激光器.
bu'rin ['bjuərin] *n.* 雕刻刀(器), 鏨刀, 雕刻风格.
burke [bə:k] *vt.* 压制, 扣压, 秘密取消(禁止, 查讯), 避免.
burl [bə:l] I *n.* ①(纱或织物上的)斑点, 粒结 ②树节, (树)瘤. II *v.* 剔除粒结.
bur'lap ['bə:læp] *n.* 粗麻(帆布, 麻袋).
bur'lapping *n.* 粗麻布包装.
Bur'ma ['bə:mə] *n.* 缅甸.
Burmese' [bə:'mi:z] *n.*; *a.* 缅甸的, 缅甸人(的).
burn [bə:n] I (*burned* 或 *burnt*) *v.* ①烧, 灼热, 发亮(光) ②烧毁(坏, 伤, 穿, 焦, 黑, 着), 燃烧(上), 烫(伤), 气割 ④点(灯) ⑤(使)氧化 ⑥使燃烧, 利用④的核能 ⑦消耗, 浪费, 挥霍, 耗尽, 烧毁 ⑧晒黑, 发烧(焦, 红), 激动 II *n.* ①烧伤, 烧制 ②烧(灼, 烫, 斑)的, 烧痕(斑) ③宇宙飞行火箭发动机在飞行中运转 ④余像, 残留影像 ⑤小河, 细流. *burned* [*burnt*] *clay* 烧粘土. *burned gas* 废[已燃]气. *burned ingot* 过热钢锭. *burned sand* 焦砂. *burned speed* 烧坏瞬间(正常飞行速度. *burned steel* 过烧钢. *dark burn* 烧暗, 荧光质衰退. *eletron burn* 用电子束烧穿. *flash burn* 射线灼伤, 爆伤, 闪燃. *friction* [*brush*] *burn* 擦伤. *ion burn* 离子斑(屏)点. *X-ray burn* X射线灼伤. ▲*burn away* 烧着(完, 掉, 去, 坏, 闷), 继续燃烧, (逐渐)消灭. *burn back* (焊)烧接. *burn down* *burn itself out* 烧尽(完, 光), 火力衰退. *burn in [into]* 烧进(毁), 腐蚀, 预烧(烙, 焊)上, 老化, 留下不可磨灭的印象. *burn M into N* 把M 烙入N. *burn itself out* 烧尽, 烧光, 火力衰退, 精疲力尽. *burn off* 烧去. *burn on* 焚熄, 烧. *burn out* 烧光(尽, 毁, 坏, 断, 起来), 用燃料燃烧的方法形成, 因燃料缺乏而停烧. *burn through* (透, 蚀), (导弹)发射. *burn together* 烧合(焊)(熔)接. *burn up* 烧完(尽, 耗), 烧了起来.

burn'able I *a.* 可(易)燃的. II *n.* 可(易)燃物.
burn-back *n.* 炉衬烧损(减薄), (炉衬)熔蚀, (焊接)烧接.
burned-in image [*picture*] 烧附图像.
burn'er ['bə:nə] *n.* ①燃烧器(炉, 室, 庫, 物), 炉子 ②喷灯(嘴, 枪), 吹管, 灯(头), 煤气头喷烧器 ③火药柱 ④气焊(割)工. *acetylene burner* 电石(乙炔)灯. *after burner* 补(加力)燃烧室. *alcohol burner* 酒精灯. (*alcohol*) *blast burner* (酒嘴)喷灯. *brick burner* 烧砖工人. *Bunsen burner* 本生灯. *burner gauze* 灯纱, *burner jet* 燃烧器喷嘴. *burner liner* 火焰管. *burner manifold* 燃烧器燃料管. *burner orifice* 喷灯(嘴)口. *burner setting* 炉子的砌体. *burner tile* 炉瓦, 耐火瓦. *cigarette* [*end*] *burner* 端面燃烧器, 烟卷形药柱, 烟卷起燃的铠装火药柱. *coal burners* 粉煤燃烧嘴. *duplex burner* 双路(燃油)喷嘴. *gas burner* 煤气灯. *premix burner* 预混燃烧器. *slow burner* 缓燃剂(药).
burnetizing *n.* 氯化锌防腐法, 氯化锌浸渍(木材).
Burnett effect 巴雷特(旋转磁化)效应.
burn-in *n.* 烧(熔)入, 烧进, (摄像管靶上)烧附, 内烧, 熔灼, (荧光屏的)烧毁, 老化, 强化试验, 预烧. *burn-in screen* (高温功率)老化筛选.
burn'ing ['bə:niŋ] *n.*; *a.* ①燃(易燃)的, 热烈的, 紧要的 ②(热处理)过烧, 烧毁(伤, 坏), 氧化(金属), 气割 ③(火箭发动机的)工作 ④粘结现象. *after burning* 迟燃. *burning area* 燃烧面积, (垃圾等)焚化场. *burning bar of lead* 铅浇条. *burning behavior* [*characteristic*] 燃烧特性. *burning glass* 取火镜, 凸透镜. *burning in* 曲物连杆紧配套合(刮研后紧配跑合, 当出现暗褐色的烧伤时, 停止回转, 加油后再跑合). *burning in process* 油浸法. *burning lead* 铅焊. *burning mixture* 可燃混合气体. *burning of microphone* 微音器炭粒粘结. *burning oil* 燃(灯)油, *burning on* 烧涂层. *burning out* 烧除(断, 尽, 坏). *burning period* 火箭发动机工作时间, 燃烧时间, 主动段飞行时间, 管子老化时间. *burning phase* 主动飞行阶段. *burning point* 燃(烧)点, 着火点, 燃烧温度. *burning preventer* 防燃器. *burning question* 火急的问题. *burning rate* 燃烧速度, 燃烧率. *burning sand* 烧结砂块. *burning trajectory* 主动飞行弹道. *cigarette burning* 端(部)起燃, 端面燃烧. *dead burning* 烧(死)烧, (因烧熔而)粘钢. *lead burning* 铅焊. *progressive burning* (火药)增面(增推力, 渐增性, 级进式)燃烧. *rough burning* 燃烧振荡不稳定燃烧.
burning-glass *n.* 火(凸)镜, 阳燧.
burning-in *n.* 烧(熔)上, 熔焊(接), 机械砂, 金属渗入炉壁, 钢包衬, 铸焊. *burning-in period* 电子管老炼时间.
burning-off *n.* ①烧(去), 清除机械粘砂 ②烘烤.
burning-on *n.* 烧补, 熔焊, 金属熔补, 烧涂法. *burning-on method* 熔接法. *burning-on of sand* 粘砂.
burning-out *n.* 烧坏(断, 去, 毁), 停止燃烧, (因燃烧缺乏而)停烧.
burning-through *n.* 烧穿(透, 蚀).

bur′nish ['bə:niʃ] I v. ①磨(光,擦),打磨(摩擦)抛光,辊(挤,熨)光,擦亮,(使)光滑 ②(把钢)烧蓝,涂光,精加工 ③生长. II n. 光泽(辉,亮,滑),莹润. *burnish broach* 熨光刀.

bur′nisher n. ①辊光机,挤光器 ②磨光(滑)器,摩擦抛光器,磨(抛)光辊,磨棒 ③打磨人.

bur′nishing n. ①(摩擦,压力,加压)抛光,磨(光,平),辊(挤,熨)光,擦亮 ②光泽. *burnishing brush* 磨(抛)光辊. *burnishing machine* 抛光机.

burnishing-in n. 辊(挤,熨)光,跑合作业(曲轴或连杆轴承的紧配跑合后的跑合).

burn-off n. 〖焊〗熔化,熔蒸,焊〖烧〗穿,降碳.

burn-on n. 〖铸〗粘砂,焊上〖补〗. *burn-on of ore* 矿石溶结(粘砂).

burn-out n. ①燃(灼,烧)完,停止燃烧,燃烧中止,熄火,歇火(时间)②烧毁,烧穿,烧坏,烧蚀 ③〖铸〗熔掉增模 ④电视图像白或近似白区的灰度损失. *burn-out altitude* 主动段终点(燃料燃尽时的)高度. *burnout angle* 熄火点弹道角. *burn-out condition* 熄火条件. *burn-out indicator* 烧毁(烧断)指示器. *burn-out life* 烧毁(失效)寿命. *burn-out pipe* 通气孔. *burn-out point* 燃料燃尽时(弹道)的瞬时位置. *burn-out proof* 防烧蚀. *burn-out proof cathode* 耐烧(防烧毁)阴极. *burn-out rate* 断线(烧毁)率. *burn-out resistance* 烧穿电阻. *burn-out resistance cathode* 耐烧(防烧毁)阴极.

burnt [bə:nt] I burn 的过去式和过去分词. II a. 烧过(伤,焦)的,烧成的,(铸作成)烧坏,烧坏,过烧,(金属液的)加热过度. *burnt coal* 天然焦炭. *burnt iron* [steel] 过烧钢. *burnt lime* 烧(煅)石灰,氧化钙. *burnt plaster* 烧(煅)石膏. *burnt potash* 氧化钾. *burnt pyrite* 煅烧黄铁矿. *burnt sand* 焦砂. *burnt sienna* 深褐色的颜料,高铁煅黄土.

burn-through n. 烧毁(蚀,穿,透,漏).

burnt-on-sand n. 〖铸〗粘砂,起隔子.

burn-up n. 燃耗,烧尽.

burp gun 一种小型冲锋枪.

burr [bə:] I n. ①毛口(头,刺,翅,边),芒(突,飞)刺,剌果,焊瘤[瘤]盘 ②三角凿(刀),小圆锯,圆头锥(牙)钻[锥]砺石,磨盘 ③垫圈,小瓷,轴[杆,套]环,焊(衬)片,片 ④凸(蕾)纹,粗刻边,粗刻边,模缝 ⑤坚硬石灰岩,岩基,脉结 ⑥月晕,光轮 ⑦(机器各部急速运转所发的)辘辘声,(用上舌所发的)颤音(R 的粗音). *burr wire* 钢剌条,锯齿铜丝.

I v. ①除毛刺,毛口磨光 ②刻粗边 ③模糊不清,发音不清楚.

burr-drill n. 圆头锥,锉钻.

burred v. bur 和 burr 的过去式和过去分词.

Burrel-Orsat apparatus 白瑞-奥塞特(式)气体分析器.

burring ['bə:riŋ] n. ①去毛刺(口,头),内缘翻边 ②模糊不清 ③除芒(法),〖纺〗除草子. *burring machine* 〖冶〗去翅机,〖毛纺〗除草子机. *burring reamer* 锥形(去毛刺)手铰刀.

bur′row ['barou] I n. ①(潜)穴,洞,窟,土堆 ②脉(废)石堆 ③蛀孔,虫眼,通路. II v. ①挖(打)洞,潜入 ②探索,调查,钻研.

bur(r)stone n. 磨石.

burst [bə:st] I (*burst, burst*) v. ①爆(炸,发,裂,破),(炸,挣,进,缺)裂,(突,闯,撕,挤,擤,炸,胀)破,损(毁)坏 ②打(冲,劈,捻)开,拉(挣)断,泼决 ③突发,突起,(闪,闯)现 ⑤发射(喷[冒]出,满(盈),充满,(几乎)装不下. ▲ *be bursting to* + *inf.* 急着要(做). *burst away* 忽去. *burst forth* 跳去,忽现,突(闪)发,喷(飞)出. *burst in* 闯进,(猛烈)闯入,打开开,突然出现(到达),打断(谈话)(on, upon). *burst into* 闯进,突然发出,猝发,忽现,爆发成. *burst on* 突然出现,猛袭. *burst open* (门)突然被推开,突然打开. *burst out* 飞出,爆发,突然发生(出现),猝(突)发,大声说话. *burst through* 推(拨)开. *burst up* 爆炸,失败,破产,闹弯. *burst upon* [*on*] 突然出现,猛袭. *burst with* 饱(充)满,几乎装不下.

I n. ①爆炸(破),爆(开,破)裂,(猝,突,激)发,突发差错,决口 ②突然出现(闯进),强行进入,疾走 ③炸点,闪光(团) ④分帧(脉冲)群,脉冲(瞬时)脉冲群,字符组包,二进制位组,信号列,定相(相位,色同步)脉冲群,(正弦)波群,分片,(字宙线)爆发,一组(串,段) ⑤进裂,咯啦声 ⑥短暂的时间(努力),一阵(回,气) ⑦点射,连发射击. *burst amplifier* 彩色(同步)脉冲(放大器,短促脉冲放大器,"闪光"信号放大器. *burst behaviour* (反应堆)瞬爆(猝发)行为. *burst blanking* 色同步消隐. *burst blanking pulse* 彩色同步信号消隐(熄灭)脉冲,短促消隐脉冲. *burst controlled oscillator* (电视)短脉冲群[色同步]控制振荡器,猝发振荡器. *burst edges* 裂边. *burst error* 〖计〗猝发区间,比特群,子帧误差,突发差错,段(成组)错误. *burst fire* 点射. *burst frequency* 色同步脉冲频率. *burst gate* 短促脉冲选通门,色同步门(电路),定相脉冲选通门. *burst gate pulse* 短促选通(色同步门)脉冲. *burst gate tube* 闪光控制管,猝发放大控制管. *burst gating-circuit* 脉冲选通电路(色同步脉冲,瞬时脉冲群)发生器. *burst generator* 短时脉冲(色同步脉冲,瞬时脉冲群)发生器. *burst length* 〖计〗脉冲持续时间,脉冲宽度,脉冲串长度. *burst mode* 成组方式,区间状态. *burst noise* 突发(脉冲)噪声. *burst of ultraviolet* 紫外激发. *burst phase* 彩色同步信号的副载波相位. *burst pulse* 短(色同步)脉冲. *burst regeneration* 点燃信号还原,短促信号恢复. *burst signal* 色同步(正弦波群)信号. *burst synchronization* 分帧(脉冲)同步. *colour burst* 基准彩色副载波讯号. *early burst* 过早燃炸,引信过早起爆. *error burst* 〖计〗误差区间,错误段. *ionization burst* 电离冲击(碰撞). *reference burst* 基准副载波群. *short burst* 色同步脉冲. ▲ *at a* 〖*one*〗 *burst* 发奋一下. *work in sudden bursts* 一阵一阵使劲工作.

burst-delay multivibrator 延迟色同步脉冲多谐振荡器.

burst-eliminate pulse 消除色同步脉冲.

burst-energy-recovery efficiency 色同步再生效率.

burst′er ['bə:stə] n. 炸(裂)药,起爆(炸)药,爆炸管(器),爆(发)炸体.

burst-error-correction n. 猝发(色同步)误差校正,纠突发错误.

burst-flag 色同步选通(色同步标志)脉冲.

burst-gain control 色同步脉冲增益控制.
burst-gate circuit 色同步选通电路.
burst-gate pulse 色同步形成脉冲.
burst-gating pulse 色同步选通[色同步门]脉冲.
burst'ing ['bə:stiŋ] n. 爆(炸)裂,爆炸,(膨胀)剥裂,胀裂,突发. *bursting disk* 防爆膜. *bursting layer* 爆破层,(防空洞上)坚固掩盖. *bursting reinforcement* 防爆钢筋. *bursting strength* 脆裂强度. *bursting test* 爆破试验. *bursting tube* (变压器)安全管.
burst-key delay control 色同步选通脉冲延迟控制.
burst-key generator 色同步键控脉冲[脉冲群键控]发生器.
burst-locked oscillator 色同步锁定的(副载波)振荡器.
burst-phase control 色同步脉冲相位控制.
burst-slug detector 释热元件损伤探测器.
burst-trapping code 突发俘获码,突发陷入波码.
burst-type error 段错误
burst-width 色同步脉冲群宽度.
bur'ton ['bə:tn] n. 复滑车,辘轳. *Burton process* 柏顿(裂化)法. ▲*go* [*knock*] *for a burton* 无影无踪,消失.
Burun'di [bu'rundi] n. 布隆迪.
bury ['beri] I (*buried*) vt. ①埋(葬,藏)②掩(遮)盖 ③填复,盖土 ④隐匿 ⑤忘怀. II n. ①【地】软粘土,粘土页岩,弯曲②地窖(穴).
bus [bʌs] n. (pl. *bus*(*s*)*es*) ①公共汽车,摩托车,汽车,客机 ②汇流条[排],总(母)线,公共连接线,公共接头,导(电)条,信息转移通路 ③弹头母舱,运载舱. I (*bussed, bussing*) vi. 坐公共汽车[马车]去. *bus bar* [*rod*](汇流)母线,汇流条[排],工艺导线. *bus duct work* 母线管道工程. *bus driver* 公共汽车司机,【计】总线驱动器. *bus reactor* 母线电抗器. *bus regulator* 母线电压调节器(限流器). *bus stop* 公共汽车停车站. *mimic buses* 发光模拟电路. *number transfer bus* 【计】数字传送总线. *storage-in bus* (存储器的)输入总线. *trolley bus* 无轨电车. ▲*miss the bus* 丧失机会,做某事失败.
bus = ①bus-bar 汇流条[排],母线 ②bushel 蒲式耳(俄类容量单位) ③business 商业(店,行)营业,事务.
'**bus** [bʌs] = omnibus 公共汽车.
bus(-)bar ['bʌsbɑ:] n. 汇流条[排],母线,导(电)条,汇[导]电板,工艺导线. *bus-bar wire* 汇流排,母线. *mimic bus-bar* 发光模拟配电路.
bush [buʃ] n. ①衬套[瓦,管,片],轴衬[瓦],轴承套,套管[管]②绝缘管,砂轮蒲孔层,异螺 ③灌木,矮树丛. I a. 低劣的,不够熟练的. II v. ①用金属衬里,加衬[加瓦]加管②套于①上. *adjustable cutter bush* 调刀轴尺,刀杆调整尺. *belly-ache bush* 木薯. *brake bush* 闸制(片),制动衬带,刹车面料. *bush chain* 套筒链. *bush-faced masonry* 凿面块石圬工. *bush hammer* (处治凝混凝土路面过滑用的)气动凿毛机,凿石[鳞砣,修整]锤. *bush metal* 轴承合金(铜72%,锡14%,黄色黄铜14%). *bush of jack* 塞孔衬套. *bush plate* 钻模板. *commutator bush* (电机)换向器套筒. *contact bush* 接触盖[衬套]. *flame bush* (燃料供给停止后的)火焰舌. *insulating bush* 绝缘套管. *threaded bush* 螺纹衬套[套管]. *valve bush* 阀衬.
BUSH = bushing.
bush'el ['buʃl] I n. ①(简写 bsh 或 bu.)蒲式耳(俄类容量单位,英35.368公升,美35.238公升),一蒲式耳的容器,容量为一蒲式耳的东西的重量 ②大量. II v. (*bushel*(*l*)*ed, bushel*(*l*)*ing*)修补[改](衣服). *bushel iron* 碎铁. *bushelled iron* 熟铁(搅炼炉铁). ▲*hide one's light under a bushel* 不露锋芒,不炫耀,持谦逊态度.
bush-hammer n. 凿石锤,(混凝土路面)气动凿毛机.
bush-hook n. 钩刀,大镰刀.
bushily ad. 丛生,繁茂.
bushing ['buʃiŋ] n. ①衬套[管,圈,瓦].(绝缘,塞孔的)套管,套管(垫),导(轴)管 ②引[导]线 ③轴衬(瓦),④螺丝缩拢 ⑤砂轮蒲孔层, *body bushing* 体衬套. *bushing current transformer* 套管式电流互感器,套管式变流器. *bushing plate* 钻模板. *bushing press* 衬套压入机. *bushing tool* 衬套(套筒)装卸工具. *pitman shaft bushing* 连杆衬套(衬瓦). *shock absorbing bushing* 减震衬套. *transformer bushing* 变压器套管. *wall bushing* 穿墙套管.
bushing-type condenser 套管式(穿心)电容器.
Bushire n. 布什尔(伊朗港口).
bush'land n. 矮灌丛,灌木地.
bush-rope n. 藤.
bushveld n. 丛林地带.
bushwash n. ①(不加热不能分开的)石油跟水的乳化液,油罐底残渣 ②废话.
bush-wood n. 灌丛.
bush'y ['buʃi] a. 多灌木的,毛厚的,浓密的.
busier ['biziə] busy 的比较级.
busiest ['biziist] busy 的最高级.
busily ['bizili] ad. (匆,急)忙,忙碌地.
bus-in bus 输入总线.
business ['biznis] n. ①业(任)务,工作,职责,权利 ②事(务,情,件),议程 ③(行,职,营,商,企,实)业,交易,买卖,商店(行) ④难事,问题,(无价值的)事物[设计]. *an awkward business* 麻烦事情. *bad business* 不合算的事,坏事. *business building* 办公楼. *business computer* 商用计算机. *business data processing* 事务(商业)数据处理. *business day* 营业日. *business end* 端点. *business game* 事务对策[策略],商业对策. *business hours* 营业时间. *the business end of a chisel* [*pin*] 凿子(针)的有刃[尖]的那一端. ▲*come* [*get* (*down*)] *to business* 动手做必须做的事. *do business* (*with*) (与…)有来往[做买卖]. *have no business to* + *inf.* 无(做…)的权利[道理]. *make a business of* 以…为业. *mean business* 当真,真的. *Mind your own business*. 不要管闲事,不要管你(我的事). *on business* 有(要)事,因公. *No admittance except on business*. 非公莫入. *out of business* 破产,停业. *proceed to* [*take up*] *business* 上议程. *stick to one's business* 专心做自己的事.
business-like a. 事务式的,有系统[条理]的,迅速的,用心的,认真的.
businessman n. 商人,实[工商]业者.

business-oriented computer 面向商业的计算机.
bus-interlocked communication 总线互锁通信.
bus'kin ['bʌskin] n. (半)高统靴.
bus-line n. 总(母)线.
bus-organization n. 总线式结构.
bus-oriented backplane 总线用底板.
bus-out n. 总线输出.
bus-priority structure 总线优先结构.
bussing n. 高压线与汇流排的连接.
bust [bʌst] *a.*; *v.* ①半身像,胸像(部) ②【影】放大 ③错误,失策(败),(程序员等的)不称职 ④倒闭,破产(裂). *bust shot* 放大〔上半身〕拍摄,半身像. *close bust shot* 近景. ▲*bust a gut* 拚命努力. *bust loose* 脱离〔出〕,离开. *bust up* 破产,失败.
BUSTDS = The National Bureau of Standards(美国)国家标准局.
bus'ter ['bʌstə] n. ①切除〔碎〕机,钉头切断机,铆钉铲,风镐,双壁开沟犁 ②(巨型)炸弹,庞然大物. *bundle buster* 自动送坯(进加热炉的)装置. *buster slab* 防弹墙. *rivet buster* 铆钉切断机,铆钉铲.
bus-tie-in ['bʌstaiin] n. 汇电板.
bus'tle ['bʌsl] *v.*, *n.* ①催促,匆匆打发 ②忙乱,奔忙〔走〕,喧闹,活跃. *bustle pipe* (高炉)环风管,风圈,促动管. *The work site bustled with activity.* 工地上一片繁忙景象. ▲*be in a bustle* 忙乱,扰嚷,杂沓. *bustle about* 东奔西跑. *bustle in and out* 进进出出. *bustle off to* 匆匆(打发)去. *without hurry or bustle* 不慌不忙.
bustling *a.* 忙碌的,熙攘的,活跃的.
bus-to-peripheral interface 总线到外围设备接口.
busy ['bizi] Ⅰ *a.* ①(工(碌)的,无空间的,繁忙的,热闹的 ②占线的,使用(操作)中的. Ⅱ *vt.* (使)忙于,奔走,经营,使从事,在工作,在操作,在执行. *busy back* 忙回(占线)信号. *busy-back jack* 占线测试塞孔,忙音塞孔. *busy indicating circuit* 示忙电路. *busy link* 忙音(占线)接续片. *busy picture* 图像动乱. *busy report* 占线报告. *busy signal* 忙音(占用)信号. *busy test* 占线测试,满载(忙碌状态)试验. ▲(*be*) *busy at* 〔*in*, *over*, *with*, +*ing*〕忙于. *get busy* 开始工作.
busy-back capacitor 忙回电容器.
busy-buzz 或 **busy(-back) tone** *n.* 忙(蜂)音,占线音.
busy-flash signal 占线闪光信号.
busy-hour crosstalk noise 忙时串杂音.
busyness ['bizinis] *n.* 忙.
but [bʌt] Ⅰ *conj.* ①(并列)但是,可是,而是,然而. *Air is not visible, but it is matter.* 空气是看不见的,但却是物质的. ②(从属)除非,而不,不若不(=unless). *The atomic furnace will not work but it has enough fuel.* 原子反应堆要是没有足够的燃料是不会运转的. Ⅱ *ad.* 只是,不过,仅仅,才. *An element is made of but one kind of material.* 元素仅仅是由一种物质组成的. *Many products (jet engines and turbines, to name but two) call for high-temperature alloys.* 许多产品(如喷气发动机和涡轮机,这里只举这两种)都需要高温合金. Ⅲ *prep.* 除去,除…之外. *the last but one* 倒数第二(除去一个之后的最后一个). *We can't discover any material in an element but itself.* 在一个元素里,除该元素本身之外,我们不可能发现任何别的物质. Ⅳ *pron.* (否定的关系代词)*no* …*but* 不…的(=no … who … out). *There is not one of us but wishes to help you.* 我们中间没有一人不愿意帮助你. *Nobody but has his fault.* 哪个人没有缺点(呢). ▲*all but* 几乎,差点(儿),简直是,几乎跟…一样. *anything but* 除…之外全都. *anything but* 除…外什么都, 决不. *but for* 如果没有,如果不是由于, 要不是,要不…除…之外. *but just* 只不过,仅仅. *but little* 几乎没有,没有什么. *but nevertheless* 然而,虽然…但是. *but now* 刚才. *but once* 只有一次. *but rather* 而宁可说是. *but that* 如果没有,要不是,若非,而不,而没有(连接宾语从句)相当于 that,不译出词义. *but then* 但是,然而,但另一方面却. *can but* + *inf.* 只能. *cannot but* + *inf.* 不得不(做),不由得. *do not doubt but that* 不怀疑,相信. *first but one* (两,three)第二(三,四). *next but one* (two, three)隔一(二,三)个,(即第三(四,五)个). *no one but* 只不过是,只是. *not M at all but N* 根本不是 M 而是 N. *not that* 〔*what*〕并非不,虽然〔虽则〕…但还是不. *not only M but* (*also*) *N* 不仅 M 而且 N. *not such* 〔*so*〕…*but* (*that*)M *but* (*that*)N 不是 M 而是 N. *nothing* (*else*) *but* 只不过是,无非是,只是.
But = butyrum (牛)酪,乳脂,奶油.
BUT = button 按(旋)钮.
butachlor *n.* (农药)去草胺.
butadi'ene ['bjutə'daiin] *n.* 丁二烯. *butadiene rubber* 聚丁橡胶.
butadienyl *n.* 丁间二烯基.
butagas *n.* 丁烷气.
bu'tane ['bjutein] *n.* 丁烷,罐装煤气,天然瓦斯. *butane-enriched water gas* 富丁烷的水煤气. *butane splitter* 汽油丁烷分离塔. *normal butane* 正丁烷.
butanediol *n.* 丁二(仲)醇.
butanediylidene *n.* 丁二叉.
butanediylidyne *n.* 丁二川.
butanetriol *n.* 丁三醇.
butanoic acid 丁酸.
bu'tanol ['bjutənɔl] *n.* 丁醇.
butanolamine *n.* 丁醇胺.
butanone *n.* 丁酮,甲乙基酮.
butaprenes *n.* (聚)丁二烯橡胶类.
but'cher ['butʃə] *n.*, *v.* 屠(夫,宰,杀). *butcher cuts* 【化工】剪〔切〕屑. *butcher's beast* 肉用家畜. *butcher's meat* 鲜肉.
butendiol *n.* 丁烯二醇.
bu'tene ['bjutin] *n.* 丁烯.
butenic acid 丁烯酸.
butenoic acid 丁烯酸.
butenolide *n.* 丁烯羟酸内酯.
buthotoxin *n.* 蝎毒.
butin *n.* 紫铆黄酮.
butler finish (板材表面的)无光(毛面)精整.

butment =abutment.

butonate n. (农药)丁酯磷,敌百虫丁酸酯.

butoxide n. 丁氧(醇)金属,(农药)增效醚.

butoxy n. 丁氧基.

butt [bʌt] I n. ①平(对,连,衔)接(缝),铰链 ②端(面),粗端,底部,根,(枪)托,(工具)柄,平春头,突出部分 ③残片[头],回收人 ④残(电)极 ⑤锭坯,铸块,【革】厚[背]皮 ⑥靶(梁,场),射击场,(射击)目标,目的 ⑥笑柄 ⑦冲[碰,顶]撞 II v. ①撞(合,上,入),冲撞,顶撞 (against,into),抵触,冲出 (on, out) ②对[连接]接合,紧靠,靠着,使邻接(于) (in, into). *butt and collar joint* 套筒接合. *butt buffer* 枪托缓冲器. *butt end* 粗(齐)端,平端头,(木桩)大头,残部,结末. *butt ingot* 钢锭切头. *butt joint* 对[平,衔,接,碰]接,对接搭[抵]接(头). *butt leather* 底革. *butt rammer* 平头锤. *butt seal* 对(头封)接. *butt seam welding* 滚对焊. *butt splice* 对缝接头. *butt strap* 平接盖板,对接搭板. *butt weld* 对头〔端〕焊接. *butt weld in the downhand* [flat, gravity] *position* 对接平焊. *butt welded pipe* [tube] 对缝焊管,焊接管. *ingot butt* 锭底. *lap* (ped) [overlap] *butt* (端)搭接. *wing butt* 翼根. ▲*butt and butt* 对(头)接(头),端(对)端. *butts and bounds* (地界的)宽窄长短. *come* [run] (*full*) *butt against* [*into*] 和…对面相撞.

butte [bju:t] n. 孤山,小尖山,地垛. *bulle temoin* 【地】老围层,外露层.

butted I butt 的过去式和过去分词. II a. 对接的,联牢的,粗糙的. *butted tube* 粗端管,端部加粗管,异厚厚管.

but'ter ['bʌtə] I n. ①奶(牛,黄)油 ②像奶油的东西,脂,酱,焊膏 ③抵撞的东西 ④奉承(话). *antimony butter* 锑酪,三氯化锑. *butter of antimony* 三氯化锑(晶体). *butter of tin* (四)氯化锡. *butter of zinc* 氯化锌. *butter yellow* 奶油黄.
II vt. ①涂(奶油,灰浆) ②巴结,讨好 (up).

butter-cup n. 毛茛,金凤花. *butter-cup yellow* 锌黄.

but'terfly ['bʌtəflai] I n. ①蝴蝶,蝶(式,形) ②蝶形阀[板],节气[流]门 ③活动目标探测器. *butterfly bolt* 蝶形(双叶)螺栓. *butterfly circuit* 蝶形(调谐,特高频)电路,蝶式回路,活动目标探测电路. *butterfly effect* 蝴蝶效应. *butterfly nut* 蝶形螺母. *butterfly valve* 蝶(形)阀[活门],风门,混合气门.

but'terine ['bʌtəri:n] n. 假奶油,人造乳酪.

but'teriness n. 奶油状,奶油成分.

but'tering n. ①(用缓)涂[抹]灰浆 ②隔离层 ③预堆边焊. *buttering trowel* (砌砖)涂灰镘.

but'termilk ['bʌtəmilk] n. 脱脂乳.

but'ternut ['bʌtənʌt] n. 胡桃.

butter-tea n. 酥油茶.

Butterworth filter 巴特沃兹滤波器(最平坦滤波器),蝶值滤波器.

but'tery ['bʌtəri] I a. 黄油状的,油滑的. II n. 伙食房.

but'ting n. 撞,对(平,扎)接,界限. *butting up* (spent acid) 增强(废酸).

buttinski n. 装有拨号盘和送受话器的试验器.

butt-joint ['bʌt-dʒɔint] n. 对(平)接,碰焊,对抵接头.

but'tock ['bʌtək] n. 臀部,船尾,船尾型,纵剖面(线). *buttock line* 船体纵剖线.

bott-off n. 【铸】补捣(砂型),(震实后)补(春)实.

but'ton ['bʌtn] I n. ①(旋,电,钮,按钮(开关),钮扣(状物,电极),球形把手 ②【冶】(金属)珠(粒,小球),金属小块 ③一点儿,少许,没有价值的东西 ④ (pl.)(英国)服务员. II a. 钮扣形的. III v. ①扣(上,住,紧) (up) ②装扣子. *button capacitor* 小(微)型(钮扣式)电容器. *button condenser* 小(微)型(钮扣式)电容器. *button crucible* 钮形坩埚. *button dies* 可调圆扳手. *button head screw* 圆头螺钉. *button gauge* 中心量柱. *button* (*head*) *rivet* 圆头铆钉. *button lac* 钮扣虫胶. *button plate* 凸点钢板. *button sleeker* 球面熨边. *button socket* 按钮灯口. *button stem* 微型管心柱(管塞). *button switch* 按钮开关. *button test* (钢丝)的自身缠绕试验. *button weights* 试金珐码. *catch button* 挡钮. 《*charge*》*button* "电容(器)充电"按钮. *cobalt button* 钴粒(珠). *close push button* 闭合按钮. *die button* 模具的叶状模槽(三叶状). *press* [*push*, *touch*] *the button* 按电钮. *push button* (接通,控制)按钮,自动按键〔复位〕按钮. *reset button* 复原按钮,重复起动按钮. *scram button* 快速切断按钮. *stop button* 《停止》按钮,制动[断]流按钮. *uranium button* 铀块. ▲*on the button* 准确,准时. *not care a button* (*about*) (对…)毫不介意. *not worth a button* 一文不值.

button-head I a. 圆头的. II n. 圆头螺栓[螺钉,铆钉].

but'tonhole ['bʌtnhoul] n. 钮孔(洞),眼(子).

but'toning n. 圆钮定位法.

button (-spot) welding 点焊.

buttonwood n. 一球悬铃木;美国梧桐.

butt-out n. 根腐.

butt-prop n. 对接焊叉[支柱].

but'tress ['bʌtris] I n. 撑墙,扶壁,(前)扶垛,支[肋]墩,支持物,支柱(壁). *buttress braces* [*bracing struts*] 加励梁,斜间支撑. *buttress centres* 支墩(中心)间距. *buttress shaft* 细柱. *buttress thread* 梯形丝扣,锯齿(偏梯形)螺纹,倒牙螺丝.
II vt. 支持[撑,衬] (up),扶住,加强,用扶壁支住[加固]. *buttressed dam* 扶壁式坝. *argument buttressed* (*up*) *by solid facts* 以确凿的事实为依据的论点.

butt-sintering n. 对接烧结(将坯锭的两端与导电方块接触的烧结方法).

buttstrap n. 搭板,对接盖板.

butt-weld n. 对头(顶,缝,抵)焊接,平式焊接,碰(双,对)焊.

buttwood n. 环孔材.

bu'tyl ['bju:til] n. 丁基. *butyl acetate* 醋酸(异)丁酯. *butyl alcohol* 丁醇. *butyl ethyl ketene* 丁基(乙)烯酮. *butyl rubber* 异丁(烯)橡胶,丁基橡胶.

butylated *a.* 丁基化的.

by′tylene ['bju:tili:n] *n.* 丁烯. *butylene glycol* 丁二醇.

butyl-rubber *n.* 异丁(烯)橡胶,丁基橡胶.

butyne *n.* 丁炔.

butynediol *n.* 丁炔二醇.

butyra′ceous ['bju:ti'reiʃəs] *a.* 似乳油的,牛酪(奶油)状的,(含,多)油的,油性(滑,腻)的.

butyral *n.* 丁缩醛.

butyraldehyde *n.* 丁醛.

bu′tyrate ['bju:tireit] *n.* 丁酸盐(酯,根).

bu′tyr′ic ['bju:'tirik] *a.* 奶油的,由奶油中提出的,牛酪的,丁酸的. *butyric acid* 丁酸.

butyrin *n.* 酪脂.

butyrinase *n.* 酪脂酶.

butyrone *n.* 二丙基甲酮.

butyrous = butyraceous.

BUWEPS = Bureau of (Naval) Weapons (美国海军)武器局.

buy [bai] I (bought, bought) *v.* ①买,购〔收〕买,交易 ②赢〔换,获,得〕得 ③接受(意见). ▲*buy for cash* 用现款买. *buy in* (大批)买进,买一大批. *buy off* 收买,用钱疏通(保护,救). *buy on credit* 赊买. *buy out* 买下…的全部产权〔存货〕. *buy over* (用贿赂)收买. *buy up* 全部买进,尽量收购,囤积,收买(公司等).
II *n.* 买. *a good buy* 买得便宜的东西.

buy′able *a.* 可买的.

buy′er *n.* 买主〔方〕,购买单位. *ex buyer's godown* 买方仓库交货价格.

BUZ = buzzer.

buzz [bʌz] I *v.* ①嗡嗡叫,(机器)营营响,发蜂音,嗡振②匆忙地来去(about, along)③低飞,俯冲. ▲*buzz off* 匆匆走掉,搁断电话.
II *n.* ①嗡嗡声,蜂音,噪声②蜂鸣③〔英〕电话,电话. *buzz session* 非正式的小组讨论会. *buzz track test film* 蜂音统调试验片(校验电视扫掠线的尺寸用). *buzz word* 专门用语,行话,隐语.

buzz-bomb *n.* (飞机型)飞弹,喷射推进式炸弹,"V"型飞弹.

buzz′er ['bʌzə] *n.* ①蜂音〔鸣,响〕器,电气信号器②汽笛,工地电话,步腰〔砂〕轮③轻型报岩(穿孔)机⑤信号手,信号部队. *buzzer relay* 蜂音〔鸣〕继电器. *buzzer wave-meter* 蜂鸣器波长计.

buzz′erphone *n.* ①蜂鸣〔音〕器,蜂音信号②野战轻便电话(电报)机.

buzz′ing ['bʌziŋ] *a.* ; *n.* 营营响的,嗡嗡响的,(发)蜂音,蜂鸣,低飞,俯冲.

buzz-saw *n.* 圆锯.

buzzy I *a.* 嗡嗡响的. II *n.* 伸缩式风钻(凿岩机).

BV = ①balanced voltage 平衡电压 ②ball valve 球阀 ③balneum vaporis 蒸汽浴 ④bib valve 弯嘴旋塞 ⑤bleed valve 放气阀 ⑥blow valve 吹(通)风阀 ⑦bonnet valve 帽状阀 ⑧breakdown voltage 击穿电压.

bv = by volume 按体积(%).

B.V.U. = British viscosity unit 英国粘度单位.

BW = ①bacteriological warfare 细菌战 ②bandwidth 带宽 ③bare wire 裸线 ④bell wire 电铃线 ⑤biological warfare 生物线 ⑥ black and white 黑白(的) ⑦both ways 两种办法,双路 ⑧braided wire armor 编(包)线铠装 ⑨breakwater 防波堤 ⑩butt welded 对接焊 ⑪B-wire B线(电话),第二线.

bw = ①birth weight 初生重 ②body weight 体重.

BWG = Birmingham wire gauge 伯明翰线规.

B-wire *n.* **B** 线,第二线.

BWL = belt work line 传送带工作线.

BWO = backward-wave oscillator 回波振荡器.

BWR = boiling water reactor 沸水反应堆.

BWT = both-way trunk 双向中继线.

BWV = back-water valve 回水阀.

BX = box 盒,箱,匣.

BX cable (安装用)软电缆.

BY = billion years 十亿年.

by [bai] I *prep.* ①在〔向,从,经〕旁边. *a factory by the river* 河边的一个工厂. *sit (pass) by me* 坐在(走过)我旁边. *North by East* 正北偏东. ②〔途径〕沿,经,通,横)过. *come by the fields* 〔nearest road〕抄田间〔近道〕而来. ③〔方式,方法,手段,依据,行为主体)凭,靠,按,用,由,被,(根,依)据,逐(个),一. *by air* 〔railway, sea, truck〕空〔铁路,海,车)运,(乘)飞机(火车,轮船,卡车). *by air mail* 航寄. *learning by doing* 干中学,边干边学. *measuring by sight* 目测. *integration by parts* 分部积分法. *payment by installment* 分期付款. *a pump driven by a motor* 由马达带动的一台泵. *a pile of cargo stacked , box by box , by harbor workers* 由码头工人一箱一箱地码起来的一堆货. *a report by the testing group* 检验组的一份报告. *sell by the ton* 〔yard, dozen〕论吨(码,打)出售. *by experience* 凭经验. *by definition* 根据定义. *one by one* 逐个地,一一. *step by step* 逐步地. ④〔各向尺寸;数量变化的差额或倍数〕*a room 4 (m) by 6m* = 4 (m)×6m 的房间. *The forging measures about 6 by 6 by 2 inches.* 这块锻件尺寸是 6×6×2 英寸. *six by seven cable* 六股七丝钢丝绳. *multiply* 〔divide〕 *8 by 2* 用2去乘〔除〕8. *increase by 20%* 增加20%. *increase M by n times* 把 M 增大 n nM. *decrease by two orders of magnitude* 减小两个数量级(×10⁻²). *reduce M by N times* 把 M 缩减到 M/N. *M differs from N by △.* M 同 N 相差 △. *change M by ε* 使 M 变化 ε. *lift a weight (by) 6m* 把一重物吊起6m. *tilt a mirror by 6°* 把反射镜倾斜6度. *lengthen by 2cm* 伸长2cm. *expand by 8cm³* 膨胀8cm³. *The pole is thicker at one end by 5cm.* 杆子的一端(增)粗了5cm. *The belt needs to be longer by 14cm.* 这皮带需要再长 14cm. ⑤〔期限〕截止,在…以前,不迟于. *by 1975* 截至1975年. *finish the work by tomorrow* 〔Monday〕明天(星期一)之前完成这工作. *He ought to be here by this time* 〔by now, by 3:30〕. 他此刻〔现在,3:30〕应该已经来到这里了. ⑥〔期间〕在…期间,趁(机会,环境). *attack by night* 夜袭. *harvest by moonlight* 趁月光收割庄稼.

II *ad.* 在〔从〕旁,过去,存放,(搁)在一边. *a stand-*

by battery 一套备用的电池组. *Nobody was by at the time*. 当时附近没有人. *Put it by for later use*. 把它收起来供以后使用. *The car drove by at full speed*. 汽车开足马力从旁边开过去了.
▲*by and by* 后来, 不久以后. *by and large* 一般说来, 总的讲, 大体上, 基本上, 从各方面看来, 全面地. *by any chance* 万一. *by hand* 用手, 人工地. *by itself* 独自, 自行, 自然而然. *by M mean N* 或 *by M say N* 所谓*M* 指的是 N. *by now* 这时(已). *by the by* 顺便说一下. *by the way* 在途中, 在路旁; 顺便说. *by then* 在那时以前, 到那时.

B-Y signal *n.* (彩色电视)B-Y 色差信号.
by(e)- 〔词头〕①次要的, 附带的, 副的 ②旁(边)的, 侧的, 偏远的, 私的.
by-channel *n.* 支渠.
by-effect ['baiifekt] *n.* 副作用.
Byelorus'sia [bjelə'rʌʃə] *n.* 白俄罗斯.
Byelorus'sian [bjelə'rʌʃən] *n.* ; *a.* 白俄罗斯的, 白俄罗斯人(的).
by-end *n.* 附带目的.
bye-pass 或 **bye-path** *n.* 支(管)路, 旁通(路).
byerite *n.* 粘结沥青煤.
byerlite *n.* 氧化石油沥青.
byerlyte *n.* 炼焦烟垢, 石油沥青.
by'gone ['baigɔn] *a.* ; *n.* 过去的(事, 过错), 以往的, 过时的.
bylane *n.* 小巷(路).
by-law 或 **bye-law** ['bailɔː] *n.* 附(细, 规)则, 法规, 章程, 说明书, 地方法.
by-level *n.* 辅助平巷, 中间水平, 分段.
by-line ['bailain] *n.* 副业, 平行干线的铁路支线.
bymotive *n.* 隐藏的动机, 暗中的打算.
BYP =bypass.
by(-)pass ['baipɑːs] Ⅰ *n.* ①旁通, 旁(通)路, 旁(通)管, 支路(管, 线, 流), 回绕管 ②(侧, 回, 双)路, 迂回, 间路(道, 管) ②分流(器), 溢流(渠), 环绕线, 回油活门, 并联〔旁通〕电阻, 并联(的). *by-pass* 左右侧管. *by-pass accumulator* 浮充畜电池(组), 副电池. *by-pass battery* 缓冲〔补偿〕电池组. *by-pass block* 旁路〔辅助〕字组, 辅助程序块. *by-pass capacitor* 〔condenser〕旁路〔分流〕电容器. *by-pass channel* 旁路(通道), 并联电路. *by-pass engine* 内外函式〔双路式涡轮〕喷气发动机. *by-pass mixed highs* 旁通混合高频分量. *by-pass monochrome* (彩色电视)单色图像信号共现. *by-pass monochrome image* 旁路单色〔黑白〕图像.
by-pass plug 旁通〔放油〕塞. *by-pass ratio* 旁路比. *by-pass set* 旁路接续器. *by-pass stop valve* 备修旁通阀. *by-pass stream* 分流. *by-pass to ground* 旁通接地. *by-pass tunnel* 旁通隧洞. *by-pass valve* 旁通〔分流, 回流〕阀. *elevation by-pass* 上下支管. Ⅱ *v.* ①旁通, 给…设旁路, 加分路, 使(流体)走旁路 ②绕过, 迂回 ③忽视, 回避, 漠视, 越过. *bypass the immediate leadership* 越级. *by-passed monochrome image* 平行单色图像. *by-passed monochrome principle* (彩色电视)单色图像信号共现原理, 平行单色图像原理. "*by-passed monochrome" transmission* 单色电视平行传输, 单色图像同时传送.
by-passing *n.* 旁路, (加)分路, 分流, 分路作用.
by'path ['baipɑːθ] *n.* 侧管, 旁〔分, 小〕路, 旁通. *by-path system* 旁路制, 旁路系统.
by place *n.* 偏僻处.
by-product ['bai-prɔdəkt] *n.* 副产品〔物〕. *by-product coke* 蒸馏焦炭. *by-product power* 副产电力〔功率〕.
by(-)road ['bairoud] *n.* 副道, 旁道, 僻路.
bysma *n.* 塞子, 填塞物.
bysmalith *n.* 岩柱.
byssinosis *n.* 棉屑沉着病, 棉屑咖肺.
byssolite *n.* 绿石棉, 纤闪石.
bussus *n.* ①菌丝, (软体动物的)足丝 ②麻布, 棉花.
by'stander ['baistændə] *n.* 旁观者, 在场的人.
byte [bait] *n.* 【计】二进位组, 信息组, 字节, 位〔字组. *byte multiplexer channel* 【计】字节多路(转换)通道.
byte-addressable storage 按字节地址存储器.
byte-interleaved mode 字节交叉方式.
byte-oriented operand (按)字节的(操作数.
byte-serial *n.* 字节串.
bythium *n.* 深度.
bythus *n.* 小腹.
bytownite *n.* 【地】倍长石.
bytownorthite *n.* 【地】倍钙长石.
by-wash *n.* 排水管沟.
by-water *n.* 旧河床, 废河道.
by'way ['baiwei] *n.* 间道, 僻路, 次要方面〔部份〕.
by'work ['baiwəːk] *n.* 副业, 兼职, 业馀工作, 副工事.
Bz = ①benzoyl 苯(甲)酰, 苯(环) ②branch on zero 零转移 ③bronze 青铜 ④ buzzer 蜂鸣(?)器.

C c

C 或 **c** ① 【数】第三已知数 ②C 字形 ③罗马数字100.
C = ①call 呼叫 ②Calorie 大卡, 千卡 ③candle 烛光(单位) ④capacitance 电容 ⑤carbon 碳 ⑥cathode 阴极 ⑦cell 电池 ⑧Celsius scale 摄氏温标 ⑨center 或 centre 中心 ⑩Centigrade 摄氏 ⑪Centigrade thermometer 摄氏温度计 ⑫centum 百 ⑬certified (经过)鉴定的, (鉴定)合格的 ⑭charge 充电 ⑮coefficient 系数, 因数, 率 ⑯confidential 机密的 ⑰constant 常数 ⑱coulomb 库伦 ⑲cubic 立方(的) ⑳current 电〔气〕流 ㉑cycle 周, 循环.

c = ①cable 链(海上测距单位) = 1/10 海里 = 185.32 m) ②calorie 卡,小卡,克卡 ③capacity 电容量 ④cent(s)分 ⑤center 中心 ⑥centi-百分之… ⑦centimeter 厘米 ⑧central 中央的 ⑨centrifugal 离心的 ⑩century 世纪 ⑪circa 大约 ⑫clearance 间(余)隙 ⑬concentration 浓度 ⑭condenser 电容器,冷凝器 ⑮cord 软绳 ⑯cubic 立方的 ⑰curie 居里.

°C = Celsius scale 或 degree of centigrade 摄氏度数(温标).

C and N box 控制与导航装置分配盒.
C bias detector 栅偏压检检器.
C core C 型铁心.
C eliminator 栅(极)电源整流器,代丙电源器.
C gas 焦炉煤气.
C of A = certificate of analysis 分析合格证.
C of A = certificate of conformance 合格证.
C of G = center of gravity 重心.
C of m = center-of-mass 质(量)中心.
C power suppy 丙电源.
C to C = centre to centre 中心(轴间)距,中到中.
C to E = centre to end 中心到端面的距离.
CA = ① cable 链(海上测距单位) ② carbonic anhydrase 碳酸酐酶 ③ carry 进位 ④ cellulose acetate 乙酸纤维素 ⑤ Central Airways 中央航空公司 ⑥ cervicoaxial 颈轴的 ⑦ chronological age 年岁,编年 ⑧ circa 大约 ⑨ coaxial 共轴的 ⑩ compressed air 压缩空气 ⑪ conductivity alarm 热传导警报器.
Ca = ① calcium 钙 ② air-cooled 气冷的.
ca = ① cable assembly 电缆组 ② circa 大约.
C/A = counterattack 反击.
c/a = ① centre angle 圆心角 ② coated abrasive 外涂磨料.
C&A = compartment and access 隔舱与舱口.
CA alloy 钢镍硅铅合金.
CAA = Civil Aeronautic Administration 美国民用航空管理局.

cab [kæb] n. ①(出租,公用)汽车,轿车 ② 驾驶(司机)操作,小室,室 ③ 汽化器 ④ 铁质硬脉壁泥. *cab front window* 司机室前窗. *cab over engine truck* 平头型卡车(司机室在发动机上方的卡车). *cab rank* 出租汽车停车处. *cab roof* 司机室顶. *cab signal* 车内信号.

CAB = ① cab-ahead-of-engine truck 司机室在发动机前的载重汽车 ② cellulose acetate butyrate 乙酸丁酸纤维素 ③ Civil Aeronautics Board (美国)民用航空局 ④ Commonwealth Agricultural Bureaux (英)联邦农业科技情报研究院 ⑤ consequential arc back 持续性逆弧 ⑥ controlled atmosphere-brazing 保护气体钎焊.

cabal I n. 阴谋(小集团). II vi. 策划阴谋.
cabane [kəˈbæn] n. (飞机的)翼(基)柱,顶(翼间)架,锥体形支柱系.
cab'bage [ˈkæbidʒ] n. (结球)甘兰,卷心菜.
cab'baging press (废铜用)包装压榨机. *cab-forward type vehicle* 驾驶室前置式车辆.
cab'in [ˈkæbin] n. ①(轮,客,船)舱,驾驶室,工作间,(铁路)信号室 ② 小室(屋,房,间),卧室. II v. 分隔(房间),关(住)在小室;拘束. *air tight cabin* 气密舱. *closed cabin* 密封式座舱. *control cabin* 驾驶舱,控制室. *pilot's cabin* 驾驶舱. *positive pressure cabin* 增压座舱. *pressure cabin* 加压舱,气密座舱. *sealed cabin* 增压座舱,密封舱. *space cabin* 宇宙飞行舱. *W/T cabin* 无线电值机员室,无线电机室.

cab'inet [ˈkæbinit] I n. ①(小,通话)室,间,(小)房,座舱,小操纵台,控电板,控电板 ② 箱,柜,橱,盒 ③ 接收,(金属,塑料)机壳,(塑料)外壳,壳体 ④ 陈列室(馆,品),矿物标本组 ⑤ 标准尺(图书馆卡片的标准尺寸之一、$4\frac{1}{2} \times 7\frac{1}{2}$英寸) ⑥ 西文排字架 ⑦ 内阁. II a. ① 小巧的,细木工做的,小房间用的 ② 秘密的 ③ 内阁的. *cabinet drier* 干燥橱式箱. *cabinet edition* 中型版. *cabinet gauge control unit* 真空计线路箱. *cabinet maker* 细木(家具)工. *cabinet minister* (资本主义国家)内阁大臣,部长. *cabinet panel* 配电盘. *cabinet photograph* 六英寸照片. *cabinet rack* 机箱架,托盘. *cabinet resonance* (机)箱共鸣(共振). *cabinet speaker* 箱式(室内)扬声器. *cabinet work* 细木(工)作. *constant temperature cabinet* 恒温箱. *distributing cabinet* 分线(配电)盒. *environmental cabinet* 人造环境室(创造必要的温度、湿度、压力等环境条件的柜). *filing cabinet* 卡片(目录)箱,档案室(箱). *shadow cabinet* (资本主义国家)影子内阁. *silence cabinet* 隔声(音)内阁. *switch gear cabinet* 开关盒(柜,室,间).

cabinetmaker n. 家具木工,细木工.
cabinetmaking n. 家具制造,细木工艺;组阁.
cabinet-work n. (细木)家具,用具,细(家)木工.

ca'ble [ˈkeibl] I n. ① (周长十英寸或十英寸以上的)(索)缆,(缆,吊,缆)索,绳,绞线,粗索)绳,缆;钢绞线,(锚)链 ② 电缆,多心导线,被覆线 ③ 海底电缆,海底电报 ④ 链(海上测量距离单位 = 1/10 海里 = 185.32 m) ⑤ 锚索(链),链节. II v. ①捆绑,用绳(缆,索)固定(系牢) ② 把…打成缆架(索)电缆(电报). *air space cable* 空气纸绝缘电缆. *bearer cable* 吊索,支持钢索. *cable address* 电报挂号. *cable bent* 缆索垂直. *cable bond* 电缆接头,电缆连接器. *cable box* 电缆箱,分(接)线盒. *cable brake* 索闸,张紧制动器. *cable buoy* 水底电缆浮标. *cable car* 缆车. *cable channel* 电缆道. *cable charges* 电报费. *cable clamp* 电缆(钢丝绳)夹(子). *cable code* 水线电码(密码),电缆码. *cable complement* 电缆对群. *cable compound* 钢(电)缆油. *cable connector* 电缆接头. *cable conveyor* 索道输送机. *cable cord tyre* 帘布胎. *cable core* 电缆芯线. *cable crane* 缆索(索道)起重机. *cable drilling* 索钻,(缆式)顿钻,冲击钻. *cable drum table* 电缆盘转台,预放电缆支撑架. *cable fault* 电缆故障,漏电. *cable fill* 电缆占用(充满)率. *cable film* 通过电缆传送影片(采用低速电视扫描以及方频带). *cable forming* 电缆成形. *cable gas feeding equipment* 电缆充气维护设备. *cable head* 电缆终端盒,电缆分线盒,电缆(终端)插头. *cable hut* 电缆分线箱(配线箱). *cable in code* 简码电报. *cable kilometer* 电缆延长,电缆敷设长度(以公里计). *cable lay wire rope* 缆式钢丝绳(架缆钢丝绳). *cable lug*

电缆接头装,电缆终端. *cable messenger* 悬缆线,电报投递员. *cable piece* 电缆段,定长度电缆. *cable railway* 缆车〔电缆〕铁道. *cable ship* 海底电缆敷设船. *cable strum* 拖缆振动（一种海上地震勘探噪声源）. *cable television* 电缆〔有线〕电视. *cable tool* 绳索钻〔冲击式顿钻〕钻具. *cable tool well* 钢丝绳冲击钻井. *cable transmitter* 水线电报发报机. *cable tyre* 电缆漂溅紧装置. *cable wax* 电缆蜡. *cable way*（架空）索道,钢索吊车. *calibrating cable* 校准（仪器）用电缆. *cut cable* 电缆端. *dry core cable* 空气纸绝缘电缆. *feed cable* 电源电缆. *field cable*（野外用）被覆线. *H cable* 屏敝电缆. *multiple twin cable* 扭绞四芯电缆. *paired cable* 双股〔对绞〕电缆. *power cable* 电力〔电源,强电流〕电缆. *seven by nineteen cable* 七股十九丝钢缆. *single-lead cable* 单心电缆. *solid cable* 胶质浸渍的纸绝缘电缆,实心电缆. *sound cable* 通信〔传声,良好的〕电缆. *spiral tungsten cable* 螺线钨丝. *wrapped cable* 绕扎电缆.

ca'blebreak n. 电缆波.
ca'ble-car ['keɪblkɑː] n.（悬空）缆车,（架空）索（道）车.
ca'blecast vt. 用有线电视或公共天线播放.
cable-dump truck 索式自卸卡车.
ca'blegram ['keɪblgræm] n. 海底〔水线〕电报,海底电信. *international cablegram* 国际电报.
cable-laid a. 电缆敷设用的.
cable-laying n. 电缆敷设.
cable-linked a. 电缆连接的.
cable-railroad 或 **cable-railway** n. 缆车铁道,悬索铁路.
cablese' n. 电报用语.
cable's (-) length n. 链（海上测量距离单位,= 1/10 海里 = 185.32m).
cablet ['keɪblɪt] n.（周长不到十英寸的）小缆,（缆）索.
ca'bleway ['keɪblweɪ] n. ①（架空,钢）索道,缆道 ② 电缆管道的管孔 ③ 架线〔缆索〕起重机.
ca'bling ['keɪblɪŋ] n. ① 敷设〔架设〕电缆,布线 ② 电缆线路,总电路 ③ 海底电报 ④ 线的绞合 ⑤ 电缆填料 ⑥ 卷缆柱. *cabling diagram* 电缆线路图,电缆连接图.
cabochon n. 圆形,馒头形.
caboose n.（列车的）守车,（轮船）舱面厨房.
caboose-to-engine communication（列车）司机室与车厢间的通讯.
cabotage n. 沿海航行〔运〕,沿海贸易（权）.
cabriolet n. 篷式汽车.
cabstand n. 出租汽车停车处.
cab-type cable 橡皮绝缘软电缆.
cab-type card 橡皮绝缘软线.
cab'tyre ['kæbtaɪə] a. 橡皮绝缘的,用硬橡皮套的. *cabtyre cable* 橡皮绝缘（软）电缆,橡皮〔软管〕电缆. *cabtyre cord* 橡皮绝缘软线〔软蛋绳〕.（*tough rubber*）*cabtyre sheath* (-*ing*) 硬橡皮套管,硬橡皮电缆护套. *vinyl cabtyre cable* 乙烯绝缘软性电缆.
cac-〔词头〕有病,不良.
cacaerom'eter n. 空气污染（程度）检查器,空气纯度测定器.

caca'o [kəˈkɑːoʊ, kəˈkeɪoʊ] n. 可可（树,豆）. *cacao oil* 可可油.
cacciatore n. 水银地震计.
cacesthen'ic a. 感觉异常的.
cacesthe'sia [kækesˈθiːzɪə] n. 感觉异常.
cachalot n. 抹香鲸.
cache [kæʃ] I n. 贮藏处,【计】（超）高速缓冲存储器,(360系统85型机使用的）隐含存储器. II vt. 贮藏,隐蔽. *cache capacity* 超高速缓存容量. *cache memory* 〔*storage*〕超高速缓（冲）存（储器）.
cachexia n. 恶病（体）质.
cacidrosis n. 汗异常,臭汗.
caco-〔词头〕恶,劣,不佳.
cacochylia n. 消化不良,胃液异常.
cacochymia n. 消化不良,体液不良,代谢异常,代谢病.
cacodontia [kækoˈdɒntɪə] n. 牙病,牙不良.
cacoepy n. 发音不良.
cacoe'thes [kækoʊˈiːθiːz] n. 恶习〔性,癖〕,…狂,…癖.
cacoeth'ic a. 恶性（习）的,不良的.
cacogas'tric a. 消化不良的.
cacogen'esis [kækoˈdʒenɪsɪs] n. 构造异常,畸形.
cacogen'ic a. 构造异常的,畸形的.
cacog'raphy n. 拼写错误.
cacomorphosis n. 畸形,变形.
cacopathia n. 恶病,严重精神病.
cacoplas'tic a. 构造异常的,不良形成性的.
cacosphyx'ia n. 脉搏异常.
cacosto'mia [kækoʊˈstoʊmɪə] n. 口臭.
cacothana'sia n. 恶死,惨死.
cacothen'ic a. 种族衰退的.
cacothen'ics [kækoʊˈθenɪks] n. 种族衰退.
cacothy'mia [kækoʊˈθaɪmɪə] n. 心情恶劣.
cacotrophy n. 营养不良.
cactaceae (pl. *cac'ti*) n. 仙人掌科.
cactoid a. 仙人掌状的.
cac'tus n. 仙人掌（茎）.
cacu'men [kəˈkjuːmen] n. 顶端.
cacu'minal a. 顶〔尖〕端的.
CAD = ① **cadmium** 镉 ② **computer aided design** 计算机辅助〔半自动〕设计,利用计算机设计 ③ **contract award date** 合同签定日期.
cadaster n. 地籍簿.
cadastral a. 地籍的,课税地的.
cadas'tre n. 地籍图,水册,河流志.
cadav'er [kəˈdævə] n. 尸体.
cadav'eric a. 尸体的.
cadaverine n. 尸胺,尸毒,1,5-戊二胺.
cadaveriza'tion n. 尸变,变成尸体.
cadav'erous a. 似尸体的,尸体样的.
cad'dy n. 盒,罐,箱.
cade n. ①杜松 ②桶（英国旧容量单位）. *cade oil* 杜松油（医用）.
ca'dence n. 韵律,调子,声音的抑扬,（博多机中的）步调信号.
cadet' [kəˈdet] n. 军校学员. *flying cadet* 飞行学员.
cad'ger n. 小型注油器,小油壶.
cadinene n. 荜澄茄烯,杜松烯.

Cadiz ['keidiz] *n.* 加的斯(西班牙港口).
cadmia *n.* (碳酸)锌.
cadmiferous *a.* 含镉的.
cad'mium ['kædmiəm] *n.* 【化】镉 Cd. *bar cadmium* 镉条〔块〕. *cadmium blende* 〔*ocher*〕硫镉矿. *cadmium bronze* 镉青铜(镉 0.5~1.5%,其余铜). *cadmium cell* 镉电池. *cadmium copper* 镉铜(合金)(镉 0.5~1.2%,其余铜). *cadmium covered detector* 敷镉探测器. *cadmium metal* (轴架)镉合金. *cadmium pollution* 镉污染. *cadmium stearate* 硬脂酸镉. *cadmium sulphide* 硫化镉. *cadmium test* 镉棒测试. *cadmium titan alloy plated* 镀镉钛合金的.
cadmium-copper wire 镉铜线(强抗张力导线).
cad'mium-plated *a.* 镀镉的.
cadmium-ratio method 镉比值法.
ca'dre ['ka:dr] *n.* ①干部,核心②骨架(干),支架. *a highly skilled cadre of technicians and workers* (有丰富的实践经验的)高度熟练的技术人员和工人队伍. *senior* 〔*high-ranking*〕 *cadres* 高级干部.
cadreman *n.* 骨干.
cadu'city *n.* 老衰.
cadu'cous [kə'dju:kəs] *a.* 脱落的,脱膜的,短暂的,易逝的.
Cadux HS 光亮(HS)镀镉.
caecitas *n.* 盲,失明,视觉缺失.
cae'cum ['si:kəm] *n.* 盲肠.
caenogenet'ic *a.* 新性发生的.
caenozoicus *n.* 新生代.
caeruleus *a.* 天蓝色的,蔚蓝的.
cae'siated ['si:zieitid] *a.* 敷铯的,铯化的.
caesia'tion *n.* 铯激活.
caesious *a.* 青灰色的.
cae'sium ['si:ziəm] *n.* 【化】铯 Cs. *caesium-oxygen cell* 充气铯光电管. *caesium photocell* 铯光电管〔池〕. *fission-product caesium* 碎片铯,铯-裂变产物.
caesium-antimony *n.* 铯锑(合金).
caespitellose *a.* 小簇〔丛〕生的.
caespitose *a.* 簇生的.
caeteris paribus 其他条件相同时.
CAF = ①compressed asbestos fibre 压缩石棉纤维 ②cost and freight 离岸加运费价格,成本加运费价格.
caf'ard ['kæfa:d] *n.* 精神沮丧.
cafestol *n.* 咖啡脾.
cafete'ria [kæfi'tiəriə] *n.* (顾客自取饭菜至餐桌的)自助食堂.
caffea *n.* 咖啡(豆).
caffeic *a.* 咖啡的. *caffeic acid* 咖啡酸.
caf'fein(e) ['kæfi:n] *n.* 咖啡碱(因),茶精.
CAGC = coded automatic gain control 编码自动增益控制.
cage [keidʒ] I *n.* ①笼(状物),箱 ②电梯车箱,升降机轿 ③(起重机的)操纵室,(竖井)升降车,罐笼 ③壳体,机架,骨架构造 ④栅,网,方格 ⑤(轴承)保持器〔架〕,定位圈,(滚珠)架 ⑥(天花板处的)篝井,网架 ⑥升弹药柜 ⑦战俘营. II *v.* ①制动,锁定,停止 ②关进〔装入〕笼内. *air valve cage* 气阀盖座. *bearing cage* 轴承保持器〔架〕,轴承罩. *cage antenna* 笼形天线. *cage circuit* 笼形〔网格〕电路. *cage compound* 笼状化合物. *cage construction* 骨架构造. *cage effect* 笼蔽效应. *cage grid* 笼形栅极. *cage model* 笼型. *cage of reinforcement* 钢筋骨架. *cage reaction* 笼闭反应. *cage rearrangement* 笼状重排. *cage ring* 隔(离)圈,鼠笼端环. *cage shooting* 笼中爆炸. *cage structure* 笼形结构. *core cage* 【原】堆心栅格,活性区格子. *driver's cage* 司机室. *exposure cage* 照射用的栅格. *suspension cage* 吊笼.
cageless *a.* 无隔离环的,无保持器的.
cage-lifter *n.* 升降机.
cage'like *a.* 笼形的,像笼子一样的.
ca'ging ['keidʒiŋ] *n.* ①制动(定),锁定(住),上锁,停止,吸持 ②笼框. *caging device* 限位〔锁定〕装置. *caging effect* 笼蔽〔锁定,夹置〕效应.
Cagliari *n.* 卡利亚里(意大利港口).
CaH = calcium hardness (水的)钙硬度.
CAI = ①Canadian Astronautical Institute 加拿大宇宙航行协会 ②computer aided instruction 计算机辅助教学 ③computer analog input 计算机模拟输入.
CAIN = cataloging and indexing (system) 编目与索引编制.
cainozoic era 新生代.
cainozoic group 新生界.
CAI/op = computer analog input-output 计算机模拟输入输出.
c/air = cooling air 冷空气.
cairngorm *n.* 烟晶.
Cairo ['kaiərou] *n.* 开罗(埃及首都).
cai'sson ['keisən] *n.* ①沉箱,防水箱,潜水钟 ②(船)坞(闸)门 ③(炮车后的)弹药箱〔车〕④(打捞沉船用)充气浮箱 ⑤(天花板处的)篝井,网架. *caisson disease* 沉箱病,潜水工病. *caisson foundation* 沉箱基础. *caisson pier* 沉箱墩. *open caisson* 开口沉箱.
caisson-set *n.* 沉箱套,沉箱结构.
CAJ = caulked joint 嵌实缝.
cajeput oil 或 **cajuput oil** 白千层油.
cajon *n.* 峡谷.
cake [keik] I *n.* ①(泥,泥坯,芯,滤,丝)饼,盖子泥芯,饼状物 ②(熔,结,团)块,块状物(钢,铜,铅)锭,锭块 ④整体,全匝 II *v.* 结(成)块,使结块,熔,固)结,胶凝. *anthracene cake* 蒽饼(坯). *cake of metal* 金属锭. *caked mass* 结块体. *caked with mud* 粘结着泥浆的. *graphite cake* 石墨板〔片〕. *iron cake* 铁渣,含铁渣体. *red cake* 红饼,五氧化二钒. *salt cake* 盐饼,芒硝. *sponge cake* 海绵(状金属)块. *tough cake* 精铜(含铜约 99%). *yellow cake* 黄饼,人造钡铀矿. ※ *a cake of M* 一块 M.
caked *a.* 压扁的,压成饼状的.
cakey ['keiki] *a.* 成了块的,凝固了的.
ca'king ['keikiŋ] *n.* ①烧结,(加热)粘结,结块,结(积)炭的形成 ②烘烤,干燥,晒(烤)干 ③焦性. *caking coal* 粘结(性)煤. *caking of oil* 油的粘结性. *caking power* 烧结能力.
ca'ky ['keiki] *a.* 成了块的,凝固了的.
CAL = ①calculated average life 平均计算寿命 ②

continuous attenuation log 连续衰鲭测井.

Cal = ①California 加利福尼亚 ②kilogram-calorie 大卡,千(克)卡,公斤-卡.

cal = ①caliber 口径,量规 ②calorie 小卡,克卡,卡(路里).

CAL TECH 或 **Cal Tech** 或 **Caltech** = California Institute of Technology (美国)加省(州)理工学院.

cal val = calorific value 热(卡)值,发热量.

calabash n. 葫芦.

Calais n. 加来(法国港口).

calal n. 一种钙铝合金(钙8~26%,其余铝).

calamine n. 异极矿,菱锌矿,水锌矿.

calam′itous [kə'læmitəs] a. (造成)灾难的,不幸的. ~**ly** ad.

calam′ity [kə'læmiti] n. 灾害,灾难.

calan′dria [kə'lændriə] n. ①排管式 ②加热体(器,管群) ③蛇(盘)管冷却器,冷却蛇管.

calaverite n. 碲金矿.

calc [kælk] n. ①石灰(质),钙(质) ②微powers分学. *calc granite* 钙质花岗岩. *calc spar* 方解石. *calc tufa* 石灰华.

calc- (词头)钙(盐),石灰.

calc(a)emia a. 钙血.

calc-alkaline a. 钙碱的.

cal′car ['kælka:] n. ①熔(玻璃)炉,煅烧炉 ②距(状)物.

calcarea n. 石灰,(氢)氧化钙.

calca′reous 或 **calca′rious** [kæl'kɛəriəs] a. (石)灰质的,石灰的,(含)钙的,钙质的. *calcareous cement* 水硬石灰,石灰类粘结料. *calcareous rock* 含钙(石)岩. *calcareous spar* 方解石. *calcareous tufa* 〔sinter〕石灰华.

calcd = calculated 已计算的.

calcedony n. 玉髓.

calces n. calx 的复数.

calci- (词头)钙(盐),石灰.

cal′cia ['kælsiə] n. 氧化钙.

cal′cic ['kælsik] Ⅰ a. (含)钙的,石灰的. Ⅱ n. 石灰石,钙的.

calcicole n. 钙生植物.

calcicolous a. 适碳酸钙的.

calcifames n. 缺钙症.

calciferol n. (麦角)钙化醇,骨化醇,维生素 D_2.

calcif′erous ['kæl'sifərəs] a. 含(生)碳酸钙的,含钙的,含石灰质的.

calcif′ic a. 钙化的,化成石灰的.

calcifica′tion n. 钙化(作用),骨化(作用),沉钙作用.

calcifuge n. 嫌钙植物.

cal′cify ['kælsifai] v. (使)钙化,石灰化.

calcigerous a. 含钙的.

calcim′eter n. 石灰测定器,碳酸(测定)计.

calcimine Ⅰ n. (刷墙用)石灰浆,墙粉. Ⅱ vt. 刷墙粉于.

cal′cinate n.; v. 煅(焙)烧,煅烧产物,烧成石灰,脱水物.

cal′cinated a. 煅(焙)烧的. *calcinated support* 煅烧载体.

calcina′tion [kælsi'neiʃən] n. ①煅烧(金属成氧化物),焙烧 ②烧成灰,灰化 ③氧化法,烧矿法,(铁矿)整矿法. *calcination ratio* 煅烧出产率. *cal-*

cination temperature 煅烧温度.

calcinator n. 煅烧炉(窑).

calcin′atory n.; a. 煅烧器,煅烧的.

cal′cine ['kælsin] v.; n. 煅烧(矿),烧成(石灰),焙烧(烧,砂). *calcine bin* 焙砂(料)仓. *calcined alumina* 煅烧(的)氧化铝. *calcined flint chips* 煅燧石屑. *calcined gypsum* 烧石膏. *calcined ore* 煅烧矿,焙砂. *calcined plaster* 煅石膏. *calcining kiln* 煅烧窑. *calcining zone* 煅烧(冶炼)带. *hot calcine* 热焙砂,热焙烧矿. *pyritic calcine(s)* 硫(黄)铁矿烧渣. *zinc calcine* 锌焙砂.

cal′ciner n. 煅烧(焙解,焙烧)炉,焙烧装置. *flash calciner* 快速煅烧(焙解)炉.

calcinosis n. 钙质沉着.

calciosamarskite n. 钙铌钇铀矿.

calcipexis n. 钙固定.

calcipexy n. 钙固定.

calciphil a. 适碳酸钙的.

calciprivia n. 钙缺失.

calciprivic a. 钙缺失的,缺钙的.

calciprivus a. 缺钙的.

cal′cite ['kælsait] n. 方解石. *calcite syenite* 方解正长岩.

calcitonin n. 降(血)钙素.

cal′citrant ['kælsitrənt] a. 耐火的,不易熔化的.

cal′cium ['kælsiəm] n. 【化】钙 Ca. *calcium bleach* 漂白粉. *calcium carbide* 碳化钙,电石. *calcium carnotite* 钙钒铀矿. *calcium fluoride* 氟化钙,萤石. *calcium hydrate* 熟石灰. *calcium hydroxide* 氢氧化钙,消(熟)石灰. *calcium lime* 生(钙)石灰,未消石灰. *calcium metal* 含钙轴承合金(铜1.35%,钙0.10%,锶0.1%,钡1.0%,其余铅). *calcium silicon* 硅钙合金(作添加剂用). *calcium sulphate* 硫酸钙,石膏.

calcium-fluoride n. 萤石,氟化钙.

calcium-manganese-silicon n. 钙锰硅合金.

calcium-oxide n. 石灰,氧化钙.

calcium-reduction n. 钙还原(法).

calcivorous a. 嗜钙的.

calcon n. 钙试剂,蒿素蓝黑.

calc-sinter n. 石灰华,多孔石灰岩.

calc-spar n. 方解石,钙质晶石.

calculabil′ity [kælkjulə'biliti] n. 可计算性.

cal′culable ['kælkjuləbl] a. ①可计算的,算得出的 ②能预测(计)的,预想得到的 ③可靠的,可信赖的.

cal′culagraph ['kælkjuləgra:f] n. 计时器(仪).

calculary a. 石的.

cal′culate ['kælkjuleit] v. ①计(核,推)算(出),预(推)测 ②打算,计划 ③以(认)为,觉得,相信,确信 ④依靠,指望,期待着(on, upon).

cal′culated ['kælkjuleitid] a. ①(被)计算(出来)的,被预测(出来)的,理论的,算清了的 ②有计划的,有(故)意的 ③适合(当)的 ④很可能…的 (to + inf.). *calculated address* 形成(合成,执行,计算)地址. *calculated area* 计算面积. *calculated capacity* 计算容量. *calculated load* 设计负载. *it has been caculated that* …已经计算出…. ▲ *be calcu-*

cal′culating ['kælkjuleitiŋ] *a.* 计算的,核[推]算的,有打算的. *calculating machine* 计算机,计数器. *calculating punch(er)* 穿孔[卡片]计算机. *calculating rule* [scale] 计算尺.

calcula′tion [kælkju'leiʃən] *n.* ①计[运]算,算出,统计,计算出来的结果 ②估计,预测[料],考虑,仔细分析. *calculation of cutting and filling* 土方计算. *checking calculation* 验算. *design calculation* 设计[构造]计算. *numerical calculation* 数值解,数值计算. *rough calculation* 概算.

cal′culative ['kælkjulətiv] *a.* (需要)计算的,有计算的.

cal′culator ['kælkjuleitə] *n.* ①计算机[器,尺,装置,图表],计数机,解算装置 ②计算者[人,员]. *card programmed calculator* 卡片分析机. *course and distance calculator* 风速[航向与航程]计算器,计风盘,风速仪. *desk calculator* 台式计算机[器]. *flight calculator* 飞行计算尺. *hand calculator* 手摇计算机. *isotope handling calculator* 同位素计算尺. *relay calculator* 继电器式计算机. *wind calculator* 风速计算器.

calculator-oriented *a.* 面向计算器的.

cal′culi ['kælkjulai] *n.* calculus 的复数.

calculifragous *a.* 碎石的.

cal′culous ['kælkjuləs] *a.* ①似(砂)石的,多石的,杂有石块的 ②结石的. *calculous soil* 砾质土,坚隔土.

cal′culus ['kælkjuləs] (pl. *cal′culuses* 或 *cal′culi*) *n.* ①计算(法),演算,算出 ②微积分(学) ③(结)石. *calculus of (finite) differences* 【数】差分学(法). *calculus of fluxion* 微积分. *calculus of residues* 残数计算. *calculus of variations* 变分学(法). *differential calculus* 微分(学). *integral calculus* 积分(学). *operational calculus* 运算微积. *tensor calculus* 张量积. *vector calculus* 矢算.

Calcut′ta *n.* 加尔各答(印度港口).

caldera *n.* 破火山口,火山喷口.

caldo *n.* 硝卤水.

cal′dron *n.* ①(煮皂)釜,(大,敞口,煮皂)锅 ②火(山)口.

Caledo′nian *a.* 苏格兰(人)的.

caledonite *n.* 铜铅矾.

calef = calefac(tus)(加)温.

calefa′cient [kæli'feiʃənt] *a.*; *n.* 发暖的(剂),使暖的.

calefac′tion [kæli'fækʃən] *n.* 发暖(作用),热污染.

cal′efactor ['kælifæktə] *n.* 发(温)暖器.

calefac′tory *a.* 温暖的,生热的.

cal′efy ['kælifai] *v.* (使)发暖,(使)变热.

cal′endar ['kælində] Ⅰ *n.* ①日[月]历,月份簿,历法[书] ②(全年,活动)日程表,一览表. Ⅳ *v.* ①记入日程表中,(把…)列入表中 ②加以排列,分类和索引. *calendar day* 日历日. *calendar progress chart* 工作计划进度表. *calendar year* 日历年度. *lunar calendar* 阴历,农历. *solar calendar* 阳历,公历.

cal′ender ['kælində] Ⅰ *n.* 砑[辊,压]光机,轮压[压延]机. Ⅱ *vt.* 用砑光机砑光,把…上轮压压机. *calender bowl* 砑光机滚. *calender grain* 砑光效应. *calender roll* 压延[砑光]辊,砑光[压延]机. *calender run* 砑光,压制(延). *calender train* 砑光机. *felt calender* 毛毡式砑光机,毛毡滚筒.

calenderabil′ity *n.* 压延性能.

cal′enderer *n.* 砑光工.

cal′endering ['kælindəriŋ] *n.* 砑[辊,压]光,压制[延] ②混练(橡胶).

calenderstack *n.* 砑光[压延]机.

cal′endry *n.* 用砑光机操作的地方.

calentura *n.* 中暑,热病.

cal′enture ['kæləntʃuə] *n.* 中暑,热病.

cales′cence *n.* 渐增温度,变热. **cales′cent** *a.*

calf *n.* ①小牛(皮),幼仔 ②冰山[川]上崩落漂流的冰块 ③腓肠的.

calf-bone *n.* 腓骨.

calib = calibrate 或 calibration.

caliber = calibre.

cal′ibrate ['kælibreit] *vt.* ①校准[正],检验[查],定标,标(率)定 ②使标准化,使合标准 ③(标)刻度,(定)分度,划分度数 ④测定,量尺寸,定口径. *calibrate for error* 误差校准. *calibrating arm* 校准臂. *calibrating circuit* 校准电路. *calibrating gas* 标准气体. *roll calibrating* 轧辊型缝校准. ▲*calibrate M against N* 对照 N 校准 M,对准 N 定 M 的刻度.

cal′ibrated *a.* 已校准的,校正的,标定的. *calibrated altitude* 校正高度,仪表修正高度. *calibrated detector* 校准(过的)检波器. *calibrated dial* 分度刻度盘,校(标)准度盘. *calibrated feeder* 定量供料器. *calibrated scale* 刻度标,分度[读]尺. *calibrated step wedge* 校准[刻度]级变楔,校准分度楔.

cal′ibrater ['kælibreitə] *n.* ①校准器(者,台,设备),校正仪(定标器) ②校径规,定径机,固定距标 ③厚度[测厚]仪.

calibra′tion [kæli'breiʃən] *n.* ①校准[定,正],检查[定],定标,标定 ②(定)分度,刻度 ③定[测量]口径,量尺寸 ④格值 ⑤标准化. *calibration battery* 标[校]准电池. *calibration by trace displacement* 迹移位校正法. *calibration channel* 校正电路,无线电遥测标准信道. *calibration curve* 校准[标定]曲线. *calibration gas* 校准(用)气体. *calibration leak* 校准漏孔. *calibration marker* 校准指示器,校准标识(器). *calibration of gravimeter* 重力仪格值. *calibration resistor* 校准(匹配,平衡)电阻. *calibration source* 校准(用)源,刻度源. *calibration tails* 刻度线,刻度(校验)记录. *calibration voltage* 校准(调整)电压. *energy calibration* 能量刻度. *jet calibration* 射流参数校正. *Mach number calibration* 按 M 数校准. *pickup calibration* 传感(传声,发送)器校准[正]. *source calibration* 源标准化. *thermal calibration* (按)热(量)校正. *thermal-neutron calibration* 按热中子通量校正. ▲*calibration against N* 用(对照) N 校准.

calibrator = calibrater.

cal′ibre ['kælibə] *n.* ①口[管,弹,圆柱]径,(子弹,炮

弹,导弹的)最大直径,口径倍数 ②尺寸,大小,轧辊孔型〔型缝〕③(量,线,卡,测径)规,(卡,规)尺,测径〔量〕器,卡钳,对〔样〕板 ④能力,质量. *a man of excellent* 〔*large*〕*calibre* 能力很强的人. *calibre gauge* 测径规. 10 *calibres length* 10倍口径长. *calibre size* 口〔管〕径尺寸. *calibre square* 测径尺. *heavy calibre* 大口径. *medium-calibre atomic bomb* 中型原子弹. *roll calibre* 轧辊孔型〔型缝〕. *the calibre of performance* 工作能力.

cal′ibred *a.* …口径的,…直径的.

calicene *n.* 杯烯.

caliche *n.* 生硝,智利硝,钙质层,泥灰石.

cal′ico *a.* 印花的,有斑点的. *calico rocks* 印花岩.

calicular *a.* 杯状的.

caliculus *n.* 小杯,杯状物.

cal′iduct ['kælidʌkt] *n.* 暖〔热〕气管.

calidus *a.* 温的.

Calif =California.

Califor′nia [ˌkæli'fɔːnjə] *n.* (美国)加利福尼亚(州).

Califor′nian *a.*；*n.* 加利福尼亚的,加利福尼亚人(的).

califor′nium [ˌkæli'fɔːniəm] *n.* 【化】锎,Cf.

caliga′tion *n.* 视力不佳.

caligo *n.* 视力不佳,眼蒙.

caline *n.* 促成器.

caliper =calliper.

Calite *n.* 镍铝铬铁合金（铬 35～40％，铝 4.5～10％，铬 5～5.5％,其余铁）.

ca′lix ['keiliks] *n.* 杯,腔盏,杯状器官.

calk [kɔːk] I *n.* ①生〔未消〕石灰 ②马蹄铁刺,尖铁,鞋钉. II *v.* ①=caulk ②加尖铁〔铁钉子〕③摹画(复制),模〔照〕描写.

calker =caulker.

calking =caulking.

calkinsite *n.* 水菱铈矿.

call [kɔːl] *v.*，*n.* ①叫做,称〔认,视,估计〕为 ②呼唤〔叫,号〕,召唤〔集〕,唤,通话,振铃,传呼,打电话(给) ③访问,停靠(泊,车,站) ④要请求,必〔需〕要,理由 ⑤【计】引入,调入〔用〕. *call it a conductor* 把它叫做导体. *call it worthless* 认为它没有价值. *call a meeting* 召集会议. *You may call me* (*up*)(*by telephone*)*at* 2563137 *at* 9：30. 你可在九点半钟拨〔叫〕2563137电话找我. *We ought to call forth all our energy*. 我们应全力以赴. *This assumption is called in question*. 人们对这一假定表示怀疑. *Explanation is called for*. 需要作出解释. *There is no call for us to change the plan*. 我们没有必要这改定计划. *make* 〔*receive*〕*a long-distance* (*phone*) *call* 打〔接到〕个长途电话. *call address* 【计】引入,调入,传呼地址. *call bell* 呼叫(信号)铃. *call box* 电话亭. *call by location* (按)位置〔地址〕调用. *call by name* 换名,代入名(词,调用. *call by reference* 引用调用. *call by value* 赋值,代入值. *call display position* 号码指示位置. *call lamp* 呼叫灯,号灯. *call letters* (电台)呼号. *call number* 呼叫号码,引入数〔符〕,调用编号,调用〔数〕字(号),图书的书架号码. *call sign* 〔*signal*〕 呼号,识别〕信号. *call statement* 【计】调入〔调用,呼叫〕语句. *call through test* 接通试验. *call wire* 传号〔联络,记录,挂号〕线. *called number* 受话号码. *called party* 被呼叫用户. *called program* 被调程序. *called subscriber testing circuit* 测被叫电路. *port of call* 停靠港. *sequency call* 预约电话. *unit call* 通话单位. ▲ *at call* 随叫随到,随要随(给). *be called on* 〔*upon*〕*to* +inf. (被)要求(做),用来(做). *call M after N* 以 N (的名字)命名 M. *call at* 〔家〕访,停(泊,车,靠)在. *call for* 要求,需要,往邀〔取〕. *call for question* 表示异议. *call forth* 引〔唤,振〕起,发挥. *call in* 引(请,调入,收回〔集〕,召集【计】调入(子程序). *call ... in question* 对…表示怀疑[异议]. *call into action* 〔*play*〕 使发生作用,开动,使用,起…作用. *call into being* 〔*existence*〕 实现,使成立,产生,创造. *call off* 叫走,取消,转移,放弃. *call on* 号召,请求,藉助于,【计】访问(内存储单元). *call out* 唤〔引,取〕出,引起. *call to account* 要求解释(所做的事),责备,送交单. *call to mind* 使想起. *call to order* (宣告)开会,要求遵守秩序. *call together* 召集. *call up* 使想起,召唤,提(取)出,呼叫(电话),振铃. *call upon* 要〔请〕求. *have the call* 处于主要地位,需要量最大. *on call* 随叫随到可支取(取回). *so* 〔*what is*〕 *called* 所谓的,通常称的. *within call* 声音所及之处,在附近的,叫得应的,随叫随到的.

Callao [kə'jaːou] *n.* 卡亚俄(秘鲁港口).

call-back *n.* ①回答〔回叫〕信号 ②收回(产品召修)③加路距.

call-bell *n.* 电警,信号,呼叫〕铃.

call-board *n.* (车站等处的公告揭示)板.

call-box *n.* 电话室,公用电话亭.

call-by-value parameter 赋值参数.

call-confirmation signal 呼叫证实信号.

call-connected signal 呼叫接通信号.

callee′ [kɔː'liː] *n.* 被呼叫者,被访问者,电话受话人.

calleidic *a.*；*n.* 美容的(剂).

cal′ler [kɔːlə] *n.* ①呼叫者,主叫用户,访问者,打电话者 ②调用程序.

cal′ligraph ['kæligrɑːf] *vt.* 手抄〔写〕.

call′ing ['kɔːliŋ] *n.* ①呼叫 ②振铃,召集〔唤〕,点名 ②【计】引入,调入 ③名称 ④职业,行业. *automatic calling equipment* 自动调度设备. *calling argument* 调用变元. *calling exchange* 主叫电话局. *calling for tenders* 招(商投)标. *calling indicator* 【计】引入指示,调用指示符. *calling number* 发话号码. *calling order* 发送〔传送,呼叫〕程序,调用指令. *calling party* 主叫用户. *calling sequence* 【计】引入〔调用〕序列.

calling-magneto *n.* 振铃手摇发电机.

calling-on signal 叫通信号.

calling-up *n.* 电台呼叫,接通.

cal′liper ['kælipə] I *n.* ①(pl.) 圆规,卡尺〔规,钳〕,两脚〔外卡,内径,弯脚〕规,测径器 ②纸(板等)的厚度 ③纸厚度测定器. II *vt.* 用卡规〔测径器〕测量. *beam callipers* (大)卡尺,滑动径规. *calliper dipmeter* 并径测斜仪. *calliper gauge* 测径规,卡钳校准规. *calliper log* 钻孔柱状〔孔径钻探〕

剖面,井径测井. *calliper logging* 井径测量. *calliper rule* 卡尺. *calliper square* 游标规. *center callipers* 测径规. *combination callipers* 内外卡钳. *inside callipers* 内卡规〔尺,钳〕,内测径尺,内径定器. *inside plain callipers* 内卡钳. *micrometer callipers* 螺旋测径器,千分(卡)尺,千分卡规,千分测径规. *outside callipers* 外卡规〔尺,钳〕. *rail head callipers* 测轨头卡钳. *slide* 〔*sliding*〕 *callipers* 滑动卡规,游标卡尺. *telescope callipers* 光学测微仪,内径测微器. *transfer callipers* 移测卡规,移置卡钳. *vernier callipers* 游标(卡)尺,游标测径器.

callisection n. 麻醉动物解剖学.
call-minute n. 通话占用分钟数.
Callovian n. 卡洛夫阶(中侏罗世).
C-alloy n. C合金,铜镍硅合金.
call-signal n. 【无】呼号.
Callunetum n. 石南属植物群落.
call-up n. ①电台呼叫 ②征召.
call-wire n. 联络(通知)线.
callys n. 板岩,片岩.
calm [kɑːm] *a.; n.; v.* ①(平)静(的),平〔安〕稳(的),无风(浪)(的),风平浪静,零级风(风速 0.0~0.2m/s) ②无风区〔带〕③使平静,静下来收 (down) ④灰青эх质页岩. *a calm* 平静的时候,无风期. *calm belt* 无风带. *calm day* (地磁)平静日. *calming section* (柱的)减震部份. *calm(s) of Cancer* 北回归线无风带. *equatorial calm* 赤道无风带. *Keep calm*!保持镇定!安静! *mental calm* 心气和平,镇定.
calmalloy n. 卡耳马洛伊合金,铜镍铁合金,镍铜铁磁补偿合金,热磁合金(镍69%,铜29%,铁2%).
cal′mative [′kælmətiv] *a.; n.* 镇静的(剂).
Calmet n. 铬镍铝奥氏体耐热钢(铬25%,镍12%).
calmet burner 垂直燃烧器.
calm′ly [′kɑːmli] *ad.* 平静地,镇静地.
calm′ness n. 平〔安〕静.
calm-smog n. 宁静烟雾.
calmus oil 菖蒲油.
calobiosis n. 同栖共生.
cal′omel [′kæləmel] n. 甘汞,氯化亚汞,汞膏.
Calomic n. 镍铬铁电热丝合金(镍65%,铬15%,铁20%).
ca′lor [′keilə] n. (灼)热.
calor- (词头)热.
calora′diance [kælə′reidiəns] n. 热辐射(线).
calores′cence [kælə′resns] n. 灼热,炽热,热光,发光热线.
calori- (词头)热.
calor′ic [kə′lɔrik] Ⅰ *a.* 热(量,力,质,素)的,卡的. Ⅱ n. 热(量,质). *caloric power* 热〔卡〕值,发热量. *caloric receptivity* 热容量. *caloric unit* 热量单位,卡. *caloric value* 热〔卡〕值,热能含量. ~**ally** *ad.*
caloric′ity [kælə′risiti] n. 热容(量),热〔卡〕值,发热量,发热能力.
Cal′orie [′kæləri] n. 大卡,千卡.
cal′orie [′kæləri] n. 卡(路里),小卡,克卡(热量单位). *calorie meter* 热量器,卡计,热量计. *calorie value* 热量. *great* 〔*large, major*〕*calorie* 大卡,千卡. *kilogram calorie* 千(克)卡,大卡. *mean calorie* 平均卡. *small* 〔*gram*〕*calorie* 小卡,克卡.
calorifacient *a.* (食物)生〔产〕热的.
calorif′ic [kælə′rifik] *a.* 热(量)的,生〔发〕热的. *calorific capacity* 〔*receptivity*〕热容量. *calorific effect* 热效应. *calorific intensity* (发)热强度. *calorific power* 〔*value*〕发热量,热值,卡值. *calorific requirement* 需热量.
calorifica′tion [kələrifi′keiʃən] n. 发热.
calorif′ics n. 热工学,热力工程.
calor′ifier [kə′lɔrifaiə] n. 热风机〔炉〕,加〔预〕热器,液体的一种加热装置.
calor′ify [kə′lɔrifai] *v.* 发热,加热于.
calorigenet′ic *a.* 产〔生〕热的,发生热量的,增加热能的.
calorigen′ic *a.* 产热的,发生热量的,增加热能的.
calorim′eter [kælə′rimitə] n. 热量计〔器〕,卡计. *bomb calorimeter* 弹式(炸弹,爆炸)量热器. *calorimeter instrument* 量热计式测试仪器. *fission calorimeter* 核分裂发热量测量卡计. *throttle* 〔*throttling*〕 *calorimeter* 阻塞测热计,节流准器,干度计. *water calorimeter* 水量热计,水卡计.
calorimet′ric [kælə′rimetrik] *a.* 量热的,热量测定的,测热(法)的,量热计的. *calorimetric bomb* 量热弹,量热器. *calorimetric power meter* 量热式功率计.
calorim′etry [kælə′rimitri] n. 量热(学,法,术),测热学(法). *flow calorimetry* 流量测热法.
calorisator = calorizator.
caloriscope [kə′lɔriskoup] n. 热量器,实示呼吸放热器.
calorise = calorize. **calorisa′tion** n.
calorite n. 耐热合金(镍65%,铬12%,铁15%,锰8%).
caloritrop′ic *a.* 向(趋)热的,热转变的.
calorizator n. 热法浸提器.
cal′orize [′kæləraiz] *vt.* (表面)渗铝,(对…进行)铝化(处理),热镀铝. *calorized steel* 渗化(钝化)钢. *calorizing steel* 铝化钢. *dip calorizing* 浸镀铝,浸铝处理. *pack* 〔*powder*〕 *calorizing* 固体铝化(处理). **calorization** n.
calorizer n. 热法浸提器.
cal′orstat [′kæləːstæt] n. 恒温器〔箱〕.
calory = calorie.
calotte [kə′lɔt] n. 帽罩.
calotype n. 光力照相法〔摄影法〕.
cal′pis [′kælpiz] n. 乳浊液.
calred *a.* 钙红.
calsomine n. 刷墙粉.
CALTECH synchrotron (美)加利福尼亚理工学院同步加速器.
CALTEX = California Texas Oil Company (美国)德士古石油公司.
calutron n. ①(电磁分离器的)卡留管 ②California university cyclotron 加利福尼亚大学回旋加速器.
calve *v.* (使)(冰河,冰块)崩解,裂冰.
calving n. (冰河)裂冰(作用),冰(崩)解.

calvities [kæl'vifi:z] *n.* 秃头,秃发.
calvitium *n.* 秃发.
calvous *a.* 秃的,脱髯的.
calx (pl. *calces* 或 *calxes*) *n.* 金属灰,矿灰,石灰,氧化钙,白垩.
calycine *a.* 杯状的,萼的.
cal'ycle ['kælikl] *n.* 杯状器官.
calyc'ulus [kə'likjuləs] (pl. *calyc'uli*) *n.* 杯状器官.
ca'lyx ['keiliks] *n.* (花)萼. *calyx core drill* 萼状钻心钻.
cam [kæm] Ⅰ *n.* ①凸轮,偏心(桃〔子〕,范动〕轮 ②膜动盘 ③样模,仿形板 ④锁,楔,键. Ⅱ *vt.* 用凸轮带动(控制),加工成凸轮型(out).
axial cam 轴向(圆柱)凸轮. *breaker point cam* 遮断器凸轮. *cam carrier* 凸轮推杆. *cam follower* 凸轮随动件. *cam gear* 凸轮装置,凸轮轴齿轮. *cam grinder* 凸轮磨床. *cam grinding* 凸轮磨削,磨成凸轮形. *cam ring* 凸轮环(叶片泵)定子. *cam shaft* 凸轮轴. *cam template for idle stroke* 空程凸轮样板. *convex flank cam* 凸腹凸轮. *drive cam* 主凸轮. *edge cam* 凸轮盘. *finger cam* 齿凸轮. *offset cam* 支(偏置)凸轮. *shifting cam* 换挡凸轮. *translation cam* 直动凸轮.
CAM =①camber 弯度,曲率,翘曲 ②cellulose acetate methacrylate 乙酸甲基丙烯酸纤维素 ③circular area method 圆面积法 ④computer aided manufacturing 利用计算机而制造 ⑤content addressed memory 相联(按内容取数)的存储器
cam =camouflage 伪装
CAM cache 内容定址存储器的超高速缓(冲)存(储器).
CAMA =centralized automatic message accounting 集中式自动化通话记账制.
CAMAC interface 卡马克接口.
camacite *n.* 梁状体.
cam'ber ['kæmbə] Ⅰ *n.* ①弯度,曲度(率),弯曲(矢度),挠(拱)曲,反挠(度),(叶片)折转角 ②曲面,中凸形,凸度,中高度,上拱度,预留曲度,路(梁)拱上〔起〕拱度 ③弧(凌)度,(翼型)弧高,拱高 ④〔轧〕镰刀弯(缺陷)⑤侧倾,车轮外倾(度)⑥小船当,干坞坞门凸出部,筏葉 ⑦海港盆地. Ⅱ *v.* ①向上弯曲,翘曲(起),拱起 ②做成拱起,起拱,隆起,造成弓〔弧,中凸〕形. *airfoil camber* 翼型弧高(度).
beam camber 梁上拱度. *camber angle* (车轮)外倾角,中心线弯曲角. *camber beam* 上拱〔弓背〕梁. *camber grinding* 曲线磨削,(轧辊磨床的)仿象,中高〔中凹〕度磨削. *camber line* 弧(脊,倾斜)线. *camber of a stylus* 刻纹刀弧变. *camber of sheet* 板材的翘曲. *camber slip* 砌拱垫块. *camber test* (板材)平面弯曲试验,翘曲试验. *double camber* 双弧线. *maximum camber* 最大弧高. *multiple camber* 多段曲面. *negative camber* 内曲面,负曲率. *roll camber* 辊身外廊〔凸度〕,辊型,轧辊中凸度. *truss camber* 或 *camber of truss* 桁架反挠(度),桁架拱度. *upper camber* 上拱,上曲面. *zero camber* (汽车的)零前轮外倾(角).
cam'bered *a.* 弓(拱,弧)形的,弯的,曲面的. *cam-*
bered axle 弯轴. *cambered blade* 弯曲叶片. *cambered ceiling* 弓形平顶. *cambered inwards* 向内凸的,(油罐底)向里弯的. *cambered road* 拱形路. *cambered truss* 弓形桁架.
cam'bering *n.* ①向上弯曲,翘曲 ②(机翼)弧线,弧高 ③鼓形加工 ④【轧】辊型设计,(轧辊的)中高〔中凹〕度磨削. *cambering machine* 钢轨钢梁矫直机.
cam'bia ['kæmbiə] cambium 的复数.
cam'bic *a.* 过渡性的.
cam'bium ['kæmbiəm] (pl. *cam'bia*) *n.* 形成(新生)层,形成组织.
Cambo'dia [kæm'boudjə] *n.* 柬埔寨.
Cambo'dian [kæm'boudjən] *a.*;*n.* 柬埔寨的(人,语).
cambogia *n.* 藤黄.
Cambrian *n.*;*a.* 威尔士的(人)〔寒武纪的〕.
ca'mbric ['keimbrik] *n.* ①麻纱,细麻(白葛)布 ②黄蜡布. *cambric insulation* 细麻(黄蜡)布色绝缘.
Cambridge ['keimbridʒ] *n.* ①(英国)剑桥,剑桥大学 ②(美国)坎布里奇. *Cambridge system* 剑桥(存储)系统(一种二维矩阵).
came [keim] Ⅰ *v.* come 的过去式. Ⅱ *n.* (嵌窗玻璃用)有槽铅条.
cam'el ['kæməl] *n.* ①浮垫,起重浮箱,打捞浮筒,浮船筒 ②骆驼. *air camel* 浮柜. *camel corps* 骆驼队. *camel hair brush* (菲料用的)毛刷. *camel wool* (hair) 驼绒.
cam'elback ['kæməlbæk] *n.* ①驼峰 ②轮胎表面的补胎料,胎面补料胎条 ③司机室设在锅炉上方的蒸汽机车. *camelback truss* 驼背式桁架.
cam'elbird *n.* 驼鸟.
cameline oil 亚麻茶油.
came'llia *n.* 山茶. *camellia oil* 山茶油.
cameloid *a.* 驼状的.
camelopard *n.* 长颈鹿.
cam'eo Ⅰ *n.* ①浮雕,有浮雕的玉石(宝石,贝壳)②小角色. Ⅱ *a.* 小型的,小规模的.
cam'era ['kæmərə] *n.* ①摄影(照相)机,(电视)摄像机,照相记录仪 ②镜头 ③镜(小,暗)箱 ④(小,暗)室. *aerial camera* 空用照相机. *camera amplifier* 视频前置(摄像机)放大器. *camera angle* 摄像机物镜视角,观察角,摄影角度. *camera aperture* 摄像机片门,摄像机孔阑,取景框. *camera blanking* 电视摄像机在回扫过程中的熄灭. *camera cable* 摄像机(电视)电缆. *camera chain* 摄像机系统(包括摄像机、控制部分及电源). *camera channel* 摄像机通道. *camera chamber* 摄影箱(室). *camera connector* 摄像机插(接)头. *camera crane* 摄像机升降架. *camera dolly* 移动式摄像机架. *camera eye* 摄像机取景孔. *camera film scanner* 电视电影摄像机. *camera framework* 镜箱架. *camera gun* 照相机镜头,摄像枪,空中摄影(照相)枪. *camera hood* 摄像机遮光罩,漏光防护罩. *camera linear (test)* 摄像机图像线性试验. *camera line-up* 镜头排列对准. *camera mixing* 电视摄像机信号混合. *camera pulse* 摄像脉冲,摄像机(输出)信号. *camera reportage* 图片报导. *camera reporting* 摄像机转播剧目. *camera sheet* 摄像机调

整表. *camera shifting* 摄像机移动〔位〕,(摄像管)镜头迅速移动. *camera shot* 摄像机拍摄,摄影,取镜头. *camera switching* 电视摄像机转〔切〕换,取镜头. *camera taking characteristic* 摄像机光谱特性. *camera target-plate element* 摄像管屏面象素. *camera tripod* 照相机三脚架,摄像机三角架. *camera tube* 电视摄像管. *camera work* 摄像工作〔技术,操作〕. *cine camera* 电影摄影机. *electron camera* 电子(电视)摄像机. *field camera* 便移式摄像机,轻便摄影机. *firing error indicator camera* (射击误差指示用)照相机,照相枪. *multiple camera* 多角摄影机. *one shot camera* 单镜头摄像机. *pick-up camera* 摄像机. *picture camera* 电影摄像机. *radar camera* 雷达显示器摄像机. *serial plate camera* 连续硬片摄像机. *sound came-ra* 录音室. *step and repeat camera* 分步重复照相机. *streak camera* 扫描照相机. *(TV) camera chain(s)* (电视)摄像机系统. *twin camera* 双镜摄影机. *X-ray camera* 伦琴室,X 光室. *X-ray diffraction camera* 伦琴射线衍射〔照相〕室. ▲*in camera* 秘密地,私下地,禁止旁听. *on camera* 被电视机摄取,出现在电视上.

camera-cable corrector 摄像机电缆校正器.
cameracapture *n*. 摄像机俘获.
cam'eracature [ˈkæmərəkətjuə] *n.* (电影)动画(片).
camera-control monitor 摄像系统监视器.
cam'eraman *n.* 摄影师,摄影记者,(电视)摄像师,电影放映员.
cam'eramount [ˈkæmərəmaunt] *n.* 照相机架,摄像机支撑架.
cam'eraplane *n.* 摄影用飞机.
camera-read theodolite 摄影读数经纬仪.
camera-scanning pattern 摄像机扫描图样.
cam'eratube [ˈkæmərətju:b] *n.* 电视摄像管.
camera-waveform monitor 摄像机波形监视器.
Cameroon [ˈkæməru:n] *n.* 喀麦隆.
cam'ion [ˈkæmiən] *n.* (载)货(卡)车,军用卡车.
cam'isole [ˈkæmisoul] *n.* 紧身衣,拘束衣.
cam'-lift [ˈkæmlift] *n.* 升起凸轮,凸轮升度〔升程〕.
cam'-lock [ˈkæmlɔk] *n.* 偏心夹,凸轮锁紧.
camloy *n.* 镍铬铁耐热合金(铁 50%,铬 10~20%,镍 25~35%).
cam-O-matic grinder 全自动凸轮磨床.
cam-operated *a.* 凸轮操纵〔传动〕的.
cam'ouflage [ˈkæmufla:ʒ] *n.; vt.* ①伪装,掩饰〔护,蔽〕,幌子②隐瞒〔蔽〕. *electronic camouflage* 电子伪装. *radar camouflage* 对雷达的隐蔽,(防)雷达伪装.
camouflet〔法语〕 *n.* ①(在地下深部爆炸时形成的)地下空洞,地下爆炸形成的坑穴 ②地下爆炸弹.
camoufleur *n.* 伪装技术人员.
camp [kæmp] Ⅰ *n.* ①(野,临)营(地),临时(半永久性)兵营 ②阵营(线) ③帐篷. Ⅱ *v.* 野〔露〕营,露宿,设〔宿〕营(out). *camp buildings* 施工营地. *camp bed* 行军床. *camp car* 军工宫车. *camp chair* 轻便折椅. *camp equipment* 外业设备. *camp site* 营地. ▲*pitch (a) camp* 扎营. *camp out* 野营.

campaign' [kæmˈpein] Ⅰ *n.* ①炉龄〔期〕,(窑业作业)周期 ②战役 ③(政治)运动. Ⅱ *vi.* ①从事…的活动,搞〔参加〕运动 ②参加战役,从军. *a plan of campaign* 作战计划〔方针〕. *a political campaign* 政治运动. *campaign length* 炉龄〔期〕. *furnace campaign* (两次大修之间)炉龄〔期〕,炉子寿命,炉子使用期.
campaigner *n.* 参加运动的人,参加多次战役的军人.
campan marble (白垩世)坎盘大理石.
campana *n.* 排钟.
Campanian *n.* (晚白垩世)坎帕阶.
campanulate *a.* 钟状的.
camp-bed *n.* 行军床.
camp-chair *n.* 轻便折椅.
campeachy wood 苏木.
campesino [西班牙语] 农民,农业工人.
campesterol *n.* 菜油甾醇,菜油固醇.
campestral *a.* 农村的,田野的.
camp'fire [ˈkæmpfaiə] *n.* 营火(会).
camphane *n.* 莰烷. *camphane carbon acid* 莰羧酸.
camphene *n.* 莰烯.
camphol [ˈkæmfɔl] *n.* 龙脑.
campholene *n.* 龙脑烯.
campholide *n.* 龙脑白.
cam'phor [ˈkæmfə] *n.* 樟脑,酮-(2). *camphor ball* 樟脑丸. *camphor wood* 樟木.
camphora (拉丁语) *n.* 樟.
cam'phorate [ˈkæmfəreit] *vt.* 使与樟脑化合,加樟脑在…中.
cam'phorated [ˈkæmfəreitid] *a.* 含有〔加入了〕樟脑的. *camphorated oil* 樟脑油.
camphorene *n.* 樟脑烯.
camphor'ic [kæmˈfɔrik] *a.* (含)樟脑的.
camphorism *n.* 樟脑中毒.
camphor-tree *n.* 樟树.
Campiler beds (早三叠世)坎旌层.
cam'-plate [ˈkæmpleit] *n.* 平板形凸轮,凸轮盘.
camp-on *n.* 预占线,保留呼叫.
camp'site *n.* 营地.
camp'stool *n.* 轻便折凳.
camptothecin *n.* 喜树碱.
cam'pus [ˈkæmpəs] *n.* (学校)场(地),(大学)校园,大学. *on (the) campus* 在校内.
CAMR =camera 摄(像)机,照相机.
cam'shaft [ˈkæmʃa:ft] *n.* 凸(桃,偏心)轮轴,分配〔控制〕轴. *camshaft bushing* 凸轮轴衬套. *camshaft oil pump gear* 凸轮轴油泵齿轮. *camshaft timing gear* 凸轮轴(定)时(齿)轮.
can¹ [kæn] (could) *v. aux.* ①能,会 ②可以 ③可能. *He can swim.* 他会游泳. *Difficulties can and must be overcome.* 困难能够而且必须克服. *The wheel of history cannot be turned back.* 历史的车轮决不会倒转. ▲*as…as (…) can be* …得不能再…, *as far as (far) can be* 远得不能再远. *as good as can be* 再好也没有了. *can but* 只能(…罢了),充其量不过. *He can but speak.* 他只能说说(罢了). *cannot but (speak)* 不得不(说),不会不,必然;不能不. *cannot help + ing.* 或 *cannot*

help but to +*inf.* 不得不(做). *cannot … too* 〔over〕决不会太,无论怎样都不算过份,越…越好. *You cannot be too careful.* (= *You cannot be careful enough.*) 你无论怎样小心都不算过份. *This point cannot be over-emphasized.* 这一点无论怎样强调都不算过份. *cannot … too,or …* 不要太…否则…

can² [kæn] **I** *n*. ①罐头,马口铁盒〔罐,壶,箱,槽〕,汽油桶,有盖铁箱,瓶 ②密封外壳,金属管壳,(金属)容器,外皮,罩,包套 ③影〔胶〕片盒 ④火焰稳定器,单管燃烧室 ⑤(pl.)电话耳机,听筒 ⑥深水炸弹,驱逐舰. **I** (*canned,can'ning*) *vt*. ①封装,密封 ②装入罐头,罐装 ③给…装上罩子 ④把…灌制唱片,把…录音 ⑤抵消. *can half-body* 罐头半瓶. *can opener* 开罐刀〔器〕,开听刀. *can of worms* 一团槽,复杂而未解决的问题. *can top* 油盖〔听〕盖. *can with thumb button* 带阀油盖. *charge can* 装〔盛〕料罐. *isotope can* 同位素的容器. *matching can* 匹配罐. *polyzonal can* 多区同位素罐. *screening can* 屏蔽罩. *slug can* 释热元件外壳. *steel cover can* 钢罩. *tin can* 罐头盒,驱逐舰. ▲*carry the can* 面对责备;负起责任,独担重任.

CAN =①cancel character 消除符号 ②canister 罐,(装运)箱,容器 ③canopy 顶盖,座舱罩,伞衣.

Can =Canada 或 Canadian.

Can pat =Canadian patent 加拿大专利.

Can'ada ['kænədə] *n*.加拿大. *Canada balsam* 加拿大树〔香〕胶.

Cana'dian [kə'neidʒən] *a*., *n*.加拿大的,加拿大人的. *Canadian series* (早奥陶世)加拿大统.

canadol *n*.坎那油,重石油醚(比重 0.650~0.700).

canaigre ink 消遣墨.

canal' [kə'næl] **I** *n*. ①运河,渠〔水〕道,沟(渠),槽 ②管(通,孔,波,信)道,电(通,管)路 ③(炮)膛. **II** (*canal(l)ed*) *vt*. 在…开运河〔沟渠〕. *canal branch* 迂回支渠. *canal by-pass drop* 绕道跌水. *canal drop* 渠道跌水. *canal free-board* 渠阜出水高度. *canal head* 渠首,运河起点构筑物. *canal off-let* 渠道放水口,斗门. *canal on embankment* 填方渠道,地上河. *canal ray* 极隙〔阳极〕射线. *canal reach* 渠段. *canal surface* 管道曲面. *canal transition* 渠道渐变段. *feed canal* 传动塔轴. *fuel canal* 燃料管道. *storage canal* (释热元件用)贮藏沟. *wave canal* 波道.

canaler =canaller.

canalic'ular *a*. 小管的.

canalic'ulus (pl. *canalic'uli*) *n*. 小管,微管.

canalis (pl. *canales*) *n*. (导)管.

canaliza'tion 或 **canalisa'tion** [kænəlai'zeifən] *n*. ①管道(系统,形成) ②开运河,运河〔渠道〕化,渠道网 ③成管,造管术.

can'alize 或 **canalise** ['kænəlaiz] *v*. ①在…开运河,渠道化,把…改造成运河,流入渠道 ②取某一固定的方向,限制…的机动方向.

canalled [kə'næld] *a*. 开成运河的.

canaller *n*. 运河船(的船员).

canal-lock *n*. 渠闸,运河闸门.

canard *n*. "鸭"式简图.

canaries *n*. 特高频噪声.

canary lamp 充气黄色灯泡.

Can'berra ['kænbərə] *n*. 堪培拉(澳大利亚首都).

canc =①cancel(lation) 取〔对〕消 ②cancelled 取〔对〕消的.

can-carrier *n*.〔俚〕负责人.

can'cel ['kænsəl] (*can'cel(l)ed; can'cel(l)ing*) *v*.; *n*. ①取(抵,勾,盖,撤)消,删(勾)掉,擦〔消〕去,解除 ②(使)消失,消除(影),熄灭,注销,作废 ③【数】(相,对)消,(相)约,相除,消(约)去,化为零 ④组成网格状,组成结构. *9 and 6 cancel by 3*. 九和六可用三来约. *cancel four out of that fraction* 用四来约这个分数. *cancel the order* 取消定(货)单,撤销成命. *cancel circuit* 消除电路. *cancel key* 清除(消除)键,符号取消键. *cancel mark switch* 取消符号〔符号取消〕开关. *cancel message* 作废信息〔号〕,消除信号. *cancelled ratio* 地物信号抑制系数,抵消比. *cancelled stamp* 已盖戳的邮票. *cancelled structure* 格(组)构(架). *cancelled video signal* 抵消后的视频信号. ▲*cancel out* (使)消失,抵(对)消,消去,删除. *The built-in stress will be cancelled out.* 内应力就会消失. *the odd powers cancel out* 奇幂相互抵消. *cancel each other out* 互相抵消.

canceler =canceller.

can'cellated *a*. 方格状的,网眼状的.

cancella'tion [kænsə'leifən] *n*. ①抵〔取,对〕消,删〔擦〕去,勾掉,注销,废除,作废 ②【数】相约(消),约去,【计】化为零 ③熄〔消〕灭,淬熄,消除(去,失) ④网格组织,格构. *cancellation amplifier* 补偿〔对消,消磁〕放大器. *cancellation clause* 撤销条款. *cancellation law* 相消律. *cancellation network* 抵消网络,补偿电路. *cancellation of intensities* 振动强度的抵消,波的相互抵消. *cancellation ratio* 对消比. *echo cancellation* (电视)附带影像对消,双回路对消,副像消除. *envelope cancellation* 包线补偿. *harmonic cancellation* 谐波消除. *shockwave cancellation* 激波消失. *upwash cancellation* 消除气流上洗现象,消除向上的诱导速度.

can'celler *n*. 消除〔补偿〕器,补偿设备.

cancellous *a*. 方格状的,网状的,海绵状的.

cancel-out *n*. 消除(去,失),取〔抵〕消.

can'cer ['kænsə] *n*. ①癌(症),恶性肿瘤 ②弊病,恶习. *radi-ation cancer* 射线癌. *the Tropic of Cancer* 北回归线,夏至线.

Can'cer *n*. 巨蟹座.

cancera'tion *n*. 癌变,发展成癌.

cancerigen'ic *a*. 产〔成,致〕癌的.

cancerocidal *a*. 杀癌的.

cancerogen *n*. 致癌物.

cancerogenous *a*. 致癌的.

cancerometastasis *n*. 癌转移.

canceropho'bia *n*. 癌症恐怖.

can'cerous ['kænsərəs] *a*. 癌的,(像,患)癌症的,(恶

cancriform *a.* 癌状的，似癌的．
cancrinite *n.* 灰[钙]霞石．
cancrocirrhosis *n.* 癌性硬化．
can'croid *a.* 癌样[状]的，蟹状的．
cande'la [kæn'di:lə] *n.* (新)烛光,堪(德拉)(发光强度单位,=0.981 国际烛光)．
candelabra [kændi'lɑ:brə] candelabrum 的复数．
candelabrum [kændi'lɑ:brəm] (*pl. candelabra* 或 *candelabrums*) *n.* ①大(分支)烛台,烛架,灯台 ②[建]华柱. *candelabrum* [candelabra] *base* 蜡台形灯座,小形灯座．
candelilla wax 小烛树蜡．
candes'cence [kæn'desns] *n.* 白热. **candes'cent** *a.*
can'did ['kændid] *a.* ①公正的 ②坦率的 ③白色的 ④趁人不备时拍摄的．
can'didate ['kændidit] *n.* ①选择物 ②候选人,(报名)投考者,应试者,志愿者(for)．
can'dle ['kændl] *n.* ①(蜡)烛,烛光(光强度单位) ②火花塞,电嘴,电极座 ③毒气筒,烟幕弹筒. *candle bomb* 照明弹. *candle coal* 烛[长焰]煤. *candle pitch* 烛脂落脂[柏油脂,硬沥青]. *candle power* 烛光. *candle tar* 烛脂滓[柏油,焦油沥青]. *filter candle* 过滤棒. ▲*burn the candle at both ends* 劳动过度,日夜工作. *can't* [not fit to] *hold a candle to* M 不能与 M 相比,比不上 M. *not worth the candle* 不上算的,得不偿失的．
candle-flame *n.* 烛光焰．
candle-hour *n.* 烛光-小时．
candle-light *n.* ①烛光,(烛)光力 ②(柔和的)人造光,灯火 ③黄昏．
candle-power *n.* (单复数同)烛光(光强度单位),用烛光表示的光强度. *a 50 candle-power lamp* 一盏 50 支光的灯．
can'dlestick *n.* 烛台．
can'dlewick *n.* (蜡)烛心．
can'dling *n.* 燃烛法，透明法．
can-do *a.* 有干劲的，勤奋的，热心的．
candolumines'cence *n.* 非高温发光现象,不需要高温产生日光现象,轻微杂质接触氢气焰时的发光．
can'do(u)r *n.* ①公正,坦率 ②白色[光],光明．
Candu = Canadian deuterium-uranium reactor 加拿大氘-铀反应堆．
can'dy ['kændi] *n.* 冰糖,糖果. *"Christmas" candy* (焊管坯在链板运输机上的)蛇形安放．
cane [kein] I *n.* ①(藤,竹)茎,藤[竹]料 ②甘蔗 ③手杖. II *vt.* ①以杖击,鞭笞 ②以藤编制．
cane-sugar *n.* 蔗糖．
ca'nine ['keinain] I *a.* (似)犬的,犬齿的. II *n.* ①犬科动物,犬,狗 ②犬齿．
caniniform *a.* 犬齿状的．
ca'nis *n.* 犬. *Canis Major* 大犬座．
can'ister ['kænistə] I *n.* ①(金属)罐(筒,箱,容器) ②(防毒面具的)滤毒罐[器] ,(导弹的)装运箱,霰弹筒. (榴)霰弹. II *v.* 装罐. *cadmium canister* 镉箱,(锌精馏精炼)镉灰收集箱．
canister-shot *n.* (榴)霰弹．
canities *n.* 白发,头发灰色．
can'ker ['kæŋkə] I *n.* ①溃疡,口疮. II *v.* 受到腐蚀,(使)腐烂．

can'kerous ['kæŋkərəs] *a.* (似,患,引起)溃疡的,有腐蚀性的．
can'na *n.* 芦苇．
cannabene *n.* 大麻烯．
cannabichrome *n.* 大麻色素．
cannabidiol *n.* 大麻二酚．
can'nabin(e) *n.* 大麻树[脂]．
cannabinaceae *n.* 大麻科．
cannabinol *n.* 大麻酚．
cannabinon(e) *n.* 大麻酮．
can'nabis *n.* 大麻．
canned [kænd] I *a.* ①罐(头)装的 ②密封的,气密的;在外壳内的,包在外套内的 ③存储的,录音的,灌制唱片的 ④千篇一律的,刻板的. II *can²* 的过去式及过去分词. *canned data* 存储(的)信息,已存数据. *canned food* 罐头食品. *canned meat* 罐头肉. *canned motor* 密封发动机,装在密封外壳内的电动机. *canned music* 唱片音乐,有声电影音乐. *canned sight* 电视广播用的电影软片,电视节目中插入电影片的节目．
cannel *n.* 烛煤．
cannelloid *n.* 烛煤质煤．
cannelure *n.* ①纵槽(沟) ②环形槽,弹壳槽线．
can'nery *n.* 罐头(食品)工厂．
Cannes *n.* 戛纳(法国港口)．
can'nibalise ['kænibəlaiz] = cannibalize. **cannibalisa'tion** ['kænibəlai'zei∫ən] *n.*
can'nibalize ['kænibəlaiz] *vt.* ① 拆修,拆用(…的)[配]件,利用 件. ② 同型装配,轨上装配. **cannibaliza'tion** ['kænibəlai'zei∫ən] *n.*
cannikin *n.* 小杯(罐),木桶．
can'ning ['kæniŋ] *n.* ①罐装,罐头制造 ②用外壳密封,用外皮覆盖,外皮包裹,外壳装备,(防射线的)外壳密封装置 ③包壳,封装. *canning industry* 罐头工业．
canning-beam current 扫描束电流．
cannister = canister.
can'non ['kænən] I *n.* (*pl. can'nons*,集合名词 *can'-non*) ①空心轴,粗短管 ②(飞机)机关炮,(大,火,榴弹,加农)炮,炮筒 ③加农高速锅(钨16%,铬 3.5%,钒 1.0%,碳 0.7%) ④规范. II *v.* ①猛撞,间接碰撞,冲突(against, into, with) ②开炮,炮轰. *cannon connector* 加农插头与插座. *cannon plug* 圆柱形插头,加农插头. *cannon tube shield* 筒形屏蔽罩．
cannonade' [kænə'neid] *n.* ; *v.* 轰击,(连续)炮击．
can'nonball *n.* ; *v.* 炮弹;快车;疾驰．
cannoneer *n.* 炮手[兵]．
can'non-fodder *n.* 炮灰．
can'non-proof *a.* 防弹的．
cannonry *n.* 炮兵;炮火．
can'non-shot *n.* 炮弹-射[程]程．
can'not ['kænɔt] *aux. v.* 不能,不会. *cannot afford* 花不起,买不起. ▲*cannot (choose) but* 不得不. *cannot help but* 不得不,忍不住．
can'nula ['kænjulə] *n.* (*pl. can'nulae*) 套(,插,套)管．
can'nular ['kænjulə] *a.* (套)管状的,筒状的. *cannular burner* 环管燃烧室．

can'nulate *vt.* 插套管.
canoe *n.* (磁带在磁鼓上的)缠绕方式,走带方式.
can'on ['kænən] *n.* ①标准,规〔原,法,准〕则,规〔典〕范,法典,定律 ②一种大号铅字. *canons of art* 艺术标准.
cañon 〔西班牙语〕=canyon.
canon'ic(al) [kə'nɔnik(əl)] *a.* 典型的,标准的,正则〔规〕的,规〔典〕范的. *canonical coordinates* 典〔正则〕坐标. *canonical ensemble* 正则系综. *canonical form* 范〔典〕式,典型〔标准,正则〕形式. *canonical transformation* 典〔正则〕变换.
canon'ically [kæ'nɔnikəli] *ad.* 规范地. *canonically conjugate variables* 典〔正则〕共轭变数〔量〕.
canopied *a.* 遮有天篷的.
can'opy ['kænəpi] I *n.* ①(天,顶,拱顶,座舱)盖,(座舱)罩,天篷〔棚〕,挑〔帆布〕棚 ②伞篷〔衣,身,罩〕,遮伞 ③篷〔伞盖 ④树〔亇〕冠. II *vt.* 用天篷遮盖. *airplane canopy* 飞机座舱罩. *canopy switch* (电车)篷顶〔天棚〕开关. *canopy top* 天盖式车顶. *main canopy* 主伞衣,主座舱罩. *parachute canopy* 降落伞全身,降落伞主支撑面.
canorous *a.* 音调优美的,有旋律的. ~*ly ad.*
cant [kænt] *n.; v.* ①斜面,倾斜(位置),倾侧,弄斜 ②超高,铁道弯曲的外轨加高〔五角形〕外角,切去棱角 ④四角木材,斜肋骨 ⑤横轴附近的振动,横轴微振 ⑥发声,声调 ⑦翻转,倾斜〔回转〕装置,(突然)改变方向 ⑧黑话,隐语,术语. *cant column* 多角柱. *cant hook* 钩杆,活动铁钩. *cant of the track* 轨道超高度. *canted shot* 斜置照相机拍摄,斜面摄影,倾斜镜头(拍摄). *canted tie plate* 斜面垫板. ▲*cant over* 翻转(过来).
can't [kɑːnt] =cannot.
Cantabrigian *a.; n.* ①英国剑桥大学的(学生,毕业生) ②美国哈佛大学的(学生,毕业生).
CANTAC = commonwealth trans-Atlantic cable 横贯大西洋的海底电缆.
cantelever 或 cantaliver =cantilever.
canted *a.* 有角的,倾斜的.
canteen' [kæn'tiːn] *n.* ①餐〔炊〕具箱,饭盒,小器皿箱 ②行军水壶 ③小卖部,临时〔流动〕餐室.
can'tihook ['kæntihuk] *n.* 转杆器.
CANTIL =cantilever.
can'tilever ['kæntilivə] I *n.* ①悬臂(梁),伸臂,突〔肱〕梁 ②支撑木,(交叉)支架,(交叉)角撑架,电缆吊线夹板 ③纸条盒. II *v.* 使...伸出悬臂. *cantilever arch truss* 拱形悬臂桁架. *cantilever arm* 悬臂部. *cantilever beam* 悬臂梁,肱梁. *cantilever bridge* 悬臂桥. *cantilever crane* 悬臂起重机.
can'tilevered *a.* 悬臂的. *cantilevered end* 悬臂端. *cantilevered footway* 〔foot path〕悬臂式人行道. *cantilevered wall* 悬臂墙.
cantilever-spring *n.* 悬臂弹簧,(汽车)半悬弹簧〔钢板〕.
cant'ing *n.* ①倾斜(侧),弄斜 ②翻〔倒,逆〕转.
can'ton I ['kæntən] *n.* 州,县,区. II *vt.* 驻扎,分成州〔区〕. *canton crane* 轻便落地吊车.
Canton [kæn'tɔn] *n.* 广州(Guangzhou 的旧称).
cantonment *n.* 驻扎,宿营,(pl.)(临时)营房.

can'tus ['kæntəs] *n.* 歌,旋律.
can-type *a.* 罐形的. *can-type combustion chamber* 管形燃烧室.
CANUKUS = Canada-United Kingdom-United States 加拿大-英国-美国(三国联合的).
canula =cannula.
can'vas ['kænvəs] I *n.* ①帆布,防水布 ②帐篷(pl.) 帆布传送带 ④油画(布). II *a.* 帆布制的. *canvas belt* 帆布带,(运输机)传送带. *canvas cloth* 〔sheet〕帆布. *canvas conveyer* 帆布带输送机,(帆布)传送带. *canvas hose* 帆布水带. *tyre canvas* 轮胎帆布. ▲*under canvas* 住在帐篷中,在帐篷里,张帆的,扯着风帆.
can'vas(s) ['kænvəs] *v.; n.* ①(详细)调查,(仔细)讨论,钻研 ②活动,运动,游说,拉选票(for).
can'yon ['kænjən] *n.* 峡〔深〕谷. *canyon benches* 峡谷阶地.
caoline *n.* 高岭土.
caoutchoene *n.* 橡胶酮.
caoutchouc ['kautʃuk] *n.* (天然,生)橡胶,橡皮,(弹性)树胶.
cap [kæp] I *n.* ①帽(子),(圆,顶,帽,轴承)盖,(金属)罩〔帽〕,套,箍,盖板,塞 ②(柱)头,(引出)头(部),引出线,(输出)端,插座,管接头,封头 ③火帽,雷管 ④帽〔顶,排〕梁,顶板岩石 ⑤【数】求交运算. *bearing cap* 轴承盖. *blast cap* 风帽. *bottom cap* 底盖. *bubble cap* 泡罩. *cap and pin type insulator* 帽盖-装脚式绝缘子. *cap bolt* 盖螺栓. *cap collar gasket* 螺帽垫圈. *cap copper* 带状黄铜,含锌 3~5% 的黄铜. *cap flange* 螺帽垫圆. *cap grouting* 顶盖灌浆法. *cap jet* 辅助喷射口,副(伞形)喷口. *cap lamp* (矿工用)帽灯,头灯. *cap nut* 罩螺母,(外套,锁紧)螺帽. *cap of pile* 桩帽. *cap plug* 塞盖. *cap product* 卡积. *cap rock* 冠〔覆〕岩,盖层,盖层岩. *cap screw* 有头螺栓,内六角螺钉,有帽(封口)螺钉. *cap strip* 帽材. *end cap* 管端盖帽. *fuel-element cap* 释热元件端. *glass cap* 玻璃帽〔罩〕. *heavy metal cap* 重金属弹头. *lamp cap* 灯头,管帽. *nose cap*【火箭】燃烧室首部. *sand cap* 防尘(砂)罩. *screw cap* 螺纹帽,螺(丝)帽. *slip cap* 滑动盖子. *valve cap* 瓣帽,阀盖,阀门顶. *watch cap* 烟囱罩,导烟帽.

II *vt.* ①覆盖,盖顶,覆(盖)顶(上),包覆顶端 ②装雷管于 ③完成 ④胜过. *be capped with n+ layers* 被覆以 n+ 型材料层. *capped ingot* 封顶〔压盖〕(沸腾钢)钢锭. *capped pile* 带箍桩,安上桩帽的桩. *capped quartz* 冠状石英. *capped steel* 半镇静钢,压盖〔加盖,封顶〕沸腾钢,加盖钢. ▲*cap the climax* 超过限度,出乎意料. *The cap fits.* 恰如其分.
CAP = ①civil air patrol 民航巡逻 ②contract acquired property 合同所获的性能(特性).
cap = ①capacitance 电容 ②capacitor 电容器 ③capacity (电)容量,功率,生产能力.
CAP SEP = capsule separation 座舱分离.
capability [keipə'biliti] *n.* ①能力,可能性,本领 ②性能,容量,效力,(可能输出)功率,生产率 ③权力,(操作系统)权能. *altitude capability* (上)升(极)

限,上升能力,(火箭)可达高度. *atomic capability* 携带核武器的能力. *capability computing system* (操作系统用)权力计算系统. *capability curve* 可能输出曲线. *capability manager* 权力管理程序. *heat-producing capability* 发热量,热值. *heat transfer capability* 传热能力. *national defence capability* 国防力量. *power capability* (可能)功率,功率容量. *reactor capability* 反应堆功率. *resolution capability* 鉴别〔分辨,析像〕能力. *the capability of a material to conduct* 物质传导的能力. *the capability of a metal to be*〔*for being*〕*fused* 金属的可熔性. *the capability of depositing a long small bead* 一根焊条可焊的焊缝长. *the capability of welding vertically upwards* (焊条的)(向上)立焊工艺性. ▲ *capability for* +*ing* 有可能(做). *capability of* +*ing*〔*to* +*inf.*〕(做…)的能力. *within the capabilities of* …在…能力〔力所能及〕的范围之内.

ca′pable ['keipəbl] *a.* 有能力的,能干的,有才〔技〕能的. *make gas capable of conducting electricity* 使气体能够导电. ▲(*be*) *capable of* +*ing* 能(够)…,可以…,易(于)…,容许…,干得出…. *be capable of holding* 10 *gallons* 装得下 10 加仑. *The situation is capable of improvement*. 情况可以改进.

ca′pably ['keipəbli] *ad.* 好,妙.

capa′cious [kə'peiʃəs] *a.* 容积〔量〕大的,宽敞的,广阔的. ~*ness n.*

capac′itance [kə'pæsitəns] *n.* 电容(量,值),(机械)容量. *acoustic capacitance* 声容(声媒质在 1 达因/厘米² 的作用力下的体位移量度). *antenna capacitance* 天线电容(量). *capacitance beam switching* 电容性束转换,电容等信号区转换(制). *capacitance box* 电容箱. *capacitance diode* 变容二极管. *capacitance linear air condenser* 线性电容式空气电容器. *capacitance potentiometer* 电容电位计〔分压器. *capacitance relay* 电容式继电器. *capacitance wire gauge* 电容线规. *direct capacitance* (两导体间的)静电容. *direct earth capacitance* 或 *capacitance to earth* 接(对)地电容. *fluid capacitance* 流容. *ground capacitance* (其它导体接地时)计算大地影响在内的(电缆)的总电容. *natural capacitance* 固有电容. *primary capacitance* 初级线圈电容,起始电容,(可变电容器)的最小容量. *shunt capacitance* 并联〔分路,寄生〕电容,芯线和金属壳间的电容. *specific capacitance* 比电容. *stray capacitance* 寄生〔杂散,有害〕电容. *turn-to-turn capacitance* 匝〔圈〕间电容.

capacitance-coupled *a.* 电容耦合的.
capacitance-divider probe 电容分压〔分配〕探针.
capacitance-resistance filter 阻容滤波器.

capac′itate [kə'pæsiteit] *vt.* 使能够,使适合于(*for*). *capacitated transportation problem* 限量运输问题.

capac′itive [kə'pæsitiv] *a.* 电容(性)的,容性的. *capacitive coupling amplifier* 电容耦合放大器. *capacitive constant* 电容器常数. *capacitive current* 电容性电流. *capacitive head* 电容顶部. *capacitive micrometer* 电容式测微计. *capacitive reactance* (电)容(电)抗. *capacitive susceptance* (电)容(性电)纳. ~*ly ad*.

capacitive-shunting effect 电容分流作用,电容旁路〔分路〕效应.

capacitiv′ity [kəpæsi'tiviti] *n.* 电容率(MKS 制中的介电常数).

capacitom′eter *n.* 电容测量器,法拉计.

capacito-plethysmograph *n.* 调频式电容脉波计.

capac′itor [kə'pæsitə] *n.* 电容器. *aligning capacitor* 微调电容器. *book capacitor* 书页式电容器,调角电容(器). *block capacitor* 阻塞电容器. *capacitor antenna* 电容式天线. *capacitor bank* 电容器组(合). *capacitor loudspeaker* 静电(电容器式)扬声器,电容话筒〔传声器〕. *capacitor microphone* 静电〔容〕传声器. *capacitor motor* 电容起动电动机. *capacitor oil* 绝缘〔电容器〕油. *capacitor pick-up* 静电〔电容〕拾声器. *capacitor plate* 电容(器)极板. *capacitor reactance* 容抗. *decade capacitor* 十进电容器. *feed through capacitor* 隔直流〔耦合〕电容器. *film and paper capacitor* 纸介电容器. *flat gain (control) capacitor* 平调电容器. *heat capacitor* 储热器. *incremental capacitor* 精确调整〔校正〕电容器. *isolating capacitor* 级间耦合电容器,隔(直)流,堵隔电容器. *midline capacitor* 对数电容器. *rotary capacitor* 可变电容器. *subdivided capacitor* 电容器箱,分组电容器.

capacitor-diode tuner 变容二极管调谐器.
capacitor-start induction motor 电容器启动感应电动机.

capac′itron [kə'pæsitrən] *n.* 电容汞弧管.

capac′ity [kə'pæsiti] *n.* ①容量(积),汽缸工作容量,(负)载量,装载(立方,体积),电容(量)②(运动,通航,通行)能力,本领,智能,能量,(额定,最大允许)功率,(计算机)计算效率,生产(能)力,生产率〔额,通过率〕③【计】字长 ④资格,身分,职位,权力. *absorption capacity* 吸收能力,吸收率,吸收性. *ampere capacity* 导体所能耐受的安培数. *ampere hour capacity* 安培小时(定)额. *bearing capacity* 承重〔载〕能力,承(载)量. *burning capacity* 燃烧量. *calorific capacity* 发热量,热值,卡值. *capacity coefficient* 容量系数. *capacity coupled* 电容耦合的. *capacity coupler* 电容耦合器〔元件〕. *capacity current* 电容性电流. *capacity exceeding number*【计】超位数(超过存储单元最大长度的数). *capacity factor* 功率,利用率,能力(利用)系数,容量〔电容,负载,广延〕因数. *capacity fall-off* 电容量减退〔下降〕. *capacity* 漏电. *capacity in tons per hour* 生产率(吨/小时),每小时生产吨数. *capacity measuring set* 电容测试器. *capacity meter* 电容测试器. *capacity multiplier* 电容倍增器型延迟电路. *capacity of well* 井出水〔喷油〕量. *capacity operation* 全容量操作,满载操作. *capacity point* 容载限

点. capacity production 生产能力. capacity rating 额定生产率. capacity seismometer 电容式地震检波器. capacity susceptance （电）容性电纳. capacity time lag 电容惯性〔时滞〕. capacity tonnage 载重量. capacity value 电容值,荷载量,功率. capillary capacity 毛细吸湿量〔吸湿能力〕. carrying capacity 载重量,荷重量,装载〔承载,支承〕能力,载流容量. ceiling capacity 【空】上升能力,上升〔最大〕能量. charge capacity 装载量,（电池）蓄电量. counter capacity 计数容量. cubic capacity 〔立体〕容积. current capacity 载流量. discharge capacity 通过〔通行〕,工作,透射〕能力,放电（容）量,流量. electric capacity 电容量. exceed capacity 超过范围〔可能〕. filter capacity 过滤量,过滤能力,滤波能力. flow capacity 流量,泄（排）水能力. generating capacity 发电量. heat(ing) capacity 热容（量）,热含量,比热. high filler loading capacity 填充剂高含量. holding capacity 容积,容量. idle capacity 备用容量〔功率〕. labour capacity 劳动生产率,工率. line capacity 作业线能力. load(ing) capacity 载〔起〕重量,荷重量,功率. marked capacity 额定容量,额定生产率. natural capacity 固有电容. power capacity 功率电容〔容量〕. press capacity 冲床吨位. pump capacity 泵流〔抽水,输出〕量. rated capacity 额定〔容,产,输出〕量,定额率. reactance capacity 无功功率. thermal capacity 热容量,热功率. throughput capacity 物料通过量,表类交换量. wearing capacity 耐磨性,磨损量. wiring capacity 布线电容. work-hardening capacity 加工硬化程度. work(ing) capacity 生产〔工作〕能力,工作量. ▲at full capacity 以全（部）力（量）,满功率,满负载. capacity for〔of, to +inf.〕…的能力,作…的力,作为…资格. to capacity 达最大限度,满负载.

capacity-coupled double-tuned circuit 电容耦合双调谐电路.

capacity-input filter 电容输入滤波器.

capadyne n. 电致伸缩继电器.

capaswitch n. 双电致伸缩继电器.

CAPChE = component auto programmed checkout equipment 元件自动程序校核设备.

cape [keip] n. ①海角,岬 ②斗篷,披肩. Cape Canaveral 卡纳维拉尔角（美国导弹试验中心）. cape chisel 削〔扁尖〕凿,岬〔扁尖〕錾. cape diamond 黄金刚石. cape ruby 红榴石. cape top 篷〔软〕车顶. the Cape (of Good Hope) 好望角. Cape Horn 合恩角. Cape Verde Islands 佛得角群岛.

capellet n. 挫伤,肿瘤.

ca'per vi. ; n. 跳跃.

Cape'town ['keiptaun] n. 开普敦.

capillarectasia n. 毛细管扩张.

capillarim'eter n. 毛细（管）测〔检〕液器.

capillari'tis n. 毛细管炎.

capillar'ity [ˌkæpiˈlæriti] n. 毛细（管）作用〔现象〕.

angle of capillarity 毛细角.

capillaroscope n. 毛细显微镜.

capillaroscopy n. 毛细显微术,毛细管镜检法.

capil'lary ['kəˈpiləri] a. ; n. 毛细管（的）,毛细（作用,现象）（的）,表面张力的,毛（发）状的,微毛细血管. capillary action 毛细（管）作用. capillary ascension 〔ascent, elevation, lift, rise〕毛细上升. capillary condensation 毛细凝缩. capillary copper 铜毛. capillary crack 发状〔毛细〕裂缝,发纹. capillary electrometer 毛细管静电计. capillary electrolysis 毛细电解,渗透电解,交界面电解. capillary hydrodynamics 毛细管流体动力学. capillary jet 毛细管射流. capillary leak 毛细管泄漏,毛细漏孔. capillary phenomenon 毛细现象. capillary pipe [tube] 毛细管. capillary potential gradient 毛细势差,毛管力差. capillary pyrite 针镍矿. capillary vessel 微血（毛细）管. capillary wave （表面）张力波,界面波.

capillary-inactive a. 表面不活泼的.

capillator n. 毛细管比色计.

capillitium n. 孢（内）丝.

capillom'eter n. 毛细试验仪.

capillon n. 茵陈酮.

capillus (pl. capilli) n. 毛,发.

capister n. (突变结)变容二极管.

cap'ita ['kæpitə] caput 的复数. ▲per capita 每人〔口〕.

cap'ital ['kæpitl] Ⅰ n. ①首都〔府〕,省会 ②大写（字母）③柱头〔【建】柱头〔顶,冠〕】Ⅱ a. ①基〔根〕本的,首要〔位〕的,主要的,最重要的 ②资本的 ③极好的 ④应处死刑的. capital city 首都. capital construction 基本建设. capital cost 基本投资,投资费,资本值. capital crime 死罪. capital expenditure 基本建设费用. capital letter 大写字母. capital outlay 资本支出,基建投资. capital payoff 投资回收期. capital punishment 死刑. capital repair 大修. capital stock 基金,股本. capital works 基本建设工程. monopoly capital 垄断资本. ▲make capital (out) of 拿…作资本,利用,趁.

capitalise = capitalize. capitalisa'tion n.

cap'italism ['kæpitəlizm] n. 资本主义（制度）. under capitalism 在资本主义制度下.

cap'italist ['kæpitəlist] I n. 资本家,资产阶级分子. Ⅱ a. 资本主义的. ~ic a.

capitalis'tic a. 在资本主义下存在（经营）的,资本主义的.

capitalis'tically ad. 资本主义方式地,资产阶级式地.

cap'italize ['kæpitəlaiz] vt. ①用大写字母开头〔书写,印刷〕②变成〔用作〕资本,变为现金,投资 ③定为首都 ④利用(on, upon). capitalized (total) cost 核定投资（总）额,核定资本值. capitalized value 核定资本值. capitalizing rate 资本核算率. capitaliza'tion n.

cap'itally ad. 好,妙.

cap'itate a. 头状的,槌形的.

capita'tion n. 按人计算〔收费〕,人头税.

Cap'itol ['kæpitl] n. 美国国会〔美国州议会〕大厦.

Capitol Hill 美国国会.
capit′ulate *vi.* 投降,停止抵抗.
capitula′tion *n.* ①投降(条约) ②(文件,声明)摘要.
capitula′tionism *n.* 投降主义.
CAPL = control assembly parts list 控制组件目录.
caplastom′eter [ˈkæpləsˈtɒmɪtə] *n.* 粘度计.
capneic *a.* 适二氧化碳的.
cap′per [ˈkæpə] *n.* 封口机,瓶盖机.
cap-piece *n.* 帽木.
cap′ping [ˈkæpɪŋ] *n.* ①压[封]顶,压[加]盖,槽[帽]盖,保护层[盖] ②盖层岩,岩石,表土,剥离物 ③髓盖,盖髓术(物) ④管节接上引线. *capping beam* 压檐梁. *capping beds* 覆盖层. *capping mass* 盖层物,表土. *capping piece* 压檐木[梁].
capreolary *a.* 卷曲的.
capreolate *a.* 卷须[伸]状的.
CAPRI "卡普里"靶场测量雷达.
capric acid 癸酸.
caprice [kəˈpriːs] *n.* 反复无常,多变,变幻莫测;空想的艺术作品. **capricious** [kəˈprɪʃəs] *a.* **capriciously** *ad.*
capricornoid *n.* 羼角线.
caprin *n.* (三)癸酸甘油酯.
cap′rock [ˈkæprɒk] *n.* 冠岩,盖层.
caproic acid 己酸.
caproin *n.* (三)己酸甘油酯.
caprolactone *n.* (羟基)己(酸)内酯.
cap′ron(e) [ˈkæproʊn] *n.* 卡普纶,聚己内酰胺纤维.
capryl *n.* ①癸酰 ②辛基,辛酰.
caprylic acid 辛酸.
caprylin *n.* (三)辛酸甘油酯.
caprylolactone *n.* (羟基)辛(酸)内酯.
capsaicin *n.* 辣椒素.
capsanthin *n.* 辣椒红.
capsicol *n.* 辣椒油.
cap′sicum [ˈkæpsɪkəm] *n.* 辣椒.
capsid *n.* 衣壳,壳体,荚膜.
cap-sill *n.* 介木.
capsize [kæpˈsaɪz] *v.*; *n.* (船等)倾覆,翻身.
capsomere *n.* (衣)壳粒;衣壳蛋白亚单位.
capsomer′ic *a.* 壳微体的.
capsorubin *n.* 辣椒玉红素.
cap′stan [ˈkæpstən] *n.* ①绞盘,卷扬[起锚]机,(立轴)绞车 ②刀盘,六角刀架 ③(录音机磁带传动)主动(主导,驱动)轮,输带辊,(录像机)主动轮 ④(拉丝)卷筒,牵引盘[辊],盘条收集机. *capstan amplifier* (录像机的)转矩放大器. *capstan bar* 绞盘棒. *capstan engine* 卷扬[起锚]机. *capstan handwheel* 绞盘手轮. *capstan head slide* 转塔刀架,六角头溜板,转塔滑台(车床). *capstan lathe* 转塔式六角车床,六角车床,转塔车床. *capstan motor* 主导电动机. *capstan rest* [*turret*] 转塔刀架,六角刀架转塔. *capstan roller* (无级绳运输)竖滚柱,(录音机)输带辊,主导轴惰轮. *capstan screw* 转塔纵杆,绞盘螺钉. *capstan winch* 绞盘. *final capstan* (拉裱机的)成品卷筒.
cap′stone [ˈkæpstoʊn] *n.* 拱[压]顶石,顶(层)石,顶点.
cap′sula [ˈkæpsjʊlə] (*pl.* *cap′sulae*) *n.* (胶)囊(剂),荚[被]膜.
cap′sular(y) [ˈkæpsjʊlə(rɪ)] *a.* 胶囊的,雷管的,荚膜的.
cap′sulate(d) [ˈkæpsjʊleɪt(ɪd)] *a.* 胶囊包裹的,装入雷管的.
capsula′tion *n.* 封装,密封.
cap′sule [ˈkæpsjuːl] I *n.* ①小(炭精)盒,小(盖)皿,容器 ②瓶(金属)帽,瓶[管]盖 ③封壳,包套(囊),(胶)囊(剂),荚[被]膜 ④(真空,振动片)膜盒,膜片 ⑤(密封)(座)舱,宇宙密封小舱,宇宙容器,小(仪器)舱 ⑥雷管 ⑦传感器 ⑧摘要. II *a.* 简略的,小而结实的. III *vt.* 压缩,节略. *capsule biography* 简历,简略的传记. *capsule ejection* 座舱弹射. *capsule metal* 铅锡合金(铅92%,锡8%). *capsule mock-up* 航天舱(密封舱)模型. *capsule simulator* 座舱模拟器. *capsule (type vacuum) gauge* 膜盒真空计. *data capsule* 数据容器. *diaphragm capsule* 膜盒. *ejection cockpit capsule* 弹射座舱. *escape capsule* 逃生舱. *hydraulic capsule* 液力薄膜拉力表(测力计),膜式水力测压器. *irradiation capsule* 照射盒. *isotope capsule* 盒装同位素源. *microphone capsule* 送话器炭精盒. *plastic capsule* 塑料封壳. *pressure capsule* 压力传感器. *pressurized capsule* 密封舱. *radium capsule* 盒装镭源. *sonar capsule* 反射高频声波器. ▲ *in capsule form* 以简略形式.

capsuliform *a.* 囊形的.
cap′sulize [ˈkæpsjʊlaɪz] *vt.* ①把…装入胶囊(小容器)内 ②压缩,以节略形式表达.
captafol *n.* 【农药】敌菌丹.
cap′tain [ˈkæptɪn] *n.* ①指挥者,队长 ②船(舰,机)长 ③(陆军,空军)上尉,(海军)上校. *captain of industry* 工业界头子.
captance *n.* 容抗.
capta′tion [kæpˈteɪʃən] *n.* ①收(捕)集,集捕 ②筑坝壅水,截水以供使用.
cap′tion [ˈkæpʃən] I *n.* ①标题,题目 ②(插图)说明 ③目录 ④字幕,解说词. II *vt.* 在…上加标题(字幕). *caption adder* 字幕叠加器. *put a caption on M* 给 M 加上标题. *under the caption of* 在…的标题下,以…为标题.
captious *a.* 吹毛求疵的,强词夺理的.
cap′tivate *vt.* 迷住,吸引住,强烈感染.
captiva′tion *n.* 魅力,吸引力.
cap′tive [ˈkæptɪv] I *n.* 俘虏. II *a.* (可)捕获的,(可)截获的,被拴住的,被吸引住的. *be taken captive* 被俘(虏),被捕获. *captive balloon* 系留气球. *captive foundry* (机器制造厂内的)铸工车间. *captive test* 静态[工作台,捕获,截获]试验.
captiv′ity [kæpˈtɪvɪtɪ] *n.* 被俘,监禁,束缚.
cap′tor [ˈkæptə] *n.* 俘虏(捕捉)者.
cap′ture [ˈkæptʃə] *n.*; *vt.* ①俘[捕,截]获,捕捉 ②收集,吸收(取),袭夺,攻占,夺[扑]取,紧握 ③赢得,引起(注意) ④归零,找准,锁位 ⑤记录,拍摄 ⑥俘房,缴获(品) ⑦遏止噪声. *capture area* 吸收面,目标截获区,天线有效(截)面积. *capture area of antenna* 天线有效(截)面积. *capture coefficient* 俘获系数. *capture cross-section* 俘获截面. *capture*

effect 俘获[遮蔽]效应. capture guidance 有线制导. capture process 俘获历程. capture range 俘获[同步]范围. capture ratio 俘获率. captured current 俘获电流. captured documents 缴获文件. captured river 袭夺河. capturing nucleus 俘获核. fast capture 快中子俘获. K capture K 层电子俘获. neutron capture 中子俘获[吸收]. nonproductive capture 中子的无效俘获,非产品[非裂变]俘获. orbital electron capture 轨道电子[被核]俘获. radiation [radiative] capture 辐射俘获,伴生 γ 辐射俘获. strong capture 强吸收. thermal capture 热中子俘获.

capture-gamma counting 俘获 γ 计数.

capture-produced isotope 俘获产生的(同)位素.

cap'turer n. 俘[捕]获者.

cap'ut [ˈkæput] 〔拉丁语〕(pl. *cap'ita*) n. ①头(部),首 ②全. ▲ *per capita* 每人[口].

cap'ut mor'tuum 〔拉丁语〕n. (蒸馏的)残渣,渣滓,废物.

capy =capacity (电)容量,功率,生产率.

car [kɑː] Ⅰ n. ①车(辆),(小)汽车,电车,···车 ②吊舱[室],车厢,车箱[厢],电梯. Ⅱ vi. 坐汽车去. *aerial car* 气球吊篮,高架铁道车. *air cushion car* 气垫车. *armoured car* 装甲车. *baby car* 微型汽车. *cable car* (悬空)缆车,索车. *car axle* 车轴. *car body* 车身. *car driver* 驾驶员,司机. *car dumper* 倾卸货车,倾倒式开底车,汽车倾卸机,翻车机. *car frame* 车架. *car hearth furnace* 活底炉. *car load* 装在车上用地磅过秤. *car park* 停车场. *car track* 电车轨道. *car wash* 汽车擦洗处. *closed* [saloon] *car* 轿车. *coil car* 卷材移动台车. *flat car* (铁路)平板车,敞车. *goods car* 运货汽车. *hand car* 手摇[推]车. *left hand control* [*drive*] *car* 左座驾驶车辆. *low built car* 低重心车辆. *open car* 敞车. *push car* 手推车. *push section car* 手推平车. *radio car* 无线电汽车,警务车. *side dump(ing) car* 车侧卸车. *sledge car* 机动雪橇. *the cars* 列车. ▲ *by car* 乘汽[电]车.

CAR =①civil air regulations 民航条例 ②controlled avalanche rectifier 可控雪崩整流器.

car =carat 克拉.

car no =car number 车号.

carabin(e) n. 卡宾枪.

Caracas [kəˈrɑːkəs] n. 加拉加斯(委内瑞拉首都).

caracole n. 旋梯.

CARAM =content addressable random access memory 存数寻址随机存取存储器.

car'amel [ˈkærəmel] n. 焦糖,酱色.

carameliza'tion n. 焦糖化.

carapace n. 甲(壳),介(壳).

car'at [ˈkærət] n. ①克拉(钻石的重量单位,=0.200g) ②药品质量单位(=1.0296g),开(黄金纯度单位,纯金为 24 开). *a ten carat diamond* 十克拉钻石. *gold 20 carats pure* 二十开金.

caravan' [ˈkærəˈvæn] n. 大篷车,车队,商队. *motorised caravan* 敞篷汽车.

CARB =①carburetor 汽化器 ②carburize 渗碳,碳化.

carb- 〔词头〕碳.

carbalkoxy n. 烷脂基;烷氧羰基.

carballoy n. 碳化钨硬质合金.

carbamate n. 氨基甲酸酯[盐],甲氨酸酯[盐].

car'bamide n. 脲,尿素[醛],碳酸(二)酰胺,三聚氰胺-甲醛.

carbamidine n. 胍.

carbamino n. 氨甲酰基. *carbamino acid* 氨基甲酸.

carbamoyla'tion n. 甲氨酰化(作用).

carbamult n. 【农药】猛杀威.

carbamyl n. 氨(基)甲酰.

carbamyltransferase n. 氨甲酰基转移酶,转氨甲酰酶.

carbanilate n. 【农药】苯基氨基甲酸酯.

carbanion n. 负[阴]碳离子,碳酸根[基]离子.

carbanolate n. 【农药】氯灭杀威.

carbarsone n. 卡巴胂.

carbarsus n. 麻布,纱布.

carbaryl n. 【农药】西维因,胺甲萘.

carbazol(e) n. 咔唑,9-氮杂茚. *vinyl carbazole* 乙烯咔唑.

carbendazim n. 【农药】多菌灵.

carbendazol n. 【农药】多菌灵.

carbene n. 碳烯,碳炭沥青,碳宾,二价碳(化合物).

carbetamide n. 【农药】草长灭.

car'bide [ˈkɑːbaid] n. ①碳化物(通常指碳化钙),电石. *calcium carbide* 碳化钙,电石. *carbide blade* 硬质合金刀片(,无心磨床的)硬质合金托板. *carbide brick* 碳硅砖. *carbide carbon* 化合碳(素). *carbide cermets* 硬质合金属陶瓷. *carbide chip* 硬质合金刀片. *carbide cutter* [*tool*] 硬质合金刀[工]具,碳化物刀具. *carbide cylindrical surface cutter* 硬质合金圆柱平面铣刀. *carbide die* 硬质合金拉模. *carbide drill* 硬质合金钻头. *carbide drum* 电石贮罐. *carbide furnace* 碳化炉,碳精电极炉. *carbide lines* 线状碳化物. *carbide method* 碳化钙测湿砂水分法. *carbide network* 网状碳化物. *carbide side cutter* 硬质合金侧铣刀,硬质合金三面刃铣刀. *carbide slag* 电石[碳化物]渣. *carbide to water generator* 投入式[快发生器. *carbide tool grinder* 硬质合金工具磨床. *cast carbide* 铸态硬质合金,铸造碳化物. *cemented* [*sintered*] *carbide* 烧结碳化物,(烧结)硬质合金. *double carbide* 复合碳化物. *hard carbide* 硬质合金. *high-temperature cemented carbide* 耐高温硬质合金. *nickel-cemented tungsten carbide* 镍(结碳化)钨硬质合金,镍钨金属陶瓷. *refractory carbide* 难熔金属碳化物. *silicon carbide* 碳化硅,金刚砂. *simple tungsten carbide-cobalt composition* 纯碳化钨-钴制品,纯钴钨硬质合金. *steel bonded carbide* 钢结硬质合金.

carbide-chlorination n. 碳化物氯化.

carbide-tipped a. (头上镶有碳化物)硬质合金的. *carbide-tipped center* 硬质合金顶尖. *carbide-tipped cutter bit* 硬质合金刀刃,硬质合金刀头. *carbide-*

tipped tool 硬质合金刀〔工〕具.
carbine n. 卡宾枪. *machine carbine* 卡宾枪.
carbineer n. 卡宾枪手.
carbinol n. 甲[原]醇.
carbitol n. 乙氧乙氧基乙醇,卡必醇,二甘醇-乙醚. *butyl carbitol* 二甘醇二乙醚,丁基卡必醇.
carbo-〔词头〕碳,碳,〔焦〕炭.
carboatomic ring 碳(原子)环.
carbochain n. 碳链
carbo-charger n. 混气器.
carbocoal n. 半焦.
carbocycle n. 碳环.
carbofrax n. 碳化硅(耐火材料),金刚硅碎料.
carbofuran n.【农药】虫螨威,卡巴呋喃,呋喃丹.
carbohm n. 电阻定碳仪(测量渗碳气体的渗碳能力).
carbohydrase n. 糖酶,碳水化合物分解酶.
car'bohy'drate ['kɑːbou'haidreit] n. 碳水化合物,醣.
carbohydrazide n. 碳酰肼.
carbolate n. 酚盐,石碳酸盐.
carbol'ic [kɑː'bɔlik] a.; n. 碳的,煤焦油性的,石碳酸(的). *carbolic acid* 石碳酸,(苯)酚. *carbolic oil* 酚油.
carboligase n. 醛连接酶,聚醛酶,丙酮酸醇化酶.
carboline n. 咔啉,二氮茚.
car'bolize ['kɑːbəlaiz] vt. 用酚(石碳酸)洗,用酚(石碳酸)处理,使与酚(石碳酸)化合.
carbolon n. 碳化硅.
carboloy n.(用钴作粘结剂的)碳化钨硬质合金,钴钨硬质合金. *carboloy metal* 碳化钨硬质合金.
carbom'eter n.(测定空气中的)二氧化碳计,空气碳酸计,定碳仪.
carbomethoxy n. 甲酯基,甲氧甲酰.
car'bomite n. 碳酰胺(火箭火药稳定剂).
carbomycin n. 碳霉素.
car'bon ['kɑːbən] n. ①碳 C,石墨 ②碳棒(棒,片,粉) ③碳精电极,碳膜电阻 ④(一张)复写纸 ⑤复写本,副本. *absorbent* [*activated*] *carbon* 活性碳. *black carbon* 或 *carbon black* 碳黑. *carbon acid* 碳素酸. *carbon amber glass* 有色(琥珀)玻璃. *carbon arc lamp* 碳棒(弧)灯,弧光灯. *carbon back* 碳精座. *carbon back transmitter* 炭精[合]送话器. *carbon black oil* 炭黑油. *carbon blow* 吹碳期. *carbon burning* 烧炭. *carbon chain polymer* 碳链聚合物. *carbon chamber* 炭粒室. *carbon composition resistor* 炭(质)电阻(器). *carbon compounds* 碳化物类. *carbon constructional quality steel* 优质碳素结构钢. *carbon constructional steel round* 碳素结构圆锯. *carbon contact pick-up* 炭皮拾声(音)器. *carbon copy* 复写本,副本,极相像的东西. *carbon crucible* 石墨坩埚. *carbon date* (放射性)碳素测定(的)年代. *carbon deposit* 积碳(带铜热处理缺陷). *carbon diaphragm* 碳膜,碳精振动膜片. *carbon dioxide* 二氧化碳. *carbon drop* 降碳. *carbon equivalent* 碳当量. *carbon fibre* 碳纤维. *carbon fin* 散热片,燃烧舱. *carbon freezing* 用二氧化碳冷冻. *carbon knock* 积碳爆震. *carbon laydown* 碳沉积,积碳. *carbon miles* 清除发动机积碳后的行驶英里数. *carbon monoxide* 一氧化碳. *carbon packing* 碳素垫料. *carbon paper* 复写纸. *carbon paste* 碳膏(胶),电极糊. *carbon period* 石炭纪. *carbon pickup* 渗(增)碳,碳化. *carbon process* 碳纸印象法. *carbon ratio* (定)碳比. *carbon resistance* 碳质电阻. *carbon resistance film* 碳膜电阻. *carbon resistor rod* 碳电极. *carbon rheostat* 碳质变阻器. *carbon rod* 碳(精)棒. *carbon sand* 碳素砂. *carbon steel* 碳(素)钢. *carbon stick* 碳精棒. *carbon switch contact* 碳质开关接点. *carbon tetrachloride* 四氯化碳. *carbon tissue* 复写纸,碳素印像纸. *carbon tool steel* 碳素工具钢. *carbon transfer recording* 碳粒转印记录. *carbon transmitter* 碳精(粒)送话器. *decolourizing carbon* 脱色碳. *gas carbon* 气碳,碳煳,瓦斯黑. *radio carbon* (放)射碳. *retort carbon* 蒸馏碳. *solid carbon* 实心碳棒.
carbona'ceous [kɑːbən'neiʃəs] a. (含)碳的,碳质的. *carbonaceous coal* 半无烟煤. *carbonaceous material* 碳素物. *carbonaceous shale* 碳质页岩.
carbona'do [kɑːbə'neidou] Ⅰ vt. 烧,焙,烘,烤,砍,在…上切出沟痕. Ⅱ n. 黑金刚石.
car'bonate Ⅰ ['kɑːbəneit] vt. ①碳化,使与碳酸化合,使化合成碳酸盐(酯) ②烧成炭,焦化 ③充碳酸气于. Ⅱ ['kɑːbənit] n. ①碳酸盐(酯) ②碳酸盐:黑金刚石. *alkali carbonate* 碱金属碳酸盐. *alkyl carbonate* 碳酸烷基酯. *carbonate analysis log* 碳酸岩分析测井图. *carbonate hardness* 碳酸盐硬度. *carbonate of lime* 碳酸钙,石灰石. *carbonate reservoir* 碳酸岩油(气)藏. *carbonated hardness of water* 水的碳酸盐硬度. *carbonated spring* 碳酸泉. *radium carbonate* 碳酸镭.
carbonate-analysis log 碳酸岩分析测井曲线.
carbonate-leach n. 碳酸盐浸出.
carbona'tion Ⅰ vt. (用复写纸)复写. Ⅱ n. ①碳酸盐法[化],碳(酸)化作用,碳酸饱和 ②羧化作用,引入羧基.
carbonatite n. 碳酸岩,火成碳酸盐.
carbonatiza'tion 碳酸饱充作用.
carbonato a. 含碳酸盐的.
car'bonator n. 碳酸化器,碳酸化装置.
carbon-bearing a. 含碳的.
carbon-brush n. 炭刷.
carbon-coated coaxial attenuator (涂)碳层同轴衰减器.
carbon-content n. 碳含量.
carbon-copy Ⅰ vt. (用复写纸)复写. Ⅱ n. 复写本.
carbon-deoxidized a. 碳脱氧的.
carbon-disk microphone 碳盘传声器.
carbone n. 翔.
carboneum〔拉丁语〕n. 碳.
carbon-film resistor 碳膜电阻(器).
carbon-free a. 无碳的.
carbon'ic [kɑː'bɔnik] a. (含)碳的,由碳得到的. *carbonic acid* 碳酸. *carbonic period* 石炭纪.
car'bonide n. 碳化物.
carbonif'erous [kɑːbən'nifərəs] a. 含碳的,石炭纪〔系〕的. *carboniferous period* 石炭纪.

carbonifica'tion n. 碳化作用,成煤[煤化]作用.
arbonify vt. 碳化.
arbonise = carbonize. **carbonisation** n.
arbonite n. ①天然焦〔炭〕②碳质炸药,硝酸甘油,硝酸钾,锯屑炸药.
arbonitride n. 碳氮化物. *uranium carbonitride* 碳氮化铀.
arbonitriding n. 碳氮共渗,氰化.
arbonitrile n. 腈.
arbonium n. 碳鎓阳离. *carbonium ion* 阳〔正〕碳离子.
arboniza'tion [ka:bənai'zeiʃən] n. 碳化〔法,作用,处理〕,渗碳〔处理〕,焦化〔作用〕
ar'bonize ['ka:bənaiz] vt. 使碳化,使与碳化合,渗碳,涂碳素,使焦化.
ar'bonized a. 碳化(物)的. *carbonized cathode* 碳化物阴极. *carbonized filament* 碳化灯丝.
ar'bonizer n. 碳化器,碳酸化分解槽,(氢化铝)去纤维素液.
car'bonizing n. 碳化(作用),渗碳(作用),焦化(作用),复写墨印刷.
arbon-nitrogen cycle 碳氮循环.
carbonom'eter n. 碳酸计,碳酸气定量器.
car'bonous a. 含(似)碳的.
carbon-paper n. 复写纸.
carbon-point n. (弧光灯)碳(极)棒. *carbon-point curve* (锭)线.
carbon-reduced a. 用碳还原的.
carbon-reduction n. 碳还原法.
carbon-resistance furnace 碳阻电炉.
car'bonsteel ['ka:bənsti:l] n. 碳钢. *medium carbon-steel* 中碳钢.
carbon-stick microphone 碳棒传声器.
CARBONTET = carbon tetrachloride 四氯化碳.
carbonyl n. ①羰(基),碳酰,一氧化碳 ②金属羰基化合物,(pl.)羰络物类. *carbonyl addition* 羰基加成反应. *carbonyl chloride* 光气,氯化碳酰. *carbonyl compact* 羰基法粉末坯块. *carbonyl dust core* 碳粉(压制)铁芯,羰(基)铁粉心. *carbonyl group* 羰基. *carbonyl iron* 碳酰铁,羰基铁. *metal carbonyl* 金属羰基化合物,羰络(基)金属.

carbonyla'tion n. 羰(基)化(作用). *pressure carbonylation* 高压羰化(作用).
carbonyl-former n. 能形成羰基络物的金属.
carbonylh(a)emoglobin n. 碳氧血红蛋白.
carbophenothion n.【农药】三硫磷.
carboradiant kiln 金刚砂电炉.
carborandum n. 碳化硅,金刚砂,人造刚玉.
carborane n. 碳(甲)硼烷,卡硼烷.
car'borne a. 汽车转运的. *carborne detector* 汽车探测仪,车载探测器.
carborun'dum [ka:bə'rʌndəm] n. 碳化硅,碳硅砂,(人造)金刚砂. *carborundum detector* 碳化硅砂,金刚砂)检波器. *carborundum grinding wheel* (金刚砂)(磨)轮. *carborundum paper* (金刚)砂纸. *carborundum saw* (金刚)砂锯.
carborun'dum-paper n. (金刚)砂纸.
carboseal n. 收集灰尘用润滑剂.

carbother'mal 或 **carbothermic** a. 用碳高温还原的,碳热还原的. *carbothermic method* 碳热还原法.
carbowax n. 聚乙二醇,水溶性有机润滑剂.
carboxanilide n. 苯胺基甲酰.
carboxide n. 羰基.
carboxin n.【农药】萎锈灵.
carboxyamide n. 氨基甲酰.
carboxybiotin n. 羧基生物素.
carboxyh(a)emoglobin n. 碳氧血红蛋白.
carboxyl n. 羧基. *carboxyl group* 羧基.
carboxylamine n. 氨(基)甲酸.
carboxylase n. 羧化酶.
carboxylate n.; v. 羧化物,羧酸盐(酯),使羧化.
carboxyla'tion n. 羧化(作用).
carboxylesterase n. 羧酸酯酶.
carboxylic a. (含)羧基的. *carboxylic acid* 羧酸.
carboxyltransferase n. 羧基转移酶.
carboxymethylcellulose n. 羧甲基纤维素.
carboxypeptidase n. 羧(基)肽酶.
carboxyreactivity n. 羰基化反应能力.
carboy n. (酸)坛,(装腐蚀性液体的)用木箱〔藤罩〕保护的大玻璃瓶.
carbro n. 彩色照片(用三色分色片印刷的).
car'buncle ['ka:bʌŋkl] n. 红(宝)玉〔石〕.
carbuncular a. 红(宝)玉的.
carburan n. 铀铅沥青.
carburant n. 增碳剂,碳化剂.
car'burate v. 渗碳,汽化.
carbura'tion n. 渗碳(作用),碳化,(内燃机内的)汽化(作用),混合气体形成.
car'burator n. 渗(增)碳器,汽化器,气油器.
car'buret ['ka:bjuret] I n. 碳化物. II (*carburet(t)ed;carburet(t)ing*) vt. 使与碳化合,增(渗)碳 ②汽化,使汽油与空气混合,使(气体)与碳化合物混合. *carburetted air* 掺汽〔汽化〕空气,增碳(化物)空气. *carburetted hydrogen* 碳化氢. *carburetted iron* 碳化铁. *carburetted spring* 碳酸泉.
carburetant n. 增碳剂,碳化剂.
carbureted = carburetted.
carbureter = carburetor.
carburetion = carburation.
car'buretter 或 **car'buret(t)or** ['ka:bjuretə] n. (内燃机)汽化器,气油器,增碳器. *gravity fed carburetor* 重力给油汽化器. *idling carburetor* 空转汽化器. *primary (priming) carburetor* 起动汽化器.
carburise = carburize. **carburisa'tion** n.
carburiza'tion ['ka:bjuri'zeiʃən] n. 渗碳(作用,法,处理),碳化. *carburization material* 渗碳剂. *gas carburization* 气体渗碳.
car'burize ['ka:bjuraiz] vt. (使)渗碳,碳化. *carbon carburizing steel* 渗碳碳素钢. *carburized layer* 渗碳层. *carburizing steel* 渗碳钢. *cyanide carburizing* 氰化(热处理). *pack carburizing* 固体(包装)渗碳. *tube carburizing* 管式炉渗碳.
car'burizer ['ka:bjuraizə] n. 渗碳〔碳化〕剂.
carbusintering n. 渗碳烧结.
carbutamide n. 磺胺酰丁基脲.
carbyl n. 二价碳基.

carbylamine n. (乙)胨.

car′case 或 **car′cass** ['kɑːkəs] n. ①(支,构,框,车,绕线)架,骨架(心子),壳(躯)体 ②钢筋 ③轮胎胎壳,外胎身,胎体(纱线层和外皮层) ④定子,底,靶 ⑤尸体,遗骸.

carcass-flooring n. 毛地板.

carcass-roofing n. 毛屋顶.

Carcel unit 卡索(灯)光度单位(=9.6 国际烛光单位).

carcinec′tomy n. 癌切除术.

carcin′ogen [kɑːˈsinədʒen] n. 致癌物,致癌因素,诱癌剂.

carcinogen′esis [kɑːsinoˈdʒenisis] n. 致癌作用,致癌性,癌之发生(生长).

carcinogen′ic a. 致癌的.

carcinogenic′ity n. 致癌作用,致癌性.

carcinoid n. 类癌(瘤).

carcinol′ogy n. 甲壳动物学,癌学.

carcinolysin n. 溶癌素.

carcinol′ysis n. 癌溶解.

carcino′ma (pl. carcino′mas 或 carcino′mata) n. 癌,恶性肿瘤.

carcinomatoid a. 癌状的,类癌的.

carcinomato′sis n. 并发癌,癌转移.

carcinomatous a. 癌的.

carcinomatousous a. 癌的.

carcinomec′tomy [kɑːsinoˈmektəmi] n. 癌切除术.

carcinosec′tomy [kɑːsinəˈsektəmi] n. 癌切除术.

carcino′sis [kɑːsiˈnousis] n. (多发性,全身性)癌,恶性癌.

carcinostat′ic a. (抑)制癌的.

carcinostatin n. 制癌菌素.

carcin′otron [kɑːˈsinətron] n. 返(回)波管. carcinotron O O 型返波管.

carcinous a. 癌的.

carcoplasm n. 肌浆.

card [kɑːd] I n. ①卡(片),穿孔卡,程序[节目]单,图,表(格) ②插件(板),印刷电路板 ④布纹板,纹板,花板 ⑤(罗盘的)方位牌,标度板 ⑥钢丝刷,刷子,梳子,梳理(棉,毛,麻)机 ⑥(纸)牌 ⑧办法,手段,措施,计划,策略. II v. ①在…上附加卡片 ②把…成捆 ③把…列入时间表 ④梳(通),(梳)刷. *card address* 插件(插入)位置. *card catalog(ue)* 卡片目录. *card collator* 卡片校对[整理]机,混卡片. *card column* 卡片列,片(上的一)列孔. *card compass* 平悬罗盘. *card deck* 一组卡片,一叠卡片,卡片组(叠). *card editor* 卡片编辑程序. *card face* 卡片使用面,卡片正面. *card field* 凿孔卡片栏,卡片范围,卡片上的一段. *card file* 卡片文件,卡片框,卡片存储器. *card for record only* 只录卡. *card guide* 插件导轨. *card hopper* 卡片传送,送卡箱,(输入)卡片(袋). *card index* 卡片(式)索引. *card input magazine* 卡片输入箱,送卡箱. *card leading edge* 卡片前沿. *card level module* 插件级模件. *card middle* 衬纸. *card of admission* 入场券. *card of patterns* 装有几个模型的型板. *card programmed calculator* 卡片分析(计算)机,(穿孔)卡片程序计算机. *card puller* 拔插件手把,插件板插拔器. *card puncher* 卡片穿孔机. *card random access memory* 随机存取(磁)卡片存储器. *card reader* 卡片输入机,卡片阅读机,卡机,(穿孔)卡片读出器. *card read punch* 读卡穿孔机,卡片阅读(输入)穿孔机. *card receiver* 接卡箱. *card run* 卡片运用. *card sorting* 卡片[图表]分类. *card stacker* 输出卡片箱,叠卡片机,接卡箱. *card to tape* 卡片到带的转换. *card track* 卡片道,卡片导轨. *card type indicator* 图表式指示器. *card wire* 针布钢丝. *compass card* 罗盘方位牌(标度板). *designation card* 标示卡. *file card* 档案卡. *height card* 高度绘图仪(测绘板). *indicator card* 指示图(卡),示压器图,指示图. *leading card* 先例,榜样;论述中最有力的论点. *load card* 〖计〗成特殊形状的凿孔卡. *locator card* 定位卡. *printed circuit card* 印刷电路板. *punch(ed) card* 穿孔卡片. *record card* 记录卡. *shop card* 车间工作卡片. *test card* 测试图表. *time card* 时间表. ▲*have a card up one's sleeve* 胸有成竹. *have (hold) the cards in one's hands* 有成功的把握. *on the cards* 可能的,有可能实现的. *show one's cards* 摊牌,公开自己的计划. *the cards* 合适的措施(对策),意想中的事物.

car′dan ['kɑːdən] n. ①万向接头,万向节(轴),活节连接器 ②平浮(衡)环. *cardan joint* 万向接头,万向联轴节. *cardan shaft* 万向轴,(汽车的)中间轴,推进轴.

card-based language 以卡片为基础的语言,卡片式语言.

card′board ['kɑːdbɔːd] n. 卡(片)纸板,(厚硬)纸板,卡纸(片).

card′case n. 卡片盒.

cardi- 〔词头〕心(形).

car′dia ['kɑːdiə] n. 心(窝,口),心脏部位.

car′diac ['kɑːdiæk] I a. 心脏(病)的,(强)心的. II n. ①强心剂 ②心脏病患者. *cardiac beat* 心搏(数). *cardiac cycle* 心搏(动)周期. *cardiac murmur* 心杂音.

car′dial a. 心的,贲门的.

cardial′gia [kɑːdiˈældʒiə] n. 胃部(气)痛,心脏痛.

cardial′gic a. 心脏痛的,胃部痛的.

car′diant ['kɑːdiənt] n. 强心药,心兴奋剂.

cardiataxia n. 心运动失调,心脏共济不能.

cardiectasia n. 心扩张.

cardiec′tasis [kɑːdiˈektəsis] n. 心扩张.

car′dinal ['kɑːdinl] I a. ①主(要)的,基本的,最重要的 ②深红(色)的. II n. 基数. *cardinal line* 主线. *cardinal number* 基数,纯数. *cardinal points* (方位)基点,四方(东南西北). *cardinal power* 基数幂. *cardinal principle* 基本原理. *cardinal sum* 基数和. *cardinal theorem* 取样定理.

card′ing [ˈkɑːdiŋ] n. 梳毛,梳麻,梳棉. *carding machine* 梳粉机(韧性金属粉末制造机械),梳棉(毛,麻)机.

cardio- 〔词头〕心(脏).

cardio-accelerator 心动加速器(剂).

cardio-active a. 作用于心脏的.

cardio-angiology n. 心血管学.

cardiocybernet′ics n. 心脏控制论.

cardiodyn'ia [kɑːdioˈdiniə] n. 心脏痛.
cardioexcitatory a. 兴奋心脏的.
car'diogram n. 心动图,心动描记图.
car'diograph n. 心力记录器,心动描记器,心电计.
car'dioid [ˈkɑːdiɔid] Ⅰ n. 心(脏)形(曲,轮廓)线. Ⅱ a. 心状的,心脏形的. *cardioid condenser* 心(脏)形聚光器. *cardioid microphone* 单向(心形方向性)传声器. *cardioid pattern* (天线)心形方向图. *cardioid receiving* [reception] (用心形方向图接收.
cardiolipin n. 心(磷)脂;双磷脂酰甘油.
cardiol'ogist [kɑːdiˈɔlədʒist] n. 心脏科专家.
cardiol'ogy [kɑːdiˈɔlədʒi] n. 心脏(病)学.
cardiomegalia n. 心脏肥[扩]大.
cardiomeg'aly [kɑːdioˈmegəli] n. 心脏肥大.
cardiom'eter n. 心能测量器,心力计.
cardiophone n. 心音听诊器.
cardiophonogram n. 心音图.
car'dioscope n. 心脏镜.
cardiotachometer n. 心率计,心脏血流计.
cardiotocograph n. 心功仪,心动图.
cardiotonic a. ; n. 强心的,强心剂.
carditioner n. 卡片调整机. *card carditioner* 卡片调整机.
carditis n. 心脏炎.
card-oriented language 面向卡片的语言.
card-programmed computer 穿孔卡片程序控制计算机.
card-proof punch 卡片验证机.
card-to-disk conversion 卡片-磁盘转换.
card-to-tape converter 卡片到磁带信息转换器.
care [kɛə] n. ; v. ①关(小,当)心,注[在,介]意,挂念,忧虑,计较 ②照管[顾,料,应],维[保,爱]护,管[料,护]理,检修. *Handle with care!* 小心轻放! *Take care!* 或 *Have a care!* 留神! *Take care there's no mistake.* 当心不要弄错. *care of instruments* 爱护仪器. *Care should be taken* [exercised] *to avoid* [prevent] *damage to the pivot.* 应当心避免损伤枢轴. *I don't care to go.* 我不想去. *not care a pin* [damn, farthing, rap, fig]毫不关心,毫不在意.
▲*care about* 关[留]心,重视. *care for* 关[留]心,照管,保护①喜爱,意欲,贪图②容纳,承受;对…的尊重[好意]. *care nothing about* 对…漠不关心,不重视. *care nothing for* 不计较,不顾[重视],关心],对…不在乎. (in) *care of M* 请[由]M转交. *take care of* 注意,看[照]管,留心,维护,控制,处理,清除;对付,管得住,解决,负责. *take care that* [to +inf.]一定(做),务必(做).
careen [kəˈriːn] v.; n. (修理船只时)使(船)侧倾,使倾斜,在侧倾位置上修理.
careenage n. 倾船,倾修费,修船处.
career' [kəˈriə] Ⅰ n. ①经历,历程,发展 ②炉[职]业,事业. Ⅱ a. 职业性的. Ⅲ vi. 飞奔,急驰 (about, along, past, through). *career diplomat* [man](资本主义国家)职业外交家. ▲ *in full career* 全速进行,开足马力地. *make careers* [a career]追逐个人名利,向上爬.
careerism n. 野心,对名利的追求.
careerist n. 野心家.

carefree a. 无忧无虑的.
care'ful [ˈkɛəful] a. ①注意的,仔细的,精细的,精心的,细致的 ②小心的,谨慎的. *Be careful!* 小心(一)点! *careful distillation* 精馏. *careful reading* 精[熟]读. *careful study* 认真学习. *careful treatment* 精心[预先]处理. ▲*be careful about* 注意,重视,关[留]心. *be careful for* 当[关心]. *be careful not to +inf.* 当心不要(做). *be careful of* [what, how, where 等连接的从句]注意,提防,对…(要)谨慎. *be careful to +inf.* 仔细(做),注意(做). *be careful that* 当心. *be careful with* [in +ing]过细地(做). ~ly ad. ~ness n.
care-laden a. 忧心忡忡的.
care'less [ˈkɛəlis] a. ①不小心的,不仔细的,疏忽的,粗枝大叶的,粗心(大意)的 ②轻(草)率的 ③由于粗心[疏忽]而引起的. ▲*be careless about* 不关心,不重视. *be careless of* 不注意,不关心,不在乎. ~ly ad. ~ness n.
caren(e) n. 莴烯.
car'et [ˈkærət] n. 脱字符号,插入记号,补注符号,加字记号(∨∧).
caretaker n. (空屋的)看管人,暂时行使职权者. *caretaker government* (资本主义国家的)看守政府.
Carey-Foster bridge (测静电电容用)交流电桥. *Carey-Foster bridge circuit* (测静电电容用)交流桥路.
car'fare n. 电[火]车费.
carfax n. 四条(以上的)马路的交叉路口.
car'go [ˈkɑːgou] (pl. *car'go(e)s*) n. ①船(装)货,(船装载)货物,货载 ②荷重,负荷,重量. *cargo capacity* 载货容量[定额,能力],载(货)重量. *cargo carrier* 运货工具,运输机具. *cargo compartment* [hold]货舱. *cargo handling* 载荷处理. *cargo insurance* 货物保险. *cargo lift* 船货升降机. *cargo liner* 定期货轮,运货班机. *cargo lunar excusion module* 载重登月舱. *cargo receipt* 货[陆]运收据. *cargo rocket* 运载火箭. *cargo ship* 货船. *cargo tank* 载油舱. *cargo truck* [vehicle] 运货汽车,载重卡车. *deck cargo* 仓面货. *general cargo* 一般客货,杂货.
car'gojet n. 喷气式运输机.
car'goliner [ˈkɑːgoulainə] n. 大型货运(飞)机,定期货轮.
car'goplane n. 运货(飞)机.
Caribbe'an [kæriˈbiː(ː)ən] n.; a. 加勒比海(的).
carica n. 木瓜.
caricature n. 漫画,讽刺画.
caries n. 龋齿,骨疽(症).
carillon n. (电子)钟琴.
cari'na [kəˈrainə] (pl. *carinae*) n. 隆凸(骨).
carinate [ˈkærineit] a. 隆凸形状的,隆凸样的,有隆骨的.
car-kilometer n. 车辆公里计程表.
CARL = calibration requirements list 校准技术要求表.
carline 或 **carling** n. ①(船的)短纵梁 ②电车线路.
CARLINE = carrier line 载波线路.
Carlite n. 一种(镀于硅钢片上的)绝缘层.

car′load [ˈkɑːloud] n. ①车辆荷载,满载一节货车的货物,整车 ②铁路货车每辆积载量 ③十吨. *a carload of coal* 一车煤.

car-loader n. 装车机.

carloading n. 以铁路货车数计算的货物运入〔出〕量.

carman n. 电〔汽〕车驾驶员,(货车)装卸工,(车辆上货物)搬运工人,车辆检修工,车辆制造工.

carmine n.; a. 洋红(色,色的),胭脂红.

carmoisine n. 淡红.

carmustine n. 亚硝(基)脲氮芥.

carnallite n. 光卤石,杂盐.

carnelian n. 光〔肉红〕玉髓.

car′neous [ˈkɑːniəs] a. 肉(色)的,似肉的.

Carnic stage 喀尼阶.

carnine n. 肌武,次黄嘌呤核式.

carnitine n. 肉(毒)碱.

carnivora n. 食肉类.

car′nivore [ˈkɑːnivɔ] n. 食肉动物,食虫植物.

carniv′orous [kɑːˈnivərəs] a. 食肉的,食肉(动物)的.

carnosinase n. 肌肽酶.

carnosine n. 肌肽.

car′notite n. 钒(酸)钾铀矿,钾钒铀矿.

caro bronze 磷青铜(锡 7.5～9%,磷 0.11～0.4%,其余铜).

Caroli′na n. *North Carolina* (美国)北卡罗来纳(州). *South Carolina* (美国)南卡罗来纳(州).

caronamide n. 羧苯磺酰胺,卡龙酰胺.

carota (pl. *carotae*) n. 胡萝卜.

carotenase a. 胡萝卜素酶.

carot′otene n. 胡萝卜素,叶红素.

carot′enoid n. 类胡萝卜素,类叶红素.

carotenol n. 胡萝卜醇,叶黄素.

carotenone n. 胡萝卜酮.

car′otin n. 胡萝卜素.

carotinase n. 胡萝卜素酶.

carotol n. 胡萝卜烯(次)醇.

carousel n. 圆盘传送带. *carousel memory* 转盘式磁带存储器,大型存储器.

carpaine n. 番木瓜碱.

carpel n. 心皮,果瓣.

car′penter [ˈkɑːpintə] Ⅰ n. 木工〔匠〕. Ⅱ v. 做木工活. *carpenter's bench* 木工台. *carpenter's pincers* (木工用)胡桃钳. *carpenter('s) shop〔yard〕*木工场. *carpenter's square* 矩〔角〕尺,木工尺.

car′pentry [ˈkɑːpintri] n. ①木工(业) ②木作,木器. *carpentry shop* 木工厂. *carpentry tongue* 木工凿,木雄榫.

carpesia-lactone n. 天明精内脂($C_{15}H_{20}O_3$).

car′pet [ˈkɑːpit] Ⅰ n. ①毡层,地毯,磨耗层,面层,路面 ②罩,包围 ③地毯式轰炸 ④(雷达)电子干扰仪,起伏噪声电压调制的航空干扰发射机. Ⅱ vt. ①铺毡,铺地毯,铺盖 ②地毯式轰炸. *asphalt〔bituminous〕 carpet* 沥青面层. *carpet checker* 频率输出检验器,频率(输出)测量器. *carpet coat* 毡层,磨耗层. *carpet method* 均匀分布,升力系数与迎角关系,**M** 数关系曲线作图法. *carpet tester* 射频脉冲发生器,射频脉冲发射机试验器. *carpet treatment* 铺筑毡层,表面处治. *carpet veneer* 毡层,表面处治. *floor carpet*

地毯. *road carpet* 路面(表层). ▲*be on the carpet* 在审议〔研究〕中;受责备.

car′peting n. ①(铺)地毯 ②道路铺面. *carpeting work* 铺筑毡层.

carpholo′gia n. 摸索〔空〕.

carpholo′gy n. 摸索〔空〕.

car′pitron [ˈkɑːpitrən] n. 卡皮管.

carpopedal a. 手足的,腕与足的.

carpophytes n. 显花植物,种子植物.

carpopodite n. 腕节,胫肢节.

car′port [ˈkɑːpɔːt] n. (多层)停车库〔场〕.

carposporen n. 果孢子.

car′pus [ˈkɑːpəs] (pl. *car′pi*) n. 腕(骨,节).

carr =carrier 载波〔体,流子〕,运载工具,托架,承重构件.

carr bit 单刃钻冠,冲击式(一字形)钻头.

carr equip =carrier equipment 载波设备.

carr freq =carrier frequency 载(波)频(率).

carr fwd =carriage forward 运费由提货人照付.

carr line =carrier line 载波线路.

carr pd =carriage paid 运费已付.

carrag(h)eenin n. 角叉(藻)胶,鹿角(菜),精宁.

carrefour n. 十字路.

carrene n. 二氯甲烷.

car′riage [ˈkærɪdʒ] n. ①车(辆,厢),(铁路)客车,马车,(桥式起重机)大车 ②(支,托,车,炮)架,刀架(包括大,中,小圆板),导(向)架,(动)油架,鞍〔座〕,(机床的)拖板,机器的滑动部分 ④底座〔盘〕,平台,支撑框,承重装置,承载器 ⑤字盘 ⑥轨运部 ⑦输送,运输,运费 ⑧楼梯搁栅 ⑨姿势. *accumulator carriage* 蓄电池载运器〔车〕,【计】累加(载运)器. *alighting carriage* 起落架. *automatic carriage* 自动化托架,(电动打字机送纸用的)自动滚轮,自动走纸,自动滑座,自动载运器. *barbette carriage* 炮座,炮塔. *cable carriage* (悬空)缆车. *cable drum carriage* 电缆放线车. *carriage axle* 车轴. *carriage bolt* 车架(身)螺栓,方颈(埋头)螺栓. *carriage contract* 运输合同,运送契约. *carriage control character* 托架控制字符. *carriage draw〔tension〕spring* (打字机用)滚轮架拉力弹簧. *carriage forward* (收货人)负担,运费未付. *carriage free* (收货人)免付运费. *carriage freight* 运费. *carriage hand wheel* 拖板手轮. *carriage lock screw* 拖板锁紧螺钉. *carriage mounting* 台车钻架. *carriage nut* 车架螺母. *carriage paid* 运费已付. *carriage return* 字盘(滑架)返回,滑架回前,回车,回位,退回. *carriage return character* 反转符,回车字符,托〔滑〕架折回符号. *carriage return code* 键盘回码〔信号〕. *carriage spring* 轴承(车架)弹簧. *carriage tape* 输送纸带. *charging carriage* 装料机,炉用推料机,装料小车. *cross slide carriage* (工具机的)横模架. *gun carriage* 炮(架). *lathe carriage* 车床刀架. *pen carriage* 自动记录器笔架. *reel carriage* 电缆盘拖车,电缆车. *saw carriage* 锯座. *sliding tool carriage* 滑动刀架,刀架滑座. *test carriage* 测试车,试验车. *timber*

carriage 木材运输车. *tool carriage* 刀架(滑座), 拖板. *travelling carriage* (锯机)载木台, 移动台. *under carriage* 起落架, 底架.

carriageable *a.* 手提的.

carriage-free 或 **carriage-paid** *ad.* 运费免付(付讫).

carriage-return button 复原(回车)按钮.

car'riageway *n.* 车行道. *dual carriageway* 复式〔有中央分隔带的〕车行道.

carrick bend 单花大绳接结.

carrick bitts 支撑起锚机的系缆桩.

car'ried *a.* 被运送的, 悬挂式的. *carried communication* 载波通信. *carried over* 过次页.

car'rier ['kæriə] *n.* ①搬运〔承运, 运货〕人, 载运者, 货运〔陆运, 轮船〕公司 ②运载工具〔装置, 火箭〕, 转运工具, 运输〔用容〕器, 搬运器, 传导管, 搬运元件, 小车, 万能(自动)装卸机, 运输机(船), (航空)母舰 ③载体, 载波(器), 载波(器), 载流子, 吸收剂, 载气〔气相色谱〕, 载波(液相色谱) ④托〔车, 悬挂, 载重, 置物〕架, (辊式)支架, 托板, 通用机架, 支座, (自动)底盘, 承重构件, 承载部件, 承重层, 负荷者 ⑤鸡心, 桃子〕夹头 ⑥主动机构 ⑦【数】承载形, (数据, 信息记录)媒体 ⑧带菌者, 带(病)毒者, 媒介物. *aeroplane* 〔*aircraft*〕*carrier* 航空母舰. *air reservoir carrier* 储气桶架. *ballistic-missile carrier* 弹道导弹运载工具. *band carrier* 传送带. *battery carrier* 蓄电池安装托盘. *bearing carrier* 支点〔轴承〕(支)座, 轴承架, 承重构件. *blade carrier* 刀架, 叶轮, 叶片固定环. *cargo carrier* 运输机. *carrier accumulation* 载流子的积累. *carrier amplifier* 载频(载波)放大器. *carrier amplitude* 载频振幅. *carrier bar* 承载架. *carrier cable* 载波电缆, 承〔载〕电索, 承力钢索, 缆车钢索. *carrier (current) channel* 载波信道〔电路〕. *carrier communication* 载波通信. *carrier coupling capacitor* 高频耦合电容器. *carrier density* 载流子密度. *carrier deviation* 载波(频)偏差, 中心频率偏移. *carrier drift transistor* 载流子漂移型晶体管. *carrier extraction* 载流子的拉出. *carrier frame* 托架, (汽车)底盘体框架. *carrier frequency* 载(波)频(率). *carrier gas* 控制〔输运, 运载〕气体. *carrier isolating choke coil* 载波隔离扼流圈. *carrier level* 载波电平. *carrier liquid* 载波液体. *carrier loading* 载波加载(加载). *carrier metal* 载体金属. *carrier noise* 载波噪声〔噪音, 干扰〕. *carrier oscillator* 载频振荡器. *carrier phase* 运载飞行阶段, 载波相位. *carrier piggyback* 副载波调制. *carrier plate* 〔承〕板. *carrier power-output rating* 载波额定输出功率. *carrier repeater* 载波增音器〔增音机, 转发器〕. *carrier rocket* 运载火箭. *carrier roller* 导(纱)辊, 承载辊滚子子, 托辊. *carrier shift* 载波漂移. *carrier storage effect* 载流子存储(积累)效应. *carrier swing* 载波摆值〔摆幅值, 漂移〕. *carrier system* 载波通信系统, 载波制. *carrier vehicle* 运载飞行器, 运载火箭. *carrier wave* 载波. *carrier wheel* 移动齿轮. *carrier wire* 载波电

线〔导线〕. *charge carrier* 载流子, 电荷载体. *chlorine carrier* 氯载体. *data carrier* 数据记录介质, 数据载子〔车〕. *film carrier* 软片盒. *freight carrier* 货船〔车〕. *full carrier* 全载波. *gear carrier* (行星)齿轮架. *heat carrier* 载热体, 载热介质. *hold-back carrier* 抑制(放射性同位素沉淀或吸附的试)剂. *implement carrier* 通用机架. *information carrier* 信息载子. *isotope carrier* 同位素载体. *launching carrier* 发射(拖)车. *lens carrier* 透镜(框)架. *luggage carrier* 行李箱〔架〕. *mass carrier* (火箭发射机中的)工质. *missile carrier* 导弹运载飞机, 带导弹发射装置的飞机. *mounted load carrier* 悬挂式装载车. *object carrier* (显微镜)载物玻璃. *objective carrier* 物镜架. *oxygen carrier* 载氧体, 含氧物质. *parallel carrier* 平行夹头. *picture* 〔*vision*〕*carrier* 图像(信号)载波, 传像载波. *pipe carrier* 管托. *planet(ary) carrier* 行星齿轮架. *pulse carrier* 脉冲载波. *radio-frequency carrier* 射频〔高频〕载波. *rocket carrier* (带有)火箭(发射的)飞机. *sample carrier* 试样容器, 试样罐. *satellite carrier* 卫星运载工具. *sound carrier* 音频载波. *tool (bar) carrier* 通用机架, 刀具架. *video carrier* 视频载波. *weight carrier* 承重〔载重机构. *wire carrier* 便携式线盘. *zero carrier* 零振幅载波.

carrier-actuated *a.* 载波激励的, 载频起动的.

carrier-based *a.* 航空母舰上的, 舰载的, 以航空母舰为基地的.

carrier-borne *a.* =carrier-based.

carrier-break push-button 载波切断按钮.

carrier-containing *a.* (含)有载体的, 有载流子的.

carrier-current relaying 载频中继.

carrier-free *a.* 无载流子的, 无载体(波)的, 不含载体的. *carrier-free tracer* 脱离载体的〔无载体〕示踪原子, 无载体(同位素)指示剂.

carrier-frequency *n.* 载(波)频(率).

carrier-level *n.* 载波电平.

carrier-loader *n.* 运载车.

carrier-nation *n.* 为别国代理海外贸易的国家.

carrier-operated *a.* 载波驱动〔操纵〕的.

carrier-pigeon *n.* 信鸽, 传信鸽.

car'rion ['kæriən] *n.* 腐肉(的).

car'rot ['kærət] *n.* 屑; 胡萝卜; 政治欺骗. *carrot shaped covering* 细头药皮. *electrolytic calcium carrot* 电解钙屑.

carrotene 或 **carrotin** *n.* =carotene 胡萝卜素.

carrotless charge (地震勘探)不填塞的爆炸.

carrot-root *n.* 胡萝卜.

car'ry ['kæri] *v.* I. *v.* ①(携, 附)带, (带, 具, 含, 装, 附)有 ②传播〔送, 输, 递, 导〕, 搬〔装, 联, 运, 送(载)〕③引登, 转记(到次页), 移位〔至, 来〕,【计】进位〔列〕④支承〔持, 撑〕, 承担(受, 载), 安装, 架设, 负荷 ⑤赢〔博〕得, 使(议案等)通过, 推进, 实行, 贯彻.
▲*carry away* 〔*along*〕搬〔带〕去, 运〔冲〕走, 使失去控制. *carry back* 拿回, 向后进位. *carry ... back to ...* 使……回想起……. *carry forward* 推进,

发扬,转入次页. *carry in* 装[带,运,载,输]入. *carryinto effect* [*execution*]实[执,施]行. *carry into practice* 实行[施]. *carry it off* (*well*) 掩饰过去. *carry off* 夺去[得],带[运,送]走,对[应]付. *carry on* 继续[开展],进行(下去),坚持下去,从事,处理,开展,经营,装在…上. *carry out* 实[进,推,执]行,实现,实行,贯彻,执行,落实,完成,了结,求得. *carry over* (转移,转[回]入(次页),转换,换场,【计】进位,带走[出],延期,(蒸汽净化)机械携带. *carry over sound* 传[播]声[音]. *carry through* 进行[坚持,支持]到底,完成,贯彻. *carry too far* 过份[度]走极端. *carry weight* 有说服力[份量].

Ⅰ n. ①【计】进位(数,指令) ②传送,搬(动,运),运输(量) ③射程 ④水陆联运(点) ⑤二轮车. *accumulative carry*【计】累加进位. *binary carry* 二进制进位. *carry chain* 进位链. *carry clear signal* 进位清除信号. *carry digit* 进位数[位]. 移位数字. *carry failure* 进位失败. *carry lookahead* 先行进位. *carry lookahead adder* 超前[先行]进位加法器. *carry of spray* 喷(雾射)程. *carry over sound* 传[播]声[音]. *carry propagation*【计】进位传送. *carry propagation delay* 进位传播延迟. *carry pulse* 进位脉冲. *carry reset* 进位复位[清除](清除). *carry save adder* 进位存储[保留]加法器. *carry shift* 主动机构位移,悬挂架移动. *carry signal* 进位信号. *carry skip* 跳跃进位. *carry storage* 进位存储(器,装置). *cascade*(*d*)*carry* 级位进位. *decimal carry* 十进制进位. *end-around carry* 循环[舍入]进位. *final negative carry* 最后负进位,终点反向进位. *ripple through carry* 行波传送进位,穿行[高速]进位. *standing-on-nines carry* 高速[逢九直通]进位. *step-by-step carry* 按[逐]位进位. *successive carry* 逐次(串行)进位. *ten's carry* 十进位脉冲.

car'ryall n. ①刮刀,刮除[泥]机 ②轮式铲运机,筑路机,平地机 ③大型载客汽车,(军用)汽车,大轿车,运料车 ④(旅行)手提包. *carryall scraper* 轮式铲运机. *carryall tractor* 万能拖拉机. *floor type carryall* 地行式运输机.

carry-complete a. 进位完毕(完成)的.

carry-dependent sum adder 和数与进位有关的加法器.

carry-down n. 变[分离]成沉淀物.

car'rying ['kæriiŋ] a. ①装载的,运输[送]的 ②承载的 ③含有…的. *carrying capacity* [*power*] 承载(能)力,支承能力,承载力,载重[位]量,容许负荷量,载流容量,安全载流量,载着量,载牧量. *carrying capacity at closing* 合闸(载流)量. *carrying current* 极限(容许负载)电流. *carrying plane* 支承[承压,升力]面. *carrying plate* 中腰[承受]板. *carrying trade* 运输业. *carrying traffic* (道路)承担交通量. *carrying vessel* 载货船只. *carrying wire rope for aerial tramways* 架空索道用承载钢丝绳.

carryingcost n. 存储成本,保藏费.

car'ryover n. ①携[夹]带,携[带]出 ②转移[入],滚进,结转,带进 ③【计】进位 ④遗留下来的东西,滞

销品 ⑤(锅炉)沸腾延迟,汽中夹带水,蒸汽携带水滴泡沫,排出[出口]损失 ⑥(交通绿灯)信号延长(时间). *carryover bar* (冷床)的动齿条. *carryover bed* 冷床. *carryover factor* 传递系数(因子). *carryover moment* 传递(弯矩)力矩. *carryover storage* 多年调节水库. *carryover table* 输送辊道.

carry-propagate output 进位传送输出.
carry-save adder 保留进位加法器.
carry-scraper n. 铲运机.
carry-under n. 水中带汽,夹带.

carst n. 岩溶,石灰岩溶洞,喀斯特. *carst river* 喀斯特河[地,下河],岩溶暗河.

carstal n. 卡斯extractor,胡萝卜萝蓼.

carstone n. 砂铁岩.

cart [ka:t] Ⅰ n. (大,手推,放线,拖)车,二轮(运货马)车. Ⅱ vt. 载[转]运,用车装运,运输(出,到). *battery cart* 电瓶车. *cart rut* 车辙,轮迹. *cart way* [*road, track*] 马车路,乡村道路. *hand cart* 手[推]车. *transfer cart* 运送车. ▲*put the cart before the horse* 本末倒置.

car'tage n. (货)车运(货),货车运费.

Cartagena n. ①卡塔赫纳(哥伦比亚港口) ②卡塔纳(西班牙港口).

carte [ka:t][法语] n. ①地[海]图 ②证书,文件,卡片. *carte paper* 地图纸.

Carter chart 卡特阻抗圆图.

Carte'sian [ka:'tizjən] Ⅰ a. 笛卡儿的. Ⅱ n. 笛卡儿坐标. *Cartesian coordinates* 直角[笛卡儿]坐标. *Cartesian diver* 浮沉子. *Cartesian geometry* 解析几何. *Cartesian reference frame* 笛卡儿[直角坐标]参考系. *Cartesian vector* 笛卡儿(坐标系)矢量.

car'tilage ['ka:tilidʒ] n. 软骨.

cartilaginous 或 **cartilagineous** a. 软骨(质)的.

cart'ing n. 运出[到],输,送,转运.

cartload n. 一车[满车]的装货量.

car-to-car communication 车厢间通信.

car'togram n. 统计图[表],图解.

cartog'rapher [ka:'tɔgrəfə] n. 制图员,地图绘制员.

cartograph'ic a. 制图的. *cartographic feature* 地物图像,天然地物图像.

cartog'raphy [ka:'tɔgrəfi] n. 绘制图表,制图学[法],地图绘制学,绘图法[学].

cartology [ka:'tɔlədʒi] n. 地[海]图学. **cartological** a.

car'ton ['ka:tən] n. ①纸板(箱,盒),厚纸,卡片纸 ②靶心的白点.

cartoon' [ka:'tu:n] Ⅰ n. ①草图,底图 ②(政治)漫画,讽刺画 ③动画片,活动画,卡通(片). Ⅱ v. 画草图[底图的,画漫画.

cartouche n. ①涡形装置 ②椭圆形轮廓 ③装饰镂板,涡形装饰 ④弹药筒. *cartouche gazogene* 压力冒口发气筒.

car'tridge ['ka:tridʒ] n. ①夹头,卡盘,夹持圈 ②(声器)极头,拾音器头,盒,筒,拾音器芯座,筒壳,灯头,支架 ④【计】编码键筒,可更换存储部件,盒式存储器 ⑤盒[匣]式磁盘(带),微型磁带 ⑥焊剂垫 ⑦(过滤器)部件,滤筒 ⑧(照相)软片卷,(胶封微)胶卷 ⑨释热(燃料)元件,吸收(燃料元件)盒,筒[管] ⑩弹药(筒),子弹,弹壳,药[筒,夹,炸药

包⑪(排水)暗沟塑孔器⑫熔丝管,保险丝管,插件⑬神经束. anti-static cartridge 防静电筒. cartridge amplifier 盒式放大器,大型小盒. cartridge ball 实弹. cartridge brass 弹壳黄铜. cartridge container 尾管. cartridge disc 盒式磁盘. cartridge filter 过滤筒. cartridge fuse(cut-out) 熔(保险)丝管. cartridge heater 筒式加热器,加热筒. cartridge output 拾音头输出. cartridge-type bench blower 筒形台式吹尘机. cartridge VR 卷盘式录像机. cartridge VTR 卡盘式录像机. crystal cartridge 晶体盒,晶体支架. ejection cartridge 弹射座椅传爆管. film cartridge (放软片的)暗盒. filter(ed) cartridge 滤(油)芯(子),过滤元件. oil filter cartridge 滤油器芯子. pick-up cartridge 拾音器芯座. powder cartridge 传爆管. seal cartridge 密封衬套. starter cartridge 起爆[点火]管. strainer cartridge 滤油器芯子. tape cartridge 穿孔带筒(夹). uranium cartridge 铀的释热元件.

cartridge-belt n. 子弹带.
cartridge-box n. 子弹盒.
cartridge-case n. 弹壳,药筒.
cartridge-chamber n. (弹)药室,弹膛.
cartridge-paper n. 厚纸,图画纸.
cartvision n. 卷盘[卡盘]式电视.
cart'way n. 畜力运输小道与乡村道路.
cart'wheel n. ①车轮②横滚(转).
carve [kɑ:v] v. ①雕,刻②切(开)③开创[拓] (out). ▲*carve M out of N* 用N雕刻M.
car'ver n. 雕刻器.
carv'ing ['kɑ:viŋ] n. 雕刻(术,物,品). *carving machine* 雕刻机,刻字机. *carving wood* 锯材[料].
cary(o)- ['kæriə-] (词头)(细胞)核.
caryocerite n. 碣稀土矿.
caryocine'sis [kæriosi'ni:sis] n. 间接核分裂,有丝分裂.
caryocinet'ic a. (间接)核分裂的,有丝分裂的.
caryoc'lasis [kæri'ɔkləsis] n. 核破裂.
caryogamy n. 核配合.
caryoki'nesis [kæriokai'ni:sis] n. (间接)核分裂,有丝分裂.
caryomitot'ic a. (间接)核分裂的,有丝分裂的.
car'yon ['kæriɔn] n. 细胞核,核.
caryoplasm n. 核质.
caryotin n. 染色质,核染质.
carzinophillin n. 嗜癌菌素.
CAS = ①calibrated air speed 校正空速 ②collision avoidance system 飞机回避碰撞装置.
CAS NUT = castle nut 槽顶[槽形,堞形]螺母.
casa n. 房屋.
Casablan'ca n. 卡萨布兰卡(摩洛哥港口).
cascabel n. ①炮的尾钮②响尾蛇. *cascabel plate* 尾座板.
cascade' [kæs'keid] n.; a.; v. ①(分)级,级联(的,过程,接),串级(接),串联(的,布置)②格(状的)(叶,格,型)栅的,栅状物③阶(水)梯,梯流,阶(式蒸发器)④小瀑布,瀑布状下置④(小)瀑布,(梯形)急流,险(陡)滩,喷流,水柱,跌差,成瀑布落下,瀑布似下降,倾盆而下⑤库,贮藏所. *cascade amplification* 级联放大. *cascade blade* 叶栅的叶片. *cascade buncher* 级联聚束器(群聚栅),多级聚束腔. *cascade carry* 逐位进位. *cascade condenser* 级联(阶式)冷凝器. *cascade connected* 级(串)联的. *cascade connection* 级(串)联. *cascade control* 级联(逐位)控制,级联调节,串联调速. *cascade fluorescent screen* 积层荧光屏. *cascade laser* 级联光激射器. *cascade lubrication* 帘状润滑. *cascade method* 阶梯法,阶梯形多层焊,串联法,级联法,串级叠置法(多层焊),逐级测量法. *cascade of blades* 叶栅. *cascade of settlers* 级联沉降器. *cascade oiling* 环给油,油杯润滑. *cascade phosphor* 多层[叠]层光体. *cascade sequence* 串列顺序,(多层焊)阶梯形〔山形〕焊接次序. *cascade shower* 级联簇射. *cascade spacing* 栅距. *cascade tank* 级式水箱. *cascade transformer* 级间变压器. *cascade tube* 高压X光管,级联管. *cascade voltage doubler* 级联倍压器. *cascade welding* 阶梯形(山形)多层焊. *cascade(d) carry* 级联进位. *cascaded decoder* 级联译码器. *cascaded feedback canceller* 级联(级间)反馈补偿器. *circulation cascade* 级联(阶式)循环. *extraction cascade* 级联萃取设备(装置). *gamma cascade* 级联γ辐射. *nozzle (blade) cascade* 喷嘴(叶)栅,喷嘴环. *nuclear cascade* (原子)核级联过程. *push-pull cascade* 推挽级. *soft cascade* 软级联,伴生非贯穿粒子的级联,电子光子级联. *stripping cascade* 再生级联,级联贫化部份.
cascade-connected a. 级(串)联的.
cascadia n. 卡斯卡底古陆.
casca'ding n. 级(串)联,串(分)级. *cascading effect* 级联(串级,串联)效应. *cascading flow* 梯级跌水. *gamma-ray cascading* γ射线的级联辐射.
cascajo n. 碎屑.
cas'code n. ['kæskoud] n. 栅(地)-阴(地)放大器,射地-基地放大器,共发(射)-共基放大器,共阴共栅放大器,渥尔曼放大电路. *cascode amplifier* 共阴共栅(栅地-阴地,射地-基地)放大器,共射共基放大器. *cascode circuit* 栅地-阴地(射地-基地,共射-共基,渥尔曼)放大电路,栅-阴放大器电路. *cascode inverter* 栅-阴倒相放大器,渥尔曼反相器. *cascode pulse* 栅-阴输入脉冲. *cascode tuner* 渥尔曼谐振器.
case [keis] I n. ①情况(形),真相,(事,病,案)例,案件,活字分格盘,事件(实),场合②(外,壳)套,壳,套,框,套,下套管,容器③主体,修复体,机身④表面,表皮,胶结层,渗碳层,强化层. II vt. 把…装(套,罩)进(盒,盒内),给…加(套),下套,加固钻孔. *a case in point* 恰当的实例. *a strong case (for)* 充足的理由. *accumulator case* 蓄电池箱. *all case furnace* 全能(渗碳,淬火)炉. *ballistic case* 弹壳,火箭外壳. *battery case* 电池外壳. *borderline case* 临界病例,非典型病例. *brain case* 颅. *buffer case* 缓冲(减振)筒. *cam case* 凸轮(配汽)箱. *camshaft case* 曲轴箱. *case bay* 梁间(距),桁间. *case capacitance* 机壳屏蔽电容. *case carbon* 表面

含碳量. *case carburizing* 表面渗碳法. *case clause* 情况[状态]子句. *case depth* 表面深度. *case finding* 病例追查. *case harden(ing)* 表面淬火, 表面(渗碳)硬化(法). *case hardened glass* 表面硬化玻璃, 钢化玻璃. *case history* 病历, 案例, 档案记录. *case notes* 病例记录. *case number* 箱号. *case of fit* 座. *case of pump* 泵壳. *case oil* 箱装油. *case package* 管壳[外套]封装. *case pipe* 套管. *case pointer* 状态指示字. *case record* = case history. *case statement* 选择语句. *case study* 对(某个)问题的分析, 原因[因果]分析, 情况研究, 专题分析研究, 典型例子研究. *case taking* 病案记录. *change gear case* 变速[出轮]箱. *clutch driving case* 离合器主动盖. *combustible*[consumable] *case* 可燃壳体. *crank case* 曲轴箱. *diaphragm case* 送话器盒. *drawn-shell case* 压制外壳. *dustproof case* 防尘罩[套]. *emergency case* 紧急病例. *exceptional case* 例外情况. *extraordinary case* 非常情况. *gear case* 齿轮箱, 减速器壳. *general case* 普通情况[形]. *ingot case* 钢锭模, 钢锭铸型. *long-standing case* 久病(病例). *medical case* 内科病例. *missed case* 误诊病例. *motor case* 发动机壳体. *outer case* 外蒙皮, 外套[罩]. *particular case* 特别情况. *protective case* 保护箱. *scouring case* 搓擦滚筒, 脱皮滚筒. *scroll case* 蜗壳. *slide case* 滑阀箱. *special case* 特殊情况. *switch case* 开关箱[盒]. *tool case* 工具箱. *top case* 上型箱. *total case annealing* 完全(相变)退火. *total case depth* 全硬化深度. *transfer case* 分动箱, 变速箱. *transmission case* 减速(传动)箱. *transport case* 运货集装箱. *trial case* 试镜箱. *turbine case* 涡轮壳. *typical case* 典型. *vacuum case* 真空箱[室]. *valve case* 活门体, 阀芯座. ▲*as is* (*often, usually*) *the case* 通常就是这样. *as is the case for* 和...情况一样. *as may well be the case* 情况很可能就是如此. *as the case may be* 视情况而定, 根据具体情况. *as the case stands* 事实上, 按照目前情况来说. *be cased up for transport* 装箱待运. *case in point* 恰当的例子, 例证. *cite a case* 举个例子. *in all cases* 就一切情况而论. *in any case* 无论如何, 总之. *in case* (*of*) 假如, 万一, 如果发生, 在...的情况下, 以防[免](万一). *in cases* 箱装. *in each case* 在所有情况下. *in either case* 两种情况下. *in nine cases out of ten* 十之八九. *in no case* 决不, 在任何情况下也不. *in that case* 那么, 既然是那样, 假使那样的话. *in the case* 来说, 就...而论, 在...情况下, 关于, 提到. *in this case* 既然是这样. *it is not* (*always*) *the case* 情况不(总)是这样. *meet the case* 适合, 合用, 符合. *put the case in another way* 换个提法, 换句话说. *put* (*the*) *case that* 假定. *such* [*that*] *being the case* 既然这样, 事实既然如此, 在这样的情况下, 因此. *such is not* (*always*) *the case* 情况不(总)是这样如此. *such is the case* 情况就是这样, 确实如此. *the case is* (*that*) 问题在于. *The contrary is the case.* 情况相反. *This is far from being the case.* 情况远非如此. *This is not* (*always*) *the case.* 情况不(总)是这样. *This is the case.* 情况是这样. *work at case* 排字.

CASE = common access switching equipment 普通入口转换装置.

casease *n.* 酪蛋白酶.

ca′seated *a.* 干酪化的, 干酪状坏死的.

casea′tion *n.* 酪化(作用), 干酪性坏死.

casebook *n.* 活页[事例]记录本, 病案簿, 法案参考书, 判例文献书目.

case-carbonizing *n.*; *a.* 表面渗碳(的).

case-chilled *a.* 表面冷凝的.

cased *a.* 装在外壳内的, 箱形的, 封闭式的. *cased beam* 套形梁. *cased bore-hole* 套管钻孔, 下套管的井. *cased column* 箱[匣]形柱. *cased tin* 碎锡矿. *cased well* 套管(深)井.

cased-in pile 带套桩.

case-harden [′keishɑːdn] *vt.* 使表面(渗碳)硬化, 渗碳, 表面淬火[硬化]. *case-hardening steel* 渗碳钢, 表面硬化钢.

case-hardening *n.*; *a.* 表面硬化(的).

ca′sein [′keisiin] *n.* (干)酪素(粘结剂), 酪蛋白. *casein glue* 酪素胶. *rennet casein* 酶凝酪素.

caseinate *n.* 酪蛋白酸盐.

caseinogen = casein.

casemate *n.* 防弹掩蔽部, 暗炮台, 军舰上炮塔.

case′ment [′keismənt] *n.* 空型, 孔模, 窗框. *casement sections* 窗框钢. *casement window* 竖铰链窗, 双扇窗.

ca′seous [′keisiəs] *a.* 酪状的, 干酪样的.

case-reporting *n.* 病例报告.

cash [kæʃ] I *n.* ①现金(款, 钱) ②矸, 软片岩. II *vt.* 兑(换)现(款), 兑付, 付现. *cash and carry* 现购自运. *cash crop* 经济作物. *cash deposit* as collateral 保证金. *cash flow* 资金流动. *cash on delivery* 交货(货到)付款, 现款交货(略 COD). *cash payment* (支)付现(金), 现金付款. *cash price* 现金付款的最低价格. *cash purchase* 现购. *cash register* 现金出纳机, 现金收入记录机. *hard cash* 硬币. ▲*be in cash he right, be out of cash* 没有现款. *be short of cash* 缺少现款, 支付不足. *cash down* 即期付款. *cash in* 兑现, 收到...的货款. *cash in on* 乘机利用, 靠...赚钱. *in the cash* 富裕. *pay cash* 付现款.

cash-and-carry *n.*; *a.* 现购自运(的).

cashe *n.* 藏锚器.

cashew [′kæ′fuː] *n.* ①槚如树, 漆树 ②腰果. *cashew resin* 漆酚[槚如]树脂.

cashew-nut *n.* 漆树实, 腰果. *cashew-nut aldehyde plastic* 漆酚醛塑料. *cashew-nut oil* 漆树实油.

cashier′ [kæ′ʃiə] I *n.* 出纳员. *cashier′s counter* 出纳柜. II *vt.* 撤[革]职; 废除, 抛弃.

CASI = Canadian Aeronautics and Space Institute 加拿大宇宙航行研究所.

ca′sing [′keisiŋ] *n.* ①箱, 盒 ②壳(体), 外[机]壳 (套[管], 罩, 筒, (汽, 高压)缸, 框架 ③蒙[外]皮, 隔层, 膜套, 肠衣 ④挡[遮, 覆, 面]板, (机舱的)棚 ⑤(汽

车〕外胎,车胎 ⑥包装〔皮〕,装箱 ⑦〔加〕套,下,套〔套管,加固钻孔 ⑧覆土. *air casing* 气隔层,空气套〔室〕. *blower casing* 鼓风〔增压〕机外壳. *boiler casing* 锅炉套,锅炉围壁. *casing collar locator* 套管接箍定位器. *casing coupling* 套管,缩节. *casing glass* 镍色玻璃. *casing head* 螺旋管塞. *casing head gas* 井口气,天然气,套管头气体. *casing leak outside*(机壳)漏泄. *casing pipe*(tube)套(管,井壁)管. *casing ply* 骨架层. *casing tongs* 套筒钳. *chimney casing* 烟囱外壳. *compressor casing* 压缩机〔增压〕机外壳. *crankshaft casing* 曲轴箱. *discharge casing* 增压室蜗壳. *helical*〔scroll〕*casing* 蜗壳. *loam casing* 粘土制型法. *multiple casing* 多缸式. *protective casing* 防护罩. *sectional casing* 组合壳. *stuffing-box casing* 填料箱〔函〕. *turbine casing* 涡轮〔壳〕. *volute casing* 蜗壳.

casiumblotite *n.* 艳黑云母.

cask [ka:sk] *n.* 容器,(一,木)桶,罐,吊斗. *charge cask* 装料容器. *fuel-transfer cask* 运送燃料用容器,燃料转运容器. *shipping*〔*transfer*〕*cask* 运输容器.

cas'ket ['ka:skit] *n.* ①容器,罐,吊斗 ②小〔手〕桶,匣子,小〔手〕箱.

cask-flask *n.* 屏蔽容器.

caslox *n.* 合成树脂结合剂磁铁(钴17%,铁16%,氧27%).

Caspersson method 雨淋式注钢法.

Caspian Sea 里海.

cassation *n.* 取消,废除.

cassava [kə'sɑːvə] *n.* 木薯(粉).

casserol *n.* 勺皿.

casset(t)er ['kæ'set] *n.* ①箱,(轴瓦)盒 ②过滤片 ③(胶卷)暗盒,X光底片(胶卷)盒,干版盒〔匣〕 ④录像式(磁带)盒,盒式录像〔音〕磁带,盒式磁带 ⑤炸弹箱,弹夹. *armored cassette* 装甲箱,防爆盒. *cassette controller* 盒式控制器. *cassette tape recorder* 盒式磁带录音机. *digital cassette tape recorder* 数字磁带盒式存储器. *heavy metal cassette* 装甲暗盒,装甲弹箱,重金属防爆盒.

cas'sia ['kæsiə] *n.* 肉桂,桂皮.

cassia-bark-tree *n.* 肉桂(树).

Cassiopeia *n.* 仙后(星)座.

Cassiopeids *n.* 仙后(座)流星群.

cassiope'ium [kæsiə'pi:jəm] *n.* 【化】镥 Cp(镥 lutecium 的旧名).

cassiterite *n.* 锡石,二氧化锡.

cast [ka:st] *n. i v.* (*cast, cast*); I *n.* ①铸(造,件,型),浇注(铸,灌,筑,捣),熔炼,排出 ②投(射),掷,抛,撒 ③【海】锤测(深),投(射)程 ③模(子)(内,模,类)型,特色(图),计算(方法),(印)版数,筹划,计算,预测,估计,加起来,安排,分类整理 ⑤脱,扔掉,赶走,撵,除去 ⑥炉子一次熔炼的金属量 ⑦流产,淘汰,再分蜂群. *cast anchor* 抛锚. *cast the lead* 投锤(测水的深浅). *as cast* 铸出后不加工保留黑皮,铸出后加工但不进行热处理,铸造状态. *bad cast* 杂乱排铁者. *cast alloy* 铸造用逐层向上运上法,逐层递送法. *cast alloy* 铸(造)合金. *cast alloy iron* 合金铸铁. *cast aluminium* 铸铝. *cast brass* 铸(造黄)

铜. *cast charge* 发射剂(固体火箭燃料),浇注火药柱. *cast cold* 低温浇铸,冷浇铸. *cast concrete* 浇注的混凝土. *cast cylinder* 整铸缸体. *cast form* 铸造成形,铸型. *cast gate* 浇〔铸〕口,流道. *cast house*（高炉）出铁场,铸造浇注场. *cast integral test bar* 主体铸造试棒. *cast iron* 铸铁,生铁. *cast iron scrap* 铸铁屑,废旧铸件. *cast joint* 浇铸连接,铸焊. *cast line* 累积曲线. *cast metal* 铸造金属. *cast number*（*cast No.*）浇铸号. *cast of oil* 油之色泽（反射色）,油之荧光. *cast of wire* 钢丝(在线盘或轮轴上)的排绕. *cast plate* 整铸双面型板(铝的). *cast resin* 铸塑(铸模,铸造用,充填)树脂. *cast slab* 扁钢锭. *cast soldering* 浇铸(滴焊)连接,铸焊. *cast speed* 浇注速度. *cast steel* 铸钢. *cast stone* 人造石,铸石. *cast structure* 铸造结构,铸态组织. *cast temperature* 浇注温度. *cast tube* 铸管. *cast welding* 铸焊. *cast wool* 等外毛. *chill*(*ed*) *cast* 冷硬铸法,冷激铸件. *die cast* 压铸(件). *sand cast* 砂铸,翻砂. ▲*cast a new light on* 使人对…有了新的认识. *cast about* 找,搜索,寻觅(*for*);想方设法,计划. *cast accounts* 计算,算账. *cast an eye at*〔*over*〕看看. *cast aside* 抛弃,拚弃. *cast away* 抛〔摈〕弃,排斥,使失事. *cast doubt on* 令人对…一怀疑. *cast down* 投落,打掉,使下降,推翻,毁灭,使沮丧. *cast in cement* 用水泥浇牢. *cast in place*〔*site, situ*〕就地(现场)浇筑(筑,灌). *cast integral with* 与…铸成一体. *cast into* 铸(造)成. *cast into the shade* 使逊色,使相形见绌. *cast loose*(自行)放松. *cast off* 摆脱,脱链,脱钩;解缆,开航;抛弃. *cast out* 排出,舍去,抛去. *cast solid with* 与…铸成一体的. *cast up* 计算,把…加起来,堆起(泥). *the last cast* 最后一举. *try another cast* 再试一试.

castabil'ity *n.* ①可铸性,铸造质量(性能) ②(液态)流动性.

cast'able *n.* I *v.* 可铸的,可塑的,浇注成形. I *n.* 耐火混凝土. *gunned castable* 喷浆,喷射水泥.

castanets' ['kæstə'nets] *n.* (伴奏用的)响板.

cast'away ['kɑːstəweɪ] *n.* 遇难船,乘船遇难的人,流浪者.

castdown I *a.* 向下的. II *vt.* 使下降.

caste [kɑːst] *n.* 等级(制度),(特权)阶级. *die caste* 模具等级.

castellanus *n.* 堡状积云.

cas'tellated ['kæstileitid] *a.* 成堞形的,造成城堡形的. *castellated nut* 槽顶螺母. *castellated beam* 腹地带孔梁. *castellated shaft* 花键轴.

castelnaudite n. 磷钇矿.

cast'er ['kɑːstə] *n.* ①铸工,翻铸工人 ②(装在桌腿、椅腿底端以便朝任意方向推动的)小脚轮,自位轮,回转尾轮 ③(汽车前轮转向节销的主销后倾角). *caster angle* 主销后倾角. *caster tyre* 滑轮胎. *caster wedge*（汽车前轮转向节销的主销后倾角）调整楔铁. *kingpin caster* 转向主销后倾角. *minus*〔*negative*〕*caster* 负后倾角. *plus*〔*positive*〕*caster* 正后倾角. *snow caster* 旋转清〔除〕雪机. *zero caster* 零主销后倾(角).

Castigliano theorem 卡式最小功定理.

cast-in *a.* 镶铸的,铸入的,浇合的. *cast-in metal* 浇铸轴承合金. *cast-in oil lead* 附[镶]铸油管. *cast-in place* 就地浇筑,现场浇筑.

castine *n.* 牡蛎碱.

cast'ing ['kɑːstiŋ] *n.* ①铸造(法),铸型,浇铸,铸件(锭),模②投(掷),抛,脱索,舍去,脱落物③计算④开垦耕作法. *case hardened casting* 冷硬浇铸法,表面硬化浇铸. *casting alloy* 铸造合金. *casting and blading of material* 材料的堆变与整平. *casting bed* 浇铸台,铸床(场). *casting box* 砂[型]箱. *casting brass* 铸造黄铜. *casting cleaning machine* 铸件清理机. *casting clean-up* 铸件清理. *casting department* 铸工[造]车间. *casting die* 铸型,压铸法,压铸模型,压型. *casting finish* 铸件清理[修整]. *casting furnace* 熔化炉,铸造用炉. *casting head* 冒口. *casting in chill* 金属型铸造,冷铸. *casting in open* 开放型浇注,敞开式[无遮蔽]铸造,明浇. *casting in rising stream* 底铸,下注. *casting lap* 铸件皱纹. *casting nozzle* 铸口. *casting out* 【数】舍去. *casting out 9's* 含 9 校验. *casting pig* 灰铸铁. *casting resin* 铸造用树脂,充填树脂. *casting sand* 型砂. *centrifugal [spun] casting* 离心浇铸(法). *continuous casting* 连续铸造(锭). *die casting* 模铸法,压铸(法,件). *green (sand) casting* 湿砂铸造. *ingot casting* 铸锭. *investment [lost wax] casting* 失蜡[熔模]铸造. *permanent casting* 硬模铸铸. *sand casting* 砂[型]铸造,翻砂. *slush [flow, hollow] casting* 空壳铸件,溶胶塑料在空心模中成型法,糊膏中空浇铸法. *solid casting* 整体浇铸. *standard casting* 标准铸块. *vacuum casting* 真空铸型(法),真空浇铸.

casting-forging method 液态锻造法.

casting-on *n.* 浇补,补铸.

casting-out *n.* 舍去.

casting-out-9 check 或 **casting-out-nines check** 舍[除]9 校验.

cast-in-pairs *a.* 成对浇铸的.

cast-in-place *a.* 现场浇铸[筑]的,就地浇筑[灌注]的.

cast-in-situ *a.* 现场浇铸的.

cast'-i'ron ['kɑːst'aiən] *n.; a.* ①铸铁(的),生铁(的) ②硬的,铁一般的,刚毅的.

cas'tle ['kɑːsl] *n.* 城(堡),巨大建物的,船楼. *castle nut* 槽顶[凹槽,磔形]螺母. *castle circular nut* 六角圆顶螺母. *shielding castle* 防护容器. ▲*castles in the air* [*in Spain*] 空中楼阁,白日作梦,不可能实现的计划.

cast'-off' ['kɑːst'ɔːf] *a.; n.* 被遗[抛]弃的(东西),无用的.

castolin *n.* 铸铁焊料合金.

castomatic method 钎料牌自动铸造法.

cast-on *n.* 铸造,浇补. *cast-on test bar* 主体铸造试棒和铸件连在一起.

cas'tor ['kɑːstə] *n.* ①(装在桌腿、椅腿、机器、小车底端以便朝任意方向推动的)小脚轮,自位轮,回转尾轮 ②汽车前轮转向节偏角)的主销后倾(角) ③透缝长石 ④蓖麻. *castor bean* 蓖麻籽. *castor oil* 蓖麻(籽)油.

Castor *n.* 北河二,双子座α星.

cas'tor-oil ['kɑːstər'ɔil] *n.* 蓖麻(籽)油.

cas'trate ['kæstreit] *vt.* 阉割,去势,删除.

castrol (oil) 蓖麻油与矿物油的混合物.

cast-steel ['kɑːst'stiːl] *n.; a.* 铸钢(的). *caststeel wheel centre* 铸钢轮体.

cas'ual ['kæʒjuəl] Ⅰ *a.* ①偶发[然]的,碰巧的,随机的 ②临时的,非正式的,不定的,无意的 ③不规则的,没有准则的. Ⅱ *n.* 临时工,短工,急散人员. *casual inspection* 不定期检查. *casual ion* 偶存[临时]离子. *casual labourer* 临时工,短工. *casual sands* 不规则砂子. *casual visitor* 不速之客.

casual'ity *n.* 因果律,因果关系.

casually *ad.* ①偶然,临时,无意中 ②无规则地.

cas'ualty ['kæʒjuəlti] *n.* ①故障,变故,惨变,损坏 ②(伤亡,人身)事故,(意外)死伤,意外伤害,灾祸, (pl.) 死伤数[者],伤亡人数,伤员. *battle casualty* 战斗伤亡. *casualty agent* 致死剂. *casualty effect* 杀伤力. *casualty power* 应急电源.

casuis'tics [kæʒjuːistiks] *n.* 决疑[病案]讨论.

casurin *n.* 木麻黄素.

cat [kæt] Ⅰ *n.* ①猫 ②吊锚,起锚滑车 ③航向信号,地面"oboe"系统,"奥波"雷达系统地面台 ④硬耐火土,填缝草泥灰 ⑤履带拖拉机 ⑥可控飞艇,单桅大帆小船 ⑦微风,软风. Ⅱ *vt.* 把(锚)吊放在锚架上. *cat and can* 履带式铲运拖拉机. "*cat and mouse*" *station* 航向和相移(控制)电台. *cat block* 大型起锚滑车. *cat cracker* (石油)催化裂化器. *cat davit* 吊锚柱. *cat fall* 吊锚索. *cat head* 吊锚架,蒿锚杆,蒿锚短柱,锚栓,转换开关凸轮. *cat ice* 薄冰. *cat operator* 履带式拖拉机的传动轮〔驾驶员〕. "*cat*" *station* [*walk*] 航向电台,航程站. *cat's ass* 缆索纽结. *cat*('s) *eye* 猫眼石,(汽车等)小型反光装置. *cat train* 履带拖拉机拖行的一排雪橇. *cat*('s) *whisker* (晶体管)触须,晶须,触须线,探针,螺旋弹簧. ▲*let the cat out of the bag* 泄露秘密. *not room to swing a cat in* 非常狭窄的空间,没有活动的余地. *see how* [*see which way*] *the cat jumps* 或 *wait for the cat to jump* 观望形势后再作决定. *the cat jumps* 大局已定,事情已经有了眉目.

CAT =① carburetor air temperature 汽化器空气温度 ② catalog(ue) 目录,一览表 ③ catalyst 催化剂 ④ catalytic(al) 催化的 ⑤ catapult 弹射(器) ⑥ category 种类,范畴 ⑦ College of Advanced Technology (英)高等理工学院 ⑧ compressed air tunnel 压缩空气风洞 ⑨ computer-aided test 计算机辅助测试 ⑩ computer of averaged transients 平均瞬时积算仪.

CAT VALVE = cooled-anode transmitting valve 屏极冷却式发射管.

cat(a)- [词头] ①向下,在下,反,对抗 ②(错)误 ③彻底,完全,依,照,接触.

catab'asis [kəˈtæbəsis] *n.* ①撤退 ②下降 ③缓解期 ④减退.

catabat'ic [kætəˈbætik] *a.* (体温)下降的,(病情)减退的,缓解的.

catabio'sis *n.* 衰退生活.

catabiot′ic *a.* 衰退生活的,消散的.

catab′olism [kəˈtæblizəm] *n.* 分解代谢,降解代谢,异化作用,陈谢(作用).

catab′olite [kəˈtæbəlait] *n.* 降解(代谢)产物,分解产物.

catabythismus *n.* 自溺.

catacausis *n.* 自燃.

catacaus′tic [kætəˈkɔːstik] *a.* 焦散曲线(或面)所反射的,回光(线)的,反射焦散的.

cataclase *n.* 破碎,岩石破碎.

cataclasis *n.* 骨折.

cataclasite *n.* 碎裂岩.

cataclas′tic [kætəˈklæstik] *a.* 碎裂的.

cat′acline *n.* 下倾型.

cat′aclysm [ˈkætəklizəm] *n.* ①(特大)洪水 ②灾变,大变动,突然休克,猝变,骤变 ③渗出,渗液. ~al 或 ~ic *a.*

catacou′stics [kætəˈkuːstiks] *n.* 回声学.

catadiop′tric [kætədaiˈɔptrik] *a.* 反(射)折射的. *catadioptric objective* 反(射)折射物镜.

catadiop′trics [kætədaiˈɔptriks] *n.* 反(射)折射学.

catadrome *n.* (病)减退.

catad′romous [kəˈtædrəməs] *a.* 入海产卵(繁殖)的.

catadromy *n.* 下海繁殖,降海产卵.

catafactor *n.* 冷却温度计因子.

cat′afighter [ˈkætəfaitə] *n.* 弹射起飞的(舰上射出的)战斗机.

catafront *n.* 下滑锋.

catagen *n.* 退化期.

catagen′esis [kætəˈdʒenisis] *n.* 退化.

catagenet′ic *a.* 退化的.

catagma *n.* 骨折.

Catal = catalog(ue).

Catalan furnace 土法炼铁炉.

cat′alase [ˈkætəleis] *n.* 过氧化氢酶,接触酶,触酶.

catalase-azide *n.* 过氧化氢酶叠氮物.

Catalin *n.* 铸塑酚醛塑料.

cat′alog(ue) [ˈkætəlɔg] I *n.* ①(产品,商品,图书)目录(表),一览表,条(总)目 ②种类,(产品)样本 ③柱状剖面(图). II *v.* 编(列)目(录),列入目录中,按目录分类. *card catalogue* 卡片目录. *catalogue data* 表列(目录)数据. *catalogue memory* 相联存储器. *catalogue of articles for sale* 待售品目录. *catalogue raisonne* 附有解释的分类目录. *cataloged data set* 编目数据集.

cat′aloguing *n.* 目录编纂,编目表.

catal′pa [kəˈtælpə] *n.* 梓属之乔木,梓.

catalysagen *n.* 催化原剂.

catalysant *n.* 被催化物.

catalysate *n.* 催化产物.

catalyse = catalyze.

catalyser = catalyzer.

catal′ysis [kəˈtælisis] *n.* 催化(作用,现象,反应),触媒(作用),接触(反应). *negative catalysis* 负性催化作用. *positive catalysis* 正性催化作用.

cat′alyst [ˈkætəlist] *n.* 催化剂,接触剂(器),刺激(促进)因素. *catalyst activity* 催化剂活性. *catalyst case* 催化剂室,反应器. *catalyst chamber* 触媒室. *catalyst support* 催化剂载体.

catalyst-accelerator *n.* 助催化剂,催化促进(加速)剂.

catalyst-filled *a.* 装有催化剂的.

catalyt′ic(al) [kætəˈlitik(əl)] *a.* 催化的,起触媒作用的. *catalytic agent* 催化(触媒)剂. *catalytic composite* 复合催化剂. *catalytic cracker* (石油)催化裂化器. *catalytic disproportionation* 催化歧化(作用). *catalytic hydrofinishing* 催化加氢精制. *catalytic hydrogenation* 催化加氢作用. ~ally *ad.*

catalytically-blown asphalt 催化吹气(制)(地)沥青.

catalyzator *n.* 催化剂,接触剂.

cat′alyze [ˈkætəlaiz] *vt.* (使受)催化(作用),促使反应.

cat′alyzer [ˈkætəlaizə] *n.* 催化(触媒)剂,活化剂,接触剂.

catamaran [kætəməˈræn] *n.* ①长筏,救生筏,作业筏 ②双体船.

catame′nia [kætəˈmiːniə] *n.* 月经.

catanator *n.* (产生法向力的)操纵机构.

cat-and-mouse *a.* ①航向与指挥的 ②猫捕耗子般地捉弄的.

Cata′nia [kəˈteinjə] *n.* 卡塔尼亚(意大利港口).

catapepsis *n.* 完全消化.

cataphalanx *n.* 冷锋面.

cataph′ora [kəˈtæfərə] *n.* 昏迷,人事不省.

cataphore′sis [kætəfəˈriːsis] *n.* 电(粒)泳,电渗,阳离子电泳(法).

cataphoret′ic *a.* 阳离子电泳的,电透法的. *cataphoretic coating* 电泳敷层.

cataphrenia *n.* 痴呆.

cat′aphyll [ˈkætəfil] *n.* 落叶.

cat′aplane [ˈkætəplein] *n.* 弹射起飞(舰上射出)飞机.

catapla′sia [kætəˈpleiʒiə] *n.* 退化,退变,返祖性组织变态,复初性变性.

cataplasis *n.* 返祖性变态,复初性变性.

cataplec′tic [kætəˈplektik] *a.* 猝倒的,暴发的.

catapleiite *n.* 钠锆石.

cat′aplexie [ˈkætəpleksi] *n.* 猝倒,昏厥.

cat′aplexis [ˈkætəpleksis] *n.* 猝倒,昏厥.

cat′aplexy [ˈkætəpleksi] (*pl.* *cataplexes*) *n.* 猝(昏)厥症.

catapoint *n.* 回声点.

cataposis *n.* 吞咽.

catapto′sis [kætəpˈtousis] *n.* 猝倒,中风.

cat′apult [ˈkætəpʌlt] I *n.* ①弹弓 ②弹射(器,座椅),放送器,抛送机. II *v.* 弹(工)射,抛掷,用弹射器发射(飞机). *aircraft catapult* 飞机弹射器. *catapult passage* 飞机弹射道.

catapult-assisted take-off 弹射起飞.

cat′aract [ˈkætərækt] *n.* ①水力制动机 ②缓冲(减震,冲程调节)器 ③(大)瀑布,暴雨,大水,奔流 ④(白)内障. *air cataract* 【象】气瀑. *radiation cataract* 辐射(射线)缓冲器.

cataracta (拉丁语) *n.* (白)内障.

catarobia *n.* 清水生物.

Catarole *n.* (由 catalytic, aromatic, olefins 三字头组成的复合词). *Catarole process* 卡泰洛法(在同一装置中既生产乙烯烃的裂解气,又生产芳烃含量高的液体产品).

catarrhectic *a.* (催)泻的.

catastaltic *a.* 抑制的.
catas′trophe [kə′tæstrəfi] *n.* ①(大)事故，(大)灾难〔祸,害〕,灾变 ②毁坏，失败 ③突然的大变动. *nuclear catastrophe* 核事故，核崩裂.
catastroph′ic [ˌkætə′strɔfik] *a.* 大变动的，灾变的，灾难性的，灾害性的，摧毁性的，不幸的. *catastrophic cancellation* (有效数值的)巨量消失. *catastrophic cloudburst* 特大(灾难性)暴雨. *catastrophic failure* 突然〔严重,灾难性〕故障，突然失效，严重损坏. *catastrophic vibration* 突变振动.
catas′trophism [kə′tæstrəfizəm] *n.* 灾变说.
cathermom′eter *n.* 干湿球温度表，冷却残温计.
catato′nia [ˌkætə′touniə] *n.* 紧张症.
cataton′ic I *a.* 紧张症的. II *n.* 紧张病者.
catatonosis *n.* 紧张力减低.
catatony *n.* 紧张症.
cat-blend *n.* 催化裂化残油与直馏残油混合物.
cat-block *n.* 吊锚滑车.
catch [kætʃ] I *n.* ①捕捉，捕获(物,量)，把握，(离心喷砂机叶片)打砂动作，梗塞 ②制动(片,装置)，捕捉〔抓取,(接)受〕器，陷阱，圈套 ③掣子扣，(凸)轮挡，(抓)爪，抓钩，簧舌，凸轮 ④按钮，指针，连接键，按扣器，锁键〔扣,门),门闩,(门)列门,窗钩,扣锁(器械). *arrester catch* 避雷器挡〔掣〕子. *ball catch* 球掣. *bayonet catch* 卡扣. *catch basin* 〔pit〕集〔沉〕水池，截留〔集泥,截淤,集淤,雨水〕井,滤渣器,滤污器. *catch(water) drain* 截水(暗)沟,集水沟,盲沟. *catch holder* 保险器支架，接受器，(配电变压器的)保险丝. *catch of hook* 钩钥的钩子,又簧，杠杆开关. *catch plate* 拨盘，导夹盘. *catch point* 止闭点,闭锁点. *catch reversing gear* 棘轮回转装置. *catch tank* 预滤器,凝汽管〔瓣〕. *hood catch* 机罩(搭)扣. *quick-release catch* 快速释放制动片. *safety catch* 安全挡〔掣〕子. *stop catch* 止动挡.
II (caught, caught) *v.* ①捕,捉,抓,逮,汇集,拍摄 ②绊〔卡,钩,锁,挡,截,塞)住 ③赶上,碰见,发觉,看中,领会,了解 ④(燃)着,点,(打,激)击,结(薄)冰 ⑤感染,截留,招惹. *catch cold* 伤风,着凉.
▲*by catches* 常常,屡(停)屡(作). *catch at* 向一抓去,抓住,采纳. *catch attention* 引起注意. *catch fire* 着火. *catch hold of* 抓住，握住. *catch it (for)* (因一而)受责斥. *catch on* 理解,明白,受欢迎. *catch one's breath* 喘气,吓一跳. *catch out* 发觉,捕获. *catch sight [a glimpse] of* 看一下,瞥见,及见. *catch the idea* 了解. *catch the point of* 了解(…的要点). *catch up* 道着,赶上(with, to),中断,抓起,急忙采用(新意见等),指出…出了差错. *no catch* 或 *not much of a catch* 不合算的东西.
catch-all *n.* ①垃圾桶,杂物箱,提包 ②【化】截液(截流,分沫)器,总受器.
catch-as-catch-can *a.* 用一切方法的,没有计划的,没有系统的.
catch-basin *n.* 雨水井,沉泥井,集〔截〕水池,流域.
catch-crop *n.* 【农】间作.
catch-drain *n.* 截〔集〕水沟.

catch′er [′kætʃə] *n.* ①捕捉器(者),收集〔接受,吸收,捕集,俘获)器,除尘〔灰〕器,(镀锡机的)收板装置 ②制动〔稳定〕装置,限制器,抓器〔爪〕 ③(电子)捕获〔收注〕腔,(速调管)获能〔捕获〕腔,收集,收电极,输出电极,输出谐振腔 ④接钢工,(活套轧机的)后轧钢工,(可逆式轧机的)回送工,(垒球)接手. *ash catcher* 除灰器,除〔集〕尘器. *beam catcher* 束捕集器,射线收注箱,法拉第笛. *catcher gap* 捕获隙,输出共振腔隙. *catcher grid* 集流(捕获,收注)栅. *catcher groove* 捕获槽. *catcher marks* 夹痕. *catcher space* 收注(捕获)栅空间. *cow catcher* 机车排障器. *drop catcher* 捕滴器,液滴捕集器. *dust catcher* 吸(集,除)尘器,防尘套. *hair catcher* 除毛器. *metal catcher* 金属杂质分离器. *mist catcher* 捕雾(雾)器. *nail catcher* 钉扣. *oil catcher* (集)油盘,集油器. *self catcher* 自挡. *slag catcher* 接(盛,除)渣器,捕渣槽,流槽.
catch-holder *n.* (架空电线的)保险丝盒,断路子.
catch-hook *n.* 回转环,掣子爪,捕装爪.
catch′ily *ad.* ①有吸引力地 ②有欺骗性地,令人难解地 ③时断时续地.
catch′iness *n.* ①吸引性 ②欺骗性,迷惑性 ③断续性.
catch′ing [′kætʃiŋ] *a.* ①捕捉,集,渔获量,捕捞,拦截 ②收集,回〔吸)收 ③(活套轧机上)机座间的递桓 ④传染的,有感染力的. *catching diode* 箝位二极管. *catching pen* 小羊圈,临时羊圈. *dust catching* 收(集)尘. *spray catching* 喷雾附着.
catch′letters *n.* 导字,渡字.
catch′ment *n.* ①集水(处,区,量),汇(排)水 ②流域,集水流域 ③储油范围. *catchment area* 集水区域,汇水(汇流,受水,储油)面积,流域(面积). *catchment basin* 集水盆地,流域. *catchment boundary* 流域分界. *catchment of water* 汇〔截〕水.
catch-penny *a.*; *n.* 骗钱的(东西).
catch-pit *n.* 集水坑,截留井,捕(泄)水井.
catch-plate *n.* 拨盘,导夹盘.
catch-up *n.* 会合,赶上,拦截,捕〔截〕获,对接. *catch-up program* 赶上形势需要的规划.
catch′water *n.* ①集水,截水 ②(pl.)集水沟(管).
catchwater-drain *n.* 截水沟.
catch-word *n.* (目录,索引中用)关键字,标字,标语,(字典中的)单字,语条,眉题,【印】接字(印在前页末尾的次页首语).
catch′work *n.* 集水工程.
catch′y [′kætʃi] *a.* ①吸引人的 ②骗(迷惑)人的,令人难解的 ③时断时续的.
cat-davit *n.* 起锚柱.
catechin *n.* 儿茶素.
cat′echism [′kætikizəm] *n.* 问答教授法. *put a person through his catechism* 严格盘问某人.
cat′echol [′kætəkoul] *n.* 儿茶酚,邻苯二酚.
catecholamin(e) *n.* 儿茶酚胺.
catecholase *n.* 儿茶酚酶,邻苯二酚酶.
catechol-O-methyltransferase *n.* 儿茶酚-O-甲基转移酶.
catechotannin *n.* 儿茶单宁.
categor′ical [ˌkæti′gɔrikəl] *a.* ①绝对的,无条件的 ②详细的,明白(确)的 ③属于范畴的. *categorical*

proposition 直言〔分类〕命题. *categorical theory* 完备理论.

categor'ically *ad.* 绝对地，无条件地.

categor'icalness *n.* 完备性，范畴性.

cat'egorize ['kætigəraiz] *vt.* 分类，把…归类，区别.

cat'egory ['kætigəri] *n.* 种类，类别〔型，目〕，等级，范畴，部门. *category of maintenance* 技术保养等级. *category of a space* 【数】空间的畴数. *category of sets* 【数】集的范畴. ▲*arrange … under categories* 把…分门归类.

catelectrode *n.* (电池的)阴极，负极.

catelectrotonus *n.* 阴极(电)紧张.

cate'na [kə'ti:nə] *n.* ①耦合，联接，连锁〔续〕，位列 ②(锁，拉)锁链，链条.

catenane *n.* 索烃.

catena'rian [kæti'nɛəriən] 或 **cate'nary** [kə'ti:nəri] I *n.* 链，(悬)链(曲)线，垂曲，垂链，链索，悬链线，(悬挂电缆用)吊线. II *a.* 悬链线(状)的，悬垂式的，链状的，垂曲线的. *catenary action* 悬链作用. *catenary curve* 垂曲线. *catenary flume* 悬链形渡槽. *catenary suspension* 悬链.

cat'enate ['kætineit] *vt.* ①链〔连〕接，耦合 ②熟〔谙〕记.

catena'tion [kæti'neiʃən] *n.* ①耦〔接，结〕合，并列〔置〕，链〔连〕接，连续，级联，连接器 ②熟〔谙〕记.

cat'enoid ['kætinoid] I *a.* 链状的. II *n.* ①悬链线度，悬链挠度 ②悬链〔索〕曲面，悬链回转面，悬链面，垂曲面.

caten'ulate [kə'tenjuleit] *a.* 成链形的.

ca'ter ['keitə] *vi.* 适〔凑，迎〕投合，供应伙食，为…提供必要的条件(for)，满足，招待(to).

cat'er-corner(ed) ['kætəko:nə(d)] *a.; ad.* 对角线的，成对角线.

ca'tering *n.* 给养.

cat'erpillar ['kætəpilə] I *n.* ①履带(传动，行走部份)，链轨 ②履带(式)车(辆)，履带式挖土机，履带式〔链轨〕拖拉机，战〔坦〕克，爬行〕车 ③毛虫 ④环状轨道. II *a.* 履带式的. *caterpillar band* 〔*chain*, *track*〕履带. *caterpillar crane* 履带式起重机. *caterpillar drive* 履带运行(设备)，履带传动. *caterpillar gate* 履带(式链轮)闸门. *caterpillar traction* 履带牵引. *caterpillar tractor* 履带(式)牵引车，履带(式)拖拉机. *tread caterpillar* 履带.

caterpillar-mounted excavator 履带式挖土机.

cat-eye *n.* (玻璃的)细长气泡.

cat-eyed *a.* 在黑暗中能见物的.

cat(-)fall *n.* 吊锚索.

catforming *n.* 催化重整，催化转化法.

cat'gut ['kætgʌt] *n.* ①肠线 ②弦 ③小提琴.

Cath = catharticus 泻药，泻剂.

CATH FOL = cathode follower 阴极输出器.

cath(a)emoglobin *n.* 变性高铁血红蛋白.

cathae'resis [kə'θiəresis] *n.* 削弱，轻作用.

catham'plifier *n.* 电子管推挽放大器，阴极放大器.

catharobia *n.* 清水生物.

catharom'eter *n.* 热导计，导热析气计.

catharom'etry *n.* 气体分析法.

cathar'sis [kə'θa:sis] *n.* 洗涤，(肠胃)洗涤，导泻，(精神)发泄.

cathar'tic [kə'θa:tik] I *n.* 泻药. II *a.* 导泻的，通便的，解放感情的.

cathau'tograph *n.* 用阴极射线管的传真电报，阴极自动记录器.

cathay hickory 山核桃.

cat'head ['kæthed] *n.* ①吊锚架，锚锚杆，锚锚短柱，水雷吊架 ②锚栓，绞盘 ③套管 ④转换开关凸轮 ⑤卡盘 ⑥楞刀头.

cathect [kə'θekt] *v.* 聚精会神.

cathec'tic *a.* 聚精会神的.

cathedra (拉丁语) *ex cathedra* ['ekskə'θi:drə] 命令式地，用职权.

cathe'dral [kə'θi:drəl] *n.* ①大会堂，大教堂 ②下反角.

cathelec'trode [kəθi'lektroud] *n.* 阴极，负极.

cathepsin *n.* 组织蛋白酶.

catheresis *n.* 虚弱，轻作用.

catheretic *a.* 虚弱的，轻腐蚀性的.

Catherine wheel 轮圈外缘装有倒钩的车轮；车轮形窗.

cath'eter ['kæθətə] *n.* 导(液,尿)管.

catheter-fever *n.* 【医】插管后热，导管热.

catheter-gauge *n.* 【医】导管量计，导管尺.

catheteriza'tion *n.* 【医】导管插入(术).

cathetom'eter [kæθi'tɔmitə] *n.* 测高计(仪)，高差计.

cathetron *n.* 有外部控制极的三极汞气整流管，汞气整流器，有外栅极的三极管.

cathetus *n.* 中直线.

cathex'is [kə'θeksis] *n.* 聚精会神.

cathochro tube 阴极子致色屏管.

cathodal *a.* 阴(极)极的.

cath'ode ['kæθoud] *n.* 阴极，负极. *Ad conductor cathode* 吸附导体阴极. *beam forming cathode* 聚焦(电子束形)阴极. *cathode activity* 阴极发射效率. *cathode assembly* 阴极组，阴极部件，阴极. *cathode base* 阴极(基)心，阴极基体. *cathode beam* 阴极射(线)束，电子束. *cathode breakdown* 阴极击穿(破坏，烧毁). *cathode chromic cathode-ray tube* 阴极(射线)致色电子束管. *cathode copper* 阴极(电解)铜. *cathode degeneration resistor* 阴极负反馈电阻(器). *cathode drive* 阴极激励. *cathode end* 阴极引出端(输出端). *cathode fall* [*drop*]阴极电压降〔电位降〕. *cathode follower* 阴极输出器(跟随器). *cathode gate* 阴极输出器符合线路. *cathode grid* 抑制栅，阴极栅，反打拿效应栅. *cathode leg* 阴极引出线，阴极臂. *cathode lens* 【会聚，第一电子】透镜. *cathode peaking* 阴极高频补偿，阴极(高频)峰化. *cathode ray* 阴极射线，(阴极发射出的)高速电子. *cathode (ray) beam* 电子束，阴极射线束. *cathode ray oscilloscope* 阴极射线示波器. *cathode ray tube* 阴极射线管，示波管. *cathode run* 阴极沉积过程. *cathode spot* 阴极辉(斑，炽)点. *cathode sputtering* 阴极溅射. *heater cathode* 直热式阴极. *ion-heated cathode* 离子加热阴极. *L cathode* L(渍制)阴极. (*separately, indirectly*) *heated cathode* 旁热式阴极. *sleeve cathode* 管状阴极. *tough cathode* 阴极(电解粗)铜. *virtual cathode* 虚阴极.

cathode-chromic *a.* 阴极射线致色的，电子致色的.

cathode-coupled ['kæθoud-kʌpld] *a.* 阴极耦合的.
cathode-current *n.* 阴极电流.
cathode-degenerated stage 阴极负反馈级.
cathode-driven *a.* 阴极激励[驱动]的.
cathode-follower *n.* 阴极输出器.
cathode-grid voltage 阴极-栅极间电压.
cathode-heater *n.* 阴极加热器. *cathode-heater insulation resistance* 阴极-丝极绝缘电阻.
cathode-input amplifier 共栅[阴地,阴极输入]放大器.
cathode-lead *n.* 阴极引线.
cathode-loaded *a.* 阴极负载[加载]的,阴极输出的.
cath'odelumines'cence ['kæθədlu:mi'nesns] *n.* 阴极(射线致)发光,电子致发光,(阴极)电子激发光, 阴极辉光.
cathodephone *n.* 阴极送话器.
cathode-pulsed *a.* 阴极脉冲调制的.
cathode-ray *n.* 阴极(电子)射线,(阴极发射出的)高速电子. *cathode-ray gun* 阴极射线电子枪. *cathode-ray tube storage* 阴极射线管存储器.
cathode-return circuit 阴极反馈电路,阴极回路.
cathod'ic(**al**) [kæ'θɔdik(əl)] *a.* 阴极[负]极的,输出的 ②远中心性的. *cathodic eye* 电眼. *cathodic protection* 阴极防腐[防蚀,保护](法). *cathodic protection parasites* 妨碍阴极保护的物质,鲔降管道阴极保护效果的物质. *cathodic sputtering* 阴极溅射(作用). ~**ally** *ad.*
cath'odochro'mic ['kæθoudə'kroumik] *a.* 阴极射线致色的,电子致色的.
cathodoelectrolumines'cence *n.* 阴极电致发光.
cathodogram *n.* 阴极射线(电子衍射)示波图.
cathod'ograph [kə'θɔdəgra:f] *n.* 电子衍射照相机[摄影机],阴极记录器,X 线照片.
cathodoluminescence *n.* cathodeluminescence.
cathod'olyte [kə'θɔdəlait] *n.* 阴离子,阴向离子.
cathod'ophone *n.* 离子传声器.
cathodophosphores'cence *n.* 阴极磷光.
cath'olic ['kæθəlik] *a.,n.* 一般的,普遍的,广泛的 ②(Catholic) 天主教的(徒). ~**ally** *ad.*
cathol'icity *n.* 一般[普遍,广泛]性.
catholicize *v.* (使)一般化,(使)普遍化.
catholicon *n.* 万灵药,万应药.
cath'olyte ['kæθəlait] *n.* 阴极电解质,阴极(电解)液.
cat-hook *n.* 吊锚钩.
Cathysia *n.* 华夏古陆.
Cathysian *a.* 华夏式的.
catination *n.* 接合,连[链]接.
cat'ion ['kætaiən] *n.* 阳[正,阴向]离子. *cation exchange* 阳离子交换(作用).
cation-adsorption *n.* 阳离子吸附.
cation-exchange *n.* 阳离子交换.
cation-exchanger *n.* 阳离子交换剂[器].
cation'ic [kætai'ɔnik] *a.* 阳[正,阴向]离子的. *cationic additive* 阳离子掺合[添加]剂. *cationic exchange filter* 阳离子交换滤水器.
cation'ics *n.* 阳离子(表面活性)剂.
cationite *n.* 阳离子交换剂.
cat'ionoid ['kætaiənɔid] *n.* 类阳离子,(类)阳离子试剂. *cationoid activity* 阳离子活度.
cationotrop'ic [kætaiənə'trɔpik] *a.* 阳离子移变的.
cationot'ropy [kætaiə'nɔtrəpi] *n.* 阳离子移变(现象),阳离子位移引起的互变.
catisallobar *n.* 卡迪斯[山区]高压区.
catkin tube 阴极接金属外壳的电子管.
"cat-mouse" station 航向和指挥[控制]电台.
CATO = catapult-assisted take-off 弹射起飞.
catochus *n.* 醒状昏迷,迷厥.
catop'tric [kə'tɔptrik] *a.* 反射(光,镜)的. *catoptric imaging* 反射成像. *catoptric system* 反光系统,反射光组.
catop'trics [kə'tɔptriks] *n.* 反射光学.
catop'troscope *n.* 反射验物镜,反光镜.
catoteric *a.* 泻的.
catseye ['kæts-ai] *n.* 猫睛石,猫眼.
Catskill beds(晚泥盆世)喀士基层.
cat'skinner ['kætskinə] *n.* 履带式拖拉机司机.
cat's-whisker *a.* **catwhisker** *n.* 触须.
CATT = cooled-anode transmitting tube 屏极冷却式发射管.
cat'tle ['kætl] *n.* (单复数相同)牲[家]畜,(家,黄)牛. *cattle guard* 防畜设备[护栏],铁丝网. *cattle hide* 牛皮.
cattlepass *n.* 畜力车道,牲畜小道.
catty ['kæti] *n.* 斤(中国和东南亚国家重量单位).
CATV = ① cable TV 有线电视 ② community antenna television 公用(集体)天线电视.
cat'walk *n.* ①梯 ②桥形通道,照明天桥 ③机器中间的通道,狭窄的小道,(油罐顶上的窄狭)人行钱桥 ④工件脚手台,工作平台,施工师道,架空(工作面)走道.
cat(-)whisker *n.* 触须,针电极,晶须,螺旋弹簧.
cauce *n.* 河床.
cau'da (pl. *caudae*) *n.* 尾.
caudabactivi'rus *n.* (双DNA)尾菌体.
cau'dad ['kɔ:dæd] *ad.* 靠近尾端地. *caudad acceleration* 向首[心]向前[加速度.
cau'dal ['kɔ:dl] I *a.* (有,近,似)尾的,后面的,尾部的. II *n.* 尾钩.
caudalis *a.* 尾部的,身体之下端的.
caudalward *ad.* 向尾端或向后端.
cauda'ta [kɔ:'deitə] *n.* 有尾目(两栖).
cau'date ['kɔ:deit] *a.* 有尾的.
cau'dex ['kɔ:deks] (pl. *caudices* 或 *caudexes*) *n.* 茎,干,根.
caught [kɔ:t] catch 的过去式及过去分词. *caught on a filter* 滤出来的.
caul [kɔ:l] *n.* 均衡压力用覆盖板,抛光板,填块,网膜,胎膜.
cauldron = caldron
cauli- (词头) 柄,茎.
cauliflower ['kɔ:liflauə] I *n.* 菜花. II *v.* 菜花形炼焦. *cauliflower cloud* 积云. *cauliflower top* 菜花形顶部.
cauliflowering *n.* 菜花形.
cau'lis ['kɔ:lis] *n.* 主茎.
caulk [kɔ:k] *vt.* ①(用麻丝,纤维,粘性物)堵[捻,挤,塞],紧[嵌,敛]一的缝(锤打铆钉的钢板,使锤缝不漏水,不漏气),冲缝,铆边,填隙[缝,实,密],嵌塞,凿[压]紧,凿[致]密,捻灰 ②(电缆)堵头 ③铆接,系固

④蒸发,沉淀. caulk a boiler 堵锅炉边. caulked joint〔seam〕 嵌紧的缝,嵌实缝. caulking box 填隙〔捻缝〕工具箱. caulking chisel 填隙〔捻缝〕凿. caulking groove 嵌槽. caulking metal 填隙金属(材料),填隙合金. caulking strip 捻缝条,(金属)嵌条. caulking tool〔iron〕填隙〔嵌缝〕凿,填隙〔捻缝〕工具. ▲caulk M with N 用N填M的缝.

caulked-cusp 堵缝会切的.

caul′ker ['kɔːkə] n. ①敛缝锤,精整锤,密缝凿,堵塞工具②捻缝工. tube caulker 管子卷边工具. pneumatic caulker 风动密缝器.

cau′lking ['kɔːkiŋ] n. ①填〔敛〕缝,填隙〔实,密〕②填密物,填料③(电缆)堵头.

caulking-butt n. 填缝对接.

caulo-〔词头〕柄,茎.

caulobacterium n. 柄细菌.

cauloca′line [kɔːlə'keilin] n. (促)成茎素.

caulocarpus n. 果茎.

cau′ma ['kɔːmə] n. 灼热,灼伤.

caus = causative.

cau′sable ['kɔːzəbl] a. 能(可以)被引起的.

cau′sal ['kɔːzəl] a. (有,构成,表示)原因的,由某种原因引起的,因果的. causal Green function 表因格临函数,因果函数. causal relation (ship) 因果关系. ~ly ad.

causal′gia ['kɔːzældʒiə] n. 灼痛.

causal′ity [kɔː'zæliti] n. 原因,因果性,因果关系,因果律,诱发性.

causa′tion [kɔː'zeiʃən] n. ①引起,导致②因果关系,起因. law of causation 因果律.

cau′sative ['kɔːzətiv] a. 表示(成为)原因的,成因的,引起…的. causative agent 致病因素,病因. ▲be causative of M 成为M的原因,是M的起因.

cause [kɔːz] Ⅰ n. ①原(起)因,理由,动机②事业(奋斗)目标. cause analysis 原因(成因)分析. cause and effect 因果. immanent〔transient〕cause 内在(外在)原因. internal〔external〕cause 内(外)因. fight for〔in〕the cause of communism 为共产主义事业而奋斗. ▲cause for〔of〕M M的原因(理由). in the cause of M. make common cause with …同…协力,和…一致. without cause (无缘)无故.

Ⅱ vt. 引起,(致)使,使发生,成为…的原因,给…带来. cause widespread disturbances in the ionospheric propagation of radio waves 使无线电波在电离层中的传播受到广泛的骚扰. ▲(be) caused by 起因于,由…所引起. cause difficulty for M 给M造成麻烦〔困难〕. cause M to +inf. 使M(做).

cause′less ['kɔːzlis] a. 没有原因的,没有正当理由的,无缘无故的,偶然的.

causerie [kouzəri]〔法语〕n. 随笔,漫谈.

cause′way ['kɔːzwei] 或 cau′sey ['kɔːzi] Ⅰ n. ①长(大)堤②砌(栈,堤,人行)道③马(公)路. Ⅱ vt. 砌筑堤(人行)道.

causis n. 灼伤,腐蚀.

caus′tic ['kɔːstik] Ⅰ a. ①腐蚀(性)的,碱性的,灼昧的,苛性的②焦散的,散焦的③刻薄的. Ⅱ n. ①腐蚀剂,苛性药〔碱,钠〕,氢氧化物②聚光(线),焦散(点,面,曲线),散焦线. caustic alkali 苛性碱,碱液. aqueous caustic 苛性碱液. caustic embrittlement〔brittlement〕碱(性)脆(化). caustic hydride process 苛化氢化法(一种除垢法). caustic in flakes 或 flake caustic 片状烧碱. caustic lime 石灰,苛性石灰. caustic line 散焦线,烧灼线,火线. caustic mud 苛灰泥浆. caustic potash 苛性钾,氢氧化钾. caustic quenching 碱液淬火. caustic soda 苛性钠,氢氧化钠,烧(火)碱. caustic surface 焦散面. common〔lunar〕caustic 硝酸银. ground caustic (苛性)碱粉,粉状腐蚀剂.

caustic′ity [kɔːs'tisiti] n. 苛性,腐蚀性,碱度(性).

causticiza′tion n. 苛化作用,苛(性)化.

caus′ticize v. 苛(性)化,使腐蚀,烧灼.

caus′ticizer n. 苛化剂〔器〕.

caus′ticoid ['kɔːstikɔid] n. 拟聚光线(面).

caus′tics n. 焦散光.

Causul metal 镍铬铜合金铸铁(镍19%,铜4%,铬1.5%,碳2.2～2.8%,其余铁).

cau′sus ['kɔːzəs] n. 剧热.

cau′ter ['kɔːtə] n. 烙器.

cau′terant ['kɔːtərənt] n.; a. 腐蚀〔剂〕,烧灼的.

cauterantia n. 腐蚀剂,烧灼剂.

cau′terize ['kɔːtəraiz] vt. 烧灼,烙,腐蚀. cauteriza′tion n.

cautery ['kɔːtəri] n. 烧灼(术,器,剂),腐蚀(剂),烙(术,器).

cau′tion ['kɔːʃən] Ⅰ n. ①当(小)心,谨慎,注意②警告,告诫. Ⅱ vt. 使小心,(予以)警告. caution (notice) board 警告牌. caution mark 注意标志. caution signal 警告信号. for caution′s sake 为小心(慎重)起见. reasonable caution should be exercised in the use of M 在使用M时应比较(相当)小心. use caution 当心,小心. with caution 留心,谨慎,小心翼翼. ▲give … a caution to …,给…一个警告. caution … against〔not to +inf.〕警告…不要(做). caution … not to inspect the machine without first turning off power 告诫…不要在关断电源前就去检查机器.

cau′tionary ['kɔːʃənəri] a. ①注意的,小心的②警告的,告诫的,保证的.

cau′tious ['kɔːʃəs] a. 当心的,谨慎的,细心的. ▲Be a little cautious. 当心(谨慎)点. be cautious of …留意,…谨防…. ~ly ad. ~ness n.

CAV = ①cavitation 气蚀,空化,气(空)穴②cavity (空,模,型)腔③construction assistance vehicle 建筑辅助运输工具.

cava n. cavum 的复数.

ca′val ['keivəl] a. 室(洞)的,腔静脉的.

cavalcade [kævəl'keid] n. ①行列,车(船)队②发展过程,发展史. air cavalcade 航空发展过程. the cavalcade of scientific research 科学研究的发展过程.

cavalier′ [kævə'liə] n. 骑士.

cav′alry ['kævəlri] n. 骑兵(队),高度机动的地面部队. cavalry carrier 装甲运输车.

cavalryman n. 骑兵.
cave [keiv] Ⅰ n. ①岩洞,洞穴 ②(屏蔽)室,小腔,内腔 ③凹槽,凹痕 ④喀斯特洞. *cave dwelling* [*house*] 窑洞. *cave period* 穴居时代. *high-level cave* 高放射性物质工作室. *hot cave* "热"室,高放射性物质工作屏蔽小室. *radiation cave* 辐射[照]室. *storage cave* 储藏室.
Ⅱ v. ①凹进去,坍[下,凹]陷,掏空,塌下[陷],(炉顶)倒(坍)塌(in). *caved goaf* 岩石坍落带,崩落的采空区. *caved ground* 坍陷的地面. *caved material* 坍落体. *caving bank* 掏空[掏成洞穴状]的堤岸.
cave'-in' ['keiv'in] n. ①倒[凹]塌,凹[下]陷(处),塌方(区),冒顶 ②失败.
caved-in a. 凹进去的,塌陷[落]的.
cav'ern ['kævən] Ⅰ n. 大(山,岩)洞,洞穴[窟,室]. Ⅱ v. 使成洞,使凹进去,闭入洞中,挖空(out). *cavern filling* 洞穴充填. *cavern rock* 多孔[溶洞]岩石. *cavern water* 洞穴水.
caverna (pl. cavernae) n. 腔,(空)洞,盂.
cav'erned a. 有洞穴的,洞穴状(中)的.
cavernic'olous [kævə'nikələs] a. 穴栖的.
cav'ernous ['kævənəs] a. ①洞穴(状)的,多洞穴的,空洞的 ②多孔的,海绵状的,素烧(瓷)的 ③凹的,塌的. *cavernous weathering* 孔状风化.
cavetto n. 打[修]圆,削[磨]圆角,凹槽.
cav'il ['kævil] n. 尖锤. *cavil ax* 尖斧锤.
ca'ving n. ①冒顶,塌落,坍塌,冒顶 ②掏空③岩洞 ④崩[陷]落开采法.
caving-in n. 坍落[陷],冒顶.
cav'itary ['kæviteri] a. 腔的,空洞的,有洞的.
cav'itas ['kævitəs] (pl. *cavitates*) n. 腔,(空)洞,盂.
cav'itate ['kæviteit] vi. 出现涡凹[气穴]现象,抽空.
cavita'tion [kævi'teiʃən] n. ①气[空]蚀,空穴(现象),气蚀现象,空泡形成 ②成洞,成腔,成穴,空穴(作用,现象),空化(作用)③空隙(现象)③螺旋桨急转时后面产生的了涡凹[空]④饱和压力点. *cavitation erosion* 气蚀,空(隙腐)蚀,涡蚀,麻蚀,液流气泡浸蚀. *cavitation fracture* 空洞断裂. *cavitation limit* 涡凹限度. *cavitation scale* 空穴缩尺. *cavitation tunnel* 空泡试验筒.
cavitation-free a. 无气蚀的,无空蚀的.
cavitation-resistant a. 抗气[空]蚀的.
cavitron n. 手提式超声波焊机.
cav'ity ['kæviti] Ⅰ n. ①(空,内,型,共振,谐振)腔,(空,孔,洞)穴,盂,空心,中空,插孔[座] ②模槽[腔],(铸造)型腔,腔体,(金属)浇铸孔,(电机)室,③上述之型腔 ③小室,暗盒,轮舱 ④空腔谐振[共振]器 ⑤岩洞,岩石中的裂缝. Ⅰ a. 空心的,具有空腔的,中空的. *accelerating cavity* 加速空腔共振器. *cavity accelerator* 空腔加速器. *cavity antenna* 谐振腔天线,空腔天线. *cavity block* 阴模,空心块体. *cavity cap* (显像管上的)高压帽,空腔帽. *cavity chain* 耦合腔链. *cavity circuit* 空腔(振荡)电路,空腔谐振(器)电路. *cavity coupling system* 谐振腔耦合系统. *cavity current* 谐振腔电流. *cavity die* 阴[凹,型]腔模. *cavity effect* 空化[腔]效应,凹腔效应. *cavity filter* 空腔滤波器. *cavity magnetron* 谐振腔式磁控管,空腔(谐振)磁控管. *cavity maser* 腔体式量子放大器. *cavity meter* 标准共振腔. *cavity piston* 凹顶活塞. *cavity pocket* 空腔,空洞,气泡. *cavity resonator* 空腔谐振器,谐振腔. *cavity voltage* 谐振腔电压. *cavity wall* 空心墙,双层壁. *contraction cavity* (收)缩孔. *dies cavity* 阴模,模槽[腔,穴],型腔. *folded cavity* 折叠(空)腔. *furnace cavity* 炉膛(容积),燃烧室. *fuse cavity* 信管[引信]口. *gas cavity* 气孔[眼]. *integrating cavity* 累积腔. *mould cavity* 型腔,阴模. *radio-frequency cavity* 射频空腔谐振器. *reaction cavity* 回授电路空腔谐振. *resonant cavity* 或 *cavity resonator* 空腔共(谐)振器,谐振腔. *pipe cavity* 缩孔. *shrinkage cavity* (收)缩孔. *space cavity* 空腔. *split cavity* 分[组合]模穴. *variable cavity* 可调空腔谐振器. *vortex cavity* 涡流区,漏流式燃烧室.
cav'ityless a. 无空腔的.
CAVU =ceiling and visibility unlimited 升限[云高]及可见度无限制.
cavum ['kɑ:vəm] (拉丁语) (pl. *cava*) n. 腔,(空)洞.
cavus n. 腔,洞.
CAW = ①carbon arc welding 碳极电弧焊 ②channel address word 分路地址代码,通道地址字.
cawk n. ①氧化钡 ②重晶石,硫酸钡矿石.
CAX = community automatic exchange 区内自动电话局.
cay [kei] n. 小礁岛,珊瑚礁,礁砂丘,沙洲. *cay sandstone* 礁砂岩.
CAZ alloy (耐海水腐蚀)铜合金(铝3～6%,镍2～6%,硅0.6～1.0%,锌2～10%,其余铜).
cazin (alloy) n. 镉锌(焊料)合金,镉锌焊料,低熔合金(锌17.4%,其余镉,熔点236℃).
CB = ①carbon balance 碳平衡 ②carbon black 碳黑 ③cast brass 黄铜铸件 ④catch basin 集水池,截留井,收集盆,澄污器 ⑤C-battery 丙[栅极]电池 ⑥C-bias 栅偏压 ⑦cement base 水泥基础 ⑧center of buoyancy 浮力中心 ⑨central battery 中央[共电]电池 ⑩chemical and biological 化学及生物的 ⑪chlorobromomethane 氯溴甲烷 ⑫circuit breaker 线路断路器 ⑬citizens band 民用电台频带 ⑭cobalt (nuclear) bomb 钴(核)弹 ⑮column base 柱基 ⑯common base 共基极 ⑰common battery 中央[共电]电池,普通(蓄)电池 ⑱conditional branch 条件转移 ⑲confidential book (英海军)机密手册 ⑳confidential bulletin 机密通报 ㉑connection box 接线盒,连接箱 ㉒contact breaker 接触断路器 ㉓continuous blow-down 连续吹风[吹除,换气] ㉔continuous breakdown 连续故障 ㉕control board 控制[操纵]盘 ㉖control button 控制按钮.
Cb = columbium 铌(即铌 niobium).
cb = ①centibar 厘巴(大气压力单位) ②counterbored 扩孔(的).
CBA = central [common] battery apparatus 共电式话机.
cbal = counterbalance 配重,平衡(力,块).
C-band n. C波段.

cbar =centibar（气压）厘巴。

CBAS =central [common] battery alarm signalling 共电式报警信号设备。

C-battery *n.* C电池组，丙电池组，栅极[偏压]电池组。

CBC =①Canadian Broadcasting Corporation 加拿大广播公司 ②complete blood count 全部血球数。

CBCC =common bias-common control 共偏压-集中控制。

CBD =①cash before delivery 交货前付款 ②compression bulk density 压实松密度。

CBE =compression bonded encapsulation 压力结合[焊接]密封法。

cbe =cab-beside-engine 边置驾驶室。

cb ft =cubic foot 立方英尺。

CBI =Confederation of British Industry 英国工业联合会。

C-bias *n.* 栅极偏压。

CBIS =computer-based information system 依靠计算机的情报系统。

CBK =check book 支票簿。

CBL =①cable 链（海上测距单位），电缆 ②commercial bill of lading 商用提货单。

CBM =①chlorobromomethane 氯溴甲烷 ②continental ballistic missile 大陆弹道导弹。

CBORE 或 **c'bore** =counterbore 平底锪钻，埋头孔。

CBR =①chemical, biological [bacteriological], radiological (warfare)化学、生物[细菌]、放射性（战争）②comprehensive beacon radar 万用雷达信标。

CBr =cast brass 黄铜铸件。

CBS =①central [common] battery signalling 共电式振铃设备 ②central [common] battery supply 中央[共电]电池供电 ③central [common] battery switchboard 共电式电话交换机 ④central battery system 共电制 ⑤Columbia Broadcasting System（美国）哥伦比亚广播系统（场顺序制）⑥cyclohexyl benzthiazyl sulphenamide 环己基苯并噻基次磺酰胺。

CBSC =common bias, single control 共偏压，单独控制。

CBT =①central battery telephone 共电式电话[话机] ②coin box telephone 硬币制公用电话。

CBTA =central battery telephone apparatus 共电式电话机。

CBTS =central battery telephone set 共电式电话[话机]。

CBU =cluster bomb unit 集束炸弹。

CBW =chemical and biological warfare 化学生物战。

CC =①carbon copy 复写的副本 ②cast copper 铸铜 ③centrifugal casting 离心铸造 ④chapters 章，节 ⑤chief complaint 主诉 ⑥choke coil 扼流圈 ⑦closing coil 闭合磁管 ⑧cloud chamber 威尔逊云（雾）室 ⑨coefficient of correction 校正系数 ⑩color code 色码 ⑪combined carbon 化[结]合碳 ⑫combustion chamber 燃烧室 ⑬command center 指挥中心 ⑭command computer 指挥[操作]计算机 ⑮commercial crossbreeding 经济杂交，商品[性畜]杂交 ⑯common collector 共集电极 ⑰communication center 通信中心 ⑱compiler-compiler 编译程序的编译程序 ⑲concentrate and confine 装有浓缩和密封废料装置的废料去除系统 ⑳concentric cable 同轴电缆 ㉑condition code 条件码 ㉒configuration control 构形[配位]控制 ㉓constructing contractor 建筑承包人 ㉔continuous current 连续电流，直流 ㉕control console 控制[操纵]台 ㉖coordinate converter 坐标变换器 ㉗copper contantan 铜-康铜热电偶 ㉘cotton-covered 纱包的 ㉙counterclockwise 反时针方向 ㉚coupling condenser 耦合电容器 ㉛cross coupling 交叉耦合 ㉜cubic centimeter 立方厘米。

cc =①cubic centimeter(s) 立方厘米 ②cubic contents 立方体容量。

c-c =①center to center 中心到中心，中心距 ②cotton-covered 纱包的 ③cubic centimeter 立方厘米。

c/c =①between centers 中心间（距），轴间（距）②center to center 中心到中心 ③concentric 同心的，集中的 ④concentric cable 同轴电缆。

CCA =①carrier controlled approach (system)航空母舰上控制飞机降落的雷达 ②component checkout area 部件测试场 ③contract change analysis 合同更改分析。

CCaPSbay =channel carrier and pilot supply bay 载频和导频供给架。

CCB =①change control board 变换[速]控制板 ②configuration control board 构形[配位]控制板 ③convertible circuit breaker 转换电路开关。

CCC =①console control circuits 控制台控制电路 ②coordinate conversion computer 坐标换算计算机。

CCCR =communication and command control requirements 通讯与指令控制要求。

CCD =①charge-coupled device 电荷耦合器件 ②computer-controlled display 计算机控制的显示器。

CCDD =Command Control and Development Division 指令控制和研讨部。

CCE =①carbon-chloroform extract 碳-氯仿抽提 ②command control equipment 指令控制装置。

CCFE =commercial customer furnished equipment 买主供给的设备。

CCFT =controlled current feedback transformer 受控电流反馈变压器。

CCI =①calculated cetane index（石油燃料）结算十六烷指数 ②chilled cast iron 冷铸生铁。

CCIB =China Commodity Inspection Bureau 中国商品检验局。

CCIS =command and control information system 指[令]控[制]信息系统。

cckw =counterclockwise 逆[反]时针方向。

C-clamp *n.* C形夹（具，子）。

cclw =counterclockwise 逆时针方向。

CCM =①coincident-current memory 电流重合（法）存储器 ②countercountermeasure 反对抗，反干扰 ③cubic centimeter 立方厘米。

CCMS =Committee on Challenges of Modern Science（北大西洋公约组织）现代科学技术委员会。

CCMU =control center mockup 控制中心实物模型。

CCN =①configuration number 配位数 ②contract change notification [notice] 合同更改通知（书）。

CCP =①contract change proposal 合同更改建议 ②critical compression pressure 临界压缩压力。

CCR = ①command control receiver 指令控制接收机②computer character recognition 计算机符号识别 ③contract change request 合同更改的请求 ④critical compression ratio 临界压缩比.

CCS = ①cast carbon steel 铸碳钢 ②casual clearing station 故障台 ③confidential cover sheet 机密件封面 ④continuous colour sequence 彩色顺序传送 ⑤controlled conditions system 条件受控系统 ⑥cross cutting system 斜交切割法.

ccs = cubic centimetres 立方厘米.

CCST = Center for Computer Sciences and Technology 计算机科学技术中心(美).

CCSW = copper clad steel wire 铜包钢线.

CCT = ①circuit 电路,线路 ②complex coordination test 全套设备协调(配合)试验 ③continuous cooling transformation 连续冷却转变.

cct = ①circuit 电路,线路 ②cubic capacity tonnage 总容积吨位.

CCT-diagram *n.* 连续冷却相变图,连续冷却转变曲线.

CCtransf = constant-current transformer 恒[直]流变压器.

CCTV = closed circuit television 闭路式电视.

CCU = ①camera control unit 摄像机控制器 ②chart comparison unit 雷达图像与特制地图相比较的投影器.

CCVS = current-controlled voltage source 电流控制的电压源.

CCW = counter-clockwise 反时针方向,逆时针方向.

CD = ①cable driver 缆索传动器 ②cable duct 电缆管道 ③calling device 呼叫设备 ④candela 新烛光(= 0.981 国际烛光) ⑤center distance 中心距(离) ⑥certificate of destruction 毁[破]坏证明 ⑦change directive 更改指令 ⑧chord(翼)弦 ⑨classification of defects 故障[缺陷]类别 ⑩coefficient of drag 阻力系数 ⑪cold-drawn 冷拔[拉]的 ⑫common denominator 公分母 ⑬confidential document 秘密文件 ⑭*conjugata diagonalis* 对角径 ⑮continued development 连续发展(研制) ⑯contract definition 合同规定标准 ⑰countdown(发射前)时间计算(计时系统),脉冲分频 ⑱cross direction 横向 ⑲current density 电流(通量)密度 ⑳cutting depth 开挖深度,切削深度.

Cd = cadmium 镉.

cd = ①candela 新烛光(= 0.981 国际烛光) ②candle 烛光 ③cold-drawn 冷拉[拔]的 ④conductance 电导 ⑤cord 克尔特(8×4×4 立方英尺).

C/D = ①certificate of delivery 交货证明书 ②certificate of deposit 存(款)单 ③customs declaration 报关单.

CDA = command and data acquisition station 指令数据截获台,指令数据汇集台.

CD&AA = coast defense and antiaircraft 海岸防御与防空.

CDB = common data base 公共数据库.

CDC = ①carbon from dissolved carbonates 溶解碳酸盐碳 ②configuration data control 配位数据控制 ③control distribution center 控制分配中心 ④course and distance calculator 航线及距离计算器.

Cde = Comrade 同志.

cde = code 密码,代号.

Cd-EDTA = cadmium-ethylenediam-inetetraacetic 乙二胺四乙酸镉盐.

CDF = cumulative distribution function 累积分布函数.

cd ft = cord-foot(木材层积单位)考得-英尺.

CDH = cable distribution head 电缆分线箱.

CDI = ①collector diffusion isolation 集电极扩散隔离 ②course deviation indicator 航向偏差指示器.

C-display *n.* 方位角-仰角显示(器),C型显示.

CDL = core diode logic 磁心二极管逻辑.

CDP = ①central data processor 中央数据处理机 ②centralized data processing 集中的数据处理 ③checkout data processor 检测数据处理机 ④(Committee for Development Planning) 发展规划委员会 ⑤communication data processor 通讯数据处理设备 ⑥contract definition phase 合同确定阶段 ⑦correlated data processor 相关数据处理机 ⑧critical decision point 临界判定点 ⑨cytidine-5'-diphosphate 二磷酸-5'-胞苷.

CDPC = central data processing computer 中央数据处理计算机.

CDR = ①central data recording 中央数据记录 ②construction discrepancy report 结构误差报告 ③countdown deviation request 计时系统偏差要求 ④critical design review 关键性设计的检查 ⑤current directional relay 电流方向继电器.

cdrill = center drill 中心钻.

CDS = ①cold-drawn steel 冷拉钢 ②compatible duplex system 相容双工系统 ③comprehensive display system 综合显示系统 ④single-cotton double-silk covered 单纱双丝包(的).

CDT = control data terminal 控制数据终端设备.

CDU = ①cable distribution unit 电缆分线装置 ②coast(al) defense radar (for detecting U-boats) 海防搜索潜艇雷达.

CE = ①calibration error 校准误差 ②carbon equivalent 碳当量 ③chemical engineer 化学工程师 ④chief engineer 总工程师 ⑤civil engineer 土木工程师 ⑥civil engineering 土木工程 ⑦common emitter 共发射极 ⑧communications electronics 通信电子学 ⑨compass error 罗经误差 ⑩corps of engineers 工程兵.

Ce = cerium 铈.

CEA = ①circular error average 平均圆形误差 ②*Commissariat de L' Energie Atomique* (法国)原子能委员会.

cease [siːs] *v.; n.* 停(中止,中(间)断,停息. *cease spark* 灭弧罩. *cease to exist* 不再存在,灭亡. ▲ *cease from* + *ing* [to + inf.]停止(做). *cease out* 绝迹. *cease to be* 不再是. *cease to be in force* (effect)失效.

cease-fire ['siːsˈfaiə] *n.* 停火(命令).

cease'less ['siːslis] *a.* 不停(断,绝)的,永不休止的. *make ceaseless efforts to* + *inf.* 不断努力(做). ~ly *ad.*

cea'sing ['siːsiŋ] *n.* 中止(断),间断,停止.

ceasma *n.* 裂缝,裂孔.

ceasmic *a.* 裂开的,分裂的.

cebaite *n.* 氟碳铈钡矿.

CEC = ①cation exchange capacity 阳离子交换能力

②Commission of the European Communities 欧洲共同体委员会 ③Coordinating European Council 欧洲协调委员会.
ce′cal ['si:kəl] *a.* 盲的,盲肠的.
CECF =Chinese Export Commodities Fair 中国出口商品交易会.
cecitas *n.* 视觉缺失,盲.
ceci′tis [si'saitis] *n.* 盲肠炎.
ce′city ['si:siti] *n.* 盲目,瞎.
cecos tamp 不规则件压纹压印机.
ce′cum ['si:kəm] *n.* 盲肠.
ce′dar ['si:də] *n.* ①杉(木,松)、红〔雪〕松、(侧,香)柏 ②杉木杆.
cedarwood *n.* 杉木,雪松属木料.
Cedit *n.* 赛迪特格镍钨(刀具)硬质合金.
cedrenol *n.* 雪松〔柏木〕烯醇.
cedrol *n.* 雪松醇〔脑〕.
cedrus *n.* 雪松.
cee [si:] *n.*; *a.* (英语字母)C, c; C字形的. *cee spring* (支持车身的)C字形弹簧.
Ceefax *n.* 西法克斯(BBC发表的一种文字电视广播系统).
CEFIGRE =International Training Centre for Water Resources Management 水资源训练中心(国际水资源管理训练中心).
cefluosil *n.* 铈氟硅石.
ceil [si:l] *vt.* 装天花板于,装壁〔隔〕板于,装船内格子板.
ceil′ing ['si:liŋ] *n.* ①天花板、(吊)平顶,顶板〔篷〕 ②上升能力、(上升)限(度)、绝对升限,最大飞行高度〔距离〕③最高限度〔额〕,上限 ④云幕(高度)、(天幕)底(部)高度、云层高度 ⑤舱底垫板,舱内衬板,舱室内覆板. *ceiling block* 灯线盒. *ceiling board* 天花板. *ceiling button* 天棚〔顶部〕按钮. *ceiling capacity* 上升〔升限,最大〕能力. *ceiling excitation* 极限激励. *ceiling fan* (风)扇. *ceiling fitting* 天棚照明设备,天棚灯. *ceiling height* (上)升限(度),云幕高度. *ceiling lamp* 吊〔悬,舱顶〕灯. *ceiling light* 顶篷灯,舱顶灯,吊灯,平顶〔天花板〕照明. *ceiling price* 最高价,价,价. *ceiling speed* 极限速度. *ceiling voltage* 最高〔峰值〕电压. *ceiling without 〔free of〕 trussing* 无梁平顶. *operating 〔service〕 ceiling* 实际工作,使用)升限. *operational ceiling* 实际(使用)升限,实际上升限度,能进行有效活动的升限.▲*put a ceiling on M* 给 M 提出一个最高限度.
ceilom′eter [si:'lɔmitə] *n.* 云高计,云幕灯(仪);测云高度仪.
cel = ①cancel 取消 ②celestial 天体的 ③Celsius 摄氏(温度).
CEL MECH =celestial mechanics 天体力学.
celadon *n.* ①霁青(色),灰绿色 ②青瓷.
celanese *n.* 纤烷纱,聚乙烯乙酸乳浊液.
celanite *n.* 方铈镧钛矿.
Celcius =Celsius.
celeb′ [si'leb] *n.* 著名人士.
cel′ebrate ['selibreit] *v.* 庆祝,赞美,歌颂;举行(仪式).
cel′ebrated ['selibritid] *a.* 著(名)的,有名的.
celebra′tion [seli'breiʃən] *n.* 庆祝(会),典礼, *hold a celebration* 举行庆祝(会). *in celebration of* 为庆祝….
celeb′rity [si'lebriti] *n.* ①著名,名声 ②著名人士.
celer′ity [si'leriti] *n.* ①运动的速度,波速,临界流速 ②迅速,敏捷.
cel′escope *n.* 天体镜.
celeste [si'lest] *n.*; *a.* 天蓝色(的).
celes′tial [si'lestjəl] *n.* 天(空,体,上,文)的. *celestial blue* 天青蓝. *celestial body* 天体. *celestial chart* 星〔天体〕图. *celestial equator* 天体〔天球〕赤道. *celestial horizon* 天文水平线,真正地平. *celestial latitude* 赤纬. *celestial longitude* 黄经. *celestial map* 星像图. *celestial mechanics* 天体力学. *celestial navigation* 天体〔天文〕导航(法). *celestial pole* 天极. *celestial reference* 天文定向物,天文定向基准. *celestial sphere* 天球(体).
celestial-mechanical *a.* 天体力学的.
celestite *n.* 天青石.
celiac *a.* 腹(部)的.
celiotomize *v.* 剖腹.
celite *n.* ①C盐,黄式盐 ②次乙酰塑料 ③硅藻土 ④C石,C水泥石土,钙铁石.
cell [sel] *n.* ①(蓄,原,自发)电池,电瓶,光电管〔元件〕,电解槽 ②(细胞,晶粒〔胞,格)),小组(织) ③传感〔测压,测力)器,压力盒 ④〔计〕地址、单元,栅元 ⑤小(隔,单)室,池,杯,(隔)间,匣,房,盒,槽,管,龛,容器,气囊,窝(方,单,矩),区格,网络,筛(网)眼,网目,(微)孔 ⑦机翼构架 ⑧浮选槽(机),地下室〔井〕,前室 ⑨蜂房巢 ⑩【结计力学】相格 ⑪基层组织 ⑫蜂房. *accumulator cell* 蓄电池. *air cell* 空气室,空气电池,充气室浮选机. *alkaline cell* 碱蓄电池. *aluminium cell* 铝电池,铝避雷器,铝电解槽. *anti T-R cell* 收发转换开关(收发转换装置的一部份). *bag-type* 〔bladder-type〕 *cell* 软油箱. *balancing cell* 附加(反压)电池. *barrage* 〔barrier film, barrier layer〕 *cell* 阻挡层光电池. *binary cell* 双孔,双元,二进位元件. *bubble cell* 水泡,水准器,(水平仪)气泡. *cation cell* 阳离子交换槽. *cell alternative* 单组选择元. *cell box* 电池箱. *cell call* 子程序编码,子程序符号. *cell concrete* 多孔混凝土. *cell constant* 容器〔电池〕常数. *cell division* 细胞分裂. *cell edge* 胞棱. *cell fusion* 细胞融合,细胞杂交. *cell height* 堆放高度. *cell interconnection* 单元互连. *cell maintenance* 电解槽维护. *cell mounting* 箱内安装. *cell nucleus* 细胞核. *cell pit furnace* 均热炉. *cell quartz* 多孔石英. *cell structure* 格栅结构,胞状组织. *cell terminal* 电池接线柱. *cell type* 程控(运用电脑可任意规定所需的顺序和时间的作业方式). *cell type heater* 管式加热炉. *cell type TR tube* 胞式开关管. *cell type tube* 电池式电子管. *cell wall* (细)胞壁. *cleaning cell* 净化器. *climate cell* 人工气候试验室. *cold cell* 低温试验室. *conductivity cell* 传导管. *cubic (-lattice) cell* 立方点阵晶格. *cupron cell* 氧化铜光电池〔整流器〕. *data cell unit* 〔drive〕磁带卷,磁卡片机. *delay cell* 延时元件. *detector cell* 探测元件.

dew cell 湿敏元件. *dry cell* 干电池. *drying cell* 干燥室. *electroluminescent cell* 场致发光元件. *elementary cell* 单位晶格,基本晶胞,单位栅格. *emission cell* 放射光电元件,放射管. *extraction cell* 萃取室. *exchanger cell* 离子交换槽. *exposure cell* 照[辐]射室,辐照室. *filter cell* 滤清元件. *flexible cell* 软(橡皮)油槽,橡校容器. *fluorine cell* 氟电解槽,电解制氟槽. *force cell* 测力传感器,测力计. *fuel cell* 燃料电池,燃料箱,油箱,热元件. *furnace cell* 前置燃烧室,前置炉. *galvanic cell* 原电池,一次电池. *gas cell* 充气光电管,气室,气体匣. *Golay cell* 高莱池,红外线指示器. *high lovol cell* 高放射性物质工作室. *hot cell* 《热室》,高放射性物质工作屏蔽室,高温试验室. *hydraulic cell* 液力测力(压)计. *hydride cell* 胶态金属粒光电管. *hydrogen cell* 氢燃料电池. *Kerr cell* 克尔盒. *load cell* 计(测,动)力传感器,负载传感器,测压仪,测力计,发送器. *manipulator cell* (机械手)操作室. *measuring cell* 测压仪,测力计,测量元件,发送器. *memory cell* 存储单元(元件). *metallurgy cell* 金相研究室. *missile cell* 导弹发射竖井. *movable partition cell* 可动隔板沉淀池. *nickel-cadmium cell* 镍镉电池. *Noden cell* 电解整流管. *PC*[photoconducting, photo-conductive] *cell* 电光导管,光敏电阻(元件). *phase-space cell* 相空间晶胞. *photoelectric cell* 光电池,光电池,光电元件. *photo-sensitive cell* 光电管[池]. *pilot cell* 指示性电池,控制元件. *poly cell approach* 多单元法. *pressure cell* 压力传感器,测压仪,压(力)敏元件. *primary cell* 原电池. *primitive cell* 初基胞,原胞. *process*(ing) *cell* 生产操作室. *rectifier cell* 整流管. *redox cell* 氧化还原电池. *reduction cell* 电解(还原)槽. *refining cell* 电解精炼器. *secondary cell* 蓄[副]电池. *selenium cell* 硒光电池(管). *silver-zinc cell* 银锌电池. *solar cell* 太阳电池. *standard cell* 标准电池. *storage cell* 蓄电池,存储单元(元件). *test cell* 试验台试. *thermistor heat detector cell* 热变电阻器式检测器. *thermoelectric cell* 温差电偶(池),热元件. *T-R cell* 发射开路器(收发转换装置的一部份). *unit cell* 晶胞,单位晶格,干电池. *wing*[plane, cellule] *cell* 翼组.

cel′la ['selə] (pl. *cellae*) n. 小房[室],细胞.
cel′lar ['selə] I n. ①油盒②油井口③(运输工具里的)用品箱④地窖,地下室⑤堆栈存储器,堆栈⑥叠式(后进先出)存储区. II vt. 藏于地下室,窖藏,下窖. *ash cellar* 灰槽(坑). *oil cellar* 润滑装置,润滑系统地下室. *the cellar* 最低点.
cel′larage n. 地窖(的容积).
cell-free a. 无细胞的.
cell-holder n. 吸收池架.
cell-homogenized a. 栅元均匀化的.
celliform a. 细胞(状,样)的.
cellifugal a. 离胞的.
cellipetal a. 向胞的.

cello ['tʃeləu] n. 大提琴.
cellobiase n. 纤维二糖酶.
cellobiose n. 纤维(素)二糖.
cellodextrin n. 纤维糊糖.
cellogel n. 胶化乙酸纤维膜.
cellohexose n. 纤维六糖.
celloi′din [sə'lɔidin] n. 火棉(液),(火)棉胶,赛珞锭.
cellolyn n. 氢化拟酯树脂.
cel′lophane ['seləfein] n. 玻璃纸,胶膜,赛珞玢. *cellophane paper* 玻璃[透明]纸.
cellosolve n. 溶纤剂.
cellosugar n. 纤维素糖类.
cellotetrose n. 纤维四糖.
cellotriose n. 纤维三糖.
celloyarn ['seləja:n] n. 玻璃纸条,玻璃纸纤维.
cellpacking n. ①管壳,电池外壳 ②元件包装物.
cell-renewal a. 细胞更新的.
cellspectrom′eter n. 细胞分光计.
cell-structure n. 细胞结构,网状组织.
celltransforma′tion n. 细胞转化.
cell-type a. 栅元型的,细胞状的.
cellubitol n. 纤维素二糖醇.
cel′lula ['seljulə] (拉丁语) (pl. *cellulae*) n. (小)胞,小房.
cel′lular ['seljulə] a. ①细胞(状)的,由细胞组成的 ②蜂窝状的,多孔(状)的,网眼(状)的,分格式的,格形(状)的 ③[数]胞腔式的 ④[计]单元的 ⑤单体的 ⑥泡沫(状)的. *cellular beam* 格形梁. *cellular computation* 细胞结构式计算. *cellular concrete* 泡沫(多孔,加气)混凝土. *cellular conductor* 蜂窝状(网状)导体. *cellular construction* 格形构造(建筑(物)),单元细胞结构. *cellular foam* 多孔状细胞体. *cellular girder* 格形(空腹,空心)梁. *cellular glass* 泡沫玻璃. *cellular lava* [scoriae]多孔熔岩. *cellular logic* 细胞(网格)逻辑. *cellular mapping* 胞腔式映像. *cellular method* 分格法. *cellular plastics* 泡沫塑料. *cellular polyhedron* 分格多面体. *cellular pyrite* 白铁矿. *cellular rubber* 泡沫橡胶. *cellular segregation* 网状偏析. *cellular silica* 多孔硅石. *cellular structure* [texture] 网格(蜂房式,单元式,细胞状)结构,网状组织. *cellular switch board* 分区开关板.
cellular-dendritic a. 胞状树枝晶的.
cellular′ity n. 多孔性,泡沫(细胞,蜂窝状)结构.
cellular-type a. 孔式的,分格式的,蜂房式的.
cellulase n. 纤维素酶.
cellulated = cellular.
cel′lule ['selju:l] n. ①小细胞,双分子膜泡,空隙②小房,小室③机翼构架,翼组. *plane* [wing] *cellule* 翼组.
cellulicidal a. 伤害(破坏)细胞的.
cellulifugal a. 细胞离心的.
cellulitis n. 蜂窝组织发炎.
cel′luloid ['seljulɔid] I n. ①赛璐珞,明胶,硝纤象牙,假象牙 ②电影胶片. II a. 赛璐珞的. *celluloid lacquer* 赛璐珞漆. *celluloid paint* 透明(油)漆.
cel′lulose ['seljuləus] I n. 纤维素(化),细胞膜质,

纸浆. I a. (有)细胞的,纤维素的. aikali cellulose 碱性纤维素. cellulose acetate 或 acetyl cellulose 乙酸纤维(素). cellulose acetate butyrate 乙酸-丁酸纤维素. cellulose covering 纤维素型药皮. cellulose ester 纤维素酯. cellulose membrane 纤维素膜. cellulose nitrate 硝酸纤维(素). cellulose propionate 丙酸纤维素.

cellulose-acetate a. 乙酸纤维的.
cellulose-asbestos a. 石棉纤维的.
cellulose-coated a. 纤维素包皮的,纤维素型药皮的.
cellulose-tape n. 纤维素胶带.
cellulo′sic [selju'lousik] a. 纤维素(质)的,纤维素塑料的. cellulosic plastics 纤维素塑料. cellulosic varnish 纤维素(质)涂料.
cellulosine n. 木粉.
cellulosis n. 纤维分解.
celmonit n. 赛芒炸药.
celo-naviga′tion n. 天文航海(法,学),天文导航.
celotex (board) ['seloteks (bo:d)] n. (木质纤维毡压制的)纤维(绝缘,隔音,隔热)板,隔音材料.
Cels =Celsius 摄氏.
celsig n. 加、减速信号器.
celsit n. 赛尔西特钴钨硬质合金.
Cel′sius ['selsjəs] n. 摄氏(温度). Celsius scale 摄氏温标. Celsius temperature 摄氏温度. Celsius thermometer 摄氏温度计. Celsius thermometric scale 摄氏(温度)表,摄氏温(度)标.
cel′tium [sel'fiəm] n. 【化】铪的旧称 Ct (现用 Hf,hafnium).
celvacene greases 油脂.
CEMA =cement asbestos 水泥石棉.
CEMAB =cement asbestos board 水泥石棉板.
cemedin(e) n. 胶合(接)剂,接合剂.
cement′ [si'ment] I n. ①水泥,胶结材料,胶(粘)泥,油灰,油泥腻子 ②粘结,接,胶(合)剂,粘固粉,牙骨质,水泥剂,胶粘剂,白垩原,胶. II v. ①水泥化于,涂水泥 ②粘结,接,合,紧,牢,胶粘(合,结),凝结(成),连接 ③对…进行渗碳处理,烧结 ④加强,巩固,结盟 ⑤置换. air-entrained (-entraining,-entrapping) cement 加气水泥. air tack cement 封气(密封)粘胶. ambrain cement 人造琥珀胶. asphalt cement 膏体地沥青,地沥青胶泥(不含矿粉),地沥青胶结材料(含矿粉). asphalline cement 地沥青胶. bag of cement 袋装水泥(我国袋装水泥每袋为 50 千克,美国标准袋装水泥每袋 94 磅,即 42.63kg). barrel of cement 桶装水泥(美国标准桶装水泥每桶 376 磅,合 170.5kg). blast-(furnace) cement 高炉矿渣水泥. bulk cement 散装水泥. calcareous cement 石灰类粘结水泥,水硬石灰. carbon cement 碳胶,碳粘结,碳素粘结剂. cement brand 水泥牌号. cement carbon 水泥碳. cement copper 沉淀(渗滤)铜,沉淀(置换的)铜,铜泥. cement factor 水泥系数(单位体积混凝土中的水泥用量). cement grit 水泥烧粒,粗粒水泥,粒状水泥熟料. cement gun [blower,jet]水泥喷枪. cement mark 水泥标号. cement mill 水泥厂,水泥研磨机. cement modified soil 水泥改善(良)土. cement paste 水泥浆. cement rock [stone] 水泥用灰岩. cement wash 水泥浆刷面. cement with iron 用铁置换(沉淀析出某种金属). gasket cement 衬片粘胶. glass cement 玻璃胶. high-early (strength) cement 早强水泥(即快硬水泥). high-quality cement 高标号水泥,优质水泥. mastic cement 水泥砂胶,胶(粘水)泥. metallic cement 金属水泥,金属硬化物. modified cement 改良水泥(抗硫酸盐性能较好于标准水泥,水化热低). neat cement 净水泥. non-staining [white] cement 白色水泥. normal (Portland) cement 正常(普通)水泥. plain cement 清水泥. plastic soil cement 塑性水泥土. porcelain cement 瓷(器)胶(合剂). Portland blast-furnace cement 矿渣硅酸盐水泥,波特兰矿渣水泥. Portland cement 普通水泥,硅酸盐水泥,波特兰水泥. Portland-slag cement 矿渣硅酸盐水泥(抗硫酸盐性能较好于标准水泥,水化热低). quick-hardening cement 快硬水泥. quick setting (taking) cement 快凝水泥. Roman cement 天然(罗马)水泥. rust cement 防锈膏. selenitic cement 透(明)石膏水泥(在生石灰里加入 5%的石膏,粉碎后作粘结剂). slag cement 矿(渣)水泥. sodium-silicate cement 硅酸钠胶结料,水玻璃胶结料. soil-cement 水泥稳定土. sound cement 安定的水泥. straight cement 纯水泥(不加掺料的水泥). tyre cold patching cement 冷补胎胶. tyre repair cement 补胎胶. tyre vulcanizing cement 热补胎胶. vacuum cement 真空粘结剂,气密胶. void-cement ratio (水泥)隙灰比. water [hydraulic] cement 水硬水泥.▲cement in 用水泥灌入. cement out 置换出来,沉淀析出.
cement-aggregate a. 水泥-骨料的,灰骨的.
cementa′tion [si:men'teiʃən] n. ①粘(胶)结(性,作用),胶合(硬化) ②渗(增)碳(法),渗入处理,渗金属法,烧结,表面硬化 ③置换法. cementation by gases 气体沉淀置换(法),气体渗碳(法). cementation furnace 渗碳炉. cementation index (水泥)硬化率,粘(胶)结(性)指数. cementation process 水泥化(法),渗碳(法). cementation steel 渗碳钢. method of cementation 置换沉淀法,渗碳法. sulfidizing cementation 硫化置换. superficial [surface] cementation 表面渗碳.
cementatory a. 粘结(接,合)的,(牢固)结合的,水泥的.
cement-bonded sand 水泥砂,混合料.
cement-bound a. 水泥结合的,水泥结合的.
cement-copper n. 渗碳铜.
cemented a. ①胶合(接)的 ②渗碳,烧结的. cemented carbide 硬质合金,烧结碳化物. cemented fill 胶结充填. cemented metal 渗碳(烧结)金属. cemented soil 胶结土. cemented steel 渗碳钢,表面硬化钢.
cement-grouted a. 水泥灌浆的,灌水泥浆的.
cement-grouting n. 灌水泥浆.
cement-hydrate n. 水泥水化物.
cement′ing [si'mentiŋ] n. ①胶结(合,接),表面硬

化,涂胶水 ③粘结(合,牢,贴),水泥结合[灌浆],溶接 ③[施行]渗碳[法],烧结. *cementing agent* 胶[粘]接剂. *cementing furnace* 渗碳炉. *cementing machine* 擦кр机. *cementing medium* 胶接[粘]介质,胶接剂,结合剂,粘结剂. *cementing metal* 粘结剂金属. *cementing plant* 渗碳装置. *cementing power* 粘[胶]结能力. *cementing process* 渗硬[硬化]法. *cementing value* 粘[胶]结值.

cemen'tite [si'mentait] *n.* 渗碳[碳素,西门]体,碳化(三)铁(体)(Fe₃C),胶铁. *modulous cementite* 球状渗碳体. *spheroidized cementite* 球化渗碳体.

cementitious *a.* (有)粘结(性)的,胶结的,水泥(质)的. *cementitious agent* 粘结[结合]剂. *cementitious material* 粘结[材]料,胶结(材)料. *cementitious sheet* 石棉水泥板[毡].

cementitiousness *n.* 粘[胶]结能力.

cement-lined *a.* 水泥衬砌的.

cement-modified *a.* 水泥改善[良]的,水泥处治的.

cement-rubble *a.* 水泥毛石的.

cement-sand *a.* (水泥)灰砂的.

cement-shell *a.* 水泥贝壳的.

cement-solidified *a.* 水泥固化的,结合[凝]化的.

cement-space *a.* (水泥)灰隙的.

cement-stabilized *a.* 水泥稳定的,水泥加固的.

cement-testing *a.* 水泥试验用的.

cement-treated *a.* 水泥处治[处理]的.

cementum [拉丁语] *n.* ①牙[齿]骨质 ②粘合剂,水泥.

cem'etery *n.* ①墓地,公墓 ②废物[料]弃置场.

CEMF = counter-electromotive force 反电动势[力],反电压.

CEN = Centre d'Etudes de L' Energie Nucleaire 核子[能]研究中心.

cen'able ['senəbl] *n.* 片内使能.

cenesthe'sia [si:nes'θiːziə] *n.* 普通[存在]感觉.

cenesthes'ic *a.* 普通[存在]感觉的.

cenesthet'ic *a.* 普通[存在]感觉的.

CENEX = complex energetics experiment 综合力能学实验.

Cenomanian *n.* (晚白垩世)森诺曼阶.

ceno'sis [si'nousis] *n.* (病理)排泄(物).

cenosite *n.* 钙钇钽矿.

cenospe'cies *n.* 杂交种.

cenosphere *n.* 煤胞.

cen'otaph ['senətɑːf] *n.* 纪念碑(塔).

cenote *n.* (石灰岩溶蚀坍陷形成的)天成井.

cenotic *a.* (病理)排泄的.

cenotype ['siːnotaip] *n.* 共同型,初型.

Cenozo'ic [siːno'zouik] *a.*; *n.* 新生代(的),新生界的. *Cenozoic era* 新生代. *Cenozoic group* 新生界.

cen'sor ['sensə] *n.*; *vt.* (新闻,电影,书刊)审查(员),(信件,电报)检查(员),监察者,保密检查(员),潜意识抑制力. *censor key* [switch] 节目切换器. ~ial *a.*

cen'sored *a.* 检查过的(出版物),经删节过的.

cen'sorship ['sensəʃip] *n.* ①检阅,监察,督察 ②潜意识抑制作用.

cen'surable *a.* 该受指责的.

cen'sure ['senʃə] *vt.*; *n.* 责备,谴责,指责.

cen'sus ['sensəs] *n.*; *vt.* (人口,户口,行车量,形势)调查,(种群,性畜头数)普查,统计(…的)数字.

census-paper *n.* 人口[户口]调查表格.

cent [sent] *n.* ①分(=0.01元) ②百(单位) ③音程,半音(程)的百分之一,音分 ④森特(声学单位,1200森特=12半音=1倍频程). *cent per cent* 百分之百. *per cent* 百分比[率],百分之…,%. *per cent by weight* 重量百分比. ▲*not care a cent* 毫不在乎. *put in one's two cents* 发表意见,发言.

Cent = ①centigrade 摄氏,百分度的 ②centimetre 厘米 ③central 中央的 ④centrifugal 离心的 ⑤centum 百 ⑥century 世纪.

cent'age ['sentidʒ] *n.* 百分率.

cen'tal ['sentl] *n.* 百磅(重).

cen'tare ['senteə] *n.* (一)平方米,(一)平方公尺,百分之一公亩.

Cen'taur ['sentɔː] *n.* 人马座.

Centauro event 半人马事件.

Centaurus *n.* 半人马(星)座.

cente'nary [sen'tiːnəri] 或 **centen'nial** [sen'tenjəl] *a.*; *n.* 一百年(的),一百周年,百年纪念.

center = centre.

center-driven antenna 中心馈电天线.

centered = centred.

centerfire *n.*; *a.* = centrefire.

centering = centring.

centerless = centreless.

centerline = centreline.

centerpiece = centrepiece.

center-section = centre-section.

centertap = centretap.

center-tapped = centre-tapped.

center-to-center = centre-to-centre.

centes'imal [sen'tesiməl] *a.* 百分(之一,制,法)的,百进(位)的. *centesimal balance* 百分天平. *centesimal circle graduation* 百分分度. *centesimal second* 百分之一秒. *centesimal system* 百分制,百进制.

centf = centrifugal 离心的.

centi- (词头)厘,百分之一,10⁻².

cen'tibar ['sentibɑː] *n.* ①中心杆 ②厘巴(压力单位).

cen'tibel *n.* 百分之一贝(尔).

centi-degree *n.* 摄氏度,°C.

Centig = centigrade.

cen'tigrade ['sentigreid] *n.*; *a.* ①(分为)百分度(的),百分温标[刻度] ②摄氏温度(计)的. *centigrade degree* 百分(温度)度数,摄氏(温度)度数. *centigrade scale* 百分(度)标(度),百分刻度,摄氏温标. *centigrade thermal unit* 摄氏热量单位,磅卡,464卡. *centigrade thermometer* 百分[摄氏]温度计. 100° *centigrade* 摄氏100度.

cen'tigram (me) ['sentigræm] *n.* 厘克,公毫,10⁻²克.

centihg *n.* 厘米水柱.

centile interval 百分位距.

cen'tilitre 或 **cen'tilitre** ['sentilitə] *n.* 厘升,公勺,10⁻²升.

centil'lion [sen'tiljən] *n.* (英,德)1×10⁶⁰⁰,(美,法)1×10³⁰³.

cen'timeter 或 cen'timetre ['sentimi:tə] n. 厘米,公分,10^{-2}米. centimetre wave 厘米波,特高频,超短波(10～1cm).

centimetre-gram(me)-second(system) 厘米-克-秒(单位制).

centimil'limeter 或 centimil'limetre [senti'milimi:tə] n. 忽米,10^{-6}米.

centimorgan n. 分摩(基因交换单位).

centinormal a. 厘规的,百分之一当量(浓度)的.

centi-octave n. 1/100 八音度, 1/100 倍频程.

cen'tipede ['sentipi:d] n. 蜈蚣,百足虫.

cen'tipois(e) ['sentipɔiz] n. 厘泊,10^{-2}泊(粘度单位).

centismal a. 第一百.

cen'tistoke ['sentistouk] n. 厘泡(动力粘度单位).

centi-tone n. 1/100 全音程.

centiu'nit [senti'ju:nit] n. 百分单位.

centival n. 克当量/100 升.

centner ['sentnə] n. 50 千克,五十公斤重. double [metric] centner 100 千克.

cen'tra ['sentrə] centrum 的复数.

cen'trad ['sentræd] I a. 厘弧度. II ad. 向中心.

centrage n. 焦轴.

cen'tral ['sentrəl] I a. ①中央(心,枢)的 ②重[主]要的 ③【数】中点的,有心的 ④集中的 ⑤中央生的(指内生孢子). II n. ①电话总机[局],电话接线员 ②盘台. central angle 圆(心)角. central battery system 共(用)电(池组)制. central broadcasting station 中央广播电台. central conductor (magnetizing) method 贯通法磁粉探伤. central control 集中(心)控制,(电视)节目控制室. central dogma 中心法则. central force 有心力,轴力. central gravity field 有心重力场. central heating 集中加热(供暖)(法),中心供热系统,暖气设备. central impact 对心碰(撞). central line 中心(心)线. central mix 集中拌和. central office 总局. central orbit 有心(中心)轨道. central parking 路中(街心)停车. central pipe 中心缩孔(缩管). central plane 腰面,中(央)面. central plant 总厂. central screw (总)中心螺钉. central spindle 心轴. central station 总(电)站,总厂. central tension bolt 中心拉紧螺栓. central tooth 门齿. central value 代表(中心)值.

cen'tralab ['sentrəlæb] n. 中心实验室.

central-controlled a. 集中控制的.

central-excitation system 中心励磁式.

central-heating n. 集中加热,集中供暖.

centralis n. 中央,中心. fovea centralis 中央凹,黄斑中心.

centralise=centralize. centralisa'tion n.

cen'tralism ['sentrəlizəm] n. 集中制,中央集权制,向心性. democratic centralism 民主集中制.

cen'tralite ['sentrəlait] n. 火箭固体燃料稳定剂,【化】中定剂.

central'ity [sen'træliti] n. 中心(性),归中性,(居于)中心地位,向心性,中央(状态).

centraliza'tion [sentrəlai'zeiʃən] n. 集中(化,制,性),中央集合,集于中心,聚集. centralization lubrication 集中润滑. centralization of control 集中控制.

cen'tralize ['sentrəlaiz] v. 集(于)中(心),形成[成为...的]中心,聚集,由中央统一管理. centralized control 集中控制(指挥),中心(央)控制. centralized data processing 数据集中[集中式数据]处理. centralized installation of welding machine 多站焊机. centralized leadership 一元化领导. centralized mixing 集中拌和.

cen'tralizer ['sentrəlaizə] n. ①定中心器,定心夹具,定中心装置 ②【数】中心化子,换位矩阵(子群).

central-lift n. 中管提升,中央气升.

cen'trally ['sentrəli] ad. 在中心(央). centrally mixed concrete 集中拌制混凝土,厂拌混凝土.

central-mixing n. 集中搅拌(和),厂拌.

central-mounted a. 中间悬挂(式)的.

central-station n. 总(电)站,总厂.

central-suspended-lighting n. 路中(中央)悬挂式照明.

centraxonial a. 中轴的.

cen'tre ['sentə] I n. ①(中,核,圆)心,中央(部,点,枢),中点(点,地,区,站,设施) ②顶尖(针) ③假框,拱架 ④根(起)源 ⑤中间派 ⑥(pl.) 中心,(间)距 ⑦研究中心. II v. ①定(中,圆)心,对中(点,心),找中心,使...对准(...的)中心,矫正(...的)中心,放在中心,打中心孔 ②(使)集中(于...),聚集(一点,在...),居中. action centre 机械设计万能计算机,万能数字控制机床. aerodynamic centre 压力(空气动力)中心,空气动力学的附加力点,(空气动力)焦点,翼型焦点. apparent radar centre 失配为零时的天线方向. atomic centre 原子核,原子(研究)中心. attracting [attractive force] centre 引力中心. back centre (车床的)后顶尖. bottom [lower] (dead) centre 下死[止]点. centre angle 圆心角. centre bit [drill] 中心钻. centre brake (停车及紧急刹车用)中央制动闸. centre bridge (孔划线用时)定心孔塞,定心块. centre buff 抛光轮鼓轮. centre bypass (阀的)中立旁通(在中立位置上,油缸口关闭,油泵卸荷,控制阀可串联连接),中间卸荷式. centre cut [cutting] 中心掏槽,角锥形割槽. centre differential 中央差动机构. centre distance 中心(顶尖)距,轴间距(离). centre drilling tool 打中心孔工具. centre feed 中心(中央,中点,对称)供电(馈电). centre form 中心. centre frequency 中心(未调制)频率. centre gate 中间控制级. centre gauge 中(定)心规. centre head 顶尖头,求心规. centre hole 中心(导)孔,顶尖孔. centre key 中心键,拆锥套模. centre lathe 普通(顶尖)车床. centre line 中心线,中(等信号)线,轴线,中纵线,首尾连线. centre lubrication 集中润滑法. centre middle 中点. centre mixing 集中拌和. centre of buoyancy 浮(力)心. centre of circle 圆心. centre of form [figure] 形心. centre of gravity 重心. centre of gravity path 重心运动轨迹. centre of impact 平均(弹)着点,击(中)心. centre of mass 质(量中)心. centre of origin 震源. centre of pressure 压力(强)中心. centre of rotation 旋转中心. centre

of twist 扭(转中)心. *centre pin* 中心销[脚,轴,检具],球端心轴,中枢. *centre point* 中(心)点,顶尖式侧块(块规附件). *centre porosity* 中心气孔[疏松],轴线疏松. *centre processing unit retry* 中央处理机复算,主机复算. *centre quad* (电缆)中心器绕组. *centre rod* 连接(中心)杆. *centre runner* 中注管. *centre shaft* 中轴,顶尖轴. *centre spinning* 离心铸造法. *centre tap* 中接(线)头,中心抽头,中心引线. *centre to centre spacing* 中心距. *centre work* 顶尖[针]活. *centre zero instrument* 刻度盘中心为零的仪表. *control centre* 调度[控制]中心,操纵室,调度室(所),操作台. *crossbar telephone centre* 纵横制自动电话局. *data-handling* [*data processing*] *centre* 数据处理中心. *dead centre* 死点,止点,死[尾]顶尖,静[零位]点. *die centre* 模子定心点. *distributing centre* 配电站区[枢纽]. *elastic centre* 弹性中心,刚心. *external centre* (螺丝攻的)尖端. *feeder distribution centre* 馈电线分配板. *floating centre* (无级变速皮带轮的)中游动盘. *group centre* 长途[郊区]电话局,中心局,中心点. *index centre* (牛头刨用)转度虎钳. *indexing centre* 分度头. *internal centre* (螺丝攻的)定心孔. *knuckle centre* 万向接头十字轴. *live centre* 活顶尖. *male centre* 正[阳]顶尖. *mark with the centre* 定心,用铣子冲眼. *nucleating centre* 成核中心. *off centre* 偏心,不同心. *on centre grinding method* 中心等高磨削法,工件中心与导轮中心等高的无心内圆磨法. *Beiking Exhibition Centre* 北京展览馆. *pivot centre* 转动件旋轴,转动(摆动)轴线,摇摆轴. *planer centre* 刨床的转度夹盘. *radar centre* 雷达天线光轴方向. *radical centre* 根心,等冪心,辐射中心. *reduction of centre* 归心计算, *revolving* [*running*] *centre* 活顶尖. *roll centre* 侧倾中心. *spring centre* 弹簧顶尖,双边弹簧式(换向阀),弹簧中立式(换向阀). *top* [*upper*] (*dead*) *centre* 上死[止]点. *wheel centre* 轮(轨)配,轮芯. *Z centre* (车床的)死顶尖.
▲ *centre around* [*about, at, in, on, round, upon*] 集中在[于],以…为中心. *centre attention on* 把注意力集中在…上. *centre M with N* 把M放在(对准)N的中心. *centre to centre* 中到中的(距离),中心距. *between* [*on*] *centres* 中心间距, …mm中心. *be placed on 2 mm. centres* 中心距为2 mm,按 2mm 中心距布置. *on 3 cm. centres* 中心距为3cm.

centrebit *n.* 中心钻,转柄钻,三叉钻头,打眼锥.
centre-block type joint 中心滑块式连接.
centreboard *n.* 船底中心垂直升降板.
cen'trebody *n.* 中心体.
centre-casting crane 铸坑上的起重机.
centre-coupled loop 中心耦合环.
centre-cut *a.* 中心开挖的,中心掏挖的.
cen'tred *a.* 中心(央)的,同[共,合]轴的. *centred conic* 有心二次曲线. *centred* (*optical*) *system* 共轴(光学)系统,合轴(光学)系统. *centred rectangular lattice* 面心长方点阵.
centre-fed ['sentəˌfed] *a.* 对称供[馈]电的,中心馈电[供给]的.
centre-gauge hatch (油罐)中央量油口.
centreing = centring
cen'treless *a.* 无(中)心的,没有心轴的. *centreless bar turning machine* 无心棒料切削机床. *centreless grinder* [*grinding machine*] 无心磨床. *centreless lapping machine* 无心研磨机.
cen'treline I *n.* 中(心)线,(中)轴线,旋转[凹]轴线. I *v.* 划出中线. *centreline shrinkage* 轴线中心线]缩孔. *centrelining of no-passing zone* 在禁止超车区划出中线.
centre-line-average *n.* 平均高度,算术平均值.
centre-lock *n.* 中心锁定,固定在中心位置.
cen'tremost *a.* 在最中心的.
cen'trepiece *n.* 十字头[轴,架],在中央的东西.
cen'treplane *n.* 中线面.
cen'trepoint *n.* 中(心)点. *centrepoint galvanometer* 中心零位电流计.
cen'trepunch *n.* 中心冲头,定心冲压机.
cen'tre-run mould 中注(式铸)型,中注模.
cen'trescope *n.* 定点放大镜.
cen'tre-section *n.* 中心剖面,中间截面,中翼[段].
centre-stitched *a.* 骑马装订的.
cen'tretap *n.* 中心[中间]抽头. *centretap keying* 中点键控.
centre-tapped *a.* 中心抽头的,中心引线的.
centre-to-centre *a.*; *n.* 中到中(的),中心距. *centre-to-centre distance* 顶尖间距,中心距. *centre-to-centre method* 中心连接法.
centre-type cylindrical grinding 中心外圆磨削.
centre-zero instrument 中心零位仪表.
cen'tric(**al**) ['sentrik(əl)] *a.* (在)中心[央]的,中枢的,有指者,围绕着]中心的,中心站的. ~**ally** *ad.*
centric'ity [sen'trisiti] *n.* 中心,归心性.
centricleaner *n.* 锥形除渣器.
centriclone *n.* 锥形除渣器.
centrif'ugal [sen'trifjugəl] I *a.* 离心(式)的,离中的,远中的,远心的. II *n.* 离心(分离)机,离心力. *centrifugal casting* 离心铸造[件]. *centrifugal compressor* 涡轮[离心式]压缩机. *centrifugal machine* 离心(分离)机. *centrifugal muller* 离心式[摆轮式,快速]混砂机. *centrifugal steel* 离心铸造钢. *centrifugal stop bolt* 离心式止动螺栓,危急保安器的重锤. *centrifugal switch* 离心断路器,离心式开关.
centrifugaliza'tion [sentrifjugəlai'zeiʃən] *n.* 离心分离(作用),离心(法),远心沉淀.
centrif'ugalize [sen'trifjugəlaiz] *vt.* 离心分离,使受离心机的作用,藉离心机的旋转而分离.
centrifugally *ad.* 离心地. *centrifugally cast*(*ed*) 离心浇铸的. *centrifugally spun concrete pipe* 离心法(制)制混凝土管.
centrifugate *n.* 离心液.
centrifuga'tion [sentrifju'geiʃən] *n.* 离心(分离)作用,(离心)分离,离心脱水,远心沉淀. *differential centrifugation* 差示离心法.

cen'trifuge ['sentrifjudʒ] I n. 离心, 离心(过滤, 分离)机, 离心器. II v. 离心, 使离心分离. *basket centrifuge* 篮式离心过滤机, 筐式离心机. *centrifuge shield* 离心管套. *centrifuge stock* 离心处理原料. *centrifuged steel* 离心铸造钢. *Ionic centrifuge* 磁控(电子)管, 离子离心机. *ultra centrifuge* 超速离心机.

centrifuger n.

centrifuging n. ; a. 离心(法, 的, 作用, 分离).

centri-matic type internal grinder 托块支承式(无导轮)自动无心内圆磨床.

cen'tring ['sentriŋ] n. ①定(中, 圆)心, 对中(点, 心), 找中心, 打(钻)中心孔, 中心校正(调整), 调节, 对准中心(调整), 合轴调整 ②集中 ③合(共)轴 ④拱(鹰)架, 拱脚手架. *centring amplifier* 中心调整放大器. *centring angle* 弧心角, 中心角. *centring circuit* 中心(位置)调整电路, 定心电路. *centring control* 中心(居中)调节, 中心位置调节, 定(中)心调整, 定中调整, (自动驾驶仪的)定中心控制. *centring device* 定(中)心装置(机构). *centring of a lens* 透镜的合轴. *centring of origin* 震源. *centring potentiometer* 定心电位器. *centring ring* 定(准)心环, 裂口圈. *centring tongs* 定心卡具, 刃磨钻头专用夹(专用卡具). *horizontal centring* 水平中心调整, 水平合轴. *self centring* 自动定心.

centriole n. 中心粒, 中央小粒.

centrip'etal [sen'tripitl] a. 向心的, 应用向心力的, 向中的, 趋心的, 求心的, 求中心的. *centripetal force* 向心力. *centripetal pump* 向心泵. *centripetal turbine* 向心式(内流式)涡轮(机). ~ly ad.

centro- 〔词头〕中心, 中央, 中枢.

centrobaric a. 与重心有关的.

centroclinal a. 向心倾斜的, 周斜的, 由四周向中心倾斜的. *centroclinal dip* 向心倾斜. *centroclinal fold* 向心褶皱.

cen'trode n. 瞬心轨迹.

centrodesmose n. 中心(央)带, 中心体连丝.

centrodesmus n. 中心(央)带, 中心体连丝.

cen'troid ['sentroid] 〔n. 矩心, 面(积矩)心, 质(量中)心, 重心, 形心(曲线), 心速线. *centroid frequency* 形心频率. *centroid of area* 面的矩心, 面积的形心. *centroid track* 电视形心跟踪(体制), 电视形体跟踪, 电视跟踪目标中心位置.

centroidal a. 矩心的, 重心的, 形心的.

centromere n. 着丝点, 着丝粒.

centron n. 原子核.

centronervin n. 中枢神经素.

centronu'cleus [sentro'nju:kliəs] n. 中心核, 中央核, 双质核.

cen'troplasm n. 中心质.

cen'trosome ['sentrosoum] n. 中心体, 中心球, 摄影球.

cen'trosphere ['sentrosfiə] n. 地心圈, 地核(心), 中心球, 中心体.

centrostaltic a. 运动中心的.

centrostigma n. 集中点.

centrosymmet'ric(al) a. 中心对称的, 点对称的.

centrosymmetry n. 中心对称.

centrotax'is [sentro'tæksis] n. 趋中性.

centrotheca n. 中心体, 核旁体, 初质, 初浆.

cen'trum ['sentrəm] (pl. *cen'trums* 或 *cen'tra*) n. ①心, 中心(点), 中枢 ②(地震)震中, 震源 ③中枢, 椎(骨)体. *centrum of a group* 群的中枢.

centum [sentəm] 〔拉丁语〕n. 一百. *per centum* 百分比(率), 百分之…, %.

cen'tuple ['sentjupl] a. ; n. ; vt. 百倍(的), 使增至百倍的, 用百乘.

centu'plicate I [sen'tju:plikit] n. ; a. 百倍(的). II [sen'tju:plikeit] vt. 加(使增至)一百倍, 用百乘, 印一百份. ▲ *in centuplicate* 印一百份的.

centuries-old a. 历史悠久的.

centurium n. 【化】钲 Ct (镄的旧称, =fermium).

cen'tury ['sentjuri] n. ①百年, (一)世纪 ②百(个, 元). *for centuries* 好几世纪. *in the seventies of the 20th century* 在二十世纪七十年代(1970～1979 年). *the last century* 上一世纪, 最近的一百年.

CEP =①circle of equal probability 等几(概)率圆 ② circle of error probability 误差概率的圆 ③circular error probability 圆形误差概率 ④circular error probable 圆形概率误差, 径向公算误差.

cephal- 〔词头〕头.

cephalad ad. 向头(侧), 与向尾相反.

cephalag'ra [sefə'lægrə] n. 偏头痛, 发作性头痛.

cephalal'gia [sefə'lældʒiə] n. 头痛.

cephalanthin n. 风箱树忒.

cephale'a [sefə'li:ə] n. 头痛.

cephale'mia [sefə'li:miə] n. 脑充血, 头内充血.

cephal'ic [ke'fælik] a. ①头的, 头侧的, 头部的 ②在头上的, 近头的.

cephalin n. 脑磷脂.

cephali'tis [sefə'laitis] n. (大)脑炎.

cephalocaudad ad. 从头至尾, 向头尾端.

cephalocaudal a. 从头至尾的.

cephalocercal a. 从头至尾的.

cephalochord n. 头索.

Cephalochordata (Acrania) n. 头索动物纲(无头纲).

cephalofa'cial a. 头面的, 颅面的.

cephaloglycine n. 头孢甘氨酸.

ceph'aloid ['sefəloid] I a. 头状的, 似头的. II n. 头状花.

cephalomeningi'tis [sefəlomenin'dʒaitis] n. 脑膜炎.

cephalomotor a. 头动的.

cephalop'agy [sefə'lopədʒi] n. 头部联胎畸形.

cephalop'athy n. 头(部)病.

cephalopod n. 头足类软体动物.

cephalotaxine n. 粗榧碱.

Cepheid (variable) n. 造父变星.

Cepheids n. 仙王变星群.

Cepheus n. 仙王(星)座.

cepstra n. cepstrum 的复数.

cepstrum (pl. *cepstra*) n. 倒频谱, 逆谱.

cep'tor ['septə] n. 感受器, 受体.

CEQ =Council on Environmental Quality (美)环境质量委员会.

CER =①cation exchange resin 阳离子交换树脂 ② ceramic 陶瓷.

C&ER =combustion and explosive research 燃烧与炸药研究.

cera n. 蜂蜡. *cera alba* 白蜂蜡. *cera flava* 黄蜂蜡.
ceraceous a. 蜡状的.
ceracircuit n. 瓷(衬)底印刷电路.
ceralumin n. 铝铸造合金.
ceram n. 陶瓷(器).
ceram'al 或 **ceram'el** [ˈsiræməl] n. ①金属[合金]陶瓷, 陶瓷合金 ②烧结金属(学), 粉末冶金学. *ceramal resistance* 金属陶瓷电阻, 涂釉电阻.
ceram'et [ˈsiːræmet] 或 **cerametal'lics** [siræmiˈtæliks] n. =ceramal.
cerametal'lic a. 金属陶瓷的.
ceram'ic [siˈræmik] I a. 陶瓷(材料)的, 陶器(土, 质)的, 制陶的. II n. (一件)陶瓷制品. *ceramic bond* 陶瓷结合剂, 粘土粘结剂. *ceramic capacitor* 陶瓷电容器. *ceramic coat* 陶瓷涂层(敷层), 难熔金属覆层. *ceramic cutting tools* 陶瓷合金刀具. *ceramic metal* 金属陶瓷[合金], 陶瓷金属. *ceramic nozzle* 陶瓷(耐烧)喷嘴. *ceramic pickup* 钛酸钡陶瓷传感器, 压电陶瓷拾音器. *ceramic tile* 瓷砖. *ceramic tip* 金属陶瓷刀片. *ceramic tool* 金属陶瓷刀具.
ceramic-coated a. 敷有陶瓷的.
ceramic-filter n. 陶瓷过滤器.
ceramic-grade a. 陶瓷级.
ceramic-insulated a. 陶瓷绝缘的.
ceramic-like a. 像陶瓷的.
ceramic-lined a. 陶瓷衬里的.
ceramic-metal n. 金属陶瓷(合金). *ceramic-metal combinations* 金属陶瓷制品.
ceramic-mold n. 陶瓷铸型.
ceramicon n. 陶瓷管. *ceramicons capacitor* 陶瓷电容器.
ceram'ics [siˈræmiks] n. 陶瓷(学,器,制品,工艺), 陶瓷(耐火)材料, 制陶术. *ceramics magnet* 烧结氧化物磁铁. *electronic ceramics* 电子陶瓷. *metal [metallized] ceramics* 金属陶瓷(学). *piezoelectric ceramics* 压电陶瓷. *radio ceramics* 高频陶瓷. *refractory ceramics* 高温[耐火]陶瓷.
ceramic-to-metal seal 陶瓷金属封接.
ceramide n. N-(脂)酰基(神经)鞘氨醇, 神经酰胺.
ceraminator n. 陶瓷压电元件, 伴音检波元件, 伴音中频陷波元件.
cer'amist [ˈserəmist] n. 陶器制造者, 陶瓷技师.
ceramograph'ic a. 陶瓷相的.
ceramog'raphy n. 陶瓷相学.
cerampic a. 陶瓷成像.
ceramsite n. 陶粒.
cerap n. 陶瓷压电元件, 伴音中频陷波元件.
cerargyrite n. 角银矿, 氯化银矿.
cerase n. 蜡酶.
cerasin n. 角甙脂.
cerasus [拉丁语] n. 樱(桃)树.
ce'rate [ˈsiərit] n. ①铈酸盐 ②蜡剂, 蜡膏.
ce'rated [ˈsiəreitid] a. 上(涂)蜡的.
ceratitis n. 角膜炎.
ceraunite n. 陨石.

ceraunogram n. 雷电记录图.
ceraunograph n. 雷电计, 雷电记录仪.
CERC = centralized engine room control 机房[机舱]集中控制.
cercaria n. 尾蚴, 播尾幼虫(吸血幼体).
cer'dip [ˈsəːdip] n. 陶瓷浸渍.
cere [siə] I n. I vt. 上(涂)蜡.
ce'real [ˈsiəriəl] n. ; a. 谷类(的), 谷子(的), 谷类制食品.
cerebel'lar [serəˈbelə] a. 小脑的.
cerebel'lum [seriˈbeləm] n. 小脑.
cer'ebral [ˈseribrəl] a. (大)脑的. *cerebral cortex* 大脑皮层, 大脑皮质. *cerebral haemorrhage* 脑溢血.
cerebral'gia [seriˈbrældʒiə] n. 头痛, 脑痛.
cerebrate [ˈseribreit] vi. 用脑, 思考.
cerebri'tis [seriˈbraitis] n. (大)脑炎.
cerebrocuprein n. 脑铜蛋白, 超氧物歧化酶.
cerebroid n. 脑(质)样的.
cerebrolein n. 脑油脂.
cerebrol'ogy [seriˈbrɔlədʒi] n. 脑学.
cerebroma n. 脑瘤.
cerebron n. 羟脑甙脂.
cerebropathia [拉丁语] n. 脑病.
cerebrop'athy [seriˈbrɔpəθi] n. 脑病.
cerebrose n. 脑糖.
cerebroside n. 脑甙脂类.
cerebro'sis [seriˈbrousis] n. 脑病.
cerebrospi'nal [serəbrouˈspainəl] a. 脑脊髓的.
cer'ebrum [ˈseribrəm] n. (大)脑.
cerecin n. 蜡状菌素.
ce'recloth [ˈsiəklɔθ] n. 蜡布.
cereiform a. (蜡)烛状的.
ceremo'nial [seriˈmounjəl] n. ; a. 仪式(的), 礼仪(上的), 正式的.
ceremo'nious [seriˈmounjəs] a. 礼仪(隆重)的, 仪式的, 隆重的. ~ly ad.
cer'emony [ˈserimoni] n. 仪式, 典礼. *opening ceremonies* 开幕仪式.
cereous a. 蜡的.
cerepidote n. 褐帘石.
Ceres n. 谷神星.
CERES = combined echo ranging echo sounding 统一的回声测距与测深.
ceresan n. 西力生, 氯化乙基汞.
ceresin(e) n. 纯(白, 精制)地蜡.
cerevis'ia [seriˈviziə] [拉丁语] (pl. *cerevisiae*) n. 啤酒, 麦酒.
cerfluorite n. 铈萤石.
cergadolinite n. 铈硅铍钇矿.
cerhomilite n. 铈硅(硼)钙铁矿.
ceria n. (二)氧化铈, 铈土.
cerianite n. 方铈矿.
ceric a. 高(四价)铈的. *ceric oxide* 二氧化铈.
ceric-cerous a. 正铈-亚铈的.
ceric-cupric a. 铈铜的.
ceric-sulphate a. 硫酸铈的.
cerin(e) n. ①(纯)地蜡, 脂褐帘石 ②蜡酸; 蜡素; 2-羟软木三萜酮.
cerinite n. 杂白钙沸石.
ceriom'etry n. (高)铈滴定法, 硫酸铈滴定法.

cerise [sə'ri:z] 〔法语〕 n.; a. 粉〔鲜〕红色(的).
cerite n. 铈硅石.
ce'rium ['siəriəm] n. 【化】铈 Ce.
cerium-ankerite 铈铁白云石.
cer'met ['sə:met] n. =ceramal①.
CERN = Conseil Européen pour la Recherche Nucléaire 欧洲原子核研究委员会, 欧洲核子研究中心.
cero alloy 钍体合金(电子管收气剂, 钍 80%, 铈 20%).
cerog'raphy n. 蜡版术, 蜡刻法.
cerolipoid n. 植物类脂.
ce'romel ['siərəmel] n. 密蜡.
ce'roplas'tic ['siərou'plæstik] a. 蜡塑的, 成蜡型的.
ceroplas'tics n. 蜡塑术.
ceroplasty ['siərəplæsti] n. 蜡成形术, 蜡型术.
cerorthite n. 铈褐帘石.
cerotene n. 蜡烯, 廿六(碳)烯.
cerotin n. 蜡精, 蜡醇.
cerous a. ①(正, 三价)铈的 ②似蜡的.
ceroxenols n. 棕榈烯醇类.
cerphosphorhuttonite n. 铈磷硅钍石.
Cerro n. 秘基低熔合金.
cerrobase n. 低熔点铅合金.
Cerromatrix n. 易熔合金(秘 52%, 铅 28%, 锡 12%, 锑 8%).
CERS = Centre d'Etudes et de Recherches Scientifiques 科学调查研究中心.
cert = certificate 证书, 合格证.
cert n. 必然发生的事情.
cer'tain ['sə:tn] a. ①(是)确实〔确凿, 可靠, 必定, 必然, 肯定, 无疑〕(的)②(是)确信(深信, 有把握)(的) ③(虽未指明然而是)确定的, 某(一)些 ④多少(有些), 相当(的). *for a certain reason* 为某种理由, 由于某种原因. *on certain conditions* 在某些条件下, 在某种情况下, 附带某些条件. *to a certain extent* 在一定程度上. *Each orbit in the atom can hold only a certain number of electrons.* 原子的每层轨道只能容纳一定数目的电子. *The temperature is certain to drop.* 温度下降. *[Be] certain that all the valves are open.* 要确保〔落实〕全部阀门是开着的. ▲*be certain of* 确信, 深信. *be certain to* +inf. 必然, 一定. *be not certain whether* 不能确定是否. *for certain* 的确, 一定, 肯定地. *make certain of [that]* 弄清楚〔确实〕, 把…了解清楚, 确信.
cer'tainly ['sə:tinli] ad. 无疑, 当然, 一〔肯, 必〕定(地).
cer'tainty ['sə:tinti] n. 必然(性, 事件), 确实(性, 的事), 可靠性. ▲*for [of, to] a certainty* 的确, 确实, 必然, 一定, 显然. *know for a certainty that* 确实知道. *with certainty* 确实地, 肯定地, 的确. *It can be said with certainty that* 可以断言.
certif = certificate.
cer'tifiable ['sə:tifaiəbl] a. 可证明的, 法定的, 应报告的, 可以出具证明的. **certifiably** ad.
certif'icate I [sə'tifikit] n. 证(明)书, 执照, 检查(合)定, 照准, 证据〔证明〕, 单据. II [sə'tifikeit] vt. 鉴定, 照准, 认为合格, 发证书给. *acceptance certificate* 验收单. *birth certificate* 出生证. *certificate for radio operator* 无线电操作人员工作证. *certificate of analysis* 化验(合格)证书. *certificate of competency* 合格证书. *certificate of delivery* 货运单, 交货证明书. *certificate of deposit* 存(款)单. *certificate of fitness* 使用许可证. *certificate of identification* 身份书. *certificate of inspection* [survey] 检验(合格)证. *certificate of manufacturer* 制造厂证明书. *certificate of service* 工作证. *certificate of shipment* 出口许可证. *certificate of unserviceability* 不合格证明, 机器报废单. *death certificate* 死亡证. *flight certificate* 飞行执照. *health certificate* 健康证. *insurance certificate* 保险凭证. *material certificate* 部件(材料)(检验)合格证. *patent certificate* 专利执照. *pilot certificate* 驾驶执照. *safety radiotelegraphy certificate* 无线电设备完好证明书. *test(ing) certificate* 检验证明书.
certif'icated a. (检验, 鉴定)合格的, 领有证书的.
certifica'tion [sə:tifi'keiʃən] n. 证明(书), 确认, 鉴定(书), 检验证明书. *certification of fitness* 合格证书. *certification of proof* 检验证.
cer'tified ['sə:tifaid] a. (有书面)证明的, 经签证的, (经过)检定的, (检定)合格的, 合乎标准的. *certified pilot* 合格驾驶员.
certifier n. 证明者.
cer'tify ['sə:tifai] v. (用证书等书面形式)证明(to), 保证, 签证(for). *I certify (that)* 或 *This is to certify that* 兹证明….
cer'titude ['sə:titju:d] n. 确信(知), 确实(性, 的事), 必然性.
ceru'lean [si'ru:liən] a.; n. 天蓝色(的), 蔚蓝色(的). *cerulean blue* 青天蓝.
ceruloplasmin n. 血浆铜蓝蛋白.
ceruranopyrochlore n. 铈烧绿石.
ce'ruse ['siərus] n. (碳酸)铅白, 铅[白]粉.
cerus(s)ite n. 白铅矿.
cervantite n. 黄锑矿, 锑赭石.
cer'vical a. 颈(部)的.
cervica'lis [sə:vi'keilis] 〔拉丁语〕 a. 颈的.
cer'vine ['sə:vain] a. 鹿(一样, 的, 毛色)的.
cervix n. 颈.
ceryl n. 蜡基, 廿六烷基.
CES = Communication Engineering Standard (日本)通信技术标准.
CESA = Canadian Engineering Standards Association 加拿大工程标准协会.
CESI = Centre for Economic and Social Information, UN 联合国经济及社会新闻中心.
ce'sium ['si:ziəm] n. 【化】铯 Cs.
cess n. 多孔排水管.
cessa'tion [se'seiʃən] n. 终(停, 休)止, 中止(断), 断绝. *cessation of hostilities* 停(休)战. *without cessation* 无休止地.
cesser n. 中止, 终止.
cess'pipe ['sespaip] n. 污水管.
cess'pit ['sespit] 或 **cess'pool** ['sespu:l] n. 污水池〔坑, 渗井〕, 粪坑.

CET =calibrated engine testing 已校正的发动机的测试.

Cetacea *n*. 鲸目.

ceta'cean [si'teiʃiən] *n*., *a*. 鲸鱼的, 鲸类的(动物), 鲸目动物.

ceta'ceous *a*. 鲸的.

ce'tane ['si:tein] *n*. 十六(碳)烷, 鲸蜡烷. *cetane number (of diesel oil)*(柴油)的十六烷值. *cetane number improver* 十六烷值改进剂.

cetanol *n*. 十六(烷)醇, 鲸蜡醇.

ce'tene ['si:ti:n] *n*. 十六(碳)烯, 鲸蜡烯.

cetera〔拉丁语〕**et cetera** [it'setrə] 等等.

ceteris paribus ['sitəris'pæribəs]〔拉丁语〕如果其他条件都相同, 如果其他条件均保持不变.

Cetids *n*. 鲸鱼(座)流星群.

cetin *n*. 鲸蜡, 棕榈酸鲸蜡酯.

ceto getter 或 **ceto-getter** *n*. (电子管用)铈钍收(吸)气剂(钍 80%, 铈 20%).

cetoleic acid 鲸蜡烯酸.

Cetus *n*. 鲸鱼(星)座.

cetyl-amine *n*. 十六(烷)胺, 鲸蜡胺.

CF =①call finder 寻机 ②carrier-free 无载体的 ③cathode follower 阴极输出器 ④center of floatation 浮心 ⑤centrifugal force 离心力 ⑥centripetal force 向心力 ⑦citrovorum factor 柠胶因素, 去酸因素 ⑧coarse fill 粗粒石充填 ⑨cold finishing 冷处理 ⑩controlled facility 控制装置 ⑪conversion factor 转换(换算)系数 ⑫cost and freight 离岸加运费价格 ⑬cross fade 交叉着落, (电视信道的)平滑转换 ⑭cubic foot 立方英尺 ⑮cutting fluid 切削(润滑冷却)液.

Cf =①California 加利福尼亚 ②californium 锎.

cf =①centrifugal force 离心力 ②compare 比较 ③confer 比较, 对照, 参阅, 参照, 与…比较, 应用于, 参看 ④cost and freight 离岸加运费价格 ⑤counterfire 遮火.

C/f =carried forward 转(入)下页.

C&F =cost and freight 货价加运价, 离岸加运费价格.

CFAE =contractor furnished and equipped 承包人供应和装备的.

CFC =①central fire control 中央发射控制 ②chlorofluorocarbons 氯氟碳化合物 ③complex facility console 全套设备控制台.

CFD =computational fluid dynamics CFD 语言, 计算流体动力学语言.

CFDC =central file document control.

CFE =①contractor furnished equipment 承包人供应的设备 ②controlled-flash evaporation 受控闪光汽化.

cfh =cubic feet per hour 立方英尺/小时.

CFI =①cost, freight and insurance 到岸价格、成本加运费、保险费价格 ②crystal frequency indicator 晶体频率指示器.

CFLG =counter flashing 反闪光.

CFM =①cathode-follower mixer 阴极输出混频器 ②chlorofluoromethanes 氯氟甲烷.

cfm =①confirm 证实, 确定, 批准 ②cubic feet per minute 立方英尺/分.

CFO =complex facility operator 全套设备操作人员.

CFP =contractor furnished property 承包人所提供的性能.

CFR =cold filament resistance (电子管的)灯丝冷电阻.

cfs =cubic feet per second 立方英尺/秒.

CFS test =cohesion-friction-strain test 内聚力-摩擦力-应变试验.

CFSE =crystal field stabilization energy 晶体场稳定能.

CFSTI = Clearinghouse for Federal Scientific and Technical Information (美国)联邦科技情报交换中心.

cft =①craft 飞机, 飞行器 ②cubic foot 立方英尺.

CFTS =captive firing test set 可截获的发射试验装置.

CG =①camera gun 照相机镜头, 空中摄影[照相]枪 ②centre of gravity 重心 ③command guidance 指令制导[导航] ④compressed gas 压缩气体 ⑤conditional grant 允许使用(无线电台) ⑥consul general 总领事 ⑦control grid 控制栅(极).

Cg 或 **cg** =①centigram 厘克(0.01g) ②centre of gravity 重心.

CGC =cathode-grid capacitance 阴极-栅极电容.

CGI =corrugated galvanized iron 波纹镀锌铁皮.

CGL dispersion relations CGL 色散关系, 邱-戈德伯格-洛色散关系.

cgm =centigramme 厘克.

CGP =chemical-ground pulp 化学磨木浆.

CGRS = Central Gyro Reference System 中心旋转参考系.

CGS =①centimeter-gram-second system (of units) 厘米-克-秒(单位)制 ②Coast and Geodetic Survey 海岸与大地测量.

CGS fundamental unit 厘米-克-秒基本单位.

CGSE = centimeter-gram-second electrostatic system 厘米-克-秒静电(电磁)制, 绝对静电单位制.

CGSM = centimeter-gram-second electromagnetic system 厘米-克-秒电磁制, 绝对电磁单位制.

CH =①cable head 电缆接头 ②cable hut 电缆分线箱 ③case-harden(ing) 表面硬化 ④central heating 集中供暖 ⑤chain home (radar) 海岸警戒(雷达) ⑥chief 主任, 首长 ⑦choke 扼流(圈), 节流, 阻气门 ⑧conductor head 导线接头.

Ch =①China 中国 ②Chinese 中国的, 中国人(的), 中文.

ch =①chain 链(≈20m) ②channel 电(通)路, 信(管)道 ③chapter 章.

ch mon =channel monitor 通路监视器.

ch pt =check point 校核点, 检测点.

chabasie *n*. 菱沸石.

chad [tʃæd] *n*. ①查德(中子通量单位)=10^{17} 中子/米^2 ·秒) ②(穿孔纸带、卡片的)孔屑, 纸屑. *chad tape* (有屑)穿孔(纸)带.

Chad [tʃæd] *n*. 乍得.

chad'ded *a*. 穿孔的, 有孔屑的. *chadded tape* (全)穿孔(纸)带, 有屑穿孔纸带.

chad'less Ⅰ *a*. 部分(无屑)穿孔的. Ⅱ *n*. 半穿孔(方式). *chadless (paper) tape* (孔屑未脱落的)有屑带纸带, 无屑穿孔带. *chadless perforation* 部分(无屑)穿孔, 无屑凿孔.

chadless(-punched)(paper) tape 部分(无屑)穿孔纸带.

chaeta n. 刺毛,刚毛.
chaetognatha n. 毛颚动物门.
Chaeto-plankton n. 角刺浮游生物.
chafe [tʃeif] v.; n. ①摩擦,擦热[破,伤],发热,磨损,冲洗 ②卡[咬]住,滞塞 ③恼火,着急. *chafed copy* 污损本. *chafing corrosion* 摩擦腐蚀. *chafing gear* 防[摩]擦装置. ▲*chafe against*[on] M 擦[磨蹭,冲洗)M. *chafe at*[under] M 因 M 而恼火. *in a chafe* 恼火,着急.
cha'fer n. 胎圈包布,(轮胎)沿口衬层.
chaff [tʃɑ:f] I n. ①谷壳,粗糠,饲料,废物[料],渣滓 ②(空中散布金属屑造成)人造雷达干扰,(雷达干扰)金属箔片,敷金属纸条,(电磁辐射金属)箔条 ③膜片 ④开玩笑. II v. ①开玩笑 ②切(草). *chaff cloud* 涂覆金属(的)纸带云,箔条云,金属屑雨. *chaff communication system* 偶极子反射条通信系统. *chaff device* 诱骗[雷达干扰]装置. *chaff dropping* 散布[雷达干扰]金属条. *chaff element* 干扰元,反射偶极子. ▲*be chaffed with* 上当,受欺骗.
chaffer n.; v. 讲价钱,讨价还价;交换.
chafferer n. 议价人.
chain [tʃein] I n. ①链(条,系,式),锁链,输送链,化学链 ②电(线,[路,路,信)波,通,移)道 ③一系列,一连串,连锁 ④连锁商店,联号,分支 ⑤测链(长度单位,=20.1168m) ⑥绞纱,(绞编机的)纹链 ⑦电视系统,线路 ⑧(常用 pl.)枷锁,镣铐,束缚 ⑨山脉,山岭. II vt. ①用链拴住[拦住,连接],束缚 ②用测链测量. *a chain of* 一系列的. *a chain of mountains* 山脉,山系. *anchor chain* 锚链. *block chain* 块(环)链,滑车(轮)链. *caterpillar chain* 履带. *chain addition program* 链式添加程序. *chain address* 链地址. *chain balance* 链码天平. *chain belt* 链(条传动)带. *chain block*[*hoist*] 链条滑车,链滑轮组,神仙葫芦. *chain bolt* 带链栓. *chain brake* 链闸,链刹车. *chain break* 连链[通道]中断. *chain bridge* 链桥系统,(链式)吊桥. *chain broadcasting* 联播(节目广播). *chain bucket excavator* 链斗式挖土机. *chain cable* 链链. *chain carry* 【计】链锁[循环,链式)进位. *chain clip* 链卡子. *chain code* 【计】链式(循环)代码. *chain compound* 链化合物. *chain conformation* 链构象. *chain connection* 链联接,串级连接. *chain console typewriter* 履带式控制台打字机. *chain contact* 链动触点. *chain conveyer* 链式运输机,链式输送器. *chain coupling* 链形连接器. *chain cutter* 链式切碎机,链条拆卸[拆钳]器. *chain data* 数据链. *chain dog* 链条扳手. *chain dredger* 链斗式挖泥机(船). *chain drive* 链(条,传动). *chain element* 链节. *chain filter* 链型(多节)滤波器. *chain gear* 链齿轮(传动). *chain gearing* 链传动装置. *chain hoist* 链式起重[升降]机. *Chain home station* 英国雷达站. *chain instrumentation* 全套靶场测量设备. *chain insulator* 绝缘子串. *chain iron* 链环. *chain line* 链线,点划线. *chain mechanism* 成链历程. *chain of powerplants* 梯级电站. *chain of radia-*

tion decay 辐射衰变系. *chain of relays* 继电器群. *chain of stations* 电台群(洛伦司导航系统中链锁状的发射台配置). *chain of tracking stations* 跟踪网. *chain of triangles* 三角网系. *chain of variable drive* 无级变速传动链. *chain output* 链式通道输出. *chain pendant* 吊灯. *chain pin* 测钎,链销. *chain pitch* 链节距. *chain polymer* 链形络合物. *chain printer* 链式印刷机. *chain pulley* 链轮. *chain pump* 链泵. *chain radar* 串列雷达. *chain radar beacon* 链型雷达信标. *chain reaction* 连锁[链式]反应. *chain relay* 链锁继电器. *chain riveting* 并列铆(接). 链型铆(接). *chain rule* 【数】连锁法. *chain saw* 链锯,叠锯. *chain segment* 链段. *chain sprocket* 链轮. *chain stoker* 链式加煤机. *chain stopper* 止链钳. *chain store* (同一公司所属的)联号. *chain tape* 链尺. *chain timber* 系木,木圈梁. *chain tong* 链式管钳. *chain track* 履带(轮距,轮迹). *chain transfer* 【化】链转移(作用),链传递(作用),链替换. *chain transmission* 链传动. *chain tread* 履带(轮距). *chain wheel* 链(滑)轮,牙盘. *chain winch* 链式绞车. *chain winding* 链形绕组(法). *chain wire* 链条钢丝. *chain wrench* 链条管子钳. (链式)扳手. *check chain* 保安[限位]链. *crosslink chain* (聚合物中)横链合链. *decay chain* 衰变链,放射系. *double-strand chain* 双铰链. *drive [driving] chain* 传动链. *endless chain* 环链,循环(输送)链. *excitation chain* 激振系统,激励链. *nuclear fission chain* 原子核链式(链锁)反应. *proton-proton chain* (热核反应中的)质子循环. *resistor chain* 电阻排. *side chain* (聚合物中)侧链,支链. *silent chain* 无声传动装置,静噪电路. *slider crank chain* 滑块曲柄机构. *sprocket chain* 扣齿链,链轮环链. *track chain* 履带. *tyre chain* 轮胎防滑铁链. ▲*chain off* 用测链测.
chain'age n. 链测长度,测链数,桩号.
chain-branching n. 连锁分枝.
chain-breaking n. 链锁中断.
chain-carrier n. 传链子.
chain circuit system 链(电)路系统.
chain-deformation n. 链形变.
chained a. ①连锁(式)的,链接(式)的 ②用测链测量过的. *chained program access method* 串行[链式]程序的取数(存取)法. *chained segment buffer* 链接分段数据存储区.
chainer n. 方形隔石块.
chain-in n. 链通道输入.
chain'ing n. ①链锁(作用,地址) ②链接,用链捆过车轮装链 ④用链量距离,丈量. *chaining arrow* 测针. *chaining channel* 链式通道. *chaining search* 循环检索[探索]. 链接检查.
chain-initiation n. 连锁开始.
chain'less a. 无链的,无束缚的.
chain'let n. 小链,细链.
chain'man n. 持(测)链人,测链员,司链员.
chain-mapping n. 链映像.

chain-mobility n. 链迁移率.

chainomat'ic balance 链码[动]天平.

chain'pump n. 链泵,连环水车.

chain-react vi. 发生连锁反应. *chain-reacting pile* 原子反应堆.

chain-reaction n. 连锁反应.

chain'riveting n. 排钉,并列铆(接),链式铆.

chain'rule n. 【数】连锁法.

chain-scraper n. 链板(式)的.

chain-store n. 连锁商店(由同一公司所经营管理的许多零售商店之一),联号.

chain-terminating a. 完成衰变链的.

chain-track tractor 履带式地拉机.

chain-transformation n. 链变换.

chainwork n. 链条细工,编织品.

chair [tʃɛə] I n. ①椅子,座椅,讲座 ②(轨)座,(托)架,(座)垫)座,(铁路)垫板,(铁路)辙轨,坐铁 ③(会议)主席,议长,会长. II vt. ①主持(会议)②就职[座], 入座. *anchor chair* 锚座. *chair a meeting* 主持会议. *chair plate* 座板,垫板. *chute chair* 弹射(带伞)座椅. *leave the chair* 闭会,结束会议. *take a chair* 入座. *take the chair* 主持开会,担任主席. *chair rail* 护墙板,靠椅栏. *department chair* 教研组,讲座. *folding chair* 折椅. *rail chair* 轨底[座]. *rigid chair* 硬座(位),刚性座位. *tilting chair* (固定式)翻锭机,(盘条)翻转台,盘条挂钩机.

chair'man ['tʃɛəmən] (pl. **chair'men**) n. 主席,会长,委员长.

chair'manship n. 主席职位(身份).

chair(o)dynam'ic a. 弹射座椅动力学的.

chair(o)dynam'ics n. 弹射座椅动力学.

chairone 或 **chairperson** n. 主席(无男女之分).

chair-rail n. 护墙板.

chaksin n. 山扁豆碱.

CHAL =challenge 询问,应答.

chala'sia [kə'leiziə] n. 松弛,弛缓.

chalasis n. 松弛,弛缓.

chalastica n. 润滑药.

chalcanthite n. 胆矾,蓝矾,五水(合)硫酸铜.

chalced'onite 或 **chalced'ony** n. 玉髓.

chalcocite n. 辉铜矿.

chalcogen(e) n. 硫族[属](硫,硒,碲三元素的总称).

chalcogenide n. 硫族[属]化物. *chalcogenide glass* 硫属化物玻璃.

chalcolamprite n. 氟铌铌钠矿,烧绿石.

chalcolite n. 铜铀云母.

chalcomenite n. 蓝硒铜矿.

chalcone n. 苯基苯乙烯酮,查耳酮.

chalcophanite n. 黑锌锰矿.

chalcophile a. 亲铜的.

chalcopy'rite [kælkə'paiərait] n. 黄铜矿(检波器用的晶体).

chalcostibite n. 铜(辉)铜锑矿.

chalcotrichite n. 毛铜矿(一种赤铜矿).

chalder n. 舵柄轴.

chaldron n. 煤量名(等于1.30927 m³).

chalk [tʃɔːk] I n. 白垩,粉笔. II vt. ①用白垩涂白,白垩处理,垩化 ②用粉笔写[画,作记号] ③粉化,灰化. *chalk soil* 白垩土. *chalk test* 垩粉水密试验. *French chalk* 滑石. ▲*as different as chalk is from cheese* 迥然不同. *as like as chalk and* [*to*] *cheese* (外貌相似而)根本[实质]不同,似是而非. *by a long chalk* 或 *by long chalks* (差得)很远,…得多. *chalk it up* 公布[告]. *chalk out* 做计划,打图样,设计. *chalk up* 记录[分,下],达到,得到.

chalkogenide n. 硫族[属]化物.

chalkolite n. 铜铀云母.

chalkostibite n. 硫铜锑矿.

chalk'stone ['tʃɔːkstoun] n. 白垩,石灰石.

chalk'y ['tʃɔːki] a. (含,似)白垩的,白垩质的. *chalky clay* 白垩质粘土,泥砂土,灰泥.

chal'lenge ['tʃælindʒ] n.; vt. ①挑战(书),鞭策 (提出的,复杂)问题,(造成的)困难,(复杂的)任务,(复杂的)课题,前(远)景 ③向…提出挑战[要求,质问,异议] ④有怀疑,提出任务令[问题],解决困难[问题],批判分析 ⑤询问,盘查,诘问,讯问,评论,应答,反驳 ⑥受到批判[批评],责备,遇到困难 ⑦口令 ⑧要求,需要,引起. *accept* [*take*] *a challenge* 应战. *accept the challenge* 负责着手解决问题. *challenge a statement* 驳斥声明. *challenge attention* 值得注意. *challenge switch* 呼叫开关,振铃电键. *face the challenge* 正视问题[困难]. *give a challenge* (提出)挑战. *issue the challenge* 提出[承担]任务. *letter of challenge* 挑战书. *meet the challenge* 满足要求,完成任务. *offer the challenge* 提出任务,展现前景. ▲*beyond challenge* 无与伦比. *challenge M for N* 针对N而探究M,仔细检查M的N. *challenge M with N* 向M要求N. *rise to the challenge* 接受挑战,(善于)应付复杂局面.

chal'lenger ['tʃælindʒə] n. ①挑战人,反对者,询[查]问者 ②询问器 ③(取代旧设备的)置换设备.

chal'lenging ['tʃælindʒiŋ] a.; n. ①复杂的,混合的 ②有前途的,大有希望的,远景的,展望的 ③大胆的,有趣的 ④挑战的,引起争论的. *challenging signal* 询问信号.

chal'lie ['tʃæli] 或 **chal'lis** ['tʃælis] n. (丝)毛料.

chalmersite n. 硫铁铜矿,方黄铜矿.

chalnicon n. 硒化镉视像管,硒化镉光导摄像管.

chalone n. 抑素.

chalyb'eate [kə'libiit] a.; n. 含铁质的(矿泉),铁录[剂],装载铁的,含铁物.

CHAM =chamfer (圆)槽,沟,倒角[棱],斜面.

chamaecephalic a. 扁头的,矮头的.

chamaecephaly n. 扁头(畸形),矮头.

chamaecin n. 扁柏素.

Chamaeleon n. 蝘蜓(星)座.

chamaeophyte n. 地上芽植物.

chamber ['tʃeimbə] I n. ①(小)室,腔,箱,盒,容器 ②燃烧室 ③炭精盒,(传真电报)暗箱,(弹[药])膛,(矿)囊,饲室,井 ④房间,寝室,单人套间,(船)舱 ⑤会议(接待)室,议院. II a. 室内的,小规模的,私人的,秘密的. III v. ①装入室(腔)中,隔(墙)使成(腔),内腔加工 ②使备有房间 ③装(弹药). *altitude chamber* 高度室,高空模拟(试验,补偿)室,气压试验室,压力室. *ablation chamber* 烧蚀冷却燃烧室. *acoustic chamber* 声室. *air chamber* 气室(腔),

aneroid chamber 真空膜盒,气压计盒. *annular combustion chamber* 环形(燃烧)室. *anode chamber* 阳极空间. *cable chamber* 电缆入孔. *cannular combustion chamber* 联管式燃烧室,环(形截面)管式燃烧室. *capsular chamber* 压力计囊,气囊(室). *carriageway jointing chamber* 车行道(电缆)入孔. *chamber blasting* 洞室爆破. *chamber burette* 球滴定管. *chamber filling conduit* 闸室充水管道. *chamber dock* 箱式船坞. *chamber flight* 容器中飞行模拟. *chamber furnace* 分室炉,箱式炉. *chamber gate* 闸门. *chamber kiln* 房式窑. *chamber music speaker* 室内乐扬声器. *chamber test* 容器(静态,压力罩)试验. *cloud chamber* 云(雾)室. *combustion chamber* 燃烧室. *common air chamber* 空气收集器,通气总管. *composite chamber* 多级(复合)燃烧室. *counter chamber* 计数管室,脉冲室,计数室. *crystal mixing chamber* 晶体混浊液. *deposit chamber* 沉淀槽. *diffusion chamber* 扩散云室(雾箱). *distribution chamber* 配线入孔,分配室,配电室. *drying chamber* 干燥室(箱). *dust chamber* 集尘室. *exhaust chamber* 抽风箱. *expansion chamber* 膨胀盒(室),威尔逊云室. *experiment chamber* (风洞)试验段. *fission chamber* 分度箱,【原】裂变(游离)室. *flame chamber* 火管,火焰箱(室). *fume chamber* 通风柜,烟雾室. *furnace chamber* 炉腔,炉(燃烧)室. *gun chamber* 电子枪室. *ion* [*ionization*] *chamber* 电离室. *magazine chamber* 底片盒. *melting chamber* 熔化室,炉膛. *molding chamber* 模腔. *monitor chamber* 监听(控制,记录)室. *oil chamber* 储油室,润滑油室. *plenum chamber* 高压气室,压气(压缩,增压,分配)室,集汽室. *pocket chamber* 袖珍剂量计,袖珍式放射线测量仪. *precombustion* (*miniature*) *chamber* 预燃室. *pressure chamber* 高压室,压力腔(室),压力调节器,集汽包. *pump chamber* 泵体内腔,泵室. *pumping chamber* (泵的)增压室,(泵的)压水室,压油室. *recoil chamber* 反冲粒子记录室,监制室. *regenerative* [*regenerator*] *chamber* 蓄(回)热室. *sealing chamber* 密封室,电缆终端套管. *sdiment* [*settling*] *chamber* 沉淀杯,沉淀型油器. *shell chamber* (炮)弹腔. *shock chamber* 激波冷室. *sight chamber* 观测室. *stilling chamber* 蒸馏室,预热(燃)室,消涡(速)室,储存器,压力调节器,沉积室. *transfer chamber* 加料室,传递(转接)室(铸压-传递模制机). *upper* [*lower*] *chamber* (议院的)上(下)院. *valve chamber* 活(气)门室,阀室. *water chamber* 水套,水箱.

chambered vein 囊状矿脉.

chamberlet *n.* 小房,小室.

chamber-pressure versus duration curve 容器压强-抽气时间曲线.

cham'bray [ˈʃæmbrei] *n.* 条纹布.

chamecephalic *a.* 扁头的.

chamecephalous *a.* 扁头的.

chamecephʹaly [kæmiˈsefəli] *n.* 扁头(畸形).

chameʹleon [kəˈmiːljən] *n.* 变色龙,变色蜥蜴,反复无常(的人). *chameleon paint* 示温(变色,温度指示)漆. *chameleon solution* (过)锰酸盐溶液,变色液. ~ic *a.*

chamet bronze 锡黄铜(铜60%,锡1%,其余锌).

cham'fer [ˈtʃæmfə] *n.* ; *vt.* ①(圆)槽,沟,叶,凹线,斜面(口),切(切)角面 ②在…上刻(开,挖圆)槽,圆棱,倒(圆)角,削角(面),去角(边),磨斜,斜切,修切边缘,bottom(-wear) *chamfer* 底(背)倒角. *chamfer cut* 撤尖斜切切. *gear chamfer* 齿轮倒角.

cham'fered *a.* 刻槽的,倒梭的,倒(削)角的,斜切的. *chamfered edge* 削(角)边. *chamfered groove* 角槽,三角形断面槽. *chamfered joint* 斜削接头,切角(对接)接头,有坡口的接头. *chamfered step* 削边踏步.

cham'fering *n.* 倒梭〔角〕,刻槽,斜切,坡口加工. *chamfering hob* 齿轮倒角滚刀. *chamfering tool* 倒梭〔角〕工具. *gear chamfering* 齿轮倒角.

cham'fret =chamfer.

cham'ois [ˈʃæmwɑː, 作定语读 ˈʃæmi] *n.* ①鹿,羚羊,山羊)皮,油鞣革 ②小羚羊. *chamois leather* [*skin*] 鹿皮,羚羊皮,油鞣革.

chamot =chamotte.

chamotte [ʃəˈmɔt] *n.* 熟耐火土,耐火粘土,火泥,陶渣,(粘土)熟粒,粘土砖. *chamotte brick* [*stone*] 粘土(熟料)砖,(耐)火砖. *chamotte ceramics* 耐火粘土陶瓷.

champ *v.* 焦急.

champagne [ʃæmˈpein] *n.* ①香槟酒 ②"香槟"远程跟踪雷达.

cham'paign [ˈtʃæmpein] *n.* 平原,原野.

cham'pion [ˈtʃæmpjən] Ⅰ *n.* ①冠军,优胜者 ②支持〔拥护〕者,战士. Ⅱ *a.* ; *ad.* ①优胜的,第一流的,一等的 ②非常(好)的,极好(的). Ⅲ *vt.* 拥护,支持. *champion for* [*of*] *communism* 共产主义战士. *champion in table tennis* 乒乓球赛冠军. *champion of reform* 主张改革者. *champion lode* 巨矿脉.

championiʹtis *n.* 锦标主义.

cham'pionship [ˈtʃæmpjənʃip] *n.* ①锦标(赛),冠军(称号) ②拥护,支持. *championship series* 锦标赛.

chan =channel 通信,磁,波,管,槽,沟,槽榴.

chanalyst *n.* 无线电接收机故障探寻仪(检查仪).

chance [tʃɑːns] Ⅰ *n.* ①机会,希望,可能性,概几,或然率 ②偶然(性,事件),(对)事情,事件). Ⅰ *a.* 偶然的,意外的,随机的,无规则的. *chance coincidence* 偶然一致,随机符合. *chance example* 随机样品. *chance rate* 机遇率. *chance variable* 随机变量(变数). ▲*a chance of* [*for, to + inf., that*]…的机会. *an off chance* 很少的可能,万一的希望. *by any chance* 万一. *by chance* 偶然,意外地,无意识地,碰巧. *by some chance* 由于某种原因. *leave* … *to chance* 让…听其自然,让…放任自流. *on the chance of* [*that*]希望能够,指望. *run a chance of + ing* 有…的可能. *stand a good chance* 很有可能,大有希望. *stand no chance* 没有可能(希望). *take a chance* 碰碰(试试)看,冒险,投机. *the chances are ten to one that* 十之

八九是…. *the chances are against* (the enemy) 形势对(敌人)不利. *There is a chance that* 或 *(the) chances are (that)* 有可能….

Ⅲ *v.* 偶然(发生),碰巧.▲*as it may chance* 按当时形势,要看当时情况. *chance on* 〔upon〕碰巧看见,偶然发现. *chance one's arm* 冒险一试,抓时机会. *chance to* + *inf.* 偶然,碰巧. *it chanced that* 碰巧.

chan'cellery 或 **chancellory** ['tʃɑːnsələri] *n.* ①大臣〔总理、首相〕职务 ②大臣官邸,总理公署,大使馆〔领事馆〕办事处,外交机关事务局.

chan'cellor ['tʃɑːnsələ] *n.* ①(英)大臣,(大学)校长 ②(使馆)秘书 ③(西德等)总理,首相.

chan'cery ['tʃɑːnsəri] *n.* 档案馆.

chanciness *n.* 不确定性,危险性.

chancy *a.* 不确定的,危险的.

chandelier' [ʃændi'liə] *n.* 枝形吊灯(灯架),集灯架〔排〕,花灯.

chandelle [ʃæn'del] *n.; v.* 急转跃升.

change ['tʃeindʒ] *v.* ①变(化,动,更,革,量),改〔转,相〕变,改造,交替,更迭 ②变,更,转,交,兑,替〕换 ③零〔找〕钱,找头,代替物 ④换车. *abrupt change* 突(剧,骤)变. *automatic tool change* 工具自动转位装置. *change drive* 变速传动(装置). *change dump* 信息更换(转储),变更转储. *change gear* 变速(轮),换排〔档〕,换档,变速齿轮,换向机构. *change gear plate* 挂轮架〔板〕. *change gear ratio* 变速(传动)齿轮速比. *change gear set* 齿轮变速机(装置). *change gear train* 交换齿轮系,变速轮系,挂轮系. *change house* 〔*room*〕更衣室. *change in value* 数值变化. *change of state* 物态〔状态〕变化. *change oil* 换油. *change on one method* 【计】不归零法. *change point* 变异(化)点,换车,调乘〕点. *change poles* 换极. *change speed gear* 变速箱,变速〔齿〕轮. *change speed motor* 变速电机,多速电机. *change tape* 修改带. *change wheel* (齿)轮,变速装置,配换(齿)轮,换向轮. *chemical change* 化学变化. *corrective change* 修〔校〕正. *gear change* 齿轮变速换,传动比变换. *heat change* 换热,热交换. *isothermal change* 等温变化. *phase change* 相变(化).▲*change about* 变化无常,首尾不一致. *change down* 降速,开慢,减低速度,换低档. *change M for N* 用 N 换来 M,把 M 换成 N. *change for the better* 〔*worse*〕好转〔恶化〕. *change (from) M to N* 使(从)M 转换成 N. *change into* 变〔改,换,化〕成,转变为. *change off* 换班,交替. *change one's mind* 改变计划〔主意,想法,宗旨〕. *change over* 改变,转(更)换,调换(位置),倒转. *change over switch* 转换〔向〕开关. *change up* 开快,换高(速)变换,升速变换. *change with* 随…而变.

changeabil'ity [tʃeindʒə'biliti] *n.* 易变(化)性,可变性,互换性.

change'able ['tʃeindʒəbl] *a.* 易变的,不确定的,可变〔更〕换的. *changeable boring bar* 可调整镗杆. *changeable optics* 可置换光学装置. *changeable storage* 【计】(内容)可(更)换的存储器. ～**ness** *n.* *change'ably ad.*

change'ful *a.* 易(多)变的,不确定的,变化无常的.

change'ful-gear *n.* 变速齿轮.

change'less *a.* 不变的,确定的,单调的. ～*ly ad.* ～*ness n.*

change'ment *n.* 变化,变更,改变. *coupling changement* 联结器换向机构.

change(-) over ['tʃeindʒouvə] *n.* ①转〔变〕换,改〔转〕变 ②换〔转〕向,倒转,转接,跨越,调整,改装〔建〕③转换开关. *automatic change-over* 自动转换(开关). *change-over cue* 换片信号. *change(-)over switch* 转换〔换向,换向〕开关. *hydraulic change(-)over* 液力转向机构. *model changeover* 更(改)换型号. *power supply change(-)over* 电源转换.

change-pole *n.; a.* 变极(的).

changer ['tʃeindʒə] *n.* ①变换〔流〕器,换流〔能〕器,变量器 ②转换开关(装置),工具转换装置. *automatic beam changer* 自动变光开关. *C-hook roll changer* 〔轧〕C 形换辊钩. *frequency changer* 变〔换〕频器. *gain changer* (自动驾驶仪)传动比变换装置,增益变换器. *phase changer* 移(相)器,相移器. *pole changer* 转(换)极器,换流器,换向开关. *record changer* 自动换片器. *tap changer* 分接头变换器. *voltage changer* 变压器,电压变换器(机). *wave changer* 波段(调制)开关,波段选择开关.

change-speed *n.; a.* 变速(的). *change-speed gear* 变速齿轮(装置). *change-speed box* 变速箱.

change-wheel *n.* 变速(换向)轮,变速装置.

changing *n.* 替(变)换,变化. *changing down* 降低速率. *changing magazine* 换片暗盒. *changing over* 转换,(转换)开关. *changing up* 增加速率. *on-load tap changing* (电炉)带载抽头变换.

chan'nel ['tʃænl] I *n.* ①通(孔,径)道,波,频,线,沟,管,水,流,渠,声)道,管(道,通,话)路 ②海峡,河床,沟渠,航道 ③(沟,河)槽,凹槽,沟,导槽(板),(封)凹槽,风扇(管)④途径,路线,系统,方法,手段 ⑤槽钢〔铁,条〕,凹形铁 ⑥(pl.)(炼铅炉内的)死区,(流化床的)风沟,气沟,气路. I (*chan'nel* (*l*) *ed*; *chan'nel*(*l*)*ing*) *v.* ①开(凿,挖)沟,开路 ②在… 铣〔开,掏〕槽,开缝 ③引导,开路,开辟,在…开挖(水)道. *all channel decoder* 全通道译码器. *cable channel* 管孔(电缆)管道,电缆槽,缆沟. *channel amplifier* 分路放大器. *channel bank* 话路组,信道排,信道处理单元. *channel bar* (小型)槽钢,槽铁. *channel beam* (大型)槽钢,槽形(钢)梁. *channel black* 槽法碳黑. *channel block* (玻璃池窑的)通路. *channel column* 槽形柱,槽钢柱. *channel effect* 沟渠(沟道,通道)效应. *channel flow* 明渠(槽)流. *channel for oiling* 油路,油槽. *channel iron* 槽形铁,槽钢. *channel point* 成沟点,齿轮转动时油层中形成未充满沟槽之温度. *channel pulse* 信道(道)脉冲. *channel rubber* 橡皮夹层(衬里). *channel section* 槽形断面,槽钢. *channel selector* 信道转换开关,频道转换开关,信道,频道选择开关.

段〔声道〕间距. *channel switch* 波道开关. *channel time* 信道宽度. *channel (type) electron multiplier* 渠道式电子倍增器. *channel wave* 通道波. *(声道中传播的) 弹性波. cooling channel* 冷却 (通道), 冷却剂〔载热剂〕管道. *diplomatic channels* 外交途径. *instrument channel* 测量管道. *local channel* 本机电路. *oil channel* 滑油槽, 油路. *one-way channel* 单向电路〔波道, 通道〕. *process channel* (反应堆) 工艺管道. *proper channel* 正当途径. *recording channel* 录音系统 (从送话器到录音胶片的全部装置), 记录槽, 【计】存储电路. *secret channel* 秘密途径. *working channel* 加工导槽.

chan′neled ['tʃænld] *a.* 有沟〔凹缝〕的, 槽形的. *channeled avalanche* 槽形雪崩. *channeled plate* 纹纹板, 皱纹板, 菱形网纹钢板. *channeled runoff* 河槽迳流. *channeled spectrum* 沟状光谱.

chan′neling ['tʃænliŋ] *n.* ①槽路, (高炉) 气沟, (液态化) 沟, 在塔的填料中液体的不均匀分布 ②铣〔铸, 开〕槽, 构成槽形, 凿〔挖, 切〕沟, 开渠, 管道形成, 成沟〔沟道〕作用 ③波道〔沟道, 沟算〕化的〔粒子因个质中存在空腔而增加透明度的效应〕④组成多路, 多路传输, 频率复用 ⑤联通, 分开碎通路 ⑥溶沟, 落水洞. *channeling diode* 沟道 (效应) 二级管. *channeling in column* 填充塔内形成的沟流.

channeliza′tion *n.* ①(交通) 渠化, 渠道化, 管道化 ②通讯波道的选择 ③渠道化.

chan′nelize ['tʃænəlaiz] *v.* 渠化, 导流, 通道化 = channel (*v*.). *channelized intersection* 渠化交通的交叉口, 渠化〔分路〕交叉口. *channelized transmitter* 信道〔分路〕发射机. *channelizing island* 渠化交通岛, 路口分车岛. *channelizing line* 渠化线, 导流线.

channelled *a.* =channeled.

channeller *n.* 凿〔开〕沟机.

channelling *n.* =channeling.

channel-spacing *n.* 信道间隔. *a 12.5 kHz channel-spacing system* 信道间隔为 12.5kHz 的系统.

chan′nelstopper *n.* 沟道截断区.

channel-subdivider *n.* 信道分路器.

channeltron *n.* 通道倍增器.

channel-width variation 信道频宽变化.

channery *n.* 砾石, 碎石块.

chanoroid *n.* 软下疳.

cha′os ['keiɔs] *n.* 浑沌, 混乱, (完全无秩序, 不整齐, *be in a state of chaos* 紊乱不堪. *chaos motion* 不规则运动. *molecular chaos* 分子混沌.

chaot′ic [kei′ɔtik] *a.* 浑沌的, 混乱的, 乱七八糟的, 无秩序的. *chaotic motion* 不规则运动. *chaotic state* 浑沌 (状) 态. ~*ally ad.*

chap [tʃæp] *n.; v.* ①裂缝口, 〔腔, 纹〕, 劈开, 皱〔龟〕裂, 变粗糙 ②(用锤) 敲打 ③家伙, 小伙子.

chap =chapter 章.

chaparral′ ['tʃæpə′ræl] *n.* 灌木群落.

chap′book *n.* 通俗图书, 廉价书, 小册子.

chape [tʃeip] *n.* ①线头焊片 ②卡〔扣〕钉, 包梢, 夹子.

chapeirao *n.* 礁堆.

chap′el ['tʃæpəl] *n.* 小教堂.

chapelet *n.* (链) 斗式提升机, 链斗传送器, 链斗式水泵, (铸造) 撑子.

Chaperon winding 夏比隆绕线法.

chap′iter ['tʃæpitə] *n.* 柱头, (柱的上部) 大斗.

chap′let ['tʃæplit] *n.* ① (铸) (型) 芯撑, 撑子 ②花环〔圈〕, 串珠〔饰〕. *chaplet nail* 型芯撑钉.

chap′man *n.* 小贩, 书贩.

Chapman layer 查普曼层, D (电离) 层.

Chap′manizing *n.* 电解氨气渗氮法, 盐浴渗氮法, 切普曼氰化法.

chap′py *a.* 皱〔龟〕裂的.

chap′ter ['tʃæptə] *n.* ①章, (章) 节, 段, 篇 ②分会, 分社. ▲*a chapter of M* 一连串的 M. *give chapter and verse for* 注明 (引用资料的) 出处, 指明⋯的确实依据. *to (till) the end of the chapter* 永远地, 到最后.

chapter-title *n.* 章节标题.

chap′trel ['tʃæptrəl] *n.* 拱基.

char [tʃɑ:] I *n.* ① (木) 炭 ②散工 ③茶. II (*charred; char′ring*) *v.* ①烧焦〔黑〕, 炭化, 焦化, 烧成炭, 变焦黑 ②做散工. *bone char* 骨炭. *char oil* 炭油. *lignite char* 碳化褐煤. *wood char* 木炭.

char =character 字符, 符号.

char-a-banc [′ʃærəbæŋ] (法语) *n.* 大型 (敞式) 游览汽车.

charactascope *n.* 频率特性观测设备.

character [′kæriktə] I *n.* ①性质〔格〕, 特性〔点, 征, 质〕, 【数】特征标 ②字母〔符, 体〕的, (书写, 印刷) 符号, 记号, 字, 号, 字, 标志, 电码组合 ③角色, 人物, 资格, 名誉 ④(羊毛毛丛弯曲) 清晰度和均匀度. II *vt.* 描写, 表现⋯的特征. *acquired character* 获得 (性) 特性. *adaptation character* 适应特性. *change of character* 性格变换. *character boundary* 【计】字符大小, 字 (符边) 界. *character by character* 字符接字符 (传送), 按字符传送. *character code* 字母〔符号, 数字, 记号, 信息〕码. *character crowding* 【计】字符夹杂〔拥挤〕. *character deletion character* 删去 (字符的) 字符. *character display* 信息〔字符〕显示, 数字字符显示器. *character display tube* 显字管, 字码管. *character emitter* (文字识别用) 字符扫描发生器. *character fill* 【计】填充式字符填充. *character font* 【计】字体 (根). *character forming tube* 显字管. *character generator* 字母〔字符, 字形, 记号〕发生器. *character ignore block* 忽略字符〔拥挤〕. *character of accident* 事故性质. *character of service* 工作状态〔特征〕. *character of surface* 表面特征. *character outline* 【计】脱机 (可识) 字符, 字符外形. *character picture specification* 字符形象指明表. *character rate* 【计】字符传输率. *character reader* 符号〔数字字母, 信息符〕读出器. *character reading* 字母〔记号〕读出. *character rounding* 反复修正符号. *character style* 字体. *character transfer rate* 字节传送速率. *Chinese character* 汉字. *code character* 代码符号〔征数〕. *command* 〔*instruction*〕 *char-*

acter 指令符号. *conjugate character* 【数】共轭特征标. *digital* 〔*numeric*〕 *character* 数字符号. *dominant character* 优些,显些. *erase character* 省略〔消除〕符号. *inductive character* 电感性(质). *inherent character* 固有特性,本性. *inherited character* 遗传特性. *metallic character* 金属特性. *operational character* 运算符号. *printed character* 印刷符号. *recessive character* 隐性. *unit character* 单位特性. *wave character* 波动性. ▲*in character* 相称,适当的. *in the character of* 以⋯资格,扮演. *out of character* 不相称,不适〔符〕合,不适当的.

character-at-a-time printer *n.* 单字符〔字行式〕打印机.

characterise = characterize. **characterisation** *n*.

characteris'tic [kæriktə'ristik] Ⅰ *a.* 标识的,特征的,特有的,有特色的,(表示)特性(征)的. Ⅱ *n.* ①特征(点,性,色),性能,示性 ②特性曲线,特征(函)数 ③【数】(对数的首数,阶(码) ④指数,指标,标志 ⑤规格,鉴定. *air characteristic* 空气特性,(铁心)交隙安匝(数). *characteristic and mantissa of logarithms* 对数的首数与尾数. *characteristic bit* 指令特征位. *characteristic curve* 特性曲线. *characteristic dimension* (相似理论)特征〔基准〕尺寸. *characteristic element* 〔示〕性要素. *characteristic error* 特性误差. *characteristic function* 特征(示性)函数. *characteristic impedance* 特性阻抗,波阻抗. *characteristic instant* 瞬时特性. *characteristic length* 换算〔特性〕长度. *characteristic number* 特征代数. *characteristic overflow* 阶码溢出. *characteristic spectrum* 特征(特性,标识)光谱. *characteristic value* 特(本)征值. *characteristic width* 有效(行)宽度. *characteristic x-radiation* 标识X-射线. *dynamic characteristic* 动力特性(曲线),动力(态)特性,传导函数. *error characteristics* 误差特性(曲线). *flow characteristic* 流动(个)特性,流动度,气流特性参数,粘滞特性. *mechanical characteristics* 机械特性. *operating characteristic* 工作〔运转,运行,使用〕特性(曲线). *performance characteristic* 工作(况)特性. *shop characteristic* (材料的)工艺性能. *trafficability characteristic* 通过性,通过能力. *transfer characteristic* 发送(传输,传动,传递,转移,瞬态)特性,(摄像管)光-信号特性,(显像管)信号-光特性. *tube characteristic* 电子管性能(参数). ▲*be characteristic of* 是⋯的特征为⋯特有的,代表⋯的,⋯的特点是⋯.

characteris'tically *ad.* 特性上,特质上.

characteristic-impedance termination 特性阻抗终端负载.

characteriza'tion [kæriktərai'zeifən] *n.* 表征,表示特性,特征化,特性记述〔说明,描述,刻划,鉴定〕,性能描写,品质鉴定.

char'acterize ['kæriktəraiz] *v.* ①表征,表示(具有⋯的特征,以⋯为特征,成为⋯的特征,描写,说明(⋯的特性). ②特性化,赋予⋯特性. *characterizing*

factor 特性因数. ▲*be characterized by* ⋯的特点在于⋯,在⋯上有明显区别. *may be characterized as* 可以称为.

char'acterless *a.* 无特征的,平凡的.

char'actery ['kæriktəri] *n.* 记号(法),征象(法).

char'actron ['kæriktrɔn] *n.* 显字〔示,像〕管,字码管,字符管.

charade [ʃə'rɑːd] *n.* 字谜.

char'coal ['tʃɑːkoul] *n.* (木,活性)炭. *absorbent* 〔*activated*〕 *charcoal* 活性炭. *animal charcoal* 动物炭,骨炭,巴黎骨炭. *blood charcoal* 血炭. *charcoal electrode* 炭电极. *charcoal filter* 炭过滤器,(活性)炭过滤剂. *charcoal tinplate* 厚锡层镀锡薄钢板. *charcoal trap* 活性炭容. *charcoal wire* 超低碳钢丝. *finely-ground charcoal* 木炭粉. *peat charcoal* 泥炭. *vegetable charcoal* 炭,木炭. *wood charcoal* 木炭.

chare [tʃɛə] Ⅰ *n.* 零碎工作,零活,杂务,零星事务. Ⅱ *v.* 做零活,做短工.

charge [tʃɑːdʒ] Ⅰ *v.* ①装(进,加)料,充(带,起)电,充(进)气,填充,装(药,载,填),加(载,注),注(油,液,入),压入,增压 ②要(价),收(费),记入⋯帐上 ③使⋯负担,委托,嘱附,命(指,训)令 ④指责,控告 ⑤突击,冲击,冲锋. Ⅱ *n.* ①电(载,负)荷,负载〔担〕,充电〔量〕,(一次)装填(量),炉(装)料,(一次)炸药(量),批,(火箭)燃料 ②费用,经费,价钱,代价,捐税 ③责任,委托,义务,管理,照料 ④指挥,罪过,嫌疑,非难. *additional charge* 补充充电,附加电荷,添加剂. *bare charge* 点火电荷. *bed charge* 底(芒)炉料. *booster charge* 传爆管,增爆率)充电,传爆药. *carrying charge* 维护费. *cast charge* 火箭发动机的铸装药柱. *charge a battery* 〔*an accumulator*〕 为蓄电池充电. *charge air* 增压空气. *charge algebra* 荷代数. *charge book* 作业记录簿,装料记录. *charge capacity* 装载量 (电池)电量. *charge carrier* 载荷(流)子. *charge characteristic* 充电特性. *charge chute* 装料槽. *charge density* 电荷密度. *charge distribution* 电荷(载荷)分布,布料. *charge drive* (高频)电荷激励,电荷传动. *charge factor* 录音效率. *charge for water* 给水率;自来水费. *charge gas* 裂解气,原料气. *charge hand* 领班〔工〕. *charge hoist* 加料起重机. *charge image* 电(荷图)像. *charge indicator* 充电指示器. *charge mixture* 配料. *charge motor* 充电(过电)电动机. *charge number* 负载量,载荷(电荷)数,炉料号,批量. *charge of rupture* 破坏荷载. *charge of surety* 安全(容许)荷载. *charge particle* 带电粒子. *charge pattern* 电荷分布(起伏)图,充电曲线,电位起伏,电子像. *charge pattern leakage* 电荷(起伏)漏泄平衡. *charge pressure indicator* 充气压力指示器. *charge pump* 供给(充液,进料)泵. *charge ratio* 满载蒸数,装填(满载)比. *charge sales* 赊帐. *charge sensitivity* 电荷灵敏度. *charge sheet* 配料单. *charge symmetric pseudoscalar field* 电荷称(的)赝标量场. *charge temperature* 着火温度.

charge valve 充气(充液,加载)阀. *clockwork-triggeringcharge* 带有定时机构的起爆剂. *coke charge* 焦批(料). *combustible charge* 燃料. *critical charge* 临界负荷. *depreciation charges* 折旧费用. *electric charge* 电荷. *freight charges* 运输费用. *furnace charge* 炉料. *induced charge* 感应(法)电荷. *inducing charge* 施感电荷. *inventory charge* 材料的耗费. *maintenance charges* 保养费用. *overhead charge* 管理费用,杂项开支. *powder charge* 弹射弹,弹丸装药(火药),传爆管,发射药,火药柱,炸药. *reactivity charge* 反应性余裕,剩余反应性. *shaped charge* (火箭)蜂窝形药柱,破甲〔聚能,空心〕装药. *space charge* (管内)空间电荷. *specific charge* 荷质比,比电荷. *tapered charge* 减质充电. *test charge* 试验电荷. *trickle charge* 涓(滴)点,滑流充电,连续补充充电. *under charge* 充电不足. *zero charge* 零电荷. ▲*at … charge* 以…费用〔代价〕. *be charged with* 充满着了, 充(了)电, 来上, 负…的责任的的嫌疑. *charge for* 收…费. *charge for trouble* 手续费. *charge off* 把…当作损耗处理, 对…扣除损耗费; 把…归于某一项. *charge up* 充气〔电,液〕. *charges forward* 运费等到日后由收货人支付. *charges paid* 各费已付. *free of charge* 免费. *give in charge* 寄存,委托. *have charge of* 担任,负责,管理. *in charge* 主管(的),主任(的). *the person in (overall) charge* (总)负责人. *in charge of* 负…的责任, 负责…的, 主持, 管理, 照管, 受托. *in full charge* 负全责, 猛〔突〕然. *lay to one's charge* 由某人负责. *make a charge against* 非难,责备,控告,袭击. *on the charge of* 因…罪,因…的嫌疑. *put in charge of* 委托. *take charge* 不再受控制, 擅自主动. *The driving belt took charge and ran out.* 传动带不受控制,脱了出来. *take charge of* 担任,接办,负责,保管,管理,监督. *take over charge of* 承担,接办. *under the charge of* 由…管理,在…掌管之下.

chargeability *n.* 荷电率.

charge'able ['tʃɑːdʒəbl] *a.* ①应负担〔责〕的,应征收的 ②可充电的. *chargeable duration* 通话计费时间. ▲*be chargeable on* …应由…负担〔责〕,应向…征(税). *be chargeable with* …应对…负责,应征收…

charge-conjugate *a.* 电荷共轭的.

charge-coupled *a.* 电荷耦合的.

charged ['tʃɑːdʒd] *a.* 充(有)电的, 带电(荷)的, 装填的, 装药的. *charged particle* 带电粒子. *charged pressure* 充气压力. *charged wire detector* 荷电丝探测器. *fully charged* 充足电的,充满的.

charge d'affaires ['ʃɑːʒei dæ'feə] 〔法语〕代办. *charge d'affaires ad interim* 临时代办.

charge'hand *n.* ①工长,领班 ②监工.

charge-in *n.* 进料.

charge-independent *a.* 电荷独立(不变,恒定)的,与电荷无关的.

charge-liner interface 炉料与衬里的界面.

charge-mixing machine 炉料混合机.

charge-odd operator 电荷字称为奇的算符.

char'ger ['tʃɑːdʒə] *n.* ①加载装置,装(送)料机,装料设备,加液器,灌入器,装弹器,变换器 ②充电器〔机(组),器],充电整流器 ③装料者,委托者,突击者. *battery charger* 充电机. *dosimeter charger* 剂量计充电用仪器. *dust charger* 静电喷粉器充电装置. *fuel charger* 装燃料设备,装料机,燃料泵,加燃油泵. *gun charger* 装弹器. *mechanical charger* 装料机,机械加料设备. *trickle charger* 小电流充电器. *tungar charger* 钨氩(吞加)管充电机.

charge-resistance furnace 电(荷电)阻炉.

charger-reader *n.* (剂量计用)电荷读出装置.

charge-storage diode 电荷存储二极管,阶跃二极管.

charge-storage mosaic 电荷嵌镶幕.

charge-symmetric *a.* 电荷对称的.

charge-to-mass ratio (电)荷质(量)比.

charge-volume *n.* 电荷容积,体电荷.

char'ging ['tʃɑːdʒiŋ] *n.* ①装(负)载,装填,装〔加,送,进)料,装炉(量),装弹,装炸药 ②充〔起〕电,电荷,带电 ③充气,注气,加油,加液〔水,料,油〕,压〔注入)压. *altitude charging* 高空增压. *charging area* 装料场(台). *charging board* 充电盘. *charging capacity* 装载量,负载能力,(电池)蓄电量. *charging compressor* 充气压气机. *charging current* 充电(电容)电流. *charging deck [floor]* 加料台. *charging hopper* 装料(漏)斗. *charging line* 充气(送料,供水,加液)管道,供料线,供电线路. *charging neutrality* 电荷中和. *charging set* 充电机(组)〔充(电)装置〕. *charging sheet* 配料单. *charging stroke* 充(吸,进)气冲程. *charging thimble* 〔冶〕出锭口,冰铜出口. *charging up* 加添(注)过程. *charging valve* 充气(加料,加液)阀,充电阀. *pressure charging* 增压. *radioactive charging* 装放射源.

charging-tank *n.* 供(应)(装料)罐.

charging-turbine set 透平(涡轮)增压装置.

charging-up *n.* 加添(注),充电(过程).

chargistor *n.* 电荷管.

cha'rily ['tʃɛərili] *ad.* 谨慎地,小心地.

cha'riness *n.* 谨慎,小心.

char'iot Ⅰ *n.* ①弧砌支持器,齿车,(托)架 ②战车,兵车,运输车. Ⅱ *vt.* 用车子运输. *ingot chariot* 送锭车.

char'ity ['tʃæriti] *n.* 施舍(行为),慈善(团体,事业).

chark Ⅰ *vt.* ①烧炭 ②焦化,炭化. Ⅱ *n.* 木炭,焦炭.

char'latan ['ʃɑːlətən] Ⅰ *n.* 骗子,假充内行的人,庸医,江湖医. Ⅱ *a.* 骗人的,吹牛的.

char'latanism or **char'latanry** *n.* 欺骗,蒙混,冒充,吹牛,骗术,江湖医术.

Charleston *n.* 查尔斯顿(美国港口).

Charles's Wain 北斗七星.

charley paddock 大锯,粗锯.

Charlie ['tʃɑːli] *n.* 通讯中用以代表字母C的词.

charm [tʃɑːm] Ⅰ *n.* 吸引力,魅力,粲,粲(量子)数,粲粒子. Ⅱ *vt.* 吸引(人). *charm antiquark* 反粲夸克. *charmed baryon* 粲重子.

charm'ing ['tʃɑːmiŋ] *a.* 吸引人的,有趣的. ~*ly ad.*

charm′less *a.* 不带媒数的.
charmonium *n.* 粲(偶)数.
charnockite *n.* 紫苏花岗岩.
char′pie [ʃɑːˈpi] 〖法语〗 *n.* 绒布.
Charpy (impact) test 摆锤〔单梁〕式冲击试验. *Charpy key hole specimen* 钥孔形缺口冲击试样. *Charpy pendulum* 摆锤式冲击试验机. *Charpy tester* 摆锤〔单梁〕式冲击试验机.
charred *a.* 烧成炭的,烧焦的. *charred coal* 焦煤〔炭〕. *charred peat* 焦化泥炭. *charred pile* 焦头桩.
char′ring [ˈtʃɑːriŋ] *n.* 烧焦,烧(成)炭,炭[焦]化,结焦,(电杆)烧根. *charring ablative material* 炭化烧蚀材料. *charring in heaps* 堆烧法. *charring layer* 炭化层. *superficial charring* 皮焦法.
charry *a.* 炭化的.
chart [tʃɑːt] Ⅰ *n.* ①图表〔纸〕,表格,卡片,(有刻度的)纸张 ②曲线(图),计算图(表) ③略〔草,挂,地,海,航,示意,线路,航线〕图. Ⅱ *v.* ①制成图(表),立图(表)表示(说明),画在海图〔表〕上,把…绘入海图,指引(航向),制订…计划 *a 6 by 10-inch chart* 一张 6″×10″的图. *adjustment chart* 修正表. *aeronautical chart* 航(行)图,航空地图. *alignment chart* 图表,列线图(解),计算〔求解〕图表,线示〔诸谐,地形〕图. *astronautic chart* 天文航行图. *axonometric chart* 立体投影图. *bar chart* 柱状统计图表. *break-even chart* 盈亏〔收支〕(平衡)图. *chart board* 图板. *chart comparison unit* 地图比较装置,雷达测绘板. *chart constant* 制图常数. *chart datum* 水深基准点,记录图基准线,海图基准(面). *chart division* 表格刻度. *chart drawing pen* 鸭嘴直线笔. *chart drawing set* 绘图仪器. *chart drive mechanism* 记录纸传动机构. *chart for superelevation* 超高图表. *chart house〔room〕* 海图室,航图室. *chart magazine* 记录纸箱〔盒〕. *chart matching device* 图形重合仪. *chart of symbols* 符号表,图例. *chart screen* 坐标(图形)投影屏. *chart sheet* 图页,图幅. *chart table* 图表架. *chart with contour line* 有等高线的地图. *color chart* 比色图表. *control chart* 检查图表,监督进度表. *conversion chart* 换算图(表). *definition chart* 分辨力测视图. *design chart* 设计图. *DF〔direction finding〕chart* 无线电定向图. *dimensions chart* 外形尺寸图,维(分析)表. *duty chart*（长途局或电报局的）工作时间表,值勤表. *exposure chart* 曝光表,露光表. *flight chart* 航空地图. *flow chart* (工艺)流程图,操作程序图,流水作业图. *flow process chart* 加工流程图,工艺卡. *fusing chart* 熔度表. *isodose chart* 等量表. *loading chart* 载荷分布图. *log-log chart* 双对数坐标图. *lubrication chart* 润滑系统图. *magnetic chart* 地磁(磁场)图. *minimizing chart* 缩图. *nomographic chart* 列线(诸谐)图. *periodic chart* 元素周期表. *physical chart* 地势图. *plasticity chart* 塑限图. *process chart* 工艺程序图,工艺卡片,生产指示〔工艺过程〕图表. *quality control chart* 质量检验卡片. *record(er) chart* 记录(线路)图,仪表读数记录带,(自动)记录带. *recording chart* 记录纸,记录图表. *Smith chart* 阻抗〔史密斯〕圆图. *smoke chart* 烟色浓度图,烟图. *synoptic〔weather〕chart* 天气图. *temperature chart* 体温单,温度图.

char′ta [ˈkɑːtə] (pl. chartae) *n.* (外敷)纸剂,(药)纸.

chart-comparison unit 雷达测绘板(测量图).
char′ter [ˈtʃɑːtə] Ⅰ *n.* ①合同,(租船,海运)契约,执照,许可证 ②宪章,(学会)规章 ③特许〔专利〕权 ④包租(车,船). Ⅱ *vt.* ①特许(设立),发执照给 ②租用,包租(机,船). *charter flight* 包租的班机. *charter party* 租船(海运)契约. *chartering company* 租船公司. *time charter* 定期租船契约.
char′tered *a.* 特许的,注册的,专利的,租用的. *chartered bank* 特许银行. *chartered ship* 租轮.
char′terer [ˈtʃɑːtərə] *n.* 租船人.
char′ter-party *n.* 租船(海运)契约.
chart′ing *n.* 制图〔表〕,填〔绘〕图,编制图表,记录表格.
chartless *a.* 图籍未载的,尚未绘入地(海)图的,没有图籍可凭的.
chartog′rapher [kɑːˈtɔɡrəfə] *n.* 制图者.
chartog′raphy [kɑːˈtɔɡrəfi] *n.* 制图法.
chartometer *n.* 测图器.
chart-projection *n.* 海(图)投影.
chart-recording *a.*; *n.* 图表记录(式的). *chart-recording instrument* 图表记录仪.
chartreuse [ʃɑːˈtrəːz] 〖法语〗 Ⅰ *n.* ①滋补药酒 ②微黄之淡绿色. Ⅱ *a.* 微黄之淡绿色的.
chart′room [ˈtʃɑːtrum] *n.* (轮船)海图室,(飞机)航图室 ②观察将式变为射击诸元的计算室.
chary [ˈtʃɛəri] *a.* 谨慎小心的. *be chary of* 小心….
CHAS = chassis 底盘〔架,座〕,机架.
chase [tʃeis] *v.*; *n.* ①追,逐击,追(捕,踪),寻(检,探)查,赶走 ②雕镂,錾花,刻划(度),切,削,嵌,镶 ③切螺纹,螺丝扳牙修理,重整螺丝,车螺丝用梳状铣刀刻(螺纹) ④凹口(面),(竖)沟,(暗线,管子)槽,线环,套架,活版架 ⑤活塞杆上升槽,把…刻成锯齿形 ⑥歼击机 ⑦炮筒前身 ⑧打猎,猎场. *chase leaks* 检〔查〕漏. *chase mortise* 槽榫. *chased helicoid* 法抛形齿廓螺旋面.
"chase-charley" *n.* 德国无线电控制飞机式导弹.
cha′ser [ˈtʃeisə] *n.* ①螺纹(梳)刀),梳刀盘 ②丝板,板牙 ③揉泥罐,石棉碾,碾压机 ④车滚(线斗)机,驱逐舰,猎潜舰,舰首〔尾〕炮,追踪导弹,追逐者 ⑤(飞行器交会时)主动跟踪装置 ⑥催询单,催促执行订单的函件. *chaser die head* 螺丝梳刀盘. *chaser mill* (装有穿孔底板的)干式辊碾机,碾碎机. *chaser orbit* 跟踪卫星轨道. *chaser radar* 目标跟踪雷达. *chaser satellite* 歼击卫星. *circular chaser* 圆形螺纹梳刀,圆切削刀. *inside chaser* 内螺纹梳刀. *thread chaser* 螺丝钢板,板牙.
cha′sing [ˈtʃeisiŋ] *n.* ①雕镂〔刻〕,嵌 ②切螺纹,车螺丝,螺旋板 ③锋件最后抛光(清理) ④追赶任命. *chasing attachment* 切丝附件(切丝自动定程装置). *chasing dial* 乱扣盘,螺丝指示盘,牙表. *chasing tool* (车)螺纹刀具. *contour chasing* 掠地飞行.

chasm ['kæzm] n. ①裂口[缝],陷坑[窟],罅隙,断层,峡谷,深渊 ②分裂[离]③巨大分歧[差别],冲突(between) ④空隙[白],中断处.

chas'ma ['kæzmə] n. [呵欠]张开,裂开.

chas'med ['kæzmd] a. 成裂口的.

chasmus n. 呵欠.

chas'my ['kæzmi] a. 裂口多的.

chas'sis ['ʃæsi] (pl. **chas'sis**) n. ①底盘,底[盘]架,底板[座]②机架[壳,箱],框[车,炮,起落]架. *bulk-load chassis* 散装物品运输底盘. *chassis assembly* 整底盘[板,板底盘. *chassis base* 底板. *chassis earth* 底盘[机壳]接地. *chassis height* 底盘高度. *chassis punch* 机壳打孔[凿孔]机. *deflection chassis* 偏转部份. *landing chassis* 起落架. *low-built chassis* 重心低的底盘. *monochrome chassis* 黑白电视接收机底盘. *multi-purpose trailer chassis* 多用拖车底盘. *printed chassis* 印刷电路底板[盘]. *self-propelled (tool) chassis* 自动底盘,自走式底盘. *skid chassis* 橇式起落架. *truck chassis* 载重汽车底盘.

chassis-mount construction 底盘式结构.

chat [tʃæt] n. 闲谈,非正式谈话. *chat wood*. 灌木. *column devoted to chat about popular science* 大众科学讲话专栏.

chateauquay pig iron 一种含钛低磷生铁.

ch'ateau ['ʃɑtou] (pl. **chateaux**) [法语] n. 城堡,别墅.

chatogant n. 猫眼石,闪光石,金绿宝石.

chats n. ①选矿中间产物 ②岩屑,碎石[片].

chattels n. 动产.

chat'ter ['tʃætə] vi.; n. ①震颤[颠],振[荡,碎],颤[摇,抖]动,刀振,听振器 ②颤动作响,发"卡搭"声,振动声 ③电闪 ④唠叨. *chatter bumps* 不平整路面上的凸起处,震凸变形. *chatter mark* 颤[震,跳]痕,震颤纹,振纹(刀具振动的痕迹). *monkey chatter* 交叉失真,串话.

chat'tering ['tʃætəriŋ] n. ①振[抖,颤]动,震颤[颠],振[打]声 ②振荡,间歇电震 ③(阀的)自激(振动)现象 ④跳跃现象 ⑤卡搭噪声. I a. 颤振的. *chattering drive* 震颤行车.

chat'ter mark ['tʃætəmɑːk] n. 颤动擦痕,振[跳]纹,震颤纹,振[颤]痕.

Chattock gauge 恰托克微压计[规].

chat'wood n. 灌木,矮林.

chauffage n. 温热(处理).

chauf'feur ['ʃoufə] I n. (自动车,小汽车)司机,(汽车,飞机)驾驶员. I v. 开(汽车运送).

chauffeurette [ʃoufəˈret] 或 **chauffeuse** [ʃouˈfəːz] n. (汽车)女司机.

Chaumitien series (晚寒武世)炒米店统.

chauvinism ['ʃouvinizəm] n. 沙文主义. *great-nation chauvinism* 大国(沙文)主义.

chauvinist n. 沙文主义者.

CHB = chain home beamed 归航雷达.

CHC 或 **ChC** = choke coil 扼[阻]流圈.

ChE = chemical engineer 化学工程师.

Che Shu lacquer 漆树漆.

cheap [tʃiːp] I a. ①廉价的,便宜的,贬了值的 ②粗[低]劣的,质量低劣的,价值不大的 ③肤浅的. II ad. 便宜. *Such machines are cheaper to construct.* 这种机器造价较低. ▲*hold … cheap* 认为…没有什么价值,轻视. *on the cheap* 便宜地,经济地. ~ly ad. ~ness n.

cheap'en v. 削[砍]价,贬低,降低…的威信[地位].

cheat [tʃiːt] v.; n. ①欺骗(行为),欺诈,骗取,诈取 ②骗子 ③(汽车上的)反光镜. ▲*cheat in* 行骗. *cheat … into* 骗…使. *cheat (out) of (…)* 骗(取)…. *cheat … over* (…) 诈取…(…).

cheat'er ['tʃiːtə] n. 骗子. *circuit cheater* (为试验而)模拟(某一份量或负载的)电路.

chebulinic acid 云实鞣酸.

Chebyshev filter 切比雪夫滤波器,等波纹滤波器.

Chebyshev norm 一致[切比雪夫]模.

check [tʃek] v.; n. ①校[核](核,查,正),检验[查,核,对,验(核对],对[照],比较,比较检验设备 ②(凭对号牌,联单)寄存,托运,点交 ③抑[制,阻,阻止,(突然)停止,阻挡,牵[控,抑]制,妨碍,防松,约束,监督,责备 ④制止物,制动(刹车)装置,止动爪,防冲器,挡水闸,节制[制,支架配水闸 ⑤支票,账[账]单,对号(牌)寄物,收据 ⑥幅[辐,纵,开]裂,细裂缝[纹],纵向方格,格子花,排[方],半槽边 ⑦(国际象棋)将(一)军. *acceptance check* 验收. *ball check* 球形(逆止)阀. *blank check* 空白支票. *built-in check* 固定(的)校验. *check analysis* 检验[验证,校核,成品]分析. *check (and) drop* 节制陡水闸. *check beam* 导航射线(波束). *check bit* 校验[监督]位,校验毕特. *check board loading* 交替(棋盘式)装载(轻水堆堆芯的一种装载方法). *check bolt* 防松[制动]螺栓. *check book* 支票簿. *check by sight* 肉眼[视力]检查. *check colour receiver* 彩色电视机对(监控)彩色电视(接收)机,彩色电视监视接收机. *check computation* 核算. *check consistency* 一致性检验. *check crack* 细裂缝,收缩裂纹. *check crazing* 间隙. *check dam* (防止山水冲刷的)挡水坝,拦砂坝. *check digit [bit]* 校(检)验位,校验数(位),核对位. *check experiment* 对照试验. *check face* 沟深. *check feed valve* 止[止回]阀. *check firebrick* 格(子火)砖. *check flooding (irrigation)* (分)畦(淹)灌(法),分畦漫灌(法). *check formula* 验算公式. *check in wood* 辐裂. *check indicator* 检查[检验,校验]指示器,检查指示灯. *check irrigation* 畦灌(法). *check jump* 阻抑(逆止)水跃. *check key* 止动监听按钮,校正键,监听电键. *check level* 校核水准. *check list* 检验单,检查[核对]表. *check mark* 检验记号,校验标记,记号对号(√),钢线表面(V形的)压痕缺陷. *check meter* 校验(控制)仪表. *check nozzle* 自动关闭喷嘴. *check nut* 防松螺母(帽),保险螺(丝)母,锁紧螺母. *check pawl* 止回棘爪. *check pin* 防松[制动]销. *check plate* 制动板. *check plot* 对照区. *check point* 检测[校正,检查,校验,测试]点,检查部位,检查站,抽点检验. *check programme* 检验程序. *check rail* 护轨. *check receiver* 监控接收机. *check ring* 挡圈,弹簧挡圈,锁圈[环],止动环,锁紧(卡)环. *check rod* 牵条,抑止杆. *check room*

衣帽(寄放)间. check rope 防松[制动]索. check routine 检验程序. check sample [specimen] 校核试样,检查用试样,控制质量用试样,对照样本. check screw 止动[压紧,固定]螺钉. check surface 表面龟裂. check table 【计】检查表. check test 校核对,控制,对照,鉴定,检查试验. check valve 止回[防逆,节制,单向]阀,检验阀[开关]. check washer 防松垫片[圈]. close check 严格检查[控制]. code check 代码检验. control check 检验,控制. conversion check 复示检查,反向检验. cross check 交错检查,相互核对. current check 例行校验,日常检验. ditch check 沟堰,沟中消能措施,沟中跌下设备. dot and check technique (打)点(画)钩法. down-step check 逆止阀. even parity check 偶数奇偶校验. fire [heat] check 温度裂缝[纹]. height check micrometer 测高千分尺. leak [leakage] check 泄漏[严密性,气密性]检验.line check 小检修. multiple check 多波路检验,多路控制[检查]. nut check 螺帽锁栓. observation(al) check 外部检查. parity check 字称(奇偶)检验. pre-start-up check 起动前检查. rebound [recoil] check 回弹限制器. reverse check 倒档犁子. spot check 抽查. visual check 目视检查.▲check M against N 对照N校核[正,准] M. check (M) for N 检查[验](M的)N. check in 报到,登记. check (M) on N 就N方面检查(M),对(M的)N进行检查. check off 检验,查讫,合格. check over 彻底检查(一遍). check up 核对,检查[查]对(on),与...相符(with). check with 以...校核,同...一致[符合]. draw a check 开给支票. hold [keep] in check 防[制]止. make a check against N [对照]...来校核. meet with a check 受阻,受挫折. put a check on 制止,禁止.

checkback n. 检验返回(信号).

check-bite n. 正咬合法.

checkboard n. 挡板. checkboard squares 棋盘方格.

checkbook n. 支票簿,存折.

checked [tʃekt] a. ①格子(棋盘格)花的 ②检验过的,经过检查的,已核检的. checked surface 裂纹面,表面龟裂.

checked-up lake 堰塞湖.

check'er ['tʃekə] Ⅰ n. ①检[校]验器,检验装置[设备,程序],试验装置,测试器,检查器[校验,统计],校对,理货,检验[]员,抑制者 ②方砖,棋盘格,蓄砖 ③交错(棋盘式)排列,错列布置. Ⅱ v. ①绘成格子花,制成方格式,使成棋盘格状 ②使(像光和影一样)交错,使变化多端. carpet checker 频率和输出测量仪. checker brick 格砖. checker flue 砖格烟[气]道. checker plate (菱形)网纹(钢)板,花钢板. checker port 蓄热室出口. checker work 格式装置,(砌)砖格,方格式圬工,棋盘形细木工. double-staggered checker 错列砖格子. local checker 本机振荡器校验器. transistor checker 晶体管测试仪.

check'erboard Ⅰ n. 棋盘,方格板. Ⅱ vt. 在...上面纵横交错地排列[分布]. checkerboard colour dot screen 彩色嵌镶幕. checkerboard image 黑白格图像,棋盘图形. checkerboard of colour filters 镶嵌滤色镜,嵌镶式滤色器. checkerboard pattern test signal 方格测试信号,棋盘信号. checkerboard street system 方格式[棋盘式]街道系统.

check'ered ['tʃekəd] a. ①方格[棋盘格]式的,有(格子花)花纹的,有格子花的,错列的 ②有波折的,有变化的. checkered plate [sheet] 花(纹)钢板,[菱形]网纹(钢)板. checkered surface 方格式[直角交错式]块料路面.

check'erwork n. (蓄热器)砖格子砌体,砌砖格,格式装置.

check'gate n. 配水[节制]闸门,斗门.

check'in' ['tʃekin] n. 记入工时(参看 checkout),报到,登记.

check'ing ['tʃekiŋ] n. ①检查[验],校对[核,验,正],测试 ②抑制[止],制止 ③婴纹[开裂],微[细小,龟]裂,起裂纹. built-in checking 【计】内部检验. checking amplifier 监听用放大器. checking and recovery error 检校错误. checking apparatus 校验装置. checking bollard 防松式系船柱,码头停靠柱. checking brake 辅速制动器. checking by substitution 代入(原始方程)检验. checking circuit 检查[校验]电路. checking computation 检(验)计算. checking for binding 检查有无卡住. checking of solution 解的检验,结果校验. checking routine 检验[校验]程序. functional checking 功(机)能检查. performance checking 性能检查. program(med) checking 程序检验.

checklist n. (核对用)清单.

check'mate ['tʃekmeit] vt.; n. 打败,(完全)击败,阻止,使受挫折.

check'nut n. 防松螺母[帽].

check-off n. 检查完毕,查讫.

check'out' ['tʃekˈaut] n. ①检查[验,测试],测试,试[校]验 ②调整,配置 ③及格,合格 ④验算,结账 ⑤【计】检验输出值 ⑥检查程序 ⑥检查完毕 ⑦工时扣除(指判除工作中的非生产性时间如找工具,走路等)⑧(对机械操作的)熟悉过程. checkout console 检查台,检测台.

check'point' n. 检查[校验,检测,监督,检查,测试,校正]点,试射点,检查站,检查部位. checkpoint subroutine 抽点检验子程序,检验点程序.

checkpost n. 检查哨所.

checkrein n.; v. 控制.

check'room n. 衣帽寄存处.

check'strap n. 车门开度限制皮带.

check'strings n. 牵索,号铃索.

check-sum n. 检查和.

check'taker n. 收票人.

check'up ['tʃekʌp] n. ①检查[测,验],测试,调整,校正,校验,校对,对照,验算 ②体格检查,健康诊断.

check'-valve n. 止回[防逆,单向]阀,检验开关.

check'work n. ①方格式铺砌工作,棋盘形细木工 ②方格花纹,直角交替式.

cheddite n. 谢德炸药.

cheek [tʃiːk] n. ①(面)颊,颊板,滑车的外壳,面颊状部件,侧壁 ②(pl.)(机械、器具两侧)成对的部件 ③【铸】中型箱,中间砂箱. cheek board 边模板.

crank cheek 曲(柄)臂,曲柄颊板. *crankshaft cheek* 曲柄臂. *cheek teeth* (前)臼齿.
cheek'ily *ad.* 无耻地.
cheek'y *a.* 厚颜无耻的.
cheep [tʃiːp] *vi.* ; *n.* 吱吱的叫(声).
cheer [tʃiə] *n.* ; *v.* (对…)欢呼,(向…)喝采,(令…)高兴,(使)振奋.
cheer'ful ['tʃiəful] *a.* 愉快的,高兴的,令人愉快的. *cheerful day* 晴朗的日子. *cheerful room* 适用的〔阳光充足的〕房间. ~ly *ad.* ~ness *n.*
cheer'ily ['tʃiərili] *ad.* 愉快地,兴高采烈地.
cheer'less *a.* 不高兴的,阴暗的.
cheer'y ['tʃiəri] *a.* 愉快的,兴高采烈的.
cheese [tʃiːz] *n.* ①干[乳]酪 ②(坩埚)垫砖,(坩埚)炉底 ③分切得的扁圆环〔轮辐垫〕④高级的东西,重要人物. *cheese antenna* 盒(饼)形天线. *cheese cloth* 沙罩,柔光片. *cheese (head) screw* 圆头螺钉. *cheese ingot* 八方钢锭. *swiss cheese* 微型组件的,"乳饼"状器件.
chee'sy ['tʃiːzi] *a.* 干酪样的,似干酪的.
cheilion *n.* 口角.
ch(e)ilitis *n.* 唇炎.
cheilosis *n.* 唇损害.
cheiralgia *n.* 手痛.
cheirapsia *n.* 按摩,手摩.
cheirarthritis *n.* 手关节炎.
cheirognos'tic *a.* 能辨别左右的.
cheirol'ogy [kai'rɔlədʒi] *n.* 手语.
cheiropractic *n.* 按摩疗法.
CHEL =chain home extra low 特低空远程警戒雷达网,超低空搜索雷达网.
chela [kiːlə] *n.* 螯,钳(爪),夹子.
chelant *n.* 螯合(掩蔽)剂.
chelatase *n.* 螯合酶.
chelate [kiːleit] *n.* ; *vt.* ; *a.* ①螯合(物)的,螯形的 ②与(金属)结合生成螯合物,生成螯合(物)③内部复杂〔综合〕的. *chelate compound* 螯(形化)合物. *chelate group* 螯合基. *chelating agent* 螯合剂. *metal chelates* 金属螯合物.
chelating-ligand *n.* 螯合配位体.
chela'tion [ki'leiʃən] *n.* 螯合〔螯环化〕作用. *chelation group* 螯合基团.
chelatomet'ric *a.* 螯合测定的. *chelatometric titration* 螯合滴定.
chelatometry *n.* 螯合测定法,络合滴定法.
che'lator ['kiːleitə] *n.* 螯合剂.
Chelean age (旧石器时代)舍利时代.
chelen *n.* 氯(化)乙烷.
chelidon *n.* 肘窝(弯).
chelidonine *n.* 白屈菜碱.
cheloid *n.* 瘢痕瘤,瘢痕疙瘩.
chelom'etry *n.* 螯合滴定法.
chelon *n.* 螯合剂.
chelo'nia [kə'lounjə] *n.* 海龟属.
chem =①chemical 化学的 ②chemist 化学工作者 ③chemistry 化学.
chemasthenia *n.* 化学作用衰弱,衍化力不足.
chemecol'ogy *n.* 化学生态学.

chem(i)- 〔词头〕化学的.
chem'iadsorp'tion ['kemiæd'sɔːpʃən] *n.* 化学吸附(作用).
chemiat'rica *a.* 化学医学(派)的.
chemiatry ['kemiətri] *n.* 化学医学派.
chemic *n.* 电流强度单位(=0.176A).
chem'ical ['kemikl] Ⅰ *a.* 化学(上,用)的. Ⅱ *n.* (pl.) ①化学制品〔产品,制剂,物质,成分,药品〕,化合物 ②电流强度单位(=0.176A). *chemical agent* 〔*reagent*〕化学试剂. *chemical analysis* 化学分析. *chemical barrier* 化学性阻挡层. *chemical capacitor* 电解质电容器. *chemical cloud* 毒气(团). *chemical combination* 化合. *chemical composition* 〔*constitution*〕化学成分〔组成〕. *chemical compound* 化合物. *chemical condenser* 电解质电容器,化学冷凝器. *chemical constant* 化学常数〔恒量〕. *chemical defleecing* 化学脱毛,化学剪毛. *chemical diagnosis* 化学诊断法. *chemical element* 化学元素. *chemical engineering* 化学工程(学),化工. *chemical filter* 滤毒剂. *chemical fog* 化学雾,显像蒙翳. *chemical formula* 化学式. *chemical milling* 化学蚀刻〔抛光,铣切,加工〕. *chemical plant* 化工厂. *chemical pure* 化学(三级)纯. *chemical rectifier* 电解整流器. *chemical shearing* 化学脱(剪)毛. *chemical tracer* 化学指示剂,化学示踪物,示踪原子. *chemical valence* 化合价,化学原子价. *corrosive chemicals* 腐蚀(性化学药)剂. *heavy chemicals* 粗制化学药品,工农业用药品. *kinetic chemicals* 冷却剂,致冷剂. *monoreactant chemical* 单组元燃料.
chem'ically *ad.* ①(在)化学(性质)上 ②用化学方法,通过化学作用 ③从化学上来分析. *be chemically identical* 在化学性质上是相同的. *chemically capped steel* 化学封顶钢. *chemically correct fuel-air ratio* 理论恰当(燃料)混气比. *chemically pure* 化学纯的.
chemically-pure *a.* 化学纯的.
chemical-pure *n.* ; *a.* 化学纯(的).
chemical-reprocessing *n.* 化学后处理(的).
chemical-separation *n.* 化学分离.
chemichromatog'raphy *n.* 化学(反应)色谱法.
chemicking *n.* 漂白,漂液处理.
chemico- 〔词头〕化学的.
chemicobiolog'ical *a.* 化学生物学的.
chemicobiol'ogy [kemikobai'ɔlədʒi] *n.* 化学生物学.
chemicolumines'cence *n.* 化学发(荧,冷)光.
chemico-mechanical welding 化学-机械焊接.
chemicometal process 化学还原法制造金属粉末.
chemicophys'ics [kemikou'fiziks] *n.* 化学物理学.
chemicophysiologic *a.* 生理学与化学的.
chemicophysiol'ogy *n.* 化学生理学.
chemicosol'idifying *n.* ; *a.* 化学硬化(的).
chemicospec'tral *a.* 化学光谱的.
chem'ico-ther'mal *a.* 化学热的.
chemifica'tion *n.* 化学化.
chemigold planting 化学镀金.
chemi-groundwood *n.* 化学机械木浆.

chem'igum ['kemigʌm] *n.* 丁腈橡胶.
chemihydrom'etry *n.* 化学测流(法),化学水文测验(法).
chemi-ionization *n.* 化学电离.
chemilumines'cence *n.* 化学(致)发光,化合光,化学荧光(冷光),冷焰光,冷发光,低温发光. **chemilumines'cent** *a.*
cheminosis *n.* 化学药品,化学质病.
chemiother'apy *n.* 化学疗法.
chemise *n.* 土堤岸护墙(面),衬墙,覆面层.
chemism ['kemizm] *n.* 化学历程,化学机理,化学亲和力,化学机制,化学作用(性质,性能,活动).
chemisorb ['kemisɔ:b] *vt.* (使用)化学(方法)吸附. *chemisorbed oxygen* 化学吸附的氧.
chemisorpent *n.* 化学吸附剂.
chemisorp'tion [kemi'sɔ:pʃən] *n.* 化学吸附(着)(作用),活化(不可逆)吸附. *dissociative chemisorption* 离解化学吸附.
chem'ist ['kemist] *n.* ①化学工作者,化学家 ②药剂师. *chemist's shop* 药店(房).
chem'istry ['kemistri] *n.* 化学(性质,原理),物质的化学组成和化学性质,化学过程和现象. *engineering chemistry* 工程化学. *nuclear chemistry* 核(放射)化学. *chemistry of iron* 铁的组成和化学性质.
chem'itype ['kemitaip] *n.* 化学制版,化学蚀刻凸版.
chemiza'tion *n.* 化学化.
chem-mill *n.* 化学蚀刻成形.
chemo- 〔词头〕化学的.
chemoanalyt'ic *a.* 化学分析的.
chemo-assay *n.* 化学检查(法),化学检验(法).
chemoautotroph *n.* 化学自养生物.
chemoautotrophic *a.* 化学自养的(细菌).
chemoautotrophism *n.* 化能自养.
chemoautotrophy *n.* 化能自养.
chemobiodynam'ics *n.* 化学生物动力学.
chemocepha'lia [ki:mɔsi'feiliə] *n.* 扁头.
chemoceph'aly [ki:mɔ'sefəli] *n.* 扁头.
chemoceptor *n.* 化学(接)受体,化学受纳体,化学感受器.
chemocoagula'tion [ki:mɔkɔægju'leiʃən] *n.* 化学凝固(法).
chemocreep *n.* 化学蠕变.
chemode *n.* 化学刺激器.
chemodifferentia'tion *n.* 化学分化.
chemodiffu'sional *a.* 化学扩散的.
chemodinese *n.* 化学致原生质流出.
chemodynesis *n.* 药物致原生质流动.
chemofining *n.* 石油(加工)化学.
chemograph'ic *a.* (组织)化学摄影的,化学照相的.
chemog'raphy *n.* (组织)化学摄影术,化学照相法.
chemo-immu'nity *n.* 化学免疫性.
chemoimmunol'ogy *n.* 免疫化学,化学免疫学.
chemoinduc'tion *n.* 化学诱导,化学感应.
chemokinesis *n.* 化学激活(作用),化学增(促)活现象,化学促进(作用),化学动态.
chemolithotrophy *n.* 矿质化学营养.
chemol'ogy *n.* 化学.
chemolumines'cence *n.* 化学发(荧,冷)光.
chemolysis *n.* 化学溶体,化学溶解,化学分解.
chemomagnetiza'tion *n.* 化学磁化.

chemo-molecular *a.* 化学分子的.
chemomorpho'sis [ki:mɔmɔ:'fousis] *n.* 化学诱变,化学性变态,化学变形.
chemonas'tic *a.* 感药的.
chemonasty *n.* 感药性.
chemonite *n.* 亚砷铜铵,克木烂盐剂.
chemonu'clear *a.* 核化学的.
chemoorganot'rophy *n.* 有机化学〔能〕营养,外源有机营养.
chemopause *n.* 臭氧层顶,臭氧层上限,光化大气层上限,光化层顶.
chemophysiol'ogy *n.* 化学生理学.
chemoprophylaxis *n.* (化学)药物预防.
chemorecep'tion *n.* 化学接受(作用),化学感受力.
chemorecep'tor *n.* 化学受纳体,化学感受器,化学(接)受体.
chemore'flex [ki:mɔ'ri:fleks] *n.* 化学反射,化学感应.
chemoresis'tance *n.* 药物抗性,化学抗性,化学抵抗力.
chemorheology *n.* 化学流变学.
chemosen'sitive *a.* 化学敏感的.
chemosen'sory *a.* 化学感受的,化学感应的.
chemosetting *n.* 化学固化.
chemosmo'sis *n.* 化学渗透(作用),隔膜化学作用.
chemosor'bent *n.* 化学吸附剂.
chem'osphere ['kemɔsfiə] *n.* 臭氧层,光化图,(有)光化(学作用的)大气层(地面上约30~80 km).
chemostat *n.* 化学增殖抑制装置,恒化器.
chemosterilant *n.* 化学灭菌〔消毒〕剂,化学绝育〔避孕〕剂.
chemosteriliza'tion *n.* 化学灭菌〔绝育,消毒〕.
chemosur'gery [ki:mɔ'sə:dʒəri] *n.* 化学外科.
chemosynthesis *n.* 化学合成.
chemosynthetic *a.* 化学合成的,化学自养的.
chemotac'tic *a.* 趋药性的.
chemotaxin *n.* 趋化吸引素.
chemotaxis *n.* 趋药性,趋化性,向化性.
chemotaxon'omy *n.* 化学分类学.
chemotherapeutant *n.* 化学治疗剂.
chemotherapeu'tic(al) *a.* 化学治疗的.
chemotherapeu'tics [ki:mɔθerə'pju:tiks] *n.* 化学治疗法,化学治疗.
chemother'apy *n.* 化学疗法,(化学)药物治疗.
chemotron *n.* 电化学转换器.
chemotron'ics *n.* 电化学转换术.
chemotroph'ic *a.* 化学自养的.
chemotrophy *n.* 化能营养.
chemotropism *n.* 向化性,向药性.
chempro C-20 磺化聚苯乙烯阳离子交换树脂.
chempure *a.* = chemically pure 化学纯的.
chemurgy *n.* 实用化学,工业化学,农业化学(加工).
chenango *n.* 有砂岩及页岩的冰碛平原.
Chenopodiaceae *n.* 藜科.
cheque = check.
chequed = checked.
chequer = checker.
chequered = checkered.
cheralite *n.* 富钍独居石,磷钙钍矿.
cher'ish ['tʃeriʃ] *vt.* ①爱护,抚育,珍爱 ②怀有(希望).

chernosem n. =chernozem.

chernovite n. 钟钇矿.

chernozem n. 黑土(带),黑钙土. *chernozem soil* 黑(钙)土.

chernozemic a. 黑(钙)土的.

chernozem-like a. 黑(钙)土状的.

cher'ry ['tʃeri] n.; a. 樱桃(树,木,色的),鲜红的. *cherry picker* 车载升降台(用于修理高空电线、发射台上的宇宙飞船等),车载起重机,万能装卸机.

cherry-blossom n. 樱花.

cherry-picker n. 应急夹持架.

cherry-red n.; a. 樱红色(的).

chersonese n. 半岛.

chert [tʃə:t] n. 燧石,黑硅石,角岩. *chert gravel* 燧砾石.

cher'ty [tʃə:ti] a. 燧石的,黑硅石的. *cherty flint* 燧石. *cherty limestone* 硅质石灰岩. *cherty soil* 石英质土.

chess [tʃes] n. ①国际象棋 ②浮桥板 ③雀麦. *chess machine* 奕棋机. *play (at) chess* 下棋.

chess'board n. 棋盘.

chessom Ⅰ a. 散粒的,疏松的. Ⅱ n. 黑钙土.

chessylite n. 蓝铜矿.

chest [tʃest] n. ①箱,柜,盒,匣 ②胸(脯,膛,席) ③金库,公款,资金. *air chest* 风箱. *chest drying machine* 多层干燥机. *chest freezer* 冰箱. *chest girth* 胸围. *chest microphone* 颈挂式传声器. *chest trouble* 肺病. *drying chest* 干燥箱. *ice chest* 冰箱. *steam chest* 进汽室,集汽室,滑阀箱. *valve chest* 瓣(阀门)室.

chest'deep a. 及胸部的.

Ches'ter ['tʃestə] n. (英国)切斯特(城).

Chesterfield('s) *process* 带钢淬火法.

chest'nut ['tʃesnʌt] n.; a. 栗木(树),栗色(的),枣红色(的),栗子(形的),栗级无烟煤块. *chestnut size* 栗子大小. *chestnut tube* 栗形电子管. *water chestnut* 荸荠. ▲*pull the chestnuts out of the fire* 火中取栗.

chest-protector n. 护胸.

chest'y ['tʃesti] a. 骄傲的,自命不凡的.

cheval [ʃə'væl] (pl. *chevaux*) [ʃə] n. 架子.

chevalet ['ʃevəlɛ] [法语] n. (架)柱.

cheval-glass n. 穿衣镜.

chevalier [ʃevə'liə] n. 骑士.

cheval-vapeur n. 公制马力(= 76 kg·m/s = 735.5 W) = 0.986 马力.

chev'(e)ron ['ʃevrən] n. ①人字纹,人字形断口,山(V)形符号 ②百页板 ③波(浪)饰,锯齿形花饰. *chevron baffle* 百页(人字形,迷宫式)障板,V形扫板. *chevron bars tread* 人字条纹. *chevron fin* 人字形散热片. *chevron fold* 尖顶褶皱. *chevron notch* 山型(人字形)缺口. *chevron pattern* Ⅴ形(人字形)花纹:回纹状(表面)(外延生长表面不良的一种). *chevron seal* 人字形(迷宫式)密封.

chevkinite n. 硅钛铈矿.

chevon ['ʃevən] n. 羊肉.

chew [tʃu:] v.; n. ①咀嚼 ②细想,考虑,沉思(upon, over) ③(pl.) 中等大小的煤. ▲*bite off more than one can chew* 贪多嚼不烂.

chewing-gum n. 口香糖,橡皮糖. *chewing-gum plastic* 咀嚼胶塑料.

chf = centimetre height finder 厘米波测高计.

chg = ① change 变化(换,量),改变 ② charge 电荷.

chg(d) = charge(d).

CHH = chain home high 高空飞机远程警戒雷达网,高空搜索雷达网.

chi [kai] n. (希腊字母)X,χ. *chi square* χ平方, χ^2

chian n. 沥青,柏油.

chiao [dʒau] n. (人民币)角.

chiaroscuro [kia:rəs'kuərou] n. 浓淡的映衬,明暗对照法.

chias'ma ['kai'æzmə] (pl. *chiasmata*) n. (视束)交叉.

chiasmal a. (视束)交叉的.

chiasmat'ic a. (视束)交叉的.

chiasmatypy ['kai'æzmətaipi] n. 交换(染色体),交叉型.

chias'mic a. (视束)交叉的.

chiastolite n. 空晶石.

Chiba n. 千叶(日本港口).

chibou n. 裂榄树脂.

chic [ʃi:k] [法语] n.; a. 别(精)致的(的),时式(的).

Chica'go [ʃi'ka:gou] n. (美国)芝加哥. *Chicago grip* 芝加哥电线夹钳.

chicane [ʃi'kein] n.; v. 诡计,欺骗,狡辩. ~**ry** n.

chichi a. 精致的,时式的.

chick n. ①小鸡,雏鸡,雏 ②开击机.

chick'en ['tʃikin] n. ①小鸡,鸡肉 ②(由于摄像管阳面电荷积累而使扫描行信号扳翻)向黑游离的信号. *chicken grit* 大理石屑(渣),石灰石屑. *chicken pest* 鸡瘟. *chicken wire* 铁丝(织)网. *chicken-wire cracking* 网状裂纹.

chicken-and-egg a. 鸡和蛋的,难分先后的.

chicken-hearted a. 胆小的.

chick'enpest ['tʃikenpest] n. 家禽疫,鸡瘟.

chick'enpox ['tʃikenpɔks] n. 水痘.

chide [tʃaid] (chid, chid(den)或 chided, chided) v. 责备,责骂.

chief [tʃi:f] Ⅰ a. ①主(重)要的,首席的,为首的,主任的 ②总~,主~. Ⅱ n. ①首长(领),主任 ②头目 ③主要部分,最有价值的部分. *chief architect* 总建筑师. *chief axis* 主轴. *chief engineer* 总工程师,轮机长. *chief fitter* 装配工长. *chief mate* (officer) 大副. *chief of state* 国家元首. *chief of party* 班(队)长. *chief of section* 工段长. *chief of staff* 参谋长. *chief operator* 话务班长,主任放映员. *chief operators desk* 值班长台. *chief pilot* 正驾驶员. *chief purser* 事务长. *chief ray* 主(光)线,主射线. *chief resident engineer* 驻段工程师,驻工地主任. *chief series (of subgroups)* 主合成(子)群列. *chief wall* 主墙. *crew chief* 机(工)长. *pad chief* 发射台台长. *the chief thing to remember* 需要记住的最重要的事情. ▲*chief among them are* … 其中主要的是. *chief(-est) of all* 其中主要的是. *in chief* 主要,尤其,最高的,总~,在首

席地位. *editor in chief* 总编辑.
chief-composition-series n. 主合成群列.
chief'ly ['tʃi:fli] Ⅰ ad. ①首先,第一,主要地,首要地,尤其 ②大半,多半. Ⅱ a. ①首长的 ②头目的 ③主要的. Ⅲ n. 【光,电】主线,主束.
chief'tain n. 头子,匪首,酋长,队长.
chif' fon ['ʃifɔn] 〔法语〕 n. 薄绸〔纱〕. Ⅱ a. 用薄绸制成的,像薄绸般透明〔柔软〕的.
Chihsia limestone (早二叠世)栖霞灰岩.
chiklite n. 钸钠闪石.
chill' blain ['tʃilblein] n. 冻疮.
child [tʃaild] (pl. *chil' dren*) n. ①孩子,儿童 ②儿子,女儿,产物. *child of the revolution* 革命的儿女. *Child's law* 却尔特定律, ⅔次方定律. *child's play* 儿戏,很容易做的事. *fancy's child* 幻想的产物,空想. *problem child*(-ren)(西方资本主义国家)"难对付的儿童", (转义为)麻烦〔伤脑筋,难以对付,不好解决〕的问题. ▲(*be*) *with child* 怀孕. *from a child* 自幼.
child' bearing ['tʃaildbɛəriŋ] Ⅰ n. 生产,分娩. Ⅱ a. 能生产的.
child' bed ['tʃaildbed] n. 分娩,生产,产褥.
child' birth ['tʃaildbə:θ] n. 分娩,生产.
child' hood ['tʃaildhud] n. 幼年(时代),童年,早期. ▲*from one's childhood* 自幼.
chil' dren ['tʃildrən] n. (child 的复数). *Children's Day* 儿童节. *children's nursery* 托儿所.
child-welfare n. 儿童福利.
Chil'e ['tʃili] n. 智利. *Chile saltpeter* 智利硝石.
Chil' ean ['tʃiliən] a.; n. 智利的,智利人(的). *Chilean nitrate* 智利硝.
Chili = Chile. *Chili bar* 含硫粗铜(硫约 1%). *Chile mill* 辊碾机,智利磨机.
chiliad n. (一)千年.
Chilian = Chilean.
Chili-saltpeter n. 智利硝石,硝酸钠.
chill [tʃil] n.; a.; v. 冷(却,藏,冻,淡,颤,水,激,淬,硬,铸,模,铁),冰(速冻冻,寒战) ②激冷(铁,部件,硬化,深度),白口层,冷冻,冰冷〔急冻,寒,变〕冷 ③冷却物,金属型,激冷铸型,金属冷模具 ④【化】失光. *chill back* 【化】冷冻稀释. *chill block* 三角激冷(试块. *chill car* 冷冻车. *chill cast* 冷〔硬〕铸(法). *chill coil* 激冷圈. *chill control* 冷〔白口〕控制. *chill crack* 激冷裂纹. *chill harden* (激)冷硬化,冷淬. *chill mould* 冷铸型(模),激冷模,金属型. *chill-pass roll* 冷硬孔型轧辊. *chill point* 冻结(凝固,冰冻)点. *chill room* 冷藏室. *chill test* 激冷〔急冷,冷却,楔形,淮,白层深度〕试验. *chill time* 激冷时间, (接触焊)间隙时间. ▲*cast a chill over* 扫兴. *catch a chill* 受凉,发冷,着凉. *chills and fever* 疟疾,摆子. *take the chill off* (烫)热一下.
chillagite n. 钼钨铅矿.
chill-casting n. 冷铸.
chill' down n. 冷却,冷激.
chilled [tʃild] a. 已(激)冷的,冷却〔硬,铸,淬,冻,凝,藏〕(了)的,急冷的,速冻的,淬(过)火的. *chilled cast iron* 冷硬铸铁. *chilled casting* 冷硬铸造〔件〕.
chilled iron 激冷〔冷淬〕铁. *chilled meat* 冷冻肉,冷藏肉. *chilled projectile* 破甲弹. *chilled roll* 激冷〔硬面,冷硬〕轧辊. *chilled shot* 激冷铸钢球,冷硬丸粒. *chilled steel* 冷(淬)钢,淬火(冷淬,硬化)钢. *chilled water* 已冷却的水,冷冻水. *chilled wheel* 冷铸轮.
chilled-water n.; a. 冷却水(的).
chill'er ['tʃilə] n. 深冷〔冷却,冷凝〕器,冷却〔冷冻〕装置,冷铁,冷冻〔却〕剂,食品冷冻格,脱蜡冷冻结晶器,冷冻工人. *solvent chiller* 溶剂冷冻器.
chill'ies ['tʃili:z] n. 辣椒.
chill-inducer n. 促白口元素,反石墨化元素,激冷剂.
chill'iness n. (寒)冷,严寒.
chill'ing n. 激(致,发)冷,急冷,速冻,冷淬(却,凝,藏),淬火,冷(凝). *chilling room* 〔*chamber*〕冷藏室. *chilling unit* 致冷设备〔装置〕. *shock chilling* 骤(激)冷.
chill'ness n. (寒)冷.
chill-pressing n. 冷压,低(于常)温(的)压制.
chill'y ['tʃili] a. ①(寒)冷的,凉飕飕的 ②冷淡的.
chilopod n. 蜈蚣.
chimaera n. ①嵌合体 ②嫁接杂种 ③银鲛.
chimat'lon [kai'mætlɔn] n. 冻伤,冻疮. *mild chimatlon* (轻)冻伤. *severe chimatlon* 重冻伤,冻疮.
chime [tʃaim] Ⅰ n. ①谐音,调和,配谱,钟声 ②桶的凹边,桶底四缘. Ⅱ v. ①(钟)鸣,鏚钟 ②协调,一致,合拍,赞成(in) ③机械式地反复. *electronic chimes* 电子式谐音系统. *The clock chimes three* 钟鏚三点. ▲*chime in with*…跟…协调,与…一致,附合….
chime'ra [kai'miərə] n. ①幻想,妄想 ②交移现象 ③嵌合体. **chimer'ical** a.
chime'rism [kai'miərizəm] n. 交移特质;遗传嵌合体特性.
chimetlon n. 冻疮.
chim' ney ['tʃimni] n. ①(高)烟囱,烟〔通风〕筒,烟道,烟囱状物,(火山)喷烟囱 ②灯罩 ③冰川井,(冰川)竖坑,竖井,上升筒 ④柱状矿体. *chimney action* "烟囱"冷燃作用. *chimney aspirator* 烟囱抽气罩. *chimney cap* 烟囱帽. *chimney corner* 炉角[边]. *chimney drain* 垂直排水系统. *chimney flue* 烟道. *chimney jack* 旋转式烟囱帽. *chimney loss* 烟囱热耗. *chimney pot* 烟囱筒帽. *chimney rock* 柱状石. *chimney shaft* 烟囱身,烟筒. *chimney stack* 丛烟囱. *chimney stalk* 工厂高烟囱,丛烟囱. *ventilation chimney* 通风道(管).
chimneying n. (高炉)气沟,管道气流.
chimney-stack n. (包括数烟道的)总烟囱,高(丛)烟囱.
chimney-stalk n. (工厂的)高(丛)烟囱.
Chimonanthine n. 山蜡梅碱.
chimpanzee ['tʃimpən'zi:] n. (黑)猩猩.
chin [tʃin] n. 刃,下巴,颏,颔. *cutting chin* 刀刃,切削刃.
Chin = Chinese.
Chi'na ['tʃainə] n. 中国,中国(产)的. *China ink* 墨(汁). *China wood oil* 桐油. *the People's Republic of China* 中华人民共和国.

chi'na n. ①瓷器[料,质粘土],(白)瓷土 ②金鸡纳皮,秘鲁皮. *china clay* 瓷土[料],高岭土. *china stone* 瓷土石.

chi'na-clay ['tʃainəklei] n. 瓷土,高岭土. *china-clay method* 陶瓷法.

china-cypress n. 水松.

china-ink n. 墨(汁).

China-made a. 中国制造的.

chinampas n. 墨西哥印地安人的耕作法.

chi'naware ['tʃainəweə] n. 瓷器.

chin-chin hardening n. 激冷,硬化,冷铁[模].

chinchonidine n. 辛可尼丁.

chinchonin n. 辛可宁碱.

chin-cough n. 百日咳.

chine [tʃain] n. ①山脊,(山)岭 ②隆起 ③峡[幽]谷 ④舷,脊骨,脊,脊肉,腓骨.

Chi'nese' ['tʃai'ni:z] I a. 中国(式,产)的,中华的. I n. 中国人,汉语. *Chinese art metal* 中国工艺品用锡锡黄铜(锌10%,锡1%,铅15～20%,其余铜). *Chinese aspen* 响叶[白山]杨. *Chinese binary* 中式(汉语式,竖写的,直列)二进制(数). *Chinese bronze* 中国青铜(铜78%,锡22%). *Chinese characters* 汉字. *Chinese character printer* 中文收报机,汉字印刷机. *Chinese chestnut* 板栗. *Chinese coir palm* 棕榈. *Chinese elm* 榔榆. *Chinese fan-palm* 蒲葵. *Chinese fir* 杉木. *Chinese hazel* 榛树. *Chinese honey* 卢柑. *Chinese honeylocust* 皂荚. *Chinese ideograph* 汉字. *Chinese ink* 墨. *Chinese larch* 红杉. *Chinese mahogany* 香椿. *Chinese oil* 桐油. *Chinese olive* 橄榄. *Chinese pine* 油松. *Chinese pump* 差动式泵. *Chinese puzzle* 九连环,难解的问题. *Chinese red* 朱[橘]红色. *Chinese remainder theorem* 孙子剩余定理,大衍求一术. *Chinese script*(读写体)汉字. *Chinese tallow tree* 乌桕. *Chinese teleprinter* 汉字印刷电报机. *Chinese Wall*(万里)长城. *Chinese wax* 白(虫,中国)蜡. *Chinese weeping-cypress* 柏木. *Chinese white* 锌白,氧化锌白垩,粉白. *Chinese white poplar* 毛白杨. *Chinese windlass* 差动绞筒,辘轳. *Chinese wood oil* 桐油.

chinese n. 能水平旋转的摄像机装载车.

chinesescript structure(铝合金等之中的)汉字型组织.

Chinglung limestone(早三叠世)青龙灰岩.

Chinglusuite n. 黑钛硅钠锰矿.

Chingshan series(晚白垩世)青山统.

Chingsui stage 清水阶.

Chinhuangtao ['tʃin'hwa:ŋ'dau] n. 秦皇岛.

chinine ['kainin] n. 奎宁.

chink [tʃiŋk] I n. ①裂缝[口],缝[罅]隙,龟裂③漏洞,弱点,空子 ③叮哨声. I v. ①破(开,割,弄)裂 ②堵(塞…的裂)缝,塞孔 ③发叮当声.

chinkolobwite n. 硅镁铀矿.

chinky ['tʃiŋki] a. 有(多)裂缝的.

chinley coal 高级烟煤.

chinoform n. 奎诺仿(肠内杀菌剂,防腐剂).

chinoiserie [ʃi:nwa:z(ə)'ri:](法语)(具有)中国艺术风格(的物品).

chinometer n. 水平计.

chinone n. 醌.

chinotoxine n. 奎诺毒素.

chinovin n. 金鸡纳(树皮)甙.

chintz [tʃints] n. 擦光印花布.

chiolite n. 锥冰晶石.

chionathin n. 流苏树脂.

chip [tʃip] I n. ①(碎,小,木,石,薄,晶)片,(碎,切,铁,金属,石,木)屑,渣 ②刀片[头],凿子,刻丝丝 ③(集成)电路片,集成电路块,基片,芯片 ④航程测验板 ⑤豁口,缺口,(穿孔带的)孔屑 ⑥微小的东西,无价值的东西. I (chipped; chipping) v. ①切(成小片,薄)片,剁(切,削)削,切成,錾,錾平,铲 ②碎裂,劈碎 ③(用錾,铲)清理,修整[理]. *aluminium chips* 铝屑,铝碎片. *chip blasting* 浅孔爆破. *chip bonding* 芯片接合,小片焊接. *chip breaker* 断屑槽[台],分屑筒,(木片,石片)压碎机,破屑机. *chip calculator* 单片计算机. *chip capacitor* 片状电容器. *chip distributor*(spreader)石屑撒布机,碎石摊铺机. *chip formation* 切屑形成. *chip level* 小片级,小片单位. *chip load* 切削抗力(负载). *chip log* 测程板,拖板计程仪. *chip pocket* 容屑槽,(磨具)气孔. *chip room*(space)(刀具的)(排)屑槽. *chip scratch*(磨面上的)刨屑. *chip size*(集成)电路片尺寸. *chip soap* 皂片,肥皂粉. *chip stone* 石片. *chip transistor* 片状晶体管. *chipped stone* 琢石. *diamond chip* 金刚石支承履(支承),金刚石片. *insert chip* 镶装刀片. *plunger chip* 冲头. *silver white chip cutting* 积屑瘤切削[切割呈银白色],刀瘤切削. ▲*chip off* 削[切]掉,剁[切]下来,切去(一小片). *chip out* 劈开,凿平,切下,凿[铲]出. *not care a chip for* 对…毫不在意.

chipboard n. 粗纸板,废纸制成的纸板,刨花板,碎木胶合板.

chip'less ['tʃiplis] a. 无(切)屑的. *chipless machining* 无屑加工.

chip-off n. 削去[除].

chipped-out ['tʃiptaut] a. 切凿,钻下的.

chip'per ['tʃipə] n. ①錾,凿 ②风铲[镐],切碎[片]机,(切轧坯、板坯等的)机械化清理装置,风动春砂机 ③风铲工,缺陷清理[修整]工. *pneumatic chipper* 气錾.

chip'ping ['tʃipiŋ] n. ①修錾,錾[凿]平,切割,清理,铲边,琢毛,铲除[修整]表面缺陷 ②(pl.)(碎,石)屑,(破,碎,小石)片,碎石 ③剥落,脱落. *chipping bed*(锭,坯缺陷)铲凿清理台. *chipping carpet* 石屑毡层. *chipping chisel* 平头凿. *chipping hammer* 琢(碎,破)石锤,錾[平]锤,尖锤,气动锤,铲边枪. *chipping stone course* 琢石层.

chip'py ['tʃipi] a. 碎片[屑]的.

chirag'ra [kai'rægrə] n. 手痛.

chi'ral a. 手性的,手征的. *chiral reagent* 手性试剂.

chiral-gauge n. 手征规范.

chiral'gia [kai'rældʒiə] n. 手痛.

chiral'ity n. ①手征(性),手性,γ_5 对称性 ②空间的螺旋特性. *chirality invariance* 手征不变性.

chirap'sia [kai'ræpsiə] n. 按摩.
chirarthri'tis [kairɑ:'θraitis] n. 手关节炎.
chiris'mus [kai'rizməs] n. 手法,按摩,手痉挛.
chirograph n. 骑缝证书,亲笔字据.
chirol'ogy [kai'rɔlədʒi] n. 手语(术).
chiromeg'aly [kairo'megəli] n. 巨手.
chiroprac'tic [kairo'præktik] n. 按摩疗法.
chiroprax'is [kairo'præksis] n. 按摩疗法.
chirp [tʃə:p] n.; v. (发)啁啾声(无线电报信号音调),线性调频脉冲. *chirp signal* 啾声信号. *keying chirp* 电键啁啾声.
chirped a. ①啁啾效应的 ②线性调频的.
chir'ping n. ①啁啾作用,啁啾过程 ②线性调频.
chirurgeon [kai'rə:dʒn] n. 外科医生.
chirurgery [kai'rə:dʒəri] n. 外科(学).
chirur'gic a. 外科的.
chirurgico-gynecological a. 妇外科的.
chis'el ['tʃizl] I n. 凿(子,刀),錾(子)(钻头)横刀 ③砂,砾,粗砂. II (*chisel(l)ed*; *chisel(l)ing*) v. 凿,錾,镌,雕(琢). *blacksmiths'chisel* 锻工凿. *box chisel* 起钉錾. *butt chisel* 平头铲刀. *chipping chisel* 平錾. *chisel bit* 单刀钻头,冲击式(一字形)钻头. *chisel edge* (钻头)的凿尖,横刃,凿锋. *chisel edge angle* 横刃斜角,凿尖角. *chisel jumper* 长凿. *chisel point* (钻头)横刃部. *chisel steel* 凿刀钢. *chisel tool steel* 工具钢. *cold chisel* 冷凿. *cross chisel* 十字凿. *crust-breaking chisel* 打壳锤头. *diamond point chisel* 金刚石尖头凿,菱形凿. *flat(ended) chisel* 扁(平)錾. *pneumatic chisel* 气(动)錾. *side chisel* 边錾. *smiths' cross cut chisel* 锻工横切錾. *top(ping) chisel* 切顶凿刀. ▲*chisel away* 凿掉,亏蚀. *chisel in* 干涉,妨碍,钻进. *chisel off* 铲除.
chis'el(l)ed a. 凿过(光,状)的,形如凿刀的,轮廓清楚的.
chis'el(l)er n. ①凿工 ②骗子.
chis'el(l)ing n. 凿边(缝,开),铲錾,铲平,凿(形)犁松土.
chiselly 或 **chisley** a. 多(含)砂砾的,粗颗粒的.
chi-square test x^2 检(测)验,x 平方检定法.
chi'tin ['kaitin] n. (甲)壳质,几丁质,壳多糖,聚乙酰葡萄糖.
chitinase n. 壳多糖酶,几丁质酶.
chitinous n. 甲壳质的,几丁质的.
chitobiose n. 壳二糖.
chitodextrin n. 壳糊精.
chitosamine n. 壳糖胺,氨基葡糖,葡糖胺.
chitosan n. 脱乙酰壳多糖,脱乙酰几丁质,聚氨基葡糖.
chilose n. 壳糖.
Chittagong n. 吉大港(孟加拉国港口).
CHK =check 检验(查),校核(正).
chkalovite n. 硅铍钠石.
CHKV =check valve 止回阀.
CHL =chain home low 低空飞机远程警戒雷达网,海岸低空搜索雷达网.
chlamydia n. 衣原体.
chlamydospore n. 厚垣孢子,厚壁孢子.

chloanthite n. (复)砷镍矿.
chlomethoxynil n. 氯硝醚.
chlomydomonas algae 衣藻.
chlopinite n. 钛铁铌钇矿.
chlor [德语]氯乙烷,乙基氯. *chlor ammon* 氯化铵,卤盐,盐卤. *chlor barium* 氯化钡. *chlor kalk* 漂白粉.
chlor(o)- [词头]氯(化,代,基),绿.
chloracetate n. 氯乙酸盐.
chloracetyl- [词头]氯乙酰(基).
chlor'al ['klɔrəl] n. (三)氯(乙)醛,水合氯醛.
chloralide n. 氯醛交酯.
chloralose n. 氯醛糖.
chlorambucil n. 苯丁酸氮芥.
chloramine n. 氯胺,氯亚明. *chloramine-T* 氯胺T.
chloramphenicol n. 氯霉素.
chloraniformethan(e) n. 【农药】双胺灵.
chloranil n. 氯醌(一种杀真菌剂),四氯化(苯)醌,四氯醌.
chloraniline n. 氯苯胺.
chlor'ate ['klɔrit] I n. 氯酸盐. II v. 氯化. *chlorating agent* 氯化剂. *sodium chlorate* 氯酸钠.
chlora'tion n. 氯化(加氯)作用.
chlordiphenyl n. 氯联苯.
chlorella n. 小球藻.
chlorellin n. 绿藻素,小球藻素.
chlorendate n. 氯菌酸盐(或酯).
chlorethyl n. 乙基氯.
Chlorex method 二氯乙醚溶剂精炼过程.
chlorhydric acid 盐酸.
chlorhydrin n. 氯醇.
chlor'ic ['klɔrik] a. (含,五价)氯的. *chloric acid* 氯酸.
chlor'idate v.; n. 氯化,氯化物.
chlor'ide ['klɔraid] n. 氯化物(乳剂),漂白粉(剂),盐酸盐. *alkali chloride* 碱金属氯化物. *ammonium chloride* 氯化铵. *chloride accumulator* 氯化铅蓄电池. *chloride can divider* 氯化物料罐隔板. *chloride of lime* 氯化石灰,漂白粉. *chloride plate* 铅蓄电池(极),阳极铅板. *chloride stabilization* 氯盐(氯化钙,氯化钠)土壤稳定法. *ethyl chloride* 乙基氯,氯乙烷. *lower chloride* 低价氯化物. *polyvinyl chloride* 聚氯乙烯. *sodium chloride* 氯化钠,食盐. *vinyl chloride* 氯乙烯.
chloride-complex n. 氯化物络合物.
chloride-sublimation n. 氯化物挥发(法).
chloridiza'tion n. 氯化(作用).
chlor'idize ['klɔridaiz] vt. (用)氯化(物处理),涂氯化银. *chloridizing roasting* 氯化焙烧.
chloridom'eter n. 氯(定)计计.
chlorimet n. 克罗利麦特镍铬钼耐热耐蚀合金(镍60%、钼18%、铬18%、铁<3%、碳<0.07%).
chlorim'etry n. 氯量滴定法.
chlor'inate ['klɔrineit] I vt. (使)氯化,使与氯化合,用氯处理(消毒). II n. 氯化(产)物.
chlorinated a. 氯化了的. *chlorinated asphalt* 氯化(地)沥青. *chlorinated lime* 氯化石灰,漂白粉. *chlorinated polyethylene* 氯化聚乙烯. *chlorinated*

rubber 氯化橡胶.
chlorina'tion [klɔːriˈneiʃən] n. 氯化(作用,处理),加氯(作用,处理),(用氯)消毒,氯气灭菌,吹氯除气精炼(法).
chlor'inator n. 加氯(杀菌)机,加氯器,氯化器(炉). electric chlorinator 氯化电炉. shaft-type chlorinator 直井式氯化炉.
chlor'ine ['klɔːriːn] n. 【化】氯(气) Cl. chlorine contact chamber 氯气消毒室. chlorine water 氯水. ethylene chlorine 氯化乙烯.
chlorin'ity n. 含氯量,氯度.
chlorinol'ysis n. 氯解.
chloriodide n. 氯碘化物.
chlorion n. 氯离子.
chlor'ite ['klɔːrait] n. 绿泥石,亚氯酸盐. chlorite spar 硬绿泥石.
chlorite-slate n. 绿泥板岩.
chloritization n. 绿泥石化.
chlorizate v.; n. 氯化(产物).
chloriza'tion n. 氯化(加氯)作用.
chlorknallgas n. 氯爆鸣气,爆炸性氯气氢气混合物.
chloroacetophenone n. 氯乙酰苯,氯化苯乙酮.
chloroacetophthalene n. 氯萘.
chloroacetyl n. 氯乙酰(基).
chloroacetylene n. 氯乙炔.
chloroacid n. 氯代酸.
chloroaluminium n. 氯化铝酞花青.
chloroamine n. 氯胺.
chloroaniline n. 氯苯胺.
chloroazodine n. 二氯偶氮脒.
chloroben n. 邻二氯苯.
chlorobenzene n. 氯苯.
chlorobenzol n. 氯苯.
chloroboration n. 氯硼化(作用).
chlorobromide n. 氯溴化物(乳剂).
chlorobromoethane n. 氯溴乙烷.
chlorobromomethane n. 氯溴甲烷.
chlorobutyl n. 氯丁基(橡胶).
chlorobutylation n. 氯丁基化(作用).
chlorocarbene n. 氯碳烯,氯代卡宾.
chlorocide n. 【农药】氯杀螨.
chlorocobalamin n. 氯钴胺素.
chlorocruorin(e) n. 血绿蛋白.
chlorodibromide n. 二溴氯氧,氯化二溴.
chlorodioxin n. 二氯二噁英,杂环已锇.
chloro-diphenyl n. 氯联苯基,氯化二苯.
chloroethyla'tion n. 氯乙基化(作用).
chlorofluoride n. 氟氯化物.
chlorofluorina'tion n. 氟氯化(作用).
chlorofluoromethane n. 氟氯烷,氟利昂,氟冷剂.
chlorofluorcarbons n. 含氟氯烃.
chlorofluromethane n. 含氟氯甲烷.
chloroform ['klɔːrəfɔːm] I n. 三氯甲烷,氯仿,哥罗仿. II vt. 用氯仿(麻醉,处理).
chloro-formate n. 氯甲酸酯.
chloroformism n. 氯仿中毒.
chlorofos n. 敌百虫.
chlorohafnate n. 氯铪酸盐.
chlorohydrin(e) n. 氯(乙)醇.

chlorohydrina'tion n. 氯醇化(作用).
chlorolabe n. 绿敏素.
chlorom'eter n. 氯(定)量计.
chloromethane n. 甲基氯,氯代甲烷.
chloromethyla'tion n. 氯甲基化(作用).
chloromycetin n. 氯霉素,氯胺苯醇.
chloronaphthalene n. 氯萘. chloronaphthalene wax 卤蜡.
chloronitrophen n. 氯硝酚钠.
chloronorgutta n. 氯丁橡胶,聚氯丁(二)烯.
chloroparaffine n. 氯化石蜡.
chlorophdrin n. 氯醇.
chlorophenol n. 氯酚.
chlorophenothane n. 【农药】滴滴涕.
chlorophore n. 载绿体.
chlorophoria n. 染绿素.
chlorophos n. 磷化氢,敌百虫,甲基敌百虫.
chlorophosphona'tion n. 氯磷酰化(作用).
chlorophosphonazo n. 氯膦偶氮.
chlorophyl(l) n. 叶绿素.
chlorophyllase n. 叶绿素酶.
chlorophyllin n. 叶绿素.
chlorophyllite n. 绿叶石.
chloropicrin n. 三氯硝基甲烷,氯化苦.
chloroplast n. 绿体.
chloroplastic pigment 叶绿色颜料.
chloroplastid n. 叶绿粒(体).
chloroplastin n. 叶绿蛋白.
chloroplatinate n. 氯铂酸盐.
chloroprene n. 氯丁二烯,氯丁橡胶. chloroprene gum〔rubber〕氯丁(二烯,聚合)橡胶.
chloropropyla'tion n. 氯丙基化(作用).
chloroquine n. 氯喹.
chloroquinol n. 氯醌醇.
chlororaphin n. 氯针菌素,色菌绿素.
chlorosilane n. 氯硅烷.
chloro-silicane n. 氯硅烷.
chlorosity n. 体积氯度,含氯度,氯容.
chlorospinel n. 绿尖晶石.
chlorostan(n)ate n. 氯锡酸盐.
chlorosulfona'tion n. 氯磺化.
chlorosulphophen n. 氯磺酚.
chlorotetracycline n. 金霉素.
chlorothorite n. 杜脂铝铀矿.
chlorotitanate n. 氯钛酸盐.
chlorotoluidine n. 氯甲苯胺.
chlorotrifluoroethylene n. 三氟氯乙烯,氯三氟乙烯.
chlorotrimethylsilane n. 三甲基氯硅烷.
chlorouranate n. 氯铀酸盐.
chlorous ['klɔːrəs] a. (亚,三价)氯的,与氯化合的,亚氯(酸)的,阴电性的. chlorous acid 亚氯酸.
chlorovinyl n. 氯乙烯基.
chlorowax n. 氯化石蜡.
chloroxylidine n. 氯二甲苯胺.
chlorozirconate n. 氯锆酸盐.
chlorpheniramine n. 氯芬胺.
CHM =chamber 室,腔,箱,盒,容器.
Chm =Chairman 主席.
chmf =chamfer 槽,斜面,倒角.

chn =chain 测链(=20m),电[回]路,(锁)链.
CHNTO =change name to 改名为.
CHO =carbohydrate 碳水化合物,糖类.
cho'ana ['kouənə] (pl. *choanae*) n. 漏斗,鼻后孔.
choanal a. 漏斗的,鼻后孔的.
choanoid a. 漏斗状的.
choc [ʃɔk] [法语] n. ①休克 ②震扰,震荡.
chock [tʃɔk] I n. ①楔[塞]子,塞块,(三角)垫木,楔形垫块,制动块 ②轧辊轴承(座) ③导缆钩[器],(甲板上安置用的小艇的)小艇座,定盘,轮挡. II vt. (用楔)垫住(楔住,垫卷),支持,止住,塞紧,阻[堵,壅]塞(up),填[摆]满(up with). III ad. 紧密地,满满地. *bottom chock* 下轴承座. *chock gauge* 塞规. *chocked throat* 壅塞喉道 *chocking effect* 阻塞效应. *chocking section* 堵塞截面.
chock-a-block ['tʃɔkə'blɔk] a.; ad. 塞[摆]满(的),装塞得紧紧(的).
chocked-flow turbine 阻流式涡轮.
chock-full ['tʃɔk'ful] a. 塞满(了)的,充满的,挤得满满的.
chocking-up n. 楔[垫]住,塞紧.
choc'olate ['tʃɔ(ː)kəlit] n. ①巧克力(糖,饮料,色),深褐色 ②细云片岩.
chocolate-brown *i*; a. 棕褐色的,深棕色(的).
choice [tʃɔis] I n. ①选择(物,能力,对象,方案,机会),挑选 ②备(选)品,备选者,备货 ③精选品,精华. II a. 精选的,上[优]等的,值得选用的. *choice goods* 精选品. ▲*a great choice of* 各种各样供人选择的(物品). *at choice* 可随意选择. *at one's own choice* 随意. *by choice* 自选. *for choice* 凭喜爱,如果必须选择. *have no choice but to* +inf. 非(做)不可,除(做)外别无他法,只好(做). *Hobson's choice* 没有选择的余地. *make a choice* 挑一挑,选择一下. *make a choice among* [between] 从…中挑选,在…之间[中]挑选. *make choice of* 选择[定],挑选. *make* [*take*] *one's choice* 随意选择. *of choice* 精选的,特别的. *offer a choice* 听凭选择. *take one's choice* 选择.
choice'ly ad. 精选地,认真地.
choice'ness n. 精选[巧],优良.
choir ['kwaiə] v.; n. 合唱(队). *a choir of dancers* 一队舞蹈者.
chokage ['tʃɔukidʒ] n. 窒塞,阻碍.
choke [tʃɔuk] v.; n. ①阻[哽,窒,堵,壅,淤,充,填]塞,壅满,堵塞 ②扼[阻,妨,止,抑]制 ③节流,阻流,扼[扼]流器,扼流(线)圈,电抗线圈 ④闸圈,节流门,节气阀板[阀],中节[细]部,阻[风]门,(管)的闭塞部分,(化油器)喉管,缩颈 ⑤长通道节流,(浇口)的节流口,阻流内浇口,挡流凸台 ⑥轮挡,楔(止) ⑦食道梗塞,气哽. *aerial* [*antenna*] *choke* 天线扼流圈. *air choke* 阻风门. *automatic choke* 自动阻气门. *carburetor choke* 化油器阻风门,化油器喉管. *choke amplifier circuit* 扼流圈负载放大电路. *choke button* 阻气阀操作按钮. *choke chamber* 阻气室. *choke coil* 扼流(线)圈,节[阻]流,节流盘管. *choke coil filter* 滤波扼流圈,低通[抗]扼流圈滤波器. *choke coupling* 扼流圈[电感]耦合. *choke damp* 窒息气,二氧化碳气. *choke feeding* 过饱[滞]塞]进料,进料阻塞. *choke filter* 扼流圈滤波器. *choke flange* (波导管)阻波凸缘,扼流凸缘. *choke flow* 扼[节]流. *choke input filter* 电感输入滤波器. *choke joint* (波导管)扼流凸缘接头,扼流圈连接. *choke lever* (汽车的)吸气[阻气]挺杆. *choke material* 填塞材料. *choke plug* 扼[阻]头. *choke plunger* 波道容阻塞凸缘活塞,扼流活塞. *choke stone* 填缝[嵌楔,拱顶,中心]石. *choke suppress* 扼止,抑制. *choke transformer* 扼流变压器. *choke tube* 扼气[阻尼]管. *choke valve* 阻[气]阀,节流阀. *choked flange* 扼流凸缘,阻气凸缘. *choked lake* 堰塞湖. *choked screen* 阻塞的筛子. *inductive choke* 电感线圈,扼流圈. *pilot choke* 先导系统节流阀. *steam pipe choke* 汽管堵. *swinging choke* 变(交)感扼流圈. ▲*choke down* 用期力[强]制制住. *choke off* 使阻死,使中止,劝阻,使放弃(计划). *choke up* 塞[阻]住,阻塞,塞得太满,阻住. *choke up with* 阻塞,塞住,堵住,淤填.
choke-capacitance coupled amplifier 感容耦合放大器,扼流圈电容耦合放大器.
choke-condenser filter 扼流圈电容(式)滤波器,电容滤波器,CC 滤波器.
choke-coupled amplifier 扼流圈耦合放大器.
choke-damp n. (煤矿,深井中的)碳酸气.
choked-flow a. 阻塞流. *choked-flow turbine* 超临界压降涡轮机.
choke-flange joint (波导管)扼流凸缘连接.
choke-input n. 扼流圈输入.
choke-out ['tʃouk'aut] n. 闭死,壅[阻]塞.
chokepoint ['tʃoukpɔint] n. 阻塞点.
cho'ker ['tʃoukə] n. ①窒息物,阻塞物,填缝料 ②节[阻]气[汽],阻[节]风门,节流,阻气(挡)门 ③抗流(线)圈,扼流器 ④捆柴排机,夹钳[具],钳子 ⑤硬高领,领巾. *choker aggregate* 填隙[嵌缝]集料. *choker check valve* 阻气单向阀.
choke-transformer n. (滤波)扼流圈(电源)变压器.
cho'king ['tʃoukiŋ] n.; a. ①阻[堵,淤,壅,哽]塞(的),窒息(的) ②扼[抑]制的,抑止的,节气(的) ③楔住[固](的). *choking coil* 扼[抗,阻]流圈. *choking effect* 节[扼]流作用,扼流效应. *choking field* 作用场. *choking up* 阻塞,堵[塞]住,淤填. *flow choking* 气流壅塞.
choking-winding n. 扼流线圈,阻尼线圈.
chokon n. 高频陶瓷直流电容器.
choky a. 窒息性的.
cholane a.; n. ①胆(汁)的 ②胆烷.
cholate n. 胆酸盐,胆酸脂.
chol'era ['kɔlərə] n. 霍乱. ~ic a.
chol'eric ['kɔlərik] n. 易怒的,性急的,急燥的;胆汁质的.
chol'erine ['kɔlərin] n. 轻霍乱,霍乱病之初期.
choles'terol n. 胆留醇,胆固醇,异辛昌烯醇.
cholesteryl n. 胆甾醇. *cholesteryl acetate* 胆甾醇醋酸醋.
cho'lic ['koulik] a. 胆的.
chon'drin(e) n. 软骨胶.
chon'drite n. 软骨;球粒状陨石.
chondro- [词头] 粒状.

chon′drule n. 陨石球粒,(陨星)粒状体.

choose [tʃu:z] (chose, cho′sen) v. ①选(择,定),挑选 ②决定,愿意,下决心. *There are only two to choose from*. 只有两个可供选择. ▲*as you choose* 任(听)便,随你的便. *cannot choose but* + *inf*. 不得不(做),必须(做). *choose M as N* 选择M作为N. *choose M before N* 取N舍M,挑M不挑N. *choose between* 在…之间作出抉择. *There is nothing* [*little, not much*] *to choose between the two*. 两者不相上下,两者之间没有什么[多少]可选择的余地. *choose M from* [*among, out of*] *N* 从N中挑选M. *choose to* + *inf*. 愿意(做),决定(做).

choo′ser n. 选择器.

chop [tʃɔp] Ⅰ (chopped; chopping) v. ①斩(断,碎),切(断,短,碎),切(碎,伐),劈,速击 ②(使)裂开,开裂 ③中口打断,截光,遮光,斩波 ④多(突,骤)变,改变方向 ⑤开路(前进). Ⅱ n. ①裂口(缝),龟裂,(外部)损坏伤口 ②碎块,断层 ③【计】断续,(互)间隔(隔) ④ (pl.)钳口,颚板 ⑤河(港)口 ⑥公章,图章,护照,出港(许可)证,商标,牌子,货物品质 ⑦短峰波,风浪的突变. *chopped light* 斩切光. *chopped mode* 斩波方式. *chopped pulse* 削波(削波)脉冲. *chopped radiation* 断续(调制)辐射. *chopped wave* 斩波,割截波. *first chop* 一级,头等. ▲*chop and change* 屡变,总是改变,变化无常. *chop at* ⋯ 向…砍去. *chop away* 切(砍,斩)掉. *chop down* 砍倒. *chop off* 切开(断,去,掉),砍除,使中断.

chopass n. 高频隔直流电容器.

chop′per [′tʃɔpə] n. ①斧子,砍刀,切碎(碾磨)机,斩边机,切…机 ②断路(续)器,断续装置 ③振动换(变)流器,交流变换器,调制型直流放大器 ④限制器,分离器 ⑤斩(削)波器 ⑥断裂器(调) ⑦(中子)选择器,中子选择转子,中子斩波续器 ⑧机关枪,机枪手 ⑨(pl.)直升飞机 ⑩矿体 ⑪验票员 ⑫肉砣,切碎肉. *chopper amplifier* 斩波[振子,断续]放大器. *chopper bar* 落户. *chopper disc* 斩光(截光)盘. *chopper frequency* 间断(斩光,斩波)频率. *chopper switch* (断)开关. *fast chopper* 快(高速)中子选择器,快速断续器. *light chopper* 遮(截)光器,光线断续器. *Liston chopper* 机械换流器. *neutron chopper* 中子选择器. *overspeed chopper* 超速限制器. *peak chopper* 峰值(波峰)限制器. *photo chopper* 光线断续器,光线断续器. *pulse chopper* 脉冲断续器. *scrap chopper* 废料切碎机. *small-sample chopper* 小样品选择器.

chopper-bar recorder 点划(点线)记录器,落户式记录仪.

chopper-stabilised[或 **chopper-stabilized**] **amplifier** 斩波(稳定)放大器,斩波器漂移补偿放大器.

chop′ping [′tʃɔpiŋ] Ⅰ a. 风向常变[无定]的,波涛汹涌的. Ⅱ n. ①斩,切开,切碎,铡屑 ②斩(削)波,脉冲化,限制,断续(路),中断. *chopping bit* 冲击钻头,凿尖. *chopping jump* 波状水跃. *chopping oscillator* 斩波(断续作用)振荡器. *chopping phase* 调制相,斩波相(位). *chopping sea* 三角浪. *chopping speed* 断开速率.

chop′py [′tʃɔpi] a. ①多裂缝的,有皱纹的 ②常变(方向)的,不连贯的 ③波涛汹涌的. *choppy grade* 锯齿(波浪)形纵断面.

chord [kɔ:d] Ⅰ n. ①(乐,翼,桁)弦,弦杆(材),弦(翼)长,【数】弦 ②可变基准线 ③木(石)纹 ④琴线,和谐音,和弦,(色彩)的调和. Ⅱ v. 上弦,调弦和谐,和弦. *broken top chord* 折线上弦,多边形(屋架). *chord at contact* 切点弦. *chord force* 弦向分力,平行于基准线的力. *chord modulus* 弦模数,弹性模量. *chord of arch* 拱弦. *chord splice* 桁弦接合板. *chord winding* 弦(分距)绕组. *compression chord* 受压弦杆. *focal chord* 焦弦. *quarter chord* 四分之一弦(长). *raised chord* 折线下弦,下弦升高. *reference chord* 基准(参考)弦. *tapered chord* 不等(渐缩)弦. *wing chord* 翼弦.

chor′da [′kɔ:də] (pl. chor′dae) n. 索,带,腱.

chor′dal a. 弦的,和弦的,索的. *chordal addendum* (固定)弦(线)齿(顶)高,测量齿高. *chordal thickness* (固定)弦齿厚(度).

chordapsus n. 急性肠炎.

chor′do- [′kɔ:do-](词头)索,带.

chord′wise [′kɔ:dwaiz] a.; ad. 弦向(的),按翼弦方向. *chordwise force* 弦向分力,连系坐标系切向(空气动力分力),弹体坐标系切向(空气动力分力).

chore [tʃɔ:] =chare.

choring n. 零活,杂活,零碎工作. *power choring* 小型机械化.

chorion n. 绒(毛)膜,卵壳,浆膜. ~ic a.

chor′isis [′kɔ:risis] n. 分离.

chorisogram n. 等值图.

choris′ta [kə′ristə] n. 分离体,分离组织.

chor′ogram n. 等值图.

chor′ograph n. (断弦)位置测定器.

chorog′raphy [kə′rɔgrəfi] n. 地方地理学,地方地图,地志编修,地势图.

choroisotherm n. (地区)等温线.

chorol′ogy [kɔ:′rɔlədʒi] n. 生物分布学.

chorom′etry n. 土地测量.

choropleth n. 等值线图.

chorus [′kɔ:rəs] n.; v. 合唱(队,曲). *mixed chorus* 混声合唱. ▲*a chorus of* 一片…声. *in* (*a*) *chorus* 齐声,一致.

chose [tʃouz] choose 的过去式.

chosen [′tʃouzn] Ⅰ choose 的过去分词. Ⅱ a. 精选的,挑选的.

chovr =changeover 转换(开关),转接,换向.

chow-chow [′tʃau′tʃau] a. (混)杂的,什锦的.

CHPM =check plus minus 正负校验.

ch/ppd =charges prepaid 诸费预付.

C-hr =candle-hour 烛光-小时.

CHRE =check and read 校验和读出.

Christ [kraist] n. (基督教)基督.

Christ-cross n. 十字形记号.

Chris′tian [′kristjən] n.; a. 基督徒,基督(教)的. *Christian Era* 公元.

Christian′ity n. 基督教.

Christ′mas [′krisməs] n. 圣诞节. *Christmas tree* 圣

诞树,枞树.
Christmas-tree n. 圣诞树,枞树. *Christmas-tree antenna* 枞树形[雪松形]天线. *Christmas-tree circuit* 圣诞树电路,一种多分支电路. *Christmas-tree installation* 分配集管. *Christmas-tree pattern* 反光图案,圣诞树图形,(测试唱片用)光带.
christobalite n. 方英石.
chro′chtron ['krouktrɔn] n. 摆线管.
chrom- [词头] 色(彩).
chro′ma ['kroumə] n. 色品[度],色饱和度,色饱和级. *chroma amplifier stage* 彩色[色度]信号放大级. *chroma circuit* 彩色[色度]信号电路. *chroma coder* 色度(信号)编码器,制式转换器. *chroma colour* 黑底彩色显像管. *chroma demodulator* 色度(信号)解调器. *chroma gain* 色品增益. *chroma scale* 色饱和度标度,色标. *chroma signal* 彩色[色纯度,色饱和度]信号. *chroma tube* 彩色摄像管.
chroma-clear raster 白色光栅.
chromacoder n. 信号变换(转换)装置(用重复法将连续信号变成同时信号的装置),彩色(信号)编码器.
chromacontrol n. 色度[彩色饱和度]调节.
Chromador n. 铬锰钢(碳<0.30%,硅<0.20%,锰0.7~1.0%,铜0.25~0.50%,铬0.7~1.0%).
chromagram system 色谱图系统.
chroma-key n. 色度键. *chroma-key generator* 色度键控信号发生器.
chro′making n. 铬化.
chro′malize ['krouməlaiz] vt. 镀铬.
chroma-luminance n. 色彩亮度.
chroman n. ①包满,氧杂萘满 ②克罗曼镍铬基合金.
chromanin n. 克罗马宁电阻合金(镍71%,铬21%,铝3%,铜5%).
chromansil n. 铬锰硅钢,铬锰合金.
chromascan n. 一种小型飞点式彩色电视系统.
chromat- [词头] 色(彩).
chro′mate ['kroumit] I n. 铬酸盐,(pl.)铬酸盐类. *lead chromate* 铬酸铅. II v. 加铬. *chromated zinc chloride* 加铬氯化锌.
chromat′ic [krou'mætik] a. ①(有,彩,颜)色的,色彩的 ②半音(阶)的. *chromatic curve* 色差曲线. *chromatic difference* [aberration] 色差. *chromatic dipping sheet* 浸(镀)铬薄板. *chromatic dispersion* 色散(现象). *chromatic polarization* 色振[偏光]. *chromatic printing* 套色版,套色印刷. *chromatic rendition* 颜色重现,彩色再现[重现]. *chromatic scale* 半音音阶. *chromatic sensitivity* 感色灵敏度. *chromatic subcarrier* 彩色副载波(频率).
chromatic-aberration n. 色(像)差,色散.
chromat′ically ad. 上[英]色地,成半音阶地.
chromatic′ity [kroumə'tisiti] n. 色品[度],染色性,色彩质量. *chromaticity acuity* 色敏度. *chromaticity bandwidth* 色度信号带宽. *chromaticity compensation* 色散补偿. *chromaticity coordinates* 色坐标,三色系数. *chromaticity modulator* 色品信号调制器. *chromaticity signal* 色度[色品]信号. *chromaticity subcarrier sideband* 彩色[色度]副载波边带.
chromat′icness n. 色度感.
chromat′ics n. 色(彩)学,颜色学.
chromatid n. 染色单体.
chromatin n. 染色质,核染质.
chromatism n. 色(像)差,彩色学.
chromato- [词头] 色(彩).
chromatobar n. 色谱棒[柱].
chromatocyte n. 嗜铬细胞.
chromato-disk n. 色谱圆盘.
chromatodyso′pia [kroumətodi'soupiə] n. 色盲,色觉不良.
chromatoelectrophoresis n. 色谱电泳.
chromatofuge n. 离心色谱仪.
chro′matogram n. 色层(分离)谱,色[彩]谱. *paper chromatogram* 纸上色层(分离)谱,层析谱.
chro′matograph ['kroumətəgra:f] n.; vt. ①色层(分离)谱,色谱,用色层法分离,用色谱(法)分析 ②色层谱仪,色层分离仪,色层分析仪 ③套色版,套色印刷复制. *paper chromatograph* 纸上色层(分离)谱,取纸上色层分离的仪器.
chromatographia n. 色谱学.
chromatograph′ic a. 色层(分离)的,色谱(学)的,层析的. *chromatographic analysis* (色)层(分)析,色谱分析.
chromatog′raphy n. ①色层[色谱]法,色谱分离法,色谱(学),(色)层(分)析(法) ②套色法. *adsorption chromatography* 吸附色层(学),吸收色层法. *column chromatography* 柱中色层(分离)法. *gas chromatography* 气相层析,气体色谱法. *(ion) exchange chromatography* 离子交换色谱[层析法,色层法. *paper chromatography* 纸(上色)层(分)析,纸上色谱. *thin-layer chromatography* 薄层层析.
chromatol′ysis n. 铬盐分解,染色质溶解.
chromatomap n. 色谱[层]析图形.
chromatom′eter n. 色度计,色觉计.
chromatom′etry n. 色度法[化].
chro′maton n. 改进型栅控彩色显像管.
chromatopack n. 色谱纸束.
chromato-pencil n. 色谱笔.
chromatophi(e) a. 易染色的,嗜色的.
chromatophilous a. 易染色的.
chromatophore n. 载色体,色素细胞.
chromatopile n. 色层分离堆,色谱(分离)堆.
chromatoplasm n. 色素质.
chromatoplate n. (薄层)色谱板.
chromatopolarograph n. 色谱极谱(仪).
chromatopolarog′raphy n. 色谱[层析]极谱法.
chro′matoscope ['kroumətəskoup] n. 反射望远镜,彩光[彩色加算]折射率计.
chromat′osome [kro'mætosoum] n. 染色体.
chromatospectrophotomet′ric a. 色谱分光光度法的.
chromatostrip n. 色谱带.
chro′matron ['kroumətrɔn] n. 栅控彩色显像管,彩色电视摄像管,色标管.
chro′matrope n. 成双的彩色旋转幻灯片.
chro′matype ['kroumətaip] n. 铬盐[彩色]像片,铬盐片照相法.
Chromax n. 克罗马铁镍铬耐热合金(铁50%,

chrome [kroum] Ⅰ n. ①【化】铬 Cr,铬矿石,氧化铬 ②铬钢 ③铬黄(颜料),红矾钾 ④镀有铬合金之物. Ⅱ v. 镀铬,用铬的化合物来印染. *chrome alum* 铬(明)矾. *chrome board* 彩色石印纸板. *chrome copper* 铬铜合金(铬 0.5%). *chrome lignin* 铬木素,木质素铬盐. *chrome magnesite* 铬镁氧化物,铬镁矿物. *chrome mask* 铬掩蔽. *chrome paper* 铜版纸. *chrome permalloy* 铬透磁钢,铬透磁合金. *chrome plated* 镀铬的. 13 *chrome steel* (含铬13%的)不锈钢. *chrome yellow* 铬黄. *furnace chrome* 修炉用铬粉. *high chrome* 高铬粉. *nickel chrome steel* 镍铬钢.
chrome-base *a.* 铬基的.
chromed *a.* 镀铬的.
chrome-faced *a.* 镀铬的.
chromel(1) ['kroumәl] *n.* 克罗麦尔铬镍耐热合金(90%镍,10%铬).
chromel-alumel (thermocouple) 铬铝热电偶(温差电偶),铬镍-铝镍热电偶.
chromel-constantan thermocouple 铬镍-康铜热电偶.
chromel-copel thermocouple 铬镍-铜铑热电偶.
chrome-permalloy *n.* 铬透磁钢,铬透磁合金,铬波莫合金.
chrome-plated *a.* 镀铬的.
chrome-plating *n.* 镀铬.
chrome-silicon *n.* 铬硅(合金).
chromet *n.* 铝硅合金(铝90%,硅10%).
chro'mic ['kroumik] *a.* (正,三价,六价)铬的. *chromic acid* 铬酸. *chromic alum* 铬矾. *chromic anhydride* 铬酐,三氧化铬. *chromic colour* 铬(处理)染料. *chromic iron (ore)* 铬铁矿. *chromic oxide coating sheet* 镀铬(氧化物的)薄板,钝化薄板.
chro'micize *v.* 加铬处理.
chromidia *n.* 核外染色粒.
chromidium *n.* 散生染色粒.
chro'minance ['krouminәns] *n.* 色度(品,差,别),彩色信号. *chrominance carrier* 色度信号调制载波. *chrominance channel* 彩色信道,色度通道. *chrominance circuit* 彩色(色度)信号电路. *chrominance defect* 彩色误差,色度失常. *chrominance primary* 色度基色,基色信号(刺激). *chrominance sideband* 色度信号边带. *chrominance subcarrier* 彩色(色度)副载波(频率). *chrominance video signal* 色度视频(彩色视频,彩色图像)信号.
chro'ming *n.* 镀铬,铬鞣.
chromising = chromizing.
chro'mism ['kroumizm] *n.* 着色异常.
chro'mite ['kroumait] *n.* 亚铬酸盐,铬铁(矿). *chromite brick* 铬矿.
chro'mium ['kroumjәm] *n.* ①【化】铬 Cr. ②镀铬层. *chromium steel* 铬钢.
chromium-nickel *n.* 铬镍(合金).
chromium-plated *a.* 镀(了)铬的.
chromium-plating *n.* 镀铬.

chro'mize *v.* 渗(镀)铬,铬化.
chro'mizing ['krouma izin] *n.* 铬化(处理),(扩散)镀铬,渗铬(处理).
chro'mo ['kroumou] *n.* 彩色(套色)石印版. *chromo board* 铜版卡. *chromo channel* 彩色信号通道. *chromo paper* 色纸.
chromo- (词头)色彩.
chro'mograph ['kroumougra:f] Ⅰ *n.* 胶版复制器. Ⅱ *vt.* 用胶版复制器复制.
chromoisomer *n.* 异色异构体.
chromoisomerism *n.* 异色异构现象.
chromolith'ograph *n.* 彩色(套色)石印版,彩色平版(印).
chromolithograph'ic *a.* 彩色(套色)石印术的.
chromolithog'raphy *n.* 彩色(套色)石印术,彩色平版印刷术.
chromomere *n.* 染色粒.
chromom'eter [krә'mɔmitә] *n.* 比色计.
chromom'etry *n.* 比色法,色觉检法.
chromomycin *n.* 色霉素.
chromonar *n.* 克洛莫纳.
chromone *n.* 色酮,对氧萘酮.
chromonema *n.* 染色线,染色丝.
chromo-optometer *n.* 色视力计.
chromoparous *a.* 分泌色素的.
chromopexy *n.* 色素原吞噬(作用),色素固定.
chro'mophil ['kroumәfil] Ⅰ *n.* 易染性,易染细胞. Ⅱ *a.* 易染(色)的.
chro'mophile ['kroumәfail] *a.* 易染的,嗜染.
chromophil'ia [kroumo'filiә] *n.* 易染性,嗜染性.
chromophil'ic *a.* 易染的,嗜染的.
chromophilous *a.* 易染的,嗜染的.
chromophobe Ⅰ *n.* 难染细胞,嫌色细胞. Ⅱ *a.* 难(拒)染的,嫌色的.
chromopho'bia [kroumo'foubiә] *n.* 难染性,嫌色性.
chromopho'bic *a.* 难染的,嫌色的,拒染的.
chromophore *n.* 发(生)色团,色基,载色体,色球.
chromophoric *a.* 发色的. *chromophoric electrons* 发色电子.
chromophorous *a.* 具有色素的.
chronopho'tograph [kroumo'foutәgra:f] *n.* 彩色(天然色)照相,多色照片.
chromophotom'eter *n.* 比色计.
chromoplast *n.* 有色体.
chromoplastid *n.* 有色粒.
chromoprotein *n.* (有)色蛋白,有色蛋白质.
chromoscope *n.* ①(栅控)彩色显像管 ②(彩色电视接收用)表色管,显色管 ③验色管(器).
chromosomal *n.* 染色体的.
chro'mosome ['kroumәsoum] *n.* 染色体.
chromosomoid *n.* 拟(染)色体.
chro'mosphere *n.* (包围太阳的赤气层)色球(层). *chromosphere eruption* 色球爆发.
chromotrop'ic *a.* 异色异构的. *chromotropic acid* 变色酸.
chromot'ropy *n.* 异色异构(现象).
chro'motype ['kroumoutaip] *n.* 彩色(套色)石印图,彩色照相.
chromotypog'raphy *n.* 彩色铅印术.
chro'mous ['kroumәs] *a.* (亚,二价)铬的.

chromousom'etry n. 亚铬滴定法.

chromow n. 铬钼钨钢(碳 0.3%,硅 1%,钨 1.25%,铬 5%,钼 1.35%).

chromoxylograph n. 木版彩色画.

chromoxylog'raphy n. 木版彩印术.

chromyl n. 铬酰,氧铬基.

chron(o)- 〔词头〕时间,年代,时.

chronax'ia 或 **chro'naxie** 或 **chro'naxy** n. (兴奋)时值,时轴. *chronaxie meter* 时值〔时轴,记时〕计,电子诊断器.

chronaxim'eter n. 时值〔记时〕计,电子诊断器. **chronaximet'ric** a. **chronaximet'rically** ad.

chronaxim'etry n. 时值测定法.

chro'naxy ['krɔunæksi] n. 时值.

chron'ic ['krɔnik] a. 长期的,慢性的,经常的. *chronic disease* 慢性病. *chronic exposure* 不断〔系统〕辐照,经常〔长期,系统〕照射. *chronic toxicity* 长效毒性. *chronic poisoning* 慢性中毒. ~**ally** ad.

chronic'ity [krɔ'nisiti] n. 慢性,延久性.

chron'icle ['krɔnikl] Ⅰ n. ①记录,大事记,时报,新闻 ②编年史. Ⅱ vt. 记录,按年代记载,载入历史,把…载入编年史中.

chronistor n. 超小型计时器.

chrono a. 慢性的,长期的.

chronoamperomet'ric a. 计时电流(测定)的.

chronoamperom'etry n. 计时安培〔电流〕分析法.

chronobiol'ogy [krɔnəbai'ɔlədʒi] n. 生物寿命学,生物钟学.

chronocompar'ator n. 时间比较仪.

chronoconductomet'ric a. 计时电导(测定)的.

chronocoulomet'ric a. 计量电量(库仑)(测定)的.

chronocoulom'etry n. 计时库仑〔电量〕分析法.

chron'ocy'clegraph ['krɔnə'saiklgræf] n. 操作的活动轨迹〔瓜子仁状点线〕的灯光示速摄影记录(法).

chronogeochem'istry n. 地质年代化学.

chronogeom'etry n. 时间几何学.

chron'ogram n. 计〔记〕时图.

chron'ograph ['krɔnəgra:f] n. (记录式)计时器,记〔录,微〕时计,精密记时计,记时仪,时间记录器. *counter chronograph* 弹道电子测器,电子管弹速测定器.

chronog'raphy n. 时间记录法.

chrono-interferometer n. 记时干涉仪.

chronoi'sotherm n. 温变等温线.

chronolog'ical [krɔnə'lɔdʒik(ə)l] a. 编年的,按时间〔年月日〕顺序的,按年代先后的. *chronological age* 时龄,计时年龄. *chronological table* 年表. *chronological timescale* 地层〔地质〕时序表. *in chronological order* 〔sequence〕按年代〔年月日〕(先后)次序,按时间顺序. ~**ly** ad.

chronol'ogize [krə'nɔlədʒaiz] vt. 按年代排列,作年表.

chronol'ogy [krə'nɔlədʒi] n. 年代〔编年〕学,纪年法,时序,年(代)表.

chronom'eter [krə'nɔmitə] n. ①(精密)记时计,精密〔精确,航海〕计时计,记时仪,天文钟 ②经线仪. *chronometer time* 准确时间.

chronomet'ric(al) a. ①(精密)(记)计时计的,天文钟的 ②用精密计时〔天文钟〕测定的,记时式的,测时学的,测定时刻的. *chronometric data* 精确计时数据. ~**ally** ad.

chronom'etry [krə'nɔmitri] n. (精确)时间测定术,测时术〔学〕.

chronomyom'eter [krɔnəmai'ɔmitə] n. 时值计.

chronon n. 定时转录子,时间单位(= 10^{-24} s).

chronopho'tograph n. 连续照相.

chronophotog'raphy n. 记录摄影.

chronopotentiogram n. 计时电位(曲线)图.

chronopotentiomet'ric a. 计时电位滴定的.

chronopotentiom'etry n. 计时电势分析法.

chron'oscope ['krɔnəskoup] n. (精密)(时计,瞬)时计,微时测定器,记时器〔镜〕,千分秒表.

chronose'quence n. 年龄系列.

chronostratigraphic correlation chart 地层时代对比图.

chron'otherm n. 温度计.

chronother'mal a. 寒温交替的,周期性体温变化的.

chronotoxicology n. 生物钟毒理学,慢性毒理学.

chron'otron n. 摆线管,延时器,脉冲叠加测时仪,脉冲间隔测定器,时间间隔测定仪(一种用以测定传输线上两种脉冲叠加轨迹的位置以确定两脉冲开始时间之间的间隔的仪器). *fast read-out chronotron* 快速计算摆线管.

chronotrop'ic a. 变时(性)的,变速性的,影响于速率的. *chronotropic deceleration* 时限减速.

chronot'ropism [krə'nɔtrəpizm] n. 变时现象,变速作用.

chrys(o)- 〔词头〕金,黄.

chrysalis ['krisəlis] n. (蝶)蛹,茧.

chrysamine n. 柯胺.

chrysan'themum [kri'sænθəməm] n. 菊花. *chrysanthemum structure* 菊花状组织

chrysanthene n. 菊烯.

chryselephan'tine a. 用金子和象牙做成的.

chry'sene ['kraisi:n] n. 䓛.

chrys'o- ['kriso-] 〔词头〕金.

chrys'oberyl n. 金绿宝石,金绿玉.

chrysocolla n. 硅孔雀石.

chrys'olite 或 **chrysolyte** n. 贵橄榄石.

chrysopal n. 金绿宝石.

chrys'oprase n. 绿玉髓.

chrysotil(it)e n. 纤(维)蛇纹石,温石棉,黄玉,水合硅酸镁石棉.

CHS =case-hardening steel 渗碳钢,表面硬化钢.

CHST =check and store 校验和存储.

CHT =cylinder head temperature 汽缸盖温度.

ChTB =channel terminal bay 电路终端架.

ChTemp =charge temperature 着火温度.

CHU =①caloric heat unit 卡热单位 ②centigrade heat unit 摄氏热单位.

Chubb method (应用二极整流管的)交流波峰值测量法.

chuck [tʃʌk] Ⅰ n. ①夹盘(具,头),花盘,卡盘〔头〕(电磁)吸盘 ②(轧辊的)轴承座,(短)箱挡,拉锁 ③(被)解雇. Ⅱ vt. ①夹入夹盘〔头〕中,装卡,(用夹盘)夹紧(用卡盘)卡住(常) ②抛〔放〕弃,停止(up) ③扔掉,浪费,错过(away) ④赶出,否决(out). *chuck block* 吸盘用工件垫块. *chuck bucket elevator* 链斗升料机. *chuck handle* 卡盘扳手,钻夹头扳

chuck'er n. 六角车床.

chuck'hole n. (路面)坑洼.

chuck'ing n.; a. ①夹具 ②装卡,卡(夹)紧(的),夹持的,夹入夹头中. *chucking reamer* 机用铰刀. *chucking work* 卡盘工作. *one chucking* 一次装卡.

chuff [tʃʌf] n.; v. ①(固体火箭发动机)间歇性(不均匀,不稳定)燃烧 ②爆炸声,火箭间歇燃烧时所发出的声音. ▲*shuff up* (中)使振奋,鼓励,取悦.

chug [tʃʌg] I n.; II (chugged; chugging) ①(液体火箭发动机内)不均匀(低频不稳定)燃烧 ②(发动机燃烧时所发出的)爆炸声,(机器等)的噗嗤声 ③(反应堆的)功率突变(振荡,流量振荡.

chukhrovite n. 水氟钙铝矿.

chump [tʃʌmp] n. (石,木)块,木片.

chunk [tʃʌŋk] I n. ①(厚,大,巨)块,棒,块状 ②大量,大部份. Ⅱ v. 剥落(off). *chunk glass* 碎玻璃(片). *chunk method* (测土壤密度的)土块试验法. *chunk of tankage* 火箭(燃料箱)碎片.

church [tʃəːtʃ] n. 教堂(会).

Church's thesis 丘吉论题.

churchite n. 水磷钇矿.

churn [tʃəːn] I n. ①(摇转)搅拌器,(转动)搅拌筒 ②(桶)冒口 ③钢丝绳冲击式钻机 ④搅乳机,乳脂制作器,盛奶罐. Ⅱ v. (剧烈)搅拌(动),捣(冒口),翻腾(起),发泡,起泡沫. *churn drill* 春钻(机),(钢丝绳)(冲)钻,旋冲钻,石钻,钻石机,冲击钻. *churn drilling* 冲(春)钻,冲击钻探(进). *churn flow* 乳沫状流动. ▲*churn out* 通过机械力产生,艰苦地做出. *churn up* 翻(搅动),搅翻(动),把...搅起来.

churner n. 手摇式长铊.

churn'ing n. ①旋涡(度),涡流(度,形成) ②搅动(拌),(油的)搅乳,搅拌 *churning losses* 搅动损失. *churning stone* 搅拌用碎石.

churn'milk n. 脱脂奶.

churr n. 蜂音,交流声.

chu'table a. 可用斜槽(溜槽)运送的. *chutable concrete* 流态(可槽运)的混凝土.

chute [ʃuːt] I n. ①(斜,滑,溜,流,旋,直,流料)槽,(斜,直)沟,斜(料)沟,斜槽道 ②降落伞,伞架,路线(走线)架 ③瀑布,急流 ④(降落). Ⅱ v. 用斜槽进(装料,运输). *air chute* 降落伞,空气降落伞. *arc chute* 灭弧罩,电弧隔板,消弧棚. *braking* [drag] *chute* 刹车(鲋牢,制动降落)伞. *cable chute* 电缆槽(沟). *cargo* [supply] *chute* 投物(空投)伞. *charge chute* 装料槽. *chute and funnel* 滑槽口,槽斗联合装置. *chute block* 陡槽消力墩. *chute board* 滑(斜,斜槽)板. *chute concrete* 溜槽浇注的混凝土. *chute drop* 急滚跌水. *chute feeder* 斜槽进料器. *chute raft* 浮运水槽,斜槽式筏道. *chute rail* 滑(道)轨(道). *coal chute* 输煤管. *crop chute* 切出滑槽. *drag* [drogue] *chute* 刹车(减速)伞. *ejection chute* 退壳槽. *feed chute* 加料(进料,给矿,进弹)槽. *suction chute* 吸入管(口,喉管).

chute-fed [ˈʃuːtfed] a. 用斜槽进(供)料的.

chuting [ˈʃuːtiŋ] n. ①溜槽运料 ②(溜,滑)槽,沟,滑运道. *chuting concrete* 用溜槽运送混凝土. *chuting plant* 斜槽运料设备,溜槽(运送)设备. *chuting system* 斜槽装料系统,溜槽系统.

CI = cast iron 铸(生)铁 ②change item 修(更)改项目 ③chemical ionization 化学电离 ④chip capacitor 片状电容器 ⑤circuit interrupter 断路器 ⑥colour index 比色指数,色素索引 ⑦compressed [compression] ignition 压缩点火 ⑧concentration index 浓度指数 ⑨contamination index 污染指数 ⑩contract item 合同项目 ⑪controlled item 控制(操纵)项目 ⑫core insulation 铁心绝缘 ⑬cornification index 角化指数 ⑭correlation index 关连(相关)指数 ⑮counterintelligence 反情报 ⑯craft inclination 飞行器倾斜角 ⑰crystal impedance 晶体阻抗 ⑱cubic inch 立方英寸 ⑲cut-in 接通.

C/I = certificate of insurance 保险证明书.

CI meter = crystal impedance meter 晶体阻抗计.

CIA = Central Intelligence Agency (美国)中央情报局.

cib = cibus 食物.

cibarian n. 食物的.

cibus n. 食物.

cic'atrice [ˈsikətris] 或 cic'atrix [ˈsikətriks] (pl. *cicatri'-ces*) n. 伤(瘢)疤,疤.

cicatricle n. 瘢痕,(卵黄的)胚点.

cic'atrize v. 生[长]疤(痕),(使)愈合. *cicatriza'tion* n.

cider n. 苹果汁,苹果酒.

ci-devant [法语] a. 以前的,前...

cidin n. 杀细胞菌体.

CIDNP = chemically induced dynamic nuclear polarization 化学反应所引起的瞬时核磁极化效应.

CIE = coherent infrared energy 相干红外能量.

Cienfuegos n. 西恩富戈斯(古巴港口).

CIF 或 cif = cost, insurance and freight 到岸价格(包括货价,运费和保险费).

CIFC = cost, insurance, freight and commission 到岸价格加佣金.

CIFCA = International Centre for Training and Education in Environmental Sciences 环境科教中心(国际环境科学训练和教育中心).

CIFCI = cost, insurance, freight, commission and interest 到岸价格加佣金及利息.

CIFE = cost,insurance,freight and exchange 到岸价格加兑换费.

CIG = ①chemical ion generator 化学的离子发生器 ②Comité International de Géophysique et Committee on International Geophysics 国际地球物理学委员会 ③Committee on International Geodesy 国际大地测量学委员会.

cigar' [siˈgɑː] n. 雪茄烟. *cigar lighter* 火星塞.

cigaret(e)' [sigəˈret] n. 香(纸,卷)烟. *cigarette paper* [tissue] 卷烟纸.

cigarette-burning *a.* 端面燃烧的.
cigar-shaped *a.* 雪茄形的.
CIGTF =central inertial guidance test facility 中央惯性制导试验装置.
CIIR =Central Institute for Industrial Research 中央工业研究所.
cil'ia ['siliə] cilium 的复数.
cil'iary *a.* 睫的,睫状体的,纤毛的.
cil'iate(d) *a.* 有纤毛的,有缘毛的,细毛状的.
ciliates *n.* 纤毛(原)虫.
ciliatine *n.* 氨乙基膦酸.
cilia'tion *n.* 具有纤毛.
cil'ium ['siliəm] (pl. *cilia*) *n.* 睫,纤毛,鞭毛.
cill =sill.
CIM =①computer-input microfilming 计算机输入缩微法 ②continuous image microfilm 连续图像显微胶卷 ③crystal impedance meter 晶体阻抗计.
CIMCO =card image correction 卡片影像校正.
ciment fondu 矾土(速凝)水泥.
ci'mex ['saimeks] (pl. *cimices*) *n.* 臭虫.
cimicifugin *n.* 升麻树脂.
CIML =contract item material list 合同项目材料清单.
cimolite *n.* 漂积粘土,泥砾土,水磨土.
cin- [词头]运动.
C-in-C =commander in chief 总司令.
cinch [sintʃ] Ⅰ *n.* (容易而)有把握的事情[工作]. Ⅱ *vt.* ①捆[绑]紧,扣住 ②(磁带或影片)卷绕不匀,松动,确定,弄明白[清楚]. *cinch marks* (在卷片中由摩擦等引起的)痕迹.
cinchene *n.* 辛可烯.
cinchol *n.* 辛可醇.
cincho'na *n.* 金鸡纳(霜,树),奎宁.
cinclisis ['siŋklisis] *n.* 呼吸促迫,急速眨眼.
cinc'ture [-tʃə] *n.* (束)带,柱带,边轮. *vt.* 用带子缠卷.
Cindal *n.* 铝基合金(铬 0.1～0.5％,锌 0.1～0.15％,镁 0.1～0.3％,其余铝).
cin'der ['sində] Ⅰ *n.* (炉,矿,铁,熔,煤,灰,火山)渣(煤轧)屑,氧化皮,(pl.) (炉)灰,废炭,尘. Ⅱ *vt.* 撒煤渣. *cinder brick* 矿[煤]渣砖. *cinder catcher* 集尘器. *cinder coal* 粉劣焦炭. *cinder cone* 火山渣锥. *cinder cooler* (高炉)渣口水套. *cinder dump* 渣堆. *cinder fall* 渣坑. *cinder inclusion* 夹渣. *cinder monkey* (高炉)渣口面. *cinder notch* (出)渣口. *cinder pig iron* 高渣生铁. *cinder pit* 渣(轧屑)坑. *cinder pocket* 沉渣室. *cinder spout* 流渣槽. *cinder valve* 卸灰阀. *cinder wool* 矿渣棉(绒),火山毛. *cinder yard* 渣堆. *cindering work* 摊铺炉渣. *mill cinder* 轧屑. *pyrite cinder* 黄(硫)铁矿烧[熔]渣,硫化矿渣.
cinder-notch *n.* 渣口.
cin'dery ['sindəri] *a.* (含,似,多)煤渣的,灰渣[烬]的,(似)熔渣的. *cindery rock* 火山渣岩.
C-index *n.* C 指数.
C-indicator *n.* C 型显示器.
cine [sini] *n.* 电影(院). *cine camera* 电影摄影机. *cine projector* 电影放映机.
cine- [词头]电影,运动,活动.
cinecam'era [sini'kæmərə] *n.* (小型)电影摄影机.

cine-cameragun *n.* 照相枪.
cinecol'o(u)r [sini'kʌlə] *n.* 彩色电影.
cinefac'tion *n.* 灰化,煅灰法.
cin'efilm ['sinifilm] *n.* 电影胶片[胶卷]. *cinefilm sound recording* 电影录音.
cineholomicros'copy *n.* 显微全息电影照像术,全息电影显微术.
cin'ekodak ['sinikoudæk] *n.* 小型电影摄影机,柯达电影机.
cin'ema ['sinimə] *n.* 电影(工业,制片技术),影片,电影院. *cinema screen* 银(投影)幕. *cinema sign* 电影广告.
cinema-goer *n.* 电影观众.
cin'emascope ['siniməskoup] *n.* 宽银幕电影(镜头).
cinemat'ic [sini'mætik] *a.* 电影的,影片的.
cinemat'ically *ad.* 用[按]电影方式.
cinemat'ics *n.* ①(电影)制片术,电影艺术 ②(kinematics 的异体词).
cin'ematize ['sinimətaiz] *vt.* 把…摄制成电影.
cinemat'ograph [sini'mætəgra:f] Ⅰ *n.* ①电影摄影(放映)机 ②电影制片(技术),电影(院). Ⅱ *v.* 用摄(制成)电影,影片的放映. *cinematograph camera* 电视摄影机. *cinematograph engineering* 电影(摄影)技术.
cinematog'rapher *n.* 电影摄影师.
cinematograph'ic *a.* 电影(上,放映,摄影术)的. **~ally** *ad.*
cinematog'raphy *n.* 电影(摄影,制片)术.
cinemicrograph *n.* 显微镜摄制电影.
cinemicrog'raphy *n.* 显微电影摄影术.
cin'emicros'copy ['sinimai'krɔskəpi] *n.* 电影显微术.
cinemu'sic *n.* 电影音乐. **~al** *n.* **~ally** *ad.*
cineol(e) *n.* 桉树脑.
cin'epanoram'ic ['sinipænə'ræmik] *a.* 全景宽银幕电影.
cinephotomicrog'raphy *n.* 显微摄制片术,显微电影.
cin'eprojec'tor [siniprə'dʒektə] *n.* 电影放映机.
cineradiog'raphy *n.* 射线活动摄制(摄影)术,活动射线照相(术),X 射线(活动电影)摄影术.
cinera'ma [sinə'ra:mə] *n.* 全景电影,宽银幕(立体)电影.
cinera'tion *n.* 灰化,煅灰(法).
cin'erator *n.* (垃圾)焚化炉,火葬场.
cine'reous [si'niəriəs] *a.* 灰(色)的,似灰的,灰白色的.
cinerite *n.* 火山渣沉积,火山渣岩.
cineritious *a.* 灰次色的,烬灰色的.
cineroentgenog'raphy *n.* X 线电影摄影术.
cinesextant *n.* 电影六分仪.
cinesiol'ogy [sinəsi'ɔlədʒi] *n.* 运动学.
cinesiother'apy [sinəsiə'θerəpi] *n.* 运动疗法.
cinesip'athy [sinə'sipəθi] *n.* 运动障碍,运动疗法.
cinespec'trograph *n.* 电影摄谱仪.
cinesthesia *n.* 运动觉,动觉.
cinesthetic *a.* 运动觉的,动觉的.
cinetheod'olite [siniθi'ɔdəlait] *n.* 电影经纬仪,(对飞行器拍摄和记录的)高精度光学跟踪仪.
cinet'ic *a.* 运动的,动的,动力的.
cineto- [词头]运动.

cin′gule ['siŋgju:l] n. 带,扣带.

cin′gulum ['siŋguləm] (pl. *cingula*) n. 带,扣带,纤维束.

cin′nabar(ite) Ⅰ n. 朱砂,一硫化汞,辰砂,硫化汞矿. Ⅱ a. 朱红的.

cin′namene ['sinəmi:n] n. 苯乙烯.

cin′namenyl n. 苯乙烯基.

cinnam′ic [sin'æmik] a. 桂皮的,肉桂的. *cinnamic acid* 肉桂酸. *cinnamic alcohol* 肉桂醇.

cin′namon ['sinəmən] n.; a. 肉桂(色)(的),红棕色(的),桂皮.

cinocen′trum [sinə'sentrəm] n. 中心体.

cinol′ogy [si'nɔlədʒi] n. 运动学.

cinom′eter n. 运动测验器.

cinquefoil n. 五瓣〔梅花形〕饰.

C-invariance n. 电荷共轭不变性,C 不变性.

CIO = central input/output multiplexer 中央输入/输出多路传输器.

CIP =①cast-iron pipe 铸铁管 ②cipher 密码 ③control inlet panel 控制输入〔进气〕的仪表板 ④conversion in place 现场转换.

ci′pher ['saifə] Ⅰ n. ①〔零〕0,零量 ②位数,(阿拉伯)数字,组合文字 ③密码(电报,索引表),电码,记〔暗〕号 ④(风等故障的)连响 ⑤不重要的人,不重要的东西. Ⅱ v. ①设计[算],计数 ②用密码书写,译成密码. *a number of 5 ciphers* 五位数. *cipher code* 密码,代码,暗号. *cipher key* 密码本,密码索引,暗号注解. *cipher mask* 密码掩模. *cipher officer* (密码)译电员. *cipher telegram* 〔text〕密码电报. *substitution cipher* 代入法密码(用排列符号方法编成密码). ▲*cipher in algorism* 零,傀儡. *cipher out* 算出. *in cipher* 用密码[暗号].

ciphony n. 密码电话学.

cipolin(o) n. 云母大理石.

CIR = customer inspection record 买主检验记录.

cir =①circa 大约 ②circular 圆形的,圆周的 ③circular 小册,传单.

cir bkr = circuit breaker 断路器.

cir mil(s) = circular mil(s)圆密尔(钢丝截面面积计量单位).

cir(c) 或 **cir′ca** ['sə:kə] 〔拉丁语〕 prep.; ad. 大约,大概. *cir* 〔circa〕*187 A. D.* 约公元 187 年.

circ =①circulate 循环,环行 ②circumference 圆周,周边,四周.

circadian a. 约一天的.

circellus n. 小环,环.

cir′cinate ['sə:sineit] a.; vt. ①环形〔状〕的 ②制圆 ③用圆规画圆.

Circinus n. 圆规(星)座.

cir′citer 〔拉丁语〕 =*circa*.

cir′cle ['sə:kl] Ⅰ n. ①圆(形物),圆周(运动),环行(形物),(圆)圈 ②周期,循环 ③度盘,编码盘 ④轨道,(铁道)环形交叉口 ⑤小圈,…界,范围,领域 ⑥(Circle)西尔克耐蚀耐热镍铬合金钢. Ⅱ v. ①圆绕…)旋转,作圆周运动,环行(绕),循环,盘旋 ②圈出〔掉〕. *addendum circle* 外圆,外圆周,齿顶圆. *aiming circle* 瞄准环. *altitude circle* 地平纬圈,等高圈. *arctic circle* 北极圆. *azimuth circle* 地平经圈,方位圈. *base circle* 基圆. *circle adjusting* 成圆调整. *circle bend* 圆曲管,环形膨胀接头. *circle of confusion* 或 *blur circle* 模糊〔散光弥散〕圈,散射〔弥散〕圆盘. *circle of equal altitudes* 地平纬圈,等高圈. *circle of longitude* 【天】黄经(圈). *circle of reference* 参考圆. *circle of stress* 应力圆. *circle problem* 【数】圆内格点问题. *circle reading* 度盘读数. *circle shear* 旋转剪床,圆盘剪(床). *circle test* 循环试验. *concentric circle* 同心圆. *declination circle* 或 *circle of declination* 赤纬圆. *circles of latitude* 线圈,黄纬圈. *dip circle* 磁倾仪. *double circle* 双线(同心)圆. *generating circle* 母圆. *horizontal circle* 水平刻度盘,地平圈. (*the*) *Marxist circle* 马克思主义小组. *meridian* 〔transit〕 *circle* 天文经纬仪,子午仪. *null circle* 零重力圆,重力分界线,中和点轨迹. *ocular circle* 出射光瞳. *pitch circle* (齿轮之)节圆. *proper circle* 真(常态)圆. *root circle* (齿)根圆. *top circle* (齿轮的)外圆. *traffic circle* 环形交叉,环形交通枢纽. *vertical circle* 垂直圆,地平经圈. *vicious circle* 恶性循环. *whole circle* (齿轮的齿)根圆. ▲*a large circle of* 很多的. *come full circle* 绕一转(一周). *in a circle* 呈圆形,作环状,用循环论法(论证). *square the circle* 求与圆面积相等的正方形;妄想,做办不到的事情.

circle-chain method 圆链法.

circle-dot mode 圆点式(存储法).

circle-in n. 外光圈打开.

circle-out n. 外光圈关闭.

cir′clet ['sə:klit] n. 小圆〔环〕,锁环.

cir′clewise ['sə:klwaiz] ad. 成圆形(环状)地.

circline 环形.

cir′clip n. (开口)簧环,(弹性)挡圈,开口弹簧环圈. *piston pin circlip* 活塞销簧环.

circolos virtuoses 恶性循环.

cir′cuit ['sə:kit] Ⅰ n. ①环〔回,网,管,回,线,通路,电路〕(图),线路图,电路图,周长 ②系统,循环系统,工序 ③环行线,环行(流),巡回,周(范)围. Ⅱ v. (绕…)环行,接(成电路). *short circuited* 短路,短接. *make* 〔go〕 *a circuit of* 绕(巡回)一周. 《*auctioneer*》*circuit* "拍卖"回路,符合最大信号的回路. *alive circuit* 有电压的电路,有源电路. *AND circuit* "与"门电路. *analogue circuit* 模拟电路. *carry circuit* 【计】进位电路. *charging circuit* 充电电路. *circuit block* 电路块,电路部件. *circuit breaker* 断路〔电流〕器,断路继电器,(断路,油)开关,电路保护(制动)器. *circuit capacitance* 布线电容. *circuit changer* (电路)开关,转接器. *circuit closer* 接电(闭路)器,开关(电路). *circuit closing contact* 闭合(通路)接点. *circuit code* 闭路码. *circuit component* 电路(网络)元件,电路组成部份. *circuit connector* 电路板(的)插头座. *circuit diagram* 电(线)路图. *circuit interrupting device* 断路装置. *circuit malfunction* 电路性能变坏. *circuit opening contact* 开(断)路接点. *circuit pattern* (印制电路)电路图形(图案). *circuit railroad* 环行铁

路. *circuit substrate* 电路衬底〔基片〕. *circuit switching* 线路交换〔交接〕. *circuit switching magnetic tape* 切换磁带电路,电路切换磁带. *circuit tester* 电路试验器〔测试器〕,万〔复〕用表. *circuit with lumped element* 集中元电路. *circuit worked alternately* 双向电路. *circuit yield* 电路成品〔合格〕率. *clipper*〔*clipping*〕*circuit* 脉冲振幅限制器,削波电路,限幅器〔电路〕. *closed circuit* 闭路(循环)回路,闭合电路,环航路线(飞行). *complete(d) circuit* 闭〔通〕路,整回路. *conference circuit* 会议电话〔调度通信〕电路. *crowbar circuit* 急剧断路线路. *dead circuit* 空路,无电电路,非放射性回路. *distribution circuits* 配电网. *divide-by-two circuit* 1:2 分频电路,1:2 分配器. *earth return circuit* 地回电路,接地回路. *eluant circuit* 洗提回路〔工序〕,洗出回路. *exclusive circuit* 闭锁〔专用〕电路. *fast coincidence circuit* 快〔高分辨本领〕符合线路. *flywheel circuit* 同步惯性电路. *gate*〔*gating*〕*circuit* 选通线路,门电路. *high-C*〔*high capacity*〕*circuit* 大电容电路. *integrated circuit* 集成电路. *interlock circuit* 互锁电路,联锁线〔电〕路. *keep-alive circuit* 保弧电路. *L-C circuit* 电感电容电路. *leach*(*ing*) *circuit* 浸出回路〔系统,流程〕. *line circuit* 外线〔用户线,天线〕电路. *live circuit* 有电压的电路,〔热〕放射性回路. *logic circuit* 逻辑电路. *low-order add circuit* 低位相加法电路. *meter-in circuit* 入口节流式电路,进油计量油路. *meter-out circuit* 出口节流式电路. *multiple circuit* 倍增〔复接〕电路,复杂分路. *null circuit* 零电路,零位线路. *one's complement circuit* 一的补码电路. *open circuit* 断〔开〕路,开式回路,开式(分级)流程,未闭合回路. *passive circuit* 无源电路. *plate circuit* 屏极电路. *plated*〔*printed*〕*circuits* 印刷〔印刷〕电路. *pneumatic circuit* 气动回路,气压管路〔系统〕. *rate-of-change circuit* 变率(一次导数)调节电路. *return circuit* 回路,回流道. *Rice circuit* 栅极中和电路,高频放大器屏-栅电容中和电路. *ring-of-ten circuit* 十元环形脉冲计数器,十进制环形脉冲计数电路. *sampling circuit* 采〔抽〕样电路,幅度-脉冲变换电路. *scale-of-two circuit* 二分标电路,二进制电路. *scale-of-ten circuit* 十进制换算电路. *scaling circuit* 定标器,定标〔校准〕电路. *schematic circuit* 草图,原理图. *short circuit* 短〔捷〕路,短〔捷〕接. *shunt circuit* 分路,并联电路. *squelch circuit* 杂音〔噪声〕抑制电路. *symbolic circuit* 作用〔职能,框,简〕图,函数〔符号〕电路. *tank circuit* 振荡〔谐振〕电路,槽路. *tapped circuit* 具有分接头的电路,*through circuit* 转接〔具有分接头的〕电路. *TPTG*〔*tuned plate-tuned grid*〕*circuit* 调屏调栅电路. *translation circuit* 转接电路. *trap circuit* 陷波电路,吸收〔滤波器〕电路. *trigger circuit* 触发器线路,触发电〔回〕路,起动网〔线〕电路. *trip*(*ping*) *circuit* 解扣电路,跳闸电路. *writing circuit* 记录〔写出〕电路. ▲*in circuit* 接通.

cir'cuital ['sə:kitəl] 或 **circuitary** ['sə:kitəri] *a*. 线〔电路的,与线路相联的;全电流的,网路的,循环的. *circuitalfield* 旋场.

circuita'tion *n*. 旋转(矢量),闭回线积分.

circuit-breaker *n*. 断路器,(油)开关,电路保护〔制动〕器.

circuit-closer *n*. 通路器;接电器.

circuit-disturbance test 电路故障〔干扰〕试验.

cir'cuiter *n*. 巡回者. *short circuiter* 【电】短路器.

circuition *n*. 绕轴转动.

circu'itous [sə:'kju:təs] *a*. 迂曲的,绕行的,旁路的,曲折的,间接(进行)的. *take a circuitous route* 绕着走,走迂回路线. ~**ly** *ad*. ~**ness** *n*.

cir'cuitron *n*. 双面印刷电路,组合电路,插件.

cir'cuitry ['sə:kitri] *n*. ①(整机,电)网路 ①一套设备中全部电路的总称),线路(系统),流程 ②电路(线路)图,电路系统,接线图(法),连接法,布〔架〕线 ③电路原理,电路学. *printed circuitry* 印刷电路(学). *transistor circuitry* 晶体管电路原理.

circu'ity [sə(:)'kju(:)iti] *n*. 圆(周),转弯抹角,间接的手法.

cir'culant ['sə:kjulənt] *n*. 【数】循环行列式. *circulant matrix* 循环〔轮换〕矩阵.

cir'cular ['sə:kjulə] **I** *a*. ①(圆形的),环(形,行)的 ②循环的,巡〔迂〕回的. **II** *n*. 通报〔令,知,讯,告〕,广告,公告,传单. *circular arc* 圆弧. *circular arch* (圆)弧拱. *circular bead* 圆角,台肩,弧面秋叶. *circular chart* 圆形记录卡片,圆形〔极坐标〕记录纸. *circular conchoid* 圆蚌〔螺旋〕线. *circular cone* 圆锥. *circular counter* 盘式计数器. *circular current* 环(电)流. *circular cutter holder* 回转刀架. *circular degree* 圆(周)度. *circular diagram aerial* 全向图〔无方向〕天线. *circular dipole* 圆弧形偶极子. *circular distributor ring* 集电环,环形整流子. *circular electrode* (圆)盘状电极. *circular error probability* 圆周误差几率,圆概率误差. *circular feed* 回转进给,回转进刀. *circular four pin driven collar nut* 四销传动圆缘螺母. *circular frequency* 角速度,角(圆周)频率,周频. *circular function* 圆〔三角〕函数. *circular grinding machine* 外圆磨床. *circular helix* 圆柱(圆)螺旋线. *circular inch* 圆英寸(面积单位 = 0.785 英寸^2,相当于直径一英寸的圆面积). *circular letter* 通函〔知〕. *circular mil* 圆密耳,圆密耳(直径 1 密耳即 0.001 英寸的圆的面积, = 7.854 × 10^{-7} 英寸^2,铜丝截面面积的计量单位). *circular measure* 弧度法. *circular motion* 圆周运动. *circular orbit* (圆)形轨道. *circular order* 循环次序. *circular pitch* (圆)周(齿)节. *circular points* (*at infinity*) 虚〔无穷远〕圆点. *circular polar diagram paper* 极坐标纸. *circular radio beacon* 全向无线电信标. *circular rays* 圆弧射线. *circular saw* (盘形)圆锯. *circular screen* 圆孔筛. *circular seam sealing machine* 环形缝焊机. *circular seam welding* 环形

对接焊. *circular shears* 圆盘式切剪机,圆盘剪床. *circular shift* 线路漂移,循环移位. *circular spider type joint* 十字叉连接. *circular street* 环行路. *circular sweep* 圆〔螺旋,环形〕扫描. *circular thickness* 弧线厚度,弧齿厚. *circular velocity* 圆周速(度). *circular waveguide* 圆(形,截面)波导. ~ly *ad*.

circular-groove-crack test 圆槽抗裂试验.

circular'ity [səˈkjuːˈlærɪtɪ] *n*. ①圆(形,度),成圆率 ②环〔圆〕状,迂回.

circulariza'tion *n*. 圆化,使成圆形.

cir'cularize [ˈsəːkjuləraɪz] *vt*. ①发通知给,传阅,推 广,宣传,公布,向…发传单 ②使成圆形,圆化. *circularized tube* 圆化管. *circularizing orbit* 巡回轨 道. *circularizing winding* 圆形绕组.

cir'cularizer *n*. 圆化器.

cir'cularly *ad*. (成)圆(形地),循环地. *circularly polarized light* 圆(偏)振光.

circularly-polarized *a*. 圆偏振〔极化〕的.

circular-patch *a*. 环形补片〔镶块的〕. *circular-patch crack test* 环形圆块抗裂试验. *circular-patch specimen* 环形镶块焊接试样.

circular-shaped *a*. 圆形的.

circular-sweep phase shifter 圆〔环形〕扫描移相器.

cir'culate [ˈsəːkjuleɪt] *v*. ①使〔作〕环行〔流〕② (使)流通〔传〕,流,运行,传播,散布. ▲*circulate around* 围〔环〕绕…旋转. *circulate* (M) *through* N (使)M在N中循环.

cir'culating [ˈsəːkjuleɪtɪŋ] *n*.; *a*. ①循环(的) ②环 流(的),流通. *circulating beam* 回旋电子注. *circulating current* 环行电路,环流,杂散电流. *circulating decimal* 循环小数. *circulating door* 旋转门. *circulating line* 环流管道. *circulating medium* 通 货. *circulating memory* 循环〔回转,动态〕存储器. *circulating pump* 循环泵,环流〔水〕泵. *circulating real capital* 动产,流通资产. *circulating water* 循 环〔冷却,散热,流通〕水.

circula'tion [ˈsəːkjuˈleɪʃən] *n*. ①循环(量),环流 (量),运行,流程,环行移动 ②传播,流通(量),发行 (量,额) ③(矢量)旋转 ④(线积分)旋度,闭合线积 分 ⑤通货,货币. *air circulation* 空气环流. *circulation around circuit* 封闭环流. *circulation indicator* (玻璃制)机油显示器. *circulation integral* 圆周 积分. *circulation lubrication* 循环润滑. *circulation map* [plan] (流域的)地图. *circulation of heat* 热循环,循环的热量. *force*(*d*) *circulation* 压力环 流〔循环〕,强制〔迫〕循环. *gravity circulation* 自流 〔重力〕环流. *zonal circulation* 纬向〔圆〕环流. ▲*be in circulation* 传播中,流通〔通行〕着. *have a circulation of* 发行额为…份. *put…in* [*into*] *circulation* 传播〔通用,使用〕…,使…流通. *withdraw…from circulation* 收回…,停止发行.

circulation-free *a*. 无环流的.

cir'culative [ˈsəːkjuleɪtɪv] *a*. 循环性的,促进循环的, 有流通性的.

cir'culator [ˈsəːkjuleɪtə] *n*. ①循环器〔泵,管,系统〕, 环行〔流,形〕器,回转器,旋转多路连接器 ②循环(传 能)电路,强化循环装置 ③环流锅炉 ④循环小数.

cir'culatory [ˈsəːkjulətəri] *a*. 循环的,环流的,流通 的. *circulatory motion* 圆周〔环流〕运动.

cir'culin *n*. 环杆菌素.

cir'culize *v*. 循环.

cir'culizer *n*. 循环器.

cir'culus [ˈsəːkjuləs] (pl. *circuli*) *n*. 环,圈.

circum = *circumference* 圆周,周边,四周.

circum- 〔词头〕环〔围〕绕.

circumagitate *vt*. 绕…旋转.

circumam'biency *n*. 环〔围〕绕的,周围,**circumam'bient** *a*.

circumam'bulate *v*. 绕…行,巡行〔逻〕. **circumambula'tion** *n*. **circumambulatory** *a*.

circumaural earphone 头戴护耳式耳机.

circuma'viate [səˈkəmˈeɪvɪeɪt] *vt*. 环绕(地球)飞行, 乘飞机绕地球一周.

circumavia'tion [səˈkəmeɪvɪˈeɪʃən] *n*. 环球飞行.

circumben'dibus *n*. 绕〔兜〕圈子.

cir'cumcenter 或 **cir'cumcentre** [ˈsəːkəmsentə] *n*. 外 接圆的中心.

cir'cumcircle [ˈsəːkəmsəːkl] *n*. 外(接)圆.

circumcircula'tion *n*. 环绕冲洗,冲刷四周.

circumcres'cent *a*. 环生的.

circumdenuda'tion *n*. 环状侵蚀.

circumduc'tion *n*. 环行(运动),回转.

circum-earth orbit *n*. (卫星的)环地轨道.

circum'ference [səˈkʌmfərəns] *n*. 圆周(线),四周, 周面,周(围)长(度),周边〔界,线〕,圆域,环状面. *be 5 miles in circumference* 周围〔长〕5英里. *circumference of wheel* 轮周. *circumference of wire rope* 钢丝绳(外接圆)周长. *orbit circumference* 轨道周线,轨道长度.

circumferen'tia [səkʌmfəˈrenʃɪə] *n*. 周线,环状面, 圆周.

circumferen'tial [səkʌmfəˈrenʃəl] *a*. 周(围,边,缘) 的,圆周的,(圆)环形的,环绕的,环状面的,外接的, 切向的. *circumferential clearance* 周刃隙角,刀刃 后角. *circumferential force* 切线〔向〕力. *circumferential highway* 环形公〔道〕路. *circumferential pitch* 周节. *circumferential pressure* 圆周〔切线〕 压力. *circumferential stress* (圆)周应力,环(切) 向应力. *circumferential velocity* 〔speed〕圆周速 度. ~ly *ad*.

cir'cumflex [ˈsəːkəmfleks] *a*. 卷曲的,旋绕的.

circumflex'ion [səːkəmˈflekʃən] *n*. 弯曲,弯成圆形.

circumflex'us [səːkəmˈfleksəs] *a*. 卷曲的,旋绕的,旋 的.

circum'fluence [səˈkʌmfluəns] *n*. 回〔环〕流,周流,环 绕.

circum'fluent [səˈkʌmfluənt] 或 **circum'fluous** [səˈkʌmfluəs] *a*. 环(周,绕)流的,环(围)绕的.

circumfuse [səːkəmˈfjuːz] *vt*. 周围照射,四面浇灌, 围绕,四散,散播〔布〕. **circumfu'sion** *n*.

circumglo'bal *a*. 环球的.

circumgy'rate [səːkʌmˈdʒaɪəreɪt] *vt*. (使)旋(回)转, 作回转运动,(作)陀螺运动,圆周回转,眩晕. **circumgyra'tion** *n*.

circumhorizon'tal *a*. 绕地平的.

circumja′cent [sə:kəm'dʒeisənt] *a.* 周围的,邻接的,环绕的,围绕着的.

circumlit′toral *a.* 沿海[岸]的,海滨的.

circumlocu′tion *n.* 曲折,迂回,遁辞. **circumloc′utory** *a.*

circumlu′nar [sə:kəm'lu:nə] *n.*; *a.* 绕月[旋转](的),环月的.

circum-Martian orbit 环火星轨道.

circum-meridian altitude 近子午圈高度[角].

circumnav′igate [sə:kəm'nævigeit] *v.* 环球飞[航]行,环航(世界).

cir′cumnaviga′tion ['sə:kəmnævi'geiʃən] *n.* 环球飞[航]行. *lunar circumnavigation* 绕月球飞行.

circumnu′clear *a.* 核周(围)的,围核的.

circumnuta′tion *n.* (植物)屈垂,回旋转头运动.

circumpacific seismic belt 环太平洋地震带.

circumplan′etary *a.* 绕[环]行星(旋转,飞行)的.

circumpo′lar [sə:kəm'poulə] I *a.* 极地附近的,围绕天极的,环极的. II *n.* 拱极星. *circumpolar constellation* 拱极星座.

circumra′dius [sə:kəm'reidiəs] *n.* 外接圆半径.

cir′cumscribe ['sə:kəmskraib] *vt.* ①画[划]圈;在…周围划线 ②限定(制),约束,确定…的界线(范围) ③使…外切(接),外切,外接. *circumscribed circle* 外切[圆]圆. *circumscribed triangle* 外切三角形. *radius of the circumscribing circle to the triangle* 三角形外接圆的半径.

circumscrip′tion [sə:kəms'kripʃən] *n.* ①限界[制],界线,范围,区域 ②定义 ③外接[切] ④花边.

circumscrip′tus (拉丁语) *a.* 局限的,限界的.

circumso′lar [sə:kəm'soulə] *a.* (围)绕(着)太阳的,绕(环)日的,太阳周围的,近太阳的.

cir′cumspect ['sə:kəmspekt] *a.* ①细心的,周到的,谨慎的,慎重的 ②精密的. ~**ness** 或 ~**ion** *n.* ~**ly** *ad.*

cir′cumsphere *n.* 外接球.

cir′cumstance ['sə:kəmstəns] *n.* (常用 pl.) ①情况[形],环境 ②事件[实,情],(有关)事项 ③详情,细节. *act according to circumstances* 随机应变,因时制宜. ▲*under all circumstances* 无论在何种情况下,无论如何. *under any circumstances* 在任何情况下. *under certain circumstances* 在某些情况下. *under [in] no circumstances* 无论如何(也)不,在任何情况下都不…,决不. *under [in] the circumstances* 在这些[种]情况下,(情况)既然如此. *without omitting a single circumstance* 毫不遗漏地.

cir′cumstanced *a.* 在(…)情况下. *differently circumstanced* 情况不同的. *so circumstanced that* 事已如此(所以).

circumstan′tial [sə:kəm'stænʃəl] *a.* ①根据情况的,间接的,旁(证)的 ②偶然的,有关的而非主要的,不重要的 ③详细(尽)的. *be circumstantial compared with M* 与 M 相比是不重要的. *circumstantial evidence* 间接证据,旁证. *circumstantial report* 详细报告,情报.

cir′cumstantial′ity ['sə:kəmstænʃi'æliti] *n.* (事件的)详情,详尽,情况[形],偶然性.

circumstan′tially [sə:kəm'stænʃəli] *ad.* ①因情形,照情况 ②附随地,偶然地 ③详细.

circumstan′tiate [sə:kəm'stænʃieit] *vt.* 详细说明,证实,提供证据来证明.

circumterres′trial *a.* 绕地球的,环球的,近地的. *circumterrestrial satellite* 环球[人造地球]卫星.

circumvent′ [sə:kəm'vent] *vt.* ①超[胜]过,击败,占上风 ②阻止(计划)实现,防止…发生,推翻 ③绕过,回避 ④围绕,包围 ⑤陷害. ~**ion** *n.*

cir′cumvolute′ [sə:'kʌmvəljut] I *vt.* ①卷,缠绕 ②(同轴)旋转. II *a.* 捲合的,缠绕的.

circumvolu′tion [sə:kəmvə'lju:ʃən] *n.* 卷绕,盘绕,旋卷,(同轴)旋转,周转,涡线.

cir′cus ['sə:kəs] *n.* ①圆形,(圆形)广场,环形(道路)交叉口,(圆形)马戏场 ②外轮山.

cire-perdue process 失蜡铸造法.

cirque *n.* 冰斗(坑),圆形山谷(凹),圆圈,环形物.

cirrhogenous *a.* 引起硬变的.

cirrhose *a.* 有卷须的,有蔓的.

cirrho′sis *n.* 慢性肝间质炎,(肝)硬变.

cirrhot′ic [si'rɔtik] *a.* 硬性的,硬变的.

cir′ro-cu′mulus *n.* 卷积云,絮云.

cirrose′ 或 **cirr′ous** *a.* ①卷云的 ②有卷须的,有蔓的 ③生触毛的.

cir′ro-stra′tus *n.* 卷层云.

cir′rus ['sirəs] (pl. **cir′ri**) *n.* ①卷云 ②触毛 ③卷带孢子,孢子角,卷须.

cirscal meter 大转角动圈式电表.

cir′soid ['sə:sɔid] *a.* 曲张的,蜿蜒状的,蔓状的.

CIS = Chinese Industrial Standards 中国工业标准.

cis = center-of-inertia system 惯性(中心)系统,惯心系统.

cis- (词头)在…这边,顺(位,式).

cis-addition *n.* 顺(式)加(成)作用.

cisatlan′tic [sisət'læntik] *a.* 大西洋这边的.

cis-butenediol *n.* 顺丁烯二醇.

cis-com′pound *n.* 顺式化合物.

cis-configura′tion *n.* 顺式构型.

cis-double bonds 顺式双键.

cis-effect′ *n.* 顺位效应.

cis-elimina′tion *n.* 顺位消除.

cis-form 或 **cis form** ['sis fɔ:m] *n.* 顺式.

cis-isomer *n.* 顺(式)立体(异)构体.

cis-isomerism *n.* 顺式异构现象.

cislu′nar ['sis'lu:nə] *n.* (位于)地球(轨道)和月球(轨道)之间的,月地轨道间的,(月球轨道内的). *cislunar satellite* 月内轨道卫星. *cislunar spaceship* 月地航天飞船.

cis-Martian space 地球轨道和火星轨道之间的宇宙空间,火星轨道内的宇宙空间.

cis-orientation *n.* 顺向定位.

cisplan′etary *a.* 行星间(内)的,行星轨道间的.

cis-position *n.* 顺位.

cis′sing *n.* 收缩.

cis′soid ['sisɔid] *n.* (尖点)蔓叶线.

cissoidal curve 蔓叶类曲线.

cis-tactic *a.* 顺式有规的,顺式立体异物的.

cis′tern ['sistən] *n.* ①容器,贮水器,贮液杯(柜),(水)槽,水塔(箱),蓄水池,乳池 ②(油)槽车,罐车 ③冰窖 ④脑池. *barometer cistern* 气压计杯.

cister′na [sis'tə:nə] (pl. *cisternae*) *n.* 池,槽.

cister′nal *a.* 池的,脑(池)的.

cisternogram n. 脑池照相图.
cis-trans Ⅰ a. 顺反的. Ⅱ n. 顺序-反序,顺反作用.
cis-trans-isomerism n. 顺反异构现象.
cis'tron n. 顺反子,作用子.
cis-uranium element 锕前元素.
cis-Venusion space 金星轨道内的空间,地球轨道和金星轨道之间的空间.
CIT =①California Institute of Technology 加利福尼亚理工学院 ②call-in time 调入(子程序)时间 ③ Carnegie Institute of Technology 卡内基理工学院.
ci'table ['saitəbl] a. 可引用[证]的.
cit'adel ['sitədl] n. 城堡,要塞,大本营,避难所.
cita'tion [sai'teifən] n. ①引证[用,述,文],文献资料出处,指引,提到 ②条文 ③(通报)表扬 ④传讯[票].
cite [sait] vt. ①引用[证,述],援引 ②列举,举(出,例) ③提到,谈到 ④传讯. *cite an instance* (example)举例. ▲*cite M as an instance* 举 M 为例.
cit'ied ['sitid] a. 有(似)城市的.
cit'ify ['sitifai] vt. 使城市化.
cit'izen ['sitizn] n. 公[居,市]民. *citizen's radio band* 民用频段.
cit'izenship n. 公民权,公民资格(身份),国籍.
citral n. 柠檬醛,橙花醛.
cit'rate n. 柠檬酸盐(酯,根). *hafnium citrate* 柠檬酸铪.
cit'ric ['sitrik] a. 柠檬(性)的. *citric acid* 柠檬[枸橼]酸. *citric soluble* 可溶于柠檬酸的.
cit'rine ['sitrin] Ⅰ n. ①柠檬色 ②黄(水)晶,茶晶. Ⅱ a. 柠檬色的.
cit'rite n. 黄晶,茶晶.
cit'rus n. 柑橘(属),柠檬.
cit'y ['siti] n. (城,都)市,市(城)区. *city noise* 城市噪声[杂音]. *city planning* 城市规划,都市计划. *city water* 城市给水,自来水.
city-owned a. 市办的.
civ'ic ['sivik] a. (城)市的,市(公)民的,民用[间]的,国内的. *civic architecture* 城市建筑. *civic centre* 市中心. *civic rights* 公民(的)权(利).
civ'ics ['siviks] n. 市政学,公民学.
civ'il ['sivil] a. ①市[公]民的,民用[间,事]的,国内的 ②文职的. *civil aeronautic* 民(用)航(空)的. *civil architecture* 民用建筑. *civil construction* 土木建筑. *civil day* 民用日(24 小时),昼夜. *civil defence* 民防. *civil engineering* 土木工程. *civil hospital* 地方医院. *civil service* 行政事务(部门),文职官员,文职公务人员. *civil war* 内战.
civil'ian [si'viljən] Ⅰ n. ①非军人,老百姓 ②公务人员. n. 民间的,文职的. *civilian airman* 民航飞行员. *civilian application* 民用. *civilian clothes* 便服. *civilian worker* 民工.
civilisation =civilization.
civilise(d) =civilize(d).
civiliza'tion [sivilai'zeifən] n. ①文明,开化,文化 ②有人居住,有一定的经济文化的地区.
civ'ilize ['sivilaiz] vt. 使文明,开化,使有文化.
civ'ilized a. 文明的,开化的.
CJ =①cold junction 冷接点 ②construction joint 构件接头,构造缝. copper jacket 铜夹套.
CK =①call key 呼叫键 ②check 检验[查]的,核对 ③circuit 电(线)路 ④cork 软木塞.
ck vlv =check valve 止回[防逆,单向]阀,检验开关.
CKB =cork base 软木底层.
CKBD =cork board 软木板.
CKD =completely knocked down 完全(拆)卸开的,全部击落的.
C-kill n. 全级杀伤.
ckpt =cockpit 座舱,驾驶间.
cks =centistokes (粘度单位)厘泡.
CKT 或 **ckt** =circuit 电(线)路.
ckt bkr =circuit breaker 断路器,(油)开关.
ckt cl =circuit closing 电路闭合.
CKTP =check template 检验样板.
CKTS =circuits 电(线)路.
CKW =clockwise 顺时针方向的.
CL =①car load 车辆荷载 ②center [central] line 中心线 ③centiliter 厘升 ④check list 核对表,检查表 ⑤class 等级,种类 ⑥clearance 间[余]隙 ⑦close 关闭,合拢 ⑧collimating lens 准直透镜 ⑨compiler language 编译程序语言 ⑩constant level 常液面,恒定水准 ⑪cost of living 生活费用 ⑫crane load 吊车[起重机]起重量 ⑬curve length 曲线长度 ⑭cutter location 刀具定位 ⑮low pressure casting 低压铸造.
Cl =①chlorine 氯 ②closure 电路闭合,通电.
cl =①carload(一种重量单位,合 10 t) ②centilitre(s) 厘升 ③chlorinity 氯度 ④coil 线圈,绕组 ⑤cut lengths 切割长度 ⑥cylinder 筒,汽缸.
C/L =circular letter 传阅文件,通报.
CLA =centre line average (method) 平均高度(法),算术平均法.
clab'ber n. 凝乳,酸牛奶.
clack [klæk] n. ; vi. ①瓣,瓣(铰刀)阀,(瓣状)活门 ②(发出)噼啪[啪嗒]声. *air inlet clack valve* 进气瓣阀. *ball clack* 球阀. *butterfly clack* 蝶形瓣,蝶形活门. *clack seat* 阀座. *clack valve* 瓣(式止回)阀. *delivery valve clack* 增压活门. *pressure clack* 压力瓣. *valve clack* 阀瓣.
clack-box n. 瓣阀箱.
clack-valve n. 瓣(铰形)阀.
clad [klæd] Ⅰ (*clad, clad*; *cladding*) vt. (用金属)包敷[层,壳],包覆金属,覆盖,镀. Ⅱ clothe 的过去式和过去分词. Ⅲ n. ; a. ①(金属)包层(的),包覆(金属)(的),覆盖的,镀过(金属)的,(用壳)包敷的 ②穿着…的. *clad laminate* 敷箔(叠压)板. *clad metal* 包层金属,包层钢板,包覆的金属,复合板的覆材. *clad metal sheet* 复合金属薄板. *clad pipe* 复合管. *clad plate* 包装(复合,装甲,饰)板. *clad sheet steel* 复合(覆层)钢板. *clad steel* 复合(双金属,包层,覆层,多层)钢. *stainless clad* 不锈包层钢. *steel clad* 包层钢.
clad'ding ['klædiŋ] n. ①(金属)包层(法),包壳(层),(金属)覆盖(物),涂[镀,喷](金属)(层)[甲],覆盖,外罩 ②表面处理,覆板工艺 ③路面,维护结构. *cladding material* 外包材料. *cladding steel* 包层(薄)钢板,包覆钢,双金属钢.
clade n. 进化枝.

cladode *n.* 叶状枝.
cladogen'esis *n.* 分枝进化.
cladogenous *a.* 枝上生的.
clad'ogram *n.* 进化分枝图.
claim [kleim] *v.*; *n.* ①要求(物,权,承认),要求偿损失权,索(取,去),索赔,索补缺也中,(申请的)专利范围,请付,认领 ②自〔声,宣〕称,主张,断言 ③值得,必须. *claim against damages* 要求赔偿损失. *claim damages from a company* 要求某公司赔偿损失. *a claim for damages* 〔claims of damage〕赔偿损失的要求,要求赔偿损失. *This question claims attention* 这个问题值得注意. *I have many claims on my time.* 我有许多事要办. *claim indemnity* 索赔. *claim reimbursement* 索汇. *claimed accuracy* 要定〔规定〕的精〔确〕度. *claims priority* (专利)已向其他国家作过申请. *insurance claim* 保险索赔. ▲*a claim of* 〔to〕关于…的议论〔主张〕要求别人承认. *claim M from C for N* 向 C 要求〔索取〕M 作为对 N 的赔偿. *claim to* +*inf.* 自称能(做). *claim M to be N* 声称 M 是 N. *enter* 〔put in〕 *a claim for* 提出…的要求,声言…其所有. *lay claim to* 要求,主张,自以为. *set up a claim to* 提出对…的要求,表明对…的主张.
claim'able *a.* 可要求的,可索赔的.
claim'ant ['kleimənt] 或 **claim'er** *n.* 申请人,(根据权利)提出要求者,原告(to).
clair [klɛə] (法语) *en clair* 明码,不用密码.
clairau'dience *n.* 顺风耳.
clairsentience *n.* 千里眼.
clairvoyance [klɛə'vɔiəns] (法语) *n.* 洞察力,透视(力),千里眼.
clam [klæm] *n.* ①夹钳〔板〕 ②蛤,蚌. *clam bucket* 抓斗. *clam shell* 抓〔蛤〕斗,蛤壳,合瓣.
clam'ber ['klæmbə] *vi.*; *n.* 攀登,爬(上)(up).
clam'miness ['klæminis] *n.* 湿冷,发粘.
clam'my ['klæmi] *a.* 滑腻的,冷湿的,粘糊糊的. **clam'mily** *ad.*
clam'orous ['klæmərəs] *a.* 吵〔喧〕闹的. **-ly** *ad.*
clam'o(u)r ['klæmə] *n.*; *v.* 喧嚷,叫嚣.
clamp [klæmp] *n.* ①夹(子,具,板,管),(砂)箱夹,(夹)钳,夹紧装置,夹持器,弓形夹,管子止漏夹板,抓手 ②压板〔铁〕,压紧装置,支架 【电】线夹,(接线)端子,接线 ④卡箍〔子〕,肘〔U 字〕钉 ⑤电平固定,箝位〔电路〕 ⑥(桩)堆,堆放 ⑦重踏. I *vt.* ①夹(紧,持,住),卡〔固,压〕紧,制动,定〔箝〕位,使固定〔缝〕 ②堆 ③重踏. *bench clamp* 台钳. *boot clamp* 密封套夹. *C clamp* C 〔弓〕形夹钳. *clamp action* 箝位作用. *clamp bit* (机械)装夹式车刀. *clamp bolt* 紧固〔夹紧〕螺栓. *clamp bucket* 夹〔抓〕斗. *clamp clip terminal* 夹线卡子接线柱. *clamp coupling* 夹形〔对开套筒夹紧〕联轴节. *clamp device* 紧固〔夹紧,定位,箝位〕装置. *clamp dog* 制块. *clamp failure* 失箱. *clamp frame* 夹钳. *clamp holder* 夹具支持架. *clamp lapping* 压紧〔压紧后〕研告,(齿轮)无齿隙研磨. *clamp level* 箝位电平. *clamp loose* 压板肯开. *clamp nut* 紧固螺母. *clamp output voltage* 箝位(线路)输出电压. *clamp pin* (千分尺的)制动把,销套轴尾,夹〔锁紧〕销. *clamp plate* 夹〔压〕板. *clamp ring* 压〔夹〕紧环,锁紧圈. *clamp screw* 制动〔压紧,紧固〕螺钉. *clamped beam* 两端固定梁,固支紧梁. *clamped plate* 边缘固定板. *clamped terminal* 夹子接线端. *diode clamp* 二极管箝位. *earth clamp* 接地夹(端)子. *eccentric clamp* 偏心自锁挡扣. *finger clamp* 指形压板. *keyed clamp* 箝位. *lead-in clamp* 引入(线)夹,输入接线柱. *pinch (-cock) clamp* 弹簧夹. *plate clamp* 直压板(夹具). *vice* [vise] *clamp* (小)虎钳,压钳夹,螺丝扳手. ▲*clamp down* 夹紧①,卡住〔紧〕,固定住,强制执行. *clamp down on* 施压力于,用力制止,箝制,取缔. *clamp M in N* 把 M 夹在 N 中,*clamp M on* ((on) to)N 把 M 固定〔夹紧〕在 N 上. *clamp up* 堆放.
clamp'er ['klæmpə] *n.* ①接线板 ②箝位电路,箝位器,夹持器 ③(防滑)鞋底钉. *clamper amplifier* 箝位放大器,固定信号电平的放大器. *clamper circuit* 箝位电路. *clamper tube* 箝位管.
clamp-free beam 悬臂梁.
clamp'ing ['klæmpiŋ] *n.* ①夹紧〔住〕,紧固,吸附着,接地 ②电平箝位〔固定〕,箝位(电路),箝压 【计】解的固定 ④截断. *clamping apparatus* [yokes] 卡具. *clamping bolt* 夹紧螺栓. *clamping chuck* 夹头. *clamping circuit* 箝位(脉冲限制)电路. *clamping claw* 夹钳. *clamping diode* 箝位〔压〕二极管,电平箝平的二极管. *clamping handle* 制动手柄. *clamping lever* 夹紧手柄. *clamping paste* 箝位〔紧固用〕油膏. *clamping plate* 夹板,压板(铁). *clamping ring* 夹紧〔锁固〕环,夹圈. *clamping screw* 固定〔夹紧〕螺钉.
clamp-off *n.* 冲掉砂.
clamp-on I *n.* 夹紧,箝制,箝位. II *a.* 夹合式. *clamp-on tool* 夹紧刀具.
clamp-on-black *n.* 箝位在黑电平上.
clamp-splice *n.* (型架)夹块.
clam'shell ['klæmʃel] *n.* ①蛤壳 ②(壳式抓)斗,蛤壳状挖泥机,合瓣式〔抓斗式〕挖土机. *clamshell bucket* [scoop] (蛤壳式)抓斗,蛤(壳式铲)斗. *clamshell car* 自(动)卸(料)吊车. *clamshell dredge* 蛤(壳)斗式挖泥机. *clamshell excavator* 抓斗式挖土机.
clamshell-equipped crane 抓斗吊车.
clan [klæn] *n.* 氏族,宗派,阀,(生物分类)支.
clandes'tine [klæn'destin] *a.* 秘密的,暗中的,私下的. **-ly** *ad.*
clang [klæŋ] *n.*; *v.* (发)铿锵声,叮谬(地响),音响,音响. **-orous** *a.*
clan'go(u)r ['klæŋgə] *n.*; *vi.* 叮叮当当(地响),(发)叮当声.
clank [klæŋk] *n.*; *v.* 叮铃铃(地响),(发)叮当声.
clan'nish *a.* 氏族的,(同)宗派的,小集团的. **-ly** *ad.*
clap [klæp] *v.*; *n.* ①拍(手,击,打),锤,鼓掌,轻敲,撞击 ②砰然出声 ③振〔颤〕动,振翼 ③轰(破雾,露雳)声. *clap valve* 瓣阀,蝶阀.
clap'board ['klæpbɔ:d] *n.* 楔形(墙面,护墙,护墙板)

clapotis n. 驻波,定波.
Clapp circuit 克拉普(振荡)电路,振荡回路,不用晶体的稳频振荡器.
clap′per [′klæpə] n. ①(警)钟锤,铃舌,铃锤 ②(机床的)拾刀装置,(刨床的)摆动刀架,拍板 ③单向阀塞,防浪阀,自动活门,锁气器 ④抓刊爪. *bell clapper* (电)铃锤. *clapper box* 抬刀座,抬刀装置,(刨床的)摆动刀架,拍板座. *clapper pin* (牛头刨床)摆动刀架轴销. *clapper valve* 瓣阀,止回阀. ▲*like the clappers* 很快.
clappet (valve) 止回阀,单向阀.
clap′ping n. (鼓)掌声. *clapping stone* 鸣石.
clarain n. 亮煤.
clar′et [′klærət] n.; a. 红葡萄酒,紫红色(的).
char′ifiable a. 可净化的.
clarif′icant [klæ′rifikənt] n. 澄清剂,净化剂.
clarificate v. 澄清,净化. *clarificating agent* 澄清剂.
clarifica′tion [klærifi′keiʃən] n. ①澄清(作用,法),净〔纯〕化,清化〔理〕②说〔阐〕明,解释 ③(谱线的)浅化(现象). *pulp* (*slime*, *slurry*) *clarification* 矿浆澄清.
clarificator n. 澄清器,沉淀槽.
clar′ifier [′klærifaiə] n. ①澄清〔滤清,净化〕器,澄清〔沉淀〕槽 ②澄清〔净化〕剂 ③清晰〔明晰〕器,(无线电)干扰消除〔消除,消减,减低〕器,干扰清除设备,减弱干扰装置,(单边带接收机)精调. *leaf clarifier* 滤叶,澄清器. *water clarifier* 滤〔清〕水器.
clariflocculation n. 澄清絮凝.
clariflocculator n. 澄清絮凝器.
clar′ify [′klærifai] v. ①澄〔变〕清,净〔纯〕化,使清洁〔透明〕②理解,(使)明白〔确〕晰,明确性,阐明,弄清楚. *clarifying tank* (*basin*) 澄清〔沉淀〕池.
clarinet′ [′klæri′net] n. 单簧管,黑管.
clar′ion [′klæriən] I n. 号笛 II a. 嘹亮的.
clar′ity [′klæriti] n. 透明(度,性),清澈(度)清晰度,澄清度,渗透度,清楚. *see-through clarity* 透明度.
clarke n. 克拉克(表示某种元素在地壳中所占平均百分数的单位).
clarkeite n. 水钠铀矿.
clark(r)ite n. 水铅铀矿.
clash [klæʃ] v.; n. ①(发)撞击(碰撞)声 ②互(猛)撞,相碰 ③冲突,抵触,不一致,不调和(with).
clasher n. 撞击(试验)装置.
clasolite n. 碎屑岩.
clasp [klɑːsp] I v. ①扣(钩)住,夹(扣)紧,铆固 ②握住(紧),抱握. II n. ①扣子(环,钩,紧物),钩环,托环,卡环,铰链搭扣 ②紧握,握手,抱拢. *clasp hands with a comrade* 或 *clasp a comrade's hand* 和同志紧紧握手.
clasp-knife n. 折(叠式小)刀.
class [klɑːs 或 klæs] I n. ①类(别),种(类),分类,组,(等)级,粒度,晶族,纲,组,【数】集 ②(年)级,班(级),(一节)课 ③阶级. II vt. (把…)分类〔级〕,定…等级. *A* (*first*) *class* 头等,A 级,第一流. *class A amplifier* A 类(甲类,甲种)放大器. *class boat* 入船级. *class equation* 类方程. *class*

hypothesis 类假设. *class indication* 报类标识. *class interval* 标度分组间隔,组距. *class limits* 组限. *class notation* 船级符号. *class of a curve* 曲线的班. *class of accuracy* 或 *accuracy class* 精度等级. *class of fit* 配合级别,配合公差等级. *class of precision* 或 *precision class* 精度等级. *class of service* 服务类型. *class symbol* 组(分类)符号. *crystal class* 晶类. *differential class* 微分类. *the working class* 工人阶级. ▲*be classed with M* 归入M类. *class M together as N* 把M都归入N这一类. *class M under N* 把M列入N类. *class M with N* 把M与N归入同类,把M与N同类上课. *in class* 在课堂上,在上课中. *take classes in politics* 上政治课.
class =①classification 分类 ②classified 分类的,保密的.
class′able a. 可分类的,可分等级的.
class′-con′scious [′klɑːs′kɔnʃəs] a. 有阶级觉悟〔意识〕的.
class′-con′sciousness n. 阶级觉悟(意识).
class′er n. 分级机(员),选粒机(员),鉴定员.
class-fellow =classmate.
class-for-itself n. 自为的阶级.
clas′sic [′klæsik] I a. 古(经)典的,典型的,传统的. II n. 经典(著作),古典文学.
clas′sical [′klæsikəl] a. ①古典的,经典的,权威的,传统的 ②文科的 ③标准的,第一流的. *classical relation* 经典(非相对论,非量子)关系. ~ity n. ~ly ad.
clas′sifiable [′klæsifaiəbl] a. 能分类的,能分等级的.
classifica′tion [klæsifi′keiʃən] n. ①分类(法),归类,分等(级,组) ②类别,(保密)级别,密等,密级 ③分粒,选分. *air classification* 空气(风力)分级. *classification board* 船级社. *classification certificate* 入级证书. *classification declaration* 分类说明. *classification of the qualitative system* 定性分类法. *classification of the quantitative system* 定量分类法. *classification of vessel* 船级. *classification society* 船级社. *classification sonar* 目标识别声纳. *classification test* 分类试验. *screen* (*sieve*) *classification* 筛分.
classificator n. 分级(类)器,精选机.
clas′sificatory [′klæsifikeitəri] a. 分类上的,类别的.
clas′sified [′klæsifaid] a. (已)分类(等)级,分级,分类,(机)密的. *classified information* 保密(机密)资料.
clas′sifier n. ①分级器(机),分类(器,符),分(精)选机,筛分器,分粒器,上升水流洗煤机 ②分选工,鉴定员,评定员.
clas′sify [′klæsifai] vt. 分类(等,级,粒,选),(钢板的)分选,把…归入一类(同一等级). *classifying screen* 选分筛. ▲*be classified as* 分成〔为〕…类.
class-in-itself n. 自在的阶级.
class′less [′klɑːslis] a. 没有阶级的,无阶级的.
class′mate [′klɑːsmeit] n. 同班(同学)同学.
CLASSMATE =computer language to aid and stimulate scientific, mathematical, and technical education 促进科学、数学与技术教育的计算机语言.

class'room ['klɑːsrum] n. 教室,课堂.
clasta'tion n. 碎裂作用.
clas'tic ['klæstik] Ⅰ n. 碎屑. Ⅱ a. 碎片性的,碎屑(状)的,分裂的. *clastic ejecta* 喷屑. *clastic rock* 碎屑岩.
clastogram n. =fragmentation curve 裂解曲线.
clathrate n. 笼形(包合)物,具有笼形的包合化合物. *clathrate complex* 笼形络合物.
clathra'tion n. 【化】包络分离,包合.
clat'ter ['klætə] n.; v. (机械转动等)(发出)卡搭[格登格登]声,卡搭地响. ~ingly ad. ~y a.
clau'dicant a.; n. 跛的,跛行者.
claudica'tion [klɔːdiˈkeiʃn] n. 跛(行).
claudicatory a. 跛行的.
clau'sal ['klɔːzəl] a. 条款的,款项的.
clause [klɔːz] n. ①条项,条款,项目 ②从[子]句. *memorandum [additional] clause* 附加条款. *special clause* 特别条款. *saving clause* 附条[言],(对例外情况作出规定的)附加条款.
Clau'sius ['klɔːziəs] n. 克劳(熵的单位).
clausthalite n. 硒铅矿.
clau'stral ['klɔːstrəl] a. 幽禁的,带状核的.
claustropho'bia n. 幽闭恐怖症.
clau'sura n. 闭锁(畸形),无孔,不通.
cla'va ['kleivə] (pl. *clavae*) n. 棒状体.
clavacin n. 棒曲霉素.
cla'val n. 棒状体的.
cla'vate(d) ['kleiveit(id)] a. 棍棒状的,一端粗大的,棒状体的.
clave [kleiv] *cleave* 的过去式.
clav'ier ['klæviə] n. 键盘.
claviform a. 棒状的.
claviformin n. 棒曲霉素.
clavus n. 鸡眼,肼钉.
claw [klɔː] Ⅰ n. ①爪(形器具),钩,钳 ②卡爪[子](,皮带的)接合器 ③把手,耳,凸起(部) ④(抓地)齿 ⑤销. Ⅱ v. 抓. *claw bar* 橇棍,爪杆. *claw clutch* 爪形离合器. *claw coupling* 爪形联接器[联轴节]. *claw hammer* 拔钉(鱼尾)锤,羊角榔头. *claw magnet* 爪形磁铁. *claw wrench* 钩形扳手. *reversible* [*throw over*] *claw* 换向爪. ▲*claw back* 填补；补偿. *cut [clip] the claws* 斩断魔爪,解除武装.

clay [klei] n. 粘土,白土,泥土. *china clay* (白)瓷土. *clay bond* 粘结剂. *clay digger* [*pick*] 挖土铲[镐]. *clay gun* (堵塞高炉出铁口用)泥炮. *clay gypsum* 土石膏. *clay model* 泥塑模型. *clay pan* 粘土硬层,隔水粘土层. *clay pipe* 陶(土)管(子). *clay substance* 标准粘土. *fire* [*refractory*] *clay* 耐火(粘)土,(耐)火泥. *glass-pot clay* 陶土. *mild* [*sandy*] *clay* 亚粘土,瘦粘土. *porcelain clay* 瓷土. *potter's clay* 粘土,陶土. *pure clay* 纯土,纯白陶土.

clay-bearing a. 含泥的,含粘土的.
clay-bonded a. 用粘土粘合的.
claycold a. 土一样冷的,死的.
clay'ey ['kleii] a. 含粘土的,粘土(质,似,状,制)的,泥质的. *clayey soil* 粘质土,粘土类土,亚粘土.
clay-in-thick beds 厚层粘土.
clay'ish a. 粘土质(似)的.
clay'like a. 粘[陶]土状的.
clay'pan n. 隔水粘土层,粘土硬层,粘[隔水]盘,箅.
clay'slide n.; v. 粘土滑动.
clay-stone n. 粘土岩.
clay-wash n. 白泥浆,粘土纯化.
cl b/l =clean bill of lading 清洁提单.
CLC =course line computer 航线计算机.
CLCC =closed loop continuity check 闭合回路连续性检查.
cld =①called 已通知收回,已收兑,已偿还 ②cancelled 注销 ③cleaved 已结关,交换清讫 ④closed 关闭 ⑤cooled 冷(却)的.
cldwn =cool down 冷却,退火.
clead'ing ['kliːdiŋ] n. 护罩,外壳,包皮,(汽锅的)保热套,套(衬,罩,隔热)板,(隧道的)护壁板.
clean [kliːn] Ⅰ a. ①清(洁)洁的,(干,洁,纯)净的,清楚的,新(鲜)的,爆炸时无(很少)放射性尘埃的 ②整齐的,规则(矩)的 ③完好的,好看的,完[健]全的,没有毛病的,无病的 ③表面[边缘]光滑的,流线型的 ④干净利落的,技术熟练的. Ⅱ ad. 完全,彻底,干净,巧妙. Ⅲ v. ①弄干净,洗(擦,刷)净,去(清,脱)除 ②清除(工,理,洗),铲(鍪)除,肃清 ③净(纯)化,提纯,精炼 ④ 【计】归零. *aerodynamically clean* 【流体力学】良好气动力方型的. *Clean Air Act* (控制大气污染的)空气净化法令. *clean annealing* 光亮退火. *clean ballast pump* 净压载水泵. *clean basis* (羊毛)按净毛计,净毛率. *clean bench* 净化(清洗)台. *clean bill of health* 健康证明书,船内安全报告. *clean bill of lading* 没有附带麻烦条件的装货证. *clean break* 无火花短路. *clean content* (羊毛)净毛量. *clean copy* 清楚的原稿,誊清稿,原始副本. *clean credit* 无条件信用书. *clean cut* (见词目 **clean-cut**). *clean deal* 光洁木板. *clean effects* (无解说词的)电视背景音乐. *clean fire* 清炉. *clean launch* 成功的发射. *clean oil* 轻质(透明,新)油,未加裂化油的净油,无添加剂润滑油. *clean oils* 轻质石油产品(汽油,煤油,馏出物燃料). *clean on board freight prepaid ocean bills of lading* 已装船运费预付洁净海运提单. *clean pattern* 无副瓣[无旁瓣]方向图. *clean proof* (校对)清样. *clean reactor* 净(未中毒(反应))堆,新堆. *clean room* 绝对清洁室,洁净室. *clean separation* 顺利(无碰伤)的分离. *clean shave* 美满完成的工作. *clean ship* 没有载货的船. *clean start* 发射准备完毕. *clean steel* 纯钢. *clean stock* 无病家畜(禽). *clean superconductor* 纯净超导体. *clean supply* 无干扰供电. *clean sweep* 决定性胜利,大胜. *clean tanker* 轻油油轮. *clean thing (to do)* 应当做的事. *clean timber* 净料. *clean trace* 净迹. *clean yield* 净毛率. *clean away [off]* 擦去. *clean down* 清扫,刷[扫,擦]下,彻底冲洗. *clean gone* (消逝得)无影无踪. *clean M of N* 清除 M 中[内,里]的 N. *clean out* 清扫(内部),清除(尘土),扫除干净,清理,除掉,除净,花光. *clean up* 清扫,整理,整顿,改正. *clean wrong* 完全错误. *come clean* 供〈说〉出. *cut*

clean through 洞穿. ***make a clean cut*** 切得整齐. ***make a clean sweep of*** 扫除，廓清，彻底扫除. ***Mr. Clean*** 道德或名声好的人物.

cleanabil'ity *n.* 可清洗性,可弄干净.

clea'nable *a.* 可弄干净的,可扫除干净的.

clean-cut *a.; n.* ①正〔明〕确的,确切的,爽利的,轮廓鲜明的,清楚的,明晰的,美好的,美观的,(加工)光洁的 ②光洁木板 ③净切削,无氧化皮切削 ④窄缝份(在狭窄的温度范围内熔出的熔份).

clean'er ['kli:nə] I *a.* clean 的比较级. II *n.* ①除垢器,清除〔洁,洗,理〕器,洗去器,除尘器,(三通)砂管 ②清扫机,清净机组,清理设备,精选机,去油〔脱脂〕装置 ③清洗物,修理工具,小(砂)钩,提钩,折角条 ④滤、漉水〔清〕器 ⑤清洁〔洗涤,去污,纯化〕剂,脱脂溶液,(渗透检验的)洗净液 ⑥清洁〔洗衣〕工人. *air cleaner* 气滤,滤气器,空气滤清器. *cleaner's solvent* 清洁〔洗〕用石油脂,*dust cleaner* 除尘器. *gas cleaner* 气体〔煤气〕净化器〔净化装置〕. *oil cleaner* 滑油过滤器. *street cleaner* 街道清扫车. *suction cleaner* 吸尘器. *tube〔pipe〕cleaner* 管子清洁器,洗〔净〕管器. *vacuum cleaner* 真空去〔吸〕尘器. *wet cleaner* 湿法洗涤器.

clean'ing ['kli:niŋ] *n.* ①清洁(处理),清扫〔洗,理〕,洗涤,滤清 ②清洗法,去油,脱脂 ③清洗,铲屑 ④(铸件)清砂,(电镀前)擦净,修理溶渣,(表面)清理干净,清除氧化皮 ⑤巨额利润 ⑥(pl.)垃圾 ⑦精选,选矿. *abrasive cleaning* 磨净,喷砂清洗. *cleaning action* 清洁(阴极雾化)作用. *cleaning agent* 清洁剂. *cleaning compound* 洗涤剂. *cleaning door* (冲天炉)工作门〔窗〕,修炉口,点火孔. *cleaning drum* 清砂〔理〕滚筒. *cleaning powder* 去污粉. *cleaning solution〔mixture〕*洗〔涤〕液. *cleaning strainer* 过滤器,滤池. *cleaning table* 选矿台,(铸件)清理(转)台. *hydraulic cleaning* 水力清洗. *sand blast cleaning* 喷砂清理.

clean'lily ['klenlili] *ad.* 清爽,干净.

clean'liness ['klenlinis] *n.* ①清洁(度),洁净(度),净度,纯度 ②良流线性,良好绕流性. *cleanliness of exhaust* 排出废气的洁净度.

clean'ly I ['klenli] *a.* (爱)清洁的. II ['kli:nli] *ad.* 干(干)净(净).

clean'ness ['kli:nnis] *n.* ①清洁,洁白〔净〕 ②改(完)善,改良 ③良好. *aerodynamic cleanness* 气动力良好.

clean(-)out *n.* 清扫〔理〕,肃清,弄光,扫除干净 ②清除〔洁〕口,清除 ③清除结焦(如爱化炉,分馏塔盘). *cleanout door* 出渣(清扫)门.

cleanse [klenz] *v.* 清洗,涤〔洗〕净,澄清,净(纯)化,提纯,精炼. ▲*cleanse M from N* 把 M 从 N 中清除掉. *cleanse M of N* 清除 M 中的 N.

clean'ser ['klenzə] *n.* ①清洁(洗涤,去垢)剂,擦亮粉 ②清净〔洗〕器,澄清〔滤水〔清〕〕器 ③清洁工人. *cleanser powder* 去污粉.

clean'sing ['klenziŋ] I *n.* ①净〔纯〕化,提纯,精炼 ②清洁法,洗涤法,澄清 ③(pl.)垃圾. II *a.* 清洁(洗涤)用的. *cleansing solution* 洗(涤)液.

clean(-)up ['kli:nʌp] *n.; vt.* ①清除〔洗,理〕,洗涤 ②澄〔肃〕清,净化,提纯,精炼(制) ④收〔吸,换〕气,(气体的)吸收〔除〕,(离子)吸附除气. *clean-up barrel* 清理滚筒. *clean-up effect* 净化作用,提纯. *clean-up of radioactivity* 清除放射性污染物. *clean-up pump* 清净〔吸收〕泵. *clean-up time* 清除(弹性复原,再吸动)时间. *gas clean-up* 除〔排〕气,提高真空度.

clear [kliə] I *a.* ①清楚,晴,彻(治,明)亮〔显,白,了〕的,光亮的,透(鲜)明的,晴(明,爽)明的 ②清除了…的(of),无障碍(遮挡,束缚,故障,限制,疑问)的,畅通的 ③空旷 ③无…的(of),偿〔还,澄〕清了的,已卸完货的 ④(纯)净的,(整)整的,不折不扣的 ⑤确实〔知〕的,有把握的,准确的. II *ad.* ①显然,清楚地,清晰地 ②完全(of)③全然,完全 ④一直,始终. III *v.* ①弄干净〔清整,明白,〕(天)晴清(扫),消,排,驱)除,砍伐,开垦(荒)③拆线,"清机"(指令令),(计数器)归零,消零 ④澄(沽,俭,中)净,清理(算)器,交换(票据)⑤跃〔超,绕,通)过,(脱)离开,突破(难关)⑥批准,办理手续而出〔进〕港,结关,为(船)报关,卸货 ⑦脱售,净得,赚. IV *n.* ①空隙(间),间隙,余隙,中空体内部尺寸 ②无故障 ≈ clearance. *clear the circuit* 切断线路各线路上的电压,消除"短路". *clear expenses* 收支相抵. *a clear month* 整整一个月. *a clear outline* 鲜明的轮廓. *a clear space* 空地. *clear area* 有效截面(积),【计】清除区,(符号识别)空白区,无字区,透明区,清洁(干净)区. *clear band* 【计】清除(零)段,(文字识别)空白区间,无字区. *clear blank* 清,清除,无字符区. *clear boiled soap* 抛光皂. *clear bulb* 透明灯泡. *clear channel* 专用(开放,纯)信道,广播声道. *clear crystal* 无色晶体. *(a) clear day* 晴天(比较:three clear days 整整三天). *clear distance* 净取宽,净空. *clear egg* 无精蛋,未受精蛋. *clear glass* 透明玻璃. *clear headroom* 净高. *clear headway* 净(余)高,(桥下)净空,净车间时距. *clear height* 净(余)高. *clear lacquer* 清喷漆,(透明)亮漆,透明漆. *clear lamp* 透明灯泡. *clear launch* 正确发射. *clear majority* 绝对多数,过半数. *clear opening* 净孔(空,宽)的,(涵管等)有效截面. *clear operation* 【计】清除(清零)操作. *clear roadway* 路面净空. *clear shaper* 复位脉冲形成器. *clear sight distance* (明晰)视距. *clear spacing* 净距. *clear span* 净跨(孔). *clear store* 【计】"清除存储"指令. *clear terminal* 触发器的清零端. *clear text* 明码消讯. *clear timber* 无节疤的木材. *clear view* 明晰视界. *clear vision distance* 明晰视距. *clear-to-send circuit* 【计】清除发送线路. *clear way valve* 全开阀. *clear width* 净宽,内径. ▲*as clear as day* 极明白,一清二楚. (*be*) *clear from* 没有…的. (*be*) *clear of* 没有(清除了)…的,离(避)开. *clear as mud* 很模糊,不清楚. *clear away* 清(消,排,扫)除,驱散,消散. *clear M of N* 清除 M(上,内,里)的 N,把 N 从 M 除掉. *clear off* 清除〔理〕,排除,完成,做好,结束,驱逐,走开,(雨)停,(云雾)消散. *clear out* 清(排,扫)除(出),冲洗,使(出)空,结束后出港,离开. *clear through* 通过(检查,批准等). *clear up* 清扫(除,理),整顿,说明,解决,消除,(天)变晴. *get clear away (off)*

clear'age 完全离开. *get clear of* 脱离. *get clear out* 完全出来. *in clear* 明文,用一般文字. *in the clear* 净空〔宽〕,无阻〔碍〕,明文. *it is clear that* 显然,很明显. *keep clear of* 避〔离〕开,不接触.

clear'age ['kliəridʒ] *n.* 清除,清理,出清.

clear'ance ['kliərəns] *n.* ①清〔扫,解〕除,清理,出清〔空〕,排除障碍,席清〔清除〕率 ②间〔余,空,缝〕隙,(公差中的)公隙,净空,余地,裕度,外廓,限界,外形尺寸,间距,距离,容积 ③有害空间,缺口,空隙间隙漏水,露光 ④单〔证,手续〕出口,入港执照,离开,通过,放行单,通行证,批准,许可〔证〕⑤车辆通过道口时间,票据交换总额,纯益. *adjustable clearance* 可调间隙. *air clearance* 气隙. *approach clearance* 进场许可,允许进场. *axial clearance* 轴向〔端〕间隙. *bearing clearance* 轴承间隙. *blade clearance* 叶片间隙. *bridge clearance* 桥梁下净空. *bump clearance*（钢板弹簧）极限压缩量. *clearance adjuster* 间隙调整器. *clearance air entering〔入〕*. *clearance angle*（刀具）后角,留隙角,间隙角. *clearance between rolls* 轧辊开（口）度,轧辊间隙. *clearance certificate* 结关证书,出港证书. *clearance diameter*（麻花钻的）留隙直径,隙径. *clearance fee* 出港手续费. *clearance fit* 间隙〔余隙,动〕座,活动配合. *clearance for expansion* 膨胀间隙. *clearance gauge* 量〔间〕隙规,净空规,塞尺. *clearance height* 净空高度,净空高. *clearance hole* （铸件）出砂孔,（板芯）排屑孔. *clearance limit* 余隙限度,净空〔界〕限,飞机控制区界限. *clearance notice* 出港通知. *clearance of goods* 报关. *clearance of span* 桥下（跨）净空. *clearance order* 断路指令. *clearance paper* 出港（许可）证. *clearance permit* 出港许可证. *clearance ratio* 间隙比. *clearance sale* 出清存货大拍卖. *clearance space* 余（留）隙空间. *clearance time (at crossing)*（车辆）通过（交叉口）时间. *close clearance* 不大间隙. *cold clearance* 冷时间隙. *end clearance* 端隙,开口间隙. *expansion clearance* 胀缩〔热胀〕间隙. *fore-and-aft clearance*（工作部件）前后间距,纵向距离. *gear〔tooth〕 clearance* 齿隙.《L》*clearance* 允许接触'秘密'情报,接触'绝密'级情报许可证. *obstacle〔obstruction〕 clearance* 障碍物高度.《Q》*clearance* 允许接触'绝密'情报,接触'绝密'级情报许可证. *rebound clearance*（钢板弹簧）反跳极限. *road clearance* 离路面高度. *security clearance* 接触保密文件许可证. *tolerance clearance* 配合间隙. *tool clearance* 工具后角. *tube clearance* 管底余隙. *valve clearance* 阀门间（余）隙,气门间隙〔净空〕.

clearcole ['kliəkoul] Ⅰ *n.*（打底子的）油灰,细白垩胶,白铅胶. Ⅱ *vt.* 给…上白铅胶〔细白垩胶〕.

clear-cut ['kliəkʌt] *a.* ①轮廓清楚的,清晰〔楚〕的②确定的,准确无误的,鲜明的.

clear-down signal 话务信号.

cleared *a.* ①清除的 ②批准的,准许的. *cleared to land* 准许着陆. *cleared water* 净水.

clearer Ⅰ *a.* clear 的比较级. Ⅱ *n.* 清〔排〕除器,洗〔澄清,透明〕剂. *clearer cloth* 套筒呢. *clearer spring* 绒辊弹簧. *track clearer* 排障器.

clear-eyed *a.* 目光锐利的,能明辨是非的.

clear-headed *a.* 头脑清楚的,聪明的.

clear'ing ['kliəriŋ] *n.* ①清〔消,排,扫〕除 ②清洁,纯化 ③清算,票据交换 ④集材,（森林中空旷地.显然. *clearing bearing* 安全方位. *clearing hospital* 野战医院. *clearing house* 票据〔技术情报〕交换所. *clearing indicator* 拆线〔话线〕指示器,话终吊牌. *clearing items* 交换物件. *clearing label* 出港证. *clearing lamp* 话终信号灯. *clearing out drop* 话终吊牌〔表示器〕. *clearing plug* 清洗孔塞. *clearing sheet* 交换清单. *clearing time* 通信断开时间. *multilateral clearing* 多边清算.

clearinghouse *n.*（技术情报,票据）交换所,交换站.

clear'ly ['kliəli] *ad.* ①清楚〔晰〕地,明白地 ②无疑地,显然.

clear'ness ['kliənis] *n.* ①明〔晴〕朗,清晰（度）②清楚,明白③无瑕疵.

clearside roller 净边压路机,净边路碾.

clear-sighted ['kliəsaitid] *a.* 敏锐的,聪慧的,精明的.

clearstarch *v.* 上浆（糊）

clear-store instruction 清除存储指令.

clerestory = clerestory.

clear-to-send circuit 清（除）发送电路.

clearway *n.*（全部立体交叉、限制进入以保证不间断交通的）超高速公路.

clear-write time 清除写入时间.

cleat [kli:t] Ⅰ *n.* ①楔子,固着楔,三角木,档木,小木块,跳板上的防滑条,（连接框和桁条的）加强角片,加劲条 ②线夹,（磁,陶瓷）夹板,夹具,（运输器的）条板,履带板,（履带板抓地块,抓地板,横带（加固底板）,活箍带 ③条绳缆,条线柱,系缆条扣 ⑤羊角,系索耳,楔耳 ⑥楔开,层〔解,节,剖〕理. Ⅱ *vt.* 用楔子固牢,给…装楔子.

CLEAT = computer language for engineers and technologists 工程师和工艺师的计算机语言.

cleavabil'ity [kli:vəˈbiliti] *n.* 可裂〔可劈,可〕理性,劈裂〔受劈〕性.

clea'vable ['kli:vəbl] *a.* 可裂的,可劈开的,劈〔破〕得开的.

clea'vage ['kli:vidʒ] *n.* ①劈〔裂,断,分〕开,劈〔分〕裂（面）,裂缝（纹）②（岩石的）劈理,（矿物,晶体）解理,（晶体的）分裂,节理,片理,劈裂〔解理〕性,卵裂. *cleavage brittleness* 解理脆性,晶间脆裂. *cleavage crack* 解理断裂,劈裂. *cleavage fracture* 解理断裂,裂碎. *cleavage plane* 裂〔解理〕面. *cleavage product* 分裂产物. *cleavage strength* 劈裂强度.

cleave[1] [kli:v] (*clove, cloven* 或 *cleft, cleft*) *v.* 劈〔裂,破,切〕开,分解. *cleave it in two* 劈成两半. *cleave one's way through M* 排开 M 前进. *cleave the air* 迎风飞翔. *cleave the water* 破浪前进. *cleaving stone* 页岩,板岩. *cleaving timber* 锯材〔料〕.

cleave[2] [kli:v] (*cleaved* 或 *clave*) *vi.* 粘着,坚持,忠守 (*to*).

cleavelandite *n.* 叶钠长石.

clea'ver ['kli:və] *n.* 劈〔切肉,屠〕刀;切割者.

CLEC =closed loop ecological cycle 闭合回路的生态循环.

cleft [kleft] Ⅰ cleave 的过去式和过去分词之一. Ⅱ n. 裂缝〔口,痕〕,裂〔劈〕片. Ⅲ a. 劈〔裂〕开的. *cleft in the rim* 裂口. *cleft of frog* 蹄叉隙. ▲*in a cleft stick* 处于进退两难的境地,进退维谷.

cleftiness n. 【地】裂隙,节理.

cleido'ic a. 孤生的.

clem'ency ['klemənsi] n. (气候)温和〔暖〕. **clem'ent** a.

clench [klentʃ] =clinch.

clencher ['klentʃə] =clincher.

cle'restory ['kliəstəri] n. ①天窗,高侧窗,火车车厢顶部的通气窗,开窗假楼 ②长廊,楼底.

cler'ical ['klerikəl] a. ①书写的,文书的,事务性的 ②牧师的. *clerical error* 抄写错误,笔误. *clerical machine* 会计机. *clerical work* 文书〔抄写,事务〕工作.

clerk [klɑːk 或 kləːk] n. 职〔办事,管理,营业,店,会计,簿记〕员,文书. *clerk of the works* 监工员,工程(建筑)管理员. *correspondence clerk* 文〔秘〕书. *fault clerk* 障碍记录器.

cleuch 或 **cleugh** [kluːk] n. 峡谷,沟谷.

cleveite n. (富)钇(复)铀矿.

Cleveland ['kliːvlənd] n. (美国)克利夫兰(市).

clev'er ['klevə] a. 灵巧〔活〕的,精巧的,巧妙的,聪明的. *clever fingers* 巧手. ▲*be clever at M* 擅长 M. ~ly ad. ~ness n.

clev'ice 或 **clev'is** ['klevis] n. 挂(U形,V形,弹马蹄)钩,叉形头 ②(U形)环,(钢丝绳端的)吊环,U形夹(子),(U形接引)鏁,U形插塞 ③叉(子)卡④夹板,夹具. *back clevis* 后连接技(叉,钩). *clevis bolt* 套环(插销,U形)螺栓. *clevis joint* 拖钩,脚架接头. *clevis mounting* U形夹(式)安装座,用U形夹进行安装. *clevis pin* U形夹销,叉杆销.

clew =clue.

CLFD =classified 机密的,分类的.

clfy =clarify 澄清,净化.

CLG =guided missile light cruiser 轻型导弹巡洋舰.

clg =ceiling 升限,最高限度;天花板.

cliche ['kliːfei] [法语] n. ①(由袋型翻铸的印刷)铅版,电(气)铸版,刻板 ②(照相)底板 ③陈词,滥调. a. 陈腐的. *cliche frame* 镶嵌(式型板)框,组合型板框. *cliche pattern plate* 镶嵌(拼合)型板. *X ray cliche* X 射线照片.

click [klik] Ⅰ n. ①"卡搭"("咯哒",上扣,扳机)声,(间歇过大时产生的)咯哒咯哒振音,噪音〔声〕,占线试验音,(唱片模拟)爆音 ②插销,定位销,活销 ③爪子,(棘)爪,棘轮机构. Ⅱ v. ①作轻敲声,使"卡搭"响,发"卡搭"声 ②恰好吻合,配对 ③卡入,扣上. *click filter* (电键)咯哒声(消除)滤波器. *click method* 咯哒声(听声)调谐法. *click motion* 棘轮运动机构. *click test* 碰响试验(估计水泥工等相对硬度用). *The door clicked shut*. 门卡搭一声关上了. ▲*click out* (在打字机上)劈劈啪啪打出.

click'ing n. 微小(不大的)静电干扰声.

cli'ent ['klaiənt] n. 顾客,买主〔方〕,委托〔当事,交易〕人,挂号用户.

clientage n. 委托人,顾客,委托关系.

clientele n. 委托人,顾客.

cliff [klif] n. 悬崖〔岩〕,峭〔绝〕壁. *cliff effect* 陡壁效应. *cliff of displacement* 断崖.

cliffed [klift] a. 悬崖的,陡的.

cliff'hanging a. 扣人心弦的,悬疑未决的.

cliffordite n. 铀碲矿.

cliffy a. 多悬崖的,峭壁的.

CLIFS =cost, life, interchangeability, function and safety 成本、寿命、互换性、功能和安全.

clift [klift] =cliff.

climac'ter [klai'mæktə] n. 更年期.

climac'teric [klai'mæktərik] n.; a. 危机(期,的),转折点,关键的,更年期(的),重要时期的.

climacterium [拉丁语] n. 更年期.

climac'tic a. 顶点的,极点的,高潮的. ~ally ad.

cli'magram n. 气候图(解,表).

cli'magraph n. 气候图.

cli'mate ['klaimit] n. ①气候 ②风土,地带 ③风气,社会思潮,观念,一般趋势. *establish a climate* 造成一种气候〔风气,环境〕. *local climate* 局部〔地方性〕气候. *marine climate* 海洋性气候.

climat'ic [klai'mætik] a. ①气候(上)的,水〔风〕土的 ②一般趋势的. *climatic chamber* 人工气候〔箱〕. *climatic control* 气候(温)控制,卡搭式汽化器的自动阻气门. *climatic element* 气候因素. *climatic gasoline* 适于气候的汽油. *climatic laboratory* 人工气候室,气候实验室. *climatic test(ing)* 气候试验. ~ally ad.

cli'matize v. 适应气候.

cli'matizer ['klaimətaizə] n. 气候(适应性)实验室.

climatograph n. 气候图.

climatog'raphy [klaimə'tɔgrəfi] n. 气候志,风土志.

climatolog'ical a. 气候的,气象的.

climatol'ogy [klaimə'tɔlədʒi] n. 气候(象)学,风土学.

climatron ['klaimətrɔn] n. 大型的不分隔的人工气候室.

cli'max ['klaimæks] Ⅰ n. ①顶(极)点,极期,演替,高潮,顶峰,最高峰 ②高电阻的铁镍合金,高阻镍铜. Ⅱ v. (使)达顶点(高潮). *bring M to a climax* 使 M 达到顶点(发展到高潮). *climax alloy* 铁镍整磁(铁镍高磁导)合金. *come to a climax* 达到顶点〔高潮〕. *work up to a climax* 逐渐发展至顶点.

climazonal a. 气候带的.

climb [klaim] v. n. ①爬(高,坡,升),(攀)登,攀移,逐渐上升,上坡 ②爬高速度,爬升距离,爬高段长度 ③(可)攀登之地,山坡. *check climb* 测实际升限的爬升. *climb and fall* 上下飞. *climb cut* (砂轮与工件)异转向磨削,(沿螺纹)上升磨削(法),顺铣. *climb cutting* 同向铣削,顺铣. *climb hobbing* 同向(顺向,旋升)滚削. *climb milling* 同向(向下)铣削,顺铣. *climb motion* 攀升运动. *climb path* 起高航迹. *climb ratio* 上升比. *corkscrew climb* 螺旋式爬升. ▲*climb down* 屈服,认输,让步,(从…上)爬下来. *climb up* 攀登.

climbable ['klaiməbl] a. 爬得上去的,可攀登的. *climbable gradient* 能升坡度,能爬上的坡度.

climb-cut grinding 同向磨削.

climber ['klaimə] n. ①爬山者,登山运动员 ②(pl.)(上杆用)脚扣,爬升器 ③攀绕植物. *pole climbers* 脚扣.

climbing ['klaimiŋ] a. ; n. ①上升(的,率),爬高〔升,坡〕,攀登(的),爬移 ②不紧密的. *climbing ability* 爬坡能力. *climbing crane* (随建筑物的升高而上升的)攀缘式起重机. *climbing equipment* 爬杆器. *climbing lane* 爬坡车道. *climbing of dislocation* 位错攀移. *climbing shrub* 攀缘灌木,藤本植物. *climbing shuttering* 提升模板.

climbing-film evaporator 升膜式〔按薄膜上升原理工作的〕蒸发器.

climb-path n. 爬高航迹〔状态〕,爬升路线〔轨迹〕.

clime [klaim] n. ①气候 ②风土 ③地方,地带.

climograph n. 气候图谱.

clinac n. = clinic linac 医用直线加速器.

clinch [klintʃ] v. ; n. ①抓紧〔牢〕,紧握 ②钉住(上),敲弯〔口〕钉头〔以钉牢,钉紧〕,敲弯露部分的钉 ③箝住,钩〔咬,压,铆〕紧 ④活络圈套,线结 ⑤解决,确〔决〕定,证明…是对的. *clinch nail* 弯尖钉. *clinched connection* (电缆技术)扎钉式连接.

clinch'er ['klintʃə] n. ①夹子,紧钳,敲弯钉头的工具 ②铆钉,扎钉 ③决定性的事实,无可争辩的议论 ④钳入〔紧钳〕式轮胎. *clincher bead core* 钉锥顶心. *clincher rim* (汽车轮的)紧钳〔箝入式〕轮辋. *clincher tyre* 箝入〔紧嵌〕式轮胎.

clincher-built = clinker-built.

cline [klain] n. 倾群,单向演变群. *cline strata* 倾斜层.

cling [kliŋ] (*clung*) vi. ①粘着〔住〕,紧贴,卷〔绕〕住(to) ②坚持,墨守,依附于,依靠,抱住…不放(to). ~y a.

clin'ic ['klinik] n. ①临床〔学,教学,讲义〕②(门)诊所,医务所,附属医院,私立医院 ③(现场,学术)会议,专题讲座,讨论会,研究〔进修〕班. *ambulant clinic* 门诊部. *medical clinic* 内科门诊部,内科,内科临床讲解. *surgical clinic* 外科门诊部,外科,外科临床讲解.

clin'ical ['klinikəl] a. 临床的,冷静的,分析的. *clinical diagnosis* 临床诊断. *clinical genetics* 临床遗传学. *clinical record* 病历(记录,表). *clinical symptom* 临床症状. *clinical thermometer* 医用温度计,体温计. ~ly ad.

clin'icar n. 流动医疗车.

clinic'ian [kli'niʃn] n. 临床医师,临证医师.

clinism n. 倾斜.

clink [kliŋk] v. ; n. ①(使)丁当地响,(发出)碰撞声 ②响声(钢锭缺陷),发裂(铸件)裂纹 ③监牢 ④短尖楔. *clink glasses* (干杯时)碰杯(互相祝贺). *clinked ingot* 有响声的钢锭.

clink'er ['kliŋkə] I n. ①熔〔炼,煤〕渣,熔渣,烧结块 ②缸〔炼,熔渣)砖 ③(水泥)熟料,氧化皮. II v. 烧结〔成〕,(烧)成熟料,从…清除烧渣,烧成渣块. *clinker bed* 熔结块层. *clinker brick* 缸〔炼,熔渣〕砖. *clinker clew* 块炼. *clinker cement* 熟料水泥. *clinker cooler* (硅酸盐)熟料冷却器. *clinker screen* 滤渣网. *dolomite clinker* 白云石(熔,烧结)块. *furnace clinker* 炉(渣)结(块). *zirconia clinker* (二氧化)锆渣,二氧化锆熔渣.

clinker-built ['kliŋkəbilt] a. 向下〔鱼鳞〕叠接的,重叠搭接的.

clinker-free a. 无熟料的.

clink'ering ['kliŋkəriŋ] n. 烧炼,烧渣,烧结熟料,结渣,烧结的,炉排结渣. *clinkering point* (熟料)成熟点,熔结点.

clinkery a. 熔结的,烧结的.

clink'ing ['kliŋkiŋ] I n. ①(铸件)裂纹,内(发)裂缝,(钢锭)响裂 ②白点. II a.; ad. 极(好的),非常(好的).

clinkstone n. 响岩〔石〕.

clin(o)- 〔词头〕斜.

clino- 〔词头〕床,鞍.

CLINO = climatological normals 气候多年平均值.

clino-axis n. 斜轴,斜径.

clinochevkinite n. 斜硅钛铈钇矿.

clinoclase n. ①斜解理 ②光线矿.

clinoclasite n. 光线矿.

clinocoris n. 臭虫.

clinodiag'onal a. 斜轴,斜径,斜对角线.

clinoform n. 斜坡沉积. *clinoform surface* 斜坡地形面.

clinogeotropism n. 斜向地性.

clinograph n. ①(绘图用)平行板 ②(测竖坑倾斜度的)孔斜计,测偏仪.

clinograph'ic [klainə'græfik] a. 斜影画法的,斜射的,倾斜的. *clinographic curve* 坡度曲线. *clinographic projection* 斜射投影法.

clinog'raphy [klai'nɔgrəfi] n. 临床记录.

clinohedral n. 斜面体.

clinoid I n. 偏坠体. II a. 床形的.

clinoklase n. 光线矿.

clinom'eter [klai'nɔmitə] n. ①倾斜计,测斜仪,量坡仪,量(测)海倾计,倾角仪 ③象限仪.

clinopinacoid n. 斜轴面.

clinoprism n. 斜轴柱.

clinopyr'amid n. 斜轴(棱)锥.

clinorhom'bic a. 单斜的. *clinorhombic system* 单斜晶系.

clinorhomboidal a. 三斜的. *clinorhomboidal system* 三斜晶系.

clinoscop'ic a. 以一定提前角观察的.

clinostat'ic a. 卧位的.

clinostatism ['klainostætizm] n. 卧位.

clinothem n. 斜披岩层.

clinother'apy n. 卧床疗法.

clino-triphylite n. 斜磷铁锂矿.

clino-unconformity n. 斜交不整合.

clinozoisite n. 斜黝帘石.

clin'quant ['kliŋkənt] n. ; a. 仿金箔,金光闪闪的.

clint n. (石灰)岩壳.

clip [klip] I n. ①夹(子,头,片),(夹)钳,箝(器),纸夹,钢夹,(卡)箍,箍圈 ②线夹,接线柱,支架,压板 ③曲别针,回形针,两脚(订书)钉,蚂蝗钉,皮带扣,环,耳 ④一剪(抽,击),(影片或磁带)被剪部分,高速,(pl.)大剪刀,铰剪 ⑤剪毛过程,一年剪毛量. II (*clipped*; *clipping*) v. ①夹(住,紧),箝〔夹,握,抱,束,压〕紧,钳牢,固定,限制〔止〕②剪(去,短,取,辑,票),修剪,(铡)削,截(切)断,(截,切)去,碎裂

③飞奔,疾走,痛击 ④省略. *alligator clip* 弹簧〔鳄鱼〕夹. *angle clip* 角铁系. *attachment clip* 卡针,夹线板,(隔电子上的)辅线,夹子,铁箍,轴环. *binding clip* 夹箍. *cable clips* 电缆夹(头),钢索夹头,电缆挂钩. *clip band* 夹条带. *clip block* 夹子. *clip board* 夹纸(垫)板,记录板米. *clip bolt* 夹紧〔夹牢〕螺栓. *clip circuit* 削波〔限幅〕电路,限幅器. *clip connector* (电极)夹连器,夹子接头,夹子连接〔接线〕器. *clip fastener* 封管机. *clip level* 削波限幅电平. *clip ring* 扣〔开口,锁紧〕环,弹簧挡圈. *clip stretcher* 链式展幅机. *clip test* 破裂试验. *clipped correlation coefficient* 极性相关系数. *clipped noise* 削波〔限幅〕噪声, *clipped wave* 削平〔已削波,限幅〕波. *clipped wire* (用冷拔钢丝切碎的)金属粒. *clipped words* 省略语, *cowling clip* 搭扣. *eccentric clip* 偏心夹环, *feeder clip* 馈线夹,馈线接线柱. *fuse clip* 保险丝夹. *hold-down clip* 压刀〔刃〕板. *mounting clip* 安装夹. *pipe clip* 管夹. *retaining clip* 固定夹. *shaft clip* 轴瓦. *shorting clip* 短路夹. *terminal clip* 终端线夹.

clipboard *n.* 上有夹紧纸张装置的书写板.

clip-on *a.* 用夹子夹上去的.

clip′per [′klipə] *n.* ①(pl.)修剪工具,剪取器,剪刀,(尖口)钳,剃草刀〔刷毛刀〕,剪毛工人 ②削〔斩〕波器,限幅〔制〕器,箝位器,调幅器 ③特快客机,巨型班机,重型运输机,飞剪型飞机,快速帆船,快马, *belt hook clipper* 皮带扣钳压器. *clipper circuit* 削波〔限幅〕电路. *clipper joint* 错连接. *clipper limiter* 双向限幅器. *clipper seal* 钳压密封. *clipper service* 快捷服务业务,直接由油库向分配点发货. *clipper ship* 快船. *clipper tube* 削波〔限幅〕管. *hair-clippers* 理发推子. *nail-clippers* 指甲刀. *noise clipper* 静噪器,干扰限幅器. *overshoot clipper* 过电压限制器. *rivet clipper* 铆钉钳. *video clipper* 视频信号限幅器. *wave clipper* 削波器.

clip′ping [′klipiŋ] I *n.* ①剪(断,裁,取,辑,报),截取,剪削,剪取物,剪报,刈割〔剪〕物,制约,限幅,切断〔信号〕,脉冲的"斩断". II *a.* 极〔恰〕好的,快速的. *clipping circuit* 削波〔限幅,箝位〕电路,限幅器. *clipping machine* 切棒机. *clipping of noise* 静噪,干扰〔杂音〕限制. *clipping time constant* 削波器时间常数. *diagonal clipping* 对角削波(失真). *peak clipping* 削峰. *pulse clipping* 脉冲限制.

clique [kli:k] I *n.* 小集团,派系,阀. II *vi.* 结党.

cliqu(e)y 或 **cliquish** *a.* 小集团的,排他的.

cliquism *n.* 排他主义,小集团主义.

clisis *n.* 吸引,倾斜.

cli′val *a.* 斜坡的.

cli′vis [′klaivis] *n.* 坡,山坡,小脑坡度.

cli′vus [′klaivəs] *n.* 斜坡.

CLJ =control joint 控制接头.

clk =①clerk 职员,文书 ②clock 时钟.

clkw(s) =clockwise 顺时针方向.

cln =colon 双点,冒号.

clnc =clearance 间隙,结关,放行.

clnt =coolant 冷却剂.

cloa′ca (pl. **cloa′cae**) *n.* 阴沟,下水道,厕所;泄殖腔. ~I *a.*

cloak *n.* ; *vt.* ①覆盖(物),包藏,掩蔽 ②伪装,藉口. *cloak of secrecy* 笼罩着的神秘气氛. ▲*under the cloak of* 在…的覆盖下;披着…的外衣,以…为藉口.

cloak-and-dagger *a.* 间谍的,搞特务活动的,阴谋的.

cloak′room *n.* 衣帽室,寄物处.

clock [klɔk] I *n.* ①(时)钟,计时器,仪表 ②时钟脉冲,时钟信号 ③时标 ④周波拍频,同步信号〔脉冲,电路〕⑤拍. II *v.* 计(算)时(间),测时,记录(时间,速度,距离,次数等). *advance the clock one hour* 把钟拨快一小时. *put* 〔*turn*〕*back the clock* 把时钟拨回,向后倒退,开倒车,倒行逆施. *set a clock* 对钟(表). *set back the clock one hour* 把钟拨慢一小时. *wind up a clock* 上钟,上发条. *work against the clock* 抢在某一时刻前做完工作. 加快工作以争取时间. *work around*〔*round*〕*the clock* 日夜工作. *cesium beam atomic clock* 铯射束原子钟. *clock amplifier* 同步脉冲(时)钟脉冲〔放大器. *clock diagram* 矢量圆图. *clock frequency* 时钟(脉冲)频率,钟频,节拍频率,脉冲重复频率. *clock gate* 时钟〔同步〕脉冲门. *clock gauge* 千分表. *clock generator* 时钟脉冲发生器. *clock glass* 表(面)玻璃. *clock meter* 钟表式计数器. *clock pulse* 时钟〔时标,定时,计时〕脉冲,节拍脉冲. *clock radio* 自动定时开关的收音机,时钟收音机. *clock rate* (时)钟脉冲〔同步脉冲〕重复频率,时钟码速率,时标速度〔速率〕,时钟频率. *clock system* 时钟〔同步〕脉冲系统,钟信号〔分〕系统,钟面弹着指示点. *clock track* 时钟脉冲磁道,时标(磁)道. *clock work* 时钟〔钟表〕机构,钟表装置. *clocked flip-flop* 〔定时〕触发器,时钟脉控的触发器. *crystal clock* 晶体钟,数字钟. *electric clock* 电钟,电计时器. *primary*〔*mother*〕*clock* 母钟. *program(me) clock* 程序钟. *secondary clock* 子钟,从动钟,计时钟. ▲*clock in* ①(采用把名牌投入自动记时计等方法)记录(工人)上班的时间 ②*clock in M at N* 在 M (时间)在 N 上. *clock off* 〔*out*〕(采用把名牌投入自动记时计等方法)记录(工人)下班的时间 *clock on* =clock in ①*like a clock* (钟一般)准确地.

clock-driven *a.* 钟激励的.

clock′face *n.* 钟面.

clock′ing *n.* 计时,同步,产生时钟信号〔脉冲〕.

clock-phase diagram 直角坐标矢量图.

clock-type dial 圆形刻度盘.

clock′wise [′klɔkwaiz] *a.* ; *ad.* 顺时针(方向,转)的,顺表向(的),右转〔旋〕(的). *clockwise rotation* 顺时针方向旋转〔转动〕的. *clockwise sense* 顺时钟方向. *counter clockwise* 反时针(方向,转)的.

clock′work [′klɔkwə:k] *n.* 时钟〔钟表〕装置,时钟设备. *clockwork driven* 用发条驱动的. *dial clockwork* 计数器钟表机构. *program*

clockwork 程序钟表机构. ▲**like clockwork** 正确地,顺利地,无毛病地,有规律地,自动地. **with clockwork precision** 如钟表一样精确地,极精确地.
clockwork-triggered *a*. 用[藉]钟表机构触发的.
clod [klɔd] *n*. (大,泥,土,岩,碎)石块,煤层的软泥土顶板,煤层顶底板页岩.
clod'dy *a*. 块状的,碎块状的,土块多的.
clog [klɔg] I *n*. ①障碍(物),阻塞(物),累赘 ②止轮[制动]器. II (**clogged; clogging**) *v*. ①障[妨]碍,阻[堵,填]塞(up) ②粘住,粘附,(车轮)陷入 ③塞[堆,满](with) ④制[止]动. *clogged tube* 闭塞管.
clogging *n*. ①阻[堵]塞,障碍物,闭合 ②结渣 ③障碍.
cloggy *a*. (易)粘牢的,多块的,妨碍的.
cloisonné [klwa:'zɔnei] 〖法语〗*n*.; *a*. 景泰兰(制的).
clon *n*. 无性系,纯系.
clonal *a*. 无性系的,纯系的. *clonal line* (植物)无性系,营养系. *clonal propagation* 营养繁殖,无性繁殖.
clone *n*. ①无性(繁殖)系,纯系 ②纯种细胞,克隆 ③同本生物,同源植物.
clon'ic *a*. 阵挛(性)的.
clonic'ity [klə'nisiti] *n*. 阵挛性,阵挛状态.
clo'ning *n*. 无机繁殖系化,体外生长的.
clonism *a*. 连续阵挛.
clo'nus ['klounəs] *n*. 阵挛.
clos 〖法语〗*a huis clos* [a:'wi:'klou] 关着门,秘密地.
clos = closure 闭合[路],隔[挡]板,结束.
close I [klous] (*closer, closest*) *a*.; *ad*. ①密闭[集,实,切]的,闭[严,严密]的,精,周(缜,密,亲)密(的)(的)(接,亲)近(的),均势的,几乎相等的 ②精细[确]的,详尽的,用[专]心的 ④有限制的,限定的,窄狭的,闷热(气)的,沉闷[默]的 ⑤紧紧地. II [klouz] *v*. ①关(闭),闭(合),合(拢),(电路)接通,封(闭),合,了[终]结 ②捡合(的) ④(便)靠紧[拢],接(管,合,会合,交战,结,谈交 ⑤【计】释放. III [klouz] *n*. ①末(尾),终,止,结束 ②(建筑物周围的)场地,界内,围场 ③关闭指令. *circuit close* 闭路器. *close analysis* 周密的分析. *close annealing* 箱中(密闭)退火. *close bend test* (180°)对折弯曲试验. *close bevel* 急(斜)角. *close binary* (*star*) 密近双星. *close binder* 密式(密级配)结合层. *close blade pug mill* 密闭式叶片搅拌机. *close call* 险些造成意外事故的事,千钧一发. *close check* 严格控制. *close circuit* 闭(合电)路,通路. *close continuous mill* 多机座连续式轧机. *close control* 接近(目标)引导,近距离控制. *close coupling* 紧(强,密)耦合,刚性连接,密耦. *close cut distillate* 窄馏份馏液. *close cylinder* 合模汽缸. *close earth* 近地的. *close echo* 近回波. *close etching* (石英片)精蚀. *close file* 关闭文件. *close fit* 密(紧)配合. *close grain* 细晶粒. *close headway* 紧密的车间时距. *close investigation* 细查,严密的调查. *close joint* 密缝. *close lid* 密合的盖子. *close mapping* 详测. *close medium shot* 中景镜头人. *close miss* 近距

靶. *close mould* 合箱. *close nipple* (管)螺纹接口(套),全外牙. *close pass* 闭口式轧槽(孔型). *close planting* 密植. *close range* 近距离. *close quarters* 近距离. *close reading* 仔细的研读. *close reasoning* 严密的推理. *close register* 精确配准. *close resemblance* 非常像,酷似. *close running fit* 紧动(转)配合. *close sand* 密实砂,密致砂层. *close scanning* 细扫描. *close season* 禁猎期,禁猎期. *close seeding* 密播,密植. *close shave* 剃光(头),(间不容发的)危险遭遇,千钧一发. *close shot* (电影,电视)近摄,特写镜头. *close statement* 关闭语句. *close texture* 密实结构(构造). *close thing* 险事,千钧一发. *close tolerance* 紧密容差,紧公差. *close view* 特写镜头,近摄. *close working fit* 紧滑配合. *closest approach* 极近距离. *joint close* 合缝. ▲**at close hand** 紧紧地,密切地. **at close quarters** 逼近,接近. **at the close of** 在…的末尾,在…结束(了)的时候. **bring to a close** 结束,终止. **close about** 围绕,包围. **close accounts** 结算,清账. **close at hand** 在附近,迫近,就在眼前. **close by** 近处,在…近旁. **close down** 关闭,倒闭,停业,停止播送. **close in** 包围,围住,笼罩,闭合,合拢,迫近,靠近(岸),(日)渐短. **close into** 包围,围绕. **close off** 关挡,结帐,隔离,封锁,阻塞. **close on** [**upon**] 差不多,接(靠,将,逼)近,紧接;围(闭)拢. **close out** 售完货,抛售,停开(业务). **close over** 封盖,遮蔽,淹没. **close round** 包围. **close the door on** [**upon**] 堵塞,…的门路,不给以…机会,制止继续. **close to** 接近于,紧接,靠近,在…旁边,在…近处. **close together** 靠近,靠拢,紧接,密集,合在一起. **close up** 集集,靠近,结束,堵塞,关闭,闭合,(电路)接通,愈合. **close up to** 紧接,贴近. **close upon** = close on. **close with** 接受或同意(协议)=同…兵刃相接. **come close to** 走近,接近,差不多. **come (draw) to a close** 结束,告终. **cut M close** 把 M 剪短. **draw to a close** 渐近结束. **fit close** 吻合. **follow close 跟(随). **have a close relation with** …有密切关系. **keep M close** 把 M (隐,收)藏起来. **lie close** 隐藏着,躲藏, 在(伙)埋伏,接近. **stand** [**sit**] **close** 站(坐)拢.
close-armored *a*. 封闭式铠装的.
close-burning *a*. 粘结性的,成焦性的.
close-by *a*. ①附近的,临近的 ②近地(球)的.
close-connected *a*. 紧密(直接)连接的.
close-cropped 或 **close-cut** *a*. 剪得很短的.
close-cycle *n*. 封闭循环. *close-cycle control* 闭路(闭环)控制.
closed [klouzd] *a*. ①闭(合,路,紧,式)的,关闭的,封闭(锁)的,接通的 ②紧密的,密实的 ③连接,被接入的 ④准备了预定订了契约的,订了契约的(合)的 ⑤保密的. *closed aerial* (*antenna*) 闭路(环形,闭合)天线. *closed angle* 锐角,尖角. *closed annealing* 密(闷罐)退火. *closed anticline* 【地】闭合背斜. *closed armouring* 叠盖装甲. *closed array* 闭合[封闭]数组[系统],闭(合)阵列. *closed body* 轿(闭)式车身. *closed book* 完全不懂的学科. *closed butt gas pressure welding* 闭式加压气焊. *closed butt joint*

紧密对接. closed cab 轿车. closed cabin 密闭舱. closed car 轿车. closed center 中立关闭(阀)(滑阀在中立位置上,全部通路关闭). closed chain 闭链. closed circuit (广播,电视)视听电路,闭合电[回]路,闭路循环,通路,闭路[式,式电视]. closed circuit battery 常流电池组. closed-circuit grinding 密闭系统磨细(材料). closed circuit television 闭路式电视. closed coat 紧密涂(饰)层,密上胶具. closed conduit 暗沟,暗(封闭)式管道. closed core 闭合(式,口)铁心. closed country 荫蔽地区,丘陵地带. closed dock (湿)船坞. closed drain 排水地下. closed enclosure 密闭匣. closed end spanner 闭口扳手. closed file 关闭文件. closed groove [pass] 闭口式轧槽[孔型]. closed joint 无间隙接头,密合接头. closed level circuit 闭合水准(测量)网. closed linkage 强耦合. closed loop circuit 闭合(封闭)回路,闭合回线[环路],闭合图,闭环(路). closed mix 密实混合料,密级配混合料. closed network 闭环[和锁]网络. closed packing 密合装填,密堆积. closed pipe 一端封闭的管子,闭管. closed planer 龙门刨床. closed port 封闭港(即暂时禁止进口). closed position 空位[席]. closed reservoir 圈内[闭合]油藏. closed riser 暗冒口. closed root 无间隙焊根. closed routine 闭型(例行)程序,闭列程,闭合子程序. closed sea 领海. closed shell 闭壳,(填)满壳层. closed shop 不开放(式)计算站,封闭式机房,应用程序站. closed specification 详细规范. closed stub 短路短截线. closed surface 密实面层,密闭式表层. 【数】闭曲面. closed tensor field 闭张量场. closed to cars 禁止汽车通行. closed to traffic 禁止交通,禁止车辆通行. closed tolerance 严格的容限,小公差. closed track circuit 正常闭合的轨道电路. closed tube 联通管. closed under product 对积封闭. closed under set closure 对集合闭包封闭. closed weld 无间隙焊缝. conductively closed 电封闭的,电阻离的,屏蔽的.

closed-butt weld 连续对接焊缝.
closed-circuit a. 闭路(式)的.
closed-cycle n. (封)闭式循环,闭合(路)循环.
closed-door n. 关着门的,秘密的.
closed-easy-axis a. 易轴闭合的.
closed-ended a. 有底的,封闭端的.
closed-flux device 闭磁路装置.
closed-hard-axis a. 【计】难轴闭合的.
closed-open n. 关-开,合-断,启-闭,断-通.
closedown n. 关(闭)停,停歇,停(工)机,停止播音.
close-fitting a. 紧配(身)的,密接的.
close-graded a. 密级配的.
close-grained a. ①细粒(状)的,细晶粒的 ②密实的,密级配的 ③(木纹)细密的,密纹的. close-grained wheel 细砂轮.
close-hauled a. 迎(抢)风(航行)的.
close-in a. 近处的,近距离的,近程的,接近中心的,近区的.

close-knit a. 紧紧结合在一起的,严谨的,密实的.
close'ly ad. 精(严,紧,致,细,秘,亲)密地,仔细地,密接地,贴[靠]近地. closely coupled circuit 密(紧)耦(合)电路. closely graded 粒度成份均一的. closely packed 密集的,密装的,密堆积的. closely spaced 稠密的,密排的,密接的.
close'ness ['klousnis] n. ①密闭,狭窄,闷塞,闷热 ②接近 ③严密,精密,紧密.
close-packed a. 密集的,稠密的,密排的,密堆积的. close-packed code 紧充码. close-packed lattice 密排(密集,密堆积)点阵.
clo'ser I ['klouzə] a. close 的比较级. II ['klouzə] n. ①关闭者,闭塞(合,路)器,塞子 ②合(接)绳机 ③镶墙边的砖(石),砖砌体壁的砖边往里第一块整砖,拱心石. circuit closer 闭路器,接电器,电开关. closer brick 接砖. king [queen] closer 去角(纵剖)砖.
close-set a. 紧靠在一起的.
close-shot n. 近摄.
clos'et ['klozit] I n. ①壁橱,套间,盥洗室,厕所 ②(蒸馏炉)炉室,便柜,箱. II a. 关起门来的,保密的,秘密的,私下的(闭门)造车的,空谈的. III vt. 放在(壁橱内),关进. be closeted with 与…密谈. of the closet 不切实际的.
close-to-critical a. 亚临界的,近临界的.
close-tolerance n. 紧公差.
close-up n. ①特写镜头,精细的观察 ②闭合,关闭,闭路,接通 ③接近,紧密. close-up of disk 磁盘细部. close-up view 近视(特写)图,特写镜头.
clo'sing ['klouziŋ] I n. ①(关,封,停)闭,闭合,闭路,接通(电路),接点,合箱 ②终了,结尾 ③缔结,结合,接近 ④【冶】密接(压塑坯块时,上冲杆接触粉末介的情况). I a. 结束的,闭会的,末了的. closing address 闭幕词. closing account 决算. closing capacity 闭路电流容量. closing cylinder (压铸机)的合闭模汽缸. closing date 决算日. closing day 停业日. closing error 【测】闭合误差,闭塞差. closing machine 封口(压盖)机,合(捻)绳机. closing piece 密闭件. closing pin 合箱定位销. closing plug (plunger) 合箱柱塞. closing sleeve 夹紧套筒. closing time 截止(闭合,接通,下班,停止营业)时间. closing valve 隔离(断)阀. closing velocity 闭合速度,靠(接)近速度. seam closing (薄板)接缝咬口.
clo'sure ['klouʒə] I n. ①闭合(度,差),锁合,闭锁,关(封)闭,闭幕,【数】闭包 ②截止,终结,结束,停业,末尾 ③截流,合拢 ④罩(子),隔(挡,盖)板,填塞砖,闭塞物 ⑤插栓,搭扣,囲墙. II vt. 使…结束,使讨论终结. cap closure 帽塞,帽封闭. closure discrepancy 闭合差. closure domain 闭合磁畴. closure of force polygon 力多边形闭合. closure of horizon 水平全测. closure operation 闭包运算. closure stud 封口(封头)螺杆. hermetic closure 密封(口). nozzle closure 喷口隔板,喷口盖. packaging closures 包装封闭. shell closure 壳层填满.
closure-finite complexes 边缘有限的复合形.
clot [klɔt] I (clotted; clotting) v. (使)凝结,结

(血)块,烧结,使结团,使拥塞. II n. 凝块,泥疙瘩,块凝物,血块.
cloth [klɔθ] (pl. cloths) n. 布,(编)织物,(纤维)制品,毛料,丝绸. abrasive cloth 砂布,擦光布. cloth-lined paper (有)布的纸,布衬纸. cloth tape 布卷尺. crocus cloth 细砂布. drip cloth 滴水布. emery cloth (金刚)砂布. filter press cloth 压滤布. glass cloth 玻璃布. laminated cloth 层压布. mica cloth 云母箔. rubbered cloth 橡胶布. silk bolting cloth 丝筛布. tracing cloth 描图纸,透明纸. varnished cloth 漆布. wire cloth 钢丝布,金属丝网,金属丝织物. wire filter cloth 金属丝滤布. woolen cloth 呢绒.
cloth-binding n. 布面装钉的书.
cloth-cap a. 劳动阶层的.
clothe [klouð] (clothed, clothed 或 clad, clad) v. ①(给…)穿衣,覆盖(着),包上 ②赋与 ③表达. ▲ (be) clad in 穿着…(衣服,外衣). be clad with 覆盖以,用…包上(包起来). clothe M with [in] N 给M穿上N的外衣,给M包上[覆盖]N.
cloth-eared a. 听觉不全的.
clothes [klouðz] n. (pl.)衣服,服装,被褥. a suit of clothes 一套衣服. bed clothes 被褥[单],毯等. put one's clothes on 穿衣. take one's clothes off 脱衣.
clothesline n. 晒衣绳.
clothes-peg 或 **clothes-pin** n. 晒衣夹.
clo'thing [ˈklouðiŋ] n. ①衣(服),服装(总称),工作服 ②罩,套,蒙皮,外壳. an article of clothing 一件衣服. armored clothing 护身[防弹]衣. cylinder clothing 汽缸外罩. flying clothing 飞行衣. high-altitude clothing 高空飞行衣. protective clothing 防护衣,防护工作服. safety clothing 防护衣,安全服. special clothing 专用工作服. wedge clothing 楔团.
cloth(-)measure n. 布尺.
clothoid n. 回旋曲线.
cloth-reinforced a. 用布加强的.
cloth-yard n. 布码(3英尺).
clotted a. 凝结的,结成一团的;拥塞的;纯粹的.
clot'ting n. 凝结,块凝,(熔烧矿的)烧结,结块,(血)凝固.
clot'ty [ˈklɔti] a. 块凝的,凝块的,(易)凝结的,固结了的.
cloud [klaud] I n. ①云(彩,斑) ②浮云状物(烟,尘,汽团,飞沙等),(似云的)一群[团,群,队,片,缕],(液体或透明固体中的)混浊现象,污斑,水垢,泥渣,沉淀物 ③暗影,缺点. II v. (使)朦胧,(使)模糊,(使)使布满模糊斑点,(使)阴暗,黯然. a cloud of horsemen 一阵(飞驰的)骑兵. chaff [window] cloud 金属屑群,(从飞机上抛下以造成对雷达的干扰的)敷金属纸条. cloud attack 毒气攻击. cloud attenuation (由云引起的)微波衰减. cloud bursting 喷气清理. cloud castle 空想. cloud chamber【物】云室. cloud limit 雾限. cloud machine 舞台(布景)用幻灯机. cloud point【化】(混)浊点,始凝点,(图像上)云斑,雾点,模糊. cloud pulse 电子云脉冲. cloud seeding 云的催化. cloud test (润滑

油类)浊点试验. continuous cloud(威尔逊云室中的)密云,整片云雾. dust clouds 飞扬的尘埃. mushroom cloud (原子弹爆炸)蘑菇云. space-charge cloud 空间[容积]电荷云. ▲cast a cloud on [upon]给…投下一层暗影. drop from the cloud 从天而降. in the clouds 空想,不落(现)实. under a cloud 受到怀疑. under cloud of night 趁黑.
cloudage n. 云量.
cloud-bound a. 被云遮盖的.
cloud-built a. 云一样的,空想的.
cloud'burst [ˈklaudbə:st] n. ①大暴雨 ②喷丸(硬化处理),喷铁珍. cloudburst treatment 钢丸(钢沙)喷射处理.
cloud'buster n. 破云器(一种播撒干冰用的机载设备).
cloud-cap n. 帽状云,山头云.
cloud-capped a. 高耸入云的.
cloud-castle n. 空(梦)想.
cloud-chamber n. 云室.
cloud'ed [ˈklaudid] a. 阴(暗)的,有暗影的,有云花纹的. clouded glass 毛玻璃.
cloud-flashes n. 云间闪电.
cloud-hopping n. (隐蔽的)云中飞行.
cloudier n. 人造云.
cloud'ily [ˈklaudili] ad. 云雾迷漫,阴暗,朦胧,模糊不清.
cloud'iness [ˈklaudinis] n. ①云量,云覆盖天空的程度(占八分之几),多云状态 ②阴暗,混浊(度),闷光,模糊不清.
cloud'ing [ˈklaudiŋ] n. ①闷光,无光泽,云状花纹 ②(图像)阴影,云斑,云敝,朦胧,混浊.
cloud-kissing a. 高耸入云的.
cloud-land n. 云区,云层,云景,幻境.
cloud'less [ˈklaudlis] a. 无云的,全晴的. ~ness n.
cloud'let n. 小云块.
cloud-projector n. 测云器.
cloud-seeding n. 人工播云的. cloud-seeding agent 云催化剂.
cloud-sheet n. 云片.
cloudworld n. =cloudland.
cloud'y [ˈklaudi] a. ①多云的,阴天的 ②云(状)的,云雾状的 ③朦胧的,模糊(不清)的 ④浑(混)浊的,不透明的,闷光的,起昙的(水晶等),有云状花纹的. cloudy agate 云玛瑙. cloudy sky 多云天空(总云量为 3/8~5/8).
clough [klʌf] n. 峡谷,深涧,深谷,沟,水[闸]门.
clout [klaut] I n.①破(碎,抹,揩)布,布片 ②靶心,标的中心,(防磨损用)垫圈,铁板. II vt. ①(用布)擦 ②敲(叩)一下.
clove [klouv] I cleave 的过去式. II n. 丁香,丁子香,鸡舌香.
clo'ven [ˈklouvn] I cleave 的过去分词. II a. 劈[裂]开的,偶蹄的. ▲show the cloven hoof 露出马脚,现出原形.
clovene n. 次丁香烯,丁子香烯.
clo'ver [ˈklouvə] n. 苜蓿,三叶草.
clo'ver(-)leaf n. ; a. 苜蓿叶,三叶草,苜蓿叶式(四叶式)(交叉路口),三叶玫瑰曲线的. cloverleaf antenna 多瓣形特性(苜蓿叶形)天线. cloverleaf body 三座(汽车)车身. cloverleaf cam 三星凸轮

cloverleaf interchange [intersection, grade separation] 苜蓿叶式〔四叶式〕立体交叉. *cloverleaf layout* 苜蓿叶式〔四叶式〕交叉布置. *cloverleaf structure* 四元〔三叶草,方位角变位磁场聚焦〕结构.
clowhole *n*. 缩孔.
cloze [klouz] *a*. 填词测验法的. *cloze procedure* 填词测验法(系统地把一段选文内的某些单词删去,令应试し人填充,以测验其阅读理解能力). *cloze test* 填词〔空〕测验.
CLPR =calipers 圆规,卡尺〔钳〕,测径规.
CLR =①clear 清除,清机,计数器归零 ②clearance 间隙,结关,放行 ③combined line and recording 混合接续制 ④current-limiting resistor 限流电阻器.
CLS =class 等级,种类.
CLT =computer language translator 计算机语言翻译程序.
club [klʌb] I *n*. ①棍(棒),杆 ②俱乐部. II (*clubbed*; *clubbing*) *v*. ①用棍棒打 ②协〔合)作,联合(together, with) ③凑,贡献. *braking club* 制棍. *club-footed pile* 扩底桩. *club law* 暴力统治. *club shaped covering* 粗末药皮. *solder club* 焊条.
clubbed *a*. 棒状的.
clubbing *n*. 拖锚.
clubmosses *n*. 石松.
clue [klu:] I *n*. 线索,思路,暗示. II *v*. 为…提供线索,提示. ▲*a clue to M* M 的线索. *be the clue to M* 导致 M,成为 M 的线索. *clue M on N* 提示〔告知〕M 关于 N 〔的线索〕. *give a clue to* 提供关于…的线索.
clump [klʌmp] I *n*. (土,釉)块,(桩)群,(细菌)凝块,(树)丛. II *v*. 丛生,块的组合. *clump block* 或 *block clump* 强厚〔粗笨〕滑车. *clump of piles* 桩束〔群〕,集桩. *fuel clump* 燃料块.
clump'ing [ˈklʌmpiŋ] *n*.,*a*. (核燃料块的组合,凝集〔现象〕,团集,群(丛,块)的,集丛,束丛生的.
clump'y [ˈklʌmpi] *a*. 块状的,笨重的,成群〔丛〕的.
clum'sily [ˈklʌmzili] *ad*. 笨拙地,不合用地.
clum'siness *n*. 笨拙〔重〕,不合用.
clum'sy [ˈklʌmzi] *a*. 笨拙〔重〕的,粗笨的,不合用的,不灵活的.
clunch [klʌntʃ] *n*. (硬化,耐火)粘土,硬(质)白垩.
cluneal *a*. 臀的.
clung [klʌŋ] cling 的过去式和过去分词.
clu'nis [ˈklu:nis] (*pl*. *clunes*) *n*. 臀.
clunk [klʌŋk] I *n*. 沉闷的金属声. II *v*. 发出沉闷声地移动.
cluse *n*. 横谷.
clusec =1/100 lusec.
clus'ter [ˈklʌstə] I *n*. ①(线)束,(线)群,组,丛,集,集,套,簇(状物),球 ②【数】群 ③【化】类,族,基,串,簇群,(原子)团 ④【天】星团 ⑤干〔蓄〕电池组 ⑥组件,元件组,模组(熔接) ⑤满,麾,【热】聚集 ⑦弹束,聚集弹弹 ⑦集〔梅花〕桩 ⑧群〔集,束,堆,丛,凝)聚,结团 ⑨住宅群,震群 ⑩火箭发动机组. II *v*. ①成群,群集,簇集,聚集,聚集成组〔簇〕,集成一束,(释热元件)组合 ②形成凝块,成团 ③分组〔类,群〕,聚类抽样,套抽样. *aimable cluster* 弹束,一束炸弹. *cluster angles* 束角角度. *cluster bomb unit* 集束炸弹. *cluster burner* 集口灯头. *cluster casting* 层串铸造,叠箱铸造. *cluster college*(综合性大学内的)专科学院. *cluster compound* 簇形化合物. *cluster crystal* 簇形结晶. *cluster development* 分组改进设计. *cluster engine* 发动机组. *cluster galaxy* 属团星系. *cluster gauge* 仪表盘. *cluster gear*(三联)齿轮块,齿轮组. *cluster hardening* 聚合硬化. *cluster head* 多触头. *cluster integrals* 集团积分. *cluster joint* 束状接头. *cluster lamp* 丛灯,多灯照明器. *cluster mill* [roll] 多辊(式)(钢)机. *cluster of dendrites* 树枝状晶体簇. *cluster of domains* 畴丛. *cluster of electric cables* 电缆丛. *cluster of engines* 发动机簇. *cluster of fuel elements* 释热组件. *cluster of grains* (*particles*) 颗粒团. *cluster of gyros* 陀螺仪组. *cluster of magnetization* 磁化线束,磁涌. *cluster of needles* 针状体簇. *cluster of slip bands* 滑移带丛. *cluster point* 聚点. *cluster rock* 簇岩,簇岩. *cluster sampling* 成束抽样,分组取样. *cluster structure* 团粒结构,葡萄状结构. *cluster switch* 组(合)开关. *cluster-type fuel element* 棒束型燃料元件. *clustered array* 簇形阵列. *clustered column* 集柱. *clustered deployment* 集群部署. *clustered file* 簇文件. *clustered piles* 或 *cluster of piles* 桩束〔群〕,集桩. *clustering of multispectral image* 多谱像,多谱图像的族集,多谱图像的集簇. *concentric cluster* 多心簇. *galactic cluster* 银河星团. *gear cluster* 齿轮组. *instrument cluster* 仪表板. *ion cluster* 离子束. *rocket cluster* 火箭束,火箭发动机组. *seed cluster* 点火棒束,点火元件组. *star cluster* 星团. ▲*a cluster of* 一串〔束,群〕. *in a cluster* 成串〔束,团,群〕地.
clutch [klʌtʃ] *v*.; *n*. ①抓(牢,住),捏(紧),揪(住),把〔掌〕握,连接,咬合,用离合器连接 ②离合器(杆,踏板),接合器,联轴(动) ③夹子,夹紧装置,爪,(起重机)钩爪,扳手 ④(连接)接头 ⑤凸轮,合起 ⑥紧要关头 ⑦一窝(蛋,雏),连产. *band clutch* 带(式)离合器. *clutch body* 离合器体. *clutch box* [case] 离合器壳(箱). *clutch carbon* 离合器中充填的石墨(形成止推石墨轴承). *clutch coupling* 离合器〔爪形〕联轴节. *clutch cushion* 离合器,离合器缓冲装置. *clutch disc* 离合器盘,离合圆盘,连接圆盘,摩擦片. *clutch facing* 离合器衬片. *clutch lining* 离合器摩擦片衬片. *clutch magnet* 啮合电磁铁. *clutch motor* 离合式电动机. *clutch on-off* 离合器开关. *clutch plate* 离合〔摩擦〕片,离合器盘,拨盘. *clutch pulley* 离合(侧面带齿)皮带轮. *clutch tap holder* 丝锥绞杠〔夹头〕. *clutch wire* 离合器操纵用(钢)丝. *clutch yoke* 离合器分离器. *mirror drive clutch* 反光镜(镜式)传动离合器. *overload clutch* 防过荷〔防超载〕离合器. *overrunning clutch* 超速离合器. *plate clutch* 闸片〔盘式〕离合器. *positive clutch* 摩擦离合器,刚性离合器. *roller clutch* 滚柱式单向超越离合器. *slip-jaw clutch* 波纹齿滑动式离合器. *snap clutch* 弹压齿式离合器. *solenoid*

clutch 螺线管式〔电磁圈式〕离合器. *spiral jaw clutch* 螺旋面牙嵌式离合器. *square jaw clutch* 方齿牙嵌式离合器. *wet clutch* 油浴式离合器. ▲*ride the clutch*（驾驶时）脚一直踩在离合器踏板上. *within clutch* 在伸手可及〔抓得到〕之处. *within the gravitational clutch of the earth* 在地心引力范围之内.

clut′ter ['klʌtə] Ⅰ *n.* ①混乱,杂乱 ②地物〔散射,地面反射〕干扰,(雷达显示器)杂〔扰〕乱回波,杂波,混杂信号. Ⅱ *vt.* 乱堆〔塞〕,弄乱,使…混乱(up, with). *be cluttered up with M* 堆〔塞〕满了 M, M 放得乱七八糟. *clutter filter* (雷达)反干扰滤波器,防散射〔地物〕干扰滤波器,静噪〔杂波〕滤波器. *clutter noise* 杂波噪声. *clutter region* 乱反射区(域). *clutter rejection* 消除本机干扰. *ground clutter* 地物回波,地面杂乱回波. *wave clutter* 杂乱回波. ▲*in a clutter* 乱七八糟.

clut′tering ['klʌtəriŋ] *n.* 语句脱漏,言语急促,漏句.
clv =clevis U 形钩〔环,夹,插塞〕,挂钩,夹具.
CLWG =clear wire glass 透明嵌金属网玻璃.
clws =clockwise 顺时针(方向,转)的.
clyburn spanner 活(络)扳手.
clydonograph *n.* 过电压摄测仪.
cly′sis ['klaisis] (*pl. cly′ses*) *n.* 灌洗,冲洗,灌肠(法),洗出.
clysma (*pl. clysmata*) *n.* 灌肠(法),灌肠剂.
CM =①carat, metric 米制克拉(合 200 mg) ②center matched 中心相配的 ③center of mass 质量中心 ④chrome molybdenum code-钼 ⑤command module 指挥舱 ⑥control motor 控制电动机 ⑦corrective maintenance 设备保养〔维护〕 ⑧countermeasure 干扰,对抗措施,对策 ⑨metal mold casting 金属模铸.
Cm =curium 锔.
cm =①centimeter 厘米 ② circular mil 圆密耳 ③communication 通信,交通 ④complementer 补数〔码〕器.
C/M =①certificate of manufacturer 制造厂证明书 ②colour modulation (电视)色彩调节 ③control and monitoring 控制和监听 ④counts per minute 每分钟计数.
C&. M =①care and maintenance 保养与维修 ②control and monitor subsystem 控制与监控子系统.
CMA =contractor maintenance area 承包人维护〔保养〕范围.
cm Aq =centimetre water column 厘米水柱.
cmbd =combined 组〔综,化,联〕合的,合成的.
CMC =①carboxymethylcellulose 羧甲基纤维素 ②checkout and maintenance status console 检查与维护情况控制台 ③China National Machinery Import and Export Corporation 中国机械进出口公司 ④contact making clock 闭合触点(用)的时钟 ⑤critical micelle concentration 临界胶束浓度.
cmc =centimetre cube 立方厘米.
CMCC =classified matter control center 保密问题控制中心.
CMET =coated metal 镀层金属.
CMF =coherent memory filter 相干存储滤波器.
CMG =control monitor group 监控组.
CMH =centimeter height finder 厘米波测高计.

CMI =Commonwealth Mycology Institute 英联邦真菌学研究所.
CML =①common machine language 通用计算机语言 ②conventional milling 普通铣 ③current-mode logic 电流型逻辑(电路),电流模式逻辑,电流开关逻辑.
CMLC =Chemical Corps 化学兵.
cmm =①centimillimetre(s) 忽米, 10^{-5} 米 ②comma 逗号 ③cubic millimeter 立方毫米.
CMMS =carbon monoxide measuring system 一氧化碳测量系统.
cmn =common 共同的,普通的,公约的.
CMOS = complementary metal-oxide-semiconductor(transistor) 互补型金属氧化物半导体(晶体管)
CMP =①cast metal parts 铸造金属部件 ②corrugated metal pipe 金属波纹管.
cmpd =compound 化合物.
cmpl =complete 完全的,全部的,全套,完工.
cmpnt =component 成份,元〔组,部)件,分力.
cmps =centimeter per second 厘米/秒.
CMPTR =computer 计算机.
CMPX =complex 复合的,结合物.
CMR =①common mode rejection (ratio) 共态抑制(比) ②continuous maximum rating 持续最大功率 ③contract management region 合同管理范围.
CMRR =common mode rejection ratio 共态抑制比.
CMS =①centre-of-mass system 质心系 ②contractor maintenance service 承包人维护〔保养〕业务.
cms =①centimeters 厘米数 ②cubic meter per second 每秒立方米.
cm/sec =centimeter per second 厘米/秒.
CMT =corrected mean temperature 修正平均温度.
CMTP =calibration and maintenance test procedure 校准与维护测试程序.
CMTT =Committee for TV Transmission 电视传送委员会.
CMU =control monitor unit 监控装置.
CMVM =contact making voltmeter 闭合触点的电压表.
CN =①cargo number 货物编号 ②cellulose nitrate 硝酸纤维素 ③change notice 更改通知 ④chloroacetophenone 氯乙酰苯, 氯化苯乙酮 ⑤compass north 罗经北, 磁北 ⑥consignment note 发货通知书 ⑦contract number 合同号码 ⑧coordination number 配位数 ⑨cover note 暂保单, 保险证明 ⑩credit note 贷出通知书, 结存通知单, 退款单 ⑪cyanogen 氰.
C/N =(in) case of need 需要时.
CNA =copper nickel alloy 铜镍合金.
CNC =computerized numerical control 计算机化数字控制.
CN-CA = cellulose nitrate-cellulose acetate 硝酸纤维素-乙酸纤维素.
cncl =canceled 注销的, 删去的.
cncr =concurrent 同时发生的,相合的,顺流的,集中于一点的.
cnd =conduit 导管,管道,导线管.
CNDO =complete neglect of differential overlap 二次微分略去不计.
cne′mis ['ni:mis] (*pl. cnem′ides* ['nemidi:z]) *n.* 小腿,胫节,胫骨.

CNL = ①circuit net loss 电路净损耗 ②constant net loss 恒定净损耗.

cnl = cancel 取消.

CNO = cannot observe 不能观察.

CNP = cold, non-pigmented rubber 普通低温丁苯橡胶.

CNR = ①carboxy nitroso rubber 羧基亚硝基橡胶 ②cellular neoprene rubber 蜂窝状氯丁橡胶.

CNRS = Centre National de la Recherche Scientifique 法国科学研究中心.

cnrt = concrete 具体的,混凝土.

CNS = ①central nervous system 中枢神经系统 ②chloroacetophenone solution 氯乙酰苯〔氯化苯乙酮〕溶液 ③common number system 普通计数系统.

CNT = ①celestial navigation trainer 天体航行〔导航〕教练机 ②counter 计数器.

cnt = constant 恒定的,不变的,常数,恒量.

cntl = control 控制(器),操纵(装置).

cntn = contain 包含〔括〕,装有,整除.

cntr = container 容器,槽,箱,外壳,弹头筒.

CO = ①change order 更改令〔指〕令,更改定(货)单 ②closed-open 关-开,合-断,启-闭 ③combined operation 联合操作 ④current order 现〔即〕时指令 ⑤cut-out 切断,关闭,结束工作.

Co = ①cobalt 钴 ②company 公司 ③concentration 浓度〔缩,集〕.

co = ①care of 由…转交 ②carried over 转入 ③crystal oscillator 晶体振荡器.

C-O = cutoff 切断,关闭,停车,结束工作.

c/o = ①carried over(账目)转入次页 ②cash order 现金本票 ③certificate of origin 产地证明书 ④change over 转换,换向 ⑤checkout 检查〔验〕,调整,测试 ⑥consist of 包括 ⑦(in) care of (M)(请 M)转交.

co-〔词头〕共,同,相互,余,补,并合.

Co Ltd. = Company Limited 有限公司.

coac'ervate [kou'æsəveit] *vt.*; *n*; *a.* 凝聚(的,层),团集体,乳粒聚并(作用),反乳化,堆积.

coacerva'tion [kouæsə'veiʃən] *n.* 凝〔团,堆〕聚(作用).

coacetylase *n.* 乙酰化辅酶.

coach [koutʃ] *n.* ①两门小客车,两门桥式汽车,汽车车身,座舱,(长途,铁路)客车,卧车,车厢 ②(四轮,公共)马车 ③辅导员,教练(员). I. *v.* ①辅(指)导,教练,训练 ②用马车运输. *air coach 客机. coach bolt* 方头螺栓. *coach builder* 车身制造厂. *coach bus* 长途汽〔客〕车. *coach joint* 弯边接头. *coach screw* 方头〔六角头〕(木)螺钉. *coach spring* 弓形弹簧. *coach wrench* 双开活络扳手. *coach yard* 客车场. *motor coach* 公共〔长途〕汽车. *passenger coach* 客车.

coach'building *n.* 汽车车身的设计与制造.

coach'built *a.* (汽车车身)木制的.

coach'work *n.* 汽车车身的设计、制造和装配,汽车车身制造工艺.

coact' [kou'ækt] *vi.* 共同行动,合力工作.

coac'tion [kou'ækʃən] *n.* ①相互〔共同〕作用,共同行动,(生物)互反作用 ②强制力,强迫. *coac'tive a.*

coac'tivate [kou'æktiveit] *vt.* 共激活,共活化.

coactiva'tion *n.* 共激活〔共活化〕作用.

coac'tivator [kou'æktiveitə] *n.* 共激活剂,共活化剂.

co-adapta'tion [kouædæp'teiʃən] *n.* 互相适应.

coadja'cent [kouə'dʒeisnt] *a.* 邻接的,接近的,互相连接的.

coad'jutant [kou'ædʒutənt] *n.* 助理(员),助手,副手,合作者. *a.* 补助的.

coad'jutor *n.* 助手,助理.

coad'jutress *n.* 女助手.

co-adsorp'tion *n.* 共吸附(作用).

coad'unate *a.* 连接的.

coaduna'tion [kouædju'neiʃn] *n.* 联合(成一体),并合,结合.

coadunition [kouædju'niʃn] *n.* 联合(成一体),并合,结合.

co'agel ['kouədʒel] *n.* 凝聚胶.

coa'gent [kou'eidʒənt] *n.* 合作者,帮手,伙伴,合作因素.

coagglutina'tion *n.* 协同凝集反应,同族凝集.

coag'ula [kou'ægjulə] coagulum 的复数.

coagulabil'ity [kouægjulə'biliti] *n.* 凝结(能)力,凝结性,凝固性.

coag'ulable [kou'ægjuləbl] *a.* 可凝结(固)的.

coag'ulant [kou'ægjulənt] *n.* 凝(固,结,血)剂,(助,促,血)凝剂. *coagulant agent* 凝结〔絮凝〕剂. *coagulant aid* 助凝剂.

coagulase *n.* (血浆)凝固酶.

coag'ulate [kou'ægjuleit] I. *v.* (使)凝结〔固,聚〕,混凝,胶凝,(使)合成一体. II. *n.* 凝结物. III. *a.* 凝结的. *coagulated sediment* 凝结沉积物. *coagulating power* 凝结力. *coagulating (re)agent* 凝结剂.

coagula'tion [kouægju'leiʃən] *n.* 凝结〔固,聚,析〕(剂),絮(混,胶)凝.

coag'ulative *a.* 可凝固的,促凝结的,凝固性的.

coag'ulator [kou'ægjuleitə] *n.* 凝结〔聚〕剂,凝固〔结,聚〕器.

coag'ulatory *a.* 凝结的.

coagulin *n.* 凝结素.

coagulom'eter *n.* (血)凝度计.

coag'ulum [kou'ægjuləm] (pl. *coagula*) *n.* 凝(结)块,乳凝,凝结物,凝块,血块.

coal [koul] I. *n.* 煤,烟煤,(木,石)炭,(pl.)煤块. I. *v.* ①供(装,上,加)煤 ②烧成炭. *a live coal* 燃着的煤块. *anthracite* [*blind*] *coal* 无烟煤. *bone coal* 骨炭. *burnt coal* 天然焦炭. *candle* [*cannel*] *coal* 烛煤,长焰煤. *coal ash* 煤灰. *coal bearing* 含煤的. *coal bed* [*seam*] 煤层. *coal brass* 黄铁矿. *coal carbonization* 焦化. *coal chute* 输煤溜槽. *coal clay* 耐火粘土. *coal consumption* 耗煤量,(煤)的消耗量. *coal cracker* [*breaker*] 碎煤机. *coal cutter* 〔截〕煤机. *coal cutting* 掘煤,采煤. *coal dust* 煤粉,粉煤. *coal face* 煤层剖面,采煤工作面. *coal field* 煤田. *coal gas* 煤气. *coal in pile* 堆煤. *coal in solid* 整块煤. *coal measures* [*series*] 煤系. *coal mine* 煤矿. *coal oil* 煤(馏,焦)油. *coal pit* 竖井. *coal stone* 无烟煤. *coal storage* 贮煤量. *coal tar* 煤焦油,煤(焦),沥青. *coal terminal* [*wharf*] 煤码头. *coaling station* 装煤港〔站〕. *coking coal* 炼焦〔焦

性]煤. *furnace coal* 冶金[炉用]煤. *gas coal*(高级)烟煤,气煤. *hard coal* 硬煤,无烟煤. *(high-)ash coal* 高灰分煤. *small coals* 煤屑,末煤. *soft [pit, bituminous]coal* (有)烟煤,软煤. *steam coal* 短焰煤,锅炉煤. *sulfur coal* 高硫煤.

coal'ball n. 煤结核,煤球.

coal'-bed ['koulbed] n. 煤层.

coalblack a. 墨黑的,漆黑的.

coal-breaker n. 碎煤机.

coal-burning a. 燃煤的.

coal-cellar n. 地下煤窖.

coal-coking process 炼焦法.

coal-cracker n. 碎煤机.

coal cutting n. 采煤,掘煤.

coal-drop n. 卸煤机(筒).

coal-dust n. 煤粉[屑].

coal'er ['koulə] n. 运煤铁路[车辆],煤商,(运)煤船.

coalesce' [kouə'les] vi. 聚结[合],凝聚[结],联[联接,愈]合,组合,合并,汇集. *coalesced copper* 无氧铜,阴极铜粉压制烧结而成的铜.

coales'cence [kouə'lesəns] n. 结[接,连,联,并,融]合,合并,聚结,胶着. **coalescent** a.

coales'cer n. 聚结剂[器].

coalette [kouə'let] n. 团矿.

coaleum n. 煤烃.

coal-field n. 煤田,煤矿区,产煤区.

coal-fired a. 烧煤的,用煤作燃料的. *coal-fired-(power) station*(燃煤)发电厂.

coal-gas ['koul'gæs] n. 煤气.

coal-hole n. (地下)煤库.

coalifica'tion [koulifi'keiʃən] n. 煤化(作用).

co(-)alignment [kouə'lainmənt] n. 调整[校直,匹配]装置,共准直.

coal'ing ['kouliŋ] n. 装[给,加,上]煤. *coaling ship* 运(供)煤船. *port of coaling* 装煤港.

coaling-base n. 煤站.

coaling-place 或 **coaling-station** n. 煤站.

coalite ['koulait] v. ①半焦(炭,油),低温焦炭 ②焦炭砖(一种煤制无烟燃料).

coalition [kouə'liʃən] n. ①结[联]合,合并 ②联盟. *coalition government* 联合政府.

coalitus [拉丁语] n.; a. 并合(的).

coal'less a. 无煤的.

coal-measures n. 煤系.

coal-mine n. 煤矿.

coal-miner n. 煤矿工人.

coalpetrog'raphy n. 煤岩学.

coal-seam n. 煤层.

coal-series n. 煤系.

coal-tar n. 煤焦油,煤(焦)沥青,煤溚,柏油.

co-al'titude [kou-'æltitjud] n. 天(体)顶距,同高度.

coal'whipper n. 卸煤工人,卸煤机.

coaly ['kouli] a. (含多,似,属)煤的,煤状的,墨黑的. *coaly facies* 煤相. *coaly rashings* 软页岩.

coam'ings ['koumiŋz] n. (pl.)舱口(防水流入的)拦板,(舱口)围板,栏板,挡水围墙,边材,凸起天窗.

Coanda effect 附壁效应.

coapt' [kou'æpt] vt. 使接合(牢),配合.

coapta'tion [kouæp'teiʃən] n. ①接合,配合 ②接骨术.

coarcta'tion [kouɑ:k'teiʃən] n. 缩窄,紧压,缩小,狭窄.

coarse [kɔ:s] a. ①粗(粒)的,(粗)糙的,原生的,原始的,低级的,未加工的 ②粗略的,不精确的,近似的 ③大的,巨型的 ④钝的 ⑤粗暴的. *coarse adjustment* [control, tuning] 粗调(整,节). *coarse aggregate* 粗集(骨)料,粗聚集体,最大颗粒不超过¼英寸之聚集体. *coarse crushed [grained] calcium-carbide* 大块电石. *coarse file* (中)粗锉,粗钱锉. *coarse focus control* 聚焦粗调. *coarse grained fracture* 粗晶断口. *coarse grating* 粗衍射[绕射]栅. *coarse grinding* 粗磨. *coarse laid wire rope* 硬绳. *coarse mesh* 粗孔筛. *coarse pitch* 大[粗]螺距. *coarse plate* 厚板. *coarse pored* 大孔状[隙]的. *coarse porosity* 粗孔率. *coarse scanning* 疏(粗)扫描. *coarse screw* 粗调螺丝. *coarse structure* 粗(晶粒)结构. *coarse texture* 大颗粒结构. *coarse thread* 粗(牙螺)纹,粗牙. *coarse tuning* 粗调谐. *coarse vacuum* 粗(低)真空. *coarse wheel* 粗砂轮. *coarse wire rope* 硬(粗丝)钢丝绳. *coarse work* 粗糙[普查]工作.

coarse-aggregated a. 粗集(骨)料的.

coarse-crystalline a. 粗晶(状)的,粗结晶的.

coarse-fibred a. 粗纤维的.

coarse-graded a. 粗集配的,粗分级的.

coarse-grain(ed) a. 粗(颗)粒(结构)的,大粒度的,(木材)粗纹的,粗糙弥散(体)的.

coarse-group a. 粗能群的.

coarse'ly ad. 粗(糙,略,暴)地. *coarsely ringed timber* 宽年轮木材,粗纹木材.

coarse-meshed a. 粗网格的,粗孔的.

coars'en ['kɔ:sn] v. 使(变)粗,粗化.

coarse'ness n. 粗(粒)度,粗糙(度). *coarseness of grading* 级配(粗)度.

coarsening n. (晶粒)长大,粗化(作用),变粗.

coarse-porosity n. 粗孔率.

coarse-textured n. 粗结构的.

coarse-time n. 近似时间.

coar'sing ['kɔ:siŋ] n. 粗化.

coast [koust] I n. ①海岸(滨),岸边[线],沿海(地区)②沿岸 ③滑(溜)下 ④跟踪惯性. II v. ①沿海岸航行 ②(惯性)滑行[飞行],滑翔,沿下降轨道飞行,滑[溜]工,漂移,记忆,跟踪. *coast guard* 海岸巡逻队[警卫队]. *coast line* (海,河)岸线. *coast of emergence* 上升(海)岸,隆起海岸. *coast period* 滑行阶段. *coast side*(齿轮的)不工作齿侧. *the Coast* (美国)太平洋沿岸(各州). ▲*coast to …* 轻易,自然,逐渐.

coas'tal ['koustəl] I a. 沿海(岸)的,海岸的. II n. 海防(海岸巡逻)飞机. *coastal defense* 海岸防御. *coastal embayment* 有湾海岸. *coastal engineering* 海岸(塘)工程. *coastal error* 海岸线误差. *coastal harbour* 海港. *coastal inlet* 海口. *coastal lake* 濒海(沿岸)湖. *coastal motor boat* 鱼雷快艇. *the coastal waters of a country* 一个国家的近海水域.

coast'down n. ①减(退),下降,(逐渐)降低 ②惰行,(惯性)滑行. *power coastdown* 功率下降.

coast'er ['koustə] n. ①沿(近)海航船 ②惯性运转装置,惯性飞行导弹,滑行机(者),(滑坡用)橇 ③飞轮 ④超越(自由)离合器,单向联轴节 ⑤垫〔盘〕子. *coaster brake*(自行车)倒轮(式)刹车,脚刹车,倒轮制动. *coaster effect* 顺坡下滑.

coast'ing ['koustiŋ] n. ①滑行(阶段) ②惯性运动(飞行),惰力运转 ③沿岸(近海)航行,沿岸贸易 ④海岸线. *coasting arc* 被动弹道弧,惯性飞行弧. *coasting beam* 漂移束. *coasting body* 惯性体. *coasting grade* 滑行坡度. *coasting path* 被动段弹道,惯性飞行轨迹. *coasting trajectory* 惯性运动轨(弹)迹,惯性飞行弹道,弹道被动段. *free coasting* 自由飞行(滑翔).

coasting-down ['koustiŋ-daun] n. 沿下降轨(弹)道惯性飞行.

coasting-up ['koustiŋʌp] n. 沿上升轨(弹)道惯性飞行.

coasting-vessel n. 近海航船.

coast'land n. 沿海地区.

coast'line ['koustlain] n. (海,河)岸线,海滨线.

coast'ward(s) a.; ad. 朝着海岸,向海岸的,近海的.

coast'wise a.; ad. 近(靠)海的,沿(着)(海)岸(的).

coat [kout] I n. ①外衣〔层,皮,膜〕,套 ②涂〔镀,敷,面,表,覆盖,表皮〕层,层,③帆布罩,防水覆布 ④纹(徽)章. II vt. 加面层,上涂料(油漆),涂〔镀,包,敷,染,裹〕上. *back coat* 底(面)涂(层),面层涂(层). *base coat* 底涂,基层. *blotter coat* 吸油层,表面渗入层. *bottom coat* 底(基)层. *coat of metal* 金属镀层,金属层(防)层. *coat of synthetic resin* 合成树脂涂层. *coat shedding* 脱毛. *dash coat* 泼溅层. *finish* (*finishing*) *coat* 终饰层,罩面. *fire coat* 氧化膜. *first coat* 底涂(层). *float coat* 抹面层. *friction coat* 减摩涂层. *gel coat* 凝胶漆,表面涂漆. *ground coat* 底漆,底涂层. *operating coat* 手术衣. *primary* (*prime*, *priming*) *coat* 底漆层,底(首)层涂层,结合层,沥青透层. *seal coat* (路面)封面层. *setting coat* 罩面层. *stress coat* 应力试验脆漆层. *top coat* 面(外)涂(漆)层,大衣,外套. *under coat* 内(底)涂层. *wearing coat* 磨耗(损)层. ▲*coat M with N* 给 M 涂(镀,包,蒙)上 N. *pick a hole in one's coat* 挑毛病,找错儿. *take off one's coat* 脱掉上衣,使劲儿干.

coat'ed ['koutid] a. 涂(镀,覆)上...的,包(套)着的,有涂层的,有覆盖的. *coated electrode* [*rod*] 敷料电极,(有涂料的,有药皮的,包制的)焊条. *coated filament* 氧化物涂敷灯丝. *coated lens* 镀(加)膜透镜,滤光镜. *coated magnetic tape* 磁粉涂布磁带. *coated paper* 铜版纸,上[涂]料纸. *coated sand*(壳型铸造)涂复树脂(砂),覆膜砂. *coated sheet* 镀(涂,包)层,镀层板. *coated tape* 涂粉(涂敷)磁带. *coated wire* 被覆线.

coated-tips 涂层刀片.

coat'er ['koutə] n. 涂料(涂层,敷涂)器,涂镀设备,镀膜机,涂布机.

coat'ing ['koutiŋ] n. ①涂(布),敷,镀,覆盖,镀膜,被(包)涂)覆,油漆,上(贴,刮,擦)胶,着色,涂溃 ②表面处治层(镀,敷,覆盖)层,蒙皮,(焊条)药皮,贴片,外壳,套 ③涂料 ④涂法 ⑤细(正)呢,外衣料 ⑥被,包衣. *acid-proof coating* 防酸保护层,防酸面层. *active coating* 放射(活性)层. *anti-glare coating* 防眩光涂料. *aquadag coating* 石墨胶层. *brush applied coating* 【建】刷涂. *coating by vapour decomposition* 热解蒸镀. *coating getter* 吸气剂涂层. *coating of tongue* 舌苔. *coating pipe* 涂镀水管,喷镀管道. *coating protective* 防护层. *coating steel pipe* 镀锌钢管. *coating varnish* 罩光清漆. *conducting coating* 导电敷层(衬板). *dip coating* 浸(渍)涂(层). *doped coating* 加固涂层. *electrodeposited coating* 电镀层,电(解沉)积层. *half coating* 半镀膜,半覆盖膜. *lead coating* 铅敷层,镀铅层. *lime coating* (钢丝的)石灰处理. *metal coating* 包镀金属法,金属镀层. *protective coating* 保护涂料(油漆),保护表面(氧化铝等),保护层. *restrictive coating* 护套层,涂料,铠装. *spray metal coating* 金属喷镀法(层). *strippable coating* 可剥裂层. *under coating* 下底漆层,内涂层. *vacuum coating* 真空镀敷(渗镀,敷层(法)). *vitreous enamel coating* 搪瓷法,*zinc coating* 镀锌层.

co-author n. 合著者(之一).

coax [kouks] I n. 同轴电缆(=coaxial cable). II v. 巧妙地处理,轻轻弄好,劝诱.

coax'al [kou'æksəl] 或 **coax'ial** [kou'æksiəl] a. 共(同)轴的,共心的,同中心线的. *coaxial cable* 同轴电缆. *coaxial circles* 共轴圆. *coaxial circuit* 同轴电路. *coaxial connector* 同轴线接插件(插头座,连接器,接头),同轴电缆连接器. *coaxial drive* 同轴传动(装置). *coaxial duplexer* 天线转换(转接,双工)开关. *coaxial feeder* 同轴馈(电)线. *coaxial inner connector* 同轴(电缆线)芯线. *coaxial line* [共)轴线,具有同心导线之电缆. *coaxial plug* 同轴插头. *coaxial resonator* 同轴空腔共振器,同轴谐振器.

coaxal'ity n. 共(同)轴性.

coaxial-line termination 同轴线终端负载.

coaxing n. (在材料的疲劳极限下预加应力以提高其疲劳强度的)预应力强化法,"锻炼"效应.

coaxitron n. 同轴管.

coax'switch [kou'ækswitʃ] n. 同轴(电路转换,线路)开关.

cob [kɔb] I n. ①(煤,石头,矿石等的)圆块 ②糊墙土,粘土泥,草筋泥 ③夯土建筑,泥砖 ④玉米棒子(穗轴),玉米芯. II vt. 弄(破,破)碎. *cob brick* 土砖. *cob wall* 土墙.

COB =close of business 歇业,停止营业.

co-backwash n. 共反萃,同时反萃取,同时反洗.

cobalamin n. 钴维生素,钴氨素,氰钴维胺,维生素 B_{12}.

co'balt ['koubɔːlt] n. 【化】钴 Co,钴类颜料. *cobalt bloom* [*crust*, *ocher*] 钴华. *cobalt glance* 辉钴矿. *earthy cobalt* 钴土矿. *granulated cobalt* 粒状钴,钴粒. *gray* [*tin white*] *cobalt* 砷钴矿.

cobalt-cemented titanium carbide 钴(结碳化)钛硬质

合金,钴钛金属陶瓷.
cobalt-cemented tungsten carbide 钴(结碳化)钨硬质合金,钴钨金属陶瓷.
cobaltic *a.* (高,含,三价)钴的. *cobaltic chloride* 氯化高钴.
cobalticyanide *n.* 氰高钴酸盐.
cobaltiferous *a.* 含钴的.
cobaltine *n.* 辉钴矿.
cobaltite *n.* 辉(砷)钴矿.
cobalt-nickel *n.* 镍钴合金.
cobaltocene *n.* 二茂钴.
cobaltocyanide *n.* 氰钴酸盐,六氰络钴酸.
cobaltous *a.* (正,二价)钴的. *cobaltous sulphate* 硫酸钴.
cobamide *n.* 钴胺酰胺.
Cobanic *n.* 钴镍合金.
cob'bing *n.* ①(人工)敲(破,打)碎 ②(pl.)清炉渣块 ③(扎制)压卷.
cob'ble ['kɔbl] Ⅰ *n.* ①圆石,(大,鹅)卵石,中砾石,铺路石 ②(pl.)圆块煤 ③【冶】(半轧)废品,(板材或坯料的)弯斜,卵石级煤(65～260mm). Ⅱ *vt.* ①修,补 ②粗制滥造(up) ③用圆石(鹅卵石)砌路. *cobble boulder* 圆石,大卵石,中砾石. *cobbled canal* 卵石(衬护的)渠道.
cob'blers ['kɔbləz] *n.* (pl.)胡说八道,废话,空话.
cob'blestone *n.* 圆石,大(圆)卵石,中砾石,鹅卵石.
cob'bly *n.* 中砾石的.
cob'coal *n.* 成团煤炭,大(圆)块煤.
Cobenium *n.* 恒弹性模数钢.
Cobitalium (alloy) (活塞用)铝合金.
coboglobin *n.* 钴球蛋白.
COBOL = common business oriented language 【计】通用事务语言,面向商业的通用语言,COBOL语言,通用商务计算语言.
cobordism group 协边群.
coboun'dary [kou'baundəri] *n.* 上边缘,共界面. *coboundary complex* 上边缘复形. *coboundary operator* 上边缘运算子.
co'bra ['koubrə] *n.* 眼镜蛇.
COBRA = computerized Boolean reliability analysis 计算机化布尔可靠性分析.
cobs [kɔbz] *n.* (显示器上由调频引起的)钟形失真.
cobstone = cobblestone.
cob'web ['kɔbweb] Ⅰ *n.* ①蜘蛛网(丝) ②蛛网状(细软的,易破的,陈旧的)东西. Ⅱ *a.* 蛛网状的. (cobwebbed; cobwebbing) *vt.* 布满(除去)蛛网.
COC = ①certification of completion 完工合格证书 ②change of contract 合同的更改 ③customer originated change 由买主引起的更改.
co'ca-co'la ['koukə'koulə] *n.* 可口可乐.
cocaine' *n.* 柯卡因;古柯碱.
cocancerogen *n.* 辅致癌因素.
cocat'alyst *n.* 辅(助)催化剂,辅触媒剂.
coccoid *a.* 椭球菌.
coccus *n.* 球菌.
cochain *n.* 【数】上链. *cochain complex* 上链复形.
cochair'man [kou'tʃɛəmən] *n.* 联合主席(指两主席之一),副主席.
co(-)channel *n.*;*a.* 同波〔信,频〕的,同槽的,同管道的. *cochannel interference* 同波〔信,频〕道干扰.
coch'lea *n.* 耳蜗.
coch'lear *a.* 蜗形的.
cochleare *n.* 【药】匙(量). *cochleare amplum* 大匙,汤匙. *cochleare magnum* 大匙,汤匙(15ml). *cochleare medium* 中匙(8ml). *cochleare minimum* 茶匙(4mL). *cochleare parvum* 匙(4mL).
coch'leariform *a.* 匙形〔状〕的,蜗状的.
coch'leoid *n.* 【数】蜗牛线.
Cochran boiler (小型)立式横烟管锅炉.
cochromatog'raphy *n.* 混合色谱分析法.
cock [kɔk] Ⅰ *n.* ①旋塞(阀),(小,水)龙头,(活)栓,旋钮,(节)气门,活嘴,阀(门),开关 ②风向标,风信鸡 ③(枪)扳机,(枪)击铁,调整控弹机构,(天平)指针,尖角 ④起重机,吊车 ⑤(圆)堆,草堆 ⑥公鸡(主,鸟),头目. Ⅱ *v.* ①竖起,翘起,耸起,使直立 ②扳上(枪的)扳机 ③走火(over)④堆成小圆锥形 ⑤【原子能】提升(棒). *air cock*(空)气(管)旋塞,气嘴,空气阀,排气旋塞,风门. *angle cock* 转角管塞,角旋塞. *ball cock* 球阀. *balance cock* 平衡开关. *change-over cock* 转换开关. *cock key*〔spanner〕旋塞头〕扳手. *cock pigeon* 公鸡. *cock tap*〔valve〕龙头,旋塞. *cock wheel* 棘轮,中间(齿)轮. *cocking mechanism* 击发准备装置. *cocking piece* 扒钉. *compression relief cock* 泄(减)压开关. *drain cock* 排除〔泄放〕旋塞,泄放开关,漏〔泄〕(油,水,气等的)塞口. *emergency stop cock* 应急开关(管闩),紧急制动旋塞. *flooding cock* 溢塞(水,汽油,滑油等的)管嘴(旋塞). *ga(u)ge cock* 仪表开关,试水位旋塞. *oil cock* 油旋塞,润滑油开关. *P cock* 小旋塞. *relief cock* 减压(安全)旋塞,减压(放泄)开关,去〔降〕压管门. *shut-off cock* 阻塞(关断)旋塞,停车开关. *stop cock* 管塞,停车开关. *straight(-way) cock* 直通旋塞. *T cock* 三通阀. *taking-in cock* 进给旋塞. *three-way cock* 三通阀,三通旋塞. *through cock* 直通旋塞. *valve cock* 阀旋塞. *wind*〔weather〕*cock* 风标. ▲*at full*〔*half*〕*cock* 处于全〔半〕击发状态,准备充分〔不充分〕. *cock off*(枪栓)打火,走火. *turn the cock* 拧旋塞,开龙头.
cockade' [kɔ'keid] *n.* ①结在帽上作为徽章的带结,帽章 ②航空器徽志. *cockade ore* 鸡冠矿,白铁矿.
Cockcroft connection 用几个整流器可得到超高〔几百万伏〕直流电压的接线方法.
cocked *a.* 翘起的,竖起的,处于准备击发状态的. *cocked hat*【数】菱角线. *cocked safety rod* 提升(了)的安全棒.
cock'ing-but'ton ['kɔkiŋ'bʌtn] *n.* 竖起钮.
cock'le ['kɔkl] Ⅰ *n.* ①皱(纹,波浪形,(薄板状的)皱翠 ②海扇壳,轻舟 ③麦的黑穗病 ④稗,莠草. Ⅱ *v.* ①弄(起)皱,鼓起 ②(浪花翻滚)形成激流(白浪). *cockling sea* 三角浪,白浪.
cockle-stair *n.* 螺旋梯.
cock'loft *n.* 顶楼,搁楼,顶层.
cock'pit ['kɔkpit] *n.* ①(飞机)座舱,(船)尾舱,驾驶间(室) ②(屡经战役的)战场 ③灰岩盆地,漏斗状渗水井〔石灰窑〕. *cockpit panel*(飞机的)仪表板. *(en)closed cockpit* 密闭〔气密〕座舱. *rear*〔*after*〕

cockpit 后座舱.
cock'roach [ˈkɔkroutʃ] *n.* 蟑螂.
cock'scomb [ˈkɔkskoum] *n.* ①鸡冠(花) ②(瓦工用)金属刮板. *cockscomb pyrite* 白铁矿.
cock'sure' [ˈkɔkˈʃuə] *a.* 确信,十分肯定(of, about),太自信的.
cock'tail [ˈkɔkteil] *n.* 鸡尾酒. *cocktail party* 鸡尾酒会.
cockup *n.* ①(段落开头处)特高大写字母,附在字母右上角的字 ②混乱,混淆.
cock'y [ˈkɔki] *a.* 趾高气扬的.
co'co [ˈkoukou] *n.* 椰子(树).
co'coa [ˈkoukou] *n.* ①可可(豆,粉,茶) ②摩擦锈斑.
co'co a'nut [ˈkoukənʌt] *n.* 椰子. *cocoanut capacitor* 大型真空[椰果型]电容器.
COCOM = Coordinating Committee 巴黎统筹委员会.
co-condensa'tion *n.* 共缩(合)(作用).
coconinoite *n.* 铁硫磷铀矿.
cocon'sciousness [kouˈkɔnʃəsnis] *n.* 并(存)意识.
co-con'tent [kouˈkɔntent] *n.* 同容积(量).
cocoon' [kəˈkuːn] Ⅰ *n.* ①茧 ②茧形燃料箱. Ⅱ *vt.* ①作茧,包裹住,封存 ②喷涂一层塑料以防锈蚀(飞机,引擎,车辆等)完全盖住(以防库存时生锈). *cocoon fiber* 丝纤维,蚕丝.
cocooning [kəˈkuːniŋ] *n.* 茧,封存,塑料披盖,防护喷层,保护措施(喷涂一层塑料物质). Ⅱ *vt.* 作茧,在…上喷上一层(塑料)防护喷层.
cocrystalliza'tion [koukristəlaiˈzeiʃən] *n.* 共结晶.
coc'tion [ˈkɔkʃn] *n.* 煮沸,消化.
coctostable *a.* 耐煮沸的,耐热的.
co(-)cur'rent [kouˈkʌrənt] *n.* 直(顺,并,同,伴)流,平行电流. *co(-)current air-water flow* 气水汇流. *cocurrent flow* 并同,平行流,同向流动.
cocurric'ulum (pl. cocurricula) *n.* 辅助课程.
cocycle *n.* 【数】闭上链.
cod [kɔd] *n.* ①袋,囊,吊厢,砂胎 ②荚,壳 ③鳕鱼.
COD = ①carrier on-board delivery ②cash on delivery 交货[货到]付款,现款交货 ③chemical oxygen demand 化学耗氧量.
co'da *n.* 结局,尾声,震尾.
codan *n.* 载频控制的干扰抑制器[抑制装置]. *codan lamp*(信号)接收指示灯.
codase *n.* 密码酶.
codazzite *n.* 铈铁白云石.
C-odd *a.* C 字称为奇的.
code [koud] Ⅰ *n.* ①法典(规,则,律),规范(程,章,暗)码,代号,代,记号,惯例,口诀 ②程序(指令),代码. Ⅱ *v.* 编(译)码,译成电码,编订法规(规则). *address code*【计】地址(代)码,单元号码. *ASME CODE* 美国机械工程师协会标准. *authentication code* 识别码,标识代码,鉴别符号. *brevity code* 简化(缩)码,缩语. *cable in code* 简码电报. *character code* 信息码. *class code* 分类符号,类别符号. *code address* 电报挂号. *code alphabet* 代码字母(表),码符号集,零件编号册. *Code API* 美国石油学会的标准. *code beacon*(电)码信标,闪光灯标. *code bit* 代码(信息)单位. *code book* 电(编,译)码本,代码簿. *code call* 编码呼叫,选码振铃. *code checking* 代码检验. *code combination* 电码[代码]组合. *code converter* 译[变]码器,代码转换器[变换器],码型[数码]变换器. *code device* 编码器,编码装置. *code drum* 编码磁鼓,代码轮(鼓). *code element* (电)码(单)元,编码码元,代码单位[元素,元件]. *code error detector* 误码检测器. *code language* 密码[符号]术语. *code length* 码长,电码(信号)长度. *code letter* 码(字),字母. *code machine* 编码机. *code number* 电码 No. 代号,编码号. *code of practice* 业务法规,实施规程. *code preserving permutation* 保码排列. *code redundancy* 码冗余[冗余]度. *code repertoire* [repertory]指令表,指令系统,指令(代)码. *code rewriting* 代码再生[重写]. *code rule* 编码规则. *code sign* 代(电)码符号,电码. *code switch*【计】代码开关. *code telegram* 密(电,编)码电报. *code translator* 译[解]码器. *code transmitter* (电码)发报机. *code word* (代)(电)码字. *code word-locator polynomial* 码字定位多项式. *code word weight enumerator* 码字权重计数字. *colour code* 颜色标识,色码. *cyclic-digit code* 循环数码. *excess-three code*【计】余 3 代码. *frame code* 表征无线电发送情况的电码. *identification code* 识别(电)码,识别符号. *interpreter code* 翻译码,译解(程序)代码,伪码. *N-ary code* N 元代码. *pulse code* 脉冲码. *reactor code* 反应堆计算程序. *secret code* 密码,保密码. *space code* 间隙码,空间代码. *symbolic code* 记(电)号码,象征码. *telegraphic code-words* 电报简[电]码. *teleprinter code* 电传打字机的代码. *test code* 试验规则. *Wagner* [single-error correcting] *code* 单差校(修)正码. *weighted code* 加权代码. *wire code* 接线标志. ▲*code mark* 给…标上号码(符号).
codeaminase *n.* 辅脱氨酶.
codec *n.* 通常包含了编码和解码电路的物理组合.
codecarboxylase *n.* 辅脱羧酶.
co'declina'tion [ˈkoudekliˈneiʃən] *n.* 同轴磁偏角,极距,赤纬的余角,余赤纬.
codecontamina'tion *n.* 共去污.
co'ded [ˈkoudid] *a.* (编)成(代)码的,编码的. *coded decimal* (二进制)编码的十进制. *coded identification* 编码符号(识别),译码表示法. *coded passive reflector antenna* 编码无源反射天线. *coded program* 编码程序,编制程序. *coded pulse* 编码脉冲. *coded signal* 编码信号. *coded stop* 程序(编码)停机,编码停机指令. *coded word* 代(电)码字(母).
coded-decimal *a.* (二进制)编码的十进制. *coded-decimal digit* (二进制)编码数(字). *coded-decimal machine*(二进制)编码的十进制计算机. *coded-decimal notation*(二进制)编码的十进制的记数法.
code-dependent system 相关码体系.
coded-program *n.* (用)编码(表示)的程序.

codehydrogenase n. 脱氢辅酶.
codeposition n. 共[同时]沉积,共积作用.
co′der ['koudə] n. ①编[译]码器,编码装置,记器 ②编[译]码员.
code-reader ['koud'ri:də] n. 代码读出器.
code′-reg′ister ['koud'redʒistə] n. 代码[编码]寄存器.
code-transparent system 明码系统.
codex (pl. *codices*) n. 古代经典手稿本(一般写在羊皮纸上),药方书,药典.
cod′ify ['kɔdifai] vt. ①编成法典 ②编纂,整理. *codified procedure* 自动设计程序. **codifica′tion** n.
CODIL = control diagram language 控制图形语言 (一种面向过程控制的语言).
codimer n. 共二聚体.
co′ding ['koudiŋ] n. ①编码,译码,译成电[密]码 ②编制信息 ③符号代语, *automatic coding* 自动编码, 自动设计程序. *coding collar* 编码环. *coding line* 指令字. *coding mask* 编码盘. *coding network* 编码器[网络]. *coding office* 密码[译电]室. *coding paper form* 程序纸. *coding relay* 编码继电器. *coding sheet* 程序[编码]纸,编码表. *coding system* 编电码制,编(电)码系统. *coding triplet* 密码三联组. *coding wheel* 符号轮,编码(用)轮. *gap coding* "中断"编码(近似莫尔斯电码,用来识别目标). *ideal coding* 理想编码.
codistilla′tion n. 共馏(法).
codistor n. 静噪调压管.
co′dol ['koudəl] n. 松香油.
co′don ['koudɔn] n. (遗传)密码子.
codopant n. 共掺杂物.
codope n. 双掺杂,共掺杂.
co′dress ['koudress] n. 编码地址.
co′dri′ver n. 副驾驶员.
COE =①cab over engine 平头型(司机室在发动机上方) ②Corps of engineers 工程兵.
COED =concentration on engineering design 集中工程设计.
co-edition n. 合作出版版本,两种文字联合出版版本.
co′-ed′itor n. 合著者,合编者,合作编辑.
coef(f) =coefficient.
coefficient [koui'fiʃənt] n. ①系[因,常]数,率 ②折算率 ③程度. *activity coefficient* 功率因数,占空〔激活,活化,活度〕系数. *block coefficient* 船体没水系数. *coefficient of charge*(线图)占空系数,装载[料,药]系数. *coefficient of dilution* 稀释系数,(外部气流与内部气流的)质量比. *coefficient of efficiency* [*performance*] 有效[使用]系数,效率. *coefficient of opacity* 不透明度,不透明系数. *coefficient of resilience* 弹性(回弹)系数. *coefficient of viscosity* 粘性(滞)系数. *coefficient unit* 系数部件. *differential coefficient* 微分系数,微商. *film coefficient* 膜层[薄膜]散热系数. *friction coefficient* 或 *coefficient of friction* 摩擦系数. *gap coefficient* 间隙系数,电子耦合系数. *heat transfer coefficient* 传(导)热系数,热传导系数. *occupation coefficient* 使用系数,使用率. *overall coefficient* 总系数. *production coefficient* 生产系数,生产率,二次放射系数. *proportionality coefficient* 比例常数. *quality coefficient* 质量系数,质量特性. *reduction coefficient* 换算系[因]数. *safety coefficient* 或 *coefficient of safety* 安全系数. *utilization coefficient* 利用系数,利用率. *virial coefficient* 【流体力学】维里系数.

coel- (词头)腔,穴,孔.
coelectrodeposition n. 共电沉积.
coelec′tron [koui'lektrɔn] n. 协同电子,原子(核)心.
Coelenterata n. 腔肠动物门.
coelenterate n. 腔肠动物.
coelenteron n. 原肠.
coe′liac ['si:liæk] a. 腹的,腹腔的.
coelialgia n. 腹痛.
Coelinvar n. 恒弹性系数的镍、钴、铁、铬磁性材料,柯艾里伐合金.
coeliodynia n. 腹痛.
coeliotomize v. 剖腹.
coeliot′omy [si:li'ɔtəmi] n. 剖腹术.
coe′lom(e) ['si:lɔm] n. 体腔.
coelom′ic a. 体腔的.
coelonaviga′tion n. 天文导航.
coelongate a. 等长的,同长的.
coelosphere n. 坐标仪.
coelostat n. 定天镜,定向仪,活镜式天体望远镜.
coen [si:n] n. 环境中的全部组份.
co-en′ergy [kou'enədʒi] n. 同能量.
coenesthesia n. 普通感觉,存在感觉.
coenobium n. 组合,菌落,定形群体.
coenocyte n. 多核体(性,细胞).
coenogamete n. 多核配子.
coenogen′esis n. 新性发生,同祖发生,同胞血缘,后生变态.
coe′nosarc ['si:nəsa:k] n. 共体.
coenosis n. 生物群落.
coenosite n. 半自由寄生物.
coenospe′cies n. 近群种,互交种.
coenozygote n. 多核合子.
coen′zyme n. 辅酶.
coe′qual [kou'i:kwəl] a.; n. 同等的(人),相等的. ~**ity** n. ~**ly** ad.
coerce′ [kou'ə:s] vt. 强迫[制],迫使. ▲*coerce M into N* 强迫M(做)N.
coercend n. 【计】强制子句.
coercibil′ity n. 可压缩[凝]性.
coer′cible [kou'ə:sibl] a. (可)压缩(成液态)的,可压凝的,可强制的.
coercim′eter n. 矫顽磁力计.
coer′cion [kou'ə:ʃən] n. 强[被]迫,强[压]制. ~**ary** a.
coer′citive n.; a. 矫顽(磁)力(的),矫顽(磁)场. *coercitive force* 强制力,抗磁力,矫顽(磁)力.
coer′cive [kou'ə:siv] a. ①强迫[制]的,用强迫方法的 ②矫顽(磁)性的. *coercive field* 矫顽(磁)场. *coercive force* 强制力,矫(抗)磁力,矫顽(磁)力. ~**ly** ad.
coercivemeter n. 矫顽磁性测量仪.

coer′civeness n. 强制性.
coerciv′ity [kouə'siviti] n. 矫顽(磁)力,矫顽(磁)性.
coes wrench 活动扳手.
coessen′tial [koui'senʃəl] a. 同素(体,质)的.
coeta′neous [koui'teiniəs] a. 同时代(期)的,同年龄的.
coeter′nal a. 永远并存的.
coeur [kə:r] n. 心脏,心.
coe′val [kou'i:vəl] a.; n. 同时代的(人),同年代的(东西),同时期的(with). ~ity n. ~ly ad.
coexcita′tion [kouɛksi'teiʃn] n. 同时兴奋.
coex′ecutor n. 共同执行(受托)人.
co′exist′ ['kouig'zist] vi. ①共存,共处,同时存在(with) ②和平共处,两立. *coexisting phase* 共存相. ~ence n. ~ent a.
co′extend′ ['kouiks'tend] v. (使)在时间(空间)上共同扩张. **coextension** n. **coextensive** a.
coextract′ [kouiks'trækt] v.; n. 共(同)萃取,同时萃取. ~ion n.
co-extru′sion [koueks'truːʒən] n. 共(复合,双金属)挤压.
cof = cause of failure 失败原因,故障原因.
C of A = certificate of analysis 分析合格证.
cofac′tor [kou'fæktə] n. 余因子(数,式),辅助因数,辅(协同)因子,代数余因子,辅助(协同)因素.
COFC = container of flat car 铁路敞车上的集装箱.
C of C = coefficient of correction 校正系数.
C of D = certificate of deposit 存单.
C of E = coefficient of elasticity 弹性系数.
co-fer′ment [kou'fəːment] n. 辅酶素,辅酶.
C of F = coefficient of friction 摩擦系数.
cof′fee ['kɔfi] n. 咖啡(树,豆,茶). *coffee cream* 咖啡色研磨膏. *coffee grinder* 飞机引擎.
coffeol n. 咖啡香.
cof′fer ['kɔfə] Ⅰ n. ①围堰,沉箱,潜水箱,浮船坞 ②保险箱 ③隔离舱 ④吸声(隔音)板 ⑤平顶的镶板,天花板的镶边,藻井 ⑥(pl.) 国库,资产,财富. Ⅱ v. 贮藏,放入箱中,用平顶镶板装饰. *coffer lock* 箱形船闸. *coffered floor* 格式楼(桥)面. *coffered foundation* 围堰底,沉箱(浅)基础.
cof′ferdam ['kɔfədæm] Ⅰ n. 围堰,防水堰,潜(水)箱,沉箱,贮藏,隔离舱. Ⅱ v. 修筑围堰. *cofferdam piling* 围堰板桩.
cof′fering ['kɔfəriŋ] n. 藻井,方格天花板,格子平顶.
coffer-wall n. 围(堰)墙.
cof′fin ['kɔfin] n. ①棺材,木框,(木)箱 ②运送放射性物质的重屏蔽容器,屏蔽罐,装运罐,铅箱 ③(水平贮放的长盒形)导弹掩体 ④报废船. *coffin annealing*(板材)装箱(箱中)退火. *coffin hoist*(由管沟举起管子用)匣式升降机. *fuel coffin* 运送核燃料的重屏蔽容器.
coffinite n. 铀石,水硅铀矿.
C of G = centre of gravity 重心.
cofi′nal [kou'fainəl] n. 【数】共尾. *cofinal parts* 共尾部份.
co-flow n. 同向流动,协流. *coflow coupling* 同向耦合.

co-flyer [kou'flaiə] n. 副飞行(驾驶)员.
C of m = centre of mass 质量中心.
co-foun′der [kou'faundə] n. 共同的创立者.
C of S = conditions of service 使用条件.
cofunc′tion [kou'fʌŋkʃən] n. 余函数.
cog [kɔg] Ⅰ n. ①(齿轮的)齿,轮牙(齿),(爬坡机车齿轮的)大齿,嵌齿,钝齿,齿突 ②雄[凸]榫 ③(大钢)坯,(大断面)短坯. Ⅱ (*cogged*; *cogging*) v. ①装[嵌]齿轮 ②榫接,作榫,打榫 ③开坯,初轧,轧成坯,压下. *cog railway* 有嵌齿的铁轨,缆车道. *cog wheel*(嵌)齿轮. *cogged bit* 齿形钻头,冲击式凿岩器. *cogged bloom* 大钢坯,初轧方坯. *cogged ingot* 初轧钢锭,大方坯. *cogged joint* 雄榫接合. ▲*cog down* 压下,初轧,开坯. *have a cog loose* 有点不正常,有点毛病. *slip a cog* 出差错.
cog = centre of gravity 重心.
cogelled a. 共凝胶的.
co′gency ['koudʒənsi] n. 说明力,中肯.
cogen′erate v. 利用废热发电.
cogenet′ic a. 同成因的.
co′gent ['koudʒənt] a. 有说服力的,使人信服的,有力的. ~ly ad.
cogeoid n. 似(虚拟,补偿)大地水准面.
cog′ging ['kɔgiŋ] n. ①雄榫接合,接头,(齿)榫 ②(伺服电机)齿槽反应 ③(低速时)转速变动 ④压下,初轧,开坯 ⑤(两场光栅起始位置不同造成的垂直线条)开齿. *cogging down* 开坯. *cogging effect* 齿效应. *cogging joint* 榫齿接合. *cogging mill* 初轧[粗轧,开坯]机. *cogging roll* 粗[开坯]轧辊.
cogging-down n. 开坯. *cogging-down pass* 开坯孔型(道次). 延伸孔型. *cogging-down roll* 开坯轧机轧辊.
cogitable a. 可以思考(想象)的.
cog′itate ['kɔdʒiteit] v. (慎重)考虑,思考,深思熟虑(upon). *cogita′tion* n. *cog′itative* a.
cog′nate ['kɔgneit] a.; n. ①同源的(物),同性质的,同族的,同门的,同族的 ②互有关系的,(互)有关联的,有很多共同点的 ③【机】钝齿.
cogna′tion n. ①同血族,近亲 ②同词源,同语系).
cognit′ion [kɔg'niʃən] n. 认识(力),识别(力),被认识的事物,知识. *artificial cognition* 人工识(判)别.
cognitional a. 认识(上)的.
cog′nitive a. (有)认识(力)的. *cognitive malfunctioning* 智力机能不全.
cog′nizable a. 可能够被认识的. **cognizably** ad.
cog′nizance ['kɔgnizəns] n. ①认识(范围),认知(定),知道 ②观察,注意,监视. ▲(*be, go, fall*) *beyond* [*out of*] *one's cognizance* 在认识[注意]范围之外,认识不到的,对…处理. (*be, go, fall*) *within one's cognizance* 在认识范围之内,认识得到的,归…处理. *come to one's cognizance* 知道. *have cognizance of* 认识[注意]到,知道. *take cognizance of* 认识(注意)到,正式获知.
cog′nizant ['kɔgnizənt] a. 认识的. ▲*be cognizant of* 认识[注意]到,知道,晓得.
cog′nize ['kɔgnaiz] vt. 知道,认识到.
cognominal 〔拉丁语〕a. 姓氏的,族名的.
cognos′cible a. 可以认识到的.
COGO = coordinate geometry 坐标几何,COGO 程序

cograft n.; v. 共接枝.
cogredient a. 同[协]步的.
cog'wheel [ˈkɔghwi:l] n. (嵌、链)齿轮. *cogwheel gearing* 齿轮传动装置. *cogwheel pump* 齿轮泵.
COH OSC =coherent oscillator 相干[参]振荡器.
co-hade n. 补伸角,断层倾角.
cohere' [kouˈhiə] vi. ①附着,粘附[结,合],(可)粘合,结合,粘[连]结在一起 ②凝结,(分子)凝聚 ③相干,相关,相参 ④连贯,有条理,前后一致. *cohered video* 相关视频信号.
cohe'rence [kouˈhiərəns] 或 **cohe'rency** [kouˈhiərənsi] n. ①附[粘]着,粘附[聚,合](性),结合,连接 ②凝聚,凝结,内聚(力,现象) ③(光的,波的)相干(性),相关(性),共格性,相参性 ④同调 ⑤连贯[条理]性. *coherence effect* 相干效应. *coherence length* 粘着长度. *coherence of a set* 集的(凝)聚性. *coherence of boundary* 界面的共格性. *coherence strain* 共格应变. *coherence technique* 相干技术.
cohe'rent [kouˈhiərənt] a. ①粘着[附,合]的,凝聚[粘结性的,有凝聚力的,互相密合的,凝固的 ②相干(无参)的,共格的,不干涉的 ③糊[粘]合的,相连接的,连着的,相互密合着的 ④协调的,同调(相)的,一致的 ⑤连贯的,有条理的,清晰的,易懂的. *coherent beam amplifier* 相干光束放大器. *coherent boundary* 共格晶界. *coherent detection* 相干检测[解调],相干检波. *coherent generator* 相干[相参]振荡器. *coherent interface* 共格界面. *coherent interphase (boundary)* 共格相界. *coherent nucleus* 共格晶核. *coherent optical radar* 相干光雷达. *coherent oscillator* 相干[同相]振荡器. *coherent wave* 相干波. *externally coherent* 外相干[参]的. *internally coherent* 内相干(参)的.
cohe'rer [kouˈhiərə] n. 粉末[金属末,金属屑]检波器. *auto coherer* 自动粉末检波器. *carbon coherer* 炭屑检波器. *coherer protector* 避(声)震器.
cohe'sible [kouˈhi:sibl] a. 能粘聚[结]的.
cohesiom'eter n. 粘聚力仪.
cohe'sion [kouˈhi:ʒən] n. ①粘着[附,聚],附着(力),粘结(力),结合(力),结合,连接 ②内聚(性,力,现象),凝聚(性,力),聚合力. *cohesion moment* 粘聚力矩. *cohesion of soil* 土(壤)粘性[粘结力]. ~al
cohe'sionless a. 无粘结性[力]的,无内聚力的,非粘结性的,无粘性的,不粘的,松散的.
cohe'sive [kouˈhi:siv] a. (有)粘聚(性)的,(有)结合(力)的,粘性的,粘合的,(有)内聚(力)的,有附着性的粘着的,凝聚性的,内聚力的,紧密结合力的. *cohesive energy* 内聚能. *cohesive force* 内[粘,凝]聚力,粘结[着]力. ~ly ad.
cohe'siveness n. 粘聚[结]性,内聚性.
co'ho 或 **COHO** [ˈkouhou] n. 相干[参]振荡器.
cohoba'tion [kouhəˈbeiʃən] n. 回流[连续,反复]蒸馏.
cohomol'ogy n. 【数】上同调.
cohomotopy n. 【数】上同伦.
co'hort [ˈkouhɔ:t] n. ①一群,一伙,同谋,追随者 ②(生物分类单位)股.

cohydrol n. 石墨的胶态溶液.
cohydrol'ysis n. 共水解作用.
COI =communications operating instructions 通信操作说明书.
coign(e) [kɔin] n. 隅(石),外角,楔. *coign of vantage* 有利的地位,便于作仔细观察的地方.
coil [kɔil] Ⅰ n. ①线圈[盘,架],绕组,感应圈 ②(一)匝,(一)圈,(一)卷 ③蛇[盘,蠕,旋]管 ④线材[带材,薄板]卷,带卷,卷材,盘条,焊丝盘圈,镍蟠,【摄】卷片筒. Ⅱ v. 绕或盘状[螺旋],绕制线圈[盘管],盘[缠,环]绕,卷(up),*actuating coil* 工作线圈. *air coil* 空气(冷却)蛇管. *air-core coil* 空心线圈. *anti-reaction coil* 反再生线圈. *band wound coil* 叠层线圈. *bifilar coil* 双绕无感线圈. *choke (choking) coil* 扼[阻]流(线)圈. *coil aspect ratio* 线圈环径比. *coil assembly* 线圈组. *coil boiler* 盘管锅炉. *coil brake* 盘簧闸. *coil break* 卷裂,板卷折皱. *coil buckling*(线材或轧件的)拧绞,捆圈,(钢丝绳使用不当造成的)死扣,(薄板缺陷)边部浪. *coil condenser* 盘管(旋管)冷凝器. *coil configuration* 线圈组合方式,线圈排布. *coil constant* 线圈常数,线圈质量因数. *coil conveyer* 卷材输送机. *coil curl* 线圈,旋度. *coil-driven loudspeaker* 动圈式扬声器. *coil former* 线圈架(管),线圈形成器. *coil holder* 线圈座,卷料匣. *coil in* 进线(端),输入(端),盘管进入接头. *coil kit* 线圈组件. *coil loading* 加感,加负载. *coil (magnetizing) method* 磁化线圈法(磁粉探伤). *coil magnetometer* 线圈式[感应式]磁力仪. *coil opening machine* 松卷机. *coil out* 出线(端),输出(端),盘管引出接头,盘出. *coil pack (kit)* 线圈[盘管]组件. *coil paper* 盘(筒,卷)纸. *coil pitch* 线圈(盘管)节距. *coil polymer* 螺旋状聚合物. *coil positioner* 围盘固定器(固定装置). *coil pulser*(非线性)线圈脉冲发生器. *coil ramp* 开卷机рабочий台,运送钢卷斜桥. *coil rod* 盘条. *coil spring* 螺旋弹簧,盘簧,卷簧. *coil strip* 成卷带钢. *coil tail* 成卷带材的端头. *coil tap* 线圈(盘管)抽头. *coiled bar* 成盘[卷]条. *coiled material* 卷材. *coil(-ed) pipe* 旋(蛇,盘)管,线圈. *coil(ed) spring* 螺旋(形)弹簧,盘簧. *coiled steel* 成卷带钢. *coiled stock* 带卷(垛). *collapse coil* 压缩线圈. *cross over coil* 交叉[圆柱形]线圈. *De-Forest (duolateral) coil* 蜂巢[蜂房式]线圈. *end coil*(弹簧的)无效圈. *field coil* 励磁(激励)线圈. *follow-up coil* 随动线圈. *frame coil* 中心调整线圈. *heating coil* 或 *coil for heating* 加热盘(丝,管)管,加热线圈. *holding (out) coil* 吸持(自保,锁定,闭置)线圈. *induction coil* 感应(线)圈. *inductive coil* 有感(感应)线圈. *kicking coil* 反作用线圈. *Lorenz coil* 笼形线圈. *low tension coil* 低(电)压线圈,低压(可)动线圈. *moving coil*(可)动线圈. *pancake coil* 扁平(高频)感应圈,饼形线圈. *pickup coil* 拾波[耦合,电动势感应]线圈. *pipe coil* 蛇(旋)管. *primary coil* 初级(一次,正,原)线圈. *rod coil* 线材卷,盘条.

secondary coil 副[次级]线圈. *tapped coil* 多[接]头线圈,抽头线圈. *tempering coil* 调温旋管. *toroidal coil* 环形线圈.

coiled-coil n. 复绕[双螺旋,螺线[旋]形,盘绕线圈式]灯丝. *coiled-coil filament* = coiled-coil. *coiled-coil heater* 复绕[双螺旋]加热器.

coiled-cooling pipe 复绕冷却管道,双管冷却管.

coil-ejector n. 线皮卷推出器.

coil′er n. ①缠卷机[装置],卷[缠,绕]线机,卷取机,盘管机,卷轴[盘]②盘[蛇,旋]管③线圈. *coiler tension rolling mill* 带钢张力冷轧机. *down coiler* 地下卷取机. *up coiler* 地上卷取机.

coil′ing ['kɔiliŋ] n. ①卷绕[取,曲,线],绕线,成卷,上卷筒②绕制线圈[盘绕],绕成螺线,曲曲[旋]③螺旋[线]. *coiling machine* 卷取[缠绕]机,盘[弹]簧机,盘绳机. *coiling of the molecule* 分子缠结. *coiling pipe bender* 盘管机.

coil-loaded cable 加感电缆.

coil-loaded circuit 加感电路.

coil-out n. 出线,输出(端).

coil-Q n. 线圈品质因数.

coim′age n. 余像.

coin [kɔin] Ⅰ n. 硬[货]币,金钱. Ⅱ vt. ①压花[纹],精压②铸造(货币),冲造(新字等),杜撰. *coin box telephone* 投硬币式公用电话. *coin control* 硬币控制. *coin refund* 退币口. *coin silver* 币合金,货币银(银90%,铜10%). *coin slot* 投币口. *coined gasket seal* 矩[凹]形垫圈密封. *current coin* 通货. *gold coin* 金币. *gold coin standard* 金铸币本位制. ▲*pay a man (back) in his own coin* 以其人之道还治其人之身.

coin′age ['kɔinidʒ] n. ①造[铸,货]币②货币制度③创造(新词),新创造的词,造出来的东西. *coinage bronze* 货币青铜. *coinage gold* 货币金,造币标准金. *coinage metal* 货币合金. *coinage silver* 货币银. *the coinage of fancy (one's brain)* 空想的产物.

coin-assorter n. 大小硬币分选器.

coin′box n. 钱箱,硬币箱. *coin-box television* 投币式电视.

coincide′ [kɔin′said] vi. (点,面积,轮廓等)(与…)相[重,吻,叠]合,(时间)(与…)相同,同时发生,(与…)一致[相同,相符(合)](with).

coin′cidence [kou′insidəns] n. ①符[重,吻,叠,相]合,一致②【数】相等,叠合素③同时发生,共同存在,巧合之事. *chance [stray] coincidence* 偶然[无规则]符合. *coincidence adjustment* 重合调整,焦点距离调整. *coincidence AND signal* "与"门信号. *coincidence arrangement* 重合[符合]装置,重合计算线路. *coincidence correction* 符合[重合,同频]校正. *coincidence gate* 【计】符合[重合]门(电路),"与"门. *coincidence range finder* 重像[符合,复合焦点]测距仪. *coincidence selection system* (电流)重合(法)选择系统,符合选择系统. *coincidence sensor* 重合检测器,符合传感器. *coincidence transponder* 符合发送-应答机. *coincidence unit* "与"门. *random coincidence* 偶然[随机]符合. *scintillation coincidence* 闪烁计数器信号符号. ▲*by a curious coincidence* 刚好,凑[碰]巧,由于奇怪的巧合.

coin′cident [kou′insidənt] a. ①符[重,叠,巧]合的,一致的(with)②同时发生的,共同存在的(with). *coincident-current selection* 电流重合选取法. *coincident demand power* 同时(最大)需用功率. ~ly ad.

coinciden′tal [kouinsi′dentl] a. 符[重]合的,巧合性的,同时发生的. *coincidental starting* (汽车)风门起动. ~ly ad.

coin′er n. ①造币者,伪造货币者②(新词)创造者.

co-infec′tion n. 协同[合作]感染.

coin′ing ['kɔiniŋ] n. 精(密模)压,立体挤压,压花[纹],压印加工,整形,校直,冲边. *coining die* 压印[花,纹]模. *coining mill* 压花[冲压]机.

coin-in-the-slot m. 投币自动售票(货)的.

coinitial a. 共首的.

COINS = Computer and Information Sciences 计算机和信息科学(会议).

coinside = coincide.

coinstanta′neous [kouinstən′teinjəs] a. 同时(发生)的.

co-invariant n. 协不变量(式).

coion n. 同(伴)离子.

coir [kɔiə] n. 椰子(皮的)纤维(制品). *coir fiber* 棕丝,椰子皮纤维. *coir hand brush* 棕丝[椰子皮]手刷. *coir rope* 棕绳[缆].

cokabil′ity n. (可)焦化性,成焦性,结焦性.

coke [kouk] Ⅰ n. 焦(炭,煤). Ⅱ vt. 炼焦,结焦,将(煤)制成焦炭,焦化. *bed coke* 底焦. *coke basket* 焙烧炉,烤炉. *coke bed* 底焦,焦床. *coke breeze [cement] concrete* 焦炭屑混凝土. *coke briquette* 团块焦,炭块. *coke button* 焦块. *coke by-product* 蒸馏焦炭,副产焦. *coke charge* 焦批,层焦,底焦. *coke knocker* 除焦机. *coke oven* 炼焦炉. *coke side* 焦面. *coke split* 劈开焦(中天炉中劈开两者炉型铁). *coke tinplate* 薄锡层镀锡薄钢板. *egg coke* 小块(蛋级)焦炭. *fine coke* 焦屑,碎焦. *furnace [metallurgical, smelter] coke* 冶金焦炭.

cokeabil′ity = cokability.

coked a. 焦结的,炼成焦的.

cokeite n. 天然焦.

coke-oven n. 炼焦炉. *coke-oven (coal) tar* 焦炉煤焦油,炼焦柏油[沥青],焦炉柏油. *coke-oven gas* 炼焦(炉)煤气. *coke-oven plant* 炼焦厂.

coke-pig (iron) 焦炭生铁.

co′ker n. 炼焦器,焦化装置.

cokernel n. 余核.

co′kery ['koukəri] n. 炼焦炉(装置),厂.

co′king ['koukiŋ] Ⅰ n. ①焦化,炼焦②积[结]炭③结焦,(pl.)(焦化后)蒸馏罐中残渣. Ⅱ a. 具焦性的,炼焦的,粘结的. *coking coal* (炼)焦煤. *coking power* 粘结性(率). *coking property* 烧结性,结焦性. *fluid coking* 流(态)化焦化.

col [kɔl] n. ①峡路,山隘[口],坳(口),出(关)口②

气压谷,鞍形低压 ③低地.
COL = computer oriented language (面向)机器(的)语言,计算机专用语言.
col = ①college 学院,专科大学 ②column (纵)行,柱,栏,项目,塔.
col- 〔词头〕共,合,全.
colamine n. 胆胺,乙醇胺.
col'ander ['kʌləndə] n. 滤器,滤锅.
COLARD = calculus oriented language for relational data 相关数据微积分专用语言.
colas n. 沥青乳浊液〔乳胶体〕.
colasmix n. 沥青砂石混合物.
Colat = colatus 滤过的,滤过的.
colat'eral di'pole 并列偶极子.
cola'tion n. 过滤,渗滤,(粗)滤,滤过,滤液.
colat'itude [kou'lætitjuːd] n. 余纬(角,度)〔某纬度与90°之差〕.
colature n. ①粗滤产物,滤(出)液 ②过滤.
Colburn method 玻璃板制造法.
colchicin(e) n. 秋水仙碱〔素〕.
Colclad n. 包层钢,复合钢板.
colcogenide n. 硫硒碲化合物.
colcothar n. 褐红色铁氧化物.
colcrete n. 胶体〔压浆,预填骨料灌浆〕混凝土.
cold [kould] I a. ①冷的(尤指相对于人体体温而言),冷态的,【冶】常温的(不加热的) ②寒冷的,冷淡(酷,静)的 ③寒色的(指青、蓝、绿等色),(塑料表面)无光(彩)的 ④无(非)放射性的. II n. ①(寒)冷,零〔冰〕点(及以下),低温 ②伤风,感冒,着凉 ③无光(彩). *five degrees of cold* 零下五度. *cold area* 非放射性区域. *cold bend* 冷弯(试验). *cold boiler* 冷却沸腾器,真空蒸发器. *cold break* 冷淀物,冷却残渣. *cold breakdown* 冷滚. *cold brittleness* 冷脆(性),冷态脆性. *cold calender* 冷轧机. *cold catch pot* 低温截液罐,低温分离器. *cold chamber* 常温容器,冷冻间. *cold chamber die-casting machine* 冷(压)式压铸机. *cold charge* 【冶】冷装(料). *cold circuit* 延迟系统. *cold clean criticality* 冷净(未中毒)临界,冷态. *cold clearance* 冷时间隙. *cold climate cell* 常温气候元件. *cold colours* 寒〔冷〕色(灰、蓝、绿等). *cold coiling* 冷卷. *cold cream* 冷霜(化妆品). *cold current* 寒流. *cold cutter* 冷凿(冷作用的凿子). *cold damage* 冻害,寒害. *cold draw(ing)* 冷拔〔拉〕. *cold emission* 冷场致电子放射,冷〔场致〕发射. *cold end* 冷端,冷接点,低电位端. *cold extrusion* 冷挤压,冲挤. *cold finger* 冷指,厚规,指形冷冻器,冷凝管. *cold finger (reflux) condenser* 指形(回流)冷凝管. *cold finished* 冷精轧〔整〕的. *cold flow* 冷流,冷塑加工,冷变形. *cold flow test* 冷流〔液压法〕试验. *cold galvanizing* 电镀(法),(冷镀锌(法). *cold gum* 低温(聚合)橡胶. *cold hardening* 冷加工硬化,冷作硬化. *cold hardiness* 耐寒性. *cold heading* 冷镦. *cold joint* 冷缩(建筑)缝,虚焊. *cold junction* (热电偶)冷接点,冷结,冷端. *cold lap* 冷隔,表面冷纹. *cold lapping* 未焊缝. *cold levelling* 冷矫直. *cold liquid metal* 低于浇温的金属液. *cold machining* 冷加工. *cold magnetron* 冷阴极磁控管. *cold mill* 冷轧机. *cold mirror* 冷光镜. *cold mould furnace* 自耗电极真空电弧炉,冷模炉. *cold pilgered pipe* 周期(皮尔格)式冷轧管. *cold plastic* 低温塑料,冷塑的. *cold pressing* 冷压. *cold pressure welding* 冷压焊. *cold process* 冷(用,铺)法. *cold reduced* 冷轧的. *cold reduction* (减厚)冷轧,冷压缩,冷碾压. *cold repair* 冷法修补. *cold resistance* 抗冷性,耐冷冻性,冷(态)电. *cold resonance* 冷电子管回路〔槽路〕谐振. *cold rolling* 冷轧,冷压延,冷(常温)滚压. *cold room* 冷藏室,冷冻间. *cold rubber* 冷聚合橡胶. *cold run* 冷态运行,冷试车. *cold saw* 冷割的锯子. *cold set* 冷作用具. *cold setting* 冷(常温)凝固,冷(变)定,冷硬化. *cold short* 冷脆. *cold shortness* 冷(常温)脆性. *cold shut* 冷隔,冷塞,冷扼,焊疤. *cold sink* 冷却热片,冷却散热器. *cold snap* 乍冷,骤冷. *cold solder joint* 虚焊. *cold spell* 寒潮. *cold start(-up)* 冷态起动. *cold station* 冷藏库. *cold steel* 利器(刀剑,枪矛等). *cold storage (store)* 冷藏(库),搁置,停顿. *cold straightening* 冷矫直,冷法直拉. *cold strip* 冷轧带材. *cold test* 【冶】冷态(低温,常温)试验,凝浓〔冷点〕试验,【化】洗净毛回潮试验,冷试车. *cold upsetting* 冷镦粗,冷顶锻. *cold waste* 非放射性废物. *cold wave* 寒潮. *cold welding* 冷焊,未焊透. *cold work(ing)* 冷加工,冷作,pull-up cold 冷态拉紧. ▲*be left out in the cold* 被冷落. *catch (take) cold* 着凉,伤风. *come in from the cold* 摆脱孤立,不再被忽视. *give the cold shoulder to* 冷淡,表示不欢迎. *have a cold* 患伤风,感冒. *have cold feet* 沮丧,胆怯. *in cold blood* 冷静地,冷酷地,蓄意地. *leave (one) cold* 未能打动(某人). *make one's blood run cold* 令人害怕. *throw cold water on* 向…泼冷水,使灰心.

cold-application n. 冷敷,冷铺(筑路材料).
cold-banded steel pipe 冷箍钢管.
cold-bend(ing) n. 冷弯.
cold-blooded a. 冷血的,冷酷的,杂种的(马等).
cold-bloodedness n. 变温性.
cold-cathode n. 冷阴极.
cold-chisel n. 冷錾.
cold-coining n. 冷精压.
cold-compacting n. 冷压,常温压制,冷密实.
cold-coolant n. 冷却剂.
cold-crucible n. 水冷坩埚.
cold-draw vt.; n. 冷拔〔抽,拉〕,光拔. *cold-drawn appearance* 冷拔加工状态. *cold-drawn (steel) wire* 冷拔钢丝. *cold-drawn pipe [tube]* 冷拔管.
cold-driven rivet 冷压铆钉.
cold-end n. (热电偶)冷接点,冷端,低电位端.
cold-extruded a. 冷挤的.
cold-finger n. 指形冷凝器,冷凝管,冷测厚规.
cold-finish vt. 冷加工精整,冷精轧〔整〕的,冷拉拔〔冷拔〕的.
cold-flanged a. 冷弯边的.
cold-forging n.; a. 冷锻(的).

cold-formed *a.* 冷作的.
cold-forming *n.* 冷成型,冷加工,冷冲压.
cold-front *a.* 冷锋的.
cold-hammer *n.*; *vt.* 冷锤〔锻〕.
cold-heading *n.* 冷镦(粗).
cold-intolerant *a.* 不耐寒的.
coldish *a.* 微冷的.
cold-junction *n.* 冷接点.
cold-laid *a.* 冷铺的.
cold-leach *v.*; *n.* 常温浸出.
cold-light source 冷光源.
cold'ly ['kouldli] *ad.* 冷淡地,冷淡地,沉着地.
cold-metal work 白铁工.
cold-mirror reflector 二向色反光镜.
cold-mix *n.*; *a.* 冷拌(的,混合料).
cold-mold arc melting 水冷坩埚电弧熔炼.
cold-molding *n.* 冷压,常温压制.
cold'ness ['kouldnis] *n.* ①寒冷(性) ②冷淡的.
cold-patching *n.*; *a.* 冷补(的).
coldplate-mounted *a.* 装在冷却板上的.
cold-press *v.*; *n.* 冷压,常温压制,冷压机.
cold-producing *n.*; *a.* 制冷(的).
cold-proof *a.* 抗冷的.
cold-reduced *a.* (减厚)冷轧的,(管子)冷减径的. *cold-reduced sheet* 冷轧薄板.
cold-resistant *a.* 抗冷的,耐低温的.
cold-roll *vt.*; *n.* 冷轧,冷轧机. *cold-roll forming* 辊轧冷弯成形. *cold-rolled band* 冷轧带材. *cold-rolled commercial quality sheet* 优质一般冷轧薄板. *cold-rolled drawing quality sheet* 冲压用优质冷轧薄板. *cold-rolled drawing sheet* 冲压用冷轧薄板. *cold-rolled finish* 冷轧(板材的)光洁度. *cold-rolled forming section* 冷弯型钢. *cold-rolled lustre finish sheet* 镜面光亮优质冷轧薄钢板. *cold-rolled plate* 冷轧钢板. *cold-rolled primes* 优质冷轧钢板. *coldrolled section* 冷轧型材. *cold-rolled (steel) sheet* 冷轧薄(钢)板. *cold-rolled steel strip* 冷轧带钢. *cold-rolling machine* (mill) 冷轧机. *cold-rolling reduction* 冷轧压下量.
cold-setting *n.* 冷塑(固)化,冷(常温)凝固,冷定.
cold-shaping steel 冷变形钢.
cold-short *a.* 冷脆的.
cold-shortness *n.* 冷脆(性).
cold-shot(s) *n.* 铁豆,白疖,(透明塑体内的)斑粒.
coldshut *n.*; *a.* 【铸】冷隔(的).
cold-storage ['kouldstɔ:ridʒ] *n.* 冷藏(器,库).
cold-strip *n.* 冷轧带材.
cold-tolerant *a.* 耐寒的.
cold-trap *n.*; *v.* 冷却,冷却捕集(器).
cold-trimming *n.* 冷切边(修整,精整).
cold-upsetting *n.*; *a.* 冷镦(的).
cold-weather *a.* 寒冷气候的,冬季的.
cold-weld *vt.* 冷焊.
cold-work ['kould'wə:k] *v.*; *n.* 冷加工(处理),冷作,冷变形. *cold-worked material* 冷加工材料.
colemanite *n.* 硬硼钙石,硼酸钠.
coleop'ter [kɔli'ɔptə] *n.* 环翼(喷气)机.
Colet =coleteur 滤过,滤过.

colgrout *n.* 胶体灰浆,预压骨料用特制水泥砂浆.
colibacil'lus [koulibə'siləs] *n.* 大肠杆菌,大肠埃希氏杆菌.
col'ic ['kɔlik] *n.* 腹(绞)痛,结肠. ~ly *a.*
colica (拉丁语) *n.*; *a.* 结肠的,绞痛,急腹痛.
colicin(e) *n.* 大肠(杆)菌素.
coli'dar [kou'laidə] = coherent light detection and ranging 相干光雷达,相干光探索测距装置.
col'iform *n.* 大肠(杆)菌.
coli-index *n.* 大肠菌指数.
co-line = co-linear.
co-linear *a.* 共(同)线(性)的.
colipase *n.* 共脂肪酶.
coliphage *n.* 大肠杆菌噬菌体.
coli'tis *n.* 结肠炎.
colititre *n.* 大肠菌值.
colitox'in *n.* 大肠杆菌毒素.
coll = ①college 学院,专科大学 ②colloidal 胶态的.
collab'orate [kə'læbəreit] *vi.* ①合作(著),协作,共同研究 ②勾结(with). ▲*collaborate on M with N* 与 N 合著 M.
collabora'tion [kɔlæbə'reiʃən] *n.* ①合作(著),协作,共同研究 ②勾结. *collaboration of steel and concrete* 钢筋与混凝土共同受力(协同作用). ▲*(work) in collaboration with M* 与 M 合作.
collabora'tionist *n.* 通敌者.
collab'orator [kə'læbəreitə] *n.* 合作(制,著)者,协作者,共同研究者.
collage *n.* 抽象派美术,(互不相干物件的)大杂烩.
collagen *n.* 胶原(蛋白).
collagenase *n.* 胶原酶.
collapsabil'ity *n.* 可压碎性.
collapsable = collapsible.
collap'sar [kə'læpsɑ:] *n.* 坍缩星,太空黑洞.
collapse' [kə'læps] *v.*; *n.* ①倒塌,塌陷(缩),崩塌(泄,塌),坍(塌,毁)缩,瓦解,消失,垮 ②破裂(坏,灭),毁坏(损),断裂 ③折叠,叠并,纵弯曲 ④失去(纵向)稳定性,失稳 ⑤失败,事故,故障 ⑥压扁(缩,平,坏),紧套,凹下,瘪(气),消气,减(衰)弱,虚脱,萎陷. *collapse load* 破坏(临界load)负荷,破坏(极限)荷载,断裂负载. *collapse of gold leaves* (验电器的)金箔落下. *collapsed clad fuel element* 紧裹(型)包壳燃料元件. *collapsed equation* 叠并方程. *collapsed storage tank* 可折叠(收缩的)油罐. *collapsing energy group* 叠并能群. *plasma collapse* 等离子体的破坏.
collapse-fissure *n.* 场陷裂缝.
collapsibil'ity *n.* 崩溃(坍)性,溃散性,退让性.
collap'sible [kə'læpsəbl] *a.* 可折叠(折合,折卸,分解,分拆,收缩,卷起来)的,活动的,自动开馆的,可压扁的. *collapsible cladding* 紧裹(型)包壳. *collapsible container* 可折叠容器. *collapsible die* 可折(组合)模. *collapsible form [shuttering]* 活动模板. *collapsible gate* 活动(可拆卸)闸门,折叠门. *collapsible mould* 分片(室)模. *collapsible tap* 伸缩螺丝攻,伸缩(自动开合)丝锥. *collapsible tube* 收缩管,软管. *collapsible whip antenna* (可折叠)鞭状天线.
collap'sing *n.* ①压扁(平,坏),破裂(坏),毁坏,断裂

col′lar [ˈkɔlə] n. ①(轴,杆,柱,套,安装,轧辊,截流)环,(垫,卡,紧,套,肩,档,迷宫)圈,轴环,环状物,束套 ②凸缘(盘),法兰盘 ③联轴节,接头,套管,(管周)颈圈 ④井口,钻孔口,铝热焊冒口 ⑤月槽,环接缝 ⑥安装钻模 ⑦系(底,地脚)梁 ⑧衣领,假牙颈 ⑨根颈,(嗜菌体)颈部. Ⅱ v. ①扭住,拉(扯)用,擅自带走 ②缠辊,缠住(卷取机的)卷筒 ③作凸缘 ④刻痕 ⑤打限. *ball collar* 滚珠(球形)环. *clutch* [throw-out] *collar* 离合器分离推力环. *collar beam* 系(圈)梁,系杆. *collar extension* (试模的)环口,外口,领口. *collar flange* 环状凸缘. *collar journal* 带肩轴颈. *collar log* 接箍测井. *collar marks* (轧制缺陷)辊条痕,辊印,环形痕迹. *collar nut* 立(边缘)螺帽,圆缘螺母. *collar oiling* 轴环注油(润滑). *collar roof* 三角屋架. *collar thrust bearing* 环形止推(推力)轴承. *collar work* 冷作,吃力(艰巨)的工作. *collared shaft* 环轴. *cooling collar* 冷却套管. *cross collar* 交叉环,十字环. *distance collar* 间隔轴环,间(垫)圈. *dome collar* 汽室垫圈. *dust* [*sand*] *collar* 防尘环,防尘垫圈. *graduated collar* 刻度环,分度环(盘). *loose collar* 松紧(活动,装定)环. *outer collar* 边框环. *packing collar* 垫圈. *set collar* 定位环(圈),固定轴环. *spacing collar* 隔离环(垫圈). *split collar* 开口垫圈,裂口轴环. *spring collar* 弹簧挡圈,弹性驻环. *thrust collar* 止推垫圆(套)环. ▲*in the collar* 受到约束.

collar-beam n. 系(维,地脚)梁,系杆.
col′larbone [ˈkɔləboun] n. 锁骨.
col′laring n. ①缠辊(现象),系件缠住(卷取机的)卷筒 ②(轧辊的)刻痕 ③作凸缘,加辊 ④打眼,标定跟眼的位置. *collaring machine* 曲边机,皱折机.
collar-work n. 【冶】冷作,吃力(艰巨)的工作.
collate′ [kɔˈleit] vt. (详细)对比(照),校(核)对,检验 ②(依序)整理,排序,分类,按规律合并.
collat′eral [kɔˈlætərəl] a. ; n. ①间接的,附属的,次要的,第二位的,副的 ②并联的,平(并)行的,并列的 ③侧面的,旁边的,旁系的,旁支的,(侧枝)的,侧突(的) ④抵押品,(附属)担保品. *collateral chain* 链(系). *collateral contact* 双(并联)触点. *collateral readings* 课外读物. *collateral relationship* 旁系亲疏. *collateral relative* 旁系亲属. *collateral series* 旁系,副系. ~**ly** ad.
colla′tion [kɔˈleiʃən] n. 校(核)对,校勘,对照,综合,整理,检验. *collation of data* 整理资料. *collation of information* 整理情报. *collation operation* (=AND)【计】"与"(逻辑运算).
colla′tor [kɔˈleitə] n. ①校对(对照,整理)者 ②校对(验)机,比较装置,分类机,(卡片)整理机 ③排序(整理)程序,(数据,卡片)排序装置.
collbranite n. 螺镁铁矿.
col′league [ˈkɔliːg] n. (一起工作的)同事 ②辅助设备(装置).
collect′ [kəˈlekt] Ⅰ v. ①收(采,搜)集,聚集(积)(起来),堆积,汇集 ②集中(合),征收 ③使(思想)集中,镇定 ④推断出,认定. Ⅱ a. ; ad. 由收到者付款(的),送到即付现款(的). *collecting agent* 捕集剂. *collecting aperture* 集光孔径(光圈),接收口径. *collecting bow* 弓形集电器. *collecting brush* (电机)汇流(集电)刷. *collecting channel* 总集,干管. *collecting comb* 集电梳. *collecting elec trode* [*anode*] 集电极. *collecting field* 集电极场,收集场. *collecting lens* 会聚(聚光)透镜. *collecting loop* 收集回路,集流管道. *collecting main* 集水干(管)线,汇流排(条),母线. *collecting mirror* 聚光(聚场)镜. *collecting passage* [*gutter*] 集水(截流)水道. *collecting ring* 集流(汇流,集电)环. *collecting side* 收(受)侧. *collecting zone* 集电(同步)区. *freight forward* (*collect*)运费由提货人照付.
collect′able a. 可收(搜)集的,可代收的.
collecta′nea [kɔlekˈteiniə](拉丁语) n. (pl.)选集,文选,文集.
collect′ed [kəˈlektid] a. ①收集成的 ②镇定的,泰然(自若)的. *collected lens* 会聚透镜. *collected papers* 论文集. ~**ly** ad. ~**ness** n.
collect′ible =collectable.
collec′tion [kəˈlekʃən] n. ①收(采,搜,聚,捕)集,集中(合),积累,征收 ②收集品(量),选样,标本 ③(委)托收(款) ④【数】群,集. *a large collection of books* 一大批藏书. *collection chamber* 集气室. *collection of data* 或 *data collection* 收集资料,数据收集. *collection order* 托收委托书. *common collection transistor* 共集(电)极晶体管. *dust collection* 收尘. *electron collection* 电子收(聚)集. *multiplicative ion collection* 电离电流放大区的离子聚集. *saturation collection* 饱和区离子聚集. ▲*a collection of* 一批(堆,群).

collec′tive [kəˈlektiv] Ⅰ a. ①集中(合,体,团)的,聚合(性)的,收集的,共同的,集体(主义)的 ②集(汇)流的. Ⅱ n. 集体(合),全体人员. *collective antenna* 共用天线. *collective diagram* 综合图. *collective drawings* 图集. *collective electron theory* 集团(集体,总体)电子(理)论. *collective language* 汇集型语言. *collective lens* 集束(聚光)透镜. *collective sampling unit* 成组抽样单位. *collective system* 集体制,【无】收敛(收集)系统.
collec′tively ad. 集体地,共同地,总起来说.
collec′tivism [kəˈlektivizəm] n. 集体主义.
collec′tivist n. ; a. 集体主义者,集体主义(制度)的.
collectiv′ity [kɔlekˈtiviti] n. 全(总)体,集体(性,主义).
collec′tivize [kəˈlektivaiz] vt. 使集体化,变私有制为集体所有制. **collectiviza′tion** n.
collect′or [kəˈlektə] n. ①收集(集尘,除尘,采苗,捕集,捕捉,集电,(电)集)极,集流器(刷,装置) ②收(电子)汇棚 ③整流子 ④总(干,主)管,集(流,气)管 ⑤(浮选)捕收剂编,促集剂 ⑥编辑机,收集(吸收,收票,收款)员. *air collector* 气瓶(柜),集气器. *bow collector* 弓形集电器(滑接器). *brush collector* 集电刷. *collector barrier* 集极势垒. *collector beam*

lead 集极梁式引线. *collector bow* 集电弓. *collector brush* 集流〔集电〕刷. *collector current* 集(电)极电流. *collector cylinder* 圆筒形集电极, 收集极〔集电极〕圆筒, 圆筒形收注册. *collector drain* 集水沟. *collector filter* 集尘(过滤)器. *collector grid* 捕获〔集电〕栅. *collector junction* 集(电)极-结, 集合极过渡层. *collector lens* 聚光(会聚, 聚场)透镜. *collector mesh* 收集栅(网). *collector pipe* 集水管. *collector plate* 汇流板. *collector ring* 集汇, 整流环, 集电(收集)环. *collector shoe* 集电(流)靴. *collector terminal* 集电极引线(端), 集极端. *collector well* 集水井. *common collector* 共集电极. *current collector* 集电(流)器. *dust collector* 集〔收,除〕尘器. *exhaust collector* 排气总管. *fall-out collector* 放射性沉降物收集器. *fraction collector* 分选机. *leak collector* 积漏器. *oil collector* 集油器. *sample collector* 取样器. *steel collector* 钢导电棒.

collector-base n. 集(电)极-基极. *collector-base impedance* 集电极-基极阻抗. *collector-base leakage* 集(极)-基(极)漏流.

collector-distributor (road) (立体交叉上的)集散道路.

collector-electrode n. 集电极.

collector-shoe n. 集电靴. *collector-shoe gear* 汇流环, 汇流装置, 集流器, 集电机构.

collector-street n. 汇集街道.

col'lege ['kɔlidʒ] n. ①学院, (专科)大学, 专科〔技术, 职业〕学校 ②学(协)会, 社团. *be at college* 在大学学习. *college faculties* 大专院校的教职工. *colleges and universities* 大学与学院. *medical college* 医学院. **colle'gial** [kə'liːdʒiə] a.

colle'gian [kə'liːdʒiən] n. 高等(专科)学校学生, 大学生.

colle'giate [kə'liːdʒiit] I a. 学院的, 大学(生)的, 专科学校的. II n. =collegian.

col'let ['kɔlit] n. ①(弹簧)筒夹, (弹性)夹头, 有缝〔开口〕夹套, 套筒, 套爪, 锁圈, 颈圈 ②(pl.)继电器簧片的绝缘块. *collet cam* 筒夹控制凸轮. *collet chuck* 弹簧筒夹(夹头), 套爪夹(卡)盘. *collet head sleeve* 弹簧套筒夹头. *open collet* 弹簧套筒夹头, 弹簧(套筒)夹头. *spring collet* 弹簧(套筒)夹头. *valve split collets* 气门锁片〔半圆锁圈〕.

collide' [kə'laid] vi. 碰(互, 冲)撞, 截击, 冲突, 抵触, 争用. *colliding data* 碰头数据. *colliding station* 碰头〔争用〕站. ▲*collide against* 撞着. *collide with* 同…相碰〔相抵触〕.

collider n. 碰撞〔对撞〕机.

col'lier ['kɔljə] n. 煤矿工人, (运)煤船, (运)煤船船员.

col'liery ['kɔljəri] n. 煤矿(井), 矿山. *colliery wire rope* 煤矿用钢丝绳.

col'ligate ['kɔligeit] vt. ①绑, 捆, 束, 结 ②总〔概〕括, 综合.

colliga'tion [kɔli'geiʃən] n. ①绑捆, 束缚, 连接 ②总括, 综合 ③〔逻〕共价均成.

col'ligative a. 取决于粒〔分子, 原子, 离子等〕数目的, 随粒子数目而变化的, 依数(性)的. *colligative properties of sea water* 海水的依数性.

col'ligator n. 结合器.

col'limate ['kɔlimeit] vt. ①照〔对, 校, 瞄〕准, (使)准直, 使成直线, 平行校正, 使与轴线平行, 瞄准线精确调整 ②测试, 观测. *collimated (light) beam* 平行(光)束, 准直(射, 光)束, 准直柱. *collimating element* 准直仪(元件), 平行光管. *collimating lens* 准直〔校正〕透镜. *collimating line* 视准线. *collimating sight* (平行)瞄准具.

collimater n. =collimator.

collima'tion [kɔli'meiʃən] n. ①准直, 瞄视, 对, 照, 校)准, 平行校正(准), 平行性 ②测试, 观测. *collimation axis* 视准轴. *collimation error* 视准〔准直, 瞄准〕误差.

col'limator ['kɔlimeitə] n. 准直仪, 准直仪管, 照准〔视准, 光轴〕仪, 平行光管. *beam collimator* 束准直仪, 束平行光管. *collimator tube* 准直管, 平行光管. *neutron collimator* 中子准直仪.

collin'ear [kə'linjə] a. 共线的, (在)同(一直)线(上)的, 直排的. *collinear array antenna* 直排(天)天线阵. *collinear forces* 共线力. *collinear image formation* 共线成像. *collinear planes* 共线面. *collinear vectors* 共线向量.

collinear'ity n. 共线性, 直射变换.

collinea'tion [kəlini'eiʃən] n. ①直射(变换), 同(素)射(影)变换 ②共线(性). *singular collineation* 奇(异)直射(变换).

colliquable n. 易熔〔溶〕的.

col'liquate vt. 熔(融)化, 熔(熔)解.

colliqua'tion n. 熔〔融, 液〕化(过程), 溶解, 溶化变性. *col'-liquative* a.

colliquefac'tion n. 溶〔熔〕合.

collision [kə'liʒən] n. ①碰(互)撞, 碰头, 争用, 冲突, 抵触 ②振动, 跳跃, 颠簸 ③打〔冲, 撞〕击, 截击(空中目标), (导弹)击中目标. *central* (head-on, knock-on) *collision* 对头(迎面, 直接)碰撞, (对)正碰(撞). *close collision* 近距离〔小冲击参数〕碰撞. *collision avoidance system* 防撞装置〔系统〕. *collision chock* 防撞垫块. *collision frequency* 碰撞频率. *collision insurance* 撞车保险. *collision integral* 碰撞积分. *collision mat* 防撞毡, 堵漏毡, 防撞柴排〔垫层〕. *collision post* 防撞柱. *collision regulation* 避碰规程. *distant collision* 远距离〔大冲击参数〕碰撞. *elastic* (billiard-ball, bumping) *collision* 弹性碰撞. *generating collision* (产生)振荡(的)碰撞. *glancing collision* 擦撞, 振荡碰撞. *radar collision* 雷达防撞(装置). ▲*come into collision with* 和…相撞(冲突, 抵触). *in collision with* 和…相撞(冲突). *suffer a collision* 遭受撞击. ~al a.

collision-mat n. 防撞柴排〔栅网, 垫层〕, 防撞毡.

collo- (词头) 胶(水, 体, 质).

col'locate ['kɔloukeit] vt. 布〔配〕置, 把…并置, 排列.

colloca'tion [kɔlə'keiʃən] n. ①排列, 安排, 布〔配〕

collochem′istry n. 胶体化学.

collocystis n. 胶囊.

collo′dion [kəˈloudjən] 或 collo′dium [kəˈloudiəm] n. 硝棉胶, 胶棉, 火(棉)胶, 珂珞酊.

col′loform [ˈkɔləfɔːm] n. 胶体.

col′loid [ˈkɔlɔid] I n. 胶体(质,粒,态),乳化体. II a. 胶状体, 质的. III vt. 使成胶态(体), 使胶质化. colloid chemistry 胶体化学. colloid complex 复杂胶质, 胶质复合体. colloid mill 胶态(胶体,乳液)磨, 竖式转锥磨机(鎔制或金属制锥体, 可磨软矿物). colloid particle 胶(态)质(体,微)粒. emulsion colloid 乳胶体. suspension colloid 悬(浮)胶(体). colloided silica 胶态(质)硅石, 胶态氧化硅.

colloi′dal [kəˈlɔidəl] a. 胶(状,质,态)的, 乳化的. colloidal chemistry 胶体化学. colloidal complex 胶质复合体. colloidal graphite 石墨乳, 胶态石墨. colloidal matter 胶质(体). colloidal metal cell 胶(态)金(属)粒光电管. colloidal mill 胶态(体)磨. colloidal particles 胶(体)微粒, 胶态粒子. colloidal property 胶性. colloidal sol 溶胶. colloidal suspension 胶(态)悬(浮)(体). ～ly ad.

colloid′ity [kɔlɔiˈditi] n. 胶性, 胶度.

colloidiza′tion n. 胶态化(作用).

col′loidize vt. 胶(态)化.

colloi′dopexy [kɔˈlɔidəpeksi] n. 胶体固定(作用).

collopho′ny n. (透明)松香.

collo′quia [kəˈloukwiə] colloquium 的复数.

collo′quial [kəˈloukwiəl] a. 口语的, 日常会话的, 通俗的, 非正式的. ～ly ad.

collo′quialism n. 口语(说法), 俗语.

collo′quium [kəˈloukwiəm] (pl. colloquiums 或 colloquia) n. (学术)讨论会, (学术讨论会上的)报告, 谈话.

col′loquy [ˈkɔləkwi] n. (正式)会谈, 谈话.

col′losol [ˈkɔlousɔl] n. 溶胶.

col′lotype [ˈkɔloutaip] n. 【印刷】珂㻬版(制版术,印刷品).

collude′ [kəˈluːd] vi. 共谋, 勾结, 串通.

col′lum [ˈkɔləm] (pl. colla) n. 颈.

collu′sion [kəˈluːʒən] n. 共谋, 勾结, 串通. ▲in collusion with 与…勾结. collu′sive a.

collu′vial [kɔˈluːviəl] a. 崩积(层)的. II a. 崩积物. colluvial clay (soil) 崩(崩)积土. colluvial deposit 塌(崩)积物.

colluviarium n. 水渠中的通道.

collu′vium [kəˈluːviəm] n. 崩积层, 塌积物.

colmatage 或 colmation n. 淤灌, 放淤.

colmonoy n. 铬化硼系合金.

colobo′ma [kɔləˈboumə] (pl. colobomas 或 colobomata) n. 缺损, 残缺.

co′-locate′ [ˈkoulouˈkeit] v. (使)驻在同一地点.

colog = cologarithm.

colog′arithm [kouˈlɔgəriðəm] n. 余对数.

Colom′bia [kəˈlɔmbiən] a.; n. 哥伦比亚的, 哥伦比亚人(的).

Colom′bo [kəˈlʌmbou] n. 科伦坡(斯里兰卡首都).

Colomony n. 科洛莫诺耐蚀耐磨耐热铜镍合金(镍 68～80%, 铬 7～19%, 硼 2～4%, 其余铁、硅).

co′lon [ˈkoulən] n. ①双(支)点, 冒号":" ②结肠.

Colon [ˈkoulɔn] n. 科隆(巴拿马港口).

colonel [ˈkəːnəl] n. ①(英国)陆军(海军陆战队)上校, (美国)陆军(空军, 海军陆战队)上校 ②中校.

colo′nial [kəˈlounjəl] a. 殖民(地)的, 菌落的. colonial organism 群体生物. colonial spirit 甲醇.

colo′nialism [kəˈlounjəlizəm] n. 殖民主义.

colo′nialist n.; a. 殖民主义者(的), 殖民政策.

colon′ic a. 结肠的.

coloni′tis [kouləˈnaitis] n. 结肠炎.

coloniza′tion n. 殖民, 定居, 移生, 移植, 发育生长, 集中护理.

col′onize [ˈkɔlənaiz] vt. 殖民(地化).

colonnade′ [kɔləˈneid] n. 柱廊, 距离相等的一列柱子, 柱列.

coionnaded a. 有柱廊的.

colonnette′ n. 小柱.

colon′oscope [kəˈlɔnəskoup] n. 结肠镜.

col′ony [ˈkɔləni] n. ①殖民地 ②侨居地, 侨民 ③群体, 集群, 集团, 晶团, 化石群 ④菌落, 集落, 聚集处, 灶. colony counter 计群器. colony structure 晶团组织. pearlite colony 珠光体团.

col′ophon [ˈkɔləfən] n. 书籍的末页, 目录页, 版本记录, 出版者的标志(图案标记). from title page to colophon (全书)从头至尾.

colopho′nium [kɔləˈfouniəm] n. 松香(脂), 树脂.

coloph′ony [kəˈlɔfəni] n. 松香(脂), 树脂.

color = colour.

colorable = colourable.

Colorado n. (美国)科罗拉多(州), 科罗拉多河.

coloradoite n. 碲汞矿, 石英粗面岩.

colorama [kʌləˈrɑːmə] n. (彩,颜)色光. colorama lighting 色光照明. colorama tuning indicator 色彩调谐指示器.

colorant n. 着色剂(体), 色(颜,染)料, 色素.

colorate = colourate. colora′tion n. 色.

color-blind = colour-blind.

colorcast n. 彩色(电视)广播.

color-code v. 以颜色分类.

color-difference = colour-difference.

colored = coloured.

color-film = colour-film.

color-filter = colour-filter.

colorflexer = colourflexer.

colorful = colourful.

colorif′ic [kɔləˈrifik] a. 色彩的, (能)产生颜色的, 出〔着,传〕色的.

colorim′eter [kʌləˈrimitə] n. 比色计(器,表), 色度计. colorimeter instrument 比色计, 色度计, 色度测量仪器. flow colorimeter 流动式比色计. photoelectric colorimeter 光电式比色计.

colorimet′ric a. 比色(分析,度)的. colorimetric method (process) 比色(测定)法, 色度法. colorimetric purity 颜色纯度.

colorim′etry n. 比色法, 比色试验, 色度学, 色度测量,

coloring =colouring.
colority =colourity.
colorless =colourless.
Colormatrix *n.* 彩色矩阵,热控液晶字母数字显示器.
colorplexer *n.* (彩色电视)视频信号变换部件,三基色信号形成设备[形成器],彩色编码器.
color-separate *a.* 分色的.
colortec *n.* 彩色时间误差校正器.
colortrack *n.* 彩色径迹[跟踪].
colortron *n.* 障板[荫罩]式彩色显像管,三枪彩色显像管,彩色电视接收管.
colortype *n.* 摄影[珂羽]版.
color-wash =colour-wash.
color-writing =colour-writing.
colos'sal [kə'losl] *a.* 巨[庞]大的,非常的.
colos'sus [kə'losəs] (*pl. colossi*) *n.* 巨人,庞然大物.
colos'trum *n.* 初乳.
coloty'phoid *n.* 结肠伤寒,伤寒.
colour ['kʌlə] *n.; v.* ①色,[彩]色,特,音,赋]色,〔颜,色〕料 ②染[着,上,变]色 ③抛光,镜面加工 ④渲染,粉饰,歪曲 ⑤格调,风格,外观,态度,托辞,口实,(节目)插曲 ⑥(pl.)彩色标树,彩旗[带,徽,帽,服]. *basic colour* 基色. *colour absorber* 消色[滤光]器,滤光片[镜]. *colour action fringe* (运动物体的)彩色边纹. *colour adapter* 接收彩色附加器,黑白彩色电视转换器. *colour adder* 彩色混合器. *colour bar dot crosshatch generator* 彩色条点交叉图案信号发生器. *colour bar signal* 色带[彩条]信号. *colour base* 发色母体. *colour blindness* 色盲. *colour break-up* 光闪,(电视)色乱,颜色分层. *colour buffing* (镜面)抛光,消[减]色. *colour burst* (基准)彩色副载波群,彩色同步信号,彩色脉冲串,彩色定向(副载波)脉冲. *colour burst signal* 彩色定向[副载波]信号. *colour camera* 彩色摄影机,彩色电视摄像机. *colour cast* 偏色,彩色(电视)广播. *colour chart* 比色(彩色)图表,彩色测试图. *colour check* 色检验(测量),色度鉴定. *colour code* 色标,别. *colour coder* 彩色(电视信号)编码器,色码器. *colour comparator* 比色器. *colour constancy* 色恒定性. *colour contamination* 彩色混杂,串色. *colour contrast* 颜色对比[衬]. *colour control* 色度控制. *colour cord* 彩色软线. *colour difference* 色差. *colour discrimination* 辨色(力). *colour distortion* 彩色失真. *colour element* 色素. *colour encoder* 彩色(电视信号系统的)编码器. *colour equation* 彩色[色谱]方程(式). *colour etching* 着色漫蚀. *colour fidelity* 彩色逼真度,色保真度. *colour field* 彩色[基色]场. *colour filter* 滤色器,滤光片. *colour fringe* 彩色边缘,彩色轮廓. *colour gate* 色同步[基色信号]选通电路. *colour index* 颜色[彩色]指数,色,指引,染料索引(书). *colour killer* 消色器. *colour killer stage* 彩色通路抑制级. *colour level* 彩色信号电平. *colour line screen* 有色阴影线荧光屏,彩色线条(荧光)屏. *colour method* 比色法. *colour misconvergence* 色

失聚,基色分像错叠. *colour monitor* 彩色图像监控器. *colour net system* 彩色电视网. *colour paste* 染料糊. *colour pencil* 笔型测温计,测温笔. *colour phase alternation* 彩色信号相位交变,彩色相序倒换,彩色副载波的调相[周期性变化]. *colour primaries* (组成多色图像的)基色,原色. *colour prime white* (石油)原白色. *colour pyrometer* 比色高温计. *colour radiolocation* 无线电定位彩色显示. *colour ratio* 色比,彩色比例. *colour reaction* 显色反应. *colour receiver* 彩色电视接收机. *colour reflection tube* 电子反射式彩色显像管. *colour response* 彩色响应,光谱灵敏度. *colour response curve* 光谱感应灵敏度曲线,光谱特性[彩色响应]曲线. *colour scale* 颜色标度,色标,比色计,比色刻度尺,火色温度计. *colour scheme* 配色法. *colour Schlieren system* 彩色div线阴里色(光学)系统. *colour screen* 滤色器[片,镜]. *colour sensitivity* 光谱感色[]灵敏度. *colour separation* 彩色分离,分色. *colour sequence* 色灯顺序,彩色传递顺序. *colour service generator* 彩色电视机(修理彩色电视接收机用)测试信号发生器. *colour shading* 彩色发暗(黑点),底色不均匀. *colour shading control* 底色均匀度[色明暗度]调整. *colour sideband* (彩)色信号边带. *colour signal specification* 色量,色别标志[编码]. *colour splitting* 瞬间彩色分离,色乱. *colour splitting system* 分色系统,分光棱镜. *colour stimulus specification* 色规格,色品. *colour subcarrier* 彩色副载波(频率). *colour superfine white* (石油)最上白色. *colour system* 色灯(信号). *colour temperature* (彩,颜)色温度,色测温度. *colour test* 显色[彩色]试验. *colour threshold* 色差阈. *colour tone* 色调. *colour top* 色陀螺. *colour transmission* 彩色电视传输. *colour triad* [triple] (荫罩彩色显像管)三点色组. *colour triangle* 原色三角,基色三角形. *colour tube camera* 比色管暗箱. *colour video inset* 插入视频色信号. *complementary colour* 补色. *dead colour* 暗色. *deep colour* 饱和色. *fast* [permanent] *colour* 不退的颜色. *heat colour* [冶]火色. *oil colours* 油画颜料,油溶性染料. *primary colours* 原色. *temper*(*ing*) *colour* 回火色. *tone colour* 音品[色]. *water colour* 水彩. ▲*come off with flying colours* 凯旋,大为成功. *give a false colour to* 曲解,歪曲. *give* [*lend*] *colour to* 使显得可信,给…润色. *in one's true colours* 露本色. *lay on the colours* (*too thickly*)过分渲染,夸大. *lower one's colours* 让步,投降. *nail one's colours to the mast* 打出鲜明的旗帜,表示坚决的态度. *paint in bright* [*dark*] *colours* 用鲜艳[晦暗]的颜色描绘,美[贬]抑. *put false colours upon* 歪曲. *sail under false colours* 打着假招牌骗人,冒充,欺骗. *see things in their true colours* 看穿事物真相. *show one's colours* 打出鲜明旗帜,表明立

colourable ['kʌlərəbl] *a.* ①可着色的,经过渲染的 ②表面上的,似是而非的,虚伪的似的,具有欺骗性的. *colourable imitation* 表面好看的仿制品.

colourably ['kʌlərəbli] *ad.* 经过渲染,好像很有道理似地,很体面地.

colourant ['kʌlərənt] *n.* 颜料,染料,染色剂.

colourate ['kʌləreit] *v.* 着[染,配]用,涂,赋,彩]色,显色.

coloura'tion *n.* 着[染,配,涂,赋,显]色(作用). *colouration of screen* 荧光屏辉光(发光)颜色体,荧光屏底色. *flame colouration* 焰色.

colour-bleeding resistance 换色[泄色]电阻,抗混色性.

colour-blind ['kʌləblaind] *a.* 色盲的,不感色的.

colour-difference ['kʌlə'difrəns] *n.* 色差.

coloured ['kʌləd] *a.* ①着(了)色的,带色的,上色的,彩色的,有色的 ②伪装的. *coloured film* 彩色胶片. *coloured filter* 滤色镜(器,片),彩色转盘. *coloured pencil* (彩)色铅笔.

colour-film *n.* 彩色影片(电影).

colour-filter *n.* 滤色器,滤光镜.

colourflexer *n.* 彩色电视信号编码器.

colourful ['kʌləful] *a.* 多彩的,丰富多彩的,精彩的,生动活泼的.

colourimeter *n.* =colorimeter.
colourimetric *a.* =colorimetric.
colourimetry *n.* =colorimetry.

colour-index *n.; v.* 彩色指数[定相,测定],血色指数. *colour-index error* 彩色测定[指数]误差. *colour-indexing circuit* 彩色定相电路. *colour-indexing pulse* 彩色定相脉冲.

colouring ['kʌləriŋ] *n.* ①着[配,染,上,颜,特]色,色彩,颜[染]料,色调 ②外貌,外表 ③倾向性 ④抛光,镜面加工. *colouring agent* [*matter*] 有色物[色素,着色剂,染(颜)料]. *colouring discrimination* 颜色区别. *colouring power* 着(染)色能力.

colourist ['kʌlərist] *n.* 印染工作者,着色师,彩色画家.

colouristic *a.* 色彩的,用色的.
colourity *n.* 颜色,色度.

colourless ['kʌləlis] *a.* ①无色的,缺乏色彩的 ②不精彩的,不生动的 ③没有倾向性的.

colour-minus-difference voltage 色差信号电压.
colour-phase synchronizing waveform 彩色相位同步信号波形.
colour-photography *n.* 彩色照相术.
colour-printing *n.* 套色版,彩印.
colour-video stage 彩色视频(信号)放大级.
colour-wash *v.; n.* (上)彩色涂料.
colour-writing *n.* 色层[分离]法.

coloury ['kʌləri] *a.* 颜色很好的,色彩丰富的,色泽优良的.

Colpitts circuit 科尔皮兹(电容三点式振荡)电路.

colpro'via [kɔl'prouviə] *n.* 沥青粉拌和的冷铺沥青混合料.

colter ['koultə] *n.* ①犁刀(头),小前犁 ②开沟器 ③铲.

Columax magnet 一种磁铁(钴 24～25%,铝 8%,镍 13%,铜 3%,钛 0.7～1%,其余铁).

Columba *n.* ①鸽属 ②天鸽(星)座.
columbate *n.* 铌酸盐.

Colum'bia [kə'lʌmbiə] *n.* (美国)哥伦比亚(市,河,大学).

colum'bic *a.* (含,五价)铌的.
columbiformes *n.* 鸽形目.
columbite *n.* 铌铁矿,(铌)铌铁矿.
colum'bium *n.* 【化】铌 Cb(铌 Nb 的旧名).
columbous *a.* 三价铌的,亚铌的.
columboxy *n.* 铌氧基. *columboxy group* 铌氧基.
columbus-type weight 铅鱼.
columbyl *n.* 铌氧基.

columella (pl. *columellae*) *n.* 小(子,轴)柱,果(壳,囊)轴.

col'umn ['kɔləm] *n.* ①(圆,立,支,烟,气,水)柱,柱杆,柱状物 ②纵行(队),(行,纵,队)列,行,(报)问,表格,专栏,段,位 ③【化】(蒸馏,萃取,吸附)塔,(交换)柱,罐 ④座,(机)架,墩,钻床等)床身,竖筒,(气体淘析)柱管,泵的排水立管,驾驶杆. *absorption column* 吸收(附)塔(柱). *anode column* 阳极光柱,低压气体放电管,阳极前面的光. *beam column* 梁柱(同时承受弯曲力矩及压缩的构架件). *card column* 卡片列. *cation-exchange column* 阳离子交换(树脂)柱. *Clusius column* 热扩散柱. *column and knee type milling machine* 升降台式铣床. *column binary* 【计】直列二进制,竖式二进制数(码). *column cap* [*capital*] 柱头(顶),立柱罩壳. *column crane* 塔式起重机. *column drill* 架式风钻,立式钻床. *column drive wire* 行(列)驱动线. *column IV element* 四族元素. *column engaged to the wall* 【建】半柱. *column jack* 架式千斤顶. *column matrix* (直)列(矩)阵. *column of colour* 彩色光束. *column of mercury* 水银柱. *column of threes* 三路纵队. *column of trays* 多层(蒸馏)柱,多层(蒸馏)塔,层板. *column pile* 柱桩,端承桩. *column plate* 塔板. *column shaft* 柱身. *column split* 【计】卡片列分离(器),列分隔器. *column split hub* 分列插孔. *column structure* 柱状结构. *column tray* 塔板. *column with cranked head* 弓形床架. *column with variable cross-sections* 变截面柱. *control* [*steering*] *column* 操纵(驾驶)杆. *counter-current gaseous exchange column* 气体逆流交换柱. *digit column* 数位列. *distillation column* 精馏柱(塔),蒸馏柱(塔). *extraction-scrub column* 萃取洗涤塔. *fractional* [*fractionating*] *column* 分馏塔(柱),精馏塔(柱). *full filling column* 加油柱. *liquid column* 液柱. *multistage-mixer column* 多级混合塔. *ore column* 矿(料)柱. *packed column* 填充塔,填料塔. *pinch column* 收缩柱,压缩的等离子体线柱. *pipe column* 管柱. *plate* (*type distillation*) *column* 多层(层板,塔板式)蒸馏塔.

positive column 阳极区. *post*〔supporting〕*column*支柱. *pulsed plate column* 脉动盘塔(盘可以往返运动). *resin column* 离子交换柱,树脂(交换)柱. *separating column* 分馏〔离〕柱. *sieve-plate column* 筛板柱. *sound column* 声塔. *stand-by columns* 辅助塔. *strip(ping) column* 反萃取塔. *telescoping column* 伸缩的垂直柱(机械手). *vacuum column* 真空〔蒸馏〕塔. *water column* 水柱.

colum′na [kə'lʌmnə] *n.* (*pl.* *columnae*) *n.* 【解剖】柱,索.

colum′nals *n.* 【地】中柱,茎骨板.

colum′nar ['kə'lʌmnə] *a.* 柱(状)的,圆柱〔筒〕形的,印〔排〕成栏的,针状的. *columnar deflection* 柱变位,柱(的)偏向挠曲. *columnar joint* 柱状节理. *columnar order* 柱型.

col′umnate ['kɔləmneit] *v.* 聚集·聚集.

column-binary code 纵列〔竖式〕二进(制)码.

col′umned ['kɔləmd] *a.* 圆柱状的,立有圆柱的.

columnella *n.* 小柱.

columnia′tion [kɔlʌmni'eiʃən] *n.* 列柱(法),列成柱式,(页的)分段.

colum′niform [kə'lʌmnifɔ:m] *a.* 圆柱状的.

col′umnist *n.* (报纸的)专栏作家.

columntator *n.* 专栏(时事)评述家.

colure′ *n.* 二分圈,分〔两〕至圈,分至经线,四季线. *equinoctial colure* 二分圈,昼夜平分圈. *solstitial colure* 二至圈.

colyone *n.* 抑素.

colypep′tic *a.* 抵制消化的.

colysep′tic *a.* 防腐的.

colytic *a.* 抑制的.

COM =①checkout operations manual 检修操作手册 ②committee 委员会 ③common 共同的,普通的,公约的 ④communication 通信 ⑤communist 共产党员 ⑥commutator 整流子 ⑦computer output microfilm 计算机输出缩微胶卷 ⑧computer-output microfilmer 计算机输出缩微摄影机.

com- 〔词头〕合,共,全.

Com Sat =Communications Satellite Corporation 通信卫星公司.

co′ma ['koumə] *n.* (*pl.* *co′mæ*) *n.* ①昏迷,人事不省 ②(子午)彗〔形像〕差,(彗星的)彗发. *coma aberration* 彗形像差〔失真〕. *Coma Berenices* 后发(星)座. *coma lobe* 彗形瓣.

COMAC =continuous multiple-access collator 连续多次取数校对机.

comagmat′ic [koumæg'mætik] *a.* 同源岩浆的.

comalong *n.* 备焊机具.

comat′ic *a.* 彗差的,彗发的. *comatic aberration* 彗形像差.

co′matose *a.* 昏迷的,患昏迷的.

comb [koum] Ⅰ *n.* ①梳(轮,齿,托,形插头,形物),梳状〔齿〕器,刷,耙 ②螺纹梳刀,刻螺纹的器具 ③排管 ④粉刷刮毛工具,修光石面用工具 ⑤探针 ⑥蜂窝 ⑦鸡冠,肉冠 ⑧(大浪的)浪头〔峰〕. Ⅰ *v.* 梳(理,刷),刷,④搜索〔寻〕③涌起浪花,破浪.
【航空】打碎(波). *collecting comb* 集电梳. *comb arrester* 梳形避雷器. *comb filter* 梳齿〔多通带〕滤波器. *comb printer* 梳式打印机. *comb ridge* 锯状山脊. *comb structure* 梳〔蜂窝〕状结构. *combed joint* 鸠尾榫. *electric comb* 电梳. *guide comb* 导梳. *integrating comb* 汇集排管. *Pitot comb* 皮托排管. ▲*comb out* 搜寻〔罗〕,彻底查出,去除,裁减.

comb =①combination 组〔化,混,联〕合 ②combustion 燃烧,发〔起〕火.

Combarloy *n.* 康巴高导电铜(整流器棒材).

com′bat ['kɔmbæt] Ⅰ *n.* 战斗,战役,搏斗,斗〔竞〕争,争论,反对. (*aero*)*space combat* 航天战,宇宙战. *air(-to-air)combat* 空战. *combat car* 轻型装甲车,轻型坦克. *combat firing* 实弹射击. *combat practice* 实弹战斗演习. *combat television* 军用〔指挥战斗的电视〕. *single combat* 一对一的格斗.
Ⅱ (*combat(t)ed*, *combat(t)ing*) *v.* ①和…(作)斗争(against, with),为…奋斗(for) ②反对. *combat error* 努力改正错误〔消灭误差〕. *combat liberalism* 反对自由主义. *combat increase in current flow through the winding* 不让通过绕组的电流增加.

com′batant ['kɔmbətənt] Ⅰ *a.* 战斗的. Ⅱ *n.* 战士,战斗人员,战斗(单位,部队).

com′bative ['kɔmbətiv] *a.* 好战的,斗志昂扬的. ~**ly** *ad.* ~**ness** *n.*

combat-ready *a.* 准备战斗的,做好战斗准备的,处于战备状态的.

combe *n.* 狭〔峡〕谷,冲沟.

comber ['koumə] *n.* ①梳毛〔棉〕机,梳刷装置 ②碎〔卷〕浪.

comb-grained wood 心木,密纹木,径切花纹木.

combi′nable [kəm'bainəbl] *a.* 可化〔结〕合的.

com′binate ['kɔmbineit] Ⅰ *vt.* =combine. Ⅱ *a.* =combined. *combinate form* 聚形.

combina′tion [kɔmbi'neiʃən] *n.* ①组〔集,结,接,化,混,联,配,复,综,并〕合,合并(作,成),团体,系统,【地】聚形 ②组〔混〕合物,化合作用,(保险锁的)暗码,(电影)接景 ③附有偏座的机器脚踏车 ④一物两〔多〕用的工具,(*pl.*)制品,衫裤连在一起的内衣. *chemical combination* 化合(作用). *combination bit* 组合位格式. *combination board* 合成纸板. *combination boiler* 分节〔复式〕锅炉. *combination callipers* 内外卡钳. *combination connector* 万能〔通用〕连接器〔终接器〕. *combination cracking* (液相和汽相)联合裂化. *combination current* 组合〔复合〕电流. *combination gas* 【地】油气,富天然气(含大量石油气),混合气. *combination gauge* 组合量规,真空压力表. *combination IR-laser tracker-ranger* 红外激射跟踪-测距组合. *combination lock* 字码锁,暗码锁. *combination mill* 联(合)磨,联合轧钢机. *combination of pumps* 泵组(合). *combination of sentences* 【计】复合命题. *combination pliers* 剪〔鲤鱼,钢丝〕钳. *combination pliers with side cutting jaws* 花腰钳. *combination set* 万能测角器,组合角尺. *combination square* 组合角〔矩〕尺,什锦角尺. *combination valve* 复〔组〕合阀. *combination vessel* 客货船,客货轮. *propellant combi-*

combina′tional

nation 混合燃料〔推进剂〕. *three-in-one combination* 三结合. *tractor-trailer combination* 牵引车-挂车组合. ▲*in combination with* 与…联合在一起,和…共同〔结合〕,配合.

combina′tional *a.* 组〔混,联,复〕合的.
com′binative ['kɔmbineitiv] *a.* 结合(性,而成)的,集成的.
com′binator *n.* 配合〔操纵〕器.
combinatorial *a.* 【数】组合的,由组合所致的. *combinatorial sum* 组合和.
combinatorics *n.* 组合数学.
com′binatory ['kɔmbinətəri] *a.* 组合的.
combine I [kəm'bain] *v.* ①联〔结,组,复,混,化,综,融〕合 ②合作〔并,成〕,协力 ③兼备〔有〕. II ['kɔmbain] *n.* ①联合(式)机,(机械)、联合收割机,康拜因 ②联合企业〔工厂〕,综合工厂 ③团体,组合. *vt.* 用联合收割机收割. *combine theory with practice* 把理论和实践结合起来. *Hydrogen and oxygen combine to form water.* 氢和氧化合成水. *combined accounts* 总账. *combined bridge* 铁路公路两用桥. *combined characteristic* 组合特性,总特性. *combined cut* 复合切削. *combined drill* 双用〔组合〕钻头. *combined efficiency* 合成〔综合,总〕效率. *combined efforts* 协力. *combined error* 总〔组合,综合〕误差. *combined head* 【计】读写〔兼用〕头,组合头. *combined lathe and mill* 车铣组合机床. *combined lime* 混〔结〕合石灰. *combined nitrogen* 结合〔固定〕氮. *combined potental* 总电势〔位〕. *combined rosin* 化合松香. *combined sample-counter* 联动取样计数器. *combined sine-wave signal* 复迭弦波信号. *combined suction and force pump* 吸压〔两用〕泵,联合真空压力泵. *combined tuner VHF-UHF* 频道选择器. *combined water* 结〔化〕合水. *combined wire* 复合焊丝. *combining capacity* 结合能力. *combining estimates of correlation* 【统计】相关的合并估计. *combining power* 化合力. *combining proportion* 化合比数. *combining tee* T形(波导)接头. *combining weight* 化合量. ▲(*be*) *combined in* [*into*] 〔结,化,混〕合成为…,合并到….

combined-carbon *n.* 结〔化〕合碳.
combi′ner [kəm'bainə] *n.* 组合(混合,合并)器.
combing ['koumiŋ] *n.* ①梳(毛,麻),刷 ②(将抹灰底层)抓毛,括糙 ③(pl.) 梳弃的毛〔发〕.
combi-rope *n.* 麻钢混捻绳丝绳.
combo ['kɔmbou] = combination.
comb-out *n.* 搜寻〔罗〕,彻底查出,去除,裁减.
comb-ridge *n.* 锯状山脊.
combu′rant 或 **combu′rent** [kəm'bjurənt] *n.*; *a.* 燃烧的〔物〕,助燃的〔物〕.
combust′ [kəm'bʌst] I *vt.*; *a.* 燃烧(的),烧尽(的). II *n.* 燃料. *combusting chamber* 燃烧室. *partially combusted* 部分燃烧的.
combustibil′ity [kəmbʌstə'biliti] *n.* 可〔易〕燃性,燃烧性. *spontaneous combustibility* 自燃性.
combus′tible [kəm'bʌstəbl] I *a.* 易〔可〕燃的. II

n. 推进剂,燃料,(pl.) 易燃品,可燃物(质). *combustible gas* (可)燃气(体). *combustible material* 易燃物品〔材料〕,可燃物品〔材料〕.
combus′tion [kəm'bʌstʃən] *n.* 燃烧,焚烧,氧化,发〔点〕火. *combustion casting process* 爆炸铸造法. *combustion chamber* 燃烧室,炉膛,氧化容器. *combustion drive* 火烧驱油. *combustion engine* 内燃机. *combustion flue* 炉(烟)道. *combustion gas* (已)燃气,燃烧气体,废气. *combustion header* 燃烧室集(气)管. *combustion in-situ* 火烧油层,原地燃烧. *combustion shock* (燃)烧震(动). *combustion value* 热〔卡〕值. *internal combustion engine* 内燃机. *neutral combustion* 中性燃烧,(火药)定压〔定推力)燃烧. *preliminary* (*primary*) *combustion* 预燃. *rough combustion* 不稳定燃烧. *smooth combustion* 稳定〔平稳〕燃烧. *spontaneous combustion* 自燃.
combus′tive [kəm'bʌstiv] *a.* 可〔易〕燃的.
combus′tor [kəm'bʌstə] *n.* 燃烧室〔器〕,炉膛〔胆〕. *can*(-*type*) *combustor* 罐式〔形〕燃烧室.
comby ['koumi] *a.* 梳状的,蜂窝似的,蜂窝状的. *comby lode* 梳状矿脉.
COMCM = communications countermeasure(s) 对通信的干扰.
come [kʌm] (*came*, *come*; *coming*) *vi.* ①来,到,达 ②出现(于),发〔产〕生,位于 ③变得,形〔构〕成,证实为 ④(*come to* +*inf.* 表示目的,结果,开始)来〔做〕,终于,变得(…起来),会…,逐渐,开始 ⑤ [*to come* 修饰名词] 将来的,未来的 ⑥(= *when it comes*) 当…来到时(或满多少时间). *come in* (*out, up, down, back, home*) 进〔出,上,下,回,回家〕来. *come to much* [*little, nothing*] 很有〔无甚,毫无〕结果. *come of* [无甚,毫无]作为. *come to a decision* 做出决定. *come to an end* 结束. *in years to come* 将来,今后,在未来的几年里. *books to come* 行将出版的书. *for some time to come* 在将来的一段时间内. *two years come May Day* 到下一今(即将来到的一个)五一节为止的这两年间. *This question comes on page 12.* 这个问题在第十二页. *A good plan came to us.* 我们想出了一个好办法. *Poles come in standard lengths ranging from 25 to 90 ft.* 电线杆做成 25~90 英尺标准长度的. *It comes easy with practice.* 一经练习,就很容易. *The handle has come loose.* 手柄松了. *These tools may come in handy one day.* 这些工具有一天可能有用处. *The experiment did not come off.* 这项实验没成功. *That is what comes of being careless.* 那便是粗心的结果. *The question hasn't come up yet.* 问题尚未被提出〔讨论〕. *He has come to see the problem in a new light.* 他终于对此问题获得新的认识. *I can't make this equation come out.* 我解不出这个方程式. *The total comes out at 756.* 总数达 756. *When we tried to solve the problem we came on contradictions.* 当我们试图解决这问题时,碰到了矛盾. *What heading*

does this come under? 这个应归入哪一类? *A bar of steel and a block of rubber come high in the list of elastic things.* 在各种弹性物体当中,钢条和橡胶的名次居前. *Iron comes between manganese and cobalt in atomic weight.* 铁的原子量在锰与钴之间. ▲*come about* 发生,出现,(风)变向. *come across* (偶然)碰到,遇到,(无意中)发现,越过,尽(义务)(债). *come across the mind* 忽然想到. *come after* 跟随,追踪,探求(寻),寻找. *come along* (一道)来,随,升,出现,(偶然)走过,同意,赞成,(有)进步,进展,成功. *come along with* 和……一道,提出,进展. *come around* 轮到,过访,苏醒,复元. *come as is*. *come at* 达到,接近,求得,得到,抓住,扑向. *come away* 脱开,离开,脱[断]掉. *come back* 回来,想起,复原. *come before* 先来,优于,提出(讨论). *come by* 走过,过访,弄到,获得. *come close together* 紧靠,靠拢. *come down* 下来,(流)传下来,降[跌]落,倒下[塌],下垂(降). *come down on* [upon]突袭,申斥,索(钱). *come down to earth* 实事求是,落实. *come for* 来取,来[迎]接. *come forth* 出来,出现,提出(表). *come forward* 走出,出发,表现,自动请求,成为可用的,前进,增长. *come from* 来自,起源于,从……产生(造出),生于. *come home to* 使……理解,感动,(锚)脱掉. *come in* 进入,干涉,起作用,获得(任)用,流行(起来),上市,上台,涨(潮),到手. *come in contact with* 同……接触(交往). *come in for* 获得,领取,接受,受到. *come in* (its) *turn* 挨次,顺序而来. *come into* 进[加]入,归入,……起来. *come into being* [existence]出现,产[发]生,存在,形成,成立. *come into bloom* 开花(初期). *come into ear* 抽穗. *come into fashion* 流行起来. *come into force* [effect]生效,(被)实施. *come into operation* 开始起作用. *come into question* 成为一个问题. *come into step* 进入同步. *come near* 接近,不亚于,赶得上. *come of* 来自,出身于,起因(源)于,是……的结果. *come off* 离去,掉下,脱落[开],逃脱,逸散,故意,停止,完成,成功,实现,应验,举行,表演,转变,终于成为,是结果是. *come on* 来到[临],临近,开始(一起来),发作(属,育),(获得)进展,出现,找到(出),(偶然)碰到,加[落]到身上,被提出讨论,上演,跟随,留下深刻印象,具有强烈效果. *come on the line* 投入运行. *come out* 出来(版),显[露]出(来),发展出,被供应(给,被供给),(总数,平均数)达到,结果是,判明是,释(题),褪(色)去(污). *come out even* 结果一样,结果扯平. *come out of* 从……出来,由……产生,出于,是……的结果. *come out of nowhere* 忽然出现. *come out well* 结果很好. *come out with* 发表,讲[提]出,宣布,展出,供应. *come over* (从远处)来,过访,过渡(传),过访,转变,偶出,争辩,缠住,骗(人). *come round* 走弯路,轮到,再现[来],复原,恢复,苏醒,改变(见解等),过访. *come short of* 达不到,未充分,缺乏. *come through* 经历,渡过,成功,支付. *come to* 达到,共计,归结于,达成,停止(泊),苏醒,复原. *come to +inf.* (见 come 词义④). *come to a head* 成熟,到顶. *come to a standstill* 停止. *come to an end* 停[终]止. *come to an understanding* (双方)议定. *come to hand*

接[得]到. *come to life* 活跃(振作)起来. *come to light* 显露(出来),出现,成为众所周知. *come to no good* 弄不好,没有好结果. *come to naught* 失败,毫无结果. *come to nothing* 毫无结果,完全失败. *come to pass* 发生,出(实)现. *come to stay* 成为定局,成久久性的,不走开了. *come to terms* 议定,订约. *come to the point* 得要领,恰当. *come to the same thing* 相同,产生同样结果. *come to the scratch* 采取(断然)行动. *come together* 会合,聚集,连接在一起. *come true* 成为事实,实现,证实,证明正确. *come under* 归[编]入,受……影响(支配). *come unstuck* 碰到困难. *come up* 上来,上升(到),冒头,出芽,发生,(被)提出来,来临,走近,按照指标达到质量标准. *come up against* 碰[遇]到,(交叉)付. *come up to* 上(往),上升到,走近,达到,等于,不亚于,可与……相比,符合,合乎,不辜负. *come up with* 赶上,终于得到,提供(出),献(计). *come upon* 遇到,偶(袭)遇,忽然想到,落到(头上),突袭,要求. *come what may* 不论发生什么事情,不管怎样,无论如何. *come within* (包括)在……范围内. *Easy come, easy go.* 来得容易去得快. *when it comes to* 至于……,就……而论,论到……的要做的……了.

COME ＝computer output microfilm equipment 计算机缩微胶卷输出机.

come-along ['kʌməloŋ] *n.* ①紧线夹,伸线器,吊具 ②摊铺混凝土锄.

come-and-go Ⅰ *n.* ①来回,往来,交通 ②收缩膨胀,伸缩 ③先收敛再发散. Ⅱ *a.* 大约的,易(可)变的,不定的,近似的.

come-at'-able [kʌm'ætəbl] *a.* 可接近(获得)的,容易到手的.

come'(-)**back** ['kʌmbæk] *n.* 回[答]覆,恢复,复原,复辟,卷土重来,东山再起. *stage a come-back* 进行复辟,卷土重来.

come'dian [kə'mi:diən] *n.* 喜剧演员(作家),有趣的人.

come'-down ['kʌmdaun] *n.* 降(没,低,衰)落,贬抑.

com'edy ['kɔmidi] *n.* 喜剧,笑剧.

comely ['kʌmli] *a.* 美丽的,合宜的,恰当的.

comer ['kʌmə] *n.* 来者,新来者,有希望的人.

comes'tible [kə'mestibl] Ⅰ *a.* 可食的. Ⅱ *n.* 食物.

com'et ['kɔmit] *n.* 彗星,彗形物,【空】彗星机. *comet's tail* 彗尾. *instrument comet* 仪表彗星(站). *sodium comet* 钠彗星,钠云.

cometal'lic *a.* 芯子是用不同的金属材料铸成的.

com'etary ['kɔmitəri] 或 **comet'ic(al)** [kə'metik(əl)] *a.* 彗星(似)的.

cometograph *n.* 彗星照像仪,彗星摄影仪.

cometog'raphy *n.* 彗星志.

comet-seeker *n.* 寻彗镜,彗星望远镜.

com'et-shaped *a.* 彗星状的.

comfim'eter *n.* 空气冷却力计.

com'fort ['kʌmfət] Ⅰ *n.* ①安慰,方便,舒适 ②(室内水暖电等)设备. Ⅱ *v.* 使舒适的,安慰. *built-in comfort* 内部安装的设备,室内固定设备. *comfort line* (气候)舒适线. (*public*) *comfort station* 公共厕所. *comfort zone* (气候)舒适区. ▲*in comfort* 舒适地. *take comfort in*……以……自慰.

com'fortable ['kʌmfətəbl] *a.* 舒适的,愉快的,设备

良好的. be [feel] comfortable 感到舒适. comfortabledeceleration 舒适的减速率.
com'fortably ad. 舒适地. be comfortably off 生活富裕.
comfortiza'tion [kʌmfəti'zeiʃn] n. 使舒适,舒适化.
com'fortless a. 不舒适的.
com'ic n.; a. 漫[连环]画,滑稽(画,的).
com'ical ['komikəl] a. 滑稽的,好笑的. ～ally ad.
comical'ity [komi'kæliti] n. 诙谐,滑稽.
coming ['kʌmiŋ] I n. 到达[来],发生. II a. 即将[正在]到来的,下一次的,未来的,其次的,应得的. in the coming years 将来,在未来的年代惊. the coming generation 下一代. the coming week 下星期. ▲coming in 进入,开始;收入. coming out to the day 出露(地)面,露头. coming thing 新事物,萌芽状态
COMINT = communications intelligence 通信信号[息].
coml = commercial 商业(上)的,工业用的,(能)大批生产的.
comloss n. 通讯(暂时)中断.
comm = ①commission 委员会 ②committee 委员会 ③communication 通信 ④commutator 交换机,整流子.
com'ma ['komə] n. ①逗号[点]","②小数点 ③【乐】音撇,音调误差. inverted commas 引号("或""), put a comma 加逗号.
comma-free code 无逗点[逗号]码.
command' [kə'maːnd] I v. ①命令,指挥,给出指令 ②控制,操作 ③可以(自由)使用,能自由支配 ④俯瞰(视) ⑤博得,应得. II n. ①命令 ②【自动控制】指令,信号,目标值 ③控制(力,权),指挥(权),运用能力 ④司令(部),部队,军区. ▲at n. 根据命令[要求]而作的. command channel 指挥系统,指挥用波道. command code 操作[指令]码. command echelon [element] 指挥系统,指挥组. command guidance 指令制导[导引]. command language 源[指令]语言. command line 指挥线,命令总线. command link 传令线路. command plant 传令装置. command set 指挥[用无线电]台. conditional transfer command 条件转移指令. control command 控制[操纵]指令. directional [heading] command 航向指令. programmed command 程序指令. transfer command 转移指令. ▲at one's command 自由使用(支配). be under the command of …由…指挥. command attention 引起注意. get command of 控制. have a good command of M 对 M 能自由运用. have M at one's command 可以自由使用 M. have [take] command of 指挥. in command of …指挥(着)… under (the) command of 由…指挥.
commandable a. 有指令的.
commandant' [kəmən'dænt] n. (要塞)司令官,指挥官,(军校)校长.
command'er [kə'maːndə] n. ①司令员(官),指挥官(者),长官 ②(海军)中校 ③(重)木槌. aircraft commander 机长.
commander-in-chief n. 总司令,元帅,统帅.

command'ing n.; a. 指挥(的),统帅(的),俯瞰的,居高临下的. commanding ground 制高点. commanding impulse 指令脉冲. ～ly ad.
commandism n. 命令主义.
commandment n. 戒律. taboos and commandments 清规戒律.
comman'do [kə'maːndou] n. 袭[突]击队(员). commando vessel [ship] 登陆艇.
command-service module 指挥服务舱
commap n. 自动作图仪.
commate'rial a. 同一种材料的,同性质的,同物质的.
commelinin n. 鸭跖草素.
commem'orable [kə'memərəbl] a. 值得纪念的.
commem'orate [kə'meməreit] vt. 纪念,庆祝.
commemora'tion [kəmemə'reiʃn] n. 纪念(会,仪式),庆祝(活动). in commemoration of …为了纪念(庆祝)…
commem'orative [kə'memərətiv] 或 commem'oratory [kə'memərətəri] a. 纪念(性)的,值得纪念的(of).
commence' [kə'mens] v. 开始,开始(做)(+ing to +inf.),得…学位. commencing signal(发射)起始信号. ▲commence from [with] M 从 M 开始. commence on 着手.
commence'ment [kə'mensmənt] n. ①开始,开端,开工 ②授奖[学位授与],毕业典礼 ③创办,创刊. commencement of fuel delivery 供[喷]油始点. commencement of work 开工(典礼).
commend' [kə'mend] vt. 表扬,称赞,推荐. ▲commend M for N 称赞[表扬] M 的 N. commend itself [one-self] to …给…以好印像. Commend me to 请代我向…致意. commend M to N 把 M 交托给 N. commend … to your notice (提)请你注意.
commend'able [kə'mendəbl] a. 值得表扬(称赞,推荐)的,很好的. commend'ably ad.
commenda'tion [kəmen'deiʃən] n. ①表扬,称赞 ②推荐,赞成 ③委(付)托. commend'atory a.
commen'sal [kə'mensəl] a.; n. 共生的,共栖的,共生动物,共生体.
commen'salism [kə'mensəlizm] n. 共栖[现象],偏利共生,共生生活.
commensurabil'ity [kəmensərə'biliti] n. ①【数】公度,同量(可用同一单位度量的性质),(量例的)同单位 ②成比例的,可比性,可公度性,(可)通约性,有公度性 ③相称,合式.
commen'surable [kə'menʃərəbl] a. ①【数】可(有)公度的,有同量的 ②成比例的,可比量的,可通约的 (with) ③匀称的,相应在(当,称)的(to). commensurable quantities 可度量.
commen'surate [kə'menʃərit] a. ①同(数)量的,同单位的,同等(大小)的(with) ②相应的,(与…)相当[相称,成(适当)比例]的(to, with) ③匹配的,配比的. ～ly ad.
commensura'tion [kəmenʃə'reiʃn] n. 较量,通约,相称,适应.
com'ment ['komənt] n.; vi. ①注解[释],说明,解说(on, upon) ②评[鉴]定,评论(述),短评,批评,对…提意见(on, upon) ③短评,意见,议论. ask for

comment 征求〔清提〕意见. *comment convention* 注解约定. *offer constructive comments* 提建设性意见.

com′mentary ['kɔməntəri] *n*. 注解(本),注释,评注〔论〕,集注,时事述评,解说词(on). *a running commentary* (连续、系统的)评论〔评述,注解〕,发表意见〕,实况广播报导. *commentary channel* 旁示信道. *commentary recording* (新闻)评论摄像.

commentate ['kɔmənteit] *v*. 注释,当场(连续不断)作实况评述,作评论员.

com′mentator ['kɔmənteitə] *n*. ①注释者,解说员 ②评论员,新闻广播〔评论〕员,实况转播解说员,电台时事评论员. *commentator's monitor* 广播监视器.

com′merce ['kɔmə(:)s] *n*. (国际)贸易,商业(务),交际(流).

commer′cial [kə'mə:ʃəl] I *a*. ①商业(品,用)的,贸易的,经济的 ②工业(用)的,有工业价值的,工厂的 ③(能)(大批)生产的 ④商品化的,质量较低的,以获利为目的. II *n*. (广播、电视中)商业广告节目. *commercial alloy* 商品〔工业〕合金. *commercial area* 商业区. *commercial availability* 可以买到的,可以在市场上购得的,工业效用. *commercial breed* 商用(饲养)品种. *commercial company* 贸易公司. *commercial data recorder* 大量生产数据自动记录器. *commercial efficiency* 经济效率〔效果〕. *commercial frequency* 工业用电频率,市电频率. *commercial harbo(u)r* 〔port〕商港. *commercial holding* 商品农场,商品牧场. *commercial iron* 商品铁,商用〔工业〕型铁. *commercial magnesium* 商品〔工业用〕镁. *commercial manufacture* 工业制造〔工厂〕. *commercial operator license* 商业操作许可证. *commercial order* 商业定单〔货〕. *commercial plant* 〔unit〕工业设备. *commercial production* 工业性生产,工业性开采. *commercial quality* 商业级〔质量〕(镀锌薄板1.26英两/英尺2 的厚层级). *commercial rock gas* 天然〔石油〕气. *commercial sheet* 商品钢板. *commercial standard* 商用标准. *commercial steel* 商品钢材,型钢,条钢. *commercial stock lengths* 成品轧材的标准长度. *commercial test* 委托试验. *commercial trip* 商务旅行. *commercial value* 交换〔工业〕价值. *commercial vehicle* 运货汽车.

commer′cialism *n*. 商业主义〔习惯,用语〕,利润第一主义.

commercial′ity *n*. 商业性.

commer′cialize [kə'mə:ʃəlaiz] *vt*. 使商业〔品〕化,把…变成商品,在…发展商业. *commercializa′tion n*.

commer′cially *ad*. 商业上,贸易上,大规模. *commercially available* 能大批供应的,市场上买得到的.

commercial-scale *a*. 工业规模的,大规模的.

commer′cium (pl. *commercia*) *n*. 商业,贸易.

commin′gle [kə'miŋgl] *v*. 混合,搀和,杂混.

commin′gler [kə'miŋglə] *n*. 混合器,搅拌器.

com′minute [kɔminju:t] *vt*. 粉〔磨,捣〕碎,弄成粉末,细分,分割. *comminuted ore* 粉矿. *comminuting machine* 粉〔磨〕碎机.

com′minuter *n*. 粉碎器,捣碎器.

comminu′tion [kɔmi'nju:ʃən] *n*. 精磨〔研,破碎〕,粉〔破,细,捣,磨〕碎(作用),雾化,渐减,减耗.

com′minutor ['kɔminju:tə] *n*. 粉〔切〕碎机.

commiscum *n*. 杂交界限属.

commissar *n*. 政委.

com′missary *n*. ①代表,委员 ②军粮(补给)库,军粮供应 ③(军队的)自动售货店. *commissarial a*.

commis′sion [kə'miʃən] I *n*. ①委任,委托(事项),代理〔办〕(事项),经纪 ②命令,职权,权限 ③委员会 ④手续费,佣金 ⑤犯(罪). II *vt*. ①委任,委托,任命 ②(交付)使用,交工试运转,(调)试运行,试车,投产,投入运行,起动. *Atomic Energy Commission* 原子能委员会. *commission agent* 〔*merchant*〕代销者〔商〕. *commission charge* 手续费. *commission sale* 或 *sale on commission* 寄售,经销. *commissioned ship* 现役舰艇. *commissioning date* (投入)运行日期. *commissioning test run* 投料试生产. *mounting*, *commissioning and maintenance* 安装、使用(试运转)和维护. ▲*commission for* 为…委托(委办). *go beyond the commission* 越权. *in commission* 现役的,被委任的,可使用的,已准备好可出海执行任务的. *on commission* 受委托. *out of commission* 退役的,后备的,坏了的,不能用的.

commis′sioned *a*. 受委任的,受任命的,现役的.

commis′sioner [kə'miʃənə] *n*. 专员,委员,政府特派员,(地方)长官. *high commissioner* 高级专员. *port commissioner's office* 港务局.

commis′sioning *n*. 试运行,投产 ②开工,启动.

commissura (pl. *commissurae*) [拉丁语] *n*. 连合.

commis′sural [kə'misjuərəl] *a*. 合缝处的,缝口的,接合点的,连合的,连合作用的.

com′missure ['kɔmisjuə] *n*. 合缝处,接缝(处),缝口,(神经)连合,联合,接合点(缘,处),焊接处,焊缝.

commit′ [kə'mit] (*committed*, *committing*) *vt*. ①委托,提交,付诸,责成,使承担义务(to) ②犯(错误),做,干 ③调拨(指定)…用于(in) ④连累,牵涉到. ▲*commit M to memory* 记住(记牢)M. *commit M to N* 将 M 提交 N,把 M 委托 N. *commit M to + inf.* (to + ing)责成 M(做). *commit M to oblivion* 把 M 置之脑后,使忘掉. *commit M to paper* 〔writing〕写上 M,把 M 记录下来. *commit M to the hands of N* 把 M 委托 N,把 M 托付给 N. *commit oneself to + inf.* 保证(答应负责)(做).

commit′ment [kə'mitmənt] 或 **committal** [kə'mitl] *n*. ①所承诺之事,保证,许诺,约定,承担义务,债务 ②委托(事项),委任,托付,交托,提交 ③赞成,支持 ④投入(战斗). *treaty commitment* 按条约所承担的义务.

committable *a*. 可能犯的,可以判处的.

commit′tee [kə'miti] *n*. ①委员会 ②(the *committee*)全体委员 ③受托人,保护人. *Standing Committee* 常务委员(会). *the Central Committee of the Communist Party of China* 中国共产党中央委员会.

committeeman *n*. 委员,委员会成员.

commix' [kə'miks] *n.*; *v.* 混合(物).
commixture *n.* 混合(物).
commn = commission 委员会.
commo'dious [kə'moudiəs] *a.* (房间)宽敞的,适宜的,(使用)方便的. ~**ly** *ad.* ~**ness** *n.*
commod'ity [kə'mɔditi] *n.* 物品,商品,日用品,货物. *China Commodity Inspection Bureau* 中国商品检验局. *commodity exchange* 商品交易所,(农产品等)期货交易. *commodities fair* 商品展览会. *commodity inspection and testing bureau* 商(品)检(验)局. *commodity money* 商品货币.
com'mon ['kɔmən] Ⅰ *a.* ①普通的,平凡的,常的,常见的,一般的 ②共(同,通,用,有)的,公共(用)的,通(常)用的 ③【数】公约的. Ⅱ *n.* ①普通,平常,公用 ②公(有,用)地,空地,共用权 ③(pl.)平民(指非贵族),(英)下议院,口〔食〕粮. *common air traffic control system* 军民通用航空管理系统. *common arch* 粗拱. *common base* 共基极,共用底座,常用底数. *common battery system* 共(用)电(池组)制,中央电池(组)制. *common beet* 甜菜,糖萝卜. *common bit* 带尖钻. *common business-oriented language* 面向商业的公用语言. *common carriage* 公共运输(工具). *common carrier* 公用载波,电信公司,运输行,运输公司(包括铁路,轮船公司等). *common carrier system* 共载波系统,共载波制. *common collector* 共集(电)极. *common core* 【计】主存储器公用区. *common crown* 普通写字纸. *common denominator* 公分母,共同特色. *common divisor* 【数】公约数,公因子. *common emitter* 【数】共发射极. *common facilities* 公共设施. *common factor* 【数】公因子〔数〕. *common field* 公用信息组,公用地区. *common fraction* 简〔真,普通〕分数. *common frequency broadcasting* 同频率广播. *common grade* 普通等级. *common hardware* 【计】公用的硬设备,公用硬件. *common ion* 同离子. *common iron* 普通钢材(生铁). *common knowledge* (大家知道的)常识. *common logarithm* 【数】常用(普通,十进)对数. *common machine language* 公用计算机语言. *common manifold* 均压复式接头. *common measure* 【数】公(测)度. *common mode rejection ratio* 共模(共态(信号))抑制比,(模拟机)同信号除去比. *common multiple* 【数】公倍(数). *common normal* (公)共法线. *common otter* 水獭. *common pile driver* 人工(落锤)打桩机. *common ram* 手夯(锤). *common ratio* 公比. *common root* 公根. *common salt* 食盐. *common sense* (经验)常识. *common subroutine* 公(通)用的子程序,通用例(行)程(序). *common tangent* 公切线. *common timing system.* 中心计时系统,时续系统,共同计时装置,统一计时制. *the House of Commons* (英)下议院. ▲*be common with* 是…常见的情况. *common to* 为…所共有. *be on short commons* 缺乏食物. *common or garden* 平凡的,普通的. *have much* (nothing) *in common* 有许多(毫无)共同之处. *in common* 共同(的),共(公)用,公有. *in common with* 和…一样(相同),与…有共同之处. *out of the common* 不平常(凡)的.
com'monable *a.* (土地)公有的.
commonage *n.* 共用权,(土地)公有,公地,老百姓.
commonal'ity *n.* ①公共,普通 ②共性,通用性 ③老百姓.
common-base *n.* 共基极,共用基座.
common-carrier *n.* 运输(铁路,汽车,轮船,航空)公司,公用事业公司.
common-collector *n.* 共集(电)极.
common-emitter *n.* 共发射极.
com'moner ['kɔmənə] *n.* 平民(指非贵族).
common-factor *n.* 公因子,公因数.
com'monly ['kɔmənli] *ad.* 普通,通常,一般地. *commonly adopted* 通常(普通)采用的.
com'monness ['kɔmənis] *n.* 普通,平凡,共(同)性.
com'monplace ['kɔmənpleis] Ⅰ *a.* 平凡,平常(常)的. Ⅱ *n.* 平常话,老生常谈,平凡的事,备忘录. Ⅲ *vt.* 记入备忘录,由备忘录中摘出.
com'monplace-book *n.* 备忘录.
commonsense *n.* 有常识的,明明白白的,一望而知的.
commonsensible 或 **commonsensical** *a.* (符合)常识的.
com'monwealth ['kɔmənwelθ] *n.* ①国家,共和国,联邦,(美国的)州 ②全体国民. *British Commonwealth of Nations* 英联邦.
commotio (拉丁语) *n.* 震荡,震伤,剧震,震伤休克.
commo'tion [kə'mouʃən] *n.* ①动摇 ②骚动(扰),扰动,混乱,震动(荡) ③地震. *cause* (produce) *a commotion* 引起一场骚动.
commove [kə'mu:v] *vt.* 使动乱,使骚动.
com'munal ['kɔmjunl] *a.* ①(巴黎)公社的,社会的 ②公社的,公有的 ③镇的,村的. *the primitive communal system* 原始公社制度.
communal'ity [kɔmju'næliti] *n.* ①公社性,集体性,团结 ②公社 ③公共因素方差.
commune Ⅰ ['kɔmju:n] *n.* ①公社,最小的地方行政区 ②市区. Ⅱ [kə'mju:n] *v.* 交谈,商量. *the Commune* (*of Paris*) 或 *the Paris Commune* 巴黎公社. *the people's communes* 人民公社.
communicabil'ity [kəmju:nikə'biliti] *n.* 传染性.
commu'nicable [kə'mju:nikəbl] *a.* 可传递(播)的,表达的,(有)传染性的. ~**ness** *n.* **communicably** *ad.*
commu'nicant [kə'mju:nikənt] *a.*; *n.* 传递消息的(人),报告情况的(人).
commu'nicate [kə'mju:nikeit] *v.* ①传(递,播,达)(to) ②连通,互通(with) ③通知(讯,信,报),交通(with). *communicating operator* 交换算子. *communicating pipe* (tube)连通管. *communicating rooms* 有门互通的房间. *communicating valve* 连通阀.
communica'tion [kəmju:ni'keiʃən] *n.* ①通信(讯)(联系),通知(信),交通(线,流),联络(系) ②交通(播,输,达) ③信息,消息 ④耦合 ⑤通信设备(技术,机关,系统),交通设备(工具,机关). *aerial communication* 空中通信(交通). *communication cable* 电信(弱电流)电缆. *communication conduit* 电讯电缆

管道. *communication data processor* 通信数据处理装置. *communication facilities* 交通工具,通信设备. *communication for conservation* 维护用通信. *communication region*【计】联系区,(管理程序的)交通区. *communications and transport* 交通运输. *communications traffic* 通信量,无线电通信传送. *data communication* 数据传送. *digital communication* 数字通信. *ground air communication* 地空通信. *land-mobile communication* 地面固定点与流动点间的通信. *vehicle-to-vehicle communication* 飞船间(飞机间,车际)通信. *via meteors communication* 流星反射通讯. ▲*(be) in communication with* 与⋯通讯(联络,保持联系).

commu'nicative *a.* 通信(讯)联络的. ~ly *ad.*

commu'nicator *n.* ①通信员 ②发信机,报知器,通话装置[设备].

commu'nion [kəˈmjuːnjən] *n.* 交流(思想),共享,共有.

commu'niqué [kəˈmjuːnikei]〔法语〕*n.* 公报,公告,官报. *joint communique* 联合公报. *press communique* 新闻公报.

communis *a.* 普通的,几个的,多数的,不少的.

com'munism [ˈkɔmjunizəm] *n.* 共产主义.

com'munist [ˈkɔmjunist] *n.a.* 共产主义者(的),共产党员(人,的). *Manifesto of the Communist Party* 共产党宣言. *the communist cause* 共产主义事业. *the Communist Party of China* 中国共产党.

communistic *a.* 共产主义(者)的.

communist-led *a.* 共产党领导的.

commu'nity [kəˈmjuːniti] *n.* ①团[集]体,共同体 ②界,公众,同一地区的全体居民,群落,居群,社会 ③地区,居住区,居民点[区],乡[城]镇,公社 ④共同[有,用]性,一致. *community dial office* 县[乡,公社]自动电话局. *community noise* 噪声(公共场所)噪声. *community of ideas* 思想的一致性. *community of land* 土地的公共所有. *community of physicists* 物理学界. *community TV* 母子[集体]电视. *community view* (数据库用)共同视图. *European (Economic) Community* 欧洲(经济)共同体. *the Chinese community in New York* 纽约的华侨(界).

community-run workshop 街道工厂.

com'munize [ˈkɔmjunaiz] *vt.* 使成为公有财产,使公有化. communiza'tion *n.*

commutabil'ity [kəˌmjuːtəˈbiliti] *n.* 可交[变]换,可换算,可抵偿.

commu'table [kəˈmjuːtəbl] *a.* 可以交[变]换,可换算的,可抵偿的.

commutants *n.* 换位(矩)阵.

com'mutate [ˈkɔmjuteit] *vt.* ①交换 ②整流,换向,整流,变为直接电. *commutating capacitor* 换向(加速响应)电容器. *commutating converter* 换向磁极变流机. *commutating current* 整流电流. *commutating pole* 整流[换向(磁)]辅助极.

commuta'tion [ˌkɔmjuˈteiʃən] *n.* ①交[转,变,切]换,换[折]算,【数】对易 ②换向,整流,转接,配电(系统). *commutation angle* 换向重叠角,安全角. *commutation relation* 对易(对换)关系. *commutation rule* 交换法则. *commutation spike* 换向过电压. *generator commutation* 发电机整流. *thyratron commutation* 闸流管整流. *under commutation* 欠整流.

commutation-ticket *n.* 长期车票,月票.

commu'tative [kəˈmjuːtətiv] *a.* (可)交换的,相互的,代替的,交换的,相互的. *commutative field* 域(体). *commutative law* 交换(互换,对易)律. *commutative matrices* 可换(矩)阵.

commutativ'ity *n.* 可交,交换性.

com'mutator [ˈkɔmjuteitə] *n.* ①换向器,整流器,(电机)整流子,集电环 ②转接(转换,互换)器,分配器,转换[切换]开关 ③交换机(台)【电】【数】换位子,对易子(式). *commutator bar* 整流(器上的)铜[条,换向片. *commutator modulator* 换向调制器. *commutator motor* 整流式[子]电动机. *commutator rectifier* 换向(器)式整流器. *commutator ripple* 整流波纹[脉动,涟波]. *commutator segment* 整流(器)片. *commutator switch* 转接[换向]开关. *electronic commutator* 电子分配器,电子转换开关. *plug commutator* 插塞式交换机. *sparking commutator* 火花整流子. *telemetering commutator* 遥测换向器. *voltmeter commutator* 伏特计换挡器,伏特计转换开关.

commute' [kəˈmjuːt] *v.* ①交[转,变,兑]换 ②换算,折合 (into, for) ③换向,整流 ④【数】对易 ⑤购买并使用长期月票,经常来往. *commuting operator* 对易算子.

commu'ter [kəˈmjuːtə] *n.* ①=commutator ②长期月票使用者,联络艇. *commuter movement* (近郊)经常(长期车票)旅客. *commuter time* 上下班时间.

commuteriza'tion *n.* 往返城市和郊区住所的生活方式.

co'mol [ˈkoumɔl] *n.* 科莫尔钴钼磁钢,(铁)钴钼永磁合金,析出硬化型永磁材料(钴12%,钼17%,碳<0.06%,其余铁).

comol'ecule [kəˈmɔlikjuːl] *n.* 同型分子.

co'mon'omer [ˈkouˈmɔnəmə] *n.* 共聚(用)单体.

Comoro Islands [ˈkɔmərouˈailəndz] *n.* 科摩罗群岛.

comose *a.* 多毛(发)的.

COMP =①companion 伙伴,成对物件之一,指南,入孔盖 ②compare 比较 ③compensating 补偿的 ④component 分力,元[组,零]件 ⑤composite 合成的,复合的(材料) ⑥composition 组[合]成,混合物 ⑦compound 复合的,化合物.

comp fil =compensating filter 补偿滤波器.

comp net =compensating network 补偿网络.

compact I [kəmˈpækt] *a.* ①紧密(凑,致)的,密实(集)的,压紧的,致[稠]密的,挤满的,坚固(结实)的,感觉的(体型)②小型(汽车)的袖珍的,小的(容器,包装)的. II *v.* ①压实(缩,紧,制),(加压)压(模)塑,塞紧,夯实 ②使成形(致密,结实,简洁)③紧密结合 ④组成. II [ˈkɔmpækt] *n.* ①(成型)压块,压坯,(加)压(模)塑,(烧结的)压(制)块(块),坯块 ②匣子,盒 ③坚实体 ④合同,条(契)约,协定 ⑤小型汽车 ⑥【数】紧集. *compact battery* 小型[紧装,简装干电池. *compact grained* 密实颗粒的,按最小空隙选料的. *compact gypsum* 雪花〔纯白生〕石膏. *compact planting* 密植. *compact slag* 致密熔渣. *compact type* 小型,袖珍型. *green* 〔*pressed green*〕 *compact* 压坯,生坯. *powder compact* 粉(末)坯(块). *sintered compact* (经过)烧(结的)坯(块). *compacted thickness* 压实(深,厚)度,夯实厚度. ▲*by compact* 按合同. *enter into a compact* 订合同(契约).

compactedness n. 紧密性,紧密度,填充度,结实度.
compac'ter [kəm'pæktə] n. 压实机,压实工具,夯具,镇压器.
compact-grain n. 致密晶粒.
compactibil'ity n. 压密性,成型性,(可)压实性,聚密性,紧密度(性). *poor compactibility* 压密性不良.
compac'tible a. 可压实(缩)的,可压塑的.
compactifica'tion n. 紧(致)化.
compac'ting n. 压实(工作),压制,(加)压(模)塑,成型,塑型,压(制)坯(块). *compacting factor* 压实〔致密〕系数. *compacting process* 压制(成型)过程. *continuous compacting process* 连续成型〔压制法〕. *explosive compacting* 爆炸成型.
compac'tion [kəm'pæk] n. ①压实,夯(击)实,压缩〔紧,制,力〕 ②(加)压(模)塑,压(制)坯(块),成型 ③密封,填充 ④凝结,收紧,浓集,简缩,精简,堆积. *compaction by double action* 双效压塑〔制〕法,二向压制. *compaction control method* 压实度控制法. *compaction plane* 压实(平)面. *curve-pattern compaction* 曲线模式密集数据法. *momentum compaction* (加速器内能量相差很大的轨道空间接近). *self compaction* 自挤压. *three-dimensional compaction* 三向〔轴〕压制.
compac'tive a. 压实的,致密的.
compact'ly ad. 密实地.
compact'ness [kəm'pæktnis] n. ①致密〔紧密,紧凑,紧致,密集,结实〕(性),紧密〔紧凑,坚实,坚实度〕 ②密度,比重 ③体积小,小型. *compactness of the crystal lattice* 晶格的原子〔晶体点阵〕排列密度.
compac'tor [kəm'pæktə] n. 压实工具,压实机,夯具,镇压器.
compac'tron [kəm'pæktrɔn] n. ①小型(十二脚,多电极)电子管 ②一种固体器件 ③一种光敏电阻,电阻光电管.
compactum n. 紧(致)统.
compa'ges [kəm'peidʒiz] n. 骨架,综合结构.
compag'inate [kəm'pædʒineit] vt. 牢固结合. **compagination** n.
compan'der [kəm'pændə] n. 压缩扩展器,压伸(扩)器,展(伸)缩器.
compan'ding [kəm'pændiŋ] n. 压缩扩(展,张),展缩,压伸. *instantaneous companding* 瞬时压扩.
compander n. = compander.
compan'ion [kəm'pænjən] n. ①同(伙)伴,战友,成对物件之一 ②指南,手册,参考书 ③人孔盖〔口,(甲板到船舱的)舱梯,(甲板)升降口〕 ④伴星. *companion fault* 副断层. *companion hatch* 升降口罩,舱室升降口. *companion ladder* 升降口梯,

舱室扶梯. *companion lode* 副矿脉. *companion matrix* 友(矩)阵. *companion specimens* 同组试样,成对样品. *companion to the cycloid* 伴(相似)旋轮线. *companion volume* 成套书中的一卷,姐妹篇. *companion way* 升降口.
companion-hatch n. 舱室升降口.
companion-ladder 或 **companion-way** n. 舱(室升降)梯,升降口梯.
com'pany ['kʌmpəni] n. ①公司,商号〔社〕 ②(社)团,连(队),中队 ③伙(同)伴,客人,交往 ④全体船员. *company limited* 有限公司. *joint-stock company* 股份公司. *request the honour of your company* 请您出席,请您光临. ▲*a company of* 一队〔班,群,伙〕. *for company* 陪着. *in company* (*with*)(与…)一道,陪同. *part company* (*with*)(和…)分离(手),(人)有分歧. *present company excepted* 在场(座)者除外.
comparabil'ity [kɔmpərə'biliti] n. 可比(较)性,比较.
com'parable ['kɔmpərəbl] a. 可(与…)比较的(with),类似的. *comparable aggregate* 可比集. *comparable function* 可比(较)的函数. ▲*be comparable* (*in M*) *to N* (在M方面)可与N相比. *be comparable to M* 比得上 M,和 M 相差不大〔不相上下〕,可与M 相匹敌.
com'parably ad. 可以比较,能相匹敌,不相上下,同等地.
comparand n. 【计】(被)比较字,比较数.
comparascope n. = comparoscope.
compar'ative [kəm'pærətiv] I a. ①比较(上)的 ②相当的. II n. 匹敌者,比拟物. *comparative cost* 比(较造)价. *comparative design* 比较设计(方案). *comparative interpretation* 对比解释. *comparative scale* 比较计. *comparative test* 比较试验. ▲*with comparative ease* 比较容易地.
compar'atively ad. 比较地,比较上,稍稍.
compar'ator [kəm'pærətə] n. 比测(值)器,比长仪,比(较)仪器,(简易)比色计〔器〕,比较器〔块,装置,电路〕,勾强计. *coil comparator* 线圈比较(试验)器. *colour comparator* 比色仪. *comparator block* 比色座〔块〕. *comparator micrometer* 比较(钟表)千分尺,比较测微计. *data comparator* 数据比较部件〔器〕,数据比较器. *dial comparator* 带有千分表的比较仪. *electric comparator* 电动比较仪. *gear tooth comparator* 齿厚比较仪,公法线卡规. *horizontal comparator* 水平比较仪,水平比长仪. *interference comparator* 光干涉比长仪. *microphotometer comparator* 测微光度计比较器. *panoramic comparator* 扫调比较器. *projection comparator* 光学投影比较仪. *relay comparator* 继电器式比较仪. *tape comparator* 磁带比较器,带比测器. *thermocouple comparator* 热(温差)电偶比较器. *thermoelectric comparator* 热电比测(较)器.
comparator-sorter n. 比较分类器.
comparatron n. 电子测试系统.
compare' [kəm'pɛə] I v. ①比较,对照,参看 ②比拟,比作,好比,譬如,相当于 ③比得上,(可与…)相

比,匹敌. Ⅱ n. 比较. compare notes 交换意见,商量. comparing indicator 比较指示器. comparing rule 比例尺. ▲(as) compared with [to] 与…相比,同…比较起来. (be) compared to 与…相比,…比较起来,好比,与…相似. (be) compared with 与…相比,同…对照(起来). (be) not to be compared with [to] 比不上,比不得. beyond [without, past] compare 无可比拟的,无双的. compare M to N 把 M 比作 N,认为 M 与 N 相似,把 M 与 N 相比. compare M with N 把 M 同 N 比较(对照,相比). compare with 比得上,可与…相匹敌.

compa'rer [kəm'pɛərə] n. 比较器(仪,装置,电路).

compar'ison [kəm'pærisn] n. (相互)比较,对照(比),比拟,类似. comparison bridge 比较(惠斯登)电桥. comparison colorimeter 比色计. comparison detection 比相检测,差动相干检测. comparison lamp 比较灯. comparison postmortem 比较检错(程序). comparison prism 比谱(比较,对比)棱镜. comparison spectroscope 比谱分光镜. comparison test 比较试验,比校(检验)法. logic comparison 逻辑比较. ▲bear [stand] comparison with 可以同…相匹配,可以同…相比,比得上,不亚于. beyond [without] comparison 无(与伦)比,无比的. by comparison 比较起来. by [in] comparison with [to] 与 M 相比较,同…相比. gain by comparison 比较之下显出其长处. make a comparison between 把…进行比较. suffer by comparison 相形见绌. There is no comparison between the two. 两者根本不能相比.

compar'oscope [kəm'pæruskoup] n. 显微比较镜.

compart' [kəm'pɑːt] Ⅰ vt. 分隔,分成几部分. Ⅱ n. ①间隔,区划 ②舱、室 ③隔板(膜).

compart'ment [kəm'pɑːtmənt] Ⅰ n. ①间隔(段),部份,区划 ②舱(室),(分隔)间,隔(间、子)层 ③隔舱,水密舱,防水船舱 ④隔板(膜,壁). Ⅱ vt. 分隔(成间). air compartment 通风(空)气室. air-tight compartment 气密室(不透气的). ammunition compartment 弹药舱. anode compartment 阳极空间. cargo [freight] compartment 货舱. cathode compartment 阴极空间. compartment ceiling 格子天花板. compartment furnace 格子炉. compartment tube ball mill 多仓(分室)管式球磨机. feed compartment 进(给)料室. gas compartment 气体空间,储气室. instrument compartment 仪表(器)舱. refuse compartment 废料(石)间. top compartment 顶室(层). ~al a.

compartmen'talize [kəmpɑt'mentəlaiz] vt. ①(用板)隔开,隔间(格子)化,分成隔间(格子),分段 ②划区,划分组织机构. compartmentaliza'tion n.

compartmenta'tion [kəmpɑːtmen'teiʃən] n. ①间隔化,格子化,分成间隔(格子),分格 ②区划,分门别类,区域化.

com'pass ['kʌmpəs] Ⅰ n. ①罗盘(仪),罗经,指南针 ②界限,范围,区域,周围,周围 ③(pl.)圆规,两脚规,音域,(脊椎动物)孤骨. Ⅱ a. 圆弧形的. Ⅲ vt. 围绕,绕行,包围,了解,达到,获得,计划. beam compasses (画大圆)的长臂(长杆)圆规. bisecting compasses 比例两脚规. bow compasses 测径规,卡钳,弹簧圆规,微调小圆规. box compass 罗盘仪. caliber compasses 弯脚圆规,微调小圆规. celestial compass 天文罗盘(经). compass brick 拱砖,弧形砖. compass caliper 弯脚卡钳. compass card 罗盘的盘面. compass compensation 罗(经自)差补偿. compass declination 磁偏角. compass heading 航向罗盘方位,罗盘航向. compass needle 罗盘针,磁针. compass plane 凹刨. compass repeater 罗经复示器,分罗盘. compass roof 跨形(半圆形)屋顶. compass rose 罗盘(度)盘,罗经花. compass saw (斜形狭)圆锯,曲线锯. compass station 测向电台. compass timber 弯木料[材]. compass tube 定位管,雷达显示管. compass window 圆肚窗,半圆形凸窗. compasses of proportion 比例规. coursesetting compass 航海(导航)罗盘. flux gate compass 磁(通量)门罗盘(一种回转稳定罗盘),地磁感应罗盘. radio compass station 无线电定向台. reduction compasses 缩比两脚规. transit compass 经纬仪. triangular compasses 三角(脚)规. wireless [radio] compass 无线电罗盘. ▲beyond one's compass 非力所能及. ▲beyond [outside] the compass of M 超出 M 的范围之外. fetch [go] a compass 迂回,绕道. within one's compass 力所能及. within the compass of M 在 M 的范围之内.

com'passable a. 可围绕的,可以完成的,能得(达)到的,能了解的.

compass-card n. 罗盘的盘面.

compas'sion n. 同情,怜悯. take compassion on 同情,怜悯.

compas'sionate Ⅰ vt. 同情,怜悯. Ⅱ a. 有同情心的.

compass-plane n. 凹刨.

compass-saw n. (截)圆锯.

compass-theodolite n. 罗盘经纬仪.

compass-timber n. 弯木料[材].

compass-window n. 半圆形凸窗.

compatibil'ity [kəmpætə'biliti] n. ①相容(兼容,并存,亲和,协调,配伍)性,(可混(溶)性,不忌配合 ②适合(迁逸,适应,适应性 ③互换(互通)性,两用性,可用性. compatibility condition 相容条件(情况). compatibility equation 相容方程式. compatibility of fuels 燃料配伍性(可混用性). compatibility with audio visual equipment 声频视频兼容性设备. environmental compatibility (对周围)环境(的)适应性. equipment compatibility 设备互换(相容,兼容)性. material compatibility 材料可混用性. structural compatibility 结构相容(相合)性.

compat'ible [kəm'pætəbl] a. ①相[兼]容的,可共存的,可配伍的,可配合的,亲和的,可混的 ②一致的,协调的,相适应的,适合的,不矛盾的,相似的 ③兼容制的. compatible colour TV system 兼容制彩色电视系统(制式). compatible event 相容事件. compatible monokrome receiver (兼容制)黑白电视接收机. compatible monolithic integrated cir-

cuit 兼容型单片集成电路. *compatible technique* 相容技术. *compatible time sharing system* 相容的〔协调的〕分时系统. *compatible transmission* 兼容〔制〕传输. ▲*(be) compatible with M* 与 M 相容〔相适应,不矛盾,一致,相similar〕, 适合于 M. **compatibly** *ad.*

compat'ibleness *n.* 相〔兼〕容性,并存〔可共存〕性,可混(用,溶)性,可换性,协调性,适合性,一致性.

compatriot *n.*; *a.* 同国人(的),同胞. ~**ic** *a.*

compeer' *n.* 地位〔年龄〕相同的人,同〔伙〕伴.

compel' [kəm'pel] (*compelled, compel'ling*) *vt.* 强〔逼〕迫,迫使,使不得不. *compelling force* 外加〔强制〕力. *compelling reason* 有力的使人信服的理由. ▲*be compelled to* +*inf.* 不得不(做).

com'pend ['kɔmpend] =compendium.

compendia [kəm'pendiə] compendium 的复数.

compen'dious [kəm'pendiəs] *a.* 概略的,简要〔明,洁〕的,扼要的. ~**ly** *ad.* ~**ness** *n.*

compen'dium [kəm'pendiəm] (*pl. compen'diums* 或 *compen'dia*) *n.* 提纲,摘要,概要〔略〕,梗概,纲要,一览表,简编〔述〕.

compensabil'ity *n.* 可补偿性.

compen'sable *a.* 可(应予)补偿的.

com'pensate ['kɔmpenseit] *v.* ①补偿〔助,充,整〕,赔〔抵〕偿,酬报(for) ②均〔平〕衡,校正. *compensate the shipper for breakage* 赔偿托运人的(货物)破损〔造成的〕损失. *compensate control* 补偿控制. *compensated air thermometer* 补偿空气温度计. *compensated amplifier* 补偿放大器,频(率响)应校正放大器. *compensated level* 补偿水准. *compensated pendulum* 补偿摆. *compensated scan* 展开式扫描,扩展扫描. *compensated semiconductor* 互补半导体. *compensated volume* 音量补偿. *compensating bar* 均力〔补偿〕杆,等制器. *compensating circuit* 补偿〔校正〕电路. *compensating computation* 平差计算. *compensating errors* 补偿误差. *compensating filter* 补偿〔校正〕滤波器,补偿网络. *compensating gauge* 补偿片. *compensating gear* 补偿〔补正,均力〕装置,差动齿轮装置,差速器. *compensating grade* 折减坡度. *compensating magnet* 补偿磁铁. *compensating master cylinder* 带补偿助尼油槽的主油缸. *compensating network* 补偿〔校正〕网络. *compensating pipe* 补偿〔伸缩〕管. *compensating piston* 补偿〔平衡〕活塞. *compensating ring* 补偿圈,均力环. *compensating sac*【地质】平衡水袋. *compensating tank* (潜艇)补重槽,补偿(水)柜,膨胀(水)柜.

compensa'tion [kɔmpen'seiʃən] *n.* ①补偿〔充,助,整,强〕,对〔抵〕消,罗(经自)差补偿 ②校正,调整,平均〕衡 ③【物】消色,加重,低频放大 ④赔偿(费,物),报酬 ⑤代偿(官能). *ambient-temperature compensation* 外界〔周围〕温度(影响)补偿. *bimetallic strip compensation* 双金属片补偿. *broken compensation* 代偿机能不全. *cardiac compensation* 心代偿机能. *cold-junction compensation* (热电偶)冷端温度补偿. *colour compensation* 补色. *compensation adjustment* 补偿调整. *compensation balance* 补偿〔整〕平衡. *compensation circuit* 补偿电路. *compensation diaphragm* 调压薄膜. *compensation for removal*【建】迁移费. *compensation joint* 调整〔伸〕缝,补强〔偿〕接头. *compensation of errors* 平差,误差调整. *compensation of grades (at sharp curves)* (急弯曲线上)纵坡抵减. *compensation ring* 补强垫圈. *compensation tower* 平衡塔. *compensation valve* 补偿〔平衡〕阀. *compensation wave* 负波,空号〔补偿〕波. *doping compensation*【冶】掺杂(质)补偿. *frequency compensation* 频率补偿(校正). *intramolecular compensation* 分子间补偿,分子内相消. *isostatic compensation*【地】地(壳均)衡补偿(现象),地壳均衡抵偿. *lead-wire compensation* 导线(连接线)补偿. *line resistance compensation* 线电阻补偿. *temperature compensation* 温度补偿. *thermal compensation* 热补偿. *under compensation* 欠补偿. *workman's compensation* 工人补偿. ▲*in compensation for* 以作…的赔偿,报酬. *make compensation for* 补(赔)偿.

compen'sative [kɔm'pensətiv] =compensatory.

com'pensator ['kɔmpenseitə] *n.* ①补偿〔助〕器,伸缩(调整)器,胀缩件,膨胀圈,膨胀接头 ③差动装置【电】调相机,自耦变压器 ④补偿棱镜 ⑤罗经自差校正磁铁 ⑥赔偿者. *aperture compensator* 孔径校正器〔调准器〕. *bimetal compensator* 双金属补偿器. *compensator alloy* 补偿线合金. *compensator-amplifier unit* 补偿放大器. *compensator piece* 膨胀补偿节. *compensator weight* 补偿锤. *compensator winding* 补偿绕组. *frequency compensator* 频率补偿器. *level compensator* 水准(仪)调节器,分层补偿器. *magnetic compensator* 磁补偿〔均衡〕器. *three-wire compensator* 三线补偿器.

compen'satory [kəm'pensətəri] *a.* 补(赔)偿的,补充的,报酬的,代偿的. *compensatory growth* 补偿(性)生长.

compensatrix *n.*【地质】平衡水袋.

compete' [kəm'piːt] *vi.* 竞争,对抗,比赛. *compete in a race* 赛跑. ▲*compete against M in N* 在 N 方面和 M 竞争. *compete with M for N* 和 M 争夺 N.

com'petence ['kɔmpitəns] 或 **com'petency** ['kɔmpitənsi] *n.* ①能力,资格,适任力,宜能力,胜任(for, in, to +*inf.*) ②权限,感受态,胜任性. *competence of stream* 河流输送能力. *exceed one's competence* 越权. *have competence over* 管辖.

com'petent ['kɔmpitənt] *a.* ①胜任的,有能力的 (for, to +*inf.*) ②应该做的,被许可的(to) ③适当的,适宜的,足够的,充足的 ④主管的,权限内的,有法定资格的 ⑤【地质】强的. *competent authorities* 主管机关〔当局〕. *competent bed* 强岩层. *competent folding* 强翻曲. *competent river* 挟砂河流. *competent rock* 强岩,非塑性岩. ~**ly** *ad.*

competit'ion [kɔmpi'tiʃən] *n.* 竞争(者),比(竞)赛

competition *in arms* 军备竞赛. *gamma-gamma competition* ν-ν〔ν跃迁〕竞争. *meet* 〔be facing〕*competition from*…遇到〔面临着〕来自…的挑战〔竞争〕. ▲*be* 〔*stand*〕*in competition with M* 与 M 竞争〔比赛〕. *competition with M for N* 与 M 争夺 N.

competitive [kəmˈpetitiv] *a.* 竞争(性)的, 比赛性的. *competitive bid* 投标. *competitive bidding system* 招标〔比价〕制. *competitive contract* 投标合议. *competitive design* 竞争〔赛〕设计. *competitive power* 竞争力. *competitive price* (投)标价, 竞争价. ▲*competitive with M* 与 M 不相上下. ~ly *ad.*

competitive-bid *a.* 招标的, 投标竞争的, 比价的.
competitor [kəmˈpetitə] *n.* ①竞争者, 敌手 ②替代电站.
competitory [kəmˈpetitəri] = competitive.
compg = compressed gas 压缩气体.
compilation [kɔmpiˈleiʃən] *n.* ①编辑〔制, 纂, 译〕, 【计】编码, 编译程序 ②汇编, 搜集 ③编辑〔纂〕物. *data compilation* 数据汇编. *map compilation* 地图编纂. *photo compilation* 照片搜集〔镶嵌〕. *photogrammetric compilation* 摄影测量法编图. **compilatory** *a.*
compile [kəmˈpail] *vt.* ①编辑〔纂, 制〕, 搜集(资料), 汇编 ②【计】编码, 编译(程序). *compile link and go* 编译连接并执行. *compiling of routine* 编制〔码〕程序.
compiler [kəmˈpailə] *n.* ①【计】自动编码器, 程序编制器, 编译程序(器) ②编辑(人), 编纂人. *compiler generator* 编译程序的生成程序. *compiler interface* 编译程序的接口. *compiler routine* 编制器序. *compiler source program library* 编译程序的源程序库. *compiler subroutine library* 编译程序的子(例行)程(序)库. *routine compiler* 程序编制器.
compiler-compiler *n.* 编译程序的编译程序.
complacence [kəmˈpleisəns] 或 **complacency** [kəmˈpleisənsi] *n.* 自满(情绪), 固步自封.
complacent [kəmˈpleisənt] *a.* 自满的, 满足的, 故步自封的. ▲*complacent in M* 满足于 M. ~ly *ad.*
complain [kəmˈplein] *v.* ①控〔申〕诉, 诉苦, 抗议(about, of) ②抱怨, 发牢骚(about).
complainant [kəmˈpleinənt] *n.* ①控诉者, 抗议者 ②起诉人, 原告.
complaint [kəmˈpleint] *n.* ①意见, 控〔申, 陈〕诉 ②牢骚, 怨言, 不满的理由 ③毛病, 障碍, 疾病. *bowel complaint* 腹泻. *chief complaint* 主诉. *complaint desk* 障碍(报告, 服务)台, 修理部. *engine complaints* 发动机毛病. *summer complaint* 夏季病, 假霍乱. ▲*give less cause for complaint from M* 比 M 要受欢迎一些, 与 M 相比人们的意见要少一些. *make* 〔*lay, lodge*〕 *a complaint against*…控告…
complanar [kəmˈpleinə] *a.* 共面的.
complanarity *n.* 共(平)面性.
complanate [ˈkɔmpləneit] *a.* 平(坦, 面)的, 弄平了的.
complanatic *a.* 共(平)面的.

complanation [kɔmpləˈneiʃən] *n.* ①平面化, 变(成)平(面) ②【数】曲面求积法.
complement I [ˈkɔmplimənt] *n.*; *a.* II [ˈkɔmplimənt] *vt.* ①补充〔足, 全, 色, 体〕, 补〔相〕补, 补充〔足〕物 ②【数】补角, 补(余)数, 余角(弧) ③计数 ④定员(数), 编制人数, 定额装备全体, (整)套(组), 配套〔全〕 ⑤余的, 余的. *algebraic complement* 代数余子式. *complement flip flop* 互补双稳态触发器. *complement form* 补码形式. *complement function* 余函数. *complement of an angle* 余角. *complement of an arc* 余弧. *complement of a set* 【数】一个集的余集. *complement of atomic electrons* 成组原子电子. *complement of one's* 二进制反码. *complement of two's* 二进制补码. *complement on n* n 进制补码. *complement on n-1* n 进制反码. *complement operation* 补充操作. *complement pulse* 补码脉冲. *complement vector* 余〔补〕矢量. *complement with respect to 10* 10 的补数. *complementing circuit* 求反电路. *diminished-radix* 〔*radix-minus-one*〕 *complement* 减基〔基减一〕补码. *noughts* 〔*radix*〕 *complement* 基(数)补数, 零补数. *one's complement* 一补数. *true complement* 真补数, 基(数)补数. *tube complement* 电子管配件(套). *zero complement* 零(真)补数.
complemental [kɔmpliˈmentl] *a.* 补充〔足, 偿〕的, 互补的. *complemental code* 补码. *complemental feed* 补充饲料.
complementarity [kɔmplimenˈtæriti] *n.* 互余〔补〕(性), 并协性. *complementarity law* 互余〔补〕律.
complementary [kɔmpliˈmentəri] I *a.* ①余(的), 补(的) ②互补〔足, 偿, 余的, 互补〔余〕的, 辅助的, 附加的. II *n.* 余〔补〕码. *complementary angle* 余〔补〕角, (pl.) 互余角. *complementary circuit* 互补〔补码, 辅助〕电路. *complementary colour* 互补色, 余色. *complementary energy* 余能. *complementary error* 互补〔补余〕误差. *complementary event* 相对〔对立〕事件. *complementary field* 附加〔辅助〕磁场. *complementary function* 余函数. *complementary gene* 互补基因. *complementary law* 互余〔补〕律. *complementary network* 补余网络. *complementary notation* 补数记数法. *complementary operation* 求补操作, 求反操作, 补码算子, 补(求反)运算(一种布尔运算). *complementary operator* 补数算子(符), 求反算符. *complementary output* 双相输出. *complementary rocks* 进入岩. *complementary space* (多)余空间, 补〔互余〕空间. *complementary symmetry MOS array* 互补对称金属氧化物半导体阵列. *complementary wave* 余(补)波. *complementary wavelength* 互补(补色)波长. *complementary wavelength* 互补(补色)波长.
complementation *n.* 互补, 补充〔偿, 助〕, 附加, 补码〔数)法.
complemented *a.* 与补体连结的, 有〔互〕补的. *complemented lattice* 【数】有补(余)格.
complementer [ˈkɔmplimentə] *n.* 【计】补助〔数, 充, 偿〕器, 反相器, "非"门.

complementoid *n.* 变性补体，类补体.
complementophile *a.* 嗜补体的，接补体的.
complete' [kəm'pli:t] I *a.* ①完全[整,备]的,全部的,整个的,总成的,成[整]套的 ②完结[成,工]的,结束的 ③精加工过的 ④彻底的,圆满的 ⑤熟[老]练的. II *vt.* ①完成[工,结],结束,使完善[全,整],弄齐全 ②竣工,落成,总成 ③实行,把[电路]接通. *complete alternation* (一个)周期,整周,全循环. *complete carry* 【计】(完)全进位. *complete circuit* 整圆[周],闭合电路. *complete colour information* 彩色全信息. *complete combustion* 完全燃烧. *complete equipment* 成(全)套设备. *complete fusion* 完全熔化(物),完全熔融物,助熔剂. *complete induction* 完全归纳法. *complete integral* 完全积分. *complete overhaul* 全部检修,大修. *complete penetration butt weld* 贯穿对焊. *complete pivot* 全主元(法). *complete revolution* (公转)周转,旋转周期,(在轨道上)整个一圈,完全运行. *complete schematic diagram* 总线路(完整原理)图,总图. *complete signal* 复合(全电视)信号. *complete solution* 全解. *complete space* 完备空间. *complete spare parts* 成套备件. *complete survey* 全面检验. *complete time of oscillation* 振动周期. *completed circuit* 通[闭]路. *completed length* 出厂[冲造]长度. *completed orbit* 填满[充满]的轨道. *completed shell* 填满的壳层,封闭壳层.
complete'ly [kəm'pli:tli] *ad.* 十分,完全,全然,彻底.
complete'ness [kəm'pli:tnis] *n.* ①完整性,完全(度),完备(性),完善 ②结束. *completeness of combustion* or *combustion completeness* 燃烧完全性,燃烧结束.
complete-penetration *n.* 完全贯穿,全熔(焊)透.
completer *n.* 完成符.
comple'tion [kəm'pli:ʃən] *n.* ①完成[工,满,结],结束,竣工,完井 ②完成,完整,圆满,成就 ③填安(充,字) ④满期. *completion test* 竣工试验. *completion tool* 整体刀具. *completion of a term* 满期,完了. *date of completion of discharge* 【运】卸讫日期.
▲**bring** [**carry**] **to completion** 完成.
comple'tive [kəm'pli:tiv] *a.* 完成[了]的,做全的.
com'plex ['kɔmpleks] I *a.* ①复(合,式,杂)的,综合的,多合的,【化】络合的,多合的,合成的,【数】复(数)的 ②复杂的,难以理解[解释]的. II *n.* ①合成物,复(集,组)合体,复合波,杂岩,杂色体组 ②心理簇,情结 ③【化】络合物[基],络合络合物 ④全套(设备,装备,装置),综合结构 ⑤综合发射场(地) ⑥【数】复数[复],复合形,复型,(线)丛,子集. III *vt.* ①络合,螯合,形成络(螯)合物 ②使复杂(化). *aberrant complex* (心电图)异常复合体. *activated complex* 活化络合体,活化复合物. *agroindustrial complex* 农业-工业综合结构. *airfield complex* 综合性机场. *algebraic complex* 代数丛. *anionic complex* 络阴离子,阴离子络合物. *anomalous complex* 反常复合波. *association complex* 缔合的络合物. *auricular complex* 心房复合波. *a vast complex of equipment* 整套设备. *axis complex* 轴线丛. *cell complex* 胞腔复合形. *closed complex* 闭复合形. *complex admittance* 复(数)导纳. *complex alloy steel* 多合金钢. *complex analysis* 复分析,复变函数论. *complex character* 复合性状,复杂性状. *complex chart* 综合图. *complex compound* 络合物,复合物. *complex curve* 复(合)曲线. *complex displays* 复合显示器,复式指示器,多显示雷达系统. *complex elastic modulus* 复数弹性模量. *complex fraction* 繁分数. *complex function* 复变函数. *complex function circuit* 复合功能电路. *complex harmonic quantity* 谐和复量. *complex impedance* 复(数)阻抗. *complex interchange* 复式立体交叉. *complex ion* 络[复]离子. *complex laboratory* 综合实验室. *complex modulus* 复数模量. *complex molecule* 络分子,复杂分子. *complex multiplication* 复数乘法. *complex number* 复数. *complex numeric data* 复数值数据. *complex of circles* 圆丛. *complex of curves* 曲线丛. *complex of lines* 线丛. *complex ore* 复合(多金属)矿. *complex potential* 复合电位[势]. *complex process* 多相过程. *complex root* 复根. *complex salt* 复[络]盐. *complex quantity* 复数. *complex steel* 合金钢. *complex stress* 复合应力. *complex unit* 系数等于1的复数. *computer complex* 电子计算机机组. *computing [computer] complex* 计算装置. *conjugate complex* 共轭复数. *cosingular complexes* 共奇(异)线丛系. *data processing complex* 数据处理装置. *degree of a complex* 线丛的次. *dual complex* 双偶复合形. *equipment complex* 整套设备. *geometric complex* 几何复合形. *inferiority complex* 自卑感,自卑情绪. *infinite complex* 无穷(无限)复合形. *instrumentation complex* 全套仪器(测量)设备. *iron and steel complex* 钢铁联合企业. *launch(ing) complex* 全套发射设备,综合发射场(地). *linear (line) complex* 线性线丛,一次线丛. *man-machine complex* 人-机器组合. *missile complex* 导弹综合发射场地. *nuclear-power complex* 成套的核动力装置,核动力综合装置. *quadratic line complex* 二次线丛. *signal complex* 整组电视信号. *singular complex* 奇(异)线丛. *solid complex* 固体络合物. *target complex* 目标群,目标体系. *test complex* 综合试验设备(场地). *triple complex* 三个发射器组成的全套发射设备,三导弹综合发射场地. ~**ly** *ad.*
complexa'tion [kɔmplek'seiʃən] *n.* 络合,复杂化.
complexible *a.* 可络合的.
com'plexing *n.* ①络合(物的形成),螯合,形成络合物 ②复杂化.
complex'ion [kəm'plekʃən] I *n.* ①外观,情况 ②状态,性质 ③形势,局面,天色 ④配容 ⑤面色,气色 ⑥体质. II *vt.* 染,着色. *complexion of the war* 战局. *number of complexion* 配容数. ▲**put a false complexion on** 歪曲,曲解. **put another complexion on** 改变…的局面.
complex-ion *n.* 络离子.

complex'ity [kəm'pleksiti] n. ①复杂(性,度,的事物),错综复杂 ②组成,合成.

complexometric titration 络合滴定法.

complexom'etry n. 络合滴定法.

complex'onate n. 乙二胺四乙酸盐,羧氨络酸盐.

com'plexor n. 相位〔彩色信号〕复(数)矢量,彩色信息矢量.

compli'ance [kəm'plaiəns] 或 **compli'ancy** [kəm'plaiənsi] n. ①符合,一致 ②顺从〔服〕,依从 ③顺〔从〕性,顺度,柔顺(性),声顺(性),柔量,流动惯量,(弹性限度内)弯曲量,可塑性,配〔贴〕合性,能柔曲性 ④啮合. *acoustic compliance* 声顺(性)(声media 在声波作用下的体位移量度),声容抗. *bulk compliance* 体积柔量. *certificate of compliance* 合格证(书). *complex compliance* 络合柔量. *mechanical compliance* 机械顺从性. *compliance in extension* 拉伸柔量. *compliance in shear* 剪(切)柔量. *dynamic compliance* 动态柔量,动态贴合性. ▲*in compliance with* 按〔依〕照.

compli'ant [kəm'plaiənt] a. 应允的,依从的,顺从的. ~ly ad.

com'plicacy ['kɔmplikəsi] n. 复杂(性,的事物),错综复杂.

com'plicate ['kɔmplikeit] v. (使)变复杂化,使混乱,难做,难懂,使陷入. Ⅱ ['kɔmplikit] a. 复杂的,难的. ▲*be*〔*get*〕 *complicated in M* 被卷入 M.

com'plicated ['kɔmplikeitid] a. (错综,结构)复杂的,夹杂的,并发的,合并的,麻烦的,难懂的,难解的. ~ly ad. ~ness n.

complica'tion [kɔmpli'keiʃən] n. ①复杂(化,状态),错综复杂 ②混乱,困难 ③纠纷 ④并发症,伴发病.

complic'ity n. 同谋,共犯,牵连(in).

compli'er n. 照做者,依从者.

com'pliment Ⅰ ['kɔmplimənt] n. 敬意,(pl.)问候,致意,赞扬,贺词. Ⅱ ['kɔmpliment] vt. 祝贺,问候,致敬,向…致意. *My compliments to all the comrades.* 请代我向同志们问好. *Please send my compliments to Comrade Wang.* 请代我向王同志问好〔致意〕. *With the compliments of the author* 作者敬赠. *Your presence is a great compliment.* 您能出席,我们非常高兴.

complimen'tary [kɔmpli'mentəri] a. 祝贺的,表示敬意的,问候的,招待的,免费赠送的. *complimentary address* 祝〔颂〕词. *complimentary ticket* 招待券.

comply' [kəm'plai] vi. 答应,同意,遵守〔照〕,履行,根据(with). *comply in public but oppose in private* 阳奉阴违. *comply with a formality* 履行手续. *comply with a request* 答应要求. *comply with the rules* 遵守规则.

com'po ['kɔmpou] n. ①组成 ②多种材料混合物,混合涂料,水泥砂浆,灰泥,熟料砂,耐火混合物 ③工伤赔偿费. *compo board* 纤维胶合板. *compo bronze* 粉治〔烧结〕青铜. *compo mortar* 石灰水泥砂浆.

compole = commutating pole 整流极,极间极,辅助极.

componendo n. 合比定理.

compo'nent [kəm'pounənt] Ⅰ n. ①分力〔量,向量,值,支),支量,支命题,子序列,投影 ②元〔组,部,零,构,机)件 ③(组成)部分,组分〔元〕,成分,成员,元素 ④机种 ⑤【天】子星. Ⅱ a. 组〔构,合)成的,成分的,分量的,部分的. *active component* 有功分力,有源元件,有效〔有源,主动,电阻,实数)部分,活性组分. *bath component* 熔体〔电解质)组成. *chord component* 弦向分量. *component assembly* 部〔件)装配〔组装). *component bridge* 分量电桥. *component chamber* 成分分析室. *component day* 分潮日. *component density* 构成〔组件,元件)密度. *component efficiency* 局部效率. *component failure* 部〔元)件失效. *component generator* 谐波分量发生器. *component group* 元件组. *component (of) velocity* 分速度,速度分量. *component part* (组)成(部)分,零正件,构〔件. *component sine waves* (信号)正弦波分量. *component wire* (电缆)芯线. *condenser component* 电容分量,容抗. *control component* 控制元件〔部分),成分. *cross component* 侧向分量,横向分力〔量). *cruise component* 巡航级,主飞行级. *crystallographic component* 结晶相组分. *data handling component* 数据处理〔转换)元件. *delay component* 延迟元件,滞后环节. *executive component* 操作元件,执行部件. *faulty component* 不合格〔出故障)的零部件. *fine component* 细粒〔部)分. *floating component* 无静差元件〔环节),无定的环节,浮动部分. *force component* 分力. *fuel component* 燃料组分〔组元). *gas component* 气体组分. *guidance component* 制导系统元件. *idle component* 无功分量. *imaginary* 〔*reaction, reactive*〕 *component* 虚〔数)部〔分),电抗〔无功)部分. *integrated component* 集成元件. *launcher component* 发射级. *lefthand component* 左倒数,左控制分量,左手坐标系分量. *logical AND component* "与"逻辑元件 *machine component* 机器构件,(机械)零件. *microminiature component* 微型元件. *mixedhighs component* 混合高频部分. *normal component* 法向〔垂直,正交)分量. *passive component* 无源元件〔部分). *photon component* 光子部分. *power component* 有功分量,有效部分. *pressure component* 分压力. *reactive component* 无功成分,电抗部分,虚部. *recovery component* 还原分量,回收部分. *red hot component* 红热零件. *resin-cast component* 树脂密封元件. *rotational component* 旋转分量 *sintered component* 烧结件. *structural component* (结)构(零)件. *tensile component* 抗张组件. *thin-film component* 薄膜元件. *velocity component* 分速度,速度分量. *vertical component* 垂直部分〔分量). *volatile component* 挥发性组分. *watt (ful) component* 有功部分. *wattless component* 无功〔电抗)部分.

componen'tal a. 部件的,分量的,成分的,合成的. *componental movement* 部分运动.

compo'nentwise a. 元件状的. *componentwise product* 按分量逐个作出的乘积.

compose' [kəm'pouz] v. ①组成,构成 ②构图,编著,著〔创〕作,作〔曲〕③【印刷】排〔字〕④控制,使镇静,调解. ▲*be composed of* M 由 M 组成. *compose oneself* 镇静,安心.

composed [kəm'pouzd] a. 镇静的,沉着的. ~*ly* ad. ~*ness* n.

compo'ser [kəm'pouzə] n. ①作曲者,设计者,创作者 ②调解人.

compo'sertron [kəm'pouzətrən] n. 综合磁带录音器.

compo'sing [kəm'pouziŋ] Ⅰ a. 镇静的. Ⅱ n. 排字.

composing-frame n. 排字架.
composing-machine n.【印】自动排字机.
composing-stick n. 排字盘.
compositae n. 菊科.

com'posite ['kɔmpəzit] Ⅰ a. 合〔混,集〕成的,复组成,混,综,拼〕合的,混合构成〔结构〕的. Ⅱ n. ①组〔合〕成②合成,集合,组合,合成件,复合粒子〔体系〕,复合〔合成〕材料,混合料. *ceramic-metal [metal-ceramic] composite* 金属陶瓷复合材料. *composite absorber* 复合式〔组合式〕滤光片,合成吸收剂. *composite arch* 尖拱,复合拱. *composite beam* 组〔叠〕合梁. *composite block system* 双信号闭塞制. *composite boiler*（燃油-废气）混合式锅炉. *composite circuit* 混成〔复合〕电路,电报电话双用电路. *composite die* 拼合〔块〕模. *composite error* 综合〔总和,合成〕误差. *composite force* 合力. *composite fuel* 混合燃油,燃油混合物. *composite function* 合成〔复合,函数的〕函数. *composite iron and steel* 包钢的铁. *composite joint*（铆焊）混合接头〔连接〕,铆焊组合结合,复〔组〕合接头. *composite metal* 复合金属,双金属. *composite mirror* 多层反射镜. *composites of fields* 域的合成. *composite phosphor* 复合〔多成分〕荧光粉. *composite picture signal* 全电视信号. *composite ringer* 双信号振铃,复合振铃. *composite section*【地质】复剖面. *composite set* 电报电话双用装置,收发两用机,组合设备〔多级,分级〕. *composite steel* 复合〔多层〕钢. *composite structure* 复〔混〕合结构. *composite weld* 加强填密焊缝,密实焊缝. *composite wire* 双金属丝. *fiber (reinforced) composite* 纤维加强复合材料. *filled composite* 充填材料. *flake composite* 薄片组合件. *metal composite* 金属复合物. *molybdenum-silver composite* 钼银复合材料. ~*ly* ad.

composite-built a. 混合建造的.
composite-dielectric n.; a. 复介质的（的）.
com'positeness n. 复合性.

composit'ion [kɔmpə'ziʃən] n. ①合成,结〔化,复,组〕合②组成〔织〕,成分,结构,构成〔造,图〕,编制,配合③叠加〔过程〕④合成物,混合物,合〔混〕合剂,制品⑤焊剂⑥作文〔品,曲〕,文章,写作,乐曲,构图,布置,【印刷】排字,排〔组〕版. *air composition* 空气成分. *antifriction composition* 抗〔减〕摩冲品. *bath composition* 熔体成分〔组成〕,电解液成分〔组成〕. *chemical composition* 化学成分〔组成〕. *composition accelerations* 加速度合成. *composition error* 综合误差,组合〔文法〕错误. *composition joint* 铆焊并用接合. *composition metal* 合金. *composition of alloy* 合金的成分. *composition of couples* 力偶的合成. *composition of forces* 力的合成. *composition of forces in plane* 平面力系合成. *composition of radiance* 辐射频谱〔光谱〕. *composition of target* 构成目标. *composition of the charge* 复合炸药. *composition of vectors* 矢〔向〕量合成. *composition plane* 接合面,复合（平）面. *elemental composition* 元素成分〔组成〕,化学成分〔组成〕. *fractional composition* 馏分组成. *fuel composition* 燃料组成〔成分〕. *ionospheric composition* 电离层组成. *literary composition* 文学作品. *primer composition* 点火剂. *program composition*【计】编制程序,程序编制. *propellant composition* 燃料〔推进剂〕成分. ~*al* a.

composition-factors n. 合成因子.
composition-series n. 合成〔群〕列.

compos'itive [kəm'pɔzitiv] a. 组〔合,集〕成的,综合的.

compos'itor [ckəm'pɔzitə] n. ①排字工人 ②排字机 ③合成器.

compos'itron n. 高速显字管,排字管.

composmen'tis [kɔmpəs'mentis]（拉丁语）a. 精神健全的.

compos'sible [kəm'pɔsəbl] a. 可共存的.

com'post ['kɔmpɔst] Ⅰ n. ①混合（涂料）,合成,灰泥②混合肥料,堆肥. Ⅱ vt. 涂灰泥,施混合肥料.

compo'sure [kəm'pouʒə] n. 镇定,沉着.

compound Ⅰ ['kɔmpaund] n. ①复〔混〕合物,综合体,复合词②化合物,剂（料）,绝缘混合剂,复合〔绝缘,电缆〕涂,抛光剂〕,填料. Ⅰ a. 复合〔式,方〕的,混〔组〕合的,合成的②复绕〔激,励〕的,复式〔杂〕的,组合的. Ⅱ [kəm'paund] vt. ①复〔混,掺,调,配〕合,组合〔构〕成,化合②扰动,搅拌 ③【电】复绕〔激,卷〕④达成协议,谈妥（with, for）. *ablative compound* 烧蚀剂. *addition compound* 加成化合物. *aliphatic compound* 脂〔肪〕族化合物. *alkali compound* 碱性磨光抛光剂. *alkyl compound* 烷基化合物. *anti-detonating [antiknock] compound* 抗爆剂. *antifreezing compound* 防冻剂. *anti-seize compound* 防粘剂. *APC compound* 复方 APC 制剂. *aromatic compound* 芳（香）族化合物. *arsenic compound* 砷化物. *carrier compound* 载体,负荷体. *caulking compound* 填缝料. *chelate compound* 螯（化）化合物. *chemical compound* 化合物. *coating compound* 涂料. *complex compound* 络合物. *compound alternator* 复励交流发电机. *compound antenna mast* 复接天线杆. *compound arch* 合成拱. *compound beam* 组合梁. *compound bearing* 组合轴承. *compound body* 复质,混合体. *compound brush* 金属炭混合电刷,铜电刷. *compound bushing* 充填绝缘物套管. *compound casting* 复合铸件,双金属的铸件. *compound catenary* 复链（电缆）吊架. *compound coil* 复绕〔复合〕线圈. *compound colour* 混

色〔调和〕色. *compound compression* 多级压缩. *compoundcrystal* 孪晶(体). *compound curve* 复曲线,多圆弧曲线. *compound die* 复〔混〕合模. *compound dynamo* 复激电机,复励直流发电机. *compound engine* 复〔组合〕式发动机. *compound excitation* 复激(励),复励. *compound exciting* 复激(的),复激(的). *compound feed* 配合饲料. *compound filled bushing* 充填化合物的绝缘套管. *compound flow turbine* 双流式涡流机. *compound function* 叠〔合成,复〕合,复合函数的函数. *compound gauge* 真空压力(两用)表,真空压力计,复合式卡规. *compound geared winch* 二级减速齿轮绞车. *compound generator* 复激〔励〕发电机. *compound glass* 复合〔多层〕玻璃. *compound horn loud* 复合〔高低音〕喇叭,复合号筒. *compound logic element* 复合〔多〕逻辑元件. *compound meter* 复合流量计. *compound modulation* 多重〔混合,复合〕调制. *compound motor* 复绕〔复励,复激〕电动机. *compound nucleus reaction* 复核反应. *compound oil* 复合油,合成润滑油. *compound oven* 联立炉. *compound particle* 合成粒子. *compound pendulum* 复摆. *compound pulley* 组合滑车,复滑轮. *compound pump* 双缸泵. *compound ratio* 复比. *compound rest* 复式刀架,(车床)小刀架. *compound river* 合流河. *compound section* 组合截面. *compound semiconductor* 化合物半导体. *compound statement* 【计】复合语句. *compound steel* 复合〔三层〕钢. *compound table* 复合(式)工作〔载物〕台. *compound target* 混合目标,多目标. *compound temperature relay* 复合热动继电器. *compound (tube) mill* (磨水泥的)多仓磨机,复式磨机. *compound turbine* 复式汽轮机,复级汽轮机. *compound turbo jet* 复级压缩机(双转子压气机)的涡轮喷气发动机. *compound twin* 孪晶. *compound valve* 组合阀. *compound wall* 多层壁,组合墙. *compound winding* 混合〔复励,复激〕绕组. *compound wound* 复激,复绕,复励. *compounded abrasive* 复合磨料. *conjugated compound* 共轭化合物. *coordination compound* 配位化合物. *defrosting compound* 防霜冻剂. *differential compound* 差绕复激. *differentially compounded* 差动复合的. *double compound* 复合物. *drawing compounds* 拉拔用的乳剂. *exotic compound* 特殊高能燃料. *filling compound* 填料,填充物. *fluorine compound* 氟化物. *foam compound* 泡沫剂. *gear compound* 齿轮(传动)油,齿轮润滑油. *grinding compound* 磨料,研磨膏. *hardening compound* 淬火剂. *heavily compounded* 重混合的. *high energetic compound* 高能化合物高能燃料. *high-gap compound* 宽禁带化合物. *insulating compound* 绝缘物质,绝缘料. *intermediate compound* 中间化合物,中间体. *intermetallic compound* 金属间化合物,金属互化物. *investment compound* 蜡模铸造用耐火材料. *jointing compound* 密封剂. *moulded plastic compound* 模塑化合物,塑料. *nitrated compound* 硝化物. *oxidizing compound* 氧化物. *polishing compound* 擦光〔亮〕剂,抛光剂. *pro-knock compound* 促爆剂. *quenching compound* 冷却剂. *sealing compound* 密封剂,封口胶,腻子. *short-shunt compound* 短并复绕. *slushing compound* 防锈油膏,抗蚀润滑剂,抗蚀油脂. *stripping compound* 脱模剂. *under compound* 欠复励,低复绕.

compound'able *a.* 能混〔化〕合的.

compound'ing [kəm'paundiŋ] *n.* ①复〔混,配〕合,配料,配(药)方 ②复绕(激,励,卷) ③用膏剂浸渍.

compp =compounds 化合,混合物.

comprador(e) ['kɔmprə'dɔː] *n.* (洋行)买办.

compreg 或 **compregnated wood** (渗)胶压(制)木材,胶合木材,木材层积塑料.

comprehend' [kɔmpri'hend] *vt.* ①(充分)理解〔了解,领悟〕②包含(括),综合.

comprehensibil'ity [kɔmprihensə'biliti] *n.* 能理解,易了解.

comprehen'sible [kɔmpri'hensəbl] *a.* 能理〔了解〕的,能(易)领会的. **comprehen'sibly** *ad.*

comprehen'sion [kɔmpri'henʃən] *n.* ①理解(力),了解 ②包含〔括〕,含蓄,概括,综合 ③概括力理解. *a term of wide comprehension* 词义很广的名词. *achieve a better comprehension* 进一步领会. ▲*pass [be above, be beyond] one's comprehension* 难(不可)理解,超出…的理解力以外.

comprehen'sive [kɔmpri'hensiv] *a.* ①(内容)广泛的,综合(性)的,全面(盘)的 ②有理解(力)的,容易了解的. *comprehensive faculty* 理解力. *comprehensive indication* 明显指示. *comprehensive monitoring system* 综合监视系统. *comprehensive planning* 全面〔综合〕规划. *comprehensive radio* 全波无线电台. *comprehensive study* 综合调查〔研究〕. *comprehensive term* 词义很广的名词. *comprehensive test* 全面〔综合(性)〕试验. *comprehensive utilization* 综合利用. ▲*be comprehensive of* 包含. ~ly *ad.* ~ness *n.*

compress [kəm'pres] I *vt.* ①压缩〔榨,紧,挤,扁,制〕,挤压,浓缩 ②压〔抑〕简〔摘〕要叙述,笔(布). II ['kɔmpres] *n.* ①收缩器,打包机 ②【医】敷药布,绷带. *compressed air* 压缩空气. *compressed asbestos sheets* 石棉纸板. *compressed gas* 压缩气体. *compressed gas cylinder* 压缩气筒. *hot compress* 热敷布〔法〕. *hydropathic compress* 湿敷. *ice compress* 冰敷. *isothermal compress* 等温压缩. *pressure compress* 加压敷布.

compressed-air *a.* 压(缩空)气的,风(气)动的. *compressed-air bearing* 压缩空气轴承. *compressed-air brake* 气(风)闸. *compressed-air foundation* 压气沉箱基础. *compressed-air hammer* 压缩气锤,风动机. *compressed-air sickness* 压气(沉箱)病.

compressed-iron-core coil 铁粉心线圈.

compressed-time correlator 时间压缩相关器.

compressetom'etet *n.* 压缩疲劳试验仪.

compressibil'ity [kəmpresi'biliti] *n.* (可)压缩性,致

compres'sible 〔收〕缩性,体积弹性,可压度,压缩率,压缩系数. *compressibility coefficient* 压缩系数,压缩率. *compressibility factor* 压缩〔因〕数,压缩率. *compressibility influence* 压缩效应.

compres'sible [kəm'presəbl] *a*. ①可压缩〔紧,榨〕的,可浓缩的 ②压〔紧〕缩性的. *compressible aerodynamics* 可压缩空气动力学. *compressible cascade flow* 可压缩叶栅气流. *compressible fluid* 可压缩流体. *compressible jet* 可压缩射流.

compres'sion [kəm'preʃən] *n*. ①压〔榨,实,制〕, 加压 ②压力 ③紧缩,密集 ④凝〔浓〕缩 ⑤缩敛 ⑥〔地震〕背震中. *channel compression* 波道压缩,电路复用. *cold compression* 冷压〔榨〕. *compound compression* 复级压缩. *compression area* 受压面积. *compression capacitor* 压敏电容器. *compression casting* 压铸. *compression chamber* 压缩室,加压间,压缩室,压汽室,燃烧室. *compression chord* 受压弦杆,承压弦杆. *compression die* 挤压模. *compression dynamometer* 压力测力计. *compression engine* 压缩机. *compression face* 受〔承〕压面. *compression failure* (受)压(破)坏. *compression fault* 挤压断层. *compression force* 压力. *compression fracture* (受)压(破)裂. *compression gasoline* 压缩的天然气汽油. *compression joint* 压缩接缝,压(力)接(合),挤压节理. *compression leak* 漏气. *compression manometer* 压缩式真空〔压强〕计. *compression member* (受,抗)压杆(件). *compression mo(u)lding* 压力成型,压塑,模压法. *compression nut* 压紧螺母. *compression of ideas* 意见的简括. *compression of the earth* 地球椭〔扁〕率. *compression pump* 压缩机,压气机〔泵〕. *compression ratio* 压缩(比)率. *compression ring* 压(缩)环,活塞平环. *compression riveter* 风动铆钉枪. *compression set* 压缩永久变形,压缩. *compression steel* 受压钢筋. *compression strength* 抗压强度. *compression stress* 压(缩)应力. *compression support skirt* 承压支承筒. *compression test* 压缩〔抗压〕试验. *data compression* 数据〔信息〕压缩. *digit compression* 数字压缩. *digital compression* 数字压缩. *double compression* 双效〔两次〕压制. *eccentric compression* 偏心压缩. *edgewise* 〔*flatwise*〕 *compression* 平行〔垂直〕于层压面压缩强度. *hot compression* 热压. *phase compression* 相移减缩. *picture compression* 图像箴缩. *pinch compression* 等离子线柱压缩. *polar compression* 天体的极间收缩(地球的 1/297). *powder compression* 【冶】粉末压制. *ram compression* 冲压. *scale compression* 标度压缩,比例尺压小. ▲*be in compression* 受压的.

compres'sional [kəm'preʃnl] *a*. 压缩〔榨〕的. *compressional member* 受压系构件. *compressional vibration* 纵〔压缩〕振动. *compressional wave* 纵〔压缩〕波. *compressional-dilatational wave* 胀缩波,疏密波,纵向压缩波.

compression-ignition engine 压燃式发动机.
compression-mo(u)lded *a*. 压缩模型的.

compres'sive [kəm'presiv] *a*. 压缩的,加〔挤〕压的,压榨的. *compressive deformation* 压缩变形. *compressive force* 压(缩)力. *compressive nonlinearity* 非线性压缩. *compressive reinforcement* 受〔抗〕压钢筋. *compressive resistance* 压应力,抗压强度. *compressive rigidity* 抗压刚度. *compressive strain* 压〔受压〕应变. *compressive strength* (抗)压强(度),挤压强度. *compressive stress* 压(缩)应力. *compressive yield point* 抗压屈服点. ~**ly** *ad*.

compressom'eter [kəmpre'sɒmitə] *n*. (测量压缩形变的)压缩计〔仪〕,缩度计,压汽试验器.

compres'sor [kəm'presə] *n*. 压气〔缩〕机,压缩〔榨,捆,迫〕器,压缩物,压肌. *air compressor* 压气机,空(气)压(缩)机. *air-boost compressor* 增压式压气机. *axial* (*-flow*) *compressor* 轴向〔流〕式压气机〔压缩机〕. *compressor amplifier* (频)带(压)缩大器. *compressor bleed* 从压气机中抽气. *compressor cascade* 压气机叶栅. *compressor fan* 压风机,鼓风机. *compressor gun* 润滑油枪,加油枪. *compressor housing* 压缩机壳体,压气机气缸. *compressor map* 压气机特性线图. *compressor plant* 空气压缩机房,压气机房. *compressor stall* 压气〔缩〕机失速. *compressor surge* 压气机喘振. *compressor turbine* 驱动压气机涡轮. *compressor wire* 预应力钢丝. *crosscompound compressor* 并列复式压气机. *grease compressor* 滑脂枪. *piston compressor* 活塞式压气机〔压缩机〕. *positive displacement compressor* 容积式压缩〔气〕机,正排量式压气机. *radial-flow compressor* 径流式〔离心式〕压气机. *ram compressor* 冲压式压气机. *split compressor* 分级压气机. *turbo compressor* 涡轮压气机〔压缩机〕. *twin compressor* 双〔复式〕压气机. *two-spool compressor* 双转子压气机. *volume compressor* 音量压缩器.

compres'sure *n*. 压缩力.
comprex (supercharger) *n*. 气波增压器.
comprint *n*. 私印版(未经著作者同意私印其作品).
compri'sable *a*. 能被包含的.
compri'sal [kəm'praizəl] *n*. 包含,梗概,纲要.
compri'se [kəm'praiz] *vt*. ①包括〔含〕②由…组成,有〔排,合〕成. *Drilling bit comprises three toothed wheels*. 钻头带有三个牙轮. ▲*be comprised in* 归入,(被)包括在… 中. *be comprised of* 由…组成.

com'promise ['kɔmprəmaiz] *n*.;*v*. ①妥协(方案),折衷(方案,办法),互让了结 ②兼顾,(综合)平(权)衡,综合考虑,妥善处理〔解决〕…之间的关系(*between*, *among*) ③损害,牺牲,连累,危及 ④放弃(原则,利益),泄露(秘密). *effect a compromise* 达成一项折衷办法. *make a compromise* 兼顾,折衷,进行妥协. *represent a compromise of* 兼顾,

合考虑., It is a compromise of〔among〕several factors. 它兼顾〔综合考虑了〕几方面的因素. The new design is a compromise between several versions. 新的设计综合考虑了几种方案. compromise faces 协和面. compromise texture 中间〔协调〕织构. engineering compromise 工程折衷方案. momentum-ionization compromise 动量和电离的同一时间测量. ▲be compromised by 被…所危害〔连累〕. compromise with M on N 在 N 方面同 M 妥协.

ompromise-balanced hybrid circuit 折衷平衡混合电路

ompt =①comptroller 审计员 ②computer 计算机.
omp′tograph [ˈkɔmptəgrɑːf] n. 自动计算器.
omptom′eter [kɔmpˈtɔmitə] n. 一种键控计算机(商品名).
omptroller [kənˈtroulə] n. 审计长.
ompu- [词头] 与计算机、电脑有关的.
ompul′sator [kəmˈpʌlseitə] n. 强制器.
ompul′sion [kəmˈpʌlʃən] n. 强迫〔制〕,被迫. ▲by compulsion 强迫地. on〔upon, under〕compulsion 被迫,不得已,不得不.
ompul′sive [kəmˈpʌlsiv] a. 强迫(性)的. ~ly ad.
ompul′sorily [kəmˈpʌlsərili] ad. 强迫,必须,不管三七二十一.
ompul′sory [kəmˈpʌlsəri] a. 强迫〔制〕的,必须做的,规定的,义务的. compulsory measures 强迫手段. compulsory mixer 强制式拌和机. compulsory subjects 必修科目.
ompunc′tion [kəmˈpʌŋkʃən] n. 后悔,懊悔,内疚. without compunction 毫不在乎地,若无其事地.
compunc′tious, compunc′tiously ad.
ompunica′tion n. (=computer communication)计算机通信,电脑通信.
computabil′ity [kəmpjuːtəˈbiliti] n. 可(计)算性.
ompu′table [kəmˈpjuːtəbl] a. 可(计)算的,计算得出的.
omputalk n. 电脑通话.
omputa′tion [kɔmpjuːˈteiʃən] n. 计算(技术)的结果),估计〔算〕,测量操作〔应用〕. analog〔ue〕computation 模拟计算. computation centre 计算中心. computation sheet 计算表格. correction computation 校正计算. digital computation 数字计算. dynamic response computation 动态响应计算,频率〔动力〕特性测定. hand computation 笔算,手算,(用)手摇(计算机)计算. manual computation 人工计算. numerical computation 数值计算. sequential computation 循序〔时序〕计算.
omputa′tional a. 计算(上)的. computational mathematics 计算数字. computational method 计算方法. computational problem 算题.
ompu′tative [kəmˈpjuːtətiv] a. 计算的.
ompu′tator [ˈkɔmpjuː(ː)teitə] n. ①计算机,计算装置②电脑操作〔应用〕.
om′putatron [ˈkɔmpjuːteitrɔn] n. 计算机用多极电子管.
ompute′ [kəmˈpjuːt] v.; n. 计算,(求)解,估计〔算〕,使用电脑〔计算机〕. computed GO TO statement 【计】计算转向语句. ▲beyond compute 不可计量. compute M at N 估计 M 达 N. compute from M 由 M 算起.

compute-bound a. 受计算限制的.
compute-limited a. 受计算限制的.
compu′ter [kəmˈpjuːtə] n. ①(电子)计算机,计算〔数〕器,(电〔解,测〕算装置②计算机③【计】(量器). analog(-ue) computer 模拟计算机. computer capacity 计算机能力,计算范围,整机规模. computer complex 复合计算机,计算装置. computer components 计算机元件. computer control 计算机控制. computer display 计算机显示器. computer entry punch 计算机输入凿孔机. computer input 计算机输入. computer language 计算机语言,机器语言. computer module 计算机样机(模型). computer on slice 单片式计算机. computer program 计算机程序. computer respond to human voice 口声控制计算机. computer satellite 计算机的卫星机. computer utility 计算机应用〔效益〕. cut-off computer 断流〔截止〕计算机,开关计算〔次〕器. digital computer 数字计算机. electric(al) computer 电动计算机. electron(ic) computer 电子计算机. file computer 情报〔信息〕统计机,编目计算机. general purpose computer 通用计算机. logical computer 逻辑运算计算机. on-line computer 联机〔在线,线内〕计算机. program(me)-controlled〔sequence-controlled〕computer 程序控制计算机. range and cutoff computer 距离控制部份的计算装置. solid state computer 固态计算机. special purpose computer 专用计算机. steering computer 控制系统计算机〔计算装置〕. thin-film memory computer 薄膜存储式计算机. unit construction computer 组件式计算机.

computer-aided 或 **computer-assisted** a. 计算机辅〔协〕助的. computer-aided instruction 计算机辅助教学,计算机助教. computer-aided programming (计算机)辅助(的)程序设计. computer-aided test 用计算机测试.
computer-based a. 利用〔借助〕计算机的.
computer-chronograph n. 计算器测(计)时仪,计时计算机.
computer-controlled a. 计算机控制的.
computer-dependent language 计算机相关语言,面向计算机的语言.
computerese′ n. 计算机字,计算机语言,电脑语言〔术语〕.
computer-generated a. 计算机产生的.
computer-independent language 独立于计算机的语言.
computerisa′tion 或 **computeriza′tion** n. (电子)计算机化〔工作〕,用(电子)计算机处理〔计算〕,装备电子计算机.
compu′terise 或 **compu′terize** [kəmˈpjuːtəraiz] vt. 给…装备电子计算机,(电子)计算机化,用(电子)计算机处理〔控制,计算〕. computerized navigation (电子)计算机导航. computerized plotter 自动绘图仪. computerized simulation 用电子计算机模拟.

computerized telegraph switching equipment 计算机转报设备.

compu'terism n. 电子计算机(万能)主义.

compu'terite n. 电脑人员, 电脑迷.

computer-limited a. 受计算机限制的.

computer-managed instruction 计算机管理教学.

computer-on-a-chip n. 微型电脑, 微信息处理机.

computer-oriented a. (与)研制计算机(有关)的, 面向计算机的, 计算机用的. *computer-oriented cryptanalytic solution* 采用计算机的密码解法.

computer-performed a. 用计算机进行(完成)的. *computer-performed decision* 计算机抉择.

computer-sensitive language 计算机可用语言.

computer-with-a-computer n. 计算机中的计算机.

computery n. 电脑(系统, 统称), 电脑的使用(制造).

compu'ting n.; a. 计(解, 演)算(的), *automatic computing* 自动计算. *computing center* 计算中心. *computing device* 计算装置. *computing element* 运算器, 计算单元, 计算(运算)元件. *computing machine* 计算机. *computing mode* 计算方式, (计)算(状)态. *computing scale* 计算尺. *computing statement* 计算语句. *computing system* 计算系统. *computing technique* 计算技术. *computing terminal* 计算终端系统.

computo'pia n. 计算机乌托邦.

computor n. =computer.

computron n. 计算机用的多极电子管.

computyper n. 计算打印装置.

compuword n. 电脑用词, 计算机字.

com'rade ['kɔmrid] n. 同志, 同事. *comrade in arms* 战友.

com'radely ['kɔmridi] a. 同志(般)的.

comraderny n. 同志情谊.

com'radeship ['kɔmridʃip] n. 同志关系, 友谊.

com'sat ['kɔmsæt] n. 通信卫星.

COMSAT =①communications satellite 通信卫星 ②Communications Satellite Corporation (美国)通信卫星公司.

COMSEC =communications security 通信保密措施, 交通安全.

Comsol n. 科姆索尔银铅焊料, 银锡软焊料(熔点296℃).

Comstock process 热压硬质合金法.

COMTRAN =commercial translator 商用翻译程序.

COMZ =communication zone 通信地带.

con [kɔn] Ⅰ ad. 反对(地), 从反面. Ⅱ n. 反对的论点, 反对者, 反对票. Ⅲ (conned; conning) vt. ①指挥(航向, 航行) ②熟[精]读, 默记, 钻研, 研究 (over) ③欺骗, 骗. Ⅳ a. 骗取信任的. *congame* (job)骗局. *con man* 骗子, *conning tower* 指挥塔, (军舰)司令塔. ▲*pro and con* 正反两面地. *the pros and cons* 正反两方面的理由, 赞成者和反对者, 赞成票和反对的票数.

con =①condenser 电容器 ②contra 相反 ③control 控制(器), 操纵(装置) ④controllable 可控的 ⑤controlled 受(可)控(制)的 ⑥controller 控制器, 操纵杆.

con- [词头] ①合, 共, 全 ②锥, 圆锥 ③灰尘.

CONAC =Continental Air Command (美国)大陆空军司令部.

CONAD =Continental Air Defense Command (美国)大陆防空司令部.

Conakry ['kɔnəkri] n. 科纳克里(几内亚首都).

conalbu'min n. 伴清蛋白.

conalog =contact analog 接触模拟器(引导字宙飞行器正确著陆的显示装置).

cona'tion n. 意志(力), 意图(欲).

con'ative a. 意志(力)的, 意欲(图)的.

cona'tus [kou'neitəs] n. 自然倾向.

conc =①concentrate 浓缩, 集中(聚) ②concentrated 浓缩的 ③concentration 浓缩(度), 浓集 ④concentric 同心(轴)的 ⑤conductivity 传导性, 电导 ⑥conductor 导体(线).

concanavallin n. 刀豆球蛋白.

concassa'tion n. 摇碎, 捣碎.

con'cast n. 连续铸锭.

concatemer n. 连环.

concat'enate [kɔn'kætineit] Ⅰ vt. 使连续(连接), 连系, 衔接)起来, 把…连在一起, 串(级)联, 串级, 链接. Ⅱ a. 连在一起的, 连结的, 链状结合的. *concatenated data set* 连续数据组, 链接数据集, 并置数据集. *concatenated motor* 串级(级联, 链系)电动机.

concatena'tion [kɔnkæti'neiʃən] n. 连锁(续, 结, 接, 系), 结合, 串联(法), 级联(法), 串级(法), 链接, 并置, 并列, 一系列互相联系的事物. *concatenation connection* 级联(接线). *concatenation operator* 并置运算符.

concav'ation n. 凹度.

con'cave ['kɔn'keiv] a.; n. ①中凹的, 凹(入, 面, 形)的 ②凹(度)的, 凹面(物), 凹板(块, 组) ③凹处, 陷穴 ④拱形. *concave bit* 凹心钻头, 凹形齿. *concave camber* 凹度, 凹线辊型. *concave curvature* 凹曲度. *concave cutter* 凹半圆成形铣刀. *concave fillet weld* 凹形角焊缝. *concave joint* 凹(圆接)缝. *concave lens* 凹(负, 发散)透镜. *concave mirror* 凹(面)镜. *concave roll* 带槽(孔型, 刻痕)轧辊. *concave surface* 凹面. *double concave* 双凹的. ~ly ad. ~ness n.

concave-concave a. 双凹(形)的, 两面凹的.

concave-convex a. 凹凸的, 一面凹一面凸的.

concave-down(ward) a. (向)下凹的.

concave-up(ward) a. (向)上凹的.

concav'ity [kɔn'kæviti] n. 凹状(面, 处, 性), 凹度, 成凹形.

conca'vo-con'cave n.; a. 双凹(形)(的), 两面凹的.

conca'vo-con'vex n.; a. 凹凸(的), 一面凹一面凸的, 新月形的.

concavo-plane n. 平凹形, 凹底面.

concd sol =concentrated solution 浓溶液.

conceal' [kən'si:l] vt. 隐蔽(藏, 瞒), 掩盖. *concealed bend* 视距不良的弯道. *concealed conduit* 暗管. *concealed gutter* 暗管(沟). *concealed heating* 隐藏(壁板)式供暖. *concealed joint* 暗缝, 隐藏接缝. *concealed lamp* 隐(藏)灯. *concealed nailing* 暗钉. *concealed pipe* 暗管. *concealed running board* [safety step] (汽车)隐式(内藏式)踏脚板. *concealed wiring* 隐蔽布线, 暗线. *concealed work* 隐

concealed-lamp sign 间接信号,隐灯标志.

conceal'ment [kən'si:lmənt] n. ①隐蔽工程,潜伏,伪装,遮盖(from) ②隐蔽处(物). *concealment from the air* 对空隐蔽. *remain in concealment* 隐藏着.

concede' [kən'si:d] v. ①承认 ②给与,让与[步],放弃,容许. ▲*concede M to N* 把 M 让给 N,给 N 以 M. *concede to M* 向 M 让步.

conce'dedly ad. 无可争辩地,明白地.

conceit' [kən'si:t] n. ①自高自大 ②奇[幻]想 ③想法,个人意见. *be full of conceit* 自高自大. ~ed a. ~edly ad.

conceiv'able [kən'si:vəbl] a. 可(以)想像的,想得到[可以了解(相信)的],可能的. *every conceivable means* 一切办法[手段]. *It is hardly conceivable that* 简直难以想像. **conceiv'ably** ad.

conceive' [kən'si:v] v. ①设想,想像,有…想法 ②表达(现) ③想到(出)(of) ④受胎,受孕. *conceive a plan* 作计划. ▲*be conceived in M* 用 M 表达出来. *conceive M as N* 把 M 设想为[认为是,说成是]N.

concenter = concentre.

con'centrate ['kɔnsentreit] I v. ①集中[结,聚],聚集 ②浓[凝]缩,蒸[提]浓,精选,选矿,富集. II n. ①浓缩物,提浓物 ②精矿[煤,砂] ③精(饲)料. III a. 浓缩的. *calcined cobalt concentrate* 钴精矿焙砂. *concentrate mixture* 精矿混合料. *concentrate pump* (泡沫灭火剂)浓(原)液泵. *concentrate tank* (泡沫灭火剂)原液框. *concentrating mill* 选矿厂. *concentrating table* 富集台. *gravity concentrate* 重选精矿. ▲*concentrate M into N* 把 M 汇集[浓缩]成 N. *concentrate on* [upon](M 力量)在…上,集中于,致力于,钻研. *concentrate M on* [upon] N 把 M 集中在 N 上. *concentrate M on to* [onto] N 把 M 集中到 N 上,把 M 集中于 N.

con'centrated ['kɔnsentreitid] a. 集中(总)的,浓(缩)的,富集的. *concentrated capacity* 集总电容. *concentrated force* 集中力. *concentrated load* 集中荷载. *concentrated solution* 浓(缩)溶液. *concentrated winding* 同心绕组(绕法),集中绕组.

concentra'tion [kɔnsen'treiʃən] n. ①集中[聚],浓缩,集集[焦],凝聚,蒸(发)浓[提]浓,精选,富集 ②浓度,密(集)度,集中(度),金刚石磨具浓度,含砂量 ③渗透浓度,(溶液的)渗透值. *acid concentration* 酸(的)浓度. *bulk concentration* 体积浓度. *combustion concentration* 燃烧集中度,燃烧浓度. *concentration camp* 集中营. *concentration cell* 浓差电池. *concentration cup* 集聚[聚焦]极. *concentration degree* 集中度. *concentration difference* 浓度差. *concentration factor* (应力)集中系数. *concentration gradient* 浓(密)度梯度. *concentration line* 公共线,总线. *concentration of beam* 集束. *concentration of electrolyte* 电解液浓度. *concentration of stress* 应力集中. *concentration of sulfuric acid* 硫酸的浓缩. *concentration plant* 选矿厂. *concentration potential* 浓差电势[位]. *concentration salt* 蒸结盐. *concentration table* 富集台. *concentration time* 集(汇)流时间. *differential concentration* 浓度差. *effective concentration* 有效浓度. *electron concentration* 电子密度. *functional concentration* 机能集中. *gravity concentration* 重力集中,重(力)选(矿). *ion concentration* 离子浓(密)度. *mass concentration* 质量浓(密)度. *molal concentration* (重量)克分子浓度. *molar concentration* (体积)克分子浓度. *percentage concentration* 浓度百分比. *perturbing concentration* 扰动集中度. *roughness concentration* 粗糙度. *volume concentration* 体积密度.

concentration-dependent a. 依赖于浓度的,与浓度有关的.

con'centrative ['kɔnsentreitiv] a. 集中(性)的,(使)专心的,使浓缩的.

con'centrator ['kɔnsentreitə] n. ①浓缩器(机),聚集器 ②选矿(煤)机,精选机 ③选矿(煤)厂,选矿机操作工 ④聚集器,(电报)集中(线)器 ⑤选矿专业研究者. *concentrator bowl* 离心筒(套). *solar concentrator* 太阳能集中器. *table concentrator* 摇床.

concen'tre [kən'sentə] v. 集中,集集在中心.

concen'tric(al) [kən'sentrik(əl)] a. ; n. ①同(圆)心(的),共心(的),同轴的 ②集中的,聚合的. *concentric arch* 同心拱. *concentric chuck* 同心(万能)卡盘. *concentric circles* 同心圆. *concentric converter* 正口转炉. *concentric cylinder* 聚焦圆筒,同心圆柱体. *concentric cylinder circuit* 同轴电路. *concentric cylinder muffler* 集筒式消声(器)器. *concentric groove* (录音盘上的)闭纹. *concentric (lay) cable* 同轴电缆. *concentric line* 公共线,同轴(同心)线,总线. *concentric ring* 同心环. *concentric type* 同心式,环式. *concentric wire rope* 同心式钢丝绳. ▲(be) *concentric with* 与…同心(轴)的. ~ly ad.

concentric'ity [kɔnsen'trisiti] n. 同(中)心,同心度(性),集中.

concentric-lay cable 同轴电缆.

concentric-line resonators 同轴线谐振器(共振器).

con'cept ['kɔnsept] n. 概念,(基本)观念,(基本)原理,定则,思想,意想. *concept phase* 初步(草图)设计阶段. *fundamental strategic concept* 根本战略思想. *parity concept* 均等论. *physical concept* 物理概念. *reactor concept* 反应堆设计原理.

concep'tion n. ①构思,想像 ②概念,观念,理论,想(看)法,意想,思想 ③受孕,妊娠. *materialist conception of history* 唯物史观. ▲*have no conception of M* 想像不出 M,对 M 一点概念也没有,对 M 完全不懂. ~al a.

concep'tive a. ①概念上的,想得到的 ②能受孕(胎)的.

concep'tual [kən'septjuəl] a. 概念(上)的. *conceptual design* 方案设计,草图设计. *conceptual knowl-*

concep′tualize

edge 理性认识. *conceptual model* 概念性模式. *conceptual phase* 初步[草图]设计阶段,概念阶段. ~ly *ad.*

concep′tualize *vt.* 概念化. **conceptualiza′tion** *n.*

conceptus *n.* 胎体,孕体.

concern′ [kən′sə:n] *vt.* ①与…有关(系,连),对…有重要性,影响到 ②涉及,参与,关于 ③关切,担心,挂念. Ⅱ *n.* (利害)关系,关注 ②关心,挂念 ③营业,业[事]务 ④商行,企业,股份,财团,康采恩. *a matter of the utmost concern* (关系)重大的事情,头等大事. *It is a going concern.* 它已开始营业(活动)(而不只是计划中的事). *To those who are concerned.* 或 *To whom it may concern.* 致有关的人(们). ▲*us concerns* …至于,关于,就…而论. *as* [*so*] *far as* … *is concerned* 就…而论. (*be*) *concerned about* [*for*]关心[担心],挂念. (*be*) *concerned in* 涉及,参与. (*be*) *concerned with* 牵涉到,与…有关,参与. *be* (*not*) *of great concern to* 对…(没)有很大关系,对…(不)很重要. *be* (*not*) *of much concern* (不)很重要,很有(没多大)关系. (*be*) *of no concern* 无关紧要,没有意义. *concern oneself with* 关心. *feel concern about* 忧虑,挂念. *have a concern in* 和…有利害关系. *have no concern with* 和…毫无关系. (*in*) *so far as* … *is concerned* 就…而论. *so far as concerns* …关于,至于,就…而论. *with concern* 关切地.

concerned [kən′sə:nd] *a.* ①有关的,该 ②关[担]心的. *all concerned* 有关的全体人员. *the authorities concerned* 有关当局. *the departments concerned* 各有关部门. *the parties concerned* 各有关方面,有关各方.

concern′edly [kən′sə:nidli] *ad.* 担着心.

concern′ing [kən′sə:niŋ] *prep.* 关于,论及,涉及,提起,说来.

concern′ment [kən′sə:nmənt] *n.* ①关系,参与,重要(性) ②悬念,挂念 ③事(务),有关事项. *a matter of concernment* 重大事件. *of vital concernment* 非常重大的.

concert Ⅰ [′kɔnsət] *n.* ①一致(齐),合[协]作 ②音乐会. Ⅱ [kən′sə:t] *v.* 商议,共同议定,布置,计划,安排,协力. *concert grand* (大型)三角钢琴. *concert hall* 音乐厅. *concert pitch* 高效能,充分准备就绪状态. ▲*in concert* 一致[齐]地. *act in concert with* 同…一致行动. *proceed in concert with* 和…采取一致步骤.

concert′ed [kən′sə:tid] *a.* ①预[商]定的 ②一致的,合拍的,协议[调]的. *concerted efforts* 共同的努力. *concerted mechanism* 协调机理. *take concerted action* 采取一致行动.

concertedly *ad.* 一致地,协力地. *fight concertedly against the enemy* 共同对敌.

concertina [kɔnsə′ti:nə] Ⅰ *n.* 一种六角形手风琴. Ⅱ *a.* 手风琴式的,可伸缩的,叠缩式的.

conces′sion [kən′seʃən] *n.* ①让步,妥协 ②(政府的)核准,特许(权) ③租界,租借地. *mining concession* 矿山开采(特许)权. ▲*make a concession to* 对…让步.

concoc′tion

conces′sionary [kən′seʃənəri] *a.* 特许的,受有特权的.

conces′sive *a.* 让步的.

conch [kɔŋk] *n.* ①贝壳,海螺 ②耳壳,外耳 ③半圆形屋顶[穹窿].

con′cha [′kɔŋkə] (pl. *con′chae*) *n.* ①壳,半圆形屋顶[穹窿,穹顶] ②甲,蛤壳.

con′chiform *a.* 甲壳状[贝]形的.

conchi′olin *n.* 贝壳硬蛋白.

conchitic *a.* 贝壳的.

conchocelis *n.* 壳斑藻丝状体.

con′choid [′kɔŋkɔid] *n.* 【数】蚌线,螺旋线 ②螺线管 ③贝壳状断面. *circular conchoid* 圆蚌线. *hyperbolic conchoid* 双曲蚌线. *parabolic conchoid* 抛物蚌线.

conchoi′dal [kɔŋ′kɔidəl] *a.* 蚌线的,螺旋线的,贝(壳)状的,甲状的,甲介形的. *conchoidal fracture* 贝壳状裂痕[断口].

conchol′ogy *n.* 贝类学.

conchoporphyrin *n.* 贝卟啉.

conchospiral *n.* 放射对数螺线.

conchospore *n.* 壳孢子.

concil′iate *vt.* 调和(停,解). **concilia′tion** *n.*

concise′ [kən′sais] *a.* 简明[单,洁]的,扼要的,短的. *concise display* 清晰[简略]显示. ~ly *ad.* ~ness *n.*

concis′ion [kən′siʒən] *n.* ①简明[单,要] ②切断,分离.

conclude′ [kən′klu:d] *v.* ①结束,截[终]止,完[终]结 ②推断出,断定,得出结论,可知 ③订立,缔结,达成协定 ④决定,决心. *conclude business after viewing samples* 看样后成交. *conclude contract* 订合同. *concluding report* 总结报告. *concluding speech* 闭幕词,结束演说. *concluding stage* 终期. ▲*conclude with* 以…来结束. (*from M*) *is concluded that* (由M)可以断定可以得出结论. *To be concluded* (长篇连载)下期[下次]登完. *To conclude* 最后(一句话).

conclu′sion [kən′klu:ʒən] *n.* ①结论,总结,论断,结束语 ②最后结果 ③结束,终结,缔结,订立,解决. ▲*at the conclusion of* 在…完结[终了]时. *bring M to a conclusion* 结束M,使M终结. *come to a conclusion* 告终,得出结论. *come to the conclusion that* …得出(如下)结论,所得的结论是. *draw* [*reach*, *arrive at*] *a conclusion* 得出结论. *in conclusion* 最后,=总之,结束时. *jump to a conclusion* 贸然断定. *M point to the conclusion* 从M中可得出结论. *reason out a conclusion* 推出一个结论. *try conclusions with* 与…决胜负.

conclu′sive [kən′klu:siv] *a.* 决定(性)的,明确的,确实的,最后的,令人确信的. *conclusive evidence* 确证,真凭实据.

conclu′sively *ad.* 确实,断然.

concn = concentration 浓度,浓缩,浓集.

concoct [′kɔn′kɔkt] *vt.* ①调制,混合 ②编造,虚构 ③图谋,策划.

concocter 或 **concoctor** *n.* 调制者,策划者.

concoc′tion [kən′kɔkʃən] *n.* ①调制(品),混合(物) ②编造,虚构,策划,阴谋. **concoc′tive** *a.*

concolorous [kɔn'kʌlərəs] *a.* 同(单)色的.

concom'itance [kən'kɔmitəns] 或 **concom'itancy** [kən'kɔmitənsi] *n.* 伴生,伴随(物,的情况)(with).

concom'itant [kən'kɔmitənt] Ⅰ *a.* 伴生(随)的,相伴的,衍生的,副的,共同的,随……而产生的. Ⅱ *n.* 伴生(随)物,衍生物,伴随的情况. ~ly *ad.*

con'cord [kɔŋkɔːd] *n.* ①一致,和谐,协调 ②谐和,谐音,共鸣,和声 ③[国际间的]协定,协约,和平友好.

concord'ance [kən'kɔːdəns] 或 **concord'-ancy** [kən'kɔːdənsi] *n.* ①一致,协调,和谐性 ②[地层的]整合 ③[词汇,字句]索引,便览(to). ▲*be in concordance* 一致,协调. *in concordance with* 依照,符合.

concord'ant [kən'kɔːdənt] Ⅰ *a.* ①(与…)一致的,协调的,和谐的(with) ②【地质】整合的(附加应力用的)吻合钢索夹. *concordant cable* 吻合索. *concordant flow* 协调流量. *concordant fold* 整合褶皱. *concordant injection* 整合贯入. *concordant profipole* 吻合线,吻合截面(预应力钢筋混凝土连续梁内的钢索布置不致产生附加的支座反力的截面). *concordant sample* 和谐的样品. ~ly *ad.*

concor'dat [kən'kɔːdæt] *n.* 协定,契约.

Concorde [kɔn'kɔːd] *n.* 协和式(飞机). *Concorde airliner* 协和式客机.

con'course [kɔŋkɔːs] *n.* ①集(汇,会)合,合流,总汇,汇聚,聚(群)集 ②人群 ③中央广场,(车站内的)中央大厅,群众聚集的场所.

concrement *n.* 凝结(物),凝块,结石.

concres'cence *n.* 结合,连合,共同生长,合生,增殖,会合.

concrete Ⅰ ['kɔnkriːt] *a.* ①具体的,有形的,实物(在)的,坚实的 ②凝凝土(制)的,凝固的,固[凝]结成的. *n.* ①混凝土,三合土(造)物,结核 ③具体(物). *v.* ①浇灌三合土(于),用混凝土修筑[加固]灌三合土 ②制成硬块. Ⅱ [kən'kriːt] *v.* (使)凝固,(使)固结. *armoured concrete* 钢筋混凝土. *blown-out concrete* 充气混凝土(多孔混凝土). *cast-in-situ concrete* 就地浇筑混凝土,原地混凝土. *cellular concrete* 泡沫混凝土,加气混凝土. *concrete accelerator* 混凝土速凝剂. *concrete bars* 钢筋. *concrete grout* 混凝土浆. *concrete in situ* 就地浇筑混凝土. *concrete lift* 混凝土(薄,浇)层. *concrete mixing plant* 混凝土拌和设备,混凝土拌和厂. *concrete number* 【数】名数. *concrete placeability* 混凝土的可灌注[砌筑]性. *concrete power saw* 混凝土动力锯(缝机). *concrete sand* 结合砂. *concrete ship* 水泥船. *concrete snow* 固结雪. *concrete specifications* 混凝土规范. *concrete steel* (劲性)钢筋. *concrete vibrator* 混凝土(路面)振动(夯实)器. *concrete warping* 混凝土翘曲(卷曲,弯翘). *concreting equipment* 浇灌混凝土(用的)设备. *concreting in freezing weather* 冬期浇注混凝土,混凝土冬季施工. *concreting program* 混凝土浇筑程序. *deaerated concrete* 去气混凝土(即用真空法抽去气泡的混凝土). *early strength concrete* 早强混凝土. *fast setting concrete* 快凝混凝土. *gap-graded concrete* 间隙(不连续)级配混凝土. *gas concrete* 加气混凝土(未完全凝固). *heaped concrete* 成堆混凝土,未摊铺混凝土. *heavy concrete* 重混凝土. *job-placed concrete* 现场浇注混凝土. *long-line prestressed concrete* 长线法预应力混凝土(指先张法). *mass concrete* 大体积(大块)混凝土. *matured concrete* 成熟混凝土(经过养护硬化). *nailable* [*nailing*] *concrete* 受钉混凝土(可打钉的混凝土). *no-fines concrete* 无细(集)料混凝土. *plain concrete* 素(水泥)混凝土,普通(无筋)混凝土. *plastic concrete* 塑性混凝土(即坍落度大的混凝土). *post-stressed concrete* 后张法(预应力)混凝土. *precast concrete* 预制混凝土. *prestressed concrete* 预应力混凝土. *quality concrete* 高级(优质)混凝土. *radiation-shielding concrete* 防射线混凝土. *reinforced concrete* 钢筋混凝土. *subaqueous concrete* 水下混凝土. *transit-mix*(*ed*) *concrete* 运送拌和混凝土,车拌混凝土. *water-bearing concrete* 含水混凝土. ▲*in the concrete* 具体地,实际上.

concrete-bound *a.* 水泥结的,混凝土胶结的.

concrete-gun *n.* 水泥喷枪.

concrete-lined *a.* 混凝土衬砌(衬里)的.

concreteness *n.* 具体性. ▲*for concreteness* 举个具体例子(来说),具体地,实际地.

concrete-reinforcing bar 钢筋.

concrete-shell *n.* 混凝土壳的.

concrete-steel *n.* 劲性钢筋.钢筋钢,钢架混凝土.

concrete-timber Ⅰ *n.* 制混凝土模板用木材. Ⅱ *a.* 混凝土与木材混合结构的.

concre'tion [kən'kriːʃən] *n.* ①凝固[结](作用,过程),凝块 ②【地】结核,凝岩作用,【医】结石 ③具体.

concre'tionary [kən'kriːʃənəri] *a.* ①凝固的,已凝结的 ②【地】结核状的,含有凝块的.

con'cretism *n.* 具体思想[维].

concre'tive [kən'kriːtiv] *a.* 凝结性,有凝固力的.

con'cretize [kən'kriːtaiz] *v.* (使)具体化,(使)定形,混凝土化,凝固.

concretor *n.* 混凝土工.

concur' [kən'kəː] *vi.* ①同时发生(存在),共同起作用,并发,巧(凑)合 ②(意见,协调)一致,同意(with),赞成(in). ▲*concur with M in N* 在N方面和M一致,与M一致同意N.

concur'rence [kən'kʌrəns] 或 **concur'rency** [kən'kʌrənsi] *n.* ①同时发生(存在),同时[并行]性,并行[同时]操作,并发(行) ②一致,同意,协力 ③【数】几条线的交点. *concurrency concept* 协调一致方针的概念. ▲*with the concurrence of* 经…同意.

concur'rent [kən'kʌrənt] Ⅰ *a.* ①(和…)同时(进行,发生,存在)的,共同作用的,并发的,同时的,并行的,并(共)存在的,合作的,即(随)同的,同意的,一致(的)(with) ②(力)交于一点的 ③顺流的,单向流动的. Ⅱ *n.* ①同时发生的事件,同时产生的东西,共同起作用的因素,共存物 ②同时作用的原因 ③交点,竞争者. *concurrent boiler* 直流锅炉. *concurrent centrifuge* 无逆流离心机. *concurrent computer* 并行

(操作)计算机. concurrent flow mixer 顺(同)流混合器. concurrent force 汇交力,共点力. concurrent lines 共点线,同时(潮流)线. concurrent operation 同时操作(运算),并行运算(操作),共行操作. concurrent peripheral operation 并行外部(外围)操作. concurrent planes 共点面. concurrent process 共行进程. concurrent selection 同时选择. concurrent unit "与"门.

concur'rently ad. 同时,兼. hold a post concurrently 兼任职务.

concur'ring a. 同时发生的,并发的.

concuss' [kənˈkʌs] vt. 使震动,冲(撞)击,使脑震荡,剧烈震荡,恐吓. **concus'sion** [kənˈkʌʃən] n. **concus'sive** a.

concussion-fuse n. 触发信管,激发引信.

concus'sor [kənˈkʌsə] n. 震荡(按摩)器.

concy'clic [kɒnˈsaɪklɪk] a. 共圆. concyclic points 共圆点.

cond = ① condenser 电容器 ② condition 条件,状态 ③ conditioning (空气) 调节 ④ conductivity 传导性(率),电导 ⑤ conductor 导体(线).

cond aluminium 康德导电铝合金(铁 0.43%,镁 0.32%,硅 0.10%其余铝).

condar n. 康达(距离方位自动指示器).

condeep n. 深水混凝土结构.

condemn' [kənˈdem] vt. ① 宣告(认为)不适用,决定废弃,报废 ② 宣告没收(征用,充公) ③ 谴责,指责 ④ 判处(罪,刑). condemned road 废弃的道路(丧失使用价值的道路). condemned ship 报废船. condemned stores 废品. ~ a'tion [kɒndemˈneɪʃən] n. ~atory a.

condensabil'ity [kəndensəˈbɪlɪtɪ] n. 可凝(结,聚)性,冷凝性,可压缩性,浓缩能力.

conden'sable [kənˈdensəbl] a. 可冷凝(凝结,浓缩,压缩)的.

conden'sance [kənˈdensəns] n. ① 容(性电)抗,电容阻抗 ② (电)容抗.

conden'sate [kənˈdenseɪt] Ⅰ n. 冷凝(物),(冷)凝液,冷凝物,凝结物(水,液). Ⅱ v. 冷凝,(使)凝结(聚),凝(浓)缩,缩合,变浓. Ⅲ a. 凝(浓)缩了的,变浓了的. condensate collector 凝液收集器. condensate line 凝液水管路. condensate pump 凝液泵. condensate return 冷凝水回流. condensate system 冷凝水系统. condensate trap 阻汽器,冷凝水凝结剂 agent 凝结剂.

condensa'tion [kɒndenˈseɪʃən] n. ① 凝结(作用),凝结(聚,析),缩(作用),浓缩,压缩,缩合(聚)(作用) ② 雾化,(汽态)向液态转化 ③ 稠密,凝集,压缩度(率) ④ 聚合,(光线)会聚 ⑤ 经节缩的作品. condensation by injection 喷射凝结. condensation cathode 冷凝式阴极. condensation gutter 集水沟. condensation loss 冷凝(凝结)损失. condensation nucleus 凝聚(凝结,缩合)核. condensation number 冷凝(缩合)量. condensation of atmospheres 气团的聚合. condensation of singularities 奇异点的凝聚. condensation of vacancies 空位的凝聚. condensation point 凝(固)点,冷凝点,露点. condensation polymer 缩(合)聚(合)物,缩聚体,凝聚物. condensation polymerization 缩聚(作用). condensation product 冷凝〔聚〕,浓缩〔)物. condensation reaction 缩合反应. condensation resin 缩聚树脂. condensation shock wave 冷凝波. condensation test 并项检验. condensation trail 雾化尾迹,凝结痕迹. condensation wave 凝缩波,密波. cyclic condensation 环(状)缩合. cylinder condensation 汽缸凝结水. dropwise condensation 滴状凝缩,珠状凝凝. fractional condensation 分(级)凝〔聚)(作用). intermolecular condensation 分子间缩合(作用). ioncondensation 离子凝集〔冷凝〕. screen condensation 荧光屏淀积. surface condensation 表面凝结. track condensation (威尔逊云室中)径迹形成.

condensa'tional a. 冷凝(凝缩)的. condensational wave 凝聚波.

conden'sator [kənˈdenseɪtə] n. ① 凝结(冷)器 ② 电容器 ③ 聚光器,聚光透镜.

condense' [kənˈdens] v. ① 冷凝,凝结(缩,聚) ② 浓(凝)缩,(气体)变成液(固)体 ③ 压(紧)缩,缩合(短,减,写,编),精简,简要叙述 ④ 聚光 ⑤ 蓄电 ⑥ 加强〔强〕. condensed fluid 冷凝液(体). condensed instruction desk 压缩指令卡片组. condensed oils 稠油. condensed phase 凝聚相. condensing rings 激冷圈. condensed spark (高)电压火花. condensed specifications 简明技术规范. condensed state 凝聚态. condensed steam (冷)凝(蒸)汽. condensed type 缩合型. condensing coil 冷凝盘管(蛇形管),凝汽盘管. condensing lens 聚(光)透镜. condensing plant 冷凝设备,凝汽装置. condensing turbine 凝汽轮机. condensing type electroscope 电容式验电器.

conden'ser n. ① 冷凝器,冷却,凝气器,致冷装置 ② 电容器 ③ 聚光器,聚光透镜. achromatic condenser 消色差聚光透镜. air condenser 空气冷凝器,空气电容器. asynchronous condenser 异步调相器. blocking condenser 隔(直)流(阻流)电容器. building out condenser 附加电容器(线路加载用). condenser antenna 容性天线. condenser block 电容器盒(组). condenser box 电容(凝)器箱. condenser coil 凝汽盘管. condenser component 容抗. condenser current (电)容性电流. condenser discharge resistance welder 电容贮能接触焊机. condenser divider 电容分压器. condenser lens 聚光(透)镜,聚焦透镜. condenser oil 电容器油. condenser potential device 电容式仪表用变压器. condenser pump 冷凝(液)泵. condenser reactance 容抗,电容器电抗. condenser (run) motor 电容起动电动机. condenser speaker 静电扬声器,电容式扬声器. condenser tube 冷凝器管. condenser type spot welder 电容贮能点焊机. condenser valve 汽阀. cooler condenser 冷凝器. evaporative condenser 蒸发冷凝器. injector (jet) condenser 喷射冷凝器. lamp condenser lens 光源聚光透镜. liquid *condenser* 液体介质电容器. *oil condenser* 油浸电容(器). *paraboloid condenser* 抛物面聚光镜. *smoke condenser* 聚烟器. *straight line capacity condenser* 容标正比电容器. *synchronous condenser* 同步调相器.

conden'serman n. 冷凝工.
condenser-reboiler n. 冷凝式重沸器,冷凝器-蒸发器.
conden'sible [kənˈdensəbl] a. =condensable.
condensifilter n. 冷凝滤器.
condensite n. 孔顿夕电瓷(一种介电常数很高的绝缘瓷料).
conden'sive a. 电容(性)的. *condensive load* 电容性负载. *condensive reactance* 容抗. *condensive resistance* (电)容抗.
Condep controller 康德普电缆深度控制器(商标名).
condescend' [ˌkɔndiˈsend] vi. (虚伪地)谦逊,俯就,堕落,以恩赐态度相待. *condescend to hear* 肯倾听. *condescend to trickery* (堕落到)不惜采用欺骗手段. condescension n.
condign' [kənˈdain] a. 应得的,相当的,适当的.
condistilla'tion n. 附馏,共(蒸)馏.
condit'ion [kənˈdiʃən] I n. ① (必要)条件 ② 状态,状(情,工)况,(矩阵或多项式的)性态,(pl.)环境,形势 ③ 位置,地位,身份,健康状况 ④ 规则. II vt. 决定(着),规定,以…为条件,支配,制约,限制 ② 使达到所要求的状态(情况),使处于正常(良好)状态,使适应 ③ 调节(整),改善 ④ 增顺 ⑤ 整理(修),精(修)整,(商品)检查(验). *the condition of affairs* 事态. *(all) other conditions being equal* 其它条件都相同(时). *M and N condition each other.* M 和 N 互为条件. *M is* conditioned *by N*, M 为 N 所制约. M 以 N 为转移. *It was conditioned between the two parties that* 双方订立条件为…. *condition the air of the workshop* 调节车间空气. *abnormal condition* 反常情况,非正常状态. *air condition* (n.;v.) (装设)空气调节(设备). *ambient condition* 周围[外部,环境,介质,大气]条件,周围情况,大气状态. *asrolled condition* 轧制状态. *atmospheric conditions* 大气条件[状态]. *boundary condition* 边界[限度,界线,极限]条件. *condition at operation* 运行状况,工作情况. *condition code* 条件(特征,状态)码. *condition curve* 状态曲线. *condition equation* 条件(状态)方程(式). *condition factor* 条件系数. *condition number* 性态(条件)数. *condition of compatibility* 相容条件. *condition of constraint* [restraint]约束条件. *condition of delivery* 交货状况. *condition of equilibrium* 平衡条件. *condition of furnace* 炉况. *condition of rest* 静止状态. *condition of service* 服务条件,使用情况. *condition precedent* 先决条件. *condition survey* 情况调查. *conditions of streaking* 拖尾现象. *counter conditions* 不合要求,不合(技术)条件. *critical conditions* 临界[极限]条件,临界状态,中肯情形. *design conditions* 设计条件(情况),计算的原始条件. *end conditions* 末端[边际]情况,最终条件. *equilibrium condition* 平衡状态[条件]. *external condition* 外部条件. *extreme conditions* 极端情况. *field condition* 现场使用,野外条件. *force conditions* 力的(作用)条件,应力分布. *free condition* 自由状态. *hard conditions* 刚性条件. *hold*(*ing*) *condition* 持恒(保持)状态,【计】(解的)固定状态. *idling conditions* 怠速状况. *inplace conditions* 原状,自然层理状况. *in-step condition* (相位)一致条件,吻合条件,同步状态. *ISA condition(s)* 或 *International Standard Atmosphere conditions* 国际标准大气情况(条件). *limiting condition* 极限状态(条件). *off-design condition* 非设计[非计算]条件,脱离设计情况. *operating conditions* 工作状况(情况),条件),操作条件,运转状态. *out-of-balance condition* 失去平衡条件. *plant conditions* 生产条件. *power-on trim condition* 发动机开车(时的平衡)条件(状态). *race conditions* 竞态条件. *rated conditions* 计算条件(状态),规定条件,额定状态(工况). *rest condition* 原始状态. *running* [service] *condition* 工作(运转)状态. *safety condition* 安全状态,保安条件. *static condition* 静力[态]条件. *steady-state condition* 定常(稳态)条件. *steam conditions* 蒸汽条件,蒸汽的参数(压力和温度). *stream condition* 气流状态. *sublimation condition* 升华状态(条件). *technical condition* 技术条件. *transient condition* 瞬(变状)态. *transition condition* 瞬(暂)态,过渡状态. *unsafe conditions* 危险条件. *unsteady-stage condition* 非稳定工况. *working condition* 工作(使用)条件,运行状态. *zero-gravity condition* 失重条件(状态). ▲*be in condition* 状况良好,合用,保存(养)得好. *be in* (*no*) *condition to + inf.* (不)能够, (不)适宜于, (不)堪, (不)耐. *be not in a condition to + inf.* 不宜于. *be out of condition* 不良,不合用,保存(养)得不好. *be out of condition to + inf.* 不能够,不宜于,不堪. *make conditions* 规定. *make it a condition that* … 以…为条件,(但同时)有个条件就是. *make no condition* 毫无条件. *meet the conditions of* 适合(满足)…条件. *on* [*upon*] *condition that*…(只有)在…条件下,条件是,设若,如果. *on no condition* 在任何情况下绝不可. *on this* [*that*] *condition* 在这[那]个条件下. *under existing* (*favourable*) *conditions* 在现有的(有利的)情况下. *under otherwise equal* [*identical*] *conditions* 其他条件都相同时. *under service conditions* 在使用条件下. *under the condition of* 在…条件下.
condit'ional [kənˈdiʃənl] a. (附,有)条件的,有限制的. *conditional coefficient* 条件系数. *Cnditional contract* 暂行[有条件的]契约. *conditional definition* 附带条件的定义. *conditional equilibrium* (性)平衡. *conditional jump* [branch, transfer] 【计】条件转移. *conditional observation* 条件观测. *conditional order* [instruction] 条件指令. *con-*

ditional statement 【计】条件语句. *conditionalstop order* 【计】条件停机指令. *conditional yield point* 条件屈服点. ▲*be conditional on* [*upon*] 取决于, 视…而定, 以…为条件. ~*ly ad.*

conditional'ity *n.* 条件性, 制约性, 条件限制.

condit'ioned [kən'diʃənd] *a.* (有)条件的, 引起条件反应的, 有限制的, 制约的, 经过调节(改善)的, 处于正常状态的, 习惯于…的(to). *conditioned billet* 清理过表面(缺陷)的坯料. *conditioned observation* 条件观测. *conditioned reflex* [*response*] 【生】条件反射. *conditioned slag* 调整渣. *ill-conditioned* 情况恶劣的. *well-conditioned* 情况良好的.

condit'ioner [kən'diʃənə] *n.* ①调节[整]器, 调节装置 ②调料槽, 调理池 ③调节剂. *air conditioner* 空气(温度)调节器. *sand conditioner* 型砂配置机.

condit'ioning [kən'diʃəniŋ] *n.* ①调节[整, 制, 理, 解, 气] ②整理[修], 修(精)整, 限定, 准[制]备, 老化 ③(物理状况的)改善, 适应(环境), 增体重, 条件作用[形成], 空气(温度)调节. *colour conditioning* 色彩管理. *conditioning chamber* 调节[加湿, 干燥]室. *conditioning department* 修整(清理)工段. *conditioning of road bed* (铺砌路面层的)路基准备. *conditioning of scrap* 废(碎)料料分类. *conditioning oil* 洗涤油. *conditioning plant* 空(气)调(节)系统. *conditioning water* 调节[处理]水. *end conditioning* (管材试验前的)端头预加工. *engine conditioning* 发动机调整. *ingot conditioning* 锭料修整.

condo = condominium.

condo'latory [kən'douləteri] *a.* 吊唁的, 哀悼的, 慰问的.

condole' [kən'doul] *vi.* 吊唁, 哀悼, 慰问. ~**ment** 或 ~**nce** *n.*

condomin'ium [kɔndə'miniəm] *n.* ①各住户认购各自一套房间的公寓楼. ②(国际)共管.

condone' [kən'doun] *vt.* 赦免, 宽恕. *condona'tion n.*

condor ['kɔndɔː] *n.* ①康达(一种自动控制的导航系统) ②秃鹰.

conduce' [kən'djuːs] *vi.* 有助[益]于, 导致(to).

condu'cible [kən'djuːsibl] 或 **condu'cive** [kən'djuːsiv] *a.* 有助[益]于…的, 促进…的, 助长…的(to).

conduct Ⅰ [kən'dʌkt] *v.* Ⅱ ['kɔndəkt] *n.* ①传(导, 热), 导(电), 引[指, 领]导 ②处[管]理, 办(事), 经营, 实施, 进行 ③处理方式[法], 做法 ④导[传]送 ⑤(路)通(至). *conduct visitors round a factory* 领着参观者参观一个工厂. *conduct M in* [*out*, *to the door*, *into a room*] 领着 M 进去[出来, 到门口, 进室]. *a course of conduct* 一系列的行为. *conduct investigations* 进行调查. *conduct rope* 导绳. *conducted interference* 馈电线感应干扰. ▲(*be*) *conducted to* +*inf.* 为…而安排, 旨在. *conduct oneself* 行为, 表现. *under the conduct of* 在…的引导[指导, 指挥]下.

conduc'tance [kən'dʌktəns] *n.* ①传导(性, 率, 系数), 导率 ②电[热, 声, 气, 通, 流]导, 导电性[率], 导纳. *acoustic conductance* 声导. *anode conductance* 阳极电导. *back conductance* 反向电导. *conductance electron* 导[载流]电子. *conductance loop* 电导回路. *conductance ratio* 电导率. *effective conductance* 有效电导. *heat conductance* 热传导, 导热性. *leakage conductance* 漏(电)导. *magnetic conductance* 磁导. *mutual conductance* 互导. *sheet conductance* 面[薄层]电导. *specific conductance* 传导率, 电导率. *surface conductance* 表面电导. *thermal conductance* 热传导, 导热性.

conductibil'ity [kəndʌkti'biliti] *n.* (被)传导性, 导电性. *magnetic conductibility* 导磁性(率).

conduc'tible [kən'dʌktəbl] *a.* 可传导的, 能(被)传导的.

conductimet'ric *a.* 电导率测定的. *conductimetric method* 电导率测定法. *conductimetric titration* 电导(定量)滴定.

conduc'ting *n.*; *a.* 传导(的), 导电[热](的). *conducting bridge* 分路, 分流, 电导电桥, 并联电阻. *conducting guide* 波导. *conducting layer* 传导[导电]层. *conducting material* 导电材料. *conducting power* 传导性, 传导能力. *conducting probe* 电导探针. *conducting ring* 导环. *conducting wire* 导线.

conducting-hearth *n.* 导电炉底. *conducting-hearth furnace* 炉底导电的炉子, 炉底导电电炉.

conduc'tion [kən'dʌkʃən] *n.* ①传导(性, 率, 系数) ②导热(电)(性, 率, 系数), 电导 ③(管道)输送, 引流. *air conduction* 空气传导. *antidromic conduction* 逆向传导. *channel conduction* 沟电导. *conduction angle* 导通角. *conduction band* (传导带, (半导体的)导电区. *conduction cooling* 导热[传导]冷却. *conduction current* 传导电流. *conduction electron* 传导[载流, 外层]电子. *conduction error* 导热误差. *conduction holes* 导电空穴. *conduction level* 导带, 导电能级. *conduction pump* 传导式[直流电]电磁泵. *conduction time* (电子管)通电时间. *conductional conduction* 电导. *electrolytic conduction* 电解电导. *electronic conduction* 电子传导. *energy conduction* 能量传导. *heat* [*thermal*] *conduction* 热传导, 导热. *hole conduction* 空穴传导[电流]. *P-type conduction* P 型电导. *thermionic conduction* 热电子[热离子]传导.

conduc'tive [kən'dʌktiv] *a.* 传导(性, 上)的, 传导的, 导电的. *conductive body* 导(电)体. *conductive coating* 导电涂层. *conductive coupling* (电)导耦(合), 直接耦合. *conductive discharge* 电阻(导体)放电. *conductive earth* 接地. *conductive mosaic* 导电性嵌镶幕. *conductive tissue* 导电组织. *conductive window* 导体窗.

conduc'tively *ad.* 导电地. *conductively connected CCD* 电导连接的电荷耦合器件.

conductively-closed *a.* (电)绝缘的, (电)闭合的, 屏蔽的, 隔离的.

conductiv'ity [kɔndʌk'tiviti] *n.* ①传导率[度, 系数], 电导率[性, 系数] ②导电(率, 性, 度), 比电导 ③导热(率). *acoustic conductivity* 声导率. *conduc-*

tivity cell 电导〔传导〕管. *conductivity modulated rectifier*电导率调制整流器. *conductivity of an aperture*透孔性. *conductivity water* 校准电导水. *drain conductivity* 漏电导率. *electric conductivity* 电导(率),导电性〔率〕. *heat* 〔*thermal*〕*conductivity* 导热性〔率〕,热导率. *hole conductivity* 空穴电导率. *ionic conductivity* 离子电导性,离子电导率. *irreciprocal conductivity* 单向传导性. *magnetic conductivity* 导磁性,磁导率. *source conductivity* 源电导. *specific conductivity* 电导率,电导系数,特殊传导性. *thermal conductivity* 热导率,热导性. *unidirectional* 〔*unilateral*〕*conductivity* 单向导电性,单向电导性.

conductom'eter [kɔndʌk'tɔmitə] *n.* 电导计,导热〔热导〕计.

conductomet'ric *a.* 测量导热〔电〕率的. *conductometric analysis* 电导(定量)分析. *conductometric method* 电导(定量)分析法. *conductometric titration* 电导滴定法.

conductom'etry *n.* 电导测定〔分析〕法,电导率测量.

conduc'tor [kən'dʌktə] *n.* ①导体〔线,器,管〕,导电体,球导体 ②钻模,避雷针 ③【数】前导子 ④售票员,列车员,指挥,领队,指导人,指导员,管理人. *aerial conductor* 架空(导)线,明线. *aluminium conductor* 铝(导)线. *bare conductor* 裸线. *bimetallic conductor* 双金属导线. *bunched* 〔*bundled*〕*conductor* 导线束. *cable conductor* 电缆(心)线. *cathode conductor* 阴极导体. *composite conductor* 复合导线〔体〕. *conductor arrangement* 配线,布线. *conductor configuration* 配线(组态),布线,导线布置. *conductor film* 导电膜. *conductor pipe* 导管. *conductor rope* 手绳. *electric conductor* 导电体,导线. *fish-line conductor* 螺线形导线. *flex*〔*ible*〕*conductor* 软线. *hidden conductor* 暗线. *insulated conductor* 绝缘线. *lead-in conductor* 引入线. *lightning conductor* 避雷器,避雷针导线. *neutral conductor* 中(性)线. *ohmic conductor* 电阻线. *overhead conductor* 架空线. *partial conductor* 次导体,畸生(光)电导. *plain conductor* 普通〔单金属〕导线,金属裸线. *printed conductor* 印刷〔刷〕导线. *ribbon* 〔*strip*〕 *conductor* 条形导体. *rope-lay* 〔*twisted*〕 *conductor* 扭绞(导)线. *shaped conductor* 型线. *shielded conductor* 屏蔽(导)线. *solid conductor* 实心导线〔体〕. *split conductor* 多心线,多股绝缘线. *stranded conductor* (扭)绞线. *undirectional conductor* 单向导体. *unilateral conductor* 单向导体. ~*ial a.*

conduc'tress *n.* ①女指导者,女管理人 ②女售票员,女列车员.

conduc'tron [kən'dʌktrɔn] *n.* 光电导摄像管,导像管.

con'duit ['kɔndit] *n.* ①导管,导线管 ②(大,电缆)管道,水〔输送〕管,(输)水道,水〔沟,暗〕渠 ③风道 ④预应力丝孔道. *air conduit* 空气导管. *cable conduit* 电缆套管. *conduit box* 管道入孔,管道分岔孔. *conduit coupling* 管路连接. *conduit entrance* 管道〔水道,风道〕进口. *conduit joint* 管道接头. *conduit pipe* 管道,(导)水管. *conduit pit* 探井,检查井,管道坑. *conduit section* 管道〔输水道〕断面. *conduit system* (输水,地下)管道系统,暗设装置系统,管道制. *conduit tube* (地下)线管,导管. *conduit work* (电线)管道工程. *delivery conduit* 输送导管. *flexible conduit* 软(导)管,软性导线管. *insulated conduit* 绝缘导管. *interior conduit* 暗(线)导管,内管道. *metal conduit* 金属(导)管. *rigid conduit* 硬导管. *screwed conduit* 螺纹管. *sewage conduit* 污水管道〔管〕. *underground conduit* 地下管道. *wire conduit* 导线管.

condulet *n.* 小导管,导管节头.

condu'plicate *a.* 折合状的,纵叠的.

conduritol *n.* 牛弥莱醇,环己烯四醇,康杜醇.

con'dyle ['kɔndail] *n.* 髁,骨节,骨阜.

con'dylus ['kɔndiləs] (*pl.* **con'dyli**) *n.* 髁.

cone [koun] Ⅰ *n.* ①(圆锥体,面,形,轮,形物),球果 ②(锥形)头部,头锥,弹头,弹头,塔轮,锥形漏斗,锥形喷嘴,(锥形)喇叭筒,(扬声器)纸盆,圆锥破碎机,圆锥选煤机 ④电弧锥部,焰心(锥部)内焰锥,高炉炉头 ⑥(拉线)卷筒,锥形筒子(纱),锥形纱管 ⑦锥状地形,火山锥 ⑧风袋,风暴信号 ⑨(pl.)(人眼)圆锥细胞 ⑩锥形路标. Ⅱ *v.* 使成锥形,形成锥筒,卷于圆锥体上,集中探照敌机. *addendum cone* 齿顶锥. *atomizer cone* 喷雾(器)锥. *base cone* 底锥,基锥. *circular cone* 圆锥(体). *complex cone* 线丛的锥面. *cone angle* 锥角,锥形角. *cone apex angle* (顶)角. *cone belt* 三角(皮)带. *cone bearing* 锥形轴承. *cone bit* 锥形钻头. *cone brake* 锥形制动器,锥形闸. *cone clutch* 锥形离合器. *cone coupling* 锥形联轴节. *cone crusher* 圆锥磨,圆锥〔锥形〕轧碎〔碎矿,碎石〕机. *cone cup* 锥形杯,伞形罐. *cone diaphragm* 锥形膜片,(扬声器)纸盆. *cone drive* 锥轮转动(装置). *cone gauge* 锥度量规. *cone gear* 锥形齿轮,锥轮装置. *cone head bolt* 锥形头螺栓. *cone head rivet* 锥头铆钉. *cone in cone* 叠锥. *cone index* 圆锥指数. *cone method* 〔*test*〕圆锥法,圆锥筒试验. *cone of beam* 光束锥. *cone of coverage* 复盖角. *cone of depression* 〔*exhaustion, influence*〕下降漏斗. *cone of dispersion* 集束弹道,圆锥形弹道束. *cone of fire* 集束弹道,圆锥形弹道束. *cone of intake* 进水曲面. *cone of light* 散开光束,光锥. *cone of nulls* 静(零)区. *cone of revolution* 【数】回转锥面. *cone of silence* 死(盲)区,静锥区,圆锥形静区. *cone pulley* 锥(形)轮,宝塔(皮带),塔轮,快慢轮. *cone quartering* 堆锥四分(取样)法. *cone theory* 锥体分布理论. *cone valve* 锥形阀. *confocal cones* 共焦锥面. *delivery cone* 输出(锥形)喷嘴. (*blast-*)*deflector cone* 火焰反射锥. *diffuser cone* 扩散(器)锥. *double cone* 对顶锥,复式锥轮. *elementary cone* 锥元素. *elliptic cone* 椭圆锥. *exhaust cone* 喷管内锥,喷口调节锥. *exit cone* 出口〔排气〕锥管,出

口扩散管. *female cone* 内圆锥,锥孔. *filter cone* 滤光器锥体,过滤斗. *friction cone* 摩擦锥轮. *fuel cone* 燃料喷雾锥. *generating cone* (伞齿轮的)基锥. *inner cone* (火焰的)内层,内锥. *instrumentation cone* 仪器舱,载仪器的头锥[头部锥]. *intermediate cone* (火焰的)中层. *jet cone* 射流(扩展)锥,喷管锥体. *lens cone* 镜筒. *locking cone* 锥形锁挡. *nose cone* (鼻)锥,前锥体,弹头锥. *oblique cone* 斜锥. *orthogonal cone* 正交锥面. *pitch cone* (伞齿轮)节锥. *pressure cone* 压力锥印. *pyrometric* [fusible, Seger] *cone* 测温锥,测热锥. *quadric cone* 二次锥面. *rain cone* 金属罩,空心金属圆锥体. *right cone* 正锥(体). *step cone* 级锥,宝塔轮. *tail cone* 尾锥,尾部整流罩. *truncated cone* 截锥(体),截角锥. *wind cone* 风袋,圆锥风标.

cone-and-socket joint 锥窝接头.
cone-bottom *n.* 锥底.
cone′headed *a.* (圆)锥头的.
conel *n.* 考涅尔铁镍铬合金.
CONELRAD 或 **conelrad** [′kɔnəlræd] =control of electromagnetic radiation 电磁波辐射控制.
cone-penetration *a.* 锥贯入的,圆锥贯入的,锥[触]探的.
conepenetrom′eter *n.* 圆锥贯入度仪.
cone-shaped *a.* (圆)锥形的.
cone-sheets *n.* 锥形片,锥岩席.
conessi *n.* 锥绒.
conessidine *n.* 锥绒定.
conessin(e) *n.* 止泻木碱.
cone-type *a.* (圆)锥形的.
co′ney [′kouni] *n.* 家兔,兔毛皮.
conf = ①conference 会议 ②confidential 机密的,密件.
confec′taurant *n.* 点心店,小吃店.
confed′eracy [kən′fedərəsi] *n.* 同[联]盟.
confed′erate [kən′fedərit] *a.* 同盟的,联合的. *n.* 同盟国[者],同伙(党),党羽. Ⅱ [kən′fedəreit] *v.* 结成同盟,联合(with).
confedera′tion [kənfedə′reiʃən] *n.* 同盟,联合,联盟[邦]. *Confederation of Switzerland* 瑞士联邦.
confed′erative *a.*
confer [kən′fə:] [拉丁语] *v.* 比较,参看.
confer′ [kən′fə:] Ⅰ *vt.* ①比较,对照,参看[照] ②给与,授予,使具有(性能). Ⅱ *vi.* 商议[量],讨论,交换意见. ▲*confer M on*[*upon*] *N* 把 M 给与[授予]N. *confer with M about*[*on*] *N* 和 M 商量[讨论]N. ～**ment** *n.*
con′ference [′kɔnfərəns] *n.* ①(代表,国际)会议,讨论会,协商会,联合会 ②商议,商量,谈判,会谈,商谈 ③公会. *conference call* 电话会议. ▲*be in conference* 正在开会讨论. *conference code* 会议码. *have a conference with* 和…商议(谈判). *hold a conference* 举行会议.
confer′rable *a.* 能授予的.
confer(r)ee′ *n.* 参加商谈[会议]者.
confer′rer *n.* 授予人.
confess′ [kən′fes] *v.* 承认(错误等),供认,坦白(to),证明. **confes′sion** *n.*

confessed [kən′fest] *a.* 众所周知的,公认的,明白的,有定论的. *stand confessed as* 被揭露为,被认为.
confes′sedly *ad.* 公开表明地,确定无疑地.
confet′ti [kən′feti] *n.* (pl.)(彩色电视的)雪花干扰,五彩碎纸.
confide′ [kən′faid] Ⅰ *vt.* 委托. Ⅱ *vi.* 信任(in). ▲*confide M to N* 把 M 委托[交代给]N,对 N 吐露 M.
con′fidence [′kɔnfidəns] Ⅰ *n.* ①信任(鞭,心),相信,把握 ②【数理统计】置信度,可靠程度. Ⅱ *a.* 骗得信任的,欺诈的. *build (up) confidence (in …)* (在…中,对…)建立信任[信用,威信]. *confidence coefficient* 可靠[置信]系数. *confidence game*[*trick*] 骗局. *confidence interval* 置信节,置信[可靠]区间. *confidence limen* 置信界限. *confidence level* 置信水平,(数值)可信度,可靠[信任]度,信赖[置信]级. *confidence limit* 置信(可靠)界限,置信限度. *develop a high degree of confidence in* … 对…逐渐建立高度的信心. *give confidence to* 或 *have* [*place, show*] *confidence in* 对…表示信任. *vote of confidence* 信任投票. *with 95% confidence* 有95%的准确性. ▲*have (full) confidence (that)* (完全)有把握. *in confidence* 秘密地. *in the confidence that* 相信,信任. *with (great) confidence* 有把握地,满怀信心地.
con′fident [′kɔnfidənt] *a.* 确(深)信的,有信心,有把握的(of).
confiden′tial [kɔnfi′denʃəl] *a.* ①机密[要]的,保密的 ②密件. *confidential document*[*papers*] 机密文件. ▲*private and confidential* 机密. *strictly confidential* 绝密. ～*ly ad.*
con′fidently [′kɔnfidəntli] *ad.* 确信地,大胆地,有把握地.
confi′ding [kən′faidiŋ] *a.* 深信不疑的,(易于)信任别人的. ～*ly ad.*
CONFIG = configuration.
config′urate [kən′figjureit] *vt.* 使具有一定形状[外形],配置,排列.
configura′tion [kənfigju′reiʃən] *n.* ①外形,形状,整体形态,轮廓,地形,地形图 ②构造(形式),结构,构形(编译程序),形相,(造)型 ③排列,组合(态),布置[局],格局,(设备)配置,配位,相对位置,方位 ④线路接法 ⑤位形,组态 ⑥【天】对座位置. *aircraft configuration* 飞机构造型式,飞机外形. *algebraic configuration* 代数构形. *asymmetric configuration* 不对称配置(排列). *atomic configuration* 原子组态(排列). *canard configuration* 鸭型(式),鸭式构型. *configuration of earth* 地(球表面)形(状). *configuration of electrodes* 电极排布方式. *configuration of equilibrium* 平衡组态. *configuration of flow* 流(动)型. *configuration space* 构[位]形空间. *electronic configuration* 电子排列[组态]. *engine configuration* 发动机布置[构型]. *interface configuration* 界面形状. *launching configuration* 发射装置构型. *Mach disk configuration* 正激波. *missile configuration* 导弹构型. *nucleonic configuration* 核子组态. *optimum config-*

config'ure *uration* 最佳布置[排列,外形]. *planetary configuration* 行星动态. *space configuration* 空间构型. *surface configuration* 地势. *three-dimensional configuration* 三维形态. *tread configuration* 胎面花纹. ~al *a*.

config'ure [kən'fiɡə] *vt.* 使成形,使具形体.

confine I [kən'fain] *vt.* 限制(在…范围内),封闭, (磁场)吸持,约束(等离子体). *vi.* 接界,邻接. II ['kɔnfain] *n.* (pl.)界限,边界(线),区域,范围. *confining bed* 封闭层,压密层,隔水层. *confining layer* 阻水层. *confining pressure* 侧限[封闭]压力,围压. *confining stratum* 阻水[不透水]地层. ▲*be confined to* [局]限于,(被)限制在,被封闭在. *beyond the confines of M* 超出 M 的范围. *confine oneself to* 只涉及,只限于. *confine M to (inside, within)* N 把 M 限制在 N(上),把 M 控制在 N 内. *on the confines of* …之间的界限[区域],濒于,差一点就. *within the confines of M* 在 M(范围)之内.

confined *a.* 有限的,(有)侧限的,(受)约束的,舍饲(养)的,狭窄的. *confined aquifer* 承压[自流]含水层. *confined bed* 封闭层. *confined compression test* 侧(向)限(制)压缩试验. *confined compressive strength* 侧(向)限(制)抗压强度. *confined concrete* 侧限混凝土. *confined ground water* 承压地下水,自流水. *confined leaching* 槽内浸滤. *confined plasma* 约束的等离子体. *confined pressure* 封闭[侧限]压力. *confined space* 有限空间. *confined water* 受压[承压]水. *magnetically confined* 被磁场约束的.

confine'ment [kən'fainmənt] *n.* ①密封[闭],气封 ②限制,制约,界限,约束 ③(磁场)吸持 ④分娩,生产,圈饲,密集饲养. *confinement of flow* 约束水流. *confinement pressure* 围压,侧限压力. *eddy-current confinement* 涡流限制. *particulate confinement* 粒子抑制,粒子非贯穿性,尘埃非穿过性. *positive confinement* 绝对密封,无漏泄的储存. *radiofrequency confinement* 射频限制.

confirm' [kən'fəːm] *vt.* ①(进一步)证实,证明 ②确认,(进一步)确定,使有效,批准 ③使…坚定[巩固] ④坚持说(that). *confirming bank* 保兑银行. *confirming marker* 确认标.

confirm'able *a.* 可确定[批准]的,能证实的.

confirma'tion [kɔnfəˈmeiʃən] *n.* ①证实,证明 ②确定,确认,认可,批准. *confirmation pulse* 识别脉冲. *experimental confirmation* 实验证明. *sales confirmation* 销售证明书. *statistical confirmation* 统计证明. ▲*in confirmation of* 以便证实.

confirm'ative [kən'fəːmətiv] 或 **confirm'atory** [kən'fəː-mətəri] *a.* 确实[定]的,证实的,验证(性)的,批准的.

confirmed *a.* ①确定[认]的,证实的 ②习以为常的,成为习惯不易改变的,慢性的. *confirmed criminal* 惯犯. *confirmed disease* 老毛病.

confis'cable *a.* 可没收的,可征用的.

con'discate ['kɔnfiskeit] I *vt.* ①没收,充公 ②征用. II *a.* 被没收的,被征用的. *condisca'tion n. confiscatory a.*

connfla'grant [kən'fleiɡrənt] *a.* 速燃的,燃烧着的.

conflagra'tion [kɔnflə'ɡreiʃən] *n.* ①快速燃烧,爆燃 ②火焰,大火〔灾〕,焚烧 ③(战争)爆发.

confla'tion *n.* 合并,合成.

Conflex *n.* 包层膜.

conflict I ['kɔnflikt] *n.* II [kən'flikt] *v.* ①冲突,抵触,矛盾(with) ②斗争,战斗,争执(with) ③碰头,交会 ④冲突点. *conflict area* 冲突区. *conflict in use of water* 用水矛盾. *wordy conflict* 文字论战. ▲*come into conflict with* …和…冲突. *in conflict with* … 同…相冲突(有抵触,有矛盾).

conflict'ing [kən'fliktiŋ] *a.* 不一致的,冲突的,矛盾的,不相容的. *conflicting signal* 冲突信号. *conflicting traffic* 交会[冲突]车流.

con'fluence ['kɔnfluəns] *n.* ①汇合[合流,汇流](点,处),会合,聚合 ②群[聚]集,集合,细胞流动 ③人群 ④合流河.

con'fluent [kɔnfluənt] *a.* ①汇[融,连,合,愈)合的,合[汇]流的 ②合流河,支[汇]流. *confluent hypergeometric function* 合流超几何(超比)函数.

con'flux ['kɔnflʌks] =confluence.

confo'cal [kɔn'foukəl] *a.* 共焦(点)的,同焦点的. *confocal hyperbola* 共焦(点)双曲线. *confocal quadrics* 共焦二次曲面.

conform' [kən'fɔːm] I *vt.* 使适应[遵守],一致,符合,适合. *vi.* 依照[据],根据,符[相合,遵守[从]. *comforming element* 相容[协调]元. *comforming plate* 整形板. II *a.* =conformable. ▲*conform to* …一致[符合]. *conform to*…遵守,依据. *conform M to N* 使 M 与 N 一致,使 M 适应 N. *conform with* 与…一致,合乎,符合.

conformabil'ity [kənfɔːmə'biliti] *n.* 一致(性),适应(性),相似(性),顺从,(地层)整合(性),贴合性.

conform'able [kən'fɔːməbl] *a.* 一致的,相似的,适合的,依照(to,with),【地质】(地层)整合的,贴合的. *conformable contact* 整合接触. *conformable matrices* 可相乘(矩)阵. *conformable strata* 整合地层.

confor'mably *ad.* 一致,依照.

confor'mal [kən'fɔːməl] *a.* 共形的,保角的,保(准)形的,相似的,(地质)共其实形状代表小块地层的. *conformal coating* 敷形涂废. *conformal map* 保角(保形)变换图,保角映像. *conformal mapping* 保形映射[像],保角映射(变换). *conformal representation* 保角变换(显影,显像),保形[角]表示法. *conformal transformation* 保角变换. *conformal wire grating* 适形线栅.

conformal-conjugate *a.* 共轭保角的.

confor'mally *ad.* 共(形)形地,保角地,相似地.

confor'mance [kən'fɔːməns] *n.* 一致性,适应性,性能. *conformance test* 性能[验收]试验.

conforma'tion [kɔnfɔː'meiʃən] *n.* ①构造(像),形态(体),结构,组成,体型 ②适[相]应,符合,一致. ~al *a*.

confor'mers *n.* 随构变生物.

confor'mity [kən'fɔːmiti] *n.* ①依从[照],遵照[守]

(to) ②相似,相[适]应,符[适]合,一致(to, with).【地质】(地层)整合 ③(图像)保真. *conformity case clause* 一致性选择子句. *conformity certificate* 合格证(明). ▲in conformity to [with] 与……一致,符合于,依照,根据.

confound' [kən'faund] *vt.* ①混淆(不清),交错,错认,分不清,使迷惑[糊涂] ②打击,打乱(计划). *confounded arrangement* 混同排列. ▲be confounded with M 和 M 弄混了. confound M with [and] N 分不清 M 与 N,M 与 N 混淆不清.

confound'ed *a.* 混乱的,(十分)讨厌的. ~ly *ad.*
confoun'ding *n.* 混淆[杂],混区[设计],混杂设计.
confrica'tion *n.* 粉碎,磨细,捣细,磨碎.
confric'tion *n.* 摩擦(力).
confront' [kən'frʌnt] *vt.* ①(使)面临,(使)遭遇,碰到和相遇（with) ②向……作斗争,迎接(困难),勇敢地面对,正视,对抗 ③比较,对照,与……相对. *confront a difficulty* 迎接[正视,勇敢地面对]困难. ▲be confronted with [by] 面临(着). ~a'tion *n.*
confronta'tio *n.* 对诊法,对证法.
Confu'cian [kən'fju:ʃən] *a.; n.* 孔丘的,儒家(的).
Confu'cianism *n.* 孔教,儒教,孔子[儒家]学说.
Confu'cius [kən'fju:ʃəs] *n.* 孔丘.
confu'sable *a.* 可能被混淆的,可能被弄糊涂的.
confuse' [kən'fju:z] *vt.* 使混乱[淆,同],干扰,扰乱,使慌乱[为难,迷惑,弄错]. *become [get] confused* 发慌,慌乱. *confused sea* 汹涌,汹涌的海面. ▲*confuse M with N* 把 M 和 N 相混淆[混为一谈]. *M is not to be confused with N* 不可把 M 误作为 N.
confu'sedly *ad.* 混[慌]乱地,混淆地.
confu'sedness *n.* 混乱,慌乱,混淆.
confu'sion [kən'fju:ʒən] *n.* ①混乱(状态),紊乱,慌[骚]乱 ②混淆(同),干扰,杂乱,迷惑,精神混乱 ③模糊,弥散. *fall [be thrown] into confusion* 陷入混乱状态. *make a confusion* 搞混. *circle of confusion* 模糊圆. *confusion reflector* 扰乱[干扰]反射器,假目标. *confusion region* 混淆区,信号不辨区. *effective confusion area* 有效迷惑[干扰]面积. ▲*confusion worse confounded* 比以前更加混乱,非常混乱,一团糟. *in confusion* 在混乱中,乱七八糟.
confu'sional *a.* (精神)混乱的,惑乱性的,致惑乱的.
confute' [kən'fju:t] *vt.* 反驳,驳斥(倒). **confuta'tion** *n.*
cong =congius【药】加仑.
congeal' [kən'dʒi:l] *v.* (使)冻结,冻凝,冰冻,(使)凝结[固],冷藏. *congealed moisture* 凝结水. *congealing point* 凝固（冷凝,冻结,冻结)点. ~ment *n.*
congea'lable [kən'dʒi:ləbl] *a.* 可冻[凝]结的,可凝固的.
congeal'er [kən'dʒi:lə] *n.* 冷冻器[机],冷藏箱[器],冷却器.
congela'tion [kɔndʒi'leiʃən] *n.* ①冻凝(作用),冻凝[结,凝固] ②凝结[固]物,凝块,冻伤,冻疮.
congelifrac'tion *n.* 融冻,冰冻风化(作用).
congeliturba'tion *n.* 融冻泥流作用.
con'gener ['kɔndʒinə] Ⅰ *n.* 同种类[同性质]的东西.

Ⅱ *a.* 同种的.
congener'ic 或 **congen'erous** *a.* 同种[源]的,同性的,同族的,关连的,协同的.
congenet'ic [kɔndʒi'netik] *a.* 同源的.
congen'ial [kən'dʒi:njəl] *a.* 同性质的,相[适]宜的,合意的,气味相投的(to, with). ~ity *n.*
congen'ital [kən'dʒenitl] *a.* (指疾病等)先天(性)的,生来的,天生的. *congenital defect* 先天缺陷. *congenital disease* 先天(性疾)病. *congenital immune* 先天性免疫.
conge'ries [kɔn'dʒiəriːz] *n.* 聚集(体),堆积.
congest' [kən'dʒest] *v.* 拥挤,阻塞,充满,(使)密集,(使)充血.
congest'ed [kən'dʒestid] *a.* 拥挤的,充[拥]塞的,充血的. *congested area* (人口)稠密的地区,(交通)拥挤的地区.
conges'tion [kən'dʒestʃən] *n.* ①(交通)拥挤[塞],(人口)稠密,(货物)充斥,(人口)过剩,(信息)拥挤(问题) ②阻塞,填充,聚[堆]积,集(附)聚,聚集,扎紧 ③充血 ④(电话)占线. *passive congestion* 被动充血,淤血.
conges'tive *a.* 充血的,充血性的,引起混乱的.
con'gius ['kɔndʒiəs] *n.*【药】加仑(=gallon).
con'globate ['kɔngloubeit] Ⅰ *v.* (使(变))成球形,弄(变)圆 ②团聚. Ⅱ *a.* 球形的,圆的,团聚的,团状的,成团(块)的.
congloba'tion [kɔnglou'beiʃən] *n.* (聚成)球状,球状体,团聚,成团[块].
conglobe' =conglobate.
conglom'erate [kɔn'glɔmər(e)it] *v.* 使积(凝)聚成团,团(化)成球形. Ⅱ [kən'glɔmərit] *a.* 密集的,成团的,堆集的,(聚)成球形的,由不同种类的部分组成的,砾岩(性)的. Ⅲ *n.* ①密聚体,堆集体,集成物,外沺旋物 ②砾岩,碎屑岩 ③集团,联合企业. *conglomerated pack* 凝聚浮冰. **conglomerat'ic** *a.*
conglom'erater *n.* (经营)联合企业的资本家.
conglomera'tion [kɔnglɔmə'reiʃən] *n.* (块状的)凝聚,凝结,堆集(作用),密聚,团块. *dust conglomeration* 灰尘凝聚物.
conglu'tinant *a.* 粘合的,胶连的,促创口愈合的.
conglu'tinate [kən'glu:tineit] *v.; a.* (使)粘制[合],粘住(的),粘在一块(的),凝集,胶着,愈合(的).
conglutina'tion *n.*
conglu'tinin *n.* 共凝集素,团集素.
Con'go ['kɔŋgou] *n.* ①刚果 ②刚果河,扎伊尔河. *Congo red* 刚果红,(直接)刚果红.
Congolese' [kɔŋgɔ'li:z] *n.; a.* 刚果人,刚果(人)的.
congrat'ulant [kən'grætjulənt] Ⅰ *a.* (表示)祝贺的. Ⅱ *n.* 祝贺者.
congrat'ulate [kən'grætjuleit] *vt.* 祝[庆]贺,(向……)致贺词. ▲*congratulate M on [upon] N* 祝贺 M 的 N,因为 N 向 M 祝贺.
congratula'tion [kəngrætju'leiʃən] *n.* 祝贺,(pl.)祝[贺]词. *a matter for congratulation* 值得庆贺的事情. *Congratulations (on···)!* 祝贺…!
congrat'ulatory *a.* 贺式的. *congratulatory telegram* 贺电.
con'gregate Ⅰ ['kɔŋgrigeit] *v.* 聚集,(使)集[集合]. Ⅱ *a.* ['kɔŋgrigit] 聚集的,集合在一起的,集体的. **congrega'tion** *n.* **congrega'tional** *a.*

con'gress ['kɔŋgres] *n.* ①(代表)大会,(正式)会议 ②(专业)会议 ③委员会,联合会 ④国会,议会. *the National People's Congress* 全国人民代表大会. ~*ional a.*

con'gressman ['kɔŋgresmən] (*pl.* **con'gressmen**) *n.* (美国)国会议员,众议员.

con'gruence ['kɔŋgruəns] 或 **con'gruency** ['kɔŋgruənsi] *n.* ①相同(等),一致,符合 ②【数】全等,叠〔重〕合,拍合(性),同等(性),同形,同成份(性),同余(式),(线)汇. *congruence circuit* 重合(同步)电路. *congruence modular ideal* 以理想子环为模的同余. *congruence of curves* 曲线汇. *congruence of matrices* (矩)阵的相合. *congruence property* 同余性质. *congruence relations* 同余关系. *quadratic congruence* 二次线汇.

con'gruent ['kɔŋgruənt] *a.* ①相同(等)的,相应(当)的,对应的,适(符)合的,协调的,一致的(with) ②【数】全等的,叠(并)合的,同余的,同等的,同成份的. *congruent forms* 左右相反形. *congruent generator* 同余数生成程序. *congruent matrices* 相合(矩)阵. *congruent melting point* (固流)同成份熔点. *congruent modulo* 'Γ' 模'Γ'同余. *congruent numbers* 同余数. *congruent points* 叠合点,固流同组成点. *congruent segment* 叠合线肺. *congruent transformation* 全等(相合)变换,等成份变化. *congruent triangles* 全等(叠合)三角形.

congruen'tial *a.* 全等的,叠合的,同余的. *congruential generator* 同余数生成程序.

congru'ity [kən'gru:iti] *n.* 适合,一致,和谐性,调和. *congruity of parallel tests* 平行试验的一致性.

con'gruous ['kɔŋgruəs] *a.* 一致的,适(符,调)合的,协调的,全等的(with, to). ~*ly ad.* ~*ness n.*

con'ic ['kɔnik] Ⅰ *a.* 圆锥(形)(体)的,锥形的. Ⅱ *n.* 圆锥(二次)曲线,双曲线, (*pl.*) 锥线法(论). *concentric conic* 同心二次曲线. *conic bushing* 锥形轴承. *conic cup* 锥形杯(突). *conic node* 锥形点. *conic polar* 极二次曲线. *conic projection* 圆锥(形)投影(法). *conic section* 圆锥(锥体)截面,圆锥(二次)曲线. *conic with center* 有心二次曲线. *conic without center* 无心二次曲线. *proper conic* 常态二次曲线. *similar conic* 相似二次曲线. *singular conic* 奇(异)二次曲线.

con'ical ['kɔnikəl] *a.* (圆)锥(形,状)的,锥形的. *conical beam* 锥形射束. *conical boring* 锥孔镗削,镗圆锥孔. *conical cam* 锥形凸轮. *conical cup test* 圆锥杯突试验. *conical cutter* (加工砂轮的)圆锥形刀具,刀锥. *conical diaphragm* 锥形膜膜,纸盆. *conical die* 拉模. *conical graduate* 锥形量杯. *conical head bolt* (圆)锥头螺栓. *conical point* 锥顶点. *conical projection* 圆锥投影. *conical roller* 锥形滚柱(柱). *conical section* 圆锥(二次)曲线,锥体截面. ~*ness n.*

con'ically *ad.* 成圆锥形.

conic'ity [kou'nisiti] *n.* 锥形,锥(削)度,圆锥度.

conicograph *n.* 二次曲线规.

con'icoid [kənikiɔd] *n.* 二次曲面.

conid'iocarp *n.* 分生孢子果.

conid'iophore *n.* 分生孢子梗.

conid'iospore *n.* 分生孢子梗.

conid'ium *n.* 分生孢子.

co'nifer ['kounifə] *n.* 针叶树.

coniferin *n.* 松柏忒.

conif'erous [kou'nifərəs] *a.* 针叶树的,松柏科的.

co'niform ['kouhnifɔ:m] *a.* (圆)锥形的,锥状的.

conim'eter *n.* 测尘器.

co'ning ['kouniŋ] Ⅰ *n.* ①(圆)锥度,圆锥角 ②形(作)成圆锥形,锥面的形成,卷于圆锥体上, (烟缕)成锥形 ③(在压力机上整轧车轮)弯曲轮辐. Ⅱ *a.* 圆锥形的. *coning angle* 圆锥角.

coniol'ogy *n.* =koniology.

conio'sis 粉尘病,尘埃沉着病.

coniscope *n.* 计尘仪.

conisphere *n.* 锥禄.

conj =conjunction 连接词.

conject *v.* ①推测,猜想 ②计划,设计.

conjec'turable [kən'dʒektərəbl] *a.* 可推测到的,猜得到的.

conjec'tural [kən'dʒektʃərəl] *a.* 推测的,猜想的. ~*ly ad.*

conjec'ture [kən'dʒektʃə] *n.*; *v.* 推测,猜想(测),估计,假设,辨读. *form* (*make*) *conjectures upon* 推测. *found a conjecture on* 根据…推测.

conjoin' [kən'dʒɔin] *v.* (使)结合,连接.

conjoined [kən'dʒɔind] *a.* 结合的,同时发作的,重叠(相连)的.

conjoint' [kən'dʒɔint] *a.* 结(联,粘)合的,相连的,连带的,共同的. ~*ly ad.*

con'jugacy ['kɔndʒugəsi] *n.* 共轭性.

con'jugant *n.* 接合体.

con'jugate Ⅰ ['kɔndʒugit] *a.* ①共轭的,共役的,偶(配)极,缀(绶)合的 ②成(配)对的,成对的,结合着的,连接的,联结的 *n.* ①共轭(量),共轭(轭合)物,成对之物 ②骨盆内径. Ⅱ ['kɔndʒugeit] *v.* ①共轭,配对,相配(联,结)合,连接 ②连接(语法中的时态等)变化. *canonical conjugate* 曲型共轭量. *conjugate angle* 共轭角. *conjugate beam* 共轭梁. *conjugate chord* 共轭弦. *conjugate complex number* 共轭复数. *conjugate conics* 共轭(配极)二次曲线. *conjugate constraint* 共轭制约,共轭约束条件. *conjugate foci* 共轭(焦)点. *conjugate impedances* 共轭阻抗. *conjugate matrices* 共轭(矩)阵. *conjugate of a function* 函数的共轭值. *conjugate operation* 共轭运算. *conjugate pair* 共轭(耦合)对. *conjugate points* 共轭点. *conjugate slip* 共轭滑移. *conjugate stress* 共轭应力. *conjugate surface* 共轭面. *conjugate tangents* 共轭切线. *conjugate value* 共轭值. *conjugated double linkage* 共轭双耦合.

conjugate-concentric *a.* 共轭-同心的.

conjuga'tion [kɔndʒu'geiʃən] *n.* ①共轭(性),共轭运算,(共)轭(缀)合 ②结耦,联,接,契合,连(衔)接,配对 ③逻辑乘法(积) ④动词变化 ⑤【天】会合. *conjugation of successive photographs* 连续照片的衔接.

conjugon *n.* 接合子.

conjunct' [kən'dʒʌŋkt] a. 联合的,混合的,连接的.

conjunc'tion [kən'dʒʌŋkʃən] n. ①连接,结[耦,配、联、组]合,巧合,同时[处]发生,【数】契合,合取 ②连接点[法,词],【天】(会)合点,(月)朔 ③结合件 ④【计】逻辑乘[法,积],"与" ⑤连词. *conjunction gate*"与"门. ▲*in conjunction with* 和……一起,同时,会合,连同……一起,连带[着]. *The moon is in conjunction with the sun.* 月亮处在合点(处在地球和太阳之间,即新月,朔). ~al a.

conjunc'tiva [kɔndʒʌŋk'taivə] [拉丁语] n. 结膜.

conjuncti'val a. 结膜的.

conjunc'tive [kən'dʒʌŋktiv] a. ①连接(者)的,连系的,结合的 ②【数】契合的,合取的【计】逻辑乘的. *conjunctive matrices* 共轭相合(矩)阵. *conjunctive search* 逻辑乘(法)探索[检索],按"与"检索. ~ly a.

conjunctivi'tis n. 结膜炎.

conjunc'tly ad. 连接着,共同.

conjunc'ture [kən'dʒʌŋktʃən] n. ①局面,形态,时机[候],场合 ②危机,非常时期,重要关头 ③(事件)同时发生,结合,联合. ▲*at* [*in*] *this conjuncture* 在这时候[时刻].

conjure Ⅰ [kən'dʒuə] vt. 恳[祈]求. Ⅱ ['kʌndʒə] v. 变戏法,玩魔术,念咒,幻想(up). *conjura'tion* n.

conk [kɔŋk] vi. (机械等)失灵,出毛病,突然损坏,(有)发生故障的迹象(out).

conn = ①connector 连接[法,件],接合(面,处) ② connecter 接[插]头,接线柱.

conn [kɔn] vt. ; n. 驾驶(船),指挥(驾驶). *conning tower*(军舰)司令塔,驾驶指挥塔,入口处.

con'nate ['kəneit] a. 同[结,共]生的,同源的,同族的,先天的,生来的,出生时的. *connate deposit* 原生沉积. *connate water* 原生水,天然水.

connat'ural [kə'nætʃrəl] a. ①生来的,固有的(to) ②同性质的,同种的.

connect' [kə'nekt] v. 连接[结,通],接[结]合,接续(通),联系[结,络,想],贯串,衔接,相连(with). *Connect me with Tsinghua University.* (打电话用语)给我接清华大学. *connect in arallel* 并联(连接). *connect in series* 串联(连接). *connect the clutch shaft to the mainshaft* 把离合器轴连接到主轴. *connect data set to line* 【计】把数据组连接成行. ▲*be connected with* 与……连接(有关).

connec'ted a. 连接的,接续的,关联的,有联系的,连贯的. *cascade connected* 级连的,串连的. *connected complex* 【数】连通复形. *connected graph* 连通图. *connected in series* 串联的. *connected shaft* 连动轴. *connected speech* 连续语言. *connected yoke* 连接横木,复梁. *multiply connected* 多连通的. *simply connected* 单连通的.

connec'tedness [kə'nektidnis] n. 连通[联缀]性,连结性.

connecter = connector.

Connecticut n. (美国)康涅狄格(州).

connec'ting [kə'nektiŋ] Ⅰ a. 连接的. Ⅱ n. ①连接 ②管接头,套管. *connecting angle* 结合角钢. *connecting bar* 连(接)杆,(连)系(钢)筋,接线柱. *connecting bolt* 连接螺栓. *connecting box* 接线盒,连(电缆接头)箱. *connecting bus-bar* 接续汇流条. *connecting cable* 接线(拉线,接合,连接,中继)电缆. *connecting circut* 中继(连接)线,连接电路. *connecting cord* 连接(中继)塞绳. *connecting curve* 连接(缓和)曲线. *connecting flange* 连接法兰. *connecting link* 连杆,联结杆(环). *connecting pipe* 连接(结合)管. *connecting plate* 连接(接线)板. *connecting plug* 接线塞子. *connecting ring* 连环. *connecting rod* 结合杆,连杆,活塞杆,接线柱. *connecting tube* 连接管,导管. *connecting up* 布线,装配[置],安装. *connecting wire* 连接(电)线.

connecting-up n. 布线,装配.

connec'tion [kə'nekʃən] n. ①连接[法,件,物,关系,机构],联结,关(联)系 ②接(通,合,线,头,连,线图),接合面[处],引线,通讯线,输出端 ③拉杆,吊挂,连轴节,离合器 ④主油路的连接(数) ⑤联系手段,联系,往来关系 ⑥连贯性,上下文关系,方面. *accordant connection* 匹配连接. *anode connection* 阳极接线. *antenna connection* 天线接线. *breakaway connection* 断路式离合器. *bridge connection* 桥(形连)接,跨接. *built-up connection* 组合连接. *cascade connection* 插塞式连接. *cascade connection* 级(串)连接. *concertina connection* 伸缩性连接. *connection angle* 结合角钢. *connection block* [*plate*] 接线板. *connection box* 接线盒[板],电缆接头箱,分线[线缆]箱,连接框[罩]. *connection clip* 结合别. *connection diagram* 接线(连接)图. *connection link* 连(接)杆,联(结)杆. *connection matrix* 连接[连通,联络]矩阵. *connection pipe* [*tube*] 连接[通]管. *connection rod* 连杆. *connection sleeve* 连接套筒. *connection socket for aerial* [*antenna*] 天线插口. *connection strap* 跨[桥]连接线,连[桥]接条. *connection strip* 连接条[片]. *connection terminal* 接线匣子. *cross connection* 交叉连接,十字接头. *delta* [△] *connection* 三角接法. *differential connection* 差动连接. *earth* [*ground*] *connection* 接地(线). *end connection* 端接. *flexible connection* 挠性连接,挠性接轴节. *forked connection* 叉状[插头]连接. *jumper connection* 跳接. *link connection* 杆件连接,铰接. *make connection* 闭路连接,接通. *multiple connection* 并列连接,并(联)接(法),复接. *multiple-series connection* 串并联,混接. *mutual connection* 相互联系互接. *oil* (*pipe*) *connection* 油管接头(连接). *oxygen connection* 氧气接头. *parallel* [*shunt*] *connection* 或 *connection in parallel* 并联. *pin connection* 销(连)接,管脚连接. *power connection* 接电源,电源接头. *punch connection* 冲压结合. *quick-release connection* 速卸结合. *releasable connection* 可卸结合. *series connection* 或 *connection in series* 串联. *series-multiple* [*series-parallel*] *connection* 串并联,混接. *slip connection* 滑动接点. *swivel connection* 铰接,摆动式管接头. *tandem connection* 级(串)联,前后串接.

connection-oriented

telescoping connection 伸缩管式联结. *working connection* 主〔工作〕油路. *wye* 〔Y, star〕 *connection* Y 形接法, 星〔Y〕形连接. ▲*cut the connection* 把东西拆开, 割断联系. *enter into a connection with* 与…发生关系. *have a* 〔*no*〕 *connection with* 与…有〔无〕关系. *in connection with* 在…方面, 与…有关, 与…共同, 连〔随〕同, 与…联运. *in this* 〔*that*〕 *connection* 在这〔那〕方面, 就此而论, 关于此. *make connections at* (火车, 轮船等) 在…衔接〔连络, 转搭〕. *You are in connection.* (电话) 给你接通了. ~al *a.*

connection-oriented *a.* 面向连接的.

connec′tive [kə'nektiv] Ⅰ *a.* (有) 连接 (作用) 的, 接续的, 连〔结〕合的, 联结的. Ⅱ *n.* ①(尤指) 连接字 (如连接词) ②连〔接〕运算符号. *logic* 〔*al*〕 *connective* 逻辑运算符号.

connectiv′ity [kənek'tiviti] *n.* 连通 (性), 联络〔络〕性.

connec′tor [kə'nektə] *n.* ①连接〔接合〕物, 连接管〔线, 符〕, 连接头, 结合器, 终接器, 接线器〔机, 盘, 箱〕②接线器 (柱, 夹, 盒, 端子, 电缆, 装置), 插头〔塞〕(和塞孔), 接插件, 插头座, 线夹 ③连接〔结合〕器〔对〕管 (接头), 管接头, 管节, 有尾丝扣④木结构的"裂环结合"的零件⑤连接〔联系〕者, 连体, 联合体, 接合部, 〔噬菌体〕颈圈. *4p connector* 四芯连接器. *automatic connector* 自动接线器. *butt connector* 对接接头. *cable connector* 电缆接头, 电缆连接器, 钢索接头. *charging connector* 充气〔加油〕嘴. *coaxial connector* 同轴电缆 (接头) 套管. *combination connector* 通用终接机, 万能终接器. *connector assmbly* 插头终接器, 插座. *connector bank* (继排) 终接器弧. *connector ben* (连接) 弯头 (管). *connector flange* (印制电路板的) 插头部分. *connector lug* 接线头. *connector pin* [plug] 塞子, 插头 [销]. *connector shelf* 终接器 (连接器) 架. *connector socket* 接线插座. *connector splice* 接头拼接板. *electrical connector* 电气接插件, 接线接头, 插塞〔头, 座〕, 接线盒. *end connector* 端接器〔上〕. *female connector* 内螺纹盒. *flow-chart connector* 流程图〔操作程序图, 工艺流程图〕连接符号. *frequency selecting connector* 选频终接器. *ground connector* 接地线头, 地面电源插头. *hose connector* 软管接头. *inter connector* 连通管. *logic* 〔*al*〕 *connector* 逻辑接字号. *male connector* 外螺纹管接头. *missile-launcher connector* 导弹-发射器连接电缆. *plug and socket connector* 插销接头. *pull-apart connector* 拉脱接头. *separation* 〔*separable*〕 *connector* 脱接插座, 可分离接头. *sleeve tubing connector* 套管接头. *umbilical connector* 临时管 (道, 电) 缆连接器. *union-hose connector* 软管联接节.

connexion =connection.

con′ning *n.* 指挥 (航行, 航向).

conning-tower *n.* (军舰) 司令塔, 驾驶指挥塔, 入口处.

conni′vance [kə'naivəns] *n.* 纵容, 默许, 假装不见 (at, in).

connive′ [kə'naiv] *vi.* ①纵容, 默许, 假装不见, 睁一眼闭一眼 (at) ②共谋, 秘密勾结 (with).

connoisseur′ [kɔni'sə:] *n.* 鉴定 (赏) 家, 行家, 内行 (in, of).

connoisseurship *n.* 鉴赏能力.

connota′tion [kɔnou'teiʃən] *n.* 含 (涵) 义, 内涵. **con′notative** *a.*

connote′ [kɔ'nout] *vt.* ①包含, (除基本词义外还) 含有…的意义, 意思就是 ②暗示, 指点, 使联想到.

conode *n.* 共节点, 共节点线.

co′noid ['kounɔid] *n.*; *a.* 圆锥 (形, 体, 面) (的), 锥体, 劈锥 (曲面). *conoid shell* 圆锥壳体, 劈锥曲面壳. *right conoid* 正劈锥曲线. ~al *a.*

conor′mal [kou'nɔ:məl] *n.* 余 (共) 法线.

co′noscope ['kounəskoup] *n.* 锥光镜, 锥光偏振仪 (检验晶体在会聚的偏振光下产生的干涉图的偏振镜), 晶体光轴同心圆观测器, 干涉〔干扰〕仪〔器〕. *conoscope image* 干涉图形. **conoscop′ic** *a.*

Conpernik *n.* 康普尼克铁镍基导磁合金 (镍约 50%).

CONPRO =construction profile 结构纵剖面图.

conquassa′tion *n.* 压溃, 捶伤.

con′quer ['kɔŋkə] *vt.* ①征服, 战胜, 占领 ②克服, 打破, 破除. *Man can conquer nature.* 人定胜天.

con′querable ['kɔŋkərəbl] *a.* 可征服的, 可以战胜的.

con′queror ['kɔŋkərə] *n.* 征服者, 胜利者.

con′quest ['kɔŋkwest] *n.* 征服, 获得, 探险. *make a conquest* 征服. *space conquest* 征服空间, 宇宙探险.

Con′radson ['kɔnrædsn] *n.* 康拉特逊. *Conradson figure* 康拉特逊 (残碳) 值. *Conradson index* 康拉特逊 (残碳) 指数. *Conradson method* 康拉特逊残碳测定法.

con′rod =connecting rod 连杆.

consanguin′eous *a.* 同源族的.

consanguin′ity [kɔnsæŋ'gwiniti] *n.* (岩浆) 同源, 同族, 亲族, 血统, 连续.

con′science ['kɔnʃens] *n.* 良心, 天良. ▲*in all conscience* 真正, 的, 的确确, 一定.

conscien′tious [kɔnʃi'enʃəs] *a.* ①凭良心办事的 ②认真的, 有责任心的, 负责的, 尽责的. ~ly *ad.*

con′scious ['kɔnʃəs] *a.* ①有意识的, 知觉的, 自觉的, 故意的 ②明白的, 知道的. *conscious activity* 自觉行为, 能动性. *conscious dynamic role* 主观能动性. *conscious error* 已知误差. ▲*be* 〔*become*〕 *conscious of* 〔*that*〕 意识到, 发觉, 觉得, 知道. ~ly *ad.*

con′sciousness ['kɔnʃəsnis] *n.* ①意识, 觉悟, 神志, 自觉性 ②知觉. *Man's social being determines his consciousness.* 存在决定意识. *consciousness of ego* 自我意识, 自觉. *from matter to consciousness* 由物质到精神. *political consciousness* 政治觉悟. ▲*lose* 〔*recover*〕 *one's consciousness* 失去 (恢复) 知觉.

con′sectary [kən'sektəri] Ⅰ *n.* 结论 (果), 推论. Ⅱ *a.* 连续 (顺序) 的.

consecu′tion [kɔnsi'kju:ʃən] *n.* 连贯 (续), 联络, 次 (顺) 序, 推论, 结论 (果).

consec′utive [kən'sekjutiv] *a.* ①连续 (不断) 的, 接连 (而来) 的, 连贯 (串) 的, 陆续的 ②顺序 (次) 的, 相当

的,依次相连的 ③结论的,(表示)结果的. *consecutive action* 连续动作. *consecutive computer* 串行(操作)计算机,连续操作计算机. *consecutive decimal point* 相连小数点. *consecutive firing* 连续爆破. *consecutive integral power* 相继整幂. *consecutive mean* 连续平均(值),动态平均(值). *consecutive numbers* 相邻(连续)数,连号. *consecutive sequence computer* 连续序列(顺序)计算机. *consecutive values* 相邻(继)值. *on consecutive days* 接连几天,连日. *(on) five consecutive days* 连续五天. ~*ly ad.* ~*ness n.*

Consel arc method 熔极式电弧炉熔解法.
Consel material 熔极式电弧炉熔解的金属.
consenes'cence [ˌkɔnsiˈnesəns] *n.* 衰老,老朽.
consensus [kənˈsensəs] *n.* (意见)一致,舆论,同感. *by general cosensus* 根据普遍的意见. *the consensus (of opinion)* 一致(多数)的意见.舆论方面.
consent' [kənˈsent] *n.*; *vi.* ①同意,赞成,答应,允许,许可(to) ②(万能)插口,插座,塞孔. ▲*by common consent* 或 *with one consent* 一致同意. *by mutual consent* 双方同意. *give one's consent* 答应. *refuse one's consent* 拒绝. *with the consent of* …经(得到)…的同意.
consenta'neous *a.* 一致的,(经一致)同意的,适合的.(to,with).
consenter *n.* 同意者,赞成者.
consen'tient *a.* 同意的,赞成的,一致的.
con'sequence [ˈkɔnsikwəns] *n.* ①后(结)果,影响,结论 ②重要(性),重大 ③后果,推论(断). ▲*(be) of consequence* 有意义的,(很)重要. *a matter of consequence* 重大问题. *(be) of little consequence* 意义不大,无足轻重. *(be) of no consequence* 没有意义,无关紧要,不重要. *in [as a] consequence* 结果,因此,从而. *in [as, a] consequence of M* 由于 M(的结果),因为 M(的缘故). *take the consequences* 承担后果. *with out negative consequence* 没有副作用. *without reflecting on the consequences* 不顾后果.
con'sequent [ˈkɔnsikwənt] Ⅰ *a.* ①跟着(随之)发生的,结局的,理所当然的,合乎逻辑的,必然的 ②继起的,因…而起的 ③[地质]顺的. Ⅱ *n.* ①(当然的)结果,推论 ②[数]后项,后件 ③[逻]顺问. *consequent bandwidth restriction* 后推带宽约限制. *consequent divide* 顺向分水岭. *consequent drainage (system)* 顺向水系. *consequent pole* 庶极,中间磁极. *consequent river [stream]* 顺向河. ▲*(be) consequent on [upon] M* (是)因 M 而引起的,(是)随 M 而发生的,是 M 的结果.
consequen'tial *a.* ①作为结果的,随之发生的,相应而生的,推论的,间接的 ②引出重要结果的,重大的 ③自高自大的,有势力的. ~*ity n.* ~*ly ad.*
con'sequently [ˈkɔnsikwəntli] *ad.* 因此,从而,所以,必然.
consequent-pole *n.* 中间磁极,换向极,间极.
conser'vancy [kənˈsəːvənsi] *n.* ①(森林,河流,自然)保护,水土保持,管理 ②(河道,港口)管理局,水利委员会 ③资源保护区. *conservancy area* 封山育林地区,自然保护区. *conservancy engineering* 水土保持工程. *water conservancy* 水利.

conser'vation [ˌkɔnsəˈveiʃən] *n.* ①保存,保藏,(保护,保持,(森林,自然,自然资源)保护,保养,储备 ②守恒,不灭 ③油封. *conservation area* 水土保持区,自然保护区,滞洪区. *conservation field of force* 保守力场. *conservation law* 守恒定律. *conservation of energy* 或 *energy conservation* 能量守恒(不灭). *conservation of matter* 物质守恒(不灭). *conservation plant* 利(用)废(料生产的)工厂. *conservation reservoir* 蓄水库. *conservation storage* 蓄水库容. *conservation survey* 自然资源保护测量. *conservation technology* 水土保持技术,自然资源保护技术. *conservation theorem* 守恒定理. *heat conservation* 热量守恒(保存). *parity conservation* 字称守恒.
conserva'tionist *n.* 水土保持专家,自然资源保护专家.
conser'vatism [kənˈsəːvətizm] *n.* 保守性.
conser'vative [kənˈsəːvətiv] Ⅰ *a.* ①保守的,(因循)守旧的 ②守恒的,保持的 ③保存小的 ④谨慎小的,过低的 ⑤有裕量的,储备在内的. Ⅱ *n.* ①保守派,防腐剂 ②守旧的人,(英)保守党党员. *conservative concentration* 保守(不变)浓度. *conservative estimate* 保守估计. *conservative force* 保守(恒)力. *conservative grazing* 适度放牧. *conservative motion* 守恒(保守)运动. *conservative property* 守恒性质,保守性. *conservative slope* 守恒山坡. *conservative system* 守恒系(统). *conservative value* 保守数值. *rightist conservative ideas* 右倾保守思想. *the Conservative Party* (英国)保守党. ~*ly ad.*
con'servator [ˈkɔnsəˌvəːtə] *n.* ①保(储)存器 ②存(保)油器,保油箱(变压器上部的小圆筒),油枕 ③保(护)者,管理人,保管员,保护人 ④自然保护委员.
conser'vatory [kənˈsəːvətri] Ⅰ *a.* (有)保存(力)的,保管人的. Ⅱ *n.* 暖房,温室.
conserve [kənˈsəːv] Ⅰ *vt.* ①保存,保藏,储藏[备],节省 ②守恒. Ⅱ *n.* 防腐剂,糖渍品,糖剂. *conserve space* 节省篇幅. *conserving agent* 防腐剂.
consid'er [kənˈsidə] *v.* ①考虑,考察,研究,斟酌,估计 ②认为,看做 ③设想,假定有 ④体谅,照顾,重视,尊敬. *all things considered* 把一切情况和可能性都考虑进去(以后),综合各方面情况来看从[为]考虑. ▲*be considered to* + *inf.* 被认为是[能]. *consider M (to be, as) N* 把 M 看做 N,认为 M 是 N.
consid'erable [kənˈsidərəbl] *a.* ①该注意的,值得考虑的,不可忽视的,重要的 ②相当大[多]的,很大[多]的,大量的,可观的. ~*ness n.*
consid'erably [kənˈsidərəbli] *ad.* 显著地,大大,相当,很,颇.
consid'erate [kənˈsidərit] *a.* ①能体谅(人)的,能顾到…的(of) ②考虑周到的. ~*ly ad.* ~*ness n.*
considera'tion [kənˌsidəˈreiʃən] *n.* ①考虑,研究,讨论,商量 ②(需要,所考虑的事项[问题],条件,理由,根据,设想,见解,意义,重要(性) ③体谅,顾虑 ④报酬. *design consideration(s)* 设计根[依]据.

general considerations 一般见解〔原理〕. *personal considerations* 个人情况（的考虑）. *similarity* 〔*similitude*〕*consideration* 相似条件,相似性考虑. ▲*among other considerations* 就其中,其中包括,其中有一条是:. (*be*) *of consideration* 值得考虑的,重要的. *by practical consideration* 从实际情况考虑. *give consideration to* 研究. *in consideration* (在)考虑中(中). *in consideration of* 由于,考虑到. *leave out of consideration* 把…置之度外,不以…为意,不加考虑. *on no consideration* 决不. *not on any consideration* 决不. *take into consideration* 加以考虑,考虑(到),注意(到),计及,斟酌. *take up consideration*(*s*) 从事研究. *under consideration* (在)考虑中,(在)研究中. *under no consideration* 决不,无论如何不. *without consideration* 不考虑过的.

consid'ered [kən'sidəd] *a*. 考虑过的,被尊重的.

consid'ering [kən'sidəriŋ] *prep*. 鉴于,就…而论(说),照…说来. *ad*. 就事论事.

consign' [kən'sain] *vt*. ①托运,运送,发货 ②委托,交付 ③寄存〔售〕,存款. *The goods have been consigned by rail*. 货物已交铁路运送. *We beg to consign the following per S. S. M.* 请由"M"号轮船运交下列各物. ▲*consign M to N* 把 M 委托〔交付〕N. *consign to oblivion* 置之脑后.

consigna'tion [kɔnsai'neiʃən] *n*. 交体、委托、寄存. ▲*to the consignation of M* 运〔寄,转〕交 M (处).

consignee' [kɔnsai'ni:] *n*. ①收货(件)人 ②受托人 ③承(代)销人.

consigner = consignor.

consign'ment [kən'sainmənt] *n*. ①交付,发货,委托,托运 ②寄售〔销〕③所托运的货物,代销货物. *a new consignment of goods* 一批新到货. *consignment in* 承销品. *consignment invoice* 送货发单. *consignment note* 发货通知书. *consignment out* 或 *goods on consignment* 寄销〔售〕品.

consignment-sheet *n*. 收货凭单.

consign'or [kən'sainə] *n*. ①发货(托运)人,发货人 ②寄销〔售〕人,委托者.

consilience [kən'siliəns] *n*. (逻辑推论)符合,一致. **consilient** *a*.

consist' [kən'sist] *vi*. ①由…组成〔构成〕,包括(of) ②在于,存在于,(要素,要点)是(in) ③与…一致〔相容〕,符合(with). *A hydrogen atom consists of a single electron moving round a single proton*. 一个氢原子是由一个电子绕着一个质子旋转构成的. *Time just consists of the relation of before and after among events.* 时间只不过是各事件之间的先和后的关系(构成的). *The casting process consists in pouring molten metals into moulds.* 铸造过程在于把熔化了的金属浇注到模型中去. *The testimony consisted with all known facts.* 证据与全部已知事实相符.

consist'ence [kən'sistəns] *n*. ①稠(粘,浓,密实,坚实)度,稠性 ②相容性,自洽性,一致性,一贯性,连续性,稳定性,统一. *consistence check* 一致性检验. *consistence condition* 相容条件. *consistence factor* 稠度系数,可灌因素. *consistence index* 稠度指数. *consistence meter* 稠度计. *consistence of axioms* 公理的相容(一致)性. *consistence of composition* 成份的一致性. *consistence of performance* 性能一致性. *consistence test* 稠度试验. *grease consistence* 润滑脂稠度.

consis'tency [kən'sistənsi] *n*. = consistence 稠度,一致性,密度,紧密性,坚实.

consist'ent [kən'sistənt] *a*. ①一致的,一贯的,始终如一的 ②相容〔合〕的,可协调的,协和的,符合的 ③坚实(固)的,稳定的 ④稳定的. *consistent approximation* 相容近似(法). *consistent element* 相容〔协调〕元. *consistent estimate* 相容〔一致〕估计. *consistent estimator* 一致估计(量),一致推算子. *consistent lubricant* 〔*grease*〕润滑脂,黄油,固体润滑剂. *consistent subcritical kinetics* 相容次临界动力学. *consistent unit*【计】一致部件〔装置〕,相容部件. *self consistent* 独立〔自主〕的. ▲(*as, be*) *consistent with* 和…一致〔协调〕,符合,按照.

consist'ently [kən'sistəntli] *ad*. 一贯地,始终如一地. *consistently ordered matrix* 相容次序矩阵.

consistent-vibration *n*. 协和振动.

consistom'eter [kɔnsis'tɔmitə] *n*. 稠度计(仪).

conso'ciate [kən'souʃieit] *v*. (使)结〔联,组〕合.

consocia'tion *n*. 单优种群丛.

consocies *n*. 演替系列单优种群丛.

consocion *n*. 优势种演替层.

Consol *n*. "康索尔",多区无线电信标,电子方位仪(使驾驶员可以确定方位的信标,辐射许多个按时序旋转的等强信号). *Consol beacon* 远距导航无线电信标.

consol = consolidate 加固,固定〔结〕,压实.

Consolan *n*. 区域无线电信标.

consola'tion [kɔnsə'leiʃən] *n*. 安慰,慰问. **consol'antory** *a*.

console ['kɔnsoul] *n*. ①托架,角撑〔悬臂〕架,(落地式)支架,(螺形)支柱,肘托 ②控制台,仪表板〔台〕,操纵台,面板 ③落地式接收机,落地式仪表台 ④扇形无线电信标台, II [kən'soul] *vt*. 慰问. *checkout console* 测试操纵台. *command console* 指挥台. *console cabinet* 控制室. *console display* 控制〔台式〕显示器. *console file adapter* 控制台资料〔文件〕衔接器. *console model* 落地式. *console package* 控制台部件. *console panel* 控制盘,操纵板. *console printer/keyboard adapter* 控制台打字机衔接机〔接收机〕. *console receiver*〔*set*〕落地式收音机. *console switch* 操纵〔控制(台)〕开关. *console typewriter* 键盘〔控制(台)〕打字机. *control console* 操纵〔控制〕台. *control and monitor console* 监控台. *digital console* 数字式控制台. *display console* 指示(器)台,(雷达)显示台. *electronic console* 电子仪表台. *firing console* 发射操纵台. *indicator console* 指示(器操纵)台. *instrumentation console* 仪表〔操纵〕台. *motor console* 发动机试验操纵台. *navigational console* 导航台. *operational*〔*operator, operating*〕*console* 操纵台,控制台. *priming*

console 点火〔准备发射〕控制台. *sequence console* 循序〔操作顺序〕控制台. *targeting console* 目标数据输入台. *television console* 电视控制台.

console-table ['kɔnsoul teibl] *n.* (装在墙上的)台子,蜗形腿狭台.

consolette [kɔnsə'let] *n.* 小型控制台,小型落地式接收机(电视机,唱机),小尺寸的支架.

consol'idant [kən'sɔlidənt] Ⅰ *a.* 促创口愈合的,收创的. Ⅱ *n.* 愈合剂.

consol'idate [kən'sɔlideit] *v.* ①(使)巩固,加固,整顿,固结〔定〕,压实,强化,搞实 ②联合,合并,统一 ③摘录 ④(完型铸造)结块. *consolidated compiler* 统一编译程序. *consolidated depth* 固结深度. *consolidated ice cover* 固结冰盖层. *consolidated quick compression test* 固结快压缩试验. *consolidated return* 综合报告,汇报总结. *consolidated test* 固结试验. *consolidated trade catalog* 商品总目录. *consolidating pile* 强化桩. *consolidating station* 补运站.

consolida'tion [kənsɔli'deiʃən] *n.* ①巩〔凝,搞〕固,固结(性,作用),熔凝,结壳,强化,固化,渗压,压〔搞〕实,凝聚,坚,变为实〔结〕 ②联合,合并,统一. *arc-melting consolidation* 弧熔凝固. *consolidation apparatus* 〔*device*〕固结仪,固结装置. *consolidation by vibrating* 振动固结. *consolidation deformation* 固结变形. *consolidation grouting* 用水泥浆加固,固结灌浆. *consolidation line*〔*curve*〕渗压曲线,固结曲线. *consolidation of molybdenum by powder metallurgy practice* 钼的粉冶熔凝载(法). *consolidation of river bed* 河床加固. *consolidation pressure* 渗压力,固结压力. *consolidation settlement* 固结密〔沉〕陷. *consolidation test* 固结试验.

consolidom'eter [kɔnsɔli'dɔmitə] *n.* 固结〔渗压〕仪.

consolidus 〔拉丁语〕*a.* 坚固的.

con'solute ['kɔnsəlu:t] *a.*; *n.* 共溶性的,会〔混〕溶质(的),完全可以混溶的. *consolute temperature* 会溶温度.

con'sonance ['kɔnsənəns] *n.* ①和谐,谐和,协调,一致,调和 ②共鸣〔振〕,谐振. *selective consonance* 选择谐振. ▲*in consonance with* 和…一致〔共鸣〕. *act in consonance with the requirement of the occasion* 随机应变.

con'sonant ['kɔnsənənt] Ⅰ *a.* (与…)一致的,协调的,和谐的(*with*, *to*). Ⅱ *n.* 谐和音,辅音,子音. *consonant to reason* 合理的. ~ *ly ad.*

consort Ⅰ ['kɔnsɔ:t] *n.* 伙伴,僚舰〔艇〕 ②配. Ⅱ [kən'sɔ:t] *v.* ①一致,调和,相称(*with*) ②陪伴(*with*).

consor'tium [kən'sɔ:tjəm](*pl.* *consortia*) *n.* ①合作〔伙〕,联合 ②(国际)财团,借款团 ③国际性协议.

conspecif'ic [kɔnspi'sifik] *a.* (属于)同(一)种的.

conspec'tus [kən'spektəs] *n.* ①提〔摘〕要,大纲,梗概,概论,简介,说明书 ②线路〔流程〕示意图,一览表.

conspicu'ity *n.* 能见度,(可见信号)显明性.

conspic'uous [kən'spikjuəs] *a.* ①显著的,明显的,值得〔引人注意)的,特殊的 ②突〔杰〕出的,著名的. *cut a conspicuous figure* 引人注意,惹人注目. ~ *ly ad.* ~ *ness n.*

conspir'acy [kən'spirəsi] *n.* ①共谋,谋反,阴谋(集团)(*against*) ②协同作用.

conspir'ator [kən'spirətə] *n.* 阴谋家,共谋者.

conspirato'rial *a.* 阴谋(家)的,共谋的.

conspire' [kən'spaiə] *v.* ①密谋(策划),搞阴谋 ②(巧合)协力促成,导致.

CONST 或 **const** = ①*constant* 常数,恒量,不变(的),恒定(的),恒常(的) ②*constantan* 康铜,铜镍合金 ③*construct* 构〔建〕造,作图 ④*construction* 构造,结构.

constac ['kɔnstæk] *n.* 自动电压稳定器,自动稳压器.

con'stance 或 **con'stancy** ['kɔnstəns] ['kɔnstənsi] *n.* 恒〔稳,固,坚〕定性,不变性,持久性,定型性,恒存〔恒有〕度. *constancy of frequency* 频率稳〔恒〕定性. *constancy of heater motion* 加热器恒定运动. *constancy of level* 能级不变. *constancy of temperature* 温度恒定. *constancy of volume* 容积不变.

con'stant ['kɔnstənt] Ⅰ *a.* ①恒〔稳,固,坚〕定的 ②不变(绝,断)的 ③恒久的,经常的,屡见的. Ⅱ *n.* 常〔系〕数,恒〔常〕量,恒定〔不变〕值,不变数. *absolute constant* 绝对常数. *additive constant* 相加性常数,外加常数. *arbitrary constant* 任意常数. *atomic constant* 原子恒量〔常数〕. *attenuation constant* 衰减常数. *barometer constant* 气压表〔气压测高〕常数. *Boltzmann's constant* 波耳兹曼常数(等于 1.3804×10^{-17} 尔格/绝对温度). *capacity resistance time constant* 电(阻)(电)容时间常数. *characteristic constant* 特征值. *chemical constant* 化学常数. *circular constant* 圆周率. *constant acceleration* 等加速度,恒定加速. *constant amplitude* 恒幅. *constant angle arch dam* 等中心角拱坝. *constant antenna tuning* 天线固定调谐. *constant cell* 恒压电池. *constant channel* 恒参信道. *constant circulation* 稳定循环. *constant cross-section* 等截面. *constant current* 恒(定电)流,直流. *constant current contour* 等流线. *constant current stabilizer* 稳流装置. *constant curvature space* 常曲率空间. *constant difference coding* 定差编码. *constant displacement*〔*delivery*, *flow*〕*pump* 定(排)量泵. *constant duty* 不变工况. *constant error* 常(在误)差,恒定误差. *constant flexible test* 等挠曲试验. *constant flow* 定常流,恒定流. *constant force* 恒〔常〕力. *constant gamma γ* 常数. *constant head* 常(不变)水头. *constant input* 常数输入. *constant K-filter* 定 K 式滤波器. *constant level* 恒定水准(水平),恒定油面,等高面,常度. *constant linear velocity recording* 定(线)速录音. *constant load* 定载. *constant maintenance* 经常养护. *constant mesh* 经常啮合. *constant M filter* 定 M 式〔M 导出式,M 推演式〕滤波器. *constant multiplier* 定标因数. *constant navigation* 定角导航(方式). *constant of proportionality* 比例常数. *constant part*

不变部份. *constant percentage modulation* 恒定深度调制. *constant pitch* 等〔定〕螺距. *constant position type automatic gain control equipment* 定值自动增益调整器. *constant pressure* 定压, 等压〔力〕, 恒压. *constant pressure chart* 等压面图. *constant pressure line* 等压线. *constant ratio code* 恒比代码. *constant rise* 持续上升. *constant scanning* 等速〔恒速〕扫描, 定速扫描. *constant section* 等截面. *constant speed* 常〔定〕, 等, 恒速. *constant speed control* 等速控制, 恒速控制, 定速调节. *constant spring* 恒重泉. *constant staticizer* 稳态器, 恒速存储器. *constant strength* 等强度. *constant temperature* 恒〔等〕温. *constant term* 常数项. *constant time lag* 定时延迟. *constant voltage* 直流电压, 恒〔定电〕压. *constant volume* 等容(积)定容. *constant wave* 等幅波. *constant white* 铜白. *conversion constant* 转换常数, 热的机械当量. *design constant* 设计常数. *dielectric constant* 电容率, 介电常数〔恒量〕, 电介质常数. *electromagnetic constant* 电磁常数〔恒量〕, 光速. *gravitation constant* (万有)引力常数〔恒量〕, 重力常数. *hysteresis constant* 磁带系数, 恒速存储器数位分配常数. *L-C constant* 电感电容常数. *magnification constant* 放大系数. *meter constant* 仪表〔计器〕常数. *modular constant* 模数. *reproduction constant* 增殖(再生)系数. *round-off constant* 舍入常数. *saturation constant* 饱和系数. *spring constant* 弹簧常数. *vapour pressure constant* 汽压常数〔恒量〕

Constanta [kən'sta:n(t)sə] *n.* 康斯坦察(罗马尼亚港口).

constant-amplitude *n.* 恒振幅, 不变幅度, 等幅.

con'stantan ['kɔnstəntæn] *n.* (一种体积电阻率很高而温度系数几乎可略而不计的铜镍合金)康铜(铜 46～60％, 镍 40～55％, 锰 0～1.4％, 碳 0.1％, 其余为铁; 铜 60％, 镍 40％; 铜 43.9％, 镍 55％, 锰 1.0％, 碳 0.1％, 其余为铁). *constantan wire* 康铜丝〔线〕(铜60％, 镍40％).

constant-bearing navigation 定向航行, 平行接近法.

constant-circulation *n.* 定向循环.

constant-current *n*; *a.* 恒(定电)流(的), 定流(的), 稳流(的), 直流(的).

constant-delivery *a.* 定量输送的.

Con'stantine ['kɔnstəntain] *n.* 君士坦丁(阿尔及利亚城市).

Constantino'ple [kɔnstænti'noupl] *n.* 君士坦丁堡现名 Istanbul 伊斯坦布尔.

con'stantly ['kɔnstəntli] *ad.* 不变地, 经常地, 继续〔坚持〕地, 不断地.

constant-multiplier coeffficient unit 【计】常数系数部件.

constant-phase-shifting network 常〔恒定〕相移网络.

constant-rate *a.* 恒速的.

constant-rate-of-strain test 常应变率试验.

constant-resistance *n.* 恒阻的, 固定电阻的.

Constantsa [kən'sta:n(t)sə] *n.* 康斯坦察(罗马尼亚港口).

constant-scanning *n.* 等速扫描.

constant-voltage *a.* 定〔恒,等〕压(式)的, 平特性的.

consta'tive [kən'steitiv] *a.* 肯定的, 断言的.

con'stellate ['kɔnstəleit] *v.* (使)形成星座, 布满群星, (使)群集.

constella'tion [kɔnstə'leiʃən] *n.* ① 星座 ② 星座式客机 ③ 奇象. *stellar constellation* 星座. *zodiacal constellation* 黄道十二宫.

con'sternate ['kɔnstəneit] *vt.* 使震惊(惊愕).

consterna'tion [kɔnstə'neiʃən] *n.* 震惊, 惊愕〔恐〕. *throw into consternation* 使大吃一惊. ▲*in* 〔*with*〕 *consternation* 震惊地, 惊慌地.

constipa'tion *n.* 便秘, 秘结.

constit'uency [kən'stitjuənsi] *n.* ① 读者, 顾客, 订户, 赞助者 ② 选民, 选区.

constituens (拉丁语) *a.* 组成的, 构形的.

constit'uent [kən'stitjuənt] I *a.* ① 组(成)的 ② 有选举权的. II *n.* ① 组成〔部分〕, 构成, 组〔部, 成〕分, 组元, 要素, 组成物 ② 分力〔支, 量〕, 支量 ③ 构成〔制定〕成分者, (国会议员的)选举人. *a constituent part* 一个组成部分. *active constituent* 有效成分, 活性组分. *atmospheric constituent* 大气成分. *constituent corporation* 子公司. *constituent element* 组元, 组成部分. *constituent of tide* 分潮. *flocculating constituent* 絮凝体, 絮凝体, 绒毛状组织. *fuel constituent* 燃料成(组)分. *nuclear costituents* 核子. *phase constituent* 相组成物. *soil constituent* 土壤成分. *structure constituent* 结构组件〔元件〕. *weather constituent* 气象要素.

con'stitute ['kɔnstitju:t] *vt.* ① 构〔组, 形〕成 ② 设〔建〕立, 制定 ③ 指〔选, 派〕定, 任命. *Seven days constitute a week.* 七天构成一星期. *be constituted representative of* 被举为…的代表. *constituted authorities* 当局.

constitu'tion [kɔnsti'tju:ʃən] *n.* ① 构造(成), 组织〔成〕, 成(组)分, 结构 ② 情况, 状态, 条件, 位置, 素〔体〕质 ③ 宪法, 宪〔规〕章, 组织(法), 章程, 法规, 政体 ④ 设〔建〕立, 制定. *chemical constitution* 化学成分〔结构〕. *constitution diagram* 组成图, 状态图, 平衡图, (金)相图. *constitution water* 化合水. *soil constitution* 土壤结构.

constitu'tional [kɔnsti'tju:ʃənəl] *a.* ① 组成〔织, 合〕的, 结构的, 构成的, 成(组)分的 ② 固有的, 基本的, 素〔体〕质的, 保健的, (影响)全身的 ③ 宪法的, 立宪的, 法治的. *constitutional detail* 结构零件. *constitutional diagram* 状态图, 平衡图, 组合图, (金)相图, (金相)平衡图. *constitutional formula* 【化】结构式. *constitutional provisions* 宪法上的规定, 法规.

constitu'tionally *ad.* ① 在构造上, 在质地上, 在结构上, 本质上 ② 按宪法.

con'stitutive ['kɔnstitju:tiv] *a.* ① 构〔组〕成的, 结构的 ② 本质的, 基本的, 必要的, 要素的.

constrain' [kən'strein] *vt.* 强迫〔制〕, 制约, 约束, 束缚, 紧紧夹住, 抑制. *constraining force* 限定〔约束, 强制〕力. *constraining moment* 约束弯矩. ▲*be constrained to +inf.* 不得不, 被迫. *constrain… to +inf.* 强迫…(做).

constrained [kən'streind] *a.* 被(强)迫的,限定的,强制的,(受)约束的,勉强的. *constrained acoustic radiator* 制约式[强制式]声辐射器. *constrained beam* 两端固定梁. *constrained current operation* 强制励磁. *constrained force* 约束力. *constrained motion* 约束[限制]运动,强制动作. *constrained oscillation* 强迫振荡. *constrained state* 受约束状态. *constrained yield stress* 假定[条件]屈服限. ~ly *ad*.

constraint' [kən'streint] *n.* ①抑[限,压]制,制约,强制 ②约束(条件,方程,因数),束缚,固定 ③系统规定参数,变动极限,控制信号范围. *acceleration constraint* 加速限制. *boundary constraint* 边界约束. *constraint (transition) curve* 约束(缓和)曲线. *constraint factor* 强制[约束]因数. *design constraints* 设计制约,设计约束条件. *end constraint* 终端约束. *mutually agreed-upon constraints* 双方所能同意加以约束的项目. *principle of least constraint* 最少约束原理. *range constraint* 距离限制. ▲*by constraint* 勉强,强迫. *under [in] constraint* 被迫,不得不.

constrict' [kən'strikt] *vt.* 使收缩,压缩,收紧,使变小,阻塞.

constricted [kən'striktid] *a.* 狭窄[隘]的,压缩的.

constric'tion [kən'strikʃən] *n.* ①收[压]缩,缩窄,面积收缩,收敛(窄),狭窄 ②颈缩,缩颈 ③束集,分割,隔断 ④收敛管道,收缩部,能压紧(收缩)的功用,阻塞物 ⑤紧缩感 ⑥拉紧,集聚 ⑦缩痕,缩断(作用). *constriction for vacuum seal* 真空密封缩颈. *constriction meter* 缩口测流计. *constriction resistance* 集中[接触]电阻. *sealing constriction* 密封缩颈.

cnostric'tive [kəns'triktiv] *a.* 收缩(性)的,压缩性的,有狭窄倾向的.

constric'tor [kən'striktə] *n.* ①压[收]缩物,压[收]缩器 ②压缩杆 ③尾部收缩[收敛式]燃烧室,收敛段. *tail-pipe constrictor* 尾喷管收敛段.

constringe' [kən'strindʒ] *vt.* 压缩,使收(紧)缩.

constrin'gence *n.* 倒色散系数,色散增数,色散本领数,阿贝数.

constrin'gency [kən'strindʒənsi] *n.* 收缩(敛)(性).

constrin'gent [kən'strindʒənt] *a.* 使收缩的,收[敛]性的.

constru'able *a.* 读得通的,可解释为(…)的(as).

construct' I [kən'strʌkt] *vt.* ①构造[筑,成],建造[筑,立],铺设,施工 ②绘[编]制,作[制]图 ③创立. II ['kɒnstrʌkt] *n.* 【计】(思维)结构,思维的产物,构成物. *constructed profile* 示意剖面图. *It may be constructed of wood.* 它可用木料造成. *These wheels are constructed smaller.* 这些轮子做得小些.

construc'ter [kən'strʌktə] *n.* =constructor.

construc'tion [kən'strʌkʃən] *n.* ①结构,构造 ②建筑[造,设],施工,架(铺)设 ③编制,制作,组成 ④设计,作[制]图 ⑤建(构)筑物,工程[口],构成作用 ⑥建筑现场,工地,建筑[施工]方法,建设技术,安装,装配 ⑧意义,解释,推定. *approximate construction* 近似作图[组成]. *bias construction* 斜交缝合. *block construction* 大型砌块建筑,部件[单元,积木式]结构. *body construction* 车(机,弹)身构造. *brick construction* 砖石结构,砖石工程. *capital construction* 基本建设. *composite construction* 复合结构. *concrete construction* 混凝土结构[建筑,施工]. *construction access road* 施工(交通)路线. *construction company* 建筑[施工]公司. *construction contract* 施工合同. *construction cost* 建筑费,工程费,施工费. *construction costs* 施工成本. *construction drawing* 构造[结构,施工]图. *construction joint* 工作[施工,建筑]缝. *construction machine* 建筑机械. *construction member* 构件. *construction of function* 造函数法. *construction plan* 施工布置[平面]图,构造[结构]图. *construction profile* 结构纵剖面图. *construction program(me)* 施工程序[计划]. *construction schedule* 施工进度表,施工计划. *construction site* 施工[建筑]工地,施工现场. *construction technique* 施工[架设]技术. *construction train* 建筑材料运输列车. *construction work* 建筑工程,施工. *en-bloc construction* 整体[单元]结构. *frame construction* 骨架[构架]结构. *geometrical construction* 几何作图[构造]. *image construction* 影像(作图)法,成像法. *line construction* 线路架设. *metal construction* 金属结构. *mill construction* 半防火木结构(楼层木梁厚度不小于6英寸). *modular construction* 单元[积木式]结构. *monolithic construction* 整体(式)结构[构造,建筑]. *sandwich construction* 夹层结构. *section(al) construction* 预制构件拼装建筑,预制部份(集合)构造. *shelltype construction* 壳体结构. *stage construction* 分期建筑,多层面构造. *step-by-step construction* 逐次近似法. *subunit construction* 单元[部件]结构. *unit construction* 成套组合体. *unit of construction* 或 *construction unit* 结构[建筑]单元,构件. *wood construction* 木结构. ▲*bear a construction* 能作某一解释. *put a false [wrong] construction on [upon]* 故意曲解. *under [in course of] construction* 建筑中,(在)建造中.

construc'tional *a.* ①建筑物的,建设[构造]上的,结构(上)的. ②【地质】堆积的 ②解释上的. *constructional drawing* 构造[结构,施工]图. *constructional element*(结)构(元)件. *constructional engineering* 建筑[结构]工程. *constructional error* 安装误差. *constructional landforms* 构造地形. *constructional material* 建筑材料. *constructional plan* 堆积平原. *constructional steel* 建筑[结构]钢. *constructional stretch*(钢丝绳)的结构伸长. *constructional terrace* 堆积阶地.

construc'tionism *n.* 构造论.

construction-timber *n.* 建筑用木材.

construc'tive [kən'strʌktiv] *a.* ①建设(性)的,积极的 ②建(构)造的,构成的,作图的 ③【物】相长的 ④推定的,解释的 ⑤合成代谢的. *constructive criticism* 建设性批评. *constructive definition* 构造性

定义. *constructive depth* 建造深度. *constructive functional analysis* 结构性泛函分析. *constructive height* 建造高地. *constructive interference* 相长干涉,(全息)结构干涉. *constructive metamorphism* 接力变质. *constructive total loss* 推定全损,推定的损失总账. *constructive reflection* 相长反射. *constructive wave* 冲积波,堆积浪. ～ly *ad.*

construc'tivist *n.* 构造论者.

constructiv'ity *n.* 可构造性.

construc'tor [kənˈstrʌktə] *n.* 设计者(师),建造(设)者,制造者,施工人员,造船技师. *constructor's railroad* 临时[施工]铁路(窄轨).

construe I [kənˈstruː] *v.* II. [ˈkɔnstruː] *n.* 分析(句子),解释,逐字直译,把...认作.

const-sp =constant speed 恒速,等速.

consubstan'tial *a.* 同质(性,体)的. ～ity *n.*

con'suetude [ˈkɔnswitjuːd] *n.* 习惯,惯例. *consuetu'dinary a.*

con'sul [ˈkɔnsəl] *n.* 领事. *acting consul* 代理领事. *consul at M* 驻 M 领事 *consul general* 总领事. *vice consul* 副领事.

con'sular [ˈkɔnsjulə] *a.* 领事(馆)的.

con'sulate [ˈkɔnsjulit] *n.* 领事馆,领事职务〔任期〕.

consul-general *n.* 总领事.

con'sulship *n.* 领事职务〔任期〕.

consult' [kənˈsʌlt] *v.* ①商量〔议〕,磋〔协〕商,咨询,顾问,请教,答疑,请...鉴定 ②参考,查阅,查阅③考虑,顾及. *consulting engineer* 顾问工程师. *consulting room* 顾问〔咨询〕室. ▲*consult with M about N* 和 M 商量 N.

consul'tant [kənˈsʌltənt] *n.* 顾问,咨询,商议者,查阅者,会诊医师.

consulta'tion [kɔnsəlˈteiʃən] *n.* ①商议,协商 ②参考,参阅,咨询,请教,会诊,鉴定,考虑 ③(商量的)会议. ▲*in consultation with M* 与 M 商议.

consult'ative [kənˈsʌltətiv] *a.* 协商的,咨询的,顾问的.

consult'er [kənˈsʌltə] *n.* 顾问,商量者.

consu'mable [kənˈsjuːməbl] I *a.* ①可消耗的,自耗的,能耗尽的 ②可熔的. II *n.* ①消耗品,消费商品 ②船用备品. *consumable articles* 消耗品. *consumable electrode* 熔化极,自耗电极. *consumable electrode used only for heating (does not provide filler metal)* 加热用焊条. *consumable nozzle* 〔guide〕熔化嘴. *consumable nuclear rocket* 自耗核燃料火箭. *consumable store* 消耗品库.

consumable-electrode *n.* 熔化极,自耗电极. *consumable-electrode melting* 自耗电极熔化. *consumable-electrode-forming* 自耗电极成型.

consume' [kənˈsjuːm] I *v.* ①消耗〔费〕,耗费,使用,吸收 ②耗尽,用完〔光〕,烧毁〔光〕,消〔毁〕灭 ③浪费 ④采食,吃. II *n.* 消耗量. *consumed energy* 消耗能. *consumed power* 消耗功率. *time consuming* 费时间的.

consu'medly *ad.* 过度地,非常.

consu'mer *n.* ①消费〔使用〕者,用户 ②消耗装置. *consumer(s') goods* 消费〔生活〕资料,消费〔耗〕

品. *consumer main switch* 用户总开关. *consumer waste* 生活垃圾.

consumer-city *n.* 消费城市.

consummate I [kənˈsʌmit] *a.* ①完全的,完美〔无缺〕的 ②老于此道的,极为精通的. II [ˈkɔnsʌmeit] *vt.* 完成,使完善. ～ly *ad.*

consumma'tion [kɔnsʌˈmeiʃən] *n.* 完成〔美〕,极点,成功.

con'summator [ˈkɔnsʌmeitə] *n.* ①完成〔实行〕者②能手,专家.

consump'tion [kənˈsʌmpʃən] *n.* ①消耗〔量〕,耗尽〔费,散〕②消耗〔费〕量,自耗量,耗油率,耗水量,耗损,流量 ③消费额,费用 ④【医】肺结核病. *acid consumption* 酸耗(量). *air consumption* 空气消耗(量). *coal consumption* 耗煤量. *consumption curve* 耗量曲线. *consumption peak* 用〔耗〕量高峰. *energy consumption* 能量〔电能〕消耗. *fuel consumption* 燃料消耗(量),耗油量. *heat consumption* 热量消耗,耗热量. *plate consumption* 屏耗. *power consumption* 动力〔功率,电能〕消耗. *rated consumption* 额定消耗量. *specific consumption* 消耗率,单位消耗量. *water consumption* 水量消耗.

consump'tive [kənˈsʌmptiv] I *a.* 消费的,消耗(性)的,浪费的,患痨病的. II *n.* 肺病患者. *consumptive use* 耗用〔消耗〕量.

consutrode *n.* 自〔消〕耗电极. *consutrode melting* 自耗电极熔化.

cont =①content 体积,容积,含量 ②continue 继续 ③continued 继续(的)④continuous 连续的 ⑤contract 合同,契约 ⑥ control 控制(器),操纵(装置),调整 ⑦controller 控制器,操纵杆 ⑧contusus 挫伤的.

cont from … Sht =continued from … Sheet 上接某页.

cont No =contract number 合同号.

cont on … Sht =continued on … Sheet 下接某页.

cont W =continuous window 连续式窗户.

con'tact [ˈkɔntækt] I *n.* ①接触,联系〔络〕,连接,啮合,碰线,【数】相切 ②接触器,电接触器材 ③接触点〔器〕,接点〔头〕④目力观察 ⑤接触剂,催化剂 ⑥接触铜印片 ⑦传染接触者,传染源. II *v.* ①(同…)接触,联系,通信 ②啮合 ③会晤. III *a.* 保持接触的,由接触引起的,有联系的. IV *ad.* 用目力观察. V [kənˈtækt] *int.* (让飞机发动的信号)开动,发动. *adjustable contact* 可调整触点,可调接点. *air contact* 空中接触,发现空中目标. *angular contact ball bearing* 向心止推滚珠轴承. *back contact* 后接点,静合接点,平时闭合接头. *bonded contact* 熔合接触,键合接点. *break contact* 开路接点. *contact agent* 接触剂,触媒. *contact alignment* 触点〔接点〕调〔对〕准. *contact alloy* 电触头合金,接触合金. *contact angle* 接触角,啮合〕角. *contact bank* 触点组〔排〕. *contact bed* 接触滤床,生化滤层. *contact binary* 密接双星. *contact black* 接触〔烟道〕碳黑. *contact breaker* 接触〔式〕断路器,刀形〔接触〕开关. *contact capacity* 开关〔接触〕容量. *contact clip* 接点夹. *contact converter* 接触式变流器. *contact* *corrosion* 接触腐蚀. *contact drop* 接触电压降. *contact engaging and separating* [*insertion and withdraw*] *force* (触点)插拔力. *contact finger* 接触指. *contact flying* 目力(视)飞行. *contact fuse* 触发引信. *contact glass* [*plate*] 焦面玻璃片. *contact goniometer* 接触测角仪. *contact load* 接触负推移质. *contact make voltmeter* 继电电压表. *contact maker* 接合器, 断续(路)器. *contact metal* 接点(触头)金属. *contact noise* 电流(接触)噪声, 1/f 噪声. *contact of higher order* 高阶相切. *contact piece* [*plate*] (接)触片. *contact point dresser* 白金打磨机. *contact pressure* 接触(表面)压力. *contact print* 晒图, 接触晒印图. *contact ratio* 啮合(重叠)系数. *contact resin* 接触成形树脂, 触压树脂. *contact resistance* 接触电阻. *contact roller* 接触(焊)滚轮. *contact separation* 接点间隔, 触点分离. *contact series* 接触(次)序, 电位序. *contact shoe* 触靴. *contact splice* 搭接. *contact switch* 接触(触簧)开关. *contact terminal* 接触端点, 触头. *contact transformation* 切(触)变换, 相切变换. *contact tube* 导电铜管(焊枪内电极线通过该铜管). 短焦距 X 射线管(管面致敏皮肤). *contact twin* 接触孪晶. *contact type generator* 接触式乙炔发生器. *contact welding* 接触(电阻)焊. *contact wrench* 接触器用扳手. *dead contact* 空(闲)触点, 开路接点. *earthed contact* 接地触点. *electrical contact* 电气接点[触点], 电接触. *end contact method* 通电磁化法. *face contact* 按钮开关(接点), 按压接触. *female contact* 插座接点. *finger contact* 按钮接点. *fly contact* 轻动接点. *ground contact* 接触接地, 与土壤接地. *intimate contact* 直接(紧密)接触. *keep-alive contact* 电流保持接点. *knife edge contact* 闸刀式开关, 闸刀式接触. *lever contact* 杆式(活动)接点. *loose contact* 松接触. *make contact* 闭合(触点)接点. *male contact* 插塞(头)接点, 插塞(头), 刀口触片, (闸刀开关的)闸刀. *moving* [*movable*] *contact* 滑动接触(接点). *negative contact* 负电(阻极)接头, 阴接点. *open contact* 开路接点, 常开触点. *physical contact* 体接触. *plug contact* 插头. *point contact* 点接触. *pressure contact* 加压接触, 压力接触. *pull contact* 拉钮接点. *push contact* 按压接触(接点). *radio contact* 无线电接触(呼唤). *servo contact* 伺服接触(触关). *sliding* [*slide*] *contact* 滑动接触(接点, 接头). *steel contact* [冶]钢导电棒. *test contact* 试验(测试)接点. *travelling contact* 活动接点, 动接触. *universal contact* 万能接头. *visual contact* 目视接触(发现). *weather contact* 气候不良混线. ▲(*be*) *in contact with* 和…接触(着), 连接, 接近, 跟…保持联系 (*be*) *out of contact with* 和…失去联系. *bring into contact with* 使与…接触. *come* [*fall*] *into contact with* 同…接触, (冲突)起来. *gain contact* 接上接触. *make contact with* 与…接触(联系).

contac'tant [kən'tæktənt] *n.* 接触物.

contactee' [kəntæk'ti:] *n.* 被接触者.

con'tactless ['kɔntæktlis] *a.* 无接点(触)的, 不接触的. *contactless controlled double housing planer* 无接点控制龙门刨床. *electromagnetic contactless relay* 无接点电磁继电器.

contact-making clock 闭路接点钟, 接触电钟.

contactolite *n.* 接触变质岩.

con'tactor ['kɔntæktə] *n.* 接触器, 触点, 电路闭合器, (电路)开关. *contactor control* 接触(器)控制, (电路)开关. *contactor controller* 触点[接触]控制器. *contactor material* 接点材料, 接触器材料. *contactor pump* 混合泵. *contactor servomechanism* 继电器伺服机构. *contactor starter* 接触起动器. *contactor unit* 接触器部件. *continuous contactor* 持续作用接触器. *multifinger contactor* 多接点接触器. *powered contactor* 电传动接触器. *rotating contactor* 旋转式接触器, 转动开关.

contact-print *n.* 接触晒印原尺寸照片(直接从底片上拷贝的照片).

contact-segment *n.* 接触环(段).

contact-type *a.* 接触式的.

conta'gion [kən'teidʒən] *n.* ① (接触)传染, 感染, 蔓延 ② 传染病, 歪风. **conta'gious** *a.* **conta'giously** *ad.*

contain' [kən'tein] Ⅰ *vt.* ① 包括(含), 含(装, 贮, 载)有, 能盛(装, 容纳) ② 等(相当)于, 折合 ③【数】可被…除尽, (可)整除 ④ (边)夹(角), 包围(图形) ⑤ 牵(掣, 控, 抑, 遏)制 Ⅱ *vi.* 自制. *contained concrete* 自应力混凝土. *contained plastic flow* 限制塑性流动. *contained underground burst* 密封地下爆炸. *containing mark* 容量刻度. *orders contained in punched cards* 穿孔卡所规定的程序. *the angle contained by the lines AB and AC* AB 和 AC 边的夹角. *the straight line containing the centre of curvature* 通过曲率中心的直线. *A foot contains 12 inches.* 一英尺有 12 英寸. *12 contains 2, 3, 4, 6.* 12 可用 2, 3, 4, 6 来除. ▲*be contained between* [*within*] (夹)在…之间[中].

contain'er [kən'teinə] *n.* ① 容器, 贮存(盛料)器, 包装物, 槽, (集装)箱, 盒, 瓶, 罐 ② (外, 保护)壳, 罩, 包皮, (弹)筒 ③ 挤压成形模模体. *air-mail container* 航空邮筒. *airtight container* 密封容器. *battery container* (蓄)电池箱(壳). *bomb container* 炸弹架(箱). *cargo container* 行李(袋), 货箱, 集装箱. *closed container* 密闭容器. *container berth* 集装箱泊位码头. *container board* 盒纸板. *container car* 集装箱运输(专用)车. *container cargo* 集装箱货物. *container carrier* 集装箱运输船. *container on flat car* (装在)铁路敞车上的集装箱. *container service* 集装箱运输. *container ship* 集装箱船. *container terminal* 集装箱码头. *cryogenic storage container* 冷藏箱. *disposal container* 废物箱. *drop container* 空投袋. *ejection container* 弹射容器. *evacuated container* 真空箱. *flare container* 光弹筒, 光管底座. *fuel container* 燃料箱, 释热元件外壳. *gettering container* 吸气箱(柜.

容器). *handling container* 集装箱. *high-pressure gas container* 蓄压器,高压气瓶,压缩气体,(高压气体)容器. *instrument container* 仪器箱. *liquid-oxygen container* 液氧瓶. *molten salt container* 熔盐电解槽. *parachute container* 降落伞包〔袋〕. *pressure [pressurized] container* 压缩空气瓶,压缩空气容器. *propellant container* 推进剂箱,燃料箱. *reactor container* 反应堆箱. *sealed container* 密封容器. *shipping container* 装运箱. *storage container* 贮藏箱. *thermostat container* 恒温箱(器). *transport container* 运输容器. *vapour container* 蒸汽收集器.

containerisa'tion *n.* = containerization.

contain'erise *vt.* = containerize.

containeriza'tion [kənteinərai'zeiʃən] *n.* 集装箱化,集装箱运输.

contain'erize [kən'teinəraiz] *vt.* 用集装箱运,使集装箱化. *containerized cargo* 集装箱货物. *containerized traffic* 集装箱运输.

contain'erless *a.* 无容器的. *containerless casting* 无模铸造.

contain'ership *n.* 集装箱(货运)船.

container-trailer *n.* 集装箱拖车.

contain'ment [kən'teinmənt] *n.* ①容积〔量〕,可容度,负载额,电容 ②保留〔持〕,封锁,牵〔抑,遏,控〕制,约束 ③密封〔闭〕度 ④范围,规模 ⑤容器,(反应堆的防事故)外壳. *atmosphere containment* 大气保持(控制). *containment grouting* 抑制(周界)灌浆. *containment of activity* 防止放射性散布(扩散). *containment of fission fragments* 保持裂变碎片. *containment vessel* 密闭(保护)壳. *fission-product containment* 保持裂变产物. *natural containment* 天然保护(防护)层(如土,水). *plasma containment* 等离子体的约束. *policy of containment* 遏制政策.

CONTAM = contaminate 污染.

Contamin *n.* 康塔明铜锰镍电阻合金(锰 27%,镍 5%,其余铜).

contam'inant [kən'tæminənt] *n.* 沾染〔污垢,掺和〕物,杂质,污染物质,污染剂. *air(-borne) contaminants* 空气沾污物. *fission-product contaminants* 裂变产物沾污物. *intrinsic contaminant* 固有(内在)杂质. *radioactive contaminants* 放射性沾染物. *water(-borne) contaminants* 水的污染物.

contam'inate [kən'tæmineit] *vt.* 污染,沾染(污),弄脏,损(毒)害. *contaminated rock* 混杂岩. *contaminated water* 污(染)水. *contaminating metal* 杂质金属.

contam'ination [kəntæmi'neiʃən] *n.* ①污染,沾染(污),弄脏,毒害,混染(杂),掺杂 ②沾(污)污物,污物(秽)③空(大)气污染,大气染物. *atmospheric contamination* 空(大)气污染,大气染物. *color contamination* 彩色混杂. *contamination accident* 污(沾)染事故. *contamination meter* (放射性)污染剂量计. *contamination precipitation* 杂质的沉淀. *contamination regulation* 放射性沾染规章. *contamination suspect area* 可疑沾染区. *environmental contamination* 环境污染. *radioactive contamination* 放射性污染. *surface contamination* 表面污染. ▲*contamination from M* 受(来自)M 的污染.

contam'inative [kən'tæmineitiv] *a.* (被)污染的,污秽的.

contam'inator *n.* 沾(污)染物.

contd = continued 继续(的).

conte que conte 〔法语〕无论如何.

conteben *n.* 缩氨基硫脲.

contemn' [kən'tem] *vt.* 藐(轻,蔑)视.

con'template ['kɔntempleit] *v.* ①注视,思考,致细考虑 ②企图,打算,设想 ③期待,预料 ④期望,估计.

contempla'tion [kɔntem'pleiʃən] *n.* ①注视,思考,细考虑 ②打算,规划,预期. ▲(*be*) *in* [*under*] *contemplation* 计划中. *have M in contemplation* 规划打算做 M. *under contemplation* 规划中的.

contem'plative *a.* 沉思的,瞑想的.

contemporane'ity [kəntempərə'ni:iti] *n.* 同时代,同世,同一时期,同时发生.

contempora'neous [kəntempə'reinjəs] *a.* 同时(期,代,发生,存在)的,同期的,同生的(with). ~ly *ad.* ~ness *n.*

contem'porary [kən'tempərəri] I *a.* 当(现)代的,同时代的,属于同一时期的(with). II *n.* 同时代的人,同时,同时期的东西.

contem'porize [kən'tempəraiz] *v.* (使)同时发生.

contempt' [kən'tempt] *n.* 轻(蔑,藐)视. ▲*have* [*hold*] ··· *in contempt* 藐(轻)视…,看不起…. *in contempt of* 看不起,蔑视,不顾.

contemp'tible *a.* 卑鄙的.

contemp'tuous [kən'temtjuəs] *a.* 藐视的,目空一切的,贬义的. ~ly *ad.* ~ness *n.*

contend' [kən'tend] I *vi.* ①竞(斗)争 ②争(辩)论. II *vt.* 坚决主张. *contending transmitting station* 争先发送站. ▲*contend for* 争夺. *contend with* ··· 与···作斗争. *contend(with M) about N*(与M)争论 N. *contend with M for N* 与 M 争夺 N. *have* ··· *to contend with* 要对付···. *The subs have no wave-making resistance under water to contend with.* 潜艇在水下不用对付形成波浪的阻力.

conten'der *n.* 竞(斗)争者,争论者.

content I ['kɔntent] *n.* ①(pl.) 内容,里面的东西,目录,大意,要点 ②【计】存储信息,存数 ②(积,度),内含物 ③含(···)量. *ash content* 含灰量,灰分. *atomic content* 原子装药量. *caloric content* 发热量,热值. *carbon content* 碳含量,含碳量. *content addressed memory* 相联(内容定址)存储器. *content gauge* 液位计,液位指示器,计量器. *content indicator* 内容(信息)显示器. *content of a point set* 点集的容度. *cubic content* 容量(积,度),体积. *dust content* 含尘量. *energy content* 能量值,能的储量,含能量,发热量(值). *frequency content* 频率含量,频谱. *heat content*(热)焓,热函,焓含(量),热容量. *impurity content* 杂质含量. *information content*(平均)信息量,信息特征. *interstitial content* 节间的密度

结点间的数目. *isotopic content* 同位素成分[组成]. *labor content* 劳动量,加工工作量. *moisture content* 水分,湿度,含水量. *sulphur content* 含硫量,硫份. *table of contents* 目录,目次. *void content* 空隙量. *work content* 含水量.

II [kən'tent] *n.* 满足. *a.* 满足的,愿意的. *vt.* 使…满意[满足]. ▲(*be*) *content to* +*inf.* 愿意(做). *be content with* 或 *content oneself with* 满足于.

content-addressable memory 或 **content-addressed storage** 相联存储(器),内容定址[按内容访问]存储.

conten'ted *a.* (感到)满意的. ~**ly** *ad.*

conten'tion [kən'tenʃən] *n.* ①争论[辩],竞[压]争,争夺 ②论点,争点,争用(对信息),(取数时的)碰头.

conten'tious [kən'tenʃəs] *a.* (可能)引起争论的,有争议的. ~**ly** *ad.* ~**ness** *n.*

content'ment *n.* 满足,(使人)满意的事物.

conter'minal [kən'tə:minl] 或 **conter'minate** [kən'tə:minit] 或 **conter'minous** [kən'tə:minəs] *a.* ①相连的,连接着的,邻接的临(接)近的,边界[际]的,有共同边界的(with) ②在共同边界内的.

contest I ['kɔntest] *n.* II [kən'test] *v.* 争论(辩,夺),论争[战],反驳,争夺,比赛. *contested passage* (文章中)有争论的地方. ▲*contest with* [*against*] *M* 与 *M* 争论[竞争]. *contest with* [*against*] *M for N* 与 *M* 争夺 *N*.

contes'table *a.* 可争论的,可竞争的.

contes'tant [kən'testənt] *n.* 争论者(比赛)者.

contesta'tion *n.* 争论[执],论战. *in contestation* 在争执[论]中.

con'text ['kɔntekst] *n.* ①(文章的)上下文,前后关系,(事物的)来龙去脉 ②范围,角度. *context free* 上下文无关的. *context sensitive* 上下文有关的. ▲*be apart from the context* 脱离上下文. *in this context* 由于这个原因,在这个意义上,关于这一点,在这方面,在这里,在这种情况下. *quote a remark out of its context* 断章取义,脱离上下文(掐头去尾)引用一句话.

context-dependent *a.* 上下文相关的.

contex'tual [kən'tekstjuəl] *a.* 上下文的,文章前后关系的. *contextual quotation* 原文引用. ~**ly** *ad.*

contex'tualize [kən'tekstʃəlaiz] *v.* 增添.

contex'ture [kən'tekstʃə] *n.* 组织,构造,(文章)结构,上下文.

CONTHP = *continental horsepower* 公制马力.

contigu'ity [kɔnti'gju(:)iti] *n.* ①接触[近],邻[近]接,相连,邻近 ②接触传染性. *contiguity to the sea* 濒海.

contig'uous [kən'tigjuəs] *a.* 接触(近)的,邻近的,连接的,邻接的(to). *contiguous angle* 邻角. *contiguous branch* 相邻(的)分支. *contiguous function* 连接函数. *contiguous item* 相连[相关]项,相关数据项. *contiguous sheet* 连接图幅. *contiguous transmission loss* 邻接传输损耗. ~**ly** *ad.*

con'tinence ['kɔntinəns] *n.* 节制,节欲.

con'tinent ['kɔntinənt] I *n.* 大陆,陆地,洲. II *a.* 自制的,节欲的. *continent making movement* 造陆运动. *the continent of Asia* 亚洲(大陆).

continen'tal [kɔnti'nentl] *a.* 大陆(性)的,陆相的. *continental block* 大陆块. *continental climate* 大陆性气候. *continental code* 大陆[欧陆,莫尔斯]电码. *continental deposit*[*sedimentation*] 陆相[大陆沉]积. *continental drift*[*migration*] 大陆漂移. *continental facies* 陆相. *continental fringe* (大)陆(边)缘. *continental river* 内陆河. *continental sea* 内(陆)海. *continental shelf* (大)陆架,陆棚,大陆台岸. ~**ly** *ad.*

continental'ity *n.* 大陆度.

continent-making *n.* 造陆的.

continent-wide *n.* 全洲的.

contin'gence [kən'tindʒəns] 或 **contin'gency** [kən'tindʒənsi] *n.* ①偶然(性,的事),偶然(意外)事故,可能性,可能发生的事 ②【统】列联 ③意外费用,应急费,临时费 ④【数】相切,(在一点上)接触,相依(度)列联. *angle of contingence* 切线角. *be ready for any contingency* 或 *be prepared for all contingencies* 准备应付各种偶然事故,准备万一. *contingency cost* [*fund*] 意外(应急)费用. *contingency operation* 应急操作. *contingency plan* 临时[应急]计划. *in case of* [*in the supposed*] *contingency* 在发生意外事故的情况下,万一. *mean square contingency* 均方列联. *provide against contingencies* 以备万一. *square contingency* 平方列联.

contin'gent [kən'tindʒənt] I *a.* ①偶然的,意外的,临时(性)的,可能(发生)的 ②应急(用)的 ③有条件的,随[视]…而定的(on, upon) ④伴随的. II *n.* ①偶然事故 ②分遣(部,舰)队,小分队 ③代表团. *contingent survey* 临时检验. ~**ly** *ad.*

contin'ua [kən'tinjuə] *continuum* 的复数.

continuabil'ity *n.* 可延伸性,可延拓性.

contin'uable *a.* 可连续[延拓]的.

contin'ual [kən'tinjuəl] *a.* 连续(不断)的,无间断的,不停的,频繁的.

contin'ually [kən'tinjuəli] *ad.* 屡次地,再三地,不断地,频频,连续地.

contin'uance [kən'tinjuəns] *n.* ①持续(时间,期间),继[连]续 ②停留,保持,持续. *a continuance of* [*in*] *prosperity* 持续的繁荣. *of long continuance* 长期不断的,持续很久的.

contin'uant [kən'tinjuənt] *a.*; *n.* ①连续音(的) ②【数】连行列式,连分数行列式.

continua'tion [kəntinju'eiʃən] *n.* ①继[延,持,连]续,(中断后)再继续,承袭 ②延伸,拓展,延拓,开拓 ③延续[伸,长](部分),扩建(部分),继续部分,续篇,连续出版物 ④顺[程]序. *a continuation class* (业余)补习班. *analytic continuation* 解析开拓. *continuation method* 延拓(方)法. *continuation of solutions* 【数】解的开拓. *build a continuation to a factory* 对工厂加以扩建. *continuation follows* (文章未完)待续.

contin'uative [kən'tinjuətiv] *a.* 连[继,持]续的.

contin'uator *n.* 继续[承]者.

contin'ue [kən'tinju:] *v.* ①继[连,延]续,延伸[长] ②仍[依]旧 ③(中断后)再继续,恢复 ④使留任,挽

留. *continue in force* 继续有效. *continue working [to work]* 继续工作. *continued fraction*【数】连分数. *continued product*【数】连续乘积. *continued from [on] page 20* 上接[下转]第20页. *continuing education* 进修[继续]教育. *To be continued.* (未完)待续.

continu'ity [kɔnti'njuiti] n. ①继续,连续,连[持]续性,不间断性,连贯,连锁 ②(广播)节目说明[串联],插白,剧情说明,分镜头剧本. *approximate continuity* 近似连续. *continuity apparatus room* 播出节目串编控制室. *continuity condition* 连续条件. *continuity equation* 连续方程. *continuity in the mean* 均方连续性. *continuity planning* 节目串编. *continuity studio* (由播音员加必要插话,保证节目连续播出的)小播音室. *continuity test* 连续性试验,电路通路[线路通断]试验. *flow continuity* 流动[气流]连续性. *stochastic continuity* 随机连续性. *uniform continuity* 均匀[一致]连续性.

contin'uous [kən'tinjuəs] a. ①继续的,持续(作用)的,连续(不断,作用)的,无间断的 ②延伸[长]的 ③顺序的,顺次的. *a continuous series of* 一连串的. *continuous annealing* 连续退火. *continuous beam on many supports* 多跨连续梁. *continuous belt* 传动皮带. *continuous bucket elevator* 多斗提升机. *continuous chart* 带形记录纸,记录带. *continuous colour sequence* 彩色传送顺序. *continuous commercial service* 连续(生产的)商业规格,连续商务. *continuous current* 恒(向)电流,恒(流)电流,连续(电)流,直流(电流),等幅电流. *continuous curve tangent* 邻接曲线的公切线. *continuous disc approach* (磁泡存储器用)衔接圆盘方式. *continuous drilling machine* 连续工作式钻床,多工位钻床,排式钻床. *continuous duty* 连续工作(工作、值班、负载,运行). *continuous escort* 全航续护送. *continuous film scanner* 均匀拉片(电视电影)扫描器. *continuous flight (power) auger* 连续旋翼式(动力)螺钻. *continuous flow pug-mill* 连续式小型搅拌机. *continuous footing* 连续底脚,连续基脚,连续底座. *continuous function* 连续函数. *continuous grade* 连续坡度. *continuous heavy-duty service* 连续重负载运行. *continuous line* 实线,连续线. *continuous line recorder* 带状记录器,连续线型记录仪. *continuous (field) method* 连续磁粉探伤法. *continuous phase* (胶体中的)连续相,连续变化电位. *continuous potentiometer* 滑动触点电位(分)压器. *continuous proportioning plant* 连续式配料设备. *continuous pusher type furnace* 连续送料式炉,隧洞式炉. *continuous rating* 固定负载状态,长期[连续运转的]额定值,持续运转的额定容量,持续功率,连续运用额定. *continuous seismic profiler* 连续地震剖面仪. *continuous service* 昼夜工作,连续服务[工作],持续运行. *continuous sludge* (液体中矿物颗粒)连续沉淀物. *continuous strand annealing*(线材的)多根连续退火. *continuous stream* 常年河流,常流河(常年有水的河道). *continuous strip galvanizing* 带材连续镀锌. *continuous strip photograph* 连续条形航摄照片. *continuous taper tube* 锥形管. *continuous tapping spout* (冲天炉)连续出铁[前面出渣]槽. *continuous variable* 【数】连续变量(数). *continuous velocity logging* 【地】连续速度测井. *continuous wave* 等幅波,等幅振荡,连续辐射,连续介质. *continuous weld* 连续焊缝.

continuous-echo a. 连续回声的.
continuous-field method 连续磁粉探伤法.
continuous-film-printer n. 连续印片机,连续影片拷贝机.
continuous-line a. 实线的,连续线的.
contin'uously ad. 连续(不断)地,持续地. *continuously loaded* 均匀加感的. *continuously recording sensor* 连续记录的传感器. *continuously variable control* 均匀调整,连续可变调整.
continuous-output machine 连续生产机.
continuous-reading n.; a. 连续读数(的).
continuous-running n. 连续运转(生产),持续运行.
continuous-strip camera 连续条形(航空)摄影机.
continuous-welded a. 连续焊接的.

contin'uum [kən'tinjuəm] (pl. *contin'ua*) n. ①连续(统一体) ②连续介质,连续体,连续区(域) ③连续流 ④连续光谱[能谱] ⑤【数】连续统,闭联[连续]集. *bremsstrahlung continuum* 连续轫致辐射(区). *continuum mechanics* 连续介质力学,连续体力学. *continuum of real numbers* 实数连续统. *continuum theory* 连续介质理论. *energy continuum* 连续能区(域). *hypersonic continuum* 高超音速流动的连续介质. *ionization continuum* 电离连续区. *linear continuum* 线性连续统. *space-time continuum* 空时连续区.

cont'line ['kɔntlain] n. (一根绳子股与股之间,并列堆置的桶与桶之间)空隙.
contor'niate a. 周围有凹线的.
contort' [kən'tɔ:t] v. 扭(歪,弯,曲),拧弯,歪曲,曲解(文意等). *contorted fold* 扭曲褶皱. *contorted strata* 扭曲地层.
contor'tion [kən'tɔ:ʃən] n. ①扭曲,扭弯,扭歪 ②弯曲,曲解. *contortion fission* 扭曲裂缝.
con'tour ['kɔntuə] Ⅰ n. ①轮廓(线),外形,形状,造形,断面,略图 ②等高(线,恒值)线,(叶片)翼线,等场强线 ③周线(道),边界,围线(道) ④电(回,环,网)路 ⑤概要,大略. Ⅱ a. ①仿形的,靠模的,使与轮廓相符的 ②异形的,沿等高线修筑的. Ⅲ vt. (描)画轮廓,画等值(等高线),绘制等高线,勾边,使与轮廓相符,沿等高线修筑. *aerofoil contour* 翼型. *body contour* 车身外形. *cam contour* 凸轮轮廓. *conical contour* 锥形. *contour accentuation* 回路加重,勾边,加重轮廓. *contour blasting* 轮廓爆破. *contour character* 字体轮廓线. *contour chart* 等高线(图). *contour check* 梯田,等高田. *contour curve* 等值曲线. *contour drafting* 等高线绘制. *contour effects* 轮廓[边缘]效应. *contour follow-*

er 等等仪,仿形(靠模)随动件. *contour gauge* 仿形规,板规. *contour integration* 围线(周线,围道)积分. *contour interval* 等高线间距[隔]. *contour irrigation* 等高灌溉法. *contour lathe* 仿形车床. *contour line* 等高[等强,等值,等位,轮廓]线. *contour machine* 靠模机床. *contour map* 等高[等值]线图,等场强线图,轮廓图,围道[线]映像. *contour microclimate* 地形性小气候. *contour milling* 等高走刀曲面仿形铣. *contour of equal loudness* 等响曲线. *contour of equal travel time* 等流时线. *contour of river channel* 河槽形态. *contour of valley* 河谷形态. *contour pen* 曲线笔. *contour plan* 等高线平面图,地形图. *contour plane* 等高面. *contour plate* 压型板,护缘(缘周)板,仿形(靠模)样板,靠模等值面. *contour recording* 等强录音. *contour stripping* 等高剥离(开采). *contour surface* 等值面,围道面. *contour tracing apparatus* 曲线仪. *contoured die* 成形模. *contoured velocity* 速度谱,等值线. *convergent contour* 收敛形. *depth contour* 等深线. *divergent contour* 扩散形. *flux contours* 流的(通量)分布(型). *groove contour* 或 *contour of groove* 细槽剖面,轧槽轮廓,孔型. *iso-flux contours*(流的)等通量线. *loss contours* 等损失线. *nozzle contour* 喷管外形. *optical contour grinder* 光学曲线磨床. *pressure contours* 等压线. *tread contour* 胎面花纹. *zoned contour* 分区(围)线(面).

contour-etching *n.* 外形腐蚀(加工),外形刻蚀.
con'tourgraph [ˈkɔntuəɡrɑːf] *n.* (三维)轮廓仪.
contouring *n.* ①轮廓,造型 ②作等高线,等高线绘制. *chemical contouring* 化学造型,化学外形刻蚀. *contouring accuracy* 等高线(绘制)精度. *contouring pattern* 等高线"图案,恒值线图案. *roll contouring* 轧辊的辊型设计.
contourogram *n.* 等值图.
contr = ①contract 合同,契约 ②contractor 承包人.
con'tra [ˈkɔntrə] Ⅰ *n.* 逆,抗,反,反对(的事物). Ⅱ *prep.; ad.* 相反(地),反对(地). *contra flow* 逆流,反向流动. *contra wire* 铜镍合金丝(铜约55%,镍约45%). ▲*per contra* 相反地,在另一方面.
contra- 〔词头〕逆,抗,反对.
con'traband [ˈkɔntrəbænd] Ⅰ *n.* ①走私,偷运,非法买卖 ②违禁品,禁运品,走私货. Ⅱ *a.* 违禁的,非法的.
contrabandist *n.* 走私者,违禁买卖者.
con'trabass [ˈkɔntrəbeis] *n.; a.* 甚低音(的),低音大提琴.
contrabossing *n.* 反向导流翼.
contracep'tion [kɔntrəˈsepʃn] *n.* 避孕(法).
contracep'tive Ⅰ *n.* 避孕剂. Ⅱ *a.* 避孕的.
contraclinal *a.* 逆斜的.
con'traclock'wise [ˌkɔntrəˈklɔkwaiz] *a.; ad.* 逆时钟(方向,旋转)的,反时针方向的.
contract [ˈkɔntrækt] Ⅰ *v.* ①(收)紧,简〕缩,缩小[短,窄],紧,紧缩,弄〔变〕窄,简化 ②订立合同(契约),承包(办),缔结 ③限制,限定 ④沾染,感染,得(病),负(债). Ⅱ [ˈkɔntrækt] *n.* 合同,契约,承包,包工. *contract "packaged deal" projects* 承包整套工程项目. *contract to build a bridge* 订合同承建桥梁. *contract a project (out) to a building company* 把工程包给一家建筑公司. *contract for the supply of raw materials to a factory* 承办一家工厂原材料的供应. *contract with a firm for 100 tons of cement* 向某公司订购一百吨水泥. *be built by contract* 包工建筑. *draw up a contract* 拟合同. *sign a contract* 签订合同. *put out to contract* 包出去,给人承包. *breach of contract* 违约. *make [enter into] a contract with M for N* 同 M 就 N 订合同. *Wood contracts as it dries.* 木材干燥时会收缩. *Low temperature contracts metals.* 低温使金属收缩. *contract carriage* 订约运输(工具). *contract construction* 发包工程,包工建筑,承包施工. *contract date* 合同(订约)日期. *contract drawing* 发包(合同)图样. *contract maintenance* 承包养护. *contract number* 合同号(Cont. No.). *contract price* 发包(合同)价格,包价. *contract system* 包工(包)制. *contract test* (按)合同试验. *contract work* 发包(工)工程. *contract's agent* 承包人代表. *insurance contract* 保险契约. ▲*contract out* 订合同把(工程)包出(给)(to).

contrac'ted [kənˈtræktid] *a.* ①收缩了的,缩窄(小,短)的,省略的 ②订(过)约的,约定的,包办的. *contracted division* 简除(法). *contracted drawing* 缩图(绘). *contracted jet* 收缩射流. *contracted notation* 简化记号,简略符号,略号. *contracted opening* 缩孔. *contracted section* 收缩截面. *contracted width* 收缩宽度. ~ly *ad.*
contractibil'ity [kənˌtræktəˈbiliti] *n.* 收(压)缩性.
contrac'tible [kənˈtræktəbl] *a.* 会缩(小)的,可收(压)缩的. ~ness *n.*
contrac'tile [kənˈtræktail] *a.* 可收缩(收折,伸缩)的,有收缩力(性)的.
contractil'ity *n.* 收缩性,收缩力.
contract'ing [kənˈtræktiŋ] *a.; n.* 收缩(的),缩(小)的 ②缔约的. *both contracting parties* 缔约双方. *contracting agency* 承包经理处(代理人). *contracting band brake* 【汽车】外带式制动器. *contracting brake* 收缩式闸,抱闸,带闸. *contracting current* 收缩水流. *contracting duct flow* 束狭渠道水流. *contracting-expanding nozzle* 缩放喷嘴. *contracting nozzle* 收(渐)缩喷嘴. *contracting reach* 收缩段. *external contracting brake* 外缩闸. *internal contracting brake* (向)内部收缩式闸,抱闸. *one contracting party* 缔约一方.

contrac'tion [kənˈtrækʃn] *n.* ①(断面,横向)收缩,压缩,浓缩,缩并,窄缩,降秩,收缩作用 ②收缩率(量) ③缩小(短,减,写),简化 ④收敛(段) ⑤收缩段(物),缩颈区 ⑥订合同,订(契)约 ⑦染病 ⑦摘要,摘录 ⑧简略字 ⑨萎缩. *after contraction* 残余收缩. *amplitude contraction* 减幅. *contraction at fracture* 断裂处颈缩. *contraction coefficient* 收(压)缩系数. *contraction crack* [fissure] 收缩裂缝. *contraction joint* (收)缩缝,【地】收缩节理. *contraction of jet* 射流收缩. *contraction of tensor* 【数】张量的缩并(降秩). *contraction (percentage) of area* 断面收缩(率). *contraction ratio* 收缩比. *contraction scale* 缩小比例尺. *contraction stress* 收缩应力. *contraction work* 束狭(水)工程. *lateral contraction* 横向收缩. *local contraction* 局部收缩. *size contraction* 尺寸收缩(缩小). *tensor contraction* 张量短缩(简化). *thermal contraction* 热收缩. *volume contraction* 体(容)积收缩. *wind-tunnel contraction* 风洞收敛段.

contraction-joint n. (收)缩缝.

contrac'tive [kən'træktɪv] a. (有)收缩(性,力)的.

contrac'tor [kən'træktə] n. ①承包者(人,商),合同户,包工(头),承包工程单位,立契约人,订立合同者 ②收敛部分 ③(把套等压入轴上所使用的)压力机,压缩机. *contractor controller* 凸轮式控制器. *contractor's plant* 施(包)工设备. *contractor's trial* 承造厂试航(航). *general contractor* 总承包人.

contrac'tual [kən'træktjuəl] a. 契约的,合同的. *contractual specifications* 合同规定. ~ly ad.

contrac'ture [kən'træktʃə] n. 挛缩.

contradict' [kɒntrə'dɪkt] v. 反对(驳),驳斥,同…相矛盾(相抵触,相反). *contradict oneself* 自相矛盾.

contradict'able a. 可加以反驳的.

contradic'tion [kɒntrə'dɪkʃən] n. ①矛盾,相反,抵触,不一致 ②反驳,否认(定) ③自相矛盾的说法. *contradiction between the enemy and ourselves* 敌我矛盾. ▲*in contradiction to* 与…相矛盾,同…相矛盾. *in contradiction with* 与…矛盾着(相抵触). "*On Contradiction*"《矛盾论》. "*On the Correct Handling of Contradictions Among the People*"《关于正确处理人民内部矛盾的问题》.

contradic'tious a. 相矛盾(抵触)的. ~ly ad.

contradic'tor n. 反驳者,抵触因素.

contradic'tory [kɒntrə'dɪktəri] Ⅰ a. (引起,构成)矛盾的,对立的,反对的,同…相反的(to). Ⅱ n. 矛盾(抵触)因素,对立物,矛盾的说法. **contradic'torily** ad. **contradic'toriness** n.

contradistinc'tion [kɒntrədɪs'tɪŋkʃən] n. 对比(照),截然相反,区别. ▲*in contradistinction to* [from] M 与 M 相区别,与 M 截然不同,不同于 M.

contradistin'guish [kɒntrədɪs'tɪŋgwɪʃ] vt. 通过对比区别. ▲*contradistinguish* M *from* N 使 M (区)别于 N,使 M 显出与 N 不同.

con'traflex'ure [kɒntrə'flekʃə] n. 反(向)弯曲,反挠(弯,曲),回折,反向曲线变换点.

con'traflow ['kɒntrəfloʊ] n. 逆对,回,倒,反)流,逆流(电流),额外(暂时)电流. *contraflow condenser* 逆流式冷凝器. *contraflow coupling* 反向耦合. *contraflow heat exchanger* 逆流式热交换器. *contraflow washer* 逆流洗清涤机.

contragra'dience n. 逆(反),抗)步. **contragra'dient** a.

con'traguide n. 整流环(板). *contraguide bossing* 反向导流罩. *contra-guide rudder* 导式整流舵.

con'trail ['kɒntreɪl] n. 凝结尾流(迹),逆增(换)轨迹,凝迹.

contrain'dicant a. 禁忌的.

contra-injec'tion n. 反向喷射(注),逆向喷油,(燃料)对喷.

contrainjec'tor n. 反向喷射器,反向喷嘴.

contraire [法语] *au contraire* [ou kɔːr'trɛə] 反之.

con'trajet n. 反射流.

contralat'eral a. 对侧的.

contra-missile ['kɒntrə'mɪsaɪl] n. 反导弹(导弹).

Contran n. 康特兰(一种计算机程序编制语言).

contran n. =control translator 控制转换(翻译)器.

contra-orbit n. 反轨道.

contra-parallel'ogram n. 反平行四边形.

con'trapolariza'tion ['kɒntrəpouləri'zeɪʃən] n. 反极化.

con'trapose ['kɒntrəpouz] vt. 以…针对着,使对照(to).

contraposed a. 叠置的.

contraposit'ion [kɒntrəpə'zɪʃən] n. 对照,针对,换质位(法),对置(位). **contrapos'itive** a.

con'traprop ['kɒntrəprɒp] n. 导轩,反向旋转螺桨,同轴反转螺旋桨,同轴成相对方向旋转的推进器.

contrapropel'ler n. 整流(螺旋)推进器,整流螺旋桨,(同轴)反转式螺旋桨,反向旋转螺桨.

contrap'tion [kən'træpʃən] n. 奇妙的装置,新发明的玩意儿.

contra'riant [kən'treərɪənt] a. 反对的,对立的.

con'traries n. 原料中的杂质.

contrari'ety [kɒntrə'raɪəti] n. 矛盾(的事物),对抗(的东西),相反(的事物),对立(性,因素,的事物),不一致(的东西). *contrarieties in nature* 本质上相反的事物.

con'trarily ['kɒntrərɪli] ad. 反之,相反,逆,反对地,相对立地.

con'trariness ['kɒntrərɪnɪs] n. 相反,对立.

contra'rious [kən'treərɪəs] a. 对抗的,作对的.

con'trariwise ['kɒntrərɪwaɪz] ad. 相反地,反之(亦然).

contrarocket n. 反火箭.

contraro'tating a. 反转(的),反向转动(的).

contrarota'tion ['kɒntrəroʊ'teɪʃən] n. 反(向)转动,反向转动,反旋. ~al a.

contra-rudder n. 导叶(整流)舵.

con'trary ['kɒntrərɪ] a.;ad.;n. (正)相反(的),矛盾的,(逆)行的,对行的,反对,对立(的,面)的,相对(的),对抗的,不利的. *contrary current* 逆流. *contrary sign* 异号. *contrary wind* 逆风. ▲*act contrary to* … 违反…,违背…,行事. *(be) contrary to* … 与…相反. *by contraries* (正,恰)相反地,与原意(预期)相反. *contrary to one's expectation* 出乎意外地. *go contrary to* … 违背…行事,与…背道而驰. *on the contrary* 反之,正(恰恰)相反. *quite the contrary* 恰恰相反. *to the contrary* 相反的(方面)的,反对地,有相反(反对)的意思,意思相反.

contrary-to-fact conditional 带有与事实矛盾条件(的).

contrast Ⅰ [kən'træst] v. ①对比,对照,反衬(衬),比较 ②形成对比(照),相对立. Ⅱ ['kɒntræst] n.

①对比(性,度,率,法),衬度[比],反差(衬度) ②对照(物,法),(明显的)差别 ③阶调. There can be no differentiation without contrast. 有比较才能鉴别. background contrast 背景反差. brightness contrast 亮度对比. contrast colours 反衬[对比,对照]色. contrast compression 反衬[对比]度压缩. contrast difference 衬度差. contrast filter 强反差滤光镜,对比滤色器. contrast image 强反差图像. contrast of photographic plate 相片的衬度. contrast on border 边缘清晰度. contrast photometer 对比度光度计. contrast potentiometer 对比度调整电位计(分压器). contrast ratio 反差比,对比[反衬]率,对比度系数. contrast sensitivity [sensibility]对比敏感度[灵敏度]. contrast test card 对比度[灰度]测试卡. contrasting pavement 双质[名色]路面,异色路面. contrasting texture 双质(名色)法. fault contrast(半导体)层错衬度,疵对比. highlight contrast 亮部反差. intensity contrast 强度对比. liminal [threshold] contrast 阈衬度. luminance contrast 亮度反差. picture contrast 色调(深浅)对比,图像黑白对比,构像反差. temperature contrast 温度差,温度对比,温度不均匀分布. ▲as contrasted in [contrast] with [to]与…相反,与…相对比,和…大不相同,和…形成对照. by contrast 对比起来,相形之下. by contrast to [with] 与…相比较. contrast M to [with] N 把 M 同 N 对比[对照]. contrast badly with 同…太不相容,同…相差太远. contrast finely with 和…对比起来更加显眼,和…交相辉映. for the sake of contrast 为对比起见,为使显著起见. form [present] a striking contrast to 或 contrast sharply with 和…成显著对比(鲜明对照). gain by contrast 对比之下显出其长处. in contrast 比较起来,相反,可是. ~ive a.

contrast-enhancement n. 对比度(反差)增强.
contrastim'ulant [kɔntrə'stimjələnt] Ⅰ n. 抗兴奋剂. Ⅱ a. 消除刺激的,镇静的(剂).
contrastim'ulism n. 反(抗)刺激法,镇静法.
contrastim'ulus n. 镇静,反刺激(法),抗兴奋剂.
contrast-response characteristic 对比度(响应)特性.
contras'ty ['kɔntræsti] a. (尤指照像原版)反差强的,衬度强的,高衬比的,强反差的.
con'trate ['kɔntreit] a. 【机】横齿的. contrate gear [wheel]端面齿轮,横齿轮.
contraterrence matter 反物质.
con'tratest ['kɔntrətest] n. 对比试验的.
contra-turning propeller 整流推进器.
contrava'lence 或 contrava'lency n. 共价.
contraval'id ['kɔntrə'vælid] a. 无效的,反有效的.
con'travane n. 逆向导(流)叶(片),导流翼,导流叶片,倒装小齿轮.
contrava'riance [kɔntrə'vɛəriəns] n. 逆[抗,反]变(性).
contrava'riant [kɔntrə'vɛəriənt] a.; n. 逆[反]变(的,式,量),抗变(的,式,量).
contravene' [kɔntrə'viːn] vt. ①违反[犯,背] ②否定,反对[驳],推翻 ③同…抵触[冲突,不协调].
contraven'tion [kɔntrə'venʃən] n. 违反[犯,背],反驳. ▲in contravention of 违反[背].
contravolit'ional a. 不随意的,反意志的,非自愿的.
contretemps ['kɔːntrətɑːŋ] (法语) n. 意外事故(障碍了),灾祸.
contrib'ute [kən'tribjuːt] v. ①贡献,提供,赠送,投稿 ②有助于,促使,帮助,资助,协作,成为…的原因之一,(对…产生)影响(to, toward) ③参加(in) ④出一份力,起一份作用. contribute one's share 出自己应尽的一份力量. contributing editor 特约编辑,特约撰稿者. contributing factor 起作用的因素. ▲contribute (…) to…把(…)贡献[投稿]给…
contribu'tion [kəntri'bjuːʃən] n. ①贡献[捐助,帮助,影响,(所起的)作用(to) ②成分,组成 ③【计】基值 ④投稿,提供文献资料,著作,稿件,文献, (pl.)论文集 ⑤分担额,捐款. atmospheric contribution 大气影响. contribution factor 辅助(影响)系数. contribution network (各地)节目收集网. diamagnetic contribution 逆磁影响. drag contribution due to interference 干扰阻力. fission contribution 裂变作用. nuclear contribution 原子核组成(成分). positive stability contribution 有助于稳定性. ▲make a [no] contribution to [towards] 对…作出(没有)贡献,无助于.
contrib'utive [kən'tribjutiv] a. 贡献的,促进的,起一份作用的,有助于…的(to).
contrib'utor n. ①贡献[捐赠]者 ②投(撰)稿人,执笔者,研究者.
contrib'utory [kən'tribjutəri] Ⅰ a. ①对…有贡献的,有助于…的,起一份作用的,促进…的(to) ②参加的,协作的,分担的. Ⅱ n. 贡献者,起作用的因素. contributory evidence 辅助数据. contributory factor 辅助系数,影响因素. contributory negligence 造成意外事件的疏忽.
contri'vable [kən'traivəbl] a. 可设法做到的,可发明的.
contri'vance [kən'traivəns] n. ①工具,(机械)装置,设备 ②设计,发明,计划[创造(性)]思想上的办法,设计方案,新发明,创造的东西,创作,机械装置 ④诡计. a contrivance to record both sides of a telephone conversation on magnetic tape 电话交谈磁带录音装置.
contrive' [kən'traiv] v. ①发明,创造,设计,计划 ②设法(做到),想办法,动脑筋 ③竟然弄到…的地步.
contri'ver [kən'traivə] n. 发明[设计,创制]者.
control' [kən'troul] Ⅰ n. (controlled; controlling) ①控制,操纵,管理[制,辖],支配,驾驶(驭),监督,指挥,节[抑,压,箝,绝]制 ②调节[整,谐,制] ③检验,查(核验)对,对照,检[测,核]定 ④控制器,控制装置[机构,系统,措施],调整机构,调节器,控制装置[仪,开关,控制点 ⑤管理规则,(鉴定实验结果的)核对标准,对照物[组],底本,存根 ⑥防治,防止. a control experiment 对照实验. adaptive control 自适(应)控制. analytical control 分析调整[控制,检验]. anticipatory [anticipating] control 预先操纵[装置]. automatic control 自动控制(器),自动操纵,自动调节(器). "bang-bang" control 继电控制. beam control 波[电子]束控制,(示波器)亮度控制[调节]. birth control 节育. block control 联

锁式控制机构. *centralized control* 集中操纵,集中(式)控制. *close control* 近(距离)控(制),精确检查,仔细测试,接近(目标)引导. *closed-loop control* 闭环[闭回路]控制,反向联系控制系统. *coarse control* 粗调(节),粗控. *column control* 杆式控制. *contouring control*（自动）仿型控制. *control amplifier* 控制[调整]放大器. *control antenna* 监制天线. *control arm* [rod]控制[操纵]杆. *control block event* 控制封锁事件. *control board* 控制盘[板,台,屏],操纵台（弹道）,监察委员会. *control bridge* 控制台,舵楼. *control cab* 操纵[控制]室. *control cable* 控制电缆,操纵索. *control carriage tape* 托架控制带. *control center* 控制中心,调度中心,操纵室[台]. *control check* 检验,复查. *control component* 控制元件,方程组元素. *control desk* 控制台,操纵台. *control element* 控制元件. *control field* 【计】控制字段. *control file* 总目. *control flow* 【计】控制走向[指令],控制流动[流向]. *control gate* 节制阀门. *control gear*（操纵）机构. *control gravimetric base* 重力控制基点. *control head* 井口装置,控制[调节]头. *control hole* 【计】标志孔. *control information* 控制（误差校正）. *control instruction* 控制指令. *control knob* 控制按钮,操纵手柄. *control laboratory* 检（化）验室. *control level* 管制水平. *control lever* 操纵[控制]杆. *control line* 控制线. *control moment* 控制（系统单元）力矩. *control mosaic* 控制点镶嵌图. *control nondata I/O operation* 非数据输入输出的,控制（操作）. *control of inversion*（反演）变换控制. *control of weed* 除草. *control panel* 控制（盘）板,操纵（板）,接线（接线）板,配电方式. *control plane* 操纵导弹的飞机. *control point* 控制点,检测点,水准基点. *control ratio* 控制比,（闸流管）控压比,控制系数. *control receiver* 检验用接收机. *control room* 操纵（中心）控制室,机房,工作间. *control section* 控制部分,控制舱,检查段. *control specimen* 检查标准用的试样,核对试样. *control stand* 控制台,操纵台. *control switch* 控制[主令]开关. *control system* 控制[操纵]系统,控制方式. *control test* 控制(性)试验. *control timer* 时间传感器,时间控制继电器. *control timing clock* 控制系统定时机构. *control tower* 控制[操纵]塔. *control transfer instruction* 转移指令. *control transformer rotor* 自动同步机转子,控制变压器转子. *control wheel*（无心磨）导轮,调整,操纵[控制]轮. *control zone*（飞机场）管制区域. *controlling depth* 控制[极限]深度. *controlling electric clock* 主控电钟,母（电）钟. *controlling elevation* 控制标高. *controlling gear* 控制[操纵]装置[机构]. *controlling handle* 控制[操纵]手柄. *controlling magnetic field* 控制[施控,可控]磁场. *controlling point* 控制点. *controlling resistance* 控制[抑制]电阻. *controlling valve* 压力调节,控制阀. *counter control*（用）计数管调节[控

制],用计算机检验,用计数器控制（检验）. *cross(ed) control (s)* 交叉控制（系统）,交叉操纵. *crystal control* 石英稳频,晶体控制. *dash control* 按钮[缓冲]控制. *derivative control*（一次）微分调整,按一次导数（微商）控制,按波动参数变化率调整,导数调节. *derivative-proportional-integral control*（按微商-比例-积分调节）控制. *differential control* 微分[差动]控制,差压调节. *distance control* 远距离操纵,遥控. *dynamic control* 动态（力）控制. *emergency control* 紧急控制（装置）,应急操纵. *end-point control* 端点控制（根据输出量的连续分析对过程进行调整）. *factory-adjusted control* 出厂调整. *field control* 磁场调节,激励调整. *fine control* 细（均匀）调节,高精确度调整,精密控制[调节],微量控制. *finger control* 手动调整[控制,调节],手调. "*finger-tip" control* 按钮控制,"单指"调整器. *flame failure control* 防止火焰熄灭的装置,火焰防灭控制. *floating control* 无定向调节,无（静）差控制[调节],漂移调节,方向与速度的控制. *follow-up control* 随动控制,从动操纵,跟踪系[控制]. *format control* 数据安排（形式）控制. *gyrorudder control* 陀螺舵控制,陀螺自动驾驶仪,用自动驾驶仪操纵. *hand control* 手（动）控制[调节,操纵],人工控制[操纵]. *high-low level control* 双位液面控制调整器,双位电平调整器. *hold(ing) control* 同步控制[调整]. *hydraulic control* 液压调节[控制],液动（水力）控制. *independent control* 单独[自律式,局部]调节,独立控制. *lead control* 导前[超前]控制,一次微分控制,超前控制,超前量调节. *level control* 液面控制(器),位面控制,水平调整,水平面调节,（箱位,信号）电平调整. *limit control* 极限位置控制系统. *liquidlevel control* 液面调节,液位控制. *manual control* 手动操纵,人工控制. *marker control* 标识控制. *master control* 主控（器）,总控制系. *matching control* 自动选配装置. *mixture control* 混合物（气,成分）调节,混合比[剂,气]调节. *multicircuit control* 多回路控制线路,多（电）路控制. *multiple control* 复杂[并列]调节,多路[多重,复式]控制. *narrow band proportional control* 窄范围[区域]的比例控制,窄带比例调节. *noncorresponding control* 无（静）差控制[调节]. *noninteracting control* 不相关联[不相互影响的]控制,自治调节,自身式调整,自律式控制. *numerical control* 数（字）控（制）. *off-line control* 离线[脱线,脱机]控制,间接控制. *oil control ring* 甩（抛）油环,护油圈,润滑油控制环,活塞环. *on-line control* 在线[联机,直接]控制. *on-off control* 双位置控制[控制],"通-断"控制. *optimalizing control* 极值调节,最优（佳）控制. *overheat control* 过热（安全）控制. *phasing* [*phase*]*control* 相位（特性）控制. "*piggy-back*" [*cascade*] *control* 分段[级联]控制. *pneumatic control* 气动调节[控制]. *power control* 功率调整[调节,控制],动力控制,阳极调制. *pow-*

ered control 带动力的[利用动力的]控制(机构). *power-operated control* 动力驱动操纵,带动力的控制. *predictor control* 前置控制,提前量的调节,预测(器)程序控制. *pre-set (range) control* 预定射程控制,(距离)程序控制. *programmed control* 程(序)控(制). *proportional control* (按)比例控制[调节,调整,操纵],线性控制. *proportional-plus-floating control* 比例-无(静)差控制[调节],均衡[重定]调节. *proportional-plus-integral control* 比例-积分控制[调节],坐标加积分调节. *push-button control* 按钮操纵[控制]. *quality control* 质量检查[控制]. *rate control* (按)速率控制,按被调量的变化率调节,按一次导数控制[调整]. *remote control* 远程操纵,远(距离)控(制),遥控. *restrained control* 节制操纵. *retarded control* 推迟控制,迟延调节. *rough control* 粗调. *routine control* 常规控制. *running tension control* 工作电压控制. *safety control* 安全保障(措施),安全(保安)控制(装置),防护装置. *second derivative control* 按二次微商[导数]控制[调节],按加速度调节. *security control* 保安措施,安全控制(技术). *self control* 自(行)控(制). *series-parallel connection control* 串并联变换器. *servo control* 伺服控制. *set-value control* 给定值控制. *shim control* 垫片(粗胞定)调节. *sight control* 直[目]视控制,目视检查,观测检验. *speed control* 速度控制[调节]器,(按一次)导数控制. *spotting gain control* 增益校正调整. *steering controls* 转向机构. *stick control* 手柄控制. *supervisory control* (远距离)监视控制. *synchronizing controls* 同步调整装置,抽头[分接,(附)有分(路)接头的控制器[调节器]. *tapped control* 抽头[分接,(附)有分(路)接头的控制器[调节器]. *thermostatic control* 恒温调节(器). *throttle control* 油门踏板,油门操纵杆. *time schedule control* 定时[程序]控制. *timing control* 时间[延时,定时]控制. *tonic control* 音调控制. *transfer control* 转移控制. *twist and steer control* 按极坐标法控制,联合操纵系统. *undamped control* 不稳定调节,调节的发散过程. *unlocking dual control* 分开的复式控制,非联锁双重控制. *visual control* 肉眼检查,直观检查. *zero (set) control* 零位调整,调零装置,置零控制装置. ▲(be) *beyond control* 无法控制. (be) *in control of* 管理者,控制者. (be) *within the control of* 为…所能控制的. *get out of control* 失去控制,再不能操纵. (be) *under control* 在控之下,被控制在,(操纵)情况良好. *bring* [get] *under control* 把…控制起来. *have* (no) *control over* (不)能控制. *lose control of* 控制不住. *out of control* 失去控制,不能操纵. *take control* (着手)驾驶,操纵,控制. *under the control of* 在…支配[控制]之下. *without control* 任意地,无拘束地.

controlcode *n.* 控制码.

control-cylinder-rod *n.* 控制杆. *pre-pressing-die-float control-cylinder-rod* 预压浮模控制杆.

control-experiment *n.* 对照实验.

control-grid *n.* 控制栅.

control-joint *n.* 控制(接)缝.

controllabil′ity [kəntroulə'biliti] *n.* 可控(制)[操纵,调(节),监督]性,控制能力. *controllability test* 操纵性试验.

control′lable [kən'trouləbl] *a.* 可控(制)[调节,调整,操纵,管理]的,置于控制下的. *controllable capacity pump* 变量泵. *controllable pitch propeller* 螺距可变的螺旋桨,调距螺旋桨. *controllable silicon* 可控硅. *controllable thermonuclear reaction* 可控热核反应.

controlled *a.* 受控(制)的,受操纵的,可控(制)的,控制的,调整[节]的. *controlled atmosphere furnace* 保护气体炉. *controlled avalanche diode* 可控雪崩二极管. *controlled magnetic core reactor* 可控制扼流圈[电抗器]. *controlled rectifier* 可控整流器. *controlled stage* 控制级.

controlled-access highway 控制进入的公路.

controlled-carrier system 控制(可控)载波系统.

control′ler [kən'troulə] *n.* ①控制器(机,程序),操纵器(杆,装置),舵,控制调整部分 ②调节器(装置,仪表),传感器 ③配电设备,开关设备 ④管理员,检验[查]员,主管人,会计主任. *automatic controller* 自动调节器[仪表],自动控制器. *boost-pressure controller* 增压(进气压力)控制器. *constant-pressure flow controller* 稳(定)压流量控制器,定量流量调节器. *controller buffer* 控制缓冲器. *controller cage* 控制器罩. *differential pressure controller* 剩余压力调节器,压差调节器. *double-response controller* 双重作用的控制器,双重反应调节器. *flapper-valve controller* 板阀控制器. *floating controller* 无静差控制器,浮移控制器. *floatless liquid-level controller* 无浮子液面控制器. *float-type level controller* 浮子式液面控制器. *gas controller* 气体调节器. *indicating controller* 有刻度的控制器. *level controller* 液面调节[控制]器. *on-off controller* 双位控制器[调节器]. 一断「开关型]控制器. *open-cycle controller* 开口电路[开口循环]调节器,开路控制器. *potentiometer controller* 电势(位)计式控制器. *power controller* 功率调节器. *process controller* 过程调节器,工艺过程控制装置. *proportional-plus-derivative controller* 比例(加)微商控制器. *scram controller* 快开关调节仪表. *variable orifice flow controller* 可变孔板流量控制器. *wideband controller* 宽范围控制器.

controllor *n.* =controller.

control-rod *n.* 操纵[控制]杆. *control-rod guide* 控制杆导向. *cross* [*cruciform(-shaped)*] *control-rod* 十字形控制杆.

controsurge winding 防冲(防振)屏蔽绕组.

controver′sial [kɔntrə'vəːʃəl] *a.* (引起,有)争论的,成问题的,可疑的. ～*ly ad.*

con′troversy ['kɔntrəvəːsi] *n.* 争论,论战(with, about, between). *give rise to much controversy* 引起许多争论. ▲*beyond* [*without*] *controversy*

con'trovert ['kɔntrəvə:t] v. 辩驳(论),讨论,否认,反对,驳斥.

controvert'ible a. 可辩驳的,可争论的. **controvertibly** ad.

contuse' [kən'tju:z] vt. 搗(研)碎,打(挫,撞,压)伤. **con-tu'sion** n.

contu'sive [kən'tju:siv] a. (致)挫伤的.

conun'drum [kə'nʌndrəm] n. 谜,难题.

conurba'tion [kɔnə:bei∫ən] n. 具有许多卫星城的大城市,大城区,城镇群,集合城市.

CONUS =Continental United States 美国大陆.

co'nus n. 圆锥,锥体,(眼)后葡萄肿.

conv = ① conventional 常规的,惯用的 ② converter 换流〔变频,变换,转换〕器 ③ convertible 可换的.

convalesce' [kɔnvə'les] v. 渐渐复元,渐愈,处于恢复期,康复,恢复. **convales'cence** n.

convales'cent Ⅰ a. 渐愈的,恢复期的,恢复性的. Ⅱ n. 恢复期病人,疗养员. *convalescent hospital* 疗养院,休养所.

convect' [kən'vekt] v. 对流传热,使…对流循环,藉对流传〔热〕.

convec'tion [kən'vek∫ən] n. ①(热,电)对流,运流,对流电流②迁移,传递〔送〕,传达. *convection bank* 对流管束. *convection circuit breaker* 对流式断路器. *convection current* 对〔运〕流,对流〔运流〕电流. *convection heater* 对流(式)加热器,对流取暖装置. *forced convection* 强迫(制)对流. *heat* 〔thermal〕 *convection* 热对流.

convec'tional a. 对流(性)的. *convectional rain* 〔*precipitation*〕对流雨.

convec'tive [kən'vektiv] a. 对〔运〕流(性)的,传递〔送〕性的,迁移的. *convective heat transfer* 对流换热〔传热〕,对流热交换.

convec'tor [kən'vektə] n. 对流(放热)器,热空气循环对流加热器,环(到)流机(使空气经过热表面而变热的取暖设备),(有改善空气对流装置的供暖散热器,换流器. *convector radiator* 对流式换热器.

conve'nable a. 可召集的.

convenance ['kɔnvinɑ:ns] [法语] 惯例.

convene' [kən'vi:n] v. 召集(会议),集会〔合〕.

conve'ner n. 会议召集人.

conve'nience [kən'vi:niəns] Ⅰ n. ①方便,便利,适当的机会 ②(pl.)(衣食住行的)设备. Ⅱ vt. 为…提供方便. *be full of conveniences of every sort* 设备齐全. *convenience receptacle* (墙)插座. *modern conveniences* (生活方面)现代化设备〔工具〕. *Please send the goods at your earliest convenience.* 请将货品尽快寄来. *public convenience* 公共厕所. ▲*at earliest convenience* 愈早愈好. *at one's convenience* 就…の便. *for convenience* 〔*sake*〕为了方便起见. *for the convenience of* 为了…的方便起见,为了便于.

conve'nient [kən'vi:niənt] a. ①方(简,近)便的,便利的,合宜〔适〕的 ②附近的,不远的. ▲(*be*) *convenient to* + *inf.* 便于(适宜于)(做). *convenient for M* 对 M 方便的. ~**ly** *ad.*

conven'tion [kən'ven∫ən] n. ①习惯,习惯性,惯例,常规 ②公约,条约,(国际)协定,约定,暂定条款 ③ 大会,会议. *international convention* 国际惯例. ▲*by convention* 按照惯例.

conven'tional [kən'ven∫ənl] a. ①惯(通,习)用的,惯(照)例的,习惯的,传统(性)的 ②常规的,规范的 ③一般的,普通的,平常的 ④约定(俗成)的 ⑤会议的,协定的 ⑥有条件的,预先约定的. *a few conventional remarks* 几句老生常谈的话. *conventional aggregate* 惯用〔约定〕集料. *conventional coordinates* 标准坐标系. *conventional diagram* 示意图. *conventional display* 线性显示,普通指示器. *conventional explosive* 普通炸药. *conventional fuel* 普通(常规)燃料. *conventional galvanizing* 普通热(浸)镀锌. *conventional hobbing* 逆向滚削. *conventional method* 习惯(传统)方法,惯用法,惯例. *conventional number* 标志数. *conventional oil* 普通油,无附加物的油. *conventional procedure* 常规程序. *conventional punch card machinery* 商用穿孔卡片机. *conventional sharpening* 普通刀磨. *conventional shaving* 纵向剃齿. *conventional sign* 图例,习(通,常)用符号,通用标志. *conventional strain* 公称应变. *conventional tariff* 协定税率. *conventional tests* 普通(标准)试验. *conventional true value* 实际值. *conventional voltage doubler* 常用(二)倍压电路. *conventional weapons* 常规(非原子)武器. *the conventional* 因袭的事物.

conventional'ity [kənven∫ə'næliti] n. ①传统(性),因袭 ②(pl.)惯例,常规,老一套.

conven'tionalize [kən'ven∫ənəlaiz] vt. 使成惯例,惯常化.

conven'tionally ad. 按照惯例,按常规,习惯地.

conventioneer' n. 到会的人.

Convergatron n. 多级中子放大器(每一级是由燃料区、热中子屏和减速剂组成的).

converge' [kən'və:dʒ] v. ①集中于(一点),汇〔辐〕合 ②会聚,聚集,【数】收敛. *converge in probability* 概率收敛. *converge statement* 【计】约束语句. *converge to a limit* 收敛于一极限. ▲*converge on*〔*upon*〕集中在…上,找〔到〕到. *converge M to N* 把 M 会聚于 N.

conver'gence [kən'və:dʒəns] 或 **conver'gency** [kən'və:dʒənsi] n. ①【数】收敛,(性,点,角) ②会聚(度,性),集束(性),聚焦,集中,聚〔会〕,结合, 辐合(度),交会,合流(象,点),趋向 ③减小 ④非周期阻尼运动. *angle of convergence* 收敛(会聚,交向,辐合,视差)角. *approximate convergence* 近似收敛. *beam convergence* 射束收敛,电子束会聚. *center convergence* 中心会聚. *convergence bolt* 会聚螺栓(螺柱). *convergence coil* 聚焦(会聚,收敛)线圈. *convergence criterion* 收敛判据,收敛(性判定)准则,收敛判别法. *convergence electrode* 会聚〔收敛〕电极. *convergence errors* 会聚(重合)误差. *convergence exponent* 收敛指数. *convergence field* 辐合场. *convergence half-angle* 半会聚角. *convergence in mean* 平均(均值)收敛. *convergence in probability* 或 *stochastic convergence* 随机收敛,概率性收敛. *convergence map* 收敛图,等

垂距线[等容线]图. *convergence method* 逐次近似法,收敛法. *convergence of front wheels* 前轮前束. *convergence series* 收敛级数. *convergence yoke* 会聚[聚焦]系统. *convergence zone paths* 辐合带的声径.

conver'gent [kən'vəːdʒənt] Ⅰ *a.* ①收敛[辐合,会聚]的,聚光的,集合的 ②逐渐缩小的,收缩的 ③非周期衰减的. Ⅱ *n.* 收敛项[分]数. *convergent channels* 辐合状水道网. *convergent character* 趋同特性. *convergent gas lens focusing* 气体会聚透镜聚焦. *convergent lens* 会聚透镜,聚光镜. *convergent light* 会聚光. *convergent mode of motion* 衰减运动. *convergent mouthpiece* 收缩管(嘴). *convergent nozzle* 收辐[渐缩,收敛形]喷嘴. *convergent oscillation* 减幅[衰减,阻尼]振动. *convergent pencil of rays* 会聚光线束,聚光光束,集光角. *convergent photography* 交向摄影. *convergent seismic reflection configuration* 合并型地震反射结构. *convergent series* 收敛级数. *convergents of continued fraction* 连分数的渐近分数. *uniformly convergent* 均匀[一致]收敛的.

convergent-divergent *a.* 缩放(形)的,收敛-扩散的,收扩张的,收缩-膨胀的,超音速的(喷管).

conver'ger *n.* 擅长精细推理的人.

conver'ging Ⅰ *n.* ①会聚,收敛[缩]的,渐缩形的,聚光的,缩小的,下降的 ②非周期衰减的. Ⅱ *n.* 会聚,会聚光. *converging approximation* 收敛近似. *converging duct* 收敛管道. *converging flow* 收束水流. *converging lens* 会聚透镜. *converging nozzle* 收敛[渐缩形]喷嘴. *converging roads* 汇合道路. *converging tube* 渐缩形管,缩口管.

converging-diverging nozzle 渐缩放喷嘴.

conver'sance [kən'vəːsəns] 或 **conver'sancy** [kən'vəːsənsi] *n.* 熟悉,精通(with).

conver'sant [kən'vəːsənt] *a.* ①熟悉的,通晓的,具有…知识的(with) ②和…有关的(in, about, with).

conversa'tion [kɔnvə'seiʃən] *n.* 谈[会,通]话,会[交]谈(on, about). *conversation assembler* 对话汇编程序. ▲*have* [*hold*] *a conversation with M* 与 M 进行谈话[交谈],与…会谈. *in conversation with M* 正在与 M 谈话.

conversa'tional [kɔnvə'seiʃənl] *a.* 谈(对,会)话的,口语的,通俗的. *conversational compiler* 对话式编译程序. *conversational time-sharing* 对话式分时(操作).

conversation-tube *n.* 通话管.

conversazione ['kɔnvəsætsi'ouni] (pl. *conversazioni* 或 *conversazioni*) *n.* 学术谈话会.

converse Ⅰ [kən'vəːs] *vi.* 谈话,会[交]谈,谈论 ▲*converse with M about*[on, upon] *N* 和 M 谈论(关于)N. Ⅱ ['kɔnvəːs] *n.* ①谈话,会[交]谈 ②【数】逆(叙,命题), ③转换,换位[算]. *a.* 逆的,(相)反的,倒转的. *converse of relation* 逆关系. *converse piezoelectric effect* 反压电效应. *converse routine* 转换程序. *converse statement* 逆叙. *converse theorem* 逆(定)理.

converse'ly [kən'vəːsli] *ad.* 逆,倒,相反地.

conver'sion [kən'vəːʃən] *n.* ①转[变,更]换,转变,转化(作用),(情况)改变,(状态)变化,变态,变形,变频 ②【数】换算(法,系数,因数),换位(法),倒位,迁移,逆转[反],反演,兑换 ③改建[装]. *analog-digital conversion* 模(拟)数(字)变[变]换. *angle-to-digit conversion* 角度-数字变换. *binary conversion* 二进制变换. *binary-decimal conversion* 二-十进制变换. *code conversion* 代[电]码变换. *conversion board* 坐标变换测绘板,换算板. *conversion by retarding field* 减速场变换. *conversion chart* 换算表[图]. *conversion conductance* 变频刻度[互导],变换导纳. *conversion device* 转换装置. *conversion diagram* 变换特性曲线(图). *conversion efficiency* 换能[变换]效率. *conversion electron* 变换[转换]电子. *conversion equation* 变换公式. *conversion factor*[*coefficient*]换算系[因]数,变换[因]数,转换因子[数],(核燃料)再生系数. *conversion filter for colour temperature* 色温变换滤光器. *conversion formula* 换算公式. *conversion loss* 变换[变频]损耗,转换损失. *conversion of energy* 或 *energy conversion* 能量转换. *conversion of sea water* 海水的淡化. *conversion of unit* 设备的重新安装. *conversion period* 逆周期. *conversion pig* 炼钢生铁. *conversion ratio* 换算率. *conversion routine* 转换程序. *conversion table* 换算表. *conversion training* 改装训练(班). *conversion (trans) conductance* 变频跨导. *conversion transducer* 变换器,换能器. *conversion transformer* 转换变压器,转电线圈. *conversion unit* 变换器,反应设备. *digital-(-to-)analog conversion* 数(字)模(拟)转换. *fast conversion* 在快中子作用下核燃料的再生产. *file conversion* 外存储器信息变换. *logical conversion code* 逻辑转换代码. *para-ortho conversion* 对位-邻位变换. *suspension of the dollar's conversion into gold* 美元停止兑换黄金. *thermal conversion* 热转换. *thermionic conversion* 热离子换电.

convert' [kən'vəːt] *v.* ①转换[化],变换 ②转[改]变 ③换算,兑换 ④改造[装]. *converted steel* 渗碳钢. *converted timber* 锯制木材,成材. *internally converted* 受内部转换的. ▲*convert M into* [*to*] *N* 把 M 转变[转化,兑换,改造]成 N. *convert (from M) to N* (从 M)转变成 N.

convertaplane *n.* =convertiplane.

conver'ter *n.* ①转[变]换器[机,器],变[整,变]流器,整流管,换[交]流机,换能器,变压器,变换[频]器(管),转[裂]化器,转化塔,反向器 ②转炉,吹(风)炉,排气净化器,转化炉,转化(再生)反应堆 ③密码翻译器,转换程序. *acid*(-*lined*)[*Bessemer*] *converter* 或 *converter of acid lining* (炼钢)酸性转炉. *A/D* [*analog-to-digital*] *converter* 模拟-数字变换器. *air-blown converter* 转炉. *alternating current converter* 整流管,交直流机组. *arc converter* (高频)电弧振荡器,电弧换流器. *continuous converter*

连续吹炼转炉. *converter generator* 变流机组发电机. *converter motor* 变流机组电动机. *converter process* 转炉炼钢法. *converter stage* 变换〔频〕级. *converter steel* 转炉钢. *converter technique* 变换〔变频〕技术. *converter tube* 变频管. *D/A*〔*digital-to-analog*〕*converter* 数字-模拟变换机. *data converter* 数据变换器. *decimal-to-binary converter* 十-二进制变换器. *frequency converter* 变频器. *gas converter* 气体转〔裂〕化器. *Great Falls converter*(大瀑布型)竖式转炉. *high-frequency converter* 高频变换器. *image converter* 光电变换〔像〕器,光电变像管,光电图像变换管,电子光学像变换器. (*liquid*) *oxygen converter* 液氧气化器. *mercury vapor converter* 汞弧整流器. *multi-grid converter* 多栅变频管. *phase converter* 相位变换器,换相器. *photovoltaic converter* 光电换能器. *pulse converter* 脉冲变换器. *pulse-count converter* 脉冲换算器. *pure oxygen topblown converter* 纯氧顶吹转炉. *rotary converter* 旋转变流机,同步换流机. *scintillation converter* 闪烁〔火花〕转化器,发光体. *side converter* 侧吹转炉〔钢铁),侧吹炉(有色). *super-converter* 超外差变频器. *thermal converter* 热中子变换反应堆. *torque converter* 扭矩变换器,变扭器. *vacuum tube converter* 电子变频器.

converter-coupling *n*. 液力变扭器-偶合器组合.
converter-transmitter *n*. 变流器-发射机(组合).
convertibil'ity [kənvətə'biliti] *n*. 可逆性,可变〔交,兑〕换(性),(可)转化(变,换)性,互换性,可翻译性.
conver'tible [kən'vətəbl] I *a*. ①可逆的,可〔改,变〕的,可转〔交,变,换〕的,可转化的,活动的 ②同义的 ③自由兑换的. II *n*. 可改变的事物. *convertible body* 敞篷〔活顶〕车身. *convertible car* 两用车,(折合式)敞篷汽车. *convertible coupe* 活页双门轿车〔轿式汽车〕. *convertible crane* 可更换装备的起重机. *convertible open side planer* 活动支架单臂刨床. *convertible shovel* 两用铲,正反铲挖土机. *convertible term* 同义语. *convertible vehicle* (轮胎式履带式)两用车辆. **conver'tibly** *ad*.
conver'tin [kən'vətin] *n*. 转化〔变〕素,(血清凝血酶原)转变加速因子.
convert'ing *n*.;*a*. 转换〔化,变〕(的),变换(的),吹炼,改装(的). *converting process* 吹炼法,吹炼过程. *converting with air* 空气吹炼. *continuous converting method* 连续吹炼法. *copper converting* 铜吹炼.
conver'tiplane [kən'vətəplein] *n*. 推力换向式飞机,垂直起落换向式飞机(垂直起飞后机翼或螺桨可绕飞机横轴在垂直面内旋转的飞机).
convertor *n*. =converter.
converzyme *n*. 转换酶.
con'vex [ˈkɔnveks] I *a*. (中)凸的,凸形〔面,圆,出)的,似凸面的. II *n*. ①凸状〔面),凸圆体,球形凸面 ②钢卷尺. *convex boundary* 凸面边界. *convex cutter* 凸半圆成型铣刀. *convex fillet weld* 凸形角焊缝. *convex iron* 半圆铁〔钢〕. *convex joint* 凸(圆接)链. *convex lens* 凸〔正,会聚〕透镜. *convex mirror* 凸面镜. *convex side* 凸边〔侧,岸〕. *convex surface* 凸面. ~**ly** *ad*.
convex-concave *a*. 凸凹的,一面凸一面凹的.
convexin *n*. 拟杆菌素.
convex'ity [kən'veksiti] *n*. ①中凸,凸状〔形),凸面(体) ②凸(面)度,向上弯曲度.
convex'o-con'cave *a*. 一面凸一面凹的,凸凹的.
convex'o-con'vex *a*. 双凸(面)的,两面凸的.
convex'o-plane *a*. 一面凸一面平的,平凸的.
convex-toward-the liquid interface 凸向液体的界面.
convey' [kən'vei] *vt*. ①输〔传,运)送,运输,转〔搬〕运,递交 ②传达(送,输,播),通知〔报〕③让与,转让〔移〕. *convey tunnel* 输水隧洞.
convey'able [kən'veiəbl] *a*. 可传输〔交付,让与〕的.
convey'ance [kən'veiəns] *n*. ①运输,输送〔交〕,搬运,传播〔递) ②运输工具(机关),车辆 ③转让(证书). *conveyance channel* 输水渠. *conveyance system* 运输〔输水〕系统.
convey'ancer [kən'veiənsə] *n*. 运输者.
convey'er [kən'veiə] *n*. ①输送机〔器,设备),传送机〔器,带,链,装置) ②运送者 ③交付者,让与人. *air*〔*airslide*〕*conveyer* 空气输送机. *aerial conveyer* 架空运输设备,吊运器,高架轨道,吊道. *apron conveyer* (椎)裙式(皮带)运输机〔输送器). *band conveyer* 皮带运输机,带式输送器,传送机. *belt conveyer* 皮带(传动)运输机〔送带). *bucket conveyer* (多)斗式输送〔提升机〕(器). *cable conveyer* 缆索运输〔吊运)机. *chain conveyer* 链式运输机,链式输送器,输送链. *conveyer belt* 运输(机皮)带,传送带. *conveyer bucket* 输送斗. *conveyer chain* 输送链. *conveyer screw* 螺旋输送机. *conveyer system* 流水作业,传送带流水作业法,传送装置,输送系统,流水线. *conveyer table* 转运台. *conveyer trunk* 传送管. *disk conveyer* (圆)盘式输送机. *drag(-link) conveyer* 刮板式传送器,(刮)式链板传送器. *endless belt conveyer* 环带传送器,循环输送机. *fan conveyer* 旋转式送送机. *flight conveyer* 链动输送机. *grab bucket conveyer* 抓斗式运送机. *gravity roller conveyer* 重力式滚筒运输机. *helical*〔*screw, spiral, worm*〕*conveyer* 螺旋输送机. *jigging conveyer* 振动输送机. *overhead conveyer* 高架输送器,高架运输机. *pallet conveyer* 板式运送机. *pendulum conveyer* 摆式送送机. *portable belt conveyer* 移动式皮带运输机,轻便带式运送机. *push(ing) conveyer* 推板(推进式)运送机. *reciprocating trough conveyer* 往复式运输机. *return conveyer* 返料皮带(运送带). *ribbon conveyer* 带式运输机. *roller conveyer* 滚筒运输机. *scraper chain conveyer* 链式刮板运送机. *slat type conveyer* 板式输送带,板式运输机. *stirring screw conveyer* 螺旋拌和输送机. *swinging conveyer* 回转式运输机. *telpher conveyer* 缆车运输机,缆索式运送机. *tipping tray conveyer* 倾槽式运输机. *tray conveyer* 槽式运输机. *trough(ing) conveyer* 槽式运输机〔输

送器). tube conveyer 管式气动传送器. underslung conveyer 悬挂式运输机〔输送链〕. upwardly-inclined conveyer 上斜式运送机. vibrating conveyer 振动输送机〔传送器〕.

convey'ing [kən'veiiŋ] n. 传输,运输,输送,递送,让与. conveying belt 传〔输〕送带,带式输送机. conveying screw〔worm〕螺旋输送机. conveying trough〔chute〕输〔传〕送槽.

conveyor n. =conveyer.

conveyor-belt 或 conveyor-band n. 传〔运〕送带,皮带运输机.

convey'orize [kən'veiəraiz] vt. 传送带化,设置传送带.

convict I [kən'vikt] vt. 证明〔宣告〕有罪. II ['kɔnvikt] n. 罪犯,犯人.

convic'tion [kən'vikʃən] n. ①(使)确信,坚信,(使)信服,信心 ②定罪,宣告〔证明〕有罪. ▲be open to conviction 服理,能接受意见. (be) in the (full) conviction (that) 深信,坚决相信. carry conviction 有说服力. shake a conviction 动摇信心.

convince' [kən'vins] vt. 使确信〔信服〕,使承认,使觉悟,使认识错误. ▲be convinced of〔that〕或 convince oneself of 确(深)信,承认,认识了. convince … of (that) 使…确信〔相信,承认〕.

convin'cible a. 可使信服的.

convin'cing [kən'vinsiŋ] a. 使人信服的,有说服力的,有力的. ~ly ad.

convl = conventional 常规的,惯用的.

convoca'tion [ˌkɔnvəˈkeiʃən] n. 召集,集会,评议会. ~al a.

convoke' [kən'vouk] vt. 召集(会议).

con'volute ['kɔnvəluːt] a.; n. 回旋状的,盘〔卷〕旋的,盘旋面. v. 盘旋,包卷. convolute(d) flexible waveguide 缠绕型软波导.

convoluted a. =convolute.

convolu'tion [ˌkɔnvə'luːʃən] n. ①回〔盘〕旋,旋转〔绕〕②【数】褶〔卷〕积,对〔褶〕合,结〔褶〕合式 ③匝,(旋)圈,转数,周 ④涡流. convolution integrals 卷积积分. convolution transform 褶合式变换. ~al a.

convolve' [kən'nɔlv] v. 卷(旋),盘旋,缠绕.

convol'ver n. 褶积器.

convolvulin n. 旋花甙.

con'voy ['kɔnvɔi] n.; v. ①护航〔运,送,卫〕②护舰艇,护航(舰)队,护送部队 ③护航(飞)机. convoy conditions 车辆列队行驶状况.

convulse' [kən'vʌls] vt. (使剧烈)震动,震撼,使痉挛.

convul'sion [kən'vʌlʃən] n. 震〔骚〕动,激变,痉挛,惊厥. convulsion of nature 自然界的变异(地震,火山爆发等). ~ary 或 convul'sive a.

cook [kuk] I v. ①蒸煮,烧,煮(熟)炼,烹调 ②杜撰,篡改,伪造,捏造,编造(up) ③计划,设计(up). II n. ①炊事员,厨师 ②蒸煮过程.

cook'book n. ①食谱 ②详尽的说明书 ③试选〔优选〕法.

cooked a. ①最影过度的 ②(蒸)煮的,热的,烹调的.

cookeite n. 细鳞云母.

cook'er ['kukə] n. ①炊具,(蒸)煮器,锅,火炉 ②伪造者,篡改者. gas(-)cooker 煤气炉.

cook'ie ['kuki] n. ①饼干 ②一种小面包 ③家伙. cookie cutter 圆底形钢制沉箱.

cook'ing ['kukiŋ] n.; a. 烹调(用的),炊事(用的). cooking plate〔range〕炊事电炉. cooking room 厨房.

cook-off n. ①(发射药的)自燃 ②(由于枪管高温而产生的)自发发弹.

cooky n. =cookie.

cool [kuːl] I a. ①(微)冷的,凉(爽,快)的 ②冷的,有冷藏设施的 ③冷静〔淡〕的,沉着的,满意的 ④(为数)整整的(若干). II n. ①荫凉(处),凉爽 ②冷气. III v. ①(使)变凉,使…冷,冷却 ②(使镇)静,平息 ③消除〔减少〕放射性. cool at low temperature 低温冷却. cool air 冷空气. cool chamber 冷藏间. cool house 冷藏室,低温室. cool time (接触焊)间歇时间. ▲cool as a cucumber 冷静,沉着. cool down〔off〕冷却(冻),凉下来,退火,变冷静〔淡〕. cool down time (退火)冷却时间. cool one's heels 等〔久〕候.

cool = ①coolant ②cooling.

cool'ant ['kuːlənt] n. 冷却剂〔液,介质,材料,载热〕热剂,载热质,切削液,乳化液. air coolant 冷空气. chemical coolant 化学冷却剂. coolant duct 冷却剂管道. coolant fluid 冷却液. coolant loop 冷却剂回路. coolant pump 冷却泵. coolant separator 冷却液分离(清净)器,冷却液铁屑分离器. cryogenic coolant 冷冻剂. film coolant 薄膜冷却剂. liquid coolant 冷却液. primary coolant 一次冷却〔载热〕剂. water coolant 冷却水.

coolant-moderator n. 冷却〔载热〕减速剂.

cool'down n. 冷却,降温,冷下来.

cooled [kuːld] a. ①(被)冷却的 ②稳定的(有关放射性物质). air cooled 气冷(式)(的). sodium cooled valve 钠冷却气阀,钠心气阀.

cool'er ['kuːlə] n. ①冷却器〔机,装置,设备〕,冷凝器,冷冻机,冷却剂,冷饮料 ②冷藏库〔箱〕,冰箱 ④〔轧〕冷床. after cooler 后(二次)冷却器. cooler room 冷藏间. finned cooler 翅形〔散热片〕冷却器. monkey cooler【冶】渣口冷却器. oil cooler 滑油冷却〔散热〕器. spray cooler 喷水池.

cooler-crystallizer n. 冷却结晶器.

cool-headed a. 头脑冷静的.

Coolidge tube 热阴极电子射线管,热阴极 X 射线管,库利基管.

cool'ing ['kuːliŋ] n.; a. 冷却(的),致冷(的),减温(的),退热(的),放射性衰减. afterheat cooling 导出衰变热,导出余热,余热消除. air cooling 气冷,空气冷却. air cooling fin 散热片. blader cooling 叶片冷却. chemical cooling (用)化学(剂)冷却. combined〔composite〕cooling 复合(式)冷却. convective cooling 对流冷却. cooling agent〔agency〕冷却剂,冷却材料,切削液. cooling air〔却〕空气. cooling apparatus 冷却器,冷却装置.

cooling arrangement 冷却(系统)布置图. *cooling bank* 【轧】冷床. *cooling block* 冷却区. *cooling coil* 冷却盘管. *cooling converter* 降温转炉. *cooling curve* 冷却曲线. *cooling down* 冷却下来. *cooling element* 冷却(散热)片. *cooling fins* 散热片. *cooling jacket* 冷却(水)套. *cooling liquid* 散热液,冷却液,切削液. *cooling plate* 冷却板,散热片. *cooling rate* 冷却〔降温〕速度. *cooling rib* 冷却肋(片),散热片. *cooling space* 收缩缝. *cooling surface* 冷却(散热)面. *cooling system* 冷却(散热)系统. *cooling tower* 冷却塔. *cooling wall* 水冷壁. *cooling water* 冷却水. *cryogenic cooling* 低温〔冷冻剂〕冷却. *directional cooling* 定向冷却(被熔化的金属由铸锭一端向另一端逐渐的冷却). *double-water internal cooling* 双水内冷(的). *film cooling* (薄)膜冷却. *forced cooling* 强迫〔强制〕冷却. *freon cooling* (用)氟氯烷冷却. *gas cooling* 气(体)冷却. *jet cooling* 射流(吹风)冷却. *liquid cooling* 液(体)冷却. *magnetic cooling* 磁(热效应)冷却. *radiation cooling* 或 *cooling by radiation* 辐射冷却. *radioactive cooling* 放置放射性物质谋妖衰变. *regenerative cooling* 再生〔回热〕冷却. *sodium cooling* 钠冷却. *stand-by cooling* 备用冷却. *sweat* 〔*transpiration*〕 *cooling* 发汗〔蒸发〕冷却. *under cooling* 过(度)冷(却). *uniflow cooling* 单向流动冷却. *water cooling* 水冷(却).

cooling-jacket n. 冷却水套.
cooling-off n. 冷却.
cool'ish a. 有点凉的,微凉的.
coom [ku:m] n. ①碎煤,煤粉,煤烟,炭黑 ②锯屑 ③油渍
coomb(e) [ku:m] n. 狭(峡)谷,凹地,冲沟.
coop [ku:p] I n. 桶,笼,畜栏,鸡舍. II vt. 把…束缚起来.
co'-op' ['kou:ɔp] n. (消费)合作社,合作机构.
coopal powder 苦拔炸药.
co(-)op'erant a. 合作的.
co(-)op'erate [kou'ɔpəreit] v. 合〔协〕作,相配合,结合(with).
co(-)op'erating a. 共同运转的,协同操作的,合〔协〕的. *cooperating transmitter* 协作式发射机.
co(-)opera'tion [kouɔpə'reiʃən] n. 合作,协作(关系). *ag-reement concerning scientific and technical cooperation* 科学技术合作协定. *agricultural cooperation* 农业合作化. *cooperation index* 合作指数,协同索引. *cooperation of concrete and steel* 混凝土与钢筋的粘结力. ▲*in cooperation with*… 和…合作(共同),协同,协同… *with the cooperation of*… 在…的合作下.
co(-)op'erative [kou'ɔpərətiv] I a. ①合作(社)的,(共)共同的 ②集体的 ③同时的. II n. 合作社. *co-operative effect* 相容效应. *cooperative rendezvous* (飞船)协同式会合. ~ly ad.
co(-)op'erator n. 合作者,合作社社员.
Cooper-Hewitt lamp 玻璃管采弧灯.
cooperite n. 硫(砷)铂矿,天然硫砷化铂.

co-opt' [kou'ɔpt] vt. ①补〔增〕选,指派 ②吸〔接〕收,占有 ③接合. ~a'tion n. ~ative a.
coorbital a. (共)同轨道的.
coord =①coordinate ②coordinator
coordim'eter [kouɔ:'dimitə] n. 直角坐标仪.
co(-)or'dinate I [kou'ɔ:dinit] n. ①坐标(系) ②一致,相同,同位 ③配位,配价 ④同等的事物. II a. ①坐标的 ②同位〔价〕的,对等的,等位的,并列的,协调的 ③配位〔价〕的 ④交叉索引〔法〕的,坐标索引〔法〕的. *angular coordinate* 角坐标. *Cartesian* 〔*rectangular*〕 *coordinates* 笛卡尔坐标,直角坐标. *centre-of-mass coordinates* (坐标原点与质量中心一致的)质(量中)心系统. *circle coordinate* 圆坐标. *coordinate access array* 协同存取数组. *coordinate adjustment* 【测】坐标平差. *coordinate axis* 坐标轴. *coordinate commission* 协作(性)委员会. *coordinate compound* 配价化合物. *coordinate grid* 坐标格网. *coordinate indexing* 坐标法加标(号),信息加下标,相关索引. *coordinate plane* 坐标(平)面. *coordinate primitive* 协调原语. *coordinate storage* 矩阵式(坐标式)存储器. *coordinate system* 协调制,坐标系. *coordinate* (*system*) *paper* 坐标纸,方格厘米纸. *cylindrical coordinate*(圆)柱坐标. *deformation coordinates* 变形参数. *generalized coordinates* 广义坐标. *polar coordinates* 极坐标.
III [kou'ɔ:dineit] v. ①使协调,协同,调整,整理 ②配合(位),(使)同等(位). *coordinated axes* 坐标轴. *coordinated control system* 联动控制系统. *coordinated planning* 协调规划. *coordinated point* 已知坐标点. *coordinated system* 联动体系,协作系统. *coordinated transportation* 联运,配合运输. *coordinated transpositions* 交叉换位. *coordinated type* 联动式(信号). *coordinating agent* 配位剂. *coordinating calculating center* 坐标计算〔计算协调〕中心,计算调配合心. *coordinating traffic signal* 联动式交通信号. ▲*coordinate M into N* 使 M 配合(协调,协同动作)(形)成 N. *in a coordinated fashion* 以协调的方式.
coordinategraph n. 坐标制图器〔机〕.
coordinate-paper n. 坐标纸. *logarithmic coordinate-paper* 对数坐标纸. *polar coordinate-paper* 极坐标纸.
co(-)ordina'tion [kouɔ:di'neiʃən] n. ①调整,配合〔置,associated中〕,配位(排列)②协调(一致),协作 ③同位,同等(关系),对等,并列 ④系统关联. *concept coordination* 概念配位. *coordination compound* 配位化合物. *coordination number* 配位数. *digital coordination* 数字配位. *line coordination* 坐标(素)坐标. *point coordination* 点(素)坐标. *polar coordination* 极坐标. *reference coordination* 基准(参考)坐标. ▲*give coordination of*…中…协调. ~al a.
co(-)or'dinative [kou'ɔ:dineitiv] a. 同等〔位〕的,配位〔价〕的,使同等的,使协调的.
coordinatograph [kou'ɔ:dineitəgra:f] n. 坐标制图器〔读数器〕,X-Y 读数器,坐标仪.

coordinatom′eter n. 坐标尺.
co(-)or′dinator n. ①同等物,同等者 ②协调器,共济器.【计】协调程序 ③坐标方位仪,坐标测定器 ④配位仪 ⑤调度员.
co-owner n. 共同所有人.
co-oxida′tion n. 联合氧化.
cop [kɔp] I n. ①圆锥形线圈,绕线轴,锥形细纱锭 ②管纱,(空心)纤子 ③警察,巡捕. II (copped; copping) vt. ①偷窃 ②逮〔抓〕住. ▲*cop out* 逃避,退出,放弃,妥协.
COP =coefficient of performance 特性系数.
cop =copper 铜.
co′pal [′koupəl] n. ①(制清漆用)珂巴树脂,硬树胶 ②苯乙烯树脂. *copal gum* 透明树胶. *copal varnish* 珂巴脂油漆,珂巴清漆.
co′part′ner [′kou′pɑːtnə] n. 合伙人,合股者.
co-passage n. 混合传代.
copd =coppered 包铜的.
cope [koup] I n. ①覆盖,穹窿,顶层〔盖〕,顶,盖,帽,墙帽 ②上型〔上模〕箱 ③小室,通话室 ④齿根盖. II v. ①覆盖,盖(筑)顶层〔墙帽〕,安设,突出(over) ②对(应)付,解决,适应,克服,对抗(with) ③〔铸〕吊砂,修整,(不平分型面的)割挖(out) ④交换,易货. *cope and drag pattern* 两片模,两箱造型模,有上下箱两部分的模型.
Copel [′koupəl] n. 考(帕)铜,镍铜合金(镍66%,铜46%).
Copenha′gen [koupən′heigən] n. 哥本哈根(丹麦首都).
Coper′nican [kou′pəːnikən] a. 哥白尼的. *Copernican theory* 太阳中心说,地动说.
cope′stone n. 墙帽,盖石,最后完成的工作.
co′(-)pha′sal [′kou′feizəl] a. 同相的,相位一致的. *cophased array* 同相天线阵.
cophased a. 同相的.
cophasing n. 同相位(作用).
copho′sis [kə′fousis] n. 聋.
cop′ier [′kɔpiə] n. ①抄写员 ②印刷〔复制〕器,制印机 ③模仿者. *display copier* 显示印刷〔复制〕器.
co′-pilot [′koupailət] n. 副驾驶员,自动驾驶仪.
co′ping n. 顶(部,层,盖),盖顶,挡板,墙〔墩〕帽,遮檐. *coping stone* =copestone.
coping-out n. ①吊砂 ②挖砂,切割(不平分型面).
coping-stone n. =copestone.
copio′pia [kɔpi′oupiə] n. 眼疲劳,眼力劳伤.
co′pious [′koupjəs] a. 丰富〔盛〕的,大量的,冗长的,详细的,多产的. ~ly ad. ~ness n.
coplam′os [′kou′plæməs] n. 共平面金属-氧化物-半导体(结构).
co(-)pla′nar [kou′pleinə] a. 共(平)面的,同(一平)面的. *coplanar ascent* 沿轨道平面上升. *coplanar force* 共(平)面力. *coplanar grid action* 共面栅控作用,栅极同面效应. *coplanar grid tube* 共面双栅(电子)管. *coplanar vector* 共面矢(量).
coplanar′ity [kouplə′næriti] n. 同〔共〕面性.
coplane n. 共面.
coplaner n. =coplanar.
coplas′ticizer [kou′plæstisaizə] n. 辅(增)塑剂.
copo′lar [kou′poulə] a. 共极的.
copolyaddit′ion n. 共加聚(二种以上单体的加聚反应).

copolyalkenamer n. 共聚烯烃.
copolyamide n. 共聚多酰胺.
copolycondensa′tion n. 共缩聚(作用).
copolyes′ter n. 共聚多酯.
copolyether n. 共聚多醚.
copolyimide n. 共聚多酰亚胺.
copol′ymer [′kou′pɔlimə] n. 共聚物,异分子聚合物,协聚合物. *alternate copolymer* 间聚物,间〔交替〕(共)聚物. *acrylonitrile-vinyl chloride copolymer* 丙烯腈-氯乙烯(共聚)纤维. *block copolymer* 成块(嵌段)共聚物.
copolymerisa′tion 或 **copolymeriza′tion** [koupəlimə ri′zeiʃən] n. 共聚(反应)作用,共聚合(作用),异分子聚合(作用). *copolymerization with cross-linking* 交联共聚(作用).
copol′ymerise 或 **copol′ymerize** [kou′pɔliməraiz] v. 共聚合,(使)异分子聚合.
copped [kɔpt] a. ①圆锥形的 ②尖头的.
cop′per [′kɔpə] I n. ①〔化〕铜 Cu,紫〔红〕铜 ②铜器(币,板,管,容器,制物). II a. 铜的〔制,质,色〕的. III vt. 用铜(皮)包,用铜板盖,镀铜. *armature copper* 电枢绕组. *bar copper* 棒铜,铜条. *beryllium copper* 铍铜合金. *cathode copper* 阴极铜,电(解)铜. *cement copper* 沉淀(置换的)铜,泥铜. *CM copper* CM铜(有高的导电性和机械性能,镉 0.3~1.0%,铬<2%,银 0.03~0.06%,锌<0.16%,其余铜). *copper arc welding electrode* 铜焊条. *copper bar* 铜棒〔条〕. *copper bearing* 含铜的. *copper binding wire* 铜包线. *copper bit* 铜焊头,紫铜烙铁头. *copper bond* 黄铜焊接,(用)铜焊连接. *copper bush* 铜衬套. *copper collar* 滑环,铜环,铜卡圈. *copper deposit* 沉铜层,淀积铜. *copper facing*〔*plating*〕镀铜. *copper foil laminate* 铜箔叠层板,印刷电路底板. *copper glance* 辉铜矿. *copper hardener* (铝铜)硬化合金. *copper liner* (紫)铜衬垫. *copper loss* 铜损(耗). *copper oxide* 氧化铜. *copper packing* 铜(衬)垫. *copper paint* 铜质漆,防芬〔虫〕漆. *copper pipe feeder* 铜管结构馈线. *copper plate* (厚度<0.5mm)薄铜板,紫铜板,镀铜层. *copper plated steel* 镀铜钢板. *copper plating* 镀铜. *copper product* 铜材,铜制品. *copper rectifier* 氧化铜整流器. *copper sleeve* 铜套管〔筒〕. *copper sulphate* 硫酸铜. *copper tack* 紫铜钉. *copper voltameter* 铜解伏安计〔电量计〕. *copper wedge cake* 热轧铜板(带)用的锭坯. *copper welding rod* 铜焊条,铜焊丝. *copper wire* 铜丝〔线〕. *copper wire gasket* 铜丝垫,铜丝垫片. *dry copper* 凹铜,干铜. *electrolytic copper* 电解铜. *field copper* 励磁绕组,激励线卷. *flake copper* 片状铜粉. *flat set copper* 韧铜. *hard copper* 冷加工铜,硬铜. *pig copper* 生铜,粗铜铜. *raw*〔*blister*〕*copper* 粗铜,泡铜. *red copper* 紫铜. *set copper* 凹铜. *sheet copper* 铜板. *shot copper* 铜粒. *soldering copper* 焊接铜烙铁头. *standard copper* 标准〔工业〕铜(铜≥96%).

cop'peras ['kɔpərəs] n. (天然结晶的)硫酸亚铁, (水)绿矾.
copper-base a. 铜基的.
copper-bearing a. 含铜的.
copper-beryllium n. 铍铜合金.
cop'perbottom vt. 用铜板包(底).
copper-bronze n.; a. 紫青铜(的).
copper(-)clad a. 包铜的,铜包的,敷铜箔的. *copper-clad panel* 敷(铜)箔(基层)板.
copper-constantan n. 铜-康铜(热电偶).
copper-current-only n. (以铜表示电池正极)正向电流.
cop'pered a. 镀铜的,用铜(皮)包的. *coppered steel wire* 镀铜钢丝.
copper-insoluble a. 不溶于铜的.
cop'perish a. 含铜的.
cop'perize ['kɔpəraiz] v. 镀铜于,用铜处理.
cop'perized a. 镀铜的.
copper-lead n. 铜铅合金.
copper-lead-tin n. 铜铅锡合金.
copper-manganese-nickel n. 镍锰铜合金.
copper-nickel n. 锌镍铜合金,德银,白铜.
copper-oxide cell 氧化铜光电池.
copperplate Ⅰ n. 铜板[版]. Ⅱ v. 镀铜.
copper-plated a. 镀铜的.
copperplating n. 镀铜.
copper-resistance n. 绕组[线圈]电阻.
cop'persmith ['kɔpəsmiθ] n. 铜作手工人,铜匠.
copper-soluble a. 铜熔的,能溶于铜的.
copper-surfaced a. 镀[贴]铜的. *copper surfaced circuit* 印刷电路.
copper-tipped a. 端部包铜的.
copper-to-glass n. 铜-玻璃封接.
copper-tungsten n. 铜钨合金.
copperweld (steel wire) 包铜钢丝.
copper-worm n. 蛀虫.
cop'pery ['kɔpəri] a. (似,含)铜的,铜质[色,制]的,紫铜的.
cop'pice ['kɔpis] n. 矮林,萌生林,小灌木林,树丛.
cop'ple n. 坩埚.
cop'ragogue ['kɔprəgɔg] n. 泻剂[药].
copraoil n. 椰子油.
coprecip'itate [koupri'sipiteit] v. 共沉淀,(一起)同时沉淀. coprecipita'tion n.
coprime' [kou'praim] a. 互质[素]的. *coprime numbers* 互质数.
copro-antibody n. 粪抗体.
coproc'tic a. 粪的.
coprodae'um [kɔprə'di:əm] n. 粪道,排粪道.
coprod'uct [kou'prɔdəkt] n. 副产品[物].
cop'rolite ['kɔprəlait] n. 粪化石.
coprolithus n. 粪石.
coprophil n. 嗜粪菌.
coprophyte n. 粪生植物.
coprorrhea n. 腹泻.
coprozoon n. 粪生动物.
copse [kɔps] n. =coppice.
copsewood n. =coppice.
cop'ter ['kɔptə] n. 直升飞机.

coptine n. 黄连次碱.
cop'tis ['kɔptis] n. 黄连.
coptisine n. 黄连碱.
cop'ula ['kɔpjulə] n. ①系合部,连合部 ②大脑前连合,介体 ③交合,交媾.
cop'ulate ['kɔpjuleit] Ⅰ v. 连系,连结. Ⅱ a. 连接的,配合的.
copula'tion [kɔpju'leiʃən] n. ①连系,连结,②交配,交媾 ③配合,接合. cop'ulative 或 cop'ulatory a.
cop'y ['kɔpi] Ⅰ n. ①抄本[件],副本,拷贝,复制品,复制图纸 ②样板,靠模(工作法),仿形板 ③一部[份,分,本] ④原版[本]稿,稿子. *bromide copy* 溴化银纸放大相片. *copy camera* 复照仪. *copy chief* 编辑主任. *copy desk* (新闻)编辑部. *copy machine* 仿形[靠模]机床. *copy pattern* 复制图. *copy rule* 仿形尺. *direct copy* 机械靠模,直接晒印. *duplicate copy* 副[复]本. *fair copy* 誊写稿. *foul (rough) copy* 草稿[图]. *photographic copy* 复印相片,相片拷贝. ▲*keep a copy of* 留副本. *make M copies of N* 把N复制M份. *take a copy of* 复写.
Ⅱ v. ①复制[写],晒印 ②抄(录,袭),模仿 ③重复. ▲*copy after* 仿照. *copy from* 临摹,从…抄下来.
cop'ycat n. 盲目的模仿者.
cop'ygraph n. 油印机.
cop'yholder n. ①原稿架 ②晒相[图]架.
cop'ying ['kɔpiiŋ] n. ①仿形切削,仿形[靠模]加工 ②复制[写]. *copying attachment* 仿形[靠模]附件. *copying cutting* 仿形[靠模]切削. *copying lamp* 复制用灯泡. *copying machine* 复制机,仿形[靠模]机床. *copying paper* [tissue]复写纸. *copying ribbon* (打字机)色带. *copying template* 仿形[靠模]样板. *form copying* 靠模工作法.
copying-pencil n. 字迹不易拭去的铅笔.
copying-press n. 复印[拷贝]机.
cop'yist n. ①抄写者 ②模仿者 ③剽窃者.
cop'yreader n. (报社,出版社)编辑.
cop'yright ['kɔpirait] Ⅰ n. 版权. Ⅱ a. 保留版权的. Ⅲ vt. 取得…的版权. *copyrighted* 或 *copyright reserved* 版权所有.
copyrol'ysis n. 共裂解.
coquille n. 球面镜.
coquina n. (介)壳灰岩,贝壳(灰)岩.
coquinoid limestone 贝壳灰岩.
COR =①carrier operated relay 载波动作继电器 ②centre of rotation 转动中心 ③copper oxide rectifier 氧化铜整流器 ④corner 角(落),弯头.
cor =corrected 修正后的.
cor- (词头)合,共,全.
COR BD =corner bead 弯管垫圈,弯管焊缝.
coracid'ium n. 颤毛幼虫,钩球幼虫.
cor'al ['kɔrəl] n.; a. 珊瑚(的,虫,礁). *coral limestone* 珊瑚(石)灰岩. *coral ore* 辰砂,珊瑚矿.
coralgal n. 珊瑚沉积.
cor'alline ['kɔrəlain] Ⅰ a. 珊瑚(状,色)的. Ⅱ n. 珊瑚(状构造). *coralline crag* 珊瑚灰岩.
cor'allite n. 珊瑚(色大理)石.
cor'alloid(al) ['kɔrəlɔid(əl)] a. 珊瑚状的.

corallum n. 珊瑚体。

Corasil n. 液体色谱固定相,成份为表面多孔的玻璃珠〔商品名〕。

cor'bel ['kɔːbəl] I n. ①〔梁(翅)托,撑架,牛腿,托肩〔石,材〕,悬臂桁架,伸臂,突出部 ②腰线。II (corbel(l)ed, corbel(l)ing) v. 用撑架托住,用梁托支撑,用撑架安出,挑头 (off, out). *corbel arch* 突拱. *corbel back slab* 引〔岸,悬臂〕板. *corbel course* 肱层,突腰层. *corbel table* 挑檐.

cor'bel(l)ing ['kɔːbəliŋ] n. 撑架工程〔结构〕,梁托工程〔结构〕。

corbel-piece n. 肱木,支撑(物).

corbel-steps n. 挑出踏步,马头墙.

Corbino effect 苛宾诺效应(径向辐射电流与垂直磁场作用产生圆周电流).

cord [kɔːd] I n. ①素,软,细)绳,索,(软,粗,导火)线,缆,带,条痕,透明板中的(玻璃)线状缺陷 ②软(电)线,心线,线性细线,电线(缆) ③弦 ④考得(量木材等的体积单位,8×4×4英尺³) ⑤科得(成推石块量度,128英尺³,约8吨) ⑥帘布. II v. 用绳系住(捆,叠)(柴薪). *asbestos cord* 石棉绳. *back cord* 里塞电. *control cord* 操纵索. *cord adjuster* 塞绳调节器. *cord circuit repeater* 塞绳增音机. *cord factor* 索质因子. *cord foot* 木柴堆的体积单位(4×4×1英尺³). *cord pendant* 电灯吊线. *cord switch* 拉线开关. *cord tyre* 绳织轮胎. *cord weight* 绳锤. *cord wood* 薪柴堆,"材堆"状(积木式)器件(一种微型组件). *extension cord* 延长绳路〔电线〕. *feed cord* 馈电软线. *flexible cords* 花线,软线(束). *n-conductor cord* n-心塞绳. *patch cord* 连接电线,调度塞绳. *plug cord* 塞绳. *power cord* 电源线. *rip(ping) cord* 开伞索. *shock cord* 缓冲索. *stay cord* 拉紧索(绳). *supply cord* 电源(软)线. *suspension cord* 悬索. *test cord* 测试塞绳. *tire cord* 轮胎帘布. *umbilical cord* (发射导弹时用)临时控制电缆. *vocal cords* 声带.

cord'age ['kɔːdidʒ] n. ①绳索,缆索,(船的)索具 ②(以8×4×4英尺³为单位测量的)木材总数.

cor'dal a. 索的,声带的.

cor'date a. 心脏形的.

cord-circuit n. 塞绳电路.

cordeau n. 雷管线,爆炸导火索.

cord'ed n. 用绳索捆绑的,起凸线的,起棱纹的. *corded track* 弦式串道.

cordelle n. 纤绳.

cor'dial ['kɔːdjəl] I a. ①热诚的,衷心的 ②兴奋的,刺激心脏的,强心的 ③亲切的,诚恳的. II n. ①强心剂,兴奋剂 ②芳香酒. ~**ity** n. ~**ly** ad. *Yours cordially* 或 *Cordially yours*(信后署名前的客套语)忠诚的真诚的.

CORDIC = coordinated rotation digital computer 协调旋转数字计算机.

cor'dierite ['kɔːdiərait] n. 堇青石.

cor'diform ['kɔːdifɔːm] a. 心脏形,心形的.

cordille'ra 〔西班牙语〕n. 山脉〔系,链〕.

cord'ing ['kɔːdiŋ] n. 绳索,楞条织物. *cording diagram* 接线(连接)图.

cord'ite ['kɔːdait] n. 无烟(线状,硝化甘油)火药,柯达硝棉,甘油,石油脂炸药.

cord'less a. ①无(塞)绳的 ②不用电线的,电池式的,电池及外接电源两用式的. *cordless switchboard* 无塞绳交换机.

cor'don ['kɔːdən] I n. ①警戒(哨兵,封锁)线,交通计数区划线 ②飞檐层. II vt. 拉绳警戒,封锁交通. *cordon area* 封锁区. *post a cordon* 设警戒线.

cordonnier n. ①警戒兵 ②共同孔,(一组卡片的)相同位穿孔.

cordtex n. 爆炸导火索.

cor'duroy ['kɔːdəruːi] I n. ①灯芯绒 ②柴式支架 ③木排路 ④洗矿槽(台). II a. 灯芯绒制的,用木头铺成的. III vt. 筑木排路(于). *corduroy mat* 木排〔圆木〕铺. *corduroy road* 木排〔圆木〕路.

cord'wood ['kɔːdwud] n. ①积木式(器件)(一种微型组件) ②材堆式,成捆出售的木材,土柴,软木,层积材(以科德,即128英尺³,为单位出售的小木料和枝材等). *cordwood system* 积木式(一种微型器件的组合方式).

cordycepose n. 虫草糖.

cordylite n. 氟碳酸钡铈矿.

core [kɔː] I n. ①核(心),芯(子),中心部分,铁心,磁心,(机械录音)盘心 ②【铸】型芯,砂芯,泥芯,填充料 ③样(岩)芯 ④维(钻)芯 ⑤线心,(电缆)线心(束),心柱,筒形棒 ⑥(反应堆)活性区,堆芯,(燃料元件)芯体,一炉燃料 ⑦子晶 ⑧散热器中部 ⑨地(球)核(心) ⑩心瑞 ⑪弹心,谱线中心 ⑫〔噬菌体〕髓部,(木)髓. II v. 空心,去心 ②取岩芯,钻取样芯柱 ③成核,核化 ④晶内偏析. *air core* 空心(芯)子. *air shower core* 宇宙射线粒子核心. *armature core* (电)枢心,衔铁铁心. *auger core* 钻心,螺旋推运器轴. *barrel core* 芯型轴. *cable core* 电缆芯线. *closed core* 闭口〔周连〕铁心. *core allocation* 磁心存储区分配. *core area* 核(中)心地区,铁芯面积. *core band* 内层带. *core barrel* (岩)芯管,钻管,型芯轴,管状型芯块. *core binder* 型芯粘合剂. *core bit* 取芯钻头,空芯钻. *core blow* 泥芯气孔. *core box* 型(泥)芯盒. *core cutter* 取芯钻,岩芯提断器. *core cutting machine* 芯型钻机. *core drill* 空芯(套料)钻,取芯,岩芯钻. *core drill machine* [rig] 岩芯钻机. *core dump* 存储器清除(内容更新),主存储器(全部,部分)信息转储,磁芯信息转储. *core electrode* 包芯焊条. *core grid* 芯骨,芯铁. *core image* 磁芯映像,磁芯存储器图像. *core image library* 主存储器输入格式的程序库,磁芯(存储器)映像库. *core jarring machine* 泥芯落砂机. *core life* 炉燃料(堆芯)寿期. *core lifter* 岩芯提取器. *core load* (把程序等)调入内存(铁芯损)耗. *core loss* (铁芯损)耗. *core machine* 型芯机. *core memory* 磁芯存贮器. *core memory reentrant routine* 内存复归程序. *core metal* 芯(基)金属. *core moment* 柱芯力矩. *core pin* 芯心销,塑孔栓. *core plane* 芯面. *core plug* 型芯塞. *core puller* 型芯拉出器. *core ratio* (电缆)心(直)径比. *core resident routine* 主存储器固定例(行)程(序),磁芯存储器(中的)常驻程序. *core rope storage* 芯索存储器. *core sand* 型芯砂. *core* *selector* 簇射轴芯选择器. *core setting* 下芯,装配泥芯. *core slicer* 切割式井壁取芯器. *core stack* 磁芯体,叠片磁芯. *core storage* 磁芯存贮器. *core store* (磁芯)记忆矩阵. *core tap* 四方丝锥. *core tape* 绕带磁芯,磁芯带. *core turning lathe* 型芯车床. *core vibrator* 脱落型芯的振动机. *core wash* 涂芯型浆. *core wire* 芯线(钢丝绳的)芯钢丝. *dust core* 铁粉芯. *ferrite core* 铁淦氧芯,铁氧体磁芯. *fissile core* 活性区. *green (sand) core* 湿砂型芯. *hot core* 热堆芯. *independent wire rope core* 绳式股芯. *ion core* 离子实. *iron core* 铁芯. *laminated core* 叠片磁芯. *logic core* 逻辑磁芯. *magnetic tape core* 磁带卷轴. *multipath core* 多孔铁芯. *nozzle core* 喷嘴油芯. *plasma core* 等离子体芯. *reactor [reacting] core* (反应堆)堆芯,反应堆活性区. *removable core* 活动心子(型芯). *source core* (放射)源中心. *storage core* 存储磁芯. *turbulent flow core* 湍流核(心). *valve core* 阀芯. *vortex core* 涡流束,涡漩(核,芯),涡流中心. ▲ *get to the core of a subject* 触及题目的核心. *to the core* 彻底地.

core-baking oven 【铸】泥芯干燥炉.
core-bit *n.* 取岩芯的钻头,钻芯.
corectasis *n.* 瞳孔扩□开,放大.
cored *a.* ①有(铁,型)芯的,带心的,装有芯的 ②贯□心的,筒[管]状的. *cored carbon* 芯碳棒,有心碳精棒,贯芯碳条. *cored electrode* 管状焊芯,有芯电焊条. *cored hole* 型芯孔. *cored solder wire* 空心焊条,钎焊丝,(松香)芯焊锡线. *cored tile* 筒状瓦.
corediastasis *n.* 瞳孔扩□开,放大.
core-drill method 取芯钻探法.
core-drilling *n.* 岩芯钻进,钻取岩芯,取芯钻探法.
coreduc'tion *n.* 同时(共同)还原.
cored-up mould 【铸】组芯造型.
coregraph *n.* 岩芯图.
core-hole *n.* 岩芯钻孔.
corela'tion [kouri'leiʃən] *n.* ＝correlation.
core'less *a.* 无(心,型)心的,无芯(核)的,空心的. *coreless armature* 空心(无铁芯)电枢,空心衔铁.
coremiform *a.* 孢梗束状的.
coremium *n.* 菌丝束.
co-removed *a.* 同时除去的.
corepres'sor *n.* 辅阻遏物,辅抑活剂.
core-print *n.* 型芯座.
corequake *n.* (脉冲星)核震.
corer *n.* 取芯管,去心器,岩芯提取器,去籽器,去核机. *corer circuit* 除噪声路.
core-rope memory 磁芯线存储器(一种固定存储器).
core-sand *n.* 型(芯)砂.
coresetter *n.* ①下芯机 ②下芯工.
coresid'ual *n.* ,*a.* 【数】同余(的).
core-stored *a.* 磁芯存储的.
core-wall *n.* (堤坝)心墙.
corf [kɔːf] *n.* 柳条筐,小型矿车.
cor'guide *n.* 康宁低耗光缆.

corhart *n.* (把天然铁矾土或水铝石溶解后铸成的)耐火材料.
coria'ceous [kɔri'eiʃəs] *a.* 像皮革的,似革的,强韧的.
Coriband *n.* 磁芯存储器库尔班德测井记录.
corin'don [kə'rindən] *n.* 刚玉.
cor'ing ['kɔːriŋ] *n.* ①核化,成核(现象) ②晶内偏析,枝晶偏析 ③除去骑在信号基线上低幅噪声系统 ④取岩芯,岩芯钻进,钻取土样.
coring-up *n.* 下芯(包括下冷铁,芯撑等).
Coriolis acceleration 互补[复合向心]加速(度).
corium *n.* 真皮.
corivendum *n.* 刚玉.
Cork [kɔːk] 科克(爱尔兰港口).
cork [kɔːk] Ⅰ *n.* ①(软木,管)塞,栓,柱 ②软木,栓皮 ③浮子. Ⅱ *a.* 软木制的. Ⅲ *v.* (用软木塞)塞住[紧](up),抑制,塞电线或软木屑(漆). *cork board* 软木(填塞)板. *cork buoy* 软木救生圈. *cork drill* 木塞钻孔器. *cork dust [granule]* 软木屑. *cork gauge* 塞(径)规. *cork rubber* (混有粒状软木的)软木橡皮,密封软木橡胶. *cork screw* (拔瓶塞)塞钻. *cork sheet* 软木(薄)板,软木纸. *cork stopper [plug]* (软)木塞. *mountain cork* 石棉.
cork'age *n.* 拔出(塞上)塞子.
cork'board *n.* (隔热)软木板.
cork'er ['kɔːkə] *n.* 压塞机,木塞压塞机.
cork'screw ['kɔːkskruː] Ⅰ *n.* ①(起软木塞的)螺丝起子,(塞)塞钻 ②(航空搜索接收机用)可瞄准干扰音(雷达台)的装置,无线电台瞄准装置. Ⅱ *a.* 螺丝(旋)状的,螺旋形的. Ⅲ *v.* 螺旋形前进(移动,向前),螺旋(波状)飞行,扭[使]成螺旋形. *corkscrew rule* 螺旋法则.
cork'slab ['kɔːkslæb] *n.* 软木板.
cork'wood ['kɔːkwud] *n.* 软木,黄槿属;黄槿椤属.
cork'y *a.* 软木塞(一样)的.
corm *n.* 球基,球茎,群居体,地下茎.
cor'morant *n.* 鸬鹚.
corn [kɔːn] Ⅰ *n.* ①谷粒[物,类],五偎,粮食,庄稼,(水果等的)籽 ②玉米,玉蜀黍 ③小麦 ④鸡眼,胼胝. Ⅱ *v.* ①制成细粒,使成粒状 ②结穗(浸) ,(谷穗等)成熟. *corn ear* 玉米棒. ▲ *acknowledge the corn* 认错[输]. *corn in Egypt* 丰饶,(意料不到的)多.
corn'cob ['kɔːnkɔb] *n.* 玉米棒子[穗轴],玉米芯.
cor'nea ['kɔːniə] *n.* 角膜(生理).
cor'neal *a.* 角膜的. *corneal pulse-wave* 角膜脉(冲)波.
corned *a.* 弄成细粒的,呈粒状的,腌制的,腌藏的.
cornei'tis *n.* 角膜炎.
corne'lian [kɔː'niːljən] *n.* 【矿】光(肉红)玉髓,鸡血石.
corneous *a.* 角(质,形,制)的.
cor'ner ['kɔːnə] Ⅰ *n.* ①(隅,壁,墙,转,拐)角,(角)隅,梭,角落,圆角子(修型工具),角齿 ②转[梭]头,弯管,带有角度的波导管 ③绝境,困境 ④囤积,垄断. *broken corners* 角裂[锭棱缺陷]. *concave corner* 凹面角. *convex corner* 凸面角. *corner angle* 顶[梭]角,边角钢. *corner antenna* 角形天线,角反射器天线. *corner bead* 墙角饰[护]条. *corner bevelling* (波导管的)圆弯. *corner cube prism* 直角棱

镜,直角棱柱体. *corner cut(ting)* 切角. *corner detail* (图像)角清晰度. *corner dimension* 夹角大小,弯头尺寸. *corner drill* 角(轮手摇)钻. *corner effect* 角落效应. *corner frequency* (伺服系统中)转角频率,半功率点频率,三分贝频率. *corner gate* (硅可控整流器的)角形控制极. *corner insert* (在主图像)边角里嵌入图像. *corner joint* 弯头连接,弯管接头. *corner load(ing)* (角)隅(荷)载. *corner loudspeaker* 角隅扬声器. *corner pile* (隅)边桩. *corner pockets* 死角. *corner post* (转)角柱. *corner radius* 转角半径. *corner rolling* 斜轧(钢板). *corner rounding cutter* 圆角铣刀. *corner sight distance* (交叉口)转弯视距. *corner stone* 隅石,墙角石. *corner tool* 修角工具. *corner valve* 角阀. *corner vane* (转角处的)导向叶片. *corner weld* 90°角接焊缝. *filleted corner* 内圆角. *sharp corner* 锐角转角. *square corner* 内尖角,直角转角. *trapping corner* 截留[致死]角. ▲ *be in a tight corner* 处于困境, *cut off a corner* 抄[走]近路. *drive … into a corner* 把…逼入困境. *make* [*establish, have*] *a corner in* [*on*] 囤积,垄断. *round* [*around*] *the corner* 在拐角处,在附近;即将来临. *round* [*turn*] *a corner* 拐过弯,转危为安. *the four corners* 十字路口,(全部)范围. *the four* [*all the*] *corners of the earth* 世界各地. *within the four corners of M* 不出 M 的范围.
Ⅱ *a.* 角上的,转弯处的,(适用于)角隅的.
Ⅲ *v.* ①使有棱角,转(弯),放在角内,相交成角,形成角 ②逼入绝境,把…难住 ③囤积,垄断. *cornering ratio* (拐弯时离心力与物体重量的比值)横向力系数.
corner-chisel *n.* 角凿.
cornerslick *n.* 角光子.
corner(-)stone *n.* 隅石,基石,柱石,基础.
corner-vane cascade 转弯导流叶栅.
cor'nerwise [ˈkɔːnəwaiz] *a.*; *ad.* 对角线的,对角地,斜(交).
cornet *n.* ①短号,小号曲 ②圆锥形纸筒[蛋卷].
corn'field [ˈkɔːnfiːld] *n.* (英国)麦田,(美国)玉米田.
corn'flour [ˈkɔːnflauə] *n.* (美国)玉米粉[面],(英国)谷物磨成的粉.
cornic plane 鱼鳞(花纹)面.
cor'nice [ˈkɔːnis] Ⅰ *n.* 上楣(柱),檐[楣]板,飞(挑,雪)檐,线条,檐口. Ⅱ *vt.* 给…装上檐口(上楣).
cornic'ulate [kɔːˈnikjuleit] *a.* 有角的,小角状的.
cornic'ulum *n.* 小角,小角状软骨.
cornif'erous rock 角页岩,中部泥盆层岩.
cornifica'tion [kɔːnifiˈkeiʃən] *n.* 角化(作用),角质化,角变.
cor'nified *a.* 角化的.
cor'ning *n.* 制成粒. *corning glass* 麻粒(康宁)玻璃. **Cornish boiler** 单炉筒(卧式)锅炉.
cor'nite *n.* 氯酸钠、三硝基甲苯炸药,柯恩炸药.
corn'meal [ˈkɔːnmiːl] *n.* 麦片,(美国)玉米粉[面].
corn'mill *n.* 制粉机.
cornoid *n.* 牛角线.
corn'stalk *n.* 玉米杆.

corn'starch *n.* 玉米(淀)粉.
cor'nu (pl. *cor'nua*) *n.* 角.
cor'nual *a.* 角的.
cornucommissural *a.* 角连合的.
cornue *n.* ①曲颈瓶 ②角.
cornu'ted [kɔːˈnjuːtid] *a.* 有角的,角状的.
Corn'wall [ˈkɔːnwəl] *a.* (英)康沃耳郡.
corny [ˈkɔːni] *a.* ①角(制,质)的 ②俗类(物)的 ③陈词滥调的,过时的.
corodiastasis *n.* 瞳孔扩大.
corol'la [kəˈrɔlə] *n.* 花冠(瓣).
corol'lary [kəˈrɔləri] *n.* 系(论,定理),推论,(必然的)结果. *corollary equipment* 配套设备.
coromat *n.* 包在管外防止腐蚀的玻璃丝.
coro'na [kəˈrounə] (pl. *coro'nae*) *n.* ①电晕(放电,现象),(电晕)刷形[喷雾,晕形]放电,焊点晕(环绕点线的面积),冠(状物) ②【天】日晕,(日,月)华,光环(图) ③飞檐的上部,花檐底板 ④冕星座. *Corona Australis* 南冕(星)座. *Corona Borealis* 北冕(星)座. *corona current* (电)晕(电)流. *corona discharge* 电晕放电. *corona effect* 电晕电效应. *corona loss* 电晕损失. *corona ring* 电晕(环)圈. *corona voltage* 晕电压,电晕(电)压. *highvoltage corona* 高压电晕. *inner corona* 日晕内圈. *solar corona* 日晕.
coro'nagraph [kəˈrounəgrɑːf] *n.* 日晕(观察)仪.
coro'nal [kəˈrounl] *a.* ①日晕的,日晕状的,光圈的 ②冠状的,冠的.
coronale *n.* 额骨.
coronalis *a.* 冠的.
corona-proof *a.* 防电晕(放电)的.
corona-resistant *a.* 电晕放电电阻的,防电晕放电的,抗电晕的.
cor'onarism [ˈkɔrənərizm] *n.* 冠状动脉病态,心绞痛.
coronarius *a.* 冠(状)的.
cor'onary *a.* 冠(状)的.
coronavi'rus *n.* 日晕病毒.
cor'onene [ˈkɔrəniːn] *n.* 六苯并苯,晕苯.
cor'oner [ˈkɔrənə] *n.* 检验员.
cor'onet [ˈkɔrənit] *a.*; *n.* 冠(冕,状)的. *coronet coupling* 快速跟转式接插件.
coronite *n.* (原生反应图)反应边.
coronium *n.* ①光轮质 ②却(假设化学元素).
coro'nograph *n.* = coronagraph.
coronoid *a.* 冠状的,鸟喙状的.
corota'tion *n.* 正(旋)转,运行. ~al *a. corotational arrival* 顺旋转方向到达.
coroutine *n.* 联立(协同)程序.
CORP 或 **Corp** = corporation (有限)公司,协会.
cor'pora [ˈkɔːpərə] *n.* corpus 的复数.
corporac'ity [ˌkɔːpəˈræsiti] *n.* 体格,身体.
cor'poral [ˈkɔːpərəl] *n.*; *a.* ①躯体(俗)(的),肉(身)体的. ②下士,班长. *corporal characteristic* 体格特征(特性). ~ly *ad.*
cor'porate [ˈkɔːpərit] *a.* ①协会的,团体(法人)的,自治的,市政当局的 ②共同的,全体的. *corporate feed* 共同(分支)馈电. *corporate profit* 共同(全

体)利益. *corporate responsibility* 共同责任. *corporatetown* 自治城市. ~ly ad.

corpora'tion [ˌkɔːpəˈreiʃən] n. ①协会,社团,团体,法人 ②(股份有限)公司,联合公司,企业,组合 ③市自治机关,市政当局. *China National Technical Import Corporation* 中国技术进口总公司.

cor'porative [ˈkɔːpəreitiv] a. 协会的,团体(法人)的,全体的.

cor'porator n. 会(社)员,公司的股票持有者.

corpor'eal [kɔːˈpɔːriəl] a. 肉体的,物质的,有形的. ~ity n. ~ly ad.

corporealize vt. 使物质化,使具有形体.

corpore'ity [ˌkɔːpəˈriːiti] n. 物质性,有形体性.

corposant n. 机翼翼端放电,塔尖放电,桅顶放电.

corps [单数 kɔː,复数 kɔːz] (单复数同) n. ①军(团)(部)队,陆军特种部队,一群人,团体 ②外交使团 ③充(完)满. *army corps* 军队. *Corps of Engineers* (陆军)工兵部队. *marine corps* 海军陆战队. *medical corps* 医疗队. *Signal corps* 陆军通信兵.

corpse n. 尸体.

cor'pus [ˈkɔːpəs] (pl. *cor'pora*) n. ①身(尸)体,(事物的)主体 ②全(文)集,大全 ③本金.

cor'puscle [ˈkɔːpʌsl] n. 微粒(子),粒子,血球,小体,细胞,胸膜肺炎菌繁殖小体. *light corpuscle* 光(粒)子. *negative corpuscle* 电子,负粒子. *positive corpuscle* 质子,正粒子.

corpus'cular [kɔːˈpʌskjulə] a. 微粒(子)的,粒子的,细胞的. *corpuscular aspect* 粒子性方面(指微粒二象性).

corpus'cule [kɔːˈpʌskjuːl] n. =corpuscle.

CORR 或 **corr** =①correction 修(校)正 ②correspondence 对应,通信 ③corrosion 侵(腐)蚀 ④corrugated 波浪式的,波纹的,褶皱式的,有加强肋的.

corral' [kɔːˈrɑːl] I n. 栅栏,畜栏. II vt.①(用车辆)围成栅栏 ②把…聚集在一起 ③觅得,寻找,关入畜栏.

corra'sion [kəˈreiʒən] n. ①风蚀,动力侵蚀(作用) ②磨(刻)蚀.

correct' [kəˈrekt] I a. ①正确的,对的 ②恰(适)当的,合适(格)的,符合(一般性准则)的,标准的. *correct answer* 正确的答案. *correct exposure* 适当曝(露)光,正确曝光. *correct grinding* 精磨. *correct level* 校正(标准)水准,校正正确电平. *correct mixture* 标准气体混合物. *correct oil* 合格油. *correct set* engagement n. *correct subset* 正码子集(合). ▲(*be*) *correct to* 精(准)确到(几位数). *do the correct thing* 处理恰当. II vt. ①校(改,修,矫)正,校准,修整,补偿 ②制止,排除,中和 ③责备,惩罚, *correcting action* 修正,校正偏差,返回初始位置. *correcting colour errors* 彩色误差校正. *correcting dipoles* 二极校正磁铁. *correcting lens* 校正透镜. *correcting pulse* 校正(补加)脉冲. *correcting unit* 校正器,校正装置. ▲*correct (M) for N* (对M)作N方面的校正(修正). *correct M to be N* 把M校正成N.

correc'ted [kəˈrektid] a. (已)校(修,改)正的,校对过的,已换算的. *corrected oil* 合格油. *corrected power* 校正功率. *corrected speed* 校(修)正速度. *corrected subcarrier* 校正后的副载波. *corrected value* 校(修)正值.

correc'tion [kəˈrekʃən] n. ①校(改,修,矫)正,校准,勘误 ②调整,补偿 ③修正量,补值,校正值 ④制止,中和,(市价)回落 ⑤责备,惩罚. *aperture correction* 孔径校正. *correction at infinite focus* 无穷(远)聚焦校正. *correction for direction* 方向校正. *correction for lag* 迟滞修正. *correction from signal* 用信号校正. *correction to program* 程序的校正(修改). *correction transformer* 补偿变压器. *correction up* [*down*] 加(减)校正. *over correction* 过度修正,过调量. *range-rate correction* 距离扫描校正. *steering correction* 操纵改正,驾驶校正. *under correction* 改正不足,尚须订(校)正,难保无误. *zero correction* 零位修正. ▲*make correction for* 作…方面的校(修)正. *under correction* 有待改正,不一定对. ~al a.

correc'tive [kəˈrektiv] I a. 校(改,修,矫)正的,制止的,中和的,补偿的. II n. ①校正装置,修正设备 ②矫正物,中和物 ③调节剂,掺合剂,矫味药. *corrective change* 修正,校正. *corrective maintenance* 故障检修,出错修复(维修),设备保养. *corrective network* 校正(整形)网络. ~ly ad.

correct'ly [kəˈrektli] ad. 正确地. ▲*locate M correctly with N* 把M放得与N相适应.

correct'ness n. 正确性. *correctness factor* 校正系数.

correc'tor [kəˈrektə] n. ①校正器(板,装置,仪表,电路,算子) ②校正器,调整器,补偿器 ②(罗经)自差校正磁铁 ③校对员,校正员. *corrector formula* 校正公式. *gamma corrector* 图像灰度校正器,非(直)线性校正器, v 校正器. *phase corrector* 相位校正线路,相位校正器,相位校正器. *pulse corrector* 脉冲波前校正线路,脉冲校正电路.

correlatabil'ity n. 相关性.

cor'relate [ˈkɔrileit] I v. ①(使)相关,相连,关联,发生联系,有相互关系. II n. 相关(数,物),联系数. *correlate equation* 相关方程式. ▲*be correlated with* (*to*) 与…(相互)有关(系). *correlate M with* (*to*) N 使M与N发生连系.

correla'tion [ˌkɔriˈleiʃən] n. ①关联,相关(法,性,数),相应,伴随,伴随,对比)关系,交互(相互,关连)作用,对比 ②【数】对射(变换),异射(变换) ③换算. *angular correlation* 角相关,角关联. *auto correlation* 自相关. *coincidental correlation* 叠合相关. *correlation coefficient* 相关(换算)系数. *correlation detection* 相关检波(检测). *correlation function* 相关函数. *correlation ghost* 相关虚反射. *correlation index* 相关指数. *correlation in space* 空间对射(变换). *correlation of events* 波相关,波对比. *correlation orientation tracking and range system* 相关定向跟踪及测距系统. *correlation shooting* 对比放炮法. *correlation tracking and triangulation* 相关跟踪三角测量系统,"克塔特"测轨系统. *cross correlation* 互相关. *partial correla-*

tion 偏〔部份〕相关. *time correlation* 时间一致〔相关〕. *vector correlation* 矢量相关. *visual correlation* 视觉相关,视觉关联作用.
correlation-measuring instrument 相关测量仪.
correl'ative [kə'relətiv] Ⅰ *a.* ①相关的,关联的,有相互关系的,有依存的(with, to)②相射的. Ⅱ *n.* 有相互关系的人或物,相关物,相关量. *correlative indexing* 语句信息标号,尾接指令,信息加下标,相关标引. *correlative value* 对比〔比较〕值. ▲*(be) correlative with*〔to〕M 与 M(相互)有关(系).
correlativ'ity *n.* 相互关系,相关〔相依〕性,相关〔相依〕程度.
correlatograph *n.* 相关图,相关函数计算记录器.
correlator *n.* ①相关器(仪),相关函数分析仪 ②环形解调(器)电路 ③乘积检波器 ④关联子,关连子. *analog correlator* 模拟相关器. *correlator device* 相关器,环形解调器电路装置.
correl'ogram *n.* 相关(曲线)图.
correlom'eter *n.* 相关计.
correspond' [kɔris'pɔnd] *vi.* ①相当〔称,似,等,应〕,对应,适合〕合,一致 ②与…通信〔有书信往来〕(with). ▲*correspond to* (with)相当〔符合〕于,表示,与…相称〔相对应,相符合,相吻合,相适应〕,一致。*to every A there correspond B* 对每一个 A 都有 B 与之相对应. *The broad lines on the map correspond to roads.* 图中粗线表示公路. *Quite large variations in pressure correspond to extremely small differences in the cylinder bore.* 汽缸内径有极其细小的差异相应地压力就会有很大的变化. *correspond with*…与…通信〔有书信往来〕.
correspon'dence [kɔris'pɔndəns] *n.* ①相当(应,似)(之处),对应 ②符〔符〕合,一致(性)③对比,同位 ③通信〔讯〕,信件(往来),函件. *algebraic correspondence* 代数对应. *correspondence course* 〔school〕函授课程〔学校〕. *correspondence theorem* 相似定理. *dualistic correspondence* 对偶对应. *one-to-one correspondence* 一一对应. *singular correspondence* 奇(异)对应. ▲*be in correspondence with M about N* 就 N 与 M 通信. *bring M into correspondence with N* 使 M 与 N 一致起来〔相互通信〕. *by correspondence with M* 通过与 M 通信的办法. *correspondence between M and N* M 与 N 相符〔有相似之处〕. *in correspondence with* 和…相一致,与…有通信联系. *keep up a correspondence with M* 同 M 保持通信联系. *teach by correspondence* 函授.
correspon'dency [kɔris'pɔndənsi] *n.* 符合,一致,相当.
correspon'dent [kɔris'pɔndənt] Ⅰ *a.* 相当的,对应的,一致的,符合的. Ⅱ *n.* ①对应物 ②通信者〔员〕,记者 ③代理银行 ④顾客. *our London correspondent* 本报驻伦敦记者. ~*ly ad.*
correspon'ding *a.* ①相当〔应,同〕的,对应〔比〕的,同位的,合适的,符合的,一致的 ②通信者. *corresponding angles* 同位〔对应〕角. *corresponding period of last year* 去年同(一时)期. ▲*(be) corresponding to*〔with〕与…相当〔对应,符合〕,相当

〔对应〕于. ~*ly ad.*
cor'ridor ['kɔridɔ:] *n.* ①走〔回〕廊,通路〔道〕,过道 ② 狭长地带,纵向狭隘地形,纵向走廊地带 ③空中走廊,指定航路. *air corridor* 空中走廊. *corridor traffic* 走廊〔地带〕交通. *corridor train* 备车厢有走廊相通的列车. *flight corridor* 飞行〔空中走廊. *launch corridor* 发射走廊. *moon corridor* 登月走廊. *range corridor* 导弹全程航路.
cor'rie ['kɔri] *n.* 山凹,冰坑〔斗〕.
corrigen'da [kɔri'dʒendə] *n.* corrigendum 的复数.
corrigen'dum [kɔri'dʒendəm] (pl. **corrigen'da**) *n.* 需要改正之处,(pl.) 勘误表,误差,(应改正的)错字〔误〕.
cor'rigent ['kɔridʒənt] Ⅰ *a.* 矫正的,使变温和的. Ⅱ *n.* 矫正〔味〕药.
cor'rigible ['kɔridʒəbl] *a.* 可改正的.
corrob'orant [kə'rɔbərənt] Ⅰ *a.* 确证的. Ⅱ *n.* 确证的事实.
corrob'orate [kə'rɔbəreit] *vt.* 确证,证实,支持,使坚定.
corrobora'tion [kərɔbə'reiʃən] *n.* 确证,坚定,(进一步的)证实. *in corroboration of one's argument* 为了证实自己的论据. **corrob'orative** 或 **corrob'oratory** *a.*
corrob'orator *n.* 确证者〔物〕.
corrode' [kə'roud] *v.* (使)腐蚀,侵(蚀),锈〕蚀,使受损伤. *corroded crystal* 熔蚀(斑)晶. ▲*corrode away* 腐(侵)蚀(掉).
corro'dent [kə'roudənt] Ⅰ *n.* 腐蚀剂,腐蚀性物质,腐蚀介质,苛性物质. Ⅱ *a.* (有)腐蚀(力)的,锈蚀的.
corrodibil'ity [kəroudə'biliti] *n.* 可腐蚀性.
corro'dible [kə'roudəbl] *a.* 腐蚀(性)的,可(被)腐蚀的,可侵蚀的.
corrodokote test (镀层)涂膏密室(放置)耐蚀试验(膏成份:硝酸铜 0.035g,氯化铵 0.165g,高岭土 30g,水 50ml).
Corronel *n.* 耐蚀镍钼铁合金(镍 66%,钼 28%,铁 6%).
Corronil *n.* 铜镍合金(镍 70%,铜 26%,锰 4%).
Corronium *n.* 轴承合金(铜 80%,锌 15%,锡 5%).
corronizing *n.* 镍镀层上扩散镀锡被膜法.
corro'sion [kə'rouʒən] *n.* 腐蚀(作用),侵(浸,锈,溶,熔,流)蚀,侵〔锈〕蚀. *atmospheric corrosion* 大气腐蚀. *bi-metallic* [*couple*] *corrosion* 双金属侵蚀,电镀〔电化学〕腐蚀. *breakaway* [*runaway*] *corrosion* (由于生成不稳定腐蚀薄膜而造成的)剧增腐蚀. *contact corrosion* 接触腐蚀. *corrosion, acid and heat proof steel* 耐腐蚀及耐酸耐热钢. *corrosion allowance* 允许腐蚀度. *corrosion by gases* 气体腐蚀. *corrosion control* 腐蚀防止法. *corrosion cracking* 腐(蚀断)裂. *corrosion fatigue* 腐蚀疲劳. *corrosion inhibitor* 抗腐蚀剂. *corrosion prevention* 防蚀〔腐〕. *corrosion preventive* 防锈(蚀)剂. *corrosion protection* 抗腐蚀(的),防腐蚀的. *corrosion protective* 防〔腐蚀的. *corrosion remover* 防腐〔去蚀〕剂. *corrosion resistance* 耐(腐)蚀性,耐压力,抗腐(蚀)性,抗腐蚀能力. *corrosion resistant* 耐(抗)蚀的,不锈的. *corrosion re-*

corrosion-inhibitive

sister 缓蚀剂,抗蚀剂. *corrosion resisting* 抗(腐)蚀的,不锈的,耐腐蚀的. *corrosion strength* 耐蚀性. *corrosion target* 腐蚀电极. *crevice corrosion* 隙间腐蚀. *galvanic corrosion* 电蚀,电池作用腐蚀. *gaseous corrosion* 气相腐蚀. *inter-crystalline corrosion* 晶间腐蚀. *stress corrosion* 金属超应力引起的腐蚀.

corrosion-inhibitive *a.* 防〔抗,阻〕蚀的.
corrosion-proof *a.* 抗〔防,耐〕腐蚀的,不锈的.
corrosion-resistant *a.* 抗腐蚀的,抗〔不〕锈的,耐蚀的,防腐的.
corrosion-resisting *a.* 抗〔耐〕腐蚀的,不锈的.
corrosiron *n.* 耐(腐)蚀硅铜(碳 0.8~1.0%,硅 13.5~14.5%,其余铁).
corro′sive [kə′rousiv] Ⅰ *a.* 腐蚀(性)的,侵〔锈〕蚀性的,生锈的. Ⅱ *n.* 腐蚀物,腐蚀性物质. *corrosive action* 腐〔侵〕蚀作用. *corrosive attack* 腐〔侵〕蚀. *corrosive sublimate* 升汞,氯化汞. ~ly *ad.*
corro′siveness *n.* 侵蚀作用,腐蚀(性,作用).
corrosiv′ity [kərou′siviti] *n.* 腐〔侵〕蚀性.
corrosom′eter *n.* 腐蚀计,腐蚀性测定计.
cor′rugate Ⅰ [′kɔrugeit] *v.* ①(使)成波(纹)状,起皱(纹),弄皱,皱〔打〕褶,成搓板状 ②加工成波纹〔瓦垅〕形. Ⅱ [′kɔrugit] *a.* ①波(纹)状的,波纹面的,瓦垅形的,槽纹的,起皱〔沟纹〕的,起伏不平的 ②竹节形的. *corrugate pipe* 波纹管. *corrugate steel* 竹节钢(筋).
cor′rugated [′kɔrugeitid] *a.* ①波纹〔形〕的,皱纹的,波形〔状〕的,成波纹的,起皱的,有加强筋的,褶皱的,打褶的,有瓦垅的,有槽的 ②竹节形的,有加强肋的. *corrugated bar* 竹节筋(筋). *corrugated board* 波面纸板,瓦垅纸. *corrugated cone* 分层锥. *corrugated diaphragm* 波纹膜片. *corrugated expansion pipe* 波形膨胀接管. *corrugated iron* 〔metal, sheet〕波纹〔瓦垅〕铁,瓦垅薄钢板. *corrugated joint* 波纹式接头. *corrugated paper* 瓦楞纸. *corrugated pipe* 〔tube〕波纹〔瓦垅〕管. *corrugated plate* 波形板,皱褶板. *corrugated steel* 波纹钢板.
cor′rugating *n.* 波纹〔瓦垅〕板加工.
corruga′tion [kɔru′geiʃən] *n.* ①波纹(度)的,(呈)波(纹)状,皱纹〔褶〕,沟纹(状),槽纹 ②成波纹状,轧波纹,压瓦垅,起皱,搓板现象 ③畦,沟,车辙.
cor′rugator *n.* ①波纹〔瓦垅〕板轧机,波纹纸制造工〔机〕 ②皱肌,皱纹.
corrupt′ [kə′rʌpt] Ⅰ *a.* ①腐败的,混浊的,不纯洁的 ②不可靠的,有毛病的,错误百出的 ③贪污的,腐化的. Ⅱ *v.* ①(使)腐败,腐〔恶〕化,腐蚀〔烂〕,使污浊 ②搀杂 ③赌赂,收买. ~ly *ad.* ~ness *n.*
corrup′tible [kə′rʌptəbl] *a.* 易腐败〔化〕的. **corrup′tibly** *ad.*
corrup′tion [kə′rʌpʃən] *n.* ①腐败〔烂〕的,恶化,不纯 ②贪污腐化. **corrup′tive** *a.*
cor′set [′kɔ:sit] Ⅰ *vt.* 严密地限制〔控制〕. Ⅱ *n.* 围腰,胸衣.
Cor′sica [′kɔsikə] *n.* (法国)科西嘉(岛).
Corson alloy *n.* 科森合金,铜镍硅合金(镍 4%,硅 1%,其余铜).
Cor-Ten *n.* 低合金高强度钢(碳 0.1%,锰 0.25%,硅 0.75%,磷 0.15%,铬 0.75%,铜 0.4%,镍 < 0.65%).

cosmeti(ci)ze

cor′tex [′kɔ:teks] (pl. *cor′tices* 或 *cortexes*) *n.* 外皮,皮层,树皮,皮质,脑皮层,废质.
cortexolone *n.* 11-脱氧皮(甾)醇.
cor′tical (树)皮的,皮层的.
cor′ticated [′kɔ:tikeitid] *a.* 有外皮〔树皮,皮层〕的.
cor′ticin(e) *n.* (用树胶胶成的)软木地毡.
cor′ticoid *n.* 类皮质激素.
cortico-integration *n.* 皮层整合.
corubin *n.* 人造刚玉.
corun′dum [kə′rʌndəm] *n.* 刚玉,刚石,金刚砂,氧化铝(磨料). *synthetic corundum* 人造〔合成〕刚玉,人造〔合成〕金刚砂.
corundumite *n.* 刚玉.
cor′uscate *vi.* 闪烁〔亮〕. **corusca′tion** *n.*
corvette′ [′kɔ:′vet] *n.* 反潜轻巡洋舰,小型护卫舰.
Corvus *n.* 乌鸦〔昴〕座.
corybanti(a)sm *n.* 狂乱,暴怒,精神错乱.
coryne- 〔词头〕棍棒形,棒状.
corynebacte′rium *n.* 棒状杆菌属.
cory′za [kə′raizə] *n.* 感冒,伤风,鼻炎.
COS = cash on shipment 装货付款.
cos = ①communication operation station 通信操作台 ②cosine 余弦.
cosa mica 嚼密纳云母.
cosalite *n.* 斜方辉铅铋矿.
co′-scrip′ter [′kou′skriptə] *n.* 共著者,合编者.
cosec = cosecant.
co′se′cant [′kou′si:kənt] *n.* 余割. *arc* 〔inverse〕 *cosecant* 反余割. *hyperbolic cosecant* 双曲余割.
coseis′mal [kou′saizməl] 或 **coseis′mic** [kou′saizmik] Ⅰ *a.* 同(时感受地)震的. Ⅱ *n.* 同震(曲)线. *coseismal lines* 同(时感)震线.
co′-selec′tor [′kousi′lektə] *n.* 补充选择器.
co′sen′sitize *v.* 共同敏感,多敏感.
cosepara′tion *n.* 同时分离.
cosere *n.* 同生演替系列,傍系(群的).
coset *n.* 陪集. *coset leader* 陪集首,陪集代表. *coset weight* 陪集权.
cosey = cosy.
cosh = hyperbolic cosine 双曲余弦.
co′(-)sig′natory [′kou′signətəri] Ⅰ *a.* 连(名签)署的. Ⅱ *n.* 连署人.
co′signer [′kousainə] *n.* 连署人.
co′sily *ad.* 舒适地.
co′sine [′kousain] *n.* 余弦. *arc* 〔inverse〕 *cosine* 反余弦. *cosine series* 余弦级数. *direction cosine* 方向余弦. *hyperbolic cosine* 双曲余弦. *logarithmic cosine* 对数余弦.
co′siness *n.* 舒适.
cosingular complexes 共奇(异)线丛系.
cosinoi′dal [kousi′nɔidəl] *a.* 余弦的.
cosinus *n.* =cosine.
cosinusoid *n.* 余弦曲线.
cos′lettise 或 **cos′lettize** [′kɔzlitaiz] *vt.* 磷酸铁被膜防锈,磷化(处理).
cosm- 〔词头〕宇宙.
cosmet′ic Ⅰ *a.* 美容的,化妆的. Ⅱ *n.* (pl.)美容品,化妆品.
cosmeti(ci)ze *vt.* 粉饰,为…涂脂抹粉.

cosmet′ics n. (地震记录的)地貌.
cosmetol′ogy n. 美容术〔学〕
cos′mic(al) ['kɔzmik(əl)] a. ①宇宙的,全世界的 ②广大无边的,有秩序的. cosmic inventory 宇宙万物. cosmic iron 陨铁. cosmic(radio) noise 宇宙〔射电〕噪声. cosmic rays 宇宙(射)线,宇宙辐射. cosmic speed 宇宙速度.
cos′mically ad. 按宇宙法则,跟太阳一道(出没).
cos′mism n. 宇宙(进化)论.
cosmo- 〔词头〕宇宙,世界,太空.
cosmobiol′ogy n. 宇宙生物学.
cos′mochem′istry ['kɔzmou'kemistri] n. 宇宙〔天体〕化学.
cos′modrome ['kɔzmədroum] n. 航天站,宇宙飞器发射场,人造卫星和宇宙飞船发射场,宇航〔航天〕发射场.
cosmogen′ica. 由宇宙线产生的. cosmogenic nuclides 宇宙(射)线生成核素.
cosmogonid n. 宇宙生命.
cosmog′ony [kɔz'mɔgəni] n. 宇宙的起源,天体演化学,宇宙起源(进化)论,星原学.
cosmog′rapher n. 宇宙学家.
cosmograph′ic a. 宇宙学的.
cosmog′raphy [kɔz'mɔgrəfi] n. 宇宙(结构)学,宇宙志.
cosmoline ['kɔzməlin] I n. (一种)防腐〔润滑〕油. II vt. 涂防腐〔润滑〕油.
cosmolog′ical [kɔzməb'dʒikəl] a. 宇宙学〔论〕的.
cosmol′ogist n. 宇宙(哲)学家,宇宙论者.
cosmol′ogy [kɔz'mɔlədʒi] n. 宇宙(学)学,宇宙论.
cos′monaut ['kɔzmənɔ:t] n. 宇宙航(飞)行员,字航员,航天员.
cosmonau′tic [kɔzmə'nɔ:tik] a. 航天的,宇宙航(飞)行的.
cosmonau′tics [kɔzmə'nɔ:tiks] n. 航天学,宇(宙)航(行)学,宇宙航行的理论和实际应用.
cosmophys′ics n. 宇宙物理学.
cos′moplane n. 航天飞机,航天〔宇宙〕飞行器.
cosmoplas′tic a. 宇宙构成的.
cosmop′olis [kɔz'mɔpəlis] n. 国际都市.
cosmopol′itan [kɔzmə'pɔlitən] a. 世界性的,(分布)全世界的,全世界各地都有的,属于〔来自〕全世界各地的,国际的.
cosmopolit′ical [kɔzməpə'litikəl] a. 世界性的
cos′mos ['kɔzmɔs] n. ①宇宙,世界 ②程(秩)序 ③大波斯菊,菊花花.
COS/MOS = complementary symmetry/metal oxide semiconductor 互补对称金属氧化物半导体(电路).
cos′motron ['kɔzmətrɔn] n. 考甘莫加速器,(高能)同步格相加速器,宇宙线回旋加速器(330×10⁸eV),质子同步加速器(30×10⁸eV)
cosolubiliza′tion n. 共增溶解(作用).
cosol′vency n. 潜溶性〔度,本领〕,混合溶剂中的溶解度.
cosol′vent [kou'sɔlvənt] n. 潜溶剂,助溶剂,共存溶剂.
COSPAR = Committee for Space Research 空间研究委员会.
cospec′trum n. 共谱,同相谱(交叉谱实部).
co′spon′sor ['kou'spɔnsə] n.; v. 联合举办,共同主持(者).

COSR = Committee on Space Research 空间研究委员会.
cost [kɔst] I n. ①费(用),价(钱,格,值),成本 ②代价,损失,牺牲. II (cost, cost)v. ①价格是,值,要价 ②用去〔需要,花费〕(多少钱,时间,劳力) ③使(耗)费,费用,使损〔丧〕失,牺牲 ④(按生产成本)估算,估计售价,作价,估定…的成本. It costs him much time. 这费了他许多时间. actual cost 实际成本(价格). administrative cost 行政管理费. amortization cost 偿还资金,偿还费. annual cost 年度费用,常年费用. capital cost 基建费,投资费,资本值. capitalized (total) cost 核定投资(总)额,核定资本值. comparative cost 比价,比较造价. construction cost 建筑费,建造成本,建设费用,工程费. conversion cost (商品)生产成本. cost account 成本计算,成本账. cost accounting 成本会计. cost and freight 货价加运费,离岸加运费价格. cost coding 价值编码. cost-effectiveness analysis (method) 成本-效果分析(法),工程经济分析(法). cost estimate [estimating, estimation] 估价,造价估算,成本估计. cost index 成本指数,价格指数. cost inflation 成本膨胀. cost, insurance & freight 到岸价格(包括货价、运费和保险费). cost keeping 成本核算. cost of construction and equipment 建筑及设备费. cost of delays 延误费. cost of installation 设置〔安装〕费. cost of living index number 生活费用指数. cost of maintenance 养护〔保养〕费. cost of management 管理费. cost of operation (机器)使用费,运转费,管理费. cost of overhaul 检修费,超远距费. cost of price 成本价格. cost of production 制造费. cost of repairs 修理费. cost of upkeep 维修费,养护〔保养〕费. cost (of) price 原价,成本价格,费用. cost performance 性能价格比. cost record 成本账. cost sheet 计算账单. cost unit 成本单位. cost unit price 成本单价. current cost 市价. depreciation costs 折旧费. engineering cost 工程费. estimated cost 预算价值(重)费. extra cost 额外费用. final cost 终值,最后成本. first cost 初次费用,初期投资,建造或购置费,生产〔原始〕成本,创建〔开办〕费,原价. flat cost (预算)直接费. housing cost 保管费用. initial cost 原价,创办〔建〕费,开办费,基建投资费,生产〔原始〕成本. installation cost 设备投资. life repair cost 全使用期内修理费. maintenance cost 养护〔维修,保养〕费. net cost 实价,成本. operating costs 使用费,零星开支,生产〔操作〕费用. original cost to date 现值. out-of-pocket cost 实际费用(即用现金付出的费用),实际成本. overall operational costs 总运行费,全部使用费. overhead cost 管理费,经常费,非生产费用,杂费,杂项开支. prime costs (原始)成本,原价. renewal costs 更新〔换〕费. running costs 使用费. self cost 成本. staff costs 工资费用. unit cost 单价,单位成本. working cost 工作费用,使用〔经营〕费. ▲at all costs 或 at any cost 无论如

何,不惜任何代价[牺牲]. at cost 照原价. at one's cost 由某人出钱,损及某人. at the cost of 以…为代价,牺牲[花费]…,代价[成本]为…. cost what it may 无论如何,无论代价多少. count the cost (事前)权衡利害得失,盘算一下. drive costs down 或 reduce costs 降低成本. for a cost of 总共. free of cost 或 cost free 免费,奉送. know to one's cost(付出过代价而从经验中)深知,由于付了代价才….

COST = contaminated oil settling tank 污油的沉淀槽.
cos'ta (pl. cos'tae) n. 肋,肋骨.
Costa Rica ['kɔstə'ri:kə] n. 哥斯达黎加.
Costa Rican n.; a. 哥斯达黎加人(的).
cos'tal a. 肋的.
co-star ['kou'sta:] Ⅰ v. 共同主演,合演. Ⅱ n. 合演者.
cost-book n. 成本账.
cos'tean 或 costeen ['kɔstin] vi. 【矿】井探,掘井[水力冲刷]勘探.
costellae n. 【地】壳线.
costen n. 木香烯.
cost'ing ['kɔstiŋ] n. ①成本会计 ②(pl.)概算,预算.
cos'tive ['kɔstiv] Ⅰ a. 便秘的,秘结的,迟缓的. Ⅱ n. 便秘剂.
cost'less ['kɔstlis] a. 不花钱的,没有成本的.
cost'liness ['kɔstlinis] n. 昂贵,高价.
cost'ly ['kɔstli] (cost'lier, cost'liest) a. 昂贵的,代价(价值)高的,费用大的,浪费的,豪华的.
costo- [词头]肋骨.
costol n. 木香醇.
coston light 三色信号灯.
cost-plus a. 按成本加收(管理费,利润),成本附加报酬[利润].
cost-push n. 成本膨胀.
costrel n. (双耳)瓶.
cos'tume ['kɔstju:m] n. 服装,外衣,装束.
costu'mer [kɔs'tju:mə] 或 costumier [kɔs'tju:miə] n. 做服装的人,服装商.
costuslactone n. 木香内酯.
co-substrate n. 辅被用物,酶之辅被作用物.
co'sy ['kouzi] Ⅰ a. 舒适的,温暖的. Ⅱ n. 保温套,保暖罩.
cosynthesis n. 伴生合成.
cosynthetase n. 同合成酶.
cot [kɔt] n. ①帆布床,吊床[铺],小床 ②小(茅)屋,槛,笼 ③指套. cot chamber 闭路呼吸室.
cot = ①cotangent 余切 ②cotton 棉.
cotactic'ity n. 协同有规.
co'tan'gent ['kou'tændʒənt] n. 余切. arc (inverse) cotangent 反余切. hyperbolic cotangent 双曲余切.
COTAR = ①correction tracking and ranging station 校正跟踪与测距台(一种雷达干涉仪) ②correlation tracking and range"柯塔",相关跟踪测距系统,无线电跟踪定位系统.
cote [kout] n. 茅舍,(羊)栏,鸡窝,鸽棚.
coteau' [kou'tou] (pl. coteaux) n. 高地,高原,冰碛脊.
cotel'omer [kou'teləmə] n. 共调聚物.
cotemporaneous = contemporaneous.

cotemporary = contemporary.
co-tensor n. 协张量.
co'terie ['koutəri] n. 小圈子,小集团,派系.
coter'minal a. 共终端的.
coterminous = conterminous.
coth = hyperbolic cotangent 双曲余切.
coti'dal [kou'taidəl] a. 等[同]潮的. cotidal line 等[同]潮线.
cotransaminase n. 辅转氨酶.
cotransduc'tion n. 同转导.
cotran'sport n. 协同运输.
COTS = checkout test set 检(验)测(试)设备.
cot'tage ['kɔtidʒ] n. 村舍,小屋,小型别墅. cottage hospital 乡村医院,疗养(诊疗)所,小医院. cottage industry 家庭手工业.
cot'ter 或 cot'tar [kɔtə] Ⅰ n. 栓,(制,开口,开尾)销,楔(形销子). Ⅱ vt. 用销(栓)固定. cotter bolt 带销(螺)栓. cotter key 键销,扁销键,开尾销. cotter joint 制销联轴节,销接头,销(栓)接合. cotter mill (cutter) 键槽铣刀,双刃端铣刀. cotter pin 扁销,开尾(口)销. cottered pin 具有切口(楔槽)的定位导销. cross head cotter 十字头销. flat cotter 扁销. split cotter 开口(尾)销. spring cotter 弹簧销. valve cotter 阀簧抵座销,气阀制销.
cotterite n. 球光石英.
cotterway n. 销槽.
cot'ton ['kɔtn] Ⅰ n. ①棉(花)②棉织品(物),棉纱(布,线). Ⅱ a. 棉花(织)的. Ⅲ vi. 一致,适合(together, with). absorbent cotton 脱脂棉,药棉,吸水棉. collodion cotton 硝棉,(低氮)硝化纤维素. cotton canvas 棉帆布. cotton cord (rope) 棉纱绳. cotton covered 纱包(绝缘)的. cotton duck 棉织的帆布. cotton goods 棉织品. cotton insulated wire 纱包绝缘线. cotton insulation cable 纱包电缆. cotton linter 棉绒,棉毛纤维. cotton mat 棉花毡. cotton rag 破(抹)布. cotton waste 棉纱头,废棉,回花. cotton wool 原棉,棉絮,药(脱脂)棉. cotton yarn 棉纱. glass cotton 玻璃棉. gun cotton 火棉. slag cotton 渣棉. spun cotton 棉纱. the cotton belt 产棉区.
cotton-covered a. 纱包(绝缘)的,(棉)纱绝缘的. cotton-covered wire 纱包线.
cotton-enamel covered wire 纱包漆包线.
cotton-gin n. 轧棉机.
cotton-mill n. 纱厂,棉纺厂.
cottonous a. 棉的.
cotton-press n. 轧棉机,皮棉打包机(厂).
cot'tonseed ['kɔtnsi:d] n. 棉子.
cot'ton-tape n. 棉织带,纱带.
cot'ton(-)wood ['kɔtnwud] n. 杨木,白杨.
cot'ton-wool ['kɔtn'wul] n. 棉绒,棉(捆)花,原棉.
cot'tony ['kɔtəni] a. (似)棉的,柔软的,棉花一样的,棉质的,粗(糙).
cottrell n. 电收尘器. cottrell dust 电收尘器烟尘. Cottrell precipitator 科特雷尔型静电集尘器. cottrell process 静电收尘法. hot cottrell 高温电收尘器.

co'twin ['koutwin] n. 双胎.
cotyle'don [kɔti'li:dən] n. 子叶, 绒毛叶.
cotyloid a. 杯状的, 臼状的, 髋臼的.
co'type ['koutaip] n. 全模标本, 共型.
couch [kautʃ] I n. ①层②底漆③床, 长沙发椅④休息处. II v. 压出, (使)横陈, 表达, 含有. *contoured (form-fitting) couch* 体型椅. *couch board* 多层纸板. ▲*couch together* 层叠.
couchette [ku'ʃet] 〔法语〕 n. 火车卧铺.
cough [kɔf, kɔ:f] n.; v. 咳(嗽). *chin (whooping) cough* 百日咳. *winter cough* 冬季咳, 慢性支气管炎.
cough-mixture n. 镇咳合剂.
cough-remedy n. 镇咳剂.
coul [kau!] =cowl.
coulabil'ity n. 铸造性.
could [kud] v. aux. (can 的过去式)①(过去, 当时)能够, 得以. *We could see the oil bleeding out from the joint.* (当时)我们可以看出油从接缝处渗出. *We could not repair it yesterday.* 昨天我们未能把它修好. ②〔表示与事实相反〕*Suppose you could look at just one atom.* 假定你能看到仅仅只是一个原子. ③〔表示有点不肯定, 或表示委婉的建议〕或许能, 也许是. *It could be so.* 可能是这样. *You could work the screw loose this way.* 这样拧也许你就能把这螺丝拧松.
couldn't ['kudnt] =could not.
cou'lee ['ku:li] n. ①熔岩流②斜壁(干)谷, 干河谷, 深冲沟.
coulisse [ku:'li:s] 〔法语〕 n. ①(滑, 小, 凹)槽(滑)缝, 缝(凹)口, 沟, 轴承滚道, 有(滑缝)的板②摇拐, 连(轴)杆③滑板(环, 尺, 动片), 游标④挖土, 采掘⑤穿堂门厅, 侧面布景, 后台.
couloir [ku:'lwa:] 〔法语〕n. ①(套, 软)管, 管子(孔)道②通道(路), 过道③槽, 沟④挖泥机⑤峡谷.
cou'lomb ['ku:lɔm] n. 库(仑)(电量单位). *coulomb damping* 库仑(干摩擦)阻尼. *coulomb meter* 库仑计. *coulomb sensitivity* 电量灵敏度.
coulom'bian 或 **coulom'bic** a. 库仑的. *coulombian* [cou-lombic] *force* 库仑力.
coulomb-like a. 类库仑的.
cou'lomb-meter [ku:lɔm-mi:tə] 或 **coulom'eter** [ku:-'lɔmitə] n. 电量计(表), 库仑计. *gas coulometer* 气体库仑计(电量计). *silver coulometer* 银电解电量计.
coulom'etry n. 库仑分析法, 库仑滴定法, 电量分析法.
coumarin n. 香豆素, 氧杂萘骈酮. *coumarin dye laser* 香豆素染料激光器.
coumarone n. 氧(杂)茚, 香豆酮, 苯并呋喃. *coumarone resin* 氧(杂)茚树脂.
coun'cil ['kaunsil] n. ①委员会, 协会, 会议, 议会, 理事会, 院②议事, 商讨. *Engineering Council* 工程协会. *Research Council* 科学研究委员会. *Security Council* (联合国)安全理事会. *the State Council* (中国)国务院.
coun'cil(l) or ['kaunsilə] n. ①议员, 理事, 顾问②(使馆)参赞.

coun'sel ['kaunsəl] n.; v. ①劝告②意见, (向…)建议, 计划②商量(讨), 审(评)议.
coun'sel(l)or ['kaunslə] n. 顾问, (使馆)参赞, 律师. *office of commercial counsellor* 商务参赞处.
count [kaunt] I v. ①计算, (按顺序)(计)数, 共 合计, (清)点②算入的, 即计算在内, 计算时, 在内, 计算时, 在内, 在计算考虑之列③认为, 以为, 看作④指望, 仰(依)赖 (on, upon). II n. ①计数, (换算)读数, 得数, 个数, 数目②统计, 计(结)算③考虑, 重视④(辐射微粒计量器的)单个(个别的)(尖顶)脉冲, 脉冲数, 单个尖峰信号⑤【纺】支(数)⑥争论点, 问题. *background count* 本底计数. *cable count* 电报字数计算. *column count* 行计算. *count by thousands* 数以千计. *count cycle* 计数循环. *count detector* 计数检波器【检测器】, 求和【加法】器. *count modulo N* 按模 N 计数. *counts per channel* 每道脉冲数. *counts per second* 每秒钟的计数. *count up time* (发射前)上数计时时间. *fission count* 裂变计数. *foil count* 箔(薄片)放射性计数. *layout count* 数字图样计数. *lost count* 漏算, 略去的读数. *microscopic count* 显微镜计数. *noise count* 噪声脉冲. *preset count* 事先规定时间内脉冲计数. *pulse count* 计数脉冲. *reference count* 参考读(计)数, 基准计数. *squaring count* (计数)求平方(数). *stored count* 累积计数. *track count* (粒子)径迹数计数. *tube count* 计数管计数. *That does not count.* 那可不算数. ▲*at the count of M* 数到 M 时. *be counted on to* +*inf.* 被指望(做). *beyond count* 数不尽, 不计其数. *count…against…* 认为…是不利于…的. *count down* (从大到小)倒着数(如 9,8,7,…1), 递减计算② 【电视】脉冲分频. 【雷达】未回答的脉冲数与总询问脉冲数之比, 询问无效率. *count for little [nothing]* 算不了什么, 无关紧要, 无足轻重. *count for much* 非常重要, 很有价值, 关系重大. *count fractions over ½ as one and disregard the rest* 四舍五入. *count in* 算入, 把…也算进去(算在内). *count M as [for] N* 把 M 当作 N, 以为 M 是 N. *count on [upon]* 依靠, 期待, 期待, 指望. *count out* 点清, 一面数一面取出(分开), 把…不算在内. *count over* 重算. *count up* (计数)数完(了), (由下向上)加算一纵列数字, 数到, 总计, 结算. *in every count* 在各方面, 在一切方面. *keep count of* 数的数目, 知道共有多少, 一一计数. *lose count of* 数不过来, 不知有多少, 忘记数到哪儿了. *on other counts* 在所有其他方面. *out of count* 数不完的, 无数的, set *no count on* 或 *take [make] no count of* 看不起, 轻视. *take count of M* 计算 M 数, 重视 M. *take much [no] count of* 很[不]重视.
countabil'ity n. 可数性.
count'able ['kauntəbl] I a. 可(计)数的, 可计算的. II n. 可数名词. *countable compact* (子集式)列紧, 紧(致). **count'ably** ad.
count'(-)down ['kauntdaun] n. ①递减(往下)计数, (从大到小)倒着数(如 9,8,7,…1)②发射前用倒数方式进行的时间计算, 发射准备过程, (发射前)计时系统③【雷达】回答脉冲比, 未回答脉冲率,询问无效率(未回答的脉冲数与询问脉冲总数之比) ④【电视】脉冲分频,脉冲脱调 ⑤计数损失(减零),漏失计数 ⑤读数,准备时间读数;扫描时间,庹度 ⑥零识,花絮消息. *countdown circuit* 发射控制〔脉冲分频〕电路. *count-down generator* 发射前的时间计数信号发生器. *count-down of the repetition rate of pulses* 脉冲频率分除法〔计算式〕. *count-down profile* 发射程序表. *count-down station* 发射前准备站. *count-down talker circuit* 〈发射前用〉计时传送电路. *final count-down* 发射前的直接时间计字. *split count-down* 分段往下计算.

coun'ter [′kauntə] I. n. ①计数器〔管〕,计算器〔机〕,计〔测〕量器 ②计算〔数〕员 ③相反(物),反面,对立物,对重,一对中之一 ④圆输,中间轴 ⑤副斜杆,对角布置的斜杆 ⑥船底突出部 ⑦柜台,筹码 ⑧〈讨价还价的〉本钱,资本,有利条件. II. a.; ad. (与…方向)相反的,相对的,反对的,对立的,(位于)对面的,逆的)(to),反方向的,逆相的 ②副的,复本的. III. v. 对抗,反对,还〔反〕击,抵消,引证…来辩驳. *alpha counter* α质点计数器. *atmospheric-pressure counter* 在大气压下工作的计数器. *backangle counter* 〈记录〉逆向散射粒子(的)计数管〔器〕. *back-to-back counter* 加倍计数管. *bare counter* 无屏蔽计数管〔器〕. *binary counter* 二进制计数器. *cold-cathode counter* 冷阴极电子管计数管. *corona counter* 电晕放电计数管. *counter arm* 计数器指针. *counter balance* 抗衡,均衡,抵消,补偿,托盘天平,配重,平衡块〔锤,力〕. *counter balance valve* 背压阀,反平衡阀. *counter bar* 定位尺. *counter bore* 埋头孔,锥口孔,沉孔,平底扩孔钻. *counter boring machine* 镗阶梯子,镗〔铵〕孔机. *counter brace* 副对角撑. *counter cell* 反压电池. *counter cheque* 银行取款单. *counter chronograph* 计数式记时器,〈电子管〉弹速测定器. *counter clock* 反时针. *counter clockwise motion* 反时针方向运动. *counter clockwise rotation* 反时针方向旋转. *counter coil* 补偿线圈,天线中为避免本台电波影响而加入的线圈. *counter control* (用)计算机检验. *counter countermeasure(s)* 抗干扰,反对抗措施. *counter dead time* 计数器空载〔静寂〕时间. *counter dial* 计数器刻度盘. *counter die* 底模. *counter down* (脉冲)分频器. *counter electrode* 对电极,(电容器)的极板. *counter electromotive force* 反电动势. *counter flow* 反向流动,逆〔回〕流. *counter force* 反力,阻力. *counter gear* 反转(分配轴,副轴,对立轮. *counter knob* 计数器按钮. *counter lamp* 〈信号〉灯. *counter machine* 反向计算机. *counter measure* 对抗〔防范〕措施,对策,干扰. *counter modulation* 解调,反调制. *counter motion* 反向运动. *counter nut* 埋头〈镇紧〉螺母. *counter plot* 防范措施,对策,反雷达. *counter plunger* 反向柱塞. *counter point* 对点〔位〕. *counter poise* 衡重体,平衡器〔物,网络〕,砝码,地网. *counter potential* 反〔延迟〕电位,反电势. *counter pressure* 反压力,平衡压力,背压,支力. *counter pulley* 中间皮带轮. *counter register* 计数寄存器. *counter shaft* 副〔对,平行,并置,中间,逆转〕轴,天轴. *counter sink* 埋头〈锥口〉孔,埋头〈尖底锪〉钻,锥口钻. *counter sinking bit* 埋头钻. *counter steam* 回汽. *counter stern* 悬伸船尾. *counter sunk (head) screw* 埋头螺钉. *counter switch* 计时〔数〕开关. *counter telescope* (宇宙射线)计数望远镜,计数设备. *counter thrust* 反推力. *counter torque* 反转矩. *counter train* 计量序列. *counter tube* 计数管. *counter vanes* 导向片. *counter vault* 倒拱. *counter weight* 配重,抗衡,平衡锤,平衡重(量),(唱头)衡重体,砝码. *counter weight of a tone arm* 音臂平衡体. *cycle (rate) counter* 循环计数器,频率计. *decade [decimal] counter* 十进制计数器. *digit counter* 数字计数器. *digital counter* 数字式频率计,数字计数器. *dip(ping) counter* 负角计数管. *dust counter* 尘量计,测尘〔尘度〕器. *electronic counter* 电子计量电路,电子〔脉冲〕计数器. *filter-paper counter* 滤纸放射性计数管. *flip-flop counter* (双稳态)触发计数器. *forward-angle counter* 计算向前散射粒子的计数管,向前散射粒子计数管. *furnace filling counter* 装料计数器. *gamma(-ray) counter* ν粒子计数器. *gated counter* 选通计数管. *hand counter* 检查手清洁度的计数管. *immersion counter* 负载计数管. *impulse[pulse] counter* 脉冲计数器. *long counter* "长计数管",全波计数管. *modulo 2 counter* 模数2的计数器,二进制计数器. *nuclear counter* 核辐射计数管. *parts counter* 部分计数,计(零)件器. *photoelectric counter* 光电计数管. *picture counter* 照片计数器,计帧器. *point counter* 尖端式计数管. *preset counter* 预置〔调〕计数器,带有前置装置的计数器. *pulsed counter* 脉冲电脉计数器. *radix two counter* 多位二进制计数器. *rate counter* 速率计. *revolution counter* 转数器〔表〕. *sample counter* 样品放射性计数管. *scintillation [scintillating] counter* 闪烁计数器. *skirt counter* 有外壳的计数管. *slip counter* 〈车滑〉差计. *speed counter* 速率计,转数表. *spin counter* 转计计〔表〕,尾旋次数计. *start-stop counter* 一次计数器. *step counter* 计数器. *twist counter* 测扭仪. *well (-shaped) counter* 流体孔道式计数管,井式计数管. *wire counter* 线绕电极计数管. ▲ *counter by* 补偿. *run [go] counter to …* 与…相反〔相违背,背道而驰〕.

coun'ter- 〔词头〕反(对,抗),逆,对(应),(交)互,重复,补,会、副.

counteract' vt. ①抵抗〔消,制〕,减少,阻碍,反作用,打乱 ②平衡,中和,消解. *counteracting force* 反作用力.

counterac'tant n. 中和剂,反作用剂,冲消剂〔除恶臭〕.

counterac'tion [kauntə′rækʃən] n. 反作用(力),抵抗,抵消,阻碍,中和,对抗作用.

counterac'tive I a. 反对的,反作用的,抵抗的,妨碍

coun′tera′gent [ˈkauntəˈreidʒənt] *n.* 中和力,反作用力,反向动作,反作用剂.

counterair *n.*; *a.* 反空袭(的);防空.

counteraircraft *n.*; *a.* 反飞机(的),防空(的).

coun′terarch *n.* 反拱.

coun′terattack [ˈkauntərətæk] *v.*; *n.* 反攻,反击.
▲ *make a counterattack upon* 反攻(击).

coun′ter-attrac′tion [ˈkauntərəˈtrækʃən] *n.* 反(对)引力,对抗物.

counterbalance I [ˈkauntəˈbæləns] *vt.* 使(与…)平衡,(使)均衡,抗衡,补偿,抵消. II [ˈkauntəbæləns] *n.* 平衡(块,重,锤,重量,重量,力),衡重体,配(对)重,砝码,托盘天平,抗衡,等价.

coun′terblast [ˈkauntəbla:st] *n.* 逆风,逆流,反气流,强烈反对(抗议).

counter-blow hammer (上下操作相对运动的)锻锤.

coun′terbomber *n.*; *a.* 反轰炸机(的).

counterbore [ˈkauntəbɔː] *vt.* ①(用平底扩孔钻)扩孔,(平底)锪孔,镗孔,镗阶梯孔 ②平头钻,平底钻 ③埋头(锥口,沉)孔,平底扩孔钻.

coun′terbrace [ˈkauntəbreis] *n.* ①副对角撑,副撑臂 ②转帆索.

counter-camber *n.* 预留弯度,模型假曲率.

counter-ceiling [ˈkauntəsi:liŋ] *n.* (起隔音,隔热等作用的)吊平顶.

coun′terchange [ˈkauntətʃeindʒ] *n.*; *v.* 互(交,掉)换,使交错,交替,交互作用,使成杂色.

countercheck [ˈkauntətʃek] *n.* I [ˈkauntəˈtʃek] *vt.* 对抗(手段),阻挡,反攻,制(防)止,复查.

counterchronom′eter *n.* 精确反时针.

coun′terclock′wise [ˈkauntəˈklɔkwaiz] *a.*; *ad.* 逆时针(方向)的.

counter-controlled *a.* 用计数器控制的.

counter-controller *n.* 计数(器)控制器.

counter-countermeasure(s) *n.* 反对抗(措施),反干扰(措施). *electronic counter-countermeasures* 电子反对抗(反干扰).

coun′tercurrent [ˈkauntəkʌrənt] *n.*; *a.* 逆(反,回,旋,对)流的,逆(反向)电流. *countercurrent capacitor* 抵流(逆流,熄火)电容器.

counter-current-wise *ad.* 逆流地.

counterdemand [ˈkauntədima:nd] *n.* 反要求.

counterdepres′sant [ˈkauntədiˈpresənt] *n.* 对抗抑郁抑制剂.

counter-diffusion *n.* 反(逆)扩散.

coun′ter(-)down [ˈkauntədaun] *n.* (脉冲)分频〔类〕器.

coun′terdrain *n.* 漏水渠,副排水沟,辅助沟.

coun′teredge *n.* 固定刃刃,底刃刃.

countereffect *n.* 反作用.

counter-electrode *n.* 反电极,(电容器的)极板.

counter-electromotive force 反电动势.

counter-espionage *n.* 反间谍,策反.

coun′terev′idence [ˈkauntəˈrevidəns] *n.* 反证.

coun′terexam′ple *n.* 反例.

coun′terfeit [ˈkauntəfit] I *a.* 伪(仿)造的,假(冒)造的,伪(仿)造的造品,假冒品. III *vt.* 伪(仿)造,假冒,和…一模一样(极为相似). *counterfeit notes* 伪币.

counterfighter *n.*; *a.* 反战斗机(的),反歼击机(的).

coun′terfire *n.* 逆火.

counterfis′sure [ˈkauntəˈfiʃə] *n.* 对裂.

counterflange *n.* (孔型设计)假腿(角),对接(过渡)法兰.

coun′terflow [ˈkauntəflou] *n.* 逆(反)向流,迎面流. *counterflow heat changer* 逆流式热交换器. *counterflow mixing* 逆流式拌和(法).

coun′terfoil [ˈkauntəfɔil] *n.* 存根,票根.

coun′terforce [ˈkauntəfɔːs] *n.* 反力,推力,对抗能力.

coun′terfort [ˈkauntəfɔːt] *n.* 护(拉)墙,(后)扶垛,扶壁. *counter fort wall* 后扶墙.

coun′terglow [ˈkauntəglou] *n.* 【天】对日照,对日霞光,曙暮辉,反黄道光.

counter-gradient *n.* 反(逆)梯度.

coun′ter-intel′ligence [ˈkauntərinˈtelidʒəns] *n.* 反情报.

counterinves′tment [ˈkauntərinˈvestmənt] *n.* 反感.

counterion *n.* 平(抗)衡离子,带相反电荷的离子,补偿离子.

counter-irritant I *n.* 抗刺激剂. II *a.* 抗刺激的.

counterirrita′tion [ˈkauntəiriˈteiʃn] *n.* 对抗刺激(作用).

counter-jamming *n.* 反干扰.

coun′terlight [ˈkauntəlait] *n.* 逆光(线).

counter-loop *n.* 计数环路.

countermand′ [ˈkauntəˈmaːnd] *n.*; *v.* 取消,废止,撤回,退役令.

countermark [ˈkauntəmaːk] *n.*; *vt.* 戳记,附加记号,副号(标),在…上加戳印(副标).

coun′termeasure(s) [ˈkauntəmeʒə(z)] *n.* 干扰,(电子)对抗,对抗(防范)措施,对策,反雷达. *active countermeasure* 积极(主动)对抗. *chaff countermeasure* 雷达干扰对抗. *communication countermeasure* 对(通信)的干扰. *counter countermeasure* 反干扰,反对抗. *decoy countermeasure* 用假目标对抗. *electronic countermeasure* 电子对抗(干扰). *guided missile countermeasure* 导弹对抗措施,防导弹措施. *radar countermeasure* 反雷达(措置),对雷达的干扰,雷达对抗. *satellite countermeasure* 卫星对抗,反卫星措施.

coun′termeas′urer [ˈkauntəˈmeʒərə] *n.* 干扰器,解答器,计算机(算).

countermine I [ˈkauntəmain] *n.* 反地道;对抗计划(策略);诱发地雷(水)雷. II [ˈkauntəˈmain] *vt.* 采取对抗措施,将计就计,敷设反水雷水雷,挖对抗地道.

countermissile *n.*; *a.* 反导弹.

countermodula′tion [ˈkauntəmɔdjuˈleiʃən] *n.* 反调制,解调. *electronic countermodulation* 电子对抗(干扰). *radar countermodulation* 反雷达措施. *radio countermodulation* 人为(的)无线电干扰.

countermoment *n.* 恢复力矩,反力矩.

counter-mo′tion [ˈkauntəˈmouʃən] *n.* 反(逆)向运动(to).

coun′termove [ˈkauntəmuːv] *n.*; *vi.* 反向运动,对抗(手段,措施).

countermovement *n.* 逆向移动,反向移动.

counteroffen′sive *n.* 反攻.

counter-offer *n.* 买方还价.

coun′terpart [ˈkauntəpaːt] *n.* ①正副二份中之一,一

coun'terplot ['kauntəplɔt] v.; n. 防止,预防措施,对抗策略,将计就计.

coun'terpoint ['kauntəpɔint] n. 对点,对位〔照〕(法),对偶.

coun'terpoise ['kauntəpɔiz] Ⅰ v. 使(保持)平衡,均衡,配重,平均,补偿,抵销. Ⅱ n. ①平衡(锤、块、重,器,力,网络),衡重体,配衡(体),配重(子),砝码 ②地网,(接)地(电)线.

coun'terpoison ['kauntəpɔizn] n. 抗毒剂.

coun'terpose ['kauntəpouz] vt. 对照,对比,并列,使对立起来 (to). ▲ *counterpose M against N* 把 M 和 N 相对照[进行对比,并列].

coun'terpres'sure ['kauntə'preʃə] n. 反压(力),平衡压力,背压,支力,轴承压力.

counterproduc'tive a. 实际结果与原来目的相反的,实得其反的,事与愿违的.

coun'terpropel'ler ['kauntəprə'pelə] n. 反[整流]螺旋桨.

coun'ter-pull n. 反拉力.

coun'ter-punch n. 冲孔机垫块.

coun'ter-radia'tion n. 反辐射.

counter-reaction n. 逆反应.

counter-recoil n. 反后座(的).

coun'terrecon'naissance ['kauntəri'kɔnisəns] n. 反侦查.

counterreforma'tion n. 反改革.

counterrevolu'tion [kauntərevə'lju:ʃən] n. 反革命.

counterrevolu'tionary Ⅰ a. 反革命的. Ⅱ n. 反革命分子.

counterrocket n. 反火箭.

counterrotate v. 反向旋转,反转.

coun'terrota'ting ['kauntərou'teitiŋ] n. 相对[反]旋转.

counter-rotational a 反转的,反旋转方向的.

coun'ter(-)rudder ['kauntə'rʌdə] n. 整流舵(轮).

counterscrew pump 双吸式螺杆泵.

coun'tersea ['kauntəsi:] n. 逆浪,逆行海流.

counterselec'tion n. 返选择.

coun'tershaft ['kauntəʃɑ:ft] n. 副(对,中间,平行,并置,逆转)轴,天轴.

counter-shots n. 反向放炮.

coun'tersign ['kauntəsain] n.; vt. ①会签,连(名签)署 ②(确)承认 ③口令,暗号. ~ature n.

coun'tersink ['kauntəsiŋk] Ⅰ (*coun'tersunk*) vt. 钻(埋头,锥口)孔,加工埋头孔〔锥形沉孔,锥形扩孔,锥形扩孔,锪锥形沉孔〕,划尖底眼. Ⅱ n. ①埋头孔〔锥口〕钻,尖底沉孔 ②埋头〔锥口〕孔,锥形孔〔锥口〕扩孔,锪钻. *countersink drill* 埋头〔锥口〕钻,锪钻.

coun'tersinker ['kauntəsiŋkə] n. 扩埋头孔钻刀.

counter-spectrometer n. 计数能谱计.

counterstain n. 复染.

counter-stimulus n. 抗剂激剂.

coun'ter-stream n. 逆流.

coun'terstroke n. 回(还,反)击,【医】对侧(外)伤.

countersun n. 幻日,日映云辉.

coun'tersunk ['kauntəsʌŋk] Ⅰ vt. countersink 的过去式和过去分词. Ⅱ a. 埋头的,锥口孔的,钻孔的. *countersunk (and chipped) rivet* 或 *countersunk head rivet* 埋头铆钉. *countersunk bolt* 埋头螺钉〔栓〕. *countersunk not chipped rivet* 半埋头铆钉. *countersunk screw* 埋头.

counter-thrust n. 反推力.

countertide n. 逆潮,逆流.

counter-timer ['kauntə'taimə] n. 时间间隔计数测量器,(计数)计时器,时间测录器.

coun'tertorque ['kauntətɔ:k] n. 反力〔扭〕矩,反抗转矩.

countertransference n. 反向转移.

counter-twilight n. 对日照.

counter-type a. 计数(器)式的. *counter-type adder* 累加型加法器.

coun'tervail ['kauntəveil] v. 补偿,抵消与起抵消作用.

coun'tervane ['kauntəvein] n. 导向〔流〕片.

countervelocity n. 反(飞行)速度.

coun'terweapon n. ①对抗武器 ②拦击导弹,拦截机.

counterweigh [kauntə'wei] vt. 使平衡,用配重平衡,抵消.

coun'terweight ['kauntəweit] Ⅰ n. 平衡重(量),平衡块〔锤〕,配重,对重,砝码. Ⅱ vt. 抗衡,用配重平衡,抵消. *counterweight balance* 重锤式平衡.

coun'terwork ['kauntəwə:k] n.; v. (与…)对抗,对抗行动〔工事〕.

count'ing n. ①计数,计算 ②读数的数目 ③用计数法测定放射性. *counting area* (计数管)灵敏区. *counting device* 计数器,计数装置. *counting down* 除分电路,脉冲频率分除法. *counting forward* 顺向[前向]计数. *counting in reverse* 逆向[反]向计数. *counting loss* 计数损失[失误],误算,漏计计数,漏计. *counting machine* 计数机. *counting rate* 计数速度. 计数率,辐射强度. *counting stage* 计数级. *counting trigger* 计数式触发器. *counting tube* 计数管. *counting unit* 计数单元,计数装置. *gate opener counting* 门通计数,闸口开启计数. ▲ *counting fractions over* ½ *as one and disregarding the rest* 四舍五入.

counting-cell n. 计数池.

counting-down n. 脉冲分频.

counting-frame n. 算盘.

counting-house n. 会计室,办公室.

counting-meter n. 计数器.

counting-plate n. 计数盘.

count'less ['kauntlis] a. 无数的,数不尽的.

coun'try ['kʌntri] Ⅰ n. ①国(家,土),祖国 ②乡间〔村〕,故乡,地带,地区〔方〕,知识领域. Ⅱ a. 乡村的,农村的,故乡的,祖国的. *city and country* 城乡. *country driving* 郊区行车. *country of destination* 目的国. *country of origin* 原产国. *country rock* 原(母,主,围)岩. *in this country* 本国,(指该文章)作者所在的国家. *third country* 第三国. *throughout the country* 全国.

coun'tryman n. 同国人,同胞(乡),乡下人.

coun'tryside n. 乡村,农村.

coun'trywide a. 全国性的,全国范围的.

count-up n. 计数终了,(发射前计时的)往上计数.

coun'ty ['kaunti] n. 县,郡,乡镇.

count-zero interrupt 计零中断,零位中断.
coup [ku:] 〔法语〕 n. ①突然行动,打击,发作,中(一)击 ②〔资产阶级用语〕(一笔)好生意,大成功 ③策略,妙计. *coup de main* 突然袭击. *coup de sang* 中风,脑充血. *coup de soleil* 中暑,日射病. *coup d'etat* 政变.
coup-de-poing n. 石〔锤〕锥.
coupé ['ku:pei] 〔法语〕 n. (双门,双座)小轿车. *aerial coupe* 轿式飞机. *convertible coupé* 活顶轿式汽车.
couplant n. 耦合剂〔介质〕.
couple ['kʌpl] I n. ①(一)对,(一)双,两,俩 ②耦力,偶,电,配,热电,温差电〕偶,对 ③联接器 【天】联星,双星. II v. ①(使)偶合(联),(使)成对〔双〕(出现),耦〔联,结,合,接〕上,匹配,共轭,加倍 ②(使)拴〔联〕在一起,连,联接,关联,挂钩〔车〕 ③运用,贯彻,推广 ④联想,并提. *coupling the output of research to users* 将研究成果推广给使用者. *a couple of years* 两年,两三年,三四年. *astatic couple* 无定向的磁(针)偶. *base-metal couple* 基(黑色)金属温差电偶〔热电偶〕. *couple axle* 连动轴. *couple back* 反馈,回授,反馈耦合. *couple moment* 偶力矩. *couple of forces* 力偶. *diffusion couple* 扩散对. *electrode couple* 电极对. *graphite to silicon-carbide couple* 石墨和碳化硅温差电偶〔热电偶〕. *inertia couple* 惯性矩〔力偶〕. *oxidizing couple* 氧化偶. *plane of couple* 力偶面. *pyrometer couple* 高温计热电偶. *rare-metal couple* 稀有金属温差电偶. *reducing couple* 还原偶. *righting couple* 正位力矩. *rolling couple* 滚动(倾侧)力矩. *thermal〔thermoelectric〕 couple* 热电偶. *torsional〔twisting〕 couple* 扭力偶. *voltaic couple* 伏打〔接触〕电偶. *zinc couple* 锌半电池,锌电偶. ▲(*be*) *coupled with* 与…联〔耦,结〕合,联同,伴随着,和…的. *couple in* 耦合,接入. *couple M to〔with〕 N* 使 M 同 N 结〔配,耦〕合. *couple up* 把…耦联〔联接〕起来. *in couples* 成双地.
coup'led ['kʌpld] a. 成对的,耦合的,耦连的,连接的,联系的,共轭的. *coupled camera* 联配摄影机〔照相机〕. *coupled circuit* 耦合电路. *coupled columns* 【建】对柱. *coupled computer* 配合计算机. *coupled control* 联动式控制〔管理〕. *coupled load* 耦合负载. *coupled pole* 复合杆. *coupled truck* 拖挂式载重车. *coupled twin switch* 双联开关. *coupled wheels* (汽车)双轮. *directly coupled* 直接耦合的.
coup'ler ['kʌplə] n. ①联〔分〕接器,匹配器 ②耦合器〔腔,元件,设备〕,偶联器 ③可变电感耦合器 ④联轴节,管接头,车钩 ⑤馈(补)耦合剂,成色剂,联结剂 ⑥连结器具. *acoustic coupler* 声耦合器,音频调制-解调器. *automatic coupler* 自动耦合器,自动联轴节. *bus coupler* 母线联络开关. *conductive coupler* 电导耦合器. *coupler plug* 连接插头,软管接头. *hydraulic coupler* 液压系统管接头. *loose coupler* 弱耦合器〔回路〕. *multiple-path coupler* 多路耦合器. *quick〔rapid〕 coupler* 快速联结器〔装置〕,快速联轴器. *slide coupler* 可调耦合线圈,滑动耦合器. *tight-lock coupler* 硬性自动连接,密锁自动耦合器. *Transvar coupler* 定向可变耦合器. *waveguide coupler* 波导管耦合器,波导管激励设备.
coupling ['kʌpliŋ] I n. ①偶〔结,接,配,耦〕合,连接,联接〔系〕②耦,联,偶接,匹配 ②联接 ②连接器,联接器,偶接器〔管〕,连接盘,联接器〔节〕,管接头,接箍,车〔挂〕钩 ③相互作用 ④运用,贯彻,推广. I a. 耦合的,联接的. *coupling science to production* 将科学运用到生产中去. *AC coupling* 交流耦合. *acoustic(al) coupling* 声耦合. *adapter coupling* (管套)转接. *aerial〔antenna〕 coupling* 天线耦合. *articulated coupling* 活扳车钩. *back coupling* 回授,反馈(耦合). *bayonet coupling* 插栓式管接头. *box coupling* (用)套管连接,轴套,函形联轴节. *brake coupling* 制动离合器. *breakaway coupling* 脱落连接,断开式联轴节. *clutch coupling* 离合器. *cooling coupling* 冷却装置接头. *coupling bolt* 联接螺栓,接合螺栓,联轴节螺栓. *coupling box* 分线箱,电缆连接套管,联接器〔联轴节〕箱. *coupling bracket* 联接器托架,车钩架. *coupling capacitor* (高频)耦合电容器,隔直流电容器. *coupling changement* 连接器换向机构. *coupling coefficient* 耦合(耦合)系数. *coupling coil〔inductor〕* 耦合线圈. *coupling computer to production* 将计算机用到生产中去. *coupling condenser* 耦合电容器. *coupling flange* 连接法兰. *coupling hysteresis effect* 牵引效应,耦合牵引效应. *coupling impedance* 耦合阻抗. *coupling link* 联接链〔环〕,链子钩. *coupling media* 耦合剂,耦合介质. *coupling modulation* 耦合(输出)调制. *coupling nut* 连接螺母(帽). *coupling pin* 连接枢,联〔接)销. *coupling screw* 连接螺钉. *coupling sleeve* 联接〔耦合〕套筒,连结套筒. *coupling transformer* 耦合变压器. *coupling unit* 耦合部件. *cross coupling* 交叉干扰〔耦合). *disengaging coupling* 脱离合器,离合联轴节. *drawbar coupling* 牵引装置. *elastic coupling* 弹性耦合,弹性联轴器. *electric〔electromagnetic〕 coupling* 电磁耦合,电磁联轴节. *end-on coupling* 终端耦合. *expansion coupling* 胀缩联轴节. *fast coupling* 紧联合,硬性联轴节. *flexible coupling* 挠性连接,挠性联轴节,挠性联轴器. *flexible pipe coupling* 软管接头. *fluid〔hydraulic〕 coupling* 液压离合器〔联轴节〕. *frangible coupling* 易分离的耦合,截断连接. *friction coupling* 摩擦联轴节. *gear coupling* 齿轮连接,齿轮联轴节. *gradient coupling* 梯度耦合. *holdfast coupling* 固接联轴节. *Hooke's coupling* 万向接头,万向联轴节. *hyperfine coupling* 超精细结构的耦合. *impedance coupling* 阻抗耦合. *inductive coupling* 电感耦合. *in-line quick coupling* 准直快速接头. *jaw coupling* 爪形联轴节. *muff coupling* 套筒联轴节. *overload coupling* 超载安全离合器,安全联轴节. *pseudoscalar coupling* 赝(伪)标量耦合

pto coupling 动力输出轴联轴节. *R-C coupling* （电）阻（电）容耦合. *reducing coupling* 缩径联轴节. *rigid coupling* 固定耦合,刚性联接,固接,刚性离合器. *scalar coupling* 标〔无向〕量耦合. *shaft coupling* 联轴节〔器〕. *splined coupling* 齿槽联轴器〔节〕. *thimble coupling* 套管联轴节. *tight coupling* 密耦,紧配合. *union coupling* 管接头,联管器〔节〕. *universal coupling* 万向联轴节〔器〕,万向接合器.

coupling-out *n.* 耦合输出.

coupon ['ku:pɔn] 〔法语〕 *n.* ①试样〔件,棒〕,采样管,取样管,金属试片 ②配给票,赠券,优待券,(公债等的)息票,附单 ③联票. *test coupon* 试样. ▲ *be off coupons* 是不实行配给的. *be on coupons* 是实行配给的.

courage ['kʌridʒ] *n.* 勇敢〔气〕,胆量 ▲ (*be*) *of courage* 有勇气的. *have the courage to* +*inf.* 有勇气去(做). *take* [*pluck up*] *courage* 鼓起勇气,奋勇. *take one's courage in both hands* 勇往直前,敢作敢为.

coura'geous [kə'reidʒəs] *a.* 勇敢的,英勇的,无畏的. ~ly *ad.* ~ness *n.*

courant 〔法语〕报纸,新闻, *au courant* [ou ku'rɑ̃] 熟悉(最新的情况),通晓(*with*).

courier ['kuriə] *n.* 送急件的人,信使,信使报,(旅游)服务员.

course [kɔ:s] I *n.* ①经过〔历〕,过〔历,病,进,路〕程 ②冲〔行〕程 ③趋势〔向〕,（矿）脉,巷道 ④道路,路线,轨迹,(河)流,水道,测〔量路〕线,航向〔线,程〕,(罗盘上的)方位点,导航波束,方向〔针,法〕,走向,手续,行〔举〕动,习惯的程序 ⑤(叠)层,行,列,一系列,一回合,一场(比赛),一层(砖),一道(菜) ⑥竞技场,跑道 ⑦课〔教〕程,科目,学科,训练班. II *v.* ①追,逐,迹,流,淌,越过 ②移动,转移 ③(炮弹的)瞄准,导〔引〕向,引导 ③运行. *the course of events* 事情的经过〔演进〕. *a matter of course* 当然的事情. *the upper* [*lower*] *course of a river* 河的上〔下〕游. *air course* 空气流. *approach course* 进场路线〔航向〕. *astronautical course* 航天训练班,航天教程,宇航课程. *base course* 【建】基层,底层,路面下层,勒脚层. *beam-rider course* 驾束制导航向. *bearing course* 承压层,承重层. *brick soldier course* 竖砖层. *compass course* 罗盘航向〔线〕. *course-and-speed computer* 风速计算器,计风盘,风速仪,航向和速度计算机. *course bond* 丁砖层. *course feed* (按)正常(走刀量)进给. *course light* 导航灯. *course line* (飞机)航线,轨道. *course of air current* 大气流程. *course of discharge* 放电方向(过程). *course of disease* 病程. *course of exchange* (外汇)兑换率. *course of headers* 丁砖层. *course of manufacture* 生产过程. *course of nature* 自然的趋势. *course of receiving* 验收过程. *course of stretchers* 侧(顺)砖层. *course of study* 课程. *course of things* 事态,趋势. *course of treatment* 疗程. *course of working* 加工过程. *course out* 飞出航线. *course recorder* 航向记录器. *course stability control* 航向稳定控制. *course trim switch* 航向微调开关. *course writer* 轨迹记录器. *coursed masonry* 层砌圬工. *coursed pavement* 成层(铺装)路面. *coursed rubble* 成层毛石圬工,铺砌毛石. *coursing joint* (成)行〔层〕缝. *damp(-proof) course* 防湿层,防潮层. *flight course* 航线. *goal* [*target*] *course* 目标航向. *header course* 露〔丁〕头层,丁头行. *literary* [*science*] *course* 文〔理〕科. *navigational course* 导航航向. *preparatory course* 预科,预备班. *scheduled course* 预定航线〔向〕. *school course* 学校的课程. *specified course* 规定航线〔向〕. *subbase course* 底(副)基层,基层下层. *upper course* 上层,上游. *upright course* 竖〔立〕砌层. *water course* 水路. *zigzag* [*bent*] *course* 曲折航线. ▲ *as a matter of course* 当然,势所必然. *by course of* 照…的常例. *hold* [*keep on*] *one's course* 不变方向,抱定宗旨,坚持方针. *in course of* 在…(过程)中. *in due course* 照自然的顺序,到适当的时候,及时地. *in the course of* 在…期间,在…过程中. *in the course of things* 事情如果顺利,不久. *in the ordinary course of things* 或 *in the course of nature* 照正常的情形,按事物的正常趋势. *in* (*the*) *course of time* 最后,总有一天. *lay a* [*one's*] *course* 直驶,制订计划. *of course* 当然,自然. *run* [*take*] *its course* 听其自然发展,按常规进行. *shape one's course* 决定路线〔方向〕. *stay the course* 贯彻〔坚持〕到底. *take one's own course* 一意孤行.

court [kɔ:t] I *n.* ①法院〔庭〕 ②宫廷 ③委员会,董〔理〕事会,分会 ④院子,场子,球场 ⑤（展览会等的）陈列区. II *v.* ①企〔恳,乞〕求,设法获得 ②招致,引诱,吸引. *court defeat* 招致失败. *court* (*one's*) *support* 设法获得…的支持. ▲ *out of court* 不经法院,被驳回(的),不值一顾(的).

courteous ['kə:tjəs] *a.* 有礼貌的,客气的. ~ly *ad.* ~ness *n.*

courtesy ['kə:tisi] *n.* 礼貌,好意. *courtesy card* 特别优待券. ▲ *by courtesy* 承蒙好意. *by courtesy of* …经…同意,承…许可,蒙…好意赠送〔借用〕,经由…的途径.

court-martial ['kɔ:t'mɑ:ʃəl] *n.* ; *vt.* 军事法庭,军法审判.

court'ship *n.* 求偶(现象).

courtzilite *n.* 一种沥青变态物.

cousin ['kʌzn] *n.* 堂兄〔弟,姐,妹〕,表兄〔弟,姐,妹〕,远亲,(在地位等方面)同等的人.

coûte que coûte ['ku:t kə 'ku:t] 〔法语〕不顾任何代价.

couveuse *n.* 保温器,孵养器.

COV =①check-out valve 检查阀 ②concentrated oil of vitriol 浓优油,浓硫酸 ③cover 盖,罩,罩套,帽,膜 ④cross-over value 交换〔染色体〕值 ⑤cross-over valve 十字阀 ⑥cut-off voltage 截止电压 ⑦cutout valve 截流〔排气〕阀.

cova'lence [kou'veiləns] 或 **cova'lency** [kou'veilənsi] *n.* 共(价)价.

cova'lent [kou'veilənt] *a.* 共价的. *covalent bond* 共价键. *covalent bonding to M* 与 M 共价结合. ~ly *ad.*

covar n. 柯伐合金(镍 28%,钴 18%,铁 64%,金属和玻璃熔接用的熔合物).

cova'riance [kou'vɛəriəns] n. 协方差,协变性〔量〕,共离散,互变量. covariance matrix 协方差矩阵.

cova'riant [kou'vɛəriənt] I a. 协变〔式〕的. II n. 协变〔量,式〕,协度,共变〔式〕. covariant curve 协变曲线. covariant of a curve 曲线的协变式.

co-variation n. 协变〔异〕,共变异.

covaseal n. 柯伐封接.

cove [kouv] I n. ①(河)湾,小(海)湾 ②山凹 ③凹圆线(脚),凹口 ④【建】穹隆,拱. II v. (使)成穹形,(使)内凹.

covelline 或 **covellite** n. 铜蓝,蓝〔靛〕铜矿.

covenant ['kʌvinənt] I n. 契〔盟,公〕约,契约条款. II v. 用契约〔盟约〕保证,立契约,缔结盟约.

cov'entry ['kɔvəntri] n. 径向梳刀.

cover ['kʌvə] I vt. ①遮〔盖,掩,盖,护,饰),保护 ②盖〔蒙,裱,镀,涂,敷〕上,溅,洒,撒布 ③包(括,罗,裹),涉及,走过(多少路程),对准,(射程)能达到,控制(住) ④负担支付,抵〔弥〕补,补偿,给(货物等)保险,(足)够用,适用(于) ⑤(新闻)采访,报导 ⑥【职】顶替(for),交配,配种. II n. ①盖,罩,套,壳,膜,包〔蒙〕皮,外胎,(火箭)燃烧室顶 ②面〔饰,遮,保护〕层,淞层,封面(衣,套)罩面,【建】掩护(蔽)物,隐藏处,树丛,地被 ③借口,假托(词),(伪装) ⑤保证〔准备〕金,(一套)餐席(位) ⑥集中照射. a cover for a kettle 水壶盖子. take cover 躲避. cover the walls with plaster 给墙壁抹上灰. cover the loss 弥补损失. cover 70km a day 一天走 70 公里. Do the rules cover all possible cases? 这些规则是否适用于所有各种可能的情况? ablating cover 烧蚀外壳,烧蚀层. access cover 舱口盖. accessories cover 附件罩(盖). accidental cover 临时掩蔽物. air cover 空中掩护. antiaircraft cover 对(防)空掩护. bea ing cover 轴承盖. blast cover 火焰反射器. canvas cover 帆布套〔罩〕. core cover 型芯涂料. cover aggregate 盖面集料. cover annealing 罩式炉退火. cover bead 外加筋. cover board 盖板. cover charge 服务加层费. cover clamp 压盖板. cover coat 盖层,面积. cover crop 覆盖作物,保护作物. cover die 套模,凹压模(固定压模). cover glass 护罩玻璃. cover material 罩面材料,覆盖层. cover note 暂保单,保险证明. cover paper 书面纸. cover plate 盖片〔板〕. cover strip 盖条. cover transformation 覆盖变换,复叠变换. cover tyre 外胎. cover wire (钢丝绳的)外层钢丝. cut and cover 随挖随填(土方). cylinder cover 汽缸盖. drain cover (沟)渠盖. dust cover 防尘罩. engine cover (发动)机罩. environmental protective cover 环境保护层. fighter cover 战斗机掩护. flux cover 熔剂覆盖层. fog cover 雾幕. fuselage cover 机身外壳. grid cover 栅(极)屏蔽. lagging cover (汽锅的)包衣. nozzle cover 喷口罩. pile cover 桩帽. pipe cover 管套. protective cover 防护外壳,保护层,伪装物,罩). shoe covers 鞋套. thermal cover 隔热罩〔层〕. turbine cover 涡轮罩. tyre cover 外胎. valve cover 阀套,活门盖. vinyl cover 乙烯塑料罩. wing cover 机翼蒙皮. ▲ (be) covered with 为…所覆盖,〔充)满着. cover in 完全掩盖住,埋没. cover over 盖住,覆盖,遮没. cover up 包裹,隐藏,盖住,掩盖,包庇(for). from cover to cover 从(书)头到尾. under cover 隐藏着, 在掩盖之下,在屋顶下,(把信)封好,附在信中. under cover to 附在信中(寄…). under separate cover 在另捆护下,藉…为口实. under the same cover 用同一信封,在同一封信(同一邮包)内.

coverage ['kʌvəridʒ] n. ①作用〔有效〕距离,可达(作用,接收,搜索,涉及)范围,有效区(域),服务区②视界(罩),分布,画幅宽③涂(敷,面)面积,覆盖层,覆盖率〔厚度,范围〕,层,盖,掩护④概〔总,包〕括,报导〔道〕范围,所包括的范围⑤总体,保险总额,偿债务的准备总额. complete coverage of all machinery or equipment involved 有关的全部机械设备完全包括进去. aerial (photographic) coverage 航摄地区. air defense coverage 防空(有效)区. all-round coverage 全视界. angular coverage 扇形作用区,扇形视界. azimuth coverage 方位扇形角,视界角,方位视界. coverage contour 等场强曲线. coverage count 大面积观测,大范围计数,总的计数. coverage density 覆盖(表面电荷)密度. coverage diagram (目标)反射特性曲线,可达范围图,覆盖图. coverage pattern 作用区域,可达范围. early-warning coverage 早期警报区. energy coverage 能量区. jamming coverage 干扰影响区,干扰范围. low coverage 近距,小视界. line-of-sight coverage 直视可达范围,视界. octave coverage 倍频范围. radar coverage 雷达探测区,雷达作用区,雷达有效探测范围. range coverage 可达区(域). satellite coverage 卫星作用区域. search coverage 搜索区,探测区. television coverage 电视有效区. transmitting coverage 发射有效区.

coverall ['kʌvərɔ:l] n. (常用 pl.)(衣裤相连的)工作服.

covered ['kʌvəd] a. ①隐蔽着的,掩藏着的②覆(有)盖的,遮蔽的,涂敷的. 被覆的,有屋顶的③缠卷的. covered arc welding 手工电弧焊. covered conduit 暗沟〔渠〕. covered electrode 涂料焊条. covered gutter 暗沟. covered joint 覆盖接合. covered knife switch 带盖闸刀开关. covered street-way 穿廊式街道. covered structure 潜伏构造. covered way 【建】廊道,【军】覆道,暗道. covered wire 被覆线,皮(包)线,绝缘线.

coverer n. 塔(覆)曰土器.

covering ['kʌvəriŋ] I n. ①覆盖,覆被,遮蔽,掩护,加套〔罩〕,【数】覆叠②覆盖物(层),包裹材料,蒙〔包〕皮,外包皮③纱包④涂〔绝,包〕层,护〔保,焊条〕药皮⑤护壁板,壳,罩,套,盖,屋顶⑥【商】了结,补进⑦交配. II a. 掩护的,附加说明的. a covering letter (包裹附上的)说明信. a covering price 全部价格. canvas covering 帆布层. cloth covering 蒙布(面). covering flux 覆盖熔剂,覆盖层,涂层. covering machine 包线机. covering material 涂料. *covering of an electrode* (焊条的)药皮. *covering of piping* 管子(管顶)覆盖层,管子保护层. *covering power* 覆盖能力,视力作用范围,拍摄范围. *covering transformation* 覆盖变换. *covering yard* 配种场. *doped fabric covering* 涂漆蒙布面. *metal covering* 金属蒙皮,金属面. *outer covering* 蒙皮. *roof covering* 屋(瓦)面. *sandwich covering* 夹层蒙皮. *vacuum covering* 真空涂覆. *wall covering* 墙面涂料.

covering-in n. 覆盖,盖(翻)入,埋上.
covering-note n. (火灾保险,待换正式保险单的)承保通知书.
coverlet ['kʌvəlit] 或 **coverlid** ['kʌvəlid] n. 床罩.
covermeter ['kʌvəmi:tə] n. 面层测厚仪.
coverplate n. 盖板,顶.
covers = coversed-sine.
coversed-sine ['kouvə:st'sain] n. 【数】余矢.
coversine n. 余矢.
covert ['kʌvət] Ⅰ a. 掩护物,隐藏处(森林,树几等) ▲in (under) the covert of 在…的掩护之下. Ⅱ a. 秘密的,隐藏的,暗地里的. ~ly ad. ~ness n.
coverture ['kʌvətju:ə] n. ①覆盖(物),被(包)覆,保护,盖(蒙)上②掩护物,隐伏处.
cover-up n. ①隐蔽工事②隐事,丑闻.
covet ['kʌvit] v. 觊觎,渴望,妄想,垂涎,贪(追)求(after,for). ~ous a.
co'ving ['kouviŋ] n. (河)湾,凹圆线,穹窿,拱.
co'vol'ume ['kou'vɔljum] n. 协体积,共体,余容(积),分子的自体积.
cow [kau] Ⅰ n. 奶牛,母畜. *cow equivalent* 家畜单位. *cow in milk* 产奶牛. Ⅰ vt. 恐吓,吓唬. ▲be cowed into…by (…)因(…)的恐吓而… till the cows come home 无限期地,永远不可能地.
cow'ard ['kauəd] Ⅰ n. 懦夫. Ⅱ a. 懦(胆)怯的. ~ice或~liness n. ~ly a. ;ad.
cow'catcher n. ①机车排障器②广播节目前的节目间插播的短小广告.
cow'er ['kauə] vi. 畏缩.
cowhorn bins (冷床上的)半圆形集料架.
cowl [kaul] Ⅰ n. ①(外)壳,(整流,机,发动机)罩,(通风)盖,通风(烟囱)帽,通气帽. ②发动机流线型车身,炸弹型车身. Ⅱ vt. 给…上装罩(帽). *annular cowl* 环形整流罩. *circular (ring) cowl* 环形罩,整流环. *cowl cover* 通风斗罩. *cowl flap* 整流罩鱼鳞(口)片. *cowl head ventilator* 喇叭式风斗. *cowl hood* (气)斗头罩. *cowl lamp* (发动机罩上的)边灯. *cowl ventilator* 车头(罩)通风器. *cylinder cowl* 气缸罩. *engine cowl* 发动机罩. *pressure (d) cowl* 加压罩. *sealed cowl* 密封罩. *vent cowl* 排气管通风帽. *wheel cowl* 轮冕.
cowl-cooled a. 有外冷却罩的.
cowling ['kauliŋ] n. = cowl (n.).
cowl-ventilated a. 利用整流罩通风的.
cow'man n. 奶牛饲养员,挤奶员.
co'-work'er ['kou'wə:kə] n. 共同工作者,合作者,同事.
cow'pea n. 豇豆.

cowper stove n. 考巴氏热风炉.
cow'pox n. 牛痘.
cox = ①coaxial cable 同轴电缆②coxswain 艇长,舵手.
cox'comb ['kɔkskoum] n. 梳形物,梳[锯]齿板,鸡冠(花).
cox'swain ['kɔkswein] n. 艇长,舵手.
Coy = company 公司.
coyote ['kaiout] n. 土狼,恶棍. *coyote blast* 峒室爆破,大量爆炸. *coyote hole* 山狗洞.
coypu n. 南美的一种海鼠.
COZI = communications zone indicator 通信区指示器.
cozy = cosy.
cozy'mase [kou'zaimeis] n. 辅酶.
CP = ①calorific power 卡值,发热量②candle power 烛光③card puncher 卡片打孔机④case preparation 外壳制备⑤centipoise 厘泊(粘度单位)⑥centre of pressure 压力中心⑦ceteris paribus 在其它情况相同条件下⑧change package 改变包装⑨check parity 奇偶性检验⑩chemical polish 化学抛光剂⑪chemical propulsion 化学推器⑫chemical pulp 化学纸浆⑬chemically pure 化学纯的⑭Chinese Communist Party 中国共产党⑮circular pitch 周节⑯circular polaization 圆极化,圆偏振⑰clock pulse 时钟(同步)脉冲⑱command post 指挥所,指令站⑲constant pitch 固定螺距⑳constant potential 固定电位,恒定势㉑constrained procedure 限定程序,约束方法㉒control point 控制(检查)点㉓controllable pitch 可变螺距㉔crack propagation 裂纹扩展㉕current paper 近期论文㉖cushioning pad 缓冲垫㉗cyclic permuted 循环排列.
Cp = cassiopeium 镏(即镥 lutecium).
cp = ①candlepower 烛光②compare 比较③coupling 耦合.
C/P = ①cartesian to polar 笛卡尔坐标-极坐标变换②check point 检查点③control panel 控制板.
CP antenna 极化天线.
CP code = cyclic permuted code 循环排列码.
CPA = ①charged particle activation 带电粒子的激活作用②closest point of approach 最接近点③colour phase alternating 彩色信号相位的周期变化,彩色偶相制④critical path analysis 关键路线分析,统筹分析.
C-parity n. C 字称,电荷共轭字称.
CPC = ①card programmed calculator 卡片程序计算器②card programmed electronic calculator 卡片程序电子计算机③coated powder cathode 敷粉阴极④Communist Party of China 中国共产党⑤computer process control 计算机过程控制⑥cycle program control 循环程序控制⑦cycle program counter 循环程序计数器.
CPD = ①compound 化合物②contact potential difference 接触势差,接触电位差③cycles per day 每日周数.
CPE = ①chlorinated polyethylene 氯化聚乙烯②circular probable error 圆概率误差.
CPFF = cost plus fixed fee 正价加固定附加费.
CPH = ①close-packed hexagonel 致密六方形[晶格]②counts per hour 每小时计数次数③cycles per hour 每小时周数.

CPI = ① centre pressure index 中心压力指数 ② changepackage identification 改变包装标记 ③ character per inch 每英寸字符数 ④ current priority indicator 正在执行的优先程序指示器.

CPL = ① cement plaster 胶泥, 粘结膏 ② certified products list 合格产品单 ③ combined programming language 联合程序设计语言 ④ common programming language 公共编程语言 ⑤ computer program library 计算机程序库 ⑥ control procedure level 控制程序级.

cplmt = complement 补码[数].

CPLR = coupler 联接[耦合]器, 联轴节.

CPLX = complex 复(合)的, 合成物, 全套装置.

CPM = ① cards per minute 每分钟卡片张数 ② count per minute 每分钟的计数 ③ critical path method 临界途径法(在程序建筑方面应用电子计算机的方法).

cpm = ① counts per minute 每分钟计数 ② cycles per minute 周/分,每分钟循环次数.

CPMS = check plus minus subroutine 校验加减子程序.

CPOS = continuous production operation sheet 流水作业(连续生产作业)图表.

CPP = card-punching printer 卡片穿孔打印机.

CPPCC = (The) Chinese People's Political Consultative Conference 中国人民政治协商会议.

CPR = Chinese People's Republic 中华人民共和国.

CPS = ① cathode-potential stabilized tube 正像管, 阴极电位稳定的光电摄像管 ② central part of the plasma sheet 等离子体面中心部位 ③ central processing system 中央处理系统 ④ characters per second 每秒字符数 ⑤ colour phase setter 彩色相位给定器 ⑥ control power supply 控制功率供应 ⑦ control pressure system 控制压力系统 ⑧ critical path system 临界途径法.

cps = ① centipoise 厘泊(粘度单位) ② characters per second 每秒钟字符数 ③ counts per second 每秒计时数 ④ cycles per second 周/秒,赫(兹).

cps AC = cycles per second alternting current 交流电每秒周数.

CPSE = counterpoise 平衡(块,重,力), 配重, 砝码, 地网[线].

CPSK = coherent phase-shift keying 相干相移键控法.

CPU = ① card punching unit 卡片穿孔装置 ② central processing unit 计算机中央处理装置, (电子计算机)主机 ③ coastal defence radar for detecting U-boats 探测潜艇用海防雷达.

CPVC = ① chlorinated polyvinyl chloride 氯化聚氯乙烯 ② critical pigment volume concentration 临界颜料体积浓度.

CQ = ① call to quarters 公告等广播开始信号, 业余无线电爱好者相互通讯前的信号 ② conditionally qualified 有条件的合格 ③ cooled quickly ④ 快速冷却的.

CQD = Come quick, danger 遇难求救信号.

CQT = correct 正确,改正.

CR = ① cadmium ratio 偏比值 ② calling rate 呼叫率 ③ capacitance-resistance 阻容 ④ carriage return 托架折回 ⑤ carrier repeater 载波增音机 ⑥ cathode ray 阴极射线 ⑦ change request 改变申请 ⑧ cherry red 樱红色 ⑨ chloroprene rubber 氯丁(二烯)橡胶 ⑩ close range 近距离 ⑪ coherent rotation 相干转动 ⑫ cold rolled 冷轧的 ⑬ cold rubber 低温丁苯橡胶 ⑭ common return 公共回线 ⑮ compression ratio 压缩比[率] ⑯ conception rate 受胎率 ⑰ continuous rating 连续定额(功率) ⑱ continuous ringing 连续接铃 ⑲ conditioned reflex 条件反射 ⑳ contract requirement 合同要求 ㉑ contractual report 合同报告 ㉒ control relay 控制继电器 ㉓ controlled rectifier 可控整流器 ㉔ conversion ratio 转换[换算]系数, (核燃料)再生系数 ㉕ cost reimbursible 可偿还的费用 ㉖ Costa Rica 哥斯达黎加 ㉗ counting rate 计数率 ㉘ current relay 电流继电器.

Cr = chromium 铬.

CR MOLY = chrome molybdenum 铬钼钢.

CR System = conditioned reflex system 条件反射系统(通信).

CR time constant 阻容时间常数.

CRA = controlled rupture accuracy 受控断裂精度.

crab [kræb] Ⅰ n. ①(螃)蟹,【天】巨蟹(星)座 ②(起重)绞车[盘],滑车,抓斗,吊车,卷扬机,起重(吊)机小车,蟹爪式起重机,主悉骨[架],大芯骨(架)③宽波段信号传达于 π 的 π 偏心轮, 侧向, 侧飞, 偏斜〔出,差〕,斜度, 倾斜角, 偏流角, 空中照相的倾侧误差⑤山查子. Ⅱ v. ①挑剔, 责难, 轻蔑, 损害, 破坏 ②侧向飞行, 侧航, (领航机)横[偏]开,偏斜. *crab angle* 偏航角. *crab bucket* 滑车启斗, 抓斗. *crab capstan* 起重绞盘. *crab dolly* 可转动方向的摄像车. *Crab Nebula* 蟹状星云. *crab process* 壳型铸造(法)(热硬化性树脂和砂混合作铸型法). *crab winch* 起重绞车. ▲*case of crabs* 失败. *turn out (come off) crabs* 终于失败.

crab′bed [′kræbid] *a*. 难辨认的, 难懂的. ～**ly** *ad*.

crab-bolt *n*. 板座栓, 锚栓.

crab′wise *ad*. 横着地, 小心地.

crack [kræk] Ⅰ *v.*; *n*. ①破[开, 断], 裂, 龟, 裂, 破碎, 撞裂, 毁损, 砸开, 突破 ②裂缝[纹], 痕, 隙 ③裂化[解], 冰回水路 ④偏〔爆, 震〕裂, 分馏 ⑤ (发)爆裂(噼啪, 喀啦)声, (发)噪声 ⑤(揭)开, 宣布(价格等). Ⅱ *ad*. 噼啪地, 啪地一声. Ⅲ *a*. 第一流的, 技艺高超的. *bending crack* 弯曲裂纹. *capillary crack* 毛细(发细)裂缝. *check* (contraction, shrinkage) *crack*(收)缩裂(纹), 收缩断裂. *chill* [*file*] *cracks* 火(热)裂, (热轧钢材表面上的)辊裂印痕. *cooling crack* 冷却裂纹. *crack arrester* [*stopper*] 止裂器. *crack count* 裂缝统计. *crack detector* [*meter*] 探伤器[仪], 裂纹探测仪. *crack edges* 裂边. *crack extension force* 裂纹扩展力. *crack filler* 填缝料. *crack filling* 填缝. *crack initiation energy* 裂纹发生的能量. *crack interval* 裂缝间距. *crack opening* 裂缝开度. *crack pouring* 灌缝. *crack resistance* 抗裂性. *crack sealer* 封缝料. *crack starter test* 落锤抗断试验. *crack test* 抗裂[卷解, 往复曲折]试验. *crack valve* 半开阀. *crack water* 裂隙水. *creeping crack* 蠕变断裂. *dislocation crack* 位错裂缝. *endurance* [*fatigue*] *crack* 疲劳裂纹[缝]. *hair crack* 发裂. *heat* [*hot, thermal*] *crack* 热裂(纹). *incipient crack* 发裂, 起

始裂纹. *restriction crack* 阻碍型裂缝. *slip crack* 压裂,滑裂. *water crack* 水淬裂缝. *weld crack* 焊接裂缝. ▲*crack off* 剥脱,脱落,拆去. *crack on* 加油,继续. *crack M open* 把 M(突然啪地一声)打开(绷开). *crack up* 撞毁(坏),衰退,垮掉,失去控制,大笑不止.

crackabil'ity n. 易热裂度,可裂性,烧割性.

crack'ajack ['krækədʒæk] a.; n. 杰出的(人),第一流的(东西).

crackate n. 裂化(裂解)产物.

crack-detection n. 裂纹检验.

cracked a. 有裂缝的,弄破了的,碎的,热裂的,【化】裂化(解,开)的 *cracked carbon resistor* 碳末电阻(器). *cracked gas* 裂化气. *cracked gasoline* 裂化汽油.

crack'er n. ①破碎机(器),粉碎器,碎裂器,破碎辊②裂化室(炉,器,装置,设备,反应器)③爆竹④崩裂,破片. *catalyst cracker* 催化裂化设备. *coal cracker* 碎煤机.

crack'free a. 无裂缝的.

crack'ing I n. ①破(爆,开,龟,脆)裂,破坏,破(砸)碎,裂缝(开),(生成)裂纹②裂化,裂解,(加)热(分裂(法),分裂蒸馏③(pl.)脂脂④噪声,嘈响声. II a.; ad. 分裂原的,极大的(地),高速的(地). *catalytic cracking* 催化裂化. *cold cracking* 冷(凝)裂. *cracking by frost* 冻裂. *cracking capacity* 裂化设备的生产量. *cracking distillation* 裂化(热裂)蒸馏. *cracking furnace* 裂化炉. *cracking gasoline* 裂化汽油. *cracking load* 开裂(破坏)荷载. *cracking pressure* (阀的)启开压力. *cracking process* 热裂(裂化)法. *edge cracking* 边(缘)裂(纹). *fatigue cracking* 疲劳裂纹. *flex cracking* 挠(压)裂. *hair cracking* 发裂,细线. *intercrystalline cracking* 晶界断裂. *stress-corrosion cracking* 应力腐蚀裂纹,受力状态下的腐蚀裂纹. *thermal cracking* (加)热(分)裂(法).

cracking-residuum n. 裂化渣油.

crack'le ['krækl] vi.; n. ①(发)噼啪声,爆(裂)声②(小)裂缝,(碎)痕(皮)③生气勃勃,闪耀,发火花. *crackle lacquer* 裂纹漆.

crack'ling ['kræklɪŋ] n. ①噼啪(咯啦,爆裂,噪)声②(pl.)脂脂,(炸)油渣③龟面碎纹. *crackling sound* 连续喀啦声,连接噼裂声.

crack'ly ['krækli] a. ①发出爆裂声的,劈啪响的②松脆的,易碎的.

crack'meter ['krækmitə] n. 超声波探伤器.

crack-per-pass n. 单程裂化(量). *allowable crack-per-pass* 允许的单程允许裂化率.

crack'up ['krækʌp] n. 碰撞,撞坏(毁),跌碎,失去控制,失败,崩溃.

crack'y ['kræki] a. 裂缝多的,易破的.

cracovian n. 异常乘法矩阵.

cra'dle ['kreidl] I n. ①摇架(床,篮),吊架(篮),托(板),支(台),机座,托,揭,机,船,舰架,轮胎(架),支承垫块,时垫②料箱(槽),(船),【轧】錠座(管),槽形支座、炉底板板(伞齿轮的)刀具架板,锯齿形座刀④〔矿〕移动式摇动洗矿槽,淘汰机,淘金机⑤镰刀⑥(送受话器)叉簧⑦发报地. II vt. 用架支撑,把…

搁在支架上,淘洗(矿砂). *aircraft cradle* 飞机挂弹架. *coil cradle* 卷料架,卷料进给装置. *cradle frame* 摇篮活动框架,定子移动机架,炮架型车架(身). *cradle head* 送受话器叉簧头,转动关节. *cradle housing* (伞齿轮的摆动)转盒. *engine cradle* 发动机架. *launching cradle* 发射架(台). *loading cradle* 成品筐架(收集筐). *payoff cradle* 开卷箱(座). *shock-absorbing cradle* 减震架.

cra'dling ['kreidliŋ] n. 弧顶架.

craft [kra:ft] I n. ①技巧(能),工(手)艺,手工业②行(职业,工种,(同业))工会,行会(成员),同行③航空(飞行器,飞机(船),小船,艇,船舶,浮动工具,动力构件④手段,策略,诡计(名端). II vt. (用手工)精巧地制作. *arts and crafts* 工艺美术. *astronautical craft* 航天器. *bombing craft* 轰炸机. *craft and/or lighter risks* 驳运险. *craft paper* 牛皮(不透水)纸. *fighter craft* 战斗机. *gliding craft* 滑翔器. *hydrofoil(-supported) craft* 水翼船. *manned craft* 载人飞行器. *manual craft* 手工艺. *orbiting craft* 轨道飞行器. *parent craft* 运载飞行器,母机,母弹. *pickup craft* 接合飞行器. *sea-going craft* 水上飞机.

crafters n. 气泡片,针膜.

crafts'man ['krɑ:ftsmən] (pl. *crafts'men*) n. 技工,工匠.

crafts'manship ['krɑ:ftsmənʃip] n. 手艺,技能(巧).

crag [kræg] n. ①礁,悬(峻)岩,峻嶂,岩石碎片②颈,喉.

crag-and-tail n. 鼻尾丘,鼻山尾.

crag'ged n. 碎片的,陡峭的,崎岖的,多岩的. ~ness n.

crag'gy a. 陡峭的,多岩的.

cram [kræm] I (crammed; cramming) v.; I n. ①塞(填,推)入,塞满②填鸭式教学,死记(up)③压碎.

CRAM = card random access memory 随机取数磁卡片(随机存取卡片)存储器.

cram-full a. 塞满了…的(of).

cram'mer n. 填塞者(物).

cramp [kræmp] I n. ①夹(钳),夹线板,弓形螺旋夹,扣钉(片),铁箍(搭),马铁,轧头,钢筋,(导卫装置的)支承架的夹物(物)②痉挛、痉痛. II vt. ①(用钳子,夹子)夹紧,夹住,固定②限制,阻碍,束缚③图像压缩④掌(舵),使(车子前轮)向左(右)转动. II a. 紧缩的,狭窄的,难懂的. *cramp folding machine* 折边机. *cramp frame* 弓形夹,夹架. *cramp iron* 夹(钳)子,扣钉,轧头,铁(把)钩. *cramp lapping* 压紧(无齿隙)研磨,(齿轮)无齿隙研磨. *cramping* 扣环. ▲*cramp out* 拔去,抽取,挤压.

cram'pon ['kræmpən] 或 **crampoon'** [kræm'pu:n] n. 起重吊钩,金属钩,钉鞋.

cran'age ['kreinidʒ] n. 起重机的使用(装卸)(费),起重机岸吊费.

cran'dall ['krændəl] I n. 琢石锤. II vt. 用琢石锤琢. *crandalled dressing* 精雕细刻.

crane [krein] I n. ①起重机(吊(桁)车,升降架,升降设备②虹吸器③,龙头,水门,(机车的)给水管③鹤④天鹅(星)座. II v. ①用起重机搬运(起居)②伸(颈),迟疑不决. *abutment crane* 高座起重机.

arm 〔cantilever〕*crane* 悬臂(式)起重机. *bridge* 〔overhead〕 *crane* 桥式吊车, 桥式(高架)起重机, 行车. *cable crane* 缆式起重机. *camera crane* 摄影机升降架. *caterpillar crane* 履带车起重机. *charging* 〔*loading*〕 *crane* 装料吊车. *column* 〔*pillar*〕 *crane* 塔式起重机. *crane barge* 起重机船. *crane beam* 起重机梁, 吊(车)车架. *crane boom* 起重臂. *crane fall* 起重索, *crane hook* 起重机吊钩. *crane loading* 用起重机吊装. *crane magnet* 起重磁铁. *crane man* 吊车工, 起重机手. *crane rating* 起重机载重量〔定额〕. *crane rope* 起重(机用)钢绳. *crane runway* 起重机滑道, 行车滑道. *crane ship* 〔*vessel*〕起重船, 浮吊, 水上起重机. *crane trolley* 起重行车. *crane truck* (摄像机)升降车, 汽车起重机. *crane winch* 起重绞机. *derrick crane* 人字起重机, 转臂吊(起重)机, 斜撑式起重机. *floating crane* 水上起重机, 浮式起重机, 浮吊. *gantry* 〔*gauntry, frame, portal*〕 *crane* 龙门(门式, 塔架, 高架)起重机. *grab*(*bing*) *crane* 抓斗式起重机. *jib crane* 转臂式(起重)机, 臂动起重机, 旋臂吊机. *mast crane* 桅竿(式)〔柱形塔式〕起重机. *missile crane* 导弹起重机. *salvage* 〔*wrecking*〕 *crane* 救险起重机. *slewing* 〔*swing, turning*〕 *crane* 旋臂式起重机. *tower crane* 塔式起重机. *travelling* 〔*mobile*〕 *crane* 移动(式)起重机. *twin travelling crane* 双轮移动起重机. *walking crane* 轨形起重机. *wall crane* 墙上〔墙壁, 沿墙〕起重机. *water crane* (给机车上水的)水鹤, 水压(式)起重机.

crane′age 〔′kreinidʒ〕 n. 吊车工时.
craneman 〔′kreinmən〕 n. 吊车工, 起重机手.
crane-runway girder 起重机行车大梁.
cra′nial a. 前面的, 头颅的, 头部的.
craniophore n. 颅位保护器.
cra′niotome n. 开颅器.
cra′nium n. 颅.
crank 〔kræŋk〕 Ⅰ n. ①曲柄(臂), 曲柄, 曲拐, 角杆②手(摇)柄, 摇把, 弯头肘管③弯曲, (横向)易倾④怪人. Ⅱ v. ①弯成曲柄状, 曲折行进②给…装上曲柄, 用曲柄连接③转动(摇动)曲柄, 摇动(up)④(转动摄影机曲柄)拍摄. Ⅲ a. (机器等)不正常的, 有毛病的, 摇晃的, 不稳的, 易翻的, 易倾的. *ball crank* 球状曲柄. *bell crank* 直角(形)杠杆, 钟锤杠杆, 曲柱杆, 双臂曲柄, 角杆, 摇臂杆. *builtup crank* 组合曲柄. *crank and pin crank* 销. *crank and rocker mechanism* 曲柄摇杆机构. *crank arm* 〔*web*〕曲柄(臂). *crank auger* 曲柄(螺旋)钻, 手摇钻. *crank axle* 曲轴. *crank bearing* 曲柄销轴承. *crank brass* 曲轴颈轴承铜衬. *crank case* 曲柄(曲轴, 机柄)箱. *crank chamber* 曲柄室. *crank effort* 曲柄回转力, 曲柄回转力矩. *crank engine* 曲柄式发动机. *crank for electrode* 电极移动曲柄. *crank gauge* 曲柄颈量规, 曲轴轴颈测量器. *crank gear* 曲柄转动装置. *crank handle* 手摇曲柄, 摇把. *crank lever* 曲柄. *crank metal* 曲柄颈轴承合金. *crank pin* 曲柄销. *crank pin bearing* 连杆轴承. *crank pin metal* 曲柄销衬套合金. *crank shaft* 曲(机)轴. *crank* (*shaft*) *gear* 曲轴传动装置, 曲轴齿轮. *crank shaft grinder* 曲轴磨床. *crank shaft pin* 曲(机)销. *crank shaft spread* 曲柄臂间距, 行(拐)程. *crank starter* 起动曲柄. *crank throw* 曲柄弯程, 曲柄行程〔半径〕. *driving crank* 主动曲柄. *engine crank* 发动机曲柄. *starting crank* 起动摇把. ▲ *crank out* 制〔作〕成. *crank up* 曲柄(柄)回转, (作好)准备.
crank′angle n. 曲柄角.
crank′arm n. 曲柄(臂).
crank′axle n. 曲(柄)轴.
crank′-brace n. 钻孔器把, 手摇(曲柄)钻.
crank′case 〔′kræŋkkeis〕 n. 曲柄(曲柄, 机轴)箱, (发动机的)箱. *engine crankcase* 发动机曲轴箱, 发动机机匣. *split crankcase* (可)分开式曲轴箱. *unsplit crankcase* 整体式(筒形, 不分开式)曲轴箱.
crank′cheek n. 曲柄臂.
crank-driven a. 曲柄带动的.
cranked 〔kræŋkt〕 a. 弯(成)曲(状状)的, 弯的. *cranked eyepiece* 转向目镜. *cranked lever* 曲杆(柄). *cranked ring spanner* 弯头环形扳手.
crank′er n. 手摇曲柄.
crank′ily ad. 弯曲地, 不稳地. **crank′iness** n.
crank′ing n. 摇(起, 开)动, 摇转, 转动曲柄.
crank′le vi. ; n. 弯曲, 弯扭, 扭曲, 曲折行进.
crank′less a. 无曲柄的. *crankless engine* 无曲柄式发动机. *crankless press* 无曲柄压力机, 无曲轴压床.
crank-O-matic grinding machine 全自动曲轴磨床.
crank′pin n. 曲柄(曲轴)销, 拐轴销.
crank′shaft 〔′kræŋkʃa:ft〕 n. 曲(柄)轴, 机轴. *built-up crankshaft* 组合曲轴. *crankshaft bearing* 曲轴(柄)轴承. *crankshaft web* 曲柄(连接)板. *off-set crankshaft* 偏置曲轴.
crank′throw 〔′kræŋkθrou〕 n. 曲柄行程(半径, 弯程).
crank′web n. 曲柄臂.
crank′y 〔′kræŋki〕 a. 有毛病的, 出了故障的, 弯曲的, 不稳固的, 动摇不稳的, 易翻的, 易倾斜的.
cran′nied 〔′krænid〕 a. 有裂缝的, 裂缝多的.
cran′ny 〔′kræni〕 n. 裂缝, 罅隙.
crap′ping 〔′kræpiŋ〕 n. ①排(废)弃②排(废)弃物.
crap′ulent a. 醉酒的, 酒精中毒的.
CRAS = coder and random access switch 编码和随机存取开关.
craseol′ogy n. 气质论, 体质论, 液体混合论.
crash 〔kræʃ〕 Ⅰ v. ; n. ①砸地一声碎掉, 粉(碰, 破)碎, 碎裂(声), (哗哗啦啦地)倒坍②摔毁(碎, 下), 坠毁, 撞坏, (猛)撞, 撞击(against, into), 失事, 事故③失败, 垮台, 崩溃, 破产, 坍倒(down)④粗麻布. Ⅱ a. 应(紧)急的, 危急的, 速成的. *air crash* 空中坠毁(失事). *crash ahead maneuver* 全速倒车急转全速正车. *crash back maneuver* 全速正车急转全速倒车. *crash beacon* 带降落伞的紧急自动发报机. *crash cushion* 防碰冲垫. *crash development of ground equipment* 紧急研制地面设备. *crash helmet* 防护(安全)帽. *crash pad* 防震垫. *crash pro-*

gram [project]应急[紧急]措施,应急[紧急]限期完成的计划. *crash roll* 防震垫. *crash sensor* 碰撞预测装置. *crash truck* 失事飞机救援车. ▲*on a crash basis* 紧[应]急地. *with a crash* 轰隆[哗啦,咔嚓]一声.

crash-ahead n. 全速正车.

crash-astern n. 全速倒车.

crash-back n. 全速倒车.

crash'-dive ['kræʃdaiv] vi.; n. (潜艇)突然潜没,急[快]速下潜.

crash'er n. 粉碎机,猛撞[击],发出猛烈声音的东西.

crash-helmet n. 防护[安全]帽,防撞头盔.

crash'ing n.; a. 坠地,(发出)撞击声(的),爆裂声,碰撞的,完全的,极度的.

crash-](land ['kræʃlænd] v. (飞机失去控制)突然降落[坠落],摔机着陆.

crash-locator beacon 失事飞机定位信标.

crash'stop n. 全速急停车.

crash'worthiness ['kræʃwə:ðinis] n. 抗撞性能.

cra'sis n. 气质,禀赋,体质.

crass [kræs] a. 极度的,非常的,彻底的,十二分的,愚钝的,粗糙的. ~ly ad.

crassamen'tum n. 血块,凝块.

crate [kreit] Ⅰ n. ①(运货用)板条箱,条筐[柳条]箱②格栅、盒(子)、篚,筛状容器,笼子③旧飞机,旧汽车. Ⅱ vt. 用板条箱装. *crate address* 机箱地址. *crate number* [No.] 箱号. *crated weight* 装箱(后毛)重. *wooden crate* 木箱.

cra'ter ['kreitə] n. ①火山[喷火]口,坎,环形山②(焊接)火口,焊(火,电)口,坑口,熔穴,漏斗③(刀具)月牙洼④放电痕⑤弹坑[孔],陷坑,陨石坑,月球坑地,锅穴,亮穴⑥【天】巨爵(星)座. *arc crater* 弧坑. *crater crack* 火口裂纹. *crater filler* 填弧坑,焊口填充料. *crater lake* 火山(口)湖. *crater lamp* 点源录影灯(一种特殊的充氖、氢或氦的辉光管灯),凹孔放电管. *crater lip* 喷焰口边缘. *impact crater* 撞击坑.

cra'teriform a. 喷火口[火山口]状的,漏斗状的,杯状的.

cra'tering n. 磨蚀槽,火山口(陨石坑)的形成. *cratering effect* 成坎[陷口]效应.

cra'terkin n. 小火山口,小火山,小(四)坑.

cra'terlet n. =craterkin.

cra'terlike a. 火山口状[式]的.

cra'terlot n. =craterkin.

cra'ter-wall n. 坑壁,火山口壁.

cratiform a. 喷火口状的.

crave [kreiv] v. 渴望,需要,要[恳]求(for).

cra'ven ['kreivən] n. 胆小鬼(的),懦夫.

cravenette' n. 一种防水布,雨衣.

cra'ving ['kreiviŋ] n. 渴望,恳求,瘾,癖,嗜欲. ▲*have a craving for* 渴望.

crawl [krɔ:l] n.; v. 爬[慢]行,蠕动(现象),徐徐前进,(时间)慢慢过去,滑落,倾斜,图像抖动. *beam crawling* 波束制导(引). *crawl space* (屋顶,地板等下面)供电线[水管]通过的狭小空隙. *crawl (title) machine* 旋转式字幕机. *crawling effect* 蠕动[爬行]效应,(电视中)图像并行现象. *crawling*

traction 履带牵引. *dot crawl* 点蠕动. *line crawl* 行蠕动.

crawl'er ['krɔ:lə] n. ①履带(运行)②履带车,履带牵引装置,履带式拖拉机,爬行 引车,爬行物. *crawler belt* 履带. *crawler crane* 履带式[爬行式]起重机. *crawler dozer* 履带式推土机. *crawler loader* 履带式铲车. *crawler scraper* 履带式铲运机. *crawler shovel* 履带式挖土机. *crawler track* 履带传动,履带式行进装置. *crawler (tread, type) tractor* 履带式拖拉机.

crawler-tractor n. 履带拖拉机.

crawler-tread n. 履带传动,履带式行进装置.

crawler-type a. 履带式的.

craw'lerway n. (为运输火箭或宇宙飞船而建的)慢速道,爬行(低限)通道.

craw'ling ['krɔ:liŋ] n. ①爬行,蠕动②表面涂布不均③次同步运转.

crawl'way n. 检查孔.

cray'on ['kreiən] Ⅰ n. ①粉画笔,蜡笔[色],炭笔,颜色铅笔②粉笔[蜡笔]画③(弧光灯的)碳棒④[陶瓷的]裂纹[痕]. Ⅱ vt. ①用蜡笔[炭笔]作画,勾轮廓②拟计划.

craze [kreiz] n. ①(细)裂纹,银纹,微(龟,发)裂,裂开,发丝裂缝②狂热、风气,流行. v. 开(微)裂,使现(细)裂纹,(使)发狂.

cra'zily ad. 疯狂地,狂热地,摇摇晃晃地. **cra'ziness** n.

cra'zing n. 微(龟,发)裂,裂(发)纹,发丝裂缝,起银纹,细纹开裂,碎裂(钢锭表面的网状裂纹). *crazing mill* 碎(锡)矿机.

cra'zy ['kreizi] a. ①摇晃不稳(的),歪邪的,弯弯曲曲的,不安全的,可能坍塌的②疯狂的,狂热的,热衷于…的(about, for). *crazy paving* [pavement]散乱片石铺成路.

crazy-flying n. 近地的特技飞行.

CRC =①chemical resistant coating 耐化学涂层②control and reporting centre 控制与报告中心③coordinating re-search council 协调研究委员会④cyclic redundancy character 周期性冗余字符⑤cyclic redundancy checking 周期性冗余(码)检验.

CrC = current collector 集电器(极),集流环.

CRCA = cold rolled close annealed (steel)冷轧退火钢.

CRD = capacitor-resistor diode network 电容-电阻二极管网络.

CR&DP = cooperative research and development program 合作研究与发展计划.

CRE = corrosion resistant enamel 抗腐蚀剂.

creak [kri:k] vi.; n. (发)叽叽嘎嘎声,辗轧(声). ▲*with a creak* 呱嗄一声. ~y a.

cream [kri:m] Ⅰ n. ①奶(乳)油,乳浆(脂),乳状悬浮液,(油)膏,水(奶油)浆②精华③奶油(淡黄,米)色. Ⅱ vt. ①提取奶油,搅拌成奶油状②涂敷脂膏③抽取精华. *barrier cream* 皮肤药膏. *cream of latex* 胶乳. *cream of lime* 石灰浆. *cream solder* 乳酪焊剂,焊糊. *lubricating cream* 润滑膏. ▲*cream off* 撇去乳油.

cream'ery ['kri:məri] n. 乳脂[黄油,乳酪]制造厂,奶品商店.

cream'ing n. ①乳状液,涂敷脂膏②形成乳状液,分出乳油,乳油化.
cream'y ['kri:mi] *a.* ①含乳油的,奶油状的②奶油色的,米色的.
creasabil'ity *n.* 耐皱性(能).
crea'sable *a.* 耐皱(褶)的.
crease [kri:s] Ⅰ *n.* 褶痕,皱(纹,褶),折缝. Ⅱ *v.* (使)起褶痕,使有褶纹,变皱.
creased [kri:st] *a.* 弄有折缝的,皱的.
crease-proof *a.* 不皱的.
crea'sing ['kri:siŋ] *n.* 折缝[痕],皱纹. *creasing machine* 折边机.
creasote *n.* =creosote
crea'sy ['kri:si] *a.* 多折(缝)的,有折痕的,变皱了的.
create' [kri(:)'eit] *vt.* ①创造[作,设,生],建立②引起,产生,造[形]成. *Energy can't be destroyed or created.* 能不会消灭[从有到无]或创生[无中生有]. *created symbol* 生成〔引入〕符号.
creatinase *n.* 肌酸酶.
creatine *n.* 肌酸,肌氨酸.
crea'tion [kri(:)'eiʃən] *n.* ①创造[作,设,新,生],建立,新增,产生,形成②创造物,创作(品)③天地万物,宇宙. *art creation* 艺术作品. *artistic creation* 艺术创作. *creation date* 编撰日期. *creation rate* (晶体管电子空穴对的)产生率. *pair creation* 形成电子对,正负电子偶的形成.
crea'tive [kri(:)'eitiv] Ⅰ *a.* 创造(性)的,创作的,有创造力〔生产力〕的,产生的,引起的,使增强想象力的. Ⅱ *n.* 创作人员. ▲*be creative of* 产生.
crea'tively *ad.* 创造性地.
crea'tiveness *n.* 创造性.
creativ'ity [kri(:)ei'tiviti] *n.* 创新,创造性,创造(能)力.
crea'tor *n.* 创造〔作〕者,设立者,产生原因.
crea'ture ['kri:tʃə] *n.* ①生〔动〕物,家伙②奴才,傀儡,工具. ~*ly* *a.*
creche [kreiʃ] *n.* 托儿所,孤儿院.
C Recon =counterreconnaissance 反侦察.
cre'dence ['kri:dəns] *n.* ①信任〔用〕②凭证,证件. *find credence* 被信任. *give credence* 相信. *letter of credence* 介绍信,国书. *refuse credence* 不相信.
creden'tial [kri'denʃəl] Ⅰ *a.* 信任的. Ⅱ *n.* 凭证〔据〕,①证明,(常用 *pl.*)国书,证书. *present one's credentials* 递交国书.
credibil'ity [kredi'biliti] *n.* 可靠〔确实〕性. ▲ *lack of credibility in* 不可信,缺乏凭据.
cred'ible ['kredəbl] *a.* 可信〔靠〕的. *It hardly seems credible.* 这似乎是难以置信的.
cred'ibly ['kredəbli] *ad.* 可信地,由可靠方面. *be credibly informed that* 获得可靠的消息,由可靠方面获悉.
cred'it ['kredit] Ⅰ *n.* ①相信,信任,称赞②信用(往来,单据),信用状,信(荣)誉,信贷,赊购,债权,存款,过户③光荣,荣誉,功劳,片头字幕,广播节目的说明〔字幕,广告〕④学分. Ⅱ *v.* ①相信,信任②记入贷方,把…归于…贷方(with,to)(有优点意等). *credit account* 赊〔欠〕帐. *credit rating* 客户信贷分类. *credit restriction* 信贷限制. *credit system* 赊购制度. *credit titles* (影片,电视前映出的)导演等姓名表,片头字幕,节目前的字幕. *letter of credit* 信用证. *line of credit* 信贷额度. *long credit* 长期信贷. *It deserves no credit* 这不足信. *He needs three more credits to graduate.* 他需要再修三个学分才能毕业. ▲ *be a credit to M* 是 M 的光荣. *buy M on credit* 赊购 M. *credit goes to* 归功于…. *credit (…) to…* 把(…)归于…. *credit (…) with* …把…归功于(…),相信(…)具有(…). *do credit to* …为…增光. *enter [place, put] a sum to one's credit* 把金额记入…的贷方. *get [have] the credit of* 得到…的荣誉. *give credit* 给予荣誉,允许赊账. *give credit to* 相信. *give credit (…) for …*把…归功于(…),在…方面对(…)给…有评价(以…是…),把…赊给(…). *have credit with …* 得到…的信任. *put [place] credit in* 相信. *reflect credit on* 为…增光. *sell M on credit* 赊售 M. *take [get] credit for* 因…而获盛誉. *take credit to oneself for M* 把 M 归功于自己. *to one's credit* 值得赞扬.
creditabil'ity [kreditə'biliti] *n.* 可信性,可接受性,可信的事物.
cred'itable ['kreditəbl] *a.* ①可信的,值得赞扬的,很好的②可归于…的,可认为是…的 (to). **cred'itably** *ad.*
cred'itor ['kreditə] *n.* 债权人,贷方〔项〕.
credu'lity [kri'dju:liti] *n.* 轻信. **cred'ulous** *a.*
creed [kri:d] *n.* (尤指宗教的)信条,信条,教义,纲领. ▲ *up the creek* 处于困境. ~*y* *a.*
creel [kri:l] *n.* 【纺】粗纱架,筒子架,经轴架.
creep [kri:p] Ⅰ *v.* (*crept*) *vi.* Ⅱ *n.* ①爬行,蠕〔爬〕②蠕变〔升〕,徐变,蠕[变]流,(材料)潜伸,潜〔滑〕移,塑性变形,屈服,空转,打滑③(频率)漂移,滑缓④渗〔透〕动,坍方⑤(风)水⑤,漏电⑥缺磷症,佝偻病,高空栓塞症状. *belt creep* 皮带轮缘蠕动. *bending creep* 弯曲蠕变. *creep compliance* 蠕变柔量. *creep curve* 蠕变曲线. *creep fluidity* 徐〔蠕〕变流动度(性). *creep forming* 蠕模压加热蠕变成型. *creep limit* 蠕〔徐〕变极限. *creep path* (电弧)迹. *creep resistance* 蠕变阻力(强度),抗蠕变力. *creep rupture strength* 蠕变断裂强度,持久强度. *creep rupture test* 蠕变断裂试验,持久试验. *creep speed* 蠕变(爬行)速度,慢行(爬坡)速率,最低航速. *creep strain* 蠕变(变形,应变). *creep strength* 抗蠕变强度. *creep test* 蠕〔徐〕变试验. *creep time curve* 蠕变曲线. *positive creep* 波形正向不稳(漂移). *prevent water creep* 防止渗水. *steady creep* 稳定蠕变. ▲ *creep in* 不知不觉混进(来临),滋长. *Some errors usually creep in.* 常常不知不觉出现某些错误. *creep on* (时间)不知不觉过去. *creep out* 渗(漏)出. *creep up* (水)涨上来,蠕升.
creep'age ['kri:pidʒ] *n.* 蠕〔徐〕变,塑流,蠕动,爬行,滑移,蠕动转速②渗水,(表面)漏电,走动.
creep'er ['kri:pə] *n.* ①爬行(动)物,葡萄植物,蔓延草②定速运送器,螺旋〔皮带〕输送器③上螺丝器④汽车下面工作用小车⑤探海〔打捞〕钩. *creeper tractor* 履带式拖拉机. *creeper traveller* 爬行吊机,爬升式起重机.

creep-hole n. 遁辞，藉口.
creepie-peepie n. 便携式电视摄像机.
creep'ing ['kri:piŋ] Ⅰ n. ①爬行，蠕变〔动〕，潜动，蠕流②滞缓③(皮带的)打滑④漂移⑤滑坍，坍方. Ⅱ a. 爬行的，匍匐的，徐进的，滞缓的. *creeping discharge* 蠕缓〔潜流，沿表面〕放电. *creeping distance* 沿(表)面蠕动距离. *creeping pressure* 蠕变压力. *creeping resistance* 〔strength〕蠕变强度, 蠕爬极限. *magnetic creeping* 磁滞(现象). *meter creeping* 表的指针爬行现象.
creeping-wave return 漂移波反射.
creep'less ['kri:plis] a. 无蠕〔徐〕变的.
creep'meter n. 蠕变仪(计).
creepoc'ity n. 易蠕变性.
creep-rupture a. 蠕变破坏的.
creep'y a. 爬行的，蠕动的，(毛发)悚然的.
cremate' [kri'meit] vt. 火葬，焚化. **crema'tion** n.
crema'tor n. 烧垃圾的人，垃圾焚化炉.
crema'torium [kreməˈtɔːriəm] (pl. *crematoria* 或 *crematoriums*) n. 火葬场，垃圾焚化场.
crem'atory ['kremətəri] Ⅰ a. 火葬的，焚化的. Ⅱ n. 火葬场，(垃圾)焚化场. *crematory system* 焚化处理系统.
crème [kreim] 〔法语〕 n. = *cream*. *crème de la crème* 精华，最优秀的分子，最好的东西.
crena (pl. *creanae*) n. 裂，刻痕，切迹.
crenate a. 圆齿状的，切迹形的，扁形的.
crena'tion 或 **cren'ature** n. 钝锯齿状，圆状〔状〕，(红血球等)皱缩成圆齿状.
cren'ellated a. 锯齿状的.
crenella'tion n. 锯齿状物，雉堞.
crenoid a. 栉状的.
cren'ulate ['krenjuleit] a. 锯齿状的.
cre'olin n. 杂酚油.
cre'osol n. 木焦油膏，甲氧甲酚.
cre'osote ['kriəsout] Ⅰ n. 克鲁苏油，木馏〔杂酚，蒸木〕油，木材防腐油. Ⅱ vt. 灌注防腐油，(用防腐油〔杂酚油，克鲁苏油〕浸制. *creosote oil* 酚油，重质煤馏油. *creosoted pile* 油浸桩, 用杂酚油防腐处理过的木桩. *creosoted timber* 油浸木材，用杂酚油防腐处理过的木材. *creosoting process* 注油〔油炼〕法，杂酚油防腐处理.
crepe [kreip] 〔法语〕n. 绉纱〔布，绸〕，呢，绉(橡)胶. *crepe paper* 绉纹纸. *crepe rubber* 皱纹薄橡皮板.
crep'itate ['krepiteit] v. 发碎裂〔劈拍〕声. **crepita'tion** n.
crept [krept] v. *creep* 的过去式及过去分词.
crepus'cular [kri'pʌskjulə] a. 黄昏的，拂晓的，朦胧的.
crepusculum n. 黄昏.
CRES = corrosion resistant steel 耐蚀〔不锈〕钢.
crescelera'tion [kresəlɜ'reiʃən] n. 按幂级数增(减，变化)的加速度〔负加速度〕，幂次加速度，速度规律变化.
cres'cent ['kresnt] Ⅰ a. 新月形的，月牙形的，镰〔刀〕形的. Ⅱ n. ①新月(状物)②月牙卡铁③镰形机翼飞机. *crescent* (*adjustable*) *wrench* 可调扳手. *crescent arch* 新月〔镰刀〕形拱. *crescent cracking* 月牙形开裂，推挤裂纹. *crescent truss* 月牙桁架.
crescen'tic a. 镰形的，新月形的.
crescent-shaped a. 月牙形的，新月形的.
crescent-winged a. 镰形机翼的，新月形机翼的.
cre'sol ['kri:sɔl] n. 甲(煤)酚，甲氧甲酚，甲酚基. *cresol plastics* 甲酚塑料. *cresol resin* 甲酚树脂.
cresolase n. 甲(苯)酚酶.
cresolphthalein n. 甲酚酞.
cres'set ['kresit] n. 号〔标，篝〕灯.
crest [krest] Ⅰ n. ①(峰，山，尖)顶，峰(山，屋，波)脊〔顶〕，分水岭，凸出处②(顶，面，波)峰③振幅④峰〔巅，最大)值⑤顶饰，(螺纹)牙顶，齿顶. Ⅱ v. 加(成)与…的)顶饰，顶点. *crest amplitude* 最高振幅. *crest curve* 凸形曲线. *crest discharge* 洪峰〔过顶〕流量. *crest factor* 波顶〔波峰，波形，峰值)因素〔振幅与有效值之比〕. *crest forward anode voltage* 正向瞬时最大阳极电压. *crest indicator* 峰值指示器. *crest inverse anode voltage* 反向瞬时最大阳极电压. *crest line* 峰〔脊，顶〕线. *crest of screw thread* 螺纹(牙)顶. *crest of slope* 坡顶. *crest of wave* 波峰. *crest of weir* 堰顶. *crest value* 峰〔极〕值. *crest voltage* 峰值〔最大〕电压. *crest voltmeter* 峰值伏特计. *tooth crest* 齿(牙)顶. *voltage crest* (电)压峰. *wave crest* 波峰〔顶，脊〕.
cres'tatron n. 高压行波管，行波管式恒磁电子束放大器.
cresyl n. (羟酚)甲苯基.
cresylate n. 甲酚盐.
cresyl'ic [kri'silik] a. 甲(苯)酚的，杂酚油的. *cresylic acid* n. 甲酚基酸，甲酚，碳酸液.
cresylite n. 甲苯炸药.
cre'ta ['kri:tə] n. 白垩.
creta'ceous [kri'teiʃəs] Ⅰ a. 白垩(纪，系，质)的. Ⅱ n. 白垩(纪，系).
cretinism n. 呆小病.
crevass(e)' ['krivæs] Ⅰ n. ①裂缝，裂(冰)隙，破裂，缺口②双峰谐振，(谐振曲线的)峰间(上部)凹陷. Ⅱ vt. 使生裂缝，使有裂口(冰隙). *crevasse crack* 裂缝，龟裂. *crevasse spring* 裂隙泉. *crevassed glacier* 裂隙冰川.
crevet n. 熔壶.
crev'ice ['krevis] n. 裂隙〔缝〕，罅隙. *brake rod crevice* 制动杆用 U 形叉，制动杆缝叉形铁. *crevice corrosion* 裂隙〔隙间〕腐蚀.
crevicular a. 裂隙的.
crew [kru:] Ⅰ vi. *crow* 的过去式. Ⅱ n. ①(全体)船员，(全体)乘务员，机务人员，空勤(地勤)人员，操作〔试验，全体工作〕人员②(小，支，工作)队，班，组，群③同伴(定). *air* (*flight*) *crew* 空勤人员. *assembly crew* 装配组, 装配人员. *cleanout crew* 清理班(组). *combat crew* 战斗人员. *concrete crew* 混凝土作业队. *crew boat* 船员联络艇, 交通艇. *crew gangway* 步桥. *crew member* 乘务(试验)人员. *crew module* 乘员(宇航员)舱. *firing*〔*launching, pad*〕*crew* 发射班. *ground crew* 地勤人员. *handling crew* 管理人员，管理组. *maintenance crew*

维修人员,维修组. *operating crew* 操作人员. *servicing crew* 技术维护班.

crew'man ['kru:mən] *n*. 乘务员,机组人员,宇航员,船员. *assembly crewman* 安装人员,装配人员.

crew' member *n*. 乘务人员,班组成员.

cri [kri] (法语) *dernier cri* 最新式,最新流行.

crib [krib] I *n*. ①叠木框、(木)笼、框形物,插箱(代替上箱),箱,木椿〔垛〕,井壁基环,槽②排除废料装置(通过该装置把废料送到地下)③小屋④拘拌⑤抄袭〔剽窃〕之物⑥逐字翻译本⑦饲槽,畜栏,粮仓,囤. II *v*. ①关进②剽窃,抄袭. *crib cofferdam* 木笼围堰. *crib dam* 木笼填石坝. *crib pier* 木笼桥墩,叠木支座. *elevator crib* 升降机箱. *shockproof* [shock-mounted] *crib* 防震箱. *silo crib* 发射井防震箱.

crib'ber ['kribə] *n*. 剽窃者,支撑物.

crib'bing ['kribiŋ] *n*. 下料,整形,叠木,垛式〔井框〕支架,踏枕支撑材,剽窃行为.

crib'ble ['kraibl] I *a*. 粗的. II *n*. ①筛,网筛,粗筛 ②粗粉. III *vt*. (用粗筛)筛,过筛.

cribra *n*. cribrum 的复数.

cribral *a*. 筛的,筛状的.

cribrate *a*. 筛状的,多孔的.

cribra'tion [krib'reiʃn] *n*. ①过筛②多孔性.

crib'riform ['kribrifɔ:m] *a*. 筛状的,多孔的.

cribrose *a*. 筛状的.

cribrum (*pl*. *cribra*) *n*. 筛.

cribweir *n*. 木笼坝.

crib'work ['kribwə:k] *n*. 叠木框,木笼,框形物.

crick [krik] *n*. ; *vt*. (引起)肌肉痉挛.

cricket ['krikit] *n*. ①蟋蟀②木制矮垫脚凳③斜沟小屋顶.

cri'coid ['kraikɔid] I *a*. 轮形的,环状的. II *n*. 环状软骨.

cricondenbar *n*. 临界冷凝压力.

cricondentherm *n*. 临界冷凝温度.

crime [kraim] *n*. 罪(行),犯罪(行为),错误〔愚蠢〕行为,憾事. *commit a crime* 犯罪.

Crime'a [krai'miə] *n*. (苏联)克里米亚(半岛),克里木(半岛).

crim'inal ['kriminl] I *a*. 犯法〔罪〕的,刑事的,可耻的,应受谴责的. II *n*. 犯罪者,罪犯,犯人. ~ity *n*. ~ly *ad*.

crim'inaloid ['kriminəlɔid] I *a*. 犯人样的,似犯罪的. II *n*. 嫌疑犯.

crim'inate ['krimineit] *vt*. 指控…犯罪,责备,谴责. **crimina'tion** *n*.

criminol'ogy [krimi'nɔlədʒi] *n*. 犯罪学.

crimp [krimp] I *a*. 脆的,薄弱的,变硬了的. II *n*. ①曲贴(角钢)②卷曲,卷缩,皱纹③束缚,限制,妨〔障〕碍 III *vt*. ①使发皱,弯曲,(使)卷曲(缩),使成波形②卷曲,翻卷,曲折,折缝③限制,束缚④阻碍⑤妨碍,束缚. *crimped lock* 接线柱. *crimped wire* 绉纹钢丝. ▲ *put a crimp in* [*into*] 妨碍,束缚.

crimp'er ['krimpə] *n*. 卷边钳,卷边〔折缝〕机,弯曲器,折缝器,压折器,卷曲机.

crimp'ing ['krimpiŋ] *n*. (大直径直缝焊管时)卷〔卷〕边,锁〔折〕缝,(钢丝织网加)压出波浪弯. *crimping roller* 肋纹滚压机.

crim'ple ['krimpl] I *n*. 皱,扭曲,折缝,波形. II *v*. 缩紧,(使)皱缩,(使)卷曲,(使)成波形.

crimp-proof *a*. 不皱的.

crim'son ['krimzn] I *a*. ; *n*. 深红(色),绯红(色),紫红(色). II *v*. (使)变成深红色,染成深红色.

cri'nal ['krainl] *a*. 毛发的.

crin'anite ['krinənait] *n*. 撒沸粒玄岩.

crines *n*. crinis 的复数.

crin'gle ['kriŋgl] *n*. 索耳(眼).

cri'nis ['krainis] (*pl*. *cri'nes*) *n*. 毛,髭.

crin'kle ['kriŋkl] *n*. ; *v*. ①皱,缩②揉〔起〕皱,(使)成波状,(使)卷曲③皱叶病. *crinkle finish* 皱纹(罩面)漆,波纹面饰.

crin'kly ['kriŋkli] *a*. (材料)有皱纹的,卷曲的,波状的. *crinkly curve* 怪曲线.

cri'noid I *a*. 海百合纲的. II *n*. 海百合.

Crinoidea *n*. 海百合纲.

cri'nose *a*. 多毛的,多发的.

crinos'ity [krai'nɔsiti] *n*. 多毛,多发.

crip'ple ['kripl] I *n*. ①跛子,残废者,残缺〔不完美〕的事物②跟凳,踏脚③沼主. II *v*. 使无用,削弱,损坏,(纵向挠曲)变形,使跛行. *cripple scaffold* 扶臂脚手架. *crippled leapfrog test* 踏步检验,跛脚试验,记忆部件连续检查试验.

crip'pling ['kripliŋ] *n*. ①断裂,(往复)折曲,局部屈曲〔损坏〕,局部失稳破坏②残度. *crippling loading* 临界〔断裂〕荷载. *crippling strength* 破损强度.

cri'ses ['kraisi:z] *n*. crisis 的复数.

cri'sis ['kraisis] (*pl*. *cri'ses*) *n*. 危机,危象,恐慌,危险期,决定期,极期,紧急关头,决定性阶段〔时刻〕,转折点,病情急转,骤退. *boiling criss* 烧爱,沸腾临界. ▲ *at a crisis* 在紧急关头. *face a crisis* 面临危机. *pass a crisis* 渡过危机,脱离危险期.

crisp [krisp] I *a*. ①脆的,易碎的,清新的,明快的②霜冻的④卜毛的,卷曲〔缩〕的. II *v*. (使)(变)卷曲,(使)起皱,使起波纹③勾边(使图像轮廓鲜明)③发脆,冻硬. ~ly *ad*. ~ness *n*.

cris'pate ['krispeit] *a*. 卷曲(缩)的.

crispa'tion [kris'peiʃən] *n*. 卷曲(缩),波动,收缩,短缩.

crispatura *n*. 卷缩,短缩.

cris'pen ['krispən] *v*. 使(变)卷曲,使成波纹形,使图像轮廓鲜明,勾边. *crispening circuit* (图像)轮廓加重线路.

cris'ping ['krispiŋ] *n*. 勾边(使图像轮廓鲜明),勾边电路. *crisping circuit* (图像)轮廓加重电路.

crisp'y *a*. 卷曲的,脆的,易碎的,干脆利落的.

criss'(-)cross ['kriskrɔs] I *a*. ; *ad*. (交叉成)十字形(的),(互相)交叉(的),(向)相反方向地. II *n*. 十字形(图案),十字号,交叉,方格,杂乱无章,矛盾状态. III *v*. ①形成十字形交叉,以十字线标示②交叉往来③叠放. *criss-cross inheritance* 交叉遗传. *criss-cross method* 方格计数法,计方格法. *criss-cross motion* 交叉〔交错〕运动. *criss-cross structure* 方格构造.

crista *n*. 嵴,冠,网壁.

cris'tianite ['kristʃənait] *n*. 钙长石.

Cristite *n*. 克利斯弟特合金.

cristo'balite [kris'toubəlait] *n*. 方晶〔方英,白硅〕石,

方石英(矿).

crit =①critical 临界的②critical mass 临界质量(体积).

crite'ria [krai'tiəriə] n. criterion 的复数. *criteria of noise control* 噪声控制要求. *criteria stability* 准则稳定性. *design criteria* 设计标准. *specified criteria* 明细规范,给定(技术)条件.

crite'rion [krai'tiəriən] (pl. *crite'ria*) n. ①(判断)标准,规范,准则,准则,依据②判定(法),判别式,判据③准数,指标,尺度(寸),规模. *concentration criterion* 分选比. *control criterion* 控制(质量)准则,自动控制系统. *convergence criterion* 收敛判别法. *criterion of optimality* 最佳化准则. *criterion register* 判标(判定标准)寄存器. *cycle criterion* 循环准则(判断). *design criterion* 设计准则. *discriminatory criterion* 鉴别判据(准则). *error-squared criterion* 误差平方准则. *fitting criterion* 拟合准则. *least squares criterion* 最小二乘方准则. *logarithmic criterion* 对数判定法. *operational criterion* 运算准则. *root-mean-square criterion* 均方根(误差)准则. *stability criterion* 安(稳)定性准则. *yield criterion* 屈服准则,屈服判别式.

critesis'tor [krait'zistə] n. 热敏电阻.

crith [kriθ] n. 克瑞(气体重量单位,合 0.0897g).

crit'ic ['kritik] n. 批评(评论)家,吹毛求疵者. Ⅱ a. 批评的.

crit'ical ['kritikəl] Ⅰ a. ①临界的,极限的,(处于)转折(点)的,危险(期)的,危象的,危急的②批评(性)的,鉴定性的,批判(性)的③决定(关键)(性)的④极缺(极需)…的⑤苛刻的,要求高(严格)的,中肯的⑥(数组上)足够发生链式反应的. Ⅱ n. 临界(值)②中肯. *critical area* 临界区,关键部分. *critical condition* 临界(状况,条件). *critical form* (结构的)危形. *critical heat* 转化热. *critical load* 临界(破坏,断裂)负载,临界荷载. *critical material* 重要作战物质材料,供应紧张(限制分配)的材料. *critical moment* 决定性(关键性)时刻,生死存亡的关头,危机. *critical operation* 临界操作,临界状态下运转. *critical part* 主要机件,要害部位. *critical path* 判别通路,关键路径(线路). *critical path method* 统筹方法,关键路线法,主要矛盾线路法,判别通路法,临界途径法. *critical piece* 关键性(主要)部件. *critical point* 临界点,驻点. *critical region* 拒绝域,判别(临界)区域. *critical speed* 临界速度(速率,转速). *critical stress* 临界(极限)应力. *critical table* 判定表. *critical value* 临界值. *critical velocity* 临界速度(流速). *keep the critical points cool* 使紧需冷却(的地)点保持冷却. *at critical* 在临界状态下. *below critical* 在"次临界"状态下. *go critical* 变成临界(极限)状态. *just critical* 正处于临界状态.

critical'ity [kriti'kæliti] n. 临界(性,状态). *prompt criticality* 瞬间临界性,临界状态.

crit'ically ['kritikəli] ad. ①批判地,以鉴定的眼光,精密地②临界地,在危急的时候③决定性地,重大地.

criticise =criticize.

crit'icism ['kritisizm] n. 批评(判),非难,评论,鉴(审)定,考订. ▲ *be above* (*beyond*) *criticism* 无可指责(批评). *be open to criticism* 欢迎(可以)批评, *encounter* (*suffer*) *criticism from*…受到…的批评. *pass* (*put forward*) *criticism on* (*upon*)…对…进行批评,向…提出批评.

crit'icize ['kritisaiz] v. 批评(判),评论,非难,鉴定.

critique' [kri'ti:k] n. 批评(判),评论,鉴定(on).

crivaporbar n. 临界蒸气压力.

CRL =Columbia Radiation Laboratory 哥伦比亚辐射研究所.

CRM =① counter radar measures 反雷达措施② counter radar missile 反雷达导弹③ count (ing) rate meter 计数表,计数率测量计④cross reacting material 交叉反应物质.

CRO =cathode-ray oscillograph [oscilloscope]阴极射线示波器.

CRO coupling 示波器耦合,示波器探针(头).

CRO trace 摄像机波形监视器扫描.

cro'chet ['krouʃei] Ⅰ n. 编织器,织针. *crochet hook* (*needle*)钩针. Ⅱ v. 用钩针编织.

crocidolite n. 青石棉,钠闪石.

crock [krɔk] n. Ⅰ ①瓶,缸,瓮,罐②碎瓦片,破损的东西③破旧的汽车④老弱病残⑤胡说八道,荒谬行为. Ⅱ v. 变得无用,变衰弱.

crock'ery ['krɔkəri] n. 陶(瓦)器,瓦罐.

croc'odile ['krɔkədail] Ⅰ n. ①鳄鱼(皮革)②(车等)长龙阵③轧体前端的分层. Ⅱ vi. 形成交叉裂缝,龟裂. *crocodile clip* 鳄鱼(弹簧)夹. *crocodile shearing machine* 或 *crocodile shears* 鳄鱼剪(床),鳄口(杠杆式)剪切机. *crocodile skin* (过烧钢酸洗后呈现的)鳄鱼皮(缺陷). *crocodile tears* 鳄鱼的眼泪. *crocodil'ian* a.

crocoite n. 铬(红)铅矿.

cro'cus n. ①桔黄色②紫红铁粉(三氧化二铁),(金属氧化物)研磨料,磨粉. *crocus cloth* 细砂布.

crol'ite ['krɔlait] n. 克罗利特,陶瓷绝缘材料.

Croloy n. 铬钼耐热合金钢(铬 9.6～12%,碳 0.08～0.13%,硅 0.2～0.7%,钼 0.6～1.6%). *Croloy 9* 低合金钢,不锈钢(铬 9%).

Cromalin n. 铝(合金)电镀法.

cron n. 克龙(时间单位,等于百万年).

Cronak method 常温溶液浸渍法(锌防蚀法).

croning process 壳型铸造(法)(热硬化性树脂和砂混合作铸模法).

cronite n. 镍铬(铁)耐热合金.

cronizing n. 壳型铸造.

crook [kruk] Ⅰ n. ①弯(挠)曲,钩(形物)②骗子. Ⅱ v. (使)弯(翘)曲,弄弯,(使)成钩形. *shepherd's crook* 打捞杆.

crook'ed ['krukid] a. ①弯曲(柄)的,扭曲的,畸形的,斜的,迂回的②欺骗的,不正当的.

croo'kedness ['krukidnis] n. 弯(挠)曲.

Crookes dark space 克鲁克斯暗区.

Crookes tube 克鲁克斯(放电)管,克鲁克斯阴极射线管.

crookesite n. 硒铊银铜矿.

crop [krɔp] Ⅰ n. ①庄稼,作物,作业区,林木,收获(成),产量,一批(群),大量②切(切)头,剪料头,残头,钢锭的收缩头(末端切下部分),废料③顶,梢,尖,叶尖端④露头,(矿床等)露出⑤整张的鞣革⑥删辑,剪辑⑦书边切去过多,损毁书中插图、文字⑧照片的剪辑(切边,改变等)⑨蜜囊,鸟或昆虫的嗉囊. Ⅱ v. ①切〔剪〕(料头),剪切〔掉〕,修剪〔整〕②(矿脉)露出(地面之上)(up, out),露头,裸露③(意外地,成批)出现,发生,冒出,说出来(up)④(播)种,收割⑤ abundant (bumper) crop 丰收. bad [poor] crop 歉收. crop chute 切头溜槽. crop disposal 清除切头. crop end 切头〔尾〕. crop of cathodes (电解)阴极剥落物. crop rotation (农作物)轮作〔期〕. crop shears 剪(料)头机,切料头机. ▲ a crop of 许许多多,源源不断. crop up (out)突然发生,出现,(矿脉等)露出,露出,

crop′dusting a. 撒农药用的.
crop′land n. 作物地, 耕(作)地.
crop-out n. 露头(出).
crop′per ['krɔpə] n. ①种植者,修剪〔裁切〕工人②剪(料)头机,切(料)头机,收割(获)机③作物④栽跟头. come a cropper 栽了一个跟头,一败涂地. good cropper 高产作物. heavy cropper 高产作物.
crop′ping n. ①剪切(头尾),修剪〔整〕②切〔剪〕料头③像幅限制④露出⑤剪切,种植. cropping die 切边模. cropping shear 剪料头机,切料头机.
croquis [krou'ki:] (pl. croquis) n. [法语]草图,速写,素描.
cross [krɔs] Ⅰ n. ①十字(形,标,线,丝,路,架,梁,管,轴尖,丝),装饰,勋章②吊架,横芽,横划,交叉(口),四通(管)③[测]直角器④余(补)矢量⑤混〔绞〕线,杂交(异种杂交的)混合种⑥苦难,痛苦. Ⅱ a. ①十字(交叉)的,横穿过的,相互的,交替的②(横向)的,斜的,侧面的③相反的,相互矛盾的,逆(风)的,暴躁的④杂交(种)的⑤不正(当)的. Ⅲ v. ①交叉,相[正]交,十字排列,横断,遇到②横渡,越,穿,擦,错过,跨越〔界〕,把…运〔带〕过③画十字,划横线,勾消,删除,划(杠)掉④反对,阻挡,妨碍,交扰⑤杂交,成杂种. axial cross 轴十字. cross ampere turn 交磁安匝(数). cross arm 横〔横担〕,线担. cross bar 横木(杆),闩,栓,纵横开关. cross bar system 纵横制系统. cross battens 交格. cross beams 主[辅助,中间]横梁,横肋梁. cross bearer 横梁(撑). cross bearing 交叉方位. cross beats 交叉差拍. cross belt 交叉皮带. cross bit 十字(星形)钻头. cross board 配电开关板,转换(配电)盘,交叉板. cross board hut 转换(配电)室. cross bond 交叉扎结,十字形捆并,交联健,交叉砌合. cross box 转换箱,交叉分线箱. cross brace 交叉支撑,横拉条. cross bracing 交叉联(接),十字支撑. cross break 横向断裂. cross bridging 交叉撑,捆绑斜撑. cross burn (荧光屏)对角线烧毁,X 形烧伤. cross chisel 十字錾. cross color 信道中交调失真引起的颜色失真,串色. cross compound 并列多缸式. cross connection 交叉(连接,接合),跨接,线条交叉,十字接头. cross control-rod 十字形控制杆. cross correlation 互相关. cross coupling 互耦,正交〔交〕耦合,相互干扰(作用). cross crack 横裂纹. cross culvert 横向涵洞. cross current 涡流,逆流,正交流,泛滥. cross curve 交叉曲线,十字线. cross cut 横割〔切〕的,(电视图像)交叉快切,(正)交,交叉锉切. cross cut chisel 扁〔尖〕錾,横切齿. cross debt 彼此可以互相抵消的债务. cross direction 横向. cross draft gas producer 平吸式煤气发生炉. cross drain 横向沟渠. cross drainage 横向〔交叉〕排水. cross drawing (抵用票据的)交互开发. cross entry 对销记录,转记入,抵消记入. cross exchange 通过第三国汇付的汇兑. cross fade 交叉衰落,(电视信道的)平滑转换. cross fall 横向坡度,横坡,横斜度,路拱高差. cross fault [地]横断层. cross feed 横向进入,交叉供电(馈电),串馈. cross feed screw 横进刀丝杠. cross file 桶圆锉. cross filing 横锉,交锉(法). cross fire 交叉射击,交相指责,串挠. cross force 横向力. cross form 横向模板. cross frame 横(撑)架,十字框架. cross front 镜头横移装置. cross gate 横浇口,横浇道. cross girder 横梁. cross grain 逆(斜)纹. cross hair ring [测]十字丝环. cross hairs 十字丝,十字准线,(交)叉丝. cross hatch 双向(交叉)影线,网状线,横(剖)面线,(衬磨)网纹. cross hatch signal generator 网状线信号发生器,栅形场振荡器. cross head 十字头,十字结联轴节,横头. cross head shoe 十字头滑块. cross heading 横坑道,(报刊)小标题. cross index 前后参照索引. cross information 非纵信息. cross joint 十字形连接,十字接头,四通,交叉连接,横缝,[地]横节理. cross line 正交线,交叉线. cross mark 十字记号,十字痕迹,交叉痕迹,(衬磨)网纹. Cross method (of continuous beam) (设计连续梁的)克洛斯氏法. cross modulation 交扰(交叉)调制. cross mouthed chisel 十字形錾. cross Nicols 正交尼科耳平〔棱镜〕. cross of St. Andrew X 形十字,斜十字. cross of St. George 白底红色正十字. cross of St. Patrick 白底红色 T 形十字. cross office switching time 局内交换时间. cross piece 过梁,联接板,十字管夹,十字架(块),横档,横木. cross pin 十字销,插销. cross pin type joint 万向节(头),十字轴形节头. cross pipe 十字管,四通,十字(四通)管接头. cross plane 横切面,横剖面,十字(四通)管接头. cross polarization 正交(横向)极化,干扰极化(交叉偏振)波. cross point 交叉点,相交点. cross power 互功率. cross prisms 正交棱镜. cross product 叉积,矢积;向量积. cross profile 横断面. cross protection 防止碰线〔混线〕. cross rate 第三国外汇牌价. cross ratio 交比,非调和比,重比. cross reference (同书中)交叉引证,(前后)参照,相互对照,相互(相互)关系. cross referencing 交叉关系,相互关系. cross rib 横肋. cross road 交叉路,横路. cross rod 十字杆. cross rolls 斜置轧辊. cross route 交叉道. cross screw 左右交叉螺纹. cross section (横)断面,(横)截面,断面图,有效截面,样品,抽样,典型(人物). cross section paper [sheet]方格纸. cross shaft 横轴. cross slab 横

隔板. *cross slide table* 纵横移动(十字)工作台,横滑板工作台. *cross slope* 横坡. *cross springer* 交叉弯肋. *cross strut* 剪刀撑,交叉连接. *cross talk* 串话〔音,扰〕,交调失真,对吵,相声. *cross tie* 轨枕,轨距〔横向〕拉杆. *cross trade* 买空卖空. *cross traffic* 横向交通,交叉车流. *cross trench* 横沟. *cross tripping* 交叉断路法. *cross turbine* 并联复式涡轮机. *cross valve* 转换〔三通〕阀. *cross ventilation* 十字〔前后〕通风. *cross walk* 人行横道. *cross wall* 隔墙. *cross weld* 横向焊接. *cross wind* 逆风,侧面风,横向风. *cross wire* 十字丝〔线〕,叉丝,交叉线,瞄准器. *cross wire welding* 十字交叉线材的焊接. *dichroic cross* 用十字形分光镜的分光装置. *Geneva cross* 红十字. *Greek cross* 希腊十字,正十字. *Latin cross* 拉丁十字,纵长十字. *magnetic cross* 地球磁场突然变化. *Maltese cross* 马尔他十字(十). *Southern cross* 南十字,南十字〔星〕座. *swinging cross* 混线,碰线. *universal(-joint) cross* 万向节十字头. ▲ *as cross as two sticks* 暴躁. *be at cross purposes* 抵触,矛盾的,互相误解. *be crossed in* 对…失望. *cross a cheque* 在支票上划两条(平行)线(表示只可通过银行兑现). *cross off* 〔out〕勾〔划,打〕消,删除〔涂,去〕. *cross off accounts* 消账. *cross one's mind* 想起〔到〕. *cross one's path* 碰见,阻拦. *cross one's t's and dot one's i's* 一笔一划地,一丝不苟地. *cross over* 横贯,穿过,跨越〔接〕,交叉,相交,切断. *cross swords with* 与…交锋. *cross the path of* 碰见,遇. *cross* 叠. *make one's cross* 画十字(以代签名),画押. *on the cross* 斜,对角. *per* 〔*in*〕*cross* 照十字形. *run cross to* 与…相反.

cross'able *a*. 可(横向)通过的,可穿过的,可跨越的.

cross'arm *n*. 横臂,横〔支〕架. *crossarm brace* 横臂拉条,交叉撑,紧固物,固定件.

cross'band *n*. 纤维互相垂直的,交叉频带的. *crossband operation* 不同频率的〔跨频率的〕发送与接收,交叉频带工作,频带交叉连接. *crossband principle* 不同频率收发原理,多频收发原理.

cross-banding *n*. 交向排列,交叉结合,频率交联〔叉〕. *crossbanding principle* 不同频率收发原理.

cross'bar ['krɔsbɑ:] *n*. ①横臂〔梁,杆,木〕,(起重机)挺杆,(门)闩②十字(头,管,架),四通管,四通接头③纵横,交叉. *crossbar connector* 纵横(制)连接器〔接线机〕. *crossbar contact point* 横条式接点,纵横制交换机接点. *crossbar of the moulding box*【铸】箱筋,箱挡. *crossbar selector* 纵横制选择机,坐标选择器. *crossbar switch* 纵横机,纵横制接线器,十字开关. *crossbar system* 纵横〔交叉,坐标〕制.

cross'beam ['krɔsbi:m] *n*. 大梁,横梁〔析〕,平衡杆,天平梁,十字梁.

cross-bearing *n*. 交叉定〔方〕位.

cross-bedding *n*. 【地】交错层.

cross'binding *n*. 横向连结.

cross'bite *n*. 咬合错位.

cross-bracing *n*. 交叉连接〔联接〕.

cross-breaking *n*. 横 断〔切,裂〕. *crossbreaking strength* 挠曲强度.

cross'-bred *a*.; *n*. 杂种(的),杂交的.

cross'breed *v*.; *n*. (使)杂交,杂种.

cross'-bridge Ⅰ *n*. 横桥,交联桥. Ⅰ *v*. 形成侧桥.

cross'buck ['krɔsbʌk] *n*. 叉标.

cross-check *n*.; *vt*. 交叉连接的,横向连接的.

cross-check *n*.; *vt*. 交叉连接的,横向连接的.用不同方法〔计算〕所得结果互相校核,互校验,交叉核对.

cross-circula'tion *n*. 交叉循环.

cross-colour *n*. 信道中交调失真引起的颜色失真,亮度串色.

cross'-com'pound ['krɔs'kɔmpaund] *a*. 交叉双轴式的. *cross-compound blowing engine* 复式鼓风机. *cross-compound turbine* 交叉双轴式涡轮机,交叉(并联)复式涡轮机.

cross-connected *a*. 交叉连接的,横向连接的.

cross'correla'tion ['krɔskɔri'leiʃən] *n*. 互相关(联),相互关系,交互作用.

cross-country ['krɔs'kʌntri] Ⅰ *a*.; *ad*. 横穿全国(的),越野(的). Ⅰ *n*. 越野地(带). *cross-country power* 越野能力. *cross-country running* 越野行驶. *crosscountry vehicle* 越野汽车.

cross-coupling ['krɔs'kʌpliŋ] *n*. 相互〔交感〕作用,交叉耦合〔干扰〕,交互耦合.

cross'current *n*. ①逆流②交叉〔横向〕气流③(常用 pl.)矛盾〔相反〕的倾向.

cross'cut ['krɔskʌt] Ⅰ *n*.; *a*. ①横锯〔切,割,穿〕的,横切锯,正交(的)②交叉(的)③横穿巷道,平巷④横穿坑,横巷,石门⑤斜路,捷径. Ⅰ *v*. 横切(穿,截,割,断). *cross-cut chisel* 扁〔横切〕凿. *cross-cut end* (of a beam) (梁的)端头表面,横切端头. *cross-cut file* 横割纹锉,交〔双〕纹锉. *cross-cutting chisel* 窄凿.

cross-derivative *n*. 交叉导数.

crossed [krɔst] *a*. ①十字(形)的,交叉的,相交的,对侧的,交错的,横向的②勾消的,注销的③划线的(支票)④遭反对的,受挫折的. *crossed belt* 交叉皮带,合带. *crossed check* 划线支票. *crossed core type* 交叉铁心式,闭合铁心式. *crossed Nicols* 正交尼科耳棱晶,正交偏振. *crossed products* 交叉乘积. *crossed shock waves* 横向激波. *crossed strain* 交错应变. *crossed twinning* 十字双晶.

cross-effect *n*. 交叉效应.

cross-elasticity *n*. 二次弹性.

cross-energy density spectrum 互能密度谱.

cross-equalization *n*. 互均化.

cross'-fade ['krɔsfeid] *n*. ①交叉衰落〔混合〕②(电视信道的)匀〔平〕滑转换②叠像渐变.

cross'fall ['krɔsfɔ:l] *n*. 横(向)坡(度),横斜度.

cross'feed *n*. 交叉馈〔供〕电,串镭,串音,交叉进〔馈〕给,横向送进. *crossfeed carbon* 交叉进给印字带.

cross'fertiliza'tion ['krɔ(:)sfətilai'zeiʃən] *n*. 异花受粉〔受精,交接〕,异体受精. *cross-fertilization of ideas* 思想交流,互相启发.

cross-fibered *a*. 横纹的.

cross'-field ['krɔsfi:ld] *n*. 交叉〔正交〕场,X〔交叉〕磁场.

cross'-fin ['krɔsfin] n. 【航空】十字形安定面.
cross'-fingering n. 交叉指法〔演奏〕.
cross'fire ['krɔsfaiə] n. ①串扰,串像,串扰电流 ②交叉射击〔火力〕,交叉火焰. *crossfire burner* 交叉火喷灯.
cross-fissured a. 有内裂纹的.
crossflame tube 联焰管.
cross'flow ['krɔsflou] n.; v. 横向〔交叉〕(气)流,横向〔交叉,正交〕流动(的),杈流. *crossflow turbine* 双击式水轮机.
cross-flux n. 交叉〔正交,横向〕磁通,横向〔正交〕通量.
cross-folding n. 【地】交错褶皱.
cross'foot n. 【计】交叉结算,用不同计算方法核对总数.
cross-frame n. 交叉连架.
cross'-frogs n. 【铁器】交叉辙叉.
cross'gir'der ['krɔsgə:də] n. 横梁.
cross-grained a. ①纹理不规则的,垂直木纹〔纤维〕的,扭丝的 ②交叉转位的 ③乖强的,固执的. *cross-grained rock* 【地】交错层砂岩.
cross-growth n. 横向生长.
cross'hair ['krɔshɛə] n. 十字丝,叉丝,十字准线,瞄准线,交叉丝,交叉标线.
cross-hatch ['krɔ(:)shæt] vt. 给…画交叉阴影线〔截面线〕. *cross-hatch pattern* 网状光栅,方格〔棋盘格〕测试图.
cross-hatched a. 画有交叉阴影线的.
cross-hatching n. ①交叉影线②断〔剖〕面线③划晕线,晕线.
cross-hauling n. 横运,横向运土.
cross'head(ing) ['krɔ(:)shed(iŋ)] n. ①十字头,横头,丁字头,十字结联轴节 ②滑块 ③横梁 ④【矿】工作区间通道,横坑道,联络巷道 ⑤(报刊)小标题. *crosshead arm* 十字头臂. *cross-head guide bar* 十字头导杆. *crosshead links* 十字头联杆. *crosshead pin* 十字头销. *crosshead shoe [slipper]* 十字头滑块.
cross-infection n. 交叉感染.
cross'ing I n. ①横越〔渡,切,断〕,横〔交〕过,跨接 ②交〔转,叉道,线路〕叉,相交,道〔渡,交,十字路〕口,(马路)行人穿越道,岔道 ③交叉建筑物,〔轧〕交互捻,(生物)杂交 ④划十字,划十字路口 ⑤反对,阻抗. II a. 交叉的. *air crossing* 交叉气道. *blind crossing* 碍视交叉口. *crossing-above* (道路立体交叉)上面跨越. *crossing angle of wires* (钢丝绳股内相邻层内)钢丝的交咬角. *crossing at grade* 平面交叉. *crossing at right angles* 直角交叉. *crossing at triangle* 三角形交叉,Y形错位式交叉(中间形成一个三角形). *crossing bridge* 天桥. *crossing capacity [efficiency, discharge rate]* 交叉口通行能力. *crossing course* 横向〔交叉〕航向. *crossing insulator* 跨越绝缘子. *crossing of dislocations* 位错的切割. *crossing of lines* 路线交叉,交道叉. *diagonal crossing* 斜方向运动. *diamond crossing* 菱形交叉. *flyover crossing* 立体交叉. *footc-rossing* 人行横道,人行过街道. *grade crossing* 平面〔等高,同水平〕交叉,铁路与公路平道交. *multiple crossing* 复式交叉. *over crossing* (立体交叉的)上跨交叉. *overhead crossing* 高架(空中)交叉,立体交叉,上跨交叉. *regulated crossing* 管制交叉口. *roundabout crossing* 环形交叉(口),转盘式交叉(口). *square crossing* 十字形交叉. *subway crossing* (交叉口处的)地下人行过街道,地下交叉口. *transversal crossing* 45度纵横交叉. *turn crossing* 允许调头的(道路)交叉口. *under crossing* 下穿式立体交叉,下穿交叉.
crossing-above n.; a. (道路立体交叉)上面跨越(的).
crossite n. 钠铁(青铝)内石.
cross-laminated a. (层板)交叉层压的.
cross-lashing n. 横井(捆).
cross'let n. 小十字(形).
cross-level n. 正交水平面.
cross-lights n. ①交叉光线 ②对同一问题的种种意见(侧面材料).
cross'-like ['krɔslaik] a. 十字形的.
cross'-line ['krɔslain] n. 交叉线,正交线,读数线.
cross-link ['krɔ(:)sliŋk] v. 横向连接〔耦合〕,交叉耦合 ②(聚合物)交联(键).
cross-linkage n. 交键(交联(度),交叉链系.
cross'ly ['krɔsli] ad. 交叉,逆(着),执拗.
cross'manifold n. 交叉管道.
cross'member ['krɔsmembə] n. 横构件,横梁.
cross'-modula'tion n. 交叉〔相互〕调制.
cross'-mouthed a. 十字头的.
cross-multiplication n. 交叉相乘.
cross-office transmission n. 【讯】局内传输.
cross'(-)over ['krɔsouvə] n. ①跨越〔接〕,渡越,窜渡,(立体)交叉,交叠,相交,换向,穿过〔交跨,(剖)切〕面,切断,切割 ③相交渡线,转线轨道,跨(路)线桥,跨接结构 ④最近渡越点,(电子束)交叠点,电子束相交区最小截面,间距〔隔〕⑤【天】穿杆 ⑥交换(染色体),交叉型,交叉组,互接. *beam crossover* 电子束相交区的最小截面. *crossover coil* 交叉〔圆柱形)线圈. *crossover distance* 超前距离. *crossover filter* 交叠滤波器,分频器. *crossover frequency* 分隔过渡,窜渡,区分,交界,交叠〕频率. *crossover gasoline valve* 重叠的汽油阀. *crossover lane* 转换车道. *crossover level* 渡越能级. *crossover line* 转线管路. *crossover network* 分频(选频)网络. *crossover pipe* 架空〔横通,容汽〕管. *crossover point* 交(岔)点,立体交叉点,交零(换向)点. *crossover region* (电子束)交叠〔交叉〕区. *crossover road* 十字路,交叉路,转线路,上跨立交道路,渡车道. *crossover spiral* 交绕螺旋,过渡(纹)槽. *crossover transition* (小间隔能级间的)直接跃迁,跨越跃迁,越级跃迁. *crossover value* 互换值,交换值. *crossover valve* 交〔转〕换阀. *gain crossover* 增益窜度,截止频率. *interconnection crossover* 互连交叠.
cross'patched a. 交叉修补的.
cross-patching n. 交叉配线.
cross'piece ['krɔspis] n. 横档,绞盘横杆,过梁,联接板,十字架,十字管头.

cross'plot n. 交会图.
cross'-ply n. (轮胎)交叉帘布层.
cross'point ['krɔspoint] n. 交叉(点),相交(穿过)点.
cross'pointer n. 交叉指针. *crosspointer indicator* 双针指示器,交叉指针式指示器. *crosspointer instrument* 双针式测量(交叉指针式)仪表.
cross-power n. 互功率. *cross-power density spectrum* 互功密度谱,互功率谱.
cross-product n. 交叉分量,叉积.
cross-pumped a. 交替泵抽的.
cross'-pur'poses ['krɔs(:)'pə:pəsiz] n. (pl.)相反的目的,反对(相反)的计划.
cross-question n.; v. 盘问.
cross'rail ['krɔs(:)sreil] n. 横(导)轨,横梁.
crossrange n. 侧向,横向,横向距离.
cross-refer v. 交相(前后)参照.
cross-reference Ⅰ vt. 使相互(前后)参照. Ⅱ n. 相互参照(条目),互见条目.
cross-rib n. 横肋.
cross-ringing n. 【讯】交扰振铃.
cross-riveting n. 交互(十字形)铆接.
cross'-road ['krɔsroud] n. ①十字(交叉)路,横路 ②(pl.)十字路口,(各)方面,需作抉择的重要关头.
cross-rod n. ①(钩头链节的)横柱,轴装 ②(混凝土)横向钢筋. *cross-rod of reinforcement* 横向钢筋.
cross-sea n. 逆(横)浪.
cross'-section ['krɔsekʃən] n. ①(横)截(断)面,剖面(图),(核反应)有效截面 ②样品,抽样,横截片,典型(人物). *average cross-section* 平均截面. *channel cross-section* 槽涵(形)截面. *cold cross-section* "冷"中子截面,低温截面. *cross-section paper [sheet]* 方格纸,横断面纸. *effective cross-section* 有效截面. *equivalent cross-section* 等效(当量)截面. *fast cross-section* 快中子截面. *neutron cross-section* 中子(吸收)断(截)面. *radar cross-section* 雷达有效反射截面,目标有效截面,目标等效反射截面. *stepped cross-section* 阶跃式截面. *transverse cross-section* 横截(断)面.
cross'-sec'tional ['krɔs'sekʃənəl] a. (横)截(断,剖)面的. *cross-sectional area* 截面积. *cross-sectional view* 剖视图,横断面.
cross-sectioned a. 用交叉线画成阴影的.
cross-shaft n. 横轴.
cross-sleeper n. 轨枕.
cross-slip n. 交叉滑移.
cross-spectrum n. 互谱图,互频谱.
cross'-stitch ['krɔsstitʃ] n. 十字开关,十字针法,用十字针法所编织的织物.
cross'-street n. 横(向)街(道).
cross'(-)talk ['krɔstɔ:k] n. ①串话干扰,串话(音,线,台,扰,馈)②交扰,相互影响(干扰)③联调失真 ④道间感应(或顶嘴,曲艺)相声. *crosstalk coupling* 串话(串音)耦合,串扰,串讯,混讯耦合. *crosstalk damping rings* 防串话环,串话阻尼环. *crosstalk signal* 串话(串音)信号. *interaction cross-talk* 相互串音. *inverted cross-talk* 频率倒置串音. *telephone cross-talk* 电话串话.

crosstalk-proof a. 防串话(音)的.
crosstell n. 对话,互通(交换)情报. *automatic crosstell* 【计】自动对话.
cross-term n. 【数】截项.
cross'tie ['krɔs(:)stai] n. ①枕(垫)木,轨枕 ②横向拉杆,交叉系杆,轨距联杆. *crosstie wall* 横档(结)壁,十字壁.
cross'town ['krɔ(:)staun] a. 穿(过)城(市)的,横贯城市的.
cross'-track n. 联络测线.
cross'trail n. 横(向)偏移(投弹). *cross-trail error drift* 中弹点侧向偏差.
cross-tube a. 横管的.
cross-type a. 交叉型的.
cross-under n. ①穿接 ②(布置在涡轮下面的)交叉管,横跨管.
cross-valley n. 横谷.
cross-variance n. 交叉方差.
cross-viscosity coefficient 第二粘性系数.
cross'walk ['krɔswɔ:k] n. 人行横道,过街人行道. *crosswalk line* 人行横道线.
cross'wall n. 横墙,交叉墙.
cross'way ['krɔswei] n. = cross-road. *crossway slide* 横向滑移.
cross'ways ['krɔsweiz] ad. = crosswise.
cross'-wind ['krɔswind] n. 侧(面吹来的)风,逆风.
cross'-wire ['krɔswaiə] = crosshair.
cross'wise ['krɔswaiz] Ⅰ ad. ①横,斜 ②交叉,成十字状 ③对角的 ④相反地 ⑤恶意地. Ⅱ a. 横(向)的,交叉的,对角的,成十字形的.
cross'word n. 纵横组字(谜).
crotch [krɔtʃ] n. ①弯腰脚,弯钩,叉(杆,架,状物),岔口,分歧点,分叉处 ②Y形接管,丁形(终)端接(续)套管(电缆). *crotch weld* 楔接锻接.
crotch'et ['krɔtʃit] n. ①小钩,钩状物,叉架(柱)②方括弧 ③幻想,怪念头 ④扰动 ⑤分音符. *magnetic crotchet* 地磁扰动.
cro'ton n. 巴豆.
crotonaldehyde n. 巴豆(丁烯)醛.
crotononitrile n. 丁烯腈.
Crotorite n. 耐热耐蚀铝青铜(耐热的:铜88～90%,镍7%,铝3%,锰0.3%;耐蚀的:铜88～90%,铝9～9.75%,锰0.2～0.6%,铁0.2～2%).
crouch [krautʃ] vi.; n. 蹲下(down),屈膝(to, under).
croup(e) n. 臀,尻部,喉头类.
crow [krou] Ⅰ n. ①撬棍(杆,杠),铁挺,起货钩 ②乌鸦,【天】乌鸦座. Ⅱ vi. ①欢呼,啼鸣 ②吹嘘,自夸(over). *crow bar* 撬棍(杠),铁撬. *crow foot crack* 爪形裂缝. *crow foot spanner* 爪形扳手. *crow's nest* 交通警岗亭,桅上了望台. *jim crow* 弯轨机.▲ *as the crow flies* 笔直地,按直线地. *a white crow* 稀有的东西.
CROW = counter-rotating optical wedge 反向旋转光楔.
crow'bar ['krouba:] n. ①撬棍(杆,杠),铁撬(挺,钎,杆),起货钩 ②橇杆(消弧)电路 ③急剧短路,断(撕)裂. *crowbar circuit* 消弧(保安)电路. *crowbar current* 短路电流.

crowd [kraud] Ⅰ n. ①人群，群众 ②一群（堆，伙，班），大量，许多，一大批. *crowd noise* 厅堂噪声，喧哗声. Ⅱ v.密(聚)集,积聚,拥挤,挤(塞,装,堆)满,催促,逼近,急速前进,涌上前. ▲ *be crowded with* 给…挤满[塞满]. *crowd in* (M) (把M)挤进. *crowd M together* 把M挤到一起. *crowd M with N* 用N塞满M. *crowd out* 挤出,推开,排除.

crowd'ed a. ①充[挤]满了的,拥挤的,塞满的 ②挤紧的,拥挤的,经历丰富的. *crowded downtown area* 闹市,繁华商业区.

crowder n. 沟渠扫污机.

crowd'ing n. 加密,加浓. *crowding effect* 集聚效应.

crowdion n. 挤列[子].

crow'foot ['kroufut] (pl. *crow'feet*) n. 防滑三脚架,吊素. *crowfoot cracks* 皱裂.

crown [kraun] Ⅰ n. ①冠(顶),王冠,王冠状的东西,冕,荣誉 ②隆起,(辊粗)凸面,(板,带材)中心凸厚部份,路拱,拱面,凸起,凸部 ③轮周,齿冠,凸轮[轮 ④压力机横梁,拱[了,炉,圆]顶,顶部[峰],(炉)盖 ⑤光环(轮)，晕 ⑥冕牌玻璃 ⑦全身上部 ⑧克朗(币位名) ⑨王冠版纸(20英寸×16英寸，附注在图书开本前，如 crown quarto, crown octavo 等). Ⅱ vt. ①给…加[装]顶 ②隆起,(中间)凸起,中(凸)高 ③完成,圆满结束. *amount of crown* 拱度,拱高. *arched crown* 拱顶. *crown bar* 顶杆. *crown block* 拱顶石. *crown ditch* 截水沟,天沟. *crown drill* 顶钻. *crown filler* 上等填料. *crown flint* 轻质火石玻璃. *crown gear* 冕状轮,盆形,差动器侧面伞形[齿]轮. *crown glass* 冕(牌)(无铅,上等厚)玻璃. *crown hinge* 顶铰. *crown line* (路)拱线. *crown nut* 槽顶螺母. *crown of arch* 拱顶. *crown of crystal* 晶"冕"(硅热法炼镁). *crown of pavement* 路(面)拱(度). *crown plate* [sheet]顶(冠)板. *crown post* 桁架中柱. *crown saw* 筒锯. *crown shaving* 一般[正常]速度 沿路拱拱车道行驶的车速. *crown tie* 脊瓦. *crown top of burner* 灯帽. *crown wire* (钢丝绳的)表面[外层]钢丝,冠丝(钢丝绳外圈与滑轮沟接触的钢丝). *pile crown* 桩头. *piston crown* 活塞顶. *turbine crown* 涡轮叶轮轮缘. *The mountain is crowned with snow.* 山顶积雪. ▲ *to crown all* 加之,尤其是,更使人高兴的是,更糟糕的是.

crown'er ['krauna] n. 登峰造极的一举,顶点,倒栽葱.

crowngear =crown gear.

crown'ing ['kraunin] Ⅰ n. ①拱(凸)起,中凸,凸形(面),隆起(面) ②榆(鼓)形齿 ③凸面[鼓形]加工 ④板(带)材中心部份增厚 ⑤圆满完成,终结. Ⅱ a. (构成)顶部的,无上(比)的,登峰造极的. *crowning curve* 冠状曲线. *crowning glory* 无上光荣. *crowning set* 凸面加工装置,(轧辊磨床的)仿模装置,中高(中凹度)磨削装置.

crown-riding n. 沿路拱车道行驶.

crown'steps ['kraunsteps] n. 阶式山墙.

crown'-wheel n. 冕状轮.

croystron n. 固态器件.

crozzling n. (过烧钢酸洗后所呈现的)鳄鱼皮(缺陷).

CRP process 连续精炼法(不锈钢熔炼系与电炉双联的精炼方法之一).

CRPL = Central Radio Propagation Laboratory 中央无线电波传播实验室.

crpm = crankshaft revolutions per minute 曲轴每分钟转数.

CRPO = continuous rating permitting over-load 允许过载的连续定额(功率).

CRQ = current requirements 现行要求.

CRREL = cold regions research and engineering laboratory 寒冷地区研究及工程实验室.

CRS = ①cold rolled steel 冷轧钢②corrosion resistant steel 耐腐蚀钢.

crs = ①course 航线(向),过程,课程②cross-section (横)断面,横截面,断面图.

CRST = cold-rolled steel 冷轧钢.

CRT = cathode-ray tube 阴极射线管,示波器. *CRT circuit* 阴极射线管电路. *CRT display* 阴极射线管显示(器),电子束(管)显示,电子射线指示器. *CRT mount* 电子束管[示波管],阴极射线管]支架. *CRT storage* 阴极射线管存储器.

CRT-photo chromatic film projection (光)变色膜显像管投影.

C-R-tube n. =cathode-ray tube 阴极射线管,电子束示波管.

CRU = control relay unlatched 控制继电器断开.

cru n. ①克鲁(蠕变单位,1000小时发生10％的蠕变 = 1克鲁) ② (=collective reserve unit)克鲁,共同储备金单位(一种国际货币单位).

cru'ces ['kru:si:z] crux 的复数.

cruci- [词头] (拉丁语)十字形.

cru'cial ['kru:ʃ(j)əl] a. ①(有)决定性的,紧要关头的,关系重大的,关键的,严酷的,困难的②十字形的,交叉的. *crucial moment* 紧要关头,关键时刻,危机. *crucial test* 判决(决定性)试验. ～ly ad.

cru'ciate ['kru:fiet] a. 交叉的,十字形的.

cru'cible ['kru:sibl] n. ①坩[熔]埚,炉缸②熔炉,严格的考验 ③结晶器. *black lead crucible* 石墨坩埚. *bomb crucible* 还原弹坩埚,还原钢罐. *crucible furnace* 坩埚炉. *crucible stand* [support](坩埚)炉底. *crucible steel* 坩埚钢. *crucible top* 坩埚的保温盖. *electric crucible* 电炉坩埚. *external crucible* (鼓风炉的)前床. *filter crucible* (过)滤(坩)埚. *furnace crucible* 炉缸(膛). *graphite crucible* 石墨坩埚. *internal crucible* (鼓风炉的)本床. *platinum crucible* 铂(白金)坩埚. *quartz crucible* 石英坩埚. *sponge crucible* 盛海绵金属的坩埚. ▲ *in the crucible of* 遭到…的严格的考验.

cru'cibleless a. 无坩埚的.

cruciferae n. 十字花科.

cru'ciform ['kru:sifɔ:m] 或 **crucishaped** a. 十字形的,交叉形的. *cruciform cracking test* 十字接头抗裂试验. *cruciform of rudders* 十字形舵.

crud [krʌd] n. ①揉和物,粗(制,略)制品②腐屑,肮脏东西,无价值的东西 ③荒廖.

crude [kru:d] Ⅰ a. 天然的,未(经)加工的,原(始,状)的,粗(制)的,粗(制,略)制的,未处理的,未炼成的,不完善的.Ⅱ n. 天然的物质,原油,(pl.)原矿,未选过的矿. *antimony crude* 生锑,三硫化锑. *crude distilla-*

tion 原油蒸馏. *crude facts* 赤裸裸的〔未加掩饰的〕事实. *crude fiber* 粗纤维. *crude hydrocarbons* 天然碳氢化合物. *crude ideas* 不成熟的意见. *crude material(s)* 原料, 生料. *crude oil* 〔petroleum〕〔重〕油. *crude oil engine* 柴油机, 原油发动机. *crude product* 半制成品. *crude regulation* 粗调. *crude rubber* 生橡胶. *crude steel* 粗钢, 未清理钢. *crude tar* 粗〔未加工〕柏油, 粗焦油沥青. *crude* 冶金粗〔金属〕料. ~ly *ad.* ~ness *n.*

cru'dity ['kru:diti] *n.* 未成熟状态, 粗糙.

crudivorous *a.* 生食的.

cru'el ['kruəl] Ⅰ *a.* 残酷〔忍〕的, 悲惨的, 无情的. Ⅱ *ad.* 极, 很, 非常. ~ly *ad.*

cru'elty ['kruəlti] *n.* 残酷〔忍〕, 悲惨, (pl.) 残酷行为.

cruenturesis *n.* 血尿.

cruise [kru:z] *n.; v.* 巡航〔游, 逻〕, 航行, 徘徊. *cruise component* 巡航级, 主飞行级. *cruise midcourse* (导弹飞行中) 中段. *cruise missile* 飞航式导弹, 巡航导弹. *cruise path* (远程导弹的) 主动段弹道, 巡航路线. *cruise* 〔*cruising*〕 *phase* 巡航〔飞行〕阶段, 主动段. *cruise terminal* (导弹飞行的) (巡航) 末段. *round-the-world cruise* 环球航行.

cruiser ['kru:zə] *n.* 巡洋舰, 巡航机, 警(备)车, 远程导弹. *guided missile* 〔*guided-weapon*〕 *cruiser* 导弹巡洋舰.

cruising ['kru:ziŋ] *n.* 巡航. *cruising altitude* 巡航〔飞行〕高度. *cruising gear* 自动超高速传动装置. *cruising radius* 续航距离, 巡航半径. *cruising range* 航程. *cruising r. p. m.* 巡航 (每分钟) 转速. *cruising speed* 巡航〔游〕速率. *cruising stage* 巡航级. *cruising threshold* 巡航限速 (最低的连续巡航速度). *cruising turbine* (蒸汽的, 燃汽的) 船用涡轮.

crumb [krʌm] Ⅰ *n.* ①面包屑, 碎屑, 屑粒, 碎〔小〕片 ②少许〔量〕, 一些, 点滴. Ⅱ *vt.* 弄〔捏〕碎. *crumb structure* 团粒〔屑粒状〕结构. ▲*to a crumb* 精细〔确〕地.

crumber *n.* 清沟器.

crum'ble ['krʌmbl] Ⅰ *v.* ①弄〔粉, 锉, 破〕碎, 碎〔溃〕散, 崩解〔溃〕, 塌落, 剥鳞, 掉皮 ②瓦解, 消失. Ⅱ *n.* 破碎(物), 碎土. *crumble structure* 团粒〔屑粒状〕结构. *crumbling rock* 崩解〔风化〕岩石.

crum'bliness *n.* (可)破碎性, 脆性.

crum'bling *a.* 破碎的, 易碎的.

crum'bly ['krʌmbli] *a.* 易碎的, 脆的, 易摧毁的.

crumb'y ['krʌmi] *a.* (尽是) 屑粒的, 柔软的. *crumby soil* 团粒土.

crum'ple ['krʌmpl] Ⅰ *v.* ①弄〔变, 压, 起〕皱, 揉〔皱〕②挤压, 扭弯〔转〕③打塌, 屈服, 垮台, (使) 崩溃. Ⅱ *n.* 折皱, 皱纹. ▲*crumple up* ①把…揉皱〔扭弯〕, 起皱 ②压碎, 碎裂, 打垮, (使) 崩溃.

crum'pled *a.* ①(变)皱的, 起皱纹的 ②弯扭的, 歪的, 盘曲的.

crum'plings *n.* 盘回皱纹.

crunch [krʌntʃ] *v.; n.* (发) 嘎吱嘎吱声, 摩擦音, 强大压力, 危机, 关键时刻, 转捩点, 摩擦, 压〔碾〕过 (through). *crunch seal* 陶瓷 (金属) 封接.

crunodal *a.* 结(叉)点的. *crunodal cubic* 结点三次线.

cru'node ['kru:noud] *n.* 结〔叉〕点, 分支.

cruor (pl. **cruores**) *n.* 血块, 血饼.

crura *n.* crus 的复数.

crural ['kruərəl] *a.* 脚的, 股的, 脚状物的.

crus [krʌs] (pl. **crura**) *n.* (小)腿, 小腿状物.

crusade' [kru:'seid] *n.* 十字军, 防止〔反对〕…运动 (a-gainst).

crush [krʌʃ] *v.; n.* ①压〔轧, 碾, 磨, 粉, 破, 捣, 击〕碎, 压榨〔扁, 坏, 实, 败〕, 碎石, 轧煤 ②塞, 挤压〔进, 压(制)〕吸 ③吸附, 垮跨, (冲) 蚀, 绕炮, (铸造缺陷) 掉砂, 砂型碰掉 ④(砂轮) 非金刚石整形(器). *crush dresser* 砂轮(压刮) 整形工具, (砂轮) 非金刚石整形工具. *crush in a mould* 塌箱, 铸型的跨损. *crush roll* (砂轮) 非金刚石修整轮, 成形砂轮修整轮, 滚压轮, 辊碎机, 对辊 (破碎)机. *crush roll device* (砂轮) 非金刚石修整器. *crush roller* 破碎辊. *crush run* 采自轧石场的. *crush seal* 挤压密封. *crushed coal* 碎煤. *crushed gravel* 碎砾石. *crushed sand* 轧碎(细)砂. *crushed slag* 碎熔渣. *crushed stone* 〔*rock*〕 碎石. ▲*crush down* 轧〔碾〕碎, 打倒, 镇压, 压服. *crush out* 榨取〔出〕, 压〔挤〕出, 扑〔熄〕灭. *crush up* 碾 (粉) 碎.

crushabil'ity *n.* 可压碎性, 可破碎性, 可塌陷性.

crush'able *a.* 可压〔扁〕的, 可破碎的. *crushable structure* 压扁结构.

crush-border *n.* 压碎边.

crushed-gravel *n.* 碎砾石.

crushed-run *a.* 机碎〔轧〕的, 未筛(分)的.

crush'er ['krʌʃə] *n.* ①(颚式) 破碎机, 轧碎机〔压碎, 粉碎〕机, 轧石机, 碎石, 碎矿, 破铁, 破桥, 粗磨机 ②管理轧碎机的工人 ③(砂轮) 非金刚石修整器, 砂轮刀 ④致命的打击 ⑤无可争论的事实, 有压倒力量的论据. *ball crusher* 球磨机. *coarse crusher* 粗碎机. *crusher drive shaft* 轧碎机主动轴. *crusher gauge* 爆(炸)压(力)计, 压缩压力计. *crusher (rock) dust* 石粉, 轧石残渣. *crusher roll* 粉碎机轧辊, 破碎机滚筒, (砂轮) 非金刚石修整器滚轮. *disc crusher* 盘磨机, 盘式压碎机, (圆) 盘式轧碎机. *fine crusher* 细碎机. *gyrating crusher* 回转压碎机. *hand crusher* 手摇破〔轧〕碎机. *impact crusher* 冲击式破碎机, 锤碎机. *jaw crusher* 颚式破〔轧, 压〕碎机, 老虎口. *roller crusher* 滚筒式碎石机, 滚轴式碎石机, 滚砾机. *slag crusher* 碎渣机, 炉渣破碎机. *top feed hammer crusher* 上部给料锤(式)破碎机.

crusher-run *a.* 机碎〔轧〕的, 未筛(分)的.

crush'ing *n.; a.* ①压〔轧, 破, 捣, 磨, 粉〕碎, 碎石, 压扁 ②压倒的, 决定性的 ③(黑白电视) 对比度干扰 ④非金刚石修整. *coarse crushing* 粗碎. *crushing burden* 沉重的负担, 千钩重负. *crushing cavity* 〔*chamber*〕破碎室. *crushing down test* 压碎试验. *crushing engine* (machine) 轧碎机, 粗磨机, 轧石机. *crushing load* 断裂〔破坏〕荷载. *crushing mill* 〔*plant*〕 破碎〔轧〕石厂. *crushing rate of gasket* 垫圈的挤压比率. *crushing roll* 轧〔破〕碎〔机〕滚筒. *crush-*

ing strength 抗碎〔抗压,压碎,压毁〕强度. *crushing test* 压碎〔轧碎,压毁〕试验. *crushing wheel*（加工砂轮的）刀碗. *fine crushing* 细碎. *graded crushing* 分段破碎. *stamp crushing* 捣碎. ~ly *ad.*

crust [krʌst] Ⅰ *n.*（外,地,渣,甲,结)壳,表层,外皮,硬(表)面,结皮层,底结炉瘤,浮渣,痂,水垢,细白沙. Ⅱ *v.* 结皮〔壳〕,硬结,用外皮（以硬壳）覆盖,结一层硬壳. *a thin crust of ice* 一层薄冰. *crust of cobalt* 钴壳〔华〕. *earth's crust* 地壳. *thin fragile crust* 薄而易碎的结壳. *zinc crust*（银）锌壳. ~al *a.*

crus'ta (pl. *crus'tae*) *n.* 甲壳.

Crusta'cea *n.* 甲壳纲.

crusta'cean *n.* 甲壳类动物.

crusta'ceous [krʌs'teiʃəs] *a.* (有,结)外皮(壳)的,皮壳的.

crustacyanin *n.* 甲壳蓝蛋白,虾青蛋白.

crus'tal ['krʌstl] *a.* 外壳的,地壳的. *crustal movement* 地壳运动.

crust-breaking *n.* 打壳.

crus'ted *a.* 有硬皮〔外壳〕的,陈旧的,古色古香的.

crust'y ['krʌsti] *a.* ①硬如壳的,有(硬)壳的,硬的 ②顽固的. *crustily ad. crustiness n.*

crutch [krʌtʃ] *n.* ; *vt.* ①拐杖,支柱,叉柱,桨叉(架),托架,吊杆支架,船尾肘材②(电缆)丁形终端接续套管③支持,支撑.

crutched *a.* 用支〔叉〕柱支撑着的,带叉形柄的,处于分叉状态的.

crutcher ['krʌtʃə] *n.* 搅和机,螺旋搅拌〔拌和〕器.

crux [krʌks] (pl. *crux'es* 或 *cru'ces*) *n.* ①难题〔点〕,关键,最重要的②十字(形,记号)③坩埚(crucible 的旧称)④(南)十字(星)座. *crux head* 十字头. *the crux of the matter* 事物的本质,问题的关键.

CrV =Chrome vanadium 铬钒钢.

cry [krai] *n.* ; *v.* ①叫,（呼)喊,鸣,呼声,哭②口号,标语③舆论,呼吁,要求. *tin cry* 锡鸣. ▲ *a far* 〔*long*〕 *cry* 远距离,远达,悬殊,很大差别. *be within cry of …* 在呼〔喊)声可听得见的地方. *cry for* 恳求,迫切需要. *cry off* 〔*from*〕撤回,取消,撤手. *cry out* 大喊〔叫〕. *much cry and little wool* 雷声大雨点小. *out of cry* 在呼〔叫〕声听不到的地方,够不着的地方,在附近. *within cry* 在声音听得见的地方,在附近.

Cry SP =crystal speaker 晶体扬声器.

cry'ing ['kraiiŋ] *a.* 哭的,叫喊(显著,厉害,紧急)的,引人注意的,极坏的. *crying need* 紧急〔迫切)的需要.

crymophylac'tic *a.* 耐冷的.

cry(o)-〔词头〕冷,冰冻,低温. *cryo baffle* 低温障板. *cryo pump* 低温〔深冷〕泵.

cryobiol'ogy *n.* 低温生物学.

cryochem'istry *n.* 低温〔深冷〕化学.

cryoc'onite ['kraiɔkənait] *n.* 冰尘.

cryodamage *n.* 冷冻损伤.

cryodesicca'tion *n.* (冷)冻干(燥).

cryodrying *n.* 低温〔深冷〕干燥.

cry'odyne *n.* 低温恒温器,恒冷器.

cryoelectron'ics *n.* 低温电子学.

cryoextraction *n.* 低温摘除术.

cryofixa'tion *n.* 冰冻固定.

cry'ogen ['kraiədʒən] *n.* 冷冻〔冷却,制冷〕剂,低温〔冷却〕粉körper.

cryogen'erator *n.* 低温发生器,深冷制冷器,制冷机,冷冻机.

cryogen'ic [kraiə'dʒenik] *a.* 冷冻的,低温(学)的,深〔制〕冷的,低温实验法的. *cryogenic coil* 低温冷却线圈. *cryogenic cooling* 低温冷却. *cryogenic engineering* 低温工程. *cryogenic fluid pump* 低温〔深冷〕流体泵,冷剂泵. *cryogenic magnet* 低温〔超导〕磁铁. *cryogenic pump* 低温(抽气)泵,深冷泵. *cryogenic refrigerator* 低温制冷器. *cryogenic superconductor* 低温〔深冷〕超导体. *cryogenic surface* 低温体表面,深冷面. *cryogenic system* 低温装置系统,深冷装置.

cryogen'ics [kraiə'dʒeniks] *n.* (-100℃以下)低温(物理)学,深冷〔低温〕技术,低温实验法. *cryogenics station* 低温实验站.

cryogenin(e) ['kraiədʒənin] *n.* 冷却剂〔精〕.

cryoglob'ulin *n.* 冷球蛋白.

cryohy'drate [kraiou'haidreit] *n.* 饱凝分晶体,低(共)熔冰盐结晶,冰盐.

cry'olite ['kraiəlait] *n.* 冰晶石. *molten cryolite* 熔融〔液态〕冰晶石. *sodium cryolite* (钠)冰晶石.

cry'olith *n.* 人造冰晶石.

cryol'ogy *n.* 冰雪学,制冷学,河海冰冻学,冰雪水文学.

cryolumines'cence *n.* 冷致发光.

cryom'eter [krai'ɔmitə] *n.* 低温计,深冷(低温)温度计,低温温度表.

cryom'etry *n.* 低温计量学,低温测温.

cryomi'croscope *n.* 低温显微镜.

cry'omite *n.* 小型低温〔冷冻〕致冷器.

cryoneny *n.* 低温学.

cryonet'ics *n.* 低温学,低温技术.

cryopanel *n.* 低温〔深冷〕板. *cryopanel array* 低温板抽气装置.

cryopedol'ogy *n.* 低温土壤学,冻土学,冻土研究.

cryopedom'eter *n.* 低温冻土计,冻结仪.

cryophile *n.* 嗜冷微生物.

cryophil'ic *a.* 嗜冷的.

cryophorus *n.* 凝冰器,冰凝器.

cryophylac'tic *a.* 抗冷的,耐寒性的.

cryophys'ics *n.* 低温〔超导〕物理学.

cryophytes *n.* 冰雪植物.

cryoplate *n.* 低温(抽气)板,深冷抽气面. *cryoplate array* 低温板组,深冷板抽气装置.

cryoprotec'tant *n.* 防冻剂.

cryoprotec'tor *n.* 低温防护剂.

cry'opump ['kraiəpʌmp] *n.* ; *v.* 深冷泵,低温(抽气)泵,深冷〔低温〕抽吸. *cryopumping array* 低温抽气装置.

cry'osar ['kraiəsa:] *n.* 雪崩复合低温开关,低温雪崩开关.

cry'oscope ['kraiəskoup] *n.* 冰点〔低温,凝固点〕测定器.

cryoscop'ic method 冰点降低法.

cryos'copy [kraiˈɔskəpi] n. 冰〔冻〕点降低测定法.
cry'osel [ˈkraiousel] n. =cryohydrate.
cryosistor n. 低温晶体管,低温反偏压 p-n 结器件.
cryosixtor n. 冷阻管.
cryosorb-trap n. 低温〔深冷〕吸着阱.
cryosorption n. 低温〔深冷〕吸着.
cry'osphere n. 低温层.
cry'ostat [ˈkraiəstæt] n. 低温恒温器,致〔恒〕冷器,低温箱,低温控制器,恒冷箱.
cryosublimation trap 低温升华阱.
cryosur'face n. 低温抽气法阱.
cryosur'gery n. 低温外科.
cryotol'erant a. 耐冷的,抗低温的.
cry'otrap n. 低温冷阱,冷凝阱.
cryotrapping n. 低温陷阱〔捕获〕,冷阱.
cry'otron [ˈkraiətrɔn] n. 低温〔冷子〕管,冷持元件.
read-in cryotron 写入冷子管.
cryotron'ics n. 低温电子学.
cryoturbate contortion 融滑扭曲.
cryoturba'tion n. 冻泥搅动(作用),微解冻泥流.
cryoultramicrotome n. 冰冻超薄切片机.
cryphilic salt minerals 喜冰无机盐.
crypt [kript] n. 地窖〔穴〕,小囊,隐窝.
cryp'tal n. 桉油(萜)醛.
cryptanal'ysis n. 密码分析〔翻译〕.
cryptanalyt'ic a. 密码分析(法)的.
cryp'tic(al) [ˈkriptik(əl)] a. 秘密的,隐蔽的,使用密码的,意义深远的,含义模糊的. *cryptic colouring* 保护色. ~ally ad.
cryp'to-〔词头〕秘密,隐藏,潜.
cryptobio'sis n. 隐生现象.
cryptocarine n. 厚壳桂碱.
cryptocen'ter n. 密码(工作)中心.
cryptochan'nel n. 密码(通信)信道.
cryptocli'mate n. 室内小气候.
cryptococcosis n. 隐球酵母病,隐球菌病.
cryp'to-crys'tal n. 隐晶.
cryp'to-crys'talline [ˈkriptouˈkristəlain] I a. 隐晶(质)的,潜晶(质)的. II a. 微晶体.
cryptocy'anine n. 隐花青(染料).
cryp'todate n. 密码键号.
crypto-depression n. 潜注,潜隐陷落.
cryptoequip'ment n. 密码设备.
cryptofrag'ment n. 隐超裂片.
cryptogenet'ic n.; a. 隐原的,隐发性,原因不明的.
cryptogenet'ics n. 隐性遗传学.
cryptogenic a. 隐原的.
cryptogenin n. 隐配基〔延今草贰配基.
cryp'togram [ˈkriptəgræm] n. 密码(电文,通信,文件),暗号,暗码. ~ mic a.
cryp'tograph [ˈkriptəgrɑːf] I n. 密码,密码(式打字)机. II v. 译为密码.
cryptog'rapher [kripˈtɔgrəfə] n. 密码员.
cryptograph'ic [ˌkriptəˈgræfik] a. ①密码的,暗号的 ②隐晶文象(构造). *cryptographic security* 密码保密办法(措施).
cryptog'raphy [kripˈtɔgrəfi] n. 密码(翻译)术,密码学.
cryp'toguard n. 密码保护.
cryptolog'ic a.; n. 密码逻辑(的),密码术的.
cryptol'ogy [kripˈtɔlədʒi] n. 密码术〔学〕,隐语.
cryptomate'rial n. 密码材料.
cryptome'ria [kriptəˈmiəriə] n. 柳杉(属).
cryptomerous a. 细晶质的.
cryptom'eter n. (涂料)遮盖力计.
cryptomor'phic a. 隐形的.
cryptomor'phous a. 隐形的.
cryp'tonym n. 匿(假)名.
cryp'to part n. 密码段,密码部分.
cryp'tophyte n. 隐芽植物.
cryptoplas'mic a. 潜原性传染病的,潜伏型的.
cryptosciascope n. 克鲁克管(观察X射线阴影用).
cryp'toscope n. 荧光镜,荧光屏.
cryptosecu'rity n. 密码安全保证,保密措施.
cryp'tosystem n. 密码系统.
cryptotechnique' n. 密码技术.
cryp'totext n. 密码电文〔全文〕.
cryptova'lence 或 **cryptova'lency** n. 隐〔异常〕价.
cryptovolcanism n. 隐火山作用.
cryscope n. 冻点测定仪.
cryst = ①crystalline ②crystallized.
crys'tal [ˈkristl] I n. ①水晶,石英 ②(结)晶,(结)晶体,晶粒(核) ③晶体检波器 ④水晶〔表面〕玻璃,水晶玻璃制品. II a. ①水晶(般)制的,透明的,清澈的,透彻的 ②结晶的,(用)晶体的. *arborescent* [dendrite, fernleaf, fir-tree, pine-tree, tree-like] *crystal* (树)枝(状)晶(体). "*as-grown" crystal* "生成态"晶体. *clear crystal* 无色晶体. *complex crystal* 复晶(体). *compound* 〔twin〕*crystal* 双〔孪〕晶. *crystal analysis data* (结构)分析. *crystal block section* 晶体检波部分. *crystal boundary* 晶(粒间)界. *crystal bridge* 晶体检波器电桥. *crystal bringup* 晶体的培育〔养〕. *crystal cartridge* 晶体盒,晶体支架. *crystal cell* 晶格. *crystal cell method* 晶体单元法. *crystal combination* 合晶. *crystal control* 石英晶体控制. *crystal control receiver* 晶体超频接收机. *crystal counter* 晶体计数器(管). *crystal cutter* 压电(晶体)刻纹头,晶体切割器. *crystal detector* 晶体检波器. *crystal display* 液晶显示. *crystal edge* 晶棱. *crystal face* 晶面. *crystal filter* (压电)晶体滤波器. *crystal fundamental* 晶体基(本)频(率). *crystal gate* 晶体管门电路. *crystal glass* 富铅(晶体,水晶,结晶)玻璃. *crystal grain* 晶粒. *crystal grower* 单晶生长器. *crystal growth* 〔growing〕晶体(晶)生长. *crystal kit* 晶体接收机的成套零件. *crystal lattice* 晶体点阵(格构),(结)晶格(子). *crystal loudspeaker* 晶体(压电)扬声器. *crystal microphone* 晶体话筒,压电式(晶体)(传)声器. *crystal mount* 检波头,晶体座,晶函. *crystal nucleus* 晶核. *crystal of high activity* 易激活(高活性)晶体. *crystal oscillator* 晶体(控制)振荡器. *crystal overtones* 泛音晶体. *crystal pickup* 晶体(压电)拾音器,晶体传感器. *crystal plane* 晶面. *crystal plate* 晶片. *crystal probe* 晶体探示器,晶体探头(探针). *crystal pulling* 拉(单)晶法. *crystal ratio* 晶体(整流)系数. *crystal receiver* 晶体耳机,晶体(矿石)收

音机. *crystal rectifier* 晶体(二极管)整流器,晶体检波器. *crystal RF probe* 晶体式射频探针. *crystal ribbon* 片状晶体. *crystal seed* 晶体种(籽). *crystal set* 晶体(检波)接收机,矿石收音机. *crystal shutter* 晶体检波器保护装置,晶体保护开关. *crystal soda* 石碱. *crystal stock* 连晶. *crystal test set* 晶体测试设备. *crystal transducer* 压电传感器,晶体变频器. *crystal valve* 晶体管. *crystal video receiver* 宽带晶体电视接收机,晶体视频接收机. *crystal violet oxalate* 草酸结晶紫. *crystal voltmeter* 晶体伏特计. *crystal water* 结晶水. *crystals ice* 针形(结晶)冰. *CT-cut crystal* CT 切割晶体. *elemental crystal* 单原晶体. *flat crystal* 片状单晶. *germanium crystal* 锗(晶)体. *hemihedral crystal* 半(面形)晶(体). *host crystal* 基质晶体,结晶核. *inoculating crystal* 晶种,籽晶. *liquid crystal* 液晶(体). *matted (seed) crystal* 晶子,籽晶,雏晶. *mixed crystal* 混(合)晶(体). *mixer crystal* 混频器晶体. *piezo-electric crystal* 压电晶体. *primary crystal* 初(析)晶. *pulled crystal* 拉(抽)晶. *pyro-electric crystal* 热电晶体. *quartz crystal* 石英晶体. *scintillation crystal* 闪烁晶体,晶体闪烁体. *silicon crystal* 硅晶体. *single (unit) crystal* 单晶(体). *whisker(-like) crystal* 须状晶体.

crystal-bar *n.* 晶棒.
crystal(-)checked *a.* (用)晶体稳定的,(用)晶体检定(查)的,石英控制的,石英校准的.
crystal-combination *n.* 合晶.
crystal-control transmitter 晶体稳频发射机.
crystal-controlled *a.* (石英)晶体控制的,晶体可控的,石英(晶体)稳频的. *crystal-controlled converter* 晶体控制变频器. *crystal-controlled frequency* 石英晶体稳定频率,晶体控(制)频率.
crys'talgrowing *n.* 晶体生长.
crystalli *n.* 水粒.
crystallif'erous [kristə'lifərəs] *a.* 产(含)水(结)晶的.
crys'tallin *n.* (眼)晶体蛋白,晶状体蛋白.
crys'talline ['kristəlain] Ⅰ *a.* 结晶(质)的,晶状(态,体)的,水晶(般,制)的,透明的,清晰的. Ⅱ *n.* 结晶体,(阴)晶体,晶态,结晶性. *crystalline fracture* 结晶(状)断口(面),晶体断裂. *crystalline grain* 晶粒. *crystalline imperfection* 晶格[晶体点阵]缺陷. *crystalline laser* 晶体[固体]激光器.
crystallin'ic [kristə'linik] *a.* 结晶的.
crystallin'ity [kristə'liniti] *n.* 结晶度,(结)晶性.
crystallinoclas'tic *a.* 晶质碎屑的.
crystallisa'tion = crystallization.
crystallise = crystallize.
crys'tallite ['kristəlait] *n.* 微(雏)晶,(细)晶体,晶粒(子).
crystallizabil'ity *n.* 可结晶性.
crys'tallizable ['kristəlaizəbl] *a.* (可)结晶的.
crystalliza'tion [kristəlai'zeiʃən] *n.* ①结晶(作用,过程),晶体形成(析出),结晶体,晶化 ②具体化. *batch crystallization* 分批结晶. *crystallization interval* 结晶间隔凝固范围. *crystallization system* 晶系. *fractional crystallization* 部分(分步,分级)结晶(法). *lamellar crystallization* 成层结晶. *surface crystallization* 表面结晶.
crys'tallize ['kristəlaiz] *v.* ①(使,形成)结晶,晶化,结晶出来(out) ②(使)定形,(使)具体化,(使)变得明确,明朗化. *crystallized verdigris* 结晶铜绿. *crystallizing dish* 结晶盘.
crys'tallizer *n.* 结晶器.
crystallo- (词头)晶体(质)之,结晶.
crystalloblastesis *n.* 晶质改变作用.
crystalloblas'tic [kristəlou'blæstik] *a.* 变晶(质)的.
crystallochem'istry *n.* 结晶化学.
crystallogen'esis *n.* 晶体(结晶)发生.
crystallog'eny [kristə'lɔdʒəni] *n.* 晶体(结晶)发生学.
crys'tallogram ['kristələgræm] *n.* 晶体(结晶)衍射图,晶体绕射图.
crystallograph *n.* 检晶器.
crystallograph'ic [kristələ'græfik] *a.* (结)晶的,结晶(学)的. *crystallographic order* 晶序.
crystallog'raphy [kristə'lɔgrəfi] *n.* 晶体学,结晶学.
crys'talloid ['kristəlɔid] Ⅰ *n.* (类)晶体,(凝,似,结)晶质. Ⅱ *a.* 晶体的,结晶(状,质)的,似晶体的,透明的.
crystallol'ogy *n.* 结晶构造学,晶体学.
crystallo-lumines'cence *n.* 结晶发(冷)光.
crystallom'eter *n.* 检晶器,晶体测量计.
crystallom'etry *n.* 晶体测量学.
crys'tallon ['kristəlɔn] *n.* 晶.
crystallophys'ics *n.* 晶体物理(学).
crystalon *n.* 刚晶,籽晶,晶子.
crystal-pulling *n.* 拉单晶,单晶控制. *crystal-pulling furnace* 拉单晶炉,晶体引拉炉.
crystal-size *n.* 晶粒大小.
crystal-tipped *a.* 晶尖的,端部为结晶体的.
crystobalite *n.* 白硅石,白石英.
crystolon *n.* (研磨用)(人造)碳化硅.
CS =①carbon steel 碳钢 ②cast steel 铸钢 ③cross section 中心截面 ④Chemical Society 化学协会 ⑤Commercial Standard 商用标准,工业标准(规格) ⑥common and standard items 普通与标准项目 ⑦common steel 普通钢 ⑧component specification 部(元)件规格 ⑨control signal 控制信号 ⑩control switch 控制开关 ⑪counting switch 计数开关 ⑫cross section 横截(断)面 ⑬crucible steel 坩埚钢 ⑭current strength 电流强度 ⑮cutting specification 切削规范.
Cs = cesium 铯.
cS = centistokes 厘泡(运动粘度单位).
c/s = cycle/second 周/秒,赫(兹).
cs = case(s).
CSA = Canadian Standards Association 加拿大标准,协会.
CSAR = communications satellite advanced research 通信卫星探索性研究.
CSB =①carrier and sideband 载波和边带 ②combustible storage building 油库(易燃品仓库)建筑.
CSC = change schedule chart 进度(变化)表.

csc =cosecant 余割.

csch =hyperbolic cosecant 双曲余割.

C-scope *n.* C 型指示器〔显示器〕,方位角-仰角显示器.

CSD =composite signal dialling 复合信号拨号.

CSE =cell separating enzyme 细胞分离酶.

c/sec =cycle/second 周/秒,赫(兹)

CSES =check statement end subroutine 校验结束语句子程序.

csg =casing 套管.

CS gas cs气(邻氯苯亚甲基丙二腈,可控制植物狂长).

CSH =called subscriber held 被叫用户不挂机信号.

c/sink 或 **Csk**=countersink 埋头〔锥口〕孔,埋头〔尖底锪〕钻.

CSL =①console 托架,角撑架,控制台,仪表板 ②current steering logic 电流控制逻辑电路) ③current switch logic 电流开关逻辑(电路).

CSM =combustion stabilization monitor 稳定燃烧监控器 ②composite signal multi-frequency dialling 复合信号多频拨号.

CSMOL =control station manual operating level 控制站手控工作电平(量级).

CSMPS = computerized scientific management planning system 计算机化的科学管理计划系统.

CSP =①cast steel plate 铸钢板 ②completely-self-protected 全自护的.

CSPG =common source power gain 共源功率增益.

CSPO = Communications Satellite Project Office (美国)通信卫星设计局.

CSRO =conical-scan-receive-only 圆锥形扫描单独接收.

CSS =cast semi-steel 铸低碳钢.

CSSB =compatible SSB 并存性单边带.

CSSL =continuous system simulation language 连续系统模拟语言.

CSST = compatible sidelobe suppression technique 兼容旁瓣抑制技术.

CST =①capillary suction time 毛细管抽吸时间 ②centistoke 厘泡(运动粘度单位;1厘泡=1×$10^{-6}m^2/s$) ③Central Standard time 美国中部地区标准时间 ④combined system test 组合系统试验 ⑤control system test 控制系统试验 ⑥countdown sequence timer (准备发射前计时用的)递减顺序计时器 ⑦critical solution temperature 临界溶解温度.

CSTG =casting 铸件(造).

CSTI =control surface tie-in 用电子计算机发出的信号来操纵飞机飞行的设备.

cst(k) =centistoke 厘泡(运动粘度单位 1厘泡=1×$10^{-6}m^2/s$).

CSTR =canister 装运箱.

CSTS = combined systems test stand 组合系统试验台.

CT =①cable test 电缆测试 ②captive test 静态〔工作台,捕获,截获〕试验 ③centre tap 中心抽头 ④chordal tooth thickness 弦(线)齿厚度 ⑤chronometer time 精密时间 ⑥continuous thread 连续螺纹 ⑦control transformer 控制变压器 ⑧copper tube 铜管 ⑨correct time 准确的时间 ⑩counter timer 时间间隔计数测量器 ⑪cross talk 串话〔音〕⑫cubic tonnage 立方吨位 ⑬current transformer 交流器,电流互感器.

Ct =centurium 钅(即镄fermium, Fm).

ct =①carat 克拉(=0.2g) ②cement 水泥 ③cent 分 ④centum 百 ⑤circuit 电〔线〕路 ⑥count 读〔计〕数,单个的尖顶脉冲 ⑦current 电流.

c/t =connecting tube 连接管.

cta =condenser-transmitter amplifier 电容式话筒放大器.

CTB alloy 钛铜合金(钛 4%,铍 0.5%,钴 0.5%,铁 1%,其余铜).

CTC =①centralized control 集中控制〔操纵〕②centralized traffic control 交通〔报务〕集中控制.

CT-cut *n.* CT 切割〔片〕.

CTD =charge transfer device 电荷转移器件.

ctd =①coated 有涂层的 ②crated 板条箱装的.

CTDN =countdown (发射前)时间计算〔计时系统〕,脉冲分频.

CTE =①cable termination equipment 电缆终端设备 ②coefficient of thermal expansion 热膨胀系数.

CTF =①ceramic tile floor 瓷砖地板 ②chlorine trifluoride 三氟化氯 ③coal tar fuels 煤焦油燃料 ④core test facility 磁芯测试装置.

CTFE = chlorotrifluoroethylene 氯三氟乙烯.

ctg =①cotangent 余切 ②cutting 切削(加工).

CTG alloy 钛铜合金(钛 4%,银 3%,锌 1%,其余铜)

CTI = conductivity-temperature indicator 导热率-温度指示器.

CTL =①castellated 城堡式的,槽顶(螺母) ②cental 百磅(=45.36kg) ③certified tool list 检定合格的工具清单 ④complementary 互余〔补〕的 ⑤complementary transistor logic 互补晶体管逻辑(电路) ⑥component test laboratory 部〔元〕件测试实验室 ⑦core transistor logic 磁芯晶体管逻辑(电路).

CTM = component test memo 部〔元〕件测试备忘录.

ctn =cotangent 余切.

CTO = circular terminal orbit 最终的环形轨道.

CTR =①centre 中心,顶针〔尖〕②contract 合同,等高线 ③contract(ual) technical report 合同技术报告 ④contract(-ual) technical requirements 合同技术要求 ⑤critical temperature resistor 临界温度电阻器.

ctr(s) =centre(s)中心.

CTS =①cabtyre sheathed 有硬橡皮套管的 ②cartographic test standard 制图测试标准 ③cesium time standard 铯(原子钟)标准时 ④command telemetry system 指令遥测系统 ⑤component test set 部〔元〕件测试装置 ⑥cryogenic temperature sensor 低温传感器.

cts =cents 分.

ct/sec =counts per second 每秒钟计算次数.

CTSS =compatible time sharing system 相容时间分配系统.

CTT =colour trace tube 彩色显像管.

Ctt =contactor 接触器,开关.

CTTL = complementary transistor transistor logic 互补晶体管-晶体管逻辑(电路).

CTU =①centigrade thermal unit 摄氏热量单位,磅-卡,454 卡 ②components test unit 部〔元〕件测试装置 ③crosstalk unit 串音单位.

CTV =①captive test vehicle 静态试验导弹 ②colour TV 彩色电视 ③commercial television 商业电视.

ctwt =counterweight 平衡重量,砝码.

C-type gun C 型点焊钳.

C-type spot welding head C型点焊钳.
CU =①close-up 闭合〔路〕,接通 ②close-up〔piezo-electric〕crystal unit 压电晶体 ③Columbia University 哥伦比亚大学 ④counting unit 计数单元.
Cu =copper 铜.
C/U =carbon/uranium 石墨铀比.
cu =cubic 立方(体)的.
cu cm =cubic centimeter 立方厘米.
cu ft =cubic foot 立方英尺.
cu in =cubic inch 立方英寸.
cu m =cubic meter 立方米.
cu mm =cubic millimeter 立方毫米.
cu mu =cubic micron 立方微米.
cu yd(s) =cubic yard(s)立方码.
Cu(b)或**cub** =cubic 立方(的).
cub Ⅰ n. 幼兽,幼鲸,猎幼兽,猎幼鲸,畜栏. Ⅱ v. 产仔.
cub exp =coefficient of cubical expansion 体积膨胀系数.
cub ft =cubic foot 立方英尺.
Cu'ba ['kju:bə] n. 古巴.
cu'bage ['kju:bidʒ] =cubature.
Cu'ban ['kju:bən] a.; n. 古巴的,古巴人(的).
cubane n. 立方烷.
cu'bature ['kju:bətʃə] n. (求)容积(法),(求)体积(法).
cubbyhole ['kʌbihoul] n. 鸽笼式文件架,分类格.
cube [kju:b] Ⅰ n. ①立方体〔形〕,正六面体 ②立方,三乘,三次冪 ③立体闪光灯(=flashcube) Ⅱ vt. ①求立方〔体积〕,三乘(使自乘二次) ②以体积计量 ③使成立方体 ④铺方石. *a cube 10 cm long* 每边长10 cm的立方体. *body-centered cube* 体心立方体. *cube a solid* 求一个立体的体积. *cube concrete test* 混凝土立方块强度试验. *cube(crushing) strength* 立方体(试件)抗压强度. *cube ice* 方块冰. *cube mixer* 立方形搅拌机(混合器). *cube root* 立方〔三次〕根. *cube spar* 硬石膏. *face-centered cube* 面心立方体. *n-dimensional cube* n 维体. *2 cubed is 8.* 或 *The cube of 2 is 8.* 二的三次冪是八.
cube-in-air method 空气中方块试验法.
cube-in-water method 水中方块试验法.
cuber n. 制粒机,压块机.
Cubex n. 双向性硅铜片.
cubi- 〔词头〕立方(体)的.
cu'bic ['kju:bik] Ⅰ a. 立方(体,形)的,三次的,(体积)的,正六面体的. Ⅱ n. ①立方晶系〔格〕 ②三次曲线〔函数,方程式,多项式〕. *acnodal cubic* 孤立三次曲线. *bipartite cubic* 双枝三次曲线. *crunodal〔nodal〕 cubic* 结点三次曲线. *cubic capacity* 立方容积,容积. *cubic cell* 立方晶胞. *cubic content* 容积(体积),立方度的生产量. *cubic curve* 三次(曲)线. *cubic deformation* 体积变形. *cubic equation* 三次方程式. *cubic expansion* 体(积)膨胀. *cubic martensite* 立方马氏体. *cubic measure* 体积,容量. *cubic metre* 立方米. *cubic niter* (saltpetre)钠(智利)硝石. *cubic number coefficient* 系数. *cubic parabola* 三次抛物线. *cubic parsec* 立方秒差距. *cubic polar* 极三次曲线. *cubic receiver*

立方律(调制特性电视)接收机. (电视)立方特性接收机. *cubic resistance* 体电阻. *cubic root* 立方〔三次〕根. *cubic strain* 体积应变. *cubic system* 立方(晶)系,等轴晶系. *cuspidal cubic* 尖点三次曲线. *face-centred cubic* 面心立方晶格(的).
cu'bical ['kju:bikəl] a. 立方(体,形)的,三次的,体积的. *cubical dilatation*〔expansion〕体(积)膨胀. *cubical material* 立方颗粒材料. *cubical parabola* 抛物挠线,三次抛物线. ~**ly** ad.
cubical-shaped a. 立方形的.
cubic'ity [kju:'bisiti] n. 立方(性). *cubicity factor* 立方体系数.
cu'bicle n. ①(机,小)室,(小)间,配室,箱,柜,机壳 ②(配电变箱)的栅,(配置装置,开关装置)间隔 ③开关柜,操纵台,密封(隔离)配电盘④控压电池. *control cubicle* 控制(操纵)(台)室. *cubicle for 4 solenoid valves* 装四个电磁阀的箱子. *cubicle switch* 组合室(柜)内开关,室内用配电柜. *cubicle switchboard* 开关柜. *cubicle switchgear* 组合开关装置. *instrument cubicle* 仪表室(舱,间). *reactor cubicle* 反堆舱.
cu'biform ['kju:bifɔ:m] a. 立方形的.
cu'bilose ['kju:bilous] n. 燕窝.
cu'bing n. 以体积计量.
cu'bit ['kju:bit] n. 库比特(长度单位,=45.7cm)-臂长.
cu'bitus ['kju:bitəs] n. 一臂长,骨尺,肘.
cubo-cubic transformation 六次变换.
cu'boid ['kju:bɔid] Ⅰ a. 立方形的. Ⅱ n. 长方体,矩形体.
cuboi'dal [kju:'bɔidəl] a. 立方形的.
cubond n. 铜焊剂.
cubo-octahedron n. 十四面体.
cubraloy n. 铝-青铜粉末冶金.
cu'ckoo n. 杜鹃,布谷鸟.
cu'cullate a. 帽状的.
cu'cumber n. 黄瓜. ▲*as cool as a cucumber* 泰然自若,极为冷静.
cucur'bit [kju:'kə:bit] n. 葫芦,南瓜,(葫芦形)蒸馏瓶.
cucurbita'ceous a. 葫芦(状)的.
cucurbitacine n. 葫芦素(类).
cucurbitula n. 吸(疗)杯,吸罐.
CUD =component usage designator 部(元)件用法标志.
cuddy ['kʌdi] n. ①(船上的)小室,小舱,厨房,小食橱 ②三脚杠杆.
cue [kju:] Ⅰ n. ①线索,暗(提)示②记号,(插入,提示)信号,【计】尾接(暗示)指令,语句信息标号 ③嵌入,插入(物)④滴定度 ⑤品质因数 ⑥长队. Ⅱ v. 插入(字幕),给...暗示. *cue and timings sheet* 电视节目交接时间表. *cue card* 分镜头提示卡. *cue channel* 提示(字幕)道. *cue circuit* (节目)指令线路,提示电路. *cue clock* 故障计时钟. *cue dots* (表示节目接近结尾的)提示标记. *cue-in times* (新闻片中每条新闻之间的)提示时间. *cue light* 演播室彩色信号灯,(彩色)提示灯. *cue mark* 换片信号,尾接指令 标记,指示标记,插图. *cue sheet* 电视节目演播次

cue'ing n. (电视节目中)插入字幕,提示.
序表,(电视工作者用)记事一览表. *cue signal* 辅助信号. *cue tape* 指令磁带. ▲*give … the cue* 给…指点〔暗示,指令,信号〕. *take one's cue from …* 从…获得暗示〔指令,信号〕.

cue-lure n. 诱蝇酮.

cue-response query 询问反应标志,信息标号应答询问,提示-回答询问,尾接应答询问.

cuesta n. 单斜脊,单面山,蒉丘.

cuff [kʌf] n. ①袖口②根套,套籀,环567(pl.)手铐. *propeller cuff* 桨叶根套籀,螺(旋)桨根套. *rubber cuff* 橡皮封套. ▲*off the cuff* 无准备(的),即席(的),临时(的). *on the cuff* 赊账,免费(的).

cuff'ing ['kʌfiŋ] n. 成套.

cuft＝cubic foot 立方英尺.

cuin＝cubic inch 立方英寸.

cuirass n. 胸甲.

cul-de-sac ['kuldə'sæk] (pl. *culs-de-sac* 或 *cul-de-sacs*)〔法语〕n. ①死胡同,死路,尽头路②困境,停顿.

culdoscope n. 陷凹镜.

culic'icide [kju'lisisaid] n. 杀蚊剂.

cul'inary ['kʌlinəri] a. 厨房用的.

cull [kʌl] Ⅰ n. 选出[选余,除去]之物. Ⅱ v. ①摘,摘取,采集,剔料,拣出,淘汰②挑选,选拔. *cull of brick* 光瑞砖.

cullen earth 铁棕,赭石与黑的一种混合物.

cullender ['kʌlində] n. 滤器[锅].

cul'let ['kʌlit] n. 碎玻璃,玻璃片.

cull'ing ['kʌliŋ] n. 选除,选隔法,采摘,选择. *culling level* 淘汰标准,淘汰准则.

cul'lis ['kʌlis] n. ＝coulisse.

culm [kʌlm] n. ①碎[灰]煤,煤屑,小块无烟煤,碳质页岩②(草木的)茎③(麦)秆,竹竿.

culmen (pl. *culmina*) n. 山顶.

culmif'erous a. 有杆的,含无烟煤的,含有碳质页岩的.

culmina n. *culmen* 的复数.

cul'minant ['kʌlminənt] a. (达到)顶上的,绝顶的,子午线上的,中天的.

cul'minate ['kʌlmineit] v. ①达到极[顶]点,到达最高度,到中天,于子午线②结束,完结. ▲*culminate in* 以…而终结,以…而达到顶峰,(结果)竟成.

cul'minating ['kʌlmineitiŋ] a. 达到绝顶[顶点]的,终极的,最后的. *culminating point* 极[顶]点,最高,转折点,绝顶.

culmina'tion [kʌlmi'neiʃən] n. ①顶点,极点[顶,限],绝顶,达到顶[极]点②全盛时期,最高潮③【天】中天,南中. *culmination point* 极点,中天.

culpabil'ity [kʌlpə'biliti] n. 有罪,有过失,该责备.

cul'pable ['kʌlpəbl] a. 有罪的,有过失的,该责备的. ~-**pably** ad.

cul'prit ['kʌlprit] n. ①犯罪者,罪犯,肇事者,嫌疑犯②(出)事故(出)故障的原因③可能出故障的地方,故障所在处. *main culprit* 主犯,罪魁祸首.

cult [kʌlt] n. 迷信,巫术.

cul'tivable a. 可耕的,可栽培的,可养殖的.

cultivar n. 栽培品种.

cul'tivate ['kʌltiveit] v. ①耕种(作),开垦,栽培②培养(育),磨炼,启发,养成. *cultivated field* 〔*land*〕耕地.

cultiva'tion [kʌlti'veiʃən] n. 养殖,培养,人工培养.

cul'tivator n. ①耕种(栽培)者②耕耘机,中耕机.

cul'trate(d) a. 小刀状的,锐利的.

cul'tural ['kʌltʃərəl] a. 文化(上)的,培养的,栽培的. *cultural building* 文化台. *cultural centre* 文化中心. *culture dish* 培养器〔皿〕. *cultural documentary* 〔*film*〕文献〔科教,记录〕片.

cul'ture ['kʌltʃə] Ⅰ n. ①文化(明)②(人工,细菌)培养〔繁殖〕,养殖,耕作,栽培③培养④【澳】地物. Ⅱ vt. 使有教养,栽培,培养,耕作. *culture bottle* 培养瓶. *culture medium* (细菌)的培养基,培养介体. *culture pearls* (人工)养珠. *deep culture* 深耕. *moral*, *intellectual and physical culture* 德育,智育和体育.

cul'tured ['kʌltʃəd] a. 人工培养的,人工养殖的,耕种的,有教养的.

cul'turist ['kʌltʃərist] n. 栽培〔培养,养殖〕者.

cul'vert ['kʌlvət] n. ①涵洞,暗渠〔管〕,明沟,下水道,排水泵②电缆管道,地下电信管道,沟道,线渠. *arch culvert* 拱(形)涵(洞),券涵. *box culvert* 箱(形)涵(洞),矩形涵洞. *culvert box* 涵箱. *culvert inlet* 涵洞进水口. *culvert outlet* 涵洞出水口. *culvert pipe* 涵管. *culvert system* 进排水系统. *culvert under floor* 闸底涵洞. *pipe culvert* 管涵. *slab culvert* 平板涵(洞),箱涵.

cum [kʌm] 〔拉丁语〕*prep*. 和,与,共,同,附有,以,用. *cum call* 附有催缴款项通知单. *cum grano* 〔*salis*〕有保留地,留心地.

cum＝cubic meter 立方米.

cumar resin 聚库玛隆树脂.

cu'marone [kuːmərəun] n. ＝coumarone.

cum'ber ['kʌmbə] vt. ; n. 麻烦,拖累,妨(阻)碍,阻塞,塞住.

cum'bersome ['kʌmbəsəm] 或 **cum'brous** ['kʌmbrəs] a. 笨(累)重的,麻烦的,不方便的.

cu'mene ['kjuːmiːn] n. 枯烯,异丙基苯.

cumine hydroperoxide 异丙苯过氧化氢.

cumul-〔词头〕堆(累)积.

cu'mulant ['kjuːmjulənt] n. 累积量.

cumularspharolith n. 团粒.

cu'mulate Ⅰ ['kjuːmjulit] a. Ⅱ ['kjuːmjuleit] vt. 堆〔累〕积(起)的,蓄积.

cumula'tion [kjuːmju'leiʃən] n. 堆(累)积,积累,重叠.

cu'mulative ['kjuːmjulətiv] Ⅰ a. 累积[加]的,渐增的,相重的,附加的. Ⅱ n. ①加重[多,载]②积分激. *cumulative compound excitation* 积复激〔励〕. *cumulative compound generator* 积复激〔励〕发电机. *cumulative compound* (*winding*) 积复励绕组. *cumulative demand meter* 累计式最大需要电量计. *cumulative errors* 累积误差,总误差. *cumulative grid detection* 栅极检波. *cumulative indexing* 累积(多重)变址. *cumulative mean* 累积平均数. *cumulative orbital payload* 轨道总有效负载. *cumulative percentage* 累计百分率. *cumulative rectification* 聚积整流,栅漏检波. *cumulative speed* 累积速率. *cumulative switching-off* 累积(引起的)断开. *cu-*

mulative time 总时间. *cumulative (time) metering* 累时计量. *cumulative weight* 累积量. ～**ly** *ad.* ～**ness** *n.*

cu′mulene [′kju:mjuli:n] *n.* 累接双键烃.
cu′mulent *n.* 累积.
cu′muli [′kju:mjulai] *cumulus* 的复数.
cu′mulite *n.* 积球雏晶.
cumulo- 〔词头〕积云.
cumulocirrostratus *n.* 层卷积云.
cu′mulo(-)cir′rus *n.* 卷叠(积)云.
cu′mulo(-)nim′bus *n.* 积(雷)雨云,乱积云,雷暴云.
cumulose *a.* 堆积的. *cumulose deposit* 碳质堆积土. *cumulose soil* 碳质土,腐殖有机土.
cu′mulo(-)stra′tus *n.* 层积云.
cu′mulous [′kju:mjuləs] *a.* 积云(状)的,由积云形成的.
cu′mulus [′kju:mjuləs] (*pl. cu′muli*) *n.* ①(晴天)积云 ②堆积,一堆,丘.
cuncta′tion [kʌŋk′teiʃən] *n.* 迟延.
cu′neal *a.* 楔状的.
cu′neate [′kju:niit] *a.* 楔形的.
cu′neiform [′kju:niifɔ:m] *a.; n.* 楔形的,楔形文字(的).
cunette *n.* 河岸加固工事,子〔底〕沟,干壕底的渠.
cu′nico [′kju:nikou] *n.* 铜镍钴(永)磁合金(铜50%,镍21%,钴29%;或铜20～50%,镍20～30%,钴20～50%).
cunicular *a.* 有隧道的,穿掘的.
cu′nife [′kju:nif] *n.* 铜镍铁永磁合金(铜60%,镍20%,铁20%;或镍20～40%,铁10～20%,其余铜).
cuniman *n.* 铜锰镍合金(锰15～20%,镍9～21%,其余铜).
cunisil *n.* 铜镍硅高强度合金(镍1.9%,硅0.6%,其余铜).
cunjah *n.* 大麻,印度大麻.
cun′ning [′kʌniŋ] *a.; n.* ①狡猾(的),阴险的 ②技巧,(技术)熟练(的),精巧(的). ～**ly** *ad.* ～**ness** *n.*
cuno (oil) filter 叠片转动式滤油器,箍式油漆.
cuorin *n.* 心磷脂.
cup [kʌp] Ⅰ *n.* ①杯(子,状物),盅,盂,盅(皮)碗,坩埚 ②(轴)圈,座,槽,齿窝,漏斗外壳出口,浇口杯,杯形座,凹形座,杯形溢油轴承 ③噴,罩(嘴),杯端,杯套(发动机)前室,喷注室 ⑤隔电子(绝缘子)外裙 ⑥杯的容量 ⑦【数】薄杯 ⑧奖杯,遭遇 ⑨(杯形)凹地,盆地. Ⅱ (*cupped, cupping*) *v.* ①成杯(凹)形,把…放在杯内 ②深拉,压杯(凹),冲盂 ③套杯 ④(木材)干翘曲,碗装杯承杯. *burner cup* 喷(嘴)头,燃烧碗. *collector cup* 环状集电器,收集盘. *concentration cup* (围绕阴极的电子束)聚焦杯. *counting cup* 计量皿,量杯. *cup and ball joint* 球窝关节. *cup and cone fracture* 锥状断口. *cup anemometer* 转杯风速表,杯形风力计. *cup chuck* 杯(钟)形卡盘,带螺钉钟壳形夹关. *cup dolly* (夹卡筒壳工件用)圆形抵座. *cup flow figure* 杯滋法流动指数. *cup fracture* 杯状断. *cup grease* 杯滑膏,钙皂(基)润滑脂(膏),稠结润滑膏,润滑(干)油,黄油. *cup head bolt* (半)圆头螺栓. *cup head rivet* 半圆头铆钉. *cup jewel* 杯形球面凹坑形)宝石轴承. *cup nut* 杯形螺母(帽). *cup packing* 杯(碗)形填密法,皮碗(式密封件). *cup point* 杯形端. *cup product* 【数】上积. *cup socket* 轴帽. *cup spring* 盘形弹簧,板簧. *cup valve* 钟形阀. *cup washer* 杯状垫圈,杯形皿圈. *cup weld* 套装焊接. *deflector cup* 折流罩. *double cup wheel* 双面凹砂轮. *drip(ping) cup* 承油杯. *elevator cup* 升运器斗. *focusing cup* 聚(调)焦杯. *friction clutch cup* 摩擦离合器盘. *graphite cup* 石墨坩埚. *indentation cup* 小圆穴. *injection* [*injector, spray*] *cup* 喷(嘴)头. *leather cup* 皮碗. *lubricating cup* 润滑油杯. *magnetic cup* 磁(荧光)屏. *mixing cup* 混合室. *oil cup* (加)油杯,油储存器. *packing cup* 填密皮碗. *piston cup* 活塞皮碗. *pivot cup* 枢轴杯,关节窝. *porous nickel cup* 多孔镍引爆(雷汞)杯. *primer cup* 雷管(底火)帽. *protective cup* 防护罩. *quenching cup* 淬火盂. *rotary cup* 旋转喷注杯. *sediment cup* 沉淀杯. *sintered nickel cup* 烧结镍过滤杯. *valve spring cup* 阀门弹簧座. ▲*a cup of* 一杯…. *win the cup* 优胜.

Cupaloy *n.* 可锻铜合金(银0.1%,铬0.5%,其余铜).
cup-and-ball joint 球窝关节.
cup′board [′kʌbəd] *n.* 橱,柜.
cup-cross anemometer 转杯风速表,杯形风力计.
cup-drawing test 深拉试验.
cu′pel [′kju:pəl] *n.* 灰皿法,灰皿,灰吹盂. Ⅱ (*cu′pel(l)ed, cu′pel(l)ing*) *vt.* 灰吹,用烤钵(灰皿)鉴定(提炼). *cupel furnace* 灰吹(提银)炉.
cupella′tion [kju:pə′leiʃən] *n.* 灰吹法,烤钵冶金法,烤钵(灰皿)试金法. *cupellation furnace* 灰吹(提银)炉.
cupferrate *n.* N-亚硝基苯胺. *cupferrate of columbium* N-亚硝基苯胺铌.
cupferron *n.* 铜铁试剂,试铜灵灵,N-亚硝基苯胺铵,亚硝基代苯胺.
cup′ful [′kʌpful] *n.* 一满杯,一杯之量(=½品脱).
cup′head [′kʌphed] *n.* (半)圆头.
cup′holder [′kʌphouldə] *n.* (线路用)绝缘子螺脚.
cup-like *a.* 杯形(状)的.
cu′pola [′kju:pələ] *n.* ①圆(屋)顶,穹顶,穹顶 ②冲天(化铁,熔铁)炉,(立式)圆顶,烘砖用圆炉 ③(旋转)炮塔 ④钟状火山,岩钟. *cupola furnace* 冲天(化铁)炉. *cupola hearth* [*working bottom*]冲天炉炉底. *cupola receiver* 冲天炉的前炉. *cupola shaft* 冲天炉身. *cupola well* 冲天炉缸.
cupolette *n.* 小冲天炉.
cupped *a.* 凹陷的,杯状的.
cup′ping [′kʌpiŋ] *n.* ①深(杯形)挤压,深拉,冲盂,吸吸 ②(牙轮齿的)槽形磨损 ③形成蘑菇头,(有缺陷的钢丝断口)出现蘑菇形杯盂,胀凸 ④(木料干缩翘曲)竖弯. *cupping machine* 深拉压力机. *cupping test* 压凹(胀凸,杯突,深拉,冲盂)试验. *cupping tool* 铆头模,窝模. *cupping transverse curl* (磁带)横向卷曲.
cupping-glass *n.* 吸(疗)杯,吸罐.
cup′py [′kʌpi] *a.* 杯形的,凹的,(地面上)窟窿多的.

cuppy wire 有纵裂纹的线材.
cupr- 〔词头〕铜.
Cupralith *n.* 铜锂合金(锂 1～10%).
cuprammonia *n.* 铜氨液.
cuprammonium *n.* 铜铵. *cuprammonium compound* 铜铵化合物. *cuprammonium silk* 铜铵丝.
cuprate *n.* 铜酸盐.
cuprein *n.* 铜蛋白.
cu′preous [′kju:priəs] *a.* (含,似)铜的,铜色的.
cupressene *n.* 柏烯.
cupri- 〔词头〕铜,二价铜.
cu′pric [′kju:prik] *a.* (正,二价)铜的,含铜的. *cupric acetate* 乙酸铜. *cupric ammine* 氨基铜. *cupric chloride* 氯化铜. *cupric oxide* 氧化铜. *cupric salt* 铜盐. *cupric sulphate* 硫酸铜.
cuprif′erous [kju:′prifərəs] *a.* 〔产〕铜的,含铜的.
cu′prite [′kju:prait] *n.* 赤铜矿.
cupro *n.* 铜. *cupro lead* 铅铜合金. *cupro mangan* 铜锰合金. *cupro nickel* 铜镍合金. *cupro silicon* 铜硅合金.
cupro- 〔词头〕铜,一价铜.
cuprobond *n.* (钢丝拉拔前的)硫酸铜处理.
cuprocompound *n.* 亚铜化合物.
cupro-lead *n.* 铅-铜〔中间〕合金.
cupromanganese *n.* 铜锰合金.
cup′ron [′kʌprən] *n.* ①科普隆铜镍合金,康铜(合金)(铜 55%,镍 45%)②试铜灵,苯偶姻肟. *cupron cell* 氧化铜电池,氧化铜整流器.
cupronickel *n.* 铜镍合金,白铜(镍 40%,少量铁,锰).
cuproscheelite *n.* 铜白钨矿.
cupro-silico *n.* 硅铜〔中间〕合金.
cuprosklodowskite *n.* (水)硅铜铀矿.
cuprosklovskite *n.* 硅铜铀矿.
cu′prous [′kju:prəs] *a.* 亚铜的,一价铜的. *cuprous ammine* 氨基亚铜. *cuprous oxide* 氧化亚铜,一氧化二铜. *cuprous-oxide cell* 氧化亚铜(光)电池.
cu′prum [kju:prəm] *n.* 铜.
cup-shaped *a.* 杯状的.
cup-type current-meter 旋桨式流速仪.
cupula (pl. *cupulae*) *n.* 顶,小杯,圆盖.
cu′pule [′kju:pju:l] *n.* ①杯形器,杯状托,杯状凹 ②顶.
CUR＝current 电流.
curabil′ity [kjuərə′biliti] *n.* 治愈可能性.
cu′rable [′kjuərəbl] *a.* 可医治的,医得好的.
cu′rative [′kjuərətiv] Ⅰ *a.* 治病的,医(治)疗的,有疗效的,治愈的. Ⅱ *n.* ①医药,治疗法(物)②固化剂.
cura′tor [kjuə′reitə] *n.* 管理(掌管)者,(图书馆等)馆长.
curb [kə:b] Ⅰ *n.* ①路缘(石),路边,侧石,道牙,井栏,(建筑物等)边的装饰 ②车围 ③井口镶口圈,井框垛盘 ④控制,约束,抑制(电流) ⑤阻止物,抑制的东西. Ⅱ *v.* ①控制,抑制,抑制,制止,束缚,勒(马)②设路缘石,设井栏. *curb capacity* 沿人行道停车容量. *curb chain* 锁链. *curb elevation* 路缘标高. *curb grade* 路缘坡度. *curb inlet* 路缘(道牙)进水口. *curb lane* 路边车道. *curb level* 路缘(石顶面)标高, 路缘水平. *curb parking* 路边停车. *curb ring crane* 转盘起重机. *curb roof* 复斜屋顶. *curb transmitter* 抑制发射机. *curbed modulation* 约束调制. *curbed separator* 有路缘石的分车岛.

cur′ber [′kə:bə] *n.* 铺圆石[路边缘]机.
curb′ing [′kə:biŋ] *n.* ①铺(制)②排设路缘石,做路缘(石的材料)③木井框支架.
curb′side [′kə:bsaid] *n.* 路边.
curcumin *n.* 姜黄(色)素,酸性黄.
curd [kə:d] Ⅰ *n.* ①凝乳,凝固乳酪 ②液体凝结物〔部〕,凝块. Ⅱ *v.* (使)凝结. *bean curd* 豆腐. *curd soap* 乳白肥皂.
cur′dle [′kə:dl] *v.* (使)凝结(固),乳凝(聚),(使)变质(坏).
curd′meter *n.* 凝乳计.
cur′dy [′kə:di] *a.* 凝结(了)的,凝乳状的.
cure [kjuə] *n.*; *v.* ①治疗(愈)医治,痊愈,愈合,纠(矫)正,解决 ②处理(置),加工,晒制,蒸馏,消除 ③(混凝土)养护,湿治 ④硫(熟,塑,固,硬)化,结亮,凝固(f) ⑤解决办法,对策,措施,治疗法,良药(for). *acid cure* 拌酸〔硫酸化〕处理. *cure bag* 蒸煮〔硫化〕室. *cure concrete road* 养护混凝土路. *cured resin* 硬〔凝固〕树脂. *curing agent* 固化(硬化)剂. *step-up cure* 升压塑化. *temporary cure* 临时措施. *water cure* (热)水热化,(热)水处治. ▲ *cure M of N* 治疗(纠正)M 的 N.
cure-all [′kjuərɔ:l] *n.* 万灵药,百宝丹.
cureless *a.* 无法医治的.
curet [kju ə′ret] *v.* 刮器,刮匙,刮.
curette *n.* 刮器,刮匙.
curiage *n.* 居里数,居里强度.
cu′rie [′kjuəri] *n.* 居里(放射性强度单位;＝3.7×10^10 次衰变/秒). *Curie cut* 居里切割, *x* 切割(垂直于 X 轴的石英晶体切割法). *Curie plot* 居里曲线. *curie point* 居里点,居里温度.
curie-equivalent *n.* 居里当量.
curiegraph *n.* 镭疗照片.
curietherapy *n.* 镭疗法.
curim′eter *n.* 曲率计.
cu′ring [′kjuəriŋ] *n.* ①处理(置),晒干[制],治疗,医治 ②(混凝土)养护,湿治 ③硫(熟,塑,固,硬)化(处理). *curing after-treatment* 处治后养护. *curing cycle* 〔period〕养护周期. *curing membrane* 养护(保育,湿治)薄膜. *curing period* 养护期. *curing temperature* 固化(养护)温度. *curing water* 湿治水. *field curing* 工地(现场)养护. *steam curing* 蒸汽养护.
curio [′kjuəriou] *n.* 古董,珍品.
curios′ity [kjuəri′ɔsiti] *n.* ①好奇心,奇特性 ②珍品,古董〔玩〕. *out of curiosity* 为好奇心所驱使,好奇地.
cu′rious [′kjuəriəs] *a.* ①好奇的,很想知道的 ②不寻常的,奇妙的,古怪的,难懂的,难以理解的. ▲ *be curious to*＋*inf.* 很想(做),渴望(做). *curious to say* 说也奇怪. ～ly *ad.* ～ness *n.*
cu′riously *ad.* ①好奇地,奇妙地 ②很,非常.
curite *n.* 板铅铀矿.
cu′rium [′kjuəriəm] *n.* 〔化〕锔 Cm.

curl [kə:l] Ⅰ n. ①卷毛〔发〕,卷(边,曲,缩),起皱,扭〔翘〕曲 ②涡流〔动,纹〕,旋度〔量〕,旋转(量) ③卷曲物,螺旋状物. Ⅰ v. (使)(卷翘,扭,弯)曲(over),(使)成螺旋状,卷起(up),卷边,卷缩,缭绕. *chip curl* 切屑圈. *curl of vector* 矢量旋度. *curling die* 卷边(压)模. *curling round the roll* 缠辊. *curling side guide* 卷边侧导板. *curling stress* 翘曲〔弯翘〕应力. *curling wheel* 卷边〔曲〕转盘. ▲*curl up* 卷,蜷,崩溃,(使)倒下.

curl-de-sack n. (袋形)死巷,〔尽头有回车道的〕尽端路.

curl′iness n. 卷曲(缩),旋涡.

curl′y [′kə:li] a. 卷曲的,波浪式的,旋涡形的,(木材)有皱状纹理的. *curly brackets* 波形括号. *curly schist* 卷曲片岩.

cur′rency [′kʌrənsi] n. ①通货,货币,货币符号 ②通流(动,传),传播 ③流通时间,行情,市价 ④经过,期间. *currency of payment* 交付账. *currency system* 币制. *foreign currency* 外汇. *fractional currency* 辅币. *metallic currency* 硬币. *paper currency* 纸币. *people's currency* 人民币. ▲ *gain currency* 传播开来. *give currency to* … 传播…,散布. *in comimon currency* 一般通用.

cur′rent [′kʌrənt] Ⅰ n. ①(电,气,水,液,河,潮,激,射)流,流动 ②趋势,倾向,过程. Ⅰ a. 流行的,通用(行)的,现在(时,行,代)的,当前的,当代的,本(年,月,期). *a current of cool air* 一股凉气. *the 20 th current* 本月二十日. *pass* (run, go) *current* 通行,流行. *active current* 有功(效)电流. *actuating current* 开动电流. *after current* 余流. *air current* (空)气流. *alternating current* 交流(电). *back current* 反向电流,逆流. *background current* 本底电流. *bleeder current* 旁漏电流. *cavity current* 空腔谐振器电流. *circulating current* (循)环(电)流. *continuous current* 恒(向,定,流)电流,等幅电流,直流,连续流. *convection* (convective) *current* 对流(气流),对流电流. *convergent current* 收敛流,汇流. *corona current* (电)晕(电)流. *counter current* 反向电流,对(逆)流. *current account* 活期存款(账户). *current affairs* 时事,新闻. *current algebra* 流代数. *current amplification* 电流放大(倍数). *current balance* 电流平衡,电流秤. *current bedding* 流水层理. *current bias* 偏流. *current block number* 当前分程序编号. *current breaker* 电流开关,电流断路器. *current carrier* 载流子. *current check* 电流核对,【计】及时核对. *current coin* 〔money〕通货. *current coincidence system* (磁芯存储装置的)电流符合制. *currentcollector* 集电设备,集电器,集流器. *current consumption* 电流消耗(量),耗电量. *current coordinates* 流动坐标. *current cost* 市价(值),时价. *current density* 电流密度,扩散流〔弥漫流〕密度. *current deposit* 活期存款. *current detector* 验电器. *current display*【计】当前区头电量. *current divider* 分流器. *current electrode* 供电电流〕电极. *current expenditure* 经常费. *current expenses* 杂费. *current file* 目前〔当前〕文件. *current flow* 电流. *current intensity* 〔strength〕电流强度. *current issue* (杂志的)本期,本号. *current lamination* 流水纹理. *current limiter* 限流器,电流限制器. *current loop* 当前循环,电流波腹. *current maintenance* 日常维护. *current meter* 流速计. *current mode logic* 电流型逻辑(电路),电流开关逻辑电路. *current month* 本月. *current number* 当前数,现行编号,本期,本号. *current of air* 气流. *current of traffic* 交通车流,运输流向. *current operations* 经常性业务. *current operator* 电流〔当前〕算符. *current order* 现行指令. *current page register* 现行页面寄存器. *current payments* 经常性支付. *current practice* 现行实践. *current price* 时(市)价. *current priority indicator* 正在执行的优先(程序)指示器. *current production* 流水生产. *current rate* 现价,成交价. *current rating* 额定电流. *current regulations* 现行条令,现行规章. *current regulator* 电流调节器,稳流器. *current repair* 小修,经常性修理. *current retard* 减流坝. *current reverser* 电流换向开关. *current series* 现行公文,现用本. *current square meter* 平方(刻度)电流表. *current stabilizer* 稳流器. *current stack top value* 当前站顶值. *current standards* 现行标准. *current supply* 电源,供电. *current tap* 分插口〔座〕,分接头. *current time* 实时. *current to light inversion* 电-光变换. *current transformer* 变流器,电流互感器. *current value* 现时〔现行,当前〕值. *current versus voltage curve* 伏安特性(曲线). *current year* 本年(度). *dark current* 无照电流,(光电倍加管中)暗(电)流. *direct current* 直流(电)(流). *eddy current* 涡(电)流. *electric current* 电流. *electron*(ic) *current* 电子流. *energy current* 能流,有效〔有功〕电流. *external current* 外电路流. *failure current* 反常〔故障〕电流. *feed current* 馈电电流,阳极流直流分量. *gas current* 气流. *grid current* 栅流. *heavy current* 强(大)电流. *high current* 高强度〔高安培〕电流. *hole current* 空穴(受主)电流. *idle current* 无功电流. *induced current* 感应(电)流. *inducing current* 加感电流. *initial current* 初电流,起始电流. *jet current* 射(喷)流. *joint current* 总电流. *laminar current* 层流. *low current* 低强度(低安培)电流. *marking* *current* 记(传)号电流. *medium current* 中等强度电流. *natural current* 自然(电)流,中性线电流. *net current* 净电流,合成电流. *neutron current* 中子流. *parallel current* 并流. *peak current* 峰值电流. *picture current* 视频(图像)电流. *pinch current* 等离子体线柱电流,收缩效应电流. *polyphase current* 多相电流. *price current* 价目表,定价表. *primary current* 原(一次)电流. *probability current* 概率(几率)流(量). *reactive current* 无功电流. *rotary current* 旋转流,多相电流. *sheet current* 表流. *spacing current* 无(信)号电流,空号电流. *standing current* 驻流. *still current of liquid* 静止液流. *stream current* 水(气)流. *thermionic current* 热离子流,热电子流. *through current* 直通电流. *turnoff current* 断路电流. *up current* 上升气流. *up welling current* 上升(海)流. *voice current* 口声电流. *warm current* 暖流. *whirling current* (旋)涡流. *wind current* 气流,风. *zero heat current* 无热流. ~ness *n*.

current-carrying *a*. 载(电)流的,通电的. *current-carrying capacity* 载流容量,电流容许值.
current-conducting *a*. 导电的.
current-crowding *a*. 电流集聚的.
cur′rentless [′kʌrəntlis] *a*. 无(电,气)流的,去激励的.
current-limiter *n*. 电流限制器,限流器,限流电抗器,限(掘)流线圈.
current-limiting 限流(的)
cur′rently [′kʌrəntli] *ad*. ①普遍地,通常地,广泛地 ②目前,现在. *currently accepted* 普遍接受的,目前采纳的.
current-meter *n*. 流速仪.
current-viewing resistor 电流显示电阻(器),显示电流的电阻(器).
current-voltage (characteristic) 电流电压特性,伏安(特性).
curric′ula [kə′rikjulə] *n*. curriculum 的复数.
curric′ulum [kə′rikjuləm] (pl. *curric′ula*) *n*. ①(一门,全部)课程,课程表,学习计划 ②路线,途径. *curriculum vitae* 履历(表). ▲ *place … on its curriculum* 把…列入课程之内.
cur′ry *v*. 刷拭(马,牛),制(革),硝(皮).
curse [kə:s] Ⅰ *n*., Ⅱ (*cursed* 或 *curst*) *v*. ①诅咒,咒骂 ②祸根,灾难, ▲ *be cursed with*…被…所苦,因…而遭殃.
curs′ed *a*. 该诅咒的,可恶的,坏透的.
cur′sive [′kə:siv] Ⅰ *a*. 草写的,草书体的. Ⅱ *n*. 草写体,草书(原稿). *cursive characters* 草体字. *cursive hand (writing)* 草书. *cursive script* 草写体.
cur′sor [′kə:sə] *n*. 游标,指针,指示器,(显示器的)光标,滑块,(计算尺的)滑动部分,(绘图器的)活动框杆,转动臂. *cursor target bearing* 游动目标(游标靶)方位. *vernier cursor* 游标尺.

cur′sory [′kə:səri] *a*. 草率的,仓促的,疏忽的. *cur′-sorily ad*. *cur′soriness n*.
curst curse 的过去式和过去分词.
curt [kə:t] *a*. 草率的,简略的,敷衍了事的. ~ly *ad*. ~ness *n*.
curt = current 电流.
curtage = current or voltage 电流或电压
curtail′ [kə:′teil] *vt*. 截(缩)短,削减,减少,省略,节约,提早结束,剥夺. *curtailed words* 简体(缩写)字.
curtail′ment [kə:′teilmənt] *n*. 缩短(减),减少,简化(缩),省略. *import curtailment* 缩减进口.
cur′tain [′kə:tən] Ⅰ *n*. 帘,(窗)帘,(薄的抽)屏(蔽),屏蔽箔,防中子管,屏障,隔板(层),挡(板),间壁,浮坝,活动小门,调光孔径, (pl.) (镀锌钢板的)粗糙和云状花纹表面. Ⅱ *v*. 挂窗子,装窗幕,用幕隔开,遮住 (off),保护. *a curtain call* 要求谢幕. *The curtain drops* (*falls*). 幕落. *antenna curtain* 天线屏幕,天线障. *array curtain* (天线)阵帘. *curtain antenna* 帷形天线,天线帘(由有源和无源二个平面天线组成的定向天线). *curtain array* 帷形(双矩形)天线阵. *curtain dam* (有水平回转轴的)闸门式水坝. *curtain of fire* 弹幕. *curtain of smoke* 烟幕. *curtain wall* 幕(护)墙. *electronic curtain* 电子屏蔽. *face curtain* 面罩. *fire-proof curtain* 防火幕,防火屏帘. *jet curtain* 射流幕. *raise the curtain* 开幕. *thermal curtain* 热幕. *water curtain* 水幕. *wave curtain* 波容. ▲ *behind the curtain* 在幕后,秘密地. *draw the curtain on* 结束…,掩盖…. *lift the curtain on* 揭开…的序幕,揭露….
curtain-fire *n*. 弹幕(拦阻)射击.
cur′taining *n*. 垂落(涂后漆膜形成较大面积的下垂).
cur′tate [′kə:teit] Ⅰ *a*. 缩(较)短的,省略的. Ⅱ *n*. 【计】横向划分的部分,水平分界线,(卡片信息孔)簇扰.(卡片)横向穿孔区,(穿孔卡上孔行的)横向区分划分,分区. *curtate cycloid* 长辐圆滚线.
cur′tilage [′kə:tilidʒ] *n*. 庭园.
curtis(s) winding *n*. 无自感绕圈,无感绕法(绕组).
curt′ly [′kə:tli] *ad*. 简短地,草率地. **curt′ness** *n*.
curtom′eter [kə:′təmitə] *n*. 圆量尺,测曲面器,曲度计,曲面测量计.
cur′vatura (pl. *cur′vaturae*) (拉丁语) *n*. 弯(曲),曲度.
cur′vature [′kə:vətʃə] *n*. ①弯曲(部分),弯折线,屈曲 ②曲率,曲(弧,度)度 ③直线性系数. *compound curvature* 或 *curvature of space* 空间曲率. *curvature correction* 弯道(土方)计算修正值. *curvature meter* 曲率仪. *curvature of face* 面曲率. *curvature radius* 曲率半径. *meniscus curvature* 透镜曲度,月牙形弯曲(曲率).
curve [kə:v] Ⅰ *n*. ①曲线(板,规,图,图表),特性(曲)线,弧线 ②弯曲物,处,弯道 ③ (pl.)(圆)括号. Ⅱ *a*. (弯)曲的. Ⅲ *v*. 弄弯,(使)弯曲,成曲形,绘(设置)曲线. *abrupt curve* 折线. *adiabatic*

curve 绝热曲线. *arrival* (*current*) *curve* 输入[终端]电流曲线. *axis curve* 轴线. *ballistic curve* 射体轨迹,弹道(曲线). *base curve* 基(础)曲线. *B-H curve* B-H 曲线,磁化曲线. *bicircular curve* 重(虚)圆点曲线. *boundary curve* 边界(曲)线. *broken curve* 虚线(曲线). *building-up curve* 增长[组合]曲线,建起曲线. *catenary curve* 悬链线. *characteristtic curve* 特性曲线. *climb*(*ing*) *curve* 气压图,升速[爬升]曲线. *combined curve* 总[复合]曲线. *complex curve* 复曲线. *conjugate curve* 共轭曲线. *conversion curve* 换算曲线. *cross curve* 十字线. *curve board* 曲线板[牌]. *curve break* 曲线转折点,曲线的拐点. *curve cut-off* 截弯取直. *curve fitting* 曲线配[拟,切]合,(选)配(曲)线,按曲线选择经验公式. *curve follower* 曲线跟踪器[阅读器],复制器,输出机,描绘装置. *curve forming rest* 弧形刀架. *curve gauge* 曲线规. *curve generator* 波形(曲线)发生器,金刚钻加工透镜(表面)机. *curve of extinction* 阻尼[衰减,消摆]曲线. *curve of loads* 负载(特性)曲线. *curve of order 2* 二阶曲线. *curve of regression* 回归线. *curve plotter* 曲线描绘仪,绘图器. *curve radius* 曲线半径. *curve resistance* 非线性电阻. *curve sign* 曲线[道]标志. *curve tester* 曲线测定器,曲板检验器. *curve tracer* 波形记录器,曲线描绘仪. *curve widening* 曲线[弯道]加宽. *decay curve* 衰减[蜕变]曲线. *diametral curve* 径线. *diode curve tracer* 二极管特性曲线描绘器. *double heart curve* 双心线. *dynamic curve* 动态[动特性]曲线. *envelope curve* 包络线,包迹. *error curve* 误差[概率,高斯]曲线. *faired curve* 展平[光滑]曲线. *figure-of-merit curve* 质量[灵敏值]曲线. *French curve* 曲线板. *full* (*solid line*) *curve* 实[连续]曲线. *geodetic curve* 短程线. *helical curve* 螺(旋)线. *hyperbolic curve* 双曲线. *hysteresis curve* 滞后[磁滞]曲线. *inverse curve* 反[逆]曲线. *involute curve* 渐开线. *isochromatic curve* 等色线. *isodynamic curve* 等(磁力)线. *isophot*(*ic*) *curve* 等照度线. *isostatic curve* 等压线. *landing curve* 降落线迹[迹线]. *magnetic curve* 磁力线. *moment curve* 力[弯]矩曲线,力[弯]矩图. *non-cumulative curve* 微分曲线. *parabolic curve* 抛物线. *parallel curves* 平行(曲)线. *path curve* 轨线. *point of curve to curve* 三心曲线的半径变化点. *rating curve* 流量关系曲线. *rose curve* 玫瑰线. *sharp curve* 锐线(小半径)曲线,急弯. *space curve* 空间曲线,挠曲线. *spiral curve* 螺线. *vacuum curve* 真空曲线. *varied curve* 变(分)曲线,近郊曲线. *zero curve* 零线.

curved *a*. 弯(曲)的,弧形的,曲(线)(面)的. *curved bar* 曲杆. *curved batter* 曲线斜坡. *curved brick* 曲面砖. *curved bridge* 曲线桥,弯桥. *curved cathode* 曲线形阴极. *curved chord truss* 折弦桁架. *curved corrugated sheet* 瓦垅薄板. *curved cutting face* (刀具的)曲切削面. *curved crystal* 弯(曲)晶(体). *curved dam* 弧形坝. *curved intersection* 曲线交叉. *curved line* 曲线. *curved path* 曲线路径. *curved pipe* 弯管. *curved surface* (弯)曲(表)面.

curve-fitting *n*. 曲线拟合(法),曲线求律法,选配曲线.

curve-gauge *n*. 曲线规.

curvemeter *n*. 曲率计.

cur'vic *a*. 弯曲的,曲线的.

curvilin'eal [kə:vi'liniəl] 或 **curvilin'ear** [kə:vi'liniə] I *a*. 曲线的. II *n*. 曲线. *curvilinear asymptote* 渐近曲线. *curvilinear integral* 线积分. *curvilinear motion* 曲线运动. *curvilinear orthogonal coordinates* 正交曲线坐标. *curvilinear regulation circuit* 曲调电路.

curvim'eter *n*. 曲线(长度)计,曲率计.

cur'ving *n*. 弯曲,截弯.

cur'vity ['kə:viti] *n*. 曲率.

curvom'eter [kə:'vɔmitə] *n*. 曲线仪.

cu'sec ['ku:sek] *n*. 容积流率,=cubic feet per second 每秒一立方英尺的流量,英尺³/秒.

cushily ['kuʃili] *ad*. 轻松地,舒适地.

cush'ion ['kuʃən] I *n*. ①垫子[层,块],软(胶)性[垫],衬层,填料 ②减震器,缓冲(气)垫,缓冲(减震)器 ③(铸型的)容止,可让,直浇口口的储铁池. II *v*. 把…放在垫子上,给…装(垫)上垫子,缓冲(…的冲击),减震,使减少震动,预防,掩盖. *air* (*gas*) *cushion* 气垫. *cushion blasting* 缓冲爆破. *cushion block* 垫块. *cushion coat* (*course*) 垫层. *cushion craft* (*ship*) 气垫船. *cushion cylinder* 缓冲筒. *cushion effect* 缓冲(减震)作用. *cushion material* 缓冲(垫)材料,阻尼(缓冲)(剂),(铸型的容让(剂),(铸型的)容让性材料. *cushion seat* 气垫密封. *cushion space* 缓冲空间. *cushion*(*ed*) *socket* 防震(弹簧)插座. *cushion* (*type*) *tyre* 垫式(半实心)轮胎. *cushion valve* 缓冲阀. *die cushion* 模垫(气,橡皮,弹簧)缓冲器. *ground cushion* 地面效应气垫. *oleo cushion* 油压缓冲. *pneumatic cushion* 气垫,气压[成形]缓冲. *pneumatic die cushion* 气垫气力模垫. ▲ *cushion M against N* 把 M 放在垫子上[给 M 垫上垫子]以防止 N.

cush'ioncraft *n*. 气垫式飞行器,气垫船.

cush'ioning ['kuʃniŋ] *n*. (加)软垫,弹性填层,缓冲(作用,器),减震(作用,器),弹性压缩,阻尼. *cushioning capacity of tyre* 轮胎的弹性,轮胎的缓冲(减震)能力. *cushioning effect* 减震[缓冲,

层)作用,缓冲效应. *cushioning material* 弹性垫料.

cush'iony *a*. 垫子似的,柔软的.

cushy ['kuʃi] *a*. 容易的,轻松的,舒适的.

Cusiloy *n*. 线材用硅青铜(锡1～2%,硅1～3%,铁0.7～1%,其余铜).

cusp [kʌsp] I *n*. ①(两曲线的)交点,尖点,歧点,交切点,弯曲点,回复点,弧线上的停止点②(齿的)尖端,尖头,三角尖顶,顶角③峰④小岬,小海角⑤凹劈,凹槽分流劈⑥【天】月角,娥眉月的尖(角). II *v*. 装尖头. *cusp locus* 尖点轨迹. *focal cusp* 焦(点)会(切)线.

cusparine *n*. 库柏碱.

cuspate *a*. 尖的,有尖端的,三角的. *cuspate foreland* 三角岬.

cusped [kʌspt] 或 **cus'pidal** ['kʌspidl] *a*. 尖(头,点)的. *cusped arch* 尖拱. *cuspidal edge* 尖棱. *cuspidal index* 尖点指数. *cuspidal locus* 尖点轨迹. *cuspidal point* 尖(歧)点.

cus'pid ['kʌspid] I *a*. 尖的,尖端的. II *n*. 犬齿,尖牙.

cus'pidate(d) ['kʌspideit(id)] *a*. (有)尖的.

cuspides *n*. cuspis 的复数.

cus'pis ['kʌspis] (pl. *cus'pides*) *n*. 尖.

custodes ['kʌs'toudi:z] custos 的复数.

custo'dial [kʌs'toudiəl] *a*. 保管的,管理的,监视的,看守的,监护的.

custo'dian [kʌs'toudiən] *n*. 保管(管理)员,看守人. *custodian fee* 保管费.

cus'tody ['kʌstədi] *n*. ①保管(护)②监视,拘留,监禁,收容. ▲ *be in the custody of* … 托…保管,受…监护. *have the custody of* 保管(护). *in custody* 被拘留(监禁). *keep* … *in custody* 拘留(监禁). *take* … *into custody* 逮捕….

cus'tom ['kʌstəm] I *n*. ①习惯,风俗,惯例,常例(规),传统 ②顾客,主顾 ③(pl.)关税,海关. II *a*. 定做〔制〕的. *custom circuit* 定制电路. *custom house* [*office*] 海关. *custom invoice* 报关单. *customs clearance* 出口结关. *customs duty* 〔due〕关税. *customs entry* 进口报关. *customs examination* 〔inspection〕海关检验〔查〕. *It is the custom with* 〔of〕*M to do so*. 这样做是M的习惯.

cus'tomarily ['kʌstəmərili] *ad*. 照例,通常,习惯上.

cus'tomary ['kʌstəməri] *a*. 通常的,(合乎)习惯的,(根据)惯例的. *customary in trade* 商业上通行的. ▲ *it is customary to* (+*inf*.) 通常(一般习惯于)(做).

custom-built 或 **custom-made** *a*. 定制的,定做的. *custombuilt power unit* 非标准动力头,(按用户要求制造的)专用动力头.

cus'tomer ['kʌstəmə] *n*. ①顾客,主顾,买主,用户,服务对象,交易人 ②消能器,耗电器. *queer customer* 怪人.

cus'tomhouse 或 **cus'tomoffice** *n*. 海关(办公处).

cus'tomize ['kʌstəmaiz] *vt*. 定做〔制〕,按规格改制. *customized pattern* 定型模式.

customsfree *a*. 免税的.

custom-tailor *vt*. 定制(做).

cus'tos ['kʌstɔs] (pl. *custo'des*) *n*. 保管人,管理人,看守人.

cut [kʌt] (*cut, cut*; *cutting*) I *v*.; *n*. ①切割(削,断,开),切(削,断,破,口,片,法)②截,剪,裁,砍,锉,钻,锯,刨,磨,雕,刻,斩,劈,刈 ③断开(电,流,绝),截(停,中)止④切断(割),剔除(短,弱,价),(打)折扣,删节,剪辑,(硬)切换 ⑤开挖(掘,凿,采,辟),开洪口,挖土⑥路堑,沟,沟渠,坑,孔(道,隧,河,线)道.电路,空穴 ⑦首剖(截,面),提取,混〔搀〕和 ⑧冲淡,溶解,侵蚀 ⑨断〔剖,截〕面,剖面图〔割,剖〕,剖面 ⑩截距〔段〕,相交(切)点,(走)近路 ⑪(切去的,删掉的)部分,型材,轮廓,式样,图〔剖〕版,插图〔画〕⑫伤口,割口①刻(切,凹)度,凹〔刻,掏〕槽 ⑬切割深度,(切割器的)幅宽,割幅 ⑭【林】采伐量 ⑭切割量,切割深度 ⑮【化】馏份,油份(100磅树脂中加入的油的加仑数)⑯克特(紫胶浓度单位,每加仑酒精中含的(紫胶)磅数)⑰(涂)鞘 ⑱(鞘)疖子,冲砂,肥边(缺陷) ⑲(飞)快,(刀)快,(牙齿)长出 ⑳刺痛,抽打,攻击 ㉑急转方向,不理睬 ㉒(唱片上的)一首乐曲. II *A*, ①切削加工过的,切过的,挖过的 ②削减了的,缩小的 ③分割的,断开的 ④有锯齿边的. *a power cut* 电力减弱,停电期间. *a short cut* 近道,捷径. *a cut above* 颇优于,胜于,超过. *this year's cut of wool* 今年羊毛剪获(总)量. *illustrate with cuts* 附图说明. *clear cut* 轮廓分明的. *cut the bar in three* [in half into halves, to length, to pieces]将这棒料切成三截(两半,两半,规定长度,小块). *cut a profile* 挖成纵断面. *cut a tunnel through a hill* 穿山开条隧道. *cut resin with alcohol* 用酒精溶解树脂. *cut off the gas* [*electricity*] *supply* 切断煤气〔电力〕供应. *cut the labor content of each motor to the minimum* 把制造每台马达的工作量减到最小. *cut out unimportant details* 删去不重要的细节. *cut down 5 kg* 减掉五公斤. *cut the price by half* 减半价. *cut a lecture* 不去听讲(课),旷课. *cut through the difficulties* 排除困难(前进). *Don't cut it too short*. 不要把它剪得太短. *Line AB cuts line CD at point P*. AB和CD两线相交于P点. *A river cuts the plain*. 有条河穿过这平原. *Sandstone cuts easily*. 沙岩很容易切开. *These boring tools are so dull that they are no longer cutting*. 这些镗刀钝得镗不下去了. *Gear wheels must be cut carefully to produce a perfect mesh between their teeth*. 齿轮应精心铣线,以使它们的齿与齿之间能咬合完善. *auto cut out* 自动断路器,(截止,阻断). *bastard cut* 粗齿,粗切削. *branch cut* 分枝切割(线). *climb cut* (沿螺纹)上升磨削(法),顺铣. *continuous cut* 连续切割. *cross cut* 横切,交错整齿. *Curie cut X* [居里]截割. *cut angle* 交角. *cut back tar* 稀释焦油,轻制柏油,轻制焦油沥青,轻制. *cut bank* 视频切换台. *cut bay* (桥的)

跨度. *cut cable* 电缆端,电缆切口. *cut clearance* 切口间隙. *cut core* 截齿切[切面,半环形]铁心. *cut down buffing* 切削力很弱的抛光. *cut drill* 铣制钻头. *cut file* 截锉,木锉. *cut film* 薄膜切片. *cut glass* 雕琢玻璃,刻花厚玻璃,刻花玻璃器皿. *cut house* (石油工厂的)分类专业小组. *cut key* 节目切换器. *cut lengths* (板材剪切后的)定尺长度,切割尺寸(长度). *cut meter* 切削速度计. *cut nail* 切(方)钉. *cut off angle* 保护(遮光,截止)角. *cut paraboloid* (被)截抛物面. *cut payment* 扣款. *cut point* 分馏点(温度,界限),割点. *cut rate* 减费(价). *cut researching method* 逐段检验法. *cut ridge* 隔幅,截峰. *cut section* 分割区,路堑(挖方)断面. *cut set matrix* 割集矩阵. *cut slope* 路堑边坡. *cut spike* 大方钉. *cut stone* 琢石. *cut tree* 分割树. *cut wire shot* 线割钢球,钢丝切削丸粒. *double cut* 双纹. *draw cut* 拉剪(靠张力卷筒的拉力剪切). *drop cut* 垂直烧割,(上下)等速烧割. *end cuts* 尾(最后的)馏分. *file cut* 锉刀切纹. *fine cut* 细纹,细切削. *first cut* 初錾纹,粗切,粗切削片,初馏份,开始细分. *light cuts* 轻馏分. *loop cut* 组纹剖(隔)线. *lube cuts* 润滑油馏份. *machine cut* 机械切开. *normal (face perpendicular) cut X 截割. *panel cut out drawing* 面板开口图. *parallel (face parallel) cut Y (平行)截割. *product cut* 产品馏份. *pyramid cut* 角锥形掏槽. *R-cut* R〔平行〕截割,R 切片. *rasp cut* 粗锉纹. *rim cut* 轮缘(胎钢圈)断裂. *rotary cut* 旋削. *rough(ing) (lower) cut* 粗切削,粗加工. *saw cut* 锯痕. *signal cut* 信号切断. *single cut* 单纹. *smooth cut* 细纹,细切削. *square cut* 切四边,裁方. *tar cuts* 焦油馏份. *thirty-degree piezoelectric cut* 或 *Y cut* 压电(晶体)三十度截法. *under cut* (齿轮)根切口,下挖,过割切,凹割;切去下部;切去齿根(剃齿前防止打刀);咬边(一种焊接缺陷). *upper cut* 细切削. *wave cut* 波〔浪〕蚀. *wide-boiling cuts* 宽(沸点)馏分. *zero angle cut* 零度截断法,X 割法.▲ *at cut rate* 打折扣. *be cut out for* 适宜于(做…). *cut a record* 创新记录. *cut a tooth* 长颗牙,长见识. *cut across* 抄近路(穿过),对直通过,穿过…造成短路. *cut and carve* 切开,分割,变更,使精练. *cut and cover* 随挖随填. *cut and dried (dry)* 老一套的,刻板的,不真实的,不新鲜的. *cut and try (method)* 试凑(法),试探法,逐步渐近法,尝试法. *cut at* 砍(劈)向,危害,使毁灭. *cut away* 切(剪,砍)去,切掉,排开,跑掉. *cut back* 减少(低,轻),削减,(灌木)修剪,截短,降低,稀释(轻沥)中止,拒收,急转方向. *cut both ways* 骑墙,两边倒,模棱两可. *cut down* 砍伐,切倒,削(碱)减,减少(低),降低,凿下,向下挖,删节,节约,胜过. *cut down to grade* 挖(土)到设计标高. *cut in* 插(接,加,突,冲)入,接通,接通,开始工作(插入),超车. *cut it fine* 刚好赶上(够用),差一点就没有赶

上,几乎不留余地. *cut loose* 割断(绳索),解脱,自由行动. *cut lots* 抽签. *cut off* 切(割)去,打(轧)掉,切(凿,截)断,剪下,删去,断电(路,流,开,绝),关掉,隔开,孤立,截(中)止,断绝,拦住. *cut off (剪,截)下,切(削,凿,钻)去,侵蚀成,开孔,删去,省略,(射死),切断,关(去,切)掉,熄火,停止(工作),放弃,排定(工作),使分离出. *cut out for* 预定,准备,使适合于. *cut short* 打断,(突然)中止,使停止,缩短(简),截断,暂时,切短. *cut square* 方(成方块)开挖. *cut the ground from under* 破坏(某人的)计划(论据),拆台. *cut the knot* 快刀斩乱麻似地处理(难事). *cut through* 开凿,挖(凿)通,切(钻)入,钻探,贯穿,剪断,抄近路穿过,克服(困难). *cut to* (电视)转场,切换到. *cut to a point* 养尖. *cut to line* 挖到规定标高. *cut to size* 切割到应有的尺寸(大小). *cut under* 折实. *cut up* 切碎(断),割碎,粉碎,摧毁,挖除,根绝,严厉批评,裁成,使丧气(沮丧).

cutabil'ity n. ①可切性 ②出肉率,肉块产量.
cut-and-carry a. (连)挖(带)运的.
cut-and-come-again n. 丰富.
cut-and-cover n. 随挖随填的.
cut-(and-)fill n. 随挖随填,移挖作填,挖方和填方,充填法回采.
cut-and-trial 或 **cut-and-try** n.; a. 尝试法,试凑(法),试算法,反复试验法,逐步接近(法),逐次近似法,试验(性)的.
cuta'neous ['kju:teinjəs] a. 皮(肤)的.
Cutanit n. 刀具(碳化物)硬质合金.
cut'away I a. ①切去一部分(一角)的,剖面的 ②能切断的(器械). II n. 剖视图,剖开立体图. *cut-away drawing* 断面(剖面)图. *cutaway view (drawing)* (局部)剖视图,剖开立体图,内部接线图.
cut'back n. ①逆转(动),反逆作用,反向(应)运动 ②减少,消(削,缩)减,截短(的东西)中止 ③轻制,稀释(物,产物) ④电视中回映前景,电视镜头拼合接景法. *asphalt cutback* 溶于石油馏出物中的沥青. *cutback asphalt* 轻制(稀释)(地)沥青. *cutback bitumen* 轻制沥青. *cutback group* 轻制地沥青混合料. *cutback principle* 轻制沥青法. *cutback product* 轻制产品. *cutback tar* 轻制焦油沥青.
cut'down n. ①削减,缩减,减价 ②向下挖.
cute [kju:t] a. 伶俐的,漂亮的.
cut-fill 半填半挖式,填挖方. *cut-fill section* 半填半挖式(横)断面. *cut-fill transition* 填挖方调度(平衡).
cu'ticle ['kju:tikl] n. ①表皮,外皮,护膜 ②壳胶膜,(液面)的薄膜 ③角质层. **cuticular** a.
cu'ticolor ['kju:tikʌlə] a. 肤色的,肉色的.
cutic'ula (pl. **cutic'ulae**) n. 外表,外皮,液体的薄膜.
cutic'ular a. 表皮的,护膜的.
cuticulin n. 壳脂蛋白.
cutic'ulum n. 外皮.
cu'tin ['kju:tin] n. 角质,表皮质(层).
cut'-in ['kʌtin] I n. ①切(割,接,排)入,插入(物),加载 ②连接,接通,开动,开始工作 ③时差 ④超车 ⑤(电影)字幕. II a. 插入的. *cut-in blanking*

场逆程切换. *cut-in merhod* 插接法. *cut-in point* 接通点,开始工作点. *cut-in temperature* 接入温度. *cut-in voltage* 临界电压,开始导电点的电压.

cutiniza′tion *n.* 角化(作用).

cu′tis [ˈkjuːtis] *n.* 皮肤.

cuti′tis *n.* 皮炎.

cutlass-fish(es) *n.* 带鱼科鱼类.

cut′ler [ˈkʌtlə] *n.* 刀具工人.

cut′lery [ˈkʌtləri] *n.* 刀具(制造业),刀具. *cutlery steel* 刀具[剑]钢. *cutlery type stainless steel* 刀具不锈钢.

cut′let [ˈkʌtlit] *n.* (切)片.

cutline *n.* 插图下面的说明文字,图例(注).

cut(-)off [ˈkʌtɔf] **I** *n.* ①切去[开,断,割,换,边],断开[流,绝],截止[断],中止,关闭[断,车],停给[汽,电,water,本,止],遮断,(火箭)熄火,跳跃式转移 ②断开[截断]装置,保险器[装置],断[单]流器,阀(脉冲) ③挡[断]板,熄(陷心,) ④(河流)裁弯取直,(河流的)裁弯段,[地]截取作用,(桩的)截断处,截距,间隔,近路,取直,捷径 ⑤(塑体表面的)模缝脊,切边模 ⑥(电视机屏幕)边框遮挡的部分,(电影放映机)片门遮挡的部分. **II** *a.* 界限的,分界的. *abrasive cut-off* 磨削. *booster cut-off* 助推器闭火. *cadmium cut-off* 镉吸收界限. *combustion cut-off* 停止燃烧,闭火. *cut-off adjustment* 断路[切断]调整. *cut-off amplification factor* 极限[截止]放大因数. *cut-off angle* 截止[切断]角,熄火点[关闭发动机时的]弹道角. *cut-off basin* 封闭盆地. *cut-off bias* 截止偏压. *cut-off blanket* 隔离[截止]层. *cut-off clipping* 截流削波. *cut-off computer* 断流计算器. *cut-off current* 截止电流. *cut-off diameter* (波导管)临界直径,截止直径. *cut-off energy* 截止[门限]能量. *cut-off frequency* 截止频率. *cut-off gear* 切断[断流,熄汽]装置. *cut-off grade* 品位下限,截止品位. *cut-off height* 停车高度,主动段终点高度. *cut-off interval* 停车时间(间隔). *cut-off jack* (串联)切断塞孔. *cut-off key* 断流[断流]器. *cut-off level* 截止[限制]电平. *cut-off machine* 切割[片]机. *cut-off mould* 溢出式塑模. *cut-off of supply* 停止供电[水,气]. *cut-off phase* 发动机熄火时间. *cut-off piling* 截断[隔水板]桩. *cut-off point* 截止[断,汽,熄,火,弹头分离]点. *cut-off radiation* 辐射闭. *cut-off receiver* 关闭信号接收机. *cut-off relay* 断路[切断]继电器. *cut-off shaft* 配汽轴. *cut-off shell* 器壳. *cut-off slide valve* 断流滑阀. *cut-off switch* 断路开关. *cut-off test* 停车试验. *cut-off time* 截[截止]时间. *cut-off trench* 截水沟,拦墙沟. *cut-off valve* 截流,逆止阀. *cut-off wall* 拦[隔,齿,截水]墙. *emergency cut-off* 紧急切断[断开,关闭]. *engine cut-off* (发动机)停车. *fuel cut-off* 停止供油. *grid-current cut-off* 栅(极电)流截止. *idle cut-off* 慢关闭油路. *idling cut-off* 空转切断〔截止〕. *mercury cut-off* 汞(水银)断流器. *power cut-off* 结束工作,切断电源,关闭发动机,关车,(发动机)停车. *sharp cut-off* 锐(突然)截止. *timer cut-off* 定时器控制断开(停车). *tip cut-off* 端切除. *vernier (engine) cut-off* 微调发动机停车.

cut(-)out [ˈkʌtaut] *n.* ①切[中,阻,关]断,断绝(路,开),关闭,中止,停车,卸荷,结束工作 ②挖(切,剪)去,切开(口,剪裁,挖削细工,剪纸〔艺术〕③断流器,熔断器,单流器,中断器,中断(电路断开)装置,保险装置 ④(唱片,录音磁带)⑤齿(轮断流点. *automatic cut-out* 自动切断(断开),自动断路(器). *cut-out base* 安全座,断流座. *cut-out board* 断流板,装有保险丝的板. *cut-out case* 熔线(保险丝)盒. *cut-out of fuel pump* 燃油泵停止工作. *cut-ouf peak* 截止峰值. *cut-out plug* 断流栓(塞),断路插塞. *cut-out point* 截止(切断)点. *cut-out relay* 断路器(截止)继电器(汽车)单流断流器. *cut-out switch* 断路(切断)开关. *cut-out valve* 截止阀. *engine cut-out* 关闭发动机,(发动机)停车. *maximum cut-out* 最大电流自动断路器. *minimum cut-out* 最小电流自动断路器. *overload cut-out* 过载断路器. *plain (fusible) cut-out* 熔丝断路器. *plug cut-out* 插塞式保险器. *protected cut-out* 熔丝断路器,保安器. *reverse current cutout* 反流断路[断流]器. *safety cutout* 安全断路器,安全开关,保安器,熔丝断路器. *thermal cut-out* 热熔断器. *thermostatic cut-out* 恒温开关,恒温断流器. *time cut-out* 用钟表来切断或断路(电池充满电后自动切断). *visual cut-out* 图像截止.

cut-over [ˈkʌtouvə] *n.* ①接入,开通(动,机) ②转[切]换.

cut′-rate *a.* 减价的,次等的.

cut-set code 割集码.

cut′ter [ˈkʌtə] *n.* ①切削刀[工]具,刀片[具,盘],刃具,刀车,刨刀,铲刀,割刀 ②切(削,割,断,碎,纸)机[器],截断[剪切],割煤,收割,割草机,割嘴[矩,枪] ③(唱片)刻纹头,机械式录音头,记录器,刀牙,利齿[小(快)齿],[地]倾斜节理,[建]砌面砖 ④切割工人,裁剪者,剪(编)辑员. *angle cutter* 角铣刀,角铁切断机,圆锥指形铣刀. *angular (milling) cutter* 角铣刀. *back(ed) off cutter* 后让铣刀. *bar cutter* 切条机,截条机. *bolt cutter* 螺栓机. *boring cutter* 镗刀. *cable cutter* 电缆剪. *channeling cutter* 槽铣刀. *concave (milling) cutter* 凹形铣刀. *corrugated-type cutter* 波纹形磨轮. *counterbore cutter* 平底扩孔钻头,平底锪钻. *crystal cutter* 压电刻纹头,晶体刻纹头(机械式录音头),晶体裁断器. *cutter adapter* 刀具接头. *cutter and cleaner* 切洗

机. *cutter and tool grinding machine* 工具磨床. *cutter arbor* 刀杆(轴), 刀具心轴, 铣刀托. *cutter bar* 刀杆(轴). *cutter blade* 刀片. *cutter block* 组合铣刀. *cutter box* 箱形(齿条形插齿刀)刀架. *cutter change factor* 齿轮刀具变位(移动)系数. *cutter collet* 铣刀弹簧套筒夹头. *cutter grinder* 工具磨床. *cutter head* (镗)刀盘, 铣头, 绞刀头, 刻纹头. *cutter jack* (盾构)推进转刀用千斤顶. *cutter mark* (割刀)痕. *cutter oils* 馏出的石油产品. *cutter sharpener* 刀具刃磨器. *cutter shield* 转刀式盾构. *cutter spindle* 镗杆, 铣刀轴, 铣刀杆, 刀具轴. *cutter stock* 馏(组)份. *cutter stylus* (录音用)刻画针. *diamond cutter* 划(玻璃)刀, 金刚石(玻璃)割刀. *disc cutter* 盘形(切断)铣刀. *emery cutter* 砂轮. *end cutter* 立(端)铣刀. *face cutter* 端(平面)铣刀. *feedback cutter* 反馈刻纹头, 回授记录装置. *file cutter* 錾锉刀. *form(ed)(milling) cutter* 成形铣刀. *gang cutter* 组合铣刀. *gas cutter* 气割. *gear cutter* 齿轮铣刀. *gear shaper cutter* 刨齿刀. *glass cutter* 玻璃割刀. *Gleason cutter* 伞齿轮刨刀刀盘. *interchangeable cutter* 互换刀片. *key way cutter* 键槽铣刀. *magnetic cutter* 磁纹头. *milling cutter* 铣刀. *oxygen cutter* 氧气切割机(工). *pipe cutter* 切管机. *plain cuttter* 滚铣刀, 圆柱形铣刀. *plain spiral milling cutter* 辊刀, 螺旋平面铣刀, 普通螺旋铣刀. *profile cutter* 成(定)形铣刀. *radial cutter* 侧面铣刀. *rivet cutter* 裁铆钉器. *rotary cutter* 旋转切割机. *rotary type cutter* 盘形剃齿刀. *scrap(ing) cutter* 刮刀, 裁断废料用的刀, 碎边剪. *scraping out cutter* 拉刀. *screw cutter* 螺纹刀. *screw-on cutter* 螺装铣刀. *seat cutter* 阀座修整刀具. *slab(bing) cutter* 去皮刀. *slotting cutter* 切槽刀. *sprocket cutter* 链轮铣刀. *wheel cutter* 齿轮刀具. *wire cutter* 剪线钳.

cut′terbar *n.* 切割器, 刀杆(轴).
cut′terhead [ˈkʌtəhed] *n.* ①(镗)刀盘, 铣轮(头), 绞刀头 ②切碎器(装置). *cutterhead dredge* 铣轮式挖土(疏浚)机.
cut′ter-lift′er *n.* 切割挖掘机.
cutter-loader *n.* 切割装载机.
cut-through *n.* 开凿(工作), 挖(凿)通.
cut′ting [ˈkʌtiŋ] I *n.* ①切(削, 断, 下, 除, 片, 换), 刻槽, 挖(土, 方), 铣, 截断, 开凿(挖)采掘, 凿(穿), 侵蚀 ②(pl.)(切, 凿, 锯, 岩, 金属)屑, 钻粉, 刨花 ③(收)割, 插枝(条, 穗), 扦插, 剪(裁, 辑, 接, 报) ④(唱片)录音 ⑤路堑. II *a.* 供切(削)用的, 锐利的, 尖刻的, 漂冽的, 剧烈的, 剥牙的. *arc cutting* 电弧切割. *autogenous cutting* 气切. *carbon-arc cutting* 碳弧切割. *copying cutting* 靠模切割. *cross cutting* 横切. *cutting ability* 切削能力. *cutting angle* 切割(削)角(录音)刻纹角(度). *cutting blade* 刀片, 切削片, 平地机刮刀. *cutting blowpipe* 割炬, 切割吹管. *cutting burr test* 剪切毛边试验. *cutting compound* 切削液, 润滑液. *cutting coolant* 切削冷却液. *cutting depth* 开挖深度, 切削深(厚)度. *cutting die* 板牙. *cutting disc* 圆盘刀. *cutting edge* 刃口, 切割(削)刃. *cutting effect of slag* 炉渣侵蚀作用. *cutting fluid* 润滑液. *cutting hardness* 切削强(硬)度. *cutting head* 机械录音头, 刻纹头, 切头, 割嘴. *cutting jet* 切割射流, (水力开挖法中的)开挖水射. *cutting lip* 钻唇[口, 刃], 切削刃. *cutting lubricant* [oil] 切削(润滑)液. *cutting machine* 切削油. *cutting machine* 切削[编辑]室. *cutting nipers* 剪钳, 老虎钳. *cutting nose* 刃尖. *cutting off* 切割, 切槽, 截止, 切[断]开. *cutting off and centering machine* 切断定心机. *cutting out* 断路. *cutting pane* 切断面, 波浪形切面. *cutting pliers* 钳子, 剪钳, 钢丝钳. *cutting reamer* 整孔铰刀. *cutting resistance* 切削阻力(抗力). *cutting ring* 环刀. *cutting room* 剪辑[编辑]室. *cutting shoulder* 切凹边. *cutting sound* 声(伴音)剪辑. *cutting stroke* 切削(工作)行程, 剪切冲程, 刨程. *cutting stylus* 刻针(录音刻纹用). *cutting through* 挖(穿)刻纹过深. *cutting tip* 切削刀片, (气)割嘴. *cutting tool* (切)刀具. *cutting tooth* 刀齿, 切削齿. *cutting torch* 割炬, 切割吹管. *cutting whip* (骑手)鞭子. *diamond cutting* 金刚石切. *face cutting* 车平面. *flame cutting* 气体切割, (氧)气切割. *free cutting* 无支承切割. *gas cutting* 气(体)割. *high-speed cutting* 高速切削. *impact cuting* 冲击式切割, 砍切. *inner cutting angle* 内导角的余角(枪孔钻钻尖为基准). *metal-arc cutting* 金属(极)电弧切割. *oxy-acetylene cutting* 氧炔切割. *oxygen cutting* 氧气切割. *press cuttings* 剪报. *side cutting* 侧面切割(采掘), 切边. *stack cutting* 堆叠切割. *thread cutting* 车致螺纹, 螺纹切割. *under cutting* 刨削 T 形槽, 凹槽.
cutting-in *n.* ①(孔型的)切深, 切入 ②冲入, 打断, 干涉. *cutting-in tool* 切进刀.
cutting-off *n.* 切开(断), 断开, 截止(断), 关闭, 停车.
cutting-tool *n.* 切削刀具.
cut-up mill *n.* 切造车间.
cut′water [ˈkʌtwɔ:tə] *n.* 分水角(尖, 处), 剁水装置.
cut′worm *n.* 土蚕, 地老虎.
cuvette [kjuˈvet] *n.* 小池, 电池, 透明小容器(如试管), 比色杯, 小杯, 边沟.
CV = ① calorific value 卡(路里)值, 热值 ②check valve 止回阀 ③*cheval-vapeur* 公制马力 ④ combat vehicle 战斗飞行器 ⑤constant velocity 等速 ⑥*cras vespere* (拉丁语)明日黄昏, 明晚.

cv 或 **cvt**＝convertible.
CVCF ＝constant voltage &. constant frequency 恒压及恒频.
CVD ＝chemical vapour deposition 化学汽相淀积.
CVL ＝continuous velocity log 连续速度测井.
CVR ＝①constant voltage reference 常压基准 ②continuous video recorder 连续视频信号记录器,连续录像器.
cvt ＝convertible 可变换的,可折起的.
CW 或 **cw** 或 **c-w** ＝①clockwise 顺时针方向的 ②constant wave 行波,定常波 ③continuous wave(s) 等幅波,(无线电)连续波 ④continuous weld-连续焊 ⑤copper weld 铜焊 ⑥cosine wave 余弦波.
C/W ＝①cement-water ratio 灰水比 ②counterweight 平衡重量,砝码.
CW laser 连续(波)激光器.
CW SIG GEN ＝continuous-wave signal generator 连续波信号发生器.
CW transmission ＝continuous wave transmission 等幅波传输.
CWAR ＝continucus-wave acquisition radar 连续波搜索雷达.
C-washer *n*. C-形垫圈.
CWC ＝conventional (non-nuclear) war capability 常规(非核)战争能力.
CWD ＝capacitance water-level detector 电容式水位检测器.
CWE ＝current working estimate 当前的工作估计.
CWG ＝①Chinese wire gauge 中国线规 ②corrugated wire glass 嵌金属丝网玻璃波纹板.
C-wire *n*. 丙(C)线.
cwo ＝cash with order 定货付款.
cwp ＝circulating water pump 循环水泵.
CWR ＝chilled water return 冷却水回路.
CWS ＝①Central Wireless Station 无线电中心台 ②chilled water supply 冷却水的供应 ③cold-water soluble 冷水溶解的 ④confer with script 对照原稿.
cwt(s) ＝hundredweight 英担(英 112 磅, 美 100 磅), 1/20 吨.
cwv ＝continuous-wave video 连续视频.
cx ＝convex 凸面的.
cxn ＝correction 修正(量).
CY ＝①calendar year 历年 ②cubic yard 立方码 ③cycle 周(期,波),循环.
cy ＝①copy 副本,复制品,(一)册 ②cyanogen 氰.
cy′an ['saiæn] *a.*, *n*. ①氰基 ②蓝(青)绿色的,宝石蓝. *cyan chloride* 氯化氰. *cyan colour* 蓝绿(青绿,青蓝)色.
cyan- 〔词头〕氰(基),深蓝,青色.
cyan ＝cyanotype 晒蓝图.
cyanaloc *n*. 氰基树脂(防水剂).
cyanam′ide [saiə'næmaid] 或 **cyanamid** [sai'-ænəmid] *n*. ①氰胺,氨基氰,氰化氨 ②氨(基)腈. *calcium cyanamide* 氰氨化钙.
cyananthrone *n*. 氰蒽醌.
cy′anate ['saiəneit] *n*. 氰酸盐.
cy′anated *a*. 氰化了的.

cyana′tion *n*. 氰化作用,氰化法.
cyanelles *n*. 共生体.
cyanh(a)emoglobin *n*. 氰血红蛋白.
cyan′ic [sai'ænik] *a*. (含)氰的,青蓝的. *cyanic acid* 氰酸.
cyanida′tion [saiəni'deiʃən] *n*. 氰化(法),作用).
cy′anide ['saiənaid] Ⅰ *n*. 氰化物. Ⅱ *vt*. 用氰化物处理. *cyanide carburizing* 或 *cyanide (case) hardening* 氰化(热处理),氰化淬硬. *cyanide copper* 氰化物电镀铜. *dry cyanide process* 气体氰化法. *potassium cyanide* 氰化钾.
cy′aniding *n*. 氰化.
cy′anine 花青(染料).
cy′anite *n*. 蓝晶石.
cyano- 〔词头〕氰(基),深蓝,青色.
cyanoacet′ylene *n*. 丙炔腈.
cyanocar′bon *n*. 氰碳化合物.
cyano derivative 氰基衍生物.
cyanoeth′anol *n*. 氰乙醇.
cyanoethyla′tion *n*. 氰乙基化(作用).
cyanoeth′ylene *n*. 丙烯腈.
cyan′ogen [sai'ænədʒin] *n*. 氰 NCCN, 氰基, 氰乙二腈. *cyanogen chloride* 氯化氰. *cyanogen compound* 氰化(合)物.
cyanogena′tion *n*. 氰化作用.
cyanogenet′ic 或 **cyanogenic** *a*. 能产生氰化物的,生氰的.
cyanohydrin *n*. 氰醇.
cyanom′eter [saiə'nɔmitə] *n*. (测量海洋、天空蓝度的)蓝度表[计].
cyanomethyla′tion *n*. 氰甲基化(作用).
cyanom′etry *n*. (天空,海洋)蓝度测量法.
cyanoni′tride *n*. 氰氮化物,碳氮化物.
cyanosen′sor *n*. 氰基传感器.
cyano′sis *n*. (因缺氧产生的)紫绀,氰紫症.
cyan′otype [sai'ænətaip] *n*. 氰印照相(法),蓝晒法,晒蓝图.
cyanozonol′ysis *n*. 氰臭氧化.
cyanuramide *n*. 三聚氰酸胺,蜜胺.
cy′berculture ['saibəkaitʃə] *n*. 控制论优化,电子计算机化带来的影响,电子计算机影响下的文化.
cy′bernate ['saibə:neit] *vt*. 使受电子计算机控制,使电子计算机化,(电子)计算机控制化.
cyberna′tion [saibə:'neiʃən] *n*. (用电子计算机)控制. *full automation and cybernation* 完全自动控制.
cybernet′ic [saibə'netik] *a*. 控制论的. *cybernetic control* (计算机)控制. *cybernetic model* 控制论模型,模拟控制机.
cybernetic′ian (saibəni'tiʃən] *n*. 控制论工作者.
cybernet′ics [saibə'netiks] *n*. 控制论. *engineering cybernetics* 工程控制论.
cybernet′ist [saibə'netist] *n*. 控制论专家,自动化专家.
cy′bertron *n*. 控制机.
cyboma *n*. 集散微晶.
cy′borg ['saibɔ:g] *n*. 靠机械装置维持生命的人(如宇

cyborg =cybernetic organism 生控体系统.
cybor′gian *a.* 生控体系统的.
cybotac′tic [sibə′tæktik] *a.* 群聚的,分子的排列是衔接的或并行的. *cybotactic state* 群聚(状)态.
cybotax′is [sibə′tæksis] *n.* 群聚(性),晶体分子立方排列.
cyc =①cyclop(a)edia ②cyclop(a)edic.
cyc-arc welding (双头螺栓等)自动电弧焊.
cycl- 〔词头〕(循)环,(旋,回),(合,化),圆的,轮转的.
cy′clamate *n.* 环己氨基磺酸盐.
cy′clane(s) [′siklein(z)] *n.* 环烷烃.
cyclanone *n.* 环烷酮.
cy′cle [′saikl] Ⅰ *n.* ①周,周期,周波(数),一转 ②循环(时间),一个操作过程,(针式打印机的)击打次数,【数】轮,【化】环核,【地质】旋回,天体运转的轨道 ③自行[脚踏]车 ④全集(套,本) ⑤一段)长时期,(一个)时代. Ⅱ *v.* (使)循环,轮转,骑自行车. *binary* 〔*dual*〕 *cycle* 双循环. *bounding cycle* 零调闭链. *carbon cycle* 碳循环. *carburizing cycle* 碳化(渗碳)期. *character cycle* 字母周期. *clock cycle* 同步脉冲周期. *cycle annealing* 循环退火. *cycle casing* 自行车外胎. *cycle counter* 周期(周波)计数器,周期计量器,频率计,周波表,转数计. *cycle criterion* 循环判据(准则),重复循环总次数. *cycle fatigue* 周期疲劳. *cycle generator* 交变频率发生器. *cycle index* 循环次数. *cycle length* 周期(循环)时间. *cycle matching* 脉冲导航,相位比较. *cycle of annealing* 退火程序. *cycle of operation* 运行周期,工作程序. *cycle of vibration* 振动周期. *cycle operation* 循环作业,周期性操作. *cycle path* 〔*track*〕自行车道. *cycle (rate) counter* 周期计数器,频率计. *cycle reset* 循环复位,循环计数器复位. *cycle set* 循环集. *cycle skip* 周波跳跃. *cycle slipping* 跳周. *cycle slipping rate* 周期平滑率. *cycle stealing* 周期挪用. *cycle tyre* 自行(摩托)车胎. *cycles per second* 每秒周波,频率,赫芝,周/秒. *design cycle* 设计周期. *Diesel cycle* 狄塞尔〔柴油发动机)循环. *dot cycle*(电码的)点周,点循环,单元信号周期. *duty cycle* 占空因数(等于脉冲时间乘脉冲重复频率之),充填系数,负载系数,荷周,工作(负载)因子,工作周期. *furnace cycle* 炉期. *half cycle* 半周期. *heating cycle* 加热循环. *magnetic hysteresis cycle* 磁滞回线. *marginal proof cycle* 临界工作性能检查周期. *mega cycle* 百万周. *memory cycle* 存储(记忆)周期. *motor cycle* 机器脚踏车. *nitrogen cycle* 氮循环. *null cycle* 空转(不工作)周期. *operating* 〔*working*〕 *cycle* 工作循环,工作周期. *operational proof cycle* 运转性能保证周期. *scanning cycle* 扫描周期. *storage cycle* 存储周期. *thermal cycle* 热循环. *two(stroke)cycle* 二(冲)程循环. *write cycle* 写入周期.

cy′clecar [′saiklka:] *n.* 三轮小汽车,小型机动车.
cycle-criterion *n.* 循环判据,重复循环(的)总次数.
cy′cled *a.* (试验)循环的.
cycle-index *n.* 循环(完成)次数.
cy′clegraph [′saiklgræf] *n.* 操作的活动轨迹的灯光示迹摄影记录(法).
cy′clelog [′saiklɔg] *n.* 程序调整(节)器.
cyclenes *n.* 环烯.
cy′cler [′saiklə] *n.* 周期计,循环控制装置,骑自行车[机器脚踏车]的人.
cycle/second [′saiklə] 赫(兹),周/秒.
cycle-shared memory 周波共用存储器.
cycles-to-failure *n.* 疲劳损坏的循环.
cy′cleway *n.* 自行车道.
cy′cleweld [′saiklweld] *n.* 合成树脂结合剂.
cy′clewelding *n.* (金属等的)合成树脂结合剂焊接法.
cy′clic(al) [′saiklik(əl)] *a.* (循)环的,周期性的,循环的 ②环的,环状的,轮转的. *cyclic accelerator* 循环式〔回旋式〕加速器. *cyclic admittance* 相序导纳. *cyclic compound* 环(状)化合物. *cyclic constraint* 循环制约,循环约束. *cyclic field* 循环(周期)场,旋场. *cyclic frequency* 角频率. *cyclic hydrocarbon*【化】环烃. *cyclic irregularity* 旋转不均匀,循环不规则性. *cyclic loading* 变载荷,周期(性)荷载. *cyclic permeability* 正常(周期)磁导率,正常磁导系数. *cyclic permuted code* 循置置换(代)码〔排列码〕,单位距离(代)码. *cyclic product code* 循(乘)积码. *cyclic quartic* 重(虚)圆点四次线. *cyclic stress* 周期(发生的)应力. *cyclic surface* 圆纹曲面. *cyclic twin* 轮式双晶. *cyclic variation* 周期性变化. **cyclically** *ad.*
cyclicodevelopmen′tal *a.* 周期发育的.
cy′clics [′saikliks] *n.* 环状化合物.
cy′clide *n.* 四次圆纹曲面.
cy′cling [′saiklin] Ⅰ *a.* 循环的,交替的,周期性工作的,未孕的. Ⅱ *n.* ①循环,振荡(动) ②周期工作,定期动作,③(循环)变化,(被调量的,调节值的)周期性变化 ④发出脉冲 ⑤骑自行车. *cycling life test* 闪烁(循环)寿命试验. *cycling solenoid valve* 周期(工作的)电磁阀. *cycling time* 循环(周期)时间. *motor cycling* 骑摩托车. *thermal*〔*heat*〕*cycling* 热的周期性变化.
cy′clist [′saiklist] *n.* 骑自行车者.
cy′clite *n.* 二溴苄,苄(基)溴,赛克炸药.
cy′clitol *n.* 环(多)醇.
cycliza′tion *n.* 环合,环的形成,环化(作用),成环作用.
cy′clize *v.* 环化(合). *cyclized rubber resin* 环化橡胶树脂.
cy′clo [′si:klou] *n.* 出租机动三轮车.
cy′clo- 〔词头〕圆的,轮转的,(循)环(旋,回),环(合,化).
cycloaddit′ion *n.* 环加,环化加成(作用).
cy′clo(-)al′kanes *n.* 环烷(属烃).
cycloalkanoates *n.* 环烷金属化合物.
cy′clo(-)al′kenes *n.* 环烯(属烃).

cycloalliin *n.* 环蒜氨酸.
cycloaminium *n.* 环铵.
cyclobutadiene *n.* 环丁二烯.
cyclobutane *n.* 环丁烷.
cyclobutanone *n.* 环丁(烷)酮.
cyclobutyl *n.* 环丁基.
cyclocom'pounds *n.* 环状化合物.
cycloconver'ter *n.* 循环换流器,双向离子变频器.
cyclodeaminase *n.* 环化脱氨酶.
cyclo(de)hydrase *n.* 环化脱水酶.
cyclodehydra'tion *n.* 环化脱水作用.
cyclodex'trin *n.* 环状糊精.
cyclodiastereomerism *n.* 环键同异构(现象).
cyclodos *n.* (脉冲调制电路中的)发送电子转换开关.
cycloduc'tion *n.* 环动,环转.
cyclogen'esis *n.* 气旋生成(作用),气旋形成(成长).
cyclog'eny [saiˈklɔdʒeni] *n.* (细菌)周期发育,细菌生活史,发生周期.
cyclogiro = cyclogyro.
cy'clogram [ˈsaiklougræm] *n.* 周期图表,视野图(表).
cy'clograph [ˈsaiklougraːf] *n.* ①圆弧(画圆)规 ②特种电影摄像机,轮转全景照相机(电影摄影机) ③涡流式电磁感应试验法 ④试片高频感应示波法 ⑤测定金属硬度的电子仪器 ⑥周期图.
cy'clogy'ro [ˈsaikloʊˈdʒaiərou] *n.* 旋翼机.
cycloheptane *n.* 环庚烷.
cycloheptatriene *n.* 环庚三烯.
cyclohexadienyne *n.* 环己二烯一炔,苯炔.
cy'clohex'ane *n.* 环己烷.
cyclohexanol *n.* 环己醇.
cyclohexanone *n.* 环己酮.
cyclohexene *n.* 环己烯.
cyclohexyl *n.* 环己基.
cyclohyptene *n.* 环庚烯.
cy'cloid [ˈsaiklɔid] I *n.* 摆线(旋轮,圆滚)线. II *a.* ①圈状的,圆形的 ②易起循环精神病的. *curtate cycloid* 短幅摆线. *cycloid scale* 圆鳞. *prolate cycloid* 长幅摆线.
cycloi'dal [saiˈklɔidl] *a.* 摆线的,圆滚线的,轮线状的,圆形的. *cycloidal arch* 圆滚线拱. *cycloidal mass spectrometrer* 摆线质谱计. *cycloidal pendulum* 圆滚摆. *cycloidal pump* 摆旋泵,摆线转子泵. ~ly *ad.*
cycloinver'ter *n.* (交流电源用)双向离子变频器.
cyclol *n.* 环醇.
cyclol'ysis *n.* 气旋消除.
cyclom'eter [saiˈklɔmitə] *n.* ①跳字转数表(计),跳字计数器,转数(周期)计,记转器 ②示数仪表 ③测圆弧器 ④里程计. *cyclometer counter* 数字显示式计量仪器. *cyclometer dials* 跳字转数表的数字孔(标度孔).
cyclom'etry [saiˈklɔmitri] *n.* 圆弧测量法,测圆法.
cy'clone [ˈsaikloun] *n.* ①旋(暴)风,气旋,低气压 ②离心式除尘器,旋风(收尘,集尘,除尘,离尘,分离)器,旋尘器,旋风子 ③环酮,四芳(苯)基茂酮. *cyclone collector* 旋风(气)集尘器. *cyclone combustion chamber* 旋风燃烧室. *cyclone filter* 旋风滤器. *cyclone furnace* 气旋炉. *cyclone scrubber* 旋风涤气(洗涤,集尘)器. *cyclone smelting method* 旋涡熔炼法. *hydraulic cyclone* 水力旋转分粒机. *liquid cyclone* 液体分尘. *micro cyclone* 小旋涡. *tropical cyclone* 热带气旋. *solid-liquid cyclone* 固-液(水力)旋流器.
cyclon'ic [saiˈklɔnik] *a.* 气旋(似)的,旋(涡)的(似)暴风的,低压的. *cyclonic collector* 旋风(涡)收尘器.
cyclonite *n.* 黑索今炸药,旋风炸药,六素精,三次甲基三硝基胺.
cyclo'nium *n.* 【化】锤,的旧称. Cy.
cyclonome *n.* 旋转式扫描器.
cyclononane *n.* 环壬烷.
cyclooctane *n.* 环辛烷.
cyclooctene *n.* 环辛烯.
cycloolefen 或 **cycloolefin(es)** *n.* 环烯.
cyclooligomeriza'tion *n.* 环齐聚(作用).
cyclop(a)e'dia [saikləˈpiːdjə] *n.* 百科全书,丛书.
cyclop(a)e'dic [saikləˈpiːdik] *a.* 百科全书的,渊博的,广泛的.
cyclopar'affin [saiklouˈpærəfin] *n.* 环烷.
cyclo'pean [saiˈkloupjən] *n.* ①巨石堆. I *a.* ①蛮石的,巨石堆积的 ②镶嵌状的 ③巨大的. *cyclopean concrete* 蛮石混凝土.
cy'clopen'tane *n.* 环戊烷.
cyclopentanol *n.* 环戊醇.
cyclopentanone *n.* 环戊酮.
cyclopentene *n.* 环戊烯.
cyclophon(e) *n.* 旋调管(器)(多信道调制用电子射线管).
cyclophos'phamide *n.* 环磷酰胺.
cyclopian 或 **cyclopic** *n.*; *a.* = cyclopean.
cy'clopite [ˈsaikləpait] *n.* 钙长石.
cyclopolymeriza'tion *n.* 环(化)聚(合)(作用).
cyclopolyolefin(e) *n.* 环聚烯烃.
cyclopro'pane *n.* 环丙烷.
cyclopropyl *n.* 环丙基.
cyclorama [saikləˈrɑːmə] *n.* 圆形画景,半圆形透视背景.
cyclorec'tifier *n.* 循环整流器,单向离子变频器.
cyclorub'ber *n.* 环化橡胶.
cy'closcope [ˈsaiklouskoup] *n.* 转速计(仪),视野镜(计),极坐标示波器.
cyclo'sis *n.* 胞质环流.
cyclosteel method 旋风式微粉铁矿石直接炼钢法.
cyclostrop'ic *a.* 因气流曲率而引起的,旋衡的.
cyclosub'stituted *a.* 环取代的.
cyclosym'metry *n.* 循环对称.
cyclosyn'chrotron *n.* 同步回旋加速器,粒子加速器.
cyclothem *n.* 旋回层,韵律层.
cy'clotom'ic [ˈsaiklouˈtomik] *a.* 分(割)圆的. *cyclotomic equation* 分(割)圆方程.

cyclot′omy n. 分〔割〕圆〔法〕.

cy′clotron ['saikloutrɔn] n. 回旋加速器. *cyclotron frequency* 回旋频率. *cyclotron resonance* 回旋〔加速器〕共振〔谐振〕.

cyclotron-accelerated a. 被回旋加速器加速的.

cyclotron-magnetron n. 回旋加速〔器〕的磁控管.

cyclover′gence n. 环转.

cyclover′sion n. (石油的)铝土催化法.

cye′ma [sai'i:mə] n. 胚胎,胎.

cyemol′ogy [saii'mɔlədʒi] n. 胚胎学,发生学.

cyesis n. 妊娠.

Cyg′nus n.【天】天鹅(星)座.

cyl ①cylinder 圆柱(体),气缸 ②cylindrical 圆柱(形)的,柱面的.

cyl′inder ['silində] n. ①圆柱,(圆)柱体 ②汽〔气〕缸,液压缸,(液压操纵)油缸,泵〔筒〕体 ③圆〔机,钢〕滚,量,汽,唧〕筒,钢瓶,(氧)气瓶,(气)罐,清选器 ④小〔轧〕辊 ⑤【数】柱面 ⑥(多面盘的)同位标磁道组. *access cylinder*【计】存取圆柱体. *actuator* 〔actuating〕 *cylinder* 动力油缸,作〔主〕动筒. *air cylinder*(压)气缸,(储)气筒,空气瓶. *algebraic cylinder* 代数柱(面). *application cylinder* 控制〔作动〕筒. *boom cylinder*(装载机的)转臂油缸. *brake cylinder* 刹车作动筒. *chlorine cylinder* 氯气(钢)瓶. *circular cylinder* 圆柱(体). *collector cylinder* 集电极圆筒,圆筒形收注栅. *compensating cylinder* 补偿缸. *compound cylinder* 复合柱体. *control cylinder* 控制筒. *cruising cylinder* 主推进筒. *cushion* 〔bounce〕 *cylinder* 缓冲汽缸. *cylinder bore* 汽缸内径. *cylinder boring machine* 汽缸镗床,镗缸机. *cylinder cap*(气瓶)的阀罩,汽缸盖. *cylinder concept* 磁盘柱(状存取)方式,圆柱体概念. *cylinder console typewriter* 柱形控制台打字机. *cylinder gauge* 缸径规,圆筒内径测量器. *cylinder manifold* 汇流排. *cylinder mode* (磁盘)的环记录方式. *cylinder number* 圈数,(磁盘)的环数,柱面(编)号. *cylinder overflow* (磁盘记录的)环溢出. *cylinder set* 圆柱集. *cylinder valve* 气瓶阀. *damper* 〔damping〕 *cylinder* 减震筒. *dial cylinder gauge tester* 内径千分表检验器. *drawing cylinder* 拉模的圆柱孔部份. *gas* 〔high pressure〕 *cylinder* 高压气筒〔瓶〕. *graphite solid cylinder* 石墨棒. *hitch cylinder* 液压牵引钩油缸,联结器油缸. *hoist cylinder* 起重(机)油缸. *hydraulic cylinder* 液(水)压缸. *hyperbolic cylinder* 双曲柱面. *in-block cylinder* 气缸排. *infinite cylinder* 无限长圆柱体. *jack cylinder* 起重(机)油缸. *jib cylinder* 转臂(操纵)油缸. *leveling cylinder* 调平(机构)油缸. *lift cylinder* 起重〔提升,悬挂装置〕油缸. *measuring cylinder* 量筒. *nitrogen cylinder* 氮气瓶. *oblique cylinder* 斜(圆)柱. *operating cylinder* 操作(动力)油缸. *opposed cylinder* 对置汽缸. *oxygen cylinder* 氧气瓶. *parabolic cylinder* 抛物柱面. *portable* 〔remote(-operation)〕 *cylinder* 分〔外〕置式油缸. *power* 〔slave〕 *cylinder* 动力(油)缸. *pressure cylinder* 压力缸. *projecting cylinder* 射影柱. *pump cylinder* 泵缸. *quadric cylinder* 二次柱面. *ram drive cylinder* 柱塞传动油缸. *ram(-type) cylinder* 柱塞式动力油缸. *reflection cylinder* 反射圆柱面. *ribbed* 〔finned〕 *cylinder* 有散热片的汽缸. *sandwich cylinder* 夹层柱壳. *striker cylinder* 冲击唧筒. *switch cylinder* 旋转齿筒,筒形开关. *tangent cylinder* 切柱面. *thrust cylinder* 喷气(火箭)发动机,燃烧室,推力室. *turbine cylinder* 涡轮(透平)壳. *two-way cylinder* 双向(双作用)油缸. *volumetric cylinder* 量筒. *Wehnelt cylinder*(圆柱形)控制电极. ▲*(working) on all cylinders* 尽全力(工作).

cyl′indered a. 有(一个,数个)气缸的.

cylinder-gauge n. 缸径规,圆筒内径规.

cylindraxile n. 轴索,神经轴.

cylin′dric(al) [si'lindrik(əl)] a. 圆柱(体,形)的,(圆)筒形的,柱面的. *(automatic) cylindrical grinder*(自动)外圆磨床. *cylindrical bearing* 滚柱轴承. *cylindrical boring* 镗圆筒孔. *cylindrical center-type grinder* 外圆中心磨床. *cylindrical condenser* 管形(圆柱形)电容器. *cylindrical coordinates* 柱面坐标. *cylindrical domain* 柱形域,圆柱体磁畴,柱状畴. *cylindrical drill* 圆柱形钻头,套筒钻. *cylindrical function* 柱函数. *cylindrical gauge* 缸径规,圆筒形导板. *cylindrical harmonics* 柱谐(圆柱,调和)函数. *cylindrical jaw* 圆柱(柱面)量爪. *cylindrical ladle* 鼓形浇包. *cylindrical lens* 柱面(圆柱形)透镜. *cylindrical projection* 圆柱(柱形)投影. *cylindrical record* 爱迪生式唱片录音. *cylindrical roller thrust bearing* 圆筒形滚柱推力(止推)轴承. *cylindrical spiral* 螺旋线. *cylindrical surface*(圆)柱面,外圆(圆筒状)表面. *cyclindrical wave* 柱面波. ~**ally** ad.

cylindrical′ity [silindri'kæliti] n. 柱面性.

cylindric′ity n. 柱面性,圆柱(筒)度.

cylin′dricizing n. 对称比.

cylin′driform a. 圆筒(形)的,圆柱(状)的.

cylindrite n. 圆柱锡矿.
cylindroco'nical a. 圆锥形的. *cylindroconical ball mill* 圆锥形球磨机,圆锥ీ.
cyl'indroid ['silindrɔid] Ⅰ n. 圆柱性面,柱形面,拟圆柱面,圆柱状体,(正)椭圆柱(筒),曲线畸. Ⅱ a. 拟(椭)圆柱的.
cylindrom'eter n. 柱径计.
cylindrosymmet'ric a. 圆柱对称的.
cylpeb n. 粉碎(用)圆柱(钢)棒.
cym(o)- (词头) 波.
cy'ma ['saimə] (pl. *cy'mas* 或 *cy'mae*) n. 反曲线, 波状花边,浪纹线脚. *cyma recta* 表反曲线,上凹下凸的波状花边. *cyma reversa* 里反曲线,上凸下凹的波状花边.
cy'mæ ['saimi:] n. cyma 的复数.
cyma'tia [si'meiʃiə] n. cymatium 的复数.
cyma'tium [si'meiʃiəm] (pl. *cyma'tia*) n. 反曲线状,(拱顶)花边.
cym'ba n. 艇状物,舟状物,艇状结构.
cym'bal ['simbəl] n. 钹.
cym'biform a. 船形的,舟状的,艇状的.
cyme [saim] n. 聚伞花序.
Cymel n. 聚氰胺树脂.
cy'mene ['saimi:n] n. 致花烃,甲基·异丙基苯,百里香素,异丙(基)甲苯.
cymogene n. 粗丁烷.
cy'mograph ['saiməgrɑ:f] n. 转筒记录器,自记频率计,自记波频(长)计.
cymomer 或 **cymom'eter** [sai'mɔmitə] n. 频率计,波频(长)计.
cymomotive force 波动势,cmf.
cy'moscope ['saiməskoup] n. 检波器,波长计,振荡指示器.
cy'mose a. 聚伞状的,聚伞花序的.
cymyl n. 伞花基,甲异丙苯基.
CYN = cyanide 氰化物.
cyn'ic a. ①玩世不恭的 ②似犬的,犬的.
cyn'osure ['sinəzjuə] n.①【天】小熊(星)座,北极星 ②引人注意的人(物),(注意的)目标,引力中心.
cypher = cipher.
Cyp'riot ['sipriɔt] n.; a. 塞浦路斯人(的).
Cy'prus ['saiprəs] n. 塞浦路斯.
Cyrene n. 聚苯乙烯.

cyrtoid a. 驼峰状的.
cyrtolite n. 曲晶石.
cyrtometer [sə:'tɔmitə] n. 圆量尺,测曲面器,测胸围器,曲度计,曲面测量计.
cyst n. 胞囊,孢囊,囊休眠孢子,囊肿.
cys'tine n. 胱氨酸,双硫丙氨酸.
cytac n. 一种远距离导航系统,劳兰 C 导航系统.
cytoarchitecton'ics n. 细胞构筑学.
cytobiol'ogy [saitou'kemistri] n. 细胞生物学.
cytochem'istry [saitou'kemistri] n. 细胞化学.
cy'tochrome ['saitoukroum] n. 细胞色素.
cytochylema n. 细胞液.
cyto-dynam'ics n. 细胞动力学.
cytoecol'ogy n. 细胞生态学.
cy'togene n. 胞质基因.
cytogen'esis n. 细胞发生.
cytogenet'ics n. 细胞遗传学.
cytogeog'raphy n. 细胞地理学.
cytokine'sis n. (细)胞质变动(分裂).
cytol'ogy [sai'tɔlədʒi] n. 细胞学.
cytol'ysis [sai'tɔləsis] n. 细胞溶解(作用).
cytom'eter n. 血细胞计数器.
cytopathol'ogy n. 细胞病理学.
cytophotom'etry n. 细胞光度学.
cytophysiol'ogy n. 细胞生理学.
cy'toplasm ['saitəplæzəm] n. 细胞质,细胞浆.
cytospectrophotom'etry n. 细胞分光光度学.
cytotaxis n. 细胞趋性.
cytotaxon'omy n. 细胞分类学.
CZ = ①canal zone 运河区 ②combat zone 作战区域.
czar [zɑ:] n. 沙皇.
czarism ['zɑ:rizəm] n. 沙皇(专制)制度.
CZB = carbon-zinc battery 碳锌电池.
Czech 或 **Czekh** [tʃek] n.; a. 捷克人(语),捷克语.
Czech'oslo'vak ['tʃekou'slouvæk] a.; n. 捷克斯洛伐克的,捷克斯洛伐克人(的).
Czech'oslovak'ia ['tʃekouslou'væekiə] n. 捷克斯洛伐克.
Czochralski method 切克劳斯基(晶体生长)法.

D d

D [di:] ①D 字形 ②罗马数字 500.
D = ①darcy 达西(多孔介质渗透力单位)②datum 数据,资料 ③deci-十分之一,10^{-1} ④degree (程)度,(等)级,次 ⑤density 密度 ⑥depth 深度 ⑦design 设

计,计划,图纸 ⑧detail 细部〔节〕,详图 ⑨deuterium 氘 ⑩dial(标,刻)度盘,拨号盘 ⑪diameter 直径 ⑫dimensional 维,量纲,因次,尺度(的) ⑬diopter 屈光度 ⑭discharge 放电 ⑮drawn 拉 ⑯dynamo(直流)发电机 ⑰dyne 达因(力的单位).

D- =dextro-, dextral 右旋的.

d° =ditto 同上,同前,相同.

d = ①date 日期 ②deformation 变形,畸变,失真 ③depth 深度 ④derivative 导数,微商 ⑤deuteron 氘核 ⑥deviation 离差 ⑦differential 微分(的),差动(的) ⑧distance 距离 ⑨dollar 美元 ⑩dose 剂量.

(D) 2-NDPA = Dinitrodiphenylamine 二硝基二苯胺.

D lock =dial lock 度盘锁档.

D region =D 区,D 电离层(离地球表面 25～40 英里的电离层的最低部分).

DA = ①delayed action 延期作用 ②Delta Airlines 德他航空公司 ③delta amplitude 辐角 ④Department of the Army 陆军部 ⑤differential analyzer 微分分析器 ⑥direct acting 直接动作〔作用〕 ⑦direct action 瞬发〔直接〕作用 ⑧direct add 直接相加 指令 ⑨direct ascent 直接上升 ⑩dissolved acetylene 液化乙炔 ⑪distributed amplifier 分布式放大器 ⑫double-acting或 double-action 复动式,双动(的),双作用(的),双重作用.

da =double amplitude 全幅(值).

da capo 重复〔返〕信号.

D-A =digital-to-analog 数字-模拟.

D/A = ①digital analog 数字-模拟 ②documents against acceptance 承兑后交付凭单(外汇).

DAA =data access arrangement 数据存取装置.

dab [dæb] *vt.* ; *n.* ①轻敲〔拍〕,锤琢,(按)指纹印 ②(抹)搽,涂,揉,敷(on) ③(软而湿的)团,块,斑点 ④湿迹 ⑤能手(at).

dab′ber ['dæbə] *n.* 轻拍的东西,敷墨具,上墨滚筒,(打纸型的)硬毛刷.

dab′ble ['dæbl] *v.* ①浸,蘸,弄〔润,溅〕湿,灌注,喷洒 ②研究,涉猎(at, in).

DAC = ①data acquisition chassis(计算机)数据收集架 ②digital analog converter 数字-模拟转换器.

Dacca ['dækə] *n.* 达卡(孟加拉国首都).

dachiardite *n.* 环晶石.

Dachprisma 〔德语〕*n.* 达哈棱镜.

da′cite *n.* (石)英安(山)岩,石英质中长石.

dacitoid *n.* 似英安岩.

DACON = digital to analog converter 数字(信息)-模拟(信息)变换器,不连续量-连续量转换器.

Da′cron 或 **da′cron** ['deikron] *n.* 涤纶(线,织物),大可纶,的确凉,聚(对苯二甲酸乙二)酯纤维.

dacryagoga *n.* 催泪剂.

dacryagog′ic *a.* 催泪的.

dacryagogue ['dækriəgɔg] *n.* 催泪剂;泪泪管.

dacryogenic *a.* 催泪(性)的.

DACS = data acquisition and control system 数据收集与核对系统.

dac′tyl ['dæktil] *n.* 指,趾.

dactylite *n.* 指形晶.

dactylit′ic *a.* 指形晶状的.

dactyl′ogram *n.* 指纹(谱),指印.

dactyl′ograph [dæk'tiləgræf] *n.* 打字机.

dactylog′raphy [dækti'lɔgrəfi] *n.* 指纹学.

dac′tyloid *a.* 指状的.

dactylol′ogy [dækti'lɔlədʒi] *n.* 手语.

dactylopha′sia [dæktilo'feiziə] *n.* 手语.

dactylos′copy *n.* 指纹鉴定法.

dactylotype *n.* 指纹结构.

DAD = ①design approval drawing 批准的设计图 ②double acting door 双动门.

DADIC =data dictionary 数据辞典.

da′do *n.* ①护壁〔踢脚,裙〕板,墙裙,台度,墩身,柱坡,柱的基座 ②(木工)开榫槽,小凹槽.

DAE = data acquisition equipment 资料〔数据〕收集装置.

DAF = ①delayed action fuse 延迟作用信管 ②Department of the Air Force 空军部.

daf′fodil *n.* 黄水仙.

dafind = direct-acting finder 直接作用的旋转式选择器.

dag = ①decagram(me)十克 ② deflocculated acheson graphite 碳末润滑剂(导电敷层材料),石墨粉.

DAGC =delayed automatic gain control 延迟自动增益控制.

dag′ger ['dægə] *n.* 短剑,匕首,剑形物,剑(形)符(号)(†). *dagger operation* "与非"门. ▲*at daggers drawn* (*with*)剑拔弩张,(与…)势不两立.

daguer′reotype [də'gerotaip] *n.* 银板照相(法).

dah [dɑ:] *n.* (无线电,电报)电码中的一长划.

DAH =disordered action of the heart 心(脏)作用紊乱,心(脏)神经机能症.

dahllite *n.* 碳酸磷灰石.

dahmenite *n.* 达门炸药(硝酸铵91%,萘6.5%,重铬酸钾2.5%).

Daho′mey [də'houmi] *n.* 达荷美.

daiflon *n.* 聚三氟氯乙烯树脂(色谱载体).

dai′ly ['deili] **I** *a.* ; *ad.* ①每(逐)日(的),天天,日常的,日用的 ②昼夜的. **Ⅱ** *n.* 日报,日刊. *daily drilling progress* 日进尺. *daily inspection* 例行测试,日常检验,每日检查. *daily keying element* 日常键控单元. *daily load factor* 日负荷率. *daily mean* 逐〔按〕日平均. *daily necessities* 日用必需品. *daily output* 日产量,一昼夜的生产量. *daily report* 日报单. *daily routine* 作息表. *daily sheet* 日报表,每日工作记录. *daily variation* 每日变动,逐日变化. *daily wage* 计日工资. *daily work book* 日志,每日工作簿. *the People's Daily* 《人民日报》.

dailygraph *n.* (电话用)磁录放机.

dain′tily ['deintili] *ad.* 优美地,好看地,讲究地.

dain′ty ['deinti] *a.* 优美的,精致的,漂亮的,轻巧的.

DAIP =diallyl isophthalate 异酞酸己二烯.

Dairen ['dai'ren] *n.* 大连(现译 Talien).

dair′y ['dɛəri] *n.* 牛奶(奶品,乳品)场,牛奶店.

Dairy bronze 戴利黄铜(铜64%,锌8%,锡4%,镍20%,铅4%).

da′is ['deiis] *n.* (高,讲,演出)台.

DAISY =data acquisition and interpretation system 数据收集与整理系统.

dai′sy ['deizi] *n.* 雏菊. *daisy chain* 菊花链,伞包连接绳索. *daisy clipping* 掠地飞行. *daisy cutter* 杀伤弹. *daisy Mae* 澳大利亚测高计.

Dakar ['dækə] *n.* 达喀尔(塞内加尔的首都).

dakeite n. 硫铀钠钙石,板菱铀矿.

Dako'ta [dəˈkoutə] n. ①军事运输机 ② North (South) Dakota (美国)北(南)达科他州.

DAL 或 **dal** =decalitre(s)十升.

dalarnite n. 毒砂.

dale [deil] n. ①(山,小溪)谷,峪 ②水槽,排水管,排水孔

d'Alembertian n. 达朗伯(算)符.

dal'ly [ˈdæli] v. ①玩忽,不慎重考虑(with) ②延误,浪费(时间)(over, away) ③空转.

DALS = double-acting limited-switch 双动限制开关.

dal'ton n. 道尔顿(质量单位,一个氧原子质量的1/16,约$1.65×10^{-24}$g).

Dal'ton metal 铋锡铅易熔合金(铋60%,锡15%,铅25%,熔点92℃).

daltonide n. 道尔顿体,道尔顿式化合物.

dal'tonism [ˈdɔːltənizm] n. (红绿)色盲.

dalyite n. 钾锆石.

dam [dæm] I n. ①(水,拦河,挡水)坝,(坑道)堰,堤、隔(密封)墙,垄,水闸 ②闭合,阻塞,堵塞,障碍,屏障,空气墙,挡板 ③拦在堤坝里的水 ④(回转窑)挡料圈 ⑤母畜,母本,雌亲. Ⅱ (dammed; damming) vt. ①拦(住)水,筑坝(截水) ②堵(阻)塞,遮断,封闭,拦阻(截),抑(控)制. arch dam 拱坝. auxiliary dam 副坝. concrete dam 混凝土坝. core dam 坝心. dam face 坝面,堤坝承水(压)面. dam site 坝址. dammed water 壅水. damming lock 蓄水闸. ▲dam out 筑坝排水. dam up 壅高,用坝堵高水位,封闭,抑[控]制,拦阻.

dam =decametre(s)十米.

dam'age [ˈdæmidʒ] n.; vt. ①损害[坏,伤,耗,失],破坏,摧毁,毁坏,伤(危)害,杀伤 ②事故,故障 ③(pl.)损害赔偿费,赔款. arc damage 电弧损伤. blast damage 激波破坏. bombardment damage 轰炸破坏(损伤),粒子照射伤害. damage control 损(害)管(制),损(害)管(制)应变措施. damage repair 损坏修理. damage resisting 抗磨损(的). damage survey 损害检验. damage tolerant design 破损设计. damage volume 杀伤区域(范围). damaged beyond repair 损坏不能修的. explosive damage 爆炸破坏. irradiation damage 辐射伤害(损伤). mechanical damage 机械损伤. structural damage 结构损坏. target damage 目标摧毁. This is very damaging. 这是很有害的. ▲(do)damage to 损害(坏),破坏. the damage to M 对 M 的损伤,M(受)的损害.

dam'ageable [ˈdæmidʒəbl] a. 易(受)损害(破坏)的,易破损的.

dam'aging a. 破坏性的. damaging impact 破坏(危害)性冲击. damaging stress 损破(坏)应力.

damar n. =dammar.

dam'ascene [ˈdæməsin] I n.; a. ①波纹(钢铁等烧后现出的)雾状花纹 ②镶嵌 ③(Damascene)大马士革的(人). Ⅱ vt. 用波纹装饰,使现雾状花纹,镶嵌. damascene steel 大马士革钢.

Damas'cus [dəˈmæskəs] n. 大马士革(叙利亚的首都). Damascus bronze 大马士革铅锡青铜(铅13%,锡10%,铜77%).

dam'ask [ˈdæməsk] I n.; a. ①缎子(的),斜纹布(的),台布 ②红玫瑰色 ③大马士革钢(的). Ⅱ vt. 使织出花纹. damask steel 大马士革钢,表面带水纹的刀剑钢.

Damaxine n. 高级磷青铜(锡9.2～11.2%,磷0.3～1.3%,铅<7%,其余铜).

dam-board n. 挡板.

daminozide n. 丁酰肼.

dam'kjernite n. 辉云碱煌岩.

dam'mar [ˈdæmə] n. 达马(树)脂. dammar varnish 达马清漆.

dammed-off a. 用水闸隔开的.

dammed-up a. 拦(壅)高的,拦蓄的,挡起的.

dammer =dammar.

dam'ming n. ①筑坝(拦水),壅水,壅起 ②堵塞,拦阻,拦蓄水槽 ③垄作.

damn [dæm] Ⅰ v. 谴责,指摘,攻击,该死. Ⅱ n. 一点点,些微,毫末. ▲not care [give] a damn 一点也不在乎[不要紧].

dam'nable [ˈdæmnəbl] a. 可恶的,讨厌的,极坏的,极恶劣的.

damned [dæmd] I a. 该死的,讨厌的. Ⅱ ad. 非常,极.

dam'nify [ˈdæmnifai] vt. 损伤[害].

damour'ite n. 水(细鳞)白云母.

damp [dæmp] I v. ①使(潮)湿,使潮湿,浸湿 ②阻尼,(使)减振[震,速,幅,弱],缓冲,(使)衰减[耗],制动,抑制,障碍,阻塞 ③(坑内)火,灭火,熄火,(炉内)降温,渐止. air damped 空气阻尼(减振)的. critically damped 临界衰减的. damped alternating current 减幅(阻尼)交流. damped harmonic system 减幅线性振荡(谐振)系统,阻尼谐和系统. damped oscillation 衰减(阻尼,减幅)振荡. damped period instrument 阻尼稳定式仪表. damped shock load test 阻尼振动荷载试验. damp(ed) vibration 阻尼(衰减)振动. damped waves 阻尼波. heavily damped 强阻尼的,强衰减的. oscillatory damped 减振的. weakly damped 弱阻尼的,弱衰减的. ▲damp down 缓冲(掉),吸(掉),减弱(火势),封(压)火. damp off(因潮湿)腐烂. damp out 停息,(逐渐)降低.

Ⅱ n. ①湿(潮)气,湿度,含水量,潮湿,水份 ②雾,水蒸气 ③(煤矿内)危险气体,沼气,甲烷 ④阻尼,衰减[耗],消声,缓冲,减振(速,弱),制动. Ⅲ a. 潮湿的,有湿气的. antivibration damp 减振器,阻尼器. damp air (atmosphere) 潮湿空气. damp box 消振箱. damp course 防潮(湿)层. damp storage closet(养护混凝土)湿治室. fire damp 沼气,甲烷,(煤矿内的)危险气体. ▲cast (throw, strike) a damp over 向…泼冷水,使…沮丧.

damp'en [ˈdæmpən] v. =damp. ①弄(浸)湿,沾湿,使湿,使润 ②阻尼,减振(弱),防震,缓冲,抑制,消(抑)音,衰减. ▲dampen out 减弱掉,吸收尽,缓冲.

dampener =damper.

damp'er [ˈdæmpə] n. ①阻尼(缓冲,减振,减速,制动,消音)器,阻尼线圈 ②推力调整器,调节板,气流调节器,风挡,(调节)风门,(节)气闸,挡(闸)板 ③潮(增)湿器 ④现金记录机. acoustical damper 消音

damper-flyback transformer 阻尼回扫变压器.

damp'ing ['dæmpiŋ] *n.*; *a.* 阻尼(的),减振〔幅〕(的),缓冲(的),(制动)的,衰减(的),抑制(的),稳定(的),复原(的),回潮(的),润湿. *absolute damping* 绝对阻尼,振荡完全停止. *air damping* 空气阻尼(衰减). *aperiodic damping* 非周期衰减. *automatic damping* 自动衰减(阻尼). *critical damping* 临界衰减(系数);临界阻尼. *current damping* 电流衰减. *damping action* 阻尼[制动]作用. *damping by friction* 摩擦阻尼. *damping capacity* 吸湿能力,吸湿量. *damping coefficient* 阻尼〔衰减〕系数. *damping decrement* 减幅量,衰减率. *damping factor* 阻尼〔减幅,衰减〕因数,阻尼因子〔系数〕. *damping in roll* 滚动阻尼. *damping machine* 润湿机,调湿机. *damping period* 阻尼期,激后复原期. *damping ratio* 阻尼比,衰减率. *damping vibration* 阻尼〔衰减〕振动. *dynamic damping* 动力减震〔振〕. *electromagnetic damping* 电磁阻尼. *exponential damping* 指数衰减. *frictional damping* 或 *damping by friction* 摩擦阻尼. *lateral damping* 倾侧〔运动〕阻尼,滚动〔运动〕阻尼. *logarithmic damping* 对数减幅〔衰减〕. *mechanical damping* 机械阻尼. *oscillation*〔*vibration*〕*damping* 振荡,振动阻尼〔衰减〕. *pitch damping* 或 *damping in pitch* 俯仰阻尼. *quadratic damping* 按平方律衰减. *zero damping* 零[无]阻尼,零衰减.

damping-off *n.* (湿)烂,猝倒病.

damp'ish *a.* 微〔有些〕湿的.

damp'ness ['dæmpnis] *n.* 潮湿,湿度〔气〕,润湿性,含水量.

damp'proof(ing) *a.* 防潮〔湿〕的,抗湿的,不透水的. *dampproof course* 防潮层. *dampproof insulation* 隔潮,防潮绝缘. *dampproof machine* 防潮电机,隔潮马达.

dam'py ['dæmpi] *a.* 潮湿的.

dam-type power station 蓄水式水电站,堰堤式〔坝式〕发电站.

dan [dæn] *n.* ①小车,空中吊运车 ②杓,瓢,桶,钢筒,排水箱,标识浮标 ③担(0.06t) ④=decanewton 十牛顿.

Dan =Deacon and Nike 高空探测火箭.

da'naite *n.* 钴菱砂.

da'nalite *n.* 铍(石)榴(子)石.

Da Nang ['dɑː'nɑːŋ] 岘港.

dan'burite *n.* 赛黄晶.

dance [dɑːns] *v.*; *n.* 跳舞〔跃,动〕,舞蹈〔会,曲〕,摇晃,飘荡. *dancing pulley* 均衡〔调整〕轮. ▲**dance to another tune** 改弦易辙. **dance to one's tune** 亦步亦趋.

danc'er ['dɑːnsə] *n.* 跳舞者. *dancer arm* 磁带拉力自动调整装置. *dancer rolls* (松紧)调节辊,浮动滚轮. *merry dancers* 北极光.

dancette *n.* 【建】曲折饰.

dan'delion ['dændilaiən] *n.* 蒲公英. *dandelion metal* 铅基白合金,铅基锑锡轴承合金(铅72%,锡10%,锑18%).

dan'dered coal 天然焦.

dan'druff ['dændrʌf] *n.* 头(皮)屑.

dan'dy ['dændi] I *a.* ①挺棒的,时髦的 ②极好的,第一流的. II *n.* 双轮小车,担架,小型沥青喷洒机. *dandy roll* (造纸)压胶辊.

Dane [dein] *n.* 丹麦人.

dan'ger ['deindʒə] *n.* 危险(物,品,信号),威胁. *danger bearing transmitter* 警戒发射机. *danger board* 危险警告牌. *danger light* 告警〔危险〕信号灯光,红灯. *danger notice board* 危险警告牌. *danger sign* 危险标志. *danger signal* 危险〔停止〕信号. *danger warning* 危险警告,危险信号. *danger zone* 危险地带,危险区. *fire danger* 火灾危险. *The signal was at danger.* 信号指在警告"有危险"的位置上. ▲**(be) in danger**(之)处在危险中. **(be) in danger of** 有…的危险. **(be) out of danger** 脱离危险. **danger to M from N** 因 N 而对 M (产生)危险.

dan'gerous ['deindʒrəs] *a.* (有)危险的. *dangerous oils* 易燃石油产品. ▲**dangerous to** 对…有危险的.

dan'gerously ['deindʒrəsli] *ad.* 危险地. *dangerously explosive* 极易爆炸的.

dan'gle ['dæŋgl] *v.* ①悬摆〔垂〕,晃来晃去地吊着〔悬挂着〕②追随,依附(after,round,about). *dangling bonds* 悬挂(空)键.

daniell *n.* 丹聂耳(=1.042V). *Daniell*('s) *cell* 丹聂耳电池.

Da'nish ['deiniʃ] *a.*; *n.* 丹麦的,丹麦人(的).

dank [dæŋk] *a.*; *n.* 潮湿(的,地),阴湿的. ~**ly** *ad.* ~**ness** *n.*

danks *n.* 煤页岩,黑色炭质页岩.

d'Ansite *n.* 盐镁芒硝.

dant *n.* 次(级软)煤,煤母,丝炭,低级煤.

Dantox *n.* 乐果.

danty *n.* 分解的煤.

Dan'ube ['dænjuːb] *n.* 多瑙河.

Dan'zig ['dæntsig] *n.* 但泽(波兰港市,Gdansk 格但

dap [dæp] v.; n. ①挖槽,刻痕,(木工)槽〔砍,凹〕口 ②(在水面上)掠〔漂〕跳,弹跳,弹回. *dapped joint* 互嵌接合.

DAP = ①data acquisition and processing 数据获取和处理 ②detail assembly panel 细部装配面板 ③diallyl phthalate 酞酸己二烯 ④diaminopimelic acid 二氨基庚二酸 ⑤diisoamyl phthalate 邻苯二甲酸二异戊酯 ⑥distant aiming point 远方瞄准点 ⑦double amplitude peak 双幅度峰值.

daphyllite n. 辉碲铋矿.

dap′per [′dæpə] a. 小巧玲珑的,灵活的,整洁的.

dap′ple [′dæpl] n.; a.; v. (有圆形)斑点(的),花的,(使)有斑点〔花纹〕.

dap′pled [′dæpld] a. 有圆形斑点的,斑驳的,花的.

DAPS = direct access programming system 随机存取程序设计系统.

dapt n. 桦眉.

DAR = data article requirements 数据项要求.

DARAC = damped aerodynamic righting attitude control 气动阻尼复位控制.

DARACS = damped aerodynamic righting attitude control system 气动阻尼复位控制系统.

daraf n. 拉法(法拉的倒数).

darapskite n. 钠硝钒,硫酸钠硝石.

dar′by [′da:bi] n. 刮尺,泥板,(平墙)镘.

D′Arcet metal 铋铅锡低熔点合金(铋60%,铅31.2%,锡18.8%或铋60%,铅26%,锡26%).

dar′cy n. 达西(多孔介质渗透力单位).

Dardanelles′ [ˌda:də′nelz] n. 达达尼尔海峡.

dare [dεə] Ⅰ (*dared* 或(不常用)*durst*) aux. v. (后接 inf. 不带 to,第三人称现在时不加 s,主要用于疑问,否定或条件句中)敢(于),竟(胆)敢. *If the aggressors dare come, they will never be able to get away.* 只要侵略者敢来,管叫他们有来无回. ▲*I dare say* 我想,大概,恐怕.
Ⅱ (*dared*,第三人称现在时加 s,后接 *inf*. 带 to) *vt.* 敢(冒),敢于(面对,承担),胆敢,不怕,激(将),挑唆. *dare to think, speak and act* 敢想,敢说,敢干. *dare any hardship and danger* 敢于承担任何艰险.
Ⅲ n. 果敢行为,挑战.

DARE = Dovap〔Doppler velocity and position〕automatic reduction equipment 多普勒速度和位置测量系统自动转换装置.

dare-devil a.; n. 胆大的(人),冒险飞行员.

Dar el Beida [′da:r el bai′da:] 达尔贝达(摩洛哥港口).

Dar es Salaam [′da:r es sə′la:m] n. 达累斯萨拉姆(坦桑尼亚首都).

D′Arget metal = D′Arcet metal.

da′ring [′dεəriŋ] Ⅰ a. ①大胆的,勇敢的 ②冒险〔失〕的. Ⅱ n. 大胆,勇敢(气). ~**ly** ad. ~**ness** n.

dark [da:k] Ⅰ a. ①(黑)暗的,(带)黑色的,暗淡的,无照的,深色的 ②隐蔽的 ③模糊的 ④阴暗的. Ⅱ n. ①黑暗,暗处(区),暗(色),无光,模糊 ②无知,秘密. *a dark secret* 严守的秘密. *dark adaptation*(对黑)暗(的)适应(性),夜视训练. *dark atom* 暗原子,无放射性原子. *dark burn* 烧暗(荧光屏发光效率降低),(荧光物质)疲劳. *dark cathode* 掺镍铅阴极,暗色阴极. *dark change* 暗换场. *dark colour* 暗〔深〕色. *dark conductivity* 暗电导率,无照导电性. *dark current* 无照电流,暗〔电〕电流. *dark desaturation* 暗区饱和度降低. *dark discharge* 暗放电,无光放电. *dark face* 暗面,灰色荧光屏. *dark field*〔ground〕暗(视)场. *dark light* 不可见光,暗光. *dark period* 阴影周期. *dark resistance* 暗〔无照〕电阻. *dark room* 暗室. *dark satellite* 暗〔哑〕,秘密,不发射〕卫星. *dark slide* 遮光板. *dark space* 暗区. *dark spot* 黑点(摄像管寄生信号),暗点,黑斑. *dark spot signal* 黑点〔寄生〕信号. *dark tint face* 暗淡面. *dark tint valve* 深色彩电视管. *dark trace* 暗迹,暗行扫描. *dark trace tube* 黑迹管,暗迹电子射线管. ▲*at dark* 黄昏,傍晚. (*be*)*in the dark* 在暗处〔中〕,秘密,不知道. (*be*)*in the dark about* (*it*) 完全不知道(此事). *look on the dark side of things* 看事物的阴暗面,抱悲观的态度.

dark-and-light n. (光线的)明暗,浓淡,深浅.

dark-burn n. 烧暗,(荧光屏)发光效率降低.

dark-col′o(u)red a. 深〔黑〕色的.

dark-conduct′ivity n. 无照导电性,暗电导率.

dark′en [′da:kən] v. 弄〔变,发〕黑,变〔遮,昏〕暗,使(变)模糊. *limb darkening* 或 *darkening at the limb* (天体)外缘昏暗.

dark-field microscope 超(暗场)显微镜.

darkflex n. 吸收黑层.

dark-green a. 暗绿的.

dark′ish [′da:kiʃ] a. 微暗的,浅黑的.

darkle [′da:kl] vi. 变(阴)暗.

dark′ly [′da:kli] ad. 暗(中),暗地里,隐蔽地.

dark′ness [′da:knis] n. 黑暗,暗度,暗处,盲度〔目〕,无知. *darkness triggered alarm* 暗触发报警器.

dark′room [′da:kru(:)m] n. 暗室.

dark′-spot signal 黑斑信号.

dark-tint valve 深色彩电视管.

dark-trace n. 暗行扫描.

Dar′lington [′da:liŋtən] n. ①达林顿(英格兰一城市名) ②达林顿复合晶体管,达林顿接法. *Darlington stage* 达林顿级,合成三极管.

Dar′listor [′da:listə] n. 复合可控硅.

darn [da:n] v.; n. 织补,补钉.

darning n. 需织补之物.

darrcy = darcy.

DARS = data-acquisition & recording system 数据收集和记录系统.

dart [da:t] Ⅰ n. ①标枪,飞镖,短矛,鳌,刺 ②(近程)导弹,火箭 ③急驰,飞奔,突然急速向前冲. *aerial*〔*airplane*〕*dart* 航空火箭. *dart union* 活络管子节. *unpowered dart* 惯性飞行导弹.
Ⅱ v. ①投掷〔射〕,发〔放〕射,突然发出 ②飞奔〔驰〕,急发,掠过. ▲*dart about* 飞来飞去,冲来冲去. *dart by* 闪(窜)过去. *dart off* 掠过去,疾飞而去.

dar′tle [′da:tl] v. 连续发射,(使)不断伸缩.

Dar′win [′da:win] n. 达尔文(澳大利亚港口).

dar′win n. 达(进化速率单位).

Dar′winism n. 达尔文主义,达尔文学说.

DAS = ①data acquisition station 数据〔资料〕收集台

②data acquisition system 数据〔资料〕收集系统 ③dekastere 十立方公尺 ④dynamo alert system (直流)发电机警报系统.

dash [dæʃ] Ⅰ v. ①冲(撞,击,动),碰撞,急冲,猛冲〔撞,掷).用力摔,撞破〔上),碰〔打,击,粉)碎,突进〔击) ②挫折,使失败〔失望) ③浇,洒,泼,(飞)溅 ④划线,搀,混和 ⑤赶快完成,急急(做),急写(down,off),一(口)气干完. dashed area 阴影部分. dashed contour 虚线等值线. dashed line 虚〔阴影、短)划线. ▲dash against 〔upon)与…碰撞,撞在…上. dash by 掠〔冲)过去. dash down 猛掷,向下冲,赶写. dash forward 猛〔向前)冲,突〔猛)进. dash in 冲进,急急写〔画). dash off 飞出,赶〔写)完. dash out 删去,涂掉,冲出. dash to pieces 粉碎. dash up 冲上前,跑来. dash M with N 用 N 搀 M.
Ⅱ n. ①猛冲,急冲,冲锋,突击,碰撞,溅泼,冲击声 ②(少量)搀和(物),注入,(加入或混合)少量〔许) ③锐气,精力,干劲 ④外观,门面 ⑤打击,挫折 ⑥破折号,(一,长)划,阴影线 ⑦控制〔操纵,仪表)板 ⑧封泥遮水,隔板 ⑨植梢 ⑩灰浆. altitude dash 急速爬升. broken dash 断划. dash adjustment 缓冲调节. dash (and) dot line 或 dash dotted line 点划线,点和短划虚线(一·一一·一一). dash area 阴影部分. dash board 仪表(控制)板,挡泥〔遮水)板,(明轮)轮盖. dash circuit 短划形成电路. dash coat 泼涂层. dash control 按钮(盘)控制. dash current 冲击〔超值)电流. dash finish 浇泼饰面. dash light〔lamp)仪表板灯. dash line 虚线,短划〔阴影)线. dash plate 缓冲(挡水)板. dash pot 缓冲筒(器),减振器,阻尼〔延迟)器〔延迟电路). dash receiver 信号立板,接收板. dash unit 仪表板. ▲at a dash 一气(呵成地),迅速利落地. make a dash for 向…猛冲.

DASH =drone anti-submarine helicopter 无线电遥控反潜艇攻击机.

dash'board ['dæfbɔ:d] n. 仪表(控制,操纵)板〔盘),遮水(挡泥,防溅,遮雨,防波)板,(明轮)轮中.

dash-controlled a. 按钮(仪表板)控制的.

dash'er ['dæʃə] n. 搅泥遮水,反射)板,冲击物.

dash'ing ['dæʃiŋ] a. 猛烈的,有生气的,精力充沛的. ~ly ad.

dash'light n. 仪表板灯.

dash-mounted a. 安装在仪表板上的.

dash'out n. 删去,除〔涂)掉.

dash'pot ['dæʃpɔt] n. ①减振器,(液压)缓冲器〔筒),阻尼〔延迟)器,阻尼延迟电路,空气阻尼器,减振油缸 ②(流变学机械模型中的)粘性元件. air (buffer) dashpot 空气缓冲器〔筒). dashpot relay 油壶式继电器.

DASV =differential anodic stripping voltammetry 微分阳极脱模伏安测量法.

dasym'eter n. 炉热消耗计.

DAT =detailed assembly template 细部装配样板.

da'ta ['deitə] (datum 的复数,美国也作单数用) n. 数据〔字),资料,诸元,参数,信息,论据,(技术)特性〔性能),详细的技术情报,已知条件,基(准)线〔面). air [flight] data 飞行(试验)资料〔数据). angular data 角坐标〔数据). ballistic data 弹道诸元〔数据,特性). canned data 存储的信息. correction data 修正表,修正数据. data acquisition 数据〔资料)收集(采集,集合,获取),测量. data age 取数据时间. data bank (base) 数据库〔栈),资料库. data book =databook. data break transfer 中断式数据传送. data capacity 信息容量. data cell 数据单元. data cell device 磁带筒. data cell unit (drive) 磁带卷,磁卡片机. data directed transmission 数据方〔数据定向)传输. data enablement 允许数据. data fetch 取数据. data form 资料记录表. data handling capacity 数据处理量. data line 数据传输线,数据行. data link 数据(自动)传输〔中继)器,数据传输系统,数据通信线路,数据链路〔符). data link escape 数据通信换码〔转义),数据传送换码. data logger 数据记录〔器),数据记录表,数值记录器,巡回检测器. data logging 数据记录,巡回检测. data management 数据处理(管理,控制). data mile 基准英里(=7000 英尺). data modem (数字)调制解调器,数据去调器. data noise 速度测量误差,偶然误差. data origination 数据初始加工,数据机读化. data plate 铭牌,参数标牌. data plotter 数据自动描绘器. data point 选取数据点,取值点. data pool 数据库〔源). data potentiometer 数据输出电位计〔分压器). data processing 数据处理(加工),资料处理〔加工). data processor 数据处理机. data pulse (信息)脉冲. data rate 信息率. data reduction 数据简化(变换,整理). data repeater 数据信号(传送)放大器,数据重发器. data set 数据传输机〔存储器),数据代传〔转换)器,数据集〔组,装置),发信机,调制-解调器. data sheet 数据单,(数据)记录纸,明细表,说明书,技术条件,记录一览表. data sink 接收数据终端装置,数据接收器. data smoothing 数据过滤平均,数据平滑. data storage 数据存储器. data synchronization 数据转录. data unit 数据机,数据发送装置. design data 设计资料〔数据). digital data 数字资料,数据. engineering data 工程资料〔数据). firing data 发射(试验)数据,射击诸元,试车数据. input data 原始数据〔诸元),输入数据〔诸元). intelligence data 情报资料〔数据). numerical data 数据,数字资料. operating data 操作〔运行,运转,工作,生产)数据,工作记录. position data 位置数据〔坐标). radar data 无线电探测资料,雷达数据,雷达定位资料. raw data 原始数据〔材料),素材. reference data 参考数据〔资料). sampled analog data 抽样模拟数据,断续-连续信息,时间量化连续信息. scientific data 科学数据〔资料). source data 源(原始)数据. spatial data 空间数据. statistical data 统计资料〔数据). test-(ing) data 试验资料〔数据). time variable data 时间函数,随时间变化的数据. transient response data 频率特性,过渡过程的特性,扰动运动特性. troubleshooting data (检查)故障检查指南,故障检查效据. ▲data in 输入数据,数据输入. data on 关于…的数据. data out 输出数据,数据输出.

data-adapter unit 数据适配器.

data-base n. 基本数据,数据库[栈].
da'table ['deitəbl] a. 可推[测]定日期[时代]的.
da'tabook n. 数据[参考资料,标准产品]手册,数据[明细]表,清单.
data-code n. 数据编码系统.
data-dependent a. 依靠数据的,数据相关的.
datagram n. 数据报.
data(-)in v. 输[记]入数据[信息],数据输入.
data-independent user language 独立于数据的用户语言.
data-initiated control 数据初始控制.
da'tal ['deitəl] Ⅰ a. 包含一个日期的. Ⅱ n. 按日计算工资.
dataller n. 计日工.
data-logger n. 数据[参数]记录器,数据输出器,巡回检测器.
data-logging n. 数据[参数]记录,巡回检测.
datama'tion [deitə'meiʃən] n. 自动数据处理,数据化,数据自动化.
data(-)out n. 输出[抹去]数据,输出信息.
dataphone n. 数据发声[送话]器,(传输用)数据电话(机). dataphone adaptor 数据电话适配[转接]器.
dataplex n. 数据转接.
da'taplotter ['deitəplɔtə] n. 数据标绘器.
data-processing n.; a. 数据处理(的).
data-recording n.; a. 数据记录(的).
data-signal(l)ing n. 数据传输,数据信号(化).
data-storage n. 数据存储.
data-switching Ⅰ n. 数据转换[转接]. Ⅱ a. 数据开关的.
data-transmission n. 数据传输.
da'tatron ['deitətrɔn] n. (十进制计算机中的)数据处理机.
dataway n. 数据通道.
date [deit] Ⅰ n. ①日期[子],时日,年月日 ②时代,年代 ③枣,(枣)椰子,枣椰树. date of delivery 交货日期. date of survey 检验日期. date palm 枣椰树. Greenwich date 格林尼治日期. target date 预定日期. ▲at an early date 日内,在最近期间. at that date 在那个时代[时]. bring-up to date 使一成为最新的,使一包括[知道]最新的材料,使一反映最新(科学)成就. (down) to date 至今,迄今,到现在[到目前,到当天]. due date 到期日. keep up to date (使)一直知道最新的情况. (go,be) out of date 过时的,落后的,陈旧的 [日式的]. to date 到此为止. up to date 直到现在,最近的,最新(式)的,现代化的,尖端的. well ahead of the original target date 比原定日期提前了许多.
Ⅱ v. ①记日期,记年月日,注明日期,注明年月日. 断[测]定...的年代 ②计算时间 ③从(...日期)开始 ④逐渐过时[变陈旧]. ▲be beginning to date 快要过时了. date back to 回[追]溯至,从...时候开始存在至今. date from (是)从(...日期)开始(的),起始于,溯源至,其年代为.
date-compiled n. 【计】编译完成日期.
da'ted a. 过时的,陈旧的,注明日期的.
date'less ['deitlis] a. ①没有日期的,年代不明的 ②太古的,永远的,无限(期)的 ③经住时期考验的.
date'line Ⅰ n. ①国际日期更改线,国际换日线 ②电讯电头. Ⅱ vt. 在...上注电头.
date'mark ['deitmɑːk] n. 日戳.

da'ter ['deitə] n. 日期戳子.
date-time group 时序分组,日(期)-时(间)组.
date-written n.【计】写成日期.
DATICO = digital automatic tape intelligence checkout equipment 数字自动磁带信息检测装置.
da'tin = data inserter 数据输入[插入]器,数据插入程序.
da'ting ['deitiŋ] n. 记[注明]日期,断[测]定年代[年龄],记载,测率. age dating 年代测定,测年. dating pulse 同步[控制]脉冲.
da'tive bond 配(价)键.
DATOM = data aids for operation and maintenance 操作与维修有用数据.
da'trac ['deitræk] n. 把连续信号变为数字信号的变换器.
DATS = dynamic accuracy test system 动态准确度(精[密]度)测试系统.
da'tum ['deitəm] (pl. data) n. ①数据,资[材]料,诸元,信息,论据,特性 ②已知数,已知条件 ③基准(点,线,面),基标,读数基准[起点]. azimuth reference datum 方位基线,方位参考线. datum drift 基准漂移,基点移动,基准偏差. datum level 基准(液,水平)面,基线水位,基准电平,零电平. datum line 基(准)线,水准[坐标]线,坐标轴. datum mark 基准点标高,基准标志,基(准)点,水准点. datum plane 基准面,水准平面,假设零位面. datum point 基(准)点,参考[固定]点. datum water level 基准水平面,水准面,水准零点. geodetic datum 大地基准点. pitch datum 俯仰角读数基准. plane of datum 基准面. roll datum 滚动(倾侧)角读数起点. yaw datum 偏航基准点,偏航运动分量(参数).
daub [dɔːb] Ⅰ v. ①(在表面)涂(抹)(with),抹胶,打底色,抹纸筋灰,打泥底,打结灼底,捏雌 ②乱涂,弄脏. Ⅱ n. 涂抹[料],胶泥,粗灰泥,底涂,(皮革)底色,油剂,脂料. mud daub 泥补裂缝. ▲daub up 涂上.
daub'er ['dɔːbə] n. ①涂抹者,泥水工,报墙工人 ②涂抹工具,涂料.
dau'berite n. 水铀矿.
daub'ing n. 涂抹[料],衬料,打结灼料,炉衬的局部修理.
daub'ing-up n. 涂上.
dau'bre(e)ite n. 铋土,土状氯铋矿,水铀矾.
dau'breelite n. 陨硫铬铁,辉铬铁矽.
daub'y ['dɔːbi] a. 粘性的,胶粘的,溅草的.
daucarine n. 胡萝卜子素.
dauermodifica'tion n. 持久变异[饰变].
daugh'ter ['dɔːtə] n. 女儿(核),子系[代,体]之,子系[核]产物,裂变[衰变]产物. daughter board 子件. daughter element 子[继,派生]元素. daughter neutron 派生[下代,子,次级]中子. daughter nucleus 子核. decay daughter 裂变产物. neutron-produced daughter 中子(照射时得到的)子系产物. radon daughter 子(代)氡.
dauk [dɔːk] n. (含有矿脉的)粘质砂岩,密实粘土砂岩.
daunt [dɔːnt] vt. (恐)吓,使胆怯. No difficulties in the world can daunt a Communist. 天下事难不倒

daunt'less ['dɔ:ntlis] a. 不屈不挠的,大胆的,勇敢的,无畏的. ~ly ad.

dauphinite n. 镁钛矿.

DAVC = delayed automatic volume control 延迟式自动音量控制.

dav'enport ['dævnpɔ:t] n. (英国)小型活动书桌,(美国)(坐卧)两用长沙发.

davidite n. 铈铀钛铁矿.

Da'vis bronze 或 **Da'vis met'al** 镍青铜(铜75%,镍30%,铁4%,锰1%).

dav'it ['dævit] n. 挂艇架,吊(艇,锚)杆,吊(艇,锚)柱,(救生船的,布雷艇上放水雷的)吊杆,起重滑轮. anchor davit 起锚柱. davit guy 吊杆牵索. davit tackle 吊(艇)杆滑车.

DAVO = dynamic analog of vocal tract 声道动态模拟(设备).

davreuxite n. 锰镁云母.

Da'vy-lamp n. (矿工用)安全灯.

davyum n. 铼(75号元素)的别名.

dawk [dɔ:k] n. (含有矿脉的)粘质砂岩.

dawn [dɔ:n] Ⅰ n. 黎明,拂晓,曙光,开端[始],萌芽,初期,启蒙时期. dawn chorus 磁暴时发射出的长波讯号所产生的干扰声. dawn effect 曙光效应. dawn redwood n. 水杉. ▲at dawn 拂晓,天一亮. from dawn till dusk 从早到晚. Ⅱ vi. ①破晓,露曙光 ②开始出现,显露,渐渐明白(领悟) ③渐被理解(on, upon). It has just dawned on (upon) me that 我才明白,原来…,我开始认识到.

dawn'ing ['dɔ:niŋ] n. 黎明,拂晓,东(方)曙光.

Daw'son bronze 一种青铜(铜84%,锡15.9%,铅0.1%,砷<0.05%).

day [dei] n. ①(一,工作,节)日,(一)天,(一)昼夜,日期 ②(工作)日,日光 ③(pl.)日子,时代,时期,寿命 ④【矿】(地面)露头,紧接地表的岩层 ⑤竞争,战争,胜利. active (disturbed) day (地磁)受扰日. astronautic day 宇宙航行日. astronomic day 天文日. calm day (地磁)平静日. day book (值班)日记. day hole 通外面的坑道设备. day labour (work) 计日工作,日工,散工. day labourer (man) 计日工,散工,短工. day light 日(太阳)光. day off 休息日. day output 日产量. day pair 日,正日. day room 休息室. day shift 日班. day stone 外露岩石,岩石露头,自然状态露头. day tank 间歇性池炉. day wage 计日工资. day with fog 雾日. day(s) dry 停奶日数. day's duty 全日(24小时)工作. day's work 白班,值班作业. hunger day 饥饿日. solar day 太阳日. star day 恒星日. ▲all (the) day (long) 整天. any day 总,还,无论如何. at the present day (在)现代. before the days of 时代开始以前,…出现之前. by the day 按日计. day about 每隔一天地. day after (by) 逐(每)日(一天),日复一日. day(s) and night(s) 日(日)夜(夜),昼夜. day by day 每日,逐日. day in (and) day out 日复一日,一天到晚,日日夜夜,一天天,连续不断地. days of grace 宽限日期. day of (the) week 周日,星期几. every other day 每隔一天. for days on end 接连数日. from day to day 一天一天地,天天,每天都. have had one's day 到了日子,用过时了,全盛时期过去了. in days gone by 在过去(从前),以往. in days to come 在将来,未来. in our day(s) 现在,如今,当前. in the days of 在…时代. in (the) days of old 从…以前,以往. (in) these days 最近,近来,目前,如今. in those days 当时,那时候. lose the day 战败. night and day 不分昼夜,夜以继日,始终. not to be named on (in) the same day with 与…不可同日而语,比…差得多. of the day 当代的,当时的,现在的. on days of (when…) 在…日子里. one day 某日,总有一天,有朝一日. one of these days 日内,在最近期间,总有一天. put…on the order of the day 把…列入议事日程. some day (将来)有朝一日,总有一日,他日. the day after tomorrow 后天. the day before yesterday 前天. the other day 前几天,前些日子. to a day 一天不差,恰恰. to this day 直到今天. win (carry) the day 战胜. with each passing day 日益. without day 不定期,无限期.

day-blindness n. 昼盲症.

day'-book n. 日记簿,航海日记.

day'break ['deibreik] n. 黎明,拂晓.

day'-care a. 日间托儿的.

day'coach n. 硬席客车.

day-coal n. 上层煤.

day'dream ['deidri:m] vi.; n. 白日作梦,空(梦,幻)想.

day-fighter n. 日间战斗机.

day-for-night a. 白天当作黑夜的. day-for-night photography 白昼拍摄夜间效果的摄影术. day-for-night shot 黑夜效果相片摄影.

day'glow n. 白天(昼)辉光,日辉.

day'length n. 昼长,日照长度.

day'light ['deilait] n. 日(昼,太阳)光,白天光照,(白)昼,昼间,黎明 ②空(间)隙,缝,间隔. artificial daylight 人造日光. daylight base 日光灯管座. daylight change 日照时间变化. daylight distribution line 白天供电线路. daylight double 双管日光灯. daylight driving 白昼行车. daylight effect 白昼(昼光)效应,日光作用. daylight factor 日光照明率,昼光因数,日光系数. daylight filter 昼光滤光器. daylight illumination (lighting) 日光(昼光)照明. daylight lamp 日光灯(泡). daylight opening (压机)压板间距. daylight range 昼(间射)程,昼间作用距离. daylight saving time 经济时,夏令时间. daylight signal 白昼(色光)信号(灯). daylight starter 日光灯起动器. ▲in broad daylight 在光天化日之下. by daylight 在白天. let daylight into 使(问题)明朗起来,射穿. operate in daylight 公开进行. throw daylight on 披露,阐明.

daylighting curve 日光曲线.

daylight-type n. 日光型(彩色胶片).

day'long ['deilɔŋ] a.; ad. 终日(的),一天到晚(的).

day'man n. 做散工的人,计日工,日班工人.

day'-nurse n. 日班护士.

day'-nur'sery n. 托儿所.

day'-off' ['dei'ɔ:f] n. 休息日.

day-old to death system 终生制,初生至淘汰制.
day'plane *n.* 日间飞机.
day'room ['deirum] *n.* 休息室.
day'-shift *n.* 日班.
day'side ['deisaid] *n.* (行星的)光面.
day-sight *n.* 昼视症,夜盲.
day'star *n.* 金星,晨星,启明星.
day'-stone *n.* 岩石露头,(自然状态)露头.
day-taler *n.* 计日工.
day' tank ['deitæŋk] *n.* 日用水[油]柜.
day'time ['deitaim] *n.* 日(昼)间,白天,一昼夜. *daytime signals* 日(昼)间信号.
day'-to-day' ['deitə'dei] *a.* 每天的,一天又一天的,日常的,经常性的.
day-vision *n.* 昼视症,夜盲.
day-wage work 计日工作,日[散]工.
day' work ['deiwə:k] *n.* 计日工作,日工. *daywork joint* 日工作缝.
DAZD = double anode zener diode 双阳极然纳二极管.
daze [deiz] *vt.; n.* 耀眼,(使)眼花,把…弄糊涂,使昏迷(眩).
da'zedly ['deizidli] *ad.* 眼花缭乱地,头昏眼花地.
daz'zle ['dæzl] Ⅰ *v.* 眩目,耀眼,使眼花(目眩,晃眼),使茫然(迷惑),闪(光),炫耀. Ⅱ *n.* 耀目的光,目眩,眩光度. *dazzle lamps* [*light(s)*] 汽车头灯,强光前灯. *dazzle lighting* (汽车头灯的)眩目灯光. *dazzle paint(ing)* 伪装漆(法). *dazzling white* 雪白色. ▲*be dazzled at success* (被)胜利冲昏头脑.
DB = ① distribution box 配电箱[盒],分线盒 ② dolly back 远摄 ③ double-biased(relay)双偏压(继电器) ④ double braid 双层编织 ⑤ double break 双重断路,双重断裂 ⑥ dry bulb (温度计的)干球 ⑦ dynamic braking 动刹车,动力制动.
db = ① decibel 分贝 ② double 双(重,倍),二重[倍]的.
db galaxy 哑铃型射电星系.
DB switch = double break switch 双断开关.
DBA = ① decibel absolute 绝对分贝 ② decibel adjusted 调整分贝(=82dbm).
DBB = ① detector back bias 检波器反偏压 ② detector balanced bias 检波器的平衡偏压.
DBC = diameter,bolt circle 螺栓圆直径.
DBCA = downflow bubble contact aerator 下注空气(泡)接触曝气池.
DBF 或 **DB filter** = demodulator band filter 解调带通滤波器.
DBF in = demodulator band filter in 解调带通滤波器输入端.
DBF out = demodulator band filter out 解调带通滤波器输出端.
DBHP = designed brake horsepower 设计制动马力.
DBhp = drawbar horsepower (挂钩)牵引马力(功率).
DBK = decibels referred to one kilowatt 千瓦分贝(以1千瓦为基准的分贝).
dbl = double 双(重,倍)的,二重[倍]的.
dbl-act = double acting 复动式,双动(的),双作用(的),双重作用.
dbl-cnt = double contact 双触点.

db-loss = decibel-loss 分贝衰减.
DBLR 或 **dblr** = doubler 二倍(倍增)器.
dbm = decibels above one milliwatt in 600 ohms 毫瓦分贝(以600Ω 1mW 为零电平的分贝).
DBMS computer 数据库管理系统计算机.
dbn = decibel (referred to 1 volt) 分贝(以1V为零电平).
dbp = decibels with reference to one picowatt 皮(可)瓦分贝.
DBP = double base propellant 双基(硝化甘油和硝化纤维)推进剂.
DBRN 或 **db/rn** = decibels above reference noise 超过基准噪声的分贝数.
DBS = ① dodecyl-benzene sulfonate 十二烷基本磺酸钠盐 ② double break switch 双断开关.
dbsm = decibels above one square meter 超过1平方米的分贝数.
DBT = double base transistor 双基极晶体管.
dbv = decibels above one volt 伏特分贝(以1V为零电平的分贝).
db valve = double beat valve 双座阀.
dbw = decibels above one watt 瓦分贝(以1W为零电平的分贝).
DC = ① dead centre 死点 ② decimal classification 十进分类法 ③ decoder connector 译码机连接器 ④ decontamination 去杂质,去污 ⑤ density controller 密度控制器 ⑥ design change 设计的更改 ⑦ differential calculus 微分学 ⑧ difficult communication 通信困难,可听度差 ⑨ digital code 数字代码 ⑩ digital computer 数字计算机 ⑪ direct coupled 直接耦合 ⑫ direct current 直流电(流) ⑬ disaster control 灾祸的控制 ⑭ dispersion coefficient 分散系数 ⑮ distribution coefficient 分布[配]系数 ⑯ District of Columbia (美国首都华盛顿所在的)哥伦比亚特区 ⑰ double-concentric 双同轴式 ⑱ double conductor 双导线 ⑲ double contact 双接[触]点 ⑳ drag coefficient 阻力系数 ㉑ drain cock 放出旋塞 ㉒ dual-channel 双电子束.
dc = ① da capo 重复[发]信号 ② direct current 直流电(流).
d-c = direct current 直流电(流).
D/C = ① discount 折回 ② drawing change 图纸更改.
D&C = drafting and checking 制图[设计]与检查.
d-c amplifier 直流放大器.
d-c coupled 直流耦合的.
DC form factor 整流电流的波形因素.
DC load 直流负载.
DC rel = direct current relay 直流继电器.
DC restorer diode 直流(分量)恢复二极管,箝位(电路)二极管.
DC ring = direct current ringer 直流振铃器.
DC-702 [-703, -704, -705] 硅树脂类扩散泵油.
DCA = ① Digital Computers Association 数字计算机协会 ② direct current arc 直流电弧 ③ double conversion adapter 双变换适配器.
DCAG = design change analysis group 设计更改分析组.
DCB = ① data control block 数据控制块 ② Design change board 更改设计委员会 ③ destination code base 指定编码基数 ④ distance-controlled boat 遥控艇.

DCC = ①delayed contact closure 延迟触点闭合 ②Design change committee 更改设计委员会 ③design concept change 设计概念的改变 ④dial cord circuit 话务员座席拨号盘电路 ⑤direct current centering 直流中心调整 ⑥disaster control center 灾祸控制中心 ⑦distribution control center 分配[配电]控制中心 ⑧doublecotton covered 双纱包的 ⑨dual cam clutch 双凸轮离开器.

DCCC = double-current cable code 双流水线电码.

DCCU = data correlation control unit 数据相关控制装置.

DCD = ①design change documentation 设计更改证明文件 ②design control drawing 设计检验图表 ③direct contact desulfation 直接接触式脱硫(作用) ④direct-current dialling 直流拨号 ⑤Directorate of Communication Development 通信发展管理局 ⑥double channel duplex 双信道双工制.

DCDG = diode-capacitor-diode gate 二极管-电容器-二极管门.

DC-excited *a.* 直流激发的.

DCFFM = dynamic crossed field electron multiplication 变动交叉场电子倍增.

DCI = ductile cast iron 球黑铸铁.

DCL = ①detail check list 零件核对表 ②direct coupled logic 直接耦合逻辑(线路) ③direct current logic 直流逻辑,电平逻辑 ④drawing change list 图纸更改一览表.

DCM = ①digital circuit module 数字线路微型组件 ②direct-current main 直流电源.

DCN = ①design change notice 设计更改通知 ②drawing (and) change notice 图纸(与)更改通知.

DCO = ①data control office (officer) 数据控制工作室[工作人员] ②disaster control office (officer) 灾祸控制工作室[工作人员].

D-coil *n.* D[8字型]线圈.

DCP = ①data change proposal 更改数据建议 ②design change proposal 更改设计建议 ③differential computing potentiometer 微分计算电位器 ④direct current panel 直流接线板[配电盘] ⑤discrete component parts 分立元件 ⑥display control panel 显示(器)控制板.

DCPSP = d-c power supply panel 直流电源接线板[配电盘].

DCR = ①data conversion receiver 数据转换接收器 ②design change request 更改设计的请求 ③design characteristic review 设计结构特性检查 ④digital conversion receiver 数据转换接收器 ⑤direct conversion reactor 直接换电反应堆 ⑥drawing change request 更改图纸的请求.

DCRS = document control remote station 资料的遥控站.

DCS = ①data communication[conditioning] system 数据传输系统 ②data control system 数据控制系统 ③Defense Communication System 国防通讯系统 ④design change summary 设计更改一览 ⑤design control specification 设计检验规范 ⑥document control station 资料控制站 ⑦drawing change summary 图纸更改一览.

DCTA = 1,2-diamino cyclohexane tetraacetic acid 1,2-二氨基环己烷四乙酸.

DCTL = direct-coupled transistor logic 直(接)耦(合)晶体管逻辑(电路).

DCTLC = direct-coupling transistor logic circuit 直接耦合晶体管逻辑电路.

DCU = ①decade [decimal] counting unit 十进计数单元,十进计数器 ②dynamic checkout unit 动态测试装置.

DCUTL = direct-coupled unipolar transistor logic 直接耦合单极晶体管逻辑(电路).

DCV = ①design change verification 设计更改检验 ②directional control valve 定向控制阀 ③double check valve 双止回阀.

DCWO = design change work order 更改设计操作规程.

DCWV = direct current working volts 直流工作电压(伏).

DCX = ①direct-current experiment 直流实验 ②double convex 双凸面的.

DD = ①deep drawn 深拉,深冲(压) ②Department of Defense 国防部 ③design deviation 设计偏差 ④deviation difficulty 偏差造成的困难 ⑤digital data 数据,数字资料 ⑥digital display 数字显示 ⑦direct drive 直接驱动 ⑧double diode 双二极管 ⑨dry dock 旱船坞 ⑩due date 到期日 ⑪(US Navy ship) designation for a destroyer (美符)驱逐舰.

dd = doubled 双的,加倍的.

D/D = demand draft 即期汇票.

DDA = ①digital differential analyzer 数字微分分析器 ②digital display alarm 数字显示警报.

DDAPS = digital data acquisition and processing system 数据资料收集和整理系统.

DDC = ①Defense Documentation Center for Scientific and Technical Information (美国)国防科学技术情报资料中心 ②direct digital control(er) 直接数字控制(器,仪) ③direct drawing change 图纸直接更改.

DDD = ①deadline delivery date 交货截止日期 ②design disclosure date 被泄露出来的设计数据 ③desired delivery date 要求交货日期 ④dichlorodiphenyldichlo-roethane 滴滴滴·二氯二苯二氯乙烷 ⑤direct distance dialling 直接远距离拨号.

DDDA = decimal digital differential analyzer 十进位的数字微分方程解算器.

DDEP = double diffusion epitaxial plane 双扩散外延平面.

DDG = ①decoy discrimination group 假目标辨别组 ②digital display generator 数字显示发生器.

DDH = digital data handling (system) 数据(数字资料)处理(系统).

DDI = depth deviation indicator 深度偏差指示器.

DDL = ①data drawing list 资料图纸清单 ②diode diode logic 二极管二极管逻辑电路.

DDM = difference of depth of modulation 调制深度差.

DDNAME = data definition name 数据定义名字.

DDP = double diode-pentode 双二极-五极管.

DDPS = discrimination data processing system 数据鉴别处理系统.

DDR = design development record 设计过程记录.

DDRR = directional discontinuity ring radiator 定向间断环形辐射器.

DDS = direct distance service 直接[即时]通话业务.

DDT = ①data definition table 数据定义表 ②deflagration-to-detonation transition 爆燃过渡到爆炸 ③dichlorodiphenyl-trichloroethane 滴滴涕,二氯二苯三氯乙烷 ④double diode-triode 双二极-三极管.

DE = ①decision element 判定元件 ②deemphasis 去加重 ③deflection error 偏转误差,炸点侧向偏差 ④destroyer escort 护航驱逐舰 ⑤Dieselelectric 柴油发电机的 ⑥digital element 数字元件 ⑦display equipment 显示设备 ⑧double end 双端 ⑨driving end 传动端,驱动端

de-〔词头〕①去,消,除,减,脱,分,离,解,裂,防,止,反,非,否定 ②低,向下,(从…)向外 ③再,倍,重,完全,充分 ④(使)成为.

de [di:]〔拉丁语〕prep. (属于)…的,从,关于. *de facto* 事实上(的),实际上(的). *de integro* 重新,另行. *de jure* 根据权利(的),正当的,合法的,法律上(的). *de novo* 从头,重新.

de [də]〔法语〕…的,从,属于. *de luxe* 上等的,高级的,精装的,豪华的. *de nouveau* 重新,另,再,从头. *de trop* 多余的,不需要的,挡路的,碍事的.

deac n. (调频接收机的)减加重器件.

deaccen'tuator [di:æk'sentjueitə] n. 校平器,频率(高频)校正线路,减加重线路,去加重电路,平滑器.

deacetyla'tion n. 脱乙酰(基)作用纯化,失活.

deacidifica'tion n. 脱酸(作用),除酸法,酸中和作用,去酸(作用).

deacidifying n.; a. 脱氧(的),还原(的).

De-Acidite E〔G〕弱碱性阴离子交换树脂.

De-Acidite FF 强碱性阴离子交换树脂.

deac'idize v. 还原,脱氧.

deac'tivate [di:'æktiveit] vt. ①使不活动 ②减活(化),去活化,去激励,钝化 ③(开关)释放 ④使无效,撤消.

deactiva'tion [di:ækti'veiʃən] n. 减活,失活,去活(化),反活化,去激活,钝化(作用),惰性化,(开关)释放,消除放射性沾染.

deac'tivator n. 减活化剂,钝化剂.

deac'tuate [di:'æktjueit] vt. 退动,消动.

deacylase n. 脱酰(基)酶.

deacyla'tion n. 脱酰作用.

dead [ded] **I** a. ①死的,无生命的,静(寂,止)的,固定(不动,法拉)的,停滞(顿)的,不活泼的,已熄灭的 ②失效的,不灵的,(已)不中(能)用的,已废的,堵死(不通行)的,无弹性的,无放射性的,去(未)激励的,已断路的,切断电源的,不通电的,无电压的,断开的,无信号的,无(贫)矿的,非生产的,无光泽的,暗的 ③完全的,必然的,突然的,绝对的,准确的,精确的,无感觉的. **II** ad. 完全,直接[正对]地,绝对地. **III** n. ①死者,正当中 ②(pl.)脉[废]石,损失,烧损. *The line is dead* 线路断了. *The microphone has gone dead* 话筒坏了. *at dead of night* 在深夜里. *dead abutment* 隐藏式桥台,止推轴承. *dead ahead* 前进. *dead ahead position* 原位. *dead air* 静〔空〕区,空气,气体中的死区. *dead angle* 辐射盲区,死角. *dead annealing* 全退火. *dead area* 死区,遮蔽面积. *dead assignment* 无用赋值. *dead astern* 后退. *dead axle* 静轴,从动轴. *dead band* 静带〔区〕不工作区域,死区,非灵敏区,无效带. *dead beat* 非周期的,不振荡的,无阻尼的,无差拍的,纯正降下,不摆. *dead beat meter* 不摆〔速示〕仪表. *dead belt* 死〔盲,静〕区. *dead block* 缓冲板. *dead burned mould* 完全烧坏的铸型. *dead calms* 全然无风,极平静. *dead centre*〔point〕固定中心,(冲程的)死点,静点,哑点,零点,(车床的)死顶尖. *dead circuit* 空路,死电路,不工作电路. *dead coal* 不成焦煤. *dead coil* 无效线圈,线圈不用部分. *dead contact* 空〔断〕开,开路,开始〔始〕接点. *dead crystal* 死晶体,失去灵敏度的晶体. *dead door* 假门. *dead drop* (秘密)情报点. *dead earth* 固定接地,直通地,完全接地. *dead end* 尽头〔端〕,终端〔点〕,死头,空〔闲,闭塞〕端,吸声墙,死胡同. *dead end effect* 空圈效应. *dead end loss* 空匝损耗. *dead file* 失效存储器,不用的资料,废〔停用〕文件. *dead flat hammer* 平正锤. *dead flat sheet* 特平板. *dead freight* 空舱费. *dead front switchboard* 不露带电部分的配电板,安全配电板. *dead front type switchboard* 固定面板式配电盘. *dead graphite* 不含铀块石墨. *dead ground* 无价值地带,无矿岩层,射击死角,静〔盲〕区,遮蔽空间,完全接地,直(接)通地. *dead halt* 完全停机,不能恢复正常运转的停机. *dead head* 切头,冒口. *dead hole* 死洞(坑),(爆炸后的)炮眼,残服. *dead interval* 空载时间,空白区. *dead knot* (木料的)腐节. *dead letter* 死信,形同虚设的规定. *dead level* 空〔备用〕层,静态,无信号电平. *dead line* 失效后区. *dead line* 短旁通管,闲置线路,空〔静〕线. *dead line scheduling* 限期调度. *dead load* 静重(载),自重,恒〔底〕载,固定〔本底〕负载. *dead lock* 停顿〔滞〕,呆锁,死锁. *dead loss* 空间〔固定,固有,净〕损耗. *dead main* 无载母线. *dead man* 拉杆锚桩,锚定桩〔物〕. *dead matter* 无机物. *dead melt* 静熔. *dead melted steel* 镇静钢. *dead mike* 无载话筒(传声器),闲置备用传声器. *dead mild steel* 极软碳〔低炭〕钢. *dead milling* 重压. *dead number* 空号. *dead oil* 重油,(蒸馏石油的)残油. *dead parking* 空车停车处. *dead pass* 空轧(非工作)孔型,空轧道次. *dead pickling* 呆液酸洗. *dead plate* 窳热〔固定〕板,固定炉条. *dead point* 死〔静,哑〕点. *dead pulley* 惰轮,空转轮,中间轮. *dead quartz* 贫矿石英. *dead range* 最小作用距离,失效距离. *dead reckoning* 推测(定位,航行法),推算(定位,船位,航行),航法〔定位〕,航速(位)推算法,位置坐标推算法. *dead reckoning analyzer* 位置坐标分析器. *dead reckoning tracer* 计算跟踪装置. *dead ring* 紧固〔绝缘〕环. *dead rise* 船底横向侧度. *dead rock* 死石. *dead room* 消声室,静室,静〔盲〕区. *dead section* 空〔备用〕段. *dead short* 完全短路. *dead slots* 空槽. *dead slow* 微速,最低速度. *dead small* 小块料,细(粉)末. *dead smooth cut file* (油光锉. *dead soft steel* 极软〔低炭〕钢. *dead space* 空〔死,盲,无信号,阴影,不灵敏,不工作〕区,死水域,死空间. *dead spot* 空〔哑〕点,死〔静〕区,(收听)盲区,不灵敏区,死角. *dead spring* 压下〔失效〕弹簧. *dead state* 停滞状态. *dead steel* 全脱氧钢,全镇静钢,软钢,低碳钢. *dead stop*〔halt〕完全停止

〔车〕,突然停车. *dead studio* 短混响播音室〔演播室〕. *dead time* 空载〔静〕灵,不作用,停带,延迟〕时间. *dead turns* 死〔无效〕线圈,空匝. *dead wall* 暗墙. *dead weight* 自〔身重〕量,静〔净,自〕重. *dead well* 死〔枯,废〕井. *dead window* 隔音窗. *dead wire* 死线,已不通电流的电线. *dead zone* 空〔滞,盲,静,不变,不工作,不灵敏,无电〕区,恒域. *in the dead of winter* 在隆冬时期. ▲ *be dead ahead* 〔against〕直接针对着,(风)迎面吹来. *be dead on the target* 正中目标,正对着目标. *be dead to …* 对…没有反应的对…无感觉的. *come to a dead stop* 完全停顿下来. *dead in line* 配置在一直线,轴线重合. *dead straight* 一直,对直. *dead to rights* 肯定无疑,当场.

dead-air space (空心墙)闭塞空间.

deadapta'tion *n.* 去适应,消除适应.

dead'band *n.* 死区,静带. *dead-band regulator* 静区〔非线性〕调节器.

dead-beam pass 闭口梁形轧槽.

dead'beat ['dedbi:t] I *a.* 非周期(性)的,非调谐的,无振荡〔阻尼,周期,差拍〕的,不摆(动)的,速示的(仪表指针). II *n.* ①临界阻尼 ②振动终止,(仪表指针的)速示,不摆 ③无差拍.

dead'-birth *n.* 死产.

dead'burn *n.* 烧焦.

dead-burned *a.* 烧烟的,死烧的.

dead'-cen'ter 或 **dead'-cen'tre** ['ded'sentə] *n.* 死〔静〕点,死顶尖.

dead-drawn *a.* 强拉的. *dead-drawn wire* 多次(大压缩量)拉拔钢丝,强拉钢丝.

dead'en ['dedn] *v.* ①缓和,减弱,衰减,下降 ②消除(力量,亮度),消去,消〔吸,隔音 ③消光,失去光泽. *sound deadening* 消音,隔声.

dead'-end' ['de'dend] I *n.*; *a.* ①截断(电路),终点(的),尽头(的),末(终,尽,死,空,闲,闭塞)端(的),一头不通的 ②没出路的. II *vi.* 到达尽头,终止. *dead-end effect* 空端(闭尾)效应. *dead-end insulator* 耐拉绝缘子. *dead-end tower* 固定天线杆〔塔〕.

dead'ener *n.* 隔音材料,消声器.

dead'ening ['dednin] *n.*; *a.* 消〔吸,隔〕音(的),作用,材料),消失〔去,光〕,衰减,下降,失去光泽的材料. *deadening dressing* (吸音的)粗面琢琢. *sound deadening* 消〔吸,隔〕音.

dead'eye ['dedai] *n.* ①孔板伸缩节 ②(接家用)穿联木滑车,三眼滑轮,三孔滑车 ③神枪手.

dead-file *n.* 失效〔停车〕存储器.

dead'-front' *n.* 死面,静面,空正面. *dead-front switchboard* 不露带电部分的配电盘.

dead'-full *a.* 完全的.

dead'-gla'cier *n.* 不动(化石)冰川.

dead-hard *a.* 极硬的. *dead-hard steel* 高强〔硬〕钢.

dead'head *n.*; *v.* ①空载返航,空载行驶的车辆 ②尾架〔座〕③顶尖(针)座 ④系船柱,虚头,木浮标 ⑤冒口废料. *deadhead resistance* 废阻力.

dead'ing *n.* 保热套.

dead'-lev'er trank (line) 空层中继线,备用段干线.

dead'light *n.* 舷窗外盖〔玻璃〕,关死的天窗,固定舷窗.

dead'limb *n.* 手足麻木,死肢感.

dead'line ['dedlain] *n.* ①死线,杀伤线 ②截止〔稿〕时间,(最后)期限,安全界线,不可逾越的界限 ③停止使用 ④需要修理的飞机〔军车〕.

dead-load *a.* 恒〔静〕载的,静负荷的.

dead'lock ['dedlɔk] *n.* 停顿〔滞〕,僵局 〔持〕,闭〔复,死〕锁. I *v.* (使)僵持,(使)陷入僵局.

deadlock-free *a.* 无死锁的.

dead'ly ['dedli] I *a.* ①致死〔命〕的,击中要害的 ②非常的,极度的 ③殊死的. II *ad.* 极(度)的,非常. *deadly embrace* 死锁〔结〕,僵局.

dead-main *n.* 无载母线.

dead'man *n.* 叉杆,一端有钩的杆,横木,锚(定)栓(桩,物),闭锁装置,拉杆锚座,栓桩,锚回绳. *deadman device* 车故自动制车装置,司机失知制动装置.

dead-melted steel 镇静钢.

dead'ness *n.* 死,无生气,无用性.

dead'-on *a.* 与…顶撞,完全搭上 (against).

dead-on-arrival *n.* 第一次使用即失效的电子线路.

dead-point *n.* 死〔静〕点.

dead'-reck'oning *n.* 推算〔测〕航行法,计算法定位.

dead-ripe stage 枯熟期.

dead-short-circuit *n.* 全短路.

dead-soft *a.* 极软的.

dead-stick landing 无动力着陆.

dead-stroke hammer 不反跳弹簧锤.

dead'-sure' 或 **dead'ſu**, *a.* 绝对确实〔可靠〕的.

dead'-time *n.* 空载〔寂静,死〔寂〕时间. *dead-time loss* 空时损耗,死寂时间损失,(计数管)失效时间内的计数损失.

dead'-water *n.* 死水(区).

dead'weight ['dedweit] *n.* 自〔静〕重,静〔固定〕负载,总载重量,重负(载). *dead-weight ton* 净吨.

dead'-wind *n.* 逆风.

dead'wood ['dedwud] *n.* ①龙骨帮木,船首〔尾〕鳍 ②枯木,钝木,呆木,没有用处的东西.

dead-zone *a.* 恒域的,死区的. *dead-zone regulator* 死区〔非线性〕调节器.

de'a'erate ['di:'eiəreit] *v.* ①排〔去,除,放,驱,抽〕气,脱〔去〕氧,脱泡 ②通风. **deaera'tion** [di:iə'reifən] *n.*

de'a'erator ['di:eiəreitə] *n.* 除〔去,排〕气器,空气〔油气〕分离器,脱氧器,脱气〔除氧〕塔.

de'a'ering *n.* 除〔去,排〕气(法).

deaf [def] *a.* ①(装)聋的,不听〔理〕的,听不懂的 ②(*the deaf*)聋子(总称). *deaf ore* 哑矿,含矿脉壁泥. ▲*be deaf to M* 不听 M. *turn a deaf ear to M* 对 M 置之不理〔置若罔闻〕.

deaf-aid *n.* 助听器.

deaf'en ['defn] *vt.* ①震(耳欲)聋,(闹声太大)使听不见 ②使(墙等)不漏音,隔音,消〔除〕音.

deaf'ener ['defnə] *n.* 减〔消〕音器,消声器.

deaf'ening ['defniŋ] I *n.* 隔音装置〔材料〕,消声〔止响〕装置. II *a.* ①震耳欲聋的,非常吵闹的 ②隔音的,消声的.

deaf'-mute *n.*; *a.* 聋哑者(的).

deaf'-mutism *n.* 聋哑症.

deaf'ness ['defnis] *n.* (耳)聋,聋度,听力损失,听觉损耗.

deair' [di:'eə] *vt.* 除〔去,排〕气. *deaired concrete* 去

气混凝土.

deal [di:l] I (dealt; dealt) v. ①对待(付),处理,应付,安排,与…打交道,论(涉)及(with) ②参与,从事,生产,使用(in) ③经营,买卖(with, in, at) ④分配(发,给,派)(out) ⑤给(与,予). Ⅱ n. ①(数)量,部分(量) ②交易,待遇,政策 ③契(密)约,协议 ④松(枞)木(木板),杉板,板材. a package (d) deal 整套工程,整批(一揽子)交易. contracting "packaged deal" projects 承包整套工程项目. deal floor 地条地板. ▲a good (great) deal 大量,相当多,极,很.

dealba'tion [diːælˈbeiʃn] n. 漂白.

dealcoholiza'tion n. 脱醇(作用).

de'al'coholize v. 脱醇.

deal'er [ˈdiːlə] n. 贩子,商人.

deal'ing [ˈdiːliŋ] n. ①对待,待遇,办理,处理,分配(发) ②(pl.)交易,买卖,来往.

dealkaliza'tion n. 脱碱(作用).

dealkyla'tion n. 脱烃(基)作用.

dealloca'tion n. 存储单元分配,重新分配地位(地址),重新定位.

dealt [delt] deal的过去式和过去分词.

deam'idate v. 脱去酰胺基.

deamida'tion n. 脱酰胺基(作用).

deamidina'tion n. 脱脒基作用.

deamidiza'tion n. 脱氨基.

deam'inase [diːˈæmineis] n. 脱氨基酶.

deam'inate [diːˈæmineit] vt. 脱(去)氨基.

deamina'tion 或 deaminiza'tion n. 脱氨基(作用),去氨基(作用).

deam'inize [diːˈæminaiz] vt. 脱氨基.

deamplifica'tion [diæmplifiˈkeiʃən] n. 衰减(信号),削弱.

dean [diːn] n. ①溪谷,谷洞 ②矿山坑道的尽端 ③(学院)院长,系主任,教务长.

deaphane'ity n 透明度(性).

deaqua'tion n. 脱水(作用),去水(作用).

dear [diə] I a. ①亲(可,敬)爱的 ②贵重的,宝(珍)贵的(to) ③(昂)贵的,高价的 ④严厉的,急迫的. ▲hold M dear 重视(非常喜欢) M. Ⅱ n. 可爱的人(物). Ⅲ ad. 贵,高价.

dearator n. =deaerator.

dear'ly [ˈdiəli] ad. ①极,非常,深深地 ②高价地,昂贵(地),付出很大代价.

dear'ly-bought' a. (化)巨大代价得到的.

dear'ness [ˈdiənis] n. 高价,贵重.

dearomatiza'tion n. 脱芳构化(作用).

dearseni'cator n. 脱砷器.

dearsenify v. 除(脱)砷.

dearth [də:θ] n. ①缺乏(少),稀少,供应不足(of) ②饥荒(馑).

deash vt. 除(脱,清)灰,去灰分.

dea'sil [ˈdiːzəl] ad. 顺时针方向地.

deas'phalt vt. 脱沥青.

death [deθ] n. ①死(亡),致死,毙命,逝世 ②消(毁)灭. death date 静止(日)期. death ray 死光. heat death 热寂. death rate 死亡率. death sand 一种用含有放射性粒子的沙制成的大规模杀人武器. death struggle 垂死挣扎. neutron death 中子俘获. radiation death 由于辐射致死(死亡). ▲as sure as death 必定的,确. be at death's door 垂临)死,有死亡的危险. to [unto] death 到极点,极度. to the death 至死,到底.

death'-blow n. 致命之物,致命的打击.

death'ful [ˈdeθful] a. 致命的,杀人的,死(一样)的.

death'less [ˈdeθlis] a. 不死(朽),灭)的,永恒(久)的.

death'ly [ˈdeθli] a.; ad. 死一样(的),致死(命)的,非常.

deathnium n. 复合中心,重新组合.

death'rate [ˈdeθreit] n. 死亡率.

death'trap n. (有生命)危险(的)场所,不安全的建筑物.

death'-wound n. 致命伤.

de-at'omized [diˈætəmaizd] a. 无原子武器的.

débacle [deiˈbɑːkl] (法语) n. 崩溃,山崩,溃裂,解冻,泛滥,(突然的)大灾难,洪水,瓦解,垮台.

debar' [diˈbɑː] (debarred; debarring) vt. 阻(防,禁)止,排除(斥),拦阻,拒绝. ▲debar…from +ing 使…不(做),阻止…(做).

debark' [diˈbɑːk] v. 登陆,上岸,下船,下(飞)机,卸载,起(货,岸). debarka'tion [diːbɑːˈkeiʃən] n.

debar'ment [diˈbɑːmənt] n. 防(禁)止,除外.

debase' [diˈbeis] vt. 贬低(质),降低(质量),使…减色.

debased' [diˈbeist] a. 质量低劣的,减色的,(纹)反形的.

debase'ment [diˈbeismənt] n. 降低,变质(坏),减色.

deba'table [diˈbeitəbl] a. 可争辩的,会产生争论的,有论争的,成问题的,未决定的. debatable ground 有争议的土地,争执点,可争辩之处. debatable time 失踪(受损)时间.

debate' [diˈbeit] v.; n. 讨(争,辩)论(on, upon),考虑,深思. debating society 辩论会.

deba'ter [diˈbeitə] n. 讨(辩)论者.

debeaded tyre 无胎缘发防.

debea'der n. 胎缘切除机,切边机.

deben'ture [diˈbentʃə] n. 债券,(海关)退税凭单.

deben'zolized oil 脱苯(化)油.

debil'itant [diˈbilitənt] I a. 致虚弱的. Ⅱ n. 镇静药.

debismuthise v. 除铋.

deb'it [ˈdebit] n.; vt. (记入)借方. debit note 借方通知. ▲debit M with N 或 debit N against [to] M 把一笔 N 的帐记入 M 的借方.

debiteuse' n. ①土钢浮标 ②(玻璃窑)槽子砖.

deblock'ing n. ①程序(数据)分块,从字组中分离出②解除封锁.

debloom'ing n. 去荧光.

debonair' [debəˈnɛə] a. 高兴的,心情愉快的.

debond' [diˈbɔnd] v. 不结合.

deboost' [diːˈbuːst] n. 减速,制动,阻尼.

deboost'er [diːˈbuːstə] n. 限制(动,幅)器,减压器.

debora'tion n. 脱硼作用.

debouch' [diˈbautʃ] I v. (使)流出(from),前进. Ⅱ n. 河口,出口,开口.

débouché [ˈdeibuːˈʃei] (法语) n. 前进路,出口,通道,销路.

debouch'ment n. 河(出)口,流出(口),前进(地点),开出,开口.

debouchure [diburˈʃuə] n. 河(出)口.

debrief' [diːˈbriːf] vt. ①向…询问执行任务情况,责令…不得泄密 ②汇报(执行任务情况).

deb'ris ['debri:] n. ①碎片[石,屑],破片,爆片,瓦砾, 石,岩屑 ②有机物残渣,腐质,残骸 ③废[脉]石,尾矿 ④瓦砾堆,废爐,粗砂,垃圾,堆积层,筛余. *atomic* (*nuclear*) *debris* 核碎片. *debris dam* 冲积堤. *debris flow* 泥石流. *debris from demolition* 建筑碎料. *reactor debris* 反应堆的裂变产物.

debromina'tion n. 脱溴(作用).

debt [det] n. 债(务),借款,欠账. ▲ (*be*) *in debt* (*to*) 欠…的债,负债,欠账. *be out of debt* 不欠债. *get* [*run*] *into debt* 借[负]债. *get out of debt* 还债. *owe a debt to*… 欠…的债,感谢. *pay off a debt* 清欠.

debtee' [de'ti:] n. 债主,债权人.

debt'or ['detə] n. 债务人,借方.

debt-service n. 借款服务处.

debug' [di:'bʌg] (*debugged*; *debugging*) vt. (程序)调整,调谐(试),(发现并)排(消)除(计算机,机器等的)故障,查明故障,寻出并拆除…内的窃听器,消除(误差,差错),移去(排除,修正)(程序中的)错误,审查. *debug the system* 发现并排除系统中的故障. *debugging-aid routine* 诊断程序. *debug*(*ging*) *aids* 调试辅助程序,调试工具. *debugging mode* 调试态,调试方式. *debugging on-line* 或 *on-line debugging* 联机程序的调整,联机(联线)调试. *debugging program* 调整(调试)程序.

debug'ger n. 调试程序.

debun'cher n. 散束器.

de'bunch'ing ['di:'bʌntʃiŋ] n. 散乱(束,焦),电子(束)离散. *debunching effect* 散聚效应. *phase debunching* 相位散(乱). *space-charge debunching* 空间电荷离(弥)散,散束.

debunk' [di:'bʌŋk] vt. 揭[暴]露,揭穿…的真相[真面目].

deburr' [di:'bə:] vt. 去毛刺,去[清理]毛口,去飞翅,倒角.

debus' [di:'bʌs] (*debussed*; *debussing*) v. 由卡车上卸下,从(公共)汽车上下来.

debut ['deibu:] n. 初次登场.

debutaniza'tion n. 脱丁烷(作用).

debu'tanize vt. 脱丁烷. *debutanized gasoline* 脱丁烷的汽油,稳定的汽油.

debu'tanizer n. 脱丁烷塔,脱丁熔剂.

debu'tylize vt. 脱(去)丁基.

Debye' [də'bai] n. 德拜(电偶极矩单位,= 10^{-18} cgs 单位;符号 D). *Debye ring* 德拜晶体衍射图,德拜环.

Debye-Scherrer method (X 射线检验)粉末照相法.

Dec = December 十二月.

dec = ① decimetre 分米 ③ declination 偏差[角] ④ decrease 减少(小),降低.

dec(a)- [词头] 十(进的),癸.

decaborane n. 十[癸]硼烷.

decacurie n. 十居里.

decacyclene n. 十环烯.

dec'ad ['dekəd] n. 十数.

dec'adal ['dekədəl] a. 十(年,卷,位,进位,进制,一组)的. *a decade of pressure rise* 压力升高十倍. *decade box* 十进(电阻)箱. *decade bridge* 十进电桥. *decade counter* 十进制计数器. *decade ring* 十进制计数环,十进制环形寄存器. *decade scaler* 十进位换算电路,十进刻度[标量],十进管计数器,十进制定标器. *decade unit* 十进仪器[电阻器,电感器等],十进数[制]器件. *next decade* 后[下]一个十进位(数),后十年. *previous decade* 前[上]一个十进位(数),前十年.

dec'adence ['dekədəns] n. 衰微,颓废.

dec'adent ['dekədənt] a. ; n. 衰落[微]的,颓废派(的). *decadent wave* 减幅(衰减,阻尼)波.

decafentin n. 癸磷锡.

dec'agon ['dekəgən] n. 十边[角]形,十面体.

decag'onal [de'kægənəl] a. 十边[角]形的,有十边的. *regular decagonal* 正十边形.

dec'agram(**me**) ['dekəgræm] n. 十克.

decahed'ral [ˌdekə'hedrəl] a. 十面体的,有十面的.

decahed'ron [ˌdekə'hedrən] (pl. *decahedrons* 或 *decahedra*) n. 十面体.

decahydronaphthalene n. 十氢(化)萘,萘烷.

DECAL = decalcomania.

decal (*process*) 印花釉法,移画印花法(所用图案).

decalage [ˌdekə'lɑ:ʒ] n. (飞机)差倾角,偏角差,翼差角,相对倾角.

decalat'eral a. 十面体的.

de'calcifica'tion ['di:kælsifi'keiʃən] n. 去钙(作用),脱酸酸钙.

decal'cify [di:'kælsifai] vt. 去钙,脱(碳酸)钙,除去…的石灰质.

decal'city n. 脱钙性能.

decal'coma'nia [di:ˌkælkə'meinjə] n. (在陶瓷、玻璃、木器等表面)移画印花(方法,图案)(= decal).

decales'cence [di:kə'lesns] n. (钢条)吸热(变暗),吸热达到快而温度降低,相变吸热.

decales'cent a. 钢条吸热的.

dec'alin n. 萘烷,十氢(化)萘.

dec'aliter 或 **dec'alitre** ['dekəli:tə] n. 十(公)升.

decalol n. 萘烷醇.

decalone n. 萘烷酮.

decalvant a. 除毛的,脱发的,破坏毛发的.

dec'ameter 或 **dec'ametre** ['dekəmi:tə] n. 十米. *decameter waves* 十米波.

decamet'ric a. 波长相当于十米的,高频[无线电]波的.

de-can' vt. 去掉外皮(的密封)外壳.

dec'ane [dekein] n. 癸烷.

dec'anewton ['dekənjuːtn] n. (简写 dan) 十牛顿 (1kg = 0.98dan).

deca'nol [di'keinəl] n. 癸醇.

deca'none [di'keinən] n. 癸酮.

decanor'mal [dekə'nɔːml] a. 十倍规定的,十当量的.

decant' [di'kænt] vt. 轻轻倒入[出](上面的清液),(慢慢)倾注[泻,滗,析],滗流浇注,滗(析,去),滗,移注,转包,倒包,用沉淀法分取.

decantate [di'kænteit] n. ; v. 洗液, 去的液体,倾注[析]洗涤.

decanta'tion [ˌdi:kæn'teiʃən] n. 缓倾(法),倾析(法),倾滗法,[泻,倒,滗],倾注[析]洗涤,移注,滗(析,人),沉淀分取(沉淀后慢慢倾去上层液体,使液体与固体分开),沉滗池.

decant'er [di'kæntə] n. [倾]析器,沉淀分取器,缓倾器,倾注洗涤器,(有玻璃塞的)细颈盛水瓶.

decapita'tion n. 断头术,断头.

decaploid n. 十倍体.

Decapoda n. 十足目(动物).

decar'bidize vt. 脱炭沉积,脱(焦)炭.

decar'bonate vt. 除去二氧化碳,除去碳酸. **decarbona'tion** n.

decarbonisa'tion 或 **decarboniza'tion** n. 脱碳(作用),除碳(法),去碳,减少水中碳酸盐.

decar'bonise 或 **decar'bonize** [diːˈkɑːbənaiz] vt. 脱(除增)碳,(除)去碳(素). *decarbonize the tungsten filament* 钨丝脱碳.

decar'boniser 或 **decar'bonizer** n. 脱[除]碳剂.

decarbonyla'tion n. 脱羰作用.

decarboxyamida'tion n. 脱羰酰胺化(作用).

decarbox'ylate vt. ;n. 脱(去)羧(基,酶,产物). **decarboxyla'tion** n.

decar'burate = decarbonize.

decarbura'tion 或 **decarburisa'tion** 或 **decarburiza'tion** = decarbonization.

decar'burise 或 **decar'burize** [diːˈkɑːbjuraiz] = decarbonize. *decarburized depth for steel* 钢的脱碳层深度.

decar'buriser 或 **decar'burizer** [diːˈkɑːbjuraizə] n. 脱[除]碳剂.

dec'are [ˈdekɑː] n. 十公亩.

dec'astyle n. 十柱式(的).

decas'ualise 或 **decas'ualize** vt. 使不再做临时工,使没有临时工.

decationize v. 除去阳离子.

decatize v. 汽蒸.

dec'atrack n. 十轨系统.

dec'atron [ˈdekətron] n. 十进管,十进制(电子)计数管(十进位)计数放电管,转换电子管,十阴极脉冲计数器(管).

decau'ville [diˈkəːvil] I a. 窄轨的. II n. 轻便[窄轨]铁路. *decauville railway* (窄轨)轻便铁路. *decauville truck*[wagon]窄轨[轻轨,小型]料车.

decay' [diˈkei] n. v. ①腐朽[烂,化,败,蚀],损(破)坏,崩溃,分解,风化 ②衰变[减,落,退,化,解,变,败,耗,期],衰变[减]化,变性 ③下降,落下,减弱[退],少,湮没,消失,熄灭,制止,能量损失(消减),(电荷存储管)电荷减少,脉冲后沿 ④(荧光屏)余辉. *activity decay* 活性[放射性]衰退. *alpha decay a* 衰变. *contrast decay* 衬度[对比度]减低. *current decay* 电流减弱. *decay at rest* 静止(状态下的)衰变. *decay by positron emission* 正电子衰变. *decay characteristic phosphor* 荧光屏的余辉特性,磷光体的衰变特性. *decay coefficient* 裂变[衰耗,衰变]系数. *decay curve* 衰减[变,余辉]曲线. *decay fraction* 衰变分支比. *decay in flight* 飞行衰变,衰变方式,裂变模型. *decay of harmonics* 谐波减退. *decay of positronium* 正电子素湮没. *decay of power* 功率下降. *decay pattern* 混响衰减图,衰变图形. *decay rate* 蜕变[衰减]率,下降速度. *decay spectrum* 衰变粒子能谱. *decay time* 衰变期,衰减[变,落]时间. *decay time of scintillation* 调制[引起的]载频衰变时间,起伏衰落时间. *decayed knot* (木材)朽(腐)节. *decayed rock* 风化岩层. *decaying orbit* 渐降轨道. *decaying particle* 衰变[不稳定]粒子. *decaying pulse* 衰减[衰变]脉冲. *decaying wave* 减幅[衰变]波. *exponential decay* 指数衰减. *flow decay* 流量减小. *hold for decay* 放置等待衰变. *neutron decay* 中子衰变. *nuclear decay* 核衰[蜕]变. *phosphorescent decay* 磷光体余辉,磷光(余辉)衰减. *plasma decay* 等离子体衰变. *pressure decay* 压力衰减. *radioactive*[*radioactivity*]*decay* 放射(性)衰变. *shock wave decay* 激波消失[衰弱]. *thrust decay* 推力减小(下降). ▲*be in decay* 衰退(下去),已腐朽[损坏]. *fall into*[*go to*]*decay* 腐烂,衰弱,损坏.

dec'ca 或 **Dec'ca** 台卡仪,台卡导航[定位]系统,台卡导航制(一种利用双曲线双曲线定位的无线电导航系统). *Decca flight log* 台卡飞行记录. *Decca lane* 台卡导航路线. *Decca navigator* 台卡(远程连续波相位双曲线无线电)导航仪. *Decca system* 台卡导航制,台卡导航系统.

decease' [diˈsiːs] n. ; vi. 死(亡),亡故.

deceit' [diˈsiːt] n. 欺诈,欺[蒙]骗,虚伪,谎言. ~**ful** a. ~**fully** ad.

decei'vable a. 可欺的.

deceive [diˈsiːv] v. 欺(诈)骗(蒙蔽,伪装,掩饰,使弄错. ▲*deceive oneself* 误解,想(弄)错.

decei'ver [diˈsiːvə] n. 骗子.

decel = decelerometer.

decelerabil'ity n. 减速性能[能力].

decel'erate [diːˈseləreit] v. 减(缓)速(度),减速运转[行驶],减低,降速,慢化,制动. *decelerating electrode* 减速电极. *decelerating rocket* 减速[制动]火箭.

decelera'tion [diːseləˈreiʃən] n. 减速(度),降速,负加速度,制动[止],熄灭. (*flow control*) *deceleration check valve* 带单向阀的(流量控制)减速阀. *deceleration lane* 减速车道. *deceleration performance* 减速性能. *entry deceleration* 进入大气层减速. *powered deceleration* 动力减速.

decel'erative a. 减速的,制动的.

decel'erator [diːˈseləreitə] n. 减速器[剂,装置,(电)极],制动器,缓动装置,延时器.

decelerom'eter [diːseləˈrɔmitə] n. 减速计(仪,器).

decel'eron [diːˈseləron] n. 减速副翼,副翼和阻力板(减速板)的组合.

decelostat n. 自动刹车器.

decem-(词头)

Decem'ber [diˈsembə] n. 十二月. *December Solstice* 冬至.

de'cency [ˈdiːsnsi] n. 正当(派),体面,适合(当).

dec'ene n. 癸烯.

decen'nary n. ; a. 十年间(的).

decen'niad n. 十年(间).

decen'nial n. ; a. 十年(间)的,每十年一次的,十年纪念.

decennium (pl. *decenniums* 或 *decennia*) n. 十年.

de'cent [ˈdiːsnt] a. 正派的,体面的,象样的,还不错的,大方的,合宜的,相当好的. ~**ly** ad.

decen'ter =decentre.

decen'tralisa'tion 或 **decen'traliza'tion** [di:ˈsentrəlaiˈzeiʃən] *n.* 分散, 疏散, 地方分权.

decen'tralise 或 **decen'tralize** [di:ˈsentrəlaiz] *vt.* 分散, 疏散, 划分, 配置. *decentralized control* 局部(分散)控制. *decentralized data processing* 分散数据处理.

decentra'tion *n.* 不共心(性), 偏心.

decen'tre [di:ˈsentə] *vt.* ①(使)离中心, (使)偏心, 把(透镜)磨得光心与几何中心不一致 ②拆卸拱架, 拆除模架.

decep'tion [diˈsepʃən] *n.* 欺骗(手段), 欺诈, 诡计, 骗人的东西, 迷(诱)惑, 伪装, 掩饰, 遮盖. *deception equipment* 干扰施放装置. *deception jammer* 欺骗干扰机. *electronic deception* 电子迷(诱)惑. *radar deception* 雷达伪装.

decep'tive [diˈseptiv] *a.* 骗人的, 靠不住的, 虚伪的, 易使人误解的. *deceptive conformity* 【地】假整合. ~**ly** *ad.*

decerebra'tion *n.* 大脑切除术, 大脑下神经系统遮断.

decer'tify *vt.* 收回…的证件, 吊销…的执照. **decertification** *n.*

dech'enite *n.* 红钒(酸)铅矿.

dechlor'idize *v.* =dechlorinate.

dechlo'rinate *v.* 脱(去, 除)氯. **dechlorina'tion** *n.*

dechromiza'tion 或 **dechromiza'tion** *n.* 去(除)铬.

deci-〔词头〕十分之一, 1/10.

deci-ampere balance 十分之一安培秤.

dec'iare [ˈdesiɑ:] *n.* 十分之一公亩 (=10m²).

dec'ibel [ˈdesibel] *n.* 分贝(声压级和声功率级单位, 电平单位, 音强单位). *decibels relative to one volt* 伏特分贝, 1 伏为零电平的分贝.

dec'ibelmeter *n.* 分贝计[表], 电平表.

deciboyle *n.* 分波义耳(压力单位).

decidabil'ity *n.* 可判定性.

deci'dable [diˈsaidəbl] *a.* 可决[判]定的, 决定得了的.

decide' [diˈsaid] *v.* (使)决[判, 选]定, (使)下决心, 解决, 判断. *It is difficult to decide between the two两者之间以抉择.* *deciding factor* 决定(性)因素. *decide against* 决定不(做), 决定反对. *decide between* 从…中选择(一个)〔作一取舍〕, 判断的是非. *decide for* 决定(做), 判定…正确. *decide on* 〔upon〕决定(心), 选(确)定.

deci'ded [diˈsaidid] *a.* ①明确〔显, 白〕的, 清楚的, 显然的, 无疑的 ②坚决的, 果断的.

deci'dedly [diˈsaididli] *ad.* 断〔显〕然, 果断地, 明确地, (毫)无疑(问). ▲*decidedly so* 极是, 一点不错.

deci'der [diˈsaidə] *n.* 决定〔裁决〕者, 决赛.

decidua'tion *n.* 脱(蜕)落.

decid'uous [diˈsidjuəs] *a.* ①脱落性[的], 落叶性的, 孢子易落的 ②非永久的, 暂时的. *deciduous forest* 落叶林林. *deciduous teeth* 乳齿, 临时齿.

dec'igram(me) [ˈdesigræm] *n.* 分克(=1/10 克), 公厘.

dec'ile [ˈdesil] *n.* 十分位数. *decile interval* 十分位距.

dec'iliter 或 **dec'ilitre** [ˈdesili:tə] *n.* 公合, 分升 (=1/10 立升=100cm³).

decil'lion [diˈsiljən] *n.* (美, 法)1×10³³, (英, 德)1×10⁷⁰.

Dec'ilog *n.* 分对数.

decim =decimetre 分米.

dec'imal [ˈdesiməl] Ⅰ *a.* 十进(位, 制)的, 以十作基础的, 小数的. Ⅱ *n.* (十进)小数, 十进位数, 十进制数. *coded decimal* 或 *decimal code* 十进(代)码. *decimal base* 以十为底的. *decimal binary* 十-二进(位)制的. *decimal carry* 十进制进位. *decimal computer* 十进位(电子)计算机. *decimal fraction*(十进制)小数, 十进分数. *decimal light* 小数点指示灯. *decimal number* 小数, 十进位数, 十进制数. *decimal part* 小数部分. *decimal place* 小数位. *decimal point*(十进制)小数点. *decimal point alignment* 十进制对位. *decimal scale*〔system〕十进制. *finite*〔*terminating*〕*decimal* 有尽小数. *infinite decimal* 无尽小数. *mixed decimal* 带(小数)的数. *obtain accurately the x-th decimal place* 精确到小数点后面 x 位. *recurring*〔*circulating, repeating*〕*decimal* 循环小数. *signed decimal* 带有正负号的小数. ▲*the x-th decimal place* 小数点后面 x 位. *to x places of decimals* 到小数第 x 位.

decimal-binary *a.* 十(进)-二进位(制)的, 十进(制)到二进(制)的(变换), 十翻二的.

decimal-coded *a.* 十进编码的.

dec'imalism [ˈdesiməlizm] *n.* 十进法[制].

dec'imalize [ˈdesiməlaiz] *vt.* 采用十进制, 十进制, 使变为小数. **decimaliza'tion** [ˌdesiməlaiˈzeiʃən] *n.*

dec'imally [ˈdesiməli] *ad.* 用十进法, 用小数(形式).

dec'imal-to-binary =decimal-binary.

dec'imate [ˈdesimeit] *vt.* 十中抽一, 取…的 1/10, 分样, 毁灭…的大部分.

dec'imeter 或 **dec'imetre** [ˈdesimi:tə] *n.* 分米(=1/10m). *decimetre height finder* 分米波测高计. *decimeter television* 分米波电视. *decimetre*〔*decimetric*〕*wave* 分米波. **decimetric** *a.*

decimil'ligram *n.* 1/10 毫克.

dec'imil'limeter 或 **dec'imil'limetre** [ˈdesiˈmilimi:tə] *n.* 丝米 (=10⁻⁴m).

decimolar *a.* 分摩尔的, 1/10 克分子(量)的.

decimosexto *n.* 十六开本.

dec'imus [ˈdesiməs] *a.*; *n.* 第十(的).

dec'ine *n.* 癸块.

decineper *n.* 分奈(贝), 1/10 奈贝 (=0.87 分贝).

dec'inor'mal *a.* 1/10 当量的, 分当量的, 当量的十分之一的.

deci'pher [diˈsaifə] *vt.*; *n.* ①(翻, 破, 解, 回)译(密)码, 译解[码], 密电的译文 ②解释, 辨认〔读〕, 描摹, 释义. ~**ment** *n.*

deci'pherable [diˈsaifərəbl] *a.* 翻(译), 辨认)得出的, 可解释的.

deci'pherator *n.* 译码机.

deci'pherer [diˈsaifərə] *n.* ①译(密)码员 ②译(密)码器[机, 装置], 回译机, 判读器.

decis'ion [diˈsiʒən] *n.* 决定[心, 议, 策], 判定[断, 别, 决], 果断, 坚定, 定局. *computer-made decision* 计算机判定. *decision by majority* 取决于多数. *decision circuit* 判决〔判定, 逻辑〕电路, 逻辑回路. *deci-*

sion criteria 决策准则. *decision design* 优选设计. *decision element* 判定[断]元(件),计[解]算元件,逻辑元件,判定元素. *decision level* 判别[判定]电平. *decision procedure* 判定程序〔过程〕. *decision table*(列出各种办法的)决策表. *draft decision* 决议草案. *logic*(*al*) *decision* 逻辑判定. ▲*decision on* 〔*upon*〕(决,确)定. *decision to* +*inf.* (做)的决定〔心〕. *reach* 〔*come to*, *arrive at*〕*a decision*(作出)决定〔判断〕,决定下来. *with decision* 断然.

deci'sive [di'saisiv] *a*. 决定(性)的,确定的,决[断]然的,果断的,有决心的,(肯)有明确(结果)的. *decisive battle* 决战. *decisive evidence* 确证. *decisive factor* 决定因素. *decisive range* 作用距离,有效距离〔射程〕,可达范围. ~*ly ad*. ~*ment n*.

decit *n*.(信息量的)十进单位.

deck [dek] **I** *n*. ①甲板,舱面,控制板表,盖(层)板,覆盖物 ②桥(舱,台,翼,摇床)面,桥(面),台表,(平)台,岩座〔床〕③〔计〕(卡片)组,卡片叠 ④〔录音机〕走带机构. **II** *vt*. 装(修)饰,铺面,装甲板. *deck beam* 上承梁. *deck bridge* 上承(式)桥. *deck composition* 甲板敷料. *deck factor*(筛分的)层位系数(以顶层数为1). *deck plate* 盖(台面,甲,铁甲,钢甲,脚踏)板. 瓦垄铁板. *deck roof* 平台式屋顶. *decked explosion* 分层爆炸. *on deck goods* 或 *deck cargo* 舱面货. *on deck risks* 舱面险. ▲*clear the decks*(战舰)准备战斗,准备行动. *deck M with N* 用N装饰M. *on deck* 在甲板上,准备齐全,在手边.

deck-bridge *n*. 上承(跨线)桥.

decken 'structure *n*. 叠瓦构造.

deck'er ['dekə] *n*. ①层,有…层的东西,(有)…层甲板(的)的船 ②稠料器,脱水机,(圆网)浓缩机 ③装饰者. *single* 〔*double*〕*decker bus* 单[双]层公共汽车. *three decker* 三层甲板的船.

deck'house *n*. 舱面(甲板)室.

deck'ing *n*. 桥面板,(桥梁)车行道,铺面,盖板,甲板覆层.

deck-flying *n*. 舰上飞行.

deck-landing *n*. 甲板降落.

deck'le ['dekl] *n*. 【造纸】(稳纸,制模)框,框带;纸的毛边.

deck'le-edged *a*. 毛边的(纸),未裁齐的.

deck-loaded *a*. 在甲板上装运的.

deck'-mount'ing *n*. 在甲板上装备,甲板发射管.

deck'-piercing *n*.; *a*. 穿甲(板,的),穿舱(桥)面.

deck-plate *n*. 铁[钢]甲板.

deck-tube *n*. 上甲板鱼雷发射管.

declad' *a*.; *v*. 取下[去掉]外皮(壳,罩)(的),取下蒙布(的).

declaim' [di'kleim] *v*. ①朗读〔诵〕,宣读〔讲〕②谴责,抗议,攻击(*against*).

declama'tion [deklə'meiʃən] *n*. 朗诵,(正式)演说,谴责.

declara'tion [deklə'reiʃən] *n*. ①宣言[告,布],公[布]告(书),(海关的)申报 ②说明. *customs declaration* 报关单. *declaration statement* 说明语句. *joint declaration* 联合声明.

declar'ative [dik'lærətiv] *a*. 宣言的,布[公]告的,说明的,陈[叙]述的,演说的,谴责的. *declarative op-eration* 说明性操作. ~*ly ad*.

declar'ator *n*. 【计】说明符. *declarator name* 说明符名称(定义).

declar'atory [dik'lærətəri] =declarative.

declare' [dik'lɛə] *v*. 宣布[告],发表,表示[明],说明,声明[称],陈述,断言,申述,申报. *declare war on* 〔*against*〕*the old world* 向旧世界宣战. ▲*declare against* (声明)反对. *declare for* 〔*in favour of*〕(声明)赞成. *declare off* 宣布作废,取消,毁约. *declare itself* 明朗化. *declare oneself* 发表意见,表明态度(身分). *declare oneself* (*to be*) *satisfied* 表示满意.

declared [dik'klɛəd] *a*. 公然(宣称,承认)的,呈[申]报的,价格表记的. *declared value* 申报价格. ~*ly ad*.

decla'rer *n*. 申述者,【计】说明词.

de'class'ified *a*. 解密的.

de'class'ify ['di:'klæsifai] *vt*. 使降低保密等级,使不再列入保密范围,销密,解密. **de'classifica'tion** ['di:klæsifi'keiʃən] *n*.

declen'sion [di'klenʃən] *n*. 倾斜,偏差,衰微,堕落. ~*al a*.

dec'linate ['deklineit] *a*.; *n*. ①下倾(的),倾斜(的),偏斜的②磁偏角. *declinating point* 罗盘修正台.

declina'tion [dekli'neiʃən] *n*. ①倾斜,倾[偏]角②(磁)偏角,偏差,方位角③赤纬④拒[谢]绝,*apparent declination* 视赤纬. *declination compass* 磁偏计,倾[偏]角计. *declination constant* 有偏磁. *declination needle* 磁针. *magnetic declination* 或 *declination of compass* 或 *declination of magnetic needle* 磁偏角. ~*al a*.

dec'linator ['deklinetə] =declinometer.

decline' [di'klain] *v*.; *n*. ①下倾[降,落,垂],离正道,倾斜(度),偏斜,斜面[边,斜,落]②衰弱[落],减少[产],退步,没落,将近结束,最后[结束]部分③拒[谢]绝,辞退. *decline of a well* 油井衰竭(减产). *decline rate* 衰退速度,衰降率,地层压力下降率. ▲*on the decline* 在低落[衰退]中,在下坡路上.

declinom'eter [dekli'nɔmitə] *n*. 磁偏仪[计],测斜仪,赤纬方位,偏角仪.

decliv'itous [di'klivitəs] *a*. 向下倾斜的,下坡的.

decliv'ity [di'kliviti] *n*. 下(倾)(的)斜(面),下斜,(下,斜)降,山)坡,坡[梯]度.

decli'vous [di'klaivəs] *a*. 向下(坡)的. 倾斜的.

de'clutch' ['di:'klʌtʃ] *v*. 取下[放松,脱开]离合器,(离合器)分离,分开啮合,(分开离合器)使停止运转,脱离[脱,开,脱,松闸,放空档. *declutching bearing* 离合器轴承.

decn 或 **decon** 或 **decontn** =decontamination 去杂质,去污.

DECO =direct energy conversion operation 能量直接转换.

decoat *v*. 除去涂层.

de'cocoon' ['di:kə'ku:n] *vt*. (为了装配、使用)去掉(装备或设备的)外套[外包皮].

decoct' [di'kɔkt] *vt*. 煎,熬,煮.

decocta *n*. 煎剂.

decoc'tion [di'kɔkʃən] *n*. 煎[煮](剂),煮(成的东西).

decoc'tum (拉丁词) *n*. 煎剂.

deco'dable *a.* 可解〔译〕的. *decodable code* 可解〔译〕码.

decode' [di:'koud] *vt.* 译解,(翻)译(密)码,解码,回译,译出指令. *decoded signal* 译码信号.

deco'der [di:'koudə] *n.* 译码器[机,装置,员], 纠错码器[译码器,调]器, 判读器, 译电(码)员.

deco'ding *n.* 译码,解码,回译.

decohere' [di:kou'hiə] *v.* 使散持,散屑(使检波器恢复常态).

decohe'rence [di:kou'hiərəns] *n.* 散屑,脱散.

decohe'rer [di:kou'hiərə] *n.* 散屑器.

decohe'sion [di:kou'hiʒən] *n.* 减聚力,解粘聚,溶散.

deco'ic acid 葵酸.

decoil' *v.* 开[拆]卷,展开(卷料).

decoil'er *n.* 展[开,拆]卷机.

decoke *vt.* 去焦炭,除(清)焦.

decol'late *v.* 区分,分开[开],折叠.

decollima'tion *n.* (光的)减准直,去平行性(光束).

decol'onize *vt.* 使非殖民化. *decoloniza'tion n.*

decol'or = decolour.

decol'orant = decolourant.

decolora'tion [di:kʌlə'reiʃən] *n.* 脱色,褪色,漂白,去色(作用).

decolorim'eter *n.* 脱色计.

decolorisation 或 **decoloriza'tion** = decolourization.

decolorise 或 **decol'orize** = decolourize.

decoloriser 或 **decol'orizer** = decolourizer.

Decolorite *n.* 多孔阴离子交换树脂.

decol'our *vt.* 使减[脱,去]色,漂白.

decol'ourant *n.* ; *a.* 脱(褪)色剂(的),漂白剂(的).

decolourisa'tion 或 **decouriza'tion** [di:kʌlərai'zeiʃən] *n.* 脱(去,消)色(作用),漂白(作用).

decolourise 或 **decol'ourize** [di:'kʌləraiz] *vt.* 使脱(去,褪)色,漂白.

decolouriser 或 **decol'ourizer** *n.* 脱色剂,漂白剂.

decom = decomposition 分解,蜕变.

decom'eter *n.* 台卡计(仪),台卡(Decca)导航系统中的指示器(显示器).

decommuta'tion *n.* 反互换,反交换.

de'com'mutator *n.* 反互换[反交换]器,多路分离[分路]开关.

decomp = ①decomposition ②decompression.

de'compac'ting ['di:kəm'pæktiŋ] *n.* 松散.

decompac'tion *n.* 松散,数据压反缩.

decomplementa'tion *n.* 脱补体.

decomposabil'ity [di:kəmpouzə'biliti] *n.* (可)分解性,分解性能.

decompo'sable [di:kəm'pouzəbl] *a.* 可分解[析]的,可分裂的,可破坏的,会腐败的.

decompose' [di:kəm'pouz] *v.* ①分[离,裂,析],光),离[诸]解,还原,风化 ②衰[蜕]变 ③(使)腐烂[败]. *decomposed rock* 风化岩石.

decompo'ser *n.* 分解器[槽,剂].

decom'posite [di:'kɔmpəzit] *a.* ; *n.* 再混合物(的),与混合物混合的.

decomposit'ion [di:kɔmpə'ziʃən] *n.* ①分[离,溶]解,还(断)[裂,光],分解,展开 ③衰[蜕]变 ④腐烂[败,朽],风化,消失 ⑤消瘦,虚弱. *atomic [nuclear] decomposition* 核衰[蜕]变. *chemical decomposition* 化学分解. *decomposition by radiation* 在辐射作用下分解,辐射分解. *decomposition cell* 原(一次)电池. *decomposition voltage* 电解[分解]电压. *force decomposition* 或 *decomposition of force* 力的分解. *prismatic decomposition* 棱镜分光. *pyrolytic decomposition* 高温分解,热解. *spectral decomposition* 光(频)谱分析. *thermal decomposition* 热分解. *vapor decomposition* 汽相分解.

decompound' [di:kəm'paund] I *vt.* ①再(加)混合,使与混合物混合 ②分解,使腐败. II *a.* = decomposite.

decompress' [di:kəm'pres] *v.* 缓缓排除压力,减(降)压.

decompres'sion [di:kəm'preʃən] *n.* 减[降,泄,去,除]压,分解,减尔逊室内)膨胀. *decompression moment* 失压力矩. *explosive decompression* 突然降(失)压,压力突降,爆炸[爆发式]减压. *rapid compression* 高速减压,突然失压.

decompres'sor [di:kəm'presə] *n.* 减压器,减压装置,膨胀机.

decon = decontaminate.

decon'centrate [di:'kɔnsentreit] *vt.* 分散. *decon'centra'tion n.*

decon'centrator *n.* 反浓缩器.

decontam'inant *n.* 纯化[净化,去污]剂.

decontam'inate [di:kən'tæmineit] *vt.* ①净[纯]化,清[消]除···的污(沾)染,清除···的放射性污染,扫除污垢,清除···的毒气,弄清洁,去杂质,消毒,清洗,洗刷 ②删密(删去秘密或敏感部分以供发表).

decontamina'tion [di:kəntæmi'neiʃən] *n.* 净[纯]化,去杂质,消毒. *decontamination agent* 放射性去污(洗消)剂. *radioactive decontamination* 消除放射性沾染.

de'control' ['di:kən'troul] I (*decontrolled*; *decontrolling*) *vt.* ; II *n.* 解除控制.

deconvolu'tion *n.* 退(卷)褶合,解[反,消]褶积,消券积,去旋.

decop'per *vt.* 除[脱]铜.

décor ['deikɔ:] (法语) *n.* (室内)装潢,全部陈设,舞台布景[装置,美术].

DECOR = digital electronic continuous ranging 数字电子连续测距.

dec'orate ['dekəreit] *vt.* ①装[修,缀]饰,修整,布置,染色,油漆,施彩,布景 ②勋杂配 ③授勋. *decorated letter* 花体字. *decorating fire* 彩焰.

decora'tion [dekə'reiʃən] *n.* ①装饰(潢,顶),修整,装饰品,布景,施彩(作用) ②勋章. *decoration method* 染色法.

dec'orative ['dekərətiv] *a.* (可作)装饰(潢)的. *decorative coating* 装饰漆,美饰涂层.

dec'orator I *n.* 制景人员,装饰家. II *a.* 适于室内装饰的. III *v.* ①装饰(=decorate) ②除芯.

dec'orous *a.* 有礼貌的,正派的.

decorpora'tion *n.* 退去,离开,离开机构.

decorrela'tion *n.* 解[抗,去]相关. *decorrelation radar* 抗相关[抗海面杂波干扰雷达.

decorrelator *n.* 解[去]相关器,解联器.

dec'orticate [di:'kɔ:tikeit] *vt.* 剥皮,去壳,脱皮[壳]. **decortica'tion** *n.*

dec'orticator *n.* 脱壳[剥皮]机.

deco'rum [di'kɔ:rəm] n. 礼节[仪,貌],体面.

decou'ple [di'kʌpl] n.; v. 去[退]耦,分离[隔],隔绝,断开联系,消除…间的相互影响.

decou'pling [di'kʌpliŋ] n. 去耦(合)(元件,装置),退(解)耦,解开. *decoupling circuit* 去[退]耦(合)电路. *plate decoupling* 阳极电路去耦(滤波器).

decoy' [di'kɔi] n.; vt. ①引诱(物),诱饵[惑],圈套 ②(雷达)假目标. *decoy airdrome* 假飞机场. *decoy return* 假目标反射信号,假目标回波信号. *electronic decoy* 电子(对抗)假目标.

decoyl n. 辛酰.

decrease I [di:'kri:s] v. 减(少,小,退,低,弱),降低,下降,缩短[小],压缩,变小. II ['di:kri:s] n.减少(额),减小(量). *decreasing forward wave* 衰减前向波. *decreasing function* 递减[下降]函数. *decreasing series* 递减级数. *linear decrease* 直线(线性)下降. *logarithmic decrease* 对数递减. *potential decrease* 电位(下)降,电位跌低. ▲(be)*on the decrease* 在减少中,减下去. *decrease by two orders of magnitude* 减少两个量级,去掉两个零,减少两位数字. *decrease in*…(的)减少. *decrease in(length)by M*(长度)减少 M. *decrease to* 减少到. ~*ment* n.

decreas'ingly ad. 渐减(地).

decree' [di'kri:] I n. 法[命]令,布告. II v. 公[颁]布,下令,规[决,注]定,判决,宣告. *emergency decree* 安全技术规程.

dec'rement ['dekrimənt] n. ①减少[小](率),减缩(度,量,率),压缩[比](衰,递,减)量,衰减(率),减幅(速,色,) ②指令的一部分数位 ③消耗,损失,亏损,赤字 ④疾病减退期. *damping decrement* 减幅量. *decrement curve* 减幅〔衰减〕曲线. *decrement field* 减量部分(字段),变址字段. *decrement gauge* 减压表. *decrement of velocity* 减速. *logarithmic decrement* 对数衰减[减缩]量. *zero decrement* 零衰减量.

decrem'eter [di'kremitə] n. 减幅〔衰减,减(量)〕计,减减测量器,对数衰减量计.

decrep'it [di'krepit] a. 衰老的,老朽的.

decrep'itate [di'krepiteit] v. 烧〔爆〕裂,毕里剥落地烧.

decrepita'tion [dikrepi'teiʃən] n. 烧〔爆〕裂(作用),烧(热)爆(作用),毕剥作用.

decres'cence n. 减小[退],衰退,减小,下降.

decres'cent [di'kresnt] a. 渐小〔少,减,降〕的,(月)下弦的.

decre'tive [di'kri:tiv] a. 命令[法]令的.

decrudes'cence [di:kru:'desəns] n. 减退(症状),减轻.

decruit' v. (把年老或不必需的雇员)置于次要的职位.

decrusta'tion [di:krʌs'teiʃən] n. 脱皮(壳,痂),除去沉积物,表面净化.

decry' [di'krai] vt. 谴责,(指出缺点以)贬低(其价值,效用).

decrypt' [di'kript] vt. (翻)译(密)码,解密码.

decryp'tion or **decrypt'ment** n. 译(密)码,解释(编码)的数据,密电码回译.

decryp'tograph n. 密码翻译.

decrystalliza'tion [...] n. 去结晶(作用).

DECTRA 或 **Dec'tra** ['dektrə] = Decca tracking and ranging 台卡特拉(定位系统),台卡跟踪和测距导航系统,无线电定位装置,主航路导航台卡.

decu'bitus [di'kju:bitəs] n. 卧位,卧,褥疮. *dorsal decubitus* 仰卧,背卧. *ventral decubitus* 腹卧,俯卧.

decum'bent [di'kʌmbənt] a. 匍匐在地上的,垂下的,(植物)外倾的.

dec'uple ['dekjupl] n.; a.; vt. ①十倍(的),以十计的 ②使增加到十倍(的),以十乘.

dec'uplet n. 十个一组(副),十重态,十重线. *decuplet baryon* 十重态重子.

decur'rent a. (植物)下延的,向下的.

decurta'tion [di:kə:'teiʃən] n. 切短,缩短.

decur'vature n. 下弯.

decurved [di:'kə:vd] a. (弧形)向下弯的.

decus'sate I [di'kʌseit] v. 交叉成十字形,交叉成X形,十字形交叉,正交,使交叉. II [di'kʌsit] a. (直角)交叉的,(交叉成)X(十字)形的,交错的. ~*ly* ad.

decussa'tion [di:kʌ'seiʃən] n. 十字形(X形)交叉.

decyana'tion n. 脱氰(作用).

decyanoethyla'tion n. 脱氰乙基作用.

decycliza'tion n. 去〔脱,断〕环(作用).

dec'yl a. 葵基的.

decylamine n. 癸胺.

dec'ylene n. 癸烯.

decyl'ic acid n. 癸酸.

dec'yne n. 癸炔.

DED =dedendum.

deden'da [di'dendə] dedendum 的复数.

deden'dum [di'dendəm] (pl. *dedenda*) n. (齿轮的)齿根(高),齿高. *dedendum angle*(齿轮的)齿根角. *dedendum circle*(齿轮的)齿根圆.

dedenti'tion n. 落齿,牙齿脱落.

ded'icate ['dedikeit] vt. 贡献,献身(给),致力为,为…举行落成式. ▲*dedicate one's life to* 献身于,毕生致力于. *dedicate oneself to the cause of communism* 献身于共产主义事业. *dedicate M to N* 把M用在N上.

ded'icated a. 专用的. *dedicated memory* 专(特)用存储区,主存(储器)保留区. ▲*Dedicated to*(谨以本书)献给…

dedica'tion [dedi'keiʃən] n. 贡(奉)献,献身,献(题)辞.

dedifferentia'tion n. 反分化,失去差别(特性).

dedolomitiza'tion n. =dedolomitization.

dedolomiza'tion [di:dɔlɔmai'zeiʃən] n. (= dedolomitizati-on) 脱白云石化(作用).

deduce' [di'dju:s] vt. 推论〔断,演,想,定,出〕,推寻源流,(推)导出,引出,演绎. ▲*deduce M from N* 由(根据)N 推(断,论)出 M,由 N 获得 M 的结论.

dedu'cible [di'dju:səbl] a. 可推断的.

deduct' [di'dʌkt] vt. ①扣〔减〕除,减(扣,除)去,折扣 ②推论〔断〕,演绎. ▲*deduct M from N* 从 N 中扣除 M.

deduc'tion [di'dʌkʃən] n. ①扣除(额),减去[法],折扣 ②推论〔导〕出来的结论,演绎(法). *deduction solid solution* 缺位固溶体.

deduc'tive [di'dʌktiv] a. ①减〔扣〕去的 ②可推论

dedust′ [di:'dʌst] *vt.* 除尘〔灰,末〕,脱尘. *dedusted coal* 去掉粉末的煤.

de′dus′ting ['di:'dʌstiŋ] *n.* 除灰,除尘.

dee [di:] *n.* D 字,D 形盒〔(铁)环〕,D 形(加速)电极,D 形空心加速器,D 形连接夹. *dee to dee capacitance* D 盒间电容.

deed [di:d] Ⅰ *n.* ①行动,动作,实际,事实 ②事〔功〕绩 ③证(明)书,合同,契约,协定,契据,议定书. Ⅱ *vt.* 立契出让. ▲*do the deed* 产生效果. *in deed as well as in word* 言行一致(的). *in deed and 〔but〕 not in name* 或 *in word and deed* 不是名义上而是实际上. *in name, but not in deed* 有名无实. *in (very) deed* 实际上,实在(是),其〔确〕实,真的,不是名义上而是实际上. *with actual deeds* 以实际行动.

de-elec′trifying *n.* 去电.

de-elec′tronate *vt.* 使去电子,使氧化. *de-electronating agent* 去〔减〕电子剂,氧化剂.

de-electrona′tion *n.* 去〔减〕电子(作用),氧化作用.

Deeley friction machine 用于评定油性,油膜强度的摩擦机.

deem [di:m] *vt.* 想,认〔以〕为,相信. *deem highly of* 对…给予高度评价. ▲*deem (that) it (is) one's duty to +inf.* 认为(做)是自己的责任.

deem′phasis [di:'emfəsis] *n.* ①(调频接收机中)去〔减〕加重,去矫 ②〔声〕(频应)反层,高频衰减率,信号还原 ③降低重要性,削弱. *deemphasis circuit* 去加重〔反校正〕电路. *deemphasis network* 去加重网络(载波电话).

deem′phasize [di:'emfəsaiz] *vt.* 降低…的重要性,削弱,使不重要.

de-emulsifica′tion *n.* 解〔反,脱〕乳化(作用),乳〔浮〕浊澄清(作用).

deenergiza′tion 或 **deenergiza′tion** *n.* 去能,去激励,断路,释放.

deen′ergise 或 **deen′ergize** *vt.* 切断,断开〔路〕,断〔停〕电,释放(继电器,电磁铁等),去激励,去〔解除〕激励. *deenergizing by short circuit* 短路去能,短路释放(继电器,电磁铁等). *deenergizing circuit* 去激〔消除激励,断电〕电路.

de′en′ergised 或 **de′en′ergized** *a.* 不带电的,切断电流的,去激励的,去能的.

de′entrain′ment *n.* 防止带走,收集,捕捉.

deep [di:p] Ⅰ *a.* ①深(奥,刻,入,厚,沉,色)的,纵深的,低的(音) ②浓〔厚〕的,饱和的,密集的 ③非常的,极度的. Ⅱ *ad.* 深深地. Ⅲ *n.* 深(度,处,渊,色),海渊,深水(指 600m 以上). *a hole 50 feet deep* 50 英尺深的洞. *a plot of land 100 feet deep* 进深达 100 英尺的一块土地. *deep analogy* 极其相似. *deep beam 〔slab〕* 厚梁〔板〕,深梁. *deep cooling* 深冷. *deep cutting* 深切〔刻〕,垂直录音. *deep dimension picture* 有深度感的图像. *deep drawing* 深拉,深冲(压,成形). *deep etching* 深浸蚀〔腐蚀〕. *deep fade* 强衰落. *deep fill* 深填(土). *deep floor* 加强肋板. *deep freezer* (以极低温度快速)冷藏箱. *deep impurity state* 深杂质态. *deep insight* 深远的见解. *deep laterolog* 深侧向测井. *deep level* 深能

级,深水平,深〔部〕层位. *deep oil* 深结油,埋藏很深的石油. *deep prospecting* 深层钻探. *deep question* 深奥难懂〔解〕的问题. *deep seam* 凹缝. *deep slab* 厚板. *deep socket wrench* 长套管型套筒扳手. *deep space* 〔外层,遥,远的〕空间,深〔太〕空. *deep stamping sheet* 深冲薄板. *deep state* 深(能)态. *deep weld(ing)* 深部焊接. *deeper cracking* 深度裂化. ▲*(be) deep in* 埋头于…之中,专心致力于,处于…中心. *(be) deep in 〔into〕 the heart of* 深入(到)…的中心. *go off the deep end* 走极端.

deep-cutting *n.; a.* 深切(削)(的)

deep-draft lock 深(吃)水船闸.

deep-drawing *n.* 深拉,深冲(压,成形).

deep-dyed *a.* 深染的,顽固不化的.

deep′en ['di:pən] *v.* (使)加深,变深〔浓,暗,黑〕,深化. *deepened beam* 加厚(深)梁. *deepening crisis* 日益严重的危机. ▲*deepen M to N* 把 M 加深到 N.

deep′freeze ['di:p'fri:z] *n.; vt.* (以极低温度快速)冷藏(箱),冷冻(器),冷处理,暂时中止.

deep-going *a.* 深入的,深刻的.

deep′-laid ['di:'pleid] *a.* 秘密策划的,处心积虑的,精巧的.

deep′-lev′el *n.* 深层,深能级.

deep′ly ['di:pli] *ad.* 深深(地,远)地,非常,强,浓.

deep′-ly′ing *a.* 处于深处的,埋藏很深的. *deep-lying difficulties* 不易发现的困难.

deep′most ['di:pmoust] *a.* 最深的.

deep′ness ['di:pnis] *n.* 深(度,远,奥),浓度.

deep-read *a.* 熟读的,通晓的.

deep′root′ed ['di:p'ru:tid] *a.* 根深蒂固的.

deep′-sea′ ['di:p'si:] *a.* 深海〔水〕的(深于 200m),远洋的.

deep′-seat′ed ['di:p'si:tid] *a.* 深(成,入,埋,嵌,放)的,由来已久的,根深蒂固的.

deep′-set′ ['di:p'set] *a.* 深陷的.

deep-slot *a.* 深槽的.

deep-sounding *n.* 测深.

deep′-space *n.; a.* 深空(的),太空(的),外层空间(的).

deep-vein zone deposit 热液矿床.

deep′water *a.* 深海(水)的,远洋的.

deer [diə] *n.* 鹿. *David's deer* 麋鹿,四不像. *small deer* 无足轻重的东西.

DEER = directional explosive echo ranging 定向爆炸回声测距.

de-escalate [di:'eskəleit] *v.* (使)逐步降级. **de-escala′tion** *n.*

de′ethana′tion 或 **de′ethaniza′tion** *n.* 脱乙烷(作用).

de′ethanize *vt.* 脱(除)乙烷.

deethanizer *n.* 乙烷馏除塔,脱乙烷塔.

de-etherize *v.* 脱醚.

deethyla′tion *n.* 脱乙基(作用).

dee-to-dee voltage D 形盒势差,D 形电极间电压(差).

de′excita′tion ['di:eksi'teiʃən] *n.* 去激励〔发〕,去(激)活(作用),放光(电). *deexcitation by gamma-emission* γ 跃迁,γ 量子放光.

de-excite *vt.* 去激励活),发光.

def = ① defense 保卫,防御〔护〕 ② definite 确〔一〕定

deface' [di'feis] vt. 损伤…的外观〔表〕,损害,磨损〔灭〕,涂销.
deface'ment n. 毁损(物),磨损〔耗,减,灭〕,涂销.
de facto [di:'fæktou] 〔拉丁语〕事实上(的),实际上(的).
defal'cate vt. 盗用(侵吞)公款. defalca'tion n.
defame' [di'feim] vt. 诽谤,中伤. defama'tion n. defam'atory a.
defat' [di'fæt] (defatted; defatting) vt. 除油,脱脂.
defatiga'tion [difæti'geiʃn] n. 过劳,疲劳.
default' [di'fɔ:lt] I n. ①不履行,不负责任,拖欠,缺乏,缺席规则 ②错误,缺陷〔点〕. II vi. 不履行(责任),违约,不到场,缺席,拖欠. default for abnormality 异常性缺席规则. default option 非法选择. ▲be in default 不履行. in 〔for〕default of 因为没有〔缺乏〕,(若)缺少…时,倘若未发生〔获得〕….
defea'sance [di'fi:zəns] n. 作废,废止〔除,弃〕,解除(契约).
defea'sible [di:'fi:zəbl] a. 可作废的,可废除的.
defeat' [di'fi:t] I vt. ①战胜,击败,击败,打败,推毁 ②使失败〔击败,打破,作废,废除,消除〔去〕,擦除〔去〕. II n. 失〔击〕败,战胜,打破,挫折,废除. defeat switch 消除开关. ▲defeat its object 达到相反的而导致失败. in defeat and victory 无论胜败.
defeat'ism n. 失败主义.
defeat'ist n. 失败主义者.
defea'ture [di'fi:tʃə] vt. 损坏外形,使变形,使不能辨认.
def'ecate ['defikeit] v. 澄清,提〔滤〕净,净化.
defeca'tion [defi'keiʃən] n. 澄清(作用),提净,净化,排粪,去污.
def'ecator ['defikeitə] n. 澄清器〔槽〕,过滤装置.
defect' [di'fekt] n. ①缺点〔陷〕,短处,毛病,瑕疵,疵点 ②故障,损害〔伤〕③缺乏,不足,亏损. crystal defect 晶体缺陷. defect detector 探伤仪. defect detecting test 缺陷〔探伤〕检查. defect echo 探伤回波. defect of contact 接触不良. defect semiconductor 有缺陷半导体. defect solid solution 缺陷式固溶体. mass defect 质量亏损. ▲in defect of 缺乏. in defect of 若乏,时,因为没有〔缺少〕.
defec'tion [di'fekʃən] n. ①背叛,变节 ②不履行义务,不尽责.
defec'tive [di'fektiv] I a. 有缺点〔毛病,缺陷〕的,损坏的,(出)故障的,不完善的,不合格的,有欠缺的,亏损的,无效的. II n. 次品,有缺陷的(人,物). defective colour vision 视觉缺陷. defective coupling 耦合不良. defective insulation 绝缘不良. defective pair 不合格线对. defective semiconductor 杂质〔不良,有缺陷〕半导体. defective sight 视觉缺陷. defective tightness 不紧密. defective value 亏损值. defective water 不纯的水. ~ly ad. ~ness n.
defec'togram n. 探伤图.
defec'toscope n. 探伤仪〔器〕.
defec'toscopy n. 探伤(法),故障检验法,缺陷(尺寸)测量(术).

defence' [di'fens] n. ①防御〔护,备,务,卫〕,保卫(战),保护(层) ②辩护,答辩 ③(pl.)防御工事〔设施〕,堡垒. air〔aircraft〕 defence 防空. atomic defence 原子防护,防原子. defence in depth 纵深防御. missile defence (利用)导弹防御. national defence 国防. ▲anti-…defence 或 defence against…对付…的防御. in defence of…保卫,捍卫…,为保〔辩〕护.
defence'less [di'fenslis] a. 无防御〔备〕的,无助的,没有保护的,无可辩辩的. ~ly ad. ~ness n.
defend' [di'fend] v. 防(御,守),保卫,(为…)辩护,答辩. defend one's country 保卫祖国. ▲defend M from N 保护 M 使不受 N. defend oneself 自卫,答辩. defend oneself against 防御.
defend'ant [di'fendənt] n.; a. 被告(的),辩护〔者,的〕,辩护〔者,的〕.
defen'der [di'fendə] n. ①保卫者,防御者,保〔辩〕护人 ②保护器(装置),护耳器 ③防御〔空〕飞机. ear defender 护耳器.
defense I n.=defence. II (Defense)(美国)国防部,防御. III vt. 谋划抵御.
defensibil'ity [difensə'biliti] n. 可防御性.
defen'sible [di'fensəbl] a. 可防御〔保卫〕的,能辩护的,正当的. ~sibly ad. ~ness n.
defen'sive [di'fensiv] a.; n. ①防御(用,性)的,防(保卫)的,守势(的),防御态势(战术,战). defensive radar 反导弹防御雷达. ▲assume the defensive 或 be 〔act, stand〕 on the defensive 处于守势,进行防御. be put on the defensive 被迫处于防御地位. have…on the defensive 使…被动. ~ly ad. ~ness n.
defen'sory [di'fensəri] =defensive.
defer' [di'fə:] (deferred; deferring) v. ①延期〔迟,缓〕,迁延,耽搁,推迟,逾期,缓(迟)发 ②服〔听,依〕从(to),因循. defer making a decision 暂缓作决定. deferred address 【计】延期〔延迟,递延〕地址. deferred maintenance 逾期养护. deferred payment 或 payment on deferred terms 分期〔延迟〕付款. deferred restart 延迟再启动,延迟重新启动. deferred telegram 迟〔缓〕发电报.
def'erence ['defərəns] n. 服〔听〕从,尊重.
def'erent ['defərənt] a.; n. ①输送物〔管〕的,传送物(的) ②,导管 ②圆心轨迹,【天】从圈,均轮.
defer'ment [di'fə:mənt] n. 迟延,延期.
defer'rable a. 能延期的.
defer'ral n. 延期,迟延.
deferred-action a. 延迟作用的.
defer'rer n. 推迟者,延期者.
deferriza'tion n. 除〔脱〕铁.
deferves'cence [di:fə'vesns] n. 止沸,退热,热退期,退热期.
deferves'cent I a. 退热的. II n. 退热药.
defi'ance [di'faiəns] n. 挑衅〔战〕,违抗,藐〔无〕视,不顾. ▲bid defiance to 或 set…at defiance 向…挑战,反抗,藐视. in defiance of 无视,不顾〔管〕,一反.
defi'ant [di'faiənt] I a. ①挑衅的,违(对)抗的,(公然)不服从的 ②大胆的,目中无人的. II n. 无畏式(飞)机. ▲be defiant of 蔑〔无〕视. ~ly ad.

defi'ber ~ness *n*.
defi'ber *vt*. 脱(分离)纤维.
defibrator *n*. 纤维分离机.
defibrillator *n*. 电震发生器,除纤颤器.
defibrina'tion *n*. 磨(制)木浆,磨木制浆(纸),脱纤维(蛋白)作用.
defic'iency [di'fiʃənsi] *n*. ①缺乏〔少〕,不足 ②不足之处,缺陷,营养缺乏症,毛病,故障,无效性 ③不足额,亏数(空,格),差(数,额). *deficiency disease* 营养缺乏症. *deficiency in draft* 通风〔风量〕不足. *oxygen deficiency* 缺(乏)氧.
defic'ient [di'fiʃənt] *a*. 不足的,缺乏的,欠缺的,不完全的,有缺陷的,无效的. *deficient coupling* 欠缁耦合. *deficient number* 亏量〔数〕. ▲*be deficient in* …欠缺,不足.
def'icit ['defisit] *n*. 亏损(额),亏空,差,不足(额),欠缺,短缺,缺乏,赤字. *balance of payments deficit* 国际收支逆差. *deficit semiconductor* 欠缺半导体. *mass deficit* 质量亏损. *unfavourable balance deficit* 逆差.
defi'er [di'faiə] *n*. 挑战(反抗)者.
defilade [defi'leid] *v*. 遮蔽(物),障碍物.
defile I [di'fail] *v*. ①弄脏,污损〔染〕,玷污 ②分行列,成纵〔单〕列前进. II ['di:fail] *n*. 隘路,峡(谷,道),分列式,纵列行进.
defile'ment [di:'failmənt] *n*. 污染〔损,辱,秽〕,玷污.
definabil'ity *n*. 可定义性.
defi'nable [di'fainəbl] *a*. 可(下)定义的,可详细说明的,可限(定)的,有界限的.
define' [di'fain] *vt*. ①(给…)下定义,确(规,限,判)定,分辨,弄明确,(划)定界限,解释,释义 ②详细说明,叙述明白,用图形表示. *define the file* 定义文件指令, DTF 指令. *defined label* 定义标号. *defining equation* 定义方程. *defining occurence* 定义性出现. *defining relation* 定义(限定)关系. *well-defined* 意义明白的,轮廓分明的. ▲*be defined as …*的定义是,被定义为,(被规定)等于,可称为. *define M as N* 给 M 下一个定义称之为 N,把 M 规定为(等于)N. *define M equal to N* 限(规)定 M 等于 N.
define-the-file *n*. 定义文件指令.
definiendum (pl. **definienda**) *n*. 被下了定义的词.
definiens (pl. **definientia**) *n*. 定义.
def'inite ['definit] *a*. 明确(显)的,(确,一,固,肯,限)定的,无疑的,有定数的,有(一定)界限的. *definite angle shot* 最佳角度〔定角度〕拍摄. *definite conditions* 定解条件. *definite division* 定义除(法). *definite form* 定界形(齐)式. *definite integral* 定积分. *definite kernel* 确定核,正定或负定核. *definite operator* 有定算子. *definite quantity* 定量. *definite time shot* 定时,有限间隔时间. ▲*have definite proof* 确证.
definite-correction servomechanism 间歇作用的伺服机构.
def'initely ['definitli] *ad*. 明确(切)地,的确,一定,一点不错.
def'initeness ['definitnis] *n*. 明确,确(肯)定.
def'inite(-)time' *a*. 定时的.

definit'ion [defi'niʃən] *n*. ①定义(界),解说,阐明 ②确(限)定,明确(性),鲜明性 ③清晰度,分辨力(率),分解力,反差,轮廓清楚. *definition chart* 清晰度测试卡,分解力测试图. *definition of term* 条款解说〔限定〕. *definition phase* 技术(初步)设计阶段,技术-经济条件确定阶段,方案论证阶段. *definition wedge* 清晰度测试楔形束. *give a definition* 下定义. ~*al a*.
defin'itive [di'finitiv] *a*. (有)决定(性)的,确(限)定的,明确的,最后的,终局的,定义的,权威性的. *definitive answer* 最后正式的答复. ~*ly ad*. ~*ness n*.
defin'itude [di'finitju:d] *n*. 明(精)确(性).
DEFL = ①deflect ②deflection ③deflector ④diode emitter follower logic 二极管发射极输出器逻辑(电路).
deflagrabil'ity *n*. 爆(易)燃性.
def'lagrable *a*. 爆(易)燃的.
def'lagrate [defləgreit] *v*. (使)突然〔快速〕燃烧,(使)爆燃.
deflagra'tion [defləˈgreiʃən] *n*. 突(爆)燃,快速(降压)燃烧,烧坏. *deflagration wave* 爆波. *strong deflagration* 急(爆)燃. *weak deflagration* 火焰微弱传布.
deflagra'tor [defləˈgreitə] *n*. 突(爆)燃器.
defla'table *a*. 可放气的,可紧缩的. *deflatable bag moulding* 真空橡胶袋模法.
deflate' [di:'fleit] *v*. ①(给…)放(抽)气,减压(排气)(使)缩小,使瘪下去,瘪缩,紧缩(通货),缩坍 ③降低…的重要性. *deflating cap* 开关帽. *deflating valve* 放气瓣(阀).
defla'ted *a*. 放(排,跑,抽)气的.
defla'tion [di:'fleiʃən] *n*. ①放(排,跑)气,抽出空气,缩小,瘪掉,压(收)缩,降阶 ②(通货)紧缩 ③风(吹)蚀.
defla'tionary *a*. 紧缩通货的.
deflators *n*. 平减指数,紧缩因素.
deflect' [di'flekt] *v*. ①(使)偏(转,移,斜,折,向,差,离),致偏 ②偏斜,转射移动 ③(使)转向,扭(歪)(转) ④(使)挠(弯)曲,变位,下垂. *deflected air* 偏流空气. *deflected ascent* 斜升. *deflected beam* 偏转引出束. *deflecting bar* 〔rod〕转向杆. *deflecting coil* 偏转线圈. *deflecting couple* 转矩,偏转力偶. *deflecting magnet* 偏转磁铁,致偏磁体. *deflecting torque* (偏)转(力)矩. ▲*deflect M around N* 使 M 绕 N 偏转.
deflec'tion [di'flekʃən] *n*. ①偏(转,斜,移,离,差,度,向,射,光),偏(转,移,差)角,偏转度,致偏,倾斜,折射(流,转),转折(角,向),摆动 ②挠(下)度(垂,挺)度,变位,弯沉 ③修正瞄准 ④方向角. *beam deflection* 或 *deflection of beam* 射束偏转,梁弯曲. *bending deflection* 挠度,上弯度,挠偏转. *buckling deflection* (受压弹簧的)挠折收缩量. *column deflection* 柱的纵向弯曲. *deflection angle method* 偏角法. *deflection assembly* 致偏〔方位瞄准〕装置. *deflection basin* 弯沉盆. *deflection bowl* 弯沉盆(杯). *deflection chassis* 扫描装置底盘,偏转部分. *deflection circuit* 偏转(致偏)电路. *deflection coil*

deflec'tive 偏转(致偏)线圈. *deflection computer* 偏离[前置量]计算机. *deflection curve* 弯沉曲线,挠度曲线. *deflection distance* 偏(转)距(离). *deflection factor* 偏转因数,偏转灵敏度,偏移系数. *deflection gauge* 偏转度计. *deflection generator* 扫描[偏转]振荡器. *deflection linearity* 扫描线性. *deflection linearity circuit* 偏转失真校正电路,偏转线性化电路. *deflection method* 偏转[偏移,位移,致偏]法. *deflection-modulated* 偏转调制的. *deflection of jet* 折流. *deflection sensor* 挠度感应器. *deflection storage tube* 束偏转存储管. *deflection transformer* 偏转装置变压器. *large deflection* 大挠[垂]度. *lateral deflection* 方向修正[提前]量,横向挠曲,横向偏转. *roll deflection* 轧辊挠度. *sound deflection* 声波折射. *torsional deflection* 扭转(变形).

deflec'tive [di'flektiv] *a.* 偏斜[转,离]的. *deflective screen* (使失控汽车转折方向的)折向防护屏.

deflectiv'ity *n.* 偏转[向,离],可弯性.

deflec'togram [di'flektəgræm] *n.* 弯沉图.

deflec'tograph [di'flektəgra:f] *n.* 弯沉仪.

deflectom'eter [diflek'tɔmitə] *n.* 挠[弯,偏,挺]度计.

deflec'tor [di'flektə] *n.* 偏转镜,导向,导流,折流,挡,遮(护),导风阻板,转向[折向,偏向,导流,制导,折转,反射,移置,致偏]器,偏转仪,偏转系统,导向[偏转]装置,导流片,偏流角调节器,偏转极. *air deflector* 空气偏导器,导(折)流板. *deflector coil* 偏转线圈. *deflector plate* 偏转板. *flame [blast] deflector* 火焰反射器. *head lamp deflector* 头灯回光罩. *oil deflector* 抑[挡]油圈,导油器.

deflec'toscope *n.* 缺陷检查仪.

deflec'tron *n.* 静电电视像管,静电偏转电子束管.

defleg'mate *v.* 分馏[缩,憎]. **deflegma'tion** *n.*

deflex'ion *n.* =deflection.

defloc'culant *n.* 反絮凝[团聚]剂,散凝剂,胶体稳定剂,悬浮剂.

defloc'culate *v.* 反絮凝,散凝,反团聚. *deflocculated colloid* 不凝聚胶体. *deflocculated graphite* 胶态石墨. *deflocculating agent* 反絮凝剂,散凝剂,胶体稳定剂,粘土悬浮剂.

defloccula'tion *n.* 反絮凝[团聚]作用,抗[解]凝絮作用,散凝作用,絮散,悬浮.

defloc'culator *n.* 反絮凝离心机,反絮凝[团聚]机,悬浮剂.

defluent ['deflu(:)ənt] *a.*; *n.* 向下流的(部分).

defluidiza'tion *n.* 流态化(作用)停滞,反流态化.

defluor'inate *vt.* 脱氟. **defluorina'tion** *n.*

deflux' *n.* 去焊药[剂].

defluxio [拉丁语] *n.* 脱落,流下. *defluxio capiliorum* 脱发.

defoam [di:'foum] *v.* 去(泡)沫,除(消)泡(沫). *defoaming agent* 消(抗)泡剂,消沫剂.

defoamer (agent) 去[消]沫剂.

defo'cus [di'foukəs] (*defocus(s)ed*; *defocus(s)ing*) *v.* 散(去,消)焦,散开,发散,失散. *deflection defocussing* 偏转散焦(作用),偏转时(束)的散焦.

de'fog *vt.* 清除混浊(状态),扫雾.

defor'est [di:'fɔrist] *vt.* 砍伐…的森林. ~**a'tion** *n.*

De-Forest coil 蜂房(巢)(式)线圈.

deform' [di'fɔ:m] *v.* (使)变形,使畸形,损坏…的形状

deformabil'ity [difɔ:mə'biliti] *n.* (可)变形性,形变能力,加工性. *plastic deformability* 塑性变形性.

deform'able [di'fɔ:məbl] *a.* 可(易)变形的,应变的. *deformable body* 柔[变形]体.

deforma'tion [di:fɔ:'meiʃən] *n.* 变形(更,态),形(应)畸)变,畸形,失真,扭[翘]曲,走样,损伤. *angular deformation* 角(向)变形,歪斜. *areal deformation* 表面变形,表面面积变化. *cold deformation* 冷变形,冷加工. *compression deformation* 相对压缩,压缩变形. *deformation of river bed* 河床变迁. *deformation under load test* 负载(加载)变形试验. *high energy rate deformation* 高能速变形(加工). *load-deformation curve* 应力应变(载荷-变形)曲线,过载曲变图. *tangential deformation* 切向变形,(受)剪应变. *vertical deformation* 竖向变形,沉陷. *very high rates of deformation* 高速变形,高速压力加工. ~**al** *a.*

defor'mative [di'fɔ:mətiv] *a.* 使变形的,使形状损坏的.

deformed' [di'fɔ:md] *a.* 变(了)形的,畸形的,残废的. *deformed bar* 变形(竹节,螺纹)钢筋,异型棒钢. *deformed plate* 变形(凹点,混凝土嵌建)板. *deformed pre-stressed concrete steel-wire* 预应力混凝土结构用刻痕钢丝.

deform'eter [di'fɔ:mitə] *n.* 应变(变形)仪,变形测定器.

defor'mity [di'fɔ:miti] *n.* 畸形,变形,残废,缺陷,残缺的东西.

defor'mograph *n.* 形变图.

defraud' *vt.* 欺骗,诈取.

defrauder *n.* 诈骗者,骗子.

defray' [di'frei] *vt.* 支付,付给(出).

defray'able *a.* 可支付的.

defray'al [di'freiəl] 或 **defray'ment** [di'freimənt] *n.* 支付(额),付给(出).

defreeze' [di:'fri:z] (*defroze*, *defrozen*) *vi.* 解冻,溶化.

defrost' [di'frɔst] *v.* 除(去冻)霜,融冰,使不结冰,使冰溶解,解冻.

defrost'er [di'frɔstə] *n.* (车窗玻璃)除(去,防)霜器,防冻器,融冰器,防霜冻装置. *wind shield defroster* 风挡除霜器.

defroth'er *n.* 除泡剂,消泡器.

defroze' *v.* defreeze 的过去式.

defro'zen *v.* defreeze 的过去分词.

defruiter equipment 反干扰设备.

defruiting *n.* 异步回波滤除.

deft [deft] *a.* (手工)灵巧的,熟练的,敏捷的,巧妙的. *deft hand* 能手. ~**ly** *ad.* ~**ness** *n.*

deft =deflection 偏转(差),致偏.

defu'elling [di:'fjuəliŋ] *n.* ①放出存油 ②二次加注(燃料),二次加油(充气).

defunct' [di'fʌŋkt] *a.* 死了的,不再存在的,倒闭了的,非现存的. *defunct journal* 已停刊的刊物.

defunctionaliza′tion [difʌŋkʃənəliˈzeiʃn] n. 除机能(法),机能消失.

defuse′ 或 **defuze′** [diːˈfjuːz] vt. ①去掉…的信管,使失去爆炸性,使变得无害 ②平息,调解,削弱…的力量.

defy′ [diˈfai] vt. ①向…挑战 ②蔑(藐)视,不顾,不服从,不尊重,违抗 ③不给让,使不能(难以)落空. *defy severe cold* 不畏严寒. *Things like these defy enumeration*. 诸如此类,不胜枚举.

deg = degree (程,角)度.

deg cent = degree(s) centigrade 摄氏度数.

DEGA = depth gauge 深度规.

degas′ [diˈgæs] (*degassed*; *degassing*) vt. 脱(去,放,排,抽)气,除(余)气,去氧,去氢,消毒消灭毒气毒性,受干馏. *degassed water* 无气水,不含气的水. *degassing column* (*tower*) 脱气塔. *degassing gun* 去气枪,熟空气枪. *degassing transformer* 真空泵(水银整流器)电源变压器.

degas′ifica′tion [diːˈgæsifiˈkeiʃən] n. 除(去,脱)气(作用).

degas′ifier [diːˈgæsifaiə] n. 脱气(氧)器,去(除)气器,除(脱,消)气剂.

degas′ify [diːˈgæsifai] vt. 除(去,脱)气. *degasified steel* 镇静钢. *degasifying agent* 脱气剂.

degas′ser n. 脱气(氧)器,除气(器).

degate n. 打浇口.

degauss′ [diːˈgaus] vt. 消(去,退)磁,去除(船只)的磁场. *degaussing cable* 消(去)磁电缆.

degauss′er n. 去(退)磁器,去磁电路(扼流器).

DEGCALB = degaussing calibration 消磁校准.

degel′atinize vt. 脱胶,煮出胶质.

degen′eracy [diˈdʒenərəsi] n. 退化(作用),蜕化,衰退,颓废,变质(性),消并(性,度). *degeneracy in linear programming* 线性规划的退化. *degeneracy operator* 退化算子. *degeneracy semiconductor* 简并半导体. *spatial degeneracy* 空间简并度.

degen′erate I [diˈdʒenəreit] v. 退化,蜕变,堕落,衰并. ▲ *degenerate into* 简化(变质)成. II [diˈdʒenərit] n.; a. 退化(的),变质(的),简并(的). *degenerate conic* 退化(化了的)二次曲线. *degenerate mode* 退化振荡模,简并模. *degenerate semiconductor* 简并半导体. *degenerate temperature* 退化温度. *doubly degenerate* 二度简并.

degenera′tion [didʒenəˈreiʃən] n. 退化(作用),变质(性,异,态),衰减,衰退,恶化,颓废,简并(化)②负反馈,负回授. *degeneration mode* 退化振荡模,简并模. *noise degeneration* 噪声衰减.

degen′erative [diˈdʒenəreitiv] a. 退化的,衰退的,变质(性)的,负反馈(回授)的. *degenerative circuit* 退化(负反馈)电路. *degenerative feed*(*back*) 负反馈(回授).

degeneres′cence [didʒenəˈresns] n. 退化,变质,开始变性.

degerma′tion n. 消毒,去细菌.

deg′eroite [ˈdedʒərəait] n. 硅铁土.

degF = degree(s) Fahrenheit 华氏度数.

deglacia′tion n. 冰消作用(过程),减冰川作用.

Deglut =deglutiatur 吞服.

deglutit′ion [degluˈtiʃn] n. 吞咽.

deglu′titive a. 吞咽的.

deglyc′eri(ni)ze v. 除去甘油.

degold′ v. 除(脱)金.

degra′dable a. 可裂变的,可降(递)分)解的.

degradated failure 渐衰(退化型)失效(故障).

degrada′tion [degrəˈdeiʃən] n. 降低(落,级,格,下降,减低(少),河底削深 ②退化(降),降解,递降(分解作用) ③(能谱)软化(慢)化,老化,(能量)衰变,缓和,简并 ④裂(分)解,裂构,陵(减)削,剥蚀,摧毁,破(变)坏. *alkaline degradation* 碱解. *degradation failure* 渐衰(逐步,缓慢,退化型)失效(故障). *degradation in size* 粉碎,磨细. *degradation loss* 衰退损耗. *degradation susceptibility* 级配退化敏感性. *degradation testing* 老化试验. *elastic energy degradation* 弹性碰撞引起的能量损失. *energy degradation* 能量损失(损耗). *graceful degradation* (个别部件发生故障时)工作可靠但性能下降. *spectrum degradation* 能谱的软化,能谱程度减小,软化谱.

degrade′ [diˈgreid] v. ①降低(落,级,格),递(下)降,减低(少) ②退(软,慢,恶)化 ③降(裂,分)解,衰变,陵削,剥蚀. ▲ *be degraded into* 递(退)降为.

degra′ded [diˈgreidid] a. 下(递)降的,失去能量的,退(慢)化的,软化的(能谱),约化的(核燃料),免了职的. *degraded colours* 减退的彩色. *degraded image* 模糊的图像,不清晰像,降质图像. *degraded mode of operation* 降格操作方式. ~ly ad. ~ness n.

degranula′tion [diˈgrænjuˈleiʃən] n. 脱粒,去粒,去粒.

degrease′ [diˈgriːz] vt. 脱脂,(表面)除(去)油(脂),清除油渍.

degrea′ser [diˈgriːzə] n. ①去脂器(机,装置),去油装置(器,器),脱脂装置,去垢工具,盛油盘(器) ②脱脂剂,去油污剂,去(油)垢剂 ③去油污工人,脱脂工人. *spray degreaser* 喷雾脱脂剂.

degree′ [diˈgriː] n. ①度(数),【度】次(数),方次,幂,比例,百分比含量 ②程度,(等)级,秩,阶段 ③(质量,优点 ④学位. *an angle of 90 degrees* 90°的角. *at 100 degrees Centigrade* 摄氏 100度. *40 degrees of frost* 零下 40 度. *three-degree burn* 或 *burn of the third degree* 三度烧伤. *degree Beaume* 美度(液体比重). *degree of a complex* 丛丛的次(数). *degree of accuracy* 准确(精(确),精密)度. *degree of admission* 进气度,充填系数. *degree of cold work* 冷加工(材料变形)程度. *degree of convexity* 凸(起)度. *degree of curvature* (*curve*) 曲率(度),曲线方程次数,曲线方程中的指数,100英尺弧长所含的圆心角. *degree of freedom* 自由度,维. *degree of impairment* (图像)损伤情况,质量降低情况. *degree of inclination* 倾斜度,倾角. *degree of isolation* 故障定位程度. *degree of leakage* (*leakiness*) 漏率. *degree of light* 光的强别. *degree of moisture* 湿度,水分. *degree of multiprogramming* 多道程序设计的道数. *degree of polynomial* 多项式的次数. *degree of safety* 安全度,安全系数. *degree of saturation* 饱和度. *degree of shrinkage* 收缩率. *degree of spatial resolution* 空间分辨能力. *degree of statical indeterminacy* 超

静定次数. *degree of swelling* (土的)膨胀量. *degreescale* 刻度,(调节)标度. *degrees latitude* 纬度度数. *degrees rotation* 旋转角. *high degree cable shielding* 高级电缆屏蔽. *prism degree* 棱镜度. *reduced degree* 递减次数. *term of the third degree* 三次项. *zero degree* 零度,绝对零(度),零次. ▲ *any degree (of)* 一点. *a single degree* 仅仅一度. *a (very) small degree of* 一点儿. *by degrees* 逐渐地,渐渐. *by slow degrees* 慢慢,一点儿一点儿地. *in a degree* 有一点儿. *in a great degree* 大部分,大半. *in a greater degree* 更加. *in a marked degree* 非常(地). *in any degree* 稍微,一点点. *in a small degree* 稍微,略微. *in no degree* 决不. *in [to] some degree* 略微,在某种程度上,多少有点,有几分. *take a degree* 取得学位. *to a (certain) degree* 在一定程度上,相当,稍微,有些. *to a considerable [very marked] degree* 在很大程度上,显著地. *to a greater degree* 在更(较)大程度上. *to a high degree* 非常,高度地. *to any great degree* 在一定(较大)程度上. *to such a degree that* 到这样的程度以致于. *to the last degree* 极其,极端,非常. *to the nth degree* 到 n 次方,极度地,无穷地.

degression *n.* 递减,下降.

degressive *a.* 递减的. *degressive burning* (火药)减燃.

degrowth *n.* 生长度减退,减低生长.

degum' [di:'gʌm] (*degummed; degumming*) *vt.* 使脱胶,使去胶.

Degussit *n.* (以三氧化二铝为主的)陶瓷刀具.

degusta'tion [di:gʌs'teiʃən] *n.* 尝味.

dehair' *v.* 脱毛,褪毛.

dehalogena'tion *n.* 脱卤作用.

dehematize *v.* 去血,除血.

dehexanize *vt.* 馏除己烷.

dehexanizer *n.* 己烷馏除塔.

dehiscent *a.* 裂开的.

dehorta'tion [di:hɔ:'teiʃən] *n.* 劝阻.

dehull' *v.* 除壳,去皮.

dehumaniza'tion *n.* 无人性,人性丧失,疯狂.

dehumidifica'tion *n.* 减(除,去)湿(作用),湿度降低,干燥,脱水.

dehumid'ifier *n.* 干燥器,干燥[脱水]装置,减湿器[剂].

dehumid'ify [di:hju(:)'midifai] *v.* 减(去,吸,除)湿,(使)干燥,脱水.

dehu'midizer *n.* 减湿[干燥]剂,减湿器.

dehy'drant *n.* 脱水剂(物).

dehy'dratase *n.* 脱水酶.

dehy'drate [di:'haidreit] *v.; n.* 去[脱,除]水(物),(使)干燥. *dehydrated alcohol* 脱水(无水,绝对)酒精. *dehydrated tar* 脱水焦油沥青,脱水柏油,去水煤沥青. *dehydrating agent* 脱水(干燥)剂.

dehydrater *n.* = dehydrator.

dehydra'tion [di:hai'dreiʃən] *n.* 脱[去,失]水(作用),干燥,皱缩,老化.

dehy'drator *n.* 脱(除)水器,脱水(干燥)剂,干燥(烘干,脱水)机.

dehy'drite *n.* 高氯酸镁.

dehy'dro *v.* 脱(减)氢.

dehydroascor'bic acid 去氢抗坏血酸.

dehydrocanned *a.* 脱水装罐头的.

dehydrochlorina'tion *n.* 脱去氯化氢.

dehydrocycliza'tion *n.* 脱氢环化(作用).

dehy'drofreez'ing [di:'haidrə'fri:ziŋ] *n.* 脱水(干燥)冷冻(法),脱水冻结.

dehydrofrozen *a.* 脱水冷冻的.

dehydrogenase *n.* 脱氢酶.

dehydrog'enate [di:hai'drɔdʒineit] 或 **dehy'drogenize** [di:'haidrədʒənaiz] *vt.* 脱(去)氢.

dehydrogena'tion 或 **dehydrogeniza'tion** *n.* 除[脱,减]氢(作用).

dehydrohalogena'tion *n.* 脱氢卤化(作用),脱去卤化氢.

dehydrol'ysis *n.* 去[脱]水(作用).

dehydrolyze *v.* 脱(去)水. *dehydrolyzing agent* 脱水剂,反水解剂.

dehydroxyla'tion *n.* 脱羟基作用.

dehypnotiza'tion [dihipnətai'zeiʃn] *n.* 解除催眠(作用).

DEI = ①design engineering inspection 设计工程的检验 ②double epitaxial isolation 双外延隔离(技术).

DEIB = ①Design engineering inspection board 设计工程检验委员会 ②Development engineering inspection board 新设计[研制]工程检验委员会.

de'(-)ice' ['di:'ais] *vt.* 防止…上结冰,除去…的冰,防冻.

de'(-)i'cer ['di:'aisə] *n.* 除[去,碎]防冰器,[除]冰设备,结冰防止器,防冻剂,防冰加热器. *deicer boots* 防冰套.

dei'cing *n.* 除[去]冰,防冰(工作),碎冰装置. *deicing liquid* 除[去]冰液. *deicing sealant* 防冻填补料.

dei'ctic ['daiktik] *a.* 直接指出的.

deifica'tion [di:ifi'keiʃən] *n.* 奉若神明,神化.

de'ify ['di:ifai] *vt.* 奉若神明,把…神化,崇拜.

deign [dein] *v.* (承)蒙,赐(惠)予 (to +*inf.*). ▲ *do not deign to* +*inf.* 或 *without deigning to* +*inf.* 不屑(于)(做).

Dei'mos ['daimɔs] *n.* 火星的月亮.

DEIMOS = development investigations in military orbiting systems 军用轨道系统的设计研究.

deinhibit'ion *n.* 去除抑止.

de integro [di:'intigrou] (拉丁语)重新,另行.

deintoxica'tion [di:intɔksi'keiʃn] *n.* 解毒(作用).

deiodina'tion *n.* 脱碘(作用).

dei'on [di:'aiən] *v.; n.* 消[去]电离,消去离子. *deion circuit breaker* 消电离断路器. *deion extinction of arc* 去电离消弧. *deion fuse* 去电离熔丝,硼酸分解消电离保险丝.

DEION = deionized.

deioniza'tion [di:aiənai'zeiʃən] *n.* 消[去,反]电离(作用),消除游离,去离解作用.

dei'onize [di:'aiənaiz] *vt.* 消[去]电离,(除)去离子.

dei'onizer *n.* 脱[去]离子器.

dejack'et *v.* 去(掉外)壳,脱壳.

dejack'eter *n.* 脱皮(除去外壳的)装置. *hot-slug dejacketer* 除去辐照后的释热元件外壳的装置.

deject' [di'dʒekt] vt. 使灰心〔气馁〕.

dejec'ta [di'dʒektə] n. 排泄物,粪便.

dejec'tion [di'dʒekʃən] n. ①灰心,气馁,沮丧 ②排泄(物),排粪,粪便.

dejec'ture n. 排泄物,粪便.

de jure [di:'dʒuəri] 〔拉丁语〕根据权利的,正当的,合法的,法律上的(的).

dek'a- 〔词头〕十(个,进的).

dek'agram(me) ['dekəgræm] n. 十克.

dekal = dekalitre 十升.

dekalin n. 十氢化萘,加十氢萘.

dek'aliter 或 **dek'alitre** ['dekəli:tə] n. 十公升.

dek'ameter 或 **dek'ametre** ['dekəmi:tə] n. 十米.

dekamet'ric a. 波长相当于10米的,高频波的.

dekanor'mal a. 十当量的.

dek'astere ['dekəstiə] n. 十立方米.

dek'atron = decatron.

del n. 倒三角形,▽,劈形算符,微分算子.

DEL = delete character 删除符.

Del = Delaware.

del = ①delegate 代表,委员 ②delivery 交货〔输送,供给,排出〕量,产〔流〕量.

delacerate v. 撕裂.

delacrima'tion [diiækri'meiʃən] n. 泪液过多,多泪.

delafossite n. 赤铜铁矿.

delaine [də'lein] n. 细布,印花毛纱,毛棉布料.

delam'inate [di:'læmineit] v. 分〔离成〕层,裂为薄层,脱层,层〔剥〕离.

delamina'tion [di:læmi'neiʃən] n. (分)离(成)层,裂为薄层,脱(分)层,剥〔层〕离,起鳞,分叶.

delanium graphite 高纯度压缩石墨.

delatabil'ity n. 膨胀性.

delata'tion n. 膨胀率.

delatynite n. 德雷特琥珀.

Delaup oscillator 德劳振荡器(一种调谐式CR振荡器).

de-lavaud process 离心铸管法.

Del'aware ['deləwɛə] n. (美国)特拉华(州).

delay [di'lei] n. ①耽误,延期,推迟 ②延迟〔时,期,发,缓,误),时延,迟缓〔滞,误),滞后,缓发,误点③抑制,减速. aeroplane delay 飞机误点. delay base 迟缓(接续)制. delay circuit 延迟电路. delay counter 延迟(线)时〔延(迟))计数器. delay detonator 定时雷管. delay distortion 时延(相延,包线延迟)失真,时延畸变. delay equalizer 延迟(相位)均衡器. delay gate generator 延迟(选通)脉冲发生器. delay in delivery 交货延迟. delay lag 迟延,落〔滞〕后. delay line canceller 延迟线消除器,隔周期补偿设备. delay line memory 循环〔延迟)线存储器. delay screen 延迟式荧光屏,长余辉荧光屏. delay time 延迟(滞后)时间. delay trigger 延迟触发器,延时触发脉冲. delayed action 延迟动作(作用),延期(定时)(爆炸),(照相机)自拍装置. delayed diode 阻尼二极管. delayed energy 剩余能. delayed gate 延迟选通〔延迟门)脉冲. delayed neutron 慢性(减速,缓发,迟发)中子. period delay 延期装置. phantastron delay 幻像延迟线路. time delay 滞〔落〕后,时间,时间延迟. ▲admit of no delay 刻不容缓. without delay 立刻,马上,毫不迟

延地.

delay(ed)'-ac'tion [di'lei(d)'ækʃən] I a. 延期〔发)的,定时的(雷管,炸弹等),延迟动作的. II n. 延迟动作(作用). delay-action relay 延迟动作继电器.

delayed-channel n. 延迟信道.

delayed-critical a. 缓发中子临界的.

delayed-neutron n. 缓发(减速)中子.

delayed-trigger n. 延迟触发脉冲.

delayer n. 延迟(时)器,延迟电路,缓燃剂.

delay-line n. 延迟线. delay-line circuit 延迟信号电路. delay-line helix 延迟螺旋线,慢波线.

delay-line-shaped pulse 延迟线成形脉冲.

delay-time n. 延迟(滞后)时间.

Delcom(vernier) 带游标电感比较仪.

delead v. 除(去,脱)铅.

deleave v. [计] 分开,拆散.

del'egable ['deligəbl] a. 可以委托的.

del'egacy ['deligəsi] n. 代表(制度),代表团(权).

del'egate I ['deligit] n. 代表,委员,使节,特派员. a. 代理〔表)的. II ['deligeit] vt. 委派〔任,托),派遣,授(权). delegated road 一种依法由地方养护的郡道. ▲delegate from M to N M派往N的代表. delegate M to N 把M委托给N,授权M给N.

delega'tion [deli'geiʃən] n. 代表团,派代表,派遣,委任(托,派).

delete' [di'li:t] vt. 删去〔除),除〔删)掉,涂〔消)去,勾消. delete character 作废字符,删除符. delete code 删错码. deleted file 注销文件. deleted neighborhood 去心邻域.

dele'tion [di'li:ʃən] n. 删去(部分),删除,删号,缺损,缺失,削除事项. buffer block deletion【计】缓冲区取消. deletion record 删改〔消)记录.

delete'rious [deli'tiəriəs] a. 有害(毒)的,有害杂质的. ~ly ad.

delf [delf] n. ①排流器,管道,出水沟 ②薄矿层 ③荷兰白釉蓝彩陶器.

Del'hi ['deli] n. 德里. New Delhi 新德里(印度首都).

delib'erate I [di'libəreit] v. (仔细,慎重)考虑,熟思,商量(讨),讨论,斟酌. II [di'libərit] a. ①谨慎的,审慎的,慎重的,熟思的,仔细的,从容的,镇静的 ②故意的 ③预有准备的,精密(准备)的. deliberate reconnaissance 计划勘察. ~ly ad. ~ness n.

delibera'tion [dilibə'reiʃən] n. ①慎重(考虑),反复思考,斟酌,商讨,审议,配酌 ②细心,沉着,从容不迫③故意. after long deliberation 经过慎重考虑(长久的商讨)之后. ▲be taken into deliberation 被审议. under deliberation 在考虑中,在审议中. with deliberation 慎重地,从容地.

delib'erative [di'libərətiv] a. 考虑过的,慎重的,审议的. deliberative assembly 讨论会. ~ly ad.

del'icacy ['delikəsi] n. ①精密〔巧,致,美,灵敏〔巧),纤细,轻巧〔脆)),细致 ②优美,柔和,微弱 ③敏感,谨慎,周到 ④微妙,棘手,困难,费力. a matter of (for) great delicacy 十分棘手〔微妙)的事情. feel a delicacy about (in)对…感到棘手〔伤脑筋).

del'icate ['delikit] a. ①精密〔细,致,巧)的,准确的,

deliga'tion [deli'geiʃn] n. 结扎.

delight' [di'lait] I n. 高兴,愉快,乐趣〔事〕. ▲take delight in 喜欢,以…为乐. Ⅱ v. (使)喜欢(高兴). ▲be delighted to + inf. 乐于(会)去(做),很高兴(做). be delighted with 喜欢,中(合)意.

delight'ed [di'laitid] a. 高兴的. ~ly ad.

delight'ful [di'laitful] a. 令人高兴的,可爱的. ~ly ad.

delignifica'tion n. 去木质作用.

delime' vt. 脱灰.

delim'it [di:'limit] 或 delim'itate [di'limiteit] vt. (确)定界(线,限),定义,分界,划界线,确〔限〕定.

delimita'tion [dilimi'teiʃən] n. 定(分,立,划)界,定,界限,区划,划定范围.

delim'iter [di:'limitə] n. 限定器,定义〔定界,分界,限制〕符. delimiter statement 定界〔分隔〕语句.

delin'eascope n. 幻灯,映画器.

delin'eate [di'linieit] vt. 描外形,画轮廓,刻〔勾〕划,描绘〔写〕,叙〔描〕述.

delinea'tion [dilini'eiʃən] n. ①描绘〔写,述〕,叙述②轮廓,草〔略,示意〕图,图解 ③(路线,路面,交通岛等用)反光标记显示. delineation marking 路面划线标示.

delin'eative a. 描绘的,叙述的.

delin'eator [di'linieitə] n. ①制图〔叙述〕者 ②图型 ③描画器 ④路边线轮廓标.

delin'quency [di'liŋkwənsi] n. 旷〔失〕职,怠工,过失,违法,犯罪.

delin'quent [di'liŋkwənt] n.; a. 旷〔失〕职者(的),违法者(的),犯错误者(的).

del'iquate = deliquesce. deliqua'tion n.

deliquesce' [deli'kwes] v. ①潮(融)解,溶化 ②冲淡,稀释.

deliques'cence [deli'kwesns] n. 潮解(性),溶解(性),融化(性).

deliques'cent [deli'kwesnt] a. (容易)潮解的,溶解〔融化〕的,容易吸收湿气的. deliquescent chemical 潮解剂. ~ly ad.

deliquium n. 潮解物,失神,神气沮丧.

delites'cence [deli'tesns] n. 潜伏状态,潜伏期,突然消退,消匿. delites'cent a.

deliv'er [di'livə] vt. ①(递,发,运,输)送,运(输,来),传(达,递,送),递交,引(来,进),交付(货),把…交付使用 ②提供,供给(应,电),给与(付出,加信号)③放(取,发,输出,释放,(泵)压出,产生,分娩 ④作出,提(定,履)行,实现(S敦,讲话,发表. deliver a lecture 讲课(演),作学术报告. deliver the goods 交货,履行诺言. ▲deliver M from (out of) N 救 M 脱离 N. deliver M into (to) N 把 M(输)送给(供给,递进,传到)N. deliver over (up) M to N 把 M 交付给 N.

deliverabil'ity n. 供应〔输送〕能力.

deliv'erable [di'livərəbl] a. 可交付(使用)的.

deliv'erance [di'livərəns] n. ①救助,释放 ②投递,传送 ③(正式)意见,宣言,声明,判决.

deliv'ered [di'livəd] a. 已交付的,送达的,供给的,…交货,包括交货费用在内的. delivered at station (the job)车站〔工地,工厂〕交货. delivered condition 交货状态. delivered payload capability 装载能力. delivered price 包括交货费用在内的价格.

deliv'erer [di'livərə] n. 交付者,递送人. staff deliverer (铁路)发客机.

deliv'ery [di'livəri] n. ①交付(货),移交,递(发,运,分,投,压)送,传达(递,进),递交一次交付的货物 ②输送(出,水),供给(应,水),发(射,导,排,放,拔)出,释放(能量)③排气〔风〕,供电〔量,压〕④生产量,(生)产量,耗(流)量,效率,(压缩机,泵)的出力 ④增压 ⑤分娩,生产. delivery capacity 生产〔交货〕额,排量. delivery cock 泄放旋塞. delivery date 或 date of delivery 交货(日)期. delivery end 卸料〔输出〕端. delivery flask 分液瓶. delivery gate 出水口. delivery guide 出口导板. delivery head (供水)水头,压力差. delivery lift 提交的高度. delivery of goods 交货. delivery of pump 水泵排水量,水泵生产率. delivery order 出栈凭单. delivery pipe 导(输送,排水)管. delivery port (输)出港,交(到)货港. delivery rate 给(输)料速度,输出率. delivery side of rolls 轧辊出料的一面(侧). delivery speed 输送速度. delivery state 交货状态. delivery term 交货期限. delivery valve 排气〔输送,出油〕阀. dose delivery 输出剂量. general delivery (邮件)存局待领. igniter fuel delivery 向点火装置输送燃料. premature delivery 早产. ▲cash on delivery 货到付款. delivery of M to N 输(发,运)M 给 N. delivery on arrival 货到交付. delivery on term 定期交付. delivery order 交(出),提(货单,出库凭单. delivery receipt 送货(件)回单,送达回条. take delivery of (goods) 提取(货物),提(货).

deliv'eryman n. 送货人.

dell [del] n. 小溪〔谷〕,谷地,小凹,浅窝.

Dellinger effect 太阳爆发静止效应.

Dellinger phenomena 电离层因太阳影响而引起的短波无线电通讯障碍的现象.

delocaliza'tion [di:loukəlai'zeiʃən] n. ①不定域〔位〕,不受位置〔地域〕限制 ②离域作用. delocalization energy 共振〔离域〕能.

delo'calize [di:'loukəlaiz] vt. 使离开原位,不定域〔位〕,使…不受位置〔地域〕限制.

delo'calized a. 不定域的,不受位置〔地域〕限制的,非局部的.

delomor'phic a. 显形的,显著的.

delorenzite n. 铁钛铀钇矿,钛钇铀矿.

delousing n. 除虱,灭虱.

Delpax n. 复合运动感应式传感器.

Delrac n. = Decca long range area coverage 双曲线相位导航系统,δ 机用台卡.

del'ta ['deltə] I n. ①(希腊字母)Δ,δ ②三角(形,形物,形体,形腔,洲),(三相电的)△接法 ③【数】变数的增量. Ⅱ a. 【化】第四位的,δ 位的. delta air chuck 三爪气动卡盘. delta amplitude 三角信号幅度. △angle 三角. delta circuit △(风孔,三角形)电路. delta clock δ(再启动)时钟. delta connection △结线,三角形接法. delta gun "品"字枪,三角形排列的电子枪. delta loss δ 电子损失. delta matching antenna △形匹配天线. delta metal (一种黄铜)δ合金,δ合齐. delta modulation δ 调制,增量〔定差,三角形〕调制. delta ray(s) δ 射线,δ〔反冲〕粒子. delta routing δ 路径选择. delta signal 信号 0,1 比,半选输出信号差,δ 信号. delta time 时间增量(Δt). delta tube 品字形彩色显像管. delta type △形. delta wing 三角(机)翼.

DELTA =detailed labour and time analysis 劳动与时间的详细分析.

Delta ['deltə] n. 通讯中用以代表字母 d 的词.
del'ta-car'bon n. δ(卯)位碳原子.
delta-delta a. 双三角的.
delta'ic [del'teiik] a. 三角(形,洲)的
delta-iron n. δ-铁.
delta-matching n. △匹配(转接).
deltamax n. 德尔他麦克斯镍铁(高导磁)合金,δ合金,铁镍薄板(镍 50%,铁 50%).
deltametal n. δ 高强度黄铜.
del'ta-rock'et ['deltə'rɔkit] n. 三角(形)翼火箭.
delta-winged a. 三角(机)翼的.
del'toid ['deltɔid] I a. △(三角)形的,三棱的,扁方形的,倾头形的. II n. 三角板,三角肌.
delude' [di'luːd] vt. 欺骗,迷惑. ▲**delude oneself** 搞(弄)错,误会.
del'uge ['deljuːdʒ] I n. ①(大)洪水,大水灾,(倾盆)大雨,暴雨,大股水 ②泛滥,淹没 ③水(潮)湿. II vt. 泛滥,淹浸,如洪水般涌来. *a deluge of questions* 接踵而来(一连串,大量)的问题. *deluge collection pond* 集〔蓄〕水池. *deluge system* 集水系统. *pad deluge* (导弹发射的)基座冲水冷却.
delu'sion [di'luːʒən] n. 欺骗,迷惑,幻想,幻觉,妄想,错觉,误会. ~al a.
delu'sional a. 妄想的,幻想(性)的.
delu'sive [di'luːsiv] 或 **delu'sory** [di'luːsəri] a. 骗人的,不可靠的,不真实的,虚幻的,令人产生错觉的.
deluster vt. =delustre.
delus'terant [diː'lʌstərənt] n. 褪(消)光剂.
delus'tre [diː'lʌstə] vt. 除去光泽,褪光.
de luxe [di'luks] 〔法语〕上〔特〕等的,高级的,精装的,豪华的.
delve [delv] I v. 挖掘,钻研,深入研究(in, into),(路)向下. II n. 穴,坑,凹地. ▲**delve among**…在…中进行研究.
Delville transmitter 戴维尔式送话器.
DEM =①decoy ejection mechanism 假目标发射装置 ②demodulator 解调器,反调幅(制)器.
Dem Ampl =demodulator amplifier 解调〔反调幅〕放大器.
Dem Osc =demodulator oscillator 解调〔反调幅〕振荡器.
de-magging n. 除(脱)镁.
demagnetisa'tion 或 **demagnetiza'tion** [diːmægnitai'zeiʃən] n. 去磁(作用),退(消)磁(作用),祛磁效应.
demag'netise 或 **demag'netize** [diː'mægnitaiz] vt. (除)去磁(性),退(消)磁.
demag'netiser 或 **demag'netizer** [diː'mægnitaizə] n. 去(退)磁器,退(消)磁装置.
demag'netism n. 去(退)磁.
demagnifica'tion n. 缩微,退放大.

demag'nifier n. 缩微器,退放大器.
demag'nify [diː'mægnifai] vt. 缩微(影象或电子束),退放大.
demand' [di'mɑːnd] I v. 要求,需要〔用〕,质〔询〕问. ▲**demand N of** [from] **M** 向 M 要求 N. II n. ①要求(之物),需要〔用〕(量),定值 ②消耗〔费〕. *demand draft* [bill] 即期汇票. *demand factor* 需用〔供电〕因数,需用率. *demand fetching* 要求取(指令). *demand interval* (电力)需用时限. *demand logging* 抽测记录. *demand meter* 占用〔需用〕计数计. *demand oxygen system* 耗氧系统. *demand paged virtual memory* 请求分页的虚拟存储器. *demand paging* 请求页面式,请求式页面调度. *demand pointer* 用(电)量指针. *demand pusher* 按钮,推手. *demand register* 用量计量器,最大需量记录器,最大需用瓦时计. *demand service* 即时处理,人工立(时)接(通)制. *demand side* 需要(的方)面. *demand signal* 指令(指挥)信号. *demand sonobuoy* 指挥浮标. *oxygen demand* 需氧量. *period demand* 指定周期,周期定值. *power demand* 能的需要量,能量定值. *steam demand* 所需蒸气量. *supply and demand* 供(与)求. *turbine demand* 透平机所需功率. ▲(be) **in demand** (被)需要〔需求〕,是需要的. **be in great demand** 需要量很大. *demand for* (对)对…的需要(量),需要〔要求〕有. **make demands on** 求. **meet a demand** (for M) 满足(对M的)要求. **on demand** 一经要求(即),提出要求时(就).

demand'able [di'mɑːndəbl] a. 可要(请)求的.
demand'ant n. 提出要求者,原告.
demand'er [di'mɑːndə] n. 要(请)求者.
deman'ganize vt. 脱锰. **demanganiza'tion** n.
de'marcate [diː'mɑːkeit] vt. ①(给)划界(线),勘定…的界线,划范围,划分 ②区别(分),分开. *demarcated section* 水文测验断面,测站施测断面.
demarca'tion [diːmɑː'keiʃən] n. ①分(划)界(线),定界,标界,划界(线) ②限界,区(划)分,区划. *demarcation line* (分)界线,边界线.
demarche [dei'mɑːʃ] 〔法语〕 n. ①(政治)手段〔策〕,步骤,程序,措施 ②(外交)新方针,方针的改变.
demark [di'mɑːk] vt. =demarcate.
demarkation n. =demarcation.
demask v. 解掩蔽,暴露. *demasking agent* 暴露剂.
dematerializa'tion [diːmətiəriəlai'zeiʃən] n. 非物质化(作用),失去物质的性质〔形态〕,湮没现象.
demate'rialize [diːmə'tiəriəlaiz] v. 非物质化,(使)失去物质的性质〔特性,形态〕,湮没.
dematron ['demətrɔn] =distributed emission magnetron amplifier 分布放射磁控管放大器,分布发射式前向波正交场放大管,代马管.
demea'no(u)r [di'miːnə] n. 行为,态度,举止.
demedica'tion n. 除药法,药物除去法.
dement' [di'ment] n. 痴呆者.
démenti 〔法语〕 n. (外交)正式否认,辟谣.
demen'tia [di'menʃiə] n. 痴呆.
demen'ting a. 痴呆的.
demercura'tion n. 脱汞作用.
demer'it [diː'merit] n. 缺点,短处,过失. ▲**merits**

and demerits 优点和缺点,功过〔罪〕,是非曲直.
demeriza'tion n. 二聚作用.
demer'sal [di'mə:səl] a. (居于)水底的.
demesh' [di'meʃ] v. 脱离啮合,(齿轮的)牙〔齿〕分离.
demesne n. ①(土地)所有,领地,(pl.)地产 ②范围,领域.
demetalliza'tion n. 脱金属(作用).
demethan(iz)a'tion n. 脱甲烷(作用).
demeth'anize v. 馏除甲烷.
demeth'anizer n. 甲烷馏除器.
demeth'ylate v. 脱〔去〕甲基. **demethyla'tion** n.
demi- 〔词头〕半,部分.
dem'ic ['demik] a. 人体的,人的,人类的.
demiclosed mapping 强弱闭合映射.
demicontinuous a. 半连续的.
dem'ijohn ['demidʒɔn] n. (细颈)坛,小类大瓶.
demilitarisa'tion 或 **demilitariza'tion** [di:militərai'zeiʃən] n. 非军事化,解除武装,解除军事管制.
demil'itarise 或 **demil'itarize** [di:'militəraiz] vt. 解除武装〔军备,军事管制〕.
demil'itarised 或 **demil'itarized** [di:'militəraizd] a. 非军事的,解除武装的.
dem'ilune ['demilju:n] n. 半月(体),新月,新月形的(细胞).
demineraliza'tion n. 去〔阻〕矿化(作用),阻成矿〔脱矿质,去矿质作用〕,除盐,脱盐,软化. *demineralization of water* 水的软化.
demin'eralize vt. 去〔阻〕矿化,脱〔去〕矿质,除盐,软化.
demin'eralizer n. 脱矿质原子〔剂〕,脱〔除〕盐装置,软化器.
dem'ioffi'cial n. 半官方函件.
demise' [di'maiz] n.; vt. 死亡,让位,遗赠. ▲*after the demise of* 继承…,…死亡后.
demi-section n. 半剖面(图),半节(法).
dem'isemi ['demisemi] a. 两者各半的,四分之一的.
demis'sion [di'miʃən] n. 放弃,辞(免)职.
demist' [di'mist] vt. 擦去…上的雾水,除〔去〕雾.
demist'er n. 去〔除〕雾器.
demit' [di'mit] vt. 辞(职),放弃,让(位).
demix' v. 分层〔开〕,反混合. *demixing point* 混合物分层的临界温度,分层点.
DEMO = demodulator 解调器,反调幅〔制〕器.
demo'bilise 或 **demo'bilize** [di:'moubilaiz] vt. 复员,遣散. **demobilisation** 或 **demobiliza'tion** n.
democ'racy [di'mɔkrəsi] n. 民主(主义),(美国)民主党. *socialist democracy* 社会主义民主.
dem'ocrat ['deməkræt] n. 民主主义者,民主人士,(美国)民主党党员.
democrat'ic(al) [demə'krætik (əl)] a. 民主(主义)的. *democratic centralism* 民主集中制. *democratic network* 【计】共同控制网(络). ~ally ad.
democratism n. 民主主义.
DEMOD = demodulator 解调器,反调幅〔制〕器.
de'mode' [dei'moudei] (法语) a. 过时的,老式的,已不流行的.
demode' v. 解〔脉冲编〕码. *demoding circuit* 解〔脉冲〕电路.
demo'ded a. ①解码的 ②过时的,老式的.
demo'der n. 解〔脉冲编〕码器.

demod'ulate [di:'mɔdjuleit] v. 解〔去〕调,反调制〔幅〕,检波. *demodulated signal* 已解调信号.
demodula'tion [di:modju'leiʃən] n. 解调(制)〔幅〕,反调幅,检波,调整波形. *frequency demodulation* 频率解调,鉴频. *phase demodulation* 相位解调,鉴相.
demod'ulator [di:'mɔdjuleitə] n. 解调(制)器,反〔去〕调幅器,检波器. *demodulator circuit* 解调〔器〕电路. *demodulator probe* 检波头,检波部分,调制高频信号探测器. *phase demodulator* 鉴相器,相位解调器. *picture demodulator* 视频解调器,图像(信号)检波器.
dem'ogram n. 人口图.
demograph'ic a. 人口统计的.
demog'raphy n. 人口统计学,人口学.
demoiselle n. 草状〔蘑菇〕石.
demol'ish [di'mɔliʃ] vt. 拆除〔毁〕,毁〔破坏,爆破,推翻. ~ment n.
demoli'tion [demə'liʃən] n. 拆毁〔除〕,毁〔破〕坏,爆破,推翻,(pl.)废墟,遗址. *demolition tool* (混凝土路面)捣碎器.
demoliza'tion n. 过热分散(作用).
demo'niac [di'mouniæk] a. 精神错乱的〔者〕.
demonstrabil'ity [demənstrə'biliti] n. 论证(的)可能性.
dem'onstrable ['demənstrəbl] a. 可论证的,可证〔表〕明的.
dem'onstrably ad. 可证明地,确然.
dem'onstrate ['demənstreit] v. ①论证,证明,证实 ②(用实验,实例)说明,表明〔示,演〕,示范〔教〕,显示 ③示威.
demonstra'tion [demens'treiʃən] n. ①论证,【数】证〔明〕法,说〔表〕明〔表,表(显)示,(公开)表示,(公开)实验,示范〔教,数〕,表证,证实 ③示威(*nuclear*) *power demonstration* 示范动力反应堆. *teach by demonstration* 进行示范教学. ~al *ad*.
demon'strative [di'mɔnstrətiv] a. (可)论证的,证明的,明确的. *demonstrative farm* 示范农场. ~ly ad. ~ness n.
dem'onstrator n. ①证明者,示范〔示教,表演〕者,说明者 ②表演用的实物,示教器〔板〕,教具,表演用教练机,作示范表演用的产品,教员 ③示威者. *dynamic demonstrator* 工作线路示教图,生动示教板.
demor'phism n. 风化变质作用,岩石分解.
Demospongiae n. 寻常海绵纲.
de-mothball [di:'mɔθbɔ:l] vt. 重新使用(后备役舰艇,飞机…).
demot'ic [di:'mɔtik] a. 人民大众的,通俗(文字)的.
demould v. 脱模.
demount' [di:'maunt] vt. 拆卸,把…卸下.
demount'able [di:'mauntəbl] a. 可拆〔除,卸〕的,可卸〔除,下〕的,可分离〔解〕的,(可换(装)的,活络)的.
demul'cent [di'mʌlsnt] n.; a. 润药〔剂〕,缓和的〔药,剂〕.
demulsibil'ity n. 反乳化度〔性,率〕,乳化分解性. *demulsibility test* 反(抗,脱)乳化(度)试验.
demul'sifiable v. 反乳化的.
demulsifica'tion n. 反乳化(作用).
demul'sifier n. 反〔抗〕乳化剂,破乳剂.
demul'sify [di'mʌlsifai] vt. 抗乳化,反乳化.

demul'tiplex n. 信号分离,分路传输,多路解编.

demul'tiplexer n. (多路)信号分离器,多路输出选择器,多路解编器,分路[解]器,多路解调[分解],分配器,分路设备,译码器.

demultiplica'tion [dimʌltipli'keiʃən] n. 倍(缩,递)减. *frequency demultiplication* 分频,频率倍减.

demul'tiplier [di'mʌltiplaiə] n. 倍(递)减器,分配器. *frequency demultiplier* 分频,频率递减器.

demur' [di'mə:] I (*demurred*; *demurring*) vi. Ⅱ n. ①(表示)异议,反对(to, at) ②迟疑,犹豫. ▲ *without demur* 无异议(地).

demure' [di'mjuə] a. 认真的,严肃的,直率的. ~ly ad.

demur'rable [di'mə:rəbl] a. 可提出异议的.

demur'rage [di'mʌridʒ] n. 延(过,滞)期,拖延,滞留期,延期费,延(过)期停泊[车]费.

demur'rer n. 异议,抗议者. ▲ *put in a demurrer* 提出异议,反对.

demy' [di'mai] n. ①一种纸(开本张)(美 16×21 英寸², 英 17.5×22 英寸²) ②受资助的学生.

den [den] n. ①穴,洞(窟),窖 ②小房间,休息室,书房,小储藏室.

Den =Denmark 丹麦.

den =density 密度.

Denaby powder 铵硝化钾炸药.

denarcotize v. 使失麻醉.

de'nary ['di:nəri] a. 十(倍)的,十进(制,位)的. *denary logarithm* 常用对数即以 10 为底的对数. *denary notation* 十进(制)记数法. *denary scale* 十进法.

denatal'ity [di:nə'tæliti] n. 降低出生率.

denat'ionalise 或 **denat'ionalize** [di:'næʃənəlaiz] vt. 废除国有,使非国有化,变成私营. **denationalisa'tion** 或 **denationaliza'tion** n.

denat'uralise 或 **denat'uralize** [di:'nætʃrəlaiz] vt. ①改变⋯的性质,使变性,使非自然化 ②剥夺⋯的公民权,开除(国)籍. **denaturalisa'tion** 或 **denaturaliza'tion** n.

dena'turant [di:'neitʃərənt] n. 变性剂.

denatura'tion [di:neitʃə'reiʃən] n. 变性(作用),(核燃料)中毒,变质.

dena'ture [di:'neitʃə] vt. ①(使)变性(质),使失去自然属性 ②使(核燃料)中毒(加入不裂变物质使裂变物质不适于制造原子弹). *denatured alcohol* (专供工业用)变性酒精. *denatured rubber* 失去弹性的橡皮.

denaturiza'tion =denaturation.

dena'turize =denature.

dena'turizer =denaturant.

dendriform ['dendrifɔ:m] a. 结构上像树的,(树)枝形的.

den'drite ['dendrait] n. ①树枝(枝蔓)状晶体,枝晶 ②无圈曲线 ③松树[林]石,树枝石,树突. *dendrite crystal* (树)枝(状)晶(体),枝蔓晶体. *dendrite formation* 树枝状结晶组织. *dendrite growth* 枝状结晶[枝蔓晶体]生长. *zirconium dendrite* 枝晶锆,树枝状锆.

dendrit'ic(al) [den'dritik(əl)] a. 树突的,(树)枝状的,枝晶体的,树枝石的. *dendritic crystal* (树)枝(状)晶(体),枝蔓晶体. *dendritic drainage* 羽状[树枝形]排水系统. *dendritic ribbon* 枝蔓带.

dendrochronol'ogy n. 树木年代学.

den'drogram n. (数码分类的)枝叉图.

den'droid ['dendroid] 或 **dendroi'dal** [den'drɔidəl] a. 分枝状的,树(木)状的.

den'drolite n. 树木(植物)化石.

dendrol'ogy n. 树木学.

dendrom'eter n. (测树木高度和直径的)测树器.

dene [di:n] n. ①溪(幽)谷 ②砂(层,丘),海滨沙地.

denebium n. 【化】锝 De.

denerva'tion n. 去神经支配,神经切除术.

D Eng =Doctor of Engineering 工(程)学博士.

deni'able [di'naiəbl] a. 可否认(定)的,可反对的,可拒绝的.

deni'al [di'naiəl] n. 否认(定),拒绝(相信,接受,给予),不同意. *alternative denial gate*【计】"与非"门. *complete denial* 完全否定,彻底毁灭. *double denial*【数】双重否定. *general*[*specific*] *denial* 全部[部分]否认. ▲ *make a denial of* 否决(定,认).

denick'el v. 除镍.

denier n. I ['deniei] 但尼尔,支,漯(测量丝的纤度单位,长九千米重一克为一但尼尔). Ⅱ [di'naiə] 否认者,拒绝者.

den'igrate vt. 涂[抹]黑,贬低. **denigra'tion** n.

den'im [denim] n. 粗斜纹布, (pl.) (蓝色斜纹粗布制成的)工作服,工装裤.

Denison motor 轴向回转柱塞(式)液压马达.

Denison pump 轴向活塞泵.

deni'trate [di:'naitreit] vt. 脱(去)硝(酸盐).

denitra'tion [di:nai'treiʃən] n. 脱(去)硝(酸盐)作用.

deni'trator [di:'naitreitə] n. 脱硝(酸盐)器,脱硝炉.

denitrida'tion n. (炼钢)脱氮化层(作用).

deni'tride v. 脱氮.

denitrifica'tion [di:naitrifi'keiʃən] n. 脱氮,脱(去)硝(酸盐),反硝化(作用).

deni'trifier [di:'naitrifaiə] n. 脱氮剂.

deni'trify [di:'naitrifai] vt. 脱氮,去掉氮气,脱(去)硝(酸盐),使(硝酸盐)变成低氧化态化合物,脱硝化.

denitrogena'tion [di:naitridʒə'neiʃən] n. 脱(除)氮,去氮.

den'izen ['denizn] n. ①居(市)民 ②外来语,外来动植物.

Den'mark ['denma:k] n. 丹麦.

denoise' v. 降噪,消除干扰.

denom'inate [di'nɔmineit] I vt. 命(取)名,把⋯叫做,称呼做. Ⅱ a. 有名称的,赋名的,有量纲的,名数的. *denominate number* 名数.

denomina'tion [dinɔmi'neiʃən] n. ①命名,名称(目) ②(度量衡,货币等)单位,(金,面)额,种类 ③派别,宗派. *different denominations* 种种的. *reduce fractions to the same denomination* 把分数化成同(一)分母. ~al ad.

denom'inative [di'nɔminətiv] a. 有名称的,(可)命名的.

denom'inator [di'nɔmineitə] n. ①分母 ②命名者 ③(一般)水准(标准) ④共同特性. *common denominator* 公分母. ▲ *combine⋯with a common denominator* 将⋯通分.

deno'table [di'noutəbl] a. 可表示(指示)的.

denota'tion [diˈnouteiʃən] n. ①指〔表〕示 ②名称，符号，(准确)意义，所指 ③外延.

deno'tative [diˈnoutətiv] a. 指〔表〕示的(of). 外延的，概述的. *denotative definition* 外延〔概述〕定义.

denote' [diˈnout] vt. ①指〔表〕示，指(的是)，意味着，(符号)代表 ②概述. *The sign x denotes an unknown number.* 符号 x 表示未知数.

denote'ment [diˈnoutmənt] n. 指〔表〕示，符号.

denounce' [diˈnauns] vt. ①公开指责，攻击，斥责，揭发 ②声明无效，通告废除. ▲*denounce…as…* 痛斥…为…. ~ment n.

de nouveau [dəˈnuːvou] 〔法语〕重新，另，再，从头.

de novo [diːˈnouvou] 〔拉丁语〕从头，再，重新，更始.

dens =density 密度.

dense [dens] a. ①(致，紧，浓)密的，密集(实，纹)的，密级配的，繁茂的，稠(密)的，浓(厚)的 ②(底片)厚的，反差强的 ③极度的. *dense barium* 〔baryta〕*crown* 含钡重晶牌玻璃. *dense binary code* 紧凑二进制码. *dense fog* 浓雾. *dense set* 稠〔密〕集. *dense structure* 密实〔致密〕结构. *dense wood* 密纹〔紧密〕木材. *dense(st) flint* (最)重火石玻璃.

dense-article n. 致密件.

dense-graded a. 密级配的.

dense(-)in(-)itself a. 自(稠)密的，已(致)密的.

dense'ly [ˈdensli] ad. (稠，致)密地，浓浓地.

densely-graded a. 密级配的.

den'sely-pop'ulated a. 人口稠密的.

den'sener [ˈdensnə] n. 内冷铁，激冷材料，压紧器，凝缩器.

densifica'tion [densifiˈkeiʃən] n. 密(实)化，致密化，压(击)实，增密〔稠(密)性，(密)社，封严.

den'sifier n. 增浓〔稠化〕剂，变质剂，密化器，增密炉.

den'sify [ˈdensifai] vt. 致密，使致密，压实，增浓，稠化. *densified laminated wood* 硬化层压木板.

den'silog n. 密度测井.

densim'eter [denˈsimitə] n. (液体，海水)比重计，(光,光电,显像)密度计,黑〔灰〕度计,浓度计.

den'site n. 登斯〔硝胺,硝酸钾、三硝基甲苯〕炸药.

densi-tensimeter n. 密度-压力计.

densitom'eter n. =densimeter.

densitomet'ric a. 密度计的.

densitom'etry [densiˈtɔmitri] n. 密度测定法，显像〔微〕测密术，测光密度.

den'sity [ˈdensiti] n. ①密(实)度，浓度，比重，【摄】厚度,不透明度,灰度,色度,黑度 ②(场)强度,(磁)感应,通量 ③浓缩〔厚〕,稠(密)性,(度),密集(性),(磁). *apparent density* 视(表观，松装，散装)密度. *bulk density* 计算密度，体(松，松装)密度，(单位体积重量，容(义)重. *combination density* 燃料混合气计算密度. *current density* 电流密度. *density bottle* 密度〔比重〕瓶. *density current* (异)重流. *density function* (分布)函数. *density latitude* 灰度范围. *density logger* 井下密度测定仪. *density of donors* 施主密(浓)度. *density of field* 场强，*density of state* 能〔状〕态密度. *density of traffic* 〔travel〕交通量. *density packing* 存储密度. *density tunnel* 高压风洞. *energy density* 能量通量. *field density* (磁)场强(度)密度，感应密度，通(量)密

度. *flux density* 通(量)〔磁通〕密度. *induction density* 感应强度，磁感应，(磁)通量密度. *loose density* 松(散)装密度. *packing density* 包装(摆实，存储)密度. *power density* 单位容量，释能密度，功率系数(密度),比功率. *specific density* 比重，比(相对)密度. *strip density* 带材密度，轧制粉带密度. *tap density* 摇〔振〕实密度. *vortex density* 涡流密度. *weight density* 重(量density).▲*at…density* 或 *at a density of …* 以…的密度.

density-size relation 重体关系，密度-体积关系.

densograph n. 黑度曲线.

densog'raphy n. x 射线照片密度检定法.

densom'eter [denˈsɔmitə] n. 密度计，(纸张)透气度测定仪.

dent [dent] Ⅰ n. ①凹(痕，陷，部)，压(印)痕，硌痕(带材表面缺陷)，坑 ②(齿轮的)齿 ③压缩，削减. Ⅱ v. ①使凹(陷)，压(碾，撞)凹，凹进，压痕，刻齿，切螺纹 ②减少(收入)，削弱. *dents de cheval* 斑状变晶.▲*make a dent in* 对…产生不利影响，削弱.

den'tal [ˈdentl] Ⅰ a. 牙(齿，科)的，齿的. Ⅰ n. 齿音(字母). *dental alloy* 补齿合金(银 66～69%，铜 5%,锌 0.5～1.7%，锡 26～26.5%). *dental gas* 笑气，一氧化二氮. *dental plate* 〔lamella〕齿板.

dental'gia [denˈtældʒiə] n. 牙痛.

dentar'page [denˈtɑːpeidʒ] n. 拔牙器.

den'tate [ˈdenteit] Ⅰ a. (锯)齿(状)的，有齿的. Ⅰ n. 配位基.

denta'tion [denˈteiʃən] n. 牙〔齿〕状(构造，结构).

den'ticle [ˈdentikl] n. (小)齿状突起，齿饰，小牙，小齿.

denticular [denˈtikjulə] a. 小齿状的.

dentic'ulate [denˈtikjulit] a. 锯齿(状)的，有小齿的，小齿状结构的.

denticula'tion n. 小齿状突起.

den'tiform [ˈdentifɔːm] a. 齿状的，分成齿形的.

den'tifrice [ˈdentifris] n. 牙粉〔膏〕.

den'til [ˈdentil] n. 齿饰，齿状物.

den'tin(e) n. 牙质.

den'tist [ˈdentist] n. 牙科医生.

den'tistry n. 牙科(学).

den'toid [ˈdentɔid] a. 齿状的.

den'tophone [ˈdentəfoun] n. 助听器.

dentophon'ics n. 骨导传声技术.

dentrite n. =dendrite.

de-nu'clearize [diːˈnjuːkliəraiz] vt. 使非核武器化.

denuclearized zone 无核武器区.

denu'cleated a. 去核的，无核的.

denuda'tion [diːnjuːˈdeiʃən] n. 剥(溶，清，侵)蚀(作用)，剥露〔裸〕，裸露，露出，去垢，瘠化，滥伐.

denude' [diˈnjuːd] vt. ①剥去(…，使(岩石)露出(裸露)，取去覆盖物 ②侵(磨，溶，剥)蚀，去垢，瘠化，解吸 ③滥伐. *denuded oil* 解吸油.

denu'der n. 溶蚀器.

denu'merable [diˈnjuːmərəbl] a. 可数的. *denumerable aggregate* 〔class〕可数集(合).

denu'merant [diˈnjuːmərənt] n. 一组方程式的解的数目.

denun'ciate [diˈnʌnsieit] vt. =denounce. **denunci-**

a'tion n. **denun'ciatory** a.

denutrit'ion n. 缺乏营养, 营养不良.

deny [di'nai] v. 否认〔定〕, 不承认, 拒绝(相信, 接受, 给予), 不接受, 摒弃, 谢绝. *There is no denying the fact that*… 这一事实是不能否认的. ▲*be denied to*… 不给…, 是…得不到的. *deny*… *nothing* 或 *deny nothing to*… 对…有求必应, 对…什么也不拒绝.

de'odar ['diouda:] n. 雪松(木材).

deo'dorant [di:'oudərənt] n.; a. 除〔去, 脱, 防〕臭剂, 除臭的.

deodoriferant n. 除臭剂.

deo'dorise 或 **deo'dorize** [di:'oudəraiz] vt. 脱〔除〕去臭气(臭味, 气味), 去〔防〕臭. **deodorisa'tion** 或 **deodoriza'tion** n.

deo'doriser 或 **deo'dorizer** [di:'oudəraizə] n. 除〔脱, 解, 防〕臭剂, 脱臭机〔器〕, 除臭物.

de'(-)oil ['di:'oil] v. 去〔脱〕油, 脱脂.

deorbit 离开轨道的, 脱〔越〕轨, 轨道下降.

deos'cillator [di:'osileitə] n. 阻尼〔减振〕器.

deox'idant n. 脱氧〔去氧, 还原〕剂.

deox'idate [di:'ɔksideit] vt. = deoxidize. **deoxida'tion** n.

deoxidisa'tion 或 **deoxidiza'tion** [di:ɔksidai'zeiʃən] n. 去〔除, 脱〕氧(作用), 还原, 除〔脱〕酸.

deox'idise 或 **deox'idize** [di:'ɔksidaiz] vt. 去〔除, 脱〕氧, 还原, 除〔脱〕酸.

deox'idiser 或 **deox'idizer** [di:'ɔksidaizə] n. 去〔除〕氧剂, 还原〔脱酸〕剂, 脱氧剂.

Deoxo method 催化去氧法, 催化剂除氧法.

deoxy a. 脱氧的, 减氧的.

deoxycholate n. 脱氧胆酸盐.

deoxyda'tion n. 脱氧(作用).

deox'ygenate [di:'ɔksidʒineit] 或 **deox'ygenize** [di:'ɔksidʒinaiz] vt. 除去…的氧气, 除去…中的游离氧. **deoxygena'-tion** 或 **deoxygeniza'tion** n.

deoxynupharidin n. 脱氧萍逢碱.

deoxyribonuclease (=DNase) n. 脱氧核糖核酸酶.

deoxyribonucleoproteid n. 脱氧核(糖核)蛋白.

deoxyribonucleoside n. 脱氧核(糖核)甙.

deoxyribonucleotide n. 脱氧核(糖核)甙酸.

deoxyribose n. 脱氧核糖.

deoxyriboside n. 脱氧核(糖核)甙.

deoxyribotide n. 脱氧核(糖核)甙酸.

deoxyribovirus n. 脱氧核糖核酸病毒.

deo'zonize v. 脱臭氧, 去臭氧. **deozoniza'tion** n.

DEP =①deflection error probable 可几偏转误差 ②domestic emergency plan 紧急民防计划.

Dep = ①depart 开出 ②department 部分〔门〕, 系, 科, 司, 局, 处, 车间, 工段 ③depuratus 纯化的 ④deputy 代理(人).

DEP INST =depot installed 仓库安装的.

depair' [di:'pɛə] v. 去偶, 拆开对偶.

depart' [di'pa:t] v. ①脱离, 离开, 出发, 发射, 开〔飞〕出, 起飞〔程〕, 出航 ②违反, 相违, 不按照, 改变. ▲*depart for M*出发〔赴〕M, 向 M 出发. *depart from* 脱离, 离开, 越去, 违反, 改变, 不按照, 不合(乎), 与…不一致.

depart'ed a. 以往的, 已离开的, 死了的.

depart'ment [di'pa:tmənt] n. ①部〔门〕, 司, 局, 处, 科, 室 ②系, 学部, 研究室 ③车间, 工段 ④部〔区〕分, 领域, 知识〔活动〕范围. *Department of Defense* (美国)国防部. *Department of Industrial Automation* 工业自动化系. *department of public works* 市政工程局, 市政工程处. *department store* 百货公司〔商店〕. *engineering department* 工程部〔门〕, 工程系, 技术科. *in-patient department* 住院部. *instrument department* 仪表舱, 仪表部门. *mechanical department* 机工车间. *medical department* 医务部. *out-patient department* 门诊部. *research department* 研究部门, 研究室. *salvage department* 废料(利用车)间. *State Department* (美国)国务院.

departmen'tal [di:pɑ:t'mentl] a. 部〔局, 处, 科, 系〕的, 部门的. ~**ly** ad.

departmen'talism n. 分散〔本位〕主义, 官僚作风.

departmen'talize 或 **depart'mentize** vt. 把…分成部门.

departmenta'tion 或 **departmentiza'tion** n. 划分部门.

depar'ture [di'pɑ:tʃə] n. ①离开(站, 场), 出发〔程〕, 起程〔了〕, 飞退, 逸出, 发射 ②脱〔分, 背〕离, 违背, 转〔改〕变, 差异 ③偏差〔转, 离, 移〕, 漂移 ④横坐标增量, 经度差 ⑤航迹推算起点. *departure angle* 偏转〔倾斜〕角, 离去角, 错角. *departure curve* 离差曲线. *departure point* 出发点, 开端. *departure time* 起程时间, 撤离时刻. *departure yard* 发车场. *frequency departure* 频率漂移. *mean square departure* 均方偏差. *new departure* 新起点〔局面, 政策, 方针, 方案〕. ▲*departure from*… 离开, 偏离, 背离, 相对于… 的偏离, 违背〔反〕. *departure from the truth* 失真. *on one's departure (from*…) 当离开(…)时. *take one's departure* 出发, 动身, 启程, 告辞.

depaupera'tion n. 萎缩, 衰弱.

depauperiza'tion n. 萎缩化.

depend' [di'pend] vi. ①随…而定, 取决于, 依赖〔靠, 存〕, 信赖〔任〕, 相信(on, upon) ②悬, 垂挂(from), 悬而未决. ▲*depend directly on* [upon]…与…成正比. *depend indirectly on* [upon]…或 *depend inversely on*… 与…成反比. *depend upon it* (用在句首或句尾) 你可以完全相信; 我敢说. *it all depends* 视情况而定. *it all depends how*… 那要看…如何…(而定). *it depends whether*… 这要看…是否…(而定). *That depends*. 视情况而定.

dependabil'ity n. 可靠性, 强度, 坚固度.

depend'able [di'pendəbl] a. 可靠的, 可信任的. *dependable flow* 保证流量. **depend'ably** ad.

dependance n. =dependence.

dependancy n. =dependency.

dependant a=dependent.

depend'ence [di'pendəns] n. ①依赖(性), 依存(关系), 相关(性), 相依(性) ②关系(式, 曲线), 函数(依存关系, 从属(关系) ③以变量为依靠, 信任, 信赖 ④偏利共生. *the dependence of M on N* M 对 N 的依赖关系〔关系曲线〕. *angular* 〔*directional*〕 *dependence* 角关系. *frequency dependence* 频率关系. *linear dependence* 线性依赖关系. *order dependence* 数量级依从关系. *spin dependence* 自旋依从

关系. *temperature dependence of velocity* 速度与温度的关系(曲线). *time dependence* 时间相关.

depend'ency [di'pendənsi] *n.* ①从属(性),相关(性),关系,依[信]赖 ②从[附]属物,属地.

depend'ent [di'pendənt] *a.* ①依赖[存,靠]的,从属的,非独立的,有关的,相关[依,倚]的 ②悬挂的,悬垂的.(*be*) *temperature dependent* (是)依赖于温度的,(是)与温度有关的,视温度而定. *current-dependent* 与电流有关的,视电流而定的. *dependent equation* 依附方程. *dependent error* 非独立错误. *dependent event* 相关[依]事件. *dependent observation* 相关[非独立]观测. *dependent office* 支局. *dependent time-lay relay* 变时限继电器. *dependent type* 连结式. *dependent variable* 相关变量,因变量[数],应变数,函数. *lamp dependent from the ceiling* 从天花板悬吊下来的灯. ▲*be dependent on* [*upon*] 视…而定,依赖于.

depentanize *vt.* 脱[馏除]戊烷.
depentanizer *n.* 戊烷馏除塔,脱戊烷塔.
deperm' [di:'pə:m] *vt.* (船外)消磁,消除(船体)的磁场,用竖线圈消水平磁场.
dep'eter ['depitə] *n.* (=depreter) 粉石凿面.
dephased [di:'feizd] *a.* (有)相(位)移的,(有)相位差的.
depha'sing *n.* 相移,(出现)相位差.
dephenolize *vt.* 脱酚.
dephenolizer *n.* 脱酚剂.
dephleg'mate [di:'flegmeit] *v.* 分馏[缩,凝](用蒸馏法)除去过量水分,局部冷凝. **dephlegma'tion** *n.*
dephleg'mator *n.* 分馏塔(器,柱),蒸馏塔[柱],分缩[凝]器,回流冷凝器.
dephlogis'ticate [di:flə'dʒistikeit] *vt.* 消炎.
dephlogis'ticated *a.* ①消炎的 ②脱燃素的,没有燃素存在的.
dephlogistica'tion *n.* 消炎,脱燃素(作用).
dephosphoriza'tion [di:fɔsfərai'zeiʃən] 或 **dephosphoryla'-tion** *n.* 去[脱]磷(作用).
dephos'phorize 或 **dephosphorylate** *vt.* 去[脱,除]磷,脱去磷酸.
DEPI = *differential equations pseudo-code interpreter* 微分方程伪码解译机.
depick'le *v.* 脱酸.
depict' [di'pikt] *vt.* 画,描绘[写,述],叙述.
depic'ter 或 **depic'tor** *n.* 描绘者.
depic'tion [di'pikʃən] *n.* 描绘[写],叙述,绘图. **depic'tive** *a.*
depic'ture [di'piktʃə] 描绘[述],想像.
depigmenta'tion *n.* 褪色(作用),脱色素.
dep'ilate ['depileit] *vt.* 除[脱,拔]毛. **depila'tion** [depi'leiʃən] *n.*
dep'ilator ['depileitə] *n.* 脱毛机[器,剂].
depil'atory [di'pilətəri] *a.,n.* 脱毛剂,有脱毛力的.
depiler *n.* 装(进)料台,分送[烧]机.
de-piling crane (带托板的)叠板卸垛吊车.
depinker *n.* 抗爆剂.
deplane [di:'plein] *v.* 下飞机,离机,从飞机上卸下. *deplaning road* (机场)下飞机道.
deplasmol'ysis *n.* (细胞)质壁分离复原.
deplate' *v.* 除(去)镀(层).

deplen'ish [di'pleniʃ] *vt.* 弄空,倒空.
deplete' [di'pli:t] *vt.* ①放[倒,弄]空,排除,用[耗]尽,使枯竭,消耗 ②贫化[乏],减少,使…变坏 ③从矿石中提取金属. *deplete semiconductor* 贫乏[耗]型半导体.
deple'ted [di'pli:tid] *a.* 贫化的,消耗[尽]的,枯竭的,废弃的,变质的. *aepleted electrolyte* 废[用过的]电解液. *depleted in U²³⁵* 铀235贫化的. *highly depleted* 强贫化的,大量消耗的.
depleting-layer *n.* 贫乏[耗]层.
deple'tion [di'pli:ʃən] *n.* ①用尽,减少,消耗,耗尽,衰竭,倒[放]空,降低,递减,低压 ②缺乏,亏损,贫化 ③(提)取金(属). *depletion layer* 过渡[耗尽,阻挡,减压]层. *depletion mode* 耗尽型(模). *depletion Mosfet* 耗尽型金属氧化物场效应管. *depletion region* 空[耗尽]区. *depletion type* 耗尽型. *depletion width* 耗尽层宽度. *donor depletion* 施主浓度降低. *salt depletion* 缺盐. *water depletion* 缺水. **deple'-tive** 或 **deple'tory** *a.*
deplexing assembly 天线收发转换装置.
deplistor *n.* 三端负阻半导体器件.
deplor'able [di'plɔ:rəbl] *a.* 可悲[怜]的,悲惨的,不幸的. **deplor'ably** *ad.*
deplore' [di'plɔ:] *vt.* 哀叹[悼],痛惜.
deploy' [di'plɔi] *v.* ①展散,消散[开],展散,开伞 ②部署,调度,配置 ③使(采,利)用,推广应用. ~**ment** *n.*
depolarisa'tion 或 **depolariza'tion** [di:poulərai'zei-ʃən] *n.* 去[退]极(化)(作用),退极(性),消[退]磁,消偏振(作用).
depo'larise 或 **depo'larize** [di:'pouləraiz] *vt.* ①去极(化),退极(化),消偏(振),去磁 ②搅乱,动摇,使丧失(信心). *depolarizing switch* 去极化开关,退极开关.
depo'lariser 或 **depo'larizer** [di:'pouləraizə] *n.* 去[退]极(化)剂,去[退]极(化)器,消偏振器.
depolarizator 或 **depolarizater** = depolariser.
depolimeriza'tion 或 **depolymeriza'tion** *n.* 解聚(合)(作用).
depol'imerize 或 **depol'ymerize** [di:'pɔliməraiz] *v.* 使(高分子化合物)解聚(合),去聚合化. *depolymerized rubber* 解聚橡胶.
depollute' *vt.* 清除污染,去污染.
depolyalkyla'tion *n.* 解聚烷基化.
depolymerase *n.* 解聚酶.
depop'ulate [di:'pɔpjuleit] *v.* 减少(…的)人口,减少粒子数. **depopula'tion** *n.*
deport' [di'pɔ:t] *vt.* 举动,输送,移运[送],引渡,驱逐…出境. ~**a'tion** *n.*
deport'ment [di'pɔ:tmənt] *n.* 行为,举止.
depose' [di'pouz] *v.* ①免职,罢官,废黜 ②宣誓. **depo'sal** *n.*
depos'it [di'pɔzit] Ⅰ *v.* ①存(储,放,款),预付储金,放置[下] ②(使)沉积(淀),淀(电,淤)积 ③附[堆,焊]着,浇注,涂,覆,(喷)镀,堆焊. Ⅱ *n.* ①沉积(沉淀,淀积,电积,堆积,附着),(物),镀[保证]层,溶敷金属,积垢,淤积,矿床[层] ②抵押,押(保证)金,存款 ③存放(处),仓库,寄存物. *carbon deposit* 积碳,碳沉积,煤烟附着. *cash deposit as collateral* 保证金,押金. *deposit attack* 沉积侵蚀. *deposit concrete* 浇注混凝土. *deposit lattice* 淀积层点阵. *deposit sequence* 焊着次序. *deposited activity* 沉淀物放射性. *deposited aluminum conductor* 铝沉积〔蒸发〕导体. *deposit(ed) metal* 熔敷〔沉积,淀积,电积〕金属. *depositing dock* 沉陷船坞. *depositing reservoir* 澄清池. *dull deposit* 毛面镀层. *filament deposit* 丝极电积物. *metal deposit* 金属沉积物,电积金属. *oil deposit* 油田,石油储量. *savings deposit* 储蓄(金). *scale and sediment deposit* 水垢及沉积. *twinned deposit* 孪生淀积物. ▲*deposit out* 沉淀出来.

depos'itary [di'pɔzitəri] n. 受托人,保管人〔所〕,储藏所,仓库.

deposited-carbon resistor 碳膜电阻.

deposit'ion [depəˈziʃən] n. ①沉〔淀,电,堆,淤〕积(作用),附着,放置,注入,析出,喷〔蒸〕镀,覆盖,沉淀〔降〕,下沉,热离解,脱溶(作用) ②沉积〔淀积,析出,附着〕物,水垢,残渣,镀层,堆焊 ③矿床 ④卜〔蛋〕,产〔卵〕. *deposition efficiency* 熔敷系数. *energy deposition* 能量吸收. *preferential deposition* 优先沉积〔析出〕. *scale deposition* 积垢. *thermal deposition* 热离解法.

deposit'ional a. 沉积的,沉着的,淤积的. *depositional gradient* 天〔自〕然坡度. *depositional trap* 岩性油捕〔圈闭〕.

depos'itive a. 沉积的,淤积的.

depos'itor [di'pɔzitə] n. ①委托〔存款〕人,存户 ②淀积器.

depos'itory [di'pɔzitəri] n. ①仓库,贮藏所,存放处 ②受托人,保管人.

dep'ot ['depou] n. (仓,机,弹药,军需)库,栈 (车,航空,兵,补给)站,母舱,母舰,贮藏所,保管处,基地,积存,储存. *depot ship* 供应舰,补给修理船. *depot spare parts* 库存备件. *fuel depot* 油〔燃料〕库. *repair* [*maintenance*] *depot* 修理厂.

DEPR = depression 降低,减少〔压〕,抑制,抽空,真空(度).

deprava'tion [deprəˈveiʃən] n. 恶化,变坏.

depraved a. 恶化的,变坏的.

dep'recate ['deprikeit] vt. 反对,不赞成,非难. **depreca'tion** n.

dep'recatory a. 表示反对的.

depre'ciate [diˈpri:ʃieit] v. ①减价〔少,振〕,跌价,贬值,折旧 ②磨损,损耗,糟〔轻〔蔑〕视,贬低.

deprecia'tion [diˌpri:ʃiˈeiʃən] n. ①减价〔少,振〕,降低,跌价,贬值,折〔陈〕旧 ②磨损,损耗 ③轻视,诽谤. *depreciation factor* 折旧率,折旧系数〔因数〕,减光补偿系数. *depreciation of lamp* (电灯泡的)减光(补偿). *performance depreciation* 性能下降. *shelf depreciation* (蓄电池的)跑电,局部放电.

depre'ciative [diˈpri:ʃiətiv] 或 **depre'ciatory** [diˈpri:ʃətəri] a.

dep'redate ['deprideit] v. 掠夺,劫掠. **depreda'tion** n.

depremen'tia [depriˈmenʃiə] n. 精神抑郁.

depress' [di'pres] vt. ①压〔推,拉,按〕下 ②降〔压,放〕,减少〔弱,振〕,抑制,降低〔沉〕③使跌价〔萧条〕. *depressing table* 支撑〔抑制〕辊道.

depres'sant [diˈpresənt] n.; a. 抑制剂〔的〕,抑浮剂,镇静剂,降低官能的,生活力减低的. *flash depressant* 火焰强度降低添加剂.

depressed' [di'prest] a. 压下〔低,平〕的,降低〔落〕的,沉陷〔降〕的,减压的,凹下〔低,注,陷〕的,萧条的,抑制的,抑郁的. *depressed arch* 低圆拱. *depressed area* 低〔洼〕地,工商业萧条的地区. *depressed coast* 沉降海岸. *depressed collector* 降压收集极〔集电极〕. *depressed freeway* 堑式超速干道. *depressed nappe* 凹〔贴附,受压〕水舌. *depressed open cutting* 低于地面的明开挖. *depressed road* 低于地面的道路,低暂道路. *depressed roadway* 低于地面的道路,低暂车行道. *depressed trajectory* 低弹道. *depressed water-table* 降低的,地下水位.

depressed-zero ammeter 无零点安培计.

depres'sible [di'presibl] a. 可降〔压低〕的.

depressim'eter n. 冰点降低计.

depres'sion [di'preʃən] n. ①降低〔落〕,下降,减少〔弱,低〕,抑〔压〕制,抑郁,衰减〔落〕,弱化,萧条,不景气 ②抽空,排气,真空(度) ③沉降〔淀,陷〕,凹〔注,地,陷〕,低,部,降 ④低〔气〕压〔区〕,抽空区,气压计水银柱下降 ⑤俯〔角〕,地平线以下星体的角距离 ⑥精神沮丧. *barometric(al) depression* 气压下降,低气压. *capillary depression* 毛细下降,毛细压低值. *depression contour* 注地等高线. *depression curve* (地下水位的)降落〔下降,浸润〕曲线. *depression of order* 降阶法. *depression tank* 真空〔小油〕箱,减压箱. *depression tube* 真空管.

depres'sive [di'presiv] a. 降低的,压下〔着〕的,陷着的,抑制的.

depressomotor a.; n. 抑制运动的,运动抑制剂.

depres'sor [diˈpresə] n. 抑制〔阻尼,缓冲,阻化,阻浮,浮选抑制〕剂,阻尼〔缓冲,抑制〕器,压器,压板. *flash depressor* (固体燃料火箭的)火焰闪光抑制剂.

depres'surize v. 降低压力,减压. **depressuriza'tion** n.

dep'reter ['depritə] n. (= depeter) 粉石凿面.

depriva'tion [depriˈveiʃən] n. 脱除,剥夺,夺去,丧〔损〕失,缺乏,免职. *deprivation of silver* 除〔脱〕银.

deprive' [diˈpraiv] vt. 剥夺,夺去〔取〕,使丧失,阻止. ▲*deprive M of N* 使M失去〔不受,不能,得不到〕N,夺去〔剥夺〕M的N.

de profundis [ˌdi:prouˈfʌndis] 〔拉丁语〕从深处.

depropaga'tion n. 链断裂(作用).

depropaniza'tion n. 脱〔馏除〕丙烷.

depropanizator n. 丙烷馏除塔,脱丙烷塔.

depropanize vt. 脱〔馏除〕丙烷.

depropanizer n. 丙烷馏除器〔塔〕.

depropyla'tion n. 脱去丙基(作用),脱丙烷基.

depro'teinize vt. 脱去蛋白质,脱朊. **deproteiniza'tion** n.

dep'side n. 缩酚酸(类).

depsidone n. 缩酚酸环醚.

dept n. ①department 部分〔门〕,系,科,司,局,处,车间,工段 ②deputy 代理(人),代表.

depth [depθ] n. ①深(度),纵〔水〕深,厚度,高度,(从观测者向前,向后,向上,向下的)长度,能见度极限 ②浓度,稠度 ③(常用 pl.)深处〔渊,海〕 ④深奥

〔刻〕 ⑤层次 ⑥正中,当中. depth attachment〔游标高度尺的〕测深附件. depth bomb〔charge〕深水炸弹. depth contour 等深线,河底等高线. depth dial gauge 深度千分表,度盘式深度计. depth finder 测深计,〔回声〕测深仪. depth gauge 深度规〔计〕,水位尺,检潮器,游标深度尺. depth indicator 刻痕深度指示仪. depth of beam 梁的高度. depth of colour saturation 色饱和度. depth of engagement 衔接〔啮合〕深度. depth of field 景深,场深,视场〔视野〕深度. depth of fill 填土高度,填高. depth of focus 焦〔景,震〕深. depth of impression〔柏末氏硬度试验〕印痕深度. depth of modulation 或 modulation depth 调制〔深〕度,调制系数. depth of penetration 透入〔贯穿〕深度,有效肤深. depth of tooth 齿高. depth of water flowing over weir 溢流〔堰〕水头. depth recorder 深度计,深度记录仪,回声测深仪. depth sounder〔回声〕测深机〔计〕,深度探测器. skin depth 集肤深度,皮厚,有效肤深. working depth 有效〔工作〕齿高. 3 inches in depth 深三英寸.
▲ be beyond〔out of〕one's depth 在深不着底的地方,非…所能理解,为…力所不及. from the depths of 从…的深处. in the depth of 在…的深处〔正中央〕.
depth-bomb 或 depth-charge Ⅰ n. 深水炸弹. Ⅱ vt. 用深水炸弹进行〔炸毁〕.
depth-diffusion process 深结扩散工艺.
depth-finder n. 测深器.
depth-gauge n. 深度计,游标深度尺,水位尺,检潮标.
depth-o-matic n. 自动调位〔深度自动调节〕的液压机构.
depthom'eter [depˈθɒmɪtə] n. 深度计.
depth-ratchet setting 拌和深度棘轮调节装置.
depth-span ratio 高〔度与〕跨〔度之〕比.
depth-width ratio 高〔度与〕宽〔度之〕比.
dep'urant n. 净化剂〔器〕,纯〔净〕化.
dep'urate [ˈdepjʊreɪt] vt. 洗净,净〔纯〕化,滤清,提纯,精炼〔制〕. depura'tion n.
depu'rative [dɪˈpjʊərətɪv] n.; a. 净化剂的,纯化的,清洁的.
dep'urator [ˈdepjʊreɪtə] n. 净化器〔剂,装置〕,真空器.
depurina'tion n. 脱嘌呤(作用).
deputa'tion [ˌdepjʊˈteɪʃən] n. 代理,代表(团),派遣代表,委派. deputation to the conference 参加大会的代表团.
depute' [dɪˈpjuːt] vt. 派…代理〔表〕,委托(to).
dep'utise 或 dep'utize [ˈdepjʊtaɪz] v. 任命〔授权〕…为代表,代…的,担任代表的 (for).
dep'uty [ˈdepjʊtɪ] n. ①代理(人),代表 (to) ②代理…,副…. ▲ by deputy 由…代理〔表〕,请人代〔做〕.
DER = development engineering review 新设计〔研制〕工程检查.
der = ①derivation 推导,分支〔路〕,偏转〔差〕,衍生物 ②derivative 导(出)数,变形,方案.
derail' [dɪˈreɪl] v.; n. ①(使)出〔脱〕轨,横向移动,使离开原定进程 ②出轨装置,脱轨器 ③转辙器,开关 ④转移指令. derailing point 脱线转辙器. ~ment n.

derai'ler [dɪˈreɪlə] n. 脱轨器.
derange' [dɪˈreɪndʒ] vt. ①扰〔搅,打〕乱,使混〔紊〕乱,不同步 ②更列,重排 ③使精神错乱. ~ment n.
derate' [diːˈreɪt] v. 下降,降低,减少〔载,额,税〕,减少额定值.
der'by n. 金属块,块状金属,帽状物体,粗锭(美国对粗铀锭或钍锭的俗称). derby red 铬红. metal derby 金属块.
der'bylite n. 锑钛铁矿.
dereflec'tion n. 减反射,反射系数降低.
dereg'ister vt. 撤消…的登记. deregistration n.
de règle [dəˈreɪɡl]〔法语〕习惯的,适当的.
der'elict [ˈderəlɪkt] n.; a. ①被(抛)弃的(船,东西) ②残留物〔的〕,残余物〔的〕 ③不负责的(人),玩忽职守的(人) ④(海水减退后的)新陆地. be derelict of duty 或 be derelict in one's duty 玩忽职责. derelict land 废地.
derelic'tion [ˌderəˈlɪkʃən] n. ①废〔抛,放〕弃,被弃物 ②不负责,玩忽 (of) ③错误,缺点 ④(海水退后露出的)新陆地,冲积作用.
derepres'sion n. 去抑制,解除阻遏,脱阻遏.
deres'in v. 脱树脂,脱(去)沥青.
deresina'tion n. 脱树脂(作用).
de'restrict' [ˌdiːrɪˈstrɪkt] vt. 取消对…的限制. derestrict a road 取消某路的行车速率限制.
dereverbera'tion n. 去混响.
derib'erite [dɪˈrɪbəraɪt] n. 板石.
deride' [dɪˈraɪd] vt. 嘲笑,嘲弄. deridingly ad.
deriming valve 解冻阀.
Déri-motor 迪林马达,迪林电动机.
dering'ing n. 去振鸣.
deris'ion [dɪˈrɪʒən] n. 嘲笑〔的对象〕,笑柄. ▲ be (held) in derision被嘲笑. be the derision of 是…的笑柄,被…嘲笑. bring…into derision 使…成为笑柄〔受到嘲笑〕. hold〔have〕… in derision 嘲笑. in derision (of)嘲弄.
deri'sive [dɪˈraɪsɪv] 或 deri'sory [dɪˈraɪsərɪ] a. 嘲弄的,幼稚可笑的,不值一顾的.
deriv = ①derivation ②derivative.
deri'vable [dɪˈraɪvəbl] a. 可导(出)的,可引出的,可推论出来的.
der'ivant [ˈderɪvənt] n.; a. 衍生物〔的〕,诱导剂〔的〕.
der'ivate [ˈderɪveɪt] n. 导(出)数,微商,衍生物.
deriva'tion [ˌderɪˈveɪʃən] n. ①导〔引〕出,诱导 ②(公式)推导,演算〔出〕,求导〔数,运算〕,推理〔论〕,证明 ③分支〔流,路〕,引水道 ④偏转〔移,差〕 ⑤根源,起源,出处,由来 ⑥衍生〔物〕,派生〔式〕 ⑦微商. derivation control 按一次导数调节,具有微分器的调节. derivation of equation 公式推导,求公式. derivation tree 派生树. derivation wire 分路,支线. mean relative derivation 平均相对偏差. standard derivation 标准偏差.
deriv'ative [dɪˈrɪvətɪv] Ⅰ a. 导出(生)的,转(派)生的,由…转化而来的,非本来(原始)的,产生衍化物的. Ⅱ n. ①导(出)数,微商,纪数 ②变〔改〕型,方案 ③衍生物,诱导剂. derivative action 微商〔导数〕作用. derivative control 按一次导数控制,按被调参数的变化率调整. derivative feedback 微分反馈[回授],导数反馈. *derivative on the left* 左导数[微商]. *derivative on the right* 右导数[微商]. *derivatives of higher order* 高阶导数[微商]. *first derivative* 一次导数. *generalized derivative* 广义导数. *higher derivative* 高阶导数[微商]. *local [partial] derivative* 偏导数. *second derivative* 二阶[次]导数. *ship-based derivative* 舰上[海上]信号. *space derivative* 空间(坐标)导数. *translatory resistance derivative* 直动阻力,诱导导出数. ▲ *derivative of M with respect to N* M对N的微商(导数).

derivatiza'tion n. 衍生(作用).

derive' [di'raiv] v. ①(从…)得到[出],取[获]得 ②导[引](伸),衍生[出],推导[演],论,出],派生,求导数 ③起源(于) ④分路[流,支]. *derived circuit* 分支[导出]电路. *derived function* 导(出)函数. *derived indice* 导数符号. *derived-M type* M 推演式,M 导出式. *derived number* 导数. *derived point* 策动点. *derived resistance* 并联电阻. *derived set* 推导集. *derived type filter* 推演式滤波器. *derived unit* 导出单位. ▲(*be*) *derived from* 由…(派生)而来,从…产生[推出],来源[衍源]于,取[来]自. *derive M from N* 从 N 中得到[导出,推出,衍生出] M,M 由 N 而来. *derive itself from* 由…而来,源出.

derivom'eter n. 测微仪.

Derlin n. 缩醛树脂.

derm [də:m] 或 **der'ma** ['də:mə] n. (真)皮,皮肤.

dermahemia n. 皮肤充血.

der'mal ['də:məl] a. (关于)皮(肤)的,皮肤上的,表皮的. *dermal resistance* 皮肤电阻.

dermal'gia [də:'mældʒiə] n. 皮痛.

dermanaplasty n. 植皮术.

dermateen n. 漆布,布质假皮.

dermat'ic [də:'mætik] = dermal.

dermatitant n. 刺激皮肤物.

dermati'tis [də:mə'taitis] (pl. *dermatitides*) n. 皮(肤)炎.

dermato- [词头] 皮肤.

dermatogenic a. 生皮的.

dermatol'ogist [də:mə'tɔlədʒist] n. 皮肤病学家,皮肤科医生.

dermato'ma [də:mə'toumə] n. 皮肤瘤.

dermatom'etry n. 皮肤的电阻法测量.

dermatono'sis [də:məto'nousis] n. 皮肤病.

dermatoplasm n. 胞壁质.

der'matoplasty ['də:mətoplæsti] n. 植皮术,皮成形术.

dermatoscope n. 一种双眼显微镜.

dermatosome n. 微纤维.

der'mic ['də:mik] n.; a. 皮肤药,(真,表)皮的,皮肤的.

der'mis ['də:mis] n. (真)皮,下皮层,皮肤.

dermi'tis [də:'maitis] n. 皮炎.

Dermitron n. 高频电流测镀层厚度法.

dernier ['dɛəniei] (法语) a. 最后[近,终]的,终局的. *dernier cri* 最新式样. *dernier res(s)ort* 最后手段.

der'ogate ['dərəgeit] v. 取[除]去,减低[少],贬低,毁损,恶化.

deroga'tion [derə'geiʃən] n. ①减少,贬低,毁损,背离 ②(合同等)部分废除(of,to).

derog'atory [di'rɔgətəri] a. 有损于…的(to),损毁的,减低[阶,次]的,降低价值的,贬义的. *derogatory matrix* 减次(矩)阵.

deroofing n. 蚀顶. *deroofing eruption* 蚀顶喷发.

derrengadera a. 弯曲的.

der'rick ['derik] n. ①(动臂,转臂,摇臂,塔式,人字,桅)杆,架(式)起重机[架,杆],(起重,摇臂)吊杆,绞盘[车],重零件架 ②(油,钻井架,钻机架,钻塔 ③进线架,引入架(环) ④(飞机的)起飞塔. *derrick barge* 起重船,浮式起重机. *derrick car* 起重车,转臂吊车. *derrick crane* 转臂吊机,动臂[转臂]起重机. *derrick kingpost* 起重桅(把)杆. *derrick mast* 起重灯(桅)杆. *derrick stone* 粗(大)石块,巨石. *derrick tower* 起重吊塔. *standing derrick* 扒杆. *stiff leg derrick* 刚性柱架,斜桂杆式起重机.

Derry = Londonderry 伦敦德里(英国一港市).

derus'tit n. 电化学除锈法.

derv [də:v] n. = Diesel engine(d) road vehicle (重型车辆用)柴油,柴油机车制.

DES = ①design 设计,计算,图纸(样),设计书 ②designator 命名(指示)符,指定者 ③dessicant 干燥剂 ④differential equation solver 微分方程解算器.

des- [词头](常用于元音字母前) = de-.

des form = design formula 设计(计算)公式.

de(s)activa'tion n. 去活作用,消除放射性沾染.

desalinate vt. 脱(去)盐.

desalina'tion 或 **desaliniza'tion** n. 脱[除]盐(作用),淡化,减少盐分.

de'salt' [di'sɔ:lt] vt. 脱(去)盐,(水的)纯化.

desalt'er [di'sɔ:ltə] n. 脱盐剂,脱盐设备,去盐份器.

desaltifica'tion n. 脱盐(作用).

desamidase n. 脱酰胺酶.

de(s)amida'tion n. 脱酰胺(作用).

desamidizate vt. 脱掉氨基,脱酰胺. **desamidiza'tion** n.

desaminase n. 脱氨(基)酶.

desamina'tion n. 脱氨(基)作用,去氨基(作用).

desaminocanavanine n. 脱氮刀豆氨酸.

desam'ple v. 解样.

desam'pler n. 接收交换机.

desanc'tify [di'sæŋktifai] vt. 剥去…神圣的外衣. **desanctifica'tion** n.

desanima'nia [desæni'meiniə] n. 精神错乱,痴呆.

desaturase n. 去饱和酶,脱氢酶.

desat'urate v. 减(小)饱和(度),冲淡,稀释,褪彩.

desatura'tion n. 减(去)饱和(作用),退饱和,饱和度减小,冲淡(颜色),稀释,褪彩.

desat'urator n. 干燥剂[器],吸潮器,稀释剂.

desaulesite n. 硅酸镍镁矿.

DESC = Defense electronic supply center(美)国防电子仪器供应中心.

descale' [di:'skeil] vt. ①除去锈皮(锅垢,鳞垢),去氧化皮,除鳞 ②缩小比例,降级.

desca'ler n. 除[破]鳞机,氧化皮清除机.

descant I ['deskænt] n. II [dis'kænt] vi. ①评论,详谈(on, upon) ②歌曲,曲调,旋律.

descend' [di'send] v. ①下(降,来,行,倾),落[走]

下,由远而近,由大而小 ②由…传下来〔转变而来〕,转而说到. ▲be descended from… 或 descend from… 从…(传)下来〔转变而来〕. descend from (…) to (…) 从(…)传给(…). descend into 落进,(下)降到(上). descend on (to)落(降)到…上. descend on〔upon〕突(袭)击,到到…上. descend to particulars〔details〕谈到细节,进入详细讨论阶段.

descend'ant 或 **descend'ent** [di'sendənt] I n. ①子孙后代,下代,后裔 ②衰变产物,子体(子系)物质 ③(语法树的)下节点. II a. 下降(行)的,降落的,遗传的.

descen'dence n. 下代,后代.

descen'dens [di'sendənz] (拉丁语) a. 下行的,降的.

descend'ing [di'sendiŋ] n.; a. (下,递)降(的),贬低,下行(的). *descending branch arc* 弹道落下(分)线. *descending grade* 下坡(度). *descending liquid* 向下流动的液体. *descending luminance* 亮度(依次)递减. *descending order* 递减次序,降序. *descending powers* 降幂. *descending sort* 【计】降序排序.

descen'sion [di'senʃən] n. 下降,降落.

descen'sus [di'sensəs] (pl. **descen'sus**) n. 下垂,下降.

descent' [di'sent] n. ①下降(落),着陆,下降,下坡(道),斜坡,坡道 ②继承,祖籍,世代,血统 ③侵入,突(袭)击(on, upon). *descent method* 下降〔山〕法. *flat descent* 小角度下降. *make a descent* 下降. *make a descent on* 〔upon〕袭击,侵入. *spiral descent* 螺旋下降.

descloisite 或 **descloizite** n. 钒铅锌矿.

DESCR =describe 描写〔述〕.

descri'bable [dis'kraibəbl] a. 可以描述〔绘〕的.

describe' [dis'kraib] vt. ①叙述,描述〔写,绘〕②作图,③作…运动,沿(轨道,曲线)运行〔动〕. *describing function* (等效频率传输)函数. ▲*be described as* 被说成是,被称作. *describe M (around N, round N)* (绕 N)沿(轨道)M 运行(动). *describe M as N* 把 M 说成是〔称作〕N.

descri'ber n. 叙述者,制图人〔者〕.

descried [dis'kraid] a. 被看到的,被发现的,被注意到的.

descri'er n. 发现者,看见的人.

descrim'inator [dis'krimineitə] n. 辨(鉴)别,识,别器.

descrip'tion [dis'kripʃən] n. ①叙述,描述〔写,绘〕,说明,形容,摹状(词) ②(使用)说明(书),货名表,图形〔说〕③作图,绘制 ④种类,式样,等级. *description of subroutine* 子程序使用说明书. *description point* 取向标记,方向标,参考点. *field-theoretical description* 场论描述,场论术语的说明. *process description* 生产过程说明. ▲*all descriptions of* 形形色色的,各式各样的. *answer (to) the description* 与描述相符. *(be) a description of* 表示. *(be)beyond description* 难以形容. *give 〔make〕 a description of* 叙〔描〕述,说明. *of every description* 或 *of all descriptions* 形形色色的.

descrip'tive a. 描述〔写〕的,记事的,叙述(性)的,说明的,图形〔式〕的. *descriptive catalog(ue)* 附有说明的分类目录. *descriptive geometry* 画法几何,投影几何(学). *descriptive process* 描述性工艺过程. ▲*descriptive of* 描写〔记述〕…的,说明…的. ~ly ad.

descrip'tor [dis'kriptə] n. 描述信息,描述符,(数据处理中)表示一个项目〔文件〕的解说符,叙词.

descry' [dis'krai] vt. (远远地)看出(到),望见,察觉,发现,辨别出.

deseal'ant n. (航空燃料桶自动开关盖中的)封阻层防剥离药剂.

deseam' vt. 气炬烧剥(用气炬切开或修整焊缝及表面缺陷),凿(修)整锭面.

deseam'er n. 焊缝清除器,焊缝修整机,火焰清理机.

deselect' vt. 中途淘汰.

desensitisa'tion 或 **desensitiza'tion** [di:sensitai'zeiʃən] n. 减(敏)感(作用),退敏(感)(作用),降低灵敏度,减敏性,减少感光度.

desen'sitise 或 **desen'sitize** [di:'sensitaiz] vt. 减少感光度,降低灵敏度〔敏感性〕,使完全不感光,钝化.

desen'sitiser 或 **desen'sitizer** [di:'sensitaizə] n. 退〔脱〕敏剂,减(感)剂,减感剂.

desen'sitising 或 **desen'sitizing** n.; a. 减感(作用)(的),灵敏度降低(的).

desensitiv'ity n. 脱敏(感)性,倒灵敏度,灵敏度的倒数.

dese'rializer n. 解串器.

desert I ['dezət] a. 荒(芜)的,不毛的,沙漠的,无人的. n. 沙漠,荒地〔漠〕. II [di'zət] v. ①脱〔撤〕离,离开 ②逃走,脱逃,开小差,放〔抛〕,背,舍,弃的 ③使失效,中,劳动的方式和 ④(应得的)赏罚,功绩,功勋. *desert belt* 荒漠地带,荒芜地带. *desert-grade gasoline* 沙漠地区用的汽油. *desert storm* 沙暴. ▲*get* 〔meet with〕 *one's deserts* 得到应得的奖赏〔惩罚〕.

desert'ed [di'zə:tid] a. 荒废了的,空的,被抛弃的.

desert'er [di'zə:tə] n. 叛徒,逃兵.

desertifica'tion n. (人为)沙漠化.

deser'tion [di'zə:ʃən] n. 离开,抛(背)弃,逃走,开小差.

desertisa'tion n. 自然沙漠化.

deserve' [di'zə:v] vt. 应受〔得〕,值得.

deserv'ed [di'zə:vd] a. 理所应得的,(理所)当然的.

deserv'edly [di'zə:vidli] ad. 当然(应该),正〔理〕当的.

deserv'ing [di'zə:viŋ] a. 有功的,该受…的,值得…(of),相当的. n. 功过,赏罚.

desheath'ing n. 取下外壳〔外套〕.

deshielding n. 去屏蔽.

des'iccant ['desikənt] I a. 干燥(用)的,去水分〔湿气〕的,除湿的. II n. 干燥剂,除湿剂.

des'iccate ['desikeit] I v. (使)干燥,(使)脱水,弄〔晒,烘,烤〕干,干贮,用干燥法保存. II n.; a. 干燥的,干燥的物(制品). *desiccated milk* 奶粉. *desiccating agent* 干燥剂.

desicca'tion [desi'keiʃən] n. 干燥(作用),除湿,脱水,干缩〔裂〕,烘,化〕,晒〔烘,烤〕干,变旱. *desiccation fissure* 干缩裂缝.

desic'cative [de'sikətiv] =desiccant.

des'iccator [desi'keitə] n. 干燥〔收湿,除湿,保干〕器,干燥剂,防潮炉.

desicchlora n. 燥钡盐,无水粒状高氯酸钡(干燥剂).

desidera'ta [dizidə'reitə] desideratum 的复数.

desid'erate [di'zidəreit] vt. 迫切需要,渴望得到. **desidera'tion** n. **desid'erative** a.

desidera'tum [dizidə'reitəm] n. 〔拉丁语〕n. (pl. **desiderata**) 迫切的要求,缺乏[迫切需要]的东西.

design' [di'zain] I v. ①设计,打图样,计算 ②计划,打算,企图,预定,指定. ▲(be) designed to + inf. 设计成能[做],用来,目的是使. (be) designed with 设计(成,带)有. design…for 打算把…作(某用途),为(某目的)而设计…. design M out of N 设计时克服[排除]N 中的 M,设计时把 M 从 N 中排除掉. II n. ①设计,计算 ②草[方]案,纲要,计划,企图 ③(平面)设计图,图样[纸,案] ④结构,构造,装置,形状,类型,型(号). *computer aided design* 计算机半自动设计,借助计算机进行的设计. *control design* 控制[自动调节]系统的参考设计[计算,合成]. *design aids* 设计工具,设计参考资料. *design capacity* 设计能量,设计通行能力. *design chart* 设计图表. *design considerations* 设计上的考虑,设计根据. *design criteria* 设计准则. *design drawing* 设计图. *design life* 设计使用周期. *design procedures* 设计方法[程序]. *design programmer* 程序设计员. *design section* 设计截面. *design standards* 设计标准. *design stress* 设计应力. *design test* 鉴定试验. *hydraulic design* 液压计算,水力工程设计. *limit [ultimate] design* 极限荷载[负荷]设计. *modular design* 典型[组件]结构. *plant design* 设备平面布置,车间设计. *process design* (生产)流程[工艺过程]的设计,工艺计算. *program design* 编制程序,程序设计. *worst-case design* 最坏情况设计. ▲*by design* 故意地. *of the latest design* 最新式的,最新设计的.

designabil'ity [dizainə'biliti] n. 可设计性,设计可能性,结构性.

design'able [di'zainəbl] a. 能设计(计划)的,可被区分(识别)的.

des'ignate I ['dezigneit] vt. ①指明[示,出,名,定],表示,标明[志,示],称为 ②选派[定],任命. ▲be designated by the name of 被称为. *designate M as N* 把 M 叫做[称为]N. *designate M to [for] N* 指定[选派]M 担任 N. II ['dezignit] a. 指定的,选定的,指(委)派的.

des'ignated ['dezigneitid] a. 指[派]定的,特指的. *designated value* 指定[标志]值.

designa'tion [dezig'neiʃən] n. ①指明[示,定],规定,选派[择,定],任命,(文献)代号标记符号 ②称名,符号(表示),牌号,表示方法,标识[志,记],意义 ③目(的),目标. *designation number* 标志数,标准拖数. *designation strip* 名牌,标牌.

designa'tional a. 命名的.

des'ignative a. 指定的,指名的.

des'ignator ['dezigneitə] n. ①指定[示]者 ②选择者,指示器 ③命名(指示,标志)符. *card designator* 卡片标号.

des'ignatory ['dezigneitəri] a. 指示[定]的.

designed' [di'zaind] a. ①设计(好)的,打好图样的 ②(有)计划的,故意的. ~ly ad.

designee' [dezig'ni:] n. 被指定者,被选派者.

design'er [di'zainə] n. 设计者[人,师,员],制图者

design'ing [di'zainiŋ] n. ; a. ①设计(工作)(的) ②阴谋的,狡猾的 ③有事先计划的.

design-it-yourself system 按组装原理设计系统,设计组装系统.

designograph n. 设计图解(法).

desil'icate vt. 脱硅,除硅酸盐. **desilica'tion** n.

desilicifica'tion [di:silisifi'keiʃən] 或 **desiliconiza'tion** n. 脱硅(作用,过程),除硅酸盐.

desilic'ify vt. 脱(除)硅.

desil'iconize [di:'silikənaiz] vt. 脱硅,除硅.

de'silt' vt. 清(放)淤.

desil'ter [di:'siltə] n. 沉淀池,集尘器,沉沙池.

desil'ver [di:'silvə] 或 **desil'verise** vt. =desilverize.

desilverisa'tion 或 **desilveriza'tion** n. 脱[除]银(作用). *zinc desilverization* 加锌提(除)银(法).

desil'verize [di:'silvəraiz] vt. 脱(去,除)银,(从铅矿中)提(取)银.

desilyla'tion n. 脱甲硅基(作用).

des'inence n. 终止(端),词末,收尾.

des'inent 或 **desinen'tial** a. 末端的,终点的.

desin'tegrate v. 分裂[解],裂(蜕)变,破坏,解磨.

desintegra'tion n. 分裂,裂(蜕)变(物),去整合(作用),粉碎,机械破坏(分解).

desin'tegrator n. 粉碎机.

de-sin'tering 【冶】清理.

desirabil'ity [dizaiərə'biliti] n. 需要性,客观需要,合意.

desi'rable [di'zaiərəbl] I a. ①所希望的,希望[值得]有的,想望[要]的 ②合乎需要[要求]的,称心的,合意的. II n. 合乎需要的东西,称心合意的东西. *It is (most) desirable that* (to + inf.) 最好是,最理想的是. ~**ness** n. **desi'rably** ad.

desire' [di'zaiə] v. ; n. 愿(希)望,想要,要(请)求,想望之物,想望的东西. *desire line* 愿望(要)线. *desire line chart* (道路规划)要求路线图. *desired cut* 理想[理论]切削. *desired signal* 有用[有效,所需的]信号. *desired speed* 理想[预定]转速. *subjective desire* 主观愿望. *It is desired that* (to + inf.) 希望,想要,请将. ▲*as desired* 随(任)意地,自由地,随心所欲地. *at one's desire* 按照…的要求(希望). *be all that could be desired* 令人满意,完美无缺. *be all that could be desired* 并不令人满意. *by desire* 应请求. *desire for* 对…的愿(希)望. *desire…to + inf.* 希望(请求)…(做某事). *desire to + inf.* (做某事)的愿(希)望. *leave much to be desired* 有许多缺点,有许多地方需要改进. *leave nothing to be desired* 没有什么缺点,完善无缺.

desi'rous [di'zaiərəs] a. 想[愿]要的. ▲*be desirous of* (that, to + inf.) 渴望. ~**ly** ad.

desist' [di'zist] vi. ①停止,中断(from + ing) ②断念,休想.

desivac process 燥冻过程.

desize' vt. 脱(退,除)浆.

desi'zing n. 脱(退)浆工艺.

desk [desk] n. ①(书,办公,写字)桌,(试验,操纵,控制)台 ②(面,控制)板,(圆,控制)盘,(控制)屏,座,架 ③(报馆)编辑部,部,司,组. *control desk* 控制盘(板,屏,台),操纵台. *desk blade* 盘形刀片(剪刀).

desk computer 〔calculator〕台式〔桌上〕计算机. *desk fan* 桌式电扇. *desk structure* 桌状构造. *desk study* 桌上研究, 纸上谈兵. *desk type secondary clock* 座式子钟. *desk work* 科室〔事务〕工作. *drawing desk* 绘图桌. *information desk* 问讯台, 查询台. *picture desk* 影象控制板〔调整盘〕.

desk'man n. 办公室工作人员, 报馆编辑人员.

desk-top a. 台式的. *desk-top computer* 〔calculator〕台式计算机, 台式解算装置. *desk-top enclosure* 箱顶封装(微计算机组装方式).

deslag' v. 扒渣.

deslag'ging [di'slægiŋ] n. 除〔放, 排, 倒, 去〕渣.

deslick'ing n. 防滑. *deslicking treatment* 防滑处理.

deslime' vt. 脱〔除去〕矿泥.

desludge [di'slʌdʒ] v. 清除油泥, 除去淤渣.

desmal'gia [dez'mældʒiə] n. 韧带痛.

des'mic a. 连锁的. *desmic system* 连锁畸形.

desmodur n. 聚氨基甲酸酯类粘合剂.

desmoenzyme n. 不溶酶, 结合酶.

des'moid ['desmɔid] a. 纤维样的, 纤维性的.

desmolase n. 碳链(裂解)酶.

desmolipase n. 不溶性脂酶.

desmol'ysis n. 解(碳)链作用, 碳链分解作用. **desmolyt'ic** a.

des'mone [desmoun] n. 介体.

desmoplas'tic a. 引起粘连的, 促进纤维组织发育的.

desmorrhexis n. 韧带破裂.

desmotrope n. 稳变异构体.

desmotrop'ic a. 稳变异构的.

desmotropism 或 **desmot'ropy** n. 稳变异构(现象).

DESOIL =diesel oil 柴油.

des'olate Ⅰ ['desəlit] a. ①荒(芜, 凉)的, 不毛的, 无人烟的, 不适于居住的 ②孤独的, 凄凉的. Ⅱ ['desəleit] vt. 使荒芜〔成废墟, 无人烟〕. ~ly ad.

desola'tion [desə'leiʃən] n. 荒芜〔凉, 地〕, 废墟.

desorb' [di:'sɔ:b] vt. 解(除)吸(附), 使放出(指吸收的相反过程).

desorp'tion [di:'sɔ:pʃən] n. 解吸附作用, 退吸, 清除附气体, 装卸. *desorption of moisture* 减〔脱〕湿(作用).

desox'idant [dis'ɔksidənt] n. 脱氧剂.

desoxida'tion [disɔksi'deiʃən] n. 脱氧, 还原.

desox'idizer n. 脱氧剂.

desoxy- 〔词头〕脱〔减〕氧.

desox'ydate [di'sɔksideit] vt. 脱氧, 还原, 除去臭氧. **desoxyda'tion** n.

desoxygena'tion n. 脱氧作用.

desoxymercura'tion n. 脱氧汞化作用.

desoxynupharidin n. 氧睡莲碱.

desoxyribonuclease n. 脱氧核糖核酸酶.

desoxyribonucleic acid 脱氧核糖核酸.

despair' [dis'pɛə] Ⅰ n. 绝(失)望, 断念, 令人失望的人〔事〕, 扫兴的事. *be the despair of* 使…感到失望〔绝〕望. ▲ *drive … to despair* 使…(悲观)失望. *in despair* 绝(失)望地, 在绝望中.
Ⅰ vi. 绝(失)望, 断念. *Never despair of success*. 不要丧失信心. ▲*despair of* 对…感到绝望, 放弃〔毫无〕…的希望. ~ingly ad.

despan' [dis'pæn] despin 的过去式.

despatch =dispatch.

despatcher =dispatcher.

des'perate ['despərit] a. ①奋不顾身的, (因…)不顾一切的(at), 拼命的, 孤注一掷的 ②极严重〔危险〕的, (成功)希望很小的, 危急的, 最后的 ③猛烈的, 厉害的, 险恶的. *desperate remedy* 最后〔非常〕手段, 成功希望不大的补救方法. ▲ *be in a desperate situation* 处境危急. *conduct a desperate struggle* 作拼死的斗争. *make a desperate effort* 拼命努力. ~ly ad. ~ness n.

despera'tion [despə'reiʃən] n. 绝望, (不顾一切的)冒险, 拼命.

des'picable ['despikəbl] a. 可鄙的, 卑劣的. **des'picably** ad.

despi'ker [di'spaikə] n. 削峰〔峰尖削平〕器, 峰尖校平〔削平〕设备. *despiker circuit* (脉冲)削峰电路.

despi'king [di'spaikiŋ] n. 脉冲钝化, 尖峰平滑, 削峰. *despiking resistance* 削峰(阻尼)(电路)电阻.

despin' [di'spin] (*despan', despun'*) v. ①降低转速, 停止旋转 ②反旋〔自〕转, 消〔自〕旋. *despin weight assembly* 防自旋配重装置.

despiraliza'tion n. 解螺旋化(作用).

despise' [dis'paiz] vt. 轻〔蔑, 忽〕视, 看不〔自〕起.

despite' [dis'pait] Ⅰ n. 轻〔蔑, 忽〕视, 憎恨. ▲(*in*) *despite of* 不管〔顾〕, 任凭.
Ⅱ prep. 不管〔顾〕, 任凭, 尽管. ▲*despite all this* 尽管如此. *despite the fact that* 尽管.

despite'ful [dis'paitful] a. 可恨〔恶〕的. ~ly ad.

despoil' [dis'pɔil] vt. 夺取, 掠〔强〕夺. ▲*despoil M of N* 夺〔取〕M 的 N. ~ ment 或 **despolia'tion** [dispɔuli'eiʃən] n.

despond' [dis'pɔnd] vi. 沮丧, 失望. ▲*despond of* 失去对…的希望. ~ence 或 ~ency n. ~ent a. ~ently或~ingly ad.

des'pot ['despot] n. 专制君主, 暴君.

despot'ic a. 专制的, 暴虐的. *despotic network*【计】主钟控制网(络).

des'potism n. 专制(国家), 暴政.

despu'mate [dis'pju:meit] vt. 消毒, 清洁, 除去表皮, 除去…的泡沫〔浮渣〕. **despuma'tion** n.

despun' [di'spʌn] despin 的过去分词. *despun antenna* 消旋天线, 反旋〔自〕转天线. *despun motor* 反旋〔自〕转电动机.

des'quamate ['deskwəmeit] vi. 脱皮〔鳞, 屑〕, (表皮细胞)脱落, 剥离, 剥脱, (鳞状)剥落. **desquama'tion** n. **desquamative** 或 **desquamatory** a.

desr =designer 设计人.

dessert' (-) **spoon** n. 中匙, 点心匙(容量约 8 毫升的匙).

des'sicant n. 干燥剂.

des'sicate v. 干燥. **dessica'tion** n.

des'sicator n. 水提取器.

dessin [dese] 〔法语〕 n. 线画, 图案.

dest =destroy 或 destruct 或 destruction 破坏, 摧毁.

destabiliza'tion n. 去稳定(作用), 不安〔稳〕定, 扰动.

desta'bilize [di:'steibilaiz] vt. 使不稳定, 使动摇.

destack'ing n. (叠板)卸垛, 分送(板垛中的选板).

destain' [di:'stein] vt. (为显微镜观察)把(标本)褪色, 脱色.

destarch' v. 脱浆.
destat'icizer n. 脱静电剂, 去静电器.
desteariniza'tion n. y 去硬脂.
dester'ilize [di:'sterilaiz] vt. 恢复使用, 解封.
desthiobiotin n. 脱硫生物素.
destina'tion [desti'neiʃən] n. ①目的[指定]地, 终点[端] ②目的[标] ③指[标]定. *destination board* 指路[示]牌, 模[号杆, 刷字]板. *destination file* 结果文件. *destination sign* 目的地指示标志. *port of destination* 目的港.
des'tine ['destin] vt. 注[预, 指, 派]定. *a ship destined for Shanghai* 一艘驶往上海的船. ▲(*be*) *destined to* +*inf*. 注定(要), 肯定会, 将会. *destine M for N* 为 N(目的而)指[预]定 M.
destink'er n. 去味器.
des'tiny ['destini] n. 命运. *grasp one's destiny in one's own hands* 掌握自己的命运.
des'titute ['destitju:t] a. ①缺乏…的, 无…的 (of) ②贫穷[困]的.
destitu'tion [desti'tju:ʃən] n. 缺乏, 贫困[穷].
DESTN = destination 目的地, 收报地点.
destratifica'tion n. 【地】去层理作用.
destreng'thening n. 强度消失, 软化.
destress' [di:'stres] v. 放松应力.
destr FIR = destructive firing 破坏性的发射.
destroy' [dis'trɔi] vt. 破[毁]坏, 摧毁, 打破, 驱逐, 消[歼]灭, 使无效[消失]. *destroyed atom* 分离[被破坏的]原子. *destroying satellite* 攻击[歼击]卫星.
destroy'able [dis'trɔiəbl] a. 可毁灭[摧毁, 驱逐的].
destroy'er [dis'trɔiə] n. ①破坏者 ②破碎器[机], 粉碎器[机] ③驱逐舰. *destroyer escort* 护航驱逐舰, 小型护卫舰. *destroyer screen* 驱逐舰警戒网. *ground-to-air bomber destroyer* 反轰炸机地对空导弹.
destruct' [dis'trʌkt] n. ; vi. (火箭、导弹等中途因故障)自毁[摧毁, 爆炸]. *destruct system* (导弹)爆毁系统. *self-destruct* 自毁(法).
destructibil'ity [distrʌkti'biliti] n. 破坏性[力].
destruc'tible [dis'trʌktəbl] a. 能毁坏的, 可[易]破坏可消灭的. ~**ness** n.
destruc'tion [dis'trʌkʃən] n. ①破坏[裂], 拆毁, 毁灭[坏], 断裂 ②毁灭的原因. *destruction circuit* (导弹)爆毁电路. *destruction of U235* 铀 235 的燃烧. *destruction operator* 消灭算符. *destruction range* 破坏[杀伤]范围. *destruction test* 破坏性试验. *nucleus destruction* 核蜕变. ▲*do destruction to*(对…造成)破坏, (使…)毁灭.
destruc'tional a. 破坏作用造成的, 侵蚀的.
destruc'tive [dis'trʌktiv] a. ①破坏(性)的, 毁灭(性)的, 摧毁的 ②有害的, 危险的 (of). *destructive addition* 破坏(信息)加法, 破坏性叠加, 破坏相加. *destructive distillation* 干馏, 毁馏, 分解[破坏]蒸馏. *destructive interference* 相消[破坏性]干扰. *destructive reading* 破坏性读数, 抹掉[相消]信息读出. *destructive storage* 破坏性存储器, 破坏读出存储器. *destructive test* 破坏(性)[断裂], 击穿]试验.

~**ly** ad. ~**ness** n.
destruc'tor [dis'trʌktə] n. ①破坏器[装置], 自炸[毁, 爆]装置 ②雷[信]管 ③废料焚化炉.
destruc'ture n. 变性.
desublima'tion n. 消升华(作用), 凝结(作用).
desu'etude [di'sju:itju:d] n. 废止, 已不用. ▲*fall* [*pass*] *into desuetude* 废除, 不兴.
desu'gar vt. 脱糖, 提出糖分. ~**iza'tion** n.
desu'garize = desugar.
desulfate = desulphate.
desulfa'tion = desulphation.
desulfhydrase n. 脱巯基酶.
desulfida'tion = desulphidation.
desul'finase n. 脱亚硫酸酶.
desulfona'tion n. 脱磺酸(基)盐(作用).
desulfurate = desulphurize.
desulfura'tion 或 **desulfuriza'tion** n. 脱[除, 去]硫(作用).
desulfurize = desulphurize.
desul'furizer n. 脱硫剂, 脱硫装置.
desul'phate vt. 脱硫, 脱[去]硫酸盐. **desulpha'tion** n.
desulphida'tion 或 **desulphur(iz)a'tion** n. 除[脱, 去]硫(作用).
desul'phurase n. 脱硫酶.
desulphurica'tion n. 反硫酸化(作用).
desul'phurize [di:'sʌlfəraiz] vt. 除[脱, 去]硫.
desul'phurizer n. 脱硫剂.
des'ultorily ['desəltərili] ad. 杂乱(无章)地, 散漫, 不相关地, 无系统[目的, 联络]地.
des'ultoriness ['desəltərinis] n. 不规则, 散漫.
des'ultory ['desəltəri] a. 不连贯的, 杂乱(无章)的, 无系统[目的]的, 散漫的, 随意的.
desu'perheat [di'sju:pə'hi:t] v. 降低(过热蒸汽)的热量, 过热后冷却, (给过热蒸汽)降温, 预冷, 减温.
desu'perheat'er n. 过热(蒸汽)降温器, 减温器, 减热器.
desur'face vt. 除[剥]去…表(土)层, (修整时)清除表层金属.
deswell' vt. 退(泡, 溶)胀.
desynapsis n. 联合消失.
desyn'chronize v. 去[失, 解]同步, 失步, 同步破坏.
DET = ①design evaluation test(结构)设计鉴定试验 ②detector 检波器, 探测器.
det = ①detached 拆[分]开的 ②detail 详细[图], 细目, 零件 ③detection 检波 ④detector 探测[检波]器 ⑤detonator 起爆剂[管] ⑥雷[信]管.
detach' [di'tætʃ] vt. ①(使)分[拆, 解]开, 分离, 卸[拆, 取]下, 移除, 除[剪]去, 脱体(钩) ②派[分]遣. ▲*detach M from N* 把 M 从 N 上卸[取, 拆]下, 把 M 同 N 分离[拆开]. *detach oneself from* 同…分开, 脱离.
detachabil'ity [ditætʃə'biliti] n. 可拆卸[分离]性, 可脱性.
detach'able [di'tætʃəbl] a. 可拆卸[开]的, 可分开离]的, 可摘下的, 活(络, 动)的. *detachable bit* 可装式钻夹, 活钻头. *detachable column* 单立柱.
detached' [di'tætʃt] a. 分离[遣]的, 独[孤, 单]立的, 单个的, 已拆下的, 脱体的. *detached building* 独立式房屋. *detached column* 独立柱, 单立柱. *detached duty* 临时任务. *detached shock* 脱体激波. *detached*

wharf 岛式码头. *detached works* 前哨工事. ~ly *ad*.

detach'er [di'tætʃə] n. 拆卸器,脱钩器.

detach'ment [di'tætʃmənt] n. ①分离[开],拆[取]下,拆开,脱离[钩,落],除[剔]去,移降,(电子的)释放②独立,不受环境影响③分遣队,独立小分队,支队,特遣舰队. *detachment of electrons* 电子群的分离. *detachment of retina* 视网膜脱离. *medical detachment* 医疗队.

detail [di:teil, di'teil] I n. ①节[部,目],零[元,部]件,部分②详细[情],说明,清晰度,照片复制品的层次③详[分],零件,分件,细部图④分遣[队],行动指令. *detail bit* 细目[说明]位. *detail card* 细目卡片. *detail chart* 详细流程图. *detail contrast* 细节对比(度). *detail drawing* 零件图,详图,细部图. *detail file* 细目文件,说明资料. *detail log* 详测曲线图. *detail of construction* 施工[(机器)构造,零件]〔详〕图. *detail paper* 誊写纸,底图纸,画详图用的描图纸. *detail shooting* 地震详查[测]图. *detail specifications* 详细规格,详细说明书. *detail tape* 明细带. *details recording system* 详细记录机. *fine details* 优良清晰度,细节. *spare detail* 备〔用零〕件. *structural detail* 结构元件. *summarised circuit details* 电路记录卡片. ▲ *for further details* 欲知详情(请询问). *go* [*enter*] *into detail(s)(on)* 详细叙述[讨论],逐一说明. *without going into detail(s)* 不作详细叙述[讨论]. *in all details* 在所有细节上,很仔细地. *in considerable* [*great*] *detail* 非常详细地,在细节上,在更[相当]详细地. *in more* [*some*] *detail* 更[相当]详细地. *in points of detail* 在某些细节上.

Ⅱ [di'teil] vt. ①详述[记],列举②画细部图,细部设计③派遣,特派. *detailed balancing* 细致[精细]平衡. *detailed knowledge* 详尽的了解[知识]. *detailed survey* 详查.

detain' [di'tein] vt. 挽[扣]留,阻止[挡,拦],(使)延迟,耽搁,留住[下]. *The question need not detain us long.* 这问题可以很快解决[不需要耽搁很长时间].

detar v. 脱焦油.

Detarex C 乙二胺四乙酸络合剂.

detar'rer n. 脱焦油器,脱焦油的设备.

dete n. 装在潜水艇上的一种雷达.

detect' [di'tekt] vt. ①发觉[现],察觉,看出②探测(出),测定,检测(出),检验[查],检测[出],侦查[出],查明(出)③检波,整流. *detected output* 检波(后)的输出. *detected neutron* 检得中子. *detecting element* 灵敏[感]元,指示,检测器,检波元件. *detecting head* 检波[探测]头,指示器,厚薄规,探针. *detecting instrument* 探测[检波]仪器. *detecting slide* 滑动鉴定.

detectabil'ity [ditektə'biliti] n. 探测[检测,检验,检波,整流]能力,鉴别率,灵敏度,检测[出]灵敏度,可检测性.

detec'table [di'tektəbl] a. 可[易]发现的,可察觉的,可探测出的,可检波[漏]的.

detec'tagraph n. 听音机,侦听[窃听]器.

detec'taphone [di'tektəfoun] n. 窃听[侦听]器,监听]器,窃听电话机.

detec'tion [di'tekʃən] n. ①发觉[现],察觉,显[分,看]出②探测(法),检查[定,验,测,明],查明,探伤,侦查,搜索,警戒③检波,整流,分出. *correlation detection* 相关检波. *detection circuit* 探测[检波,传感]电路. *detection junction* 探测器结. *detection of defects* 探伤,缺陷检查. *detection unit picture* 图像检波器. *double detection reception* 双重检波(超外差)接收. *failure detection* 故障探测. *flaw detection* 探伤(法),故障[疵伤]检验. *mine detection* 探雷,水雷探测. *passive detection and ranging* 无源雷达. *photographic detection* 照相记录射线法,摄影探测.

detec'tive [di'tektiv] a. 探测的,检波的,侦查的. n. 侦[密]探.

detectiv'ity n. 探[检]测能力,探测灵敏度,可探测率(性).

detec'tophone n. = detectaphone.

detec'tor [di'tektə] n. 探测(伤)器,探测装置[元件],检验[测,电,定,波,数]器,测试仪,指示[侦查,传感,整流]器,车辆检验仪[装置],(锅炉)水量计,探头,灵敏[感应]元件,发送器,接收机,随动[跟踪]机构[装置],察觉者. "*black*" *detector* "黑"探测器(吸入探测器上全部粒子的探测器). *conversion detector* 变频检波器. *count detector* 积累[计法]器. *detector lamp* 检漏灯. *detector of defects* 或 *flaw detector* 探伤仪. *detector set* 检波器接收机,矿石收音机. *detector tube* [*valve*] 检波管. *dose detector* 剂量计. *earth detector* 检漏器,漏电检查器,接地指示器. *error detector* 误差鉴别器,误差(信号)检波器,跟踪系统灵敏元件. *frequency sensitive detector* 鉴频器. *heat detector* 热辐射自动导引头灵敏元件,热averages探测器. *leak detector* 测漏器,(真空)检漏器,泄电[接地,与"地"短路]指示器. *mine detector* 探雷器. *null detector* 消尽指示器,零(值指示)器,零值检波器. *passive detector* 无源探测器,辐射指示器,探测接收机. *photoconductive detector* 光电导探测器,光电管指示器,光敏电阻. *power detector* 功率指示器(检波器),强信号检波器. *radio detector* 雷达. *sonic detector* 声波定位器,声纳. *temperature detector* 热敏元件. *wave detector* 检波器.

detector-converter n. 检波变频[混频]器.

detec'toscope n. 水中探音[探测]器,海中信号机,潜艇探测器.

detent' [di'tent] n. ①(棘)爪,掣子,锁销(键),插销[梢],扳手,门扣,凸轮[爪]②制动[制栓,掣轮]器,制轮机械,擒纵[稳定]装置③封闭[锁],停止. *catch detent* 挡爪. *check detent* 止回爪. *detent plug* 止[制动]销. *detent torque* 起动转矩(未激励的永磁马达开始转动前所能抵抗的转矩). *safety detent* 安全

detente' [dei'ta:nt] n. 〔法语〕(紧张局势所谓的)"缓和",解决.

den'ting n. 爪式装置.

deten'tion [di'tenʃən] n. ①阻止,滞涩(洪),停滞,卡住,滞留[后]②拖延,迟延,误期③拘[扣,阻]留. *de-*

tention basin 滞洪区. **detention surface** 阻滞表面.
deter′ [di'tə:] (deterred; deterring) vt. ①阻〔制〕止,拦住,妨碍①阻碍②使不敢〔踌躇〕. **deter rust** 防锈. ▲**deter M from N** 制止〔妨碍,阻挡,拦住〕M（不做）N.
deterge′ [di'tə:dʒ] vt. 弄干净,净化,去垢.
deter′gence [di'tə:dʒəns] 或 **deter′gency** n. ①洗净（性）,净化力,去〔脱〕垢（作用,能力）②（砂轮的）防堵塞性.
deter′gent [di'tə:dʒənt] I a. 洗净的,净化的,清洁〔除〕的,含有洗涤剂的. II n. 洗涤〔净〕剂,洗衣粉,去垢〔脱垢,去污〕剂,洗涤物质.
dete′riorate [di'tiəriəreit] v. ①变坏〔质〕,降低（品质）,恶〔劣,退,退〕,老〔化,颓废,衰退,败坏〕②损坏〔耗,伤,蚀〕,消耗,磨损.
deteriora′tion [ditiəriə'reiʃən] n. 变质,退化,恶化,变坏,劣化. **emotional deterioration** 情绪颓废. **mental deterioration** 精神败坏,〔颓废,退化〕.
deter′ment [di'tə:mənt] n. 制止（物）,威慑（物）.
deter′minable [di'tə:minəbl] a. 可决〔确,限〕定的,能测定的,可测（定）的,可终止的.
deter′minacy [di'tə:minəsi] n. 确定〔切〕性,坚定性.
deter′minand n. 欲测物〔元素,离子,原子团等〕.
deter′minant [di'tə:minənt] I n. ①行列式②决定因〔要素,遗传素,定子,因子,确定种,决定簇〕. II a. 决〔限〕定的,有决定力的.
determinantal a. 行列式的.
deter′minate [di'tə:minit] I a. 确〔一,固,决,限,静〕定的,明确的,断然的,坚决的,有限的,有定数〔值〕的. II n. 行列式,决定因素. **determinate error** 预计一定的误差. ～ly ad.
determinate-variation n. 定向变异.
determina′tion [ditə:mi'neiʃən] n. ①确〔决,测,推,判,限,鉴,规〕定,定义,测量,试验②决心,定志. **make a determination** 确定,定出. **with determination** 坚决地.
deter′minative [di'tə:minətiv] I a. 决〔指,限,鉴〕定的,有决〔限〕定作用的. II n. 决定因素,有决〔限〕定作用的东西. ～ly ad.
deter′mine [di'tə:min] v. ①确〔决,测,鉴,限,制,规〕定,决心〔意〕②求出,解决,终结〔止〕③定义. **determining factor** 决定（性）因素. ▲**determine on** 〔upon, to +inf.〕决定（心）.
deter′mined [di'tə:mind] a. ①坚决的,毅然的,有决心的②确定了的. ▲**in a determined manner** （毅然）决然. **be determined to +inf.** 决心（做）.
deter′miner n. 决定物,因子,定子.
deter′minism n. 宿命〔定数,决定〕论.
deter′minist n. 宿命〔定数,决定〕论者. **determinist input** 定型输入.
determinis′tic [ditə:mi'nistik] a. ①宿命论的②确定（性）的,决定（性）的. **deterministic retrieval** 判定性检索. ～ally ad.
deter′rence [di'terəns] n. 制止（物,因素）,阻止,威慑（物,力量,因素）.
deter′rent [di'terənt] I a. 妨碍〔阻〕碍的,阻〔制〕止的,威慑的. II n. ①阻碍〔制止〕物,（无烟火药的）反应制止剂②威慑力量〔因素〕. **deterrent coatings** 减燃层. ～ly ad.

deter′sion n. 冰川磨蚀.
deter′sive [di'tə:siv] I a. 有清净力的,洗净性的. II n. 清净〔洁〕剂,洗涤剂,去垢剂.
detest′ [di'test] vt. 深恶,痛恨,极讨厌.
detest′able [di'testəbl] a. 可恨〔恶〕的,可憎的,**detestably** ad.
detesta′tion [di:tes'teiʃən] n. 痛恨,极讨厌的事〔东西〕. ▲**be in detestation** 被憎恶〔讨厌〕. **hold** 〔**have**〕**in detestation** 痛恨,讨厌.
detin′ [di:'tin] (detinned; detinning) vt. 除〔去,脱〕锡,从…回收锡. **detinned scrap** 除锡废钢.
det′onable [detənəbl] 或 **det′onatable** [detəneitəbl] a. 可（能）爆燃的,易爆的.
det′onate ['detəneit] v. 爆燃〔炸,破,震,轰〕,起爆,炸裂,发爆炸声. **detonating cap** 雷管. **detonating fuse** 〔**cord**〕爆炸引线,引爆线,导爆索,火药导线. **detonating meteor** 爆鸣流星. **detonating powder** 起爆药. **detonating ram** 爆炸锤.
detonate-tube n. 雷管,起爆管.
detona′tion [detə'neiʃən] n. 爆燃〔破,震,轰,鸣,发〕,爆炸（声）,引（起）爆. **detonation indicator** 点火指示器. **exhaust detonation** 排气爆. **incipient detonation** 初爆.
det′onative [detəneitiv] a. 可爆的,爆燃的.
det′onator ['detəneitə] n. 发（起）剂,引爆剂,引燃剂〔机〕,雷（管,信）发爆,起爆〔雷〕管,炸药,（浓雾时作信号用）爆鸣器. **detonator circuit** 信管〔引信,引发〕电路. **detonator signal** 警音〔爆炸〕信号. **primer detonator** 起爆雷管. **radio detonator** 无线电（控制）引信,雷达引信.
detor′sion n. 弯曲矫正,曲〔斜〕度不足.
de′tour ['deituə] I; v. ①迂〔回〕路,便道,绕（行）道,弯路②迂回,绕道,绕（道）行（驶）,曲折,转向. **detour arrow sign** 迂回线指向标志. **detour bridge** 便（道）桥. **detour road** 迂回路,便道. **avoid detours** 避免走弯路. **make a detour** 迂回,绕道而行.
detox′icate 或 **detox′ify** vt. 解〔去〕毒,去沾污,去除…的放射性沾染.
detoxica′tion 或 **detoxifica′tion** n. 去〔解〕毒（作用）,去除放射性沾染.
detox′ify [di:'toksifai] v. 解〔消〕,去〔毒,去沾染,除害处理.
DETP = design evaluation test program（结构）设计鉴定试验方案.
detract′ [di'trækt] v. 降低,毁损,损伤〔坏〕,诽谤,伤害,有损于（from）. ～**ion** [di'trækʃən] n. ～**ive** [di'træktiv] a.
detrac′tor [di'træktə] n. 诽谤者,贬低者.
detrain′ [di:'trein] v. 下（火）车,（火车）卸载.
det′riment [detrimənt] n. 损〔伤〕害,损失,不利,造成损害的根源. ▲**to the detriment of** 有害〔损〕于. **without detriment to** 不损害〔伤〕…地,无损于.
detrimen′tal [detri'mentl] I a. 有害〔损〕的,不利的（to）. II n. 有害的东西. **detrimental resistance** 废阻. **detrimental soil** 不稳定土. ～**ly** ad.
detri′tal n. 碎〔岩〕屑的.
detri′tion [di'triʃən] n. 耗损,磨损〔耗〕,消磨,（冰川）刨蚀（作用）.
detri′tus [di'traitəs] n. 岩屑,碎屑〔岩〕,屑粒,瓦砾,

腐质. *detritus equipment* 破碎设备. *detritus stream*泥石流.
detrityla′tion *n.* 脱三苯甲基(作用).
Detroit′ [dəˈtrɔit] *n.* (美国)底特律(市).
de trop [dəˈtrou] 〔法语〕多余的,不需要的,挡路的,碍事的.
detruck′ *v.* 下(汽)车,(汽车)卸载,把…从汽车上卸下来.
detrude′ [diˈtruːd] *vt.* 推倒,推出,扔掉,使…位移.
detrun′cate [diːˈtrʌŋkeit] *vt.* 削去,切去(…的一部分),缩减,节省.
detru′sion [diˈtruːʒən] *n.* 剪切变形,外冲,位〔滑〕移,压出,逼出. *detrusion ratio* 剪切比.
detuba′tion *n.* 除管法.
detumes′cence [diːtjuˈmesns] *n.* 退肿,消肿.
detune′ [diːˈtjuːn] *v.* 解调〔谐〕,失调〔谐〕,去谐,离调.
detu′ner [diːˈtjuːnə] *n.* 解调器,排气减音器,(曲轴用的)动力减振器.
detu′ning [diːˈtjuːniŋ] *n.* 失调,失谐.
detwin′ning *n.* 去孪〔双〕晶.
deuce [djuːs] *n.* ①平(局,手),不幸,倒霉②魔鬼. ▲*a*〔*the*〕*deuce of a*… 非常的,厉害的. *deuce a bit* 完全不,一点儿不. *like the deuce* 猛烈地. *play the deuce with* 把…弄得一团糟. *the deuce* 究竟,到底.
DEUCE =digital electronic universal computing engine 通用电子数字计算机.
deu′ced [ˈdjuːsid] *a.*; *ad.* 非〔异〕常,极,过度. ~ly *ad.*
deut-, **deuter-**, **deutero-**, **deuto-** 〔词头〕①含氘的,重②次,再,第二②后生的,衍生的.
deuteranope *n.* 绿色盲患者.
deuterano′pia *n.* 绿色盲,乙型色盲.
deu′terate Ⅰ *v.* 氘化,加氘. Ⅱ *n.* 氘水化合物,重水化合物. *deuterated salt* 氘代盐. **deuteration** *n.*
deuteric *a.* 【地】(岩浆)后期的,初生变质的.
deu′teride *n.* 氘化合物,氘化物.
deuteriochlor′oform *n.* 氘氯仿.
deute′rion [djuːˈtiːriɔn] *n.* 氘核,重氢核.
deute′rium [djuːˈtiəriəm] *n.* 氘,重氢,D_2,$2H_2$. *deuterium bound neutron* 氘束缚中子. *deuterium oxide* 重水.
deuterium-labelled *a.* 重氢标志〔示踪〕的.
deuterium-loaded *a.* 用氘饱和的.
deu′terize *v.* 氘化.
deutero- 〔词头〕次,第二,含氘的.
deuterogene *n.* 后成岩,后期生成.
deuterogenic 或 **deuterogenous** *a.* 后期生成的,衍生的.
deuterohemin *n.* 次氯血红素,亚血晶素.
deuterohy′drogen [djuːtərəˈhaidridʒən] *n.* 氘,重氢,D_2,$2H_2$.
deuteromor′phic *a.* 后生变形.
deu′teron [ˈdjuːtərɔn] *n.* 氘核,重氢核. *deuteron capture* 氘核俘获. *pickup deuteron* 级合氘(由级合反应所产生的氘核). *stripped deuteron* 经受刻裂反应的氘核.
deuterop′athy *n.* 继发症,并发症.
deuteroporhyrin *n.* 次叶啉.
deuteroprism *n.* 第二柱.
deuteropyr′amid *n.* 第二锥.
deuterosomat′ic *n.* 再成岩.
deuterox′ide *n.* 重水.
deuto- 〔词头〕第二,次,亚.
deu′ton [ˈdjuːtɔn] *n.* =deuteron.
deutox′ide *n.* 重水.
deutsch [dɔitʃ] 〔德语〕*a.* 德国的.
Deutsche 〔德语〕*FRG Deutsche Mark* 德意志联邦共和国马克. *GDR Deutsche Mark* 德意志民主共和国马克.
Deutschland [ˈdɔitʃlənt] 〔德语〕*n.* 德国,德意志.
dev =①development 发展 ②deviation 偏差 ③device 装置,仪表,器件〔械〕,设备.
Deval abrasion test 台佛尔(双筒)磨耗试验.
Deval rattler 台佛尔(双筒)磨耗(试验)机.
deval′uate [diːˈvæljueit] *v.* 减价,降低…的价值,使(货币)贬值.
devalua′tion [diːvæljuˈeiʃən] *n.* (货币)贬值. *devaluation of dollar in terms of gold* 美元对黄金贬值.
deval′ue [diːˈvælju] *v.* =devaluate.
devanture *n.* 锌华凝结器,蒸锌炉冷凝器.
devapora′tion *n.* 出汽化(作用),蒸汽凝结.
deva′porizer *n.* 余汽冷却器,蒸汽-空气混合物凝结器,清洁器.
Devarda(′s) alloy 戴氏〔铜锌铝〕合金(铜 50%,铝 45%,锌 5%).
dev′astate [ˈdevəsteit] *vt.* 破〔毁〕坏,蹂躏,使糜烂,使荒芜,使成废墟. **devasta′tion** *n.* **dev′astative** *a.*
devel′op [diˈveləp] *v.* ①发(进,开)展,发扬(挥,达),扩大,增〔改〕进,提高,演变,发育,培养,启发. *developed country* 发达国家. *developing power* 发出功率. *developing country* 发展中国家. *develop high technical proficiency* 达到高度的技术熟练程度. *develop* $20HP$ 发出 20 匹马力. *develop the equipment to a high pitch of efficiency* 把设备的效率发挥到很高的程度. *develop with practice* 在实践中成长. *the know-how developed over a number of years* 多年积累的实践经验. ②开发〔拓〕,利用,建立,构筑. *develop resources* (a mine, water power)开发资源〔矿山,水力〕. ③研究出,研〔创〕制,设计,制〔拟〕定,求〔导,得,引,提〕出,推导〔理〕,展开,阐述. *develop a device* 〔a motor, a microscope, a fluid, cables〕研制出一种装置〔马达,显微镜,液体,电缆〕. *develop a formula* 〔an equation, a function, a solution〕导〔求〕出一个公式〔方程,函数,解〕. *develop a method* 〔a policy, a circuit〕研究〔制定〕出一种方法〔政策,电路〕. *develop an idea* 阐明一个概念. *develop a plan* 〔a program, a schedule, a test〕拟定一个计划〔程序,时刻表,测验〕. *developed surface* 展开面. ④显〔出现,形成,产〔发〕生,暴露,显影〔像,色,凸〕,冲洗(软片). *develop a fault* 〔a slack, slackness〕发生故障〔溜滑,松弛〕. *develop heat* 〔pressure, voltage, force, energy〕产生热〔压力,电压,力,能〕. *develop weakness* 〔strength〕显露弱点〔力量〕. *develop the proper attitude toward work* 培养对待工作的正确态度. *de-*

devel'opable

veloped pattern 显影后的图样,显影图像. *Noises may develop in a worn engine.* 磨损了的引擎里可能会产生各种噪声. *Shorts frequently develop when insulation is worn.* 绝缘被损坏时往往会发生短路. developed dye 显色染料. developing agent 显影剂. developing machine 显影〔洗片〕机. ▲**develop from 〔out of〕**…从…发展〔演变〕而来. **develop (M) into N** (把 M)发展成 N.

devel'opable [di'veləpəbl] Ⅰ *a.* 可展(开)的,可发展的,可遣〔导〕出的,可呈〔影〕的。Ⅱ *n.* 可展曲面.

devel'oper [di'veləpə] *n.* ①启〔开〕发者,放样工②显影〔色,像,示〕剂,显像液,显影机,展开剂.

devel'oping-out pa'per 显像〔照相〕纸.

devel'opment [di'veləpmənt] *n.* ①发〔开,进,扩〕展,发达,展开,进化,展式,改善〔进〕,改良自然条件②研〔试,编〕制,设计,加工,开采〔发,辟〕,拟定③推导〔演〕,导出,发生〔达〕,形成,产生,出现,输出(功率)④发展结果〔情况,阶段,过程〕,新事物(情况,现象〕,新设备〔装置〕,改进结构〔设计〕⑤显影〔色,像,现,谱〕,冲洗⑥(已兴建道路和动力设施的)开拓区. advanced development (样机,样品)试制. development drilling 开发〔生产〕钻井. development of chromatogram 色层分离显谱法. development of heat 放热,生热. development test station 实用化试验台. development tests 试制品〔新产品〕试验. development time 研制〔调机,调试程序〕时间. development traffic 发展交通量(由地区发展所引起的交通量). development type 试制样品. engineering development 工程研制. exploratory development 探索性研制,应用研究. gas development 气体发生. operational development 产品改进性研制. over development 过度显影. program development time 程序编制时间. reverse development 逆显影,反演. series development 级数展开. structural development 结构改进. water power developments 水力开发. ▲**(be) under development** 正在研制(过程)之中.

developmen'tal [diveləp'mentəl] *a.* ①试验性的,试制的,启发的②发展〔达〕的,开发的,进化的,发育的,起改进作用的.

de'viant ['di:viənt] Ⅰ *a.* 不正常的,异常的. Ⅱ *n.* 偏移值,异常的人〔物〕.

de'viate ['di:vieit] *v.* (使)(偏,脱,背)离,离开,偏斜〔差,位,移〕. deviating prism 偏析棱镜. ▲**deviate from** 脱〔偏,背〕离,改变,与…有区别〔不同,不一致,有偏差〕. **deviate M from N** 使 M 脱〔偏,背〕离 N.

devia'tion [di:vi'eiʃən] *n.* ①偏差〔离,向,位,移,斜,折,转〕,自〔变〕差,脱〔歧〕离,逸出,(指针)漂移,失常,绕航②(偏)差,误差,超〔误〕差,误〔偏,公〕差,偏心距. deviation absorption 频移吸收,近临界频率吸收. deviation angle 磁偏〔偏差〕角. deviation destortion 频移失真. deviation flag 航线偏移指示仪,(弹道)偏差指示器. deviation from mean 均值离差. deviation track 偏速. frequency deviation 频(率漂)差,频(率)偏(移). magnetic deviation 磁(罗)差. mean square deviation 均方差. semicircular deviation 半圆偏转. slope deviation 斜度〔率〕偏差,斜率偏移. ▲**deviation from** 脱〔背,偏〕离,逸出,与…不符合〔一致〕. **deviation of M from N** M 与 N 不一致〔有区别〕.

de'viator ['di:vieitə] *n.* 偏差器,致偏〔偏向,变向〕装置,偏量. deviator stress 偏应力. jet deviator 偏流装置. ~**ic** *a.* deviatoric stress 偏应力. deviatoric tensor 偏张量.

device' [di'vais] *n.* ①装置,设备,器(械,件,具),机(构,械),仪(表,器),部〔元〕件,固体(电路)组(合元)件,工〔义〕具②设计,计划,配〔装置〕,配合③草案,图样,花纹④方法,手段,措施,策略,意计. active device 有源器件. arresting device 制动装置,止挡,掣子,爪,锁键,卡子. control device 控制〔操纵〕装置,检验〔控制〕元件,控制器,控制仪表. copying device 仿型装置. cutout device 安全开关. device address 外围设备地址(为识别用的代码). device availability 设备效率. device complexity (集成电路中)线路元件数,装置的复杂性. device control 设备控制. device for automatic power 自动功率调整器. device independence 不依赖于设备的性质,(外部)设备独立(性),(编程序时)与外部设备无关性. device parameter 器件(晶体管)参数. device ready/not ready 设备就绪或未就绪状态. energy storage device 能蓄电池. fluoroscopic device 伦琴射线荧光镜. gripping device 抓手,holding device 夹具,夹紧装置. integrating device 积分器,累计装置. leveling device 液面控制装置. light-seeking device 感光仪,光电管,光自动导引头. metering device 仪表设施,测量设备〔装置〕. microelectronic device 微型电子设备. monolithic power device 单块功率. nuclear device 核装置. null device 零(型)装置. pick-up device 拾音(波)器,电视摄像管. plotting device 曲线绘制仪. retaining device 固定器. rocket-propelled device 火箭推进器. screening device 筛机. sounding device. 回声探测仪. take-in device 夹具,接线夹. ▲**leave a person to his own devices (to +inf.)** 让某人自行设法〔做〕,对某人〔做〕不加干涉. **try various devices to +inf.** 多方设法〔做〕.

device-dependent *a.* (与)设备〔器件〕相关的.

device-independent *a.* (与)设备〔器件〕无关的.

devicename *n.* 设备〔器件〕名称.

dev'il ['devl] Ⅰ *n.* ①魔鬼,恶棍,家伙,风暴,小尘暴,尘旋风②不幸,倒霉③麻烦,难事,难以操纵〔控制〕的东西④切碎机,路面加热机,制木螺丝机器. Ⅱ *v.* (用切碎机)切碎,撕裂. devil liquor 〔water〕废液,鬼水. devil's brew 硝化甘油. dust devil 尘卷风. ▲ **a devil of a…** 异常的,讨厌的. **and the devil knows what** 其他种种. **be the devil** 极度困难,是讨厌〔麻烦〕的事物. **between the devil and the deep sea** 进退两难〔维谷〕. **like the devil** 猛烈. **play the devil with** (危)害,有害于,毁坏,使为难. **the devil** 到底,究竟,决不. **the devil to pay** 无穷的后患,可怕的后果.

dev'ilish ['devliʃ] *a.* 魔鬼似的,可怕的,非〔异〕常的,过分的. *ad.* 非常,极,过分. ~**ly** *ad.*

devil-may-care a. ①无所顾虑的,不顾一切的,拼命的 ②漫不经心的.
dev'ilment n. 怪事,怪现象.
deviom'eter [divi'ɔmitə] n. 航向偏差指示器,偏航指示器[计],偏差[向,视]计.
de'vious [di:viəs] a. ①弯曲的,曲折的,迂回的,不定向(移动)的②远隔的,偏僻的③不正当的. ~ly ad. ~ness n.
devi'sable [di'vaizəbl] a. 能设计〔发明,计划,想〕出的,能设想的.
deviscera'tion n. 内脏切除(术).
devise' [di'vaiz] v. ①设计,计划,发明,创造,想〔作〕出②发〔产〕生. *devising of impulse* 产生脉冲.
devi'ser [di'vaizə] n. ①设计〔发明,计划,创造〕者②发生器. *impulse deviser* 脉冲发生器.
devitrifica'tion [di:vitrifi'keiʃən] I n. 脱玻(现象),脱玻作用,透明消失,失去光泽,失〔去〕透〔明〕性,失玻璃化. II v. 使失去(玻璃)光泽. *devitrification of glass* 玻璃闷光,反玻璃化.
devit'rify [di:'vitrifai] vt. ①使失去(玻璃)光泽,弄成闷光,使失去透明性②使反玻璃化,使由玻璃态变为结晶态. *devitrifying glass* 不透明玻璃. *devitrifying solder* 失透性焊剂.
devitroceram n. 德维特罗陶瓷,玻璃陶瓷.
Devitro ceramics 德维特罗陶瓷(一种非透明特殊玻璃陶瓷).
devoid' [di'vɔid] a. ▲*devoid of* …无…的,没有…的,缺〔乏〕…的.
devoir [də'vwɑ:] n. ①本分,义务②(pl.)敬意. ▲*pay* [*tender*] *one's devoirs to* 向…致敬,问候.
devolatiliza'tion n. 脱〔去〕挥发份(作用),挥发性损失. *devolatilization of coal* 低温炼焦.
de'volute [di:vɔlu:t] =devolve.
devolu'tion [di:vɔ'lu:ʃən] n. ①转移〔让〕,移交,交代,授予,权力下放,授权代理②崩塌〔坍〕③退化,变化,异化.
devolutive a. 退〔异〕化的.
devolve' [di'vɔlv] v. ①传递,转移〔让〕,移交,交代〔给〕,授与,委任②流〔滚〕向下〔前〕. ▲*devolve* (*work*, *duties*) *on* 〔*upon*, *to*〕…(把工作,职务)移交给….
Devonian a. ;a. 泥盆纪[系]的.
devote' [di'vout] vt. 献(身),贡献,专心〔门,用〕,致力,听任. ▲*devote M to N* 把 M 贡献给 N,把 M 用〔集中,耗费,花费〕在 N. *devote every effort to* 十〔尽〕用全力(做). *We shall devote a separate chapter to the mixture*. 专门有一章来研究这种混合物. *devote oneself to* 献身,专心从事,钻研,致力于.
devo'ted [di'voutid] a. 献身…的,专心于…的,专用于…的,热衷…的,热心爱〔忠实〕的. ▲(*be*) *devoted to* 专心从事,致力于,专门(用来),用来(做),供…用.
devo'tion [di'vouʃən] n. 献身,致力,专心,热心,忠诚,信仰. ~al a.
devour' [di'vauə] vt. ①吞没,毁灭②挥霍,耗尽③贪读〔看〕,凝视,倾听④吸引,吸住. ▲*be devoured by* 全部注意力为…所吸引,一心…的.
devout' [di'vaut] a. ①虔诚的②衷心的,诚恳的. ~ly ad. ~ness n.

devulcaniza'tion [di:vʌlkənai'zeiʃən] n. 反硫化.
devul'canizer n. 脱硫器,反硫化器.
dew [dju:] I n. 露(水),凝结水,湿〔浸〕润. II v. 结露水,以露水润湿. *Dew cell* 道氏电池,道氏湿敏元件. *dew point* 露点.
DEW =distant early warning 远程警戒(系统),远程早发警报(系统).
DEW line =distant early warning line 远程早发报线,远程预警线.
DEW radar =distant early warning radar 远程早发警报雷达.
Dew'ar bottle [flask, vessel] 真空瓶,杜瓦瓶.
dewa'ter [di:'wɔ:tə] v. 排〔去,除〕,脱,抽〔吸〕水,降低水位,疏干(沼泽),浓缩,增稠,除去…的水分.
dewaterer n. 脱〔除〕水器.
dewax' [di:'wæks] vt. 脱〔去〕蜡.
dew'cap n. 露罩.
dew'drop ['dju:drɔp] n. 露(珠),露滴.
dewet'ting n. 反湿润,去湿.
dew'-fall n. 起〔结〕露,黄昏时候.
dewindtite n. 磷铅铀矿.
dew'iness ['dju:inis] n. 露水大,湿润,清新.
dew'point n. (结)露点(温度).
dew-pond n. (人工挖成的)蓄水池.
DEWS =distant early warning system 远程警戒系统,远程早发警报系统.
dew'y ['dju:i] a. 露(水)大的,带露水的,为露水所沾湿的.
dexbolt method 二次减径螺钉镦锻法.
dexiotropic 或 **dexiotropous** a. 向右的,右旋的.
dexirogyric a. 右旋的,偏振面顺时针转动的(光).
dexiroi'somer n. 右旋同分异构体,D 同分异构体.
dex'ter [dekstə] a. 右方的.
dexter'ity [deks'teriti] n. ①灵巧〔活〕,熟练,巧妙②技巧③惯用右手.
dex't(e)rous ['dekstərəs] a. ①灵巧的,熟练的,机警的,巧妙的②用右手的. ~ly ad.
dextr- 〔词头〕右〔旋〕的.
dex'tral ['dekstrəl] a. (在,向)右〔边〕的,右旋〔卷,向〕的,顺时针方向的,用右手的. ~ity n. ~ly ad.
dex'tran ['dekstrən] n. 合成血液,代血浆,糊精,葡聚糖,右旋糖苷.
dex'tranase n. 葡聚糖酶.
dex'trinase n. 糊精酶.
dex'trin(e) ['dekstrin] n. 糊精($C_6H_{10}O_5$).
dex'tro ['dekstrou] a. =dextrorotatory.
dextro- 〔词头〕右〔旋〕的.
dextro-compound n. 右旋(化合)物.
dextrogyral a. 右旋的.
dextrogy'rate 或 **dextrogyric** a. 右旋的.
dextroi'somer n. 右旋(同分)异构体.
dextroman'ual a. 善用右手的,有利手的.
dextroro'tary 或 **dextroro'tatory** a. ;n. 右旋〔的〕物,向右旋转的,顺时针方向旋转的.
dextrorota'tion [dekstrourou'teiʃən] n. (向)右旋(转),顺时针方向旋转,光的偏振面的右旋.
dextrorsal a. 右向〔旋〕的. *dextrorsal curve* 右挠曲线.
dextrorse' [deks'trɔ:s] a. 右旋〔转〕的.
dex'trose ['dekstrous] n. 葡萄糖,右旋糖.
dextrosinistral a. 从右至左的.

dextrosum 〔拉丁语〕 *n.* 葡萄糖,右旋糖.
dextrous =dexterous.
dezinc' =dezincify.
dezincifica'tion *n.* 失锌现象,除〔脱〕锌(作用),锌的浸析(作用),腐蚀去锌.
dezin'cify 或 **dezin'kify** *vt.* 除〔脱,去〕锌.
DF =①dean of faculty(大学系、学院的)院长,系主任,教务长 ②decimal fraction(十进制)小数 ③decontamination facility 净污设备 ④decontamination factor 净化系数 ⑤defogging 去雾,除混(浊) ⑥design formula 设计公式 ⑦detonating fuse 起爆引信 ⑧direction finder 测〔探〕向器 ⑨direction finding 测向 ⑩diversity factor(照强)差异因数,发散因数 ⑪double feeded 双馈的 ⑫drive fit 密〔推入〕配合 ⑬drop forging 落(锤)锻(造).
df =①definition 确定,定义 ②deflection 偏转.
D/F =①design formula 设计公式 ②direction finding 测向 ③diversity factor(照强)差异因数,发散因数.
D&F =disposition and findings 部署与选择.
DF Stn =direction finding station 无线电测向站.
DFC =digital flight controller 数字飞行控制器.
DFG =①digital function generator 数字函数发生器 ②diode function generator 二极管函数发生器.
DFL =dry film lubricant 干膜润滑剂.
DFO =diesel fuel oil 柴油.
DFP =distribution fuse panel 配线熔丝盘.
DFR =①deferred 推迟(延期)的 ②defrost 融霜,解冻 ③degradation failure rate 退化故障率.
DFS 数字浮点地震仪(商标名).
DFT =①deaerating feed tank 除气供给箱 ②draft 通风,草图,支票.
Dft =draft 通风,草图,支票.
DFT table 诊断功能测试表.
dftmn =draftsman 制图员.
DG =①decimal gauge 十进规,小数规 ②differential gain 微分增益 ③diglycerol 双甘油 ④directional gyro 陀螺方向仪 ⑤disc grind 圆盘研磨 ⑥displacement gyro 位移陀螺 ⑦double glass 双层玻璃 ⑧double groove slide.
dg =decigramme(s)分克.
D/G =displacement gyro 位移陀螺.
DGD =diesel geared drive 柴油机齿轮传动.
DGL =doped glass laser 掺杂玻璃激光器.
DGR = Directorate of Geophysics Research (Air Research and Development Command)地球物理研究指导委员会(空军研究与发展司令部).
DGZ =①dehydrogenase 脱氢酶 ②desired ground zero 要求的爆心投影点.
DH =①Design handbook 设计手册 ②difference in height 高度差 ③direct heating 直热式(灯丝) ④double hung 双悬(门窗) ⑤drain hole 泄水孔.
D/H =direct hit 直接击中.
DHD process DHD 法(高压脱氢过程).
DHE =data handling equipment 数据处理设备.
D-horizon *n.* D层(土),丁层(土),下伏(岩土)层.
DHP =①delivered horsepower 输出马力 ②design horsepower 设计马力 ③developed horsepower 发出马力.
DHW =double-hung windows 双悬窗,上下拉窗.
DI =①defense industry 国防工业 ②deicing 去冰,防冻 ③density indicator 密度指示器 ④departmental instructions 部门的指令 ⑤direction indicator 方向指示器 ⑥disposition instructions 部署说明 ⑦dolly in 近摄.
di- 〔词头〕①分(开),(解)除,去,取消,离,否定 ②二(个,重),联(二),双③通,全,间,横过.
dia- 〔词头〕通,全,离,间,横〔透,通〕过.
di(a) =diameter 直径.
di'abase ['daiəbeis] *n.* 辉绿岩.
diaba'sic *a.* 辉绿(岩性质)的.
diabat'ic [daiə'bætik] *a.* 非绝热的.
diabe'tes [daiə'bi:ti:z] *n.* 糖(多)尿病.
diabet'ic *n.; a.* 糖尿病患者(的).
diabetogenous *a.* 糖尿病引起的.
diablas'tic *a.* 筛状变晶(结构)的.
diabro'sis [daiə'brousis] *n.* 溃破,腐蚀.
diabrot'ic *a.* 溃疡的,腐蚀的.
diac *n.* 二端交流开关(元件),三层二极管,双向击穿二极管.
diacaus'tic *a.; n.* 折光(线)(的),折射散焦(线).
diacetate *n.* 双乙酸盐(脂).
diacetone *n.* 双〔二,乙酰〕丙酮. *diacetone alcohol* 二丙酮醇.
diacetyl *n.* 双〔联〕乙酰,二乙酰基,丁二酮.
diacetylene *n.* 联乙炔,丁二炔.
diach'esis [dai'ækəsis] *n.* 混乱,混淆情形.
diac'id [dai'æsid] *n.* 二酸(价). *diacid base* 二酸盐基,二价(酸)碱. **~ic** *a*.
diaclase *n.* 正方断裂线,(pl.)压力裂缝,节理,构造裂缝.
diacli'nal *a.* 横向切断层的.
diacola'tion [daiækə'leiʃn] *n.* 渗萃,渗滤.
diacone speaker 双锥(高低音)扬声器.
di'acope ['daiəkoup] *n.* 深创伤,重切伤.
diacous'tic [daiə'ku:stik] *a.* 折声的.
diacous'tics *n.* 折声学.
diacrete *n.* 硅藻土混凝土.
diac'risis [dai'ækrisis] *n.* 诊断,分泌异常,窘迫排泄.
diacrit'ic(al) [daiə'kritik(əl)] *a.* 区别(分)的,诊断的,辨别的. **~ally** *ad*.
diactin'ic [daiæk'tinik] *a.* 透紫和紫外线的,有化学线透射性能的,能透光化线的.
diac'tinism [dai'æktinizəm] *n.* 化学线透射性能,透光化线性能.
diad *n.*; *a.* ①二个一组,二合一的 ②二重(轴,对称的),对称轴线,(二(元)素组,二单元组,二价基(根,原子,元素),二价的,二分子 ③【计】双位二进制(二进制形式的四进制) ④并矢(量). *diad axis* 二重轴. *diad prototropy* 二素质子移变(作用,现象).
DIAD =drum information assembler and dispatcher 磁鼓信息收集和分配器.
diadactic structure 粒级(序粒)层.
di'adem ['daiədəm] *n.* 冕,王冠(状物),王位.
diadex'is *n.* 转移,迁徙.
diad'ic *a.* 双值的,二重轴的,二素组的,二价(原子,基)的. *diadic operator* 双值算子.
diadromous *a.* 回游于海水淡水间的(鱼类).
diaer'esis [dai'erisis] *n.* 分开,分离,切开.
diafragm *n.* =diaphragm.

diag =①diagonal 对角线 ②diagram 图(表,解),曲线图③diagrammatic 图解(表)的.

diagen'esis n. 岩化(成岩)作用,原状固结.

diagenetic a. 成岩(作用)的.

diagenism n. 沉积变质作用.

di'aglyph ['daiəglif] n. 凹雕.

diagnom'eter n. 检察表.

di'agnose ['daiəgnouz] v. 诊(判)断,确定,分析,识别,断定(…的原因、性质).

diagno'ses [daiəg'nousi:z] Ⅰ diagnosis 的复数. Ⅱ. diagnose 的单数第三人称.

diagno'sis [daiəg'nousis] (pl. *diagno'ses*) n. 诊(判)断,调查分析,检定,发现,识别,特性(鉴别),特征. *automatic diagnosis* 自动发现(确定,识别)(计算机内部故障). *differential diagnosis* 鉴别诊断. ▲*make a diagnosis* 作出诊断.

diagnos'tic [daiəg'nɔstik] Ⅰ a. 诊断的,检定的,(有)特征的. Ⅱ n. 诊断(程序,法),诊断状,征候,特征. *diagnostic function test* 诊断功能测试程序. *diagnostic routine* 误差探测程序,诊断程序. ~ally ad.

diagnosticate v. =diagnose.

diagnostic'ian [daiəgnɔs'tiʃən] n. 诊断器.

diagnos'tics [daiəg'nɔstiks] n. 诊断学(法,试验). *plasma diagnostics* 等离子体诊断学.

diagnostor 或 **diagnotor** n. 诊断程序,鉴别-编辑程序(器).

diagom'eter n. 电导计.

diag'onal [dai'ægənl] Ⅰ a. 对角(线)的,对顶(线)的,斜(交,断面)的,交叉的. Ⅱ n. ①对角(顶)线,对角线②(对角)斜杆(拉条,斜(支)撑,斜构件③斜行(物),斜列④斜线符号"/". *compressing diagonal* 受压斜支杆. *counter diagonal* 副斜(拉)杆. *diagonal band* 对角钢筋带. *diagonal bar* 斜撑. *diagonal bracing* [brace] 对角拉(联)条,斜撑杆,斜(支)撑. *diagonal clipping* 对角削波(失真),负向过调制失真. *diagonal cut joint* 斜口,斜缝. *diagonal cutting nippers* 斜嘴钳. *diagonal eyepiece* 棱镜目镜. *diagonal hybrid orbital* 直线型杂化轨函数. *diagonal parking* 斜列(式)停车. *diagonal pyramid* 第二锥. *diagonal scale* 对角线分度(刻度),斜线尺(其上有三组交叉的平行线,测微用). *diagonal shaving* 对角线剃齿. *diagonal stratification* 交错层,流水层. *diagonal triangle* 对边(角)三角形. *tension diagonal* 受拉斜杆.

diagonaliza'tion n. 对角(线)化,作成对角线. *diagonalization matrix* 可对角化矩阵.

diag'onally [dai'ægənəli] ad. 斜(对). *diagonally dominant* 对角阵优势的. *diagonally isotone mapping* 对角保序映射.

diagr =diagram.

di'agram ['daiəgræm] Ⅰ n. 图(表,解,形),简(相,曲线,接线,电路,示意,略)图,计算图表,(特性)曲线,一览表,行车时刻表. Ⅱ (*diagram(m)ed*; *diagram(m)ing*) vt. 用图表示出,用图解法表示. *block diagram* 简(方框,方块,原理,结构)图. *bridge diagram* 电桥电路. *cabling diagram* 电缆连接〔敷设〕图. *constitution diagram* 组成图,(合金的)相图. *diagram paper* 电报纸. *equilibrium diagram* 平衡(状态)图,(合金的)相图. *flow diagram* 流量(流线,燃料流量变化,工艺流程,技术操作程序)图. *force diagram* 力(的)图(解),作用力示意图,力多边形. *inlet diagram* 入口速度三角形. *key diagram* 概略原理图,说明(纲要)图. *mass diagram* 累积(径流积分)曲线. *phase diagram* 平衡,状态)图. *polar diagram* 极座标图,极线图. *slide rule diagram* 游标算盘. *wiring diagram* 接线(配线,布线,线路,装配)图. ▲*draw a diagram* 绘图表,作图解. *make a diagram* 作图.

diagrammat'ic(al) [daiəgrə'mætik(əl)] a. 图解(表,式,示)的,概略的,轮廓的. *diagrammatic arrangement* 原则性布置,简图,示意图. *diagrammatic drawing* 草(简,示意)图. *diagrammatic layout* 原理图. *diagrammatic representation* (用)图(表)示,图形表示. *diagrammatic sketch* 示意图.

diagrammat'ically ad. 用图解法,利用图表.

diagram'matize [daiə'græmətaiz] vt. 把…作成图表,用图解法表示.

di'agraph ['daiəgra:f] n. 作(绘)图器,分度尺,分度画线仪,(机械)仿型仪,放大绘图器,描外形器,测外形器.

diag'raphy [dai'ægrəfi] n. 作图法.

diaion n. 甲醛系树脂.

diakinesis n. 终变期,浓缩期.

dial =①dialectic 辩证(法)的 ②dialling 拨号.

di'al ['daiəl] Ⅰ n. ①(刻,标,调谐)度盘,(仪)表面,钟面,罗盘底板,针(圆,转,(数)字,度,调)盘,调号盘,调节控制盘,指针,有刻度的把手 ②千分表③分划,标度④日规(晷) ⑤拨号矿用罗盘⑥二麵. *acoustic dial* (电报)音响盘. *calibrated dial* 分划盘(尺),分度(校准)度盘. *dial barometer* 气压指示计,气压(刻度)表. *dial bridge* 有圆盘转换器的电桥. *dial clockwork* 计数器的表状结构. *dial compass* 刻度我,刻度罗盘. *dial condenser* 度盘式(可变(电)容器. *dial connection* 拨号式连接. *dial counter* 指针(度盘)式计数器. *dial depth gauge* 深度千分尺. *dial exchange* 拨号(自动电话)交换机. *dial feed* 用刻度盘进给. *dial flange* 分)度盘座. *dial gauge* 千分表,测微仪,刻度(罗盘)表,度盘规,刻度盘指示器. *dial gauge comparator* 带有千分表的比较器. *dial gauge micrometer* 带表千分尺. *dial holder* 仪表(千分表)架. *dial impulse* 拨号脉冲. *dial indicator* 刻度盘(拨号盘,度盘式)指示器,千(百)分表,拨号盘速度指示器. *dial key* 拨号键. *dial lock* 标度锁紧锁. *dial of meter* 刻度,仪表刻度盘. *dial operation* 度盘控制. *dial pattern bridge* 插塞式电阻箱电桥. *dial plate* 拨号(标度)盘,(文)字盘,罗(针)盘,表面,钟面,指针面,(罗盘)面板. *di'al port* 拨号出入口. *dial pulse* 拨号(号盘)脉冲. *dial scale* 度盘刻(分)度,圆盘尺. *dial service "A" board* 自动电话"A" (交换)台. *dial switch* (拨号)盘式开关. *dial system* 拨号(自动电话)系统. *dial telephone* (拨号式)自动电话机. *dial*

di'alect

thread indicator 螺纹指示盘,乱扣盘,牙表. *"follow-the-pointer" dial* 游标. *(guide) dial inside micrometer* (支承式)带表内径千分尺. *index dial* 表[号,指度]盘,刻度盘,指示器.
Ⅱ *v.* (*dial(l)ed, dial(l)ing*) ①拨(号),拨(自动)电话,打电话给… ②把度盘调节到,调节度盘使其指示,用标度盘测量 ③转动调节控制盘以控制(机器) ④调(谐). *dialed digit* 拨号数字. *dialling set computer* 排字盘式计算机. *dialing system* 拨号系统,自动电话制,自动电话系统. *direct dialling* 直接选择[拨号]. *through dialling* 自动(经)转接(站选号),直通拨号. ▲*dial in* 拨入. *dial out* 拨出.

di'alect ['daiəlekt] *n.* 方言,土话. ~al *a.*

dialec'tic [daiə'lektik] Ⅰ *a.* 辩证(法)的. Ⅱ *n.* (sing. 或 pl.) 辩证法,论证. *materialist dialectics* 唯物辩证法.

dialec'tical [daiə'lektikəl] *a.* 辩证(法)的. *dialectical materialism* 辩证唯物主义,辩证唯物论. ~ly *ad.* 辩证地.

dialectici'an 辩证[逻辑]学家.

dial-in *n.* 拨入.

dialkene *n.* 二烯烃.

dialkyl *a.* 二烃(烷)基.

dialkylamine *n.* 二烃(烷)基胺.

dialkylate *n.* 二烃(基)化合物.

dialkylene *a.* 二烯基的.

dialkylphosphate *n.* 二烃基磷酸盐(酯).

dialkylphosphinate *n.* 二烃基亚磷酸酯.

di'alling ['daiəliŋ] *n.* 拨号(码).

Diallocs *n.* 戴洛陶瓷.

Dialloy *n.* 戴洛伊硬质合金.

diallyl *n.* 己二烯,联丙烯,两个烯丙基. *diallyl isophthalate* 异酞酸己二烯.

diallyphthalate *n.* 邻苯二甲酸二丙烯.

di'alog(ue) ['daiələg] *n.* ; *vt.* 问答,对话,戏剧台词. *dialogue correction* 对话声迹校正.

dialog'ic *a.* 对话(问答)(体)的.

dial'ogist *n.* 问答(对话)者.

dial-out *n.* 拨出.

dialozite *n.* 菱锰矿.

dialtelephone system (拨号式)自动电话系统.

dial-up *n.* 拨(电话)号(码).

DIAL-X *n.* 美国北极星潜艇内部通信系统.

dialysance *n.* 透析进行度.

dialysate =dialyzate.

dialyse =dialyze.

dialyser =dialyzer.

dial'yses [dai'æli:si:z] dialysis 的复数.

dial'ysis [dai'əlisis] (pl. *dialyses*) *n.* 渗(透分)析(法),透析,分离[解],(滤)膜分离,(组织)断离,析离.

dialyt'ic [daiə'litik] *a.* 渗[透]析的,透膜(性)的,分解的,有分离力的. *dialytic method of elimination* 析配消元法. ~ally *ad.*

dialyzabil'ity *n.* 可透[渗]析性.

di'alyzable *a.* 可透(渗)析的.

dialyzate *n.* 透析[出]液,透析液.

dialyzator *n.* =dialyzer.

di'alyze ['daiəlaiz] *vt.* 渗[透]析,渗出,分解[析].

di'alyzer ['daiəlaizə] *n.* 渗[透]析器,渗[透]析膜.

diam =diameter 直径.

diamag'net [daiə'mægnit] *n.* 抗[反]磁体.

diamagnet'ic [daiəmæg'netik] *a.* 抗[反,逆]磁(性)的,抗[反]磁性体. *diamagnetic shift* 反磁位移,右移. *diamagnetic substance* 抗[反]磁(物)质. ~ally *ad.*

diamag'netism [daiə'mægnitizm] *n.* 抗[反]磁性,抗磁力[学,现象].

diamag'netize [daiə'mægnitaiz] *vt.* 使抗磁.

diamagnetom'eter *n.* 抗磁磁强计.

di'amant *n.* 金钢石,玻璃刀.

Diamant *n.* 钻石(法国科学研究卫星).

di'amantane ['daiəməntein] *n.* 金刚烷.

diamantif'erous *a.* 产钻石[金刚石]的.

diamantin(e) *n.* 金刚砂,白刚玉,铁铝类耐火材料.

diam'eter [dai'æmitə] *n.* ①直径,(对)径,横断面 ②透镜放大的倍数,…倍. *a circle two feet in diameter* 直径二英尺的圆. *a 20-in diameter wheel* 直径20英寸的轮子. *a lens magnifying 20 diameters* 放大二十倍的透镜. *cut-off diameter* (波导的)界限直径. *diameter of aperture* 孔径. *diameter run-out* 径向跳动. *diameter tolerance* 直径公差. *full diameter* 主直径. *inside [core] diameter* 内径. *major diameter* 大直径,(螺纹的)外径. *minor diameter* 小直径,(螺纹的)内径. *outer [outside] diameter* 外径. *over wings diameter* 翼幅[展]. *pore diameter* 孔径.

diam'etral [dai'æmitrəl] *a.* (直)径的,(沿直)径(方)向的. *diametral compression test* 径向受压试验,壁裂试验. *diametral curve* 沿(直)径曲线. *diametral pitch* (齿轮的)径节[距]. *diametral prism* [pyramid] 第二正方锥[锥]. ~ly *ad.*

diamet'ric(al) [daiə'metrik(əl)] *a.* ①(沿)直径(方向)的 ②正反对称的,对立的. *diametric connection* 径向[沿径]连接. *diametric projection* 径点互射影. ▲*in diametric contradiction to* 同…正好(截然)相反.

diamet'rically [daiə'metrikəli] *ad.* ①直径方面 ②完全(全然)地,正(好)相反地. *be diametrically opposite* [opposed] (to) (与…)完全相反的.

diamide *n.* 二酰氨,联氨,肼.

diamido *n.* 二(酰)氨基.

diamin(e) ['daiəmin] *n.* 二(元)胺(化合物),双胺,双胺染料,肼,联氨. *ethylene diamine* 乙(撑)二胺.

diamino- 〔词头〕二氨基.

diammine *n.* 二氨.

diammonium *n.* 联[二]铵.

di'amond ['daiəmənd] Ⅰ *n.* ①金刚石(结构),钻石,(人造)金刚钻,玻璃刀 ②菱(斜方)形 ③(pl.)菱形断面[孔型,组合] ④钻石体铅字 ⑤稳定区,特明轨道区. Ⅱ *vt.* 饰钻石于. Ⅲ *a.* 钻石(一样,制成)的,菱形的. *black diamond* 黑金刚石,墨玉,乌金,煤. *counting diamond* 计数金刚石,金刚石计数器. *diamond and square method* 圆钢菱形-方形孔型系统轧制法. *diamond antenna* 菱形天线. *diamond cir-*

cuit 金刚石(衬底)电路. *diamond crossing* 菱形交叉. *diamond cutter* 金刚石切割器,玻璃刀. *diamond disc* 金刚石圆锯. *diamond drill core* (用)金刚(石)钻(机钻出的)岩心. *diamond drilling* (用)金刚石(钻头)钻孔(探). *diamond fret* 菱形回纹饰. *diamond grain* 金刚砂. *diamond head buttressed dam* 方头支墩坝,大头坝. *diamond impregnated blade* 金刚砂刀片. *diamond impregnated circular saw* 嵌金刚石圆锯. *diamond pass* 菱形孔型. *diamond penetrator hardness* 维氏金刚石硬度. *diamond point* 金刚石笔,金刚石尖点,钻石刻刀,铁轨菱形交叉处. *diamond pyramid hardness* 维氏硬度. *diamond spar* 刚玉. *diamond stylus* 宝石唱针. *diamond tool* 金刚石刀,钻石针头. *diamond type pass* 菱形式(立体交叉的一种形式). *Mach diamond* 马赫波,菱形激波. *test diamond* 【航】菱形实验区. ▲ *diamond cut diamond* 硬碰硬,棋逢敌手.

diamond-core drill 金刚石钻岩机[岩心钻机].
diamondif'erous *a.* 产钻石[金刚石]的.
diamond-impregnated drill 金刚石钻头.
diamondite *n.* 碳化钨硬质合金,烧结碳化钨(钨95.6%,碳3.9%).
diamondoid *a.* 钻石形的.
diamond-shaped *a.* 菱形的.
di'amondwise *ad.* 成菱形.
diamorphine *n.* 海洛因.
diamor'phism *n.* 二形现象.
diam'yl ['daiæmil] *n.* 二(联)戊基.
diam'ylene [dai'æmili:n] *n.* 癸二烯,双戊烯.
dianeg'ative *n.* 透明底片(板).
dianion *n.* 二价阴离子,双阴离子.
dianoet'ic [daiənou'etik] *a.* 智力的,推理的,理智的.
diapa'son [daiə'peisn] *n.* ①和谐,调和 ②音(射)域 ③范围,水平 ④音叉.
di'apause ['daiəpɔ:z] *n.* 滞育.
di'aper ['daiəpə] Ⅰ *n.* 菱形花纹(图案),手巾. Ⅱ *vt.* 用菱形花纹作装饰.
DIAPH =diaphragm 隔板[膜],光阑.
di'aphane *n.* 透照镜,细胞的透明膜.
diaphane'ity [daiəfə'ni:iti] *n.*; *a.* 透明度(性,的),透彻度的.
diaphanom'eter *n.* 透明(度)计,色度计. **diaphanometric** *a.*
diaphanom'etry *n.* 透明度测定法.
diaphanoscope *n.* 彻(透)照器,透照镜,透明仪,萨罗洛夫空气浊度测量计.
diaphanos'copy *n.* 透照术[法].
diaphanotheca *n.* 透明层.
diaph'anous ['daiæfənəs] *a.* 透明(彻)的,精致的,半透明的.
di'aphone ['daiəfoun] *n.* 共振(共鸣)管,雾中信号警报器.
diaphorase *n.* 心肌黄酶,黄递酶,硫辛酰胺脱氢酶.
diaphorim'eter *n.* 汗量计.
diaphorite *n.* 硫银锑铅矿.
diapho'toscope [daiəpʻfoutoskoup] *n.* 透射镜.
di'aphragm ['daiəfræm] *n.* ①膜(片,盒,层),隔膜(片,板,盘),薄膜,振动膜(片)②光阑(圈),十字线片 ③挡(泥)板,(测量,流量)孔板,遮光(水)板 ④涡轮导流盘,透平隔板,回转隔板 ⑤心墙,护面,斜墙 ⑥横隔膜. Ⅱ *a.* 膜(膜)的. Ⅲ *vt.* 装以隔膜(膜片),阻隔,装膜膜子,用光圈把(透镜)的孔径减小. *accelerometer diaphragm* 加速表膜盒. *barrier diaphragm* 隔膜. *carbon diaphragm* 炭(精)膜(片). *diaphragm box level controller* 气压型鼓膜液面控制器. *diaphragm capsule* 真空膜盒. *diaphragm case* 送话器盒. *diaphragm chamber* 隔膜(薄膜)盒. *diaphragm chuck* 薄(膜)板式夹头. *diaphragm process* 隔膜(电解)法. *diaphragm pump* 隔膜泵,隔膜式抽水机. *diaphragm spring* 隔膜簧. *diaphragm vibrating microphone* 振动膜式传声器. *diaphragm wall* 薄壁隔墙. *sieve diaphragm* 带筛网的隔膜. *turbine diaphragm* 涡轮(机)导流隔板. *watertight diaphragm* (刚性)防渗心墙. ~**atic** *a.*

diaphragm-actuated *a.* 薄膜制动的.
di'aphragming *n.* 调整光阑,遮光.
di'aphragmless *a.* 无(隔)膜的,无振动膜的.
diaphragm-motor *n.* 光阑驱动电动机.
diaphragm-operated *a.* 膜片的,薄膜传动的,鼓膜的.
diaphragm-transmitted sound 膜片振动音.
diaphthoresis *n.* 退化变质作用.
diaphthorite *n.* 退化变质岩,片状退变岩.
diaphys'ial *a.* 骨干的.
diaph'ysis [dai'æfisis] (pl. *diaph'yses*) *n.* 骨干.
diapir *n.* 挤入,挤入(刺穿)构造,刺穿褶皱,挤入褶皱,盐丘. ~**ic** *a.* *diapir(ic) fold* 挤入褶皱.
diaplas'tic *a.* 复位的,整复的.
diapoint *n.* 点列图.
diapos'itive [daiə'pɔzitiv] *n.* 反底片,透明(的照相)正片,幻灯片.
diapye'ma [daiəpai'i:mə] *n.* 脓肿.
diapye'sis [daiəpai'i:sis] *n.* 化脓.
diapyet'ic *a.* 化脓的.
diarial *a.* 日记(体)的.
diarise 或 **diarize** *v.* 记日记.
diarrh(o)e'a [daiə'riə] *n.* 腹泻,痢疾. **diarrh(o)e(t)ic** *a.*
di'ary ['daiəri] *n.* (工作)日记,日记簿. *keep a diary* 记日记.
diaryl *n.* 二芳基(的).
Dias *n.* 二叠纪.
diaschis'tic *a.* 二分的,分浆的.
diaschistite *n.* 二分岩.
di'ascope *n.* 透明玻片,幻灯测试卡,透射幻灯,阳光机,透射映画器,彻照器.
dias'copy *n.* 透视法.
diasol'ysis *n.* 溶胶渗析.
diasphaltene *v.* 脱沥青.
diaspore 或 **diasporite** *n.* ①(硬)水铝石,一水硬铝石,水铝土 ②散布孢子.
di'astase ['daiəsteis] *n.* 淀粉(糖化)酶(制剂).
dias'tasis [dai'æstəsis] *n.* 脱离,分离,心舒张后期.
diastat'ic *a.* 分离的,淀粉酶的.
dias'tatite [dai'æstətait] *n.* 角闪石.
di'astem [dai'æstem] *n.* 【地】小间断,沉积暂停期,间歇,(纵)裂.
di'aster ['daiəstə] *n.* 双星(体).
diastereoi'somer *n.* 非对映(立体)异构体. ~**ic** *a.*

diastereoisomeride n. 非对映〔立体〕异构体.
diastereo-isomerism n. 非对映〔立体〕异构现象.
diastereomer n. 非对映体. ~ic a.
diastereomerism n. 二立体异构聚合现象,二聚〔合〕现象.
diastim'eter n. 测距仪,距离测计.
diastoliza'tion n. 扩张.
diastroph'ic a. 地壳运动的. *diastrophic block* 地块. *diastrophic theory of oil accumulation* 油藏形成〔石油集聚〕构造理论.
dias'trophism [dai'æstrəfizm] n. 地壳运〔变〕动.
diatac'tic a. 准备的.
diateret'ic a. 卫生的,预防的.
din-testor n. 硬度试验机(用布氏、维氏压头).
diathering machine 诊用明振器.
diather'mal [daiə'θə:məl] a. 透热(辐射)的,导热的.
diather'mancy [daiə'θə:mənsi] n. 透热(辐射)性,传〔导〕热性.
diatherman'ity n. 透热(辐射)性,导热性,热传导.
diather'manous [daiə'θə:mənəs] a. 透热(辐射)的,热射线(红外线)可以透过的,传热的.
diather'mia [daiə'θə:miə] n. 透热(疗)法.
diather'mic [daiə'θə:mik] a. 透热(辐射,疗法)的. *diathermic heating* 高频(率)加热. *diathermic membrane* 绝热膜.
diather'mize [daiə'θə:maiz] vt. 用透热疗法治疗,施透热法.
diathermocoagula'tion [daiəθə:mokoægju'leiʃn] n. 透热电凝法,电烙法.
diathermom'eter n. 导热计,透热计,热阻测定仪.
diather'mous =diathermanous.
di'athermy ['daiəθə:mi] n. 透热(疗)法,(高频)电热(疗)法. *diathermy interference* 电热干扰. *industrial diathermy* 工业电热法.
diath'esis [dai'æθisis] n. 素质. **diathetic** a.
dia-titanit n. 钛钨硬质合金.
di'atom ['daiətɔm] n. 硅藻. *diatom earth* 硅藻土. *diatom ooze* 硅藻(软)泥. *diatom theory* (石油)的硅藻成因理论.
diatoma'ceous [daiətə'meiʃəs] a. (含)硅藻的,硅藻土的. *diatomaceous brick* 硅藻土砖. *diatomaceous earth* 〔*silica*〕硅藻土.
diatom'eter n. 硅菌测定器.
diatom'ic [daiə'tɔmik] a. 二〔双〕原子的,二元〔价,羟〕的,二氢氧基的,硅藻土的. *diatomic beam* 双原子离子束.
diatom'ics n. 双原子.
diatomin n. 硅藻色素.
diat'omite [dai'ætəmait] n. 硅藻土. *diatomite system* 硅土过滤法.
diaton'ic [daiə'tɔnik] a. 全音阶的. *diatonic scale* 全〔自然〕音阶. ~ally ad.
dia-tool n. 镶有金刚石的工具.
diatoxanthin n. 硅藻黄质.
di'atribe ['daiətraib] n. 猛烈抨击,谩骂,讽刺(against).
diatrine n. 浸渍电缆纸的化合物.
diatropic plane 纬向面,垂线(平)面.
diauxie n. 二次〔二峰,二阶段〕生长现象.

diaxial'ity n. 双〔二〕轴性.
diaz'o [dai'æzou] a. 重氮(基,化合物)的.
diazo- 〔词头〕重氮(基).
diazoanhydride n. 重氮酐.
diazoate n. 重氮(羧)酸盐.
diazoben'zene n. 重氮苯,苯重氮酸.
diazo-compounds n. 重氮化合物.
diazo-coupling n. 重氮耦合.
Diazo-film n. 重氮胶卷(缩微复制品底片材料).
diazo'ma [daiə'zoumə] n. (隔)膜.
diazometh'ane n. 重氮甲烷.
diazo'nium n. 重氮(基,化).
diazo-reaction n. 重氮化反应.
diazotate n. 重氮酸盐.
diazotiza'tion n. 重氮化(作用).
diazotize vt. (使)重氮化,制备〔使形成〕重氮化合物.
diaz'otroph n. 固氮生物.
diaz'otype n. 重氮印录法.
DIB =①Department information bulletin 部(门)消息公报 ②Design information bulletin 计划情报公报.
dibaryon n. 双重子.
diba'sic [dai'beisik] a. 二元(代)的,二碱(价)的,含两个可置换氢原子的,含两个羟基的. *dibasic acid* 二元酸. *dibasic alcohol* 二元醇. *dibasic sodium phosphate* 磷酸二氢钠.
dibasic'ity [daibei'sisiti] n. 二盐基性.
dib'ber [dibə] n. =dibble.
dib'ble ['dibl] v.; n. (用)点播(器),穴植,挖洞〔穴〕,(挖〔穴〕)小锹,挖穴器.
dibble-dabble n. 试掉(法).
dib'bler n. 小袋鼠.
dibenzanthracene n. 二苯(并)蒽.
dibenzopyrene n. 二苯并芘.
dibenzyline n. 苯氧苄胺.
dibit n. 双比特,二位二进制数,二位组,双位.
diborane n. 乙硼烷.
diboride n. 二硼化物.
diboson n. 双玻色子.
DIBP =diisobuty'phthalate 邻苯二甲酸二异丁酯.
dibrid n. 盆胎.
dibro'mate v. 二溴化.
dibro'mide [dai'broumaid] n. 二溴化物. *ethylene bromide* 二溴乙烯.
dibrominate 或 **dibromizate** v. 二溴化.
dibutene n. (聚)二丁烯.
dibutoxy n. 二丁氧基.
dibutyl a. 双丁基.
di-butylamine n. 二丁胺.
dibutylphthal'ate n. 二丁酯邻苯二酸盐.
DIC =①differential-interference contrast 微差干涉反衬 ②digital integrated circuit 数字集成电路.
dic =dictionary 字典.
dicalcium silicate 硅酸二钙.
dic storage (二极管-)电容(器)存储器,电容二极管存储器.
dicar'bide n. 二碳化物. *uranium dicarbide* 二碳化铀.
dicar'bonate n. 碳酸氢钠(盐),小苏打,重碳酸盐.
dicarboxylic a. 二羧基的. *dicarboxylic acid* 二羧酸.

dicaryon 或 dikaryon n. 双核(体).
dicaryophase n. 双核阶段.
dicaryot'ic a. 双核的.
dicatron n. 具有螺旋谐振腔的超高频振荡器.
DICBM system =detection intercontinental ballistic missile system 洲际弹道导弹的探测系统, 反洲际弹道导弹的战略防御系统.
dice [dais] Ⅰ (die 的复数) n. 骰子, 小方块, 小片, 含油页岩. Ⅱ vt. 切割, 切(割)成小片(小方块). *dice mineral* 方铅矿. *diced chip* 切割(好的)硅片(芯片). *hybrid dice* 混合小片. ▲*The die is cast.* 已做决定, 不能更改.
dice-circuitry n. 小片电路.
dicelous a. 双凹的, 有两腔的.
dicen'trine n. 荷包牡丹碱.
dichan n. 气化性防锈剂.
dichastasis n. 自行分裂.
dichlor'ide [dai'klɔ:raid] n. 二氯化物. *lead dichloride* 二氯化铅.
dichlor'inated 或 dichlor'izated a. 二氯化的.
dichlormethyl ether 芥气, 二氯二乙硫醚.
dichlorodifluoromethane n. 二氯二氟(代)甲烷, 氟氯烷.
dichloro-diphenyl-dichloroethane n. 滴滴涕, 二氯二苯二氯乙烷.
dichloro-diphenyl-trichloroethane n. 滴滴涕, 二氯二苯三氯乙烷.
dichloroethane n. 二氯乙烷.
dichloroethanol n. 二氯乙醇.
dichlorophen n. 二氯芬, 二羟二氯二苯甲烷.
dichlorosilane n. 二氯甲硅烷.
dichlorotetrafluoroethane n. 二氯四氟乙烷.
dichlorotriglycol n. 二氯三甘醇.
dichlorvos n. 敌敌畏.
dichogeny n. 二重发生.
dichop'tic a. 离眼的.
dichotomic =dichotomous.
dichotomiza'tion n. 分叉, 两分.
dichot'omize [di'kɔtəmaiz] v. (将…)分成二部分, (把…)分成两类, 对(二)分(探索, 检索), 分成两叉. *dichotomizing search* 对半(对分, 二分法)检索.
dichot'omous [di'kɔtəməs] a. 两分的, 分成二叉的, 叉状的, 分歧的. *dichotomous search* 分组探寻(优选法).
dichot'omy [di'kɔtəmi] n. 二(两分(法), 均分, 叉状分枝, 二叉分枝, 岔出. 〔天〕上下弦, 半分.
dichro'ic [daik'rouik] Ⅰ a. 二向色(性)的, 分色(光)的, 二色(性)的, 二色变异的. Ⅱ n. 二向色(分色)镜. *blue [red] reflecting dichroic* 蓝〔红〕色反射镜, 反射蓝〔红〕色光线的分光镜. *dichroic beamsplitter* 二色分光镜, 分色镜. *dichroic fog* 双色雾. *dichroic mirror* 分色(光)镜, 二向色(反射)镜.
dichroic-cross a. 分色十字形交叉. *dichroic-cross image divider* 十字形分光镜式(分色十字交叉)分像器.
di'chroism [daikrouizəm] n. 二(向)色性, 分光特性, 两色现象.
dichroite n. 堇青石.
dichroit'ic [daikrə'itik] =dichroic.

dichroma'sia n. 二色色盲.
dichromat n. 二色觉者, 二色性色盲患者.
dichro'mate [dai'kroumeit] n. 重铬酸盐. *potassium dichromate* 重铬酸钾.
dichromat'ic [daikrə'mætik] a. (现) 二色的, 二色性的, 二色变异的. *dichromatic beam* 双色束, 中微子束.
dichro'matism [dai'kroumətizm] n. 二色(性)(色盲).
dichro'mic [dai'kroumik] a. 重铬酸的, 铬当量的, 含两个铬原子的. *dichromic acid* 重铬酸.
dichromophilism n. 复染性.
di'chroscope n. 二(向)色镜. **dichroscop'ic** a.
di'cing ['daisiŋ] n. ①(封面的)菱形装饰②切割, 切成小方块③高速低飞航空摄影. *ultrasonic dicing* 超声波切割.
dick'er ['dikə] n.; vi. ①十②(做)小交易, 物物交换, 共谋③(讨价还价后)妥协.
dickey =dicky.
dickite n. 地开石.
dick'y ['diki] Ⅰ a. 易碎的, 脆弱的, 不可靠的. Ⅱ n. 汽车后部备用的折叠小椅, 马车(或汽车)的尾座.
diclinic a. 双(二)倾的.
dicoelous a. 双凹的, 有两腔的.
dicophan n. 滴滴涕.
dicord system 双塞绳制.
dico'ria [dai'kouriə] n. 重瞳, 双瞳孔.
dicroton n. 二聚丁烯醛.
dict = ①dictation 命令, 指令 ②dictionary 字典, 辞典.
dicta ['diktə] dictum 的复数.
dic'tagraph [diktəgra:f] n. 侦听(电话)器, 侦〔窃〕听录音机, 口授录音机, 速记用电话机.
dic'taphone [diktəfoun] n. 口述录音机, 录音(电话)机, 口授留声机. *dictaphone recorder* 唱片式录音机.
dictate Ⅰ [dik'teit] v. 口授①口授②使默写, 使默写②命令, 指挥〔令, 示〕, 支配, 颁述③规〔确, 决, 限〕定, 要求. *dictating machine* 口述记录机, 指令机.(运量观测中记录车辆用的)录音机. ▲*be dictated to* 听从命令, 服从指挥. *be dictated to by* 由…所控制, 受…指挥, 取决于. Ⅱ ['dikteit] n. (常用 pl.)命令.
dicta'tion [dik'teiʃən] n. ①口授, 听写②命令, 支配, 指令〔挥〕. ▲*take down from dictation* 按口授笔录. *take the dictation of* 记录…的口授. *write at one's dictation* 照…的口授听写.
dicta'tor [dik'teitə] n. ①口授(述)者②发号施令者, 独裁者, 专政者.
dictato'rial [diktə'tɔ:riəl] a. 独裁的, 专政(断)的. ~**ly** ad.
dicta'torship [dik'teitəʃip] n. 独裁(统治), 专政. *the dictatorship of the proletariat* 无产阶级专政. ▲*exercise dictatorship over* 对…专政.
dic'tion [dikʃən] n. 用字(词), 措辞, 句法.
dic'tionary [dikʃənəri] n. 字典, 词典, (代码)字典. *automatic dictionary* 自动翻译(检索)词典. *dictionary catalog* (按字母顺序)词典式目录, 词典目录表. *fault dictionary* 故障表. *mechanical dictionary* 机械词典, 翻译计算机.

dic′tograph =dictagraph.

dic′tophone =dictaphone.

dic′tum ['diktəm] (pl. *dicta* or *dictums*) n. 格言,名言,声明,断定. *dictum de omni et nullo* 全和零原则,三段论公理.

dicy′an [dai'saiæn] n. (二)氰(基).

dicyanamide n. 二氰酰胺.

dicyandiamide n. 双氰胺,二聚氰基氰,氰基胍.

dicy′andi′amine n. 双氰胺.

dicy′anide n. 二氰化物.

dicy′anin(e) n. 双花青.

dicyanogen n. 氰(气),乙二腈.

dicyclic a. 双环的,两周期的.

dicyclo- [词头] 双环

dicyclopentadiene n. 双环(二聚环)戊二烯,双茂.

dicyclopentadienyl n. 二茂基.

DID = ①digital information detection 数字信息检测 ②digital information display 数字信息显示器.

did [did] do 的过去式.

DIDAC =digital data communication 数字(式)数据通信.

didac′tic *a.* 教导的,理论的.

didac′tics [di'dæktiks] n. 教学法(理论).

did′dle ['didl] v. 快速摇摆[动],欺骗,浪费(时间).

didepside n. 二缩酚酸.

diderichite n. 水菱(丝黄)铀矿.

dideuteroeth′ylene n. 二氘(代)乙烯.

didn′t [didnt] =did not.

di′dym ['daidim] =didymium.

didymia n. 氧化钕镨 Di₂O₃.

didym′ium [di'dimiəm] n. 钕(及)镨,镨钕(混合物),稀土金属混合物(不包括 Ce)Di.

did′ymous *a.* 双(生)的.

DIE =design industrial engineering 设计工业(的)工程学.

die¹ [dai] I (*died, died; dieing*) vt. 用模(压)切,用模(压)成形,模制. II n. (pl. *dies*) ①模(子,片,具),钢型,冲模(锤,垫),压(锻,铸,塑,印,硬,阴,阳)模,模柄①,钢头(镶齿)模,拉(丝,线,焊)印模模子②板牙,螺丝绞(刨)板③管心④(接触对焊时通电和夹持工件用)夹钳⑤底座,底脚⑥(骰子)骰子,小立方块,(电路)小片. *air die cushion* 气垫式模具缓冲器. *blanking die* (冲)孔模,冲割(下料)模. *clamping die* (钢丝对焊机的)夹头. *counter locked die* 双向配合(上下)模. *cut-and-carry die* 拖件前进的连续模(压). *deep drawing die* 延(深压)模. *diamond dies* 金刚石(拉丝,挤压)模. *die attachment* 小片连接,模片固定. *die bed* 底板,模座. *die(s) block* 滑(模块,滑板,螺丝)板. *die bonding* 模片键合,粘结(片式)接合(焊接). *die bonding jig* 管心焊接模. *die burn* 烧伤(焊接缺陷). *die cast dies* 压铸模. *die cast(ing)* 压(模)铸(件,法). *die(s) cavity* 阴模,模槽,型腔. *die cushion* (电气)缓冲器[装置,机构]. *die cut(ting)* 模(冲)切. *die forging* 模(压,落)锻. *die(s) handle* 板牙架,板牙扳手. *die head* 板牙头,模头,模垫. *die head rivet* 模垫铆钉. *die height* 闭合高度(压力机垫板与滑块的间距). *die hob* 标准

(板牙)丝锥. *die holder* (冲)模(底)座,板牙铰[手,夹](s) *hole* 模槽(腔,孔). *die insert* 模具镶块(套). *die mount bonding* 小片装配接合(焊接). *die(s) nut* 六角形(螺母状)板牙. *die of stamp* 捣矿砧. *die(s) plate* 模板,印模. *die quenching* 模压淬火. *die radius* 拉深(压延)模角口圆角半径. *die rolled section* 周期断面. *die section*〔segment〕拼合模块. *die separation* 管心切割,模片隔开. *die sinker* 靠模铣床,刻模〔雕刻〕机,凹形冲模,gang die 复式模,连续模. *die sinking* 成形冲模. *die space* 型腔,模腔〔槽〕. *die stamping* 压花,模具〔冲〕. *die steel* 板〔锻〕模钢. *die stock* 板牙扳手〔铰手〕,板牙架,螺丝绞板. *die stroke* 动模行程. *dieing machine* 高速自动精密冲床,自动精密冲切机. *dies blank* 模(子)坯料. *dies cavity* 阴模,模槽,型腔. *dies scalping* 精整冲裁. *expanding die* 胀形模. *extrusion die* 挤型〔压挤〕模. *follow die* 连续模. *forming die* 成型模,压模,定型冲模. *gang die* 复式模,连续模. *horn die* 有定位心轴的模子(空心作用). *IC die* 集成电路晶片. *international die* 公制螺丝钢板. *ironing die* 拉深模. *multiple die* (同时冲几个相同零件的)多头冲模. *multiple operation die* 多能模,多工序模具. *opening die* 可拆模. *perforating die* (多孔的或尺寸较大的)冲孔模. *plain die* 简单模. *progressive die press* 顺序动作连续冲压压力机. *roll dies* (螺丝辊(子),送丝模, *round die* 圆螺丝钢板,圆板牙. *screw dies* 板牙,螺丝板牙. *segment(al) die* 组合(可拆)模. *snap head die* 铆头模. *solid dies* 整体板牙,整体模. *straight die* 平面配合(上下)模. *tandem* [two-step] *die* (两个凹模上下相叠的)重合模. *thread die* 切丝板牙. *upsetting die* 顿锻模. *waffle die* 格状校平模. *Whitworth die* 惠氏螺丝钢板. ▲*as straight* [*true*] *as a die* 绝对真实[可靠],万无一失的. *The die is cast.* 事已至此,大局已定.

die² [dai] (*died, died; dying*) vi. 死,灭亡,平息,消逝[灭,失],衰减[耗]. ▲*be dying* (*for, to* + *inf.*) 渴望. *die away* (渐渐)消逝[失],渐弱,减弱[耗],熄灭. *die back* 枯萎(根末死). *die down* 逐渐减少[下降],平息,消失,熄灭,减弱. *die from* 因…致死. *die of* 因…而死. *die off* 衰减[耗],逐渐减少,相继死去. *die on the vine* 中途夭折,未能实现. *die out* 消失殆尽,渐渐消失,衰减,灭绝,(发动机)停止.

die′-away ['daiəwei] I n. 衰减,(逐渐)消逝[失],熄灭. II a. 颓丧的,消沉的.

Dieb alt =diebus alternis 隔日.

Dieb tert =diebus tertiis 每三日.

die-block n. 滑块,模块,板牙.

die-cast(ing) *a.*; *n.* 压(模)铸(的,件). *aluminium diecasting alloy* 压铸铝合金.

die-chaser n. 板牙梳刀.

die′cious *a.* 雌雄异体的.

die-filling n. 装模,压模装料. *top level die-filling* 上面装模.

die′-hard ['daihɑːd] *a.*;*n.* 顽固(分子的),死硬(派

die-head rivet 冲垫铆钉.
di'el ['daiəl] *a.* 一天一夜(中)的.
dieldrin *n.* 氯桥氯甲桥萘,狄氏剂.
DIELEC =dielectric.
dielec'tric(al) [daii'lektrik(əl)] Ⅰ *a.* 非传导性的,不导电的,绝缘的,介电的,(电)介质的. Ⅱ *n.* (电)介质〔体〕,绝缘材料. *dielectric breakdown test* 绝缘〔电介质〕击穿试验. *dielectric capacitance* 〔capacity〕电容率,介电常数. *dielectric coefficient* 介电系〔常〕数. *dielectric constant* 介电常数〔系数〕,介质常数,电容率. *dielectric drier* 高頻干燥炉. *dielectric flux density* 电通(量)密度,电介质通量密度,电感应〔位移〕. *dielectric heating* 电介质加热. *dielectric loss* 介质(电)损耗. *dielectric oil* 绝缘油,变压器油. *dielectric phase angle* 介质相角,损耗角. *dielectric power factor* 介质功率〔损耗〕因数. *dielectric slab filter* 介电片滤波器. *dielectric strength* 绝缘〔电介质〕强度. *dielectric strength tester* 耐压测试器. *dielectric susceptibility* 电介质极化率,电纳系数. *dielectric test* 介电〔绝缘〕性能试验. *dielectric view* 介质波导管,介质导线.
dielectrogene *n.* 电介因.
dielectrol'ysis *n.* 渗入电解法.
dielectrom'eter *n.* 介质测试器,介电常数测试仪.
dielectrom'etry *n.* 介电常数测量(法).
dielectrophore *n.* 电介基.
dielectrophore'sis *n.* 电介(双向)电泳.
die'less *a.* 无模的. *dieless wire drawing* 无模拉丝法.
dielguide *n.* 介质波导.
die'maker *n.* 制模器.
dienanal'ysis *n.* 二烯分析.
diencephalon *n.* 间脑.
diene *n.* 二烯(烃). *diene oil* 二烯油.
die'ner ['di:nə] *n.* 实验室助手.
die-off *n.* 衰减〔耗〕,死尽,绝种.
die-plate *n.* 模板台板,模板,板代型.
diepoxides *n.* 双环氧化合物.
dier'esis [dai'erisis] *n.* 分开,切开,分离,离开.
dieret'ic *a.* 分开的,分离的,切开的.
diergol *n.* 双组份火箭燃料.
Die'sel 或 **die'sel** ['di:zəl] *n.* 狄塞尔,(狄塞尔)内燃机,柴油(发动)机,内燃机车,内燃机推动的车辆(船只). *diesel engine* 柴油机,狄塞尔引擎. *Diesel fuel* 柴油,狄塞尔机燃料. *diesel index* 柴油(狄塞尔)指数. *Diesel liner* 柴油机气缸衬套. *Diesel number* 柴油值. *diesel oil* 柴油,狄塞尔油. *Diesel power station* 〔plant〕柴油发电厂.
Diesel-dope *n.* 柴油机燃料的添加剂.
diesel-electric *a.* 柴油发电机的.
Diesel-engine generator 柴油发电机.
die'selize ['di:zəlaiz] *vt.* 装以柴油机.
die'sinker ['daisinkə] *n.* 模锻工,刻模机.
die-stamped circuit 印模电路.
diester *n.* 二元酸酯,双酯. *diester oil* 由二元酯脂合成的润滑油.
diesterase *n.* 二酯酶.

die'stock ['daistɔk] *n.* 板牙铰手〔扳手〕,板牙架,螺丝绞板.
di'et [daiət] Ⅰ *n.* ①议会,(日本)国会②饮食,(规定的)食物,膳食. Ⅱ *v.* 限定(制)饮食,给以一定的饮食.
di'etary ['daiətəri] Ⅰ *a.* 饮食的,(规定)食物的. Ⅱ *n.* 规定食物,食物疗法,食谱,菜单.
dietet'ic(al) *a.* 饮食的,营养的,食谱的. ~ally *ad.*
dietet'ics *n.* 饮食〔营养,膳食〕学.
diethanolamine *n.* 二乙醇胺,两个羟乙基胺.
diethyl *a.* 二乙基的. *diethyl ester* (二)乙酯. *diethyl ether*(二)乙醚. *diethyl oxalate* 草酸二乙酯.
diethyldithiocarbamate 二氢二硫代氨基甲酸盐,二乙基氨荒酸盐.
diethylene glycol 二甘醇.
diethylenetriamine *n.* 二乙撑三胺.
diethylether *n.* 二乙醚.
diethyloxadicarbocyanine iodide 二乙基恶二碳化青碘化物.
diethylpyrocar'bonate *n.* 焦碳酸二乙酯.
dietit'ian [daiə'tiʃn] *n.* 营养学家,饮食学家.
dietother'apy *n.* 膳食〔营养〕疗法.
DIF = diiodofluorescein 二碘荧光素.
difar = direction-finding and ranging 定向和测距.
diff = ①difference 差,不同 ②differential 微分,差动 ③differentiator 微分部件〔电路,元件〕.
DIFF AMP 或 **diff amp** = differential amplifier 辨差〔差动〕放大器.
Diff E = difference East 横坐标差.
diff H = difference in height 高度差,高程差.
diff N = difference North 纵坐标差.
diffeomor'phism *n.* 微分同胚.
dif'fer ['difə] *vi.* ①不(相)同,不一致,相异〔差〕,有差别②意见不同〔不一致〕. ▲*agree to differ* 各自保留不同意见,各持己见. *differ about* (*the question*)(在这个问题上)意见不同. *differ by* 相差,差别是. *differ from* 不同于,与……有区别〔不一致〕. *differ from M by N* 和 M 不同之处在于 N,与 M 相差 N. *differ from M in N* 在 N 方面与 M 不同,与 M 不同之点在于 N. *differ in* 在……方面有差别〔不同〕. *differ with M on* 〔*upon*〕N 在 N 方面与 M 意见〔看法〕不同.
dif'ference ['difrəns] Ⅰ *n.* 差(异,别,数,值,额,分,动),区别,不同,异点,矛盾,差别之处. Ⅱ *vt.* 区别,使有差别,计算……之间的差别. *charge difference* 电荷差异,电荷差. *common difference* 公差. *difference amplifier* 差分〔差值,差频信号〕放大器. *difference channel* (立体声系统中的)差动声道. *difference counter* 差值计数器. *difference current* 差动电流. *difference curves* 差分〔温差〕曲线. *difference diode* 差分二极管. *difference equations* 差分方程. *difference gate* 【计】"异"门. *difference gauge* 极限量规. *difference in temperature* 温(度)差. *difference mapping* 偏差对照. *difference of a function* 函数差,函数的增量. *difference of observation* 观测值差. *difference report* 差别报告. *difference sensitivity* 〔limen〕听觉锐度,差阈. *difference spiral* 差较螺线. *di-*

vided difference 均差. finite difference 有限差(分法),差分. first difference 一阶有限差. logic(al) difference 逻辑差. luminance difference 亮度对比,亮度差. mean difference 平均概率[公算]偏差. partial difference 偏差,偏增量. significant difference 有效差量. successive difference 逐次差分,递差. One false step will make a great difference. 失之毫厘,谬以千里. The difference between 7 and 3 is 4. 七和三之差是四. ▲ it makes all the difference (in the world) 事关紧要,非常重要. it makes no difference if [whether]无论…都没有区别[都没有什么关系,都是一样的]. make a difference 起作用,发生影响. make a[some]difference 区别对待;关系重大. make a difference between…and… 使…和…有别,把…和…区别对待. make a great [vast] difference 差别很大,很重要. make a world of difference 有天壤之别. make no [little] difference (to) (对…)没有[没有什么]差别[影响,关系]. make not much difference 影响[关系]不太大. make some difference 有些关系[影响]. split the difference 妥协,折中. take a difference 求差数.

difference-differential equation 差微分[微分差分]方程.

difference-product n. 差积.

difference-set code 差集码.

difference-tone n. 差音.

diff'erencing n. 差分化,求差.

diff'erent ['difrənt] a. 不同的,互[相]异的,各不相同的,各种(各样)的,种种的. different parity 异奇偶性. different species 异类. ▲(be) different from [to,than]与…不同,不同于. (be) different from M in N 与 M 的 N 的区别在于.

differen'tia [difə'renʃiə] (pl. differentiae) n. 差异,特异性,特殊性.

differentiabil'ity n. 可微(分)性.

differen'tiable [difə'renʃiəbl] a. 可微(分)的.

differen'tial [difə'renʃəl] Ⅰ a. ①不同的,(有)差别[异]的,区别的,分异[别]的,不均匀的 ②差动[速,示,分,接,绕,吹,作]的,高[阶]差的 ③微分的,局部的. Ⅱ n. ①差别[示]②差动[示]③差动[额,装置],差分(元件),差[分]速器④差别[补助]工资,工资级差,运费率差. differential absorption 差异[不均匀]吸收. differential amplifier 差动[示,推挽(式)]放大器. differential analyzer 微分[变拍式]分析器,解微分方程模拟装置,积分器. differential and integral calculus 微积分. differential block 差动滑车(轮). differential brake 差速制动器. differential burst gain 色同步信号微分增益. differential calculus 微分(学). differential cancellation 差值消除(法). differential case [housing] 差动齿轮箱,差(分)速器壳. differential circuit 差(动)电路. differential coating 双面差厚涂镀. differential coefficient 微分系数,微商. differential compound 差绕复激. differential delay 差值延迟. differential difference equation (差分)微分方程. differential discriminator 鉴差

计,差动式鉴别器,微分甄别器. differential distance system 距离差测し,双曲线定位制. differential equation 微分方程. differential filter 差接滤波器. differential flotation 优先浮选. differential frost heave 不均匀冻胀. differential galvanometer 差绕[动]电流计. differential gauge 差[微]压计,微分(气)压计. differential gear 差动(齿)轮,分速轮,差(分)装置,差速箱. differential gear ratio 差动齿轮传动(速度)比. differential getter pump 差级吸气泵. differential hardening 差致硬化. differential head 不等压头. differential heat of dilution 微分(定浓)稀释热. differential heating 差温加热. differential jack 差动起重器. differential leak detection 差示探漏. differential leakage 电枢齿端磁漏. differential leveling 水准测量. differential magnetic susceptibility 微分(增值,可逆)磁化率. differential manometer 差动磁强计,差示(压力)计. differential medium 鉴别培养基. differential method 微差法. differential microphone 差动传声器,双碳精传声器. differential mode interference 异态干扰. differential normal moveout 差值正常时差. differential of arc 微弧,弧元素. differential of area 面积元素. differential parameter 微分参数. differential phase 微分相位,信号电平相移. differential pressure 压差,分压,不均匀压力. differential pulley 差动滑车(轮). differential quenching 阶差淬火. differential quotient 微(分)系数,微商. differential red-green control 红、绿(会聚)的差动调节. differential refraction 折射微差. differential relay 差动继电器. differential resistance 动态(微分)电阻. differential sensitivity 鉴别能力,差生[差动,微分]灵敏度. differential settlement 差[不均匀]沉降,沉降差. differential shrinkage 不均匀收缩,差分收缩. differential side gear (汽车)差动半轴齿轮. differential staining 对比着色. differential statics 差值(动力学)静校正量. differential synchro 差级[动]同步机. differential system 混合线圈,差动装置,差动制. differential thermometer 差示[微差]温度计. differential tracking (对数个目标)示差跟踪. differential transformer 差接[显示]变压器,混合线圈. differential weight distribution 微分重量分布(函数). differential wound field 差绕场. mechanical differential 差动式减速器. partial differential 偏微分. pressure differential 压(降)差,速压头. total differential 全微分. ~ly ad. differentially compound winding 差串用复绕法[组].

differentially-coherent detection 差动相干检测.

differential-pressure a. 差压(的).

differential-speed a. 差速的,几种不同速度的.

differen'tiate [difə'renʃieit] v. ①区(分,鉴,辨)别,分辨,分化,差动[分],(使)有差异②(求)微分,微分法

differentia′tion 算,求导(数). *differentiated dike* 分异岩脉. *differentiated sill* 分异岩床. *differentiated wave* 微分信号(波). *differentiating amplifier* 差分〔差频,微分〕放大器. *differentiating equation* 微分方程. ▲(*be*) *differentiated by* 差别在于. (*be*) *differentiated from M by N* 同M的差别在于N,按N来同M区分开. *differentiate between* 区分,把…区分开. *differentiate M from N* 把M和N区别开. *differentiate with respect to*… 对…求…导(数).

differentia′tion [difərenʃiˈeiʃən] *n.* ①区〔辨,鉴〕别,区分,演变,变异,分化,分异(作用),差动〔分〕②微分(法),求微分,取导数. *There can be no differentiation without contrast.* 有比较才能鉴别. *electrical differentiation* 电微分. *gravitational differentiation* 重力弥散. *numerical differentiation* 数值微分法. *partial differentiation* 偏微分法,偏导法. ▲*by differentiation with respect to* 对…微分.

differen′tiator [difəˈrenʃieitə] *n.* 微分器〔机,元件,装置,环节,电路,器〕,差分器,差示装置〔电路〕,差动电路〔装置,轮〕. *differentiator amplifier* 微分〔差动〕放大器.

differentio-integral *a.* 微(分)积分的.
dif′ferently [ˈdifrəntli] *ad.* (各)不(相)同地.
differflange beam 宽缘〔不等缘〕工字梁.
difficile [difisiːl] *a.*〔法语〕困难的,难对付的,固执的.

dif′ficult [ˈdifikəlt] *a.* 困〔艰〕难的,不容易的. *difficult communication* 可听差度. *difficult country*〔*ground*〕丘陵地区. ▲(*be*) *difficult of*〔*to*＋*inf*.〕难以,很难. ~*ly ad.*

dif′ficulty [ˈdifikəlti] *n.* 困〔艰〕难,难点,障碍,异议,反对. ▲*have* (*no*) *difficulty* (*in*) ＋*ing* 难以〔不难〕(做某事),(做某事)感到很〔不〕困难. *have* (*no*) *difficulty with*…感到〔没有,有没有困难. (*in*) *difficulty of*…在…的困难中,在难以…方面. *make* 〔*raise*〕 *difficulties* 〔*a difficulty*〕表示异议,提出反对. *make no difficulty*〔*difficulties*〕不反对,表示无异议. *with difficulty* 困难地,好(不)容易(才). *without* (*any*) *difficulty* 毫无困难,不费力地,轻而易举地.

dif′fidence [ˈdifidəns] *n.* 无自信(心),胆怯.
dif′fident [ˈdifidənt] *a.* 缺乏自信心的,胆怯的. ▲*be diffident about* ＋*ing* 对于(做…)缺乏自信心. ~*ly ad.*

dif′fluence [ˈdifluəns] *n.* 分流,流出,流出物,流动性,溶液融解.
dif′fluent [ˈdifluənt] Ⅰ *a.* 流出性的,分流性的,易溶解的,溶〔液〕化的. Ⅱ *n.* 易溶物,流质,潮解.
difform *a.* 不相似的,形状不规则的.
diffract [diˈfrækt] *vt.* 分解〔散〕,绕〔衍,折〕射,偏转〔差〕,误差. *diffracted ray* 衍〔绕〕射线. *diffracting power* 绕〔衍〕射本领.

diffrac′tion [diˈfrækʃn] *n.* 绕〔衍,照〕射. *air diffraction* 空气(中)衍射. *diffraction by aperture* 孔径衍〔绕〕射. *diffraction cross-section* (有效)绕射面积〔截面〕. *diffraction grating* 绕〔衍〕射光栅. *diffraction loss* 衍〔绕〕射损耗. ~*al a.*

diffraction-limited *a.* 受衍射限制的.
diffrac′tive [diˈfræktiv] *a.* 绕〔衍〕射的. ~*ly ad.* ~*ness n.*
diffrac′togram [diˈfræktəgræm] *n.* 衍射图.
diffractom′eter [difrækˈtɔmitə] *n.* 衍射仪〔计,器〕,绕射计〔表〕.
diffu′sant [diˈfjuːzənt] *n.* 扩散剂,扩散杂质. *diffusant particle* 扩散原质点.
diffu′sate [diˈfjuːzit] *n.* 渗出液〔物〕,扩散物质〔产物,体〕,弥散物.

diffuse Ⅰ [diˈfjuːz] *v.* ①(扩,发,播,弥,逸,分)散,漫(散)射,渗出,慢慢混合②传播,散布〔施,逸〕,弥漫,普及③滞止. *diffuse spectrum* 绕射光谱. *diffused base transistor* 基极扩散晶体管. *diffused illumination* 漫射〔散光〕照明. *diffuse*(*d*) *reflection* 漫反射. *diffused resistor* 扩散电阻(器). *diffusing air* 雾化空气. *diffusing glass* 散光玻璃. *palladium-diffused* 通过钯扩散的. ▲*diffuse across* 〔*over*〕M *into* N 通过M扩散到N. *diffuse in* (使)扩散进去〔入〕,扩入. *diffuse through* 通过…扩散〔传播〕.

Ⅱ [diˈfjuːs] *a.* 漫射的,扩(分,弥)散的,散(布,播,漫)的,向各个方向移动的,冗长的. *diffuse reflection* 漫反射. *diffuse sound* 漫射声,扩散音. *diffuse transmission factor* 散射传输系数,漫透射系数.

diffused-collector method 集(电)极扩散法.
diffused-junction *n.* 扩散结.
diffused-meltback *n.* 扩散反复熔炼法,回熔扩散.
diffuse′ly *ad.* 扩〔分〕散地,漫射地. *diffusely radiating* 扩散辐射(的). *diffusely scattered* 漫散射的. *diffusely transmitting* 漫射发射.
diffuse′ness *n.* 扩散,漫射.
diffu′ser *n.* ①扩散〔扩压,喷雾,雾化,漫射,浸提,渗滤〕浸出器,汽化器的雾化装置②扩压〔宽〕管,扩散段〔体〕,进气口〔道〕,喉管,不同断面的孔道③漫(扩,浸)射体④扬声器纸盆⑤洗料器(池)⑥漫播器⑥传播者. *diffuser valve* 扩散阀. *divergent diffuser* 发散式扩压器. *free air diffuser* 外扩散器,发动机进气道.

diffusibil′ity [difjuːzəˈbiliti] *n.* 扩散率〔性,能力,本领〕,弥漫性,散播力.
diffu′sible [diˈfjuːzəbl] *a.* 会〔可〕扩散的,弥漫性的.
diffusiom′eter [difjuːziˈɔmitə] *n.* 扩〔弥〕散率测定器.
diffu′sion [diˈfjuːʒən] *n.* ①(扩,发,弥,分)散,扩压,漫〔散〕射,弥漫,光线在半透明物质中的布散,渗出〔滤,析〕,扩〔弥〕散,渗出〔池〕②传播,散布,普及③(气流)滞止④照片影象轮廓线的逐渐变淡. *back diffusion* 反〔行〕扩散〔弥〕散. *diffusion base plane transistor* 扩散基极平面晶体管. *diffusion of light* 光(的)散(射). *diffusion of the point image* 象点模糊〔扩散〕. *diffusion transistor* 扩散型晶体管. *heat diffusion* 传〔导〕热. *load diffusion* 负荷分布. ~*al a.*

diffusion-alloying *n.* 扩散合金化.
diffusion-controlled *a.* 扩散过程调整的,(受)扩散控制的.

diffusion-type junction 扩散结.
diffusiophore′sis n. 扩散电泳.
diffu′sive [di'fjusiv] a. 扩(弥)散的,散布性的,散漫的,浸出的,易普及的,冗长的. ~ly ad. ~ness n.
diffusiv′ity [difju'siviti] n. 扩散性(率,系数,能力),弥漫性(率). *bipolar diffusivity* 双极性扩散系数. *diffusivity equation* 扩散方程. *temperature diffusivity* 导温系数. *thermal diffusivity* 导热性,导温(热)系数,热扩散率,热扩散系数.
diffusor n. =diffuser.
difluorated a. 二氟化的.
difluoride n. 二氟化物.
difluorinated a. =difluorated.
difluorocarbene n. 二氟碳烯,二氟卡宾.
difunc′tional a. 双作用的,有两种功能的,双官能的.
dig ①digest 提要,类别,汇编,浸渍 ②digital 数字的,计数的.
dig [dig] (dug, dug) Ⅰ v. ①挖(土,得)[洞,沟,取,出],采(挖,发)掘,(开)凿,刨②钻研,探索③滞塞,咙[卡]住,不灵活. Ⅱ n. 挖,掘,戳,刺,插入②挖掘的地点,出土物. *coil digs* 板卷擦伤. *dug way* 路堑段. *dig at* 钻研. *dig down* 挖倒(下,去). *dig for* 挖掘,探究(求、寻求,搜集. *dig in* 挖(埋,插,凿,嵌)进,挖(插,埋)入,钻研,构筑(隐蔽)工事. *dig into* 挖(插,深)入,钻研,研究,探索；用去…的大部分. *dig M from N* 从 N 中采出(探索,寻求) M. *dig out* 挖出(开,掉),发掘,掘(查)出,找到. *dug out earth* 挖(掘)出土. *dig over* 挖. *dig through* 挖(开)通,挖穿. *dig up* 挖(开,松,掉,出),采(发,掘)掘(出来),查出,发现,找到,开垦,挑起.
DIG RO =digital readout 数字读出.
digamma function 双γ函数.
digenet′ic a. 两性的.
digest Ⅰ [d(a)i'dʒest] v. ①消化,吸收,领会,透彻了解②摘要,整理,编纂,分类③浸渍[腐],蒸煮,煮解,溶解,(高压)溶出,加热浸提 ④容忍,忍受. Ⅱ ['daidʒest] n. ①摘[提]要,文摘,汇编[集],纲领,类别②消化液,水解液. *digested sludge* 消化污泥.
digest′ant a. =digestive.
digest′er [di'dʒestə] n. ①蒸煮(浸渍,浸煮,压煮,煮解,煎煮,蒸炼,高压溶出,消化)器,熟化槽,加热蒸提器,蒸煮锅,蒸笼(缸)②汇编者 ③ 消化药(剂). *steam digester* 蒸汽蒸釜,蒸汽加热压煮器.
digestibil′ity [didʒestə'biliti] n. 消化性(率),能分类.
digest′ible [di'dʒestəbl] a. 可消化(吸收,领会,分类)的,可简摘要的.
diges′tion [di'dʒestʃən] n. ①消化(力,作用),吸收,领会,融会贯通②蒸(浸)煮,浸渍,浸提,(腐)解,(加热)溶解,加热浸提,溶出,(溶液的)持续迟滞,(污水处理利用厌氧细菌的)菌寂分解(出可燃性气体). *digestion tank* 化污池,消化池. *high-temperature digestion* 高温溶解(出),加热溶解,煮解. *pressure digestion* 加(高)压溶出.
diges′tive [di'dʒestiv] Ⅰ a. ①(有)消化(力)的,助消化的②蒸(浸)煮的,Ⅱ n. 消化药. *digestive coefficient* 消化系数,消化率. *digestive system* 消化系统. *digestive tract* 消化道. *digestive upset* 消化不良(失调). ~ly ad.

digestiv′ity n. 消化吸收率.
digestor n. =digester.
dig′gable ['digəbl] a. 可采掘的.
dig′ger ['digə] n. 挖掘者(器,机),(挖掘机的)挖斗,(挖土机)铲斗,掘凿器,(金矿)矿工,clay digger 挖土器. *coal digger* 采煤工. *digger plough* 犁式挖掘机. *trench digger* 掘沟机.
dig′ging ['digin] n.①挖(采)掘,挖土作业,开凿②(pl.)矿石,矿山,金矿(采矿场),发掘物 ③(pl.)(近郊)地方,宿舍. *digging depth* 挖掘深度. *digging ladder* (多斗挖土机)挖土斗梯状支架.
dig′ilock n. 数字同步.
dlglmer n. =digital multimeter 数字式万用表.
digimigra′tion n. 数字偏移.
dig-in 掘(挖,插,戳)进. *dig-in angle* (录音时的)划纹角,起动角.
dig′iplot n. 数字(作)图.
digiralt n. 高清晰度雷达测高系统.
digisplay n. 数字显示.
dig′it ['didʒit] n. ①手指,足趾,一指宽(的长度单位),3/4英寸的长度单位②数(字,序),数(字)位,(数)计数单(代)号,单值数③蚀分(太阳,月亮直径的 1/12). *binary digit* 二进制数字(位). *carry digit* 进位数字(位),移位数. *data digit* 不连续数据. *digit absorber* 数字吸收(器),消位(器),9位数字. *digit absorbing selector* 脉冲(数字)吸收选择器. *digit bit pulse* 数字二进位脉冲. *digit by digit method* 逐位法. *digit check* 数字校验. *digit duration* 数字脉冲宽度. *digit emitter* 数字脉冲发送器. *digit line* (数)位(驱动)线. *digit pair* 位偶(对). *digit period* 数字信号的周期. *digit place* 一位数的位置. *digit position* 位脉冲. *digit synchronization* 数字(位号)同步. *digit wheel* 符号(号码,数字)轮. *message digit* 信息符号. *multiplier digit* 乘数,因子数字. *nonzero digit* 非零位. *operated digits* 被加数的数字(位). *top digit* 高位(数),上一位. *The number 1980 contains four digits.* 1980是四位数.
digit-absorbing selector 脉冲(数字)吸收选择器.
dig′ital ['didʒit]] Ⅰ a. ①手指的,指(状)的,趾的②数字(式)的,计数的. Ⅱ n. 指,键. *digital approximation* 数值逼近(近似),近似值. *digital circuitry* 数字电路系统. *digital combiner* 数字组合器. *digital complement* 按位的补码. *digital computer* 数字(式)计算机. *digital data* 数字数据(信息,资料),数据信号. *digital detector* 数字式检测器,数字检波器,断续(计数)探测器. *digital display* 数字显示. *digital filter* 数字滤波器. *digital multiplexer* 数字信号复接器. *digital noise* 量化(数字)噪声. *digital pair* 位对(偶). *digital potentiometer* 数字(式)电位计(分压器). *digital printer* 指型(数字)印字机. *digital programming set* 数字程序编制器. *digital to analog converter* 数字模拟变换器. *digital voltmeter* 数字式电压表(伏特表).
dig′ital-an′alog(ue) a. 数(字)-模(拟)的.
digitalisa′tion 或 **digitaliza′tion** n. 数字化.

dig'italizer n. 数字化装置,数字器,数字变换器.
dig'itally ad. 用数字计算的方法,用计数法.
digital-to-analog ladder 数字-模拟转换阶梯信号发生器.
digital-to-video display 数字-视像转换式显示,数字-视像显示器.
dig'italyzer n. 模拟数字变换器,数字化装置,数字转换装置.
dig'itar n. 数字变换器.
dig'itate(d) ['didʒiteit(id)] a. 指〔掌〕状的,分指状的.
digita'tion [didʒi'teiʃən] n. 指状分裂,指状组织(突起).
digiti n. digitus 的复数.
digitiform a. 指状的.
digitigrade a.; n. 趾行的,趾行动物.
digitiser =digitizer.
digitiza'tion [didʒitai'zeiʃən] n. 数字化,数字转换.
dig'itize ['didʒitaiz] v. (模拟值的)数字〔计数〕化,使成为数字. digitized signal 数字化信号.
dig'itizer ['didʒitaizə] n. 数字(读出,转接,交换)器,模拟-数字转换器,连续诸元-数字形式变换装置.
Digitron n. 数字读出辉光管,数字指示管.
dig'itus (pl. dig'iti) n. 指,趾.
digitwise operation 按位(数字)运算.
Digivace n. 字母数字.
diverter n. 数字模拟信息转换装置,数模变换器.
Digivol =digital voltmeter 数字式电压表.
Digivue panel 迪吉维板,交流等离子体数字显示板.
diglos'sia [dai'glosiə] n. 使用两种语言(或方言).
di'glot ['daiglɔt] a.; n. 用(两国语言(出版))的(书).
dig'nified ['dignifaid] a. 尊严的,可敬的.
dig'nify ['dignifai] vt.①使显得有价值,授以荣誉,使增光(with)②把…夸大为.
dig'nity ['digniti] n.①真正价值②尊严,高位,体面. stand on 〔upon〕 one's dignity 保持尊严,摆架子.
digonal a. 对(二)角的. digonal axis 二角〔双角线)轴.
digonous a. 圆扁.
digram n. 双字母组合,二字母组.
di'graph ['daigrɑːf] n.; a. 两字一音(的),单音双字母(的),【计】有向图. ~ic a.
digress [dai'gres] vi. 扯开,离开(主题),插叙,脱轨(from).
digres'sion [dai'greʃən] n. 扯开,离题,【天】离角. ▲to return from the digression 言归正传.
digres'sive [dai'gresiv] a. (主)题外的,枝枝节节的. ~ly ad.
di'group n. 数字基群.
digs n. 〔美俚〕住所.
dihalide n. 二卤化物.
dihe'dral [dai'hiːdrəl] Ⅰ a.①二面(角)的,由两个平面构成的,V〔角〕形的②形成上反角的机翼的,(机翼)彼此倾斜成二面角的. Ⅱ n. 二〔两)面角,上反角. dihedral angle 二面〔上反)角. dihedral group 二面体群. dihedral reflector 二面反射器. inverted 〔negative〕 dihedral 下反角. lateral dihedral 横上反角.
dihe'dron n. 二面体.
diheptal base (阴极射线管的)14脚管座,14(管)脚插座.

dihexag'onal a. 双六角的,复六方的. dihexagonal prism 复六方柱.
dihexahe'dron n. 双六面体.
dihy'drate [dai'haidreit] n. 二水(合)物. dihydrate dolomitic lime 双水化石灰(石灰中 MgO 及 CaO 全部水化). uranium trioxide dihydrate 二水合三氧化铀.
dihy'dric a. 二羟基的,二元的,二氢的.
dihy'dride n. 二氢化物.
dihy'dro a. 二氢(化)的.
dihy'drogen a. 二氢的,(分子中)带两个氢原子的.
dihy'drol n. 二聚水 $(H_2O)_2$.
DIIC =dielectrically isolated integrated circuit 介质绝缘集成电路.
di-interstitials n. 双填隙,双填充子.
dii'odated 或 diiodinated 或 diiodizated a. 二碘化的.
dii'odide n. 二碘化物.
diiodofluorescein n. 二碘荧光素.
di-ionic a. 双离子的.
diisoamyl n. 二异戊基.
diisobutylene n. 二异丁烯.
diisocyanate n. 二异氰酸盐.
di-isopropylketone n. 二异丙基甲酮.
di-isotactic a. 双全同立构的,二顺式立构.
dikaon n. 双 K 介子.
dikaryoliza'tion n. 双核形成.
dikaryon n. 双核(细胞),双组核.
dike [daik] Ⅰ n. ①堤(防),堰,坝,土埂②沟,渠,壕,排水道③岩脉〔墙)④障碍物,防护栏⑤〔吹芯盒上〕密封条. Ⅱ vt. 筑〔围)堤(防护),用堤防堵,挖〔开〕沟(排水). dike lock 堤坝闸门. dike rock 脉〔墙)岩,半深成岩. diked marsh 圩地.
dike-dam n. 护堤,堤坝.
di'ker [daikə] n. ①筑堤工人②筑堤〔挖渠)机.
dike-rock n. 墙〔脉)岩.
dike-satellite n. 围脉.
dike'tone [dai'kiːtoun] n. 双酮,二酮(基).
dikites n. 墙〔脉,半深成〕岩.
dil =dilution 稀释(度),(冲)淡.
dilacera'tion n. 撕开〔除).
dilap'idated [di'læpideitid] a. ①倒〔坍)塌的,破烂(不堪)的,失修的,部分损毁的②浪费的,挥霍的.
dilapida'tion [dilæpi'deiʃən] n. ①残破不堪,(失修)倒塌,崩落〔塌)②物②挥霍.
dilap'idator n. 损坏者,浪费者.
dilapsus n. 分解,融解.
dilatabil'ity [daileitə'biliti] n. 膨胀性〔率〕,延(伸)性.
dila'table [dai'leitəbl] a. 会(可)膨胀的.
dila'tancy [dai'leitənsi] n. 膨胀(性),扩张(性),触稠性,切变膨胀,扩容(雷诺尔)现象,压力下胶液凝固性,膨胀化,扩容性,松散.
dila'tant [dai'leitənt] Ⅰ a. 膨胀(性)的,扩张(性)的,(由于膨胀)粘度增加并凝成固体的. Ⅱ n. 胀流型体,触稠体. dilatant fluid 胀流型流体, dilatant thickener 膨胀增稠器.
dila'tate [dai'leiteit] v.; a. 膨胀(的).
dilata'tion [dailei'teiʃən] n.①膨胀(度,比,系数),扩容(作用),扩张(展,散),体积增量②传播,伸缩,胀缩,蔓延. (地震波)向震中②详述. dilatation constant 膨胀常数. dilatation joint 膨胀[伸缩]缝. lattice dilatation 晶格膨胀. life-time dilatation 寿命的延长. time dilatation (相对论的)时间相对变慢效应.

dilata'tional [dailei'teiʃən(ə)l] *a*. 膨胀的,扩张的. dilatational wave(s) 膨胀[疏密]波.

dilate' [dai'leit] *v*. ①(使)膨胀,(使)扩大,扩张,张大(开) ②详述[谈](on, upon). dilated septum 膨胀隔壁. dilating circular scan 圆形扩张扫描.

dila'tion [dai'leiʃən] *n*. ①膨胀(度)扩大(展)张)②向震中③详述.

dila'tive [dai'leitiv] *a*. 膨胀(性)的,引起膨胀的,张开的. dilative soil 膨胀土.

dilatom'eter [dailə'tɔmitə] *n*. 膨胀计(仪).

dilatomet'ric *a*. 测膨胀的,膨胀测定的. dilatometric test 膨胀仪检验.

dilatom'etry *n*. 膨胀(计)测量[定]法.

dila'tor [dai'leitə] *n*. 膨胀箱[物],扩张肌[器],详述者.

dil'atorily ['dilətərili] *ad*. 慢慢地,迟迟,缓慢.

dil'atoriness *n*. 迟缓,缓慢.

dil'atory ['dilətəri] *a*. 缓慢的,拖延(拉)的.

dil(d) =dilute(d) 稀释(了)的,冲淡(的).

dilecto *n*. 电木(酚醛树脂)压层材料.

dilem'ma [di'lemə] *n*. ①两刀[端]论法,二难推论,难题 ②困境,进退两难. *a way out of the dilemma* 摆脱困境的方法. dilemma zone (标志混乱的)迷向区间. space-time dilemma 空时难题. ▲*be in a dilemma* 进退两难(维谷). *put* … *in* [*into*] *a dilemma* 使…陷入进退两难的境地.

dilemmat'ic *a*. 两刀论法的,左右为难的.

di-lens *n*. 介质透镜.

dilepton *n*. 双轻子.

dilettan'te [dili'tænti] (pl. *dilettan'ti*) *n*.;*a*. 艺术[科学业余]爱好者[的],外行(的).

Dil'i ['dili] *n*. 帝力(东帝汶首都).

dil'igence ['dilidʒəns] *n*. 勤劳[奋],努力,注意,用功(in). *build our country through diligence and frugality* 勤俭建国.

dil'igent ['dilidʒənt] *a*. 勤劳[奋]的,努力的,刻苦的,用功的. *be diligent at one's lessons* 努力学习. *be diligent in one's work* 努力工作. ~*ly ad*.

dill'y-dally ['dilidæli] *vi*. 犹豫,磨蹭,浪费时间.

dil'uent ['diljuənt] *n*.;*a*. 稀释剂[液,物质]的,冲淡剂[液,物质]的. *diluent air* 加稀空气. *diluent naphtha* 石脑油溶剂. *organic diluent* 有机稀释剂. *scattering diluent* 散射剂.

dilutabil'ity *n*. (可)稀释度.

dilute' [dai'lju:t] Ⅰ *v*. 稀释,冲淡,使稀薄,变稀(淡), 搀入,(由混合,搀入)减弱…的力量. Ⅱ *a*. 淡的,稀(薄,释)的,薄弱的. *dilute alloy* 低合金. *dilute sulfuric acid* 稀硫酸. *diluted colour* 淡色,非饱和色. *dilute(d) concentration* 稀(释)浓度.

dilutee' [dailju:'ti:] *n*. 担负熟练工人一部分工序的非熟练工人.

dilu'ter *n*. 稀释液[剂].

dilu'tion [dai'lju:ʃən] *n*. ①稀释,冲淡,稀[薄]化,变稀[弱] ②稀[释]度,淡度,白光冲洗的程度 ③稀释[冲淡]物. *atmospheric dilution* 排入大气. *dilution gauging* 溶液法测流. *dilution of charge* 装药. *isotope dilution* 同位素稀释. *serial dilution* 连续稀释法.

dilutus (拉丁语) *a*. 稀释的.

dilu'via [dai'lju:vjə] diluvium 的复数.

dilu'vial [dai'lju:vjəl] *n*.;*a*. 洪积(层)(的),(大)洪水的,洪水引起的,坡积(沉积物)的. *diluvial formation* (*layer*) 洪积层.

dilu'vian [dai'lju:vjən] *a*. =diluvial.

dilu'vium [dai'lju:vjəm] (pl. *diluviums* 或 *diluvia*) *n*. 【地】洪积层[物]设,大洪水.

dilvar *n*. 迪尔瓦镍铁合金(镍 42~46%,铬 54~58%).

dim [dim] Ⅰ (*dimmer, dimmest*) *a*. ①不亮的,暗淡的,朦胧的,(看)不清楚的,模糊(不清)的 ②无光泽的,消光的迟钝的. Ⅱ *n*. (汽车)小光灯,前灯的短焦距光束. *dim light*(车头)小(光)灯,微亮. *dim light circuit* 微亮(暗光)电路.
Ⅲ (*dimmed; dimming*) *v*. 使(变)暗淡[模糊,微弱],灯光管制,减低亮度,(使)失去光泽. *dimmed illumination* 城市车灯,(汽车)小光灯. ▲*dim out* 遮暗.

dim = ①dimension 尺寸,量纲,维 ②dimidius 半,二分之一 ③diminutive 小(型)的 ④dimmer 遮光器 ⑤dimming 暗淡.

dime [daim] *n*. (美国、加拿大银币)一角,十分之一. *a dime a dozen* 大量的,多得不希罕,平凡的. *do not care a dime* 毫不在乎. *get off the dime* 开始. *on a dime* 在极小地方,立即.

dimeg'aly [dai'megəli] 大小不一(状态).

dimen'sion [d(a)i'menʃən] Ⅰ *n*. ①尺寸(度),线度,外廓尺寸,长、宽、厚,高②量纲,因次,(次)元③维(数),度(数)④(pl.)面积,容(体)积,大小⑤范围,方面,【计】数组. Ⅱ *vt*. 量[定,标出,注(以)]尺寸,定尺度,选定(…的)断面(尺寸),计算,加工成所需要的尺寸. *draw* … *in two* [*three*] *dimensions* 画成二(三)维的. *base line dimensioning* 基线标注(法). *dimension line* 尺寸线. *dimension lumber* 标准尺寸木材. *dimension of picture* 图像尺寸,图象纵横比,象幅. *dimension relation* 量纲关系. *dimensions chart* 轮廓尺寸图. *dimension scale* 尺寸比例. *dimension statement* [*word*] 维数语句. *dimension stone* 建筑[标准尺寸]石料. *maximum moving dimensions* (车辆的)最大型限. *overall dimensions* 总(全,最大,外形,外廓,极限,临界)尺寸. *pressure dimension* 压力因次. *recorded spot X dimension* 被记录光点在 X 方向的尺寸. *set dimension* 规(固)定尺寸. *superficial dimension* 两元性,表面尺寸. *two* [*three*] *dimensions* 二(三)维空间. *zero dimension* 无因次,零维数. ▲(*be*) *of great* [*vast*] *dimensions* 非常大的,庞大的,极重大的. (*be*) *of one dimension* 一度的,线性的. (*be*) *of three dimensions* 三度(维)的,立体的. (*be*) *of two*

dimensions 二度〔维〕的，平面的. *take the dimensions of* 丈量. *the three dimensions* 长，宽，厚〔高〕.

dimen'sional [di'menʃəl] *a.* ①尺寸的，有尺度的，空间的②量值的，维量〔数〕的③…维的，（空间）的，（次）元的. *dimensional analysis* 量纲〔因次，维度〕分析. *dimensional drawing* 轮廓〔尺寸〕图. *dimensional method* 量纲法，因次理论法. *dimensional orientation* 空间〔三度〕定向，确定空间坐标. *dimensional output* 公称输出功率. *dimensional regularization* 维数法规则化. *dimensional scaled model* 比例模型. *dimensional stability* 形稳性，尺寸稳定性. *dimensional tolerance* 尺寸容许差. *two〔three〕dimensional* 二〔三〕维的，二〔三〕度〔空间〕的，平面〔立体〕的. *zero dimensional* 零维的，无因次的.

dimensional'ity [dimenʃə'næliti] *n.* 维〔度〕数.

dimen'sionless [di'menʃənlis] I *a.* 无尺寸〔单位〕的，无量纲〔因次，维〕的，相对单位表示的，无限小的. II *n.* 无穷小量.

di'mer ['daimə] *n.* 二聚物.

dimercaprol *n.* 二巯基丙醇.

dimer'ic [dai'merik] *a.* （形成）二聚（物）的，由两部分组成的，由两种因素决定的.

dimerisa'tion 或 **dimeriza'tion** [daimərai'zeiʃən] *n.* 二聚（作用），双原子分子的形成.

di'merise 或 **di'merize** ['daiməraiz] *v.* 二聚，（使）聚合成二聚物.

di'merism *n.* 二聚性.

dim'erous ['dimərəs] = dimeric.

dime-size *a.* 微型的.

Dimet wire 迪梅特线（一种包铜的铁镍合金导线）.

dimetala'tion *n.* 二金属取代作用.

dimetasomatism *n.* 双交代作用.

dimethyl *n.* 二甲基，乙烷. *dimethyl ammonium chloride* 二甲氯化铵（一种有机阳离子稳定土壤剂）. *dimethyl benzene* 二甲苯. *dimethyl sulfate* 硫酸二甲酯.

dimethylbenzene *n.* 二甲苯.

dimethylbutadiene rubber 二甲丁二烯橡胶，甲基橡胶.

dimethylethanolamine *n.* 二甲乙醇胺，二甲（基）胆胺.

dimethylhy'drazine [daimeθəl'haidrəzin] *n.* 二甲（基）肼（用于火箭燃料之可燃腐蚀液体）.

dimethylketazine *n.* 二甲基甲酮连氮.

dimet'ric [dai'metrik] *a.* ①正方的，四角〔边〕形的②二聚的.

dimi *n.* 万分之一（= 10⁻⁴）.

dimid'iate I [di'midiit] *a.* 二〔两〕分的，折〔对〕半的. II [di'midieit] *vt.* 把…（二）等分，把…折〔减〕半.

dimidius （拉丁语）*n.* 半，二分之一.

dimin'ish [di'miniʃ] *v.* 缩少〔低，弱，小〕，缩小〔短〕，递减，减半音，由大变小，（使）成尖顶. *diminished arch* 平圆拱. *diminished fifth* 减五（音）度.

dimin'ishable *a.* 可缩减〔削弱〕的.

diminished-radix complement （根值，基数）反码，减 1 根值〔根值减 1〕补码.

dimin'isher [di'miniʃə] *n.* 减光〔声〕器.

diminu'tion [dimi'njuːʃən] *n.* ①减少〔低，弱，缩，小（量）〕，缩小〔短〕，递减，衰退②尖顶，变尖. *diminution factor* 衰减率，衰减常数，衰退因数. *diminution of roots* 缩（减）根法.

diminutival *a.* 缩小的.

dimin'utive [di'minjutiv] I *a.* 小（型）的，小得多的. II *n.* 微小的东西. ~ly *ad.* ~ness *n.*

dim'ly ['dimli] *ad.* 暗淡〔模糊，朦胧〕地.

dim'mer ['dimə] *n.* ①遮〔减，调〕光器，衰减器，减光线圈，减光滑线变阻器，（灯）罩，光度调整器，制光装置，使变暗的东西②（pl.）（汽车）小光灯，光束焦距短的车辆前灯. *dimmer coil* 减光线圈. *dimmer resistance* 减光器变阻器. *dimmer sweep trace* 扫描暗迹.

dim'mish ['dimiʃ] *a.* 暗淡的，朦胧的.

dim'ness ['dimnis] *n.* 暗淡，朦胧，模糊.

dimolec'ular [daimou'lekjulə] *a.* 二〔双〕分子的.

dimor'phic [dai'mɔːfik] I *a.* 双晶〔形〕的，（同种，同质）二形的，同时具有两种特性的，同质二象的. II *n.* 同质二形体.

dimor'phism [dai'mɔːfizəm] *n.* 双晶现象，（同质）二形，二态（形）性，二态（形）现象，同种二型性.

dimor'phous [dai'mɔːfəs] *a.* = dimorphic.

dim'out ['dimaut] *n.* 昏暗，灯光暗淡，节电，灯火（警戒）管制.

dim'ple ['dimpl] I *n.* ①凹（座，痕），坑，陷窝，表面微凹，波纹，变异（一种浅层地震速度异常）②脸上的酒窝. II *v.* 起波纹，生漩涡. *etched dimple* 腐蚀陷窝.

DIMPLE = Deuterium-Moderated Pile 氘中级堆，小功率重水反应堆.

dim'ply ['dimpli] *a.* 凹（陷）的，有波纹的.

dimuon *n.* 双 μ（子）.

Dimus = Digital multibeam steering 数字多波束阵.

dim-witted *a.* 笨的，愚蠢的.

din [din] *n., v.* ①喧〔吵〕闹（声），（发）嘈杂声②再三叮嘱，三番五次告诫.

DIN = Deutsche Industrie Normen 德国工业标准（西德）. "定"（用于标示照像胶卷感光速度，例如常用的胶卷为 21 定）.

DINA = direct noise amplifier 直接噪声放大器，一种起伏噪声〔电压〕调制的雷达干扰机.

dinamate *n.* 一种低频噪声调制雷达干扰机的监视接收机.

dinar ['diːnɑː] *n.* 第纳尔（阿尔及利亚、伊拉克、约旦、南斯拉夫等国的货币单位）.

dinas *n.* 砂（硅）石. *dinas brick* 硅（石）砖. *lime dinas* 石灰硅石.

dinch *vt.* 压熄（烟火等）.

dine [dain] I *v.* 吃饭，用膳，宴请. II *n.* 炸药.

dineu'tron [dai'njuːtrɔn] *n.* 双中子.

ding [diŋ] *v., n.* ①猛击（敲），敲响，叮当响②勺缝③（pl.）特殊的弯折.

ding-dong ['diŋ'dɔŋ] I *n.; a.; ad.* 叮（叮）当（当）（声，的），激烈的，拼命的. II *v.* 发叮当声，多次重复给…加深印像.

dinger *n.* 铁道终点站站长.

din'gey 或 **din'ghy** ['diŋgi] *n.* 小船〔艇，舢板），橡皮艇，折叠式救生筏.

din'gily ['dindʒili] *ad.* 微黑，黯淡地，肮脏地.

din'giness ['dindʒinis] *n.* 微黑，黯淡，污秽.

din'gle ['diŋgl] *n.* 小(深)溪,幽谷,小排水沟.

din'got *n.* 直熔锭. *uranium dingot* 直熔铀锭.

din'gus ['diŋəs] *n.* 小装置,小机件,那玩意儿.

din'gy ['dindʒi] I *a.* (昏)暗的,微黑的,失去光泽的,弄脏了的,污秽的. II *n.* =dingey.

din'ical *a.* 眩晕的.

dinicotinoylornithine *n.* 二烟酰.

di'ning ['dainiŋ] *n.* 吃饭,用膳,正餐(午餐,晚餐).

di'ning-car *n.* 餐车.

di'ning-hall *n.* 餐厅.

di'ning-room 食堂,餐(饭)厅.

di'ning-table *n.* 餐桌.

dinitrate *n.* 二硝酸盐.

dinitro- [词头] 二硝基.

dinitrobenzene 或 **dinitrobenzol** *n.* 二硝基苯.

dinitrofluorobenzene *n.* 二硝基氟苯.

dini'trogen *n.* 二氮,分子氮.

dinitronaphthalene *n.* 二硝(基)萘.

dinitrophe'nol [dainaitrou'fi:nɔl] *n.* 二硝基苯酚(DNP).

dinitrophenolate *n.* 二硝基酚.

dinitrophenyla'tion *n.* 二硝基苯基化,DNP 化.

dinitrotoluene *n.* 二硝(基)甲苯.

din'key ['diŋki] I *a.* ①极小的②漂亮的,整齐(洁)的,精致的. II *n.* 小型(路程极短)的电车,(调车用)小型机车. *dinkey locomotive*(调车及运土、石用)窄轨(轻便)机车.

dinking machine 平压切断机.

dink'um ['diŋkəm] I *n.* 认真的工作,劳动,真相. II *a.* 纯粹的,真正的,可靠的,极好的. *dinkum oil* 真相.

din'ky =dinkey.

din'na [苏格兰语]=do not.

din'ner ['dinə] *n.* 正(午、晚)餐,宴会. *early* [*late*] *dinner* 午[晚]餐. *have dinner* 吃饭. *It's time for dinner.* 吃饭时间到了. ▲*ask* … *to dinner* 请…吃饭. *be at dinner* 正在吃饭. *give a dinner for* [*in honour of*] 设宴招待.

dinner-pail *n.* 饭盒.

dinner-service 或 **dinner-set** *n.* 成套的餐具.

dinner-waggon *n.* (有脚轮的)食品输送架.

Di'nosaur *n.* 恐龙属.

Dinoseis *n.* 气动震源(商标名).

dint [dint] I *n.* 凹(打,压)痕. II *vt.* 打出凹痕,压[打]凹. ▲*by dint of* 由于,凭(借)…的力量.

dinu'clear *a.* 两(双)核的,两环的.

dinu'cleon *n.* 双核子.

dinucleotide *n.* 二核试酸.

DIO 或 **dio** =diode 二极管.

diocroma *n.* 锆石.

dioctyl *n.* 二辛基.

dioctyl phthalate 二甲酸,二辛酯.

dioctylamine *n.* 二辛胺.

di'ode ['daioud] *n.* 二极管. *diode gun* 二极电子枪. *diode transistor logic* 二极管-晶体管逻辑. *junction diode*(面)结型二极管.

di'odeless *a.* 无二极管的.

diode-logic *n.* 二极管逻辑(电路).

diode-parametric *a.* 二极管参量的.

diode-pentode *n.* 二极-五极管.

diode-tetrode *n.* 二极-四极管.

di'ode-tri'ode *n.* 二极-三极管.

dioecious *n.*; *a.* 雌雄异体(的),雌雄异株(的).

diol *n.* 二(元)醇.

dioldehydrase *n.* 二醇脱水酶.

diolefin(e) *n.* 双(二)烯, (pl.)双烯(烃).

diolefinic *a.* 双(二)烯的.

diop'side *n.* 透辉石.

diopsidite *n.* 透辉石岩.

dioptase 或 **dioptasite** *n.* 透视石(一种绿铜矿).

diop'ter [dai'ɔptə] *n.* ①屈(折)光度②屈光率单位(透镜焦点距离米的倒数,凸透镜为+,凹透镜为-)③瞄(照)准器(仪)④镜(视)孔,觇(瞄)孔.

dioptom'eter [daiɔp'tɔmitə] *n.* 屈(折)光度计,眼折光力计.

dioptra *n.* 测量高度及角度用的一种光学装置.

dioptre =diopter.

diop'tric(al) [dai'ɔptrik(əl)] *a.* 屈(折)光(学)的,折光(射)的. *dioptric (glass) lens* 屈光(透)镜. *dioptric imaging* 折射成像. *dioptric strength* 焦度. *dioptric system* 屈光组,折(屈)射光学系统. ~ally *ad.*

diop'trics [dai'ɔptriks] *n.* 屈光学,折(射)光学.

Dioptrie [德语] *n.* 焦度.

dioptrom'eter *n.* 折(屈)光度计.

diopt(r)os'copy *n.* 屈光测量法.

di'optry ['daiɔptri] *n.* 折(屈)光度,折光单位.

diorama [daiə'rɑ:mə] *n.* 透视画. **dioram'ic** *a.*

di'orite ['daiərait] *n.* 闪长(岩)岩. **dioritic** *a.*

diortho'sis [daiɔ:'θouisis] *n.* 矫正术.

diose *n.* (=biose)乙糖.

diosmo'sis *n.* (相互)渗透.

di'otron *n.* 计算电路,噪声二极管测量仪,交叉电磁场微波放大器.

dioxan(e) [dai'ɔksein] *n.* 二噁烷,二氧杂环己烷,二氧己环.

dioxazine(s) *n.* 双噁嗪(类)(染料).

diox'ide [dai'ɔksaid] *n.* 二氧化物. *carbon dioxide* 二氧化碳. *copper dioxide* 过氧化铜. *solid carbon dioxide* 固体二氧化碳,干冰.

dioxydichloride *n.* 二氯二氧化物.

diox'ygen *n.* 二氧分子氧.

dioxysul'fate *n.* 硫酸双氧.

dioxysul'fide *n.* 一硫二氧化物.

dip [dip] I (*dipped*; *dipping*) *vt.* ①浸(渍,入,一浸),沾,蘸,泡,插②汲(取,出),舀. II *vi.* 倾斜(落,伏),偏倾,下倾(垂,陷),吊(挂)下来,沉入,下沉,下(骤)降. *dip the head-lights of a car*(错车时)把汽车前灯的光变暗. *dipped electrode* 浸液电极,手涂焊条. *dipping and heaving* 上下浮动. *dipping needle* 磁倾针(仪). ▲*dip below* 降至…以下. *dip (M) in* [*into*] *N*(把 M)浸[插]入 N 中, (把 M)在 N 中浸一浸(蘸一蘸), (把 M)伸入 N 中(水). *dip into*(在…里)浸一浸(蘸一蘸),没(潜)入,浸在(泡在)…里;舀[取],掏[出],浏览,略看一看;仔细研究,细思;预想,希望. *dip out* [*up*]舀,汲取. *dip M out of N* 自 N 中汲 M.

II *n.* ①浸渍(涂),蘸湿,泡②汲取,一勺③脱洗,洗[浸]液,蘸(洗)液,溶液,液体④(向下)倾(斜),

向,斜坡,俯(偏)角,(磁)倾角,磁针倾斜⑤下〔降〕落,下沉⑥垂度,地度⑦(游标卡尺上的)深度尺⑧坑,谷,凹下部分,嵌入〔暗藏〕式(开关,插火). *absorption dip* 吸收曲线中的下落,吸收引起的下落. *bright dip* 光亮浸液,浸亮剂,电解液浸渍(脱锈过程). *dip angle* 倾角,倾斜角. *dip application* 浸涂施工. *dip can* 选择器. *dip circle* 磁倾仪. *dip coating* 浸(渍)涂(料,敷),浸漆,浸入涂层,热(浸)镀. *dip compass* 测斜(倾度)仪. *dip counter* 负载计数管 *dip current* 谷值电流. *dip equator* 地磁赤道. *dip fault* 倾斜断层. *dip gauge* 垂度规. *dip hatch* 〔*hole*〕计量口. *dip joint* 倾向节理. *dip log* 地层倾角测井(仪). *dip lubricating system* 浸入润滑系统. *dip meter* 测试振荡器 *dip needle* 倾角测量仪. *dip mica condenser* 浸入式云母电容器. *dip molding* 浸渍成型(模型). *dip needle* 磁倾针〔仪〕. *dip of the horizon* 地平俯角. *dip of the track* 径迹深度. *dip phenomenon* 谷值现象. *dip rod* 〔*stick*〕量油杆,浸量〔机油〕尺,水位指示器. *dip separation* 倾向隔距. *dip shooting* 倾向爆破,倾角爆法. *dip sign* 注部警告标志. *dip soldering* 浸(入)焊(接). *dip tank* 融冰槽. *dip transfer technique* 短路过渡焊接. *dipped headlamp* 光线投向地面的(汽车)前灯. *erection dip* 垂度. *horizon dip* 倾斜,(地平)俯角. *hot dip* 热〔浸〕镀. *intensity dip* 强度降落,强度(曲线上的)坑. *local dips* (流量的)局部扰动. *solder dip* 浸焊. ▲ *have* 〔*take*〕*a dip in* 在……中浸一浸(泡一泡).

DIP = ①double in-line package 双列直插式组件②dual in-line package 双列式封装 ⑧dust infall predominant 尘埃降落占优势.

dipar'tite *a*. 分成几部分的.
dip-braze *n*. 铜浸焊.
dip-circle *n*. 磁倾计.
dip-coating *n*. 浸涂,浸渍涂层.
di'phase 〔*daifeiz*〕*a*.; *n*. 双(二)相(的).
dipha'ser 〔*dai'feizə*〕*n*. 二相(双相交流)发电机.
dipha'sic 〔*dai'feizik*〕*a*. 二相的,二个时期的,双相性的.
diphenol *n*. 二(元)酚,联苯酚.
diphen'yl 〔*dai'fenl*〕*n*. 二苯基,联(二)苯. *diphenyl chloroarsine* 二苯氯胂. *diphenyl methane* 二苯基(代)甲烷. *diphenyl oxide* 二苯醚,二苯基氧.
diphenylamine 〔*daifenilə'mi:n*〕*n*. 二苯胺.
diphenylene *n*. 二(双)苯撑,二联苯.
diphenylethylene *n*. 二苯基(化)乙烯.
diphenylmethane *n*. 二苯基(代)甲烷.
dipho'nia 〔*dai'founiə*〕*n*. 复音,双音.
diphosgen(e) *n*. 双光气.
diphosphate 或 **diphosphonate** *n*. 二磷酸盐(酯),磷酸氢盐.
diphthe'ria *n*. 白喉.
diphtherin *n*. 白喉毒素.
diph'thong 〔*difθoŋ*〕*n*. 双(复合)元音.
Diphyl *n*. 狄菲尔换热剂(二苯及二苯氧化物的混合物).
dipion *n*. 双π(介子).
dip-joint *n*. 倾向节理.

dipleg *n*. 浸入管.
diplex' 〔*di'pleks*〕**Ⅰ** *n*. 同向双工(制),双信号同时同向传送. **Ⅱ** *a*. 双工的,双通路的. **Ⅲ** *v*. 加倍,复用. *diplex circuit* 同向双工电路,双讯件传电路,双发射机共天线耦合桥路. *diplex generator* 双频信号发生器. *diplex operation* 双工通信,两信号同时同向传输. *diplex telegraphy* 单向双路电报.
diplex'er 〔*di'pleksə*〕*n*. 双工器(机),(同向)双讯器,两(双)信件传机,天线分离滤波器,天线共用器(两个发射机共用一台天线的设备).
diplex'ing 〔*di'pleksiŋ*〕*n*. (同向)双工法.
diplo- 〔词头〕二重,双,复.
diplobacillus *n*. 双杆菌.
diploblastica *n*. 双胚层,两种胚叶组成的.
diplococcus *n*. 二联球菌,双球菌.
diplodiza'tion *n*. 双元(倍)化.
diplodnabactivi'rus *n*. 双脱噬菌体,双 DNA 噬菌体.
dip'logen 〔*diplodʒin*〕*n*. 氘,重氢.
diplogram *n*. 双像.
diplohy'drogen *n*. *diplo'haidridʒən* *n*. 氘,重氢.
diploid' 〔*di'ploid*〕*a*. 二重(倍)的,倍数的,双的,重的,具两套染色体的,二倍体的.
diploidiza'tion *n*. 二倍化.
diploidy *n*. 二倍态.
diplo'ma 〔*diploumə*〕*n*. (*pl. diplomas* 或 *diplomata*) *n*. (毕业,学位)证书,执照,公文,奖状,特许证.
diplo'macy 〔*di'plouməsi*〕*n*. 外交(手段),(交际,打交道)的手段.
diploma'd 或 **diplomaed** 〔*di'ploumǝd*〕*a*. 持有执照〔文凭〕的.
dip'lomat 〔*diploumæt*〕*n*. 外交家,外交官.
diplo'mata 〔*di'ploumətə*〕*diploma* 的复数.
dip'lomate 〔*diploumeit*〕*n*. 有文凭者,获得官方证明文件之专科医生,获证书者.
diplomat'ic 〔*diplo'mætik*〕*a*. 外交(上,工作)的,有外交手腕的,[印]一字不改的. *diplomatic corps* 〔*body*〕外交使团. *diplomtic edition* 仿真本. *diplomtic evidence* 文献上的证据. *diplomatic service* 外交部门,(全体)外交人员. ~*ally ad*.
diplo'matise 或 **diplo'matize** *v*. 用外交手段,做外交工作.
diplo'matist *n*. 外交家,外交官.
dip'lon 〔*diplən*〕*n*. 氘(重氢)核.
diplonema *n*. 双线.
diplophase *n*. 二倍期,双元相,二倍体阶段.
diplopia 或 **diplopy** *n*. ①复视,复现②双像,双影.
Diplopoda *n*. 倍足亚纲.
diploscope *n*. 二眼视力计.
diplo'sis *n*. 加倍作用.
diplosome *n*. 双心体.
diplostomiasis *n*. 黑点病,复口吸虫病.
dip'meter *n*. ①栅(流)陷(落式测试)振荡器②倾角仪,倾斜仪,地层倾角(测井)仪.
dip-needle *n*. 磁针计,磁倾仪.
Dipnoi *n*. 肺鱼(亚)纲.
dipo'lar 〔*dai'poulə*〕*a*. 两(双,偶)极(性)的. *dipolar coordinates* 双极坐标. *dipolar ion* 偶极离子. *dipolar polarizability* 偶极子极化率.

dipolar'ity n. 偶极性.

di'pole ['daipoul] n. ①偶极(子,力,天线),对称振子,二极(磁铁),双极点,偶源(水)②双合价. *dipole antenna* 偶极(子)天线. *dipole approximation* 双极点近似. *dipole array* 多(偶极)振子天线阵,天线阵,偶极排列. *dipole dislocation* 偶极位错. *dipole element* 偶极(对称)振子. *dipole layer* 偶极子层,双电荷层. *dipole microphone* 双面传声器(内装两个相互独立的). *dipole mode* 偶极子振荡型,双对振子振荡模(型). *dipole moment* 偶极矩. *dipole oscillator* 双极(偶极)子振荡器,偶极振子. *ion dipole* 离子偶极. *off-centered dipole* 偏离中心偶极子. *skirt dipole* 套筒式偶极子,套筒式偶极天线. *sleeve dipole* 同轴偶极子.

dipole-dipole interaction 偶极-偶极相互作用,偶极子间相互作用.

dipole-elastic loss 高弹(链段)偶极损耗.

dipole-quadrupole interaction 偶极-四极相互作用.

dipole-radical loss 侧基偶极损耗.

dipol'ymer n. 二聚物.

Dippel's oil 骨焦油,地帕油.

dip'per ['dipə] n. ①(铲,长柄,取样)杓,(挖土机等的)铲(杓),戽斗,汲器,油匙,药(显影)液槽,单人手浇包②浸渍(制)工人③北斗星,大熊星座④近距灯,照地灯. *dipper dredger* 单(杓)斗挖泥机. *dipper sample* 用杓取得的样品. *dipper sheave block* (挖土机等的)铲. *dipper teeth* (挖土机等的)铲斗齿(齿刀).

dip'perstick n. 水位指示器,测量尺,量油尺.

dip'ping ['dipiŋ] n. ; a. ①倾斜(的),下倾(的),垂弛,下垂(的),磁倾(的)②浸渍(染,法),酸洗(的),收脂,刮脂,腐蚀金属(的). *dipping asdic* 声纳. *dipping coil* 浸渍线圈. *dipping coil primary means* 电磁式检测设备. *dipping compass* 矿用罗盘,倾角仪,磁倾针. *dip(ping) counter* 负载计数管. *dipping refractometer* 浸液(式)折射计. *hot dipping* 热浸(镀). *solder dipping* 浸焊.

dipping-needle ['dipiŋniːdl] n. 磁倾针.

dippy twist 转落,(螺[尾])旋.

diproton n. 双质子.

dip-slope n. 倾向坡.

dip-solder v. 浸焊.

dip'stick ['dipstik] n. 测深尺,(测液深用)测杆,(量)油尺,量尺(杆),水位指示器.

Diptera n. 双翅目.

dipteral a. 双翼的,两侧有双层柱廊的.

dipteros n. 双侧有双层柱廊的建筑物.

dipterous a. (有)双翅(目)的,双翅类的.

diquark n. 双夸克.

Dir 或 **dir** = ①direct 直接 ②direction 方向 ③directional 方向的 ④director 指挥,导向器,控制仪表.

DIR COUP =directional coupler 定向耦合器.

Dir Filt-Equip =direction filter equipment 方向滤波器.

dirad'ical n. 双游离基,二价自由基.

dire ['daiə] a. 可怕的,悲惨的,极度的,非常的. *in dire need of* 极需. ~ly ad.

direct' ['diˈrekt 或 daiˈrekt] Ⅰ a. ①直(接,率,流,射)的,笔直的,正(面,向)的②定向的③明白的. Ⅱ ad. 一直(地),直接地,笔直. *direct access* 直接进路,直接(随机)取数,直接存取(访问),随机访问(存取). *direct acting* 直接作用(传动,动作,操作)的. *direct activities* 直接业务. *direct axis* 纵轴. *direct bearing* 导向轴承,直接(引导)方位. *direct capacitance* 静电容,直接(部分)电容. *direct capacity ground* 对地电容. *direct casting* 顶(上)铸. *direct code* 直接码,绝对代码. *direct component* 不变分量,直流分量,直接部分. *direct condenser* 回流冷凝器. *direct copy* 机械靠模. *direct current and voice pass filter* 低通滤波器. *direct drive* 直接传动(驱动). *direct earth capacitance* 对地电容. *direct feed* 直接供(馈)电,(自动线上)(工件)直接传送. *direct feedback* 直接(刚性)反馈. *direct fire* 活火(头),直接烧,直接(瞄准)射击. *direct gasoline* 直接分馏汽油. *direct grid current* 栅极直流分量,栅极直流. *direct imaging optics* (采用三个氧化铅摄像管和一个分光棱镜的)直接成像系统. *direct impact* 正碰,直冲. *direct impulse* 正向脉冲. *direct indecomposable* 不可直分的. *direct light* 直射光. *direct lighting* 直(接)照(明). *direct limit* 正向极限. *direct metal* 直接由矿石炼得的金属. *direct on-line processor* 直接联机(线)处理机. *direct operational features* 直接营运设施. *direct or with transhipment* 直运或转船. *direct particle* 原始粒子. *direct pick-up* 直接拾波(摄影,摄像),直接录音,广播室广播. *direct (position of) telescope* 正镜. *direct product* 直积. *direct proportion(ality)(ratio)* 正比(例). *direct pulse* 直达(探测)脉冲. *direct reading bridge* 直读式电桥. *direct readout* 直接读出,直读装置. *direct seeding* 直播. *direct selector* 直接选择器,简单调谐旋钮. *direct shear* 直接剪刀,直剪. *direct sound* 直达声. *direct strain* 直接应变. *direct stratification* 原生层理. *direct stress* 正(直接)应力. *direct sum* 直和. *direct supply* 直流电源. *direct tensile stress* 直接拉应力. *direct through line* 直通线. *direct translator* 声谱显示仪. *direct transmission* 直接传送(通信). 正透射. *direct trunk* 直通中继线. *direct wave* 直达(非反射)波. *direct welding* 双面点焊. *direct wire circuit* 单线电路. Ⅲ v. ①指挥,示(点),引导,导引,管理,支配,控制,操纵,命令,修(校)正②对准,指向,使…朝向,水平瞄准③把…寄至(to). *directed energy* 定向能量. *directed line* 有向文线,定向线. *directed number* 有符号数. *directed reference flight* 指推基准飞行. *directed tree* 直接树形(网络). *directing line* 导线. *directing magnet* 控制磁铁. *directing point* 基准点. *directing property* 定向性. *directing sign* 指向标. *list directed transmission* 表式传输. ▲*be directed toward* 以…为目标,目的在于,向着. *direct M across N* 使 M 横穿过 N. *direct M against* [at, on to, onto, to, towards] N 把 M 对准[向着,朝着,对到,射向] N. *direct one's at-*

tention to(使某人)注意. *direct one's energies to* 致力于. *direct to* [toward] 指[射,流]向,对着[准].

direct-acting *a.* 直接作用[传动]的.
direct-arc *a.* 直接电弧的.
direct-axis *n.* 直[顺]轴.
direct-challenge system 直接呼叫[询问]系统.
directcolour print 直接着色印刷.
direct-connected *a.* 直[接]连[接]的,直接传动的,悬挂[式]的.
direct-coupled *a.* 直接[耦合]的.
direct-current *n.* 直流(电).
direct-current-alternating-current converter 直流-交流变换器.
direct-cut operation 硬切换.
direct-drive *a.* 直接传动的. *direct-drive dial* 无游标[简单]刻度盘,直接传动度盘.
direct-fired *a.* 直接用火加热的.
direct-flow *a.* 直流的,单向流动的.
direct-insert *a.* 直接插入的.
direc'tion [di'rekʃən 或 dai'rekʃən] *n.* ①(方,定,指,矢,流)向,方位[面],范围②倾向,方针③指导[挥,示],操纵,管理,指令,校正,水平瞄准⑤(常用 pl.)指示,用法,说明(书). *azimuth direction* 方位角向. *chord direction* 弦向. *crystal direction* 结晶定向. *current direction* 电流方向. *direction arm* 指路牌. *direction cosine* 方向余弦. *direction distribution* 按[定]向分布. *direction finder* 探[测,定]向器,无线电罗盘,方位仪. *direction meter* [无线电[向]]向器. *direction of extinction* 消光方向,消光方向. *direction of lay* 捻向. *direction sign* 指路[方向]标志. *directions for use* 用法[使用]说明. *horizontal direction* 方位. *incidence direction* 入射方向. ▲*directions for use* 用法说明. *Full directions inside.* 内附详细说明书(书). *give directions* 予以[发出]指示. *in all directions* 或 *in every direction* [向]四面八方,各(个)方面[向]. *in the direction of* 朝[沿着]…方向,在…方向[面]. *under the direction of* 在…指导下.
direc'tional *a.* (有)方向(性)的,指向(性)的,定向的,取决于方向的. *directional antenna* 定向天线. *directional correlation* 角[方向]相关. *directional crystal* 柱状晶体. *directional data* 引导[航向]数据,控制参数. *directional distribution* 空间[定向]分布. *directional filter* 方向[分向]滤波器. *directional gain* 指向性增益[指数]. *directional gyro* 陀螺方向仪. *directional pressure* 定向压力. *directional radio* 无线电定向[测]向台. *directional relay* 定向[极化]继电器. *directional silicon steel strip* 各向异性硅钢片. *directional transmitter* 定向(无线电测向)发射机. ~*ly ad.*
directional'ity *n.* 方向(性),定向性,指向特性,对方向的依赖性. *directionality effect* 定向效应.
direction-finder *n.* (无线电)探[测]向器. *direction-finder calibration* 无线电罗盘校准,探向器校正. *direction-finder station* 无线电测向台.

direction-finding *n.* 方位(角)测定,定方位(角),探[测,定]向.
direc'tionless *a.* 无(方)向的. *directionless pressure* 无向压力,静压力.
direction-listening device *n.* 声波定向器.
direction-sense *a.* 定向性的.
direc'tive [di'rektiv 或 dai'rektiv] Ⅰ *a.* ①有方向性的,方(定,指)向的②指示[导,挥]的,管理的,起指导作用的. Ⅱ *n.* ①(控制译码的)指令[指示],命令,(程序中的)伪指令②指挥仪[机]. *broadside directive* 垂射. *directive radio beacon* 无线电指向标,定向无线电信标. *directive rules* 规程. *directive view receiver* 直观式(电视)接收机. *directive wave* 直达波,非反射波.
directiv'ity [direk'tiviti] *n.* 方向性[律,系数],指[定]向性. *directivity index* 指向性增益,定向方向[指]数. *directivity pattern* 波瓣方向图.
direct'ly [di'rektli] Ⅰ *ad.* ①直接(地),一直(地),直接了当地,正[好地]②立即③完全,恰恰. *directly behind* 正后方. *from directly in front* 从正前方. *directly mains operated chassis* 直接馈线操纵盘. ▲*depend directly on* 同…成正比. *directly proportional (to)* (与…)成正比,正比于…. Ⅱ *conj.* (常读作['drekli])一…就,刚一…立即.
directly-fed coil 直馈式线圈.
diretly-heated *a.* 直热式的,直接加热的.
direct-mounted *a.* 悬挂式的.
direct'ness *n.* 直接[捷,率],径直. *directness of route* 路线的径直性[直接性].
direc'tor [di'rektə 或 dai'rektə] *n.* ①指导[指挥],管理者,首长,司,局,所,处,校]长,理[董]事,导演②(炮兵射击)指挥仪[机],指示器,控制[操纵]仪表,控制器,引[导,定]向器,司动部分,导向[执行]装置,导射操子,(天线)导向引向,无源定向偶极子,定向偶极天线③指挥站. *ballistic director* 弹道观测[指挥]仪. *director circle* 准圆. *director coil* 指示器[探测]线圈. *director cone* 准推面. *director data* 指令数据. *director dipole* 引向振子. *director element* 导向元件,引向单元. *director radar* 引导雷达. *director signal switch* 领示信号开关. *director space* 方位空间. *director sphere* 准球面. *director system* 指挥系统,指挥制. *director telescope* 光学[望远镜]瞄准器,指向望远镜. *director valve* 导向阀. *flight director* 飞行零位指示器. *gun director* 炮火指挥仪. *pilot director* 航向指示器. *wave director* 导波体,波导.
direc'torate [di'rektərit] *n.* ①指导者,董事②董事会,管理局,指挥部.
directo'rial [direk'tɔːriəl] *a.* 指挥(者)的,管理(者)的.
direc'torship [di'rektəʃip] *n.* 指挥职能,director 的任职期间.
director-system *n.* 指挥制.
direc'tory [di'rektəri] Ⅰ *n.* 索引簿,(产品)目录,号码簿[工簿],人名(住址)录,手册,指南,辞典. Ⅱ *a.* 指导(性)的,指挥的,管理的. *directory operator* 查号台话务员. *telephone directory* 电话簿.
directpath *n.* 直接波束[路径,通道].
direct-product code 直积码.

direct-reader 或 **direct-reading** *a.* 直(接)读(数)的,直接示值的.

direct-recording *a.* 直(接记)录的.

direc′trices [di′rektrisi:z] *n.* directrix 的复数.

direc′trix [di′rektriks] (pl. **direc′trices** 或 **direc′trixes**) *n.* 准线. *directrix curve* 准曲线. *directrix plane* 准平面.

direct-smelting ore 直熔矿石,富矿.

direct-sum code 直和码.

direct-viewing *a.* ; *n.* 直(接)观(察)(的),直视的.

direct-vision method 直接显影法.

direct-vision spectroscope 直视分光镜.

dire′ful [′daiəful] *a.* 可怕的,悲惨的. ~ly *ad,*

Dirhams *n.* 迪拉姆(伊拉克,科威特钾币名,DH).

diriga′tion [diri′geiʃn] *n.* 控制(力),驾驭力,机能练习.

dirigibil′ity [diridʒə′biliti] *n.* 灵活性,回转性能,(可)操纵性,适航性.

dir′igible [′diridʒəbl] I *a.* 可操纵(驾驶)的. II *n.* 飞(气)艇,(可驾驶的)飞船.

dirigiste [diri′ʒist] *n.* 国家计划及控制经济的

dirigomo′tor *a.* 控制运动的.

dir′iment [′dirimənt] *a.* 使无效的.

dirk [də:k] *v.* (用)短剑(刺).

dirt [də:t] I *n.* ①污物〔垢,渣,秽〕,油泥②灰尘,碎石,废屑③夹杂〔渣,灰〕④土壤〔地,路〕,松土,淤泥⑤含金土〔矿〕⑥毫无价值的东西. II *v.* 弄污〔脏〕,弄污. *dirt band* 污层,冰川碎石带. *dirt collector* 吸尘器. *dirt pits* (钢锭)尘斑点. *dirt road* 天然土路,泥(泞)路. *dirt trap* 挡(集)渣器,不纯净的矿,污染矿. *dirt wagon* 垃圾车. *dirt wall* 土墙,泥墙. ▲*as cheap as dirt* 非常便宜,几乎毫无价值的.

dirt-bed *n.* 泥土层.

dirt′board *n.* 挡泥板.

dirt-cheap *a.* ; *ad.* 非常便宜,几乎毫无价值(的).

dirt′hole *n.* 废屑孔,渣夹杂物.

dirt′iness *n.* 污秽,污染(度). *dirtiness resistance* (在热交换器管壁上)由脏物的薄膜所产生的阻力.

dirt-proof *a.* 防(灰)尘的,耐脏的.

dirt-track *n.* 泥(煤屑)铺跑道,赛车跑道.

dirt-trap *n.* 挡(集)渣器.

dirt′y [′də:ti] I *a.* ①不干净的,(肮)脏的,污秽的②泥泞的,(颜色)不鲜明的,灰褐的③(天气)恶劣的,暴风雨的,雾深的③含杂质的,含有大量放射性尘埃的,裂变产物积累的④卑鄙的. II *v.* 弄(弄脏),弄污. *dirty charge stock* 裂化用残油(重油). *dirty sand* 淤积砂(含有粘土的砂). *dirty tanker* [ship] 运输黑色石油产品的油(槽)船.

dis- [词头]①分离〔开〕,除〔脱,卸〕去,切断,脱扣,解除〔散〕②无,非,不③相反,反转④二,双,加倍,复.

DIS 或 **dis** =①discharge 放电 ②disconnect 断开 ③disintegration 衰变 ④distance 距离 ⑤Doppler inertial system 多普勒惯性系统.

DIS INT =discrete integrator 离散积分仪.

disabil′ity [disə′biliti] *n.* ①无力(能),失去(劳动)能力,残疾,伤病,病废②车辆抢修③无资格. *disability glare* 使人一时失明的眩光.

disa′ble [di′seibl] *vt.* ①使不适用,禁止使用,使无亮②使...无能力(做),使...不能(做)(from +ing),使无资格,使残废,使丧失劳动力,损坏,报废,撤除③禁(中)止,截止,阻塞,减损. *disable instruction* 不能执行的指令,非法指令. *disabling pulse* 截止〔禁止,阻塞,封闭〕脉冲.

disa′bled [dis′eibld] *a.* 丧失劳动力的,(残,报)废的,损坏的,不能行驶的,禁止的,屏蔽的. *disabled interruption* 禁止(的)中断. *disabled vehicle* 不能行驶的车辆,废车.

disa′blement [di′seiblmənt] *n.* 无(能)力,无资格,损坏,废弃.

disabuse′ [disə′bju:z] *vt.* 解 ... 之谜,去除 ... 的错误想法,使省悟,纠〔矫〕正(of).

disaccharidase *n.* 二糖酶.

disaccharide *n.* 双糖,二糖.

disaccommoda′tion *n.* 去扰调节,失调,磁导率减落.

disaccord′ [disə′kɔ:d] *vi.* ; *n.* 不一致,不和谐,不协调,不符,不同意.

disaccred′it [disə′kredit] *vt.* 对...不再信任,撤消对...的委托.

disacid′ify *vt.* 去(除)酸,将酸中和.

disadapt′ *vt.* 使不适应.

disadjust′ *n.* ; *a.* 失谐〔调〕(的).

disadvan′tage [disəd′va:ntidʒ] I *n.* 不利(情况,条件,方面),不便,有害,缺点,劣质,不良②损害〔失,耗〕. II *vt.* 使不利(损失). ▲*advantages and disadvantages* 利害得失. (*be*) *at a disadvantage* 处于不利地位. *at the greatest disadvantage* 在最不利的情况下,最坏. *to disadvantage* 不利(地). *to one′s disadvantage* 或 *to the disadvantage of* 对...不利. *under disadvantages* 在不利条件下.

disadvanta′geous *a.* 不利的,有害的,诽谤的. ▲*be disadvantageous to* 对...不利. ~ly *ad.* ~ness *n.*

disaffect′ [disə′fekt] *vt.* 使不满〔服〕,使疏远. ~ed *a.* **disaffec′tion** *n.*

disaffil′iate *v.* 分离,(使)脱离,拆.

disaffirm′ [disə′fə:m] *v.* ①反驳(对),拒绝,否认,取消,废弃. ~ance 或 ~a′tion *n.*

disaffor′est [disə′fɔrist] *vt.* 砍伐...的森林,开辟...~a′tion *n.*

disagglomera′tion *n.* 瓦解(作用).

disag′gregate *v.* 解开(聚集).

disaggrega′tion *n.* 解集作用.

disagree′ [disə′gri:] *vi.* ①意见不同,不同意,不一致,不符合(with, in)②对...不适宜〔不适合,有不良影响〕(with).

disagree′able [disə′griəbl] I *a.* 不愉快的,讨厌的,可恨的,难对付的. II *n.* (通常用 pl.)讨厌〔不愉快〕的事. **disagreeably** *ad.*

disagree′ment [disə′gri:mənt] *n.* ①意见不同,不一致,不符(适)合,不协调,相抵触,争论,分歧(于)②发散,偏离〔差〕. ▲*be in disagreement with* 与...意见不同,与...不一致〔不调和〕.

disalign′ment [disə′lainmənt] *n.* 偏离中心线,中心线偏移,轴线不重合,未对准(中心),不同心(度),不同轴,不平行(度),不正,失调,失中.

disallow′ [disə′lau] *vt.* 不准(许),拒绝承认,不接受,驳回. ~ance *n.*

disambig′uate *vt.* 使意义分明.

disan′chor *v.* 解(起)锚.

disannul' [disə'nʌl] vt. 取消,废弃,作废. disannul a call 消号.

disappear' [disə'piə] vi. 消失〔散〕,(渐渐)不见,绝迹,失踪. disappearing filament 隐丝. disappearing target 隐显目标.

disappea'rance n. 消失,掩始(星星消失在月亮或太阳边沿的背后).

disappearing-filament (optical) pyrometer 热丝掩盖式光测高温计,隐丝式光学高温计.

disappoint' [disə'point] vt. ①使失望②使…落空,阻碍…的实现,打乱(计划),使受挫折. ▲be disappointed about (in, with) 对…失望. be disappointed of…的希望落空了,没有达到(实现).

diappoint'ed [disə'pointid] a. 失望的,受到挫折的.

disappoint'ing a. 使人失望的,料想不到的. ~ly ad.

disappoint'ment [disə'pointmənt] n. 失望,挫折,令人失望的人〔事情〕. ▲to one's disappointment 使某人失望的.

disapproba'tion [disæprə'beiʃən] n. 不答应,不赞成,非难,否认.

disap'probative [dis'æproubeitiv] 或 disapprobatory a. 不赞成的,不答应的,对…表示不满的.

dispprov'al [disə'pruːvəl] n. 不许可,不赞成,不同意,不满. shake one's head in disapproval 摇头表示不赞成.

disapprove' [disə'pruːv] vt. 不许可,不赞成,不同意,不准,反对 (of).

disapprovingly ad. 不以为然地.

disarm' [dis'ɑːm] v. ①解除(武装),裁减(军)(备),使失去防御(攻击)能力,放下武器,取消戒备,取消武装②使出引信(信管),排除发火装置②消除(怀疑),缓和,制止,使中和,使无效. disarm state (中断)解除状态. disarmed interrupt 拒绝〔解除〕中断. ~ ament n.

disarrange' [disə'reindʒ] vt. ①扰〔搅,弄〕乱,使紊乱②失调〔常〕,变位,破坏,断裂. ~ ment n.

disarray' [disə'rei] Ⅰ vt. 弄〔搅〕乱,(使)紊乱. Ⅱ n. 混乱,无秩序,破散.

disassem'ble [disə'sembl] v.; n. 拆(卸,下,除,开,散),卸下,分解〔散,开〕,投散,不汇编. disassembling operation 拆卸操作.

disassem'bly [disə'sembli] n. 拆(卸,除,开,散,下),分解〔散〕,解体. disassembly of the plasma 等离子体的散开〔分散〕.

disassim'ilate vt. 异化,分解代谢.

disassimila'tion [disəsimi'leiʃən] n. 异化(作用),分解代谢作用.

disasso'ciate [disə'souʃieit] = dissociate. disassociation n.

DIS-ASSY = disassembly.

disas'ter [di'zɑːstə] n. ①自然灾害,天灾,灾难,祸患②(严重)事故,故障. disaster box 保险盒,安全阀,安全线路. disaster dump [计] 大错〔灾难性〕转储. reactor disaster 反应堆事故.

disas'trous [di'zɑːstrəs] a. 灾难〔害〕(性)的,造成巨大损害的. ~ly ad.

disavow' [disə'vau] vt. 不承认,否认,抵赖,拒绝对…承担责任. ~al n.

disazo n. 二重〔双偶〕氮,重氮基. disazo compound 二重〔双偶〕氮化合物.

disbal'ance n. 平衡差度.

disband' [dis'bænd] v. 解〔遣〕散,退(伍). ~ment n.

disbelief' [disbi'liːf] n. 不(相)信,怀疑.

disbelieve' [disbi'liːv] v. 不(相)信,怀疑 (in).

disben'efit [dis'benifit] n. 不利〔幸〕的事,无益.

disbranch' [dis'brɑːntʃ] vt. 切断,分离〔开〕,修剪树枝,消除支路,取消支线.

disbur'den [dis'bəːdn] v. ①卸下〔除〕(重担),卸货,摆脱,解〔消〕除②(河)流注③说明. disburden one's mind 解除思想负担.

disburse' [dis'bəːs] vt. 支付〔出〕,拨(款),分配.

disburse'ment [dis'bəːsmənt] n. 支付,付出款,支出(额),营业费.

disc = disk.

DISC = ①disconnect 断开 ②discount 折扣,贴现 ③discovered 发现的,显示的 ④discoverer 发现者 ⑤discriminator 鉴别器,鉴频〔相〕器.

dis'cal [diskəl] a. 平圆盘的,盘状的.

discale [di'skeil] v. 碎〔除〕鳞. discaling roll 齿(面轧)辊,碎鳞轧辊.

Discaloy n. 透平叶片用镍铬钼铁钢(镍 25%,铬 13%,钼 3%,钛 2%,锰 0.7%,硅 0.7%,铝 0.5%,碳 0.05%,其余铁).

discap n. 圆盘形电容器.

discard [dis'kɑːd] v. ①放〔废〕弃,抛弃〔出,下,丢(扔)〕掉,废弃,排出,报废,除去〔外〕②解雇,逐出. discarding booster 抛弃助推级.

Ⅱ ['diskɑːd 或 dis'kɑːd] n. ①废品〔物〕,报废件②废钢料,切头,挤压尾料③保温帽. top discard 上部废料,炉顶废气,塔顶废物.

discard'able a. 可废弃的.

discase' vt. (从匣子等中)拿出,显示.

discern' [di'səːn] v. ①看〔认〕出,鉴〔识,辨,区〕分别,分辨,辨别,判明②领悟,觉察,了解,认识. ▲discern(between) M and N 或 discern M from N 辨(认〕,鉴,区)别 M(和)N.

discer'nable = discernible. ~ ness n.

discernibil'ity n. 鉴别率〔力,本领〕,识别〔分辨〕能力,可辨别性,分辨率.

discern'ible [di'səːnəbl] a. 可辨〔识〕别的,辨别得出的,可察觉的,看得清的,明白的. ~ ness n.

discer'ning [di'səːniŋ] a. 有见识的,有洞察力的.

discern'ment [di'səːmənt] n. 见识,识别力,辨别.

discerp' [dis'əːp] vt. 扯碎,撕裂,分开〔裂〕.

discerp'(t)ible a. 可扯碎的,可撕裂的,可分离〔开〕的,可分解的,可剖析的.

discerp'tion [di'səːpʃən] n. 分裂〔离〕,扯碎,割断,断片.

disch = discharge.

discharge' [dis'tʃɑːdʒ] Ⅰ v. ①卸(下,载,货,料,铀棒),起货〔卸〕,出料②放(排,输,射,泻,流,冒)出,放射(水,电,气,油),发射,放轰③解除(雇),释放④履行. discharge through gas 气体放电. discharged battery 用完的(蓄)电池. discharging agent 脱色(漂白)剂. discharging place 卸货处. discharging time 卸(出)料时间. discharging tube 出〔泄〕水管,放电管. ▲discharge M from N 从 N 把(使)M 卸下〔排出,流出,释放出来〕. discharge (itself) into 流注.

Ⅰ n. ①卸货〔料，载，出〕，出料②放〔排，流〕出，排泄〔水，气〕，放射〔水，电，气，油〕，发射，迸发，拔除③〔放，设计〕流量，泄量，排出〔水〕量，排出物〔液〕，地面流量，放电量④〔排〕出口，排出管⑤解除〔职〕，释放，退伍，复员⑥漂染，漂白剂⑦履行. *air discharge* 排气. *controlled propellant discharge* 可调燃料消耗量. *dead beat discharge* 非周期放电. *diode discharge* 二极管放电. *discharge area* 出口〔切面〕面积. *discharge bucket* 卸料斗. *discharge button* "放电"按钮. *discharge capacity* 〔排〕流量，放电容量. *discharge check ball* 出口止回球. *discharge chute* 出〔卸〕料槽. *discharge coefficient* 流量〔输出，放电〕系数. *discharge colour* 放电色. *discharge curve* 放电〔流量〕曲线. *discharge device* 放〔避〕电器，避雷器. *discharge fan* 排气〔风〕扇. *discharge filter* 排气过滤器. *discharge gas* 〔liquid〕废气〔液〕. *discharge head* 〔出口，排出，供油〕压头，〔压缩机〕压力的高度. *discharge hydrograph* 流量过程曲线. *discharge jet* 射水管，喷嘴. *discharge lamp* 放电灯〔管〕. *discharge losses* 出口损耗. *discharge of contract* 取消合同. *discharge of the fuel* 卸燃料. *discharge opening* 卸〔出〕料孔，泄水口. *discharge regulator* 流量调节器. *discharge spout* 喷口，漏嘴. *discharge tube* 放电〔闸流，泄放〕管. *discharge valve* 放电管，放气〔减压〕阀. *non-self-excited discharge* 非自激放电. *oxidizer discharge* 氧化剂输出. *point discharge* 尖端放电. *port of discharge* 卸货港. *spark discharge* 火花放电. *water discharge* 排水.

▲*discharge off* 放电完毕〔终止〕，无放电，排气中断. *discharge on* 正在放电〔排气〕，放电期间〔时间〕.

discharge'able a. 可放的，可放〔排，流〕出的，拔染的. *dischargeable weight* 可弃重量.

dischar'ger n. ①排气〔发射，起动〕装置，排放管，溢出管，发射者〔源，电机器③卸货者，卸货工具/卸货器，推斥者④火花(间)隙，放电间隙⑤漂白剂⑥履行者. *static discharger* 静电放射器.

discharge-tube n. 放电〔充气，闸流〕管.

disci n. discus 的复数.

dis'ciform ['dis(k)ifə:m] a. 盘状的，(椭)圆形的.

disci'ple [di'saipl] n. 弟子，门徒.

dis'ciplinal ['disiplinəl] a. 训练(上)的，纪律上的.

dis'ciplinary ['disiplinəri] a. 训练(上，方法)的，不连通，接通的，断〔开〕路的. *disconnect lamp* 可拆灯泡. *disconnect(ing) signal* 拆线〔活签〕信号. *pull-away disconnect* 拉离，〔接头〕断接: ▲*disconnect M from* (with) N 把 M 与 N 间断〔分开〕.

disconnec'ted [diskə'nektid] a. 断〔拆〕开的，切〔截，间〕断的，不连接〔通，贯〕的，无连络的，无系统的，七八糟的. *disconnected contact* 空间接点〔触点〕. *disconnected pores* 隔开的〔间断的〕孔隙. ~ly ad. ~ness n.

disconnec'ter n. =disconnector.

disconnec'tion [diskə'nekʃən] n. ①分开〔离〕，打〔解，拆〕开，拆卸，拆接，不连接②切断，断开〔路，线，接，绝〕，解脱，开路，绝缘. *partial disconnection* 半断线纪律的〔学科的〕.

dis'cipline ['disiplin] Ⅰ n. ①训练，锻炼②纪律，军纪，惩罚③规定〔范〕，要求④学科，科目. Ⅱ vt. ①训〔锻〕练，教训②惩罚.

discis'ion [di'siʒn] n. 刺开，切开.

disclaim' [dis'kleim] v. ①放弃，弃权②拒绝，否认.

disclaim'er [dis'kleimə] n. 弃权(者)，否认(者，的声明).

disclose' [dis'klouz] vt. 揭开〔发，示〕，泄〔显〕露，露出.

disclo'sure [dis'klouʒə] n. 泄〔暴，显〕露，揭发〔开，露〕，被显露〔泄漏〕的事物〔秘密〕.

disco- 〔词头〕盘(形，状).

DISCO =Defense Industrial Security Clearance Office(美)国防工业接触机密许可证签发室.

discog'raphy [dis'kɔgrəfi] n. 唱片分类目录.

dis'coid ['diskɔid] a.; n. ①平圆形的，(圆)盘状的②圆盘，平圆形物，盘状刀，盘形药丸.

discoi'dal [dis'kɔidl] a. =discoid.

discol n. 一种内燃机燃料(醇 50%，苯 25%，烃类 25%).

dis'colith ['diskəliθ] n. 盘状核粒.

discol'o(u)r [dis'kʌlə] v. (使)变〔褪〕色，脱色，(使)污染，弄脏.

discolo(u)ra'tion [diskʌlə'reiʃən] n. ①变〔褪，去，消〕色，脱色(作用)，漂白②染污，斑渍，污点.

discol'o(u)rment [dis'kʌləmənt] n. 变〔褪〕色，脱色.

DISCUM =digital selective communications 数字选择通信.

discom'fit [dis'kʌmfit] vt. 破坏，打〔扰，搞〕乱，使混乱，挫败，打击，使狼狈.

discom'fiture [dis'kʌmfitʃə] n. 扰〔混〕乱，推翻，挫折，失败，狼狈，为难.

discom'fort [dis'kʌmfət] Ⅰ n. 不安(的事)，不(愉快，不(舒)适，不便，困难，苦恼. *discomfort glare* 感到不适的眩光. *physical discomfort* 身体不适感. Ⅱ vt. 使不安〔不舒适，苦恼〕. ~able n.

discommend' [diskə'mend] vt. 不赞成，对…无好感，非难. ~able n. ~a'tion n.

discommode' [diskə'moud] vt. 使不方便，使为难.

discommod'ity [diskə'mɔditi] n. 无使用价值的东西.

discompose' [diskəm'pouz] vt. 使不安〔烦恼，失雷〕.

disocomposi'tion n. (晶格中的)原子位移〔错位〕.

discompo'sure [diskəm'pouʒə] n. 不安，(心情)烦恼，失雷.

discompres'sor n. 减〔去，松〕压器.

discon =①disconnect 断开 ②discontinued 不连续的.

disconcert' [diskən'sə:t] vt. ①使不安〔慌乱，狼狈〕为难②挫败，打〔搅〕乱，妨碍，破坏(计划等). *be disconcerted* 仓皇失措，为难.

disconcert'ing a. 打扰人的.

disconcer'tion [diskən'sə:ʃən] n. 搅乱，混乱(状态)，挫折.

disconcert'ment n. 打〔搅〕乱，为难，挫折.

discone antenna 盘锥形(超高频)天线.

disconfor'mity [diskən'fɔ:miti] n. 不一致，不相称，不对应，不相适应，不调和，不协调，【地】假整合，角度不整合.

discongru'ity n. 不一致，不调和，不相称.

disconnect' [diskə'nekt] vt. 拆〔分，解，脱，断〕开，分离，拆卸，切〔截，断〕，打断，断绝，使不连接〔通，

disconnec'tor [diskə'nektə] n. 断线〔开〕器,切断〔隔离〕开关,绝缘体,压板棒. *disconnector release* 拆线器.

disconnex'ion =disconnection.

discontent' [diskən'tent] Ⅰ n. 不满〔意,的原因〕,不平. Ⅱ a. 不满的,不平的,不安〔分〕的. Ⅲ vt. 令〔人〕不满,使不平. ▲*be discontented with* 对…不满. ~ment n.

discontig'uous a. (与各部分)不接触的,不连接的.

discontin'uance [diskən'tinjuəns] 或 **discontinua'tion** [diskəntinju'eiʃən] n. 停〔废,中〕止,间〔中〕断,断绝,不连续.

discontin'ue [diskən'tinju:] v. ①停止(使用,出版,订阅),中止,截止,中[间]断②结束,不连续,停付[刊],撤销,放弃. *discontinued integrated circuits* 不连续集成电路.

discontinu'ity [diskənti'nju:iti] n. (连续性)中断,不连续(性,点),间断(性,点),间歇(性,点),不均匀性(度),不一致(音,别)骤变(性,点),突跃,断绝函数. *absorption discontinuity* 吸收曲线突变,吸收曲线连续性中断. *discontinuity condition* 不连续条件. *discontinuity in the cooling ports* 冷却管中的断裂. *discontinuity of atomic composition* 原子组成的跃变. *discontinuity of material* 材料的不均匀〔不密实〕性. *specific heat discontinuity* 比热陡变.

discontin'uous [diskən'tinjuəs] a. 不连续的,间歇〔歇〕的,断续的,相间的,中断的,突变的. *discontinuous filter* 间断〔脉冲〕滤波器. *discontinuous function* 间断〔不连续〕函数. *discontinuous oscillation* 断续振荡. *discontinuous running* 周期作业. ~ly ad. ~ness n.

discontin'uum n.【数】密聚统,间断集,不连续.

disc-operated minicomputer 字盘操作微型计算机.

discophorous a. 有盘的.

discord Ⅰ ['disko:d] n. Ⅱ [dis'kɔ:d] vi. ①不一致,不和谐,不调和,不协调(和,音),失谐②不和,意见不合,争论(吵),冲突(with)③喧闹,嘈杂声.

discord'ance [dis'kɔ:dəns] n. 不和谐〔性〕,失谐,不一致〔性〕,不整合.

discord'ant [dis'kɔ:dənt] a. 不和谐的,不调〔协〕和的,不一致的,不均整的,不整合的. *discordant injection* 不整合贯入. *discordant polar system* 参差极坐标系. *discordant sample* 不和谐的样品.

dis'count ['diskaunt] Ⅰ n. 折扣〔额〕,折头,贴现〔水〕,酌减〔量〕,低估,斟酌. *allow* 〔*give, make*〕 *20% discount* (*on* 〔*off*〕 *the price of goods*)(按货价)打八折. ▲*at a discount* 打折扣,低于正常价格;无销路的,易获得的,不受重视〔欢迎〕的. *give* 〔*allow, make*〕 *a discount* (*on*) 打折扣.
Ⅱ vt. 打折扣,酌减①,减价,减低〔效果等〕③低估,轻〔藐〕视,不全〔部相〕信. *discounted cost* 折扣费用. *discounted least squares method* 折扣最小二乘法.

discoun'table a. 可打折扣的,可贴现的,不可全信的.

discoun'tenance [dis'kauntinəns] vt.; n. 不赞成,拒绝,反对,劝阻.

discour'age [dis'kʌridʒ] vt. ①使气馁〔泄气,受挫折〕② 阻止,妨碍,劝阻,不鼓励. *discourage any attempt to* 〔*at*〕…使抛弃〔不鼓励〕任何…的企图. ▲*be discouraged against* +*ing*. (做…)得不到鼓励. *be discouraged in* …对…泄气〔感到悲观〕. *discourage from* +*ing* 阻止〔妨碍,不鼓励〕…(做).

discour'agement [dis'kʌridʒmənt] n. 挫折,气馁,阻〔障〕碍,扫兴的事.

discour'aging a. 使人灰心〔沮丧〕的,阻止的.

discourse' [dis'kɔ:s] Ⅰ n. ①演说,讲话〔义〕,论文,演义②谈话〔论〕,会谈〔话〕. Ⅱ v. 演说,谈论,论述,写论文(*on, upon*). ▲*in discourse with* 与…谈话.

discour'teous [dis'kə:tjəs] a. 不礼貌的,失礼的. ~ly ad.

discour'tesy [dis'kə:tisi] n. 粗鲁,失礼(的行动).

discov'er [dis'kʌvə] Ⅰ vt. ①发现,看〔现〕出,显示〔露,像〕②揭〔暴,泄〕露. Ⅱ vi. 有所发现.

discov'erer [dis'kʌvərə] n. 发现者.

discov'ery [dis'kʌvəri] n. (新)发现,发现物,显示〔露,像〕,见[矿. *discovery of M by N* N 发现 M. *discovery ship* 探险船.

disc-pack =disk-pack.

DISCR =discriminator 鉴别器.

discrasite n. 锑银矿.

discred'it [dis'kredit] n.; vt. ①不信任,不相信,怀疑,疑惑②无信用,(使)丧失信用,(给…)丢脸,耻辱. ▲*bring* [*call*] *into discredit* 声名狼藉. *throw discredit on* 〔*upon*〕疑心,使不(相)信.

discred'itable a. 损害信用的,有损信誉的,丢脸的,声名狼藉的,耻辱的.

discreet' [dis'kri:t] a. 考虑周到的,谨〔审〕慎的,小心的. *discreet value* 预估值. ~ly ad.

discrep'ance [dis'krepəns] 或 **discrep'ancy** [dis'krepəsi] n. ①不同,不符合〔值〕,不一致,矛盾,分歧,差异,离散②偏〔误〕差,不精确度③亏损,缺少. *speed discrepancy* 转速差. **discrep'ant** a.

discrete' [dis'kri:t] a. ①不连续〔接〕的,分离〔开,散〕的,离散的,稀疏的,分〔独〕立的,个别的,单个的,无联系的,抽象的. Ⅱ n. 组合元件. *at discrete amounts of time* 每隔一段时间,间断〔不连续〕地. *discrete absorption* 选择〔离散〕吸收. *discrete bit optical memory* 打点式(逐位式)光存储器. *discrete channel* 离散信息通道. *discrete clutter element* 分立杂波源. *discrete command* 断续指令. *discrete component* 分立元件,离散构件. *discrete distribution* 离散〔不连续〕分布. *discrete-field-stop aperture* 分立(视)场光阑孔径. *discrete material* 松散材料. *discrete media* 松散介体. *discrete phase* 不连续相,分散相. *discrete quadraphonic system* 分立式四声道立体声系统. *discrete sampling* (定时)取样,分立抽样,选通. *discrete sentence intelligibility* 单句可懂度. *discrete solution* 离散解.

discrete'ness n. ①不连续性,分立性,离散性②目标对于背景的明显度,目标的鉴别能力.

discret'ion [dis'kreʃən] n. ①判断,辨别②慎重,谨〔审〕慎,斟酌③自由处理〔决定〕,任意. ▲*at discre-*

discret'ional [dis'kreʃnəl] 或 **discret'ionary** [dis'kreʃənəri] a. 任意的,自由决定〔选定〕的,无条件的. *discretionary array* (*method*)随意〔任意〕阵列法. *discretionary wiring* (*method*)选择〔随意〕布线(法),选择连续(法).

discretiza'tion n. 离散化.

discriminabil'ity [diskriminə'biliti] n. 鉴别〔分辨〕力.

discrim'inant [dis'kriminənt] n. 判别式.

discrim'inate [dis'krimineit] v. ①识〔辨,判,鉴,区,甄〕别,区分,分清,分别对待,歧视②求解. ▲*discriminate against*歧视. *discriminate between M and N* 区别 M 和 N. *discriminate M from N* 辨别 M 与 N. *discriminate in favour of* 特别优待.

discrim'inating [dis'krimineitiŋ] a. ①形成区别的,识别性的②有辨别力的③有差别的,区别对待的,不平等的. *discriminating cut-out* 鉴频〔鉴相〕断路器. *discriminating order* 判别指令. *discriminating relay* 谐振〔选择,识别〕继电器. *discriminating satellite exchange*(自动电话)major区域〔鉴别]选择器,第一选组器. ~ly ad.

discrimina'tion [diskrimi'neiʃən] n. ①辨〔鉴,区,判,识,甄〕别,区分,分辨,挑选,选择②辨〔鉴,识,甄〕别力〔率〕,眼力,甄别阈③歧视,差别〔不公平〕待遇. *amplitude discrimination* 振幅鉴别. *discrimination instruction* 判别〔定〕指令. *discrimination output* 鉴频〔鉴别〕输出. *discrimination ratio* 鉴别力比,通带与阻带信号之比,判别比. *filter discrimination* 滤波能力,滤波器的鉴别力. *phase-angle discrimination* 相角灵敏度〔鉴别〕力. *range discrimination* 距离鉴别〔分辨〕力. *removable discrimination* 可去不连续点. *size discrimination* 确定尺寸,尺寸鉴别.

discrim'inative [dis'kriminətiv] a. 有辨别力的,有区别的,(差别)悬殊的,差别〔不公平〕对待的.

discrim'inator [dis'krimineitə] n. ①鉴别〔相,频〕器〔振频〕甄别器,比较装置,假信号抑制器,判别式函数②鉴频器〔译码器〕,检波器. *amplitude discriminator* 振幅鉴别器〔译码器〕,检波器. *discriminator circuit* 鉴别〔器〕电路,鉴频〔鉴相位〕电路. *discriminator transformer* 鉴频变压器. *phase discriminator* 鉴相器. *single-ended discriminator* 工作于谐振曲线一侧的鉴频器. *trigger discriminator* 触发起动脉冲鉴频器.

discrim'inatory [dis'kriminətri] a. (能)鉴〔判,识〕别的,能选择的,差别(对待)的. *discriminatory analysis* 判别分析.

disc-seal n.; a. 盘封(的),盘形散口.

disc-shaped a. 圆板〔盘〕形的.

discur'sion [dis'kə:ʃən] n. 议〔推〕论,离题,散漫.

discur'sive [dis'kə:siv] a. 推论的,不确定的,分歧的,散漫的,离题的,无层次的. ~ly ad. ~ness n.

dis'cus ['diskəs] n. (pl. dis'ci) n. 铁饼,盘,板,(圆)片. *the discus throw* 掷铁饼(运动).

discuss' [dis'kʌs] vt. ①讨〔议,谈〕论,细究,研讨,商议②论述,详述.

discuss'ant [dis'kʌsənt] n. 讨论会的参加者.

discus'sible [dis'kʌsibl] a. 可讨论〔商议〕的.

discus'sion [dis'kʌʃən] n. ①讨〔议〕论,商议②论述,详述. *panel discussion* 小组讨论〔座谈〕会. ▲*after much discussion* 经详细讨论后. (*be*) *under discussion* 在讨论〔审议〕中(的),所讨论的. *cause much discussion* 引起议论纷纷. *come up* (*be down*) *for discussion* 提起讨论,展开讨论. *have a discussion on* 对…进行讨论.

discus'sive I n. 消散剂. II a. 消肿的.

discu'tient [dis'kju:ʃənt] I a. 消肿的,消散的. II n. 消散〔肿〕剂.

disdain' [dis'dein] vt.; n. 轻〔蔑〕视,不屑于〔做〕(*to* + *inf.*). ~ *ful* a. ~ *fully ad*.

disease' [di'zi:z] I n. ①(疾,脏)病,病害②有毛病,变质. v. 患病,有病. *acute* (*chronic*) *disease* 急〔慢〕性病. *disease control* 疾病控制〔防治〕. *disease resistance* 抗病力〔性〕. *disease tolerance* 耐病性,抗病性. *radiation disease* 射线病. *tin disease* 锡病〔疫〕. ▲*catch a disease* 染病.

diseased' [di'zi:zd] a. 患病的,有毛病的.

disease-free a. 健康的,无病的.

disease-process n. 病演变,病程.

disecon'omy [disi(:)'kɔnəmi] n. 不经济,成本费用增加,使成本〔费用〕增加的因素.

disedge' ['dised3] v. 弄〔变〕纯,减弱.

disembark' [disim'bɑ:k] v. 使上岸,起岸 (*from*),下船,登陆,(向岸上)卸(货). ~a'tion n.

disembar'rass [disim'bærəs] vt. 使摆脱〔脱离〕 (*of*). ~ment n.

disembod'iment [disim'bɔdimənt] n. 脱离实体〔现实〕,解〔遣〕散.

disembod'y [disim'bɔdi] vt. 使脱离实体〔现实〕,解〔遣〕散.

disembogue' [disim'bəug] v. (把水,河水)注入(湖,海),流注,涌出.

disembosom [disim'buzəm] vt. 说出,透露,公开(秘密).

disembow'el vt. 取出…的内容.

disemployed [disim'plɔid] a. 失业的.

disena'ble [disin'eibl] vt. 使无能力〔资格〕.

disenchant [disn'tʃɑ:nt] vt. 使清醒,使不再着迷,使不抱幻想. ~ment n.

disencum'ber [disin'kʌmbə] vt. 使…摆脱〔卸除〕.

disengage' [disin'geid3] vt. ①解开〔除,脱,放,约,列〕,放〔松,断〕开,分离,脱离〔开,扣〕,摆脱,释放,卸除,拆卸②切断,不占线③使自由,使游离,使脱离④停止战斗,使脱离接触. vi. 脱出,松开. *disengage button* 解除〔断开〕按钮. *disengaging clutch* 脱开式离合器. *disengaging rod* 分离〔停车〕杆. ▲*disengage M from N* 把 M 从 N 上卸下〔脱开〕,使 M 与 N 脱离关系.

disengaged' a. ①被解开的,脱离〔开〕了的,解约的,断绝了关系的,不占线的,自由的,空〔闲〕着的②分离的,离析的. *disengaged line* 空〔闲〕线.

disengage'ment [disin'eidʒmənt] *n.* ①解开〔除,脱,放,脱,约,列〕,断〔松,放〕开,切断,卸除②脱〔分,游〕离,离析,释放,自由③脱离接触〔战斗〕. *phase disengagement* 相分离.

disentan'gle [disin'tæŋgl] *v.* 使...摆脱混乱状态,解开〔决〕,清理. *disentangle truth from falsehood* 去伪存真. ~ment *n.*

disenti'tle [disin'taitl] *vt.* 剥夺(资格权利等).

disentomb' [disin'tu:m] *vt.* 发掘,从坟墓中挖出.

disentrain' [disin'trein] *v.* 下火车,(使)下车,(从火车上)卸下.

diseptal-B *n.* 磺酰磺胺 B(磺酰磺胺甲基).

disequilibrate [disi:kwi'laibreit] *vt.* 打破...的平衡.

disequilib'rium ['disi:kwi'libriəm] *n.* 不平衡,失去平衡,不稳定.

disesteem' *vt.;n.* 轻视,厌恶. **disestima'tion** *n.*

disesthe'sia [dises'hi:ziə] *n.* 感觉迟钝,不适感.

disfa'vo(u)r [dis'feivə] *n.* 不喜欢,不赞成,不利,不倾向,轻视,嫌弃. Ⅱ *vt.* 不喜欢,不赞成,不中意,不利于. *be in disfavor* 受冷遇. *fall into disfavor* 不得人心. *look upon...with disfavor* 对...表示不赞成.

disfea'ture *vt.*

disfigura'tion = disfigurement.

disfig'ure [dis'figə] *vt.* 损伤...的外貌〔形状〕,失形.

disfig'urement *n.* 外貌损伤,损形,瑕疵.

disfor'est = disafforest.

disfunc'tional [dis'fʌŋkʃənl] *a.* 失去功用的.

disgorge' [dis'ɡɔ:dʒ] *v.* 吐(出),放出,放弃,(河)流注,喷出,除去沉淀物. ~ment *n.*

disgrace' [dis'ɡreis] Ⅰ *n.* 耻辱. Ⅱ *vt.* 玷辱,使丢脸,解职.

disgrace'ful *a.* 可耻的,丢脸的. ~ly *ad.*

disgrega'tion *n.* 分散(作用).

disgrun'tle [dis'ɡrʌntl] *vt.* 使不满,使不平;使不高兴.

disgrun'tled [dis'ɡrʌntld] *a.* 不满意的,不高兴的(at,with).

disguise' [dis'ɡaiz] *vt.;n.* ①假(伪)装,假扮②隐瞒〔藏〕,掩饰③托辞,口实,伪装物. *in disguise* 假装〔扮〕的,伪装的,化了装的,不容易识别的. *in* 〔*under*〕 *the disguise of* 以...为口实,托辞...,假扮着,装做. *throw off one's disguise* 摘下伪装〔假面具〕. ~ment *n.*

disgui'sedly *ad.* 假装地,匿名地.

disgust' [dis'ɡʌst] *n.;vt.* (使人)厌恶〔厌〕. *be disgusted at* 〔*by,with*〕讨厌. *in disgust* 讨厌地. ~ed *a.*

disgust'edly *ad.* 厌恶地.

disgust'ful 或 **disgust'ing** *a.* 可憎的,讨厌的.

dish [diʃ] Ⅰ *n.* ①(小)碟,盘,(器,小)皿,盆,盘〔碟〕形(物)②(雷达探测天线的)反射器,(截)抛物形反射器(镜),(截)抛物形天线③下陷,凹处〔部,地,度〕,谷地,槽. Ⅱ *a.* 盘形的,凹入的. Ⅲ *v.* ①盛于盘中②作成盘形,(使)呈凹形,有大半径凹进成形③平薄陶瓷制品)变形,凹状扭曲,(向外)弯曲,注曲,形成坑塘④破坏,挫败. *dish antenna* (截)抛物面天线. *dish face* 凹脸. *dish gas holder* 湿式气柜. *dish plate* 弯边圆钢板. *equal-energy dish* 等能反射器. *homing dish* 自动导引雷达头的天线,自动引导雷达天线的反射器. *low-altitude dish* 低仰角天线,低辐射天线. *parabolic dish* 抛物面(反射器). *radar dish* 雷达天线(反射器). *standing dish* 陈词滥调. *the dish of a wheel* 轮盘. ▲ *dish out* 盛(在盘里),开(沟等). *dish up* 盛在盘里,准备并提出(事实,论据等).

dishabil'itate [diʃə'biliteit] *vt.* 取消...的资格,使不合格.

disharmon'ic(al) [disha:'mɔnik(əl)] 或 **disharmo'nious** [disha:'mounjəs] *a.* 不调和的,不和谐的. ~ly *ad.*

dishar'monism ['dis'ha:mənizəm] *n.* 不调和,不和谐.

dishar'monize 或 **dishar'monise** [dis'ha:mənaiz] *v.* (使)不调(谐)和,使不一致.

dishar'mony [dis'ha:məni] *n.* 不调和〔谐和〕,不协调,不一致.

dishear'ten [dis'ha:tn] *vt.* 使沮丧〔泄气,气馁〕. ~ment *n.*

dished [diʃt] *a.* ①凹状(扭曲)的,半球形的,碟(盘)形的,注曲的②有圆屋顶的,穹窿形的③被挫败了的,完蛋了的. *dished turn* 碟形曲面的,超高弯道.

dished-bottom *n.* 碟形底.

dish-ended *a.* 碟形底.

disher mill 圆盘形穿轧机.

dish'ful *n.* (一)满盘.

dish'ing ['diʃiŋ] *n.* 形成凹坑(坑塘),表面凹陷,凹状扭曲,(大半径的)凹进成形,变形,凹弯,窝馅,辐板压弯.

dishon'est [dis'ɔnist] *a.* 不诚(真)实的,不正直(当)的,狡猾的,马虎的,随便的.

dishon'o(u)r [dis'ɔnə] Ⅰ *n.* ①不名誉,丢脸,耻辱②拒付(收),不兑现. Ⅱ *vt.* 侮辱,使作废,拒付(收). *dishonoured bill* 退票. *dishonoured cheque* 空头支票. *note of dishonour* 退票通知. ~able *a.* ~ably *ad.*

dish'ware *n.* 容器,器皿.

dish'y *a.* 称心的,有吸引力的.

disilane *n.* 乙硅烷.

disilanyl- (词头) 乙硅烷基.

disilicide *n.* 二硅化物.

disillu'sion [disi'lu:ʒən] *n.;vt.* (使)觉醒,(使)幻(想破)灭.

disillu'sionize *vt.* = disillusion.

disillu'sionment *n.* 觉醒,幻(想破)灭.

disil'ver salt 二银盐.

disimmune' *a.* 无免疫性的,丧失免疫性.

disimmu'nity *n.* 脱免疫,丧失免疫性.

disim'munize *v.* 使无(丧失)免疫性.

disimpac'tion *n.* 去阻塞.

disincen'tive [disin'sentiv] *n.;a.* 阻止的,抑制的,(对工作,生产)起阻碍〔抑制〕作用的(行动,措施).

disinclina'tion [disinkli'neiʃən] *n.* 不愿意,厌恶. *have a disinclination for* 〔*to + inf.*〕不愿意(做),厌恶(做).

disincline' [disin'klain] *vt.* 使讨厌〔不愿意〕. ▲ *be disinclined to + inf.* 很不愿意(做),不准备(做).

disincor'porate [disin'kɔ:pəreit] *vt.* 解散.

disinfect' [disin'fekt] vt. (给…)消毒,杀〔灭〕菌,洗净,清除,去掉.

disinfec'tant [disin'fektənt] n.; a. 消毒剂〔的〕,杀菌剂〔的〕.

disinfec'tion [disin'fekʃən] n. 消毒〔法,作用〕,杀菌〔法,作用〕. *disinfection by chlorine* 氯气消毒. *disinfection plant* 消毒厂.

disinfec'tor [disin'fektə] n. 消毒器(具),消毒剂,消毒者.

disinfesta'tion n. 灭虫,病媒动物扑灭法,灭虱法.

disinfla'tion =deflate.

disinfla'tion [disin'fleiʃən] n. 通货紧缩. ~ary a.

disinforma'tion n. 假(反)情报.

disingen'uous [disin'dʒenjuəs] a. 不真诚的,无诚意的,虚伪的. ~ly ad. ~ness n.

disinhibit'ion n. 抑制解除.

disinsec'ted a. 无昆虫的.

disinsec'tion n. 杀虫法.

disin'tegrable [dis'intigrəbl] a. 易碎裂〔蜕变〕的,可分解〔裂〕的.

disin'tegrate [dis'intigreit] v. ①(使)分离〔裂,开,散,解,化〕,(使)剥〔碎,崩〕裂,(使)瓦〔崩,离〕解,粉〔散〕,切 碎 ②解磨 ③蜕〔衰,裂〕变. *disintegrating granite* 花岗石. *disintegrating nucleus* 蜕变核. *disintegrating slag* 碎渣.

disintegra'tion [disintig'reiʃən] n. ①分解〔裂,开,散,碎〕,解,解〔崩,崩解,解体,解散〕,粉〔切〕碎,剥蚀,风化作用 ②蜕〔衰,变〕变 ③雾化,溅射 ④变质,异化作用,分解性新陈代谢. *disintegration of filament* 灯丝烧坏〔断〕. *disintegration voltage* 分解〔破坏,崩离〕电压. *endothermic disintegration* 吸热〔吸收能量〕转化. *impact disintegration* 碰裂反应. *nuclear disintegration* (原子)核分裂〔蜕变〕. *radioactive disintegration* 天然蜕变现象,放射性衰变.

disin'tegrator [dis'intigreitə] n. ①破〔粉〕碎机,碎裂〔粉碎〕器,扎石〔磨〕机,解磨,松砂〕机,气体洗涤机 ②分解者〔物〕,分裂剂,分裂因素.

disinter' [disin'tə:] (disinterred; disinterring) vt. 发掘(出),从地下〔坟墓中〕掘出 (from).

disin'terest [dis'intrist] n.; vt. ①使没有利害关系 ②不关心,不感兴趣.

disin'terested [dis'intristid] a. ①无私的,无偏见的 ②不感兴趣的,不关心的. ~ly ad. ~ness n.

disinter'ment [disin'tə:mənt] n. 掘出(物),发掘(出的东西).

disintox'icate v. 解〔脱〕毒. **disintoxica'tion** n.

disjec'ta mem'bra 〔拉丁语〕①断〔碎〕片 ②片断.

disjoin' [dis'dʒɔin] v. 拆散,分开〔离,解〕. *disjoining pressure* (胀)膨胀压力.

disjoint' [dis'dʒɔint] I vt. 拆散,分开,分开〔离,解〕,使脱节,搅乱次序,不连贯,不贯串,不相交. II a. 不相交〔没集的〕的. *disjoint sets* 分离〔不相交的〕集. *disjoint space-like regions* 不连接的类空区.

disjoint'ed [dis'dʒɔintid] a. 不连接〔贯〕的,无系统〔条理〕的,次序紊乱的. ~ly ad.

disjugate a. 不连合的,分开的,非共轭的,非共同的.

disjunct' [dis'dʒʌŋkt] I a. 分离的,断开的. II n. 析取项.

disjunc'tion [dis'dʒʌŋkʃən] n. ①分离〔开,裂,解〕,切〔断,间〕断,断〔脱〕开,脱节,裂理 ②析取 ③逻辑加法,逻辑和,选言(判断,推理),"或". *disjunction gate*〔计〕"或"门. *disjunction mark* 基标(卜兰节测速仪小刀所刻之标记).

disjunc'tive [dis'dʒʌŋktiv] a. 分离(性)的,转折的,析取的. *disjunctive normal form* 析取范式. *disjunctive proposition* 选言命题. *disjunctive search* 析取〔选言〕检索.

disjunc'tor [dis'dʒʌŋktə] n. 分离器,断路器,开关.

disjunc'ture [dis'dʒʌŋktʃə] n. 分离(状态).

disk [disk] I n. ①(圆,轮,磁,研磨,甩油)圆盘,碟,圆片〔板,面,盘〕 ②圆〔甩油〕环,(钢丝绳机的)轮圈 ②圆盘形表面,平圆形物 ③隔膜 ④平板,片 ⑤毛管(坯). II vt. ①切成圆盘〔片〕形 ②录在唱片上,把…灌成唱片. *balling disk* 制粒机〔盘〕,造球机(盘). *bearing disk* 止推轴承板. *blowout disk* (防止气压过大的)安全隔片〔隔板〕. *booster disk* 传爆管垫片. *buffer disk* 减震盘,缓冲头. *burst(er) [bursting] disk* 爆片〔保险,分离,安全〕隔膜,安全隔板,防爆盘,自裂放压片. *cam disk* 凸轮〔偏心〕盘. *closing disk* 圆盖. *clutch disk* 离合器摩擦片,连接离合(器)圆盘. *cover(ing) disk* 盖盘,罩圆. *disk armature* 盘形(圆板)电枢,圆板衔铁. *disk brake* 圆盘制动器. *disk chart* 圆形记录纸〔圆纸〕. *disk chuck* 花盘. *disk coil* 平〔盘式〕线圈,蛛网形线圈. *disk crusher* 盘式压碎机. *disk element* 金属网叠成圆盘状滤清元件. *disk emery cloth* 圆盘磨光轮. *disk engine* 回旋汽机. *disk file* 磁盘文件(存储器). *disk insulated cable* 盘式绝缘电缆,(高频)垫圆绝缘电缆. *disk jockey* 圆膜膜,圆膜片,唱片节目. *disk memeory* [storage] 磁盘存储器. *disk meter* 盘式流〔计〕量计. *disk mill* 车轮轧机. *disk on rod type circuit* 加感同轴电路. *disk record* 唱片. *disk recorder* 唱片录音设备,翻片机. *disk recording* 唱片录音,灌唱片. *disk reproducer* 留声机,唱机. *disk scanner* 析像盘,扫描器盘,盘形扫描器. *disk spring* 盘簧. *disk track* 盘径〔通道,盘径,盘音盘线段〕. *disk valve* 片状阀. *disk wheel* 盘轮,粘金属板砂轮. *dry disk clutch* 干式摩擦片离合器,干盘离合器. *elastic grinding disk* 弹性磨轮. *explosion disk* 防爆盘. *graduated disk* 刻度盘. *monitor disk* 检验(器)盘. *optical disk* 光具盘,频闪观测盘. *polarized disk* 偏振镜. *pressure disk* (镇压器)压环. *rotor disk* (直升机)转盘,旋翼旋转面,旋翼叶盘. *shutter disk* 快门片. *spring toothed disk* 弹簧齿片. *stroboscopic disk* 频闪观测盘,示速器圆盘. *synchroscope disk* 差速〔同步机〕盘. *the sun's disk* 太阳的表面. *timing disk* 定时〔同步〕磁盘. *tubine disk* 涡轮圆盘,透平叶轮.

disk-bursting test 轮盘破裂试验.

diskette n. 塑料磁盘,小磁盘.

disk-pack n. (可换式)磁盘组,磁盘集合,磁盘部件.

disk-recording 唱片录音.

disk'-seal' ['disk'si:l] n.; a.盘封(的),盘形封口. disk-seal tube 盘封管,灯塔管.
disk-shaped a.圆盘形的.
disk-spaced cable 盘状(垫圈)绝缘电缆.
dislike' [dis'laik] vt.; n.不喜欢,厌恶. ▲have a dislike for [of, to] 不喜欢,厌恶.
dislimn' [dis'lim] v.使轮廓模糊,变模糊,褪色,删去.
dis'locate ['disləkeit] vt. 使变位[脱位],使离开原来位置,脱节,弄乱(位置,次序),使混乱.
disloca'tion [disləˈkeiʃən] n. ①错[变,转]位,(晶体格子中)位移,位错,转位,转换位置,脱节(位,骨,白),转移,混乱②色(弥,扩]散,散布 ③【地】断层(错),滑距. decroated dislocation 缀饰缺陷. dislocation density 位错密度. dislocation earthquake 断层地震. dislocation metamorphism 断错变质. dislocation scattering mobility 位移[错]散射迁移率. edge dislocation 边缘位移. screw dislocation 螺位错. spray dislocation 雾化散布. unlike dislocation 异号位错.
disloca'tion-free a.无位错(的).
dislodge' [dis'lɔdʒ] vt.移(挪,调]动,移[除]去,移[变]位置,取出,排出(二次电子),驱逐 (from),击退. dislodged sludge 沉积泥渣. dislodg(e)ment n.
dislod'ger n.沉积槽.
disloy'al [dis'lɔiəl] a.不忠(于)…的(to),无信用的. ~ly ad. ~ty n.
dis'mal [ˈdizməl] a.阴暗(沉)的,沉闷的. ~ly ad.
disman'tle [dis'mæntl] vt.拆除[卸],掉,开,下,散),分解(机器),解除,除去,粉碎,摧毁.~ment n.
dismay' [dis'mei] vt.; n.(使)惊鸣,(使)灰心,(使)沮丧. be dismayed at the news 或 be filled [struck] with dismay at the news 听到消息后感到惊慌(失措).
dismem'ber [dis'membə] vt.瓜分,分割,肢解,拆卸,解体,开除. dismembered stream 解体(海浸)河. ~ment n.
dismetria n.不对称运动.
dismiss' [dis'mis] vt. ①解散(雇),免(撤]职,开除 (from) ②消除,不(再)考虑(讨论],草草了结 ③【法】驳回.
dismis'sal 或 dismis'sion n.解散[雇],退去,撤职,不予考虑. false dismissal 漏警.
dismis'sible a.可免取的,可不予考虑的.
dismount' [dis'maunt] v.; n. ①下(来,马,车) (from) ②卸(取,拿,摘,拆,放,移]下,拆除(除] (from).
dismount'able a.可拆卸(下,开)的,可摘下的,可分离的,可更换的.
dismulgan 狄司毛金(石油乳胶体的脱乳化剂).
dismutase n.歧化酶.
dismuta'tion n.歧化(作用).
disna'ture [dis'neitʃə] vt.使失去自然属性(形态).
disobe'dience [disə'bi:djəns] n.不服从,违背,反抗 (to). disobe'dient a. disobe'diently ad.
disobey' [disə'bei] v.不服从,不听(从),违反.
disoblige' [disə'blaidʒ] vt.拒绝帮助,不肯通融,得罪.
disoblitera'tion n.闭塞消除.
disocclude' [disə'klu:d] v.使不咬合.
disodic a.二钠的.

diso'dium a.二钠的,分子中有两个钠原子的. disodium EDTA 乙二胺四乙酸钠.
disomat'ic a.二品质的,捕获素晶的.
D-isomer 或 d-isomer n.右旋同分异构体.
disopera'tion n.侵害作用.
disorb' v.使…脱轨.
disorb'it v.脱轨,离开(逸出)轨道,轨道下降.
disorbit'ion n.出(越,脱]轨,轨道下降.
disor'der [dis'ɔ:də] I n. ①紊(混,杂)乱,扰动②无规律,不规则,无(秩)序 ③失调(常],异常,缺陷,小毛病,病症,障碍. II vt.扰乱,使混(紊]乱,使失调. disorder scattering 无序散射. mental disorder 精神病. oral disorder 口腔病. orientation disorder 取向紊乱. ▲fall [throw] into disorder 陷入混乱. in disorder 混(紊)乱,不(秩)序(的).
disor'dered [dis'ɔ:bəd] a.无(秩)序的,混(紊)乱的,不正常的. disordered alloy 无序合金,无序齐. disordered orientation 无序取向,不规则排列. thermally disordered 热无序的.
disor'dering n.无序化. disordering effect 无序化效应.
disor'derly [dis'ɔ:dəli] I a.; ad.混(紊,杂]乱(的),不规则的,无秩序(的),目无法纪的. II n.妨害治安者,捣乱分子. disorderly dose-down 意外停歇.
disordus n.无源线.
disorganiza'tion [disɔ:gənai'zeiʃən] n.分裂,瓦解,混乱,无秩序,无组织,结构破坏.
disor'ganize [dis'ɔ:gənaiz] vt.使瓦解,使紊(混]乱,打(搅]乱,破坏…的工作(组织).
disor'ient [dis'ɔ:rient] 或 disor'ientate [dis'ɔ:rient-eit] v.使迷失方向(位],定向力缺乏(障碍],使迷惑.
disorienta'tion [disɔ:rien'teiʃən] n.迷失方向,不辨方位,迷航,定向力缺乏(障碍),(杂]乱取向,消向,位向消失.
disown' [dis'oun] v.不认,驱逐,脱离关系.
disox'idate v.减氧,还原.
disoxida'tion n.减氧(作用),还原(作用),脱氧,除氧作用.
disp =①dispensary 诊疗所 ②dispenser 药剂师,分配器,自动售货机.
dispar (拉丁语) a.不等的,不相称的.
dispar'age [dis'pæridʒ] vt. 蔑(蔑)视,贬低,毁谤. ~ment n.
dispar'aging a.蔑(蔑)视的,贬低的,非难的. ~ly ad.
dispar'asitized a.无寄生物的.
dis'parate ['dispərit] I a.(根本)不同的,不等的不相称的,不可比较(拟]的,无联系的,(种类)全异的. II n. (pl.)完全不同(不能进行比较]的东西.
dispar'ity [dis'pæriti] n.不同(之点),不一致,不同的,的程度),不均衡,不等,(定位,几何)差异,异系 (in).
dispart' [dis'pa:t] I v.分裂(离],破裂,裂开. II n.炮口与炮尾的中径差,炮口照星. ~ment n.
dispas'sion [dis'pæʃən] n.冷静,沉着,不带偏见. ~ate a.
dispatch' [dis'pætʃ] vt.; n. ①发送(货],派遣,发(派)出,分急,特]派,传(快]递,速办,迅速(办理,了结)②输(运,传]送,装运(货),运输行,转接 ③调度,分配,迅速处理(结束)④快信,急件,电报,(新闻）专电，（新闻）电讯，传递的信息〔命令〕. *algorithmic dispatching* 算法调度〔转接〕. *dispatch business* 赶任务. *dispatch driving* 急速驾驶，快速行车. *dispatching telephone control board* 调度电话主机. *pneumatic dispatch* 气力输送法. ▲ *dispatch from…* 从…拍来的专电. *require dispatch* 要快. *send…by dispatch* 作快件投寄. *with dispatch* 火〔迅〕速.

dispatch-box 或 **dispatch-case** n. 公文递送箱.

dispatch'er [dis'pætʃə] n. (交通)调度员，发运员，发送员，分配器，调度程序. *dispatcher queue* 调度〔发送〕队列. *dispatcher telephone* 调度电话(机).

dispatch'-tube n. 气动输送管.

dispel' [dis'pel] (*dispelled; dispelling*) vt. 驱散〔逐〕，消除〔散，释〕.

dispensabil'ity n. 可省却性.

dispen'sable [dis'pensəbl] a. ①可分配的，可给与的 ②不必要的，非必需的，可省去的，可有可无的.

dispen'sary [dis'pensəri] n. ①诊疗所，医务所，门诊部②药房. *travelling dispensary* 巡回医疗队.

dispensa'tion [dispən'seiʃən] n. ①分配(物)，配方，分与(物)②管理(方法)，处理，体制，制度③执〔施〕行④省略，免除，不用(with).

dispen'satory n. 处方书，配方学.

dispense' [dis'pens] v. ①分配〔送，给，与，散〕，发放〔出，给，药〕，散布，付出②配制〔方，药〕，调剂③实施，施行④免除，豁免. *dispensing balance* 药剂天平. *dispensing equipment* 配料设备，分配油的装置. ▲ *dispense with* 废〔免〕除，节省，省去，(使)不必要〔无需，不用，没有〕，也行.

dispen'ser [dis'pensə] n. ①药剂师，配〔发〕药者，施与者 ②分配〔配合，调合，配量，撒布，计量，投放〕器 ③自动售货机. *dispenser cathode* 储备式阴极. *isotope dispenser* 同位素计量器.

disperga'tion n. 解胶，胶液化(作用).

dis'pergator n. 解胶剂.

di'spermy ['daispə:mi] n. 二精入卵，双受精.

disper'sal [dis'pə:sal] n. 分〔扩，驱，消，弥〕散，散开(点)，疏开，分布，配置，排列，处理，整理.

disper'sancy n. 分散力.

disper'sant [dis'pə:sənt] n. 分散剂.

disper'sate n. 分散(色散)质.

disperse [dis'pə:s] I v. (使)分〔弥，扩，疏，驱，消，色〕散，分配，散开〔布，射〕，传播，喷粉，分〔切〕碎，扩散. II a. 分(弥)散的. *A prism disperses light.* 三棱镜可使光色散. *disperse phase* 分散(内)相，弥散相，分〔弥〕散质. *disperse state* 分〔弥，扩〕散状态. *dispersing agent* [medium] 分散〔弥〕剂.

dispersed' [dis'pə:st] a. 分〔扩，疏，弥，色〕散的，散乱的，漫布的，细分的，胶态的. *dispersed magnetic powder tape* 含粉磁带. *dispersed medium* 弥散剂. *dispersed part* 分〔弥，扩〕散部分. *dispersed phase* 分散(内)相，分〔弥〕散质. *dispersed phase hardening* 弥散硬化.

dispers'edly [dis'pə:sidli] ad. 四散.

dispersemeter =dispersimeter.

disper'ser n. 扩〔弥，分〕散剂，分散器，扩散装置，分〔弥〕散剂，(蒸馏塔中的)泡罩. *disperser satellite* 干扰扩散卫星.

disper'sible a. 可分散的.

dispersidol'ogy [dispersi'dolədʒi] n. 胶体化学.

dispersim'eter n. 微粒〔色散，散粒〕计，散开粒子的测定装置.

disper'sion [dis'pə:ʃən] n. ①分散(体，相，体系，作用，系统)，弥〔扩，发，耗〕散(现象)，色〔消，频〕散，散射〔布，开〕，传播，悬浮〔液〕②源〔位，偏〕移，(标准)离差，差量，方差，标准偏差的平方③泄漏④散开时的力波的分解⑤【统计】离中趋势. *coarse* [*true*] *dispersion* 粗粒弥散系. *dispersion angle* 漫射(散，色散)角. *dispersion coefficient* 扩散(漏磁)系数. *dispersion cup*(土壤试验)分散容器. *dispersion current* 耗散电流. *dispersion electron* 致色散电子. *dispersion filter* 波散滤波器. *dispersion gate*【计】"与非"门. *dispersion medium* 分散介质. *dispersion method* 分散法，弥散胶体(涂覆树脂)法. *dispersion of behavior* 运动状态的分散现象. *dispersion of difference scheme* 差分格式的频〔色〕散. *dispersion of distribution* 分布宽度. *dispersion phase* 分散外相，分散介体. *dispersion polymerization* 分散(系)聚合(作用). *dispersion ratio* 分〔离〕散率. *dispersion to the atmosphere* 入大气. *jet dispersion* 射流裂散. *oil-in-water dispersion* 油在水中弥散. *radial dispersion* 径向〔辐向〕位移. ~less a.

dispersion-hardening 或 **dispersion-strengthening** n. 弥散强化〔硬化〕.

disper'sity 或 **disper'siveness** n. 色〔弥，分〕散度，分散性(率).

disper'sive [dis'pə:siv] a. 分〔扩，离，弥，消，耗，色，频〕散的，散开的. *dispersive filter* 波散滤波器. *dispersive optical maser* 扩散式光激射器. *dispersive power* 色散率(力). ~ly ad.

dispersiv'ity n. 分〔色，弥〕散性，分散常差.

disper'soid [dis'pə:soid] n. 弥散体，分散〔离散分散〕胶体.

dispersoidol'ogy n. 胶体化学.

disper'sor n. 分散器.

dispi'reme [dai'spaiəriəm] n. 双纽.

dispir'it [dis'pirit] vt. 使气馁(沮丧). ~edly ad.

displ =①displace②displacement.

displace' [dis'pleis] vt. ①移动位置，位〔转〕移，变位②置〔替〕换，取〔排〕代，代替，免职〔排挤人，气〕，有…的排水量，排水量为④沉降，使过滤. *displace…downward* 把…移到下方. *The ship displaces 15,000 tons.* 这船排水量为15,000吨.

displace'able a. 可换〔移〕置的，可排〔取〕代的，可替换的.

displaced' a. (已)位移的，移位〔动〕的弥〔移〕的，代替的. *displaced carrier* 频偏后的载频. *displaced page* 置换页.

displace'ment [dis'pleismənt] n. ①位〔转〕移，变〔错异，移位，移动(度)，移置，平移，断层，偏移〔转〕，位移矢量. 刚体运动，沉降②排〔挤，气，汽，液，油，出〕量(水泵，压气机)生产率，气缸工作容量③置换(作用)，排(取)代(作用)，代替，替换④沉降，过滤，渗滤. *air (volume) displacement* 排气量. *angular displacement* 角偏差，角位移(量). *cylinder displacement* 汽缸排量. *displacement angle* 位移〔失

配〕角. *displacement bridge* 测位移电桥. *displacement compatibility* 位移相容条件. *displacement development* 置换显影. *displacement diagram* 位移〔变位〕图. *displacement fault* 平移断层. *displacement flux*（电）位移通量, 电通（量）. *displacement from the source* 源距离. *displacement function* 位移函数. *displacement gauge* 变位仪, 位移计. *displacement generator* 位移信号发生器, 偏压发生器. *displacement meter* 浮子式液体比重〔计〕. *displacement modulation* 脉冲（相）位调制, 位移调制. *displacement of water* 排水量. *displacement oil pump* 旋转〔排代〕油泵, 活塞式油泵. *displacement pile* 打入桩. *displacement plating* 置换〔排代〕电镀. *displacement pump* 活塞〔排代〕泵. *displacement setting* 容量调整. *displacement ton (nage)* 排水吨数〔位〕. *displacement volume* 被置换的体积. *half-element displacement* 半元位移. *magnetic displacement* 磁（位）移. *parallactic displacement of coordinates* 坐标视差. *phase displacement* 相（位）移. *roll displacement* 相对纵轴的角位移, 滚动, 倾侧. *total displacement* 总排量, 总位移. ▲*displacement of M by N* M 被 N 代替〔置换〕.

displa′cer [disˈpleisə] *n.* ①置换〔抽出, 排出〕器, 滤器②代用品, 排代〔置换, 顶替〕剂, 排出物③平衡浮子, (试模的) 定距垫块.

display′ [disˈplei] Ⅰ *vt.* ①展, 摊开, 表示, 显像, 显现, 表现〔明, 演〕, 发挥②陈列, 展览③增进, 再生, 复制. Ⅱ *n.* ①显示（器）, 指示（器）, 展开〔示〕, 显露（者）, 表现②显度, 示数③标记, 影像④陈列（品）, 展览（品）⑤增高, 再生（装置）⑥区头向量. *Cartesian display* 笛卡儿坐标网, 笛卡儿基准棚板. *clear display* 清晰影像. *computer display* 计算机显像. *console display* 控制显示器. *display address* 区头向量地址. *display circuit* 标示〔显示〕电路. *display console* 指示器台, 显示控制台, 雷达显示台. *display creativeness* 发挥创造性. *display device* 显示仪表. *display gamma* 重显灰度. *display image* 复显〔再现, 显示〕图像. *display lamp* 指示灯. *display monitor* 监视器. *display plotter* 图像显示器. *display primaries* 显像三基色, 接收机基色. *display screen* 显示器屏, 壁式电视荧光屏. *display unit* 显示部件〔单元, 装置〕. *displaying alphanumberic* 字母数字显示. *indicator display* 指示器的读数. *radar display* 雷达显示. *radarscope display* 雷达荧光屏显示的影像. *sector display* 扇形扫描〔显示〕. *television display* 电视显示器. *visual display* 可视度数, 视觉显示. ▲*be on display* 展览〔陈列〕着. *make a display of* 夸耀.

displease′ [disˈpliːz] *vt.* 使不高兴〔不满意〕, 使生气. ▲*be displeased with*〔*at*〕不喜欢. *be displeased with…for*＋*ing* 对…不满意.

displea′sing [disˈpliːziŋ] *a.* 令人不愉快〔不高兴〕的 (*to*). —*ly ad.*

displeas′ure [disˈpleʒə] *n.* 不愉快, 不高兴, 生气. ▲*incur the displeasure of* 触犯, 得罪, 引起…不悦.

dispore *a.* 双孢担子上的孢子.

dispo′sable [disˈpouzəbl] Ⅰ *a.* 可随意〔自由〕使用的, 可（任意）处理的, 易处理〔置〕的. Ⅱ *n.* 用完扔〔一次性使用〕的东西 (特指容器). *disposable buoyancy* 可用有效浮力. *disposable load* 自由载重. *disposable weight* 活动重量.

dispo′sal [disˈpouzəl] *n.* ①处理〔置〕, 收拾, 整理, 配〔布〕置, 安排, 排列②处理（使用）权, 处理方法③控制, 支配④清〔消〕除, 清理, 除〔洗〕去, 排出〔除〕⑤废弃物. *disposal lift* 有效升力. *disposal load* 活动〔可用, 处理〕载荷. *disposal of sewage* 污水处理. *disposal of spoil* 出碴. *effluent disposal* 废液排出〔处理〕. *land disposal* 埋入地下 (放射性废料). *refuse disposal* 垃圾处理. *sea disposal* 排入海中. *sewage disposal* 污水处理. *waste disposal* 废（弃）物处理. ▲*be at one's disposal* 随…自由, 听任…（自由）处理, 由…作主, 供…使用, 归…支配, 摆在…面前. *disposal by sale* 出卖. *put* [*leave*] *at one's disposal* 把…交某人自由处理. *try every means at one's disposal* 尽自己的一切力量.

dispose′ [disˈpouz] *v.* ①处理〔置〕, 整理, 收拾, 安排 (*of*) ②排列, 配置〔备〕, 部署, 分配, 布置③解决, 对付, 清除掉, 除去 (*of*) ④说服, 影响, 使愿意〔准备〕, 使想要 (*for*, *to*＋*inf.*). ▲*be* [*feel*] *disposed for* [*to*＋*inf.*] 打算, 愿意, 倾向于. *be well disposed towards* 对…有好感. *dispose…for* [*to*＋*inf.*] 说服…去（做）.

disposit′ion [dispəˈziʃən] *n.* ①配置〔备〕, 布置〔局〕, 排〔陈〕列, 安排, 部署, 计划②处理〔置〕, 收拾, 支配, 控制③处理〔支配〕权④性情, 性格, 脾气, 疾病倾向, 易感性倾向⑤交叉（线路）⑥(*pl.*) 计划, 战略. *battle* [*combat*] *disposition* 战斗部署. *mental disposition* 秉性, 性情. ▲*at one's disposition* 听凭…的自由, 随意, 随…支配. *have a disposition to*＋*inf.* 倾向于（做）. *have no disposition to*＋*inf.* 无意于（做）. *show a disposition to put it off* 表示要延期.

disposition-plan *n.* (设备) 配置平面图.

dispossess′ [dispəˈzes] *vt.* 使不再占有, 剥夺, 驱逐. ▲*dispossess…from*…把…从…中撵走〔逐出〕. *dispossess…of*…征用〔剥夺, 霸占〕…的.

dispossess′ion [dispəˈzeʃən] *n.* ①征用, 没收②强〔霸〕占, 剥夺③驱逐.

dispossess′sor *n.* 征用者, 霸占者.

dispo′sure [disˈpouʒə] *n.* 处置.

dispraise′ [disˈpreiz] *vt.*；*n.* 指摘, 谴责. *speak in dispraise of* 指摘, 谴责.

dispread [disˈpred] (*dispread*, *dispread*) *v.* 扩张, 展开.

disproduct *n.* 有害的产物 (尤指因生产者的疏忽所致的).

disproof′ [disˈpruːf] *n.* 反证 (物), 反驳的证据.

dispropor′tion [disprəˈpɔːʃən] Ⅰ *n.* 不均〔平〕衡, 不平均, 不成比例, 不相称〔当〕. Ⅱ *vt.* 使失平衡, 使不相称, 使…不相称, 歧支.

dispropor′tional [disprəˈpɔːʃnl] *a.* 不相称的, 不匀调的 (*to*).

dispropor′tionate [disprə′pɔ:ʃənit] I a. 不相称的,不成比例的,不匀调(称)的(to). II v. 歧化. ~ly ad. *disproportionately graded* 级配不良的.

disproportiona′tion [disprəpɔ:ʃə′neiʃən] n. 不均,不相称,氢原子转形,歧化(作用,反应). *disproportionation of hydrogen* 氢的重新分配. *heterogeneous disproportionation* 多相歧化.

dispropor′tioned [disprə′pɔ:ʃənd] a. 失去平衡的,不相称的.

disproval [dis′pru:vəl] n. 反证,反驳.

disprove′ [dis′pru:v] vt. 证明…是不正确的,证明…不成立,反驳,驳斥,推翻.

dispu′table [dis′pju:təbl] a. 有争议的,可(引起)争论的,可疑的,不确实的,不一定的,有问题的. **dispu′tably** ad.

dispu′tant [dis′pju:tənt] n. 争(辩)论者.

disputa′tion [dispju:′teiʃən] n. 争(议,辩)论. *matter of disputation* 有争论的事情.

disputa′tious 或 **dispu′tative** a. 争论(激烈)的,(好)议(争论)的,有关争论的.

dispute′ [dis′pju:t] v.; n. ①争(辩,讨)论,争辩②持异议,怀疑 ③争端 ④阻止,抗拒,反(抵)抗 ⑤争夺,竞争. ▲*above dispute* 不在争论范围之内. *(be) beyond* [*past, without, out of*] *dispute* 无争余地的,确,无疑地,明白. *dispute with* [*against*] *M about* [*on*] *N* 和 M 就 N 争论. *in dispute* 有争论的,(在)争论中的,尚未解决的. *point(s) in dispute* 争论焦点. *settle a dispute with* 同…解决争端. *settle disputes between* 调解…之间的争端.

disqualifica′tion [diskwɔlifi′keiʃən] n. 无资格(能力),不合格(的原因),不适合,取消资格.

disqual′ify [dis′kwɔlifai] vt. 取消…的资格,使无资格,使不合格,使不能. ▲*be disqualified for* [*from*] 没有…的资格(能力). *disqualify…for…* 取消…担任…的资格.

disqui′et [dis′kwaiət] I vt. 使不安,使忧虑. II n. 不安(心,定),动摇,忧虑. III a. 不安(心)的,忧虑的. ~ly ad.

disqui′eting a. 引起〔令人〕不安的. ~ly ad.

disqui′etude [dis′kwaiitju:d] n. (焦急)不安,焦虑,动摇.

disquisi′tion [diskwi′ziʃən] n. ①专题论文,著名论著,学术演讲(on) ②研究,探求,正式〔详细〕讨论. ~al a.

disrate′ [dis′reit] vt. 使降级.

disregard′ [disri′gɑ:d] vt.; n. 不理〔顾,管〕,不注意,轻(漠)视,把…忽略不计〔不考虑在内,置之度外〕. *disregard friction* 不把摩擦(力)考虑在内,把摩擦(力)忽略不计. ▲*have a disregard for* 〔对〕轻〔漠〕,忽视,不顾.

disregard′ful a. 漠(无)视的.

disreg′istry n. 错合度.

dis′rela′tion [′disri′leiʃən] n. 没有相应的联系,分离,不统一.

disrel′ish [dis′reliʃ] vt.; n. 厌恶,讨厌 (for).

disremem′ber [disri′membə] vt. 忘记,忘掉.

disrepair′ [disri′pεə] n. 失修,破损〔烂〕. ▲*be in (a state of) disrepair* (年久)失修,需要修理,破损.

dispu′table a. 声名狼藉的,破烂不堪的. *disrepu′tably* ad.

disrepute′ n. 声名狼藉.

disres′onance n. 非谐振.

disrespect′ [disris′pekt] n.; vt. 无礼,不尊敬〔重〕. ~ful a. ~fully ad.

disrespec′table a. 不值得尊敬〔重〕的.

disroot′ [dis′ru:t] vt. 连根拔除,除去.

disrupt′ [dis′rʌpt] vt. (使)分(破,断,碎)裂,中断,毁〔破坏〕,(使)瓦解,使混乱,使停顿,干扰,搞垮. *disrupted anomaly* 脱节异常. *disrupted horizon* 断错层位.

disrup′tion [dis′rʌpʃən] n. ①分〔破,碎,爆,断〕裂,破坏(作用)②击穿,穿孔 ③离散,瓦解. *nuclear disruption* 原子核破裂〔破溃〕.

disrup′tive [dis′rʌptiv] I a. 分〔破〕裂(性)的,破坏(性)的,爆炸性(的),爆裂的,推毁(性)的,击穿的. II n. 烈性炸药. *disruptive conduction* 破穿电导,击穿导电. *disruptive discharge* 迅裂〔火花,击穿〕放电. *disruptive distance* 击穿放电距离. *disruptive explosive* 爆裂性炸药. *disruptive strength* 破溃〔击穿,介电,介质〕强度. *disruptive test* 击穿〔耐压〕试验. *disruptive voltage* 击穿电压.

disrup′tiveness n. 破裂(性),分裂.

disrup′ture n. 破〔分〕裂,毁坏.

diss =dissertations 论文.

dissatisfac′tion [dissætis′fækʃən] n. 不满(意,足),不平(with, at),令人不满的事物.

dissatisfac′tory [dissætis′fæktəri] a. 不满(意)的,不平的,不称心的.

dissat′isfy [dis′sætisfai] vt. 使不满意,使不平〔不服〕. ▲*be dissatisfied with* 〔at〕对…不满意,不满足于.

dis/sec =disintegrations per second 衰变/秒.

dissect′ [di′sekt] vt. ①解剖,剖(切,分)开,切断,分割〔解〕②(仔细)分析,详细研究. *dissecting microscope* 解剖显微镜. *dissecting valley* 切割盆地,切割谷.

dissec′ted a. 解剖过的,分成部分的.

dissec′tible a. 可剖(切)开的.

dissec′tion [di′sekʃən] n. 解剖(体,标本,模型),切(分)开,分,剖分〔析〕,切割〔面〕,分解〔析,辨〕,细查. *image dissection* 析像,图像分解.

dissec′tor [di′sektə] n. 解剖器(具),解剖手册,析像管,解剖〔分析〕者. *dissector tube* 或 *image dissector* 析像管.

dissem′be [di′sembl] v. 掩饰,假装(视),蒙混,伪装.

dissemina′te [di′semineit] vt. 传播,散布,浸染,宣传. *disseminated ore* 浸染矿.

dissemina′tion [disemi′neiʃən] n. 传播,传递,普及,宣传 ②散布(射,逸),分(扩,弥)散(作用),播种 ③浸染 ④散射强度.

dissem′inator [di′semineitə] n. 播种器,传播〔播种,散布〕者.

disseminule n. 传播体.

dissen′sion [di′senʃən] n. 冲突,争论,纠纷,意见分歧.

dissent′ [di′sent] vi.; n. (持)异议,有不同意见,不同意(from).

dissen′ter n. (有)不同意(见)者,不赞成者,反对者.

dissen'tience [di'senʃəns] n. 不同意,反对.
dissen'tient [di'senʃənt] n. ;a. 不赞成者[的],不同意者[的],反对者[的].
dissep'iment [di'sepimənt] n. 隔膜,鳞板,分开[隔,割].
dissepimenta'rium [di'sepimənt] n. 鳞板带.
dissert' [di'sə:t] 或 **dis'sertate** ['disəteit] vi. 讲[论]述,写论文.
disserta'tion [disə(:)'teiʃən] n. (研究)报告,(学位)论文,(专题)论述,(正式,学术)演讲.
disserve' [dis'sə:v] vt. 损[伤,危]害. **disservice** [dis'sə:vis] n.
disser'viceable a. 危害性的,起损害作用的.
dissev'er [dis'sevə] v. 分裂[离,开,割],割断. ～ance 或 ～ment n.
dis'sidence ['disidəns] n. 意见不同,不同意,不一致,异议.
dis'sident ['disidəns] a.;n. 意见不同的(人),持异议的(人).
dissil'iency [di'siliənsi] n. 裂开,分裂(的倾向).
dissil'ient a. 分裂,爆裂的,裂开的.
dissim'ilar [di'similə] a. 不同的,不相似的,不一样的. *dissimilar computer* 异种计算机. ▲(be) dissimilar to (from, with)与…不同[不相似].
dissimilar'ity [disimi'læriti] n. 不相似,不一致,不同(之点),相异,异点.
dissim'ilate [di'simileit] v. (使)不一样,(使)不同,异化,分化,分解. **dissimila'tion** [disimi'leiʃən] n.
dissimil'itude [disi'militju:d] n. 不相似,不同(之点),对比,异点.
dissim'ulate [di'simjuleit] v. 掩饰,隐瞒,假装(不见),不暴露.
dissimula'tion [disimju'leiʃən] n. 掩饰,伪(佯)装,伪善,隐瞒.
dissim'ulator n. 伪君子.
dis'sipate ['disipeit] v. **dissipa'tion** [disi'peiʃən] n. ①(使)消〔分,散,耗,扩〕散,散逸〔失,射〕,消融〔沉〕,消〔清〕除 ②浪费,挥霍,(消损,功)耗,漏泄. *dissipated heat* 散失热. *dissipation factor* 功耗因数. *dissipation factor measuring bridge* 介质损耗角测量电桥. *dissipation of energy* 消能. *plate dissipation* 阳极耗散. *power dissipation* 功率耗散.
dis'sipater 或 **dis'sipator** n. 耗散〔喷雾〕器,消能工.
dis'sipative ['disipeitiv] a. 散逸的,耗散的,消耗(性)的,损〔有〕耗的,浪费的. *dissipative element〔cell〕* 耗能元件.
disso'ciable [di'səuʃiəbl] a. 可(易)分离的,可以离解的,不调和的,易解离的.
disso'ciate [di'səuʃieit] vt. 分〔游,解〕离,分〔离,解,拆(开)〕离,溶解,分裂,解散,使脱离. ▲*dissociate oneself from* 断绝和…的关系,与…无关系,否认和…有关系. *dissociate (M) into N (把M)*分离〔离解〕成N.
disso'ciated [di'səuʃieitid] a. 分裂的,游离的,离解的.
dissocia'tion [disəusi'eiʃən] n. 分解〔离,裂〕,离〔溶〕解(作用),解〔游〕离,离异,(细菌的)变异,神志分离,不相联. *dissociation constant* 离解常数. *electrolytic dissociation* 电离〔解〕,分离常数. *ionic dissociation* 电离离解,离解成离子.

disso'ciative [di'səuʃiətiv] a. 分离的,分裂性的,离〔分,溶〕解的. *dissociative capture* 离解俘获.
disso'ciator n. 分离〔离解〕器,离解子.
dissolubil'ity [disəlju'biliti] n. 可溶〔解〕度,可溶性.
dissol'uble [di'səljubl] a. 可溶〔解,性〕的,可融〔液〕化的,可分解〔离〕的,可取消〔作废〕的,可解除〔散〕的.
dissol'uent n. 溶剂.
dissolu'tion [disə'lu:ʃən] n. ①溶〔融,分〕解(作用),溶蚀〔化〕,融〔液〕化,分离 ②取消,解〔废〕除,解散 ③瓦解,松解(法),毁〔消〕灭,死亡 ④结束〔清〕.
dissolvabil'ity [di'zəlvəbiliti] n. 溶解〔解〕度,可溶〔解〕性.
dissol'vable [di'zɔlvəbl] a. 可溶〔解,性〕的,可融〔液〕化的,可分解的,可取消〔解散〕的.
dissol'vant n. 溶剂〔媒〕.
dissolve' [di'zɔlv] v.;n. ①(使)溶〔分,瓦〕解,溶〔融,液,化〕(渐渐)消失〔散,散〕,(电影、电视画面)渐隐,迭化(慢转接),溶暗 ②(使)衰弱,取消,解除〔散〕,(使)无效,废除,(使)分离 ③毁灭. *dissolved impurities* 溶解杂质. *dissolved oxygen depletion* (简写 DOD) 溶解氧消耗(曲线). *dissolving fuel* 电解溶解的核燃料. *dissolving power* 分解〔分辨〕能力. *lap dissolve* (电视,电影)淡入〔出〕. *lateral dissolve* 划(电视,电影)换镜头). ▲*dissolve away* 溶解掉. *dissolve in* 溶入. *dissolve into* (在…中)消失不见,溶解〔消失〕到…中,溶(解,化)成. *dissolve out* 分泌(出),溶解〔解〕析出.
dissol'vent [di'zɔlvənt] Ⅰ n. 溶剂〔媒〕,溶化药. Ⅱ a. (有)溶解(力)的,解凝的.
dissol'ver n. 溶解器〔剂,装置〕.
dis'sonance ['disənəns] n. 不一致,不调〔谐〕和,不协调,非谐振. *electric dissonance* 出现拍差.
dis'sonant [disənənt] a. 不调〔谐〕和的,不协调的,不一致的,刺耳的.
dissuade' [di'sweid] vt. 劝阻〔止〕. ▲*dissuade … from* (+n., +ing) 劝…不(要).
dissua'sion [di'sweiʒən] n. 劝阻,忠告.
dissua'sive [di'sweisiv] a. 劝阻的. ▲*be dissuasive of* 制止. ～ly ad.
dissymmet'ric(al) [dissi'metrik(əl)] a. ①不(非)对称的,不相称的,不均齐的 ②左右(两面)对称的,对映形态的.
dissym'metry [dis'simitri] n. ①不对〔相称,非对称(现象) ②左右(两面)对称,对映形态.
dist = ①*distance* 距离 ②*distant* 远(距离)的 ③*distinguish* 分类,辨别 ④*district* 区(域).
dis'tal ['distl] a. 在末端的,末梢的,远侧的. *distal end* 末〔远〕端,顶部.
dis'tance ['distəns] Ⅰ n. ①距(离),间隔〔隙,距〕,隔离,(路,行,航)程,航程 ②〔计〕位距,续航距离 ③遥(远,测),远距离,远方 ④一长段时间. Ⅱ vt. ①隔开,放在远处,把…放在一定的距离之外 ②超〔赶,胜〕过(over). *air-to-ground distance* 空-地距离. *arcing distance* 火花间隙,放电距离. *center distance* 中心距(离),轴间距离. *cone distance* 分度锥母线长度,锥距. *damage effect distance* 杀伤半径,有效杀伤距离. *distance apparatus* 遥测〔远距测量〕仪器. *distance bar* 程杆. *distance block* 定距(隔

块. *distance collar* 隔(定能)环. *distance control* 远距离控制(操纵),遥控. *distance difference measurement* 距差测量,双曲线定位. *distance element* 距离元,微距离. *distance finding* 测距. *distance gate* 【计】"异"门. *distance hardness* DH 硬度(顶端淬火时的距离硬度). *distance host* 【计】远程主机. *distance measuring* 测距. *distance meter* [gauge] 测距仪. *distance nut* 隔垫用螺母. *distance out to out* 外沿间距离. *distance piece* 垫片(铁),(间)隔片,隔板,定距(隔)块. *distance plate* 定距(隔)板,隔片(垫). *distance post* 里程标. *distance range* 通达距离. *distance relay* 远路继电器. *distance ring* 定距环,隔(垫)环. *distance run motor* (船舶显示设备中的)航程马达. *distance sum measurement* 距离和测定,椭圆定位(系统),差和定位. *distance type* 遥控式,远程式. *effective distance* 有效射程(距离). *flight distance* 飞行距离,跨度. *intercarrier distance* 载波间隔(幅度). *interocular distance* 目基,两眼间的距离. *inverse distance* 与距离成反比的数,距离倒数. *migration distance* 迁移长度. *miss distance* 误差(脱靶)距离,线性(长度)误差,飞越偏差. *optical distance* 光程. *skip distance* 死区宽度,(跳)越距(离). ▲*at a distance* 隔开一段距离,在(相隔一定距离的地方),在一定的距离内,隔开一点;远距离,远处. *action at a distance* 超距作用. *at a distance M from N* 距离 N 为 M 的地方. *at some distance* 以(相隔,保持)一定距离,相当远. *at this distance of time* (过了好久)到现在还,在相隔很远的今天(还). (*be*) *a good* [*great*] *distance off* [*away*] 隔得很远. *be any distance from* 距…有一定距离. *be no distance at all* 一点不远. (*be*) *out of* (*striking*) *distance* (*from*) 太远,难(达)到,离开得很远. *for some distance* (*from*) (距…)一段距离. *from a distance* 从远方(处). *go a long distance in* +*ing* 在(做)方面有很大进展. *have M distance to go to N* 到 N 要走 M 距离. *in the distance* 在远处. *keep*…*at a distance* 与…保持相当距离. *to a distance* 到远方. *within*…*distance* 在…的距离内. *within easy distance of* 离…(很)近.

distance-reading *a.* 远距(离)示教的.
distance(-)type *a.* 遥控式的,远程的,遥测的.
distan'nic com'pound 二(正)锡化合物.
dis'tant ['distant] *a.* 远(方,程,隔,距离)的,(遥远)的,相隔的,有距离的,稀疏的,隐约的. *be two miles distant from* 离…有二英里远. *the day* [*time*] *is not far distant when*… 距…的日子已不远了. *distant ages* 往昔. *distant control* 远距离控制,遥控. *distant early warning line* 远程警戒雷达网. *distant exchange* 远端电话局. *distant indication* (远)距离显示. *distant likeness* [*resemblance*] 约略相似. *distant reading* 遥测读数. *distant side of the moon* 月球背面. *distant space radio center* 遥测空间无线电中心. *distant thermometer* 遥测温度计. *distant voltage regulator* 遥动电压调节器. ▲*at no distant date* 不日,日内. *have not the most distant idea* (*of a matter*) 不甚明白.

distaste' [dis'teist] *n.* 厌恶,讨厌(for). ▲*have a distaste for* 不喜欢,讨厌. *in distaste* 厌恶地. ~**ful** *a*. ~**fully** *ad*. ~**fulness** *n*.
distem'per [dis'tempə] I *n*. ①水浆涂料,色胶,胶画(颜料) ②刷墙粉 ③混乱,骚动 ④病(症),温热. II *vt*. ①用色胶(色粉),胶画颜料)涂(画,粉刷) ②使不正常,使失调,在…中造成混乱.
distend' [dis'tend] *v.* (使)扩张(膨胀).
distensibil'ity [distensi'biliti] *n.* 膨胀性(度),扩张度.
disten'sible [dis'tensəbl] *a.* 会膨胀的,膨胀性的.
disten'sion 或 **disten'tion** [dis'tenʃən] *n.* 扩张,膨胀(作用).胀大,延长.
distent' [dis'tent] *a.* 膨胀的.
disthene *n.* 蓝晶石.
dis'tichous ['distikəs] *a.* 分成两部分的,二分的. ~**ly** *ad*.
distil' (**l**) ['dis'til] I (*distilled*; *distilling*) *v.* 蒸馏,用蒸馏法提取(制造,净化,除去)(off, out),滴下,渗(馏)出,提取…的精华. II *n.* (pl.) 馏出物,馏份. *distill the experience of the masses* 吸取群众的好经验. *distilled gasoline* 直馏汽油. *distilled oil* 馏(馏出)油,精油. *distilled water* 蒸馏水. *distilling column* 蒸馏柱(塔). *distilling flask* 蒸馏瓶,分馏烧瓶. ▲*distill M into N* 将 M 蒸提成 N. *distil M* (*out, off*) *from N* 从 N 中蒸馏出 M. *distil over* 馏出. *distil overhead* 馏成头馏份,馏过头.
distillabil'ity *n.* (可)蒸馏性.
distil'lable [dis'tiləbl] *a.* 可蒸馏的.
dis'tilland ['distilænd] *n.* 被蒸馏物.
dis'tillate ['distilit] *n.* 蒸馏(物,液,作用),馏份,馏出物(液),精华. *distillate cooler* 蒸馏冷却器. *distillate oil* 馏出油. *overhead distillate* 初(头)馏份.
distilla'tion [disti'leiʃən] *n.* 蒸馏(物,液,法,作用),析出挥发物,馏份,馏出物(液),抽出物,精华. *air distillation* 常压蒸馏. *destructive distillation* 分解(破坏)蒸馏,干馏. *distillation apparatus* 蒸馏装置(仪器). *distillation gas* 干馏气体. *distillation plate calculation* 理论塔盘的计算. *distillation range* 程,蒸馏(间,温)程,沸腾范围. *distillation test* 蒸馏分析(试验),馏份组成的测定. *distillation tube* 蒸馏管,蒸馏管,蒸馏填充物. *dry distillation* 干(蒸)馏,分解蒸馏. *fractional distillation* 分(精)馏(作用).
dis'tillator *n.* 蒸馏器.
distil'latory [dis'tilətəri] I *a.* 蒸馏(用)的. II *n.* 蒸馏器.
distilled-to-dryness 蒸干为止.
distil'ler [dis'tilə] *n.* 蒸馏器(釜,锅,者),(蒸馏装置的)凝结器. *ammonia distiller* 蒸氨器,氨蒸馏器.
distil'lery [dis'tiləri] *n.* 蒸馏室,酒(精)厂.
distil(**l**)**'ment** [dis'tilmənt] =distillation.
distinct' [dis'tiŋkt] *a.* ①各别的,性质(种类)不同的,特殊的,有差别的,截然不同的 ②清楚的,明晰(显,白,了)的. *distinct roots* 相异(不等)根. ▲(*as*

distinct from 与…不同(的). **be distinct from M(in N)**(在 N 方面)与 M(性质)(截然)不同.

distinc′tion [dis'tiŋkʃən] n. ①区[差,级]别,相异 ②特性[征,质] ③优[卓]越,荣誉. ▲**a distinction without a difference** 名义上[无差异,不是真,人为]的区别. **distinction between M and N** 或 **distinction of M from N** M 与 N(之间)的差别. **draw a (+a.) distinction between M and N** 在 M 和 N 之间划(…)界线. **gain [win] distinction** 出名. **in distinction from** 与…分别着. **make a distinction between** 区[鉴,识,辨]别. **make no distinction(s) between** 不分彼此. **of distinction** 知名的,杰出的. **without distinction** 无差别地.

distinc′tive [dis'tiŋktiv] a. (有)区别的,有特色的,鉴别性的,特殊的,与众不同的,醒目的. ~**ly** ad.

distinc′tiveness n. 特殊(差别),区别性.

distinct′ly [dis'tiŋktli] ad. 显然,明确,清楚地,明白地.

distinct′ness [dis'tiŋktnis] n. ①差别 ②清楚,明晰 ③清晰度.

distin′guish [dis'tiŋgwiʃ] v. ①区[分,辨,识,判]别,辨识[明],听出,分类 ②显示[表现]…的特色[特点],做为…的特性,使(区)别于 ③显扬. **distinguished boundary** 特异边界. **distinguished subgroup** 正规子群. **distinguishing feature** 特点,特征. **distinguishing mark** 明显标志,识别符号. ▲**(as) distinguished from** 不同于,与…不同[有区别]. **be distinguished as** 算明为,称之为. **distinguish M from N [between M and N]** 区[辨,识,鉴]别 M 和 N,把 M 和 N 区别开. **distinguish oneself (by)**(由…)出名.

distinguishabil′ity n. 可辨别性,分辨率.

distin′guishable [dis'tiŋgwiʃəbl] a. 可区[辨]别的,辨认得出的.

distin′guished [dis'tiŋgwiʃt] a. ①卓越的,杰出的,显著的 ②以…著名的(for, by). **distinguished boundary** 特异边界. **distinguished guest** 贵宾. **distinguished normal form** 特异合取范式. **distinguished subgroup** 正规子群.

distom′eter n. 测距仪.

distort′ [dis'tɔːt] v. ①(使)变形,改变(形状),弄歪,扭[弯,转,折,变]曲 ②失真,畸变 ③曲[误]解,歪曲[斜]. **distorted bond** 被破坏的键. **distorted crystal** 歪晶. **distorted lattice** 畸变点阵. **distorted state** 无序态. **distorted view** 偏见. **distorted wave** 失真波,畸变波. **distorting stress** 扭(转)应力. ▲**distort around** 绕过.

distort′edly ad. 被歪曲地.

distorted-wall column 扭变壁管蒸馏塔.

distor′ter n. 畸变(放大)器,扭物,曲解的事.

distor′terence n. 失真,扭曲.

distor′tion [dis'tɔːʃən] n. ①变形[态,率],挠曲,扭曲 ②变[畸]变 ③曲[误]解,歪曲,斜视,乖僻,浪费 ④投影偏差. **distortion bridge** (测量)失真(的)电桥,畸变电桥. **distortion (factor) meter** 失真(因数)测试器,非线性失真测试仪,失真系数(因数)计,失真度表. **distortion in the crystal lattice** 晶体格子中位移,晶格畸变. **distortion meter** 失真度测试仪,失真计. **distortion tail** 波尾畸变. **distortion transmission impairment** 由于线路失真引起传输质量的降低. **frequency distortion** 频率畸变[失真]. **permanent distortion** 永久[残留]变形. **shape distortion** 变形. **shear distortion** (钢坯或钢材端部)剪塌. **underthrow distortion** 由于信号前沿不足引起的失真.

distor′tional a. 变形的,歪曲的,畸变的.

distor′tionless a. 无畸变的,不[无]失真的,无形变的.

distr = ①distribute, distribution 分配,分布 ②distributor 分配器,配电盘.

distract′ [dis'trækt] vt. 分散(注意等),掉转,岔开,使混[错]乱,扰乱,迷惑.

distrac′ted [dis'træktid] a. 迷惑的,弄得糊里糊涂的. **be distracted by [with]** 被…所烦扰[弄得糊里糊涂]. ~**ly** ad.

distractibil′ity [distrækti'biliti] n. 注意散漫,注意力分散,分心性.

distrac′tion [dis'trækʃən] n. ①分心,精神涣散[错乱] ②内脱位,关节面脱离,牙齿分离 ③消遣,娱乐.

distrail′ n. =dissipation trail 消散尾迹.

distrait′ [dis'trei] (法语) a. 心不在焉的,不注意的.

distress′ [dis'tres] I n. ①苦恼,痛[贫]苦,悲伤,疲劳 ②遇难[险],失事,事故,损坏 ③受灾,不幸. II vt. 使苦[烦]恼,使痛[困]苦,压迫,使疲倦. **cardiac distress** 心区不适. **distress call** 求救[遇险]呼号. **distress frequency** 呼救信号频率. **distress in concrete** 混凝土的龟裂. **distress landing** 强迫着陆. **distress manifestation** 破坏象征. **distressed area** 贫苦地区. **distressed structure** 变形(超载)结构,需要加固的结构. **mental distress** 精神苦闷. **respiratory distress** 呼吸窘迫. **signal of distress** 或 **distress signal** 遇险[危急,呼救]信号. ▲**be distressed about [over]** 为…而苦恼. **in distress** 不幸的,遇难的,穷困的.

distress-call n. 遇险(求救)信号(即 SOS).

distress′ful [dis'tresful] a. 苦难(重重)的,多难的,不幸的,悲惨的. ~**ly** ad.

distress′ing [dis'tresiŋ] a. 苦恼的,悲惨的,可怜的,困苦的. ~**ly** ad.

distress-signal n. 遇险信号.

distribond n. (含膨润土的)硅质粘土.

distrib′utable [dis'tribjutəbl] a. 可分配的,可分成类的.

distrib′utary [dis'tribjutəri] n. (河道)支流,分流,配水沟[管].

distrib′ute [dis'tribjuːt] vt. ①分布[配,发,给],配给[置,水,电,气],配(分)线,布料,排列 ②散布,扩充开 ③区分,分类 ④【逻辑】周延. **distributed circuit** 参数分布电路. **distributed data base** 分布式数据库. **distributed element** 分布参数元件. **distributed load** 分布荷载[负载]. **distributed shunt conductance** 分流(并联)电导. **distributing board** 配电[交换]板. **distributing boom** 布料(用的)吊杆. **distributing box** (电缆)分线盒,交接箱,配电(线)盒. **distributing insulator** 配线绝缘子. **distributing net**

distrib′uter =distributor.

distribu′tion [distri'bju:ʃən] n. ①分布[配,销,派,发,开],配给[置,电,力,气,水,线],配电[水]系统,分配装置[范围],散布,布料线,扩充,频率分布 ②分布状态[范围],配分方法[过程],配给品[分子],分类,种类,类别 ④传输[播] ⑤广义函数,周延(性) amplitude frequency distribution 振幅频谱. canonical distribution 典范分配,正则[典型]分布. cumulative distribution 积分分布曲线. current distribution 电流分配,电配. distribution amplifier (信号)分配[分发]放大器. distribution bar [rod] 分布钢筋,配力钢筋. distribution block 接线[配电]板. distribution box 配电箱,交接箱,分配箱. distribution coefficient(s) 分布[比伦]系数. distribution control 分布控制,扫描线密度调整. distribution factor 分布因素,分配率,绕组占空系数. distribution frame 配线架. distribution free 非参数,无分布. distribution function 分布[分配,概率]函数. distribution fuse 配[配]线熔丝. distribution lane 分流车道. distribution load 荷载分布. distribution main 配电干线,配水总管. distribution of concept 概念的周延. distribution of errors 误差的分布. distribution of propellants (推进剂)组元浓度场. distribution switch board 配电盘. distribution theory 广义函数论,分布论. distribution valve 压力调节阀. energy distribution 能(量)谱,能量分布. particle distribution 粒度组成[分布].

distribu′tive [dis'tribjutiv] a. 分布[配]的,个别[体]的,周延的. distributive education 课堂教学与职业训练相结合的教育. distributive faulting 分枝断裂,分枝断层作用,阶状断裂. distributive law 分配[分布]律. ~ly ad.

distributiv′ity n. 分配性[律],分布性.

distrib′utor [dis'tribjutə] n. ①(燃料)分配器,分配机,站,给路,布料器[盘]②(沥青)洒布[喷布,分布机],排出装置,中间贮存器,导向装置,配水渠,岔路 ②自动拆版机,传墨辊 ③配电器,批发商,分配[发行]者. air distributor 空气分配器[分布板]. cable distributor 电缆配线架. distributor advance pointer 配电器提早发火指针. distributor block 接线板. distributor cam 分配凸轮. distributor disk 配电[分配]盘. distributor's film 出租影片. distributor rotor 配电器电转子,分火头. distributor shelf 配电[分配器]架,分布层. distributor transmitter 分配发送器. oil distributor 分油器. terminal distributor 终端配电盘,端子盘.

dis′trict ['distrikt] Ⅰ n. 地方,区(域),地(分,管,市,行政)区,(地,总)段. Ⅱ vt. 把…划分成区. district connector 区接线器. district distributor 地区级分流(交通)道路. district engineer 总段工程师. district heating 局部加热,分区供暖. district selector 第一选组器,区域[地区]选线器,选区机. mountainous district 山区. rural district 乡区,农村. urban district 市区.

distrust′ [dis'trʌst] n.; vt. 不信(任),不相信,怀[猜]疑. have a distrust of 不信任,怀疑.

distrust′ful [dis'trʌstful] a. 不信任的,怀[猜]疑的. ▲ be distrustful of 不信任. ~ly ad. ~ness n.

disturb′ [dis'tə:b] vt. 扰动[乱],干扰,使紊动,打[弄]乱,妨碍. disturb current cycle 干扰电流周期. disturb output 干扰输出. disturbed area 受扰区. disturbed sample 扰动样品(非原状样品). disturbed zero output 干扰"0"输出. disturbing current 干扰[串音]电流. disturbing effect 干扰[乱]效应. disturbing force 扰动[摄动,干扰]力.

disturb′ance [dis'tə:bəns] n. ①扰动[乱],扰动量,干[骚]扰,紊乱,搅动,跳跃,激波②破坏,扰裂,骚扰,损伤,变位 ③故障,障碍,失调[修],有毛病,不准确 ④低气压区 ⑤造山运动. atmospheric disturbance 大气扰动,天电干扰. energetic disturbance 动力不正常现象. lattice disturbance 晶格结构的破坏. magnetic disturbance 磁扰,磁骚动. output disturbance 输出端干扰,输出值的偏差. periodic velocity disturbance 速度的周期变动. post-write disturbance 写后干扰. reactivity disturbance 反应性偏差.

disturbed a. (受)干扰的,扰[摄]动的,受摄的.

dis′turber n. 干扰发射机.

dis′tyle ['distail] a.; n. 双柱式的,双柱式门廊.

distyrene n. 联苯乙烯.

disub′stituted a. 二基取代了的,(二)双取代的.

disubstitu′tion n. 双(二基)取代作用.

disul′fate =disulphate.

disulfatoindate n. 二硫酸根络铟. ammonium disulfatoindate 二硫酸根络铟铵,铟铵矾,硫酸铟铵.

disul′fide [dai'sʌlfaid] =disulphide.

disulfonic acid = disulphonic acid.

disulfuric acid = disulphuric acid.

disul′phate [dai'sʌlfeit] n. 硫酸氢盐,酸式硫酸盐,焦硫酸盐.

disul′phid [dai'sʌlfid] 或 **disul′phide** [dai'sʌlfaid] n. 二硫化物. disulphide oil 含二硫化物的油.

disul′phonate n. 二磺酸盐[酯].

disulphonic acid n. 二磺酸.

disulphuric acid 焦硫酸,一缩二(正)硫酸.

disultone n. 二磺内酯.

disu′nion [dis'ju:njən] n. 分离[裂],不统一,不团结.

disunite′ [disju:'nait] v. (使)分离[裂],(使)不团结.

disu′nity [dis'ju:niti] n. 不统一,不团结.

disuse′ Ⅰ [dis'ju:s] n. Ⅱ [dis'ju:z] vt. 不用,废弃[除]. become rusty from disuse 因不用而生锈.

fall into disuse 废而不用.

disused [dis'ju:zd] *a.* 已不用的,已废的.

disvolu'tion [disvəlju:ʃn] *n.* 退化,变性,变形,极端分解代谢.

disymmet'ric(al) *a.* 双对称的.

disymmetry *n.* 双对称.

dit [dit] *n.* (小孔)砂眼.

ditac'tic *n.* 构型的双中心规整性.

ditch [ditʃ] I *n.* (明,溢)沟,渠,槽.II *v.* ①开(挖,掘)沟①凿渠②(使)出轨(坠入沟内),在水上(强)迫降(落),溅落③隐蔽,抛(甩)开,逃避. *ditch check* 沟堰,沟中消能槛,沟中跌水设备. *ditch conduit* 明排管道,沟埋式管道. *ditch cut* [excavation] 挖沟. *ditch grade* 沟(底)坡度. *ditching device* (无人驾驶飞机的)强迫降落装置. *main drainage ditch* 总排水沟. *open ditch* 明沟. ▲ *be driven to the last ditch* 陷入绝境. *last ditch effort* (为了避免事故,灾难等而作的)最后的努力.

ditch'dig'ger *n.* 开沟机.

ditch'er ['ditʃə] *n.* 挖沟机(者),反向铲挖土机.

ditch'ing ['ditʃiŋ] *n.* ①开(挖)沟②抛(甩)开③水上迫降,溅落. *ditching machine* 挖沟机.

ditch'water *n.* 沟(中死)水. ▲ *as dull as ditchwater* 极其乏味的,完全停滞着.

diterpene *n.* 双萜.

ditetragon *n.* 双四边形.

ditetragonal *a.* 复正方的.

ditetrahedron *n.* 双四面体.

dith'er [diðə] *n.;v.* ①(使)颤(发)抖,跨踌,犹豫②(控制表面的)高频振(脉,颤,抖)动,抖颤[颤动]调谐,传送阀防滞的抖动器. *dither arm* 高频振动臂. *dither motor* 高频振动用电机. *dither pump* 高频脉动泵. ▲ *be all of a dither* 浑身发抖. *have the dithers* 发抖.

dithiocar'bamate *n.* 二硫代氨基甲酸酯(盐).

dithiocar'bonate *n.* 二硫代碳酸酯.

dithionate *n.* 连二硫酸盐.

dithionite *n.* 连二亚硫酸盐.

dititanate *n.* 二钛酸盐.

ditokous *a.* 双胎分娩的,双产的.

ditolyl *n.* 联甲苯,两个甲基苯.

di(tridecyl)amine *n.* 双十三烷胺.

ditrigon *n.* 双三角形.

ditrigonal *a.* 复三方的.

dit'to ['ditou] I *n.* (用于表格中,略作 d°, do 或"),同上(前),相同,相似物,复制品.II *a.* 同上(前)的.III *ad.* 和上面一样地,依样画葫芦,同样.IV *vt.* 重复. *act ditto* 采取同一行动,同样办理. *ditto machine* 复印机,复写器. *say ditto to* 对…表示完全同意.

dit'tograph ['ditəgra:f] *n.* (误写的)重复词,重复字(母). ~ic *a*.

dittog'raphy [di'təgrəfi] *n.* 词(字母)的重复.

DIU = digital input unit 数字输入装置.

diuranate *n.* 重铀酸盐.

diure'sis *n.* 多尿(症),利尿.

diuret'ic *n.; a.* 利尿的(剂).

diur'nal [dai'ə:nl] *a.; n.* 昼间(的),白天的,【天】周日的,每日(天)的,昼夜循环节律. *diurnal arc* 日弧,天体升落弧. *diurnal behaviour* 昼夜变化作用(状态). *diurnal circle* 日差变化,时差循环,星体日规圆. *diurnal correction* 日变改正. *diurnal cycle* (每)日循环,昼夜循环. *diurnal period* 日周期. *diurnal range* 时间发射距离,时间射程. *diurnal variation* (周)日变,日变程,昼夜(太阳日)变化. *mean diurnal* 平均日.

diur'nalism *n.* 昼活动.

diur'nally [dai'ə:nli] *ad.* 每日,天天,只在白天.

diurna'tion *n.* 昼夜变动.

DIV = ①divergence 辐散,发散,散度 ②divide 除,分开 ③divided 被除的 ④division 部分,分界,分割,节,段 ⑤divisor 分配器,分压器,除数.

diva'cancies *n.* 双空格点,双空位.

di'vagate ['daivəgeit] *vi.* 离题,偏离,入歧途.

divaga'tion [daivə'geiʃən] *n.* 离题,离正轨,偏差,倾斜,入歧途,泛滥,漫无伦次.

diva'lence [dai'veiləns] 或 **diva'lency** [dai'veilənsi] *n.* 二价.

diva'lent [dai'veilənt] *a.* 二价的.

diva'riant *a.* 双(二)变的.

divar'icate I [dai'værikeit] *vi.* 分(为二)叉,分歧II [dai'værikit] *a.* 分叉歧叉的,展开的,展开的.

divarica'tion *n.* 分叉(歧),交叉点,意见不同,分歧.

dive [daiv] I (*dived* 或 *dove*) *vi.;* II *n.* ①潜(入)水(中),下潜,潜航,跳水,(飞机)俯冲,突然下降,猛窜,窜入②钻研,(埋头)研究,把手插进. *crash dive* (潜艇)突然潜没,急速下潜. *dive bomber* 俯冲轰炸机. *vertical dive* 垂直俯冲. ▲ *dive for* 潜水探索. *dive into* 把手插进…里,埋头(从事),潜[钻,跳]入. *dive off* 从…跳下. *make a dive for* 把手抓住…. *nose dive* 俯冲. *take a dive into* 埋头于…中. *take a dive off* 从…跳入(水中).

dive'-bomb *v.* 俯冲轰炸.

dive-bomber *n.* 俯冲轰炸机.

di'ver ['daivə] *n.* 潜水员(艇),俯冲(轰炸)机. *Cartesian diver* 浮沉子. *diver's ladder* 潜水梯.

diverge' [dai'və:dʒ] *v.* ①分出(歧,离,支,散,叉)②发散,逸出,散射,脱(偏离,转向,偏斜,离开[题],脱方(from) ③消耗.

diver'gence [dai'və:dʒəns] 或 **diver'gency** [dai'və:dʒənsi] *n.* ①分歧(三叉,支,叉),差异,歧离[异],离题,不符合,脱节 ②发(离,扩)散,散射,散开,脱离,扩张(大)③发散度(性,量),(发,扩)散度 ④偏离(差,岔),背离,反常(急)剧(上)升,链反应并协和继续,达到或超过临界,离向动作(运动). *angular divergence* 角误差(偏向,发散). *divergence angle* 扩张(发散,偏离)角. *divergence coefficient* 发散(溢出)系数. *divergence free scattering matrix* 无散度散射矩阵. *divergence of tensor* 张量散度. *divergence point* 分歧(分路)点. *drag divergence* 迎面阻力(系数)增大. *lift divergence* 升力下降(减小). *motion divergence* 运动增强. *volume divergence* 【数】(体)散度,发散性.

diver'gent [dai'və:dʒənt] *a.* ①发(分,扩,辐)散的,辐射状的,渐扩(展)的,扩张的,增阔的,非周期变化的 ③分叉的,分歧的,岔开 ④偏斜的,背道而驰的,相异的. *divergent infinite series* 发散无穷级数. *divergent lode* 分散矿脉. *divergent nozzle* 扩张〔渐扩〕喷嘴,扩张型喷嘴. *divergent oscillation* 增幅振荡. *divergent series* 发散级数. *divergent streams* 分支流动. *divergent structure* 发散结构. *divergent unconformity* 成角〔角度〕不整合. ~ ly ad.

divergent-beam *n.* 发散光束.

diver'ging [dai'və:dʒiŋ] = divergent. *diverging channel* 辐散槽. *diverging faults* 枝状断层. *diverging lens* 发散透镜. *diverging nozzle* 扩张型喷管,喇叭形管嘴. *diverging traffic* 分散交通,交通分流. ~ ly ad.

di'vers ['daivəz] Ⅰ a. 若干(的),数个(的),相异的,种种,(各色)各样. Ⅱ pro. 若干个,好几个.

diverse' [dai'və:s] a. (性质,种类)不同的,互异的,种种的,(各种)各样的,变化多的,悬殊的,(和…)不一样的 (from). *be diverse from each other* 各不相同. *diverse crop(s)* 多茬庄稼. *diverse farming* 多种经营农业. *Diverse opinions were expressed.* 意见分歧. ~ ly ad.

diversifica'tion [daivə:sifi'keiʃən] *n.* 多样化,变化〔形,更〕,不同,多种经营.

diver'sified [dai'və:sifaid] a. 变化多的,多样化的,各色各样的,多种经营的.

diver'siform [dai'və:sifɔ:m] a. 各式各样的.

diver'sify [dai'və:sifai] v. ①使变化,使不同,使多样化 ②增加(产品)品种,多种经营 ③把(资金)分投在好几家公司内.

diversing wave 船首浪,八字波.

diver'sion [dai'və:ʃən] *n.* ①转换〔向,移〕,换向,变向〔更〕,偏转,倾斜,绕飞〔射,过〕,导流 ②分(了引,出),临时支路,引水(渠) ③掩(牵)制,分散注意力的方法 ④娱乐,消遣. *diversion canal* 分〔引〕水渠. *diversion construction* 导流工程. *diversion dam* 分水〔引水,导流〕坝. *diversion of river* 河流改向,河〔道〕分流,导流. *diversion work* 聚首〔引水,分水,导流〕工程. *flood diversion project* 分洪工程. *traffic diversions* 交通改道. ▲*diversion of attention from* 注意力从…转移.

diver'sionary [dai'və:ʃənəri] a. 牵制性的,转移注意力的.

diver'sity [dai'və:siti] *n.* ①不同,相〔差〕异(性),分样(性),多种多样(性),参差,变化 ②发〔派,分〕散(性),分隔,分集 ③合成法. *a great diversity of methods* 多种多样的方法. *diversity antenna* 分集式天线. *diversity factor* (照最)差异因数,差异度,不等率. *diversity gain* 分集增益. *diversity reception* 分集接收. [计]"异"门. *diversity recording* (反比)叠加地震记录. *diversity stack* 相异(反比)叠加. *diversity system* 多道系统,分集制. *frequency diversity* 频率疏散(分隔,分集制),散射. *polarization diversity* 散极化,极化疏散.

divert' [d(a)i'və:t] *vt.* ①使转向,使变换方向(航向),转变信息方向,转换〔移〕 ②引水 ③转〔移〕用 ④牵制,使转移注意力 (from) ④娱乐,消遣. *divert the course of a river* 使河流改道. *diverted heat* 不合格熔炼. *diverted river* 转(改)向河. *diverted traffic* 导增〔转移〕交通量. *diverting dam* 分水坝. ▲*divert M from N* 把 M 从 N 转移开.

diver'ter [dai'və:tə] *n.* ①(电阻)分流器,分流电阻,折流器,分流调节器,偏滤(流)器,转向(翻转)器,(推力)换向器,导航隔板,排水道 ②避雷针 ③袭(袭)夺河. *diverter gate*【计】转向门. *diverter pole generator* 分流极发电机. *thrust diverter* 推力转向器,喷气襟翼.

diverter-pole charging set 分流电极充电机.

divert'ing [dai'və:tiŋ] a. 有趣的,愉快的. ~ ly ad.

divest' [dai'vest] *vt.* ①剥夺〔除〕,掠夺 ②除〔脱〕去,放弃. ▲*be divested of* 被夺去,丧失. *divest… of* ⋯剥夺⋯的. *divest oneself of* 放(抛)弃,脱去.

dives'titure [dai'vestitʃə] 或 **divest'ment** [dai'vestmənt] *n.* 剥夺.

dive-strafer *n.* 俯冲轰炸机.

divi'dable [di'vaidəbl] = divisible.

divide' [di'vaid] Ⅰ v. ①分(开,隔,裂,离,配,割,界,摊,派,组),划(区)分,隔开(离) ②除〔尽〕,等分 ③刻(分)度(于). Ⅱ *n.* 分裂〔割〕,分〔标〕度,刻度〔线〕机,分界〔线〕,分水岭〔线〕. *All things invariably divide into two.* 事物都是一分为二的. *divide a sextant in六分仪上表明度数. Two divides six.* 二能除尽六. *Six divides by two.* 六能被二除尽. *Two will not divide into seven.* 二除不尽七. *Opinions are divided on the question.* 对这个问题意见不一致. *divide line* 分水线. *divide time* 除法时间. *divide water shed* 分水界(岭). *divided circle* 圆(刻)度盘. *divided circuit* 分流电路,分路. *divided difference* 均差. *divided highway* 分隔行驶的公路. *divided return duct* 分支回流导管. *divided slit scan* 分划扫描. *divided ventilation* 分道通风. ▲*(be) divided by* (被)除以. *be divided in opinion* 意见分歧. *divide M among* (*between*) *N* 在 N 之间分配 M,把 M 分配给 N. *divide* (*M*) *by N* 用 N 除(M),(把) M 除以 N. *divide M from N* 把 M 与 N 隔开. *divide into*⋯分成(为)⋯,*divide M into N* 把 M (划) 分成 N. *divide on* 对于⋯有意见分歧,表决. *divide out* 除,约去. *divide up* (*into*) 把⋯分割〔切分开〕.

divide-by-two circuit 一比二分频电路,除 2 电路,(一比二)分配器.

div'idend ['dividend] *n.* ①被除数 ②股息,利息 ③(意外的)收获.

dividendo *n.* 分比定理.

divi'der [di'vaidə] *n.* ①分配〔压,频,流,划,切,隔〕器,分⋯器,间隔物,隔板,分流管,减速器,分配器,划分者 ②除法器 ③ (pl.) 两脚规,分(线)规,针规,分度附件. *analog divider* 模拟除法器. *binary divider* 二进制除法器. *capacitive divider* 电容分压器. *current divider* 分流器. *divider caliper* 等分卡钳. *divider resistance* 分压电阻. *frequency divider* 分频器(管). *integrating divider* 脉冲积分选择器. *potential divider* 分位(压)器. *power divider* 功率分配器,分功率器. *proportional* (*ratio*) *di-*

vider 比例规,比例分配器. *spring dividers* 弹簧量规. *universal dividers* 万能分线规. *voltage divider* 分压器.

divi'ding [di'vaidiŋ] *n.* 分开[离,配,界],分[刻]度,除(法),定尺剪切. *a.* 起划分[区],分割[作用]的. *dividing circuit* 除法电路. *dividing control valve* 分配控制阀. *dividing crest* [ridge] 分水岭. *dividing filters* 分频式[分路]滤波器. *dividing frequency* 分配[割]频率,分频. *dividing head* 分度头. *dividing line* 界线. *dividing machine* [engine] 分度[刻度,刻线]机. *dividing network* 分频[选频]网络. *dividing range* 分散范围. *dividing ridge* 分水岭. *dividing shears* 纵切剪机.

divid'ual [di'vidjuəl] *a.* 分开[离]的,可分割的.
divina'tion [divi'neiʃən] *n.* 预言[测,见,示,兆]. **divin'atory** *a.*
divine' [di'vain] Ⅰ *a.* ①神的 ②极好的. Ⅱ *v.* 预言[测],判断,推[猜]测,看透[穿],识破 ②占卜.
di'ving ['daiviŋ] *n.* ; *a.* 潜(人)水(中的),潜水(用)的,跳水(用的),俯冲(的). *diving brake* 俯冲减速器. *diving current* 潜射流. *diving dress* [suit] 潜水服. *diving torpedo* 深水炸弹. *diving waves* 弓形射线波.
diving-bell *n.* 潜水钟,钟形潜水器.
diving-dress *n.* 潜水服.
diving-helmet *n.* 潜水帽.
diving-suit *n.* 潜水服.
divi'ning *n.* ①预言[测],推测,判断,识破 ②占卜 ③占卜式找矿.
divining-rod *n.* (有叉或刺的)探条,探矿杖.
divinyl *n.* 二乙烯基,联乙烯,丁二烯.
divinylbenzene *n.* 二乙烯基苯.
divisibil'ity [divizi'biliti] *n.* 可分[除,约]性,整除(约)性,可除尽,能除[可除]性.
divis'ible [di'vizəbl] *a.* 可除(尽)的,可约的,可分(割)的. ▲*be divisible by* 可被…除尽. **divis'ibly** *ad.*
divi'sion [di'viʒən] *n.* ①分,划[区,等,剖,重]分,分割[离,裂,界,阻,派],肢解,拆散,划[划]分,横变 ②除(法) ③分[刻,标]度 ④组成部分(单元) ⑤部(分,门,),(分)区,段,片,师,局,处,科,组,分队 ⑥隔(挡)板,隔栏,阻挡层,间隔. *contracted division* 除(法). *division algebra* 可除代数. *division algorithm* 辗转相除法,带余除法,除法演段[算式]. *division header* 部部分标题,部分头. *division indicator* 刻度倍数指示器,分度指示器. *division island* 分隔[车]岛. *division lamp* 区划灯. *division of construction* 建筑[工务,工程]科,建筑部门. *division of labour* 分工(制). *division of responsibility* 分工负责制. *division surface* 分隔(界)面. *frequency division* 频率分割[划分],分频. *long* [short] *division* 长[短]除法. *relations between the units and their multiples and divisions* 主单位与其上下单位之间的关系. *scale division* 刻度盘的刻度,分(标)度. *synchronization frequency division* 同步分频. *time division* 时间分割[区分].

divis'ional [di'viʒnl] *a.* ①分开[割]的,区分的,分区[段,部]的,一部分的 ②除法的 ③【军】师(管)的. *divisional plane* 节理(分界)面. ~ly *ad.*
divi'sive [di'vaisiv] *a.* (制造)分裂的. ~ly *ad.*
divi'sor [di'vaizə] *n.* ①除数,(公)约数,因子 ②分压[自耦变压]器 ③(道路上的)分车带. *common divisor* 公约数. *highest common divisor* 最高公约式. *normal divisor* 正规[不变]子群. *positive divisor* 正因子. *shifted divisor* 移位的除数. *trial divisor* 试除数.
divi'sorless *a.* 无因子的.
divorce' [di'vɔ:s] *n.* ; *vt.* (使)脱离,分离[裂,开],断绝,脱节. *Never be divorced from the masses.* 千万不要脱离群众. *divorce of theory from practice* 理论脱离实际. *divorce oneself from objective reality* 脱离客观实际. *divorced pearlite* 断离状珠光体. ▲*divorce M from N* 使 M 与 N 脱离. ~ment *n.*
divul'gate [di'vʌlgeit] *vt.* 泄漏(秘密),暴露,揭发,公布. **divulgation** *n.*
divulge' [di'vʌldʒ] *vt.* 泄漏(秘密),宣布,公布,揭穿(to). ~ment 或 ~nce *n.*
divulse' *v.* 撕开,扯开.
divul'sion [dai'vʌlʃən] *n.* 扯裂,撕[切]开(法).
divul'sor *n.* 扯裂器,扩张器.
div'vy ['divi] Ⅰ *n.* (所得的)份儿. Ⅱ *v.* 分配[摊,享](up).
DIY =do-it-yourself 自己动手的.
diz'zily ['dizili] *ad.* 头昏眼花地,耀眼地.
diz'ziness ['dizinis] *n.* 头昏,眩晕.
diz'zy ['dizi] Ⅰ *a.* 晕眩的,过分高[快]的,耀眼的,头昏眼花的,眼花缭乱的. Ⅱ *vt.* 使(人)发晕,使头昏眼花.
D-J=Dow Jones & Co. (美国)道·琼斯公司.
Djakarta [dʒə'kɑ:tə] *n.* 雅加达(印度尼西亚首都).
DJI =Dow-Jones Index (美国)道·琼斯指数.
dk =①deca+ ②deck 甲板,盖.
dkg =decagram 十克.
dkl =decaliter 十升.
dkm =decameter 十米.
dks =dekastere 十立方米.
dkt =docket (公文)摘要,货物签条.
DKT =dipotassium tartrate 酒石酸二钾.
DL =①datum level 基准面 ②dead load 静恒(荷)载,静[自]重 ③delay line 延迟线 ④developed length 发展的长度 ⑤diameter length 直径长度 ⑥difference of latitude 纬度差 ⑦direct load 直接寄存 ⑧ Drawing list 图纸清单 ⑨duolateral 蜂房式线圈.
dl =①decaliter 十(公)升 ②decilitre 分升(0.1 升).
D-layer *n.* D 区,D 电离层(离地球表面 25~40 英里的电离层的最低部分).
DLC =digital logic circuit 数字逻辑电路.
DLD =deadline date 最后期限.
DLE =data link escape character 数据传送漏失符号.
DLL =design limit load 设计极限载荷.
DLM =dosis letalis minima (拉丁语)最小致死量.
DLONG =difference in longitude 经度差.
DLS = ①delay line synthesiser 延迟线合成器,延迟

DLT = ①式函数发生器 ②double left shift 两次左移位.
DLT = depletion layer transistor 过渡层晶体管.
dlvr = deliver 交付.
DLY ①delay 延迟 ②dolly.
DM = ①delta-Modulation δ 调制 ②design manual 设计手册 ③Deutsche Mark 德意志联邦共和国马克 ④development milestone 发展的里程碑 ⑤digital modulation 数字调节 ⑥Doctor of Mathematics 数学博士 ⑦drive magnet 驱动电磁铁 ⑧dry mixed 干混的.
dm = ①decameter 十米 ②decimeter 分米(1/10 m).
d/m = disintegrations per minute 衰变/分.
DM cable 双心(扭绞四心)电缆.
DMA = ①dimethylacetylamide 二甲基乙酰胺 ②dimethylamine 二甲胺 ③double motor alternator 双电动(交流)发电机.
D-Macro = double precision floatation macro order 倍精度浮点宏指令.
DMC = digital microcircuit 数字微型电路.
dmc = drive-magnet contact 驱动电磁铁接点.
DME = ①design margin evaluation 设计裕度估计 ②distance measuring equipment 测距装置 ③dropping mercury electrode 滴汞电极.
dmg = damage 损伤.
DML = ①data manipulation language 数据处理语言 ②dual mode laser 双型激光(器).
dml = demolition 爆破,拆毁,破坏.
DMM = digital multimeter 数字万用表.
dmm = decimillimetre(s) 丝米.
DMO chassis = directly main operated chassis 直接馈线操纵盘.
DMP-30 = 2, 4, 6-tri (dimethylaminomethylphenol) 2,4,6-三(二甲胺甲苯酚).
DMPI = desired mean point of impact 期望平均命中点,期望命中中心.
DMPR = damper 阻尼器.
DMR = defective material report 损坏材料报告.
dmsb 10^{-4} 黑提.
DMSO = dimethyl sulfoxide 二甲化砜.
DMU = dynamic mockup 动态的实物大模型.
DMW = demineralized water 矿质的水,软化水.
DMWD = differential molecular weight distribution 微分分子量重量分布.
DMZ = demilitarized zone 非军事区.
DN = ①date number 日期 ②decimal number 十进制数,小数 ③Department of the Navy (美)海军部 ④departmental notice 部门的通知 ⑤Directorate notice 指导委员会通知 ⑥down 向下.
dN = decineper 十分之一奈培(等于 0.87 分贝).
DNA = desoxyribonucleic acid 脱氧核糖核酸.
DNase 或 **DNAase** *n.* 脱氧核糖核酸酶.
DNC = day-night capability 一昼夜能力.
DNCCC = Defense National Communication Control Center, (美)国防部的国家通信控制中心.
DN-CTL = down control 向下的控制.
DNF = did not finish 未完成.
Dnie′per [′dni:pə] *n.* (苏联)第聂伯河.
Dnie′ster [′dni:stə] *n.* (苏联)德涅斯特河.
DNS = ①decimal number system 十进位计数制 ②directorate of nuclear safety 原子核工作安全委员会.
DNSW = day night switching equipment 昼夜转换设备.
DNT = dinitrotoluene 二硝基甲苯.
do¹ [du:] (*did, done*) (*doing*) (第三人称单数现在式 *does*) I *v.* ①做,干,实[进,执]行,完成,制作,产生 ②适合,合适,行[够]了 ③处[料,整]理,收拾. *Any time will do.* 什么时候都行. *This tool will do quite well.* 这工具很合用. *A number of different operations are to be done on the part.* 在这部件上得做好几道不同的工序. *This will do harm to the machine.* 这会损坏机器. *do manual labour* 从事体力劳动. *do a film* 摄制影片. *do sums* 做算术. *do five copies* 复制五份. *do wonders* 产生惊人的效果,创造奇迹.

II *v. aux.* ①[构成疑问句和否定句] *Did he do it himself* 这是他自己干的吗? *It does not matter that they do not come.* 他们不来也没关系. ②[用于倒装句,位于句中开头的 no, not, only 之类的词语之后而在主语之前] *Never did I see him.* 过去我根本没见过他. *No defects did they find in these parts.* 在这些部件中他们没发现任何缺陷. *Only as the air bubbles out does the water fill the container.* 只有空气冒出来,水才能充满容器. ③[加强动词的语气]的确,当真,果然,务必,非常. *He said he would come and he did come.* 他说他会来的,他果然来了. *Do be careful.* 请务必当心.

III [代动词] *Air occupies space, just as does any other fluid.* 空气占有空间,就像任何其他流体(占有空间)一样. *Two negative charges repel each other, and so do two positive charges.* 两个负电荷会相互排斥,两个正电荷也是如此.

▲*can* [*could*] *do with* 需要,想要得到,可利用,满足于,将就,能对付,…就好[够]了. *do away with* 除[弃]去,消[废,破,免]除,撤销,摆脱. *be [be done] by* (被)对待,对付. *do damage* 破坏. *do down* 胜过,欺骗. *do for* 适合于,对…有效,够…用,照料,设法(得到),代替,毁掉. *do ['] good* (对…)有益[用,效]. *do harm* 有害. *do much* 起作用.
do …into (French) 把…译成(法文). *do one's best* [*utmost*] 尽[竭]力. *do out* 扫除,整理. *do over* 重[改]作,涂,盖. *do right* 做得对. *do the work of* (能)顶…用. *do to* 处置,对待. *do M to N* 对 N 做 M, 对 N 起 M 作用. *do up* 包扎,扎好,整顿,修整,粉刷,疲乏. *do well* 处理得好,成功,进行顺利,进展情况良好. *do with* 同…有关系,与…相处,对付,处置,容忍. *do without* 不用(没有了)…也行,无需,只好没有,舍去. *do wrong* 做错,作恶. *have* [*be*] *done* (*with*) 结束,用毕,不再和…有关系,算了,拉倒. *have much* [*nothing, something*] *to do with* 与…很有[毫无,有些]关系(或共同之处). *have to do with* 与…有关系[来往],和…打交道,涉及到. *in doing so* 或 *in so doing* 这样做时,在这情况下,这时. *make do* (*with*) (靠…)勉强过去. *that will do* 正好,正合适,行了. *will* [*would*] *do well to* +*inf*. = *had better* + *inf*. 最好是,以…较妥.
do² [du:] *n.* ①欺诈[骗] ②款待,庆祝或娱乐性的集

do =ditto 如前所述,同前,同上.

DO 〔计算机用语〕循环,循环语句, *DO-group*(程序设计语言中的)循环语句组, DO 组. *DO-implied list* (FORTRAN 语言中的)隐循环表, DO 形表. *DO-loop* 循环(语句), DO 环. *DO-nest* DO 嵌套. *DO statement* DO 语句, 循环语句, 复写代换语句. *DO statement range* DO 语句域, 循环域.

DO =①defense order 防御指令 ②diesel oil 柴油, 狄塞尔燃料 ③dissolved oxygen 溶解氧 ④drawing office 设计室, 制图室 ⑤drop out 脱落, 退出.

D/O =①delivery order 提货单, 出货凭单 ②direct order 直接订货.

DOA =①date of arrival 到达日期 ②date of availability 有效日期 ③dead on arrival 到达时已死 ④Department of the Army (美)陆军部 ⑤dissolved oxygen analyser 液态氧分析器.

do′able [′duːəbl] *a.* 做得到的,切实可行的.

Do-All *n.* 多用机床.

do′bie [′doubi] *n.* 粘土砖.

dobrowolsky generator 三线式发电机.

DOC =①date of change 变更日期 ②decimal to octal conversion 十进制至八进制变换 ③direct operating cost 直接操作费用 ④dissolved organic carbon 溶解有机碳.

doc =①doctor 医生,博士 ②document 公文,文件,证件.

DOCA =desoxycorticosterone-acetate 脱氧皮质甾酮醋酸盐.

docent [′dousent] *n.* 教师,讲师.

do′cile [′dousail] *a.* 容易教的, 驯良的, 易驾驭的, 易处理的, 易于精制的. **docility** [dou′siliti] *n.*

docima′sia [ˌdousiˈmeiziə] *n.* 检查, 检验, 法定试验, 检查鉴定.

docimaster *n.* 检验师.

docimas′tic *a.* 检验的, 鉴定的, 检查的, 法定检验的.

dock [dɔk] Ⅰ *n.* 船坞, 停泊处, 港, 码头, 修船所 ②站台, 月台 ③飞机检修架(处), 飞机库 ④(pl.) 造船厂,(火车)停车处, 装料场. Ⅱ *v.* 入(船)坞, 设置船坞 ②(宇宙飞行器在空间轨道上)对(相)接, 连接, 会交 ③缩回(进), 减少, 裁减, 扣除 ④剪短, 切, 断, 截. *dock and harbour* 港湾. *Dock Board* 港务局. *dock quay* 码头. *dock trails* 码头〔系泊〕试车. *dock yard* 造船厂〔所〕. *dry (graving) dock* 干船坞. *ex dock* 码头交货(价格). *floating dock* 浮(船)坞. *ore dock* 堆矿场. *periodic dock* 周期检修飞机的棚厂. *scarfing dock* 烧剥室. *tooling dock* 工具坞.

dock′age [′dɔkidʒ] *n.* ①船坞〔渠〕费, 入坞〔费〕, 码头费, 船坞设备 ②锯〔剖〕减, 扣除, 减重, 扣成.

dock-charges 或 **dock-dues** *n.* 船坞入坞费, 码头费.

dock′er [′dɔkə] *n.* 船坞〔码头〕工人.

dock′et [′dɔkit] Ⅰ *n.* ①概要, 大纲, (记录)摘要, 附笺 ②(货物上的)签条, 牌子 ③未完完税证 ④(pl.)造船厂 ⑤诉讼日程. Ⅱ *vt.* ①(公文上)附加提要, 附上签条 ②记录〔作出〕摘要, 记入记事表. ▲ *off the docket* 不在审查〔考虑,执行〕中. *on the docket* 在审查〔考虑,执行〕中.

dock′glass *n.* 大杯.

dock′hand *n.* 码头工人.

dock′ing [′dɔkiŋ] *a.* ; *n.* 入(船)坞(的),(宇宙飞行器在轨道上)相〔对,连〕接, 会〔结, 耦〕合, 缩回〔进〕, (煤)的灰份评价. *docking accommodation* 入坞设备〔施〕. *docking block* (船坞中的)龙骨台. *docking facilities* 泊船设备. *docking in orbit* 轨道对接. *docking rail* 栅厂操作轨.

dock′ize 或 **dockise** [′dɔkaiz] *vt.* 在…设船坞, 为…设码头. **dockization** 或 **dockisation** *n.*

dock′master *n.* 船坞长, 造船厂长.

dock′yard [′dɔkjɑːd] *n.* 造船厂, 船舶修造厂, 海军船坞, 军舰修造所. *dockyard hands* 造船厂修理工. *dockyard overhaul* 入坞检查修理.

docrys′talline *n.* 多晶原.

doc′tor [′dɔktə] Ⅰ *n.* ①医生〔师〕, 博士 ②辅助机(构), 辅助器具, 临时应急工具〔装置〕, 调节(机构), (输送)校正器, 定厚器 ③刮〔剖〕刀. *doctor blade* 刮浆刀, 刮片. *doctor knife* 刮刀. *doctor process* 〔*treatment*〕(亚)铅酸钠溶液精制,用(亚)铅酸钠溶液去掉汽油中的硫醇,(汽油)含硫处理. *doctor solution* 试硫液,(汽油)检硫试液. *doctor′s stuff* 药剂. *doctor sweetener* 用试硫液脱硫醇〔用试硫液精制汽油〕的装置. *doctor test* (汽油)含(检)硫试验 ▲ *see a doctor* 看病,就诊.
Ⅱ *v.* ①诊治, 医治〔疗〕, 服药 ②修理, 调节 ③搀混〔杂〕,加药于 ④假造, 窜〔私〕改, 利用…贩卖私货(up).

doc′toral [′dɔktərəl] *a.* 博士的, 权威的. ~ly *ad.*

doc′torate [′dɔktərit] *n.* 博士头衔〔学位〕.

doctor-bar 或 **doctor-blade** *n.* 刮片.

doctorial =doctoral.

doctor-roll *n.* 涂胶量控制辊.

doctrinaire′ [ˌdɔktri′nɛə] *a.* 空谈理论的,脱离实际的,教条主义的. *n.* 空谈理论的人,教条主义者.

doctrinair′ism *n.* 空谈理论,教条主义.

doctri′nal *a.* 学说的,教条的.

doc′trine [′dɔktrin] *n.* 学说,原则,主义,教义,教条. *doctrine of evolution* 进化论.

doc′ument Ⅰ [′dɔkjumənt] *n.* ①文件〔本, 献〕, 公文 ②单据, 资料, 证书〔件, 卷〕③纪录影片, 记实小说. *document leading edge* 文件前沿. *document of shipping* 或 *shipping document* 装货单据, 装船(货运)单据. *document reject rate* 文件拒读率. *public document* 公文.
Ⅱ [′dɔkjument] *vt.* ①(用文件, 资料等)证明, 确证, 为…提供资料 ②交给文件, 授予证书 ③利用大量文献资料作成. *to be well documented* 有许多文件〔资料〕证明.

documen′tal [ˌdɔkju′mentl] *a.* =documentary.

documen′talist *n.* 文献资料工作者, 档案文献学家.

documen′tary [ˌdɔkju′mentəri] Ⅰ *a.* (有)文件的, 公文的, (有)证件的, 证书的, 记录的. Ⅱ *n.* 文件, 纪录(影)片, 记实小说. *documentary evidence* 〔*proof*〕文件证明. *documentary film* 纪录影片, 记实片. *documentary letter of credit* 跟单信用证. *full-length documentary* 大型纪录片. **documentarily** *ad.*

documenta′tion [ˌdɔkjumen′teifən] *n.* ①记录, 文件

doc′umented [ˈdɔkjumentid] a. 备有证明文件的,有执照的.

doc′umentor n. 文件处理机[处理程序].

doc′uterm n. 文件项目[条款],资料词语,检索字,关键.

dod n. 沟管模板.

DOD =Department of Defense(美国)国防部.

dodar =determination of direction and range 超声波定向和测距装置,超声波定位器,导达.

dod′der v. 振动[颤],摇动.

dodec(a)- 〔词头〕十二.

dodec′agon [douˈdekəgɔn] n. 十二边[角]形. ~al a.

dodecahed′ral [doudikəˈhedrəl] a. 十二面体的.

dodecahed′ron [doudikəˈhedrən] n. 十二面体.

dodecahedron-shaped a. 十二面体形状的.

dodecan n. 十二分区.

do′decane [ˈdoudikein] n. 十二烷. n-dodecane 正十二烷.

dodecanoic acid 十二(烷)酸.

dodecanol n. 十二(烷)醇.

dodecant =dodecan.

dodec′astyle [douˈdekəstail] n.【建】十二柱式.

dodecene n. 十二烯.

dodecyl n. 十二(烷)基.

dodecylene n. 十二(碳)烯.

dodecyne n. 十二(碳)炔.

dodge [dɔdʒ] v. ; n. ①躲开,躲[逃]避,推托,搪塞,欺骗 ②诡计,窍门,(巧妙的)方法 ③(新)花样[设计,发明]. ▲dodge gate 活动门. dodge time 空闲时间[间歇]. ▲dodge about 东躲西逃.

dodged a. 光照过的(卫星照片技术用语,曝光时光束强度经过调制).

dod′ging n. 音调改变,遮光.

dod′gy [ˈdɔdʒi] a. 躲闪的,逃避的,推托的,狡猾的,巧妙的.

Dodine n. 多果定(杀菌剂,乙酸十二烷基胍)(商品名).

doe [dou] n. 母山羊,母兔,母鹿.

doer [ˈduə] n. 做…的人,实干家.

does [dʌz] do 的第三人称单数现在式.

doesn′t [ˈdʌznt] =does not.

DOF =delivery on field 当地交货.

doff [dɔf] vt. ①摘,卸,脱(帽,衣,棉),落(纱,卷,筒) ②丢弃,废除.

dof′fer n. ①盖板 ②脱棉器,落纱机[工] ③小滚筒.

dog [dɔg] Ⅰ n. ①狗 ②掣子,挡块(铁),①上档,(卡,凸,棘,推,制动)爪,勾,止动器,(止动)销,卡(钉,箍) ③栓(马,扣,蚂蟥)钉,夹(拔钉)钳,(鸡心)夹头,轧头 ④占卡轮 ⑤挂(铁)钩,钩环,接扣,刀夹头,扣把,把手 ⑥支架 ⑦压板, (pl.) 炉中铁架 ⑧机场信标 ⑨ 【气】假日,幻日,雾虹 ⑩低等牛肉. Ⅱ (dogged; dogging) vt. 跟[踉]踪,跟着,追踪,钉梢,用钩抓住,用轧头轧住. adjustable dog 可调程限制器,可调止档,可调停车器,可调爪. bird dog 无线电测向器. clamp dog 制块. dog bar type conveyer 凸轮式运输器. dog chart 制动爪装配图. dog chuck 爪形夹盘,爪卡盘. dog clutch 爪形(犬牙式)离合器,犬牙式接合. dog collar (金属在放出口冻结圈). dog course 追踪航线. dog for face plate 花盘轧头. dog house 高频高压电源屏蔽罩,(发射天线的)调谐箱,天线调谐设备房,(火箭)仪表舱(室),(放喷油器的)炉头喷气口,原料预热室,(苏)狗窝雷达. dog iron 铁(工)钩,两爪钩钉. dog leg (唱片)引入槽误差. dog nail 〔spike〕道拐,折钉. dog plate 挡块(制动爪)安装板. dog′s ears (轧件表面上的)结疤. dog sled 狗拉雪橇. dog spike 钩头道钉. dog spike bar 起道钢条. dog tooth bond 犬牙式砌合. driving dog 传动(桃子)夹头. ingot dog 锭钳. lathe dog 卡箍, (车床的)夹头,离心(桃子,鸡心)夹头,制动爪. locking dog 销定(制动)爪. red dog 粗面粉,灰面. safety dog 安全锁,限止器,保险挡. spike dog 道钉. starting dog 起动用凸块(钩爪). stop dog 止动器. toe dog 小撑杆. ▲dog′s age 长期间. dog′s chance 极有限的一点机会. go to the dogs 灭亡,毁灭,努力全成泡影,失败. lead a dog′s life 使…不安宁,使…经常苦恼. throw [give] to the dogs 放[抛]弃,扔掉. wake a sleeping dog 生事,惹起麻烦.

dog-bone n. (型砂试验用)八字(抗拉)试块.

dog-cart n. 单马拉双轮马车.

dog-days n. (pl.) 三伏天,大热天.

dog-ear n. ; vt. 书页折角,弄折(书页的)纸角.

dog-eye n. ; vt. 精(密的检)查.

dog-fight n. ; v. (空中)混战.

dog′ged [ˈdɔgid] a. 顽固(强)的,固执的. ~ly ad. ~ness n.

dog′ger [ˈdɔgə] n. ①铁矿中的劣质层 ②(拉拔机)操作工助手. Dogger series (中侏罗世)道格统.

dog′gerel [ˈdɔgərəl] a. 拙劣的.

dog′-house n. 高频高压电源屏蔽罩,仪器车,鼓形罩,狗窝.

dog′-leg [ˈdɔg-leg] Ⅰ a. 折线(形)的,<形的. Ⅱ n. 改变轨道面,〔字〕变轨,轨道倾角变化,偏航,转折,<形曲线. dog-leg breakdown 阶段(折线型)击穿. dog-leg course 曲折航线. dog-leg path 折线航线(弹道). dog-leg staircase 双壁楼梯.

doglegged a. =dog-leg.

dog′ma [ˈdɔgmə] (pl. dogmas 或 dogmata) n. ①教条[理] ②定理[则,论] ③武断(的意见).

dogmat′ic(al) [dɔgˈmætik(əl)] a. 教条(主义)的,固执己见的,武(专)断的. ~ally ad.

dog′matism [ˈdɔgmətizm] n. 教条主义,(武)独)断.

dog′matist [ˈdɔgmətist] n. 教条主义者,教条派.

dog′matize 或 dog′matise [ˈdɔgmətaiz] v. 武断(地提出),教条化,把…作为教条阐述.

dog-nail n. 拐折,道钉.

Do-group n. 【计】循环语句组.

dog′s-head n. 大卵石.

dog-ship n. (制造同一构造的飞机的)标准机.

dog′shore n. (下水滑道的)抵榫,(下水前用)斜支柱.

dog-tired a. 疲倦极了的.

dog′tooth n. 犬牙(饰,形).

dogvane n. (桅上)风向指示器.

dog′wood [ˈdɔgwud] n. 草皮,山茱萸.

Do′ha [ˈdouhə] n. 多哈(卡塔尔的首都).

dohyaline n. 多玻质.

Do-implied list 【计】隐循环表.

do′ing ['du(:)iŋ] n. ①做,干 ②(pl.)行〔活〕动,所做的事 ③那个〔东西〕,所需要的东西.

doisynolic acid 道益氏酸.

doit [dɔit] n. 小额,无价值的东西. *not care a doit* 毫不在乎. *not worth a doit* 毫无价值.

DO/IT = digital output/input translator 数字输出-输入信号变换器.

do-it-yourself a. 供业余爱好者自己学用的.

Dol 或 **dol** = dollar = 元.

dol n. 度尔(疼痛强度之一种单位).

Dolby System 杜比系统(消除录音中的噪音的一种电子设备).

dol′drums ['dɔldrəmz] n. (pl.) ①忧郁,不景气 ②赤道无风带(的微风). ▲*be in the doldrums* 精神沮丧,毫无生气,(船)在无风带.

dol′erite ['dɔlərait] n. 粗(结晶)玄(武)岩,辉绿岩,粗色火成岩. **doler′it′ic** a.

dolicho- 〔词头〕长.

dolichoderus n. 长颈,长颈畸形.

dolichoknemic a. 长胫的.

dolichomor′phic a. 长形的,狭长的.

dolime n. 煅烧白云石.

dolina 或 **doline** [də′li:nə] n. 落水洞,石灰坑,溶斗,斗淋.

doll buggy 移动摄像机的矮铃皮轮车.

dol′lar ['dɔlə] n. ①元(美国、加拿大等国的货币单位,$ 或 $,=100cents) ②元(反应性单位;1元──缓发中子产生的反应性). *dollar diplomacy* 金元外交. *It is dollars to doughnuts.* 的的确确,有绝对把握,相差悬殊.

dol′ly ['dɔli] n. ①舂(钉)頂,铆钉托,模入,垫盘(桩)...,(简形工件的)抵座,钉头型,型铁 ②圆形锻模,固定冲模 ③(碎矿用)捣棒,(搅拌矿石用的)摇沉盘,搅拌棒 ④辘轴车,(矿轨)小机车,独轮(式运动)台车,矮铃皮轮车,摄像机移动车,车式摄影机. Ⅱ v. ①用搅拌棒搅拌,用捣碎棒捣碎 ②近摄,推动摄像机移动车 ③用独轮台车[辘轴车]运送. *dolly back* (摄像机或摄影机)后移,拉. *dolly bar* 铆顶棍. *dolly car* 平台拖车. *dolly man* 电视摄像机小车操纵者. *landing gear dolly* 起落架(车). *propeller dolly* 螺旋降车. *rocket dolly* (导弹)发射小车. *screw dolly* (有螺旋的)升降铆具型. ▲*dolly in* 近摄,前移,推,向前推动摄像机移动车. *dolly out* 远摄,后移,拉,向后推动摄像机移动车.

dolly-back n. 远摄,后退追踪摄影.

dolly-in n. 近摄,前进追踪摄影.

dol′lying n. 移动摄像机装载车,摄像机装置车前移动,移动摄像,近摄. *dollying shot* 移动镜头.

dolly-out n. 远摄.

dol′omite ['dɔləmait] n. 白云石〔岩〕,石灰岩,大理石. *burnt*〔*calcined*〕*dolomite* 煅烧白云石. *dolomite limestone* 白云灰岩.

dolomit′ic [,dɔlə′mitik] a. 有〔含〕白云石的,白云质的. *dolomitic lime* 镁灰,白云质石灰. *dolomitic limestone* 白云(质石)灰岩.

dolomi(ti)za′tion n. 白云石化(作用).

do′lor ['doulə] (pl. **dolores**) n. (疼)痛. *dolor capitis* 头痛. *dolor dentium* 牙痛.

dolostone n. 白云岩.

dol′phin ['dɔlfin] n. ①护墩桩,(码头)系船〔缆〕柱,系船〔缆〕浮标 ②指挥发射鱼雷的雷达系统,鱼雷瞄准雷达系统 ③海豚.

DOM = ①digestible organic matter 可消化有机物 ②dissolved organic matter 溶解有机质.

dom = domestic 国产的,国内的,本国的.

domain′ [də′mein] n. ①(领、区、闭、定义)域,范围〔畴〕 ②所有地,(管)区,领土,版图,面积,界〔圈,整环 ③(土地等)所有〔统治〕权,支配 ④(管)区,界,圈. *closure domain* 闭合磁畴. *domain of attraction* 吸引范围. *domain of definition* 定义域. *domain of dependence* 有关区域,依赖域. *domain structure*(磁)畴结构. *domain wall* (磁)畴壁. *frequency domain* 频率范围,频域. *integral domain* 整环. *single domain* 单域. *time domain* 时间范围. ▲*be out of one's domain* 非其所长. *in the domain of…* 在…领域〔范围〕中. ~al a.

domain-tip n. 畴尖.

domain-wall n. 畴壁.

do′mal ['doumə l] a. 圆顶〔穹窿〕状的.

domanial = domainal.

domat′ic a. 坡面(形)的.

dome [doum] Ⅰ n. ①圆(拱,穹)顶(建筑) ②圆顶帽〔盖〕,圆〔球〕顶,钟形顶盖(汽包)③(钟,整流,透声,流线型)罩,伞套 ④穹面(隆,丘,地),圆丘,(结晶的)坡面,丘〔穹,水礇 ⑤下天航行作舱,飞机场. Ⅱ v. (作)成半球形,半球形隆起,(形成)架空,形成拱穹,使成圆顶,加圆屋顶房子. *aid dome* 副图室. *air dome* (圆形型的)空气室. *bell dome* 铃碗. *dome base* 汽室垫圈. *dome center manhole* 储罐中部的人孔. *dome dam* 双曲拱坝,穹窿坝. *dome flange* 汽室凸缘. *dome head piston* 圆顶形活塞. *dome (insertion) loss* 透声罩损失. *dome lamp* 〔*light*〕顶〔穹)面,天棚〕灯. *dome loudspeaker* 球顶形扬声器. *dome of boiler* 锅炉聚汽室. *dome of regulator* 调压器帽. *dome output* (微波)波导穹面输出. *dome reflector* 圆顶形反射器. *dome shaped contact* 半球形接点. *L dome regulator* L 滚筒调整装置. *radar dome* 雷达天线罩流罩. *steam dome* 蒸汽区,汽室,干汽包,锅炉房. ▲*dome up* 凸〔拱〕起.

domed [doumd] a. 圆(屋)顶的,圆盖形的,半球形的,凸状(扭曲)的,拱曲的.

domelike a. 穹顶(状)的.

dome-shaped 或 **dome-type** a. 圆顶状的,穹形的,丘状的.

domes′tic [də′mestik] Ⅰ a. ①家(庭)用的,民用的 ②国内(产)的,本国的,自制的,地方的,本地的,局部的 ③养驯的. Ⅱ n. (pl.) 国货,家庭用品,本国制品,国产(棉织)品. *domestic aerial* (卫星广播)家用(电视)接收天线. *domestic and foreign policies* 国内外政策. *domestic animal* 家畜. *domestic building* 居住房屋. *domestic fuel* 国产〔民用,家用〕燃料. *domestic goods* 〔*products*〕国货. *domestic scrap* 厂内废料. *domestic sewage* 生活〔家庭〕污水. *domestic vein* 同族矿脉. *domestic water* 生活用水,家庭用水. ~ally ad.

domestica′tion n. 家养,驯养,驯化.

domesticine n. 家庭碱,南天竹碱.

domestic-scrap n. 厂内废料.

domeykite n. 砷铜矿.

do'mic(al) ['doumik(əl)] a. 圆(屋)顶(式)的,穹窿式的.

dom'icile ['dɔmisail] I n. ①住处(宅),原籍 ②期票支付场所. II vt. 决定住处,指定在……支付. *domicile of choice* 居留地. *domicile of origin* 原籍. ▲*domicile oneself in*〔at〕…在…定居下来.

dom'iciled a. 指定支付地点的. *a domiciled bill* 外埠付款票据.

domicil'iary [dɔmi'siljəri] a. 住处(户,宅)的,家庭的,家的,居家的.

domiciliate = domicile.

dom'inance ['dɔminəns] n. 支配,控制,统治,权威,优势〔越〕,偏倚,显性. *gain dominance over* 支配,对…取得优势.

dom'inant ['dɔminənt] I a. ①支配的,统治的,最有力的 ②显著的,高耸的,显性的,优势的,超群的,居高临下的. II n. 主要物,优势种,优势,显性,要素. *dominant activator* 主激活剂. *dominant effect* 显性效应. *dominant eigenvalue* 优势本〔特〕征值,主本〔特〕征值,最大本征值. *dominant function* 强(控制)函数. *dominant hue* 支配色彩,主色调. *dominant mode*(振荡)主模,波〔振荡〕基型. *dominant peak* 最高峰,主峰. *dominant position* 统治地位. *dominant strategy* 优策略. *dominant type* 高耸型. *dominant wave* 主〔优势〕波. *dominant wavelength* 主(色)波长,支配色彩的波长. *dominant wind* 盛行风. ~ly ad.

dom'inate ['dɔmineit] v. ①支配,统治,控制,占优势,处于支配地位,拥有压倒优势 ②优于,超〔高〕出,高耸,俯临〔视〕. *dominating point* 制高点. ▲*dominate over* 超过,凌驾,支配.

domina'tion [dɔmi'neiʃən] n. 支配,统治,控制,超出,高耸,优势. *air domination* 空中优势. *world domination* 世界霸权.

dom'inative ['dɔmineitiv] a. 支配的,管辖的,主要的,占优势的.

dom'inator ['dɔmineitə] n. 支配者,统治者,占优势者,优(性)质,显(性)质.

domineer' [dɔmi'niə] v. 跋扈,作威作福,压制,高耸(over).

Dominica [dɔmi'ni:kə] n. 多米尼加(岛).

Domin'ican [də'minikən] I a. 多米尼加(共和国)的. II n. 多米尼加人.

dom'inie ['dɔmini] n. ①教员,老师 ②牧师.

domin'ion [də'minjən] n. 主权,统治,所有권,权,支配,管辖(over),(常用 pl.)领土(地),版图,自治领. *exercise dominion over* 对…行使主统治权.

domin'ium [də'miniəm] n. 财产,所有权.

dom'ino n. 多米诺骨牌. *domino effect* 骨牌效应(某种连锁反应).

DOMSAT = domestic communication satellite 国内通讯卫星.

do'my ['doumi] a. 圆(屋)顶的.

don [dɔn] I n. 变质量,损伤. II vt. 穿上,戴上,扎上. *don the cloak of* 披上…的外衣.

Don [dɔn] n. (苏联)顿河.

DON = Department of the Navy(美)海军部.

donarite n. 多纳炸药(硝酸铵70%,三硝基甲苯25%,硝化甘油5%).

donate' [dou'neit] v. 捐(赠),(赠)送,贡献出.

dona'tion [dou'neiʃən] n. 赠送(与,品),捐赠(物),捐款.

do'native ['dounətiv] I a. 赠送的,捐赠的 II n. 赠款,捐赠物. *make a donative offer* 主动提出捐款.

dona'tor [dou'neitə] n. ①捐赠者,捐款人 ②施主子,授(体,给予)体,输血者.

Don( )bas(s)' [dɔn'bɑ:s] n. (苏联)顿巴斯(煤矿区).

done [dʌn] I do 的过去分词. II a. ①已完成的 ②疲倦极了的 ③烧熟的,烧煮过的 ④受了骗的,吃了亏的. ▲*Well done*(做得)好!

donee' [dou'ni:] n. 受赠人,受(血)者,受体.

Donetzian series n. (早碳世)顿内兹统.

dong [dɔ(:)ŋ] n. 盾(越南社会主义共和国货币单位).

donga n. 冰壑,山峡,峡谷.

donk n. 亚(脉壁)粘土.

don'key ['dɔŋki] n. ①驴子 ②辅助(机构),泵,机车,发动机,辅机,蒸汽泵,小型辅助泵 ③拖拉机,挈引机 ④傻瓜. *donkey crane* 辅助起重机. *donkey engine* 辅助发动机,小汽机,副(汽)机,辅助机车,绞车(盘),卷扬机. *donkey work* 辅助工作. *donkey's years* 漫长的岁月.

donkey-boiler n. 辅助锅炉,副汽锅.

donkey-engine n. 小(型蒸)汽机,副(汽)机,辅助发动机;辅助机车,绞车(盘),卷扬机.

donkey-man n. 辅机(小汽机)操作工.

donkey-pump n. (汽)辅助泵,蒸汽(往复)泵.

don'nard 或 **don'nered** ['dɔnəd] a. 无感觉的,失去知觉的.

do'nor ['dounə] n. ①供〔授,给,给予〕者,移植体,施主(杂质). n 型杂质,予子 ②赠送人,捐款人,输血者. *donor doped silicon* 施主杂质硅. *donor ion* 施主离子. *donor level* 施(能)级.

do-nothing ['du:nʌθiŋ] a.; n. 什么也不做的(人),无所作为的(人),懒惰的(人). *do-nothing instruction* 空〔空操,无操作〕指令.

donought a. (电子回旋加速器用的)环形箱.

don't [dount] I = do not. II n. (pl.)禁止条项的事. *"don't answer"*(用户)未应答. *don't-care bit* 自由〔无关〕位. *don't care condition*【计】无关条件,自由选取条件. *don't care gate*【计】自由(无关)"与"门. *don't-care state* 无关态.

donut n. = doughnut.

donutron n. (具有笼形绕组状谐振装置的)可调谐控管,笼圈式谐振腔磁控管.

doo'dad ['du:dæd] n. 小装饰品,小玩意儿,花哨而不值钱的东西.

doo'dle ['du:dl] I n. 笨汉,涂画的东西. II v. 闲逛.

doo'dlebug ['du:dlbʌg] n. ①"V-1"导弹,飞机式导弹,有翼飞弹 ②短途往返火车,小汽车,小飞机.

doo'debugger n. 勘探人员.

doo'lie 或 **doo'ly** ['du:li] n. 轿子,轿式(军用)担架.

doom [du:m] I n. (不好的)命运,毁灭,死亡,末日,法律(令). II vt. 注定要(to). ▲*be doomed to* *failure* 是注定要失败的. *meet* 〔*go to*〕 *one's doom* 走向毁灭, 灭亡.

door [dɔː] *n.* ①(舱, 炉, 闸, 节气)门, (出)入口, 孔, 挡板, 盖, 进路, 装料口 ②门路, 途径 ③炮弹爆炸时显示器上的信号. *access door* 检修门[孔], 人孔盖. *back door* 后门. *door contact* 门接点, 门开关接点. *door engine* 自动关门机. *door knob tube* 门钮形(电子)管. *door operator* 门的自动开闭装置. *door pillar* 〔*post*〕门柱. *door switch*〔*trip*〕门开关. *explosion door* 防爆门. *inspection door* 观察〔检查〕孔〔门〕. *lamp door* 灯框. *muzzle door* 前端盖流罩. *radiation door* 射线不可穿透的门. *turret door* 转塔门. ▲*at the door* 在门口, 快到, 快. *behind* 〔*with*〕 *closed doors* 秘密地, 独自. *lay...at one's door* 把(责任)推在(转嫁)…身上, 归咎于. *lie at one's door* (责任)是在…身上, …的责任. *next door to* 在…的隔壁, 邻接, 很象, 几乎. *open the* 〔*a*〕 *door to* 〔*for*〕使…成为可能, 给…方便, 向…开门, 为…开辟道路. *out of doors* 在屋外〔户外〕, 在外. *shut* 〔*close*〕 *the door upon* 向…关门, 把…拒于门外, 把…的门堵死, 使…成为不可能. *slam the door* 关门, 拒绝, 拒绝讨论〔考虑〕. *with open doors* 公开地. *within doors* 在室〔屋〕内, 在家里. *without doors* 在户〔室〕外.

door'-case ['dɔːkeis] 或 **door'-frame** ['dɔːfreim] *n.* 门框.

door'knob ['dɔːnɔb] *n.* 门把手. *doorknob transition* (门)钮形转变〔变换, 过渡〕. *doorknob tube* 门钮形(电子)管.

door'less *a.* 没有门的.

door'plate *n.* 门牌.

door'post ['dɔːpoust] *n.* 门柱.

door'sill *n.* 阈, 门槛.

door'step *n.* 门阶.

door'stop *n.* 制门器(使门开至一定宽度或不致猛然碰上的弹簧).

door'-trip' ['dɔːtrip] *n.* 门开关.

door'way ['dɔːwei] *n.* 门口(道), 入口.

doo'zer ['duːzə] *n.* 出色者.

DOP = ①developing-out paper 底片, 胶片, 显像纸 ② diisooctyl phthalate 邻苯二甲酸二异辛酯 ③dioctyl phthalate 酞酸二辛酯(增塑剂).

dopa *n.* 多巴, 二羟基苯丙氨酸.

do'pant ['doupənt] *n.* 掺杂物(剂), 搀杂质.

dope [doup] Ⅰ *n.* ①(机翼的, 航空中的, 涂布, 膜布)漆, (飞机翼)涂料, 涂布油, 明胶 ②浓〔半流动〕液, 粘稠物, 胶状物, 厚相液 ③(成型模的)润滑剂〔油〕④ 抗爆〔防爆, 防震, 添加〕剂, (制造体育用的)吸收料〔剂, 锯屑〕⑤麻醉药, 毒品 ⑥汽油 ⑦内幕, 内部消息. *dope bucket* 装封口油灰的斗(管子接头配件). *dope can* (发动机开动时)加油用油枪. *dope pot* 稀释封口润滑油用壶. *dope room* 喷漆间. *dope transistor* 掺杂(质)晶体管. *dope vector* 数组信息, 信息矢量〔量〕, 散布. *fire-proof dope* 耐火涂料. *fuel dope* 燃料抗爆剂. ▲*spill the dope* 泄露内幕消息.

Ⅱ *vt.* ①上漆, 上涂料(明胶), 注(入气)油, 加(汽)油 ②(半导体中)搀杂(质), 搀入, 给…搀入添加(抗爆)剂 ③用浓〔厚〕液(体)处理, 施加麻醉剂. *doped chemical* 掺杂剂, 掺杂元素. *doped coating* 加固涂料, 涂漆包皮. *doped fabric* 涂漆蒙布. *doped fuel* 加防爆剂的燃料, 含掺加剂的柴油机燃料, 乙基化汽油, 含铅汽油. *doped glass* 掺杂玻璃. *heavily* 〔*highly*〕 *doped* 重掺杂. ▲*dope out* 预测, 想〔猜, 解, 拟〕造)出.

do'per *n.* (黄)油枪, 润滑脂枪, 喷枪.

dope-vapourizer *n.* 掺杂剂蒸发器.

do'ping [doupiŋ] *n.* ①(半导体中)搀杂(质), (燃料或油内)加添加剂, 加入填料 ②涂上航空涂料, 涂布(漆). *doping compensation* 掺杂补偿. *doping method* (半导体的)搀杂(质)法. *doping of gasoline* 汽油乙基化. *doping profile* 掺杂剖视图, 杂质〔掺杂〕分布. *doping property* 杂质特性. *gold* (-) *doping* 搀金, 金扩散. *ion implantation doping* 离子移植. ▲*by doping with* 用搀…的方法.

DOPLOC = Doppler Phase Lock 多普勒相位同步装置, 多普勒锁相.

DOPPD = NN'-dioctyl-paraphenylene diamine NN'-二辛基对苯二胺(一种抗臭氧剂).

Doppelduro method 乙炔火焰表面淬火法.

dop'pler ['dɔplə] *n.* 多普勒(效应, 雷达). *Doppler loop* 多普勒频率目标跟踪, 多普勒闭环系统〔跟踪回路〕. *Doppler processing* 多普勒雷达数据处理. *Doppler radar* 多普勒(测量目标飞行速度用)雷达, 活动目标显示雷达. *Doppler shifted carriers* 带有多普勒漂移的载波. *Doppler VOR* 多普勒甚高频全向信标. *passive range Doppler* 测定导弹飞行弹道的多普勒系统.

dopplerite *n.* 弹性〔橡皮〕沥青.

doppleron *n.* 多普勒能量子.

dopplom'eter *n.* 多普勒频率测量仪.

Dopploy *n.* 多普洛伊铸铁.

DOR = date of request 要求〔申请〕日期.

doran ['dɔːræn] *n.* 多兰系统, 多普勒测距系统.

Dorè furnace 金银炉.

Dorè metal 多尔合金, 金银合金.

Dorè silver 多尔银, 粗银(含有少量金的银).

dorm = dormitory 宿舍.

dorman *a.* = dormant.

dor'mancy ['dɔːmənsi] *n.* 休眠, 潜伏, 发伏, 静〔休〕止, 不活动状态.

dor'mant ['dɔːmənt] Ⅰ *a.* ①固定的, 不活动的, 静止的, 没有利用的, 未(待)用的 ②睡着的, 休眠的, 蛰伏的, 隐蔽〔没)的, 埋头的, 潜伏〔在〕的. Ⅱ *n.* 横梁, 枕木. *dormant activation* 待用激励. *dormant scale* 自重天平. *dormant screw* 埋头螺钉. *dormant state* 休眠状态. *dormant tree* 梁, 檩. *dormant volcano* 休止山, 休眠火山. *dormant window* 屋顶窗, 老虎窗. ▲*lie dormant* 休止, 潜伏.

dor'mer ['dɔːmə] *n.* 屋顶(采光)窗, 天〔老虎〕窗.

dor'mered ['dɔːməd] *a.* 有天窗的.

dor'mitory ['dɔːmitri] *n.* (一间, 一所)宿舍, 郊外住宅区.

dor'nase *n.* 链球菌脱氧核糖酸酶, 链球菌 DAN 酶, 链道酶.

Dorrco filter 多尔科型真空过滤器(内鼓式).

dor'sa ['dɔːsə] dorsum 的复数.

dor'sad ad. 朝背,向背面.
dor'sal ['dɔːsəl] a.; n. 脊(椎,部)的,背(上的),近背部的,背侧的,船[艇]脊. dorsal view 背视图.
dorsiven'tral a. 有背腹性的.
dorso- [词头] 背侧,背面.
dorsoante'rior a. 背向前的.
dorsody'nia n. 背痛.
dorsolum'bar a. 腰脊的.
dorsome'dian a. 背中央的,背中线的.
dorsona'sal a. 鼻梁的.
dorsonuchal a. 项后的,颈后的.
dor'sum ['dɔːsəm] n. (pl. dor'sa)背部,山脊,背面.
Dortmund ['dɔːtmənd] n. 多特蒙德(德意志联邦共和国城市).
DOS = ①Department of State(美)国务院 ②dioctyl sebacate 癸二酸二辛脂(增塑剂) ③disk operating system 磁盘操作系统.
dos-a-dos I a.(两本书封底对封底合装在一起,共用一个封面)合装本的. II ad. 背对背地.
do'sage ['dousidʒ] n.①下[配]药,配料 ②(辐射)剂量(值),(适)用量,配量 ③剂量测定,定量器. dosage meter(辐射)剂量计(规).
dose [dous] I n.①(放射,辐射,一次)剂量,用[服,药]量(配)料,投配量 ②一服[剂] ③一回[次,番]. II vt. ①下药,投配,配料[药] ②测剂量,剂量测定. accumulated (cumulative, integral) dose 累积(积分)剂量,总剂量. deposit dose 放射性沉积. dose rate meter 剂量率计. dosing pump 计[定]量泵. dosing siphon 投配虹吸. dosing tank 投配器,量斗. dosing valve 计量(泄漏)阀. effective dose 有效剂量. lethal dose 致命剂量. lethal dose 50 受照射者 50% 死亡剂量. lethal dose 50/30 受照射者经过 30 天 50% 死亡剂量. local dose 局部剂量. permissible dose 容许剂量,容许的掺杂质. ▲dose out powders 配药剂(成一定分量).
dose-independent 或 dose-invariant a. 不取决于剂量的.
dose'-meter ['dousmiːtə] n. (辐射)剂量计.
do'ser ['dousə] n. 配量装置,配量器,加药器.
dosifilm n. 胶片(感光)剂量计,剂量佩章,胶片佩章.
dosim'eter [dou'simitə] n. (放射性,辐射,射线)剂量计(仪),剂量器[箱,仪器],测量剂量装置,液量计,量筒.
dosimet'ric a. 剂量测定的,计量的. dosimetric detector 剂量探测器.
dosim'etry [dou'simitri] n. 剂量学,剂量测定(法),计量学.
do'sis ['dousis] n. 量,(一次)剂量,一剂.
dos'sier ['dɔsiei] n. 人事材料,档案(材料),(记录,有关)文件,记录,卷宗,病历案.
dot [dɔt] I n. ①(圆,小,斑,瞄准)点,网点,粒,点一样小的东西 ②小数点,(标积,点乘积)符号,句号. II (dotted; dotting) v. ①打[加]点,用点(虚线)表示,用点作记号 ②点乘 ③星罗棋布于,点点散布,点级. black dot 黑斑[点]. brightened dot 亮(光)点. dot alloy mesa transistor 点(接触合金)台面晶体管. dot analyzer 带阴极射线管的多道分析器,点图分析器. dot "AND" 点"与". dot chart 点阵[布点]图,布点量板. dot circuit 点(形成)电路. dot cycle 基本信号周期,打点周期,点循环. dot dash line 点划线. dot density method 点[像素]密度法. dot frequency 点(镶嵌元)频率. dot generator 点(状图案)信号发生器. dot interlacing 隔[跳]点扫描,点交错. dot line 虚[点]线. dot mark 刻印标记,点标记,点[区]别号. dot mesa transistor 点状台面晶体管. dot "OR" 点"或". dot pattern 光点图形,"点"图. dot printer 点式打印[印字]机. dot recorder 点式记录器. dot rectification 点发光度增强,再现图像上亮度的非线性增强. dot sequential (system) 点顺序制. dot trio 三组圆点. dot type 打点式. dot weld(-ing) 点[填补]焊. dot zone 点状熔区. dots and dashes 点点划划,莫尔斯电码. dotting impulse 点信号脉冲. dotting punch 冲眼[孔],中心冲头. emitter dot 发射极点接. picture dot 像素. ▲dot and carry one(加法)打点进位,逢十进一. dot the i's and cross the t's 一丝不苟,详述,阐明意义,使明确. on the dot 准时. to a dot 正确.
do'tage ['doutidʒ] n. 衰老,溺爱.
dot-and-dash n.; a. 莫尔斯式电码(的),点划(线),一点一划相间的. dot-and-dash technique 电报技术.
dot-bar generator 点-条(状图案)信号发生器.
dot-crosshatch generator 点格信号发生器.
dot-cycle n. 基本信号周期,点循环.
dot-dash n. (无线电发送电码)点划线.
dote [dout] vi.; n. ①腐朽(败),衰老 ②朽木,腐败物.
dot-frequency n. 点频率,镶嵌之频率.
dothienente'ria 或 dothienenteri'tis n. 伤寒,肠热病.
Dotitron 光学数据输出器.
dot-pattern generator 点(状图案)信号发生器.
dot-sequential a. (彩色电视的)点顺序制的.
dot'ted ['dɔtid] a. ①打点(线)的,成[加]虚线的,有斑点的. be dotted in(星星点点)散布在…上. (be) dotted with …遍处是…的,点缀着…. dotted about 散落各处的,星散的. dotted "AND"【计】点"与",点"与"运算. dotted AND circuit 点与门电路. dotted curve 虚[点]曲线. dotted line 虚[点]线,(行动)路线. go on the dotted line 在合同上签名. sign on the dotted line 在虚线上签名,毫不犹豫地同意[接受].
dotted-OR n.【计】点"或".
dot'ter ['dɔtə] n. 标[划,描]点器,点标器,加点的东西.
dot'ty ['dɔti] a. 有(多)点的,薄弱的.
dot-wheel n.(有柄的)骑缝线滚轮.
do'ty ['douti] a. 腐朽的.
douane [du:'a:n](法语)n. 海关.
doub = double.
dou'ble ['dʌbl] I a. (两,加)倍的,(二)重(性)的,双(倍,重,幅,联)的,复(式,合)的,两用的,(成)双(双)的,重合的,两种(意义)的,模棱两可的. II n. ①(两,加)倍的,相似物,复制品,副本 ②折[重]叠,复印,重叠印(印刷故障) ③后[倒]退,急转弯,突然转回,(急忙)折回,(pl.)(叠轧的坯料)双(层)叠板,双粒级煤(1~2英寸,英国名称). III ad. 二加,双[加]倍地,二重地,成对[双]地. IV v. ①加倍,增加一倍,翻一番,等于…的二倍 ②重[叠]起 ③合二为一 ④急转,急忙折回 ⑤绕…航行 ⑥加剧

努力 ⑦兼作(…之用). *advance at the double* 跑步前进. *at double the speed* 以加倍的速度. *double acting* 复动式,双作用的. *double activity* 双重活度,双重活动性. *double amplitude* 倍幅,双〔全〕幅值,全振幅. *double annealing* 二次退火. *double anode* 对〔双〕阳极,双屏极. *double armoured cable* 双层铠装电缆. *double armouring* (钢筋混凝土中)加双重钢筋,加复筋. *double bar link* 双联〔组合〕杆. *double base propellant* 双元燃料火箭推进剂,双基推进剂〔火箭燃料〕. *double bass* 低音提琴. *double bearing* 双列轴承. *double bevel groove* K型坡口. *double broad* 双排灯丝散光灯. *double bucket* 双"桶"存贮器,双地址. *double buff* 双折布抛光轮. *double calculation* 复算. *double calipers* 内外〔两用〕卡钳. *double camera* 双片摄影机. *double carbide* 复合碳化物. *double check harness* 双重监视系统,重复〔双〕检验制. *double circuit* 加倍电路. *double circuit integral* 重围道积分. *double clutch* 双〔向〕离合器. *double coil* 双〔绕〕线圈. *double cold reduction* 再冷轧. *double column* 双〔立〕柱,龙门. *double concave* 双凹. *double condenser* 双〔透镜〕聚光器,双联电容器. *double conductor cord* 双心塞绳. *double cone* (天线)双锥区,双〔复式〕圆锥,对顶〔圆〕锥,双锥形的〔天线〕. *double connection* 二重接法. *double connection check* 重接检查. *double connector* 接线端子,双接头. *double converter* 双换流器,反并联连接法. *double convex* 双凸. *double crankless press* 两点式无曲柄压力机. *double cut file* 斜格锉,双纹锉. *double deal* 二英寸厚板. *double decker* 两层式公共汽车(火车). *double difference* 二重差分. *double dish* 培养皿. *double drainage* 双向排水. *double drawbridge* 双臂(式)开合桥. *double ender* 两头构造相同之物,双轴车灯. *double exposure* 两次〔双重〕曝光. *double extra heavy* 〔strong〕(双)(双重)厚壁的(管). *double galvanized wire* 加厚锌层镀锌钢丝. *double gate* 双控制极,双门. *double ghost* 〔image〕(电影)重影. *double goniometer* 双向测向〔测角〕计. *double groove* 双面槽,双面坡口. *double header* 多工位凸轮件镦锻机. *double helical* (spur) *gear* 人字齿轮. *double iron* 工字铁〔钢〕. *double layer* 〔stratum〕偶〔双〕层. *double length number* 倍长〔准〕数. *double length working* 双倍位〔字长〕工作单元. *double line* 双线线路. *double meridian* 〔parallel〕倍横〔纵〕距. *double offset* 双效补偿〔抵消〕,二级起步时差,双偏置. *double offset ring spanner* 梅花扳手. *double oscillograph* 双线〔双电子束〕示波器. *double pair of a correlation* 对射变换的重素. *double pivoted pattern* (仪表等)双轴尖式. *double point(s)* (二)重点. *double point gear* 多点啮合齿轮. *double pointed nail* 双头螺栓,接合销. *double pole double throw* 双刀双掷开关. *double precision* 二倍〔双字长〕精度,双倍精密度. *double private bank* 双试线用触排. *double product* 双倍(乘)积,二重积. *double pump* 双联泵. *double pyramid* 对顶棱锥. *double quench(ing)* 双液淬火. *double range receiver* 中短波收音机. *double ratio* 交(重)比,非调和比. *double readout* 加〔双〕倍读出. *double reception* 双工接收. *double reduction* 二级减速装置. *double refraction* 双折射,重屈折. *double reinforcement* 双重钢筋,复筋. *double rivet(ed) joint* 双行铆(钉)接(合). *double rolling key clutch* 双向超越离合器. *double salt* 复盐. *double sampling* 复式〔二重,二次〕抽样. *double scattering* 二次散射. *double screen* 双涂层屏,双(层荧光)屏. *double seaming* 多〔双〕重卷边接缝. *double shift* 二班(交替)制. *double shift register* 双移位寄存器. *double shot molding* 二极模塑造型. *double source* 偶极声源. *double spiral turbine* 双排量涡壳式水轮机. *double spline* 双列花键(轴). *double spread* 双面涂布(胶),相对面涂布. *double stem* (电子管的)双心柱. *double stream amplifier* 双电子注(双线行波管)放大器. *double strength* 强力(官)玻璃(厚3.6~4mm). *double strength stop bath* 双浓度定影液. *double stub tuner* 双环线匹配装置,双短线调谐器. *double sum* 二重和. *double superheterodyne* 双变频超外差. *double* (T) *iron* 工字钢(铁). *double track* 双声道(双线(道路),双轨(铁路),双车道道路. *double transmission* 双工发送,双波发射. *double trigger* 双脉冲触发信号. *double type filter* 重合型滤波器. *double V butt weld* V形缝焊. *double V groove* X型坡口. *double voltage connection* 倍压连接. *double wave detection* 全波检波. *double wire-armored cable* 双层铁线铠装电缆. ▲*double back* (向后)折叠,把…对折,掉头(折回)飞跑. *double over* 折起. *double up* (可)折叠(起),(对)对折,(可)卷起. *play the double game* 双面两面派.

double-acting *a.* 双动式的,复动的,往复〔返〕式的,双作用的.

double-action *n.*; *a.* 双向,双动(的),双作用(的). *double-action compression* 双效〔双动,两面〕压制.

double-amplitude *n.* 倍幅,双〔全〕幅值.

double-amplitude-modulation 双调幅.

double-angle formula 倍角公式.

double-back tape 双面粘带.

double-banked *a.* 双座的,双层式的.

double-barrel *n.* 双管枪(炮).

double-barrel(l)ed *a.* ①双筒(管)的 ②双重目的的,复合的 ③模棱两可的,含糊的,意义双关的.

double-base propellant 双元燃料火箭推进剂,双基推进剂,双基火箭燃料.

double-beam *a.* 双(电子束的,双射线的.

double-beat Ⅰ *a.* 双支点〔撑〕的. Ⅱ *n.* 双(重差)拍. *double-beat sluice* 双向泄水闸.

double-bedded *a.* 有两张床〔卧铺〕的,有双层床的.

double-bend *a.* U形的.

double-bevel *a.* 双斜(面)的,K形的.

double-bounce *a.* 双回波的.

double-break n. 双断,复[双重]断器器. *double-break contact* 桥接[双开路,双断路]接点. *double-break switch* 双刀开关.
double-breasted a. 双排钮扣的.
double-bucket n. [计]双[二]地址,双桶存储器.
doubleburned a. 锻烧的.
double-bus n. 双(重)母线,双汇流排.
double-charge ion 二价离子.
double-circuit a. 双(电)路的,双回路的. *double-circuit receiver* 双调谐电路接收机.
double-clad board a. 双面(印制)板.
double-compound turbo-jet 双轴涡轮喷气式发动机.
double contact a. 双触头的,双接点的.
double-cotton covered 双纱包的.
double-cross vt.; n. 欺骗,出卖.
double-current a. 双流(式)的,交直流的. *double-current cable code* 双流水线电码. *double-current generator* 双流发电机,交直流发电机.
double-cut file 双纹锉.
double-dealer n. 两面派(人物).
double-dealing n.; a. 诈欺(的),不诚实的,诡计,表里不一(的),口是心非的,搞两面派的).
double-deck n.; a. 双层(结构)(的).
double-decked a. 双层的. *double-decked bridge* 双层桥,铁路公路两用桥.
double-decker n. 双层结构,双层(甲板)的船,双层公共汽车,双层电车,双层火室的汽机,双层桥梁,双层床.
double-delta-connection n. 双三角形接法.
double-detection reception 双重检波接收,超外差接收.
double-dial a. 双刻度的,双量程的,双(刻)度盘的.
double-double iron sheet 叠板铁板.
double-duty a. 二用的,有两种工作状态的.
double-dyed a. ①重染的,双次染色的 ②彻底的,坏透的,根深蒂固的,彻头彻尾的.
double-edged a. ①双刃的,正反两面的 ②双重目的 ③意义双关的,两可的.
double-edging tool 双面规尺.
double-effect n.; a. 双效(的).
double-end(ed) n. 双端[头]的,两端引出式.
double-ender n. ①两头构造相同之物 ②两头可开的电车(内燃机车),头尾相似的船 ③双头扳手,两面锉刀.
double-entry Ⅰ n. 复式簿记. Ⅱ a. 双侧进气的.
double-faced a. ①两面(派)的,口是心非的 ②两面(可用)的,两面一样好的.
double-flow a. 双流的,二通量的.
double-frequency a. 双(重)频率的,倍频的.
double-gap a. 双(火花口)间隙的.
double-gate Ⅰ a. 双阀门的,双选通的. Ⅱ n. 双控制极.
double-governor n. 双重调节器.
double-grid a. 双栅的.
double-handling n. 两次转运.
double-headed camera 双头[立体电影]摄影机.
double-header n. 双车头列车,双机车牵引的列车.
double-hinged a. 双铰的.
double-housing planer 龙门刨床.
double-hump(ed) a. 双峰的,有两个最大值的.

double-integrating n. 二[双]重积分.
double-jointed a. 双重关节的,前后左右可自由活动的.
double-lane a. 双车道的.
double-layer a. 双层的.
double-layer-winding n. 双层绕组.
double-lead covering 双铅(包)皮.
double-leaded a. (印刷品)行距宽的.
double-leaf a. 双翼的.
double-length a. 双倍长(度)的,字长长的.
double-lift cam 双针凸轮.
double-line n. 双(复)线的. *double-line leveling* 双转点水准测量.
double-lock vt. 给…上双锁,特别谨慎地锁上.
double-magic nucleus 双幻核.
double-make a. 双闭合的. *double-make contacts* 双工作触点,双闭合接点.
double-M-derived filter 双M推演式滤波器.
double-message system 点顺序双路传输制,双信息彩色电视制.
double-minded a. 三心二意的,反复无常的.
double-moding n. 双重振荡型的(磁控管).
double-modulation n. 双重调制.
double-motion a. 双动的.
doubleness n. 二倍(重),诡计.
double-O vt.; n. 细看(的),巡视.
double-park v. (把车)停在与人行道平行停靠的车旁.
double-pass a. 双程的.
double-pipe a. 双套管的.
double-pivoted pattern 双支架式,双轴尖式(仪表).
double-plunger a. 双柱塞的,双活压头的. *double-plunger compaction procedure* 双头加压法.
double-point double-throw switch 双刀双掷开关.
double-pointed a. 双端的.
double-pole a. 两(双)极的,双杆的,双刀的. *double-pole double throw* 双刀双掷开关. *double-pole n-way switch* 双刀 n 掷开关.
double-precision a. 双(倍)精度的.
double-pressing n. 两次压制.
double-pulse(d) a. 双(重)脉冲的.
double-purpose a. 两用的.
double-quick Ⅰ a.; ad. 极迅速的,急速的. Ⅱ n. 快(跑)步. Ⅲ vi. 快(跑)步前进.
doubler ['dʌblə] n. 二倍(倍加,倍增,倍压,倍频)器,折叠[贴合,重合]机,乘二装置,倍频级. *convectional voltage doubler* 倍压电路. *doubler type* 双式,二重型. *frequency doubler* 倍频器. *fullwave voltage doubler* 全波倍压整流器. *sheet doubler* 薄板折叠机.
double-refine n.; vt. 再精制,把…再次精炼.
double-resonator Ⅰ a. 双谐振器的. Ⅱ n. 双腔谐振器.
double-return siphon 乙字形(存水)弯管,双弯虹吸管.
double-roll a. 双滚筒的.
double-seater n. 双座(飞)机.
double-section filter 二节滤波器.
double-service a. 两用的,双效的.
double-shaft a. 双轴(式)的.

double-shear a. 双剪的.
double-side(d) a. 双边〔面,侧〕的. *double-sided board* 双面〔印制〕板. *double-sided compressor* 双侧进风压气机. *double-sided socket* 双向插座.
double-silk covered 双丝包的,双层丝绝缘.
double-skin a. 双层的.
double-space v. (打字机)隔行打印.
doublespeak n. 模棱两可的用词.
double-spindle a. 双(轴)级的.
double-stage a. 二〔双〕级的.
double-stator n. 双定子.
double-stub n. 双截线,双短线.
double-sulfate n. 硫酸盐复盐.
double-super system 二次变频式〔制〕.
doub'let ['dʌblit] n. ①一对中之一 ②一对,成对的东西,复制品,副本 ③双(重)线,二重态,双电子键,双峰 ④电子偶(对) ⑤偶极(子),偶极(半波)天线,(对称)振子 ⑥双合(二重)透镜,双透镜物镜. *doublet antenna* 偶极〔对称(振子)〕天线. *doublet as double poles* 以偶极代双极. *doublet magnifier* 双合〔重〕放大镜. *doublet oscillator* 赫兹〔偶极子〕振荡器. *screening doublet* 屏蔽双线. *source and sink doublet* 偶极子.
double-talk n. 自相矛盾〔不知所云〕的话.
double-tariff (system) meter 双价电度表.
double-think n. 矛盾想法.
double-threshold n. 双阈.
double-throw n. 双投〔掷〕. *double-throw crankshaft* 双曲曲轴.
double-thrust bearing 双向止推轴承,对〔双〕向推力轴承.
double-tongued a. 欺骗的.
double-track n.; vt. (使成)双轨(线).
double-transit oscillator 反射速调管,双渡越空间〔双腔(双渡越)〕速调管,双腔速调管振荡器.
double-trolley (system) 双滑接线(制).
double-tube n. 套管.
double-tuned a. 双调谐的. *double-tuned coupling* 双路耦合,双调谐(电路)耦合.
double-turn a. 双圈(线)的.
double-twist twisting machine 倍捻加捻机.
double-V connected rectifier 双星形联接整流器.
double-valuedness n. 双值性.
double-Vee a. 双V形,X形的.
double-wave n. 全波. *double-wave detection* 全波检波.
double-wedge Ⅰ a. 双楔形的,菱形的. Ⅱ n. 双光劈.
double-worm mixer 双螺旋混合机.
double-wound a. 双股(线)的,双(线)绕的,并绕的,双线圈的.
doub'ling n.ᵢ ①加倍(重),双重,重折(合,复),薄板折叠,折回 ②防护板,加强板,夹胶 ③信频 ④再蒸馏. *doubling an angle* 倍角复测法. *doubling circuit* 倍频(增,压)电路. *doubling machine* 折叠机,复捻机. *doubling of frequency* 倍频. *doubling on itself* 作180°弯折. *doubling process* 机折法. *doubling register* 倍加寄存器. *doubling roller* 贴合辊.
doub'ly ['dʌbli] ad. 成两倍,双重,(成)双地,双重. *doubly careful* 加倍小心. *doubly confined* 两端限制的. *doubly connected region* 【数】双连通区. *doubly excited* 双重激发的. *doubly linked* 双键结合. *doubly perspective* 二重透视的. *doubly re-entrant winding* 双线线圈,双口式绕组. *doubly resonant* 双共振的. *doubly ruled surface* 双直纹面.
doubly-closed tube 双闭管.
doubt [daut] Ⅰ n. 怀疑,疑问〔感〕. Ⅱ v. 怀疑,不相信.▲(be) in doubt (about, what, whether) 怀疑,不知道,未确定,拿不准. *beyond a (shadow of) doubt* 或 *beyond (past, cut of) (all) doubt* 毫不怀疑(地),毫无疑问(地),确定无疑(地). *cast doubt on* 令人(对…)怀疑. *do not doubt but (but) that* 不怀疑,相信. *doubt about (of, as to)* 怀疑,不相信. *doubt whether (if)* 怀疑…未必,认为…不见得,不相信. *hang in doubt* 悬而未决. *have no doubt (about, that, of as to)* (对…)不怀疑. *leave no doubt that (as to)* 令人(对…)一望信)不疑. *little doubt* 几乎无疑. *make no doubt (of)* 毫不怀疑,确信. *no doubt* 无疑(地),必定,当然,大概. *raise doubts* 提出疑问,引起怀疑. *throw doubt on (upon)* 引起对…的怀疑. *without (a) doubt* 无疑(地),必定,当然.
doubt'able a. 可疑的,令人怀疑的.
doubt'ful ['dautful] a. 怀疑的,可疑的,有疑问的,难确定的,含糊的.▲(be, feel) doubtful about (of) 怀疑,不能确定,料不到. *be doubtful if (whether)* 不能…是否能〔能不能〕. ~ly ad.
doubt'less ['dautlis] ad. 无疑地,必定,多半,很可能.
douche [du:ʃ] n.; v. 灌洗(法,器),冲洗(法,器),施行灌〔冲)洗法.
doudynatron n. 双负阻管.
dough [dou] n. 生面团,揉好的陶土,捏塑体. *dough batch* 打面机. *dough brake* 碾面机. *dough mill* 调面〔调浆〕机.
dough'nut ['dounʌt] n. ①油煎圆饼 ②环形(室,箱,物体,真空罩),空壳,超环面粒子加速器,电子回旋加速器室,(中子)通量变换器,真空环形室 ③起落架轮胎,汽车轮胎,(保持缓冲用)圆垫片. *doughnut antenna* 绕杆式天线. *doughnut coil* 环形线圈. *doughnut tire* (超)低压轮胎. *vacuum doughnut* 环形真空室.
doughnut-shaped a. 环形的.
doughy ['doui] a. 面团状的,(柔,松)软的,糊状的,迟钝的.
Douglas fir 美(国)枞,枞木,美(国)松.
doulateral winding 蜂房式绕组.
dour [duə] a. 严厉的,阴沉的,执拗的. ~ly ad.
douse [daus] vt.; n. ①浸,浇,泼,倾注 ②放松(绳子).
dou'ser n. (电影放映室用)防火门.
DOV =double oil of vitriol 硫酸.
Dovap =Doppler velocity and position finder 多普勒测速和测位器,(测定导弹速度和位置的)多普勒信标,多瓦卜轨道偏差指示器.
dove [dʌv] Ⅰ n. ①鸽,鸠 ②灰蓝色. *dove hinge* 鸠尾铰. Ⅱ dive 的过去式.
dove-colo(u)r n.; a. 淡〔浅〕灰色(的).
dove-colo(u)red a. 淡〔浅〕灰色的.

dovetail ['dʌvteil] Ⅰ n. 鸠(鸽,燕)尾,鸠尾接合,燕尾槽,磁极尾. Ⅱ a. 鸠(燕)尾形的. Ⅲ v. ①(用楔形(榫))接合,使…成鸠尾榫状,燕尾连接 ②(使)吻(密,切)合(with),严密地嵌进. *dovetail condenser* 同轴调整电容器,鸽尾形电容器. *dovetail cutter* 燕尾铣刀. *dovetail form* 燕尾形. *dovetail groove* [slot] 燕[鸠]尾槽,楔形槽. *dovetail halving* 鸠尾对半接合. *dovetail joint* 燕尾接合. *dovetail machine* 制榫机. *dovetailed grooving and tonguing* 鸠尾鸳鸯接头. ▲*dovetail (…) in* [into] 把(…)妥当安排到…中去.

dovetailer n. 制榫机.

dow = dowel(led) 啃榫(接合的).

Dow cell 道氏镁电解槽

Dow metal 道氏[铝镁,镁基铝]合金.

Dow process 道氏海水炼镁法.

dow'el ['dauəl] Ⅰ n. ①榫[暗,木,模,楔,两尖,合板,夹缝]钉,[暗,木,轴,键,定位]销,[键,暗榫,(安装,定缝)销]钉,栓,插铁,螺柱[钉] ②(线圈)架 ③传力杆,合缝钢条,外伸的短钢筋. Ⅱ (dowel(l)ed) *dowel(l)ing*) vt. 用(暗)销接合,把…用定缝销钉合上,用合板钉钉合,设(置)销柱,(设)(置)传力杆. *dowel bar* 传力杆. *dowel masonry* 暗销圬工. *dowel pin* 暗[定位,合缝,开槽,接合]销,导[木]钉,两尖钉,(定缝)销钉. *dowel screw* 两头螺丝钉. *dowel spacing* 传力杆间距. *dowel steel* 传力杆钢,合缝钢条. *screwed dowel* 定缝螺钉. *spike dowel* 钉栓.

dow'elled a. 设(置)传力杆的,设(置)暗销的. *dowelled beam*(木)键合梁. *dowelled edge* 设暗销(传力杆)的板边(边缘). *dowelled joint* 传力杆接缝,榫钉缝,暗销接合. *dowelled tongue and groove joint* 有钢条(钉的)的企口接缝,有暗销的舌槽接缝.

dowel-supporting assembly 传力杆支座.

Dowex 1(2) 强碱性阴离子交换树脂.

Dowex 3 弱碱性阴离子交换树脂.

Dowex 30 磺酚阳离子交换树脂

Dowex 50 磺化聚苯乙烯阳离子交换树脂

down [daun] Ⅰ ad. 向[降,落]下,低落,降低,减弱[少,退],从上到下,彻底,完全,用现金. *be down* 降低了,落(倒)下了,减少[价]了,下楼了,(电)不足,(胎)跑气,(机器)停工了. *come down* 下来(楼)了,落下,降落. *fall down* 跌[掉,落]下. *get down* 下来(楼,车),放[抄,记]下. *go down* 下降(水),沉没,平静下来,被记下. *hold down* 按[压]下. *read down* 从上往下读. *slow down* 减(低)速(度),延迟,放慢. *speed down* 减速. *step down* 降低,下降. *throttle down* 节流,关汽门. *wear down* 磨低(薄,损). *weigh down* 压下(倒).

Ⅱ prep. 向下(面,游),沿…而下,沿着,往下进入,通过…往下,在…下(方),自…以来.

Ⅲ a. 向下的,下行(列车)的,现(付)的. *down and up* 交双动的双动机. *down coiler* 地下卷取机. *down converter* 下(降频)变频器,(向)下(降)变换器. *down corner* 溢流管. *down cut* 下剪切,顺铣. *down draft* 下向通风,下降气流,倒风(焰),下吸. *down grinding* 顺磨. *down hill* 下(山)坡. *down land* 低地. *down lead* (天线的)引下(入)线. *down line* [link] 下行线路. *down link spectrum* 下行系统信号频谱. *down milling* 顺铣. *down pipe* 落[泄,余]水管,溢(流)管,回管,旁通管. *down pressure* 向下的压力. *down quark* d 夸克. *down ramp* 下坡道,下降地段. *down right* 直下,垂直,十分,完全. *down shift(ing)* (调档)变慢,降速变换. *down slope time* 电流衰减时间. *down spout* 水落管,落水管. *down stage* 摄像机移近舞台,(在,向)舞台前. *down stream* 下游,顺流,向河口,下游的,顺流的. *down stream film* 气流下流的外延层. *down stroke* 活塞向下行程. *down symbol* 【计】降符号. *down take* 下降管,下导气管. *down the ages* 从古到今. *down the country* 向河口,向入海处. *down (the) stream* 下游(的),顺流(的),向河口. *down (the) wind* 顺风,在下风头. *down time* 间歇期,停电(维修)时间,停工[停歇,故障,修理,装载,待发]时间. *down total* 停机总数. *down train* 下行列车. *run down* 沿…跑[流]下,使…变弱(停止). *send M down N* 把 M 沿 N 往下传送. *Shanghai is down the Yangtze River.* 上海在长江下游.

Ⅳ vt. 打倒,击落,把…压下去,放下,喝干. *downed airman* 被击落的飞行员. *down tools* 扔下工具,开始罢工.

Ⅴ n. ①下位[行] ②(柔,软,绒,茸)毛 ③冈,(砂)丘, (pl.)丘陵草原,丘原. *duck down* 鸭绒.

▲(*be*) *down below* 在…下面. *be down for* 列入…的名单中. *come* (*get*) *down to work* (business) 认真开始工作. *down and out* 一败涂地. *down to town*, 直到,至少,下至. *Down with the ground* 全然,完全. *Down with imperialism!* 打倒帝国主义! *face down* 面朝下. *from M down to N* 从 M 一直到[直至] N. *mouth down* 口朝下. *up*(*s*) *and down*(*s*) 上下,来回,往返(地),高低,浮沉,盛衰. *upside down* 上端朝下,倒置,颠倒.

down- [词头] 向下,在下.

down'-ai'leron ['daun'eilərɔːn] n. 下偏副翼.

downalong ad. 顺沿而下,去(向)远处.

down-and-up a. 上下来回的,往复的,双动的.

down-beat n.; a. 下降(的),衰退(的),低沉(的).

down-bound boat 下行船.

down'buckling n. 下弯(曲),地壳下弯.

down'cast ['daunkɑːst] Ⅰ n. ①下落,陷落 ②通气竖坑,通风坑,下风井. Ⅱ a. ①向下的,下[陷]落的 ②垂头丧气的,沮丧的,衰颓的.

down'coiler n. 地下卷取机. *hot downcoiler* 热带材地下卷取机.

down'comer n. 泄水下水管,下导,下降,排气,废水套管,下气[烟]道.

downcomer-pipe n. 下导管.

down-coming wave 下射(天)波.

downconversion n. 下转换.

down-converter n. 下转换器,下变频器,向下降频变换器

down-counter n. 逐减[反向,可逆]计数器.

down'coun'try a.; ad. 向[在]河口[入海处]的,在[沿]海地区.

downcurve n. 下降曲线.

downcurved a. 向下弯的.
down'cut v. 下切[向下]侵蚀,切下.
down-dip n. 下倾,下降,沿倾斜向下.
downdraught 或 downdraft ['daun'dra:ft] n. 下向[降]通风,下鼓风,炉底[炉排下]送风,下吸下沉,向下(气)流,倒风[焰],下吸,回流,空气陷坑. down-draft carburetor 下行[下流]式汽化器.
downdrop n. 下落.
downender n. (横倒)翻卷机.
downface vt. 同…矛盾[抵触],反驳.
down'fall ['daunfɔl] n. 下落[降下,(雨)倾盆而下,陷落,垮台,毁灭,瓦解. downfall earthquake 陷落地震.
down'fallen a. 倒了的,垮了的,坠落了的.
down'faulted a. 由于断层而陷落的.
downfaulting n. 下落断层(作用).
down-feed screw 垂直丝杠.
down'flow n. v. 下冲(气)(流),下(洗)流,(向)下流(动),溢流管. downflow bubble contact aerator (简写 DBCA)下注空气(泡)接触曝气池.
down'fold n. 向斜槽,槽褶纹.
down'gate n. 直浇口,垂直内浇口.
down'grade' ['daun'greid] I n.; a.; ad. 下坡(度,的),衰落的. I vt. 使…降级,降低[等级(级别),(文献密级)]降格,贬低,不重视. be on the downgrade 每况愈下.
down'hand' ['daun'hænd] n.; a. 俯焊(的). downhand welding 俯(平)焊.
downhear'ted [daun'ha:tid] a. 垂头丧气的,沮丧的.
down'hill' ['daun'hil] I n.; a.; ad. 下坡,下倾的,倾斜的,位于斜坡上的,衰退(阶段)的. II ad. 降(向)下,倾斜,趋向衰退. downhill creep 移动滑坡.
▲go downhill 下坡,每况愈下,日益衰退.
downhole instrument 下井孔.
down'iness n. 软毛度,软毛状,柔软性.
down'land n. 丘陵地,低地.
down'lead ['daunli:d] n. (天线)引下线,天线馈线.
down-leg n. (弹道)下降段.
downline n. 沿铁路线.
down-link n. 下行线路(系统).
down-maket a. (适于,进入)低档商品市场(的),低档的,低收入消费者的.
down'most a. 最下(低)的.
down-off n. 塔底流出的容量,下流量.
down'pipe n. 落水(下水,下降,排水,溢水,下流)管,下悬(喷)管.
down'play vt. 降低,贬低,减弱.
down'pour ['daunpɔ:] n. ①注(降)下,倾盆大雨,大暴雨,(日光)照射.
down'punch v. 沉陷.
down'ramp n. 下坡道,下行匝道.
down'range ['daunreindʒ] n.; a.; ad. ①下靶场,下航区 ②下(段)射程,倾斜射程(距离),射向,目标线,至弹着点方向,离开发射中心和沿着试验航向(的) ③在下(段)射程内. downrange distance 靶区末段距离. downrange repeater (沿)射程增音器. downrange site 下靶场. downrange station 下靶场测试站. down-range tracking 沿射向跟踪.
downrate vt. 缩减…的重要性.

down'right ['daunrait] a.; ad. ①直率(的) ②彻底(的),完全(的),十分,真正(的),纯粹(的),明确(的) ③垂直(的),直下(的),直浇口. downright answer 直率[明确]的答复. downright lie 弥天大谎. ~ness n.
down'river a.; ad. 向[在,从]河口处,下游.
down-run v. 下吹风.
downsand n. 沙丘.
downscale vt. 缩减…的规模.
down-seat v. 装在下部支架上.
downset n. 下端局部收缩.
downshift vt. (调档)使变慢,降速变换.
down'side n. 下(低)侧,向下的走向(趋势),下落翼(断层).
downsize v. 缩减(汽车的体积,重量,耗油量).
downslide n. 下滑,下跌,下降.
down-slip-fault n. 下落(投)断层,滑断层.
down'slope n.; a. 下坡(的).
down'spout n. 流嘴,流管,漏斗管,落水(水落)管. downspout conductor 溢(下)流管.
down'spouting n. 溜槽(斗).
downsprue n. 直浇口.
downstage' n.; a. (在,向)舞台前.
down'stair ['daunstɛə] a. 楼下的.
down'stairs' ['daun'stɛəz] n.; a.; ad. 楼下(的),到(在)楼下,下楼,楼下(的房间).
downstate I n. 州的最南部地区. II a.; ad. 在[从,往]州的最南部(的).
down'stream' ['daun'stri:m] a.; ad. 顺流(的),下行流,沿流动方向,沿介质流程,(在)下游(的),向河口(的),向下液流,离自工序下游程序的(指石油从提炼到销售的各有关程序). downstream apron (floor) 下游护坦,防冲铺砌(护坦). downstream side 出口的地方,下游边. downstream slope 下游坡. downstream water 下游水,(堤坝)下游河段.
down'stroke n. 活塞下(降)行程. downstroke press (压头)下压式压力机.
downsweep n.; v. 向下扫描. downsweep frequency 降低的拍频.
down'swing n. 向下挥动,下降趋势.
down'take I n. 下流,烟,烟管,下导气管. II a. 下降的. central downtake 中央降液管. gas downtake 下气道(管).
downtank n. 下流槽,收集器.
down-the-line ad. 一路上,到底,始终.
down'throw' n. 下落,投下,坍陷,垮台,正断层,陷(下)落地块.
down'tilt v. 翻斗(带卷).
down'tilter n. (卷取机旁热轧带卷的)翻卷机.
down'time. 停机(停工,停留,停歇,修理,装载,不工作,待发,下降,空间)时间,(计算机发生故障[操作错误])时间.
down-to-date a. 现代(化)的,最新式的,尖端的,当今的,直到现在的.
down-to-earth a. 现(切)实的,实事求是的,实际的,完全的,彻底的.
Downton pump 达温特曲柄式手摇泵.
down'town' ['daun'taun] n.; a.; ad. (在,到)市(闹,商业)区(的).
Downtownian series (晚志留世)当唐统.
down'trend n. 下降(趋势).

down′trodden ['dauntrɔdn] *a.* 受压迫的,被压制的,被踩躏的.

down′turn *n.* 向下,下转,下降趋势.

down′ward ['daunwəd] *a.* ; *ad.* 向(降,低)下(的),下方(的),下坡(的),下降(的),趋向没落(的),…以后的,以下,*downward enrichment* 次生富集.*downward gradient* 下降梯度,倾斜角.*downward gravity* 重力向下延拓.*downward modulation* 向下调制,(振幅)下降调制.

down′wards ['daunwədz] *ad.* 向(往,渐)下,下坡,趋向没落,以下(次).

down′warp ['daunwɔːp] *v.* 下翘(凹,沉),反弯,挠弯.

down′wash ['daunwɔʃ] *n.* 气流下洗,下洗(流),下冲(气)流,(从上)冲下来的物质.

downwelling *n.* 沉降流.

down′wind ['daunwind] *n.* ; *a.* ; *ad.* 顺风(的),下风,下降气流. *hot downwind* 顺风高速飞行.

down′y ['dauni] *a.* ①绒毛(制)的,(似,覆有)软毛的②柔软的,安稳的③丘(陵)原性的,丘陵起伏的.

dowse *v.* ①浸,渍,泼水②很快地下降,急泻,淬火,熄灭③封ները④用机械(探杖)探(水源,矿脉等),(一种迷信方法)"魔杖"探寻(水源,矿脉等).

dow′ser ['dausə] *n.* ①摄影(摄像)机挡光板②(非科学的)油水勘探法.

dow′therm *n.* 导热姆换热剂(二苯及二苯氧化物的混合物),高沸点有机溶液. *dowtherm boiler* 热传导锅炉.

dox [dɔks] *n.* 纪录影片.

doxen′ic *n.* 多客晶质.

doy′en ['dɔiən] *n.* 首席(代表),老资格,老前辈.

Doz 或 doz =dozen (一)打(十二个).

doze [douz] *v.* ①(用推土机)推土(清除,削平)②打盹.

dozen ['dʌzn] *n.* 一打,十二个,(pl.)若干,许许多多. *pack…in dozens* 把……一打一打包起来,成打地包装.▲*baker's*[*long, printer's*] *dozen* 十三个. *dozens of* 数打,几十,(的). *dozens of times* 屡次,时常. *half a dozen* 半打,六个. *half a dozen times* 好几次,几十次. *six of one and half a dozen of the other* 半斤八两. *some dozens of* 几十个.

dozenth *n.* ; *a.* = twelfth.

do′zer ['douzə] *n.* 推土机(铲). *blade dozer* 刮铲推土机.

do′zy ['douzi] *a.* 困倦的,快要腐烂的.

doz′zle *n.* 铸模补助注口.

DP = ①damp proofing 防潮②dash pot (relay)(继电器)阻尼延迟器,减震器,缓冲筒③data processing 数据处理④dead point 死点⑤deflection plate 可变板⑥degree of polymerization 聚合程度⑦description pattern 说明的样品⑧development prototype 发展原型⑨dew point 露点⑩dial pulse 拨号脉冲⑪diametral pitch 径节,直径间距⑫difference of potential 势(电位)差⑬differential phase 微分相位⑭differential pressure 压降(差)⑮diffusion pump 扩散泵⑯dissolving pulp 溶解浆⑰double pipe 二重管,套管⑱double-pole 双极(的),二җ路的⑲double purpose 两用的⑳drain pipe 泄放管㉑ducted propellers 涵道螺旋桨㉒durable press (纺织品的)耐久性压制㉓dynamic programming 动态规则.

D/P = documents against payment 付款后交付凭单.

DPA = ①diphenolic acid 双酚酸②Double precision arithmetic 双倍位精度(双字长精度)算术.

DPBC = double pole both connected 双极都连接的.

DPC = ①damp proof course 防潮层②data processing center (control) 数据处理中心(控制)③differential pressure control 微分压力控制④digital pressure converter 数字压力转换器⑤direct power conversion 直接动力转换.⑥double paper covered 双纸包(导线)⑦double pipe cooler 套管冷却器.

DPCM circuit 差分脉冲编码(差值脉码)调制电路.

DPCS = differential pressure control switch 微分压力控制开关.

DPDC = double paper double cotton 双层纸双层棉.

DPDG test equipment 微分相位-微分增益测试仪.

DPDT = double-pole double-throw 双刀双掷(开关).

DPE = data processing equipment 数据处理设备.

DPESE = densely packaged encased standard element 紧密包装的装箱标准部件.

DPFC = dpfc = double-pole front connected 双极正面联接,双杆正面联接.

DPG = ①diphenylguanidine 二苯胍,促进剂 D ②diphosphoglycerate 二磷酸甘油酯③Dugway Proving Grounds (Utah) 试验靶场(犹他).

DPH = ①diamond penetrator hardness 维氏金刚石硬度②diamond pyramid hardness 维氏硬度值,金刚石锥体硬度.

DPHE = double pipe heat exchanger 套管热交换器.

Dph(il) = Doctor of philosophy 哲学博士.

DPI = ①data processing installation 数据处理设备②differential pressure indicator 差压指示计.

DPL = ①development prototype launcher 试验原型发射架②dual propellant loading 加倍的燃料装填③duplex 二重,双工,双联.

DPLM = dual pulse laser microwelder 双脉冲激光微件焊机.

DP/LO₂ = differential pressure liquid oxygen sensing 液氧微压差传感.

DPLXR = diplexer (telemeter) 两信件传机(遥测计).

DPM = ①data processing machine 数据处理机②documents per minute 每分钟文件数③drafting practice manual 绘图实践手册④dynamics and performance-missile 动力与性能-导弹.

dpm = disintegrations per minute 衰变/分.

DPN = diamond pyramid number 维氏硬度值.

D PNL = distribution panel 配电盘.

DPO = ①delayed pulse oscillator 延迟(式)脉冲振荡器②diphenyloxazole 二苯噁唑③distributing post office 区邮局,分邮局.

DPOB = date and place of birth 出生日期与地点.

DPOIR = dial pulse originating incoming register 拨号脉冲原始入局记录器.

DPP = damp proofing 防潮.

DPR = ①degree per revolution 每转度数②depolymerized rubber 解聚橡胶③differential pressure recorder 差压记录计.

DPRK = Democratic People's Republic of Korea 朝鲜民主主义人民共和国.

DPRS = depress 压下,降低,减压.

DPS = ①data processing station [system] 数据处理

站〔系统〕②4,4′-diphenylstilbene 4,4′-二苯芪 ③double pole snap (switch)双极快动(开关) ④Douglas process standard 道格拉斯方法标准.
dps =disintegrations per second 衰变/秒.
DPSC =①defense petroleum supply center 国防石油供应中心 ②double paper single cotton 双层纸单层棉.
DPSK =differential phase-shift keying 微分相移键控法.
DPSS =data processing subsystem 数据处理子系统.
DPST =double-pole single throw 双刀单掷(开关).
DPSW =double-pole switch 双极开关.
dpt =department 部,科,系,车间,工作间.
Dptr =〔德〕Dioptrie 焦度.
DPTT =double-pole triple-throw 双刀三掷开关.
DPV =dry pipe valve 干燥管活门,过热蒸汽输送阀.
DPWR =data process work request 数据处理工作请求.
dpx =duplex 二重,双工,双联.
DQC =data quality control 数据质量控制.
DR =①data receiver (recorder, report)数据接收机〔记录器,报告〕②dead reckoning 速度三角形定位法;航位推算法 ③density recorder 密度记录器 ④design requirement 设计要求 ⑤design review 设计检查 ⑥deviation ratio 偏移系数 ⑦differential ratio 微分比 ⑧differential relay 差动继电器 ⑨discharging resistor 放电电阻器 ⑩discrepancy report 脱节报告 ⑪discrimination radar 识别雷达 ⑫displacement corrector 位移校准器 ⑬distant range 远距离 ⑭distant reading 遥测读数 ⑮distributor 分配器,换极〔流〕器 ⑯double riveted 双排铆接的 ⑰drain 排泄(管),沟 ⑱drill 钻 ⑲drill rod 钻杆 ⑳dry rubber 干橡胶 ㉑dynamic range 动态范围.
D/R =direct/reverse 正向/反向.
Dr =Doctor 博士;医生.
dr =①distant reading 遥测读数 ②dram 打兰(常衡单位,等于1.8g) ③drawer 制图人,开票人 ④drawing 图纸,草图.
Dr. fl. =fluid dram 流体打兰(=3.697mL).
DR pos =dead reckoning position 推测航行位置.
DRA =①dead-reckoning analyzer 航位推测与分析器 ②drawing release authorization 图纸发行的批准.
drab [dræb] I *a*. 淡褐色(的),单调(的),小额(的). II *n*. 褐〔灰〕色斜纹布,黄褐色厚呢. ~ly *ad*.
drab′ness ['dræbnis] *n*. 淡褐色;单调,阴郁.
drachenfels trachyte 透长正基粗面岩.
drachm [dræm] *n*. ①=drachma ②=dram.
drachma ['drækmə] *n*. 德拉克马(希腊货币名).
drac(h)orhodin *n*. 龙血树深红素.
draconic [drei'kɔnik] *a*. (似)龙的. *draconic month* 交点月.
dracorubin *n*. 龙玉红.
DRAEPC =Defense Research and Engineering Policy Council 国防研究与工程(的)政策委员会.
draff [dræf] *n*. 渣滓,精粕.
draft [dræft] =draught.
draft′-engine =draught-engine.
draft′er =draughter.
draft′-furnace =draught-furnace.

draft′-hole =draught-hole.
drafting =draughting.
draft′meter *n*. 风压表.
drafts′man =draughtsman.
drafts′manship =draughtsmanship.
draft′-tube =draught-tube.
drafty =draughty.
drag [dræg] I (*dragged*; *dragging*) *vt*. ①拖(曳,动,引),曳,拉,带动,牵引(连),刮(路),耙(平),疏浚 ②(用网,工具)打捞,探寻 ③制动 ④(机件)打滑,摩擦 ⑤使厌烦. II *vi*. (被)拖拽,拖累〔长,遇〕,阻碍,松懈,拖拉地进行着. III *n*. ①阻(曳,抗)力,摩擦力,障碍物,累赘 ②牵引(式的),拖(曳),拉(拔) ③制动(器),滞动,减速,减速,减速,刹车器 ④滞后,阻尼,后拖量(气制中涡形切口始末端间的垂直距离) ⑤拖拽的东西,拖送装置,货运慢车,拖运〔移送〕机,刮〔平〕路器,耙⑥刮(拖)板(式输送器),路刮,刮刀,拖网,海锚,下型〔砂〕箱,挖泥器. *brake dragging* 闸阻. *clutch drag* 离合器阻力. *drag a box over the floor* 在地板上拖动箱子. *drag acceleration* 减速度. *drag anchor* 海锚,拖锚. *drag angle* 制动角,阻〔尼〕角. *drag antenna* 拖曳〔下垂〕天线. *drag balance*(空气)流阻平衡. *drag bar* [rod](转向)(纵)拉杆,吊〔牵引〕杆. *drag bit* 刮刀〔裂状〕钻头. *drag bolt* 拉紧〔牵引〕螺栓. *drag brooming* 用刮路刷刷刷路. *drag by lift or drag to lift ratio* 阻升比,阻(力与)举(力)比. *drag chain* 拉(牵引)刹车链,障碍. *drag chute* 刹车(减速,制动)伞,制动降落伞. *drag coating* 拉除法. *drag coefficient* 牵引(阻)力系数. *drag conveyer* 链(刮)板输送机. *drag effect* 牵引效应. *drag line* 拉(导)索,绳式电铲,拉铲挖土机,切割波根. *drag link*(转向)(纵)拉杆,吊〔牵引〕杆,铰链铰,偏心曲柄. *drag link motion* 快速退回机构. *drag off* 移至(输出辊道上). *drag of film* 薄膜的阻力系数. *drag on*(从输入辊道上)拨进. *drag over* 拖出,(通过上轧辊)回递. *drag rod* 牵引杆,拉杆. *drag roll* 压(空辊)辊. *drag scraper* 刮削机,拖铲,拉索机矿机,牵引式铲运机,拖曳刮土机. *drag shoe* 钢砂拖头,闸瓦. *drag shovel* 拖铲挖土机,拖拉铲运机,反向机械铲. *drag torque* 拖曳转矩,曳力(阻力)矩. *drag turbine*(气体)摩擦(力带动的)涡轮机. *dragged lubricant* 带走的润滑油. *dragging track* 滑木道. *mooring drag* 活动锚. *needle* [*stylus*] *drag* 针头曳力. *shear drag*(板坯)的切斜. ▲*drag on* [*out*](把…)拖长,(延续很)长.
drag′-an′chor *n*. 浮锚,海锚.
drag′-chain *n*. 刹车〔牵引〕链,障碍,妨害.
drag′-cup *a*. 拖杯形的,拖杯式的.
drag-fault *n*. 拖断层.
drag′gy ['drægi] *a*. 拖沓的,呆滞的,无生气的. *draggy sales* 滞销.
drag′less aerial 无风阻天线.
drag′line *n*. 拉(导,系,牵引)索,拉(索)铲挖土机,绳斗(电)铲,挖掘斗. *dragline bucket* 拉索铲斗,拉索铲斗. *dragline scraper* 拖铲.
drag′-link *n*. 拉(牵引)杆.
drag-link conveyer 刮板式传送器,(刮式)链板传送

drag-link mechanism 拉杆机械装置.
drag'man n. 刮路机驾驶员.
drag'net n. 拖网,捕捞网,法网,天罗地网.
drag-off carriage 【轧】堆料拖运小车.
drag'on ['drægən] n. ①龙 ②装甲牵引车 ③有电视引导系统的鱼雷. *dragon tie* 角铁联系. *dragon's blood* 龙血(树脂). *dragon's teeth* 消力齿〔墩〕,排列成多层的楔形反坦克混凝土障碍物.
drag-on carriage 【轧】拨料拖运小车.
drag'onfly n. 蜻蜓.
drag-out n. 废酸洗液.
drag-over mill 迭合式轧机.
dragrope n. 牵引绳索.
drag'scraper n. 拖铲.
drag'shovel n. 拖铲挖土机.
drag'ster n. 改装而成的高速赛车.
DRAI = dead reckoning analog indicator 航迹推算模拟指示器.
drain [drein] Ⅰ v. ①排〔泄,放,出〕水,气,油〕,泄水,排〔放,沥,滴,流〕干,排〔抽,流〕空,导〔引〕流,流去〔光〕②漏〔滴,电,极〕③消耗,耗损〔尽〕,使枯竭. Ⅱ n. ①排水管,道,沟,孔,系统,装置〕,引流管,[建]排水管,放水〔排流〕口,排出口,〔铸〕注口,下水道,排除器〔管,阀〕,(阴)沟 ②冷凝水,凝汽水 ③径流 ④消耗,排损 ⑤漏〔滴,电,极〕 air drain 通风〔气〕道〔管〕,排〔通〕气孔. box drain 方形沟,箱形排水渠. current drain 电耗,耗用电流. drain area 排水〔水〕面积. drain cock 排气阀,排气旋塞,放水旋塞〔龙头〕. drain cover (沟)渠盖. drain current 漏〔极〕电流. drain gutter 天〔檐〕沟. drain period 换油周期. drain separator 饲料刮板,脱水器. drain sleeve 冷凝管,排出套管. drain-source resistance 漏极-源极电阻. drain terminal 漏〔极〕端子,(漏极)引出线. drain trap 放流弯管,排水防气漏,脱水器,排水阱,沉淀池. drain water 废水. drain wire 加截〔排流〕线. drained shear test (土壤)排水剪力试验,慢剪试验. draining board 干燥〔烘干〕盘,滴水板. draining effect 穿流效应. oil drain 放油嘴. oil drain pump 吸油泵. oil drain tank 聚油器〔箱〕. oil drain valve 泄油阀. pipe drain 或 drain pipe 排〔泄〕水管,管沟. turbine drain 涡轮机〔透平〕放水口. water drain 放水. ▲be drained of 耗尽了. drain away 流去〔光,走〕,(把…)排尽〔出,除,走〕. drain into 流入. drain M of N 耗尽了 M N. drain of (把…)排除〔出〕,流出〔干〕,放空. drain out 流出. go down the drain 愈来愈糟,每况愈下,失败,破产,被毁,被浪费掉.
drainabil'ity n. 排水能力.
drain'able a. 可排水的,可疏出的.
drain'age ['dreinidʒ] n. ①排水,疏〔泄〕水,排泄〔排水〕法,导流〔引流〕法,泼〔电〕流 ②排水设备〔系统,装置〕,下水道水系,滴落盘〔回流釜(薄铜板镀锡时回流的锡量)〕③排水区域,流域 ④排出的水,污水. drainage area 排水区(汇水,泄水,电泄,疏干)面积,排水区域,流域. drainage coil 排流线圈. drainage correction 流出体积改正. drainage divide 分水岭. drainage system 排水系统,水系. oil drainage 放油. electric drainage 排流器.
drain'ageway n. 排水道.
drain'board n. 滴水板.
drain'er ['dreinə] n. ①排水〔放泄〕器,滤干器,排泄孔,滴干板,贮浆池 ②排水工,下水道修建工. oil drainer 放〔泄〕油塞.
drain'layer n. 排水管铺设机.
drain'pipe n. 排水管.
drake [dreik] n. ①公鸭 ②(打水漂用的)石片. drake device 浮源式指示器.
dram [dræm] n. ①打兰,英钱(常衡单位= 1.771g=1/16 英两,药量单位=3.887g=1/8 英两)②液量打兰③少许,一点点.
dra'ma ['drɑːmə] n. ①戏(曲,剧),剧本②戏剧性〔一连串紧张〕的事件.
dramat'ic [drə'mætik] a. ①剧本的,戏剧(性,般)的②惊人的,引人注目的,奇迹般的. dramatic lighting 舞台照明.
dramat'ically ad. 戏剧性地,紧张地,生动地,鲜明地,显著地.
dramatism n. 戏剧化行动.
dramatiza'tion 或 **dramatisation** [dræmətai'zeiʃən] n. 改编剧本,生动〔戏剧性〕表现.
dram'atize 或 **dramatise** ['dræmətaiz] vt. ①改编为剧本,戏剧式地表现②生动〔醒目,直观〕地表示,使引人注目.
drank [drænk] drink 的过去式.
drape [dreip] Ⅰ vt. ①(用布,帘,幕)覆盖〔装饰,包上,挂上〕,悬挂(幕)②调整,吸音③调整,起皱纹. Ⅱ n. ①(折缝而下垂的)布,帘,幕,被单 ②倾斜褶皱,褶陷. drape forming 区域成形.
DRAPE = data reduction and processing equipment 数据简化和处理设备.
dra'per ['dreipə] n. 布面清选机,带式输送器,布商. draper store 棉〔绸〕布店.
draperied a. 悬有(褶形)布帘的.
dra'pery ['dreipəri] n. ①绸缎,呢绒,布匹〔料〕②装饰用布,(帐)帘,帷幔③帷幕状吸光.
DRAPF = data reduction and processing facility 数据简化与处理设备.
dra'ping ['dreipiŋ] n. ①覆盖 ②隔声,声绝缘 ③(吸)音材料.
dras'tic ['dræstik] Ⅰ a. 激〔猛〕烈的,烈性的,急剧的,严厉的,强有力的,果断的. Ⅱ n. 竣泻药. drastic cracking 深度裂化. drastic extraction 深度抽提. drastic measures 严竣措施,激烈手段. ~ally ad.
draught [drɑːft] (同draft) n. ①草稿〔图,图案,样〕,轮廓,设计(图),计划②拖(曳,拉)拔),牵引(力,压力),压下(量),压缩量,(拉拔时的)减面率③吸(饮)(出),(船)吃水(深度),汲取,取水(量)④(模)斜度,(便于零件落下的)凹模洞紧角⑤通(敷,抽)风,气流,穿堂风,抽力,通风装置⑥汇(支)票,据款,付款通知单⑦重量损耗折扣⑧要求⑨征募〔兵〕,别动〔分遣〕队⑩顿服剂,饮剂,顿饮. air draught 通(透,吸)风,通风量. back draught 反鼓风,逆通风. down draught 下降通风. draught bar 拉(牵引)杆. draught chamber 通风室. draught damper 气闸〔通风〕阀. draught gauge 〔indicator〕通风〔风力〕计,风压表,差式压力计,船舶吃水测示仪. draught head 吸出落差〔水头〕,气流落差. draught height 吸出〔气流〕高度. *draught hood* 烟橱通风罩. *draught machine* 绘〔制〕图机. *draught protocol* 议定书草案. *draught survey* 水尺检验. *draught tube* 导〔尾(水)、通风、吸出、吸入、引流〕管. *forced draught* 强制〔强力、压力〕通风. *load draught* 载荷吃水. *rough draught* 草稿. *stack draught* 烟囱抽力. *suction draught* 抽引风力. ▲*at a draught* 一口，一气. *draught for*〔*of*〕…的底稿〔草案、图样〕. *draught for(…) upon…* 在…提取(面值)(…)的一张汇〔支〕票. *draught on demand* 来取即付的汇票. *draw a draught on* 开一张付给…的支票. *make a draught of money* 提取款项. *make a draught on a bank* 从银行提出. *make out a draught of* 起草. *telegraphic draught* 电汇.
Ⅰ *vt.* ①起草，草拟，设计，拟方案，画…的草图〔轮廓〕，制图 ②牵引〔伸〕，拉，曳 ③通风，排气 ④方石〕琢边，凿槽 ⑤汇寄 ⑥选披，征集. *draughted stone* 琢边块石.

draught'-engine *n.* 排水机.

draught'er *n.* 制图机械，描图器，制图者.

draught'-furnace *n.* 通风炉.

draught'-hole *n.* 通风孔.

draught'ily *ad.* 通风地.

draught'iness *n.* 通风.

draught'ing [ˈdrɑːftiŋ] *n.* ①起草(方法)，制〔绘〕图 ②牵〔曳〕引，拉(制动)减径，选拔 ③通风. *draughting committee* 起草委员会. *draughting instrument* 绘〔制〕图仪器. *draughting room* 制〔绘〕图室. *draughting scale* 绘图比例尺，曳引标度.

draughts'man [ˈdrɑːftsmən] *n.* 制〔绘〕图员，制模员，起草员.

draughts'manship *n.* 制图〔技〕术，制图质量.

draught'-tube *n.* 导〔尾(水)、通风、吸出、吸入、引流〕管.

draught'y [ˈdrɑːfti] *a.* 通风(良好)的.

dravite *n.* 镁电(气)石.

draw [drɔː] Ⅰ (drew, drawn) *v.* ①画，拖，牵(引)，曳，引导 ②拔(出)，抽(出)，抽(取)，汲(取)，轧制，压延，回(退)火〔纺〕并条，牵〔抽〕伸③吸〔收、进、提〕来，汲〔取〕，通风〔气〕④引起〔导、出〕，得出，形成，招致，推断 ⑤(出入)画、划(线)，(描)绘 ⑥拉，紧⑦(船)吃水 ⑧起模，脱箱 ⑨铸件表，回缩，回〔退〕火. *draw wire* 把金属拉成丝. *draw the metal into a long wire* 把金属拉成长丝. *draw a charge* 出炉. *draw closer together* 靠得更近，更加接近. *The orbits are drawn circular.* 轨道(通常)画成圆形. *The ship draws 20 feet of water.* 这船吃水 20 英尺. *The two ships drew level.* 这两条船(逐渐成)并排行驶. ▲*draw a conclusion* (on) (对…)得出结论，做(…)结论. *draw a parallel* [*comparison*][*between*] 指出(…)相同之处. *draw* (*one's*) *attention to M* 引起(提醒)对 M 的注意. *draw (…)along* 拖〔拉〕着. *draw away* 拉走，拉引，离开，赶上先头. *draw back* 犹豫，缩手不干，退出，收回，退 *draw down* 把…向下移，拉〔扯、压〕下，缩小横切面，轧扁，锤平，收缩，轧制、延伸，压延；招来，引起. *draw forth* 引起，博得. *draw M from N* 从 N 中取出〔抽出，汲取，得到〕M，按 N 画 M. *draw in* 口〔缩〕，收〔回〕，吸〔纳〕，引入，吸进来，渐短，缩减，诱致，画出. *draw M into N* 把 M 吸入 N 中，吸引 M 参加 N. *draw it fine* 吹毛求疵，(区别得)十分精确. *draw lessons from (parallel) experience* 从(类似)经验中汲取教训. *draw* (M) *near*(*er*) *to* N (把M)移到 N，临近. *draw off* 抽取，引，接，排出口，排除，泄水，汲取，接转，转移，撤退，(从卷筒上)开卷. *draw the temper off* 回(退)火. *draw on* 口(源)凭(借)，动(引)，利用，吸引，靠(接、近)近. *draw out* 拔长，诱，抽，取出，拉(延、长、纟，模)，拔丝(法)，描述抽；订立，拟，起草；分开. *draw out clinkers* 清渣. *Tungsten can be drawn out into fine threads.* 钨可以拔成细丝. *The copper wires are drawn out to a diameter of* 1/1000 *of an inch.* 把铜丝拉成 1/1000 英寸直径的细丝. *draw outlines of* 画…的草图〔轮廓〕，概括地阐述，讲述…的要点. *draw over* 拉下遮盖，蒸馏. *draw round* 围拢，围在…周围. *draw the line (at)* 加以限制，划定界线，不肯(做某事). *draw to* 接近. *draw to a close* 终了. *draw to scale* 按比例(尺)描绘. *draw up* 画出，拟定，起草，挂(举起)，抽(汲、引、拉)上，(使)停住(到、在)，紧迫，追上.

Ⅱ *n.* ①拉，抽，吸水，提取，吸引(入)之力 ②抽〔抽制〕(法)，拉丝，冷拔，变长 ③移动，(走锭纺纱机的)出车距离〔长度〕④绘，写，制图 ⑤吃水 ⑥吊桥的开合部分 ⑦(比赛)平局，和局. *air draw* 吊气泵. *draw bar* 拉〔牵引〕杆，联接装置. *draw bench* 抽工台，拉丝机〔台〕. *draw bolt* 牵引(接合)螺栓. *draw cut* 回程切削，拉切，上向掏槽. *draw hole* 拉模孔，*draw in chuck* 弹簧夹头，内拉簧卡盘. *draw mould* 铸(塑)模，薄壁模子. *draw off valve* 排水〔气〕阀. *draw period* (地下水的)抽降期. *draw plate* 拉模板，划眼板. *draw power* 抽送功率. *draw rest* 平旋桥护座. *draw roll* 紧缩辊，〔纺〕拉伸棍. *draw span* 开合桥跨. *draw vice* 拉销孔. *finish draw* 精拉.

drawabil'ity [drɔːəˈbiliti] *n.* 压延性能，可拉(深)性，塑性，回火性.

draw'back [ˈdrɔːbæk] *n.* ①缺点〔陷〕，瑕疵 (in)，障碍(物)，不利因素(to)，【纺】松紧条痕 ②回火 ③假箱上活块 ④收回，退却，退款，退税 ⑤挖砂(送型). *draw-back collet* 内拉簧夹套. ▲*drawback to*…的缺点.

draw'(-)bar *n.* 拉〔牵引、导〕杆，联接装置，挂钩. *drawbar horsepower* 牵引马力(功率). *drawbar pull* 拉杆牵引力，挂钩的牵引力.

draw'bench *n.* 拉拔机，拉丝机，拉床，冷拔机，拔管机.

draw'-bore *n.* 钻(笋)销孔.

draw'bridge [ˈdrɔːbridʒ] *n.* 吊(开合)桥.

draw'down *n.* ①(水位)下降，降落，低落 ②消耗，减少，收缩，缩小，横切面，轧扁. *drawdown curve* 压降〔地下水位降落〕曲线.

drawee' [drɔːˈiː] *n.* 付(汇)款人，受票人.

draw'er [ˈdrɔː(ː)ə] *n.* ①拖曳者，拉拔工，取款工具，带起子的锤 ②制图人，绘图员，票〔开具发〕据人〔pl.）橱柜. *coke drawer* 取焦器. *pile drawer* 拔桩机. *spike drawer* 道钉撬. *transfer drawer* 传送闸门.

drawer-in n.【纺】穿经工.
draw'head n. 拉拔机机头.
draw'hole n. 拉模孔.
draw-in n. 内拉,港湾式停车站.
draw'ing n. ①拉,拔,抽,牵引,拉延〔制,拔,深,削,丝〕,拔制〔丝〕,压延,冲压成形〔制,伸,回〔退〕火,(炉)卸料〔丝〕【纺】并条,牵〔拉,抽〕伸 ②漏〔起,放〕模,脱箱 ③绘〔制,描〕图,图〔画,案,percentages,解,发〕,附图,画法. *bright drawing* 拉光. *cold drawing* 冷拉〔制〕. *deep drawing* 深冲〔压〕. *detail drawing* 详〔分件,零件,细部〕图. *drawing block* 拉模板,活页图画纸. *drawing board* 制〔画〕图板. *drawing compasses* 制图圆规. *drawing compound* 金属丝拉〔辊制〕的润滑剂. *drawing curve* 曲线图. *drawing effect* 回火〔拉制〕作用,牵引效应. *drawing fan* 抽风机. *drawing furnace* 回〔退〕火炉. *drawing machine* 拔丝机. *drawing mill* 金属丝制造厂,拔丝厂. *drawing of site* 基(工)地平面图. *drawing paper* 绘〔制〕图纸. *drawing pen* 绘图〔鸭嘴〕笔. *drawing pin* 图钉. *drawing press* 拉深压力机. *drawing pump* 吸入〔抽出〕泵. *drawing quality* 深冲性. *drawing room* 客厅,休息室,绘图室. *drawing scale* 制图比例尺. *drawing strickle* 刮板. *free hand drawing* 徒手画. *hot drawing* 热拔钢管法,热拔丝法. *fine drawing* 拉细丝. *key drawing* 纲要〔索引〕图. *perspective drawing* 透视图. *projection drawing* 投影图. *sample drawing* 采〔取〕样. *sink drawing* 无芯棒(顶头)拔制(管材). *wire drawing* 拉丝.▲*drawings attached* 有附图. *in drawing* 画得准确的. *make a drawing* 画(草)图. *out of drawing* 不合画法,画错,画得不准确的.
drawing-back n. (钢的)回火.
drawing-board n. 绘图板.
drawing-compasses n. 绘图圆规.
drawing-in n.; a. 引入的,【纺】穿经,(走锭纺纱机的)回车. *drawing-in roller* 引入辊.
drawing-off a. 引出的.
drawing-paper n. 绘图纸.
drawing-pin n. 图钉.
draw'knife n. 刮刀.
drawn Ⅰ draw 的过去分词. Ⅱ a. ①拉伸〔制,拔〕的,延伸的,拔〔抽,取〕出的,吸入的,拖式的 ②画好的 ③不分胜负的 ④控制的. *as drawn* 拉拔状态. *drawn grader* 拖式平地机. *drawn in scale* (带杜酸洗时未清除的)残余氧化皮层,(拔丝时)嵌入表面的氧化皮. *drawn in tandam* 串列拖带. *drawn line* 实线. *drawn metal* 延展金属. *drawn steel* 拉制钢,冷拉钢. *drawn wire* 冷拉〔拔〕钢丝. *drawn wire filament* 拉线灯丝. *hard drawn* 冷拔〔抽〕.
drawn'out a. 拉长了的,在时间方面过长的.
drawn-wire n. 冷拉〔拔〕钢丝,拉制线丝.
draw-off n. 抽取,泄水(流),排泄〔出〕,浸出,(水库)放水(消毒),取出,抽出,撤除,排放设备. *draw-off mechanism*【纺】牵拉机构,卷布器,拉线装置. *draw-off pan* 泄流板,侧线出料塔盘. *draw-off pump* 抽取泵.

draw'out a.; n. 抽出(式的),引〔拉,提〕出. *drawout breaker* 抽出式断路器.
draw'piece n. 压延件.
draw'plate n. 拉模(板),牵引板. *drawplate oven* 拉板〔活底〕炉.
drawshave n. 刮刀.
draw-sheet n. 抽单,垫单.
draw-tongs n. 紧线钳.
draw-tube n. 伸缩管.
draw-twist machine 拉伸加捻机.
drawtwister n.【纺】拉伸加捻机.
dray [drei] Ⅰ n. 载货马车,大车. Ⅱ v. 用大车〔载货马车〕搬运.
dray'age n. 大车〔载货马车〕搬运,大车运费.
DRBG =drill bushing 钻套.
DRCC =drill chuck 钻头夹盘.
DRCG =discrimination radar control group 鉴别雷达的控制组.
DRD = ①design requirement drawing 设计要求的图纸 ②Design Research Division 实验-设计科,远景设计科,远景设计室 ③dried 干的.
dread [dred] Ⅰ v.; n. 害怕,畏惧,恐怖,担心. Ⅱ a. 令人畏惧的,非常可怕的.▲*be in dread of* 害怕.
dread'ed a. 非常可怕的.
dread'ful ['dredful] a. 可怕的,讨厌的,可恶的,极糟的.
dread'fully ad. 可怕,特别,非常,极.
dread'naught 或 **dread'nought** ['drednɔːt] n. 无畏舰,无所畏惧的人,一种厚呢. *air dreadnaught* 大型航空器.
dream [driːm] Ⅰ n. 梦(境),梦〔幻,空〕想. Ⅱ v. (dreamed, dreamed 或 dreamt, dreamt) v. 做梦,梦见(that, how),幻〔梦,假〕想,想象.▲*be beyond ... dream* 超过…的期望. *dream away* 〔out, through〕 *one's time* 虚度(时光). *dream of* 梦见,认为,设想,想像. *dream up* 设想〔想像,凭空想〕出,(捏)造,虚构.
dream'er n. 梦〔空〕想家.
dream-hole n. 天窗.
dream'ily ad. 梦一样地,梦幻地.
dream'land n. 梦境,幻想世界.
dream'like a. 梦一般的,朦胧的.
dreamt [dremt] dream 的过去式和过去分词.
dream'y ['driːmi] a. 梦想〔似〕的,朦胧的,理想的.
drear'ily ad. 沉寂地,枯燥地,无味地.
drear'y ['driəri] a. 沉寂〔闷〕的,枯燥的,无趣味的,凄凉的.
Drechsel washer 玻璃煤气洗涤器.
dredge [dredʒ] Ⅰ n. ①挖泥(土)机,疏浚机,挖泥船,采泥器,底栖生物采集器 ②拖〔捞〕网 ③悬浮矿物. *dredge boat* 挖泥船. *dredge ore* 贫矿石. *dredge pump* (挖,吸)泥泵,泥浆(排污水)泵,吸泥机. *dredge scraper* 挖泥铲. *Ekman dredge* 埃克曼采泥机(索拆斗式,供生态研究水下取样用).

Ⅱ *vt.* ①挖泥(疏),疏浚,清淤,用网捞取(up) ②撒(水,粉). *dredged material* [spoil matter] 挖(泥机捞)出物. *dredged trench* 挖泥槽. *dredging box* 挖斗. *dredging operation* 挖泥〔疏浚〕工作. *dredging shovel* 单斗挖泥机. *dredging tube* 吸泥管.

dredge for 捞取. *dredge out* 挖掘〔疏浚〕出. *dredgeup* 挖.

dredg′er ['dredʒə] *n*. ①挖泥〔疏浚〕机,挖〔采〕泥船 ②挖泥工,疏浚工 ③捞网,拖网 ④撒粉器,采牡蛎船. *bucket* 〔*ladder*〕 *dredger* 链斗式挖泥船〔机〕. *clamshell* 〔*grab*, *grapple*〕 *dredger* 抓〔斗〕式挖泥船〔机〕. *cutterhead* 〔*discharging*, *hydraulic*, *pipeline*, *pump*, *suction*〕 *dredger* 吸扬式挖泥船〔机〕. *dredger fill* 吹填土(堤). *dredger shovel* 单斗挖泥机. *hopper* 〔*sea-going*, *selfpropelled*, *trailing suction*〕 *dredger* 自航式挖泥船. *mine dredger* 扫雷艇. *scoop-type suction dredger* 耙吸式挖泥船.

dreg [dreg] *n*. ①(常用 pl.)渣滓〔子〕,屑,糟粕,废物,脚子 ②微量. △*drain* 〔*drink*〕 *to the dregs* 喝干,受(吃)尽. *nota dreg* 丝毫也不,丝毫没有.

dreg′giness *n*. 沉淀物,浑浊物,渣滓性.

dreg′gy ['dregi] *a*. 有〔含〕渣滓的,多〔含〕渣的,混〔污〕浊的.

D-region *n*. =D-layer.

dreikanter *n*. 三棱石.

drench [drentʃ] Ⅰ *vt*. ①湿〔浸,淋〕透 (with) ②灌服. Ⅱ *n*. ①湿〔浸〕润,浸液,(皮革)脱灰 ②浸液 ③倾盆大雨. *drenching apparatus* 灌水机. *drench pit* 脱灰槽.

dren′cher ['drentʃə] *n*. 大雨,灌药器.

Dres′den ['drezdən] *n*. (德意志民主共和国)德累斯顿(市).

dress [dres] Ⅰ (*dressed*, *drest*) *v*. ①(给…)穿衣〔覆面〕②修〔装〕饰,修〔平,精〕整,整平,清理,调制,准备,处理妥当 ③放血,拔毛 ④(木料、石材)加工 ⑤打磨,磨〔刮〕光,修〔雕〕琢,使表面光洁,梳刷 ⑥敷药,上涂料 ⑦压〔濯〕平,伸直 (out) ⑧选矿,提〔富〕级 ⑨包扎〔裹〕. Ⅱ *n*. 衣服,服装,裙子,覆盖物. *dress contact switch* 修砂轮用接触开关. *dress leather* 〔*skin*〕制革. *dress one side* 单面修整. *dressed brick* 精加工砖. *dressed masonry* 琢磨石〔饰面〕圬工. *dressed timber* 刨光木材. *dressed two sides* 双面修整. △*dress out* 装饰,包扎.

dres′ser ['dresə] *n*. ①修整〔整形器,砂轮〕修整装置,清理(轧材缺陷用)风窝打磨机 ②清选机,修钎机,选矿工 ③清理工,琢石工 ④包扎者,包敷者 ⑤种子拌药消毒器,追肥装置 ⑥厨柜. *bond dresser dresser* 粘金刚石粉(的)砂轮修整器. *contact point dresser* 白金打磨机. *diamond wheel dresser* 金刚石砂轮修整工具.

dress′ing ['dresiŋ] *n*. ①衣服,装饰,覆盖层,外皮 ②修〔精〕整,整修〔形,顿〕,理,清理,修琢〔型〕,车〔磨〕削,膛滑,平边,表面处治,整理除砂的排渣 ③淘汰,精〔清〕选,精炼,选矿,分级 ④敷药,包扎(用品),绷带,药膏,涂料 ⑤施肥,追肥. *axe dressing* 斧面面. *belt dressing* 传动带装置. *dressing bit* 修整钻石. *dressing by flotation* 浮游选矿,浮选(法). *dressing hammer* 敷面(修整)锤. *dressing of a casting* 铸件的清理. *dressing of cable* 电缆包扎. *magnetic dressing* 磁选. *ore* 〔*mineral*〕 *dressing* 选矿.

dressing-off *n*. 清理(铸件).

dressing-works *n*. 选矿厂.

dress′y ['dresi] *a*. 时髦的.

drest [drest] dress 的过去式和过去分词.

drew [dru:] draw 的过去式.

Drexel bottle 或 **Drexel washer** 煤气洗涤瓶.

DRF = ①dose reduction factor 剂量减低系数 ②dry rectifier 干式整流器,金属整流器.

DRFX = drill fixture 钻头夹具.

drg = drag 阻力,制动器,滞后,拉.

drib [drib] Ⅰ *n*. 点,滴,少量,细粒,碎片. Ⅱ (*dribbed*; *dribbing*) *vi*. 点点滴滴落下. △*dribs and drabs* 点点滴滴,些微,零星,片断.

dribbing *n*. 零星修补,小修小补.

drib′(b)le ['dribl] *v*.;*n*. ①(使)滴下,滴流〔落,掉,水,灌〕,漏泄,(淌)滴,细流,沟,(出水)碎片,少量 ②缓慢流动,逐渐消散 ③渐渐发出 (out),逐渐消磨 (away) ④渗滴. *dribble blending* 一滴一滴地混合. *dribble from jet* 喷嘴残滴. *dribbled fuel* 没有蒸发的燃料. *dribbling diesel fuel* 低粘度柴油机燃料.

drib′(b)let ['driblit] *n*. 少量〔额〕,微量,涓滴. *driblet cone* 熔岩滴锥,滴丘. △*by* 〔*in*〕 *driblets* 一点点地,点点滴滴,渐渐.

dried [draid] dry 的过去式和过去分词 Ⅱ *a*. 干(燥)的. *dried alum* 焦矾,烧明矾.

dried-out *a*. 干涸的.

dried-up *a*. 干缩的.

dri′er ['draiə] Ⅰ *a*. dry 的比较级. Ⅱ *n*. ①干燥(机,器,窑,料,物),烘箱(缸),烤芯板 ②催干(干燥)剂,干料,燥剂 ③干燥工,弄干的人. *core drier* 型心烘炉. *drier white* 吐渣. *rotary drier* 回转干燥炉. *tower drier* 干燥塔.

drierite *n*. 燥石膏,无水硫酸钙.

drift [drift] Ⅰ *v*. ①(使)漂(流,移,浮,动,变),滑移(脱),偏移(航,差),离开,飘动,(被)吹积,覆盖,吹(冲)来 ②扩孔,打洞,在…上缓慢地移动,渐渐趋向 (towards). *drift down the river* 顺流而下.

△*drift about* 无定向移动,飘来飘去. *drift one's way through drift* 过.

Ⅱ *n*. ①漂流(水,移,浮,动),滑移,偏移(差,航,流),航差,流速 ②位移,移(动),漂流距离,行(流)程 ③变化,(特性的)变迁(交换,轮速 ④)特性后效 ⑤平衡阻碍(现象),吸附平衡迁移 ⑦漂流物,堆积物,推流(沉积物),风积物 ⑧纵导〔杆,孔器,冲孔器,冲头〕,打入工具,孔锤,(拆卸头用)退套楔,楔铁 ⑨横弯,水平沟,水平巷道,水平越口 ⑩倾(动)向,趋势,大意,要旨 ⑪流量. *Doppler drift* 频移. *drift anchor* 浮锚. *drift angle* 偏航(漂移)角,斜(角). *drift beds* 坡积,漂碛,冲积(冰碛)层. *drift bolt* 穿钉,锚栓. *drift compensating* 零(零点)漂移补偿,零点补偿. *drift computer* 偏差计算机. *drift corrected amplifier* 校正零点漂移的放大器,漂移补偿式放大器. *drift correction* 偏航(偏流)校正,(零点)漂移改正. *drift curve* 零点变化(漂移)曲线. *drift deposit* 冲积物,冰川沉积. *drift epoch* 冰期. *drift field* (电真空技术的)阻尼场,漂移(电)场. *drift for knocking out of tubes* 管子穿孔器. *drift for sockets and sleeves* 套筒楔. *drift heading* 导坑(洞). *drift ice* 漂冰. *drift indicator* 井斜指示器. *drift klystron* 漂移(双腔,偏移式)速调管. *drift map* 冰碛图,地表沉积地质图. *drift mobility*

DRIFT 550 dripfeed

漂移(迁移)率. *drift of stars* 星流. *drift of zero* 或 *zero drift* 零(点)漂移, 零点位. *drift phenomenon* 漂移〔群聚〕现象. *drift pin* 心轴, 锥枢, 打入销, 销子, 冲头. *drift prevention* 防止积雪. *drift punch* 冲头. *drift sand* 流沙, 风积沙. *drifts in intensity* 强度变化. *drift space* 漂移〔群聚〕空间. *drift station* 流动台. *drift test* 扩孔〔穿孔, 管口扩张〕试验, 管流试验, 冲头扩孔法〔钢管〕延性试验. *drift transistor* (载流子漂移〔型〕晶体管. *drift tube* 漂移管, 有电子漂移空间的电子管, 通风管. *drift wood* 浮木. *drifted material* 洪积〔水积, 漂移〕物. *elastic drift* 弹性后效, 弹性残存变形. *electronic drift* 电子(仪器)漂移. *sensitivity drift* 灵敏度变化. *steel drift* 钢冲.

DRIFT = diversity receiving instrumentation for telemetry 遥测用分集接收设备.

drift′age n. 【船】流〔漂〕程, 漂流〔堆积, 吹积〕物, 偏流〔差, 航, 移〕.

drift′bolt n. 穿钉, 锚栓, 系栓.

drift′er n. ①漂流物, 漂移器, 漂流水雷, 扫雷器, 漂网鱼船 ②支柱式开山机, 风钻, 架式钻机〔凿岩机〕 ③漂移论者.

drift′-free a. 无漂移的.

drift′-ice n. 流漂〔冰〕水.

drift′ing n. ①漂流〔移, 运〕, 流送, 偏航〔差〕, 倾斜沙〔雪〕堆 ③打洞. *drifting convergence* 漂移〔不稳定〕收敛. *drifting electrons* 散逸〔漂移〕电子. *drifting machine* 凿岩机, 掘进设备. *drifting sand* 流沙. *drifting snow* 雪暴, 积〔堆〕雪.

drift-line n. 零点漂移曲线.

drift′meter n. 偏移测量仪, 偏差计, 漂移计, 测斜〔井斜, 测漂〕仪.

drift′-sand n. 漂沙.

drift′way [′driftwei] n. 车道, 马道, 大车路, 坑道, 导坑, 流程.

drift′-wood n. 漂(流)木, 浮木, 管流材.

drikold n. 固态二氧化碳.

drilitic = dry electrolytic capacitor 干电解(质)电容器.

drill [dril] I v. ①钻(孔, 井, 探), 穿孔, 打眼, 凿(井, 岩) ②训练, (使)练习〔习〕③条播. II n. ①钻(头, 床, 机, 孔)器, 穿孔器, 锥, 凿器〔钻孔工具〕, 岩心钻机, 钻井装置 ②训练, 练习 ③条播机, 犁沟, 条沟 ④(粗)斜纹布. *air drill* 风钻, 空中演习. *bench drill* 台钻. *bur drill* 圆头锉. *cannulate drill* 管状钻. *drill bit* 钻(头)尖. *drill boat* 钻岩船. *drill column* 开山机支柱. *drill cuttings* 钻井岩屑, 钻井岩粉. *drill edge* 钻头切削刃. *drill gauge* 钻规. *drill hole* 钻孔, 井眼. *drill key* (拔铅)楔铁. *drill mill* 铣鞋. *drill pattern* 钻孔图式. *drill press* (手摇)钻床. *drill reamer* 钻铰复合刀具. *drill record* 岩心记录, 钻井剖面. *drill rod* (stem) 钻杆, 带孔棒, 钻头棒料, 钎子. *drill set* 钻探器具. *drill tower* 钻塔, 钻架. *drill tubing* 油管. *drill unit* 钻削动力头. *drill way* 孔道, 钻出的孔. *drilled-in anchor ties* 机钻锚杆. *inside drill* (从型钢内侧面钻)侧孔(的)电钻. *maintenance drill* 技术维修作业. *oil tube drill* 油管(深孔)钻头. *radial drill* 摇臂钻床. *shot drill* 铁砂钻岩法. *taper drill* 锥柄麻花钻. *twist drill* 麻花〔螺旋〕钻(头). *upright drill* 立式钻床. *wagon drill* 钻机床, 轨道式钻探机. *well drill* 钻井钻成(井). ▲*drill in* 钻出, 钻碎, 扩孔, 取出钻心. *drill through* 钻(穿)通.

drillabil′ity n. 可钻性, (种子, 肥料的)流动排出性能.

drill′er n. 钻(孔, 井)机, 钻床, 钻(探)工, 司钻. *driller's log* 钻井记录(曲线), 钻井班报表.

drill′ing n. ①钻孔〔探, 井, 眼, 削, 法〕, 穿孔, 打(炮)眼, (pl.)钻屑(粉) ②训练 ③钻纹布, 卡其. *drilling break* 钻井突变. *drilling breaks* 钻(岩)屑. *drilling fluid* [mud] 钻井液, 钻探泥浆. *drilling head* 钻床头箱(主轴箱), 钻削动力头, 钻头导部, 钎头. *drilling machine* 钻床, 钻机. *drilling of the rail* 钢轨钻孔. *drilling pattern* 井孔布置, 钻孔排列, 炮眼组合形式. *drilling returns* 钻(岩)屑. *drilling spindle* 钻床主轴. *drilling string* 钻杆柱, 钻具组. *gun drilling machine* 枪(深)孔钻床. *off-angle drilling* 钻斜井法.

drilling-machine n. 钻床, 钻(孔)机.

drill′ion a. ; n. [美俚]天文数字.

drill-log n. 钻井剖面, 钻孔柱状图, 岩心(井)记录.

drill′-press n. 钻床.

drill′stock [′drilstok] n. 钻柄钻床.

dri′ly [′draili] ad. 冷淡地, 枯燥无味地, 干燥地.

drim′eter [′drimitə] n. 湿度计, 含水量测定计.

drimophilous a. 适盐的, 喜盐的.

drink [driŋk] I (*drank, drunk*) v. ①饮, 喝(干, 完), (off, down) ②领略, 吸收, 陶醉(in). II n. ①饮料, 酒(类) ②一杯(口) ③(一片)水, 海洋. ▲*drink in* 吸收, 欣赏, 陶醉于. *drink to* 举杯祝贺, 为…干杯. *drink up* 吸上来, 喝干.

drink′able [′driŋkəbl] a. ; n. 可饮用的, 饮料.

drink′er n. 饮水器.

drink′ing [′driŋkiŋ] n. 喝, 饮用, 吸(收). *drinking fountain* 喷嘴式饮水龙头. *drinking paper* 吸水纸. *drinking water* 饮(用)水, 清水.

drip [drip] I n. ①(水, 液, 点)滴, 滴下〔注, 定, 水, 沥〕, 漏水, 滴滴答答(声) ②滴流(器), 滴水器〔槽, 捕集器, 检油池, 滴口〕, 引管, 采酸管 ③(pl.)沟集池, 滴液, 液滴汽油, 气管中凝结的天然汽油 ④(屋)檐. II (*dripped*; *dripping*) v. 滴(下), 使滴, 漏水, 湿透(with). *drip chamber* 排水室, 沉淀池. *drip collector* 采酸器. *drip condenser* 水淋(回流)冷凝器. *drip cup* 盛油杯, 油样(酸样)收集器. *drip feed* (一)滴(一滴地供)给, 逐滴供给, 点滴注油, 滴油润滑. *drip gasoline* 液滴汽油. *drip irrigation* 滴灌. *drip lubrication* 滴油润滑法. *drip melting* 吹熔炼. (吊)悬熔, 液滴润滑(作用). *drip pan* 盛油(屑)盘, 油样(酸样)收集器. *drip pipe* 冷凝水泄出管. *drip proof* 防滴漏(水)的, 不透水的. *drip ring* 润滑环. *drip spots* (油, 汽油等的)滴迹. *drip tin* 铅滴管. *drip tube* 滴管.

drip-drop n. 不断的雨滴〔滴水〕.

dripdry n. ; v. 滴干(法), 易快速晾干, 晾干自挺.

dripfeed vt. 逐滴供给, 滴油润滑.

drip′less a. 无液滴的.
drip-melt n.; vt. 滴熔.
drip-moulding n. 【建】(石砌)滴水,滴水槽.
drip′page n. 滴沥.
drip′ping ['dripiŋ] I n. 滴(下,落,漏,落物),水(液,油,小)滴,金属滴液. II a. 滴水的,湿淋淋的. *dripping cup* 酸(油)样收集器,承屑盘. ▲*be dripping wet* 淋(湿)透.
drip′-proof a. 不透水的,防滴漏(水)的,防滴式的,防雨的.
drip′py ['dripi] a. (常)下雨的,雨多的.
drip′stone ['dripstoun] n. 【建】滴水石.
drip-tight a. 不透水的.
drive [draiv] (drove, driven) v. ①驱(赶,逐)赶,驾驶,开车,用车运 ②传(主,拖,驱,起,推,策,发,带)动,传送,转运,运输,驱使 ③激励,激发,引起,产生 ④钉入,打入(桩),挖(掘),掘进,开通 ⑤迅速运动,疾驶 ⑥迫(使,使)努力工作,使成交 ⑦推迟. ▲(*be*) *driven to* 被迫,不得不. *drive a heading* 开凿导洞. *drive at* 意指,用意在于,打算,想,着眼于. *drive away at* 赶走,驱逐,开车走掉. *drive away at* (*work*) 努力做(一心做)(工作). *drive down* 降低,压低,把…(沿)…往下送. *drive a screw down tight* 把螺钉拧紧. *drive home* 把(钉)敲进去,(把桩)打到底(止点),把…讲清楚,使对方理解,在镶进,开(深),诱,压入,(使)向里卷入. *drive into* 敲(打,扎,嵌)入. *drive into conduction* 通电,开启. *drive off* 驱散(除),溜出,分离,排斥. *drive out* 排(逐,冲,顶)出,排斥,赶走,坐车子出去. *drive* …*out of* …从…中驱出. *drive* (*the piles*) "*butt down*" 把桩头朝下法打桩. *drive* (*the piles*) *to refusal* (把桩)打到底[止点],打入. *drive up* 抬高.
II n. ①驱驶,行(开)车,旅程 ②传(驱,起,拖)动,推进(力),激励(器) ③传动力,传动装置(机构),驱动器,磁盘(带)机,主动轮 ④(行)车道(路),巷道 ⑤魄劳,精力,干劲,运动,竞赛 ⑥压力,紧张状态 ⑦倾向,趋势. *apex drive* (天线)中心馈电. *arms drive* 各臂竞赛. *cathode drive* 阴极激励. *cord-and-drum drive* 转动筒牵引. *common drive* 公用传动设备,联动装置. *drive belt* 传动(皮)带. *drive cam* (引)导凸轮,导动凸轮. *drive capstan* 传动(主导)轴. *drive characteristic* 传动(调制)特性. *drive circuit* 同步(驱动)电路. *drive control* (行)推动调整,激励控制. *drive fit* 密合,牢(打)入,轻迫[配合. *drive gear* 主(传)动齿轮,传动(装置). *drive head* (孔口)套管帽. *drive jet* 引射. *drive pin* 定位销. *drive pipe* [tube] (自流井)竖管,套(导)管. *drive pulse* 驱动(推动)脉冲. *drive shaft* 主动轴. *drive signal* 驱(推)动信号. *electromatic drive* 电动式自动换档. *expanding drive* 撑开带动器. *gear drive* 齿轮传动(装置). *hydromatic drive* 油压式自动换档,水力传动. *ion drive* 离子推进. *lead-screw drive* 导手螺杆传动(装置). *left hand drive* 在座驾驶. *main drive* 主动机构. *noiseless drive* 无声运转. *optimalizing input drive* 最佳状态选择器,最佳输入值给定器. *over*(*speed*) *drive* 超速传动. *pilot drive* 导洞开挖(掘进). *push-pull drive* 推挽激励. *temperature drive* 温度散发(势位),温度差. *trial drive* 试车,试驾驶. ▲*drive toward* (朝…方向的)努力,力图.
drive′head n. (装在钻杆上以承受锤击的)打头,承锤头.
drive′-in n. ①打入,推进 ②路旁餐馆. *drive-in cinema* 汽车影院(购票后开车驶入坐在车里看电影的露天影院). *drive-in step* 扩散工序.
driv′el ['drivl] v.; n. 流涎,胡说.
driv′en ['drivn] I drive 的过去分词. II a. 从(传,被)动的,被驱动(激励)的,受激的,打入的,吹入的. *driven antenna* 有源天线. *driven element* 驱动(受激)元件,驱动子,激励单元. *driven gear* 从动(齿)轮. *driven multivibrator* 随动多谐振荡器. *driven pile* 入土(打入)桩. *driven point* 驱动(策动)点. *driven radiator* 有源(激励辐射)天线. *driven shaft* 从(被)动轴. *driven gear drive* 齿轮传动的.
drive-pipe n. 套管(自流井)竖管.
dri′ver ['draivə] n. ①驾驶员,司机,值班工长 ②发动机,助推器 ③(传动)动轮,传动器(销,机件,装置),驱(策)动器,驱动叶轮(齿轮,线路),激拂器 ③激励(激发)器,激励(驱动)级,末级前置放大器 ④锤,夯,打桩机,打入工具. *acoustical driver* 声源. *bootstrap driver* 阴极负载辅助调制器. *driver aid, information and routing system* 帮助司机驾驶的交通信号和指路系统. *driver brake* 主动轮闸,主动轮刹车. *driver circuit* 激励(驱动)策动电路. *driver element* 驱动(传动,主控)点火区)元件. *driver load line* 激励级(主控极版)负载线. *driver plate* (车床的)拨盘,驱动圆盘,传动板. *driver stage* 激励(驱动)级. *driver tube* 激励(控制)管. *driver's oil* 采矿工人用油,煤矿井用低粘度油. *driver unit* 主振(激励,推动)器,激励(主控)部分. *end driver* 端齿状驱动顶尖. *face mill driver* 平面铣刀锤. *key driver* 链起子. *modulator driver* 调制(推动)器,调制器激励器. *pile driver* 打桩机. *propeller shaft driver* 螺旋桨轴装拆器. *screw driver* (螺丝)起子,螺丝刀,改锥,旋凿. *spike driver* 钉锤. *sweep driver* 扫描激励器. *work driver* 自动偏心夹紧卡盘.
dri′verless a. 无人驾驶的.
drive-type oil cup 压力加油器.
drive′-up a. 专为车上设计的(服务).
drive′way ['draivwei] n. 汽车(车行)道,公路.
drive′wheel′ ['draiv'wi:l] n. 传(主,策)动轮.
dri′ving ['draiviŋ] n.; a. 传(驱,主,旁动)的,激励,馈电,驾驶,行车,打桩,赶进,掘进. *driving and reversing mechanism* 进退装置(机构). *driving belt* 传动(皮)带. *driving box* 主机轴箱. *driving cap* 桩帽. *driving condition* 行车条件. *driving dog* 传动(桃子)夹头,传动止(挡)块. *driving efficiency* 操纵效率,驾驶技能. *driving engine* 发动(电动)机. *driving fit* 密合,牢(紧,打入,轻迫)配合,装配,打实. *driving flip-flop* 主触发器. *driving generator* 主振发生器,主控(发送)振荡器. *driving ham-*

mer 桩〔击〕锤. *driving licence* 驾驶执照. *driving magnet* 驱〔启〕动磁铁. *driving offence* 违反行车规则. *driving oscillator* 主控振荡器. *driving pawl* 推动〔棘轮〕爪. *driving plate*（车床的）拨盘,驱动〔圆〕盘,传动板. *driving point function* 策动点函数. *driving point impedance* 策〔驱〕动点阻抗,输入〔入端,激励点〕阻抗. *driving pulse* 起动〔驱动,激励,触发〕脉冲. *driving rain* 倾盆大雨. *driving synchro* 主动同步机,主自整角机. *driving test* 驾驶考试,（道路）试车试验,打桩试验. *driving unit* 主振〔激励,推动〕器. *tunnel driving* 隧洞掘进〔工程〕.

driving-band n. 传动带.
driving-box n. 司机台,主(传)动轴箱.
driving-gear n. 主(传,驱)动齿轮(装置).
driving-shaft n. 主(传,驱)动轴,组合轴.
driving-wheel n. 主(传,驱)动轮.
driz′zle [′drizl] v.; n. ①(下)细(微,毛毛)雨 ②喷水,蒙蒙细雨般撒下〔喷湿〕. **driz′zly** a.
DRJG =drill jig 钻模,钻床夹具.
DRL =data retrieval language 数据检索语言.
DRM =drafting room manual 制图(室)手册.
DRN =data reference number 数据参考数.
DRO ①data readout 数据读出 ②destructive readout 破坏(信息)读出.
DRO storage 破坏读出存储器.
drogue [droug] n. ①(钩索的)浮标,浮(海)锚 ②(飞机场的)风向指示袋,锥形风标,锥袋,(斗形)拖靶 ③(空中加油软管的)漏斗形接头.
droit [droit] n. 权利, (pl.) (关)税.
drome [droum] n. (飞)机场,…场.
drom′edary [′drɔmədəri] n. 单峰骆驼.
dromic a. 正常方向的.
dromo- [词头] 流动,传导,速度.
dromogram n. 血流速度描记图.
dromograph n. 血流速度描记器.
dromom′eter [′drɔ′mɔmitə] n. 速度计.
dromotrop′ic a. 传导速度的,影响传导的,变(传)导的.
dromot′ropism [′drɔ′mɔtrəpizm] n. 传导受影响,变导性.
DRON =data reduction 数据简化(变换).
drone [droun] I n.; a. ①雄蜂②懒汉 ③嗡嗡声,单调的低音 ④(遥控)无人驾驶的(飞机),(无驾驶员的)靶机,无线电操纵的飞机,飞行靶标. II v. 嗡嗡地响,发嗡嗡声,偷懒. *bomber drone* (遥控)轰炸机-靶机. *drone cone enclosure* 空纸盆式扬声器箱. *drone-type guidance* 无线电(指令)制导. *jet fighter drone* 遥控的喷气式歼击机-靶机. *recoverable drone* 可收回的(无人驾驶)靶机. *target drone* 靶机.
dro′ningly ad. 嗡嗡地.
droogmansite n. 纤硅镁铀矿.
droo′ling n. 流涎.
droop [dru:p] v.; n. ①(使)下(低)垂,(使)朝下落,下降,垂度,下倾(降),倾斜,减少(弱),衰减(减)偏差 ③(使)沮丧. *droop correction* 固有偏差校正. *droop line* 下降(曲)线,垂线. *drooping voltage generator* 降压特性发电机.
droop-snoot n. 偏倾(弹翼)前缘.
drop [drɔp] I n. ①(点,量,水,滴)滴,滴剂,滴状纹影微(极小最小滴)量 ③降(落,低),跌(落,跌)落,落锻(锤),下跌,落下下垂)物,上落〔降落顶〕距离,(降落高度间相差的距离,标高突然降低处,陷落深度 ④【建】吊饰,(交换机)吊牌,门上锁孔盖,指示器 ⑤(下降)立管 ⑥损耗(失) ⑦空投(物) ⑧塌箱,吸〔邮箱等〕处入口,(窝藏)情报点. *all drop* 全部(零件都用)落(锤)锻. *automatic drop* 指示器,吊(门)牌,阀. *cathode drop* 阴极(电势,电位)降. *coal drop* 卸煤机. *constant pressure drop* 恒压降,恒压差. *contact drop* 接触电压降. *drop arch* 垂拱. *drop arm* 转向(垂)臂. *drop away current* 脱扣电流. *drop bar* 接地(短路)棒. *drop bottom* 活底. *drop center rim* 凹槽(凹)式轮辋. *drop door* 升降门,炉底. *drop equipment* 分出设备. *drop error* 降落(丢失)误差. *drop fault* 下断层. *drop fault indicator relay* 吊牌式(脱扣式)障碍指示继电器. *drop (feed) oiler* 液滴加油器. *drop forge (forging)* 锤(冲)锻,落(锻模)锤. *drop hammer (weight)* 落(吊,打桩)锤. *drop hanger* 吊钩. *drop in head* 水头落差. *drop in level* 高差. *drop in pressure head* 压强水头差降. *drop inlet* 堕(落底)式进水口. *drop leaf* 活动翻板. *drop lubrication* 液滴润滑. *drop machine* 跌落试验机. *drop manhole* 跌水式窨井,进人井. *drop method* 滴入法,电压降落法. *drop monkey* 模锻(件)活扳手. *drop of the flame* 火焰缩短. *drop panel* (柱顶)托板. *drop pipe line* 水(深)井竖管. *drop pit* 凹坑. *drop point* 滴点,下降点,降低点. *drop press* 模锻压力机,落锻. *drop relay* 脱扣〔吊牌〕继电器. *drop repeater* 分接(本地端接)中继器. *drop sonde* 飞机投下的探测气球. *drop stamping* 热冲压. *drop test* 落锤〔冲击,降落伞投下,抛掷法,点滴,降压,降落,电压降〕试验. *drop time* 衰减时间. *drop weight method* 落锤法. *drop weight tear test* (咋DWTT) 落锤扯裂试验. *drop wire* 引下线. *friction drop* 摩擦压力降. *gravity drop* 受重力作用而下降. *injection drop* 喷嘴压降,液压损失. *molten drop* 熔化球. *potential drop* 电势(位,压)降. *pressure drop* 压(力)差(损失),压力降低[下降]. *temperature drop* 温度下降,温差. *thermal drop* 温度降,温度梯度. *voltage drop* (电)压降. ▲*at the drop of a hat* 一发出信号即,立刻. *drop by drop* 或 *in drops* 一滴一滴(地). *drop in* …的(下)降(降低,降差). I (*dropped, dropping*) v. ①滴〔下,落〕落〔降,垂,丢,掉,放,投,抛〕下,下降,落下,沉〕,跌落,掉砂,击倒,戳击 ②降低(压),变弱,减低(少,压) ③(从上到下)射到或 ④停止(下),结束,断绝,放弃,失(丢)掉,淘汰 ⑤略去,省略,遗漏,除去 ⑥产仔. *drop a hint* 暗示. *drop one's guard* 丧失警惕. *dropped coverage* 蔽击覆盖. *dropped side* 下侧. ▲*drop along* 逐点蔽击. *drop anchor* 抛锚. *drop away* 一滴一滴落下,散去,减少,脱扣. *drop back* 退后,后撤. *drop behind* 落(在…之)后. *drop

down 倒下,下降,突然停止,沿〔顺〕…而下. *drop down to* 下降到. *drop in* 下降,掉下,滴〔降〕入. *drop into* 开进,驶入,落入,开始,不知不觉地进人. *drop off* 减弱〔少〕,衰弱,下降,掉〔脱,松〕落,脱离,散〔离〕去,流出. *drop out* 脱落〔离〕,松落,落〔掉,跳〕下,信号失落,漏〔流〕出,排泄,退出,不参与,(被)略去. *drop out of step* 失去同步. *drop through* 毫无结果,落空,失败,不再被讨论. *drop to* 减少〔下〕到. *drop to pieces* 崩坏,散落.

drop-annunciator *n*. 色盘降落信号指示器.
drop-away current 脱扣电流.
drop-board hammer 落〔夹板〕锤.
drop-bottom *n*.; *a*. 活〔开〕底,底卸式.
drop-burette *n*. 滴量-滴定管.
drop-dead halt 突然停机,完全停止〔停机〕,死循环.
drop-down *n*. 泄降,降损.
drop-fill rock 抛〔填〕石.
dropfo'lio *n*. (印在每页正文下端的)页码.
drop-forge *vt*. (冲模,压)锻,落锤锻(造).
drop-hammer *n*. 落锤.
drop-head I *a*. 活顶的,顶部可折叠的. II *n*. 使打字机等藏在台板下的活动装置.
drop-hole *n*. 落砂孔.
drop-in I *n*. ①(磁带)杂音信息,干扰信号,混入(信息),冒"1"②落(进)入,意外出现,不速之客. II *a*. 插入的.
drop-indicator shutter 呼叫吊牌.
drop-launching *n*. 从飞机投落发射.
drop'let ['drɔplit] *n*. 小(微,点,滴,液,熔)滴,水珠,飞沫. *droplet evaporation* 液滴的蒸发. *droplet separator* 分滴器. *droplet transfer* 喷射过渡. *lead droplet* 铅滴(雨).
drop'light *n*. (下滑动的)吊灯〔窗〕.
dropmade column 沙柱
drop'-method *n*. 电压降落法;滴入法,垂滴法.
drop'off *n*. 下降,降低,衰退,陡坡,摘下〔落入〕,剥离.
drop'(-)out *n*. 落(抛)下,脱落,脱〔解〕扣,退出,下降,排泄,析出,放空,遗失信息,失落〔漏〕信息,漏码,漏失(信息),丢"1",意外失头,噪声. *dropout compensation* 失落补偿. *drop-out count* (磁带)斑点总数. *drop-out current* 开断〔下降〕电流. *dropout frequency* 失锁频率. *dropout line* 紧急放空线,排泄线. *drop-out margin* 下降边际. *dropout memory circuit* 信号丢失记忆电路. *drop-out of step* 失(去)同)步. *dropout rate* 丢码率. *drop-out value* 回动〔失落〕值.
drop'page *n*. 落下的东西.
drop'per *n*. 滴管〔瓶〕,点滴器,投载装置,落下的东西,挂钩,【矿】分脉,支脉. *bomb dropper* 轰炸机.
drop'ping ['drɔpiŋ] *n*.; *a*. ①滴〔下〕的,抛下(的),降下〔低,落〕的 ②(pl.)滴下物,落下之物 ③空投〔伞〕降 ④点滴 ⑤产仔,分娩 ⑥粪便. *chaff* [flasher, window] *dropping* 投掷(反雷达)的金属条. *dropping angle* 投(弹)角. *dropping bottle* 滴瓶. *dropping characteristic* 下降特性(曲线). *dropping electrode* 滴液电极. *dropping equipment* 降包装置. *dropping funnel* 滴(液)漏斗. *dropping gear* 空投装置. *dropping head* 降(水)头.

dropping liquid water 滴状液态水. *dropping out* 落下,脱落,解扣,析出,漏失,噪声,不规则的声音幅度变化. *dropping point* 初熘点,(润滑脂)滴点. *dropping reaction* 点滴反应. *dropping resistor* 减〔降〕压电阻器. *dropping satellite* (由运载器)抛射的卫星. *dropping voltage generator* 降压特性振荡器.

drop'-pipe *n*. 下悬(喷)管.
drop-point *n*. 敲击点.
drop-shutter *n*. (相机)快门,开关.
drop'sical *a*. 水肿的.
drop-side *a*. 侧卸的.
drop'sonde ['drɔpsɔnd] *n*. 降落伞携带的无线电探空仪,下投〔下降〕式探空仪.
drop'sy ['drɔpsi] *n*. 积水,水肿,浮肿. *abdominal dropsy* 腹水.
drop'wise *a*.; *ad*. 珠〔滴〕状,一滴一滴地,点滴的.
dros'ograph ['drɔsəgræf] 或 drosom'eter [drɔ'sɔmitə] *n*. 露量计(表).
Drosophila *n*. 果蝇.
dross [drɔs] I *n*. 铁(矿,浮,渣)渣,粘渣,铁鳞,渣滓,毛刺,碎屑,氧化皮,下脚,无用(物)、劣质细煤. II *v*. 撇(扒)渣. *coke dross* 焦渣,焦屑(末). *dross coal* 渣煤,不粘(结性)煤. *dross kettle* 除渣锅. *dross mill* 渣磨致. *dross operation* [run] 撇渣. *dry dross* (电解槽中)铁渣,干浮渣. *metal dross* 金属浮渣.
dross'iness *n*. 不纯粹,无价值.
dross'y ['drɔsi] *a*. 铁(浮,多)渣的,渣状的,碎屑的,不纯粹的,无价值的. *drossy coal* 渣煤,不纯的低级煤.
drought [draut] *n*. ①(干)旱(时期,季节),久旱,旱灾 ②短少,(长期)缺乏. ~y *a*.
drought-defying 或 drought-resistant *a*. 抗旱的.
drought-enduring *a*. 耐旱的.
droughty ['drauti] *a*. 干旱的,口渴的.
Drouily's method 控制电解粉末粒度法.
drouth =drought.
drove [drouv] I *v*. ①drive 的过去式 ②凿石使平,用平凿凿(石). II *n*. ①一群 ②平(粗石,阔)凿 ③石料粗加工,凿平的石面 ④土路. *drove chisel* 阔凿(子),石工平凿. *drove finish of stone* 石料的短槽纹修琢. *drove road* (赶)牲畜(走的土)路. *droved dressing* 短槽敷面. ▲in droves 成群,陆陆续续.
droveroad 或 droveway *n*. 大车路,马道.
drown [draun] *v*. 淹(浸,沉)没,浸湿,使湿透,淹死. *drowned flow* 潜流. *drowned lime* 消(熟)石灰. *drowned pipe* 淹没(在水内)的管子,沉浸管. *drowned pump* 淹没的泵,深井(沉浸)泵. *drowned valley* 溺谷. ▲be drowned out 被洪水赶往他处. *drown oneself* 埋头于. *drown out* 淹没,压过,声遮(盖)盖.
drow'siness ['drauzinis] *n*. 困倦,恍惚.
DRP =Deutsches Reichs-Patent(German Patent)德国专利.
DRPE =drill plate 钻板.
DRPS =dry reed pushbutton switch 干簧式按钮开关.

DRR =design release review.
DRS = ①data reaction system 资料反应制度 ②data reduction system 数据简化系统 ③double right shift 双倍右移位 ④double-riveted seam 双排铆接缝 ⑤dry reed switch 干簧式开关.
DRT = ①dead reckoning tracer 自动航迹绘算仪 ② direct reading telemetering 直接读数遥测技术.
DRTP =drill template 钻头样板.
drub [drʌb] v. (用棒等)打, (连续)敲打[击], 打败.
drub'bing ['drʌbiŋ] n. (敲)打, 击毁, 败北.
drudge [drʌdʒ] vi. ; n. 做苦工(的人), 辛苦地工作 (at, over).
drudg'ery ['drʌdʒəri] n. (最苦)苦(的)工(作), 笨重的劳动.
drudg'ingly ['drʌdʒiŋli] ad. 辛辛苦苦地.
drueckelement n. 测压体, 电流测腹压仪.
drug [drʌg] I n. ①药品[物, 材, 剂], 麻药, 麻醉剂, 毒品 ②滞销货. II (drugged; drugging) v. ①用麻药, 投药 ②使厌恶(with). *crude drug* 生药. *drug resistance* 抗药性[力]. *drug tolerance* 耐药性. *radioactive drug* 放射性制剂. ▲*drug out* 药物消耗.
drug'-fast a. 抗药的, 耐药的.
drug'-fastness n. 抗[耐]药性.
drug'get ['drʌgit] n. 粗毛(地)毯, 粗毛呢.
drug'gist n. 药剂师, 药商. *druggist rubber sundries* 医用橡胶制品.
drug'like a. 像药(一样)的.
drug'store ['drʌgstɔː] n. (美国)药品商店, 药房.
drum [drʌm] I n. ①鼓(轮, 膜, 室, 形物, 状) , 磁(转, 耳, 测微)鼓 ②圆鼓, 卷, 滚, 锅)筒, (金属)桶, 辊(筒) , 笆, 圆柱状大罐 ③压缩机转子 ④(线, 卷, 弹)盘, 线轴, 绕线架 ⑤(卫星)本体. II (drummed; drumming) v. ①打鼓, 敲打, 连续敲击(on) ②装入桶中. *air drum* 气桶, 空气收集器. *balling drum* 鼓形制球机. *brake drum* 闸轮, 制动圆筒. *cable drum* 电缆盘. *compressor drum* 压缩机转子. *drum cam* 凸轮轴. *drum capacity* 磁鼓容量. *drum computer* 磁鼓存储计算机. *drum cooler* 鼓式冷却器, 冷却鼓. *drum digger* 滚筒式挖掘机. *drum dump* 磁鼓(信息)读出[印出], 磁鼓信息转储. *drum factor* 圆[滚]筒系数. *drum filler* 装桶机. *drum gate* 鼓形闸门. *drum hob* 弧形齿顶花键滚刀. *drum hoist* 滚筒式绞车[提升机]. *drum information assembler and dispatcher* 磁鼓式信息收发器. *drum latency time* 磁鼓等待时间. *drum length of cable* (电缆盘上的)电线[缆]长度. *drum mark* (磁鼓)记录终端符号. *drum memory* 存储磁鼓, 磁鼓记录. *drum mixer* 滚筒式拌和机 (鼓筒). *drum of winch* 绞车绕索筒. *drum printer* 鼓式打印机. *drum pump* 回转式泵. *drum switch* 鼓形开关. *drum weir* 鼓型堰. *drum winding* 鼓形线圈(绕法). *drummed oil* 桶装油. *filter drum* 滤鼓, (过)滤(圆)筒. *grinding drum* 压[磨]碎机. *magnetic drum memory* 磁鼓. *mixing drum* 混合桶. *spring drum* 发条盒. *steam drum* 上汽鼓, 蒸汽锅筒. *take-off drum* 开卷卷筒. ▲*beat the* [a] *drum* (for, about) 鼓吹.

drum'-beater n. 鼓吹者.
drum'beating n. 鼓吹.
drum-container feeding 燃料箱供给, 弹匣(盘)供弹.
drum-fed gun 圆盘机关枪.
drum'(-)head n. 鼓面, 鼓轮盖, 绞盘头.
drum'lin n. 鼓丘.
drum'ming n. 转筒加工(法).
drum-mixer n. 圆筒混合机, 滚(鼓)筒式拌和机.
drum-shaped 或 **drum-type** a. 鼓形的.
drum'stick n. 鼓锤(形).
drum-wound a. 鼓形绕线的.
drunk [drʌŋk] I drink 的过去分词. II a. (陶)醉的, 兴奋的. III n. 酗酒者. ▲*be drunk with* 陶醉于…(之中).
drunk'en ['drʌŋkən] I drink 的过去分词. II a. 醉的, 因饮酒而引起的. *drunken saw* 切[开]槽锯.
drunkness error 螺纹导程周期误差.
drupe [druːp] n. 核果.
dru'pelet ['druːplit] n. 小核果.
druse [druːz] n. 【矿】晶簇[腺, 洞].
drusen n. 硫磺颗粒.
drusy a. 晶簇状. *drusy cavity* 晶洞, 晶隙. *drusy crust* 晶簇壳. *drusy faces* 晶簇面.
DRV = ①deep research vehicle 深海研究器 ②developmental reentry vehicle 重返大气层的试验飞行器.
DRV(N) =Democratic Republic of Vietnam 越南民主共和国.
drw =drawing 图纸, 草图.
dry [drai] I a. ①干(燥, 涸, 旱)的, 无水(分)的, 枯燥的 ②不用水的, 与液体无关的, 干凅的, 不经润湿的 ③固体(非液体)的 ④空旱的, 演习的 ⑤无预期结果的, 没有收获的. II n. ①干燥[裂](状态), 裂缝, 干凅 ②旱季, 干燥的地方(季). *dry air pump* 干式气泵. *dry area* 采光井. *dry basis* 干燥质, 折干计算. *dry battery* 干电池(组). *dry burning coal* 低级的不结块煤. *dry calorimeter* 干式量热器. *dry cell* 干电池. *dry circuit* 小功率(弱电流)电路. *dry concrete* 干硬(性)混凝土, 稠混凝土. *dry contact* 干接触, 干式接点. *dry contact rectifier* 干片接触整流器. *dry crossing* 干沟(旱河)交叉. *dry cyanide method* 气体氰化法. *dry damage* 旱灾. *dry density* 干密度, 干容重. *dry dredger* 陆地挖泥机. *dry dross* (电解槽中)铁渣. *dry drum* 蒸汽鼓, 干燥滚筒鼓形烘干器. *dry elutriation* 干淘(洗), 空气淘粒. *dry gas fuel* 液化气体燃料. *dry hard* 硬干. *dry hole* 干孔(井), 干(上斜)炮眼. *dry ice* 干冰. *dry iron* 低硅生铁. *dry kiln* 干烘窑. *dry load* 平衡负载, 吸收填料. *dry lubricant* 干膜润滑剂. *dry measure* 干量. *dry metallurgy* 火法冶金学. *dry objective* 干物镜. *dry oil* 干性油, 无水石油. *dry ore* 贫铅银矿石, 干矿石. *dry oven* 烘箱, 烘干炉. *dry paper insulated cable* 空气纸隔绝缘电缆. *dry paving* 无(灰)浆铺砌. *dry photoetching technology* 光刻干工艺. *dry pipe* 蒸汽收集管, 过热蒸汽输送管. *dry plate* 干片(版). *dry point* 干(终馏)点. *dry process*

干法冶金,干冶金分析法,干磁粉检验. *dry process porcelain* 干(法压)制瓷器. *dry reed relay* 干式舌簧继电器. *dry rehearsal* (电视等)不同摄影机的排演. *dry run* 演习,摹拟投弹练习,(广播前的)预排演. *dry seal thread* 气密螺纹. *dry slag* 重矿(粘)渣. *dry slagging combustion chamber* 固态排渣式燃烧室. *dry starting* 无油(状态)起动. *dry streak plate* 有灰斑纹(缺陷)的镀锡薄薄板. *dry tack free* 表面(指触)干燥. *dry tumbling* 干法抛光(滚光). *dry wall* (ing) 清水墙,墙垣干砌,无浆砌墙. *dry weight* 自(干,净)重,非吸水重量. *dry well* 排水井. *dry wood* 烘干木材. *theoretically dry* 绝对干燥的. ▲*dry as a bone* 干透的. *dry goods* 谷类,织物类. *Keep dry!* 保持干燥! 请勿受潮!
Ⅲ v. (使,变,晒,烘,揩)干,脱水,干涸. ▲*dry…by heat* 烫干. *dry…in the air* 晾干. *dry…in the sun* 晒干. *dry out* 把…弄干,(使)干燥,干透. *dry* (烤,吹)干,烤酥. *dry up* (把…)弄干,(使)完全变干,晒(蒸发)干,干涸,枯渴,干运转,无油运转.
dry'asdust' ['draɪəz'dʌst] *a*. 枯燥无味的,学究式的.
dry'back *a*. 干背的(火管锅炉).
dry-batch method 干料分拌法,干批法.
dry-brick (building) *n*. 干砌砖,无砂浆砌砖.
dry-bulb *a*. 干球(式)的.
dry'-clean(se) *vt*. 干洗.
dry-core *a*. 干心的. *dry-core cable* 干芯电缆,空气纸绝缘电缆.
drydock *n*.;*vt*. (使入)干船坞.
dryer = drier.
dry-film resist 干膜,干片保护层,感光胶膜.
dry'-ice' *n*. 干冰.
dry'ing ['draɪɪŋ] *n*.; *a*. 干燥(用的,性的),烘干,去湿. *drying agent* 干燥剂. *drying by internal heat* 电流(内加热)干燥法. *drying emplacement* 无水冷启动装置. *drying oil* 干性(催干)油,干燥油. *drying out* 烘炉. *drying oven* (stove) 烘(干燥)箱,烘干炉. *drying press* 榨干机. *drying sheet* 吸墨纸. *furnace* (oven) *drying* 烘(烤)干.
dry-instrument *a*. 干式仪(表)用的,室内仪表用的.
dry-insulation *a*. 干式绝缘的.
dry'ish ['draɪɪʃ] *a*. 稍(微)干的.
dry-laid masonry 干砌污工.
dry-lean concrete 干贫混凝土.
dry'ly *ad*. 枯燥无味地.
dry-milling *n*. 干磨.
dry-mix(ed) *a*. 干拌(混合)的.
dry-moulded *a*. 干塑的.
dry'ness ['draɪnɪs] *n*. 干(枯)燥,干(燥)度,干燥性.
dry'-nurse *n*. (不喂奶的)保姆.
dry-out sample 无水试样.
dry-plate rectifier 干式整流器.
dry'point *n*.; *vi*. 铜版雕刻(针,术),铜版画.
dry'-rot *n*. 干枯(朽,腐),枯朽,腐败.
dryrotten *a*. 干蚀(腐)的.
dry-run tar 干馏焦油.
dry-scale disposal 干法排除氧化皮,干法除鳞.
dry-shod *a*.; *ad*. 不湿脚(的).
dry-silver paper 干式银盐照相纸.

dry-skidding test 干滑试验.
dry-tamp method 干捣法.
dry'-type *a*. 干式的,干燥型的. *dry-type rectifier* 干片(金属,固体)整流器. *dry-type transformer* 空气冷却(式)变压器,干式变压器.
dry'valve *n*. 干阀. *dryvalve arrester* 干阀(阀阻)避雷器.
dry-weighed batch 干重分拌(配料).
DS = ①data set 数据集 ②density (optical) standard 标准光密度 ③design specification 设计任务书 ④dilute strength 稀释浓度 ⑤diode switch 二极管开关 ⑥direct subtract 直接相减指令 ⑦direct support 直接支援 ⑧disconnecting switch 隔离开关 ⑨distant surveillance 远距离观察 ⑩Doctor of Science 理学博士 ⑪down stream 顺流 ⑫drawing summary 图纸一览.
d s = days after sight 见票…天后付款.
d/s = disintegrations per second 每秒衰变数,衰变/秒.
D&S = documentation and status 资料与现状.
DS "A" board = dial service "A" board 自动电话 "A"台.
DSA = ①densities spectro angularity 密度谱曲率 ②design schedule analysis 计划日程分析 ③dial system assistant 辅助拨号系统 ④diffusion self-alignment 扩散自对准 ⑤Doppler spectrum analyzer 多普勒频谱分析器.
DSB = ①distribution switchboard 配电盘 ②double side band 双边(频)带.
DSBV = double-seated ball valve 双座球阀.
DSC = ①differential scanning calorimetry 差示扫描量热法 ②digital signal converter 数字信号转换器 ③document service center 资料服务中心 ④double silk-covered 双丝包的 ⑤dynamic sequential control 动态的顺序控制.
DSc = Doctor of Science 理学博士.
DSCB = data set control block 数据集控制块.
D-scope *n*. D型显示器(A、B型联合显示法,方位-仰角显示(器),横坐标代表方位角,纵坐标代表仰角).
DSD = ①Defense system department (General Electric Co.) 防御系统部(通用电气公司) ②dry soil density 土壤干密度.
dsgn = design.
D-shaped spalling 半球形碎石片,半圆形剥落.
DSHE = downstream heat exchanger 顺流热交换器.
DSIF = deep space instrumentation facility 深空探测设备.
DSIR = Department of Scientific and Industrial Research (英国)科学和工业研究局.
DSL = ①deep scattering layer 深散射层 ②dual shift left 向左双移位.
DSLt = deck surface light 甲板表面灯.
DSM = design standards manual 设计标准手册.
DSN = data smoothing networks 数据平滑网络雷达.
DSO = ①design stop order 设计停止指示 ②direct shipment order 直接装运指示.
DSP = ①double silver plated 双重涂银的 ②dynamic speaker 电动式扬声器.
DSPL = definitized spare parts list 确定的备件表.
DSR = ①daily service report 每日业务报告 ②daily

status report 每日现状报告 ③data survey report 资料述评报告 ④differential surface reflectometer 微分表面反射计 ⑤dual shift right 向右双移位.

DSS =dynamic system synthesizer 动态系统合成器(电子计算机).

DST = ①daylight saving time 日光节约时间,经济时(即夏令时间) ②direct screw transfer(塑料)直接螺旋铸压 ③direct viewing storage tube 直接检视式贮存管,直接观察式贮存管.

DSTS =destruct system test set 自炸系统测试装置.

DSU =device-switching unit 设备转换开关.

DSW =drum switch 鼓形开关.

DT = ①dark trace 暗行扫描 ②date 日期 ③discrepancy tag 误差标签 ④distance test 距离试验 ⑤double-thread 双螺纹 ⑥double throw 双掷,双投 ⑦doubling time 加倍时间(使...增到二倍的时间) ⑧down time 停工期,停留时间,不工作时间 ⑨dual tires 双轮胎 ⑩dust tight 防尘的 ⑪dwell time 停留时间.

dt =delivery time 交货时间.

DTA =differential thermal analysis 差(示)热分析.

dta =Due to arrive(在某日、某时等)应当到达,定于(某日、某时等)到达.

DTC =differential throttle control 微分节流控制.

DTCS =data transmission and control system 数据传递与控制系统.

DTD =datur talis dosis 给此剂量.

DTE =depot tooling equipment 仓库工具设备.

DT&E =development, test and evaluation 发展、试验和鉴定.

DTG =date-time group 日期分组.

DTL = ①Detroit Testing Laboratory 底特律测试实验室 ②diode transistor logic 二极管晶体管逻辑(电路) ③direct to line 直接接通线路.

dtl =direct to line 直接接到线路.

DTM =duration time modulation 时间调制.

DTMD =differential temperature measuring device 微分温度测量装置.

DTO = ①Detailed test objective 详细的试验目的 ②direct turn-over 直接翻转〔移交〕.

DTP = ①detailed test plan 详细的试验计划 ②dynamic testing program 动态的试验计划.

DTPA =detailed test plan annex 详细的试验计划附件.

DTPL =domain-tip propagation logic 畴尖传播逻辑.

DTR =duty type rating 负荷型定额.

DT Reactor =deuterium tritium reactor 氘氚反应堆.

DTS =detailed test specification 详细的试验说明书.

DTSUB =data subsciber 数据用户.

D T Sw =double throw switch 双掷开关,双向开关.

DTVM =differential thermocouple voltmeter 差示热电偶伏特计.

DU =(density (optical) unknown 未知光密度.

D/U =desired-to-undesired signal ratio 期望信号/不期望信号比.

D&U =Description and utilization (handbooks)说明与利用(手册).

DU ratio 载波噪声比,期望信号对不期望信号比.

du′ad [ˈdjuːæd] n. 成对的东西,(一)对,双,【化】二价元素.

du′al [ˈdjuːəl] Ⅰ a. 二(重,元,体,联)的,双(重,指针)的,孪生的,复式的,对偶的,加倍的,同时测量二参数用的. Ⅱ n. 双数. *dual access* 双臂取数〔存取〕. *dual amplification circuit* 回复〔对偶,双重〕放大电路. *dual antenna* 双重孪生天线. *dual burner* 可用两种燃料的燃烧器. *dual capacitor* 双联电容器. *dual card* 双用〔对偶,传票〕卡片. *dual channel dual speed* 双迹双速. *dual channel port controller* 双道口控制器. *dual circuit* 双〔对偶〕电路. *dual code* 对偶码. *dual component* 两用元件〔部件〕的. *dual control system* 复式控制系统. *dual cycle* 双〔混合〕循环. *dual detector* 双向检波器. *dual drive*(天线的)二重传动,双驱动器,双重传动. *dual emulsion* 二元乳化液. *dual firing*(用两种燃料)混合加热. *dual gate FET* 双栅(极)场效应晶体管. *dual in-line (type)* 双列直插式. *dual mode* 双模,二种方式,双重方法. *dual nature* 双重性. *dual network* 对偶二元,互易网络. *dual pneumatic tyre* 双气胎. *dual pressure cycle* 两段加压循环. *dual processor system* 双信息处理机系统. *dual property* 二像性. *dual ratio control* 两级微动控制. *dual ratio reduction* 双减速比机构. *dual sense amplifier* 双重读数〔读出〕放大器. *dual simplex algorithm* 〔method〕对偶单纯形(算)法. *dual tube* 孪生管. *dual valve* 复式〔双联〕阀. *dual vector* 反变矢,对偶向量.

dual-automatic a. 双自动的.

dual-beam a.; n. 双射线(束)的,双电子束.

dual-bed ion exchange 混合树脂离子交换.

dual-channel oscilloscope 双电子束示波器,双迹示波器.

dual-diversity receiver 双重分集接收机.

dual-drum a. 双筒〔鼓,轮〕的.

dual-dual highway 双复式(四车道)公路.

dual-feed n.; a. 双面进料(的),双端〔线,路〕馈电(的).

dual-filter hydrophotometer 双色水下光度计.

dual-grid a. 双栅的.

du′alin [ˈdjuːəlin] n. 双硝炸药(硝化甘油50%,硝化银屑50%).

du′alism n. 二〔体,性〕,二元论〔性〕.

du′alist n. 二元论者.

dualis′tic a. 二元(论)的,对偶的,两重的,两倍的. *dualistic formula* 二元式. *dualistic nature* 二像性. ~ally ad.

du′ality [djuːˈæliti] n. 二重〔像,元〕性,对偶(性),双关性,二体〔分〕. *duality principle* 或 *principle of duality* 对偶〔双关性〕原理. *wave-particle duality* 波粒二重〔像〕性.

dualiza′tion n. 对偶(化),二元化,复线化.

du′alize [ˈdjuː(ː)əlaiz] vt. 使具有两重性,使二元化,形成二体,一分为二的,使成双.

dual-lane 双〔二〕车道.

du′ally [ˈdjuː(ː)əli] a.; ad. 二重〔元〕的,复式的.

dualpolariza′tion n. 双极化.

dual-pressure n. 双重压力.

dual-purpose a. 双重目的〔用途〕的,双效的,两〔兼〕用的.

dual-tandem *a.* 双串式.

dual-tire(d)或**dual-tyre**(d) *a.* 双轮〔胎〕的.

dualumin *n.* 坚铝(铝基合金,含铜 4%,镁 0.8%,锰 0.6%).

duant *n.* (回旋加速器的)D 形盒.

dub [dʌb] I (*dubbed*; *dubbing*) *v.* ①授与称号,把⋯叫做 ②涂油脂(在皮革上) ③扎,捣,撞 ④把⋯刮光,把⋯锤平 ⑤(影片)翻印,复制,译制,配音〔声〕,把⋯录进录音带. II *n.* 配音. *dub music* 配乐. ▲*dub in* 配音. *dub out* 弄〔整,锤〕平,填塞(木板,砖石等).

dub'ber *n.* 复制台.

dub'bin ['dʌbin] *n.* 皮革保护油,油滑.

dub'bing ['dʌbiŋ] *n.* ①(影片)翻印,转录,译制,配音〔声〕复制,复制的制片,声图像合成 ②油漆,皮革保护油. *dubbing mixer* 混录调音台,复制混合器. *dubbing of effects* 音响效果的配音.

dubhium *n.* 镱 (from ytterbium).

dubi'ety [dju(:)'baiəti] *n.* 怀疑,有疑问的事情.

du'bious ['dju:bjəs] *a.* ①可(怀)疑的(about, of) ②犹豫(不决)的,含糊的,靠不住的,未定的,没有把握的. *dubious foundation* 不可靠的地基. ~ly *ad.*

Dub'lin ['dʌblin] *n.* 都柏林(爱尔兰首都).

dubo *n.* 倍浓牛奶,加倍养分.

Du-Bo gauge 球面型单限塞规.

duck [dʌk] I *n.* ①(母)鸭 ②有吸引力的东西 ③水陆两用机,水陆两用(摩托)车,两栖载重车 ④(轻)帆布,(pl.)帆布裤子〔衣服〕 ⑤突然潜水,使(短时间)浸入水中,闪避,逃避. ▲*like water off a duck's back* 毫无效果〔影响〕. *take a duck to water* 极受,最喜欢,毫无困难地,很自然地.
II *v.* ①(突然)潜入〔钻进〕水中,(猛的)按入〔浸入〕(水中) ②鸭嘴装载机装载 ③回(躲,逃)避.

duck'bill *a.*; *n.* 鸭嘴器,鸭嘴形的,鸭嘴装载机. *duckbill loader* 鸭嘴装载机.

duck-board *n.* (铺于泥泞地上的)木板道.

duck'egg *n.* 将 Gee 系统所得的飞机位置信息转送回站的发射机.

duck'er *n.* 潜水人.

duck'ing *n.* 湿透,浸入水中.

Duco cement (= Nitro-cellulose cement)杜卡胶(一种粘贴蕊变片的胶合剂).

Ducol steel 低锰结构钢.

ducol-punched card 12 行穿孔〔每列多孔〕卡片.

ducon *n.* 配〔接〕合器.

duct [dʌkt] I *n.* (导,喷,输送,脉)管,(管,渠,通(风))孔,过,地,波,烟,风)道,沟,槽,通路,暗渠. II *vt.* (沿管道)输送〔增压,流过〕. *access duct* 输入(管)道,进线管道. *aero-thermodynamic* (*continuous-firing, continuous thermal*) *duct* 冲压式(空气)喷气发动机. *air duct* 进气口,空气管道〔导管〕,通风道. *alimentary duct* 消化道. *atmospheric duct* 大气波导. *cable duct* 电缆道,(电缆的)管孔. *cooling duct* 冷却管道. *discharge duct* 下料溜槽,排料槽. *duct capacitor* 旁路〔耦合〕电容器. *duct condenser* 耦合电容器. *duct entrance* 地下管道入口. *duct heater* 热导管. *duct propagation* 波导(型)传播(输). *duct thermostat* 温度调节器. *duct type fading* 波导型衰落. *duct width* 波道(通路,管道)宽度,信道(通频带)宽度. *gas duct* 烟(气)道. *inlet duct* 进气管. *oil duct* 油沟(路),输油管. *propulsion duct* 冲压式(脉动式)空气喷气发动机. *pulse (propulsive, intermittent-firing) duct* 脉动式空气喷气发动机. *radio duct* 无线电波道. *wave duct* 波道.

duc'tal *a.* (导)管的.

Ductalloy *n.* 球墨〔高强度,延性〕铸铁.

duc'ted *a.* 管道(中)的,输送的,冲压式的. *ducted body* 中空体,螺形体,导(输送)管. *ducted fan (engine)* 函道(导管)风扇,导管风扇式(螺旋桨,内外函式)(涡轮喷气)发动机.

duc'ter ['dʌktə] *n.* 微阻计,微阻测量器,测小电阻的欧姆表.

ductibil'ity [dʌkti'biliti] *n.* 延展性,可锻性,可塑性,柔顺.

duc'tible *a.* 可延展的,可锻的,可塑的.

duc'tile ['dʌktail] *a.* 可延展(伸缩)的,(有)延(弹)性的,可锻的,可塑的,易拉长的,易变形的,粘性的,韧性的,柔软的. *ductile base oil* 优等延性油,粘性(铺)路油. *ductile fracture* 塑性破坏(断口). *ductile iron* 延性铁,球墨铸铁. *ductile metal* 韧性金属. *ductile Ni-resist cast iron* 高镍球墨铸铁.

duc'tileness = ductility.

ductilim'eter [dʌkti'limitə] *n.* 延性〔塑性,伸长,伸缩〕计,延性试验机〔测定计〕,延(展)度计,触角测量器. *ductilimeter test* (带钢,钢丝)反复弯曲试验.

ductilim'etry *n.* Ductility.

ductil'ity [dʌk'tiliti] *n.* (可)延(展)性,延(伸)度,可锻性,韧(塑,粘,柔软,挠)性. *ductility limit* 流(液)限,屈服点. *ductility (testing) machine* 延度仪,延性试验机.

ductilometer = ductilimeter.

duc'ting *n.* 管道,导管,风管,烟道.

duct'less *a.* 无(导)管的.

ductulus (pl. *ductuli*) *n.* 小管.

duc'tus ['dʌktəs] (pl. *duc'tus*) [拉丁语] 管,导管.

duct'way ['dʌktwei] *n.* 管(式通)道.

duct'work *n.* 管道系统,管网.

dud [dʌd] I *n.* ①假货,伪品,不中用的东西 ②失败〔望〕,不行 ③未爆炸〔炸〕弹,哑〔闷〕弹. II *a.* 假(伪)的,不中用的,没有价值的.

Duddell oscillograph 杜德尔示波器,可动线圈式示波器.

due [dju:] I *a.* ①应付(给)的,到期的 ②(预定)应到的,预定的,预期的 ③适当〔宜〕的,相(正)当的,应有(该)的,当然的. ▲(*be*) *due for* 快到⋯时候了,应该(做)⋯了. (*be*) *due to* 是由于⋯(引起的,所造成的),因为,归因(应归,起因)于⋯,应(付)给⋯. (*be*) *due to* + *inf.* 预定(期). *due date* 到期日,支付日期. *fall* (*become*) *due*(票据)到期,满期. *in due course* (*of time*) 在适当的时候,及时(地),经相当时候,顺次. *in due form* 正式(地),照例,以适当(规定)的形式. *in due time* 在适当的时候〔时机〕,时机一到.
II *ad.* 正向. *due east* 向正东(方).
III *n.* 应得物,正当(应得)报酬,(pl.)应付款,税,费用,会(租,手续)费. *harbo(u)r dues* 入港税.

due-in n. 待收.

du'el ['djuəl] n.; vi. 斗(竞)争,比(竞)赛.

due-out n. 待发.

duff [dʌf] I n. 煤粉(屑),细煤,落叶,枯草堆. II vt. 伪造,欺骗.

duff'er n. 假货,不中用的东西,糊涂人.

Dufour oscillograph 达夫示波器(记录不稳定过程的示波器).

dug [dʌg] dig 的过去式和过去分词. *electronic dug key* 电子开关,快速电键.

dug-i'ron [dʌg'aiən] n. 熟铁.

dugong ['du:gɔŋ] n. 儒艮(一种水栖草食之哺乳动物)(亦作 sea cow).

dug'(-)out [dʌgaut] n. 防空洞(壕),(地下)掩蔽部,地下室,(采掘时搭的)窝棚,独木舟. *dugout way* 路堑段.

dug-through n. 挖穿.

DUI = driving under influence of intoxicating liquor 酒醉开车.

duke n. 平炉门挡渣坝.

dul'cet ['dʌlsit] a. (声音)优美的,悦耳的.

dul'cimer ['dʌlsimə] n. 洋琴.

dull [dʌl] I a. ①(迟)钝的,不活泼的 ②阴暗的,黯淡的,无光(泽)的,不清楚的,不鲜明的,模糊的 ③单调的,枯燥的,无味的 ④萧条的,通风不良的,滞销的. II v. ①弄(使)钝,钝化 ②发挥(暗),使阴暗 ③缓和,减轻(弱),使不活泼. *dull coal* 暗煤. *dull deposit* 毛面镀层. *dull edge* 钝刀口. *dull emitter tube* 微热灯丝电子管,省电管. *dull finish* (带材表面,冷轧板的)无光(毛面)光洁度. *dull glass* 暗淡玻璃. *dull red* 暗红. *dull surface* 无光面,黯面. *dull the edge of* 弄钝刀口,减少(兴趣等).

dull-emitting cathode 微热阴极,敷氧化物阴极.

dull'ish ['dʌliʃ] a. 稍(迟)钝的,沉闷的.

dul'(l)ness ['dʌlnis] n. (迟)钝度,钝度,不活泼,缓慢,黯淡,暗暗,无光泽,浊音,萧条.

dull'y ['dʌli] ad. (迟)钝地.

du'ly ['dju:li] ad. ①正(恰)好,正式地,及(按)时地 ②充分地,相适,当然.

dumb [dʌm] a. ①哑的,无声(音)的,不响的,沉默的 ②无采的,模糊不清的 ③笨的,愚蠢的 ④缺乏应有条件的,没有动力的. *dumb antenna* 失(解)谐天线. *dumb arch* 假拱. *dumb barge* [craft] 无帆船,拖(驳)船. *dumb card* 方位盘. *dumb iron* 填缝铁条,汽车车架与弹簧链条间的连接部分. *dumb terminal* 不灵活的终端设备. *dumb well* 无水井,枯井.

dumb'bell n. 哑铃(状体). *dumbbell pier* 哑铃式桥墩.

dumb'bell-shaped a. 哑铃形的.

dumb'found' vt. 使惊呆,使发楞.

dumb'ly ad. 无声地.

dumb'ness ['dʌmnis] n. 哑,沉默.

dum'bo n. 寻找(探测)海上目标的飞机雷达.

dumb'-waiter n. 小型升降送货机,小件升降机,自动回转式送货机,食品架.

dumb'-well n. 污(无)水井,枯井.

dum'dum [dʌmdʌm] n. 达姆弹.

dumet n. 杜美,代用白金,铜被铁镍合金 (Ni 42%).

dumet seal 杜美丝焊封(封头). *dumet wire* 杜美(代用白金)丝,铜被铁镍合金线(电子管与玻璃结合的铜合金丝).

dummied I dummy 的过去式和过去分词. II a. 空轧过的,无压下轧制的.

dum'ming n. 空轧通过,无压下通过.

dum'my ['dʌmi] I n. ①(实体)模型,(形)式,模造(仿)物,修复体,样品(本),标准样件,(反动式涡轮机的)平衡盘,平衡活塞 ②虚设(物),假装(建筑)物,虚拟合动,【计】假(伪)程序,哑指标,求和指标 ③空转,空档 ④无喷火焰的无声机车,防喻车,缓冲车 ⑤模锻(用)毛坯 ⑥哑巴,傀儡,假人,人形靶. II a. ①伪(装)的,(虚)假的,虚(拟,构)的,空的(行程,道次),仿造(真,制)的,名义上的,摆样子的,做样子的,傀儡的,教学的 ②哑的,无声的 ③封底的(管). III v. ①预锻 ②空轧通过,无压下轧制(通过) ③倾卸. *dummy antenna* 仿真,等效)天线. *dummy argument* 哑(假,虚拟)变元,哑变量,伪自变数. *dummy board* 虚设台,哑屏. *dummy bus* 模拟线路(母线),假母线. *dummy coil* 哑假(建设)线圈,无效绕组,无效线组元件. *dummy diode* 仿真(等效)二极管. *dummy fuel element* 假燃料元件. *dummy gauge* 无效(平衡,补偿)应变片. *dummy head* 仿真(人工)头. *dummy joint* 假(半)缝,假结合. *dummy load* 虚(假,人工,仿真,等效)荷载(负载). *dummy order* [instruction] 伪(假,空,虚,无操作)指令. *dummy pass* 不用(的)孔型,空轧孔型(道次),立轧送料孔型. *dummy piston* 平衡活塞. *dummy plate* 隔板. *dummy plug* 空塞子. *dummy reactor* 反应堆模型. *dummy resistance* 假负载电阻. *dummy ring* 填塞环. *dummy rivet* 假铆钉. *dummy roll* 传动轧辊. *dummy round (projectile)* 假弹,练习弹. *dummy source* 仿真信号源. *dummy statement* 空语句. *dummy suffix* 哑下标,傀标. *dummy tube* 无效电子管,"假"管,等效管.

dumontite n. 水磷铀铅矿.

dumortierite n. 蓝线石.

dump [dʌmp] I n. ①(煤,弃土,残料,垃圾)堆,渣,(仓)库,库房,堆栈,渣坑,堆放(卸积)场,倾料,(pl.)废物 ②门,放空孔 ③【计】清除,(内存信息)转储(方法),切断电源 ④砰,轰的声音 ⑤倾翻(翻斗)器,翻车机 ⑥短而粗的东西,造船用螺栓. II v. ①倾倒(卸,翻,倾),倾翻,卸载,卸下,卸载,排(倒,抛,卸)出,堆放(积,集,粪)②溢(水,汽,油等),(气球等)放气 ③切断电源,撤去功率,降压,停止蒸馏 ④抛弃,倾销商品,撒,填塞 ⑤【计】(内存信息)转储,将信息从一个存储单元转移到另一个存储单元,清洗(除)打印,(内存全部)打印,(信息转储后)大量倾出. *calcination in dumps* 堆金煅烧. *coal dump* 卸煤厂. *dump car* (自动)倾卸车. *drum dump* 磁鼓(信息)读出(印出),磁鼓信息转储. *dump body* 翻斗车(翻倾式)车身. *dump car* (自动)倾卸(汽)车,自动卸料车,翻斗(汽)车,翻卸汽车. *dump check* 计算机工作(内存信息)转储,清除检验,(信息出错后)大量倾印. *dump energy* 剩余(电,能)量. *dump in a windrow* 卸成行. *dump in piles* 分堆卸料. *dump oil* 桶装油. *dump power* 倾倒电力. *dump pump* 卸油泵. *dump sample* 已化验的试样. *dump* sign 路峰部警告标志. *dump skip* 卸料〔装卸〕斗. *dumptank* 接受器. *dump target* (束流)捕集靶. *dump test* 镦粗〔顶锻〕试验. *dump tower* (混凝土)装卸塔. *dump truck* (自动)倾卸式货车, 自卸卡车, 翻斗汽车. *dump valve* 放泄〔切断〕阀. *side dump car* 侧卸车. ▲*dump on* 诘问, 严厉批评. *dump M onto N* 把 M 倒〔卸〕到 N 上.

dump'able *a.* 可倾卸的. *dumpable tank* 副油箱.
dump'age ['dʌmpidʒ] *n.* 倾废, 垃圾.
dump'-bed 或 **dump'-bottom** *a.* 底卸式.
dump-body *a.* (自动)倾卸式.
dump'-car *n.* (自动)倾卸车, 自卸〔翻斗〕车.
dump'cart *n.* 倾卸〔垃圾〕车.
dumped *a.* 废弃的, 乔卸的, 堆积的. *dumped moraine* 堤碛. *dumped packing* 填料, 堆积填充物. *dumped rock embankment* 抛石路堤.
dump'er ['dʌmpə] *n.* ①自动倾卸车, 翻斗〔卸货, 垃圾〕车, 倾倒器 ②屈铁辘 ③倾卸〔销〕者, 清洁工人.
dump'grate *n.* 翻转炉排.
dump'ing ['dʌmpiŋ] *n.* ①倾卸〔倒, 销〕, 卸料, 排出, 抛弃 ②撤布(材料), 填埋 ③(正)断层. *dumping device* 〔*gear*〕倾卸装置. *dumping of the load* 消除负载. *dumping place* 卸料场. *dumping roller* 翻车滚笼. *side dumping hopper* 侧卸斗.
dumping(-)ground *n.* 卸料场, 垃圾倾倒场.
dump'y ['dʌmpi] *a.* 粗短的, 矮胖的, 闷闷不乐的. *dumpy level* 定镜水准仪.
dun[1] [dʌn] Ⅰ *n.*; Ⅱ (*dunned*; *dunning*) *vt.* ①催讨, 追收 ②讨债人 ③蜉蝣的亚成虫, 毛翅目昆虫.
dun[2] [dʌn] Ⅰ *a.*, *n.* 暗褐色(的), 微暗的. Ⅱ (*dunned*; *dunning*) *vt.* 使成暗褐色. *dunning process* 使用遮片的合成拍摄法.
DUNC = deep underwater nuclear counter 深水放射性测量器, 深水核辐射计数器.
dune [dju:n] *n.* 沙丘(堆), 沙堆. *dune buggy* 沙滩轻便汽车. *dune wildrye* 赖草.
Dunedin [dʌ'ni:din] *n.* 达尼丁(新西兰港口).
dung [dʌŋ] *n.*; *vt.* ①粪, 肥料 ②施肥, 上粪 ③(铸造)粘结物. *dunging process* 除媒染剂法. ~y *a.*
dungaree [dʌŋɡə'ri:] *n.* ①粗蓝(斜纹)布 ②(*pl.*)粗蓝(斜纹)布制成的工作服〔裤〕.
dunite *n.* 纯橄榄岩, 橄榄石.
dunk [dʌŋk] *v.* 浸(一浸), 泡(一泡). *dunk rinsing* 浸水清洗. *dunking asdic* 声纳.
dunn bass 夹石, 矸子.
dun'nage ['dʌnidʒ] *n.* ①衬板(垫), 垫板(木), 垫货材, 枕木 ②行李.
dun'nite ['dʌnait] *n.* 苦味酸铵, D 型炸药.
dun'stone *n.* 杏仁状薄绿岩, 镁灰岩.
du'o ['dju:ou] *a.*, *n.* 双(重)的, 二部(重)的, 二部曲. *duo mill* 二辊(式)轧机, 二重式轧机. *duo servo* 双力作用的, 双伺服的.
duobi'nary *a.* 双二进制的.
duode *n.* (由涡流驱动的电动敞开式膜片扬声器.
duodec'imal [dju:ou'desiməl] Ⅰ *a.* 十二(分等, 分小数, 进法, 进制)的, 十二分之几的. Ⅱ *n.* 十二分之一, (*pl.*)十二分算, 十二分小数, 十二进法〔制〕.

duodecimal base 十二脚管座. *duodecimal notation* 十二进(位)制记法. *duodecimal (number) system* 十二进制.
du'odec'imo ['dju:ou'desimou] *n.* 十二开(本), 微物, 微小的东西. *a.* 十二开的.
duode'nal *a.* 十二指肠的.
duode'nary [dju:ou'di:nəri] *a.* 十二(倍, 进制, 进法)的, 十二分之几的.
duode'num *n.* 十二指肠.
du'odi'ode [dju:ou'daioud] *n.* 双(极, 生)二极管.
duodiode-triode *n.* 双二极管三极管.
du'o-direc'tional *a.* 双(定)向的.
du'ody'natron *n.* 双负阻管, 双打拿管.
du'ograph ['djuəɡræf] *n.* 电影放映机, 双色网版版.
duolaser *n.* 双激光器.
du'olat'eral *a.* 蜂房式的. *duolateral winding* 蜂巢〔蜂房式〕绕组.
Duolite 离子交换树脂. *Duolite A-2* 〔*A-7, A-14*〕弱碱性阴离子交换树脂. *Duolite A-42* 强碱性阴离子交换树脂. *Duolite A-40LC* 〔*S-30*〕多孔阳离子交换树脂. *Duolite C-3* 〔*C-10*〕磺酚阳离子交换树脂. *Duolite C-20* 〔*C-25*〕磺化聚苯乙烯阳离子交换树脂. *Duolite CS-100* 羧酸阳离子交换树脂.
duologue *n.* 对话, 对白.
duo-muffle furnace 二层马弗炉, 二层套炉.
duopage *n.* 双面复制页, 两面打印复制本.
duoparen'tal *a.* 两亲的, 两性的.
du'oplas'matron *n.* 双等离子体发射器, 双等离子体离子源.
duop'oly [dju'ɔpəli] *n.* 市场由两家卖主垄断的局面.
duop'sony [dju'ɔpsəni] *n.* 市场由两家买主独揽的局面.
duoscopic receiver 双重图像电视接收机.
duo-ser'vo [,dju:ou'sə:vou] Ⅰ *a.* 双力作用的. Ⅱ *n.* 双伺服系统. *duo-servo brake* 自行增力双蹄式制动器, 双力作用制动器.
duo-sol *a.* 双溶剂的. *duo-sol extraction* 双溶剂〔彼此互不混合〕抽提. *duo-sol process* 双溶剂润滑油精制过程.
duo'tet'rode *n.* 双四极管.
du'otone ['dju:ətoun] *a.*; *n.* 同色浓淡双色调的, 同色浓淡套印出版〔物〕, 双色套印活〔物, 画〕, 双色复制品, 艺术品复制件.
duotricemary notation 三十二进制(记数法).
du'otri'ode [dju:ou'traioud] *n.* 双三极管.
dup = duplicate 复制(品), 副本, 重复.
du'pable ['dju:pəbl] *a.* 易受骗的.
dupe [dju:p] Ⅰ *vt.*; *n.* = duplicate. Ⅱ *vt.* 欺骗, 愚弄.
du'pery ['dju:pəri] *n.* 欺骗, 受愚弄. *fall into dupery* 受骗.
dupl = duplicate.
dupla'tion *n.* 【计】双倍一折半.
du'ple ['dju:pl] *a.* 二倍〔重〕的, 双(重)的.
du'pler *n.* 倍加〔倍增〕器, 复制人员.
du'plet ['dju:plit] *n.* 对, 偶, 电子对〔偶〕. *duplet bond* 双〔价〕键.
du'plex ['dju:pleks] Ⅰ *n.*; *a.* (成)双(的), 双重〔向, 分〕(的), 双联(式)(的), 二重〔倍, 联〕(的), 加倍(的), 复式(的), 双工(电路, 的), 可以在相反方向

同时通电讯的,复体,复式结构. II *vt.* 成双,(用)双工(制),双炼(法),用二联法(冶金). *bridge duplex* 桥接双工. *differential duplex* 差动双工. *duplex adapter* 双口接头,双口接器. *duplex alloy* 二相合金. *duplex assembly* 天线转换器,天线收发转换开关组. *duplex burner* 双路(燃油)喷嘴,双路喷嘴器. *duplex cable* 双心电缆. *duplex carburetor* 双联汽化器. *duplex cavity* 双腔谐振器. *duplex circuit* 双工电路. *duplex connection* 双工电报电路. *duplex console* 双连控制台. *duplex diode pentode* 双二极五极管. *duplex double acting pump* 双缸双动泵. *duplex feedback* 双重回授[反馈],并联反馈. *duplex feeding* 双重馈电,两路供电. *duplex fitting* 三通接头. *duplex fuel nozzle* 双联式喷油嘴. *duplex lamp* 双心灯. *duplex measurement* 复合测量. *duplex polarization antenna* 双极化波共用天线. *duplex power feed type AC commutator motor* 并联馈电整流式交流电动机. *duplex process* 双炼法,二联法,混合法. *duplex pump* 双(汽)缸泵,双动机械泵. *duplex regulator* 双效调节器. *duplex reluctance* 双磁阻[双线圈]检波器. *duplex slide rule* 两面计算尺. *duplex sound track* 双锯齿声迹,对称变极光学声迹. *duplex spread-blade* 复合双面[切割法]. *duplex steel* 双炼钢,二联钢. *duplex(ed) system* 双套[双重]系统,双工(通信)制. *duplex telegraph* 双工电报. *duplex triode* 双三极管. *duplex tube* 复合(李生)管,双单位管. *duplex winding* 并绕,复绕组. *duplex wire* 双芯导线.

duplexcav'ity *n.* ①双重空腔 ②双腔谐振器[谐振电路].

du'plexer ['dju:pleksə] *n.* 双工(机)器,收发共用天线,天线共用器,天线(收发)转换开关[装置]. *duplexer of coaxial line system* 同轴线收发转换装置. *radar duplexer* 雷达转换开关.

du'plexing ['dju:pleksiŋ] *n.* 双(工,重,向),双炼[联]法. *duplexing assembly* 天线收发转换开关[装置]. *duplexing switching system* 双工作用的转换系统.

duplex'ity [dju:'pleksiti] *n.* 二重性.

duplex-load *n.* (带有低速和高速的燃烧速度的)双重炸药.

duplex-type *a.* 双联式的.

duplexure *n.* (天线收发转换开关)分支回路.

duplicase *n.* 复制酶.

du'plicate I ['dju:plikeit] *vt.* ①加倍,重复,使成双(联式) ②使有正副两份,复写,复制(录音),转录,加誊,打印 ③重印 ④与……一模一样. II ['dju:plikit] *a.* ①二重(倍)的,双联(重,份)的,成对(双)的,复式的,复制(写)的 ③副的,抄存的,做底子的 ④完全相同的. II *n.* ①二倍,复制品(物),完全相同之物 ②可互换元(字)件,备份零件,配[备份]件 ③(双心灯)(底)本,副本 ④复制,复制品,备份文件 ④对号牌子. *duplicate arithmetic unit* 重复运算部件. *duplicate carriageway* 复线道路. *duplicate circuitry* 双工电路. *duplicate copies* 正副两份. *duplicate copy* 复(副)本. *duplicate feeder* 并联馈路,重复[并联]馈线. *duplicate ratio* 【数】二乘比. *duplicate routine* (检验穿孔纸带的)重复程序. *duplicated circuit* 双线操纵系统,重复线路. *duplicated record* 备份[复制]记录. *duplicating device* 双套[重复]装置. *duplicating of castings* 铸造法. *duplicating paper* 复写用纸. ▲*in duplicate* 双份,一式两份. *be done* [*made out*] *in duplicate* 制成正副两份(一式两份).

du'plicate-bus'bar *n.* 双母线.

duplica'tion [dju:pli'keiʃən] *n.* 加倍,成倍(双),倍增,二重,重复[叠],复制(写,印),转录,打印,复制物[品],副本. *duplication between channels* 道间一致性. *duplication check* 双重[重复]校验. *duplication formula* 倍角[倍量,加倍]公式. *duplication method* 复制法,比色滴定法. *duplication of cube* 倍立方(问题).

du'plicative ['dju:plikeitiv] *a.* 加倍的,二重的,重复的,复制的.

du'plicator ['dju:plikeitə] *n.* ①复写器,复制(印)机,二倍[倍加,倍增]器,掌模[复制]装置 ②复制者. *tape duplicator* 磁带复印机.

duplic'ity [dju:'plisiti] *n.* ①重复,二重性,互换性 ②口是心非,不诚实,欺骗.

du'plicon *n.* 复制子.

duprene (**rubber**) *n.* 氯丁橡胶.

durabil'ity [djuərə'biliti] *n.* 耐久(用)性,经(持久)性,耐(使)用期限,寿命,强度,续(耐)航力. *durability ratio* 耐久比. *durability test* 耐久(疲劳)试验.

du'rable ['djuərəbl] I *a.* 耐久(用)的,经久的,坚牢(固)的,有持久力的,有永久性的. II *n.* (pl.) 耐久(用)的物品. **du'rably** *ad.*

du'rableness = durability.

Duraflex *n.* 杜拉弗莱克斯青铜(锡 5%).

durain *n.* 暗煤.

Durak *n.* 压铸锌基合金.

dural' ['djuə'ræl] 或 **dural'ium** [djuə'ræliəm] *n.* 硬铝,坚,杜拉[铝,铝铜,铝铜锰镁合金,飞机合金. *cast dural* 可铸杜拉铝. *duralium diaphragm* 硬(笃)铝振动膜. *super dural* 超碾(超杜拉)铝. *zink dural* 含锌硬铝,含锌杜拉铝.

Duraloy *n.* 杜拉落伊铁铬合金(铬 27～30%,或 16～18%).

duralplat *n.* 锰镁合金被覆硬铝.

dural'umin(ium) = dural.

dura'men [djuə'reimen] *n.* (木材)心材,心木.

duramin *n.* 铜铝矿.

durana metal 杜氏合金,铜黄合金,杜拉纳黄铜(铜 65%,锌 30%,锡 2%,铝 1.5%,铁 1.5%).

Duranickel *n.* 杜拉镍合金(镍 93.7%,铝 4.4%,硅 0.5%,钛 0.4%,铁 0.35%,锰 0.3%,铜 0.05%).

Durapak *n.* (商品名)一种在多孔硅胶小球表面上有一层化学固定液相的担体,带化学结合相的多孔硅胶珠.

dura'tion [djuə'reiʃən] *n.* ①持续(时间),延续(生,时间),连[连,持续]续,期,久,耐用,续航(工作,飞行)时间,期间[限],波期,周期 ③宽度. *booster duration* 助推器[加速器]工作时间. *digit duration* 数字脉冲宽度,数码脉冲持续时间. *duration of fire* 射击持续时间. *duration of fight* 续航时间.

duration of heat 冶炼时间. *duration of life* 寿命，寿限. *duration of random walk* 随机游动的步数. *duration of runs* 运转时间. *duration of service* 设备使用年限. *duration of vision* 视觉持续时间，视觉暂留. *duration record* 绕航纪录. *duration response* 低频[持续时间]响应. *duration selector* 连续寻线器，持续时间选择[分离]器. *duration time modulation* 时间(宽度)调制. *full thrust duration* 全推力时间，(发动机)以最大推力工作时间. *pulse duration* 或 *duration of impulse* 脉冲宽度，脉冲持续时间. *rated duration* 额定状态工作时间. *reading duration* 读出期，读出时间. ▲ *for the duration* 在整个非常时期内. *of long duration* 长期的. *of short duration* 短期的.

dura′tive [dju:′reitiv] *a.* 持久[续]的，连续的.

durax cube pavement 或 **durax paving** 嵌花式(小方石)铺砌(路面).

durax stone block 嵌花式小方石块(3～4英寸见方，立方形).

dur′bon *n.* (来自油页岩的)一种颜料的商品名称.

durchgriff [德语] *n.* 渗透率，渗透系数，(电子管的)放大因数倒数.

Durcilium *n.* 铜锰铝合金(铜 4%，镁 0.5%，锰 0.5%，其余铝).

Durco *n.* 杜洛考合金.

dur′denite *n.* 绿铁碲矿.

durene *n.* 四甲基苯，均四甲苯，杜烯.

duress(e)′ [djuə′res] *n.* 强迫，束缚.

Durex *n.* 烧结(多孔)石墨青铜(锡 10%，石墨 4～5%，其余铜). *Durex bearing alloy* 杜里克司铅基铜镍烧结承合金. *Durex bronze* 多孔石墨青铜.

durez *n.* 一种可塑材料.

du′rian [′duːriən] *n.* 毛茛支榴莲，榴莲树.

Durichlor *n.* 杜里科洛尔不锈钢(碳 0.85%，硅 14.5%，钼 3%，锰 0.35%).

duricrust *n.* 硬壳，钙质壳.

durilignose *n.* 硬叶木本群落.

Durimet *n.* 奥氏体不锈钢(碳＜0.07%，镍 29%，铬 20%，钼 2.5%，铜 3.5%，硅 1%).

du′ring [′djuəriŋ] *prep.* ①在…的期间[时候]，当…之际 ②在…持续的过程中，在经过…的期间.

durinvar *n.* 林柯瓦镍铁铝合金.

durionise *v.* (电)镀硬铬.

duripan *n.* 硬盘.

duriron *n.* (耐酸)硅铁，(杜里龙)高硅(耐酸)钢(硅 14.5%，碳 0.8%，锰 0.35%，其余铁).

durite *n.* 一种酚-甲醛型塑料.

Durna metal 杜尔纳黄铜(锌 40%，铁 0.35%，锰 0.42%，锡 1%，其余铜).

Duro *n.* (一种表示硬度的标度)丢洛(近似于国际橡胶硬度单位 IRHD).

Duroid *n.* 杜罗发德铬合金钢，硬铝.

durolok *n.* 聚氯乙烯-酚醛塑料类粘合剂.

durom′eter [djuə′rɔmitə] *n.* (钢轨)硬度计，硬度测定器.

Duronze *n.* (化工)容器用特殊青铜，硅龙泽硅青铜.

duroquinol *n.* 杜氢醌，四甲基氢醌，四甲基对苯二酚.

duroquinone *n.* 杜醌，四甲基对苯醌.

duroscope ＝durometer.

durothermic *a.* 耐温性的.

durra [′durə] *n.* 高粱.

Durres *n.* 都拉斯(阿尔巴尼亚港口).

durum *n.* 硬粒小麦.

DUSC ＝deep underground support center 深地下支援中心.

dusk [dʌsk] Ⅰ *n.* 薄暮，黄昏，微[幽]暗. Ⅱ *v.* (使)变微暗[黑]，近黄昏. Ⅲ *a.* 微暗的，微黑色的.

dusk′ily *ad.* 微暗[黑].

dusk′iness *n.* 微暗[黑].

dusk′y [′dʌski] *a.* 微[阴]暗的，带[暗，黑]黑的.

dust [dʌst] Ⅰ *n.* ①(灰，微，粉，烟)尘，尘埃[土]，灰(砂)(粉(末，剂)，(分型，药)粉，(粉)屑，尘土，金矿粉末，打扫灰尘，撒粉末 ③垃圾. Ⅱ *v.* ①(清)除(灰)尘 ②起[集]尘 ③把…弄成粉末 ④涂[敷，喷，撒]粉(于…上). *airborne dust* 飞[悬浮]尘. *carbon dust* 碳渣[尘]. *crop dusting* 浮荻. *diamond dust* 金刚砂. *dust absorption* 吸尘. *dust arrestor* 吸尘器. *dust bowl* 风沙[尘旋]中心. *dust cap* 防尘盖. *dust chamber* 集[除]尘室. *dust collector* 集(吸)尘器，采尘器. *dust core* (模制，磁性)铁粉芯，压粉铁(磁)芯. *dust cover* 防尘罩，护封. *dust devil* 小尘暴，尘旋风. *dust extractor* 除尘器. *dust figure* 粉像，粉末图形. *dust gauze* 滤灰网. *dust guard* 防尘板(罩，设备). *dust gun* 手摇喷粉器(枪). *dust hood* 吸[集]尘罩. *dust keeper* 防尘装置，集尘器. *dust laden* 充满尘埃的. *dust laying* 防(灭，止)尘的. *dust minder* 防尘指示装置. *dust palliative* 灭(减)(尘)剂. *dust pan* 畚箕. *dust prevention* 防尘(措施). *dust seal* 防尘圈. *dust shot* 最小号子弹. *dust storm* 尘暴. *dust stop* 防尘(器). *dust trap* 除[集]尘器. *dust wiper* 除(防)尘器. *dusting rolls* 擦光辊. *file dust* 锉屑. *radioactive dust* 放射性尘埃. ▲ *dust on* 涂粉. *dust M on to N* 把 M 撒在 N 上. *dust M with N* 撒 N 于 M 之上，在 M 上撒 N.

dust-allevia′tion *n.* 减尘(工作).

dust′ball *n.* 尘球，尘炭流星.

dust′band *n.* (表的)防尘带.

dust′bin *n.* (吸)尘箱，垃圾箱.

dust′-borne *a.* 尘埃传播的.

dust′collector *n.* 吸(收)尘器.

dust′-colo(u)r *n.* 灰褐色.

dust-devil *n.* 小尘暴，尘旋风.

dust′-dry *n.* 脱尘(不沾尘)干燥.

dust′er *n.* ①除[集，吸]尘器，除[集]尘机，喷(洒)粉器 ②打扫灰尘的人 ③抹布，掸子，避尘衣，风衣.

dust-fan *n.* 抽尘(风)扇.

dust′-fast *a.* 耐尘的.

dust′-firing *n.* *a.* 粉末燃料发火，粉末燃烧的.

dust′-free *n.* 无(灰)尘的，无灰的.

dust′heap *n.* 垃圾堆.

dust′ily *ad.* 满是灰尘地，尘土一样地.

dust′iness *n.* 尘污，污染度，成(灰，土)尘性.

dust′ing *n.* 除尘，掸灰，撒粉，抖炭黑，(船在暴风时)颠簸，踹跛.

dust′ing-on *n.* 涂粉.

dust′-laden *a.* 含尘的.

dust′less *a.* 无(灰)尘的，无灰的. *dustless screenings*

无灰石屑.
dust'like *a*. 尘(粉)状的.
dust'man ['dʌstmən] *n*. 清道工.
dust'off *n*. 救伤直升飞机.
dust'pan *n*. ①在450～600MHz频率范围内自动[人工]调频的超外差接收机 ②畚[簸]箕.
dust-precipitator *n*. 收尘器.
dust'-proof *a*. 防尘的. *dust-proof machine* 防尘式电机.
dust'road ['dʌstroud] *n*. 乡村道路,村路.
dust-settling compartment 〔或 **chamber**〕降尘室.
dust'-shower *n*. 尘雨.
dust'-storm *n*. 尘暴,大灰尘.
dust'-tight *a*. 防尘的.
dust-well *n*. 尘穴.
dust-whirl *n*. 尘旋.
dust'y ['dʌsti] *a*. ①尘灰的,多尘的,含尘的,满是〔覆有〕灰尘的,粉〔末〕状的,灰蒙蒙的 ②含糊的.
Dutch [dʌtʃ] Ⅰ *a*. 荷兰(人,语,制,式)的. Ⅱ *n*. 荷兰人(语). *Dutch brick* (荷兰式)炼砖,高温烧结砖. *Dutch butter* 人造奶油. *Dutch cleanser* 去垢粉. *Dutch cone sounding* 荷兰圆锥触探法. *Dutch door* 上下两部分可各自分别开关的门. *Dutch gold* 荷兰金(锌<20%,其余铜). *Dutch liquid* 荷兰液,二氯化二烷. *Dutch metal* 荷兰合金,荷兰黄铜(锌12～20%,其余铜). *Dutch ocher* 铬黄及白垩. *Dutch pewter* 荷兰白(铜10%,锑9%,锡81%). *Dutch telescope* 荷兰式望远镜(把凸镜作对物镜,凹镜作接眼镜). *Dutch tile*(荷兰式)釉砖,饰瓦. *Dutch white* 荷兰白(一种颜料). *Dutch white metal* 白色饰用合金(锡81%,铜10%,锑9%). ▲*double Dutch* 无法了解的语言,莫明其妙的话.
Dutch'man ['dʌtʃmən] *n*. 荷兰人(船),(除芬兰外)北欧各国的海员. *Dutchman's log* 抛木块计算航速法.
dutch'man *n*. 补缺块,接缝处塞孔补缺的木块.
du'tiable ['djuːtiəbl] *a*. 应付关税的,应征税的,有税的.
du'tiful ['djuːtiful] *a*. 尽职的,尽本分的.
du'ty ['djuːti] *n*. ①义(任,职,勤)务,本份,责任,运行,工作(制度,状态,方式,规范),作用范围 ②负载〔荷〕,本领,生产量(率),功用(能)〔功(率),能(效)率 ④(关)税. *air duty* 空勤. *continuous duty* 持续〔连续〕负载,连续工作状态,连续使用. *customs duties* 关税. *duties on imported goods* 商品进口税. *duty cycle* 工作〔负载〕循环,负载周期,荷周,频宽比,脉冲保持时间与间歇时间之比,有荷〔占空〕因数,占空比〔忙闲〕度,忙闲因数,充填系数,智载率. *duty cycle capacity* 断续负载容量. *duty factor* 占空因数〔系数〕,利用因数,效率系数,脉冲荷周比. *duty horse power* 报关马力,有效马力. *duty of pump* 泵的效率. *duty plate* 性能标志板. *duty ratio* 负载〔通〕率,能量比,(脉冲)平均功率对巅值功率的比,占空率,占空因数〔系数〕. *duty water* 保证(供水)的流量. *evaporative duty* 蒸发率. *heavy duty* 重负载(的),重负载,繁重工作制(度). *light duty* 小功率工作状态,轻负载. *operating duty* 工作负载〔状态〕,操作规程〔制度〕. *periodic duty* 周期负载〔状态〕,循环工作
〔使用〕. *specific duty* 单位生产量,单位功率工作能力. *starting duty* 起动功率,扮演…角色,起…作用. *off duty* 下班. *on continuous duty* 连续工作〔使用,操作〕时,*on duty* 上班,值班〔勤〕. *take one's duty* 替代…的工作.
duty-cycle *a*. 工作循环的. *duty-cycle capacity* 断续负载容量. *duty-cycle operation* 循环工作〔使用〕. *duty-cycle rating* 反复使用〔循环工作〕定额,额定荷周比.
duty-free *a*. ; *ad*. 免〔无〕税(的).
duty-paid *a*. 已纳税的.
duxite *n*. 亚techn碳树脂,杜克炸药,杜克煤炸.
dv = ①device ②double vibrations 双振动.
DV wire 低压乙烯绝缘电线.
D-value *n*. 差值(真实高度减去气压高度之代数差).
D-variometer *n*. 偏角磁变仪.
DVB = divinylbenzene 二乙烯基苯.
dvi- 〔词头〕类,似,第二的.
dvicesium *n*. 类铯,钫,Fr.
dviman'ganese *n*. 类锰,铼,Re.
dvitellurium *n*. 类碲,钋,Po.
DVL = 〔德语〕Deutsche Versuchsanstalt für Luftfahrt 德国航空研究所.
DVM = ①digital voltmeter 数字式电压表 ②discontinuous variational method 不连续变分法.
DVM impact specimen 西德标准DIN中规定的DVM(西德材料试验协会)复比冲击试样.
DVOM =digital volt-ohmmeter 数字伏欧计.
DVR =discharge voltage regulator 放电调压器,放电稳压器.
DVS =dynamic vacuum seal 动态真空密封.
DVST =direct view storage tube 直观存储显像管.
DVTL =dovetail 鸠尾,燕尾,楔形榫.
DW = ①developed width 发展的宽度 ②distilled water 蒸馏水 ③double wall 双重墙〔壁〕④double weight 双倍重 ⑤drinking water 饮水 ⑥drop wire 用户引入线.
dw = ① dead weight 静载荷,静重 ② delivered weight 交货重量 ③ drop weight 落锤重量 ④ dry weight 干重 ⑤ dust wrapper 防尘罩,防尘套.
dwang *n*. 转动杆,大螺帽扳手.
dwarf [dwɔːf] Ⅰ *n*. 矮子,矮小的东西,矮星,萎缩病,侏儒,矮小的动物或植物. Ⅱ *a*. 矮〔短〕小的,矮生的. Ⅲ *v*. 变矮小,(相形之下)使显得矮〔小〕,使用形见绌,使萎缩. *dwarf elm* 白榆. *dwarf nova* 矮新星. *dwarf signal* 小信号,小型信号机. *dwarf wall* 桥台台帽,前缘的矮墙.
dwarf'ish ['dwɔːfiʃ] *a*. 比较矮〔短〕小的.
dwarf'ism *n*. 侏儒症,侏儒状态,矮型〔态〕.
DWC =deadweight capacity (总)载重吨位.
DWDI =drawing die 拉(丝)模.
dwell [dwel] Ⅰ (*dwelt, dwelt*) *vi*. ①(居)住(at, in, on) ②细想〔谈〕,评论,详述,详细研究(on) ③延长,停止(保持最大的压力)压(力). Ⅱ *n*. ①(加工中)无运动的时间,机器运转中有规则的小停顿,闭锁〔闭模〕时间,停止,静态 ②保(持最大的压

塑[压(力)③(凸轮曲线的)同心部分. *dwell time* 停留[延迟]时间. ▲*dwell on* [*upon*]详细讨论[研究],细想[谈].

dwell'er ['dwelə] *n*. 居住者,居民.

dwell'ing ['dweliŋ] *n*. ①居住,住房[处所,寓所] ②停止,保压. *dwelling district* 居住区. *dwelling house* 住宅. *dwelling period* 停止周期. *dwelling unit* 居住单位.

dwelling-house *n*. 住宅,屋子.

dwelling-place *n*. 住所[处,址].

dwelt dwell 的过去式和过去分词.

Dwg 或 **dwg** = drawing 图纸,草图.

DWICA = deep water isotopic current analyzer 深海同位素海流分析仪.

Dwight-Lloyd (sintering) machine 带式(直线)烧结机.

dwin'dle ['dwindl] *v*. ①减(变,缩)小,减少,衰落,退化 ②失去意义. ▲*dwindle away into* 减到. *dwindle away into nothing* 减少到零,化为乌有. *dwindle down to*…缩减到. *dwindle from M to N* 从 M 减少到 N. *dwindle into* 缩小成.

dwl = dowel 暗榫,合缝钉.

DWR = dry weight rank method 干重分级法.

dws = double wound silk 双丝包的.

DWT = ①deadweight 自(静)重 ②deadweight tonnage(总)载重吨位.

dwt = ①deadweight ton(s)(总)载重吨位 ②pennyweight (also pwt)(英国金衡,等于 1/20 盎斯)本尼威特(亦即 pwt).

DWTT = drop weight tear test 落重扯裂试验.

DX = ①distance(长)距离,远距离(播送) ②distance reception or transmission 远距离接收或发送 ③distant 长距离的 ④distant exchange 远距交换 ⑤duplex 双工(电报),双向(通信),双的,二重的.

DXD = duplex dial 双工拨号盘.

dxing *n*. 远距离高接收.

Dy = dysprosium 镝.

dy = duty.

dy'ad ['daiæd] Ⅰ *n*. ①二,(一)双,(一)对 ②二数,并矢(量),并向量,二元一位,二分体,二价元素,二价基 ③双边对话(会谈,关系). Ⅱ *a*. 二价(数)的. *dyad system* 二氯系,1-2系.

dyad'ic [dai'ædik] Ⅰ *a*. 二(价元)素的,二数(进)的,二重(对称)的,二元的,双值的. Ⅱ *n*. 并矢式,并向量,双积. *anti-symmetric dyadic* 反对称并矢式,反对称的二度张量. *dyadic formula* 二元(双向)公式. *dyadic numbers* 二进(二元)数. *dyadic of strain* 应变并矢式. *dyadic of stress* 应力并矢式. *dyadic operation* 双值(二元,两个运算对象)操作,双值(二元,并矢)运算. *dyadic system* 双值运算系统,二进位数制.

dyas *n*. 二叠纪.

dy'aster ['daiəstə] *n*. 双星(体).

DYB = dynamic braking 动力制动.

dybarism *n*. 气压痛症.

dycmos = dynamic C MOS 动态互补金(属)氧(化物)半导体(器件).

dye [dai] Ⅰ *v*. 染(色),着色. Ⅱ *n*. 染料(液,剂,色),合配色. *dye cell* 染料盒. *dye check* 着色检查[探伤]. *dye gigger* 精染机. *dye laser* 染料激光器. *dye strength* 染料浓度. *dyed gasoline* 着色汽油,乙基化汽油. ▲*dye in (the) grain* [*wool*]生染,使染透. *dye well* [*badly*]好(不好)染. *of (the) deepest dye* 彻头彻尾地.

dyeabil'ity [daiə'biliti] *n*. 可染性,染色性[度].

dye'able ['daiəbl] *a*. 可染色的.

dyed-in-the-wool *a*. 道地的,纯粹的,彻头彻尾的,十足的.

dye-house *n*. 染坊[厂,间组].

dye'ing ['daiiŋ] *n*.; *a*. 染色(法的,工艺),着色(的),染业. *dyeing ability* 着色力,上染性能. *dyeing of piece* 单件染色.

dye'jigger *n*. 卷染机,染缸.

dye'making *n*. 染料制造.

dy'er ['daiə] *n*. 染色(工作)者,染色工(人).

dye-sensitized *a*. 染色敏化的.

dye'-stuff 或 **dye'ware** *n*. 染(颜)料,着色剂.

dye'-works *n*. 染坊.

DyIG = dysprosium iron garnet 铁柘榴石.

dy'ing ['daiiŋ] I die 的现在分词. Ⅰ *a*.; *n*. 快(垂)死的,临终(的),濒于灭亡(的),快熄灭的,快完结的. ▲*dying out* 死去,衰灭(减),消失.

dying-out 衰减(灭),消失.

dyke = dike.

Dymaz *n*. 压铸锌合金发黑处理.

Dymerex *n*. 聚合松香(商品名).

DYN = ①dynamic 动力(态)的 ②dynamics(动)力学 ③dynamo(直流)发电机 ④dynamotor 电动发电机,旋转换流机 ⑤dyne 达因.

dyna *n*. = dynamite 硝化甘油炸药.

dynactinom'eter [dainækti'nɔmitə] *n*. 光力(度)计.

dynad *n*. 原子内(的力)场.

dy'naflect(or) ['dainəflekt(ə)] *n*. 动弯(试验),动力弯沉(测定仪).

Dyna-Flex machine 动力弯沉仪.

dy'naflow ['dainəflou] *n*. 流体动力(传动). *dynaflow drive* 毕克汽车自动传动装置(由流体扭力变换机,行星齿轮装置及直接普通离合器构成).

dy'naform *n*. 同轴转换开关.

Dy'naforming *n*. 金属爆炸成形法.

dy'nafuel ['dainəfjuəl] *n*. 一种飞机用燃料.

dy'nagraph ['dainəgrɑːf] *n*. 验轨器.

dy'nalysor ['dainəlaizə] *n*. 消毒喷雾器.

dynam = dynamics(动)力学.

dy'namax ['dainəmæks] *n*. 镍钼铁合金,戴纳马克薄膜磁心材料(一种磁赐定向的软磁性材料,镍 65%,铁 33%,钼 2%).

dynam'eter [dai'næmitə] *n*. 测力计,肌力计,扩力器,倍(放大)率计,望远镜放大率测定器,镜筒出射光瞳测定器.

dynam'ic [dai'næmik] Ⅰ *a*. ①动力(学)的,动(态)的,(不停)变化的,电动的,电动力的,高效能的,生气勃勃的,生动的,精悍的,潜力很大的. Ⅱ *n*. (原)动力,动态. *dynamic allocation* 动态存储分配. *dynamic allocator* (内存)动态分配程序. *dynamic analyzer* 动态飞行模拟装置. *dynamic balance* 动(力,态)平衡. *dynamic braking* 发电制动(电动机切断电源后利用短路涡流阻尼). *dynamic coil* 动圈.

dynamic consolidation 动力夯实法,动力固结(法). *dynamicconvergence* 动态会聚〔聚焦,聚束〕. *dynamic coupler* 电动式耦合腔. *dynamic current* 动态电流,持续电流〔避雷器放电后输电线流过的电流〕. *dynamic curve* 动态特性曲线. *dynamic damper* 消振器,动力阻尼器. *dynamic deflection* 冲击〔荷载产生的〕挠度,电动偏转. *dynamic digital torque meter* 动力数字转矩计. *dynamic drive* 电动激励,电驱动. *dynamic electricity* 动电(学). *dynamic equilibrium* 动态平衡. *dynamic flip-flop* 无延迟双稳态多谐振荡器,动态〔无延迟〕触发器. *dynamic focusing control* 动态〔自动〕聚焦调整. *dynamic force* 动力. *dynamic gate* 〔计〕(电路)动态门. *dynamic hardness* 冲击硬度. *dynamic head* 动力水头. *dynamic horsepower* 指示〔传动,净,实〕马力. *dynamic loading* 程序动态装入. *dynamic loud-speaker* 电动(式)扬声器,动电喇叭. *dynamic memory* 动态〔循环〕存储器. *dynamic meter* 测力计. *dynamic microphone* 动圈〔电动〕式话筒,电动送话器,电动式传声器. *dynamic oil-damper* 油液吸振装置. *dynamic pick-up* 电动〔动圈〕拾声器,动态传感器. *dynamic porosity* 有效〔动态〕空隙率. *dynamic pressure* 动压力〔强〕,冲击压力. *dynamic receiver* 电动式受话器. *dynamic resonance* 动态〔瞬态〕措振,动态响应反应. *dynamic response computation* 频率特性测定. *dynamic seal* 动密封. *dynamic stiffness* 动力劲度,动态稳定度. *dynamic stop* 动态停机. *dynamic stress* 动力应力. *dynamic suction lift* 动态吸入高度. *dynamic suspension* 可缓冲〔非刚性〕支承法,动态悬置〔悬浮〕. *dynamic system* 动力〔动态〕系统,动力制,脉冲制. *dynamic temperature correction* 温差改正. *dynamic tube constant* 电子管动态常数〔恒量〕. *dynamic water pressure* 动水压力. *dynamic wind rose* 风力风向动力图〔风力玫瑰图〕.

dynam'ical *a.* = dynamic. ~ly *ad. dynamical magnification* 动力扩大系数. *dynamical stability* 动力稳定度. *dynamically balanced* 动平衡的. *dynamically coupled* 动力耦合的.

dynamicizer *n.* 动态转换器,并-串联变换器,动化器.

dynam'ics [dai'næmiks] *n.* 动力学,(原)动力学,动态(特性). *flow* 〔*fluid*〕*dynamics* 流体动力学. *rigid dynamics* 刚体力学. *tactical problem dynamics* 从战术要求考虑动力问题. *vital dynamics* 生活动力学.

dy'namism ['dainəmizm] *n.* 动力说,动力病原论.

dy'namite ['dainəmait] Ⅰ *n.* 黄色〔胶质,硝化甘油〕炸药,具有爆炸性的事〔物〕. Ⅱ *v.* (用炸药)炸毁,爆破,使完全失败. **dynamit'ic** *a.*

dynamite-laden *a.* (局势)充满爆炸性的.

dynamitron *n.* 高频高压加速器.

dynamiza'tion [dainəmi'zeiʃn] *n.* 稀释增效法.

dynammon *n.* 硝铵-炭炸药.

dy'namo ['dainəmou] *n.* (直流)(发)电机,电动机,数字模拟程序. *compound* (*wound*) *dynamo* 复绕〔复激发〕电机. *dynamo exploder* 点火机. *dynamo output* 发电机(功率)输出. *dynamo* (*steel*) *sheet* 电机硅钢片. *motor dynamo* 电动直流发电机. *self-excited dynamo* 自激电机. *shunt* (*wound*) *dynamo* 分绕(并励发)电机.

dynamo- 〔词头〕(动力),力,量.

dynamobronze *n.* 特殊(耐磨,耐蚀)铝青铜(铝 9.5~10.5%,镍 4~6%,铁 4~6%,锌~0.5%,其余铜).

dy'namo-chem'ical *a.* 动力化学的.

dy'namo-elec'tric *a.* 电动(力)的,机电的,机械能转变成电能的,电能转变成机械能的. *dynamo-electric machine* (电动发)电机.

dynamofluidal 动力流动〔流理〕.

dynamogen'esis [dainəmo'dʒenisis] *n.* 能量〔力量〕之生成,动力发生.

dynamogen'ic *a.* 动力发生的,生力的.

dynamog'eny [dainə'mɒdʒini] *n.* 动力发生.

dy'namograph ['dainəmogra:f] *n.* 动力自计器,自动记(录测)力计,肌力描记器,握力计.

dy'namometamor'phic *a.* 动力变质的.

dy'namometamor'phism *n.* 动力变质(作用).

dynamom'eter [dainə'mɒmitə] *n.* 测(力,量,肌)力计,拉力表,功率计,(电力)测功器,电力测功仪. *belt dynamometer* 传动式测力计. *brake dynamometer* 轮缘〔切〕测力计(功率器,测功器),制动测功仪. *dynamometer for stretching the tape* 张力功率计. *electric dynamometer* 电测功仪,电功率计,双流作用计. *hydraulic dynamometer* 液压测力(功)器,水力测功器. *squeeze dynamometer* (手)握力计.

dynamometer-type instrument 电动式〔测力计式〕仪表.

dynamometer-type multiplier 电动式〔电测力计式〕乘法(运算)器.

dynamomet'ric [dainəmo'metrik] *a.* 测(力)力的.

dynamom'etry [dainə'mɒmitri] *n.* 测力(功)法,计力法,肌力测定法,测力计.

dyna(mo)motor *n.* 电动发电机.

dynamopath'ic *a.* 官能的,机能性的,影响机能的.

dynamophore *n.* 能源.

dynam'oscope [dai'næməskoup] *n.* 动力测验器.

dynamos'copy [dainə'mɒskəpi] *n.* 动力测验法.

dynamo-thermal *a.* 动热的.

Dynapak method 高速冲锻锻造法.

dynap'olis [dai'næpəlis] *n.* 沿交通干线有计划地发展起来的城市.

dynaquad *n.* 三端开关器件.

dynas'tic(al) [di'næstik (əl)] *a.* 王朝的,朝代的.

dyn'asty ['dinəsti] *n.* 王朝,朝代.

dy'natron ['dainətrɒn] *n.* (打象)负阻管,四极管子.

Dynavar *n.* 戴纳瓦尔合金(定弹性系数合金,精密机械弹簧用材料).

dyne [dain] *n.* 达因(力的单位,等于 10-5N,使一克质量产生每秒每秒一厘米加速度).

dynemeter ['dainmitə] *n.* 达因计.

dynetric balancing 电子平衡法.

dy'nistor *n.* 一种非线性半导体,二极管开关元件,负阻晶体管.

DYNM =dynamotor 电动发电机.

DYNO =dynamometer 测力计,功率计.
dy′node ['dainoud] n. 倍增(器,管)电极,二次放射极,打拿(中间)极. *dynode spot* 打拿极斑点,倍增管极上的斑点. *dynode system* 倍增系数.
dyon n. 双荷子. *dyon charge* 双子բ.
dyonium n. 双荷子偶素.
dy′otron ['daiətrən] n. 超高频振荡三极管,微波三极管.
dys- 〔词头〕恶化,不良,困难,障碍,疼痛.
dysacousis n. 听觉不良.
dysacousma n. 听觉不适.
dysanalite 或 **dysanalyte** n. 钙铌钛矿.
dysarteriot′ony [disɑ:tiəri'ɔtəni] n. 血压正常.
dysbar′ism [dis'bærizm] n. 体内外压力差症状,气压病.
dysbio′sis n. 生态失调.
dysbolism n. 代谢障碍.
dysbolismus n. 代谢障碍.
dys′chroa n. 皮肤变色,脸色不佳.
dyschronous a. 不合时的.
dyscine′sia [dissai'ni:siə] n. 运动障碍(困难).
dyscoime′sis [diskɔi'mi:sis] n. 睡眠困难.
dyscras(it)e 或 **dyserasite** n. 锑银矿.
dyscrys′talline n. 不良结晶质.
dysecoi′a [dise'kɔiə] n. 听觉不良,听音不适.
dysendocrinism n. 内分泌功能障碍,内分泌器官病.
dysente′ria n. 痢疾.
dysenteriform a. 痢疾样的.
dys′entery ['disəntri] n. 痢疾.
dysequilib′rium [disikwi'libriəm] n. 平衡失调.
dysesthe′sia [dises'θi:ziə] n. 感觉迟钝,触物感痛. *auditory dysesthesia* 听觉不良,听音不适.
dysesthet′ic a. 感觉迟钝的,触物感痛的.
dysfibrinogene′mia n. 异常血纤维蛋白异血.
dysfunc′tion n. 机能障碍.
dysgammag′obuline′mia n. 异常γ球蛋白血.
dysgen′ics [dis'dʒeniks] n. 种族退化学,劣生学.
dysgra′phia [dis'greifiə] n. 书写困难.
dyshematopoiesis n. 造血不良(不全).
dyshepatia n. 肝功能障碍.

dyslipoproteinemia n. 异常脂蛋白血.
dysmet′ria n. 辨距不良〔障碍〕.
dysmne′sia n. 记忆障碍.
dysod′ia [di'sɔdiə] n. 臭气.
dysontogen′esis n. 发育不良〔障碍〕.
dysorexia n. 食欲障碍〔不振〕.
dysepep′sia n. 消化不良.
dyspepsodyn′ia [dispepsɔ'diniə] n. 消化不良性痛,胃痛.
dyspha′sia [dis'feiziə] n. 语言困难.
dysphe′mia [dis'fi:miə] n. 口吃,讷吃.
dyspho′nia [dis'founiə] n. 发音困难.
dyspho′ria [dis'fouriə] n. (烦躁)不安,焦虑.
dysphor′ic a. (烦躁)不安的,焦虑的.
dyspho′tia [dis'foufiə] n. 视力不佳.
dysphra′sia [dis'freiziə] n. 难语症,言语困难.
dyspla′sia n. 发育异常〔不良〕.
dysplas′tic a. 发育(结构)异常的,发育不良的.
dyspn(o)e′a n. 呼吸困难. **dyspn(o)e′ic** a.
dyspon′deral a. 重量异常的.
dyspro′sia n. 氧化镝.
dyspro′sium [dis'prousiəm] n. 【化】镝 Dy. *dysprosium bromide* 溴化镝.
dysprotid n. 给质〔体(酸)〕.
dyssophot′ic a. 弱光的.
dystec′tic a. 高熔(点)的.
dysthym′ia [dis'θimiə] a. 心境恶劣.
dystim′bria [dis'timbriə] a. 音色不良.
dystomic n. 不完全劈〔裂〕开.
dysto′pia [dis'toupiə] n. ①异位,错位 ②非理想化的地方〔局面〕.
dystroph′ic a. 营养贫乏的(水体),营养不良的.
dystrophica′tion n. 河湖污染.
dys′trophy ['distrəfi] n. 营养不良,萎缩.
dys′tropy ['distrəpi] n. 行为异常.
Dywidag system 德国一家公司所采用的一种锚固预应力混凝土中粗钢筋的方法.
DZ =drop zone 空投〔伞降〕地域.
dz =dozen 一打.

E e

E [i:] E 字形.
E = ①earth 地,接地 ②east 东 ③electric field intensity 电场强度 ④electric tension 电压 ⑤electromotive force 电动势 ⑥emergency 紧急,应急 ⑦emery 金刚砂 ⑧emmetropia 折光正常,正视眼 ⑨empty 空,缺乏,欠缺 ⑩energy 能(量) ⑪English 英语,英国(人)的 ⑫exa (计量单位)艾克(萨),穰,10^{18} ⑬experimenter 实验者 ⑭eye 眼 ⑮modulus of elasticity 弹性模量〔系数〕.
e = ①efficiency 有效系数,效率 ②elasticity 弹性 ③electron 电子 ④electric charge 电荷 ⑤equivalent 当量,相当的,等价的 ⑥error 误差 ⑦exponential 指数(的).
E and OE =errors and omissions excepted 错漏不在此限.
E by N =east by north 东偏北.
E by S =east by south 东偏南.
E long =east longitude 东经.
E register =extension register 扩充寄存器.
EA = ①each 每个 ②earth 地,接地 ③easy magnetization axis 易磁化轴 ④enemy aircraft 敌机 ⑤energy absorption 能量吸收.
EAA = ①Engineers and Architects Association 工

程师与建筑师协会 ②essential amino acid 必要氨基酸.

EAC = ①electro arc contact machining 接触放电加工 ②energy absorption characteristics 能量吸收特性.

each [i:tʃ] *a.*; *ad.*; *pron.* 各(自),各个(地),每(个). *each of the contracting parties* 缔约各方. *Each has his merits.* 各有所长. *There is a tower on each side of the river.* 河两边各有一座塔. *Krypton and tin have 19 isotopes each.* 氪和锡各有 19 种同位素. ▲*(be) equal each to each* 彼此相等. *each and every* 〔all〕每一个(都),一切(全都),各个(都),分别(都),彼此(全都). *each other* 相互,彼此. *each time* 每次,每当...(的时候).

ead = eadem (ና) 同样.

EAD = ①electro arc depositing 放电涂覆处理 ②equilibrium air distillation 平衡的空气蒸馏.

EAEC = European Airline Electronic Commission 欧洲航空公司电子委员会.

EAES = European Atomic Energy Society 欧洲原子能学会.

EAF = effective attenuation factor 有效衰减系数.

ea'ger ['i:gə] *a.* 热心〔切〕的,渴望的,急欲. ▲*be eager for* 〔after, about〕渴望〔求〕,争取. *be eager in* 热心于. *be eager to* + *inf.* 渴望,急于想. ~*ly ad.*

ea'gerness *n.* 热心,渴望. ▲*be all eagerness to* + *inf.* 一心想(做),渴望(做).

ea'gle ['i:gl] *n.* ①鹰(徽) ②飞机雷达投弹瞄准器,高鉴别力雷达炸瞄准仪. *eagle antenna* 摆动射束天线. *eagle scanner* 飞机雷达投弹瞄准器扫探装置.

eagle-eyed *a.* 眼光敏锐的.

eagre [eigə] *n.* 潮水上涨,涌潮,涛.

eakinsite *n.* 块辉锑铅矿.

EAL = ①Eastern Air Lines (美国)东方航空公司 ②Ethiopian Airlines 埃塞俄比亚航空公司.

EAM = ①electric accounting machine 电动计算机 ②engineering administration manual 工程管理手册.

EAN = ①effective atomic number 有效原子序数 ②equivalent atomic number 当量原子序数.

EANDOE = errors and omissions excepted 错误与遗漏除外.

EAON = except as otherwise noted 除另有通知〔说明〕外.

EAP = equivalent air pressure (当量)空气压力.

EAPL = engineering assembly parts list 工程装配零件单.

EAR = ①engineering analysis report 工程分析报告 ②experimental array radar 实验雷达阵.

ear [iə] *n.* ①耳(朵,状物) ②吊耳(架,钩),夹头,(支撑)环,把手,(针,入)孔,口,(辐射方向图)瓣 ③(pl.)耳子(板材或带材的端部缺陷) ④外轮胎,裙状花边,花槽 ④听觉(力) ⑤穗 ⑥报角(报纸封面页顶端角上印广告的位置). *acute ear* 急性中耳炎. *adjusting ear* 拉线用复滑轮. *dog's ears* (轧件表面上的)结疤. *ear canal type earphone* 耳塞. *ear cup* 耳机. *ear defender* 护耳器. *ear emergence* 抽穗期. *ear microphone* 耳塞式传声器. *ear muffs* 耳机橡皮套〔缓冲垫〕,减噪耳套. *ear piece* 耳机,耳杯,听筒,受话器盖. *ear protector* 听力防护器. *ear receiver* 耳塞听筒,头戴式受话器. *splicing ear* 连接端子. *telephone ear* 电话耳机. ▲*be all ears* 专心倾听. *catch* 〔*fall on*〕*one's ears* 听得见. *close* 〔*stop*〕*one's ears* 拒听,完全不听,对…充耳不闻. *give ear to* 注意,倾听,侧耳静听. *go in* 〔*at*〕*one ear and out* 〔*at*〕*the other* 左耳进右耳出,当作耳旁风. *have* 〔*gain, win*〕*one's ears* (在意见、看法等方面)得到某人的注意听取和接受. *lend an ear to* 倾听. *turn a deaf ear to* 对…根本不听〔置若罔闻〕. *up to the ears in work* 工作极繁忙.

ear'ache *n.* 耳痛.

ear'-drops *n.* 滴耳药.

ear'drum ['iədrʌm] *n.* 鼓膜,中耳.

eared [iəd] *a.* 有耳的,有捏把的.

ear'ful [iəful] *n.* 惊人〔重大〕消息.

EARI = equipment acceptance requirements and inspections 设备接收的要求与检验.

ear'ing ['iəriŋ] *n.* ①压延件上边的凸耳 ②耳索 ③出耳子,抽穗, (板材深冲时引起的(裙状)花边.

earlandite *n.* 水柠檬钙石,水柠檬钙石.

ear'less ['iəlis] *a.* 无耳的.

ear'lier ['əːliə] *a.*; *ad.* early 的比较级. *as described earlier in this chapter* 如本章前面所述. *earlier stage* 前一〔较早一〕级.

earlierise ['əːliəraiz] *vt.* (比原定日期)提前做.

ear'liest [əːliist] *a.*; *ad.* early 的最高级. *earliest expected date* 最早预计日期.

ear'liness ['əːlinis] *n.* 早(期),早熟性.

ear'ly ['əːli] (*ear'lier, ear'liest*) *a.*; *ad.* 早(期,先),初(期),原始的,旧的,及早. *in the early part of the 20th century* 在二十世纪初叶. *to the early 1980's* 到〔二十世纪〕八十年代初期. *Early Bird* 晨鸟(国际同步商用通信卫星),脱靶火箭. *early bird encounter* 早到导弹的交会. *early detonation* 过早爆燃. *Early effect* 厄雷效应. *Early effect feedback capacitance* 电板反馈电容. *Early equivalent circuit* 厄雷型等效电路. *early flight interception* 初始段截获. *early gate* 前闸门(电路),早期波门. *early growth* 早期生长,幼年生长. *early launch phase* (导弹)初始段. *early maturing* 早熟品种. *early maturity* 早熟(性). *early model* 旧〔初期,原始〕型号. *early pulse* 前限踪门脉冲,前波门. *early ripeness* 早熟(性). *early start date* (作业的)最早起始日期. *early strength* 〔*setting*〕 *cement* 早凝水泥,快硬水泥. *early target information* 预警目标数据. *early warning* 事先警告. *early warning radar* 预警雷达,远程(搜索)警戒雷达. ▲*as early as* (1921) 早在(1921年)起. *at an early date* 不日,不久,在最近期间. *earlier on* 先前,初期,在较早的时候,在更早一些时候. *early and late* 由清早到深夜. *early in life* 年轻时. *early in* (*May*) 在(五月)初. *early or late* 迟早,早晚.

early-late gate 前后波门,前后选通门.

early-teen-ager n. 少年(13～14岁).

early(-)warning a. 预警,远程警戒的,远距搜索的. *early-warning radar* 预警雷达,远程警戒〔远距搜索〕雷达. *early-warning station* 远程警戒〔远距搜索〕雷达站.

ear'mark ['iəma:k] Ⅰ n. 记号,标记,特征,(牲口)耳号. Ⅱ vt. 弄[打]上记号,指定…的用途(for). *earmarked tax* (在路上通行的)牲口税,附加税.

earn [ə:n] v. 赚〔挣,博,赢,应〕得,使…获得,给…带来. *earn the reputation for* 博得…的名声. ▲*earn one's living* [livelihood] 谋生.

ear'nest ['ə:nist] Ⅰ a. ①认真的,勤勤恳恳的,热切的,诚挚的,坚决的 ②真实的,重大的,要紧的. *make an earnest request for help* 迫切要求帮助.
Ⅰ n. ①保证[金],定金 ②预示[兆] ③真实,实在,认真诚挚. ▲*in earnest* 认真地,真正地. *in good* [*real*] *earnest* 非常认真地,真心实意地,真的. ~ly ad. ~ness n.

earnest-money n. 保证金.

earn'ing ['ə:niŋ] n. ①赚,挣 ②(pl.)所得,工资,薪金,收入[盈],报酬 ③利润. *earning capacity* 生产能力,利润率. *gross earnings* 总收入.

EAROM = electrically alterable read only memory 电可变只读存储器.

ear'phone ['iəfoun] n. 耳机,听筒,头戴受话机,译意风. *earphone jack* 耳机塞孔. *insert earphone* 插入式耳机.

ear'piece ['iəpi:s] n. (头戴式)耳机,耳带受话器,听筒,耳角.

ear-piercing a. 撕裂耳鼓的,刺耳的.

ear'plug ['iəplʌg] n. 耳塞.

ear'shot ['iəʃɔt] n. 听觉所及的范围,可听范围,听觉距离. ▲*be out of earshot* (*of* …) 在听不见(…的)声音的地方. *be within earshot* (*of* …) 在听得见(…的)声音的地方.

ear'splitting a. 震耳欲聋的.

earth [ə:θ] Ⅰ n. 地球 ①(陆,土,大)地,地上[面] ③(泥土,土壤 ④接地,(电焊)地线,地气 ⑤难以还原的金属氧化物类(如氧化铝,氧化锆). *alkali(ne) earths* 碱土(金属),碱金属氧化物. *bad earth* 接地不良. *dead earth* 完全接地,直通地. *earth acceleration* 重力加速度. *earth alkali metal* 碱土金属. *earth antenna* 地下[接地]天线. *earth arrester* (一端接地的)火花隙避雷器,接地放电器. *earth arrival* (从航天飞行)到达地面. *earth auger* 地[土]螺钻. *earth backing* 覆土,还土. *earth bar* 接地[地线]棒. *earth boost velocity* 脱离地心引力[脱离地球]速度. *earth capacitance* (对,大)地电容. *earth centered inertial coordinates* 地心惯性坐标. *earth circling satellite* 绕地轨道卫星. *earth color* 矿物颜料. *earth conduit* 瓦管,接地管,接地(线,工程). *earth departure window* [字]离地面窗,脱离地球的最佳时间. *earth detector* 检漏器,接地检测器,漏电检查器. *earth entry* 进入地球大气层. *earth escape* 逃离地球重力场,地球轨道逃逸点. *earth fault* 接地故障. *earth filtering* 地层滤波. *earth flax* 石棉. *earth floor* 泥地,泥土地面. *earth gravity* 地心引力. *earth grid* 抑制[接地]栅板. *earth induction* 地磁感应. *earth inductor* 地磁感应器. *earth leakage* 通地漏泄,向地下浸入. *earth line* 地下电缆线路. *earth movement* 造山(地壳)运动. *earth oil* 石[原]油,地沥青. *earth pitch* 软沥青,矿柏油. *earth plate* 接地(导)板. *earth pressure at rest* 静土压力. *earth rate drift* 地球自转引起的(陀螺)漂移. *earth re-entry corridor* 返回地面走廊. *earth reference* 地面坐标系,地标,地球基准. *earth reference error* (宇宙飞行器位置)对地球参考坐标的误差. *earth reflection* 大地[地面]反射. *earth return* 地(电)回路,大地回路,接地回路. *earth satellite* 地球卫星. *earth satellite vehicle* 人造地球卫星. *earth scraper* 刮土机. *earth screen* 地网,屏蔽. *earth shock* 地震. *earth silicon* 二氧化硅,硅石. *earth station* 地球(地面)站,地面电台. *earth structure* 土工建筑(构造)物. *earth system* (通电)搭接(搭铁)系统,接地(接地)系统. *earth viewing antenna* 指向地球天线. *earth water* 硬水. *earth wave* 地(震)波. *earth wax* 地蜡. *earth work* 土方工程,土工. *earth's atmosphere reentry window* 再入窗口,再入地球大气层最佳时间. *floating earth* 流沙. *partial earth* 部分(不完全)接地. *protective earth* 保护用地线,保安接地. *rare earth*(*s*) 稀土族,稀土金属(元素). ▲*break earth* 破土动工. *how* [*what*] *on earth* 究竟如何(什么). *move heaven and earth to* + *inf.* 竭力,用尽办法(做). (*no, not*) *on earth* 一点儿也(不,没有),全然(没有). *on earth* 在地球上,在世界上,世间.*run* …*to earth* 查明(出).
Ⅱ vt. ①埋入土中,用土掩盖 ②【电】接地,通地. ▲*earth up* 用土掩埋(覆盖).

earth'-based a. 地面的. *earth-based coordinate system* 地球坐标系.

earth'bound a. 接地的,只在陆地[地面]的,行向[返回]地球的. *earth-bound coordinate system* 地球坐标系.

earth'-current n. (大)地电流.

earth-dammed reservoir 土蓄(贮)口水池.

earth-deposits n. 土蚀.

earth'din n. 地震.

earthed a. 接地的,通地的. *earthed circuit* 接地电路,单线电路. *earthed system* 地线(接地)系统,单线制,接地装置.

earthed-cathode a. 阴极接地的.

earth'en ['ə:θən] a. 土(制)的,陶制的,土地的.

earth'enware n. 陶(瓦)器. *earthenware duct* 陶路管.

earth'enware-pipe n. 瓦(陶)管.

earth-fault current 接地故障电流.

earth(-)**fill**(**ed**) a. 填土的. *earth-fill*(*ed*) *dam* 土坝.

earth'flow n. 土流(崩),泥流.

earth'-free a. 不接地的.

Earth'ian ['ə:θiən] n. 地球人.

Earth'iness n. 土质(性).

earth'ing n. 接(通)地,盖土,培土,覆土.

earth-leakage protection 接地漏电防护.
earth'light n. (月面)地球反照(光).
earth'ly a. ①地球的,地上的,现世的 ②可能的,完全,一点也. ▲**have not an earthly(chance)** 完全没希望,根本不可能〔没机会〕. **(of) no earthly reason** 毫无〔完全没有〕理由. **(of) no earthly use** 完全没有用.
earth'mover n. 大型挖〔推〕土机.
earth'moving a.; n. 运土的.
earth'nik n. 住在地球上的人.
earth'nut n. 花生,块根,块茎.
earthom'eter n. 接地检验器〔测量仪〕,兆欧〔姆〕计,高阻〔梅格姆〕表.
earth'-plate n. 接地板.
earth'quake [ˈəːkweik] n. 地震. **earthquake focus〔origin〕**震源. **earthquake seismology** 天然地震学,测震学.
earth'quake-cen'tre n. 震中,震源.
earth'quake-proof 或 **earth'quake-resis'tant** a. 抗(地)震的.
earth-rate unit 地球转速单位(每小时 15度).
earth-reflected wave 地面反射波.
earth-resistance n. (接)地(电)阻.
earth-resistivity n. 地电阻率.
earth-return n. 地回路. **earth-return system** 地回路制〔方式〕.
earth'rise n. 地出.(比较 sunrise 日出)
earth-scraper n. 铲运〔土〕机.
earth'shaking a. 极其重大的,震撼世界的,翻天覆地的.
earth-shielded a. 接地屏蔽〔隔离〕的.
earth'shine n. (月面)地球反照(光),地球辉光.
earth'station n. (卫星)地面站,地球站.
earth'-tide n. 地潮,固体潮.
earth'-type a. 陶制的.
earth'wards ad. 向地面〔球,下〕.
earth'work n. 土(方)工(程),土方(量),土木工事. **earthwork balance factor** 土方平衡系数(即收缩系数).
earth'worm n. 蚯蚓.
earth'y a. 土(壤,质,状)的,泥土的,接地的,地电位的. **earthy element** 土族元素. **earthy spring** 泥泉. **earthy water** 硬水.
ear'trumpet n. 助听器,听筒.
EAS = ①equivalent air speed 指示空速,当量空速 ②estimated air speed 估计空速 ③European Atomic Society 欧洲原子能协会.
easamat'ic a. 简易自动式的. **easamatic power brake** 真空闸,简易自动制动器.
EASE = Electronic Analog and Simulation Equipment 电子连续模拟设备.
ease [iːz] Ⅰ n. ①容〔简易〕度,轻易(便),不费力 ②安逸〔心〕式,自动式,轻便性. **ease driving** 平易驾驶,平稳行车. **ease of addition** 加成本ැ,加成容易程度. ▲**at ease** 舒适,自由自在,安逸地. **for ease in** 〔of〕为了便于,以便. **with (great, the utmost) ease** 轻(而易)〔举〕地,很容易地.
Ⅱ v. 减轻(低,弱,缓,小,载),缓和,使舒适 ②放松〔宽〕,使松动,释放 ③轻轻地移动,小心地移置(a-long, over). **ease the grade** 缓和〔减缓〕坡度. **ease the rudder** 回舵. ▲**ease down** 减低(速度),放慢(努力). **ease M into place** 慢慢地移动 M 就位,使M 稳妥地移到应有的位置上. **ease M of N** 减轻〔减W〕的 N. **ease off** 〔**away, up**〕放松,松地,缓和,渐减.
ease'ful [ˈiːzful] a. 安逸的,舒适的. **~ly** ad.
ea'sel [ˈiːzl] n. ①框,(画,黑板)架 ②绘图架.
ease'ment [ˈiːzmənt] n. ①缓和(曲线),介曲线 ②平顺,方便,舒适 ③附属建筑物,地役权.
easer n. 辅助炮眼〔钻孔〕.
ease-up a. 缓和的.
EASIAC = easy instruction automatic computer 教学用自动计算机.
ea'sier [ˈiːziə] a. easy 的比较级. **easier country** 条件较好的地区.
ea'siest [ˈiːziist] a. easy 的最高级.
ea'sily [ˈiːzili] ad. ①容易(地),轻(而易)(举)地,不费力地,舒适(而易)地,流畅地 ②舒适地 ③无疑地,当然,远远,大大地 ⑤很可能,多半. **The machine is running easily.** 机器运转得很好.
ea'siness [ˈiːzinis] n. 容易,轻松,安逸,舒适.
east [iːst] Ⅰ n. 东(方),东部. **east longitude** 东经. **Far East** 远东. **Middle East** 中东. **Near East** 近东. **in the east of the**…的东部. **on the east (of)** 在(…的)东面. **(to the) east of** 在…之东(的东面). **China faces the Pacific on the east.** 中国的东部对着太平洋.
Ⅱ a. 东(方)的,从东方来的. **east longitude** 东经.
Ⅲ ad. 在东(方),向〔往〕东. **face east** 朝东.
east'bound [ˈiːstbaund] a. 向东行(驶)的.
East'er [ˈiːstə] n. 复活节.
east'erlies n. 东风.
east'erly [ˈiːstəli] Ⅰ a. 东的,向东方的,从东方来的. Ⅰ ad. 向东,从东方. Ⅲ n. 东风.
east'ern [ˈiːstən] Ⅰ a. 东(方,部)的,朝东的. Ⅰ n. 东方人. **Eastern oil** 美国东部石油. **Eastern Test Range** 东靶场(大西洋靶场的旧称).
east'ernmost [ˈiːstənmoust] a. 最东的.
east'ing [ˈiːstiŋ] n. 东西距,东行航程,向东运行,朝东方向.
Eastman colour 依斯特曼彩色胶片.
east-northeast n.; a.; ad. (在,向,来自)东北东(的).
east-southeast n.; a.; ad. (在,向,来自)东南东(的).
east'ward a.; ad 朝〔向〕东(的). n. 东向〔部〕.
east'ward(s) ad. 向东,在东方.
east-west effect 东西(方)效应.
ea'sy [ˈiːzi] (**easier, easiest**) Ⅰ a. ①容易(制作)的,简易的,不费力的,轻便的,舒适的 ②平缓〔顺〕的,不陡的 ③供过于求的. Ⅰ ad. ①容(轻)易地,舒适地 ②轻轻地,慢慢地. **easy axis** 易(磁化)轴. **easy curve** 平缓〔顺〕曲线. **easy grade** 〔**gradient**〕平缓〔平顺〕地段. **easy instruction automatic computer** 教学用自动计算机. **easy meat** 易办的事,易得之物. **easy motion of edge dislocation** 刃型位错的易运动. **easy push fit** 轻推配合,滑动(安装)配合. easy

easy-flo

servicing 容易检修,小修. *easy slide fit* 滑动〔轻滑〕配合. *easy starter* 简易起动装置. ▲(*be*) *easy of* 〔to + inf.〕易于,容易〔做〕. *be easy to control* 易于控制. *take it* 〔things〕 *easy* 从容,不要紧张.

easy-flo *n.* 银焊料合金(银 50%,铜 15.5%,锌 16.5%,镉 18%).

easy-going *a.* 不急于不迫的,轻松的,舒适的.

ea'sying *a.* 容易的,流畅的,不困的.

easy-to-change *a.* 易于转换的.

easy-to-clean *a.* 易于擦干净〔弄清洁〕的.

easy-to-handle *a.* 易于处理的,易于操纵的.

eat 〔it〕 I (*ate, eaten*) *v.* ① 吃 ② 腐〔侵,蚀〕蚀,消耗,销磨. II *n.* (pl.) 食物. ▲*eat away* (使)腐〔侵〕蚀掉,损〔锈,蚀〕坏. *eat in* 〔蚀〕蚀. *eat into* 腐〔侵〕蚀,消耗. *eat out* 耗尽,侵蚀. *eat up* 吃完,消耗(完),耗尽,消灭,侵蚀.

eatabil'ity *n.* 可口性,美味,可食性.

eat'able I *a.* 可吃的,可食用的. II *n.* 食物〔品〕.

eat-back *n.* (化学腐蚀)蔓延.

eat'en ['i:tn] *eat* 的过去分词.

eating ['i:tiŋ] I *n.* 吃,食物. II *a.* ① 食用的 ② 腐蚀的,蚀坏的. *eating quality* (肉)食用质量.

EATS = equipment accuracy test station 设备准确度测试站.

eau [ou] (pl. *eaux*[ou])〔法语〕 *n.* 水.

eaves [i:vz] *n.* (pl.)屋檐,檐口,山墙斜面的底部. *eaves gutter* 檐沟. *eaves trough* 檐槽.

eaves'drop *v.* 偷〔窃〕听.

EAW = electric arc weld 电弧焊.

EB = ① elementary body 血小板,原生小体 ② external bremsstrahlung 外韧致辐射.

EBB = extra best best high quality.

ebb [eb] I *n.* ① 退〔落,低,向海〕潮 ② 衰退(期). II *v.* 落〔退,衰〕落,减退〔少,衰〕,渐减,衰退. *ebb and flow*(潮)落涨,日变潮流,盛衰,消长. *ebb tide gate* 落潮闸. ▲(*be*) *at a low ebb* 衰退〔败〕,萧条,在低潮时期. *ebb away* 衰退,渐逝. *on the ebb* 正在退潮,衰落,减少.

ebb-reflux *n.* 退〔低〕潮,反〔逆〕流.

ebb'-tide ['eb'taid] *n.* 落〔退〕潮.

EBC = ① electron beam cutting 电子束切割 ② Enamel-bonded single-cotton 单(层)纱(包)漆包的.

EBCDIC = Extended Binary Coded Decimal Interchange Code 扩充的二进制编码的十进制交换码.

ebd = effective biological dose 有效生物学剂量.

EBHC = equated busy-hour call 平均忙时呼(两分钟通话).

EBIC = ① electron-beam-induced conductivity 电子束感应电导率 ② electron bombardment induced conductivity 电子轰击感应电导率〔性〕.

ebicon = electron bombardment induced conductivity 电子轰击导电性.

EBM = early break-make 早期断合.

EbN = east by north 东偏北.

eb'onite ['ebənait] *n.* 硬(橡)胶,(黑)硬橡皮,胶木. *ebonite* (*clad*) *cell* 硬胶〔胶木〕蔽电池, 硬胶〔胶木〕包覆电池. *ebonite clad plate* 硬胶覆蔽电池极板. *ebonite driver* 胶柄螺丝起子,胶柄改锥. *ebonite earpiece* (受话器)胶质耳盖. *ebonite stud* 硬胶皮螺丝帽. *ebonite wax* 乌木蜡.

eb'onize ['ebənaiz] *vt.* 使成乌木色,使像乌木.

eb'ony ['ebəni] I *n.* 黑檀,乌木. II *a.* 漆黑的,乌木(制,色)的.

eboulement *n.* 崩坍,滑坡.

EBP = exhaust back pressure 排气反压力.

EBR = ① electron beam recording (system) 电子束记录(系统) ② electronic beam recorder 电子束记录仪 ③ experimental breeder reactor 实验用增殖反应堆.

ebri'etas [i:'braiətəs] *n.*〔拉丁语〕酒精中毒,醉酒,沉醉.

EBS = ① electron beam scanning system 电子束扫描系统 ② external bremsstrahlung 外韧致辐射 ③ extruded bar solder 挤压焊条.

EbS = east by south 东偏南.

EBT = engine block test 发动机台上试验.

EBU = European Broadcasting Union 欧洲广播联盟.

ebul'lator *n.* 沸腾器,循环泵.

ebul'lience [i'bʌljəns] 或 **ebul'liency** [i'bʌljənsi] *n.* 沸腾,起泡,充溢,爆〔进〕发. **ebul'lient** *a.*

ebulliom'eter [i,bʌli'ɔmitə] *n.* 沸点(测定,升高,酒精)计,酒精沸点计.

ebulliom'etry *n.* 沸点测定(法).

ebullioscope *n.* 酒精气压机,沸点计.

ebullioscop'ic *a.* 沸点测定(升高)的. *ebullioscopic method* 沸点升高法.

ebullios'copy *n.* 沸点(升高)测定法.

ebul'lism [i'bʌlizm] *n.* 体液沸腾.

bullit'ion [ebə'liʃən] *n.* ① (强烈)沸腾,煮沸,起泡,泡沸,汽泡生成 ② 爆〔进〕发.

eb'urnated ['ebə:neitid] *a.* 像象牙一样坚硬的.

ebur'nean [i'bə:njən] *a.* 像象牙的,象牙制成的.

EBW = electronic beam welding 电子束焊接.

EBWR = experimental boiling water reactor 实验性沸水反应堆.

EC = ① earth current 大地电流 ② effective concentration 有效浓度 ③ elasticity coefficient 弹性系数 ④ electronic computer 电子计算机 ⑤ electronically controlled 电子控制的 ⑥ enamel-covered wire 漆包线 ⑦ erection computer (火箭起飞前的)安装计算机 ⑧ error correcting 误差校正 ⑨ exchangeable cation 交换阳离子.

ec [ek] *n.*〔俚〕经济学.

e. c. = *exempli causa*〔拉丁语〕例如.

ECAC = Electromagnetic Compatibility Analysis Center 电磁兼容性分析中心.

ecalo *n.* 自动能源调节器.

ECAP = electronic circuit analysis program 电子电路分析程序.

E-capture *n.* E 层(轨道)电子俘获.

ECASS = ① Electronically Controlled Automatic Switching System 电子控制自动转换系统 ② Experimental Early Controlled Automatic Switching 实验用电子控制自动转换.

ECC = ① eccentric 偏心的 ② electrochemical concentration cell 电化学浓差电池 ③ electron coupling control 电子耦合法稳定 ④ Electronic Calibration

eccen'tric [ik'sentrik] I a. ①偏心(轮,器)的,呈偏心运动的,不同圆心的,离心的 ②(轨道)不正圆的,在不正圆轨道上运行的 ③反〔异〕常的,怪癖的. I n. 偏心器〔轮,圆,装置〕,偏心(曲柄)压力机,【天】离心圆. brake eccentric 制动偏心轮. disk eccentric 或 eccentric disk 偏心盘. eccentric angle 离(偏)心角. eccentric anomaly 偏近点角. eccentric axial load 偏心轴向荷载. eccentric cam 偏心凸轮. eccentric compression 偏心压力. eccentric converter 偏口转炉. eccentric ratio 偏心比率. eccentric shaft press 偏心(曲柄)冲床〔压力机〕. ~ly ad.

eccentric'ity [eksen'trisiti] n. 偏心(率,性,度,距),离心(率),反常,壁厚不均度. eccentricity of rest 静态心率.

ecchymo'sis (pl. ecchymo'ses) n. 瘀血,瘀斑.

ecchymot'ic a. 瘀血的,瘀斑的.

ecclasis n. 脱落,破碎.

Eccles-Jordan circuit 艾克勒斯-乔丹〔双稳态触发〕多谐振荡〕电路,反复〔可逆〕电路.

Eccles-Jordan multivibrator 艾克勒斯-乔丹触发器(一种双稳态触发电路),双稳态多谐振荡器.

ecclisis n. 脱位,嫌恶.

ECCM = electronic counter-countermeasure(s) 电子反干扰,电子反对抗措施.

eccope n. 切除(术).

eccoprot'ic I a. 泻的. I n. 泻剂.

ec'crisis ['ekrisis] n. 排泄.

eccrit'ic I a. 促排泄的. I n. 排泄剂.

eccysis n. 蜕除.

ECD = ①electric conductivity detector 电导检测器 ②electron capture detector 电子俘获检测器 ③energy conversion device 能量转换装置〔器件〕④environmental conditions determination 环境条件的测定 ⑤estimated completion date 估计的完工日期.

ecdem'ic a. 非地方性的,外地的,外来的.

ecderon n. 表层,外被.

ECDM = electro chemical discharge machining 电解放电加工.

ecdr = external critical damping resistance 外部临界阻尼〔衰减〕电阻.

ECF = experimental cartographic facility 实验制图设备.

ECG = ①electrocardiogram 心电图 ②electro chemical grinding 电解磨削.

ECH = ①echelon 梯列,梯队,阶梯(式) ②engine compartment heater 发动机舱加热器.

echelette [eʃə'let] n. 红外光栅. echelette grating 红外(小阶梯)光栅.

echelle' [ei'ʃel] n. (中)阶梯〔分级〕光栅. echelle grating 中阶梯光栅.

echellegram n. 分级〔中阶梯〕光栅图.

ech'elon ['eʃələn] I n. 梯队〔阵,列,级〕,梯次配置,阶梯(光栅),雁行〔梯形〕构造,透镜. I v. 排成梯形〔队〕,反射信号抑制. echelon antenna 梯形(定向)天线. echelon device 阶梯棱镜装置. echelon fault 平行梯状断层,雁行断层. echelon folding 雁行状褶皱. echelon grating 阶梯光栅. echelon lens 阶梯透镜. echelon lens antenna 多振子〔梯形〕透镜式天线. echelon matrix (阶)梯状(矩)阵. echelon strapping 阶梯式绕带〔耦合带〕. ▲in echelon 排成梯队,成梯形.

ech'elonment ['eʃələnmənt] n. 编成梯队,阶梯状,梯次〔状〕配置.

echma n. 阻塞.

Echo ['ekou] 通讯中用以代表字母 e 的词.

ech'o ['ekou] I (pl. echoes) n. ①回声〔波,音〕,反射(波,信号),假信号,声的反射,波的折回,反照(率),反应,重影,回波图像,双像,阴影图 ②共鸣,回音效. echo altimeter 回声〔音响,雷达〕测高计. echo amplifier 回波〔反射信号〕放大器. echo box 回波空腔,空腔谐振器,回波箱. echo cancellation 副像消除. echo chamber 回声〔回响,混响〕室. echo checking 回送〔回波〕检验. echo depth sounding sonar 超声波测深器. echo elimination 消除回波〔反射信号〕抑制. echo go 混响输出. echo killer 〔suppressor〕回波〔反射信号〕抑制器,回波消除器. echo machine 回声机,回波设备. echo meter 回声测试器. echo pip 回波脉冲尖,反射脉冲. echo plate 混响板. echo sounder 回声测深仪〔探测器〕. echo studio 混响室. echo trap 回波阱,回波陷波器,回波抑制设备,回波滤波器,功率均衡器. fixed〔permanent〕echo 固定目标反射(波),固定目标的回波. radar echo 雷达回波. round trip echo 多次反射回波. spin echo 自旋回波.
I v. ①发出回声,被传〔折〕回,反射,产生共鸣,响应(with) ②重复,模仿. echoed signal 反射〔回波〕信号.

echo-bearing n. 回波定位.

echo-box n. 回波谐振腔.

echo-complex n. 回声群.

echoencephalograph n. 回波脑造影仪.

echoencephalog'raphy n. 脑回声图描记术,回波脑造影术.

echoencephalol'ogy n. 脑回声学.

echo-fathom n. 回声测深.

ech'ogram ['ekougræm] n. 音响测深图表,超声波回声图,回声深度记录.

ech'ograph n. 音响〔回声〕测深自动记录仪,回声深度记录器,回声测深仪.

echogra'phia [ekou'greifiə] n. 模仿书写.

echo'ic a. 回〔形,像〕声的.

echo-image n. 双像,重影,回波图像.

ech'oing ['ekouin] n. 回声〔波〕现象,反照现象. echoing characteristic 回声〔回声〕特性. echoing cross section 反向散射横截面. echoing end reply 返回结束回答.

ech'oism ['ekouizm] n. 形像,像声.

echokine'sis n. 模仿动作,模仿运动.

echolalia n. 模仿言语.

echola'tion [ekou'leiʃən] n. 电磁波反射法.

ech'oless ['ekoulis] a. 无回声的,无反响的.

echoloca'tion [ekoulou'keiʃən] n. 回声定位法,回波定位.

echom'eter [e'kɔmitə] n. 回声〔音响〕测深机,回声测

echom′etry *n.* 测回声术.
echomotism *n.* 模仿动作〔运动〕.
echopraxˊis *n.* 模仿动作.
echo-pulse *n.* 回波〔回声〕脉冲.
echo-ranging *n.* 回声测距〔定位〕,回波测距〔法〕.
echˊoscope ['ekəskoup] *n.* 听诊器,模仿镜.
echosonogram *n.* 超声回波图.
echo-sound *a.* 音响测深的,回声探测的.
echˊo-soundˊer ['ekou'saundə] *n.* 音响回声测深机,回声探测器〔测深仪〕. *echo-sounder work* 回声器测深.
echˊosounding *n.* ;*a.* 回声探测〔的,法〕,音响〔回声〕测深〔的,法〕,用回波测量水深.
echo-strength *n.* 回波〔回声〕强度.
echo-wave *n.* 回波. *echo-wave noise* 陆架波噪声.
Eckert (die cast) machine 埃克特立式压铸机.
ECL = ①electronics components laboratory 电子学元件实验室 ②emitter coupled logic 发射极耦合逻辑(电路) ③Engineering Computation Laboratory 工程计算实验室 ④equipment component list 设备元件明细表.
éclaircissement [eklɛrsisma]〔法语〕 *n.* 明朗化,说明,解释.
eclampˊsia *n.* 惊厥.
éclat ['eikla:]〔法语〕 *n.* 巨大成功〔声誉〕卓著.
eclecˊtic [ek'lektik] I *a.* 折衷(主义)的,选择主义的,自各处随意取材的. Ⅱ *n.* 折衷主义者. ~**ally** *ad.* ~**ism** *n.*
eclimia *n.* 善饥,食欲过盛.
Eclipsalloy *n.* 一种镁基压铸合金(铝1.25%,锰1%,其余镁).
eclipseˊ [i'klips] I *n.*【天】(日,月)食,蚀,晦暗,失色,漆黑,蒙蔽,低失. I *v.* 食,掩〔遮,蒙〕蔽,掩饰,遮挡,重叠,使颜色失色,超越. *eclipse of the satellite at the equinoxes* 春分、秋分点上的卫星蚀. *eclipsed conformation* 重叠构象. *eclipsing effects* 重叠效应. *annular eclipse* 环食. *lunar eclipse* 月食. *solar eclipse* 日食. *total eclipse* 全食.
eclipˊsis *n.* 晕厥,失神,迷睡.
eclipˊtic [i'kliptik] *n.* ;*a.*【天】黄道(的),食的,黄道经纬仪. *ecliptic plane* 黄道(平)面. *mean ecliptic* 平黄道. *obliquity of the ecliptic* 黄赤交角.
ecˊlogite ['eklədʒait] *n.* 榴辉岩.
ecloˊsion *n.* 羽化,孵化.
eclysis *n.* 轻度晕厥.
ECM = ①electro chemical machining 电解加工 ②electrochromatography 电色谱法 ③electronic countermeasures 电子干扰,电子对抗措施 ④European Common Market 欧洲共同市场.
ECM-antenna *n.* 电子对抗天线.
ecmneˊsia *n.* 近事遗忘.
ECMP = electronic countermeasures program 电子干扰计划.
ecˊnea *n.* 精神错乱,精神病.
ECNR = European Council for Nuclear Research 欧洲原子核研究理事会.
ECO = ①all engines cut off 全部发动机停车 ②electromotive force electron-coupled oscillator 电动势电子耦合振荡器 ③electron-coupled oscillator 电子耦合振荡器 ④engine checkout system 发动机检查制度 ⑤engineering change order 技术更改指令.
eco-〔词头〕生态(学的).
eco-atmosphere *n.* 生态大气.
ecˊocide *n.* 生态灭绝.
ecoclimatolˊogy *n.* 生态气候学.
ecˊocline *n.* 生态变异,生态差型.
ecˊocycle *n.* 生态循环.
ecˊodeme *n.* 生态型.
ecodevelˊopment *n.* 生态发展.
ecˊofactor *n.* 生态因素.
E. coli = Escherichia coli 大肠杆菌.
ecologˊic(al) *a.* 生态(学)的. *ecological classification* 生态分类. *ecological distribution* 生态分布. *ecological equilibrium* 生态平衡. *ecological genetics* 生态遗传学. *ecological plant geography* 植物生态地理学. ~**ally** *ad.*
ecolˊogist *n.* 生态学家,生态学工作者.
ecolˊogy [i:'kɔlədʒi] *n.* ①生态学 ②均衡系统〔制度〕. *radiation ecology* 放射性生态学.
econ = ①economics 经济学 ②economize 节约 ③economizer 节油器,省煤器 ④economy 节约,经济.
Economet *n.* 一种镍铬铁合金(铬8～10%,镍29～31%,其余铁).
economˊetrics [ikɔnə'metriks] *n.* 计量〔估算〕经济学.
economˊetry 计量经济学.
economˊic(al) [i:kə'nɔmik(əl)] *a.* ①经济(上)的,经济学(问题)的 ②节俭的,节省的,实用的. *economic character* 经济〔生产〕情况. *economic coefficient* 经济效率. *economic depth* 经济深度〔高度〕. *economic ratio* 经济比率. *economic value* 工业〔经济〕价值. ▲*be economic(al) of* 节省.
econˊomically *ad.* 经济(上)上,经济地,节约地. *economically recoverable oil* 有经济价值的可采石油储量.
econˊomics *n.* 经济学,(国家的)经济情况〔状态〕.
economisation = economization.
economise = economize.
econˊomist *n.* 经济学家,经济工作者,节约的人.
economizaˊtion [i:kɔnəmai'zeiʃən] *n.* ①节省,节约,俭省 ②减缩,精简.
econˊomize [i:'kɔnəmaiz] *v.* 节省〔约〕,俭省,有效地利用(in, on).
econˊomizer *n.* ①节约〔热,油,氧〕器,省油〔煤,热〕器,燃料节省器,加温器,降压变压器,废气预〔加〕热器,经济器 ②节俭者. *economizer bank* (空气)预热管,节热器排管. *fuel economizer* 燃料节约器,节油器.
Economo *n.* 易削钼钢.
econˊomy [i:'kɔnəmi] *n.* ①经济(学,性,办法,制度,机构) ②节约〔俭,省〕(措施),经济实惠 ③组织,系统,有机体系,整体 ④家政,家事管理. *animal economy* 动物体,有机体活动之体系. *economy of material* 节约用料. *neutron economy* 中子的有效使用,中子平衡. ▲*practice* 〔*use*〕*economy* 节〔省〕.
ecoparˊasite *n.* 定居寄生物.
ecophysiolˊogy *n.* 生态生理学.
ecopornogˊraphy *n.* 生态发展图.
ecospeˊcies *n.* 生态种.

ec′osphere n. (生物)大气层(从地面向上 13,000 英尺),生态圈,生物域,生物天体.
ec′ostate a. 无肋的.
ecosys n. 生态系.
ec′osystem n. 生态系(统).
eco-technique n. 生态技术.
ec′otone n. 群落间,生态区,群落交错区.
ecotope n. 生态环境.
ecotoxicol′ogy n. 生态毒理学.
ec′otype n. 生态型.
ecouvillon n. 硬刷子.
ecouvillonage [ekuvijoʹnaːʒ] 〔法语〕n. 擦洗术,刷除法.
ECP = ①engineering change procedure 技术更改程序 ②engineering change proposal 技术更改建议.
ecphlysis n. 破裂,绽裂.
ecphorize v. 复忆.
ecphory n. 复忆.
ecphyadi′tis [ekfaiəʹdaitis] n. 阑尾炎.
ecphylac′tic a. 无防御的.
ecphylax′is n. 无防御性.
ecphyma n. 突起.
ecphysesis n. 呼吸急促.
ECPL = engineering component parts list 工程部件清单.
ECPOG. = electro-chemical potential gradient 电化学位梯度.
ecptoma n. 落下,下垂.
ECPWS = engineering change proposal work statement 技术更改建议说明书.
ECR = ①emergency combat readiness 紧急战斗的准备状态 ②engineering change request 技术更改申请 ③equipment change request 设备更改申请 ④equivalent continuous rating 等效连续运转额定值.
écran [eiʹkraːn] 〔法语〕n. 银幕,屏幕〔蔽〕.
ECROS = electrically controllable read-only storage 电可控只读存储器.
écru [ekʹruː] 〔法语〕 I n. 淡(黄)褐色. II a. 未漂白的,本色的.
ECS = ①end-cell switch 尾电池转换开关 ②engine control system 发动机调节系统 ③engineering change schedule 工程更改日程 ④ engineering change summary 工程更改总结 ⑤environmental control system 环境控制系统 ⑥error correction servo [signals] 误差更正的伺服机构(信号) ⑦extended core storage 延长磁心存储.
ECSC = ①European Coal and Steel Community 欧洲煤钢联营 ②European Communication Satellite Committee 欧洲通信卫星委员会.
ecsomat′ics n. 检验学,化验学.
ecstal′tic n. 离心的.
ecstat′ic [eksʹtætik] a. 入迷的,出神的,狂喜的.
ECT = engine cutoff timer 发动机停车记时器.
ECTA = electronic component test area 电子元件试验范围.
ec′tad [ʹektæd] ad. 向外,在外面.
ec′tal [ʹektəl] a. 外表的.
ecta′sia n. 扩张,膨胀,胀大.
ec′tasis n. 扩张,膨胀,胀大.
ec′tasy n. 扩张,膨胀,胀大.
ectat′ic a. 扩张的,膨胀的,胀大的.

ECTL = emitter coupled transistor logic 发射极耦合晶体管逻辑(电路).
ecto- 〔词头〕外.
ectobiol′ogy n. 细胞表面生物学.
ec′toblast n. 外胚层.
ectocrinin n. 外分泌(代谢产物).
ec′toderm n. 外胚层.
ec′togene n. 外因,多生于体外.
ecto-hormone n. 外激素.
ectomy n. 切除术.
ectonu′clear a. 核外的.
ectopar′asites n. 外寄生物.
ectopia n. 异位.
ectop′ic a. 异位的,离位的.
ectopism n. 异位.
ec′toplasm n. 胞外粘膜.
ec′toplast n. 外质膜.
ec′topy n. 外质膜.
ec′tospore n. 外芽胞,外生孢子.
ectotheca n. 外膜.
ectotoxin n. 外毒素.
ectotroph′ic a. 体外营养.
ectotrop′ic a. 外生的.
ectozoon n. 外寄生虫〔物〕.
ectroma n. 流产.
ectro′sis [ekʹtrousis] n. ①流产 ②顿挫(疗法).
ectrot′ic a. 流产的,阻止病势发展的.
ectyonin n. 海绵抗菌物质.
ec′type [ʹektaip] n. 复制品,副本,异常型.
ectypia n. 异常型.
Ecuador [ʹekwədɔː] n. 厄瓜多尔.
Ecuadorian [ekwəʹdɔːriən] n.; a. 厄瓜多尔的,厄瓜多尔人(的).
ecumen′ical a. 普遍的,全球的,世界范围的.
ecumenic′ity n. 全世界性.
ECV = enamel single-cotton varnish 单层纱包瓷漆.
ED = ① effective dose 有效(剂)量 ② electrical dipole 电偶极子 ③electrodialysis 电渗析 ④electron device 电子设备,电子仪器 ⑤error detecting 错误检测 ⑥estimated date 估计的日期 ⑦experimental duties 实验任务.
E-D = expansion deflection 膨胀变位.
ed =①edited (by) (由…)编辑 ②edition 版 ③editor 编辑.
EDA = estimated date of availability 估计的具备〔获得〕日期.
edaph′ic a. 土壤(层)的.
edaphol′ogy n. (植物)土壤学.
ed′aphon n. 土壤微生物群,土居生物.
edaphonek′ton n. 土壤水生生物.
ed′atope n. 土壤环境.
EDC = ①enamel double cotton 双(层)纱(包)漆包的 ②engineering data center 技术资料中心 ③engineering design change 工程设计的改变 ④engineering drawing change 工程图纸的改变 ⑤estimated date of completion 估计的完工日期 ⑥exceed drum capacity 程序超过磁鼓容量 ⑦(the) electric data collector 电子数据汇集器.
edc = enamel double-cotton-covered 双纱包的.
EDCC = environmental detection control center 控制环境探测的中心.

EDD = ①end delivery date 最后交货日期 ②engineering design data 工程设计数据 ③estimated date of departure 估计离开日期 ④estimated delivery date 估计的交货日期.

EDDP = engineering design data package 工程设计资料包裹.

ed'dy ['edi] **I** n. ①(水,风,气等的)涡(流,动,度),旋涡(运动),(大尺度)涡旋,螺旋(运动). **II** a 涡旋的,涡流的. **III** v. (使)起旋涡,涡流[动,卷],回旋,旋转. *eddy current* 涡流,杂散[涡流]电流. *eddy current anomaly* 涡流损耗异常. *eddy diffusion* 涡流[扰动]扩散. *eddy generation* 发生涡流. *eddy mill* 涡流式碾磨机. *eddy (making) resistance* 涡流阻力. *eddy stress* 涡动压力[应力]. *eddy velocity* 涡流速度,速度起伏. *eddy zone* 旋涡区. *gas eddy* 气涡(旋).

ed'dycard n. 涡流卡片.

ed'dy-cur'rent n. 涡(流电)流.

ed'dying n.; a. 涡流(度,的),湍流,涡动(性),紊流度,涡流的形成. *eddying flow* 涡[紊,旋]流.

ed'dy-resis'tance n. 涡流阻力,防止涡流.

eddy-stress n. 湍流应力.

ed'dy-viscos'ity n. 湍流粘滞性.

eddy-wind n. 小旋风.

EDE = exact differential equation 恰当[正合]微分方程.

ede'ma [i'di:mə] n. 水肿,浮肿.

edematigenous a. 致水肿的.

edem'atous a. 水肿的.

edge [edʒ] **I** n. ①(刀)刃,刀口[口],尖 ②(缘)棱(边),(脉冲)前沿,侧面 ③肋,筋条,散热片 ④界限,边界 ⑤(平,晶)面 ⑥优势,优越条件. *absorption edge* 吸收限. *advancing* [entering, front, leading, rising] *edge* 前缘,前沿,上升沿. *built-up edge* 切屑瘤. *chamfered edge* 倒棱. *chisel edge* (钻头的)凿尖[锋]. *cutting edge* 切削刃,刃口,(水车的)分水板. *die edge* 模具端面. *edge analysis* (图像)边缘分析,轮廓分析. *edge angle* 棱角,边缘角. *edge bar* 缘杆. *edge board contacts* 印制线路板引出端,印制线路插头. *edge build-up* (磁带)边缘凸起变形. *edge business* 边沿忙乱(电视电视用图像边沿的不规则现象). *edge cam* 端面凸轮. *edge coil* 扁绕线圈. *edge condition* 边界条件. *edge connector* 印制板插头座. *edge damage* 破边,边伤. *edge dislocation* (刃型)位错. *edge echo* 边回波. *edge effect* 边缘[边涂,边际,棱角,边角,末端]效应. *edge enhancement* 勾边,轮廓增强. *edge filter* 流线式滤器. *edge filtration* 流线式过滤. *edge frequency* 边频(临界,截止)频率. *edge iron* 角铁,铁制边条. *edge joint* 端接(边缘焊)接头,边缘(刀型)连接. *edge knurling machine* 滚(压)花机. *edge light* 边缘照明,(照相)跑光. *edge line* 边带线,车行道边. *edge of Mach cone* 马赫(扰动)锥母线. *edge of regression* 脊线,回归线. *edge of the stream* 射流界限. *edge of track banding* 磁迹边缘条带效应. *edge of work* 工作边缘. *edge orientation* 棱取向. *edge planing machine* 刨边机,板边刨床. *edge purity magnet* 边缘色纯度调整磁铁. *edge resolution* 光栅边缘分辨力. *edge rounding* 圆边,弄圆边角. *edge runner* [mill] 磨轮,轮碾机,轮辗机,碾子. *edge seal (ing)* 封边,封封,刀口密封. *edge seam* 边缘线状裂纹. *edge sharpness* 轮廓清晰度. *edge space* 印制线路板边距. *edge stone* 磨石. *edge stress* 棱边应力. *edge tone* 流扇,边棱音,哨音. *feather* [straight] *edge* 直[刮,掌]尺,直规缘). *following* [trailing, lagging, back] *edge* 后缘,后沿,下降沿. *list edge* 毛翅(缺陷),(板材边缘的)锯齿或锌瘤. *metal edge filter* 有棱金属带滤件过滤器. *nozzle edge* 喷管切口. *punch edge* 冲头缘块. *root edge* (焊缝)底缘. *striking edge* 冲击试验机的摆锤. *straight edge* 直规,直缘. ▲(be) *on edge* 侧[直]立着,竖着,急躁,紧张不安. *give an edge to* 给…开刃,加强. *have an edge on* 胜过,优于. *on the edge of* 在…(边缘)上,快要,将要. *put an edge on (a knife)* 使(刀口)锋利. *set on edge* (侧)立着放,弄锐利.

II v. ①使…锋(锐)利,开刀,装刀 ②给…加[镶,滚,卷,轧,磨]边 ③嵌入 ④逐渐推进,徐徐移动 ⑤沿边移动,向边端移动,侧进. *edged caption* 标题加勾边的字幕. ▲*edge away* 楔出,失戈. *edge in* 渐渐迫近,渗进. *edge up* 自上而下地慢慢靠扰. *edge M with N* 给 M 的边(缘)上镶以 N.

edge-correction n. 边缘校正.

edge(d)-tool n. 有刃物,利器.

edge'fold n. 折边,弯曲(部).

edge-illuminated a. 边缘照明的.

edge'less a. 没刀刃的,没边的,钝的.

edge'lift 边管提升,四周气升.

edge-notched a. (凹口)边缘穿孔的,边缘凹口的,切边的.

edge-perforated a. (凹口)边缘穿孔的.

edge-punched a. 边缘穿孔的.

edg'er n. 修[磨,切,轧]边器,轧边机,立辊轧机,弯曲模膛. *edger approach table* 轧边输入辊道.

edge-runner pan n. 碾盘.

edgestone n. (道路的)边缘石,(磨机的)立碾轮.

edge-to-edge a. 边到边的,边靠边的.

edgeways 或 **edgewise** a.; ad. ①沿(棱)边,在边上,从旁边,边对地 ②把刀刃朝外[前],把边缘朝外[前] ③平行于层压面. *edgewise instrument* 边转仪器,边缘读数式仪表. *edgewise weld* 沿边焊接. *edgewise winding* 扁立绕法.

edg'ing n. 边缘(修饰),彩色镶边,界限,窄边,磨[修,卷,轧,去飞]边缘,嵌入,卷凸缘,侧压下,立刃道次,齐边轧制. *colour edging* 彩色镶边. *edging mill* 轧边机. *edging pass* 轧边刃型,轧边(轧)道.

ed'gy ['edʒi] a. 有锐利刀刃的,锋利的,尖锐的,轮廓鲜明的,急躁的.

EDI = ①engineering demonstrated inspection 有技术根据的检查 ②engineering departmental instructions 工程部门说明书.

EDIA = engineering department instruction amendment 工程部门说明书的修正.

edibil'ity [edi'biliti] n. 适合食用，可食用性.

ed'ible ['edibl] I a. 适合食用的，可食的. I n. (pl.) 食品. *edible oil* 食油.

ed'icard n. 编辑卡.

EDICT = engineering document information collection technique 工程文献情报搜集技术.

edifica'tion [edifi'keiʃən] n. 教育〔导〕，启发，开导，熏陶. *edificatory* a.

ed'ifice ['edifis] n. ①大厦，大建筑物 ②体系.

ed'ify ['edifai] v. 教育〔导〕，启发，熏陶.

Ed'inburgh ['edinbərə] n. (英国)爱丁堡(市).

Ed'ison ['edisn] n. 爱迪生. *Edison base* 螺旋〔爱迪生〕灯座. *Edison battery* 碱性〔爱迪生〕蓄电池. *Edison effect* 热电放射〔爱迪生〕效应. *Edison socket* 爱迪生式灯座，螺口〔插〕座，螺旋式灯口. *Edison thread* 〔screw〕圆〔爱迪生〕螺纹.

Edison-Junger accumulator 铁镍蓄电池.

edit = ①edited (by) (由…)编辑 ②edition 版 ③editor 编辑.

ed'it ['edit] vt. 编辑〔篡，校，排〕，刊行，校订〔对〕，初步整理，剧改，剪辑(影片，录音). *edit control character* 编辑控制符. *edit routine* 编辑程序. ▲*edit out* 在编辑〔剪辑〕过程中删除.

editec n. 电子编辑器.

edit'ion [i'diʃən] n. ①版(本，次，别)，出版，刊行，一版印刷量 ②复制，翻版. *abridged edition* 节本，缩写本，简表. *edition de luxe* 精装版本. *full edition* 详表. *pocket edition* 袖珍版. *special subject edition* 专业分类表. *revised and enlarged edition* 增订版.

editio princeps [i'diʃiou 'prinseps] (拉丁语) n. 第一版，初版.

editola n. 图像观察具.

ed'itor ['editə] n. ①(总)编辑，编者，主笔 ②【计】编辑程序 ③剪辑员，影片剪辑装置. *chief editor* 或 *editor in chief* 总编辑，主编. *contributing editor* 特约编辑. *managing editor* 编辑主任，主编.

edito'rial [edi'tɔ:riəl] I a. 编辑(上)的，编者的，社论(性)的. I n. 社论，评论. *editorial newsroom* 新闻编辑室. *editorial office* 编辑部. *editorial paragraph* [note] 短评. *editorial staff* 编辑部(全体人员).

edito'rialist n. 社论作家，社论撰写人.

editor'ialize 或 **editor'ialise** [edi'tɔ:riəlaiz] vi. (就…)发表社论(on).

edito'rially [edi'tɔ:riəli] ad. ①编辑上，以编辑资格，以编者身份 ②以社论形式，在社论里，作为社论.

ed'itorship ['editəʃip] n. 编辑(职位，身分，工作)，主笔的地位，校订.

EDITP = engineering development integration test program 工程发展的综合试验计划.

EDL = ①engineering development laboratory 工程发展实验室 ②engineering drawing list 工程图纸清单.

EDLP = engineering development laboratory program 工程发展实验室计划.

EDM = ①electro-discharge machining 放电加工 ② electronic distance measuring 电子测距 ③engineering design modification 工程设计的修改.

EDN = engineering department notice 工程部门通知.

edn = edition 版(本).

ednat'ol n. 一种炸药.

EDO = effective diameter of objective 物镜有效直径.

EDOC = effective date of change 更改生效日期.

edom'inant a. 非优势(品种)的.

EDP = ①electric diffusing process 电渗处理 ②electronic data processing 电子数据处理 ③engineering design proposal 工程设计建议 ④estimated date of publication 估计的出版日期.

EDPC = electronic data processing centre 电子数据处理中心.

EDPE = electronic data processing equipment 电子数据处理设备.

EDPM = ①electronic data processing machine 电子数据处理机 ②electronic data processing magnetic (tape or machine) 电子数据处理的磁(带或机械).

EDPS = electronic data processing system 电子数据处理系统.

EDR = ①engineering data requirements 工程数据的要求 ②engineering design review 工程设计的审查 ③equivalent direct radiation 等效的直接辐射 ④estimated date of resumption 估计的恢复日期.

EDS = ①energy dispersive spectrometer 能量色散谱仪 ②engineering detail schedule 工程的详细时间表 ③environmental detection set 环境的检查装置.

eds = enamel double-silk-covered 双丝漆包的.

EDSAC = electronic discrete sequential automatic computer 电子离散顺序自动计算机.

EDS & R = engineering data storage and retrieval 工程数据存储和检索.

EDT = ①eastern daylight time (美国)东部夏令时间 ②electronic data transmission 电子数据传送 ③equivalent drying time 同等干燥时间 ④ethylene diamine tartrate 酒石酸氢化乙二胺.

EDTA = ethylenediamine tetraacetic acid 乙二胺四乙酸，乙二胺四乙酸.

EDTCC = Electronic Data Transmission Communication Center 电子数据传输通信中心.

EDTP = ethylenediamine-tetrapronoic acid 丙底酸，乙二胺四丙酸.

EDU = exponential decay unit (guidance computer) 指数式衰变单元(制导计算机).

educabil'ity [edjukə'biliti] n. 教育可能性，可教育性.

ed'ucable ['edjukəbl] a. 可教育的.

ed'ucate ['edjukeit] vt. ①教育，训练，培养 ②使受学校教育，为…付学费. ▲*educate oneself* 自学.

ed'ucated ['edjukeitid] a. 受(过)教育的.

educa'tion [edju'keiʃən] n. ①教育(学)，训练，培养 ②通过训练得到的知识和能力 ③(计算机的)"教化"(计算机准备和搜集程序，把解决各种问题的程序汇集在一起以节省程序设计的时间). *cross education* 交叉训练. *moral* [intellectual, physical] *education* 德〔智，体〕育. ▲*get* [have, receive] *an education* 受教育.

educa'tional [edju'keiʃnl] a. 教育(上)的，有教育意义的. *educational television* 大众〔教育〕电视.

educa'tion(al)ist n. 教育(工作)者，教育学家.

educa'tionally ad. 教育上，从教育的观点，通过教育方

ed'ucative ['edjukətiv] *a.* 教育(上)的,有教育意义的,起教育作用的.

ed'ucator ['edjukeitə] *n.* 教育(工作)者.

educe' [i'dju:s] *v.* ①引〔导〕出,发挥 ②演算〔绎〕(出),推断〔论〕(出) ③放〔析〕,抽〔出,离析,使游离. ▲*educe all that is best in*… 发挥…的一切优点.

edu'cible [i'dju:sibl] *a.* 可引〔析〕出的,推断〔演绎〕得出的.

e'duct ['i:dʌkt] *n.* 【化】离析物,提〔析〕出物,推断,推论的结果.

educ'tion [i'dʌkʃən] *n.* ①引〔抽,排,析,提,流〕出,离析,排泄 ②启发,推断 ③引出物. *eduction pipe* 排泄管.

educ'tor [i'dʌktə] *n.* ①排泄器,喷射器,排放装置,排放管 ②喷射井点. *water eductor* 喷水器.

edul'corant *n.* 加甜剂.

edul'corate [i'dʌlkəreit] *v.* 洗净,使纯,纯化,从…除〔洗〕去酸类〔盐类,可溶性物质〕,使甜. *edulcora'tion n.*

EDVAC = electronic discrete variable automatic computer 电子数据计算机.

EDV/C = electronic discrete variable automatic calculator 离散变数电子计算机.

edwardite 或 edwardsite 独居石.

EE 或 ee = ①electric eye 电眼 ②electrical engineer 电机工程师 ③electrical engineering 电机工程 ④electronics engineer 电子工程师 ⑤errors excepted 允许误差,错误不在此限 ⑥experimental establishment 实验站 ⑦external environment 外部环境.

E&E = evasion and escape 躲避与逃避.

EEC = ①Electronic equipment committee (Aircraft Industries Association) 电子设备委员会(飞机工业协会) ②European Economic Community (Common Market) 欧洲经济共同体(共同市场).

EECL = emitter-emitter couple(d) logic (发)射极-(发)射极耦合逻辑电路.

EEG = ①electroencephalogram 脑电图 ②electroencephalograph 脑电流描记器 ③electroencephalography 脑电图记法.

EEI = essential elements of information 情报要点.

EEIC = European Electronic Intelligence Center 欧洲电子情报中心.

eel *n.* 鳗鱼.

EEL = engineering electronics laboratory 工程电子实验室.

EELS = electronic emitter location system 电子发射定位系统.

eel'worm *n.* 蛔虫,小线虫.

EEP = earth equatorial plane 地球的赤道平面.

EER = explosive echo ranging 爆破回波测距.

EET = engineering evaluation test 工程估价试验.

EEZ = Exclusive Economic Zone 专属经济区.

EF = ①each face 每一面 ②efficiency factor 效率因数 ③elevation finder 仰角指示器 ④emergency facilities 紧急措施设备 ⑤equivalent focal length 等效焦距 ⑥exhaust fan 排气风扇 ⑦experimental flight 试验飞行 ⑧external flaps 外部襟翼 ⑨extra fine (threads) 特细(螺纹).

EFC = ①engineering file control 工程卷宗的管理 ②equipment and facility console 装备与设施控制台.

Efco-Northrup furnace 高频感应炉.

EFD = ①earliest finish date 最早完成日期 ②electric flux density 电通量密度.

EFDL = emitter follower diode logic 射极输出器〔跟随器〕二极管逻辑(电路).

EFDTL = emitter follower diode transistor logic 射极输出器〔跟随器〕二极管-晶体管逻辑(电路).

EFE = external field emission 外部场致发射.

EFECL = emitter follower-emitter coupled logic 射极跟随器-射极耦合逻辑(电路).

eff = ①effect 效应,效果 ②effective 有效的 ③efficiency 有效系数,效率.

ef'fable ['efəbl] *a.* 可说明〔出〕的,可表达的.

efface' [i'feis] *v.* ①拭〔抹,删〕去,抹〔涂〕掉,消除〔失〕,使不清楚 ②忘却,超越,使黯然失色. *efface some lines from a book* 从书中删去数行. ~ment *n.*

effaceable *a.* 能擦掉的,可抹去的,会被忘却的.

effect' [i'fekt] **I** *n.* ①(有效)作用(on,upon),活动,操作 ②效应(果,能,力),影响(on,upon),有效作用,结(效,后)果,现(印象,外观 ③意义,要旨 ④生产力〔量,率〕⑤实行,实施 ⑥(pl.)财物,动产. **I** *vt.* 招致,引起,使产生,实现,达到,贯彻,完成. *altitude effect* (宇宙射线强度的)高程导线. *aperture effect* 口径(孔径,孔阑)效应,开口失真. *blanketing effect* 空气动力阴影. *calorific effect* 热效应〔率〕,发热量. *cause and effect* 因果. *density effect* 有效密度,密度效应. *effect a substitution* 实行对调,调换. *effect disk* 特技插盘. *effect filter* (光)效应滤色器〔滤光镜〕. *effect glass* 特技用玻璃(片). *effect lacquer* 美饰漆,真空涂漆. *effect lighting* 特技(效果)照明. *effect machine* 特技机器(装置). *effect sound mixer* 效果(效果)声响切换单元. *effects studio* 特技演播室. *elastic after effect* 弹性后效. *hardening effect of radiation* 辐射(作用下)凝固. *heating effect* 发热量,热效应. *keystone effect* 梯形失真效应. *meson-meson effect* 介子相互作用. *motive and effect* 动机和效果. *mountain effect* 山地效应,山地起伏干扰. *mutual effect* 相互作用. *packing effect* 质量亏损. *parallax effect* 视差(效应,现象). *personal effects* 私人物品. *photoelectric effect* 光电效应. *quick effect* 反向回声现象,电离层回波效应,快作用. *ram effect* 动压力头,速压头,冲压效应. *refrigerating effect* 产冷量,制冷能力. *skin effect* 集(趋)肤效应,表皮作用. *sound effects* 音响效果. *steadying effect* 旋转质量惯性,飞轮效应. *stem effect* 支柄影响. *three-dimension effect* 立体感. *wall effect* 器壁效应. ▲*bring* (*carry, put*) …*into* [*to*] *effect* 使…生效(实行),实行(现,施). *cease to be in effect* 失效. *come* (*go*) *into effect* 开始生效,(被)实施. *effect* (*of* M) *on* (*upon*) N(M)对N的作用(影响). *the effect of heat on metals* 热对金属的影响. *for effect* 为了给人以良好的印象,为了装门面. *general* *effect* 大意. *give effect to* 使生效, 使实行起来. *havean effect on〔upon〕* 对…有影响〔有效果〕. *have no effect（on, upon）* 没有影响〔效果〕. *in effect* 实际上, 事实上; 有效, 在实行中. *of no effect* 无效, 无用. *take effect* 生效, 起作用, 产生影响,（被）实施. *statement to the following effect* 大意如下的声明. *take effect as from this day's date* 今天起生效. *to no effect* 无效, 没有用. *to the best effect* 最有效地. *to the effect that* 大意是（说）, 意思是, 说的是…; 以便. *to this〔that〕effect* 用这个意思, 带有这种意思, 为此（目的）. *with effect* 有效地. *without effect* 无效, 没有用.

effec'tive [i'tektiv] Ⅰ *a.* ①有效（力, 应）的, 有（作）用的, 有影响的, 等〔生〕效的, 能行的〔在…的, 现行的, 可以作战的〕 ③显著的. Ⅰ *n.* （pl.）现役〔实际可以作战的〕部队, 有生力量; 硬币. *effective acoustic center* 有效声源〔声学〕中心. *effective calculability* 能行可计算性. *effective data-transfer rate* 有效〔平均〕数据传送速度〔传输率〕. *effective efficiency* 效率, 有效功能. *effective radius* 有效半径. *effective range* 有效〔测量〕范围, 有效距离〔射程〕. *effective span* 有效跨度, 计算跨径. *number of effective members* 实际成员人数. *take effective measures* 采用有效措施. ▲*（be）effective on* 对…有效应. *become effective* 生效. *effective up to a distance of* …有效距离是…, 有效距离在…之内.

effec'tively *ad.* 有效地, 有力地; 实际上, 事实上.

effec'tiveness *n.* 效率〔用, 能, 应, 果, 力〕, 有效性〔度〕, 能行性, 功效. *combat effectiveness* 战斗力. *effectiveness theory* 能行性理论. *lift effectiveness* 升力特性.

effec'tor *n.* ①（导弹, 执行机构的）操纵装置, 试验器 ②效应（因）子, 效应基因, 效应物, 效应器〔神经〕 ③【计】格式控制符.

effec'tual [i'fektjuəl] *a.* 有效（果）的, 有力的, 奏效的, 灵验的. ~ly *ad.* ~ness *n.*

effec'tuate [i'fektjueit] *vt.* 完成, 实现, 实行, 使有效, 贯彻. *effectua'tion n.*

ef'ferent ['efərənt] Ⅰ *a.* 传出的, 输出的, 离心的. Ⅰ *n.* 传出神经.

efferenta'tion *n.* ①输出机能, 传出机能 ②离心作用.

efferen'tial *a.* 输出的, 传出的, 离心的, 远心的.

effervesce' [efə'ves] *v.* 起泡（沫）, 发〔冒〕泡（沫）, 泡腾, 沸腾, 兴奋(with). *effervescing clay* 泡沸〔碳酸盐〕粘土. *effervescing steel* 沸腾钢. **effervescence** 或 **efferves'cency** *n.*

efferves'cent *a.* 起泡（沫）的, 泡〔沸〕腾的. *effervescent spring* 碳酸喷泉.

efferves'cible *a.* 能起泡（沫）的, 能沸腾的.

efferves'cive *a.* 起泡（沫）的, 沸腾的.

effete' [e'fi:t] *a.* 生产力已枯竭的, 衰老〔退〕的, 腐朽的, 无能力的. ~ly *ad.* ~ness *n.*

effica'cious [efi'keiʃəs] *a.* 有〔奏〕效的, 效力大的, 灵验的,（有〔生产〕能力的. ~ly *ad.*

ef'ficacy ['efikəsi] *n.* 效力, 功效, 有效.

effic'iency [i'fiʃənsi] *n.* ①效率〔能, 果〕, 有效系数〔作用率〕, 功〔能, 利用〕率, 供给能力, 供给量 ②能〔实〕力, 性能, 有（功, 实）效, 经济性. *calorific efficiency* 热〔卡〕值, 发热量, 热效率. *efficiency apartment* 有厨卫生设备的公寓套房. *efficiency curve* 效率曲线. *efficiency diode*（高压整流用）（高）效率二极管, 升效〔增效, 阻尼〕二极管. *efficiency factor* 有效因子, 效〔效应, 效能）因数. *efficiency hill* 等效率图. *efficiency test* 效率〔生产率〕测定, 效率试验. *efficiency wage* 实效工资. *energy efficiency* 能量效率〔输出〕, 电能效率. *lens efficiency* 透镜分辨率. *lift efficiency* 升举性能, 升力特性. *net efficiency* 净效率, 有效作用系数. *occupation efficiency* 占空系数. *regenerative efficiency* 倍增本领. *volume（tric）efficiency* 容积效率, 容量系数.

effic'ient [i'fiʃənt] Ⅰ *a.* 有效（力）的,（直接）生效的, 效率〔功率〕高的, 有能力〔本领, 作用〕的, 能胜任的, 经济的, 有用的. Ⅰ *n.* 因素, 作用力, 因子, 被乘数. *efficient estimation* 佳效估计. *efficient range* 有效〔工作〕范围. ~ly *ad.*

ef'figy ['efidʒi] *n.* 像（肖, 雕）像.

effleurage *a.* 按抚法.

effloresce' [eflɔ:'res] *v.* ①风化,（盐）晶化,（岩石）粉化, 起霜 ②开花.

efflores'cence [eflɔ:'resns] *n.* 风〔粉, 晶〕化（物, 法）, 开花, 结晶（作用）, 发疹.

efflores'cent *a.*（易）风化的, 花状的, 开花的.

ef'fluence ['efluəns] *n.* 发〔射, 流, 溢, 泻〕出, 流出物（废气, 废水等）, 射出物, 流出物.

ef'fluent ['efluənt] *a.; n.* 发出的, 流出（的, 物, 液）, 泻流的, 渗漏的, 污水, 流水, 废水（支, 侧）流. *effluent control* 废水及废气控制. *effluent disposal* 污水处理. *effluent fraction* 流出〔选析〕的馏份. *effluent gases* 废气, 烟道气. *effluent stream* 表面水流.

effluogram *n.* 液流图.

effluve *n.* 介流（通过介质的高压放电）,（流体电介质的）高压放电.

efflu'via [e'flu:viə] *effluvium* 的复数.

efflu'vial *a.* 恶臭的.

efflu'vium [e'flu:viəm] *n.* （pl. *effluvia* 或 *effluviums*）①无声放电 ②以太（以前假定传递电磁流的媒介物）, 磁素 ③臭气, 恶臭 ④（臭气, 臭液等的）放出, 散出, 发出（散）, 脱发.

ef'flux ['eflʌks] *n.* ①流出（物）②射流, 涌〔进〕出, 喷射〔流〕, 流出水, 流出气, 废〔排出, 喷射〕气流, 排出水 ③时间经过, 消逝, 满期. *efflux coefficient* 射〔喷〕流系数. *efflux cup method* 流杯法（测粘度方法）. *jet efflux* 喷流.

efflux'ion [e'flʌkʃən] =efflux.

EFFO =efficiency overall 总效率.

ef'fort ['efət] *n.* ①努〔尽〕力, 尝试, 企图 ②（动, 作用, 有效）力, 力量 ③成果〔就, 绩〕 ④工作〔项目, 程序, 容量〕,（研究）计划 ⑤叠加总次数. *braking effort* 制动力, 闸力. *crank effort* 曲柄回转力. *design effort* 设计〔计划〕工作. *development effort* 研制〔设计〕计划. *mean effort* 平均作用力. *research effort* 研究计划〔工作〕. *scientific effort*

科研计划[工作]. *space effort* 空间研究计划. *tractive effort* 牵引力, 拉[推]力. *It doesn't need much (of an) effort.* 这不需要花多大力量. ▲*beyond effort* 力所不及. *by human effort* 用人力. *exert [make] every effort to +inf.* 尽一切力量[努力](做). *in a common effort* 共同努力. *in an effort to +inf.* 在致力于(做), 在努力…的过程中. *make efforts [an effort] to +inf.* 努力(做). *redouble one's efforts* 再接再励. *spare no efforts* 不遗余力, 尽力. *with (an) effort* 努[费]力. *without [with little] effort* (毫)不费力地, 不难.

ef'fortless ['efətlis] *a.* 不费力的, 容易的, 不作努力的.

effrac'tion [e'frækʃn] *n.* ①破裂, 裂开 ②弱化.

effrac'ture *n.* 裂开, 颅骨折.

efful'gence [e'fʌldʒəns] *n.* 光辉, 灿烂.

efful'gent [e'fʌldʒənt] *a.* 光辉的, 灿烂的, 辉煌的. ~ly *ad.*

effumabil'ity [efju:mə'biliti] *n.* 易挥发性.

effu'mable *a.* 易挥发的.

effuse' [e'fju:z] *v.* 流[发, 泻, 喷, 渗, 泄]出, 发[弥, 渗]散, 倾注, 吐露.

effu'ser [e'fju:zə] *n.* (扩散)喷管, 扩散器, 收敛形进气道, (风洞)收敛段, 集气[加速]管, 喷咀体, 扬声器纸盆. *contracting effuser* 收敛形集气管. *supersonic effuser* 超音速喷管.

effusiom'eter *n.* 扩散计, 渗速计, 隙透计.

effusiom'etry *n.* 隙透测定法.

effu'sion [i'fju:ʒən] *n.* 流[泻, 喷, 露, 渗]出(物, 液), 喷发, 泻[分]流, 渗透, 隙透(气体透过多孔壁的现象). *effusion cooled (cooling)* 喷射[发汗蒸发]冷却. *effusion meter* 流量[隙漏, (气体)扩散]计. *effusion method* (测定蒸汽压力) 隙透法. *effusion of blood* 出血.

effu'sive [i'fju:siv] *a.* 流[喷, 涌, 溢]出的, 射流的, 喷发的. *effusive period* 喷发期. *effusive rock* 喷出, 溢流)岩. ~ly *ad.* ~ness *n.*

effusor =effuser.

EFL = ①effective focal length 有效焦距 ②emitter follower logic 射极跟随(器)逻辑(电路) ③equivalent focal length 等效距离 ④error frequency limit 错误频率极限.

EFPH =equivalent full-power hours 全功率小时当量.

EFR =effective filtration rate 有效透过率.

E&FR =event and failure record 事件与故障记录.

EFTA =European Free Trade Association 欧洲自由贸易联盟.

E-function *n.* (=exponent function)指数函数.

EG = ①electronic guidance 无线电制导 ②ethylene glycol 乙二醇 ③grid voltage 栅极电压.

e. g. =[拉丁语] *exempli gratia* 例如.

EGA = ①effluent [evolved] gas analysis 流[析]出气体分析 ②ethylene glycol adipate polyester 聚己二酸乙二醇酯.

EGAD =electromagnetic gas detector 电磁的气体探测器.

EGD =evolved gas detection 逸[析]出气体检定.

EGDN =ethylene glycol dinitrate 乙二醇二硝酸酯.

EGECON =electronic geographic coordinate navigation system 电子的地面坐标航海系统.

eger'sis [i'dʒə:sis] *n.* 警醒, 不眠.

eges'ta *n.* 排泄物, 粪.

eges'tion [i'dʒestʃən] *n.* 排泄.

egg [eg] *n.* ①(鸡)蛋(形物) ②炸弹, 手榴弹, 鱼雷 ③蛋级无烟煤(62~82 mm, 2 7/16~3 或 3 1/4 in), 蛋级烟煤(1 1/2~4 in). *acid egg* 蛋酸, 蛋形升酸器. *egg coke* 小块[蛋形]焦炭. *egg end* 半球形的底. *egg insulator* 卵形[拉线]绝缘子. *egg tester* 验蛋器. *egg white* 蛋白. *egg yolk* 蛋黄. ▲*have [put] all one's eggs in one basket* 孤注一掷. *in the egg* 在初期, 尚未发展的, 于未然. *with egg on one's face* 处于窘境.

egg-coal *n.* 小块的煤.

egg'-head *n.* 秃头, 书生, 知识分子.

egg-shape(d) *a.* 蛋[卵]形, 椭圆形的.

egg'-shell *n.* 蛋壳, 易碎的东西. *egg-shell china* 薄胎瓷.

EGI =explosive gas indicator 爆炸气体指示器.

eglestonite *n.* 氯汞矿.

EGO = ①eccentric(-orbiting) geophysical observatory 偏心轨道地球物理观测卫星 ②experimental geophysical orbiting (vehicle)实验地球物理轨道(卫星).

eg'o ['egou] *n.* 自我(己), 利己主义. *ego trip* 追求个人成就.

egocen'tric *a.* 自我中心的.

egocentric'ity *n.* 自我中心, 自私自利.

egocen'trism [i:go'sentrizm] *n.* 利己主义, 唯我主义.

eg'oism *n.* 利己主义, 自私(自利). **egois'tic(al)** *a.*

egoma'nia *n.* 极端利己主义.

eg'otism *n.* 自我吹嘘, 自负[夸], 利己[唯我]主义, 自私自利. **egotis'tic(al)** *a.*

egotrop'ic *a.* 唯我的, 向我的, 自我中心的.

EGPS = electric ground power system 地面电能系统.

egre'gious [i'gri:dʒəs] *a.* 惊人的, 无比的, 异乎寻常的, 极端恶劣的. *egregious blunder* 大错. ~ly *ad.*

e'gress [i:'gres] *n.* 出口(路), 外[流, 溢]出, 发源地, [天]终凸. *egress and ingress* 出入. *egress of heat* 热传导, 传[放, 散]热.

egres'sion [i(:)'greʃən] *n.* 外出, 出去.

EGS = ①electronics guidance section 电子制导组 ②electronics guidance station 电子制导站 ③ethylene glycol succinate 丁二酸乙二醇酯.

EGT =exhaust gas temperature 废气温度.

EGTA =ethylene glycol-bis-tetraacetic acid 乙二醇四乙酸.

E'gypt ['i:dʒipt] *n.* 埃及.

Egyp'tian *a. ; n.* 埃及的, 埃及人(的).

EH = ①easily hydrolyzable 易水解的 ②electric heater 电炉 ③extra hazardous 非常危险的.

EHAA =epidemic hepatitis associated antigen 传染性肝炎相关抗原.

EHF 或 **ehf** =extremely high-frequency 极高频(30,000~300,000 MHz).

EHL = ①effective halflife 有效半衰期 ②elasto-hydrodynamic lubrication 弹性液动力润滑.

EHP = ①effective horse-power 有效马力 ②electric horsepower 电动马力.

EHPH = electric horse-power hour (电动)马力-小时.

EHR = extra high reliability 特高可靠性.

Ehrhardt method 爱氏冲管法(方形毛坯冲压成圆筒形).

EHT = extra-high tension 特高(电)压,特高张力.

EHV = extra-high voltage 极高压,超高压.

EI = ①electron impact 电子撞击 ②electron ionization 电子撞击电离 ③enamelled iron 扩瓷铁 ④energy index 能量指数 ⑤engineering instruction 工程指令〔说明〕 ⑥equipment incomplete 设备不完整 ⑦exposure index 曝光指数 ⑧external insulation 外部绝缘.

EIA = ①Electronic Industries Association (美国)电子工业协会 ②error in address 地址错误.

EICA = Electronics Corporation of America 美国电子有限公司.

EICG = electromagnetic interference control group 电磁干扰控制小组.

eiconal = eikonal.

eiconom′eter [aikəˈnɔmitə] n. 影(物)计.

EID = ①end item delivery 最后项目的发出 ②end item description 最后项目的说明 ③ engineering item description 工程项目的说明.

EID lt = emergency identification light 紧急情况辨认灯.

eidet′ic [aiˈdetik] a. (头脑中的映像)极为逼真的.

el′dograph [ˈaidəgraːf] n. (图画)缩放仪,伸缩画图器.

eidophor n. 艾多福(电视)投影法,大图像投影器. *Eidophor system* 艾多福(电视)投影方式〔制式〕,油膜光阀系统.

eidoptom′etry n. 视力测定法.

Eiffel Tower 巴黎铁塔,埃菲尔铁塔.

ei′gen [ˈaigən] a. 本〔特〕征的,自身的,固有的. *eigen function* 本征〔特征〕函数.

eigen- 〔词头〕本〔特〕征,固有.

eigenchannel n. 本征道.

ei′gendifferen′tial n. 本征微分.

ei′genel′ement n. 本征元素.

eigenellipse n. 本征椭圆.

eigenfield n. 本征场.

eigenfrequency n. 本〔特〕征频率.

ei′genfunc′tion n. 本征函数. *eigenfunction expansion* 按特征函数展开.

eigenmatrix n. 本〔特〕征矩阵.

eigenmoment n. 内禀矩.

eigenperiod n. 固有周期.

eigenrotation n. 固有(本征)转动.

eigensolution n. 本征解.

eigenspace n. 本〔特〕征空间.

eigenstate n. 本征态,特征状态.

eigentensor n. 本征张量.

eigentone n. 本征(固有)音,固有振动频率.

ei′genval′ue n. 本〔特〕征值,固有值,特征根.

ei′genvec′tor n. 本〔特〕征矢(向)量.

ei′genvibra′tion n. 本征振动.

eigenwert n. 本〔特〕征值.

eight [eit] n.;a. ①八(个),第八 ②8字形 ③八个一组 ④八汽缸发动机,八汽缸汽车. *eight ball* 球形全向传声器. *eight in line* 直排八汽缸. *eight in V* V式八汽缸. *eight level code* 八单位码. *eight shape* 8字形.

eight-bit byte 八位字节.

eight-digit binary number 八位二进数.

eight′een [ˈeiˈtiːn] n.;a. 十八(个),第十八.

eighteen-eightsteel n. 18—8钢(18%Cr, 8%Ni 的不锈钢).

eighteenmo n. 十八开本.

eighteenth′ [ˈeiˈtiːnθ] n.;a. ①第十八,(某月)十八日 ②十八分之一.

eight′fold [ˈeitfould] a.;ad. 八倍,八重. *eightfold way* 八维法.

eighth [eitθ] n.;a. ①第八,(某月)八日 ②八分之一.

eighthly ad. 第八.

eight-hour a. 八小时(工作)的.

eighth-power n. 八次方.

eight′ieth [ˈeitiiθ] n.;a. 第八十(个),八十分之一(的).

eight-in-line a. 八缸单列的.

eight-level code 八级(位)码.

eight-place n. 〔计〕八地址的.

eight-ply a. 八(层)的.

eight′score [ˈeitˈskɔː] n. 一百六十.

eight′y [ˈeiti] n.;a. ①八(十个),第八十 ②(pl.)八十年代. *during the eighties* 在(该世纪)80年至89年这十年间,八十年代.

eikon = icon.

eikonal n. (光)程函(数),相(位)函数,积ральн. *eikonal coefficient* 程函系数. *eikonal equation* 镜像方程. *eikonal function* 程函(方程).

eikon′ic a. 影像的.

eikonogen n. 影源.

eikonom′eter [aikəˈnɔmitə] n. 光像测定器,影像(检查)计.

EIL = error in label 符号部分出错.

eilema n. 腹绞痛,肠扭结.

eiloid I n. 卷线形. I a. 线圈形的,蟠曲状的.

EIM = elastomeric insulation material 合成橡胶绝缘材料.

EIN = equipment installation notice 设备安装通知.

ein′stein [ˈainstain] n. 爱因斯坦,E(能量单位,E = 6.06×10^{23} 光子, 量子摩尔). *E. Einstein A coefficient* 爱因斯坦自激系数. *Einstein B coefficient* 爱因斯坦他激系数.

einstei′nium [ainˈstainiəm] n. 【化】锿 Es.

EIO = error in operation 操作出错.

EIR = end item requirement 最后项目的要求.

Eire [ˈɛərə] 爱尔兰.

EIRP = equivalent isotropic radiated power 等效各向同性辐射功率,全向等效辐射功率.

EIS = end item specification 最后项目的规格.

eisodic a. 输入的,传入的,向心的.

EIT = ①electrical information test 电信息试验 ②

electrical insulation tape 电绝缘带.

ei'ther ['aiðə, 'i:ðə] I a.; pron. (二者中的)任何一个(一方),或此或彼,(二者中的)每一个,二者,两方(个,种),各. *either symbol*【计】抉择符号. *It can be done in either way* 这样做,那样做都可以. *There is a tower on either side of the river.* 河两岸各有一座塔. ▲*either of*(两者之中)任何一个. *either way* 不管怎样(说),反正,两边都. *in either case*(两种情况中)不论发生那一种情况,(在)两种情况(下)都.
I ad.; conj. ①或者,要末 ②而且,根本 ③二(三,四…)者之一. ▲*either M(,N,P…) or Q* 或M(,N,P…)或是Q;不是M(,N,P…)就是Q. *either M,or else N* 或(者)是M,不然〔否则〕就是N. *no* [*nor*] *either* …也不. *…not … either*…也不(…)…而且不(…). *not either M or N* 既不M也不N,无论M或者N都不.

either-or ['aiðər'ɔ:] I n.【计】"异",按位加 ② 二者择一. I a. 非此即彼的,二者择一的.

EIUS =end item uniform specification 成品统一规格.

EJA =engineering job analysis 工程分析.

ejac'ulate ['idʒækjuleit] *vt.* 突发,突然叫出,射出. *ejacula'-tion n. ejac'ulatory a.*

ejac'ulator n. 射出物〔者〕.

eject' [i'dʒekt] I v. ①(放,发,喷,注,弹)射,喷射,放,推,推,抽,挤,击,捕,顶,②驱逐,排斥 ③出产. I n. 推出口. ▲*be ejected from*…从…(放)射出.

ejec'ta [i'dʒektə] n. (pl.)喷〔排〕出物,废物,渣.

eject'ed a. (被)放〔排,打,喷,射〕出的.

ejec'tion [i'dʒekʃən] n. ①放,放,发,排,抽,挤,击,顶,抛,逐)出(物),放〔喷,发,弹〕射(出) ②出坯,推顶 ③驱逐,排斥. *automatic ejection* 自动抛出〔顶出,出料. *ejection mechanism* 工件自动拆卸机构,弹射机构. *ejection nozzle* 喷嘴. *ejection of compact* 出料. *ejection orbit* (进)入轨(道). *ejection procedure* (卫星)分离程序. *ejection seat* 弹射座椅. *neutron ejection* 中子发射.

ejec'tive [i'dʒektiv] a. 喷射,抛)出的,驱逐的.

eject'ment [i'dʒektmənt] n. 推〔抛,喷〕出,驱逐.

eject'or [i'dʒektə] n. ①喷射(发射,投射)喷泵,排出,推出,剔出,推顶)器,喷射泵,喷流抽气泵,喷射补点,(工件自动)拆卸器,顶杆,推(顶)钢机,排出管 ②驱逐者. *ash ejector* 放灰泵器. *coil ejector* 线圈推出器,卷材拨出机,拨卷机. *ejector (air) pump* 喷气式水泵,(气流)喷射泵. *ejector booster pump* 喷射增压泵. *ejector die* (滑动)凸压模. *ejector key* 推顶键. *ejector nozzle* 喷口〔嘴〕. *ejector pin* 顶出销,顶钉,起模杆. *ejector seat* 弹射座椅. *ejector strap* 喷吸器带条. *pulsed ejector* 脉动活塞杆. *tool ejector* 工具拆卸器.

ejet =eject 或 ejection 喷射,发射.

EJM =electro-jet machining 电火花加工.

EK =①Eastman Kodak Company (美国)柯达公司 ②Single-enamel single-cellophane 单层漆单层赛璐珞(玻璃纸)(包的).

eka-〔词头〕准,第一.

eka-aluminum n. 准铝,镓 Ga.

eka-boron n. 准钼,钪 Sc.

eka-cesium n. 准铯,钫 Fr.

eka-element n. 准(待寻)元素.

eka-gold n. 类金(第 111 号元素).

ekahaf'nium [ekə'hæfniəm] n. 类铪元素 104 的暂名 (别名 rutherfordium).

eka-holmium n. 准钬.

eka-iodine n. 准碘,砹 At.

eka-lead n. 类铅(第 114 号元素).

eka-manganese n. 准锰,锝 Tc.

eka-mercury n. 类汞(第 112 号元素).

eka-neodymium n. 准钕,钷 Pm.

ekanite n. 硅钙铁铀钍矿.

eka-osmium n. 准锇,钚 Pu.

eka-platinium n. 类铂(第 110 号元素).

eka-rhe'nium [i:kə'ri:niəm] n. 准铼,镎 Np.

eka-silicon n. 准硅,锗 Ge.

eka-tantalum n. 准钽,镤 Pa.

eke [i:k] *vt.* ①补充,弥补…的不足,以节约使(供应等)持久,竭力维持(out) ②增加,增大,延长.

EKG =①electrocardiogram 心(动)电(流)图 ②electrocardiograph 心电记录器.

ekistical [i'kistikəl] a. 城市与区域计划的.

ekistics [i'kistiks] n. 城市与区域计划学.

Ekman layer 爱克曼(螺线)层.

ekphorize v. 唤起记忆.

ekstrom method 光束扫描电视摄像法.

Ektalight n. 爱克脱光幕(投影电视中用铝经过处理做成凹面银幕).

ektalite-foil n. 爱克脱光箔(银幕).

ektogenic n. 外来成份.

ekv =electron kilovolt 电子千伏.

EKW =electrical kilowatts 电千瓦.

EKY =electrokymogram 电流记录图,电记波照片,心电波图.

EL =①each layer 每层 ②elastic limit 弹性限度(极限) ③electroluminescent 电(场)致发光 ④elevation 高度 ⑤elongation 伸〔延〕长 ⑥equipment list 设备目录.

E/L =export license 出口许可证.

EL₁ =extensible language (一种可扩充的程序语言) EL₁ 语言.

el =elevated railway 高架铁道.

ELA =electron linear accelerator 电子线性加速器.

elab'orate I [i'læbərit] a. 精心(制成)的,(制作)精巧(细,致)的,完善的,复杂的,复杂的,繁复的,辛勤的,麻烦的. I [i'læbəreit] v. ①搞好,钻研出 ②加工,精(心)制(作),精心做成,详细描述,对…作详细说明(on, upon) ③推敲,发挥 ④变成复杂,从简单成分合成(复杂有机化合物). *elaborate design* 精心的设计. ~*ly ad.*

elabora'tion [ilæbə'reiʃən] n. ①精心做成,精(心)制(作),精巧(密,致) ②推敲,努力发展(完善,改进),苦心经营 ③详细描述 ④精心制作的产品,详尽的细节的东西. *elaboration products* 加工产物,精心制作的产品.

elab'orative [i'læbərətiv] a. 精心制作的,精致的,苦心经营的,详细阐述的. *elaborative faculty* 思考能力.

elae'olite [i'li:əlait] n. 脂光石.

elaeom'eter [eli'ɔmitə] n. (验)油(比)重计,验油浮

elaidic acid 反油酸.
elaidin n. 反油酸精, 甘油三反油酸酯.
elaidiniza'tion n. 反油酯重排作用, 反油酸转位.
elaioplast n. 造油体.
elaoptene n. 油萜, 液油份.
elapse' [i'læps] vi.; n. (时间)过去, 消逝, 经过. *e-lapsed time clock* 故障计时钟. *elapsed timer* 经时计时器.
elapsed-time n. 经过[消逝, 耗用, 航程]的时间.
elas'tance [i'læstəns] n. (电容的倒数)倒电容(值), 1/C.
elastase n. 弹性蛋白酶, 胰胰酶 E.
elas'tic [i'læstik] I a. ①(有)弹性的, 有弹力的, 有伸缩性的 ②灵活的. II n. 橡皮绳(带, 圈, 筋), 松紧带. *elastic after-effect* [after-working] 弹性后效. *elastic continuum* 弹性连续体, 弹性的连续值. *elastic curve* 弹性曲线. *elastic deformation* 弹性变形. *elastic joint* 弹性接合, 弹性关节. *elastic ratio* 弹性比值. *elastic store* 缓冲(弹性)存储器.
elastica n. ①弹力, 弹性 ②橡胶, 橡皮, 弹性树胶 ③弹性层, 弹性组织, 弹性弯曲的形状.
elas'tically ad. 弹性(地). *elastically supported beam* 弹性支架梁.
elas'ticator n. 增弹剂.
elastic'ity [elæs'tisiti] n. ①弹性(变形), 伸缩性 [力], 弹力, 弹性力学 ②灵活性. *elasticity coefficient* (简写 E. C.) 弹性系数. *elasticity of torsion* 扭转弹性. *residual elasticity* 弹性后效, 剩余弹性.
elas'ticized [i'læstisaizd] a. 用弹性线制成的.
elas'ticizer [i'læstisaizə] n. 增韧[增塑, 塑化]剂.
elastico-viscosity n. 弹粘度[性].
elastin n. 弹性蛋白.
elastiv'ity [elæs'tiviti] n. 倒电容系数, 介电常数的倒数, 倒介电常数.
elastodynam'ics n. 弹性(动)力学.
elastohydrodynam'ics n. 弹性流体动力学.
elastomechan'ics n. 弹性理论[力学].
elas'tomer [i:'læstoumə] n. 弹性体, 弹胶(性)的, 合成[人造]橡胶, 高弹体, 弹(性材)料. *elastomer powder* 合成橡胶粉. ~ic a.
elastom'eter n. 弹力[性]计.
elastom'etry n. 弹力[性]测定法.
elastoop'tics n. 弹性光学, 弹性光效应.
elasto-osmom'etry n. 渗透压的高弹性测定法, 弹性渗压测定法.
elas'toplast [i'læstəplæst] n. 弹性塑料[粘膏].
elastoplas'tic [i'læstəplæstik] n.; a. 弹性弹塑性的.
elastopol'ymer n. 弹性高聚物.
elastoprene n. 二烯橡胶.
elastoresis'tance n. 弹性电阻(效应), 电弹性效应. *elastoresistance coefficient* 弹性电阻[抗弹性]系数.
elastostat'ics n. 弹性静力学.
elastothiomer n. 弹性硫塑料, 硫合橡胶, 硫塑料.
elasto-viscous system 弹粘体系.
elate' [i'leit] vt. 使欢欣鼓舞.
ela'ted [i'leitid] a. 兴高采烈的, 欢欣鼓舞的.

elaterite n. 弹性沥青.
elaterom'eter 或 **elatrom'eter** n. 气体密度计.
ela'tion [i'leiʃən] n. 兴高采烈, 欢欣鼓舞.
E-layer n. E 电离层(位于 F 层之下, 在约 55～85 英里高空).
elbaite n. 锂电气石.
Elbe [elb] n. (欧洲)易北河.
el'bow ['elbou] I n. 肘(角, 状物), 肘(形弯)管, 弯管接头, 弯头(管, 角), (机械手)抓手, 急弯. *combustion chamber interconnecting elbow* 燃烧室反焰管. *elbow bend* [pipe] 肘[弯]管, 弯头. *elbow in the hawse* 锚链绞花. *elbow joint* 肘节[接], 弯(管接)头. *elbow room* (可自由)活动的余地. *elbow separator* 弯头贮水器. *elbow trap* 角饼. *elbow union* 弯头套管. *waveguide elbow* 波导肘管. ▲*at one's elbow* 在左右, 在(某人)旁边. *(be) up to the elbows (in)* 埋头于, 专心(于). *place…at one's elbow* 把…放在某人身边(旁边), 使某人经常考虑. II v. 用肘挤[推], 变成肘状. ▲*elbow…away from…* 挤…使之离开…. *elbow off* 推开. *elbow out* 推出.
el'bowed n. 角(形)的, 肘形的, 屈的.
el'bow-grease n. 苦干.
el'bow-joint n. 肘关节.
el'bowroom n. (可自由)活动[伸缩]的余地.
ELC = ①elastic limit under compression 抗压弹性极限 ②exceed label capacity 超出标号容量 ③extra low carbon 超低碳.
ELCGC = experimentally loaded column gas chromatography 实验性填充柱型气体色谱法.
Elcolloy n. 铁镍钴合金.
el'con n. 电子导电视像管. *elcon target* 电子导电靶.
el'conite n. 钨铜合金(焊条用合金).
El-core n. III 形铁芯.
elco'sis n. 溃疡(形成).
elct = electronic 电子的.
elct rm = electronic room 电子室.
ELD = economical load dispatcher (电力)经济负载分配装置.
eld [eld] n. 从前, 古代, 老年.
el'der ['eldə] I a. ①old 的比较级 ②年长的, 年龄较大的, 资格老的 ③从前的. II n. (年)长者, 前辈. *elder brother* 哥哥. *elder times* 昔日. *He is three years my elder.* 或 *He is my elder by three years.* 他比我大三岁.
el'derly a. 中年以上的, 上了年纪的.
eld'est ['eldist] a. ①old 的最高级 ②最老的, 最年长的, 领头的.
ELDO = European Launcher Development Organization 欧洲发射工具研制机构.
Eldred's wire 埃尔德雷戴线(镍钢线被覆钢, 再用白金被覆或硼酸钾熔融被膜的线).
elec = ①electric(al) 电的 ②electricity 电(学) ③electuary 舔剂, [药]糖剂.
elec/mech = electrical/mechanical 电的机械的.
elect' [i'lekt] I v. 选(出, 定, 举), 推选, 决定. II a. (用于名词后)被选出[定, 中]的, 当选的. *the mayor elect* 当选的市长. ▲*be elected M* 当选为 M. *elect*

elect'ed n.; a. 被选人[的],当选人[的].

electee' [elek'ti:] n. 当选者.

elec'tion [i'lekʃən] n. 选举[举,出,任],挑选,当选. ▲carry an election 获选,当选.

elec'tive [i'lektiv] Ⅰ a. (有)选举(权)的,选任[修]的,随意[可以选择]的,随意的,【化】有择的. Ⅱ n. 选修课程,选择性. elective affinity 【化】有择亲和势,(选择)化力. elective course 选修课.

elec'tor [i'lektə] n. 有选举权者,选民. ~al a.

elec'torate [i'lektərit] n. (全体)选民,选举区.

electr =①electric(al)电的 ②electricity电.

elec'tra [i'lektrə] n. 多区无线电导航系统.

Electralloy n. 一种做电子设备材料用的)软铁合金.

elec'tret [i'lektrit] n. 驻极(电介)体,永久极化的电介质.

elec'tric [i'lektrik] Ⅰ a. ①电(力,动,气,测)的,带[导],发]电的 ②令人震惊的. Ⅱ n. ①起电[摩擦带电]的物体,带电体 ②电(动汽)车,电动车辆. electric apparatus 电气设备. electric axis 电轴,晶体X-轴. electric blue 铜青色,铁蓝色. electric cell 光电管. electric conductivity 导电性,电导率. electric conductor 导(电)体. electric delay fuse 延时信管(爆管). electric density 电荷密度. electric disnance 失谐,出现差拍. electric distance 光距离单位(光微秒). electric engineering 电机工程,电工技术. electric etcher (金属)电解腐蚀器. electric eye 光电池(管),电眼. electric fidelity 电信号保真度. electric forming 电冶(电镀)成形. electric gearshift 电力变速(换挡). electric generator 发电机. electric gun 电子枪. electric hand drill 手电钻. electric image 电像,电位起伏图. electric immersion heater 浸没式电热器. electric inductivity 电感应率,介电常数. electric installation 电子(电气)设备. electric insulating (switch) oil 绝缘油,变压器油. electric material 电工材料. electric moment 电矩,偶极矩. electric muffle furnace 表夫(膛式)炉. electric photometer 电波测深器. electric porcelain 绝缘瓷. electric power pool 联合供电网. electric spurious discharge 乱真放电. electric standard 电量标准. electric steel 电炉[工]钢. electric strength 耐电(电场,电力)强度. electric stress tensor 电应力张量. electric transducer 换流器,电换能(传感)器. electric valve 整流器. electric wave filter 波投式电热器. electric wiring 布线,安装电线,电线线路. electric work 电气工程.

elec'trical [i'lektrikəl] a. =electric. electrical analogy 电模拟. electrical automatic frequency control 电路自动频率控制. electrical bandspread 频带展宽(扩展). electrical centering 光栅静电对准(定心),静电法调整中心. electrical communication 有线电通信. electrical computer 电子计算机. electrical connector 电接插件,插塞(座),接线盒. electrical dew-point hydrometer 电子式露点湿度计.

electrical distance 光距离单位(光微秒),电磁波距离. *electrical double layer* 双电荷(电偶极子)层. *electrical engineering* 电工技术,电机工程. *electrical fidelity* 电信号保真度. *electrical filter* 电滤波器. *electrical forming* 电镀成形. *electrical initiation* 电火花起爆. *electrical masking* 化装(彩色信号比校正),电掩蔽. *electrical mass filter* 电学滤质器,电质谱仪. *electrical null* 零位电压. *electrical prospecting* [survey] 电法勘探. *electrical readout* 自动读出 *electrical recording* 磁带录音,电录音. *electrical reproduction* 录音重放,放音. *electrical speech level* 话音电平. *electrical steel sheet* 电工(硅)钢片. *electrical transcription* (广播用)唱片,唱片广播节目.

elec'trically ad. 用电(力,气),电学上,触电似地. *electrically active* 通电流的. *electrically active impurity* 电活性杂质. *electrically driven* [operated] (驱)动的,电力牵引的. *electrically oriented wave* 定向电波. *electrically square* 方形检波器组合. *electrically tuned receiver* 电子调谐接收机. *electrically welded tube* 电焊管.

elec'tricator n. 电触式(指示)测微表.

electric-capacity n. 电容. *electric-capacity moisture meter* 电力湿度计.

electric-charge n. 电荷.

electric-diagnosis n. 电气诊断.

electric-electric a. 纯(全)电的.

electric'ian [ilek'triʃən] n. ①电气技师,电气技术员,电(机,气)工(人),电学家 ②照明(灯光)员. day electrician 日班电工. shift electrician 值班(流动)电工.

electric'ity [ilek'trisiti] n. 电(学,气,力,流,荷),静电. make [generate] electricity 发电. atmospheric electricity 天电,大气电学. bound electricity 束缚电荷. contact electricity 接触电(位). dynamic electricity 动电(学),电流. electricity meter 电量计,电表. electricity supply 电力供应. positive electricity 正电. principle of conservation of electricity 电量守恒原理.

electric-light a. 电灯的,电光的.

electric-magnetic a. 电磁的.

electric-network n. 电网(络).

electric-osmosis n. 电渗.

electric-osmotic a. 电渗的.

electric-resistivity n. 电阻(率).

electrifi'able a. 可起电的.

electrifica'tion [ilektrifi'keiʃən] n. ①起电(装置),充[感,带,发]电 ②电气化,使用电力.

elec'trify [i'lektrifai] vt. ①起(带,供,充,过,通,触)电,使充[过,带,感,发]电,(使)电(气)化 ②使震惊(动). *electrified body* 带电体. *electrified section* (铁路)电气化区段. *electrified wire netting* (防护)电网.

electrik =electric.

electrino n. 电微子,电(子型)中微子.

electrion n. 高压放电. *electrion oil* 高压放电润滑油.

elec′trit n. 电铝(石).
electriza′tion [ilektri′zeiʃən] = ①electrification ②电疗法,电激(法),电气化,带电法.
elec′trize = electrify.
electrizer n. 起电盘〔机〕,电疗机.
elec′tro [i′lektrou] v.; n. 电镀(品),电铸(版,术),电版(印刷品). *electro extraction* 电解提纯(法). *electro pneumatic control* 电动-气动控制.
elec′tro-〔词头〕电(气,化,动,力,解).
elec′troacou′stic(al) a. 电声(学,波)的. *electroacoustic transducer* 电声电变换〔换能〕器.
elec′troacou′stics n. 电声(学).
electro-acupuncture n. 电针刺.
electro-adsorption n. 电吸附.
electroaffin′ity n. 电亲和势,电解电势,电亲和性.
electroanalge′sia n. 电针镇痛.
elec′troanal′ysis n. 电(解)分析.
elec′tro-anes′the′sia n. 电麻醉.
electroarteriograph n. 动脉电流图.
electroautennogram n. 触角电图,电脉搏描记器.
elec′troballis′tics n. 电弹道学.
electrobasograph n. 步态电描记器.
electrobath n. 电镀〔解〕浴.
electro-beam n. 电子束.
elec′trobiol′ogy n. 生物电学.
electrobrightening n. 电抛光(一种反向的电解淀积法).
electrocaloric a. 电热的.
electrocalorim′eter n. 电热(量)计,电卡计,电量热器.
electro-capillarity n. 电毛细(管)现象〔作用〕.
elec′trocarboniza′tion n. 电法炼焦.
electrocarbothermic reduction assembly 电热碳热还原装置.
elec′trocar′diogram n. 心(动)电(流)图.
elec′trocar′diograph n. 心电机(计),心(动)电(流)图描记器.
electrocardiog′raphy [ilektrouka:di′ɔgrəfi] n. 心电图学,心电(图)描术.
electrocardiol′ogy n. 心电学.
electrocardiophonogram n. 心音电描记图.
electrocardiophonog′raphy n. 心音电描记术.
electrocardios′copy n. 心电图观测.
electrocardiosig′nal n. 心电信号.
electrocatal′ysis n. 电催化.
electrocath′ode n. 电控阴极.
elec′trocath′odolumines′cence n. 电(场)控阴极射线发光,阴极电子激发光.
elec′trocau′terize [i′lektrou′kɔ:təraiz] vt. 电灼.
elec′trocau′tery n. 电灸,电烙铁,电烙灼.
elec′trochem′ic(al) a. 电化(学)的. *electrochemical capacitor* 电解质电容器. *electrochemical equivalent* 电化当量. *electrochemical plating* 电(化学)镀法. *electrochemical series*(元素)电位序,电化(次)序.
elec′trochem′ically ad. 在电化学方面,用电化学方法.
electrochemilumines′cence n. 电化学发光.
elec′trochem′ist n. 电化学工作者.
elec′trochem′istry n. 电化学.
elec′trochromatog′raphy n. 电色谱法,电色层分离法.

electrochromic display 电化色〔无源固态色〕显示.
electrochromics n. 电致变色显示(技术).
electrochronograph n. 电动精密计时计.
elec′trocir′cuit n. 电路.
electrocis′ion n.【医】电(振)切除术.
electro-cladding n. 电镀包层,电镀金属保护层.
electro-cleaning n. 电净法.
elec′troclock n. 电钟.
electrocoagula′tion n. 电凝聚.
electrocoat′ing n. 电(泳)涂(漆).
electrocochleog′raphy n. 耳蜗电描记术.
elec′troconductibil′ity 或 **elec′troconductiv′ity** n. 电导率,导电性.
elec′troconduc′tive a. 导电(性)的.
electro-constant n. 电化常数.
electroconvul′sive a. 电惊厥的.
electrocop′pering n. 电镀铜法.
electrocorro′sion n. 电腐蚀.
electrocorticogram n. (大脑)皮层电图.
electrocrat′ic a. 电稳的.
electrocul′ture n. 电气栽培.
elec′trocute [i′lektrəkju:t] vt. 电死,使触电死亡;以电刑处死. **electrocu′tion** n.
electrodata machine 电动数据处理机,电数据计算机.
elec′trode [i′lektroud] n. 电(焊,极),(电)焊条. *bare electrode* 裸(电)焊条,无药焊条,裸(电)极. *coated electrode* 敷料〔有涂层的电极,包剂〔覆〕焊条. *collector* 〔*collecting*〕*electrode* 集电极. *dropping electrode* 滴液电极. *Dshaped electrode* D形盒. *electrode arm* 电极. *electrode capacitance* 极间电容. *electrode collar* 电极〔引线〕环. *electrode holder* 电极夹,焊条钳. *emitting electrode* 发(放)射极. *focus(s)ing electrode* 聚焦(电)极. *grounding electrode* 地线,接地电极. *mesh*〔*grid*〕*electrode* 栅极. *metal electrode* 金属(电)极. *mosaic electrode* 镶嵌(光电)阴极. *plate electrode* 阳(屏,板,集电,平板电)极. *receiving electrode* 沉积电极. *welding electrode* 电焊条,电极.
electrodecanta′tion n. 电倾析.
electrodecomposit′ion n. 电分解作用.
electrodeioniza′tion n. 电去〔电气消除〕电离作用.
elec′trodeless a. 无(电)极的.
electro-dense a. 电子致密的.
electrodepo′it [ilektrədi′pɔzit] vt.; n. 电镀,电积(物),电附着,电(极,解)淀积(物).
electrodeposit′ion [ilektrədepə′ziʃən] n. 电(解)镀层,电镀,电附着,电(解,极)淀积,电解沉淀.
electroder′mal a. 带电表皮的.
electrodesal′ting n. 电气脱盐.
electrodesicca′tion [ilektrodesi′keiʃn] n. 电干燥(法).
electrodesintegra′tion n. 电致分裂.
elec′trodiagno′sis n. 电诊断.
electrodialyser n. 电渗析器.
electrodial′ysis n. 电渗析.
electrodiaphane n. 电透照镜.
electrodiaphany n. 电透照法.
electrodics n. 电极学.

electrodiffu'sion n. 电扩散(系数).
electro-discharge n. 放电.
elec'trodisintegra'tion n. (核的)(电)(致)蜕变.
elec'trodisper'sion n. 电分散作用.
elec'tro-dissocia'tion n. 电离(解作用).
elec'trodissolu'tion n. 电(解)溶解.
elec'trodissol'vent n. 电解溶解剂.
elec'trodissol'ver n. 电解溶解器.
elec'tro-drain' n. 电排水.
elec'trodress'ing n. 电选矿.
elec'trodrill n. 电钻具.
elec'troduct n. 电管道.
elec'trodust'er n. 静电喷粉器.
elec'trodust'ing n. 静电喷powder.
electrodynam'ic(al) [ilektroudai'næmik (əl)] a. 电动的,电动力(学)的. electrodynamic instrument 力测仪表,测力计型〔电动式〕仪表. electrodynamic pick-up 电动〔动圈〕拾音器. electrodynamic type seismometer 电动式地震检波器.
elec'trodynam'ics [ilektroudai'næmiks] n. 电动力学.
elec'trodynamom'eter n. 电力测功计,电(测,动)力计,电(测)功率计,力测电流计,双流作用计. voltmeter electrodynamometer 力测伏特计, wattmeter electrodynamometer 力测瓦特计.
electroencephalogram n. 脑电图.
elec'troenceph'alograph n. (人)脑电(流)描记器,脑电流示波器,脑电图仪.
electroencephalog'raphy n. 脑电描记术,脑(动)电(流)图记录(测定).
electroencephalol'ogy n. 脑电学.
electroendosmo'sis n. 电(内)渗(现象).
electroengra'ving [ilektrouin'greivin] n. 电刻(术,物).
electro-equivalent n. 电化当量.
electroero'sion n. 电浸〔腐〕蚀.
electro-etching n. 电腐蚀,电(解蚀)刻.
electroexcita'tion n. 电激发.
elec'troextrac'tion n. 电解提取〔纯〕.
elec'trofax [i'lektroufæks] n. ①氧化锌静电复制法 ②电传真,电子摄影〔照相〕.
electro-feeder n. 电动给水泵.
electrofil'ter n. 电滤器.
electrofiltra'tion n. 电致过滤.
electrofis'sion n. 电致裂变.
electrofluores'cence n. 电致发光.
electrofo'cusing n. 电聚焦,聚焦电泳.
electro-forge n. 电锻.
elec'troform' [i'lektrou'fɔːm] vt. ①电铸〔冶,成型,沉积〕②电赋能.
electrogal'vanize vt. (电)镀锌,用锌电镀.
electrogasdynam'ic a. 电气体动力学的.
electrogasdynam'ics n. 电气体动力学.
electrogas'trogram n. 胃(动)电(流)图.
electrogas'trograph n. 胃(动)电(流)图描记器.
electrogen n. 光(照发射)电(子)分子.
elec'trogen'esis [i'lektrou'dʒenəsis] n. (活组织中的)产电(活动),电生.
electrogil'ding n. 电镀(金,术).
electrogoniom'eter n. 相位变换器,电测角〔测向〕器.

elec'trogram [i'lektrogræm] n. X线照片,电位记录,电描记图.
elec'trograph [i'lektrougra:f] n. ①电记录器〔法〕②电刻器,电版印〔术〕③示波器 ④传真电报(机),电传照相(机) ⑤X光照相 ⑥电(子)图 ⑦阳极电解测镀层孔隙率. ~ic a. ~ically ad.
electrograph'ic a. 电刻的,传真电报的,电记录的. electrographic recording 电(示波)记录.
electrographite n. 人工石墨.
electrog'raphy n. ①电记录术,电刻术〔法〕②电谱〔版〕法 ③传真电报术 ④X光照相术 ⑤阳极电解测镀层孔隙率法.
electrogravim'etry n. 电重量分析法.
electrogra'ving n. 电(蚀)刻.
electrograv'itics n. 电磁重力学.
elec'trograv'ity [ilektrou'græviti] n. 电控重力(研究直接控制重力的可能性的一个新领域).
electro-hardening n. 电化固结.
elec'troheat n. 电热.
electro-hydraulic a. 电动液压的. electrohydraulic forming 水中放电成形(法),电动水压形成(法).
electro-hydrodimeriza'tion n. 电氢化二聚.
electrohydrodynam'ic a. 电流体力学的.
electrohydrodynam'ics n. 电流体力学.
electro-hydrometal'lurgy n. 电湿法冶金.
electroimmunodiffu'sion n. 电泳免疫扩散(法).
elec'tro-induc'tion n. 电感应.
electro-ion'ic a. 电子电注入的,电离子的.
elec'tro-ioniza'tion n. 电离(作用),电致电离.
elec'troiron [i'lektrouaiən] n. 电解铁.
elec'trojet n. 电喷流.
electrokinemat'ics n. 动电学.
electrokinet'ic a. 动电(力学)的,电动的. electrokinetic potential 动电势〔位〕.
elec'trokinet'ics [i'lektroukai'netiks] n. 动电学,电动力学.
electrokinetograph n. 动电计(测流仪器).
electrokymogram n. 电波动记录.
electrokymograph n. 电动转筒记录仪,电波动记录器,(电生物学)电子记录器.
electrokymog'raphy n. 电(流)记波法,电波动记录法.
electro'la n. 电唱机.
electrolemma n. 电膜.
elec'troless a. 无电的. electroless deposit 化学镀层. electroless gold solution 无电解金溶液. electroless plating 无电敷镀,无电极电镀,化学镀,化学淀积.
electrolier n. 枝形(吊式)电灯架,集灯台〔架〕,电气信号器,装潢〔饰〕灯. electrolier switch 装潢灯开关〔闪烁器〕.
electrolines n. 电(场)力线.
elec'trolock n. 电(气)锁.
elec'trolog n. 电测井曲线,电测记录(曲线).
elec'trologging n. 电测井.
electrol'ogy [ilek'trɔlədʒi] n. 电(疗)学.
elec'tro-lu'minance n. 场〔电〕致发光.
elec'trolu'mines'cence [i'lektrou'lu:mi'nesəns] n. 电(致)发光,场致发光,电荧光.
elec'trolumines'cent a. 电荧光〔发〕光的,场〔电〕致发光的. electroluminescent image display 场致发光显

像.
electrolysate n. 电解产物.
electrolyse = electrolyze.
electrolyser = electrolyzer.
electrol′ysis [ilek′trolisis] n. 电解(作用,法),电蚀,电分析.
elec′trolyte [i′lektroulait] n. 电解(溶)液,电解[离]质. *battery electrolyte* 电池溶液. *depleted*〔discarded, spent〕 *electrolyte* 废电解液. *electrolyte hydrometer* 电液比重计.
electrolyt′ic(al) [ilektrou′litik(əl)] a. 电解(质)的. *electrolytic capacitor* 电解(质)电容器. *electrolytic charger* 电解液充电器. *electrolytic copper wire rods* 电解铜盘条. *electrolytic corrosion* 电解腐蚀. *electrolytic deposition* 电镀(术). *electrolytic dissociation* 电离(作用). *electrolytic etching* 电解蚀刻(法). *electrolytic ion* (电解)离子. *electrolytic meter* 电解式仪表〔电量计〕. *electrolytic solution potential* 电容电势〔电位〕. *electrolytic stream etch process* 电解液流腐蚀法. *electrolytic tin plate* 电镀锡薄板,电镀马口铁. *electrolytic titration* 电势滴定.
electrolyt′ics n. 电(解)化学,(水溶液的)电解学.
electroly′zable a. 可以电解的,易电解的.
electroly za′tion n. 电解作用.
elec′trolyze [i′lektralaiz] vt. (使)电解〔离〕.
elec′trolyzer n. 电解槽〔器,池,装置〕.
electromachining [i′lektroumə′ʃiniŋ] n. 电加工.
elec′tromag′net [i′lektrou′mægnit] n. 电磁〔铁,体,起重机〕.
elec′tromagnet′ic(al) [i′lektroumæg′netik(əl)] a. 电磁的. *electromagnetic distance measurement*(简写 E. D. M.)电磁距离测量,电磁测距法. *electromagnetic energy* 电磁(辐射)能. *electromagnetic horn* 一种喇叭形天线. *electromagnetic mirror* 电磁波反射镜. *electromagnetic telecommunication* 电磁波通讯. *electromagnetic testing for zinc coating* 锌层厚度的电磁波测定.
elec′tromagnet′ics 或 **elec′tromag′netism** [i′lektrou′mægnitizm] n. 电磁(学).
elec′tromalux n. (镶嵌光电阴极的)电视摄像管.
electromanom′eter n. 电子液压〔压强〕计,电子流体压力〔压强〕计,电子压力计.
electromassage n. 电推拿〔按摩〕法.
electromat′ic a. 电气自动的,电气〔电控〕自动方式. *electromatic drive* 电动式自动换排.
elec′tromechan′ic(al) [i′lektroumi′kænik(əl)] a. 电机的,电的,电机机械的. *electromechanical arrangement* 电力排列. *electromechanical brake* 电闸. *electromechanical transducer* 机电换能器〔转换器〕.
elec′tromechan′ics n. 机电学.
elec′tromer n. 电子异构体〔物〕. ~**ic** a.
electromerism n. 气体中电离过程,电子(移动)异构(现象).
elec′tromeriza′tion n. 电子(移动)异构(作用).
electrometal furnace 电弧溶化炉(炉底导电的).
elec′trometallur′gical a. 电冶金的.

elec′trometal′lurgist n. 电冶金工作者.
elec′trometal′lurgy [i′lektroume′tælədʒi] n. 电冶金学(法),电冶.
electrome′teor n. 带电流星.
electrom′eter [ilek′trɔmitə] n. 静电计,静电测量器,量电表,电位计. *dynamic (condenser) electrometer* 振簧静电计. *electrometer tube* 静电计(用电子)管,输入阻抗接近无限大的真空管. *fibre electrometer* 悬丝静电计.
elec′trometric(al) [i′lektrou′metrik(əl)] a. 电测(量)的,测电的,电位计的. *electrometric litration* 电势滴定.
elec′trometrics n. 测电学.
electrom′etry n. 验(测)电术,电测法〔学〕,量电法,电位计测量术.
electromi′crograph n. 电子显微照相.
electromi′croscope n. 电子显微镜.
elec′tromigra′tion n. 电(迁)移,电徙动.
electromi′gratory a. 电徙(移)动的.
elec′tromo′bile [i′lektrou′moubi:l] n. 电力自动车,电动汽车,电瓶车.
elec′tromobil′ity n. 电动性,电迁移率.
electromotance n. 电动势.
elec′tromo′tion [i′lektrou′mouʃən] n. 电(力起)动,电动力,通电,电流移动(通过).
elec′tromo′tive [i′lektrou′moutiv] I a. 电动的,起电的. II n. 电气机车. *electromotive difference potential* 电动势. *electromotive force* 电动势. *electromotive material* 电动(势发生)材料. *electromotive series* 电动(势,次)序,电化序.
elec′tromo′tor [i′lektrou′moutə] n. 电动机,发电机.
electromyogram n. 肌(动)电(流)图.
electro-myograph n. (测量)筋骨(活动)电流计,肌动电流记录图.
electromyog′raphy n. 肌电描记术.
elec′tron [i′lektrɔn] n. ① 电子 ② 一种镁锌合金,爱莱克特龙镁铝合金. *available electron* 寄用电子. *electron accelerator* 电子加速器. *Electron AZ* AZ 爱莱克特龙铸造镁铝合金(铝 5%,锌 3%,锰 0.2－0.5%,其余镁). *Electron AZF* AZF 爱莱克特龙铸造镁铝合金(铝 4%,锌 3%,锰 0.2－0.5%,硅 0.3%,其余镁). *Electron AZG* AZG 爱莱克特龙铸造镁铝合金(铝 6%,锌 3%,锰 0.35%,硅 0.3%,其余镁). *electron bomb* 镁壳燃烧弹. *electron burn* 电子束烧毁荧光屏,电子(斑)伤. *electron camera* 电子摄像机. *electron gun* 电子枪. *electron image* 电子图像,电位起伏像. *electron lens* 电子透镜. *electron level* n. (位). *electron metal* 镁合金. *electron micrograph* 电子显微照片. *electron microscope* 电子显微镜. *electron pole* 电子极,镁铝合金电极. *electron ray* 电子束(注),电子射线,电磁波. *electron telescope* 电子望远镜,电子管,真空管. *electron tunnelling* 电子隧道效应. *Electron V-1* V-1 爱莱克特龙硬镁铝合金(铝 10%,锰 0.3－0.5%,其余镁). *hard electron* 高能电子. *K electron* K 层电子. *orbital electron* 轨道

电子. *recoil electron* 反冲电子. *secondary electron* 次级电子. *shell electron* 壳层电子. *subvalence electron* 副价电子.
electronarco'sis n. 电(流)麻醉.
electronasty n. 倾电性.
elec'tronate vt. 使电子化,使还原. *electronating agent* 增电子剂,还原剂.
electrona'tion [iˌlektrouˈneiʃən] n. 增(加)电子(作用),electronation接受电子(作用),还原作用.
electron-attachment n. 电子附着.
electron-attracting a. 吸电子的.
electron-beam n. 电子束(注),阴极〔电子〕射线.
electron-bombarded a. 电子轰击的.
electron-bombardment n. 电子轰击.
electron-coupled a. 电子耦合的.
electron-defect compound 缺电子化合物.
electron-diffraction n. 电子衍射.
electron-discharge n. 电子放电.
elec'troneg'ative [iˈlektrouˈnegətiv] a. 负〔阴〕电(性)的,阴电度的,亲电子的. *electronegative element* 阴〔负〕电性元素. *electronegative valency effect* 阴〔负〕电原子价效应.
elec'tronegativ'ity [iˈlektrouneɡəˈtiviti] n. 负电性〔阴电性(度)〕,阴电性.
elec'troneutral'ity n. 电中性.
electron-hole n. 电子空穴.
electron'ic [ilekˈtrɔnik] a. 电子(学)的. *all electronic* 完全电子化的. *electronic analog* 电子模拟. *electronic analog computer* 电子模拟计算机. *electronic beacon* 电子引导信标. *electronic boresight scanning* 电子孔径瞄准器扫描. *electronic brain* 电(子)脑,电子计算机. *electronic building brick* 电子组件. *electronic counter-counter measures* 电子抗干扰. *electronic countermeasure* 电子对抗,反电子措施. *electronic data processing* 电子计算机处理(资料),电子计算(分析). *electronic dictionary* 电子(自动化)词典. *electronic digital computer* 电子数字计算机. *electronic film recording* 电影胶片录音. *electronic guidance* 无线电制导. *electronic heating* 电子(高频)加热. *electronic image* 电子图像,电位起伏像. *electronic image storage device* 电子录像设备,电子图像存储装置. *electronic jamming*(人为)天电〔电子〕干扰. *electronic library* 电子〔自动化〕图书馆. *electronic media* 电子舆论工具. *electronic memory* 电子记忆(单元). *electronic pen〔stylus〕*电子笔,光笔. *electronic photo-voltaic cell* 电子光生伏打电池,阻挡层光电池. *electronic serial digital computer* 串行电子数字计算机. *electronic shock therapy* 电震治疗. *electronic sky screen equipment* 轨(道)偏(差)电子测量装置. *electronic telephone switching system* 电子制电话交换机. *electronic tension* 电压. *electronic voltmeter* 电子管伏特计. *electronic wire* 电线,导线. *electronic work function* 电子功函数,电子逸出功. *electronic zooming* 电子图像变焦.

electron'ically ad. 用电子仪器(装置),用电子学方法. *electronically steerable arrays*(波束)电控天线阵.
electronically-tuned a. 电子调谐的.
electronic-controlled a. 电子控制的.
electronic-grade a. 电子级.
electronic'ian n. 电子技师.
elec'tronicize v. 电子仪器化.
electronick'elling n. (电)镀镍.
electronic-raster a. 电子光栅的.
electron'ics [ilekˈtrɔniks] n. 电子学,电子仪器〔设备,线路,工程〕,射频〔电子学,无线电电子学〕部件. *fast electronics* 快作用电子线路. *molecular electronics* 分子电子学.
electronic-scanning a. ; n. 电子扫描(的).
electronic-tuning a. ; n. 电子调谐(的).
electroniza'tion [iˌlektrɔniˈzeiʃn] n. 电子化,电平衡.
electron-like a. 类(似)电子的. *electron-like lepton* 电子型轻子.
elec'tronmi'croscope n. 电子显微镜.
electron-microscopical a. 电子显微镜的.
electron-negative a. 负电的,阴电性的.
electronogen n. 光电放射.
electron'ograph [ilekˈtrɔnəɡrɑːf] n. 电子显微照片.
electronog'raphy n. 电子显像术,静电印刷术,电子衍射分析术.
electron-optic(al) a. 电(子)光(学)的. *electron-optical shutter* 电光快门.
electron-permeable a. 透过电子的.
electron-positron field 阴阳〔正负〕电子场.
electron-releasing a. 释电子的.
electron-rich a. 富电子的.
electron-seeking a. 亲电子的.
electron-sensitive a. 电子敏感的,(对)电子(轰击)灵敏的.
electron-transit time 电子渡越〔跃迁〕时间.
electron-transmitting a. 透过电子的.
elec'tronu'clear [iˈlektrouˈnjuːkliə] a. 电核的. *electronuclear machine*(电磁)粒子高能加速器.
electron-volt n. 电子伏(特)(= 1.60203×10^{-12} 尔格).
electro-nystagmogram n. 眼震颤电流图.
electro-oculogram n. 眼电(流)图.
electro-oculog'raphy n. 眼电(流)描记术.
electro-optic(al) a. 电光的. *electro-optical effect* 克尔效应,(电介质)光电效应. *electro-optical range finder* 光电测距仪.
electroop'tics n. 电(场,子)光学.
elec'troosmo'sis [iˈlektrouˌɔsˈmouʃis] 或 **electroos'mose** [iˈlektrouˈɔzmous] n. 电渗(透,现象,作用),电内渗现象,电离子透入法.
electro-osmot'ic a. 电渗的. *electro-osmotic drainage* 电渗排水.
electrooxida'tion n. 电(解)氧化.
electropainting n. 电涂.
electropar'ting n. 电解分离.
electropathy n. 电疗学〔法〕.
electropercussive welding 冲击焊.
electropeter n. ①转换器 ②整流器.
electropherogram n. 载体电泳图,电色图谱.

electropherog′raphy n. 载体电泳图法,电色谱法.
electrophile n. 亲电子试剂.
electrophilic a. 亲电(子)的,吸电(子)的.
electrophilic′ity n. 亲电(子)性.
electropho′bic a. 疏电(子)的,拒电(子)的.
elec′trophone [i′lektrəfoun] n. 有线广播〔电话〕,送受话器,听筒,电子乐器.
elec′trophon′ic [i′lektrə′fɔnik] a. 电响的. *electrophonic effect* 电响〔电声〕效应. *electrophonic music* 电子音乐. ~ally ad.
elec′trophore [i′lektroufɔː] n. 起电盘.
elec′trophore′sis [i′lektroufəˈriːsis] n. 电泳(现象),电离子透入法.
electrophoret′ic a. 电泳的. *electrophoretic force* 电泳(渗)力. *electrophoretic coating* 电(泳)涂(漆).
electrophoretogram n. 电泳图(谱).
electroph′orus [ilek′trɔfərəs] n. 起(感)电盘.
elec′tro-photog′raphy n. 电子照相〔摄影〕术,静电复制术,电印术.
electro-photoluminescence n. 电控〔场控,电子〕光致发光,用电场调制的光致发光.
electrophotom′eter n. 光电光度计,光电比色计.
electrophotophore′sis n. 光电泳.
elec′trophys′ics n. 电(子)物理学.
electrophysiol′ogy n. 电生理学,生理电学.
electrophytogram n. 植物电图.
electropism n. 向电性,趋电性.
electroplane camera 光电透镜摄像机.
elec′troplate [i′lektroupleit] vt.；n. 电镀(板,物,品),表面镀银,电铸版.
elec′topla′ting n. 电镀(术).
elec′troplax n. 电板.
electroplexy n. 电休克.
elec′tropneumat′ic [i′lektrənju:′mætik] a. 电动气动(式)的,电-气动的.
elec′tropo′lar [i′lektrou′poulə] a. 电极化的,(有)电极性的.
elec′tropo′larized a. (电)极化的.
elec′tropolish [i′lektroupɔliʃ] v. 电(解)抛光.
electroposit′ion n. 电淀积.
elec′tropos′itive [i′lektrou′pɔzətiv] a. ①正〔阳〕电(性)的,电正的,释电子的 ②盐基性的,金属的. *electropositive element* 正〔阳〕电性元素.
elec′tropositiv′ity n. 阳电性,电正性,正电性〔度〕.
elec′troprobe n. 电测针,(试)电笔.
electroproduc′tion n. 电(致产)生.
electropsychrom′eter n. 电(测)湿度计.
electropunc′ture n. 电穿刺法.
electropyrex′ia [i′lektroupai′reksiə] n. 电(发)热法.
elec′tropyrom′eter [i′lektroupaiə′rɔmitə] n. 电阻〔电〕高温计.
electroquartz n. 电power英.
electroradiol′ogy [ilektroreidi′ɔlədʒi] n. 电放射学.
electroradiom′eter [ilektroreidi′ɔmitə] n. 放射测量计,电放射计.
electrorecep′tion n. 电感受.
electrorecep′tor n. 电感受器.
electrorefine v. 电解提纯,电(解)精炼. *fused* 〔*molten*〕 *salt electrorefining* 熔盐电解精炼.
electro-refining n. 电提纯.

elec′troreflec′tance n. 电反射率.
elec′troreg′ulator n. 电(热)调节器.
electroresec′tion n. 电切除法.
elec′troresponse′ n. 电响应.
electroretinogram n. (视)网膜电图.
electroretinograph n. (视)网膜电图描记器.
electroretinog′raphy n. (视)网膜电描记术,网膜电图学.
electrosalivogram n. 唾腺电图.
electroscis′sion n. 电割法.
elec′troscope [i′lektrəskoup] n. 验电器〔笔〕,静电测量器. *condensing electroscope* 积分〔累计〕验电器.
electros′copy n. 验电法,气体电离检定法.
electrose n. 有填充物的天然树脂(一种绝缘化合物).
electrosele′nium n. 电硒.
electrosem′aphore n. 电标志,电信号机.
electrosen′sitive a. 电敏的. *electrosensitive paper* 电感光纸. *electrosensitive printer* 电灼式印刷机. *electrosensitive recording* 电(敏)火花刻蚀记录法.
electro-series n. (元素)电化序.
electro-servo control 电气随动(电伺服)控制.
elec′troshock n. 电震(疗法),电休克(疗法).
electrosil′vering n. (电)镀银.
elec′troslag [i′lektrouslæg] n. 电(炉)渣. *electroslag welding* 电渣焊.
electro-smelting n. 电(炉)熔炼.
electrosol n. 电溶胶〔液〕,电胶液.
electrosome n. 电质体.
electrosorption n. 电吸收,电附着.
electrosparking n. (金属)电火花加工.
electrospec′trogram [ilektro′spektrəgræm] n. 电光谱图.
electrospectrog′raphy [ilektrospek′trɔgrəfi] n. 电光谱图测定,电光谱描记术.
electrospinogram n. 脊髓电(流)图.
elec′trostat′ic [i′lektrou′stætik] a. 静电(型,学)的. *electrostatic electron microscope* 静电型电子显微镜. *electrostatic image orthicon* 静电超正析象管. *electrostatic loudspeaker* 静电〔电容〕扬声器. *electrostatic oscillograph* 静电偏转式示波器. *electrostatic pick-up* 电容式拾音器. *electrostatic precipitator* 电力除尘器,静电沉淀器〔聚灰器〕. *electrostatic thermal recording* 加热静电记录(法).
elec′trostat′ics n. 静电学.
elec′trosteel [i′lektrousti:l] n. 电炉钢.
electrostenol′ysis n. 细孔隔膜电解,膜孔电淀积(作用),狭区电解.
electrostimula′tion n. 电刺激法.
electrostim′ulator n. 电刺激器.
elec′trostric′tion [i′lektrou′strikʃən] n. 电致伸缩(法,压电效应),(溶剂)电缩作用.
electrostric′tive a. 电致伸缩的.
elec′trosyn′thesis [i′lektrou′sinθisis] n. 电合成.
electrotachscope n. 电动准距仪.
elec′trotape n. 基线电测仪,电子测距装置,电子带式记录仪.
electrotaxis n. 趋〔向,移〕电性,应电(作用).
elec′trotech′nical [i′lektrou′teknikəl] a. 电(气)

elec'trotech'nics [i'lektrou'tekniks] n. 电工（学，技术），电气工艺学.
elec'trotechnol'ogy n. 电工技术.
electrotelluric current 大地电流.
electrothalamogram n. 丘脑电图.
elec'therapeu'tic(al) a. 电疗的.
elec'trotherapeu'tics 或 elec'trother'apy n. 电疗(法)，电疗学.
elec'trotherm [i'lektrəuθə:m] n. 电热器〔法〕.
elec'trother'mal [i'lektrou'θə:məl] a. 电（致）热的. electrothermal baffle 半导体电障板.
elec'trother'mic [i'lektrou'θə:mik] a. 电（致）热的.
electrother'mics n. 电热学〔法〕.
elec'trother'moluminés'cence n. 电〔场〕控加热发光.
electro-thermostat n. 电恒温器.
electrothermother'apy [ilektroθə:mo'θerəpi] n. 电热疗法.
electrothermy n. 电热学.
electrotimer n. 定时继电器.
electrotinning 或 electrotinplate n. 电镀锡.
elec'trotitra'tion n. 电滴定.
elec'trotome [i'lektroutoum] n. 电刀，自动切断器.
elec'trot'omy [ilek'trotəmi] n.（用电手术刀）电切开法，高频电刀手术，电切术.
electrotonus n.【生理】电致紧张.
electrotrephine n. 电圆锯.
electrotropic a. 向电的，屈电的.
electrotropism n. 向〔趋，屈，应〕电性.
elec'trotype [i'lektroutaip] n.; v. 电铸（版，术），电版（印刷物），制电版（术）. electrotype metal 英国标准铅字合金（锡 2.5～4.0%，锑 2.5～3.0%，其余铅）.
electrotyper n. 电版技师.
electrotyping n. 电铸（术，技术）.
electrotypograph n. 电（动）排字机.
elec'trotypy [i'lektroutaipi] n. 电铸，电制版术.
electro-ultrafiltra'tion n. 电超滤，电渗析.
electro-vacuum gear shift 电磁真空变速装置.
elec'trova'lence 或 elec'trova'lency n. 电（化）价，离子价.
elec'trova'lent a. 电价的.
electrovec'tion [ilektro'vekʃn] n. 电导入法.
electrovi'brator n. 电振动器.
elec'troviscos'ity n. 电（荷）粘滞性.
electroviscous a. 电（粘）滞的.
elec'troweld'ing n. 电焊.
electrowinning n. 电解沉积〔制取〕，电解（冶金）法，电积金属（法）. nickel electrowinning 镍电解，电积法提镍.
elec'trozone [i'lektrozoun] n. 电臭氧.
elec'trum [i'lektrəm] n. ①琥珀金（金银合金），镍银（铜镍锌合金）②（含）银金矿（金 80%，银 20%）.
electuary n.【药】糖剂，舐剂.
electy =electricity n.
el'egance ['eligəns] 或 elegancy ['eligənsi] n. 优雅，雅致，精致（巧，美）. el'egant a.
elek'tron [i'lektron] n. 镁铝合金.
elem = ①elements 元素，要素 ②elementary 基本的，初步的.
Elema n. 硅碳棒.

elemane n. 榄香烷.
Elemass n. 电动多尺寸检查仪.
elemené n. 榄香烯.
el'ement ['elimənt] n. ①元素，（要，参）素，成分，分子 ②（单，基）元，单体，环节，细胞，晶胞，（昆虫）翅室 ③零〔元，部，构〕件，局部，（组成）部分，小室，池槽 ④电池，电极，电码，振子，电阻丝 ⑤机组，部队，小单位，小分队 ⑥(pl.)（基础）要点，初步，大纲 ⑦自然环境，(pl.)自然力，(暴)风雨. alloying element 合金元素. binding element 粘结剂. blade element 叶片〔素〕. chain element 链节. code element 码子单元. component element 环节，元件，单元，组成部分. control element 调节机构，控制（系统）元件. driver element 驱动子，激励单元. element antenna 振子天线. element error 元件误差，同批元件产品的互差. element of a cone 锥的母线. element of a cylinder 柱的母线. element of a surface 面元素，微面. element of an arc 弧元素，微弧. element of matrix（矩）阵的元. element semiconductor 单质〔元素〕半导体. elements of trajectory 弹道诸元〔参数〕. filter element 滤芯，滤波器元件. final control element 调节〔末控,控制系统执行〕元件. fluid element 流素. fuel element （核）燃料元件，释热元件. galvanic element 原（一级）电池. half-wave element 半波振子，半波辐射器. heater [heating] element 发（加）热元件，加温器. linear element 弧元素，微弧，线性元件，长度元，线元. machine element 机（械零）件. measuring element 灵敏元件，测量（接收，传感）器. output element 输出机构〔装置〕. photoemissive element 光电管（池，放射）元件. picture element 像素（质，点）. primary element 主（初级，感受）元件，原（一次）电池，测量机构. radiator element 散热（器）单片. reference element 基底电压源. resistor element 电阻（加热）元件. seismic element 感（示）振器，惯性配重. sensing [sensitive] element 灵敏（敏感，测量）元件，感（探）测器. storage element 存储元件，累加器，存储器. thermal element 热（敏）元件，温差电偶，热电偶，(可)熔(保险)丝，熔断器. time element 延时(继电)器. trace element 痕(含)量元素. tracer element 示踪〔显迹〕原子，同位素指示剂. unit element 单元（最短信号）. variable element 变参数. war of the elements 暴风雨. ▲in one's element 在…活动范围之内，内行，擅长. out of one's element 在…活动范围之外，外行，不擅长. reduce … to its elements 把…分析出来.
elemen'tal [eli'mentl] I a. ①元素的，要素的，单体的 ②基本的，基础的，本质的，初步（生）的 ③自然力的. I n. (pl.) 基本原理. elemental area 元〔单位,像素〕面积. elemental algorithm 初等算法. elemental composition 元素组成(成分)，化学组成(成分). elemental crystal 单质晶体. elemental error 微差. elemental form 基本形式. ～ly ad.
elementarily equivalent 初等等价的.
elemen'tary [eli'mentəri] a. ①初步（等，级）的，简单

的 ②基本〔础〕的,要素的,本质的 ③单体〔元〕的,元(素)的. **elementary antenna** 基元〔基本,单元〕天线,天线阵辐射元. **elementary area** 像素〔像元,面积,图像单元〕. **elementary arithmetic** 初等算术. **elementary colour** 原〔基〕色. **elementary cone** 锥元素. **elementary diagram** 接线原理图,简图. **elementary dipole** 原偶极子. **elementary errors** 微差. **elementary gas** 单质气体,气态元素. **elementary layer** (应力分析中的)单元层. **elementary magnet** 单元磁铁. **elementary mathematics** 初等数学. **elementary particle** 基本粒子,元质点〔元体,氧体(oxysome 的别名). **elementary school** 小学. **elementary stream** 通量线,(电,水,载)流线. **elementary term** 基本项. **elementary volume** 体积单元.

elementide n. 原子团.
el'emi ['elimi] n. 天然〔芳香〕树脂,榄香(脂). ~c a.
elen clip (电视摄像用)机动吊架灯.
elen shade 毛玻璃灯罩.
elenchus n. 反驳论证. **elenctic** a.
el'eo- ['elio-] 〔词头〕油.
eleom'eter [eli'omitə] n. 油分计,油度计,油比重计.
eleopten n. 挥发油精.
el'ephant ['elifənt] n. ①【动物】象 ②起伏干扰 ③波纹〔瓦垅〕铁 ④(28×23 in 的)图画〔绘图〕纸. **elephant dugout** 大壕沟,大防空洞. **elephant transformer** 无套管式高压屋内变压器. **elephant trunk** 象鼻管,溜管. ▲**white elephant** 白象,昂贵而无用的东西,累赘,沉重的包袱.
elephan'tine [eli'fæntain] a. ①(大)象(一样)的 ②巨大的 ③〔笨〕重的,笨拙的,难操作的.
elev = ①elevate 升举 ②elevation 高程.
el'evate ['eliveit] vt. ①升〔提,抬,架〕高,举〔升〕起,提升,升运 ②增加,加大仰角 ③鼓舞,振奋. **elevating capacity** 升举〔起重〕能力. **elevating gear** 俯仰装置. **elevating grader** 平土升送机,挖掘式推土机,起土(电铲式)平路机. **elevating loader** 传送式装载机. **elevating screws** 升降螺旋,螺旋起重器.
el'evated ['eliveitid] I a. 高架的,(升,提)高的. II n. 高架铁道. **elevated antenna** 架空〔高架〕天线. **elevated beach** 岸边台〔高〕地. **elevated jet condenser** 注水冷凝塔. **elevated railway** 高架铁道. **elevated tank** 高架(水)柜,压力水箱. **elevated temperature** 温升,高温. **elevated train** 高架铁路列车.
elevated-temperature n. 高温.
eleva'tion [eli'veiʃən] n. ①上升,举起,提高,增加,升级〔运〕②高程〔度,地〕,标高,海拔,隆起 ③仰〔倾,射〕角,目标〔高,仰〕方位〔面〕角,(立)视图,纵剖〔面〕图,垂直剖面图,垂直切面. a building of imposing elevation 雄伟高大的建筑物. angle of elevation 或 elevation angle 仰〔竖,射,目标,高程,高度,垂直〕角. dynamical elevation 重力势(位)差. elevation and subsidence (地壳)升降(作用). elevation computer 高度(仰角)计算机. elevation coverage diagram 垂直切面覆盖图,立观覆盖图,反射特性曲线. elevation drawing 立面图. elevation head 高程水头,升水头. elevation of water 水平面高度,

水位. elevation profile 竖〔垂直〕剖面. elevation tracker 仰角(高低)跟踪器. elevation window pulses 俯仰窗口脉冲,垂直扫描正程加的脉冲. front elevation 正视图. sectional elevation 立剖面,切面〔剖视〕图. shoulder elevation (机械手的)臂关节的弯曲. side elevation 侧视图.
eleva'tional drawing 立面图样.
el'evator ['eliveitə] n. 升降〔起卸,起重,升运,提升〕机,起子,挺子,电梯,升降舵,(能吊卸,储存并加工的)谷物仓库. **elevator bucket** 升斗斗,升降机斗. **elevator hydraulic** 液压升降机. **elevator motor** 升降电动机. **elevator shaft〔well〕** 升降机井. **elevator tower** 升降塔架. **elevator type loader** 升运式装载机.
el'evatory ['eliveitəri] a. 上升的,举起的.
elevatus (拉丁语) a. 高位的,上升的.
elev'en [i'levn] a.; n. 十一(个),第十一,十一个一组. **eleven nines** 十一个九(表示纯度用语). **eleven punch** 十一行穿孔(卡片),负数穿孔.
eleven-fold a. 十一倍的.
eleven-line conic 十一线二次曲线.
eleven-point conic 十一点二次曲线.
eleven-punch n. 第 11 穿孔位.
elev'enth [i'levnθ] a.; n. ①第十一 ②(…月)十一号,十一分之一(的). ▲**at the eleventh hour** 在最后时刻,在危急之时,刚要完的时候,刚好来得及.
eleven-year cycle variation 【物理】十一年周变(化).
el'evon ['elivən] n. 升降副翼,副翼与升降舵的配合.
Elexal n. (草酸乙二酸溶液)铝阳极氧化处理.
ELF 或 **elf** = extremely low frequency 极低频.
ELF screen 强介电陶瓷与荧光层的接合屏.
ELG = electrolytic grinding 电解磨削.
Elgiloy n. 埃尔基洛伊耐蚀游丝合金.
el'hi ['elhai] a. 中小学的,第一至十二级的.
ELHYD = electrohydraulic 电力液压的.
ELI = extra low impurity 极少杂质.
Elianite n. 高硅耐蚀铁合金.
elic'it [i'lisit] vt. 引〔抽,诱,得〕出,使发出. ▲**elicit the truth by discussion** 从辩论中认识真理.
elicita'tion [ilisi'teiʃən] n. 引〔导〕出,启发. **method of elicitation** 启发式.
elide' [i'laid] vt. 取消,削减,删节,不予考虑.
eligibil'ity [elidʒi'biliti] n. 符合被推选条件,合格,适当性.
el'igible ['elidʒəbl] I a. ①符合被推选条件的 ②适当〔合,宜〕的,合格的(for). II n. 合格者,人选. ▲**eligible for〔to〕membership** 有入会资格. **el'igibly** ad.
elim = ①eliminate 或 eliminated 消除(的) ②eliminator 消除器.
elim'inable [i'liminəbl] a. 可消除〔排除,消去〕的.
elim'inant [i'liminənt] n. ①排除(剂,的) ②消元式,(消)结式.
elim'inate [i'limineit] vt. ①除〔删,消,省〕去,消〔排,清〕除 ②对消,相消,淘汰 ③切断,分离. **eliminate a possibility** 排除一种可能性. **eliminate errors** 消灭差错. **eliminate the need of** 使不需要. ▲**eliminate + ing** 避免(做),不(做). **eliminate M**

from N 从 N 中消除〔删去，排出〕M.

elimina'tion [ilimi'neiʃən] *n.* ①消除〔去，失，灭〕，排〔驱，脱〕除，除去，淘汰，弃置，切断 ②【数】消去〔元〕法 ③从机体中析出(放射性同位素). *echo elimination* 反射信号抑制，消除回波. *elimination by comparison* 比较消元法. *elimination contest [match]* 淘汰赛，预赛. *elimination of error* 误差的消除. *elimination of heat* 排热，消去热量. *elimination of unknowns* 消元法，未知数消去法. *elimination of water* 脱水，消去水. *noise elimination* 静噪，抑制〔消除〕噪声. *sulphur elimination* 脱〔除〕硫. *transient elimination* 瞬变消助.

elim'inator [i'limineitə] *n.* 消除〔抑制，抑止，限制，分离，排出〕器，空气净化器，带阻〔阻塞〕滤波器，等效天线，挡水板，消除者. *A eliminator* 灯丝电源整流器，代用电器. *antenna eliminator* 假〔等效〕天线，天线抑制器. *B eliminator* 屏电源整流器，代乙电器. *battery eliminator* 代电池，电瓶〔电池组〕代用器. *eliminator receiver* 交流收音机. *eliminator supply [power]* 整流电源. *gap eliminator* 间隙消除装置. *moisture eliminator* 脱湿〔去潮，干燥〕器. *shock eliminator* 减震〔缓冲〕器. *static eliminator* 静噪〔反干扰〕滤波器，天电干扰消除器. *X eliminator* 静电消除器.

elinguid *a.* 结舌的，不能言语的.

ELINT 或 **elint** ['elint] = electronic intelligence 电子情报. *elint ship* 电子情报舰.

el'invar ['elinva:] *n.* = elasticity invariable 埃林瓦尔铁镍铬合金，(一种恒弹性的热膨胀系数低的)镍铬恒弹性钢(镍 33~35%，铁 53~61%，铬 4~5%，铜 1~3%，锰 0.5~2%，硅 0.5~2%，碳 0.5~2%).

elion *n.* 电致电离(= electro-ionization).

ELIP = electrostatic latent image photography 静电潜像摄影术.

eliqua'tion *n.* 液析，偏析，熔析〔离，化，解〕.

elis'ion [i'liʒən] *n.* 省略.

elite [ei'li:t] 〔法语〕 *n.* ①精华〔锐〕，(优)良种〔者〕②高贵者 ③一种打字机字母尺寸. *corps d'elite* 精锐部队.

elitism *n.* 高人一等的优越感. **elitist** *a.*

elixa'tion [elik'seiʃn] *n.* 煎洒，消化.

elix'ir ['liksə] *n.* 炼金药，"万灵药"，"灵丹妙药".

elixivia'tion *n.* 浸滤，浸析，去碱.

Elkaloy *n.* 埃尔卡洛伊铜合金焊条.

Elkonite *n.* 钨铜烧结合金(接点、电极材料，钨 74.25%，其余铜).

Elkonium *n.* 埃尔科尼姆接点合金.

elko'sis *n.* 溃疡形成.

ell [el] *n.* ①厄尔(长度名，= 45 in) ②L 形短管，肘管，弯头 ③建筑的 L 字形延长部. *long-sweep ell* 大曲率半径弯管，远拂肘管.

ell-beam *n.* (断面为) L 形的梁.

ellipse' [i'lips] *n.* ①椭圆(形，线，轨道) ②省略法. *ellipse of stress* 应力椭圆. *generating ellipse* 母椭圆.

ellip'ses [i'lipsi:z] ellipsis 的复数.

ellip'sin ['lipsin] *n.* 椭圆素.

ellip'sis [i'lipsis] (*pl. ellip'ses*) *n.* 省略(法)，省略符号，脱漏.

ellip'sograph [i'lipsəgra:f] *n.* 椭圆规(仪).

ellip'soid [i'lipsoid] *n.* 椭(圆)球(体)，椭(圆)面. *ellipsoid method* (探伤定位的)椭球болов法. *ellipsoid of stress* 应力椭(圆)面. *ellipsoid resonator* 椭圆形旋转式谐振器.

ellip'soidal [i'lipsoidl] *a.* 椭圆体〔形，状〕的，椭球状. *ellipsoidal harmonics* 椭球(调和，谐和)函数. *ellipsoidal mirror* 椭(圆形)球面镜.

ellipsom'eter *n.* 椭圆(率)计，(偏振光)椭圆计.

ellipsom'etry *n.* 椭圆对称，椭球测量，椭圆率测量术. *ellipsometry method* 椭圆计法.

ellip'tic(al) [i'liptik(əl)] *a.* ①椭圆(形)的，椭性的 ②(有)省略(处)的. *elliptic collineation* 椭性直射. *elliptic polarization* 椭(圆)偏振. *elliptic spring* 椭圆形板弹簧，双弓板弹簧. *elliptical subcarrier* 椭圆色度副载波.

ellip'tically *ad.* 成(呈)椭圆形. *elliptically polarized light* 椭圆偏振光. *elliptically polarized wave* 椭圆(偏)振波，椭圆极化波.

elliptical-type weight 铅盒，椭圆形测深重锤.

elliptic'ity [elip'tisiti] *n.* 椭(圆)率，扁率，椭圆度. *ellipticity of ellipse* 椭圆扁率.

elliptocyte *n.* 椭圆红细胞.

ellit'oral *n.* 亚浅海底的，远岸浅海底的.

Ells'worth *n.* (美国)埃尔斯沃斯.

ellsworthite *n.* 铀钙铌水石.

elm [elm] *n.* 榆(树，木).

Elmarit *n.* 钨铜碳化物烧结刀片合金(钨 74.25%，其余铜).

Elmillimess *n.* 电动测微仪.

ELONG = elongation 伸(长).

e'longate ['i:lɔŋgeit] *v.* 拉(伸，延)长. *a.* 延(伸，细)长的，延伸的.

e'longated *a.* 细长的，拉(伸，延)长(了)的. *elongated charge* 长条状爆炸震源. *elongated material* 长粒(砂石)材料.

elonga'tion [ilɔ:ŋ'geiʃən] *n.* ①拉(伸，展)长，延长(线，部分)，伸张度，延伸(率) ②(天体)距角，大距 ③指针的跳动. *coefficient of elongation* 伸长系数. *elongation at rupture* 断裂伸度〔长). *elongation due to tension* 或 *tensile elongation* 拉伸. *elongation pad* 延长器，外延衰减器. *extension elongation* 拉长. *greatest elongation* 大距. *magnetic elongation* 磁(感)伸长率. *percentage elongation* 延伸(长)率. *stretch elongation* 拉伸变形，伸长. *yield point elongation* 屈服点伸长.

elongator *n.* 延伸轧机，(轧管)辗轧机.

el'oquence ['elɔkwəns] *n.* 雄辩，口才，修辞.

el'oquent ['elɔkwənt] *a.* 雄辩的，有口才的，富于表情的，意味深长的. ~ly *ad.*

Elo-Vac process 电炉-真空脱碳脱气法.

eloxal *n.* 铝的阳极处理法.

ELP = engine lube and purge system 发动机润滑与吹洗系统.

elpidite *n.* (斜)钠锆石.

ELS = ①elastic limit under shear 抗剪弹性极限 ②electric limit switch 电限制开关.

EI Salvador [el' sælvədɔː] 萨尔瓦多.

else [els] *ad*; *conj*. ①别的,此外(还),其它,另外 ②否则,不然的话. *anything else* 别的什么东西. *else-if symbol* 否则如果符号. *nothing else* 别的什么也不,没有别的东西. *what* [where, when…] *else* 别的什么[什么地方,什么时候…]. ▲*else than M* 除M 之外(的). *none else* 没别人,无他. *or else* 否则,要么,不然就,要不就(然).

else'where' ['els'wɛə] *ad*. 在(往)别处,在另外一处.

ELSI = extremely large-scale integration 特大规模集成.

Elsie *n*. 控制探照灯的雷达站.

ELSS = extravehicular life support system (宇航员) 舱外生命维持系统.

ELSSE = electronic sky screen equipment 电子的天空遮蔽设备.

el-train *n*. 高架铁路电气列车.

el'uant *n*. 洗提液,洗脱剂.

el'uate ['eljuit] *n*. 洗出[脱,释],提〔液,洗出,洗脱,提取物. *eluate* [eluation] *curve* 洗提曲线.

elu'cidate [i'luːsideit] *v*. 阐〔说〕明,解释(明白). **eluci- da'tion** *n*. **elu'cidative** 或 **elu'cidatory** *a*.

elu'cidator [i'luːsideitə] *n*. 阐(说)明者.

elude' [i'luːd] *vt*. ①逃避,避免,不走(不通过)(… 路),岔开 ②使不懂,使困惑. *The meaning eludes me*. 这个意思我弄不懂;我抓不住是什么意思. *The cause has eluded all research*. 原因总是研究不出来. *elude one's understanding* 为…所不理解.

eluent *n*. 洗提(用溶)液,洗脱液〔剂〕.

elu'sion [i'luːʒən] *n*. 逃(躲,闪)避,遁避,遁辞,通辞.

elu'sive [i'luːsiv] *a*. 逃避的,难以捉摸〔理解〕的,容易被忘记的. ~ly *ad*. ~ness *n*.

elu'sory [i'ljusəri] *a*. 难以捉摸的.

elute' [i'ljuːt] *v*. 洗提[出,脱,涤],冲洗.

elu'tion [i'ljuːʃən] *n*. 洗提〔涤,净,脱,出〕,淘析,稀释. *elution gas chromatography* 淘析[洗提]气体色层分离法,气体色谱法.

elu'triant *n*. 洗脱液,淘析液.

elu'triate [i'ljuːtrieit] *v*. 淘洗〔析,选,净,分〕,洗涤[脱,提,矿,净],冲洗,净化.

elutria'tion [iljuːtri'eiʃən] *n*. 淘洗〔析,选,净,分〕,淘提〔涤,净,矿〕,扬析,净化,澄清,沉淀分析,空气(沉降)法分选,缓倾(法),倾析(法),水析分级. *air elutria- tion* 或 *elutriation with air* (空气)(淘)析. *elutria- tion method* (土壤)淘析法,淘洗法. *elutriation test* 淘分试验.

elu'triator *n*. 淘析器,洗提器,洗脱器,沉淀池,分离器,空气分离机,含泥量试验仪,砂子洗涤器. *wet e- lutriator* 水析器.

elutron *n*. (小型)多用途直线加速器(商品名).

elutrop'ic *a*. 洗提的.

elu'vial [i'ljuːvial] I *a*. 沉〔冲〕积的,残积(层)的,淋滤的. II *n*. 残积物. *eluvial deposit* 残积矿床. *eluvial horizon* 淋滤层.

elu'viate [i'ljuːvieit] *vi*. 淋济[滤].

eluvia'tion *n*. 淋溶(滤)(作用),残积作用.

elu'vium [i'ljuːviəm] *n*. 残积层,风积细砂土.

eluxa'tion *n*. 脱位.

ELV = ①electrically operated valve 电动阀 ②extra low voltage 极低电压.

el'van *n*. 淡(白色)英斑岩.

El'verite *n*. 耐蚀铸铁(A;碳 $3 \sim 3.5\%$,锰 0.35%,硅 $0.25 \sim 1\%$;B,C;碳 $3 \sim 3.5\%$,铬 $1 \sim 1.8\%$,镍 $3.75 \sim 4.75\%$,硅 $0.25 \sim 1\%$).

ELW = extreme low water 极低水位.

elwotite *n*. 硬钨合金(钨 30%).

EM = ①electromagnetic(al) 电磁的 ②electromag- netic surveying 电磁探测 ③electromechanical 电机的 ④engineering manual 工程手册 ⑤expanded metal 膨胀金属 ⑥experimental memo 实验备忘录 ⑦experimental model 实验模型.

E-M = electromagnetic(al) 电磁的.

em = ①cgsm unit of quantity of electricity (电气量的) 厘米-克-秒制电磁单位 ②emanation 放射 ③mechanical efficiency 机械效率 ④exposure me- ter 曝光计.

EMA = ①electronic missile acquisition 导弹电子搜索系统 ②engine maintenance area 发动机保养范围 ③ethyl methacrylate 甲基丙烯酸乙酯.

em'agram ['eməgræm] *n*. 埃玛图,(高空)气压温度图,温压热力学图,温度与对数气压斜交图表.

eman *n*. 马克(大气中氡含量的放射单位,1 唉曼 $= 10^{-10}$ cm/L).

em'anant ['emənənt] I *a*. 发散的,放射的. II *n*. 【数】放射式.

em'anate ['emǝneit] *v*. ①发出,放〔发〕射,发散 (from) ②散析,析〔流,排〕出 (from) ③发源 (from).

emana'tion [emǝ'neiʃǝn] *n*. ①发〔放,辐〕射,发〔出〕(物) ②(放射性元素)射气 Em. *actinium emana- tion* 锕射气 An (射气同位素, Em^{219}). *emanation coefficient* 放射系数. *radium emanation* 镭射气,氡 Rn (射气同位素 Em^{222}). *target emanation* 靶(目标)辐射. *thorium emanation* 钍射气,Tn (放射性射气同位素 Em^{220}).

em'anative *a*. 发(散)出的,发〔辐〕射的,发射(性)的,流出的.

em'anator *n*. 射气(埃曼)测量计,射气发放(投置)器,辐射器(源).

eman'cipate [i'mænsipeit] *vt*. 解放. ▲*emancipate … from …* 把…从…中解放出来.

eman'cipated *a*. 被解放的,自由的.

emancipa'tion [imænsi'peiʃǝn] *n*. (被)解放,翻身,自由,脱〔分〕离.

eman'cipative 或 **eman'cipatory** *a*. 解放的.

eman'cipator *n*. 解放者.

emanium *n*. 射气 Em.

emanom'eter [emǝ'nǝmitǝ] *n*. 射气计,氡射线计,测氡仪.

emanon *n*. 射气 En.

emar'ginate *a*. 微凹的,微缺的.

EMASAR = Programme for Ecological Manage- ment of Arid and Semiarid Regions 干旱及旱区域生态管理方案.

emas'culate *vt*. 阉割,删削…,使无力,使…贫乏. **e- mascula'tion** *n*. **emas'culative** 或 **emas'culatory** *a*.

emb = embark 乘〔装〕船,着手,投资.

EMB =early-make-break 早(期)开闭的.

embank' [imˈbæŋk] vt. 筑堤(围绕,防护).

embank'ment [imˈbæŋkmənt] n. 筑堤(工程),堤(岸,坝),路堤〔基〕,坝体,填方. earth embankment 路(土)堤,填土. embankment fill 路(筑)堤,填土.

embarcation =embarkation.

embar'go [emˈbɑːgou] v.; n. 禁止出(进)口,禁运,封港,扣留(船只),征用,阻碍. gold embargo on the export of gold 黄金禁止出口. ▲be under an embargo (在)禁止出口(中),在封港中,在禁运中,被禁止〔限制〕. lay an embargo on commerce with 禁止与…贸易. lay [put, place] an embargo on [upon] …禁止…输出[出口,出入],对…实行禁运,对…予以禁止〔阻止,限制〕. lift [raise, take off] the embargo on…对…解禁,允许…出口.

embark' [imˈbɑːk] v. ①(使)乘(上)船,把…装在船上,上飞机,搭载 ②从事,着手,开始,搞 ③投资. embark (on M) for N 乘(M号轮)船往N. embark on [upon, in]从事,着手.

embarka'tion [embɑːˈkeiʃən] n. 乘〔上〕船,搭载(物),装货运②开始,从事.

embark'ment [emˈbɑːkmənt] n. 上〔装〕船.

embarras [法语] n. 障碍(物),混乱,为难,穷困,痛苦. embarras de richesse 财富〔东西〕多得成了累赘.

embar'rass [imˈbærəs] vt. ①使困窘〔焦急,为难〕②使穷困,使财政困难 ③使(产生)麻烦,使复杂化,妨(阻)碍. ▲be [feel] embarrassed 感到为难,局促不安.

embar'rassing a. 令人为难的,麻烦的. ~ly ad.

embar'rassment [imˈbærəsmənt] n. 为(困)难,窘迫,使人为难的事物,失措,妨(困)碍.

em'bassy [ˈembəsi] n. 大使馆(全体人员),使节,大使的职务. go [come] on an embassy 去(来)任大使.

embat'tle [imˈbætl] vt. 使严阵以待,使准备战斗,设防于.

embat'tlement n. 城堞.

embay' [imˈbei] vt. ①使(船)入湾,吹进湾内 ②使形成港湾.

embayed a. 湾形的,多湾的.

embay'ment n. 河(海)湾,湾形物,形成湾状〔港湾〕.

embed' [imˈbed] v. 放(嵌,植,埋)入,埋置〔藏,蕴藏〕,包埋,嵌进(镶),夹在层间,灌封,深留(记忆中). embedded component 嵌入分值. embedded parts 预埋件. embedded steel 埋置钢筋. embedded temperature detector 嵌入式温度计. embedded type 埋入(隐蔽)式,埋置形. embedding theorem 嵌入定理. ▲be embedded in one's memory 深留在…的记忆中.

embedabil'ity n. 压入能力,嵌(埋,吸)入性.

embed'ment n. 埋(嵌,放)入,埋置,嵌置.

embel'lish [imˈbeliʃ] vt. 装(修)饰,美化,给…润色(增添细节).

embel'lishment n. 装饰(物),修饰,艺术加工.

em'ber [ˈembə] n. (常用pl.) 余烬,余火,燃屑.

embez'zle [imˈbezl] vt. 盗(挪)用(公款). ~ment n.

em'blem [ˈembləm] n. ①象征,标志,符号,(国)徽 ②典型. vt. 用图案〔符号〕象征表示.

emblemat'ic(al) [,embliˈmætik(əl)] a. 象征的,典型的,作为标记的. ▲be emblematic(al) of 是…的象征〔标记〕. ~ally ad.

emblem'atize [emˈblemətaiz] 或 **em'blemize** [ˈemblə-maiz] vt. 象征,代表,标志着,是…的标记,用图案〔符号〕表示.

embod'iment [imˈbɔdimənt] n. 具体化,具体表现〔体现,设备,装置〕,化身.

embod'y [imˈbɔdi] vt. ①具体化,具体表现,体现 ②使成一体,包括(含)有,概括,收录 ③配备,连接,接合,合并,补充. ▲(be) embodied in M 概括〔收罗,包括,体现〕在M里. embody M in N 用N表达(体现,表现)M,把M概括在N里.

embog' [emˈbɔg] (embogged; embogging) vt. 使陷入泥坑〔困境〕.

embold'en [imˈbouldən] vt. 使…有勇气〔信心〕,鼓励(to +inf.).

em'boli embolus 的复数.

embol'ic a. 栓塞的,栓子的.

embol'iform a. 楔形的,栓子状的.

em'bolism [ˈembəlizm] n. 栓塞.

embolite n. 溴氯银矿.

em'bolus [ˈembələs] (pl. em'boli) n. 插入物,楔,栓(塞),活塞.

embos'om [imˈbuzəm] vt. 包围,拥护,围绕,遮掩.

emboss' [imˈbɔs] vt. ①作浮(凸)雕,使浮凸于(表面)上,使(表面)凸起 ②压(印)纹,压(印)花,模压(加工),凸饰. embossed film (带半圆凸透镜层的彩色电视录像用)浮雕影片. embossed groove recording 压刻式(唱片)录音法. embossed paper (做书页用的)凸凹纸. embossed plate print 凸版印刷机. embossed printing (盲人用的)浮出印刷. embossed work 浮雕细工. ▲emboss M with N 把M塑出〔刻出,模压出,浮现出〕N凸形花纹.

emboss'er n. 压(轧)花机,压纹机,印铁轧光机.

emboss'ing n. 浮雕,压纹,压(轧,印,滚)花(法),模压加工,压制成波浪形(薄板). embossing die 压花模. embossing stylus 划针,圆锥录声针.

emboss'ment n. 浮雕(花样,细工),浮花装饰,凸起(出).

embouchure [ɔmbuˈʃuə] [法语] n. ①(炮)口,(送话器)嘴,(乐管)吹嘴 ②河口,溪谷口.

embow' [emˈbou] vt. 弄(弯)成弧形,使成弓状.

embowed a. 弯曲的,弧形的.

embow'er [imˈbauə] vt. 用树叶(凉亭)遮蔽,隐于树荫中.

embow'ment n. 弯(弄)成弧形.

embrace' [imˈbreis] vt.; n. ①拥抱,包含(括,围),环绕 ②接受,利用 ③看出,领会,掌握. embrace an offer 接受提议. embrace an opportunity 趁机,利用〔抓住〕机会.

embranch'ment [imˈbrɑːntʃmənt] n. 支流(脉),分支(机构).

embra'sure [imˈbreiʒə] n. ①枪(炮)眼,射击孔,内宽外窄的开口(墙孔),喷燃器旋口 ②斜面墙.

embrit'tle [emˈbritl] v. 使(变)脆,脆化.

embrit'tlement n. 脆裂(变,化),脆性(度). caustic embrittlement 碱蚀变脆. hydrogen embrittlement (钢的)氢脆.

embroca'tion [,embroˈkeiʃn] n. (液体)擦剂,擦法,液

体药物涂布.
embroi′dery n. ①(自记仪器的)曲线弯曲度 ②绣花,装饰.
embroil′ [im′brɔil] vt. ①搞混,使混乱 ②牵连,使…卷入.▲be embroiled in 卷入.
embroil′ment n. 混乱,纠纷.
embrown′ [im′braun] vt. 使成褐(棕,深)色.
em′bryo [′embriou] n.; a ①胚(胎)(的),萌芽(的,时期,状态) ②原始的,初期的 ③晶芽,晶核.▲in embryo 在酝酿(考虑,计划)中,在萌芽时期,初期的,尚未发展的.
embryoctomy n. 堕(碎)胎术,胎儿截割术.
embryogen′esis n. 胚胎发生.
embryogen′ic a. 胚胎发育的,胚胎发生的.
em′hryoid I n. 胚样(胎)物. I a. 胚(胎)样的.
embryol′ogist [embri′ɔlədʒist] n. 胚胎学家.
embryol′ogy [embri′ɔlədʒi] n. 胚胎学.
embryonal a. 胚胎的.
embryonate a. 胚胎的,受孕的.
embryon′ic [embri′ɔnik] a. 胚胎(似,期)的,萌芽(期)的,初期的,开始,尚未成熟的. *embryonic stage* 初期,萌芽期.
embryoniform a. 胚胎样的.
embryophyta n. 有胚植物.
embryotocia n. 流产,早产.
embus′ [im′bʌs] (*embussed*; *embussing*) v. (使)乘公共汽车,使乘上[把…装上]机动车辆. *embussing point* 搭乘公共汽车地点,装车地点.
EMC = ①electromagnetic compatibility 电磁兼容性 ②engine maintenance center 发动机保养中心 ③equilibrium moisture content 平衡湿含量 ④essential minimum control 必需的最低限度控制.
EMCCC = European Military Communications Coordinating Committee 欧洲军事通讯协调委员会.
EMD = electric motor driven 电动机驱动的.
EMDP = electromotive difference of potential 电动势.
emend′ [i′mend] vt. 校对(订),订正,修改.
emend′able a. 可修订订正的.
emenda′tion [i:men′deiʃən] n. (被)订正(之处),校订.
e′mendator n. 校订者,订正者.
emen′datory a. 校订(订正,改正)的.
EMEP = Programme on least range transport of pollutants over Europe 欧洲污染物长途传输方案.
EMER = emergency 紧(危)急.
em′erald [′emərəld] n.; a. 翡翠,(纯)绿宝石,绿刚玉,纯绿柱石,祖母绿(的),鲜绿色(的). *oriental emerald* 绿刚玉.
emeraldine n. 翠绿亚胺(苯胺黑氧化染色的中间产物).
emeramine n. 吐根胺.
emerg = emergency 紧急.
emerge′ [i′mə:dʒ] vi. ①显露[出]出(呈,浮)现,形成,发生,暴露 ②排[引,涌,射,冒]出,出射 ③出苗,羽化,出洞. *emerging beam* 呈现射束. *emerging particle* 出发(原始)粒子. *emerging ray* 出射光线.
emer′gence [i′mə:dʒəns] n. ①显露,出现,发生 ②露[排,引,发,冒,脱]出,出射,上升 ③紧急(情况,事件),(意外)事故.

emer′gency [i′mə:dʒənsi] I n. 紧急(情况,关头,保险开关),危急(险),紧急(突发)事件,(意外)事故,非常时刻(状态),急需(变,症),应急,备用(份). I a. 应急的,紧急的,备用的,安全的,辅助的,临时的. *emergency altitude* (飞机)极限高度,升限. *emergency battery* 应急用(备用)电池. *emergency brake* 紧急刹车(制动器). *emergency construction* 防险建筑物. *emergency decree* 安全技术规程. *emergency door* 太平门. *emergency exit* 太平门,备用引出端. *emergency gate* 临时(事故,备用,检修)闸门. *emergency gear* 安全齿轮. *emergency generator* 事故用(备用,应急)发电机. *emergency measures* 紧急措施. *emergency off local* 现场事故断开. *emergency power* 事故(备用,应急)电源. *emergency project* 紧急(工程)计划. *emergency pulses* 呼救脉冲(信号). *emergency radio channel* 呼救信号信道. *emergency recovery* 应急回收,急救. *emergency service* 紧急(应急)无线电通信业务. *emergency set* 应急台,应急(备用)设备. *emergency width* 呼救信号脉冲宽度. ▲*in an emergency* 或 *in case of emergency* 遇到紧急情况时,万一发生事故时,在非常时候.
emer′gent [i′mə:dʒənt] a. ①发(输,射,露,引)出的,突现的,出射的 ②紧(应急)的 ③意外的,偶发的,经过不断发展而出现的,自然(必然)发生的. *emergent gas* 逸出气体.
emer′itus [i′meritəs] a. (保留头衔)荣誉退休的. *a professor emeritus* 名誉教授.
emersed′ [′i′mə:st] a. 出(到)水(面上)的,水上的,露出(水面)的.
emer′sion [i(:)′mə:ʃən] n. ①现(浮,露)出,出现 ②【天】复现.
em′ery [′eməri] n. (金)刚砂,刚玉(砂,粉),刚石(粉). *emery bar* (氧化铁和氧化铝的熔融混合物或天然刚玉粉用牛油油粘固成的)棒状抛光膏, *emery buff* 金刚砂磨光杖,(用弹性磨轮)磨光, *emery cloth* (金刚)砂布. *emery fillet* 砂布(带). *emery grinding machine* 金刚砂磨床. *emery paper* (金刚)砂纸. *emery stick* 薄的磨光锉. *emery tape* 金刚砂卷带. *emery wheel* (金刚)砂轮. *powdered emery* 金刚砂粉.
em′ery-cloth n. (金刚)砂布. *disk emery-cloth* 圆盘磨光轮.
em′ery-pa′per n. (金刚)砂纸.
em′ery-wheel n. (金刚)砂轮.
eme′sia [e′mi:ziə] n. 呕吐.
em′esis [′emisis] n. 呕吐.
E-metal n. 锌铝合金.
E-meter n. (测皮肤电阻变化的医用)静电计.
EMF 或 **emf** = electromotive force 电动势. *back* [*counter*] *emf* 反电势.
EMG = ①electromyogram 筋(动)电(流)图 ②emergency 事故(的).
EMI = ①electrical music industry 电子乐器工业 ②electro-magnetic interference 电磁干扰.
e′mic [′i:mik] a. 音素的,行为要素的.
em′igrant [′emigrənt] I a. (向外国)移居的,移

民的. I n. 移〔侨〕民.
em'igrate ['emigreit] v. 移居(外国). ▲emigrate from M to N 从 M 移居到 N.
emigra'tion [,emi'greiʃən] n. 移居(民),侨居,侨民(总称).
em'inence ['eminəns] n. ①高地(处),丘,隆起,隆凸,突起 ②卓越,著名,名家.
em'inent ['eminənt] a. 突出的,卓越的,崇高的,优秀的,著名的. eminent domain 土地收用,土地征用权. ~ly ad.
eminen'tia [,emi'nenʃiə] (pl. eminentiae)隆起,隆凸.
emiocyto'sis n. 细胞分泌.
em'irate n. 酋长国. United Arab Emirates 阿拉伯联合酋长国.
EMIS = emission 发射.
em'issary ['emisəri] I n. ①使者,密使,间谍 ②分〔排〕水道,导流管. I a. 密使的,间谍的. emissary sky 预兆(性)天空.
emis'sion [i'miʃən] n. ①发〔放〕,辐〔射〕,发〔放,射,析〕出,散发,传播 ②发行(额),发射〔放〕物,排出〔放〕物. emission cell 发光电效应)光电管,放射管,放射光电元件. emission decay 辐射〔放射〕衰减. emission fading (电子管)发射率衰退. emission regulator 电子发射稳定器〔调节器〕. emission standard (废气)排放标准. emission theory 微粒说. field emission 场致〔静电)发射. heat emission 或 emission of heat 热量的发射,热辐射. luminous emission 发(荧)光,光辐射. specific emission 放射率. stray light emission 耗散〔杂散)光辐射.
emis'sion-spectroscop'ical a.用发射光谱(术)分析的.
emis'sive [i'misiv] a. 发〔放,辐〕射的,发〔放,射〕出的.
emissiv'ity [,imi'siviti] n. 发〔放,辐〕射率,比辐射率,发射本领,发〔放,辐〕射能力,(热)辐〔发〕射系数.
emit' [i'mit] (emitted; emitting) vt. 发〔放,射,散〕出,放,喷,逸,冒)出,传播 ②发行〔表〕. emitting electrode 发射电极,阴极. promptly emitted 瞬时辐射的.
em'itron ['emitrɔn] n. 光电(电子)摄像管. super emitron 超(移像)光电摄像管.
emit'tance [i'mitəns] n. 发〔放〕射,辐射强度,发射强度(密度). luminous emittance 发光度. radiant emittance 发射率,辐射能流〔照射通量)密度.
emit'ter [i'mitə] n. 发〔放,辐〕射体,发射极〔板〕,辐射源,放〔辐)射器,发送机,发射区. bright emitter 白炽灯丝电子管. emitter base 发射极-基极的. emitter base diffusion 发射极-基极扩散(法). emitter junction 发射(极)结. emitter window 发射窗〔孔). gamma emitter γ(辐射)源. grounded emitter 发射极接地(的). neutron emitter 中子源,发射体. secondary emitter 次级电子发射体,打拿极.
emitter-coupled a. (发)射极耦合的. emitter-coupled logic (发)射极耦合逻辑(电路),电流开关逻辑(电路).
emitter-follower n. 发射极输出器,射极跟随器.

emitter-to-base voltage 基极-发射极间电压.
EML = equipment modification list 设备更改清单.
EMM = electronic manufacturing manual 电子(仪器)制造手册.
emma n. 声频信号雷达站,以可闻信号寻觅附近山巅用的雷达系统.
Emmel cast iron 埃姆尔高级铸铁(碳 2.5~3%,硅 1.8~2.5%,锰 0.8~1.1%,磷 0.1~0.2%,硫 0.1~0.15%).
emmetro'pia [emə'troupiə] n. 正常视觉,正视眼,屈光正常.
emmetropic eye 正视眼.
EMO = ①electromechanical optical 电机械光学(装置) ②equipment move order 设备迁移指示.
E-mode n. E 模,电型波,TM 波,横磁波,横 H 波.
emoline oil 艾摩林(低粘度)油.
emolles'cence n. 软化(作用).
emol'late v. 软化.
emol'lient I n. 软化剂,润滑剂〔药〕. I a. 软化的.
emol'ument [i'mɔljumənt] n. 报酬,薪金,工资,津贴.
emo'tion [i'mouʃən] n. ①情绪(感) ②感〔动)动,激励〔发) ③效应〔果〕,作用. ~al a. ~ally ad. ~less a.
emo'tive a. 情绪的,动感情的.
EMP = ①effective mean pressure 有效平均压力 ② electromagnetic pulse 电磁脉冲 ③ electromechanical power 机电功率 ④ empennage (飞机)尾部 ⑤emplastrum 硬膏剂,贴膏剂 ⑥empty 空,缺乏.
em'pennage ['empənidʒ] n. (飞机)尾部,尾翼(面).
em'peror ['empərə] n. 皇帝. emperor tandem 王牌串联电加速器.
em'phases ['emfəsi:z] emphasis 的复数.
em'phasis ['emfəsis] (pl. emphases) n. 强调,着重,加重〔强〕,(侧)重点,显著,突出,重要性. emphasis circuit 校正〔补偿)电路. ▲emphasis on 〔upon〕着重于,强调. give emphasis to 着重,强调. lay 〔place, put〕 emphasis on 〔upon〕强调,着重于,把重点放在…(上). with the emphasis on 着重.
em'phasise 或 em'phasize ['emfəsaiz] vt. 强调,着重,加重〔强),使…显著,突出.
em'phasizer n. 加重电路,频率校正电路.
emphat'ic(al) [im'fætik(əl)] a. 强调的,着重的,断然的,显著的,有力的,语势强的. ~ally ad.
emphrax'is [em'fræksis] n. 梗〔阻,塞)阻.
emphyse'ma [emfi'si:mə] n. (肺)气肿.
emphysemtatous a. (肺)气肿的.
empiétement (法语) n. 侵入.
em'pire ['empaiə] n. ①帝国,最高权威 ②由一个集团〔或个人)控制的地区〔或企业),大企业 ③绝缘,电绝缘漆〔布〕. empire cloth 绝缘油布,漆〔胶)布. empire tube 绝缘套管. publishing empire 大出版企业.
empir'ic [em'pirik] I a. (根据)经验的,实验(上)的,以实验为根据(基础)的. I n. 经验主义者. empiric formula 经验(公)式,实验式,成分式.
empir'ical a. = empiric. ~ly ad.
empir'icism [em'pirisizəm] n. 经验论.
empir'icist n. 经验主义者.

empirio(-)criticism n. 经验批判主义.
empl = ①emplacement 安置就位 ②employee 雇员.
emplace' [im'pleis] vt. 安置就位,放列,安放炮床,使…进入阵地.
emplace'ment [im'pleismənt] n. ①安〔定,位〕置,定位,侵位,指定一定位置 ②放列动作,炮兵掩体〔阵地〕,发射阵地,炮位〔床〕. *alternate emplacement* 预备掩体,预备发射阵地. *launch emplacement* (导弹)发射井.
emplane' [im'plein] v. 乘(上),装上飞机.
emplas'ter n. 灰膏.
emplas'tic n.;a. ①粘合的,胶合的 ②(致)便秘剂.
emplectite n. 硫铜铋矿.
emplecton or **emplectum** n. 空斗石墙.
emplektite n. 硫铜铋矿.
employ' [im'plɔi] Ⅰ vt. 使(应,雇,占)用,花费,使从事于. *be employed in* 从事于,用于. *employ everything in one's power* 用一切可能方法. *employ oneself in* 〔on〕从事于,花费时间在.
Ⅱ n. 使用,雇用,服务,工作,职业. ▲(be) in one's employ 或(be) in the employ of 受…雇用,在…处服务,替…工作.
employ'able [im'plɔiəbl] a. 可使用的,有使用价值的,适的.
employé [ɔm'plɔiei] 〔法语〕 n. 雇员,受雇者.
employed a.;n. 被雇用的,雇员.
employee' [emplɔi'i:] n. 雇员,受雇者.
employ'er [im'plɔiə] n. 雇主,使用者.
employ'ment [im'plɔimənt] n. ①(使,雇)用 ②服〔勤,业〕务,职务,工作,职业. ▲(be) in the employment of 在…处服务,受雇于. *be (thrown) out of employment* 失业,被解雇. *get employment* 就业.
empodis'tic n.;a. 预防药,预防的.
empoi'son [em'pɔizn] vt. 使…中毒.
empo'rium [em'pɔ:riəm] n. 商业中心,商品陈列所,商场,(大)百货公司.
empow'er [im'pauə] vt. 授权给,准许. ▲*empower … to+inf.* 授予…(做)的权利〔资格〕,使〔允许〕能(做).
em'press ['empris] n. 女皇,皇后. *empress slate* 大石板瓦.
empro'tid n. 质子受体,(受)质子碱.
EMPSM = engineering and manufacturing process specification manual 技术与制造过程规格手册.
emp'tier n. 卸载器,倒空装置.
emp'tiness ['emptinis] n. 空(虚),无能.
emp'ty ['empti] Ⅰ a. ①(放,排)空的,零,未占用的,无人居住的,未载东西的 ②空洞〔虚〕的,没有意义的 ③空转的,无载的 ④缺乏…的. *empty band* 空带,非填充区域. *empty emergency ditch* 备用排水渠. *empty medium* 〔计〕空白媒体. *empty metamember* 〔计〕空元成员. *empty space* 真空〔无空气的〕空间. *empty weight* 净重,无载(空机)重量. ▲(be) empty of 缺乏,没有.
Ⅱ n. 空箱(桶,袋,瓶,车),包皮,皮重,包装.
Ⅲ v. 出(排,卸,变)空,把…腾空,(使)成为空的,使失去(of),流注. *empty M of its contents* 把M 腾空. ▲*empty (+itself) into* 流注,注入. *empty M of N* 取出N 腾空 M. *The dock is emptied of water.* 船坞中的水放空了. *empty out* 把…腾空.
empty-handed a. 空手的,一无所获的.
emp'tying n. ①排〔放,出〕空,排〔泄〕出 ②(pl.)沉积,残留物.
empur'ple [im'pə:pl] v. 弄成紫色〔红色〕,(使)发紫〔红〕.
empur'pled [im'pə:pld] a. 成紫色的.
empyreumat'ic a. 烧焦了的,焦臭的.
empyro'sis n. 烧伤,烫伤.
EMR = ①electromagnetic radiation 电磁辐射 ②electromechanical research 电机械研究 ③executive management responsibility 行政管理责任.
EMS = ①electron microscopy 电子显微术 ②electron multiplex switch 电子多路开关 ③Emergency Medical Service 急救医疗组织,急诊处 ④emergency switch 紧急开关 ⑤emission spectrograph 发射光谱(仪) ⑥engineering material specification 工程材料规范.
EmS = emergency switch 紧急开关.
EMSS = experimental manned space station 实验性的载人空间站.
EMT = ①early missile test 早期导弹试验 ②electrical metallic tubing 电工金属管.
emt = electron multiplier tube 电子倍增管.
EMU or **emu** = ①electromagnetic unit(s) 电磁单位 ②electromotive unit 电动势单位.
em'ulate ['emjuleit] v. ①与…竞赛〔争〕,努力赶上〔超过〕 ②模仿〔拟〕,仿真〔效〕.
emula'tion [emju'leiʃən] n. 竞赛〔争〕,模仿〔拟〕,仿真〔效〕.
em'ulative a. 竞赛的.
em'ulator n. 仿真程序〔装置,设备,器〕,模拟器,仿效器,仿效程序.
emul'gator n. 乳化剂〔器〕.
emul'gent [i'mʌldʒənt] a.;n. 泄出的,利泄药,泄出血管.
em'ulous ['emjuləs] a. 好竞争的,好仿效的,渴望的. ▲*be emulous of* 渴望. ~ly ad.
emulphor n. 乳化剂.
emulsibil'ity n. 乳化性.
emul'sible a. 可乳化的,乳浊状的.
emulsicool n. 乳浊状切油(切削液).
emulsifiabil'ity n. 乳化度.
emulsifiable a. 可乳化的,可成乳浊状的. *emulsifiable paste* 乳膏.
emulsifica'tion [imʌlsifi'keiʃən] n. 乳化(作用).
emul'sifier [i'mʌlsifaiə] n. 乳化剂〔器,物质〕.
emul'sify [i'mʌlsifai] vt. 使成乳剂〔乳状液〕,使乳化. *emulsified oil* 乳化油. *emulsifying agent* 乳化剂.
emulsin n. 苦杏仁酶.
emulsio n. 〔拉丁语〕乳剂.
emul'sion [i'mʌlʃən] n. 乳胶(体),(感光)乳(化,状,浊)液. *bituminous emulsion* 沥青乳液,乳化沥青. *emulsion breaker* 乳胶分解剂,去乳化剂. *emulsion chamber* 乳化(胶)室. *emulsion test* 乳胶安定性试验. *emulsion type* 乳化(油)系.
emulsion-causing n. 产生〔引起〕乳化.
emulsionize [i'mʌlʃənaiz] = emulsify.

emulsion-laser storage 乳胶激光存储器.
emul′sive [i′mʌlsiv] *a.* 乳剂的,乳胶性的,乳(液,胶)状的,(能)乳化的,可榨油的.
emul′soid [i′mʌlsɔid] *n.* 乳胶(体,液),乳浊体.
emulsor *n.* 乳化器(剂).
emul′sum (pl. *emul′sa*) *n.* 〔拉丁语〕乳剂.
emun′ctory [i′mʌŋktəri] *a.*; *n.* 净化的,排泄的,排泄管,排泄器官.
emunda′tion [imʌn′deiʃn] *n.* (药物)纯化.
EMV =electromagnetic volume 电磁电容.
eMv =electro megavolt 电子百万伏.
EMW =electrical megawatt (电)百万瓦.
EMXA =electron microprobe X-ray analyzer 微量探针 X 射线分析仪.
en 〔法语〕*prep.* 在…(中),在内,往,像,按. *en bloc* 总括,一总,全体,整个地,整块地. *en clair* 用普通文字,不用密码. *en echelon* 雁列式(的),梯阵式(的). *en masse* 全体,一起,一总,全部地,整个地. *en rapport* 与……一致. *en route* 在途中.
en- 〔词头〕①("en十名词"组成动词)放入,置入,在在上面 ②("en十名词"或形容词"组成动词)使……成为 ③("en十动词")到…中(内,上),在…中(内).
ena′ble [i′neibl] *vt.* ①使能够,使成为可能,使可以,使实现 ②赋能,赋(权)能力,授(权,操作),恢复(正常)操作 ③〔计〕撤消禁止门的禁止信号. *enabled interruption* 允许中断. *enabling* [enable] *pulse* 起动〔启动,开门,允许,准备,使通〕脉冲. *enabling response time* "生效"响应时间. *enabling signal* 启动(恢复操作)信号. ▲*be enabled to*十*inf.* 能够(做). *enable* … *to*十*inf.* 使…能够(可以)(做).
enablement *n.* 〔计〕允许,启动,使能.
enact′ [i′nækt] *vt.* ①制〔规〕定,颁布,通过 ②扮演,演出.▲*as by law enacted* 如法律所规定.
enact′ive [i′næktiv] *a.* 有制定权的,法律制定的.
enact′ment [i′næktmənt] *n.* ①制〔规〕定,颁布 ②条例,法令〔律,规〕.
enalite *n.* 水硅钍铀矿.
enam′el [i′næməl] **I** *n.* ①搪瓷,珐琅,瓷釉〔漆〕,塑料 ②搪瓷制品〔工艺品〕. *enamel blue* 大青色. *enamel covering* (瓷)皮. *enamel* (*insulated, covered*) *wire* 漆包(绝缘)线. *enamel lacquer* (纤维素)瓷漆. *enamel lined* 搪瓷的. *enamel manganin* 漆包锰线. *enamel paint* 亮(瓷)漆. *enamel paper* 印图〔铜版〕纸. *enamel paraffin wire* 蜡浸漆包线. *enamel sheet* 搪瓷用钢板. *enamel silk-covered wire* 丝包漆包线. *enamel strip* 涂塑料铜片(涂层厚度:2.5～25μm). *enamel white* 锌钡白. *single-cotton enamel* 单(层)纱包漆线.
I (*enamel*(*l*)*ed*; *enamel*(*l*)*ing*) *vt.* ①涂以瓷釉〔搪瓷,瓷漆〕,上珐琅 ②上彩色,使光滑,使成光滑面.
enam′elize *vt.* 上珐琅. *enamelized variable resistor* 珐琅可变电阻(器).
enam′el(l)**ed** 或 **enam′elized** *a.* 上釉的,涂珐琅〔瓷漆〕的,漆包的,涂釉的. *enamelled brick* 釉瓷砖. *enamelled cable*〔*wire*〕漆包(绝缘)线,漆包电缆. *enamelled ironware* 搪瓷铁器. *enamelled leather* 漆皮. *enamelled paper* 印图〔铜版〕纸. *enamelled resistor* 珐琅电阻器.
enam′elum *n.* 釉瓷,珐琅质.
enam′elware *n.* 搪瓷(铁)器.
enamine *n.* 烯胺.
enanthaldehyde *n.* 庚醛.
enanthine *n.* 庚炔.
enanthol *n.* 庚醛.
enanthyl *n.* 庚酰.
enan′tiomer *n.* 对映体,对映异构物.
enan′tiomorph *n.* (左右)对形〔映〕体,对映(结构)体,镜像体.
enantiomor′phic *a.* 对映(结构)的,(左右)对形的.
enantiomor′phism *n.* 反型性,对映形态,对映异构现象.
enantiomor′phous *a.* 反型的,对映(结构)的,对映异构的,对映形态的.
enantiotropes *n.* 双变性晶体.
enantiotrop′ic *a.* 双〔互〕变性的,对映性的,对映异构的.
enantiotrop′ism *n.* 对映(异构)现象.
enantiot′ropy *n.* 互变〔性,现象〕,对映(异构)现象.
enargite *n.* 硫砷铜矿.
enation *n.* 耳状突起.
en bloc [a:n′blɔk] 〔法语〕总括,一总,全体,整个地,大块.
en-block *a.*; *ad.* 单体〔块〕(的),整体(的). *en-block construction* 滑车(整体,整块,单块)结构.
ENC =engineering command 技术控制.
encap′sulant *n.* 密封剂〔物〕,胶囊包装材料.
encap′sulate [in′kæpsjuleit] *v.* ①密封(闭),封装,灌封 ②包胶,用胶囊包(起来) ③压缩,节略. *encapsulated chip capacitor* 密封薄片电容器. *encapsulated circuit* 封装电路. *encapsulated dectroluminescent device* 夹心式电致发光器件. *encapsulated fuel unit* 加密封套的燃料元件.
encapsula′tion *n.* 密(灌)封,封装,封闭(小盒),用胶囊包起来,包胶. *final encapsulation* 封口.
encase′ [in′keis] *vt.* ①(装)箱,(用)箱,盒,套,包〔在〕(箱,壳)内,插(镶)在…内 ②埋,嵌入,封闭,把…包起来,包围(裹). *encased steelwork* 有外壳的钢结构.
encase′ment [in′keismənt] *n.* ①装箱,(用)箱,盒,套,外壳 ②箱(套,袋)子,包装物,壳层,外壳(套,皮),膜,包皮.
enca′sing [in′keisiŋ] *n.* ①砌〔饰〕面,护壁,模板 ②外壳,罩子 ③装〔埋〕,嵌入,包裹.
encau′stic [in′kɔ:stik] **I** *a.* 上釉烧的,蜡画法的. **II** *n.* 上釉烧法,蜡画(法). *encaustic bricks* 彩砖. *encaustic tiles* 彩瓦.
encephalae′mia *n.* 脑充血.
encephalal′gia [ensefə′lældʒiə] *n.* 头痛.
encephale′mia [ensefə′li:miə] *n.* 脑充血.
encephal′ic [ensə′fælik] *a.* 脑的,头的.
encephalion *n.* 小脑.
encephalit′ic *a.* 脑炎的.
encephali′tis [ensefə′laitis] *n.* (pl. *encephali′tides*) 脑炎,大脑炎.
encephalitogenic *a.* 致〔引起〕脑炎的,脑炎发生的.
encephalo- [en′sefələ-] 〔词头〕脑.
encephalo-arteriography *n.* 脑动脉摄影术.

enceph'alogram [enˈsefəlougræm] n. 脑造影照片，脑X线照片。

enceph'alograph [enˈsefəlougrɑːf] n. ①脑造影照片 ②脑电描记器。

encephalog'raphy n. 脑(髓X光)摄影术，脑照相术。

encephalohe'mia [ensefəloˈhiːmiə] n. 脑充血。

encephalomala'cia n. 脑软化症。

encephalomeningi'tis n. 脑膜炎。

enceph'alon [enˈsefələn] n. 脑(髓)。

encephalorrha'gia [ensefəloˈreidʒiə] n. 脑出血。

enchain' [inˈtʃein] vt. ①(用链子)锁住，束缚，抓牢 ②抓住，吸引住 ③匹配连接。~ment n.

enchase' [inˈtʃeis] vt. 嵌(花)，镶(花)，镂(刻)，浮雕。

encheire'sis n. 手法，操作法。

ench(e)irid'ion [enkaiəˈridiən] (pl. ench(e)irid'ia 或 ench(e)irid'ions) n. 手册，便览，袖珍本，集锦。

enchyle'ma [enkaiˈliːmə] n. 透明质，脑胞液。

en'chyma [ˈenkimə] n. 营养液，组织(形成)液。

enci'pher [inˈsaifə] vt. 译成密码，编码。enciphered facsimile communication 加密传真通信。~ment n.

enci'pheror n. 编码器。

encir'cle [inˈsəːkl] vt. ①围[环]绕，包围，绕…旋转，绕…行一周 ②合围，两翼包围。encircling diffusion 环状扩散。encircling zone 周围地带。▲encircle the globe 环绕地球旋转。

encir'clement [inˈsəːklmənt] n. 合围，孤立化。

en clair (法语) 用普通文字，不用密码。

enclasp' [inˈklɑːsp] vt. 抱住[紧]，握紧。

enclave' [ˈenkleiv] n. 飞地，被外国领土包围的土地，被包围物，包入[涵]原。

enclit'ic [inˈklitik] a. 斜面的，附属的。

encl(o) = ①enclosed 封入的，附入的 ②enclosure 附件，封入物。

enclose' [inˈklouz] vt.; n. ①(用墙)围[圈]起，包围(with)，围绕，圈进 ②包装(入)，封入(进，闭)，密闭[封]，隔绝 ③闭口槽。▲enclose … herewith(随信)附上…. enclose … in… 将…放(装)入[入]…

enclosed [inˈklouzd] Ⅰ a. 封团(式)的，围[括]的，内(密)封的，封装的，包围(装)的。Ⅱ n. 附件。enclosed fuse 管形熔断片，封团式保险丝。enclosed knife switch 或 safety enclosed switch 封团式闸刀(保险)开关，金属盒开关。enclosed sea 内海。enclosed slag 夹渣。enclosed slot 封口槽。enclosed type 封团[闭]式。enclosed welding 强制成形焊接。A cheque for … yuan is enclosed. 附上…元支票一张。Enclosed please find a P. O. for … yuan. (随信)附上…元汇票一张，请查收。the enclosed 函内附件。

enclosed-ventilated a. 封闭通风的。

enclo'sure [inˈklouʒə] n. ①包围[含]，围绕，封[装]入 ②外(机，包)壳，套，盒(子)，罩，箱，腔，室，围绕物，围墙[栏]，(成)范围[内]，界限 ③附件，封入物，夹杂物。closed enclosure 密闭包。enclosure of noise 噪声围蔽。enclosure theorem 【计】界限定理。shielded enclosure 屏蔽室。slag enclosure 夹渣。

enclothe' [enˈklouð] vt. 覆盖。

encloud' [inˈklaud] vt. 阴云遮蔽。

encode' [inˈkoud] v. 编(译，构)码，把…译成电(密)码，代码化。encode address 编码地址。encode circuit 编码电路。

enco'ded [inˈkoudid] a. 编码的。

enco'der [inˈkoudə] n. ①编(译，构)码器，编码装置，纠错编码器，号码机 ②编码员。colour encoder 彩色电视信号编码器。encoder disk 编码盘。encoder state diagram 构码状态图。voltage encoder 电压译码器，电压数字编码器。

enco'ding [inˈkoudiŋ] n. 编(译)码作用。light touch electronic encoding 轻触电子电路式编码。spatial encoding 空间编码。time encoding 时间编码。

enco'mium [enˈkoumiəm] n. 赞扬，推崇，赞[颂]词。

encom'pass [inˈkʌmpəs] vt. 围[环]绕，包围(含，括)，拥有，完成。▲be encompassed with 被…包围着。~ment n.

encopre'sis [enkopˈriːsis] n. 大便失禁。

encore' [ˈɔŋkɔː] int.; n.; vt. (要求)再来一个！重演(再唱，再奏)的要求)。

encoun'ter [inˈkauntə] v.; n. 遭遇，遭[遇]，碰到，遇撞(见)，打[攻]击，冲突，(飞行器)会合，交会，对抗，比赛。Coulomb encounter 库仑相互作用。encounter abump 颠簸一下。energetic encounter 高能碰撞。photoelectric encounter 光电效应。▲encounter with 与…遭遇[冲突]。

encour'age [inˈkʌridʒ] vt. 鼓励(舞)，激(奖)励，促使(进)，助长(in)。▲encourage … to＋inf. 鼓励…(做)。

encour'agemeht n. 鼓励(舞，动)，支持，刺激，促进，助长。

encour'aging [inˈkʌridʒiŋ] a. 鼓舞的，赞助的，鼓舞(振奋)人心的。~ly ad.

encra'nial a. 颅内的。

encrim'son [enˈkrimzn] Ⅰ n. 红色涂料[油漆]。Ⅱ vt. 使成深红色。

encroach' [inˈkroutʃ] v. 侵入(犯，害，蚀)，侵(霸，强)占。▲encroach on (upon) 侵占(犯，蚀)，取得。

encroach'ment [inˈkroutʃmənt] n. 侵入(访，犯，害，略，占(on, upon)，(海水的)浸饰地，遇阻堆积。

encrust' [inˈkrʌst] v. 包以外[硬]皮[壳]，结壳[垢]，固结成皮，成硬壳，镶饰以(with)。encrusting matter 结壳物质，包体。

encrusta'tion 或 **encrust'ment** n. 结壳，形成皮壳，外皮层。

encrypt' vt. 译成密码，加密，编码。encrypted message 密码电文。

encryp'tion n. 编(密)码，加密，译成密码。

encum'ber [inˈkʌmbə] v. 妨碍，阻碍[塞]，塞[堆]满，拖累，使负(债)。▲(be) encumbered by [with] …被…所牵累，累累。

encum'brance [inˈkʌmbrəns] n. 妨害，妨碍，阻碍(物)，障碍物，累赘(to)。

encyc'lic(al) [enˈsiklik(əl)] a. 传阅的，广泛传送的。

encyclop(a)e'dia [ensaikloˈpiːdjə] n. 百科全书，(某科)大全。

encyclop(a)e'dic(al) [ensaiklouˈpiːdik(əl)] a. 百科全书的，(包括)各种学科的，学识渊博的，广博的。

encyst' [enˈsist] v. 包(入)囊(内)。

encyst'ment n. 被囊形成.

end [end] Ⅰ n. ①(末,尾,顶,终)端，(末)尾,底,头,尖,尖点 ②边缘(界)，界限,限度,范围,极限 ③端面(壁,头,点),侧面 ④终结(止,局),结束,最后,尽头 ⑤目的(标),结果. *a means to an end* 实现目的的手段. *aft* [after] *end* 尾部,后端面. *butt end* 平头端,端面. *cathode end* 阴极引线 [输出端]. *cold end* (热电偶)冷端,冷接点. *crop end* 切头 [尾]. *dead end* 空 [闭] 端. *downstream* [*upstream*] *end* 输出 [入] (套) 管. *drop end* (车厢的能放倒的)后槽板. *end around* 循环进位. *end bar* 端板横档. *end bay* 边弯. *end block* (末)端(引线)块, 引线端子. *end box* 终端箱, 终端电缆套管 (分线箱). *end built-in* 末砌固 [插入]. *end cam* 端面凸轮. *end cell* 尾 [末] 端, 附加 [加电]电池. *end coil* 端 (线) 圈, 无效圈, 末 (终) 端线圈. *end conditioning* 端头预加工. *end conditions* 末端条件. *end contact method* 通电磁化法. *end cutting edge* 副切削刃. *end driver* 端齿状驱动顶尖. *end dump body* 尾卸式车身. *end eigenvalues* 端点本(特)征值. *end elevation* 侧视图. *end fed antenna* 底端馈电天线. *end feed* 纵向定程进刀, 端部馈电. *end fire array* 顺射 [端射, 轴向辐射] 天线阵. *end fixture splice* 立接, 接头. *end float* 轴端浮动, 轴向游动. *end gas* 终结气体, 废气. *end gauge* 端 (侧) 规, 端 (面) 规块. *end hole* 帮 [边] 眼. *end instrument* 终端装置 (仪表), 敏感元件, 传感器. *end liner* 底衬. *end matcher* 多轴制榫机. *end mill* 立铣刀, (刻模) 指铣刀. *end mill head* 立铣头. *end motion* 端模 (轴向) 运动. *end of boost* 加速停止, 助推器工作完毕. *end of horizontal blanking* 行消隐终端 [后沿]. *end organ* 灵敏的终端. *end-around* 循环进位, 循环转位. *end page condition* 页结束条件. *end plate* 端面 (末端) 板, 端板. *end point energy* 极点能量. *end product* 最后 [燃烧] 产物, 最终结果, 成品. *end reaction* 端 [支座] 反力. *end reamer* 端铰刀. *end relief* 副后角. *end ring* 端 [短路] 环. *end shear* (轧钢) 切头机. *end sill* 消力槛, 尾槛. *end sizing* (顶) 端 (直) 径校准 [调整]. *end statement* 结束语句. *end tab* 引弧 (出) 板 (点固在焊缝起端或工件边缘上的工艺板). *end tipper* 尾卸式自动倾卸车. *end thrust* (加于轴端的) 轴向推力. *end title* 结尾字幕. *end vacuum* 极限真空. *end value* 最终 (结束) 值. *end view* 端视 (侧视) 图. *end window counter* 端窗型 [钟罩形] 计数管. *end window G-M tube* 端窗型盖革-弥勒计数管. *end wrench* 平 [单头] 扳手. *feed end* 放入 (给料, 进料) 端, 加料面, 加料和卸料位置. *grip end* (机械手) 握物端, 抓柄. *head end* 头部, 负载端, *hipped end* 斜脊端. *low-energy end of the spectrum* 谱的低能区. *master end* (仿效机械手的) 主动侧. *receiving end* 接收端 (方). *sealed end* 焊头, 焊接端, 封装. *slave end* (仿效机械手的) 从动侧. *soluble end of the scale* 溶解范围. *square end* 方头. *variable short end* 可变短路器. ▲*at the (very) end* 最后 (终), 终于. *at the end of* 在…的末端 [结尾]，到…的尽头, 达…的限度. (*be*) *at an end* 尽, 完结, 终止, 结束. *be at opposite ends* 位于两端. *be set on end* 立 (竖) 起放. *bring … to an end* 使结束, 停止. *by the end of* 到…结束之时. *carry … through to the end* 把…进行到底. *come to an end* (告一) 结束, 完结, 告终. *end for end* 两端的位置颠倒 (倒转) 过来. *end on* 一端朝着头正对着, 两端相遇, 末 (终) 端对接, 端 (头相) 对, 顺射. *end to end* (头对头) 衔接, 头尾相连结. *end to end joint* 对接, 平接, 对抵接头. *for this end* 为此目的. *from end to end* 从这头到那头, 从头到尾地, 都. *from (the) beginning to (the) end* 从头到尾, 自始至终. *have an end* 告终, 终了. *in the end* 最后, 终归, 终于, 结果. *lie on (its) end* 竖 (立) (着) 放. *make an end of* [*with*] 结束, 了结, 终止, 除去. *no end* 无限, 非常. *no end of* 无数的, 无限的, 很多, 非常. *on end* 竖 (立) 着; 连续 (不停) 地. *put an end to* 使…结束, 停止, 消灭, 废除, 除去. *serve two ends* 达到两个目的, 一举两得. *stand on end* 竖 (立) 着放. *the business end* 使用 (锐利) 的一头. *the end in itself* 目的本身. *to no end* 无益的, 白白, 徒劳. *to* [*toward*] *this end* 为此, 为这个目的, 所以. *to the (bitter, very) end* 到最后, 到底. *to the end of time* 永久. *to the end that* 以便, 为了, 目的在于. *without end* 永久, 没有完的, 无休止的. *with this end in view* 抱着这种目的, 考虑这一目的; 为此, 所以.

Ⅱ v. ①终止, 完结 (成), 结束 (业) ②竖 (直) 立 ③接 ④加尖端, 镶边. ▲*end by* + *ing* 以…结束. *end 3m from* … 末端距 … 三米. *end in* 最终成为, 结果为, 终于, 终归, 端部是. *end in smoke* 无结果, 化为泡影. *end off* 结束, 完结, 停止. *end up* 结束, 完结, 最后; 一端朝上, 竖着, 直立着. *end up at* 终止 [结尾] 在… (地方), 最后到达…. *end up by* = *…* 为结束. *end (up) with* 以 … (为) 结束 (告终), 最后 (结果), 最后得出. *to end with* [插入语] 最后.

END = endorsement (支票等的) 背书.

end-all n. 结尾, 结终, 最终目标.

endamage [in'dæmidʒ] vt. 使损坏, 使受损失.

enda'nger [in'deindʒə] vt. 使 (遭到) 危险, 危害 (及).

endan'gic a. 血管内的.

end-area method 端面积法.

end-around a. (首尾) 循环的. *end-around borrow* (首尾) 循环借位. *end-around carry* (首尾) 循环进位, 舍入进位. *end-around-carry shift* 循环进位, 移位.

end-brain n. 终脑.

end-coil n. 端线圈.

end-dumping n. ; a. 端 (尾) 卸 (的).

endear' [in'diə] v. 使受喜爱 (to). ▲*endear oneself to* … 受 … 喜爱. ~ment ad.

endear'ing a. 可爱的. ~ly ad.

endeav'o(u)r [in'devə] n. ; v. 尽 (努) 力, 力 (企, 试) 图. ▲*endeavour after* [*for*, *to* + *inf.*] 尽 (努) 力, 力图, 争取.

endeiolite n. 硅铍钠矿.

endeitic a. 症状的, 征候的.

ende′mia [en'di:miə] *a.* 地方病的.
endemial *a.* 地方性的,地方病的.
endem′ic [en'demik] I *a.* 地方性的,地方病的,某地特(经常)有的,风土的. II *n.* 风土[地方]病.
endem′ical [en'demikəl] *a.* =endemic. ~ly *ad.*
endemic′ity [endi'misiti] *n.* 地方性.
endemism *n.* 特有分布[现象].
endemo-epidemic *a.* 地方流行病的.
en′demy ['endemi] *n.* 地方病.
ender′gic *a.* 增能的.
endergon′ic *a.*; *n.* 吸能的,吸收能性.
endexoter′ic *a.* 内(因与)外因的.
end-feed *n.* 侧端加料.
end′file ['endfail] *n.* 文件结束.
end-fire(d) *a.* 端射(式)的,轴向辐射的,顺射的,纵向的.
end-frame *n.* 终端架,端末房构.
end′game *n.* 最终的较量,决战.
end′ing ['endiŋ] *n.* ①结束[局],终止(了),最后,末期 ②终端(设备),末端(梢) ③端接法 ④镶边.
end-journal *n.* 端轴颈,端枢.
end′lap ['endlæp] *n.* 端搭叠,后(航)向重叠.
end′less ['endlis] I *a.* ①无尽(限,穷,边,极)的 ②环(状,形)的,循环的,循环的,水远的,永不停的,不断的. II *n.* 无缝环圈,无接头环带. *endless belt* [band]环带. *endless chain*(循)环链. *endless film* 循环(无端)胶片. *endless saw* 带锯. *endless screw* 无限螺旋,蜗杆,螺旋杆. *endless track* 环道,履带运行线. ~ly *ad.* ~ness *n.*
end-marking *n.* 终端标志[记].
end-milling *n.* 立铣.
end′most ['endmoust] *a.* 最末端的,最(极)远的.
endo- [词头] ①自,内 ②吸-收 ③桥.
en′do-abdom′inal *a.* 腹内的.
endoatmospher′ic [endouætməs'ferik] *a.* 稠密大气层的.
endobiot′ic *a.* 组织内寄生的,生物内生的,体内生的.
en′doblast *n.* 内胚层.
endobron′chial *a.* 支气管内的.
endocar′dial *a.* 心内(膜)的.
endocel′iac *a.* 体腔内的.
endocel′lular *a.* 室(笼)内的,细胞内的.
endo-compound *n.* 桥(环)化合物.
endo-configura′tion *n.* 内构模型.
endoconidium *n.* 内生孢子.
endocorpus′cular *a.* 球(小体)内的.
endocra′nial *n.* 颅内的.
endocrator *n.* (月上)洼坑.
en′docrine ['endokrain] *n.*; *a.* 内分泌(物,的). *endocrine dyscrasia* 内分泌(体液)失调.
endocrinol′ogy *n.* 内分泌学.
endocyclic *a.* 桥环(型)的,内环的.
endocyto′sis *n.* 细胞吞噬现象,细胞内食作用.
en′doderm *n.* 内胚层.
endoder′mis *n.* 内皮层.
en′dodyne ['endoudain] *n.* 自差(法).
endoener′gic 或 **endoer′gic** *a.* 吸(收)能的,吸热的.
endoen′zyme *n.* (胞)内酶.
endo-exo isomerization 内(向)-外(向)异构化.

endo-exoteric *a.* 内外因的.
endofer′ment *n.* 内酶.
end-of-file I *a.* 文件结束的. II *n.* 记录终了标志.
end-of-medium *a.* 介质(信息)终端的,记录媒体终端的.
end-of-message *a.* 信息终点[结束]的,通报终了的.
end-of-reel *n.* (带)卷尾的.
end-of-scan FF 扫描终端双稳.
end-of-transmission card 传输终止卡,报终卡.
end-of-word character 字终符号.
end-of-work signal 收发终止信号.
endog′amy *n.* 同系交配.
en′dogas *n.* 吸热型气体.
endogas′tric *a.* 胃内的.
endogenet′ic 或 **endogenic** 或 **endog′enous** *a.* 内成(因,生)的,内源的. *endogenetic action* 内力(生)作用. *endogenic subsidence* 内因沉降. *endogenous force* 内力. *endogenous sector* 局内部门.
endokinetic fissure 自(内成)裂缝.
endomem′brane *n.* 内膜.
endomito′sis *n.* 核内有丝分裂.
endomomen′tal *a.* 脉冲(暂时)吸收的.
en′domorph ['endoumɔːf] *n.* 内容体,内容(包)矿物.
endomor′phic *a.* 内变质的,岩块中产生的. *endomorphic system* 序号变换制.
endomor′phism *n.* ①自同态 ②内(生)变质(作用),内容现象.
end-on *a.* 端头向前的,端对准的,端点放炮. *end-on coupling* 端对耦合. *end-on directional antenna* 端射式(轴向辐射)定向天线. *end-on view* 端视图.
endona′sal *a.* 鼻内的.
endonu′clease *n.* 核酸内切酶,内切核酸酶.
endopar′asite *n.* 内寄生虫[物].
endopar′ticle *n.* 内颗粒.
endopeptidase *n.* 肽链内切酶.
endophyt′ic *n.* 内寄生藻类.
en′doplasm *n.* 细胞质,内质,内(胞)浆.
en′doplast *n.* 细胞核,内(胞)浆.
ENDOR = electron nuclear double resonance 电子核双共振,顺磁核磁双共振.
endoradiosonde *n.* 内腔 X 光检测器.
en′dorgan *n.* 终器(感觉神经).
endorse′ [in'dɔːs] *vt.* ①签名于…的背面,签署,(文票等的)背书,批注 ②保证,担保,应允,承认,赞同. ~ment *n.*
endorsee′ [endɔː'siː] *n.* (票据等)被背书人,承受背书票据者,受让人.
endor′ser *n.* ①(支票等)背书人,转让人 ②(磁盘水阅读器用)印记答署.
en′doscope ['endouskoup] *n.* 内诊(窥)镜,铸件内表面检查仪(器).
endos′copy [en'dɔskəpi] *n.* 内诊镜检查,铸件内表面检查.
endoskel′eton *n.* 内骨骼.
endos′mic *a.* 内渗的,渗入的.
en′dosmose ['endosmous] 或 **endosmo′sis** [endɔs'mousis] *n.* (内)渗透,内渗现象.
endosmot′ic *n.* 内渗(性,现象)的.
en′dospore *n.* 内生孢子.
endosymbiont *n.* 内共生体,胞内共生.

endosymbio'sis n. 内共生(现象).

en'dotaxy n. 内延,内整向.

en'dotherm n. 吸热.

endother'mal 或 **endother'mic** a. 吸热[能]的,〔收热〕反应的,内热的,藏热的. *endothermic gas* 吸热型气体.

en'dothermy ['endəθə:mi] n. 透热法,高频电透热法.

endothoracic a. 胸内的.

endotox'in n. 内毒素.

endotox'oid n. 类内毒素,脱类内毒素.

endotracheal a. 气管内的,经气管的.

endotrachelic a. 颈内的.

end-over-end mixer 立式圆筒混合机.

endovi'brator n. 波长调节筒.

endow' [in'dau] vt. ①资助,捐赠 ②赋予(with). ▲*be endowed with* 赋予[有],具有.

endow'ment n. 捐赠(款),基〔资〕金,(pl.)才能,天资.

endoxan n. 环磷酰胺.

endoxo n. (环内)桥氧.

endozoic a. 动物内生的,在动物体内生活的.

end'paper n. 衬页,衬封(书籍卷首卷尾的空白或图画页).

end-piece n. (末)端片.

end-plate n. 端板,蓄电池的侧板. *armature end-plate* (电)枢端板.

endplay device 摇轴装置,摇杆机构.

end'point ['end'point] n. 终点[端],端点,边界点. *end-point analysis* [计] 最后结果分析.

end-post n. (桁架)端压杆.

end'-product n. 最后[终]产物,最后结果.

end-pumped laser 端泵浦激光器.

end-result n. 最终结果,结局.

endscale value (仪表)满标[度]值.

End'sville a. 最(后)好的,最奇妙的.

end-to-end ['endtu'end] a.; ad. 衔接(的),首尾相连(的),不断(的). *end-to-end checksum* 端到端检查和. *end-to-end communication* 终端站[局]间通信. *end-to-end distance* 末端距.

end-to-reel marker 磁带卷结束标记.

endue' [in'dju:] v. 赋予,授与. ▲*be endued with* 具有.

endu'rable [in'djuərəbl] a. 可忍(受)的,能持久的,可耐久的. **endu'rably** ad.

endu'rance [in'djuərəns] n. ①忍耐[力],持久(性),持续(性),耐久力〔性〕,耐用性〔度〕 ②持续[续航]的 ③强度,抗磨(强度),耐疲劳(强度),寿命. *cold endurance* 耐寒性. *endurance crack* 疲劳断裂〔裂缝〕. *endurance expectation* 估计使用期限. *endurance failure* 疲劳破坏. *endurance flight* 持久飞行. *endurance limit* 疲劳强度〔限度,强度〕. *endurance strength* 耐久强度. *full flow endurance* 全功率〔全马力〕工作时间. *hent* 〔*thermal*〕*endurance* 耐热性. ▲*beyond* 〔*past*〕 *endurance* 忍不住,不可耐,忍无可忍. *come to the end of one's endurance* 已不能忍受,忍无可忍.

endure' [in'djuə] v. 忍受〔耐〕,容忍,持〔耐〕久,支持,持续,继续〔仍能〕工作. *devote oneself to the cause of communism as long as life endures* 为共产主义事业奋斗终生. *will endure for ever* 将永垂不朽.

endu'ring [in'djuəriŋ]. 持久的,忍耐的,永远的,耐磨的,耐用的. ~*ly*.

Enduro n. 铬锰镍硅合金,镍铬系耐蚀耐热钢.

Enduron n. 铬锰耐热铸铁(碳 2.2%,硅 1.5%,锰 1.5%,铬 16.5%).

end-use test(ing) 使用(期)试验.

end'-view ['endvju:] n. 端(侧)视图.

end'wall n. 端墙,根壁.

end'-wastage n. 残头废料.

end'ways ['endweiz] 或 **end'wise** ['endwaiz] ad. ①直立,竖 ②末端向前(朝上),倒头 ③(两端,首尾)相接〔连接着〕④向着两端 ⑤在末端.

end-window counter 钟罩形计数管.

ENE = east-northeast 东北东.

ENEA = European Nuclear Energy Agency 欧洲核能机构.

enediol n. 烯二醇.

en'ema ['enimə] n. 灌肠(剂).

en'emy ['enimi] I n. 敌人(军,舰,国),仇(大)敌,有害物. II a. 敌(人,方,国)的. *an enemy from within* 内部的敌人. *public enemy* 公敌. ▲*be an enemy to* 危害,仇视. *go over to the enemy* 叛变投敌.

ENER = energize 供能,激励.

energesis n. 能量产生.

energet'ic [enə'dʒetik] a. (高)能的,有力的,精力旺盛的,需要精力去做的. *energetic disturbances* 动力扰动.

energet'ically ad. 有力地,在能量方面.

energet'ics n. (力,动,水)能学,动力(学,工程,技术),能力学,唯能论. *fragment energetics* 碎片能量分布.

en'ergid ['enədʒid] n. 活质体,活动质.

energiza'tion 或 **energisa'tion** n. ①激发〔励,磁〕②增能,供能 ③使通(带)电. *jet energization by air* 空气射流增能.

en'ergize 或 **en'ergise** ['enədʒaiz] v. ①激发[励,磁〕,励磁,激(引)起 ②增能,供能,给与能量,助势,出力,施力,加强 ③通以电流,给与一电压,使…带电 ④供电. *energizing circuit* 激励〔激发〕电路. *energizing coil* 励磁线圈. *energizing lug* 驱动用凸铁.

en'ergized a. 通(带)电的,火线的,已供电的,激励的,已激磁的,增能的(流动). *energized network* 赋能〔被激励〕网络.

en'ergizer n. 激发器,增能器〔剂〕,渗碳加速剂,(渗碳)促进剂,(尿素树脂)硬化剂,抗抑剂.

energon n. 能子.

en'ergy ['enədʒi] n. 能(量,力),活(动)力,精力,劲. *absorbed-in-fracture energy* 冲击韧性,弹能,冲击功,冲击强度. *antenna energy* 天线功率,天线(辐射)能量. *atomic energy* 原子能. *bombardment energy* 撞击粒子能量,轰击能量. *energy amplification* 功率(能量)放大. *energy charge* 电(耗能)费. *energy component* 有功分量(部分),电阻部分,实(数)部(分). *energy continuum* 连续能区. *energy crisis* 能源危机. *energy current* 有效(有功)电流.

energy disperser 减振器,缓冲器. *energy factor* 品质〔能量〕因数,Q值. *energy gap* 能隙,能级距离,(半导体)禁带宽度. *energy gradient* 能量(水能)梯度,(水)能线. *energy level* 能级. *energy level distribution* 能(量)级分布,配电. *energy meter* 能量计,累积式瓦特计. *energy paper* 纸片电池. *energy product curve* 去磁〔退磁,能量〕曲线. *energy regeneration* 能量再生,升压电路. *energy sources* 或 *sources of energy* 能源. *energy spectrum* 〔distribution〕能量分布,能谱. *energy to fracture* 冲击韧性. *energy value* 能量值,电力量价格. *interface surface energy* 界〔表〕面能. *median energy* 能量的中间值. *potential* 〔*latent*〕 *energy* 势能. *zero energy* 或 *energy of absolute zero* 零级〔点〕能量,零功率.

en'ergy-deliv'ering *a.* 传送能量的,能量传送的.
en'ergy-dis'sipating *n.* 消力〔能〕.
en'ergygram *n.* 能量图.
en'ergy-indepen'dent *a.* 与能量无关的.
en'ergy-insen'sitive *a.* 对(能量(变化))不灵敏的.
energymeter *n.* 累积式瓦特计.
en'ergy-produ'cing *a.* 产生能量的.
en'ergy-sen'sitive *a.* 对(能量(变化))灵敏的,能敏的.
energy-valley *n.* 能谷.
enervate I [ˈenəːveit] *vt.* 使衰弱,除神经,削弱. II [iˈnəːvit] *a.* 衰弱的,无力的. **enerva'tion** *n.*
eneyne *n.* 烯炔.
enface' [inˈfeis] *vt.* 写(印)在…的面上,把…写(印)在面上.
enfee'ble [inˈfiːbl] *vt.* 使衰弱. ~ment *n.*
enfilade' [enfiˈleid] *n.; vt.* 纵向射击,纵射炮火; 易受纵射的地位. *enfilade barrage* 纵射弹幕.
enfold' [inˈfould] *vt.* ①包(进,含)(in, with) ②重叠. ~ment *n.*
enforce' [inˈfɔːs] *v.* ①实施,执行 ②强迫〔行,制〕,坚持,委派. *enforce a demand* 坚持要求. *enforce a rule* 实施规则. ▲**enforce obedience on** 〔**upon**〕 强迫…服从.
enforce'able [inˈfɔːsibl] *a.* 可实施(强行,加力)的.
enforced' *a.* 强制的. ~ly *ad.*
enforce'ment *n.* 实施,执行,强制(迫).
enframe' [inˈfreim] *vt.* 装在框内,给…配框架,作为…的框架.
ENG 或 **eng** =①engine 发动机 ②engineer 工程师 ③engineering 工程学.
Eng =①English 英文,英国(人)的 ②England 英国.
Eng D = Doctor of Engineering 工程学博士.
eng ERR = engineer error 工程师的错误.
eng rm = engine room 发动机房,轮机舱.
engage' [inˈgeidʒ] *v.* ①从事,着手,忙于,参加(in) ②啮(接)合,连接,使(柱)附墙,填(咬,嵌,扣)入 ③约束,预(订)定,答应,保证 ④接战,与…交战(with),捕住(杀伤)등 引. I *vt.* ①雇,聘②占用(线,去),吸引. *engage a gear* 挂档,使齿轮啮合. *engage angle* (铣刀)接触角. *engage test* 忙(碌)试(验). *engaged column* 半身〔附墙〕柱. *engaged line* 占用线,忙线. *engaged switch* 接通开关. *engaged wheel* 从动轮. *The line is engaged.* 线路被占着,电话占线(在使用中). ▲(*be*) *engaged in* 〔on, upon〕忙于,正从事(于),参加. *engage for* 保证,应承,约定. *engage* (**M**) *with* **N** (使 M)与 N 啮合〔衔接,接合〕.

engage'ment *n.* ①约定,约束,契约 ②啮(接)合,衔接 ③交战,接战 ④接近,捏住,杀伤,击败 ⑤雇用,职业,事务. *engagement factor* 命中(目标)因数. *engagement range* 射程,捕获距离. ▲**bring about an engagement** 挑起战争,挑起一场战斗. **without engagement and under reserve** 不承担义务并保留条件.

En'gels [ˈeŋgəls] *n.* 恩格斯. *Friedrich Engels* 弗里德里希·恩格斯.
engen'der [inˈdʒendə] *v.* (使)发生,产生,引起,造成,(逐渐)形成.
engin = ①engineer 工程师 ②engineering 工程.
en'gine [ˈendʒin] I *n.* ①发动机,引擎 ②机车,火车头 ③机(械)器),工具,武器. II *vt.* 在…上安装发动机. *by-pass* 〔*double-flow*〕 *engine* 双路式〔内外面〕涡轮喷气发动机. *cluster engine* 发动机组. *cold engine* 燃料分解式火箭发动机,冷式发动机. *computing engine* 计算机. *donkey engine* 绞车(盘),卷扬机. *engine ashes* 炉渣. *engine base* 〔*bed*〕 (发动)机座. *engine body* (发动)机身. *engine book* 发动机记录簿. *engine bracket* 发动机托架. *engine chart* 发动机图表. *engine cinder* 炉渣. *engine generator* 机动发电机. *engine lathe* 普通车床. *engine off* 关闭发动机. *engine oil* 机(器润滑)油. *engine solar oil* 发动机太阳油,柴油机燃料,粗柴油. *engine stand* 〔*support*〕 发动机支架. *engine tools* 机修工具. *fire engine* 救火机(车). *gas engine* 燃气(发动)机,煤气(内燃)机. *heat engine* 热机. *jet engine* 喷气发动机. *land engine* 陆上飞机. *race engine* 竞赛汽车. *steam engine* 蒸汽机.

engine-antifreeze *n.* 发动机防冻剂.
engine-driven *a.* 发动机驱动的,机动的. *engine-driven generator* 机动发电机.
engine-driver *n.* 机车司机.
engineer' [endʒiˈniə] I *n.* ①工程师,工程技术人员,技师 ②机(械)师,轮机制造人,轮匠〔火车〕司机,轮机员,涡轮机运转员 ③工兵. II *v.* ①设计,建造,制定 ②规划,管理,监督 …的施工,指导,策划 ③巧妙地设计(拟定,完成). *engineer in charge* 主管工程师. *engineer in chief* 或 *chief engineer* 总工程师. *engineer's transit* 工程经纬仪. *engineer testing* 工艺试验. *section engineer* 工程(工地)主任. *student engineer* 见习技术员. ▲**engineer into** 设计(制造)成为.
engineered *a.* 设计的,工程监督的.
engineer'ing [endʒiˈniəriŋ] *n.* 工程(学,界),设计,制订,(工程)技术,工艺(技术,学),技术〔制造〕工艺,技术装备,规划,管理. *an engineering project* 一项工程. *electrical engineering* 电工技术,电机工程. *engineering college* 工学院. *Engineering Corps* 工兵部队. *engineering drawing* 工程画(制图). *engineering instructions* 工程说明书(细则). *engineering preliminaries* 工程准备事项(勘察,设计,预算

等). engineering report 技术报告. engineering science 技术科学. engineering [servicing] time 【计】预检[维修]时间. engineering unit 工程[测量]单位. engineering worker 技工. heat engineering 热工学. human engineering 环境工程学,(企业)人事管理,机械设备利用学. industrial engineering 工业经营,企业管理学. key engineering project 关键工程. missile engineering 导弹制造[技术],火箭技术. power engineering 动力学[工程],力能学. reactor engineering 反应堆建造[工程]. thermal engineering 热工学. value engineering 有效管理,最经济管理法.

engineering-grade a. 工程级纯度的,商业纯的.
engineering-oriented a. 从事[面向]工程的,与工程有关的.
en'gineman n. 机工,(火车)司机.
engine-powered a. 用发动机作动力的.
en'ginery ['endʒinəri] n. 机械类,武器,谋略,机能.
engla'cial a. 冰(川)内的,内冰的. englacial moraine 内(冰)碛.
Eng'land ['iŋglənd] n. 英国,英格兰.
Eng'lander n. 英格兰人,英格兰人.
Engler curve 恩氏蒸馏曲线.
Engler degree 恩氏粘度.
Eng'lish ['iŋgliʃ] I a. 英国(人)的,英语的. II n. 英语. III vt. 把…译成英语. the English 英国人(民),【印刷】一种字体尺寸的旧名,约等于14点. English candle 国际[英国]烛光. English heating test 润滑脂加热试验. English spanner 活扳手.
Eng'lishment n. 英文版,英译本.
English-speaking a. 讲(说)英语的.
englobe' [in'gloub] vt. 摄入,吞噬. ~ment n.
engobe n. 釉底料.
engompho'sis n. 嵌合.
engonus n. 土著.
engorge' [in'gɔ:dʒ] vt. 装满,供足,使充血,胀满.
engorge'ment n. ①舱口,装料孔[口] ②充血,肿胀,胀满.
engr =engineer 工程师.
engraft' [in'grɑ:ft] vt. 结合,移入,附加(into, upon),灌输(in).
engrail' [in'greil] vt. 把…的边刻成锯齿形,使成波纹.
engrain' [in'grein] vt. 把…染成木纹色,使根深蒂固.
en'gram ['eŋgræm] n. 【心理】印像,记忆印迹.
engrave' [in'greiv] vt. ①雕[蚀]刻,镂雕,刻划,刻[雕]上,镂(版),用铸板印,照相制(版) ②牢记,铭记(心上)(upon). engraved with an inscription 刻有铭文. engraved on one's memory 永不忘刻印象,铭记(心上). ▲engrave M on [upon] N 或 engrave N with M 把 M 刻在 N 上.
engra'ver n. 雕刻师,雕刻刻工人,铜版雕刻者. Engravers alloy 易切削铅黄铜合金(锌35.75%,铅1.75%,铜62.5%).
engra'ving n. 雕刻(术),刻模,镂版(术),版画,镂成之物. engraving wax 刻度用石蜡.
Engrg =engineering 工程(学).
engross' [in'grous] vt. ①用大写字,正式誊清 ②占去

…所有的时间,吸引(注意),使全神贯注 ③(为垄断)大量(全部)收买,独占.▲be engrossed in 热衷于,埋头,全神贯注于.~ment n.
engro'ssing a. 非常吸引人的,引人入胜的.
engulf' [in'gʌlf] vt. 吞没,淹没,席卷,卷入,投入.
enhance' [in'hɑ:ns] vt. ①增[加]强,放大,夸张 ②提[抬]高,增加[长,高]. enhance one's standing 提高…的地位. enhanced type 增强型.
enhance'ment n. 增[加]强,提高,放大. enhancement mode 增强型(增强(型)模(式)). enhancement transistor 增强型晶体管.
enhan'cer n. ①增强[放大,指示]器 ②增强病毒,强化因子.
enharmon'ic I a. 等音的,细分律的. II n. 四分音.
enhy'drous [en'haidrəs] a. (结晶)含水的.
ENIAC =electronic numerical integrator and computer 电子数字积分计算机,ENIAC 计算机.
enig'ma [i'nigmə] n. 谜,令人迷惑(莫明其妙)的东西.
enigmat'ic(al) [enig'mætik(əl)] a. 谜(一般)的,莫明其妙的,不可思议的. ~ly ad.
enig'matize [i'nigmətaiz] vt. 使变成谜,使不可思议.
enjoin' [in'dʒɔin] v. ①命令,教,吩咐,责成,催促 ②禁止. enjoin…to obey the rules 命令…遵守规则. enjoin a duty on … 交给…任务.
enjoy' [in'dʒɔi] vt. 享受[有],欣赏,喜爱[欢].
enjoy'able a. (令人)愉快的,有趣的. enjoyably ad.
enjoy'ment n. 欢乐,乐趣,愉快,欣赏,享受[有]. ▲be a great enjoyment to … 是…极喜欢的. take enjoyment in 喜欢,欣赏.
enkin'dle [in'kindl] vt. 燃起…之火,点火于,激[挑]起.
enlace' [in'leis] vt. 卷上,卷起来,用带子捆扎,围[缠]绕.
enlarge' [in'lɑ:dʒ] v. ①扩大[张,充,建],展开,增长[大] ②放大 ③详述(on, upon). enlarge test 扩管试验. enlarged edition 增订版. enlarged intersection 加宽式交叉(口). enlarging camera 放大机.
enlarge'ment [in'lɑ:dʒmənt] n. ①扩大[张,建,充],放大,扩张 ②增补(物),扩建部分,放大的照片 ③详述. enlargement factor 放大倍数(系数),放大率. enlargement to [to] a building 建筑的扩建部分.
enlar'ger n. 放大器[机],放像机,光电倍增器. enlarger lamp 图像放大灯.
enlight'en [in'laitn] vt. 启发[蒙],教[开]导,使明白. ▲enlighten M on N 使(帮助)M 明白 N.
enlight'ened a. ①开明白,进步的,有知识的 ②受启发的.
enlight'enment n. 启发[蒙],教[开]导.
enlink' [in'liŋk] vt. 把连结起来,使紧密联系(with, to).
enlist' [in'list] v. ①征募,入伍 ②(得到…,谋取…)赞助,谋取 ③利用(自然力) ④支持,维护,偏袒 enlisted man 士兵. ▲enlist as a volunteer 当志愿兵. enlist in the army 参军. enlist M in N 在 N 上得到 M 的赞助. enlist the services [aid] of M 得到 M 的帮助. enlist under the banner of M 加入 M 的队伍.

enlist′ment n. ①征募,应征 ②获得.
enli′ven [in'laivn] v. 使…有生气.
Enlund method 快速测碳法.
en masse [ɑːn'mæs] 〔法语〕全体,一起,一同,全部地,整个地.
ENML =end mill 端铣(刀).
ennea- 〔词头〕九.
en′nead ['enæd] n. 九(个一组,个一套,卷一部).~ic a.
en′neagon ['eniəgɔn] n. 九角(边)形.
enneahed′ron [eniə'hedrən]n. 九面体.
enneode n. 九级管,九级电子管.
enno′ble [i'noubl] v. ①使崇高,抬高 ②授以爵位.~ment n.
ennui [ɑːn'wiː] n.;(ennuied;ennuying) v. 厌倦,无聊.
ennuple n. 标形.
enograph n. (酯)不饱和性图.
e′nol ['iːnɔl] 烯醇.~ic a.
enolase n. 烯醇酶,磷酸,丙酮酸水合酶.
enolizabil′ity n. 烯醇化程度.
enoliza′tion n. 烯醇化(作用).
enol′ogy n. 酿酒学.
enolphosphopyruvate n. 烯醇磷酸丙酮酸.
enorgan′ic a. 先天的,机体固有的.
Enor motor 埃诺罗式叶片液压马达.
enor′mous [i'nɔːməs] a. 巨(极,庞)大的.
enor′mously ad. 非常,格外,巨大,大大地.
enor′oscope n. 折光镜,(观察车速用)L形视车镜.
enough [i'nʌf] I a.;ad. (常位于它所说明的词之后,足够的),充足的,够的,足以…的,相当多的,十分. *appropriately enough* 很恰当地. *enough gas* 足够的气体. *large enough* 足够大的. II n. 足够,充分,足够(充足)的东西. ▲(*big*) *enough for* M 对于 M 足够(大)可以(使,(大)到足以(使). (*big*) *enough* (*big*) *enough so that* 足够(大)可以(使,(大)到足以(使). (*big*) *enough to* + *inf*. 足够(大)可以(做),(大)到足以(做). *enough and to spare* 绰绰有余. *enough of* 足够的…. *have enough to do to* + *inf*. 好容易才(做). *more than enough to* + *inf*. 对(做)来说绰绰有余. *not enough to swear by* 仅仅一点点. *not nearly enough* 差得远远远. *oddly* (*strangely*) *enough* (插入语)说也奇怪,奇怪的是. *often enough* (插入语)经常,常常. *sure enough* 确实,果然. *well enough* 还不错,还可以,相当好,很好.
enounce′ [i'nauns] vt. 发表,声(说)明,宣布(告).~ment n.
enoyl- 〔词头〕烯酰(基).
en passant [ɑːn'pæsɑːŋ]〔法语〕顺便.
enplane′ [en'plein] vi. 上飞机.
ENQ =enquiry character 询问符号.
enquire =inquire.
enquirer =inquirer.
enquiry =inquiry.
en rapport [ɑːnræ'pɔːr]〔法语〕与…一致.
enreg′ister vt. 记录,登记.
enreg′istor n. 记录器.
en règle [ɑːn'reiɡl]〔法语〕按步就班,照规则,正式.
enrich′ [in'ritʃ] vt. ①使丰富,使…富裕(有),充实 ②(使)浓缩(集),加浓,富集(化),加料,使肥沃. ▲*enrich* M *with* N 在 M 中加 N,以 N 来丰富(充实)M.
enriched a. 浓化(缩)的,加浓的,富化的. *enriched in boron*-10 硼10浓缩的. *enriched uranium* 浓缩铀. *fully* (*highly*) *enriched* 高浓缩的.
enrich′ment n. 浓缩(集,化)(作用),加(增)浓,(浓缩)度,浓缩百分数,富集(化),丰富,增添装饰. *degree of enrichment* 浓度. *enrichment culture* 【冶】优裕培养. *feed enrichment* 核燃料浓集.
enring′ [in'riŋ] vt. 环(围)绕,加环(轮)子.
enrock′ment n. 填(抛)石.
enrol(l)′ [in'roul] v. (**enrolled;enrolling**) ①登记,注册,招收,编入 ②入会(学,伍),服兵役 ③卷,包. *enrolled vessel* 本国商船. *enroll* … *as a member of* … 登记(吸收)…为…的会员. *enroll* … *for service* 录用…. *enroll oneself for* … 登记参加….
enrollee′ [inrou'liː] n. 被征入伍者,入学(会)者.
enroll′ment n. 登记(注册),入会,入学(人数).
en route [ɑːn'ruːt]〔法语〕在途中,途次(to,for).
en-route area 航(空)线区.
en-route marker beacon 航线指点标.
ens [enz]〔拉丁语〕n. 要素,本性. *ens morbi* 病之要义,病本论,病理论.
ensconce′ [in'skɔns] vt. 安置,隐藏(蔽).
ensemble [in'sɑːmbl]〔法语〕n. ①整(总,全,集合)体,总(一般)效果,综(集)合 ②【统】系综,(系)集 ③(信号)群,组,束,大量 ④文工团,剧团,全体演出(合工)奏. *energy of ensemble member* 集元能量. *ensemble average* (总)集平均,系综平均值. *ensemble of communication* 信息集合. *ensemble of particles* 粒子系综. *nuclear ensemble* 原子核系综. *product ensemble* 乘积概率空间.
enshrine′ [in'ʃrain] vt. 珍(秘)藏,铭记(刻). ~ment n.
enshroud′ [in'ʃraud] vt. 掩盖,遮(掩,隐)蔽. (*be*) *enshrouded in* … 隐蔽在…之中.
ENSI =equivalent-noise-sideband input 等效噪声边(频)带输入.
en′siform a. 剑形(状)的.
en′sign n. I ['ensain](国,军,舰)旗,徽章. II ['ensn] 海军少尉.
en′silage ['ensilidʒ] I n. 青贮饲料. II v. 青贮,窖藏.
ensky′ [in'skai] v. (使)耸入云霄,把…捧上天.
enslave′ [in'sleiv] vt. 使成为奴隶,奴役,征服,使盲从.~ment n.
ensnare′ vt. 诱捕,使入圈套,陷害.
ensnarl′ vt. 缠绕.
ensonifica′tion n. 声透(照)射.
enson′ify v. 声穿透,声透(照)射. *ensonified zone* (水下)声音传播区,声透区.
ensphere′ [in'sfiə] vt. 放置球中,包围,把…围入球内,使成球形.
enstatine 或 **enstatite** n. 顽辉(火)石(岩).
en′strophe ['enstrɔfi] n. (眼皮)内翻.
ensue′ [in'sjuː] v. 接着(因而)发生,结果是,结果产生,跟着而来(from,on). *silence ensued* 接着是一

片沉静. *What will ensue from* [on] *this*? 这会产生什么后果呢?

ensu'ing [in'sju:iŋ] *a.* 随[以]后的,下一个. *during the ensuing months* 在以后几个月里. *the ensuing year* 或 *the year ensuing* 次年,第二年.

ensure' [in'ʃuə] *vt.* ①确信[保],保证,保险 ②保护,使安全 ③获得,保证得到. ▲*ensure M against* [from] *N* 保证 M 免遭 N,使 M 避免 N. *ensure against the need for* 保证不需要. *ensure M to* [for] *N* 保证 N 会[能,有]M,使 N 有 M.

ENT =ear,nose,throat 耳鼻喉.

ent =entrance 入口.

entab'lature 或 **enta'blement** *n.* ①柱上楣构,柱顶盘,上横梁 ②(机器部件的)支柱.

entad *ad.* 向心,向[朝]内,在内部,近中心位置.

entail' [in'teil] Ⅰ *vt.* ①需要,要求 ②必然伴有,带来,引起,使…发生 ③使必要[负担,承担,蒙受],必须[需要]做 ④(遗)留下,遗传,遗留给. ▲*entail M on* [upon] *N* 使 N 负担[要花费]M,把 M 遗留给 N. Ⅱ *n.* 细雕. ~ment *n.*

ental *a.* 内(侧)的,中央(心)的.

entam(o)ebiasis *n.* 内变形虫病,内阿米巴病.

entan'gle [in'tæŋgl] *v.* 缠上,使…纠缠,连累,卷入. ▲*be*[get] *entangled in* … 被…缠住[牵连],被卷入…. *be*[get] *entangled with* … 与…牵连.

entan'glement [in'tæŋglmənt] *n.* ①纠缠[纷],编织,缠结,牵连,陷入困境,精神错乱 ②(pl.)(有刺)铁丝网,障碍物.

entel'echy [en'teliki] *n.* 完成,生机.

entente [ɑ:n'tɑ:nt] (法语) *n.* 协约[议,约],谅解,协约国. *entente cordiale* (外交)协定[议,约],谅解,协约国.

en'ter ['entə] *v.* ①进入,加入,参加,登记,报名 ②记[列,写,填,编,输,插,引,楔,送]入,记录 ③开始从事[进入,考虑,研讨]. *enter as a factor in M* 成为影响 M 的一个因素. *entering beam* 入射束. *entering edge* 前沿,(脉冲的)上升边. *entering end* 进口,入口. *enter* … *on the form* 把…填入表中. *enter upon a new stage* 进入新阶段. ▲*enter an appearance* 到场. *enter M in N* 把 M 送进[入]N. *enter into* 进入,参加,参与 ③开始,涉及,达成,缔结,讨论,研讨. *enter into the composition of* 成为…的组成部分. *enter into particulars* 细[详]述,涉及细节. *enter on*[upon]开始(论及,研讨),着手;占有.

enter- [词头] =inter.

en'terable *a.* 可进入的,可参加的.

en'teral *a.* 肠(内)的,经肠的.

en'terclose *n.* 通道,穿堂.

enter'ic *a.* 肠(内)的.

enteri'tis [entə'raitis] *n.* 肠炎.

entero - [词头]肠(道)的.

enterobacte'ria *n.* 肠细菌.

enterocin *n.* 肠细菌素.

enterocinog'eny *n.* 产肠道菌素性.

enterococ'ci *n.* enterococcus 的复数.

enterococ'cin *n.* 肠道球菌素.

enterococcus *n.* (pl. *enterococci*)肠道球菌.

enterocoliticacin *n.* 结肠耶氏菌素.

enterocrinin *n.* 促肠液激素.

enterogastri'tis [entərogæs'traitis] *n.* 肠胃炎.

enterogas'trone *n.* 肠抑胃素.

enterokinase *n.* 肠激酶,肠肽酶.

enterokinet'ic *a.* 蠕动的,促肠动的.

en'teron ['entərɔn] *n.* 肠(道).

enteroni'tis [entərou'naitis] *n.* 肠炎.

enteropathogen'ic *a.* 致肠道病的.

enterotoxe'mia *n.* 肠道毒素血症,肠原性毒血症.

enterotoxigen'ic *a.* 产肠毒素的.

enterotox'in *n.* 肠毒素.

enteroty'phus *n.* 伤寒.

enterovi'rus *n.* 肠(道)病毒.

en'terprise ['entəpraiz] *n.* ①事业(单位),企业(单位),计划 ②事业(进取)心. *enterprise objective* 企业目的(任务). *state enterprise* 国营企业. ▲*embark on an enterprise* 创办企业.

en'terprising *a.* 有事业心的,有进取心的,大胆的. ~ly *ad.*

entertain' [entə'tein] *v.* ①招[接,款]待,容纳,接受,准备考虑 ②使感到兴趣 ③抱着,怀[存]有. *entertain a doubt*(心中存有)怀疑. *entertain a proposal* 准备考虑一个建议.

entertain'ing Ⅰ *a.* 有趣的,愉快的,引人入胜的. Ⅱ *n.* 招[款]待.

entertain'ment *n.* ①招待(会),宴会,接待 ②表演会,文娱活动,乐趣 ③采纳,抱有,怀有. *musical entertainment* 音乐会. ▲*much to my entertainment* 有趣的是.

enthal'pic *a.* 焓的,热焓的,热含量的.

enthal'py [en'θælpi] *n.* 焓,热焓(热力学单位),(单位质量的)热含量. *enthalpy of fuel* 燃料比热,燃料热含量. *enthalpy potential method* 焓差法. *excess enthalpy* 余焓. *residual enthalpy* 余焓. *sensible enthalpy* 显焓. *specific enthalpy* 比焓.

enthalpy-controlled flow (高气压下)无内摩擦流动,受控焓流.

en'thesis ['enθisis] *n.* 填补法.

enthet'ic *a.* 填[修]补的,侵入的,外来的.

enthrakom'eter *n.* 超高频功率测量仪,超高频功率计.

enthu'siasm [in'θju:ziæzm] *n.* 热心[情,诚],积极性,热心研究的对象. *enthusiasm for production* 生产积极性. ▲*be full of enthusiasm about* 热衷于. *with enthusiasm* 热烈[情]地.

enthusias'tic [inθju:zi'æstik] *a.* 热心[情]的. ▲*be* [become] *enthusiastic about* [over] 热心于. ~ally *ad.*

entice' [in'tais] *v.* 怂恿,诱使. ▲*entice away* 诱出. *entice*…*into* +*ing*[to +*inf.*] 怂恿…(做).

entice'ment *n.* 怂恿,引诱,诱饵.

entire' [in'taiə] Ⅰ *a.* 完全[整]的,全体[部]的,整(个)的,总的,纯粹的,边缘光滑的,全缘的. Ⅱ *n.* 总[整]体,全体[部]. *entire function* 整函数. *entire thermal resistance* 总热阻.

entire'ly *ad.* 完全地,彻底地,全然,一概.

entire'ty [in'taiəti] *n.* 完全,全体(部,面),总[整]体,总额. ▲*in its entirety* 作为一个整体,全部[体,盘],整个,全面地,从全面. *see a problem in its entirety* 全面地看问题.

entisol n. 新战士.
entitative a. 实体的,本质的.
enti'tle [in'taitl] v. ①给与权利〔资格,名称〕②命名,叫做. *be entitled to high praise* 值得高度赞扬. ▲*be entitled* 叫做,称为,题目是. *be entitled to +inf.* 有资格〔权利〕〔做〕. *entitle…to +inf.* 授权…〔做〕.
enti'tlement n. 权利.
en'tity ['entiti] n. ①存〔实〕在,独立存在物 ②〔整〕团体,统一体,实物,本质 ③组织,机构. *countable entity* 可计算物. *special entity* 特设机构.
en'toblast n. ①内胚层 ②细胞核.
en'toderm n. 内胚层.
entomb' [in'tu:m] vt. 埋葬〔没〕,成为…的坟墓. ~ment n.
entomol'ogy [ɔntu'mɔlədʒi] n. 昆虫学.
entomophilous a. 虫媒受精的,嗜虫的.
entomophily ad. 虫媒地,借助虫媒.
entot'ic a. 耳内〔发生〕的.
entourage [ɔntu'rɑ:ʒ] 〔法语〕n. ①四周,周围,环境,配景 ②随行人员,周围的人,伴随者.
en'trails ['entreilz] n. ①内部〔装〕结构,机内结构 ②脏器,内脏.
entrain' [in'trein] v. ①(使)坐火车,拽〔夹〕带,带走,引去 ②输送,传输,诱导,拖,曳,吸入 ③使(空气)以气泡状存在于混凝土中 ④产生,导致 ⑤决定〔修改〕时限. *air entraining agent* (混凝土中)加〔带〕气剂. *air entraining concrete* 加气混凝土. *entrained air* 掺气,夹杂空气. *entrained oil* 夹带的〔带走的〕油. *remove entrained water from the steam* 把带来的水分蒸汽中排出去.
entrain'er n.【化】夹带剂,形成共沸混合物的溶剂.
entrain'ment n. ①带去,输送,传输,引升,拽〕行 ②夺取,侵占 ③雾沫,飞溅,挟带,夹杂,(气流)带走状态. *air entrainment* 加气剂,夹杂空气. *dust entrainment* 带走粉尘量. *entrainment of frequency* 频率诱导. *entrainment phenomena* 卷吸现象. *entrainment separator* 分离〔捕集〕器吸取液体水分离器. *entrainment trap* 雾沫分离器. *integral entrainment method* 积分诱导法.
entram'mel [in'træməl] (*entrammelled; entrammelling*) vt. 束缚,妨碍.
en'trance' ['entrəns] n. ①进〔加,驶,引入,入〔进,港,门〕口,装料〔入〕口 ②登记〔入〕,就职,入学,会场,港〕③引入梁,输入端,入口段 ④(水线下)船首尖部. *die entrance* 拉模的入口喇叭. *entrance and exit* (*egress*)进出口. *entrance bushing* 引入线绝缘套,进线套筒. *entrance cable* 引入〔进局〕电缆. *entrance point* 输入点. *entrance port* 入射口. *entrance pupil* 入〔射光〕瞳,入射光孔. *entrance turn* 转(弯数) 入. *outlet entrance* 泄水孔. *service entrance* 用户引入线. ▲*allow free entrance to* 允许自由进入. *at the entrance of …* 在…的入口处. *back entrance* 后门. *entrance fee* 会费(入学,入场)费. *entrance free* 免费入场. *entrance into* (*upon*) *…就任. entrance requirements* 入学标准. *force an entrance into* 乱挤进,闯进. *front entrance* 正〔前门〕. *have free entrance*

to 可以自由(免费)入…. *make* (*effect*) *one's entrance* 入场,进入. *No entrance.* 禁止入内.
entrance² [in'trɑ:ns] v. 使出神,使神志恍惚,使着迷. ▲*be entranced in thought* 沉思,出神. ~ment n.
en'trant ['entrənt] n. ①新到者,(新)参加者,新会员,新生 ②参加比赛者(for). *entrant laser power* 输入激光功率.
entrap' [in'træp] (*entrapped; entrapping*) v. 诱捕〔陷〕,俘获,捕捉〔获〕,收集,阻挡,夹持,夹〔裹〕住,截留,使落入圈套〔陷阱〕中. *entrap … into contradicting himself* 使…陷入自相矛盾之中. *entrapped air* 截留的空气. *entrapped slag* 夹渣.
entrap'ment n. 诱陷,俘获,夹〔裹〕住,夹带,截留,捕集〔获〕,收集.
entreat' [in'tri:t] vt. 恳求〔请〕. ▲*entreat N for N* 为N向N恳求M. *entreat M of N* 向N求M. *entreat M to + inf.* 请(恳)求M(做). ~ingly ad. ~y n.
entree ['ɔntrei] n. 进入,入场许可.
entrefer n. (电机的)铁间空隙.
entrench' [in'trentʃ] v. ①挖壕,深挖,围以壕沟,(用壕沟)防护〔保卫〕②侵占〔犯〕(on, upon) ③牢固树立,确定〔立〕. *entrenched with tradition* 被传统束缚着. *entrenched valley* 嵌入河谷.
entrench'ment n. 挖壕,壕垒,筑城,防御设施.
entrepot ['ɔntrəpou] 〔法语〕n. ①仓库,商业集中地,贸易中心,中央市场 ②货物集散地,中转港. *entrepot trade* 转口贸易.
entrepreneur [ɔntrəprə'nə:] 〔法语〕n. 企业家〔主〕,承包者,中间商;发起人,主办者.
entresol ['ɔntrəsɔl] 〔法语〕n. 夹层,半层,半楼(一层与二层中间的阁楼).
entrip'sis n. 擦入〔敷擦〕法,擦药.
entrop'ic a. 熵的.
entropionize vt. 使内翻,内转.
en'tropy ['entrəpi] n. ①熵(热力学函数)②平均信息量. *entropy of evaporation* 汽化熵. *entropy filter* 滤〔沁〕熵器. *fixed source entropy* 固定的源熵. *sensible entropy* 显熵. *specific entropy* 比〔单位〕熵.
entruck' [in'trʌk] v. (货车)装货,把…装进卡车.
entrust' [in'trʌst] vt. 委托(任),信托,托付(保管,看管). ▲*entrust M to N* 或 *entrust N with M* 把M委托〔托付〕给N,委托N做M. ~ment n.
en'try ['entri] n. ①进〔输,引〕入,进〔门,河〕口,入口〔场〕,通路〔道〕,引入境 ②记〔印〕入,记录,登记〔项〕③项目,表〕目,条款〔例〕,目录,词条,计入表中的事项,表〔列〕值,报单,报关手续. *There were about 1000 entries in the exhibition.* 展览会中约有一千件展品. *data entry* 数据〔资料〕登记项. *entry attribute* 【计】表目属性. *entry condition* 进入〔入口,启动〕条件. *entry for consumption* 进口货物报单. *entry for free goods* 免税货物(进口)报单. *entry phase* 进入(大气层)段. *entry point* 子程序进入点. *entry slot* 进口缺槽. *entry spin* 进气风旋. *form entry* 表上登记项目. *latest entry* 最后计算值,最新纪录. *pass entry* 入帐. *port of entry* 报关

en′tryway 海港. ▲*make an entry* 入场,记入,登记进(in). *make an entry of M in N* 将 M 记入〔登记进〕N 中.

en′tryway *n.* 通路,入口.

entwine′ [in′twain] *v.* 盘绕,缠绕〔住〕,绕住(with, round, about),使~纠缠.~ment *n.*

entwist [in′twist] *vt.* 捻,绞,缠.

enu′cleate [i′nju:klieit] Ⅰ. *vt.* ①解释,阐明 ②摘〔剜〕出. Ⅱ *a.* 无〔去〕核的. **enuclea′tion** *n.*

enu′cleator [i′nju:klieitə] *n.* 剜〔摘〕出器.

enumerabil′ity *n.* 可数性,可枚举性.

enu′merable [i′nju:mərəbl] *a.* 可数的,可枚举的. *enumerable set* 可数集,可枚举集.

enu′merate [i′nju:məreit] *vt.* 数,计点,枚〔列〕举,计算.

enumera′tion [inju:mə′reiʃən] *n.* ①(计)数,计点,点查,枚〔列〕举,计算 ②详叙,目录,细目,(详)表. *enumeration function* 算出〔枚举〕函数. *enumeration method* 查点法. *enumeration of constants* 常数的枚举法. ▲*defy enumeration* 不胜枚举.

enu′merative [i′nju:mərətiv] *a.* 计算〔数〕的,列〔枚〕举的. *enumerative geometry* 枚举几何(学).

enu′merator [i′nju:məreitə] *n.* 计数器.

enun′ciate [i′nʌnsieit] *v.* ①说〔阐,表〕明,发表 ②宣布,宣〔表,音〕.

enuncia′tion [inʌnsi′eiʃən] *n.* ①说〔阐,表〕明,宣布〔言〕,宣〔公告〕言. **enun′ciative** *a.*

enun′ciator [i′nʌnsieitə] *n.* ①声明者,宣告者,陈述者 ②调查员.

enure = **inure**.

env = **envelope**.

envel′op [in′veləp] Ⅰ *vt.* 包(封,装,围,络),封(蔽,裹),蒙. Ⅱ *n.* = **envelope**. *enveloping curve* 包(络)线. *enveloping solid* 包络体. *enveloping surface* 包络面. ▲*be enveloped in* 被包围〔封蔽〕在…里.

en′velope [′enviloup] *n.* ①封〔蒙,外〕皮,包封〔皮,囊,装〕,气囊,外〔封〕套,被(外,囊)膜,胞质鞘,信封 ②外(机)壳,壳体,〔气〕层,〔玻璃,圆筒,(电子射线管)泡 ③【数】包络〔线,面〕④方框(图). *air envelope* 大气层. *beam envelope* 射束包线. *electron envelope* 电子壳层. *envelope curve* 包络线,包络(线) *envelope de-lay* 包络(线)延迟,群(包络)时延. *envelope glissette* 推成包络. *envelope method* 包气试漏法. *envelope of curves* 曲线的包络. *envelope of gases surrounding the earth* 包围地球的大气层. *envelope of holomorphy* 正则包. *envelope oscilloscope* 包线〔络,迹〕示波器. *envelope test* 静态(氮罢,容器,蒙皮)试验. *envelope velocity* 群(包络)速度. *envelope wide-scope* 包迹〔络〕宽带示波器,视频示波器. *flight envelope* 飞行状态(范围). *glass envelope* 玻璃泡,玻璃容器(封套). *missile performance envelope* 导弹性能图. *modulation envelope* 调幅包迹,调制波包(络)线. *pulse envelope* 脉冲包线. *sealed silica envelope* 密封石英管. *shock (wave) envelope* 激波系〔包面〕. *vacuum envelope* 真空泡. *window envelope* 开窗信封.

envel′opment [in′veləpmənt] *n.* 包(封,围,皮,裹物),封皮(套).

enven′om [in′venəm] *vt.* 加毒于,毒化.

envenoma′tion *n.* 注毒;毒化,表面变质.

en′viable [′enviəbl] *a.* 可(令人,值得)羡慕的. **en′viably** *ad.*

envi′ron [in′vaiərən] Ⅰ *vt.* 围(绕),包(围),环绕. Ⅱ *n.* (pl. 形式)附近,近郊,郊区. ▲*be environed by* (with) …被…包围(所环绕).

environgeol′ogy *n.* 环境地质学.

envi′ronment [in′vaiərənmənt] *n.* ①环境,环绕(物),周围(情况,介质),四周,外界,场合 ②围绕,包围. *air environment* 【讯】空电设施. *environment attribute* 设备〔环境〕属性,外围环境表征. *environment clause* 【计】设备部分子句. *environment test* 环境(验收)试验. *ground environment* 地面环境,【讯】地电设施. *hyper environment* (75000 英尺以上)超高空环境. *induced environment* 外界感应因素.

environmen′tal *a.* 周〔包〕围的,环境的. *environmental activity* 周围介子放射性. *environmental engineering* 环境模拟工程,环境技术,发展中的现代技术. *environmental engineering science* 环境模拟(科)学. *environmental oxygen* 舱内环境供氧,飞船调节系统供氧.

environmen′talist *n.*; *a.* 环境保护论者(的),研究环境保护问题的专家,环境学家.

environmen′tally-oriented *a.* 与环境模拟工程有关的.

environmentally-sealed *a.* 密封的.

envis′age [in′vizidʒ] *vt.* ①注〔正,重〕视,观察,面对 ②展望,想像,设想,预计. *envisaged itself* 出现. *targets envisaged in the programme* 计划中设想的指标. ~**ment** *n.*

envision [en′viʒən] *vt.* 想像,预见(计),展望.

en′voy [′envɔi] *n.* 使节(者),代表,特使,(全权)公使. *envoy extraordinary and minister plenipotentiary* 特命全权公使. *special envoy* 特使.

en′vy [′envi] *n.*; *vt.* 妒忌(对像),羡慕(目标). ▲*out of envy* 出于妒忌.

enwind′ [in′waind] (**enwound′**) *v.* 绕〔缠〕住,缠绕,包,卷.

enwound′ [in′waund] **enwind** 的过去式和过去分词.

enwrap′ [in′ræp] *v.* 包裹〔围〕,围绕,笼罩,连累,吸引住,使专心.

enwreathe [in′ri:ð] *vt.* 环〔盘〕绕.

enynic acid 烯炔酸.

enzoot′ic *n.*; *a.* 动物地方(病的),地方性兽病(的).

en′zym(e) [′enzaim] *n.* 酶,酵素. **enzymat′ic** 或 **enz-y′mica**.

enzymol′ogy *n.* 酶学,酵素学.

enzymol′ysis *n.* 酶解作用.

EO =① elliptical orbit 椭圆的轨迹 ② end office 终端站,终点站 ③ engine oil 发动机滑油 ④ engineering order 工程指示 ⑤ ethylene oxide 环氧乙烷 ⑥ exclusive or "异-或"逻辑(电路),"异"按位加,逻辑和 ⑦ executive order 执行的指令 ⑧ exhaust opens 排气阀打开 ⑨ explosive ordnance 爆炸品.

EOA =①effective on〔about〕自…日前后起生效 ②end of address【计】地址栏结束,报头部分完.

EOAU =electrooptical alignment unit 电光对准装置.

eobiogen'esis n. 曙〔原始〕生物发生.

EOC =①end of contract 合同的终止 ②end of conversion 转换端,反转端.

E'ocene ['i:osin] n.; a.【地】始新世〔统〕(的). *Eocene epoch* 始新世〔统〕. *Eocene series* 始新统.

eocli'max n. 始新世气象.

EOD =end of data 数据信息完.

eod =every other day 每隔一天.

E&OE 或 **E&OE** =errors and omissions excepted 错误遗漏不在此限,差错待查.

EOF =①earth orbital flight 地球轨道飞行 ②end of file【计】存储串,"文件结束"符.

Eogene n. 早〔下〕第三纪〔系〕. *Eogene period* 下第三纪. *Eogene system* 下第三系.

EOHP =except otherwise herein provided 除非本文中另有规定.

eo ipso〔拉丁语〕=自明的.

EOL =end of life (可燃性术语)寿命终止.

eola'tion n. 风蚀〔化〕(作用).

eo'lian [i(:)'ouljən] 或 **eol'ic** [i(:)'olik] a. 风积〔成〕的. *eolian deposit* 风(成)沉积.

eolianite n. 风成岩.

e'olith n. 始石器. ~**ic** a.

eolotrop'ic a. 各向异性的.

EOM =end of month 月底.

eom =every other month 隔月,每隔一个月.

e'on ['i:ən] n. 世,(地质)时代,年纪,极长时期,永世,亿阳(时间单位,等于 10^9 年).

eo'nian [i:'ouniən] a. 永远(世)的.

EONR =European Organization for Nuclear Research 欧洲原子核研究组织.

EOP =①earth orbit plane 地球轨道平面 ②end of part ③equipment operational〔operating〕procedure 设备操作顺序.

eorasite n. 铅钙铀矿.

EOS =①electro-optical systems 电-光学系统 ②end of season 季度末.

eos-〔词头〕曙初,开端,始.

eosere n. 先期演替系列.

e'osin(e) ['i:osin] n. 曙(光)红(一种淡红色染料),伊红,四溴荧光素.

eosinocyte n. 嗜曙红细胞.

eosinophil(e) n. 嗜曙红细胞.

eosinophyll n. 叶曙红素.

eosome n. 曙核蛋白体.

EOST =electrical output storage tube 电讯号输出存储管.

EOT =end of test 试验的结束.

EOTS =electron optic tracking system 电子光学跟踪系统.

Eotvos n. 厄缶 (= 10^{-9} 伽/厘米).

EOV =electrically operated valve 电力操作阀.

Eozoic era【地】始生代,前寒武纪.

eozoon n. 始生物,曙动物.

EP =①earth plate 接地板 ②electrical propulsion 电力推动 ③electrically polarized 电偏振的 ④electropneumatic 电动气动的,电-气压的 ⑤end point 端点,终端 ⑥engineering project 工程设计 ⑦enriched propane 富(浓缩)丙烷 ⑧epoxy resin 环氧树脂 ⑨explosion proof 防爆炸 ⑩extra pure reagent 超纯试剂 ⑪extreme pressure 特高的压力,极限压力,极压.

E/P =eyepiece 目镜.

EP corder 电子照相式直接记录器.

EP gas 富〔浓缩〕丙烷气.

EP lubricant (耐)特高压润滑剂.

EPA =①engineering practice amendment 工程实践修正 ②Environmental Agency 环境保护局.

epacmas'tic a. 增进〔长〕期的.

epac'me [e'pækmi] n. 增进期,增长期.

e'pact n. 阳历一年间超过阴历的日数.

epactal a. 多余的,额外的.

epactile n. 浅海上层的.

epax'ial a. 轴上的.

EPD =earliest possible date 最早可能的日期.

epd =earth potential difference 对地电位差.

EPDCE =elementary potential digital computing element 数字计算元件.

epeiric sea 陆缘海,浅海.

epeirogen'esis n. 造陆作用〔运动〕.

epeirogen'ic movement 造陆作用〔运动〕.

epeirogen'ic a. 造陆(作用)的.

epeirog'eny n. 造陆作用〔运动〕.

epheb'ic a. 青春(期)的.

ephedrin(e) n. 麻黄素〔碱〕.

ephem'era [i'femərə] n. 生命短促,瞬息,短命的东西.

ephem'eral [i'femərəl] I a. 生命短促的,短暂的,瞬息的. II n. 短命的东西. *ephemeral stream* 季节性河流.

ephemeral'ity n. 生命短促,短命,(pl.)短〔暂〕的事物.

ephemer'ides [efi'meridi:z] n. *ephemeris* 的复数.

ephem'eris [i'femǝris] (pl. *ephemer'ides*) n. ①天文历(表),航海历,星历表,天体位置推算〔预测〕表②宇宙飞行器 ③短命的东西. *ephemeris time* 历表时间.

ephem'eron [i'femərən] n. 短命的东西.

EPI =①electronic position indicator (目标)位置电子指示器 ②elevation-position indicator 仰角位置雷达指示器 ③expanded plan position indicator 扩展平面位置显示器.

epi =①epichlorohydrin 表氯醇,3-氯-1, 2-环氧丙烷;氯甲代氧丙环 ②epitaxy 外延.

epi-〔词头〕①上,外,表,桥(连)的,更加,根据②【地】浅成,造成.

epiben'thile a. 浅水底的.

epiben'thos n. 浅水底栖生物.

epibiot'ic a. ~,残遗的(物),生物外生的,体外生的.

ep'iblast n. 外胚层,外胚叶.

epibond n. 环氧树脂类粘合剂.

EPIC =epi-planar integrated circuit 表面集成电路.

ep'ic ['epik] n.; a. ①叙事诗(的),史诗(的) ②英雄的,壮丽的 ③有重大历史意义的 ④特别长的,宏大的,大规模的. *epic deed* 壮举. *of epic proportions* 体积极其巨大的.

epicad'mium a. 超镉的,镉外的.
ep'ical a. =epic. ~ly ad.
epicarcin'ogen [epikɑ:'sinədʒen] n. 致癌物.
epicenter =epicentre.
epicen'tra [epi'sentrə] epicentre 及 epicentrum 的复数.
epicen'tral [epi'sentrəl] a. 震中的,中心的. epicentral distance 震中距.
ep'icentre ['episentə] 或 epicen'trum [epi'sentrəm] (pl. epicen'tra) n.【地】震中(心,源),中心,集中点.
ep'icon ['epikən] n. 外延硅靶摄像管,外延二极管阵列摄像管.
epiconden'ser n. 竖直照明器.
epicontinen'tal a. 陆缘的,浅海的.
ep'icycle ['episaikl] n. 外表循环,【数】周转圆,【天】本轮.
epicy'clic [epi'saiklik] a. 周转圆的,外摆线的. epicyclic gear 周转〔行星〕齿轮. epicyclic motion 行星〔外摆线,周转圆〕运动. epicyclic reduction gear unit 行星减速齿轮装置. epicyclic train 行星齿轮系,周转轮系.
epicy'cloid [epi'saikloid] n.【数】外摆线,圆外旋线线,外圆滚线. spherical epicycloid 球面外摆线. ~al a.
epidem'ic [epi'demik] n. ; a. 流行(性,病)(的),传染(性,病)(的),传播,疾病流行期,时兴的东西. ~al a. ~ally ad.
epidemiol'ogy [epidi:mi'ɔlədʒi] n. 流行病学.
epidemy n. 流行病.
ep'iderm n. 表皮.
epidermat'ic a. 表皮的.
epider'mis [epi'də:mis] n. 外〔表〕皮,壳.
epidermi'tis n. 表皮炎.
epidermiza'tion n. 表皮形成,皮肤移植.
epidi'ascope [epi'daiəskoup] n. 实物幻灯机,透反射两用幻灯机,两射放映机.
epididymite n. 斜方柱晶石.
epidihydrocholes'terol n. 表二氢胆甾醇,表二氢胆固醇,表胆甾烷醇.
epidi'orite [epi'daiərait] n. 变闪长岩.
epidosite n. 绿帘石岩.
ep'idote ['epidout] n. 绿帘石.
epifo'cal [epi'foukəl] a. 震中(心,源)的.
epifo'cus [epi'foukəs]. 震中(心,源).
epige'al a. 地上出生的,出土的,近地面生长的.
ep'igene [epi'dʒi:n] a. 外成〔生〕的,后成的. epigene action 外力作用.
epigen'esis n. ①后成说,渐成论,新生论 ②外成,外生(作用),外力变质. epigenet'ic a.
epigneiss n. 浅带片麻岩.
ep'igone n. 追随者,模仿者. epigonic a.
ep'igram ['epigræm] n. 警句,讽刺短诗. ~matic a. ~matically ad.
ep'igraph ['epigrɑ:f] n. 碑文〔铭〕,题词,引语. ~ic (al) a.
epig'raphy n. 碑铭学,金石文学.
epikote n. 环氧(类)树脂(商品名).
epilamens n. 油膜的表面活性.
epila'tion [epi'leiʃn] n. 脱〔除〕毛(发)法.

epi-layer n. 外延层.
epilimnion n. 湖面温水层,温度跃层,变温水层.
ep'ilog(ue) ['epilɔg] n. 尾声,结尾〔论〕,收尾程序,后记,跋,收场白,最终成果解释测井图.
epimagmat'ic a. 浅岩浆的.
epimer n. 差向〔位〕(立体)异构体,表异构物. ~ic a.
epimerase n. 表异构酶,差向(异构)酶.
epimeride = epimer.
epimerism n. 差向异构.
epimeriza'tion n. 差向〔位〕(立体)异构(作用),表异构化(作用).
epimorph n. 外附同态体,晶体的天然色痕.
epimorphism n. 外附同态.
epinasty n. 偏上性.
epinephelos n. 浑浊的,混浊的.
epineph'rine n. 肾上腺素.
epinine n. 麻黄宁,N-甲基-二羟苯乙胺.
epinos'ic a. 不卫生的,有害健康的.
epiop'ticon n. 第一髓板,第二视神经区.
epior'ganism n. 超机体.
epipalaeolith'ic a. 晚旧石器的.
epiparaclase n. 逆掩断层.
epipedon n. 表层.
epipelag'ic a. 海洋上层的,浅海层的.
epiphas'ic a. 高表性的.
epiphenom'enon (pl. epiphenomena) n. 副〔附带〕现象.
epiphyllous a. 叶面着生的.
epiph'ysis n. 骺;松果体.
ep'iphytes n. 附生植物.
epiphytol'ogy n. 植物流行病学.
epiplank'ton n. 上层浮游生物.
epiplas'ma n. 超等离子体.
Epipleistocene n. 晚〔上〕更新世〔统〕.
epipo'larized light 外(表)偏振光,表对偏振光.
epipol'ic a. 荧光(性)的. epipolic dispersion 发荧色散.
epi-position n. 表位.
EPIRB =emergency position indicator radio beacon 紧急位置指示器无线电信标.
ep'irocks n. 浅带变质岩.
epirogen(et)ic a. 造陆的.
epirog'eny n. 造陆作用.
ep'iscope ['episkoup] n. 反射映画器,不透明物的投影放大器,投影灯.
episcotis'ter [episkou'tistə] n. 截〔斩〕光盘,(用不透明物体的)投影放大器.
ep'isode ['episoud] n. (一系列事件中)一个事件,一段情节,插曲〔话,语〕,片断,幕. episod'ic (al) n.
ep'isome n. 附加〔游离〕体,游离〔附加〕基因.
ep'ispore n. 孢子外壁.
episte'mic [epi'sti:mik] a. (关于)认识的,认识力的.
epistemolog'ical [ipistimə'lɔdʒikəl] a. 认识论的,认识论方面的. epistemological problem 认识论方面的问题. ~ly ad.
epistemol'ogy [ipisti'mɔlədʒi] n. 认识论.
epis'tle [i'pisl] n. 书信.
epis'tolary a. 书信(体)的,由书信传递的.
epistyle = architrave.
episulfide n. 环硫化物.
EPIT = epitome 大要,摘要.

ep'itaph [ˈepitɑːf] n. 碑文,墓志铭. ~**ial** 或 ~**ic** a.

epitax'ial [ˌepiˈtæksiəl] a. 外延的,(晶体)取向接长的,取向附生的. *epitaxial film* 外延膜(层). *epitaxial mesa (transistor)* 外延(生长)台面式晶体管. *epitaxial method* 外延(生长)法. *epitaxial planar transistor* 外延生长面接型晶体管,外延平面晶体管. *epitaxial process* 外延(生长)过程,外延工艺. *epitaxial substrate* 外延生长衬底. ~**ly** ad.

epitax'is n. 外延生长,晶体定向生长.

epitax'y [ˈepiˌtæksi] n. 外延,(晶体)取向附生,(晶体)取向接(生)长.

epithe'lium n. 上皮(细胞),外皮,泌脂细胞层.

epithelpoten'tial n. 上皮电位.

ep'ithem [ˈepiθem] n. 贮(通)水组织.

epither'mal [epiˈθəːməl] a. 超热(能)的,浅成(低温)热液的. *epithermal absorption* 超热中子吸收. *epithermal activity* 超热中子导出的放射性. *epithermal neutron* 超热(能)中子.

epith'esis [iˈpiθesis] n. 矫正术,夹板.

ep'ithet [ˈepiθet] n. 浑名,绰号. ~**ic(al)** a.

epit'ome [iˈpitəmi] n. 梗概,摘要,概括,抄录,缩影[图],集中体现. *the world in epitome* 世界的缩影.

epitomiza'tion n. 摘要,结论.

epit'omize [iˈpitəmaiz] vt. 摘要(叙述),概括,用缩图表示,缩影,集中体现.

epiton'ic a. 异常紧张的.

ep'itope n. 抗原决定部位;抗原决定基部位.

epitox'oid n. 弱亲和类毒素.

epitrochoid n. 长短幅圆外旋轮线.

ep'itron n. 电子和 π 介子束磁撞系统.

ep'itype n. 表位型.

epityphli'tis [ˌepitiˈflaitis] n. 阑尾炎,盲肠周炎.

epityph'lon [epiˈtiflɔn] n. 阑尾.

epizo'ism n. 体外寄生生活.

epizo'ite n. 体外寄生动物.

ep'izone n. 浅成带.

epizool'ogy [epizoˈɔlədʒi] n. 动物流行病学,兽疫学.

epizo'on n. 外寄生物,皮上寄生虫.

epizoono'sis n. 体外寄生虫病.

epizooty n. 兽疫.

epm =equivalent per million 一百万单位重量之一单位重量当量;一公斤溶液中溶质之毫克当量.

EPNS =electroplated nickel-silver 电镀镍银合金的.

e'poch [ˈiːpɔk] n. ①(新)时代(期),(新)纪元.【地】世,年代②【天】元期,历元③纪元③(纪元)出现时间④(恒)定相(位)延迟. *epoch angle* 〔恒定〕相角. *mean epoch* 平均历元. *entire historical epoch* 整个历史时代. *mark* [*form*, *make*] *an epoch in*... 在⋯中开创了一个新时代(纪元).

ep'ochal [ˈepɔkəl] a. (划,新)时代的,开创新纪元的. *be an event of epochal significance* 是一个具有划时代意义的事件.

epoch-making 或 **epoch-marking** a. 划时代的,破天荒的,开创新纪元的.

EPOE =end piece of equipment 设备的端件.

Epon n. (埃庞)环氧(类)树脂.

epon'tic a. 附表(生活)的(微生物).

ep'opee [ˈepoupiː] 或 **ep'os** [ˈepɔs] n. 史诗,叙事诗.

epot'ic a. 萤光的.

---

epoxidase n. 环氧酶.

epoxida'tion n. 环氧化作用.

epox'ide [eˈpɔksaid] n. 环氧化(合)物,(pl.)环氧衍生物. *epoxide alloy* 环氧树脂金属. *epoxide cement* 环氧胶黏剂. *epoxide resins* 环氧树脂.

epox'idize v. 环氧(化)物化.

epox'y [eˈpɔksi] Ⅰ n. 环氧树脂(胶),环〔表,桥〕氧,氧撑. Ⅱ a. 环氧的. Ⅲ vt. 用环氧树脂粘合. *epoxy alloy* 环氧树脂合金. *epoxy asphalt* 环氧沥青. *epoxy binder* 环氧黏结剂. *epoxy coating* 环氧涂层. *epoxy glass* 环氧玻璃. *epoxy injection* 环氧注射. *epoxy laminate* 环氧薄片. *epoxy novolac adhesive* 线型酚醛环氧粘合剂. *epoxy resin* 环氧树脂. *epoxy seal transistor* 环氧树脂封装〔密封〕晶体管.

epoxy-bonded a. 用环氧树脂粘合的.

epox'yde [eˈpɔksaid] n. 环氧化物.

epoxyeth'ane n. 环氧乙烷.

epoxylite n. 环氧(类)树脂.

epoxyn n. 环氧树脂类粘合剂.

epoxypropane n. 环氧丙烷.

EPPR =etching plating photo resist 腐蚀电镀光致抗蚀剂.

EPR = ①electron paramagnetic resonance 电子顺磁共振 ②engine pressure ratio 发动机压(力)比 ③engineering part requirement 工程部件要求 ④ethylene-propylene rubber 乙烯丙烯橡胶.

EPROM = electrically programmable read only memory 电可编程序只读存储器.

EPS = ①electric power storage 蓄电(池) ②electrical power subsystem 电气动力子系统 ③electrical power supply 电力供应 ④emergency power subsystem 应急动力子系统 ⑤emergency power supply 应急动力 ⑥emergency pressurizing system 应急增压系统 ⑦equivalent prior sampling 等效优先抽样 ⑧expandable polystyrene 可膨胀聚苯乙烯.

epsilon [ˈepsailən 或 ˈepsilən] n. ①(希腊字母)E,ε ②【数】(常指)小的正数. *epsilon symbols* ε 符号.

epsilon-chain ε 链.

EPSM =Engineering purchasing specification manual 工程采购规格手册.

Ep'som [ˈepsəm] n. (英国)埃普索姆(市). *Epsom salt(s)* 七水合硫酸镁,泻盐.

Epstein test 铁损(爱泼斯坦)试验.

EPT = ①electro-static charge printing tube 静电记录(阴极射线)管 ②ethylene-propylene-dicyclopentadine ter-polymer (synthetic rubber) 乙丙橡胶,乙烯-丙烯-双环三聚物(合成橡胶) ③equipotential temperature (surface) 等位温度(面) ④external pipe thread 外管螺纹.

eptatretin n. 八目鳗鱼丁(心脏跳动剂),粘盲鳗毒素.

ep'urate [ˈepjuəreit] vt. 把⋯提纯,精炼.

epura'tion [epjuəˈreiʃən] n. 清理(除),净化,提纯,精炼.

epure n. (线,极)图.

Epuré n. 精制潮(地)沥青.

EPUT =events-per-unit-time (meter) 计数(率)仪.

EPV =electropneumatic valve 电动气动阀.

EQ =electrical quadrupole 电四极(子).

eq = ①equal 相等,等于 ②equation (等)式 ③equipment 设备 ④equivalent 等效(的),等值(的),当量.

eqn =equation(等)式.

eqs =equations(等)式.

equabil'ity [ekwə'biliti] n. 均等〔匀〕,一样,平静,平稳,(相当)稳定.

eq'uable ['ekwəbl] a. ①均等的,平均的,匀净的,一样的 ②稳〔固〕定的,平静〔稳〕的,无大变化的. **eq'uably** ad.

e'qual ['i:kwəl] I a. ①相〔平,恒〕等的,同样(同)的,一样的,均一的 ②平衡的,不变化的,一律的 ③相(适)当的 ④胜任的,经得起的. approximately equal 近似〔大致〕相等的. equal cracking 等分〔对称〕裂化. equal in ability 能力相等. equal laid wire rope 平行捻钢丝绳. equal lay (绳索)(均)绞,有等距绞合. equal (leg) angles 等边角钢. equal loudness contours 音量等响线. equal root 等根. equal sides 等边(型钢). equal settlement 等量沉陷. identically equal 恒〔全〕等 ▲ (all) other conditions [things] being equal and under otherwise equal conditions 其它条件都相同(时), (be) equal in M to N 在 M 方面等于 N. be equal to 等于,和…相等,相当于,赶得上,经得上,抵得过〔胜任,经得住,能应付. equal and opposite 大小相反,方向相反〕数量相等,符号相反. on an equal footing 在同条件下. on equal terms (with) (与…)条件相同(不相上下). turn M through an equal amount 使 M 转过同样的弧长.

II n. ①相等者,同等者,匹敌者 ②等号 ③同辈,同级别的人. let x be the equal of y 设 x 等于 y. (be) without (an) equal 无敌,无比. have no equal in … 在 …方面是无敌的.

III (equal(l)ed; equal(l)ing) vt. 等于,比得上. M be equalled by N. N 等于 M. Three times three equals nine. 三乘三等于九.

equal =equalizer.

equal-element a. 等元的.

equal-energy a. 等能的.

equalisation =equalization.

equalise =equalize.

equaliser =equalizer

equalita'rian [ikwəli'tɛəriən] n.; a. 平均主义者(的).

equalita'rianism [ikwəli'tɛəriənizəm] n. 平均主义.

equal'ity [i(:)'kwɔliti] n. ①等式 ②相等(性),同〔均,平〕等,均一. equality gate [unit] 【计】"同"门. equality in quality 质量相同. equality of brightness photometer 等亮度光度计. sign of equality 等号. ▲(be) on an equality with M 和M(处于)同等〔相同〕的地位,与 M 平等.

equaliza'tion [i:kwəlai'zeiʃən] n. ①相等,均等〔衡〕,稳〔安〕定,平衡〔整〕,调〔匀〕等,等化,校〔拉〕平,补偿,一致 ②修正,改正 ③取力消除 ④均溶性〔作用),均染性,匀比,均值化. delay equalization 延迟时间〔补偿. lead (derivative) equalization 微商稳定,借助微分环节的稳定. level equalization 水准〔电平)稳定. phase equalization 相位改正〔均匀〕.

e'qualize ['i:kwəlaiz] v. (使…)相等,均等,均匀,均衡,平衡,补偿,调整,调(均)和. equalized reservoir 调压(反调节)水库. equalizing pipe 压力平衡管,平压管. equalizing pulse 均衡脉冲. equalizing reservoir (tank) 调压水箱(池,库). equalizing ring 均压〔衡〕环.

e'qualizer ['i:kwəlaizə] n. 平衡〔均衡,均值,均压,等化)器,补偿器,补偿电路,平衡〔均衡〕装置,稳定环节,均压线,平衡〔天平〕梁,衡杆,(起被)同步机构,使均等的人或物. brake equalizer 闸补整杆. driver equalizer 动轮平衡杆. equalizer circuit 均衡〔补偿〕电路. equalizer curve 均衡特性曲线. equalizing reservoir (tank) 调压水箱. integral equalizer 积分稳定环节. line equalizer 线路均衡器. magnetic field equalizer 磁场均衡器,补偿磁圈,补偿磁铁系统. phase equalizer 相位〔(时间)延迟〕均衡器. pressure equalizer 均压,均压装置. series equalizer 串联截断电路,串联均衡器. starter field coil equalizer 起动机磁场线圈中间接头. weight equalizer 配重,平衡器(磁极),平衡器.

equal-length a. 等长(度)的.

equal-loudness a. 等响(度)的.

e'qually ad. 同〔相)等地,相同地,同〔一〕样地,平均地. equally continuous 同等连续的. equally likely event 等可能事件. equally spaced points 等距布置的〕点. equally tempered scale 等程音阶. ▲equally well〔插入语〕同样. equally with M 同 M 一样地.

e'qually-spaced a. 等距(布置)的,等间隔的.

equal-pitch a. 等间〔节,螺)距的,等音调的.

equal-polyhedral a. 等多面的.

equal-ripple a. 等波纹的.

equanim'ity [i:kwə'nimiti] n. 平静,沉着,镇定.

equant a. 等分的,等大的.

equate ['i'kweit] v. 使…相等〔平均,等于,等同〕,均衡,整平,修平,拟合,视为相等,与…相等,把…作成等式,立方程式. equated call 等值通话. ▲be equated to 等于,可看作. equate M to [with] N 使 M 与 N 相等,认为 M 与 N 相当,把 M 看作 N.

equa'tion [i'kweiʃən] n ①方程(式),等式,公式,反应式 ②等分,均分,平衡 ③修正 ④因素 ⑤(时)差. chemical equation 化学方程〔反应)式. coupled equations 方程组,耦合方程. differential equation 微分方程. empirical equation 经验公式. equation of n-th degree [order] n 次方程(式). equation of light 光(行时)差. equation of time 时差. equation solver (方程式)解算机,方程解算器(机,装置). machine equations 计算机方程(式). personal equation 人差,个人在观察上的误差. reduced equation 对比〔简化〕方程. ▲reduce the equation to 把方程式推到〔简化成). ~al a.

equation-division a. 均等分隔〔割,裂)的,等分的.

equa'tor [i'kweitə] n ①赤道,天球赤道 ②(平分球体的面的)圆,(任何)大圆,中纬线. heat equator 温度赤道. magnetic equator 地磁赤道.

equato'rial [ekwə'tɔ:riəl] I a. ①赤道(附近)的,(属于)中纬线的,同距离的 ②平伏的,平展(的),弧

矢的. Ⅱ n. 赤道仪. *equatorial array* 赤道(式电极)排列. *equatorial monsoon* 赤道季风.
Equatorial Guinea 赤道几内亚.
eques'trian [i'kwestriən] Ⅰ a. 骑马的. Ⅱ n. 骑手.
equestrienne n. 女骑手.
equi- 〔词头〕等,同(等),(平)均.
equiaffine a. 等仿射的.
equiam'plitude n. 等幅.
equian'gular [i:kwi'æŋgjulə] a. 等角的,保角的,角度不变的. ~ity n.
equianharmon'ic a. 等交比的.
equi-areal a. 保(面)积的,等面积的. *equiareal mapping* 保积映射〔像〕.
equi-arm a. 等臂的
equiasymptot'ical a. 等度渐近的.
equiatom'ic a. 等原子的.
e'quiax'ed [i:kwi'ækst] a. 各向等大的,等轴的. *equiaxed crystal* 等轴晶粒.
e'quiax'ial [i:kwi'æksiəl] a. 等(长)轴的. *equiaxial grain* 等轴晶粒.
equibal'ance n. 平(均)衡.
equiblast cupola 均衡送风冲天炉〔化铁炉〕.
equicaloric a. (能产生)同等热量的,等卡的.
equicen'ter 或 **equicentre** n. ; a. 等心的.
equicohe'sive a. 等强度的,等内聚的. *equicohesive temperature* 等内聚温度.
equicon'jugate a. 等共轭的.
equicontinu'ity n. 等(等度)连续(性).
equicontin'uous a. 同等〔等度〕连续的.
equiconver'gence n. 同等收敛性.
equiconver'gent a. 同等收敛的.
equicrescent variable 等半固变数.
equicrural a. 等腰的.
equidensen n. 〔气〕等密度面.
equidensitog'raphy n. 等密度图.
equidensitometering n. 等显像密度摄影.
equidensitom'etry n. 等显像密度测量术.
equiden'sity n. 等密度(第一,二…级),等(光学)密度线.
equidensog'raphy n. 显像密度等光度术.
equidensoscopy n. 显像等光密度观测术.
equidepar'ture n. 〔气〕等距平.
equidif'ferent n. 等差的.
equidimen'sion n. 等尺寸,同大小.
equidimen'sional a. 等大的,等维的,等量纲的,等尺度的.
equidirec'tional a. 等方向的.
e'quidis'tance [i:kwi'distəns] n. 等距(离);层距〔高〕.
e'quidis'tant [i:kwi'distənt] a. 等距(离)的(from),(地图所有方向的距离)同比例的. *equidistant surface* 等距曲面. ~ly ad.
equidistrib'uted a. 等分布的.
equidistribu'tion n. 等(均匀)分布.
equidiurnal effect 等日效应.
equi-energy a. 等能的.
equifield intensity curve 等场强曲线.
equifi'nal a. 同样结果的,等效的. ~ity n.
equiflux heater 均匀加热炉.

equiform' [i:kwi'fɔ:m] n. ; a. 相似(的),等形(的). *equiform geometry* 相似几何(学). *equiform group* 相似(变换)群. ~al a.
equifre'quency n. 等频(率).
equifre'quent a. 等频(率)的.
equigran'ular a. 等粒度的,均匀粒状的,同样大小(颗粒)的.
equilater 或 **e'quilat'eral** [i:kwi'lætərəl] n. ; a. 等边(的,形),等面的,两侧对称的. *equilateral arch* 等边拱. *equilateral hyperbola* 等轴〔直角〕双曲线. *equilateral triangle* 等边三角形.
equil'ibrant [i'kwilibrənt] n. ; a. 平衡力(者,的),均衡力的.
equili'brate [i:kwi'laibreit] v. (使)平(均)衡,(使)相称,(使)平均,使有均势,补偿. *equilibra'tion* n.
equili'brator n. 平衡物〔器〕,平衡装置,安定机,保持平衡的人(物).
equilibratory a. 产生〔保持〕平衡的.
equilibre = equilibrium.
equilib'ria [i:kwi'libriə] n. equilibrium 的复数.
equilib'rious a. 平衡的.
equilibrist n. 使自己保持平衡的人.
equilib'rium [i:kwi'libriəm] (pl. *equilib'riums* 或 *equilib'ria*) n. 平衡(状态,性,图,曲线),均势〔势〕,稳定,相称(性),平均. *dynamic(al) equilibrium* 动力〔态〕平衡,动态稳定性. *equilibrium about pitching axis* 俯仰力矩平衡,绕俯仰轴的平衡. *equilibrium about rolling axis* 滚动〔倾斜〕力矩平衡. *equilibrium at rest* 休止平衡. *equilibrium diagram* 平衡〔状态〕图,(合金的)相图. *equilibrium of forces* 力平衡. *equilibrium polygon* 平衡多边形,索多边形. *equilibrium slope* 天然平衡坡度. *indifferent equilibrium* 随遇平衡. *thermodynamic equilibria* 热力学平衡数据. ▲(be) in equilibrium 保持〔处于〕平衡(状态). *scales in equilibrium* 平衡的天平. be in equilibrium with 与…相平衡. reach equilibrium with 与…(达到)平衡.
equilong' a. 等距〔长〕的.
equi-lu'minous 或 **equi-lux'** a. 等照(亮)度的.
equi-magnet'ic n. 等磁的.
equimag'nitude a. 等量(度)的,等(数)值的.
equimeas'urable a. 等可同测的.
equimeas'ure n. 等测.
equimodal distribution 等峰分布.
equimo'lal [i:kwi'moulal] a. 具有等(重量)克分子(浓度)的,重量克分子浓度相等的,当量(重量)克分子的,克分子数相等的.
equimo'lar [i:kwi'moulə] a. 等(体积)克分子的,当量(体积)克分子的,克分子当量的,克分子数相等的,具有等(体积)克分子(数,浓度)的,体积克分子浓度相等的.
equimolec'ular [i:kwimou'lekjulə] a. 当量分子的,等分子(数)的,克分子数相等的.
e'quimul'tiple [i:kwi'mʌltipl] n. ; a. 等倍数〔量〕的.
equinoc'tial [i:kwi'nɔkʃəl] Ⅰ a. 昼夜平分(时,线)的,春〔秋〕分的,二分(点)的,赤道的. Ⅱ n. ①昼夜平分线,(天体)赤道 ②春〔秋〕分时节的暴风雨. *autumnal equinoctial point* 秋分分点. *equinoctial*

colure 二分圈. equinoctial equator（天体，昼夜平分）赤道. equinoctial line [circle] 昼夜平分线,（天球）赤道. equinoctial point（春分或秋分之）二分点. equinoctial tide 分点潮. equinoctial year 分至年. spring [vernal] equinoctial point 春分点.

e'quinox ['i:kwinɔks] (pl. e'quinoxes) n. 昼夜平分时[点]，春[秋]分（日点），【天】二分点,分（点）. autumnal equinox 秋分点. spring [vernal] quinox 春分点. precession of (the) equinoxes（分点）岁差.

equip' [i'kwip] (equip'ped, equip'ped 或 equipt', equipping) vt. 装[配,准]备,武装. radio equipped 有无线电装备的. ▲be equipped for M 准备好 M, 对 M 有准备. (be) equipped with M 装备（安装）有（着）M. equip M for N 装[准]备 M 以便（于,去）N. equip M with N 以 N 装备 M,给 M 装上 N. equip oneself for M（给自己）准备 M.

equip =equipment 设备.

eq'uipage ['ekwipidʒ] n. 设[装]备,（成套）用具,船具.

equiparti'tion [i:kwipa:'tiʃən] n.（平）均分（配）,匀布,均um,等分. equipartition of energy 能量（平）均分（配）.

equiphase n.; a. 等相（位）（的），相等的. equiphase plane 等相平[位]面.

equipluves n. 等雨量线.

equip'ment [i'kwipmənt] n. ①设备,装备〔置,配〕,配备（械）,仪（器）,工具,用具,部[附]件 ②铁道车辆,（汽车等）运输配备. die equipment 模具. equipment capacity factor 设备利用率[利用因数], 设备负载因数. equipment chain 链式设备,设备链. equipment cost 设备费. equipment division equipment 科,机具设备部门. equipment gear 辅助[备用]齿轮. equipment operator 机工,司机. equipment unit 设备部件. ground-ranging equipment 地面测距站. mathematical equipment 数学计算机〔计算仪器〕. metering equipment 测量仪器（设备）. phase measuring equipment 相位表〔计〕. pumping equipment 泵,唧筒. recording equipment 记录仪. service equipment 修理工具,维护设备. voice recording equipment 录音设备,通话记录器. x-ray equipment X 光机,伦琴射线机.

eq'uipoise ['ekwipɔiz] I n. 相称,平衡（物,力,锤），均衡[势],静态平衡状态,配重. II vt. 使均衡[平衡,相称],使相持不下,使着急[跨躇].

equipo'lar a. 等极的.

equipolariza'tion n. 等配极变换,等极化.

equipol'lence ['ekwipɔləns] 或 equipol'lency n. 等[均]势力（量）,相等.

equipol'lent [i:kwi'pɔlənt] a.; n. 均等（的,物），平行同向的（等价的,相当的）,同义的（词）,等价的（物），在意义[结果]上相同. equipollent load 等力荷载.

equipon'derance [i:kwi'pɔndərəns] 或 equipon'derancy n. 平[均]衡,等重[力,功].

equipon'derant [i:kwi'pɔndərənt] I a. 平衡的,等重

[力,功]的. II n. 等重[均衡]物,平衡状态.

equipon'derate [i:kwi'pɔndəreit] I v.（使）平衡，（使）均衡,（使）（重量,力量）相等,使等重. II a.=equiponderant.

equipondera'tion n. 平衡（状态）.

equipon'derous a. 等重的.

equipo'tent [i:kwi'poutənt] a. 等力[效]的.

equipoten'tial [i:kwipə'tenʃəl] a. 等（电）位的,等[恒,均]势的,在潜力[势量]上均等的. equipotential line 等[恒]势线,等（电）位线.

equipotential'ity [i:kwipətenʃi'æliti] n. 等位（性），等势（性）.

equipow'er a. 等功率的.

equipres'sure ['i:kwi'preʃə] n. 等压. equipressure boiler 等压锅炉. equipressure cycle 等压循环,蒸汽燃气联合循环.

equiprobabil'ity n. 等概率,等几率,几率相等.

equiprob'able a. 等概率的,等几率的,几率相等的. equiprob'ably ad.

equipt ①equip 的过去分词 ②=equipment 设备.

equirad'ical surd 同次不尽根.

equi-ripple a. 等波纹的.

equiro'tal [i:kwi'routəl] a. 安装有同样大小车轮的.

equisat = equal degree of saturation system 行车等饱和度绿灯联动系统.

equisca'lar a. 等标量的,等纯量的. equiscalar surface 等值面,等纯量曲面.

equisig'nal [i:kwi'signl] a. 等（强）信号的. equisignal localizer 等信号式定位器,等信号式无线电定位信标. equisignal radio range beacon 等强信号无线电导航信标.

equi-spaced a. 等间隔的,等（间）距的.

equisubstan'tial a. 等质的.

eq'uitable ['ekwitəbl] a. 公正[平]的,合理的,正当的. eq'uitably ad.

equitactic polymer 全同（同）（立构）等量聚合物.

equitangential curve 等切距曲线.

equitime n. 等时（间）.

eq'uify ['ekwiti] n. 公正[平]，正当,衡平. equity capital 投资于新企业的资本.

equiv = ①electrochemical equivalent 电化学当量 ②equivalent.

equiv'alence ['i:kwivələns] 或 equiv'alency [i'kwivə-lənsi]n. ①等效（性），等值[价]（性），等价[位]（量），【地】等时代 ②当量值,化合价相等 ③相等（物），相当（性），均等. cardinal equivalence 基数等价. equivalence gate [ele-ment]【计】"同"门. equivalence operation【计】"同"操作. equivalence relation 等价[值]关系. mass-energy equivalence 质能相当量[性].

equiv'alent [i'kwivələnt] I a. ①相等〔当,同〕的 ②等效（值,能,量,质,积,势)的,同（意）义的,当量的. II n. ①等效（值,能,量,势,积)的,相当（半径）②（克)当量,同等物,等（值,当量）物,同期地层. electrochemical equivalent 电化当量. equivalent beds 对比[同位]层. equivalent binary digit 等阶二进数，等效二进位（数字）. equivalent circuit 等效电路. equivalent diameter 当量[等效]直径. equivalent *electrons* 等效电子. *equivalent focal length* 等值焦距. *equivalent lens* 等焦透镜. *equivalent static load* 等代〔换算〕静载. *equivalent triangles* 等积三角形. *equivalent value* 当量〔等效, 换算〕值. *equivalent weight* (化合)当量. *equivalent wheel load* 等〔当量〕轮载, *height equivalent* 等效高度. *height equivalent to one theoretical plate* 等(理论)板高度. *Joule's equivalent* 焦耳热功当量. *mechanical equivalent of heat* 或 *thermal equivalent of work* 热功当量. *noise equivalent* 噪声等值信号〔等效功率〕, 等效杂波. *relative equivalent* 相对当量, 相对等效值. *transmission equivalent* 传输衰耗等效值. *weight equivalent* 重量当量. ▲(*be*) *equivalent to* 相等〔当于, 等〕同〕于, 与…等效. *a square equivalent to a triangle* 同三角形等积的正方形. ~*ly ad.*

equivis'cous *a.* 等粘滞〔性〕的. *equivviscous temperature* 等粘滞温度.

equiv'ocal [i'kwivəkəl] *a.* ①双关的, 模棱两可的, 意义不明的, 不肯定的, 多义性的, 暧昧的 ②不可靠的. ~*ly ad.*~*ity aj.*~*ness n.*

equiv'ocate [i'kwivəkeit] *vi.* 支吾, 推托, 含糊其词.

equivoca'tion [ikwivə'keiʃən] *n.* ①用双关语义, 支吾〔使用〕模棱两可的话 ②疑义度, 模糊度 ③条件信息量总平均值.

eq'uivoque 或 **eq'uivoke** ['ekwivouk] *n.* 双关语, 模棱两可的话.

ER = ①*earth return* 大地回线 ②*echo ranging* 回波测距 ③*electron reconnaissance* 电子侦察 ④*electron-recording tube* 记录用阴极射线管 ⑤*emergency rescue* 急救 ⑥*engineering report* 工程报告 ⑦*errata* 勘误表 ⑧*evaporation rate* 蒸发速度 ⑨*event record* 事件记录 ⑩*external resistance* 外(电)阻 ⑪*ethylene rubber* 乙烯橡胶.

Er = *erbium* 铒.

er = ①〔拉丁语〕*er route* 在路上 ②*equivalent roentgen* 伦琴当量.

e'ra ['iərə] *n.* 时(年)代, 纪元, 阶段. ▲*usher in a new era* 开创了一个新时代.

Era *n.* 耐蚀耐热合金钢.

ERA = Electrical Research Association (英国)电气研究协会.

era'diate [i'reidieit] *vt.* 发〔放, 辐〕射, 发出. **eradia'tion** [ireidi'eiʃən] *n.*

erad'icable [i'rædikəbl] *a.* 可以根除〔消灭〕的.

erad'icate [i'rædikeit] *vt.* 根除, 消〔扑, 歼〕灭, 灭绝, 使…断根, 绝种. ▲*eradicate M from N* 除去 N 里的 M. **eradica'tion** *n.* **erad'icative** *a.*

erad'icator [i'rædikeitə] *n.* 消〔根〕除器, 除草机〔器〕, (pl.)去墨水液, 褪色〔消字〕剂. *ink eradicator* 退色〔消字〕灵, 去污〔墨水〕剂.

e'ra-making = epoch-making.

erasabil'ity [ireizə'biliti] *n.* 【计】可擦性, 可清除性, 记录消除的可能性, 记录可消除性, (录音带)消磁程度.

era'sable [i'reizəbl] *a.* 可擦〔抹〕掉的, 擦〔消除〕得掉的, 可消除〔清洗〕的, 可删去的. *erasable memory* 〔*storage*〕可擦存储器.

erase' [i'reiz] *v.* 擦去〔伤, 净, 除〕, 抹去〔音, 像〕, 清除, 消除〔磁, 音, 迹, 灭〕, 退磁, 取消, 删除, 擦〔刮, 涂, 抹, 删, 忘〕掉. *erase amplifier* 擦去〔抹音, 消迹〕放大器. *erase* 〔*erasing*〕 *head* 抹音头〔消音, 像)磁头, 清洗〔除)磁头. *erasing factor* 抹音〔消声, 消像)系数. *erasing knife* 刮刀. *erasing of information* 信息清〔消)除.

era'ser [i'reizə] *n.* ①消除器〔用具, 者〕, 抹音头〔器〕, 消磁头〔器〕, 挖字刀, 消字灵 ②橡皮, 黑板擦. *eraser gate* 【计】擦去装置门. *sound eraser* 唱片音槽复原.

erasibil'ity *n.* 耐擦性(能).

era'sion [i'reiʒən] *n.* 擦〔抹〕掉, 消除〔灭, 磁〕.

era'sure [i'reiʒə] *n.* ①擦去(物), 消除〔记录〕, 擦去〔记录〕, 消迹, 消磁, 抹音, 删除, 删去〔处〕, 涂擦处 ②疑 符. *a-c erasure* 用交流电擦去〔消除〕(记录). *erasure burst* 突发删除. *erasure locator* 删除〔错符〕定位子.

erasure-burst-correcting convolutional code 纠突发删除卷积码.

er'bia *n.* 铒氧, 氧化铒.

er'bium ['ə:biəm] *n.* 【化】铒 Er, 氧化铒.

ERC = ①*electronic research center* 电子研究中心 ②*equipment record card* 设备记录卡片.

ERE = *echo range equipment* 回波测距设备.

ERECT = *erection* 安装, 装配, 竖立.

erect' [i'rekt] Ⅰ *a.* 直立的, 竖〔垂)直的, 正〔竖)直的. Ⅱ *vt.* ①竖立〔起, 直〕②建〔设, 创, 树〕立 ③(垂直)安装, 装配, 架设 ④作(垂直线). *erect image* 正〔立)像, *erecting into position* 浮运架设法. *erecting bill* 安装材料单. *erecting crane* 安装(用)起重机, 装配吊车. *erecting earth-orbiting laboratory* 侦察地球轨道实验室. *erecting equipment* (使导弹处于发射状态的)起重设备. *erecting eyepiece* 正像目镜. *erecting frame* 脚手架. *erecting shop* 装配车间. ▲*erect M from N* 用 N 安装〔装配)M. *erect M into N* 把 M 上升为 N. *stand erect* 直立.

erec'table *a.* (可)装配〔安装)的, 装配式的.

erec'tile [i'rektail] *a.* 竖得起来的, 能直〔竖)立的, 能勃起的, 可建立的.

erectil'ity *n.* 直立〔垂直)状态, 安装〔架设)能力.

erect'ing-shop *n.* 装配厂, 装配车间.

erec'tion [i'rekʃən] *n.* ①竖直〔立), 建〔树)设, 设立, 勃起 ②(垂直·设备)安装, 装配, 架〔建)设, (图)像转正 ③建筑物, 上层建筑. *erection by protrusion* 悬臂架设法. *erection diagram* 装配〔架设)安装)图. *erective a.*

erect'ly *ad.* 竖地, 垂直地.

erec'tor *n.* ①安装(装配, 建立)者, 安装〔架设)工人 ②(拖车的)升降架, 安装〔架设, 举重)器, 装配设备 ③激励器.

eremacausis *n.* 慢性氧化, 缓蚀腐化.

eremophyte *n.* 旱生〔荒漠)植物.

erethisophre'nia [eriθizo'fri:niə] *n.* 精神兴奋过度.

erethit'ic *a.* 兴奋的.

ERFA = European Radio Frequency Agency 欧洲射频机构.

erfc = ①*complementary error function* 补余误差函数

数 ②error function complement 补余误差函数(即把误差函数补足到1).

erg [ə:g] n. ①尔格(能量或功的单位,一达因的力使物体移动一厘米,等于 10^{-7} 焦耳) ②流沙覆盖地区,沙漠.

Ergal n. 铝镁锌系合金.

ergamine n. 组胺.

erga'sia [ə:'geiziə] n. 精神活动,精神力,精神作用,(机体)功能体系.

ergasiat'rics [ə:geizi'ætriks] n. 精神病学.

ergasthe'nia [ə:gæs'θi:niə] n. 过劳性衰弱.

ergastoplasm n. 载粒内质网,内质网膜系.

ergo ['ə:gou] [拉丁语] ad. 因此.

ergo- [词头] 工作,力,动力.

ergocalciferol 麦角钙化(甾)醇;维生素 D_2.

ergod n. 各态历经.

ergod'ic [ə:'gɔdik] a. 各态历经的,遍历(性)的.

ergodic'ity [ə:gɔ'disiti] n. 各态历经性,遍历性.

ergodynamograph n. 肌动力推计器.

er'gogram n. 示功(测力)图,尔格,测功图.

er'gograph ['ə:gəgra:f] n. 示功(测力)器,疲劳记录计,肌(动)力描记器.

ergograph'ic a. 测力(功)器的,肌力图的.

ergog'raphy [ə:'gɔgrəfi] n. 测功法,肌力描记法.

ergom'eter [ə:'gɔmitə] n. 测力(测功,功率,尔格)计,肌力器.

ergomet'ric a. 测力的,测量功率的.

er'gon ['ə:gɔn] n. ①尔刚(光子能量单位,$E = 6.626 \times 10^{-27}$ × 频率 v(尔格)) ②=erg.

ergonom'ic(al) [ə:gə'nɔmik(əl)] a. 人类工程(学)的,人与机械控制的.

ergonom'ics [ə:gə'nɔmiks] n. 人类[机]工程学,人体工程学,工效学,功率学,人与机械控制.

ergonom'ist [ə:gə'nɔmist] n. 人类[机]工程学家,生物工程学家.

ergoplasm n. 动质.

er'gosome n. 多核(糖)蛋白体,多核糖体,动体.

er'gosphere ['ə:gəsfiə] n. (黑洞)能层.

ergosterin n. 麦角甾原.

ergos'terol n. 麦角(甾,固)醇.

er'got n. 麦角.

ergotamine n. 麦角胺.

ergother'apy [ə:gə'θerəpi] n. 运动疗法.

ergotine n. 麦角精.

ergotox'in(e) n. 麦角毒素.

ergotrop'ic a. 增进抵抗力的,强化作用的.

er'gotropy [ə:'gɔtrəpi] n. 抵抗力增进,强化作用.

erg-ten n. 10^7 尔格,1焦耳.

ERI = Engineering Research Institute 工程研究所.

ERIC = electronic remote and independent control 电子遥控与独立控制.

Erichsen number 杯突深度值.

Erichsen test (材料的)拉深性能试验,埃里克森试验,杯突试验.

Eridite n. 电镀中间抛光液.

E'rie ['iəri] n. (美国东部的)伊利(湖,运河,市).

Erio T = Eriochrome Black T 铬黑 T.

eriom'eter n. 衍(射)测微器,微粒直径测定器.

erionite n. 毛沸石.

eriskop n. (法国)一种电视显象管.

eris'tic a. 关于争(辩)论的,争论不休的.

ERL = event record log 事件记录日记.

er'lan ['ə:lən] n. 辉片岩.

Erlang n. 厄兰(话务单位),占线小时.

Erlangen blue 铁蓝.

Erlenmeyer flask 锥形烧瓶,依氏烧瓶.

ERMA = electronic recording method of accounting 会计学的电子记录方法.

Ermalite n. 厄马拉依弥特(重载高级)铸铁.

er'mine n. ①貂(皮)银鼠 ②国王,贵族,法官.

erode' [i'roud] v. 侵(浸,酸,腐)蚀(成),冲刷(蚀)(成),受腐(侵)蚀.

ero'ded a. 被侵(腐)蚀的,有蚀痕的.

ero'dent [i'roudənt] Ⅰ a. 浸[腐]蚀性的. Ⅱ n. 腐蚀剂.

ero'dible a. 易受侵蚀[腐蚀,冲刷]的,受到腐蚀的.

EROS = earth resource observation satellite 地球资源观测卫星.

erose' [i'rous] a. 蚀裂状的,不整齐齿状的.

erosio [拉丁语] n. 侵蚀,腐蚀,糜烂.

ero'sion [i'rouʒən] n. 腐蚀(侵,浸,水,酸,烧,磨,消,剥)蚀(作用),水点腐蚀,磨损,冲刷(蚀),风化,糜烂,溃疡. *erosion control* 防蚀,冲刷防治. *erosion protection* 冲刷防护,防冲(刷)的辅砌. *nozzle erosion* 喷口(被废气)烧伤. *spark erosion* 火花电蚀,电火花腐蚀.

ero'sional a. 腐(侵,浸,磨,烧,剥)蚀的.

erosion-resistance n. 耐腐(浸)蚀,抗腐蚀性.

ero'sive [i'rousiv] Ⅰ a. 腐(消,侵,蚀)蚀(性)的,剥离的,冲刷的,糜烂的. Ⅱ n. 腐蚀[糜烂]剂.

ERP = effective radiated power 有效发射功率.

erps cupola 螺旋风口式化铁(熔铁)炉.

ERQC = Engineering reliability and quality control 工程可靠性与质量的控制.

err [ə:] vi. (弄,做)错,犯罪,犯错误,(仪器)不正确,产生误差. *a gauge that must not err by more that 0.01 mm.* 误差不超过 0.01mm 的量规. ▲ *err from* 错(背)离. *err in observation* 观察上产生错误. *err in one's judgement* 判断错误.

errabuna n. 游走的,移动的.

er'rancy ['erənsi] n. 错误(状态),犯错误的倾向.

er'rand ['erənd] n. 差使(事),使命. ▲ *a fool's errand* 徒劳无功的事. *go on errands* 或 *run errands* (*for* …)(为…)去办事,跑腿. *send* … *on an errand* 派…去[出差].

er'rant [erənt] a. ①错误的 ②流浪的,漂泊的,无定向的. *errant vehicle* 失控车辆.

erra'ta [i'reitə] n. erratum 的复数.

errat'ic [i'rætik] Ⅰ a. ①(反)(复无)常的,不稳定的,不经常的,非定期的,不规律的,无定的,游走的 ②漂游的,漂移(性)的,移动的,杂散的 ③错误的. Ⅱ n. 漂砾(石),迷石. *erratic current* 不稳定的电流涡流. *erratic flow* 扰动流. *erratic missile* 偏离计算弹道的导弹,游离导弹. *erratic star* 行星.

errat'ical a. =erratic. —ly ad.

erra'tum [e'ra:təm] (pl. *erra'ta*) n. ①错误(字,写)[排)错 ②误字(包括错误、误差和疑字),(pl.)勘(正)误表. *a table of errata* 勘(正)误表.

err'ing ['ə:riŋ] a. 做错的.

erro'neous [i'rouniəs] a. 错误的,有误差的,不正确

er'ror

的. *erroneous bit* 差错码元. *erroneous indication* 假象. *erroneous picture* 错误概念. ~ly *ad.* ~ness *n.*

er'ror ['erə] *n.* 错误,差(错),误差,故障,(应)修正量. *constant error* 常(在误)差. *elementary error* 元素误差,微差. *errors (and omissions) excepted* 错误(遗漏)不在此限,差错待查. *error correcting code* 纠错(纠错)码. *error curve* 误差曲线. *error in [of] observation* 观测误差. *error in reading* 读数误差. *error integral* 误差积分. *error message* 错误信息,查(出,差)错信息. *error method* 尝试(误差)法. *error of a planet* 行星观测土位置与计算上位置间的误差. *error of estimate* 估计量的误差. *error probability* 误差(概)率,误码率. *error rate* 误差[差错,出错,误码]率,(电报)变字率. *error routine* 查错[查错]程序. *error severity code* 标志错误严重性的代码. *error state* 异常状态. *error status word* 纠错状字. *error tape* 记错磁带. *errors excepted* 错误不在此限. *position error* 位置误差,空速管读数气动力修正量. *reduce errors* 减少差错. *visible error* 视差. ▲*be [stand]in error* 有差错. *by error* 错误地. *by trial and error* 用试凑法,用试试改动的办法. *error in ...* 在(…方面的)误差. *fall into error* 陷入错误. *in error* 弄错了的,错误地. *make [commit] an error* 出差错,犯错误. *with no possibility of error due to ...* 不会由于…而造成误差.

error-checking *n.*; *a.* 验[检]错(的),错误校验(的),检验错误(误差)的.

error-circular *a.* 误差圆的.

error-control *a.*; *n.* 误差控制(的).

er'ror-correct'ing *a.*; *n.* 纠错的,错误校正(的),改(正)错(误)的,差错[误差]改正的.

error-detecting *a.*; *n.* 检测误差(的),检[察]错(的),误差[错误]检测(的).

error-detection-correction *a.* 检错纠错的.

error-distributing code 误差分配码.

error-evaluator polynomial 误差计值多项式.

error-free *a.* 无误差[错误,差错]的,不错的,正常的.

er'rorless *a.* 无错误的,正确的.

error-locator polynomial 错误[误差]定位多项式.

error-measuring *a.*; *n.* 测量误差的.

error-sensing *a.* 误差敏[传]感的.

error-sensitivity *n.* 误差灵敏度.

ERS = equipment requirement specification 设备要求规格.

ersatz ['eəzæts] [德语] *a.*; *n.* ①代用的(品),人造的合成的 ②暂时的,劣等的.

erst [ə:st] 或 erst'while ['ə:stwail] *a.*; *ad.* 从前(的),以前的,原来的,往昔.

ERSt = error state 异常状态.

ertor *n.* 臭氧层有效辐射温度.

ERTS = earth resources technology satellites 地球资源技术卫星.

erubescite *n.* 斑铜矿.

eruct' [i'rʌkt] 或 eruc'tate [i'rʌktei] *v.* 喷出,爆发.

eructa'tion [i:rʌk'teiʃən] *n.* 喷出(物),爆发,(神经性)嗳气.

er'udite ['eru(:)dait] *a.*; *n.* 博学的(人),有学问的(人). ~ly *ad.*

erudition [eru(:)'diʃən] *n.* 博学,学识[问]. ~al *a.*

erum'pent [i'rʌmpənt] *a.* 突(然)出(现)的,突起的,裂[进]出的.

erupt' [i'rʌpt] *v.* (火山等)喷出,爆[进,喷]发.

erup'tion [i'rʌpʃən] *n.* ①喷出(物),爆[突,进,喷]发(物),长[萌,发]出 ②(发)疹 ③人孔铁口,孔(径). *solar eruption* 太阳爆发.

erup'tional [i'rʌpʃənl] *a.* 喷火的,火山爆发的.

erup'tive [i'rʌptiv] I *a.* 喷出[发]的,(火山)爆发的[出的,(发)疹的. II *n.* 火成[喷出,爆发]岩. *eruptive body* 喷发体,火山喷出体. *eruptive fountain* 喷泉. *eruptive rock* 火成[火山,喷出]岩. *eruptive vein* 火成脉. ~ly *ad.* ~ness *n.*

ERW = electrical resistance weld 电阻焊.

erysip'elas *n.* 丹毒.

erysipeloid *n.* 类丹毒.

erythe'ma [eri'θi:mə] *n.* (原子爆炸所引起的)红斑,红疹. ~tic 或 ~tous *a.*

erythor'bate [eriθɔ:beit] *n.* 异抗坏血酸盐.

er'ythra ['eriθrə] *n.* (皮)疹.

erythre'mia *n.* 多红细胞血.

eryth'rin(e) [i'riθrin] 或 eryth'rite [i'riθrait] *n.* 钴华,赤丁四醇,赤藓素,红血球素.

erythritol *n.* 赤丁四醇,赤藓糖醇.

erythro- [词头] 赤,红.

erythroagglutina'tion *n.* 红细胞凝集作用.

erythrocruorine *n.* 无脊(椎动物)血红蛋白,类血红素.

erythrocuprein *n.* 血球铜蛋白;超氧物歧化酶.

eryth'rocyte [i'riθrousait] *n.* 红血球,红细胞. erythrocyt'ic *a.*

erythrocytom'eter *n.* 红血球计数器,红细胞计数器.

erythrocyto'sis *n.* 红细胞[红细胞]增多.

erythrodex'trin *n.* (显)红糊精.

erythro-diisotactic *n.* 叠(同)双全同立构.

erythro-di-iso-trans-tactic *n.* 叠(同)双反式全同立构.

erythro-disyndiotactic *n.* 叠(同)双间同立构.

erythrogenic *a.* (产)生红(血球,感觉,疹)的.

erythrogram *n.* 红细胞象图.

erythroid *a.* 红色的,红血球的.

erytholabe *n.* 红敏素.

erytholaccin *n.* 红紫(赤虫)胶素.

erythromy'cin *n.* 红(霉)霉素.

eryth'rophyll *n.* 叶红素.

erythropoiesis *n.* 红细胞生成.

erythropoietin *n.* 促红细胞生成素.

erythropsin *n.* 视紫红(质).

erythropyknosis *n.* 红细胞皱缩.

erythrorexis *n.* 红细胞解体.

erythrose *n.* ①赤藓糖,丁糖,四碳糖 ②[法语]红血过多症.

erythrotox'in *n.* 猩红热毒素.

erythrulose *n.* 赤藓酮糖.

ES = ①echo sounding 回声测深 ②Electrochemical Society 电化学学会 ③electrostatic 静电的 ④equilibrium stage 平衡级 ⑤standard Edison Screw 标准爱迪生螺纹.

Es = einsteinium 锿(旧名为 athenium 锊)

es = ①cgse unit of quantity of electricity (电气的)厘米-克-秒制静电单位 ②earth switch 接地开关.

Esaki n. 江崎. *Esaki current* 隧道〔江崎〕电流. *Esaki diode* 隧道〔江崎〕二极管. *Esaki effect* 隧道〔江崎〕效应.

ESAR = electronically steerable array radar 电子扫描雷达.

ESC = electronic system center 电子系统中心.

ESCA = electron spectroscopic chemical analysis 电子光〔能〕谱化学分析.

escadrille' [eskə'dril] n. 飞行机〔分〕队, 小舰队.

escalade' [eskə'leid] n.; v. 用梯子攀登〔爬墙〕, 爬云梯; 活动人行道.

es'calate ['eskəleit] v. 乘自动〔升降〕梯上去, 用传送带往上输送, (逐步)升级, 逐步上升, 提高.

escala'tion [eskə'leiʃən] n. (逐步)升级, 提高, 逐步上升(按比例), 自动升降, 有伸缩性.

es'calator ['eskəleitə] n. ①升降机, 自动(扶,电)梯, 自动升降机 ②增减手段. *escalator clause* 伸缩条款. *escalator method* 梯阶法, 迭代法.

escape' [is'keip] I v. ①逃选〔脱,走〕, 离开, 逸散〔出〕, 漏失〔出〕 ②泄, 泻, 气, 水, 电), 排泄〔出〕, 放〔逸,渗, 析〕出 ③逃避, 避免 ④透射, 贯穿, 穿透 ⑤遗〔漏〕漏, 忘记 ⑤【计】换码. *escape notice* 不受〔没被〕注意. *escaping neutron* 逸出〔漏〕中子. *gas escaping* 漏气. *rocket escaping* 火箭脱离地球引力范围, 火箭逃选. ▲*escape from* 从…逸出〔逃脱, 离开〕, 从…逃〔躲,排〕出, 摆脱…的影响, 躲开…的范围. *Gas escapes from the pipes.* 煤气从管子里漏出. *escape from between* 从…之中〔间〕逃脱. *escape one's memory* 被忘记. *escape one's responsibilities for* …逃避对于…的责任. *escaping* 避免〔逃避〕(做). *escape up*…往上从…跑掉〔漏出〕.
I n. ①逃选〔脱〕, 漏出, 避免, 忘记 ②出口, 排气孔, 太平门, 泄水闸, 泻水闸 ③摘纵机〔轮〕, 可行轮 ④退〔空〕刀槽 ⑤【计】换码. *air escape* 放气孔, 泄气, 放气孔〔管〕. *beam escape* 束引出. *escape canal* 排水沟〔渠〕. *escape character* 换码〔字〕符, 转变〔转义〕字符, (信息)漏失符号. *escape clause* 例外条款. *escape hatch* 出口, 出路, 安全门, 办法. *escape level* 脱离能级. *escape orbit* 逃选〔脱离〕轨道. *escape peak* (探测器)逃选峰. *escape rocket* 宇宙火箭. *escape shaft* 太平〔安全〕竖井. *escape speed* [velocity] 逃选速度, 第二宇宙速度. *escape stair* 太平梯. *escape valve* 放出〔溢流,安全〕阀. *escape wheel* 摘纵轮. *escape works* 泄水建筑物. *fire escape* 太平梯, 安全梯, 安全出口. *gamma escape* γ辐射逃逸因数. *narrow* [near, hair-breadth] *escape* 九死一生. *resonance escape* 共振浮获逃选. ▲*find escape from* 避免…逃避.

escape'ment [is'keipmənt] n. ①摘纵机〔轮,件,机构〕, 司行轮, 摆轮, 棘轮装置, 节摆件 ②制动, 闭锁, 锁住, 摘纵 ③应急出口, 脱险口〔阱〕, 太平〔洞〕. *anchor escapement* 锚形摘纵机. *escapement crank* 摘纵曲柄, 轨闸摘把. *escapement stop* 摘纵式〔杠杆式锚子〕挡料器.

escape(-)pipe n. 排气〔水〕管.

esca'per [is'keipə] n. 逃出者. *air escaper* 放气器.

escape-valve n. 放出〔溢流,泄气,安全〕阀, 保险.

esca'pism n. 逃避现实, 空想, 幻想.

escar n. 【地】蛇(形)丘.

escarp' [is'ka:p] I n. 壕沟内岸〔壁〕, 内壕, 陡崖. II vt. 使成急斜面, 在…上筑陡坡.

escarp'ment n. 陡坡, (悬)崖, 急斜面, 断层. 马头丘, 鼓丘.

escen'ter n. 旁(切)圆心.

es'char n. 焦痂.

escharot'ic I a. 焦痂性的, 造成焦痂的, 腐蚀性的, 苛性的. II n. 使产生焦痂的物质, 烧灼〔腐蚀, 苛性〕剂.

eschew' [is'tʃu:] vt. 避免〔开〕.

eschynite n. 易解石.

escor'ial n. 渣堆.

escort' I [is'kɔ:t] vt. 护送(航), 掩护, 陪同. II ['eskɔ:t] n. 警〔护〕卫(队), 护送, 护航(部队, 舰, 飞机), 仪仗队. *bomber escort* 轰炸机的护航. ▲*under the escort of* …的护送之下.

escribe' [es'kraib] vt. 旁切. *escribed circle* 旁切圆. *escribed sphere of a tetrahedron* 四面体的旁切球.

escript n. 书面文件.

escritoire [eskri(:)'twa:] 〔法语〕n. (有书架或分类格的)写字台.

Esc(udo) n. 埃斯库多(葡萄牙货币名).

es'culent ['eskjulənt] a.; n. 可食用的(东西).

escut'cheon [is'kʌtʃən] n. ①盾形物, 盾形金属片 ②框, 刻度盘上的饰框 ③孔罩, 锁眼盖 ④铭牌, 船尾楯部(标志船名处). *key escutcheon* 键纹板. *lamp switch escutcheon* 灯开关片. *radio escutcheon panel* 无线电仪表板.

ESD = ①electro spark detector 电火花检测器 ②electrostatic storage deflection 静电存储偏转 ③emergency shutdown 事故切断, 事故停车 ④engineering source data 工程技术来源资料 ⑤extra super duralumin (alloy) 超硬铝(合金).

ESE = east-south east 东南东.

ESF = ①electro spark forming (放)电爆(炸)成形 ②electrostatically focused 静电聚焦的.

ESFK = electrostatic focusing klystron 静电聚焦速调管.

ESG = ①electrically suspended gyroscope 电悬式陀螺仪 ②engineering service group 工程维修组 ③engineering support group 工程支援组 ④English Standard Gauge 英国标准规.

ESHP = ①effective summed horsepower 发动机的总有效马力 ②equivalent shaft horse power 等效〔当量〕轴马力.

ESI = emergency stop indicator 紧急停止指示器.

esiatron n. 静电聚焦行波管.

Esicon n. 二次电子导电摄像管.

es'kar or **es'ker** ['eskə] n. 冰河沙堆, 蛇(形)丘.

Es'kimo ['eskiməu] n.; a. 爱斯基摩人(的).

ESL = English as a second language 英语作为第二语言.

ESM = ①electric synthetic method 放电合成法 ②engineering service memo 工程维修备忘录 ③engineering shop memo 工程技术工场备忘录 ④engi-

esntl =essential 本质(的),必要的.
eso- 〔词头〕里,内.
esocoli'tis n. 痢疾,结肠粘膜炎.
esodic a. 传〔输〕入的,向心的.
esoenteri'tis n. 肠(粘膜)炎.
esogenetic a. 内生的.
esophage'al a. 食管的.
esoph'agus n. 食管,食道.
esoter'ic [esou'terik] a. ①奥秘的,深奥的,秘〔机〕密的,秘传的 ②体内的,内部的,隐的. ~**ally** ad.
ESP =①engine sequence panel 发动机次序操纵台 ②engineering service publications 工程技术业务出版物 ③English for special purposes 专用英语 ④equipment status panel 设备情况仪表板 ⑤exchangeable sodium percentage 可交换的钠百分数.
E&SP =equipment and spare parts 设备与备件.
esp 或 **espec** =especially.
espal'ier [is'pæljə] n. 树篱(墙,棚),羽翼状树篱.
espe'cial [is'peʃəl] a. 特别(殊)的. ▲**in especial** 尤其(是),格外.
especially ad. 特别(是),特殊(地),尤其,格外,主要.
Esperan'to n. 世界语.
espews n. 无定形扫描信号.
espi'al [is'paiəl] n. 探索,监视,窥见〔探〕,观〔侦〔觉〕察,发现.
espi'er [is'paiə] n. 探索〔监视〕者.
espionage' [espiə'nɑːʒ] n. 谍报,间谍活动,密〔刺〕探,监视. *electronic espionage equipment* 电子侦察设备.
espionage-agent n. 间谍.
esplanade' [esplə'neid] n. 广〔草〕场,空地,散步路,游散地,(外岸的)斜堤.
esprit ['espriː] 〔法语〕 n. 精神,机〔才〕智,活气. *esprit de corps* 小团体精神.
espy' [is'pai] vt. 发现,看出,窥见〔探〕.
Esq =Esquire 先生,阁下.
esquire' [is'kwaiə] n. 先生(信件中用于姓名后的尊称,相当于姓氏前的 Mister).
esquisse n. 草拟图稿,草图底'稿.
ESR =①effective signal radiated 有效发射信号 ②electron spin resonance 电子自旋共振,顺磁共振 ③electroslag refining 电渣精炼 ④electroslag remelting 电渣重熔 ⑤equivalent series resistance 等效串联电阻.
ESR line 电子自旋共振谱线.
ESRO =European Space Research Organization 欧洲空间研究组织.
ESS =electro spark sintering 放电粉末烧结.
ESSA =environmental survey satellite 周围环境观测卫星.
essay I ['esei] n. ①短论,(简短的)论文,散文,小品文,随笔, (pl.)论文集 ②实〔试,经〕验,尝试,企图(at) ③样品〔本〕,标本. Ⅱ [e'sei] vt. 尝试,试验,企图((to +inf)) *essay a task* 试做一工作.
essaying n. 取样,试样,定量分析.
es'sayist ['eseiist] n. 论文作者,实验者.
es'se ['esi] n. 存在,实在,实体. *in esse* 存在着,实在.
es'sence ['esns] n. ①本〔实)质,要素 ②精(华,髓),香精. ▲**in essence** 本(实)质上,大体上.

essen'tial [i'senʃəl] Ⅰ a. ①本质的,实质(性)的,根〔基)本的,主要的 ②必需〔要)的,最重要的,必不可少的 ③提炼的,精(制,华)的,香精的 ④醚的,酯的 ⑤自〔特)发的,原因不明的. Ⅱ n. 本质,实质,要〔关)点〕,基础,重要成分,必需品,精髓. *essential boundary condition* 实在〔本质)边界条件. *essential colour* 主色. *essential component* [*ingredients*] 主要部分. *essential differences* 本质的区别. *essential number* [*value*] 酯化值. *essential oil* 香精〔挥发)油. *essential parameter* 基本参数. *essential part* 基本部分. *essential singularity* 本性奇〔异)点. *essential supremum* 烬(本质,本质)上确界. *essential water* 组成水分. *essentials of life* 生活必需品. *Essentials of Physics*(物理学纲要). ▲(*be*) *essential to* [*for*] 对…(来说)是必需的〔必不可少的). *discard the dross and select the essential* 去粗取精. *in essentials* 主要地,在主要方面. *it is essential that* 必需.
essential'ity [isenʃi'eliti] n. ①实质性,根〔基)本性,必要性 ②本〔实)质,要素 ③(pl.)要点,精髓〔华).
essen'tialize [i'senʃəlaiz] vt. ①扼要阐述,讲明…的本质 ②从…中提取出,使精炼.
essen'tially ad. 本质上,实质上,基本上,本来,本性. *essentially bounded functions* 本质(本质)有界函数. *essentially singular points* 本性奇(异)点.
essen'tic [e'sentik] a. (感情)内形于外的.
esserbetol n. 聚酰树脂.
ESSEX =experimental solid state exchange 实验固体电话交换机.
es'sexite ['eseksait] n. 厄塞岩.
essing n. "S"形侧滑.
Essolube n. (日本标准石油公司制造的)润滑油.
est [拉丁语] *id est* 即,就是,换言之.
EST =Eastern Standard Time (美国)东部标准时间.
est =estimate(d) 估计(的).
estab'lish [is'tæbliʃ] vt. ①建〔设)立,创办,形成,产生 ②制〔确)成,给〔加 ③证实,确立 ④派,安置,使营业 ⑤使固定 ⑥激励. *establish lines* (划)定(路)线(路线)放样. *establishing epoch* 时. *establishing shot* 【电视】固定拍摄. ▲*be established in* 或 *establish oneself in* 住(定居)在,任职. *establish M as N* 派(任命)M 为(担任)N.
estab'lished a. 确定(立,认)的,建成的,(被)建(设)立的,被制定的,既定的. *established customs* 成例,常规. *established fact*. 既定〔成)事实. *established frequency*. 稳定〔固定)频率. *established technology* 既定工艺.
estab'lishment [is'tæbliʃmənt] n. ①建〔设)立,确〔制)定,创办,开设 ②机关,企〔产)业,部门,组〔机)(科学)机构,科学研究院 ③编制,定员,人员 ④基础. *ammunition establishment* 弹药库. *branch establishment* 分局(装置),附加设备. *desert proving establishment* (沙漠,野外)科学试验靶场. *echelon establishment of ammunition* 或 *establishment of rounds* 弹药基数. *establishment charge* 开办费. *establishment of the port* 标准潮汛,潮候时差. *industrial and mining establishments* 工厂企业. *re-*

estate' [is'teit] n. ①财〔地,房〕产,地皮 ②等级,社会阶层〔阶级〕,集团 ③生活水平,地位,身份,状况,境遇 ④旅行车. estate car 旅行车,客货两用轿车. estate road 庄园〔种植园〕道路. housing estate 住宅区. industrial estate 工业区,工业用地. personal estate 动产. real estate 不动产,房地产.

esta'ted ['is'teitid] a. (有)财(地,不动)产的.

estb = establish 建立,确定,证实.

ESIE = engineering special test equipment 工程的特殊试验设备.

esteem' [is'ti:m] I n. 尊重(敬),好评. ▲as a mark [token] of esteem 以表敬意. gain [get] esteem of ⋯受⋯尊敬. have a great esteem for ⋯对⋯非常尊重〔十分敬佩〕,非常尊重⋯. hold ⋯ in esteem 尊重⋯. in my esteem 照我看来.
I vt. ①尊〔珍〕重,重视 ②认为,看做. ▲esteemed favor 订购信函〔通讯〕. I [we] shall esteem it (as) a favour if 如果⋯(我,们)将不胜感谢.

es'ter ['estə] n. 酯,(pl.)酯类. ester gum 松(香酸)酯胶,甘油三松香酸酯. ester oil 由酯组成的合成油. ester value 酯化值. exchange ester 酯交换. resin ester 酯化树脂.

es'terase n. 酯酶.

es'tercrete ['estəkri:t] n. 酯强混凝土.

es'tergum n. 松酯胶,脂树胶.

esterifica'tion [esterifi'keiʃən] n. 酯化(作用).

ester'ify ['es'terifai] v. (使)酯化.

es'terize v. 酯化.

esterlysis n. 酯解作用.

esthe'sia [es'θi:ziə] n. ①感觉,知觉 ②感觉神经官能症,感觉障碍.

esthes'ic a. 感(知)觉的.

esthesiogen'esis n. 感觉发生.

esthesiogenic a. 发生感觉的.

esthesiom'eter n. 触觉测量器.

esthesiom'etry n. 触觉测量法.

esthe'sis n. 感觉.

esthet'ic(al) [i:s'θetik(əl)] a. ①美(术,学)的,审美的 ②感觉的,知觉的. ~ally ad.

esthet'ics n. (审)美学.

estiatron n. 周期静电聚焦行波管.

es'timable ['estiməbl] a. 值得尊重的,可估计(计)的. es'timably, ad.

es'timate I ['estimeit] v. 估(计,算,量,价),预算(测,计),计(概,推)算,测定,评价(定),判断. estimated amount 估计(预算)数量. estimated cost 预算价值(费用),估计成本. estimated data 估值数据. estimated performance 估算性能. estimating equation 估计方程. ▲(be) estimated at 估计达,大约为. estimate M at N 估计 M 为(达) N. estimate for 估计⋯的费用. estimate M to be N 认为(评价) M 是 N.
II ['estimit] n. 估计(量,数,值),推定量,评价,判断,预算,概算(亿),(典型统计得出的)数值,估计单,估计成本单. eye estimate 目测,目视估计. intelligence estimate 情报(敌情)判断. rough [coarse] estimate 约计,粗略的估计. ▲by estimate 照估计. estimate of cost 估价. estimate sheet 估价单. form [make] an estimate of 给(对)⋯作一估计. provide the best estimate of 提供对⋯的最准确的估计. the Estimates 财政(年度)收支预算.

es'timating n. 编制预算,估计.

estima'tion [esti'meiʃən] n. ①估计(算,价,值),评价,判断,意见,预算(额),概算 ②评(鉴,估,测)定,预测 ③尊重. be (held) in estimation 受到尊重. estimation range 预测区域(范围). form a true estimation of 对⋯作出正确的评价. hold ⋯ in (high) estimation 对⋯(十分)尊重. in my estimation 照我看来,照我的估计. mass estimation 质量测定. performance estimation 性能估计. visual estimation 目测.

es'timative a. 有估计能力的,(能)作出判断的,可用以估计的,根据估计的. estimative figure 估计的数字.

es'timator n. ①估计(评价)者,设计员 ②估计量(值,式)③计算机,估值器. efficient estimator 有效估计量. radiation estimator 辐射剂量计.

es'tival a. 夏令(季)的.

estiva'tion n. (动物)夏眠(蛰).

estivo-autumnal a. 夏秋的.

Esto'nia [es'tounjə] n. 爱沙尼亚.

Esto'nian [es'tounjən] n.; a. 爱沙尼亚人(的).

estop' [is'tɔp] (estopped; estopping) vt. 禁止,阻止,防止(from).

estop'page n. 堵塞,阻止.

estrade n. (讲)台.

estradiol n. 雌(甾)二醇.

estrane n. 雌(甾)烷.

estrange' [is'treindʒ] vt. 疏远,隔离. ▲be [become] estranged (from each other)(互相)疏远. estrange ⋯ from ⋯使⋯与⋯疏远,使⋯离开〔远离〕⋯. ~ment n.

estrin n. 雌激素.

estriol n. 雌(甾)三醇.

es'trogen n. 雌激素.

es'tron ['estrɔn] n. 乙酸纤维(素).

estrone n. 雌(甾)酮.

estrus n. 动情期.

estuar'ial 或 es'tuarine a. 河口的,港湾的. estuarine deposition 港湾沉积.

estua'rium n. 蒸汽浴,烧灼管.

es'tuary ['estjuəri] n. 河口,江(海,港)湾,三角港,潮区.

ESU = ①electro static unit 静电单位 ②electrostatic units of electrical charge 电荷的静电单位.

ESV = ①earth satellite vehicle 人造地球卫星 ②emergency shutoff valve 紧急切断阀.

ESVAC = epitaxial silicon variable capacitance diode 外延硅(可)变(电)容二极管.

ET = ①eastern time (美国)东部时间 ②elapsed time 过去(经过)的时间 ③electrical transcription 电气录音,电气录制 ④electrolytic 电解的 ⑤ethyl 乙基.

et I [et] (拉丁语). II [ei] (法语) conj. 和,与.

e'ta ['i:tə] n. (希腊字母) H, η.

ETA = ①engineering task assignment 工程任务的分配 ②estimated time of arrival 估计的到达时间.

eta-function n. η函数.

et al 〔拉丁语〕=①*et alibi* 等处,以及其他地方 ②*et alii* 以及其他等等,等人,及其他人.

Et alc = ethyl alcohol 乙醇.

etalon ['eitəlɔn] n. ①标准(具,量具,样件),基准,规格 ②校准器,波长测定仪,分析频谱的干涉仪.

état 〔法语〕状态,情(状)况. *état major* 参谋部.

ETC = estimated time of completion 估计的完工时间.

etc 〔拉丁语〕=*et cetera* 等等.

ETCC = environmental test control center 环境试验管理中心.

ETCD = estimated task completion date 估计的任务完毕日期.

et cet'era [it'setrə] 〔拉丁语〕 等等,以及其他等等.

etcet'era [et'setərə] n. 许多各种各样的人〔东西〕,零碎物件,附加项目,其他种种.

etch [etʃ] v. ; n. ①蚀刻,侵〔浸,腐,刻,镂〕蚀,酸洗 ②腐蚀〔蚀刻〕剂. *acid etch* 酸洗,浸酸. *etch cut method* 腐蚀截割法. *etch figures* 蚀像,浸〔腐〕蚀图. *etch hole* 蚀刻孔,刻腐孔点,蚀刻孔点. *etch pattern* 腐蚀图形. *etch pit* 侵〔浸〕蚀〔腐蚀〕坑,侵蚀〔腐蚀〕陷窝,蚀坑痕. *etch primer* 磷化底漆,反应性底漆. *etched amplifier* 印刷电路放大器. *etched figure* 浸蚀像. *etched glass* 毛〔无光〕玻璃. *etched wiring circuits* 印制电路. *mass etch* (晶体的)粗蚀. ▲*etch back* 深(内)腐蚀. *etch M into N* 在 N 上蚀刻成 M. *etch out* 蚀刻〔腐蚀〕出来.

etch'ant ['etʃənt] n. 腐蚀〔浸〕剂,蚀刻剂.

etched-foil a. 腐蚀箔的.

etch'er ['etʃə] n. (电)蚀刻器,蚀刻者.

etch-figure n. 蚀像.

etch'ing ['etʃiŋ] n. 蚀刻(法,术,版,画),镂版,蚀刻版印刷品,铜版术,浸〔腐,刻,镂〕蚀(加工),酸洗. *close etching*(晶体的)精蚀. *contour etching* 外形腐蚀加工. *electrochemical etching* 电化浸蚀,电抛光. *electrolytic etching* 电解浸蚀法. *etching figure* 浸蚀像. *etching powder* 磨毛粉. *etching to frequency*(将晶体)腐蚀到所需(规定的)频率. *half-tone etching* 网纹版. *mill roll etching* 轧辊的喷砂强化. *rough etching* 粗蚀(晶体).

etch-out a. 蚀刻(腐蚀)出来的.

etch-pit n. 蚀刻坑,腐蚀陷窝.

etch-proof a. 防腐蚀的.

etch-resistant a. 抗(侵,浸,腐)蚀的.

ETD = ①estimated time of delivery 估计的交货时间 ②estimated time of departure 估计的出发〔起飞〕时间.

ETE = ①engineering test evaluation 工程试验鉴定 ②estimated time enroute 估计的在途中时间.

ET/E = electrical technician/electrician 电工技术员/电工技师.

eteline n. 四氯乙烯.

eter'nal [i'tə:nl] a. ①永久(恒,远)的,无穷(尽)的 ②不断(停,绝,变,朽)的. *truth eternal* 永久不变的真理. *Eternal life to the revolutionary martyrs*! 革命烈士们永垂不朽! ~ly ad.

eter'nalize vt. 使永恒,使不朽.

eternit n. 石棉水泥. *eternit pipe* 永久(性)管,不朽管,石棉水泥管.

eter'nity [i'tə:niti] n. ①永远,无穷,无限〔尽〕期,不朽 ②(pl.) 永远不变的真理〔事实,事物〕. ▲*through all eternity* 万古千秋,永远.

eter'nize [i:'tə:naiz] vt. 使永恒,使永垂不朽. **eternization** n.

ete'sian [i'ti:ʒən] a. 例年的,一年一次的,季节风的.

ETF = ①electrothermal furnace 电热炉 ②engine test facility 发动机试验设备 ③engineering test facility 工程试验设备 ④environmental test facility 环境试验设备.

eth = ether 醚.

ethamine n. 乙胺.

ethanal n. 乙醛.

ethanamide n. 乙酰胺.

eth'ane ['eθein] n. 乙烷. *ethane acid* 乙酸.

ethanoic acid 乙酸.

eth'anol ['eθənɔl] n. 乙醇,酒精.

ethanolamine ['eθənɔulə'mi:n] n. 胆胺,乙醇胺,2-氨基乙醇,2-氨乙基乙胺.

ethanoyl a. 乙酰(基).

eth'ene [e'θi:n] n. 乙烯.

ethenoid resin n. 乙烯树脂.

ethenol n. 乙烯醇.

ethenone n. 乙烯酮.

ethenyl n. 乙川,乙烯基.

e'ther ['i:θə] Ⅰ n. ①以太,(宇宙)能媒 ②乙醚(R-O-R'型的化合物的总称) ③气氛. Ⅱ vt. 广播,播送. *ether drift* 以太漂移. *ether extraction* 用乙醚萃取,乙醚萃取(法). *ether scanner* 全景(搜索)接收机. *ether spectrum* 电磁〔以太〕频谱. *ether wave* 电磁〔以太〕波. *luminiferous ether*(光)以太. *petroleum ether* 石油醚.

etherate n. ①醚合物,醚化物 ②乙醚络合物.

ethe'real 或 **ethe'rial** [i'θiəriəl] a. ①轻〔飘〕的,淡淡的,易消散的,稀薄的,空气一样的 ②天上的,太空的 ③醚(性)的,似醚的,用醚制的,有高度挥发性的 ④以太的 ⑤微妙的,精微的. *ethereal oil* 香精〔芳香,挥发〕油. *ethereal salt* 酯. *ethereal sulphates* 硫酸酚酯. ~ly ad. ~ity 或 ~ness n.

etherealiza'tion [iθiəriəlai'zeiʃən] n. 醚化,气化.

ethe'realize vt. 使变成醚,使醚〔气〕化,使稀薄.

ethereous a. 醚的.

etherifica'tion n. 醚化(作用).

ether'ify [i'θerifai] vt. 使…变成醚,使醚化.

etheriza'tion 或 **etherisa'tion** [iθərai'zeiʃən] n. 醚化,用醚麻醉.

e'therize 或 **e'therise** v. 〔化〕醚化,使变成醚,用醚麻醉.

Ethernet n. (计算机网名称)以太网(络).

ether-soluble a. 溶于醚的.

eth'ic ['eθik] Ⅰ a. =ethical. Ⅱ n. =ethics.

eth'ical ['eθikəl] a. ①伦理(上)的,道德的 ②(药品)合乎规格的,凭处方出售的(药品). ~ly ad.

eth'ics ['eθiks] n. 道德(标准),伦理(观,学). *communist ethics* 共产主义道德.

ethide n. 乙基(化物).
ethidene n. 乙叉,亚乙基.
ethine n. =acetylene.
ethinyl n. 乙炔基.
ethionine n. 乙(基)硫氨酸.
Ethiopia [iːθiˈoupjə] n. 埃塞俄比亚.
Ethiopian [iːθiˈoupjən] n.; a. 埃塞俄比亚的,埃塞俄比亚人(的).
eth'nic Ⅰ n. 人种;(种族)成员. Ⅱ a. 人种的、种族的.
eth'nics [ˈeθniks] n. 人种学.
ethnocen'trism n. 人性中心论.
ethnog'eny n. 人种起源(学).
ethnog'raphy n. 人种描述学、人种论.
ethnolog'ic(al) [eθnəˈlɔdʒik(əl)] a. 人种[类]学的.
ethnol'ogist [eθˈnɔlədʒist] n. 人种[类]学家.
ethnol'ogy [eθˈnɔlədʒi] n. 人种[类]学.
ethnozool'ogy n. 人文动物学.
et hoc genus omne 〔拉丁语〕诸如此类.
ETHO =ethylene oxide 环氧乙烷.
eth'ogram n. 人性图,人格图,动物行为图.
ethol'ogy n. (个体)生态学.
ethoxy a. 乙氧(基).
2-ethoxyethanol n. 溶纤剂,2-乙氧基乙醇.
ethoxyl n. 羟乙基.
ethox'yline (resin) 环氧树脂.
eth'yl [ˈeθil] n. ①乙(烷)基(有 C_2H_5 根) ②四乙铅,防爆[抗震]剂 ③含四乙铅的汽车燃料. *ethyl acetate* 乙酸乙酯. *ethyl alcohol* 乙醇,普通酒精. *ethyl benzyl cellulose* 乙苯纤维素. *ethyl cellulose plastic(s)* 乙基纤维(类)塑料. *ethyl ester* 乙酯. *ethyl ether* (二)乙醚,乙基醚. *ethyl fluid* 乙基液,汽油(四乙铅镇震)精. *ethyl gasoline* [petrol] 乙基[含四乙铅]汽油,乙基石油醚. *ethyl oxide* (二)乙醚. *ethyl silicate* 硅酸乙酯. *ethyl styryl ketone* 苏合香烯丙酮. *ethyl tetralead* 四乙铅.
eth'ylal'cohol n. 乙醇,酒精.
ethylamine n. 乙胺.
eth'ylate v.; n. 乙基化(物),乙醇盐.
ethyla'tion n. 乙基化(作用).
ethylbenzene n. 乙基(代)苯,苯乙烷.
eth'ylene [ˈeθiliːn] n. 乙烯,乙撑,次乙(基)(有 $CH_2 \cdot CH_2$ 根), (pl.) 烯烃. *dibromide ethylene* 二溴乙烯. *ethylene diamine* 乙(撑)二胺,乙二胺-(1,2). *ethylene dichloride* 二氯化乙烯. *ethylene glycol* 乙(撑)二醇,甘醇. **ethylenic** a.
ethylenechlorhydrin n. 氯乙醇.
ethylenediamine n. 乙(撑)二胺.
ethylene-oxide n. 环氧乙烷.
ethylether n. 乙醚.
ethylic acid 乙酸.
ethylidene n. 乙叉,亚乙基.
ethylidyne 或 **ethylidine** n. 乙川.
ethyliza'tion n. 乙基化.
eth'ylize v. 乙基化.
eth'ylizer n. 乙基化器,乙基液配给泵.
ethyl-oxide n. 二乙醚.
ethyl-phosphate n. 磷酸三乙酯.

ethylsilicate n. 硅酸乙酯.
ethyltrifluoroacetate n. 三氟乙酸乙酯.
ethyna'tion n. 乙炔化作用.
ethyne n. 乙炔.
ethynyl n. 乙炔基.
ethynyla'tion n. 乙炔化作用.
ethynylene n. 乙炔撑,次乙炔基.
ETI = elapsed time indicator 已过时间指示器.
et'ic [ˈetik] a. 语音的,行为表面的.
ETIC = English-Teaching Information Centre 英语教学情报中心(英).
etio- 〔词头〕本,初.
etiocholane n. 本胆烷.
etiogenic a. (成为)原因的.
etiolate v. 褪色,黄化.
etiola'tion n. 褪色,黄化(现象).
etiol'ogy n. 病源(因)学.
etioplast n. 白色(质)体.
etiquette [etiˈket] n. ①礼节,礼仪 ②规矩,成规,格式.
ETL = ①engineering test laboratory 工程试验实验室 ②etching by transmitted light 透射光刻蚀.
ETM = environmental test motor 环境试验电动机.
ETO = engineering test order 工程试验指令.
E'ton [ˈiːtn] n. 伊顿(英国城市名).
ETP = ①electrolytic tough pitch 电解精炼铜 ②engine test panel 发动机试验操纵台 ③engineering test procedure 工程试验程序 ④engineering test program 工程试验规划 ⑤evaluation test procedure 鉴定试验程序.
ETR = ①electronic time recorder 电子计时器 ②Engineering Test Reactor 工程试验反应堆 ③estimated time of return 估计的返回时间.
ETS = ①electronic timing set 电子计时装置 ②evaluation test specification 鉴定试验说明书.
et seq(q) 或 *et sq(q)* 〔拉丁语〕 = *et se quentia*.
et sequentes [et siˈkwentiːz] 或 *et sequentia* [et siˈkwenʃiə] 〔拉丁语〕以及下列等等.
Ettinghausen effect 艾廷豪森效应(通电流金属在磁场中产生温度差的效应).
ETV = educational television 大众(教育)电视.
etymolog'ical [etiməˈlɔdʒikəl] a. 语[词]源学的.
etymol'ogy [etiˈmɔlədʒi] n. 语源(学),词源(学).
E-type mode E 型波,E 传播模,TM 传播模.
EU = ①energy unit 能量单位 ②entropy unit 熵的单位,平均信息单位 ③equivalent unit 等效〔当量〕单位 ④erection unit 安装设备 ⑤experimental unit 试验单位 ⑥external upset (钻探管的)外加厚.
Eu = europium (化学元素)铕.
eu- 〔词头〕真,好,佳,优,正常.
eubacte'ria n. 真细菌类.
eubacterial a. 真细菌的.
eubio'sis n. 生态平衡.
eucalyp'tus [juːkəˈliptəs] n. 桉树类. *eucalyptus oil* 桉树油.
eucaryon n. 真核细胞.
eucaryote n. 真核生物.
eucaryot'ic a. 真核的.
euchlo'rine n. 优氯.
euchromatin n. 常染色质.

euchromosome n. 常染色体.
euclase n. 蓝柱石.
Eu'clid [ˈjuːklid] n. 欧几里德. *Euclid's postulates* 欧几里德公设.
Euclid'ean 或 Euclid'ian [juːˈklidiən] a. 欧几里德的. *Euclidean geometry* 欧氏几何(学). *Euclidean space* 欧氏空间.
eucolite n. 负异性石.
eucolloid n. 真[优,天然,大粒]胶体.
eucra'sia [juːˈkreisiə] n. 体质健全[正常].
eucrasite n. 钍铈矿.
eu'crite [ˈjuːkrait] n. 钙长辉长岩(陨石).
eucryptite n. 锂霞石.
eucy'clic a. 良性循环的.
eudialyte n. 异性石.
eudidymite n. 双晶石.
eudiom'eter [juːdiˈɔmitə] n. (气体燃烧时的)容积变化(空气纯度)测定管,爆炸滴定管,量气管,测气计,气体燃化计.
eudiomet'ric(al) [juːdiəˈmetrik(əl)] a. 气体测定(分析)的,量气管的. —ally ad.
eudiom'etry [juːdiˈɔmitri] n. 气体测定(分析)(法),空气纯度测定法.
eudo'minant n. 优势.
eudyalite n. 异性石.
euerga'sia [juːəːˈgeisiə] n. 脑力正常,精神正常作用.
euesthe'sia [juːesˈθiːziə] n. 感觉(知觉)正常.
eugenet'ics [juːdʒeˈnetiks] n. 人种改良学,优生学.
eugen'ic a. 优生的.
eugen'ics n. 优生学.
eugenism n. 优生,优种.
eugenol n. 丁子香酚,丁香酚酮.
eugeosyncline n. 优[正]地槽.
euglenophyta n. 裸藻.
euglobulin n. 优球蛋白.
eugno'sia n. 感(知)觉正常.
eugnos'tic a. 感(知)觉正常的.
eugonic a. 生长旺盛的.
eugranit'ic a. 花岗岩状的.
euhe'dral [juːˈhiːdrəl] a. 全形的,自形的. *euhedral crystal* 自形结晶.
euhedral-granular a. 自形粒状.
eukaryote n. 真核生物,真核细胞.
eukaryot'ic a. 真核的.
eukine'sia n. 动作(运动力)正常.
eukinesis n. 动作(运动力)正常.
eukinet'ic a. 动作(运动力)正常的.
Eu'ler [ˈjuːlə] n. 欧拉. —ian a.
eulimnet'ic n.; a. 湖心的;湖沼浮游生物.
eulimnoplank'ton n. 湖沼浮游生物.
eulit'toral a. 真潮间带的,真潮间带的.
eu'logist [ˈjuːlədʒist] n. 颂扬者.
eulogis'tic [juːləˈdʒistik] a. 颂扬的,歌颂的,称赞的.
eu'logize [ˈjuːlədʒaiz] vt. 颂扬,赞颂.
eu'logy [ˈjuːlədʒi] 或 eulogium [juːˈloudʒjəm] n. ①颂扬,称赞,歌颂 ②颂词,赞美词. ▲*eulogy on …* 对…的称赞(好评).
eumito'sis n. 常有丝分裂.
eumor'phics [juːˈmɔːfiks] n. 正形术.
eumor'phism [juːˈmɔːfizm] n. 形态正常.

eu'nic a. 深海的.
eunoi'a [juːˈnɔiə] n. 心神[精神]正常.
euos'mia [juːˈɔsmiə] n. 嗅觉正常,(令人)愉快气味.
eupatheoscope n. 有机体热量耗(散)测量仪,热耗仪.
eupelag'ic a. 远洋的,纯远洋的.
eupep'sia [juːˈpepsiə] n. 消化(力)正常.
eu'pepsy [juːˈpepsi] n. 消化(力)正常.
eupep'tic a. 消化(力)正常的.
eupha'gia n. 正常饮食.
euphe'nics [juːˈfiːniks] n. 遗传工程学;优种学.
eu'pholite [juːˈfɔlait] n. 滑石辉长岩.
eupho'nia [juːˈfouniə] n. 声音正常.
euphon'ic(al) [juːˈfɔnik(əl)] 或 eupho'nious a. 音调(好,上)的,悦耳的. euphon'ically ad.
eupho'nium n. 一种似萨克号的低音乐器.
eu'phonize [ˈjuːfənaiz] vt. 使声音悦耳,使音调和谐.
eu'phony [ˈjuːfəni] n. 和声,谐音,悦耳的声音.
eupho'ria [juːˈfouriə] n. 精神愉快,欣快.
eupho'riant Ⅰ a. 精神愉快的. Ⅱ n. 欣快剂.
euphor'ic a. 精神愉快的,欣快的.
euphorit'ic a. 使欣快的.
euphorop'sia [juːfɔˈrɔpsiə] n. 视觉舒适.
Euphra'tes [juːˈfreitiːz] n. 幼发拉底河.
eu'phroe [ˈjuːfrou] n. 紧绳器.
euphyllite n. 钠钾云母.
eupiesia n. 正常压力.
eupiesis n. 正常压力.
eupiet'ic a. 正常压力的.
euplank'ton n. 真浮游生物.
euplas'tic a. 迅速组合成的,适于组织形成的.
eu'ploid [ˈjuːplɔid] n. 整倍体.
euploi'dy [juːˈplɔidi] n. 整倍性.
eupne'a [juːpˈniːə] n. 呼吸正常,平静呼吸.
eupotam'ic Ⅰ a. 真河流性的. Ⅱ n. 真河流浮游生物.
euprax'ic a. 运用正常的.
eupyrex'ia [juːpaiˈreksiə] n. 微热.
Eur = ①Europe 欧洲 ②European 欧洲(人)的.
Eura'sia [juːˈreiʒə] n. 欧亚(大陆). —n a.
EURATOM 或 Eu'ratom [ˈjuərətəm] = European Atomic Energy Community 欧洲原子能联营.
Eure'ka [juəˈriːkə] n. ①尤雷卡(一种雷达信标),地面应答信标 ②优铜,尤雷卡高电阻铜镍合金(铜55〜60%,镍40〜50%). *Eureka burner* 自己点燃的本生灯. *Eureka radar beacon* 尤雷卡雷达信标. *Eureka Rz* 尤雷卡 Rz 镁锆铸造合金(锌4.5%,稀土类1.25%,锆0.6%,其余镁).
eurhyth'mia [juːˈriðmiə] n. 发育均匀.
euroclydon n. 尤拉奎洛风(阿拉伯和近东的暴风).
Eu'rocom n. 欧洲通信组织.
Eu'rocrat [ˈjuərəkræt] n. 欧洲经济共同体的官员.
Euro-currency n. 欧洲货币.
Euro-dollars n. 欧洲美元,美国国外持有的美元.
Euromarket 或 Eu'romart = European Common Market 欧洲共同市场.
Eu'romoney n. 欧洲通货.
Eu'rope [ˈjuərəp] n. 欧(罗巴)洲. *East* 〔*Eastern*〕 *Europe* 东欧. *West* 〔*Western*〕 *Europe* 西欧.
Europe'an [juərəˈpiən] a.; n. 欧洲人(的),全欧的.

European Economic Community(简写 EEC)欧洲经济共同体,欧洲共同市场. *European red elder* 接骨木.
Europe'anism n. 欧风,欧式.
Europeaniza'tion [juərəpiənai'zeiʃən] n. 欧化.
Europe'anize [juərə'piənaiz] vt. 使欧化.
euro'pia n. 氧化铕.
euro'pium [juə'roupiəm] n.【化】铕 Eu.
europous chloride 二氯化铕.
Euro'sis [ju:'rousis] n. 欧洲危机.
Euro-Space n. 欧洲卫星通信组织.
Eu'rovision n. 欧洲电视节目交换制(通过变换扫描行数标准),欧洲电视网(西、北欧国家的电视国际转播网). *Eurovision link* 全欧电视广播网.
Eu'royen n. 欧洲日圆.
eurybath'ic a. 广深性的(水生生物).
euryhaline a. 广盐性的.
euryhalinous a. 广盐性的.
eurynter n. 扩张器.
euryoecic 或 **euryoecous** a. 广栖性的.
euroxybiont n. 广酸性生物.
euryphagous a. 广食性的.
eurysalin'ity n. 广盐性.
eurysma n. 扩张.
eurytherm n. 广温性,广温生物.
eurytherm'ic 或 **eurytherm'al** Ⅰ n. 广温动物. Ⅱ a. 广温性的.
eurytherm'ous a. 广温性的.
eurytope n. 广生境的.
eurytop'ic a. 广分布的.
eurytrop'ic a. 广适性的.
eusit'ia [ju'sitiə] n. 食欲正常.
eu'stasy n. 海面升降(进退).
eustat'ic [ju:'stætik] a. 海面升降(变化)的.
eusthe'nia n. 体力正常.
eutactic'ity n. 理想的构形规整性.
eutaxia n. 身体正常.
eutec'tod [ju:'tekrod] n. 共晶焊丝条.
eutec'tic [ju:'tektik] a.; n. 共晶(体,的),低共晶的,共结混合物,低共熔点(体,混合物,的),易熔(质)的. *binary eutectic* 二元共晶. *eutectic alloy* 共晶(成分的)合金,易熔合金. *eutectic cementite* 共晶渗碳体. *eutectic evaporate* 共晶体,易熔质,低共熔混合物,低共熔,易挥发. *eutectic horizontal* 易熔横线. *eutectic mixture* 易熔(低共熔)混合物. *eutectic plate* 低共熔体,冻片. *eutectic point* 低共熔点. *salt eutectic* 低熔共晶盐,盐类共晶.
eutecticum n. 共晶(化,体).
eutectif'erous a. 含(共晶(体)的.
eutec'tiform n. 共晶状.
eutec'toid [ju:'tektɔid] n.; a. 共析混合物的,低共析(的,体的),共析合金,类低(不均匀)共析的,类低共析体,易熔质. *eutectoid point*(固态熔液)低共熔点,共析点. *eutectoid steel* 共析钢. *eutectoid structure* 共析结构.
eutectom'eter n. 快速相变测定仪.
eutectophyric structure 流状结构.
eutex'ia [ju:'teksiə] n. 稳定状态,稳定结合性,低共熔性.
euthen'ic a. 优境的.
eutherapeu'tic a. 良效的,疗效好的.
euther'mic a. 增温的.
euthymia n. 情感正常.
eutrepisty n. 妥善艺术前抗菌准备.
eutroph'ic a. 发育正常的,营养良好的,(湖泊)富含营养物质的. *eutrophic lake* 滨海(滋育)湖.
eutrophica'tion [ju:trɔfə'keiʃən] n. 海藻污染,富营养化.
eu'trophied ['ju:trɔfid] a. 受海藻污染的.
eutrop'ic a. 异序共晶的.
eutropy n. 异序同晶(现象).
EUV = extreme ultraviolet radiation 超紫外辐射.
eu'xenite n. 黑稀金矿.
euxinic deposition 静海沉积.
ev = electron volt 电子伏特.
EV = entry visa 入境签证.
EVA = ①ethylene vinyl acetate copolymers (一种聚烯烃塑料) ②extravehicular activity 在飞船外的活动,出舱活动.
evac = evacuate(d) 或 evacuation 抽(真)空(的).
Evactor cooling system (水在)高真空(汽化下的)冷却系统.
evac'uable a. 易抽(排,撒)空的,易于卸货的.
evac'uant ['i'vækjuənt] Ⅰ a. 排泄的,排除的. Ⅱ n. 排除(利尿,泻,吐)药.
evac'uate ['i'vækjueit] vt. ①搬(抽)空,排空(泄,出,气) ②消除(灭),除清,撤离,疏散. *evacuated capsule* 真空膜盒. *evacuated chamber* 真空室. *evacuated space* 真空空间. *partially evacuated* 部分抽空的. ▲(be) evacuated to 被抽空到. *evacuate M from N* 抽干(排空)N 中的 M. *evacuate M of N* 除清 M 中的 N.
evacua'tion [ivækju'eiʃən] n. ①搬空,抽(成真)空,抽气,排空(泄,气) ②消除,除清,撤离. **evac'uative** a.
evac'uator n. 抽气设备,抽气(排出,排除)器,真空泵.
eva'dable ['i'veidəbl] a. 可逃(回避)的.
evade' ['i'veid] v. 逃(躲,回)避,逃遁,避开(免). *evade a question* 回避一问题. *evade a tax* 漏(偷)税.
evagina'tion n. 外折,外突,翻出,凸出.
eval = evaluate 或 evaluation.
eval'uate ['i'væljueit] vt. ①估计(量,算,量,值,价),判断 ②评价(定,值,述),测(鉴)定 ③计算(…的值),求…的值,整理(数据),以数目表示.
evalua'tion [ivælju'eiʃən] n. ①估计(量,价) ②评价(定,值,述),测(鉴)定 ③计算(数值),求值,计值,已得数据的整理,赋值. *evaluation chart* 评质图. *evaluation processor module* 处理机评价模件. *numerical evaluation* 数值计算(法).
eval'uator n. 鉴别(定)器.
eval'vate a. 无瓣的.
evanesce' [i:və'nes] vi. (渐渐)消失(散),渐近于零.
evanes'cence [i:və'nesns] n. (渐渐)消失(散),幻灭,渐近于零,瞬息.
evanes'cent a. 易消灭的,(渐渐)消失的,渐近于零的,无限小的,短暂的,瞬息的,不稳定的,易挥发的. *evanescent wave* 损耗波.

Evanohm n. 埃弗诺姆镍铬系电阻合金(镍75%, 铬20%, 铜2.5%, 铝2.5%).

evap =①evaporate 或 evaporation 蒸发 ②evaporator 蒸发器.

evapn =evaporation 蒸发.

evaporabil'ity [ivæpərə'biliti] n. 挥发性, 可蒸发性, 汽化性.

evap'orable [i'væpərəbl] a. 可蒸发掉的, 易蒸(挥)发的, 挥(蒸)发(性)的.

evap'orant n. 蒸发物[剂]. *evaporant ion source* 蒸发离子源.

evap'orate [i'væpəreit] v. ①蒸(挥)发, 汽化 ②(使)脱水, 除去水分, 浓缩, 蒸浓, 通过升华使(金属)逸散, 飞逸 ③消失[散, 灭], 发散, 死亡 ④发射(电子). *evaporate to dryness* 蒸干. *evaporated circuit* 真敷(薄膜)电路. *evaporated latex* 蒸发橡浆. *evaporated milk* 淡炼乳. *evaporated transistor* 蒸发型晶体管. *evaporated vegetables* 脱水蔬菜. *evaporating column* 浓缩[蒸浓]柱. *evaporating dish* 蒸发皿.

evapora'tion [ivæpə'reiʃən] n. ①蒸(挥)发(作用, 过程), 汽化, 脱水(法), 干燥, 消(发)散, 升华逸散作用 ②蒸气. *electron evaporation* 电子发(放)射. *evaporation capacity* 蒸发量, 蒸发能力. *evaporation gum test* (石油)蒸发胶质试验. *evaporation nucleon* 蒸发核子. *evaporation rate* 蒸发(速, 比)率, 蒸发率, 蒸发速度. *evaporation test* 蒸发试验, 汽化度的测定. *selective evaporation* 分[精]馏. **evap'orative** a.

evaporativ'ity n. 蒸发度[率, 能力].

evap'orator [i'væpəreitə] n. 蒸发(蒸化, 汽化)器, 蒸干燥器. *evaporator source* 蒸发源.

evaporigraph n. 蒸发记录仪.

evaporim'eter [ivæpə'rimitə] n. 蒸发计.

evaporim'etry n. 蒸发测定法.

evap'orite [i'væpərait] n. 蒸发盐(岩, 残垢).

evaporiza'tion [ivæpərai'zeiʃən] n. 蒸发, 汽化.

evap'orograph [i'væpərəgra:f] n. 蒸发成像仪.

evaporog'raphy n. 蒸发成像术.

evaporom'eter [ivæpə'rəmitə] n. 蒸发计.

evaporoscope n. 蒸发镜.

evaporotranspira'tion n. 总蒸发(土壤水分蒸发蒸腾损失总量), 蒸发-蒸腾.

evapotranspira'tion [i'væpoutrænspi'reiʃən] n. 蒸散, 土壤水分蒸发蒸腾损失总量.

evase n. (风机, 泵等出口的)渐扩段.

eva'sion [i'veiʒən] n. ①逃[躲, 回, 规]避, 避免, (关税的)偷漏, 漏税 ②借口, 推托, 遁辞 ③(目标的)机动飞行, (目标)机动(数). ▲*evasion and escape* 回避和逃避. *take shelter in evasions* 借口逃[躲]避.

eva'sive a. 逃[躲, 规]避的, 避免的 ②偷漏的 ③托辞的, 推诿的, 含糊其词的. *evasive answer* 遁辞, 推托. ~**ly** ad. ~**ness** n.

evatron n. 电子变阻器, 自动控制用热离子变阻器.

EVC-O = electronic vibration cutoff 电子振动截止.

eve [i:v] n. 前夕[夜]. *New Year's Eve* 除夕. ▲*on the eve of* …在…的前夕.

evectics n. 保健学, 卫生学(旧名).

evec'tion [i'vekʃən] n.【天】出差.

e'ven ['i:vən] I a. ①平(滑, 坦, 静, 稳, 衡)的, (高低一般)齐的 ②不曲折的, 无凹路的, 连贯的 ③有规律的, 不变的, 一样(致)的, 均匀[等, 衡]的, 相[对]等的, 同样的, (公的)(数的), 用2除得尽的 ⑤整(数, 整)的. II ad. ①甚至, 即使…也, 连…都 ②[十比较级]更加, 愈[还]要 ③(表)[要]足是, 才, 齐. *even depth* 相等深度. *even dye* 均染[匀染]料. *even fracture* 细[晶]粒[平坦]断口. *even grained* 等粒状. *even harmonics* 偶次谐波. *even joint* 平接. *even level* 偶数层(级). *even load* 均布荷载. *even number* 偶数. *even odds* 成败[正反]机会相等. *even parity* 偶数奇偶校验. *even permutation* 偶排列[置换]. *even running surface* 平整的路面. ▲*at even keel* 在等深吃水处, 在平稳状况下. *be even with* 与…一般高[齐], 与…(高低)相等. *be of even quality* 质量稳定. *even* (+a. 或 ad. 的比较级)更(加), 还(要). *even as* 正当[恰恰在]…的时候, 正如. *even faster than* 比…还要快. *enen if*〔though〕即使(…也), 虽然, 纵然. *even now* 虽至现在还, 尽管现在这样. *even so* 即使(虽然)如此. *even then* 甚至那时候都, 甚至在这种情况下(都), 尽管那样, 虽然情况如此. *evenly even* 四除得尽. *make odds even* 平. *not* [*never*] *even* (甚至)连…也不. *oddly* [*unevenly*] *even* 奇数和偶数的积(二能除得尽而四除不尽的). *of even date* 同月日, 同一日期(的). *on an even keel* 平稳的, 平放的. *or even* 乃至, 以至.

III vt. 弄平坦, 整平, 使平[相等, 平均, 均匀, 平衡]. ▲*even up* 使平均[均匀, 平衡], 拉平.

IV n. 黄昏, 傍晚.

even-A nucleus 偶A核, 偶质量数核.

evenbedded a. 路床平整的, 均匀分层的.

even-C particle 偶C字称粒子.

even-charge n. 偶电荷.

even-controlled gate 偶数控制门.

e'vener ['i:vənə] n. 整平机, 平衡(均衡, 调整)器.

e'ven-e'ven I a. 偶-偶的. II n. 偶数对, 偶数个偶数.

evengrained 或 **evengran'ular** a. 颗粒均匀的.

eve'ning ['i:vniŋ] n. ①傍晚, 黄昏; 晚上 ②末期, 后期, 衰落期 ③(联欢)晚会. *evening tide* 夕, 晚潮. *in the evening* 在晚上. *on the evening of*…在…日的晚上. *towards evening* 在天快黑的时候.

even-integral number 偶整数.

even-line a. 偶(数)行的.

e'venly ['i:vənli] ad. ①平(坦, 静, 等)地 ②齐, 均匀, 公平, 对等. *evenly graded* 颗粒(级配)均匀的.

even-mass nucleus 偶质量数核, 偶A核.

even-minded a. 沉着的, 泰然自若的.

e'venness ['i:vənnis] n. ①平(坦, 等), 静, 匀, 面度, 滑度, 光泽(度) ②均匀性(度), 一致性.

e'ven-odd' a. 偶-奇的, 偶数-奇数的.

e'ven-or'der a. 偶次的.

even-parity a. 偶字称(性)的, 字称为偶的.

event ['ivent] n. ①(重要, 偶然, 随机)事件, 大事, 事情(例, 变), 事项, 情况, 过程 ②(相互)作用, 现象, 活动 ③结果(终局), 场合 ④间隙, 距离, 冲程, 缝, 孔 ⑤同相轴 ⑥核变变(化)⑦(相对论)时空点, 世界点. *cosmic-ray event* 宇宙射线的原子核相互作用.

current events 时事. **cycle event** 循环动作. **energetic〔high-energy〕event** 高能核转变. **event counter** 信号〔转换〕计数器. **event magnet** 步调磁铁. **event population** 事例粒子数. **independent event** 独立事件. **ionizing event** 电离作用〔条件〕. **neutron event** 中子互相作用. **nuclear event** 原子核转变. **random event** 随机现象. **S event** 静止粒子衰变. **spurious event** 假象. **V event** 飞行衰变. **valve event** 活门〔阀〕动作. ▲**at all events** 或 **in any event** 无论如何〔怎样〕不,不管怎样(毕竟),在任何情况下,至少,起码,总之,反正. **in either event**(两种情况中)无论是一样都,无论这样还是那样. **in that〔this〕event** 在那时候,在那〔这〕种场合〔情况下〕. **in the event** 终于,结果. **in the event of 〔that〕** 万一,即使. **in the ordinary 〔natural〕 course of events** 通常,按照常例〔自然趋势〕自然而然地,按照事情的自然发展.

event-directed *a.* 指向事件的.

event′ful [i'ventful] *a.* ①多事(件)的,多变(故)的,充满大事的 ②重大的,重要的. **eventful affair** 重大的事件. **eventful life** 丰富的一生. **eventful year** 多事之秋. ～**ly** *ad.*

event′less [i'ventlis] *a.*(平静)无事的.

event-marker *n.* 结果标示器标记者.

event-oriented *a.* 面向事件的.

even′tual [i'ventjuəl] *a.* 最后的,结局的,万一的,可能发生的,或有的. **eventual failure** 完全〔最后〕破坏.

eventual′ity [iventju'æliti] *n.* 不测〔可能发生的〕事件,偶然性. **possible eventualities** 可能发生的突然事变. ▲**be ready for any eventualities** 或 **provide against eventualities** 以防万一.

even′tualize [i'ventjuəlaiz] *vi.* 终于引起〔发生〕.

even′tually [i'ventjuəli] *ad.* 终于,究竟什么.

even′tuate [i'ventjueit] *vi.* 结果,终归,发生,最后成为. ▲**eventuate in** 终归,结果…

even-2 nucleus 偶 2 核,偶电荷核.

ev′er ['evə] *ad.* ①〔用于疑问、否定、条件句〕在任何时候,从来,曾经,有时. *No one has ever seen it.* 从来也没人见过它. *We seldom*〔*if ever*〕*use it.* 我们很少用到它(如果什么时候用过的话,那也是极难得) ②经常,一直,总是,始终,永远. **ever frost** 多年冻土. **ever sharp pencil**(总是尖的)活心铅笔. ③〔ever 十比较级〕愈来愈. 日益,更加. **ever larger field of experience** 日益扩大的经验范围. **ever more precise instruments** 愈来愈精密的仪器. ④〔用于比较级或最高级之后〕比前,前此,此今,有史以来. *It is more necessary than ever for us to work hard.* 我们比以往更需努力工作. *the first ever produced by man*(有史以来)第一次人工造出的. *the highest speeds ever used in engineering work* 工程上(迄今用过)的最高速度. ⑤〔加强语气〕尽量,尽可能,究竟,到底. **as much〔quick〕as ever you can** 你尽量多〔快〕地. **what〔which, who, when, where, why, how〕ever…?** 究竟什么〔那个,谁,何时,何处,为何,怎样〕…? ▲**as ever** 仍旧,依旧,一直,常常. **ever after〔afterwards〕** 从那时以后,以后一直. **ever and again** 时时,常常,不时地. **ever since** 打从那时起(就),自…以来,还是从…起(就). **ever so〔such〕** 非常,很. **ever so much** 非常,万分地. **for ever(and ever)** 永远,老是. **hardly〔scarcely〕ever** 极难得,几乎(从)不,很少. **if ever** 如果有〔发生〕过的话(那也). **not… ever** 从来没有,决没有,决不. **seldom if ever** 极难得,绝无仅有.

ever-〔词头〕永远,常,不断,日益.

ever-accelerating *a.* 不断加速的.

ever-active *a.* 一直在活动的.

Ever-brass *n.* 埃弗无缝黄铜管.

Everbrite *n.* 埃弗布赖特铜镍铬耐蚀合金(铜 60～65%, 镍 30%, 铁 3～8%).

ever-changeful 或 **ever-changing** *a.* 不断〔一直在〕变化的.

Everdur *n.* 爱维杜尔铜合金,赛钢硅青铜,铜硅锰合金.

Ev′erest ['evərist] *n.* 埃佛勒斯峰(19世纪英国殖民主义者强加于 Zhumulangma Feng 珠穆朗玛峰的称呼). **Everest metal** 重型轴承铅合金(锑 14～16%, 锡 5～7%, 铜 0.8～1.2%, 镍 0.7～1.5%, 砷 0.3～0.8%, 镉 0.7～1.5%, 其余铅).

ever-expanding *a.* 不断〔一直在〕膨胀的.

ever-flowing *a.* 常流的,一直在流动的.

ever-frost 永(久冰)冻.

ever-frozen *a.* 永冻的.

ev′erglade *n.* (丘陵)沼泽地.

ev′ergreen ['evəgri:n] *n.* ; *a.* 常绿树〔的〕,常青树〔的〕.

evergreenness *n.* 常绿性,常绿现象.

ever-growing *a.* 日益增长〔加大〕的. **ever-growing use** 应用日广.

ev′er-increa′sing *a.* 不断增加的,日益提高的,越来越多的.

everlast′ing [evə'lɑ:stiŋ] Ⅰ *a.* 永久〔恒〕(的),持久(的),耐久性的,无穷(的),继续不断(的),经久不变(的). Ⅱ *n.* 永久,无穷. ▲**from everlasting to everlasting** 永远无穷地. ～**ly** *ad.*

Everlube *n.* 耐寒性润滑油.

evermoist *a.* 常(潮)湿的.

evermore′ [evə'mɔ:] *ad.* ①永远,始终 ②将来,今后. ▲**for evermore** 永远(地).

ever-present *a.* 总是存在的.

eversafe *a.* 永远安全的,始终安全的.

evershed ducter 小电阻测量表.

ever′sible [i'və:sibl] *a.* 可外翻的,可翻转的.

ever′sion [i'və:ʃən] *n.* 外翻〔反〕转,脱出.

ever-smaller *a.* 愈来愈小的.

evert′ [i'və:t] *vt.* 使反〔翻〕转,使外翻.

ever-victorious *a.* 常胜的,战无不胜的.

ev′ery ['evri] *a.* ①每(个),各,全体,所有的 ②〔十抽象名词〕一切可能的,充分的,完全的. **every day** 天天,每天. **every hope** 百分之百的希望. **every reason** 充分的理由. ▲**each and every** 每一个〔都〕,一切(全都),各自(都),分别(都),(彼此)全都. **every bit** 全部,各方面,完全,全然. **every inch** 彻底,完全. **every now and again 〔then〕** 时时,不时地,时常. **every once in a while** 间或,偶而. **every other** …每隔一,所有其他的. **every so often** 时

时,有时,间或,偶尔. *every time* 每当(…的时候),每次,每一…一次时. *every two* [three, four] *days* [weeks, months, years] 或 *every second* [third, fourth] *day* [week, month, year] 每隔一[二,三]天[周,月,年]. *(in) every way* 那点都,各方面都.

ev'erybody ['evribɔdi] *pron.* 人人,每人.

ev'eryday' ['evri'dei] *a.* 每日的,日常的. *everyday routine* 日常工作,每日的例行公事.

ev'eryone ['evriwʌn] *pron.* 人人,每人.

ev'erything ['evriθiŋ] *pron.* 事事,凡事,一切东西[事物],一切. *before everything* 首先. ▲ *do everything to* +*inf.* 想方设法,千方百计. *everything depends on* 一切都要…而定. *everything else* 一切别的东西. *have nothing to lose but everything to gain* 有百利而无一弊.

ev'eryway' ['evri'wei] *a.* 那点都,在每一方面,各方面都,从各方面说来.

ev'erywhere ['evriwɛə] *ad.; conj.* 处处,到处,无论到那里. *everywhere convergent* 处处收敛. *everywhere dense* 到处稠(密).

everywhere-dense manifold 遍密(集)簇.

everywhichway *ad.* 向各方向,非常混乱地.

evict' [i'vikt] *vt.* 驱逐,赶[逐]出. **evic'tion** [i'vikʃən] *n.*

ev'idence ['evidəns] I *n.* ①证[根,论]据,数据,资料,史料 ②形[痕]迹,迹象 ③显著,明显. *collateral evidence* 旁证. *material evidence* 物证. *X-ray evidence* X 光分析数据. ▲ *(be) in evidence* 明显[白]的,显著的,显而易见的. *bring* … *in* [*into*] *evidence* 把…作为证据. *call* … *in evidence* 叫某人来证明. *evidence for* [*of*] …的证明,证明…的证据. *give evidence* 证明,作证,提供证据. *give* [*bear, show*] *evidence of* 有…的迹象. *on evidence* 有证据. *there is evidence (that)* 有证据说明.

II *vt.* 证明,作为…的证据,表示[现].

ev'ident ['evidənt] *a.* 明显[白]的,显然的. ▲ *it is evident that* 显然,很明显.

eviden'tial [evi'denʃəl] 或 **eviden'tiary** [evi'denʃəri] *a.* (凭,作为,提供)证据的,证明的.

ev'idently *ad.* 明显地,显然.

e'vil ['i:vl] I *a.; n.* 邪[罪]恶[的],有(害)的,不幸(的),灾祸[难],弊病,(疾)病. II *ad.* 罪恶地,有害地,恶毒地.

evil-doer ['i:vl'du:ə] *n.* 作恶的人,坏人,犯罪者.

evil-doing *n.* 坏事,恶劣行为.

e'villy ['i:vili] *ad.* 恶毒地,有害地. *evilly treated* 虐待.

e'vil-minded ['i:vl'maindid] *a.* 狠心的,恶毒的.

evince' [i'vins] *vt.* 表示[明,现],显示,证明,把…弄明白.

evin'cible [i'vinsəbl] *a.* 可表[证]明的.

eviscera'tion *n.* 内脏[脏器]切除术.

ev'itable ['evitəbl] *a.* 可避免的.

E-viton *n.* 维东(核辐射下皮肤变红的剂量单位,紫外线单位(紫外线照射有效生物物质)).

EVM = electrostatic voltmeter 静电伏特计.

evoca'tion [evə'keiʃən] *n.* 唤(引)出,召唤,启发作用.

evoc'ative 或 **evoc'atory** *a.* 唤[引]起的,召唤的(of).

ev'ocator *n.* 诱(启)发物,形态形成物质.

evocon *n.* 电视发射管.

evogram *n.* 【气象】埃texar图.

evoke' [i'vouk] *vt.* ①唤[引]起,博得,召唤,唤醒 ②移交[送] ③制订出. *evoke module control* 唤引模件控制.

e'volute ['i:vəlu:t] I *n.* ①渐屈[渐开,展开,法包,缩闭]线 ②波形装饰. II *a.* 渐屈的. *evolute of a surface* 渐屈面. *metacentric evolute* 定倾中心展开线. *plane evolute* 平面渐屈线.

evolu'tion [i:və'lu:ʃən] *n.* ①发展[达],进展 ②展开,渐进[近],回旋 ③进化(论),演变[化],形成,(机,舰)队形变换 ④【数】开方 ⑤放出[气],析[放,盗,泄]出 ⑥按照计划的行动. *evolution equation* 渐近方程. *evolution of heat* 热的放出. *evolution of petroleum* 石油的形成. *gas evolution* 气体逸出. *heat evolution* 热析出,放热.

evolu'tional [i:və'lu:ʃənl] 或 **evolu'tionary** [i:və'lu:ʃəri] 或 **e'volutive** ['i:vəlu:tiv] *a.* ①发展[达]的,进化(论)的 ②展开的 ③调优的. *evolutionary operation* 渐近操作,调优运算.

evolutionism *n.* 进化论.

evolutionist *n.; a.* 进化(论)的,进化论者(的).

evolutive [i:və'lju:tiv] *a.* (促进)发展的,(促进)进化的.

evolu'toid [i:və'lu:tɔid] *n.* 广渐屈线.

evol'vable [i'dɔlvəbl] *a.* 可展开的.

evolve' [i'vɔlv] *v.* ①开展,发展,展开 ②进化,演变,使逐渐形成 ③放出,发出,离析 ④引伸出,(试验研究等)得出,推论,推定,研究出,制出. *amount of gas evolved* 脱气量. *evolving universe* 演化宇宙. ▲ *evolve as* (逐渐)成为. *evolve from* 从…进化而来. *evolve into* 形成[进化]为.

evolve'ment *n.* 展开,进[发]展,发达,进化,发生.

evol'vent [i'vɔlvənt] *n.* 渐伸[开,屈]线,切展线,渐伸线函数.

EVOP = evolutionary operation 调优运算.

evor'sion *n.* 涡流侵蚀(作用).

EVR = electronic video recorder 电子视频记录装置,电子录像机(一种利用普通电视接收机重放电影的装置).

EVT = equiviscous temperature 等粘滞温度.

evulsion [i'vʌlʃən] *n.* 拔出,撕去,撕脱.

EW = ①early warning 早期[远程]警戒 ②electric winch 电动绞车 ③electrical welding 电焊 ④electronic warfare 电子战.

EWC = electric water cooler 电气水冷却器.

EWL = equivalent wheel load 当量轮载.

EWO = electrical and wireless operator 电工与无线电工作人员.

EWR = early-warning radar 预先警报[远程警戒]雷达(站),远距搜索雷达.

EWS = early-warning station 预先警报[远程警戒](雷达)站,远程搜索(雷达)站.

EWW = extended work week 延长的工作周.

EX= ①examined 试验过的,检查过的 ②excess 过剩,剩余 ③exciter 激励器,激磁机 ④exciting 激磁,励磁 ⑤exhaust 排气 ⑥expanding 膨胀(式),扩张(式) ⑦(for) example 例,实例.

ex [eks] *n.* X(形的东西).

ex [eks] [拉丁语] *prep.* ①由,自,从,因 ②在…交货,购自 ③无,不,未. *ex onimo* 衷心(的). *ex bond* (纳税后)关税交货. *ex buyer's godown* 买方仓库交货价格. *ex buyer's bonded warehouse*, *duty paid* 完税后买方关栈交货价格. *ex dock* 码头交货(价格). *ex factory* 工厂交货(价格). *ex officio* 依格职权,职权[务]上. *ex pier* [quay, wharf] 码头交货. *ex rail* 铁路旁交货. *ex seller's godown* 卖方仓库交货价格. *ex ship* 船上交货,不收船费. *ex store* [warehouse] 仓库交货(价格).

ex- [词头]前,旧,先,外(面),在,外,出,从,除,离,无.

ex- [词头]艾克(萨),穰,10^{18} (1974年9月第63次国际计量委员会通过).

exac'erbate [eks'æsəbeit] *vt.* 加重,使恶化,激怒.

exacerba'tion [eksæsə'beiʃən] *n.* 加重,恶化,剧变,激怒.

exact' [ig'zækt] I *a.* ①精准,正确的,确切的,恰当(切)的 ②精密的,严密(谨,格,正)的,慎重的. II *vt.* 强制(坚持)要求,(迫切)需要,强取,急需. *exact analysis* 精密分析. *exact couple* 正合偶. *exact differential* 恰当[完整,正合]微分. *exact discipline* 严格的训练[纪律]. *exact focus* 准确焦点. *exact instruments* 精密仪器. *exact match* 【计】恰当符合. *exact sequence* 恰切[恰当,正合]序列. *exact solution* 精确解. ▲*(be) in exact balance* 正好平衡. *exact to the letter* 极正确的,原本原样的. *exact to the life* 和实物丝毫不差. *to be (more) exact* [插入语](更)精确地说,说得(更)确切些.

exact'ing *a.* 严酷[厉]的,精密[确]的,苛求的,吃力的,需付出极大努力的,艰难的.

exac'tion [ig'zækʃən] *n.* 苛[强]求,大量[需]求,勒索,苛捐杂税.

exact'itude [ig'zæktitjud] *n.* 正确(性),精确(度,性),精密(度),严密(性),严格,严正(性).

exact'ly [ig'zæktli] *ad.* ①正[恰]好 ②完全 ③精确(密)地,正确地 ④正是,确实如此,一点不错. *But what exactly is a machine?* 但机械到底(究竟)是什么呢? *exactly right* 完全正. *That's exactly what we expected.* 正是我们所预期的. ▲*exactly divisible* 整除. *exactly thus* 正是这样. *not exactly* 不完全的,不全是,未必就.

exact'ness [ig'zæktnis] = exactitude.

exac'tor *n.* 激发机,勒索者.

exafference *n.* 外传入感觉.

exag'gerate [ig'zædʒəreit] *v.* ①夸大(张),浮夸,言过其实,使过大 ②放大(比例尺),扩[加]大,增大.

exag'gerated *a.* ①被夸张(大)了的,言过其实的,过大的 ②放[扩]大的. *exaggerated scale* 扩大比例. *exaggerated test* 逾[超]常试验,最不利条件下的试验. —*ly ad.*

exaggera'tion [igzædʒə'reiʃən] *n.* ①夸张(的叙述),夸大,过大,大话 ②放[扩]大.

exag'gerative [ig'zædʒəreitiv] *a.* 夸张(大)的,小题大做的,言过其实的.

exag'gerator *n.* 爱夸张的人,言过其实的人.

exalbuminous *a.* 无胚乳的.

exalt' [ig'zɔːlt] *vt.* ①提升,使升高,高举 ②赞扬,吹捧,使兴奋 ③加浓(色彩等). *exalted carrier* 恢复载波. *exalted-carrier receiver* 恢复载波接收机.

exalta'tion [egzɔːl'teiʃən] *n.* ①提[上]升,升高 ②得意,(异常)兴奋 ③纯化,提纯,精浓,炼浓 ④超加折射.

exalt'ed *a.* ①高贵[尚]的,崇高的 ②兴奋的,得意(忘形)的. —*ly ad.*

exaltone *n.* 环十五烷酮.

exam- = examination.

examen [eg'zeimen] *n.* ①=examination ②批判性的研究.

exam'inable *a.* 可检[审]查的,可检验的,在审查范围内的.

exam'inant *n.* 检[审]查人,检验人.

examina'tion [igzæmi'neiʃən] *n.* ①检验[查,定],试[考]验,验证,观察,验算,校核,诊察,审[调]查,研究,分析 ②测验,考试. *driver's examination* 驾驶员技术测验. *examination into the why and how of an accident* 对事故的起因和经过所作的周密调查. *examination of the building ground* 建筑场地土质调查. *examination table* 调查表,检验结果表. *magnetic examination* 磁化试验. *metallographic examination* 金相分析(检验). *radio [X-ray] examination* X射线检验[查]. *visual examination* 表观[目视]检验,直观检查. ▲*examination paper* 试题(答案),试卷. *make an examination of* 检查[验,定]. *on closest examination* 经严密检查后. *on examination* 一察看(就),一(经)检查上,经检查后. *subject … to examination* 使…受检验[审]查. *under examination* 在调查[检查]中. *undergo an examination* 接[经]受检验[查].

examinato'rial *a.* 检[审]查的,考试的.

exam'ine [ig'zæmin] *v.* ①检验[查,定],试验,审[调]查,研究,探讨,观察,分析 ②测验,考试. ▲*examine M for N* 检验 M(中)是否有 N. *examine N in M* 对 N 进行 M 考试,考 N 的 M. *examine into M* 调查 M.

exam'iner [ig'zæminə] *n.* 检查人,审查人,考试者,观测员. *customs examiner* 海关检查员.

exam'ple [ig'zɑːmpl] I *n.* ①例(子,题,证,如),实例 ②榜样,范例,样品[本]. II *v.* 取样,抽样. *take an example* 举一个例子. *to take just one example* 只举一个例子. ▲*as an example* 或 *by way of example* 例如,举例来说. *beyond [without] example* 无先例的,空前的,未曾有的. *follow the example of* 照[学习]…的榜样,以…为榜样. *for example* 例如,举例来说. *give … an example* 给…举[提供]一个例子. *set [give] a good example (of …)* 作出(…)好榜样. *take … for example* 以…为例.

exanima'tion [egzæni'meiʃən] *n.* 晕厥,昏迷,昏聩.

ex animo [eks'ænimou] [拉丁语] 衷心(的).

exanol *n.* 轻汽油(汽油轻馏份的聚合物).

exan'them [ig'zænθəm] *n.* 疹,疹病.

exanthe'ma [eksæn'θiːmə] (*pl. exanthe'mas*) *n.* 疹,疹病.

exara'tion *n.* 冰川剥蚀(作用).

exas'perate I [ig'zɑːspəreit] *vt.* 激[引]起,激[触]怒

②加剧〔强,重〕,使…恶化. Ⅱ [ig'zɑ:pərit] a.(表面)粗糙的. exaspera'tion n.

ex'asphere n. 外大气层.

exbiol'ogy n. 地球外生物学.

ex bond (纳税后)关栈交货.

ex buyer's bonded warehouse, duty paid 完税后买方关栈交货价格.

ex buyer's godown 买方仓库交货价格.

EXC ①excavate 开挖 ②exciter 激励器,激磁机 ③exhaust close 排气关闭.

exc ①excellent 杰出的 ②except(ed)除外 ③exception 例外,除外 ④exchange 交换,互换.

ex cathedra ['ekskə'θidrə] [拉丁语] 命令式地,用职权.

ex'cavate ['ekskəveit] v. ①挖掘(穿,通,开,土),发掘 ②开凿,开挖. excavate without timbering 无支撑发掘. excavating machine 挖掘(土)机. excavating pump 挖泥泵,吸泥泵(机).

excava'tion [,ekskə'veiʃən] n. ①挖掘(土,穿),挖方(工程),发掘,开凿(挖)②凹,穴,洞,坑道 ③出土文物,发掘物. excavation-stability condition 挖土稳定条件. hydraulic excavation 水力挖土.

ex'cavator ['ekskəveitə] n. ①挖掘(土,沟)机,打洞机,电铲 ②开凿〔发掘〕者. orange-peel excavator 橘瓣式抓斗挖土机.

exceed' [ik'si:d] v. 超过(出,越),越(胜)过,余,大(优)于,过度(剩). exceed capacity 超过范围(可能,能力). exceed the speed limit 超过速度标准(限制),超速. M exceeds N in size M 比 N 大, M 在规模方面比 N 领先.

exceed'ance n. 超过数.

exceed'ing [ik'si:diŋ] Ⅰ a. 过(极)度的,非常的,超越的,胜过的. Ⅱ n. 超过(出),胜过:超出数.

exceed'ingly [ik'si:diŋli] ad. 非常,极其,极度地,很.

excel' [ik'sel] (excelled; excelling) v. 胜(超)过,优于. excel tester 电池测试器,蓄电池电压表.▲excel in [at] 擅长(于). excel M in N N 方面胜过(优于)M.

ex'cellence ['eksələns] n. ①优秀(良),杰出,卓越 ②优点,长处,特色.▲for excellence in … 因…优秀,因擅长….

Ex'cellency ['eksələnsi] n. 阁下.

ex'cellent a. 极好的,优秀(良)的,杰出的. ~ly ad. ~ness n.

excel'sior [ek'selsiə] Ⅰ a. 更向上(高些),精益求精. Ⅱ n. 木丝,锯屑,细刨花,上等木屑.▲as dry as excelsior 干透.

excen'ter ['iksentə] n. 外心.

excen'tral 或 excen'tric(al) a. 偏心的,不位于中心的.

excen'tric a. 离(偏)心的.

excentric'ity [,iksen'trisiti] n. 偏心率(距,度,半径),不共心性. linear excentricity 偏心距.

except' [ik'sept] Ⅰ prep. 除…之外,只是,要不是. Ⅱ conj. 除非. except circuit 除法电路. except gate 禁止门. except in a few instances 除少数情况外. ▲except for 除了,除…之外,如有(是)的,若无. except insofar [in so far] as 除非,除去. except that 除了…之外,只是. except to recognize this 除去承认这点以外. except when 除了当…时候.

Ⅲ v.(把…)除外,不计. be excepted from the regulation 不在此限. nobody excepted 无一人例外. present company excepted 在场者除外.▲except against [to] 反对. except from 除外.

EXCEPT n.【计】"禁门","与非".▲A EXCEPT B gate A 与非 B 门.

EXCEPT-gate n. "禁"("与非")门.

except'ing [ik'septiŋ] prep. ; conj. 除…之外(都)不包括,除非,只是,要不是. ▲not excepting…也不例外.

excep'tion [ik'sepʃən] n. ①例外 ②反对,异议,(口头,书面)抗议 ③异常,事故. exception reporting 异样(异常)报告. ▲by way of exception 作为例外. exception to … 的例外(情况). make an exception of (除)…是例外,把…作为例外. make no exception(s) 一律看待(办理),不容许有例外. take exception to [against] 对…提出抗议,反对. with a few exceptions 有些例外. with few exceptions 极少例外. with the exception of 除…之外(其余都). without (any) exception 无例外地,毫无例外,一概全都.

excep'tionable a. 可(会引起)反对的,可抗议的.

excep'tional a. ①例外的,特殊(别)的,异的〔寻(不)常的 ②优越的,较优的. be of exceptional importance 异常重要. exceptional value 例外值.

exceptional'ity [ikˌsepʃə'næliti] n. 例外,特别.

excep'tionally ad. 例外地,格外,特别.

excep'tive =exceptional.

excer'nant [ek'sə:nənt] a. (促)排泄的.

excerpt' [ek'sə:pt] v. Ⅱ ['eksə:pt] n. 摘录(抄),选(节,精华)录,引用(文),删节(from),选择,萃取. ~ion [ek'sə:pʃən] n.

excess' [ik'ses] Ⅰ n. ①过分(量,剩,度) ②超过〔余,额),过剩量,余数,剩余(物),盈余 ③极端〔限〕. Ⅱ a. 过分(量,剩)的,超过标准的,超量的,额外的,附加的,剩(多余的. an excess of supply over demand 供过于求. buoyancy excess 浮超. excess air 过量空气,过剩空气量. excess code 余码. excess 64 code 余 64 代码. excess conduction 过剩型〔N 型〕导电. excess current 过(剩余)电流. excess demand tariff 超用电量收费制. excess energy 多余能量. excess horse power 剩余马力. excess hydrostatic pressure 超静水压力. excess load 超荷载,净增荷载. excess luggage 超重行李. excess meter 积计超量功率表(电度表),超量电度表. excess noise 过量〔闪变〕噪声. excess of a triangle 三角盈〔过剩〕. excess of stroke 超程. excess pore pressure 超孔隙水压力. excess pressure 超〔压,(剩)余压(力),逾量压(力),声压. excess semi-conductor 过剩型半导体. excess sound pressure 峰值〔过量〕声压. excess surface water 地面积水. excess three code 余三(编)码,超 3(编)码. excess water removal 去除为增加混凝土和易性而超用的水. excess weld metal 补强. nega-tive excess 不足. pressure excess 剩余压力,压力

增量. spherical excess 球面过剩〔剩余,角超〕. west excess (of cosmic ray) (宇宙线的)西super现象. ▲ excess in M 对M的过剩量. far in excess of 远远超过. go 〔run〕 to excess 走〔趋〕极端. in excess of 超过,过分,多于. in 〔to〕 excess 过度〔多,分,量〕,太. the excess of M over N M超过N的量.

excess-fifty n. 余五十.

exces'sive [ik'sesiv] a. 过度(量,分,大)的,极度的,非常的,格外的. excessive (level of) effects 重叠效果. excessive noise 过量噪声, 1/f噪声. excessive pressure 超〔谥〕压, 剩余压力. excessive rain 〔rainfall〕雨水过多,霖雨. excessive sensitivity 多余〔过高〕灵敏度. ～ness n.

exces'sively ad. 过分地,过〔极〕度地,太,极,非常.

excess-three n. 【计】余三(代码). excess-three code 余三(编)码, 余3(代)码.

exch = exchange 交换.

exchange' [iks'tʃeindʒ] Ⅰ v. 交〔互,更,调,转,对,兑〕换,交流,互调,相互,交易. ▲exchange M for N 把M(兑)换成N, 舍M取N. exchange with M 同M互换. Ⅱ n. ①交〔互,调,转,变,更,兑〕换 ②交换机〔台,站,所〕,电话局〔站,总〕交换局,汇兑,水,贴水,兑换率,交易所 ③相互攻击 ④合作商店 ⑥交换刊物,从报纸翻印的文件. anion exchange 阴离子交换. branch exchange 分局,交换分机. cation exchange 阳离子交换. exchange acidity 交换性酸度. exchange area 电话交换区. exchange area cable 市内电缆. exchange busy hour 电话局忙时. exchange call (电话)市内呼叫. exchange capacity 交换量. exchange coefficient 交换〔紊流迁移〕系数. exchange control 外汇管理. exchange cross-bar switch 纵横式电话交换机,转换交叉开关. exchange current 交变电流. exchange of experience 经验的交流. exchange of instruments of ratification 互换批准书. exchange of notes 换文. exchange rate 交换率,汇价. exchange resin (离子)交换树脂. exchange register 存储寄存器. exchange service 电话接续站. exchange trunk carrier system 局间中继线载波系统. exchanges before talks 谈判前的接触. foreign exchange reserves 外汇储备. heat exchange 热交换,换热. junction exchange 中继局. main exchange 电话总局,交换总机. missile exchange between …… 之间用导弹相互攻击. rate of exchange 兑换率. transit exchange 转接局〔站〕. value in exchange 交换价值, value of exchange 交换价格. ▲exchange of M for N 把M换成N. give M in exchange for N 拿M去换(取)N. in exchange for 交换,来替换,(用)以换取. make an exchange (进行)交换.

exchangeabil'ity [ikstʃeindʒə'biliti] n. 可交〔更,互〕换性,交换价值.

exchange'able a. 可交〔互,转,兑〕换的 (for). exchangeable bases 可互换基础,换算单位. exchangeable value 交换价值.

excha'nger [iks'tʃeindʒə] n. 交换器(机,剂,程序),换(放,散)热器. anion exchanger 阴离子交换剂. cation exchanger 阳离子交换剂〔器〕. heat exchanger 热交换器,冷却〔散热,换热〕器,管形加热器. mixed-bed exchanger 混合床树脂交换器.

excheq'uer [iks'tʃekə] n. 国库,财源〔力〕,资金. the Exchequer (英国)财政部.

excide' [ik'said] vt. 切去〔开〕,割掉.

excide battery 铅电池(组),糊制极板蓄电池.

excimer n. 激元,激活基态复合物,激发物,激发二聚体,受激二聚物,受激准分子.

excipient n. 赋形剂.

ex'ciplex ['eksəpleks] n. (染料激光器中的)激发状态聚集.

excir'cle [ek'sə:kl] n. 外圆,旁切圆.

exci'sable [ek'saizəbl] a. 应交纳货物(执照)税的.

excise' [ek'saiz] Ⅰ vt. ①删(切),删除,割去,切开 ②向……收税,向……索高价. Ⅱ n. (国内)消费税,货物税,执照税.

excis'ion [ek'siʒən] n. 切(删,割)去,切(截,删)除,分割,被切(删)去的部分,破坏. excision axiom 切除公理.

excit = excitation 激励.

excitabil'ity [iksaitə'biliti] n. 刺激〔兴奋,励磁,灵敏〕性,(可)激发(励)性.

exci'table [ik'saitəbl] a. 易兴奋(激动,激发,励磁)的,可激动的,易怒的,过敏的. **exci'tably** ad.

ex'citant ['eksitənt] Ⅰ a. 激发(性)的. Ⅱ n. 刺激物,兴奋剂,激励溶液,激活剂.

excita'tion [eksi'teiʃən] n. ①刺激,兴奋,扰〔激〕动,干扰 ②励磁(发,感),激励(弧),磁动势,激(震)荡,电流磁化. excitation electron 激发〔受激〕电子. excitation function 激励函数. excitation purity 色纯度. impact 〔shock〕 excitation 冲击激发,碰撞激发,震激. independent excitation 他激,单独激励. self excitation 自激,自励. series excitation 串激. shunt excitation 分(路)激(励),并激.

exci'tative a. 刺激性的,激发一的,励(激)磁的.

exci'tatory a. ①兴奋的,刺激性的,起异化作用的 ②激发…的,激(励)磁的.

excite' [ik'sait] vt. ①刺激,引起,触发,使兴奋 ②激发(动,磁,活,起),励磁 ③使感光. excite heat by friction 由摩擦而生热.

exci'ted [ik'saitid] a. 已激励(发)的,受激的,已励磁的,活化的,发光的,放荧光的的,励磁的. excited field loudspeaker 励磁式扬声器. excited in phase 同相激励. excited state 激励〔激动,激发〕状态. separately excited 外激的. ～ly ad.

excited-state a. 受激(状)态的,受激励状态的.

excite'ment [ik'saitmənt] n. 刺激,兴奋,激动〔昂,励〕. ▲in excitement 兴奋〔激动〕地.

exci'ter [ik'saitə] n. 激励〔辐射〕器,激发〔激磁,励磁〕机,主控振荡器,主控振荡槽路,有源天线,激励者. exciter tube 激励〔主〕管. exciter turbine 励磁水轮机,激磁用透平. pilot exciter 辅助励磁机,导频激励器. vibration exciter 振子,振动激励器.

exci'ting [ik'saitiŋ] a. 激励〔磁,发〕(用)的,励磁的,激动(振奋)人心的,兴奋的. exciting anode 激励〔弧〕阳极. exciting dynamo 激磁机. exciting electrode 激励(电)极. exciting light 激励〔发,活〕光. exciting *power* 激励功率〔本领〕,励磁率. *exciting transducer* 激磁换能器.

excitoaccel′eratory *a.* 兴奋加速的.

excitoinhib′itory *a.* 兴奋抑制的.

excitomotory *a.* 【医】激动的,产生运动的.

ex′citon ['eksitən] *n.* 激发子,激子,激发性电子-空穴对. *exciton band* 激(励)子的吸收〔带, 受激〔激〕子能带. *exciton level* 受激〔激子〕能级.

exciton′ics [eksi'tɔniks] *n.* 激子学.

excitosecre′tory *a.* 兴奋分泌的.

ex′citron *n.* 汞气整流管,单阳极水银池整流管,激励〔弧〕管.

excl = exclusive 排他的,不相容的.

exclaim′ [iks'kleim] *v.* 大喊〔叫〕,(大声)说,引述. ▲*exclaim against* 大声控诉〔指责〕,激烈攻击. *exclaim with delight* 欢呼.

exclama′tion [eksklə'meiʃən] *n.* 叫喊,感叹(词),惊叹(号). *note* [point] *of exclamation* 或 *exclamation mark* [point] 惊叹号.

exclam′atory [eks'klæmətəri] *a.* 叫喊的,感〔惊〕叹的.

exclude′ [iks'klu:d] *vt.* 拒绝(接纳,考虑),排除〔斥,除去〔外〕,隔绝〔断〕. *excluded volume* 已占容积〔空间〕. ▲*(be) excluded from consideration* 不在考虑范围之内,不予考虑. *exclude M from N* 阻止 M 进入〔到达〕N, 把 M 与 N 隔断,把 M 从 N 中排除,排斥 M 于 N 之外. *exclude the possibility of* …排除…的可能性,使没有…的可能.

exclu′der *n.* 排除器. *dust excluder* 防灰器. *excluder pigment* 防锈颜料.

exclu′sion [iks'klu:ʒən] *n.* ①拒(杜,隔)绝,排除〔斥,出〕,摈斥,除去,隔〔切〕断,不相容 ②分离术 ③周围禁区 ④排除在外的事物). *exclusion area* 禁(止)区(域). *exclusion gate* 【计】"禁止"门. *exclusion principle* 不相容原理,摈斥原则. *mutual exclusion* 相互排斥,彼此无关. ▲*to the exclusion of* 把…除外,以便排除,排斥. ~*ary a.*

exclusion-chromatography *n.* 排阻色谱法, 排阻层析.

exclu′sive [iks'klu:siv] Ⅰ *a.* ①排他(性)的,排除外的,排除〔斥〕的,不相容的,不可兼的,禁止的 ②全部的 ③唯一(无二)的,专独〔享〕的,有专用的,独占的,索价高昂的 ④高级的(指为统治阶级少数人特殊享用的旅馆,学校等),旅馆的,独家新闻,专有(利)权. *exclusive channel* 通举道. *exclusive circuit* 闭锁(专用)电路. *exclusive disjunction* 不可兼析取,"异". *exclusive events* 互斥事件. *exclusive filter* 专选滤波器. *exclusive lane* 专用车道. *exclusive NOR gate* "同". *exclusive normal input* 唯一正常输入. *exclusive OR* "异",按位加,模 2 相加,"异-或"逻辑(电路),"异或"运算,不可兼或(数理逻辑). *exclusive reaction* 独举反应. *exclusive right* 专有〔利〕权. *exclusive segment* 互斥段. *from 10 to 21 exclusive* 从 11 到 20(不包括 10 和 21). *mutually exclusive* 互不相交的,不相容的,互斥的,各不相同的. ▲*exclusive of* 除…之外,不包括…在内,不计算〔…在内).

exclu′sively *ad.* 排他地,独占地,专门地,仅仅,只.

exclu′siveness *n.* 排除,排他性. *mutual exclusiveness* 彼此无关.

exclu′sive-NOR *n.* "同"(逻辑电路). *exclusive-NOR gate* "同"门.

exclu′sive-OR *n.* "异",按位加,模 2 相加,进行"异"操作,"异-或"运算,"异-或"逻辑电路,不可兼或(数理逻辑). *exclusive-OR function* "异"操作(功能). *exclusive-OR gate* 按位加门,"异"门.

exclu′sivism *n.* 排外(他)主义.

excog′itate [eks'kɔdʒiteit] *vt.* 想出,发明,设计.

excogita′tion [ekskɔdʒi'teiʃən] *n.* ①想出,设计〔法〕,发明 ②计划,方案. **excog′itative** *a.*

exco′riate [eks'kɔ(:)rieit] *vt.* ①剥(皮),磨损,擦破 ②严厉批评,痛斥.

excoria′tion *n.* 剥皮,表皮剥脱,表层侵蚀,磨损(处),擦伤(处).

ex′crement ['ekskrimənt] *n.* 粪(便),排泄物. ~*al* 或 ~*itious a.*

excres′cence [iks'kresns] 或 **excres′cency** *n.* 赘疣,赘生物,瘤,多余的东西.

excres′cent [iks'kresnt] *a.* 赘生的,无用的,多余的.

excre′ta [eks'kri:tə] *n.* (pl.) 排泄物,粪便,尿.

excrete′ [eks'kri:t] *vt.* 排泄〔出〕,分泌.

excre′ter *n.* 排泄〔出,菌〕者.

excre′tion [iks'kri:ʃən] *n.* ①排泄〔出〕,分泌 ②排泄〔分泌,无用〕物.

excre′tive [iks'kri:tiv] 或 **excre′tory** [eks'kri:təri] *a.* (促进)排泄〔分泌〕的,有排泄力的.

excru′ciating [iks'kru:ʃieitiŋ] *a.* 极痛苦〔剧烈〕的,难忍受的. ~*ly ad.*

excrucia′tion *n.* 苦恼,磨难,酷刑.

excur′rent *a.* 排泄的,传出的,离心的.

excur′sion [iks'kə:ʃən] *n.* ①偏移,漂移〔游〕,移动,偏差,变化范围,功率突增,偏离额定值,偏振,振〔摆〕幅,幅度 ②(集体)游览,(短途)旅行 ③离题. *amplitude excursion* 振幅偏移. *excursion bus* 游览汽车. *nuclear excursion* 反应堆工作状况偏差. *pressure excursion* 压力偏离额定值. *response excursion* 扰动运动振幅. ▲*make* 〔*take, go on, go for*〕*an excursion (into, to* …〕(到…)旅行. ~*al* 或 ~*ary a.*

excur′sionist *n.* 旅行〔游览〕者.

excur′sive [eks'kə:siv] *a.* ①偏〔漂〕移的,偏离的,移动的,离题的 ②散漫的,无一定方针的. *excursive reading* 乱读. ~*ly ad.* ~*ness n.*

excur′sus [eks'kə:səs] *n.* 附录,附〔补〕注.

excurva′tion [ekskə:'veifən] *n.* 外弯.

excur′vature [eks'kə:vətʃə] *n.* 外弯.

excuse′ Ⅰ [iks'kju:z] *v.* 原谅,饶恕,辩解〔护),借口. ▲*Excuse me.* 对不起,请原谅. *excuse M from N* 允许 M 不(做)N. *excuse oneself (for)*(替自己的…)辩解. *excuse oneself from* 谢绝,婉言拒绝,借口推托,说明不能…的原因. Ⅱ [iks'kju:s] *n.* ①原谅,饶恕 ②辩解,解释 ③借口,理由 ④谢绝. *That is no excuse for* …那不能成为…的理由. ▲*in excuse of* 作为…的辩解,为…辩解〔白). *make an excuse for*… 替…辩护,为…找借口. *without excuse* 无故. *be absent without excuse* 无故缺席.

EXD = ①examined 试验过的 ②exchange diffusion

ex-directory *a.* 电话簿上没有的;未登记的.
ex dock 码头交货(价格).
exec [ig'zek] *n.* 主任参谋,副舰长.
exec =①executed ②execution ③executive ④executor.
ex'ecrable ['eksikrəbl] *a.* 恶劣的,讨厌的,坏透的,该咒骂的. **ex'ecrably** *ad.*
ex'ecrate ['eksikreit] *v.* 憎恨,厌恶,咒骂. **execra'tion** *n.*
ex'ecutable ['eksikju:təbl] *a.* 可执[实]行的,可以作行的.
exec'utant [ig'zekjutənt] *n.* 实[执]行者,演奏者.
ex'ecute ['eksikju:t] *vt.* ①实[执]行,完成,实现[施],履行 ②签字盖章,签发,使生效 ③编制,制作[制成,演奏[出] ④处决. *execute a contract* 在合同上签字. *execute a piece of work* 完成一件工作. *execute a plan* 实现计划. *execute a purpose* 达到目的. *execute an order* 接受定货. *execute instruction* 执行[管理]指令. *execute one's office* 尽职.
execu'tion [eksi'kju:ʃən] *n.* ①执[实,履]行,实现[施],完[实]完成,成功,签名盖章,使生效 ②制作,施工,演奏(技巧),手法 ③(摧毁)效果,破坏作用,杀伤力 ④处决. *execution cycle* 执行[完成]周期. *execution module* 执行模块. ▲*carry* [*put*] *...into execution* 实行,实现,完成. *do execution* 奏[见]效,正中.
execution-interruption *n.* 执行中断.
exec'utive [ig'zekjutiv] Ⅰ *a.* 执行的,实行[现]的,行政(上)的,完成的,制作的,操纵的,施工的. Ⅱ *n.* ①行政部门[机关] ②执行者,行政官,高级官员 ③(总)经理,社长,董事 ④执行程序. *executive authorities* 行政当局. *executive branch* 行政部门,战斗部. *executive committee* 执行委员会. *executive deck* 执行(程序)卡片层[叠]. *executive instruction* 管理[执行]指令. *executive mode* 执行状态,管态. *executive module* 执行模块[组件]. *executive routine* 检验[执行]程序. *executive secretary* 执行秘书.
executive-control *a.* 执行控制的.
exec'utor [ig'zekjutə] *n.* ①执行者,受托者 ②操纵器 ③执行程序(元件).
executo'rial [igzekju'tɔ:riəl] *a.* 执行者(上)的.
exec'utory [ig'zekjutəri] *a.* ①=executive ②实施中的,有效的 ③将来有效的,尚未履行的.
exedent *a.* 腐蚀的.
exelco'sis *n.* 溃疡.
exelcymo'sis [eksəlsai'mousis] *n.* 拔牙(出,除).
exem'plar [ig'zemplə] *n.* ①模范,典型,榜样,样[例]子 ②样品[件,本,机],试样,标本,模型.
exem'plary [ig'zempləri] *a.* ①模范的,示范(性)的,典型的,作样板的,值得模仿的 ②惩戒性的. **exemplarily** *ad.*
exemple [法语] *par exemple* [pa:r eg'za:mpl] 例如.
exemplifica'tion [igzemplifi'keiʃən] *n.* ①例证[子],举例,示[模]范 ②正本,正式誊本.
exem'plify [ig'zemplifai] *vt.* ①例证[解,示],(举例)说明,作为…的例子(榜样),示范 ②制成正式誊本,以正式誊本证明.

exempli gratia [ig'zemplai'greiʃiə] (拉丁语) 例如.
exem'plum [ig'zempləm] (*pl. exempla*) *n.* 例证,范例.
exempt' [ig'zempt] Ⅰ *vt.* 免(解)除,除(免)去. Ⅱ *a.* (被)免除的,免税的 (from). Ⅲ *n.* 免税人,被免除义务的人. ▲*exempt M from N* 免除 M 的 N.
exemp'tion [ig'zempʃən] *n.* 免(除)去,免税. *exemption certificate* 免税证书. *exemption of tax* 免税.
exequa'tur [eksi'kweitə] *n.* 许可证书.
ex'ercisable ['eksəsaizəbl] *a.* 可使使的,可实[履]行的,可运用的,可操作的.
ex'ercise ['eksəsaiz] Ⅰ *n.* ①(演)习,习题 ②训练,操练,体操,运动 ③运[使]用,实[履]行,行使,实践,传统(习惯)做法 ④(*pl.*) 仪式,典礼. *exercise book* 练习本. *exercise of one's duties* 执行任务. *exercise yard* 运动场. *gymnastic exercises* 体操. *military exercises* 军事操练. *opening exercises* 开幕式. *physical exercise* 体育. ▲*do morning exercises* 做早操. *do one's exercises* 做作业. *exercise for* [*in, on*] …的练习. *take exercise* 运动. Ⅱ *v.* ①实[履]行,运(使),利用,行使,发挥(威力) ②训练,练习,(使)运动(活动). *exercise control* 进行控制(操纵). *exercise judgment* 作出判断. *exercise proletarian dictatorship* 实行无产阶级专政. ▲*be exercised about* 为…操心(担忧). *exercise a pressure on* 对…施加压力. *exercise an influence on* [*upon*] 对…发生影响. *exercise care in* +*ing*(to +*inf.*) 注意(做),(做…时)要当心. *exercise caution* 注意,当心,慎重考虑. *exercise oneself in* +*ing* 练习(做). *exercise strict control over* 严格控制.
ex'erciser ['eksəsaizə] *n.* ①运动器械,体操用具,"练习"程序 ②行使职权的人,演习者. *propellant utilization exerciser* 燃料输送调节装置.
exercita'tion [egzəsi'teiʃən] *n.* ①运用,实[练,演]习,训练 ②议论,论文.
exeresis *n.* 切(拔)除术.
exergic *a.* =exoenergic 放能[热]的.
exergon'ic *a.* 产生能量的,能量释放的,放能的,做功的.
exergy *n.* [热力学]放射本领.
exert' [ig'zə:t] *vt.* ①发挥,尽(力),施加(力),作用(力) ②行使,运用,使受[产生](影响). *exert a force on* [*upon*] 将力作用于…上. *exert an influence on* [*upon*] 对…发生[施加]影响. *exert pressure on* [*upon*] 对…施加压力. *exert direct control of* 对…加以直接控制. *exert all one's strength to* +*inf.* 尽全力来(做). *exert oneself to* +*inf.* 努力(做),尽力(做). *exert every effort* 尽一切力量. *exert one's utmost* 尽大努力.
exer'tion [ig'zə:ʃən] *n.* ①行使,发挥 ②尽[劳,用,努,费]力. *mental exertion* 精神奋发. ▲*combine exertion and rest* 劳逸结合. *use* [*make, put forth*] *exertions* 尽力. *with all one's exertions* 尽最大努力.
exer'tive [ig'zə:tiv] *a.* 努力的.
ex'es ['eksiz] *n.* (*pl.*) 费用.

exe'sion [eg'ziːʒn] *n.* 腐蚀.

ex fac'tory 工厂交货(价格).

exferment *n.* 胞外酶.

exfiltrate *v.* (逐渐)漏[泄,渗]出,渗[泄]漏,由敌区隐蔽逃出. **exfiltra'tion** *n.*

exfo'cal *a.* 焦(距)外的. *exfocal cavity* 外焦腔. *exfocal pumping* 焦外抽运.

exfo'liate [eks'foulieit] *v.* ①剥(离),(页状,片状,鳞状)剥落,脱落 ②(成)沿层,层离 ③除鳞.

exfolia'tion [eksfouli'eiʃən] *n.* ①剥离[落],落屑,(页状,片状,鳞状)剥落,脱落 ②分(成)层,层离. **exfo'liative** *a.*

ex ga =external ga(u)ge 外径量规.

ex gratia [eks'greiʃiə] [拉丁语] 作为优惠(的),通融(的).

EXH =①exhaust 排气 ②exhibit 展览,显示.

EXH V =exhaust valve 排气阀.

exha'lant 或 **exha'lent** I *a.* 呼出的,蒸发(性)的,发散(性)的. II *n.* 发散[蒸发]管.

exhala'tion [eksha'leiʃən] *n.* 呼气〔出〕,发散(物,气体),发出的气体,薄雾;喷发,火山喷气.

exhale' [eks'heil] *v.* ①呼出〔气〕,(被)发〔放〕出,发散(气体等) ②蒸发,汽化,消散.

exhaust' [ig'zɔːst] I *v.* ①取〔用,耗〕尽,用完,使疲乏 ②排出〔气,空,除,干〕,抽空〔气,干〕,放〔溢,流〕出 ③彻底研究,详述 ④包〔括,罗〕无遗. ▲*exhaust M of N* 把M里的N排尽〔抽空〕. *exhaust oneself with* + *ing* (做得)筋疲力尽. *exhaust the possibilities* 试尽一切可能. *exhaust to* 排〔流〕到.
II *n.* ①排气(口,管,装置),排出,抽空,废弃,衰竭 ②废气,排出的气. III *a.* 排出的,用过的,废的. *air exhaust* 抽气. *chemical exhaust* 化学(法)排气. *exhaust blower* 抽风机,排气风箱. *exhaust cycle* 排气工作〔工作〕循环. *exhaust end* 排气〔卸料〕端. *exhaust gas pipe* 排气〔废气〕管. *exhaust steam heating* 废汽供暖. *exhaust trail* (火箭)排烟尾迹. *jet exhaust* 喷出气流,尾喷管,喷气(法)排气. *safety exhaust* 安全排气阀.

exhaust-driven *a.* 废气传动的,排气式的.

exhaus'ted *a.* 用过〔完〕的,枯竭的,无用的,排出的,抽空的,废的,筋疲力尽的. *exhausted lye* 废碱液. ▲*be exhausted* 完,尽,筋疲力尽. ~**ly** *ad.*

exhaust'er *n.* 排气〔吸风,抽风,引风,排松〕机,排〔抽〕气装置,进气通风机,压气〔水力〕吹风管,尾喷管,吸尘器. *air exhauster* 排气机,抽风机.

exhaust-gas *n.* 废气.

exhaust-heated *a.* 废气回热的.

exhaustibil'ity [igzɔːstə'biliti] *n.* 可用尽,被消耗性.

exhaust'ible [ig'zɔːstəbl] *a.* 可用〔抽,汲,耗〕尽的,用得尽的,会枯竭的.

exhaus'ting [ig'zɔːstiŋ] I *a.* 使耗尽的,使人筋疲力尽的. II *n.* 排出〔气〕,抽出. ~**ly** *ad.*

exhaus'tion [ig'zɔːstʃən] *n.* ①消耗〔量〕,耗损〔尽〕,用完,衰竭,虚脱,疲劳 ②抽空〔出,气〕,排出〔尽,气,水〕,发〔放,拉,引,吸〕出,拉伸 ③稀薄 ④彻底研究,详细论述,【数】穷举. *approach exhaustion* 消耗殆尽. *degree of exhaustion* 抽空度. *fuel exhaustion* 燃料消耗量.

exhaus'tive [ig'zɔːstiv] *a.* ①消耗(摧毁)性的,会使耗尽的,使衰(枯)竭的 ②周密的,彻底的,完全的,无遗漏的,详尽的,【数】穷举的 ③抽〔排〕气的. *exhaustive set* 【计】完备集. ~**ly** *ad.*

exhaust'less [ig'zɔːstlis] *a.* 用不完的,无穷尽的.

exhaustor =exhauster.

exhib'it [ig'zibit] I *v.* ①展览〔出,陈列,提出 ②显示(出),表现〔示〕,呈现 ③投药,给药. II *n.* ①展览(品,会),陈列品 ②显示,呈现 ③证据,证件.

exhibiter =exhibitor.

exhibition [eksi'biʃən] *n.* ①展览,陈列,显示 ②展览会(品),陈列品,博览会 ③投药,给药. *Chinese Economic and Trade Exhibitions* 中国经济贸易展览会. ▲*hold an exhibition on* 举办…展览会. *place* …*on exhibition* 展出….

exhib'itive [ig'zibitiv] *a.* 起显示作用的,表示的(of).

exhib'itor [ig'zibitə] *n.* 展览者,参展厂商,提出人,电影放映者.

exhib'itory [ig'zibitəri] *a.* 显示的,表示的.

exhil'arant [ig'zilərənt] *a.*; *n.* 令人高兴〔振奋〕的(事物).

exhil'arate [ig'zilərеit] *vt.* 使高兴〔振奋〕.

exhil'arating [ig'zilərеitiŋ] *a.* 使人高兴的,令人振奋的. ~**ly** *ad.*

exhilara'tion [igzilə'reiʃən] *n.* 高兴,振奋.

exhil'arative [ig'zilərаtiv] 或 **exhil'aratory** *a.* 使人高兴的,令人振奋的.

exhort' [ig'zɔːt] *v.* 规劝,告诫,勉励,提倡. ▲*exhort* … *to* + *inf.* 劝…(做). ~**a'tion** *n.* ~**ative** 或 ~**atory** *a.*

EXHST =exhaust 用乏,废弃(物)

exhume' [eks'hjuːm] *vt.* 发掘,掘出,掘墓. **exhuma'tion** [ekshjuː'meiʃn] *n.*

EXHV =exhaust valve 排气阀.

Exicon 固态 X 射线变像器.

ex'igence ['eksidʒəns] 或 **ex'igency** ['eksidʒənsi] *n.* ①紧急(状态),危急(关头) ②紧急[迫切]的需要,(很高的)要求. *the exigency of space* 篇幅的限制. ▲*in this exigence* 在这紧急关头. *meet the exigences of* 应付…的紧急需要,适应…的要求. *suit the exigence* 应急.

ex'igent ['eksidʒənt] *a.* 紧(危)急的,急迫的,严格的,要求很高的,(生活)艰苦的. ▲*exigent of* 急需,非常需要. ~**ly** *ad.*

ex'igible ['eksidʒibl] *a.* 可(苛)要求的(from, against).

exigu'ity [eksi'gjuiti] *n.* 稀(很)少,一点点,细微,微小.

exig'uous [eg'zigjuəs] *a.* 细微的,微小的,一点点,稀(很)少的. ~**ness** *n.*

ex'ile ['eksail] *vt.*; *n.* ①流亡〔放〕,放逐 ②流犯,流亡者. **exilic** 或 **exilian** *a.*

exil'ity [eg'ziliti] *n.* 微小,稀薄,薄弱

EXIM =Export-Import Bank (美国)进出口银行.

exine *n.* 外膜(质).

exist' [ig'zist] *vi.* (存)在,生存,有. ▲*exist as* 在(形)态下存在. *exist in* 存在于…(之中). *exist on* 靠…维持生命.

EXIST =existing 现存的,目前的.

exist'ence [ig'zistəns] *n.* ①存(实)在,生存 ②存在

物,实体. *existence information* 存在〔有目标〕信息,现有资料〔情报〕. *struggle for existence* 生存竞争. ▲(*be*) *in existence* 存在(着),现有〔正在〕,目前世界上的. *bring* 〔*call*〕…*into existence* 使出现〔发生,成立〕,产生,实现,创造. *come into existence* 出现,开始存在,产生,形成,成〔建〕立. *put*…*out of existence* 灭绝,使绝迹.

exist'ent [ig'zistənt] Ⅰ *a*. 现存有〔有,成,行〕的,目前存在的,实际的,原〔已〕有的. Ⅱ *n*. 存在的事物,生存者.

existen'tial [egzis'tenʃəl] *a*. 存在的. ~**ly** *ad*.

exist'ing *a*. =existent. *existing conditions* 〔*circumstances*〕 现状. *existing equipment* 现〔原〕有设备. *existing situation* 当前形势.

ex'it ['eksit] Ⅰ *n*. ①出〔口,射,路〕,通道,引出端,排气管,太平〔安全〕门 ②引〔驶,退〕出,退场 ③水〔支〕流. Ⅱ *vi*. 退场,退出,离去. *emergency exit* 紧急出口,太平〔安全〕门,备用引出端. *exit blade angle* 叶片出口角. *exit curve* 出口〔驶出〕曲线. *exit gas* 出〔排〕气. *exit hatch* (出)舱口. *exit instruction* 出口指令. *exit loss* 出口水头损失,输出端损耗. *exit pupil* 出射光瞳. *exit turn* 转(弯驶)口. *jet exit* 出口气流,气流排出,喷管,尾喷口. *nozzle exit* 喷嘴,喷口截面,喷管出口.

exit-pupil *n*. 出射光瞳.
ex'itus ['eksitəs] (*pl. exitus*) *n*. 出口,死亡.
exit-window *n*. 出射窗.
exjunction gate 【计】"异"门.
ex-libris *n*. 〔拉丁语〕…之藏书,藏书印〔签〕.
ex-meridian altitude 子午圈外高度(角),外子午线高度.
ex-nova *n*. 爆后新星.
EXO =exhaust open 排气(阀)打开.
exo- (词头)外,在外,支,放.
exoan'tigen *n*. 脱落抗原.
exoat'mosphere [eksə'ætməsfiə] *n*. 外大气层. **exoatmospher'ic** *a*.
ex'obiol'ogy ['eksoubai'olədʒi] *n*. 外(层)空(间)生物学,地外生物学,宇宙生物学.
exocar'dial *a*. 心外的.
exocondensa'tion *n*. 外缩作用,支链缩合.
exo-configura'tion *n*. 外向构型.
exocy'clic *a*. 环外的,不在环上的.
exoder'mis *n*. 外皮层.
exod'ic *a*. 离心的,传〔输〕出的.
ex'odus ['eksədəs] *n*. (成群地)退出〔去〕,(很多人)离开〔去〕.
exoelec'tron *n*. 外(激,逸)电子. *exoelectron emission* 外激〔外逸〕电子发射.
exoener'gic *a*. =exoergic.
exoen'zyme *n*. 外〔胞〕酶,胞外酶.
exoer'gic [eksou'ə:dʒik] *a*. 放能的,放(出)热(量)的,发热的.
ex officio [eksə'fiʃiou] 〔拉丁语〕依据职权,职权〔务〕上.
exog'amy *n*. 异系交配,异配生,外婚,异族通婚.
ex'ogas *n*. 放热型气体.
exogen'esis [ekso'dʒenisis] *n*. 外生,外原.
exogenet'ic *a*. 外因的. *exogenetic force* 外力. *exoge-*

netic rock 外成岩.
exogen'ic [eksou'dʒenik] = exogenous. *exogenic force* 外力.
exogenote *n*. 外基因子.
exog'enous [ek'sɔdʒinəs] *a*. 外生〔源,成,来,因〕的,外界产生的,由外界长出的,生于外部的. *exogenous sector* 局外部门. ~**ly** *ad*.
ex'ograph ['eksəgra:f] *n*. X光照〔底〕片,外(X射线)照相.
exohor'mone *n*. 外激素.
ex'olife *n*. 宇宙〔外层空间〕的生命.
exo-mante *n*. 外地幔.
exomomen'tum *n*. 射向脉冲的.
exomorphism *n*. 外(接触)变质性.
exon'erate [ig'zɔnəreit] *vt*. 免〔解〕除,释放,宣布无罪. ▲*exonerate M from N* 免〔解〕除 M 的 N. **exonera'tion** [igzɔnə'reiʃən] *n*. **exon'erative** *a*.
exōpath'ic *a*. 外因的.
exophyt'ic *a*. 向外生长的.
exoplasm *n*. 外质.
EX-OR *n*. "异-或"逻辑电路. *EX-OR tree* "异"树结构.
exor'bitance [ig'zɔ:bitəns] 或 **exor'bitancy** *n*. 过度〔份,高,大〕.
exor'bitant [ig'zɔ:bitənt] *a*. 过度〔分,高,大〕的,非法的. ~**ly** *ad*.
exor'dia [ek'sɔ:djə] *exordium* 的复数.
exor'dial [ek'sɔ:diəl] *a*. 序言的,绪论的,开端的.
exor'dium [ek'sɔ:djəm] (*pl. exor'dia*) 序言,绪论,开端.
exoskel'eton *n*. 外骨architecture骼,负重机器人.
exos'mic [ek'sɔsmik] *a*. 外渗的.
ex'osmose ['eksɔsmouz] 或 **exosmo'sis** [eksəs'mousis] *n*. 外渗(现象). **exosmot'ic** *a*.
exosomat'ic *a*. 体外的.
ex'osphere ['eksəsfiə] *n*. (离地300英里到1000英里的)外大气层〔圈〕,外逸层.
ex'ospore *n*. 外生孢子,孢子外壁.
exosymbio'sis *n*. 外共生(现象).
exoter'ic [eksou'terik] *a*. ①公开的,对外开放的,普通的,通俗的,大众化的 ②外面的,外界的,体外的,外生的.
exotherm *n*. (因释放化学能而引起的)温升,散热量.
exother'mal [eksou'θə:məl] =exothermic. ~**ly** *ad*.
exother'mic [eksou'θə:mik] *a*. 放(出)热(量)的,发〔散〕热的,放能的. *exothermic gas* 发热〔放热型〕气体.
exot'ic [eg'zɔtik] Ⅰ *a*. ①外(国)来的,外国产的,外国制造的 ②异国情调的,样式奇特的,奇异的 ③【物】极不稳定的,极难俘获的. Ⅱ *n*. ①舶来品,外来品种,外国产品 ②外来语. *exotic atom* 奇特原子. *exotic fuel* 稀有燃料.
exot'ical [eg'zɔtikəl] *a*. =exotic. ~**ly** *ad*.
exot'i(ci)sm *n*. 外国味,异国情调.
exotrop'ic *a*. 向外转动的,外斜视的.
exotropism *n*. 外向性,离轴偏向性.
EXP =①exit permit 出境许可证 ②experiment 实验,试验.
exp =①expansion 增大,膨胀 ②expendable 消耗(性)的 ③expense 开支,费用 ④expensive 昂贵的 ⑤ex-

expand [iks'pænd] v. ①扩大（大，展，充，孔，口，膨胀，胀（管）口）②展开（宽，伸长（开），推广，发展，延伸③阐述，详读 (on, upon)，完全写出（缩略部分）. Metal expands with heat. 金属遇热膨胀. expand coil (退火崩) 松开的带卷. expand reproduction 扩大再生产. expand test 钢管扩口试验，膨胀试验. expanded address space 可扩充的地址空间. expanded aggregate concrete 膨胀性集料混凝土. expanded centre 空心，中部扩展，（显示器图像）中心扩展，放大中心图像部分. expanded core storage 外部（扩展）磁心存储器. expanded form 展开式. expanded metal 多孔（拉制）金属网，(拉制)钢板网，网形铁，网形钢板. expanded order 扩档指令, expanded partial-indication display 局部扩展的显示器. expanded plastics 多孔（泡沫）塑料. expanded polyurethane 泡沫聚氨基甲酸乙酯（酯）. expanded position indicator display 位置指示器扩大显示. expanded range 扩展（延伸）范围（量程），扩展距离刻度（盘）. expanded range interval 延展间距. expanded scale 扩展（宽窄）的刻度, expanded scope 扩展扫描式指示器. time expand 时间延长，延时. ▲ expand (M) in [into] N （把 M）扩展及发展，膨胀）成（为）N.

expandabil'ity n. 可扩充性，可延伸性.
expan'dable a. 可膨胀（延伸，展开）的.
expanded-tube method 管材扩张制膜法.
expand'er [iks'pændə] n. 扩展体，扩展，扩管，扩孔，伸展，骤冷，放大器，扩管（径）装置，扩展电路. expander amplifier 频带伸展（扩展频带，信号动态范围展宽）放大器. expander board kit 成套扩展电路板. packing expander 垫料涨圈. piston ring expander 活塞环撑器. rotary expander 滚压扩管机. shock absorber expander 水封护胃，避震器伸长器. tube expander 扩管(口)器，管子扩口器.
expand'ing n.; a. 膨胀（的），胀大(的)，扩展（大，展，孔，口，管）的，伸出来的，分解，展开(级数)，展成级数. expanding auger 扩孔钻. expanding brake 闸, expanding bullet 裂开弹. expanding chuck 弹簧筒夹. expanding down coiler 扩张式地下卷绕机. expanding drill 扩孔钻. expanding mandrel 可调（可扩式）心轴. expanding of waveguide 波导伸张. expanding test 扩管（大）试验.
expanding-slot a. 可调扩展形隙缝的.
expandor =expander.
expanse' [iks'pæns] n. ①广阔的（区域），浩瀚，太空，苍穹②膨胀，扩展，展开.
expansibil'ity [ikspænsə'biliti] n. 可扩张性，可延伸（扩展，伸展，延伸）性，膨胀（扩展）度.
expan'sible [iks'pænsibl] 或 **expansile** [iks'pænsail] a. 易（可）扩张的，(可，易)膨胀的，膨胀性的.
expan'sion [iks'pænʃən] n. ①扩张（大，充，径），膨（伸）胀，延长，发展，蒸发，（气体）减压②展开（式），展成级数③延伸率，宽长比④辗轧，均整，展平⑤扩大部分，扩张物⑥辽阔，浩瀚，空间，区域⑦阐述，详述. asymptotic expansion 渐近展开(式). binomial expansion 二项展开式，二项式分解. contrast expansion 对比度增加. elastic expansion 弹性膨胀（变形）. expansion and contraction 伸缩. expansion bearing 伸缩承座，活动支座，膨胀轴承. expansion bend 膨胀弯管，补偿器. expansion box 伸缩（胀）箱. expansion coefficient 膨胀（展开）系数，膨胀率. expansion coupling 胀缩联轴节. expansion crack 膨胀裂缝，伸缩裂缝. expansion delay 延迟膨胀. expansion equation 展开式. expansion in channel 渠道扩大段. expansion in powers 按幂展开. expansion in series 级数展开，展成级数，展为级数法. expansion joint 伸缩(接)缝，伸缩接头. expansion link 补偿杆. expansion mandrel 可胀式(可调)心轴. expansion rate 扩充（膨胀）率. expansion round convex surface 沿凸面膨胀. expansion stroke 膨胀冲程，作功行程. expansion suspender 伸体悬杆. expansion tap 可调丝锥. expansion valve 膨胀（安全，调节）阀. expansion washer 伸缩垫片. export expansion 扩大出口. harmonic expansion 谐波级数展开，展成福里哀级数. orthogonal expansion 正交函数展开. plant expansion 工厂扩建. series expansion 级数展开(式). supersonic expansion 超音速膨胀气流. ▲ expansion of M into N 扩展（膨胀）成 N.

expan'sionary a. 扩张（展开，发展）性的.
expansion-chamber n. 膨胀（扩展）室.
expansion-gear n. 膨胀装置.
expan'sionism n. 扩张主义.
expan'sionist a.; n. 扩张主义者（的）.
expan'sive [iks'pænsiv] a. ①可膨（扩，伸）胀的，能扩张的，扩展（膨胀）(性)的，(可以)展开的 ②宽（广，辽）阔的，广泛的 ③豪华的. ~ly ad.
expan'siveness 或 **expansiv'ity** n. =expansibility.
ex parte ['eks'pɑːti] （拉丁语）片面(的)，单方面(的).
expa'tiate [eks'peiʃieit] v. 详（阐，细）述，详细说明 (on, upon). **expatia'tion** n. **expa'tiatory** a.
expat'riate Ⅰ [eks'pætrieit] v. Ⅰ放逐（出国）②移居国外，放弃原国籍 (oneself). Ⅱ [eks'pætriit] a.; n. 移居（被放逐）出国的（人），放弃原国籍的（人）. **expatria'tion** n.
expect' [iks'pekt] vt. ①期待，盼（指）望，要求 ②预期（料，计），料想，料到，以为，对…有思想准备. ▲as was expected 或 as might have been expected 不出所料，同预料的一样. expect M of N 要求（期望）N（做）M, N 的责任（任务）是 M. expect (M) to+inf. 预期（希望，预料到）（M 会）(做)，要求 M (做). expect M to be N 预计（预期）M 为 N.
expect'ance [iks'pektəns] 或 **expect'ancy** [iks'pektənsi] n. ①期待（望），预期，希望 ②公算. life expectancy (根据概率统计求得的)概率（估计）寿命，计算求出的工作期限.
expect'ant [iks'pektənt] a. 期待的，预期的，期（观）望的. ~ly ad.
expecta'tion [ekspek'teiʃən] n. 期待，盼（希）望，预期

(想,料);期望(值),期待值,预期数值,可能性. *expectation of life*(根据概率统计求得的)平均[概]率,估计]寿命. *expectation value* 期望[待]值. *iterated fission expectation* 中子价值函数,再裂变期待数. ▲*according to expectation(s)* 正如预料. *against* [beyond, contrary to] *expectation(s)* 出乎意料(之外),预料不到地. *answer*[meet, come up to] *one's expectation(s)* 不负所望,符合希望,如愿以偿. *fall short of* [don't come up to] *one's expectation(s)* 辜负期望,不如所望. *in expectation* 期待着的,指望中的. *in expectation of* 盼望[指望,预料]着.

expec'tative [iks'pektətiv] *a.* 期待的,预期的.

expect'ed [iks'pektid] *a.* 预期(定)的. *expected elapsed time* 期望间隔时间. *expected mean life* 预定平均寿命. *expected value* 期望[待]值,平均值. ▲*be expected* 是预期的,是可能发生的. *be expected to* +*inf*. 可料到[预计,预期](做),应该(做).

expec'torant [eks'pektərənt] I *a.* 祛痰的. II *n.* 祛痰剂,治咳药.

expec'torate [eks'pektəreit] *v.* 咳出,吐痰.

expectora'tion *n.* 咳(吐)出,(吐)痰,唾沫,咳出物.

exped =expedite 促成,加速,便利的.

expe'dance *n.* 负[阻]抗.

expe'dience [iks'pi:diəns] 或 **expe'diency** [iks'pi:diənsi] *n.* ①便利,方便,(事的)得失 ②权宜之计,便宜办法,权术.

expe'dient [iks'pi:djənt] I *a.* 便利的,方便的,有利[用]的,合适的,权宜(之计)的. II *n.* (紧急的)手段[办法,方法],权宜之计. *expedient measure to meet an emergency* 应急的权宜措施. *go to every expedient* 不择手段. *temporary expedient* 权宜手段.

expedien'tial [ikspi:di'enʃəl] *a.* 为了方便(着想)的,权宜之计的.

ex'pedite ['ekspidait] I *v.* ①加快(…的进程),加紧[速],促进[使],迅速做[处理]好,速办,简化 ②发出,发送,派出(遣). II *a.* 无阻的,畅通的,快的,迅速的,便当[利]的. *That will expedite matters.* 那将加速事情的进展.

expedition [ekspi'diʃən] *n.* ①远征(队),探险(队),考察(队) ②急[迅]速,敏捷. *the Northern Expedition* 北伐. *scientific expedition to* 赴…的科学考察(队). ▲*go on an expedition* 去远征[探险]. *make an expedition to* 去…探险. *use expedition* 从速,赶快. *with expedition* 迅速地.

expedi'tionary [ekspi'diʃənəri] *a.* (组成)远征(队)的,(组成)探险(队)的.

expedi'tionist *n.* 探险[远征]队员.

expedi'tious [ekspi'diʃəs] *a.* 迅速(完成)的,急速(进行)的,敏捷(而有效)的,效率高的. *expeditious march* 急行军. *expeditious measures* 应急措施. ~*ly ad.* ~*ness n.*

expel' [iks'pel] (*expelled, expelling*) *vt.* ①排[挤,放,喷,打]出,发(出)射 ②驱逐,逐[赶]出,排除,开除,消除,除去. ▲*expel M from N* 把 M 从 N 排[喷,挤,消]出,发射,驱逐[出].

expel'lable *a.* 可驱逐的,应开除的,可击退的.

expel'lant 或 **expel'lent** [iks'pelənt] I *a.* 驱逐的,逐出的,(有)驱除(力)的,排毒的. II *n.* 驱除剂,排毒剂[药]. *expellant bag* 弹性箱. *expellant gas* 排出的气体.

expellee' [ekspə'li:] *n.* 被驱逐(出国)者.

expel'ler [iks'pelə] *n.* ①螺旋式压榨器,螺旋榨机,推出[空]装置 ②排气机 ③驱逐[开除]者.

expend' [iks'pend] *vt.* 花[耗],消费,消耗,支出,(使)用,耗尽,用光. ▲*expend money on* [*upon*] 把金钱[款项]用在. *expend time* [*care*] *in* +*ing* 把时间[注意力]花费在(做).

expendabil'ity [ikspendə'biliti] *n.* 消费[耗]性.

expend'able I *a.* ①可消费的,消耗(性)的,可以牺牲的 ②不重复使用的,一次使用的,不可逆的,不可恢复[回收]的,排出的. II *n.* 消耗品,用降落伞投下的干扰雷达的发射机,空投干扰发射机. *expendable drive point* 可耗式触探头. *expendable weight* 耗重,减轻重量.

expend'ible *n.* 消耗品.

expend'iture [iks'penditʃə] *n.* ①消[花]费,消耗,耗损,支出,使用 ②经费,费用,开支,支出[消费]额. *capital expenditure* 基建投资. *current expenditure* 经(常)费. *expenditure of capital* 投资费用. *expenditure of energy* 能量消耗. *expenditure on* (用于)…(上的)经费. *ordinary expenditure* 经常费. *revenue and expenditure* 收入和支出. *wage expenditure* 人力消耗.

expense' [iks'pens] *n.* ①(花,消)费,损失[耗] ②消耗[需用]量 ③经费,费用,开消,开支. *expense account* 支出帐,报销单. *expenses in the trial manufacture of new products* 新产品试制费. *general expenses* 各项费用,一般费. *maintenance expense* 维护费. *overhead expenses* 杂(项)费(用). *repair expense* 修理费. *travelling expenses* 旅费. ▲*at*(*a*)*great expense* 以很大费用[代价]. *at one's own expense* 自费. *at the expense of* …为代价,费(牺牲,消耗)…(而),由…负担,使…吃亏,通过消耗…(在),在花费…的条件下(而). *at the public expense* 公费. *cut down one's expenses* 节省开支. *go to the expense of* 花[用,出]钱于,为…的目的花钱(付费).

expen'sive [iks'pensiv] *a.* 花费的,花钱多的,高价的,昂贵的. *be expensive to operate* 使用(起来)很昂贵. ~*ly ad.* ~*ness n.*

expe'rience [iks'piəriəns] *vt.*; *n.* 经验,试验,经(历),体验,受到,感受,遭受. *amount of experience* 经验的多少. *experience difficulties* (*with* …)(在…中)碰到困难. *extract experience from* 从…中吸取经验. *share experiences* 交流经验. ▲*as a matter of experience* 根据经验. *background of experience* 积累起来的经验. *by* [*from*] *experience* 凭经验,从经验中. *draw upon past experience to* +*inf*. 凭过去的经验(做). *experience with students* 教学(上)的经验. (*long*) *experience with* [*in*] M M 方面的(长期)经验,使用 M 的(长期)经验.

expe'rienced *a.* 有(实践)经验的,经验丰富的,熟练的. *experienced advice* 经验谈,有经验的人的意见. *experienced worker* 有(实践)经验的工人,熟练工人.

▲**be experienced in** 有…的经验.
experien′tial [ikspiəri′enʃəl] *a.* 经验(上)的,凭经验的,从经验出发的. ~ly *ad.*
experien′tialism *n.* 经验主义.
experien′tialist *n.* 经验主义者.
exper′iment I [iks′perimənt] *n.* ①实验,试验(研究) ②科学仪器,科研(实验)设备. *blank experiment* "空转"试验. *experiments aboard the rocket* 火箭上实验. *freelyfalling model experiment* 自由落体实验. *reactor experiment* 反应堆内进行试验,试验性反应堆. *scientific experiment* 科学实验,科学仪器设备. *transmission experiment* 辐射线透射试验. ▲*make* (*carry out, do, perform, try*) *an experiment on* (*upon, in, with*) 做…实验,对…做实验.
II [iks′periment] *v.* 进行实验(试验). ▲*experiment on* (*in, upon, with*) 做…实验,对…进行实验.
experimen′tal [eksperi′mentl] *a.* 实验(性)(上)的,试验(性)的,经验(上)的,根据实(试)验的. *experimental error* 试验误差. *experimental knowledge* 经验(感性)知识. *experimental set-up* 试验(实验)装置. *experimental work in selected spots* 试点(工作).
experimental-analogic method 类比实验法.
experimen′talism *n.* 经(实)验主义.
experimen′talist *n.* ①经(实)验主义者 ②(科学)实验者,试验者.
experimen′talize *vi.* 实验(研究).
experimen′tally *ad.* 实验上,用实验方法.
experimenta′tion [eksperimen′teiʃən] *n.* 实验(工作,法),(一套)实验,试验(方法).
exper′imenter *n.* 实(试)验者.
exper′imentize [eks′perimentaiz] *v.* 实验,(做…)试验.
ex′pert [′ekspə:t] I *n.* ①老手,能手,内行,专家,熟练者,有经验者(in, at, with) ②检验人,鉴定人. II *a.* ①熟练的,有经验的,有专长的,有经验的,内行的 ②巧妙的,精巧的. III *v.* 在(…中)当专家. *expert evidence* 鉴定(人证明). *expert skill* 专门技能. *expert witness* 鉴定人. ▲(*be*) *expert in* (*at, with*) 是…(方面的)专家(能手). *in an expert capacity* 以专家身分.
expertise′ [ekspə′ti:z] *n.* 专门知识(技术,业务),专长,经验,熟练行业 ②专家,内行 专门鉴定,评价,鉴定(报告).
ex′pertize [′ekspətaiz] *v.* 提出专业性意见,(对…)作出专业性鉴定.
ex′pertly *ad.* 熟练地,巧妙地.
ex′pertness *n.* 熟练,专长,精巧.
ex pier [eks piə] 码头交货.
expira′tion [ekspaiə′reiʃən] *n.* ①(一段时期之)终(截)止,期满,满期(of) ②呼(出,断)气,呼吸作用,死亡. *at the expiration of an hour* 过过一小时后. *expiration of licence* 执照期满. *extend the expiration date* 展延有效期.
expi′ratory [iks′paiərətəri] *a.* 吐(呼)气的.
expire′ [iks′paiə] *v.* ①(期限,协定)期满,终了(止),开始无效 ②吐(呼,断)气,死,熄灭.

expirograph *n.* 呼气描记器.
expi′ry [iks′paiəri] *n.* (期限,协定)终止,期满. *at the expiry of the term* 期满后. *the expiry of a contract* 合同期满.
expisca′tion *n.* 长期诊断,劳研,详究.
EXPL = explosion 或 explosive 爆炸(的),炸药.
explain′ [iks′plein] *v.* 说明,解释,阐明,辩解. ▲*as explained in* 如…所述. *explain away* 如…解释过去,巧辩(搪塞)过去. *explain M as N* 把 M 解释成 N. *explain oneself* 解释明白,交代清楚.
explain′able *a.* 可说明的,可解释的.
explana′tion [eksplə′neiʃən] *n.* 说明,解释,注解(释). *notes in explanation* 注解. ▲*by way of explanation* 作为说明. *from the above explanation* 根据上述,由上所述. *in explanation of* 为解释(说明). *without explanation* 不经解释(说明).
explan′ative [iks′plænətiv] *a.* 说明(解释)性的.
explan′atorily *ad.* 作解释,说明式地.
explan′atory [iks′plænətəri] *a.* 说明(性)的,解释(性)的. *explanatory notes* 注解.
explant′ [eks′plɑ:nt] *v.* 移出物,人工培养(培育).
explanta′tion *n.* 组织培养,移出,外植,移植.
ex′plement *n.* 辅角(360°与该角之差).
explemen′tary angles 共辅角(两角之和等于360°).
ex′pletive [eks′pli:tiv] *a.* 填补的,补足的,附加的,多余的. *n.* 填补(附加)物.
expletory *a.* = expletive.
ex′plicable [′eksplikəbl] *a.* 可解释的,能说明的.
ex′plicate [′eksplikeit] *vt.* ①解释,说(阐)明 ②引伸,发展. *explica′tion* [ekspli′keiʃən] *n.*
ex′plicative [eks′plikeitiv] 或 **ex′plicatory** [′eksplikeitəri] *a.* 说明的,解释的,阐明意义的.
explic′it [iks′plisit] *a.* ①明白(确,晰,显)的,显(然,示)的,清楚的 ②直率的,③须直接付款的. *explicit definition* 显定义. *explicit function* 显函数. *explicit guidance* 显示制导. *explicit relaxation* 显式松弛. *explicit solution* 显解. ~ly *ad.* ~ness *a.* ~y *n.*
explo′dable *a.* 可爆(炸)的.
explode′ [iks′ploud] *v.* ①(使)爆炸(发,裂,破),起爆,激发 ②蓬勃发展,迅速增长,迅猛地发生 ③驳倒,推翻,破除. *exploding primer* 柴油爆发添加剂.
explo′ded *a.* 爆炸了的,被推翻了的(理论),被打破了的,被破除的,分解的. *exploded view* (部件)分解图,立体(解析)图.
explo′der [iks′ploudə] *n.* ①信管,雷管,引信 ②爆器(剂,品,物,装置),消除(毁灭,打地)器 ③爆破工. *magneto exploder* 轻便电动爆炸装置.
exploit I [iks′plɔit] *vt.* ①开发(采,发,垦),利用,使用,发挥 ②剥削. II [′eksplɔit] *n.* 功绩(勋),劳力,辉煌的成就. *exploit a mine* 开矿. *exploited class* 被剥削阶级. *exploiting class* 剥削阶级. *exploit the full power of the engine* 发挥发动机的满功率.
exploitabil′ity *n.* 可开发(采)性,可利用性.
exploit′able [iks′plɔitəbl] *a.* 可开发(采,拓)的,可利用的.
exploit′age [iks′plɔitidʒ] *n.* ①(资源的)利用,开发

榨取,剥削.
exploita'tion [eksplɔi'teiʃən] n. ①开发(采,拓),发(采)掘,利(使,私)用 ②运转(行),操作,维护 ③剥削 ④宣传,广告.

exploi'(ta)tive [iks'plɔi(tə)tiv] a. 开发的,利用的,剥削的.

exploit'er [iks'plɔitə] n. 剥削者.

explora'tion [eksplɔː'reiʃən] n. ①勘探[查,察,测],查勘,探查(测,索,险),试探,考(侦)察,发掘 ②调查,研究(制),钻研 ③确(测)定 ④扫描. *exploration survey* 探(勘)测,踏勘测量. *pressure exploration* 压力分布测定. *rocket exploration* 用火箭研究,火箭探索. *space exploration* 宇宙空间探索,星际探索. *velocity exploration* 速度分布测定. ▲*make further exploration* 进一步探索[勘探,考察]. ~al 或 explorative a.

explor'ator n. 靠模.

explor'atory a. 探查[测,察,勘,险]的,考察的,勘探[测]的,发掘的,调查的,研究的. *exploratory drilling* (勘)探钻(井). *exploratory investigation* 探讨. *exploratory shaft* 探井[坑]. *exploratory survey* 探(勘)测,踏勘测量.

explore' [iks'plɔː] v. ①勘探[察],查[踏]勘,探查[测,险,勘],测试 ②调查,探索,(仔细)研究,发掘 ③扫[扫]像,(图像)分解. *explore for oil* 勘探石油. *exploring coil* 探索(探测,测试)线圈. *exploring disc* 扫描盘,显微社转分像盘. *exploring spot* 搜索光点,搜索区. *exploring team* 探险队,考察队. *exploring tube* 探测管.

explor'er [iks'plɔːrə] n. ①探测[勘,索,险]者,考察者,勘查人员 ②探测[矿]机,探测器(具),侦察机,探测器 ③试验(探测,测试)线圈.

explosibil'ity n. (可)爆炸性.

explo'sible a. 可爆炸的.

explos'meter n. 气体可爆炸测定仪(通过量测空气中可燃气体的浓度来测定其可爆性的仪器).

explo'sion [iks'plouʒən] n. ①爆炸(破,发,裂),炸裂,活塞的工作冲程,放炮 ②蓬勃发展,迅速增长,激增,突发. *contain an explosion* 不使爆炸扩大. *dust explosion* 粉尘爆炸. *explosion chamber* (发动机)燃烧室,爆发室. *explosion door* 防爆门. *explosion forming* 爆炸成型(形). *explosion gas turbine* 爆燃式燃气轮机. *explosion of firedamp* 瓦斯爆炸. *explosion stroke* 爆发冲程. *explosion wave* 爆破波,(地震)冲击波. *muffler explosion* 消声器爆声. *nuclear explosion* 核爆炸. *pipe explosion* 管爆裂. *thermal explosion* 热爆炸.

explosion-proof 或 **explosion-safe** a. 防爆(式)的,防炸(裂)的.

explo'sive [iks'plousiv] I a. ①爆发(性)的,易爆炸的,爆发(性)的,突发的 ②遒劲发展的,极为迅速的,猛烈的. II n. ①(烈性)炸药,爆炸(性)物(质),(pl.)爆破器材. *booster explosive* 传爆药. *detonating explosive* 爆轰炸药. *explosive bonding* 爆炸熔粘(焊接). *explosive bullet* 炸裂弹. *explosive engine* 爆发内燃机. *explosive evaporation* 沸腾蒸发. *explosive forming* 爆炸成型. *explosive gelatin* 炸药胶硝酸甘油化合物. *explosive growth* 迅速发展. *explosive oil* 爆炸油,硝化甘油. *explosive train* 导火药,分段装药,传爆系统. *high explosive* 高爆(烈性)炸药. *initial explosive* 起爆炸药. *plastic explosive* 可塑炸药. ~ly ad.

explo'siveness 或 **explosiv'ity** n. 爆炸性.

ex'po ['ekspou] 展览会,博览会.

expom'eter n. 露光计,曝光表.

expo'nent [eks'pounənt] I n. ①解说者,说明者,阐述者,讲解者 ②倡导者,拥护者 ③指数(幂)(数)(阶)(码) ④样品(本),试样,标本 ⑤代表,典型,例子. II a. 说明的,解释的,阐述的,讲解的. *delivery exponent* 供送曲线的各幂指数. *exponent counter* 阶计数器. *exponent curve* 指数曲线. *exponent equation* 指数方程(式). *exponent part of number* 数的阶部分. *fractional exponent* 分数指数. *gamma* $[\gamma]$ *exponent* 传输特性等级指数,γ指数. *negative exponent* 负指数,负幂. *refractive exponent* 折射率,折射指数.

exponen'tial [ekspou'nenʃəl] I a. 指数(标)的,幂(数)的,阶的. II n. 指数. *complex exponential* 复指数. *damped exponential* 衰减(减幅)指数. *exponential flareout* 指数下降(扩张). *exponential function* 指数函数. *exponential horn* 指数曲线形(蜗形)喇叭,(超声波加工机的)指数曲线形振幅扩大棒. *exponential line* 指数传输线. *exponential matching* 指数(性)匹配. *exponential pump pulse* 指数锯齿运脉冲. *exponential sum* 指数和,三角和. *exponential time* 指数时基,指数时间轴. *exponential tool table* (超声波加工机的)指数曲线形工具架(振幅扩大棒的下半部). *exponential tube* 指数特性曲线管. *exponential voltage change* (按)指数变化(的)电压.

exponen'tially ad. 按指数律地. *exponentially tapered line* 指数(衰减)线,指数锥削形传输线.

exponential-sweep n. 指数扫描.

exponen'tiate v. 指数化.

exponentia'tion [ekspounənʃi'eiʃən] n. 取幂,乘幂,指数表示,阶的表示.

expo'nible [iks'pounibl] a. 可(应)说明的.

export I [eks'pɔːt] v. 输出,出(运,送)走,排出. I ['ekspɔːt] n. ①输出(品),出口(货,商品),(pl.)输出额 ②呼叫,振铃. a. 出口(物)的,准备出口的. *excess of exports* 出超. *export duty* 出口税. *export surplus* 出超. *export trade* 出口贸易. ▲*be engaged in export* 从事出口贸易. *export M to N* 把 M 输出到 N.

export'able [eks'pɔːtəbl] a. 可出口的,可输出的.

exporta'tion [ekspɔː'teiʃən] n. ①输出(品),出口(商品) ②呼叫,振铃.

export'er [eks'pɔːtə] n. 输出者,出口商.

expo'sal [iks'pouzəl] n. =exposure.

expose' [iks'pouz] I vt. ①暴(揭,显)露,露出 ②展览,陈列 ③使遭受,使面临,使处于试验条件下,使(露)光,打击. II n. 暴露,露出,陈述. *exposed core* (焊条的)夹持端. *exposed deep water* 深海. *exposed electric wire* 外露导线. *exposed joint* 明缝,明接头. *exposed opening* 敞开的开口. *exposed*

exposé

road 野外道路,空旷地区的道路.▲*expose M to N* 把 M 暴露于 N(之下,于…之中),使 M 受到 N(的作用). (*be*) *exposed to* 容易(可能)受到…(的影响等),(遭)受到,招致. *exposed to accident possibilities* 容易发生事故. *exposed to the weather* 暴露在大气中,放在露天,受天气作用的.

exposé [eks'pouzei] [法语] *n.* 暴露,露出,陈述.

exposi'tion [ekspə'ziʃn] *n.* ①暴露,显露,曝露②曝光,展出(陈列)②展览(会),博览会③解释(说),说明,叙(阐)述,讲解,注释,讲评.▲*give an exposition of*(对…加以)说明(解释).

expos'itive a. [注]释的,说明的,叙述的,讲解的.

expos'itor n. 解说员,解释(说明,评注)者.

expos'itory =expositive.

exposom'eter n. 曝光计(表).

ex post facto ['ekspoust'fæktou] [拉丁语] 在事后,溯及既往(的).

expos'tulate [iks'postjuleit] *vi.* 告诫,劝[忠]告.▲*expostulate with M about*(for, on) N 告诫(劝告)M(关于) N. *expostula'tion n.* *expos'tulative* 或 *expos'tulatory a.*

expo'sure [iks'pouʒə] *n.* ①暴[显]露,揭露(发),发觉②露[曝]光(量),辐照(量),照射,暴[露]光时间,照明量③露点④(照相)软片,底片⑤显影(品)⑥方位方向,方位⑦(两条线路)靠近. *a building with a southern exposure* 一座朝南的建筑. *exposure intensity* 照射(曝光)强度. *exposure meter* 曝光计[表],露光计. *exposure of rain-gauge* 雨量器的承雨面. *exposure suit* 防热救生(宇航)服. *exposure to a neutron flux* 中子流辐照. *exposure to radiation* (放射性)辐照. *goal exposure for the fuel elements* 释热元件的连续操作时间. *over exposure* 过度露光,感光过量,曝光过量. *under exposure* 曝光不足.▲*exposure to* 暴露在…(之中,之下).

expo'suremeter n. 曝光表,露光计.

expound' [iks'paund] *v.* 详细说明[解释],阐述.

expound'er n. 解释[说明]者.

express' [iks'pres] I *vt.* ①表示[明,达]②压榨[出],挤出. ▲(*be*) *expressed as M* 可以表示为 M,可以写成 M,用 M 来表示. *express M as N* 把 M 表示为[写成] N,用 N 表示 M. *express M from*(*out of*) N 从 M 中挤[压榨]出 N. *express M in*(*meters*)以(米)为单位表示 M. *express M in terms of N* 用 N 表达 M. *express oneself* 表达自己的思想[意见]. *express oneself*(*as*) *satisfied* 表示满意.

II *a.* ①明确的,确切的,明白的 ②特别[殊]的 ③快[超高速]的,快速的,特快的. III *ad.* 乘快车,快速,特别. IV *n.* ①快车 ②快件(递,汇,报),急信,(报纸)号外 ③捷运公司. *express delivery* 快递. *express fee* 快递费. *express goods* 快运货. *express highway* 快[高速]公路. *express lift* 快速吊机[梯]. *express logic* 直快逻辑. *express mail* 快信. *express provision* 明文条款. *express train* 特别快车. ▲*by express* 搭快车,用快递. *for the express purpose of* 为了…的特殊目的.

express'age n. 快递(费),快运(费).

express-analysis n. 快速分析.

express'er [eks'presə] *n.* 压榨器.

express'ible [iks'presəbl] *a.* 可以表示(出来)的,可以表达的,可以形容的,可榨出的.

express'sion [iks'preʃn] *n.* ①表示[达,现] ②(表达,表示)式,公式,符号 ③(措)词,词句,说法 ④(面部)表情,面貌(容) ⑤压榨(法),压出(法). *approximate expression* 近似(展开)式. *averaged expression* 平均值方程式. *binomial expression* 二项式. *mathematical expression* 数学(表达)式. ▲*beyond*(*past*) *expression* 无法形容,表达不出. *find an expression for* 为…找出一种表达式,设法表达出. *find expression in* 表现在,以…表示,在…中表现出来. *give expression to*(*for*) 表明(达),叙述,反映. ~*al a.*

expres'sive [iks'presiv] *a.* 表现的,表示的,富于表情的. ▲(*be*) *expressive of* 表示(达)…的.

expres'siveness n. 可表达(示)性.

expressiv'ity n. 善于表达,表达性,(基因)表现度.

express'ly [iks'presli] *ad.* ①明显[白]地,清楚地 ②特意,专诚.

express'way [iks'preswei] *n.* 快[高]速公路,高速公路.

expro'priate [eks'prouprieit] *v.* 征用(土地),没收,夺. ▲*expropriate M from N* 征用[没收]M 的 N. *expropria'tion* [eksprouprɪ'eiʃn] *n.*

expul'sion [iks'pʌlʃən] *n.* ①逐出,驱逐,开除 ②[抽,挤,推,抛,放]出,排气,喷溅,吹胀,吹尽. *expulsion fuse* 冲击式熔丝. *expulsion of water or water expulsion* 去[脱]水,干燥,除去水分. *expulsion protective gap* 冲击式保护放电器. ▲*expulsion of … from …* 把…从…驱逐[开除]出去. *expul'sive a.*

expunc'tion [iks'pʌŋkʃən] *n.* 擦去,抹掉,删[消]除,勾销.

expunge' [eks'pʌndʒ] *vt.* 擦[涂,删,除]去,擦[删]掉,勾销,消灭,歼灭. ▲*expunge M from N* 把从 N 中擦[删]去.

ex'purgate ['ekspə:geit] *vt.* 删去(不妥处),修订,校订,改,修[正]正. *expurgated bound* 修正限. *expurgated code* 删信码. *expurgated edition* 修订版. *expurga'tion n.*

ex'purgator n. 删改者,修订者.

expurgator'ial 或 *expur'gatory a.* 修订的,订正的,删除的.

ex quay [eks ki:] 码头交货(价格).

ex'quisite ['ekskwizit] *a.* ①优美的,美妙的,精致[巧,选]的,细致的 ②灵敏的,敏锐的 ③强[剧]烈的. ~*ly ad.* ~*ness n.*

ex rail [eks reil] 铁路旁交货.

exsanguinate I *a.* 贫血的,无血的. II *v.* 放血,去血.

exscind' [ek'sind] *vt.* 割开,切[除]去.

exse'cant [ek'si:kænt] *n.* 外割函数.

exsect' [ek'sekt] *vt.* 切除,割除. *exsec'tion n.*

exsec'tor n. 切除器[刀].

ex seller's godown 卖方仓库交货价格.

ex-service [eks'sə:vis] *a.* 退役的,复员的.

ex-serviceman ['eksɪsə:vismæn] *n.* 退役军人,复员军人.

ex ship [eks ʃip] ①船上交货 ②从船上卸下的 ③不含船费.

ex'siccant n.; a. 干燥剂(的).
ex'siccate ['eksikeit] v. 使干(燥),弄干,脱(结晶)水,除湿.
exsicca'tion [eksi'keiʃən] n. 干燥(法,作用),除湿作用,人为变干.
ex'siccative ['ekssikətiv] I a. 干燥的,除湿的. II n. 干燥剂.
ex'siccator n. 保干器,干燥器(箱),除湿器.
ex-soldier ['eks'souldʒə] n. 退役(伍)军人.
exsolu'tion n. 在外溶解,脱(外)溶.
exsomatize v. 离体.
exsorp'tion n. 【医】外逸.
ex store [eks stɔː] 仓库交货(价格).
ex'strophy ['ekstrəfi] n. 外翻.
exsucca'tion n. 吸出(术).
exsuda'tion n. 渗出(作用).
exsuffla'tion [eksʌf'leiʃn] n. (肺)排气.
exsuffla'tor [eksʌf'leitə] n. 排气器.
EXT =①extend 或 extension 扩展 ②exterior 外面的,外部的 ③external 外部的 ④extinguish 灭火,消除 ⑤extinguisher 灭火器,消除器 ⑥extra(额)外,超过 ⑦extract-(ed)萃(取的).
ext dia =external diameter 外径.
Ext Flt =extension filter 辅助滤波器.
Ext Freq =extension frequency 辅助(扩展)频率.
Ext Ring= extension ringer 备用铃流发电机,分机振铃器.
EXT scale 外刻度.
Ext T-phone =extension telephone 备用话机,分机.
Ext W =extension wire 备加(附加),分接,延长)线路.
extant' [eks'tænt] a. ①现存的,仍存在的,剩存的,未废(现,逸失)的(文件等),作家遗著手稿 ②突出的,显著的.
extar n. X 射线星.
exta'sis [eks'teisis] n. 入迷.
extem'poral [eks'tempərəl] 或 extempora'neous [ekstempə'reinjəs] a. 无准备的,即席的,当时的,临时的,权宜之计的. ~ly ad.
extem'porarily [iks'tempərərili] ad. 无预备地,临时,即席,当场.
extem'porary [iks'tempərəri] a. =extempore.
extem'pore [eks'tempəri] a.; ad. 无准备(的),临时(的),即席(的),当场(的).
extem'porise 或 extem'porize [iks'tempəraiz] v. 临时制作(配制),当场作成,即席发言. extemporisation 或 extemporization n.
extend' [iks'tend] v. ①伸(长,张),展(广)延(延,拉,加长②扩大(充,张,展,延,散)增大,推广,传播③连续,延长(伸)(到),蔓延④致以,给予,提供⑤【数】开拓⑥填(补)充,掺杂(入). extend a cable between two posts 在两柱之间扯起(架起)钢索. The road extends as far as the river. 路一直达到河边. The vertical shaft extends the height of the tower. 纵轴的长度一直延伸到与塔等高. extending integrated circuit 外延集成电路. extending tower 可伸展的天线杆. ▲extend for 延续…(距离). extend from 从…伸出(来). extend from M into N 从 M 插(延伸)到 N 里. extend from M to N 从 M 绵延(一直)到 N,从 M 架(搭)到 N. extend out 伸出. extend over 延续(…时间),遍布. extend through M 贯穿 M,达到整个 M 的长度,穿过 M 延伸出去. extend through to (一直)延伸到.
extend'ed [iks'tendid] a. 伸长(展)的,展开的,扩张(张,散,充)的,延长的,持续(久)的,传播的,分布的,扩充的. extended aeration 延续曝气. extended antenna 加长[加感]天线. extended application of one's experience … 经验的推广应用. extended area service 额外服务,扩大区域服务. extended battle line 拉得很长的战线. extended card kit 配套扩充插件. extended charge 直列装药. extended cyclic codes 延拓循环码. extended delta connection 延长△形连接,延长三角形接法. extended dislocation 扩展位错. extended electron beam (电子)束. extended foundation 扩展基础. extended play 慢速(密纹)唱片. extended point transformation 开拓的点变换. extended real number 广义实数. extended shutdown 延续停止,中止. extended significance 更深远的意义. extended surface 展开面. extended surface elements 带有加(换)热表面的部件. extended target 空间(展开)目标. extended theorem of mean value 广义均值(中)值定理.
extended-interaction tube (延)长(作用)区管.
extended-metal transistor 延伸金属晶体管.
extended-precision a. 扩充(增加)精度的.
extended-range a. 扩展测(量)程的.
extend'er [iks'tendə] n. ①扩充(扩展,扩展,延长,充填,延伸)器,扩展镜②增充(加)剂,膨胀剂,稀释液(剂),补充料(剂). extender pigment 体质颜料,油漆调和颜料.
extendibil'ity n. 可扩充(扩展,延伸)性.
extend'ible [ikst'endəbl] a. 可延伸(延长,伸长,扩张,扩充)的. extendible portion 延伸部分.
extensibil'ity [ikstensə'biliti] n. 伸长率,可延伸(延展,拉伸,伸长,膨胀)性,延展(延伸,伸长)度,张力作用下形变程度.
exten'sible [iks'tensəbl] 或 exten'sile [iks'tensail] =extendible.
extensimeter n. =extensometer.
extensin n. 伸展蛋白.
exten'sion [iks'tenʃən] n. ①伸长(出,展),延长,延伸(性),广延(性),广度 ②扩张(展,建,大,充),推广,发展,增加(设),分设 ③延(延伸,扩建,附加,增设)部分,伸出部(延长)翼 ⑤(可扩展的范围)可延长的程度,(电话)分机 ④【数】开拓,外延,移居 ⑤(空间的)大小,尺寸,线段度,范围,体积 ⑥大学公开讲座(讲座)⑦扩散,蔓延.【医】牵引(伸)术. aerial extension 架空线. blocking extension 阻弱臂. closed extension in a group 群中的闭扩张. extension agent (技术)推广员,技术指导员. extension arm 延伸臂. extension at break 断裂伸长. extension bar 接(加长杆,伸出杆,延展杆. extension bed lathe 接长床身车床. extension bell 分铃,分设铃. extension circuit 扩充(展接)电路. extension coefficient 移居(伸长)系数. extension commission 展期手续费. extension elongation (由于)拉伸(而产生的)延长. extension

instrument 附加〔外接〕仪表. *extension ladder* 伸缩梯. *extension line* 分机〔引出,延伸〕线;尺寸补助线,展接〔扩充〕线路. *extension mast* 可伸套管天线. *extension meter* 延伸仪,伸长计. *extension of a function* 函数的开拓. *extension of a contract* 合同有效期的延长. *extension of control* 控制网加密. *extension of field* 域的扩张. *extension of knowledge* 知识的扩大. *extension rate* 稀释率,稀释倍数. *extension rod* 伸缩尺,伸长〔延伸〕杆. *extension scale* 伸缩〔铸工〕尺,延长〔扩展〕刻度,扩展标度. *extension service* 技术指导工作(处),推广站. *extension set* 增设装置. *extension spring* 牵簧,拉簧,扩展弹簧. *extension stem* 延伸柄,伸缩棒. *extension telephone set* (电话)分机. *extension theorem* 开拓定理. *extension tripod* 伸缩三脚架. *general extension* 均匀相对伸长. *hose extension* 软管加长节〔加长部分〕. *linear extension* 直线延伸〔长〕. *minute extension* 小体积. *pedal extension* 踏板的接长节. *permanent extension* 永久〔剩余〕伸长. *piston rod extension* 活塞尾杆. *pole extension* 极靴,极延伸部分. *range extension* 范围扩大,量程的扩展. *scalar extension* 标量扩张. *test jack extension* 携带式测试仪表的电源塞孔. *total extension* 总延伸率. *university extension* 大学的附设部分. *valve stem extension* 阀杆伸长部. ▲*extension to M* M 的延长〔扩展〕部分.

exten'sional [iks'tenʃənəl] *a*. 外延的,延伸的. *extensional vibration* 扩张振动.

extensional'ity *n.* 外延性.

exten'sion-type *n.* 伸缩型的.

exten'sive [iks'tensiv] *a.* 广大〔阔,泛〕的,大面积的,宽广〔阔〕的,广〔外〕延的,延伸〔长〕的,扩大〔展〕的,粗放的,彻底的. *extensive order* 大批定货. *extensive parameter* 广延参数. *extensive preparations* 多方面的准备. *extensive repair* 大修理. *extensive sampling* 扩大抽样. ~ly *ad.* ~ness *n.*

exten'so [eks'tensou] [拉丁语] *in extenso* (略作 in. ex.) *ad.* 全部,详细,充分,不省略.

extensom'eter [iksten'sɔmitə] *n.* 伸长计,延伸计,伸展,变形,应变,张力,张量计计,延伸仪,变形测定器.

extensomet'ric *a.* 测张力的,测伸长的.

extensom'etry *n.* 应变〔伸长〕测定.

exten'sor *n.* 延展器.

extent' [iks'tent] *n.* ①程度,限〔量〕度,广〔宽,长〕度 ②范围,界限,长短,大小,宽窄,尺寸,距离,(分,数)量,值 ③【数】外延,扩延,延长,(延伸)程度 ④一大片. *extent of a set* 点集的广延. *extent of the error* 误〔偏〕差量. *extent of porosity* 孔隙度. *exterior extent* 外〔扩延(度). *infinite axial extent of jet* 轴向射流无限长度. *interior extent* 内延. *laminar flow extent* 层流区. *unlimited extent* 无限传播〔扩〕展;范围. *a new runway, 3000 metres in extent* 三千米长的新跑道. *This river is vast [small] in extent.* 这河大〔小〕. ▲*of great extent* 范围很大(的). *to a certain extent* 在一定程度上,多少有点儿. *to a great* [*large*] *extent* 在很大程度上,大大(地),大部分,基本上. *to some extent* 在某种程度上,(多少)有点儿. *to* (*such*) *an extent that* (竟然)达到这样的程度以致,结果,甚至于. *to the extent of* (达)到…的程度,在…(可能)的范围内,在…方面. *to the extent that* 达到这样的程度以至,结果,从而,就…来说,在…这方面来说,在…这样的范围内〔条件下〕即. *to the full* [*utmost*] *extent* 在最大可能的范围内,竭尽全力. *within the extent of* 在…范围内.

exten'uate [eks'tenjueit] *vt.* ①低估,藐视 ②减轻〔少〕,降低,衰减 ③掩饰.

extenua'tion [ekstenju'eiʃən] *n.* ①减少〔弱,轻,量〕,缩小,降低,衰减,细小,消瘦 ②低估 ③掩饰〔减轻〕罪过的借口. **exten'uative** 或 **exten'uatory** *a.*

exte'rior [eks'tiəriə] *a.; n.* 外(部,面,表,来,用,界,观,形,貌,景)(的),对外的,室外的. *exterior angle* 外角. *exterior antenna* 室外天线. *exterior extent* 外广延(度). *exterior paint* 外用漆. *exterior part of ingot* 钢锭头. *exterior pipe system* 外部管道系统. *exterior points* 外点. *exterior view* 表面图,外视图.

exterior-interior angles 同位角.

exterior'ity [ekstiəri'ɔriti] = externality.

exterioriza'tion = externalization.

exte'riorize [eks'tiəriəraiz] = externalize.

exter'minate [eks'tə:mineit] *v.* 消〔根〕除,消〔扑〕毁,灭,根绝. **extermina'tion** [ekstə:mi'neiʃən] *n.* **exter'minative** 或 **exterminatory** *a.*

ex'tern ['ekstə:n] *n.* 实习医学生.

exter'nal [eks'tə:nl] I *a.* ①外(部,面,表,界,置)的 ②表面的,外观(形)的,客观的,形式的,浅薄的 ③对外的,外国〔来〕的,附带的. II *n.* 外面〔部〕. (pl.) 外形〔观〕,形式,外部特征. *external arithmetic* (主)机外运算. *external cable* 室外〔舱外,外部〕电缆. *external cathode resistance* 阴极输出器(的)外电阻,阴极电路电阻. *external cause* 外因. *external chill* 【铸】金属型,外冷铁. *external crack* 表面缝,外表裂缝. *external cutting* 外圆车〔切〕削. *external delay* 外因延迟. *external diameter* 外径. *external dimensions* 外形〔部〕尺寸. *external galaxy* 河外星系. *external gear* 外(啮合)齿轮. *external mirror* 外(部)反射镜. *external operation ratio* (计算机的)运行率. *external phase* 外(连续)相. *external plate impedance* 板(极电)路阻抗. *external point* (螺丝攻的)尖端. *external Q* 外(界)品质因数,Q 值. *external reality* 客观实在. *external selection memory* 〔*storage*〕字选存储器. *external storage* 〔*store*〕外存储(器). *external trade* 对外贸易. *external world* 客观世界. ▲*judge by externals* 从外观上判断.

external-cavity *n.* 外腔.

exter'nal-combus'tion engine 外燃机.

external-conversion *n.* 外转换.

external-internal-cordon *n.* (城市)外围-内围两线.

externalise = externalize.

externalism [eks'tə:nəlizm] *n.* 外在性,客观性.

external′ity [ekstə:'næliti] n. ①外表(面),外形(貌,表,界) ②外在性,外在化,客观性 ③(pl.)外部的事物.

externaliza′tion [ekstə:nəlai'zeiʃən] n. ①形象化,具体化,体现 ②客观化(性),外表化(性),仅具外表形式.

exter′nalize [eks'tə:nəlaiz] vt. ①使形象(具体)化,使客观化,使外表化,使仅具外表形式 ②认为…是由于外因,以外因来说明.

external-line n. 外接线.

exter′nally [eks'tə:nli] ad. 外部(地),外面,外表上. *externally fired* 外燃(式)的. *externally programmed computer* 外部程序式计算机. *externally tangent* 外切.

externally-pulsed a. 外同步脉冲的.

externally-specified a. 外(面规)定的.

external-upset a. 外加厚的.

ex′terne ['ekstə:n] n. 实习医生.

externus a. 外界[面]的.

exterocep′tive a. 外感受性的.

extero(re)cep′tor n. 外感受器.

exterritor′ial a. 治外法权的.

exterritorial′ity n. 治外法权.

ex′tima ['ekstimə] n. 外膜.

extinct′ [iks'tiŋkt] a. ①(已)熄灭的,已不再活动的,灭绝的 ②已废的,过时的,无用的,失效的. *extinct volcano* 死火山.

extinc′tion n. ①消灭(除,失,退),熄灭,猝灭,猝熄,灭绝(亡) ②吸(消)光,消声 ③衰减,自屏. *atmospheric extinction* 大气消光. *extinction angle* 消弧(光)角. *extinction coefficient* 消光(声)系数,(光随深度的)衰减系数. *extinction of arc* 灭(消)弧. *extinction of fuel* 燃料的熄灭. *extinction of spark* 火花消除. *extinction potential* 熄灭(消电离)电位. *extinction pulse* 消险脉冲. *extinction voltage* 熄灭(熄火)电压. **extinc′tive** a.

extine n. 外膜,外壁.

extin′guish [iks'tiŋgwiʃ] vt. ①熄(消,扑)灭,灭火,消除,使衰减,消声 ②偿清,废除,废止,使无效,兼并 ③压制 ④使豁然失色,使相形见绌. *extinguish a fire* 灭火. *extinguishing coefficient* 衰减系数.

extin′guishable [iks'tiŋgwiʃəbl] a. 会熄的,可扑灭的,可灭绝的.

extin′guishant [iks'tiŋgwiʃənt] n. 灭火剂(物).

extin′guisher [iks'tiŋgwiʃə] n. ①灭火器,熄灯器 ②消器 ③熄灭器. *arc extinguisher* 火花消除器. *fire extinguisher* 灭(消)火器. *spark extinguisher* 灭火花器.

extin′guishment n. 消(熄)灭,灭火,衰减,偿清.

ex′tirpate ['ekstə:peit] v. 铲(根,打,摘,破)除,根(灭)绝. **extirpa′tion** n.

ex′tirpator n. 根除者,扑灭者,摘除器.

extn = extraction 萃取,回收,提炼,抽出,提取.

extol(l)′ [iks'tɔl] vt. ①赞美,极力称赞,歌颂 ②吹捧. ~ment n.

extoller n. 赞美者,吹捧者.

EXTON = external power on 外部电源接通.

extor′sion [eks'tɔ:ʃn] n. 外旋,外转,外斜眼.

extort′ [iks'tɔ:t] vt. ①敲诈,勒索(from) ②强求,逼迫 ③曲解,牵强附会 ④外旋. ~ion n.

extor′tionary 或 **extor′tionate** a. 勒索(敲诈)性的,(要求,价格)过高的,太大的.

extor′tioner n. 敲诈(勒索)者.

EXTR =extrude 挤压.

extra ['ekstrə] [拉丁语] ab extra 自外,从外部,外来.

ex′tra ['ekstrə] I a. ①额外的,附加的,加班的,另外收费的 ②特别(优,大)的,非常的,临时的 ③多余的,超过的分额的,备用的. II n. ①额外的东西,附加物(费) ②增刊,号外 ③质量特别好的东西 ④临时工. II ad. ①非常,特别,格外 ②额外,另外,分外 ③除外. *extra address* 【计】附加地址. *extra amount* 多余部分. *extra axial image* 轴外图像. *extra cost* 额外费用. *extra deep drawing* 极深冲. *extra-extra slim* 最细. *extra fine* 特别好,特精密加工,特细牙螺纹,特细号的. *extra hard steel* 超硬钢. *extra heavy* 特别浓的,特强(重)的,特别结实的,加重的. *extra limiter* 外加限制器,附加限幅器. *extra low carbon steel* 极低碳素钢. *extra low frequency* 超低频. *extra order* 附加订货,外加指令. *extra pair* 备用(电缆)线对. *extra quality* 特优质量. *extra slack running fit* 松动配合. *extra soft steel* 特软钢. *extra strong pipe* 特厚壁钢管,特强管,粗管. *extra wheel* 预备轮,备胎. ▲*do extra work* 加班,做额外工作. *packing and postage extra* 包装和邮费在外. *real extra* 上等产品.

extra- [词头]外(部,面),…外的,额(格)外,超(过),特.

extra-anthrop′ic a. 外因的,人体以外的.

ex′tra-atmospher′ic ['ekstræətməs'ferik] a. 大气层以外的. *extra-atmospheric space* 外层[宇宙,大气层外]空间.

extracar′diac a. 心外的.

extracel′lular a. 细胞外的.

extracentral telescope 偏心望远镜.

extrachromoso′mal a. 染色体外的.

extra-code n. 附加码.

extracorpor′eal a. 体外的. *extracorporeal irradiation* 离体辐照.

ex′tracos′mical ['ekstrə'kɔzmikəl] a. 宇宙外的.

extract I [iks'trækt] vt. ①(使致)抽(拔,引,取,排,撤)出,抽提,选拔 ②蒸馏(榨取,精练,提炼)出,压(析,提)取,分离(出),挤于 ③采(发)掘,开采 ④摘录,选录,抄本 ⑤求[得到]解,得到(平方)根,求(出平方)根,去根号 ⑦【计】抽数(并),取出数字部分. II [′ekstrækt] n. ①提出[提取,抽出,提炼,抽提,浸出,拔出]物,萃取物(液),蒸馏品 ②摘(选)录,选集 ③精(华),萃,汁,浸膏,提(取)液. *extract a [the] root* 开方,求根. *extract fan* 抽风机. *extract instruction* 新词构成的,开方[提取,析取,抽出]指令. *extract of a letter* 函件摘要. *extracted beam* 引出的束. *extracted heat* 排出的热. *solvent extract* 溶剂萃液. ▲*extract M from N* 从 N 中提取[拔出,抽出,选取,选取]物.

extractability n. 可萃性(度),可提取性.

extract′able a. ①可以抽(拔)出的 ②可萃(提,榨)取的,抽(蒸馏)得出的 ③可以推断出的,可摘录的.

extrac′tant [iks'træktənt] n. 萃取剂(物),分馏出物,提

取剂,浸媒.
extracter =extractor.
extractibil'ity n. 可萃取性[率],提取性.
extract'ible a. =extractable.
extrac'tion [iks'trækʃən] n. ①拔[抽,引,浸,摘,提,注,拔,选,排]出,抽提,分离,蒸馏,脱模 ②萃取(法),提炼,提取(法,率),提[析]取,精炼 ③抽提[拔,采]出物,提取物 ④开方(法),求根(法) ⑤【计】抽数[并] ⑥摘录[要],精选 ⑦拔除[摘出,取出]术. *absorption extraction* 吸收分离. *back extraction* 反萃取,回提. *compact extraction* 出坯. *extraction fan* 抽气机,排气风扇. *extraction into solvent* 溶剂萃取. *extraction jack* 拔桩机. *extraction of copper* 或 *copper extraction* 炼[提]铜. *extraction of root* 开方(法),求根(法). *extraction of steam* 抽汽. *extraction of the cubic root* 开立方. *extraction of the square root* 开(平)方,求平方根. *extraction tool* 拔插件工具. *extraction turbine* 抽气式透平,抽汽冷凝涡轮机. *heat extraction* 排[除,放]热. *plasticizer extraction* 增塑剂析出. *solvent extraction* 溶剂法,抽取,溶剂提炼[萃取]. *sorption extraction* 吸附[离子交换]提取. *steam extraction* 或 *extraction of steam* 排出蒸汽,抽汽.

extrac'tive [iks'træktiv] I a. (可)抽出的,(可)提[抽,萃]取的,耗取自然资源的. II n. 提[蒸,浸,萃]出物,提取[炼]物,浸质,精华,萃. *extractive process* 抽提[提炼]过程.

extrac'tor [iks'træktə] n. ①提取[萃取,抽提,脱水,分离]器,抽油[提取,提取器,提取机,(离心)分离]机,选料机 ②抽[拔,提]出器,取出[引出,拔桩,分离]装置,提取设备,隔离开关,抓钩(爬子,退子)的,取出[脱模,退壳器,退弹簧,脱模工具] ③【计】分离符,析取[抽出,抽取]字. *air extractor* 抽气[抽风,排气]机. *back-up roll extractor* 支承辊换辊装置. *backwash extractor* 反萃[回萃,洗提]器. *beam extractor* 束引出装置. *column extractor* 萃取柱[塔]. *disk extractor* 环形脱模工具. *dross extractor* 撤[清]渣器. *dust extractor* 收[捕]尘(粒)器. *extractor gauge* 分离规. *mix-and-settle extractor* 混合沉淀槽. *nail extractor* 拔钉器. *root extractor* 去根器. *screw extractor* 起螺丝器. *split pin extractor* 起开尾销器. *stud extractor* 双头螺栓拧出[取出,介入]器. *tool extractor* 拔除工具器. *water extractor* 干燥[水分离]器,脱水机,湿度分析器.

extractum (pl. **extracta**) n. 浸膏,浸出物.
extra-current n. 额外(感应)电流,暂时电流.
extracurric'ular [ekstrəkə'rikjulə] 或 **extracurric'ulum** a. 课(程)外的,业余的. *extracurricular activities* 课外活动.
extra'dos [eks'treidɔs] n. 拱背(线),外拱线[圈],拱洞的外弧面,拱张成的外曲线.
ex'traessen'tial ['ekstrəi'senʃəl] a. 非主要[本质,必要]的.
extra-excitation n. 额外激发.
extra-expiratory a. 用力呼气的.
extra-fine a. 超级的,极[特]优的,高级优质的. *extra-fine fit* 一级精度配合. *extra-fine steel* 优质钢.

extra-fine-thread 超细牙螺纹.
ex'trafo'cal a. 焦外的.
ex'tragalac'tic ['ekstrəgə'læktik] a. 【天】河外的,银河系外的,星系外的. *extragalactic nebula* [system] 河外星云[系],外银河.
extragenet'ic a. 非遗传的.
extra-hard a. 超[极,特]硬的.
extra-heavy a. 超[加,特]重的,超功率[负载]的. *extra-heavy pipe* 粗管,特强管.
extra-high a. 超[特,极]高的.
extra-high-tension unit 超高压设备.
extra-instruction n. 广义[外加]指令.
extra-interpola'tion n.【数】超插入法.
extra-light a. 特轻的. *extra-light drive fit* 轻压合. *extra-light loading* 特轻加感[载].
ex'tralim'ital ['ekstrə'limitəl] a. 在某区域内不存在的.
extra-load bearing capacity 额外承载量.
extra-low a. 特[极,超]低的.
Ex'traman n. 机械手.
extramem'branous a. 膜外的.
extra-meridian a. 近子午线的.
extra-meridional a. 近(偏离)子午线的.
ex'tramun'dane ['ekstrə'mʌndein] a. 地球以外的,宇外的.
ex'tramu'ral ['ekstrə'mjuərəl] a. ①市外的,城(墙镇)外的 ②大学外的,校外的,单位以外的 ③壁外的.
extra'neous [eks'treinjəs] a. ①外(部,来,加)的,局(体)外的,局部的,附加的,范围之外的 ②无关的,不重要的,支节的. *extraneous cracking* 外部化,轻质碳氢化合物的裂化. *extraneous emiss* 无关发射. *extraneous force* 外力. *extraneous terference* 外来干扰. *extraneous locus* 额外轨迹. *extraneous modulation* 寄生调制. *extraneous r* 额外根,杂根. *extraneous to the subject* 与主题无关的. *extraneous variable* 客[随机]变量. *extraneous waves* 外界[局外,无关,寄生]波,寄生信号 ~ly ad. ~ness n.

ex'tranu'clear ['ekstrə'njuːkliə] a. 核外的.
extra-oc'ular a. 眼外的.
extraofficial ['ekstrəə'fiʃəl] a. 职务(权)以外的.
extraor'al n. 口外的.
extraor'dinarily [iks'trɔːdnrili] ad. 非常,格外. *extraordinarily high temperatrure* 超高温.
extraor'dinary I [iks'trɔːdnri] a. 非(寻)常的,异的,反常的,意外的,特别的,非凡的,格外的,临时的.
II [ekstrə'ɔːdənəri] a. 特命[派]的. *ambassad extraordinary and plenipotentiary* 特命全权大使. *envoy extraordinary* 特使. *extraordinary mainance* 特别[临时]养护. *extraordinary ray* 非常[线(异)的]. *extraordinary wave* (双折射中)异常射波. ▲*make extraordinary progress in* 在…面取得极其巨大的进步.
extra-organismal a. 体外的.
extraparenchymal a. 实质外的.
extrapel'vic a. 盆[孟]外的.

extraplan′etary a. 行星外的.
extrapolabil′ity n. 推断力,外推能力.
extrapo′lar a. 极外的.
ex′trapolate ['ekstrəpəleit] v. ①推断,推知 ②外推〔插〕,用外推法求值,推定诸式. *extrapolated curve* 外推〔插〕曲线. *extrapolated cut-off* 外推截止电压. *extrapolated ionization range* (α粒子、质子的)外推飞程〔电离程〕. *extrapolated value* 外推值,推定数值. ▲*extrapolate M to N* 把M(向外)推广到N.
extrapola′tion [ekstrəpə'leiʃən] n. 外推〔插,差〕(法),归纳,推断〔论,知〕. *extrapolation chamber* 外推(法)电离箱〔室〕.
extra-pure a. 极纯的,特纯的,高纯度的.
extraret′inal a. 视网膜外的.
extra-sensitive a. 过敏性的,高敏感性的.
extra-short a. 超〔特,极〕短的.
extra-soft a. 特软的.
extraso′lar a. 太阳(系)外的.
extrasomat′ic a. 体外的.
ex′tra-spec′ial ['ekstrə'speʃəl] a. 特别优良〔秀〕的.
ex′traspec′tral ['ekstrə'spektrəl] A. (光,能,波)谱外的.
extra-spectrum a. (光,频)谱外的.
extrastim′ulus n. 额外刺激.
extra-stress n. 附加〔额外〕应力.
extra-strong pipe 特厚壁钢管,特强管,粗管.
extrasynap′tic a. 突触外的.
extrasys′tole ['ekstrə'sistəli] n. (心室)期外〔额外〕收缩,过早收缩.
extratelluric a. 地外的.
ex′traterres′trial ['ekstrətri'restriəl] a. 行星际的,地球(大气圈)外的,地球外层空间的,外空的,宇宙的.
ex′traterrito′rial a. 治外法权的.
extrathermodynam′ic a. 超热力学的.
extrathermodynam′ics n. 超热力学.
extratrop′ic belt 温带.
extratu′bal a. 管外的.
extrav′agance [iks'trævigəns] 或 extrav′agancy n. 奢侈,铺张,浪费,过度(分).
extrav′agant [iks'trævigənt] a. ①奢侈的,浪费的,大手大脚的 ②过度(分,高)的. ~ly ad. ~ness n.
extrav′asate [eks'trævəseit] v. 溢出〔血〕,渗出,外渗,(熔岩)喷出. *extravasa′tion n.*
ex′travehicular ['ekstrəvi'hikjulə] a. 飞行器外的,宇宙飞船外的,座舱外的. *extravehicular astronaut* 星际航行员. *extravehicular environment* 舱外〔空间〕环境.
extraventric′ular a. 室外的.
extraver′sion [ekstrə'və:ʒn] n. 外倾.
extravis′ual a. 视界以外的.
extre′ma [iks'tri:mə] extremum 的复数.
extre′mal [iks'tri:məl] n. 〔致极〕函数,极值曲线,致极函数. *accessory extremal* 配连极值曲线. *extremal field* 极值场. *extremal vector* 极值向量. *relative extremal* 相对极(值)线.
extreme′ [iks'tri:m] I a. ①(最)末端的,尽头的,最后〔终〕的 ②极端,限,度)的,非常的,过度的,最…的 ③极大的,激烈的. II n. ①极〔末〕端,极度(状态),过高过低或过大过小,最大程度 ②极(端,限)值,

【数】外项 ③(pl.)两个极端,极端条件 ④极端措施〔手段〕. *extreme accuracy* 超高准确度. *extreme and mean ratio* 【数】外内比,中末比,外中比. *extreme case* 极端〔罕见〕的例子. *extreme close-up* 大特写. *extreme descent* 急剧的下降. *extreme face* 极面. *extreme fibre* 最外纤维. *extreme in position* (滑阀)完全进入极端位置. *extreme line casing* 管端成平坦线的套管. *extreme long shot* 大全景镜头. *extreme out position* (滑阀)完全离开极端位置. *extreme point* 极(值,端)点. *extreme position* (滑阀,阀柱塞)处于两端位置,偏〔极限〕位置. *extreme pressure* 极限压力,极限压力. *extreme range* 最大射程. *extreme term* 外项. *extreme ultraviolet region* 远紫外线区. *extreme value* 极值,最大〔小〕值. *extremes of heat and cold* 冷热的悬殊. *prevent extremes of temperature* 防止温度过高过低. ▲*go to extremes* 或 *run to an extreme* 走〔趋于〕极端,(太)过于,用激烈手段. *in extreme cases* 在极个别情况下. *in (the) extreme* 极端(地),非常,达于极点. *lie at the extremes (of)* 位于(…的)两端〔头〕. *take extreme measures* 采取激烈措施.
extreme′ly [iks'tri:mli] ad. 极端(地),非常. *extremely high frequency* 极高频,超高频.
extremely-high tension generator 超高压发生器.
extremital a. (末)端的,远侧的,顶端.
extremitas (pl. *extremitates*) n. 肢,端.
extrem′ity [iks'tremiti] n. ①末端,终端,极度〔限,点〕,端点,终极,尽头 ②(pl.)非常〔最后〕手段,手足,四肢. *extremity of a segment* 线段(的)端. ▲*at the extremity of* 在…的尖〔头〕. *expect the extremity* 准备万一,作万一准备. *proceed (go, resort) to extremities* 采取最后〔非常〕手段. *to the last extremity* 到穷途末路.
extre′mum [iks'tri:məm] (pl. *extre′ma*) I n. 极(端)值(最大,最小);(级数的)首项或末项. II a. 末端的,极度的,最终的.
ex′tricable ['ekstrikəbl] a. 摆脱〔脱离〕得了的,救得出的,能脱险〔离)的.
ex′tricate ['ekstrikeit] vt. ①使摆脱〔脱离,脱险〕,救出(from) ②【化】放出,游离,化散. ▲*extricate oneself from* 脱离,摆脱. *extrica′tion n.*
extrin′sic(al) [eks'trinsik(əl)] a. ①非固有的,非本征的,外来(在,部,表,因,赋)的,体外的,附带的 ②非本质的,不要紧的 ③含杂质的. *extrinsic conductivity* 杂质〔非本征〕电导率,外赋传导率. *extrinsic detector* 非本征激发的探测器. *extrinsic feature* 外貌. *extrinsic range* 杂质导电区. *extrinsic semiconductor* 含杂质〔非本征,外因性〕半导体. ▲*extrinsic to* 非…所固有的. ~ally *ad.*
extrophia n. 外翻.
extrover′sion [ekstro′və:ʃn] n. 外倾,外翻,精神外向.
extrudabil′ity n. 压出可能性,可挤压性.
extrude′ [eks'tru:d] v. 挤压(成形),冲〔喷,排,挤〕压突,伸,流〕出(from),压制〔挤〕,模〔热〕压. *extrud-*

extru'ded a. 压[挤]出的,伸长的. extruded electrode 机械压涂的焊条. extruded section 挤制叶型.
extruded-bead sealing 挤出熔体熔接.
extru'der n. 挤压机,(螺旋)压出机.
extru'sion [eks'truːʒən] n. 挤[压,喷,流,排,推]出,挤压(机,加工,成形),热[模]压(机,加工),深拉,伸延[长,出],冲塞,突出. extrusion moulding 挤压成型,挤压模塑法. extrusion press 挤压机. extrusion stress (塑性变形的)挤压应力. extrusion under vacuum 真空挤压成形. impact extrusion 冲挤压. impeller extrusion 叶轮中心开口. inverted extrusion 反向压挤. sheath extrusion 护[包]套挤压. thermoset extrusion 热挤塑法.
extru'sive I a. 挤[喷,压,突]出的. II n. 喷出岩体. extrusive rock 喷出(发)岩.
extubate v. 除[拔]管.
extuba'tion [ekstjuːˈbeiʃn] n. 除[拔]管(法).
EXTW = extension wire 延长[附加]线路.
exu'berance [igˈzjuːbərəns] n. 丰富,充盛[沛],茂盛
exu'berant [igˈzjuːbərənt] a. ①丰富的,充溢的,茂盛的,繁多的 ②多[剩]余的 ③华而不实的,冗长的 ④极度的,极大的,生成过多的,高度增生的. ~ly ad.
exu'berate vi. 富(于),充满,茂盛.
ex'udate [ˈeksjuːdeit] n. 渗[流]出物,渗出液.
exuda'tion [eksjuːˈdeiʃn] n. 渗出[漏](物,作用),流出(液),热(熔,桥)析,打着过早)湿水,(金属)出汗. exudation pressure 渗流压力. exudative a.
exudatum n. 渗出物[液].
exude' [igˈzjuːd] v. (使)渗出,(使)慢慢流出,分出,(使)发散,(使)散布.
exult' [igˈzʌlt] vi. 欢欣(鼓舞),非常高兴. ▲exult in [over, at] 因…而欢欣鼓舞.
exul'tance 或 exul'tancy = exultation.
exul'tant a. 欢欣鼓舞的,兴高采烈的,得意的. ~ly ad.
exulta'tion [egzʌlˈteiʃən] n. 欢欣鼓舞(at),得意(over).
exurb [ˈegzəːb] n. 城市远郊富裕阶层居住的地区.
exurban a. 城市远郊的.
exurbia [egˈzəːbiə] n. 城市远郊.
exu'tory [ekˈsjuːtəri] I n. ①取[流]出,退却 ②脱除剂,诱导剂. II a. 诱导的.
exuvia'tion n. 脱皮.
exu'vium n. 皮屑.
ex warehouse [eksˈwɛəhaus] 仓库交货(价格).
ex wharf [eks hwɔːf] 码头交货(价格).
ex-works ad. 出厂的.
exx = examples (一些)例子.
eye [ai] I n.①眼(睛),眼状物,(小,耳,瞳,针)孔,(吊,耳)环,索(锚,钩,玻璃)眼,(人,信管)口 ②信号灯 ③光电池(管) ④观点,见解,判断,视域 ⑤眼光,眼力,观察(注意)力. II vt.①(观)看,注视,凝视 ②…上打孔眼. camera eye 摄像机取景孔. bull's eye 靶心,小圆窗,台风[风暴]眼. eye bar 眼铁,眼杆(端部是铰的连杆),带环(拉)杆. eye bolt 环首有眼)螺栓. eye bolt and key 插销[环首)眼. eye cataract 白内障眼. eye chart 视力检验表. eye diameter 入口直径. eye distance 两眼之间的距离. eye dropper 滴管. eye fidelity 映像保真性,保(逼)真度. eye gauge 放大镜. eye height (驾驶人)视线高度. eye hole 孔眼,小(检视)孔. eye hook 眼(链)钩. eye in the sky 轨道运行(的)天文台. eye irritation 眼刺激,眼发炎. eye joint 眼圈接合. eye lens [piece] 目镜. eye light 眼照明,眼神光. eye nut 首[吊环,有眼]螺母. eye point 出射点. eye ring [circle] 出射光瞳. eye screw 有眼螺栓,环首螺栓. eye sensitivity curve 视觉(人视觉)调谐指示器. welded eye 焊眼. ▲be all eyes 极为注意,凝视. be up to the eyes in 埋头于. by the eye 用眼睛估计,凭眼力. have an eye upon 或 have one's eyes on 注视,监视,盯住. in the eyes of 从…观点来看,在…眼中. in the eye of the wind 或 in the wind's eye 对着风,逆风. keep an eye on [upon] 密切注视,监意,照看. keep one's eyes open 注意,留心看着,保持警惕. run one's eye through [over] 浏览. see eye to eye with 完全同意,跟…看法完全相同,和…有相同的见解. see with half an eye 一目了然. strike the eye 引人注目,醒目. to the eye 看起来,从表面上看来,当面,公然. to the … eye 从…眼光(观点,角度)看. with an eye to [on] 指望着,注目; 着眼于; 目的在于,为…起见(才). with the naked eye 用肉眼.
eye'ball [ˈaibɔːl] n. 眼珠[球]. eyeball indicator (交换机用)眼球[眼环]式指示器. ▲eyeball to eyeball 面对面.
eye'bar n. 眼杆,眼铁,带环(拉)杆.
eye'base [ˈaibeis] n. 眼基线.
eye-bath n. 洗眼杯.
eye'bolt [ˈaibɔult] n. 眼螺杆[栓],环首[吊环,有眼]螺栓,螺丝圈. plain eyebolt 普通有眼螺栓.
eye'brow [ˈaibrau] n. 眉毛, 【建】滴水,窗眉,波形老虎(屋顶)窗,前缘翼缝.
eye-catcher n. 引人注目的事物.
eye-catching a. 引人注目的.
eye-circle n. 出射光瞳.
eye-distance n. 目距.
eye'drops [ˈaidrɔps] n. 眼药水,滴眼剂.
eye-end n. 有眼端.
eyeful n. 满眼,被完全看到的事物.
eye'glass [ˈaiglɑːs] n. ①镜片, (pl.)眼镜(接)目镜 ②监视窗,观测窗.
eye-grabber n. 引人注目的事物.
eye'ground [ˈaigraund] n. 眼底.
eye'hole [ˈaihɔul] n. 小孔[眼], (窥)视孔,孔[眼]眼,铁环.

eye'lash ['ailæʃ] n. 睫毛.
eye-lens n. 接目镜.
eye'less ['ailis] a. 无眼的,盲目的.
eye'let 或 eyelet-hole I n. 小〔窥视〕眼〔孔〕,小〔孔,针,端,枪,炮〕眼,(孔眼的)锁缝,铁环. II vt. 在…上打小孔. eyelet bolt 活节螺栓. eyelet bonding 细孔结合. eyelet machine 打〔冲〕孔机. eyelet wire 带环线. eyelet work 打孔眼, 冲孔.
eye-level n. 眼光〔观察〕水平,和眼睛对〔放〕平.
eye'lid ['ailid] n. 眼睑,可调节开口的(半圆形调节片). twin eyelid 双调节片的调节喷口.
eye'mark ['aimɑːk] n. 目标.
eye-measurement n. 目测.
eye'mo ['aimou] n. 携带〔便携〕式电视摄像机.
eye'nut n. 吊环(环首)螺母.
eye'-o'pener n. 使人十分惊奇的事物, 很有启发的事物.
eye'-o'pening a. 令人十分惊奇的, 很有启发的.
eye'piece ['aipiːs] n. (接)目镜. eyepiece micrometer 目镜测微计. micrometer eyepiece 测微目镜. terrestrial eyepiece 正像目镜.
eye'point ['aipoint] n. 视点.

eye-popping a. 惊人的,使人吃惊的.
eye-reach n. 视野,眼界,视力所及的范围.
eye'shade ['aiʃeid] n. 遮光眼罩.
eye'shield n. 护眼.
eye'shot ['aiʃot] n. 眼界,视野. ▲beyond (out of) eyeshot 在远得看不见的地方, 在视野外. within (in) eyeshot of 在…看得见的地方, 在…视野内.
eye'sight ['aisait] n. 视力〔野〕, 眼界, 见解, 观察.
eye'sore ['aisɔː] n. 刺目的东西.
eye-splice n. (索端结成的)索眼, 环接合.
eye'-spot n. 眼点.
eye'stalk n. 眼柄.
eye'stone n. 眼石.
eye'strain ['aistrein] n. 眼疲劳.
eye'wash n. 眼药水, 胡说, 骗局, 表面文章.
eye'wear n. 护目镜.
eye'wink n. 一眨眼, 一瞬间.
eye'wit'ness n. 目击者, 见证人.
eyot [eit] n. =ait. 河洲, 湖洲, 河(潮)中的小岛.
EZ =①eastern zone 东区 ②electrical zero 电零点.

F f

F [ef] ①F 字形 ②光圈数符号.
F =①degree of Fahrenheit 华氏度数, 华氏温标(°F) ②Fahrenheit (scale)华氏(温标) ③farad 法拉(电容单位) ④faraday constant 法拉第常数 ⑤fighter 歼击机 ⑥filament 灯丝 ⑦filter 滤器[纸], 滤波[光]器 ⑧fluorine 氟 ⑨force 力 ⑩forging 锻造 ⑪France 法国 ⑫French 法语, 法国的, 法国人, 法国人的 ⑬frequency 频率 ⑭frequency meter 频率计 ⑮Friday 星期五 ⑯function 函数 ⑰furlong 费隆 (= 1/8 英里) ⑱fuse 保险丝 ⑲light flux 光通量 ⑳magnetic field 磁场 ㉑magnetomotive force 磁动势, 磁通势.
f =①coefficient of friction 摩擦系数 ②female 阴的, 母的 ③femto-毫微微 (10^{-15}) ④fermi 费米(长度单位, 等于 10^{-13} cm) ④foot 英尺 ⑤frequency 频率, 次数.
F1S (2S) =finish one side (two sides)一面(两面)光制.
F-11 =trichloromonofluoromethane 三氯一氟甲烷.
F-12 =dichlorodifluoromethane 二氯二氟甲烷.
F-22 =monochlorodifluoromethane 一氯二氟甲烷.
F-114 =dichlorotetrafluoroethane 二氯四氟乙烷.
F metal F 含锌硬铅.
f to f =①face to face 面对面 ②fill to full 装填满.
F A =①failure analysis 故障分析 ②fatty acid 脂肪酸 ③field ambulance 战地救护车 ④field artillery 野战炮(兵) ⑤fine arts 美术 ⑥first aid 急救, 救急 ⑦fused alloy 易熔合金.
F/A RATIO =fuel-air ratio 燃料-空气比.

FAA =free amino acids 游离氨基酸.
FAA 或 faa =free of all average 共同海损及特殊海损均不赔偿(只在全船损失时才能要求赔偿).
FAB =①fabricate 制造 ②fixed acoustic buoy 固定声学浮标 ③flux asbestos backing 熔剂石棉衬底.
fab [fæb] a. 惊人的, 难以置信的.
faba'ceous a. 豆(状)的.
fab'iform a. 豆形的.
fa'ble ['feibl] I n. 寓言, 传说, 神话, 无稽之谈. II v. 虚构, 杜撰. It is fabled that …据说.
fa'bled ['feibld] a. 寓言中的, 传说的, 神话的, 虚构的.
fab'ric ['fæbrik] n. ①织品(物,法), 纤维(品,织物), 帆布垫, 编织线(品), (蒙,帘)布, (钢筋)网 ②结构, 组织, 构造(物), 质地 ③建筑物, 工厂 ④生产, 装配. coated (varnished) fabric 涂层织物, 漆布, 人造革. fabric belt 纤维(皮)带. fabric carcass 织物胎壳. fabric covering 用胶布作成的外壳. fabric fuel tank 软梯料箱. fabric gear 纤维制(刚纸板)齿轮. fabric joint 织料接合, 弹性(软性)万向节. fabric matrix 织构结合料. fabric reinforcement 钢筋网, 织物加强件. fabric tyre 帘布轮胎. parachute fabric 降落伞织品. parallel fabric 直纹布. synthetic fabrics 合成纤维织物.
fab'ricable ['fæbrikəbl] a. 可成型的.
fab'ricant ['fæbrikənt] n. 制造人, 制作者.
fab'ricate ['fæbrikeit] vt. ①制(建, 织, 构)造, 生产, 制备(作) ②装配, 安装, 组合, 加工, 装蒙布 ③伪造.

fab′ricated 捏造,虚构,杜撰. *fabricate a document* 伪造文件.

fab′ricated *a.* 制造好的,装配式的. *fabricated bar* 网格钢筋,钢筋网. *fabricated language* 人造〔虚构〕语言. *fabricated ship* 分段装配船. *fabricated structure* 装配式结构.

fabrica′tion [ˌfæbriˈkeiʃən] *n.* ①制〔建,构〕造,制作〔备〕,装配,生产,加工 ②建造(制作)物 ③伪造(物,品),捏造,杜撰,虚构. *fabrication cost* 造价,生产成本,制造费用. *fabrication holes* (印刷电路板上的)工艺孔. *fabrication metallurgy* 冶金学. *pellet fabrication* 造球,制粒.

fab′ricator *n.* ①制作者 ②伪〔捏〕造者 ③装配〔修整〕工 ④金属加工厂

fab′ridam *n.* 合成橡胶坝.

fabroil *n.* 纤维胶木.

fabulos′ity *n.* 寓言〔虚构〕性,无稽,惊人.

fab′ulous [ˈfæbjuləs] *a.* ①神话中的,传说上的,寓言般的,荒唐无稽的,令人难信的 ②惊人的,非常的,巨大的. ~ly *ad.* ~ness *n.*

FABX = fire alarm box 火警盒.

FAC = facility 设备,设施.

FAC PWR CTL = facility power control 设备功率控制.

FAC PWR MON = facility power monitor 设备功率监控器.

FAC PWR PNL = facility power panel 设备的电源板.

facade [fəˈsɑːd] *n.* 正〔立,门〕,表面,外观. *assume a facade of neutrality* 表面上保持中立.

face [feis] I *n.* ①脸,面(部),表(正,前,棱,刃,界端,平,晶,切,砌,衬,侧,切)面,支撑,工作,采掘,采脂)面,表盘,底座,实效屏(面)②正面,外表,外貌,形势,局面. *active face* 工作(积)有效面积. *coal face* 采煤工作面,掌子面. *cutting face* (刀具的)切削面. *face advance* (针齿轮)螺旋量,扭曲量. *face and side cutter* 平侧两用铣刀,三面刃铣刀. *face angle* 齿面角. *face bond* 面接(法). *face bonding* (表)面接合,平(口)面焊. *face cam* 端面凸轮. *FACE chip* 可变字段控制器片. *face clearance* 表面留隙,铣刀端面后角. *face contact* 按压接触,按钮接点. *face cutting* 车平面,端面车削. *face down* 面朝下〔接合法〕. *face gear* 平面(辐向,侧面,半如)齿轮. *face glass* 前玻板,玻璃面板. *face guard* 护面具,面罩. *face hammer* 平锤. *face lathe* 落地(式)车床,端面车床. *face of the screen* 屏幕面,(荧光)屏面. *face of theodolite* 经纬仪望远镜位置. *face of weld* 焊缝表面. *face parallel cut* Y(平行面)切削. *face perpendicular cut* 垂直面切削,X 切削. *face plate* (平)板,(阴极射线管)荧光屏,花盘,平台基准面. *face profiling* 端面仿形(靠模)车削,平面仿形(滑杆)密封. *face shear vibration* 表面移动(切变)振动. *face shield* 面罩,手持护目罩. *face shovel* (上向)铲挖土机. *face side* 正面. *face template* 划线样板. *face tooth* 端面铣刀齿. *face up* 面朝上(接合法). *face valve* 面值,表(票)面价值. *gravel face*

砂矿工作面. *incident face* (原子)袭击面. *new face* 新产品,新手,技术不熟练者. *off the face* 面部. *parting face* 拼合面. *rolling face* 轧辊的工作面. *root face* (焊缝)根部面积,钝边面积. *valve face* 阀面,气(门)(斜)面. ▲*bring M face to face with* 使 M 面对〔临〕. (*come*) *face to face with* 面对〔临〕,〔与…〕面对面. *face down* 面朝下. *face up* 面朝上. *fly in the face of* 公开反抗. *in one's face* 正对着,公开地. *in* (*the*) *face of* 在…面前,正对着,面临,与…对抗着,不管〔顾〕,尽管. *step to the fore in face of difficulties* 迎着困难上. *in* (*the*) *face of the world* 公然,在众目睽睽之下. *on* 〔*upon*〕 *the face of* 从…的外表判断起来,字面上(看). *on the face of it* 从外表判断,乍看起来,从表面现象来看,明明,可见. *put a new face on* 使…局面〔面目〕一新. *show one's face* 露〔出〕面. *turn face about* 背转过去,调转方向.

II *v.* ①(使)面向,朝(迎)着,面对(临),遇到,正视,对付 ②盖〔贴,镶,衬,铺,砌,刮,涂,笼〕面,贴〔装〕上,把表面弄〔磨,削〕平,表面加工. *face a problem* 面临一个问题. *face the difficulty* 正视〔应付〕困难. *faced hammer* 平(琢面)锤. *faced joint* 表面接头(合,缝). *faced surface* 刨光面. ▲(*be*) *faced with* 面临〔对〕着. *face about* 回头,使转〔折〕回. *face into the wind* 顶(逆)风. *face off* 对抗. *face on* 朝着. *face up* (*off*) 把表面弄(磨,削)平,对〔配〕研,配刮;着色. *face up to* 大胆面向,正视. *face M with N* 用 N 盖(贴,镶,涂)在 M 上.

face-around *n.* 转变方向〔态度〕.

face-bonding *n.* ①正面焊,叩焊 ②面接(合).

face-centered 或 **face-centred** *a.* (原子)面心的. *face-centred cubic alloy steel* 面心立方系合金钢.

face(-)down *n.* 对抗,摊牌. I *a.*; *ad.* 面朝下(的). *face-down bonding* (集成电路)倒装焊接(法),面朝下接合(法). *facedown feed* (卡片)面朝下传送,背面馈送.

face-flange *n.* 平面法兰.

face-harden *v.* (使)表面硬化(淬火,渗碳).

face′lessness *n.* 无个性,缺乏独立性.

face′-lift(**ing**) I *a.* 掩饰错误的. II *n.* 表面修饰,改建,翻新.

face-off *n.* ①倒角 ②对峙 ③面对面的会议.

face′piece *n.* 面罩(具,壳).

face′plate [ˈfeispleit] *n.* ①面板 ②花(卡)盘 ③荧光屏. *spot faceplate* 刮孔口刀.

fa′cer [ˈfeisə] *n.* ①突然遭遇的重大困难 ②刮刀,端面车(铣)刀,平面铣刀,铣刀盘 ③刀架(杆). *combination end facer turner* 组合端面刀夹.

face-sheet *n.* (夹层结构的)面板.

face′shield *n.* 面罩.

face-sprigging *n.* 插型钉.

fac′et [ˈfæsit] I *n.* ①面,小(平)面,平圆面,刻面 ②(事情的)方面(侧面) ③柱槽筋,(石)块面,(昆虫复眼的一个)小眼面. II (*facet*(*t*)*ed*; *facet*(*t*)*ing*) *vt.* 在…上刻面. *facetted lens* 多面体透镜.

fac′eted *a.* 有小平面的,有刻面的.

face′tiae *n.* 诙谐书,滑稽画,无聊读物,淫书.

face-to-face *a.*; *ad.* 面对面(的). *face-to-face picturephone* 电视[图像]电话.
facette *n.* =facet.
face(-)up *a.* 面朝上(的). *face-up feed* (卡片)面朝上传送,正面馈送. *face-up bonding* (集成电路)正面焊接(法),面朝上焊接(法).
facia =fascia.
fa'cial ['feiʃəl] *a.* (正,表)面的,面部的. *facial angle* 面角.
facia'tion *n.* 混优种群丛.
facient *n.* 乘数,因子[数].
fa'cies *n.* ①外观[形,表],面容 ②【地】相 ③演替系列变群丛.
facil *n.* 因子[数].
fac'ile ['fæsail] *a.* ①容易的,易做(到)的,(轻)易(获)得的 ②轻快[便]的,流畅的. ~ly *ad.* ~ness *n.*
facil'itate [fə'siliteit] *vt.* 使容易[便利],便于,助长,促(推)进,简化,减轻…的困难,(神秘)接通. *be facilitated* 变得更为方便. **facilita'tion** *n.*
facil'itory *a.* 容易(化)的,接通的.
facil'ity [fə'siliti] *n.* ①容[简]易,方便,便利 ②轻便[巧],灵活,敏捷,机敏,熟练,流畅 ③可能(性),(便利)条件,辅助 ④(常用 pl.)设(装)备,机组,设施,(附属)装置,工具,器材,实验室,研究室[所],反应堆,工厂,机关[构] ⑤功能,手段. *communication facilities* 通信工具[设备]. *critical facility* 临界装置. *experimental facility* 实验装置,(反应堆中)实验管道. *facilities and equipment* 工厂和设备. *facility dispersion* 设施分散. *handling facilities* 装卸[起重运输]设备. *heat-exchange facility* 换热器,热交换器. *storage facilities* 器材库,贮藏室,储藏装置. *test facility* 试验装置,测试设备.
fa'cing ['feisiŋ] Ⅰ *n.* 刮[刨]削,刮[旋平]面,表平,端面加工,端面车削 ②饰[贴,敷]面,贴,粉,涂,前,套合面,(毂)盖面[层],面层[料,饰],涂料,镀边 ③衬片[里],炉衬. Ⅱ *a.* 对面[立,向]的,面对的,盖面的,外部[层]的. *clutch facing* 离合器[摩擦]片衬片. *facing arm* 横旋转刀架. *facing cut* 面铣. *facing cutter* 平面铣刀,铣刀盘. *facing head* (镗床)平面盘. *facing in chuck* 卡盘式车削端面. *facing machine* 刨床. *facing ring* 垫圈. *facing sand* (毂)面砂. *facing slab* (出,镀)面板. *facing stone* (饰,护)面石. *facing stop* 端面(纵向行程)挡块. *facing tool* 端面车刀. *hard facing* 表面硬化(淬火),覆硬层,镀硬面法,(表面焊一层硬金属的)加固硬面法. *mold facing* 热模压制(离合器)表面镶片. *spot facing* 锪窝面. *tungsten-copper facing* 钨铜合金面. *woven facing* 织物衬片.
facing-type cutter 套式面铣刀.
facing-up *n.* ①对[配]研,配剖 ②滑配合.
FACOM =FUJITSU automatic computer 富士通信机的电子计算机机群,富士通计算机(日本一种电子计算机型号名).
FACP =fully automated computer program 全自动计算机程序表.
facs =facilities 设备,设施.
facsim'ile [fæk'simili] *n.*; *vt.* ①(无线电,电)传真,传真通讯 ②影印(本),(精确)复制,摹[复,模]写,摹真本. *effective facsimile band* 有效传真频带. *facsimile broadcast* 电视(传真)广播,电传真迹. *facsimile copying telegraph* 传真电报. *facsimile paper* 传真感光纸. *facsimile radio* 无线电传真. *facsimile seismograph* 电敏纸记录地震仪. *facsimile signal* 传真[图像]信号,传真图像. *facsimile signature* 印鉴样本. *facsimile synchronizing* 传真同步. *facsimile telegraph* 传真电报. *facsimile transmission* 电传真迹,传真电报,(真)原迹电报传输,传真[图像]发送. ▲*in facsimile* 逼真,一模一样. *reproduced in facsimile* 精确复制的.
fact [fækt] *n.* 事实(件),实际[情],现实(性),真相,(pl.)论据. *a matter of fact* 事实. *established fact* 既定事实. *fact correlation* 事实相关. *fact film* 文献影片,纪录片. *the fact of the matter* 事实的真相. *I know it for a fact.* 我知道这是真的. ▲*after the fact* 事后. *as a matter of fact* 或 *in (point of) fact* 事实上,实际(质)上,其实. *before the fact* 事前. *due to the fact (that)* 由于. *get the facts* 了解实际情况. *the fact (of the matter) is (that)* 事实是(that)事实是.
FACT =①flexible automatic circuit tester 柔性的自动电路试验器 ②fully automatic compiling technique 全自动编译技术.
fact'-finding ['fæktfaindiŋ] *a.* (进行)实地调查的,调查研究的. *a fact-finding commission* 调查委员会. *hold a fact-finding meeting* 开调查会.
factice *n.* (硫化)油膏.
fac'tion ['fækʃən] *n.* ①派别,宗派,小组织,小集团 ②倾轧,摩擦,不和,派系斗争.
fac'tis *n.* 硫化油膏,亚麻油橡胶.
factit'ial *a.* 人造的,人工的.
factit'ious [fæk'tiʃəs] *a.* ①人为[工]的 ②不自然的,虚构的,(虚)假的. ~ly *ad.*
fac'to ['fæktou] (拉丁语) *de facto* 事实上(的). *ex post facto* 在事后,溯及既往地.
fac'tor ['fæktə] Ⅰ *n.* ①系数,因数[子,式],率,指数[标],商业结算因素,曝光系数 ②倍(数),乘数,商 ③因[要]素,主[原]因,遗传因子,基因 ④代理人[商]. Ⅱ *v.* ①因子[式]分解,分解(提取)…的因子,用因子相乘表示出,给…乘以一个大因数;提公因子(out) ②代理经营,做代理商. *availability factor* 效率. *buckling factor* 扭曲系数,拉氏[拉普拉斯]算符. *bulk factor* 紧缩率,体积比,体积因素. *capacity factor* (设备)利用率,利用(负载)系数,容量因素. *cement-water factor* 水灰比. *common factor* 公因数[子]. *conversion factor* 变换[转换,换算,再生]系数,变换[换算]因素. *design load factor* 设计载荷系数. *determining factor* 定(性)因素. *duty factor* 利用系数,脉冲占空系数. *engineering factor* 工程因素,技术条件. *engagement factor* 接触比,重叠系数,啮合因数,命中(目标)因数. *enlargement factor* 外部介质条件,周围介质. *factor analysis* 因式[素]分解,因数分析. *factor complex*

商复形. *factor group* 商群. *factor of expansion* (热)膨胀系数. *factor of merit* 灵敏值[性],优良因素,品质[质量]因素. *factor of porosity* 孔隙率. *factor of safety* 或 *safety factor* 安全(稳定)系数,安全率. *factor of ten* 十倍. *factor scale* 标度因子,刻度系数. *factor sequence* 商序列. *factor space* 商空间. *factored moment* 计算力矩. *fidelity factor* 传真度(率). *fuel factor* 燃料系数,热效应. *healing factor* 再生能力(本领). *human factor* 人(的人为)因素. *key factor* 关键. *limit acceleration factor* 极限过荷(载). *multiplying factor* 或 *X factor* 放大(倍加)系数,倍率,乘数. *noise insulation factor*(声)透射损失. *operational factor* 工作特性,作用参数. *personal factor* 人为因素. *pick-up factor* 接收效应,拾音系数. *positive factor* 积极因数. *power factor* 功率因数. *proportionality factor* 比例因子〔常数〕. *scale factor* 标度系数,比例因数〔尺〕. *scale-up factor*(放大时)比例系数. *settlement factor* 沉降比,沉降系数. *shape factor* 形状系数,波形因数. *shielding factor* 渗透(导磁)性,导磁(屏蔽)系数. *space factor* 空间因素,占空因素. *station plant factor* 发电站(设备)利用率. *use factor* 利用系数,利用率. *void factor* 空隙比. ▲*a factor of MM* 倍. *factor out* 析出因数(因子),提公因子. *increase by a factor of 5* 增加四倍. *reduce by a factor of 5* 减少(降低)五分之四,减少(降低)到(原量的)五分之一. *reduce x by a factor of 1%* 把 x 减少到 0.01x. *resolution into factors* 因子(数,式)分解.

fac′torable *a.* 可(因子)分解的.

fac′torage ['fæktəridʒ] *n.* 代理工厂.

facto′rial [fæk'tɔːriəl] *a.*; *n.* ①阶乘(的,积),级乘(的),因子(数)的,析因 ②工厂的,代理商的. *factorial design* 因子(析因)设计. *factorial experiment* 因子(析因)实验. *factorial method* 析因法,解析法. *factorial moment* 阶乘矩. *generalized factorial* 广义阶乘积.

fac′toring ['fæktəriŋ] *n.* 因子(式)分解. *scale factoring* 比例(尺)选择.

factorise *v.* =factorize.

fac′torize 或 **factorise** ['fæktəraiz] *v.*①因式(子)分解,把...分解因子 ②把复杂计算分解为基本运算 ③编制计算程序. **factorisation** 或 **factoriza′tion** *n.*

fac′tory ['fæktəri] *n.*①工厂,制造厂 ②商行在外国的代理处. *atomic-energy factory* 原子能发电站,核动力装置. *ex factory* 工厂交货价格. *factory adjusted control* 出厂调整. *factory building* 厂房. *factory cost* 制造(厂)成本. *factory made house* 工厂预制房屋. *factory overhead*(工厂)杂项开支. *factory price* 出厂价格. *factory test* 工厂(生产)试验. *"shadow" factory* 分厂. *uranium factory* 制铀工厂.

factory-adjusted control 出厂调整.

factory-hand *n.* 工人.

facto′tum *n.* 特大型花体大写字母.

fac′tual ['fæktjuəl] *a.*(与)事实(有关)的,确(真)实的,有实际根据的. ~**ly** *ad.* ~**ness** *n.*

fac′tualism *n.* 尊重事实.

factual′ity [fæktju'æliti] *n.* 真实性.

fac′ture ['fæktʃə] *n.* 制作(法),作法(品).

fac′ula ['fækjulə] (*pl. fac′ulae*) *n.*(太阳的)光斑,白斑. **fac′ular** 或 **fac′ulous** *a.*

fac′ultative ['fækəltətiv] *a.* ①容许的,任(随)意的,不受束缚的,可选择的,临时的,偶然的 ②兼生(性)的 ③机(才)能上的,能力上的. *facultative aerobes* 兼性需氧微生物.

fac′ulty ['fækəlti] *n.*①能力,本领,才(技)能(for) ②学院(部,会),系,专科 ③教职工,(学院的)全体教师,教授会. *faculty of engineering* 工学院. *faculty of hearing* 听觉. *faculty of memory* 记忆力. *imaginative faculty* 想象力. *medical faculty* 医学院. *reasoning faculty* 理解力. ▲*have a faculty for* 擅长.

FAD =floating add 浮点加(法).

fade [feid] Ⅰ *v.* 衰减[落,弱,耗],(图像)减弱,(使)褪色,渐淡,淡变,逐渐消失. ▲*fade away* 渐渐消失. *fade down* 渐弱,(图像)淡出,在上面下淡出,逐渐消隐. *fade in* 渐强(显,现),淡入. *fade in-out* 淡入淡出,(电视)慢转换. *fade out* 渐弱[隐],(图像)消失,淡出. *fade out range orientation* 信号渐弱式导航定向. *fade over*(电视图像)淡出淡入. *fade up*(图像)增亮[强],(图像)自下而上淡入.
Ⅰ *n.* ①渐强(显),渐弱(隐),淡入(出) ②(电影,电视从一画面)逐渐转换(到另一画面) ③汽车制动逐渐失灵. *cross fade*(电视信道的)平滑转换,交又衰落. *deep fade* 深强度衰落. *fade area* 衰落区,盲区. *fade chart* 盲区图,衰落区图. *fade zone*〔area〕消失(衰落)区,静(盲)区.

fade-away *n.* 逐渐消失.

fade-down *n.*(图像)衰减,逐渐消隐.

fade-in *n.*①渐强(显),(像的)渐渐显映,淡入(电视像的逐渐显出) ②开启遮光器. *fade-in and-out* 淡入淡出,慢转换.

fade′less *a.* 不褪色的,不衰落的,不朽的. ~**ly** *ad.*

fadeom′eter *n.* 褪色计.

fade-out *n.*①渐弱[隐],淡出(电视图像的逐渐消失) ②收音机由于天电影响间断收音现象,衰落现象 ③关闭遮光器. *fade-out method orientation* 信号衰落法定向.

fade-over *n.*(电视图像的)淡出淡入,慢转换.

fa′der ['feidə] *n.*(照明,音量)减弱控制器,音量控制器(渐减器),光量(增益)调节器,混频(音)电位器,衰减器. *fader amplifier* 自动音量控制用放大器. *fader control* 照明(音量)渐减调整. *fader potentiometer* 音量(音频和视频)电平比调整电位计(分压器),双路混合器.

fade-up *n.*(电视)图像增亮.

fadgenising *n.* 锌基模铸件表面(电镀前)机械抛光(零件装于圆形架上,在磨料中回转).

fa′ding ['feidiŋ] *n.* 衰落(弱,减),消失,阻尼,减小,隐没,褪(脱,变)色. *fading range* 衰减(落)范围. *fading unit* 输入功率调节装置,衰落装置. *roller fad-*

fading-down n. (图像)衰减,消没,逐渐消隐.

fading-out n. ①淡出,渐隐,(图像)逐渐消失 ②关闭遮光器.

fading-reducing a. 抗衰减(落)的.

fading-up n. ①淡入,(图像)逐渐出现 ②开启遮光器.

fae'cal a. 粪便的,排泄物的;糟粕的,渣滓的.

fae'ces n. faex 的复数.

FAEJD = full automatic electronic judging device 全自动化电子判定器.

faex (pl. *fae'ces*) 〔拉丁语〕①酵母,渣滓 ②粪便,排泄物.

FAF = fusing, arming, and firing 引信,装药,与发射.

fag [fæg] Ⅰ (*fagged*; *fagging*) v. 辛苦地工作,使极为疲劳,衰竭,虚脱. Ⅱ n. 吃力的工作,苦工,疲劳. ▲*be fagged out* 筋疲力尽了. *fag (away) at* + *ing* 辛辛苦苦地(做).

fag'-end ['fæg'end] n. ①末尾(端),绳索的散端 ②无用的部分(剩余物),残渣,废(物)渣.

fag'(g)ot ['fægət] Ⅰ n. 柴捆(束),束铁,一束,成束熟铁块,(成捆)熟铁板条. Ⅱ v. 捆(成一捆),打捆,连接,联系. *faggot dam* 柴捆坝. *faggot wood* 柴排.

fag'(g)oted a. 束铁的. *faggoted iron* 束铁. *faggoted iron furnace* 束铁加热炉.

fag'(g)oting n. (捆)束铁.

fahlore n. 黝铜矿.

Fahnestock clip 绝缘片的一种.

Fah(r) = Fahrenheit 华氏(温标).

Fahralloy n. 耐热铁铬镍铝合金.

Fah'renheit ['færənhait] n.; a. 华氏温度(计)(的),华氏(温标). *Fahrenheit scale* 华氏温标. *Fahrenheit thermometer* 华氏温度计.

Fahrig matal 锡铜轴承合金(锡 90%,铜 10%).

Fahrite (alloy) n. 耐热耐蚀高镍(铬镍系统)合金.

Fahry alloy 锡铜轴承合金(锡 90%,铜 10%).

FAI = Federation Aeronautique Internationale 国际航空协会.

faience n. 瓷器,上彩釉的陶器,彩色陶瓷.

FAIL = failure.

fail [feil] v.; n. ①失败(改,灵,误),破坏(裂,损),断裂,(受到)损坏,(出)故障,停(水),断(电),停止作用(转动)②衰退(减,弱),变钝③缺乏,不足 ④破产,倒闭 ⑤忽略,忘记,舍弃,使失望,错误. *fail closed* 出故障时自动关闭的. *fail passive* 个别部件发生故障时工作可靠但性能下降. *fail open* 出故障时自动打开的. *fail safe* = fail-safe. *fail soft* 出故障性能下降的,故障弱化的. *fail softly* 或 *softly fail* (个别部件发生故障时)工作可靠但性能下降. *failed element monitor* 元件破损监测器. *failed test sample* 不合规格的样品. ▲*fail in* 在…方面失败,由于…损坏,缺乏,不足. *fail in compression* 〔*bending, bond, shear*〕压力〔弯曲,粘着,剪切〕损坏. *fail of* 没有能,未能. *fail to* + *inf.* 未能(做),没能(做),忘记⑤忽略,忘记,舍弃,使失望. 错误⑤必(达到),非要. *never fail to* + *inf.* 必定(做),从未忘记(做). *without fail* 必(一)定,务必.

fail-all a. 全失效(灵)的,全出故障的.

fail'ing ['feiliŋ] Ⅰ n. 缺(弱)点,缺陷,短处,失败. Ⅱ prep. 没有…时,如果缺少…时. Ⅲ a. 失败的,衰退(减弱)中的. *failing load* 破坏负载.

failing-film a. 【化】降膜的.

faille n. 罗缎.

fail-passive n. (个别部件发生故障时)工作可靠但性能下降.

fail'point n. 破坏点;失效点,弱点.

fail-safe vi.; n.; a. ①故障(自动)保险(的),(个别部件发生故障时性能不变仍能可靠〔不间断〕工作的)②(工作的)可靠性(的),准确性(的),无故障的,(具有)自动防止故障(能力,特性的),失效保险(险)③不间断的(答错). *failsafe-control* 防障(保安)控制,失效保险控制. *fail-safe system* 【计】元件有故障仍不间断处理数据的装置,失效保险系统. *The controls must be designed to fail safe.* 操纵装置应能防障自动保险.

fail-safety n. (个别部件发生故障时的)系统可靠性,失效保险.

fail-soft n. (个别部件发生故障时)工作可靠但性能下降,有限可靠性,失效弱化. *fail-soft behavior* 故障弱化特性.

fali-tests n. (个别部件发生故障时)可靠性试验.

fai'lure ['feiljə] n. ①失败(效,灵,事),毛病,故障,事故,通路,阻力,中断,失败,失效(灵)②损(损,坏)〔破)裂,折断,崩(倒)塌,变钝,衰退(竭)③缺少〔乏〕,不足 ④不履行,疏忽 ⑤破产,倒闭. *abuse failure* 使用不当的故障. *element failure* 元件损伤. *failure by piping* 管涌破坏. *failure of earth slope* 土坡滑坍(坍塌). *failure of fuel* 或 *fuel failure* 停止给燃料,燃油系故障. *failure of oscillations* 停振,振荡中断. *failure rate* 衰坏〔工艺〕率,停车次数. *fatigue failure* 疲劳破坏〔断裂〕. *intercrystalline failure* 晶(粒子)间断裂. *mechanical failure* 机械失效(故障,破坏). *power failure* 供电中断,供电事故,断电. *structural failure* 结构损坏(误差),设计误差. *technical failure* 技术失效(故障). ▲*failure to* + *inf.* 不能(做),未能(做),无法(做),没有(做).

failure-free operation 正常(无故障)运行.

faint [feint] Ⅰ a. ①(微,衰)弱的,轻(细)微的,(暗)淡的,稀薄的,模糊的②昏暗的,无力的. Ⅰ *vi.* ①消失,变(变)②昏厥,晕倒. Ⅲ n. 昏厥,不省人事,淡格子写字纸. *a faint hope* 一线希望. *faint blue star* 暗蓝星. *faint difference* 细微的差别. *faint red* 淡红色. *faint voice* 微弱的声音. ▲*be faint with* 或 *faint from* 因…而昏厥. *grow faint* 渐渐微弱(衰退). ~ly *ad.* ~ness *n.*

faint'heart ['feinthɑːt] n. 懦夫. 胆怯的. ~ed *a.*

fain'ting ['feintiŋ] n.; a. 昏厥下,不省人事(的).

faint'ish ['feintiʃ] a. 较弱的,似有似无的,有些昏暗的.

faint-ruled a. 淡格子的(写字纸).

faints n. 劣质酒精.

FAIR = fairing.

fair [fɛə] Ⅰ a.; ad. ①(还算,相当,完)好(的),颇相当的,中等的 ②清楚〔洁,彻〕的,明晰〔皙〕的,晴(朗的),顺利(的),美丽的,令人满意的 ③平直(的),

(外形)平顺的 ④整齐的,完全的 ⑤公正(的),公平(的),合理(的) ⑥直(接的),(向)正(面) Ⅱ vt. 把…做成流线型,使流线型化,整流,修整,整形. vi. (天气)转晴. Ⅲ n. 博览会,商品展览会,(商品)交易会,牲畜市场. *China's Spring Export Commodities Fair* 中国春季出口商品交易会. *have a fair chance of success* 成功的可能性还比较大. *in fair condition* 情况还可以. *fair average* 适当平均. *fair average quality* 中等品. *fair copy* 清样(稿). *fair curve* 整形(修正,展平)曲线. *fair trade* 公平贸易. *fair valuation* 合理的估价. *fair weather* 晴天. *fair wind* 顺风. *international fair* 国际展览会. *World's Fair* 世界博览会. ▲*be in a fair way to* 有…的希望,很可能, *bid fair to* +inf. 很有…的希望. *by fair means or foul* 无论用什么办法,不择手段. *copy* [write out] *fair* 抄写清楚. *fair M into N* 使 M 平滑地(呈流线型地)连接到 N 上,使 M 和 N 组合成流线型. *through fair and foul* 或 *through foul and fair* 在任何情况下,不管顺利或困难.

Faircrete = Fiber-air-entrained concrete 纤维加气混凝土.

faired [fɛəd] *a.* (作成)流线型的,整流的,整流罩严密封的,整流片的,流线形的,减阻的.

fairey = fairy.

fair'ing ['fɛəriŋ] *n.; a.* 整流(的,罩,物,片,装置),整形(的),光顺(的),流线型(的,罩,外壳),减阻(的,器,装置),打(整)板. *axle fairing* 轴整流物,车轴减阻装置. *fairing of curves* 曲线光顺. *fuselage fairing* 机身整流(减阻)装置. *nose fairing* 头部整流罩.

fair'ish *a.* 还可以的,相当的,颇大的.

fair'lead [fɛəli:d] *n.* 导引片,引出管(孔),引线孔,导索板(环).

fair'light *n.* 门顶窗,气窗.

fair'ly ['fɛəli] *ad.* (公平正)地 ②相当,还算,颇 ③十分,完完全全,简直 ④清楚地. *fairly good* 还算好. *fairly soluble* 颇溶的. *fairly soluble in M* 颇溶于 M.

fair'ness ['fɛənis] *n.* ①晴(朗),好,洁白 ②顺利,适当,公正(平) ③光顺性,流线性.

fair-sized *a.* 较大的,相当大的.

fair'-trade Ⅰ *a.* 公平(平等)贸易的. Ⅱ *vt.* 按公平贸易约定买卖.

fair'water ['fɛəwɔ:tə] *n.* ①流线体 ②导流罩.

fair'way ['fɛəwei] *n.* ①航(水,通)路(港口,泊地内)航道,水上飞机升降用水面跑道 ②油汽通路,油毂的生产带. *fairway arch* 通航拱.

fair'-weath'er *a.* 晴天的,(只适宜于)好天气的.

fair'y ['fɛəri] *a.* ①精巧的,小巧可爱的 ②幻想中的,虚构的. *fairy lamp* [light] 彩色小灯. *fairy tale* 神话,童话,谎言.

fait [法语] *au fait* [ou fei] 熟练,精通(in, at). *fait accompli* ['feitə'kɔmpli:] 既成事实.

faith [feiθ] *n.* 信任(用,仰,念,心),诚实,诺言,保证,约定. ▲*break faith with* 对…不守信用. *have faith in* 相信,信任. *have no faith in* 不相信,不信任. *in bad faith* 欺诈地,不诚实地,恶意地. *in faith* 确实,的确. *keep faith with* 对…守信用.

lose faith in 对…失去信任. *on faith* 单凭信任,盲目地(相信). *on the faith of* 凭…的信用,由…的保证. *pin one's faith on* [upon, to] 坚决相信,把全部信心寄托于. *put faith in* 相信,信任.

faith'ful ['feiθful] *a.* 忠(确,诚,如)实的,正(精)确的,可靠的,——. *faithful representation* 真实表示. ▲*be faithful to M* 忠实于 M. ~ly *ad.*

faith'fully ['feiθfuli] *ad.* 忠诚(实)地,如实地,精确地. ▲*Yours faithfully* (正式信件结尾签名前用的客套语)忠实于您的.

faith'less [feiθlis] *a.* 背信弃义的,不忠实的,没有信用的,靠不住的. ~ly *ad.* ~ness *n.*

fake [feik] Ⅰ *n.* ①冒牌货,赝品,伪造品,杜撰[捏造,虚构]的东西 ②骗子,欺诈,冒充的人 ③盘索,线圈 ④软焊料 ⑤云母板状岩,云母质砂岩,硬质页岩. Ⅱ *a.* 假的,伪造的,冒充的. Ⅲ *v.* ①伪(赝,捏)造(up),伪装 ②把缆索卷成一卷. *fake host communication* 伪主机通信. *faked up thing* 骗人的东西,捏造的事实.

fakement *n.* 欺骗,伪造品,赝品.

fa'ker ['feikə] *n.* 骗子,伪造者,骗人的东西,伪造品.

fakery ['feikəri] *n.* 伪造(装),捏造,伪造品,赝品.

faking-in *n.* 再插入.

FAL = formation analysis log 地层分析测井曲线图.

fal'cate ['fælkeit] *a.; n.* 镰刀形的.

falcated *a.* 镰刀形的.

fal'cial *a.* 镰(刀)的.

fal'ciform ['fælsifɔ:m] *a.* 镰刀形的.

falderal 或 **falderol** = folderol.

Falex tester 润滑剂耐热耐压试验机.

fall [fɔ:l] Ⅰ (*fell, fallen*) *vi.* Ⅱ *n.* ①落下,放,垂,滴,倒下,降下,跌,脱,衰,落,陷 ②落,滴,注,灌注,流入,下垂[降] ②跌倒,倒塌,降低,减退(小,弱),削弱,衰减,响应 ③向下倾斜,斜度(流),坡降,落差,(电)位降,压力头(高度),降下的距离 ④(穿在滑车上的)通索,起重机绳,绳缆,绞辘 ⑤提取(产出)率,降雨(雪)(量),采伐(量) ⑥ (pl.) 瀑布 ⑦秋季,落入(于). ⑧秋季的. *cathode fall* 阴极电压降. *fall delay* 下降(沉)延迟. *fall flood* 秋汛洪水. *fall guy* 替罪羊,替死鬼. *fall head* 压头高度. *fall head of water* 下降水头,落差. *fall line* 瀑布线. *fall of potential* 位(势)降. *fall of stream* 水流坡降. *fall of water* 跌水. *fall time* 降落[下降,衰落,衰变,下滑,熄灭]时间. *fall trap* 陷阱. *fall tube* 排[落]水管. *falling test* 落锤试验. *free fall* 自由下落. *gin fall* 起重机绳. *matte fall* 提铳率. *metal fall* 金属提取(产出)率. ▲*bill to fall due* 汇票到期. *fall across* 碰见,遇到. *fall apart* 分离,分解,崩溃,土崩瓦解. *fall astern* 落后,赶不上. *fall away* 下降,倾斜,衰落(弱) 消失,离开,背离;抛弃,(火箭各级)分(脱)开,分散;排[跌]出. *fall back* 退却[缩],后[撤]退,回落[降],不履行. *fall back on* 求助于,(转而)依靠,退到,回过来再谈. *fall behind* 落后,落在…后面,限于上拖欠. *fall beyond* 属于…外,在…外. *fall down* 下落[降],落落,失败. *fall flat* 完全失败,没有达到预期效果. *fall foul of* 与…相撞,同…冲突[抵触]. *fall home* 向里弯. *fall in* 落入,塌陷,倒塌,凹进去;重合,相合,符合,一致;归

入，属于；整列，进入同步；终止，到期，期满，失效. *fall in* 〔to〕 *pieces* 粉碎，变碎，破碎不堪. *fall inside the limits of* 在…范围内. *fall in with* 和…一致，符合，同意，赞成（参加）〔偶然〕碰到. *fall in* 〔into〕 *line with* 与…符合〔一致〕. *fall into* 落进，进〔陷〕，流，注〔归〕入〔变〔分〕成〕分解，属于；聚集，集中在；开始；渐渐. *fall into disuse* 不再使用了. *fall into habits* 养成习惯. *fall into place* 整理就绪，放置就位，得到解释〔说明〕. *fall into step* 〔进〕同步. *fall off* 落下，下降；缩小，减少，被消灭；变坏，减退，衰退；疏远，堕落〔飞机等〕侧弹；不易驾驶，不受控制；（火箭各级）分〔脱〕开，散开，排出. *fall off on one wing* (飞机) 横侧失速. *fall on* 〔*upon*〕 落在〔到〕…上，照射到，开始 (行动)，遭〔袭〕击；发生于，适逢（节日等）攻〔袭〕击. *fall out* 降（脱）离，掉下；落下；偶然发生，引起；掉 〔队〕；结果（是），结局（是）；不一致，失〔去同〕步，争吵 (with). *fall out of* (逐渐) 停止，失掉，脱离，放弃，不再. *fall out of step* 失 (去同) 步，异步. *fall out well* 结果良好. *fall over* 从…落下，落在…上〔外〕翻〔倾〕倒. *fall over each other* 争夺，竞争. *fall over oneself for* 〔to +inf.〕 渴望，极想，急于争取. *fall short* 不足，不合格，未达到目标. *fall short by M* 差 M，短少 M. *fall short of M* 没有达到 M，不符合 M，未能满足 M，不足〔缺乏〕M. *fall M short of N* 比 N 差 M，差 M 未能达到 N. *fall through* (归于) 失败. *fall to* 开始着手，…起来；自动起动。(计划等) 完全失败. *fall to the ground* 落到地上，(计划等) 完全失败. *fall under* 归入〔一项下〕，列入，属于，受到. *fall within* 属于…(之列)，适合. *it* 〔*as*〕 *fell out that* 刚巧 (出现).

falla′cious [fəˈleiʃəs] *a*. 谬误的，不合理的，使人误解的，虚伪的，靠不住的. *fallacious derivation* 〔inference〕误〔谬〕推. ~ly *ad*. ~ness *n*.

fal′lacy [ˈfæləsi] *n*. 错〔谬〕论，谬论，谬误的推论，虚妄，错觉，幻觉，假饰. *fallacy argumentum ad hominem* 因人废言的错〔谬〕误. *fallacy non sequitur* 不能推出的错〔谬〕误. *fallacy petitio principii* 窃题的错〔谬〕误.

fall′-away *n*. (火箭各级) 分开〔离〕，散开，排出；变节. *fallaway section* 抛落部分.

fall′back *n*. ①降落〔回〕原地，后退，退却 ②可依靠的东西 ③低效率运行. *fallback mode* 低效方式运行.

fall′en [ˈfɔːlən] I *fall* 的过去分词. II *a*. 落下来的，倒了的，推毁的，倒坍的，陷落的，已垮台的，已死的. *the fallen* (n.) 死者，阵亡者.

fall′er *n*. 伐木人.

fallibil′ity [fæliˈbiliti] *n*. 易犯错误.

fal′lible [ˈfæləbl] *a*. 易犯错误的，难免有错误的. *fallible component* 易损元件. *fal′libly ad*.

fall-in *n*. 落入，进入同步，一致.

fall′ing [ˈfɔːliŋ] *n*.; *a*. 落（降，垂）下(的)，下降(的)，落体（运动），下落，下坠(的)，下落，凹陷，崩塌. *falling body* 落体. *falling characteristic* 下降特性 (曲线). *falling gradient* 坡降. *falling head* 落差，水头. *falling height* 降落高度. *falling liquid film* 向下流动的液膜. *falling market* 市价跌落. *falling star* 流星. *falling weight* 落锤. *falling weight test* 冲击

〔落锤〕试验.

falling-in *n*. 坍方，滑坍，陷落.
falling-off *n*. 减（衰）退，脱开，下降，降落.
falling-out *n*. 冲突，争吵.
falling-sluice *n*. 自动水闸.
falling-star *n*. 流星.
falling-stone *n*. 陨石.
fall-into *n*. 进入，落入〔进〕. *fall-into step* (进入) 同步.
fall-off *n*. 逐渐下降〔降落〕，疏远，落下，衰落〔退〕，微，减少〔退〕，(火箭各级) 分开〔离〕，散开，排出.
fall-of-potential *n*. 电位降.
fall′out [ˈfɔːlaut] *n*. ①散发(物)，放射性坠尘〔沉降，回降，尘埃〕，微粒回降〔散落〕，回〔沉〕降物 ②(研究工作中的) 副产品，附带成果，事故后果 ③引起，发生 ④分离，脱落 ⑤失去同步，失步. *fallout computer* 放射性微粒计算机. *fallout of step* 失去同步. *fallout shelter* 微粒掩蔽所. *radioactive fallout* 放射性死灰〔微粒回降〕.
fal′low [ˈfæləu] I *a*. 淡黄色的，未开垦的（土地），休闲的（地），未孕的. II *v*. 休闲. ▲*lie fallow* 休闲(整)，尚未被利用. ~ness *n*.
fall′-pipe *n*. 水落管.
fall′streak *n*. 雨 (雪) 幡.
fall-trap *n*. 陷阱.
fall′up *n*. 放射性尘埃对海洋地区的污染.
fall-wind *n*. 下坡〔降〕风.
false [fɔːls] *a*.; *ad*. ①假(的)，不真实(的)，似是而非(的)，错误(的)，不可靠(的)，不正(的) ②伪造(的)，人造(的)，不纯(的) ③辅助的，临时的，非基本的，装上去的 ④【计】不成立，失灵. *false add* 假加，无〔不〕进位加. *false air* 从窑炉各处缝隙吸入（炉内）的空气. *false alarm* 误〔误〕警，假警报，错误警告. *false arch* 假〔虚〕拱. *false beam* 假梁，不承重梁. *false bedding* 假〔不规则〕层理，交错层. *false bottom* 活〔假〕底. *false brinelling* 假压痕硬度. *false carry* 假进位. *false code* 非法代码，伪代码，假码. *false conductance* 漏〔伪〕电导，虚假流导. *false course* 假（模拟）航向. *false dismissal* 虚漏，漏警. *false drop* 【计】假检索，误查. *false face* 截面，可拆汽缸滑筒阀面. *false floor* 活〔假〕地板. *false form* 假模，临时性模板. *false glide path* 模拟滑翔道. *false image* 假〔虚〕像. *false keel* 副〔保护〕龙骨. *false key* 另配的钥匙. *false line lock* 行同步锁相. *false lock* 错〔假〕锁. *false pass* 空走轧道. *false position* 试位法. *false retrieval* 【计】（对信息）假检索. *false sense* 错觉，假像. *false set* 假凝结，过早硬化. *false signal* 假〔错误，寄生〕信号〔讯号〕. *false weights* 不足的砝码. *false work* 脚手架，工架. *false zero method* 虚零（点）法. ▲*be false to* …对…不忠实〔不贞〕. *sail under false colours* 挂其它国家旗帜航行，冒充. ~ly *ad*. ~ness *n*.

false′-alarm′ [ˈfɔːls-əˈlɑːm] *n*. 虚警，假警报.
false-bedded *a*. 假层理(状)的.
false-bedding *n*. 假层理.
false-bottom *a*. 活(假)底的.
false′hood [ˈfɔːlshud] *n*. 谎言，说谎，虚假，谬误，不真

实.
falsekeel n. 副〔保护〕龙骨.
false-target n. 假目标.
falsework n. 脚手〔工作〕架, 鹰架, 模板, 临时支撑.
falsifica'tion n. ①伪〔假〕造, 窜改, 曲解, 歪曲 ②说谎 ③反证, 揭破, 证明有假, 证明为无根据 ④畸变, 失真 ⑤搞错, 误用.
fal'sifier n. 弄虚作假者, 伪造者, 窜改者.
fal'sify ['fɔːlsifai] v. ①伪〔假〕造, 伪术, 窜改, 曲解, 歪曲 ②证明是假的〔无根据的〕, 反证 ③搞错, 误用. **falsifica'tion** n.
fal'sity ['fɔːlsiti] n. ①错〔谬〕误, 不正确, 不真实 ②虚伪〔假的〕, 欺骗行为 ③假值.
falt'boat ['fɑːltbout] n. 可折叠的帆布艇.
fal'ter ['fɔːltə] v.; n. ①摇晃, 颤抖 ②犹豫, 踌躇, 迟疑.
fal'tung ['fæltəŋ] n. 褶合, 【数】褶合式, 褶积. *faltung integral* 褶合积分. *faltung theorem* 褶合定理.
faltungsatz 〔德语〕n. 相乘定理.
fame [feim] Ⅰ n. ①声誉, 名声 ②舆论, 传说. Ⅱ vt. 使闻名, 盛传. ▲*come to fame* 出名, 获得声誉.
famed [feimd] a. 有〔著, 出〕名的. ▲*be famed for* 以…出名.
Famennian (stage) 法门阶(晚泥盆世晚期).
fa'mes ['feimiːz] 〔拉丁语〕饥饿.
famil'ial a. 家族的, 全家的.
famil'iar [fə'miljə] Ⅰ a. ①熟悉的, 精通的, 通晓的 ②惯用的, 常见的, 普通的, 通俗的, 众所周知的 ③密切的, 亲密的. Ⅱ n. 亲友. *familiar essay* 小品文, 随笔. ▲(*be*) *familiar to* M 为 M 所熟悉〔知〕. (*be*) *familiar with* 熟悉, 通晓, 精通. *get familiar with* 变得对…熟悉. ~*ly ad*.
famil'iarise 或 **famil'iarize** [fə'miljəraiz] vt. 使熟悉〔亲密, 习惯〕, 使通俗化, 使众所周知〔容易明了〕晓. ▲*familiarize oneself with* 使自己精通〔熟悉〕. **familiarisation** 或 **familiariza'tion** n.
familiar'ity [fəmili'æriti] n. ①熟悉, 精通, 通晓 (with) ②亲密. ▲*familiarity with* 熟悉, 通晓, 精通.
fam'ily ['fæmili] Ⅰ n. ①家〔庭, 族〕, 子女 ②族, 种类, 属, 系(列), 组, 科, 语系. Ⅱ a. 家庭(用)的, 家族的. *a family of curves* 曲线族, 一族曲线. *actinium family* 锕系〔族〕. *characteristic family* 或 *family of characteristics* 特性曲线族. *family name* 姓. *family parameter* 族的参数. *fission-product family* 裂变产物族. *radium family* 镭系.
fam'ine ['fæmin] n. ①饥〕荒, 缺乏. *coal famine* 煤荒. *famine prices*(资本主义国家)因缺货而造成的高价.
FAMOS = floating gate avalanche injection metal-oxide-semiconductor 浮置栅雪崩注入金属-氧化物-半导体.
fa'mous ['feiməs] a. 著〔出〕名的, 极好的, 出色的, 令人满意的. ▲*be famous for* 以…出名. ~*ly ad*.
fan [fæn] Ⅰ n. ①扇(状物, 形物), 风扇(箱), 通风器〔机〕, 风选机, 鼓风机 ②叶片, 翼, 螺旋桨 ③扇形地. Ⅱ v. (*fanned*; *fanning*) v. ①吹风〔向〕, 通〔鼓, 送〕风, 风选, 扇(动), 飘动, 拍打 ②展〔做〕成扇形,

(成扇形)展〔散〕开. *blast fan* 鼓〔吹〕风机, 增压风扇, 风扇叶轮, 抛送叶轮. *cable fan* 电缆〔扇形布线〕模板. *discharge fan* 排气风扇, 抽风扇. *draft fan* 通风风扇, 吸风机. *ducted fan* 函道〔套管〕风扇. *dust collecting fan* 吸尘器. *fan conveyer* 旋转式运送机. *exhaust fan* 抽风机, 排气风扇. *expansion fan* 稀散〔膨胀〕波, 扩散线族. *fan antenna* 扇形天线. *fan beam* 扇形波〔射〕束. *fan blade* 风扇叶(片). *fan blower* 扇〔送〕风机. *fan boring* 扎扇. *fan brake* 叶片式空气制动器. *fan connector* 扇形连接器. *fan conveyer* 旋转式运送机. *fan dial* 扇形度盘. *fan drift* 通风道. *fan dynamometer* 风扇式测力计. *fan groining* 扇形穹顶. *fan motor* 风扇马达〔电动机〕. *fan pass (filter)* 扇通(滤波). *fan truss* 扇形桁架. *fanning beam* 扇形射束. *force fan* 增压风扇, 鼓风机. *suction fan* 吸风机. *vacuum fan* 抽风〔真空〕风机.
▲*fan away* 扇去. *fan in* 扇入, 鼓风入端, 输入(端数). *fan … into a flame* 激〔扇〕起…激动. *fan out* 扇出, 输出(端数, 负载数). 分开电缆心, 扇形扩大, 成扇状散(布)开〔扇形状分叉〕展开〕, 分支. *fan the flame* 煽动〔火〕, 激起.
fanat'ic(al) a. 狂热的, 盲目热中的.
fanat'icize v. (使)成为狂热, (使)盲目热中于.
fan'-blade n. (fan 的)扇形叶片(式的).
fan'cied ['fænsid] a. 空想的, 想象的, 空幻的.
fan'cier n. 空想家.
fan'ciful ['fænsiful] a. 想象的, 幻想的, 不真实的, 异想天开的, 奇特的. ~*ly ad*.
fan'cily ad. 空想地.
fan'cy ['fænsi] Ⅰ n.; a. ①想象(的, 力), 幻想(的), 空想的 ②(指货物)品质优良的, 特制(级, 选)的, 精制〔选, 良〕的, 最高档的, 漂亮的, 美妙的, 鲜艳的, 花色(样)的, 杂样的, 装饰(璜)的, 讲究〔唬〕的. Ⅱ v. ①想象, 设〔假, 幻, 空〕想 ②爱好, 喜爱 ③(总)以为, 相信. *fancy alloy* 装饰合金. *fancy goods* 杂货, 小工艺品. *fancy price* 高昂的价格. *fancy soap* 香皂. *fancy yarns* 花色纱. ▲*after* [*to*] *one's fancy* 合…意〔心愿〕. *catch* [*strike*, *take*] *the fancy of* 迎〔投〕合…的爱好, 吸引. *fancy oneself (to be)* 以为是. *Fancy (that)!* 真想不到! 奇怪! *have a fancy for* 或 *take a fancy to* 喜欢. *have a fancy that* 总以为, 总觉得.
fan-driven a. 风(机)驱动的.
fan'fare ['fænfɛə] 或 **fanfaronade** n. 炫耀, 吹嘘, 夸, 鼓吹.
fan-filter n. 扇形滤波.
fang [fæŋ] n. ①(牙)齿, 爪, 尖牙 ②尖端, 铁柄. vt. 灌水引动(水泵). *fang bolt* 板座锉, 锚栓, 地脚螺栓.
fan'gled ['fæŋgld] *new fangled* 新流行的, 新奇的.
fan-guard n. 脚手架上防止杂物落下的(斜)挡板.
fan-in n. 输入端数.
fan'ion ['fænjən] n. 测量旗, 小旗.
fan'-jet n. 鼓风式喷气发动机, 鼓风式喷气飞机.
fan'light ['fænlait] n. (门上的)扇形窗, 扇形天窗.
fan'like a. 扇形的, 像风扇般转动的, 折叠式的. *fanlike structure* 扇形构造.

fanned a. 扇[翼]形的,带[有]翼的.
fanned-beam antenna 扇形(测高,定向)天线(方向图的主瓣在水平面宽,在铅垂面扁平).
fan'ner ['fænə] n. 风扇,通[逆]风机.
fan'ning ['fæniŋ] n. 通[扇]风,用通风器吸尘,形成气流,(呈扇形)展开,扇展,(电)扇)扇形编组. *fanning strip* 扇形(端子)板,扇形片.
fan'ny n. 航空搜索接收机用的设备.
fan'out ['fænaut] n. 扇形(端),展[散]开,扇出(端数). *fanout capability* 输出能力.
fan-shaped a. 扇形(状)的.
fan'tail ['fænteil] n. 扇(状)尾,鸠尾(榫),燕尾(连接). *fantail deck* 船尾甲板. *fantail joint* 鸠尾接合.
fan'tailed a. 扇形尾的,鸠(燕)尾的.
fan'tascope n. 幻视器.
fanta'sia n. 幻想曲,幻想作品.
fan'tasize ['fæntəsaiz] v. (产生,出现)幻想,想象 (about).
Fan'tasound n. 具有三维效果的(电影)录音法.
fan'tast ['fæntæst] n. 幻想家,空想主义者.
fantas'tic(al) [-] a. ①幻[空]想的,异想天开的 ②奇异的,荒谬的,无法实现的. *fantastic shapes* 奇形怪状.
fantastical'ity n. 怪异,荒谬,奇谈,奇怪的东西.
fantas'tically ad. ①空想,异想天开地,荒谬地 ②非常,难以相像地.
fantas'ticate v. 使变得荒谬(怪诞),幻想.
fantas'ticism n. 奇异(怪).
fan'tastron ['fæntæstron] n. 幻像复振器,幻像多谐振荡器,幻像延迟线路.
fan'tasy ['fæntəsi] n.; v. 幻想(出来的东西),想像,空想,怪念头,想入非非,离奇的图案.
fantom =phantom.
FAO = Food and Agriculture Organization of the United Nations 联合国粮食和农业组织.
fao =finish all over 全面精加工.
FAP =①Fortran assembly program 公式翻译程序汇编程序 ②Frequency allocation panel 频率分配小组(委员会).
FAQ =①fair average quality 中等品 ②free at quay 码头交货(价格).
far [-] =①farad 法拉(电容的单位) ②farthing 英国旧铜币名(合 1/4 旧便士).
far [fɑ:] (*far'ther* 或 *fur'ther*, *far'thest* 或 *fur'thest*) I a. 远(处)的,遥远的,长途的,久远的. *far field pattern* 远场磁场图. *far infra-red radiation* 远红外(线)辐射. *far point* 远点. *far seeing plan* 远景规划. *Far Side* "彼岸"(计划)(美国月球火箭计划). *the far side of the building* 大楼的那一边 [面].
II ad. ①远,远在 ②向(朝,往)远处 ③很(大),极,最...得多. *far apart* 远隔离者. *far back in the past* 远在过去. *far beyond the bridge* 过了桥很远. *far different* 大不相同. *far more[less]* 多[少]得多. *far superior to* 比...优越得多.
III n. 远方(处),遥远.
▲*as far as* 远至,直到,到...为止(程度)①尽,据,...(来说). *as far as... goes* 就...而论,照...来看. *as far as (our) information goes* 照(我们)现有的资料来看. *as far as (our) knowledge goes* 就我们所知. *as far as ... is concerned* 就...而论[来说],关于这一点. *as far as it goes* 就此而论的,就现在情况来说,关于这一点. *as far as possible* 尽可能,尽量,极力. *as far as not to seek* 不难找到,在近处. *by far* (+a. (+ad.) 比较级或最高级)远远,大大,非常,最,...得多. *by far faster than* 远比...快. *by far the fastest* (是)最快的. *by far the majority of* 绝大多数的. *except in so far as* 或 *except insofar as* 除非,除去. *far ahead* 远在前面. *far and away* 远远,大大,非常,肯定地,远胜一切地,绝对地. *far and near* [nigh] 远近,到处,四面八方. *far and wide* 到处,遍及,普遍. *far away* 在远处,远方,很远. *far cry* 很远的距离,很大的差异. *far from* 远离,远远不,完全不,非但不,极不,离...差得远. *be far from over* 远远没有结束. *far from +ing* 远非,决不是,决没有,决没有. *far off* 远离,在远方. *far out* 远不是这样,远远超出,远非一般的,太空远处的. *far too big* 大,非常,过大,...得多. *far too slow* [slowly] *to+inf.* 非常慢以致不能. *few and far between* 极少,稀少. *from far and near* 从各处. *go far* 成功,价值大,大有,耐[持]久. *go far towards* [to + inf.] 大有助于,大有贡献于. *go far with* 很能感动,对...有巨大力量(影响). *go too far* 走得太远. *how far* (离...)多远,到什么程度(范围). *in so far as* 就...来说,在...的范围内,到...的程度,至于. *(in) so far as ... is concerned* 就...而论. *in so far as (...) is possible* (插入语)尽可能地. *not far off* 不是很远,差不多是. *so far* 迄今,至此,到现在为止. *so far as* 尽...说,只要...说,限于...到此,到...为止. *(so far) as concerns* 就...而论,至于,关于. *so far as ... goes* 就...而论,照...来看. *so far as ... is concerned* 就...而论,对于,关于. *so far as ... goes* 就...而论,以致. *so far as we know* 我们所知. *so far... that* 非常...以致. *thus far* 迄今,至此,到现在为止. *this is far from being the case* 事实远不是这样.

far'ad ['færəd] n. 法(拉)(电容的单位). *farad bridge* 电容电桥.
farada'ic [færə'deiik] a. 法拉第的,感应电(流)的.
far'aday ['færədi] n. 法拉第(电量单位,=96520 库仑). *Faraday rotation* 法拉第(平面极化磁)旋转,法拉第效应.
farad'ic [fə'rædik] a. 感应电的,法拉的. *faradic current* 感应(法拉第)电流. *faradic electricity* 感应电.
faradim'eter [færə'dimitə] n. 感应电流计.
faradipunctura n. 感应电针术.
far'adism ['færədizm] n. 感应电流,感应电应用[疗法].
faradiza'tion n. 感应电应用法[疗法],(感)电疗法).
far'adize ['fæzədaiz] vt. 用感应电刺激(治疗),通感应电.
faradmeter n. 法拉计.
faratron n. 液面控制器.

far'away ['fɑːrəwei] a. 遥远的,远(方,远)的,很久〔早〕以前的,朦胧的.

far'-between' ['fɑːbi'twiːn] a. ①远离〔隔〕的 ②稀少的,少有的.

far'cy n. 鼻(皮)疽.

far-distant a. 远距(离)的.

fare [fɛə] I n. ①运(车,船)费,乘客 ②饮食,伙食 ③精神食粮,供使用〔欣赏〕的材料(设备)〔渔船〕捕获量.II vi. ①进展〔步〕,遭遇 ②饮食,生活,过日子 ③旅行. *bill of fare* 菜单. *double fare* 来回票价. *fare register* 计费器. *single fare* 单程票价. ▲ *fare from M to N* 从 M 到 N 的票价. *It has fared well with M*. M 成功了, M 情况顺利.

far-end n. 远端.

fare-thee-well 或 **fare-you-well** n. 完善,极度. *to a fare-thee-well* 完善地,极度地.

fare'well' ['fɛə'wel] I int. 再见,再会. II n.; a. 告别(的),送行(的). *farewell buoy* 标志港口〔航道〕最外边的浮标. *farewell meeting* 欢送会. *farewell rock* 磨刀砂岩. ▲*bid M farewell* 和 *take one's farewell of M* 向 M 告别〔辞行〕. *make one's farewells* 告别,辞行.

farfetched a. 牵强(附会)的,硬拉的.

far-field I n. 远(端,源)场. II a. 距震源远的.

far-flung a. 分布根广的, 遥远的, 漫长的, 辽阔的, (调,派)到远处去的.

fargite n. 钠沸石.

far-gone a. 离得很远,快结束的,快用坏了的.

farina n. 谷〔淀〕粉,粉状物.

farina'ceous a. 粉状的,谷粉制的,含淀粉的.

far-infrared a. 远红外(线)的.

Faringraph n. 面粉试验仪.

far'inose a. 产〔含〕粉的,粉质(状)的.

farm [fɑːm] I n. ①农场(庄),牧场,田地,饲养场 ②地段,场(地). II v. ①耕种(作),农业经营 ②租用,招人承包(out) ③移〔转〕交,传送,处理(out). *baby farm* 育婴院. *collective farm* 集体农庄. *effluent farm* 污水工厂〔废物〕场地. *farm animal* 家畜. *farm crops* 农作物. *farm drainage* 农田排水. *farm electrification* 农业电气化. *farm hand* 农业工人(劳动者). *farm implements* 农具. *farm posthole auger* 合地式取土螺钻. *farm products* 农产品. *farm tractor* 农用拖拉机〔牵引车〕. *isotope farm* 试验同位素的实验台 e.-x. 桁架. *state farm* 国营农场. *waste-storage farm* 放射性废物贮存地段.

farm'er n. ①农民 ②农〔牧〕场主. *farmer communication* 农村通信.

farm'hand n. 农业(场)工人,雇农.

farm'ing n. 农〔养畜〕业(经营),耕作.

far-miss v.; n. 远距瞄靶.

farm'land n. 耕地,农田(地).

far'most ['fɑːmoust] a. 最远的.

farm-out n. ①分包任务,分工合作 ②移交,转交,传送,处理.

farm'stead ['fɑːmsted] n. 农场建筑物,农庄.

farm'yard ['fɑːm-jɑːd] n. 农场空地,场院.

fa'ro n. 小珊瑚礁.

far'-off ['fɑːrɔ(ː)f] a. 远方的,遥远的.

far-out a. ①极端的,不寻常的 ②远离现实的 ③太空远处的 ④先锋派的. *far-out ecliptic orbit* 远地黄道轨道. *far-out space* 遥远空间.

farraginous a. 杂凑的,杂七杂八的.

farra'go ['fɑːrəgou] n. 混杂(物),混合物.

far-ranging a. 范围广的.

far'-reach'ing ['fɑːˈriːtʃiŋ] a. (影响)深远的,远大的,广泛的,透彻的(解释). *far-reaching designs* 远大的计划.

far-red a. 远红外的(波长 30～1000μm 的,及约 0.8μm 的)

far-seeing a. 远景的,目光远大的,看得远的,想得周到的.

far-side a. 那一面(边,侧)的.

far'-sight'ed ['fɑːˈsaitid] a. ①远视的 ②远景的,有远见的,有先见之明的.

far-sightedness n. 远视(眼),远见.

far'ther ['fɑːðə] a.; ad. ①(far 的比较级之一)较远(的),更远(的),更进一步(某)之处〔距离〕的,更后一些(的),再远〔再进去了一点〕的 ②而且,更加,又. *at the farther end of M* 在 M 的另一端. *on the farther bank of the river* 在河的彼岸. ▲*farther on* 更远(些),再往前(些),在前(后)面,(说明图表等)见下文. *farther out* 远开开)再远一点.

far'thermost a. 最远的.

far'thest a.; ad. (far 的最高级)最远(的),最久(的),最大程〔限〕度地. ▲*at (the) farthest* 最远(也不过),至迟(也不过),至多.

far'thing n. ①(英国)旧辅币(=1/4 便士) ②极少量,一点儿. *not care a farthing* 一点不在乎. *not worth a farthing* 毫无价值,一文不值.

far-ultraviolet a. 远紫外的.

far'vitron ['fɑːvitrɔn] n. 分压指示计.

far-zone a. 远区(域)的.

FAS 或 **fas** = free alongside ship 船边交货(价格).

Fasc = fasciculus 束.

fa'scia ['feiʃə] n. (pl. *fasciae* 或 *fascias*) n. (汽车)仪表板,(柱头上)盘座面,横木,挑口饰,(饰)绷带,【医】筋膜. *fascia board* (汽车)仪表板,挑口板. ~l a.

fas'ciate a. 用带束缚的,带化的,扁化的.

fascia'tion n. 带化(扁化)作用,包札法,绷法.

fas'cicle ['fæsikl] 或 **fas'cicule** 或 **fascic'ulus** n. ①(小,成)束,簇(生),密(簇簇)花序 ②一卷,一分册.

fascicled a. 成束的,簇生的.

fascic'ular 或 **fascic'ulate(d)** a. 束状的,成束的(结晶,纤维). *fascicular fibres* 纤维束.

fascicula'tion n. 束状,束化(现象),成束,缩聚,自发性收缩.

fas'cicule ['fæsikjuːl] n. ①分册 ②束.

fascic'ulus ['fəˈsikjuləs] (pl. *fasciculi*) n. ①束 ②分册.

fas'cinate ['fæsineit] v. 使着迷,强烈吸引住,非常吸引人.

fas'cinating ['fæsineitiŋ] a. 吸引人的,引人入胜的,令人神往的,极有趣的. ~ly ad.

fascina'tion [fæsi'neiʃən] n. 感染力,魅力,吸引力,强烈爱好.

fascine' [fæ'siːn] n.; a. (护岸用)柴捆〔笼〕(的),束

Fas′cism 或 **fascism** 柴(的), 梢(料, 捆), 粗杂material. *fascine bundle* 梢(柴)捆. *fascine choker* 柴笼架. *fascine mattress* 柴排席, 沉排. *fascine roll* 沉篇.

Fas′cism 或 **fascism** [ˈfæʃizəm] *n*. 法西斯主义.

Fas′cist 或 **fascist** [ˈfæʃist] *n*.; *a*. 法西斯主义者(的), 法西斯分子(匪徒).

fascistize *vt*. 使法西斯化.

fash *n*. (铸造缺陷)披缝.

fash′ion [ˈfæʃən] Ⅰ *n*. ①流行, 时新(尾, 式) ②(类)型(方, 形, 样)式, 形状, 样子, 风格 ③制(方)法, 构造. Ⅱ *vt*. ①制作, 形成, 做(构, 建, 塑造)成(…形状), (精, 最)后加工, 修饰(整)②使适合(应)③改变, 改革. *Chinese-fashion* 中国式的. *fashion plate stem* (钢板)组成船首柱. *fashioned iron* 型钢, 型铁. *old-fashioned* 老式的, 守旧的. ▲ *after* [in] *a fashion* 多少, 勉强. *after the fashion of* 像…一样, 模仿, 照…的样子, 按照…的方式. *be* (*all*) *the fashion* 十分流行, 极时新. *be in* (*the*) *fashion* 在流行着, 风行. *be out of fashion* 不流行了, 过时了. *bring into fashion* 使…流行. *come into fashion* 正(开始)流行. *do*…*so fashion* 照这样做… *go out of fashion* 渐渐不流行, 逐渐过时. *fashion M into* 把 M 做[铸]成. *fashion M out of N* 用 N 做成 M. *fashion M to* 使 M (适)合. *in*…*fashion* 用…方式[方法]. *in a disorderly fashion* 无规则地. *in random fashion* 不规则(地), 乱七八糟(地). *in this fashion* 用这种方法, 这样(一来). *the latest fashion* 最流行式样, 最新的式样.

fash′ionable [ˈfæʃnəbl] *a*. 流行的, 时髦的, 时新的. *fashionable style* 流行型式(式样). **fash′ionably** *ad*.

fash′ional *a*. 流行的, 时新的.

FAST = ①formula and statement translator 公式及语句翻译程序 ②FORTRAN Automatic Symbol Translator 公式翻译程序的自动符号翻译程序.

fast [fɑːst] Ⅰ *a*.; *ad*. ①快(速, 拍, 作用)(的), 迅速(的), 高速(的) ②紧(紧, 固)(的), 牢(坚, 稳)固(的), 不动的, 不变的, (染)不褪色的③耐久(的), 可靠的, 不褪色的③(钟表)偏快的, (衡器)偏重的, 所示值超过实际值的④感光快的, 曝光时间短的⑤高频的⑥抗拒的. Ⅱ *n*. 连系(紧固, 拴绑)物. Ⅲ *vi*. 断[禁]食, 斋戒. *fast amplifier* 快速(宽频带)放大器. *fast asleep* 熟睡. *fast chopper* 高(快)速断续器, 高速调制盘, 快速断路[选择, 斩波, 遮光]器. *fast coupling* 硬性联轴节; 紧耦合. *fast diode* 快速[高频]二极管. *fast forward* (磁带录音机)快速进带[高频]. *fast groove* [spiral] (唱片)的稀纹, 宽距(纹)槽. *fast head stock* 主轴箱(座), 固定床头. *fast idle* 高速空转, 高速空行程. *fast idle cam* 高速空行程用凸轮. *fast line* 快车道. *fast laser pulse* 激光短脉冲. *fast lens* 强光透(透)镜. *fast multiplication factor* 快中子增殖因数. *fast neutron* 快(高速)中子. *fast pulley* 紧(固定)轮. *fast relay* 快(高)速继电器. *fast response time* (小惯性仪器)快速反应. *fast screen* 短余辉荧光屏. *fast shot* 瞬瞄. *fast signal* 短时信号. *fast snow* 易塌(又滑的)的积雪. *fast speed* 高(快)速

(的), 快动作(的), 快作用的. *fast spiral* 陡螺旋线, 急转磁带. *fast thermocouple* 小惯量温差电偶. *fast time* 短时间的, 夏令时间. *fast time constant circuit* 微分(短时间同常数)电路. *fast truck* 快速运货汽车, 快速卡车. *fast work* 迅速完成的工作, 很快就能完成的工作. *fast worker* 长袖善舞者也. *light-fast* 耐晒(光)的, 晒不褪色的. *The watch is five minutes fast.* 这表快五分钟. ▲ (*be*) *fast to* 耐…的, …不褪色的. *hard and fast* 固定不动的, 一定不变的. *hold fast to M* 握(抓)紧 M. *make fast* 把…拴紧(关紧), 系, 拴. *stand fast* 立(站)稳, 坚定不移, 不后退, 不屈服. *stick fast* 粘牢, 立(站)稳, 坚定不移. *take a fast hold of* 紧紧握住, 抓牢.

fast-acting *n*.; *a*. 快动作的.

fastback [ˈfɑːstbæk] *n*. ①(向尾部倾斜的)长坡度的汽车顶, 有长坡度车顶的汽车 ②快速返回.

fast-carry *n*. 快速进位.

fast-compression *n*. (快速)压缩.

fast-drying *a*. 快干(燥)的.

fast′en [ˈfɑːsn] *v*. (使)固定, (使)牢(紧)固, 加固, 连接, 扣(关, 夹, 系)住, 扣紧, 关(钉, 扣, 粘, 捆, 结, 抓)牢, 闩(闭, 上), 支撑. *This window will not fasten.* 这窗子扣不上. ▲ *be fastened to M* 栓(固定)在 M 上. *fasten down* 盖(夹, 卡)紧, 扣(合)箱, 钉上, 确定. *fasten off* 扣牢. *fasten on* [upon] 握(抓)住, 把…加(钉, 粘)在…上, 使(目光, 注意力)朝向. *He fastened on* [upon] *the idea.* 他坚持这个意见(想法). *fasten M* (*on*) *to N* 把 M 固定(夹紧, 粘, 系, 拴)在 N 上. *fasten up* 关(栓)紧, 捆(扎)紧.

fast′ener [ˈfɑːsnə] *n*. ①扣接合, 紧固, 系[固定]零件, 系固物, 固定(夹持, 闭锁)器, 钩(撑)扣, 扣(钉), U 形铁箍 ②接线柱, 线夹 ③闸, 阀, 闭锁(锁) ④拉链(锁). *belt fastener* 引(皮)带扣. *jack fastener* 插口线头. *snap fastener* 按扣. *zip* [*slide*] *fastener* 拉链.

fast′ening [ˈfɑːsniŋ] *n*. ①连接(法), 紧固, 扣(夹)紧②固定(零件), 紧固件, 紧固夹具, 支撑(设备), 扣件, 扣紧螺杆, 连接(扣栓)物(如钉, 扣, 钉, 索). *dovetail fastening* 鸠尾(鸠尾, 插筒)接合. *fastening down* 扣(合)箱. *fastening material* 夹紧材料. *fastening motion* 夹紧. *rail fastening* 钢轨配件. *staple fastening* 钉条固, 弓形夹系固.

fast-extracted *a*. 快(速)引出的.

fast-forward *n*. (快)速(前)进的, 快速正向的.

fast-gaining *n*.; *a*. 快速获得(的), 增重快的.

fast-glide *n*. 高速下滑.

fast-hardening *a*. 快硬(凝)的.

fastid′ium *n*. 厌(拒)食.

fastigiate(**d**) *a*. 锥形的, 倾斜的.

fastigium *n*. ①尖顶, 屋脊, 山墙 ②高峰期 ③最高点, 极度, 顶点.

fast′ing *n*. 禁[绝]食.

fast-interface-state *a*. 快界面态的.

fastish [ˈfɑːstiʃ] *a*. 相当迅速的, 尚快的.

fast-killing *n*.; *a*. 快速致命(的), 速杀(的).

fast-moving *a*. 快速移动的.

fastner = fastener.

fast′ness [ˈfɑːstnis] *n*. ①迅(急)速 ②坚(紧)固, 坚牢(度), 牢固性, 抗拒性, 固定(者), 不褪色(性) ③耐…

fast-operate a. 快速(操作,工作,运转)的.
fast-recovery a. (快)速复(原)的,快速恢复的.
fast-reflected a. 快中子反射的.
fast-response a. 快作用的,快响应的,快速反应的. *fast-response photomultiplier* 快速光电倍增器. *fast-response transducer* 灵敏小惯性传感器.
fast-rise a. 快速上升[升起]的. *fast-rise pulse generator* 陡沿脉冲发生器.
fast-scan n. 快(速)扫描[掠].
fast-screen n. 短余辉荧光屏. *fast-screen tube* 短余辉电子(显像)管.
fast-speed a. 快[高]速的,快动作[作用]的.
fast-time a. 快速的.
fast-time-to-target a. 快速导向目标的.
fast-to-slow a. 由快到慢的,快变到慢的.
fast-wave a. 快波的.
FAT = factory acceptance test 工厂验收试验.
fat [fæt] Ⅰ (*fat′ter*; *fat′test*) a. ①肥(胖,沃)的,(多)脂肪的 ②含[多]沥青的,粘性好的,含树脂多的,含高挥发物的(煤,焦炭,铅字)的(煤,笔画)的. Ⅱ n. ①脂(肪),膘,乳脂,动(植)物油,润滑剂(油) ②最好的部分 ③多余额,积余,储备 ④易排版面. Ⅲ (*fatted*; *fatting*) v. (使)变肥,用油脂处理. *consistent fat* 稠脂,干油,润滑脂. *fat asphalt mixture* 多(地)沥青混合料. *fat beams and columns* 肥梁胖柱. *fat clay* 肥(富,重)粘土. *fat coal* 烟(肥,沥青)煤,高挥发份烟煤. *fat content* 脂肪含量,含脂率. *fat dipole* 短粗偶极子. *fat fuselage* 粗机身. *fat lime* 肥(富,浓,纯质)石灰. *fat liquor* 油液. *fat liquored* 上(了)油的. *fat price* 巨大的代价. *fat sand* (含)粘(土型)砂,肥砂. *fat soil* 沃土. *fat solvent* 油脂溶剂. *fat spot* 油斑,沥青过多地点. *fat surface* 多油层面. *fat turpentine* 脂[稠]松节油. *fat year* 丰年. *fat zero* 肥[富]零. *fatting up* 泛油. *The fat is in the fire.* 闯祸了,事情搞糟了. ▲*a fat lot* 很少.
fa′tal [′feitl] a. ①命运的,宿命的,避免不了的 ②致[死]的,毁灭性的. *fatal accident* 死亡事故,惨祸. *fatal disease* 不治之症. *fatal dose* 致死(剂)量. *fatal error message* 严重错误信息. ▲*be fatal to*...对...来说是致命的,使...成为泡影. *prove fatal to*...成为...的致命伤.
fatal-accident n. 死亡事故.
fa′talism [′feitəlizəm] n. 宿命论,听天由命.
fa′talist n. 宿命论者.
fatalis′tic a. 宿命(论)的.
fatal′ity [fə′tæliti] n. ①死亡(事故),灾祸,不幸,(pl.)死亡人数 ②致命(死) ③宿命,命运,听天由命. *fatality rate* (行车,人身)事故率.
fa′tally [′feitəli] ad. ①致命地,不幸的 ②宿命地. *fatally injured* 受致命伤的.
fate [feit] n.; v. ①命运,天数 ②死[灭]亡,毁灭,灾难 ③遭遇,最终结果,结局 ④(正常发展的)预期演变. *go to one′s fate* (送)死,自取[趋]灭亡. ▲*(as) sure as fate* 必[一]定. *be fated that* [to + *inf.*]. 〔唯心主义〕注定(要,会). *share the same fate* 遭受同样的命运.
fated a. 命运决定的,注定要毁灭的.
fate′ful [′feitful] a. 致命的,(关系)重大的,带来灾难的,命中注定的. ~ly ad.
fat-extracted a. 脱(了)脂的.
fat-free a. 脱脂的,无脂的.
father [′fɑ:ðə] Ⅰ n. ①父亲,上辈,祖先,始祖,奠基人 ②创造者,发明者,根源,源泉 ③盲目者随无线电信标[指示标] ④[计] (语法树节点的)上层. Ⅱ vt. 创作(立),制订,发明. *father chain* 父链. *father of node* 节点上层. *father-son information* 父子信息.
fatherland [′fɑ:ðəlænd] n. 祖国.
fatherless a. 无父的,作者不详的,不知作者姓名的.
fathogram n. 水深图.
fath′om [′fæðəm] Ⅰ (pl. *fathoms* 或 *fathom*) n. ①英寻(水深单位,=2码=6英尺=1.8288m),方英寻(木材量度,=6立方英尺) ②深(度). ③测深,张开两臂测量;进行探索 ②彻底了解,领悟,看穿 ③推测,揣摩. *fath′omable* a. 深度可测的,看得透的,可以了解的.
fathom′eter [fæ′ðɔmitə] n. (回音)测深仪[计],水深计(回声).
fath′omless [′fæðəmlis] a. 深不可测的,无法计量的,无底的,看不透的,无法了解的.
fatigabil′ity [fætigə′biliti] n. 易疲(劳)性.
fatigable a. 易疲劳的.
fatigue′ [fə′ti:g] n.; vt. (使)疲劳(乏). *fatigue crack* [*fracture*] 疲劳裂缝. *fatigue machine* 疲劳试验机. *fatigue meter* 疲劳强度计. *fatigue strength* [*limit*] 疲劳强度[极限,限度]. *photo-electric fatigue* 光电疲劳. ▲*be fatigued with work* 做工作做得很疲劳.
fat-lub test 液体中含油量的测定.
fatlute n. 油泥.
fat′ness [′fætnis] n. 肥大,肥度,肥沃.
FATS = factory acceptance test specifications 工厂验收试验规范.
fat-solubility n. 高脂溶性.
fat-soluble a. 脂溶性的.
fat′ten [′fætn] v. ①加油脂 ②(靠...)发财,致富 (on).
fatting up n. 泛油(路面泛出多余沥青).
fat′ty [′fæti] a. 脂(肪)(质)的,多脂的,油(腻)的,过肥的. Ⅱ n. 胖子. *fatty acid* 脂肪酸. *fatty compound* 脂肪族化合物. *fatty cutting oil* 脂肪切削油. *fatty group* 脂(肪)族,脂(肪)基. *fatty oil* 脂(肪)油,油脂.
fatu′ity [fə′tjuiti] n. 愚昧.
fat′wood n. 多脂木材,明子.
fau′bourg [′fu:buəg] [法语] n. 近(市)郊.
fau′cet [′fɔ:sit] n. ①(水)龙头,旋塞,柱塞,活门,(出)水嘴,开关,放液(水,油)嘴 ②(管子的)承口,插口. *air faucet* 气嘴塞. *faucet joint* 套筒接合,龙头接嘴. *water faucet* 水龙头,放水嘴.
faujusite n. 八面沸石.
fault [fɔ:lt] Ⅰ n. ①缺点(陷),过失,错误,毛病,误

差,不合格 ②故障,事故,障碍,损坏,失效,漏电 ③断层,层错. Ⅱ v. ①(在…)产生断层 ②错位,断裂,(使)生断层 ③弄错 ④挑剔,责备. *disconnection fault* 断电故障,导线断线. *fault current* 障碍〔故障〕电流,漏电. *fault density* 疵密度. *fault detection* 故障探测,探伤. *fault finder* 探伤器,故障寻找器,故障位置探测仪. *fault image* 假〔失真,失常〕图象. *fault indicator* 探伤器,故障指示器. *fault plane* 断层面. *fault sulphur* 结合硫. *fault throw* 落差,断距. *fault time* 故障〔停机维修〕时间. *fault trough* 地堑,断层槽. *faulted bedding plane* 错动层面. *faulted deposit* 断裂油〔气〕层,断裂沉积. *faulted joint* 断层节. *heavily faulted crystal* 高层错晶体. *image fault* 像差,影像失真,图像缺陷. *insulation fault* 绝缘损坏. *merits and faults* 优缺点. *moulding fault* 模〔压〕制件缺陷. *numerical fault* 数值误差. *phase fault* 相位障碍,相间短路. *stacking fault* 堆垛层错. *turn-to-turn fault* 匝间短路. *zig-zag fault* 锯齿形层错. ▲(be) at fault 有毛病〔错误〕,故障,不知所措,停滞不前,迷惑. be in fault 有过错,该负责任. find fault in〔with〕找出…的缺点〔毛病〕. find fault with 对…吹毛求疵,抱怨,挑剔. to a fault 过度〔分〕地,极端. with all faults 不保证商品没有瑕疵. without fault 无误,确实.

fault-block n. 块块.
fault-breccia n. 断层角砾岩.
fault′finder n. ①(损坏)检验设备,(线路)故障〔障碍〕检查装备,障碍位置测定仪,探伤仪 ②喜欢挑剔〔吹毛求疵〕的人.
fault′finding n.; a. ①检验故障(的) ②挑剔(的),吹毛求疵(的).
fault-free a. 无故障的.
faul′tily ad. 过失,不完全地,该指责地.
fault-induced a. 故障诱导的.
faul′tiness n. 有毛病,不完全,可指责.
fault′less [′fɔːltlis] a. 无错误的,无过失的,完美无缺的,无可指责的. ~ly ad.
fault-line n. 断层线.
fault-location n. 故障定位(测定),毁损位置测定.
fault-plane n. 断层面.
fault-tolerant a. 容许故障的,容错的.
faul′ty [′fɔːlti] a. 有缺点的,有毛病的,出故障的,不合(规)格的,报废的,无用的,(有)错误的,不完全的. *faulty casting* 废铸件. *faulty coal* 劣煤. *faulty insulator* 漏电〔不合格〕绝缘子. *faulty line* 故障线路. *faulty lubrication* 不合规定的润滑(作用). *faulty operation* 错误操作. *faulty wire* 故障丝.
fau′na [′fɔːnə] n. 动物区系(群落),动物的区域习性,(地方)动物志.
faunula n. 动物小区系.
faure-type plate n. 涂浆(型)极板.
fausted ore 选矿中级〔平均〕产物.
favaginous a. 蜂窝〔黄蜂〕状的.
favaolate a. 蜂窝状的.
faviform a. 蜂窝状的.
fa′vo(u)r [′feivə] n.; vt. ①帮助,支持,给予,赞成 ②促进,有利于,有助于,便于 ③好感,喜爱,偏爱 ④证实(理论等) ⑤【商】来信(函) ⑥礼物,纪念品 ⑦利益,"有利"(过程),"倾向的"(过程). ▲ask a favour of 请…帮忙. be in favour with 受…欢迎. by〔with〕favour of 或 favoured by 烦请…面交,请…转交. by〔with〕your favour 对不起,冒昧地说. come into favour 受欢迎. do one a favour 帮…忙,答应…请求. find favour with 获得…好感〔赏识〕,受…欢迎. have a favour to ask (of)请求…帮助〔支持〕. in favour 流行,受欢迎. in favour of M 赞成 M,支持 M,有利于 M,便于 M,(某数)M 较大,(放弃…)而采用 M,付给 M. in one's favour 有利于,对…有利,受…欢迎. M is favoured 对 M 有利. Kindly favour us with an early reply. 请早日复信. look with favour on 赞成. out of favour (with M)不流行,不受 M 欢迎. regard M with favour 对 M 有偏爱,赞成 M. turn the balance〔scale〕in one's favour 使…占上风,改变力量对比使有利于….

fa′vo(u)rable [′feivərəbl] a. ①有〔顺,便〕利的,有帮助的,起促进作用的,合适的,良好的 ②赞成的,(有)好意的. *favorable interference* 有效〔有用〕干扰. *favourable balance* 顺差. *favourable comment* 好评. *favourable opportunity* 好机会. *favorable structure* 【矿】良好构造,有希望的构造. *favourable winds* 顺风. ▲be favourable for M 对 M 是有利的. be favourable to M 对 M 是有利的,赞成 M. make a favourable impression on 给…以好的印象. take a favourable turn 好转.
fa′vourably ad.
fa′vo(u)red [′feivəd] a. (受)优惠的,受惠的,受到优待的. *the most favo(u)red nation (clause)* 最惠国(条款).
fa′vo(u)rer n. 保护者,补助者,赞成者,支持者.
fa′vo(u)ring Ⅰ a. =favourable. Ⅱ n. 音量调节.
fa′vo(u)rite [′feivərit] n.; a. ①(最)受欢迎的人,东西),喜爱的(人,东西),适用的(东西),喜闻乐见的,中(得)意的. ▲be a favourite with 是…最喜爱的.
fawn [fɔːn] n.; a. 小鹿(毛色),淡黄(褐)色(的).
fawn-colo(u)r(ed) a. 淡黄褐色的.
fawshmotron n. 微波(简谐)振荡管,快速波单谐运动微波放大管.
fax n. ①传真(= facsimile) ②电视画面,(电视)传真,摹〔复〕模〕写,摹真本.
fax′casting n. 电视〔传真〕广播.
fay [fei] v. 接合,(紧密)连接,密配合,紧配合到一起. *faying surface* 接触〔接合,搭接〕面. ▲fay in (with)(与…)恰好吻合.
fayalite n. 铁橄榄石.
faze [feiz] vt.; n. 扰乱,使为难,(使)狼狈,混乱.
fazotron n. 相位加速器.
FB =①feedback 反馈,回授 ②fire brigade 消防队 ③flat bar 扁条 ④flying boat 水上飞机,飞船 ⑤freight bill 运费单 ⑥function button 功能按钮 ⑦fuse box 熔〔保险〕丝盒.
F-band n. F吸收带,F波段,F频段(90~140KHz).
FBI =①Federal Bureau of Investigation(美国)联邦调查局 ②Federation of British Industries 英国工业

fbl =①fire brick lining 耐火砖衬里 ②forged billet 锻铜坯.
FBM =①fleet ballistic missile 舰载弹道导弹 ②foot board measure（量木材单位）板英尺 ③frequency division multiplexing 频率分隔多路传输.
FBMS =①fleet ballistic missile submarine 舰载弹道导弹潜艇 ②fleet ballistic missile system 舰载弹道导弹系统.
FBMWS =fleet ballistic missile weapon system 舰载弹道导弹武器系统.
FBR =fast breeder reactor 快中子增殖反应堆.
FBU =field broadcasting unit 流动广播车.
FC =①facilities construction 设备的结构 ②facility control 设备控制 ③field coil 励磁线圈，激磁线圈 ④fire cock 消防旋塞 ⑤fire control 消防；实施射击，射击指挥；火力控制，射击控制 ⑥flight control 飞行控制 ⑦foot-candle 英尺烛光 ⑧forced convection 强制对流 ⑨forecast center 气象中心，天气预报中心 ⑩frequency changer 变频器 ⑪front connected 前面连接的.
fc =①foot-candle 英尺-烛光 ②franc 法郎 ③compressive strength 压力（抗压）强度.
F/C VLV =fill and check valve 注入及止回阀.
FCB =free cutting brass 易切黄铜.
FCC =face-centered cubic 面心立方（晶格）②facilities control console 设备控制台.
FCE =flight control electronic 飞行控制电子设备.
FCF =facilities control (tabulating) form 设备控制（列表的）格式纸.
fcg =facing 衬片，刮面.
FCGA =facility gauge 设备标准.
FCI =flux change per inch 每英寸磁通变数.
fcr =full cold rolled 全冷轧.
FCS =①flight control system 飞行控制系统 ②forged carbon steel 锻碳钢.
FCST =Federal Council for Science and Technology,（美国）联邦科学技术委员会.
FCT =filament center tap 灯丝中点引线，灯丝中心抽头.
FCV =flow control valve 流量控制阀.
FD =①face of drawing 图纸的正面 ②fade down 淡出（电视图像的逐渐消失）③fatal dose 致命剂量 ④flame detector 火焰探测器 ⑤focal distance 焦（点）距（离）⑥forced draft 强力通风 ⑦ fourth dimension (time) 第四维空间（时间）⑧free delivery 免费递送 ⑨frequency doubler 倍频器 ⑩full duplex 全双工的 ⑪functional devices 功能器件.
fd =farad 法拉.
F&D =fill and drain 灌与排.
F/D VLV =fill and drain valve 注入与泄放阀.
FDB =①field dynamic braking 外场动力制动 ②forced draft blower 强力通风机.
FDBK =feedback 反馈，回授.
FDC =①compensated formation density log 补偿地层密度测井 ②facility design criteria 设备设计标准 ③fire direction center 射击指挥中心.
FDCD =facility design criteria document 设备设计标准文件.
FDE =field decelerator 外场减速器.
FDI =①field discharge 外场充电 ②flight direction indicator 飞行方向指示器.
FDL =①formation density log 地层密度测井 ②frequency doubling laser 传频激光器.
FDM =①finite difference method 有限差分法 ② frequency-division modulation 频率划分调制 ③ frequency division multiplex 频率划分多路传输（制）.
FDN =foundation 基础.
FDP =①flight data processing 飞行数据处理 ② fructose diphosphate 二磷酸果糖.
fdr =feeder 送料器.
FDRY =foundry 铸造车间.
FDV =floating divide 浮点除（法）.
FDW =feed water 补给水.
FDX =full duplex 全双工的.
FE =①Far East 远东 ②fire extinguisher 灭火器 ③ flanged ends 带缘端.
Fe = ferrum 即 iron 铁.
fe =①feather edge 薄缘（边）②for example 例如.
FeAA =ferric acetylacetonate 乙酰丙酮铁.
fear [fiə] n.；v. 恐惧（怕），害怕，担心，忧虑. ▲(be) in fear of +...为...担忧，害怕... for fear of 因为怕，惟恐，以免，为防止…起见. for fear (that, lest) 惟恐，因为怕，以免，为防止…起见. from (out of, with) fear 由于恐惧. have a fear of ... 担心...，为...担忧，害怕... There is no fear of + ing 不可能会（做），...的可能性不大.
fear'ful ['fiəful] a. 可怕的，吓人的，非常的. ▲be fearful of + ing [to + inf., lest ... should + ...] 恐怕，害怕，担心. ～ly ad. ～ness n.
fear'less a. 不怕的，大胆的. ▲be fearless of 不怕. ～ly ad. ～ness n.
fear'some a. 可怕的，胆小的. ～ly ad.
feasibil'ity [fi:zə'biliti] n. 可(实)行性，(实际)可能性，现实性，可用，有理由. engineering feasibility 技术（上的）可能性. feasibility study 技术经济论证.
fea'sible ['fi:zəbl] a. ①可（实）行的，做得到的，行得通的，(有，实际)可能的 ②似乎有理的，合理的，可以设法的 ③可用的，适宜的. feasible direction 可行（可许）方向. ▲become feasible 成为可能的. fea'sibly ad.
feat [fi:t] n. 手（技）艺，功（事，伟）绩. brilliant feats of engineering 工程上的伟绩.
feath'er ['feðə] I n. ①（羽）毛，轻如羽毛之物，叶片，（带material缺陷）羽痕，羽状斑疵（裂缝），（潜望镜引起的）微波，羽状回波 ②凸起（部），（铸件）周缘翅片，加强肋，【机】滑键，制销，冒口 ③（旋翼）周期变距，（螺浆）顺浆交距，（浆叶）水平运动，顺（螺）浆 ④种类，本质. II v. ①成羽（毛）状，生（裂）羽毛，羽状动描 ②顺浆，（使）浆面平放着（与水面平行），使（螺旋桨）保持缓慢的运动，（使）（螺）浆顺浆交距，（使）（旋翼）周期变距 ③（用楔形部件）连接. Feather analysis 费塞分析（根据铝吸收测β粒子能量的方法）. feather edge（切割玻璃时产生的）倾斜薄边. feather game 野禽. feather in boss 轮毂滑键. feather key 导向键. feather pattern 羽状组合. feather pitch 顺浆螺距. feather propeller 顺位（变距）（螺）（旋）浆，顺浆的螺浆. feather valve 放气〔卸载,弹子,滑〕阀. ▲as light as a feather 很轻,轻如鸿毛. Birds of a feather flock together. 物以类聚. feather one's nest 肥私囊,贪污,中饱. in high〔fine, full〕feather 精神焕发,情绪高涨,意气风发.

feather-checking n. 发裂,产生发丝裂缝.

feath'ered ['feðəd] a. ①有羽毛的,羽毛状的 ②薄边的,沿边刨薄的 ③飞速的. feathered tin 羽状锡,锡的羽状结晶.

feath'eredge ['feðəredʒ] Ⅰ n. 薄边〔刃〕. Ⅱ a. 薄边式的,羽翼式的. Ⅲ vt.（把板的一边）做成刀口状,削薄…的边. featheredge section 薄边〔羽翼〕式断面.

feath'eredged a. 薄边〔刃〕式的.

feath'eriness ['feðərinis] n. 羽毛状,轻如羽毛,轻〔薄,软〕.

feath'ering n. ①羽毛,羽状物 ②顺（螺旋）桨,（桨叶）水平旋转 ③拖缆倒转 ④用滑键连接 ⑤转动叶片使阻力最小 ⑥轴上硫花. ▲a feathering out 薄边〔羽翼〕式铺开（中间厚,边上薄.

feathering-out n. 尖灭.

feather-light a. 羽毛的.

feath'erweight n.; a. 轻量,非常轻的（人,物）,轻微的,琐细的,不重要的人〔物〕. featherweight paper 轻磅纸.

feath'ery a. 羽毛似的,轻（薄,微,而软）的. feathery needles 羽毛针状体.

fea'ture ['fiːtʃə] Ⅰ n. ①特点〔征,色,性）,性能,优点 ②地形〔形〕,（pl.）面〔容〕貌 ③零〔部,器〕件,装置 ④要点,细节 ⑤特写〔辑,制品〕,故事（影）片,电影正片. Ⅱ v. ①使…有特色,是…的特色〔特征〕,以…为特色,使成为…的特征,描写…的特征,画轮廓 ②特载〔写〕 ③起重要作用,作重要角色. a lathe featuring a new electronic control device 以一种新型电子控制装置为特色的车床. bad feature 缺点,不足之处. basic mechanical design feature 主要技术性能. design feature 设计〔结构〕特点. feature extraction 萃取,特征提取. feature film 放映主片,正片,故事影片,艺术片. feature length 长篇的,（电影）达到正片应有长度的. leading features 主要特征. mechanical features 机械性能〔特性〕. noiseproof feature 抗干扰性能,防噪性. safety feature 安全装置. ▲make a feature of 以…为特色,以…为号召地.

fea'tured a. 被形成的,作为特色〔征〕的.

fea'ture-length a. 长篇的,（电影）达到正片应有长度的.

fea'tureless a. 没有特色〔征〕的,平凡的.

featurette' ['fiːtʃəret] n. 短篇,小品,短故事〔艺术〕片.

fea'turize vt. 拍成特制（影）片. **featuriza'tion** n.

FEB = functional electronic block 功能电子块.

Feb = February 二月.

feb'etron ['febitrɔn] n. 冷阴极脉冲β射线管,相对论性电子束发生器.

feb'ricant a. 致热的.

feb'ricide ['febrisaid] n.; a. 退热剂（的）.

febric'ity [fi'brisiti] n. 发热.

febric'ula [fi'brikjulə] 〔拉丁语〕n. 轻热,暂热.

febrifa'cient [febri'feiʃnt] a. 发热性的,轻热的.

febrif'ic a. 发热性的,致热的.

febrif'ugal a. 退〔解〕热的.

feb'rifuge ['febrifjuːdʒ] Ⅰ n. 退〔解〕热药. Ⅱ a. 退热的.

fe'brile a. 热病〔性〕的,发热的.

fe'bris ['fiːbris] 〔拉丁语〕n. （发）热,热病.

Feb'ruary ['februəri] n. 二月.

FEC = Federal Electric Corporation 联邦电气公司.

fec = fecit.

fe'cal ['fiːkəl] a. 糟粕的,渣滓的；粪便的,排泄物的.

fe'ces ['fiːsiz] n. 渣滓,排泄物,粪便.

fe'cit ['fiːsit] 〔拉丁语〕（某某）画,（某某）作.

feck [fek] n. ①价值,效能〔力〕②影响,结果.

feck'less ['feklis] a. 无用的,没有价值的,没气力的,无责任心的. feckless negotiations 毫无结果的谈判. ~ly ad. ~ness n.

FECP = facility engineering change proposal 设备工程更改建议.

fec'ula n. 渣滓,粪便,污物,排泄物.

fec'ulence ['fekjulens] 或 **fec'ulency** n. 污秽〔物〕,肮脏,混浊.

fec'ulent a. 有渣滓的,粪便的,排泄物的,沉淀的.

fe'cund ['fiːkənd] a. 多产的,丰饶的,肥沃的.

fe'cundate ['fiːkəndeit] vt. ①使多产,使丰饶,使肥沃 ②使受胎〔孕〕. **fecunda'tion** n.

fecun'dity n. ①丰饶,多产,肥沃 ②生产力,繁殖力,产卵量.

FED = Federal（for specifications or standards）联邦的（用于规格或标准）.

Fed Rep of Germany = Federal Republic of Germany 德意志联邦共和国.

fed [fed] feed 的过去式及过去分词. center fed 中点馈电（式）. end fed 单端馈电.

fed'back a. 反馈的.

FEDCS = field engineering design change schedule 现场工程设计更改计划表.

Fed'eracy n. 联邦,联邦.

fed'eral ['fedərəl] a. ①联邦（制）的,联盟〔合〕的 ②（美国）联邦政府的,美国的. Federal Aviation Agency 美国联邦航空局. federal land 国有土地,联邦的土地. Federal officers 美国政府机关官员. Federal Republic of Germany 德意志联邦共和国. ▲make a Federal case of 小题大做.

federaliza'tion [fedərəlai'zeiʃən] n. 联邦〔同盟〕化.

fed'eralize ['fedərəlaiz] vt. 使成联邦（制）,使同盟,置于联邦政府权力之下.

fed'erally ad. 在全联邦范围内,在联邦政府一级.

fed'erate Ⅰ ['fedəreit] v. 联合,结成联盟,组成联邦（政府）. Ⅱ ['fedərit] a. 同盟的,联合的,联邦制度的.

federa'tion [fedə'reiʃən] n. 联合（会）,联邦（政府）,联盟,同盟.

fed'erative a. ①联合的,联邦的 ②有关外交和国家安全的. ~ly ad.

fed-upness n. 过饱,极度厌倦〔恶〕.

fee [fiː] Ⅰ n. （手续,会,学,报名,入场,公）费,费用,税,报酬,酬金. Ⅱ vt. 交费〔公,付费,雇用,聘请,酬谢. fee of permit 牌〔执〕照税. fee television 收费〔投币式〕电视. ▲pay a fee to 缴费给,付费与.

fee'ble

special fee for small packet 小包邮件特别处理费.

fee'ble ['fi:bl] *a.* (微,虚,衰,软,薄)弱的,轻微的,朦胧的,无力的. *feeble barrier* 易摧毁的障碍物. *feeble hydraulic* 弱水力的.

fee'ble-mind'ed *a.* 意志薄弱的,无决断的.

fee'blemind'edness ['fi:bl'maindidnis] *n.* 低能,智力[精神]薄弱.

fee'bleness *n.* (微,虚,衰,软,薄)弱.

fee'blish *a.* 有点弱的.

fee'bly *ad.* 软(微)弱地. *feebly cohesive soil* 弱粘(聚)性土.

feebly-damped *a.* 缓减幅的.

feed [fid] Ⅰ (fed, fed)*v.* Ⅱ *n.* ①喂(给),馈送,给,入,电,供(给,应,水,电,油,料),输(送,电,进(给,入,刀,料,带),加(料,载,煤),给(水,料),传(送,到),送(进,料),装(入,载,料),注(入,油),走刀,增(补,加),补缩 ②电源,馈源,加工原料,萃取时)原始溶液,坯,轧件 ③走刀量,闸水量 ④(刀)机构,进给管[回],加料装置,馈电(辐射,照射)器,馈电系统,馈给信号向电台传送… ⑤通过线路向台传送 ⑥被供入的物料,食料,饲料 ⑦餐,顿. *advance feed tape* 前置导孔纸带. *antenna feed* (给)天线馈电(装置). *aqueous feed* (溶剂萃取)原液. *automatic feed* 自动进给(刀),液压馈给,反馈. *card feed* 卡片传送,卡片输入装置. *clockwork feed* 钟表的发条. *coil feed line* 开卷线. *dipole feed* 偶极子辐射器. *direct feed* 直接供(馈)电,直接传送. *drip feed* 点滴进给,端部馈电. *end feed* 纵向定尾进刀,端部馈电. *feed additive* 饲料添加剂. *feed assembly* 馈源,馈电组件. *feed base* (天线)馈电座. *feed belt* 进料(传送)皮带,输送带,feed bin 料仓. *feed box* 进给箱(了). *feed cable* 馈电(电源)电缆. *feed change lever* 进给(刀)变速手柄. *feed cock* 给水旋塞. *feed collet* (送)夹. *feed control* 进给(刀)控制,供油(电)调节,自动送料. *feed crop* 牧草. *feed current* 馈电电流,阳极电流直流分量. *feed forward* 正向馈电(传送),前馈(的). *feed grinding* 横向进磨法. *feed head* 进料口(头),【铸】冒口. *feed holes* (传动)导孔,输送(运),中号,同步孔. *feed hopper* 馈料斗. *feed line* 进给(供给,馈)线,供油(水,料)管,供应导管. *feed mechanism* 输入(馈给,送料,进给,给水,碳棒移动)机构,供应装置. *feed metal* 原料金属. *feed of drill* 钻头进给量. *feed per minute* 每分钟进刀量. *feed pipe* 供给(进料,给水,输送)管. *feed pitch* 传(输)送孔距,同步孔距,导孔间距,传动导孔距离. *feed rack* (进给)齿条. *feed reactor* 馈电电抗器. *feed reel* 【计】供带盘. *feed regulator* 电源调整器. *feed roller* (打印机的)送纸轮. *feed spool* (打印机的)输带轴,供带盘. *feed stock* 或 raw (original) *feed* 原料. *feed stop* 馈送停止,进给(送进)停止器. *feed through capacitor* 隔直流〔耦合〕电容器. *feed tip* 喂针. *feed track* 输送(运)道. *feed trumpet* 中注管. *feed valve* 进给(送料,给水,供气)阀. *feed water* 供(补给,饮用)水. *gravity feed* 自流喂送(装置),重力给料. *hand feed* 人工(进)料. *hitch* (pull) *feed* 夹持送料. *hydraulic feed* 水力进给(刀),液压输送. *jump feed* (仿形切削的)快速(中间)越程. *leach feed* 浸出料. *line feed* 线路馈电,【计】换行,移(动到新的一)行,印刷带进给. *magnet feed* 磁性传动. *main feed* 主馈(电),线,干线. *reactor feed* 反应堆装料,反应堆进料. *rerolling feed* 轧制的坯,再轧坯. *shunt feed* 并联馈电. *splash feed system* 溅油润滑系统. *steel feed* 钢坯. *tape feed* 磁(纸)带卷盘,拖带机构. *work feed* 工件进程. ▲*at one feed* 一顿. (*be*) *fed to the gills* [teeth] (忍)受够了. (*be*) *fed up with* 厌烦,忍耐够了. (*be*) *off one's feed* 胃口不好,身体不适,颓丧. (*be*) *well* (*poorly*) *fed* 吃得好(不吃). *feed at the public trough* 尸位素餐,吃公家饭. *feed back* 把…放(送)回,(使…)反馈,回授. *feed back in* 送(进)回. *feed down* 下送(进)到. *feed in* 送进,输(馈,淡)入,淡淡显映. *feed M into* [to] N 把 M 送到(输进,装进,注入,馈入)N 里,把 M 加在 N 上. *feed on* [up-on] M 吃 M, 以 M 为食,以 M 为能源. *feed M on N* 以 N 喂 M. *feed M onto N* 把 M 装(送)到 N 上. *feed through conductance* 馈通电导导. *feed M up* 给 M 吃饱. *feed M with N* 向 M 供给 N, 给 M 加入,以 N 贿赂 M.

feed'back ['fi:dbæk] *n.* ①反馈,回授(电),反应 ②(提供的)成果,资料(数据). *direct feedback* 直接(刚性)反馈. *feedback coupling* 反馈(回授)耦合. *feedback information* 反馈信息,重整资料. *feedback mechanism* 反馈作用(机制). *feedback of feel* (机械手)的反向传送. *hopper feedback* 选料斗. *positive feedback* 正反馈.

feed'-box *n.* 给料箱,喂料箱.

feed'er ['fi:də] *n.* ①进料(供料,加料,给水,加油,加煤,给矿,喂食,进刀)器,加煤(料,给料)机,漏斗,冒口,(补充)浇道,送(供)纸装置 ②馈(给,电)线,电源线,馈线电,馈电电缆,供电户 ⑥(铁路,航空)支线,支流,支脉,进线回路 ⑦给食(饲养,进食,贪食)者. *acid feeder* 加酸器. *air feeder* 进气管,送风机. *antenna feeder* 天线馈(给)线. *feeder apparatus* 送料(加料,馈电)装置. *feeder box* (电缆)分线箱,馈电箱. *feeder cable* 馈电电缆. *feeder distribution centre* 电源配电盘基,馈线分配中心. *feeder drop* 馈线电压降,送水(加液)落差. *feeder head* (钢锭的)收缩头,冒口. *feeder highway* 公路支线(路). *feeder hopper* 进料斗. *feeder line* 支(补,进)给(线). *feeder loss* 馈线损耗. *feeder messenger wire* 馈电吊线,馈电悬缆线. *feeder material* 添加原料,加煤料器. *paper feeder* 垫纸装置. *reciprocating* (*plate*) *feeder* 往复板式给料器(给矿机). *screw feeder* 螺旋进给装置,螺旋进(送,给)料器. *table feeder* 圆盘加煤机,加料台.

feeder-beater *n.* 喂大轮.

feederhead feeder 【铸】冒口.

feedforward *n.* 前馈.

feed-fraction n. 给料粒度级.
feed-heating n. 给水加热.
feed-hole n. 馈入〔送迭,输纸〕孔.
feed-horn n. 喇叭天线,馈源喇叭. *feed-horn power* 喇叭天线功率.
feed-in I n. ①渐渐显映,(像)的淡入 ②迭进,馈入. II a. 进给的,进料的.
feed'ing ['fi:diŋ] n.; a. 供(给料,水,油,电)(的),加料(的),进给,进刀,输送,迭料,加送料〔电,弹〕(的),加压.【铸】补缩,喂养,喂,哺. *feeding a〔of the〕casting* 点〔补〕注,铸件补缩. *feeding current* 馈电电流. *feeding head*(补缩)冒口. *feeding mechanism* 供应机构,迭料,进给,输送)机构,〔弧光灯〕碳棒移动装置, *feeding power* 电源功率. *feeding reservoir* 蓄水池,供水水库. *feeding rod* 进给〔刀〕杆,补缩捣杆. *feeding roller table* 进料辊道. *feeding skip* 进料斗. *feeding transformer* 电源变压器. *fuel feeding* 燃料供应,供油. *over feeding* 加料过多.
feed-in-pull-out n. 馈入-拉出.
feed'lot n. 饲养圈. *feedlot system* 围栏肥育法.
feed'ome n. 馈线罩.
feed'-pipe n. 加料〔给水〕管.
feedpoint impedance 馈电点阻抗.
feed-positioning n. 馈源定位.
feed'-pump n. 给水〔油〕泵,进给〔进料,燃料〕泵.
feed' rate ['fi:dreit] n. 馈迭〔迭给〕率,进料速度. *feed-rate word*【计】馈给速度字.
feed'-ring n. 环形冒口.
feed'-shoe n. 给料〔压〕板.
feed'-sponge n. 海绵金属料.
feed'stock n. 原料.
feed'stream n. 供入液流.
feed'-system n. 馈电(供料,进给)系统.
feed'-tank n. 给水箱.
feed'-through 或 **feed'thru** ['fi:dθru:] n.; a. 引〔连接,连通〕线,馈(直通)的,串馈,(多声迹磁带偶然的)耦合,馈入装置,迭进,反刃两面的连接. *feed-through*〔feedthru〕*capacitor* 旁路〔穿芯〕电容器. *feed-through collar* 引线环〔法兰〕. *feed-through connector* 传送连接器,输送接合器,传输用的接插件,直连插头座. *feed-through insulator* 套管绝缘子,绝缘导管. *feedthrough nulling bridge* 反馈消除泄漏电桥. *feed-through spool* 转动迭进盘管. *feed-through terminal* 穿通接线柱. *feed-through voltage* 馈通电压. *feed-thru connection* (印刷电路)正反面的连接. *magnetic feedthrough* 通过外壳的磁场传动.
feed'-voltage n. 馈给电压.
feed'-water n. 给(供)水(的).
feed'way n. 给料〔输迭,发射〕装置.
feel [fi:l] I (*felt, felt*) v. ①(用手)触〔摸〕(索,摸看),试探,侦察 ②觉得,感〔意识)到,(觉得)好象,摸上去觉得 ③想,以(认为)④有感(知)觉. II n. 感觉,知〔觉,感触,感性认识. *by the feel* 凭触摸. *feel how hot it is* 摸一摸多热. *feel the cold* 感觉到冷. *These stones feel cold.* 这些石头摸上去是凉的. *Did you feel the earthquake?* 你感到地震了吗? *It is cold to the feel.* 摸起来觉得冷. *feedback of feel*(机械手)的反向传送. *feel test* 触觉试验. ▲**feel about** 摸索. **feel after** 摸索,探查〔寻〕. **feel as if**〔though〕觉得好象. **feel at** 用手摸摸看. **feel content with** 对⋯感到满足. **feel equal to**(觉得)能担任,有能力做. **feel for** 用手摸找,摸索,同情. **feel ⋯ in one's bones** 深切感到,确信. **feel like + ing** 想要〔做〕,觉得想〔做〕. **feel one's way** 摸索前进,试探着,谨慎从事. **feel out** 试探出,探明,摸清楚. **feel strongly about** 对⋯抱强硬态度. **feel sure of** 肯定. **feel the pulse of** 试探⋯的意见. **feel up to**(感到)有能力做,能担任. **feel with** 对⋯有同情,同情. **feel for M** 得到对 M 的感性知识. **have a feel** 摸摸看. **It feels like** 摸起来像(,感到)好象是(要). **lose the feel of** 不再了解⋯,失去对⋯的了解. **make⋯felt** 使⋯让人认识清楚.

feel'er ['fi:lə] n. ①触角〔点〕②触〔探〕针,测〔探〕头,探测器〔杆〕,测深杆,感触器,接触子,灵敏元件 ③厚薄〔测隙〕规,(千分)塞尺,隙片,千分垫 ④仿形器〔板〕,摸型 ⑤试探手段,试探性建议 ⑥探试者. *feeler blade*(测)隙片. *feeler block* 对刀块. *feeler control* 仿形控制器. *feeler gauge* 厚薄〔测隙,触杠〕规,塞尺,千分垫〔尺〕. *feeler head* 测跟装置,测跟头. *feeler inspection*(用探针)触探. *feeler lever* 触〔探〕杆. *feeler microscope* 接触式微量偏镜. *feeler pin* 触〔探〕针. *feeler plug* 测孔规. *optical feeler* 光学触点〔头〕,光学接触器. *set feeler* 定位〔调整〕触点. ▲**throw**〔**put**〕**out a feeler** 作试探性的建议.

feel'ing ['fi:liŋ] I n. 触摸,感触,知觉,情绪,感情〔受,动),感性知识,心〔同〕情,体认. II a. 有感觉的,衷心的,感动人的. *threshold of feeling* 感觉阀. ▲**get a feeling for M** 获得关于 M 的感性知识. **have a feeling for M** 对 M 有感受〔鉴赏力〕. **have a feeling of**〔**that**〕觉得. **show much feeling for M** 对 M 深表同情.

feeltape printer 纸条式电报印字机.
feerrazite n. 磷钡铅矿,钡铅磷矿.
fee'-splitting n. 分帐,收费分成.
feet [fi:t] n. (foot 的复数)①脚,支〔基〕座,底脚〔部〕②英尺. *bearer feet* 托架脚,台脚. *feet per minute* 每分钟⋯英尺,英尺/分. *housing feet* 机架的水平支脚〔水平爪〕. ▲**die on one's feet** 崩溃,失效,损受. **vote with one's feet** 用脚投票.
fee'-televisor n. 自动计(时收)费电视(接收机).
fee-TV ['fi:ti:'vi:] n. 计时收费电视,投币电视.
FEF = fast extruding furnace (carbon black)(炭黑)快速挤压炉.
FEI = ①fire error indicator 发射误差指示器 ②for engineering information 供工程参考.
feign [fein] v. (假)装,(伪)造,杜撰. *feign ignorance* 假装不知.
feigned a. 假(装)的,虚伪〔构〕的,想象的, **—ly** ad.
feint [feint] I n.; v. ①假装,伪装 ②佯攻,声东击西(at, on, upon, against). II a.; ad. ①假的,虚饰的 ②淡(的),不鲜明(的). *feint lines* 淡格子线.

ruled feint 画有淡格子线的. ▲*by way of feint* 用声东击西的策略. *make a feint of* ＋*ing* 装作〔假装〕(做).

fel [fel] *n.* 胆汁.

fel'er *n.* 镶嵌地块.

feld'spar ['feldspɑː] *n.* 长石. *feldspar ceramics* 长石陶瓷.

feldspath'ic [feld'spæθik] *a.* 长石(质)的,含〔象〕长石的,由长石构成的.

feldspathoid *n.* 似长石.

felic'itate [fi'lisiteit] *vt.* 庆祝,祝贺(on, upon). **felicita'tion** [filisi'teiʃən] *n.*

felic'itous *a.* (措施)恰当的,巧妙的.

felic'ity *n.* 恰当,巧妙.

felit(e) *n.* 水泥熟料中的矿物成分.

Fe'lix *n.* 费力克斯(男)导〔诉〕弹.

fell [fel] Ⅰ *v.* ①*fall* 的过去式 ②砍伐〔倒〕,打倒 ③(形)咬口折缝,缝平. Ⅱ *n.* ①毛皮層,生)皮,皮肤 ②荒野(山),沼泽,岗 ③()咬口折缝. Ⅲ *a.* 残忍的,凶恶的,致命的,可怕的. *fell trees* 砍树,伐木. *felling axe* 伐木斧. *felling machine* 伐木机. *felling operation* 伐木工作.

fell'able *a.* 可砍〔采〕伐的.

fell'er ['felə] *n.* 伐木机,采伐者.

fell'monger *n.* 毛皮商.

fel'loe ['felou] 或 **fel'ly** ['feli] *n.* 轮辋,车轮外缘,(扇形)轮缘. *felloe band* 钢带,截重带.

fel'low ['felou] Ⅰ *n.* ①伙(同)伴,同事,同业者 ②类似的东西,配对物,一对中之一 ③(学会)会员,(英大学)研究员. Ⅱ *a.* 同伴(事,类)的. *fellow soldiers* 战友. *fellow students* 同学. *fellow travel(l)er* 旅伴,同路人,同情者.

fellow-countryman *n.* 同胞.

fellow-passenger *n.* 同车(船,机)的人.

fel'lowship ['felouʃip] *n.* ①友谊 ②团体,会 ③(学会)会员资格,(大学)研究员职位.

fellow-trader *n.* 同行〔业〕.

fellow-travel(l)er *n.* 旅伴,同路人,同情者.

felly ['feli] =felloe.

felr =feeler 测隙规,探针.

fel'sic *n.* 长英矿物.

fel'site *n.* 致密长石,霏细岩.

felsit'ic *a.* 霏细状的.

felsitoid *a.* 似霏细状的.

felsophyric texture 霏细结构.

fel'spar ['felspɑː] *n.* 长石.

felspath'ic *a.* =feldspathic.

fel'stone 或 **felsyte** *n.* 致密长石.

felt [felt] Ⅰ *v.* ①*feel* 的过去式和过去分词 ②(把…制)成毡,用毡遮盖 ③使粘结,粘结起来(up). Ⅱ *n.* ①(毛,油毛)毡,毡(垫)圈 ②绝缘纸. Ⅲ *a.* 毡制的. *asphalt felt* 油毛毡,(地)沥青毡. *felt earthquake* 感觉得到的地震. *felt element* 毛毡遮心,毛毡过滤装置(元件). *felt filter* 毡滤器. *felt guide* 呢绒导带. *felt paper* 毡绝缘纸. *felt ring* 毡环(圈). *felt seal* 毡密封. *felt washer* 毡垫圈(衬圈). *felt widening roll* 麻花辊. *felt wrapped roll* 压光辊. *felted cloth* 薄毡革.

felt'ed *a.* ①毡制的,制成毡的,用毡覆盖的 ②粘结起来的.

felt'ing *n.* 毡(制品),制毡法,制毡材料. *felting products* 毡制品. *felting property* 缩绒性.

felt-ring *n.* 毡环(圈).

felt'y *a.* ①毡状的 ②=felted.

FEM ＝①field emission microscope 场致发射显微镜 ②finite element method 有限元法.

fem ＝female.

fe'male ['fiːmeil] Ⅰ *n.* ①妇女,雌花(兽) ②凹陷部件,母插头. Ⅱ *a.* ①女(雌)性的,阴的 ②内孔的,凹形(人)的 ③(声,色)柔和的. *female adaptor* 内螺纹过渡管接头,管接头凹面套圈. *female cap* 凹形盖. *female cone* (预应力)锚杯. *female contact* 插座接点. *female die* [mold] 阴模. *female end of pipe* 管子承端,管(子)承头. *female joint* 套筒接合,嵌合接头. *female line* 母系,雌系品族. *female member* 包容零件. *female parent line* 母本品系. *female receptacle* 插孔板,插座. *female rotor* 凹形转子(螺杆压气机的). *female sapphire* 淡色蓝宝石. *female screw* 阴螺旋(纹,丝),内螺纹,螺帽. *female (screw) thread* 阴螺纹,内螺纹. *female union* 管子内接头.

fem'inine ['feminin] *a.* 妇女的,雌性的.

femini(ni)ty *n.* 女性(气质,特征).

fem'inize *v.* (使)女(雌)性化. **feminiza'tion** *n.*

femitrons *n.* 场射管.

femme [fam] (法语) *n.* 妇女.

fem'ora ['femərə] *n.* femur 的复数.

fem'oral ['femərəl] *a.* 股骨的,大腿骨的.

femto *n.* [可用作词头]飞(毫托),f, 10^{-15}.

femtocurie *n.* 飞(毫托)居里, 10^{-15} 居里.

femtogram *n.* 飞(毫托)克, 10^{-15}g.

femtometre *n.* 飞(毫托)米(长度单位= 10^{-15}m).

fe'mur ['fiːmə] (pl. *femurs* 或 *femora*) *n.* 股骨,大腿骨.

fen [fen] *n.* 沼泽(地).

fence [fens] Ⅰ *n.* ①栏栅,篱笆,围墙 ②防御,雷达戒网,警戒线,(多普勒效应)对空搜索(警戒)仪 ③电子篱笆(围墙),防扰篱笆 ④拦沙障. Ⅱ *v.* ①筑围墙(围住),(用栅栏)防御(护) ②搪塞,挡开,阻挡. *electronic fence* 电子对空搜索仪. *fence antenna* 雷达警戒(多普勒雷达)天线. *fence coverage for satellite* 卫星观察范围. *fence diagram* 三维地震剖面网络图. *fence effect* 篱笆(地)效应. *fence gate* 栅门. *fence line* 栅栏线. *fence rider* 骑墙派. *radar fence* 雷达网. *wire fence* 铁丝网. ▲*fence about* [in, up] 用栅栏围绕,圈进(起). *fence from* [against] N 防护(保卫)M 以免 N. *fence off* [out] 用栅栏隔(挡)开,避免. *fence round* 用围墙围住,搪塞. *fence with* 搪塞开,回避. *ride (the) fence* 或 *sit on the fence* 采取骑墙态度.

fenced-in *a.* 有栅栏(围墙)的.

fence'less *a.* 没有围墙(防御)的,不设防的.

fence-sitter *n.* 骑墙派.

fen'cing *n.* 栅栏,围墙,筑栅栏材料.

fend [fend] *v.* 防御(away,from),挡〔避〕开(off).

fend'er ['fendə] n. ①防御物,防撞板,缓冲料[器],防撞物,防冲物[桩],防擦物,碰垫,护舷材,(防)护木 ②(泥)板,叶子板,隔离板,保护(格)板,缓冲[保护]装置,排障器,护圈 ③防御者. *fender apron* [*board*] 保护(挡泥)板. *fender brace* 挡泥板拉条. *fender bracket* 保护板架. *fender pier* 护墩. *fender pile* (防)护桩,缓冲棒. *fender system* 防御系统,保护装置. *roll fender* 轧辊保护器.

fender-beam n. 护舷材.
fender-board n. 挡(泥)板.
fend'erless a. 无挡板的,无防撞物的.
fenestel'la [fenis'telə] (pl. *fenestel'lae*) n. 小窗.
fenes'tra (pl. *fenes'trae*) n. 窗,窗状开口.
fenes'trate(d) [fi'nestreit(id)] a. 窗(状)的,有窗的,有小孔的.
fenestra'tion [fenis'treiʃən] n. ①窗之排列与配合法,主窗设计 ②穿通,穿孔,开(成)窗(术).
Fenit n. 因瓦镍合金,恒范镍(镍36%,其余铁).
fen'land ['fenlænd] n. 沼泽地(区).
fen'nel ['fenl] n. 茴香.
fen'ny ['feni] a. (多)沼泽的.
Fenton bearing metal 锌锡轴承合金(锌80%,锡14.5%,铜5.5%或锌80%,锡14.5%,铅5.5%).
Fenton metal 锌基轴承合金(锌80%,锡14.5%,铜5.5%).
FEP =fluorinated ethylene propylene 氟化乙丙烯.
fe'ral ['fiərəl] a. ①野生的,未驯(服)的 ②野蛮的 ③致命的 ④悲凄的.
Feran n. 覆铝钢带.
ferberite n. 钨铁矿.
FER CON =ferrule contact 套圈接触[触点].
ferg(h)anite n. 水钒(酸)铀矿.
fergusonite n. 褐钇铌矿,褐钇铌矿.
Fericon n. 费里康压电陶瓷光阀.
fe'rine a. 野的,粗暴的,恶性的.
Fermco n. 铁钼钴合金.
ferment I ['fəːment] n. 酵素,酶,发酵,蓬勃发展,沸腾,激动,骚扰. II [fə(:)'ment] v. (使)发酵,激动,沸腾,酝酿,骚扰. ▲*be in a ferment* 在动荡中.
fermentabil'ity n. 发酵能力.
ferment'able a. 发酵性的,可发酵的.
ferment'al a. 酵素的.
fermenta'tion n. 发酵,激动,动荡.
fermen'(ta)tive a. 发酵(性)的,有发酵力的.
fermentogen n. 酶原.
fermentor n. 发酵罐(槽).
fermentum n. 酵母,酿母.
fer'mi ['fəːmi] n. 费米(长度单位,$=10^{-13}$cm). *Fermi characteristic level* 费米特性能级. *Fermi coupling con-stant* 费米耦合常数. *Fermi level* (能,数量)级.
Fermilab n. Fermi laboratory 费米实验室.
fermion n. 费米子. *fermion field* 费米子场.
fer'mitron ['fəːmitrɔn] n. (微波)场射管.
fer'mium ['fəːmiəm] n. 【化】镄 Fm.
fern [fəːn] n. 蕨(类植物),羊齿(植物).
Fernichrome n. 铁镍钴铬合金(镍30%,钴25%,铬8%,其余铁).

fer'nico ['fəːnikou] n. 费禁科,铁镍钴合金(镍28〜30%,钴15〜19%,其余铁).
Fernite n. 耐热耐蚀镍铬铁合金.
fern-leaf crystal 枝晶,树枝状晶体.
fern'like a. 蕨叶状的,羊齿植物状的.
fern'y a. (像,多)蕨的.
fero'cious [fə'rouʃəs] a. 凶恶的,极度的,十分强烈的.
Ferpic =ferroelectric picture device 费尔皮克(铁电显像器件).
ferractor n. 铁淦氧[铁氧体]磁放大器,铁电振荡器.
ferramic ['ferəmik] n. 粉末状的铁磁物质.
Ferraris instrument 费拉里斯感应测量仪,费拉里斯计.
fer'rate ['feriet] n. (高)铁酸盐.
fer'rated a. 含铁的,加铁的.
ferredox'in n. 铁氧(化)还(原)蛋白.
ferreed n. 铁簧继电器. *ferreed switch* 快速[铁簧]转换开关.
fer'rel ['ferəl] =ferrule.
fer'reous ['feriəs] a. (含)铁的,铁制[色,质]的.
fer'ret ['ferit] I v. 探索[查,出],侦察,查获. *ferreting device* 无线电侦察设备. ▲*ferret about* 各处搜寻. *ferret about among M for N* 在M中搜寻N. *ferret out* 搜[查]出,搜索出,探出,侦察. II n. ①(丝,棉,纱)细带 ②搜索者,侦察者 ③电子侦察飞机,电磁探测飞机[车辆,船只],电子间谍 ④雪貂. "*Ferret*" *satellite* "搜索者"("雪貂",无线电侦察)卫星.
ferreting n. (丝,棉,纱)细带.
Ferri diffuser 费里扩散器.
Ferri's induction 起始感应.
ferri- (词头)(正)铁的.
ferribacteriaceae n. 铁细菌科.
ferribacteriales n. 铁细菌目.
fer'ric ['ferik] a. (正,含,三价)铁的. *ferric carbide* 碳化铁. *ferric chloride* (三)氯化铁. *ferric compound* 正铁化合物. *ferric oxide* 氧化铁(粉),三氧化二铁,西红粉.
ferricyanate n. 高铁氰酸盐,氰酸铁.
ferricy'anide [feri'saiənaid] n. 氰铁酸盐,(高)铁氰化物,氰化铁. *ferric ferricyanide* 铁氰化铁. *potassium ferricyanide* 赤血盐,铁氰化钾.
ferricytochrome n. 亚铁细胞色素.
ferrif'erous [fe'rifərəs] a. 含(有三价)铁的,产生铁的,(正)亚铁的.
ferri-fluoride n. 铁氟化物.
ferrigluconate n. 葡糖酸高铁液.
ferriheme n. 高铁血红素[原卟啉].
ferrihemoglobin n. 高铁血红蛋白.
ferrimag n. 一种铁磁合金.
ferrimagnet'ic ; a. 铁淦氧磁物(的). *ferrimagnetic material* (亚)铁磁性材料.
ferrimag'netism n. 铁氧体磁性,(亚)铁磁性.
ferrimolybdite n. 高铁钼单,水钼铁矿.
ferrimuscovite n. 铁白云母.
fer'ristor ['feristə] n. 铁磁电抗器,铁氧体磁放大器.
ferris-wheel n. (垂直转动的)转轮.
fer'rite ['ferait] n. ①铁素体,α铁,纯粒[自然]铁,纯铁体 ②铁淦氧(磁体),铁氧体 ③(正)铁酸盐. *cop*-

per ferrite 铁酸铜. *ferrite aerial* 铁氧体[磁性]天线. *ferrite bar*[*rod*] 铁氧体磁棒. *ferrite bead* 铁氧(体)珠[环],铁氧体垫圈. *ferrite cast iron* 铁素体铸铁. *ferrite core* 铁氧体[铁淦氧]磁芯. *ferrite frequency meter* 铁氧体频率计. *ferrite head* 铁氧体磁头. *ferrite keeper* 铁氧体保通片. *ferrite net* 网状铁素体. *ferrite rod antenna* 磁棒[铁氧体棒形]天线.

ferrite-core n. 铁氧体磁芯.
ferrite-filled a. 填(具)有铁氧体的.
ferrite-loaded a. 铁氧体加载的.
ferrite-plate n. 铁氧体(磁)板.
ferrite-rod n. 铁氧体(磁)棒.
ferrite-tuning n. 铁氧体调谐.
ferrit'ic [fə'ritik] a. 铁素(体)的,铁氧体的. *ferritic malleable* 铁素体可锻铸铁. *ferritic stainless steel* 铁素体不锈钢.
ferritic-steel a. 铁素体钢的.
ferritin n. 铁朊,铁蛋白.
ferritiza'tion n. 铁素体化.
fer'ritize v. (使)铁素体化.
fer'ritizer n. 铁素体化元素.
ferrito-martensite n. 贝氏体.
ferritung'stite n. 高铁钨华.
ferro n. 铁. *ferro alloy* 铁合金. *ferro magnetism* 铁磁性. *ferro silicon* 硅铁.
ferro- [词头](亚,含,二价)铁的,铁合金的.
ferroacoustic storage 铁声存储器.
ferroalloy [ferou'lɔi] n. 铁合金.
ferroaluminium n. 铁铝合金,铝铁(合金)(铁 80%,铝 20%).
ferrobacillus n. 噬铁细菌,铁杆菌属. *ferrobacillus ferrooxidant* 氧化铁杆菌,噬铁细菌氧化剂.
ferro-boron n. 铁硼合金,硼铁(合金).
ferrocart n. 纸卷铁粉心(一种高频用低耗铁粉芯). *ferrocart core* 铁粉心.
Ferrocartcoil n. 纸卷铁粉心线圈.
ferrocerium n. 铈铁(合金).
ferrochelatase n. 亚铁螯合酶.
ferrochrome 或 **ferrochro'mium** n. 铁铬合金,铬铁(合金). *ferrochrome iron* 铬铁.
ferrocobalt n. 铁钴合金,钴铁(合金).
ferro-columbite n. 铌铁矿,铌铁矿.
ferrocolumbium n. 铁铌合金,铌铁(合金).
ferro-columbium-tantalum n. 钽铌铁合金.
ferro-compound n. 二价铁化合物.
ferrocon'crete [ferou'kɔŋkriːt] n. 钢筋混凝土,钢骨水泥.
ferrocrete n. 快硬水泥.
ferro-cyanate n. 氰酸亚铁.
ferrocyanic acid 氰亚铁酸,亚铁氰酸.
ferrocy'anide n. 氰亚铁酸盐,亚(低)铁氰化物.
ferrod n. 铁氧体棒形天线.
ferroelas'tic a. 铁弹性的.
ferroelec'tric [feroui'lektrik] a.; n. 铁电体(性,的),强(电)介质(的). *ferroelectric ceramics* 铁电陶瓷. *ferroelectric crystal* 铁电晶体. *ferroelectric material* 强电介质,铁电材料. *ferroelectric memory*[*storage*] 铁电存储器. *ferroelectric state* 铁电态.

ferroelectric'ity n. 铁电(现象).
ferroelectric-photoconductor n. 铁电光导体.
ferroelec'trics n. 铁电体,铁电材料.
ferroferric compound 亚(铁)正铁化合物.
ferroferric oxide 四氧化三铁.
ferrofining n. 铁剂精制.
ferrofluid n. 铁磁流体.
ferrogarnet n. 石榴石(结构)铁氧体.
ferro-graph n. 铁粉记录图,图像的磁性记录,铁磁示波器.
ferrog'raphy n. 铁粉记录学术,图像的磁性记录.
terrogum n. 橡胶磁铁(磁性铁粉用橡胶粘合而成).
ferroheme n. (亚铁)血红素.
ferrohydrite n. 褐铁矿.
ferrolite n. 铁矿岩,混凝土中铁质掺合料.
Ferrolum n. 覆铅钢板.
ferromagne'sian a.; n. 含铁和镁的,铁镁矿物.
ferromag'net n. 铁磁物.
ferromagnet'ic [feroumæg'netik] a.; n. 铁磁(性)的,强磁性的,铁磁体,铁淦氧磁物,铁淦氧物的. *ferromagnetic alloy* 铁磁性合金. *ferromagnetic resonance* 铁磁共振[谐振]. *ferromagnetic substance* 强磁(性)物质,铁磁(性)物质.
ferromagnet'ics n. 铁磁质[体,学].
ferromag'netism n. 铁磁性[学],强磁性.
ferromagnetoelec'tric a. 铁磁电的.
ferromagnetog'raphy n. 铁磁性记录法.
ferromagnon n. 铁磁振子,铁磁自旋波.
ferromag'nese n. 锰铁合金. *ferromanganese iron* 锰铁(合金). *ferromanganese steel* 锰钢.
ferromanganese-silicon n. 硅锰铁.
ferrom'eter [fe'rɔmitə] n. ①血(液)铁(量)计,血铁测定器 ②铁[铁]磁计,铁磁体(含量)测定计.
ferrom'etry n. 铁素体(含量)测[滴]定法.
ferromolybdenum n. 钼铁(合金),钼锰.
ferron n. 试铁灵.
ferronick'el n. 镍铁,铁镍合金(铁 74.2%,镍 25%,碳 0.8%). *ferronickel iron* 镍铁.
ferroniobium n. 铌铁,铌铌合金.
ferroox'idant n. 铁氧化剂. *ferrobacillus ferrooxidant* 噬铁细菌氧化剂,氧化铁杆菌.
ferrophos'phor(**us**) n. 磷铁(合金).
Ferro-porit bearing 渗疏铁系含油轴承.
ferroprobe n. 铁探具,铁磁探测器.
ferroprotoporphyrin n. 亚铁血红素.
Ferropyr n. 铁铬铝电阻丝合金(铁 86%,铬 7%,铝 7%).
ferrores'onance n. 铁磁共振[谐振].
ferrores'onant a. 铁(磁)共振[谐振]的.
ferrosele'nium n. 硒铁(合金).
Ferrosil n. 热轧硅钢板.
ferrosil'icate n. 硅酸盐.
ferrosilic'ium n. 硅铁(合金).
ferro-silico-aluminium n. 硅铝铁(合金).
ferro-silico-manganese n. 硅锰铁.
ferrosil'icon n. 硅铁(合金),硅铁. *ferrosilicon iron* 硅钢.

ferro-silicon-aluminium n. 硅铝铁(合金).
ferro-silico(n)-nickel n. 硅镍铁(合金).
ferro-silico-titanium n. 硅钛铁(合金).
ferrosoferric compound 亚(铁)正铁的化合物.
ferrospinel n. 铁淦氧[铁氧体]尖晶石, 尖晶石铁氧体.
Ferrostan n. 电镀锡钢板.
Ferrostan method 自动线电镀法.
ferrostatic pressure (铁)水静压力.
ferrosteel n. (生铁、铸铁、废铁、废钢等混合制成)灰口铸铁, 钢性(低碳)铸铁.
ferro-tantalite n. 铁钽矿.
ferro-therm insulation 镀层铁板绝热.
ferrothermic extraction 铁热还原法提取.
ferrothorite n. 铁钍石.
ferrotitanium n. 钛铁(合金).
ferrotron n. 有胶合剂的鞣基铁.
ferrotung'sten n. 钨铁(合金).
fer'rotype ['ferəutaip] Ⅰ n. 铁板照相(术). Ⅱ vt. 用铁板给(照片)上光.
ferroura'nium n. 铀铁(合金).
fer'rous ['ferəs] a. (亚, 二价, 含, 类)铁的, 铁类的. ~ *ferrous alloy* 铁类合金. *ferrous and non-ferrous metals* 黑色及有色金属. *ferrous chloride* 氯化亚铁. *ferrous materials* 钢铁(黑色金属)材料. *ferrous metal* 黑铁(铁(类)、黑色)金属, 铁合金. *ferrous metallurgy* 钢铁(黑色)冶金学. *ferrous oxide* 氧化亚铁, 一氧化铁. *ferrous sulphate* 硫酸亚铁.
ferro-vanadium n. 钒铁(合金). *ferrovanadium steed* 钒钢.
ferroverdin n. 绿铁(合金).
ferroxcube n. 立方晶系铁氧体(软磁材料), 烧结软磁〔烧结低磁滞〕铁氧体, 铁氧体软磁性材料, 立方(体)结构淦铁〔氧体〕, 半导体的铁氧体.
ferroxdure n. 铁钡氧化物烧结成的永久磁铁(材料), 钡铁氧体(主要成分 $BaFe_{12}O_{19}$).
ferroxplana n. 一种铁氧体材料, 超高频软磁铁氧体, 六角晶格铁淦氧-高频磁心材料.
ferroxyl indicator 铁锈指示剂.
ferroxyl test (锡、锌镀层及漆层的)孔隙率试剂试验.
ferrozirconium n. 锆铁(合金).
ferruccite n. 氟硼钠石.
ferruginos'ity [feru:dʒi'nɔsiti] n. 含铁性.
ferru'ginous [fe'ru:dʒinəs] a.; n. ①(含)铁的, 铁质的, 铁锈(色)的 ②铁质的, 含铁的, 因有铁存在而呈疗效的药物. *ferruginous dross* 含铁浮渣. *ferruginous spring* 含铁矿.
fer'rule ['feru:l] Ⅰ n. (铁, 金属)箍, 金属包头, 联接器; 轭, 夹, 线圈管, 套圈(筒), 环圈, (锅炉)水管口盖套, (冷凝器管的)压盖. Ⅱ vt. 给…装金属箍(包头, 套圈). *ferrule of pile* 桩箍, 桩头铁圈. *tube ferrule* (锅炉的)水管口密套. *wire ferrule* 线箍.
fer'rum n. 【化】铁 Fe. *ferrum reductum* 还原铁.
fer'ry ['feri] Ⅰ n. 渡口(船, 轮), 浮桥, 飞机渡运(航线), 渡运火箭, 摆渡飞船[飞行器]. Ⅱ v. 渡(运, 过)(across, over), 摆(渡), 渡过, 飞越. vt. 给…装金属箍(包头, 套圈) *ferrule of pile* 桩箍, 桩头铁圈. 机)飞送指定交付地点, 把(飞机)从一个基地飞送到一基地. *ferry bridge*(上下渡船用)浮桥, 列车轮渡. *ferry craft* 摆渡飞行器, 渡运火箭. *ferry crossing* 渡口, 摆渡. *ferry pilot* 飞机渡运驾驶员. *ferry steamer* [*boat*] 渡轮. *ferrying equipment* 浮水设备. *lunar ferry* 月球渡运火箭. *train ferry* 火车渡轮.
Ferry n. 铜镍合金(铜 55~60%, 镍 40~45%).
ferry-boat n. 渡船(轮).
ferry-bridge n. (上下渡船用)浮(渡)桥, 火车轮渡.
ferry-steamer n. 渡轮.
fersmite n. 铌钙矿.
fer'tile ['fə:tail] a. ①肥沃的, 多(丰)产的, 丰富的 ②增殖性的, 可转换的, 能再生的, 可变成裂变物质的, 能生育的, 可增殖的 ③富于创造性(想像力)的. *fertile absorber* 有效吸收剂. *fertile material* 增殖性材料(物质), 可转换(为易裂变物质)的材料, (母体)燃(材)料, 核材料湿物质, 变成核燃料的中子吸收剂. *fertile nuclei* 增殖核, 吸收中子后生成次级核燃料的核. *fertile nuclide* 增殖性核素. ▲*be fertile of* [*in*] *M* 富于 M. ~*ly ad.* ~*ness n.*
fertilisation =fertilization.
fertilise =fertilize.
fertiliser =fertilizer
fertil'ity [fə:'tiliti] n. ①肥力(沃), 多产, 丰富 ②繁殖力, 生育力, 有生育能力, 结实性 ③增殖力, 可增殖性.
fer'tilizable a. 可多产的, 可增殖的.
fertiliza'tion [fə:tilai'zeiʃən] n. ①使肥沃(多产), 施肥, 土壤改良 ②结合, 受精作用 ③使增殖, 次级核燃料的制备. *cross fertilization* 交叉(相互)结合.
fer'tilize ['fə:tilaiz] v. ①使肥沃(多产, 丰富), 结合 ②使增殖, 制备次级核燃料 ③使受精.
fer'tilizer ['fə:tilaizə] n. 肥料, 化肥.
fertilizin n. 精子凝集素, 受精素.
ferutite n. 铈钛铁铀矿.
fer'vent ['fə:vənt] a. ①炽(白)热的 ②热(强)烈的. ~*ly ad.*
ferves'cence [fə'vesns] n. 发热, 体温升高.
fer'vid ['fə:vid] a. 热(烈, 心, 情)的, 白热的. ~*ity n.* ~*ly ad.*
fer'vo(u)r ['fə:və] n. ①热情(烈) ②白热(状态), 炽热, 炎热.
fervoriza'tion n. 白热化.
fes'tal ['festl] a. 节日的, 欢乐的. ~*ly ad.*
fes'ter ['festə] v.; n. ①(使)化脓(溃烂) ②使烦恼〔痛苦〕, (使)恶化.
fes'tinant ['festinənt] a. 加速的, 慌张的.
festina'tion n. 慌张步态, 急促步式.
fes'tival ['festəvəl] n.; a. 节日(的), 喜庆(日的), 庆祝(的, 活动). *festival atmosphere* 节日的气氛. *Spring Festival* 春节.
fes'tive ['festiv] a. 节日(似)的, 欢乐(庆)的. ~*ly ad.*
festiv'ity [fes'tiviti] n. ①节日, 喜庆日, 欢庆 ② (pl.)庆祝(活动).
fes'tivous a. =festive.
festoon ['fes'tu:n] Ⅰ n. ①花彩, 垂花饰 ②铁丝网 ③ 【地】桊裂(花彩)弧. Ⅱ vt. 饰以花彩, 结彩于. *festoon dryer* 浮花〔环形〕干燥器. *festoon lighting* (电)灯彩.
festoonery n. (花)彩(装)饰.
festschrift ['fest-ʃrift] (pl. *festschriften* 或 *festschrifts*) n. 〔德语〕纪念刊物, 纪念文集.

festwertreyelung〔德语〕定值控制.
FET =field effect transistor 场效应晶体管. *FET dual gate* 双栅极场效应晶体管.
fe'tal *a.* 胎(儿)的.
fetch [fetʃ] Ⅰ *v.* ①拿[取,带,请]来 ②推导出,演绎出,【计】取(数),(信息的)提取,检出,取出(指令) ③使发[流]出,引出 ④卖得 ⑤给以(打击) ⑥【海】航行,前进,转舵,到达 ⑦吸引,引人(入胜). Ⅱ *n.* ①带[拿]来 ②行程,对岸距离,(对岸)两点间的距离,海岸全长,【航】吹送距离,吹程,风距,风浪区,风区长度 ③策略,诡计. *fetch a doctor* 请医生来. *fetch a pump* 用唧筒抽水. *fetch the discussion to a close* 结束讨论. *fetch the harbour* 抵港. *a far* 〔*long*〕*fetch* 一段远距离. *the fetch of a bay* 海湾的全长度. *data fetch* 取数据. *fetch bit* 按位取数. *fetch cycle* 取周期. *fetch phase*【计】读取阶段. *fetch policy*〔*rule*〕读取规则. ▲*fetch about*〔*round*〕绕道而行,迂回. *fetch and carry* 打杂. *fetch away* 摇落,(因颠簸)滑离原处. *fetch down* 打下,使下落. *fetch M from N* 使 M 从 N 流出,从 N 处取 M. *fetch in* 拿[取,引,带]进. *fetch out* 抽[拿,引]出,使显现出. *fetch the harbour* 到港. *fetch M to N* 把 M 拿[带]给 N. *fetch up* 引起,产生,回想起来;拿出,弥补,恢复;终了,(忽然)停止;到达. *fetch up plumb* 使保持铅直. *fetch up with* 追到,赶上. *fetch way*=*fetch away*.
fetch'ing *a.* 动人的,有吸引力的.
fetch-up *n.* 突然的停止.
fete 或 **fête** [feit] Ⅰ *n.* ①节日 ②庆祝(游园)会,庆祝活动 ③盛宴,盛大的招待会. Ⅱ *vt.* 盛宴招待,热烈欢迎,给与...巨大荣誉. *fête champêtre* 游园会.
feteday *n.* 节日.
fe'tial *a.* 外交(上)的.
fe'tich ['fi:tiʃ] *n.* 神物,偶像,迷信,盲目崇拜的东西. ▲*make a (perfect) fetich of* 迷信,盲目崇拜,过份注意.
fet'id ['fetid] *a.* (发恶)臭的. ~*ly ad.*
fetid'ity *n.* 恶臭.
fetish =fetich.
fetishism *n.* 拜物教,盲目崇拜. **fetishistic** *a.*
fetor ['fi:tə] *n.* 臭气,恶臭.
fe'tron ['fi:trən] *n.* (复合)高压结型场效应管.
fet'ter ['fetə] Ⅰ *n.* 脚镣,桎梏,(pl.)障碍,束缚,羁绊,栅锁. Ⅱ *vt.* 束缚,拘束.
fet'tle ['fetl] Ⅰ *v.* ①修缮[补,炉],用矿渣等涂(炉床),清扫(炉床,衬里),清理(铸件),铲除(炉内壁的)渣子 ③捶,打. Ⅱ *n.* ①修好,涂衬炉床材料 ②(良好,精神)状态. *fettle material* 补炉材料. *fettle the cupola* 空[打]炉. *in fine* 〔*good*〕*fettle* 身强力壮,精神奕奕,情况极好.
fet'tler *n.* 清[调]整工,清理工.
fet'tling ['fetliŋ] *n.* ①修补[炉衬],补炉,打结炉底,涂炉床材料 ②(铸锭)清理,叠[修]理. *fettling a casting* 清理铸件,清砂. *fettling bench*〔*table*〕清理(工作)台. *fettling hole* (冲天炉)炉底孔. *fettling of the cupola* 化铁炉炉衬修补. *fettling shop* 清理间,清理工部.
fe'tuin ['fi:tjuin] *n.* 胎球蛋白.

fe'tus ['fi:təs] *n.* 胎,胎儿.
feu *n.* 下伏岩石,粘土层.
feu'dal ['fju:dl] *a.* 封建(制度)的.
feu'dalism *n.* 封建制度(主义). **feudalis'tic** *a.*
feudal'ity *n.* 封建制度[主义,性].
fe'ver ['fi:və] Ⅰ *n.* 发烧(热),热度(病],兴奋,狂热. Ⅱ *v.* 使发烧. *fever and ague* 疟疾. *typhoid fever* 伤寒. ▲*be in a fever* 在发烧,焦急. *the fever of* (...). *fever heat* 高烧. *have a high fever* 发高烧.
fe'vered *a.* 发烧的,狂热的.
feveret' ['fivə'ret] *n.* 流行性感冒,短暂热.
fe'verish ['fi:vəriʃ] 或 **feverous** ['fi:vərəs] *a.* 发烧(引起)的,兴奋的,热烈的,疯狂的.
few [fju:] *a.*; *n.* ①不够[足]的,没[很少]几个没有多少人,不多. *few of us* 我们当中的少数几个人. *Few persons know this.* 没有几个人知道这件事. *In insulators there are few if any free electrons.* 在绝缘体中几乎没有什么自由电子. *Such occasions are few.* 这种场合不多见. ②(带冠词 a 或 some, 表示肯定)有几个,有一些. *a few hundredths of a mil* 百分之几密耳. *in a few days* 过几天,日内. *Name a few different kinds of nuts.* 请举出几种不同种类的螺母. ▲*a few (of)* 少数(许),几个,两三个. *a good few (of)* 或 *not a few* 或 *quite a few* 或 *some few* 颇多,不少,好几个,相当多. *a very few* 极少数. *at (the) fewest* 至少. *every few hours* 每二,三小时. *few and far between* 偶一, 极少, 稀少相隔. *few if any* 即使有也极少数. *few or no*〔*none*〕极少,几乎没有. *no few* 或 *not a few* 不少,许多,很. *no fewer than* 不下(...)个, 多到, 有...之多. *only a few* 只有少数[几个], 没有几个, 一点点. *quite a few* 不少的,好几个,许多的. *the few* 少数. *to name* (only) *a few* (插入语) (仅)举几个(例子).
few-group analysis 少群分析.
few'ness *n.* 少(数).
fex'itron ['feksitrən] *n.* 冷阴极脉冲 X 射线管.
FF =①fixed fee 固定的手续费 ②fixing fluid 固定液 ③flip-flop 双稳态多谐振荡器, 触发电路, 触发器 ④free flight 自由飞行 ⑤French Franc 法国法郎 ⑥front focal length 前焦距 ⑦fuel flow 燃料流量 ⑧full field 全场 ⑨full figure 全图, 全像 ⑩furylfuramide 呋喃基糖酰胺.
ff =①file finish 锉刀光制 ②fixed focus 固定焦点 ③following (pages)以下(页码) ④super fine 超细粒, 优质.
FFA 或 **ffa** =①foreign freight agent 国外货运代理人 ②free from alongside 船边交货(价格) ③free from average 一切海损均不赔偿.
FFAG =fixed-field alternating-gradient (accelerator)固定磁场交变梯度(加速器), 稳定场强聚焦(加速器).
FFAR =folding fin aircraft rocket 折叠翼的机载火箭.
FFB =fluid film bearing 液膜轴承.
FFED =forced-flow electrodesalination 强流电(渗析)淡化法.
FFI =free fluid index 自由流体指数.
FFL =①field failure 外场损坏 ②front focal length

FFlt 前焦距.

FFlt =free flight 自由飞行.

FFO =furnace fuel oil 锅炉燃料,重油.

F-format n. F 格式(表示定点的格式).

FFP =Fast Field Program 快速场程序.

FFR =field reversing.

FFT = Fast Fourier Transform Algorithm (method)快速傅里叶变换(算法).

FFTF =Fast Flux Test Facility 快中子通量检验装置.

FF/TOT =fuel flow totalizer 燃料流量总和指示器.

FFW =field weakening.

FFWM =free floating wave meter 自由浮动式测波仪.

FG =floated gyro 悬浮式陀螺.

fg =femtogram 飞(母托)克(10^{-15} g).

FGA 或 fga =①foreign general agent 外国总办事处 ②foreign general average 国外共同海损险 ③free of general average 共同海损不保在内.

FGE = fracto-graphic examination(金属面)裂纹显微镜检验.

FGMOS =floating-gate metal-oxide-semiconductor 浮动栅金属氧化物半导体晶体管.

fgn =foreign 外国的, 无关的.

fgt =freight 货运, 货物, 运费.

FH =①fillister head 开槽圆头 ②fire hose 救火软管 ③fire hydrant 消火栓, 消防 ④flat head 平头(螺钉) ⑤full hole 贯眼型(钻探管用工具接头连接形式).

fh =fillister head 有槽凸圆头(螺钉).

FHP =fractional horsepower 分马力.

fhp =friction horsepower 摩擦(消耗)马力.

FHR =fire hose rack 救火软管架.

FHY =fire hydrant 救火龙头, 消防栓.

FI =①fade in 淡入(电视图像的逐渐显出) ②field intensity 场强 ③field ionization 场电离 ④flow indicator 流量指示器 ⑤free in 船方不负担装卸费用.

fi =for instance 例如.

F/I =failed item 失败的项目.

FIAN synchrotron (苏)科学院物理研究所同步加速器.

fiant (pl. *fiat*) n. 〔拉丁语〕制成,作成.

fias'co [fi'æskou] n. (pl. *fias'co(e)s*)垮台,惨败,可耻的失败(下场).

fi'at ['faiæt] n. 命(法)令,许(认)可,批准. *fiat money*(美国)不兑换纸币(不能兑换金或银的纸币).

FIAT [fiat] =*Fabbrica Italiana Automobile Torino* (意大利)菲亚特汽车公司.

fiber =fibre.

fi'berboard n. =fibreboard.

fi'bercord n. =fibrecord.

fibered =fibred.

fi'berfrax n. (三氧化二铝与砂加热至 1820℃制成高温绝缘的)铝硅陶瓷纤维(耐火度 1260℃).

fi'berglas(s) =fibreglas(s).

fi'bering =fibring.

fi'berized a. 纤维化的, 絮状的.

fi'berizer n. 成纤器.

fiber-optic =fibre-optic.

fibes'tos [fai'bestəs] n. 一种乙酸纤维素,塑胶.

Fibonacci [fi:bəˈnɑːtʃi] n. 费班纳赛. *Fibonacci method* 黄金分割法, 费班纳赛法. *Fibonacci numbers* 费班纳赛数(一种数制, 序列中每个数等于前面两个数的和, 1, 2, 3, 5, 8, 13…). *Fibonacci search* 费班纳赛选法〔寻优法〕, 费班纳赛检索. *Fibonacci series* 〔numbers, sequence〕费班纳赛序列〔级数〕.

fibra (pl. *fibrae*) n. 〔拉丁语〕纤维.

fibrage n. 纤维编织.

fibralbu'min n. 球蛋白.

fibra'tion n. 纤维化.

fi'bre ['faibə] n. ①纤维(质,组织,材料), (微)丝, (粉末冶金用)细金属丝 ②纤维(硬纸,木丝)板, 刚纸, 纤维制品 ③构造, 结构, 质地 ④性格 ⑤尾丝(病毒). *artificial fibres* 人造纤维. *ceramic fibre* 陶瓷纤维. *fibre board* 纤维(硬化)纸板, 木丝板. *fibre conduit* 硬(纸)导管. *fibre conduit* 〔duct〕*work* 硬纸导管(布线)工程. *fibre core* 纤维腔(管). *fibre diagram* 丝缕结构图. *fibre electrometer* 悬丝静电计. *fibre gear* 胶木(树脂纤维)齿轮. *fibre glass* 或 *glass fibre* 玻璃纤维(耐热绝缘材料), 玻璃丝. *fibre light guide* 纤维光束. *fibre main core* 中心纤维股芯. *fibre metallurgy* 金属丝〔纤维状金属〕粉末冶金. *fibre period* 纤维光学〔管〕. *fibre period* 纤维(轴向)等同周期. *fibre protrusion* 玻璃纤维毛刺. *fibre scope* 纤维镜, 纤维式观测器. *fibre stress* 纤维强度. *fibre suspension* 微丝悬置, 丝线悬挂. *fibre tube* 纤维管, 丝管, 硬纸板管. *quartz fibre* 石英丝〔棉, 纤维〕.

fi'breboard n. 纤维〔木丝, 硬化纸〕板.

fi'brecord n. 纤维绳〔索〕, 纤维帘(子)布.

fi'bred a. 纤维状(质)的, 有纤维的.

fi'brefill n. 纤维填塞物.

fibre-forming n. 成纤.

fi'breglas(s) n. 玻璃纤维, 玻璃丝. *fibreglass braided wire* 玻璃丝编织线. *fibre-glass covered wire* 玻璃丝包线. *fibreglass epoxy* (环氧)玻璃钢板, 纤维玻璃环氧树脂.

fibreless a. 无纤维的.

fibre-map vt. 纤维映像〔射〕.

fi'bre-optic a. 光学(导)纤维的, 纤维光学的. *fibre-optic bundle* 光导纤维束. *fibre-optic CRT* 光学纤维电子束管.

fibre-reactive a. 纤维活性的.

fibre-reinforced a. 纤维补强的.

fibre-saturation point 纤维饱和点.

fi'brescope ['faibəskoup] n. 纤维镜, 纤维光导观察镜, 纤维(图像)显示器, (光学)纤维彩色图像器.

fibre-strengthened a. 纤维强化的.

fibrid n. 纤条体, 类〔沥析〕纤维.

fi'briform ['faibrifɔːm] a. 纤维(状)的, 像纤维的, 细丝状的.

fi'bril ['faibril] n. 小(原)纤维, 微丝. ~**lar** 或 ~**lary** a. *fibrillar crystals* 微丝晶.

fibril'la (pl. *fibril'lae*) n. 〔拉丁语〕原纤维, 纤丝.

fibril'lar(y) a. 原纤维的, 小纤维状的, 纤丝的.

fibrillate ['faibrileit] Ⅰ a. 有原纤维的, 有纤维组织的. Ⅱ v. (使)形成原纤维.

fibrilla′tion n. ①原纤化(作用),原纤维形成作用 ②纤维性颤动.
fibrilliform a. 小纤维状的.
fibrillose a. 有原纤维的,由原纤维组成的.
fibrillous a. 纤维的.
fi′brin ['faibrin] n. 纤维素[朊,蛋白],血纤(维)蛋白,(丝,线蛋,交聚)血纤维蛋白.
fi′bring n. 成线,纤维表示. *fibring effect* 丝缕效应.
fibrinogen n. (血)纤维蛋白原.
fibrinous a. 有纤维素的,纤维质的,由纤维素形成的,纤维蛋白的.
fibro- [词头]纤维.
fi′broblast n. (成)纤维细胞.
fibroblas′tic a. 成纤维细胞的,纤维形成的.
fibrocel′lular a. 纤维细胞的.
fibrocyte n. (成)纤维细胞.
fibro-elas′tic a. 纤维弹性的,纤维(组织)与弹性组织的.
fibrogen′esis n. 纤维生成(形成,发生).
fibrogenic a. 致生纤维的,形成纤维的.
fibrogram n. 纤维图.
fibrograph n. 纤维照影机.
fi′broid ['faibroid] a. 纤维状(性)的,由纤维组成的.
fibroillar(y) a. 微丝的.
fi′broin ['faibrouin] n. 丝(纤,心)朊,丝蛋白. *silk fibroin* 丝蛋白.
fibrolam′inar a. 纤维层的.
fibro′ma n. 纤维瘤. **~tous** a.
fibromu′cous a. 纤维粘液性的.
fibronu′clear a. 纤维(与)核的.
fibroplas′tic a. 纤维形成的.
fibrose v. 纤维化,纤维组织形成.
fibro′sis n. 纤维变性,纤维化.
fibros′ity n. 微丝性.
fibrot′ic a. 纤维变性的,纤维组织生成的.
fi′brous ['faibrəs] a. 纤维(质,性,状,构成)的,含纤维的. *fibrous coat* 纤维层(膜). *fibrous fracture* 纤维状断口(裂缝). *fibrous glass* 玻璃纤维,玻璃丝. *fibrous insulation* 纤维隔热[离]层,纤维绝缘. *fibrous iron* 纤维断口铁. *fibrous slab* 纤维板.
FIC =film integrated circuit 膜集成电路.
ficelle ['fi'sel] a. 绳子色的,灰褐色的.
fiche [fi:ʃ] [法语] n. 卡片,透明胶片,缩微索引卡片[目录胶片].
fic′kle ['fikl] a. 多变的,不专的. *fickle colour pattern* 不规则彩色图形.
fic′tile ['fiktail] a. (可)塑造的,陶(粘)土制的,陶器的. n. 型造品,陶制品.
fic′tion ['fikʃən] n. 虚构的事物,假定(设),拟制,杜撰,编造的故事,小说. *by a fiction of mind* 由想像造出. *works of fiction* 小说(类)作品.
fic′tional a. 虚构的,编造的,小说式的.
fictitious [fik′tiʃəs] a. 假(想,设,定)的,虚拟(构,设)的,编造的,想像的,非真实的,虚构的. *fictitious bill* [*paper*] 空头支票. *fictitious dielectric constant* 虚拟介电常数. *fictitious load* 假(模拟)负载. *fictitious magnetic pole* 假想磁极. *fictitious parallel* 虚(赤道)纬线. *fictitious power* 虚[无功]功率. *fictitious transactions* 买空卖空. **~ly** ad.
fic′tive ['fiktiv] a. 虚构的,想像上的,假定的,非真实的. **~ly** ad.
FID =①far infrared detector 远红外线探测器 ②flame ionization detector 火焰电离[离子火焰]检测器 ③International Federation for Documentation 国际文献联合会.
fid [fid] n. 支撑[固定]材,楔状铁栓,大木钉,桅栓.
fid′dle ['fidl] I n. ①小提琴 ②防滑落框架. II v. ①拉小提琴 ②诡计,欺诈,舞弊. *fiddle block* 提琴式滑车. *fiddle drill* 弓钻.
fiddleback n. 小提琴形状的东西.
fid′dlestick n. ①琴弓 ②无价值的东西 ③(pl.)胡说,废话.
fiddley =fidley.
fid′dling ['fidliŋ] a. 无足轻重的,琐细的,无用的,微不足道的.
fide [拉丁语] *bona fide* 真正[实]的,善意的. *bona fides* 真实,诚意.
fidel′ity [fi′deliti] n. ①忠(诚)实(to) ②逼真(度),保真(度,性),重现精度,精确(度) ③真实,正确. *electric fidelity* 电信号逼真度. *fidelity factor* 真度,保真度[效能],保真度,重现率. *high fidelity* 高保真度,高度传真性. *reproduce with complete fidelity* 原样复制. *with (the greatest) fidelity* (非常)确实地,非常精确地.
fid′ibus ['fidibəs] n. 点火(用)纸捻.
fidley ['fidli] n. 锅炉舱顶栅.
fi′do ['faidou] n. 燃油加热驱雾器,火焰驱雾器.
fidu′cial [fi′dju:fjəl] I a. 基准的,可靠的,(有)信用的. II n. ①[统]置信 ②参考[基准,置信]点. *fiducial interval* 置信区间. *fiducial level* 标准[可靠]电平. *fiducial limit* 可靠[置信]极限. *fiducial line* 基准线. *fiducial mark* 准标,基准符号[标记],信标,坐标点. *fiducial point* 准点.
fidu′ciary [fi′dju:fjəri] I a. 信用[托]的. II n. ①(光学仪器标度线上的)参考[基准]点 ②受托人. *fiduciary level* 置信[标准]电平. *fiduciary loan* 信用贷款.
fieber [德语] n. 热,发热,热病.
field [fild] I n. ①(电,磁,力,引力,应力,行星)场,战,机,牧)场,工,工地 ②野外,田间[野],(煤,井,油)田,(矿)产地,矿区 ③(区,领,有理,可对易)域,(活动)范围,方面,界,视野[域,场] ④梁宽 ⑤激发[励](励磁,绕组, ⑥[计]信息[符号]组,字段,(程序的)区段 ⑦(隔行扫描)半帧. II a. ①野外[试)的,外业的,现场(施工)的,轻便的,便携的,战地的 ②场的,场条件下工作的. III v. 即时回答,当场反应. *air-density field* 空气流密度分布图. *antishunt field* 反旁路场,去振荡线圈. *coal field* 煤田,煤区. *cross-connecting field* 线弧,接点排,触排,架线架. *field ampere-turns* 激励[励磁]安-匝. *field amplifier* 励磁电流放大器,场放大器. *field amplitude* 场幅度,垂直幅度. *field angle* 场(场,场)角,镜幕(束)角. *field annealing* 磁致热处理,场(通)致退火. *field apparatus for ground photogrammetry* 地面摄影测量仪. *field army* 野战军. *field artillery* 野战炮(兵). *field automation* 油田作业自动

化. field balance (施密特)磁秤,磁力仪. field book = field-book. field broadcasting unit 流动广播车. field cable (野外用)被复线,军用电缆. field calibration 声como校正. field camera 便移式摄像机,轻便摄影机. field coil〔winding〕励磁〔激励〕线圈,场〔扫描〕线圈. field conditions 开采条件. field connection 工地〔现场〕装配. field control 激励调整,场调整,控制网. field control motor 可调磁场〔磁场可控式〕电动机. field coverage 视场〔野,界〕. field current 励磁〔激励〕电流. field data 应用〔现场,工作〕数据. field data code 现场〔军用〕数据码. field day 展览日〔有重大事件的日子〕,预定遮蔽场. field density 场强度,磁感应密度,通量〔磁通〕密度. field discharge 激磁〔励磁,场〕放电,消磁. field distortion 磁通分布畸变,场畸变,磁场失真. field economizing relay 弱励磁继电器. field effect 场效应. field electron microscope 场致发射电子显微镜. field emission 场致发射,冷发射. field emission microscope 场(致)发射显微镜. field engineer 安装〔维护〕工程师. field engineering 安装〔维护工程,工程〕. field equalizing magnet (致)均匀(磁)场磁铁. field equipment 室外设备. field flattener 视场致平器. field frequency control 激励调整,帧(扫描)频(率)控制. field gases 矿场天然气(未处理过的). field glasses 野外镜,(野外用)双筒望远镜. field gun 野战炮. field height 场幅度,图像高度. field ice 冰原冰. field infrared source 野外用红外辐射源. field instrument 外业仪器. field intensity 场强,电场〔磁场,电波〕强度,电波强强. field interval 场发送时间,目扫描消隐时间,场期间. field investigation 运转〔现场〕试验. field keystone 帧〔场〕梯形失真. field length 场长(度),〔计〕段〔字段〕长度. field lens 向场(透)镜,电子透镜,物镜. field localizer 导航台,着陆用指标指示器. field location work 实地定线. field magnet 激磁磁铁,场磁铁〔体〕. field (magnet) core 磁感铁心. field mapping 现绘场图. field number 【光】视场直径. field of constants 常数域. field of load 受力范围. field of view〔vision〕视野〔场〕. field ohmic loss 励磁电路铜阻. field operations 野外作业. field party 勘测队. field path 工地人行通道. field pattern 场(分布)图,天线方向图〔辐射图〕. field pick-up 野外摄影,实况转播,播送室外传输. field pitch 栅距. field plate 场极电极. field potential 场势,潜产量. field power supply 励磁〔激励〕电源. field railway (临时的)轻便铁道. field range 视野范围. field ratio 有效磁场比. field regulator 励磁调整器. field repetition rate 场重复频率,场限 field resistance 励磁线圈电阻. field retrace 帧扫描回程. field rheostat 激磁〔励磁,激励,场用〕变阻器. field separator 字段〔信息组,场〕分隔〔分离〕符. field service〔usage〕野外〔在工作条件下〕使用,野战勤务. field setup 野外观测装置,观测系统. field simultaneous colour television 同时制彩色电视. field sketching 现场草图,目〔草〕图. field stone 散石,圆石,大卵石. field stop 视场光阑,光限. field strength contour map 等场强线地图. field system 场序制. field telegraph 野战电报机. field television video recording 现场电视录像,半帧式电视录像. field test 现场〔野外〕试验. field theory 场论. field tilt 场幅〔率锯齿形〕补偿信号,场频锯齿波校正信号,场倾斜. field transistor 场化〔场因〕晶体管. field tube 力线管,场示管. field uniformity 场〔背景〕均匀性. field wave 场〔激励〕波. field winding 磁场〔激励,励磁〕绕组. field work 现场工作,野外测量,外业. field yoke 磁轭. frame field 帧场,半帧. free field 【计】自由信息区〔段,组〕,自由场. gas field 天然气产地. gravitational field 重力场. jack field 塞孔盘. link frame field 圆柱形线弧. magnetic field 磁场. maiden〔virgin〕field 未采的井田〔矿区〕. multiple field 复式塞孔盘,复接线弧 number field 【数】数域. oil field 油田. pattern field 标准场,标准激励. real number field 实数域. root field 根域. stress field 应力场. translation field 选择器线弧. visual〔viewing〕field of field of vision〔view, observation〕视场〔界,野〕,可见区. ▲in the field of 在…方面,在…范围〔领域〕内.

field-aided a. 场助的.
field-artillery n. 野(战)炮(兵).
Fieldata (军用的移动式)自动数据处理装置〔系统〕,美国陆军标准〔菲尔达坦〕电码,军用数据码.
field-based a. (以)野外(为)基地的.
field-biased a. 有极化场的,场强分量不变的,磁场偏置的.
field-book n. 工地〔外业〕记录簿,野外工作记录本.
field-control motor 可调磁场型电动机,磁场可控式电动机.
field-current a. 励磁电流的,场(电)流的.
field-day n. 野外演习〔研究〕日,有重大事件的日子.
field-derived a. 场导出的. field-derived convergence 场会聚.
field-displacement a. 场(位)移的,场移式的.
field-driven a. 场激励的.
field-effect a. 场效应的.
field-electron a. 场致发射电子的.
field-enhanced a. 场致(助)的.
field-excited a. (磁)场激励的.
field-formatted a. 字段格式的.
field-free a. 无场的,零场的.
field-generated a. 场发生的. field-generated current 场感应电流.
field-glasses n. (双筒)望远镜,野外镜,(望远镜,显微镜的)向场透镜.
field-gun n. 野(战)炮.
field-hospital n. 野战医院.
field-ice n. 大浮冰,冰原冰.
field-induced a. 场感应的,场致的.
field-interval a. 场发送时间的,场(扫描消隐)期间的.

fiel'distor ['fi:ldistə] n. 场效应晶体管,场化晶体管,场控晶体三极管,场强三极管.
field-lens n. 向场(透)镜,物镜.
fieldless coil 无场线圈.
field-magnet n. 场磁体(铁).
field-mesh a. 场网的.
field-mounted a. 现场安装的.
field-neutralizing a. 磁场中和的.
field-of-view a. 视野[场]的,视界的.
field-piece n. 野(战)炮.
field-replaceable unit 插件,可更换的部件.
field-sequential a. (彩色电视)场序制的,帧序制的,半帧序的.
field-strength n. 场强.
field-strip vt. 对(枪炮)作拆卸作业.
field-swept a. 场扫描.
field-telegraph n. 野战轻便电信机,野战电报机.
field-test vt. 对…作现场试验.
field-theoretic a. 场论的.
field-time a. 场时的.
field-trial a. 野外试验的.
fieldtron n. 一种场效应器件.
field-welded a. 现场焊接的.
field-work n. 现场工作,野外测量〔考察〕,实地测量〔调查〕,外业,野战工事.
field-worthiness n. 野外适用性.
fiend [fi:nd] n. ①恶魔,魔鬼 ②…迷,…狂 ③能手.
fiend'ish a. 恶魔似的,凶恶的,残忍的. ~ly ad. ~ness n.
fierce [fiəs] a. 剧(烈)的,强(烈)的,突然的,急速的,高度的,可怕的. *at a fierce heat* 以很高的热度. *fierce effort* 拚命的努力. *fierce engagement* 突然〔急速〕啮合. *fierce heat* 剧热. *fierce light* 刺目的强光. *fierce pain* 剧痛. *fierce temperature*(非常)高(的)温(度). ~ly ad. ~ness n.
fi'ery [faiəri] a. ①火(般,红,似)的,燃烧〔着,似〕的,赤〔炽〕热的 ②热(激烈)的 ③易燃的,易爆炸的. *fiery fracture* 粗(晶)粒断口. *fiery steel* 过烧钢. **fierily** ad. **fieriness** n.
fievre 〔法语〕发烧,热(病).
fife n.; v. (吹)横笛.
FIFO 或 **fifo** ['faifou] =first in first out 先进先出. *FIFO up/down indicator* 先进先出界限指示器.
fif'teen ['tif'ti:n] n.; a. 十五(个),第十五.
fifteen-fold a.; ad. 十五倍.
fif'teenth ['tif'ti:nθ] n.; a. 第十五(个,日),十五分之一(的),(…月)十五日.
fifth [fifθ] n.; a. 第五(个,的),五分之一(的),(…月)五日,五分音,五度音程, (pl.)五等品. *fifth wheel* = fifth-wheel. *one fifth* 五分之一, *three fifths* 五分之三.
fifth-wheel n. 半拖车接轮,转向轮,试验(汽车停车距离等的)之专用轮;备用轮,第五轮,多余的东西.
fif'tieth ['fiftiiθ] n.; a. 第五十(个,的),五十分之一(的).
fif'ty ['fifti] n.; a. ①五十(个),第五十,五十个一组 ②许多的. *in the fifties* 在五十年代.
fifty-fifty a.; ad. 两(各,对)半(的),平分(的). ▲*go fifty-fifty with* 或 *on a fifty-fifty basis* 与…平分〔共同负担〕,对等地,利弊各半地.

fifty-fold a.; ad. 五十倍.
FIG =floated integrating gyro 悬浮式积分陀螺.
fig =figure 图.
fig [fig] Ⅰ n. ①无花果(树) ②少许,一点儿,无价值之物. Ⅱ vt. 修饰,装饰起来(out, up). *figging of soap* 肥皂的结晶化. ▲*not care* 〔give〕*a fig for* 对…毫不在乎,毫不重视… *not worth a fig* 毫不足取.
fight [fait] Ⅰ (fought, fought) v. ①与…作战,战斗,(与…作)斗争,格斗,争取,竞争 ②阻止,抑制 ③指挥,操纵. *fight a battle* 打一仗. *fight an enemy* 打敌人. *fight fires* 〔the fire〕救火,消防. *fight against* 与…作斗争,向…进行斗争. *fight after* 争夺… *fight back* 抵抗,堵击. *fight down* 打败,压服,克服. *fight for*…为…而斗争. *fight hand to hand* 短兵相接. *fight it out* 打到底,战斗解决. *fight off* 击退,排斥,竭力避免. *fight one's way* 艰苦奋斗. *fight out* 以斗争方式解决. *fight shy* (of)躲避,竭力避开,不与…接触. *fight to a finish* 战斗到底. *fight with* 与…作斗争,与…进行斗争. *fight with M against N* 与 M 一起对 N 作战.
Ⅱ n. ①战斗,斗争 ②战斗力,斗志. *air fight* 空战. *dog fight* 缠斗,(飞机)空战,(战斗机)近距离激战. *give* [make a] *fight* 打一仗. *put up a good fight* 善战.
fight'er ['faitə] n. ①战士 ②歼击机,战斗机. *jet fighter* 喷气式战斗机.
fighter-bomber n. 战斗轰炸机.
fighter-interceptor n. 战斗截击机.
fighter-launched a. 战斗机发射的.
fighter-plane n. 歼击机,战斗机.
fight'ing ['faitiŋ] a.; n. 战斗(的),斗争(的),交〔好〕战的. *fighting grade gasoline* 军用航空汽油. *fighting line* 战线. *fighting power* 〔strength〕战斗力. *fighting top* 军舰桅顶上的(高射)炮台.
fighting-plane n. 歼击机,战斗机.
fig'ment ['figmənt] n. 虚构〔想像)的东西.
fig-tree n. 榕树,无花果树. ▲*under one's vine and fig tree* 安居地在自己家中.
fig'uline n. 陶〔瓷〕器. a. 陶制的,塑造的.
figurabil'ity [figjurə'biliti] n. 能成(定)形性.
fig'urable ['figjurəbl] a. 能成形的,可以定形的,可具有一定形状的.
fig'ural ['figjural] a. 用形状表示的,有〔成,造〕形的,比喻的,象征的.
fig'urate(d) a. 定形的,有一形式的,表示几何图形的. *figurate number* 垛积数,形数.
figura'tion [figju'reifən] n. ①定〔成,外〕形,形态〔状〕,轮廓 ②数字形式,图案〔符号〕表现法 ③装〔修〕饰,修琢.
fig'urative ['figjurətiv] a. ①比喻的,形容的 ②象征的,造型的,用图形表示的,用图形表示的. *figurative art* 造型美术. *figurative design* 象征的设计. ~ly ad. ~ness n.
figuratix n. 特征表面.
figuratus 〔拉丁语〕a. 带花纹的,成圆形的,已定形的,有图案的.
fig'ure ['figə] Ⅰ n. ①形(状,态,像),姿态,(人,肖

影〕像,人物〔影〕,外形,轮廓 ②图(形,像,案,解,表),花纹,插〔附〕图,符号 ③数(字,码,目),(数)值,位(数),格,价格. Ⅱ v. ①用图(解,表)表示,用形像表示,塑造,修琢,描绘 ②用数字表示〔标出〕,计算 ③预〔推〕测,考虑,估计,想像. *aberration figure* 像差斑. *breath figure* 呵痕. *Brinell figure* 布氏硬度印痕. *cup flow figure* 标准模型在压力下平紧时间. *double figures* 两位数. *etch figure* 蚀像. *figure adjustment* 图形平差. *figure 8 coil* 8 字线圈. *figure keyboard* 字符键盘. *figure of confusion* 散射盘,弥散圆. *figure of merit* 质量(品质)因数,性能系数,优质因子,优良指数,灵敏〔工作,Q〕值,(最)优值,佳度,标准,准则. *figure of noise* 噪声因数〔系数〕. *figure of syllogism* 三段论的格. *figure of the earth* 大地水准面. *figure plate* 转〔拨号〕盘. *figure punch* 数字〔字母〕用冲子,数字冲压机. *figure reading electronic device* 电子读数器. *figure shift* [signal]跳读符号〔信号〕,(转为)打印数字,变数字位,换数字挡. *figuring of surfaces* 表面的修琢. *geometrical figure* 几何图形. *inductance figure* 电感系数. *long figure* 大打数字. *nodal figure* 节点波节图. *noise figure* 噪声指数〔系,因〕数. *performance figure* 性能数字,质量指数〔标〕,(雷达)效率. *phase pushing figure* 相位偏移值. *plane figure* 平面图形. *production figure* 生产数字. *pulling figure* 调数值,部分展览图形. *rectangular figure* 矩形. *round figures* 整数. *similar figure* 相似(图)形. *solid figure* 立体图形. *square figure* 方形. *steel figure* 钢字码. *strain figure* 应变图,滑移线,流线. *tensile figure* 抗张值,伸展数. *the figure* "6"数字"6". (*the number of*) *significant figures* 有效数字(位数). *three figures* 三(百)位数. *two* [*double*] *figures* 两(十)位数. ▲ *amount in figures* 小写金额. *be figured by the formula* 用公式计算. *be good at figures* 算术很好,会算账. *cut a brilliant* [*fine*] *figure* 崭露头角,惹人注目. *cut a poor figure* 出丑,显出一副可怜相. *do figures* 计算. *figure as* 扮演…角色. *figure M as N* 把 M 表示为 N. *figure for* 谋取,企图获得. *figure in* 算入,包括进. *figure of speech* 修辞,辞藻,比喻,夸张,谎言. *figure on* 指〔思〕望,考虑,计划,把…合计在内. *figure out* 作(计算,想象)出,合计,解决,了解,弄清楚,断定. *figure out at* 总共,合计. *figure to oneself* 想象. *figure up* 总合计. *in round figures* (舍弃零数)以整数表示,以约数表示;大概,总而言之.

fig′ured [ˈfiɡəd] *a*. 图示(解)的,带图案的,形像的,印花纹的. *figured bar iron* 型钢,异形钢.
fig′ureless *a*. 无数字的,无图形的.
figure (-of)-eight 8 字形(的). *figure-of-eight reception* 用"8"字形方向特性接收.
figure-shift *n*. 数字变位(移位).
fig′urine [ˈfiɡjurin] *n*. 小(雕,塑)像.
Fiji [ˈfiːdʒiː] *n*. 〔西太平洋〕斐济.
fil *n*. filament 灯丝,仪器中的弹簧或金属丝,电极,阴极 ②fillet 圆角,嵌条 ③filling 填(料) ④fillister 凹槽 ⑤filter 滤(器,纸),滤波(光)器.
fila *n*. filum 的复数.
filaceous *a*. 丝状的,丝性的,含丝的.
fil′ament [ˈfiləmənt] *n*. ①(细)丝,(细)线 ②灯(白热)丝,线(阴)极 ③纤维且珥,暗条,暗谱珥 ④游丝,仪器中的弹簧或金属丝 ⑤纤(长)丝,(单,长)纤维 ⑥(基元)流,束流. *coiled-coil filament* 复圈(盘绕线圈式)灯丝. *discharge filament* 放电柱. *double coil filament* 双重线圈(盘绕线圈式)灯丝. *filament activity test* 灯丝效率试验. *filament band* 射流. *filament battery A*(灯丝)电池组. *filament breakdown* 丝状击穿. *filament cathode* 直热式(丝状,灯丝)阴极. *filament control* (热)丝电流调整. *filament current* 灯丝电流. *filament cutter* 切丝机. *filament denier* 单纤维漤数. *filament lamp* 白热丝灯,白炽灯. *filament line* 水条线,流线. *filament machine* 绕线机. *filament voltage* 灯丝电压. *filament winding* 灯丝电源绕组,缠绕法. *stream filament* 流束(管,线). *stretched filament* 拉伸的纤维. *tungsten filament* 钨丝. *vortex filament* 涡丝(线,管),涡涡流.
filamental flow 线流.
fil′amentar(**y**) 或 **fil′amentose** 或 **fil′amentous** *a*. (细)丝状的,细丝质的,灯丝的,纤维的,纤细的. *filamentary cathode* 丝状(直热式)阴极. *filamentary transistor* 线状(丝状,细长形)晶体管.
filamenta′tion *n*. 光丝的形成,(束流的)丝化现象.
fil′amented *a*. 有细丝的.
fi′lar [ˈfailə] *a*. 线的,丝的,丝状的. *filar evolute* 线渐屈线. *filar involute* 线渐伸线.
filature *n*. 缫丝(机,厂),制丝厂.
filbore *n*. 基脚轴承.
file [fail] Ⅰ *n*. ①文件,文件[卡片,纸]夹,卷宗,档案,(报刊)合订本 ②[计] (外)存储器,存储带,(存储)资料,(存储)信息,数据集,清单 ③行,(行,纵)列 ④锉(刀) Ⅱ *v*. ①合订,存档,归档,保存 ②用(锉刀)锉(平,光),修整,推敲,琢磨 ③提出(申请等),发稿 ④直线行进,成纵列前进. *address file* 地址数据存储(寄存)器. *bastard* [*rough cut*] *file* 粗锉. *card file* 卡片存储器. *coarse file* 中粗锉. *data file* 数据外存储器. *disk file* 磁盘存储器. *file analysis* 案卷(文件)分析. *file carrier* 锉柄. *file chisel* 锉錾. *file computer* 编目(文件)计算机,信息统计机. *file cutter* 錾锉刀. *file destination* 目标文件. *file drum* 文件(存储)磁鼓,文件存储器. *file dust* 锉屑. *file finishing* 锉削,光. *file gap* 记录间隔. *file layout* 存储格式,文件格式(设计). *file limit* 文件存储容量范围. *file maintenance* 资料保存(护),存储维护,卷宗更新,存储带更新. *file memory* [*storage*] (大容量)外(部)存储器,档案(资料,文件)存. *file protection ring* 资料(文件)磁带盘保护环. *file reel* 一盘文件带,文件卷盘. *file unit* 外存储器件部,文件单元. *flat file* 扁锉. *master file tape* 主存储带. *protect file* 信息保护. *round file* 圆锉. *saw file* (修)锯锉. *second cut file* 中锉. *smooth*

file 细锉. *square file* 方锉. *tape file* 磁〔纸〕带外存储器. *triangular file* 三角锉. ▲*bite* 〔*gnaw*〕*a file* 咬不动,徒劳. *file away* 把…存档,锉去〔平〕,锉掉一长. *file down* 锉掉,锉短些. *file in* 陆续编入,进入. *file into* 陆续编人,进入. *file off* 排成纵队前进,分列. *file one's teeth* 锉牙,咬牙切齿. *file out* 陆续退出,锉出,锉制成形. *file up* 归档. *in file* 挨次,排成二列队队. *keep on*〔*in*〕*a file* 订存,汇存,存卷,归档.(*place*)*on file* 存卷,归档,汇存. *the rank and file* 士兵,常人.

file′checker n. 试锉法硬度测定器.

filemark n. 卷标.

file-oriented a. 面向文件的.

fil′ial [′filjəl] a. 子女的,子系的,子〔后〕代的.

filial-generation n. 子代,杂交后代.

filia′tion [fili′eiʃən] n. ①(在液体时将两种金属密度不同而分开)分开,分支〔派,出〕,派生 ②起源 ③关系的确定,鉴定.

filicales n. 蕨类植物.

fil′iform [′filifɔːm] Ⅰ a.(细)丝〔线〕状的,纤维状的. Ⅱ n. 细〔线形〕探条.

fil′igree n. 金〔银〕丝(细工饰品).

fi′ling [′failiŋ] n.①锉(磨,削,后,法),磨琢,(pl.)锉〔锯〕屑,金属屑〔粉〕②(文件的)整理汇集,归档,文件. *copper filings* 铜屑〔粉〕. *filing lathe* 锉刀车床. *filing system* 档案制度,形成资料〔文件生成,文件编排〕系统. *filings coherer* 铁粉〔金属屑〕检波器.

filing-up n. 归档.

Filipino [fili′piːnou] Ⅰ n. 菲律宾人. Ⅱ a. 菲律宾(人)的.

FILL =filling.

fill [fil] Ⅰ v. ①装填,充,盛,塞,放,注〕满,装料,填(充,塞,灌,空),回填,灌〕②完,满,加负荷,加气 ③弥漫,普及 ④供应(定货),满足 ⑤占(地位),担任(职务),补(缺). *fill an order* 供应定货. *fill an urgent need* 满足急需. *fill by gravity*(由于重力)自流装满〔装灌,填充〕. *filled bed*(半导体)填带. *filled bitumen* 加填料沥青. *filled (band) level* 满带能级. *filled lower defect level* 满缺陷能级. *filled shell* 满(壳)壳层. *filled spandrel arch* 实肩拱. ▲*fill in* 塞入,填〔填〕满,填〔塞,充〕入,插述. *fill M with N* 用N充(装,灌)满M. *fill M′s place* 代替M. *fill out* 使充分(完全),使膨胀(扩张),急展. *fill up* 装(填,塞,加,补),加足,上,写,补),加注,淤塞〔积〕,记入. *fill up time* 消磨时光. *fill up to grade* 填到设计标高. *fill up with M* 充以M,被M填〔充〕满.

Ⅱ n. ①满,充分〔足〕②装填,填塞〔筑,料,方,土〕,路堤 ③垫板 ④撑药 ⑤饱食,肠胃内容物. *fill character* 充填字符. *fill construction* 填土施工(工程). *fill dam* 土坝. *fill factor* 占空因数. *fill light* 柔和(辅助)光. *fill section* 填方〔路堤〕断面. *fill settlement* 填土〔沉〕(陷). *magnetite fill* 镁砖填料. *slag fill*(炉)渣(填充)底. ▲*one′s fill* 饱满,充足,尽量,尽情.

fill-and-draw intermittent method 间断注水法.

filled-in a. 已填满的,已插入〔塞入〕的,插进的,已感光的.

fill′er [′filə] n. 填充物〔剂,器〕,填〔嵌,充,缝〕料,垫料〔板〕,体质颜料 ②辅助光 ③【计】填充位数〔位,符〕④加(油,水…)口(盖),注油口,接管嘴,漏斗,注入口进入口,装罐机 ⑤焊补料.【铸】金属芯子 ⑥活页薄纸 ⑦装填者. *active filler* 活性填充剂. *cap filler*(电子)管帽填充物. *ejector filler* 喷射器的注入管,喷注器. *explosive filler* 炸药. *filler block* 填(衬)块,止水塞(填). *filler bowl* 滤杯. *filler cap* 加油(水)口盖,漏斗盖. *filler lighting* 辅助光照明. *filler metal* 或 *metal filler* 填充〔料〕金属,填腐合金,焊条. *filler neck* 接管嘴,漏斗颈. *filler opening* 填充注入)口. *filler piece* 填隙片,垫片. *filler pipe* 注入管,加油口管. *filler plate* 填板. *filler ring* 垫圈. *filler 焊〔嵌〕条. *filler tube* 漏斗管. *filler wire*(焊接)充填金属丝,熔化焊丝,衬垫〔填〕焊缝,镶边〔嵌〕缝料. *oil filler* 加油器. *petrol filler lid* 汽油加注口盖,加汽油口盖. *trench filler* 平沟机.

fil′let [′filit] Ⅰ n.①镶,嵌(条,线,木) ②(内)圆角,填角,倒角 ③凸起 ④平缘(边),缘〔前,楞〕条,压〔缝〕条,木折,填角块,角镶,承托,轴肩,凹槽 ⑤壁纹,(焊接)轮廓线,电〔桥门〕瓦焊缝,痕迹 ⑥整流片(翼),整流罩,流束,细流 ⑦垂壁,柱 ⑧(蜂窝构造的)心皮粘合⑨切片 ⑩以带束锭. Ⅱ vt. 镶,加边〔嵌〕线,修圆,倒角. *corner fillet* 角缘,边角. *deep fillet weld* 深熔角焊. *emery fillet*(金刚)砂布,砂带. *fillet gauge* 圆角规. *fillet and groove joint* 企口接口. *fillet(s) and rounds* 内圆角与外圆角. *fillet gutter* 狭条水槽. *fillet weld* 角焊缝. *fillet weld in the downhand(flat, gravity) position* 角接平焊,船形焊. *fillet welding*(贴)角焊,条焊. *filleted corner*(内)角. *front(side) fillet weld* 正(侧)面填角焊缝. *light fillet* 浅角焊缝. *wing fillet* 机翼整流流物.

fil′leting n. 角隅填密法,嵌缝法,倒(凹角.

fill-in n. 塞〔填〕入,填满〔上),插进,临时填补物. Ⅱ a. 临时填补性的. *fill-in light* 辅助光. *null fill-in* 零值补偿,零插补.

fill′ing [′filiŋ] n. ①装填〔满,载,料,配),填塞〔料,壁,缝,入,充,添入),灌注〔浇,充入),充水〔气〕②加负荷,中心增压 ③安装 ④填料,填充〔气〕.【计】存储容量 ⑤纬纱〔线〕. *back filling* 里填. *column filling* 柱装填料. *filling element* 填塞物〔material, compound*填(塞)料. *filling funnel*(注液)漏斗. *filling piece* 填隙片. *filling pressure* 充气〔填料)压力. *filling station* 加油站. *gas*〔*gaseous*〕*filling* 充气. *grid filling* 蓄电池板板的活性物质. *shell filling* 外壳安装. *top filling* 顶部(炉顶)加料,填料上限.

filling-in n. 填充〔塞,满),填〔紧〕入.

fil′lister [′filistə] Ⅰ n. 凹槽,凹刨. Ⅱ v. 刨〔开〕(凹)槽. *fillister head screw* 有槽凸圆头螺钉,圆顶柱头螺钉. *fillister (ed) joint* 凹槽接合,凹槽缝.

fill-up n. 加〔注〕满,加注. *fill-up carbon* 增碳.

film [film] Ⅰ n.①(薄,胶,表)膜,薄片(皮),膜(胶,软,底)片,电影胶片,薄(镀)层 ②涂膜(壳,层),静电涂(油)雾 ③树脂渗浸纸,塑料薄片 ④电影,影片. II. v. ①覆以薄膜,起一层薄膜 ②拍摄,摄影,拍成电影. *a film of plastic* 一块塑料薄膜. *a film of oil on water* 水面上的一层油膜. *a roll of film* 一卷软片. *barrier film* 阻挡层,闭锁层. *carbon resistance film* 炭膜电阻. *collector film* 集电极膜,集电器(上的)膜. *colour film* 彩色影(胶)片. *down stream film* 气流下流的外延层. *documentary film* 纪录片. *film adhesive* 薄膜胶粘剂. *film and paper capacitor* 纸介薄膜电容器. *film backing* 防光晕层. *film badge* 测辐射的软片,独立层,胶片式射线计量器. *film base* 片基. *film camera* 电影(电视,胶片)摄影机,电影摄影机. *film camera chain* 电影电视通道. *film capacitor* 薄膜电容(器). *film clip* 剪片. *film coefficient of heat transfer* 传热膜系数,表面散热系数. *film comedy* 喜剧片. *film contrast* 底片对比率. *film former* 成膜剂. *film forming* 成膜(的). *film frame* 胶卷画面. *film gate* 摄影机片门. *film glass* 薄膜玻璃. *film grader* 电视员. *film insert* 插入(影片)小短片,插播短片. *film integrated circuit* 薄膜集成电路. *film lubrication* 油膜(液体)润滑(作用). *film memory* [storage] 薄膜存储器,照相胶片存储器. *film pack* (供亮光下装入照相机的)盒装胶片. *film pick-up* 胶卷摄影,胶片摄像,(电视)电影扫描[电影机],胶片摄影,电视播送影片. *film process* 影片加工,洗片,膜状过程. *film projector* 电影放映机. *film radiography* 射线照像法. *film reader* 显[缩]微胶片阅读器,胶片[卷]读出器. *film recorder* 屏幕录像机,影片录音机,显[缩]微胶片记录器. *film recording* 影片录制(音),屏幕录像. *film resistor* 薄膜电阻(器). *film scanner* 电视摄影机,电视电影放映机,胶卷[薄膜]扫描器. *film sizing* 流膜分级. *film spot* 膜点. *film stock* 胶卷,库存电影底片,生胶片,软片材料. *film strip* 电影胶片,胶卷. *film studio* 电影制片厂,(电视)影片映播室. *film threading* (电影)插片. *film track population* 乳胶径迹数. *film viewer* 底片观察用光源. *laminar film* 薄层[片],层流. *lubricant film* 润滑油[剂]膜. *negative film* 负片. *pocket film* 【原子能】袖珍胶片剂量计. *positive film* 正片. *safety film* 保护膜. *silvered film* 镀银层. *striking film* 开始(的一层)电镀膜. *superconducting film* 超电导电膜. *three-dimensional film* 立体电影. *wide-screen film* 宽银幕电影.

filmatic bearing 油膜轴承.
film-boiling n. 薄膜沸腾.
film′card n. 缩微索引卡片〔目录胶片〕.
film-data n. 胶卷数据.
filmdom n. 电影界[业].
filmed a. 覆有薄膜的,拍成电影的,电影录音,电影录下的. *filmed opera* 歌剧影片.
film′graph n. 电影录音[胶片录声]设备.
filmic [ˈfilmik] a. (像)电影的. ~ally ad.
film′ily ad. 薄膜状.
film′iness n. 薄膜状态.
film′ing n. 薄膜形成,镀膜,摄影(制),拍摄[片].
filmize [ˈfilmaiz] vt. 把…拍成电影,(为拍摄电影)改编.
film′less a. 无底片的,无胶片的.
film′let n. 短(影)片.
film-marker n. 胶片标志.
film-plating machine 镀膜机.
film-scanning a. 胶卷[底片,薄膜]扫描的.
film′set I v.; a. 照相排版(的). II n. 电影布景.
film′-strip [ˈfilmstrip] n. 教育幻灯片,(教学用)电影胶片.
film-transporting a. 胶片传送的,传送胶片的.
film′y [ˈfilmi] a. 薄膜(似,状,制成)的,膜制品的,朦胧的. *filmy replica* 薄膜复制品.
fi′lose [ˈfailous] a. 丝(线)状的.
FILS = Flarescan Instrument Landing System 闪耀扫描仪表着陆系统.
filt = filter 滤波器.
fil′ter [ˈfiltə] I n. ①(过)滤器(机,网,层,纸,池),过滤用多孔物质,滤波(色,光,清)器,滤光(色)镜,滤光板,滤光(色)片,滤子 ②滤料[纸] ③筛选程序,过滤程序. II. v. ①过滤,滤清[除,波] ②透入[过],渗入[透],走漏(消息) (out, through). *American filter* 圆桶过滤器. *band elimination suppression] filter* 带消滤波器,带式滤波器,带阻滤波器. *clutter filter* (雷达)反干扰滤波器. *colour analyzing filter* 彩色分析滤色器. *colour filter* 滤色器(镜,板),色滤光片. *colour gelatine filter* 彩色明胶滤色镜. *electric filter* 滤波器. *elimination filter* 滤去器. *filter agent* 过滤剂. *filter amplifier* 滤波放大器. *filter bed* 滤床[垫],过滤层,滤水(砂)池,沉砂池. *filter bowl* 滤杯. *filter cake* 滤(泥)饼. *filter center* 情报整理站,信息处理中心. *filter circuit* 滤波(器)电路. *filter dam* 透水坝. *filter disc* 滤光盘. *filter discrimination* 滤波能力,滤波器分辨力. *filter element* 滤芯,滤清元件,滤波器元件. *filter factor* 滤光系数,滤波(滤光)因数. *filter gauze* (screen) 滤网. *filter glass* 滤色(光)玻璃,滤光镜,黑玻璃. *filter layer* 过滤(渗透,透水)层. *filter liquor* 滤(出)液,滤光液. *filter loading* 过滤器堵塞. *filter material* 过滤材料. *filter paper* (定量)滤纸. *filter photometer* 滤色光度计. *filter plate* 滤(光)板,滤波(石英)片. *filter plexer* 滤声器,滤波式双工器. *filter press* or *press filter* 压滤器(机). *filter screen* 过滤网. *filter slot* 滤波槽. *filter tip* (香烟)的过滤嘴,有过滤嘴的香烟. *filter wheel* 滤光轮,滤波器轮. *fixed-target rejection filter* 固定物体反射抑制设备. *gelatin(e) filter* 胶质滤光片. *infrared filter* 红外线滤光器. *key filter* 键路火花消除器,电键线路滤波器. *light filter* 滤光器. *M-derived filter* M-导出式(M-推演式)滤波器. *metal filter* 烧结(多孔体)金属过滤器. *optical (light) filter* 滤光器. *pass filter* (讯)滤过器. *precoat filter* 预涂助滤剂的过滤机. *scratch filter* 唱针沙音滤除器. *wave*

guide filter 波导管滤波器. ▲ *filter into* 渗入. *filteroff*[out]M(*from N*)把M(从N中)过滤出来,(由N)滤出 M. *filter through* 滤过[出],走漏.

filterabil'ity 或 **filterableness** n. 过滤性[率,额,本领],滤过率[额],可滤性,滤光作用.

fil'terable a. (可)滤过的,可滤(过)的. *filterable virus* 滤过性病毒.

filter-aid n. 助滤剂.

filtra'tion =filtration.

filter-bag n. 滤袋.

fil'tered a. 滤过的,过滤的,滤子化的. *filtered air* 滤过(的)空气. *filtered array* 滤波后的阵列. *filtered beam* 过滤注流. *filtered differential group* 过滤微分群.

fil'tergram n. 太阳单色光照片,日光分光谱图.

fil'tering I n. 过滤,滤除[清,波,光],渗透. II a. 过滤的. *filtering crucible* 过滤坩锅,滤锅. *filtering medium* (过)滤(介)质.

filtering-off n. 滤除[去,清],(射线的)拦截.

filter-paper n. (定量)滤纸.

filter-plexer n. 滤波式[器]天线共用器.

filter-press n. 压(力讨)滤机(器).

filterscan tube 滤光扫描管.

filter-sterilizer n. 过滤消毒器.

fil'terstrips n. 滤线.

filter-tank n. 过滤槽[桶].

filter-tipped a. 有过滤嘴的.

filth [filθ] n. ①污秽[垢,物],肝脏 ②丑行.～ily ad. ～iness n.

filth'y ['filθi] a. 污秽的,肝脏的.

filtrabil'ity =filterability.

fil'trable = filterable.

fil'trate I ['filtreit] v. 过滤,滤除[清,波],渗入. II ['filtrit] n. 滤(出)液,滤过的水. *depleted* [*wasted*] *filtrate* 废滤液. *filtrate factor* 滤液因素. *filtrated stock* 过滤母液.

filtra'tion [fil'treiʃən] n. 过滤(结构,作用),滤除[清,光,波],渗漏,渗透性. *automatic* (*centrifugal*) *filtration* 自动(离心)过滤. *filtration of sound* 声音的滤清. *harmonic filtration* 谐波滤除. *postdetector filtration* 检波后滤波.

filtrator n. 过滤器,滤清器.

filtros n. 滤石.

fil'trum ['filtrəm] (pl. *filtra*) n. 滤器.

fil'lum ['failəm] (pl. *fila*) n. 丝.

FIM = ①far infrared maser 远红外微波激射器 ②field ion microscope 场致离子显微镜.

fim'bria (pl. *fim'briae*) n. 伞(状物),(伞,纤)毛.

fim'briate I a. 须状,毛边状的,有菌毛的,有伞毛的,流苏状的. II vt. 使有毛缘,使有毛边.

fimbria'tion n. ①成毛边状,形成毛缘 ②菌(伞)毛形成.

fimetarius a. 粪生的.

FIN =finish.

fin = ①finance 财政,金融 ②finish(ed)

fin [fin] I n. ①鳍(板,状物) ②(机,毛,直尾)翼,毛刺,飞边(缘),(铸件周缘的)翅片,机舱,裂缝,夹具 ③叶(翼,散热,冷却)片,鱼鳍板,肋(凸)片,凸棱,(模)缝脊 ④(垂直,水平)安定面,机(尾)翼,弹尾,舵,稳定器叶身(片). II (*finned, finning*) v. 给…装上翅(片),给…装上鳍板. *back fin* (行星轧制时的缺陷)后折叠. *blade fin* 导向滑板,垂直定向板. *carrier fin* 架翅. *control fin* 操纵片(舵),可控制的稳定器(稳定尾翼). *cooling fin* 散热(冷却)片. *damping fin* 阻尼片. *fin and tube type radiator* 片管式散热器. *fin antenna* 鳍形天线. *fin panel casing* 膜式水冷壁. *fin tube* 翅片管. *fin waveguide* 带片叶波导. *guiding* [*steerage*] *fin* 导向(滑)板,舵板,垂直定向舵. *heat-conducting fin* 导热片. *pressing fin* 压制毛刺. *rear fin* 尾翼. *ruffled fin* 波浪形翼片. *spider fin* 星形槽,多脚架翼.

FINA =following items not available 下列各项现在没有.

fi'nable ['fainəbl] a. ①可(该)罚款的 ②可精制的,可提炼的.

fina'gle [fi'neigl] v. 欺骗,诈取.

fina'gler n. 骗子.

fi'nal ['fainl] I a. ①最后[终,末]的,终(极,级)的,末(了,级)的 ②确定的,决定(性)的. II n. 结局,末了(版),决赛. *final amplifier* 末级(终端)放大器. *final assembly* 最后组装(装配),总装配. *final boiling point* 干点,完全蒸发时的温度. *final carry digit* 终端进位数. *final circuit* 终接电路. *final conditions* 边界条件. *final* (*contact*) *switch* 精密用(接触)开关. *final control element* 末控器(元)件,最终控制部件,(控制系统)执行元件(机构). *final cost* [*value*]终值. *final count-down* (导弹)发射前的直接时间计算. *final digit code* 有限数字码. *final drive gear* 传动链末端(的)传动齿轮. *final encapsulation* 封口. *final estimate* 结算. *final finishing* (最终,成品)精整. *final minification* 精(终)缩. *final negative carry* 终点反向进位. *final of a pole* 杆帽. *final optimization pass* (软件)最终优化道(数). *final pass* 终轧孔型. *final payload* (字航飞行器)净(末级)有效负载. *final product* 最终产品,成品(品种),最终乘积. *final reaction system* 终端机. *final safety trip* 终端安全释放机构. *final selector* 终接器. *final set* 终凝. *final statistics* 终态统计. *final temperature* 最后(终点)温度. *final trunk* 有限(末级)中继线. *final vacuum* 极限真空度. *final velocity* 末(最终)速度. *final video amplifier* 末级视频放大器,视频放大器的输出级.
▲*in the final analysis* 归根到底.

final-anode voltage 末级阳极电压,末级板压.

finale [fi'nɑːli] n. 结局(尾),尾声,终曲,最后一幕.

fi'nalise ['fainəlaiz] v. 通过,作出结论.

final'ity [fai'næliti] n. 最后(行动的,结果,回答,的话),结局[定],定局,确[决]定性. *an air of finality* 大局已定的样子. *speak with an air of finality* 断言.

fi'nalize ['fainəlaiz] vt. 结束,把…最后定下来,赋予最终形式,把…定稿,使定案. **finaliza'tion** n.

fi'nally ['fainəli] ad. 最后(终),末了,终于,决定性

地,不可更改地. And finally 最后.
final-stage a. 末级的.
final-state a. 终态的,末态的.
finance' [fi'næns, fai'ns] Ⅰ n. ①财政,金融,财政学 ②(pl.)收〔岁〕入,财力〔源〕,资金供应. Ⅱ v. 理财,掌财政,筹措资金,供给经费〔资金〕,投资于. finance an enterprise 供给企业资金. finance company 信贷公司.
finan'cial [fai'nænʃəl] a. 财政(上)的,财务的,金融的,会计的. financial ability 财力. financial affairs 财务. financial market 金融市场. financial statement 财务报表,决算表,借贷对照表. financial year 财政〔会计〕年度. ▲in financial difficulties 财政困难.
finan'cially ad. 财政上,金融上.
finback n. 长须鲸.
find [faind] Ⅰ (found, found) v. ①发现〔觉〕,知道,得知,求〔得〕出,断〔决〕定,查明 ②寻找〔觅〕,找〔得,碰,遇〕到,搜索,摸到,选择,定位,获得 ③(含)有,存在,出现,发生 ④(自然)形成,达到 ⑤供〔应〕,筹集. Ⅱ n. ①发现(物),掘获物 ②新油田. find confirmation in M 在 M 中得到证实. find expression in M 表现在 M,在 M 中表现出来. find it convenient to +inf. 发现(做)方便的是(做),感到(做)是合宜的. find it difficult to +inf. 感到难以(做). find it possible to +inf. 发现有可能(做). find M (to be) easy 发现 M 很容易〔并不难〕. find M (to be) of great use 发现 M 很有用. find M (to be) of value 发现 M 很有价值. find support 得到〔获得〕支持. We find copper in every kind of electrical equipment 各种电气设备里都有铜. Water is found in three states 水有三态. Timber simply is not found in great enough lengths. 实在找不到那么长的木料. The speed of sound is found to be 1100 ft/sec. 声速达到每秒1100英尺. The battery was found (to be) exhausted. 这组电池用完了. Water finds its own level. 水往低处流. Rivers find their way to the sea. 江河流入海洋. ▲all 〔everything〕 found 供给一切必需品,(工资以外)膳宿等一切都供给. be well found in 设备齐全. find fault (with) (对…)吹毛求疵,挑剔,非难. find it in one's heart to 有意,想,忍心. find itself to 自己调整好可供使用. find M N 为 M 找 N,发现〔觉得〕M 是 N. find M in N 供给 M 以 N,在 N 中找到 M,在 N 里有 M. find … out 找到…的缺点. find one's place (把书)翻到要继续读下去的那一页. find one's way 找出途径〔道路〕,努力前进,达到. find oneself 感觉,意识到,发现〔觉〕自己在〔处于〕,不知不觉. find oneself with the responsibility of 感到自己有…责任. find out 发现,找〔得,想,计算〕出,查明,弄清楚,认识到. find up 找出. find use as 用作. find use in 应用于. from M we find that 从 M 我们可以得到〔出〕. it will be found that 下面将表明〔指出〕.

find'able ['faindəbl] a. 可发现的,可找到的,可得出的.
find'er ['faində] n. ①发现者 ②探测〔示,向〕器,搜索器,定向器,测距器〔仪〕,仿形器,【摄】取〔检〕景器,选择〔寻像〕器,检象器〔镜〕,望远镜的指导〔寻星〕镜,瞄准〔观察〕定向装置,寻像机. depth finder 测深计,回声探测仪〔器〕. direction finder 定〔探〕向器,定向设备,无线电罗盘. distance finder 测距计. fault finder 障碍寻找器,故障测定器,探伤仪. finder lens 瞄准〔探测,寻像〕透镜,检像〔取景〕镜片. finder screen 寻像(器荧光)屏,检像镜,投影屏. height finder 测高器. homing finder 自位式寻线机. line finder 寻线机. picture finder 寻像〔取景〕器. position finder 测位器. range finder (光学)测距计(仪),测远仪. sense finder 无线电罗盘,单值无线电测向器,指向测位器,辨向器. view finder 取景〔寻像〕器,测量仪,探视器. wheel finder 仿形轮.
find'ing ['faindiŋ] n. ①发现,所见,探测,搜索,选择,寻〔查〕找,寻找 ②测〔确〕定,定位,测向 ③(pl.)(已得)数据,研究〔调查,观察,试验〕结果,(研究)成果,结论,发现物 ④(pl.)零件,附属品. antidirection finding 反定位,反测向. direction finding 探〔测〕向. fault finding 故障探测. height finding 测高. laboratory findings 实验数据结果. position finding 定(测)位. range finding 测距. sense finding 单值测向.
fine [fain] Ⅰ a.; ad. ①细(致,密,磨)的,细(晶)粒的,细纱的(锉刀,织物),细牙的(螺纹),(稀薄的,精细)致,密,巧,整,确)的,(微,细)小的,灵敏的,纤细的 ②(美好的,优良〔秀,质)的,晴朗的 ③纯(粹,洁)的,成色好的,含量高的,锐利的 ④恰好. Ⅱ (fined, fining) v. ①(使)变精美,(使)变纯粹,(使)精细,使细(小),(使)变稀薄 ②澄清,精制(浓)③消失 ④罚款. Ⅲ n. ①罚款 ②(pl.)细(石,筛,碎)屑,煤粉(最大粒度1/8英寸),细(骨,粉材)料,微的质量 ⑤好天气. coke fines 焦粉,焦炭细末. crystal fines 细粒晶粒. extra fine 特精密加工,特细号的,特别细小的,特细牙螺纹. fine adjustment 细(微,精)调. fine aluminium 纯铝. fine arts 美术,造型艺术. fine balance 细平衡,精调(零). fine blanking 精密冲裁. fine boring 精镗. fine boring machine 精密镗床. fine chrominance primary 主基色. fine coal 粉煤,煤屑. fine control 微调控制,(精)细调(整). fine copper 纯铜. fine crack 细裂缝,(表面上的)发裂. fine cut 细切削,精削. fine day 晴天. fine delay 微小(精细)延迟. fine details 细节,小零件. fine distinction 细微的差别. fine feed 微小(量)进给. fine file 细(纹)锉(刀). fine fissure 微裂. fine focused 准确聚焦的. fine grading 细级配. fine grain 微(细)颗粒,细粒. fine grained 细粒(度)的,细致的,小碎块的. fine grinding 细磨,精磨剂,磨细. fine line 细(实)线. fine measuring instrument 精密量具. fine melt 全熔(炼),强(热)裂解. fine met-

al 纯金属. *fine ore* 细矿粉. *fine paper* 高级纸张. *fine particle* 微粒子. *fine pitch* 小螺距. *fine porosity* 微气孔群. *fine power factor* 小功率因数. *fine pressure* 吸入压,净压. *fine pulp* 好浆. *fine purification* 精制,净化,精洗. *fine range indicator* 精测距离指示器. *fine resolution* 高鉴别力. *fine scanning* 精细[多行]扫描. *fine selsyn* 调自动同步机. *fine sheaf* 强晷. *fine silt* 细粉(砂),(原砂的)细泥. *fine silver* 纯银. *fine steel* 优质[特殊,合金]钢. *fine striped memory* [storage] 微带[微条形]存储器. *fine structure* 精细[密,致]结构,超微结构. *fine thread* 细[牙螺]纹. *fine triangular waveform generator* 准三角波发生器. *fine tube* 小口径管. *fine tuning* 微[细,精]调(谐). *fine turning* 精车,高速精密对研. *fine vacuum* 高真空. *fine weather* 好天气,晴天. *fine wheel* 细砂轮. *fine workmanship* 精巧的制作. *fining furnace* 精炼炉. *gold 18 carats fine* 十八开金. *metal fines* 金属细粉. *powder fines* 粉末的极细部分. ▲ *cut it* (rather) *fine* 精打细算,节省[时间],几乎不留余地. *fine away* [*down, off*] 渐[纯]，渐渐精致[稀薄]. *in fine* 结局,总之,最后. *one* [*some*] *fine day* (总)有一天,某日.

fineable = finable.
fine-bore *vt.* 精(密)镗(孔).
fine-collimation *a.* 精细准直的.
fine′comb *vt.* 详细调查,细致寻找,仔细搜查.
fine-crystalline *a.* 细晶的.
fine′-cut [ˈfainkʌt] *a.* 细切的.
fine-detail *a.* 详细的,细(微末)节的.
fine′draw′ [ˈfainˈdrɔː] (*fine′drew′, fine′drawn′*) *vt.* ①把…抽得很细,拉丝 ②织补 ③细(密)缝 ④细致推理.
fine′drawn′ [ˈfainˈdrɔːn] Ⅰ *finedraw* 的过去分词. Ⅱ *a.* ①抽细的,(抽得)极细的,细(密)致的 ②过于精致[琐细]的,微妙的.
fi′nefied [ˈfainifaid] *a.* 装饰了的.
fine-focus *a.* 细焦的.
fine-focus(s)ed *a.* 锐(准确)聚焦的.
fine-graded *a.* 细级配的.
fine-grain *n.* 细(晶)粒,微粒. *fine-grain noise*(细粒)涨落噪声,微起伏噪声.
fine-grained *a.* 细(颗,晶,微)粒的,粒子细小的,细纹的.
fine-granular *a.* 细粒纹(状)的,细颗粒的.
fine-groove *a.* 细槽(纹)的,密纹的.
fine-line *a.* 细线的,密线的,网纹的.
fine′ly [ˈfainli] *ad.* ①细(致)地,精细地 ②好好地. *finely disintegrated* [*pulverized*] *fuel* 磨成细粉的燃料. *finely cleaned* 精制的.
finely-broken *a.* 细碎的.
finely-divided *a.* 细碎[散]的,磨(粉)碎的.
finely-granular *a.* 细颗粒的,细粒状的.
finely-ground *a.* 细磨的,磨得很细的. *finely-ground particles* 微(小颗)粒物,小质点.
finely-laminated *a.* 细层纹的.
finely-porous *a.* 微细孔隙的.

fine-mesh *n.* ; *a.* (筛)孔(的),细(网)眼的,密网的,细网的.
fine-meshed *a.* 细孔(眼)的,细网格的.
fine′ness [ˈfainnis] *n.* ①精细,细(致)度,纤细,细微 ②公差,精度,光洁度 ③成色,纯度 ④长细(径长)比,瘦削度 ⑤细[精]致,优良,正确,美好 ⑥敏锐,灵敏度. *fineness modulus*(集料)细度模数,细度系数. *fineness number* 细度指数. *fineness of grain* 晶粒细化程度,晶粒细度. *fineness of scanning* 扫描(密)度. *fineness ratio* 细度(比),粒度比,径长比.
fine-ore *n.* 粉矿,细矿石.
fine-pointed dressing 或 **fine-pointed finish** 精琢,细凿修整.
fine-pored *a.* (微)细孔(隙)的,有微(小)孔的.
fi′ner *n.* 精炼炉,精炼炉工人[工长]. *finer abrasive* (精)细磨料.
fine-range scope 精密距离指示器.
fi′nery [ˈfainəri] *n.* ①装饰,盛装,(pl.)装饰品 ②精炼炉. *copper finery* 炼铜炉, *melting finery* 精炼炉,熔化炉.
fine-sorted *a.* 细分(选)的.
fine′spun′ [ˈfainˈspʌn] *a.* 细纺的,拉细的,纤细的,微妙的,空洞的,过于琐碎的.
finesse′ [fiˈnes] Ⅰ *n.* 技巧,手段,策略. Ⅱ *v.* 耍手段,用策略.
fine′still *v.* 精馏.
fine′stiller *n.* 精馏器.
fine-structure *a.* 精细(密,致)结构的. *fine-structure mesh* 密网.
fine-tooth-comb *vt.* 仔细搜查.
fine-tune *vt.* (精确)调节,微调,调整.
fin′ger [ˈfiŋgə] Ⅰ *n.* ①(手,选择)指,指状物,机械手,抓手,钩形,销,(钉)齿,横臂 ②指针,簧头,指示计,检波计 ③厚规 ④阀,活(闸)门 ⑤一指之长(约 4.5 英寸),一指之阔 (3/4～1 英寸) ⑥ (pl.)指纹. Ⅱ *v.* ①用指头摸(触碰,做,弹奏) ②指出,伸入(出). *clutch finger* 离合器指,离合器压盘分离杆. *cold finger* 冷凝管. *feeding finger* 送料叉[手]. *felt finger* 毡刷. *finger buff* 指(条)形拼布抛光轮. *finger clamp* 指形(插销)压板. *finger contacts* 按钮(指形)触点. *finger* (*cracking*) *test* 指形抗裂试验. *finger cutter* 指头铣刀. *finger feed* 机械手送料. *finger gate*【铸】分叉(内)浇口,指形浇口. *finger hold* (乐器盘,拨号盘)指孔. *finger lever* 指状手柄. *finger mark* 手印(污),迹迹. *finger nail test* 指甲切试法. *finger plate* 指孔盘,回转板,防止被手指污染的防护板(层). *finger post* 路标,指路牌. *finger stop* 指形制动销,指档,指状(手动)限位器. *flexible selecting finger* 挠性选择指. *fore* [*index, first*] *finger* 食指. *guard finger* 护刃器,护齿. *guide finger* 指针,导向销. *manipulator finger* 机械手抓手, *mechanical finger*(机械手)抓手. *middle* [*long, second*] *finger* 中指. *setting finger* 定位指. *ring finger* 无名指. *shifting finger* 变换指. *spring finger* 弹簧夹. *tilting finger* 翻钢钩. ▲*by a finger's breadth* 差一点儿,几乎,险些. *count on the fingers* 屈指计算. *have a finger in the*

finger-board

pie 干预，参与. *have M at one's fingers' ends* 熟悉 M, 精通 M. *lay* 〔*put*〕*a finger on* 触碰. *lay* 〔*put*〕*a* 〔*one's*〕*finger on* 〔*upon*〕正确〔明白〕指出（错误，痛处），触犯，干涉. *one's fingers itch to* + *inf.* 极想，巴不得.

finger-board *n.* 键盘〔板〕，指板.
fin'gerbreadth *n.* 指幅，一指阔 (3/4 英寸).
fin'gered ['fiŋɡəd] *a.* 有指的，指〔掌〕状的.
fin'ger-end *n.* 指尖. ▲*have M at one's finger-ends* 熟悉〔精通〕M.
fin'gering *n.* ①（用指）摸弄，抚弄，指奏，指法 ②细毛线 ③（烧结多孔材料时出现的）指印现象.
fin'gerless *a.* 无〔失去〕指的.
fin'gerling *n.* 小东西.
fin'ger-mark *n.* 指纹〔痕，迹〕.
fin'gernail *n.* 指甲. ▲*to the fingernails* 完全，彻底.
fin'gerplate *n.* 指板，门上把手〔锁眼〕处防指污的板.
fin'gerpost *n.* 指路牌，路标，指向柱，指南.
fin'gerprint Ⅰ *n.* ①指〔趾〕纹（印），手印，独特的标记 ②酶解图解. Ⅱ *vt.* 打下……的纹印，辨出〔别〕.
fin'gerprinting *n.* 打下指纹印，指纹型裂纹.
finger-shaped *a.* 指形的.
finger-stall *n.* （护）指套.
fin'gertight 用手指拧紧（的）. *screw a nut fingertight* 用手指拧紧一螺丝，把螺丝拧到手指所能拧紧的程度.
fin'ger(-)tip ['fiŋɡətip] *n.* 指尖（套）. *fingertip control* 按钮控制，指尖操纵装置，单锁调整机构. ▲*have M at one's fingertips* 熟悉 M, 精通 M, 掌握 M；手头有 M 随时可供应用. *to one's* 〔*the*〕*fingertips* 完全，彻底.
finger-type contact 指形触点.
fin'ial *n.* 叶尖〔尖顶饰，物件顶端的装饰物.
fin'ical ['finik] 或 **fin'icking** ['finikiŋ] 或 **fin'icky** 或 **fin'ikin** *a.* 苛求的，过分讲究的，小题大做的. *finical'ity n.*
finimeter *n.* 储量〔氧〕计.
fining ['fainiŋ] *n.* 澄清，净化，精炼，(pl.) 澄清剂.
fin'is ['finis] *n.* 终结，结局〔束〕，完了.
fin'ish ['finiʃ] *v., n.* ①完成〔毕，工〕，结束，终结，竣工，成品 ②修整，精整，精修〔制，饰〕，轧，加工，研磨，抛〔磨〕光，光制〔刷〕，终饰，最后加工，最后一道工序，最后阶段 ③（表面）光洁度 ④（表面）涂层，面层，保护层，涂料，漆面，（里，木道，清）漆，抛光剂，用终饰的高级木材 ⑤用完，耗尽. *bright dipped finish* 光亮酸洗. *edge finish* 立轧，轧边. *finish allowance* 加工裕量，完工留量. *finish cut* 〔*machining*〕精加工，完工加工. *finish depth* 加工深度. *finish doing* 做完. *finish forge* 精锻. *finish grinding* 最后磨碎，细磨. *finish lamp* 操作结束信号灯. *finish mark* 光洁度符号，加工符〔记〕号. *finish mill* 细磨机. *finish of pulse* 脉冲尾部. *finish roll* 给油辊. *finish to gauge*（按尺寸）精确加工，终轧. *finish the mould* 修型，抹光. *finish turning lathe* 精加工车床. *frosted finish* 表面无光〔毛面〕光洁度，霜白表面. *gloss finish* 抛光. *lime finish* 沾石灰, *stoving finish* 烤漆，热干清漆. *surface finish* 表面光洁

度，表面抛光，表面精整. *All parts must be finished to certain dimensions.* 所有的零件必须最后精加工到一定的尺寸. ▲*finish off* 完成〔结〕，结束，光制. *finish up* 完成，用完，耗尽，对……进行最后加工. *finish up as* 最后是，最后成为. *finish up with* 以……结束，最后得出, 最后有. *finish with* 以……结束，完成，截止，和……断绝关系. *give the last finish to* 对……进行最后的精加工.

finishabil'ity *n.* 易（可）修整性，精加工性.
finish-coat paint 罩面漆.
fin'ished ['finiʃt] *a.* ①完〔制〕成的，光制的，终饰的，已修整的 ②完工的，已竣工的 ③完美〔善〕的. *finished black plate* 黑铁皮. *finished blend* 混成油. *finished bolt* 精制螺栓. *finished cement* 水泥成品. *finished edge* 加工的坡口. *finished fuel* 商品燃料. *finished market product* 成品商品. *finished ore* 精选矿〔石〕. *finished print* 相〔照〕片. *finished product*（制）成品，光制品. *finished section* 最终〈成品〉断面，成品. *finished sheet* 精整等板. *finished size* 成品尺寸. *finished stock* 制成的产品. *finished strip* 成品带钢. *finished surface* 光制〔精加工，已修整〕的表面. *finished work* 已加工工件.
fin'isher ['finiʃə] *n.* ①修整〔整面，抹面，磨光，精轧，成品轧〕机，精加工工具 ②修整工，最后加工〔磨光，抛轧〕工，完工者. *cold finisher* 冷轧机的精轧机座.
fin'ishing ['finiʃiŋ] Ⅰ *n.* ①修整，精整〔修，制，轧，车〕，精加工，表面加工，光制〔制〕面，磨光，抛光，终饰，抹〔饰〕面，涂装 ②完工〔成〕，做成 ③结尾，结束 ④（自来水、照明）设备 ⑤肥育. Ⅱ *a.* 最后的，完工的，*ball finishing* 钢球挤光. *cold finishing* （拉拔，冷轧，矫直等）冷加工精整. *file finishing* 锉光. *final finishing* 最后〔成品〕精整. *finishing allowance* 加工〔完工〕留量. *finishing bit* 最后的钻头. *finishing block* 拉箍丝机. *finishing board* 整平规板. *finishing broach* 精削〔精加工〕拉刀. *finishing cloth* 擦布. *finishing cut* 精加工，完工切削. *finishing cutter* 精加工铣刀. *finishing die* 成形压模，精轧拉模. *finishing drill* 铰孔钻. *finishing feed* 光制〔精加工〕进给，光制〔精加工〕进刀. *finishing groove*（唱片）终止纹槽. *finihsing layer* 罩面，盖〔终饰〕层. *finishing limit switch* 终止限位开关. *finishing line* 终点线. *finishing metals* 精饰金属. *finishing paint* 饰（罩）面漆. *finishing point* 终点. *finishing room* 完工车间，油漆间，成品间. *finishing screen* 细筛，最终筛. *finishing signal* 发射终止信号. *finishing steel* 最后〔长〕的钻杆. *finishing tap* 精丝锥（三锥）. *finishing temperature* 最后〔终轧，焊接终了〕的温度. *finishing the heat* 熔炼完成. *finishing tooth* 精削〔切〕齿. *metal finishing* 金属表面处理. *texture finishing* 精整面.
finishing-cut *n.* 精加工，完工切削.
finishing-machine *vt.* 精加工，完工切削.
finitary *a.* 有限性的.
fi'nite ['fainait] *a.* 有限〔长〕的，有尽〔穷〕的，有定限

finite-aperture antenna 的,受限制的,非无限小的,限定的. *finite beam klystron* 细电子束速调管. *finite concentration* 一定浓度. *finite decimal* 有尽小数. *finite difference* 有限〔穷〕差,(有限)差分. *finite induction* 数学〔有限〕归纳法. *finite progression* 〔series〕有限〔穷〕级数. *finite singularity* 可去奇(异)点. *finite solution* 有尽〔穷,限〕解. *finite space* 有限空间. *finite subadditivity* 有限子可加性. *finite switching time* 限定开关时间. *finite time average* 有限(的)均值. ~ly ad.

finite-aperture antenna 有限孔径〔终端开口〕天线.
finite-difference a. 有限差分的.
finite-dimensional a. 有限维的.
fi'niteness n. 有限(性),有穷性.
finite-state machine 有限状态的时序机,有限自动机.
fi'nitist n. 有穷论者.
fi'nitude ['fainitju:d] n. 有限,限定.
fink [fiŋk] Ⅰ n. ①(资本家雇用的)破坏罢工者,工贼,告密者 ②被非难〔蔑视〕者. Ⅱ vi. ①做工贼 ②惨败,退缩.
Fin'land ['finlənd] n. 芬兰.
fin'less a. 无翼片的,无散热片的.
Finn [fin] n. 芬兰人.
finned [find] a. 有〔尾〕翼的,有散热片的,有加强筋的,有突片的,有鳍的,有稳定器的,装有尾面〔安定面)的. *finned coil* 有翅旋管. *finned length* 带翅片部分管长. *finned plated radiator* 肋片平板式散热器. *finned surface* 翅面. *finned tube*〔*pipe*〕翅〔翼〕管,鳍状管,翼型管.
fin'ning n. 加肋,用肋加固,肋材的装配,加翼,打披缝.
Finn'ish ['finiʃ] n.; a. 芬兰(人)的,芬兰语(的).
Fin'sen ['finsən] n. 芬森(丹麦物理学家). *finsen lamp* 水银(弧光)灯,紫外线灯. *finsen light* 水银(弧光)灯〔的光线〕,紫外线灯的光线). *Finsen unit* 芬森单位(紫外线的能量密度为 105 W/m² 时,则波长 296.7 mm 的紫外线即有 1 芬森单位的强度).
fin-stabilized a. 用安定面稳定的.
fin-tip n. 翼尖〔垂直安定面〕整流翼,直尾翼梢.
FIO =①for information only 只供参考 ②free in and out 船方不负担装卸货费用.
fiord [fjɔ:d] n. 伏洼谷,峡湾,峭壁间的狭长的海湾〔江河入海口〕.
FIP =①factory inspection plan 工厂检验计划 ②fuel injection pump 燃料油喷射泵.
FIR =①facility installation review 设备安装检查 ②facility interference review 设备干扰检查 ③far infrared 远红外(线) ④flight information region 飞行信息区域 ⑤fuel indicator reading 燃料指示器读数.
fir [fə:] n. ①枞树〔木〕,冷杉 ②(=firkin)(英国容量单位)小桶(=9 加仑). *fir pine* 枞松. *fir tree* 木枞树,冷杉.
fire [faiə] Ⅰ n. ①火(焰,花,力,灾),闪光,光辉,发光(织热)体 ②炮火,射击,点火,失火 ③射击,发射,开炮,炮火 ④热情(心),发热,热病,愤怒. Ⅱ A. 火警,的消防的,烧过的. *back fire* 逆火〔燃〕,反焰,回火,(起动时)反〔逆〕转. *broadside fire*(天线阵)垂直向强发射,边射. *cross fire* 信道间的干扰,电报电路互相干扰,交叉火力〔射击〕. *electric fire* 电炉. *fire alarm* 火警(铃),警报器,报火机,警钟. *fire apparatus*〔*annihilator, extinguisher*〕灭火器. *fire bar* 炉条钢. *fire basket* 火篮. *fire bell* 火警警铃. *fire bomb* 燃烧弹. *fire box*〔*end*〕燃烧室,火箱室. *fire break* 防火墙. *fire brick*(耐)火砖. *fire brigade* 消防队. *fire bulkhead* 防〔挡〕火墙. *fire check* 热裂纹. *fire clay*(耐)火泥,耐火(粘)土. *fire coat* 氧化膜. *fire company* 消防队,火灾保险公司. *fire control* 消防,防火,实施射击,射击指挥;射击〔炮火,火力,发射)控制. *fire crack*(钢锭)发裂,(热)轧轧材表面上的)辊形印痕. *fire damp* 沼气,甲烷,碳化氢. *fire demand* 消防用水. *fire department* 消防队(全体队员). *fire detector* 火灾探测(指示)器,混合气爆炸测定器. *fire devil* 焊炉,火盆. *fire door* 炉门,防火门. *fire drill* 消防演习. *fire engine* 救火机,消防车. *fire escape*〔*exit*〕安全出口,太平梯. *fire fighter* 消防人员. *fire foam* 灭火沫. *fire gases* 可(易)燃气体. *fire hose*(消防)水龙管. *fire hydrant* 灭火〔消防〕龙头,消防栓. *fire insurance* 火(灾)保险. *fire lighter* 火焰增光剂,点火剂〔器〕. *fire marshal* 防火部门主管人. *fire of lightning* 闪电火. *fire office* 火灾保险公司. *fire plug* 消火栓,灭火塞. *fire point* 发火点,燃〔着)火点,〔闪点,发射,电离,导通,放电开始)点. *fire policy* 火(灾保)险单. *fire pot* 火炉〔盒〕,坩〔熔〕埚. *fire prevention* 防火,火灾预防法. *fire proof machine* 防爆式电机. *fire pump* 消防〔灭火〕泵. *fire resistance* 耐〔抗〕火性. *fire resistant*〔*resistive*〕耐〔抗〕火的. *fire room* 锅炉间,火室. *fire route* 救火路线. *fire sand* 耐火砂. *fire sequence* 火警信号显示顺序. *fire test* 燃点(温度)测试;硬度、耐火性测试. *fire tower* 火警瞭望塔. *fire truck* 救火车. *fire tube* 烟管. *fire valve* 灭火〔消火〕阀. *fire wagon* 锅炉车. *fire wall* 防火〔绝热〕隔板,装有沥青熔化炉的四轮车. *fire wire*(航空工业中防火用)不锈钢中空线. *forest fire* 森林火灾. *forge fire* 锻火. *open fire* 明火. *ring fire* 圆火花,整圈打火. ▲a *running fire* 连发,连射,一连串的批评指责. (be) on fire 着〔起〕,失火〔了〕,燃烧着,非常激动,热中. *catch* 〔*take*〕*fire* 着火,开始燃烧,开始被实行,流行,时兴起来. *cease fire* 停火. *fight the fire* 救火. *full of fire* 充满生气〔热情〕. *hang fire* 发射不出,迟缓发射,延迟,犹豫不决. *Keep away from fire*! 切勿近火! *lay a fire* 准备生火. *lift fire* 延伸射击,中止射击. *make*〔*build, start, light*〕*a fire* 生〔点,起〕火. *miss fire* 不发火,打不响,得不到预期的效果. *on the fire* 在予以考虑〔审议〕中. *open fire* 开火,开始. *put out fires* 灭火,补漏洞. *set fire to*(使)燃烧,点着,放火. *set* — *on fire*(使)...燃烧,使放焚烧,纵火,激发〔怒〕. *under fire* 遭到炮火射击,受到攻击.

Ⅲ v. ①(使)燃烧,使发光〔红,亮〕,(熔)烧,烤,烧制

②点〔发,着,生〕火,起动,开车 ③开火〔枪,炮〕,发射,射击〔出〕,抛,投,掷,引发〔爆〕,爆发〔破,炸〕 ④激发〔起,动〕,兴奋 ⑥解职,辞退. *fire a shot* 射出一发(子弹). *fire a torpedo at* 向…放鱼雷. *fire questions* 提出一连串问题. *fire pottery* 烧制陶器. *This clay fires to a reddish colour.* 这种粘土烧后变成淡红色. *coal-fired* 烧煤的,以煤为燃料的. *fired mold* 烧结好〔熔烧过〕的转型,熔模. *gas-fired* 烧煤气的,以煤气为燃料的.▲*fire M at N* 把 M 对准 N 射击,以 N 速度射出 M. *fire away* 连续开枪〔发炮〕. *fire in salvo* 齐射. *fire off* 开炮,使爆炸,炸掉,熄灭. *fire on* 〔*upon*〕对准…射击,射〔炮〕击. *fire out* 发射,放出,发射,(火箭)起动. *fire up* 生〔烧,喷〕火,激怒〔动〕.
fire-alarm *n.* 火警〔警报器〕,自动火警机,火灾报警器.
fire-annihilator *n.* 灭火器.
fire′arm [ˈfaiərɑːm] *n.* 轻武器,火器,手枪,枪炮.
fire′armor *n.* 镍铬铁锰合金.
fire′ball *n.* 火球,火流星,(旧式)燃烧弹.
fire-bar *n.* 炉条.
fire′bird *n.* 无线电信管.
fire-bomb Ⅰ *n.* 燃烧弹. Ⅱ *v.* 投燃烧弹.
fire′box *n.* 火室〔箱〕,燃烧室,(机车锅炉)炉膛.
fire-brand *n.* 燃烧的木头.
fire-break *n.* 防火线,防火墙.
fire′brick *n.* 耐火砖. *aluminous firebrick* 高铝耐火砖. *checker firebrick* 格(子)砖.
fire-bridge *n.* 火桥.
fire-brigade *n.* 消防队.
fire′clay [ˈfaiəklei] *n.* 耐火(粘)土,(耐)火泥. *fireclay brick* 耐火〔火泥〕砖. *fireclay sleeve* 火泥袖口.
fire-cloud furnace 碳粉电气淬火炉.
fire-coat *n.* 鳞皮,氧化皮.
fire-control *n.* 射击〔发射,火力〕控制;消防,防火;实施射击.
fire-cracker *n.* 鞭炮,炮竹. *fire-cracker welding* 骑焊.
fire-damp *n.* 沼气,甲烷.
fire-dike *n.* 防火堤.
fire-distillation *n.* 用火加热的蒸馏.
fire-drill *n.* 消防演习.
fire-end *n.* 火端,热端. *pyrometer fire-end* 热电偶热端.
fire-engine *n.* 救火机〔车〕.
fire-escape *n.* 太平梯,救火梯,安全出口.
fire-extinguisher *n.* 灭〔消〕火器.
fire-fight *n.* 炮战.
fire-fighter *n.* 消防队员.
fire-fighting *n.* ; *a.* 消防(的),防火(的).
fire′flood *n.* (采油)注水.
fire-fly *n.* 萤火虫. *fire-fly glass* 萤光玻璃.
fire′grate *n.* 火床,炉条〔篦〕.
fire′guard [ˈfaiəgɑːd] *n.* 救〔防〕火员,火灾警戒员,防火区域地带,(火)炉栏.
fire-hazardous *a.* 易引起火灾的,易着火的.
fire-hose *n.* (消防)水龙带.
firehouse *n.* 消防站.

fire-hydrant *n.* 灭火〔消防〕龙头,消防栓.
fire-insurance *n.* 火(灾保)险.
fire′less *a.* 没有火焰的,无火的.
fire′light *n.* 火光. *fire-light effect* 灯光照明效果.
fire-lighter *n.* 引火物.
fire-line *n.* 防火线,消防〔火灾现场〕警戒线,火灾最前线,交通封锁线.
fire′man *n.* 消防队员,司炉;放炮〔爆破〕工,煤矿内瓦斯检查员,通风员.
fire-new *a.* 全新的.
fire-out *n.* 发射,(火箭)起动.
fire′place *n.* (壁,火)炉,炉膛内部空间,炉床.
fire′plug *n.* 消火栓,灭火塞.
fire-policy *n.* 火(灾)保险单.
fire-polishing *n.* 玻璃烧边.
fire-position *n.* 射击阵地.
fire′pot *n.* 坩埚,熔锅,炉膛,内燃烧室.
fire′power *n.* 火力(每分钟射出的炮弹总数〔重量〕).
fire′proof *a.* 耐(防)火的,不燃的. *vt.* 使(具有)耐火(性),使防火.
fire′proofing *n.* ; *a.* 耐火(装置,材料,的),防火(的).
firer [ˈfaiərə] *n.* ①放〔放,纵〕火者 ②烧火工人,操作手 ③发火器,枪,炮.
fire-refined *a.* 火(法)精炼的.
fire-resistant *a.* 耐火的,耐高温的.
fire-resisting *n.* ; *a.* 耐〔抗〕火(的),不氧化的.
fire-retardant paint 耐火涂料,防火涂料.
fire-retarded *a.* 用防火材料保护的.
fire-room *n.* 汽锅室,锅炉间〔房〕,火室.
fire-screen *n.* 防火墙,火隔.
fire′side *n.* ; *a.* 炉边(的).
fire-sprinkling system 喷水灭火系统.
fire-station *n.* 消防站.
fire′stone *n.* (打)火石,燧石,耐火(岩)石,耐火粘土,黄铁矿′.
fire′storm *n.* (核爆炸引起的)爆炸风暴,风暴性大火.
Firetrac *n.* 测量命中性能的装置.
fire′trap *n.* 无太平门等设施的建筑物,易引起火灾的废物堆.
fire-walker *n.* 火灾警戒员.
fire′wall [ˈfaiəwɔːl] *n.* 防火壁,隔火墙. *engine fire-wall* 隔火板. *sandwich fire-wall* 夹层防火壁.
fire-watcher *n.* 火灾警戒员.
fire′wood *n.* 柴,薪.
fire′works *n.* ①焰火,花炮,烟火信号弹 ②爆炸,枪战,夜间炮击 ③激烈争论.
FIREX = fire extinguisher (equipment)灭火器(设备).
fi′ring [ˈfaiəriŋ] *n.* ①点〔生,发〕火,点燃,引〔起〕爆,射击,发射,起〔启〕动,烘〔点〕炉,开车,开启,电 〔点〕火,触发 ②燃料,添煤,司炉,加燃料 ③熔〔燃〕烧,烧窑,烘,烤,加热〔发射〕. *continuous firing*(发动机)持续工作,连续加热〔发射〕. *firing activity* 导弹靶场,发射阵地,点火,发射,导弹发射前准备和发射操作. *firing angle* 引燃〔点火,点弧,起动,射出,发射〕角. *firing chamber* 火室,*firing delay* 延迟点火〔触发〕. *firing equipment* 加热设备. *firing ground* 靶区,发射试验场. *firing pattern* 爆炸方式. *firing period* 主动(飞行阶)段. *firing pin* 撞针. *firing point* = fire point. *firing potential* 点〔发〕火电位,点火〔起始放

电〕电压. firing pulse 点火〔点燃，起始〕脉冲. firing ring 测热圈. firing shrinkage加烧收缩. firing time 动作〔点火〕时间. firing voltage 点火〔开始点电〕电压，发射电压，发射地点，射击位置.气燃烧，烧煤气层燃烧. hot firing 热试车，点火试验. mock firing〔导弹〕模拟试验. modulator firing 调制器起动. vertical firing 垂直发射〔点火〕.

firing-line n. 火〔射击，第一〕线;安装石油运输管线的工地,修理管线区域.

firing-point n. 燃烧点，闪，发射，起动，电离，导通，放电开动点,发射地点,射击位置.

fir'kin n. 小桶,英国容量单位(=9 加仑).

firm [fəm] I a.; ad. 坚固〔硬,实,定,强,决〕(的), 稳〔牢〕固(的), 稳定的, 结实的, 坚确〔定〕的, 严格(地)… 不放. II v. (使)变坚〔牢，稳〕固, (使)变稳〔定〕. III n. 公司, 厂商, 商行. firm acceleration 稳定加速. firm belief 确信. firm bottom 坚硬地层, 硬土. firm capacity 保证出力, 稳定〔可靠〕容量. firm discharge 保证〔平常使用流量(=1/2 最大使用流量). firm ground 坚实地面, 硬土, 陆地. firm output 恒定〔保证,正常〕输出. firm peak discharge 恒定最大使用流量. firm peak output 恒定〔稳定〕峰值功率输出, 恒定最大输出. firm power 可靠出力〔功率〕, 恒定〔稳定〕功率. firm power energy 稳定功能, 恒定电能. firming agent 固化剂. ▲as firm as a rock 坚如磐石. be firm about〔in〕坚持, 抱住…不放. be firm in〔of〕(one's) purpose 意志坚决. be on firm ground 脚踏实地, 站在牢固的基础上. firm up 使牢靠, 加强, 建立. hold firm 固守, 抓牢. stand firm 站稳立场. take firm measures 采取坚决的措施.

fir'mament ['fə:məmənt] n. 苍天, 苍穹, 天空, 太空. ~al a.

firmer chisel 木工〔榫孔〕凿.

firm'ly ['fə:mli] ad. 坚固〔定〕地, 稳〔坚, 牢〕固地, 断然.

firmly-cemented a. 胶结很牢的.

firm'ness ['fə:mnis] n. 坚固〔牢, 定〕(性), 稳固〔定〕性, 硬度.

firmoviscos'ity n. 稳定粘性, 粘弹性.

firm'ware n. 稳定器,微程序语言,微型固件设备(固定存储器的微程序控制),固件(不属于硬件或软件)(用器件实现的)操作系统.

firn [fə:n] n. 粒〔万年, 半冻的〕雪, 永久积雪, 雪冰, 冰原. firn ice 万年雪冰.

fir'ring n. 灰板条, 板条面壁, 长的楔形木板〔条〕.

firry a. ①冷杉木制的, 枞木制的 ②多冷杉的.

FIRS =far infra-red spectra 远红外(线)光谱.

first [fə:st] a.; ad.; n. ①第一, 最(先, 早)(的), 首先, 初(步)的, 开始〔端〕的 ②第一流〔位〕的, 头〔最上等)的, 主要的, 最重要的, 基本的, 概要的, 首位 ③(…月)一号 ④(pl.) 一等品. first aid 急救, 急救法. first annealing 初次退火. first approximation 初步〔首次〕第一, 一级〕近似(值). first cause 主要原因,原动力. first coat (油漆等) 第一道涂工, 底涂〔层〕. first component 前件. first cost (初期)投资, 初次〔基建〕费用, 建造〔购置〕费, 生产〔初次)成本, 原价. first derivation 一阶求导, 第一次微分. first detector (外差收音机)混频器, 第一检波器. first difference 一阶有限差. first fail 初次失败. first floor (美)第一层(楼面), 底层, (英)二楼. first gear 第一速度齿轮, 头档(齿轮). first generation 第一代, 原版. first generation effort 第一阶段研制工作. first grade 头等, 甲级. first hand tap 头攻(锥), 初攻丝锥, 锥形手用丝锥. first harmonic 一次谐波, 基(谐)波. first integral 初积分. first item 首项. first level address 【计】直接(一级)地址. first level of packaging 一级组装. first line 第一线, 最前线, 一级品, 高档商品. first member 左端(边). first minification 初缩. first minor 初余子式. first moment 一阶矩. first multiple 全程多次反射. first order 一等〔阶, 次), (第)一级. first order pole 一阶极点, 单极点. first order theory 初等〔一阶〕理论. first pass 初次通过. first piece 粗(最初)加工部分, 粗加工工件. first polish 底层磨光. first power 一次方(幂). first principles 基本原理〔则〕. first quantization 一次量子化. first quarter (月)上弦. first speed 初速, 一号〔档〕速(率). first stone 基石. first term 开头项, 首项. first terminal 开头终结符. first variation 初级变分. first water = first-water. on the first of May (在)五月一日. at (the) first 最初, 起先, 开始时候, 乍看起来. at first glance 初看起来, 骤然看来. at first hand 直接(地), 第一手的. at first sight〔blush〕乍看, 一见就. be the first to + inf. (是)最先…的, 是第一个… 的. first and foremost 首先, 第一. first and last 始终, 一直, 整个一地, 整个看来, 总的说来, 就整体而论, 一共. first, last, and all the time 始终一贯, 绝对. first, midst, and last 彻头彻尾, 始终, 一贯. first of all 首先, 第一. first or last 早早, 早晚. for the first time 初次, 首次, 第一次. Friendship first, competition second. 友谊第一, 比赛第二. from first to last (自)始(至)终. in the first place 首先, 第一点. take the first opportunity 一有机会就. the first 前者. (the) first thing 第一件大事.

first-aid a. 急救的. first-aid repair 初步修理(缮).

first-aider n. 急救员.

first-angle projection 第一象限投影法, 首角投影法.

first-born a. 头胎的.

first-class Ⅰ a. 一级的, 第一流〔类〕的, 最好的, 头等的. Ⅱ ad. 极好; 乘头等车(舱)地, 作为密封(第一类)邮件. first-class mail 密封〔第一类〕邮件.

first-come first-served 谁先来谁先服务.

first-degree a. ①最低级的, 最轻度的, 第一度的 ②最高级的, 一级的, 最严重的.

first-fit method 首次满足法.

first-fruits n. 第一批果实, 最初的成果.

first-grade a. 第一流的, 头等的, 高(甲)级的.

first'hand' a.; ad. 第一手的, (得自本人的, 直接(得来))(的), 原始的. firsthand data〔material〕第一手

(原始)材料. *firsthand experience* 直接经验,切身体会. *firsthand investigation* 直接调查,实地考察. ▲*study a situation firsthand* 直接研究情况.

first-in *a.* 先进,快速输入. *first-in first-out list* 先进先出表.

first-level *n.* ; *a.* 一级(的).

first-line *a.* 第一线的,最优良的,头等的,最重要的.

first'ling ['fə:stliŋ] *n.* 初生物,初次收获,最初结果〔产品,成果〕,首批东西,最初得到的东西.

first'ly ['fə:stli] *ad.* 第一,首先.

first-order *n.* 一阶〔级,次,等〕,第一级. *first-order correction* 一次修正量. *first-order equation* 一阶〔次〕方程. *first-order frequency* 基频. *first-order reaction* 一级反应. *first-order result* 初次结果. *first-order subroutine* 第一级子程序. *first-order theory* 线性化[一级近似]理论.

first-out 先出,快速输出. *last-in, first-out list* 后进先出表.

first-phase *a.* 第一期的.

first-priority *a.* 最优先的.

first-rate *a.* ; *n.* 第一等[流,级](的),最上等的(东西),一流的. *ad.* 非常(好),很好.

first-rater *n.* 第一级的东西.

first-run *a.* 初流的;(电影)初次放映的,头轮的. *first-run slag* 初流渣.

first-scattering *a.* 最初散射的.

first-stage *a.* 第一阶段的,第一期的,第一级的.

first-stage-annealing *n.* 第一阶段退火.

first-strike *a.* 首轮攻击(进攻)的,先下手的.

first-string *a.* 正式的,第一流的.

first-water *n.* (钻石等的)第一水,头等,光泽最纯;第一流,最优秀.

firth [fə:θ] *n.* 河口(湾),海湾(三角港).

fir-tree *n.* 枞树,冷杉. *fir-tree crystal* 树枝状晶.

fis'cal ['fiskəl] Ⅰ *a.* 国库的,财政的,会计的. Ⅱ *n.* 财政部长. *the fiscal year* 财政(会计)年度.

fisetin *n.* 漆树黄酮.

fish [fiʃ] Ⅰ *n.* ①鱼 ②鱼尾板(片),接合板,加强夹箍,夹片(板) ③吊锚器,鱼雷,鲸鱼,家伙,东西,拖船,打捞物(落在井内的物件) ④[天] 双鱼宫. Ⅱ *v.* ①捕鱼,捞[拖,拉,搜]取 ②(锚)(轨条),用来板(加固,补强). *fish bar* 轨板. *fish bolt* 鱼尾(板)螺栓,轨节螺栓. *fish by-product* 鱼类加工副产品. *fish catch* 捕鱼量,鱼捕获量. *fish detector* 鱼群探测装置. *fish eye* 鱼眼,白点,(钢材加热或受力时表面产生的)缩孔. *fish farm* 养鱼场. *fish fry* 鱼秧,鱼苗. *fish joint* 夹板(鱼尾板)接合. *fish line conductor* 螺旋形导线. *fish mouthing* (轧制表面的)裂痕. *fish paper* 青瓷〔鱼质,鱼鳞〕纸. *fish piece* 〔*plate*〕鱼尾(板,接轨)板,夹板. *fish pole antenna* 鱼竿式天线. *fish pound* 一种飞机全景雷达. *fish scale* 鳞状脱皮,鳞斑. *fish tail* 鱼尾(槽). *fish tail cutter* 鱼〔燕〕尾铣刀. *fish track* 鱼(形)径迹. *fish wire* 电缆牵引线. *fished beam* 接合梁. *fished joint* 鱼尾板连接,夹板接合. ▲*a pretty* 〔*nice*〕*kettle of fish* 糟糕,乱七八糟. *fish a needle out of the ocean* 大海捞针. *fish for* 查〔探〕出,打听. *fish in troubled waters* 混水摸鱼. *fish out* 取〔捞,淘〕摸索〕出,吊起. *fish up* (从水中)吊〔捞〕起,搜〔取〕出.

fish'back *n.* 锯〔齿板.

fish-bellied 或 **fish-belly** *a.* 鱼腹式的.

fish-bolt *n.* 鱼尾〔夹板〕螺栓.

fish'bone *n.* 鱼骨形的.

fish-culture *n.* 养鱼(法),渔业.

fish'er ['fiʃə] *n.* 渔民,渔船,捞取者.

fish'erman *n.* 渔民,捕鱼船.

fish'ery ['fiʃəri] *n.* ①渔场 ②渔[水产]业,渔业公司 ③捕鱼. *fishery by-product* 水产副产品. *fishery harbour* 渔港.

fish-eye Ⅰ *n.* ①鱼眼,白(亮)点 ②缩孔. Ⅱ *a.* 采用高度广角镜拍摄的. *fish-eye camera* 水中〔鱼眼式〕照相机,水下摄像机.

fish'ing ['fiʃiŋ] *n.* ①捕鱼,渔场,渔业 ②夹板〔鱼尾板〕接合 ③钓取菌落(孢子,基因). *fishing banks* 〔*grounds*〕渔场. *fishing fleet* 执行远岸雷达警戒勤务的舰队.

fish-joint *n.* 夹板〔鱼尾板〕接合.

fish'ladder ['fiʃlædə] *n.* 鱼梯.

fish'like *a.* 呈鱼形的,形状像鱼一样的.

fish'pass ['fiʃpɑ:s] *n.* 鱼道.

fish'plate ['fiʃpleit] *n.* 鱼尾板〔接轨,接合〕(夹)板,(冷床)的铺板托梁. *fishplate splice* 鱼尾板接合〔镶接〕.

fish-pole *n.* 钓竿,吊杆. *fish-pole antenna* 钓竿式天线.

fish'pond *n.* ①一种飞机全景雷达 ②养鱼塘,海.

fish'tail ['fiʃteil] *n.* ①鱼尾(槽,形), (发动机)鱼尾形喷口段 ②(飞机)摆尾飞行. *fishtail bit* 鱼尾钻.

FISHWAFT = fission-product superheating wasteelement fuelled reactor 利用已用过的释燃元件工作的反应堆.

fish'way ['fiʃwei] *n.* 鱼道.

fish'y ['fiʃi] *a.* ①鱼(似)的,多鱼的 ②可疑的,靠不住的.

fiss *vi.* 裂变,分裂.

fiss mat = fissile material 裂变物质,核燃料.

fis'ser *n.* 可裂变〔分裂〕物质. *fast fisser* 快中子分裂物质. *thermal fisser* 热中子分裂物.

fissi- [词头]裂,分.

fis'sible *a.* 可裂变的,可(分)分裂的,剥裂的.

fis'sile ['fisail] Ⅰ *n.* 分裂性,裂变性. Ⅱ *a.* ①易(分)裂的,(可)裂变的,分裂〔裂变〕性的 ②可剥裂的,片(页)状的. *fissile material* 可裂变物质,裂变材料,核燃料.

fissil'ity [fi'siliti] *n.* 劈度,可劈性,易裂性,可裂变性.

fissiog'raphy *n.* ①裂变产物 ②自摄像术.

fis'sion ['fiʃən] *n.* ; *v.* ①分裂,(使)裂变[开] ②裂解(质谱) ,解离 ②分裂繁殖,裂殖. *fission bomb* (裂变式)原子弹. *fission chamber* (原子)核分裂箱,裂变室. *fission fragments* 裂变(分裂)碎片. *fission products* 核裂〔裂变〕产物. *Fission water* 空瞭水. *fission with thermal neutrons* 或 *thermal*

[thermal-neutron] *fission* 热中子作用下的分裂. *fissioned clay* 开裂粘土. *fissioned structure* 裂缝结构. *fissioning nucleus* 裂变核. *gamma fission* γ量子作用下的裂变. *high-energy fission* 高能粒子引起的分裂. *induce fission* 引起分裂. *reactor fission* 反应堆中(核)的分裂. *slow* [slow-neutron] *fission* 慢中子作用下的分裂. *total fissions* 裂变总数. *undergo fission* 受分裂.

fissionabil'ity [fiʃənə'biliti] n. 可裂变性, 能分裂[裂变]度, 分裂能力. *fast fissionability* 快中子作用下能分裂度. *thermal fissionability* 热中子作用下能分裂度.

fis'sionable ['fiʃənəbl] a. 可裂变[裂变的]的, 分裂变(性)的. *fissionable materials* 核分裂性[可裂变]物质, 裂变材料, 核燃料.

fis'sioned a. 分离的, 分裂的.

fis'sioner n. 可分裂[裂变]物质.

fission-fragment n. 分裂[分裂]碎片.

fission-produced a. 裂变产生的.

fission-producing a. 引起裂变的. *fission-producing neutron* 致裂变中子.

fission-product n. 裂变产物.

fission-product-bearing a. 含有裂变产物的.

fission-spectrum neutron 裂变谱中子.

fission-track dating n. 裂变痕迹测定(年代)法.

fission-yield n. 裂变产额.

fissiparous a. 有分裂倾向的, 裂殖的. ～ly ad.

fissium n. 裂变产物合金, 辐照燃料模样(裂变产物和铀的化合物).

fis'sula ['fisjulə] (拉丁语) n. 裂隙, 小裂(缝, 纹).

fissu'ra [fi'sjuːrə] (pl. *fissu'rae*) n. 裂(纹, 隙). ～l a.

fissura'tion n. 龟裂, 形成裂隙, 裂开.

fis'sure ['fiʃə] Ⅰ n. 裂缝[隙, 口, 纹], 断口, 缝隙, 龟裂. Ⅱ v. (使)裂开, (使)破裂. *fault fissure* 断层裂纹. *fissured structure* 裂缝结构.

fis'suring n. 裂隙, 节理.

fissus (拉丁语) a. 分裂的, 裂开的.

fist [fist] Ⅰ n. ①拳(头) ②笔迹 ③指标, 参见号. Ⅱ vt. 拳打, 紧握. *clench* [double] *one's fist* 握拳. *get one's fist on* 抓住.

fisted a. 握成拳头的.

fist'ful n. 一把, 相当大的数量.

fis'tular 或 **fis'tulous** a. 管状的, 中空的.

FIT n. 非特(失效率的单位, 表示 10-9 失效数/元件·小时).

FIT =fabrication, integration, and test 制作、集成和试验.

fit [fit] Ⅰ (*fit(ted)*; *fitting*) v. ①(使)适合[应, 应用](于), (使)符[吻, 贴, 切, 拟]合 ②装配[安, 合]装, 安装 ③跑[跨]合, 调准[整, 值] ④配(装, 预, 准), 备, 供给(应), 对…提供装备, 在…安装设备 ⑤使合格, 使胜任. *fit one's deeds* [*actions*] *to one's words* 言行一致. *The door fits well.* 这扇门好关. *fit the bill* 适应[符合]要求. *The key doesn't fit the lock.* 这钥匙配不上这把锁. *The wrench fits loosely.* 扳手卡得很松. ▲*be fitted with M* 备有[装有、配上]M. *fit … for …* 使…适应(宜, 合)于…, 使胜任. *fit in* (*with M*) (与M)配合, (与M)一致[相适应], 符合(M), 适应 M. *fit* (*M*) *into N* (使M)适合[适应, 符合](于)N, 和N相(配合)[相适应], (把M)放入[装进, 装配到, 调准到, 归入]N. *fit M like a glove* 完全符[贴, 切]合 M. *fit* (*M*) *on* 装上 M, 试穿(M), (把M)盖好. *fit M on N* 把 M 安装在 N 上. *fit M onto* [*onto*] N 把 M 安装[装配]到 N 上. *fit out* 装[配]备, 办妥, 为…作准备. *fit* (*M*) *over N* (把M)套[配]在 N 上. *fit tight* 紧配合, 紧紧贴[套]在 M 上. *fit M to N* 使 M 适合于 N, 把 M 装配[固定]到 N 上. *fit up* 准[配]备. *fit up M with N* 给M 装备N. *fit within* …在…范围内.

Ⅱ (*fitter*; *fittest*) a. 适(恰, 妥, 正)当的, 合适(格)的, 切合的, 相称的, 齐备的, 有准备的, 胜任的. ▲*be fit for the standard* 合乎标准. (*be*) *fit to* +*inf*. 几乎(快)要(做)的, 适于(做)的. *think fit to* +*inf*. 认为(做)是适宜的.

Ⅲ n. ①配[适, 吻, 切, 贴, 跑, 磨]行合, 装配, 镶嵌, 密接, 适[妥]当 ②接头 ③非特(=FIT) ④发作, 一阵, 痉挛. *clearance fit* 间隙(动座, 活动)配合. *close* [*tight*] *fit* 紧(密, 固定)配合. *close running fit* 转(动)配合. *close working fit* 紧滑配合. *coarse-clearance fit* 松转配合. *coarse fit* 粗配合. *curve fit* 曲线拟合, 实验曲线的符合. *drive* (*driving, flush*) *fit* 紧(牢, 密, 打入)配合. *easy push fit* 轻推(滑动)(安装)配合. *easy running fit* 轻转配合. *exact fit* 精确配合. *fine fit* 精巧配合. *fit joint* 套筒接合. *fit key* 配合键. *fit quality* 配合等级. *fit tolerance* 配合公差. *fitted curve* 根据实验点描出的曲线. *force* [*forcing, press*] *fit* 压(入)配合, 压力装配. *free fit* 自由配合. *heavy force fit* 重压紧配合. *high-class fit* 一级精确度配合. *interference fit* 静(压, 公盈, 干涉)配合. *Least-squares fit* 最小二乘方近似. *Light press fit* 轻压(紧)配合. *light running fit* 轻打(追)配合. *loose fit* 松配合. *loose running fit* 松转(动)配合. *medium fit* 中级配合. *normal-running fit* 转动配合. *push fit* 推入配合. *running fit* 转(松)动配合, 转合座. *shrink* [*shrinkage*] *fit* 冷(收)缩配合. *shrunk fit* 烧装, *slide* (*sliding, slip*) *fit* 滑(动)配合. *snug fit* 适贴配合, 滑(动)配合. *special fit* 特制接头. *stationary fit* 静(紧, 公盈)配合. *transition fit* 过渡配合. *wringing fit* 轻打配合, 紧配合. ▲*a fit of* 一阵, 如(下) *fits* (*and starts*) 一阵一阵地, 间断地, 不是连续地, 不规则地.

fit'ful ['fitful] a. 间歇的, 一阵阵的, 不定的, 不规则的, 不定期的. ～ly ad.

fit'ly ['fitli] ad. 适当(时)地, 合适地.

fit'ment ['fitmənt] n. ①家具, 设备 ②(pl.)装修, 附件, 配件.

fit'ness ['fitnis] n. 适合[宜], 合理, 适应(性) (for), 健康. *the fitness of things* 事物合情合理.

fit'-out ['fitaut] n. 装备, (旅行的)准备.

fit'tage n. 杂费.

fit'ter ['fitə] *n.* 装配[修理,钳]工. *pipe fitter* 管子装配工. *sheet metal fitter* (薄)金属板工. *X-ray shoe fitter* 鞋型选配用伦琴X线荧光镜.

fit'ting ['fitiŋ] **I** *n.* ①装[选,匹]配,配合[置],组[安]装,装修,调整,适[符,拟]接[合,拟]合法 ②(常用 pl.)装[设]备,(附属)装置,配[零,附,连接]件,装配部件,用品[具],仪器,器材,套筒,(管)接头,家[灯]具. **II** *a.* 适当[合]的,合适的,相称的. *alumite fitting* 防蚀铝注油嘴. *angle fitting* 弯头. *cable fittings* 电缆装配附件[接头]. *carburetor fittings* 汽化器接头. *conduit fitting* 导管配件. *curve fitting* 曲线拟合[求律]法,按曲线选择经验公式,曲线选配. *delivery fitting* 输送管. *electric light fitting* 电灯装置. *fitting a curve* 曲线拟合. *fitting arrangement drawing* 附件装配图. *fitting assembling work* 装配. *fitting metal fitting of fluids* 液体的选清,液体(组分)的配合. *fitting strip* 夹板. *fitting surface* 配合面. *fitting work* 装配工作. *gas fitting* 煤气装置. *joint fitting* 对接配件. *lubricator fitting* 上油嘴. *missile fitting* 导弹紧固装置. *pipe fitting* 管配件,管接头. *screw tight fitting* 紧配螺旋. *tight fitting* 严密接合. ~*ly ad.* ~*ness n.*

fitting-up *n.* 装配. *fitting-up bolt* 装配[接合]螺栓.

fit'-up ['fitʌp] *n.* 准(设,装)备.

FIU = frequency identification unit 波长计.

five [faiv] *n.*; *a.* 五(个),第五,五个一组. *five bit code* 五单位码. *five electrode tube* [valve] 五极管. *five figure system* 五位制. *five level code* 五电平码,五单位制码. *five links theory* (粘合机理中的)五环论. *five pointed star* 五角星. *five trackreader* 五单位输入机. *five unit code* 五(单)位制电码. *five-year plan* 五年计划.

five-digit *a.* 五位(数)的.

five-dimensional *a.* 五维(度)的.

five-electrode *a.* 五(电)极的.

five-element *a.* 五元的. *five-element tube* 五极管.

fivefinger *n.*; *a.* 海星;运用五个手指的.

five'fold ['faivfould] *a.*; *ad.* 五倍(的),五重(的).

five-membered *a.* 五圆的.

five'pence *n.* 五便士.

five'penny *a.* 值五便士的.

fi'ver ['faivə] *n.* 五元券,五镑钞.

five'-star' *n.* 五星的,第一流的.

five-tensor *n.* 五维张量.

five-term *a.* 五项的.

fix [fiks] *v.*; *n.* ①(使)固定,定位(点,像,影),安置[排],装配,整[修]理,(设备安装后的)调整,解决 ②确[许]定,决定(意),固着,浓缩,(使)不挥发,使(颜色)固着,固色 ③专注于,凝视,吸引,记住 ⑤坐标,方位(交会)点 ⑥切口 ⑦困境. *fix by bearing and angle* 方位和角度定位法. *fix by position lines* 坐标定位. *fix oil* 硬化(非挥发性,脂肪)油. *fix planting* 定值. *fix position* 定位,实测船位. *fix screw* 固定螺丝. *fix stopper* 固定挡销,定位销. *fix time* 测位时间. *navigator fix* 领航坐标.

radar fix 雷达定位. *radio (range) fix* 无线电定位(点). *running fix* 移动定位,定位交叉点. ▲*be in* [*get into*] *a (bad) fix* 陷于[入]困境. *fix M at N* 把 M 确定为 N. *fix M in place* 把 M 固定[安装]就位. *fix (M) into N* (把 M)固定在 N 内. *fix on* [*upon*] 决定(采取),选定. *fix M on to N* 把 M 附于 N. *fix one's mind* [*attention*] *on* [*upon*] 把注意集中在. *fix (M) to N* (把 M)固定[安装]到 N 上. *fix up* 安排,整顿[理],装设,修理[补],决定,解决,组织,编成. *fix M with costs* 使 M 负担费用. *out of fix* (钟表)不准.

FIX = ①establishing position by radio triangulation 用无线电三角测量确定位置 ②fixture 夹具.

fix'able ['fiksəbl] *a.* ①可安定[装设]的 ②可固着的,可(固)定的.

fix'ate ['fikseit] *v.* (使)固定[着],注视,凝视,集中眼力.

fixa'teur [fik'seitə] (法语) *n.* 介体,固定器.

fixa'tion [fik'seiʃən] *n.* 固[确,决]定,装配,安置[排],定位[型,影,像,色],凝固[视],不挥发. *fixation of eye* 注视. *fixation of gas* 气体的(热)稳定. *fixation of nitrogen* 固氮(作用).

fix'ative ['fiksətiv] **I** *a.* 固定着的,防挥发的,定色的,防褪色的. **II** *n.* 定影液,定色剂[料],固定[着]剂,介体.

fixed [fikst] *a.* 固[确,一,定,驻,稳]定的,不变(动)的,定位的,凝固的,不易挥发的. *fixed acid* 不挥发酸. *fixed air* 不流动空气. *fixed amplitude* 稳幅. *fixed blade* 静[固定]叶片. *fixed blade propeller turbine* 轴流定桨式水轮机. *fixed block* 固定块,定滑车. *fixed carbon* 固定碳. *fixed coupling* 固定联轴节,固接,固定配[耦合]. *fixed crystal* 定向晶体. *fixed echo* 固定(目标的)回波[反射波]. *fixed end* (固)定端. *fixed error* 固定[系统]误差. *fixed focus camera* 定焦照相机. *fixed head* 固定(磁)头. *fixed junction (of thermo couple)* (温差电耦的)恒温接头. *fixed lead navigation* 定角导航法[方式],提前跟踪法. *fixed mandrel* 定径心轴. *fixed par of exchange* 汇兑的法定平价. *fixed point* (固)定点,不动点,固定小数点. *fixed pulley* 固定滑轮. *fixed resistor* 固定[不可调]电阻. *fixed satellite* 地球同步卫星. *fixed star* 恒星.

fixed-analog *n.* 固定模拟.

fixed-cement-factor method 水泥系数法.

fixed-center 或 **fixed-centre** *a.* 固定中心的. *fixed-center change gears* 固定中心距变速齿轮泵.

fixed-coil I *n.* 固定线圈. **II** *a.* 定圈式的. *fixed-coil antenna* 固定环形天线. *fixed-coil indicator* 定圈式指示器.

fixed-course *n.* 固定航线的,定向的.

fixed-cycle *n.*; *a.* 固定周期,定周的.

fixed-delay *a.* 固定延迟的.

fixed-end *a.* 固定端的.

fixed-field *n.* (恒)定(磁)场.

fixed-format *a.* 固定格式的.

fixed-frequency *a.* 固定频率的,定频的.

fixed-gain *a.* 固定增益的. *fixed-gain damping* 恒定阻尼.

fixed-gate *a.* 固定闸门的,固定选通(脉冲)的.

fixed-in-the-earth *a.* 固定于地球的.

fixed-lead *a.* 恒定超(提)前的.

fixed-length *a.* 定长的.

fixed-loop Ⅰ *n.* 固定环. Ⅱ *a.* 固定环形的.

fix′edly ['fiksidli] *ad.* 固定地,不变(动)地,坚决地.

fixed-mask *n.* 固定掩模(型)的.

fix′edness *n.* ①固定,不变,确定 ②硬度,刚性,凝固〔水性,稳定,耐挥发)性.

fixed-nitrogen *n.* 固氮的.

fixed-point *a.* 定点的,(固)定小数点的.

fixed-program *a.* 固定程序的.

fixed-radix *a.* 固定底的,(固)定基(数)的,固定根值的.

fixed-range *a.* 固定距离〔行程,量程〕的,固定区域的.

fixed-satellite *n.* 地球同步卫星.

fixed-site *n.* 固定发射场.

fixed-target *a.* 固定目标的.

fixed-time *a.* 固定时(间)的.

fixed-tolerance-band compaction 固定容差范围的数据精简,固定裕度(带)压缩.

fixed-tuned *a.* 固定调谐的.

fix′er ['fiksə] *n.* ①定影〔色,像)剂,固定器 ②修车(保全)工. *spot fixer* 光点定位器.

fix′ing ['fiksiŋ] *n.* ①固定〔着)的,夹紧,嵌〔加)固 ②装配,安装,修理,整顿〔顿〕③定影〔像,位,向〕④切口,交叉 ⑤(*pl.*)设〔装〕备,附件,配件 ⑥装饰(品)⑦调味(品). *adjustable fixing* 调节固定. *banjo fixing* 对接接头〔组件). *fixing agent* 固定〔定影)剂. *fixing collar* 加固圈. *fixing device* 固〔锁)定装置. *fixing solution* 定影液. *frequency fixing* 频率固定〔稳定). *position fixing* 定位〔测)设〔定)置,定坐标. *radio fixing* 无线电定位〔定向,测位〕. *tuning fixing* 调谐固定. *wireless fixing* 无线电测位.

fixist *n.* 固定论者.

fixit =fix it. Mr. Fixit 解决困难的人,管杂事的人.

fix′ity ['fiksiti] *n.* =fixedness.

fix′ture ['fikstʃə] *n.* ①〔工件)夹具,卡具,固定物,定位〔固定)器,夹紧装置,安装用具,型〔支)架,附件 ②设备,装置〔修〕,安装,紧〔加)固,固定〔量,值,装置,状态) ③预定日期. *fixture block* 1卡〔夹)块. *electric fixtures of a room* 室内电气装置. *extension fixture* (电杆)展接装置. *light fixture* 灯具. *master fixture* 基准型架. *milling fixture* 铣削夹具. *welding fixture* 焊接夹具〔型架).

fizz [fiz] *vi.*; *n.* (发)嘶嘶声,嘶嘶地响,沸腾.

fiz′zle ['fizl] *vi.*; *n.* (发)嘶嘶声. ▲*fizzle out* 结果失败.

fiz′zy ['fizi] *a.* 嘶嘶发泡〔声)的.

FJ =①flush joint 平头接合 ②fused junction 熔融结.

fjeld *n.* 冰蚀高原.

fjell *n.* 冰蚀沼地.

fjord =fiord.

Fk =fork 叉.

F-K =Fermi-Kurie plot 费米-居里图.

FK LFT =fork lift 叉式起重机.

FL =①fixed light 常明光,定光 ②flame 焰 ③mable 易燃的 ④flashing 闪光,发亮 ⑤float switch 浮动开关 ⑥flood 淹(没),洪水 ⑦flush 冲洗,泛滥,齐平,平贴 ⑧focal length 焦距 ⑨foot-lambert 英尺朗伯 ⑩forced lubrication 强制润滑 ⑪ full load 满(负)载.

fl =fluid 流〔液)体.

F. i. a = *fiat lege artis* 按常规做.

fl dr = fluid dram(s) 液打兰(容量单位,合 3.551634ml).

fl oz =fluid ounce 流体盎司.

fl pt =flash point 闪〔燃)点.

Fl Rng =flash ranging (闪)光测(距).

flab′bily ['flæbili] *ad.* 软弱〔无力,松弛)地.

flab′biness *n.* 松弛,软弱.

flab′by ['flæbi] *a.* 松弛〔垂,软)的,软弱的,无力的.

flabellate *a.* 扇形的.

flabelliform *a.* 扇形的.

flac′cid ['flæksid] *a.* 松软〔弛)的,软弱的,无力气的. ~**ity** 或 ~**ness** *n.*

flack [flæk] *n.* ①广告,宣传(员) ②高射炮(火).

flag [flæg] Ⅰ *n.* ①旗(标,码),信号旗,(识别)标记〔志),信号发送器,指示器,【计】特征(位),标识位 ②石板,扁石,【地】板〔薄)层 ③物镜遮光器,镜头遮光罩(片). Ⅱ *flagged; flagging* *v.* ①悬旗于,用旗号表示,在旗上作标志,表征 ②铺(砌)石板 ③松弛,下〔垂)垂,变〔衰)弱. *alarm flag* (导航指示器上的)故障指示旗. *device flags* 设备标示器. *flag alarm* 报警信号器. *flag bit* 【计】特征〔标记)位. *flag captain* 旗舰舰长. *flag signal* 旗语,手势信号. *flag station* 旗站,信号停车站. *flag stone* 石板,扁〔板)石,薄层〔板层)砂岩. *flagged variable* 带标记变元(数). *gobo flag* 物镜遮光器,镜头遮光罩. ▲*lower a flag* 降旗.

flag′boat *n.* 旗艇.

flagellar *a.* 鞭毛的.

flag′ellate Ⅰ *a.* 有鞭毛的,鞭毛形的. Ⅱ *n.* 鞭毛虫.

flagella′tion *n.* ①生有鞭毛 ②鞭毛鼓动作用.

flagel′liform *a.* 细长的,鞭状的.

flagel′lum (*pl. flagella* 或 *flagellums*) *n.* 鞭毛.

flageolet′ [flædʒɔ'let] *n.* 坚〔哨)笛.

flag′ging ['flægiŋ] *n.*; *a.* ①(铺砌)石板,石板路 ②下垂(的),松弛(的),逐渐衰退〔减退,低落)的 ③"旗飘"效应 ④标记〔志),定标. *flagging stone* (铺路)石板,扁石.

flagit′ious [flə'dʒiʃəs] *a.* 罪大恶极的,凶恶的. ~**ly** *ad.*

flag′like *a.* ①旗状的 ②板状的,薄层〔层纹)状的.

flag′man *n.* 信号旗手,信号兵,旗工.

flag′officer *n.* 海军将官〔司令官).

flag′pole *n.* 标杆,测视图黑色垂直〔水平)线,(电视测试图)条状信号. *flagpole antenna* 金属杆天线,桅杆式(杆状)天线.

fla′grancy ['fleigrənsi] *n.* 罪恶昭彰,臭名远扬.

fla′grant ['fleigrənt] *a.* ①罪恶昭彰的,臭名远扬的 ②现行的,当场的. *flagrant offences* 重(大)罪.

flag′ship ['flægʃip] *n.* ①旗舰 ②最佳典型.

flag′staff ['flægsta:f] *n.* 旗杆.

flag′stone ['flægstoun] *n.* ①板石,铺路石 ②【地】板〔薄)层砂岩.

flail [fleil] *n.* 扫雷装置. *flail tank* 扫雷坦克.

flair [flɛə] *n.* 鉴别力,眼光,本领,才能. ▲ *have a flair for* 对…有鉴别力,有…的本领.

flak [flæk] *n.* ①高射炮(火,弹片) ②广告,宣传(员) ③批评,口角. *flak area* 防空火力区. *flak installation* 高射炮掩体. *flak jacket* 避弹衣. *flak ship* 防空军舰.

flake [fleik] I *n.* ①(薄,小,鳞,雪,石,絮)片,片状粉末,卷层,累状体,絮团,(由白点引起的)发裂 ②火星(花),白点 ③舣侧踏板 ④一卷绳索. II *v.* ①(使)(成片,分层)剥落,(使)成片降落,塌散,去氧化皮,刨[剥]片(away, off) ②压碎,压成片状 ③卷(绳索) ④变化 ⑤离开,失踪 ⑥昏过去. *aluminum flake* 铝粉. *flake glass coating* 薄玻璃涂层. *flake graphite* 或 *graphite flake* 片状石墨,石墨片[粉]. *flake white* (碳酸)铅白. *flakes of rust falling from old iron* 从旧铁上落下的一层层的铁锈. *snow flakes* 雪片[花]. ▲ *flake off* [*away*] 剥离. *fall (off) in flakes* 成片脱[降]落,纷纷落下.

flake'board *n.* 碎料板,压塑板.

flake'let *n.* 小片.

flake-off *n.* 剥落(掉),片落.

fla'ker *n.* 刨片机.

fla'kiness *n.* 片状,片层分裂.

fla'king I *n.* ①薄[鳞,刨,结]片 ②表面[片状,分层]剥落,(锅炉)去氧化皮 ③压碎 ④制成薄片,压成片状. II *a.* 易剥落的.

fla'ky ['fleiki] *a.* (薄)片状的,成片的,鳞状的,易剥落的,有白点的,怪异的. *flaky grain* 片状颗粒. *flaky material* 片状(颗粒)材料. *flaky resin* 片(粉)状树脂.

flam [flæm] I *n.* II (*flammed; flamming*) *v.* 欺骗,谎话,诡计.

flam'beau ['flæmbou] (*pl. flambeaus* 或 *flambeaux*) *n.* 火炬,大烛台,燃烧废气的烟囱.

flamboy'ance 或 **flamboy'ancy** *n.* 火红,艳丽,浮夸.

flamboy'ant [flæm'bɔiənt] *a.*; *n.* 火焰式(似)的,火红色(的),艳丽的,浮夸的.

flame [fleim] I *n.* ①(火)焰,火舌(苗,炬) ②光辉,(火)红色,热情. II *v.* ①发火焰,燃烧,烧(焦),火焰灭菌,加热于 ②闪耀,照亮,照射. *arc flame* 电弧焰. *flame ablation* 熔化烧蚀. *flame arc* 弧焰. *flame arc lamp* 弧光灯. *flame arrester* [*damper*] 灭火器,火焰消除装置. *flame attenuation* (火箭喷焰引起的)信号衰减. *flame carbon* 发(弧)光(弧焰)炭精棒. *flame chipping* 铙剥. *flame (colour) test* 焰色试验. *flame couple* 热电耦. *flame current* 电弧电流. *flame cutting* 火焰切割(法). *flame descaling* 喷焰除锈,火焰清理. *flame lighter* 点火器. *flame photometer* 火焰光度计. *flame planer* 龙门式自动气割机. *flame projector* [*thrower*] 喷火器,火焰喷射器. *flame resistance* 抗燃性,耐火性. *flame resisting difficulty* (的),耐火(焰)的. *flame retardant* 防燃剂. *flame scaling* (钢丝)热浸镀锌,(锌镜层)火焰加固处理. *flame seal galvanizing* (钢丝)火封热熔浸镀锌法. *flame shield* 火焰反射体,耐火墙. *flame tracer* 曳光弹. *flame tree* 凤凰木. *flame ware* 耐热玻璃器皿,烧煮食物的玻璃器具. *flame welding* 熔(烧,气)焊. *non-luminous flame* 无光焰. *oxidizing flame* 氧化焰. *pilot flame* 标灯,起动(点火)火舌. *reducing flame* 还原焰. ▲ *burst into flame(s)* 烧起来,烧着了. *commit … to the flames* 把…烧掉. *flame out* [*up, forth*] 燃烧,烧起来,突然冒火焰,激动(怒). *in flames* 燃烧着.

flame-contact furnace 反射炉.

flame-cut *vt.* 气炬(火)切割.

flame-etch *n.* 火焰侵蚀.

flame-generated *a.* 火焰引起的.

flame'holder *n.* 火焰稳定器,稳焰器.

flame'holding *n.* 火焰稳定,燃烧稳定.

flame'less *a.* 无焰的. *flameless powder* 无焰火药.

flame'out *n.* 燃烧中断,熄火,断火,火焰分裂(离).

flame-projector *n.* 喷火器,火焰喷射器,打火机.

flame-proof *a.* 防焰(火,爆)的,耐火的,不易燃的. *flameproof paint* 耐火漆.

flamer *n.* 火焰喷射器.

flame-resisting *a.* 耐[防]火的.

flame-sprayed *a.* (火)焰喷涂的.

flamestat control 火焰熄灭控制.

flame-thrower = flame-projector.

flame-tracer *n.* 曳光弹.

flame'ware *n.* 耐火器皿,耐热玻璃器皿,烧煮食物的玻璃器具.

fla'ming ['fleimiŋ] *a.* ①燃烧(似)的,喷火的,熊熊的火焰般的,炽热的 ②热烈的,夸张的,惊人的. *flaming arc* 焰弧,发光电弧. *flaming onions* 高射炮弹(球状曳光弹)的火光. *flaming sheath* 火焰覆盖层. *flaming test* 冲头扩孔法钢材可延性试验.

flammabil'ity *n.* 易(可)燃性,燃烧性. *flammability point* 燃点.

flam'mable ['flæməbl] *a.* 易(可)燃的.

flammentachygraph *n.* 循环测定器.

flammenwerfer [德语] =flame-projector.

fla'my ['fleimi] *a.* 火焰(似)的,熊熊的.

flanch =flange.

flange [flændʒ] I *n.* 凸(突,翼,边,轮)缘,法兰(盘),翼,带(片)凸,突边,突出部,平滑弯的爪,轨底,凸缘(制造)机. II *vt.* 在(…上)安装凸缘(法兰),作凸缘,镶(套,翻,折)边,折缘. *adapter flange* 配接凸缘. *arbor flange* (铣刀杆上的)盘式刀架. *cast flange* 固定凸缘,铸成凸缘. *choked flange* 扼流接头. *compression flange* (构件在弯矩作用下的)受压边. *counter flange* (轧辊凡型设计的)反翼缘,假腿. *flange angle* 凸缘角铁,翼角钢. *flange beam* 工形钢梁,工字钢. *flange bolt* 凸缘螺栓. *flange bracing* 纵向联杆. *flange focal distance* 基面截距. *flange head* 【铸】S型修型笔,弧面秋叶. *flange(d) joint* 或 *flange (shaft) coupling* 法兰接合(头),法兰(凸缘)联轴节. *flange machinery* 起缘(弯边)机械. *flange motor* 凸缘型电动机. *flange moulded packing* 帽形(领圆形,凸缘(式)型)压填衬件. *flange mounting* 凸缘(式)安装(座),用凸缘进行安装. *flange of beam* 梁(的)翼(缘).

flange of bush 衬套凸缘. *flange of coupling* 联轴器凸法. *flange plate* 〔slab〕翼缘板. *flange rail* 宽底〔槽形,电车〕轨. *flange rivet* 翼缘铆钉. *flange test* 边缘试验. *flange wrinkle* 拉深件凸缘皱折. *flanged beam* 工字钢〔梁〕. *flanged connection* 法兰〔盘〕连接. *flanged edge weld* 卷边焊. *flanged radiator* 凸缘片式散热器. *flanged section* 凸缘型钢. *flanged tube*〔pipe〕凸缘〔法兰〕管. *front barrel flange* 壳体前法兰盘,料筒前凸缘. *rail flange* 轨底. *wheel flange* 轮缘. *wide flange beam* 宽缘工字钢. *The pipe is flanged at the top.* 管端装有法兰. ▲*flange M to N* 用法兰凸把 M 连接到 N 上.

flange'less *a.* 无凸〔突〕缘的,无法兰的,不卷边的, *flangeless tyre* 无凸缘轮胎.

flan'ger [ˈflændʒə] *n.* ①起〔折,凸〕缘机,凸缘〔制造〕机,起边机,弯边压力机 ②〔铁路〕排雪档〔板〕,除雪机〔制,装〕凸缘工人.

flange'way *n.* 轮缘槽.

flan'ging *n.* (作)凸缘,折边〔缘〕,镶〔卷〕边,外〔缘〕翻边,翻口. *flanging angle* 卷边角度. *flanging machine* 折边机,冲卷边压床,外缘翻边机. *hydraulic flanging press* 液压翻边压力机. *flanging test* (管口)折边试验〔边与管轴垂直〕.

flank [flæŋk] Ⅰ *n.* ①侧面〔腹,翼〕,后面,边,外侧,肋部〔腹〕②〔螺纹牙的〕齿侧面,齿腹,(齿轮的)齿根面 ③脉冲波前,翼侧包围〔攻击〕. Ⅱ *v.* 在(位于)…的侧面〔两侧〕,与…的侧面相接(on,upon),翼侧包围〔攻击〕. *convex flank cam* 凸腹凸轮. *flank attack*〔fire〕侧翼攻击,侧射. *flank fire* 侧翼〔射火力〕. *flank of thread* 螺纹侧面. *flank of tool* 刀具侧面. *flank of tooth* 齿面,铣齿侧面. *flank profile* 齿腹〔面〕. *relieved flank* 铲修后隙面. ▲*cover a flank* 掩护侧面. *turn the flank of* 从翼侧包抄,驳倒,智取.

flan'ker *n.* 侧(面)堡(垒),两侧的东西.

flan'nel [ˈflænl] Ⅰ *n.*；*a.* 法兰绒(布,衣服,的). Ⅱ (*flannel(l)ed*；*flannel(l)ing*) *v.* ①用法兰绒包(擦擦) ②哄骗. *flannel disc* 法兰绒磨光盘.

flannelet(te)' [flænəˈlet] *n.* 绒布,棉法兰绒.

fln'nelly *a.* 法兰绒似的,(声音透过法兰绒似地)鼻音的.

flap [flæp] Ⅰ *n.* ①片状(垂悬)物,折〔铰链,阻力,活,挡〕板,加阻(副)翼,(皮,活舌,筒)瓣,箕(皮)片,活盖(扉)边舌 ②闸(阀)门,舌阀,锁气器风门(鱼鳞)片 ③(飞机的)襟翼,副翼,(火箭的)舵 ④(轮胎的)挡带 ⑤(话机上)握键 ⑥往返翻动机,扑动,拍动 ⑦惴惴不安,神经紧张. Ⅰ (*flapped*；*flapping*) *v.* ①低下下垂,拉(放)下,装垂片状物 ②拍打(动). *air flap* 风门(鱼鳞)片. *dive flap* 减速(阻力)板. *exhaust flap* 排气阀. *flap attenuator* 刀型衰减器. *flap gasket* 平垫圈. *flap gate* 舌瓣(翻板,铰链式,倾倒式)闸门. *flap valve* 瓣(止回,舌形,翻板,球)阀,自动(回)阀. *flap wheel* 扬光轮. *landing flap* 着陆襟翼,着陆阻力板. *non-return flap* 止回瓣(阀). *pressure flap* 压力阀,均压拍吉气门. *radiator flap* 散热器风门片. *rubber flap* 橡胶刮板.

flap-door *n.* 吊门,活板门

flaperon *n.* 襟副翼.

flap'per *n.* ①有铰链的门,舌门 ②瓣(舌形)阀,活塞,锁气器 ③片状悬垂物,挡板(片),摇板 ④号牌,牌盖 ⑤逐稿轮,抛撒器. *flapper coil* 调节耦合度用的短路线图. *flepper valve* 瓣(舌形)阀. *nozzle flapper* 喷嘴挡板.

flap'ing *n.*；*a.* 扑动,拍击,摇摆运动,挥拍的.

flapping-wing *n.* 扑翼的.

flap-seat *n.* 折椅.

flap-type attenuator (波导中的)刀型衰减器.

flap-valve *n.* 瓣(舌,止回,翻板)阀.

flare [flɛə] *n.*；*v.* ①闪耀(烁,亮,现),闪光(信号装置),爆发,突然烧起来,火苗(舌,焰,炬),照明弹(灯),曳光管②(物镜)反射(寄生)光斑,(底片)翻雾斑,(太阳)耀斑,色球爆发,晕轮光 ③端部(向外)张开,(向外)扩张(成喇叭形),(使)船侧外倾,底部加宽成喇叭口,喇叭管(形,张开部分,锥形孔,锥度 ④漏斗 ⑤潮红,突发,新病突发. *aluminum flare* 铝质照明剂. *flare angle* 张(展开,喇叭维)形,喇叭张角. *flare correction* 杂散光校正. *flare factor* 扩张系数. *flare gun* 信号手枪. *flare path* 照明跑道. *flare point* 燃点,着火点. *flare spot* 晕光,寄生光斑. *flare star* 耀星. *flare stop* 杂光,光阑. *flare tube fitting* 喇叭管接头. *flare veiling glare* 杂光. *flare wing wall* 斜翼墙. *landing flares* 着陆照明弹,机场着陆照明灯火. *lens flare* 光晕,耀光. *signal flare* 信号灯. *sodium flare* 钠照明炬,钠光管. *solar flare* 日耀. ▲*flare out*(突然)闪亮,骤燃. *flare up* 骤燃,闪光,张开焰.

flare'back *n.* 回火,逆火,火舌回闪,炮尾后.

flared *a.* 扩张(口,展)的,爆发的,加宽的,漏斗式的. *flared base*(天线)张口边. *flared crossing*〔intersection〕漏斗〔加宽〕式交叉. *flared deflection yoke*(电视)放宽图像的偏转系统. *flared ends*(致偏移线圈的)弯边,翻边端. *flared gas* 燃烧天然气. *flared radiating guide* 喇叭形〔口〕辐射波导. *flared*(*stator*) *casing* 扩张式气缸. *flared tube* 扩口管.

flare'-out *n.* 均匀,(着陆时)拉平〔直〕,开口端截面的增大. *flare-out computer* 着陆修正计算机.

flare'-path *n.* 照明地带,照明跑道.

flare-up *n.* 骤燃,闪光,突然发出火焰,突然爆发.

flare'-wall *n.* 翼墙.

fla'ring [ˈflɛəriŋ] Ⅰ *n.* 扩口(管),锥形,凸缘,卷边,不稳定的燃烧. Ⅱ *a.* ①喇叭形的,张开的,外倾的,扩口的,向外伸的 ②发光的,闪耀的,内聚的. *flaring angle* 喇叭〔号筒〕锥顶角. *flaring cup wheel* 碗形砂轮. *flaring horn* 碗展号筒. *flaring machine* 旋转扩口机. *flaring test*(管端)扩口试验. *pipe flaring tool* 管子扩口工具.

flaser *n.* 变质岩内形成的不规则条痕扁豆状构造. *flaser structure* 压扁构造. *flaser texture* 鳞状组织.

flash [flæ] Ⅰ *v.* ①(使)闪光〔现,发,烁,燃,弧〕,发火花,(一下子地)射出〔传,行动〕,掠过,使迅速传递 ②【化】闪蒸,蒸浓,自〔急〕蒸发 ③【焊】烧化 ④去毛刺 ⑤(大池地)放出〔水〕(电报,信号) ⑥泻放,泄水,决泄,用水突然灌注〔满〕,(把放映屏)放成薄板,给(玻璃)镀色,在…覆以有色玻璃膜 ⑧薄镀

⑨闪锻 ⑩(用防护物)覆盖. II n. ①闪光[电,燃,现,烁,发,蒸],突然燃烧,光泽,亮度,(一)闪,(一)亮,一瞬间,一刹那,暴风雨,强脉冲,【焊】烧化 ②溢出式塑模,(模腔)溢料,(模)缝背,(模锻)飞边,(模锻)毛边[翅,刺],披锋,唇缩,成形后的余料,(唱片)边料 ③堰闸,泻水沟,决泻(灌注)时的(短)电讯,对电视图像的瞬时干扰 ⑤倒叙,闪回,火舌回风,反风,逆弧 ⑥与闪光灯下摄成的照片 ⑧黑话,隐语. III a. ①闪(现,光,耀,蒸)的,突然出现的,急骤的,暴涨的,快迅的,火速的,瞬时的,带有闪光(照相)设备的 ②时髦的,虚饰的,假的 ③磁化的,致雅的. *a flash of lightning* 闪电. *bottom flash* (钢锭缺陷)底下边. *flash and strain* 飞边,毛翅,鳍形凸出物. *flash antenna* 平面天线. *flash arc* 火花弧,闪光弧. *flash back* 反点火,反风. *flash back voltage* 反闪[逆弧]电压. *flash baking* 快速烘烤[干燥]. *flash barrier* 瞬时[闪光]屏蔽,瞬时防波套[遮光板,隔光板] ④屏,飞弧阻挡层,闪弧板[防漏板,闪络隔板(拦]). *flash blow* 溢料通风. *flash board* (坝顶调节水位的)闸板,决泄板. *flash boiler* 闪蒸锅炉. *flash bomb* 闪光炸弹. *flash burn* 闪光烧伤. *flash (butt) welding* 电弧(火花)对(接)焊,火花对头焊接法,闪光焊. *flash card* (教学用)闪视卡片. *flash coating* (钢丝的)薄镀(铜或锡)层. *flash distillation* 急骤蒸馏法. *flash drying* 急骤干燥. *flash evaporation* 闪蒸,骤蒸. *flash flood* 骤发洪水,暴洪. *flash gas refrigeration* 气体闪蒸冷冻. *flash getter* 蒸散消[闪时吸,闪烁吸,表面收]气剂. *flash glass* 有色玻璃. *flash gun* (与闪光灯配合的)闪光操纵装置,闪光粉点燃器,闪光枪. *flash heat* 快速加热. *flash lamp* 闪光灯(泡),脉冲电子管. *flash light* 闪光(灯),手电筒. *flash magnetization* 闪磁化,瞬时磁化,瞬时电流磁化. *flash melting* (电镀锡薄钢板锡层的)软熔发亮处理. *flash mold* 溢出式塑模. *flash page* (电视文字广播和电视杂志中的)短页. *flash picture* 闪光灯所拍照片. *flash pin gauge* 探销式塞规. *flash plating* 薄镀(层). *flash point* = flash-point. *flash polymerization* 骤发聚合反应. *flash roasting* 飘悬焙烧. *flash set* 急凝,瞬时凝结. *flash signal* 闪烁[闪光,亮度]信号. *flash star* 闪光星. *flash tank* 膨胀(闪蒸]筒. *flash test* 击穿[瞬间,(高压)]试验. *flash time* 熔化时期. *flash tube* 闪光管. *flash welding* 火花(电弧,闪]焊. *flashed filament* 闪光处理碳丝. *flashed glass* 镀色玻璃. *flashed photicon* 辐帖康(一种闪光机). ▲*a flash in the pan* 昙花一现,虎头蛇尾. *flash back* 反照[射,闪,光],反点火,闪回,火舌回风,逆燃,(电影)倒叙. *flash back voltage* 反闪[逆弧]电压. *flash by [past]*(如电光)一闪而过,掠过. *flash into being* 闪现. *flash off* 闪蒸出,急骤馏掉. *flash on* 发闪光,突然快闪. *flash (M) on and off* (使M)闪烁. *flash out* 闪蒸排出. *flash over* 飞弧,闪络,跳火. *flash to* 急骤蒸发成,闪蒸成,迅速变成,泻到. *flash up* 功率激增. *in a flash* 即刻,一瞬间,刹那间.

flash- 〔词头〕瞬间,快速,闪.
flash-arc *n*. 火花弧.
flash'back *n*. ①逆燃(火,弧],回[反点]火 ②反照(射,闪]③倒叙,回忆过去. *flashback voltage* 反闪[逆弧]电压.
flash'board *n*. (坝顶调节水位的)闸[决泄]板.
flash'box *n*. 闪蒸室,膨胀箱,扩音器.
flash'-bulb *n*. 镁光灯[闪光灯(泡)].
flash'cube *n*. 立方闪光灯.
flash'-dry *vt*. 使快干.
flash'er [ˈflæʃə] *n*. ①闪光[烁,角反射]器,闪烁光源,闪光灯,闪标,赤热金属丝蒸发,瞬间气化 ②电路)自动断续装置,自动断续开关 ③(雷达干扰用)敷金属纸条 ④(玻璃)镀色工. *flasher dropping* 散布(雷达干扰)金属带. *flasher relay* 断续继电器. *flasher unit* 闪光标灯. *thermal flasher* 热变闪光灯.
flash-forward *n*. 提前叙述未来事件.
flash'ily *ad*. (外表)漂亮地.
flash'ing [ˈflæʃiŋ] *n*. , *a*. ①闪光[烁](的),闪弧,电弧放电,发亮,发火花,光源不稳,后曝光 ②急骤蒸发,闪蒸,赤热金属丝蒸发,瞬间气化 ③金属沉积镀层 ④玻璃镀色 ⑤防雨[挡水,挡火,围墙]板,(防漏用)金属盖片,(皮带传输机边缘防物料撒落的)软挡条 ⑥决[泄]放,灌(泛)水,暴涨,(压力降低时)水冲,水跃 ⑦喷射 ⑧(铸件)飞边. *external flashing* 外部闪亮[发光]. *flashing arrow* 闪光指示箭头. *flashing beacon* 闪光灯标. *flashing composition* 引爆剂. *flashing indication [light]* 闪光(信号). *flashing key* 闪光(烁]电键. *flashing (light) signal* 闪光(灯,烁]信号. *flashing point* 闪(火)点,引火点,燃点. *flashing potential* 着火电位. *flashing relay* 闪(光)继电器,断续继电器. *flashing unit* 闪光标灯.
Flashkut *n*. 落锤锻造钢(碳1%,铬4%,其余铁).
flash'lamp *n*. 闪光灯(泡),小电珠.
flash'less *a*. 无闪光,无光亮.
flash'light *n*. ①闪光信号 ②手电筒 ③闪光,闪光灯(下摄成的照片).
flash'-loss *n*. 闪光留量.
flash'-off *n*. 闪蒸出,急骤蒸发掉. *flash-off of steam* (因压力骤降而气化)闪蒸为蒸汽.
flashom'eter *n*. 闪光仪,闪光分析计.
flash'over *n*. 飞弧,击穿,闪络,闪络电压. *dry flashover voltage* 击穿(闪络,干弧]电压. *flashover characteristic* 放电特性. *flashover strength* 火花击穿强度. *flashover welding* 弧(闪]焊.
flash'-point *n*. 闪(火)点,(闪]燃点,着[引]火点(温度),起爆温度.
flash-recall *n*. 闪(烁信号)灯式二次呼叫.
flash-roasting *n*. 飘悬焙烧.
flash'tube *n*. 闪[熒]光管.
flash'-type *a*. 闪光型的.
flash'-up *n*. 功率激增,(反应堆)功率增长.
flash'y [ˈflæʃi] *a*. 闪光(发)的,一瞬间的,炫耀的,昙花一现的,华而不实的. *flashy flood* 骤发洪水,暴洪. *flashy load* 瞬间荷载. *flashy stream* 有暴洪的河流,山溪性河流.
flask [flɑ:sk] I *n*. ①(细颈,长颈,曲颈]瓶,泡 ②【铸】型(砂,上]箱,无箱档砂箱,水〔火药]筒 ③运

送水银用铁制容器(76 磅). 贮罐, 盆, 坦, 圆桶. II
vt. 装在烧瓶(型箱)中, 制模盘, 做模. *balloon flask*
球型烧瓶. *casting flask* 铸造型盒. *certified-volumetric flask* 检定量瓶. *conical flask* 锥形瓶. *culture flask* 培养瓶. *Dewar* 〔vacuum jacketed〕
flask 杜瓦〔真空, 保温〕瓶. *distilling flask* 蒸馏瓶.
double flask 二重烧瓶. *Ertenmeyer flask* 三角〔锥
形〕瓶. *filter flask* 滤瓶. *flask board* 托模板, 底
板. *flask clamp* 砂箱夹, 卡子. *flask moulding box*
〔砂〕箱造型. *flask pin* 砂箱的定位销. *flask rammer* 平头捣锤. *foundry flask*〔铸造〕砂箱. *gasometer flask* 量计, 气量瓶. *measuring* 〔volumetric〕
flask〔容〕量瓶. *molding flask* 型盒, 〔铸〕模盒.
pressure flask 耐压瓶. *sectional flask* 分铸砂箱.
shielding flask 屏蔽容器. *suction flask* 吸〔滤〕瓶.
thermos flask 保温瓶. *two-piece flask* 两部型盒.
volumetric flask〔容〕量瓶.

flask′et ['flɑ:skit] *n*. 小(细瓷)瓶.

flat [flæt] I *a*. ①平(坦, 直, 伸, 展, 缓, 滑, 淡)的, 平
(averroe)的, 平板状的, 低平的, 光学平的, 浅的, 展(伸)
开的 ②跑了气的, 没有劲的, 电压下降的 ③无光泽
的, 暗色的, 无明暗差别的, 不透明的, 无深浅反应的,
无景深的, 轮廓不清楚的 ④直率的, 断〔全〕然的,
绝对的 ⑤降〔半〕音的, 实音的, 低音的. II *ad*.
①平〔直, 伏〕, 仰卧地, 水平地 ②恰好, 正〔好〕, 断然,
直截了当地 ③无〔利〕息地. III *n*. ①平面〔地, 房〕,
平坦部分, 扁〔窄滑〕材, 板材, 片, 扁〔平〕条, 建筑的东
西, 平板车, 平底船, 平台(甲板), 注地, 浅滩 ②跑了
气的轮胎 ③一层(楼)公寓, 成(一)套房间. IV (**flat-ted; flatting**) *v*. (使)变平, 平整, 平辗轧制, 使无
光泽. *The batteries were flat*. 电池走电,电池电压
下降. *flat and edge method* 圆侧平辗-方形孔型系
统轧制法. *flat arch* 平〔扁〕拱. *flat bar* (*iron*)扁
〔条〕钢, 扁条, 板片. *flat bearing* 平面轴承, 双脚支柱,
扁柱. *flat bed* 平层, 绘图平台. *flat bed truck* 平板
(式运货汽)车. *flat bit tongs* 扁嘴钳. *flat bog* 低洼
地. *flat cable* 带状〔扁平〕电缆. *flat car* 平
(板)车, 敞车. *flat channel amplifier* 平直幅频
特性(平直通路)放大器. *flat characteristic* 平顶特
性(曲线). *flat chisel* 扁凿. *flat clamp* 平压板
flat cold-rolled sheets 冷轧扁板. *flat commission* 统一手续费. *flat compound dynamo* 平复
激发电机. *flat cost* (预算) 直接费. *flat country* 平
坦地区, 平原, *flat crystal* 片状晶体. *flat curve* 平
缓〔直〕曲线, 平均率, 匀滑, 大半径小曲线. *flat demand rate* 定额收费制. *flat denial* 断然否认. *flat dies*
螺纹搓板, 搓丝板(模). *flat drill* 平钻, 扁(三角)钻.
flat earth model 地球平面模型. *flat element* 平面
元. *flat fading* 按比例衰减, 平(滑)衰落. *flat file*
扁(板, 平)锉, 单调资料. *flat fillister screw* 有槽
扁头螺杆. *flat fire* 平射. *flat forming tool* 棱形
成形车刀. *flat frequency control* 恒定频率控制.
flat gain control capacitor 平坦增益调节, 线
性增益调节(的)电容器. *flat gain master control* 平调
增益主控器. *flat gauge* 样板, 板规. *flat grade*
〔gradient〕(平)缓坡(度). *flat hammer* 扁锤. *flat head* 平(扁)头. *flat hoop iron* (平)箍钢, 带钢. *flat iron* 扁(条)铁, 熨斗. *flat jack* 扁千斤顶. *flat joint* 平缝. *flat jumper* 扁凿. *flat lapping block* 精研平
台. *flat light* 平淡照明, 单调光. *flat line* 平坦, 无损耗的行波传输线. *flat link chain* 扁环节链, 板链. *flat noise* "白"噪声, 频谱上能量平均分配的起
伏噪声. *flat nose pliers* 扁嘴〔平口〕钳. *flat of thread* 螺纹面. *flat pack* 扁平组件(封装), 外壳), 平
装集成电路, 平封半导体网络. *flat pack type* 扁平
包(封)装(式), 普通包装式. *flat package* 扁平组件
(封装), 扁平(组件)外壳. *flat paint* 无光漆. *flat pass* 扁平孔型. *flat path* 低伸弹道, 低伸弹
轨道. *flat pencil* 线束. *flat picture tube* 平板型显
象管. *flat random noise* 无规则"白"噪声. *flat rate* 按单位时间计价, 包价(收费制), 按期付费, 统
售价格, 统一收费率. *flat rectangular package* 矩
形扁平组件(外壳). *flat refusal* 断然拒绝. *flat rolled steel bar* 压延锯条. *flat roof* 平面屋顶.
flat sawed lumber 顺锯木材. *flat scraper* 平面刮
刀. *flat seam* 平合缝. *flat sheet* 平面板. *flat slab*
平(无梁)板. *flat slab capital* 〔*column*〕*construction* 无梁板柱构造. *flat slab floor* 无梁楼盖. *flat sound* 不响亮的声音, 瘖哑声. *flat space* 平坦(直)
空间. *flat spin* (飞机)水平平螺旋. *flat spiral coil* 潜
丝形线圈. *flat spirals* 光滑旋管, 平螺旋线. *flat spot* 无偏差灵敏点, 平点. *flat spring* 扁(片)平
簧, 板(带状)弹. *flat steel* (*bar*) 扁钢. *flat tie-line control* 传输线负载控制. *flat tip* 平头电极. *flat top* 平顶, 天线水平部分. *flat tuning* 粗(宽, 钝)调,
平直调谐. *flat TV* 平板电视. *flat type piling bar*
平板桩. *flat type stranded wire* 扁平多股绞合线.
flat tyre 跑气(泄了气)的轮胎. *flat ware* 浅碟.
flat wave 平顶波. *flat welding* 搭接焊. *optical flat* 光学(平行)平晶, 光学平面. *mud flats* 泥沼.
ring flat 环状平晶(平垫). *salt flats* 盐田. *tyre flat* 轮胎漏气, 轮胎磨耗. ▲*fall flat* 跌倒, 完全失
败, 达不到预想效果. *flat down* 平面朝下, (六角
钢)平轧. *flat out* 渐薄, 倾全力, 用全速, 终无结果.
join the flats 使成为连贯的一体. *lie flat* 平放
(卧).

flat-and-edge method 平-立轧制法.

flat′band *n*. 平带, 平能带.

flat′bed *n*. 平台(机). *flat-bed plotter* 平板绘图仪.
flat-bed trailer 平板车.

flat′-bedded *a*. 平层状的.

flat′-boat *n*. 平底船.

flat-bottomed *a*. 平底的.

flat-braided *a*. 扁平的, 扁形编织的.

flat′-car *n*. 平(板)车, 敞车, 平板货车.

flat′-card *n*. 扁平卡片.

flat′-channel *n*. 平(直通)路. *flat-channel amplifier* 平直通路(平直幅频特性)放大器. *flat-channel noise* 平路噪声.

flat-compound a. 平复激的.
flat-dipping n. 缓倾斜.
flat-down. method (六角钢的)平轧法.
flat'-earth a. 平坦地面的.
flat-ended a. 平底的.
flat-faced a. 平面[板,幕]的. *flat-faced tube* 平面板式管,平幕电子束管,平面荧光屏阴极射线管.
flat-field a. 平面场的.
flat-film n. 平面膜.
flat'-footed a.；ad. 断然(的),直截了当(的)；无准备的；平足的.
flat-gain a. 平坦增益的.
flat-geometry a. 平坦(型)的.
flat'head n.；a. 扁平头(的).
flat'headed a. 平头(的).
flat-image n. 平面(屏幕上的)图象.
flat'-iron n. 熨斗,烙铁,扁[条]铁.
flat-layer a. 平层的.
flat-lighting n. 平淡照明,单调光.
flat'ly ['flætli] ad. 平(淡)地,断然地,直截了当地. *flatly cambered* 平凸面的. *flatly tuned* 钝[宽,平,参差]调谐的. *refuse (a request) flatly* 断然拒绝.
flat-lying a. 平卧(躺)的.
flat'ness ['flætnis] n. ①平坦,平面性[度],平直[整]度,(钢板的)不平度(包括波浪度和瓢曲度),平滑性[度],均匀性,(弹道)低伸 ②平直率,断然,单调,无变化. *flatness of the response* 平面特性,平响曲线. *flatness of wave* 脉冲的平面,波形平顶性.
flat-out a.；ad. 全速的,率直的,突然.
flat-pack n. ①扁平(包)封装 ②扁平组件.
flat-package I a. 扁平组件(封装)的. II n. 扁平包装,扁平管壳.
flat'-plate n. 平板.
flat-random noise (无规则)"白"噪声.
flat-rate n. 按时[单位时间]计价[费],包价(收费制),普通费.
flat-response counter 常效率计数管.
flat-riser n. 垂直起飞飞机.
flat-roofed a. 平顶的.
flat-sandwich multiconductor cable 带状电缆.
flat-scene n. 平面景象
flat-spotting (of tires)(轮胎)接地点扁平化.
flat'ten ['flætn] v. ①弄[变,修,拉,推,打,展,整]平 (out),压扁[平],平化,弄直 ②使无光[泽],使失去光泽 ③(飞机)拉平,转为水平飞行. *flatten close test* 密陷(钢管)压扁试验. *flattened rivet* 扁铆钉. *flattened square head bolt* 平顶方头螺钉.
flat'tener n. ①平锤,矫直机,压延机,压平器 ②扁条拉模,拉扁钢丝模 ③压延工.
flat'tening n. ①修[整]平,平整,(金属薄板)矫平,弄[矫]直,压扁(作用),平化,使(曲线)平滑,修匀,光滑化 ②补偿 ③(扁)率,扁度. *curve flattening* 曲线平整. *flattening agent* (涂料)平光剂. *flattening of neutron distribution* 中子分布平整. *flattening of the earth* 地球椭(扁)率. *flattening of the reactor* 中子流补偿,反应堆释热补偿. *flattening oven* 平板(玻璃)炉. *flux flattening* 通量补偿. *gravitational flattening* 重力扁率. *roll flattening* 轧辊压下装置,轧辊(同轧件接触处的)弹性压扁. *roller flattening* 用辊式矫直机矫直(板,带材).
flat'ter¹ ['flætə] n. ①平(面)锤,压平机,扁平槽 ②扁条拉模,拉扁钢丝模 ③蔑平者. *flatter generator* 噪声发生器.
flat'ter² vt. ①奉承,谄媚,过分夸奖 ②使满意. *flatter oneself* 自以为. ~y n.
flat'ting n. 变平,无光油漆[染料],消光. *flatting agent* 平(减,退)光剂.
flattish a. 有点平的,有点单调的.
flat'top n. 航空母舰,平顶(建筑物). *baby flattop* 护航航空母舰. *flattop antenna* 平顶天线.
flat-topped a. 平顶的. *flat-topped fold* 箱状褶皱. *flat-topped pulse* 方脉冲.
flat-topping n. 平顶(测量系统某些部分饱和丢掉灵敏度造成的最大值,超过它的数值均未记录下来).
flat-tuning n. 粗(钝)调谐.
flat-type a. 平(台)式的,扁(平型)的.
flatulence 或 **flatulency** n. ①气体浮聚,气胀,【天】(流星团)②空虚,浮夸,自负. **flatulent** a.
flat'ware n. 盘碟类,扁平餐具.
flat-water a. 浅水的.
flat'ways 或 **flat'wise** ad. 平,平面朝下,平面与另一物接触者,垂直交层,与层压面垂直. *flatwise bend* (波导管的)平直弯曲,平面型弯管. *flatwise coil* 平绕线圈.
flat-white a. (平面屏幕上)均匀白色的.
flaunt [flɔːnt] v.；n. 飘扬,招展,夸示. ~ing 或 ~y n.
flava a. 黄色的.
flavane n. 黄烷.
flavanol n. 黄烷醇.
flavanone n. 黄烷酮.
flavanthrone n. 阴丹士林黄.
flavedo n. 黄色(疸).
flavescent a. 浅(淡)黄色的,变成黄色的,带黄色的.
fla'vin(e) n. (核)黄素,核(黄)素,吖啶黄素.
flavodoxin n. 黄素铁(化)还(原)蛋白.
flavo-enzyme n. 黄素酶.
flavokinase n. (核)黄素激酶.
fla'vone n. 黄酮.
flavonoid n. 类黄酮.
flavonol n. 黄酮醇.
flavopro'tein n. 黄素蛋白.
fla'vo(u)r ['fleivə] I n. (滋,香,气,风)味,香料,调味剂. II vt. 给…加味.
fla'vo(u)ring n. 调味(品),香料. *flavo(u)ring agent* 调(增)味剂.
fla'vo(u)rless a. 无(滋,香)味的.
fla'vo(u)rous a. (滋,香)味的.
flaw [flɔː] I n. ①裂缝[纹],隙,口,缩孔,发裂[纹](铸件)裂纹,伤痕,瑕疵[毛病,缺点]②挠[横推]断层 ③一阵短暂风暴(雨雪). II v. (使)破裂,(使)出现裂纹,(使)生瑕疵,(使)有缺陷,使无效. *flaw detection* 探伤. *flaw detector* 探伤仪〔器〕. *flaw fault* 挠[横推]断层. *flaw in castings* 铸件裂痕. *hardening flaw* 淬火裂纹.
flaw'less a. 无瑕的,无裂隙的,无缺点的,完美的.

flaw′meter Ⅰ n. 探伤仪. Ⅱ v. 探伤.
flax [flæks] n. 亚麻(布,纤维),麻线. *fossil flax* 石棉.
flaxe n. 电缆卷,一盘电缆.
flax′en [′flæksən] a. 亚麻(制,色)的,淡黄色的.
flax′seed oil 亚麻油,麻子油.
flay [flei] vt. ①剥去…的皮,去皮 ②掠夺 ③严厉批评.
FLC＝ ①fault locator,cable 电缆故障定位器 ②full-load current 满载电流.
Flcs＝fight control system 飞行控制系统.
fld＝ ①field 场 ②fluid 流〔液〕体.
FLDO＝ final limit,down 终极限,向下.
flea n. 跳蚤.
flea′bite [′fli:bait] n. 轻微的痛痒,小麻烦,少量的花费.
fleam n. 锯齿口和锯条面所成的角.
fleck [flek] Ⅰ n. 斑点(纹,影,鳞〕,微〔小〕粒,小片. Ⅱ v. 使有斑点,饰以斑点.
fleck′er v. 使有斑点.
fleck′less a. 无斑〔污,缺〕点的,洁白的.
flecnode n. 拐结点.
flection＝ flexion. ~al a.
fled [fled] flee 的过去式和过去分词.
fledged [fledʒd] a. 羽毛长成的,快会飞的.
fledge′less a. 羽毛未生的.
fledg′(e)ling [′fledʒliŋ] n. 刚会飞的幼鸟,尚缺乏经验的人.
flee [fli:] (*fled*, *fled*) v. ①逃脱〔避,出〕,脱离(from) ②消失(散).
fleece [fli:s] Ⅰ n. 羊毛(状物). Ⅱ vt. 剪…的毛,诈〔夺〕取,(羊毛般)盖满,点缀. *fleece weight* 剪毛量.
flee′cy [′fli:si] a. 羊毛似(状)的.
fleet [fli:t] Ⅰ n. ①舰〔船〕队,机群,(汽)车队 ②海军 ③港,湾,小河. Ⅱ a. 快速的,飞快的. Ⅲ v. ①疾飞,掠过,(时间)飞逝 ②放下〔索,锚〕. *aerial fleet* 大机群. *fleet air arm* 海军航空兵部队. *fleet fighter* 海军战斗机. *whaling fleet* 捕鲸队. *fleet operation* 汽车运输公司.
flee′-footed a. 跑得快的.
fleet′ing a. 飞逝的,疾驰〔飞〕的,短暂的,急走的,*fleeting target* 瞬间目标. *the fleeting ideas* 闪过的念头. ~ly ad. ~ness n.
fleetline body 流线型车身.
Fleetsatcom n. 舰队卫星通信系统.
Flem′ing [′flemiŋ] n. 佛兰芒人. *Fleming valve* 二极管检波器,弗来明管. *Fleming's law* 弗来明定律.
Flem′ish [′flemiʃ] n.;a. 佛兰芒人〔的〕. *Flemish brick* (铺面用)黄色硬砖. *Flemish bond* 荷兰式砌合,弗兰芒式砌合.
flesh [fleʃ] n. (果,食用)肉,肌肉,骨肉. *flesh colour* 肤色. *flesh correction* 肤色校正. ▲*all flesh* 人类. *flesh and blood* 血肉(之躯),人(类),现实的. *in the flesh* 活生生的,活着.
flesh′-wound n. 轻伤.
flesh′y a. 肉多的,胖的.
flet (mill) n. 轮辗机.
fleur n. 粉状填料,粉状填充物.
flew [flu:] fly 的过去式.

Flewelling circuit 一个电子管兼做振荡器,检波器,放大器用的旧式电路.
FLEX 或 **flex** ＝①flexible 挠性的,软性的,活动的,灵活的,易弯曲的 ②flexible cord 软线,塞绳.
flex [fleks] Ⅰ v. (使)弯曲,挠〔屈〕曲,褶曲,拐冒. Ⅱ n. 花线,皮线,拐折. *double flex* 双线塞绳. *flex arc* 高频电流稳弧焊机,叠加高频电流的电弧熔焊机. *flex cracking* 挠裂. *flex point* 拐点. *flex tester* 板材弯曲试验器. *flexing action* 挠曲〔弯折〕作用. *flexing resistance* 抗挠曲阻力.
flex′er n. 疲劳生热试验机,挠曲试验机.
flex′iback n. 软背,软脊(装帧).
flexibil′ity [fleksə′biliti] n. ①柔(软,韧,顺)性,柔(软)度,挠(曲)性,易弯(曲)性,屈曲性,塑性,伸缩性,折射性 ②适应〔适合,机动,灵活〕性. *chain flexibility* 链的柔性. *flexibility factor* 挠曲〔度〕系数. *flexibility of spring* 弹簧挠性. *flexibility test* 柔性〔挠度〕试验. *launching flexibility* 发射的适应〔灵活,难易,轻便〕性.
flex′ibilizer n. 增韧〔塑〕剂.
flexibititas [拉丁语] n. 柔韧性,易弯曲性,(能)屈曲性.
flex′ible [′fleksəb] a. ①可(易)弯(曲)的,柔性〔韧〕的(弹,韧)性的,挠曲的,能屈曲的,软(性)的 ②可塑造的,能变形的,可伸缩的,灵活的,活动的,适应性强的,可调的. *flexible channel multiplier* 适应性通道倍增器. *flexible conduit* 软(性)管,蛇皮管. *flexible connection* 软〔挠性,活动〕连接,弹性接头,挠性〔柔性〕联轴节. *flexible cord* 〔*wire*〕皮〔花,软〕线,塞绳. *flexible coupling* 挠〔弹,柔〕性联轴节,可挠连接,缓冲接头,活动〔弹性〕耦合. *flexible diaphragm* 柔软膜片. *flexible electron multiplicator* 挠曲型电子倍增器. *flexible formula*【药】灵活配方. *flexible joint* 活络〔柔性,弹性)接头,挠性连接〔接头,联轴节〕,软连接. *flexible lamp* 活动电灯. *flexible metallic conduit* 〔*tubing*〕金属软〔蛇〕管. *flexible metallic hose* 软钢管,可曲金属管,钢丝橡皮管. *flexible package* 灵活组装(体), *flexible pipe* (*tube*) 挠性(导)管,软〔导,蛇,柔性〕管. *flexible printer circuit* 软性印刷电路. *flexible resilient* 挠弹性. *flexible roller* (轴承的)弹簧滚柱. *flexible rule* 卷尺. *flexible stranded wire* 绞合软线. *flexible strategy and tactics* 灵活机动的战略战术. *flexible symbol* 可变符号. *flexible transport* 无轨运输〔电车交通〕. *flexible unit* 通用设备〔装置〕. *flexible wing* 可折叠翼. *flexible wire* 软〔花,皮〕线. ~ness n.
flexible-shaft coupling 柔(性)轴联接.
flex′ibly ad. 柔软(地)性,易弯.
Flexichoc n. 板式挤压震源.
flex′icover n. 软面装订本.
flex′ile ＝flexible.
flexility ＝flexibility.
flexim′eter n. 挠度计,弯曲应力测定计.
flex′ion [′flekʃən] n. 弯曲(部分),曲率,挠曲,拐度,词尾. *flexion of surface* 曲面的拐度.

flex'ional *a.* (可)弯曲的.
flex'iplast *n.* 柔性塑料.
flexi-van *n.* 水陆联运车.
flexiv'ity *n.* (热弯)曲率,挠度.
flex'lock *n.* 柔性止水缝.
flex'ode *n.* 弯特性二极管(在电场作用下使线性特性变为非线性特性).
flexog'raphy *n.* 面面印刷(术),苯胺印刷.
flexom'eter [flek'sɔmitə] *n.* 挠度仪(器),挠曲(弯曲,曲率,柔曲)计,挠曲试验机.
Flexotir *n.* 笼中爆炸震源(商标名).
flex'owriter *n.* 快速印刷(与穿孔)装置,多功能打字机,打字穿孔机.
flex-ray *n.* 拐射线.
flex-rib *n.* 复肋.
flextensional transducer *n.* 弯曲伸张换能器.
flex'time *n.* 灵活定时上班制.
flex'uose ['flekjuəus] *a.* 弯弯曲曲的,多曲折的,之字形的,波状的,锯齿状的,动摇不定的.
flexuos'ity [fleksju'ɔsiti] *n.* 屈曲,弯曲,波状.
flexuous =flexuose.
flexu'ra [flek'fuərə] (*pl.* **flexu'rae**) [拉丁语] *n.* (弯)曲,弯.
flex'ural ['flekʃjurəl] *a.* 弯(挠)曲的,挠性的. *flexural center* 弯曲中心. *flexural rigidity* 抗挠(弯)刚度,挠性刚度. *flexural strain* 挠(弯)曲应变. *flexural strength* 抗挠(弯)强度. *flexural stress* 挠(曲)应力,弯曲应力. *flexural vibration* 曲线(弯曲)式振动,挠性振动.
flex'ure ['flekʃə] *n.* 弯(挠,屈,扭)曲,弯(歪)度,曲率,褶缝,折褶,褶皱,单斜挠曲(挠褶). *flexure member* 挠性构件. *flexure produced by axial compression*(轴向压力引起的)纵向挠曲. *flexure strength* 抗挠(弯)强度. *flexure stress* 挠(曲)应力,弯曲应力. *flexure under lateral stress*(侧向应力引起的)侧向挠曲.
flex'wing *n.* 蝙蝠翼着陆器.
FLF =final limit, forward 终极限,向前.
FLG =①flange 凸缘,法兰 ②flooring 铺面.
f/lg =focal length 焦距.
FLH =①final limit, hoist 终极限,升举 ②flash 闪光.
FLHS =flashless 无闪光.
flick [flik] *n.; vt.* ①轻打(按,弹,击,拂),突然移动,轻弹一动,弹动 ②污点,斑点 ③(探照灯)照见(瞬间),集中照射 ④电影. ▲*flick away* (*off*) 抛下,发射,弹去(去),脱落,轻轻拂去.
flick'er ['flikə] *vi. n.* 闪烁(变,光),摇晃(曳),颤(脉,摆,浮)动,抛掷(撒布,搅动)器. *flicker control* 快速开关的稳态调节装置,闪变调节. *flicker effect* 闪变(烁)效应. *flicker method* 闪变法,闪示法. *flicker noise* 闪烁(变位)噪声,闪烁噪声. *flicker of hope* 一线希望. *flicker photometer* 闪变(烁)光度计. *flicker rate*(显示)闪烁. *flicker relay* 闪光(烁)继电器. *flicker threshold* 闪烁限度. *flickering lamp* 闪光灯. *signal lamp flicker* 闪烁灯,信号灯闪烁器.
flick'er-free *a.* 无闪烁(光)的,无颤动的.
flick'ering ['flikəriŋ] *a.* 闪烁(光)的,摇曳的,忽隐忽现的,扑动的. ~**ly** *ad.*
flickerless circuit 无闪烁(变,光)电路.
flied [flaid] fly 的过去式及过去分词.
flier =flyer.
flight [flait] *n.; v.* ①飞行(翔,驰,逝,航,程) ②行(射,航)程,飞行距离,自由路程 ③(螺旋推运器的)螺旋片,(升运器的)刮板,(输送器的)条板,(钻头的)出屑槽,螺丝槽,螺纹(齿)的一跑(起),阶梯,梯段,层,级 ⑤定期客机,班机,飞行小队,飞机编队 ⑥溃逃,逃走. *a flight of rockets* 齐发的火箭. *a flight of stairs* 一段楼梯. *auger flight* 螺旋(推运器)叶片. *cross flight* 横刮板. *flight analyzer* 飞行(渡越)时间分析器. *flight assistance service* 空中导航业务. *flight auger* 链动螺钻. *flight chart* 航空地图. *flight computer* 飞行计算机. *flight control* 飞行控制(站),飞行指挥,(飞行器的)控制系统. *flight conveyer* 链板(刮板)输送机. *flight course* 航线(向). *flight deck* 飞行甲板,驾驶舱. *flight error* 飞行(方向)误差. *flight indicator* 陀螺(航空)地平仪. *flight lead angle*(齿)距,丝距. *flight line* 飞行线,飞行路线,机场保养工作地区. *flight of ideas* 思想澎湃,思想奔放. *flight of locks* 多(梯)级船闸. *flight path* 飞行路线,航迹. *flight pattern* 航线,飞行线路. *flight progress board*(飞机)飞行情况控制板. *flight recorder* 飞行自动记录仪. *flight refuel(l)ing* 空中加油. *flight simulator* 飞行模拟机(仿真器),飞行(条件)模拟装置. *flight strip* 简易机场,着陆场,起飞跑道. *flight time* 飞行时间,开始飞行的时间. *flighted dryer* 淋式干燥器. *full flighted length of screw* 蜗杆螺纹全长. *instrument flight* 仪表(盲目)飞行. *random flight* 偶然(无规)行程. *ribbon flight* 带式刮板. *space (interplanetary) flight* 星际(宇宙)飞行. *straight-line flight* 直线行程. *supersonic flight* 超声速飞行. *the flight of time* 时间的飞逝. *two flights (of stairs)* up 向上走两段楼梯. *in flight* 在飞行(过程)中. *in the first flight* 占主要地位,领头. *make (take) a flight* 飞行(翔). *put M to flight* 使 M 溃逃. *sustain M in flight* 使 M 继续飞行. *take (take to) flight* 逃走. *wing (take) one's flight* 飞行.

flight-course *n.* 航线(向). *flight-course computer* 导航计算机.
flight-deck *n.* 飞行甲板,驾驶舱.
flight-follow *n.* 雷达跟踪飞机. *geocosmic flight-follow* 地-空-地飞行.
flight-path *n.* 航线(迹),飞行路线(轨道,弹道). *flight-path computer* 航线(飞行路线,飞行弹道)计算机. *flight-path deviation indicator* 航迹(飞行轨迹)偏差指示器. *flight-path radar* 飞行弹道雷达,跟踪雷达站.
flight-simulation *n.* 飞行模拟装置.
flight-test *vt.* 试飞(行).
flight'wor'thy ['flait'wə:ði] *a.* 具备飞行条件的,适于飞行的.
fligh'ty ['flaiti] *a.* ①轻浮的,易惊的,古怪的 ②不负

flim'sy ['flimzi] Ⅰ *a.* 薄的,脆弱的,容易损坏的,没有价值的. Ⅱ *n.* 薄(稿)纸,复写用纸,(写在)薄纸(上的)稿件,电报,纸币.

flinch [flintʃ] *vi.* 退(畏)缩(from).

flin'ders ['flindəz] *n.* 碎(碎)片. break...in [into, to] flinders 打碎…. fly in [into] flinders 破碎.

fling [fling] (flung, flung) *v.; n.* ①投,抛,掷,扔,使突然陷入 ②猛推[冲],突进,猛烈移动,疾驶,扫视 ③尝试. *fling the door open* 把门猛然推开. ▲*at one fling* 一口气,一举. *fling aside* 抛弃. *fling away* 抛[放]弃. *fling down* 摔倒. *fling M at N* 把M掷向N. *fling off* 丢[甩]开,冲出. *fling out* 投[抛,射,冲]出. *fling out of M* 从M冲出. *have* [*take*] *a fling at* 试做.

fling'er *n.* 抛物环[圈].

flint [flint] Ⅰ *n.* 燧石,火石(玻璃),(打火机用)电石,坚硬的东西. Ⅱ *a.* 燧石制的. *baryta flint* 含钡火石玻璃. *crown flint* 冕牌火石玻璃. *dense flint* 重火石(玻璃). *flint brick* 燧石[坚硬]砖. *flint clay* 硬质[燧石]粘土. *flint glass* 火[燧]石玻璃,(氧化)铅玻璃.

flin'tiness *n.* 坚硬度.

flintstone *n.* 燧石,打火石.

flint'ware *n.* 石器.

flint'y ['flinti] *a.* 燧石(质,似,构成)的,坚硬的,硬质的.

flip [flip] Ⅰ (flipped; flipping) *v.; Ⅱ n.* ①轻按(打,击,弹,碰)擦,急掷,突然跳动(拉动) ②倒转,翻动,(自)反转动的改变 ③(短距离)飞行 ④(一种由人驾驶的)浮标. *flip a switch* 拨[轻按]一下[开关]. *flip amplitude* 自旋翻转振幅. *flip and flop generator* 双稳态触发器,双稳态多谐振荡器. *flip chip* 翻装(反)片,倒装片,倒装片(工艺). *flip coil* 急掷圈,探察[探测]转换,弹向,反位,磁场测量用线圈. *flip flop* 触发器,双稳态多谐振荡电路,(双稳态)触发电路. *flip flop stage* 触发级. *flip residue* 自旋翻转剩余. *flip symbol* 拍符号 (ALGOL 68 用). *spin flipping* 自旋取向改变. ▲*flip at* 猛击. *flip out* 失去理智.

flip'-chip *n.; a.* 倒装(法,片,式). *flip-chip bonding* 倒装式(片)接合(法),倒装焊接(法). *flip-chip method* 倒装接合(焊接)法. *flip-chip transistor* 倒装片[翻转片](式)晶体管.

flip'-flap *n.* 啪嗒啪嗒的响声.

flip'-flop Ⅰ *n.* ①触发(振荡)器,双稳态多谐振荡器,触发器[双稳态多谐振荡]电路 ②啪嗒啪嗒的响声. Ⅱ *vi.* 啪嗒啪嗒地响,突然转向反方向,突然改变. *carry flip-flop* 进位[移位]触发器,移位寄存器. *driving flip-flop* 主多谐振荡器. *dynamic flip-flop* 动触发器,无延迟双稳态多谐振荡器. *flip-flop circuit* 反复线路,触发(器)电路,双稳态触发电路,双稳态(阴极耦合)多谐振荡(器)电路. *flip-flop decade ring* 十进制触发计数器. *flip-flop generator* 触发[双稳态多谐振荡]器. *flip-flop pair* 触发器,触发电路. *flip-flop register* 触发器(式)寄存器. *flip-flop storage* 触发器式存储. *flip-flop toggle* 触发反复电路,触发器启动. *flip-*

flop toggle mode 触发电路模式起动状态. *flip-flop transition time* 双稳态电路[触发器]翻转时间. *reset-set flip-flop* 置"0"置"1"触发器,复位置位触发器. *resonant flip-flop* 共振触发器. *toggle flip-flop* 反转触发器.

flip'per ['flipə] *n.* 升降舵(装置),悬挂式导レ板,挡泥板,围盘的甩[活]套机构,(游泳)橡皮蹼,胀爪罐头.

flipper-turn *n.* 快速转弯.

flit [flit] Ⅰ (flitted; flitting) *v.* Ⅱ *n.* 掠过,迅速飞过(by),飞来飞去,离开. ▲*flit about* 翱翔. *flit to and fro* 飞来飞去.

flitch [flitʃ] Ⅰ *n.* 桁[条,骨,料,脊]板,(组装)贴板. Ⅱ *vt.* 把…截成板. *flitch dam* 单板坝. *flitched beam* 组合板梁.

flitch-beam 或 **flitch-girdern.** 组合板梁.

flit'ter ['flitə] Ⅰ *n.* 金属箔. Ⅱ *vi.* (迅速)飞来飞去,匆忙来往. *flitter gold* 黄铜箔.

fliv'ver ['flivə] *n.; v.* ①廉价小汽车,(私人)小飞机,海军小艇,小吨位驱逐舰,廉价[不值钱]的小东西 ②失败,挫折.

FLL = final limit, lower scale limit.

FLLS = fuel low-level sensor 燃料低液位传感器.

FL/MTR = flow meter 流量计.

FLNO = flight number(班机)班次.

float [flout] Ⅰ *v.* ①(使)浮(起,动,运),(使)漂浮,流,移,游),流通,滑翔,下滑 ②用水注满,淹没,泛滥,散布 ③(计划)实行 ④创办,订立,发行(公债) ⑤用慢整平(抹光) ⑥(在水中)研磨,浮选 ⑧图像画面抖动. Ⅱ *n.* ①浮体[子,筒,标,球,冰,船均,码头,游物),木筏,救生圈 ②游隙,轴向松动,浮动时间 ③ (pl.) 沉降桶[桶] ④铧(刀),单纹锉刀,路面整平器 ⑤铰接,活动连接 ⑥磷灰石粉 ⑦无边边台车,运煤车,(游行)彩车 ⑧冲积土 ⑨(舞台)脚灯. *ball float* 浮球阀,球状浮体(子). *float accumulator* 浮充(置)蓄电池(组). *float bridge* 浮桥,固定浮坞. *float caisson* 浮式沉箱. *float chamber* 浮筒(浮)子(子)箱. *float chamber needle* 浮筒针. *float electrode* 浮子(浮动,活动)电极. *float finish* 镘修整,浮镘出面. *float gauge* 浮标(尺),浮筏. *float level* 浮子水准,浮子室油面高度,浮筒水准线. *float level gauge* 浮子水平检查校正仪. *float meter* 浮尺,浮子式流量计. *float needle valve* 浮(子)针阀. *float skimming device* 刮泡装置. *float switch* 浮动(球,子,筒,控)开关. *float tank* 浮(选)箱. *float timber* [wood] 浮运木材. *float trap* 浮子式凝汽阀. *float valve* 浮(球)阀,浮子控制阀. *float with cement* 用水泥抹光. *float zone method* 悬浮区熔法,浮区法. *floated concrete surface* 抹平的混凝土. *floated surface* 抹平的面. *keg float* 桶浮标. *level control float* 控制液位的浮标. ▲*float a scheme* 赢得支持而将计划付诸实行. *float off* 浮起,漂离,逸散,从…漂掉. *on the float boat* 漂浮着.

floatabil'ity *n.* 漂浮(浮动,浮游,可浮选)性.

float'able ['floutəbl] *a.* ①可浮的,可浮选的 ②可放送木材的,可航行的,可行驶木筏的.

float'age ['floutidʒ] *n.* ①漂浮(物),浮力,船体吃水以上部分 ②火车轮渡费.

float-and-valve n. 浮子控制阀,浮筒阀.

floata'tion [flou'teiʃən] n. ①漂浮(性),浮(力),浮动(性),浮游,(矿石)浮选(法),悬浮,(船的)下水 ②设立,创办,实行,发行(债券) ③镗平. *centre of floatation* 浮体重心. *floatation agent* 浮选剂. *floatation balance* 浮力秤. *floatation oil* 浮选油. *floatation process*(选矿)浮选法. *oil floatation* 浮油选矿.

float'board n. (水车的)蹼板,承水板,轮翼.

float-bridge n. 浮桥,固定浮坞.

float'er ['flouta] n. ①浮子[标,渣],漂浮物,漂浮飞机 ②(运输货物的)保险 ③镗工 ④流动(临时)工 ⑤筹资开办人.

float'ing ['floutiŋ] n.；a. 浮(游,活)动的,漂浮〔置,游〕(的),浮(置)的,【计】浮点(的),浮充〔接〕,浮雕 ②可(易)变的,流动(性)的,移动的,不(固)定的,摇摆的,自由转动的,铰接的,游离的,未接地的 ③流动定位(调节)的,无静差的 ④(船的)在水运中的,未到的,在海上的 ⑤镗平. *floating action type* 浮动式. *floating address* 可变(浮动,浮置)地址. *floating aerodrome* 航空母舰. *floating anchor* 浮锚,海锚. *floating axle* 浮轴. *floating base* 悬空基板. *floating battery* 浮充(置)电池(组),浮动蓄电池,(船,筏上)流动炮台. *floating body* (漂)浮(物)体. *floating caisson* 浮式沉箱. *floating cargo* 未到货,路货. *floating carrier system* 浮动载波控制. *floating chase mould* 浮套(双压)塑模. *floating component* 不定的环节. *floating construction* (隔音室的)浮隔结构. *floating control* 无(静)差调节,浮点控制. *floating crane* 起重(机),船(水上)起重机. *floating derrick* 水上吊机,浮式起重机. *floating die* (粉末冶金用)弹簧(浮动,可动)压模. *floating dock* 浮船坞. *floating earth* 流沙,浮动接地. *floating exchange rate* 浮动汇率. *floating foundation* 浮(筏)基(础). *floating gauge* 浮表(规,标尺). *floating grid* 浮置(浮动)栅极,自由栅(极). *floating input* 浮置输入端. *floating mark* 浮标(记). *floating mode* 有静差作用. *floating neutral* 浮动(置)中线,浮动中心. *floating number* 浮点(计位)数. *floating pier* 浮码头. *floating pipeline* 海上管线. *floating piston pin* 浮式活塞销. *floating plant* 水上机械设备. *floating point* (动小数)点. *floating policy* 总保(险)单. *floating potential* 漂游(移)电位,浮置电位. *floating ring* 浮动(溢流)环. *floating rule* 镗板. *floating switch* 浮球(电)开关. *floating tooling* 浮动刀具. *floating turntable* 浮动回转台,回转半径测定仪. *floating valve* 浮子(式)阀,浮球阀. *floating zero* 浮动原点. *floating zero control* 浮点零控制. *floating zone apparatus* 浮动区熔炼法. *floating zone refining method* (半导体)区熔提纯法,浮区精炼法. *full floating* 全浮式. *sideway floating* 横向自动定位(调节).

floating-paraphase circuit 阴极绝缘倒相(反相)电路.

floating-point n. 【计】浮点.

float'less a. 无浮动的,无漂移的. *floatless switch* 固定(无漂移)开关.

float'-operated a. 由浮子控制(操纵)的.

float'or n. 浮动机(器),浮标.

float'plane n. 水上(浮筒)飞机.

float'-stone n. 浮石,轻石,磨石.

float'-type a. 浮子式的,浮动式的.

floc n. 絮片,絮凝物(体),絮状沉淀,蓬松物质. *floc formation* 絮凝体的形成. *floc point* 絮凝点. *floc test* 絮凝试验.

floc'bed n. 絮凝层.

floccila'tion [flɔksi'leiʃən] 或 **floccile'gium** [flɔksi'lidʒəm] n. 【医】摸索(空),捉空模床(索).

floc'cose (拉丁语) a. 丛卷毛的,柔毛状的,絮状的.

Floccotan n. 絮凝丹(胶化烤胶)(商品名).

flocculabil'ity n. 絮凝性.

floc'culable a. 可(易)絮凝的.

floc'culant n. 絮凝剂.

floc'cular a. 絮凝的,絮片的,绒球状的,柔毛的.

floc'culate I v. 絮凝,绒聚,凝集为绒毛状沉淀,结成小团块. II n. 絮凝物. *flocculated structure* 絮凝结构. *flocculating agent* 絮凝(绒聚)剂. *flocculating constituent* 絮凝(绒聚)体,絮凝成份.

floccula'tion [flɔkju'leiʃən] n. 絮凝(絮结,绒聚)作用,絮状沉淀法.

floc'culator n. 絮凝器(池).

flocculator-clarifier n. 絮凝-澄清器.

floc'cule ['flɔkju:l] n. 絮凝物(粒),絮状物,绒聚,絮(绒毛)状沉淀(物).

floc'culence n. 絮凝(棉絮,绒聚)状,絮凝性(作用),絮状沉淀法.

floc'culent ['flɔkjulənt] I n. 絮凝(绒聚)剂. II a. 絮凝(结,状)的,绒聚的,绒毛状的,含絮状物的.【地】密族的. *flocculent deposit* 絮凝状沉淀. *flocculent structure* 絮凝(密族)结构. ~ly ad.

floc'culi n. flocculus 的复数.

floc'culus ['flɔkjuləs] (pl. *floc'culi*) n. ①谱斑 ②絮片,絮状物,绒球,柔毛丛(团) ③小脑小叶.

floc'cus ['flɔkəs] (pl. *flocci*) n. 絮状物(云),绒毛.

floc-forming chemical reagent 絮凝剂,绒聚剂.

flock [flɔk] I n. ①(人,畜,鸟,兽)群,大量,众多 ②(pl.)毛絮,絮凝体,絮片,短纤维,纺织细密毡垫,绒(毛,棉)屑,絮状沉淀,絮化. II v. ①群〔聚〕集 ②填以棉絮(毛絮,短纤维). *a flock of* 一群,a *flock of pamphlets* 一大堆小册子. *cotton flocks* 精梳棉,短纤维碎棉,绒屑. *flock owner* 养羊者,羊场主. *flock point* 絮化点. *textile flocks* 碎织物,纺织的废纱. ▲*Birds of a feather flock together*. 物以类聚. *fire into the wrong flock* 打错目标,失误.

flock'bed n. (毛绒填充)床褥.

flock'master n. 牧羊人,羊倌.

flock'-paper n. 毛面纸.

flock'y ['flɔki] a. 羊毛(棉絮)状的,絮凝的,多毛的.

floe [flou] n. 大浮冰,浮冰块. *floe berg* 冰山.

flog [flɔg] (*flogged; flogging*) vt. 鞭打,驱(迫)使,严厉批评,努力推销. ▲*flog a dead horse* 徒劳,枉费心机.

flog'ging n. 鞭打,打浇冒口,频率高低群变换. *flogging chisel* (铸造用)大錾(凿).

flong [flɔŋ] *n.* 作纸型用的纸.
flood [flʌd] *n.*; *v.* ①洪水, 泛滥, 奔流, 淹没, 涨潮〔满〕, 潮水最高点, 涌进〔到〕, 涌〔喷〕出, 注水, 满溢, 溢流〔出〕, 泛滥, 充满〔斥〕 ②大量, 一大批〔阵〕 ③泛浮〔色〕, 浮色 ④泛光灯. *a flood of light* 一片光明. *flood control* 防〔治〕洪. *flood dam* 防洪坝. *flood detention* 滞洪. *flood detention dam* 拦洪坝. *flood discharge* 泄洪, 洪水流量. *flood diversion area* 分洪区. *flood flanking* 堤防. *flood flow* 洪流. *flood gate* 泄洪闸门, (防)潮闸门, 挡潮闸门. *flood gun* 读数〔浸没〕电子枪. *flood irrigation* 漫灌, 淹灌. *flood land* 漫滩. *flood lighting* 泛光〔投光, 强力〕照明, 泛光灯. *flood lubrication* 浸入〔溢流, 压力〕润滑. *flood pattern* 注水井网. *flood period* 〔season〕汛期. *flood plain* 漫滩, 泛滥平原. *flood prevention* 防洪〔工作, 措施〕. *flood projection* 泛光投影. *flood retention* 拦洪. *flood storage* 蓄洪, 洪水库容. *flood tide* 涨潮, 高峰, 巨量. *flood valve* 溢流阀. *flood water dam* 防洪坝. *flood wave* 洪波. *flooded area* 泛滥〔洪水〕区, 淹没地区〔面积〕. *flooded evaporator* 泛滥式蒸发器. *flooded system* (冷冻)氨水满流法. *single-fluid flood* 单射流注水. ▲*a flood of* 一阵, 一片, 一大批. (*be*) *at the flood*, 正当高潮, 在方便而有利的时刻, *be in flood* 泛滥. *flood in* 蜂涌而来, 涌进. *flood out* 因洪水而被迫离开. *go through fire and flood* 赴汤蹈火. *in flood* 泛滥, 大量, 洋溢.

flood'-bank *n.* 防洪堤.
flood-basalt *n.* 发式岩浆洪流.
flood'basin *n.* 泛滥盆地, 涝源.
flood'-control *n.* 防〔治〕洪.
flood'-discharge *n.* 洪水流量.
flood' gate *n.* (防)潮闸门, (防)潮闸门, 挡潮闸门, 水闸 ②大量. *a floodgate of facts* 大量事实.
flood'ing ['flʌdiŋ] *n.* ①注水〔油〕②浸渍 ③泛滥, 灌溉〔淹〔没〕没, 泛滥, 满溢 ④(分馏时柱的)液阻现象 ⑤(油漆干燥时或加热时)变色. *flooding pipe* 溢流管. *flooding routing* 扩散式路径选择. *flooding valve* 溢流阀.
flood'light I *n.* 泛光灯, 探照灯, 强力〔泛光〕照明. II (*flood'lighted*, *flood'lit*) *vt.* 用泛光灯照亮〔明〕, 强力〔泛光〕照明. *floodlight projector* 泛光灯. *floodlight scanning* (电视)直视播送, (雷达)空间扫描;用强弱不变的光线来扫描, 泛光〔照相〕摄法.
flood'lighting *n.* 强力〔泛光〕照明.
flood'lit I *a.* 用泛光照亮的. II floodlight 的过去分词.
flood'mark *n.* 高潮线.
floodom'eter [flʌ'dɔmitə] *n.* (涨潮时的)水量记录计, 潮汛水位测量仪, 洪水计.
flood' plain *n.* 洪泛区, 泛洪〔泛滥〕平原, 漫滩. *flood-plain lobe* 蛇曲带.
flood-pot experiment 注水实验.
flood'-tide *n.* ①涨〔升〕潮 ②高峰, 巨量.
flood'water *n.* 洪水.
flood'-way *n.* 泄〔洪〕道, 分洪河道.

flood'-wood *n.* 漂流木, 浮木.
flooey ['flu:i] *ad.* ▲*go flooey* 糟, 不行. *Something has gone flooey with the machine*. 机器出了毛病.
floor [flɔː] I *n.* ①地板〔面〕, 楼板〔面〕, 底(部, 面, 板, 层, 盘, 岩, 场), 床, 地, 楼, 层, 肋, 基, 架, 台, 面, 标高, 层间面, (楼)层〔型〕②(一阶二阶的)阶 ③(价格的最低标准〔限度〕, 最低额, 底价 ④(室内) 体, 摄影现场, (演播室)表演区, 舞台 ⑤发言权 ⑥钻台. II *vt.* ①在…上铺地板, 铺面于, 铺绝缘地垫 ②打〔难〕倒 ③完成 ④把(加速器等)踩到底. *floor a bridge with concrete plates* 用水泥板铺桥面. *assembly floor* 装配车间. *charging floor* 装〔料〕台, 加料〔装〕台. *deep floor* 加强肋板. *false floor* 格栅板, 空格底板. *finishing floor* 精整工段. *first floor* (美)第一层楼, 底层, (英)第二层楼. *floor area* (设备的)占地面积. *floor beam* 楼〔地〕板梁, 横梁. *floor board* 地板, 桥(面)面板. *floor box* (设置在地板(上的)万能插口, 地板插座. *floor conveyor* 地面传送带. *floor duct work* (用于电线配线的)地下管道工程. *floor dunnage* 〔rack〕垫仓板. *floor engine* 扁平型(安装在底板下面的)的发动机. *floor grinder* 固定式的轮机. *floor knob* (装在地板上的)门键头. *floor lamp* = floor-lamp. *floor level* 底(层), 地面高度. *floor light* 演播室辅助照明. *floor man* 钻台工. *floor monitor* 地板放射性监测器. *floor of manhole* 人孔底部. *floor of trench* 地沟底. *floor pedestal* 落地式轴承台. *floor plan* = floor-plan. *floor plate* 地底, 基, 肋, 支撑板, 网纹〔地板用〕钢板. *floor price* 最低价格, 底价. *floor projection* 水平投影. *floor push* 脚闸开关. *floor rammer* 地面上的人工捣锤, 大型地面造型方砂锤. *floor sand* 背〔填〕砂. *floor sanding paper* 粘砂刚纸, 粘砂硬化纸板. *floor section* 炉底管段. *floor sheet* 踏板. *floor slab* = floor-slab. *floor space* 底占地, 楼面, 设备所占之面积. *floor stand* 地板. *floor swab* 起模用毛笔. *floor tile* (铺)地面砖. *floor time* 空闲(停机)时间. *floor type* 落地固定式. *floor type switchboard* 固定式交换机. *ground floor* (英)底层, 一楼. *mill floor* 轧钢车间. *moulding floor* 翻砂车间. *observation floor* 观测(镜望)台. *wood floor* 木地板. ▲*be floored by* 被…所压服〔难〕倒. *get floored* 被压服(打败). *get the floor* 获得发言权. *have the floor* 轮到发言, 有发言权. *mop* 〔*wipe*〕*the floor with* 彻底击败. *take the floor* 起立发言, 参加讨论.
floor'-beam *n.* 横梁.
floor' board *n.* 适合做地板用的木料, 一块地板, 汽车〔驾驶室)底部板.
floor'cloth *n.* ①擦地板的布 ②铺地板厚漆布.
floor'er *n.* ①难题, 难以置辩的论据, 令人沮丧的消息 ②铺地板的人.
floor'-frame *n.* 地轴(承)架.
floor-hopper truck 底(部)卸(料)式货车.
floor'ing ['flɔːriŋ] *n.* 地板(材料), 室内地面, 铺室内地面的材料, 铺(地)面(板), 铺绝缘地垫(垫板), 桥面铺装. *flooring board* 铺地板.

floor′lamp n. 落地台灯,立灯.
floor′less a. 无地板的.
floor′plan n. 平(楼)面布置图.
floor′-plate n. 地〔底,基,支撑〕板,网纹〔地板用〕钢板.
floor′slab n. 楼板〔盖〕,(铺设水泥楼面、地面的)水泥板.
floor′stand n. 地轴〔承〕架.
floor-through n. 整层的居住单位.
flop [flɔp] Ⅰ (*flopped*; *flopping*) v. (扑通一声)落〔倒下〕(down);拍,鼓翼,跳动,摇摆地走,失败,垮掉. Ⅱ n.; ad. 扑通(声,地),砰(的一声)落下,失败. ▲*with a flop* 扑通落下.
flop-in method 增加〔成长〕法(按束强度的增加观察共振的方法).
flop′nik n. 失败(的)卫星.
flop-out method 缩减法(按束强度的缩减观察共振的方法).
flop′over ① = flip-flop ② 电视图像上下跳动. *flopover circuit* 阴极耦合多谐振荡器〔电路〕,双稳态多谐振荡电路.
flop′per ['flɔpə] n. 波形,薄板上皱纹,(板,带材缺陷)波浪边.
flop′py a. 下垂的,松弛〔软〕的,要掉下来的. *floppy disc* 简易式盒式磁盘,软塑料磁盘,软(磁)盘. *floppy ROM* 柔性只读存储器.
flop-valve n. 瓣阀.
flo′ra ['flɔːrə] (pl. *floras* 或 *florae*) n. 植物(群,丛,相,志,区系),菌丛.
flo′ral ['flɔːrəl] a. 花(似的)的 ②植物群的,植物区系的. *floral designs* 花纹图案,花样. *floral zone* 植物地带.
Flor′ence ['flɔrəns] n. (意大利)佛罗伦萨(市). *Florence flask* 平底烧瓶.
floren′tium n. 铒(Pm)的旧名.
flores′cence [flɔː'resns] n. 开花期,花候,兴盛时期. *flores′cent* a.
flor′et n. 小花.
floriated a. 花形的.
flo′riculture n. 种花,花卉栽培.
floricul′turist n. 种花工,花卉栽培工.
flor′id a. 鲜红〔艳〕的,用〔多〕花的.
Flor′ida ['flɔridə] (美国)佛罗里达(州). ~n a.
flor′igen n. 成花激素.
florilegium (pl. *florilegia*) n. ①选集,作品集锦 ②花谱.
florisil n. 硅酸镁载体(商品名).
florol′ogy n. 植物区系学.
flor′uit n. 在世期,全盛期.
florula n. 小地区植物志.
flory temperature θ-温度.
flos [flɔs] (pl. *flores*) n. 花.
floss [flɔs] n. ①絮状物,木棉,丝棉,细绒线 ②(浮于熔化金属表面的)浮渣.
floss′-silk n. 乱丝,丝棉.
flos′sy a. 乱丝的,轻软的,时髦的.
FLOT = floatation 浮动.
flotable = floatable.
flotage = floatage.
flotation = floatation.

flotil′la [flou'tilə] n. 小〔分〕舰队,艇〔船,纵〕队.
Flotrol n. 一种恒电流充电机.
flot′sam ['flɔtsəm] n. ①(遇难船只的)漂流货物,飘浮的残骸,抛弃后浮于水面的货物 ②废料〔物〕,零碎物. *flotsam and jetsam* 船只残骸,零碎物,无价值的东西.
floturning n. 一种锻造法(flow turning 的商名).
floun′der ['flaundə] vi.; n. 挣扎,着慌,搞糟,弄乱.
flour ['flauə] Ⅰ n. 粉(末),粉状物质,面〔谷〕粉. Ⅱ v. 撒粉于,研〔磨,碎〕成粉,粉末乳化. *flour filler* 细〔粉状〕填料. *flouring of mercury* 汞的乳化作用. *fossil flour* 硅藻土. *silica flour* 石英粉. *slate flour* 石粉,页岩粉末. *wood flour* 木粉.
flourish ['flʌriʃ] v.; n. ①繁荣,昌〔茂〕盛,兴旺,流行,蓬勃发展,发展到一定高度 ②挥舞〔动〕. ▲*in full flourish* 蓬勃发展,流行.
flourishing a. 繁荣的,蓬勃发展的,欣欣向荣的,蒸蒸日上的.
flour′mill n. 面粉厂.
flourom′eter n. 量粉计,澄清(粉)器.
flour′y ['flauəri] a. 粉(状,质,多)的,满是粉的.
flout [flaut] n.; v. 嘲〔愚〕弄,藐〔蔑〕视,轻视,反对(at).
flow [flou] v.; n. ①流(动,通,过,出,散),气〔液,水,车,信息)流,滑移,流道,浮动 ②塑变〔流〕,(塑性,金属)变形 ③流通,排,供给,生产(量,流率〔度、速),(液体、气体)消耗量 ④充满,丰富,溢〔涌〕出 ⑤涨潮,泛滥,(路面)泛油 ⑥屈服 ⑦【数】围道〔围线)积分(例如对张量场的或沿曲线的). *air flow* 气流,通风. *average flow* 平均流量. *axial flow* 轴流式,轴向流动〔气流〕,轴对称气流. *circulation* [*circulatory*] *flow* 环流. *cold flow* 冷塑,冷塑加工,冷变形. *drag flow* 沿压力方向的流动,正〔主〕流. *eddy flow* 涡流. *energy flow* 能流,能通量. *flow capacity* 泄水能力,排水能力. *flow cascade* 梯级,跌水. *flow chart* [*diagram*, *scheme*, *sheet*] 流程[向,向]图,流量,作业,程序方框,工艺流程,操作程序)图,生产过程图解,程序图表[框图]. *flow coat* 浇〔流〕涂. *flow control* 流量调节〔控制〕,(粉末)流动性控制,信息流控制. *flow conveyer* 连续流(刮板)输送机. *flow counter* 流通式计数器,流量计. *flow curve* 流动〔流量,气流,塑流,流变)曲线. *flow deflector* 导流片. *flow divider* 分流器,流量分配器. *flow field* 流场,流线谱. *flow fold* 流状褶皱. *flow form* 流(动形)态,旋(转)压. *flow forming* 旋压. *flow from a pump* 泵的排量. *flow gate* 浇口. *flow gauge* 流量计,测流规. *flow graph* 流向〔程〕图. *flow harden* 冷作硬化. *flow in continuum* 连续流. *flow in momentum* 动量变化. *flow in three dimensions* 三维〔空间)流. *flow indicator* 流量〔进料量〕指示器. *flow line* (气,金属变形,水文地质)线,晶粒滑移线,通道线,自喷线,流体送管,金属纤维. *flow mark* 流纹. *flow meter* 流量表,流量[流速]计. *flow method* 流水作业法. *flow net* 流网. *flow noise* 液流噪声. *flow nozzle* 测流嘴. *flow of metal* 金属流变〔变形〕. *flow path* 流程,流动径

迹,渗径. *flow pattern* 流型,流线谱,活动模. *flow pipe* 送水〔排出,输送,压力水〕管. *flow production* 〔*process*〕流水作业. *flow rate* 流率〔速〕. *flow reactor* 连续反应器. *flow regulating valve* 节流阀. *flow relay* 流动继电器. *flow sight* 流体检查窗〔观察孔〕. *flow soldering* 射流〔束〕焊接,流体焊接. *flow stress* 屈服〔流动〕应力. *flow structure* 流状构造. *flow survey* 流谱线. *flow switch* 流量开关,气流换向器. *flow table* 流动(性,稠度)试验台,流动性试验机,振动台,跳桌,流量表,状态经历表. *flow tank* 沉淀池. *flow test* 流动(度,性)试验,流动(倾动)试验. *flow-through period* 径流时间. *flow value* 流值. *flow welding* 浇焊. *gas flow counter* 通气式(流动气体)计数管. *gravity flow* or *flow by gravity* 自流,(带)重力流动. *high*〔*deep, easy, soft*〕*flow* 高流动性. *internal flow* (金属轧制时的)内变形. *low*〔*hard, stiff*〕*flow* 低流动性. *magnetic flow* 磁通量. *plastic flow* 塑性变形,塑性(范性)流动. *plug flow* 单向(活塞式)流动. *process*〔*production*〕*flow* 生产流程. *soil flow* 流砂. *total flow* 总流量. *turbulent flow* 紊(湍,扰)流. *velocity of flow* 流速. *volume of flow* 流量. ▲*flow away* 流逝(走). *flow from* 来自,是…的结果. *flow off* 流出(下,去). *flow over* 流过,流到…上,横流,溢(泛). *flow with* 充满.

flowabil′ity *n*. 流动性.

flow′age ['flouidʒ] *n*. ①流动(状态,特性),流出(物) ②泛滥,积水,淹没. *flowage of a stream* 河流流动特性. *flowage prevention* 防止淹没. *flowage structure* 流786结构.

flow′chart I *n*. 程程〔程序方框,工艺流程,操作程序,生产过程,作业〕图,生产过程图解,程序图表. II *vt*. 用流程(程序方框)图表示. *flowchart symbol* 流图表示,流图(框)号.

flow-down burning 下行燃烧.

flow′er ['flauə] I *n*. ①花 ②精华,青春 ③(pl.)〔化〕华,花纹,(铸件的)氧化物色斑,泡沫. II *v*. ①(使)开花,用花装饰 ②发展,旺盛. *flower bed* 花坛. *flower of sulphur* 硫(黄)华. *flower of zinc* 锌华. ▲*be in flower* 开着花. *in the flower of one′s strength* 年青力壮之时.

flow′erage *n*. 花(形装饰).

flow′ered *a*. 饰有花的图案的,印花的,花纹装饰的.

flow′eret *n*. 小花(饰).

flow′erless *a*. 无花的,不开花的.

flow′ery ['flauəri] *a*. (多)花的,词藻华丽的. *flowery odour* 花香(味).

flow′ing ['flouiŋ] *a*. ①流动(畅)的,继续不断的,(潮)上涨的 ②(线条,轮廓)平滑的. *flowing core* 悬臂型芯. *flowing furnace* 熔化炉. *flowing line* 压水管线. *flowing production* 自喷生产. *flowing property* 〔*power*〕流动性. *flowing resistivity* 流阻. *flowing well* 自流(喷)井. *free flowing* 高流动性. ~ly *ad*.

flow′line *n*. 流(动)线,气流线,流送管,晶粒滑移线.

flowmanostat *n*. ＝manostat.

flow′meter ['floumi:tə] *n*. 流量表,流速计,流动性测定仪. *gas measuring flowmeter* 气体流量计. *magnetic flowmeter* 磁通计. *water flowmeter* 水(量)表.

flown [floun] fly 的过去分词. *flown safely* 安全飞行的.

flow-off *n*. 出气〔溢流〕冒口,流口,径流.

flow′out *n*. 流出(量).

flow′-process *n*. 流(动过)程. *flow-process diagram* 流(程)图.

flow′rate *n*. 流率,流量. *mass flowrate* (通量的)质量比流量,质量单位流量. *volumetric flowrate* 体积(容量)流速.

flowrator *n*. (变截面)流量计(表).

flow′sheet *n*. 工艺图,(工艺)流程图,程序方框图,程序表. *Amex flowsheet* 胺萃提铀流程图. *process flowsheet* 工艺(生产)流程图.

flow-through centrifuge 无逆流离心机.

flow′-type *a*. 流动式的,气流式的.

flow′-up *a*. 向上流动的. *flow-up burning* 上行燃烧.

flox *n*. 液氧(液态氧 30%,液态氧 70%).

FLOZ ＝fluid ounce 流体盎斯(液体容量单位,英制等于 1.7339 英寸^3,美制＝1.804 英寸^3).

FLP ＝fault location panel 故障定位台.

FLPL ＝FORTRAN list processing language：FORTRAN 表加工语言.

FLR ＝①final limit, reserve 终极限,储备 ②flow rate 流量.

FLS ＝①flashing light system 闪光灯系统 ②flow switch 流体开关.

FLT ＝①fault 故障,错误 ②filter 滤,滤波器 ③float 浮动 ④full-load torque 满载转矩.

flt cont ＝flight control 飞行控制.

flt eng ＝flight engineer 飞行工程师.

flt LD SIM ＝flight load simulator 飞行负载模拟装置.

FL/TOT ＝flow totalizer 流量加法求和装置.

flt/PG ＝flight programmer 飞行程序装置.

FLTR ＝filter 滤(器,纸),滤波(光)器.

FLU ＝①fault location unit 故障探测设备 ②final limit, up 终极限,上方.

flu [flu:] *n*. 流(行性)感(冒).

fluate *n*. (防止建筑石料表面风化用的一种)氟化物.

fluavil *n*. 固接树脂.

flub [flʌb] I *n*.；II (*flubbed*; *flubbing*) *v*. 坏,出(搞,干)错,把…搞得一团糟. *flubs and dul* 胡说,失败.

flub′ble *n*. floppy bubble 软磁泡.

flub′dub *n*. 胡说,空话.

flucan *n*. 脉壁粘土.

flucticulus (pl. **flucticuli**) *n*. 波纹(痕),微波.

fluc′tuant ['flʌktjuənt] *a*. 波(变)动的,起伏的.

fluc′tuate ['flʌktjueit] *v*. (使)波(脉,振,摆,变)动,振荡,升降,增减,起伏,涨落,动摇,不定. *fluctuating electric field* 变动(起伏)电场. *fluctuating pressure* 脉动压力. *fluctuating stress* 变化(脉)应力.

fluctua′tion [flʌktju'eiʃən] n. ①波〔脉,摆,振,变〕动,起伏(现象),摇摆,涨落,升降,增减,不稳定,徘徊 ②振幅,消长度,涨落谱. *density fluctuations* 密度变化. *fluctuation noise* 起伏噪声. *mean relative fluctuation* 平均相对偏差〔起伏〕.

fluctuom′eter n. 波动计.

fludemic n. 流行性感冒的传播.

flue [flu:] n. ①管(烟,风)道,烟筒(囱),焰道〔路〕,送〔通,导,暖〕气管,通气道 ②(pl.) 毛屑,乱丝 ③渔网,拖网 ④感冒. *air flue* 风(烟)道. *flue dust* 烟(囱)灰,烟道尘,转窑水泥飞灰. *flue gas* 烟(道)气(体),废气. *flue gas leading* 废气管. *gas flue*, *smokestack flue* 烟道. *ventilating flue* 通风管.

flue′less a. 无烟〔管〕道的.

flu′ency n. 能量密度〔焦耳/厘米〕,流量.

flu′ency [′flu:ənsi] n. 流畅〔利〕. ▲*with fluency* 流畅地,滔滔不绝地.

flu′ent [′flu:ənt] I a. ①流利〔畅,动〕的,无阻滞的,源源不断的,易变的 ②畅流的,液态的. II n. (水)流,【数】变数,变量. *fluent metal* 液态金属. ~ly ad.

flueric [′flu:ərik] a. 射流的,流控的.

fluerics = fluidics.

fluff [flʌf] I n. ①绒〔柔〕毛 ②失〔错〕误 ③无价值的东西. II v. ①起毛,使疏松〔松散〕,抖开 ②失误,把…搞错 ③磨星. *fluff point* 疏松点. *fluffing of moulding sand* 松砂. ▲*fluff up* 翻松,使疏松〔松散〕.

fluff′fer n. 松砂机,纤维分离机,疏解机.

fluff′iness n. ①松软,蓬松 ②起毛现象.

fluff′y [′flʌfi] a. 松软的,蓬松的,绒毛(状,似)的,易碎的. *fluffy carbon* 松散〔容易破碎〕的炭粒.

flu′id [′flu:id] I n. 流〔液,气〕体,流质,…液,射流. II a. ①流体〔动,态,状,质〕的,液体〔状〕的 ②气态的 ③不定的,易变的. *amniotic fluid* 羊(膜)水. *ascitic fluid* 腹水. *brake fluid* 刹车油. *cooling fluid* 冷却液. *cutting fluid* 润(滑)切(削)液. *density fluids* 固定比重液体,密度液. *electron fluid* 电子(云). *fluid analogue computer* 射流模拟计算机. *fluid bearing* 液体(油压)轴承. *fluid carbon* 挥发性的炭. *fluid computer* 射流(流体)计算机. *fluid coupling* 流体联轴节,液体配合. *fluid dra(ch)m* 液量打兰. *fluid die* 液压模. *fluid drive* 流体(液压,液力)传动. *fluid film* 润滑油膜. *fluid flow* 流体流动(量). *fluid flywheel* 流体(液力)飞轮,液体传动飞轮. *fluid kinetics* 流体动力学. *fluid level gauge* 液位指示器. *fluid logic circuit* 流控逻辑电路. *fluid logical element* 液(流)体逻辑元件. *fluid mapper* 流体式制图器. *fluid mechanics* 流体力学. *fluid meter* (测油品的)粘度计,流动度计. *fluid milk* 鲜奶. *fluid oil* 润滑油,液态油. *fluid power motor* 液动电机. *fluid pressure* 流体(静水)压力,液压. *fluid sensor* 流控传感器. *fluid transistor* 流体晶体管. *frictionless fluid* 石油,无粘性液体. *heat-exchange fluid* 液体载热剂. *hydraulic fluid* (液压系统)工作液体,液压油,液压用液体,液力刹车油. *liquid fluid* 液流(体). *matching fluid* 配(比)合液. *non fluid oil* 滑脂,脂膏. *pumping fluid* 真空泵油. *radiation fluid* 辐射液. *reacting fluid* 液体燃料的组成部分,化学反应液体. *welding fluid* 熔焊液剂. *working* 〔*power, pressure*〕 *fluid* (液压系统)工作液体,受压液体,工(作介)质. *zone fluid* 区熔液体.

flu′idal [′flu(:)idl] a. 流体的. *fluidal structure* 流纹构造.

fluid-bed n. 流化床,沸腾层.

fluid-dynamic a. 流体动力学的.

fluid-dynamics n. 流体动力学.

fluidfiant n. 液化〔稀释、冲淡〕剂.

fluid-free a. 无流体的,无上下液体的. *fluid-free vacuum* 无油真空度,清洁真空.

fluid′ic [flu:′idik] a. 流体(性)的,能动的,射流的. *fluidic element* 射流元件. *fluidic jet* 液体射流,流体喷射.

fluid′ics [flu:′idiks] n. 射流(技术,学),流控学,流体学.

fluidifica′tion n. 液(流动)化.

fluid′ify [flu:′idifai] v. 液化,流(体)化,变为〔使成〕液体,积满液体.

fluidim′eter n. 粘(流)度计.

fluidisable = fluidizable.

fluidisation = fluidization.

fluidise = fluidize.

flu′idism n. 液体学说.

fluid′ity [flu:′iditi] n. 流(动)性,流质〔质〕,液流度,液性.

flu′idizable a. 可流〔体〕化的.

fluidiza′tion n. ①流(体,态)化(作用),液体化,流化床技术 ②沸腾作用,沸化 ③高速气流输送. *fluidization cooler* 沸腾〔流态化〕冷却器.

flu′idize [′flu(:)idaiz] vt. ①使液化,使流(体,态)化,使变成流体 ②使悬浮在迅速移动的气流中运输,用高速气流输送.

flu′idized a. 流〔液〕体化的,流动(态)化的,悬浮的,沸腾的.

fluidized-bed n. 流(态)化床,沸腾层. *fluidized-bed firing* 沸腾燃烧. *fluidized-bed roasting* 流化床焙烧,沸腾(层)熔烧.

flu′idizer n. 强化流态剂.

fluid′meter = fluidimeter.

fluid′ness = fluidity.

fluidom′eter = fluidimeter.

fluidon′ics [flu:′dɔniks] n. (=fluidics)射流学,射流技术.

fluidounce′ [flu:i′dauns] n. 液量英两,液量盎司(美=1/16品脱=29.6ml. 英=1/20品脱=28.4ml).

fluidra(ch)m′ [′flu:id′dræm] n. 液量打兰(=1/8液量英两).

fluid-ring a. 环流的.

fluid-state n. 流态.

fluidstatic n. 静态流体的,静水的.

fluid-supply n. 液体供给,液源.

fluid′-tight a. 液密的,不漏(流体)的,液体不能渗透的.

fluid-travel n. 液体流动〔通〕.

fluid-valve n. 液流[水力]阀.
fluke [flu:k] n.; vi. ①锚爪[钩],倒钩 ②侥幸(成功,获得),意外挫折 ③比目鱼 ④吸虫,(肝)蛭.
flume [flu:m] I n. ①水[渡,斜,溜,沟,引水,侧流,波浪]槽,放水[滑运]沟,水道[洞,峡沟[谷] II v. 用斜槽在水道里]输送,装[建造,利用]斜槽. *masonry flume* 圬工水槽.
flumen n. (pl. *flumina*)〔拉丁语〕流,波.
flump [flʌmp] I n. 砰(的一声),重落. II v. 砰的落[放]下(down),砰砰地移动.
flung [flʌŋ] fling 的过去式和过去分词.
flunk [flʌŋk] v.; n. 不及格,失败.
fluo-〔词头〕①氟 ②荧(光).
fluo-anion n. 含氟阴离子.
fluoberyllate n. 氟铍酸盐.
fluoborate n. 氟(硼)酸盐.
fluocerite n. 氟铈镧矿.
fluocin n. 荧光菌素.
fluo-columbate n. 氟铌酸盐.
fluodichloride n. 一氟二氯化物.
fluohafnate n. 氟铪酸盐.
Fluon n. 聚四氟乙烯(树脂),氟化乙烯.
fluoniobate n. 氟铌酸盐.
fluooxycolumbate n. 氟氧铌酸盐.
fluo-phos'phate n. 氟磷酸盐.
fluophotometer n. 荧光光度计.
fluoprotactinate n. 氟镤酸盐.
FLUOR =fluorescent 荧光的.
flu'or [flu:ɔ:] n. ①【化】氟 F ②萤[荧]石. *fluor crown* 含氟冕牌玻璃. *fluor spar* 氟[萤]石.
fluor-〔词头〕氟,荧光.
fluoranthene n. 荧蒽.
fluorapatite n. 氟磷灰石.
fluorate I v. 氟化. II n. 氟酸盐.
fluora'tion n. 氟化作用.
fluorborate n. 氟硼酸盐.
fluor-complex n. 氟化物-络化物.
fluorometry n. 氟光测定(术).
flu'orene n. 芴,二苯并戊.
fluorescamine n. 荧光胺.
fluoresce' [fluə'res] vi. 发荧光.
fluores'cein(e) n. 荧光素[黄,酉]).
fluorescein-labeled a. 荧光素标记的.
fluores'cence [fluə'resns] n. 荧光(性,物). *fluorescence spectrophotometer* 荧光分光光度计. *fluorescence spectrophotometry* 荧光分光光度法.
fluores'cent [fluə'resnt] a. (发)荧光的,有荧光(性)的. *fluorescent characteristic* 发[荧,辉]光特性. *fluorescent coating* 发[荧]光敷层,荧光粉涂层. *fluorescent lamp*[*light*] 荧光[日光]灯. *fluorescent radiation* 荧光性辐射,特有(波长)辐射. *fluorescent scale* 荧光刻度盘. *fluorescent screen* 荧光屏[板,膜]. *fluorescent tube* 荧光管(灯),日光灯管.
fluores'cer n. 荧光增白剂.
fluoroscope n. 荧光镜,X-射线透视器.
fluoroscopy n. 荧光学,荧光检查,X-射线透视(技)术.
fluorexone n. 荧光素络合剂.

fluorhydric acid 氢氟酸.
fluor'ic [flu(:)'ɔrik] a. 氟(代)的,含氟(素)的.
fluor'idate ['fluəridəit] vt. 向…中加入氟化物.
fluorida'tion n. 氟化作用[反应],加氟作用.
flu'oride ['fluəraid] n. 【化】氟化物,氟. *hydrogen fluoride* 氟化氢,氢氟酸. *potassium hydrogen fluoride* 氟氢化钾.
fluoride-base a. 含氟化物的.
fluoride-bearing 含氟的.
flu'oridize ['fluəridaiz] vt. 用氟化物处理,涂[加]氟,氟化. **fluoridization** n.
fluorim'eter [fluə'rimitə] n. 荧光(测定)计,氟量计.
fluorimet'ric a. 荧光的.
fluorimet'ry n. 荧光[光度]测定法.
flu'orinate ['fluərineit] vt. 用氟处理,(使与)氟化(合).
flu'orinated a. 氟化的. *fluorinated ethylene propylene* 氟化(全氟)乙丙烯.
fluorina'tion [fluəri'neifən] n. 氟化(作用,法).
flu'orine ['fluəri:n] n. 【化】氟 F.
flu'orite ['fluərait] n. 荧石,氟石,紫石英.
flu'orizate v. 氟化.
fluoriza'tion n. 氟化作用.
fluoro-〔词头〕氟(代),荧光.
fluoroalkylpolysiloxane n. 氟烷基聚硅氧烷.
fluorocar'bon n. 碳氟化合物,氟塑料. *fluorocarbon oil* 氟(代烃)油. *fluorocarbon resin* 碳氟[氟碳乙烯]树脂.
fluorochem'icals n. 含氟化合物.
fluorochlorohydrocarbon n. 氟氯烃.
flu'orochrome n. 荧色物,荧光染料.
fluorodensitom'etry n. 荧光像密测术.
fluoroelas'tomer n. 氟橡胶.
flu'orogen n. 荧光团.
fluorog'raphy n. 荧光(图)照相术,荧光屏摄影术,X射线荧光[影屏]照相法,间接 X 射线照相法.
fluorohafnate n. 氟铪酸盐.
flu'orol ['fluərol] n. 氟化钠.
fluoroleum n. 荧光油.
fluorolube n. (含氧设备用)氟碳润滑剂.
fluorolubricant n. 氟化碳润滑油.
fluorom'eter n. 荧光计,氟(X 线)量计.
fluoromethane n. 氟甲烷.
fluoromet'ric a. 荧光的.
fluorometry n. 荧光(X 线)测定术.
fluoro-olefin(e) n. 氟烯烃.
fluorophenylalanine n. 氟苯丙氨酸.
fluorophore n. 荧光团.
fluorophotom'eter n. 荧光(光度)计.
fluoroplas'tics n. 氟(荧光)塑料.
fluoropol'ymer n. 含氟聚合物.
fluoroprene n. 氟丁二烯.
fluororesin n. 氟树脂.
flu'oroscope ['fluəroskoup] I n. 荧光镜[屏],透视屏[仪],x 射线镜(x 射线)荧光检查仪,荧酸检查器 II vt. 用荧光镜检查. *gamma-ray fluoroscope* 荧光镜. *shoe-fitting fluoroscope* 鞋型选配用荧光镜. *transmission fluoroscope* 透蔽荧光镜.
fluoroscop'ic(al) a. 荧光镜的,荧光(屏)检查(法)的

fluoros'copy *x* 线透视的. **~ally** *ad.*

fluoros'copy *n.* ①荧光学, (X射线)荧光检查 ②荧光屏(X射线)透视法.

fluorosil'icate *n.* 氟硅酸盐, 硅氟化物.

fluorosilicone *n.* 氟硅酮.

fluoro'sis *n.* 氟中毒(现象).

fluorospectrophotom'eter *n.* 荧光分光光度计.

fluorothene *n.* 氟乙烯.

flu'orous *a.* 氟的.

flu'orspar ['flu(:)əspa:] *n.* 荧石, 氟石.

fluoscandate *n.* 氟钪酸盐.

fluosilic acid 氟硅酸.

fluosilicate *n.* 氟硅酸盐.

fluosolids *n.* 流化层, 沸腾层. *fluosolids roasting* 流(态)化焙烧, 沸腾焙烧.

fluostannate *n.* 氟锡酸盐.

fluotantalate *n.* 氟钽酸盐.

fluotitanate *n.* 氟钛酸盐.

fluozirconate *n.* 氟锆酸盐.

ur'ry ['flʌri] I *n.* ①阵[疾]风, 风[小]雪, 小雨 ②慌张[乱]. II *vt.* 搅乱, 使慌张[乱]. ▲*in a flurry* 或 *in a flurried manner* 慌慌张张地.

ush [flʌʃ] I *v.; n.* ①(强液体流)冲[清]洗, 洗净, 冲刷(水, 砂) ②奔(进, 水)流, 倾泻, 充溢, 灌注满, 泛滥, 淹没, 暴涨, 骤增 ③隆起, 高出 ④平平, 使齐平〔一样高〕, 齐平面, 嵌平, 平装 ⑤变〔发, 脸〕红. II *a.; ad.* ①(同…)平的, 齐平(面被装)(的), 埋头的, 同平面的, 同高的(with), 贴合成一个平面的, 贴合无缝(的), 紧接的, 平贴的, 磨光的. ②很多的, 丰富的, 充足的, 大量的, 注〔涨〕满的, 泛溢的 (of, with). *flush bolt* 埋头螺栓. *flush distillation* 一次蒸发. *flush filling* 平齐装料. *flush filter plate* 平槽压滤板. *flush gas* 冲洗[净化]气体. *flush joint* (齐)平(接)缝. *flush mounted array* 平嵌阵. *flush of water* 水泛滥, 迅速水流. *flush pc-board* 齐平(嵌入)式印制板. *flush plate* 平槽滤板. *flush plug consent* [receptacle] 嵌入式插座. *flush practice* 冲渣操作, 出渣. *flush quenching* 溢流淬火. *flush receptacle* 墙插座. *flush riveting* 平(光)铆. *flush slag* 水冲渣. *flush stage* (石油)自喷[喷吐, 旺盛]期. *flush tank* 冲洗(水)箱, 冲洗水柜. *flush toilet* 抽水马桶, 有抽水设备的厕所. *flush trimmer* 剔除(整平)器. *flush type* 嵌入式, 齐平式. *flush type meter* 嵌入式仪表. *flush weir* 溢水堰. *flush weld* 削平补强的焊缝, 平(光)焊. *flushed colours* 底色. *heat plush* 热冲洗. ▲(*be*) *flush of* M M 丰富〔充足〕. (*be*) *flush with* M 与 M 齐平〔一样高, 同高度〕, M 丰富〔充足〕的. *flush away* 冲(洗)去. *flush out* (彻底)冲〔清, 吹〕洗. *flush through* (*a mould*) 溢流浇注. *set flush* 平放着.

ush'bonding *n.* 嵌入式.

ush'er *n.* 冲洗器(者), 净化器.

ush'-filled *a.* 平装的.

ush'ing *n.* ①冲洗, 洒水, 吹氮脱气 ②油井注水 ③流渣, (沥青)沥油. *brake flushing* 制动器(系统)压力冲洗. *flushing gate* 冲沙(泄)闸门. *flushing hole* 渣孔. *flushing line* 冲洗的导管, 冲洗管路. *flushing manhole* 冲洗井. *flushing of asphalt to the sur-face* 沥青泛油. *flushing oil* 洗涤油, 冲洗用油, 洗液.

flush'-joint *a.* 平接(式)的.

flush-level powder fill 平齐装粉[料].

flush'-mounted *a.* 嵌装的.

flush'off *n.* 溢出, 排出.

flush'-sided *a.* 平边的.

flus'ter ['flʌstə] *v.; n.* (使)慌张[乱], (使)狼狈.

flute [flu:t] I *n.* ①(凹)槽, (刀具的)出屑(排屑, 螺丝)槽, (刃)沟, 波纹 ②低功率可调等幅波磁控管 ③长笛, 笛形物. II *a.* 沟纹的. III *vt.* ①在…上开[凿]槽, 切[刻]凹(凹)槽 ②发笛声, 吹长笛. *flute diapason pipe* 笛音音栓管. *flute instability* 槽纹不稳定性. *flute lead error* 切屑槽导程误差. *flute length* 槽[沟]长. *flute profile* 槽[沟]形. *flute storage* 笛式存储器. *ingot flute* (多角)钢锭的凹面. *spiral flute* 螺槽. *straight flute* 直槽.

fluted *a.* 有(凹, 沟)槽的, 带槽(纹)的, 有波纹的, 笛形的. *fluted bar iron* 凹面方钢. *fluted bead* 外圆角双头卷型笔, 外圆角秋叶. *fluted cutter* 槽式铣刀. *fluted formwork* 有凹槽的模板. *fluted nut* 槽顶螺母. *fluted roll*(*er*) 槽纹辊. *fluted shaft* 槽轴. *fluted spectrum* 条段光谱. *fluted twist drill* 麻花钻.

fluter *n.* 开(凹, 沟)槽者, 开(凹, 沟)槽工具.

flu'ting ['flu:tiŋ] *n.* ①(凹)槽 ②开(切, 刻)凹(凹)槽 ③弯折, 折断, (钢材折弯加工时, 垂直于弯曲方向产生的)表面发裂, 折纹. *fluting cutter* 槽[沟]铣刀, 开槽刀具.

flut'ter ['flʌtə] *v.; n.* ①颤振, 抖, 浮, 脉, 波, 扰, 摆, 扑, 急动, 颠振, 高频抖动, 鼓翼, 飘动(扬) ②放音失真, 脉动干扰, 偶极子天线的摆动, 电视图像的颤动现象, 颤(摆动趋向), (pl.)干扰雷达的锡箔 ③不安, 焦急. *aeroplane flutter* 飞机反射的干扰信号. *aileron flutter* 副翼颤振. *flutter and wow* 晃档度. *flutter computer* 颤动(模拟)计算机. *flutter echo* 颤动回波(回声), 多次(多源)回声, 多重反射. *flutter fading* 振动(颤动, 散乱反射)衰落, 振动减弱. *flutter generator* 脉动发生器. *flutter test film* 电视图像颤动现象试验片. *flutter valve* 翼形阀. *power supply flutter* 电源电压脉动. *stalling flutter* 失速颤动. *time flutter* 扫描不稳定性, 时基颤动.

flu'vial ['flu:vjəl] *a.* 河(成, 流, 中)的, 生于河中的, 河流(冲刷)作用(形成)的. *fluvial erosion* 河流侵蚀. *fluvial hydraulics* 河川水力学. *fluvial outwash* 河相冲积. *fluvial plain* 河成(河积, 冲积)平原. *fluvial terrace* 河成阶地.

flu'viatile ['flu:viətail] = fluvial. *fluviatile deposits* 河流沉积. *fluviatile facies* 河相.

flu'viative *a.* 河流的.

fluvio-glacial *a.* 冰水(生成)的.

flu'viograph *n.* 水位计, 河流水位自记仪.

fluvio-lacustrine *a.* 河湖(生成)的.

fluviomarine deposit *n.* 河海沉积.

flux [flʌks] *n.; v.* ①(电, 磁, 热, 光, 矢, 辐射)通量, 磁(电)通, 磁力线 ②流(出, 动, 束, 量), 继(波)

动,连续不断变化,流动的强度 ③焊剂[药],钎剂,(助)熔剂[处理],溶剂,稀释剂 ④(使)熔解[化,融],(使)成流体,助熔,软制[化] ⑤精炼 ⑥稀释,冲淡 ⑦造渣,渣化,矿渣 ⑧溢[流]出物 ⑨涨潮. *angular flux* 角通量,角通量. *asymptotic flux* 渐近通量. *bond flux* (焊药)粘结焊剂[溶剂],结合焊剂[溶剂]. *burnout heat flux* 破坏性热负载,临界热负荷. *electric flux* 电束,电通量,电焊剂. *entering flux* 输(进)入电流. *fast flux* 快中子通量. *flux and reflux* 涨潮落潮. *flux analysis* 流束分析. *flux cutting* 氧熔剂切割术. *flux density* 通量(气流,磁通,磁力线)密度. *flux gate compass* 磁通量闸门罗盘. *flux grown* 助熔剂生成(长). *flux keeper* 保通片. *flux leaking* 漏通量,漏磁通. *flux lime* 石灰石. *flux linkage* 磁通匝连数,磁链. *flux meter* 磁通(量)计,麦克斯韦计. *flux monitor* 中子通量记录器. *flux of force* 力通量,力束. *flux of lines of force* 力线束,磁通束. *flux of heat* 热流. *flux of vector* 矢通量. *flux peak* 最大通量. *flux peaking* 局部通量剧增. *flux valve* 流量阀. *fluxed asphalt* 软制[加过稀释剂的](地)沥青. *fluxed electrode* 涂药[熔剂]焊条. *fluxed ore* 助熔矿石. *fluxing agent* 熔(稀释,软制)剂,焊药. *flux(ing) oil* 稀释[软制,半柏]油. *fluxing temperature* 熔解温度. *ground flux* 涨剂,粉状熔剂. *heat flux* 热流,热通量. *high flux* 最大(密度,强度)流,强力流. *leakage flux* 漏磁(散)射通量,漏磁通[流]. *light flux sensitivity* 光束灵敏度. *luminous flux* 光束,光通量,光[亮]度. *magnetic flux* 磁通量,磁力线,磁性钎(熔)剂. *particle flux* 粒子流,粒子通量. *radiant flux* 辐射通量. *semi-asphaltic flux* 石油沥青,沥青助熔剂. *thermal flux* 热流,热通量. ▲*flux and reflux* 潮水的涨落. (be) *in a state of flux* (*and reflux*)不断改变[消长]. *in flux* 在变化,不定.

flux-averaged *a*. 按通量平均的.
flux-calcined *a*. 热碱处理的.
flux-coated electrode 涂药焊条.
flux-forced *a*. 加强流束的.
flux'gate *n*. 磁通(量)闸门. *fluxgate compass* 磁通量闸门罗盘,感应罗盘. *fluxgate detector* 地球磁场不均匀性探测仪,感应式传感器,饱和式磁力仪. *fluxgate magnetometer* 饱和式磁通脉冲磁力仪.
flux'graph *n*. 磁通仪.
flux'-grown *a*. 熔融生长的.
fluxibil'ity *n*. (助)熔性,熔度.
flux'ible *a*. 可流动[出]的,可熔解[化]的,易熔的.
flux'ion [ˈflʌkʃən] *n*. ①(动),流(动),熔(解,化)的,不断变化,流动[流出,变化]物,流动液体 ②【数】流数,导数,微分. *fluxion structure* 流纹构造. *the method of fluxions* 微积分法.
flux'ional 或 **flux'ionary** *a*. ①微分的,流数的 ②不断变化的,流[变]动的,不定的. *fluxionary analysis* [*calculus*] 微积分,流数术.
flux'meter [ˈflʌksmiːtə] *n*. 磁通(量)计,通量计,辐射通量测(剂)量计,漏电流检流计,韦伯计,麦克斯

韦(测量)计. *grassot fluxmeter* 动圈磁通计.
flux'ograph *n*. 流量记录器.
fluxoid *n*. 全磁通,类磁通,循环量子.
fluxon *n*. 磁通量子.
fluxoturbidite *n*. 滑动浊流物.
flux'plate *n*. 热通量仪.
flux-refining *n*. 熔剂精炼.
flux-seconds *n*. 通量-秒.
flux'-sensing *n*.; *a*. 探测(中子)通量的(的),通量感测的.
flux-sensitive *a*. 能探[感]测通量的,对通量灵敏的.
flux'-time *n*. 中子通量和时间的乘积,nvt.
flux-weighed *a*. 按通量平均的.
FLW = follow.
FL-W = flash welding 火花熔焊.
FLWG = following.
FLX = flexible 柔性的.
fly [flai] I (*flew*, *flown*) *v*. ①飞(行,驶,越逝),航行,驾驶(飞机),(用飞机)运输,乘...的飞机旅行,空运 ②飞跃[散],吹,飞,碎(裂),(门,窗)突然打开 ③飞起(过),跳过(over) ④消失,退色 ⑤(使激)飘扬,放(风筝) ⑥逃出,避开. II *n*. ①飞(程),飞行(距离) ②均衡器,摇臂轴,飞轮,(配合)牙轮,整速轮,(印刷机的)接纸器,纺锭,飞梭 ③(旗的)横幅,空白页,衬页 ④(苍)蝇,(双翅)昆虫,浮小脱生物(杂余). III *a*. 伶俐的,机敏的. *fly a flight* 作一次飞行. *fly the Pacific* 飞越太平洋. *fly ash* = flyash. *fly ash* 飞灰. *fly blind* 进行盲目(仪表)飞行. *fly contact* 轻动接点. *fly cutter* = fly-cutter. *fly ladder* 云梯的顶部. *fly left signal* 左方飞行信号. *fly lens*(全息照相用)蝇眼透镜. *fly nut* 蝶形螺母. *fly press*(飞轮式)螺旋压力机. *fly spot television microsope* 飞点扫描电视显微镜. *fly wheel* 飞(惯性,储能)轮. *fly's eye* 蝇(复)眼. *fly about* 翱翔,飞散. *fly across* [*by*] 飞越. *fly apart* 飞开(离),(突然)弹开. *fly around* 飞绕,飞来飞去,活跃,忙碌. *fly back* 回(扫)描. *fly down the range* 飞离发射点,起始飞行阶段. *fly level* 水平飞行. *fly off*飞离(脱,出,逝), 飞速脱掉,迅速离开起飞,挥(蒸)发. *fly open* 突然敞(口)开,飞(口)出冲击,飞溅(出来). *fly over* 飞越,飞上发射点,飘扬在...上空. *fly round* 飞绕(转). *fly short of* 未达到...的水平. *fly to bits* [*pieces*] 变成碎片,粉碎. *fly up* 向上飞[跳]. *fly up the range* 者陆飞行阶段. *fly upon* 猛烈攻击. *let fly* 发(放,射)射,让...运转. *let fly at* 向...发射[攻击]. *on the fly* 飞着,在飞行中,在空中. *send flying* 逐出,解雇,驱散,四处乱抛,掷出去.
fly'able [ˈflaiəbl] *a*. 宜于飞行的,适航的,可以在空中飞行的.
fly'ash *n*. 烟(飞,粉煤)灰,挥发性灰粉,飘尘,油渣.
fly-ash-cement concrete 烟灰水泥混凝土.
fly'away *a*.; *n*. ①尖形的,翘状的 ②随时可以飞往出厂的(新飞机). *fly away from* 飞离飞机制造厂的新飞机 ③包装好准备空运的 ④海市蜃楼.
fly'back [ˈflai-bæk] *n*. ①倒转,逆行 ②回(扫)描(扫描回程,扫描逆程,(指针)回到零位 ③回授,饿. *flyback blanking* 逆程消隐. *flyback circuit* 偏转电路获得高压的电路,回扫电路. *flyback co*

verter(开关式电源)逆向变换器,回扫电压变换器. *flyback EHT supply* 回描脉冲(高压)电源. *flyback kick* 回扫电压脉冲. *flyback line* 回(程,扫)线,回描(线,行). *flyback power supply* 行逆程高压电源. *flyback ratio* 顺向速度与逆向速度之比,回描[扫]率. *flyback retrace* 回(描)扫(迹). *flyback time* 回扫[描,程]时间,扫描回程时间. *flyback transformer* 回扫[回描,回授,反馈,冲击激励,阴极射线管用高压]变压器. *flyback type of high-voltage supply* 回描脉冲式高压电源. *flyback voltage* 电子束回扫电压,阴极射线管阳极(直流)电压,冲击激励电压. *frame flyback* 帧回描.

fly'ball n. 飞球.
fly'-bar n. (造纸用具)飞刀.
fly'boat n. 平底船,快艇.
fly'-boat n. 空军人员,飞机驾驶员.
fly'(-)by n. ①飞越,并[绕]飞,在低空飞过指定地点,检验[观察]飞行 ②宇宙飞船飞达天体的探测,飞近天体进行探测的宇宙飞船 ③绕月球轨道飞行所作的不足一周的飞行. *fly-by spacecraft* (行星或月球)试飞飞船.
fly-by-wire n. 能遥控的自动驾驶仪. *fly-by-wire system* 电操纵系统.
fly'-cutter n. 飞刀,横旋转刀,高速切削刀.
fly'-cutting n. 快速切削.
fly'er ['flaiə] n. ①飞行器(物),航空器,飞机,快车(艇),飞鸟 ②飞(手,整速)轮 ③飞行员(者) ④(互相平行的)梯级 ⑤【纺】锭翼(壳) ⑥飞跳,跃起 ⑦小传单.
fly-head storage 浮动头存储器.
fly'ing ['flaiiŋ] I a. 飞(似,速)的,航空的,飞(员)的,悬空的,浮动的,飘扬的,临(暂)时的,短暂的,逃亡的. II n. 飞行,飞散(物). (pl.)毛(棉)屑. *flying blowtorch* 喷气式战斗机. *flying boat* (船形)水上飞机,飞船. *flying bomb* 飞弹. *flying bridge* 跳船,浮(天)桥,船上的驾驶台. *flying buttress (arch)* 拱式扶梁(支撑),飞(扶)拱. *flying chip* 飞屑. *flying colours* 飞行旗,完全胜利. *flying cut-off device* 移动切断装置. *flying dial gauge* 连续式测厚千分表(装置). *flying disk printer* 字盘式打印机. *flying drum printer* 字轮式打印机. *flying extensometer* 连续式伸长仪. *flying falseworks* [shelf] 悬空工作架. *flying ferry* 滑钢渡,缆车渡. *flying field* (设备简单的)飞机场. *flying head* 浮动磁头. *flying image digitizer* 飞点图像数字化转换器. *flying machine* 航空机. *flying micrometer* 连续式测厚仪,快速测微计. *flying paper* (打印机的)快速移动纸. *flying point store address* 飞点存储地址. *flying press* 螺旋摩擦压力机. *flying printer* 飞行式印字机,高速(轮式)打印机. *flying scaffolds* 悬空脚手架. *flying source* 飞行波源. *flying spot* = *flying-sotp*. *flying squadron* 机动舰队,机动工作组. *flying suit* 飞行服. *flying time* 起飞(飞行)时间. *flying visit* 走马看花,匆忙的访问(参观). *flying windmill* 直升飞机. ▲ *pass* [*come off*] *with flying colours* 顺利通过,完全合格.

flying-ash 飞灰.
fly'ing-belt n. 飞带.
flying-off n. 起飞,离舰.
flying-stop n. 飞(光,扫描)点,浮动光点,扫描射线. *flying-stop (television) microscope* 飞点扫描电视显微镜. *flying-spot scanner* 飞点扫描器(设备),飞点析像器,高速点扫描器. *flying-spot store* 飞点扫描器(照相)存储器,光(飞)点存储. *flying-spot tube* 飞(光)点析像管,飞点示波管,飞点扫描管.
fly'lead(s) n. 架空引线.
fly'leaf (pl. fly'leaves) n. 飞(衬)页,(书籍前后的)空白页.
fly'-off n. 挥(蒸)发,利用蒸发地排水,飞离.
fly'out ['flaiaut] n. 飞出,(导弹)从发射井(地下井)发射出. *flyout time* (从发射井)飞出时间.
fly'over n. 立体交叉,高架道路,跨线(立交)桥. *flyover crossing* [*junction*] 立体交叉.
fly'past = flyby.
fly'press n. 螺杆(螺旋)压力机.
flysch n. 复理层,厚砂页岩夹层.
fly-sheared length 飞剪splitting切后(板材)的定尺长度.
fly'speck n. 小污斑,黑斑,小点,小团.
fly'wheel ['flaihwi:l] n. 飞(手,惯性,储能)轮. *flywheel automatic phase control* 惯性自动相位控制. *flywheel circuit* 同步惯性电路. *flywheel clock* 规整时钟. *flywheel diode* 续流二极管. *flywheel generator* 飞轮式发电机. *flywheel synchronization* 规整同步. *flywheel time base* 惯性同步时基,惯性同步扫描电路.
FM =①ferrite metal 铁氧体金属 ②field magnet 磁极,场磁铁 ③field main 现场干线(干管) ④field manual 现场手册 ⑤field modification 现场更改 ⑥figure of merit 优值,灵敏值 ⑦field main 消防干管 ⑧foreign mission 外国使团 ⑨fracture mechanics 断裂力学 ⑩frequency modulation 调频 ⑪titanium tetrachloride 四氯化钛.
Fm = fermium 镄.
fm =①fathom 吋(6英尺) ②from.
F/M = flight manual 飞行手册.
FMA = Frequency Modulation Association 调频协会.
fman = foreman 工长,领班.
F-matrix = F 矩阵(变换电路).
FML = floating multiply 浮点乘.
FMN = flavin mononucleotide 黄素单核甙酸.
FMO = frequency modulated oscillator 调频振荡器.
FMP = fuel maintenance panel 燃料补给操纵台.
FMR = financial management review 财政管理检查.
FMS = ①floating machine shop 流动的机工车间 ②free-machining steel 高速切削钢.
FN = ①file number 存档号码,卷宗号 ②footnote 脚注.
fn = function 函数,功能.
FNH = flashless nonhygroscopic 无闪光的不收湿的.
FNIE = Federation Nationale des Industries Electroniques Francaises 法国电子工业联合会.
FNP 或 fnp = fusion point 熔点.
f-number n. f 数,光圈数.

FO = ①fade out 淡出(电视图像的逐渐消失) ②fast-operating (relay) 快动作(继电器) ③filter output 滤波器输出 ④firing order 点火顺序 ⑤folio 一页 ⑥Foreign Office (英国等)外交部 ⑦forward observer 前进观察员 ⑧free out 船方不负担卸货费用 ⑨free overside 到港价格,船上交货价格 ⑩fuel oil 燃料油.

fo = folio 对开纸(本),页(码).

foam [foum] I n. 泡沫(橡胶,塑料,材料,状物). II a. 海绵状的. III v. (使)起泡沫,变[喷]泡沫,汹涌. foam column 泡沫发生塔. foam glass 泡沫玻璃. foam glue 发泡胶粘剂. foam powder 泡沫粉. foam rubber 泡沫[海绵]橡胶. foam sponge 海绵橡皮. fcam(ed) concrete 泡沫混凝土. foam(ed) plastics 或 plastic foam 泡沫(多孔,海绵状)塑料. foamed polyethylene 泡沫聚乙烯. foamed slag 泡沫(水淬)矿渣. ▲foam away [off] 成泡沫消失. foam over 起泡溢出. sail the foam 航海.

foamabil'ity n. 发泡性,发泡能力.

foam'able a. 能发泡的,会起泡沫的.

foamed-polyethylene n. 泡沫聚乙烯.

foam'er n. 起泡剂.

foam'glass n. 泡沫玻璃.

foam'ing n.; a. 起[发,形成]泡沫(的),水入汽管. foaming agent 起[发]泡剂,泡沫剂. foaming in place 现场发泡.

foam'ite n. 泡沫灭火剂,灭火泡沫.

foam'less a. 无泡沫的.

foam'over n. 泡沫携带,(蒸汽)带泡沫.

foam'slag n. 泡沫(水淬)矿渣.

foam'y ['foumi] a. 泡沫(似)的,起[多,如]泡沫的.

FOB 或 **fob** = ①free on board 离岸价格,船上交货 ② freight on board.

FOBS = fractional orbit(al) bombardment system 部分轨道袭击系统.

fo'cal ['foukəl] a. 焦(点)的,在焦点上的,有(位于)焦点的. back focal distance 后焦距. flange focal distance 基面焦距. focal area 焦斑面积,焦点区. focal axis 主(聚)焦轴. focal circle (聚)焦圆. focal cusp (主)焦点会(切)线. focal depth = depth of focus 震源深度,震[焦]深. focal distance [length] 焦距,震源距. focal plane 焦(点平)面. focal plane shutter 幕帘(布帘式,焦面)快门. focal point [spot] 焦点. focal point of stress 应力集中点. focal power 焦度,倒焦距. focal radius 焦(点)半径. focal setting 焦距(聚焦)调整.

focaliza'tion 或 **focalisa'tion** n. 焦距调整,聚光,对光.

fo'calize 或 **fo'calise** ['foukəlaiz] v. ①(使)聚焦,使集中在焦点上,对(定)焦点,调焦(…的)焦距 ②(使)限制于小区域.

fo'calizer n. 聚焦设备(装置,系统,器).

focal'-length n.

fo'ci ['fousai] focus 的复数. aplanatic foci 等光程焦点,齐明点. conjugate foci 【数】共轭焦点. secondary foci 次焦点.

focim'eter n. 焦点[距]计,焦距测量仪.

fo'co ['foukou] (西班牙语)中心,游击中心.

foco-collimator n. 测焦距准直(光)管.

focoid n. 虚圆点.

focom'eter [fou'kɒmitə] n. 焦距计,焦距(测)仪.

focom'etry n. 测焦距术,焦距测量.

fo'c's'le ['fouksl] = forecastle.

fo'cus ['foukəs] I (pl. fo'cuses 或 fo'ci) n. ①焦点,焦(点)面,中心,(点)②【数】中数③震中,(震)源④聚焦[束,点],对光,对[定]焦点,集(中)⑤螺线拨点⑥病灶,起源地. II (fo'cus(s)ed, fo'cus(s)ing) v. 聚(焦]集,聚束,定焦点,使集中于焦点,焦点射入,对光,集中, deep focus 深(远)源. earthquake [hypocentre, seis-mic] focus 震源. focus circuit 聚焦电路. focus coil axis 聚焦线圈轴. focus control 焦点调整,聚焦调节(整],调焦(控制装置). focus crank 调焦杆. focus for infinity 无限远聚焦. focus glass 调焦玻璃,分划板. focus of divergence 光散射点,虚焦点. focus of excitation 兴奋中心,兴奋点. focus puller (负责调焦的)摄影(师)助理,调焦员. focussed condition 聚焦条件. focussed log 聚焦测井. long focus 长焦距. negative focus 假焦点,阴性焦点. over focus 远焦点. principal focus 主焦点. real [true] focus 实焦点. virtual focus 虚焦点. ▲(be) in focus 在焦点上,焦点对准,清晰. (be) out of focus 在焦点外,焦点没有对准,散[离]焦,模糊不清. bring into focus 使集中在焦点上,清楚看出. focus attention on 把注意力集中在. focus M on [onto, upon, into] N 使 M 聚集[集中]在 N 上,把 M 的焦点对到 N 上. focus out 散焦. focus up 调焦,调节图像清晰度. with focus on (把)焦点集中在.

focus-coil n. 聚焦线圈.

focus-compensating a. 聚焦补偿的.

focused-image n. 聚焦图像.

fo'cuser n. 聚焦器,聚焦装置,聚焦放大镜.

fo'cus-mask n. 聚焦罩,聚焦罩(极). focus-mask tube 栅孔聚焦型(彩色)显象管.

focus-out n. 散焦.

fo'cus(s)ing n. 聚焦(作用),调(整)焦(距),聚束,光束集中,对光. alternating-gradient focussing 交变梯度磁场聚焦,强聚焦. focussing control 焦点调整,聚焦调节,调焦. focussing cup 聚焦杯,聚束筒. focussing glass 调焦屏,毛玻璃板. focussing mechanism 对[调]焦装置,调焦设备. focussing ring 对光环. focussing type filament 聚光灯丝. gas focussing 气体[离子]聚焦. secondary focussing 后(二次)聚焦. velocity focussing 按速度聚焦.

fod'der ['fɒdə] n. 素材,弹药,(粗)饲料. cannon fodder 炮灰. fodder mill (混合)饲料加工厂.

foe [fou] n. 仇敌,敌军(人),反对者,危害物. the common foe of the people 人民的公敌. ▲be a foe to M 是 M 的敌人. distinguish friend from foe 分辨敌友.

foehn n. 焚风,热燥风.

foe'tor ['fiːtə] n. 臭气,恶臭.

foe′tus n. 胎(儿).

fog [fɔg] **I** n. ①雾(翳),(影像)模糊(处),雾影,浊斑,[胶片]走光[感光过度] ②烟云[雾],灰[尘]雾,尘烟 ③[灭火剂喷出的]泡沫,喷雾 ④留地枯草,冬牧草. **II** (fogged; fogging) v. ①雾笼罩着,发(成)雾 ②使形成雾翳,起雾,蒙蔽,使朦胧[模糊,不清楚],蒙上水汽[湿层] ③沿线设立浓雾信号. *background fog*(威尔逊云室中)本底引起的雾. *dense fog* 大[浓]雾. *dust fog* 尘雾. *fog bank* 雾峰. *fog bell* 雾钟. *fog buoy* 雾标. *fog chamber*(威尔逊)云雾室. *fog filter* "模糊"滤波器. *fog horn* 雾中音响信号喇叭. *fog lubrication* 油雾润滑. *fog nozzle* 喷雾嘴. *fog quenching* 喷雾淬火. *fog signal* 下雾[雾中,浓雾]信号. *fog spray* 喷雾(器). *fog type insulator* 耐雾绝缘子. *metal fog* 金属雾. *thermalaerosol fogging* 热烟雾喷射. ▲*in a fog* 在五里雾中,迷[困]惑.

fog′bank n. 雾峰,雾堤(海上远方陆地状浓雾).

fog′bell n. (电视)图像模糊告警铃,雾钟.

fog′bound a.; ad. 被雾封锁住(的),被浓雾所阻而不能航行(的).

fog-bow 或 **fog-circle** 或 **fog-eater** n. 雾虹.

fog′broom n. 除雾机.

fog-dog n. 雾峰中明亮部分,雾虹.

fogey =fogy.

fog-foam unit 雾状泡沫设备.

fog′ger n. 润湿器,烟雾发生器.

fog′ging n. ①成雾,蒙上水汽(湿层) ②起雾,形成雾翳,模糊不清 ③迷雾试验. *complete fogging*(威尔逊云室中)盘片云雾. *film fogging* 软片模糊.

fog′gy [′fɔgi] a. 有(多,浓)雾的,模糊的,朦胧的.
Foggy Bottom 雾谷(指美国国务院).

fog′-horn n. 雾中音响信号喇叭,雾角.

fog′less a. 无雾的.

fog-like a. 烟状的.

fog′meter n. 雾量表[计].

fog-quenching n. 喷雾淬火.

fogram 或 **fogrum** n. 守旧[保守]的人.

fog-signal n. 雾(中信)号.

fog-type insulator 耐雾绝缘子.

fo′gy n. 守旧者,老保守.

föhn n. =foehn.

foil [fɔil] **I** n. ①箔,叶,(金属)薄片,薄金属片,(镜底)银箔 ②翼,瓣,钝头剑 ③叶形(饰),衬托物. **II** vt. ①铺箔,在…上贴箔,以箔为…衬底,衬托,加叶形饰 ②击退,挫败,阻挠,打乱(计划),使成泡影. *bare foil* 无屏蔽箔,无覆盖层箔. *detecting foil* 箔探测器. *foil detector* 金箔探测器. *foil electret microphone* 薄膜驻极体传声器. *foil electroscope* 金箔验电器. *foil fuse* 箔熔片. *foil gasket* 箔垫圈. *foil gauge* 应变片. *foil insulation* 箔绝热. *foil type tantalum electrolytic condenser* 钽箔电解电容器. *intensifying foil* 箔制增光屏. *laminated foil* 层压薄片. *monitor foil* 箔检验器. *resonant foil* 共振中子箔探测器. *stacked foil* 箔束. ▲*be foiled (in …)* 失败. *serve as a foil to* 做…的陪衬.

foil′ing n. (镜子反面的)水银箔,箔[叶]形饰.

foist [fɔist] vt. ①蒙混,骗售(on,upon) ②私自添加,塞进(in, into). ▲*foist M (off) on N* 把(假货)M 骗售给 N, 把 M 塞给(强加于)N.

FOL = fiber optics laser 纤维光学激光器.

flo = ①folio ②follow ③following.

fol′acin n. 叶酸,叶酸类似物.

fold [fould] **I** v. ①折,叠,合,压[对]折,弯曲[迭],合拢,合并,包(抱)②(栅)围[放]牧 ③分,劈,破(浪)④结束,夹掉,彻底失败. **II** n. ①折叠,痕,页,层,(地形)起伏,皱纹 ⑤弯[圆]水 ⑥倍 ⑦羊栏. *dead fold* 不致自行复原的折叠. *fold line* 折(叠)线,卷曲线. *fold resistance* 抗折性. *fold the water to each side*(船头)把水分到两边. ▲*fold back [down]* 折起来,扭亏. *fold M in N* 把 M 包在 N 里,用 N 把 M 包起来. *fold M into N* 把 M 折叠成 N. *fold over* 折叠,重复幻象. *fold up* 折叠,合拢,包进,垮下,垮台(掉),失败,结束.

-fold [fould] [词尾]…倍,…重,…方面. *a 10-fold increase* 增加到十倍,增加九倍. *In this chapter our theme is three fold*. 本章的主题有三点[三方面]. *less than a 10-fold increase* 不到(小于)十倍. *N-fold degeneracy* N 重简并. *two-fold* 两倍的,双重的,两方面的.

fold′able a. ①可折叠[叠合的] ②可合并的. *foldable operation* 可合并运算.

fold′away a. 可折拢后收起来的,可折到一边的.

fold′back n. ①返送[监听](系统) ②双折电缆. *foldback characteristic* 限流过载保护特性.

fold′boat n. 可折叠的帆布艇.

fold′ed a. 折叠的,折合的,褶皱的. *folded antenna* 折叠(式)天线. *folded cantilever contact* 折叠悬臂式触点簧片. *folded cavity*(速调管的)折叠空腔. *folded dipole antenna* 折叠(合)偶极子. *folded doublet (antenna)* 折叠对称(偶极)天线. *folded fault* 褶皱断层. *folded fold* 重复褶皱. *folded laser beam* 折叠激光束. *folded plate* 折(合)板.

folded-fan n. 折成扇形的,扇形折合的.

fold′er [′fouldə] n. ①硬纸(文件)夹 ②折叠式地图(印刷品,表格)③折叠器(机),折纸机 ④折叠者. *bar folder* 弯折器.

fol′derol n. 无用的附件[装饰品].

fold′ing [′fouldiŋ] n.; a. ①折叠(式)(的),折(叠)合(的),合并的,折弯(的),褶皱(的,作用). *folding bed* 折叠床. *folding bridge* 开合桥. *folding chair* 折叠椅. *folding door* 折门. *folding endurance* 耐褶性(度). *folding frequency* 折叠(卷叠)频率. *folding machine* 折叠(折纸)机,万能折弯机. *folding partition* 折壁. *folding rule* (scale, pocket measure) 折尺. *folding seat* 折(叠)椅,活动椅. *folding staff* 折标尺. *folding stair* 折梯. *folding strength* 耐折强度. *folding top* 折叠式车顶.

foldkern n. 褶皱核.

fold′out n. (书册中)折页.

fold′-over n. 折叠,(重)叠(幻)像,图像折边现象,(重)翻影.

fold′-thrust n. 上冲掩[逆掩]断层褶曲.

fold-top car n. 活顶车,篷车.

folia'ceous *a.* 层〔叶〕状的,分成薄层的.
fo'liage ['fouliidʒ] *n.* (簇)叶,叶饰.
fo'liaged *a.* 叶饰的.
fo'liar *a.* (似)叶的,叶状的.
fo'liate Ⅰ ['foulieit] *v.* ①打成箔,涂箔于,裂成薄片 ②记(书籍的)张数号 ③生叶,加叶饰. Ⅱ ['fouliit] *a.* 有(多)叶的,叶状的,打(作)成薄片的,层状的. Ⅲ *n.* 薄片岩. *foliated fracture* 层状断面. *foliated granite* 叶片状花岗石. *foliated structure* 叶理构造.
folia'tion [fouli'eiʃən] *n.* ①制〔涂〕箔,分成薄片,(分,成,裂成分)层 ②叶(剥,片)板)理,剥离 ③编张数号 ④生叶,叶卷叠式,成层,(施)叶饰. *foliation structure* 叶理构造.
folicolous *a.* 叶上生的.
folie' [fɔ'li:] [法语] *n.* 精神错乱,精神病.
fo'lio ['fouliou] Ⅰ *n.* ①对开(折)纸,对开(折)本 ②张数号,页码,一页 ③单位字数(英 72 或 90 字,美 100 字). Ⅰ *a.* 对折(开)的. *folio volumes* 或 *volumes (in) folio* 对开本书籍. ▲*in folio* 对开.
fo'liolate *a.* 有小叶的.
fo'liole ['fouliəul] *n.* 小叶.
fo'liose *a.* 叶状的.
fo'lium ['fouliəm] (pl. *fo'lia*) *n.* 【数】叶形线. *parabolic folium* 抛物叶形线.
folk [fouk] *n.* ; *a.* 人(们,民),民间(的).
folk- [词头] 民间.
folk'lore ['foukloː] 或 **folk-story** *n.* 民间故事(传说).
folk-medicine *n.* 民间医药(学).
folk'sy *a.* 简单的,平易的.
folk-tale *n.* 民间故事(传说).
folk-way *n.* 社会习俗,传统.
foll =following.
fol'licle *n.* 卵泡,滤泡,小囊,骨瘤.
fol'low ['fɔlou] Ⅰ *v.* ①跟(踪),跟(接)着(发生),追随(摄影),随之而来,继续 ②随动 ③追求,探索,观察,注视 ④遵循(守),按照,仿效(照),采纳(用),效法 ⑤沿(者而一行而行)从事,经营 ⑦领会,懂(了)解 ⑧归结. Ⅰ *n.* 追随,持续,推杆. *follow a definite pattern* 遵循一定的模式. *follow advice* 采纳意见,接受忠告. *follow an elliptical path* 沿椭圆形轨道旋转. *follow our own road in developing industry* 走自己发展工业的道路. *follow the instructions* 按照说明书(做). *the discussion to follow* 下面的论述. *I do not follow you.* 我不明白你的意思. *Steam temperature will follow changes in reactor coolant temperature.* 蒸汽温度会随反应堆冷却剂温度的变化而变化. *contact follow* 接点追踪. *follow board*(成)型(载模,截型)板,假箱(型板),托模板,模型托板. *follow cameraman* (负责调焦的)摄影(师)助理,一助. *follow die* 系列压模. *follow focus* 跟镜头聚焦. *follow knowledge* 求知识. *follow on current* 持续电流. *follow rest* 移动)刀架,移动中心架,随行(扶,刀)架. *follow shot* 追随(移动)拍摄,跟镜头,全景(镜头). *follow spot light* 追光灯. *power follow current* 电力线持续电流. ▲(be) *as follows* 如下(所述). *The full text reads as follows.* 全文如下. (be) *followed by* 后面有(是),继之以,再加上. *follow after* 跟随,追求,模仿,力求达到(取得). *follow M around* 跟着 M 后面走,观察 M(的旋转). *follow from* 是从(以 … 为根据)…得出的. *follow home* 穷追,干到底. *follow in the train of* 随着… 而发生. *follow in the wake of* 仿效,踏着…的足迹,继承…的志愿. *follow on* (经过一段时间之后再)继续,连(持)续,继…之后,继续,接下去(改进的产品(样品,方法). *follow out* 贯彻,执行,查明,探究,跟踪,把…进行到底. *follow suit* 照样例,照样做,仿效(照). *follow the example of* 以…为榜样. *follow through* 继续并完成某动作,始终贯彻,坚持到底,使一直保持继续,维持下去. *follow up* 把…贯彻,追究,干)到底,跟踪,继续研究(探索),孜孜不倦地致力于,继承,监督…的执行. *follow up a victory* 乘胜进击. *follow M with N* 把 N 接在 M 后面. *in view of what follows* 鉴于下面情况. *in what follows* 在下文中,下面. *which*(that) *follow* (follows, followed) 接着的,随(此)后的,下述(列,面,文)的,下面就要谈到,详(见)后. *in the pages that follow* 在下面(几)页中. *in the years that followed* 在以后几年中. *the suggestion which follows* 下述建议. *the three chapters which follow* 下面的三章. *it follows from M that* 从 M 可以肯定(得出). *it follows that* 由此得出(可见),因此,从而.
fol'lower ['fɔlouə] *n.* ①随从(继承)者,随员,部下,门徒 ②跟踪(踪)器,输出(放大)器,增音器 ③从动(齿,皮带)轮,被动(齿,皮带)轮,跟踪(随动),从动机构,跟踪装置,随(从)动件,活塞顶,推杆,送桂 ④轴瓦(衬),填料函盖 ⑤重(转)发器 ⑥复制器,复制装置 ⑦(原)填隙(挤水)棒 ⑧(合同的)附页. *anode follower* 屏极输出器(一种负反馈放大器). *cam follower* 凸轮顶杆(推杆,从动件,从动部分). *cathode follower* 阴极输出(跟随)器. *control-rod follower* 控制棒导向装置. *curve follower* 曲线复制器,描绘曲线装置. *emitter follower* 发射极输出器,射极跟随器. *emitter follower amplifier* 发射极输出(跟随)放大器. *follower arrangement* 跟踪(随动)装置. *follower force* 从动力. *follower gear* 随(从)动齿轮. *follower lever* 从动杆. *follower rest* 跟(随行)刀架. *follower plate* 随动机,仿形圆盘,填料函高压盖(板). *graph follower* 图形复制器. *ring follower* 组合模型从动圆板. *voltage follower* 电压输出器.
follower-ring *n.* 附(圆)环.
fol'lowing ['fɔlouiŋ] Ⅰ *a.* 下列(述)的,以下的,后面继续的,接着的,其次的,顺次(序)的. Ⅱ *n.* ①下面,随行人员 ②随动,跟踪(随,从),追踪. Ⅲ *prep.* 在…以下,顺(沿)着,接照. *automatic following* 自动跟踪. *contour following* 地面仿形. *following blacks*(图像)拖黑边. *following distance* 车距. *following error* 跟踪(随动)误差. *following in range* 远距离跟踪. *following range of synchronization* 同步保持范围. *following tap* 精加工用丝锥. fol-

lowing whites(图像)拖白边. *manual following* 手控跟踪. *following the grain of the rock* 顺着石纹. *in the following* 在下文中,下面. *in the following way* 按以下方式. *in the following year or in the year following* (在)第二年. *The following is* 〔*are*〕… 下列为. *The following is* 〔*are*〕 *noteworthy*. 下述问题是值得注意的.

follow-on ['fɔlɔu'ɔn] I *a*. 改进型的,下一代的,继承的. II *n*. 改进的产品〔方法〕. *follow-on mission* 持续飞行.

follow-scene *n*. 移动摄影.

"follow-the-pointer"dial 指针重合式刻度盘.

fol'low-up' ['fɔlɔu'ʌp] I *n*. ①跟踪(系统,装置),随动(系统,遥控),伺服(系统),硬反馈〔回授〕②继续进行(到底),乘胜追击,监督. II *a*. 追随的,后来的,随动的,继续的,接着的,作为重复〔补充〕的. *follow-up control* 随动〔跟踪〕控制,跟踪调节. *follow-up device* 随动装置〔设备〕,跟踪装置. *follow-up for anomaly* 异常检查. *follow-up potentiometer* 跟踪电位计〔分压器〕. *follow-up pressure* 自动加压,恒压. *follow-up seal coat* 第二次封层. *photoelectric follow-up* 光电随动〔跟踪〕系统. *rod-follow-up* 跟踪(调节)棒.

fol'ly ['fɔli] *n*. ①愚笨〔蠢〕,蠢〔傻〕事 ②耗费巨大而无益的事,工程浩大而不能完成的建筑.

FOM = figure of merit 质量〔品质〕因数,灵敏值.

fomenta'tion [foumen'teiʃən] *n*. 热敷〔罨〕,罨剂.

fo'mes ['foumi:z] (pl. *fomites*) = fomite.

fomite *n*. ①染菌物,带菌杂物,污染物 ②传染媒,病媒.

fonc'tionelle [fɔŋkʃɔnel] *n*. 泛函(数).

fond [fɔnd] *a*. ①(*be fond of*) 喜欢,爱好 ②迷念的,轻信的,不大可能实现的. ~ly *ad*. ~ness *n*. *fond* (法语) à *fond* 十足,彻底. *au fond* 根本上,实际(质)上,彻底地.

fondo *n*. 洋底.

fondo-form *n*. 洋底沉积.

fondothem *n*. 洋底沉积.

fondu' [fɔn'du:] *a*. (颜色等)会混合的,全混合的,溶解的,变softened.

fonofilm cutter 录音胶片刻纹头.

fons et origo (拉丁语)源泉.

font [fɔnt] *n*. ①铅印,(一副)铅字,(打印机用)活字,字形〔体〕②喷水池,源泉 ③(光)源. *character font* 字体根.

font'al ['fɔntl] *a*. (源)泉的,根本的,原始的.

food [fu:d] *n*. 食物〔品〕,粮食,材〔资,养〕料. *food canal* 消化道. *food for reflection* 考虑的事. *food intoxication* 食物中毒. *mental* 〔*intellectual*〕 *food* 精神食粮.

food'-borne *a*. 食物传染〔传播〕的.

food'-fever *n*. 饮食热,碳水化合物热.

food'-fish *n*. 食用鱼.

food'-handler *n*. 食品处理者.

food'-intake *n*. 摄食,进食(量).

food'less *a*. 无食物的.

food'stuff *n*. 粮食,食品〔物〕,饲料.

food-tolerance *n*. 食物耐量.

food'-tube *n*. 消化道.

food'-value *n*. 食物营养价值.

fool [fu:l] I *n*. 笨人,傻瓜. II *v*. 愚〔哄〕弄,欺骗〔瞒〕,浪费. *fool's gold* 黄铁矿,黄铜矿. *fool proof* 极安全的,极简单的,防止错误〔操作〕的. ▲*fool away* 浪费. *fool … into* 哄…作. *fool M out of N* 骗取M的N. *fool with* 玩弄. *make a fool of* 愚弄. *make a fool of oneself* 弄出笑话来.

fool'ery *n*. 愚蠢的行动〔想法〕.

fool'hardy *a*. 莽撞的,蛮干的.

fool'ish ['fu:liʃ] *a*. ①笨的,愚蠢的,傻的 ②荒唐的,可笑的. ▲*make* 〔*cut*〕 *a foolish figure* 成为笑柄,闹笑话. ~ly *ad*. ~ness *n*.

fool(-)proof ['fu:l-pru:f] *a*.; *n*. 极简单的,极坚固的,确保(十分)安全的,防止错误操作的,不会用错的安全装置,带有防止错误接通或不熟练操作的联锁装置的,安全自锁装置,事故预防. ▲*be foolproof against* 能确保安全以防止…

fool(-)proofness *n*. 安全装置,运转可靠.

fool'scap *n*. 三角帽牌的纸,大页书写纸(12×15英寸²~13 1/2×17英寸²).

foot [fut] I (pl. *feet*) *n*. ①脚,足,爪,步 ②(底,基)座,底脚〔部〕,基础,支点〔架,座,脚〕③(下)底,末尾,(垂线的)垂足,托桅滑脚,(电子管)芯柱 ③英尺 ④(pl. *foots*)渣〔脚〕滓,屑子,油脚,沉淀物 ⑤开钩器. II *v*. ①走,步行,踏步 ②合计,结算(up),加(to),支付 ③行驶,行进. *airlift foot* 空气升液管管脚. *boiler shell foot* 炉筒角座. *elevator foot* 升运器滑脚. *foot bar* 踏杆. *foot block* 顶尖座,尾架(座). *foot board* (踏)脚板,上杆钉. *foot brake* 脚踏闸,脚踏式制动器. *foot candle* 英尺烛光. *foot cell* 足细胞,支持细胞. *foot drill* 踏钻. *foot lever press* 脚踏压力机. *foot of a perpendicular* 〔数〕垂足. *foot of bead boom* 帆脚. *foot path* 人行道,小路. *foot pedal* 〔*switch*〕 脚踏开关. *foot pin* 地〔脚〕钉,尺垫. *foot plank* 桥面步行板. *foot plate* (脚)踏板,脚板(盘),柱垫. *foot point* (垂线的)垂足. *foot pump* 脚踏泵. *foot rest* 脚架,踏脚板. *foot rule* 英制尺,一英尺长的尺. *foot run* 延英尺. *foot screw* 地脚螺钉〔杆〕. *foot stall* 基脚,柱墩. *foot step* 脚踏子,脚蹬;台阶,梯级,立〔卧形〕轴承. *foot stone* 基石. *foot of* (背压,脚踏)阀. *foot wall* 基础墙,坝趾齿墙. *rail foot* 轨底. *strainer foot* 滤器脚座. ▲*at a foot's pace* 用步行速度. (*be*) *on foot* 步行,在进行中. *be on one's feet* 站着. *drag one's feet* 故意拖拉,误事,不合作. *foot by foot* 一步一步,渐次. *keep one's feet* 直立着(走),谨慎行动. *put one's best foot forward* 〔*foremost*〕赶紧,全力以赴. *put one's foot down* 坚决反对,抗议,坚持立场〔观点〕. *put one's foot in* 〔*into*〕 说错话,做错事,犯错误,陷入困境,弄糟. *set foot in* 进入. *set foot on* 踏上. *set … on foot* 发动,开始,着手. *under foot* 在脚底,在地面. *with both feet* 强烈地,坚决地.

foot'age ['futidʒ] *n*. (总)尺码,英尺数,(总)长(度),英尺长,进英尺. *footage counter* (磁带)长度计数器,尺码计数器.

foot'ball ['futbɔ:l] *n.* 足球(运动),被踢来踢去的悬案〔难题〕.

foot'baller 或 **foot'ballist** *n.* 足球运动员.

foot'board *n.* (脚)踏板,站板,驾驶台,上杆钉.

foot'bridge *n.* 人(步)行桥.

foot'-can'dle *n.* 英尺-烛光(照度单位,约等于 10 米烛光). *foot-candle meter* 照度(光强,英尺烛光)计.

foot-candle-meter *n.* =foot-candle meter.

foot'-crossing *n.* 人行横道.

foot'er ['futə] *n.* ①步行者,足球(运动) ②警音器,警笛 ③长…英尺的东西.

foot'fall *n.* 足迹,足迹[音].

foot'-fishing *n.* 接轨夹板.

foot'-gear *n.* 鞋类.

foot'hill *n.* 山麓小丘,底坡, (pl.)山脉的丘陵地带. *foothill belt* 山麓.

foot'hold *n.* 立足点,据点.

foot'ing ['futiŋ] *n.* ①基础[脚],底座[脚],垫层 ② 立足处,立脚点,立场 ③(社会)地位,身分,资格,(人与人之间)关系,情(状)况 ④合(总)计,总额 ⑤编制. *footing course* 底层(基)层. *footing load* 基脚荷载,底脚荷重. *footing (of) foundation* 底座〔脚〕基础. *spread footing* 放宽的底脚. ▲*be on a friendly footing with* 同…有着友好关系. *gain (get) a footing* 取得地位. *keep one's footing* 站稳. *on a completely equal footing* 完全平等地. *on a sound footing* 在牢固的基础上.(对) *on a war footing* 在战争状态中,按战时编制. *on an equal (the same) footing with* …和…以同样的资格.

footlambert *n.* 英尺-郎伯(亮度单位,等于 1/π 每平方英尺烛光).

foot'less ['futlis] *a.* 无脚的,无基础的,无支撑的,人迹未到的,无益的.

foot'lights *n.* 舞台(前缘)灯,舞台脚灯,脚光.

foot'ling *a.* 无关紧要的,微小的,无用的,无价值的.

foot'mark *n.* ①足迹,脚印 ②宇宙飞船的预定着陆点.

foot-notation *n.* 脚标,脚注.

foot'-onte I *n.* (注在页底的)附〔脚〕注. II *v.* 给…作脚注.

foot-operated *a.* 脚踏操作的.

foot'pace *n.* 一般的步行速度;步测;梯台.

foot'pad *n.* (软着陆)垫套式支脚.

foot'path *n.* ①跑道,梯子 ②人行道,小径.

foot-plate *n.* 踏板,足底,跖.

foot-pound *n.* 英尺磅(功的单位).

foot-pound-second *a.* 英尺磅秒单位制的,英尺-磅-每秒(功率单位).

footprint *n.* ①足(轨)迹,脚印 ②宇宙飞船的预定着陆点,卫星天线波束射到地面的覆盖区.

foot'rest *n.* 搁脚board.

foot-rope *n.* 脚缆,踏脚索,帆的下缘索.

foot'rule *n.* 英尺长的尺.

foots *n.* 渣滓,沉淀物. *foots oil* 渣滓油,油脚.

foot'step *n.* ①脚步,一步的长度,足迹[音] ②轴承架,垫轴台,脚架. *footstep bearing* 立(日形)轴承. *fol-low (walk) in one's footsteps* 步…的后尘.

foot'stock *n.* 顶座,尾架(座),定心座,承轴部,后顶针架. *footstock lever* 踏杆.

foot'stone *n.* 基石.

foot-switch *n.* 脚踏开关.

foot-ton *n.* 英尺吨(=2240 英尺-磅).

foot-treadle *n.* 脚踏板.

foot'walk *n.* (跨过轧机辊道的)过桥.

foot'wall *n.* 下盘,底壁,基础墙.

foot'way *n.* 人行道.

foot'wear *n.* 鞋袜. *footwear reclain* 套鞋再生胶.

foot'well *n.* (汽车司机位前)脚档.

foot'worn *n.* 被脚踏坏的,走得脚累的.

foo'zle *n.* ①错误,误差,差错 ②废品. *v.* 笨拙地做.

FOR = fuel oil return 燃料油回路.

FOR 或 **for** = free on rail 火车上交货(价格).

for [fɔ:] I *conj.* 因为. *It is going to rain, for the barometer is falling.* 天快下雨了,因为气压计(的读数)在下降.

II *prep.* ①(目的,用途,代换)为了,用于,供;合,去,代(顶)替,作为,赞成. *for reference* 供参考. *a manual for turners* 车工手册. *Not For Sale.* 非卖品. *make preparation for a test* 为某试验作准备. *Solve Eq. (1) for x* 解方程(1)求 *x*. *a train for Beijing* 开往北京的列车. *replacements for …* …的代用品(替换物). *stand for* …代表(支持). *substitute M for N* 以 M 代替 N. *use the symbol Pb for lead.* 以 Pb 表示铅. *take M for granted* 以为 M 是理所当然的,认为 M 一定会发生. *What is this tool for?* 这工具是做什么用的? *This is the very tool for the job.* 这是最适合干这件活儿的工具. *be for or against a view* 赞成或反对某个观点. ②(相)对于,关于,至于,说到,考虑到,在…方面. *requirement for raw materials* 对原料的需要,需要原料. *allowance for shrinkage* (考虑到)收缩(而)留(的余)量. *responsibility for quality* 质量(方面的)责任. *The proper name for atomic energy is nuclear energy.* 原子能的恰当名称是核能. *There are two basic causes for this.* (对)这(点来说)有两个基本原因. *There are two valves for each cylinder.* 每个汽缸有两个活门. *It is too difficult for a beginner.* 这对一个初学的人来说太难了. *For m = ∞, this factor equals unity.* 当 M = ∞时,此因数为 1. *So much for this topic.* 关于这个问题就讲这些. ③(时间或距离)达,计. *run (for) a mile* 跑一英里路. *They have been here for more than three weeks.* 他们在这里已三个多星期了. *I shall be here for three days.* 我将在这里呆三天. *We have been working for several years on such a rocket.* 几年来我们一直在研究这种火箭. *For the first time an ion engine was used for auxiliary attitude control.* 离子发动机首次用于飞行姿态的辅助自控系统. *We may set aside for the moment this question.* 我们可以暂且把这问题搁在一边. ④(原因)由于. *for these reasons* 由于这些原因. *for lack of fuel* 由于缺乏燃料. ⑤(引出 to + inf. 的主体) *(In order) for a current to flow there must be something to drive it.* 为使电流能够流动,必须有某种东西驱动它. *This load is too heavy for that crane to lift.* 这荷载太重,那台起重机吊不起来. *It is dangerous for that crane to lift such a heavy load.* 那台起重机吊这么重的东西是很危险的. *There is no need for them to go on.* 不需要他们继续下去了.

Ⅲ【计】循环. *for clause* 循环副句[子句]. *for list* 循环(元素)表. *for list element* 循环表元素. *for statement* 循环语句.

as for 至于,就…而论,讲到. *(be) in for* 一定受到,难免. *but for* 如果没有,要不是;若非,除…之外. *for a little* 一会儿,不久,短距离金(地). *for a space* 暂时,片刻. *for a spell* 暂时. *for a time* 一些时候,一个时期,暂时. *for a while* 暂时,片刻. *for all* 尽管,虽然. *for all practical purposes* 实际上. *for all that* 尽管如此,虽然如此. *for all the world* 完全,无论如何,从各方面. *for all I know* 也许. *for certain* 的确,确定地. *for ever (and ever)* 永远. *for example [instance]* 例如. *for good (and all)* 永远. *for lack of* 因缺乏,因无. *for long* 长久. *for most purposes* 在大多数用途上. *for nothing* 不付代价,白白地,无故地. *for one* 作为其中之一,例如;至少. *for one thing* 一则,举一件事来说. *for one thing …, for another thing* 其一…,其二…,一则…,二则. *for our purposes* 对我们来说. *for some purposes* 在某些场合. *for reasons given* 据上述理由. *for the greater part* 大概,多半,大部分(来说),在很大程度上. *for the last time* 最后一次. *for that matter* 为那件事,关于那一点. *for the moment* 目前,现在,暂且. *for the most part* 大概,多半,大部分(来说),在很大程度上. *for the present* 目前,暂时. *for the second time* 第二次. *for the time being* 当时,目前,暂时. *if (it were) not for* 若非,要不是;如果没有,除…之外. *if it were not for effective insulation* 如果没有有效的绝缘的话. *once (and) for all* 只一次(地),最后一次(地),永远.

for'a ['fɔːrə] *forun* 的复数.

for'age Ⅰ *n.* ①饲料[草] ②楔形切开,钻孔(术). Ⅱ *v.* 【寻】食,采蜜. *forage havester* 刈草机,饲草收割机.

Foral *n.* 氢化松香(商品名).

for-all structure (流水线计算机)全操作机构.

fora'men [fɔ'reimen] (*pl. fora'mina*) [拉丁语] *n.* 孔.

foraminate(d) *a.* 有(小)孔的.

foraminif'erous *a.* 有孔的,带孔的.

foraminulate *a.* 有(带)小孔的.

foraminulum (*pl. foraminula*) [拉丁语] *n.* 小孔.

forasmuch' as *conj.* 由于,鉴于,因为.

FORATOM =Forum Atomique Européen [法语] 欧洲原子能公司.

forb *n.* 非禾本草木植物.

forbade' [fə'beid] 或 **forbad** [fə'bæd] *v.* forbid 的过去式.

forbear' [fɔː'bɛə] Ⅰ (*forbore'*, *forborne'*) *v.* 抑制,忍耐(with). *forbear (from)* +*ing* 不(做),不准备(做). Ⅱ ['fɔːbɛə] *n.* (*pl.*)祖先.

forbear'ance *n.* 忍耐,耐性,延展期限.

forbid' [fə'bid] (*forbade'*, *forbid'den*) *vt.* 禁[阻]止,不许,妨碍. *forbidden* 时间不许可. ▲ *forbid* ⋯ *to* +*inf.* 禁止(⋯做⋯).

forbid'den [fə'bidn] Ⅰ forbid 的过去分词. Ⅱ *a.* 被禁止的,禁(戒,用)的. *forbidden band* 禁带. *forbidden character* 禁用[非法]字符. *forbidden code* 禁(用代)码,非法代码. *forbidden combination* 禁(用)组合,非法组合. *forbidden digit* 禁用[非法]字符,禁用数字[记号],不合法数码[记号数],禁止组合数码. "*forbidden*" *resonator region* 共振器"禁"区. *forbidden transition* 禁带[区,戒,止]跃迁. *forbidden zone* 禁区. *Parking forbidden* (此处)禁止停车!

forbidden-combination check 禁用[非法]组合校验.

forbid'denness *n.* 禁戒(性). *forbiddenness of a transition* 跃迁禁戒.

forbidden-pulse *n.* 禁止脉冲.

forbid'ding *a.* 可怕[憎]的,险恶的. ~ly *ad.*

forbore' [fɔː'bɔː] forbear 的过去式.

forborne' [fɔː'bɔːn] forbear 过去分词.

forby(e) [fɔː'bai] Ⅰ *prep*; *ad.* 此外,除(⋯)之外. Ⅱ *a.* 不同寻常的,极好的.

force [fɔːs] Ⅰ *n.* ①力,压(武,兵,暴,威,物,权,势,效,强)制力 ②拘束,强制力,(拉)力,势,率,强度,压强,过载 ③冲头,阳[正,上,下]模 ④部队 ④(语,句)的真正意义,要点,理由. Ⅱ *vt.* ①强制[迫,加,行,化,夺]②推[使,促]成(速)③加[生]力,速)强,用[强]力(超)加载,(挤,辗)压 ③【计】人工转移(程序),强行置码. *the force of the load on the beam* 荷载作用在梁上的力. *Electric current is forced through the wire.* 使电流通过导线. *Pump forces mud through hose on drilling pipe.* 泵把泥浆通过软管打到钻管里. *The gasoline will be forced out in the form of fine drops.* 汽油会呈雾状喷出. *The oil will be forced to the surface.* 油会被压到地面上来. *accelerating force* 加速力. *air force* (空)气动力,空气反作用力,空军负荷,空军. *bottom force* 下[阳]模. *component of force* 分力. *electromotive force* 电动势. *focussing force* 聚焦作用. *force de dissuasion* [frappe] (法语) 核威慑[攻击力]力量. *force diagram* 力线图. *force factor* (加)力因数. *force feed (lubrication)* 压力(油)润滑(法). *force fit* 压(入)配合. *force indicator* 功率[测力]计. *force majeure* 不可抗力. *force motor* 执行电动机. *force of men* 工队. *force piston* (plug, plunger) 模塞,压模. *force pump* 压力(增压)泵. *force(d) fan* 鼓风机. *force network* 军用(通信)网. *full force feed lubrication* 全强制[全压力循环]润滑法. *image force* (镜)像力. *magnetomotive force* 磁通(动)势. *operating force* 工作人员. *resultant force* 合力. *specific force of gravity* 比重. *temperature driving force* 温度势位. *top force* 上(阳)模. ▲ *(be) forced to* +*inf.* 不得不(做). *by force of* 由于,迫于,通过,用⋯手

段. by (main) force 凭力气[暴力],尽全力,强迫. cease to be in force 失效. come [go, enter] into force 被实施,生效,开始有效[实行]. continue in force 继续有效. force M against N 把M压到[强压在]N上,使M触及[碰到]N. force apart 使分开. force in air 鼓风. force M into [in]N 强迫[迫使]M进入N. The wedge is forced into wood. 楔劈进木材. force its way ahead 冲向前. force M out 迫使M往外[凸出来],压出M. force M out of N 迫使M脱离N[从N中出来],把M从N中压出来. force M to +inf. 迫使M去[做]. force M together 强行把M合成一体[合到一起]. force M upon 把M强加于,在force实施中,有效的,大批地,大规模地,大举. in great force 大批出,大举. join forces with … 与…联合(以运用共同的力量),与…通力合作. put M in [into] force 实施M,使M生效.

force-account a. 计工的.
force-circulation n. 压力循环[环流].
forced [fɔːst] a. ①强制[迫,力]的,被[受]迫的,压力的,加压的,增强的 ②用[竭]力的. forced air cooling (吹)风冷(却)的. forced air supply 压力供气,人工通风. forced analogy 牵强附会. forced coding 最佳编码. forced display 强制[加]显示. forced (draught, draft) fan 压力通风风扇,送风机,鼓风机. forced draught cooling tower 送风式凉水塔. forced feed 压力加料[供给],强制进料,强迫进给. forced frequency 受迫振荡频率. forced fuel feed 压力燃料供给,压力加油. forced landing (被)迫[强]降,强行登陆. forced lubrication 加压[强制]润滑作用. forced march 急行军. forced oscillation 强[受]迫振荡. forced power transmission 强行送电. forced stroke 受迫冲程. forced vibration 受迫振动.
forced-air blast 鼓风.
forced-air-cooled a. 强制风冷的,(通)风冷(却)的.
forced-air cooling 强制风冷,通风冷却.
forced-draft n. 压力送[通]风.
forced-fed a. 强行馈给的.
forced-oil n. 油浸式的. forced-oil forced-air cool 油浸风冷(式的).
force'-feed vt. ①强迫…接受,强使…发展 ②压力[油]润滑.
force-free a. 无力的,未受力作用的,没有作用力的.
force'ful ['fɔːsful] a. 有(用)力的,强烈的,有说服力的. forceful arc (原子氢焊的)响弧,强电弧. ~ly ad. ~ness n.
force-in air 强制鼓风.
force'less a. 无力的,软弱的.
force majeure [法语] ①优势,不可抗拒的压力 ②不可抗力.
for'ceps ['fɔːseps] n. (sing. 或 pl.) 镊子,钳子,焊钳,钳状体.
forceps-blade n. 钳叶.
force-pump n. 压力泵.
for'cer n. 冲头,活塞,小泵,蜗杆压榨机.

for'cible ['fɔːsəbl] a. 强制[迫,行]的,用[有]力的,强有力的,有说服力的.
forcible-feeble a. 外强中干的.
for'cibly ['fɔːsəbli] ad. 强制[迫,行],用力,猛烈.
for'cing ['fɔːsiŋ] n.; a. 强迫(的),施加压力(的),强制[迫,加]的,压送[入]的,输送,(加压)供给,促成,着[用]力. forcing frequency 扰动力[强迫振动]频率. forcing function 强制[外力]函数. forcing method 力法法. forcing of oil 润滑油的加压. forcing pipe 加压管,压力(水)管. forcing pump 压力泵. forcing screw 加压[紧固]螺钉.
forcipal a. 钳的,镊的.
for'cipate(d) a. 钳形的,似镊子的.
ford [fɔːd] I n. ①(可涉的)浅滩,渡口 ②可涉水而过的地方,过水路面 ②时髦式样. II v. 徒涉,涉水,趟(水),渡河.
Ford [fɔːd] n. 福特牌汽车.
ford'able ['fɔːdəbl] a. 可涉水而过的.
ford'less a. 不能涉过的,无涉水处的.
Formatʹic n. 前进三级后退一级(汽车用)变速器,福特变速器.
fore [fɔː] I a.; ad. n. (在(前(面,部,缘)(的),在船头,在(先)前(的). II prep. 在…之前. fore and aft trim 前后平衡调整. forearm connection 前支架连接,(扩散束)出口连接. fore axle 前(轮)轴. fore bearing 前轴承. fore line 前级管道. fore pump 前置(级)泵. fore sight 前视. fore tooth 门齿,前齿. fore vacuum 预真空. ▲at the fore 在最前,居首. bring to the fore 放在显著[重要]地位. come to the fore 变得突出(起来),引人注意,出现,涌现出来,立即有用. fore and aft 从(船,机)头到(船,机)尾,在总头和船尾,纵(向)的,纵长,全长的. fore and aft axis 纵(前后)轴. fore and aft tilt 偏角. fore and aft trim 前后平衡调整. in the fore part of M 在M的前部. to the fore 在近处,在场,在手头的,备好的,立即可以得到的,在显著地位,在[到]前面.
fore- [词头]先,前,预.
fore-and-aft a.; ad. 从(船,机)头到(船,机)尾(的),纵(向)的,(船中)对的.
fore-and-after n. 舱口盖纵梁,纵帆船.
forearm I ['fɔːrɑːm] n. 前臂. II [fɔːr'ɑːm] vt. 使预作准备,预先武装,警备.
fore'bay n. 前舱(池,室,机架,底板).
fore'blow ['fɔːblou] n.; v. 前吹期,预吹,预鼓风. foreblow hole 预鼓风风口.
forebode' [fɔː'boud] v. 预示(兆,感,言). forebo'ding n.
fore'body n. 机身(弹体,船体)前部,前(机)身.
fore'brain ['fɔːbrein] n. 前脑.
forecabin n. 前部船舱.
fore'carriage n. 前(导)轮架.
fore'cast ['fɔːkɑːst] I (fore'cast 或 fore'casted) vt.; II n. 预测[报,告,料,见,备,定],(新书或畅销书)预评,展望. flight forecast 飞行(天气)预报.
fore'caster n. 预报员.
fore'castle ['fouksl] n. 前甲板,船首楼,水手舱. forecastle deck 船首楼甲板.
foreclose' [fɔː'klouz] v. 阻止,妨碍,排除[斥],取消,

forecooler n. 预冷器.
forecooling n. 预冷.
foredate vt. 倒填…的日期,预先填上日期.
foredeck n. 前甲板.
foredeep n. 前(陆外)渊.
foredoom' [fɔː'duːm] vt; n. 注定. be foredoomed to 注定(要).
fore-drag n. 前部(头锥)阻力.
fore-edge n. 前缘,书的外缘(与装订线相对之边缘).
fore'fathers ['fɔːfɑːðəz] n. 祖先(宗).
forefend =forfend.
fore'finger ['fɔːfiŋɡə] n. 食指,示指.
fore'foot ['fɔːfut] n. 前脚,前肢,前肘段.
fore'front ['fɔːfrʌnt] n. 最前部(面,线,方).
forego' [fɔː'ɡou] (forewent', foregone) v. ①先行,在…前面,发生在…之前 ②放弃,搁弃.
foregoer n. 前驱者,祖先.
forego'ing [fɔː'ɡouiŋ] a. (发生在)前面的,以上的,上(前述的,先行的. foregoing statement 前(上)面所述. the foregoing 上文,上述(内容),前述事项.
foregone' [fɔː'ɡɔn] I forego 的过去分词. II a. ①以前的,过去的 ②预先决定的,无可避免的,既定的,意料中的. foregone conclusion 必然(意料中)的结果,以往的经验.
fore'ground ['fɔːɡraund] n. 前景(景物,图画等最受近观察者的部分),前述事项,最显著(最引人注意)的地位,前台. foreground processing 前台(最先)处理. foreground scheduler 前台(最先)安排,前台调度程序. ▲ come into the foreground 成为最突出的.
foregrounding n. 【计】前台设置.
fore'hammer n. 手用大锤(大榔头).
fore'hand ['fɔːhænd] a.; n. (方,面)的,居前的,预先作的,预防的,正手(的). forehand welding (气焊)左焊法,前进(向前)焊.
fore'handed ['fɔːhændid] a. 适时的,考虑到将来的,正手的. ~ly ad.
fore'head ['fɔrid] n. (前)额,前部.
fore'hearth ['fɔːhɑːθ] n. 前炉(床,室),预热器室.
fore'heater n. 前热器.
for'eign ['fɔrin] a. ①外国(产)的,外来的,对外的,外部的 ②不相干的,无关的,异样的,不适合的. Make the past serve the present and foreign things serve China. 古为今用,洋为中用. foreign affairs 外事,外交事项. foreign aid 外援. foreign atom 杂质(掺杂,异类,外来的,不相同的)原子. foreign body 异体(物),外来物,杂质,不纯物质. foreign crystal 异种晶体. foreign current 外界干扰电流. foreign dogma 洋教条. foreign exchange 外汇. foreign flavor 异味,不正常气氛. foreign frequency 强迫振荡频率. foreign material 外来材料(物质),异物,杂质. foreign matter (substance)杂质,夹杂物,外来(物)质. Foreign Office (英国)外交部. foreign particle 杂粒. foreign parts 外国. foreign substrate 异质衬底. foreign trade 国际贸易. foreign version 外文译本,外语(配制的)影片. incoming foreign mail 来自国外的邮件. outgoing foreign mail 寄往国外的邮件. the Ministry of Foreign Affairs 外交部. ▲ be foreign to M 与 M 无关,非 M 所原有的,不适于 M,不熟悉 M.
foreign-born a. 出生在国外的.
for'eigner ['fɔrinə] n. 外国人(船),外来物,进口货.
for'eignism n. 外国风俗习惯,外国语的语言现象.
for'eignize v. (使)外国化.
foreign-language n. 外国语.
for'eignness n. 外来性,外国式,无关系.
forejudge' [fɔː'dʒʌdʒ] vt. 预(臆)断,未了解事实就断定.
foreknew' [fɔː'njuː] foreknow 的过去式.
foreknow' [fɔː'nou] (foreknew, foreknown) vt. 预知,事先知道.
fore'knowledge ['fɔː'nɔlidʒ] n. 预知,事先知道,先见之明.
foreknown' [fɔː'noun] foreknow 的过去分词.
fore'lady n. 女工头,女工长.
fore'land ['fɔːlænd] n. 前地,海(地)角,山前地带,前襟(沿)地,(堤的)前岸,前洲(地),海岸地,滩地.
fore'-leg n. 前肢.
fore'line n. 前级(预抽)管道. foreline tank 前级真空(管道)罐,前置罐. foreline valve 前置(前级真空)阀.
fore'lock ['fɔːlɔk] I n. 栓,楔,键梢,扁(开尾,开口)销. II vt. 用扁(开口)销锁住. ▲ take (seize) time (opportunity, occasion) by the forelock 抓住时机,乘机.
fore'man ['fɔːmən] n. 工头(长),监工,领工员,领班. shift foreman 值班工长.
fore'marker n. 机场远距信标.
fore'mast n. 前樯.
fore'mastman n. 普通水手.
fore'most ['fɔːmoust] I a. 最初(前)的,第一流的,(最)主要的. II ad. 在最前面,最先. ▲ first and foremost 首先,第一. head foremost (大)头朝下,轻率的.
fore'name ['fɔːneim] n. 名.
fore'named a. 上述的.
fore'noon ['fɔːnuːn] n. 上午,午前.
fore'no'tice ['fɔː'noutis] n. 预告,预先的警告.
foren'sic [fə'rensik] I a. ①法庭的,法医的 ②辩(讨)论的. II n. 辩论练习(课程).
Forenvar n. 乙烯树脂.
fore'ordain' ['fɔːrɔː'dein] vt. 注定,预(先注)定. ~a'tion n.
fore'part ['fɔːpɑːt] n. 前部,(时间)前段.
fore'peak n. 船首尖舱.
fore'plane ['fɔːplein] n. 粗刨,前(缘)舱.
fore'plate n. 前板,扎机下扎辊导卫板.
forepoling n. (隧道)矢板,前部支撑.
forepressure n. 预抽压力,前级(泵出口)前级真空压强. forepressure gauge 前级真空规(计). forepressure tolerance 最大(极限)前级压强.
fore'pump n. 预抽(真)空泵,前级(置)泵,前级(置,初压)真空泵. forepump system 前级抽气系统.
fore'pumping n. 前级抽气,预抽.
foreran' [fɔː'ræn] forerun 的过去式.

forereach v. 继续前进,赶上,超出,胜过.

forerun' [fɔː'rʌn] I (foreran', forerun') vt. 预报[示],走在…前,抢在…之先,为…的先驱. II n. 初馏物.

fore'runner ['fɔːrʌnə] n. ①预[先]兆. ②先驱(者),预报者,先锋 ③(pl.)前震,前驱波 ④先趋(古生物),祖先.

fore'running n. 初馏.

foresaw' [fɔː'sɔː] foresee 的过去式.

forescat'ter [fɔː'skætə] v. 前向〔向前〕散射.

foresee' [fɔː'siː] (foresaw', foreseen') v. 预见〔知〕,看穿.

foresee'able a. 可预见(到)的,有远见的. *in the foreseeable future* 在可预见的未来一段时间内.

foresee'ingly ad. 有预见地.

foreseen' [fɔː'siːn] foresee 的过去分词.

foreseer n. 有远见的人,预言者.

foreshad'ow [fɔː'ʃædou] vt. 预示(兆,测).

fore-shock n. 前震.

fore'shore ['fɔːʃɔː] n. 岸坡,前岸,前〔涨〕滩,海滩〔滨〕.

foreshort'en [fɔː'ʃɔːtn] vt. 按透视法缩小(绘制).

foreshort'ening n. 用透视法缩小绘制(图).

foreshow' [fɔː'ʃou] (foreshowed, foreshown) vt. 预示(告),预兆.

foreshown' foreshow 的过去分词.

fore'sight ['fɔːsait] n. ①预〔远〕见,预见的能力,深谋远虑,先见之明 ②〔测〕前视,瞄准器,准星.

fore'sighted a. 有远见的,深谋远虑的.

fore'slope n. 前炮.

forespore n. 前孢子.

for'est ['fɔrist] n. ①森林(地带) ②林立. II vt. 造林,使成为森林. *a forest of*…林立. *De Forest coil* 蜂巢〔蜂房式〕线圈. *forest marble* 树景大理岩. *forest product* 木材〔料〕. *forested area* 林荫面积.

fore'stage a. 前级的.

forestall' [fɔː'stɔːl] vt. ①占先,先下手,先发制人,比…先采取行动 ②防〔阻〕止,预防,阻碍,排斥 ③垄断,囤积. *forestall trouble* 防止事故.

foresta'tion [fɔris'teiʃən] n. 造林(法),植林.

fore'sted area n. 森林隐盖的,*forested area* 森林面积.

for'ester n. 林务员,森林〔林业〕居民,护林人员,林业动物.

foresterite n. 橄榄石砂.

for'estry ['fɔristri] n. 林业,(森)林学,林政,森林(地).

foretaste I [fɔː'teist] vt. II ['fɔːteist] n. 预测〔期〕,指望,迹象,先尝.

foretell' [fɔː'tel] (foretold) vt. 预言〔测,示,兆〕.

fore'thought ['fɔːθɔːt] n. 深谋远虑,事先考虑. a. 预先计划好的,预谋的.

forethoughtful a. 深谋远虑的.

fore'time ['fɔːtaim] n. 以往,过去.

foretoken I [fɔː'toukən] vt. II ['fɔːtoukən] n. 预示〔兆〕,征兆.

foretold' [fɔː'tould] foretell 的过去式和过去分词.

fore'top n. 前桅楼,前中桅平台.

fore-trough n. 前渊.

fore'vac'uum ['fɔː'vækjuəm] n. 预(低,前级)真空.

forev'er [fə'revə] ad. 永远,不绝,常常. ▲ *forever and ever* (a day) 永久(远).

forev'ermore ad. 永远.

forewarm'er n. 预热器.

forewarn' [fɔː'wɔːn] v. 预先警告.

forewent' [fɔː'went] forego 的过去式.

fore'woman n. 女工头,女工长,女领班,女监工员.

fore'word ['fɔːwəːd] n. 序(言),前(引,绪)言,献词.

for'feit ['fɔːfit] I n. 罚款,没收物,丧失(之物). II a. 被没收的,丧失了的. III v. 被没收,丧失. *forfeit a motor licence*… 被没收汽车执照. ▲ *be the forfeit of* 抵偿.

for'feiture n. 丧失,没收(物),失效,罚金.

forfend' vt. 避开,保护,禁止.

forgave' [fə'geiv] forgive 的过去式.

forge [fɔːdʒ] n.; v. ①锻(造,制,冶,炼),打(制,铁),炼铁,做锻工 ②锻(熔)铁炉 ③锻工厂,锻工车间 ④假(伪)造. *forge bellows* 锻炉风箱. *forge coal* 锻煤. *forge crane* 锻造起重机. *forge hot* 热锻. *forge(d) iron* 锻(熟)铁. *forge(d) piece* 锻件. *forge pig* 锻冶生铁. *forge press* 锻压机. *forge scale* 锻(铁)鳞,氧化皮. *forge time* 顶锻(时间). *forge tongs* 火(钳)钳. *forge welding* 锻接(焊). *forge work* 锻造(工). ▲ *forge ahead* 向前迈进,埋头赶上,把…推向前进(with). *forge out* 锻伸. *forge M with N* 把 M 与 N 锻在一起.

forgeabil'ity n. 可锻性.

forge'able n. 可锻性的,延性的.

forged a. 锻造(成)的. *forged iron* 锻铁. *forged steel* 锻钢.

forge-delay time 加压滞后时间.

for'ger [fɔːdʒə] n. ①锻工 ②伪造者.

for'gery ['fɔːdʒəri] n. 伪造(品,罪).

forget' [fə'get] (forgot', forgot'ten) v. 忘记,遗忘(漏),忽略,冷落. ▲ *forget about* 不考虑,不管,忘记.

forget'ful a. 易(健)忘的,忘记的(of),(易)疏忽的,不留心的,不注意的. ▲ *be forgetful of* 忘记了. ~ly ad. ~ness n.

for'getive [fɔːdʒitiv] a. 能创造发明的,富于想象力的,有创造性的.

forget'table [fə'getəbl] a. 易(该,可以)忘记的.

for'ging [fɔːdʒiŋ] n.; a. 锻(造,冶,造的,法),模锻,锻件(钢). *air forging hammer* 空气锤. *die forging* 模锻. *forging die* 锻模(型). *forging drawing* 锻件图. *forging press (equipment)* 锻压(造)机. *forging quality steel* 锻造用钢坯. *forging reduction* 镦粗. *forging test* 锤压(锤击,锻造)试验. *hollow forging* (顶锻机轧制用的)毛(泥)管. *powder forging* 粉末锻造. *press forging* 压锻. *sinter forging* 烧结锻造(法).

forging-grade ingot 锻用钢锭.

forgiv'able [fə'givəbl] a. 可饶恕的.

forgive' [fə'giv] (forgave', forgiv'en) v. 饶恕,原谅(for). ~ness n.

forgiv'en [fə'givn] forgive 的过去分词.

forgo' [fɔː'gou] (forwent', forgone') v. 放弃,谢绝,摒除.

forgone' [fɔːˈɡɔn] forgo 的过去分词.
forgot' [fəˈɡɔt] forget 的过去式.
forgot'ten [fəˈɡɔtn] forget 的过去分词.
Forint n. Ft. 福林(匈牙利货币名).
fork [fɔːk] Ⅰ n. ①〔音, 轮, 拨〕叉, 交, 垫, 树〕叉, 叉子, 斗, 架, 头, 形头叉, 抓头〔爪〕齿, 插销头②分岔(口, 点), 岔口, 分歧点. Ⅱ v. ①分叉〔支, 歧, 流〕, 作成叉形②用叉架提起〔取〕, 用耙捣击. *air fork* 气动叉头. *clutch fork* 离合器叉. *extractor fork* 带卷推出机. *fork amplifier* 音叉放大器. *fork chain* 支链. *fork chuck* 叉形卡盘. *fork connection*〔分叉, 插头〕连接. *fork contact type* 叉形接点式. *fork expander bolt* 车前叉调准螺丝. *fork gauge* 叉规, 分叉标准尺. *fork joint* 叉形接, 叉形接头. *fork junction* Y形交叉. *fork lift*〔truck〕= fork-lift. *fork link* 叉形杆. *fork tone* 同步音, 叉音, 音叉调. *fork tongs* 叉形钳. *fork spanner* 叉形扳手. *fork wrench* 叉形扳手. *oleo fork* 油压缓冲叉. *pulley fork* 滑轮轭. *raising fork* 举杆叉. *spring fork* 弹簧叉. *suspension fork* 悬架. *transmission fork* 变速叉, 转向叉, 传动音叉. ▲*fork out*〔over, up〕交出(付), 放弃.

forked a. 叉〔形, 状〕的, 有〔分, 数〕叉的, 分齿的. *forked chain* 支链. *forked connection* 插叉连接, 叉形接头. *forked echo* 分岔回波, *forked joint*〔叉形联〕接, 叉形接〔头〕. *forked lever* 叉杆. *forked lightning* 叉状闪电. *forked pipe* 叉形管. *forked rod* 叉头杆. *forked spanner* 叉形扳手. *three-forked* 三叉的.

forkgrooving machine 开槽机, 铲沟机.
fork'-lift n. 铲车, 叉式万能装卸(升降)车, 叉式升降机, 升降叉车. *forklift truck* 叉式升扬汽车; 铲车, 叉车.
fork'like a. 叉形的.
fork'-tone n. 叉音, 同步音, 音叉调.
for-loop n.【计】循环(语句).
forlorn' [fəˈlɔːn] a. ①几乎没有希望的, 可怜的, 不幸的②丧失了…的(of).
FORM =①formation 形成②formulation 组成, (用公式)表示.
form [fɔːm] Ⅰ n. ①形〔式, 状, 态〕, 型〔式〕(格, 方, 程, 齐)式, (晶)面式, (形)态, 类〔型〕, 外型〔形〕, 式样, 轮廓, 断面, 结构②模〔子, 体, 壳〕③表格〔纸〕, 格式(纸), 【计】有空白区的方式(大量发出的打字信件④长凳. Ⅱ v. ①形〔组, 构〕成, 产生, 作〔想〕出②成〔塑, 仿〕形, 造型, 模锻〔塑〕, 翻砂, 凝固③重整④组织, 建立. *application form* 申请书. *blank form* 空白格式. *casting form* 铸模. *coil form* 线圈架〔管, 型〕. *diamond form* 金刚石成形修整器. *form a flute base/line. form a groove* 设计孔型. *form anchor board*〔ing〕〔panel〕模〔壳〕板. *form broach* 成形拉刀. *form control template* 仿形〔靠模〕控制样板. *form copying* 仿形〔靠模〕加工法. *form cutter* 成形铣刀〔刀具〕. *form drag*〔resistance〕形〔状〕阻〔力〕, 型〔面〕阻力. *form factor* 形状〔波形〕因数〔子〕, 形状〔波

形, 曲线形式〕系数. *form feed*【计】打印式输送, 格式馈给. *form feeding*【计】走纸, 格式馈言. *form fixer*〔setter〕模壳(板)工. *form grinding* 成形磨削〔法〕. *form line* 地形线. *form milling* 成形铣削〔法〕. *form of application* 申请表格. *form of government* 政治制度, 政体. *form of thread* 螺纹牙形〔样〕. *form relieved tooth* 铲齿. *form removal* 拆〔除〕模〔壳〕. *form stop*【计】纸完停机〔停印〕, 格式差错停止. *form tool* 成形刀具〔具), 样板刀, 定形刀具. *form winding* 模绕法〔组〕. *form work* 模壳工作. *inductor form* 线圈架〔管〕. *master form* 原模. *mould form* 原模型型腔〔内腔〕. *optically inactive form* 不旋光体. *order form* (空白)定单. *porcelain form* 陶瓷管. *quadratic form* 二次型, 二次(形)式. *slit form* 窄带卷. *streamline form* 流线型. *telegraph form* 电报用纸. *various forms of transport* 各种运输方式〔工具〕. *wax form* 蜡型. *The milling machine forms parts with great accuracy.* 铣床非常精确地铣削零件. *Nitrogen forms about four fifths of the atmosphere.* 氮约占大气的五分之四. *Ice forms at 0℃.* 摄氏零度时结冰. ▲*A matter of form* 形式(礼节)问题. *after the form of M* 照 M 的格式. *fill out*〔in〕*a form* 填表(格). *for form's sake* 形式上, 出于礼节上的考虑. *form M into N* 把 M 制〔加工, 模塑, 切削〕成 N 形. *form M upon N* 根据〔仿造〕N 来制作 M. *form M with N* 和 N 一起制成 M. *form oneself into M* 排〔组〕成 M 形〔状〕. *form M* (*out*) *of N* 用 N 制作成 M. *form part of M* 成为 M 的一部分. *in due form* 以通常方式, 照规定格式, 正式(地). *in form* 形式上, 情况良好. *in … form* 或 *in the form of* 以〔取〕…形式〔状〕, 呈…状态. *on the prescribed form* 以规定的表格. *take form* 成形. *take form in* 具化〔为〕. *take the form of M*〔采〕取 M 的形式, 成〔具有〕M 的性质.

formabil'ity [ˌfɔːməˈbiliti] n. 可成形〔冶成〕性, 可模锻〔塑〕性.
form'able a. 可成形的, 适于模锻的.
for'mal [ˈfɔːməl] Ⅰ a. ①形式(上)的, 外形〔表〕上的形态上的, 形式的②正式的, 合法的③平乎格式的, 正规的, 有效的, 礼仪上的③整齐的, 匀称的④克式量的, 克式(浓度)的. Ⅱ n. 克式量, 式符. *formal agreement* 正式协定〔议〕. *formal call* 正式访问. *formal chemical structure* 式符化学结构. *formal concentration* 克式量浓度. *formal copper wire* 聚乙烯铜线. *formal language* 形式〔人工〕语言. *formal logic* 形式逻辑. *formal resemblance* 外形上的相似.

formal'dehyde [fɔːˈmældihaid] n. 甲〔蚁〕醛. *formaldehyde solution* 甲醛液, 福尔马林.
formale n. 聚乙烯. *formale copper wire* 聚乙烯(绝缘)铜线. *formale* (*insulated*) *wire* 包聚乙烯醇缩甲醛铜导线, 聚乙烯绝缘线.
for'malin [ˈfɔːməlin] n. ①甲醛(水溶)液, 蚁醛, 福尔马林②特〔示〕性周波带.

for'malism ['fɔːmlizm] n. 形式(论,主义),体系,方法),拘泥形式,体系,规型. *particle formalism* 微粒形式论.

for'malist n. ①形式主义者,拘泥于形式的人 ②形式体系.

formalis'tic a. 形式主义的.

formal'ity [fɔː'mæliti] n. ①(拘泥)形式,形式性,礼仪(节) ②(pl.)(正式)手续 ③克式浓度. *a mere formality* 仅为形式(只是手续)而已. *become a mere formality* 流于形式. *go through due formalities* 经正式手续. *without formality* 不拘形式.

formaliza'tion [fɔːməlai'zeiʃən] n. 定形,形式(体系)化,正式化.

for'malize ['fɔːmlaiz] v.①使成正式,使具有形式,使(成为)定型,形式化 ②拘泥形式(礼节). *formalized arithmetic* 形式化算法.

formall process 落锤深冲法.

for'mally ['fɔːməli] ad. 形式上,正式(地). *formally covariant perturbation* 形式上协变的微扰. *formally real* 形式实的.

formamidase n. 甲酰胺酶.

formamide n. 甲酰胺.

formamidine n. 甲脒.

formanite n. 钽钇钶(铌)矿.

for'mant n. ①共振峰,(主)峰段 ②主要单元 ③【计】(机械翻译)构形成分,元音中的主要频率成分.

for'mat ['fɔːmæt] n. ①格(排,款,样,程)式,规格,(数据或信息安排的)形式[格式],(储存器中)信息安排 ②(书籍,底片的)版式,开本,排印格式装帧设计 ③大小,尺寸,幅度. *format check* 数据(字)控制程序的检验. *format extractor* 共振峰分离程序. *format frequency*(元音)共振峰频率. *free-field format*【计】(程序的)自由段格式.

for'mate I ['fɔːmit] n. 甲酸盐(酯,根). II ['fɔːmeit] vi. 编队飞行. *iron formate* 甲酸低铁. *ironic formate* 甲酸高铁.

formater n. 编制器.

forma'tion [fɔː'meiʃən] n. ①形(构,组,生)成,产生,成,组)形,组,设(建)立,联(结)合 ②组织,构造,结构,排列,队形,编队 ③(植物)群系 ④(组成)物,结构(地,岩)层,岩组,道路基面. *arch*(bridge) *formation* 拱桥构造,架拱现象. *chemical formation* 化学被膜生成处理. *cluster formation* 簇状构造,成团现象. *coal formation* 煤层,煤的生成. *coke formation* 产生焦炭,积炭生成. *crystal formation* 结晶,晶体生成. *fighting*(battle) *formation* 战斗队形. *formation analysis log* 地层分析测井曲线图. *formation factor* 地层(电阻率)因素. *formation flying* 或 *flying in formation* 编队飞行. *formation of hologram* 全息图制作. *formation of image* 成像. *formation of matte* 造镍,镍(冰铜)的生成. *formation of n-p-n junction* n-p-n 结构. *formation rule* 形式(成)规则,【计】构造规则. *formation sample* 岩样. *formation time lag* 形成时间滞后. *formation transformer* 电成型用变压器. *formation voltage* 形(化)成电压. *grid formation* 铁骨构架配置设计. *heat of formation* 组成(生成,产生)热. *multiple*(plural) *formation* 多重产生. *pipe formation* 成管(现象). *pulse formation* 脉冲的成形. *rock formation* 岩层. *scale formation* 生垢,结垢(疤). *shock wave formation* 激波系,激波形成.

forma'tional a. ①构造的,结构的 ②岩层(相)的. *formational control* 岩相控制. *formational geology* 构造地质学.

formation-analysis n. 构造(地层)分析.

formation-resistivity n. 地层电阻率.

for'mative ['fɔːmətiv] a. 形(构)成的,使成形的,造型(形)的,结构的,构造的,易受影响的. *formative arts* 造型艺术. *formative technology* 造型工艺,造型术. *formative time of spark* 火花形成时间.

for'matless a. 无格式(规格)的.

for'matted a. (有)格式(规格)的.

for'matter n. 格式标识符,格式机.

for'matting n. 格式(化)(代码符号在记录中按预定顺序排列),格式编排. *data formatting error* 数据格式的错误.

formazane n. 甲䐶.

formazyl n. 苯䐶基.

for'm-cutter n. 成形铣刀(刀具).

form'-cutting n. 成形切削.

form'-drag ['fɔːmdræg] n. 型(形状)阻力.

forme [fɔːm] n.【印刷】印版.

formed a. ; n. 成形,成形加工. *formed coil* 嵌桥线圈. *formed*(milling) *cutter* 成形(样板)铣刀,成形刀具. *formed punch* 冲头. *formed rubber tank* 可弄成任意形状的软油罐. *formed section* 冷弯型钢. *formed steel* 型钢. *formed threading tool* 成形螺纹铣(切)刀. *formed turning tool* 成形车刀.

for'mer [fɔːmə] n. ①样板,量规 ②模(内,卷,凸起孔)型,靠型,旋压)模 ③成形设备(工具,轧辊,线路,器,机),形成器(助),定径管,弯材制定型器,型刀 ④框(骨,线圈)架,幅(支撑)板 ⑤构成(创造)者. *bolt former* 螺栓镦锻机. *cowl former* 整流罩框架. *film former* 生成薄膜(材料),薄膜形成物. *former block* 底板,冲头. *former of coil winding*管(架). *former pass* 预轧孔型,成品前孔. *former plate* 仿形(靠模)样板. *former rail* 前导轨. *former winding* 模绕型(法). *nut former* 螺母锻压机. *pulse former* 脉冲成形线路,脉冲形成器. *winding former* 绕线模(架). *wing former* 翼型条. *wood*(en) *former* 木模. ▲*in former times* 从前. *in the former case* 在前一种情况下. *the former* 前者.

for'merly ['fɔːməli] ad. 从前,以前.

former-wound coil 型卷(模绕)线圈.

Formex wire 福梅克斯磁性(录音)钢丝.

form'factor ['fɔːmfæktə] n. 形状(成形,波形)因数(子),波形(曲线形式)系数. *antenna formfactor* 天线形状系数,天线方向性因数.

form-fit transformer 壳式变压器.

form'fitting a. 贴身的.

form'grader n. 模槽机.

formiate n. 甲酸盐〔酯〕.

for'mic ['fɔːmik] a. 甲〔蚁〕酸的,蚁的. *formic acid* 甲〔蚁〕酸.

formi'ca [fɔːˈmaikə] n. 胶木,配制绝缘材料,热塑性塑料.

for'midable ['fɔːmidəbl] a. ①可怕的,惊人的,难克服的,难对付的 ②困〔艰〕难的,棘手的,庞大的,不可轻视的. **for'midably** ad.

formidable-looking code 似可提码.

form'ing ['fɔːmiŋ] n. ①形〔组,构,编〕成,化成,生成 ②冶成,电赋能 ③成形(法),仿〔变〕形,成〔造〕型,(成形)加工,梳形分编,将钢丝绳股制成麻旋形 ③模锻〔铸〕,冲压,模压(件),翻砂,塑工. *cable forming* 电缆分编. *cold roll forming* 冷滚成形法. *electrical forming* 电气冶成,电成型,电赋能. *explosive [explosion] forming* 爆炸成形. *extrusion forming* 挤〔加〕压成形. *film forming* 生〔薄〕膜. *forming attachment* 仿形〔靠模〕附件. *forming bell* 拉焊管模. *forming die* 成形钢〔冲〕模,精整压模. *forming dresser* (砂轮)成形修整器. *forming electrode* 聚焦极,形成电极. *forming gas* (氮氢)混合气体. *forming lathe* 仿形车床. *forming press* 弯压机. *forming rest* 成形〔样板〕刀架. *forming tool* 成形刀具〔车刀〕. *hot forming* 热加工〔成型〕. *rubber pad forming* 橡皮凹模成形法. *slag forming* 造渣. *stretch forming* 拉形〔弯〕,延伸造型.

formimino- 〔词头〕亚胺甲基.

formiminoether n. 亚氨甲基醚.

form'less ['fɔːmlis] a. 不成形的,无定型的.

formol n. 甲醛(溶液),福莫尔.

formola'tion n. 甲醛化.

formolite n. 硫酸甲醛.

Formo'sa [fɔːˈmousə] n. "福摩萨"(16世纪葡萄牙、西班牙殖民主义者强加于我国台湾省的称呼).

formoxy- 〔词头〕醛氧(基).

formoxyl- 〔词头〕甲酰基.

form'piston 或 **form'plunger** n. 模塞,阳模.

form-relieved a. 铲齿的. *form-relieved cutter* 铲齿铣刀. *form-relieved tooth* 铲齿的.

for'mula ['fɔːmjulə] (pl. **for'mulas** 或 **for'mulae**) n. ①(公,程)方程,计算,分子,结构,化学)式,定(准)则,方案,惯用语 ②处〔药,配〕制方, *abbreviated formula* 缩〔简〕写式. *derive a formula* 推导公式. *empirical formula* 经验(公)式,实验式,成分式. *formula for water* 水的分子式. *formula of integration* 积分公式. *formula weight* 【化】式量. *forward formula* 前向差分式. *molecular formula* 分子式. *radar formula* 雷达方程. *structural formula* 结构式.

for'mulae ['fɔːmjuliː] formula 的复数.

formular conductivity 式量传导系数.

formularization =formulation.

formularize =formulate.

for'mulary ['fɔːmjuləri] I a. 公〔定〕式的,规定的,药方的. II n. ①公式汇编,制〔配〕方集,配方书,药典 ②定式(同).

for'mulate ['fɔːmjuleit] vt. ①公式化,写成公式,用公式表示,列出式子,列方程式 ②配方〔制〕,按配方制造 ③(有系统)阐述,系统说明,(明确)表达,简明陈述,(简捷)订出,正式〔系统地〕提出,作出定义. *formulate criteria* (扼要地)订出标准. *formulated policy* 确定的政策. *formulated products* 按配方制造的产品.

formula'tion [fɔːmjuˈleiʃən] n. ①公式化,列方程式,列出公式,以式子表示,表述 ②配〔处方,加工制剂,剂型,组成,成分 ③(有系统的)阐述,明确的表达,正式提出. *formulation of equation* 列方程. *propellant formulation* 推进剂的组成. *symmetrical formulation* 对称表示(法).

for'mulism ['fɔːmjulizm] n. 公式主义.

for'mulist n. 公式主义者. ~ic. a.

for'mulize ['fɔːmjulaiz] vt. ①用公式表示,列出公式 ②阐述,系统地计划. **formuliza'tion** n.

form'var n. 聚醋酸甲基乙烯脂.

form'work n. 样(模)板,量(定)规,(模)型,模壳,支模,模板工程.

form-wound coil 模绕线圈.

formycin n. 间型霉素.

for'myl ['fɔːmil] n. 【化】甲酰.

formylate v. 甲酰化. **formyla'tion** n.

formylglycine n. 甲酰甘氨酸.

formylic acid 甲(蚁)酸.

formylmethionine n. 甲酰甲硫氨酸.

for'nicate a. 弯曲的,穹窿状的,弓状的.

for'nix ['fɔːniks] (pl. **for'nices**) n. 穹窿,穹(顶).

foroblique n. 前侧视镜.

forra(r)der ad. 更往前.

forsake' [fəˈseik] (**forsook'**, **forsa'ken**) vt. 放〔抛,掷〕弃.

forsa'ken [fəˈseikən] forsake 的过去分词.

forsook' [fəˈsuk] forsake 的过去式.

forsooth' [fəˈsuːθ] ad. 真的,的确,确实,当然.

for'sterite ['fɔːstərait] n. 镁橄榄石.

fort [fɔːt] I n. 要塞,炮台,堡垒,碉(城)堡. II v. 设要塞.

forte [fɔːt] n. 长处,特长,优点.

forth [fɔːθ] ad. ①向前(方),向外,现出 ②以后,以下. *back and forth method* 来回(尝试)法. *bring forth* 产生,发表,宣布. *burst forth* 突(爆)发,喷出. *come forth* 出来(现). *stretch forth* 伸出. ▲*and so forth* 等等. *back and forth* 前〔前〕(后),来回. *from this day forth* 从今天起. *from this time forth* 今后,从此以后.

forthcom'ing [fɔːˈθkʌmiŋ] I a. ①即将来到(出现,出版)的,下一次的 ②现成(有)的,随要随有的,需要时即可供给的. II n. 出现,来临,临近. *forthcoming naturally* 天然的.

forthright I ['fɔːθrait] a.; n. ①前进的 ②直截了当的,直率的,坦白的 ③直路. II [fɔːˈθrait] ad. 当前,直率地,径直地,立即.

forth'with' ['fɔːθˈwið] ad. 立即(刻).

for'tieth ['fɔːtiiθ] n.; a. 第四十(的),四十分之一(的).

for'tifiable a. 宜于设防的.

fortifica'tion [fɔːtifiˈkeiʃən] n. ①加强防卫,筑城(学),(通常 pl.)防御工事,要塞,碉堡,防御区,设防(阵地) ②含量的增加,加强. *fortification spectrum* 闪光暗点.

for'tifier n. 增强剂,强化物 ②设防者.
for'tify ['fɔ:tifai] v. ①设防于,构筑(防御)工事 ②加〔增〕强,使…坚强 ③确证. *fortified port* 军港. *fortified tyre* 加固外胎. *fortified zone* 设防地带. *fortifying of petroleum products* 石油产品的添加剂. ▲*fortify M against N* 在 M 构筑工事以防御〔对付〕N.
fortior'i [fɔ:tiɔ:rai] 〔拉丁语〕*a fortiori* ad. 更不必说,更加,既然这样一来.
for'tis 〔拉丁语〕浓的,强的.
fortis'simo a.; ad. 用最强音,非常响亮地.
fortis'simus 〔拉丁语〕最浓的.
for'titude ['fɔ:titju:d] n. 不屈不挠,坚韧不拔,刚毅.
Fort-Lamy [fɔ:lə'mi:] n. 拉密堡(乍得首都的旧称).
fort'night ['fɔ:tnait] n. 两星期,两周,十四日. *a fortnight today* 从今天算起两星期以后(以前). *a fortnight ago today* 从今天算起两星期前. *Monday fortnight* 两星期前〔后〕的星期一.
fort'nightly Ⅰ a.; ad. 每两星期(一次的),隔周. Ⅱ n. 双周〔半月〕刊. *a fortnightly review* 双周评论.
FORTRAN 或 **Fortran** 或 **fortran** ['fɔ:træn] = ①formula transformation 公式变换 ②formula translation 公式翻译,公式译码(资料处理) ③formula translator 公式转换器(译码器),公式翻译程序.
Fortransit n. 公式翻译程序.
for'tress ['fɔ:tris] n. 堡垒,要塞.
fortu'itous [fɔ:'tju:itəs] a. 偶然(发生)的,机会的,意外的,不规则的. *fortuitous distortion* 不规则失真,偶发〔偶然〕畸变. ~ly ad.
fortu'ity [fɔ:'tjuiti] n. 偶然事件,偶然性,意外.
Fortuna minimeter 可调倍率式杠杆比较仪.
for'tunate ['fɔ:tʃənit] a. 幸运的,侥幸的.
for'tunately ad. 幸运地,幸而,幸亏.
for'tune ['fɔ:tʃən] n. ①运气,命运 ②财产〔富〕. ▲*by bad fortune* 不幸. *by good fortune* 幸好. *have the fortune to* + *inf.* 幸而(做). *make a [one's] fortune* 发财(致富). *spend a small fortune on* 在许多多的钱在.
fortuneless a. 不幸的.
tor'ty ['fɔ:ti] a.; n. 四十(个),第四十. *the forties* 四十年代.
forty-eightmo n. 四十八开(本)的纸张.
forty-five n. 每分钟 45 次转速的唱片. *forty-five / forty-five* 45/45 系统,韦斯曲克斯系统.
for'tyfold a.; ad. 四十倍(的).
forty-four repeater 四四増音器.
forty-leven n. 极大(多)的,数不清的.
for'um ['fɔ:rəm] (pl. *for'ums* 或 *fora*) n. 论坛,讨论会,讲座,专题讲话节目. *Talks at the Yenan Forum on Literature and Art* 《在延安文艺座谈会上的讲话》.
for'vacuum v.; n. 预(抽)真空,前级.
for'ward ['fɔ:wəd] Ⅰ a.; ad. ①向前(的),前(向,进,方,部)的,正向(的),在前面 ②提前的,预先〔约〕的,期货的,未来的,进步的 ③从…起一直. Ⅱ vt. ①促进〔膊,协助,助长 ②转送〔运,交,换〕,运〔发送,寄〕发. Ⅲ n. 船(机)头部的(前,先)锋,期货. *forward production plans* 推进生产计划. *We are forwarding you our new samples.* 现寄上我们的新样品. *forward agency* 或 *forwarding business* 运输业. *forward angle* [azimuth] 方位角. *forward antenna* 前置(船头)天线. *forward biased* 正偏(的),正向偏置. *forward channel* 单向通(信)道. *forward contract* 预约,期货合同〔契约〕. *forward current* 正〔前,偏〕向电流. *forward delivery* 定〔远〕期交货. *forward direction* 正向,前向. *forward extrusion* 正向挤压. *forward feed* 顺流〔向前〕送料. *forward formula* 前向差分式. *forward heat shield* 前侧热屏,前置防热板. *forward looking radar* 前方〔视〕警戒雷达,前视雷达. *forward movement* 前进运动. *forward pass* 送进孔型. *forward play* 向前张力. *forward price* 期货价格. *forward problem* 正演问题. *forward reading* 前视读数. *forward scan* 扫描工程. *forward shaft* 前轴. *forward shovel* "正铲"挖土机. *forward stroke* 正程工作(切削)面进行程. *forward tipping* 向前倾斜,前倾的. *forward type* 平头型(汽车). *forward voltage* 正〔前〕向电压. *forward wave* 正〔前〕向波,前进(直达)波. *forward welding* (气焊)左焊法. *forward wind key* 速进键. *forwarding agent* 转运〔运输〕公司. *payment forward* 预付货款. *stubby forward* (机,船)头粗而短. ▲*backward(s)* and *forward(s)* 来回,前后. *be forward in* [with] *M M*(方面)先进. *be well forward with one's work* 早做完了工作. *bring forward* 提出. *carriage forward* 运费交货时照付. *come forward* 前来〔提出〕,自愿(做,担任). *forward of* 在…的前方. *forward M to N* 把 M 送给〔转〕到 N. *freight forward* 运费由提货人照付. *from this day* [time] *forward* 从此以后. *go forward* 进步,走向前,前进. *help forward* 促进. *look forward* 向前看,考虑将来,展望. *put* [set] *forward* 提出,促进.
forward-backward counter 双向〔反向,可逆〕计数器.
forward-bias n. 正向偏压.
forward-curved blade 前弯式叶片.
forward-directed a. 方向向前的,前(正)向的.
for'warder n. ①运送者,促进者 ②传送装置,输送器,传送器. *freight forwarder* 运输业者.
forward-extrude v. 正向压挤.
forward-facing a. 前向的,安置在头部上的,逆气流安置的.
forward-looking a. 向前看的,有远见的,前视角.
for'wardly ad. 在前部,向前地,急切地.
forward-mounted a. 前部安装的.
for'wardness n. 进步,早临,急切,热心.
for'wards ['fɔ:wədz] ad. ①向前,前进 ②将来,今后. ▲*backwards and forwards* 来回,前后.
forward-scattered a. 向前散射的.
forward-surging a. 顺〔前〕涌的.
forward-type a. 前向式.
forwent' [fɔ:'went] forgo 的过去式.
FOS = factor of safety 安全系数.

FOSDIC =Film Optical Sensing Device for Input to Computer 计算机胶片光读出输入装置.

fos'sa ['fɔsə] (pl. **fos'sae**) n. 窝凹.

foss(e) [fɔs] n. ①坑,(杆)穴 ②沟,槽,渠,壕,海渊〔沟〕.

fos'sil ['fɔsil] Ⅰ n. ①化石,地下掘出的石块〔矿物〕②旧事物 ③老顽固. Ⅱ a. ①化石似的,从地下掘出的 ②陈旧的,老朽的,顽固的,古的. fossil content 化石含量. fossil flour 硅藻土. fossil fuel 矿物〔化石〕燃料,煤. fossil ground water 古地下水. fossil lake 古湖. fossil oil 石油. fossil resin 化石树脂,琥珀.

fos'silate ['fɔsileit] =fossilize.

fossila'tion =fossilization.

fossil-fuelled a. 烧矿物〔化石〕燃料的.

fossilif'erous a. 含化石的.

fossiliza'tion [fɔsilai'zeiʃən] n. 化石化(的东西),化石作用,陈腐化.

fos'silize ['fɔsilaiz] v. ①(使)变成化石 ②(使)变陈腐,使僵化 ③搜集〔发掘〕化石标本. fossilized material 腐〔化石〕化材料.

fos'sula ['fɔsjulə] (pl. **fos'sulae**) n. 内沟,小窝.

fos'ter ['fɔstə] vt. ①照顾,养育,抚〔培,寄〕养 ②促进,鼓励,助长 ③抱着,心怀. foster hopes for success 抱着成功的希望.

FOT =①fiber optics cathode ray tube 纤维光学阴极射线管 ②free on truck 敞车交货(价) ③frequency of optimum traffic 最佳通信量的频率 ④fuel-oil transfer 燃料油转移.

fother vt. 海上堵漏.

fotoceram n. 光蚀玻璃陶瓷.

Foucault current 涡流,傅科电流.

foudroy'ant [fu:'drɔiənt] 〔法语〕暴发的,闪电状的.

fougasse n. 定向地雷.

fought [fɔ:t] fight 的过去式和过去分词.

foul [faul] Ⅰ a. ①难闻的,恶臭的,肮脏的,污秽〔浊〕的 ②(污物)堵塞,壅,淤塞的,(船)底部粘满海藻,贝壳的 ③被缠绕的(绳、链)④暴风雨的险恶的(天气),逆(风),不利于航行的 ⑤错误多的,改得面目全非的,违法的,犯规的. Ⅱ ad. 不正当地,违法地. Ⅲ n. 脏东西,污物,违法,碰撞,绳的绕结. Ⅳ v. ①弄〔变〕脏,弄〔变,结〕污,与…碰撞 ②卡住,使…堵塞,壅〔卡〕塞(up),阻碍,产生阻力,使缠结(在一起),缠住. foul air 污浊空气,污秽空气. foul area 险区〔多礁〕区. foul drain 污浊的下水道. foul gas 惰〔不凝〕性气体,秽臭气. foul ground〔bottom〕多暗礁的海底,不良锚地. foul play 犯规. foul proof 毛校样. foul rope 纠缠着的绳子. foul water 恶臭海区. fouled (spark) plug 结污的火花塞. fouling factor 污垢系数. fouling of heating surface 受热面的积灰,结垢. fouling of heating exchangers 换热器污垢的形成. ▲be foul with M 给 M 弄脏. by fair means or foul 不择手段. fall〔go, run〕foul of 与…相撞〔冲突〕,与…纠缠在一起,招致…的困难,陷入困境. foul up 搞糟,做错〔坏〕,壅塞. through fair and foul 或 through foul and fair 在任何情况下,不管顺利或困难.

foul-up n. 混乱,故障.

found [faund] v. ①find 的过去式和过去分词 ②铸(造),浇铸,翻砂,熔(成,制)③建(成)立,创办〔立〕,组成 ④打下…的基础,以…做根据(on, upon). a story founded on facts 根据事实写成的小说. ill founded 根据不可靠的. well founded 很有根据的.

founda'tion [faun'deiʃən] n. ①基础(地,金),地基〔脚〕,(底,机)座 ②根据,基本 ③出发点,基本原则 ③建(成)立,创办〔设〕,奠基 ④财团. foundation base 基底. foundation bed 基础底面,基床. foundation bolt 基础地脚螺栓. foundation breeder 基础种畜〔禽〕,种鸡〔禽〕基场. foundation ditch〔pit, trench〕基〔底〕坑. foundation light 基本〔衬底〕光. foundation net (上胶的) 粗网眼纱. foundation plate 底〔基础〕板. foundation pressure 基础底面(土)压力. foundation ring 基底压力. foundation frame foundation 架座,机架地脚. ▲(be) without foundation 是没有根据的. have no foundation (in fact) 没有〔事实〕根据. lay the foundation(s) for〔of〕打下…的基础.

founda'tional a. 基本〔础〕的,财团的.

foundation-stone n. 基石〔础〕,基〔本,源〕.

found'er ['faundə] Ⅰ n. ①铸(造,字)工,翻砂工 ②创立者,创始人,缔造〔奠基〕人. Ⅱ v. ①(使)沉没,陷落,(使)倾倒,(使)垮掉,跌倒,跛.

founder-member n. 创办人,发起人.

found(e)rous a. 泥泞的,沼泽地的.

foundery =foundry.

fou'ding n. 铸造,铸体,熔制. founding furnace 熔〔铸造〕炉. founding property 铸造性能. metal founding 金属铸〔制〕造.

found'ress ['faundris] n. 女创始人,女奠基人.

found'ry ['faundri] n. 铸造(厂,车间),翻砂(厂,车间),铸工车间,铸件,玻璃(制造)厂. foundry alloy 铸造(中间)合金. foundry coke 铸造焦炭,冲天炉焦(炭). foundry facing (石墨)涂料. foundry fan 铸工鼓风机. foundry flask 砂箱. foundry floor 造型工地. foundry furnace 铸造〔熔化〕炉. foundry goods 铸件. foundry iron 铸〔生〕铁. foundry ladle 浇包. foundry loam 造型粘土,粘泥. foundry losses 铸造废品. foundry pig 铸(条)锭. foundry pig iron 铸用〔造〕生铁. foundry practice 铸造学,翻砂业务. foundry proof (打纸型制电版前的)最后校样. foundry return 回炉料. foundry scrap 废铁〔料〕. foundry type metal 活(铅)字合金. foundry weight 压铁. steel foundry 铸钢厂,铸钢车间.

foun'dryman n. 铸造〔翻砂〕工.

fount Ⅰ [faunt] n. (源)泉,饮水器. Ⅱ [fɔnt] n. 一套活(铅)字.

foun'tain ['fauntin] n. ①喷(源)泉,(水,根)源,喷水(器,池),人造喷泉(装置)②中心注管,液体贮藏器,(印刷机等的)贮墨器. air fountain(s)气泉. fountain failure (土埋的)涌襄. fountain head 喷水头. fountain pen 自来水笔. fountain syringe 自注注射器.

foun'tainhead n. (水,根)源,源泉.

fountain-pen n. 自来水笔.

FOUO = for official use only 只用于公事.

four [fɔː] a.; n. ①四(个), 第四, 四个为一组, 四个为一单元 ②四气缸发动机, 四汽缸汽车 ③(pl.)(轧(层)叠板. *four acceleration* 四元加速度. *four circuit receiver* 四调谐电路接收机. *four corners* 交叉(十字)路口,(方形物的)四角,(全部)范围. *four current* 四元电流. *four cycle* 四(冲)程循环. *four fuzziness* 四位数. *four fundamental operations* 或 *four species*【数】四则. *four fundamental rules* 四则,四基本法. *four pin driven collar nut* 四锥孔圆缘螺母. *four point bit* 十字形钻头. *four poles* 四极,四端(网络). *four potential* 四电位. *four speed year shift* 四档变速. *four vector* 四元矢量. *four velocity* 四速度. *four vidicon camera* 四光导管彩色摄像机. *four way piece* 四通管. *four ways* 十字路. *four wing rotary bit* 十字钻头. ▲*in fours* 每组(批)四个,一柄四叶. *on all fours* 爬着的,完全相似的,完全一致的,完全吻合的. *scatter … to the four winds* 使四散消失, 浪费或抛弃某物. *the four corners of a document* 文件的内容范围. *the four corners of the earth* 天涯海角. *within the four seas* (四)海(之)内.

four-acceleration n. 四维加速度.
four-arm spider 星形轮十, 十字叉.
four-bladed vane 十字板.
four-by-two n. 擦枪布.
four-channel switch 四路转换开关.
four-component alloy 四元合金.
four-cornered a. 有四个角落的, 四方的, 方形的, 有四人参加的.
four-coupled a. 有两对轮子的.
four-current n. 四元电流.
four-cycle a. 四冲程的.
four-density n. 四维密度.
four-digit a. 四位的.
four-dimensional a. 四维(度,次,元)的.
four-dimensioned a. 四次的.
Fourdrinier (paper) machine 改良型长网造纸机.
four'fold n.; a. 四(倍)的, 四重(的), 四折(的), 重复四次的, 有四部分的.
four'-force n. 四维力(矢).
four-gradient n. 四维梯度.
four-high rolling mill 四辊(重)(式)轧机.
Fou'rier [-] n. 傅里叶. *Fourier analyzer* 傅里叶分析器, 频谱仪. *Fourier expansion* 傅里叶级数展开.
four-level laser 四能级光激射器.
four-limbed a. 四芯柱的, 四插脚的.
fourmarierite n. 红铀矿.
four-matrix n. 四维矩阵.
four-momentum n. 四维动量,能量-动量矢量,能动量四矢.
four-over-four array 二排四层振子(八振子)天线阵.
four-part alloy 四元合金.
fourply a. 四股(层)的.
four-pole n.; a. 四极的, 四端网络.
four-potential n. 四元电位, 四势, 位势的四矢.
four'score ['fɔː'skɔː] a.; n. 八十(个)(的).

four'some ['fɔːsəm] n. 双打, 四人一组.
four'square a.; n. ①方形的, 四方的 ②(基础)稳固的, 巩固的 ③坚定不移的, 坦率的 ④双向性硅橱片.
four-step rule 四步法.
four-stroke cycle 四冲程循环.
four'teen' ['fɔː'tiːn] n.; a. 十四(个), 第十四.
four'teenth' ['fɔː'tiːnθ] n.; a. ①第十四(的) ②十四分之一(的) ③(…月)十四日.
four-tensor n. 四元(四维,宇宙)张量.
fourth [fɔːθ] n.; a. ①第四(的) ②四分之一(的) ③(…月)四日 ④四等品. *fourth speed* 四档速率. *fourth proportional* 比例第四项. *one (a) fourth* 或 *a fourth part* 四分之一. *three fourths* 四分之三.
fourth-four type repeater 4-4型增音机.
fourth'ly ad. 第四, 其四.
four-vector n. 四元(四维)矢量.
four-velocity n. 四维速度.
four-way a. 四通(向)的, 由四人参加的. *four-way switch* 四通电路开关.
four-wire a. 四线(制)的.
fovea ['fouviə] (pl. *foveae*) n. 凹(处). *fovea centralis* 中央凹, 视网膜凹窝(小凹), 黄斑中心.
fo'veate ['fouviit] a.【生物】(有)凹的.
fowl [faul] n. 鸟, 禽, (家)禽. *fowl pest* 鸡瘟.
fox [fɔks] n. ①狐狸, 狡猾的人 ②(操纵5米机用的)10厘米波雷达, 10厘米飞机导航雷达 ③(多股绳子搓成的)绳索. I v. ①用狡计, 欺骗 ②(使)变(褪)色, (使)变酸. *fox bolt* 端缝螺栓. *fox message*(电传打字机的)检查信息, 检查报文, 全信息(测试), 灵活信息. *fox wedge* 扩裂(紧劳)楔.
foxed a. 生褐斑的, 变了色的.
fox'tail n. ①狐尾(草) ②销栓, 薄键, 钉楔. *foxtail millet* 粟, 小米, 谷子.
Fox'trot ['fɔkstrɔt] 通讯中用以代表字母 f 的词.
fox-wedged a. (作成)扩裂嵌状的.
fox'y ['fɔksi] a. 赤褐色的, 有褐斑的, 变了色的.
foyaite n. 流霞正长岩.
foy'er ['fɔiei] n. ①休息室, 门厅 ②灶, 炉.
FOZ = fluid ounce 液量盎司(英 = 0.02841L, 美 = 0.02957L).
FP = ①feed pump 供给泵 ②feeding panel 馈电板 ③film and paper condenser 纸绝缘薄膜电容器 ④finished piece(s) 完工件 ⑤fire plug 灭火塞, 消防龙头 ⑥fission product 裂变产物 ⑦fixed price (contract) 固定价格(合同) ⑧flameproof 耐火焰的 ⑨floating policy 总保(险)单 ⑩foot-pound 英尺磅 ⑪fully paid 全部付讫 ⑫fuse plug 保险丝塞(管).
fp = ①feed pump 供给泵 ②fiat potio 制成饮剂 ③fire proof 防火的 ④flash point 闪点, 起爆温度 ⑤foot-pound 英尺磅 ⑥freezing point 冰(凝固)点.
FPA = ①facilities procurement application 设备采购申请书 ②fixed point arithmetic【计】定点运算 ③floating point arithmetic【计】浮点运算 ④free of particular average 单独海损不赔.
fpc = ①fractional parent coefficient 系谱系数 ②free of particular average 单独海损不赔.
FPD = ①fission-product detection 裂变产物探测 ②flame photometric detector 火焰光度计检测器 ③

fully paid 全数付讫.
fph =feet per hour 英尺/小时.
FPI =first periodic inspection 第一次周期性检查.
F PI =face plate 面板.
FPM =facility power monitor 设备功率监察器.
fpm =feet per minute 英尺/分.
FPN =non-volatile fission products 不挥发裂变产物.
FPO =facilities purchase order 设备购买订货单.
FPP =facility power panel 设备电源板.
FPRF =fireproof 耐[防]火的.
FPS =stable fission products 稳定裂变产物.
FPS-16 =Fixed radar detecting, range and bearing, model 16. 固定雷达察觉, 测距与定位, 模型16.
fps =①feet per second 英尺/秒 ②flashes per second 每秒闪光次数 ③foot-pound-second 英尺磅秒单位 ④frames per second (电视图像)每秒帧数.
fpse =foot-pound-second electrostatic system of units 英尺磅秒静电单位.
fpsps =feet per second per second 英尺/秒2.
FPT =①female pipe thread 阴管螺纹 ②film penetration tube 电子透过记录管 ③flight proof test 飞行试验 ④full power trial 全功率试验[试车].
FPU =fuel purification unit 燃料净化设备.
FPV =①functional proofing vehicle 性能试验导弹 ②volatile fission products 挥发裂变产物.
FQCY =frequency 频率.
fqt =frequent 频繁的.
FR =①facility request 设备要求 ②failure rate 平均故障率 ③failure record 故障记录 ④failure report 故障报告 ⑤fast release (relay)迅速复原(继电器) ⑥field rheostat 励磁变阻器 ⑦field reversing 磁场反向 ⑧final release 最后释放 ⑨flash ranging 光测 ⑩flocculation reaction 絮凝反应 ⑪frequency response 频率特性[响应].
F/R =freight receipt (运费在卸货совершенно支付的)提货单.
Fr =①France 法国 ②francium 钫 ③French 法国的, 法国人(的), 法语的) ④Friday 星期五.
fr =①franc(s)法郎 ②frame 框, 帧 ③from 从 ④front 前.
FR BEL =from below 从下面.
FR P =French Patent 法国专利.
FRA =free-radical acceptor 游离基接受体.
fract =fraction 部分, 馏分.
Fract. dos =fracta dosi 均分(剂)量.
fractile n. 分位数(值), 分位点.
frac′tion ['frækʃən] n. ①分数(式, 部, 步, 次)的, 分数的, 小数的, 用百分率, 比值, 系数, 分子之一, 零数[头](浮点运算)的数码 ②(小)部分, 片断, 份额, 成(级)分, 组成, 粒(度)级, 粒径组合, (少)部(分), 分馏物 ③碎片[屑], 小(碎)块, 细粒, 一点儿 ④析射 estimate fractions of a division by eye 用肉眼估计是最小刻度的几分之一[十分之几]. crumble into fractions 碎成小片. a fraction closer 稍微近一点. atom(ic) fraction 原子百分率. binding (packing) fraction 敛集率, 敛集部分. common [vulgar] fraction 普通分数. complex [compound] fraction 繁分数. conversion fraction 变[转]换系数. decimal fraction 小数. dielectric dissipation fraction 介电损耗率. distillation fraction (蒸馏)馏分. dryness fraction of steam 蒸气干度. first [overhead] fraction 初馏份. fraction in lowest terms 最简分式[数]fraction of losses 损[消]失分数. fraction void 疏松度 improper fraction 假分数. mesh (sieve) fraction 筛分粒度级. mole fraction 克分子分率, 克分子(份)数, 克分子体积. parent fraction 母体(原始)部分. particle size fraction 粒度级. proper fraction 真分数. subsieve fraction 亚筛粉末(<44微米或<325目). void fraction 孔隙度. ▲a fraction of 零点几, 几分之一, 一小部分. a fraction of a second 几分之一[零点几]秒. at a fraction of the [present] cost [现]价的几分之一, 以远低于原(现)价的价格. by a fraction 一点也(不). by fractions 有余数的, 不完全的. crumble into fractions (粉)碎. there is not a fraction of 一点也没有.
frac′tional ['frækʃənl] 或 **frac′tionary** ['frækʃənəri] a.; n. ①分(式, 部, 步, 次)的, 分数的, 小数的, 用分数表示的, 部分的, 分成几份的, 小于一的, 相对的 ②由分数表示数量的一种固定小数点制 ③碎[断]片 ④分馏(物)的, 分级的. fractional amount 零数. fractional card 部分倒用卡. fractional column 分馏塔. fractional computer 分数(小数点在最前面的定点)计算机. fractional condensing unit 小型压缩机冷凝机组. fractional crystallization 分部[别]结晶. fractional distillation 分[精]馏(作用). fractional error 相对(比例)误差, 部分误差. fractional exponent 分(式)指数. fractional expression 分数式. fractional extraction 分(步)抽提. fractional fixed point 小数定点制, 定点小数. fractional horsepower motor 小功率电动机(小于1马力), 分数功率电动机. fractional inaccuracy 相对不精确度. fractional integrals 非整数次的积分. fractional linear substitution 分式线性代换. fractional load 部分荷(负)载. fractional loading coil 分数加感线圈. fractional melting 分(步)熔化. fractional money 辅币. fractional mu oscillator μ小于1的振荡器. fractional number 分数. fractional part 小(分)数部分. fractional precipitation 分级沉淀. fractional range resolution 距离分辨能力比率. fractional second 不到一秒, 几分之一[零点几]秒. fractional pitch winding 分节[短节距]绕组. fractional turn 分级转动. fractional variation 百分比变化. ▲not by a fractional 一点也不. to a fractional 完全地, 百分之百地.
fractionalize vt. 把…分成几部分.
fractional-mu tube 分数放大系数管, 分数μ管, μ小于1的振荡器.
fractionary =fractional.
frac′tionate ['frækʃəneit] vt. 分[精]馏, 分级(离, 别), 把…分成几部分. fractionated gain 分部增益. fractionated irradiation 分次照射. fractionating column 分馏柱(塔). fractionating tower 精[分]馏塔.

fractiona'tion [frækfə'neiʃən] n. 分数化,实验的部分化,分(精)馏(法,作用),分级(离,段,次,凝),粒度级. *dose fractionation* 剂量分级, 微剂量周期照. *fractionation by distillation* 分馏,蒸馏分离. *fractionation of technical powder* 工业粉末分级. *isotope fractionation* 同位素分离.

frac'tionator n. 分馏器〔塔,柱〕,气体分离装置.

frac'tionize ['frækʃənaiz] v. 化成分〔小〕数,分成几部分,裂成碎片,分馏[离,级]. **fractioniza'tion** n.

fracto-cumulus n. 碎积云.

frac'tograph ['fræktəgræf] n. 断口组织〔金属断面〕的(显微镜)照片. ~ic a.

fractog'raphy [fræk'tɔgrəfi] n. 断口组织试验,断口组织〔金属断面〕的显微镜观察.

fractom'eter n. 色层分离仪.

fracto-nimbus n. 碎雨云.

fracto-stratus n. 碎层云,碎雨云,飞云.

frac'ture ['fræktʃə] v.; n. ①(使)破裂〔碎〕,(使)断裂 ②(断口〔面〕,裂缝〔痕,面〕③折断,挫伤,骨折. *crystalline fracture* 结晶形断口. *even fracture* 平整〔细晶粒〕断口. *fracture-arrest temperature* 裂纹终止的温度. *fracture mechanics* 断裂力学. *fracture figure* 裂度数. *fracture of roll* 轧辊表面的裂缝,轧辊的掉角. *fracture plane* 或 *fractured surface* 破裂面,断面. *fracture section* 断裂剖面. *fracture speed* 裂纹扩展的速度. *fracture treatment* 压裂处理. *fractured reservoir* 裂缝性油藏. *intercrystalline fracture* 晶(粒)间破坏〔裂〕.

frag = fragment.

frag'ile ['frædʒail] a. 脆〔弱,性〕的,易碎的,易毁〔损〕坏的.

frag'ileness 或 **fragil'ity** [frə'dʒiliti] n. 脆性〔弱〕,易碎〔裂〕性.

frag'ment I ['frægmənt] n. ①碎片〔块,屑〕,断〔破〕片,毛边〔刺〕的,生成物 ②片断,段,未完成部分,摘录. II ['frægment] v. 分段,(使)成碎片,(使)分裂〔割〕. *fast fragment* 快速核分裂碎片. *fission fragment* 分裂〔裂变〕碎片〔块〕,分裂生成物. *recoil fragment* 反冲碎片. ▲*lie in fragments* 已成碎片. *reduce to fragments* 弄碎.

fragmen'tal [fræg'mentl] 或 **frag'mentary** ['frægməntəri] a. 碎〔断〕片的,碎块的,碎屑〔状,形成〕的,零碎的,不(完)全的,不连续的. *fragmental grain* 碎片. *fragmentary data* 不完全〔不连贯〕的资料. *fragmentary ejecta* 喷屑. *fragmentary experience* 局部经验.

frag'mentate ['frægmənteit] v. (使)裂成碎片.

fragmenta'tion [frægmen'teiʃən] n. 碎〔分,破,断,爆〕裂,裂解〔随,破碎(作用),晶粒的细化,(原子核)爆炸,(程序的)分段存储,零头,存储残片. *fragmentation bomb* 杀伤炸弹.

frag'mentize ['frægməntaiz] v. (使)裂成碎片,(使)分裂.

fra'grance ['freigrəns] 或 **fra'grancy** n. 芬芳〔香〕,香味〔气〕.

fra'grant ['freigrənt] a. (芳)香的. *fragrant flower* 桂花. ~ly ad.

Frahm rfequency meter 振簧.

frail [freil] I a. 脆〔薄,虚〕弱的,不坚固的,易碎的. II n. ①一篓之量(约 32,56 或 75 磅) ②灯心草.

frail'ty ['freilti] n. 脆〔弱〕,薄弱,弱点,短处.

fraise n. 铣刀,铰刀,扩孔钻,圆头锥. *arbor type fraise* 心轴型铣刀. *circumference fraise* 圆周刃铣刀〔圆柱平面铣刀,三面刃铣刀等具有圆周切削刃铣刀的总称).

fraising n. 绞孔,(在活塞上)切槽.

fra'mable ['freiməbl] a. ①可构造的,可组织的,可制订的 ②可装配框子的 ③可想像的.

frame [freim] I n. ①框〔构,骨,图,机,车,桁,屋〕架,(门,窗,画)框,框式〔形〕,(机,底)座 ②系(统) ③(机)构,组织,体制 ④机身,弹体,(汽车)大梁 ⑤破碎机的固定锥 ⑥固定淘汰盘 ⑦(电视)帧,(影片)片格,画面〔格〕 ⑧镜头 ⑨(精神)状态,心情〔境〕. II v. ①(使)成帧片,(使)(塑)造,组织,建筑〔立,造〕,设计,制定,建成 ②给…装框子〔架〕,装配 ③【电视】成帧 ④使适合,配合,安排 ⑤发展,有发展的希望. III a. 木造的. *catch frame* 挡泥板. *colour frame* 色帧. *cram frame* 夹持器,夹形夹,虎钳,螺丝夹钳. *frame a plan* 制定计划. *frame aerial*〔*antenna*〕线圈〔框形〕天线. *frame alignment* 帧同步. *frame amplifier* 帧信号放大器. *frame amplitude control* 帧扫描振幅调整,帧幅控制. *frame bar*〔*line*〕(电影)分片格线,(电视)分帧线. *frame bend* 帧图像变形. *frame blanking* 帧回描熄灭,帧消隐. *frame by frame picture recording* 分解格式图像录制. *frame camera* 分幅摄影机. *frame code* 帧编码,表示无线电发送情况的电码. *frame coil* 定心〔中心调整)线圈. *frame cover* 护板〔罩). *frame crank press* 单柱曲轴压力机. *frame cushion* 车架缓冲装置. *frame cutting* 平行式剪切. *frame frequency* 帧频. *frame girder* 构架架. *frame ground* 机架地线〔接地). *frame grounding* 机架接地. *frame hold* 取景〔摄像)调节器. *frame linearity* 帧扫描线性. *frame number* 帧数,(电视上每秒形成的)画像数. *frame of axes* 坐标系统. *frame of triangular bridge-type construction* 桁架式机架. *frame planer*(移动式)龙门刨床. *frame pulse* 帧〔频)脉冲. *frame repetition frequency*〔*rate*〕帧频,帧复频率,帧更换数. *frame saw* 框〔架)锯. *frame scan* 帧〔纵)扫描. *frame time* 帧像周期,帧时. *frame work* 构架〔工程),骨架〔结构),框架,机壳,构筑物,体制,组织. *girder frame* 横梁. *guide frame* 导架. *imperfect frame* 静不定结构. *interlocking frame* 互联机构,联锁机. *memory frame* 存储板. *missile frame* 导弹弹体. *multiple frame* 接线架. *reference frame* 或 *frame of reference* 参考系〔坐标,标架),坐标系〔统),读数〔计算)系统,空间坐标,基准标架,观点,理论. *support frame* 支架. ▲*be not framed for (severe) hardships* 经不起艰苦. *frame badly* 进展不顺利. *frame in* 进入屏幕,画入. *frame out* 高开屏幕,画出. *frame up* 捏造,陷害. *frame well* 进展顺利,有希望. *out of frame* 混乱,无秩序.

frame-by-frame a. 逐个画面〔镜头)的,逐帧〔格)的.

framed a. 构架〔成)的,框架的.

frame'less *a.* 无框(骨)架的.
fra'mer *n.* ①制造[编制,计划]者 ②成[调]帧器.
frame'-saw *n.* 框[架]锯.
frame'-up *n.* 阴谋,陷害,虚构.
frame'work ['freimwə:k] *n.* ①骨架(结构),框[机,刚,桁,格,构]架,主机构架(工程),机壳,架工,网格,筋 ②结[机]构,组织,体制,范围. *fibercord framework of the tire* 轮胎的纤维帘子布筋. ▲ *within the framework of* 在…的范围内.
fra'ming ['freimiŋ] *n.* ①框[构,骨]架,结构 ②图框配合,图像定位,成帧,按帧对准光栅 ③组织,编制,计划,构想,成形. *framing bits* 帧位,帧比特同步位. *framing code* 按帧编码. *framing control* 图像正确位置调节[变]. 成帧[居中]调节,按帧调节光栅. *framing device* 帧位调整装置. *framing mask* (图像)限制框. *framing scaffold* 脚手架. *loose framing* 疏成帧.
franc [fræŋk] *n.* 法郎.
France [fra:ns] *n.* 法兰西,法国.
franchise Ⅰ *n.* ①允差,特许(权) ②相对免赔率,免赔额. Ⅱ *vt.* 给以特许.
Francis turbine 轴向辐流式水轮机(涡轮机),法兰西式涡轮机.
fran'cium ['frænsiəm] *n.*【化】钫 Fr.
franckeite [....] *n.* 辉锑锡铅矿.
fran'co [fraŋkou] *a.* 免费的,邮(运)费准免的.
Franconian stage (晚寒武世早期)弗兰哥尼阶.
frangibil'ity [frændʒi'biliti] *n.* 脆(弱)性,脆度,易碎(性).
fran'gible ['frændʒibl] *a.* 脆(弱)的,易碎的,易折断的,松散的. *frangible coupling* 易断接合[头],法兰盘式联轴节. *frangible grenade* 燃烧瓶.
frank [fræŋk] Ⅰ *a.*; *ad.* 坦白(的),率直(的). Ⅱ *n.*; *vt.* ①免费邮寄(微,权利),在…上盖免费寄递〔邮资已付〕戳 ②使便于通行,准许免费通过.
Frank'fort ['fræŋkfət] *n.* 法兰克福.
frank'incense *n.* 乳香. *frankincense oil* 蓝归油.
franking-machine *n.* 加盖"邮资已付"戳的自动邮资盖印机.
frank'lin *n.* 弗兰克林,静电仓数.
franklinic electricity 摩擦电,静电.
frank'linism ['fræŋklinizm] *n.* 静电(疗法).
frank'linite *n.* 锌铁尖晶石,锌铁矿.
frank'ly *ad.* 坦率地,老实说. ▲ *frankly (speaking)* 坦率地说.
frank'ness *n.* 率直,真诚,坦白. *frankness of design* 设计的真实性.
fran'tic ['fræntik] *a.* 狂乱的,疯狂的. ~(al)*ly ad.*
frap [fræp] (*frapped*; *frapping*) *vt.* 据牢,缚〔收〕紧.
Frary('s) metal 钡钙钙铅合金,铅-碱土金属轴承合金(锡 1~2%,钙 0.5~1%,其余铅).
Frasnian stage (晚泥盆世早期)弗拉斯阶.
frater'nal [frə'tə:nl] *a.* 兄弟(似)的. *fraternal cells* 兄弟晶胞. *fraternal set* 和睦矢集. ~*ly ad.*
frater'nity *n.* 兄弟关系.
fraud =fraudulent.
fraud [frɔ:d] *n.* ①欺诈(行为),舞弊 ②假东西,骗人的东西,骗子. *expose a fraud* 揭穿骗局.

fraud'ulence ['frɔ:djuləns] *n.* 欺诈,欺骗性.
fraud'ulent ['frɔ:djulənt] *a.* 欺诈[骗]的,蒙混的. ~*ly ad.*
fraught [frɔ:t] *a.* 充满(者)…的,伴随[隐藏]着…的 (with). *an event fraught with significance* 一件意义重大的事.
Fraunhofer 弗琅荷费,等谱测量单元(= 10⁶ × 谱线等效宽度÷波长). *Fraunhofer diffraction* 平行光绕射. *Fraunhofer('s) line* 太阳光谱黑线,弗琅荷费谱线. *Fraunhofer region* 远场〔区〕,辐射区. *Fraunhofer spectrum* 弗琅荷费光谱,吸收太阳光谱线.
fray [frei] Ⅰ *v.* 擦(伤,断,破),磨(损,破),绽裂. Ⅱ *n.* 磨损处=斗〔竞〕争,争〔辩〕论. ▲ *fray out* 尖(熄)灭,磨损.
fray'ing *n.* 磨损,磨擦后落下的东西(碎片).
fra'zil ['freizil] *n.* (河底等的)底冰,潜(屑)冰.
fraz'zle ['fræzl] *v.*; *n.* 磨损[破],穿破,磨损的边缘〔末端〕,破烂,疲惫不堪.
FRC =Flight Research Center 飞行研究中心.
FRCP =facility remote control panel 设备远距控制台.
freak [fri:k] Ⅰ *n.* ①畸形,怪胎,变异〔形〕,反常现象〔事件,行动〕,奇怪的作用,不正常 ②衰落 ③频率. Ⅱ *a.* 反常的,奇特的. Ⅲ *vt.* 在…形成奇特的斑〔条〕纹. *freak range* 不稳定的接收区〔可闻区〕. *freak stocks* 非商品性石油产品,中间产品. *freak storm* 极其反常的暴风. *strap freak* 多腔磁控管空腔间耦合系统的不连续性.
freak'ish *a.* ①反常的,不正常的,奇怪的,畸形的 ②异想天开的. ~*ly ad.* ~*ness n.*
freck'le Ⅰ *n.* (黑)斑点,(镀锡薄钢板的缺陷)孔隙. Ⅱ *v.* 使产生斑点.
FRED =figure reading electronic device 电子读数器,字行阅读电子装置.
Fredrikstad *n.* 菲特烈斯德(挪威港口).
free [fri:] Ⅰ *a.* ①自由的,自然的,不受约束的,松的,独立的,任意的,随便的,畅通的,流利的,游离的,单体的,没有缺陷的(木材) ②空闲〔着〕,有空的 ③免费〔税〕的,免除…的. Ⅱ *ad.* 自由地,随意地,免费地. Ⅲ *vt.* ①使自由,释(解)放,放出,分离,解〔免〕除,使摆脱 ②卸〔折〕下,打开,使空转. *Admission free.* 免费入场. *This screw has worked free.* 这只螺丝松了. *free access floor* 活地板. *free acid* 游离酸. *free acoustics* 室外声学. *free air* 大气. *free air diffuser* 进气道. *free air temperature gauge* 空气温度规. *free alongside ship* 船边交货. *free area* 自由区,有效截面. *free beam* 简支梁. *free board* 舷边〔出水〕高,余幅. *free body* 自(隔离)体. *free box wrench* 活套筒扳手. *free burning coal* 长焰煤,不焦结的煤. *free carbon* 游离〔单体〕碳. *free cementite* 游离〔过共析〕渗碳体. *free convection* 自由〔由)对流. *free core* 【计】空闲内存区. *free core pool* 自由存储区,自由使用的主存储区. *free corner* 不连角隅. *free cutting brass* 易车黄铜. *free edge* 自由〔悬空〕边缘,边缘不固定的,床垫喇叭口边. *free end* 空[悬空,自由]端,活动支座. *free end bearing* 简单〔松端〕支承. *free*

energy 自由能. free ferrite 游离〔亚共析〕铁素体，游离铁素体. free field room 消声〔自由场〕室. free frequency 自然〔固有〕频率. free gear〔wheel〕自由〔空套，游滑〕轮. free goods 免征进口税的货物. free hand drawing 徒手画，草图. free haul 免费搬运，免费〔不加费〕运距. free height 净空高. free lamp circuit 示闲灯电路. free line 空〔闲〕线. free list 免收进出口税的货物单，免费入场名单. free machining steel 易切〔快削〕钢. free magnetism 自由〔视在〕磁性. free medical service 公费医疗. free of losses 无损耗. free on board 船上交货，离岸价格. free on rail 火车上交货. free on truck 敞车交货(价). free operand 【计】空运算对象. free oxygen 游离氧. free period 自〔自由振荡〕周期. free port 自由港. free position 空档(位置). free radical 游离基，自由基. free running 自由行程，不加荷运转，空转，自由振荡，自激，不同步的. free (running) fit 轻动〔自由〕配合. free running frequency 自然〔固有〕频率. free running multivibrator 自激多谐振荡器. free running sawtooth generator 非同步锯齿波发生器. free space 无场空间，真空. free state 游离〔自由〕状态. free statement 【计】释放语句. free stuff 没有缺陷的木材，软性木材. free transmission range (滤波器) 通带范围. free valve mechanism 自由〔活动〕阀机构. free water 自由〔游离，重力，地下〕水. free wind 顺风. free wheeling 单向离合器. free wool 清洁毛. free wrench handle 棘轮扳手. freeing pipe 排气〔水〕管. ▲allow〔give〕M a free hand 允许 M 自由行动. (be) free from M 没有〔不含，不受，免(于)〕M 的，无 M 之忧的，离开 M，在 M 外面. free from asphalt oil 无沥青的油. free from scale 无铁鳞，无氧化皮的. (be) free of M 无〔没有，不含〕M 的，免除 M，离开 M. free of charge 免费. free of losses 无损耗. free of pores 无孔. (be) free to +inf. 可以自由〔任意，随便〕(做)，有(做)自由. free to contract and expand 自由胀缩. come〔get〕free 脱开，获得自由，被释放，逃脱. for free 免费. free M from N 使 M 摆脱 N，使 M 里不含 N，使 M 与 N 分离，使 M 里的 N 游离. free water from salt 使水里不含盐分. free in 船方不负担装卸货费用. free in and out 船方不负担装卸货费用. free M of N 把 M 里的 N 去掉. free metals of oxides 去掉金属上的氧化物. have a free hand 行动自由. make free with 随意使用. set free 释〔解〕放.

-free 〔词尾〕无…的，免于…的，不需要…的. ice-free harbour 不冻港. interest-free loan 无息贷款. maintenance-free 不需要维修的. nuclearweapon-free zone 无核武器区.

free-acid n. 游离酸.

free-air a. 大气的，自由空间的. free-air correction 自由空间校正，海平校正数. free-air reduction 正常大气归算.

free'bie 或 **free'by** ['fri:bi] n. 免费的东西，免费赠券.

free'board n. 超〔出水〕高，(船)干舷(高度). freeboard of channel 干渠岸(水面以上的渠岸高度). freeboard of evaporation pan 蒸发皿缘高.

free-body n. 自由〔隔离〕体.

free-burning a. 易燃〔烧〕的，速燃的.

free-carrier n. 自由载流子.

free-cutting n.; a. 快削(的, 性)，易切削的，高速〔崩碎〕切削.

freed'man ['fri:dmæn] n. 解放了的〔获得了自由的〕奴隶.

free'dom ['fri:dəm] n. ①自由(度)，可能〔灵活〕性 ②游〔摆〕动，间隙，游隙. degree of freedom 自由度. the freedom of the seas 自由航行权. ▲freedom from 免除(于). freedom from jamming 抗干扰性，无人为干扰. freedom from vibration 抗振性，防振. with freedom 自由地.

free-draining n. 自流〔天然〕排水.

free'drop n.; v. 不用降落伞的〔自由空投〕(下来的东西).

free-energy n. 自由能.

free-fall n. 自由下落，惯性运动. free-fall rocket core sampler 自动上浮采泥器.

free-flight missile 非制导飞弹.

free-flowing n.; a. 自由流动(状的，状态)，无阻碍的. free flowing material 流动性材料，松散材料.

free-for-all a. 对任何人开放的.

free'-hand ['fri:hænd] a. (徒)随(手)画的.

free-haul a. 免费(运输)的，不加费的.

free'ly ['fri:li] ad. 自由地，免费地，直率地，大量地. freely falling body 自由落体. freely movable bearing 活动支座. freely soluble 易溶〔解〕的. freely supported beam 简支梁.

freely-flowing a. 自由流动的.

freely-locatable program 浮动的〔可自由定位，可自由分配存储单元〕的程序.

free-machining n. 快削，高速切削.

free'man n. 自由民，公民，正会员.

free-martin n. 与公牛孪生而无生殖力的母牛，生殖器不全的牝犊.

free-milling (金银矿石的)粉碎和混汞.

free'ness n. ①= freedom ②排水〔游离，打浆〕度.

free-open-textured a. 松散结构的.

free-radical n. 自由〔游离〕基.

free-run'ning [fri:-'rʌniŋ] a. ①不同步的，自由振荡的，自激的 ②自激流动的 ③空转的，无(人)监视运转的. free-running frequency 固有〔自然，自激〕频率. free-running multivibrator 自激多谐振荡器. free-running speech 自然语言. free-running sweep 自激扫描. free-running system 场频与行频连锁但与电源频率无关的电视系统.

free-settling a. 易沉降的.

free-standing a. 独立式的.

free(-)stone n. 毛〔乱，易切，软性〕石.

free-stream n. 自由〔空间，未扰动，远前方迎面〕气流，自由流线.

Freetown ['fri:taun] n. 弗里敦(塞拉利昂首都).

free'way n. 超速干道(全部采用立体交叉和限制进入

free'wheel I n. 飞(活,自由,滑溜)轮,快车道.以保证不间断交通的快速道路),快车道.
free'wheel I n. 飞(活,自由,滑溜)轮. II vi. 空转,(车辆)惯性滑行.
freewheeled a. 无轨的.
freewheeling n. I. 空程〔转,闸〕,空行程,单向转动,单向离合器,自由轮传动,惯性滑行(的),随心所欲的. *free-wheeling controls* 灵活的手轮控制装置.
free'will' ['fri:'wil] a. 自愿的,任意的,非强迫的.
freezabil'ity n. 耐冻力(性).
freeze [fri:z] (*froze, fro'zen*) v.; n. ① (使)冻(结,牢,僵),(使)凝固〔结,住〕,(使)冻结冷〔冰,藏,颤〕 ② 稳定,卡滞 ③冰冻〔严寒〕期. *deep freeze* 冰箱的冷冻库,以极低温度快速冷藏. *freeze frame* 停帧(格),冻结帧. ▲*freeze in* 凝入〔固〕,(给)冻封(住),冻牢在…里,被冻结于冰内. *freeze on to* 紧握〔抓〕. *freeze one's blood* 或 *make one's blood freeze* 使人打颤,使人极度恐惧. *freeze out* [to] 结冰,使冻结起来,冻析〔离,干〕. *freeze over* 为冰所复盖,使面上结冰,(全部)冻结,(使)凝固. *freeze up* (使)冻结〔结冰〕,冰塞.
freeze-dry vt. 冻干,升华干燥.
freeze-proof a. 抗冻的,防冻性(的).
free'zer n. 冷却〔致冷,冻结,冻结器,冷冻〔制冰〕机,冷藏箱〔车〕,(低温)冰箱,冷冻设备,冷藏工人. *chest*〔*home*〕 *freezer* 家用冰箱. *walk-in freezer* 小型冻结间.
freeze-thaw-stable a. 耐冻耐熔的.
freez'ing ['fri:ziŋ] n. 冻结(的),凝固(的),冷封〔冻〕(的),致冷(的),结冰(的),冰点,卡滞的. *freezing chest* (低温)冰箱. *freezing mixture* 冷冻〔致冷,冷却〕剂,冷冻混合物. *freezing of a furnace* 结炉,炉内冻结. *freezing point* 冻(结)点,冰点,凝固点. *freezing resistance* 耐寒性,抗冻性. *freezing test* 冰冻〔抗冻性〕试验. *freezing Ti film* 新鲜钛膜. *selective freezing* 优先结晶〔凝固〕. *sharp freezing* 低温冻结.
freezing-in n. 凝入,冻〔凝〕结.
freezing-mixture n. 冷冻〔致冷〕剂.
freezing-point n. 冰〔凝固〕点.
freight [freit] I n. ① 货〔水,陆〕运,运费〔输〕② 货物 ③ 货(运列)车 ④ 负〔重〕担. II v. 装货(船),运输〔送〕,出租,租用. *air freight* 空运货物. *dead freight* 空舱费. *freight car* (一节)货车. *freight forward* 运费由提货人支付. *freight paid* 运费到付. *freight prepaid* 或 *advanced freight* 运费先〔预〕付. *freight rate* 运费率. *freight rocket* 运载火箭. *freight shed* 货棚,仓库. *freight terminal* 货运(总)站. *freight to be collected* 运费待收. *freight ton* 装载吨(=40英尺³). *freight train* 货(运列)车. ▲*by freight* 用普通货车运送.
freight'age ['freitidʒ] n. 租船,货运〔物〕,装货,运费.
freighter ['freitə] n. ① 货船,运输〔货运〕机 ② 租船装货,托运,雇人装货.
frem'itus ['fremitəs] [拉丁语] 震颤,震动.
fre'modyne ['fri:mədain] n. 调频接收器(机).
French [frentʃ] n.; a. ① 法国(人)(的),法语(的) ② 弗伦奇(纤维光束等细小直径的单位). *French blue* 群〔佛〕青. *French chalk* 滑石(粉). *French curve* 曲线板〔规〕. *French drain* (用碎石或砾石填满的)盲〔暗〕沟. *French gold* 一种铜合金(锌16.5%,锡0.5%,铁0.3%,其余铜). *French grey* 浅灰色. *French straw* 塑料细管. *French window* 落地长窗.
frenet'ic a. 精神病的,疯狂的.
frenotron n. 一种二极-三极管.
fren'zied a. 疯狂的,狂暴的. ~ly ad.
frenzy ['frenzi] n.; v. 暴怒,狂乱,暴燥.
fre'on ['fri:ɔn] 氟氯烷(冷却剂),二氯二氟甲烷致冷剂(CCl₂F₂),氟三氯甲烷,氟利昂. *freon leak detector* 氟利昂探漏器,卤素检漏器.
freq =① frequency 频率 ② frequent(ly) 频繁(地).
FREQ ADDER 频率加法器.
FREQ ADJ =frequency adjust 频率调节.
freq m =frequency meter 频率计.
Freq-Range =frequency-range 频带,波段.
fre'quency ['fri:kwənsi] 或 **frequence** ['fri:kwəns] n. ① 频(率,数),周率,(发生)次数,出现率 ② 频繁,时常(屡次)发生,(期刊)出版周期. *audio frequency* (成)声频(率). *beat frequency* 拍(差)频. *break frequency* (频率特性曲线的)折断点. *difference frequency* 差频. *frequency allocation* 频(率)段分配. *frequency analysis* 频谱〔谐波〕分析. *frequency band* 频带,波段. *frequency bandwidth* (频)带宽(度). *frequency channel* 频道〔段〕. *frequency converter* 〔*changer*〕变频器〔机〕. *frequency demultiplication* 〔*division, splitting*〕分频. *frequency detector* 鉴频器. *frequency deviation* 〔*shift*〕频偏,频(率)偏移. *frequency discrimination* 鉴频. *frequency doubling* 倍频. *frequency factor* 频率因子〔数〕,指数因子〔数〕. *frequency modulation* 调频,频率调制. *frequency-modulation range measuring system* 测量距离的调频系统. *frequency multiplexing technique* 多频多路技术. *frequency multiplier* 倍频器. *frequency of maintenance* 维修次数(频率). *frequency planning* 频带分配〔规划〕. *frequency pushing* 频率推移,推频. *frequency ratio* 频数比. *frequency relay* 谐振(频率)继电器. *frequency run* 频率特性试验. *frequency spectrum* 频谱. *frequency surface* (统计中的)次数曲面. *frequency swing* 频率摆动,频率来回变动. *frequency tolerance* 频差容限. *frequency transformer* 变频器. *frequency tripler* 三倍倍频器. *high frequency* 高频. *horizontal* 〔*line*〕 *frequency* 行频. *radio frequency* 射频,无线电频率. *ultrasonic frequency* 超音频. *upper cut-off frequency* 通(频)带上限,频谱上限.
frequency-division multiplex 分频多路传输,分频多路转换器,分频多工.
frequency-lock indication 频率锁定〔同步〕指示.
frequency-modulated a. (已)调频的.
frequency-offset transponder 频偏应答器〔转发器〕.

frequency-sensitive detector 频敏检波器.
frequency-shift keying 移频键控(法),(用)数字(信号)调频,调频器.
frequency-sweep generator 扫频振荡器.
frequent I ['fri:kwənt] a. 频繁的,时常发生的,屡次(发生)的,经常的,常见的,习以为常的,快的,急的,频繁的. II [fri'kwent] vt. 常去〔在,用,来〕往.
frequenta n. 弗列宽打(一种绝缘物).
frequenta'tion n. 经常来往,常往.
frequen'tative a. 反复(表示)的.
frequentit n. 弗列宽蒂(一种绝缘物).
fre'quently ['fri:kwəntli] ad. 常(时)常,屡次,频繁地.
FRES = fire resistant 耐火的.
frescan n. 频率扫描器.
frescanar = frequency scanning radar 频率扫描雷达.
fres'co n. 壁画(法).
fresh [freʃ] I a. ①新(鲜,颖,调制,近,到)的,最新式的 ②不同的,另外的,外加的,进一步的 ③淡的,无咸味的,清洁的 ④鲜艳的,有生气的 ⑤无经验的,不熟练的,刚产752的〔奶〕的. II ad. 新(近),最新,刚才. III n. ①淡水(河,泉) ②泛滥,暴涨 ③(大学)新生 ④初期,开始(时候). fresh basis 按最重计算. fresh breeze 五级风(29～38km/h). fresh concrete 新浇工新拌,未硬化的〕混凝土. fresh feed pump 进料泵. fresh gale 大风,八级风(62～74 km/h). fresh hand 生手,新手,无经验者. fresh iron 初熔铁. fresh lake 淡水湖. fresh ore 新制备(待处理)的矿石. fresh spirit 石脑油. fresh troops 生力军. fresh water 淡水. ▲be fresh in the mind〔memory〕记忆犹新. break fresh ground 开辟处女地,着手新事业〔研究〕. green and fresh 生的,未熟练的,幼稚的. in the fresh air 在户外. in the fresh of the morning 清晨. make a fresh start 重新开始. throw fresh light on 对…提供新见解〔资料〕.
fresh'en ['freʃn] v. ①(使)变新鲜 ②去咸味〔盐分〕,变淡,(海水)淡化 ③(风)变强 ④产犊,开始泌乳. freshen up (使)变新鲜,增加新的力量.
fresh'et ['freʃit] n. ①山洪,洪水,泛滥,春汛,暴涨 ②淡水河流.
fresh'ly ad. 新(近,鲜地),刚,才,从新,活泼地. freshly mixed concrete 新拌混凝土.
fresh'man n. 新手,生手,大〔中〕学一年级学生.
fresh'ness n. 新(鲜),淡性.
fresh'-water a. ①淡水的,内地的,地方的 ②无经验的,不熟练的.
fresnel ['freinel] n. 菲涅耳(频率单位等于 10^{12} Hz).
fret [fret] I (fretted; fretting) v. ①以格子细工装饰,雕花 ②侵〔腐〕蚀,磨损〔擦〕,损坏,(经侵蚀而)形成,松散,擦破〔伤〕,使粗糙 ③(使)着急〔烦恼〕. II n. ①格子细工,回纹(饰),(被)侵蚀之处),磨耗 ②(frets)基质ină ③急〔烦〕躁. fret saw frame 钢丝(雕花,细工)锯条. fret sawing machine 螺纹锯床. fretted rope 磨损了的绳子. fretting corrosion 摩擦腐蚀. knife fretted by rust 锈掉的刀子. ▲fret over 为…着急〔烦恼〕的. in a〔on the〕fret 焦急〔烦躁〕地.

fret'ful a. 焦急的,烦躁的,(水面)起波纹的,(风)一阵阵的. ～ly ad. ～ness n.
fret-saw n. 线〔细工,钢丝〕锯.
fret'tage n. 摩擦腐蚀.
fret'ting n. (道路)损坏,磨蚀,微振磨损(振幅在10-7～10-3mm的振动性滑动所引起的轻度磨损).
fretum n. ①(海)峡 ②狭窄.
fret'work n. 格子〔凸花,浮雕〕细工,粒状岩石风化. fretwork saw blade wire 钢丝锯条用钢丝.
freyalite n. 硬硅铈钍矿.
FRG = floated rate gyro 悬浮角速度陀螺仪.
FRHGT = free height.
FRI = functional retention index 官能团保留指数.
Fri = Friday 星期五.
friabil'ity [fraiə'biliti] n. 脆性〔度〕,脆弱(性),易碎性,易剥落性,松脆.
fri'able ['fraiəbl] a. 脆(弱)的,易(粉)碎的,酥性的. friable rock 松散〔易碎〕岩石.
fric'ative ['frikətiv] a. 摩擦的,由摩擦而生〔引起〕的.
Frick alloy 铜锌镍合金(铜50～55%,锌30～31%,镍17～19%).
FRICT = friction.
frictiograph n. 摩擦仪.
fric'tion ['frikʃən] I n. ①摩擦(力,离合器),摩阻,切向反作用 ②冲突. II v. 擦〔刮〕胶. friction board 耐磨纸板. friction brake 摩擦制动器,摩擦闸. friction clutch 阻力传动器. friction compound 擦胶剂. friction cone 摩擦(锥)轮,锥形摩擦轮. friction drive 摩擦传动. friction drive loudspeaker 摩擦式扬声器. friction factor 摩擦系数〔因数〕,摩擦率. friction gear(ing) 摩擦传动装置〔机构〕. friction horsepower 摩擦〔消耗〕马力. friction of rolling 或 rolling friction 滚动摩擦. friction roll 压紧辊. friction tape 摩擦带,绝缘胶布. friction type vacuum gauge 粘滞〔摩擦式〕真空规. internal friction 内摩擦,内耗. non friction guide 滚动(非摩擦)导轨.
fric'tional ['frikʃənl] a. 摩擦〔阻〕的,由摩擦产生的,有内摩擦的,粘性的. frictional soil 内摩阻力大的土.
fric'tionate v. 摩擦,擦胶.
friction-ball n. (轴承的)钢珠.
fric'tionbrake n. 摩擦制动器,摩擦闸.
frictionclutch n. 摩擦离合器.
frictionfactor n. 摩擦系数.
friction-free a. 无摩擦的.
friction-gear n. 摩擦轮,摩擦传动装置.
fric'tioning n. 摩擦〔刮〕胶. frictioning calender 异速研光机. frictioning ratio 异速比例.
fric'tionize v. (摩)擦.
fric'tionless a. 无摩擦的,光滑的. frictionless flow 理想〔无摩擦,无滞性〕流. frictionless fluid 石油,理想〔无摩擦〕流体.
frictionmeter n. 摩擦系数测定仪.
frictiontape n. (绝缘)胶布,绝缘带.
Fri'day ['fraidi] n. 星期五.
fridge [fridʒ] n. 冰箱,冷冻机,冷藏库.

friedelin n. 无羁萜；软木三萜酮.

friend [frend] n. 朋友. *distinguish between friend and foe* 〔enemy〕分清敌友.

friend'less a. 没有朋友的.

friend'liness-['frendlinis] n. 友谊.

friend'ly ['frendli] a. ①友谊(好)的 ②顺利的. ▲*be friendly to...* 赞助，拥护，支持.

friend-or-foe identification 敌我识别.

friend'ship ['frendʃip] n. 友宜(好).

frieze [friz] I n. ①中楣，壁缘 ②粗呢(绒). II vt. 使起毛(皱). *frieze panel* 束簧板. *frieze rail* 上腰板.

frig'ate ['frigit] n. 驱逐领舰，护卫舰，快速护航舰.

frig(e) [fridʒ] n. 冰箱，冷冻机，冷藏库.

fright [frait] I n. ①惊吓，恐怖 ②丑家伙，怪物. II vt. 使吃惊. ▲*get* 〔*have*〕*a fright* 吃惊. *give ... a fright* 使…吃一惊.

frighten ['fraitn] v. (使)吃惊〔害怕〕，惊吓. ▲*be frightened at* 因〔看见〕…大吃一惊. *be frightened of* 害怕…. *be frightened out of one's wits* 吓呆了.

fright'ful ['fraitful] a. ①可怕的，吓人的 ②极大的，非常的，讨厌的. ~ly ad.

frig'id ['fridʒid] a. ①寒(冷)的，极〔严〕寒的 ②冷淡的. *frigid zone* 寒〔冻〕带. ~ity n. ~ly ad.

frigid'ity [fri'dʒiditi] n. 寒冷，冷淡.

frig'o ['frigou] n. 冻结器.

frigolabile a. 不耐寒的，易受寒冷影响的.

frigorie =frigory.

frigorif'ic [frigə'rifik] a. 冰冻的，致冷的，引起寒冷的，发冷的.

frigorim'eter n. 低温计，深冷温度计.

frig'orism ['frigərizm] n. 受寒，感冒，冻伤.

frigory n. 千卡(冷冻能力的计量单位).

frigostab(i)le a. 耐寒的.

frill [fril] I n. 褶边，胶片边缘的皱褶. II v. (胶片边缘)起皱褶.

fringe [frindʒ] I n. ①边(缘)，缘饰，端 ②【光】(干涉)条纹，散乱〔引起电视画面损坏的不规则)边纹，(干涉)带 ③干扰带 ④(彩色)不重合. II a. 边缘的，附加的，较次要的. II v. 镶边，给...作为…的边缘. *diffraction fringes* 衍(绕)射条纹. *fringe area* 线条区，电视接收边线区，散乱边线区，干扰区域. *fringe count micrometer* 条纹计数式干涉仪(测微计). *fringe crystal* 柱状晶体. *fringe field* 散射〔干扰〕场. *fringe howl* 临振〔振〕啸声. *fringe industries* 次要工业部门. *fringe of sea* 海岸(滨). *fringe water* (毛细管)边缘水. *fringed filter* 条纹滤色片. *interference fringes* 干涉条纹，(光波)干涉条纹. *noise fringe* 噪扰带，干扰纹. *nonlocalized fringe* 不定域条纹.

frin'ging n. (边缘通量，现象)，散射现象，(因重合不良而造成的)镶边，彩色电视电视同步不够时用转盘调整色幅，(偏转板边缘)静电场形变. *fringing-effect* 边缘(际)效应. *fringing flux* 边缘通量. *fringing reef* 裙仁带.

fris'ket n. (平压机压板上的)印刷器的轻质夹纸框.

frit [frit] I n. II (*fritted*；*fritting*) v. ①(搪瓷用)玻璃料，半熔的玻璃原料，玻璃(质的瓷器)原料，釉料 ②裂缝 ③烧结(物，块)，熔接(物)，熔合〔融，化，结]，用加热方法处理(玻璃料)，过滤器板. *fritted glass* 熔融(多孔)玻璃. *fritted glaze* 熟釉. *fritted head* 烧结炉底. *fritting furnace* 烧结[熔化]炉. *porous frit* 多孔烧结物. *sand fritting* 糊状砂子，砂在加热时产生的半熔融状态.

frith n. 海湾(口)，河口.

fritter vt.；n. 消耗，浪费(away)，弄碎，碎片，小块.

frit'ting n. 熔结(火法试金时，将试料加热到接近熔点或成糊状).

fritz n.；v. ▲*fritz out* 损坏，发生故障. *on the fritz* 失灵(的)，(出故障的)，需要修理.

friv'ol ['frival] (*frivol(l)ed*；*frivol(l)ing*) v. 浪费(away)，做无聊事. ~ous a.

FRM =①fiber-reinforced metal 纤维增强金属 ②fire room 火室，锅炉间 ③frame 框，帧 ④frequency meter 频率计.

fro [frou] ad. ▲*to and fro* 往返〔复)(地)，来回(地)，前前后后.

frock [frɔk] n. 外衣，工装，衣服.

froe n. 劈板斧.

frog [frɔg] n. ①蛙 ②【铁道】撤岔，岔心，撤叉，马蹄叉，电车吊线分叉 ③(砖)凹槽. *frog rammer* 蛙式打夯机，跳跃式打夯机，爆炸夯. *moval point frog* 活动撤叉.

frog'ging n. 互(变)换. *frequency frogging* 频率变换[互换，交叉]. *frogging repeater* 换频中继器.

frogleg winding 蛙腿(脚)式绕组.

frog'man ['frɔgmən] (pl. *frog'men*) n. 蛙人，潜水员.

frolement' [frɔl'ma] 〔法语〕轻按摩，沙沙声(音).

from [frɔm] prep. ①从，(来)自，以来，离开. *at 1 cm from the axis* 离轴一厘米处. *count from one to ten* 从一数到十. *draw water from a well* 从井中汲水. *from beginning to end* 自始至终. *from different angles* 从不同角度. *second from the left* 左边第二(个). *take 5 from 8* 8减去5. *two electrodes from the source* 从电源引出的两个电极. ②因为，由于，按照，根据. *be unconscious from an electric shock* 因电击失去知觉. *from what I have heard* 据我所听到的. *judge from appearances* 根据外表判断. ③用(由)…制造. *gas from coal* 由煤产生的煤气. *make steel from iron* 用铁炼钢. ④(使)不能，防止，避免. *free the sheet steel from oxides* 清除钢板的氧化皮. *hold the bolt from moving* 固定螺栓以防移动. *keep the secret from him* 对他保守秘密. *prevent parts from corrosion* 防止零件腐蚀. ⑤[表示区别，差异]*differ from others* 跟别的不同. *know right from wrong* 分清是非. *tell friend from foe* 识别敌我. *vary from unit to unit* 各不相同.

▲*away from* 离开. *from afar* 从远方. *from among* 从…中，从中，从...里面. *from ... 以前*. *form beginning to end* 自始至终. *from behind* 从…后面. *from beneath* 从…下面. *from bottom to top* 自下至上. *from day to day* 一天一天地,每天都. *from end to end* 从这端到那端. *from first to last* 始终. *from hand to hand* 传递. *from hence* [*here*] 由此处. *from here on* 从这里开始,此后. *from nowhere* 从那儿也不. *from now on* 今后. *from*…(以)此(以)后; 从…(时间)以后(以来), 从…时起. *from out of* 从…之中(里面)(出来). *from out to out* 从一头到另一头,全长. *from outside* 从…外面(外边). *from place to place* 从一处到另一处,处处. *from the above mentioned* 由上所述. *from the first* 起初,原来. *from the midst of* 从中, 从…之中. *from the outset* [*start*] 从开始. *from the point of view of* 从…观点. *from the time of*… 从…的时候. *from the* (*very*) *beginning* 从最初(刚一)开始,首先. *from this time on* [*forward*] 从此面.

from-scratch *a.* 从头做起的.
frond [frɔnd] *n.* (复)叶,叶状体.
frondose' [frɔn'dous] *a.* 叶状的.
frons [frɔnz] *n.* 额.
front [frʌnt] Ⅰ *n.* ①前(面,部,方,沿,缘),(正)面,端②前(沿,缘),阵,线,工作线,工作面,钻井口③锋(面),(波)阵面,(信号,脉冲)波前,额(线)④现况(状). Ⅱ *a.* (最)前(面,部)的,正面的. Ⅲ *ad.* 向前,朝前,在前面. Ⅳ *v.* ①面对(向),朝(on, upon, to, towards),对抗,反对②附在前面,装衬正面(with). *combustion front* 燃烧面. *flame front* 焰锋,(火)焰前(沿),火焰头,燃波. *front clearance angle front* 副后角. *front contact* 前触(接)点,动合触点. *front cutting edge* 副切削刃. *front end* 前端,(超外差接收机)高频端,(电视接收机)的调谐器,调谐设备. *front end crops* 切头. *front fillet weld* 正面角焊缝. *front glass* 遮光(挡风,保护,前面)玻璃. *front line* 前线,第一线. *front man* 挂名负责人,出面人物. *front matter* 书籍正文前的材料. *front mill table* 前工作机道. *front of blade* 叶片的额线. *front page* 标题页,(报纸)第一版. *front panel* (前)面板. *front pilot* 前导(部). *front relief angle* 副偏角. *front shock* 头部冲[激]波. *front shock absorber* 前面减震器. *front shoe* 前瓦形支块,前托块. *front side* 正视图,正面. *front slagging spout* 撇渣流槽,炉前出渣槽,连续出铁槽. *front slope* 外(前)坡. *front spot light* 前注光. *front top rake angle front* 副前角. *front travel* 预备工序,前行程. *front view* [*elevation*] 前(正,主)视图,正面图. *front wiring* 明线布线. *open front* 开式(口). *polar front* 极锋. *pressure front* 冲击波阵面. *shock front* 冲波面. *the united front* 统一战线. *wave front* 波前(头,阵面). ▲*be at the front* 在前线. *come to the front* 来到前面,表面化,变得明显,出名. *front danger* 不怕危险. *front to front* 对面对. *go to the front* 上前线. *head and front* 主要部分. *in front* 在前方,在正对面. *in front of it* 在…的前面. *on all fronts* 在各条战线上. *show* [*present, put on*] *a bold front* 勇敢地面对,表示抗拒态度. *up front* 在前面,预先.

frontad' [frʌn'tæd] *ad.* 【解剖】向额(面),向面.
front'age ['frʌntidʒ] *n.* ①正面的(宽度,的长度), (建筑物)前方(面,沿),(临)街面,屋前空地,屋向②滩岸.
fron'tal ['frʌntl] *a.*; *n.* (在,至)正面(的),前面的,前额骨,三角楣. ~**ly** *ad.*
frontalis *n.* 额的.
frontback connection 双面(正反面)连接.
front-end *n.* 前端的,前置的.
fron'tier ['frʌntjə] Ⅰ *n.* ①边界(缘,境,疆)②国境,边远(未勘探)地区,边疆城市②极(界)限,领域③(科学技术)新领域,尖端(领域). Ⅱ *a.* 国境的,边界(疆)的. *frontier point* 边(界)点. *frontier set* 边集. *frontier spirit* 开荒(开辟新技术领域)的精神. *frontier trade* 边境贸易.
fron'tispiece ['frʌntispi:s] Ⅰ *n.* ①卷头,插画,标题页②正面目标③主立面,正门,三角楣. Ⅱ *vt.* 为…加进卷首插画.
front'less *a.* 无前部的,无正面的,前置的.
front'loader *n.* 前装载机.
front-mounted *a.* 在前部安装的.
frontogen'esis *n.* 【气象】锋面(之)生成.
frontol'ysis *n.* 【气象】锋面之消灭.
front-page *a.* 登第一版的,重要的.
front-panel *n.* 面板.
front-porch interval 前基座时间.
front-to-back effect 前后不一致的影响.
front-to-back ratio 前后比,(定向天线的)方向性比.
front-wall *n.* 前膜(壁).
front'ward(**s**) *ad.* 向前地.
frost [frɔst] Ⅰ *n.* ①霜,(冰,霜)冻,严寒(期,天气),冰点以下的温度(天气)②结晶之沉淀物. Ⅱ *v.* ①下(降,起,结)霜,复以霜,霜冻,冻结②(玻璃)消(冈)光,使失去光泽,(表面)霜白处理. Ⅲ *a.* 粗糙的,无抛光的,无光泽的. *five degrees of frost* 冰点下五度. *frost action* 冰冻作用. *frost board* 防冻盖板. *frost boil*(*ing*) 翻浆,冻胀,冰沸现象. *frost bound* 冰结的. *frost crack* [*shake*, *work*] 冻裂. *frost heave* [*heaving*] 霜脉,冰冻隆胀. *frost level indicator* 结霜液面指示管. *frost mist* 霜雾,(物体表面的)白霜. *frost penetration* 冰冻深度. *frost removal* 除霜器. *frost resistance* 抗冻(性,能力). *frost valve* 防冻阀.
frost'bite ['frɔstbait] *n.*; *v.* 霜害(冻),冻伤,冻疮.
frost'bound *a.* 冻硬的,冰结(冻)的.
frost'ed ['frɔstid] *a.* ①盖着霜的,冻结了的②阳光的,无光泽的,磨砂的,霜状表面的. *frosted bulb* 磨砂灯泡. *frosted face* 无光泽(荧光)面,霜化(毛化)面. *frosted finish* 磨砂,毛化整理. *frosted glass* 毛(磨砂)玻璃. *frosted lamp* 阳光(毛玻璃)灯泡.
frost'iness *n.* 结霜,严寒.
frost'ing ['frɔstiŋ] *n.* 起霜,消光(的表面),磨砂面,无光泽(的霜状表面),霜白晶粒,塑料表面可见结晶图案,玻璃粉、清漆与胶水的混合物. *frosting glass* 毛玻璃. *frosting salt* 霜(浸蚀)盐.
frost'less *a.* 无霜的.
frost-melting *n.* 融冻.
frost'-prone *a.* 易冻的.

frost-proof 或 **frost-resisting** a. 防〔抗〕冻的.
frost-susceptible a. 易冻冻〔冻胀〕的,霜冻敏感的.
frost-weathering n. 冰冻风化.
frost'work n. 霜花(纹装饰).
fros'ty ['frɔsti] a. 下〔结,有〕霜的,严寒的,冷淡的.
froth [frɔθ] Ⅰ n. ①泡[口,矿]沫,浮渣[泡],渣滓,废物 ②空想,空言,废话. Ⅱ v. 起(泡)沫,发泡,沸腾,(道路)翻浆. *froth rubber* 泡沫橡胶. *frothing agent* 泡沫剂. *frothing oil* 起(泡)沫油. ▲*froth over* 沸腾,冒泡,逸出.
frother n. 泡沫发生器,起(泡)沫剂.
froth'ily ad. 起泡沫地.
froth'iness n. 起泡沫性.
froth'y a. 起(多泡沫的,泡沫状的,虚浮的,空洞的,质料轻薄的.
frottage' [frɔ'tɑ:ʒ] n. 摩擦(法).
frotteur [frɔ'tə:] 〔法语〕摩擦者.
frown [fraun] v.; n. 皱眉头. ▲*frown on* [upon, at]反对,不赞成.
frowst n. 室内的闷热,霉臭. ~y a.
frow'zy ['frauzi] ad. ①霉臭的,闷热的 ②凌乱的,不整洁的.
froze [frouz] freeze 的过去式.
fro'zen ['frouzn] Ⅰ freeze 的过去分词. Ⅱ a. 结冰的,冻(结)的,凝结的,极冷的,卡住的,粘着的. *frozen component* 初凝组元."*frozen*" *dowel bar* "冻结"传力杆,不能自由伸缩的传力杆. *frozen eutectic solution* 低共熔冰,冻结低共熔熔液. *frozen ground* 冻地,(永)冻土. *frozen picture* 静态〔凝固〕图像. *frozen stress* 冻结应力.
frozen-in a. ①"冻结了的",记录了的,固定了的 ②不可逆的. *frozen-in impurity* 冻结(的)杂质.
frozen-seal n. 冰冻密封.
FRP = fiber glass reinforced plastics 玻璃纤维增强塑料,玻璃钢.
frpf = fireproof 防[耐]火的.
FRS =①Fellow of the Royal Society 英国皇家学会会员 ②fluidic rate sensor 射流速率传感器.
FRT =①failure rate test 故障率试验 ②fortnight 两星期.
frt = freight 运费.
FRTP = fiberglass reinforced thermoplastics 玻璃纤维增强热塑性塑料.
fruc'tan n. 果聚糖.
fructifica'tion n. 结实;子实体.
fructosan n. 果聚糖.
fruc'tose n. 果糖,左旋糖.
fructosidase n. 果糖甙酶.
fruc'tus n. 〔拉丁语〕果实.
frue vanner 淘矿机.
fru'gal ['fru:gəl] a. 节约的,朴素的. ▲*be frugal of M* 节约 M. ~ity n. ~ly ad.
fruit [fru:t] Ⅰ n. ①果实,水果 ②(常用 pl.)结〔效,成〕果,产品〔物〕,收获, (pl.)收益 ③同步副波显示. Ⅱ v. (使)结果实. *bear fruit* 结果实,产生效果. *fruit machine* 雷达数据计算机. *fruits of one's labour* 劳动的成果. *reap the first fruit of one's research* 获得研究的初步成果.
fruit'age ['fru:tidʒ] n. 果实,效[结]果,产物.

fruit'ful a. ①果实累累的,丰富的,多产的,肥沃的 ②效果好的,有效(果)的,收益多的,有利的,富有成果的. ~ly ad. ~ness n.
fruition [fru'iʃən] n. ①结实 ②成就,实现,完成 ③享用. *aims brought to fruition* 达到了的目标. *plans that come to fruition* 完成的计划.
fruit'less a. 不结果实的,子实体缺陷型的,没有效果的,无效的,无益的,失败的,无收获的. ~ly ad. ~ness n.
frumenta'ceous a. 谷类(制)的,小麦的.
frumentum n. 谷类,小麦.
Frust = frustillatim 成小块状.
frus'ta ['frʌstə] frustum 的复数.
frustrane a. 无益的.
frustrate' [frʌs'treit] Ⅰ v. 挫败,破坏,打击,阻止,使落空,使无效. Ⅱ a. 受挫的,无益的,无效的. *frustrated total reflection* 受抑全反射. ▲*be frustrated in* (遭到,终归)失败. *frustrate M in N* 破坏[挫败]M 的 N. *frustrate the enemy in its plans* (= frustrate the plans of the enemy) 挫败敌人的计划. **frustra'tion** n.
frustule n. 硅藻细胞.
frus'tum ['frʌstəm] (pl. *frus'tums* 或 *frus'ta*) n. ①(平)截头体,截头锥体,平截头墩[台],锥台,立体角,并圆状 ②(破)片,柱身. *frustum of a cone* 截头锥体,平截头圆锥体. *frustum of a pyramid* 平截头锥体. *frustum of wedge* (消声室)尖劈截角锥体.
frutes'cent 或 **fru'ticose** a. (像)灌木的.
frutex ['fru:teks] (pl. *frutices*) n. 灌木.
FRWK = framework 骨架.
fry[1] [frai] Ⅰ (*fried*; *frying*) v. 油煎,油炸. Ⅱ (pl. *fries*) n. 油炸食品,备有油炸食品的户外活动.
fry[2] [frai] (pl. *fry*) n. ①鱼苗(群),成群生活的小动物 ②小生物(孩子,东西) ③(唱片与传声器)本底噪声.
fry'er ['fraiə] n. ①油炸[煎]锅 ②适于油炸的食物 ③油炸食品的人 ④彩色摄像照明器.
FRZ = freeze 冻,凝结.
FS =①facsimile 传真,影印(本) ②factor of safety 安全系数 ③far side 那一边的,远方的 ④feasible study 可行的研究 ⑤Federal Specification (美国)联邦政府的规格 ⑥field service 野战勤务 ⑦field switch 励磁开关 ⑧final shutdown 最终停车 ⑨fire station 导弹发射控制台 ⑩fire switch (发动机的)起动开关 ⑪float switch 浮控电门 ⑫flow switch 流量开关 ⑬foamed polystyrene 泡沫聚苯乙烯 ⑭follow shot 追踪摄像,跟镜头 ⑮forged steel 锻钢 ⑯four-stroke 四冲程 ⑰freight supply 货物供应 ⑱frequency shift 频移 ⑲frequency standard 频率标准 ⑳full scale 全尺寸,满刻度 ㉑full shot 全景摄影,全景(镜头) ㉒sulfur trioxide chlorsulfonic acid 三氧化硫氯磺酸.
F_2S = fission two sides 两面光制.
Fs = fissium 辐照燃料模拟.
f/s =①factor of safety 安全率,安全系数 ②first stage 第一阶段.
F-scale 冻土.
FS CKT = frequency synthesizer circuit 频率合成电

F-scope *a.* F型指示〔显示〕器.
FSD =①full scale deflection 满刻度偏转 ②full size detail 1:1零件图,足尺图.
F-series *a.* 傅里叶级数.
FSK =frequency shift keying 移频键控.
FSL-like language 类似形式语义语言的语言.
FSLR =flash stimulated luminescent response 闪光激发的荧光反应.
FSM =field strength meter 场强计.
FSR =feedback shift register 反馈移位寄存器.
FSS =flying-scanner 飞点扫描设备,飞点析象器.
FST =forged steel 锻钢.
F-stop *a.* (光圈的)F指数,光阑刻度,标记值(焦距/透镜有效直径).
F-strain *a.* 前张力.
FSU =①floating subtract 浮点减 ②full scale unit (test motor)全尺寸装置(试验马达).
FSWFS =field standard weight and force system 外场标准称重与测力系统.
FSWR =flexible steel wire rope 挠线钢丝绳.
F-synthesizer *a.* 谐振(傅里叶)合成器.
FT =①field test 现场试验 ②fire thermostat ③firing temperature 点火温度,着火点 ④free turbine 自由涡轮 ⑤fresh target 新的目标 ⑥fuel tanking 燃料装箱 ⑦full throttle 全开节气阀 ⑧fume-tight 不漏烟(气) ⑨functional test 机能试验.
ft =foot〔feet〕英尺.
fthd =ft head 英尺压差,以英尺表示的压头.
FTC =①facility terminal cabinet 设备接线盒 ②fast time constant (circuit)短时间常数(电路).
ft-c =foot-candle 英尺烛光.
FTE =①factory test equipment 工厂试验设备 ②flight test equipment 飞行试验设备.
FTG =①fitting 接头,配件 ②footing 基础,地位.
FTIP =factory test and inspection plan 工厂试验与检查计划.
FTL =① faster than light 快于光速 ② Federal Telecommunication Laboratory 联邦长途电信实验室.
FTNMR =Fourier transform NMR 傅氏转换核磁共振.
FTP =①factory test plan 工厂试验计划 ②field (operational) procedures 现场试验(操作上的)程序 ③Florida test procedure 佛罗里达试验程序 ④fuel tanking panel 燃料装箱操纵台 ⑤functional test procedure 机能试验程序.
ft PS =feet per second 英尺/秒.
FIS =①field test support 现场试验保证 ②flight test support 飞行试验保证 ③Fourier transform spectroscopy 傅氏转换谱 ④functional test specification 机能试验规范.
FTV =foot valve 脚阀.
FU =follow-up 跟踪,随动(装置).
fuchsin(e) *n.* (碱性)品红,洋红,复红. *fuchsine test* 电瓷浸品红甲醇溶液试验,(陶瓷、电瓷)吸红(吸湿)试验.
fuck [fʌk] Ⅰ *vt.* ①欺骗,利用,占…的便宜 ②对(工作)马虎对待,犯错误,把…搞糟,使…失败(off, up). Ⅱ *n.* 一点点,些微.
fucked *a.* 受骗的,失败的. *fucked up* 混乱的,被弄复杂了的.
fucking 或 **fucky** *a.* 难完成的,难做的,低劣的,混乱的.
fucoidan *n.* 岩藻依聚糖.
fucoidin *n.* 岩藻多糖.
fucosan *n.* 岩藻聚糖.
fucose *n.* 岩藻糖.
fudge Ⅰ *n.* ①捏造,空话 ②插入报纸版面的最后新闻. Ⅱ *vt.* ①粗制滥造,捏造 ②推诿,逃避责任(on).
fu'el [ˈfjuəl] Ⅰ *n.* 燃料(油),燃烧剂. Ⅱ (*fuel-(l)ed, fuel(l)ing*) *v.* 加(装,供给,加注)燃料,加注燃烧剂,给…加油. *electric power station fuel(l)ed by uranium* 铀作燃料的发电站. *dissolving fuel* 电解溶解的核燃料. *dummy fuel* 假释热元件. *fuel brick* 煤(燃料)块. *fuel drain plug* 放〔排〕(燃)油塞. *fuel economizer* 节油器,燃料节省器. *fuel electric plant* 火力发电厂. *fuel element* 释热. *fuel factor* 热效应. *fuel filling* 加燃料,加(燃)油. *fuel filter* 滤(燃)油器. *fuel gas* 可燃气体,气体燃料. *fuel ga(u)ge* 燃料(油)表,油量计,油规[表]. *fuel indicator* 燃料液面指示器. *fuel injection needle* 喷油针. *fuel level gauge* 油位(面)表. *fuel meter* 油量计. *fuel mixture* 燃料(可燃)混合物. *fuel oil* 燃(料)油,柴油,重油. *fuel pump* 燃油泵. *fuel ship* 油船(轮). *fuel strainer* 燃料滤器,滤油器,燃油滤网. *fuel swirler* 离心式喷油嘴(燃烧剂喷嘴). *fuel tube* 管状燃料,油管. *fuel utilization* 相对燃耗,燃料利用率. *fuel value* 燃(料)值. *fuel(l)ing station* 加油站,燃料供应站. *heavy fuel* 柴油,高粘度燃料油. *jet fuel* 喷气式发动机燃料. *oil fuel* 燃(料石)油,油液燃料,残渣石油燃料. *reactor fuel* 核(反应堆)燃料. *solid fuel* 固体燃料. *wet* [*liquid*] *fuel* 液体燃料.
fuel-bearing *a.* 含有燃料的.
fuel-burning *a.* 烧燃料的,用燃料作动力的. *fuel-burning (power) station* 火力发电站,热电站.
fuel-carrying *a.* 含有燃料的.
fuel-cell *n.* 油箱,燃料电池.
fuel-cooled *a.* 用燃料冷却的.
fueler =**fueller**.
fuel-fired *a.* 燃料燃烧的.
fuel-grade *a.*; *n.* 可作(核)燃料的,核燃料级品位.
fuelizer *n.* 燃料加热装置.
fuel-jettison *n.* 甩掉油箱,泄出存油.
fuel'ler *n.* 加油器(车),供油装置.
fuelless lehr 无热(源)(不加热)玻璃退火炉.
fuel-proof *a.* 不透燃料的,耐汽油的.
fuel-rich *a.* 富油的.
fuel'wood *n.* 薪材,薪炭材.
fug [fʌg] Ⅰ *n.* 室内的坏空气,混浊难闻的空气,尘埃. Ⅱ (*fugged; fugging*) *v.* ①呆在空气恶浊的室内 ②使室内空气恶浊.
tuga'cious [fjuˈgeiʃəs] *a.* 短暂的,转瞬即逝的,易失去的,易为的.
fugac'ity [fjuˈgæsiti] *n.* ①(易)逸性,(易)逸度,逃逸性,消散性 ②有效压力.

fug′gy *a.* 闷热的,空气恶浊的.

fu′gitive ['fjuːdʒitiv] Ⅰ *a.* ①暂时的,过渡的,短效的,易散的,易消失的 ②逃逸〔亡〕的 ③即兴的,偶成的. Ⅱ *n.* 逃亡者,难捕捉的东西. *fugitive binder* 短效粘结剂. *fugitive colour* 易褪的颜色. *fugitive dye* 短效染料.

fu′gitiveness *n.* 不稳定性,不耐久性,挥发〔逃逸,易逝〕性.

fugitom′eter ['fjuːdʒi'tɔmitə] 燃料试验计,褪色度试验计.

fugu ['fugu] *n.* 〔日语〕河豚.

fugutoxin *n.* 河豚毒素.

Fuji ['fuːdʒi] 或 **Fujiyama** 或 **Fujisan** *n.* (日本)富士山. *Fuji card* 富士卡片.

Fukuoka *n.* 福冈(日本港口).

fukushima *n.* 福岛(日本港口).

Fukuyama *n.* 福山(日本港口).

fulchronograph *n.* 闪电电流特性记录器,波形测量仪.

ful′cra ['fʌlkrə] fulcrum 的复数.

ful′crum ['fʌlkrəm] (pl. *ful′cra* 或 *ful′crums*) *n.* ;*v.* 支点〔轴〕,转轴,可转动的. *brake lever fulcrum* 闸杆支架. *fulcrum bar* 支杆. *fulcrum bearing* 支点承座,支承. *lever fulcrum* 杠杆支点.

fulfil(l)′ [ful'fil] (*fulfilled*; *fulfilling*) *vt.* 履行,实现,完成,结束,满足,达到. ~ment *n.*

ful′gerize *v.* 电灼.

fulgurans *n.* 〔拉丁语〕闪电状的,电击状的.

ful′gurant ['fʌlgjurənt] *a.* 闪烁〔光〕的,闪电状的,电击状的.

ful′gurate *v.* 闪烁〔光〕,(闪电般)发光,来去如闪电,受电花破坏.

fulgura′tion *n.* 闪光,光辉,电灼疗法,闪电(状感觉).

ful′gurit *n.* 闪电管.

ful′gurite *n.* 闪电熔岩.

fulgurom′eter *n.* 闪电测量仪.

fulig′inous *a.* (像,充满)烟灰色的,烟垢的,阴暗的,乌黑的,煤(烟)状的.

fuligo *n.* 煤烟.

full [ful] Ⅰ *a.* ; *ad.* ; *n.* ①(充,装,丰)满(的),全(面,体,部)(的),完全(的),十分(的),充分〔足〕(的),饱的 ②正式的,完美的,最高的,详尽的,足备的 ③强烈的,深的色,整整〔个〕,恰恰,正〔好〕,极其 ④极〔顶,点,满载,全负荷〕. Ⅱ *v.* 满,浆洗,(使布)密致,缩绒〔呢〕,毡合. *full 10km* 整整〔足足〕十公里. *full adder* 全加(法)器. *full admission* 全开进〔吸〕气. *full advance* 完全提前点火(上死点前45°左右). *full annealed* 全退火的,重结晶退火. *full aperture drum* 活底桶. *full automatic*(完)全自动的. *full back cutter* 强力切削工具. *full blooded* 纯种的,有活力的. *full body* 黑体. *full brick* 整(块)砖. *full brother* 亲兄弟,全亲胞兄弟. *full charge* 全装弹药,装满. *full colour* 纯〔全〕色,最大可达饱度颜色. *full crystal* 全晶(含铅晶)玻璃. *full curve* 实(体曲)线,连续曲线. *full cut-off* 全闭〔断,停〕,截止. *full definite* 完全,同一样有用. *full depth* 最大深度,大吃刀,大切削深度. *full diameter* 大(主)直径. *full Diesel* 纯柴油机(内燃机). *full dip* 总垂度〔弛度〕. *full duplex* 同时双向的,全双工. *full edition* 详表. *full factor* 填隙因数. *full flashing* 一次闪蒸,一次急骤蒸馏. *full floating* 全浮动,全浮充状态,全浮式的. *full gain* 总〔满〕增益. *full graphic panel* 全图示控制面板. *full grid swing* 满栅压摆幅,栅压全摆动. *full head rivet* 圆头铆钉. *full hole* 贯眼型(钻探管用工具接头连接形式). *full house* 全体出席,满座. *full license* (使用无线电台的)正式执照. *full line* 实〔全〕线. *full load* 满(额荷)载,全负载〔荷〕. *full name* 全名. *full pipe* 满(流)管. *full plant discharge* 电站满载流量. *full radiator* 全(波)辐射器,黑体,全辐射体. *full range* 满标度,全波段. *full range gas oil* 宽馏份柴油. *full read pulse* 全选脉冲. *full report* 详尽的报道. *full scale* 原大的,原尺寸的,自然的,足尺(比例),全尺寸,全〔满〕刻度,实尺,满标,全〔满,整〕标度. *full scale clearance* 全部清除(存储信息). *full scale construction* 全面施工. *full scale model* 实尺(1∶1)模型. *full scale range* 全刻度范围,满刻度. *full scale reading* 最大读数. *full scroll* 蜗壳形蜗壳. *full sea water* 纯(未混合的)海水. *full set* 全组〔套〕,终凝,充分凝结. *full shade* 饱和色. *full shot* 全景拍摄(镜头). *full shot noise* 全散粒噪声. *full sister* 亲姊妹,全同胞姊妹. *full size* 原(足,全)尺寸,实物,1∶1尺寸,实物(尺),合理(无搭边)排样尺寸. *full slice system* 整片方式. *full spectrum seismograph* 宽频地震仪. *full speed* 全速,最高速度. *full stop* 全光阻. *full stop* [point]句点,句号(.). *full strength* 全力. *full subtracter* 全(三输入)减(法)器. *full swing* 最大振荡〔振动,摆动〕,全摆幅. *full text* 全文,全部时间(的),专任的. *full starting motor* 全电压启动电动机. *full trailer* 拖〔挂〕车,重型拖车. *full universal drill* 万能钻床. *full view* 全视图,全景. *full weight* 全重. *fulling board* 压板板(机). **At full** 十分,充分,全十. **at full length** 尽量详细地,手脚充分伸直. **at full speed** 以全速. **at the full** 满满,达于极顶. (be) *full as useful as* 完全和……一样有用. (be) *full of* 充满,富于,有很多……的. *full out* 以全速,以最大能量,以最高容量. *full soon* 立即. *full well* 很充分. **in full** 详细,完全,全部,以全文,未省略地. *The statement reads in full as follows*:声明全文如下;in *full swing* [activity] 正达到极点,正起动. *to the full* 充分,十分,完全,彻底,全面地,至极限,满足. *to the fullest* 最大限度. *to the full extent* 尽力,到极点. *turn* (*it*) *to full account* 充分利用.

full-admission turbine 整周进水式水轮机.

full-automatic *a.* 完全自动的.

full-bar generator 全彩条〔信号〕发生器.

full-blooded *a.* 内容充实的,有力的,真正的,十足的.

full-blown *a.* 充分发展的. *full-blown power plant* 大型配套发电厂.

full-bodied *a.* 体积大的,规模大的,内容充实的,意义重大的,浓的.

full-bottomed *a.* 底(部)宽(阔)的,底部尽张开的,装载量多的,容量大的.

full-centered arch 半圆拱.

full-clockwise *a.*; *ad.* 顺时针满旋,顺时针方向转尽.

full-definite *a.* 完全有定的.

full-dress *a.* 正式的,大规模的.

full-duplex *a.* 全双工的.

full-earth illumination (月球表面上的)全球照度.

fuller ['fulə] I *n.* ①压槽锤(撞锤),(半圆形)套柄铁锤,套锤 ②小沟(槽),用套锤锻成的槽,切分孔型,铁型 ③填料工,漂布(毡合)工. II *v.* 凿(填)密,填隙,堵缝,锤击,用套锤锻制,用套锤在…上开槽. *fullering tool* 压槽锤,凿密(锤击)工具. *fuller's earth* 硅藻(漂白)土. *fuller board* = fuller-board.

fuller-board *n.* 填隙压板,压制板.

full-excitation plate dissipation 全激(励)板(极功率损)耗.

full-face *a.* 全断面的. *full-face attack* 全断面掘进法. *full-face drilling* 全断面钻进.

full-fledged *a.* 经过充分训练的,完全有资格的,正式的,熟练的.

full-gate *a.* (闸门)满开的,全开度的,闸门全开的.

full-grown *a.* 成熟的,长足(成,全)的,发育完全的,充分成长的.

full-hearted *a.* 满腔热情的,充满信心的,勇敢的.

full-hot *a.* 炽热的.

full-laden *a.* 满载的.

full-length *a.* 全长的,全身的,标准长度(不缩减)的,未剪节的,大型的.

full-load *n.* 全负荷,满载,全载.

fullness *n.* (充,丰)满(度),充实,完全,全部,丰富,发胀,强烈,洪(响)亮,深(浓)度. *in the fullness of time* 在适当(预定)的时候.

full-page *a.* 全页的,整版的.

full-range tuner 全范围(波段)调谐装置.

full-read pulse 读脉冲.

full-scale *a.* ①原大的,原(实物)尺寸的,与原物一样大小的,足尺的,全尺寸的,自然(条件下)的,实值的,真实的 ②完全的,全面(部)的,大(全设计)规模的 ③全(满)刻度的,整(全,满)标度的 ④完整的,未删节的. *full-scale conditions* 自然(真实,全尺寸)条件. *full-scale deflection* 全刻度(满标度)偏转. *full-scale equation* 原(未简化)方程. *full-scale model* 原尺寸模型,实尺模型. *full-scale operation* 全面运转,大规模生产. *full-scale plant* 工厂装置,工业装置. *full-scale range*(仪器的)全满标,满刻度(量程,全刻度范围,满刻度). *full-scale reality* 完全真实,现实.

full-size(d) *a.* ①原大(型)的,全(最大,原)尺寸的,足尺的,实物大小的,比例为1:1(尺寸)的,真实的 ②全轮廓(规模)的,总容积的 ③满容量的,满负荷的. *full-size furnace* 满容量炼炉. *full-sized model* 实尺模型.

full-storage system 整存(总数存储)系统.

full-strength *a.* 足额的,满(全)员的.

full-term *a.* 足月的,妊娠期满.

full-time *a.* 全(部)时(间)的,全部工作日的,专职的. *full-time storage plant* 多年(完全)调节电站.

full-wave *a.* 全波的.

fully ['fuli] *ad.* ①十分,完全,全部,充分,彻底 ②足,至少. *fully actuated* 全部开动的. *fully adjustable speed drive* 无级变速传动装置. *fully automatic* 全自动的. *fully killed steel* (完全)镇静钢,全脱氧钢. *fully locked* 密封的. *fully perforated tape* 无孔原纸带. *fully refined* 精制的. *fully transistorized* 全晶体管化的.

fully-depressed express-way 全堑式快速道路.

fully-enclosed *a.* 全封闭(式)的.

fully-flattened *a.* 绝对平面的.

fully-graded *a.* 全(部)级配的.

fully-killed *a.* 全(部)脱氧的.

ful'minant ['fʌlminənt] *a.* 暴发的,急性的.

ful'minate I *v.* ①(电闪)雷鸣,(使)爆炸 ②猛烈抗议(攻击),严词谴责. II *n.* 雷粉(汞),雷酸盐,炸药,爆发粉. *fulminating cap* 雷帽,雷汞爆管. *fulminating powder* 雷爆火药. *mercuric* [*mercury*] *fulminate* 雷粉,雷(酸)汞. *silver fulminate* 雷酸银. **fulmina'tion** *n.*

fulmine ['fʌlmin] *v.* = fulminate.

fulmin'ic [fʌl'minik] *a.* 爆炸性的. *fulminic acid* 雷酸.

fulness = fullness.

Fultograph *n.* 福耳多传真电报机.

fulvate *n.* 富里酸盐.

fulvous *a.* 黄褐色的,茶色的.

fumarase *n.* 延胡索酸酶,反丁烯二酸酶,富马酸酶.

fumarate *n.* 延胡索酸,反丁烯二酸,延胡索酸盐(酯,根),反丁烯二酸盐(酯,根).

fu'marole ['fju:mərou1] *n.* 火山喷气孔,喷气坑,(喷)燃孔.

fumator'ium [fju:mə'tɔ:riəm] *n.* 熏蒸消毒室,密封熏蒸室,熏蒸器.

fu'matory *a.* 烟熏的,熏蒸的. *n.* 熏蒸室.

fum'ble ['fʌmbl] *v.* 摸索,乱摸(摆)弄(for, after),笨手笨脚地做(处理). ▲*fumble about* 瞎摸,摸弄,失误.

fume [fju:m] I *n.* 烟(雾,气),蒸气,气(体,味),焊接烟尘. II *v.* ①发(冒)烟,烟化,冒(发)出,蒸发 ②烘制,熏(蒸). *acid fume* 酸雾. *antimony fume* 锑烟,含锑烟雾. *exhaust fume* 废(排)气. *fume consumer* 蒸气消除装置. *fume extractor* 排烟设备. *fume hood* 或 *fuming cupboard* 通风橱,(去)烟橱,烟柜. *fume rating* 烟雾浓度分级. *fuming nitric acid* 发烟硝酸. *fuming sulphuric acid* 发烟硫酸. *mercurial fume* 含汞烟雾. ▲*fume off* 排出气体,去烟,发烟.

fume'less *a.* 无烟的.

fume-off *n.* 排出气体,去烟,烟化.

fume-resisting machine 防烟式电机.

fu'migant ['fju:migənt] *n.* 熏蒸(消毒)剂,烟雾剂,烟熏,熏蒸.

fu'migate ['fju:migeit] *vt.* (烟)熏,熏蒸(消毒). **fumiga'tion** *n.*

fu'migator *n.* 烟熏器,熏蒸消毒器.

fu'mous ['fju:məs] *a.* 冒烟的,烟雾迷漫的,烟色的.

fu'my ['fju:mi] *a.* 冒(多)烟的,发(多)蒸气的,烟雾状的.

fun [fʌn] I *n.* ①玩笑,娱乐 ②有趣的事(活动). II (*funned*; *funning*) *v.* 开玩笑. ▲*for* (*in*) *fun* 开玩笑地,非认真地. *make fun of* 或 *poke* *fun at* 嘲笑,开…的玩笑. *like fun* 高高兴兴地,顺利地,不象是真的.

FUNC =functional.

func′tion [ˈfʌŋkʃən] I n. ①函数〔词,项〕②作〔功〕用,功〔机,官,职〕能,用途 ③功能元件 ④操作 ⑤职责,任务 ⑥集会,仪式. II vi. ①起作用,有效 ②运行〔转〕,操[工]作,活动,行使职责. *controllable function* 遥控工序,控制程序. *digital function* 数字式功能部件. *error function* 误差函数〔积分〕. *explicit function* 显函数. *function block*【计】功能块,功能组件. *function circuit* 操作〔逻辑〕电路. *function code* 操作〔功能〕码. *function diagram* 方块〔工作原理〕图. *function digit*【计】功能数字码,操作数码,操作位. *function element*【计】功能元件. *function fitter* 折线函数发生器. *function generator* 函数发生器〔振荡器〕. *function hole* (punch) 功能孔,(卡片上的)标志孔. *function letter* 操作字码〔母〕. *function of function(s)* 叠合,复合,函数的函数. *function part*【计】功能〔操作〕部分. *function reference*【计】函数引用. *function switch* 函数开关,工作转换〔开关. *function table* 函数表,译码器. *function unit* 控制〔功能〕部件,功能单元,函数元件,操纵部分. *linear function* 线性函数. "*not" function* 否定函数,"非"逻辑操作〔作用〕. "*or" function*【计】"或"逻辑操作〔作用〕. *plotted function* 函数表. *plunger function* (滑阀处于正常位置时)滑阀的通流状态. *shock chilling function* 骤〔急〕冷作用. *visibility function* 视〔可见〕度曲线. *work function* 功函数,逸出功. ▲*a function of*…的函数,随…而变的东西. (*be*) *out of function* 不起作用. *function as* 起…的作用,有…功用. *serve the function of* 起…作用,有…功用.

func′tional [ˈfʌŋkʃənl] a.; n. ①函数(的)(的),泛函数(的)(的) ②功[机,职,官]能的,有作用的,在起作用的,操作的,职务上的 ③影响功能而不影响结构的,从使用观点设计〔构成〕的. *functional absorber* 空间吸声体. *functional adaptability* 机能适应性. *functional analysis* 泛函分析. *functional architecture* 实用建筑. *functional arrangement* 操作〔逻辑〕线路,操作电路,功能功用,功能,使用线路图. *functional authority* 职能权力. *functional block* 功能块,功能器件. *functional calculus* 泛函演算. *functional character* 功能〔控制〕符号. *functional correlation* 机能相关. *functional design* 功能设计. *functional device* 功能器〔部〕件. *functional diagram* 方块〔功能〕图,工作原理图. *functional disease* 官能症,功能性疾病. *functional group*【化】官能团. *functional interleaving* 交错操作,操作交错(进行). *functional joint* 构造〔工作〕接. *functional mode* 工作状态. *functional packaging* 组件封装. *functional photo-interpretation analysis* 照片判读分析. *functional polymer* 功能高聚物. *functional principle* 实用原则. *functional relation* 函数关系〔方程〕. *functional restoration* 机能恢复. *functional space* 函数空间. *functional unit* 操作〔逻辑〕部件.

func′tionalism n. 实用建筑主义,机能主义,强调实用的主张.

func′tionalist n. 实用建筑主义者,机能主义者.

functional′ity n. 功能性,官[功]能度.

functionaliza′tion n. 官能作用.

func′tionally ad. 就其功能〔作用〕,功能上,用〔写成〕函数式.

func′tionary [ˈfʌŋkʃənəri] I n. ①(机关)工作人员 ②公务员,官员. II a. 功〔机〕能的,职务的.

func′tionate [ˈfʌŋkʃəneit] v. =function.

func′tor [ˈfʌŋktə] n. ①函子,功能〔逻辑〕元件,算符 ②起功能作用的东西.

fund [fʌnd] I n. ①资〔基〕金,经费,专款 ②蕴藏,储备 ③(pl.) 财源,公债,现款,存款. II vt. 作为(为…提供)资金,积累. *funded debt* 长期借款. *loan fund* 贷款资金. *reserve fund* 公积〔准备〕金. *the (public) funds* 公债. ▲*a fund of* 大量的,丰富的. (*be*) *in funds* 有资金. (*be*) *out of funds* 缺乏资金.

fun′dament [ˈfʌndəmənt] n. 基础,基底,基本原理〔原则〕,臀部. *fundament system of solutions* 解的基本系.

fundamen′tal [fʌndəˈmentl] I a. ①基本〔础,音〕的,根本(源)的 ②原始的,固有的,主要的 ③基频的,基谐波的. II n. ①基本,主要成分〔分量〕②基频(率),基波,一次谐波 ③(pl.)基础,(基本)原理,(基本)原则,根本法则〔规律〕,纲要. *fundamental chain* 母链. *fundamental component distortion* 基波(分量)失真,主要分量失真. *fundamental construction* 基本建设. *fundamental current* 基波电流. *fundamental frequency* 基(谐,本,波)频(率),固有频率. *fundamental function* 特征(基本)函数,基本功能〔职能〕. *fundamental harmonic* 基(谐)波,一次谐波. *fundamental line* 基本(点)底〔线. *fundamental mode* 基谐方式,波基型,振荡主模. *fundamental particle* 基本粒子. *fundamental purpose* 主要目的. *fundamental research* 基本理论研究. *fundamental ripple frequency* 脉动(波纹)基频. *fundamental suppression* 基频抑制. *fundamental vibration-rotation region* 近红外区,基本振动转动区. ▲*be fundamental to M* 对 M 很重要〔具有重大意义〕.

fundamental′ity n. 基〔根〕本,重要性,基本状态.

fundamen′tally ad. (从)根本上.

fun′dus [ˈfʌndəs] (pl. *fundi*) n. (基)底.

fun′duscope [ˈfʌndəskoup] n. 眼底镜.

fu′neral [ˈfjuːnərəl] I a. 葬礼(的),送葬的. *funeral ceremony* 〔*service*〕葬礼. *That is …'s funeral.* 后果由…负责.

fun′gal I a. =fungous. II n. =fungus.

fun′gi [ˈfʌŋgai] fungus 的复数.

fun′gible I a. (可)代替的,可互换的. II n. 代替物.

fun′gicidal a. 杀(真)菌剂的,杀霉菌的.

fun′gicide [ˈfʌndʒisaid] n. 杀(真,霉)菌剂.

fun′giform a. 真菌状的.

funginert'ness n. 霉状〔性〕,感染性.
fungistasis n. 抑真菌作用.
fun'gistat n. 抑真菌剂.
fungivorous a. 食真菌的.
fun'goid ['fʌŋgɔid] I a. 蕈菇状的,似真菌的. II n. 真菌.
fun'gous ['fʌŋgəs] a. 真菌(状,类)的,突然发生而不能持久的.
fun'gus ['fʌŋgəs] (pl. *fun'guses* 或 *fun'gi*) n. ①(真,霉)菌,蕈菇,覃 ②海绵肿. *fungus resistance* 耐霉性. *fungus test* 防霉性能试验.
fun'gusized a. 涂防霉剂的.
fun'gusproof a. 防〔抗〕霉的.
funic'ular [fjuː'nikjulə] I a. 纤维的,绳索的,索状〔带〕的,脐带的,用索绷紧的,用索〔铁索〕运转的. II n. 缆车,缆索铁道. *funicular polygon* 索多边形. *funicular railway* 缆索〔登山〕铁道,缆车.
funic'ulus (pl. *funic'uli*) n. 细索纤维,脐带,胚珠柄,菌丝索.
fun'iform a. 索〔带〕状的.
fu'nis ['fjuːnis] n. 索,脐带.
funk [fʌŋk] n.; v. ①害怕,恐惧,逃避 ②(发出)刺鼻的臭味,霉味.
funk'hole n. 掩蔽部,隐藏处,防空壕.
fun'ky a. 有恶臭的,极好的.
fun'nel ['fʌnl] n. a. ①漏斗(状的,形物),(漏斗形)浇〔承〕口,仓斗,镏孔(管) ②(漏斗形的)通风筒〔井〕,采光孔,(船)烟囱 ③(显像管荧壳)锥体,锥体. II (*fun'nel(l)ed*, *fun'nel(l)ing*) v. 灌进〔经过〕漏斗,(使)成漏斗,逐渐变狭〔宽〕,使汇集,使…聚集于,(使)向…集中. *air funnel* 通风筒. *charging funnel* 装料斗. *funnel antenna* 喇叭〔漏斗形〕天线. *funnel bulb* 漏斗形灯泡(电子管外壳). *funnel stand* 漏斗架. *funnel with nozzle* 喷嘴漏斗. *funneling effect* 漏斗效应,集中作用. *high density funnel* 高压风洞. *separatory funnel* 分料〔液〕漏斗. ▲*funnel into* 〔onto〕归纳成,集中于〔在〕.
funnel-form a. 漏斗状的.
funnel-hood n. 烟囱帽.
fun'nel(l)ed a. 漏斗形的,有(带)漏斗的,有…个烟囱的.
fun'nel-like a. 漏斗形的.
funnel-shaped a. 漏斗形的. *funnel-shaped opening* 漏斗形开〔承〕口.
fun'nily ad. 有趣地,奇特地,古怪地.
fun'ny ['fʌni] a. 有趣的,好笑的,奇特的,古怪的,狡猾的,欺骗性的.
fuoivorous a. 食海藻的.
FUP =fusion point 熔点.
fur [fəː] I n. ①软毛,绒毛,毛皮(类),兽皮类 ②毛皮制手套 ③锅(水)垢,水锈 ④(舌)苔. II (*furred*; *furring*) v. ①复(衬)以毛皮 ②使生水垢,除去水垢 ③钉以板条.
FUR = failed, unsatisfactory, replaced 失败的,不令人满意的,换了的.
fur = furlong 浪(长度单位,等于 1/8 英里).
furaldehyde n. 糠醛.
furancarbinol (=furfuryl alcohol) n. 糠醇.
fur'an(e) n. 氧(杂)茂,呋喃. *furan resin* 呋喃树脂.

furanose n. 呋喃糖.
fur'bish ['fəːbiʃ] vt. 研磨,磨光,擦亮,刷新,恢复,重温(up).
fur'ca ['fəːkə] (pl. *fur'cae*) n. 叉,牙根叉.
fur'cal n. 分叉的,剪刀状的.
fur'cate ['fəːkeit] I a. 分叉(支)的. II v. 分叉(歧).
fur'cated a. 分叉的.
furca'tion n. 分叉(歧).
fur'fur ['fəːfə] (pl. *fur'fueres*) n. 糠,麸.
furfura'ceous a. 糠状的,皮屑状的.
fur'fural ['fəːfərəl] n. 糠醛(叉),呋喃(甲)叉,呋喃甲醛. *furfural resin* 糠醛树脂.
furfuraldehyde n. 糠醛.
furfuran =furan.
furfurol n. 糠醛.
fur'furous a. 糠状的,皮屑状的.
furfuryl resin 糠基树脂.
furfuryl-alcohol resin 糠醇树脂.
fu'ribund ['fjuəribʌnd] a. 狂怒(暴)的.
fu'rious ['fjuəriəs] a. 猛烈的,狂暴的.
furl [fəːl] I v. 卷(折,叠)起,拉(折)拢,卷紧. II n. 卷,折,收拢,一卷东西.
fur'long ['fəːlɔŋ] n. 浪(长度单位,= 660 英尺=1/8 英里).
furlough n.; vt. ①休假,准…休假 ②暂时解雇.
furn =①furnish (～es, ～ed, ～ing)供应,装备 ② furniture 家具,设备.
fur'nace ['fəːnis] I n. 炉(熔,炼,高,加热)炉,炉子(膛,的燃烧处),窑,燃烧室,(多炉膛锅炉机组的)外壳 ②反应堆 ③极热的地方 ④严峻的考验,磨炼. II vt. 熔炼,煅(熔)烧,炉内熔化,(炉内)加热,用炉子处理,磨炼. *air furnace* 有焰(反射)炉,自然通风炉. *alundum furnace* 刚玉炉. *arc furnace* 电弧炉. *atomic furnace* 核(原子)反应堆. *billet furnace* 坯锭加热炉. *black furnace* 不加热炉. *blast furnace* 鼓风炉,高炉. *blast furnacing* 鼓风炉熔炼作业. *boiler furnace* (蒸气)锅炉,锅炉火箱(炉膛). *bomb furnace* 钢弹还原炉. *converting furnace* 吹炼炉,吹风氧化炉. *corrugated furnace* (锅炉)波形燃烧管. *cupola furnace* 化铁炉. *drawing furnace* 回火炉. *electric-arc furnace* 电弧炉. *electron beam furnace* 电子束熔炼炉. *elemental furnace* 单元炉缸,单风嘴炉缸. *furnace addition* 炉内加入物,熔剂. *furnace annealing* 炉内退火. *furnace campaign* (两次大修之间)炉龄. *furnace chrome* 修炉用铬粉. *furnace clinker* 炉渣结块. *furnace coke* 冶金焦(炭). *furnace filling counter* 装料记录器. *furnace hearth* 熔池. *furnace lining* 炉衬. *furnace metal* 粗(火冶)金属. *furnace oil* 燃料油,锅炉重油. *furnace pot* 杯,盘,蒸发器,曲颈甑. *furnace shaft* (stack) 炉身. *furnace transformer* 电炉用变压器. *glowing furnace* 淬火炉. *hearth furnace* 膛式炉. *holding furnace* 混合(保温)炉. *image furnace* 聚集炉. *immersion furnace* 沉渍式保温锅. *improving furnace* (铅)精炼炉. *lift beam furnace* 升降杆送料炉. *lowering furnace* 下

移烧结炉. ont(-burning, -fired, hoated) furnace(燃、烧)油炉. ore furnace 熔矿炉. pipe furnace 管式炉. plasma furnace 等离子体加热炉. polymerization furnace 聚合室. pot〔crucible〕furnace 罐〔坩埚〕炉. pulling furnace 拉晶炉. report furnace 竖〔金银〕精炼炉. shaft furnace 竖〔直井, 鼓风〕炉. solar furnace 太阳能炉. sweat furnace 热析炉. water cooled furnace 水冷式燃烧室. welding furnace 焊接〔熔焊〕炉. wind furnace 通风炉, 自然通风式炉. ▲tried in the furnace 受过磨炼, 吃过苦.

furnace-cooled 炉内冷却的.
fur'naceman n. 加热炉工, 炉(前)工.
furnace-operator n. 炉工, 熔炼工.
fur'nish ['fəːniʃ] vt. ①供(给、应), 提供, 保证, 配料 ②装备〔修〕, 布置, 置〔配备, 陈设,【化】调成. furnish power 发(供)电. furnished room 备有家具的(出租)房间. ▲be furnished with 备有, 安装有, 陈设有. furnish M with N 供给 M 以 N, 把 N 供给 M. furnish M to N 供给 N 以 M, 把 M 供给 N. furnish up (陈设)完备.
fur'nishing n. 供给, 装〔置〕备,【化】调成, (pl.)家〔器〕具, 陈设(品), 设备. capability in furnishing power 发(供)电能力.
fur'niture ['fəːnitʃə] n. ①设备〔施〕, 家〔轧辊导卫〕装置 ②附属品, 内容(of) ③空铝, 填充材料. a set of furniture 一套家具.
furol n. ①糠醛 ②重油中(燃料油)和铺路油. furol viscosity 糠醛〔重油〕粘度. Saybolt furol 赛波特重油粘度计.
fu'ror(e) n. 轰动, 狂热〔怒、暴、乱〕. make a furore 轰动一时.
2-furoylacetone n. 2-糠酰丙酮.
2-furoyltrifluoroacetone n. 2-糠酰三氟丙酮.
fur'riery n. 毛皮业.
fur'ring ['fəːriŋ] n. ①毛皮(装饰、衬里) ②(刮去)锅垢, 除垢, 水锈〔层〕③成营作用(蓄电池负极生成海绵状铅) ④(钉)(薄)板条, 抹灰柱头, 垫高料 ⑤船旁衬木, 衬条. furring tile 墙面〔护墙〕磁砖.
fur'row ['fʌrou] I n. 皱纹, 犁, 垄, 槽) 沟, 槽, 畦, 凹痕, 皱纹, 车辙, 航迹. II vt. 起皱纹, 作沟槽, 开沟, 犁耕.
fur'rowless a. 无沟的, 无皱纹的.
fur'rowy a. 有沟的, 皱的.
fur'ther ['fəːðə] I (far 的比较级之一) a.; ad. ①更(较)远(的), 更多的, (更)进一步(的), 深一层(的), 另外(的), 再, 更加 ②而(并)且, 此外, 再说, 接着. II vt. 促〔增进, 推广〕动, 助长. go a step further 更进一步. go further into a question 进一步研究问题. further inquire 进一步调查. It is a mile further. 还有一哩路程. ▲for further details 详细情形请(见). further along〔on〕下前(在)下文, 稍后. further than that 此外. go further and say (再)进一步说. not any further 不再进一步, 不再向前. no further M 不再更(进一步), 更远也. till〔until〕further notice (等)另行通知. to be further continued 未完, 待续.
fur'therance ['fəːðərəns] n. 促进, 增进, 推动.

fur'thermore ['fəːðəmɔː] ad. 而且, 加之, 此外.
fur'thermost ['fəːðəmoust] a. 最远的.
fur'thest ['fəːðist] a.; ad. (far 的最高级之一) 最远(的), 最大程度〔限度〕地.
fu'ry ['fjuəri] n. 狂暴, 愤怒, 激〔猛〕烈. ▲like fury 猛烈地, 剧烈地.
fu'sant n. 熔(化、融)物, 熔体.
fusa'tion n. 熔化.
fus'cous a. 暗褐色的, 深色的.
fuse [fjuːz] I n. ①保险丝, 熔丝(片), 熔线, 熔断器, 可熔片 ②引信〔线, 火刚, 爆), 信〔雷, 爆〕管, 导火线〔索〕. II v. ①(使)熔化〔合, 解, 融, 凝, 融〔联〕合 ②(电路等)因保险丝熔断而断路 ③装引信〔线〕, 发火. All the lights in the house have fused. 保险丝烧断, 室内电灯都不亮了. cartridge fuse 熔管保险丝, 保险丝管. common fuse 导火线, 熔丝. electric fuse 电熔丝〔爆管, 引信〕. fuse alloy 易熔合金. fuse arming computer 引信解脱保险计算机. fuse block 保险丝装置, 熔丝盒, 熔丝断路器. fuse box 保险(丝)盒. fuse cap 药线雷管, 引信雷管. fuse cutout 保险器, 熔丝断路器. fuse metal 保险(用)合金, 易熔金属. fuse plug 插塞式保险丝. fuse point 熔点. fuse primer 引火管. fuse salt 熔融盐. fuse time computer 引信〔延期〕时间计算机. fuse tongs 熔丝更换器, 熔丝管钳. fuse tube 信管, 熔丝管. fuse wire 保险丝, 熔(断)丝, 熔线. influence fuse 感应〔定距, 定时, 无线电〕信管. mine fuse 水雷, 信管. plug fuse 插头熔丝, 反应堆中可熔性镶入物. safety fuse 保险丝, 安全熔线〔引信〕. time fuse 定时信管, 限时熔线. ▲blow a fuse 使保险丝熔断. fuse M into M 把 M 熔合成. fuse off (玻璃管)熔融后拉断, 熔离. fuse on (玻璃管)熔融凝住, 熔接〔合〕. fuse with M 与 M 结〔熔〕合. have a short fuse 急躁.
fused a. 熔(化、融、成、凝、合)的, 发火的, 装有引信的. fused basalt 熔化玄武岩. fused electrolyte 熔融(盐)电解质, 熔盐浴. fused electrolytic cell 熔质电池. fused flux 熔炼熔剂. fused hearth bottom 烧结炉底. fused junction 熔合(成、凝)结. fused quartz 熔(凝、化)石英〔水晶〕. fused signal 导火信号. fused silica 熔(凝)氧化硅, 熔融石英. fused-junction transistor 合金型晶体管.
fused-salt n. 熔盐.
fusee' [fjuːˈziː] n. ①引信〔线〕, 信管, 火箭发动机点火器, 耐风火柴 ②火箭信号, 红色闪光信号灯 ③蜗形绳轮〔钟表〕均力圆锥轮.
fuse-element n. 熔丝.
fu'selage ['fjuːzilɑːʒ] n. 机(翼)身, 弹体, 壳体, 外壳. fuselage wire 机身拉线.
fuse-link n. 熔丝链.
fu'sel-oil ['fjuːzlɔil] n. 杂醇油.
fuse-resistor n. 保险丝电阻器.
fuse-switch n. 熔丝(线)开关.
fusibil'ity [fjuːzəˈbiliti] n. 熔融度, (可, 易)熔性, 熔度.
fu'sible ['fjuːzəbl] a. 可(易)熔的. fusible alloy 易熔合金. fusible circuit breaker 熔丝断路器.

fusible cone (示温)熔锥,测温三角锥. *fusible covering*【焊】以渣为主药皮. *fusible cut-out* 熔丝断路器. *fusible disconnecting switch* 保险丝断路器. *fusible resistor* 可熔电阻,熔阻丝. ~ ness *n.* fusibly *ad.*

fu'siform ['fju:zifɔ:m] *a.* 流线形的,梭形的,纺锤形的,两端尖的.

fu'sillade *n.*; *vt.* 一齐射击,快速连续射击,以齐发(连续)炮火攻击. *a fusillade of questions* 连珠炮式的询问.

fu'sing ['fju:ziŋ] *n.* ①熔化〔融,断,解,合〕②装信管③点〔发〕火,发射,起动. *autogenous fusing* 氧乙炔切割. *fusing agent* (助)熔剂. *fusing current* 熔断电流. *fusing point* 熔点,发火点. *fusing soldering* 熔焊.

fu'sion ['fju:ʒən] *n.* ①熔化〔融,解,炼,合,变,接〕,融〔结,掺〕合,粘砂 ②合〔流,并〕,汇合〔点,线〕,聚变 ③点〔发〕火,(固体燃料火箭发动机的)发射 ④异常凑合,凑合手术. *aqueous fusion* 水融,结晶体在结晶液中融化. *atomic* 〔*nuclear*〕 *fusion* 核聚变. *catalytic fusion* 催化聚变反应. *caustic fusion* 碱熔(法),苛性碱熔解. *controlled fusion* 受控(核)聚变. *fusion bomb* 热核弹,氢弹. *fusion cutting* 熔化切割. *fusion electrolysis* 熔盐(电解,熔融盐)电解. *fusion face*【焊】坡口面. *fusion frequency* (电视中)(视觉)停闪频率,熔解频率. *fusion point* 熔点. *fusion temperature* 熔化〔解〕温度,熔点. *fusion welding* (熔融)焊,熔维熔焊. *fusion zone*【焊】母材熔合区. *heat of fusion* 熔解热. *super fusion* 过熔. *thermonuclear fusion* 热核反应. *visual fusion* 视觉汇合.

fusion-electrolysis *n.* 熔盐电解.

fuss [fʌs] *n.*; *v.* 骚扰,激动,抗议. *fuss type automatic voltage regulator* 振动式自动调压器. ▲*make a* 〔*too much*〕 *fuss* 大惊小怪.

fust *n.* 柱身.

fus'tian ['fʌstjən] *n.*; *a.* 粗斜纹布(制的),夸大(的),夸张的.

fus'ty *a.* ①发霉的,霉臭的,陈腐的 ②守旧的.

fut [fʌt] *ad.*; *n.* 砰(的一声). ▲*go fut* 不灵,出毛病,失败,(胎)爆掉.

fu'tile ['fju:tail] *a.* 无益〔效,用〕的,没有价值的,琐碎的. ~ly *ad.*

futil'ity [fju:'tiliti] *n.* 无益的事物,无效,无价值.

fut'tock ['fʌtək] *n.*【复】肋材.

fu'tural ['fju:tfərəl] *a.* 未(将)来的.

futuram'ic *a.* 未来型的,设计新颖的.

fu'ture ['fju:tʃə] *n.*; *a.* ①将来(的),未来(的),前途,远景的 ②(pl.)期货(定单,交易). *future azimuth* 提前方位角. *future generations* 后代. *future load demand* 远景负荷需要(量). *future units* 预留机组. ▲*for the future* 或 *in the future* 将来,今后. *have a future* 有前途,将来有希望. *in the near* 〔*no distant*〕 *future* 在不久的将来.

fu'tureless *a.* 没有前途的,无希望的.

futu'rity [fju:'tjuəriti] *n.* 将来,未来(事物),后世,后代人.

futurol'ogy *n.* 未来学.

FUV = far ultraviolet 远紫外(线,区).

fuze = fuse.

fuzee = fusee.

fuzing = fusing.

fuzz *n.* (织物或果实等表面上的)微毛,绒毛. *v.* 起毛,(使)成绒毛状.

fuz'zily *ad.* 模糊(不清)地.

fuz'ziness *n.* 模糊,不清楚.

fuz'zy ['fʌzi] *a.* ①有绒〔细〕毛的 ②模糊的,不清楚的 ③(录音等)失真的.

FV = ①flush valve 冲洗阀 ②front view 前视图,正面图 ③fuel valve 燃料阀.

FV 或 **fv** = *folio verso* 见本页背面,在此页反面.

FW = ①field weakening 磁场减弱 ②fire wall 隔火墙 ③fresh water 淡水 ④full wave 全波 ⑤fusion welding 熔焊.

FWA = forward wave amplifier 前向波放大器.

fwd = forward 前面的,向前.

fwd s = forward shaft 前轴.

FWP = ①filament wound glass-reinforced plastics 长纤维缠绕玻璃钢 ②fresh water pipe 淡水管.

fxd = fixed 固定的,不变的.

FY = fiscal 〔financial〕 year 会计年度.

FYI = for your information 供参考.

fz = fuze 信管,熔丝,保险丝.

G g

G [dʒi:] ①G 字形 ②电导的符号 ③重力加速度的符号 ④输出 100 电子伏吸收能的代用符号,吸收 100 电子伏能量后形成或转化的分子数 ⑤拉夫达波的代号.

G 或 **g** = ①centre of gravity 重心 ②gallon 加仑 ③gas 气体 ④ga(u)ge(量,线)规,(量)计 ⑤gause 高斯 ⑥Geiger counter 盖革计数管 ⑦general 普通的,通用的,一般的,总的 ⑧generator 发电机,发生器 ⑨ German 德国的,德国人(的),德语 ⑩giga 吉(咖),109 ⑪gold 金 ⑫gram(me) 克 ⑬gravity 重力 ⑭grid 栅极,网(格),栅格 ⑮ground 接地 ⑯specific gravity 比重.

G alloy G 铝合金(锌 18%,铜 2.5%,镁 0.35%,锰 0.35%,铁 0.02%,硅 0.75%,其余铝).

G black level 绿路黑电平.

G display G 型显示(器),发点误差显示器.

G line G 线,表面波传输线.

G metal 铜锡锌合金(铜 40%,锡 50%,锌 10%).

g meter 加速器.

G scale G 标度(地理上用的面积对数标度).

g scale g 标度(飞机工业中六倍于重力的力叫做6g的力).

g to g = ground-to-ground 地对地的.

G value G 值(放射化学中用的单位,代表每吸收100电子伏特的能量时被破坏或产生的分子数).

GA = ①gas amplification 气体电离放大 ②ga(u)ge(量,线)规,(量)计 ③general accounting 一般统计,一般会计 ④general arrangement 总图,安装图 ⑤general average 平均值 ⑥glide angle 下滑角 ⑦go ahead 前进,继续做,进展 ⑧government agency 政府机构 ⑨graphic ammeter 自动记录的安培表 ⑩ground-to-air (missile)地对空(导弹).

Ga = ①gallium 镓 ②Georgia (美国)佐治亚(州).

G&A = general and administrative expense 一般费用与行政费用.

G/A = ground-to-air 地对空.

GA lamp (广播电台)现场信号灯.

GaAs laser 砷化镓激光器.

gab [gæb] Ⅰ n. Ⅱ (gabbed; gabbing) vi. 空谈,废话 ②(偏心盆架的)凹节,凹口,(凹)槽,孔.

GABA = gamma-aminobutyric acid γ-氨基丁酸.

gabarit(e) (法语) ①净空[距]用,外廓,(外形)尺寸,大小,限界 ②模型[子] ③样板,规,曲线板.

gab'ble ['gæbl] v. ①喋喋不休,急促鸣声 ②飞溅,泼溅,喷雾.

gab'bro n. 辉长岩(基性岩).

Gaberones n. 加伯罗内斯(博茨瓦纳首都).

ga'bion ['geibiən] n. ①(装土用的)(篾、铁丝等)筐[笼],(筑堤用的)石篮.

gabionade n. 土石垒成的堤墙.

ga'ble ['geibl] Ⅰ n. 山(形)墙,三角墙,三角形建筑部分. Ⅰ a. 双坡的. gable crown 屋脊式路拱. gable roof 人字(三角)屋顶. gable wall 山(人字)墙,玻璃窗投料侧的壁.

ga'bled a. 有山(形)墙的,人字形的.

gablet n. 花山头.

Gabon [ga'bɔ, 'gæbən] n. 加蓬.

Gabor tube 加博尔电子束管(一种缩短管子长度的电子管).

Gaborones n. 加博罗内(博茨瓦纳首都).

gad = general assembly drawing 总装图.

gad [gæd] Ⅰ n. 测桿尖,钎,钢凿,尖头杆,车[切]刀,锚,键,量(厚薄)规,沉陷渣. Ⅱ (gadded; gadding) vt. (用凿)钻孔,(用钢楔)劈裂(矿石,块石). gad tongs 等口钳.

gad'der n. 凿(取)孔机,钻岩器,钻机架.

gad'ding n. (用钢楔,凿)开采块石. gadding machine 开石机,钻(孔)机.

gadfly ['gædflai] n. ①牛虻 ②讨厌的人.

gad'get ['gædʒit] n. (小)机件(配件,零件,器具,玩意儿],装[配]置,(无线电,雷达)设备,辅助工具(设备].

gadgeteer' [gædʒə'tiə] n. 爱设计制造小器具(小机件)的人.

gad'getry ['gædʒitri] n. ①小机件,小玩意儿 ②设计(制造)小机件. gadgety a.

Gadidae n. 鳕科.

gadiom'eter [gædi'ɔmitə] n. 磁强梯度(陡度)计.

gadolinia n. 氧化钆.

gad'olinite n. 硅铍钇矿.

gadolin'ium [gædə'liniəm] n. 【化】钆 Gd. gadolinium bromate 溴酸钆.

gafeira n. 麻风.

gaff [gæf] n. ①鱼叉(钩) ②带钩阀,暗中设下的机关 ③斜桁. ▲blow the gaff 泄露秘密(计划).

gaf'fer n. ①工头,领班 ②(电影,电视)照明电工.

gaf'fing n. 剥离,擦伤.

gag [gæg] Ⅰ (gagged; gagging) vt. ①关(封闭)闭,阻[堵]塞,把阀全部关掉 ②(用压锤)矫直(钢轨),(冷)矫正,压平 ③作呕 Ⅱ n. ①压紧装置,压板,夹持器,塞盖,堵头,阀门中堵塞物 ②整轨锤 ③【牙医】张口器. gag press 压直机,矫正压力机. hold down gag (剪切机的)压紧装置. oil gag 油宽压紧装置.

gag'a ['gægɑ:] a. 笨的,蹩脚的.

gage [geidʒ] Ⅰ = gauge. Ⅰ n. ①抵押(担保)品 ②【海】吃水. Ⅱ vt. 以…做抵押(担保).

gage-pole n. 量油杆.

gager n. = gauger.

gag'ger n. ①造型(铸模)工具 ②铁骨 ③小钩,砂型吊钩,吊砂钩 ④(型材)辊式矫正机 ⑤校正杠距的工人.

gaging = gauging.

gai n. 伽(= 1cm/s2).

gai'ety ['geiəti] n. 快(欢)乐,愉快.

gain [gein] Ⅰ v. ①(获,赢)得,得到,节省 ②(渐渐)增加(加速),(伸长)伸,延 ③前进,到达 ④开出 ⑤(刻)槽,镶入榫槽,以榫槽支承,用腰槽连接,榫接(into). brain gain 人才流入. gain experience 获得经验. gain speed 渐渐增加速度. gain the top of a mountain 到达山顶. The watch gains half a minute a day. 这表每天快半分钟. ▲gain an insight into 看透(破),领会,透彻地了解. gain by comparison (contrast) 比较(对比)之下显出其优点. gain ground 前进,有进展,占优势. gain ground on (upon) 侵入(蚀),追赶上. gain in … (在) … (方面)增加. gain in mass 质量增加. gain in strength 强度增长. gain on (upon) 接(通)近,赶上,超过,比…跑得更快,侵蚀. gain one's point 达到自己的目的,说服别人同意自己的观点. gain strength 力量增加,逐渐加强. gain time 节省(赢得)时间,早完成,故意拖延时间,(钟,表)走得快.

Ⅰ n. ①增益(系数),放大(系数,率),增量(大,进,加),利益,利润,自动驾驶仪传动比, (pl.) 收益,盈余,利润,所得之物 ②榫槽,堆榫上的斜肩,腰槽,槽沟. algebraic gain 代数增量. altitude gain 爬高. autopilot gain 自动驾驶仪传动比. breeding (conversion, production) gain 核燃料剩余再生系数(再生系数转换比). directive gain 方向增益,天线定向作用系数. gain antenna 定向天线. gain compression 振幅失真,振幅特性曲线的非线性. gain control 增益控制(调整). gain crossover (伺服系统中)增益审度,放大临界点. gain factor 放大(增益,再生)系数,增益因子(因数). gain in weight 增重. gain level 放大系数,增益级. gain limited sensitivity 受增益限制的(极限增益)灵敏度. gain of head 水头的恢复(增长]. *gain pattern*(天线)方向图. *heat gain* 增热,热量增加. *loop gain*(控制)回路放大〈系数〉. *multiplier gain* 光电倍增管放大系数. *variable gain* 可变放大(率,因数). *weight gain* 增重,重量增加.

gain'able ['geinəbl] *a.* 可获得〔得到,达到〕的.

gaine [gein] *n.* 套,罩,壳,箱,盒子.

gain'er ['geinə] *n.* 获得者,胜利者.

gain'ful ['geinful] *a.* ①有利益的,有报酬的 ②唯利是图的. ~**ly** *ad*.

gain'ing *n.* 木杆上加固线担用的槽,(pl.)获得物,收入,利益,奖金. *gaining stream* 盈水河(地下水补给的河流).

gain'less *a.* ①无利可图的 ②一无所获的,没有进展的.

gainsaid' [gein'seid] gainsay 的过去式和过去分词.

gainsay' [gein'sei] (*gainsaid'*) *v.* 反对[驳],否定〔认〕.

gait [geit] *n.* 步态〔法〕.

gai'ter ['geitə] *n.* 绑腿,皮腿套,鞋罩,高腰松紧鞋,有绑腿的高统鞋,筒形床.

gaize *n.* 生物蛋白岩.

gal = ① Galileo (重力加速度单位)伽(利略) ($10^{-2}m/s^2$) ②gallon 加仑.

gala ['gɑ:lə] *n.* 节日,庆祝,盛会

galactan *n.* 半乳聚糖.

galac'tase *n.* 半乳糖酶.

galac'tic [gə'læktik] *a.* ①银河系的,天河的,星系的 ②极大的,巨额的. *galactic circle* 银道圈. *galactic noise* 银河(星系射电)噪声,银河系射频辐射. *galactic orbit* 银心轨道. *galactic rotation* 环绕〔星际〕旋转. *galactic structure* 银河结构. *galactic system* 银河系.

galactom'eter *n.* 乳(比)重计.

galac'tose *n.* 半乳糖.

galanty show 影子戏.

Galaxoid *n.* 星系体.

gal'axy ['gæləksi] *n.* ①天(河),星系 ②一群(显赫人物),一堆光影夺目的东西. *the Galaxy* 银河(系). *triple galaxy* 三重星系.

galbanum *n.* 古蓬香脂,波斯树脂.

gale [geil] *n.* ①大暴,烈,狂〕风,风暴(8级风,风速17.2~20.7m/s) ②一阵. *a gale of wind* 一阵大风. *fresh gale* (即 gale)风,8级风. *gale signal* 风暴(大风)信号. *near* (*moderate*) *gale* 疾风(7级风,风速13.9~17.1m/s). *storm gale* (即 *violent storm*)暴风(十一级风,28.5~32.6m/s), *strong gale* 烈风(9级风,风速20.8~24.4m/s). *whole gale* (即 storm)狂风(十级风,24.5~28.4m/s).

ga'lea ['geiliə] (pl. *ga'leae*) *n.* ①盔状体,盔状突起物,帽状腱膜 ②帽,头巾.

gale'na 或 **galenite** *n.* 方铅矿,硫化铅. *false galena* 闪锌矿. *galena detector* 矿石〔方铅矿〕检波器.

galen'ical [gə'lenikəl] *n.* ①草药 ②未精炼的药物.

Galicia [gə'liʃiə] *n.* 加利西亚.

Galilean telescope 伽利略望远镜.

Galile'o [ˌgæli'leiou] *n.* (重力加速度单位)伽利略(1伽 = $10^{-2}m/s^2$).

galipot *n.* 海松树脂.

gall [gɔ:l] I *n.* ①胆(汁,囊),苦味,恶毒,大胆,厚颜无耻 ②磨损处,擦伤(处),暇疵,弱点 ③没食子,五倍子. I *v.* ①磨损〔破,耗〕,擦伤,剥蚀,咬。虎伤而〕咬住 ②恼〔激〕怒. *gall bladder* 胆囊. *Gall chain* 平环链. ▲*gall and wormwood* 最苦恼的事,最厌恶的东西.

gal'la ['gælə] (pl. *gal'lae*) *n.* 没食子.

gallacetophenone *n.* 没食子苯乙酮.

gallane *n.* 镓烷.

gallanilide *n.* 没食子酸苯胺.

gallate *n.* 镓(镓,没食子)盐.

gallatin *n.* 重油.

gal'lery ['gæləri] I *n.* ①长(画,走,游,柱)廊 ②美术馆,美术陈列室,摄影室 ③(平,看,阳,工作,观众)台,架空过道,栈桥 ④(横)坑道,平巷,水平巷道 ⑤地(下通)道,风道,集水道 ⑥尾部篩望台. I *v.* 建筑长(柱)廊,挖地道. *drum gallery* 鼓廊. *gallery cable* 坑道电缆. *gallery driving* 坑道开凿. *gallery frame* 坑道支撑. *gallery ports*(平炉)①加料门. *grouting gallery* 灌浆廊道. *oil gallery* 油沟,回油孔.

gal(l)et *n.* 碎石,石屑.

galleting *n.* 碎石片嵌灰缝,嵌灰缝碎石片.

g-alleviation *n.* 加速度作用减弱.

gal'ley ['gæli] *n.* ①(船艇,飞机)厨房 ②长方形炉 ③(长方形)(检,活)手法,(长条)校样.

gal'leyproof *n.* 长条(校样).

gal'lic ['gælik] *a.* ①(正,三价)镓的 ②棓子的,五倍子的. *gallic acid* 棓[鞣,五倍子,没食子]酸,镓酸. *gallic compound* 正镓化合物.

gallicin *n.* 没食子酸甲脂.

Gallimore metal 镍铜锌系合金(镍45%,铜28%,锌25%,(铁+硅+锰)2%).

gall'ing ['gɔ:liŋ] I *n.* ①(金属表面)磨损,擦伤,摩擦造成的粗糙面,拉毛 ②(因过度磨损而)咬(卡,滞)住,(齿轮)塑变,粘结〔住〕. I *a.* 激怒的,烦恼的,难堪的,可恨的.

Gallionella *n.* 盖氏铁柄杆菌属.

gallipot *n.* 海松树脂,陶罐.

gallite *n.* 硫镓铜矿.

gal'lium ['gæliəm] *n.* 【化】镓 Ga. *gallium arsenide laser* 砷化镓(半导体)激光器.

gal'lon ['gælən] *n.* 加仑(液量单位 = 4 quarts;干量单位：= 1/8 bushel). *imperial gallon* 英制加仑 (= 4.546L). *US* [wine] *gallon* 美制加仑(= 3.785L).

gal'lonage ['gælənidʒ] *n.* 加仑数[量],汽油消耗量,以加仑计桶容积,以加仑表示石油产品的体积(数量).

gal'lop ['gæləp] *v., n.* ①(马)飞奔,跑,奔[疾]驰 ②发动机不正常运转,运转不平稳 ③急速进行,迅速运输〔送〕,迅速发展,匆匆地做 ④【计】跃步. *galloping* "1"*s* and "0"*s* 跃步"1"和"0"(半导体存储器测试法). *galloping ghost* 跳动里影. ▲*at a* (*full*) *gallop* 飞跑着者,急驰,用最大速度. *gallop through* 匆匆[急急忙忙]赶完.

gallous *a.* 亚(二价)镓的.

gal'lows ['gælouz] *n.* (pl.) (通常当作单数用)架(状物),挂架,门形吊架(龙门把杆),门式(盘条)卸卷

机. central gallows for antenna 天线中心架. gallowsarm 聚光灯吊架. gallows bit 双柱吊架. gallows frame 门式吊架, 龙门起重架.
gall'stone n. 胆石, 胆囊结石.
galmey n. (含二氧化)硅(的)锌矿, 异极(锌)矿.
galmins = gallons per minute 每分钟加仑数.
Galois' [gæl'wɑ:] (人名) Galois equation 伽罗瓦方程. Galois field 有限域(体), 加罗瓦域.
galore' [gə'lɔ:] a.; ad.; n. (许)多, 丰富(地), 琳琅满目.
galosh' [gə'lɔʃ] n. 胶(长统, 橡皮)套鞋.
galoshed a. 穿(长统橡皮)套鞋的.
gals = gallons.
galv = ①galvanic 电(流)的 ②galvanism 流电学, 电疗 ③galvanize 电镀, 镀锌 ④galvanometer 电(检)流计.
galvan'ic [gæl'vænik] a. ①(流)电的, (电池)电流的, 电镀的, 镀锌的, 伽伐尼 ②不自然的, 触电似的. galvanic battery 蓄(原)电池组. galvanic cell 原(一次, 自发, 伽伐尼)电池. galvanic corrosion 电(化锈)蚀, 电池作用腐蚀. galvanic current 直流, 动电[伽伐尼]电流, 由非打电流产生的电流. galvanic electricity 动电. galvanic pile 电堆. galvanic series 电势(位)序, 电压(化)序列.
galvanise = galvanize. **galvanisation** n.
gal'vanism ['gælvənizm] n. ①由原电池产生的电, (伽伐尼)电流, 流电(学), 化电 ②(流, 电)电疗(法).
gal'vanist n. 流电学家.
galvaniza'tion [gælvənai'zeiʃən] n. ①通电流 ②电镀, 镀锌 ③电疗.
gal'vanize [gælvənaiz] vt. ①通电流于 ②电镀, 镀锌于 ③刺激. dry galvanizing 干熔剂镀锌. galvanizing by dipping 热浸镀锌. galvanizing shop 电镀车间. vapour galvanizing 气化镀锌.
gal'vanized ['gælvənaizd] a. 镀锌的, 电镀的. galvanized (iron) plain sheet 或 galvanized (sheet) iron 镀锌铁(皮), 白铁(皮), 马口铁. galvanized steel pipe 镀锌钢管. galvanized stranded wire 镀锌钢绞线. ▲ galvanize ··· to [into] life 使复苏, 使(问题)重行提起.
gal'vanizer n. 电镀工, 电镀器.
gal'vannea'ling [gælvənə'ni:liŋ] n. 镀锌层扩散处理(热镀锌铁皮经450℃以上而形成合金的处理).
galvano- [词头] 电(流).
galvanocauteriza'tion [gælvənokɔ:təri'zeiʃən] n. (流)电烙术.
galvanocautery n. (流)电烙器, [医]电烙灼.
galvano-chemistry [gælvəno'kemistri] n. (流)电化学.
galvan'ograph [gæl'vænəgrɑ:f] n. 电流记录图, 电(铸, 镀)版(印刷品).
galvanog'raphy n. ①电流记录术 ②电镀法, 电(铸制)版术.
galvanolumines'cence n. 电解[流]发光.
galvanol'ysis n. 电解.
galvanomagnet'ic a. 电磁的. galvano-magnetic effect 磁场电效应.
galvanomag'netism n. 电磁.
galvanom'eter [gælvə'nɔmitə] n. 电流(安培, 检流)计, 电流测定器, 电表. astatic galvanometer 无定向电流计. galvanometer recorder (录音用)电流计式调光机. mirror galvanometer 镜检流计, 镜(反射)式电流计. moving coil galvanometer 圈转电流计. moving magnet galvanometer 磁转电流计.
galvanomet'ric(al) [gælvənə'metrik(əl)] a. 电(检)流计的, 电流测定法的.
galvanom'etry [gælvə'nɔmitri] n. 电流测定法(术).
galvanonasty n. 感电性.
galvanoplas'tic a. 电铸(技术)的, 电镀的.
galvanoplas'tics [gælvənou'plæstiks] n. 或 **gal'vanoplas'ty** [gælvənou'plæsti] n. 电铸(术, 技术), 电镀.
gal'vanoscope ['gælvənəskoup] n. 验电器. **galvanoscop'ic** a.
galvanos'copy [gælvə'nɔskəpi] n. 用验电器验电的方法.
galvanotaxis n. 趋电性.
galvanothermother'apy [gælvənouθə:mə'θerəpi] n. (流)电热疗法, 透热电疗.
galvanother'my [gælvənou'θə:mi] n. (流)电热疗法, 透热电疗, 电热(灼).
galvanot'ropism n. 向电性, 电流培植法.
galvano-voltameter 或 **galvano-voltammeter** n. 伏安计.
GALVND = galvannealed 镀锌层扩散处理过的.
galvo n. 检流计.
galvom'eter n. 检流计.
galvonometer n. galvanometer.
GAM = ①guided aircraft missile 空对地导弹, 机载导弹 ②ground-to-air missile 地对空导弹.
GAM-77 = Hound Dog air-to-surface missile (美)大猎犬空对地导弹.
gam = gamut 音域, 全音程.
Gam'bia ['gæmbiə] n. (非洲)冈比亚. ~n a.
gam'bit ['gæmbit] n. ①精心策划的一着, 策略 ②开场白.
gam'ble ['gæmbl] v.; n. 赌博, 投机, 冒险(at, in, on).
gamblesome a. 喜欢投机(冒险)的.
gam'bling n. 赌博, 投机, 冒险.
gamboge [gæm'bu:ʒ] n. 藤黄(树脂), 雌黄, 橙黄色.
gam'brel n. ①附关节下, 飞节 ②复斜屋顶, 复折屋顶. gambrel roof 复折屋顶.
game [geim] I n.; v. ①游戏, 运动, 比(竞)赛, 一局(场, 盘), (比赛)胜利, 得分, (pl.)运动会 ②策略, 对策, 策略, 诡计, 手法, 花招 ③猎获物, 猎物. I a. ①勇敢的 ②残废的, 受了伤的. a close game 比分接近. a game at chess 棋赛. game all 或 game and game 平手, 打平. game bird 狩猎野禽, 斗鸡. game court 运动场. game management 野生动物管理, 狩猎禽兽管理. game of chance 机会对策, 孤注一掷. game plan 精心策划的行动, 战略. game preserve (refuge) 禁猎区. game(s) theory 对策(博奕)论. game with perfect information 全信息对策. gaming simulation 博奕(对策)模拟. Olympic Games 奥林匹克运动会. zero game【数】零博奕. ▲ be game for [to + inf.] 高兴(做), 愿意(做), 有兴趣

(做). *have the game in one's hands* 有必胜把握. *play a double game* 耍两面派手法. *play the game* 遵守比赛规则. *The game is not worth the candle* 得不偿失.

gaming ['geimiŋ] *n.* 赌博,对策,博奕.

gam'ma ['gæmə] *n.* ①(希腊字母)Γ,γ ②(pl. *gamma*)微克(质量单位,=10^{-6} g) ③第三位的东西 ④伽马(磁场强度单位,=10^{-5} 奥斯特) ⑤灰度(非线性)系数,γ值(显影)反衬度(的量度单位) ⑥γ量子 ⑦γ辐射,γ射线. *annihilation gammas* 淹没γ辐射,淹没辐射γ量子. *capture gammas* 俘获γ辐射. *effective gamma* 有效灰度(非线性)系数. *fission gammas* 伴随裂变γ辐射,裂变γ量子. *fission-product gammas* 裂变产物γ辐射. *gamma amplifier* 伽马[灰度]放大器. *gamma correction* 图像(灰度)校正,亮度(伽马)校正. *gamma exponent* 伽马指数,传输特性等级指数. *gamma of a photographic emulsion* (照像乳剂的)反差系数. *gamma radiation* γ射线(辐射). *gamma ray* 光(量)子,γ射线. *gamma ray log* 自然伽马测井,γ-射线钻探剖面. *prompt (fission) gamma* 裂变瞬时γ量子. ▲ *gamma minus* 仅次于第三等. *gamma plus* 稍高于第三等.

gamma-absorptiometry *n.* γ射线吸收测量学,γ射线吸收的测定.

gamma-activated *a.* 用γ射线活化的,γ辐射激活的.

gamma-activation *n.* 用γ射线活化.

gamma-active *a.* γ放射性的.

gamma-correction circuit γ(非线性,图像灰度)校正电路.

gamma-counted *a.* 测定过γ放射性的.

gamma-extruded *a.* γ释出的,经受住γ压挤的,γ相中挤出的.

gam'magram *n.* γ射线照相.

gam'magraph *n.* γ射线照相(装置),γ射线探伤. ~ic *a.*

gammag'raphy *n.* γ射线照相术.

gamma-induced 或 **gamma-initiated** *a.* γ辐射引起的.

gamma-insensitive *a.* 对γ辐射不敏感的.

gamma-ray *n.* γ射线. *gamma-ray log* 自然伽马线测井.

gamma-sensitive *a.* 对γ辐射敏感的.

gammasonde *n.* γ探空仪.

gammate *n.* 伽马校正单元.

gammather'apy *n.* 伽马放射疗法,Co^{60}放射疗法.

gammex'ane [gæ'meksein] *n.* 【化】六六六(杀虫剂),六氯化苯.

gammil *n.* (微量化学的浓度单位)克密尔(1克密尔的浓度可以表示每毫升的微克数,或百万分之几,或每升含的毫克数).

gamophen *n.* 六氯酚.

gam'ut ['gæmət] *n.* ①音阶,(全)音域 ②全部(程),全(整个)范围 ③色移(运). *gamut of chromaticities* 色度级. *the complete gamut of the spectrum* 光谱波长的全区域. *the whole gamut of experience* 全部经验.

ga'my ['geimi] *a.* ①气味强烈的 ②勇敢的,有胆色的.

Gana ['gɑːnə]=Ghana 加纳.

gang [gæŋ] I *n.* ①一套,全套 ②一组(帮,群,团),一列(班),队,排 ③进口品种 ④共轴,同轴 ⑤脉石,岩脉,矿石中的杂质,尾矿 ⑥路(程) ⑦大量. II *a.* 同轴(的)的,统调的,联动的,组合的. III *v.* ①联接,(同轴)连接,接合,使成套排列(运转) ②聚束 ③组成一组(班,队),组合成一套,联接起来. *gang adjustment* 统(组)调谐,同轴(联动)调整. *gang blanking die* 复合冲模,多组冲模. *gang capacitor* 同轴可变电容器,组(统)调电容器. *gang condenser* 同轴(可变,调整)电容器,联动电容器,电容器组. *gang control* 共轴(同轴,联动)控制,同轴调节,组调. *gang dies* 多头冲模. *gang die set* 多头冲模,复式模. *gang cutter* 组合铣刀,群铣刀. *gang drill* 排式钻床,群钻. *gang form* 成套模板. *gang head* (多轴)组合刀头,组合刀具,组刀头. *gang maintenance* 道班养路. *gang mandrel* 串叠心轴. *gang master* 工长,领工员,领班,工作队长. *gang mill* 框锯制材厂. *gang milling* 排铣,组合铣削,(在一块金属板上)多零件同时化学腐蚀法. *gang mould* 联(连)模,成组模板(立模). *gang of cavities* 多槽模型,多模穴模型. *gang plow* 多铧犁. *gang potentiometer* 同轴,联动,(多连)电位器. *gang press* 排式床床,(连续顺序冲裁用)复动压力机,联成压机. *gang printer* 排字(整行)印刷机. *gang punch* 复穿孔(机),群(联动)穿孔,排式冲床. *gang saw* 排锯(框,直)锯. *gang shear* 多刀剪切机. *gang slitter* 多圆盘剪切机,多圆盘剪床. *gang socket* 连接插座. *gang summary* 复(总计)穿孔机. *gang switch* 联动(同轴)开关. *gang tuning* (同轴)调(谐). *gang variable condenser* 同轴可变电容器. *night gang* 夜班. *roll gang* 输送辊道. ▲ *gang up* 聚集,集合,联合起来,(机器)编组,联结成组.

gang'board ['gæŋbɔːd] *n.*【船】跳(梯)板.

gang'-boss *n.* 班长,队长,工长.

ganged *a.* 组合的,联接的,共轴(动)的. *ganged capacitor* 同轴可调电容器. *ganged circuits* 统调(组调,共调谐)电路. *ganged switch* 联动开关.

gang'er ['gæŋə] *n.* ①工长,领班,工作队长 ②工头,监工.

Gan'ges ['gændʒiːz] *n.* (亚洲)恒河.

gang'ing *n.* 成组(群),(同轴)连接,接合(动),接合,聚束,同(共)轴,组(统,组)调.

gangliocyte *n.* 神经节细胞.

gan'glion ['gæŋgliən] *n.* (活动)中心,(神经)中枢,神经节.

ganglionaris *n.* 芒神经节.

ganglioside *n.* 神经节式脂.

gangliosidosis *n.* 神经节式脂沉积症.

gang'master *n.* 工长,把头.

gang'plank ['gæŋplæŋk] *n.* 【船】跳(梯)板.

gan'grene ['gæŋgriːn] *n.*; *v.* (使生)坏死,坏疽,(使)腐烂. **gan'grenous** *a.*

gang-slit strip 经(多刀圆盘剪)切分的成卷带材.

gang'ster ['gæŋstə] *n.* 强盗,匪(歹)徒.

gang'sterism *n.* 强盗行为.

Gangtok ['gʌŋtɔk] n. 甘托克(锡金首都).
gangue [gæŋ] n. 矿床中的夹杂物,矿渣,脉[废]石,矸,[脉]石. *worthless gangue* 废石,无价脉石.
gang'way ['gæŋwei] n. ①(座位间)过道,(车间)通道,工作走道(便桥) ②出入口 ③舷梯,跳板,舷(侧)门,跳板,过桥 ④【铸】流道 ⑤【矿】主坑道,主要巷道,主运输平巷 ⑥(木材从水上输送到锯木厂的)倾斜道.
gan'(n)ister ['gænistə] n. 致密(细晶)硅岩,硅石. *ganister brick* 硅砖. *ganister sand* 硅粉,石英砂.
ganoidei n. 硬鳞鱼类.
gantlet = gauntlet.
gan'try ['gæntri] n. ①(门式起重机的)台架(,龙门)起重机架,吊机(三角,门)式支架,高架[龙门,桥式]起重机,(移动起重机的)构台(门架),横动桥形台 ②(铁路信号的)跨线桥,跨线架,桥(支)架,支架结构小桥 ③雷达天线 ④导弹发射车. *gantry crane* 门式[桥]式,龙门,高架]起重机,门架吊机,轨道吊车. *gantry slinger* 行车式撒砂机. *gantry tower* 门型铁塔. *gantry travel(l)er* 门式行动吊车,移动桥式起重机,门架吊车,移动起重台架. *transfer gantry* 龙门吊车.
Gantt chart 施工(甘特)进度表.
GAO = general accounting office 总会计室.
gaol [dʒeil] n.; v. 监牢[狱],监禁.
gaoler n. 看守,监狱看守.
gaol-fever n. 斑疹伤寒.
gap [gæp] I n. ①间隙[隔,断],空隙[白],距离,范围,【数】区间②裂缝,缺[罅,开,凹]口 ③火花隙 ④谐振腔缝 ⑤放电器 ⑥通道,孔,眼 ⑦山凹[口],峡(谷),隘口,山中分歧之道路,流水的水平移动 ⑧中断,脱漏,插页. II *(gapped; gapping)* vt. 使产生缝隙(裂口). vi. 豁开. *make gap by arc* (电弧)放电加工. *air gap* 空气(放)电器. *differential gap* 不可调间隙,中立[中和]地带,中性区,微差隙. *energy gap* 能量曲线中断处,禁(能)带宽度,能量范围[区]域,能级距离. *gap allowed for expansion* 容胀(伸缩)间隙. *gap arrester* 空气放放电器,火花隙避雷器. *gap at joint* 缝隙. *gap bridge* 过桥. *gap choke* 空气隙铁心扼流圈. *gap coding* 间隔("中断")编码. *gap digit* 间隔数字,间隙位. *gap factor* 隙压系数,隙压比. *gap field* 气隙磁场. *gap frame* C 形框架. *gap gauge* 厚薄(间隙,外径)规,塞尺. *gap lathe* 过桥式(马鞍式,凹口)车床. *gap piece* 床身过桥(凹口)镶块. *gap press* 马鞍压床,开式单臂柱压力机,C 形单柱压力机. *gap sheaf* 沟层. *gap shears* 凹口剪切机. *gap switching* 合-断切换. *gap weld* 特殊点焊,双极单点焊. *gapped core* 有(空)隙铁心. *interpolar gap* 极距. *line gap* 线路避雷器. *magnet gap* 磁隙(极间空气隙). *pole gap* 极间空隙. *quenched gap* 猝熄火花隙. *roll gap* 轧辊的开口度,辊间距离,辊缝[隙]. *spark gap* 火花隙,火花避雷器.
▲*bridge the gap between M and N* 填补 M 和 N 之间的空档. *close (up) a gap* 弥合差距. *stop [supply, fill(in)] gaps* 填补空缺(空白),填平补齐,弥补缺陷,弥合差距.
GAPA = ground-to-air pilotless aircraft "地对空"无人驾驶截击机.

gap-bed lathe 马鞍[凹口]车床.
gap-chord ratio 节弦比.
gape [geip] n.; v. ①张(开)口,张大嘴,呵欠 ②裂开[口,缝],开裂,诧异(的程度).
gap'filler ['gæpfilə] n. 裂缝填充物,雷达辅助天线,轻型辅助雷达装置. *gapfiller data* 填隙数据. *gapfiller radar* 填隙[死区填充]雷达.
gap-gauge n. 间隙(厚度,外径)规.
gap'graded a. 间断级配的.
ga'ping [ ] n. 缝隙 II a. ①张[开]口的,张开的 ②大的,重要的. *gaping place* 孔,开口,中断,破裂,空白[隙].
gapped a. 豁裂的,有缺口[空隙]的. *gapped operator* 谐振腔因子.
gap'ping n. 裂缝[口],间[缝]隙. *gapping switch* 合-断[断开]开关.
gap'py ['gæpi] a. 裂缝多的,有裂口的,有缺陷的,破裂的,不连续的,脱节的.
GAR = guided aircraft rocket 机载导弹,空对空导弹.
garage ['gærɑːʒ] I n. (汽)车库,汽车间,汽车修理厂,汽车修理车间 ②(飞)机库 ③掩体. II vt. 把(汽车)开进车库(修理厂),把(飞)机拉进机库. *garage jack* 修车起重机,车库(工厂)用大型千斤顶. *garage lamp* (带金属护网的)安全灯.
garageman n. 汽车库(汽车修理厂)工人.
garantose n. 糖精.
garb [gɑːb] I n. ①服装,制服 ②外表,外衣. II vt. 穿,扮(装)扮. ▲*be garbed [garb oneself] in* 穿(着)…衣服. *garb oneself as* 打扮成…(模样).
gar'bage ['gɑːbidʒ] n. ①垃圾,废物,污物,内脏,下水,泔水 ②【计】无用[零碎,杂乱]数据,混乱无意义的信息,无用(存储)单元. *garbage disposal plant* 垃圾处理厂. *garbage truck* 垃圾车.
garbage-in n. 【计】无用输入.
garbage-out n. 【计】无用输出.
gar'ble ['gɑːbl] v. ①精[挑]选,筛[挑]拣,筛去…杂质 ②误解,歪曲,(任意)窜改(恶意)删节,断章取义. *garbled account* 断章取义的指导. *garbled statement* 【计】错用语句. *garbled text* 经窜改(删节)的文章.
gar'board ['gɑːbɔːd] n. 龙骨翼板.
gar'den ['gɑːdn] I n. (花,果,庭)园,(pl.) 公园,(动物,植物)园. II a. ①(花,果,庭)园的,在园中(露天)生长的 ②普通的,平凡的. III vi. 从事园艺,造园. *garden tractor* 手扶(园艺用)拖拉机. *garden (wall) bond* 园墙砌合.
gar'den-engine n. 庭园用小型抽水机.
gar'dener ['gɑːdnə] n. 园丁,园林工人,花匠,园艺家.
gar'dening ['gɑːdniŋ] n. 园艺(学).
garden-stuff n. 蔬菜,蔬果类.
garden-variety a. 普通的,平凡的,老一套的.
Gargamelle bubble chamber "巨人"泡室.
gargan'tuan [gɑː'gæntjuən] a. 庞[巨,盛]大的.
gar'gle ['gɑːgl] I v. ①嗽口(喉),含嗽 ②变音(在 20 ~ 200Hz 范围中起伏变化). II n. 含嗽[嗽口]剂.
gar'goyle ['gɑːgɔil] n. ①滴水(嘴),筧嘴 ②1000磅的

gar'goylism *n.* 软骨代谢障碍病.

gar'ish ['gɛəriʃ] *a.* 鲜艳夺目的,过分花哨〔装饰〕的,花花绿绿的.

gar'land ['gɑːlənd] *n.* ①花环〔冠〕②索环③(高炉的)流木环沟. **gain**〔win, carry away〕**the garland** 比赛中获得胜利.

gar'lic ['gɑːlik] *n.* 蒜(头),大蒜.

gar'ment ['gɑːmənt] *n.* ①(一件)衣服,外衣〔套〕, (pl.)衣着,服装,外观〔表,衣〕②包皮,饰〔砌〕面,外〔涂〕层,覆盖物. **garment tag** 外表特征.

gar'ner ['gɑːnə] *n.* ①谷仓,仓库,贮备〔积累〕物. Ⅱ *vt.* 获〔收〕藏,积累(up, in).

gar'net ['gɑːnit] *n.* ①柘榴石,榴子石,石榴石. ②深红色,石榴红,酱红,紫酱③金刚砂④(给汽车等)用的复滑车. **garnet laser** 柘榴石光激射器.

garnetif'erous *a.* 榴子石的.

garnett wire 锯齿钢丝,钢刺条.

gar'nierite ['gɑːniərait] *n.* 硅镁镍矿,镁质硅酸镍矿.

gar'nish ['gɑːniʃ] *vt.; n.* 装饰(物),修〔添〕饰,覆盖层,伪装网. **swept and garnished** 被打扫修饰一新. ～**ment** *n.*

gar'niture ['gɑːnitʃə] *n.* 装饰(品),附属品,陈〔摆〕设.

gar'ret ['gærit] *n.* 屋顶层,顶(阁)楼. Ⅰ *v.* 用小石块填塞(粗石建筑物)缝隙. ▲**from cellar to garret** 或 **from garret to kitchen** 所有的房间, 整幢房子, 从上到下.

gar'rison ['gærisn] Ⅰ *n.* ①卫戍〔守备〕部队,驻军,卫戍〔警备〕区②要塞,驻〔防〕地. Ⅱ *v.* (派…)驻防〔守〕,守卫,配备. ▲**in garrison** 驻防. **on garrison duty** 担负卫戍任务.

garter spring 卡紧弹簧,夹紧盘簧,箍簧.

GAS =gasoline 汽油.

gas [gæs] Ⅰ *n.* ①气(体,态,氛),瓦斯,煤〔燃,沼,天然〕气,(爆发)毒气②汽油,挥发油③(汽车等)油门〔煤气灯〕⑤欢乐,乐事. Ⅰ (gassed; gassing) *v.* ①充〔吹〕气②放〔排〕气,发散气体③供给煤气〔气体〕,用煤气〔人造煤气〕处理,被气胞和④(给汽车等)加油(up)⑤放毒气(杀伤)⑥起泡,产生气泡. **ambient gas** 环境气氛. **B gas** 高炉煤气. **blanketing gas** 填充气(层,垫). **burned**〔**combustion**〕**gas** 燃气, 废气, 排出的〔燃烧过的〕气体. **carrier gas** 载体气体. **converter gas** 转炉炉气. **counter gas** 计数管填气,计数管气体填料. **counting gas** 计数管填充气, 闪烁气体. **electron gas** 电子气〔云〕. **end gas** 尾〔废〕气. **exhaust**〔**exit**〕**gas** 废气,排出的气体. **fission**(-**product**) **gases** 气状裂变产物. **flue gases** 气状废物,烟(道)气(体). **fuel gas** 可(燃)气(体). **gas absorption** (**pick-up**)吸气(性),气体吸收〔附〕. **gas arc lamp** 充气弧光灯,煤气灯. **gas ballast** 气镇(流). **gas black** 碳黑,气黑,煤烟末. **gas bleed** 气体冲洗,放〔换〕气. **gas bracket** (墙上有灯头的)煤气灯管. **gas bomb** 储气瓶,氧气瓶(筒),毒气(炸)弹. **gas burner gas** 煤气(喷)灯,煤气喷嘴(火焰). **gas cable** 充气电缆. **gas carbon** 碳黑,气碳. **gas cell** 气光电池,气体池. **gas chromatography** 气体色谱法,气相色层法,气体色层分析法,色谱法分析气体. **gas coal** 气煤. **gas coke** 煤气焦炭. **gas compres-**

sion cable 压气电缆. **gas concrete** 加气混凝土. **gas condensate field** 凝析油田. **gas constant** 气体常数. **gas control tube** 闸流管. **gas controlled field** 气驱油田. **gas current** 离子气(气体)电流. **gas cut mud** 气侵泥浆. **gas current** 离子电流. **gas cutting** 气割,氧炔切割. **gas diode** 充气二极管. **gas engine** 燃气(发动)机,煤气(发动,内燃)机. **gas factor** 油气比. **gas family** 石油气体族. **gas fitter** 煤气装修工. **gas fittings** 煤气设备. **gas fixture** 煤气装置. **gas focusing** 气体(加气,离子)聚焦. **gas furnace** 煤气(发生)炉. **gas house** 煤气厂. **gas injection** 天然气回注,气体注射. **gas ion** 气(体)离子. **gas jet** 煤气喷嘴(火焰),气体喷射,喷气流. **gas lift production** 气举开采(生产). **gas magnification** 电离放大. **gas main** 煤气总管. **gas mask**〔**helmet**〕防毒面具. **gas meter** 气量计,火表,气(量)表,气量计,煤气(量)计. **gas noise** (放电管气体游离所产生的)噪声,白噪声的噪声源. **gas nucleation** 气体核子的形成. **gas oil** 粗柴油,瓦斯油,汽油. **gas phototube** 充气光电管. **gas producer**(**generator**) 气体发生炉. **gas projectile** 〔**shell**〕毒气弹. **gas quenching** 气体冷却淬火. **gas relay** 闸流管继电器. **gas ring** (有环形喷火头的)煤气灶. **gas rock** 气石. **gas station** (汽车)加油站. **gas stove** 煤气炉. **gas tap** 管螺纹丝锥,管用丝锥. **gas thread** 管螺纹. **gas triode** 充气三极管,闸流管. **gas tube** 充气(离子)管,气体放电管. **gas turbine** 燃气轮机,气体涡轮机. **gas water** 洗气用水. **gas washer** 洗涤塔,湿煤气净化器. **gas welding** 气〔乙炔〕焊. **gas works** 煤气厂(制造)厂. **hot gas** 废(热)气. **marsh gas** 沼气. **neutral gas** 中性气体, 惰气, 化学计算的燃烧产物. **noble gas** 稀有气体, 惰气. **off**〔**reject, spent, tail, waste**〕**gas** 废气. **pressure gas** 高压气体. **process gas** 生产气体, 生产〔工业〕废气. **product gas** 析出(放出)的气体. **radiolytic gases** 辐射〔放射性〕分解气体(产物). **stack gases** 废气,烟〔囱〕气(体). **strong**〔**rich**〕**gas** 富煤气. **welding grade gas** 焊接级保护气体. ▲**step on the gas** 踩油门,加速,加快. **turn on the gas** 开煤气. **turn out**〔**off**〕**the gas** 关掉煤气.

gas-absorbent *a.*, *n.* 吸气质.

gas-adsorbent 吸附气体(的).

gasahol' [gæsəˈhɒl] *n.* 汽油酒精混合汽车燃料.

gas' bag *n.* 气囊.

gas-ballast [ˈgæsˈbæləst] *n.* 气镇. **gas-ballast pump** 气镇泵.

gas' bomb *n.* 储气瓶,氧气瓶(筒),毒气(炸)弹.

gas-booster *n.* (气体输送)压缩设备,压缩机.

gas' bracket *n.* 煤气灯的支柱, (墙上伸出的)煤气管.

gas-burner *n.* ①煤气(喷)灯,煤气喷嘴(火焰)②煤气炉(灶).

gas-carburization 或 **gas-carburizing** *n.* 气体渗碳.

gas-chro logging *n.* 气体色谱测井.

gas-coal *n.* 烟(气)煤,制造煤气用煤.

gas-discharge *a.* 气体放电的.

gas-dispersion *n.* 气体弥散.

gasdynam'ics n. 气体动力学.
gas-eater n. 耗油量大的汽车.
gase'ity [gæˈsiːiti] n. 气状[态],气体.
gaselier' [ˌgæsəˈliə] n. (枝形)煤气吊灯.
gas-engine [ˈgæˈsendʒin] n. 燃气(发动)机,煤气(发动,内燃)机.
ga'seous [ˈgeisiəs] a. 气(体,态)的,过热的(蒸气),空虚的,无实质的. *gaseous conductor* 导电气体. *gaseous envelope* (型腔与金属液之间的)气膜. *gaseous rectifier* 充气管整流器. *gaseous steam* 气态[过热]蒸气.
gaseous-diffusion n. 气体扩散.
ga'seousness n. 气态.
gaser [ˈgeizə] n. γ射线(微波)激射气.
gasetron n. 汞弧(水银)整流器.
gas'filled [ˈgæsfild] a. 充(有)气(体)的,灌气的,加面的. *gas-filled tube rectifier* 离子(充气管)整流器.
gas-fired a. 燃(烧煤)气的,以煤气为燃料的.
gas-fittings [ˈgæsfitiŋz] n. (pl.)煤气设备.
gas-fixture n. 煤气(灯)装置.
gas'flux [ˈgæsflʌks] n. 气体熔剂.
gas-forming agent n. 加气剂.
gas-free a. 不含气的,无气体的.
gas-gauge n. (煤气,流体)压力计[表].
gas-generator n. 燃气[气体]发生器.
gash [gæʃ] I n. 深痕,裂纹[口],长而深的切痕[伤口],大缝,齿隙. II vt. 深砍,砍伤,划开,造成深长的切痕[口]. III a. 多余的,备用的. *gash angle* (铣刀的)齿缝角.
gas-helmet n. 防毒面具.
gas'holder n. 煤气库,(贮)气柜,贮[气]器[罐].
gas'house n. 煤气厂,站,化学实验室. *gashouse (coal) tar* 煤气柏油,煤气焦油沥青,煤气潜,煤气房煤焦油.
gas'ifiable [ˈgæsifaiəbl] a. 可气化的.
gasifica'tion [ˌgæsifiˈkeiʃən] n. 气化(法,作用),煤气化,化气,气体的生成[发生]. *oil gasification* 油气化.
gas'ifier n. 燃气发生器,气化器,煤气发生炉.
gas'iform [ˈgæsifɔːm] a. 气状[态]的,(形成)气体的.
gas'ify [ˈgæsifai] vt. (使)气化,使(转化)成气体,充气.
gas-inlet 进气(的).
gas-jet n. 气灯灯口(喷嘴),气灯火焰.
gas'ket [ˈgæskit] I n. 衬(圈,垫),垫圈(板、片),填密片,密封垫(片,板),接合垫料,填(隙)料. II vt. 装(垫以)衬垫(垫圈,垫密片),密封,填实. *gasket cement* 衬片粘胶. *gasket material* 填料. *gasket paper* 衬纸. *gasketed joint* 填实接缝. *ring gasket* 衬圈,垫环,环形垫片.
gas-kinetic theory 气体分子运动论.
Gask-O-Seal n. 环形密封垫.
GASL =General Applied Science Laboratories 普通应用科学实验室.
gas'less a. 无(乏)气的,不用气体的. *gasless delay detonator* 无烟延迟雷管.
gas-lift n. 气升(器).
gas(-)light [ˈgæslait] n. 煤气灯(光). *gas-light paper* 缓感光印相纸.
gas'lock n. 气塞(栓).
gas-main n. 煤气总管.
gas-man n. 煤气(厂)工人,煤气收费员;瓦斯检查员,通风员.
gas-mask [ˈgæsmɑːsk] n. 防毒面具.
gas-meter =gasometer.
gas-motor n. 煤气(发动)机.
gaso =gasoline.
gas'ogene [ˈgæsədʒiːn] n. 汽水制造机,(小型)煤气发生器.
gasogen'ic a. 产气的.
gasol n. 气体油,液化石油气体,石油气体凝缩产物,气态烃类.
gas'oline or **gas'olene** [ˈgæsəliːn] n. 汽油. *gas gasoline* 天然气液化汽油. *gasoline engine* 汽油(发动,内燃)机. *gasoline (filling) station* 加油站. *gasoline gauge* 汽油表,汽油液面指示器. *gasoline-proof grease* 防汽油(对汽油稳定)的润滑脂. *jellied gasoline* 凝固汽油.
gasoloid n. 气溶胶,气胶溶体.
gasomagnetron n. 充气磁控管.
gasom'eter [gæˈsɔmitə] n. ①气量计(表,瓶),煤气(贮存)计(量器),(煤气)表,气体定量器. ②气体计数器③贮气柜(器),煤气罐(库),蓄气瓶.
gasom'etry n. 气体定量(分析).
gas-operated a. 气动操纵的,用煤气操作的.
gasoscope n. 气体检验器.
gas-oven n. 煤气灶,毒气室.
gasp [gɑːsp] v.; n. ①气喘,喘气(息),透不过气②热望,渴望(for, after). ▲*at the last gasp* 在奄奄一息时,在最后关头,最后. *to the last gasp* 到死.
gas-per-mile gauge 汽油每英里耗量计,每英里路程燃料消耗计量器.
gasp'ingly ad. 喘着.
gaspipe n. 煤气管.
gas'pocket [ˈgæspɔkit] n. 气窝.
gas-producer n. 煤气发生炉.
gas'proof a. 不漏(透)气的,气密的,防毒气(煤气)的.
gas-ring n. (有环形喷火头的)煤气灶.
gassed a. (气体)中毒的.
gas-sensitive metal 气敏(气脆)金属.
gas'ser [ˈgæsə] n. 喷出大量石油气的油井,火[气,煤]气孔.
gas-shell n. 毒气弹.
gassi n. 沙丘沟.
gas'siness n. 气态,出(含)气,充满气体.
gas'sing [ˈgæsiŋ] n. ①充(吹)气②放(排,冒)气,(电池)出气,放毒气③气体生成,真空管中出现气体,产生气泡,起泡④回火现象,充气电池电液泡. *gassing factor* 充气系数. *gassing of copper* 铜气泡. *gassing tendencies* 气体生成趋势,生成气体性能. *gassing time* 吹氧时间. *over gassing* 放气过久.
gas-sphere n. 【气象】气界(圈).
gas-station n. 加油站.
gas'sy [ˈgæsi] a. (充满,关于)气体的,气态的,出(放)气的,已漏气的,有气孔的.
gas-tanker n. 煤(天然)气运输船(车).
gas-tar n. 煤焦油.

gaster n. 胃.
gasteral′gia [ɡæstə'rældʒiə] n. 胃病.
gas-tight a. 不透〔漏〕气的,气密的,密封的.
gastre′mia [ɡæs'tri:miə] n. 胃充血.
gas′tric ['ɡæstrik] a. 胃的. *gastric juice* 胃液. *gastric ulcer* 胃溃疡.
gastricism n. 胃病,消化障碍.
gastriode n. 含〔充〕气三极管,闸流管.
gastri′tis [ɡæs'traitis] n. 胃炎.
gastrocam′era n. 胃内摄影机.
gastroenteritis n. 胃肠炎.
gastrointes′tinal a. 肠胃的.
gastrokateixia [ɡæstrokə'tiksiə] n. 胃变位,胃下垂.
gastrorrha′gia [ɡæstro'reidʒiə] n. 胃出血.
gas′troscope ['ɡæstroskoup] n. 胃镜器胃镜.
gastroscop′ic a. 胃(窥)镜的.
gastros′copy [ɡæs'troskəpi] n. 胃镜检查.
gastrosia n. 胃病,胃酸过多.
gastro′sis [ɡæs'trousis] n. 胃病.
gas′trospasm ['ɡæstrospæzm] n. 胃痉挛.
gastrula n. 原肠胚.
gas-tube n. 离子〔充气〕管,气体管线,气柜.
gastunite n. 水硅钾铀矿.
gasvolume n. 容气量.
gas-washer n. 洗气器,气体洗涤〔净化〕.
gas(-)works n. 煤气〔制造〕厂. *gas-works (coal) tar* 煤气焦柏油,煤气(厂)焦油.
gas-yielding polymers 释气聚合物.
gat n. 狭窄航道,港道,海峡.
GAT =①generalized algebraic translator 通用代数翻译程序 ②Greenwich apparent time 格林尼治视时.
gatch n. 蜡饼,含油蜡.
gate [ɡeit] Ⅰ n. ①(大,围墙,篱笆)门,闸〔气,阀,活〕门,洞〔隙,出入〕口,巷道 ②(水,电)闸,舌瓣,插板 ③铸〔浇〕口,流〔浇〕道,道次,切〔铅〕口,槽,座 ④(场效应晶体管)栅,整流栅(极),控制板 ⑤选通器,选通脉冲 ⑥门,门电极,门口,门选通,时间限制门电路,重合(脉冲选通)线路 ⑥电影放映机镜头窗孔(窗孔)⑦锯架 ⑧门票收入,观众数. Ⅰ vt. ①给…装门,(用门)控制 ②选通,开启 ③开浇口. *add gate* 相加门,加法门. *air gate* 排气口. *AND gate* "与"门〔线路〕,"与"逻辑电路. *carry gate* 进位门. *cathode gate* 阴极输出器符合线路. *chute gate* 入孔盖. *classifier gate* 分选器挡板. *conditional implication gate* 蕴含门. *conjunction gate* "与"门. *crystal gate* 晶体管门(电路). *discharge gate* 出〔排〕料口. *distance gate* "异"门,距离开关. *early gate* (电波)前闸门. *emergency gate* 检修闸门,事故闸门. *eraser gate*【计】消除装置开关. *film gate* 电影放映机镜头窗孔. *folding gate* 折叠门. *gate action* 选通〔开闭,闸〕作用. *gate beam* 横肋梁,辅助横梁. *gate bias* 栅偏压〔偏置〕. *gate capacitor* 栅极电容器. *gate chamber* 闸(门)室. *gate circuit* 门选通,电键〔电路〕. *gate closure* (水)闸门. *gate contact* 栅(极)接点. *gate dam* 闸坝. *gate diode* 门(电路)二极管. *gate flap* 舌瓣,门舌〔叶〕. *gate generator* 门选通,时钟)脉冲发生器,时钟脉

冲产生器,闸门信号发生器. *gate length* 选通脉冲宽度,门信号宽度. *gate mixer* 框式混合器. *gate money* 入场〔门票〕费. *gate open* 门通. *gate operating platform* 工作桥,闸门操作便桥. *gate operating ring* 导叶操作环. *gate pulse* 门(栅,选通)脉冲. *gate shears* 双柱式剪切机. *gate strip* 可控片. *gate table* 折叠式桌子. *gate throttle* 节流门. *gate through* 过. *gate time* 控制〔选通〕时间. *gate trigger circuit* 控制门触发电路. *gate tube* 门电子管,选通(闸门)管. *gate valve* 滑门〔平板〕阀,闸(门,式)阀,大阀,阀式管,选通电子管. *gate voltage* (场效应晶体管)栅压,触发电压. *gate well* (recess)凹槽. *gate(d) amplifier* 闸门〔选通(脉冲)〕放大器. *gated beam detection* 选通电子束五极管检波. *gated buffer* 门控缓冲器. *gated pattern* 带浇口模型,有浇口型板. *generative gate time* 再生控制板. *indicator gate* 指示闸门. *logical gate*【计】逻辑部份,逻辑选择器开关. *matrix gate* 矩阵门,译码器. *NAND gate* "非与"门. *NOR gate* "非或"门. *NOT gate* "非"门. *OR gate* "或"门. *out gate* 输出门,输出开关. *preheating gate* 预热孔. *range gate* 射程波闸. *rear gate* (车底的)后折合栏板. *relay gate* 选通继电器,继电器闸门. *skin gate* 撇渣口. *sound gate* 伴音拾音器. *sweep gate* 扫描闸门,扫描阀门电路. *tab gate* 直角丝锥门,尖(直)浇注口. *time gate* 时间门,时间选通〔器〕,定时开启闸门电路. *whirl gate* 急旋口. *wide gate* 宽电闸,宽选择脉冲,宽选通闸门电路. *zero gate* 零星门,置零开关.
gate′crash ['ɡeitkræʃ] vi. 无券〔擅自入场〕.
gate′crasher ['ɡeitkræʃə] n. 混入场者,擅自进入者,不速之客.
gated-beam tube 栅控〔选通〕电子束管,屏流极大的锐截止五极管.
gate-fold n. 折叠插页,大张插图.
gate′house n. 闸门控制室.
gate-leg(ged) table 折叠式桌子.
gate′less Ⅰ a. 无门的 Ⅱ n. PnPn 二极管,四层〔肖克莱〕二极管.
gate-money n. 入场(门票)费.
gate-open n. 门通.
gate-post n. 门柱.
gate′way n. ①门(口,道,框),入口,通路,途径,(接近的)手段,方法 ②【计】网间(门)路连接器,网间连接程序.
gate′width n. 门(选通,开锁)脉冲宽度,波门宽度. *gatewidth control* 门宽调整,选通(冲)宽(度)调整.
gath′er ['ɡæðə] Ⅰ v. ①聚(拢,收,采)集,集合,收缩(拢),闭合,积累 ②渐增,逐渐增加〔长,大〕,以渐获得,(石油)选排 ③推测〔断〕,了解 ④引〔导〕入,使导弹进入导引波束内. Ⅰ n. 聚集,收缩〔拢〕,闭合,(汽车前轮的)前束. *gather experience* 积累经验. *gather information* 搜集情报. *gather speed* 逐渐加速. *gather strength* 集聚〔增加〕力量. *gather volume* 增(变)大. *gather way* 增加速力,开动. *gather write* 集中写入. ▲**gather from ... that** 根据…来

推测[断]. *gather in upon*(齿轮的齿)与…啮合. *gather oneself up* [together] 鼓起勇气,振作精神,集中全力. *gather together* 集合[会],聚[收]集(起来),汇编在一起. *gather up* 收集,集拢,总[概]括,集中(力量).

gath'erable *a.* 可收集的,可推测的.

gath'erer *n.* ①收集器,聚集物 ②集合[征收]者 ③导入[输送]装置,拾拾器.

gath'ering *n.* 聚集,收集[取],集合[会,拢],会合,积累,板材粘堆,化脓. *gathering beam* 导弹制导波束. *gathering coal* 大煤块. *gathering ground* 集水区,聚水区,流域. *gathering line* 收集管线,输送管. *gathering phase* 导弹进入引导波束阶段,导弹初始段. *gathering process* (石油)选排处理. *metal gathering* (金属在电极间)镦粗.

ga'ting ['geitiŋ] *n.* ①闸,入型口,(开)浇口,浇注系统 ②选通,开启,启门,通过,控制,选择作用,闸波. *gating element* 门[控制]元件. *gating in range* 测距的选通. *gating pattern* 浇口模. *gating pulse* 门[选通,控制]脉冲. *gating signal* 选通脉冲(信号),门信号,从背景中取出目标信号. *gating system* 浇注系统,浇口. *gating technique* 脉冲选通技术. *time gating* 时间,按时选通.

g-atom *n.* 克原子(重)量.

GATT = General Agreement on Tariffs and Trade 关税及贸易总协定.

gatte = gate.

Gau = gauss 高斯.

gauche [gouʃ] (法语) *a.* ①笨拙的 ②左方[边]的 ③【数】非对称的,歪的,扭的,不可展的. *gauche conformation* 歪扭[偏转]构象. *gauche form* 左右式,歪式.

gaucherie ['gouʃəri] (法语) *n.* 拙劣,笨拙.

gaudy ['gɔ:di] I *a.* 华(炫)丽的,华而不实的,雕琢的. II *n.* 盛大招待会,盛大宴会.

gauffer 或 **gauffre** = goffer.

gauge [geidʒ] I *n.* ①(量,卡,线)规,量具,(量,压力,压强)计,(测量)(仪)表,(计)量(传感)器,量测[检验]仪器,样板,仿形器(装置),定位装置 ②标准(度量,规格,尺寸),尺度,标准(化例)尺,规格[型],直[口]径,厚[刻]分度,容量,限度,范围 ③轨距[幅],轮距,(铆钉)行距 ④水尺,水文测量设备[仪器] ⑤(船只)满载吃水深度,(船只的)相对位置 ⑥【建】露出部分,荸脚,(掺和的)熟石膏用量,胶片宽度(以 mm 计). II *vt.* ①测(量,试)量,测度,尺寸,度),(精确)估量,估计,判断 ②校准,调整,(用规)检验,作尺寸,控制 ③定标,标准化,使对应标准尺寸,使符合标准 ④(按比例)掺和(石膏). *active gauge* 电阻应变仪动作部分. *air [gas] gauge* 气压计. *altitude gauge* 测高计(仪),高度表[计]. *battery gauge* 电池量表,(测量蓄电池电压的)袖珍电表. *bellow gauge* 膜盒压力计. *bit gauge* 对刀样板. *broad gauge* 宽轨(距). *caliber gauge* 测径规,厚薄规,卡钳校对规. *clearance gauge* 间隙规,塞尺,测厚规. *control gauge* 校准仪,校对规,用于验规,样板. *cut-off level gauge* 容器填充高度指示器. *cylinder gauge* 圆柱环规,气缸缸径规. *delivery gauge* (轧材的)终轧[交货]尺寸. *depth gauge* (测)深度计,测深

[深度]规. *dial gauge* 指示表,刻度表. *diaphragm (type pressure) gauge* 薄膜式压力计. *difference gauge* 测差规,极限量规. *differential gauge* 差(动)压(力)计,微分(仪)表. *discharge gauge* 放电真空计. *distance gauge* 测距规. *draft gauge* 风压[通风]表. *drill gauge* 钻头直径规. *electronic gauge* 电子测微仪. *engine mission gauge* 发动机变速箱转数计. *feeler gauge* 厚薄[测隙]规,探头式,千分垫[尺]. *float gauge* 浮表[线,标尺],浮子式气体压力计,浮子(式)液位指示器. *flow gauge* 流量计,水表. *gauge air micro size* 气动塞规自动定寸. *gauge auger* 锭形钻. *gauge bit* 成形车刀. *gauge block* 块规. *gauge board* 标准化[规],样[模]板,仪表盘(板). *gauge box* 量料[规准]箱. *gauge cock* 试液规旋塞. *gauge connection* 规管安装位置,规管连接;测量位置. *gauge factor* 仪器灵敏度,应变(灵敏度)系数,量规因数. *gauge field* 规范场. *gauge glass* 量液玻璃管,液位指示玻璃管,玻璃油规. *gauge glass bracket* 水[油]位玻璃托. *gauge group* 规范群. *gauge hatch [nipple]* 计量口. *gauge hole* 定位[工艺]孔. *gauge invariance* 规范不变性. *gauge lath* 挂瓦条. *gauge lathe* 样板机床. *gauge length* 标距(长度),计量长度. *gauge line* 规(铆)行,轨距[线],应变电阻丝(位置). *gauge-matic internal grinder* 塞规自动定寸内圆磨床. *gauge-matic method* (内圆磨的)塞规自动控制尺寸法,塞规自动定寸法. *gauge of wire* 钢丝的直径. *gauge or diameter of wire* 线材直径. *gauge outfit* 测量头,表头. *gauge pile* 定位桩. *gauge pin* 测量头,定(尺)寸销. *gauge plate* 样板,定位板,仪表(操纵)板. *gauge point* 计量基准点,标距起迄点. *gauge pressure* 表压,计示压力(强). *gauge punch* 定位(工艺)用冲头. *gauge ring* 环规. *gauge setting* 比较仪校准,卡规校准. *gauge [gauging] station* 水文测量站. *gauge tables* 标准辑速,计量表,校正表. *gauge transformation* 度规[量规]变换. *gauge tube* 测流速(毕托)管. *gauge unit* 仪表盘[板]装置. *gauged brick* 规准砖. *gauged distance* 标准距离. *go gauge* 通过(量,验)规. *go-no-go gauge* "过"-"不过"验规. *grinding gauge* 外圆磨床用钩形卡规(自动定寸装置). *guard gauge* 护刃器调节规. *heavy gauge* 大型规,(板材的)大厚度,大尺寸,大剖面,(线材的)粗直径. *height gauge* 高度规,高度游标(卡)尺,测高计. *hook gauge* (测液高的)钩规. *hot-wire gauge* 热线压力计. *hydrostatic gauge* 液压计,流体静压压力计. *inclined gauge* 倾斜计. *inside lead gauge* 内螺纹导程(螺距)仪. *inside taper gauge* 内圆锥管螺纹牙高测量仪. *internal gauge* 塞规,内径规. *internal limit gauge* 极限塞规. *internal screw gauge* 内螺纹塞规. *ion [ionization] gauge* 电离压力[压强,真空]计. *level gauge* 水准仪(器),液面(水位)计,料面测量仪表. *limit gap gauge* 间隙极限验规. *limit plug gauge* 极限塞规. *marking gauge* 划行[印]器.

McLeod gauge 压缩式真空规. *mercurial gauge* 水银压力计. *mesh gauge* 筛目规. *micrometer screw gauge* 测微螺旋. *molecular gauge* 分子[压缩]规计. *narrow gauge* 窄轨距(的). *no-go gauge* 不通过(量-验)规. *Ohm gauge* 电阻计. *oil gauge* 油位[量]表, 油压表, 油比重计, 油尺, 润滑油量计. *plate gauge* 板规. *plug gauge* 圆柱塞规. *pressure gauge* 气压[压力, 压强]计, 压力传感器. *profile gauge* 样板. *rain gauge* 雨量器. *screw gauge* 螺旋(量)规. *screw (pitch) gauge* 螺距规, 螺纹量规, 螺纹样板. *sheet (metal) gauge* 薄板规, 薄板量规, 板金标准图规. *slide gauge* (游标)卡尺, 滑尺. *snap gauge* 卡规. *standard gauge* 标准轨距(=1.435m). *strain gauge* 应变仪, 张线式传感器, 拉力计, 变形测量仪. *surface gauge* 表面找正器, 平面规. *tank gauge* 油量[液位]表. *taper plug gauge* 锥度塞规. *taper ring gauge* 锥度环规. *thread gauge* 螺纹规. *tire [tyre] gauge* 轮籀规, 轮胎气压计. *track gauge* 轨距. *ultrasonic gauge* 超声波探伤仪. *universal setting gauge* 万能调整仪. *vacuum gauge* 真空计[表]. *wedge (block) gauge* 楔形[角度]块规. *wheel gauge* 轮距. *wire gauge* (金属)线(径)规, 线材号数. *wire strain gauge* 线式变形测定仪. *zinc gauge* 锌板厚度规. ▲*get the gauge of* 探测…的意向. *have the weather gauge of* 在…的上风, 较…有利. *take the gauge of* 估计, 估(衡)测量.

gauge′able *a.* 可测定的, 可量测的, 可计量的.
gaugehead *n.* 规管, 表头.
gauge-invariant *a.* 规范不变的.
gaugemeter *n.* 测厚计, 轧辊开度测量仪.
gauger [′geidʒə] *n.* ①(零件)检验员, (量器)检查员, 度(计量)量器, 检验物, 计量器.
gauging *n.* ①测量(试), 量(测)度, 尺寸), (精确)计量, 水文测验[量] ②校准, 调整, 控制, 操纵, (用规)检验, 规测, 定标, 标定, 刻度. *gauging adjustment* 规[计测]调整. *gauging distance* 规测距离, 轨距, 铆钉行距. *gauging head [plug]* 气动测头[塞规]. *gauging spindle* 测量轴, 气动塞规.
gauging-rod *n.* 计量杆[器].
gault [gɔ:lt] *n.* 重粘土. *gault clay* 重粘土, 泥灰质粘土.
gaunt [gɔ:nt] *a.* 细长的, 荒凉的, 贫瘠的. ~ly *ad.* ~ness *n.*
gaunt′let [′gɔ:ntlit] Ⅰ *n.* ①宽口大手套, 长[防护]手套 ②交叉火力 ③两条轨道相汇合的一段, 套式轨道的套叠处. Ⅱ *vt.* 两条轨道汇合(以通过桥梁隧道等), 使(轨道)套叠. *gauntlet track* 套式轨道. *rubber gauntlet* 长绒橡皮手套. ▲*fling [throw] down the gauntlet* 挑战. *pick [take] up the gauntlet* 应战, 护卫. *run the gauntlet* 受严厉批评.
gaunt′let(t)ed *a.* 戴长手套的.
gaun′try 或 **gaun′tree** =gantry.
gausistor *n.* 磁阻放大器(能放大低频信号).
gauss [gaus] *n.* 高斯(C.G.S. 电磁制的磁感应(磁场)强度单位, 磁通量密度单位). *Gauss number* 高斯随机数. *Gauss's system of units* 高斯单位制. *Gauss theorem* 高斯定理.
gaussage [′gausidʒ] *n.* 高斯数(以高斯为单位的磁感应强度).
gaussian 或 **Gaussian** *a.* 高斯的. *Gaussian amplifier* 高斯(频率)特性放大器. *Gaussian wave packet* 高斯波群. *truncated Gaussian* 高斯截短曲线.
gauss′meter [′gausmi:tə] *n.* 高斯计, 以高斯、千高斯表示的磁强计.
gauze [gɔ:z] *n.* ①(线, 纱, 滤, 金属丝)网 ②纱(布), 铁(网)纱, 白热纱罩 ③抑制栅板. *absorbent gauze* 吸水纱布, 脱脂纱布. *antiseptic gauze* 纱布. *gauze filter* [*strainer*] 滤网, 网状滤器. *gauze wire* 细丝网. *platinum gauze* 铂丝网. *wire gauze* (金属, 铁)丝网.
gauzy [′gɔ:zi] *a.* 罗纱似的, 薄而轻的.
gave [geiv] *give* 的过去式.
gav′el [′gævl] *n.* 小槌, 大木槌.
gavelock *n.* 铁杆(钎, 梃).
GAW = gram atomic weight 克原子量.
gawk [gɔ:k] *n.* 笨人, 呆子.
gawky [′gɔ:ki] Ⅰ *a.* 笨拙的, 粗笨的, 愚蠢的. Ⅱ *n.* 笨人, 呆子.
gay [gei] *a.* ①快乐的, 愉快的 ②华丽的, 鲜艳的.
GAz = grid azimuth 平面(纵坐标)方位角.
gaze [geiz] *n.; vi.* 凝[注]视(着)(at, into, on, upon). *attract the gaze of people* 引人注目. *gaze round* 左顾右盼.
gaze′bo [gə′zi:bou] *n.* 阳露, 眺, 信号台.
gazette [gə′zet] Ⅰ *n.* 公报, 报纸, …报, …新闻(报纸名). *official gazette* 公报. Ⅱ *v. be gazetted (out)* 刊载于公报上, 在公报上登载出来.
gazetteer [gæzi′tiə] *n.* 地名辞典(索引).
gazogene =gasogene.
GB = ①gain-bandwidth 增益频宽 ②Great Britain 大不列颠 ③grid bias 栅偏差 ④ground brush 接地电刷 ⑤Guo Biao (中国)国家标准, 国标.
Gb = gilbert (磁通势单位)吉伯(等于 0.796 安匝).
G-band *n.* G 波段(194~212 MHz), G 频带.
GBL = general bill of lading 总提货单.
GBP = gain-bandwidth product 增益带宽乘积.
GBX = gearbox 齿轮箱.
GC = ①conversion conductance 变频互导 ②gas chromatography 气相色谱(法) ③gigacycle 千兆周 ④ground control 地面控制 ⑤guidance computer 导航计算机.
G&C = guidance and control 引导与控制.
GCA = ①ground control of approach 地面着陆控制 ②ground controller approach 地面控制进场, 地面指挥[控制]临场, 进场控制设备, 引导着陆的雷达系统.
GCC = ground control center 地面控制中心.
GCD 或 **gcd** = ①greatest common denominator 最大公母 ②greatest common divisor 最大公约数.
gcf = greatest common factor 最大公因子.
GCI = ①gray cast iron 灰铸铁 ②ground control of interception 地面指挥截击.
GCL = ground control of landing 地面指挥飞机着陆.

GCM = greatest common measure 最大公约数.
GC-MS = gas chromatography mass spectography 气相色谱质谱联用.
GCN = gage code number 计量器码号.
GCPS = gigacycles per second 吉赫/秒.
GCR = ground controlled radar 地面控制雷达.
GCT = Greenwich Civil Time 格林尼治民用时.
GCU = ground control unit 地面控制设备.
g/cu. m. = grams per cubic metre 克/米³.
GCV = gross calorific value 总热值.
gcw = general continuous wave 已调波.
GD = ①general design 总设计 ②general dynamics 一般动态 ③gravimetric density 重量密度 ④guard 警戒.
Gd = gadolinium 钆.
g/d(或 **g/den**) = grams per denier (纤维的纤细度单位)克/漦.
Gdansk n. 格丹斯克(波兰港口).
GDF = gas dynamic facility 气体动力研究设备.
GDGIP = gas-driven gyro inertial platform 气体传动陀螺惯性稳定平台.
α GDH = α-glycerphosphate dehydrogenase α-甘油磷酸脱氢酶.
GdIG = gadolinium iron garnet 钆铁柘榴石.
gdn = graduation 刻度级.
GDP = gross domestic product 本国生产总值.
GDR = ①(the) German Democratic Republic 德意志民主共和国 ②guard rail 护栏, 护轨.
gds = goods 商品, 货物.
Gdynia n. 格丁尼亚(波兰港口).
GE = ①gas ejection 气体喷出 ②General Electric Co. 通用电气公司 ③gross energy 总能 ④ground equipment 地面设备.
Ge = germanium 锗.
ge = gauge 规, 计, 分度, (轮)距.
geanticline n. 地背斜.
gear [giə] Ⅰ n. ①齿轮(链), (齿轮)传动装置, (排)档(数) ②设备, 装置(备), 机构(器), 工(用)具, 衣物 ③起落架 ④(高)调速, 风格. Ⅱ v. ①开(交点) ②(用齿轮)连接, 啮合, 搭上, 使接上齿轮, 将齿轮装上)装备, 提供…来配合(up), (使)适应(于), 使适合(to). *alighting*〔*landing*〕*gear* 起落架. *amphibian*（*landing*）*gear* 水陆两用起落架. *angular gear* 人字〔斜齿〕齿轮. *arrester*〔*arresting*〕*gear* 制动器, 制动装置,（舰载机的）捕获装置. *back gear* 背〔跨, 后倒, 慢盘齿〕轮. *bevel gear* 伞〔斜, 锥形〕齿轮. *bottom gear* 低速(档), 头档. *cam gear* 凸轮机构, 凸轮传动装置, 偏心轮(盘). *coaxial power gear* 同轴动力转向装置. *collector-shoe gear* 汇流环, 汇流装置, 集流器. *degaussing gear* 消磁器. *disengaging*〔*disengagement*〕*gear* 解脱机构, 分离装置. *double helical spur gear* 人字齿轮. *down gear* 起落架放下. *draw*〔*drawing*〕*gear* 牵引装置. *epicyclic*〔*planetary*〕*gear* 行星齿轮. *external gear* 外(啮合)齿轮. *first gear* 第一(起动)档. *gear box*〔*case*〕齿轮变速, 传动)箱. *gear chain* 联动档链系. *gear change*（齿轮）变速, 换(排)档; 挂总. *gear compound* 复齿轮, 传动〔齿轮〕油, 齿轮润滑剂. *gear hobbing* 滚削(齿). *gear lever* 变速(操纵, 驾驶)杆. *gear rack*(齿轮)齿条. *gear ratio* 齿轮(速, 齿数)比, (齿轮)传动比. *gear sector* 扇形齿轮. *gear set* 齿轮组. *gear shaper* 插(刨)齿机. *gear shift*(*ing*)变速(器), 换(排)档. *gear spinning pump* 纺丝齿轮泵. *gear train* 传动机构, 齿轮组(系). *gear tyre* 起落架轮胎. *gear wheel* 齿轮. *girth gear* 矢圈齿轮. *helical gear* 斜齿轮. *herring-bone gear* 人字齿轮, 双螺旋齿轮. *high gear* 高速齿轮(传动, 档, 度). *hydraulic operating gear* 液压机构, 液压传动装置. *hydraulic operating gear* 液压千斤顶. *idler gear* 惰〔空转〕齿)轮. *index gear*(压下装置的)刻度盘. *involute gear* 渐开线齿轮. *lifting*〔*hoisting*〕*gear* 升降装置. *live-roller gear* 传动辊道. *looper gear* 活套挑, 活套支持器. *low gear* 低速齿轮(传动, 档, 度). *magnetic gear* 磁力离合器, 电磁摩擦联轴器. *missile gear* 导弹设备〔装置〕. *mitre gear* 等径直角斜齿轮. *open gears* 敞式〔无外壳〕齿轮装置. *radar gear* 雷达〔无线电〕装备器, 减速齿轮〔机构, 传动装置〕. *reverse gear* 倒车档, 反向齿轮. *ring gear* 冠〔环形, 内啮合〕齿轮, 齿环. *sector gear* 扇形齿轮, 齿弧. *starting gear* 起动装置. *steering gear* 转向齿轮. *stop gear* 停止棘轮〔装置〕. *striking gear* 拨动装置, 皮带拨杆. *switch gear* 开关设备. *telemetering gear* 无线电遥测仪〔遥测设备〕. *test gear* 试验设备, 测试仪表, 检查装置. *top gear* 高速(档), 末档. *valve gear* 阀装置〔机构〕. *worm gear* 蜗轮, 螺旋齿轮. ▲ *be in gear*(齿轮)啮合, 搭上, (机器)开得动(合拍), (事情)推得动, 在正常状态中. *be out of gear*(齿轮)脱开, (机器)开不动, 有毛病; (事情)推不动, 失调. *gear down* 换(挂上)低速档, 使成低速传动, 开慢车, 降低速度〔转速〕. *gear into*(齿轮)搭上, 连接上, 啮合. *gear level* 换(挂上)中速档. *gear M to N* (用齿轮)把M连到〔搭到〕N上, 使M适应(合)N. *gear up* 换(挂上)高速档, 使成高速传动, 开快车, 增加速度〔转速〕, 促进, 增加. *in*(*to*) *high gear* 进入最高速度〔工效〕*keep M in gear with N* 使M一直与N相适应. *out of gear* 不灵, 出了毛病, 脱开传动. *shift gears* 变速, 调档, 改变速度〔方式, 办法〕. *throw*〔*get*, *put*, *set*〕*in*(*to*) *gear* 搭上齿轮, 投入工作. *throw … out of gear* 使…同齿轮〔传动装置〕脱开, 妨碍…的正常进行, 使…陷于停顿, 使…失调.

gear'box 或 **gear'case** n. 齿轮〔变速, 传动〕箱, 减速器.
gearbox-case n. 齿轮箱的外壳.
gear-driven a. 齿轮传动的.
geared a. 齿轮(传动)的. *all geared upright drill* 全齿轮变速立式钻床. *geared ladle-hoist* 齿轮传动的浇包起重机, 浇包传动机构. *geared motor* 齿轮电动机, 齿轮传动马达.
geared-head lathe 全齿轮车床.
geargradua'tion n. 齿轮变速.
gear'housing n. 齿轮箱壳.
gear'ing [ˈgiəriŋ] Ⅰ n. 传动(装置, 机械), 齿轮传动〔装置〕, 齿轮系, 啮合. Ⅱ a. 齿轮的. *helical gearing*

螺旋传动. *lifting gearing* 提升〔起落〕机构. ▲ *gearing in* 齿轮啮合. *gearing up* 增速传动.
gearing-down n. ①利用齿轮传动装置降低转数 ②减速传动(装置).
gearing-up n. ①利用齿轮传动装置增加转数 ②增速传动(装置).
gear'less a. 无传动装置, 无齿轮的.
gear-shaping n. 刨齿.
gear'shift n.; vt. 换档, 变速(器).
gear'wheel n. (大)齿轮.
geat n. 注〔铸〕口, 流道.
GEBCO = General Bathymetric Chart of the Oceans 世界大洋深度图.
GEC = General Electric Co. 通用电气公司.
Gecalloy n. 盖克合金(铁粉磁芯用镍铁合金).
GED = gasoline engine driven 汽油发动机驱动(的).
GEDA = Goodyear electronic differential analyzer (analog computer) "Goodyear"电子微分分析器(模拟计算机).
gedanite n. 软(脂状)琥珀.
Gee n. ①(英语字母)G, g ②"奇"导航系统(英国一种双曲线无线电导航系统).
geep [gi:p] n. 山绵羊.
gee-pound n. 机磅, g 磅值(计量单位, 同 slug 斯勒格).
geese 是 goose 的复数.
gegenion n. 抗衡离子, 带相反电荷的离子.
gegenreac'tion n. 逆反应.
Gegenschein (德语)【天】对日照, 反黄道光.
gehelinite n. 铝方柱石.
gehlenite n. 钙(铝)黄长石.
gei'ger 或 **Gei'ger** [gaigə] n. 盖革(计数管, 计数器). *Geiger counter* 盖革(盖氏)计数器. *Geiger plateau* 盖氏坪. *Geiger threshold potential* 盖氏阈势.
Geiger-Müller counter 盖革-弥勒计数器(管).
geigerscope n. (计测质点数用的)闪烁镜.
geikielite n. 镁钛矿.
geisothermal n. 等地温线.
Geissler tube 盖斯勒管.
GEK = geomagnetic electrokinetograph 电磁海流计.
gel [dʒel] Ⅰ n. 凝胶(体), (液)冻胶, 胶滞体, 胶质物. Ⅱ (gelled; gelling) vi. 形成胶体, 胶凝化. *gel coat* 胶层漆, 表面涂漆. *gel(ling) point* 胶凝(化)点. *gel state* 凝胶状态. *micro gel* 微粒凝胶. *silica gel* (氧化)硅胶, 硅酸盐冻胶.
gelata n. 凝冻剂.
gelate vi. 胶凝, 形成凝胶.
gelatifica'tion n. 胶凝作用, 胶体形成.
gelatigenous a. 产胶的, 成胶的.
gel'atin ['dʒelətin] n. ①(白)明胶, (水, 骨, 动物)胶, 精制胶, 胶凝体(液), 凝结体, 胶质 ②(舞台灯光用)彩色半透明滤光板(片) ③硝酸甘油炸药. *blasting gelatin* 爆炸胶. *colour gelatin filter* 彩色明胶滤色镜. *gelatin dynamite* 胶质(状)炸药, 黄色炸药. *gelatin filter* 胶质滤光片. *gelatin paper* 照相软片片基. *gelatin process* 胶版. *Japanese gelatin* 琼脂, 洋粉.
gelatinase n. 白明胶酶.
gelat'inate [dʒi'lætineit] Ⅰ v. 胶化, 化为胶质, (使)成胶状, (使)成为明胶, 凝结. Ⅱ n. 凝胶, 明胶合物.
gelatina'tion n. 胶凝作用, 明胶化.
gelatine [dʒelə'ti:n] = gelatin.
gelatineous a. 胶状的, 胶质的.
gelatiniferous a. 产胶的.
gelatin'iform [dʒelə'tinifɔ:m] a. 胶状的.
gelatiniza'tion n. 凝胶化(作用), 胶凝(作用), 明胶化(作用).
gelat'inize [dʒi'lætinaiz] v. 胶(质)化, (使)成明胶(状), 凝凝(胶), 胶凝, 涂胶.
gelat'inizer n. (火药中火药)的胶凝成份, 胶凝剂, 胶化物.
gelat'inoid [dʒi'lætinɔid] Ⅰ a. 胶状的. Ⅱ n. 胶(状物)质.
gelatinolytic a. 明胶分解的, 溶胶的.
gelatinosa a. 胶性(状)的.
gelat'inous a. 胶(状, 质, 粘, 凝)的, 骨胶质的, 凝胶(状)的, 含(凝)胶的.
gelatinum n. 白明胶.
gela'tion [dʒi'leiʃən] n. 冻(凝, 胶, 固)结, 胶凝体, 胶凝作用, (凝)胶化(作用). *premature gelation* 提前凝胶化, 先期凝胶.
gel-cement n. 胶质水泥.
geld [geld] (gelded 或 gelt) vt. 阉割, 删去…的不适当部分, 减弱…的力量. a. 不育的.
gelemeter n. 凝胶时间测定计.
gel-free a. 无凝胶的.
gel'id ['dʒelid] a. 冰(寒)冷的, 冻结的. ~ity n. ~ly ad.
gelifica'tion n. 胶凝(作用).
gelignite n. 葛里(硝铵, 硝酸, 甘油)炸药, 炸胶.
gellable a. 可胶凝的.
gellike a. 类凝胶的.
gelom'eter n. 胶凝计.
gelose n. 琼脂糖.
gelo'sis [dʒi'lousis] (pl. *gelo'ses*) n. 胶块, 硬块.
gelt [gelt] geld 的过去式和过去分词.
gelutong n. 节路顿胶, 节路顿树脂.
gem [dʒem] Ⅰ n. 宝石, 玉, 珍宝(品), 精选作品, 一种小号活字. Ⅱ (gemmed; gemming) v. 饰以宝石, 用宝石镶(装饰).
GEM = ground effect machine 气垫车(船).
gemdinitroparaffin n. 液体二硝基石蜡.
gem'el ['dʒeməl] a. 成对的, 双的.
geminal substituted hydrocarbons 双取代的烃.
gem'inate Ⅰ ['dʒeminit] a. 双(对)生的, 成对(双)的. Ⅱ ['dʒemineit] vt. 加倍, 重复, 配成对(双), 偶(取代在同一碳原子上). *geminate transistors* 对管. ~ly ad.
gemina'tion [dʒemi'neiʃən] n. 重复(叠), 反复, 加倍, 成双(对), 双(并)生存.
geminative a. 成对(双)的.
Gem'ini n. 双子(星)座, (美)"双子星座"宇宙飞船.
geminous a. (成)双的.
gem'ma n. 芽.
gem'mary n. 宝石学.
gemma'tion n. 出芽(生殖).
gemmho n. 微姆欧(兆欧的倒数, megohm 的反拼写 gem-mho).
gemmif'erous [dʒe'mifərəs] a. 产宝石的.
gem'my ['dʒemi] a. 宝石多的, 镶珠宝的, 灿烂如宝石

Gemowinkel n. 正切弦.
gem'stone n. 宝石.
GEN =①general 普通的,通用的,一般的,总的 ②generate 产生,引起 ③generator 振荡器,发生器,发电机.
Gen =①general (military)将军 ②Geneva(n)日内瓦(的).
gen =①general 一般的,普通的,总的 ②general information 情报,布告 ③generator 振荡器,发生器,发电机.
gender ['dʒendə] n. 性(别).
gene ['dʒi:n] n. 遗传因子,基因. *gene deletion* 基因删除. *gene insertion* 基因插入. *gene pool* 基因库(池).
geneal'ogy [dʒi:ni'ælədʒi] n. 系统,血统,谱系,家系(学). **genealog'ical** a.
genecol'ogy n. 物种生态学.
Genelite n. 非铜滑烧结青铜轴承合金(铜70%,锡13~14%,铅9%,碳(石墨)5~6%,其余锌).
geneogenous a. 先天性的.
gen'era ['dʒenərə] n. genus 可发乙产的.
gen'erable ['dʒenərəbl] a. 可发乙产生的.
gen'eral ['dʒenərəl] I a. ①一般(性)的,通用的,普通(通)的,平凡常的,全体(面,部)的,非专门性的,非地方性的 ②概括的,笼统的大概的,一般的 ③总的,综合的,全身(性)的 ④用于职位的)总…,…长,首席… I n. ①一般,全体 ②将军(官),(陆军)上将 ③通则,(pl.)梗概,纲要. *general act* 总决议定书. *general anesthesia* 全身麻醉. *general appearance* 概貌,一般外貌. *general arrangement* 总体布置. *general assembly* 总装配. *General Assembly* 联合国大会. *general assembly program* 通用汇编程序. *general call* 全呼. *general characteristic* 通性,一般特性. *general circulation of atmosphere* 大气环流(循环). *general compiler* (简写 gecom)通用编译程序器,通用自动编码器. *general computer* 通用计算机. *general consideration* 总则. *general continuum hypothesis* 广义连续假设. *general contractor* 总(承)包者,建筑公司. *general corrosion* 全面腐蚀. *general debate* 一般性辩论. *general delivery* 邮件的存局候领(处). *general description of construction* 施工说明书. *general drawing* 总(全,概要)图. *general estimate* 概算. *general expression*(普)通式. *general extension* 均匀伸长(拉伸). *general farm* 多种经营农场. *general features of construction* 施工概要. *general flowchart* 总[综合]流程图. *general gas law* 普遍气体定律,理想气体方程. *general hospital* 综合医院. *general idea* 一般概念,大意. *general illumination* 全面照明. *general integral* 一般积分,通积分,通解. *general knowledge* (普通,各方面的)知识. *general layout* 总布置[平面]图,总体布置. *general line* 总线. *general location sheet* 地盘[位置]图. *general locking* 强制[集中]同步(系统),同步锁相,台从同步. *general map* 一览图,普通地图. *general normal equation* 普通标准方程式,通式. *general outline* 概要. *general overhaul* (经常)大修(理). *general physics* 普通物理学. *general plan* 总[布置]图,计划概要. *general planning* 总体规划[布局]. *general principles* 原(通,总)则,普通原理. *general program* 综合(通用)程序. *general public* 公(大)众. *general purpose* 通用的,普通的,万能的,一般用途的. *general quantifier* 普通性量词. *general radiation* 连续辐射. *general reconstruction* 大(翻)修. *general relativity theory* 广义相对论. *general remark* 概要,一般说明. *general routine* 通用[标准]程序. *general scale* 基本比例尺. *general scene lighting* 舞台照明. *general secretary* 总书记. *general solution* 通解. *general staff* 总参谋部(全体人员). *general term* 普通术语,公项,(普)通项,一般项. *general view* 大纲,概要,全视图. *general visibility* 普通视度. *secretary-general* 秘书长. ▲*as a general rule* 概言之,一般的说,原则上,通常,照例. *from the general to the particular* 从一般到个别. *in a general way* 一般说来,普通,大体上. *in general terms* 一般,概括地,大体上. *in (the) general* 通常,一般(说来),普通,大体上,总的来说,概括地说.
generalis'simo [dʒenərə'lisimou] n. 大元帅,总司令,最高统帅.
gen'eralist ['dʒenərəlist] n. 多面手,通晓数门知识的人,有多方面才能的人.
general'ity [dʒenə'ræliti] n. ①一般(普遍,概括,通(用))性 ②概(论)说,括),一般原则(于事物),通则,梗概 ③大约,大部分,大多数. *generality quantifier* 全称(普通性)量词. *the generality of* 大部分,大多数,大半.
generaliza'tion [dʒenərəlai'zeiʃən] n. ①一般(全面,普通,普遍,统一,法则)化 ②归纳(的结果),概括(的论述),综合,总结,判断,广义(化),概说,通则 ③推广,普及. *mathematical generalization* 数学通则.
gen'eralize ['dʒenərəlaiz] v. ①一般(普通,全面,统一)化,全身化 ②总结,归纳(出),概括出,地说),泛化,综合,从…中引出(一般性)结论(from) ③推广,普及扩散 ④形成概念 ⑤笼统地地讲. *generalize a conclusion from* 从…中做出[总结出]结论.
gen'eralized a. ①广义的,普遍的 ②概括的,综合的 ③推广的. *generalized data translator* 通用数据翻译器.
gen'erally ['dʒenərəli] ad. ①广泛地,普通地 ②通常,一般地 ③概括地,大概,普通. ▲*generally speaking* 一般地说,一般说来. *It is generally believed that* 普遍认为. *more generally* 更一般地说.
general-purpose 或 **general-service** a. 通用的,普通的,万能(用)的,一般(多种)用途的.
gen'eralship n. ①将军(上将)的职位 ②机略,才智,将才.
general-utility =general-purpose.
gen'erant a.; n. ①产生的,发生的 ②母点(的),母线(的),母面(的).
gen'erate ['dʒenəreit] vt. ①产(发)生,发(电,光,热) ②引起,导致,制出,【数】造形,形成,生成 ③(齿轮)滚铣. *generate electricity* 发电. *generate heat*

发热,产生热(量). *generate pressure* 产生压力. *generated address* 合成〔形成〕地址. *generated code* 形成〔派生〕码,合成码. *generated sort*【计】排序生成程序. *generated subgroup* 生成的子群. *generated traffic* 新增交通量. *generating capacity* 发电容量,发电能力. *generating circle* 母圆. *generating cone* (伞齿轮的)基锥. *generating curve* 母曲线. *generating cutting* 滚(齿)切(削)法. *generating element* 生成元(素). *generating function* 生成函数,母函数. *generating gear shaper* 刨齿机. *generating line* 生成线,母线. *generating routine* 编辑〔生成,形成〕程序. *generating solution* 产生解,母解. *generating station*〔plant〕发电站〔厂〕. *generating the arc* 引弧.

generatio aequivoca 自然发生,非生物起源,无生源说.

genera'tion [dʒenə'reiʃən] n. ①产生,引起,发生(电),生产〔成,殖,育〕,制造,加工,组成,振荡,【数】造形,形成 ②世代,(一)代(约30年),同时代的人 ③改进〔发展〕阶段,改进型 ④链锁反应级. *coherent generation* 相干振荡. *coming*〔*rising*〕*generation* 下一代,青年甲. *energy generation* 能量生产. *first generation effort* 第一阶段研制工作. *fourth generation computer* 第四代计算机. *functional generation* 函数变换. *future generation* 后代. *generation data group*【计】相继〔世代〕数据组,数据组〔世〕代. *generation interval*〔*length*〕世代间隔〔间距〕. *generation number*【计】生成〔世代〕数,世代号. *generation of neutrons* 中子发生,中子代. *generation of steam* 发生蒸汽,汽化. *generation rate* 产生率. *generation set* 发电设备. *generations to come* 未来的世世代代,未来的时代. *gross generation* 总发电量. *heat generation* 放〔发〕热. *partial generation* 粒子产生〔生成〕. *next*〔*last*〕*generation* 上一代. *pattern generation* 图案制备. *power generation* 发电. *projective generation of conics* 二次曲线射影产生法. *second generation* 第二代,改进型. *secondary generation* 二次发生〔组成〕,第二代,次级辐射. *the present generation* 这一代,现代人. *transient generation of heat* 放热瞬变过程. ▲*a generation ago* 约三十年前. *a generation of* 一代…,(新的)一批… *for generations* 一连好几代. *from generation to generation* 或 *generation after generation* 一代一代,世世代代.

genera'tional a. 一代的,代与代间的,世代的.

gen'erative ['dʒenərətiv] a. ①(能)生产的,有生产力的,有生殖能力的,再生的. *generative fuel* 再生燃料,气体发生炉燃料. *generative power* 原动力,发生力.

gen'erator ['dʒenəreitə] n. ①发电机,发动机 ②(蒸汽,汽体,脉冲,信号)发生器,振荡器,加速器,沸腾器,部分氧化的裂化反应器 ③发送器,传感器 ④母点〔线,面〕,生成元(素) ⑤【计】生成程序. *AC generator* 交流发电机. *arc welding generator* 弧焊发电机,电焊机. *bevel gear generator* 刨伞齿轮. *cascade generator* 级联加速器. *differential generator* 差动式传感器,差动振荡机. *electric generator* 发电机. *electrostatic generator* 静电发电器〔振荡器,加速器〕. *gas generator* 煤气发生炉,气体发生器,(内燃机)气化器. *generator gate* 脉冲发生器. *generator matrix* 生成矩阵. *generator of a quadric* 二次曲面的母线. *generator routine* 生成程序的程序. *heat*〔*heating*〕*generator* 高频加热器. *hypoid generator* 海波(直角交错轴双曲面)齿轮加工机床. *information generator* 信息源,信息发送器. *off-on wave generator* 键控信号振荡器. *pulse generator* 脉冲发生器. *ringing generator* 铃流(发电)机,铃流振荡器. *secondary generator* 蓄电池,变压器,变量器. *shunt generator* 并激发电机. *squarelaw function generator*【计】平方器. *steam generator* 蒸汽发生器,蒸汽锅炉. *supervoltage generator* 超高压发生器. *sweep generator* 扫描〔摆频,扫频〕振荡器,扫描发生器. *tachometer generator* 测速发电机. *timing generator* 定时信号发生器对标振荡器. *thermo generator* 热电堆(池),温差电堆. *thermo-electric generator* 温差电池. *tone generator* 发音器,音调产生器. *ultraviolet generator* 紫外线发生器. *valve generator* 电子管振荡器. *vibration generator* 振子. *vortex generator* 扰流器,涡流发生器. *wave-form generator* 定形信号发生器. *X-ray generator* X 射线装置,伦琴装置.

gen'eratrix ['dʒenəreitriks] (pl. generatrices) n. ①(产生线,面,体的)母点〔线,面〕,动线 ②发生器,发电机 ③基体,母体. *generatrix of tank* 构成储油罐的壁.

gener'ic [dʒi'nerik] Ⅰ a. ①(同,定)属的,类(属性)的 ②一般的,通用的,普通的,不注册的. Ⅱ n. 非注册的药品. *generic method* 发生法. *generic name* 属名. *generic phase* 类分相. *generic point* 一般点. *generic set* 生成集. *generic term* 通用〔一般性,专门,专业术语〕语.

gener'ically ad. 关于种属,从种属上说.

generos'ity [dʒenə'rositi] n. ①慷慨,大方 ②宽大行为 ③丰饶.

gen'erous ['dʒenərəs] a. ①慷慨的,大方的,宽大的 ②丰富(盛)的 ③浓(厚)的,强烈的,肥沃的. *a generous harvest* 丰收. *of generous size* 十分大的. ~ness n.

genescope n. 频率特性描绘器〔观测仪〕.

gen'eses ['dʒenisi:z] genesis 的复数.

genesial a. 生殖的,起源的.

gen'esis ['dʒenisis] (pl. gen'eses) n. 创〔原,开〕始,(起)来,根源,生成,生殖,产生,发生,成因,来历. *genesis of petroleum* 石油成因〔起源〕.

genestat'ic a. 制止生殖的.

genet'ic(al) [dʒi'netik(əl)] a. 创始的,发生(学)的,发展的,创生的,原始的,起源的,先天的,由遗传而获得的,原生的,遗传学的. *genetic advance* 遗传进展〔进度〕. *genetic character* 遗传性状. *genetic* code 遗传码. genetic defect 遗传缺陷. genetic disease 遗传病. genetic engineering 遗传工程. genetic freak 遗传畸形,怪胎. genetic soil 原生[生成]土. genetic variability 遗传变异性. genetic variation 遗传变异. ~ally ad.

genet'icist n. 遗传学家.
genet'ics n. 遗传学,发生学.
genetous a. 先天的,生来的.
Gene'va[1] ['dʒi'ni:və] n.; a.(瑞士)日内瓦(的). Geneva motion 日内瓦运动(在下死点有充分停止时间的动作).
gene'va[2] n. geneva cam (十字轮机构的)星形轮. geneva cross 十字形接头,红十字. geneva gear 十字轮机构,马氏间歇机构. geneva motion 间歇运动.
Gene'van ['dʒi'ni:vən] 或 **Genevese** [dʒeni'vi:z] a.; n. 日内瓦人(的).
ge'nial ['dʒi:niəl] a. 温和〔暖〕的,舒适的,亲切的,(和蔼)可亲的,颏的. ~ity n. ~ly ad.
gen'ic a. 基因的,遗传因子的.
genic'ular a. 膝的.
genic'ulate a. 膝状的.
genin n. 配质〔元〕.
ge'nius ['dʒi:niəs] n. ①创造能力,天才,才华 ②特〔本〕质,特征,精神,思潮,倾向,风气.
gen'lock n. 同步耦合器,(电视设备的)视〔强制,集中,受迫〕同步系统,同步操相,台从同步. genlock equipment 集中〔台从同步设备,台从锁相设备,视〔受迫,集中〕同步系统. genlock facilities 强迫同步能力,台从同步设备.
gen'locking n. 台从〔同步〕锁相,强制〔集中〕同步.
Gen'oa ['dʒenouə] 或 **Genova** n. 热那亚(意大利港口).
gen'ocide n. 种族灭绝,大规模(灭绝种族)的屠杀. **genocidal** a.
Genoese' [dʒenou'i:z] 或 **Genovese** [dʒenou'vi:z] a.; n. 热那亚人(的).
genoid n. 胆质基因,类基因.
genome n. 基因组,染色体组.
genomere n. 基因粒.
genonama n. 基因线.
genophathy n. 基因病.
genophore n. 基因带.
genosome n. 基因体.
genotron n. 高压整流管.
gen'otype n. 基因型,遗传型.
genotyp'ic a. 遗传(型)的.
genre [ʒã:nr] (法语) n. 种类,式样,型,形式.
Gentex n. 欧洲电报交换网络.
genthite n. 镍水蛇纹石,水硅镁镍矿.
gentiin n. 龙胆苷.
gen'tle ['dʒentl] a. 温〔柔〕和的,和〔平〕缓的,宽大的,亲切的,轻度的. gentle acceleration 慢慢〔渐渐〕的加速. gentle bend 平稳和缓)的拐弯. gentle breeze 轻〔微〕风(即三级风). gentle curve 变度不大的曲线. gentle heat 暖和. gentle oxidation 细心氧化. gentle rain 细雨. gentle slope 平缓的坡度,平坡. gentle wind 和风.
gen'tleman ['dʒentlmən] (pl. **gen'tlemen**) n. ①先生,阁下 ②绅士 ③(pl.)男厕所. gentleman's agreement 君子协定.
gen'tleness ['dʒentlnis] n. 和缓,平缓,柔和.
gen'tly ['dʒentli] ad. ①温和地 ②缓和地,慢慢地,渐渐地,静静地. gently rolling country 缓和丘陵地区. The road slopes gently to the sea. 那条道逐渐向海边倾斜下去.
gents' n. 〔口语〕男厕洗室.
ge'nu ['dʒi:nju:] (pl. **genna**) n. 膝(状体).
genual n. 膝(状)的.
gen'uflex n. 屈膝.
gen'uine ['dʒenjuin] a. ①真(正,实)的,道地的,本征的,纯粹〔正〕的,不虚伪的 ②原来的,亲笔的. genuine parts 纯牌产品,非仿造品. genuine pearl 真珠. genuine signature 亲笔签名. genuine soap 纯皂. genuine writing 真迹. ~ly ad. ~ness n.
ge'nus ['dʒi:nəs] (pl. **gen'era**) n. ①(种)类,属 ②【数】亏格. genus of a curve 曲线的亏格.
geo [gjou] n. 海湾.
geo- (词头)地球,大地,土,地.
geoacous'tics n. 地声学.
geoanticline n. 地背斜,(大)地)背斜.
geoastrophys'ics n. 地球天体物理学.
geobenthos n. 湖底生物.
geobotan'ical n. 地球植物的.
geobot'anist n. 地球植物学家.
geobot'any n. 地球植物学.
geocenter n. 地球质量中心.
geocen'tric [dʒi:ou'sentrik] a. 地心的,以地球为中心的,由地心出发观察的,从地心开始测量的.
geocentricism n. 地球中心说.
geocerite n. 硬蜡.
geochem'ical a. 地球化学的. geochemical exploration 地质化学勘探.
geochem'ist n. 地球化学工作者.
geochem'istry [dʒi:ou'kemistri] n. 地球〔土壤,地质〕化学.
geochronic geology 地史学.
geochronologic chart 地质年代图.
geochronol'ogy n. 地球纪年学,地质年代学.
geoclimat'ic a. 地面的.
geocoro'na [dʒi:oukə'rounə] n. 地冕(地球大气最外层,主要含氢).
geocosmic flight 地(球)空(间)飞行.
geod = geodetic (大地)测量(学)的.
geodata n. 地震记录转换装置.
ge'ode ['dʒi:oud] n. 【地】晶洞(簇,球),空心石核.
geodic a.
geodes'ic [dʒi:ou'desik] I a. ①测地(学)的,大地测量学的 ②【数】短程的,最短线的. I n. (最)短程线,测(大)地线. geodesic circle 测地(短程,大地)圆. geodesic coordinates 测(大)地坐标. geodesic curve 测地(短程)线. geodesic datum 大地基准点. geodesic level 大地基准面. geodesic level(l)ing 大地水准测量. geodesic line 测(大)地线,(最)短程线. geodesic longitude 大地经度. geodesic method 测地(短程)线法. geodesic parameter 测地(短程)参数.

geodesical *a.* =geodesic.

geod'esy [dʒi:'ɔdisi] *n.* 大地[普通]测量学,测地学,地势.

geodet'ic(al) *a.* =geodesic. ~ally *ad.*

geodet'ics =geodesy.

geodim'eter [dʒiɔ'dimətə] *n.* 光电[光速,导线]测距仪[计].

geodynam'ic(al) [dʒi(:)oudai'næmik(əl)] *a.* 地球动力学的. *geodynamic meter* 动力米.

geodynam'ics [dʒi:oudai'næmiks] *n.* 地球动力学.

geoecol'ogy *n.* 地质生态学,环境生态学.

geoelec'tric [dʒi(:)oui'lektrik] *a.* 地电的.

geoelectric'ity *n.* 地电.

geoelec'trics *n.* 地电学.

geoepinasty *n.* 偏偏上性.

geofix *n.* "杰奥菲克斯"炸药.

Geoflex *n.* 爆炸索(商标名).

geofrac'tures *n.* 断裂[破裂带]地貌.

geog = ① geographer ② geographic(al) ③ geography.

geogenesis *n.* 地球发生论.

geogeny *n.* 地球成因学.

geog'nosy [dʒi'ɔgnəsi] *n.* 地质构造[构造地质]学. **geognostic** *a.*

geogram *n.* 地学环境制图.

geog'rapher [dʒi'ɔgrəfə] *n.* 地质学家,地理学工作者.

geograph'ic(al) [dʒiə'græfik(əl)] *a.* 地理(学)(上)的,地区(性)的. *geographic coordinates* 地理[面]坐标. *geographic features* 地势. *geographic latitude* 地理纬度. *geographic map* 地(形)图. *geographic mesh* 经纬线网. *geographic parallel* 纬线[圈]. *geographic strategic point* 战略地点. ~ly *ad.*

geog'raphy [dʒi'ɔgrəfi] *n.* ①地理(学),地形(势,志) ②布局,配置. *hysical geography* 自然地理,地文学.

geohis'tory *n.* 地质历史学.

geohydrol'ogy *n.* 地下水水文学,水文地质学.

geohy'giene *n.* 地理卫生学.

ge'oid ['dʒi:ɔid] *n.* 大地水准面,地球形[体,通面],重力平面.

geoidal height 大地水准高度.

geoidal surface 重力平面.

geoid'meter *n.* 测地仪.

geoisotherm *n.* 地内等温线,等地温线.

geoisother'mal *n.* ; *a.* 地下等温面,等地温线的.

geolifluc'tion *n.* 冰冻物质坡移(与永冻土有关),冰冻泥流.

Geolin *n.* (适用于铝及其合金)卓林研磨剂.

geoline *n.* 风士林,石油.

geolog'ic(al) [dʒiə'lɔdʒik(əl)] *a.* 地质(学上)的. *geologic ages*[era,period]地质时代[年代]. *geologic column* 柱状剖面. *geologic columnar section* 地质柱状剖面. *geologic examination*[survey]地质调查[勘测]. *geologic high* 地质隆起,新地质建造. *geologic low* 最古老的地质建造. *geologic origin* 地质成因. *geologic time scale* 地质时标. *geologic trap configuration* 油捕形态. ~ally *ad.*

geol'ogist [dʒi'ɔlədʒist] *n.* 地质学家,地质学工作者.

geol'ogize [dʒi'ɔlədʒaiz] *v.* 研究地质,作地质调查.

geolograph *n.* 钻速及钻时记录仪.

geol'ogy [dʒi'ɔlədʒi] *n.* 地质(学).

geom = ① geometer ② geometric(al) ③ geometrician ④ geometry.

geomagnet'ic [dʒi:oumæg'netik] *a.* 地磁的.

geomagnet'ics *n.* 地磁学.

geomag'netism *n.* 地磁(学).

geomechan'ics [dʒi(:) oumi'kæniks] *n.* 地质[球]力学.

geomed'icine *n.* 地理医学,环境医学.

geom'eter [dʒi'ɔmitə] *n.* 几何学家,地形测量家.

geomet'ric(al) [dʒiə'metrik(al)] *a.* 几何(学,学上,图形)的,按几何级数增长的. *geometric design* 线形设计,几何(形状)设计. *geometric lathe* 靠模车床. *geometric mean* 几何[等比]平均(数,值),等比中项[中数]. *geometric power diagram* 矢量功率图. *geometric proportion*[ratio]等比(比例). *geometric series*[progression]几何[等比]级数. *geometric sounding* 电磁几何测深. *geometric stairs* 弯曲楼梯. *geometrical acoustics* 几何[射线]声学.

geomet'rically *ad.* 用几何学上,几何学上.

geometri'cian [dʒi:ome'triʃən] *n.* 几何学家.

geomet'rics *n.* 几何学图形.

geometriza'tion *n.* 几何化.

geom'etrize [dʒi'ɔmitraiz] *v.* 作几何学图形,用几何学原理考察[研究],用几何图形表示,使符合几何学原理.

geometrodynam'ics *n.* 四维几何动力学.

geometrog'raphy *n.* 几何构图法.

geom'etry [dʒi'ɔmitri] *n.* 几何(学,图形,形状,结构,条件),外形尺寸,轮廓. *always safe geometry* 恒定安全几何条件. *analytic geometry* 解析几何. *beam geometry* 束几何条件. *counting geometry* 计数几何条件. *geometry hum* 干扰(电视光栅)几何形状的噪声. *geometry of mapping* 保形变换的几何性质. *geometry of plane* 面素[平面]几何(学). *geometry of reals* 实(素)几何. *geometry tests* 几何畸变测试. *long geometry* "全波的"几何. *mirror geometry* 磁镜[磁塞]形态. *missile geometry* 导弹几何尺寸[形状]. *piping geometry of the reactor* 反应堆工艺管道分布. *poor geometry* 不良的几何学条件. *steering geometry* 转向几何图形.

geomor'phic [dʒi:ou'mɔ:fik] *a.* 地球(面)形状的,地貌的,(形状)像地球一样的. *geomorphic geology* 地貌学. *geomorphic unit* 地形单元.

geomorphogeny *n.* 地形发生学.

geomorpholog'ic(al) [dʒiəmɔ:fə'lɔdʒikəl] *a.* 地形(学)的,地貌(学)的. *geomorphological map* 地形图.

geomorphol'ogy [dʒiəmɔ:'fɔlədʒi] *n.* 地形[貌]学,地球形态学.

geomorphy *n.* 地貌.

geomyricite *n.* 针蜡.

geon *n.* 吉纶(聚氯乙烯树脂),吉昂(偏氯乙烯与氯乙烯的共聚物单丝).

GEON = gyro erected optical navigation 陀螺光学导航.

geo-navigation n. 地标航行.
geoneg'ative a. 背地性的.
geon'omy n. 地(球)学.
geophex n. "杰奥发克斯"炸药.
ge'ophone ['dʒi:oufoun] n. 小型地震仪,地震检波器,地下传音器,地中听音器,地音探测器,听地器,地声测听器. *geophone array* 检波器组合. *geophone leader cable* 小线,检波器引线.
geophotogrammetry n. 地面摄影测量术.
geophys'ical [dʒiou'fizikəl] a. 地球物理(学)的. *geophysical exploration* 地球物理勘探. *geophysical survey* 地球物理测量. *Geopyusical Year* 地球物理年.
geophys'icist [dʒiou'fizisist] n. 地球物理学家.
geophys'ics [dʒiou'fiziks] n. 地球物理学.
geopos'itive a. 向地性面的.
geopoten'tial [dʒiəpə'tenʃəl] n. (地)重力势,位势. *geopotential meter* 位势米. *geopotential surface* 等位势面.
ge'oprobe ['dʒi:ouproub] n. 地球探测火箭,地电持测仪(商标名).
georama [dʒiə'rɑ:mə] n. (可以站在里面观看的)内侧绘有世界地图的大空球.
GEOREFS = geographical reference system 地理学上的参考(坐标)系.
george n. "乔治"(一种反干扰设备). *george box* 幅敏器件.
George'town ['dʒɔ:dʒtaun] n. 乔治敦(圭亚那首都).
George Town ['dʒɔ:dʒtaun] 乔治市(马来西亚港市).
Georgi units 乔治单位制(米-千克-秒电磁制单位).
Geor'gia ['dʒɔ:dʒiə] n. ①(美国)佐治亚(州) ②(苏联)格鲁吉亚.
Geor'gian ['dʒɔ:dʒiən] a.; n. ①(美国)佐治亚州人(的) ②(苏联)格鲁吉亚人(的).
georheology n. 地质流变学.
GEOS 地球观测卫星.
geoscience [dʒiou'saiəns] n. 地球科学.
geosere n. 地史(地质期)演替系列.
geospace ['dʒi(:)ouspeis] n. 地球空间(轨道).
geosphere n. 陆界门层,岩石圈.
geostat'ic [dʒi:ou'stætik] a. (耐)地压的,土压的. *geostatic arch* 耐地压的拱,土压拱. *geostatic curve* 地压曲线. *geostatic pressure* (耐)地压(力),地壳静压力.
geostat'ics [dʒi(:)ou'stætiks] n. 刚体(静)力学.
geosta'tionary a. 与地球的相对位置保持固定不动的,对地静止的. *geostationary satellite* 通信(同步,对地静止,测地)卫星.
geostatistics n. 地球统计学.
geostroph'ic [dʒi:ou'strɔfik] a. 地转的,因地球自转而引起的. *geostrophic current* 地转风气流.
geostructure n. 大地构造.
geosutures n. 断裂线.
geosynchronous [dʒi:ou'sinkrənəs] a. 对地静止(同步)的.
geosyncli'nal a.; n. 地向斜(的),地槽(的). *geosynclinal axis* 大向斜轴.
geosyn'cline n. (大)地槽,地向斜,陆沉带. *geosyncline chain* 大向斜山脉.

geotax'is n. XY 趋地性.
geotech'nical a. 土工技术的.
geotech'nics 或 **geotechnique** n. 土工技术,土工学,土工学,地质工学.
geotechnolog'ical n. 土(地质)工学的.
geotechnol'ogy n. 土地资源开发工程学.
geotectol'ogy n. 大地构造学.
geotecton'ic [dʒi(:)outek'tɔnik] a. (关于)地壳(大地)构造的. *geotectonic geology* 大地构造(地质)学.
geotecton'ics n. 大地构造学.
geotem'perature n. 地温.
geotherm n. 地热.
geother'mal [dʒi(:)ou'θə:məl] a. 地热(温)的. *geothermal gradient* 地内增热率,地热增温率,地温梯度. *geothermal power plant* 地热发电站.
geothermic [dʒi(:)ou'θə:mik] a. 地温(热)的. *geothermic depth* 地温级,增温深度. *geothermic step* 单位深度地温差.
geother'mics n. 地热学.
geothermom'eter n. 地温计(表),地下测温计,地热计.
geothermy n. 地热学.
geotor'sion n. 地球震后扭动.
geotrac n. 地迹.
geotrop'ic [dʒi(:)ou'trɔpik] a. 向地性的. ~**ally** ad.
geo'tropism n. 向地性.
geotu'mor n. 地瘤.
GER = ①gas expanded rubber 微孔橡胶 ②general engineering research 一般的工程研究.
Ger = ①German ②Germany ③gerund (语法)动名词.
ger n. 蒙古包.
Ger pat = German patent 德国专利.
gerat'ic a. 老年的.
geratol'ogy [dʒerə'tɔlədʒi] n. 老年医学.
ger-bond n. 热塑性树脂粘合剂.
Gerdien aspirator (测离子用)盖尔丁通风器.
gerentocrat'ic [dʒerəntə'krætik] a. 经理(行政)级的.
GERF = germanium rectifier 锗检波器.
Germ = ①German ②Germany.
germ [dʒə:m] I n. ①芽胞,胚,单细胞微生物(常指病种),细菌,病(原)菌,核 ②萌(幼)芽 ③根源,原因(始). II a. 细菌(性)的. III vi. 发芽,萌芽. *be in germ* 处在萌芽状态,还未发展. *the germ of life* 生命的起源. *germ nucleus* 晶核中心. *germ warfare* 细菌战争.
Ger'man ['dʒə:mən] a.; n. 德国的,德国人(的),德语(的),日耳曼的. *German Democratic Republic* 德意志民主共和国. *German measles* 风疹. *German silver* (锌)白铜,锌镍铜合金,德国银,日耳曼银.
germanate n. 锗酸盐.
germane' [dʒə'mein] a. 有密切关系的,有关的,恰当的,适切的(to). n. 锗烷. ~**ly** ad.
Germania bearing alloy 锌基轴承合金(锡10%,铜4.5%,铅5%,铁0.8%,其余锌).
German'ic [dʒə'mænik] a.; n. 德国(人)的,日耳曼语(的),条顿民族的.
german'ic a. (正,含,四价)锗的. *germanic oxide* 氧化锗.
germanicol n. 日耳曼醇.

germanite n. 亚〔二价〕锗酸盐,锗石.
germa'nium [dʒəˈmeiniəm] n. 【化】锗 Ge. *germanium diode* 锗二极管. *germanium crystal* 锗晶体. *germanium pellet* 锗小〔切〕片,锗丸. *germanium probe* 锗晶体探针.
germanium-rich a. 富锗的.
germanomolybdate n. 锗钼酸盐.
german'ous a. 亚〔二价〕锗的. *germanous chloride* 二氯化锗. *germanous oxide* 一氧化锗.
Ger'many [ˈdʒəːməni] n. 德意志,德国.
germarite n. 紫苏辉石.
germ-cell n. 胚〔生殖〕细胞.
germ-disease n. 微生物病.
germici'dal [dʒəːmiˈsaidl] a. 杀菌(性,剂)的. *germicidal action* 杀菌作用.
ger'micide [ˈdʒəːmisaid] n.; a. 杀菌剂〔物〕,(有)杀菌(力)的.
ger'miculture [ˈdʒəːmikʌltʃə] n. 细菌培养(法).
germifuge n. 袪〔抗〕菌剂.
ger'minal [ˈdʒəːminl] a. 幼芽的,原子的,根源的,原始的,胚的,生殖的.
ger'minant [ˈdʒəːminənt] a. 发芽的,有生长力的,开头的.
germinate [ˈdʒəːmineit] v. (使)(发)(萌)(使)发达〔展〕.
germina'tion [dʒəːmiˈneiʃən] n. ①发(萌)芽,生长,产(发)生 ②晶核化,长晶核,晶粒过分长大,连晶.
ger'minative a. 发〔生,出〕芽的,有发育力的. *germinative temperature* 晶核化(发芽)温度.
germyl n. 甲锗烷基,三氢锗基.
germylsilans n. 锗烷基硅烷类.
gero- 〔词头〕老.
geroatrics [dʒerəˈtriks] n. 老年病学.
geroco'mia [dʒeroˈkoumiə] n. 老年保健,老年摄生法.
geroco'mium n. 敬〔养〕老院.
ger'ocomy [dʒerəkəumi] n. 老年保健,老年摄生法.
gerok'omy [dʒiˈrəkəmi] n. 老年保健,老年摄生法.
geromaras'mus [dʒerəməˈræzməs] n. 老年性消瘦.
geromor'phism [dʒeroˈmɔːfizm] n. 早老〔衰〕形像.
gerontal a. 老年人,老人的.
geron'tism [dʒəˈrɔntizm] n. 老年.
gerontogen'esis n. 老年发生.
gerontol'ogy [dʒerənˈtɔlədʒi] n. 老年学,老年医〔病〕学.
gerotor pump 常压(70kg/cm²)油泵.
ger'rymander [ˈdʒerimændə] vt. n. 捏造(事实),欺诈,弄虚作假.
gersdorffite n. 辉砷镍矿.
ger'und [ˈdʒerənd] n. 动名词.
GES = ground electronics system 地面电子系统.
ges'so [ˈdʒesou] (意大利语) n. 石膏粉,石膏底子.
gestic'ulate [dʒesˈtikjuleit] v. 打手势,用手势表示.
gesticula'tion [dʒestikjuˈleiʃən] n. (打,做)手势,示意的动作〔姿势〕.
gestic'ulative 或 **gestic'ulatory** a. 打〔做,用〕手势的.
ges'ture [ˈdʒestʃə] Ⅰ n. 手势,手语,姿势〔态〕,友谊的表示. Ⅱ v. 打手势,用手势表示.
get [get] Ⅰ (got, got 或 gotten; getting) v. ①得〔收,弄,取〕到,到达,使得,取出,取得,接通,收听到 ②(使)弄,获,挣)得 ③变得,成为,(开始,逐渐)…起来 ④抓住,拿,捉,击中,理解,生(仔) Ⅰ

n. 产(煤)量,产出,后代,子女. *get a letter* 收到信. *get information* 获得消息. *get there* 到达那里. *get the truck rolling* 使这卡车开动起来. *get the motor repaired* 把这电动机(送去)修好. *get the machine to run again* 使这机器再运转. *get in the mould* 垫平铸型(准备浇注). *The nozzle got blocked.* 管嘴被堵住了. *It has got to be done today.* 这事必须今天做好. *Transistors do not get hot.* 晶体管不会变热. *get area* 【计】占用区. *get statement* 【计】取得语句. ▲*get about* 走动,流传(开),动手(干),忙工作. *get accustomed to* (变得)习惯于. *get across* (使)渡〔横,穿〕过(去),把…讲清楚,(使)被理解〔接受〕. *get ahead* 赶(超,胜)过(of),进步,有进展,获得成功. *get along* 前进,(在…方面)有进展(with),过活,(与…)和好相处(with). *get a new angle on* 换个角度来考虑. *get around* 避免,克服,往来各处. *get at* 到达,得到,抓住,攻克,接近,够到,领会,了解,掌握,查明,意指. *get away* (使)离开,逃脱,脱离,散逸,把…弄走. *get back* 返〔取,收〕回,恢复. *get behind* (在…方面)落后(某人不上署署),看透,深入,支持. *get by* (从旁边)走过,通过,对付过去,过得去,及格. *get by with* 用…对付过去. *get done with* 做完. *get down* 降,下(车,来),放下,记录下. *get down to* (开始)认真对待〔处理,研究〕,专心做,深入到,(使)低〔降,达〕到. *get familiar with* (变得)熟悉. *get hold of* 抓住,握紧找到. *get home* 回〔到〕家,达到目的,中肯. *get in* (使)(进入,插入,收集〔回,获〕,到达,召集. *get into* 进〔陷〕入,研究,从事于,*get it* 明白,理会. *get it on* 处于兴奋状态. *get off* 走走,离开,开脱,出发,开始,(下)车,脱去,弄掉,发出,(电)送出,获得兴奋. *get on* (乘)上,穿〔踏〕上,(使)前进,获得进展,过活. *get on for* (to, towards) 接〔靠〕近. *get on the stick* 精神饱满地工作起来. *get on with* 在…上获得成功(进展). *get out* 取〔得,弄,发,输,走,逸,滚〕出,泄漏,出去,离开;公布,出版. *get out of* 从…取〔得,弄,逸)出,使…离开〔避去〕过,倒,恢复,结束,弄完,说服,使被了解. *get ready for* +inf. 准备好. *get rid of* 除去,摆脱. *get round* 回〔运转〕,(克)服,*get set* 安装,规定,建立. *get through* (使)通过,完成,结束. *get to* 到达,接触到,开始,对…产生影响. *get to* +inf. (开始)…起来,变得. *get* …*to* +inf. 说服,请. *get together* 聚合,集合,集会. *get under* 控〔管〕制,镇压. *get up* 起来,登上,拿〔唤〕起,使升高,变剧烈,追及,到达,弄好,整理,安排,组织,筹划,装扮,产生,训练,致力于,改订. *get used to* 变得习惯于. *have got* 有. *have got to* +inf. 不得不(做),必须(做).

get'able [ˈgetəbl] 或 **get-at-able** [ˈgetætəbl] a. 可到〔获得,接近〕的,能做〔做到〕的,能懂的.
get'away [ˈgetəwei] n. ①逃跑,跳出,起动,离开,开始,活动 ②运动布景 ③大型邮政转运站. *a car with a good getaway* 一辆起动快的汽车.
get-off n. 起飞.
get-out n. 逃〔回〕避场. *all get-out* 极顶,最大程度.
get-rich(-quick) a. 投机致富的,暴发的.
get'table [ˈgetəbl] a. 能得到的,可以获得的.
get'ter [ˈgetə] Ⅰ n. 吸〔收,消,去〕气剂,吸〔收,消〕气

getter-ion pump 吸气离子泵.

get′ting [′getiŋ] I *get* 的现在分词. II *n.* 获得(物), 利益, 所得. *dip getting* 强〔急〕吸气.

get-together [′getəgeðə] *n.* 聚会, 联欢会.

get-tough *a.* 强硬的.

Gettysburg [′getizbə:g] *n.* (美国)葛底斯堡(市).

get′-up [′getʌp] *n.* ①组织, 构造 ②版〔格, 服〕式(装订)式样, 态度, 装束.

Gev = Giga electron-volt 千兆电子伏.

gew′gaw [′gju:gɔ:] I *n.* 小玩意儿, 华而不实的东西. II *a.* 外表好看的, 花哨的, 华而不实的.

gey′ser I [′gaizə 或 ′geizə] *n.* 喷泉, 间歇泉. II [′gi:zə] *n.* (厨房、浴室等的)热水锅炉, 水的(蒸汽)加热器.

geyserite *n.* 硅华.

GF = ①gas filled 充气的 ②generator field 发电机磁场 ③glass fiber 玻璃纤维.

GF cable 充气电缆.

g-factor G 因子, g-因数, 郎德因子, 偶接相关因子.

GFF = granolithic finish floor 人造花岗石磨光地面.

GFM = glass fibre material 玻璃纤维材料.

G-forbidden *n.* G(字称)禁戒.

g-force *n.* g 力, 产生过荷的力, 惯性力.

GFR = ①German Federal Republic 德意志联邦共和国 ②glass-fibre reinforced 玻璃纤维增强的.

GFRP = glass-fiber-reinforced plastic 玻璃纤维加固塑料.

GG = ①gas generator 气体发生器 ②gauge glass 量计〔水位〕玻璃管 ③great gross 十二罗(1728个) ④ground guidance 地面制导.

Gg = gigagram 十亿克(10^9g).

GGAP = gunsight aiming point 瞄准点.

GGC = ground guidance computer 地面制导计算机.

gge = gauge 量规.

GGM 泡室(西欧中心重液泡室).

ggr = great gross 十二罗(1728个).

GGS = ①ground guidance system 地面制导系统 ②gyro-gun sight 陀螺仪型射击瞄准器.

GGVPV = gas generator valve pilot valve 气体发生器活门的控制活门.

GGVPVS = gas generator valve pilot valve switch 气体发生器活门的控制活门开关.

GGXFV = gas generator starter fuel valve 气体发生器起动装置燃料活门.

GGXFVS = gas generator starter fuel valve switch 气体发生器起动装置燃料活门开关.

GGXOLPVS = gas generator starter oxidizer line purge valve switch 气体发生器起动装置的氧化剂管路清洗活门开关.

GGXOVS = gas generator starter oxidizer valve switch 气体发生器起动装置的氧化活门开关.

GHA = Greenwich hour angle 格林尼治时角.

Ghana [′ga:nə] *n.* 加纳.

Ghanaian [′ga:neiən] *a.*; *n.* 加纳人(的).

ghast′ly [′ga:stli] *a.*; *ad.* ①可怕的〔地〕, 恐怖的, 苍白的, 死人般(的) ②精透的, 坏极的 ③极大的.

Ghati gum 或 **Ghatti gum** 印度树胶.

ghee [gi:] *n.* (印度及水牛)奶油, 黄油, 酥油.

Ghent *n.* 根特(比利时港口).

ghizite *n.* 蓝云沸玄岩.

ghont *n.* 木刺果(紫胶虫寄生树).

ghost [goust] *n.* ①鬼(怪), 幽灵 ②幻像, 重像, (光学或电视屏幕上)重复的影像, 叠影, 幻影, 幻迹, 鬼脸纹(一种金属的离析条纹), 一般含硫, 磷, 氧较集中而含碳较少) ④鬼线, 散乱的光辉, 灯的光亮, 偏析色带 ⑤空胞, 空壳, 形骸细胞 ⑥一丝, 一点点, 些微. *be not afraid of ghosts* 不怕鬼. *ghost effect* 寄生〔幻像, 双重图像, 重影〕效应. *ferrite ghost* 铁素体带. *ghost image* 幻影, 叠影. *ghost line* 线(陷), 幻影线(钢中磷偏析和氧化物渣滓造成的带状组织缺陷), 寄生带. *ghost mode* (波导管中的)混附振荡型, 幻影模式, 重像. *ghost phenomena* 重象〔重影, 幻影〕现象. *ghost pulses* 寄生〔虚假, 重影〕脉冲, 虚〔次〕脉冲. *ghost signal* 幻影〔幻象, 重像, 假, 超幻线干扰〕信号. *negative ghost* 负 "鬼影"(黑白颠倒的鬼影). *ring ghost* 环形条状结晶. ▲*have not the ghost of a chance* 连一点点机会〔希望〕都没有.

ghosted image 重〔幻〕像.

ghost′ing *n.* 虚反射.

ghost′ly *a.* ①鬼(一般)的, 可怕的 ②精神(上)的.

ghost′write [′goust-rait] (*ghost′wrote*, *ghost′written*) *v.* 代写, 代笔.

ghost′writer [′goust-raitə] *n.* 代笔人.

ghosty *a.* 鬼(似)的, 幽灵(似)的.

GHQ = general headquarters 统帅部, 总司令部.

GHz = giga hertz 千兆赫.

GI = ①galvanized iron 镀锌铁, 白铁皮 ②gas impregnated 充气的 ③general issue 总发行额 ④government issue 美国政府发给军人的, 美国兵, 美国军事人员的, 符合〔严格按〕军事法规〔惯例〕的 ⑤growth index 生长指数.

GI cable 气体绝缘电缆.

Gi = gilbert 吉伯(等于0.796安匝).

gi = gill 吉耳(液量单位, = 0.25品脱, 约0.14L).

gi′ant [′dʒaiənt] I *n.* (巨人(物), 卓越人物, 大力之水枪, 大喷嘴, 冲矿机. II *a.* 巨(大, 型)的, 伟大的. *giant brain* 大脑, 电子〔大型〕计算机. *giant crane* 巨型起重机. *giant optical pulsation* 巨光脉动. *giant panda* 大熊猫, 大猫熊. *giant pulse* 窄尖大脉冲, 巨〔单〕脉冲. *giant resonance* 巨共振. *giant tyre* 巨型轮胎. *hydraulic giant* 水力冲矿机.

giant-grained *a.* 巨粒的.

giant′ism *n.* 巨大, 庞大.

giant′like *a.* 巨人般的.

giant-pulse *a.* 巨脉冲的.

gib[1] [dʒib] *n.* 见 *jib*.

gib[2] I [dʒib] *n.* 起重杆, 吊栓, 吊机臂. I [gib] *n.* ①扁栓〔拴〕, 夹〔镶〕条, 拉紧销 ②凹字楔, 楔 ③ (pl.)异块. II (*gibbed*; *gibbing*) *vt.* 用扁栓〔夹条〕固定. *adjustable gibs* 调整镶条. *cross head gib* 十字头扁栓. *front beveled gib* 前斜夹条. *gib and cotter* 合楔. *gib arm (of crane)* 起重机臂. *gib crane* 挺杆起重机.

GIB =galvanized iron bolt 镀锌螺栓.
gib′berish [ˈgibəriʃ] 或 **gib′ber** [ˈdʒibə] *n.* 莫明其妙的话,言语凌乱,【计】无用〔零碎,杂乱,无意义〕数据,混乱〔无用,无意义的〕信息,无用〔存储〕单元. *gibberish total* 一团糟,无用数位总和.
gib′bet [ˈdʒibit] Ⅰ *n.* 起重杆,吊杆,(起重机)臂. Ⅱ *v.* 绞死,(当众)侮辱〔嘲弄〕.
gib′bon [ˈgibən] *n.* 长臂猿.
gibbos′ity [giˈbɔsiti] *n.* 凸面〔圆,状〕,隆〔突〕起.
gib′bous [ˈgibəs] 或 **gib′bose** [ˈgibous] *a.* 凸圆〔状〕的,隆〔突,凸〕起的,驼背的,(月球,行星)光亮部分大于半圆的. *gibbous moon* 凸月(大于半月小于满月的). ~**ly** *ad.*
gibbs *n.* (吸收单位)吉布斯(10^{-10}克分子数/厘米^{2}的表面浓度=1吉布斯).
gibbsite *n.* (三)水铝矿,水铝氧.
gibe [dʒaib] *v.* ; *n.* ①嘲弄〔笑〕(at) ②使调和,使适应.
Gibral′tar [dʒiˈbrɔ:ltə] *n.* 直布罗陀.
gid′dily [ˈgidili] *ad.* …到头晕眼花,急速旋转地.
gid′diness *n.* 眩晕,眼花,急速旋转.
gid′dy [ˈgidi] Ⅰ *a.* ①发晕的,令人头晕的,眼花缭乱的,急速旋转的 ②轻率的. Ⅱ *v.* (使)眩晕,(使)急速旋转.
GIE =ground instrumentation equipment 地面仪表设备.
gift [gift] Ⅰ *n.* ①礼物〔品〕,赠品 ②天赋,天资,才能 ③赋予,授予. Ⅱ *vt.* 赠送,授与,赋予. ▲***be in the gift of***… 由…授予. ***by*** 〔***of***〕 ***free gift*** 免费赠送,作为免费赠品. (***not***) ***as a gift*** 白送也(不).
gig [gig] *n.* ①提升机,绞车,吊桶 ②旋转物 ③(轻便)快艇,赛艇. *vi.* 乘快艇.
giga *n.* 京,吉咖,千兆,十亿,10^9.
giga- 〔词头〕千兆,十亿,京(10^9),巨大.
gig′abit [ˈdʒigəbit] *n.* 千兆位(相当于十亿 bit 的信息单位).
gigabyte *n.* 京彼特(二进位组).
gigacycle *n.* 千兆周,10^9周/秒.
giga-electron-volt *n.* 十亿〔千兆,京〕电子伏,10^9eV.
gi′gahertz *n.* 千兆赫.
gigan′tic [dʒaiˈgæntik] 或 **gigantesque** *a.* 巨〔庞〕大的,巨人似的. *gigantic leap* 飞跃. *gigantic struggle* 大搏斗. ~**ally** *ad.*
gigan′tism *n.* ①巨大,庞大 ②巨人症,巨大畸形,巨形发育.
gigantoblast *n.* 巨型有核红细胞.
gigantocyte *n.* 巨红细胞.
gigantoso′ma [dʒaigæntoˈsoumə] *n.* 巨大发育,巨高身材.
gigartinine *n.* 脒氨甲酰乌氨酸.
gi′gaton *n.* 十亿吨(TNT)级.
gi′gawatt *n.* 千兆瓦.
GIGO [ˈgi:gou] ①garbage-in, garbage-out 之缩略语【计】杂乱输入和杂乱输出 ②吉戈原理(资料处理的有效输入法则).
gil′bert [ˈgilbət] *n.* 吉(伯)(磁通势单位,=0.796安匝).
Gilbert and Ellice Islands *n.* 吉尔柏特和埃利斯群岛.
gilbertite *n.* 丝光白云母.
gild [gild] (***gild′ed*** 或 ***gilt***) Ⅰ *vt.* 镀金于,涂〔飞〕金,装上金箔,装〔修,虚,粉〕饰,使光彩夺目. Ⅱ *n.* 协会,行会. ▲***gild refined gold*** 做无需做的事. ***gild the lily*** 画蛇添足. ***gild the pill*** 虚饰外观,把讨厌的事情弄得容易被接受.
gild′ed *a.* 镀金的,贴金箔的,涂金色的,装〔虚〕饰的.
gild′er *n.* 镀金者〔工〕.
gild′ing *n.* ①镀金(术,用材料),装〔涂,烫,飞〕金,金粉 ②虚饰的外观,假象. *chemical* 〔electric〕 *gilding* 电镀金. *gilding metal* 手饰铜.
gill [gil] *n.* ①鱼鳞〔波形〕板,百页窗〔帘〕,菌褶 ②肋条支骨,加强筋 ③散热片 ④双层重合环状接合 ⑤吉耳(液量单位,=0.25品脱,≈0.14L) ⑥测量计算机运算速度的尺度 ⑦基尔(完成一次给定操作的时间单位) ⑧峡谷〔流〕.
gilled *a.* 肋形的,起凸纹的,腮状的. *gilled radiator* 腮片散热器. *gilled rings* 腮环.
gillion *n.* 千兆,京,10^9.
gil′lyflower *n.* 紫罗兰花.
gilpinite *n.* 硫酸铜铀矿,硫铀铜矾.
gilsonite *n.* 黑〔硬,天然〕沥青.
gilt [gilt] Ⅰ gild 的过去式和过去分词. Ⅱ *a.* ; *n.* 镀金(的,材料),烫〔涂〕金的,金色(的,涂层),炫目的外表. ▲***take the gilt off the gingerbread*** 剥去金箔,剥去美丽外衣,把真相暴露出来. ***The gilt is off.*** 幻想破灭.
gilt-edged *a.* 金边的.
gim′bal [ˈdʒimbəl] Ⅰ *n.* ①万向接头 ②(pl.)平衡〔称平,水平〕环,常平架〔环〕,万向(悬挂)支架,框架. Ⅱ *v.* 装以万向接头,用万向架固定. *gimbal error* 框架误差. *gimbal lock* 常平架锁定,框架自锁. *gimbal moment of inertia* 框架转动惯量. *gimbal ring* 平衡〔称平〕环. *rocket-motor gimbal* 火箭发动机架万向架〔万向接头〕.
gim′baled *a.* 用万向架固定的,装有万向接头的,装有常平架的. *gimbaled hanger assembly* 万向平衡式吊架组合 *gimbaled engine*(火箭、卫星用)换向发动机. *gimbaled motor* 万向架固定式发动机. *gimbaled rocket engine* 万向架固定式定向火箭发动机.
gim′baling *n.* 常平装置.
gim′crack [ˈdʒimkræk] *a.* ; *n.* 华而不实的(东西),花哨〔制造粗劣〕而无价值的(东西). ~**ery** *n.* ~**y** *a.*
gim′let [ˈgimlit] Ⅰ *n.* (木工)手钻,木〔手,螺丝〕锥,钻子. Ⅱ *a.* 有钻孔能力的. Ⅲ *v.* 用手钻钻孔,用锥子锥,穿透. *gimlet for nail* 钉孔钻.
gim′mick [ˈgimik] Ⅰ *n.* ①(为某物做广告宣传而搞的)骗人的玩意,骗局 ②绞合电容器,扭线电容(一对扭绞线所形成的电容). Ⅱ *vt.* 搞骗人的玩意.
GI/M/n 一般输入,负指数服务,n 站随机服务系统.
gimp *n.* (唱片录音中出现的)一种外界噪声.
gin [dʒin] Ⅰ *n.* ①机械(装置),三脚起重机,起重装置,打桩机 ②绞车〔盘〕,辘轳 ③陷阱,网 ④杜松子酒,串香酒,荷兰酒. Ⅱ *v.* 用陷阱捕捉. *gin block* 单轮滑车. *gin pole* 起重把杆,(油罐的)中央立柱.
gin-block *n.* 单轮滑车.
gingelly oil 芝麻油.
gin′ger [ˈdʒindʒə] Ⅰ *n.* ; *a.* ①(生)姜 ②元气,精力,干劲 ③姜〔淡赤〕黄色(的). Ⅱ *vt.* 使更有生气,使更为活泼,鼓舞,刺激(up).
gin′gerbread *n.* ; *a.* 假货,华而不实的(东西).
gin′gerly [ˈdʒindʒəli] *a.* ; *ad.* 小心翼翼(地),(小心)

gin′gerol n. 姜酚.
gingili n. 芝麻(油).
gingivitis n. 龈炎.
ging′ko [ˈgiŋkou] n. 银杏,白果树.
gin′seng [ˈdʒinseŋ] n. 人参.
giobertite n. 菱镁矿.
GIPSE = gravity-independent photosynthetic gas exchanger 与重力无关的光合作用气体交换器.
gip′sy = gypsy.
giraffe [dʒiˈrɑ:f] (pl. giraffe(s)) n. ①长颈鹿 ②柱柱(乳腔中的).
gir′asol(e) [ˈdʒirəsɔl] n. 青蛋白石.
girbotol absorber 以乙醇和二乙醇胺溶液精制气体用吸收器.
girbotol process 乙醇胺法.
gird [gə:d] I (girded 或 girt) v. ①佩(带),束(紧,缚)(on) ②围起,包围,围绕(round). II n. ①横梁 〔木〕②保安带,(木杆防掘用)包带 ③(电枢的)扎线,箍,(发电机转子的)护环.▲gird oneself for 准备.
gird′er [ˈgə:də] n. 桁(架),(大,纵,横,板,桁,托,钢)承重梁,撑柱〔杆〕,槽钢. braced girder 有刚性腹杆的梁式桁架. frame(d) girder 桁架梁,构桁. girder (and beam) connection 大小梁联接. girder bridge 桁(板)梁桥,陆桥,架空铁桥. girder dog 起梁钩. girder pole 桁架杆柱. girder space 桁(梁)间隔. girder span 梁路. girder steel 钢梁,工字钢. girder truss 或 truss girder 桁架梁·梁构桁架. lattice girder 格桁〔花格〕大梁. table-side girder 辊道架的非传动侧.
gir′derage [ˈgə:dəridʒ] n. 大梁搭接体系.
gir′derless a. 无梁的. girderless floor 无梁板.
gir′dle [ˈgə:dl] I n. ①腰(托,环,动力)带,(抱)柱带,环圈,环形物,胴轮,横肉 ②赤道. II vt. ①环〔围〕绕,包围,束住 ②围〔切环〕剥皮(about, in, round) ②环割.▲put a girdle round 绕一周,围绕.
girl [gə:l] n. 女孩子,姑娘.
gi′ro [ˈdʒairou] n. (自动)旋翼机,自转旋翼飞机.
girt [gə:t] I v. ①gird 的过去式和过去分词 ②用带尺量周围(围长)围长,围绕,包围. II n. ①(墙)梁,柱间连系梁,围板条,机上(高炉的)铁箍,托圈 ②带尺 ③周围,围长,大小,尺寸. chicken girt 石米,瓜子石.
girth [gə:θ] I n. ①周围(尺寸,长度),(树干,圆筒,船壳)围长,曲线周长 ②带尺,围梁,襄缘 ③大小,尺寸. I v. ①围绕,包围,用带系紧 ②(周)围长,围长为···,量···的围长. a funnel 9 metres in girth 周长九米的烟囱. girth gear 矢圈(轮). girth sheets 围板. girth welding 环缝焊接.
girt′wise a. 【矿】沿走向的.
GIS = general installation subcontracts 总安装的转〔分〕包合同.
gisement n. 坐标偏角〔误差〕.
gismo = gizmo.
gismondite n. 水钙沸石.
gist [dʒist] n. 要点(旨,义). the gist of a question 问题的要点.
git n.【铸】(中)心注管,浇口(道). git cutter (浇一段的)压力剪切机.

give [giv] I (gave, giv′en) vt. ①给(出,予,定),交(赠)给,赋予,供给(应),使···具有,委托 ②产(发)生,引起,带来,发出 ③举出,指出〔示,定〕④举行〔办〕,捐助,屈服,献身于. give … a book 或 give a book to … 给···一本书. give … elasticity 使···具有弹性. give a discount 打折扣. give a dinner 设宴. give a reading of … 给出读数. give a reference to … 提到,指示,表示,提供···以资参考. give attention to 注意. give birth to 产生,造成. give chase to 追赶〔击〕. give credit for 把···给···,把···归功于. give currency to 传播,散布. give ear 倾听. give effect to 实行,生效. give encouragement to … 对···予以鼓励. give evidence of 有···的迹象. give examples 举例(子). give expression to 陈述,表明. give full play to 充分发挥. give ground 撤退,让步. give lessons in 教,讲授. give news 报导消息. give notice 通知,预告. give one's life to … 献身于···. give one's opinion 发表意见. give orders 发出命令. give place 让步,让出位置. give rise to 引起,导致,使发生. give room 退让,让出位置. give strength to 加强,使坚固. give "The East is Red" 上演"东方红". give warning 警〔预〕告. give way (to) 退让(后),(为···)让出位置〔空间〕,为···所代替,屈服,破裂,毁坏,崩溃,倒塌,让步,下倒塌〔软化〕. 6 divided by 3 gives 2 三除六得二. The thermometer gave 35° 温度计到了 35° ⑤(十表示动作意义的名词)做,作,进行. give it a pull 拉一拉它. give a try试一试. give continuous purification 不断净化 ⑥(+名词 + to + inf.) 使(能). give … to understand 〔know〕 that 使···了解.
I vi. ①给予,让步,屈服,迁就 ②坍(塌,陷,凹)下,弯曲,下缩 ③(冷气)减退,(气候)转暖,(冰霜)溶解 ④有弹性,弹回 ⑤(螺母,螺栓)松动,(弹簧,拉紧的绳索)变松弛. The cushions of air permit the tires to give slightly. 气垫使轮胎稍具弹性. The nut or bolt suddenly gives. 螺母或螺栓忽然松动.
II n. ①给与 ②弹力〔性〕,可弯性,适应性. The cushion should have a certain amount of give in it. 垫子应有一定的弹性. There is no give in a stone floor. 石板地面没有弹性.▲give about 分布,传播. give and take 互让,互相让步,相互迁就,交换意见. give away 分送〔配〕,颁发,赠送,泄漏,失去,暴〔泄〕露. give back 归还,送回,恢复,反射,产生(回声,反射波),凹陷. give forth = give out. give in 提交〔出〕,把···交上,公开宣布(表示). give in (to …) (向···)屈服,(对···)让步,投降. give in to this view 接受这个观点(意见). give into (往,向). give off (释)放出,发(散)出,放〔辐〕射(出),排出,分离. give on (to)(窗等)向,朝,面对,通向. give oneself up to 埋头于···. give or take 增减···而无大变化,允许有···的小误差. give out 用完〔光,尽〕,断,断绝,给出,分配〔发〕放出,(散)发出,发表,公〔宣〕布. give over 停止,放弃,交出,转交. give over + ing 停止(做),不再(做). give M over to N 把 M 交出(交给,移交) N. give up 放

give-and-take 〔地〕弃，中〔停〕止，中断，放〔排，滤，传〕出，泄露. *give up M to N* 把M让〔传〕给N. *give upon*（窗等）向，朝，面对.

give-and-take n.；a. 妥协(的)，互相让步(的)，平等交换(的)，相互迁就(的)，交换意见(的)，协调(的).

give'away ['givəwei] n. （无意中）泄〔暴〕露，放弃，(用以吸引顾客的)赠品.

giv'en ['givn] I give 的过去分词. I a. ①一〔给，指，特，约，已，假〕定的，假设的，已知的，某 ②(位于句首)设，已知，给定，如果，假定，施加 ③(正式文件)签订的. II n. 想当然之事，事实. *given off* 释放，脱离〔附〕，游离，解吸，发射. *given size* 规定尺寸. *given value* 已知值. *relations given* 给出的关系式. *under the given conditions* 在给定的条件下. *Given X, it follows that*… 已知X，则(可以得出)…. *If φ = 30° as give, then φ' = 60°*. 如果φ = 30°，则φ' = 60°. *Given proper care, a steel tower is good indefinitely*. 如果对钢塔加以适当的保护，它就能长期保持完好. ▲*be given by* (*the following equation*) 可以用(下式)表示. *given to* 热心于，习惯于；易于，经常受到(…的作用). *for reasons given* (*above*) 据此，根据上述原因. *given that* 假(给)定，已知，设，在…条件下.

giv'er ['givə] n. 给予者，赠送者，施主.

giv'ing ['givin] n. 给予物，礼物.

giz'mo ['gizmou] n. ①这个人，这个东西(对未定名的物的称呼)，小物件 ②新玩意，新发明(品). *gizmo montage amplifier* 特技用混合放大器.

GJ = grown junction 生长结.

Gk = Greek 希腊的(语).

GL = ①gas laser 气体激光器 ②gauge length 标距〔计量〕长度 ③general list 总目录 ④glass 玻璃，镜 ⑤glaze 釉 ⑥ground lamp 接地指示灯 ⑦ground level 地面标高 ⑧ground line 地平线，地面线 ⑨ground location 地面定位 ⑩gun laying（火炮）瞄准.

Gl = glucinium，即 beryllium 铍 Be 的别名.

gl = gill 吉耳(约 0.14L).

gla'brous ['gleibrəs] a. 【生物】无毛的，平滑的，光秃的.

glacé ['glæsei] (法语) a. 光滑(洁)的，磨光的，冰冻的.

gla'cial ['gleisiəl] a. ①冰（状，冻，川）的，冰河(时代)的，冰川的，极冷的，像冰河般缓慢运动的 ②玻璃状的，坚硬的 ③结晶状的. *glacial acetic acid* 冰乙酸. *glacial action* 冰川作用. *glacial alluvion* 冰川冲积层. *glacial debris* 〔till〕冰碛物. *glacial deposit* 〔outwash〕冰川沉积，冰积土. *glacial epoch* 〔age, era, period〕冰河时代，冰期. *glacial rock* 冰成岩.

glacial-lake n. 冰川湖.

glac'iate ['glæsieit] vt. 使冻结(冰冻)，使成冰状，以冰(河)复盖，以冰河作用(影响)，冰川化.

glac'iated a. 受冰川作用的，冰川生成的，已变化成冰川的，冰封着的. *glaciated coast* 冰蚀海岸. *glaciated rock* 冰擦岩.

glacia'tion [glæsi'eiʃən] n. 冰蚀，冰川作用(现象，化).

glacieolian a. 冰川-风成的.

gla'cier ['glæsjə] n. 冰川〔河〕. *glacier avalanche* 冰崩. *glacier table* 冰川基准面，冰川台地. *glacier till* 冰碛物.

glacieret' ['glæsjə'ret] n. 小冰川〔河〕，二级冰川.

glac'ierized a. 冰川化的，冰川覆盖的.

glacifluvial a. 冰川洪积的.

glacigenous a. 冰成的.

glacilimnet'ic a. 冰湖的.

glacimarine a. 冰海的.

glacio-eustatism n. 冰川海面升降.

glaciol'ogy [gleisi'ɔlədʒi] n. 冰川〔河〕学，(地区的)冰河特征.

glaciom'eter n. 测冰仪.

glac'is ['glæsis] (pl. *glac'is*) n. ①缓斜坡，(堡垒的)斜堤，斜岸，(炮塔周围的)斜甲板 ②缓冲地区.

glactic light 银河光.

glad [glæd] a. 使人高兴的，(充满)快乐的. *glad news* 〔tidings〕好消息. ▲*be* 〔*feel, look*〕 *glad about* 〔*at, of, that,* to + *inf.*〕对…感到高兴. *give … the glad hand* 向…伸出欢迎的手.

glad'den ['glædn] vt. 使…高兴(快乐).

glade [gleid] n. 林间空地(通道)，沼泽地，湿地.

glad'-hand'ing a. 亲善的.

glad'iate a. 剑状的.

glad'iator ['glædieitə] n. ①斗士，斗剑者 ②争论者.

glad'ly ['glædli] ad. 高高兴兴地，欣然，乐意.

glad'ness ['glædnis] n. 高兴，喜悦.

glad'some ['glædsəm] a. 愉快的，可喜的.

glairin n. 粘胶质.

glairy a. 卵白状的.

glame n. 用照明产生下雨效果的道具.

glamor = glamour.

glam'orize ['glæməraiz] vt. 使有魅力，使吸引人.

glam'orous ['glæmərəs] a. 吸引人的，动人的.

glam'o(u)r ['glæmə] I n. 魅力，魔法(术). II a. 吸引人的.

glance [gla:ns] I n. ①一眼，(光线)一闪，一瞥，匆匆一看 ②光泽，闪光 ③辉矿类. *antimony glance* 辉锑矿. *copper glance* 或 *glance copper* 辉铜矿. *glance coal* 镜(亮，无烟)煤. *glance pitch* 辉沥青，光泽地沥青石. *lead glance* 方铅矿. *nickel glance* 辉砷镍矿. *glance steel* 方铅矿. ▲*at a glance* 或 *at* (*the*) *first glance*(初，乍)一看就，看一眼就，一下子，初看起来，初看上去. *take* 〔*give*〕 *a glance at* (一扫而过地)看一看，浏览，看一眼就. *tell* 〔*see*〕 *at a glance* 一看就看见，一眼便知(对…)一目了然. *with a glance to* 考虑〔顾及〕到.

I v. ①看一眼(看)，瞥见，匆匆一看(at, over, through)，掠过，擦过(off) ②闪耀〔光〕 ③使发光，磨光 ④偶尔提到，暗指(at). ▲*glance back* 反射. *glance down* 〔*up*〕朝下〔上〕看一看. *glance* (*one's eyes*) *over* 随便看一看.

glan'cing a. ①粗略的，随便的 ②侧面的，间接的 ③掠射的，斜掠的. *glancing angle* 掠射角. *glancing incidence* 掠入射，水平入射.

gland [glænd] n. ①(密封)压盖，填料函〔箱〕，衬垫〔片〕，密封套，密封装置，塞栓 ②(pl.)气封 ③腺. *gland bonnet* (轴端)密封盖. *gland box* 填料函〔箱〕

gland cover 密封压盖,填料盖,密封套. *gland follower* 密封压盖随动件. *gland nut* 压〔锁〕紧螺母,压盖螺帽. *gland packing*(压盖)填料,压盖密封,密封垫. *gland retainer plate* 轴密封盖,轴端护板. *labyrinth gland* 迷宫〔曲折〕密封装置. *manometer tube gland* 压力管塞. *packing gland* 填密函盖,衬,垫(压盖),填料(压)盖,密式套,填函函. *stuffing gland* 填料函压盖. *water sealed gland* 水封套.

glan′ders *n.* 鼻疽,皮疽.
gland′less *a.* 无密封填的,无填料的.
glan′dular *a.* 腺的,本能的.
glan′dule *n.* 小腺.
glan′dulous *a.* 多核的,多小腺的.
glans *n.* 腺状体.
glare [glɛə] I *n.* ①强(烈刺目)的光,眩〔反〕闪〕光,灿烂,光泽 ②光滑明亮的表面 ③怒目而视. II *v.* ①发眩光,发强烈的光,闪〔炫〕耀,眩目〔瞪〔看〕(at, on, upon). *glare ice* 薄〔光滑〕冰,冰壳. *glare shield* 闪光屏挡,遮光罩. *head light glare* 头灯眩光. *in the full glare of publicity* 众目睽睽之下.
glarim′eter *n.* 闪光计,光泽计.
gla′ring [ˈglɛəriŋ] *a.* ①炫耀的,刺〔耀〕眼的 ②显眼的,显著的,突出的,易见的,鲜艳的. *a glaring error* 显著的错误,大错.
gla′ringly *ad.* 明显地.
gla′ry [ˈglɛəri] *a.* ①眩目的,刺眼的,显眼的 ②光滑的.
Glas′gow [ˈglɑːsgou] *n.* (英国)格拉斯哥.
glas′phalt [ˈglæsfɔːlt] *n.* 玻璃沥青.
glass [glɑːs] I *n.* ①玻璃(制品,器具,器皿,仪器,状物),玻璃杯,玻片 ②观察镜(孔) ③(透,望)远,眼镜,放大镜,(pl.)眼镜,双筒镜 ④(玻璃)窗(孔),车窗 ⑤晴雨表,温度计,气压计,沙漏 ⑥一杯的量. II *vt.* ①镶〔装〕以玻璃,用玻璃盖,装在玻璃器内 ②磨光,打光,使平滑如镜,成玻璃状 ③(反)映. *a glass of water* 一杯水. *armoured glass* 钢丝玻璃. *bell glass* (玻璃)钟罩. *cover glass* 封面玻璃,玻璃盖片. *crown glass* 冕(牌)玻璃,硬性光学玻璃. *cut glass* 雕花玻璃. *double concave* (*convex*) *glass* 双凹〔凸〕透镜. *end-of-day glass* 混色玻璃. *face glass* 管面〔涂磷光体的〕底面玻璃,玻璃纤维,玻璃丝. *field glasses* 双眼望远镜. *flint glass* 燧石玻璃,软性光学玻璃. *frosted glass* 毛〔磨砂,霜化〕玻璃. *gauge glass* 量计(指示,计液)玻璃管. *glass binder* 低熔点玻璃,*glassblack* 灯黑. *glass block* 玻璃块〔片〕,镜片. *glass blowing* 玻璃的吹制,吹玻璃. *glass cloth* = glass-cloth. *glass condenser* 玻璃介质电容器. *glass cutter* = glass-cutter. *glass delay-line memory*【计】石英玻璃延迟线存储器. *glass envelope* 玻璃壳灯泡. *glass epoxy* (环氧)玻璃钢板. *glass filter* 滤光镜. *glass foam* 泡沫玻璃. *glass for sealing-in platinum* 封铂玻璃. *glass glazed* 浓釉的. *glass hardened* 激冷的. *glass head* 玻璃熔珠. *glass laminate* 安全玻璃. *glass lined* 搪玻璃的,搪瓷的. *glass paper* 玻璃砂纸. *glass prism* 棱镜.

glass shot 玻璃合成摄影(摄影机与物像间置有放映布景的透明玻璃的影像合成技术). *glass state* 玻璃〔透明〕状态. *glass-to-metal sealing* 玻璃金属封接〔焊〕. *glass wool* 玻璃棉〔绒,纤维〕. *glassed vessels* 覆盖有玻璃的钢质容器. *glassing jack*〔machine〕磨光机. *ground glass* 毛玻璃,磨口玻璃,检影片. *hard glass* 硬〔耐火〕玻璃. *horizon glass* 水平镜. *index glass* 标镜. *lead glass* 铅玻璃. *magnifying glass* 放大镜. *measuring glass* 滴定管,量管,玻璃量杯. *object glass* 物镜. *ocular glass* 目镜. *optical glass* 光学玻璃. *organic glass* 有机玻璃. *plate glass* 板玻璃. *polarizing* 〔*polaroid*〕 *glass* 偏光镜,偏振片. *Pyrex glass* 硬〔耐火,硼硅酸〕玻璃. *red arsenic glass* 雄黄(AsS · 2As$_2$S$_3$). *reflector glass* 反光镜. *sight glass* 观察〔视〕孔. *spun glass* 玻璃丝,玻璃纤维. *toughened glass* 钢化〔淬火〕玻璃. *triplex glass* 三层玻璃板. *wire*(*d*) *glass* 嵌丝玻璃.

glass-blower *n.* 吹玻璃工,吹玻璃机.
glass-blowing *n.* ; *a.* 吹玻璃(的),玻璃吹制.
glass-body *n.*【解剖】半月体,新月形小体.
Glass′boro [ˈglæsbɛrə] *n.* (美国)葛拉斯斯堡罗(市).
glass′cloth *n.* 砂布,玻璃布〔纸〕,揩玻璃的布.
glass′-cutter *n.* 截玻璃工人,玻璃割刀.
glass-dead seal 玻璃封口.
glass′dust *n.* 玻璃粉.
glassed-in [ˈglɑːstin] *a.* (装)在玻璃(器皿)中间,玻璃包围着的.
glass′fiber 或 **glass′fibre** *n.* 玻璃纤维,玻璃丝.
glass′ful *n.* 一(满)杯,一杯的(容)量. *a glassful of water* 一杯水.
glass-glaze *n.* 玻璃釉,浓釉.
glass-glazed *a.* 涂有玻璃釉的,浓釉的.
glass-hard-steel *n.* 特硬钢.
glass′house [ˈglɑːshaus] *n.* ①玻璃厂〔店〕②温室,暖房 ③装有玻璃天棚的摄影室. *glasshouse culture* 温室栽培.
glass′ily *a.* 玻璃似的.
glassine [glæˈsiːn] *n.* 玻璃〔耐油〕纸,薄半透明纸.
glass′iness *n.* 玻璃质,玻璃状(态).
glassiva′tion *n.* 玻璃钝化,附着〔涂附〕玻璃,保护层(采用热解玻璃技术把半导体器件连同金属接触系统全部密封于玻璃中).
glass′less *a.* 没有(装上)玻璃的.
glass′like *a.* 玻璃状(质)的.
glass-lined *a.* 玻璃衬里的.
glass′making *n.* 玻璃制造工业〔艺〕.
glass′man *n.* 玻璃工,玻璃制造者.
glass′paper *n.* 玻璃纸,砂纸.
glass-plate capacitor 玻璃板电容器.
glass-pot clay 陶土.
glass′pox [ˈglɑːspɔks] *n.* 乳白痘,类天花.
glass-sealed *a.* 玻璃焊封的.
glass-stem thermometer 玻璃温度计.
glass-stoppered bottle 玻璃塞瓶.
glas′steel [ˈglæsstiːl] *n.* 玻璃钢的.
glass-tubing *n.* 玻管条,细(口)径玻管.
glass′ware [ˈglɑːs-wɛə] *n.* 玻璃器皿(仪器),料器.

glass'work n. 玻璃制造业,玻璃制品,玻璃(制品)工艺,(pl.)玻璃工厂.

glass'y ['glɑ:si] a. 玻璃质(状)的,透明(如玻璃)的,平稳如镜的. *glassy matrix* 玻璃化矩阵. *glassy inorganic enamelled resistor* 珐琅电阻(器). *glassy semiconductor* 玻璃半导体. *glassy surface* (玻璃状)光泽面.

Glaswe'gian [glæs'wi:dʒən] a.; n. 格拉斯哥人的.

Glauber('s) salt ['glaubəz'sɔ:lt] n. 芒硝,(结晶)硫酸钠,元明粉.

glauberite n. 钙芒硝.

glauco'ma n. 青光眼.

glauconite n. 海绿石. **glauconit'ic** a.

glau'cous ['glɔ:kəs] a. 海绿色的,淡灰绿(蓝)色的.

glaze [gleiz] Ⅰ n. ①釉(药,料,面),瓷粕,珐琅(质),半透明薄涂层,上釉,上(打)光 ②光泽(释),光滑(面,层),冰面,坚冰,【气】雨冰,冰暴,雨凇. Ⅱ v. ①装(配)玻璃于 ②上(涂)釉于③抛(砑)光,上光研磨,变光滑,擦亮,变光滑,变成薄膜状 ④磨石变钝. *glaze wheel* 砑光轮,研磨轮. *glazed brick* 釉面玻璃砖. *glazed frost* 凝霜,薄冰,雨凇. *glazed joint failure*(粘合接头)玻璃状破坏. *glazed paper* 釉[蜡光]纸. *glazed pig* 脆性生铁. *glazed printing paper* 道林纸. *glazed tile* 琉璃瓦.▲**glaze in** 围在玻璃中.

gla'zer ['gleizə] n. ①抛光[砑元,轧光,上光,研磨]轮 ②釉工,抛光工人.

gla'zier ['gleiziə] n. 釉工,(装)玻璃工人. *glazier's diamond* 玻璃刀,割玻璃用金刚钻.

gla'zing ['gleiziŋ] n. ①装(配)玻璃(业),玻璃细工,玻璃篇,窗用玻璃 ②上[施,上光(色料),釉料 ③抛[磨]光 ④光辉(泽) ⑤包冰衣. *glazing machine* 抛[砑,磨]光机. *glazing mill* 电子管密封玻璃管制造机.

gla'zy ['gleizi] a. 玻璃似的,上过釉的,光滑的. *glazy pig iron* 高硅生铁.

GLB = ①gas lubricated bearing 气体润滑轴承 ②glass block 玻璃块 ③grease lubricated bearing 油脂润滑轴承.

GLC = gas-liquid chromatography 气液色谱法.

gleam [gli:m] Ⅰ n. ①微(闪,曙)光,一丝光线,一线光明 ②光辉(彩). Ⅱ v. 发(闪,微)光,闪烁,(微弱地)显露(出),反照[射,光],回光. *a gleam of hope* 一线希望[光明].

Gleamax n. (光泽镀镍用)格利马克斯电解液. *Super Gleamax* 超光泽镀镍法.

gleam'y ['gli:mi] a. 发(闪,微)光的,(光,色)朦胧的.

glean [gli:n] v. ①拾(苦心,一点一点地)搜集(新闻,资料) ②发现,找到,探明.

gleaner n. 搜集者.

glean'ing(s) n. 苦心搜集,搜集物,选集,拾遗.

gleba n. 产孢胞状.

glebe n. 含矿地带.

gleditschine n. 皂荚碱.

gleditsin n. 皂荚素.

glee [gli:] n. ①高兴,欢欣 ②无伴奏合唱. *glee club* 合唱团.▲**full of glee** 或 **in high glee** 欢天喜地,高兴得了不得.

Gleeble machine 焊接热循环模拟装置.

glee'ful a. 高兴的,愉快的. *gleeful news* 喜讯. ~**ly** ad.

gleep [gli:p] = graphite low energy experimental pile 低功率石墨实验性(原子)反应堆.

gleesome = gleeful.

glen [glen] n. 峡(溪,深,幽)谷,平底河谷.

gley n. 潜育土(层),格列土.

gley'ing n. 潜育作用,格列土化.

GLI = glider.

glia n. 神经胶质.

gliadin n. 麦醇溶蛋白.

glicerine = glycerine. *glicerine test of grease* 润滑脂中甘油含量测定.

glide [glaid] Ⅰ n. 滑(移,动,行,翔),下滑,滑道,滑裂带. Ⅱ v. ①(使)滑(动,走,翔),下滑,流动 ②渐消,渐变 (into) ③消跑. *glide bomb* 滑翔式炸弹. *glide mirror* [plane] 滑移(平)面. *glide path* 下滑路线[航迹],滑翔道. *glide path beam* 滑(翔)道信标射束. *glide path equipment* 降落设备,滑翔道指示设备. *glide slope* 滑(翔)道,滑翔斜率,下滑面. *glide slope receiver* 滑行着陆接收机. *gliding fracture* 韧性断裂. *normal glide* 正常滑翔(下滑). *pulse glide path*(飞机)盲目着陆脉冲系统.▲**glide by [on]**(时间等)不知不觉中滑[溜]过,消逝. **glide into the wind** 迎风滑翔. **glide off** 滑落,流(溜)下来.

glide' bomb v. 下滑轰炸.

glide-path receiver 滑行(盲目)着陆接收机.

glide-path transmitter 下滑指向标(航迹信标)发射机.

gli'der ['glaidə] n. ①滑翔机,滑翔导弹,可回收卫星 ②滑行(动)者,滑行(动)物,滑动面,滑行艇. *orbital glider* 滑翔轨道卫星(式飞船).

glide-slope receiver 滑行着陆接收机.

glide'wheel n. 滑轮.

gli'ding n. a. 滑翔(运动),滑动(的). *gliding angle* 下滑角. *gliding reentry* 重返大气层.

Gliever bearing alloy 铅(铜)基轴承合金(铅 76.5%,锡 8%,锑 14%,铁 1.5%,或锌 73.3%,锡 7%,铜 4.2%,锑 9%,铅 5%,镉 1.5%).

glim [glim] n. ①灯火,蜡烛,灯笼 ②一瞥,看一看 ③少许,微量,极微的感觉 ④格雷姆(光亮度单位,等于 10^{-3} 英尺朗伯). *glim lamp* 暗光灯,阴极放电管. *glim relay tube* 闪光继电管.

glim'mer ['glimə] Ⅰ n. ①微(薄)光,(微弱的)闪光(烁),暗淡 ②模糊的感觉,少许,微量 ③云母. Ⅱ vi. 发(出闪烁的)微光,忽隐忽现.▲**a glimmer (ing) of hope** 一线希望. **have a glimmer (ing) of** 模糊糊知道. ~**ing** a.

glimmerite n. 云母岩.

glimpse [glimps] n.; v. 一瞥,瞥见(at, of),(隐约)闪现,微光,闪光,微微的感觉.▲**a glimpse at** … 一瞥. **catch [get] a glimpse of** 瞥见.

glint [glint] v.; n. ①发微光,闪耀(烁,光),隐约闪现 ②(光线)反射,(目标运动引起的)回波起伏 ③迅速移动,掠过 ④窥视.

GLINT = gallium arsenide laser illuminator for night television 夜间电视砷化镓激光照明器.

Gliocladiumroseum n. 粉红胶霉.

gliotoxin n. 发霉粘毒,胶(霉)毒素.
glischrogenous a. 产粘性的.
glissade v.; n. 侧滑,滑降,滑坡.
glissando [gli'sɑːndou] (pl. **glissandi**) n.【音乐】级进滑奏,滑音.
glissement ['glis'mɑ̃] n. 滑动(行,翔).
glissette n. 推或曲线.
glist n. ①云母 ②闪光.
glis'ten ['glisn] vi.; n. 反光,闪光(耀,烁).
glis'tening n. 闪耀(烁,光)的,反光的. ~ly ad.
glit'ter ['glitə] vi.; n. 闪耀(烁,光),闪闪发亮,光辉,灿烂. *All is not gold that glitters.* 发亮的东西不一定都是金子.
glitch [glitʃ] n. ①假〔一闪〕信号,误操作,(电视图像)的低频干扰,(脉冲星)频率突增,自转突快 ②故障,小事故,小技术问题.
glit'tering n.; a. 闪闪发亮的,闪烁(的),灿烂(的). ~ly ad.
gll = gallon 加仑.
GLO = graphite lubricating oil 石墨润滑油.
g-load n. g 载荷,由于过荷产生的负荷. *transverse g-load* 过荷侧向分量,侧向过荷.
glo'bal ['gloubəl] a. ①球(状)(形,面)的 ②全(环)球的,(全)世界的 ③总的,(完)全的,全局(程)的,整体的,包括一切的 ④总括的,综合的,普遍的 ⑤全局(程)符. *Global Communications System* 全球通信系统. *global display address*【计】全程区头向量地址. *global missile* 环球〔远程战略〕导弹. *global optimisation* 全局优化. *global property* 大性质范围. *global radiation* 全球辐射. *global semaphore* 公用信量仪. *global structure* 总体结构. *Global system* 全球卫星通信系统. *global variable* 全程变量. *(non-stop) global flight* 环球(不着陆)飞行. *the global sum* 总计.
glo'balism n. 全球性(干涉政策).
glo'bally ['gloubəli] ad. 世界上,全世界. *globallyaddressed header* 全局编址首部(标头).
globar n. 碳硅棒,碳化硅(炽)热棒.
glo'bate(d) ['gloubeit(id)] a. 球状的,地球(仪)的.
globe [gloub] I n. ①球(体,形物,形容器),玻璃球 ②地球,天体,行星,太阳 ③(球状)灯罩(泡),玻璃壳,球状玻璃器皿 ④球状(天体)(仪). II v. (使)成球状. *celestial globe* 天体仪. *diffusing globe* 漫射器. *globe bearing* 球面轴承. *globe cased turbine* 球壳式水轮机. *globe holder* 球形灯座(罩). *globe joint* 球关节. *globe lightning* 球状电闪. *globe mill* 球磨机. *globe photometer* 球形光度计. *globe valve* 球(形)阀. *terrestrial globe* 地球(仪).
Globecom = Global Communications System 全球通信系统.
globe'like a. 球状的.
Globeloy n. 硅铬锰耐热铸铁(碳 2%,硅 6%,锰 0.5%,铬 4%).
globe-roof n. 球形顶,圆顶.
globe-type luminescence 环型发光.
globigerina n. 海底软泥.
globin n. 珠(血球)蛋白.

glo'boid ['glouboid] a.; n. (略作)球形的,球状体(的). *globoid cam* 球形凸轮. *globoid worm gear* 球面蜗杆传动.
glo'bose ['gloubous] a. 球状(形)的,圆形的. ~ly ad.
globos'ity [glou'bɔsiti] n. 球状(形).
glob'ular ['glɔbjulə] a. ①球状(形,面)的,圆的,小球的,由点滴集成的 ②世界范围的 ③红细胞的,红血球的. *globular chart* 球面图投影地图. *globular projection* 球状投影. *globular sailing* 球面航行. *globular shape* 球形,点状. *globular transfer* 溶滴过渡. ~ly ad.
globular'ity [glɔbju'læriti] n. (成)球状,球形.
glob'ule ['glɔbjuːl] n. 小球(体),珠,球,点,滴,液,滴,水珠,(乳,油等)小珠,血球,淋巴球,脂肪球,丸药. *magnesium globule* 镁珠.
globulim'eter n. 血球计算器.
glob'ulin ['glɔbjulin] n. 球蛋白.
globulite n. 球雏晶.
glob'ulose ['glɔbjulous] 或 **glob'ulous** ['glɔbjuləs] a. 小球(状)的,滴状的.
glo'bus ['gloubəs] (pl. **glo'bi**) n. 球.
glocken cell 钟式电解池.
glockenspiel n. 钟琴.
gloe'a ['gliːə] n. 胶.
glomb n. 滑翔炸弹,电视控制的滑翔导弹.
glom'erate ['glɔmərit] a. 团聚的,密集的. II n. 砾岩,团块. III ['glɔməreit] v. 聚合,粘结,团聚(结).
glomera'tion [glɔmə'reiʃən] n. 聚合,团聚(之物),聚集(成球),集块,球形物.
glomerulonephritis n. 血管球性肾炎.
glomerulosclero'sis n. 肾血管球硬化症.
glomer'ulus n. 血管球,血管团,肾小球.
glomic a. 球的.
gloom [gluːm] I n. 黑暗,阴暗(沉,郁),朦胧. II v. (使)变暗,(使)变朦胧. ~ily ad. ~iness n.
gloom'y [gluːmi] a. 暗,阴暗(沉)的,朦胧的,悲观的,无望的,▲*take a gloomy view of* 对…感到悲观(没有希望).
glop [glɔp] n. 糊状(食)物,无味道(价值)的东西.
glop'py a. 粘糊糊的.
GLORIA = Geological Long-Range Inclined Asdic 地质远程倾斜声呐.
glorifica'tion [glɔːfifi'keiʃən] n. ①赞美,歌颂,祝贺,庆祝 ②光荣,荣誉 ③美化.
glo'rify ['glɔːrifai] vt. ①赞美,歌颂 ②给…增光,使…增色,美化.
glo'rious ['glɔːriəs] a. 光荣的,辉煌的,灿烂的,壮丽的,极好的. *glorious achievement* 光辉的成就. *glorious view* 壮观. ~ly ad.
glo'ry ['glɔːri] I n. 光荣,荣誉 ②壮观(丽),灿烂,辉煌,彩光(环) ③繁荣. II vi. 夸耀,为…而自豪(in).
glory-hole n. 【冶】炉口,观察孔,火焰窥孔 ②蕴藏量大的矿山,大型露天矿,大洞穴,露天放矿漏斗.
gloss [glɔs] n.; v. ①光泽(面) ②光, 光滑的表面 ③珐琅(质),棒状氧化铁抛光膏 ③加(使有)光泽,发亮,弄光滑,上光,上釉,装(虚,浅)饰 ④(加)注释(解),评注,语汇,词汇表 ⑤曲解,假象. *gloss oil*

光泽油,松香清漆. *gloss paint* 光泽涂料. *gloss white* (硫酸钡和矾土白的沉淀物)光泽白. ▲*gloss over* 掩盖,掩饰(缺点等). *gloss things over* 含糊敷衍. *put* [set] *a gloss on* 润饰,掩饰[盖],使具有光泽.

glossa'rial [glɔˈsɛəriəl] *a.* 词汇(上,表)的. *glossarial index* 词汇索引.

glos'sarist *n.* 注解者,词汇编辑者.

glos'sary [ˈglɔsəri] *n.* 词汇(表),语汇,术语(名词)汇编,(专门性)小词典. *glossary of terms* 术语集,术语汇编.

glossary-index *n.* 词汇(名词)索引.

gloss'ily [ˈglɔsili] *ad.* 光滑(地),有光泽地,似是而非地.

gloss'iness *n.* ①光泽(性,度),耐光[珐琅]度,有光泽 ②似是而非.

glossi'tis [glɔˈsaitis] *n.* 【医】舌炎.

gloss'meter *n.* 光泽计.

glossog'rapher [glɔˈsɔɡrəfə] *n.* 注解[解]者.

glossola'lia [ˌglɔsəˈleiliə] *n.* 言语不清.

glossol'ogy [glɔˈsɔlədʒi] *n.* ①舌(科)学,命名学[法] ②语言学(=linguistics).

gloss'y [ˈglɔsi] *a.* ①光滑(润)的,(有)光泽的,砑整光的,发光的 ②虚饰的,似是而非的. *glossy black bituminous coal* 黑色光亮烟煤. *glossy magazine* 由光滑的高级纸张印刷的杂志. *glossy paper* 大光(印相)纸. *glossy privet* 女贞(树).

glost [glɔst] *n.* 釉. *glost fire* [*firing*] 烧釉. *glost kiln* [*oven*] 釉窑. *glost ware* 釉皿.

glot'tal [ˈglɔtl] *a.* 声门[喉]的.

glot'tis [ˈglɔtis] *n.* 喉[声]门.

glove [glʌv] Ⅰ *n.* 手套. Ⅱ *vt.* 戴手套. *fingered gloves* 带指套. *glove box* 手套箱,干燥室. *glove compartment* 工具袋,(汽车仪表板上的,小型的)工具箱. *glove man* 带特制连指手套的人(指释时易于辨认). *protective glove* 防护[毒]手套. *rubber glove for bar joining* 接电极橡皮手套. ▲*be hand in glove* (*with*…)(与…)关系密切. *fit like a glove* 恰好吻合,恰恰正好. *put* [*get*] *on one's gloves* 戴上手套. *with gloves on* 戴着手套. *worth his fielder's glove* 能干的.

glove'box *n.* 手套箱.

glow [glou] Ⅰ *vi.* 灼热,(无焰)燃烧,发(白热)光,发热. Ⅱ *n.* 发光(本领),辉光,电辉,荧光,放光,发热. *after glow* 余辉. *glow corona* (辉光)电晕. *glow current* 辉光(放电)电流. *glow curve* 加热发光曲线. *glow* (*discharge*) *tube* 辉光(放电)管. *glow lamp* 辉光灯,辉光放电管. *glow plasma* 辉光等离子体. *glow plug* 热线点火塞. *glow starter* 辉光[日光灯]启动器. *glow switch* 引燃开关. *glow tint* 真空放电色调,辉光色. *glow wire* 热丝. *glow with enthusiasm* 热情洋溢. *negative* [*cathode*] *glow* 阴极发光(辉光,电辉). *phosphorescent glow* 磷光现象.

glow'er [ˈglouə] Ⅰ *n.* 炽热体,发光体,灯丝. Ⅱ *vi.*; *n.* [ˈglauə] 凝视,怒目而视(*at*).

glow'ing [ˈglouiŋ] Ⅰ *n.* 辉(发)光. Ⅱ *a.* 灼(白)热的,通红的,强(热)烈的,鲜明的. *glowing cathode* 辉光(热离子,旁热式)阴极. *glowing furnace* 淬火炉. *glowing heat* 白热. *glowing red* 红热. ~ly *ad.*

glow-lamp *n.* 辉光灯,白炽灯,辉光放电管.

glow-watch *n.* 夜光表.

glow'worm [ˈglouwəːm] *n.* 萤火虫.

gloze [glouz] *v.* ①掩饰(*over*) ②解释清楚,注解,说明(*on*, *upon*).

GLPC = gas-liquid partition chromatography 气液分配色谱法,气液分溶层析法.

GLR = ①glass laser rod 玻璃激光棒 ②gun laying radar 炮瞄雷达.

gls = gallons 加仑.

GLSC = gas-liquid-solid chromatography 气液固(体)色谱(法).

glucan *n.* 葡聚糖.

glucanase *n.* 葡聚糖酶.

glucin'ium [gluːˈsiniəm] 或 **gluci'num** *n.* 【化】铍 Gl,即 Be.

glucoamylase *n.* 葡糖淀粉酶,葡糖糖化酶.

glucogen *n.* 糖原,肝糖.

glucogen'esis *n.* 葡糖生成(作用).

glucogen'ic *a.* 生成葡糖的.

gluconeogen'esis *n.* 葡糖(糖原)异生(作用),糖质新生.

gluconoac'etone *n.* 葡糖酸丙酮.

gluconokinase *n.* 葡糖酸激酶.

gluconolactonase *n.* 葡糖酸内脂酶.

gluconolactone *n.* 葡糖酸内脂.

glucophosphatase *n.* 葡糖磷酸酶.

glucopro'tein *n.* 糖蛋白.

glucopyranose *n.* 吡喃(型)葡萄糖.

glucosan *n.* 葡聚糖.

glu'cose [ˈgluːkous] *n.* 葡萄糖,右旋糖.

glucosidase *n.* 葡糖苷酶.

glu'coside [ˈgluːkəsaid] *n.* (葡萄)糖苷,配糖物(体),糖原质.

glucosido-fructofuranoside *n.* 葡糖(苷基)-呋喃果糖式,蔗糖.

glucosiduronate *n.* 葡糖苷酸(盐,酯或根).

glucosiduronide *n.* 葡糖苷酯.

glucosone *n.* 葡糖醛酮.

glucosyl- [词头]葡糖(基).

glucosyloxy- [词头]葡糖氧(基).

glucuronamide *n.* 葡糖醛酰胺.

glucuronate *n.* 葡糖醛酸盐.

glucuronic acid 己四醛醛酸.

glucuronide *n.* 葡糖苷酸.

glucuronyl- [词头]葡糖苷酸(基),葡糖醛酸(基).

glue [gluː] Ⅰ *n.* (骨,动物,牛皮)胶,胶质(泥,水,液),粘结剂,胶粘物. *assembly glue* 粘结(装配)胶,部件粘结. *blood albumen glue* 血质蛋白胶. *casein glue* 干酪胶. *glue bond* 胶(结)合剂. *glue for glue over* (砂纸,砂布)下层结合剂均为胶. *glue spread* 涂布量. *medicinal glue* 阿胶. Ⅱ (*glued*; *gluing*) *v.* 胶(结,合,着),粘结(合,着),贴,(使)粘牢[完接,固着,紧靠着]. *glued board* [*wood*] 胶合板. *glued joint* 胶接(合). ▲*be glued to* 胶着在…上,粘到…上. *glue M onto N* 把 M 粘到(胶合到) N

上. *with one's eyes glued on* (目不转睛)盯着看. *glue up* 封(起).

glue-line n. 胶缝〔层〕.
glue-water n. 胶水.
glu'ey ['glu:i] a. 胶(质,状,着,合,粘)的,粘(性)的,似胶的.
glu'eyness n. 胶粘性.
glug n. (质量单位)格拉格(1 克重的力能使 1 格拉格质量产生 1 cm/s² 的加速度).
glu'ish a. 胶粘的,胶水状的.
gluon n. 胶子.
glu'side ['glu:said] n. 糖精.
glut [glʌt] I (glutted; glutting) vt. II n. 供给过多,供应过剩,过量,充斥,存货过多,供过于求. *dollar glut* 美元泛滥.
glutaconate n. 戊烯二酸(盐,酯和根)
glutaconyl- [词头] 戊烯二酸(单)酰(基).
glutamate n. 谷氨酸(盐,酯或根).
glutam'ic acid 谷氨酸,氨基戊二酸.
glu'tamine n. 谷(氨)酰胺,戊二酸一酰胺.
glutaminyl n. 谷酰胺基.
glutamyl- [词头] 谷氨酰(基).
glutaral'dehyde [glu:tə'rældəhaid] n. 戊二酸醛.
glutarate n. 戊二酸(盐,酯或根).
glutaryl- [词头] 戊二酸(单)酰(基).
glu'telin n. 谷蛋白(质).
glu'ten ['glu:tən] n. 谷蛋白,麸质,面筋.
glutin n. 明胶蛋白,谷胶酪蛋白,胶蛋白.
glutinate v. 胶(粘)上.
glutinos'ity [glu:ti'nɔsiti] n. 粘质(性).
glu'tinous ['glu:tinəs] a. 粘(性)的,胶质的,面筋似的. ~ly ad.
glu'tinousness n. 粘(滞)性(度).
glutol n. 明胶(合)甲醛.
glut'ton ['glʌtn] n. 贪吃的,酷爱…的人(for).
glut'tonous ['glʌtənəs] a. 贪婪的(of).
glut'tony n. 贪婪.
GLV = globe valve 球(形)阀.
GLWB = glazed wallboard 釉面墙板.
GLX-W steel 高强度半镇静钢(碳 0.016%,硫 0.18%,硅 0.05%,锰 0.75%,磷 0.009%,铌 0.04%,其余铁).
glycan n. 聚糖.
glycanase n. 聚糖酶.
glycemia n. 糖血(症).
glyceraldehyde n. 甘油醛.
glyceramine n. 甘油胺.
glycerate n. 甘油酸盐.
glyceric acid 甘油酸.
glyc'eride ['glisəraid] n. 甘油脂.
glyc'erin = glycerine.
glyc'erinate I n. 甘油酸盐(酯),二羟丙酸盐. II v. 用甘油处理,把…存放在甘油中.
glyc'erinated a. 含甘油的.
glyc'erine ['glisəri:n] n. 甘油(醇),丙三醇. *glycerine epoxy* 甘油环氧树脂. *glycerine hydrogen test* 甘油法测氢. *mineral glycerine* 石油.
glycerite n. 甘油剂.
glycerokinase n. 甘油激酶.

glyc'erol ['glisərəl] n. 甘油,丙三醇. *glycerol-retention test* 甘油保持量试验.
glycerophosphatase n. 甘油磷酸酶.
glycerophosphate n. 磷酸甘油.
glycerophosphatide 或 glycerylphosphatide n. 甘油磷脂.
glyc'eryl n. ; a. 甘油基,丙三基.
glycidamide n. 环氧丙酰胺.
glycide n. 缩水甘油,甘油醇,甘油酒精. glycidic a.
glycidol n. 缩水甘油,甘油脂,甘油酒精.
glycidyl n. 缩水甘油基,环氧丙基.
gly'cine n. 甘氨酸,氨基乙酸,糖胶.
glycinin n. 大豆球蛋白.
Glyco n. 铅基轴承合金.
glycocoll n. 甘氨酸.
glycocyamine n. 胍基乙酸.
gly'cogen n. 糖原,肝糖,动物淀粉.
glycogenase n. 糖原酶,肝淀粉酶素.
glycogen'esis n. 糖原(性,动物淀粉)生成(作用).
glycogen'ic a. 生糖原的,成糖的.
glycogenol'ysis n. 糖原分解(作用,性粉糖化).
glycogenosome n. 糖原颗粒.
glyc'ol ['glikəl] n. 乙(撑)二醇,甘醇,正二醇. *ethylene glycol* 甘醇,乙(撑)二醇. ~(l)ic a.
glycolaldehyde n. 羟乙醛.
glycolate n. 甘醇酸酯.
glycolide n. 乙交酯.
glycolip'id n. 糖脂(类).
glycolisome n. 乙醇酸(氧化)酶体.
glycollate n. 乙醇酸盐.
glycol(l)ic acid 乙醇酸.
glycollide n. 乙交酯.
glycol'ysis n. (糖原)醇解(作用),糖解.
glyconeogen'esis n. 糖原(牲粉)异生(作用),动物淀粉新生.
glycopenia n. 低血糖.
glycopep'tide n. 糖(粘)肽.
glycophorin n. 血型糖蛋白.
glycopro'tein n. 糖蛋白.
glycosamine n. 葡糖胺,氨基葡糖.
glycosidase n. 糖甙酶.
glycosidation n. 甙化.
gly'coside n. (糖)甙,配糖物.
glycosuri'a 或 glycuresis n. 糖尿.
glycosyl- [词头] 糖基.
glycosyla'tion n. 葡糖基化,糖基化(作用).
glycuronate n. 糖醛(酯)酸.
glycuronide n. 糖甙酸.
glycyl- [词头] 甘氨酰(基).
Glyko metal 锌基轴承合金(锡 5%,铜 25%,锑 4.7%,铝 2%,锌 85.5%).
glyme n. 甘醇二甲醚.
glyox'al ['glai'ɔksæl] n. 乙二醛.
glyoxalase n. 乙二醛酶.
glyox'ylate n. 乙醛酸.
glyox'ysome n. 乙醛酸循环体.
glyph [glif] n. 【建】束腰竖沟,雕像. ~ic a.
glyph'ograph ['glifəgra:f] I n. 电刻版,电气凸版. II v. 电刻.
glyphog'rapher n. 电刻者.

glyphograph'ic *a.* 电刻板的.
glyphog'raphy [gli'fɔgrəfi] *n.* 电刻术,电气凸版法.
GLYPNIR *n.* GLYPNIR 语言.
glyp'tal (resin) ['gliptəl] *n.* 甘酞[丙苯]树脂,丙三醇-邻苯二甲酐树脂.
glyp'tic ['gliptik] *a.* (玉石)雕刻的,有花纹的.
glyp'tics 或 **glyptog'raphy** *n.* (玉石)雕刻术.
glyptolith *n.* 风刻石.
glysantine *n.* 乙二醇水溶液防冻剂(一种使水结冰以降温的物质).
GM =①Geiger-Muller 盖革-弥勒计数管 ②general manager 总经理 ③General Motors Corporation (美国)通用汽车公司 ④geometric mean 几何平均数 ⑤governor motor 调速机(用)电动机 ⑥Greenwich meridian 格林尼治子午线 ⑦ground maintenance 地面维修 ⑧guided missile 导弹 ⑨metacentric height 稳心高度,定倾中心高度.
Gm 或 **gm** =mutual conductance 互[跨]导.
gm =①gamma 伽玛(对比度) ②gram(me) 克.
GM SQUAD =guided missile squadron 导弹中队.
GMAT =Greenwich mean astronomical time 格林尼治平均天文时间.
gmbl =gimbal 万向接头,常平架.
GMC =①General Motors Corporation (美国)通用汽车公司 ②guided missile control 导弹制导.
GMCF =guided missile control facility 导弹制导设备.
GMCM =guided missile countermeasure 防导弹措施.
G-M counter =Geiger-Muller counter 盖革-弥勒计数管.
GMET =gun metal 炮铜.
g-meter *n.* 加速计.
GMF =para quinonedioxime 对醌二肟.
GMLDG =garnished molding 装饰嵌(线)条.
Gm-meter *n.* 电子管电导[跨导]测量仪.
g-mol =gram-molecule 克分子.
g-mole =gram-mole 克-克分子.
gmr =group marking relay 群信号继电器.
GMS =①gravitational mass sensor 引力质量探测设备[传感器] ②gravity measuring system 重力测量系统 ③guidance monitor set 制导监控装置 ④guided missile system 导弹系统.
GMT =Greenwich Mean Time 格林尼治平(均)时.
GMV =gram-molecular volume 克分子体积.
GMW =gram-molecular weight 克分子(重)量.
GN =grid north 坐标北.
GN₂ =gaseous nitrogen 气态氮.
G/N =gross for net 以毛计重.
Gn =green 绿色.
gn =①generator 发电机,发生器 ②gun (润滑油)枪.
gnarl [nɑːl] I *n.* (木)节,木瘤. II *v.* 扭,扭节.
gnarled [nɑːld] 或 **gnarly** *a.* (树木)多瘤节的,扭曲的,粗糙的.
gnat [næt] *n.* 蚊,蚋,蠓虫,琐碎事情. ▲**strain at a gnat** 谨小慎微,拘于小节.
Gnathostomata *n.* 有颌类.
gnaw [nɔː] (**gnawed** 或 **gnawn**) *v.* 啃,咬,啮,(腐,侵)蚀,消耗[at, into],折磨.
gnawn [nɔːn] gnaw 的过去分词.
GNC =global navigation chartu 全球(的)航行图.
GND 或 **gnd** =ground (电)接地.
gneiss [nais, gnais] [德语] 片麻岩. ~**ic** 或 ~**ose** ~**y** *a.*
gneissoid *a.* 像片麻岩的,片麻岩状的.
GNI =gross national income 国民总收入.
gno'mon ['noumən] *n.* 日圭,主表,(日晷)指时针,太阳高度指示器,【数】磐折形(从一个平行四边形一角去掉一个与其相似的平行四边形所剩余的平行四边图形).
gnomon'ic *a.* 心射的,(日晷)指时针的,用日晷测时的,磐折形的. *gnomonic ruler* [*scale*] 心射投影尺. *gnomonic projection* 心射图法,球心投影,心射切面投影.
gnomon'ics *n.* 日晷测时学,日晷仪原理[制作法].
gnomonogram *n.* 心射(切面投影)图.
gno'sia ['nousiə] *n.* 认识.
gno'sis ['nousis] *n.* 感悟,直觉,灵感.
gnos'tic ['nɔstik] *a.* (有,关于)知识的,认识的,感悟的.
gnotobiol'ogy [noutoubai'ɔlədʒi] *n.* 无菌生物学.
gnotobiot'ic *a.* 择生生物(的),无菌的,只带已知细菌的.
gnotobiot'ics *n.* 对无细菌动物的研究(用于宇宙飞行).
GNP =①gas, nonpersistent 非持久性毒气,暂时性毒气 ②gross national product 国民生产总值.
GN₂STOR =gaseous nitrogen storage 气态氮的贮藏.
GO =① general office 总办公室 ② government owned 政府占有的 ③graphitic oxide 石墨氧化物.
GO₂ =gaseous oxygen 气态氧.
go [gou] I (*went, gone; going*) *vi.* ①去,走,前进,行驶 ②运行,转动,开动,进行,起作用,行得通 ③通到 ④放置,被容得下 ⑤变(成,为),成为,达到(⋯状态),处于(⋯状态) ⑥(合起来)构成 ⑦响,发(声,出)⑧流通(传),达(达到) ⑨花费,用完(光) ⑩(时间)过去,了结 ⑪断,断开,完结,坍塌,失败,消失,衰退,(时间)过去 ⑫(除)得整数商 ⑬(+ing)去(做). II *vt.* ①(生)产 ②买得起,忍受,承担⋯责任 ③出(价) ④干,做. *go by air* 乘飞机. *go critical* 达到临界. *go forward* 朝前跑,向前运动. *go juice* 喷气发动机燃料. *go solid* 变成固体. *go negative* 变成负值. *go shooting* 去射击. *go shopping* 买东西去. *go nuclear* 走发展核武器的道路,核力量化. *get the motor to go* 把马达发动起来. *go one's own way in developing science and technology* 在发展科学技术方面走自己的路. *All went well.* 一切顺利. *All has gone well with the plans.* 一切都按计划进行. *Things went better than had been expected.* 情况比预计的要好. *The machine goes by electricity.* 这台机器是电动的. *This road goes to Peking.* 这条路通北京. *Where does the spanner go?* 扳手是放在那儿? *His sight is going.* 他的视力不行了. *The fuse may go any time.* 这根保险丝随时都会烧断. *The story goes that* ⋯ 据说⋯. *Our investigations go to prove that* 我们的调查结果证明. *The clock has just gone six.* 钟刚敲过六点. "*Bang!*" *went the gun.* "砰",枪声响了. *The tools go on the bottom shelf.* 工具放在架子的底

层. 1,000 *metres go to the kilometre*. 一千米为一公里. *Two into eight goes four times*. 或 *Two goes into eight four times*. 二除八得四. ▲ *as far as it goes* 就目前情况来说,就此而论,就其本质而言,关于这一点. *as far as our information goes* 照我们现在资料来看. *as far as our knowledge goes* 就我们所知. *as … go* 就…来说,照…通常情形来说. *as things go* 从一般情况来看. *as the saying goes* 俗话说. *be going on for* 接近,快到. *be going on +inf*. 正打算(做),计划(做),决定(做),就要,将要,即将,将(可能)发生. *be going too far* (说得,做得)太过分了,走极端. *from the word go* 从一开始. *go a long way in* 〔*towards*〕+ing 大大有利〔助〕于,对…大有用处〔帮助〕. *go a step further* 再深入一步. *go about* 走来走去,东奔西走,流传,绕过,迂回;忙于,着手(做),尽力(做). *a story is going about that* 据说. *go above* 超过. *go afoul* 出岔子,失败. *go after* 跟在后面,寻〔追〕求,设法获得. *go against* 与…相反,逆着,违反,不利于. *go ahead* 进展,进步,前进,一直在进行,延长〔续〕(做),毫不犹豫. *go ahead motion* 前进运动. *go all out* 全力以赴,鼓足干劲. *go along* 前进,进步,进行(下去). *go along with* 陪伴,和…一道走,跟着…走,和…一致,理解. *go (and) +inf*. 去(做). *Go ask him*. 去问他. *go as …* 表现为,以…形式出现. *go astern* (船)后退,反向,反方向移动. *go astray* 走错路,误入歧途,迷路,丢失. *go at* (努力)从事,着手,冲向,攻击. *go at … wrong* 做…的方法不对. *go away* 离开,走掉. *go back* 回来,返回,回到原来的样子. *go back on* 〔*upon, from*〕违背,背弃,毁(约). *go back to* 回到…上来,追溯到. *go before* 居前. *go behind* 寻〔探〕求. *go behind a decision* 对决定再考虑一下,修正一决定. *go between* 调停,奔走于…之间. *go beyond* 过分,超〔越,胜〕过,超出…范围. *go boom* 毁灭,崩溃. *go by* 经〔走〕过,过去,遵循,依照,依据,凭…作判断. *go by the board* (计划)被放弃. *go down* 减少,下降〔沉,山〕,(尺,月等)下山,沉没,(风)平静下来,被记下,被载入. *go down to* 一直〔继续,追溯〕到,传下到,达到,下降到. *go down with* 受到的赞赏〔欢迎〕,为…所接受〔相信,心服〕. *go far* 效力大,耐久,持久. *go far towards* 向…前进一大步,对…深入,大有助于. *go flat out* = *go all out*. *go for* 去找,去做,目的在于得到,设法取得,尽力想求得,可应用于,适用于,袒护,赞成,支持,被认为. *go for broke* 尽最大努力,利用一切资源. *go for much* 大有用处. *go for nothing* (被认为)毫无用处(效果),等于零. *go forth* 公布,发表〔行〕. *The order went forth that* 命令宣布说. *go forward* 前进,进步(展),发生. *go from M to N* 从 M 变〔转〕到 N. *go fut* 〔*phut*〕 (车胎)破裂,成泡影,告吹. *go glimmering* 化为乌有. *go halves with* 与…(对半)平分. *go in hand* 同时〔结合〕进行. *go hand in hand (with)* 相结合,相伴而行. *go home* 回家,击中. *go in* (塞)进去,进入,放得进去,(日,月等)被云遮蔽,参加. *The key won't go in the lock*. 这钥匙塞不进锁里. *go in for* 为…而努力,从事,参加,爱好,赞成,支持,致力于. *go in for agriculture in a big way* 大办农业. *go into* 走进,进(加,装)入,通向,参加,从事,深入研究,讨论,仔细审查,详细讨论(用于,成为,涉及;【数】除;穿着. *go into a question* 深入研究一问题. *go into details* 〔*particulars*〕详述. *go into operation* 实行〔施〕. *go into the country* 下乡. *go into the evidence* 调查证据. *7 into 15 goes twice and one over*. 七除十五得二剩一. *7 into 5 won't go*. 七除五除不尽. *go metric* 采用公制. *go mini* 缩小,变小. *go off* 离去,进行,射〔打〕出,爆炸,(鬧钟)响,售出,变坏,出毛病,失去知觉,消失. *go on* 进行,继续,保持,发生,(时间)过去,日子过得(好,不好),依靠,遵循,依据,接受,采纳. *The only thing we have to go on is …* 我们唯一所依据的是…. *go on for* 接近. *go on the air* 开始广播,发射出去. *go on with* 把…进行下去. *go out* 出去,离开;熄灭,(政党)不流行;罢工,辞职,下台;结束;出版. *go out of blast* 停风. *go out of date* 过时. *go out to* 离开到…去. *go over* 越过,绕过(滑轮,皮带轮),过渡,翻阅,走遍;仔细检查,详细查看;参观,复习,重读〔讲〕. *go over from M to N* 从 M 转到〔过渡到〕N. *go over to* 过渡到,转向,改变为. *go over with* 获得好评,使人留下深刻印象. *go overboard* 逸出常轨,做得过分. *go round* 旋转,转动,绕过,绕道(走),巡回,(在数量上)够分配. *go shares* 分享,分担,合伙经营. *go so far as to +inf*. 甚至于(做),达到…的程度. *go through* 通过,经历,经受,做完,处理完,仔细查看,搜索,详细讨论,全面考虑〔研究〕,实完,用完,被通过,被订立〔缔结〕,发行,履行. *go through the motions of* 做…动作. *go through with* 完成,做完,贯彻. *go to* 到,去,达,送,运〕到;归于,属于,用于;适于;有助于;等于;转到;研究,查阅,不怕;折合. *go to endless pains* 不辞辛劳. *go to extremes* 趋于极端,过分. *go to pieces* 粉碎. *go to (the) trouble* 找麻烦,不怕麻烦,承担任务. *go to work* 开始〔着手〕工作,上班去. *12 inches go to the foot*. 十二英寸为一英尺. *go to +inf*. 去〔着手〕(做),用来(做). *go (to) the length of +ing* 甚至于(做). *go together (with …)* (与…)一起走,(与…)一起发生,(与…)相配合,(与…)相称〔配〕,伴随. *go too far* 走得太远,做得过火. *go under* 沉没,失败,破产,通称为. *go up* 上升,建造起来,被炸〔焚〕毁,爆炸,被提议,(攀)登,沿…往上. *go with* 和…同行,同意,与…一致,跟上,附属于,附带有,配〔适〕合. *go with the times* 跟上时代. *go with the wind* 烟消云散. *go without* 没有(…也行),忍受没有…之苦,在没有…的情况下对付过去. *go wrong* 出毛病,发生故障〔错误〕,办得不善,迷路. *go wrong with* 失败,发生故障,出了毛病. *Gone are the days when …* …的日子过去了. *It all goes to prove that* 一切都证明了…. *It goes without saying (that)* 不消说,不言而喻,很明显,当然. *let* 〔*leave*〕*go of* 松开. *not go so far as to + inf*. 不致(于)(做). *so far as … goes* 就…而论. *so far as it goes* = *as far as it*

goes.
Ⅲ n. ①去,进行 ②事件,(困难)事情,情况 ③精力 ④成功,胜利. Ⅳ a. 可随时发射〔开始、使用〕的,准备就绪的,有利的. go condition 待久,待发."go" conductor "去"线,引出线. go gauge 通过(验)规,过端量规. go light 前进灯,绿灯. go-no-go gauge 或 go or no go gauge 过-不过通规. go side (塞规的)(通)过端,通端. go stop 前进和停止,交通信号灯. go stop times 前进和停止的次数. Go To assignment statement 标号〔GO TO,转向〕赋值语句. Go to statement 【计】转向语句. ▲ (a) near go 间不容发,仅以身免. at one go 一举,一气,一次. be all 〔quite〕 the go 流行. be full of go 精力旺盛. be on the go 在进行,忙碌,活跃. have a go at 企图,尝试. no go 不行了,没办法了.
goaf n. 采空区,空井,不含矿的岩石.
go'-ahead ['gouəhed] Ⅰ a. (有)进取(心)的,向前的. Ⅱ n. ①前进,气魄,进取心 ②批准,(开)绿灯,放行〔向导〕信号.
goal [goul] n. 目的〔标〕,目的地,终点,瞄准点,球门,门球. attain the goal 达到目的. ▲ get 〔make, score〕 a goal 踢进一个球,得一分. set a goal for +ing 制订…目标.
goal'-directed a. 有目的的,有用意的.
goal'keeper n. 守门员.
goal'less a. 无目标的,无目的的.
goal-oriented a. 目标的,目标的.
goal'post n. 门柱,龙门架.
go-and-return a. 两端间的,来回的. go-and-return mile 雷达英里.
go-around information (火箭)进入第二圈时的信息.
go-as-you-please a. 无拘束的,自由行动的,随意的.
goat [gout] n. ①山羊,替罪羊 ②(铁路)转辙机. mountain goat 以可调信号搜索附近山岭用的雷达系统. ▲ make … the goat 拿…当替罪羊. separate the sheep from the goats 把好人和坏人分开.
goat'skin n. 山羊皮〔革〕.
GOB = good ordinary brand 四等纯锌 (纯度98～99％).
gob [gɔb] n. ①空岩,不含矿的岩石 ②(充填用)杂石,粘块,玻璃块,鼓泡物料 ③(pl.) 许多,大量. gob feeder 滴料机.
gob'bet ['gɔbit] n. ①断片,引文,片断 ②一块〔堆〕,一部分.
go'-between ['goubitwi:n] n. 中(间)人,连接杆〔环〕,中间节,中间网络.
go'bi ['goubi] n. 戈壁(滩,沙漠).
gob'let ['gɔblit] n. 高脚(无柄)玻璃杯,(恒)星阳.
gobo n. 亮度突然降低,透辉遮光片〔罩,板〕,暗色屏蔽,遮光黑布,(扩音话筒上)排除杂音用的遮布,吸收环境噪声用的罩布. gobo flag 物镜遮光器,镜头遮光罩.
go'-by n. 不理睬,忽视. ▲ give … the go-by 不理,假装不见.
go'-cart n. 手推车.
GOC(inC) = General Officer Commanding (-in-Chief) 总指挥官.
god [gɔd] n. ①神 ②(God)(基督教)上帝,(天主教)天主. act of God 【保险,法律】天灾,不可抗力.
godet roller 或 godet wheel 导丝轮.
go'-devil ['goudevl] n. ①堵塞检查器,输油管清扫器,清管刮刀,刮管器,冲棍 ②木材搬运器,手推车,运石车 ③油井爆破器,星撞器. chasing of go-devil 侦察括管器(当它在管子中动作时). go-devil tracing 输送管中刮刀痕迹.
go'down ['goudaun] n. 仓库,栈房. ex buyer's godown 买方仓库交货价格. ex seller's godown 卖方仓库交货价格.
GOE = ground operating equipment 地面操纵设备 (现用 OGE).
goe n. 海蚀洞.
go'er ['gouə] n. 行人,车,马,钟表,走动的机件. comers and goers 来来往往的人.
goethite n. 针铁矿.
go'fer 或 go'ffer ['goufə] n.; vt. 起皱,作皱褶,(形成,作出)波纹(皱纹,浮花). goffer machine 压纹机. goffered paper 皱纹纸.
gof(f)ering n. 形成皱纹〔浮花〕.
gog n. = go-ga(u)ge 通过规.
go-gauge n. 通过(量,验)规,过端量规.
go-getter n. 火箭自动制导的控制装置.
gog'gles ['gɔglz] n. 护目〔防护,遮风〕镜,防尘眼镜,风镜,(黑)眼镜. safety goggles 护目镜. welding goggles 焊工护目镜.
go-go a. 最现代化的,最时髦的,活跃的.
GOI = ground objects identification 地面目标识别.
go'ing ['gouiŋ] Ⅰ go 的现在分词. Ⅱ a. ①进行中的,活动中的,运转中的,营业的 ②现行〔有,存〕的,流行的 ③出发的,(年龄,时间)接近的. Ⅲ n. ①去,(步,旅)行,出发 ②工作方法,行驶速度,进行状况,工作条件,道路〔地面〕的状况. going out 出口. going rate 现行率. going value 经营价值. it's going on six. 快六点了. The going was hard. 路很难走. For a steam train, 80 miles an hour is good going. 以蒸汽机车而论,每小时八十英里的速度算快的. ▲ be going to +inf. 将〔正〕要. going strong 劲头十足,精力充沛,成功,顺利进行. in going order 正常. keep … going 使继续. set 〔get〕 … going 开动(展)而进行,创立,实行,出发.
going-barrel n. 发条盒.
going-over n. 彻底调查〔审查〕.
goings-on n. 举动,发生的事情.
goi'ter 或 goi'tre n. 甲状腺肿.
go-kart n. 微型竞赛汽车.
Golay cell 红外线指示器,戈利盒.
gold [gould] Ⅰ n. 【化】金 Au,黄金,金(黄)色,金箔〔粉,线〕,金币,贵重(品). Ⅱ a. 金(色,制)的. American gold 美国货币合金(金90%,铜10％). copper gold 含铜金矿. flour gold 粉金,细粒砂金矿. fools' gold 黄铁矿. gold amalgam 金汞膏. gold bond type diode 金键二极管. gold bonding wire 金连接(键合)线. gold coin 金币. gold doping 掺金,金扩散. gold dust 砂金,泥屑(粉). gold gasket 金丝垫圈. gold plated contact 镀金触点. gold salt 金盐,氯金化钠. Gold schmidt 铝热焊.

gold vanadium alloy 金钒电阻合金. *hall-marked gold* 印金. *placer* 〔*stream*〕*gold* 砂金. *proof gold* (试金用)标准金,纯金. *refractory gold* 顽金,不易用混汞法回收的自然金.

goldammer *n*. 德国干扰抑制系统.
gold-bearing *a*. 含金的.
gold′beater *n*. 金箔工人. *goldbeater's skin* 肠膜.
goldbery rube 航用自动变频发信机.
goldbonded *a*. 金键(合)的.
goldclad wire 镀金导线.
gold-coated *a*. 涂金的,镀金的,包金的.
gold-doped transistor 掺金型晶体管.
gold′dust *n*. 砂金,金泥,金粉.
gold′en ['gouldən] *a*. 金(制,黄色)的,含〔产〕金的,贵重的,可贵的,极好的(机会,方法等). *golden age* 黄金时代. *golden hour* 黄金时刻,最好时间,视听率最高的广播时间. *golden section* 黄金分割.
golden-ager *n*. 老年人(尤指已退休者).
gold-epitaxial silicon high-frequency diode 金-外延硅高频二极管.
gold′field *n*. 金矿区,黄金产地.
gold′fish *n*. 金鱼.
gold′foil *n*. 金箔(厚约 0.0001mm).
gold′leaf *n*. 金叶.
gold′mark *n*. 记录搜索接收机.
gold′mine *n*. 金矿,富源,宝库.
gold′plate Ⅰ *n*. 金(制容)器. Ⅱ *vt*. 镀金.
gold′plated *a*. 镀金的,包金的.
goldrefining *n*. 金精炼(法).
Goldschmidt alternator 高尔德施米特发电机.
Goldstone DSIF station 金石探空测量站.
gole *n*. 溢水道,溢流堰,水闸,闸门.
Golf [gɔlf] 通讯中用以代表字母 g 的词.
golf [gɔlf] *n*.; *vi*. (打)高尔夫球. *golf course* 高尔夫球场.
golf-club *n*. 高尔夫球棍,高尔夫球俱乐部.
golf′er *n*. 打高尔夫球的人,高尔夫球运动员.
golgiogen′esis *n*. 高尔基体发生.
golgiokinesis *n*. 高尔基体分裂.
golgiorrhexis *n*. 高尔基体断裂.
golgiosome *n*. 高尔基体.
goli′ath [gə'laiəθ] *n*. 巨人,大型(物件),非常重要的事物,强力〔巨型轨道,移动式大型〕起重机. *goliath base* 大型管底(座). *goliath crane* 强力起重机.
golosh′ = galosh.
gome *n*. 润滑油积炭.
gompho′sis (*pl*. *gompho′ses*) *n*. 嵌合.
gon *n*. (角度单位)哥恩(=直角的百分之一),百分度.
gon′ad [′gɔnæd] *n*. 性腺,生殖腺.
gonane *n*. 甾烷.
gon′dola ['gɔndələ] *n*. (大型)平底舢舨,艇,(飞艇的)吊舱〔篮〕,悬篮,圆球室,(铁路)无盖〔敞篷〕货车,悬艇式小型零件搬运箱(零件由侧面装卸),(运输混凝土的)有漏斗状容器的卡〔拖〕车.
gone [gɔn, gɔːn] Ⅰ go 的过去分词. Ⅱ *a*. 过(失)的,消(逝)的,过一去的,用完了的,衰弱的,垂死的. *a gone case* 无可挽救的事,没有希望的人〔物〕. *be gone* 已成为过去,已不再存在,已经消失. *past and gone* 既往的,过去的,一去不复返的.

gonecystolith *n*. 精囊石.
gong [gɔŋ] *n*. (铜)锣,【电】铃碗,铃,皿形钟.
goniasmom′eter *n*. 量角器.
gonidia *n*. 微生子.
gonidiferous *a*. 含微生子的.
gonidioid *a*. 微生子形的.
gonidiophore *n*. 微生子体.
gonid′ium *n*. 微生子,藻(细)胞.
gonio- 〔词头〕角度.
goniom′eter [gouni'ɔmitə] *n*. 〔晶体〕测角器〔计,镜〕,角度计,量角仪,测向〔角〕器,天线方向性调整器,无线电方位测定器. *azimuth indicating goniometer* 方位角指示器. *goniometer eyepiece* 测角目镜. *goniometer head* 测角计头. *goniometer system* 测向装置,测角系统,测角器方式. *radio range goniometer* 无线电导航测向〔角〕器.
goniomet′ric *a*. 测角(计)的.
goniom′etry *n*. 测角(向)术.
goniophotom′eter *n*. 变角光度计.
gonoblast *n*. 原生殖细胞.
gonochorism *n*. 雌雄异体.
gon′ocyte ['gɔnəsait] *n*. 卵胚(配子)细胞,性母细胞.
go-no-go *a*. (宽作)"是-否"(决定)的. *go-no-go gauge* "过"-"不过"验规. *go-no-go test* "是-否"试验,功能试验.
GO/NO-GO judgement 合格不合格判别.
good [gud] Ⅰ *a*. (*bet′ter* , *best*) *a*. ①(良,美)好的,善良的,佳的,优良的,上等的,结实的,坚固的,安全的,可靠的,令人满意的 ②有效(most)的,有益的,适当的〔合〕的,宜于 ③充分的,完全的,相当的,很④能胜任的,有能力的,技术好的,能干的 ⑤安全的,掌得住的,真正的,不假的. Ⅱ *n*. ①善良,好处 ②好处,用处(pl.)货物,物(商)品,财产,动产. *a good knock* 猛敲. *a good mile* 足足一英里. *a very good reason* 非常重要的原因,充分的理由. *good bearing earth* 坚土. *good conductor* 良导体. *good geometry* 佳几何,几何学的良好条件. *good gradient* 平缓坡度. *good merchantable* 具有良好的商品质量,石油产品的颜色标志. *good money* 相当多的钱. *good oil* 提纯油. *good quantum number* 佳量子数. *good response* 快动作,快(灵敏)反应. *good river* 畅流的河道. *good sense* 判断力强,机智. *good stream shape* 良好的流线型. *good time* 正常工作时间,美好的时刻. *good visibility* 良好的能见度. *goods line* 货运线. *goods train* 运货列车. *goods wagon* 货车.▲ *a good many* 好多,很多,许多多的. *(all) in good time* 在适当或有利的时刻,及早,过一个(相当的)时候,刚巧. *(all) to the good* 很(非常)有利. *as good as* 和……一样(好),实际上等于,简直是. *be good at + ing* 善于(做). *(be) good for* 对……适用,有效(适).对好处. *(be) good (for …) to + inf*. (…)适宜(做),(…)可以(做). *(be) good to …* 对……很好,有效到……程度. *be no good to …* 对……没有用. *come to no good* 结果不好. *do (…) good (to)* (对…)有好处,(对…)有用,(有)有效. *for either good or bad* 或 *for good or for bad* 不论好坏. *for good (and all)* 永远,永久. *for the good of …*

good'ey(e)' 为了…的目的,为…的利益,为…打算. *good for nothing* 无用,毫无价值. *hold good (for)* (对…)有效,(对…)适用. *make good* 补偿,弥补,证明…是正确的. *No sort of … is any good.* 那一种…都不适用,没有一种…用得上. *not good enough to +inf.* 没有(做)的价值,不值一(做).

good'ey(e)' ['gud'bai] 再见,告别.

good'-for-nothing 或 **good'-for-naugh** *a.*; *n.* 无益的,无用的(人),无价值的.

good'hu'mo(u)red *a.* 兴致勃勃的,愉快的.

good'ish ['gudiʃ] *a.* ①还好的,不坏的 ②颇大的,相当(好,长,大)的.

good'ly ['gudli] *a.* ①美观的,漂亮的,优良的,好的,不错的 ②相当大(多)的,颇多的.

Goodman diagram 戈德曼曲图(疲劳试验用).

good-neighbo(u)r *a.* 睦邻的.

good'ness ['gudnis] *n.* ①优良[秀,质,势],精华[髓] ②优度,质量[品质]因数,价值 ③优势. *goodness of fit* 拟合优[良]度,吻合[适合]度. *goodness of fit test* 拟合良好性检定.

goodness-of-fit statistics 拟合优度统计量.

good-quality *a.* 优质的.

goods [gudz] *n.* ①货(品,物),商[货]物品 ②财产 ③本领,才能,能力. *consumer goods* 消费品,生活必需品. *goods line* 货运线. *goods traffic* 货运交通,货物运输. *goods train* 运货列车. *shaped goods* 定型制件. *tubular goods* 管材. ▲ *by goods* 用货车装运.

good-sized *a.* 相当大的,大型的.

goods-train *n.* (英)货(运)列车.

goodwill' ['gud'wil] *n.* ①友好 ②(商业)信誉,商誉.

good'y ['gudi] *n.* 糖果,蜜饯.

goody(-goody) *a.* 伪善的(人),假道学(的).

go-off ['gu:ɔf] *n.* ①开始,着手,出发 ②爆炸. *at one go-off* 一次,一举,一下子. *succeed (at) the first go-off* 一举(一下子)就成功.

goof'-off ['gu:fɔf] *n.* 逃避工作(责任)者.

goo'gol ['gu:gɔl] *n.* 古戈尔(=10^{100}),巨大的数字.

goo'golplex ['gu:gɔlpleks] *n.* 古戈尔派勒斯,古戈尔幂=$10^{10^{100}}$,即10的古戈尔次方).

go-on symbol 继续符号.

go-on-devil =go-devil.

goop *n.* 粘糊糊的东西,镁尘糊块.

goosan *n.* 铁帽.

goose [gu:s] I *n.* (pl. *geese*) (母)鹅. I *vt.* 推动,促进,(开车时)作不平均的加油. *goose chase* 无益的追求,白跑一趟. *goose egg* 鹅蛋,零分. *goose neck* 鹅颈(管,式). *goose skin* 鸡皮疙瘩,古柏树脂. ▲ *kill the goose that lays the golden eggs* 杀鸡取卵.

goose'neck ['gu:snek] *n.* 鹅颈(弯,管,钩),S形composite(曲,管),肘管,弹簧式弯头车刀. *gooseneck crane* 鹅颈式起重机. *gooseneck tool* (弹簧)刀.

gooseneck-type *a.* 鹅颈式的.

goose-skin copal 鹅皮及贰.

GOP = ground observation post 地面观测站.

go'pher ['goufə] I *n.* (北美)地鼠. *vt.* 挖洞. I =

goffer. *gopher protected cable* 防鼠咬电缆.

"gopher-hole" type 地鼠洞式(爆炸法).

GOR = ①gas/oil ratio 油气比 ②general operational requirements 一般战术要求.

Gordian knot ['gɔ:diən'nɔt] ①难题,难解的结,难办的事,棘手问题 ②关键,难点. ▲ *cut the Gordian knot* 用快刀斩乱麻的办法解决难题.

gore [gɔ:] *n.* ①(伤口的)凝血,血块 ②三角布,三角地带,(三角形的)端部,锥形版,分道角标示. I *vt.* ①(用枪)刺 ②裁成三角形.

gorge [gɔ:dʒ] *n.* 峡,峡(山)谷,隘路,咽喉,障碍物,胃. 【建】凹刻. *gorge circle* 喉[狭隘]圆. *Sanman Gorge* 三门峡.

gor'geous ['gɔ:dʒəs] *a.* ①华丽的,灿烂的,豪华的 ②好看的,漂亮的. ~ly *ad.*

gor'gon *n.* (无线电控制的主动寻找目标的)空对空导弹.

gorgonin *n.* 珊瑚鞭蛋白.

gorse *n.* 荆豆(属植物).

gor'y ['gɔ:ri] *a.* 沾满鲜血的,血迹斑斑的,血淋淋的,骇人听闻的. **gorily** *ad.*

GOS = general operating specification 一般操作规程.

Gosau limestone (晚白垩世)歌骚灰岩.

goslarite *n.* 皓矾.

gosport (tube) *n.* (飞机座舱间)通话软管.

gos'samer ['gɔsəmə] *n.* ①薄纱,薄雨衣 ②蛛[游]丝 ③小阳春. *a.* 轻而薄的. ~y *a.*

gossan *n.* 铁帽.

gos'sip ['gɔsip] *n.*; *vt.* ①杂[漫]谈,随笔,闲谈 ②非议,流言.

gos'siping *n.* 杂谈,闲话.

Gossypium *n.* 棉属.

gossypol *n.* 棉子酚.

GOST = Gosudarstvennyi Obshchesoyuznyi Standard 国家全苏标准.

go-stop. ①前进和停止 ②交通信号,交通指挥灯. *go-stop-signal* "动停"信号.

got [gɔt] get 的过去式及过去分词.

Go'tha ['gouθə] *n.* (德国)哥达. *Critique of the Gotha Programme* 《哥达纲领批判》.

Goteborg 或 **Gothenburg** *n.* 哥德堡(瑞典港口).

Goth'ic ['gɔθik] *a.*; *n.* 哥特式的(建筑),尖拱式建筑 ②黑体字(的),粗体字(的),哥德体活字,哥德体的. *Gothic groove* [pass] 弧边菱形轧槽[孔型].

Gotlandian period (志留纪)哥兰特兰纪.

goto circuit 串联隧道管电路.

Goto pair 串联隧道管对,后藤对(电路).

got'ten ['gɔtn] get 的过去分词.

Gottingen wind tunnel 开口回流[哥亭根式]风洞.

got'-up ['gɔt'ʌp] I *a.* 做成的,人工的,假的. II *n.* 暴发户. *hastily got-up* 匆匆做成的.

goudron *n.* 焦油,沥青. *goudron highway* 沥青路.

gouge [gaudʒ] I *n.* ①(圆,半圆)弧口凿,圆口凿[孔],凿出的槽 ②断层[脉壁]泥 ③(带伸缺陷)擦伤. I *v.* ①(用半圆圆凿)凿孔,打眼,凿[挖]出(out) ②刨削(槽). *turning gouge* 弧口旋凿.

gougerotin *n.* 谷氏菌素.

goug'ing ['gaudʒiŋ] *n.* ①用圆凿挖孔[槽],刨削

〔槽〕,表面切割 ②(砂矿)地沟洗矿. *air gouging* 气刨. *arc air gouging* 电弧气刨,压缩空气电弧割槽. *flame gouging* 火焰截槽法,炬凿. *gas gouging* 气割槽. *gouging blow pipe* 表面切割割矩. *gouging abrasion* 碰撞磨损(如在碎石机中).

Goupillaud medium 古皮劳德介质(每层走时相等的层状介质).

gouy n. 戈尤(一种动电学单位).

Gov 或 **gov** =①government ②governor.

gov'ern [ˈgʌvən] v. ①统治,管理,支配 ②调整〔节〕,控〔抑〕制,约束,操纵,运转 ③决〔规〕定,规则,影响,指导. *by-pass governing* 旁通调节. *governed engine speed* 发动机限速. *governing class* 统治阶级. *governing equation* 基本〔控制〕方程. *governing factor* 控制〔决定,支配〕因素. *governing point* 控制点. *governing principle* 指导原则. *governing time* 调速〔节〕时间. *governing valve* 调速〔节〕阀. *integral governing* 积分调速. *positive governing* 直接调整〔控制〕,强迫调整. *throttling governing* 节流调节. ▲ (*be*) *governed by* … 取决〔决定〕于,以…为准则…决定.

gov'ernable a. 可统治的,可支配〔控制〕的.

gov'ernance n. 统治(方式),管理〔方式〕,支配,权势.

gov'ernment [ˈgʌvənmənt] n. ①政府(权,体),内阁 ②管理,控制,调节,支配,统治(权) ③行政管理,管理机构 ④行政管理区域,州,省. *government band* 政府通信波段. *Government Printing Office* 美国政府出版社. *government railway* 国营铁道. ～al a.

gov'ernor [ˈgʌvənə] n. ①调速〔节,整〕器,限速器,调节用变阻器,调速箱,控制器,稳定器,整理器,自动装置,调节〔控制〕阀 ②管理者,支配者,地方长官,州长,总督,总司令官,主管,老板. *ball governor* 飞球〔离心式〕调速器. *centrifugal governor* 离心(力,式)调速器. *electronic governor* 电子自动调速器. *governor valve* 调节〔速,气〕阀. *pendulum governor* 摆调速器. *speed governor* 调速器. *throttle* 〔*throttling*〕 *governor* 节流调〔速〕器.

governor-operated a. 自动调节的.

Govt 或 **govt** =government 政府.

Gox 或 **gox** [gɔks] =gaseous oxygen 气态氧.

goyol n. 告衣醇.

GP =①gang punch 成组穿孔,多卡穿孔机 ②gauge pressure 计示压力 ③gear pump 齿轮泵. ④general practitioner 开业医生 ⑤general purpose 一般目的〔用途〕,通用的. ⑥geometric progression 等比级数,几何级数 ⑦gimbal platform 常平架平台 ⑧glide path 〔航空〕下滑航迹 ⑨graphite 石墨 ⑩ground pneumatic unit 地面气动力力装置 ⑪ground pulp 磨木浆 ⑫ground-wood pulp 细(磨)木浆 ⑬ gutta percha 杜仲胶,古塔波胶.

gp =①gas, persistent 持久(的)毒气 ②group (分)组.

GP bomb =general purpose bomb 普通炸弹,杀伤爆破炸弹.

GPA =grade-point average 平均积分点,平均成绩.

gpad =gallons per acre per day 每日每英亩加仑数.

GPC =①gas partition chromatography 色液色谱法,气相分溶色谱法 ②gel permeation chromatography 凝胶渗透(渗析)色谱法.

gpc =gallons per capita 加仑/人,每人加仑数.

gpcd =gallons per capita per day 每日每人加仑数.

gpd =gallons per day 每日加仑数.

gpf =gasproof 防(毒)气的,不透气的.

GPG =grains per gallon 每加仑格令数(1格令=64.8mg).

gph =①gallons per hour 每小时加仑数 ②grams per hour 每小时克数 ③graphite 石墨.

GPI =ground position indicator 飞机飞行中经纬度位置雷达指示器,(飞机)对地位置显示器.

GPL =①giant pulse laser 强脉冲激光 ②grams per liter 克/升.

gpm =①gallons per minute 每分钟加仑数 ②gallons per mile 每英里加仑数.

GPN =①general performance number 一般性能号码 ②glass plate negative 玻璃板底板.

GPO =①General Post Office (英国)邮政总局 ②general purpose oscilloscope 通用示波器.

GPR =general purpose rubber 普通橡胶.

GPRC =Geophysical and Polar Research Center 地球物理和极地研究中心.

GPS =general-purpose (radar) 通用的(雷达).

gps =①gallons per second 每秒钟加仑数 ②grams per second 克/秒 ③guidance power supply 制导动力源.

GPSU =ground power supply unit 地面动力供应装置.

GPT =①glutamic piblic transaminase (谷丙)转氨酶 ②guidance position tracking 制导位置跟踪.

GPU =ground power unit 地面动力装置.

GPV =general purpose vehicle (导弹飞行试验用的)通用飞行器.

GPW =gypsum-plaster wall 石膏粉饰墙.

GQ =general quarters (美国海军)舰艇的战斗部署.

GR =①gain reduction 增益衰减 ②gear ratio 传动比,齿速比 ③government regulations 政府规定 ④government report 政府报告 ⑤grab rail 扶手杆 ⑥grade 等级,度,分类 ⑦graduation 分度 ⑧graphite 石墨 ⑨ guarantee reagent 保证试剂 ⑩ gunnery range 射击场.

Gr =①Grashof number 格拉肖夫数 ②Grecian ③Greece ④Greek.

gr =①gear ratio 齿速〔传动〕比 ②grain 格令(等于64.8mg),颗粒,粒,晶粒 ③gram(s) 克 ④gross 总计,毛重,一罗(144个) ⑤ground 接地.

GR AB =grade ability 爬坡能力.

Gr Br(it) =Great Britain 大不列颠,英国.

gr wt =gross weight 总重,毛重.

GR-A =government rubber-acrylonitrile 丁腈橡胶.

grab [græb] I n. ①抓(攫)斗,抢夺 ②夹钳〔具,子〕,抓勾,卡爪,解孔捞筒 ③(挖土机,挖泥机)抓斗,抓〔采〕岩机,开〔挖〕掘机,咬合取样器,底质采样器,采泥器,起重钩. II (*grabbed; grabbing*) v. 抓(攫)取,(猛然)抓住〔牢〕(at),抢〔夺〕去,扁占,使留下印像. *grab boat* 抓斗挖泥船. *grab bucket* (挖土机)抓斗(中),(搜[夜])斗. *grab crane* 抓斗式起重机. *grab dredge*(*r*) 抓斗式挖泥机(船). *grab hook* 起重钩. *grab iron* 铁撬棍. *grab line* [*rope*]

(在救生艇外围的)救生握索. *grab rail* 扶手杆. *grabsample* 定时取集的样品. *grab sampling* 手选〔简单〕取样,随机抽样. *lifting grab* 钳式带卷帘具. ▲ *get* 〔*have*〕 *the grab on* 强〔胜〕过,占据比…有利的地位. *make a grab at* 抓住,攫取.

grab-camera *n.* 咬合取景器照相机.

graben ['ɡrɑːbən] *n.* 地堑,地沟. *graben fault* 地堑断层.

grace [ɡreis] I *n.* ①优美,乐意, (pl.) 优点 ②恩赐 ③(票据等到期后的)宽限,缓期. II *vt.* 装饰,使…增色. *a building of unusual grace* 异常优美的建筑物. *days of grace* (法定的,习惯的)宽限日期,缓期. *give* 〔*grant*〕… *a week's grace* 给…一星期的宽限. *Will you grace the occasion with your presence?* 届时希抽空出席. ▲ *have the grace to* + *inf.* 爽爽快快地(做),认为(自己)应该(做). *with a good grace* 高高兴兴地,爽爽〔痛痛〕快快地,愿意.

grace'ful ['ɡreisful] *a.* 优美的,得体的. *graceful degradation* 适度恶化,故障弱化,(个别部件发生故障时)工作可靠但性能下降. *graceful degression* (性能)逐渐变坏,缓慢下降. ~ *ly ad.* ~ *ness n.*

grac'ile ['ɡræsail] *a.* 薄的,细(长)的,纤细(优美)的.

gra'cious ['ɡreiʃəs] *a.* 亲切的,客气的,和蔼的. *Gracious me!* 或 *My gracious!* 或 *Good gracious!* 嗳呀! 糟糕! ~ *ly ad.* ~ *ness n.*

grad = ①gradient 梯度 ②graduate ③graduation.

gradabil'ity *n.* 可分等级性.

gra'dable *a.* 可分级〔类,等〕的.

gradate' [ɡrə'deit] *v.* ①(使)(色彩)逐渐变浓〔淡〕,逐渐变色, (使)显出层次来 ②分(等)级,顺次配〔排〕列, (使)逐渐转化.

grada'tim [ɡrə'deitim] (拉丁语) *ad.* 渐渐,徐徐,逐步,一步一步地.

grada'tion [ɡrə'deiʃən] *n.* ①分等(级,类,层,段)的, (定)阶〔序〕②级配〔差〕,(深浅,灰度)等级,类别,色调,(色彩)层次,灰度,浓淡度,阶段,程度 ③渐变,进展(的过程),多级过渡过程,渐进(近)性,过度 ④粒级(分松)作用. 〔地〕均夷作用. *gradation band* 曲线范围(带). *gradation checks* 灰度检查. *gradation composition* 级配组成,配合成分. *gradation factor* (粒度)级配系数. *gradation of aggregate* 集料的级配. *gradations of colour* 色彩的不同层次〔色调〕. *gradations of image* 图像深淡等级〔层次,程度〕. *gradation test* (颗粒)级配筛分试验. *gradation unit* 连续投配器.

grada'tional [ɡrə'deiʃənəl] *a.* 有顺序的,分等级的,逐渐变化的,分层次的. ~ *ly ad.*

grade [ɡreid] I *n.* ①(等,品,粒,阶,年)级,级(类,品,品位)(种,品,量,牌)号 ②分级〔等,类,选,段〕阶,段,(矩阵的)秩 ③(程)度,坡〔陡,梯〕度, (倾)斜度,难度,有力度, (测量)坡度,纵坡度 ④(磨具的)硬度 ⑤分数,成绩,等等,评语 ⑥公制度(=圆的1/400等分)⑦度,现在法国偶尔使用.别国极少使用.以公制度计量的角度θ一般写为θg). II *vt.* ①分级〔等,类,度,选,段〕,分〔定〕等级,径选,记分数 ②定坡度,减小坡度,把…筑平,平整〔地〕,平土方.III *vi.* ①属于…等级 ②渐次变化,使渐次变化.IV *vi.* ①属于…等级 ②渐次变化(调和). *ascending grade* 升坡,上坡(度). *bluetop grade* 旧路改建前的纵断面. *break in grade* 纵坡折变,纵坡变更点. *cascade grade* 中间产物品位. *choppy grade* 锯齿〔波浪〕形纵断面. *commercial grade* 商品级,商业品位. *compensating* 〔*compensation*〕 *grade* 折减坡度. *cut-off grade* 品位下限,截止品位. *descending grade* 降坡,下坡(度). *easy grade* 平缓〔顺坡〕坡度. *finest grade of* 最纯的. *flat grade* (平)缓坡(度). *grade ability* 爬坡能力. *grade climbing* 爬坡. *grade compensation* (曲线上)纵坡折减. *grade crossing* 平面交叉. *grade elevation* 路面标高,坡度线高程. *grade elimination* 高架桥,减缓坡度. *grade estimation* 质量评定. *grade labelling* 商品质量的标签说明. *grade limit* (坡度)限制,极限坡度. *grade line* 坡度〔纵坡,纵侧面)线. *grade location* 坡度〔路基〕设计. *grade of concentration* 富集品位. *grade of fit* 配合〔可靠性〕等级,适合〔应〕度. *grade of maturity* 成熟度. *grade of metamorphism* 变质程度. *grade of service* 服务品质(量). *grade of slope* 坡(斜)度. *grade of steel* 钢(级)号. *grade rod* 水准标尺,坡度尺. *grade separation* 立体交叉,分级配,等级分类. *grade washer* (轴)倾斜垫圈. *heavy grade* 大坡度,陡坡. *high grade* 高(陡)坡,高质量(品位)(的),高(等级)的,优等〔质)的. *high grade of transparency* 高透明度. *hydraulic grade* 水力坡降(线),水力梯(折)线,液压线. *incline grade* 倾度,坡度尺. *light grade* 小坡度,低标号. *low grade* 平缓坡度,低(等)级(的),次等(的),低品位(的). *medium grade* 中级品位,中级的. *metal grade* 金属级(品位). *minus grade* 下(降)坡. *near-level grade* 近(水)平坡. *plus grade* 上坡,(上)升坡(度). *reiding grade* (路面)行车(质量)等级. *sag in grade* 坡度凹陷. *steel grade* 钢号. *technical grade* 工业品位. ▲ *a down grade* 下坡. *an up grade* 上坡(铁路等交叉)在同一水平面上. *crossing at grade* 或 *grade crossing* 平面交叉. *grade down from* … *from* … 从…以下制定〔配〕坡度. *grade off* 级配,分级. *grade labeling* (按质)分等级. *make the grade* 达到(理想)标准,合乎(质量)要求,成功;爬上陡坡. *on the down grade* 下坡〔下坡〕,衰败. *on the up grade* 上升(坡),兴盛.

gradeabil'ity *n.* 爬坡的能力,拖曳力.

grade-crossing *n.* (道路)平面交叉.

grade-crossing-elimination structure 道路立体交叉结构物,高架桥.

gra'ded *a.* ①分级〔类,段,度,层,次,品〕的,定等级的,计量的,有刻度的,校正的,校(准)过的 ②配(比)的,各种不同大小的,不同级〔级别〕的,筛选的 ③按条件布置的,规划好了的 ④(有)坡度的,递级的,阶梯式的,缓变的,作成一定断面的. *graded aggregate* 级配骨料〔集料〕. *graded base* 级配〔缓变〕坡基区. *graded coal* 分级〔筛选〕的煤. *graded coatings* 分层涂层. *graded coils* 分段线圈. *graded crushing* 分段破碎. *graded distribution* 梯度分布. *graded dots* 各种大小不同的圆点. *graded glass seal* 玻璃(分级)过渡封接. *graded group* 分次群. *graded hardening* 分级淬火. *graded joint* 递级接头. *graded junction* 过渡连接, 梯形(坡度)结, 缓变结. *graded material* 级配材料. *graded multiple* 分品复接. *graded nets* 等级网格. *graded river* 缓流. *graded scale curve* 分度曲线. *graded section of a highway* 公路的坡度路段. *graded sediment* 均粒沉积(物), 分级沉积. *graded shoulder* 整平的路肩. *graded sizes* (集料)分级规格尺寸. *graded time-lag relay* 可调延时继电器. *graded time step* 分段阶时. *graded trunk (line)* 分品中继线. *graded tube* 刻度管. *graded wide-gap junction* 缓变宽禁带结. *graded width* 修整宽度.

grade-out(s) n. 等外级.

grade′line n. 坡度(纵坡)线.

grade′ly a. ①极好的 ②漂亮的 ③恰当的, 真正的.

gra′der ['greidə] n. ①平地(土, 路)机, 推土(筑路)机 ②分级器, 分级机(器), 分筛①选机 ③分选工 ④…年级生. *elevating grader* 升降式平土机, 电铲式平路机, 平土升送机.

grade-separated interchange 立体交叉, 道路立体枢纽.

grade-separation n. 立体交叉.

grade-speed ability (一)定速(度)上坡能力.

grade-stake n. 坡(度)桩.

grade-up n. 上(升)坡.

gra′dient ['greidiənt] Ⅰ n. ①坡度, 陡, 阶, 降, (倾)斜度, 斜率, 倾斜量, 比降, (温度, 气压的)增减(递减, 变化)率, 梯度变化曲线 ②分等级的 ③锥度(形). Ⅱ a. (适于)步行的, 倾斜的. *a gradient of one in six* 6比1的倾斜度. *contrast gradient* 对比度, 反差度. *density gradient* 密(浓)度(的)梯度. *energy gradient* 能量变化率. *gradient break* 坡度转折(点), 坡折. *gradient hydrophone* 压差水听器. *gradient junction* 缓变结. *gradient meter* 坡度测定仪, 量坡仪, 测斜(坡)器. *gradient method* 坡度法, 斜量法, 最速下降法. *gradient microphone* 压差传声器. *gradient of (a) slope* 倾斜率, 斜坡坡度(坡率). *gradient of gravity* 重力梯度. *gradient of neutrons* 中子密度梯度. *pressure gradient* 压力梯度. *temperature gradient* 温度梯度(升降), 温度差.

gradienter n. 测梯度(斜率)仪, 倾斜计, 倾斜测定器, 水准(水平)仪.

gradient-related method 梯度相关法.

gradin(e) n. 阶梯的一级个座位的一排.

gra′ding ['greidiŋ] n. ①分(等)级, 分类(选, 组, 段), 筛选(分), (颗粒, 粒径)级配 ②分级复联(接), 分品(分级)法连接 ③校准(正), 水准测量 ④(中继线)分品法 ⑤定级坡度, 作成断面 ⑥土工修整, 减小坡度, 土(方)工(程), 路基(场地)平整. *grading analysis* 粒度分析. *grading coils* 均压(绕制)线圈. *grading curve* (颗粒)级配曲线, 整坡曲线. *grading elevation* 路基标高. *grading group* 分品群.

grading limitation (limits) (颗粒)级配范围. *grading machine* 土工(路基)平整机. *grading of river bank* 河岸整坡. *grading plant* 分级厂, 分级装置. *grading ring* (分级)屏蔽环. *grading shield* 屏蔽物, 分段屏蔽. *grading test* (颗粒)级配筛分试验. *grading tool* 手锥(测定磨具硬度工具); *jump grading* 中断(跳越)级配. *mechanical grading* 机械筛分, 机械(颗粒)分级. *size grading* 粒径级配, 颗粒分级, 按尺寸分级, 径选.

gradiomanom′eter n. 压差密度计.

grad(i)om′eter n. 倾斜(陡度, 梯度)计, 测坡(斜)器, 坡度测定仪, 重力梯度(陡度)仪.

grad′ual ['grædjuəl] a. ①逐渐(步, 次)的, 渐渐(进, 次, 变)的, 顺序变化的 ②平缓的, (坡度)不陡峭的, 逐渐上升(下降)的. *gradual approximation* 渐次近似法. *gradual contraction* 截面逐渐缩小. *gradual enlargement* 截面逐渐扩大. *gradual hydraulic jump* 渐变水跃. *gradual slope* 缓坡.

grad′ually ad. 逐渐(步). *gradually applied load* 渐加荷载. *gradually varied flow* 渐(缓)变的.

grad′ualness n. 逐渐(次).

grad′uate Ⅰ ['grædjueit] v. ①刻度(数于), (划)分度(数), 标度, 分(定以)等级, 校准 ②校准(定)③使裂变 ④(蒸发)浓缩 ⑤(准予)毕业, 得(授予)学位, 取得资格 ⑥逐步消逝(away), 渐渐变为(into). *a ruler graduated in millimetres* 刻有毫米(上最小刻度为毫米)的尺. *be graduated from* 或 *graduate at* 在…(学校)毕业. *be graduated in three steps* 分有三段(级), 有三个刻度. ▲ *graduate in* …(学科)毕业. *graduate in engineering* 工科毕业.
Ⅰ ['grædjuit] n. ①(美国)毕业生, (英国)大学毕业生 ②量杯(筒), 分度器. a. ①毕了业的, 研究生的 ②划定的 ③分等级的. *graduate school* (大学)研究院. *graduate students* 研究生, 毕业生.

grad′uated ['grædjueitid] a. ①分度的, 刻(标)度的 ②分等(级)的, 累进的 ③毕业了的. *graduated circle* (ring) 刻度盘, 分度圆. *graduated cylinder* 量筒. *graduated glass* 量杯, 刻度杯. *graduated hardening* 分级淬火. *graduated hopper-charging* 定量的斗容量. *graduated in English* 英制刻度. *graduated scale* 比例尺, 分度(标)尺. *graduated streaking chart* 梯级拖影测试卡.

gradua′tion [grædju'eiʃən] n. ①(分, 刻, 标)度, 分等级, 分层(段), (分)度, 分画(定义上的刻度记号) ②校正(准), 定标 ③加(蒸)浓, 浓缩 ④【统】修均法 ⑤毕业. *centesimal graduation* 百分度. *graduation error* 刻(分)度误差. *graduation house* (tower) 梯塔. *graduation in degrees* 按度分刻度. *graduation mark* 分度符号, 分(定)度线. *graduation of curve* 曲线修匀. *graduation of data* (统计)数据的修均法. *graduation of the motor currents* 电动机电流级加法. *measure from the 10-cm graduation* 从10cm的刻度(处)开始度量.

grad′uator ['grædjueitə] n. 刻度(线)机, 分度器; 刻度员.

Graeco-Latin square 【数】希腊-拉丁方.

Graetz connection 桥形接线,格里茨(多相整流)接法.
Graetz number (GZ) 格里茨数(n dRP/4L, d 为管直径,L 为管长,R 为雷诺数,P 为普兰特尔数).
Graface n. 石墨-二硫化钼固体润滑剂.
Gräffe method (解实系数高次方程的)格列弗法.
graft [ɡrɑːft] n.;v. ①接枝,嫁接,(使)接(融)合,接植(物,片) ②贪污,受贿,贿赂 ③一铲的深度 ④弯口铁铲. *graft by approach* 合接. *graft one variety on* [upon, in, into] *another* 将一品种接到另一品种. *graft polymer* 接枝聚合物,融聚物. *graft polymerization* 接合(融,枝)聚合. *grafting material* 接(融)合材料.
graft′er [ˈɡrɑːftə] n. ①平铲(锹) ②接枝者,移植者.
grafting-tool n. 平铲(锹).
graham flour 全麦面粉.
grahamite n. 脆沥青.
grail [ɡreil] n. ①(细)砾石,砂砾,鹅卵石 ②杯,盘.
grain [ɡrein] Ⅰ n. ①谷类(物) ②(颗,细,银)粒,粒粒,磨粒,粒料,(结晶)粒度 ③英厘,格令(英制质量单位,=64.8mg) ④少许,微量,一点儿 ⑤纹理,石(木)纹,(陶瓷的)颗粒,纤维,地毯绒毛,皮,纸等的)粗糙面,粒面 ⑥固体推进剂,火药柱(筒),爆破筒,装药 ⑦组织,构造 ⑧(pl.)河叉,交流汇合处. Ⅱ v. ①(使,作)成细粒,(使)粒化,(使)成粒状,使结晶 ②使表面粗糙 ③把…表面漆成木纹(大理石纹)起纹 ④陷身. *a grain of sand* 一粒砂. *agglomerated grain* 结块颗粒,团粒. *alumina grain* 刚玉(氧化铝)磨粒. *blackened grains* 致黑粒,泛黑粒子. *cast grain* 浇注药柱. *coarse grain* 粗粒,粗大晶粒. *crystal grain* 结晶粒. *cylinder grain* 圆柱形火药柱,圆柱形装药. *developed grain* 显影晶粒(粒子). *fine grain* 细(晶)粒,细粒料. *grain alcohol* 乙醇,酒精. *grain boundary* 晶(粒边)界,颗粒间界. *grain boundary cracks* 晶间疏松,晶界(间)裂纹. *grain composition* 颗粒级配(组成). *grain effect* 压纹效应. *grain fineness* (晶)粒度,颗粒细度. *grain fineness number* 砂子细度,平均粒度. *grain flow* (金属的)晶粒线向. *grain growth* 晶粒长大(生长),粒度增长. *grain of crystallization* 结晶中心,晶核(籽). *grain of rice* (瓷器中的)透明花纹. *grain orientation* 晶粒取向. *grain oriented electrical steel* 有取向性硅钢片,晶粒取向电钢片. *grain refiner* (晶粒)细化剂. *grain refinement* 细晶化. *grain refining steel* 细晶钢. *grain roll* (砂型)铸铁轧辊. *grain size* 粒径,晶粒(粒子)大小,颗粒尺寸(大小),粒度. *graining board* 压纹板. *graining machine* 压纹机. *graining of tin* 锡的粒化. *graining sand* 细砂. *rose grain* 铬刚玉(玫瑰色)磨料. *wood grain* 木纹. ▲*across the grain* 横纹地,与纹理垂直,横过纤维. *against the grain* 逆纹理(地),不合意地. *dye in grain* 生染,用不褪色染料染. *grain out* 析皂. *have not a grain of* 连一点…也没有. *in grain* 彻底的,真正的,本性的,生来的. *with a grain of salt* 或 *with some grains of allowance* (此话)不可全信,有保留地. *with the grain* 顺纹地,顺着纹理. *without a grain of* 一点…也没有.

grain′age [ˈɡreinidʒ] n. 英厘分量.
Grainal n. 钒钛铝铁合金(钒 13~25%,钛 15~20%,铝 10~20%,其余铁).
grain-boundary flow 晶界(粒间,颗粒边界)流动.
grained a. 粒状的,木纹状的,有纹理的. *grained tinplate* 糙面镀锡薄钢板.
grain′er [ˈɡreinə] n. ①漆木纹(者,用具) ②鞣皮剂,刮毛刀.
grain-growth n. 晶粒长大.
grain′iness [ˈɡreininis] n. (多)粒状,颗粒(粒)性,粒度.
grain′less a. 无[没有]颗粒的,没有纹理的.
grain-noise n. 颗粒噪声.
grain-oriented alloy 晶粒取向合金.
grain′-size n. 粒径(度),颗粒大小. *grain-size analysis* 颗粒分析. *grain-size distribution* 粒径分布. *grain-size scale* 粒径分级标尺[刻度].
grain-to-grain boundary 颗粒间边界.
grain′y [ˈɡreini] a. 粒状(面)的,多(颗)粒的,有细粒的,木纹状的.
gram [ɡræm] n. 克,克兰姆. *gram atomic weight* 克原子量. *gram calorie* 克卡. *gram equivalent* 克当量. *gram mole* 克分子. *gram molecular volume* 克分子体积.
gramatom n. 克原子.
gram-atomic weight 克原子量.
gram-calorie [ˈɡræmˈkæləri] n. 克卡.
gram-equivalent n. 克当量.
gramicidin n. 革兰氏阳性杀菌素,短杆菌肽.
graminaceous 或 **gramin′eous** a. 禾本(科)的,(似)草的.
Gramineae 或 **Graminaceae** n. 禾本科.
graminiv′orous [ɡræmiˈnivərəs] a. 吃草,谷类或种子的.
gramion n. 克离子.
gram′malog(ue) [ˈɡræməlɔɡ] n. (速记中)用单一记号表示的(字).
gram′mar [ˈɡræmə] n. ①语(文)法(书,规则) ②初步,入门,基础,基本原理 ③(个人的)措词,说法. *grammar of science* 科学入门. ▲*be bad* [not] *grammar* 不合语法,文理不通,不正确的说法.
gramma′rian [ɡrəˈmɛəriən] n. 语法学家.
grammat′ical [ɡrəˈmætikəl] a. 语法(上)的,合乎语法(规则)的. *grammatical sense* 字面的(语法上的)意义.
grammat′icize vt. 使合乎语法.
grammatite n. 透(角)闪石.
gramme [ɡræm] n. (=gram)克,克兰姆.
gramme-atom 或 **gramme-atomic weight** 克原子(重)量.
gramme-calorie n. 克卡.
gramme-rad n. 克拉德(有时用作吸收剂量单位,等于 100erg/g,或 10^{-2} J/kg).
gramme-roentgen n. 克伦琴(吸收能量单位,即把 1 伦琴剂量释放到 1 克的空气中而吸收的能量——约 83.8erg).
grammeter 或 **grammetre** n. 克米.
gramme-weight n. 克重(力).
grammol(e) 或 **grammolecule** n. 克分子.

Gram-negative *a.* 革兰氏(染色)阴性的.
gram'ophone ['græməfoun] *n.* 留声机,唱机. *gramophone audiometer* 快速听力测试仪. *gramophone recording* 唱片录音.
Gram-positive *a.* 革兰氏(染色)阳性的.
gram'pus ['græmpəs] *n.* 大铁钳.
grams *n.* (pl.) 唱片[磁带]音乐.
Gram-stain *n.* 革兰氏染色(法),细菌染色液.
gran'ary ['grænəri] *n.* 谷仓,粮仓,产粮区,谷产丰富地区. *natural granary* 天然粮仓,鱼米之乡.
granatohedron *n.* 菱形十二面体.
grand [grænd] *a.* ①主要的,(最)重大的,(最)重要的,(伟,盛,宏)大的,巨的 ②庄严的,崇高的,壮丽的,雄伟的 ③极好的,漂亮的,豪华的 ④完全的,全部的,总的. *grand calorie* 大卡,千卡. *grand champion* 冠军,最优奖得者. *grand (canonical) ensemble* 巨(正则)系综. *grand climax* 顶点,最高潮. *grand entrance* 大(正)门. *grand finale* 结局,终曲. *grand master pattern* 制造母模(型)的模型. *grand piano* 大(三角角)钢琴. *grand relief* 高浮雕. *grand scale integration* 超大规模集成(电路). *grand sight* 壮观. *grand slam* 优胜法/全胜,大成功,大打击/大王牌;通用解释方法;(桥牌)赢十三副牌. *grand total* 总计(值),共计,综合.
grand [法语] *au grand sérieux* [ou'graːn seri'əː] 极其认真地.
grand'child ['græntʃaild] (pl. *grand'children*) *n.* 孙,外孙.
grand-daughter ['grændɔːtə] *n.* (外)孙女,第三代子核,孙核.
gran'deur ['grændʒə] *n.* 宏伟,壮丽(观),伟大,崇高,庄严.
grand'father ['grændfɑːðə] *n.* (外)祖父,祖先. *grandfather('s) clock* 有摆的大座钟. *grandfather cycle* 【计】存档周期,磁带原始,调原始信息的周期. *grandfather tape* 【计】存档[备分,原始信息]带,原始磁带.
grandil'oquence [græn'diləkwəns] *n.* 夸张(大). **grandil'oquent** *a.*
gran'diose ['grændiəus] *a.* ①庄严的,雄伟的,崇高的 ②夸张(大)的. ～ly *ad.*
grandios'ity [grændi'ɔsiti] *ad.* ①宏伟,辉煌,崇高 ②夸张.
grand'ly ['grændli] *ad.* 庄严地,宏伟地,伟大地,崇高地.
grand'mother ['grændmʌðə] *n.* (外)祖母.
grand'ness *n.* 庄严,宏伟,崇高,伟大,壮丽.
grand'son ['grændsʌn] *n.* 孙子,外孙.
grandstand ['grændstænd] *n.* 大(主,正面)看台,全体观众.
grange [greindʒ] *n.* 农场(庄),庄园,谷仓.
grangerism ['greindʒərizm] *n.* 在书中插入由别的书上剪下来的插图.
grang'erize ['greindʒəraiz] *vt.* 插入由别本书上剪下的插图,从…中剪下插图. **grangeriza'tion** *n.*
graniferous *a.* 有颗粒的.
gran'iform ['grænifɔːm] *a.* 谷粒状的.
graniphyric *a.* 花(岗)斑状的,文像斑状的.
gran'ite ['grænit] *n.* 花岗岩[石]. *gneissic granite* 片麻花岗岩. *granite aplite* 花岗细晶岩. *granite block* 花岗石块. *granite porphyry* 花岗斑岩. ▲ *as hard as granite* 非常坚硬的,顽固的. *bite on granite* 徒劳.
granite-gneiss *n.* 花岗片麻岩.
granitelle *n.* 二元(辉石)花岗岩.
granite-mastic *n.* 花岗石砂胶.
granit'ic *a.* 花岗岩(似)的,由花岗岩做成的. *granitic plaster* 人造花岗石面,汰石子粉刷. *granitic texture* 花岗状结构.
granitiform *a.* 花岗石状的.
gran'itite *n.* 黑云母花岗岩.
granitiza'tion *n.* 花岗岩化(作用).
granitoid Ⅰ *a.* 像花岗岩一样的,似花岗石状的. Ⅱ *n.* 人造花岗石面,花岗类岩,汰石子粉刷.
granoblas'tic *a.* 花岗变晶状.
granodiorite *n.* 花岗闪长岩.
granodising *n.* 锌的磷酸处理.
granodolerite *n.* 花岗粒玄岩.
granodraw *n.* (钢丝干式拉拔前的)磷酸锌处理.
gran'olith ['grænoliθ] *n.* 人造铺地石,人造石铺面,花岗岩混凝土.
granolith'ic *a.*; *n.* 人造铺面(的). *granolithic concrete* 磨花子地坪混凝土. *granolithic paving* 人造石铺面.
gran'ophyre *n.* 花(文像)斑岩.
granophyr'ic *a.* 花(文像)斑状的,花斑(岩)的.
granosealing *n.* 磷酸盐处理(法).
grant [grɑːnt] *vt.*; *n.* ①允(准)许,许可,答应,同意 ②给予,授(让,租)与 ③(姑且)承认,假定 ④授给物,拨款,转让物,开采权,补助金. *grant …a request* 答应(同意)…一项请求. *granting this to be true* 姑且认为这是真的. ▲ *grant in aid* 补助金. *grant (…) permission to + inf.* 允(准)许(…)(做). *grant (granted, granting) that…* 假定,即使. *take … for granted* 认为…是理所当然的(不成问题的,一定会发生),对不当一回事. *(This) granted but…* (就算这个)没错,可是…. *under … grants* 在…的资助下.
grant'able ['grɑːntəbl] *a.* 可同意的,可给予的.
grant-aided *a.* 受补助的.
grantee' [grɑːn'tiː] *n.* 被授与者,(财产)受让人.
grant'er [grɑːntə] = grantor.
grant-in-aid (pl. *grants-in-aid*) *n.* 补助金,助学金.
grantor' [grɑːn'tɔː] *n.* 授与者,(财产)让与人.
gran'ula (pl. *gran'ulae*) *n.* (颗粒),粒剂.
gran'ular ['grænjulə] *a.* 粒状(面,料)的,成粒状的,由小粒形成的,晶[颗]粒的,晶状(结构)的. *granular carbon* 碳(精)粒. *granular crystalline* 粗晶体. *granular film* 颗粒结构的薄膜. *granular fracture* 粗粒断口,粒状破裂,颗粒裂面. *granular fuel* 粒状燃料. *granular limestone* 粒状石灰岩,云石. *granular membrane* 筛网过滤器. *granular microphone* 炭粒传声器. *granular pearlite* 粒状珠光体. *granular structure* 粒状(颗粒,团粒)结构.
granular-crystalline Ⅰ *a.* 粒晶状的. Ⅱ *n.* 粗晶体,

granular'ity [grænju'læriti] *n.* 粒度,(颗,成)粒性. *granularity of phased arrays* 相控阵量化度.

granularmet'ric analysis 粒径〔颗粒〕分析.

granular-pearlite *n.* 粒状珠光体.

gran'ulate ['grænjuleit] *v.* ①(使)成粒(状),(使)成颗粒,粒化,(矿粉)造球,(熔渣的)成粒水淬,使表面粗糙〔起粒〕②轧〔击,粉〕碎.

gran'ulated *a.* 成(颗)粒(状)的,有斑点的,粉〔破〕碎的. *granulated carbide* 粒状电石. *granulated slag* 粒状熔渣,水碎渣. *granulated sugar* 砂糖.

granula'tion *n.* 形成粒状(面),成粒(度),粒化〕作用,制(成)粒,(熔渣的)成粒水淬,粒化,(矿粉)造球,粒度,粒状表面,(光球的)米粒组织,粉碎. *granulation launder*【冶】水碎流槽. *granulation pot* (矿渣的成粒)池坯.

gran'ulator *n.* 碎石〔轧碎〕机,成粒器〔机〕,制粒机,粒化器〔管〕,凝渣器.

gran'ule ['grænjuːl] *n.* 小(颗,团,细,微)粒,(唱片)粒料,粒砂,粒(状)斑(点),砥,(太阳面的)光球,米粒(元),(pl.)粒雪. *carbon granules* 炭粒.

gran'uliform [grænjulifɔːm] *a.* 细(颗)粒状的,粒状构造的.

gran'ulite *n.* 变粒〔麻粒,白粒〕岩.

granulit'ic *a.* (成)粒状的. *granulitic texture* 等粒结构.

granuloblast *n.* 成粒细胞.

gran'ulocyte *n.* 粒性(白)细胞.

granulo'ma *n.* 肉芽瘤.

granulom'eter *n.* 颗粒测量仪,粒度计.

granulomet'ric *a.* 颗粒的. *granulometric facies* 粒度相.

granulom'etry *n.* 颗粒测定法,粒度测定学,测粒术,颗粒分析.

granulophyre *n.* 微花斑岩.

gran'ulose ['grænjulous] *n.* 淀粉粒质,淀粉糖,细真淀粉. *a.* (颗)粒状的,粒面的.

granulos'ity *n.* (骨料)粒质.

gran'ulous ['grænjuləs] *a.* 成粒的,(颗)粒状的,由小粒形成的.

granum (pl. **grana**) *n.* (质体)基粒,颗粒.

Grap/Pen 笔绘图形输入器(商品名).

grape [greip] *n.* 葡萄. ▲ *sour grapes* 酸葡萄,想得到某种东西而得不到便说它不好.

grape'fruit *n.* (葡萄)柚.

grapery *n.* 葡萄园.

grape'stone *n.* 葡萄状灰岩,葡萄核.

grape'sugar *n.* 葡萄糖.

grape'vine ['greipvain] *n.* ①葡萄树〔藤〕②流言蜚语,小道消息.

graph [græf, grɑːf] Ⅰ *n.* ①图(表,解,示,像,形,线),曲线图〔解〕,过程线,标绘〔坐标〕图,曲线进度表,描记器 ②网络,脉 ③胶版. Ⅰ *vt.* ①用图表画出曲线,作(曲线图),用图表记录 ②用胶版印刷. *construct a graph* 绘制曲线图. *coordinate graph* 坐标制图机. *flow graph* 流线图. *graph follower* 读图器. *graph of errors* 误差曲线. *graph paper* 方格纸. *graph plotter* 制(绘)图仪. *impact oscillation graph* 冲击振荡图解. *lapse rate graph* 垂向梯度与高度关系图. *signal flow graph* 信号流图.

GRAPH REC-DIR =direct inking records (graphic recording)墨水直接记录图(图示记录).

graph'ec(h)on ['græfikɔn] *n.* 阴极射线存储管〔记忆管〕,各有两个电子光学系统的存储管,存图管.

graph'eme *n.* 语义图〔符〕,字母.

grapher *n.* 自动记录器,记录仪器.

graph'ic ['græfik] Ⅰ *a.* ①图(解,式,形)的,(用)图(表)示的,由曲线图的,自动记录的,文象的,用文字表示的 ②绘图〔画〕的,雕刻的,印制的 ③生动的,(轮廓)鲜明的. Ⅰ *n.* 图解(表),地图. *graphic access method* 图像〔图形〕存取法. *graphic analysis* 图解(法,分析). *graphic arts* 图表〔印刷〕艺术. *graphic character* 图形(显示)字符,图示〔图像〕符号. *graphic chart* 图(表,解,曲)线图. *graphic dead reckoning* 图解船位推算法. *graphic equalizer* 多频音调补偿器,图像均衡器. *graphic expression* 图〔解〕. *graphic formula* 图解〔结构,立体〕式. *graphic granite* 文像花岗岩. *graphic instrument* 自动记录仪,图示(仪)器. *graphic interpolation* 作图插值法,内插图解法. *graphic log* 岩性柱井图,柱状剖面图. *graphic meter* 自动记录仪器. *graphic panel* 图示〔图解式〕面板,图形板,测量系统图示板. *graphic representation* 图(解表)示(法). *graphic scale* 图示比例尺. *graphic symbol* 图例,图解〔示〕符号.

graphical ['græfikəl] *a.* =graphic.

graphical-extrapolation method 图解外推法.

graph'ically *ad.* 用图表表示的,用图解法,生动地.

graphical-statistical analysis 图解统计分析.

graphic-arts technique 图形法(厚膜电路制选工艺).

graph'ics ['græfiks] *n.* 图示(形,案),制图学〔法〕,图形学,图解(计算法). *graphics unit* 制图机.

Graphidox *n.* 铁合金(硅 48～52%,钛 9～11%,钙 5～7%,其余铁).

graph'ite ['græfait] Ⅰ *n.* 石墨(粉),(笔,黑)铅,碳精. Ⅰ *vt.* 涂上〔注入〕石墨. *atomically pure graphite* 原子能工业用纯石墨. *colloidal graphite* 胶体(状)石墨. *graphite crucible* 石墨坩埚. *graphite metal* 铅基轴承合金(铅 68%,锡 15%,锑 17%) *graphite moderated reactor* 石墨慢化〔减速〕反应堆. *graphite resistor rod* 石墨电极. *graphited oil* 石墨化的油,含有石墨的油. *ground* 〔*powdered*〕 *graphite* 石墨粉,粉状石墨.

graphite-moderated *a.* 带石墨慢化剂的,石墨减速的.

graphite-reflected *a.* 带石墨反射层的.

graphit'ic ['græ'fitik] *a.* 石墨的. *graphitic pig iron* 灰口〔生〕铁.

graphitif'erous *a.* (含)石墨的.

graphitisable *a.* 可石墨化的.

graphitiza'tion *n.* 石墨化(作用,处理),涂石墨.

graph'itize *vt.* 使石墨化,在…涂〔披覆〕石墨,给…充石墨.

graph'itizer *n.* (石)墨化剂.

graph'itizing *n.* 石墨化(作用),披覆石墨,留碳作用.

graph'itoid ['græfitɔid] Ⅰ *a.* 石墨状的. Ⅱ *n.* 隐晶石墨.

grapholite *n.* 石墨片岩.

graphol'ogy [græ'fɔlədʒi] *n.* 图解法,笔迹学.

graphostat′ics n. 图解静力学.
graph′otest n. 图示(记录)测微计.
graphtyper n. 字图电传机.
grap′nel [ˈɡræpnəl] n. (小,探,四爪)锚,(锚形)铁钩. *cutting and holding grapnel* 割取探锚. *grapnel travelling crane* 抓爪移行吊车.
grappier n. 石灰渣.
grap′ple [ˈɡræpl] I v. ①抓(住,牢),钩住,锚定(住,着),用拉钩加固 ②设法对付(解决)(with). ▲ *grapple with a problem* 抓问题,设法解决问题. II n. ①钩竿,抓斗(钩),(扬)机,岩心提取器 ②紧握 ③爬杆脚扣. *grapple equipped crane* 锚固式起重机.
grap′plers n. 爬杆脚扣.
grap′pling n. ①锚定(住),拉牢,捏住 ②小锚 ③(海底线的)探线.
grappling-iron n. 抓机,铁钩,多爪锚.
graptolite n. 笔石(网).
gra′py a. 葡萄(状,蔓)的.
Grashof number (Gr) 格拉肯夫数(流体力学中表示自由对流特性的一种无量纲参数).
grasp [ɡrɑːsp] I v. ①抓(紧),握紧,抱住 ②理[了]解,会意,掌握. ▲ *grasp M as N* 把(抓住) M 作为 N. *grasp at* 抓住,搜取.
II n. ①抓(紧),握,握紧(力),领会,理解(力),支配 ②把手,柄,锚钩. *have a thorough grasp of a problem* 彻底理解一问题. ▲ (be) *beyond one's grasp* 为…力所不及,手(力量)达不到. (be) *within one's grasp* 为…力所能及,手(力量)达得到,为…所能理解. *in the grasp of* 在…掌握中. *put ... within grasp* 使…(成为)可以达到(的).
grasp′able a. 可抓住的,可理解的,可以懂的.
grasp′er n. 抓紧器.
grasp′ing a. 抓(握)的,搜取的,急欲抓捉的,贪婪的.
grass [ɡrɑːs] I n. ①(青,牧)草,禾本科植物 ②草地(原),牧场 ③地表面 ④矿山地面 ⑤(雷达天电显示器的)"毛草",茅草干扰,草(电)波,(阴极射线因噪声引起的)噪声(细)条,噪声带(丛). II v. 植草,用草覆盖,铺上草皮. *grass crop* 牧草. *grass cutter* 割草机. *grass hopper* = grass-hopper. *grass roots* = grass-roots. *grass rubber* 草(本橡)胶. *grass tree gum* 禾木胶. *grassed area* 铺草(皮)地区,植草(地)带. ▲ *at grass* 停止工作,在(矿)坑外. *bring to grass* (把矿)带出坑外. *gone to grass* 崩溃了的,失败了的. *lay down in grass* 铺上草皮. *not let the grass grow under one's feet* 及时(抓紧时间)行动,不要迟疑,不失时机.
grass′-hopper n. ①蚱蜢,蝗虫 ②转送装置,输送设备,机车起重机 ③草地焊接管子月地的修正和联接工具,小型快速压铸机 ④小型侦察机,轻型单翼机. *grass-hopper conveyor* 跳动运输器. *grass-hopper fuse* 弹簧保险器. *grass-hopper pipe coupling method* 导管装配的分组法.
grass′land [ˈɡrɑːslænd] n. 牧场,(大)草地,草原.
grass′less a. 不长草的,没有草的.
grassot flux meter 动圈式磁通计.
grass′-roots [ˈɡrɑːsruːts] I n. ①草根 ②地表,表土层 ③基础,根本 ④农牧业区 ⑤基层(众). I a. ①农业地区的 ②群众性的. ▲ *get down to the grass-roots* 谈论到根本问题,追根究底. *go to the grass-roots* 深入群众.
grass-work n. 【矿】坑外作业.
grass′y a. (多)草的,长满草的,草深的,草绿色的,像草的,禾本科的.
grate [ɡreit] I n. ①(炉)栅,格(子),帘栅,花(铁)格,落砂格子,炉笼(条,排,栅,筛条,壁炉) ②格(光,线)栅,点焊,晶格 ③(选矿,筛条,固定)筛 ④环(格)状固定装药机构,挡药板,喷油栅架. I v. ①摩擦(损),轧(擦)碎,擦得嘎嘎地响,(发)刺耳(声)(against, on, upon) ②装格栅于,装炉格于,围起,挡住 ③发生不愉快的影响. *grate area* 燃烧(炉)面积. *grate (ball) mill* 格子排料式(球)磨机. *grate bar* 炉条. *grate coal* 筛选的煤. *grate firing* 层燃. *grate opening* 帘格进口,炉笼空隙. *grate type inlet* 帘格式进水口. *radiator grate* 散热器护栅.
grated a. 有格栅的,有炉格的.
grate′ful [ˈɡreitful] a. 感谢(激)的,愉快的,可喜的. ▲ *be grateful to M for N* 感谢 M 的 N, 为 N 而感谢 M. *I am very grateful to you for your help.* 我非常感谢你的帮助. ~ly ad.
grateless a. 无格栅的,无炉格的.
gra′ter [ˈɡreitə] n. 粗击木锉,磨光(碎)机,擦子,摩擦器.
gratia (拉丁语) *exempli gratia* [eɡˈzempliˈɡreiʃiə] 例如.
graticula′tion [ɡrætikjuˈleiʃən] n. 在设计图上画上方格,在方格纸上作图(以便缩放).
grat′icule [ˈɡrætikjuː] n. ①十字(分划)线,分度镜(线),目镜测微尺,交叉丝,标线(片(板)),(格子)量板,网(图) ②方格图,(电视测量中的)方格画法. *graticule line* 标度(方格)线. *internal graticule* (阴极射线管的)内标度.
gratifica′tion [ɡrætifiˈkeiʃən] n. 满足(意),喜悦,高兴,令人满意的事物.
grat′ify [ˈɡrætifai] v. 使满足(意),使喜悦(高兴). ▲ *be gratified with* (at, to + inf.) 对…感到满意(很高兴).
grat′ifying a. (令人)满足(意)的,喜悦的. ▲ *be gratifying to learn* (know) *that ...* 听到(知道)…很高兴. ~ly ad.
gra′ting [ˈɡreitiŋ] I n. 格(子,栅),花(铁)格,(线,炉,滤)栅,(衍射,槽纹,刻槽)光栅,栅极,栅栏,(金属丝)网,(粗)筛子,炉(篦,算,床(栅,窗),摩擦(声). I a. 摩擦的,嘎嘎响的,刺耳的. *diffraction grating* 衍(绕)射光栅. *grating beam* 槛木,排架座木. *grating constant* 晶格(点阵,光栅,格栅)常数,光栅恒量. *grating converter* (双线栅)变频器,光栅变换器. *grating generator* 条形(图案栅,格子,交叉线(状图案))信号发生器,栅形场振荡器. *grating interferometer* 绕射干涉仪. *grating reflector* 网状(栅状)反射器. *grating space* 栅线(绕)间距,晶面(格子)间距. *grating spectrograph* 光栅摄谱仪. *grating spectrometer* 光栅分光计. *wing grating* 翼网.
gra′tis [ˈɡreitis] a.; ad. 免费(的),无偿(的),不费什么事的. ▲ *aid given gratis* 无偿援助. *be admit-*

grat'itude ['grætjtju:d] n. 感谢(激), 礼物. ▲ gratitude to M for N 因N而感谢 M. in token of one's gratitude 以示谢意. out of gratitude 出于感激. with gratitude 感谢.

gratu'itous [grə'tju:itəs] a. ①无偿的, 免费的, 无代价的 ②无必要的, 不必要的, 无理由的. gratuitous contract 单方面受益的契约. ~ly ad.

gratu'ity [grə'tju:iti] n. ①退伍金, 抚恤金, 养老金 ②小费.

grat'ulate ['grætjuleit] v. 祝(贺), 满足. gratula'tion n.

grat'ulatory a. 祝(庆)贺的. gratulatory message 贺词.

Gratz connection 桥接整流电路.

graupel n. 霰, 软雹.

GRAV = ①gravitational 重力的, 万有引力的 ②gravity.

GRAV CNT = gravitiational constant 万有引力常数.

grava'men [grə'veimən] n. ①诉讼的要点, 诉讼的主要理由 ②诉苦. the gravamen of a charge 诉讼的主要理由.

grave [greiv] I a. ①严重(肃)的, 认真的, 庄(沉)重的 ②重要(大)的 ③钝(音)的, 低沉的. II n. ①坟(墓), 墓(地, 石), 死 ②格雷夫(质量单位, 即现在的"千克"), 铭记. IV (graved, gra'ven) vt. 雕刻, 铭记. IV (graved) vt. 清除(船底)并涂油(沥青等涂料). grave consequence 严重的后果. grave minor seventh 钝小七音(度).

gravedigger ['greivdigə] n. 掘墓人.

grav'el ['grævəl] I n. ①砾(石), 砂砾(层), 石子, 卵石 ②(pl.) 金属渣. II v. ①铺砾(石砂石), 使(船)搁浅在沙滩上 ②困住, 使为难. carbon gravel 碳砾. gravel path 碎石路. pay gravel 有开采价值的砂金. quick gravel 流沙.

grav'el(l)ing n. 铺砾石, 建筑砾石路面.

grav'elly a. 多小石的, 多砾的, 砾质的, 由砾石组成的. gravelly clay 砾质粘土. gravelly ground 砾石地. gravelly soil (含)砾土.

gravel-packed well 砾壁井.

gravel-walk n. 砂砾路, 砾石小路.

grave'ly ['greivli] ad. 严肃(重)地, 认真地, 沉重地, 重大地.

gra'ven ['greivən] I grave 的过去分词. I a. 雕刻的, 铭记在心上的, 不可磨灭的. graven image 雕(偶)像. graven on one's heart 铭记心上.

grave'olent [grə'vi:ələnt] a. 有油气的, (腐)臭的, 刺鼻的.

gra'ver ['greivə] n. 雕刻刀, 雕刻工人.

grave'yard ['greivjɑ:d] n. 墓地, 埋藏(放射性废物)地点.

grav'ics ['græviks] n. 重力场学, 引力场理论.

gravim'eter [græ'vimitə] n. 重力仪, 比重计, 测差计. gravimeter method 重力勘探(探矿)法.

gravimetre n. 液体密度测量仪.

gravimet'ric(al) [grævi'metrik(əl)] a. 重量(分析)的, 测定重量的, 重力的, 比重测定的. gravimetric analysis 重量定量分析, 重力分析. gravimetric data 重力资料. gravimetric determination 重力测定, 重量分析测定法. gravimetric method 重量(分析)法. ~ally ad.

gravimetric-tectonic map 重力大地构造图.

gravim'etry [grə'vimitri] n. 重量(重力, 密度, 比重)测定(法), 重量(重力测量)分析.

gra'ving ['greivin] n. ①船底的清除及涂油 ②雕刻(品), 版画.

graving-dock n. 干(船)坞.

grav'ipause ['grævipɔːz] n. 重力分界(某一星体的重力作用与另一星体的作用相对消的分界).

grav'ireceptor [grævi'riˈsɛpto] n. 重力感受器.

gravis (拉丁语) a. 重的, 剧烈的.

grav'isphere n. 引力范围(区域), 重力(引力)圈.

grav'itate ['græviteit] v. 受重(引力)作用, 重力沉降(吸引), 下降, 下沉, 沉陷, (由于重力作用)被吸引, 自由落下, 移动, 倾向 (to, towards). gravitate downwards 靠重力流下, 重力作用下向下移动, 自流. The earth gravitates toward(s) the sun. 地球受太阳的吸引.

gravita'tion [grævi'teiʃən] n. ①(万有, 吸)引力, 重力, 引力作用, 地心吸力 ②倾向, 趋势. gravitation energy (重力场内的)位能. gravitation filter 过滤澄清器, 重力滤器. gravitation tank 重力槽, 供料罐, 供料储槽. gravitation flow 重力流, law of gravitation (万有)引力定律. specific gravitation 比重. terrestrial gravitation 地球引力, 重力. universal gravitation 万有引力.

gravita'tional a. (万有)引力的, 重力的, 地心吸力的. gravitational acceleration 重力加速度. gravitational attraction 地球引力, 重力. gravitational energy 位能, 重力能. gravitational field (万有)引力场, 重力场. gravitational method 重力法. gravitational potential 引力势(位), 重力势(位). gravitational separation 重力分离, 用比重不同的方法分离.

grav'itative ['grævitətiv] a. 重力的, 引力的, 受引力作用的. gravitative attraction 引(重)力. gravitative differentiation 重力分异.

gravitino n. 引力子, 引力场量子.

gravitom'eter [grævi'tɔmitə] n. 验重器, 比重计, (测定比重用)重差计, 比重测定器, 密度测量计.

graviton ['græviton] n. 重(力)子, 引力子.

gravitophotophoresis n. 重力光泳现象.

grav'ity ['græviti] n. ①万有引力, 地心吸力, 重力(量, 度), 比重 ②严重(肃)(性), 重大(要)性, 危险性, 认真. acceleration of gravity 重力加速度. apparent (specific) gravity 视(表观)比重. centre of gravity 重心, 重点. gravity abutment 实体岸墩, 重力式岸墩(拱座). gravity apparatus 重力仪, 重力式装置. gravity axis 重心轴. gravity balance 重力平衡, 比重(重力)秤. gravity base 重力测量基点. gravity battery 重力(比重液)电池. gravity bottle 比重瓶. gravity circulation 重力(自流, 自动)循环. gravity concentrate 重(力)选精矿. gravity conveyer 重力(自重)输送机, 滚棒运输机,

gravity-die casting 硬型[金属型]铸件.

gravity-feed *a.* 自动[自流,重力]供料[馈给,进给,给油]的,自重[自动式]供料.

gravity-head feeder 压力送料机,压差给料器,重力落差进给[给]料器.

gravitymeter *n.* 比重[重力]计.

gravity-operated *a.* 靠重力作用的.

gravure ['grəˈvjuə] *n.* 照相凹版(印刷品,印刷术),影印版.

gray *a.* ; *n.* ; *v.* ①=grey ②格雷[吸收剂量单位,等于1焦耳×千克⁻¹).

Gray code 格雷(编)码,反射[反编,二进制循环]码.

grayback beds 页岩砂岩交错层.

gray'body *n.* 灰体.

gray-collar *a.* 灰领的(工人),负责维修的(技工).

gray-scale chart 灰度测试卡.

Gray-to-binary converter 格雷码—二进码变换器[转换器].

gray-tone response 灰度特性.

graywacke 或 **graywake** *n.* =greywacke.

graze [greiz] *v.* ; *n.* ①低掠,(轻轻)擦过,轻触(against, along, by past) ②接触,相切 ③擦破,抛光,擦伤(之处) ④瞬发 ⑤放牧. *grazing angle* 掠地[掠射,切线]角,入射余角. *grazing collision* 擦边碰撞. *grazing incidence* 掠[切线]入射. *grazing path* 临界视距通道[途径],掠射路径.

gra'zer *n.* ①轻擦[触] ②放牧牲畜,吃草兽 ③放牧者.

gra'zier *n.* 养畜[畜牧]者,牧场主.

gra'ziery ['greiziəri] *n.* 畜牧业.

GRB = ① Geophysical Research Board, National Research Council, Washington, D. C. (美国)国家科委地球物理研究所 ②granolithic base 人造铺地石基础.

GRBDS = gyroscopes-rate-bomb-direction system 陀螺仪-速度-轰炸-方向系统.

GRC = glass reinforced composite 玻璃(纤维)增强复合材料.

GRD = ① Geophysics Research Directorate (美国)地球物理研究管理局 ②ground 地,接地 ④ground detector 接地指示器 ⑤grounded 接地的.

GRE = ground radar equipment 地面雷达设备.

grease I [gris] *n.* ①(润)滑脂(膏),黄油,油(动物)脂,脂肪,牛油 ②硝化甘油,甘油炸药 ③水结冰的第一阶段. I [gri:z] *v.* ①给⋯涂油[涂(润)滑油],加油(脂),(用油脂)润滑,涂油使转动灵活,擦拭 ②使飞机特别顺利地着陆. *albany grease* 润滑脂,黄油,粘油膏. *aluminium graease* 铝皂润滑脂. *axle grease* 轴用(润)脂. *graphite grease* 石墨(滑)脂. *grease cup* 润滑脂杯,(牛)油杯. *grease gun* (润)滑脂枪,(注)油枪. *grease hole* 润滑(油脂)孔,注油孔. *grease lubricant* 滑脂. *grease lubrication* 滑脂润滑. *grease marks* 油斑[渍]. *grease proofness* 防油性[度]. *grease removal* 去脂,除脂(器). *grease retainer* 护脂(毡)圈. *grease separator* 滑脂分离器,除油池. *grease sheet* 厚(棕榈)油的热镀锡薄钢板. *silicon grease* 硅脂,硅润滑

grease-box *n.* 滑脂盒,(车轴上的)油脂箱,润滑油箱.

grease'less *a.* 无润滑油的,无油脂的. *greaseless valve* 无脂密封阀.

grease-making plant 润滑脂工厂.

grease-proof(ness) 防[耐]油(性),不透油(性).

grea'ser [gri:zə] *n.* ①(润)滑脂器,牛油机,涂油器,润滑器具,润滑脂注入器 ②润滑工,擦拭工人.

grease-spot photometer 油斑光度计.

grea'sily ['gri:zili] *ad.* 多脂,滑溜溜地.

grea'siness *n.* 油脂性,多脂,油腻.

grea'sing *n.* 润滑(过程),润滑脂润滑,加润滑,涂润滑. *greasing equipment* 润滑用设备. *greasing station* 加润滑剂站. *greasing substance* 润滑剂,有润滑性的物质.

grea'sy ['gri:zi, 'gri:si] *a.* 多(含,油,润滑)脂的,脂肪的,(油)滑(污)的,滑(腻)的,泥泞的,阴沉的.

great [greit] I *a.* ①(巨,伟,重)大的,主要的 ②很多的,非常的,显著的. II *n.* 全部,全体. *great bar* 大沙洲. *Great Britain* 大不列颠,英国. *great calorie* 大卡,千卡. *great circle sailing* 大圆航行. *great coal* 精选的煤,块煤. *great divide* 大分水岭,分界线. *great grandfather* 曾祖父,老祖宗. *great gross* 十二罗[计数单位],=1728个). *great hundred* 一百二十(一种计数单位). *great inversion* 大逆温层,对流层顶层. *great manual* 风琴键盘. *great occasion* 重大的场合(时机). *great power* 巨大[强大]功率,强大电力,大国,强国. *greater coasting area* 近海区域. *infinitely great* 无穷大. *the great majority* 大多数. *the Great Wall* 万里长城. *the greater number* 多数,过半数. ▲ *a great deal* [many, number of]很多,大量的,许许多多的. *a great while ago* 很久以前. *be great at* [in]善于; 擅长,精通. *be great on* 精通,喜欢,对⋯很有兴趣. *in the great* 总括.

great-coat n. 厚大衣.
greaten v. 使(增,扩)大,增加,放大,(使)变得更加伟〔重〕大.
greater-than match 大于符合.
great′est a. (great 的最高级)最(顶)大的. *greatest common divisor* 最大公约数(公因子). *greatest common factor* 最大公因数. *greatest common measure* 最大公度. *greatest lower band* 频带下限,最大下界. *greatest lower bound* 最大下界,下确界.
great-grandfather n. 曾祖父,老祖宗.
great′-hearted ['greitha:tid] a. 勇敢的,慷慨的.
great′ly ad. ①大大地,非常 ②伟大,崇高地.
great′ness n. (巨,伟,重,广)大,重要,著名,卓越.
greaves [gri:vz] n. 金属渣.
Greaves Etchell furnace 大电极型弧阻式电炉.
Gre′cian ['gri:ʃən] a.; n. 希腊的,希腊人. *Grecian type antenna* 倒 V 型天线.
Greco-Latin square 希腊拉丁方.
gredag n. 石墨油膏〔脂〕,胶体石墨.
Greece [gri:s] n. 希腊.
greed [gri:d] n. 贪心〔婪〕(for, of). ~**ily** ad.
greed′iness ['gri:dinis] n. 贪婪,渴望.
greed′y ['gri:di] a. ①贪婪的 ②渴望的 ▲ *be greedy for* 渴求. *be greedy of* 〔*for*〕 *gain* 贪得无厌.
Greek [gri:k] n.; a. ①希腊的,希腊人(的) ②难懂的事. (…) *is* (*all*) *Greek to* . . . …对(…)是一窍不通,…完全不懂(…).
green [gri:n] I a. ①绿(色)的 ②新(鲜,近)的,生的,软的,未成熟的,未淬火的,未烧结的,未加工的,未经处理的,半成品的 ③无经验的,年青的,有精神的, ④湿(潮)的 ⑤反对环境污染的. In. 绿色(物质,颜料),草原〔地,坪〕,青春,(pl.)蔬菜,植物. Ⅲv. 绿化,(使)成绿色. *cobalt green* 钴绿,锌酸钴. *copper green* 铜绿. *green amplifier* 绿色〔图像〕信号放大器,绿路信号放大器. *green beam* 绿色电子束,绿光束. *green belt* 绿化地带. *green black level* 路路黑电平. *green bloom* 〔*cast*〕 *oil* 绿油(绿色的石油馏份). *green bond* 〔*strength*〕【铸】湿态强度. *green brick* 砖坯. *green butts* 焦头. *green casting* 湿砂铸法,未经时效(未经热处理)的铸件. *green concrete* 新拌(浇)混凝土. *green control grid* 绿(色电子)枪控制栅极,绿色〔绿枪〕控制栅. *green copper ore* 孔雀石. *green core* 湿砂芯. "*green*" *ferrite toroid* 铁氧体磁心半成品. *green gadget* 无干扰雷达设备. *green glass* 瓶料玻璃. *green glue stock* 生胶料. *green hand* 生〔新〕手. *green horizontal shift magnet* 绿色 Y 移磁铁,绿位磁铁. *green light* 绿灯,放行,准排. *green line* 麦芽绿线,敌我分界线. *green lumber* 〔*timber*〕 新木材. *green masonry* 新筑生工,未硬化的砌体. *green matte* 生锍,生冰铜. *green oil* 绿油(绿色石油馏份),新鲜油,绿原矿〔ore〕, 未选过的矿. *green permeability* 湿透气性. *green phase* 绿灯信号相. *green resin* 生(未熟化的)树脂. *green roasting* 初步〔不完全,半〕焙烧. *green roll* 铸铁轧辊. *green sand* 生〔湿,新取〕砂,海绿石砂. *green screen* 绿光屏. *green stock* 生〔胶〕料,原始混合物. *green stone* 绿岩,玳玉. *green straight-through arrow* 直进绿灯箭头. *green surface* 新铺面层. *Green test* 汽油中胶质测定. *green test* (发动机)试运转,连续试验. *green video voltage* 绿路视频信号电压. *green vitriol* 绿矾,七水(合)硫酸铁. *green way* 林荫道路,园林路. *green weight* 湿材重. *green willemite phosphor* 绿光硅酸锌荧光体,硅酸锌绿色荧光粉. *green wood* 新(木,伐)材,生木材. *green years* 青年时代. *nickel green* 镍绿, *zinc green* 锌绿. ▲ *keep one's memory green* 记忆不忘. *make ... green* 使…绿化.
Green function 格林〔影响〕函数.
green-beam magnet 绿(电子)束(会聚)磁铁.
green′belt n. 绿(化地)带.
green′bottle n. 潜水艇日航雷达设备.
green′-brick n. 砖坯.
green-compact n. 压(坯)坯,未烧结的坯块.
green-emitting phosphor 绿光荧光体.
green′ery ['gri:nəri] n. 绿叶(树),绿色草木,暖房.
green′heart n. (圭亚那所产的)樟属大树,绿心硬木.
green′house ['gri:nhaus] n. (玻璃)温室,暖房;周围有玻璃的座舱,轰炸员舱. *greenhouse effect* (地球大气层的)温室作用.
green′ish a. 浅绿色的,带绿色的.
greenish-black a. 墨绿色的.
greenish-blue a. 蓝绿色的.
greenish-brown a. 褐绿色的.
greenish-yellow a. 黄绿色的.
Green′land ['gri:nlənd] n. (丹麦)格陵兰(岛).
green′ly ['gri:nli] ad. 绿色,新(鲜),未熟练.
green-magenta axis 绿-品红轴线.
green′ness ['gri:nnis] n. 绿色,新鲜,未熟.
greenockite n. 硫镉矿.
green-ore n. 原矿,未选矿石.
green-pressing n. 生〔压〕坯,未烧结的坯块.
green′room ['gri:nru(:)m] n. (演员)休息室,后台.
green′sand ['gri:nsænd] n. 【铸】生〔湿,新取〕砂;海绿石砂.
green′stone 或 **green′rock** n. 绿岩.
green′sward ['gri:nswɔ:d] n. 草地〔坪,皮),原.
green-vitriol n. 绿矾,七水硫酸铁.
green-weight n. 湿重.
Green′wich ['grinidʒ] n. 格林尼治(英国伦敦郊外一地名,为经度起算点). *Greenwich meridian* 格林尼治子午线. *Greenwich* (*mean*) *time* 格林尼治(平)时. *Greenwich value* 格林尼治为准的经度值.
green-wood n. 生(湿,未干的)材,绿林.
greet [gri:t] vt. ①向…致敬(意),问候,迎接,欢迎 ②入(耳),映入眼帘,扑(鼻). *be greeted with loud applause* 受到热烈的鼓掌欢迎.
greet′ing ['gri:tiŋ] n. 敬礼,致敬(意),问候,祝贺,欢迎词. *a New Year greeting* 新年的祝贺. ▲ *offer greetings to* 向…致敬(意).
greg′aloid ['gregəloid] a. 集合样的,群状的,簇聚的.

grega'rious [gre'gεəriəs] a. 合群的,群居〔集〕的,聚生的.
G-region n. G电离层.
gregorite n. 钛铁矿.
Greinacher circuit 格莱纳赫〔半波倍压,倍压整流〕电路.
greisen n. 云英岩.
greiseniza'tion n. 云英岩化(作用).
gren'lin ['gremlin] n. 原因不明〔莫明其妙的故障〕;小捣蛋鬼.
Grenada n. (拉丁美洲)格林纳达(岛).
grenade' [gri'neid] n. 手(枪)榴弹,灭火弹.
grenade-discharger n. 掷弹筒.
grenadier' [greno'diə] n. 掷弹兵.
Grenaille n. 粗铝粉.
grenz ray 跨界射线,境界(射)线.
Gretz rectifier 桥式整流器.
grenz tube 软 X 射线管
grevillol n. 银桦酚,十三烷(基)苯二酚.
grew [gru:] grow 的过去式.
grey [grei] I a. ①灰(色,白)的,铅色的,本色的,半透明的 ②阴沉的,古老的,老练的. II n. 灰色(颜料,衣服),黎明,昏. III v. (使)变成灰色. dark grey 黑灰色的,辐射几乎不可穿透的. Grey beam 格雷式梁(缘线工字钢). grey body 灰(色)体. grey brick 青砖. grey cast iron 灰铁,灰铸铁. grey cobalt 辉钴矿. grey code 反射码. grey correction 灰度校正. grey experience 老练. grey face 灰色表面,灰色荧光屏. grey filter 中灰滤光片. grey hair 白发. grey (pig) iron 灰口铁,生铁. grey radiator 灰体辐射器. grey record 古卷. grey room 粗布帐篷. grey scale 灰(色标)度,灰度级. grey scale chart (视)灰色色调等级(测视)图表. grey slag 铅熔渣. grey soil 灰土. grey spots 可锻铸铁铸造组织中的)石墨点,灰点. grey tile 青瓦. grey tin 灰锡. the grey past 太古. zinc grey 锌灰(油漆).
grey-head n. 老人.
grey-headed a. 老的,白发苍苍的,长期服务于…的(in).
grey'ing n. 石墨化.
grey'ish ['greiiʃ] a. 浅(带)灰色的.
grey'ly ad. 灰,阴暗地.
grey'ness ['greinis] n. 灰色(斑).
grey'out n. 灰晕,灰暗(在黑晕前的过渡阶段).
grey-scale rendition 灰度重现.
grey-tin n. 灰锡.
grey-tone response 灰度特性.
grey'wacke n. 硬(杂)砂岩,灰瓦克.
grey-wedge pulse-height analysis "灰楔"法脉冲高度分析.
GR-I =government rubber isobutyrene 异丁胶.
grid [grid] I n. ①格子,(表,框,窗,网,栅)格,格栅(环),栅(架,条,结,板),活制挡,炉篦,叶栅,方格②栅极,调制极③(管,管道,铁路,坐标,电,格,测,高压输电线路)网,(曲)线网,地图的坐标方向,(网)网(坐标)方位,直角坐标系 ④热络线栅,槽板,(平行)槽架,篦条(式铺板)⑤蓄电池的铅板,电瓶铝板 ⑥(砂轮)砂粒细度. II v. 装上栅(网)格,打上方格[网]栅.

bottom grid 热绝缘底槽板. collimating grid 准直格子. counting grid 计数栅. focussing gred 聚焦栅. grid azimuth 平面〔坐标〕方位角. grid bearing 坐标(网)方位,坐标象限角. grid bias 栅偏(电)压. grid boring 栅点钻探. grid cathode capacitance 栅极-阴极电容. grid circuit 栅极电路. grid cleaning 电解清洗. grid condenser 栅极隔直(电压)电容. grid control 栅(极)控制. grid current 栅(极)电流. grid drive 栅极驱动(电压),栅极激励. grid effect 网点效应. grid filament capacity 栅-丝(极)电容. grid formation 铁骨架架配置设计. grid glow tube 栅控〔栅极〕辉光放电管. grid inert 惰性网络. grid leak 栅漏. grid of screw dislocations 螺型位错十字格. grid parallel 格(赤道)纬线. grid pattern 网格状线. grid plate (蓄电池)涂浆栅板,铅板. grid plate capacitance 栅极-阳极(板极)电容. grid point 栅点. grid pool tube 栅控汞弧整流器,栅极汞槽整流管,带有栅极的汞弧管. grid rectification 栅路〔栅极〕整流. grid reference 坐标网. grid resonance type oscillator 调栅振荡器. grid search technique 栅点搜索法. grid stopper 栅极寄生振荡抑制器. grid survey 格网式测量. grid swing 栅压萄限〔摆幅〕. grid time constant 栅极电路时间常数. grid tube 栅条(彩色显像)管. grid type indicator 栅格型(可见呼叫)指示器. grid voltage 栅(极电)压. guide grid 定向栅格. gridded chamber 屏栅栅式电离箱. gridded ionization chamber 带栅极电离室. gridded map (网格)坐标地图,有坐标网格的地图. gridded tube 栅控管. heating grid 栅热. nuclear grid 原子能电站网路. reference grid 参考〔基准〕栅极,坐标(网). screen grid tube 屏栅管,四极管. supporting grid 承载网,支承篦条.

grid'bias ['gridbaiəs] n. 栅偏(电)压. grid-bias detector 栅极(屏极,栅偏压)检波器.
grid-cavity tuner 栅极空腔调谐器.
grid-controlled a. 栅极控制的.
grid-current cut-off 栅流截止.
grid-detection voltmeter 栅极检波伏特计.
grid-dip meter n. 栅流陷落式测试振荡器,栅陷振荡器.
grid-dip wavemeter 栅流陷落式波长计,栅陷式波长器,谐振〔共振式〕频率计.
grid'dle ['gridl] n. 筛子,大孔筛.
grid-drive characteristic 输出量与栅极电压的特性(曲线).
grid-driving power 栅极激励功率.
grid-glow relay 栅极辉光放电继电器.
grid-interception noise 栅流分布起伏噪声,栅极截取噪声.
grid'iron ['gridaiən] I n. ①(铁)框格,铁格架子,格状物,格状结构 ②栅形补偿提 ③管网,道路(铁路)网,高压输电线网 ④(铁道)侧线 ⑤格子船台,修船架 ⑥梁格结构,干舷标. I a. 方格形的,棋盘式的. II vt. 安装格栅,装置帘幕. gridiron pattern 方格〔棋盘(格)〕(型). gridiron pendulum 栅形(伸缩补偿摆. *gridiron town* 采用棋盘式道路系统的城镇. *gridiron type* 方格[棋盘]式.

Gridistor n. 栅板晶体管,隐栅(型场效应晶体)管.
grid-leak bias separation 栅漏偏压(信号)分离.
grid'less a. 无栅(格,极)的,无格子[网格]的.
grid-plate characteristic 栅极阳极特性,栅-板特性.
grid-pulser modulator 栅极脉冲形成调制器.
grid-return tube 反射栅电子管.
grid-spaced contacts 板型[多点]接触,等距离触点.
grid-voltage n. 栅压.
grid-wire spacing 栅丝间距.
grief [gri:f] n. 悲伤[痛],困难,不幸,灾难. ▲ *bring .. to grief* 使…失败,使…遭受不幸[伤害,灾难]. *come to grief* 遭到不幸[灾难,伤害],受伤.
grie'vance ['gri:vəns] n. 委屈,不平[满],牢骚. *grievance over* 对…的牢骚[不满]. *nurse* [*have*] *a grievance against* 对…(心怀)不满.
grieve [gri:v] v. (使)悲痛,(使)伤心(at, for),哀悼(over).
grie'vous ['gri:vəs] a. 痛心的,严重的,剧烈的,悲伤的. *grievous fault* 严重的错误. *grievous pain* 剧痛. ~ly ad. ~ness n.
grike [graik] n. 隙缝,山坡上之深谷,岩沟.
grill [gril] I n. ①(格,铠,光)栅,栅格[网]条②(铁丝)格子,(铁,帘)格(架),格子窗③焙器,炒架,烤肉店而烧烤(食品) I v. ①烧,烤,炙②装饰. *frontal grill*(脉动式发动机的)前进气活门栅. *grill fence* 格式栅栏. *hammer foundation grill* 锤机基础格层. *lead grill* 电池铅板. *radiator grill* 散热器护栅. *wire grill* 金属线网格.
gril'lage ['grilidʒ] n. 格床[框],基础格底板,格排(条),承台,(铺板)格栅,重型钢梁架,光栅,栅板,网. *checker work grillage* 砖格. *girder grillage* 用钢梁组成的格床,格排梁. *grillage beam* 格排梁. *grillage footing* 格排底座. *grillage foundation* 格排基础. *reinforced grillage* 钢筋网.
grille = grill n.
grill'work n. 格架.
grim [grim] a. 严格(酷)的,无情的,残忍的. *grim rectifier* 离子管整流器. ~ly ad. ~ness n.
grime [graim] I n. 尘(污)垢,污点,烟灰,灰尘,浮土,污秽物. I vt. 用灰尘弄脏,使脏灰[垢]. *grimed with dust* 被灰尘弄脏,覆有尘垢.
gri'my ['graimi] a. 肮脏的,(覆有)污秽(物)的,积满污垢的.
grin [grin] v.; n. 露齿而笑,咧嘴.
GRIN =graphic input 图像输入.
grind [graind] I (ground, ground) v. ①研(磨,削),磨(削,刃,光,尖,细,薄,快),磨成…形,刃[重]磨,抛光,(旋转)摩擦②(碾,碱,磨)碎,粉[粉,磨擦得吱吱响,嘎嘎地挤压③转动,旋转④折磨,压迫⑤(使)刻苦,用劲苦(at). I n. ①磨(声),磨(声)声④刻苦之事,辛苦的工作. *grind …flat* 磨平. *grind (…) into [to] powder*(把…)研磨成粉末. *grind stone* 磨石,砂轮. ▲ *grind away* 磨掉,磨光. *grind down* 磨(尖,损,成粉), (被)磨碎. *grind in* 研配,磨配[合]. *grind off* 磨[磨]掉. *grind on* 磨光. *grind over* 转动. *grind to*

a halt [*stop*](嘎地一声)停住.
grindabil'ity n. (可)磨削性,可磨性[度],易磨性.
grindable a. 可磨(削)的,可抛光的.
grinder n. ①磨床,(研)磨机,磨矿[磨碎]机,砂轮(机),圆盘破碎机,摩擦器,碎石[木]机②磨工③(pl.)牙电干扰声,(偶而很强的)喀啦声④臼齿. *air grinder* 风动磨头,气动砂轮. *disc grinder* 盘磨机. *emery grinder* 金刚砂磨石(磨床). *internal grinder* 内圆磨床. *rotary grinder* 圆台平面磨床.
grinder-mixer n. 粉碎混合机,粉碎搅拌机.
grindery n. 磨工[研磨]车间. *tool grindery* 磨刀间,刃磨间.
grinding ['graindiŋ] n.; a. 磨(削,快,细,光,碎)的,研磨(的),抛光(的),粉[碾]碎(的),费事的,难挨的. *belt grinding* 无心磨削. *cam grinding* 凸轮磨削,磨成凸轮形. *cam grinding piston* 磨成椭圆形活塞(活塞销方向直径小 0.005~0.010 英寸). *coarse* [*rough*] *grinding* 粗磨. *cylindrical grinding* 磨外圆. *face grinding* 磨面,平面研磨. *grinding allowance* 磨削加工余[留]量. *grinding compound* 磨剂,磨料,金刚砂. *grinding crack* 磨痕,磨削[研磨(升温)]裂纹. *grinding crystal* 研磨用的晶体. *grinding fluid* 润[研]磨液,金属研磨用冷却液. *grinding gauge* 外圆磨床用钩形卡规(自动定寸装置). *grinding machine* 磨床,研磨[磨光,砂轮]机. *grinding oil* 磨削油,金属研磨用冷却油乳液. *grinding powder* 汽门[凡尔]砂. *grinding stone*(天然)磨石,研磨石料,砂石[轮]. *grinding test* 磨损[研磨]试验. *grinding wheel* 砂(磨)轮. *up-cut grinding* 同转向磨法.
grinding-in n. 磨合[配,光],研磨.
grinding-type resin 研磨型树脂.
grind'stone n. (天然)磨石,砂轮(机).
grip [grip] I (gripped; gripping) v. ①紧握[扣,夹],抓牢,扣[煞,箍,粘,吸引]住,夹(卡)紧,啮合,擒擎②掌握,控[制]制,理解,领会③挖小沟,放干水. I n. ①紧握[扣,夹],抓紧,夹住,啮合,握(固)力,粘结力,搔法②(手)柄杯,夹(子,具,钳),夹紧装置,钳取机构,(机械手)抓手,把[提]手③铆接[链栓连接]中铆板应力愈度[铆钉与螺栓头到螺母间的距离],铆头最大距离④领会,理解力,掌握,控制,支配⑤小沟,沟渠⑥洗灌器⑦旅行包,手提包⑧置景工⑨法(行性)感[官]. *cable grip* 电缆扣口夹,钳. *cord grip* 塞绳结头. *grip between concrete and steel* 钢筋与混凝土间的握(固)力. *grip brake* 手刹车. *grip chuck* 套爪夹头[卡盘]. *grip coat* (掺瓷)底层. *grip feed* 夹持进给. *grip holder* 夹头,握固架,夹圆固定器. *grip hole* 倾斜炮眼. *grip jaw* 颚形夹爪,夹紧颚爪. *grip nut* 夹紧(防松,固定)螺母. *grip of wheels* 车轮(与路面的)粘着力. *grip resistance* 抗滑擦力. *hand grip* 机械手抓手. *rubber grip* 橡皮柄. *throttle grip* 节流阀手柄,风门手柄. *vice grip* 虎钳夹口. *wire grip* 鬼爪. *zinc grip* 镀锌纸. ▲ *come* [*get*] *to grips with* 或 *be at grips with* 努力钻研,认真对待. *get a good grip on* 握牢[紧]. *grip against* 紧紧夹住. *have a good grip of* 深刻理解[了解]. *have a (good)*

gripe

grip on 深刻了解,吸引住…的注意力,把握住. **lose one's grip** (再也)抓不住.
gripe [graip] n.; v. ①抓(住,牢),握住(牢),紧握 ②把手,柄,制动器 ③控制,掌握 ④使痛苦,(使)腹痛,肠绞痛.
grip'hand n. 置景工.
grip'pal a. 流(行性)感(冒)的.
grippe [grip] n. 流(行性)感(冒).
grip'per n. 夹子〔钳,具〕,牙板夹头,抓手装置,抓爪〔器〕. *gripper die* 夹紧模. *gripper feed* 夹持送给〔给料〕. *ingot gripper* (钢)锭(夹)钳.
grip'ping n.; a. ①抓(取,住),(粘)紧,夹(扣)住,卡,啮合 ②扣人心弦的. *gripping device* 夹具,固定(抓取)器. *gripping jaw* 夹爪. *gripping pattern* 轮胎防滑(粘着)花纹.
grisamine n. 灰霉碱.
grisein n. 灰霉素.
griseofulvin n. 灰黄霉素.
gris'eous ['grisiəs] a. 深灰色的.
gris'ly ['grizli] a. 可怕的,恐怖的.
grisounite n. 硝酸甘油、硫酸镁、棉花炸药.
grisoutite n. 硝铵、三硝基萘、硝酸钾混合炸药.
grist [grist] n. ①制粉用谷物,谷粉 ②(大)量,许多. ▲ *bring grist to the mill* 有利于图.
gris'tle ['grisl] n. 软骨.
grit [grit] I n. ①(尖角)粗砂(岩),研磨砂,石英砂,砂粒〔碎〕,细纱,含砂,石屑 ②金属屑,棱角形碎金属,硬(铁)渣 ③磨料(粒),人造磨石 ④粒度 ⑤筛网 ⑥勇气和耐力. II (gritted; gritting) v. ①摩擦,用来研磨,(发)轧轧(声)②铺砂(砾). *grit arrester* (工业炉的)捕尘器. *grit blast* 喷砂,喷射清理,喷粒处理,喷丸器. *grit blasting* 喷砂〔喷丸〕清理,喷粒处理. *grit carborundum* 金刚砂纸. *grit gravel* 砂砾,细粒砂. *grit size* 磨料粒度. *gritting machine* 铺砂机. *gritting material* 砂砾材料. *hone of good grit* 优质磨石. *steel grit* 硬砂砾,钢砂. ▲ *put grit in the machine* 使事情发生障碍,阻挠计划的实现.
grit'crete n. 砾石混凝土.
gret'stone n. (粗)砂岩,砂粒(石),天然磨石.
grit'ter n. 铺砂机.
grit'tiness n. 砂性.
grit'ty a. 砂粒质的,砂砾的,多〔有〕砂的. *gritty consistence* 含砂度. *gritty dust* 砂屑,石粉.
grit-work contact temperature 磨粒工件接触点温度.
griz'zle ['grizl] n. 未烧透的砖,灰色次砖.(含硫)低级煤,灰白煤. II a. 灰色〔白〕的. III v. (使)成灰色.
griz'zled a. 灰色〔白〕的,有灰斑的.
griz'zl(e)y ['grizli] I a. (带)灰白色的,灰白色的. I n. 水源构筑物铁制保护栅栏,固定式炉箅,(铁,棒)栅筛,铁格〔笆子〕筛,劣矿. *grizzly screening* 铁棚筛析.
GRL = gross requirements list 总的需要清单.
GR-M = government rubber-monovinyl acetylene 氯丁橡胶.
grm = gram(me) 克.
GRN = green 绿色.
GR-N = government rubber-acrylonitrilebutadiene

groo'ving

copolymer 丁腈橡胶.
Grnd = ground 接地.
groan [groun] v.; n. ①呻吟,诉说,切望(for) ②承受重压(喊叫)作声. ~**ingly** ad.
groat [grout] n. 少量,小额. ▲ *not worth a groat* 毫无价值.
gro'cer ['grousə] n. 食品杂货〔家庭用品〕商,地面干扰发射机.
grog [grɔg] n. ①熟料,(制坩埚等用的)耐火材料,耐火泥,硅土,陶渣 ②(pl.)土(砂)粒,泥块 ③(酒精掺水的)烈酒. *grog brick* 耐火砖. *grog refractory* 熟料(耐火材料).
grog'gy ['grɔgi] a. 不稳的,摇摇欲坠的,东倒西歪的.
groin [grɔin] I n. ①交叉拱,拱肋,弧(交)棱,穹窿交接线 ②丁折滩,拦水)坝,防波堤,拦沙堤. I vt. ①做成穹(弧)棱,盖拱肋于,做交叉拱 ②给…造防波堤.
GROM = grommet.
grom'met ['grʌmit] n. ①索眼〔环〕,金属孔眼,护孔环,金属封油环,环管 ②(电线盆)垫圈,衬垫,绝缘孔圈〔填片,垫圈〕,橡胶密封圈,塞篇缝用品. *cord grommet* 索环. *drainage grommet* 漏水垫圈. *lamp wire grommet* 灯线接头.
groom [grum] I vt. ①准备,推荐,训练 ②刷刷,修装 ③饰,使整洁美观. II n. 养马员.
groove [gru:v] I n. ①(凹,螺,环,轧,空心,排屑,排出,磨损,闸门导向)槽,(细槽,砖砌)沟,沟纹,凹〔刻〕线,(全切,凹)口 ②(焊接接头)坡口 ③模膛,(轧辊)孔型 ④(录声,唱片)纹(道) ⑤习惯,常轨 ⑥适当的位置. I v. (把…)开(刻,刻,套,铣)槽,做全切口,挖沟,灌唱片. *choke groove* 扼流阻槽. *concentric* [locked] *groove* 闭〔同心〕纹. *deforming groove* 轧制钢筋的孔型. 周期断面轧槽. *groove and tongue* 槽(榫). *groove angle* (开口)槽角,(焊缝)坡口角度,(录声)纹道角,纹槽角度. *groove connection* 企口〔槽式〕接合. *groove joint* 凹〔槽〕缝,榫式接合. *groove jumping* (唱片)跳槽. *groove of record* (唱片的)声槽. *groove of thread* 螺纹谷,螺槽. *groove recording* 翻片,机械录音. *groove shape* [contour] 槽形,(录声)纹道外形. *groove speed* (录声)纹道速度,纹槽速率. *groove weld* 开坡口焊接. *grooved and tongued joint* 企口〔槽舌〕接合. *grooved drum* 绳沟滚筒,缠索轮. *grooved flange* 带槽法兰. *grooved pile* 企口桩. *grooved pulley* (有)槽轮,三角皮带轮. *grooved rail* (有)沟〔导〕轨. *grooved trolley wire* 沟纹滑轮线. *H groove* 双面 U 型坡口. *key groove* 楔形槽. *lead-in groove* (唱片)盘首纹. *oil groove* 油槽〔沟,道〕,(润)滑油槽. *section groove* 异形孔型. *V groove* V 形坡口. ▲ *in the groove* 处于最佳状态.
grooveless a. 无槽的.
groo'ver n. 开〔挖〕槽机,切槽机,挖槽工具.
groo'ving n.; a. 开〔挖,刻,切,套〕槽(的),企口(的,连接),槽舌连接,凹凸榫接,(轧辊)孔型设计,电化学腐蚀沟纹. *grooving and tonguing* 企口〔槽舌〕接合. *grooving machine* 刻槽〔切槽〕机. *grooving of rolls* 轧辊孔型设计. *grooving plane* 开槽刨.

grooving saw 铣〔开〕槽锯. *grooving tool* 切槽工具,切槽刀,铣槽刀具.

groo'vy ['gru:vi] *a.* ①槽的,沟的 ②常规的 ③最佳状态的. ④流行的.

grope [group] *v.* (暗中)摸索,探索 (for, after),搜寻 (for). *grope one's way* 摸索前进. **gropingly** *ad.*

gross [grous] I *a.* ①总(共)的,全部的,整个的,未打折扣的 ②粗[大,劣]的,大概的,草率的,(不用显微镜)肉眼能看到的 ③严重的,重大的,显著的 ④浓(密)的,稠(厚)的 ⑤迟钝的. Ⅱ *n.* ①全体,总数〔量,额,计〕,总〔毛〕重,(基本)质量,大半 ②罗(=12打). Ⅲ *ad.* 粗略地,大体上. Ⅳ *vt.* 冒犯,羞辱 (out). *gross area* 总面积. *gross assets* 投资〔资产〕总额. *gross composition* 基本成分. *gross dynamics* 普通动力学. *gross effect* 有效功率. *gross error*【计】严重错误,过失误差,总误差总. *gross examination* 一般〔肉眼〕检查. *gross head* 总〔毛〕水头,总落差. *gross imperfection* 宏观缺陷. *gross import* [export] *value* 进〔出〕口总值. *gross industrial output value* 工业总产值. *gross load* 毛重,总载重. *gross national product* 国民生产总值. *gross power* 总功率. *gross prediction* 粗略〔大概〕的预计. *gross product* 矢积. *gross sales* 销售总额. *gross section* 毛截面,全部截面. *gross spectrum receiver* 宽带接收机. *gross thrust* 总〔合成〕推力. *gross tolerance* 总公差. *gross ton* 长吨(=1.016公吨),总吨数. *gross weight* 毛〔总〕重. *maximum gross* 最大载重量. **a great gross** 十二罗(=1728个). *a small gross* 十打(=120个). *by the gross* 整批,全数,大量. *gross for net* 以毛(重)作净(重). *in* (*the*) *gross* 全部,大体上,一般地. 总的说来,批发. 显售,大量的.

gross'ly *ad.* 大概,大体上,大,非常.

gross'ness *n.* 粗大〔污〕,迟钝,浓厚.

gross-pay *n.* 应得工资.

grossularite *n.* 钙铝榴石.

grotesque' [grou'tesk] *a.*; *n.* 奇形怪状的(东西,图形),奇异的,怪诞的. ~ly *ad.* ~ness 或 grotesquerie *n.*

grot'to ['grotou] *n.* (pl. *grot'to*(*e*)*s*) *n.* 岩洞,(人工开挖的)洞穴(室).

ground [graund] Ⅰ *n.* ①(土,大)地,地面〔壳〕,土壤 ②接地,地线,机壳 ③场地,地基,(广,赛)试验,运动)场,立场 ④(水,河,海)底,(pl.)母岩,矿区 ⑤(pl.)基础,根据,原因,理由 ⑥背景,底子〔色〕,(pl.)底材,木101条,木砖 ⑦(领)域,范围,面积 ⑧(pl.)渣滓,沉淀物 ⑨(蚀刻)涂在版面上的防蚀剂 ⑩脉石. Ⅱ *a.* ①地面的 ②基本〔础〕的,磨过〔削,细,碎,成粉〕的,研磨过的,碾碎了的 ④毛面的,无光泽的. Ⅲ *v.* ①建〔树〕立,打基础 (on, upon, in) ②(使)接地,上底子 ③(把…)放在地上,放下武器 ④(使)落地,(使)着陆,停飞,下飞行 ⑤教…以基础〔入门〕,底漆 ⑥(使)搁浅,(使)触海底 ⑦教基本知识 (in) ⑧grind 的过去式和过去分词. *cam ground* 凸轮磨削(的,磨成凸轮形的). *common ground* 共同部分〔内容〕,一致〔共同〕点. *dead ground* (射击)死角,静〔盲〕区,遮蔽空间,直接通地. *ground air communication* 地对空通信. *ground alert* 地面待机. *ground and polished piston* 研磨活塞. *ground balance antenna* 对地平衡天线. *ground based* 地面的. *ground based duct* 地沟管道. *ground basic slag* 磨碎碱性炉渣. *ground bearing pressure* 地基承压力. *ground brace* 枕〔卧,槛〕木. *ground bracing* 基底加固. *ground cable* 地下电缆. *ground capacitance* 对地(接地)电容. *ground circle* 基圆. *ground clamp* (电焊)地线夹子. *ground clearance* 车底净空,离地净高(高度). *ground clutter* 地物反射杂波,地面杂乱回波,地物回波. *ground coat* 底漆,底层(漆),底涂(层,料). *ground connection* 磨口接头,接地(线). *ground control* 地面指挥〔操纵〕,地面控制(站),地面制导设备. *ground count* 总上行车动态计数. *ground course converter* 航向变换器. *ground crew* [staff] 地勤人员. *ground field* 基本域. *ground finish* 磨光,磨削加工. *ground floor* 底层,一楼,地面层. *ground glass* 毛〔磨砂〕玻璃,玻璃粉. *ground hob* 磨齿滚刀. *ground in joint* 磨口接头. *ground joint* 磨口[光]接头,磨口连接,接地连接. *ground junction* 原结,接地结,生长结. *ground level* 地平面(线),地面标高,地平高度,地面水准测量,基极(线). *ground line* 地平线. *ground loop* 接地环路(回路),地转. *ground mapping* 地图表示[标记,测绘]. *ground mapping radar* 测绘地面雷达. *ground mine* 海底水雷. *ground mol* 链节〔基本〕克分子. *ground net* 电网,拖网,(接)地网. *ground noise* 大地〔背景,基底,本底〕噪声. *ground nut fiber* 花生蛋白纤维. *ground observer* 地面观察员,对空监视哨. *ground operating complex* 全套地面卫星跟踪设备. *ground paper* 厚纸,纸坯. *ground pipe* 地下管道,接地导管. *ground plan* 水平投影,地面图,(底层)平面图,初步计划,草案,大体方案. *ground plane* (透视画)地平面,接地面,(接)地层. *ground plane antenna* 地面水平化)天线. *ground plane plot* 水平距离图,地平面图. *ground plate* 接地板. *ground position indicator* 飞机对地位置指示器. *ground pumice* 浮石粉. *ground quartz* 石英粉. *ground reference navigation* 地文导航. *ground return* 地回路,地面反射(信号). *ground rock* 磨细岩石,石屑. *ground roll interference* 面波干扰. *ground rule* 程序. *ground slide* (显微镜的)载波片. *ground speed* (对)地速(率,度). *ground state* 基态. *ground station* 地球站. *ground stone* 磨细原料. *ground storage* 地上仓库. *ground strap* 接地母线. *ground support equipment* 地面辅助设备. *ground surveying* 地面〔形〕测量. *ground swell* 岸涛,地隆. *ground system* 地面〔接地〕系统. *ground table* 地面标高,地平高程. *ground tackle* 锚泊装置. *ground tap* 磨牙丝锥. *ground term* 基项. *ground test piece* 土样. *ground unrest* 背景〔环境,外界〕噪声. *ground visibility* 地

上能见距离. *ground water* 地下水, 潜水. *ground waterhydrology* 地下水水文学. *ground wave* 地(面电)波. *ground wire* 接地(导)线, 地线. *ground work* = ground-work. *ground works* 土方工程. *ground zero* 地面零点, 爆心投影点. *grounded antenna* 接地天线. *grounded base* 共基极, 基极接地. *grounded emitter* 共射极, 发射极接地. *grounded neutral impedor* 中线接地阻抗器. *grounded shunt-excited vertical radiator* 并激接地竖直天线. *hard ground* 坚固地基, 硬基. *parking ground* 停车场. *weapons testing ground* 武器试验场. *welding ground* 电焊接地线. ▲ *be dashed to the ground* (希望, 计划)破灭. *be grounded on* ①…为基础, 根据, 建立在 ②…上. *be ill grounded* 根据不足. *be well grounded* 是很有根据的. *break fresh [new] ground* 开垦处女地, 开辟新领域, 初次讨论一问题. *break ground* 破土, 动工, 创办; 起锚, (锚)被起. *cover much ground* 包括很广, 涉及很大的范围, 走不少路. *cover (the) ground* 很快地穿[横, 通]过; 处理一个题目, 完成一个作业; 包含, 涉及. *(down) to the ground* 或 *from the ground up* 完全, 全部[然], 在一切方面. *fall to the ground* 坠地; 失败, 落空. *forbidden ground* 必须避免的问题, 禁区. *gain ground* 有(获得)进展, 进步, 占优势, 流行, 普及; 逼近, 接近(on, upon). *get off the ground* 飞起, 进行顺利, 开始(发行). *give [lose] ground* 退却, 让步, 失利, 落后. *have good ground(s) [much ground, many grounds] for* + ing 有充分理由[根据](做). *hold [stand, keep, maintain] one's ground* 坚持立场, 不让步, 坚守阵地. *on (the) ground(s) of* 由于, 基于, 因为, 根据…(理由). *on the ground(s) that* 由于, (以…为)理由; 根据. *prepare the ground for* 为…准备条件. *shift one's ground* 改变立场[主张]. *smell the ground* (船)因水浅而失速, 擦底过. *take the ground* 搁浅, 登滩. *touch ground* 碰到水底, 触及实质性问题.

ground′age n. 停泊费, 船舶进港费.

ground-air a. 陆空的, 地下空气[气体]. *ground-air commu-nication* 陆空通信联络. *ground-air radio frequency* 地空[地对空无线电]通讯频率.

groundauger n. 地[土]钻.

ground-base point contact transistor 基极接地点接触型晶体管.

ground-based duct 地面(电缆)管道.

ground-control a. 地面控制[指挥]的, 地面制导的.

ground′crew n. 地勤人员.

ground-deflection lobe 地面致偏瓣.

ground-driven a. 地(行走)轮传动的.

ground-echo pattern 地面反射波图形, 地面回波图.

grounded-anode amplifier 阳极接地放大器.

grounded-base a. 基极接地的, 共基极的.

grounded-collector a. 集电极接地的, 共集极的.

grounded-emitter a. 发射极接地的, 共射极的.

grounded-grid a. 栅极接地的, 共栅极的.

grounded-plate amplifier 共阳极放大器.

ground-gate amplifier (场效应管)栅极接地放大器.

ground-glass n. 毛[磨口]玻璃.

ground′hog n. 挖土机.

ground-in a. 磨口的.

ground′ing n. ①接[通]地, 地线 ②停飞, 着陆, 搁浅 ③底子, (染色的)底色 ④基础(训练), 基本知识, 初步. *neutral grounding* 中线接地.

ground′less ['graundlis] a. 没有根据[理由]的.

ground-level station 地面站.

ground′line n. 基线, 地平线.

ground-mapping radar 地面测绘雷达.

ground′mass n. 合金的基体, 金属基体, 基质.

ground′net n. 拖(电)网.

ground′nut ['graundnʌt] n. (落)花生.

ground-plan n. (底层)平面图, 初步计划, 草案.

ground-plane n. 地平面. *ground-plane antenna* 水平极化天线, 地面天线.

groundplasm n. 基质.

ground-plate n. 接地板.

ground-ranging equipment 地面(靶场)测距设备.

ground-reflected wave 地面反射波.

ground-return n. 【电】地回路, 地面反射.

groundsel 或 **ground′sill** n. 作基础的木材, 木结构的最下部分, 地槛.

ground-slag n. 渣粉, 磨碎的炉渣.

ground-speed computer (飞机的)对地速度计算机.

ground′-staff n. 地勤人员.

ground′-state n. 基态. *ground-state population* 基态粒子数.

ground-substance n. 基质.

ground-swell n. 地隆, 岸涛.

ground-switch n. 接地开关.

ground-tackle n. 锚泊装置, 停泊器具(锚, 锚链等总称).

ground-thermometer n. 地温表.

ground-to-air ad.; a. 地对空.

ground-to-ground ad.; a. 地对地. *ground-to-ground transmission* 地面[地对地]传输.

ground-to-plane radio 地空通信无线电台.

ground-up a. 碾碎的, 磨成粉的.

ground′water n. 地下水, 潜水.

ground-wave n. 地波. *ground-wave pattern* 地面波辐射图.

ground-wire n. (接)地线.

ground′work ['graundwəːk] n. 基础(工作), 路基, 底子, 根据, 基本工作(的)成分, 原理.

group [gruːp] Ⅰ n. ①群, (小)组, 队, 班, (种)类, 族, 基, 系, 属, (集)团, 派, 【地】界 ②组合, 分组(类), 同级性片组, 点对称值, (晶体)点集 ③空军大队, Ⅱ v. 群聚, 聚集, 组(集)合, 成群, 分组(类), 按类而取. *active group* 活性基. *airplane tail group* 飞机尾部. *atomic group* 原子团. *coresidual point group* 【数】同余点集. *crystal group* 聚合晶体, 晶群. *digit group* 数字组. *end group* 端基. *group A kits* A类元件. *group aerial [antenna]* 群(分)组, 多振子)天线. *group busy* 群忙, 群占线. *group center* 中心组, 长途电话局. *group change* 成群(成组)改变. *group classification code* 归组分类码. *group discussion* 小组(集体)讨论. *group drive* 组合(联合)传动, 联合运转. *group filter* 群

（合）滤波器. *group flashing light* 连续闪光，群合闪光灯. *group index* 分组〔类集〕指数，分组指标. *group interval* 道间距. *group knife* 组合闸刀. *group measurement* 相隔最远的两个弹着点之间隔. *group method* 组丛法. *group of drawing* 冲压级别. *group of lines* 线束. *group record* 成组记录，记录组. *group sampling* 分层〔组〕抽样. *group selector* 选组器〔级〕. *group separator* "成组分离器"，"分组"符，群分离器. *group shot* 群（全）摄，全景，群众场面. *group system* 组合制，组合系统. *group technology* 组合（成组）工艺，group *telephone* 集团电话. *group theory* 群论. *group translation* 群频转译. *group velocity* 波群速，群速度. *grouped controls* 组合控制装置. *grouped data* 分类资料. *grouped joint* 会接. *grouped pulse generator* 脉冲群发生〔振荡〕器. *grouped records* 成组记录. *grouped sequential inspection* 群序列检查. *guided missile group* 导弹大队. *lateral [pendant] group* 侧基. *main group* （周期表）主族. *methyl group* 甲基. *order of group* 群阶. *output linear group* 输出的线性部分. *point group* 点集. *positive group* 阳极组，阳性基，正基. *space group* 空间群〔组〕. *successive pulse groups* 联续脉冲组. ▲*group by group* 分批，分组. *group of* 一组，一群. *group … into〔in〕* 把…分为. *group (themselves) round* (around,about)聚集在…的周围. *group (together) M under N* 把 M 归入〔归纳到〕N 里. *be grouped under … headings* 分成…项目〔题目〕. *in a group* 或 *in groups* 成群地，一群一群地.

group-averaged *a.* 按群平均的.
group-busy lamp 组〔群〕忙灯.
group-directional characteristic （天线）群方向特性.
grouped-frequency operation 频率组合制.
group'ing ['gru:piŋ] *n.* ①分类〔组，型〕，成群，归编，定〔组，组〕配，分组，配置，集团，集块，并行，集聚（扫描行的并行）②基，团，部件装配图③纹槽群集，槽距不均. *grouping plan* 组群方式. *star grouping* 星状组合法.
group'let *n.* 小群.
group-matrix *n.* 群（矩）阵.
groupoid *n.* 广群.
group-reaction *n.* 类集反应，组反应.
group-select noise 选组噪声.
group-specific *a.* 类属特异性的.
group(-)theoretical *a.* 群论的.
group-to-group crosstalk 群间串音.
grou'ser ['grauzə] *n.* ①（薄，灰，砂）桩〔爪〕桨，薄胶泥，(pl.)渣滓，②灌（水泥）浆，薄膜胶泥，注注水泥，用水泥浆填塞，粉饰，薄墙. *chemical grouting* 化学灌浆. *grout filler* 灌（浆填）缝料，灌缝用（薄）砂浆. *grout fluidifier* 灰或水泥浆流化剂. *grout hole* 灌〔喷〕浆孔. *grout mixer* 灰浆拌和机，薄浆

〔水泥浆〕搅拌机，拌浆机. *grout mix(ture)* 薄浆混合料. *grouted asphalt macadam* 灌（地）沥青碎石（路）. *grouted brick* 浆砌砖. *grouted procedure* 灌浆工序，灌浆法. *grouting pump* 薄浆泵.
grout'er *n.* 灌浆机〔泵〕，水泥喷补枪.
grout'vent *n.* 薄浆气口.
grove [grouv] *n.* 小（树）林，丛树. **grovy** *a.*
groveless *a.* 无树丛的.
grow [grou] (**grew**, **grown**) *v.* ①（使）生长，长〔变〕大，培〔发〕育，种植，栽，(饲)养 ②增长〔大，加〕，发展〔达〕，变强 ③渐渐变成，逐渐〔形成〕，渐渐…起来. *grow troublesome* 变得麻烦起来. *grow down [downwards]* 变短〔小〕，缩小，减少. *grow in (length, strength)* （长度，强度）增加. *He grew in experience.* 他增长了经验. *The electric arc may grow to an inch in length.* 电弧长度可增长到一英寸. *grow into* 长成为，发展成. *grow less [down〔upon〕]* …渐渐增加〔厉害〕起来，引起某人爱好. *grow out* 出芽，长出，向外生长. *grow out of* 由…产生〔形成〕，生长出来，发展而来，变得不适合于，渐渐丢弃，抛弃. *grow to be* 发展成，变得. *grow to + inf.* 变得，逐渐，渐渐. *grow up* 成〔生〕长，长大，成熟，（逐渐）形成，发展形成. *There has grown up a system of testing metals.* 逐渐形成了一套金属试验系统.
grow'able ['grouəbl] *a.* 可生长〔种植〕的.
grow-back *n.* 带材的厚度差，厚度不均性.
grow'er ['grouə] *n.* 生长物〔器〕，培养者. *crystal grower* 单晶生长器. *grower washer* 弹簧垫圈.
grow'ing *n.;* *a.* 生长(法)(的)，增长(中的)，不断增加(的)，发育〔达〕. *a growing building* 建造中的建筑物. *growing wave* 增幅〔生长〕波. *rate growing* 速率〔变速〕生长法. **–ly** *ad.*
growl [graul] *v.;* *n.* 咆哮，轰鸣，作隆隆声.
growl'er ['graulə] *n.* ①短路线圈测试〔检查〕仪 ②电机转子试验装置.
grown [groun] I *grow* 的过去分词. I *a.* 生长的，成熟的，发展的. *grown diffusion* 生长扩散. *grown junction* 生长结. *grown (junction) transistor* 生长（面接合）型晶体管.
grown-film silicon transistor 生长硅膜晶体管.
grown-tetrode transistor 生长型四极晶体管.
grown'-up I *a.* 已长成的，已成熟的. I *n.* 成人.
GROWT =gross weight 毛重.
growth [grouθ] *n.* ①生长〔物，过程〕，滋长，长大 ②增长〔加，大，量〕，(函数的)增长序，函数的序，发展〔过程〕，发达 ③培育〔荣〕，栽培，发育 ④结果，产物. *crack growth* 形成裂缝. *crystal growth* 晶体生长〔长大〕，结晶. *dendrite growth* 枝晶长大. *grain growth* 晶粒长大. *growth constant* 滋〔增，生〕长常数. *growth factor* 增长系数〔因子〕，增大因子. *growth industry* 发展特快的新行业. *growth mistake* 生长错误. *growth of cast iron* 铸铁的长大. *growth of concrete* 凝凝土的膨胀. *growth of mechanical power* 机械动力的发展过程. *growth rate* 生（增）长率，生长速度，放大系数. *growth ring* 年轮. *liquid growth* 液相生长. ▲*of foreign*

growth 外国出产的.
growth′ness *n.* 生长速度.
growth′y *a.* 发育良好的,生长快的.
groyne = groin.
GRP = ①glass reinforced plastics 玻璃纤维增强塑料,玻璃钢 ②ground relay panel ③group 群,组.
GR-P = government rubber-polyalkyl sulfide 聚硫橡胶.
grp = group 群,组.
GRS = gyro reference system 陀螺基准系统.
GR-S = government rubber-1/2 styrenebutadiene copolymer 丁苯橡胶.
GRST = gross tonnage 总吨位.
GRTG = grating 栅,格.
GRTP = glass reinforced thermoplastics 玻璃丝加强热塑塑料.
grub [grʌb] Ⅰ *v.* ①掘(出,除),除[掘]根(up,out),翻找(for) ②钻研,苦干工作(on,along,away). Ⅱ *n.* 蛆,残根,食物,苦工. *grub screw* 无头[平头]螺丝,木螺丝. *grubbing winch* 除根机.
grub′ber *n.* 除根机,掘土机(工具),挖根者.
grub′by [ˈgrʌbi] *a.* 肮脏的,污秽的,不清洁的.
grudge [grʌdʒ] *vt.*; *n.* ①羡慕,嫉妒 ②吝惜,舍不得.
grudg′ing *a.* 吝惜的,勉强的,舍不得的. ~**ly** *ad.*
grue [gru:] *vi.*; *n.* 发抖,战栗,可怕的性质(影响).
grue′some [ˈgru:səm] *a.* 可怕的,吓人的,讨厌的. ~**ly** *ad.* ~**ness** *n.*
Gruiformes *n.* 鹤形目.
grume [gru:m] *n.* 粘(凝),血块,粘液,小堆.
grummet = grommet.
gru′mose [ˈgru:mous] 或 **gru′mous** [ˈgru:məs] *a.* 由聚团颗粒形成的,凝结[块,集]的,血[凝]块的.
grundmol *n.* 链节克分子.
grünlingite *n.* 硫碲铋矿.
grv = graphic recording voltmeter 自动记录伏特计.
grw = graphic recording wattmeter 自动记录瓦特计.
GRWT = gross weight 总重.
GRY = grey 灰色.
grypo′sis [griˈpousis] *n.* (异常)弯曲.
GS = ①general schedule 总表 ②general secretary 总书记,秘书长 ③German silver 镍银,锌镍铜合金 ④ground station 地面站 ⑤guidance system 制导系统,导航系统.
gs = ①gallons 加仑 ②gauss 高斯 ③ground state 基态.
GS alloy 金银合金(电器接点用合金,金10%,银90%).
GSA = Geological Society of America 美国地质学会.
GSBR = gravel surface built-up roof 砾石面组合屋顶.
GSC = ①gas-solid chromatography 气固色谱法 ②geodetic spacecraft 测地的宇宙飞船 ③guidance system console 制导系统操纵台.
G-scope *n.* G型显示器.
GSE = ground support equipment 地面辅助设备,导弹制导控制的地面设备.
GSESS = ground support equipment systems specifications 地面辅助设备系统的规范.

GSG = galvanized sheet gage 白铁片规,白铁(镀锌铁)片厚度代号.
GSI = ground speed indicator 地面速度指示器.
GSIL = German silver 锌镍铜合金,(锌)白铜,德国银.
gskt = gasket 垫(料).
GSM = Government standards manual (美国)政府标准的手册.
GSME = ground support maintenance equipment 地面辅助维护设备.
GS-MS = gas chromatography-mass spectrometry 气相色谱-质谱联用.
GSP = ①geodetic satellite program 测地的卫星计划 ②general semantic problem 普通词义学问题.
GSS = ①global surveillance system 全球对空观察系统 ②ground support system 地面辅助系统.
GSSR = ground support system review 地面辅助系统检查.
GSSS = ground support system specifications 地面辅助系统的规范.
GST = Greenwich sidereal time 格林尼治恒星时.
GSTP = ground system test procedure 地面系统试验程序.
G-suit [ˈdʒi:ˈsju:t] *n.* 过载(抗荷)服,高速飞行衣,抗过载(超重)飞行衣.
GSV = ①gas sampling valve 气体采样阀 ②globe stop valve 球心节流阀,节流球(心)阀 ③guided space vehicle 导引的宇宙飞行器,制导宇宙飞船.
GT = ①gas thread 管螺纹 ②gas tight 不漏气的,气密的 ③gas turbine 燃气轮机 ④gauge template 样板 ⑤grease trap 润滑脂分离器 ⑥gross ton 长吨(1.016T),英吨,(船的)总吨位 ⑦gross tonnage 总吨位(100立方英尺=1t) ⑧grounding transformer 接地变压器 ⑨group technology 成组工艺(学).
gt = gutta (单)滴.
Gt Br(it) = Great Britain 大不列颠,英国.
gt gr = great gross 十二罗(= 1728个).
gt v = gate valve 闸阀.
GTA = ①graphic training aid 图解训练教具 ②ground training aid 地面训练工具.
GTC = ①gain time control 增益时间控制 ②gas turbine compressor 燃气轮机压缩机 ③General Transistor Corp 通用晶体管公司 ④good till cancelled 撤销前有效.
GTE = ground test equipment 地面试验设备.
GTM = ground test missile 地面试验导弹.
GTO = ①gate turn off 矩形脉冲断开,闸门电路断开 ②gate turn-off switch 闸门电路断开开关.
GTOL = ground takeoff and landing 地面起飞与着陆.
G-tolerance *n.* (人或物)承受加速度作用力的程度.
gtow = gross takeoff weight 总的起飞重量.
GTP = ①general test plan 总试验计划 ②ground test plan 地面试验计划.
GTPU = gas turbine power unit 燃气涡轮动力装置.
GTR = ①gantry test rack 导弹拖车试验导轨 ②ground test reactor 地面试验性反应堆.
GTS = ①general trouble shooting 一般故障检修 ②global telecommunication system 全球远程通讯系统 ③guidance test set 制导试验设备.
gtt = guttae (pl.) 滴.

GTU =guidance test unit 制导试验设备.
GTV =①gas toggle valve 气体肘节闸阀 ②gate valve 闸(式,门)阀 ③guidance test vehicle 制导试验飞行器.
GU =general use 通用用途.
Guadeloupe [gwa:də'lu:p] n. (拉丁美洲)瓜德罗普(岛).
guaiac (resin) n. 愈创树脂.
guaiacol n. 愈创木酚,磷甲氧基苯酚.
guaiacum n. 愈创树脂(树(材)).
guaiol n. 愈创醇,愈创萜醇.
Guam [gwa:m] n. (西太平洋)关岛.
guanamine n. 胍胶,三聚氰二胺.
Guangzhou n. 广州.
guanidine n. 胍. *guanidine aldehyde resin* 胍醛树脂.
guanidoethylcel'lulose n. 胍乙基纤维素.
guanine n. 鸟嘌呤,鸟尿环,2-氨基-6-羟尿环.
guanopterin n. 鸟蝶呤.
guanosine n. 鸟(嘌呤核)甙.
guar =guaranty 保证.
Guarani [gwa:ra:'ni:] n. 瓜拉尼(人,语).
guarant n. 保证(书),担保.
guarantee' [gærən'ti:] n.; vt. ①保证(书,人),保证性鉴定,保证品),保障 ②承认,许诺. *guarantee system* 保证制度. *guarantee upper bounds* 确保的上界. *guaranteed bandwidth traffic* 保用带宽通信量. *letter of guarantee* 保证书.▲*be guaranteed for (one year)* 保证(一年). *guarantee … against (from) (loss)* 保证…不受(损失).
guarantor' n. 保证人.
guar'anty n.; vt. 保证(书),担保(品).
guard [ga:d] I n. ①警戒(卫),戒备,警备,②护护(器,板,材料,装置,设备,防护(器,物,罩,装置),隔绝(离),栅,挡(泥)板,安全栅栏(围,绳),限程器 ③表链④警卫员,卫(哨)兵,看守者. II v. ①保护安置 ②预(警)防,防止(爆,守),看守 ③给…装防护装置,对…进行防护检查. *axle guard* 车轴护挡. *chain guard* 护链梢. *dust guard* 防尘板(罩). *eye guard* 护目板. *guard aperture* (保)护孔. *guard band* 防护波段.(两信路间)防护频带. *guard bar* 导(护)杆,护栏. *guard cable* 安全防护用钢丝绳. *guard channel* 戒备(守值)波道. *guard circuit* 保护(防虚假动作)电路. *guard electrodes* 【测井】屏蔽电极. *guard log* 屏蔽测井. *guard magnet* 保险磁铁. *guard net* 控制栅板,保护网. *guard of circuit* 电路保持(闭塞). *guard position* 【计】保护(备用)位. *guard rail* 护栏(轨). *guard relay* 防护(保安)继电器. *guard ring* 护圈,保护(隔离)环. *guard signal* 告警(安全保护)信号. *guard stand* 岗亭. *guard valve* 速动闸门,事故阀. *guarding figure* 保险数位. *guides and guards* 导卫装置. *heat guard* 绝热体. *hook guard* 熔丝架,保安器座. *life guard* 救生员,(火车)排障器. *lightning guard* 避雷器. *mud guard* 挡泥板. *oil guard* 防油器. *safety guard* 保险板,安全设备. *splash guard* 防溅罩. *tube guard* 管状保险丝.▲ *(be) off one's guard* 未戒备着,不提防,疏忽. *(be) on (one's) guard* 戒备(警戒,警惕),提防着. *drop (lower) one's guard* 丧失警惕. *guard against* 防止(卫),预防,避免,谨防. *mount guard* 放哨,去站岗. *relieve guard* 接班,换岗(哨). *stand guard* 站岗.

guard'band n. 保护频带.
guard'ed ['ga:did] a. 防护着的,被保护的,警戒着的,有戒备的,谨慎的. *guarded electrode* 屏蔽电极. *guarded railway crossing* 有护栏的铁路平面交叉. ~ly ad.
grard'er ['ga:də] n. 警卫,卫兵,保护装置.
guard'ian ['ga:djən] n. 管理人,保管员,保护(监护)人.
guard'ianship n. 保护(管). ▲ *under the guardianship of* 在…保护之下.
guard'less a. 无警戒的,无保护(装置)的.
guard'rail n. 护栏,护轨.
guard'-rim n. 防爆环(圈).
guard'-ring n. 保护环.
guards'man n. 卫兵,警卫.
guarinite n. 片榍石.
Guatemala [gwæti'ma:lə] n. 危地马拉. *Guatemala (City)* 危地马拉城(危地马拉首都).
Guatemalan a.; n. 危地马拉的,危地马拉人(的).
Guayaquil [gwaiə'ki:l] n. 瓜亚基尔(厄瓜多尔港口).
guayule n. 银胶胶,银菊胶. *guayule rubber* 银菊橡胶.
guazatine n. 双胍盐.
Gudermannian n. 古德曼籍子(函数).
gudg'eon ['gʌdʒən] n. ①耳(连接)轴,轴柱(头,颈),销,舵枢(轴) ②轴栓(杆) ③旋转琴,托架. *ball gudgeon* 球体耳轴. *bogie gudgeon* 转向架耳轴. *gudgeon block* 轴承. *gudgeon pin* 轴(杆)头销,耳轴销,活塞销(钉),十字头销. *reversing screw gudgeon* 回动螺旋,十字架螺母.
Guerin press 格林式橡胶模成形压力机.
Guerin process 格林橡胶模成形(冲压)法.
gue(r)ril'la [gə'rilə] n. 游击(战,队),(pl.)游击队员. *guerrilla war* 游击战.
guess [ges] v.; n. ①推测(断),猜(测,想,中) (at),假设,估计 ②以为,相信. *guess stick* 估计尺.▲ *at a guess* 依推测(估计). *by guess* 凭推测. *guess who* 不认识的人. *make a guess* 猜想,作一个估计.
guess-rope 或 **guess-warp** n. 辅助缆索,扶手绳.
gues(s)timate n.; vt. 瞎猜,瞎估计.
guess'work ['geswə:k] n. 推测,猜想,假设(定),论断,推论,准许.
guest [gest] I n. 客人,宾(旅)客. I v. 招待客人,做客. *guest of distinction* 或 *distinguished guest* 贵宾. *guest rope* 辅助缆索,扶手绳. *state guest* 国宾.
guest-host effect 宾主效应.
guest'house n. 宾馆,招待所.
guhr n. 硅藻土. *guhr dynamite* 硅藻土炸药.
Guiana [gai'ænə] n. 圭亚那.
guid'able ['gaidəbl] a. 可指(引)导的.

guid'ance ['gaidəns] n. ①引〔指,领,导,制,波〕导,导航〔引〕,导向,引导〔导向〕装置. ②控制,操纵,遥控 ③导〔槽〔板,承,轨〕. *beam guidance* 波束制导. *cable* 〔*capture*, *wire*〕 *guidance* 有线制导. *external guidance* 遥控(制导). *guidance component* 制导系统元件. *guidance countermeasure* 反制导系统. *guidance dish* 制导天线反射器. *guidance formula* 波导公式. *guidance site* 制导场. *guidance station equipment* 地面站导引设备〔系统〕. *guidance system* 指导〔制导,导航〕系统. *homing guidance* 寻的制导,自动导引. *traffic guidance* 航路指示,交通管理. ▲*under the guidance of* 在…的指〔引,制〕导下.

guidance-position equipment 地面站制导设备.

guide [gaid] n.; vt. ①指引〔引,制,领,导,教〕导,指引导航,瞄准,定向,控制,操纵,支配,管理 ②导向〔器,件,体,装置〕,导〔杆,柱,承,槽,轨,座,板,沟,管,架,子,引物〕,滑槽,波导(管),光导(管),轮,路标 ③指南,入门,手册 (to),指导原则 ④指导者,导游者,领路人,向导. *aligning guide* 对准机构,定位装置. *cable guide* 电缆导管. *check valve plunger guide* 止回阀塞导座. *guide angle* 导向(钢),导向装置. *guide bar* 〔*rod*〕导杆. *guide bearing* 导引〔定向〕轴承,导向支承. *guide blade* 导叶〔片〕. *guide block* 导块〔瓦〕. *guide body* 导向架. *guide book* = *guidebook*. *guide clearance* 导向〔导向部〕间隙. *guide card* 引导卡(片). *guide dial inside micrometer* 支承式带表内径千分尺. *guide field* 引导(电)场,控制场. *guide finger* 指针. *guide fossil* 标准化石. *guide inside micrometer* 支承式内径千分尺. *guide lifter* 带导向槽升降器. *guide lines* 标〔引导,分度〕线,指导路线(原则). *guide margin* 导边(数据)孔间距,导向边宽度. *guide mill* 有导向控制的轧机. *guide pin* 定位销,导销〔钉,柱〕. *guide plate* 导(向)板,支承板. *guide post* 导柱〔木〕,路〔方向〕标,(道路)标柱. *guide rule* 准(导)则. *guide screw* 导(螺)杆,丝杆. *guide sheet* (电视工作者用)记事一览表. *guide shoe* 导瓦〔块〕. *guide sound* 控制声. *guide specifications* 指导性规范. *guide spindle bearing* 导轴承. *guide twist drill* 有导径的深孔麻花钻. *guide vane* 导(流)叶(片),导向叶片,导(向)翼. *guide way* 导轨,导向槽〔体〕,引导〔导向〕(装置). *guide work* 导航建筑. *guided missile* 导弹. *guided missile countermeasures* 防导弹措施. *guided propagation* 导向传播. *guided target seeker* 自导导弹. *guided wave* 导〔循轨,定向〕波. *guided way* 导〔向〕轨,导向部分. *paper guide* 输纸机,导纸板,引纸图片. *pencil guide* 记录销子轨. *radiating guide* 波导天线,辐射波导. *rod guide* 导杆. *side guide* 导向角板. *sliding door guide* 滑门导轨. *tapper guide* 分配凸轮机构. *valve guide* 阀座承〔轨,面,管〕,气门导管. *wave guide* 波导(管). *wire guide* 钢丝绳道,导线孔,线材导板,电焊导向〔轨〕,有线制导. ▲(*be*) *guided by* 根据,由…来指导. *guide* … *in* 〔*onto*, *out*, *up*〕把…引进〔向,出,上〕.

guide'-bar n. 导杆.

guide'-block n. 导块〔瓦〕.

guide'board n. 路牌,标板.

guide'book n. 指南〔导〕,入门,入门〔指导,说明〕书,参考手册.

guided-wave radio 导波无线电.

guideless a. 无指〔向〕导的,无管理的.

guide'line n. 导向图(表),指南,(引)导线,标(志)线,指导路线,方针,准则,指标,线型波导管.

guide'mark n. 划行〔印〕器印迹.

guide'post n. 导木,标柱,路标,指向牌.

gui'der n. 导向器,导星镜,导星装置. *guider servo* 导杆伺服(机构).

guide-ring n. 导流〔导向〕叶栅.

guide-rod n. 导杆〔棒〕.

guide'rope n. 导绳〔索〕,调节索,【空】诱导绳.

guide-valve slip 导阀滑片.

guide'way n. 导轨〔沟,路〕,导向槽,导向轴套,定向线路. *carriage guideways* 托架导轨,滑车导轨.

gui'ding n. a. 导向〔引,制〕向,制〔波〕导,导航,控制,指导(性)的,(望远镜)导星,星体跟踪. *guiding bush* 导轴衬. *guiding device* 导向装置. *guiding hole* 中导孔. *guiding pile* 导(定位)桩. *guiding rule* 样(规)板,规准,指导法则. *guiding valve* 滑〔导向〕阀.

guild [gild] n. 行会,同业公会.

guildhall n. 市政厅.

guile [gail] n. 狡猾,奸诈. ~**ful** a.

guillaume alloy 铁镍低膨胀系数合金.

Guillaume metal 铜铋合金(铋 35～36%).

Guillemin line 基利明仿真线,基利明电路.

guill'lemot ['gilimɔt] n. 海鸠.

guillotine [gilə'ti:n] Ⅰ n. 剪断〔截断,截切,裁纸)机,闸刀式剪切机,切断器,轧刀,(外科医生用)环状刀,(法国革命时期的)斯斗台. Ⅱ v. 用截断机截断. *guillotine attenuator* 刀型衰减器. *guillotine shear* 剪板机,闸刀式剪切机.

guilt [gilt] n. (犯)罪,罪状.

guilt'less ['giltlis] a. ①无罪〔辜〕的 ②没有经验的,无知的. ▲*be guiltless of* 不会,没有…的经验,不知,不熟悉.

guilt'y ['gilti] a. 犯法〔罪〕的,有罪的.

Guinea[1] ['gini] n. 几内亚. *Equatorial Guinea* 赤道几内亚. *Guinea* (*Bissau*) 几内亚(比绍).

guinea[2] ['gini] n. 几尼亚(旧英国金币=21先令).

Guinean a.; n. 几内亚的,几内亚人(的).

guinea-pig ['ginipig] n. ①豚鼠,天竺鼠 ②实验材料,试验品.

Guinier Preston Zone (铝-铜合金时效组织的) G-P 区.

guise [gaiz] n. ①外装〔观〕,姿态,服式,装束 ②假(伪)装,借口. ▲*in* (*under*) *the guise of* 假装〔借口〕.

guitar' [gi'tɑ:] n. 六弦琴,吉他.

gulch [gʌltʃ] n. (峡,细,干)谷,冲沟.

gulch-gold n. 砂金.

gulf [gʌlf] Ⅰ n. ①(海)湾,深渊〔坑〕,旋涡 ②鸿沟,

悬隔[殊](between). Ⅱ vt. 深深卷入,卷[旋]进. *the Gulf Stream*〔墨西哥〕湾流. *the Persian Gulf* 波斯湾. *the gulf between rich and poor* 贫富悬殊. *gulf red* 铁红. *Gulf coastal oil*〔crude〕海湾开采的石油,环烷基石油.

Gulfining 或 **Gulfinishing** n. 海湾(公司)加氢精制(法).

Gulfport n. 格尔夫波特(美国港口).

Gulfspray naphtha (海湾公司开采的)粗汽油.

gulf′weed n. 马尾藻.

gull [gʌl] Ⅰ n. ①鸥 ②易受骗的人,(pl.)气球假目标,雷达反射器. Ⅱ vt. 欺骗.

gullah n. 狭海峡,水道.

gul′let [ˈgʌlit] Ⅰ n. ①水槽,水落管 ②沟槽,锯齿间空腔 ③水[河]道,海峡,小沟,狭路,狭窄的航道进口 ④食道,咽喉. Ⅱ vt. 开槽,切割[修整]锯齿.

gullet-saw n. 粗齿[疏槽]锯.

gullet-to-chip area ratios 容屑系数.

gul′ley 和 **gul′ly** [ˈgʌli] n. ①(阴,排水,集水,冲刷)沟,沟渠,檐槽,(雨水)进水口 ②山[溪(峡)]谷(沟)壑. Ⅱ v. 开沟[槽],水流冲蚀. *gully drain* 下水道. *gully erosion* 沟(状侵)蚀. *gully hole* (沟渠)集水井,街[排]水井. *gully pot* 隔[排]水井. *gully trap* 进水口防具设备. *gullied slope* 陡峭的边坡.

gul′lible [ˈgʌlibl] a. 易受骗的,轻信的. **guillibly** ad.

gulose n. 古洛糖.

gulp [gʌlp] v.; n. ①吞(下)(down),一大口 ②【计】字群[组],位群,字字节. *empty a glass at one gulp* 一口气喝完一杯.

gum [gʌm] Ⅰ n. ①橡皮(胶),树胶(脂),胶(质),木焦(馏)油 ②橡胶树,桉树属,枫木,(pl.)胶靴,橡皮(套)鞋 ③齿龈. Ⅰ (**gummed;gumming**) v. ①上胶,涂树胶,敷胶(合),用(树)胶粘合(down, together, up) ②分泌树胶质 ③发粘 ④锉深[锯]齿. *artificial gum* 人造橡皮[树胶]. *black gum*（美国）黑胶. *core gum* 型心胶. *gum arabic*〔acacia 或 *Arabic gum* 阿拉伯胶[树胶],涂胶. *gum cement* 橡胶(树胶)结合剂. *gum damma* 达玛树胶. *gum dynamite* 黄炸药. *gum elastic* 弹性树胶. *gum inhibitor* 胶质(生胶)抑制剂. *gum level* 胶质含量. *gum mastic* 乳香,玛瑞树胶,玛瑞脂. *gum resin* 树胶脂. *gum rubber* 天然橡胶. *gum running* 树胶熔炼[热裂解]. *gum spirit* [turpentine] 松节油. *gum tolerance* 最高容许的胶质含量,胶质容许值. *gum tragacanth* 黄蓍树胶. *gummed paper* 胶纸. *natural gum* 天然胶,树胶.

Gum nebula 古姆星云.

gum′bo [ˈgambou] n.; a. 粘土(状)(的),肥[强,坚硬]粘土,残余粘土,秋葵.

gum-boots n. 长筒胶靴.

gumbotill n. 粘钿冰磺.

gum′brine n. 白土,胶盐土.

gum-elastic n. 弹性[纯]橡胶,橡胶.

gumlike material (裂化汽油中的)类胶物质.

gummi [拉丁语] n. 树胶.

gummiferous a. 含胶的.

gum′miness [ˈgʌminis] n. 胶粘性,粘着,树胶状[质],含有树胶.

gum′ming [ˈgʌmin] n. 结(层,涂)胶,胶接,浸(泡)油,生成胶质状沉淀,(汽油中)胶质生成,树胶的分泌(采集). *gumming test* 胶粘试验.

gummite n. 脂铅铀矿.

gummosis n. 流胶现象.

gummos′ity n. (胶)粘性,附着性.

gum′mous a. 有粘性的,胶粘的.

gum′my [ˈgʌmi] a. 胶质(状)(粘)的,树胶(状)(制)的,含[分泌,涂有]树胶的,粘(性)的. *gummy appearance* 树胶状的,粘稠的. *gummy oil* 含大量胶质的油. *gummy sand*【铸】肥砂. *gum* 含粘土多的砂.

gum-plant n. 胶草.

gum-producing substance 胶质形成物(促使汽油生胶的物质).

gump′tion [ˈgʌmpʃən] n. ①本领,常识,精力,创业[进取]精神 ②颜料调和法,调和颜料的溶剂.

gum-resin [gʌmˈrezin] n. 胶和脂.

gum′shoe [ˈgʌmʃu:] Ⅰ n. ①套鞋,橡皮靴,橡皮底帆布鞋 ②(无声)轻步 ③密探,间谍. Ⅱ a. 秘密的,暗中的. Ⅲ vi. 轻步走,秘密进行,侦探.

gum-solution n. (树)胶(溶)液.

gum-tree [gʌm-tri:] n. 桉树属,橡胶树. ▲*up a gum tree* 不上不下,势成骑虎,进退维谷.

gum′water n. 阿拉伯胶溶液,胶水.

gum′wood n. 产树胶的树的木材.

gun [gʌn] Ⅰ n. ①步,气,喷,焊,铆钉,水泥,注油,电子(枪,(火,大)炮,喷(注)射器,喷雾[喷燃]器,喷头 ②润滑油泵(发动机的)油门,风门 ④汽锤,炮声. Ⅱ (**gunned, gunning**) v. ①炮击,用手枪打 ②打开节流阀加速,加大油门(快速前进). *anti-aircraft gun* 高射炮. *camera gun*（空中）照相枪. *cement gun* 水泥喷枪. *drogue gun* 开启制动伞装置. *drum feed gun* 弹盘(装弹)枪. *electron gun* 电子枪. *feed gun* 进[加]料枪. *grease*〔oil〕*gun* 注油〔干油,润滑脂〕枪. *gun adapter* 油枪嘴. *gun barrel* 沉淀罐,气体分离器,炮[枪]筒. *gun boring*（阴螺纹）去(牙)顶,炮身镗削. *gun camera* 手提式摄影机. *gun car* 铁道运炮车. *gun carriage* 炮架. *gun cotton* 硝棉,火(药)棉. *gun directing radar* 炮瞄信达,炮身射击指挥仪. *gun drill* 炮身钻床,单槽[枪式,深孔]钻. *gun hose* 喷枪〔喷射器〕软管. *gun metal* = gunmetal. *gun mike* 枪式(强定向)传声器. *gun perforation* 射孔. *gun sight* = gunsight. *gun tap* 枪式(螺尖)丝锥. *machine gun* 机枪. *plasma gun* 等离子枪. *rocket gun* 火箭炮[筒],发射(小口径)火箭装置. *screw gun* 螺旋式干油枪. *spray gun* 喷(漆,射)枪,金属喷镀器,喷雾(雾)器,(炼铁)泥始,料枪. *zero-focus-current gun* 聚焦电极零流电子枪. *welding gun* 焊接喷灯(喷枪). ▲*give her*〔it〕*the gun* 加速(发动机),打开(节流阀),开动. *stand*〔stick〕*to one's guns* 坚守岗位[阵地],坚持立场,坚持己见.

gunar n. 舰用电子射击指挥系统.

gun′-barrel n. 炮[枪]筒.

gun′boat n. 炮舰[艇],料[筐,卷扬]斗,自翻斗车,自动卸载小车.

gun′carriage n. 炮架.

gun′cotton n. 火(药)棉,硝棉,强棉药,硝化纤维素,纤维素六硝酸酯. *guncotton magazine* 火药库.

gun′creting n. 压(力)灌(浆)混凝土,喷射灌浆混凝土.

gun′-driven a. 用铆钉枪打的.

gun′-filled a. 利用加油枪加注的.

gun′fire n. 炮火(击),号炮. *gunfire control TV* 炮瞄电视.

gun-howitzer n. 加农榴弹炮.

gunite I n. 喷枪,水泥枪,喷射法. II v. 喷(射灌)浆,喷(射)水泥(砂浆),喷涂. *gunite lining* 水泥喷射灌浆,水泥喷浆衬砌. *gunite material* 喷浆材料. *gunited concrete* 喷浆混凝土.

Gunite K 冈纳特可锻铸铁,钢性铸铁,灰口铁. *Gunite K* 冈纳特 K 铸铁(碳 2.3%,硅 1%,锰 0.7%,磷 0.15%,硫 0.08%).

gun′jet n. 喷枪,喷水槍.

gunk n. 泥状物质[材料],污秽的(油腻)的,粘的东西.

gun′layer n. 瞄准[射击]手.

gun-laying radar 炮瞄雷达.

gun′lock n. 枪机.

gun′metal n. 炮铜,锡锌青铜(铜90%,锡10%;或铜88%,锡10%,锌2%).

Gunn altimeter 电容式测高计.

Gunn diode 耿氏二极管.

Gunn oscillator 体效应振荡器.

gunnage n. 火炮数量.

gunned a. 带枪的.

gunnel n. 船舷的上缘.

gun′ner [ˈgʌnə] n. 枪(炮)手,射击员,射(击)手,火炮瞄准手.

gun′nery [ˈgʌnəri] n. 射击(术,学),枪炮操作;重炮.

gun′ning n. 射击,喷射(涂,浆).

Gunn-type electroluminescent device 耿氏电致发光器件.

gun′ny [ˈgʌni] n. 粗麻布,麻袋. *gunny sack*(bag) 粗麻(布)袋.

gun′point n. 枪口.

gun-pointing radar 炮瞄雷达.

gun′port n. 炮门[口]. *nose gunport* 机头枪口.

gun′powder n. (黑色,)火药.

gun′ship n. 作战直升飞机.

gun′shot n. 射(炮)击,射程. ▲ *be out of gunshot* 在射程之外. *be within gunshot* 在射程之内.

gun′sight n. (枪炮)瞄准(线,器,装置),标尺. *gyro gunsight* 陀螺仪瞄准器.

gun′smith n. 军械工人.

gun(-)stock [ˈgʌn-stɔk] n. 枪托.

Gunter's chain 长66英尺的测链.

gun′wale [ˈgʌnl] n. 船(舷)缘,甲板边缘,上甲板与舷相交线. ▲ *gunwale down* (to)(船)歪得舷边和水面相平. *gunwale under* 舷边没入水面以下.

Günzian stage (第四纪初期)贡兹期.

guoethol n. 乙叉苯酚.

gurgita′tion n. (液体)涡旋,汩涌,沸腾(声).

gur′gle vi. n. (作)汩汩声,(流)汩汩地流.

gusetron n. (具有高压起动阳极的)汞弧整流器.

gush [gʌʃ] v.; n. 涌(喷)出(from),迸发(出),井(野)喷,泉涌,急水流. *gas gush* 气喷. ▲ *gush over something* 极口称赞.

gush′er [ˈgʌʃə] n. 喷油(穴),(大,自)喷油井,迸发出的东西.

gush′ing a. 喷(涌,迸)出的.

guss 摊铺. *guss asphalt* 流态地沥青. *guss concrete* 摊铺混凝土.

gus′set [ˈgʌsit] I n. 结(节)点板,联接板,角(撑)板,隔板,加力片,楔形土地. II vt. 装角撑板于. *gusset plate* 结(节)点板,联接板,角片. *gusset stay* 角板撑条,结节撑.

gus′seted a. 装有角撑板的.

gust [gʌst] n. 阵风(雨),骤风,风的冲击,激(突,迸)发,泅涌,突然一阵,喷出. *gust of wind* 风暴,疾风. *wind gusts* 阵风阵. ▲ *in gusts* 一阵阵地.

gusta′tion [gʌsˈteiʃən] n. 味觉,尝味. **gus′tatory** a.

gus′to n. 爱好,热忱.

gustsonde n. 阵风探空仪.

gust′y [ˈgʌsti] a. 阵风性的,多阵风的. *gusty wind* 阵风.

gut [gʌt] I n. ①内脏,肠(子,管,线)②(油管内加热用的)水蒸汽小管 ③狭水道,海峡,海峡 ④(pl.)内容,实质,本质 ⑤(pl.)勇气,力量,效力,耐久力. II (*gutted; gutting*) v. (鱼等)去内脏,抽去(剽窃)…的内容,损坏…的内部装置. *get down to the guts of a matter* 触及问题的实质. *gut issue*(question)关键(实质性)问题. *have no guts in it* 内容空洞,毫无力量.

gut′ta [ˈgʌtə] (pl. *guttae*) n. ①古塔(杜仲)胶 ②滴 ③圆锥(雨珠)饰.

gutta-jelutong n. 节路顿胶.

guttameter n. 滴法张力计.

gut′ta-per′cha [ˈgʌtəˈpəːtʃə] n. 杜仲(树)胶,古塔(波)胶,马来树胶,树胶汁,胶木胶. *gutta-percha cable* 杜仲(古塔波)胶(绝缘)电缆.

gut′tate [ˈgʌteit] a. 滴状的,具液滴的,有(彩色)斑点的.

gutta′tion n. 叶尖吐水,(植物叶的)吐水(现象).

gut′ter [ˈgʌtə] I n. ①(边,街,天,小,明,暗,排水)沟,(水,沟,沟,流,坡,檐…出料)槽,孔道,导脂层,漏斗,通风口,冷却水口 ②角形火焰稳定器 ③(喇叭形)焊管拉模 ④书本左右两页间的空白处,排版上调整行距用的铅条. II v. 开(砌,成)沟,装檐槽;流. *flash gutter* (锻)飞边沟. *gutter drainage* 明沟排水. *vent gutter* 通风道.

gut′teral n. 机载干扰自侦察器,带有完善的拦截接收机的机上反干扰寻觅器.

gut′terway n. 排水沟.

gut′tiform a. 点滴形的,滴状的.

gut′tings n. (路面用)细石屑.

gut′tur [ˈgʌtə] (拉丁语) n. 咽喉.

gut′tural [ˈgʌtərəl] n.; a. (咽)喉音,喉咙发出的(声音).

guvacine n. 四氢烟酸.

guy [gai] I n. (天线)拉线,牵(支,稳)拉,张)索,拉条(拉线)(风)风,风.索. II用支索撑住,使稳定,拉固. *anti-rolling guy* 防滚索. *guy anchor* 拉线桩. *guy clamp* 拉线夹(板). *guy derrick* 牵索(桅杆)起重机. *guy stake* 系索桩. *guy tightener* 紧索轮. *guy wire*(rope) 牵(支,张)索,拉线,钢缆. *guyed mast*

拉线式电杆. *handling guy* 搬运索.

Guyana [gi'ɑ:nə] *n.* 圭亚那.

guy-derrick *n.* 牵索〔桅杆〕起重机.

guyot *n.* (海底)平顶山.

guy-rope 或 **guy-wire** *n.* 牵(支,张)索,拉线,钢缆.

gv = gate valve 闸阀.

G-value *n.* G 值(辐射化学中,每吸收 100 电子伏特辐射发生的分子变化数).

GVS = ground vibration survey 地面振动测量.

GW = ①giga watts 10^9 瓦 ②gross weight 总重,毛重 ③guided weapon 制导武器,导弹.

GWB = gypsum wall board 石膏墙板.

GW/CG = gross weight and center of gravity 毛重和重心.

Gwh = giga [milliard] watt hour 太瓦小时(10^{12}W/h).

GWT = ①glazed wall tile 釉面墙面贴砖 ②thin glass window tube 窄口记录管.

G/XMTR = guidance transmitter 制导发射机.

GY = gray 灰色的.

G-Y amplifier *n.* G-Y 放大器,绿色差放大器.

gybe *v.*; *n.* 改变航道.

G-yield *n.* G-产额(吸收 100 电子伏能量时生成的或转化的分子数).

gym = gymnasium 体育馆.

gymbal = gimbal.

gymna'sium [dʒim'neizjəm] (*pl.* **gymna'sia** 或 **gymna'siums**) *n.* ①体育馆,健身房 ②(德国或欧洲某些国家的)大学预科.

gym'nast ['dʒimnæst] *n.* 体操运动员,体操教师.

gymnas'tic [dʒim'næstik] *n.*; *a.* 体操(的),体育(的),训练(科目). ~**ally** *ad.*

gymnas'tics *n.* 体操,体育.

gymnocyte *n.* 裸细胞.

Gymnopermae *n.* 裸子植物门.

Gymnophiona 两栖类.

gym'nosperm *n.* 裸子植物.

gymnotus *n.* 电鳗.

gynandromorphism *n.* 雌雄嵌性〔同体〕.

gynergen *n.* 酒石酸麦角胺.

gynocardia oil 大风子油.

gynoecium *n.* 雌蕊.

gynospore *n.* 雌(大)孢子.

GYP = gypsum 石膏.

gyps(e) [dʒips] *n.* 石膏.

gyps(e)ous ['dʒips(i)əs] *a.* 石膏(状,质)的,含有石膏的.

gypsif'erous *a.* 含(产)石膏的.

gypsite *n.* 土(状)石膏.

gypsophil *n.* 嗜石膏的.

gyp'sum ['dʒipsəm] Ⅰ *n.* 石膏,硫酸钙,灰泥板,灰胶纸柏板. Ⅱ *v.* 用石膏处理. *fine gypsum* 细石膏粉.

gyp'sy ['dʒipsi] *n.* ①吉普赛人 ②(锚机,绞车上)绞绳筒. *gypsy cab* (定点)电召出租汽车. *gypsy wheel* 锚链轮.

gyradisc *n.* 转盘(式)转盘式破碎机.

gy'ral ['dʒaiərəl] *a.* 旋转的,回转的,环流的,循环的,涡流(旋)的.

gyrate' [dʒaiə'reit] Ⅰ *vi.* 旋转,回转(旋),环动,螺旋形地运转. Ⅱ *a.* 旋转的,(旋)涡状的,螺旋状的,环(圆)形的,缠绕的.

gyra'tion [dʒaiə'reiʃən] *n.* 旋转(运动),回转(旋)陀螺(回转)运动,环(回)转. *centre of gyration* 回转中心. *radius of gyration* 回转半径.

gy'rator ['dʒaiəreitə] *n.* 旋(回)转器,回旋器,回相器,波导 Y 环行器,旋转子. *gyrator circuit* 不可逆(回转)电路. *gyrator element* 微波回转元件.

gy'ratory ['dʒaiərətəri] Ⅰ *a.* 旋(回)转的,环动的. Ⅱ *n.* 旋回(圆锥)破碎机. *gyratory breaker* 环动(式)轧碎机(碎石机). *gyratory crusher* 旋回(圆锥)破碎机. *gyratory intersection* (道路)环形交叉. *gyratory screen* 偏心振动筛,旋转筛.

gyratus [拉丁语] *a.* 环形的,回状的.

gyre [dʒaiə] *v.*; *n.* 旋转(运动),回(涡)旋,环(流),旋转体,旋风.

GYRO = gyroscope.

gy'ro ['dʒaiərou] *n.* ①陀螺(仪,罗盘),回转仪,回转(式)罗盘. ②旋回(回转) ③自旋翼飞机. *directional gyro* 陀螺方向仪. *flight gyro* 飞行陀螺,地平陀螺仪. *gyro bearing* 陀螺(仪)方位,(回转器)方位. *gyro bus* 回转轮蓄能公共汽车,电动公共汽车. *gyro compass* 回转(陀螺)罗盘,电罗经,陀螺罗经. *gyro flux-gate compass* 陀螺感应同步罗盘. *gyro gain* 陀螺增益. *gyro horizon* 陀螺地平仪. *gyro plane* 旋翼机. *gyro sextant* 陀螺(仪)六分仪. *gyro stat* 回转轮. *rate gyro* 阻尼(速率)陀螺.

gyro- (词头)旋转,回转,环(动),圆.

gyroax'is *n.* 陀螺(仪)轴,陀螺轴.

gy'robearing ['dʒaiərəbeəriŋ] *n.* 陀螺方位.

gyroclinom'eter *n.* 回转式倾斜计.

gy'rocompass ['dʒaiərəkʌmpəs] *n.* 回转(式)罗盘.

gyrocopter *n.* 旋翼飞机.

gy'rodine *n.* 装有螺桨的直升飞机.

gy'rodozer *n.* 铲斗自由倾斜式推土机.

gyrodynam'ics *n.* 陀螺动力学.

gy'rodyne ['dʒaiəroudain] *n.* 旋翼式螺旋桨飞机,旋翼式直升飞机(介于旋翼机与直升飞机之间的一种飞机).

gyro-frequency *n.* 旋转(回转,陀螺)频率.

gy'rograph ['dʒaiərougrɑ:f] *n.* 记转(测转)器,转速计,旋转测度器,转数记录器,陀螺漂移记录仪.

gy'rohorizon ['dʒaiərouhəraizn] *n.* 回转水平仪,陀螺地平仪.

gyroi'dal [dʒaiə'roidl] *a.* 螺旋形的,回转的.

gyro(-)interaction *n.* (游离层对微波的)回转交扰作用.

gyro-level *n.* 陀螺水平(倾斜)仪.

gyro-mag *n.* 陀螺磁罗盘.

gyromagnet'ic *a.* 回转磁的,旋磁(回转磁)的,磁-力的. *gyromagnetic effect* 旋磁(回转磁)效应. *gyromagnetic frequency* 旋磁(回转磁)频率.

gyrom'eter *n.* 陀螺测试仪.

gyro-mixer *n.* 回转(陀螺)拌和机.

gy'ropilot ['dʒaiəroupailət] *n.* (陀螺)自动驾驶仪,陀螺(回转)驾驶仪.

gy'roplane ['dʒaiərəplein] *n.* 旋翼机,旋升飞机.

gyropter n. 旋翼飞机.
gyrorotor n. 陀螺转子,回转体.
gy′rorudder n. 陀螺自动驾驶仪.
gy′roscope [′dʒaiərəskoup] n. 陀螺〔环动,回转〕仪,陀螺器件,回转〔旋〕器,旋转机. *free gyroscope* (三)自由(度)陀螺仪. *gyroscope rotor* 陀螺转子. *rate gyroscope* 二自由度陀螺仪,速率〔阻尼,微分〕陀螺. *rate-of-turn gyroscope* 角速度陀螺仪.
gyroscop′ic [dʒaiərə′skɔpik] a. 陀螺的,回转(式)的,回旋(器,运动)的. *gyroscopic compass* 方向陀螺仪,陀螺〔回转〕罗盘. *gyroscopic integrator* 回转〔陀螺〕积分器. *gyroscopic moment* 回转力矩.
gyroscopically-controlled a. 用陀螺仪操纵的.
gyrose′ [dʒaiə′rous] a. 波〔环〕状的,波纹的.
gyro-sextant n. 陀螺〔回转式〕六分仪.
gy′rosight n. 陀螺瞄准器.
gy′rosphere n. 回转球.
gyrostabiliza′tion unit 陀螺〔回转〕稳定部件.
gyro-stabilized a. 陀螺稳定的.
gy′rosta′bilizer n. 陀螺稳(安)定器,回转(仪)稳定器.
gy′rostat [′gaiəroustæt] n. 回转轮(仪),(船用)回转稳定器,陀螺仪. ～**ic** a.
gyrostat′ics n. 回转仪(静)力学,陀螺(静)力学.
gy′rosyn n. 陀螺感应(同步)罗盘.
gy′rosystem n. 陀螺系统(装置).
gy′rotron n. 振动陀螺仪,陀螺振子,回旋管.
gy′rotrope [′dʒaiərɔtroup] n. 电流变向器.
gyrotrop′ic n. 旋转回归线.
gy′rou′nit n. 陀螺部件(环节,组). *integrating gyrounit* 积分陀螺部件,积分组,陀螺积分环节.
gy′rous a. 环形的,回状的.
gy′rus (pl. **gy′ri**) n. (脑)回,螺纹,沟回.
gyttja n. 湖相沉积,腐(殖黑)泥,潮底软泥.
GZ = ① Graetz number 格雷兹数 ② ground zero (point) 爆心投影点,地面零点,地面爆炸点 ③ righting lever (船舶的)复原扛杆,复位扛杆.
GZT = Greenwich zone time 格林尼治区时.

H h

H [eitʃ] H 形.
H 或 h = ① atomic weight of hydrogen 氢的原子量 ② enthalpy (即 heat content) 焓,热函,比焓 ③ hard 硬的 ④ hardness 硬度 ⑤ hatch 舱口,画阴影线 ⑥ head 水头,压头,落差 ⑦ heater 加热器,发热器 ⑧ hecto-百(10^2) ⑨ height 高度 ⑩ henry 亨(电感单位) ⑪ high 高的 ⑫ hour 小时,小时 ⑬ humidity 湿度 ⑭ hydrogen 氢 ⑮ luminous emittance 发光度 ⑯ magnetic-field intensity 磁场强度 ⑰ Planck's constant 普朗克常数.
H^1 = protium 氕.
H^2 = deuterium 氘.
H^3 = tritium 氚.
h&t = hardened and tempered (steel) 硬化及回火钢.
H-amplifier n. 水平(偏转)放大器.
H bar control 横条信号控制(器),水平条控制(器).
H Br = Brinell hardress 布氏(球测)硬度.
H display n. H 型显示(器),目标仰角显示(器),分叉点显示(与 B 型相似,信号为亮线,其倾斜度表示目标的仰角).
H GALV = hot galvanized 热(浸)镀锌的.
H hour 进攻发起时刻,特定军事行动开始时刻.
H-loading n. 设计公路桥的法准汽车荷载.
H mode H 型波,横电波,H 模.
"H" service "H"型业务(美国联邦航空局中间地面站使用非方向性无线电信标有关的业务).
H system H(导航)制.
H to H = ① head to head 头对头 ② heel to heel 后跟对跟.
H value 氢离子浓度.
HA = ① hectare 公顷 ② high-altitude 高空(4500～6000m) ③ high amplitude 高振幅 ④ high angle 大仰角 ⑤ hostile aircraft 敌机.
Ha = ① hahnium 𨭆(第 105 种元素) ② Hartmann number 哈配曼数.
ha = hectare 公顷,万平方米.
haar n. 海(冷)雾.
HAB = horizontal axis bearing 水平轴轴承.
Habana n. 哈瓦那(古巴首都).
Habann magnetron 分瓣阳极磁控管.
Haber ammonia process 哈伯制氨法.
habil′iments n. (pl.) 服装,衣服.
habil′itate v. ① 投资,准备 ② 穿,着 ③ 取得(授以)资格(权能). **habilita′tion** n.
hab′it [′hæbit] I n. 习惯(性),癖好,惯态,(体)型,晶形,(生活)常态. II vt. 穿着,装扮,居住. *crystal habit* 晶体惯态(习性,结构). *force of habit* 习惯势力. *habit of body* 体质. *habit of mind* 性格. ▲ *be habited in* 穿(衣服). *be in the habit of* 有…的习惯. *break (off)* (get out of) a habit 打破(革除)(一种)习惯. *fall* (get) *into a habit of* 沾染(养成)…的习惯. *form* (acquire, cultivate, make) *a* (the) *habit* (of) 养成(…的)习惯. *out of habit* 出于习惯.
habitabil′ity [hæbitə′biliti] n. 可(适于)居住,居住适应性,生境习性.
hab′itable [′hæbitəbl] a. 可(适于)居住的. **hab′itably** ad. ～**ness** n.
hab′itat [′hæbitæt] n. (动植物的)生(长环)境,产地,栖息地,场(住)所,聚集处,生活区,居留地,水底研究(实验)室,(某事物)经常发生的地方.
HABITAT n. 生境会议(简称).
habita′tion n. 住所(宅),居住.

habit-modification n. 习性变化.
habit(-)plane n. 惯态平面,惯析面.
habit′ual [həˈbitjuəl] a. 日[平,通,惯]常的,习惯的,惯例的. *habitual work* 日常工作. ～ly ad.
habit′uate [həˈbitjueit] vt. 使…习惯于[熟习] ▲*be habituated to* 惯于. *habituate M to N* 使 M 惯于 N,使 M 养成 N 的习惯.
habitua′tion n. 习性,习惯[习]形成,成瘾.
hab′itude [ˈhæbitjuːd] n. 习性[性],惯例.
hab′itus n. 习性[惯],常态,体质[型].
hachure′ [hæˈfjuə] [法语] I n. ①〔表示地形、断面等的〕影线,裘状线,晕髯[镜]线 ②刻[短]线,痕迹. II vt. 用影线或线,用裘状线画.
hacienda [hæslˈendə] [西班牙语] n. 〔拉丁美洲国家中的〕庄园,农场,种植园,工厂,矿山.
hack [hæk] I v. ①劈,(乱)砍,削平,刻痕,琢石,切伤 ②碎[破]土 ③出租(马车,汽车) ④用旧 ⑤鹤嘴锄,十字镐 ⑥脚架[子],晒架,储谷场,晾棚,放在晾棚晾干,弓形 ⑦雇工. II a. 受雇的,出租的,用旧的,工作过度的. *hack hammer* 或 *hammer hack* 劈石斧,斧形锤. *hack saw* 钢[弓形]锯. *hack watch* 航行表. *hacked bolt* 凹痕螺钉. ▲ *hack it* 完成. *take a hack at* 尝试,试作.
hack′-file n. 手锯,刀锉.
hack′le [ˈhækl] I vt. 乱砍[劈],砍光[掉],梳,梳棉[麻]. II n. 麻梳,梳麻[棉]机,针排,锯齿形.
hack′ly [ˈhækli] a. 粗糙的,锯齿状的,参差不齐的.
hackmatack n. 西方落叶松.
hack′ney [ˈhækni] I n. 出租汽车. II a. 出租的,陈腐的,平凡的. III vt. 出租,用旧.
hack′neyed [ˈhæknid] a. ①陈腐的,平常的 ②熟练的. *hackneyed phrase* 陈词滥调.
hack′saw [ˈhæksɔː] n. 弓(形)锯,钢锯.
had [hæd] have 的过去式或过去分词. ▲ *had as good (do)* (如此)也好,(那样做)较好. *had best* 最好(是). *had better* 最好是(以…为妙. *had like to (do)* 差一点就…了,几乎…了. *had rather than* … 与其…不如,宁愿…不愿….
hadacidin N-羟-N-甲酰甘氨酸.
hadal [ˈheidl] a. 超深渊的(6000m 以下水层的).
hade [heid] I n. [地质] 断层余角,倾[偏垂]角,伸角[向]. II vi. (垂直)倾斜.
hade-slip fault 倾向滑断层.
Hadfield steel 一种高锰钢.
hadn′t [ˈhædnt] had not.
hadrodynam′ics n. 强子动力学.
hadron n. 子子.
hadronic decay 强子衰变,非轻子型衰变.
hadroproduc′tion n. 强(子致产)生.
haem(o)-, 或 **hema-** 〔词头〕血(的),血色的).
haem =heme 血红素.
h(a)emagglu′tinate v. 血(红血球)凝集.
hae′mal [ˈhiːməl] a. 血的,血(脉)管的,腹侧的.
h(a)ematein n. 氧化苏木精,苏木红.
haemat′ic [hiːˈmætik] a.; n. 血(液)的,清血药.
haemat′ics n. 血液学.
haematin(e) =hematin(e).
haem′atite 或 **hæm′atite** [ˈhemətait] n. 赤铁矿.
h(a)ematocrit n. 血球比容[容量]计,分血器.
h(a)e′matoid a. 似血的.

h(a)ematol′ogy n. 血液学.
haemato′ma n. 血肿.
h(a)ematom′eter n. 血红蛋白计,血压计.
haematox′ylin n. 【化】苏木精[素].
h(a)e′min n. 氯化(氯高铁血红素,血红素晶.
h(a)emocyanin n. 血蓝蛋白,血蓝素.
h(a)e′mocyte n. 血细胞,血球.
h(a)emocytol′ysis n. 溶血(作用).
h(a)emodynam′ics n. 血液(血循环)动力学.
h(a)emomanom′eter n. 血压计.
h(a)emophil′ia n. 血友病,出血不止症.
haem′orrhage 或 **hæm′orrhage** [ˈhemərid3] n. ; vt. 出血,溢血.
haemosta′sia 或 **hæmosta′sis** n. 止血(法).
haemostat′ic a. ; n. 止血的[剂].
hafnate n. 铪酸盐.
haf′nia [ˈhæfniə] n. 二氧化铪.
hafnifluoride n. 氟铪酸盐,氟铪化合物.
haf′nium [ˈhæfniəm] n. 【化】铪 Hf. *hafnium oxide* 二氧化铪. *hafnium sponge metal* 海绵铪.
hafnyl n. 铪氧基.
haft [hɑːft] I n. 柄,把手,旋钮. II vt. 给…装上把手,装柄.
Hagedoorn method 哈格杜恩法(地震折射解释法.)
H gg carbide 碳化铁(水煤气合成经类用催化剂).
hag′gle [ˈhæɡl] vt. (在条件、价格方面)争论(about, over, for, with), 讨价还价. *haggle over* (*about*) *the price* 还价. *We never haggle about principles*. 我们不拿原则作交易.
Hague [heig] n. *The Hague* 海牙(荷兰中央政府所在地).
hah′nium [ˈhɑːniəm] n. 【化】第 105 种元素,(钅喜) Ha(1970 年发现).
HAI =hemagglutination inhibition 血球〔红细胞〕凝集抑制.
Haidinger rings 等倾干涉条纹.
hail [heil] I n. 雹(状物),冰雹. II v. ①下雹,(使)纷纷降落,(雹子般的)一阵 ②高〔欢,招〕呼,欢迎. ▲ *a hail of* 一阵,一大堆. *hail (…) down on …* (使)猛烈迅速地落在… 上. *hail from* 来自. *within (out of) hail* 在呼声能及〔不及〕之处.
hail′er n. 高声信号器,汽〔电〕笛.
hail′stone [ˈheilstoun] n. 雹子〔块〕,冰雹.
hail′storm n. (下)雹,雹暴,大冰暴,夹雹暴风雨.
hail′y [ˈheili] a. 雹子(一样)的,夹雹的.
Hainan Island 海南岛.
Haiphong [ˈhaifɔŋ] n. (越南)海防(市).
hair [hɛə] n. ①毛(状物),头[毛]发,麻〔毛〕丝,麻刀 ②(游)毛〔发〕状金属细丝,微动弹簧 ③(pl.) 叉线,十字线 ④极微的量,距离),一点儿. *air cleaner hair* 滤气器发卷. *cotton hair* 棉纱. *hair compasses* (微调)弹簧圆规. *hair crack* 细裂缝,发裂,(微)细〔发〕纹. *hair cross* 或 *cross (feed) hair(s)* (目镜中的)十字线,叉线,瞄准线. *hair felt* (油)毛毡. *hair fibered plaster* [*mortar*] 麻刀灰泥. *hair grease* 毛填料润滑脂. *hair line* 发丝[极细)的,瞄准,十字线. (毛)发(测量)线,发纹,游丝. *hair line seams* 发纹. *hair pin* 细销,发夹. *hair pin coupling loop*

发夹式耦合环,U形耦合环. *hair salt* 发盐,铁[羽]明矾. *haired fairing* 毛辫整流(的). ▲*hang on [by] a hair* 千钧一发. *hairbreadth tuning* 锐调谐. *not turn a hair* 丝毫未受干扰,毫不动声色,毫不疲倦. *split hairs* 作无益的细微区分,作无谓的挑剔. *to a hair* 或 *to the turn of a hair* 完全一样,丝毫不差,精确[密]地.

hair'(-)breadth *n.*; *a.* 一发[毫厘]之差,极微小的距离,四十八分之一英寸. *hairbreadth tuning* 锐调谐. ▲*by (within) a hairbreadth* 一发之差,间不容发,差一点儿就.

hair'brush *n.* 毛刷.

hair'felt *n.* (油毛)毡.

hair'iness ['hɛərinis] *n.* 有毛,多毛,毛状.

hair'less ['hɛəlis] *a.* 无毛(发)的.

hair'-like *a.* 毛(似)的,细的.

hair'line ['hɛəlain] *n.* ①发丝,极细的线;②瞄准镜的]瞄准[十字]线,毛发测量线,(光学仪器上的)叉线,游丝 ②瞄[照]准(准线)器 ③细缝+发状裂缝,毛筋 ④细微的区别. *hairline crack* 细裂缝,发裂,毛细裂纹. *hairline pointer* 指示[瞄准]器.

hair'-pin *n.*; *a.* ①发针[夹],发夹形物,细销,V型灯丝 ②发针形的,髮簪形的,突然转弯的 ③急转弯. *hairpin bend* 回头[发针形,U字形] 弯. *hair-pin cathode* 丝状阴极. *hair-pin circuit* 发针形电路(毫米波返波管用慢波电路).

hair's(-)breadth = hair(-)breadth.

hair'-side *n.* (皮带的)毛面.

hair-sieve *n.* 细孔(马尾)筛.

hair'splitting *n.*; *a.* 作无益的琐细的分析(的).

hair'spring ['hɛəspriŋ] *n.* 游(灯)丝,丝极,细弹簧,发丝簧.

hair'-thin *a.* 细如毛发的. ▲*with a hairthin majority* 以极微弱多数.

hair-trigger I *n.* 微力[火]触发器. II *a.* 一触即发的,即时的,一碰就坏的. *hair-trigger method* 发状触发方法.

hair'y *a.* (多,如)毛的,毛状[制]的.

Haiti ['heiti] *n.* (拉丁美洲)海地.

Haitian ['heifjən] *n.*; *a.* 海地(人,岛)的. *Haitian Gourde* 海地的货币单位(以后).

hake [heik] *n.* ①格架 ②牵引调节板.

Hakodate *n.* 函馆(日本港口).

hala'tion [hə'leiʃən] *n.* 光晕,(照片的)晕影[圈],晕光(作用),成晕现象.

halazone *n.* 卤胺宗,对二氯基氨磺酰苯甲酸(一种饮水消毒剂).

Halcomb *n.* 哈尔库姆合金钢 (Halcomb 218; 碳 0.4%, 硅 1%, 铬 5%, 钒 0.35%, 钼 1.35%; Halcomb 236, 碳 0.3%, 硅 0.5%, 铬 12%, 钨 12%, 铬 12%, 钒 1%).

hal'cyon ['hælsiən] *a.* 安静的,平静[稳]的.

half [ha:f] (pl. *halves*) *n.*; *a.*; *ad.* ①(一)半,半个,二分之一 ②一部分,相当地,不完全,不充分. *float half in and half out of the water* 半浮在水上,浮在水上有一半露出水面,半沉半浮地浮在水上. *half and half joint* 对拼[各半]接头. *half balance* 半平衡. *half center* 半缺顶尖. *half current* 半选电流. *half cut(-)off* 半切断[断开],半截止. *half gantry crane* 单脚高架起重机. *half knowledge* 一知半解. *half line* 半(直)线,射线. *half measure* 折衷办法. *half mirror* 半透(明)镜,半反射镜,半透明膜. *half moon* 半月(性). *half nut* 对开螺母. *half ripper* 纵木锯. *half scale model* 一比二模型. *half speed shaft* 半速轴. *half step* 等程半音. *half time emitter* (穿孔卡片的)中间发射器[发送器]. *half tint* 中间色调(部分). *half tone* 半音度,半[中间]色调. *half tone information* 亮度梯度信息,灰度信息. ▲*by half* (只)一半,过分,非常. *by halves* 不完全[善]地,不彻底地. *cut [break]...in half [into halves]* 对切[开],把...切[分]成两半. *go halves with M in N* 和 M 平分 N. *half a mile [a dozen, an hour]* 半英里[打,小时]. *half and half* 各半,半对半,一比一. *half and half solder* 锡铅各半的焊料. *half as large as* (是)...的一半. *half as many [much] again as* 一倍半于...,比... 多 50%[多一半]. *half as many [much] as* (是)...的一半,比...少 50%. *not half* 少于一半地,一点也不,不极端地. *one and a half* 一又二分之一. *one half* 二分之一.

half-adder *n.* 半加(法)器,半加累计. *half-adder binary* 二进制半加器.

half-adder-subtractor circuit 半加减电路.

half-adjust *v.* 舍入.

half-amplitude duration 半幅宽度,半幅值持续时间.

half-and-half *n.*; *a.*; *ad.* (两者)各半(的)(东西),两种成分各半的(东西),一半一半(的),等量.

half'-angle *n.* 半角.

half-baked *a.* 半焙烧[干]的,没有烘透的,不成熟的,缺乏经验的.

half-bat *n.* 半砖.

half-binding *n.* 半精装.

half-body *n.* 半体. *half-body of revolution* 半旋转体.

half-bound *a.* 半精装.

half-box *n.* 无盖轴箱.

half-breadth *n.* 半宽度,(船的)中轴距离.

half-bright *a.* 半光制的.

half-cell *n.* 半单元,半电池(单个电极与一种电解质溶液所成的电化系). *zinc half-cell* 锌半电池,锌电偶.

half-center *n.* 半缺顶尖.

half-chord *n.* 半翼弦.

half-circulation *n.* 半环流(圈).

half-cock I *n.* 枪上扳机的安全位置,安全装置. II *vt.* 扳到安全位置. *go off at half-cock* 着急,没准备好就开始动手.

half-cocked *a.* ①处于半击发状态的,机头半张开的 ②事前未充分准备好的,仓促行事的.

half-coil spacing 半加感节距,半圈间距.

half-cooked *a.* 半熟的,烹煮不够的,对早的.

half-crossed belt 直角挂轮皮带.

half-crystal *n.* 半成品.

half-cupped fracture 半杯形断裂.

half-current *n.* 半选电流. *half-current pulse* 半激励电流脉冲.

half-cycle *n.* 半周(期). *half-cycle dislocation* 半位错.

half-dislocation *n.* 半位错.
half-duplex *a.* 半双工[向]的, 半复式的. *half-duplex channel* 单向通道. *half-duplex operation* 半双工运用[通信], 半双向操作.
half-element displacement 半元位移.
half-elliptic *a.* 半椭圆形的. *half-elliptic spring* 弓形弹簧.
half-excited core 半打扰磁心.
half-fine *a.* 半精细的.
half-finished *a.* 半(精)加工的, 半成品的, 半完成的. *half-finished material* [product] 半成品.
half-frequency *n.* 半频(率).
half-full *a.* 半满的.
half-hard steel 中(半)硬钢.
half-hearted *a.* 半心半意的, 不认真的.
half-Hertz *n.* 半赫兹.
half-hourly *a.*; *ad.* 每半小时(的).
half(-)image *n.* 立体视觉.
half-in-and-half-out of the water 半沉半浮的, 一半在水下一半在水上的.
half-integer *n.* 半整数.
half-integral *a.* 半整数的.
half-interval contour 半距等高线.
half-interval search 区间分半检索.
half-lap *n.* 半折[重]叠, 半叠盖[连], 半周[圈]口.
half-life *n.* 半寿命, 半衰[减, 寿]期, 半衰变周期, 半排出期, 半存留期.
half-line *n.* 半(直)线, 射线. *half-line period* 半(频)周期, 横扫频率半周期. *half-line pulse* 半行脉冲.
half-load *n.* 半负载.
half-mast *n.*; *vt.* (下)半旗.
half-maximum line breadth 半峰(值)线宽度.
half-Maxwell *n.* 半马克斯韦.
half-measure *n.* 折衷[权宜]办法, 姑息手段.
half-mirror *n.* 半透明反射镜[膜].
half-model *n.* 半模型.
half-moon *n.* 半月(形, 形物), 上弦月, 弧影.
half-normal *a.* 半当量浓度的, 半正常, 半标准的.
half(-)nut *n.* 对开口合口, 开缝[螺母.
half-open *a.* 半开的. *half-open tube* 一端开口的管.
half-part moulding box 半分砂箱.
half-peak breadth 半峰宽度.
half-penny ['heipni] (*pl. half-pennies*) *n.*; *a.* 半便士, 便宜的, 没价值的.
half-period *n.* 半周[衰, 寿]期.
half-power *n.* 半功率.
half-range *n.* 半(值)宽度.
half-round *a.* 半圆形, 半圆的, 半月形的. *half-round drill* 勺钻, 半圆钻.
half-saturated *a.* 半饱和的.
half-second *n.* 半秒(钟).
half-section *n.* 半节[段]的, 半节网络.
half'shade *n.* 半影板.
half-shad'ow ['ha:f'fædou] *n.* 半影[阴].
half-shift register 半移位寄存器.
half'-sil'ver ['ha:f'silvə] *n.* 半银.
half'-sil'vered *a.* 半(涂)银的, 半镀银的.
half-sine pulse 半正弦波脉冲.

half-sinusoid *n.* 半正弦曲线, 正弦半波.
half-size *a.* 为通常大小之一半的, 缩小一半(的).
half-space *n.* 半(无限)空间.
half-staff *n.*; *vt.* (下)半旗.
half-stochastic acceleration 半随机加速(度).
half-stuff *n.*; *a.* 半成品, 半纸料, 纸浆, 在上机前打熟的.
half-subtracter *n.* 半减法器.
half-thread *n.* 半螺纹.
half-through truss 半穿式[下承高]桁架.
half-timber(ed) *a.* 半(砖)木结构的.
half'-time *n.* ①半工[时], 半工半薪 ②(中间)休息时间 ③半衰期, (同位素)半排出期. *half-time emitter* 半脉冲发送器.
half(-)tone *n.* ①照相[网目]铜版 ②半音(度), 浓浓点图, 半色调[度], 中间色调, 半色调. *halftone ink* 照相铜版印刷油墨. *halftone output signal* 半音[色调, 浓淡点]输出信号. *halftone storage tube* "灰色"[半色调]存储管.
half-track *n.* *a.* 半履带式(车辆), (车辆的)半履带, 半轨, 半磁迹. *half-track tape recording* 半轨[双磁迹]磁带录音.
half-tracked *a.* 半链轨式的, 半履带式的.
half'-truth *n.* 只有部分真实的歪曲报道.
half-turn *n.* 半匝[圈].
half-value layer 半值[半衰减]层.
half-value period 半衰期, 半寿命.
half-volume *n.* 半容(体)积.
half-watt *n.* 半瓦(特).
half'-wave ['ha:fweiv] *n.* 半波. *half-wave doublet antenna* 半波对称(偶极)天线. *half-wave element* 半波振子(单元), 半波辐射器. *half-wave line* 半波(长)线.
half-wavelength *n.* 半波长.
half(-)way *a.*; *ad.* ①中途(的), 中间的 ②一半的长度(距离) ③不彻底的, 不充分的 ④几乎, 快要. *halfway house* 妥协方案, 折衷办法. *half(-)way unit* 半工业装置. *The free end projects halfway across the gap.* 自由端伸出来跨越峡谷的一半.
half-width *n.* 半(值)宽(度), 半值幅.
half-write pulse 半写(入)脉冲.
half-yearly *a.*; *ad.* 每半年(的).
hal'ibut ['hælibət] *n.* 庸鲽, 大比目鱼.
hal'ide ['hælaid] *n.*; *a.* 卤化物(的), 卤素(的). *halide lamp* [torch] 检卤(漏)灯. *silicon halide* 卤化硅.
Hal'ifax *n.* ①哈利法克斯(加拿大港口) ②(英国)哈利法克斯(市).
haline water 高盐水.
halinokinesis *n.* 盐岩风化层.
haliplankton *n.* 咸水浮游生物.
hal'ite ['hælait] *n.* 岩[石]盐, 石盐类, 天然的氯化钠.
hall [hɔ:l] *n.* ①(礼, 会, 讲, 穿)堂, 大(门, 餐)厅, 办公大楼, 过道, 走廊 ②(美国)学院 ③机(门, 车)间, 车间. *the Great Hall of the People in Beijing* 北京人民大会堂. *electrolysis hall* 电解车间. *hall noise* 厅堂噪声.
Hall effect 或 **hall effect** 霍尔效应.

hallerite n. 锂钠云母.
Hall-flowmeter n. 霍尔流动性测量仪.
hall'(-)mark ['hɔ:lmɑ:k] Ⅰ n. ①(金银的)纯度,品质证明,检验烙印 ②标志,特点. Ⅱ vt. 盖上纯度检验印记,证明品质优越.
hallo(a)' ['hə/lou] int. ; n. 喂,哈罗,啊呀!
halloysite n. 叙永石,多水高岭土[石],埃洛石.
hallu'cinate [hə'lu:sineit] vt. 使产生幻[错]觉.
hallucina'tion n. 幻[错]觉,幻觉像,幻[妄]想. hallu'cinatory a.
hallu'cinogen n. 致幻剂[药].
hallucino'sis n. 幻觉病精神错乱症.
hall'way ['hɔ:lwei] n. 门厅,过道,回廊.
Halman n. 哈尔曼铜锰铝合金电阻丝.
halmyrolysis n. 海解作用.
ha'lo ['heilou] (pl. ha'lo(e)s) Ⅰ n. (日、月、照相等的)晕(圈),照片的晕影,光轮[环,晕],多色环. Ⅱ v. 成[使有]晕轮,成晕圆. halo effect 光[晕]圈效应. ~ly ad.
halo- [hælou] [词头] n. 含卤的,有卤素共存的.
haloal'cohol n. 卤代醇.
halo-anhydrite n. 盐硬石膏.
halobios n. 海洋[盐生]生物.
halobiot'ic a. 海洋(生物)的,海洋生的,盐生的.
halobolite n. 锰结核.
hal'ocar'bon ['hælou'kɑ:bən] n. 卤代[化]烃,卤(化)碳.
halochromic a. 加酸显色的,卤色化(作用)的.
halochromism n. 加酸显色,卤色化(作用).
halochromy n. 加酸显色现象.
halocline n. 盐(度)跃层(一般约在180英尺以下).
haloform n. 卤仿,三卤甲烷.
hal'ogen ['hælədʒən] n. 卤[素,族],成盐元素. halogen acid 氢卤酸. halogen acid amide 卤代酰胺. halogen acyl iodide 卤代酰碘. halogen ether 卤代醚. halogen hydride 卤化氢. halogen process 卤化(电镀锡)法.
hal'ogenate ['hælədʒəneit] v. 卤化[代],加卤. halogenated hydrocarbon 卤代烃.
halogena'tion [hælədʒə'neiʃən] n. 卤化[代,合](作用),加卤(作用).
halogen'ic a. 卤素的,生[造]盐的.
hal'ogenide ['hælədʒənaid] n. 卤化物,含卤物.
halogeno-benzene n. 卤代苯.
halogenocations n. 卤代阳离子.
halogenohydrin n. 卤醇.
halog'enous a. 含卤的.
halohydrin n. 卤代醇.
halohydrocarbon n. 卤代烃.
hal'oid ['hæloid] a. ; n. 卤(族)的,含卤(素)的,似卤的,卤化物,卤素盐,海盐. haloid acid 氢卤酸,卤化氢.
halom'eter [hæ'lɔmitə] n. 盐量计,盐度表.
halomethyla'tion n. 卤甲基化作用.
halonereid n. 海洋沙蚕生物.
halophile n. 嗜[适,喜]盐微生物.
halophil'ic 或 halophilous a. 耐[适,嗜]盐的.
halophobes n. 厌[避]盐[植物].
halopho'bic 或 halopho'bous a. 厌[避]盐的.
hal'ophyte n. 适盐[盐土]植物.

haloplankton n. 海[咸]水浮游生物.
halopol'ymer n. 卤(代)聚(合)物.
halo-tol'erant a. 耐盐的.
halotrichite n. 铁明矾.
"halo"-type of curve "晕"型曲线.
halowax n. 卤蜡,β-氯代萘. halowax oil 添加于乙基液的一氯萘.
halt [hɔ:lt] n. ; v. ①站住,(使)停止,停步,休息,暂停,止住,阻挡,防止,拦截,捕获 ②(暂停)小([铁路]招呼)站,电车站 ③犹豫(不决),蹒跚 ④不完全,有缺点. (drop) dead halt 完全停止,突然停机. halt instruction 停机指令. halt sign 停车标志. halted state 暂停[停止]状态. ▲bring to a halt 使…停止. call a halt 命令停止. come [roll,grind] to a halt 停下来,停止. make a halt 停下.
hal'ter ['hɔ:ltə] Ⅰ n. 缰绳,绞索,平衡器[棒]. Ⅱ vt. 束缚,抑制.
halt'ing ['hɔ:ltiŋ] Ⅰ a. 犹豫的,不完全的,暂停的. halting problem 停机问题. Ⅱ n. 拦截,捕获(目标). ~ly ad.
Halvan tool steel 铬钒系工具钢(碳0.4%,锰0.7%,铬1%,钒0.2%,其余铁).
halvans n. 贫矿.
halve [hɑ:v] vt. ①对[平]分,二等分,将…减半,折半 ②【建】把…开半对搭,相嵌接合,重接. halved joint 相嵌接合.
halver operator (二)等分算子.
halves [hɑ:vz] Ⅰ half 的复数. Ⅱ halve 的现在式单数第三人称.
halving ['hɑ:viŋ] n. 对(二等)分,减半,对半胶合,相嵌接合,半叠接. halving joint 嵌接. halving register 平分寄存器.
hal'yard ['hæljəd] n. 升降索,扬帆索. aerial halyard 天线升降索.
ham [hæm] n. ; a. ①业余无线电收发报的(爱好者) ②火腿.
Hamamatsu n. 滨松(日本港口).
ham-and-eggs a. 日常的.
hambergite n. 硼铍石.
Hamburg ['hæmbə:g] n. 汉堡(德意志联邦共和国港口).
Ham'ilton ['hæmiltən] n. ①汉密尔顿(百慕大首府) ②汉密尔顿(加拿大港口). Hamilton beds (中泥盆世晚期)汉密尔顿层. Hamilton metal 锌基轴承合金(锌3%,锑1.5%,铅3%,其余铜). Hamilton standard motor 径向回转柱塞液压马达.
Hamilto'nian n. 哈密尔顿算符[算子,函数].
ham'let ['hæmlit] n. 小村(庄).
hammada n. 石(质荒)漠.
hamme ton silver 龟裂花纹银色涂料.
ham'mer ['hæmə] Ⅰ n. (汽,龙,水,落,杆,小,音)锤,锤骨,锤形,榔头,铆枪,撞针,击铁. Ⅱ v. ①锤击[打,炼,成,薄,锻(造),敲打,重击,延伸(拔长) ②推敲,想出. belt hammer 皮带落锤. bush hammer 齿石[鳞齿,修整]锤. chipping hammer 气錾,风铲,錾平锤. (compressed) air hammer 空气[压气,风动]锤,钢坯的气动定心机. hammer beam 托臂梁,橡尾(小)梁. hammer blow 锤击. hammer

cog 粗锻. *hammer cogging* 锻造开坯. *hammer crusher* 锤(式)碎矿机. *hammer drifter* 架柱式风钻. *hammer drill* 风钻,冲击式钻机,震击钻井装置,锤式轧钢机,碎石机,凿岩机. *hammer forging* 锤锻,自由锻造,锻造锻件. *hammer grab* 冲击式抓斗. *hammer line* 桩锤吊索. *hammer machine* 锤击试验机. *hammer mill* 锤式粉碎机[研磨机],离心破碎机,锤磨机,锻工场. *hammer piston* 汽锤活塞. *hammer press* 锻(造)压(力)机. *hammer scale* 锻(铁)鳞,(氧化)铁屑. *hammer track* 锤状径迹. *hammer welding* 锻接[焊]. *pneumatic (chipping) hammer* 风鏨[铲,锅],风动凿岩机,气锤. *set hammer* 击平锤. *setting hammer* 击平锤. *soldering hammer* 烙铁. *water hammer* 水击[锤,冲](作用). ▲*hammer and tongs* 全力(以赴地). *hammer at* 锤击,研究,埋头于,不断强调. *hammer away (at)* 连续,埋头工作. *hammer down* 用锤钉上. *hammer … into* (把…)锤鏨,打(入),(把…)埋头铆进. *hammer out* 锤[打,敲]出,打(鏨)出,想[推]算,设计[出],调整,消除. *up to the hammer* 第一流的,极好的.

hammer-apparatus n. 机动桩锤机,打桩机.
ham′merblow n. 锤打.
hammer-dressed a. 锤琢(整)的.
hammer-harden v. 锤硬,冷作硬化.
ham′merhead [ˈhæməhed] n. 锤(榔)头,倒梯形[反尖削]机翼. *hammer-head crane* 塔式起重机.
ham′merheaded a. 有锤状头的.
ham′mering n. 锤击[打],鏨击,锻(造,打),刃刃锻伸,推敲,想. *hammering press* 锻压机. *hammering spanner* 单头开口爪扳手.
ham′merless a. 无撞针的.
ham′mer-man n. 锻(锤)工,铁匠.
ham′mermill n. 锤磨机.
ham′mer-milling n. 锤碎.
ham′mer-smith n. =hammer-man.
ham′ming n. 加重平台.
Hamming code 汉明(误差检测及校正)码.
ham′mock [ˈhæmək] n. ①吊床(带) ②圆(小,冰)丘. *hammock chair* 帆布椅.
ha′mose [ˈheiməus] a. 尖(钩)头的,如钩的,弯曲的.
ham′per [ˈhæmpə] I vt. 妨(阻)碍,阻止,牵制. II n. ①阻碍物 ②有盖的篮[盒]. ▲*be hampered by* …被…妨碍[所累].
Hamp′shire [ˈhæmpʃiə] n. (英国)汉普郡. *New Hampshire* (美国)新罕布什尔(州).
HAMSTAN =Hamilton Standards 汉密尔顿标准.
ham′ster n. 田(地)鼠.
ham′ular a. 钩状的.
ham′ulate a. 钩状的,有钩的.
ham′ulus [ˈhæmjuləs] (pl. *ham′uli*) n. 钩,钩状突起.
hance [hæns] n. 拱腰[胶](椭圆拱脚处的最小半径弧). *hance arch* 平圆(三心)拱.
hand [hænd] I n. ①手,手(把,曲)柄,臂,摇杆 ②(仪表)指针,箭头 ③手动(摇,扶,推,控制) ④人手(员),工人,劳(雇)工,船员 ⑤管理,掌握,支配 ⑥侧,方向[面] ⑦手法,技巧,签名,

字迹,鼓掌. *air hand grinder* 风动手提砂轮机. *charging hand* 装料工. *electric hand* 电手(电磁真空变速装置的别称). *hand air pump* 手动气泵. *hand barrow* (双轮)手推车,塌车,担[提]架. *hand boom* 升高传声器的机架. *hand brake* 手制动. *hand capacity* (手)接触电容,(人)手电容. *hand car* (手)摇车,手推车. *hand chucking hole* 卡盘扳手孔. *hand (combination) set* 手持送受话器. *hand control* 人工控制[操纵],手(动)控制. *hand dredger* 人力挖泥机. *hand drill* 手(摇)钻. *hand feed* 人工进[加]料,人工馈送. *hand file* 手(平,平板方)锉. *hand finish(ing)* 手(人)工整修. *hand fit* 修入配合. *hand frame* 担架. *hand H_B tester* 手锤布氏硬度计. *hand inspection* 手检查. *hand ladle* 长柄手勺,手包. *hand lantern* 提灯. *hand lay up method* 手工织层法. *hand level* 手水准,手持水平仪. *hand lever* 手柄[杆]. *hand microphone* 手持式微音器[传声器],手式话筒. *hand of rotation* 旋转方向. *hand off circuit* 拉出电路. *hand operating* 徒手操纵,人工操作. *hand peening* 手锤鏨击硬化. *hand pump* 手(压)唧筒,手抽机,手泵. *hand radar* 便携式雷达. *hand rail(guard)* 扶手,栏杆. *hand railing* 栏杆(钢). *hand receiver* 听筒,手持式受话器. *hand screen (shield)* 遮目罩. *hand shaking* 握手,信号交换,建立同步交换. *hand tally* 计数器. *hand test* 试拍,试通片. *hand transmitter-receiver* 便携式收发两用机. *hand vice* 手钳. *hand work* 手工作业. *hour (minute,second) hand* 时(分,秒)针. *lathe hand* 车(床)工. *set one's hand to the document* 在文件上签字. ▲*(at) first [second] hand* 直[间]接(地). *at [on, to] one's right hand* 在…右方. *at the hand(s) of* 经…的手,出自…之手. *(be) at hand* 在手边(附近,眼前,不久将来),即将到来,现有的,已掌(求)握的. *(be) close at hand* 就在手边(附近),迫近. *bear [lend] a hand* 帮助(with),参与,与…有关(in). *by hand* 用(亲)手,手工做的. *come to hand* 收到,到手,找着. *from hand to hand* 传递. *gain [get] the upper hand of* 占优势. *give one's hand on (a bargain)* 保证履行契约. *go hand in hand with* 与…并行,与…密切联系. *hand and foot* 完全,尽力. *hand in hand* 携手并进,一起,相随,结合(起来). *hand over fist* 稳定而迅速,不费力地,大量地. *hand over hand* 双手交互地,稳定而迅速地. *hands down* 容易(取胜),不费力地. *Hands off!* 不许(请勿)动手!不要干涉! *Hands up!* 举起手来! *hand to hand* 近身,短兵相接. *have a hand in* 与…有关,参与. *have in hand* 执有,在掌握中,在支配下. *have … on one's hands* 应付不了,有…成为负担. *have one's hands full* 于忙,手头工作很忙. *heavy on (in) hand* 难应付. *in hand* 在手里[头],保有,在处理[从事],进行中,控制[掌握]住. *in (on) the hands of* 在…掌握中,交托给,由…

负责[担]. hands off 请勿动手,不许动手,不要干涉. keep … in hand 掌握着,支配,管理. off hand 马上,立即,无准备,随便;自动的,无人管理的. off one's hands 脱手,责任完成. on all hands 或 on every hand 在各方面. on either hand 在两边. on hand 现[握]有,在附近[手边,手头],出席,到场. on the one hand …,(and) on the other hand 一方面…,(而)另一方面…. on the other hand 从另一方面来说,相反,反之. out of hand 难以控制[掌握]的,脱手,无法约束,不可收拾;告终;立刻. put in hand 开始做. put (…) in the hands of … 把(…)交给[托付给]…. put [set] one's hand to 着手,参与,企图. take a hand in [at] 参加,和…有关. take in hand 处理,接手办理,承担[受],照料. to hand 在手边. try one's hand at 去试,试做[行]. under one's hand 由…签名. with a firm hand 坚决地. with a free hand 放手地,浪费地,无节制地. with a haeavy hand 粗枝大叶地,高压地.

II vt. 交出[给,付],递给,传递,扶持. hand … a blow 给…一击. handing time 人工操作[辅助工作]时间. ▲hand down 留传下来. hand in 交来,递交[进],提出. hand on 依次传递. hand out 分发[给],交给. hand over 交出[与],移[提,转]交,让与. hand round 顺次传递,分交. hand up 递[交]给[呈]. right [left] handed 右[左]旋的,右[左]转的,用右[左]手的.

hand'-arm n. (手)枪.
hand'bag ['hændbæg] n. 手提包,旅行袋.
hand-barring n. 手动盘车装置.
hand'barrow n. (双轮)手推车,两边有手柄的抬物架,担架.
hand'bill n. 传单,广告.
hand'book n. 手册,便览,指南.
hand-boring n. 手钻.
hand'breadth n. 一手宽(2.5～4 英寸).
hand'car n. (铁路)轧道车,手(摇)车.
hand'cart n. 手推车,手拉小车.
hand-coded analyser 手(工)编(制)的分析程序.
hand'craft I n. 手(工)艺,手工艺品,手工(业). II vt. 用手工造.
hand-crank n. 手动曲柄.
hand-crusher n. 手摇破碎机.
han'dedness ['hændidnis] n. 用右手或左手的习惯.
hand'er n. 支持器,架,座,夹头.
hand'-fed a. 人工加料(饲喂)的.
hand-feed punch 【计】手工输入[馈送]穿孔机.
hand-filling n. 人工包装.
hand-firing n. 人工燃烧.
hand'ful ['hændful] n. ①一把,少量[数]②一少量③麻烦的事. ▲a handful of 很少一点,少量,一把,一群[队].
hand'-gear n. 手(力传)动装置.
hand'-glass n. 有柄(放大)镜,小玻璃罩.
hand'grip n. 紧握,握,把.
hand'gun n. (手)枪.
hand-headset assembly 手持头戴送受话器.
hand-held camera 手提(便携式)摄像机.
hand-held welder 手动焊接机.
hand'hold n. ①紧握 ②柄,把,摇杆,旋钮,栏杆,把握[柄].

hand'hole n. (小,入,手,探)孔,注入口,筛眼.
hand'icap ['hændikæp] I n. 障碍(物,赛跑),不利(条件),困难,缺陷,不足. II (hand'icapped; hand'icapping) vt. 妨碍,加障碍于;置于不利地位,为…的障碍.
hand'icraft ['hændikrɑːft] n. 手工(业),手(工)艺,手工艺品,技工.
hand'icraftsman n. 手工业者,手工艺者,手艺人.
hand'ie-talk'ie ['hænditɔːki] n. (袖珍,手提式)步谈机,手提式步谈机,微复双工电台.
hand'ily ['hændili] ad. 灵巧(便)地.
hand'iness ['hændinis] n. ①灵巧(便),简便②操纵方便,易操纵性.
hand'iwork n. ①手工(艺),手工(制)品②亲手做的事情.
hand-jack n. 手动起重器(千斤顶).
hand'kerchief ['hæŋkətʃif] n. 手帕(绢).
hand'-knit'ted a. 手编的.
hand'lance n. 喷枪,喷水器,手压泵.
hand'le ['hændl] I n. ①(手,曲,摇)柄,摇杆,把[拉]手,手轮,耳,驾驶盘,(焊)钳②可乘之机,把柄③(纤维的)手感④【计】句柄. clamping [locking] handle 制[止]动柄. control handle 操纵[驾驶]杆,控制旋钮. crank handle 曲柄摇手. dies handle 板牙架,板牙扳手. flexible [free] handle 活动手柄[把手]. handle change 远距离控制,遥控. handle head 句柄头. handle knob 捏手. ratchet handle (套筒扳手用)棘轮扳手. riveting handle 铆叉.
II vt. ①触,摸,(摆)弄②处理,对待,应[对]付,讨论③掌握,管理,调度,经营④控制,操纵[作]⑤运[使]用,加工,维护⑥装卸[载],搬[扛]⑦运,运输,输[传]送,转换[动],铺设,推[盛]放⑦给…装柄. vi. (用手)搬运,易于操纵. Handle with care! 小心装卸[轻放].
handleabil'ity n. 操作[纵]性能,控制能力.
han'dleable a. 可控制[操作,装卸,搬运]的.
han'dlebar n. (自行车等的)把柄,操纵柄.
hand'-lens n. 放大镜.
hand'ler n. 管理人,(信息)处理机(器),处理器,输送[装卸]装置,推操机,近距离操纵机械手. ball-type handler 球状铰链(近距离操纵)机械手. data handler 数据信息(自动)处理器. magnetic sheet handler 磁力板坯板机. memory core handler 存储磁心测试塑控器. slab handler 板坯加热护工. tape handler 卷带机. through-the-wall handler 穿墙式(近距离操纵)机械手.
hand'less ['hændlis] a. 没手的,手笨拙的.
handle-talkie n. 便携式双工电台,手持式步谈机.
hand'-level n. 手水准,手持水平仪.
hand'ling n. ①处[整]理,修改,(再,中间)加工,去除②掌握,操纵[作],控制,调节,驾驶,运[使]用③维护,保养,保管,管理,看管④装卸[载],转[吊,搬,扛,搬]运,堆放,输送,移[转]动,转换,运转,装卸及内部输送作业. bulk handling 散装(物)输送[装卸]. crop handling 清理切边,排除切头. data handling 数据(信息)处理. handling and loading 搬装. handling bridge 桥型装卸机. handling of labour 劳工管理,劳动力调配. *handling operation* 服务,管理. *handling speed* 周转速度. *remote handling* 遥控,远距离控制. *safe handling* 安全运转. *scale handling* 清除氧化皮.

hand′-loaded *a.* 手工上料的,人力加载的.
hand′-luggage *n.* 手提行李.
hand′-machine *n.* 手动机.
hand-made Ⅰ *a.* 手工造〔制〕的,人造的. Ⅱ *n.* 手工制品.
hand-mallet *n.* 手木锤.
hand′-manip′ulated *a.* 用手操作的.
hand-me-down *a.*;*n.* 现成的,用旧的,旧事物.
hand-microtelephone *n.* 手持(式)送受话器.
hand-mill *n.* 手磨机.
hand-motion *n.* 手(开,带)动.
hand-operated *a.* 手动〔摇〕的,手操纵〔操作〕的,手(动控〔制〕的,人工〔操作〕的.
hand′out [′hændaut] *n.* 免费发给的新闻通报(或广告等),送给界界刊登的声明.
hand-over *a.* 移〔转〕交的,转换的,交接的.
hand-packed *a.* 人工包扎的,手工夯实的.
hand-pick *vt.* 精〔手〕选,精心选出.
hand-picked *a.* ①第一流的,精选的②手拣〔选〕的.
hand′piece [′hændpi:s] *n.* 机头.
hand′placed *a.* 手堆〔铺,放〕的.
hand-power *n.* 手拉〔摇〕.
hand-press *n.* 手(动)压机.
hand′print *n.* 手纹.
hand-printed character recognition 【计】手写体字符识别.
hand-prosthesis *n.* 假手.
hand-pump *n.* 手动泵,手力唧筒.
hand-punch *n.* 手动冲压机,便携式手动穿孔机.
hand′rail(ing) *n.* 扶栏〔手〕,栏杆.
hand-receiver *n.* 手持(式)听筒〔受话器,接收机〕.
hand-restoring *a.*;*n.* 用手导回原位,手动复位的.
hand-running *ad.* 连续地,不中断地.
hand′(-)saw *n.* 手锯.
hand-screw *n.* 手动起重器〔千斤顶〕.
hands-down *a.* 轻而易举的,唾手可得的,无疑的.
han′dsel [′hænsəl] Ⅰ *n.* 初次试用,试样,预兆. Ⅱ (*han′dsel(l)ed*;*han′dsel(l)ing*) *v.* ①第一次试用〔做〕②庆祝…的落成.
hand′set *n.* (电话)听筒,(手持)送受话器,手机,手持的小型装置.
hand-free *n.* 不需使用手的.
hand′shake [′hændʃeik] *n.*;*v.* 握手. *handshake I/O control* 信号交换输入输出控制(器).
hand′shaking *n.* 握手,符号(信号)交换,交接过程(处理).
hand′sheet *n.* 手抄纸.
hand′shield *n.* (焊工用)手持面罩.
hands-off *n.*;*a.* ①手动断路,手(动)开闭 ②不干涉〔插手〕的. *hands-off speed* (汽车的)离手速率.
hand′some [′hænsəm] *a.* ①漂亮的,美观的,堂皇的,壮丽的 ②可观的,相当大的,优厚的 ③操纵灵便的,近便的,灵敏的,熟练的. ~ly *ad.*
hands-on *a.* 实习的,亲身实践的. *hands-on background* (操作计算机的)工作经验.
hand-sort *vt.* 手拣,手选,用手工把…分类.

hand′spike *n.* 杠,推杆.
hand′stone *n.* 小石子,鹅卵石.
hand-stuff *n.* 人工填充.
hand-tamped *a.* 手筑(捣)的.
hand-taut 或 **hand-tight** *a.* 用手动尽量拉紧的.
hand-to-hand *a.* 逼近的,一个一个传过去的.
hand-to-mouth *a.*;*ad.* 不安定(的),随时用光的.
hand-tool *n.* 手工工具.
hand-vice *n.* 手钳,老虎钳.
hand′wheel *n.* 驾驶〔方向〕盘,操纵轮,手轮. *azimuth handwheel* 方位操纵轮. *control handwheel* 控制轮,操纵〔驾驶〕盘. *slewing handwheel* 回转手轮.
hand(-)work *n.* 手工,精细工艺.
hand′worked *a.* 手工制成的.
hand-wound *a.* 手摇的.
hand′writing [′hændraitiŋ] *n.* 手〔笔〕迹,手写物〔体,稿〕. *the handwriting on the wall* 不祥之兆,预〔凶〕兆.
hand-wrought *a.* 手工制成的.
han′dy [′hændi] Ⅰ *a.* 便利的,手边的,方便的,便于使用的,合手的,轻巧〔便〕的,驾驶起来灵便的,可携带的. Ⅱ *ad.* 近便,不远,在附近. *be handy with* 善于使用. *come in handy* 迟早有用.
han′dyman (pl. *handymen*) *n.* ①受雇做杂事的人,手巧的人 ②操纵机.
handy-talkie *n.* (手持式)步谈机.
hang [hæŋ] Ⅰ (*hung, hung*) *v.* ①悬,挂,垂,吊 ②安装 ③拖延,(使)悬而不决,搁搁,阻塞,卡住 ④依靠(on),悬着(加),贴,缠住,徘徊. Ⅱ *n.* 悬挂〔下垂,吊装〕方式,下垂物,下垂状态,飞机悬挂〔飞机急速上升至即将失速时刻〕②意义,大意,要点,用法,诀窍 ③斜坡,倾斜. *hang detect* 暂停检测. *The decision is still hanging.* 尚未作出决定. ▲*get the hang of* 懂得…的用法〔诀窍〕. *go hang* 被忘却,不再被关心. *hang about*〔*around*〕在…近旁,靠近,荡来荡去. *hang back* 踌躇不前,退缩. *hang behind* 拖在后面. *hang fire* (火器)发火慢,滞火;耽搁时间,(事物)发展缓慢;犹豫不决. *hang M from N* 把M挂在N上,把M从N吊〔挂〕下来. *hang in the balance* 主意未定,未决. *hang in there* 坚持,继续. *hang loose* 保持镇静,放松. *hang off* 放,挂断电话,踌躇不前. *hang on*〔*upon*〕挂〔垂,吊,凭,依〕在…上;握住(缠住)不放,(电话)别挂断,坚持下去,持续,依靠,随…而定. *hang on props* (飞机)因速率减低而不稳起来. *hang out* 挂〔伸,探〕出. *hang over* 挂在…上面,垂竖,俯临,突出于;靠近,附着;释放延迟. *hang to* 附〔缠〕着,紧贴〔粘〕着. *hang together* 连在一起,结合(团结)在一起,(事物)连贯,一致,符合. *hang up* 挂起来,挂断,中止(操作),意外停机,拖延,延迟,悬而不决,搁置起来;搁浅. *let it all hang out* 无拘无束,无顾忌. *let things go hang* 听之任之. *not care*〔*give*〕*a hang (about)* (对…)毫不在乎.
han′gar [′hæŋə] Ⅰ *n.* 飞机(设备)库,飞机棚〔厂〕. Ⅱ *vt.* 把…放入机库中. *dock hangar* 修理棚. *hanger deck* (航空母舰上的)(飞)机库甲板. *hangar floor* 飞机库地坪. *missile hangar* 导弹库. *nose hangar* 机头棚.
hang′arage *n.* 飞机棚(库).

hang'arette ['hæŋəret] n. 小飞机库.

hang'er ['hæŋə] n. ①悬挂者 ②钩子,挂钩〔耳〕,吊钩〔架,杆〕,悬杆〔架〕,悬挂器 ③支〔托〕架,梁柱,吊轴承,垂饰 ④吊〔挂〕着的东西,起锭器. *hanger lope* 吊索〔索〕. *shot hanger blast* 连续喷丸清砂. *spring hanger* 板簧悬挂装置,弹簧支柱. *step hanger* 踏阶吊铁. *swing hanger* 摆动吊架.

hang'er-iron n. 挂铁.

hang'fire ['hæŋfaiə] v.; n. 迟发,滞火,(固体火箭燃料的)缓燃.

hang'ing ['hæŋiŋ] n.; a. ①悬〔吊〕挂,悬料 ②(pl.) 窗帘 ③工作吊架,顶〔上〕盘,顶板 ④悬式(空,垂)的,垂下的 ⑤斜坡,倾斜. *hanging arch* 悬拱. *hanging bridge* 吊〔悬〕桥. *hanging guard* 上瓦板. *hanging layer* 上挂. *hanging scaffolding*〔stage〕悬空脚手架. *hanging theodolite* 悬式经纬仪. *hanging truss* 吊柱桁架.

hang'ing-up n. ①吊,挂(起),悬挂,中止,阻〔堵〕塞 ②(料箱)工作(压)架 ③挂料,悬料(鼓风炉故障). *bin hanging-up* 盛料容器架.

hang'-over n. 残余(物),释放延迟,尾长部分,(场同序制)拖尾,低音混浊.

Hangsterfer n. (一种通用切削油.

hang'tag n. 使用保养说明标签.

hang'-up n. 障碍(物),(砂从中)堵塞,大难题,心理问题,(pl.) 挂(悬)起,中止,暂停,意外停机.

hang'wire n. 炸弹保险丝.

hank [hæŋk] I n. ①一绞(盘),(一)束(长度单位,棉线为840码,毛线为560码),丝绞 ②卷绕轴,(缠线用)工字形框子 ③帆环 ④优势,控制. II vt. 使成一绞一绞. *hank of cable* 电缆盘,一盘电缆. *hank for hank* 两船平排着,平等地. *in a hank* 在困难中.

han'ker ['hæŋkə] vi. 渴望,一心想〔after, for〕. ▲*have a hankering for*〔after〕渴望得到.

Han(n)over ['hænəuvə] n. (德意志联邦共和国)汉诺威(市). *Hannover bars* "爬行",汉诺威条纹. *Hannover blind effect* 百页窗效应. *Hannover metal* 一种轴承合金(锡87%,锑8%,其余铜).

Hanoi [hæ'nɔi] n. 河内(越南社会主义共和国首都).

Han'sard ['hænsəd] n. (英国)国会议事录.

hansel n. ; v. =handsel.

Hansgirg process 高温碳素还原制镁法.

H-antenna n. H形(双垂直偶极)天线.

HAP =high-altitude probe 高空探测.

hap'haz'ard ['hæp'hæzəd] n.; a.; ad. 偶然(性,的,的事),任意(性,的),乱(七八糟的),没有计划(的),不规则(的),没想到(的),不测的,无意的. ▲*at*〔*by*〕*haphazard* 偶然地,任意地. ~ly *ad*.

hap'less ['hæplis] a. 不幸的.

haplite n. 简单花岗岩,细晶岩.

haplochro'mosome n. 单倍染色体.

hap'loid ['hæplɔid] a.; n. 单一的,简单的,只有一组染色体的,单倍体.

haplomito'sis n. 半有丝分裂.

haplont n. 单倍体.

hap'lophase n. 单倍期.

hap'ly ['hæpli] ad. 偶然,或许.

hap'pen ['hæpən] vi. (偶然)发生,碰巧,偶然. *if anything happens*〔*should happen*〕*to the machine* … 如果机器出了什么毛病 … ▲*as it happens*〔插入语〕偏偏〔碰,恰〕巧,偶然. *be likely to happen* 像要发生. *happen in with* 偶然和 … 碰见. *happen on*〔*upon*〕偶然发现〔看见,碰到,想到〕. *happen to*〔*with*〕发生(某种变化或情况). *happen to* + *inf*. 偶然〔碰巧〕(做). *happen what may* 无论发生何事. *it*〔*so*〕*happened that* 碰〔正〕巧,偶然. *no matter what*〔*whatever*〕*happens* 不管发生〔出现〕什么情况.

hap'penchance n. 偶然事件.

hap'pening ['hæpəniŋ] n. 事件,偶然发生的事.

hap'penstance n. 偶然事件.

hap'py ['hæpi] a. ①幸福〔运〕的,快乐〔高兴〕的,满足的 ②适〔恰〕当的,中肯的,巧妙的. ▲*by a happy chance* 恰〔正〕巧. *happy idea* 好主意. ▲*be happy in* (幸好)有. *be happy to* + *inf*. 乐于(做).

hap'pily ad. **hap'piness** n.

happy-go-lucky a. 无忧无虑的,随遇而安的.

hap'ten(e) ['hæptiːn] n. 半(不全)抗原,抗原辅体,附着[辅抗]素.

hapteron n. 菌索幕,附着器,吸胞.

hap'tic ['hæptik] I a. (由)触觉(引起)的. II n. 密着性. *haptic lens* 贴合镜片.

hap'tin ['hæptin] n. 半原抗,不全原抗.

hapto n. 络合点.

hapto- (词头) 接触,结合.

haptoglobin n. 结合珠蛋白,亲血色(球)蛋白.

haptom'eter n. 触觉测量器,触觉计.

haptonasty n. 触倾性.

haptophore n. 结合簇.

haptophyte n. 粘着植物.

hap'tor ['hæptə] n. 吸盘.

haptoreaction n. 接触反应.

haptotaxis n. 趋触性.

haptotropism n. 向触性.

Hapug amplifier 浮动载频放大器.

Hapug carrier transmitter 浮动载波发〔射〕机.

HAR =harmonic 和谐,谐波.

har'ass ['hærəs] vt. 使…烦恼,不断袭扰,骚扰,扰乱,折磨. ~ment n.

Harban(n) generator 分裂〔分離〕阳极磁控管振荡器.

Harbin [haːˈbin] n. 哈尔滨.

har'binger ['haːbindʒə] I n. 先驱,前聚(兆). II v. 作先驱,预告〔示〕.

har'bo(u)r ['haːbə] I n. 海港,港湾〔口〕,码头,避难藏身处. II v. ①停泊,暂住 ②躲藏,隐〔藏〕匿,保(庇)护,藏,怀(有,恶意). *air harbour* 航空港,水上飞机场. *coastal harbours* 沿海港口. *dock and harbour* 港湾. *harbour dues* 港口税,港务费,入港税. *harbour equipment* 码头装卸设备. *harbour pilot* 领港员. *harbour service dues*〔港口〕通讯,港口(无线电话)业务,海岸电台业务. *harbour work*(*s*) 筑港工程. *harbour no illusions about* 对…不抱幻想. *harbour ulterior motives* 别有用心. ▲*in harbour* 停泊中. *make harbour* 进港停泊.

har'bo(u)rage n. 停泊处,港湾,避难所.

harbo(u)r-entrance n. 港口.
Harcourt pentane lamp 哈尔考特戊烷灯(标准烛光灯).
hard [hɑːd] I a. ①硬(质)的,淬(坚)硬的,坚固的,结实的,不可压缩的,防原子的 ②猛〔激,强〕烈的 ③〔困,艰〕难的,〔吃〔辛〕苦的,繁重的,费力的,难忍受的,刻苦的,勤劳的 ④严厉〔格〕的,苛刻的 ⑤确实的,不容怀疑的 ⑥(底片)反差强的,刺耳的,刺耳的 ⑦含无机盐的. II ad. ①硬,牢,坚固〔硬〕地,牢固地 ②努(用,费)力地,辛苦地,困难地 ③猛〔剧〕烈地,竭力地,非常 ④紧接〔随〕地,接近地,立即. *hard arc* 强电弧. *hard axis* 难(磁化)轴. *hard board* 高压板. *hard breakdown* 刚性击穿〔破坏〕. *hard brittle material* 脆性材料. *hard carbon* 固体碳粒. *hard cash* 现金〔款〕,硬币. *hard casting* 白口铸件. *hard coal* 硬煤,无烟煤. *hard clamping* 性固定〔定位〕. *hard component* (宇宙线)硬成分. *hard copper* 冷加工铜,硬铜. *hard copy* (结实的)原始底图,复制品,复印文本,硬〔可读〕副本,硬性,印刷记录. *hard core* 核心硬件. *hard currency* 硬币,硬通货. *hard direction* 难磁化方向. *hard drawn* 硬〔冷〕拉的. *hard electron* 高能电子. *hard emplacement* 硬式〔防原子〕发射阵地. *hard evidence* 铁证. *hard facing* 表面硬化〔淬火〕,加厚硬面法,堆硬层. *hard facts* 铁一般的事实. *hard film* 硬性底片,对比度强的胶片. *hard goods* 经久耐用的货物. *hard hat* 安全〔保护〕帽,深海潜水〕帽. *hard head* (查 hardhead 条). *hard image* 对比度强〔强衬比,鲜明,硬,黑白分明〕的图像. *hard landing* 硬着陆. *hard line* 强硬路线. *hard machine check* 硬设备检验. *hard metal* 硬质合金. *hard (metal) alloy* 硬质〔高强度〕合金. *hard negative* 硬色调强反差)底片. *hard nut* 坚果,难题. *hard oil* 铝皂(稠化的)润滑脂. *hard oscillation* 强振荡. *hard paraffin* 石蜡. *hard pedal* 笨踏板(制动效率低). *hard point* 硬化点. *hard point defense* 硬点防御,防原子反导弹导弹基地. *hard radiation* 硬(贯穿)辐射. *hard rain* 暴雨. *hard sell* 强行推销. *hard shadow* 清晰(不混杂的)影子,清晰阴影. *hard shower* 硬〔穿透〕射流,硬簇射. *hard site* 地下场,地下设施,加固基地防御. *hard size* 重施胶. *hard spots* 部分过硬,硬点,麻点. *hard sugar* 砂糖. *hard surfacing* 表面淬火,硬质路面. *hard tap* 出渣口凝结. *hard tube* 〔valve〕高真空"硬性"电子管,硬性 X 光管. *hard water* 硬水. *hard winter* 严冬. *hard wire* 高碳〔钢〕线. ▲*a hard nut to crack* 难解决的问题. *as hard as a brick* 极硬. *be hard at work* 刻苦工作. *(be) hard by* 在近旁〔处〕,附近. *(be) hard of hearing* 耳聋,听觉迟钝. *(be) hard on* 〔upon〕损伤,对……严厉,接近(……岁),快将……. *(be) hard pressed* 处于困境. *be hard put to it to* +inf. 没办法(做), 很难〔做〕. *be hard to* +inf. 难于. *(be) hard up* 缺少(钱等). *(be) hard up for* 缺少. *hard and fast* 严格的,坚定不移的,不许变动的,固定的,搁浅的. *hard by* 在(……)的近旁. *hard row to hoe* 困难费力的工作. *have a hard time* + ing 艰难,难以(做). *hold on hard* 紧握,坚持.

hard-and-fast a. 严格的,一成不变的,不许变动的.
Hardas process 硬质氧化铝膜处理法.
hard'back a. ; n. 硬书皮的(书).
hard-bitten a. 强硬的,顽强的,在战争中得到锻炼的.
hard'board ['hɑːdbɔːd] n. 硬质纤维板,高压板.
hard-boiled a. 强硬的,无情的,切实的(计划).
hard'bound a. 硬书皮装订的.
hard-burned a. 炽烈〔高温)焙烧的,硬烧的,炼制的,(石灰)煅烧过度的. *hard-burned refractory ware* 硬烧耐火器材.
hard-copy peripherals 硬拷贝外围设备.
hard'core ['hɑːdkɔː] n. 石填料,硬核(心),核心硬件.
hard-cover a. 硬皮书的.
hard'(-)drawn ['hɑːdrɔːn] a. 冷抽〔拉,拔)的,硬抽〔拉)的. *harddrawn aluminium wire* 硬铝线.
hard'en ['hɑːdn] v. ①(使)变硬化,凝结,凝固,坚固,坚强)的,淬火(硬)的,增加(射线)硬度 ②(用水泥加固,设在地下)使不受爆炸〔热辐射)伤害. *harden by itself* 自身硬化. *harden(ed) case* 表面渗碳硬化. *hardened and tempered* 调质的. *hardened antenna* 硬性(防原子)天线. *hardened electronics* 固态电路电子学. *hardened plate* 淬硬钢板. *hardened way* 淬硬〔淬火,硬)轨. *work harden* 加工硬化.
hardenabil'ity [hɑːdnə'biliti] n. (可)硬化(程)度,(可)淬(硬)性,淬火〔淬透,(可)硬化)性. *hardenability test* 淬透性试验. *strain hardenability* (金属材料的)应变硬化性.
har'denable a. 可硬化的,可淬(硬)的.
hardened-steel n. 淬火〔淬硬)钢.
har'dener ['hɑːdnə] n. 硬化组成分,硬(催,固)化剂,坚膜剂,淬火剂,淬火物质,母〔中间,硬化)合金.
hard'ening ['hɑːdniŋ] n. 硬化(法,剂),强化,凝结〔固),增加(射线)硬度,增加(辐射)穿透力,淬火,渗碳,坚膜,防原子化,老炼,锻炼. *age hardening* 经久(时效)硬化. *air hardening steel* 气冷钢,正火钢. *case hardening* 表面(渗碳)硬化,表面淬火. *chill hardening* 冷硬法. *cold* 〔*strain*, *work*〕*hardening* 冷加工硬化. *full hardening* 全硬化,淬透. *hardening and tempering* 调质. *hardening machine* 淬火机. *hardening of fats* 脂肪氢化(加氢硬化). *oil hardening* 油淬(硬化). *water hardening* 水淬(硬化).
hardenite n. 细马氏(细马登斯,硬化)体.
hard(-)facing n. 硬质焊敷层,表面耐磨堆焊,表面硬化.
hard'glass n. 硬(化,质)玻璃.
hard-grained a. 粗粒状的.
hard'hand'ed a. ①双手坚实有力的 ②用高压手段的.
hard'hat n. ①安全(保护)帽 ②建筑工人.
hard-hatted a. 带安全帽的.
hard'head ['hɑːdhed] n. ①硬头(锡铁合金,锡精矿还原熔炼一种副产品),铁头,硬渣,不纯锡铁化合物 ②硬质巴比合金(锡 90%,锑 8%,其余铜).
hardhead'ed ['hɑːd'hedid] a. 头脑冷静的,实际的,实事求是的.

har'dihood ['hɑ:dihud] n. ①大胆 ②结实,毅力.
har'dily ['hɑ:dili] ad. 大胆地.
har'diness ['hɑ:dinis] n. ①大胆,胆量 ②结实,抵抗力,抗性,适应性强,耐劳(性),耐寒(性).
hard-land v. (使)硬着陆.
hard-limiting repeater 硬限幅转发器.
hard-liner n. 主张强硬路线者.
hard'ly ['hɑ:dli] ad. ①几乎不,几乎没有,简直不,简直没有 ②很难,未必,大概不,大概没有,好容易才,刚刚,不十分,仅 ③严厉地,苛刻地,使劲(地),拼命(地). ▲*hardly any* 很少,几乎不,几乎没有,几乎什么…也不. *hardly anybody* (anything, anywhere) 几乎(简直)没有什么人(什么东西,什么地方). *hardly at all* 几乎(从)不,难得. *hardly ever* 很少,极难得,几乎从不. *hardly more than* 仅仅,不过是. *hardly so* 不会是,很难认为是. *hardly…when* (before) 刚……就. *hardly yet* 几乎尚未,几乎还没有. *it is hardly too much to say* 可以毫不夸张地说,说…也不过分.
hard-magnetic material 硬磁材料.
hard-meson technique 硬介子技术
hard'ness ['hɑ:dnis] n. ①硬[刚,强]度,硬度数[值,级],(坚)硬性,刚性,刚度[硬度]指数 ②坚固[牢],防原子能力 ③困难,艰难,苛刻,无情. *abrasive hardness* 耐磨硬度. *age hardness* 阵硬,时效硬化. *ball hardness* 布氏(球测)硬度. *diamond penetrator hardness* 或 *Vickers diamond hardness* 维氏硬度. *haraness ageing* 加工[硬化]时效. *hardness penetration* 淬硬(淬火)深度. *hardness scale* 硬率,硬度标度,硬度计. *passive hardness* 钝态硬度,耐磨性[硬度]. *red hardness* 红硬性,次生硬度.
Hardnester n. 锥式硬度试验器.
hardom'eter n. (回跳)硬度计.
hard'pan n. ①硬土层,硬质地层,不透水层 ②硬盘,坚固的基础 ③底价 ④隐藏着的真实情况. *get down to the hardpan of a question* 彻底弄清一个问题.
hard-point ['hɑ:dpoint] n. 硬点,结构加固点,防原子发射场.
hard-rolled a. 冷轧(的).
hards [hɑ:dz] (pl.) ①麻屑,毛屑 ②硬(质)煤. *flocks and hards* 纤维屑(塞缝隙用).
hard'sell a. 强行推销的.
hard'set a. 面临困难的,固定的,坚决的,顽固的.
hard-shell (ed) a. (有)硬壳的,不妥协的,顽固的.
hard'ship ['hɑ:dʃip] n. 辛(困)苦,艰难.
hard'site n. 防原子发射基地. *hardsite missile base* (能防原子的)导弹基地.
hard-solder v. 硬焊.
hard'stand ['hɑ:dstænd] n. 停机坪.
hard'surface v. 表面时效,给…铺硬质路面.
hard'(-)tack ['hɑ:dtæk] n. 硬饼干,旅行饼干.
hard-to-get data 难得数据.
hard'-to-get'-at a. 够不着的,难够着的.
hard-to-open concentrate 难分解精矿.
hard'(-)top Ⅰ n. ①有金属顶盖的汽车 ②有硬质路面的道路(区域). Ⅱ a. ……铺硬质路面.
hard-to-reach a. 难于接近(达到)的,难通过的.
hard-to-use a. 难用的,不好用的.
hard-tube pulser 硬管(高真空电子管)脉冲发生器.

hard'ware ['hɑ:dwɛə] n. ①金属构件[附件,元件,零件,器具],导弹构件,设(装)备,电路,硬连线,(小)五金[器皿],铁器 ②[计] 硬(结构件)件,硬设备,实体器件,计算机(硬)部件,机器,计算机 ③成[制]品,实物 ④重武器. *aluminum hardware* 铝制零件. *hardware address control* 机器地址控制. *hardware check* 计算机自动检验,硬设备检验,硬件检验. *hardware lockout* 硬件封锁. *hardware operation* 机器操作. *pole line hardware* 架空明线的金具[金属附件].
hardware-augmented software 增强硬件的软件.
hardware-like compatibility 类硬件兼容性.
hard'wareman n. ①五金工人 ②五金商人,金属构[附,元,零]件制造商.
hard'-wear'ing a. 耐磨的,经穿的.
hard-wired a. 电路的,硬件实现的,硬连线的. *hard-wired inde* 变址电路.
hard-wire-oriented engineer 硬连线系统工程师.
hard'-won a. 来之不易的,辛苦得来的.
hard'wood ['hɑ:dwud] n. 硬木(的), (pl.) 硬材,阔叶树材.
hard(-)working a. 勤劳(快)的,努力工作的.
hard-wrought a. 冷加工的,冷锻的.
har'dy ['hɑ:di] Ⅰ a. 坚固的,结实的,强壮的,适应性强的,耐劳的,勇敢的. Ⅱ n. (锻工用)方柄凿.
Harger and Bonneys formula 哈格及旁万氏公式(设计柔性路面厚度的一种古典公式).
harm [hɑ:m] v.; n. (损,伤,危)害,不良影响,损伤. ▲*come to harm* 受害,遭不幸. *do* (do no) *harm* (to) (对…)有(无)害, (对…)产生(不产生)危害. *out of harm's way* 在安全的地方,安全无事. *without harm to* 不(致)损害.
H-armature n. H型截面电枢(衔铁).
Harmet process 钢锭浇注法.
harm'ful a. 有害的. ▲*harmful to* 对…有害的. ~**ly** ad.
harmine n. 哈尔碱,骆驼蓬碱.
harm'less a. 无害的,未受损害的,不伤人的,无恶意的. ad.
harmodotron n. 毫米波振荡管.
harmon'ic [hɑ:mɔnik] Ⅰ n. ①谐波(频,音),谐波(傅里叶)分量,谐振器,泛波(音),和声,调和 ②(pl.) 谐(调和)函数. Ⅱ a. 谐波(的),泛波的,调和的,谐调的,和声的,悦耳的. *first harmonic* 基(谐)波,一次谐波. *harmonic amplifier* 谐波(谐频)放大器. *harmonic approximation* 谐振(子)近似. *harmonic balancer* 谐波(谐振)平衡器,谐振抑制器. *harmonic cam* 谐和运动凸轮. *harmonic distortion* 谐波(非线性)失真,非线性畸变. *harmonic expansion* 傅里叶级数展开,谐波(级数)展开,偶数傅里叶级数. *harmonic function* 谐(调和)函数. *harmonic oscillator* 正弦波发生器,谐波发生器,谐波(简谐)振荡器,谐振子. *harmonic quantity* 周期(谐和)量,谐量. *harmonic ringer* 选频铃. *harmonic ringing* 调谐信号,选频振铃. *harmonic series* 谐(调和)级数,谐波系,谐音系列. *harmonic series of sound* 谐音系列,声群谐波. *harmonic trap* 去谐波器,谐波抑止器. *solid harmonics* 立体

harmon'ica 诸(和)函数. *triple-frequency harmonic* 三次谐波. ~al *a*.

harmon'ica [hɑːˈmɔnikə] *n.* 口琴.

harmon'ically *ad.* 调和[和谐]地. *harmonically tuned deflection circuit* 谐波调谐偏转电路.

harmonic-mean *n.* 调和[谐量]平均值(等于两数乘积的二倍被两数之和除).

harmon'ics [hɑːˈmɔniks] *n.* ①谐[调和]函数 ②谐[量,音,频]调和[谐]和声学.

harmo'nious [hɑːˈmounjəs] *a.* 调和的,和谐的,悦耳的,协调的,融洽的,相称的. ~ly *ad.* ~ness *n*.

harmo'nium [hɑːˈmounjəm] *n.* 和声[风]琴.

harmoniza'tion 或 **harmonisa'tion** [hɑːmənaiˈzeiʃən] *n.* 谐和(波),调谐(整,和),谐和音,一致.

har'monize [ˈhɑːmənaiz] *v.* (使)调和,(使)和谐,(使)一致,(使)协调,调谐(整,谱),校准. ▲*harmonize* (M) *with* N (使 M) 符合于 N,(使 M)与 N 相称[相合,谐调].

harmon'ograph [hɑːˈmɔnəgrɑːf] *n.* 谐振记录器.

harmonom'eter [hɑːməˈnɔmitə] *n.* 和声计[表].

har'mony [ˈhɑːməni] *n.* 谐[调和,和谐,协调,融洽,一致,和声(学),谐声. *harmony of alignment* 调和线向. ▲(*be*) *in harmony with* 与…调和[一致],符合于. (*be*) *out of harmony with* 与…不协调[不一致],不符合于.

har'ness [ˈhɑːnis] I *n.* ①线束,【纺】综襞,通丝 ②导线(系统),(汽车)电气配线,导火线 ③吊[背,安全]带,(板状)装置,兼[马]具,铠装,摩托车驾驶具 ④全套衣帽装备 ⑤固定的职业. II *vt.* 利用(风等)作动力,(河流等)开发,治理,装辑(马)具,控制,驾驭,管理[使做固定的工作. *cathode-ray tube harness* 阴极射线管支持和调整用的带状装置. *harness oil* 皮革(润滑)油. *ignition harness* 导(点)火线(外套,装具). *quick release harness* 速放装具,(降落伞)快速解脱装具. ▲*harness* M *to* N 利用 M 作 N 的动力. *harness* ··· *to* + *inf.* 利用…去(做).

harp [hɑːp] I *n.* 竖琴,竖篌,竖琴式管子,结构加热炉,(刀架)转盘. *harp antenna* 扇形[竖琴状]天线. *harp arrangement* 竖琴(平行)式(斜缆桥拉索的布置形式).
II *vi.* 弹竖琴,(没完没了)老讲(提)(on, upon).

harp(-)antenna *n.* 扇形天线.

har'pin(g)s [ˈhɑːpiŋz] *n.* 船首部的外侧腰板,临时牵条.

harpoon' [hɑːˈpuːn] *n.* (鱼)叉,标枪. *harpoon gun* 捕鲸炮,发射鱼叉的炮.

harp'sichord [ˈhɑːpsikɔːd] *n.* 羽管键琴,拨弦古钢琴.

harp-type cable stayed bridge 竖琴(平行弦)式斜缆桥.

har'rier jet 英国垂直起落飞机.

har'row [ˈhærou] I *n.* 耙(子),路耙,耙路机,旋转式碎土机,含金泥的混合器. *disc harrow* 圆盘犁[耙].
II *vt.* ①(用耙)耙平,耙地 ②使苦恼,折磨.

har'rower *n.* 耙土机.

harsh [hɑːʃ] *a.* ①粗糙的,生硬的,刚性的,刺耳[目]的,涩的 ②严厉的,苛刻的. *harsh image* 鲜明[强对比]图像,"硬"图像. *harsh mix* [*mixture*] 干硬(性)混合料,粗颗粒混凝土. *harsh terms* 苛刻的条件. *harsh working* 难以加工的. ~ly *ad.* ~ness *n*.

hartite *n.* 晶蜡石.

hart'ley 或 **Hart'ley** *n.* 哈特利数(一种信息量单位,$= \log_2 10\ bits = 3.322$比特). *Hartley band* 哈特利吸收光带(在$2000 \sim 2500$Å之间). *Hartley oscillation circuit* 哈特利振荡电路,电感耦合三点[电感三端]振荡电路.

Hart'mann number 哈脱曼数(Ha)(当导电流体在横向磁场中流过时,磁力即呈现反向的粘滞作用,哈脱曼数就是相对力的量度).

Har'tree *n.* 哈特里(原子单位制的能量单位,合110.5×10^{-21}J).

hart'salz *n.* 硬盐,钾石盐.

Hartshone bridge 哈尔脱生电桥,互感测量电桥.

harts'horn [ˈhɑːtshɔːn] *n.* ①鹿角(精),鹿茸 ②氨水. *spirit of hartshorn* 亚摩尼亚水,氨水.

Har'vard [ˈhɑːvəd] *n.* (美国)哈佛大学(学生,毕业生).

har'vest [ˈhɑːvist] I *n.* ①收获(物,量,期,季),收成,产量 ②结(成,后)果,所得,报酬. II *vt.* ①收获[割].

har'vester *n.* 收获者,收割[获]机,采集机. *combine*(*d*) *harvester* 联合收获[割]机. *in-line harvester* 直流型收获机. *harvester oil* 农业机械用润滑油.

Harvey steel 固体渗碳硬化钢.

has [hæz] *have* 的第三人称单数现在式.

HAS = high-altitude sample 高空样品.

Hascrome *n.* 铬钼钢(铬$10 \sim 14\%$,碳$0.8 \sim 1.2\%$,钼$3 \sim 5\%$,其余铁).

hash [hæʃ] I *n.* ①(显示器屏幕上的)杂乱脉冲干扰,噪声干扰,(显示器扫掠线上的)杂乱信号,混乱[无用]信息,无用[杂乱]数据,杂凑,混[散]列 ②用旧材料拼成的东西,大杂烩 ③复述,重申 ④分槽. II *vt.* ①把…弄糟[乱] ②反复推敲,仔细考虑 (*over*). *hash coding* 无规则编码,随机编码. *hash noise* 杂乱(干扰)噪声,由火花产生的噪音. *hash total* 混列总量,无用数位[置]总和. *hashed value* 散列值. ▲*make a hash of* 把…弄糟[搞乱].

hash-coded *a.* 随机编码的.

hash'ing *n.* 散列法(一种造表和查表的技术).

has'-up *n.* 改写品,故事新编.

hasn't [hæznt] = has not.

hasp [hɑːsp] I *n.* 铰(搭)扣,钩,线卷,纺绽. II *vt.* 用搭扣扣上. *hasp iron* 铁钩.

HASP = ①high-altitude sampling program 高空取样计划 ②high altitude sounding projectile 高空气象火箭.

has'sock *n.* 草丛,草垫.

haste [heist] I *n.* ①急(速,忙),匆忙,紧迫,仓迫 ②轻率. II *vi.* 赶快,急速,催促. ▲*be in haste to* + *inf.* 急于要(做). *in haste* 急切[忙],草率,匆忙. *make haste to* + *ing* 赶快(紧)(做). *make haste slowly* (做). *More haste, less speed*. 欲速则不达.

hastelloy *n.* 耐盐酸[腐蚀,耐热]镍基合金. *ceramic hastelloy* 陶瓷耐蚀耐高温镍基合金.

ha'sten [ˈheisn] *v.* ①(使)加紧,催促 ②促进,加速[快] ③赶快.

ha′stily ad. ①急速地,仓促地 ②草率地.

ha′stiness n. ①急迫,仓促 ②草率.

ha′sty [′heisti] a. ①匆匆的,急忙的,急速(赶制成)的,紧急的 ②草率的,仓卒的,短暂的. *hasty road* 简易公路. ▲*avoid hasty conclusions* 避免仓卒〔草率〕作出结论. *jump to a hasty conclusion* 草草做出结论.

HASVR = high-altitude space velocity radar 高空空间速度雷达.

hat [hæt] n.; vt. (有边的)帽子,戴帽子.【计】随机编码. *box hat* 盒盘形钢锭缺陷. *cocked hat* 定位三角形(指三条定位线所成的三角形). *hard hat* 安全〔矿工〕帽. *hat orifice* 圆柱形锭孔. *hatted code* 随机码. *top hat* 帽形钢锭缺陷. ▲*take off one′s hat to* … 向…表示敬意〔钦佩〕. *llbk through one′s hat* 说话不负责任,瞎扯.

ha′table [′heitəbl] a. 可恨的,讨厌的.

hatch [hætʃ] Ⅰ n. ①(窗,出,开)口,(人,检查)孔,升降口,舱(口,盖),人孔铁口,短(小,格子)门,天窗 ②闸门,沉箱的水闸室,鱼栏〔梁〕③选矿箱 ④影〔示〕波,晕镜,剖面线,阴影(表示部分). Ⅱ v. ①画阴影线于 ②图谋,策划. *escape hatch* 应急出口 ③逃逸舱口,太平门,退路. *hatch crane* 舱口起重机. *turret hatch* 转塔门门. ▲*under hatches* 在甲板下,被关着,被埋着,未出世的.

hatch′back n.; a. 有尾窗的(车厢,轿车).

hatch′et [′hætʃit] n. 手(小)斧,斧头,刮刀. *claw hatchet* 拔钉斧. *hatchet stake* 曲铁桩砧.

hatch′etry [′hætʃətri] n. 砍削(减).

hatchettite n. 伟晶蜡石.

hatchettolite n. 铀钽铌〔铌〕矿(铀、钙等的钽铌酸盐), 铀焢绿石.

hatch′ing n. (画,图中的)影〔阴〕线,剖面线,斜的断面线,晕镜,影线〔示坡线,晕镜,剖面线〕图. *cross hatching* 断面线.

hatching-out n. 以火星点燃混合物.

hat′chures [′hætʃəz] n. 阴影线.

hatch′way n. 孔,舱〔通道〕口,升降口,(闸)门. *hatchway oscillograph* 十二回线示波器.

hate [heit] n.; vt. ①憎恨〔恶〕②抱歉.

hate′ful a. 可恨的,讨厌的. ～ly ad.

hat′ful [′hætful] n. 一(满)帽子.

ha′tred [′heitrid] n. 憎恨〔恶〕. ▲*have a hatred for* 〔of〕憎恶.

hat-shaped omnidirectional antenna 帽形〔圆柱形〕全向天线.

haugh′tiness [′hɔ:tinis] n. 骄傲,傲慢,骄气. ▲

haugh′ty [′hɔ:ti] a. 骄傲自大的,傲慢的.

haul [hɔ:l] Ⅰ n. ①搬〔拖〕运,运程〔距〕,行程,距离,体积距(指主力体积乘运距的总和)②运输量 ③获得物,一网鱼. Ⅱ v. ①搬〔拖,转〕运,运输〔送〕,移动,牵引,拉制,架〔铺〕设,拖曳〔运,引,拖,拉〕②改变,风向改变,(船)改变方向. *back haul* 回程,回运,回载行程. *haul cycle* 运输周期. *haul road* 进出〔交〕道. *haul yardage* 运土方数,运土量. *hauling capacity* 牵引能力. *hauling charges* 运费. *hauling engine* 牵引机(车). *hauling equipment* 〔*unit*〕运输设备〔工具〕. *hauling machine* 拖运〔牵引〕机. *hauling scraper* 铲运机. *hauling winch* 绞车. *long hauls by rail* 长距离铁路运输. ▲*haul down* 拉下. *haul in* 拖〔拉〕进. *haul off* 逆风开,离开,跑掉. *haul out* 拉〔曳,拖)出. *haul round* 风向逐渐改变,因避危险而迂回航行. *haul up* 扯起,起重,使船头向着风,停止.

haul′about [′hɔ:ləbaut] n. (供)煤船.

haul′age [′hɔ:lidʒ] n. ①运输(方式),搬运(量),调动,拖(运,曳,力),牵引(力,量)②输送,供给 ③(拖)运费 ④运输方式. *haulage business* 搬运业. *haulage motor* (电)机车. *haulage rope* 拖缆. *the road haulage industry* 公路货运业.

haul′-back n. 拉回,拉线.

haul′er [′hɔ:lə] 或 **haul′ier** [′hɔ:liə] n. ①(货运)承运人,承办陆路运货者 ②运输机,拖曳者〔物〕,起重机,绞车,拉线 ③运输工.

hauling-up device 起重装置.

haulm [hɔ:m] n. 稻草,麦(豆)秆,茎叶.

haul-off n. 在压出机牵引辊上制取薄膜板,驶开,退出,脱离.

haulyard = halyard.

haunch [hɔ:ntʃ] Ⅰ n. ①梁腋,拱腰〔腋,脚〕,柱帽,加强凸起部,(路面的)厚边, (pl.) 后部 ②腰,臀部. Ⅱ vt. 加腋,加臂. *haunched arch* 加腋拱. *haunched beam* 加腋梁,托臂梁. *haunch of arch* 梁〔拱〕腋,拱的托臂.

haunch-up n. 拱起.

Hauser alloy 郝氏易熔合金(铅50%,铋33.3%,其余镉).

hausma(n)nite n. 黑锰矿.

Hausner process 高频镀铬法.

haustel′lum [hɔ:s′teləm] (pl. *haustel′la*) n. 吸〔吮〕器,吸根.

haut 〔法语〕*de haut en bas* 从上到下.

Hauterivian stage (早白垩世)欧特里阶.

hauteur [ou′tə:] n. 〔法语〕傲慢.

HAV = haversine (或 half versed sine)半正矢.

Havana [hə′vænə] n. 哈瓦那(古巴首都).

have [hæv] (*had*, *had*; *hav′ing*) Ⅰ 〔词形变化〕①现在式: *I have* 〔*I′ve*〕, *you have* 〔*you′ve*〕, *we have* 〔*we′ve*〕, *they have* 〔*they′ve*〕; *he has* 〔*he′s*〕, *she has* 〔*she′s*〕, *it has* 〔*it′s*〕 ②过去式: (各人称) *had* 〔*I′d, you′d, we′d, they′d, he′d, she′d, it′d*〕 ③否定式的省略形: *haven′t, hasn′t, hadn′t*.

Ⅱ 〔助动词〕① (同过去分词结合构成"完成时") *We have checked* all the data twice. 我们已把全部数据校核过两遍了(现在完成时,主动态). All the data *has been checked* twice. 全部数据已校核过两遍(现在完成时,被动态). *We had finished* the experiment when he came. 他来时我们已做完这实验(过去完成时,主动态). We ought to *have done* it. 我们本应做完了这事(不定式). ② (had 置于从句之首,表示条件) 要是,如果,只要. *Had he time* (= If he had time), he would of course help you. 要是他有空,他当然会帮助你.

Ⅱ vt. ①有,具〔持,含,备,装〕有. *Have you time to read this book?* 你(现在)有时间看这本书吗? ②

取,拿,(接)受,得到[出],用,吃,喝. *will you have some water?* 你要喝点水吗? ③[have to +inf.] 必须,不得不,应,得. *We have to go there now.* 我们得现在去那儿. *These bearings have not to be oiled.* 这些轴承不需要上油. *A watch has (got) to stand shocks.* 表得经得起震动. ④[have +汉语+补足语]使[把,让,叫]…怎么样[做什么],使…受到…. *Have your notebook open.* 把你的笔记本打开. *We have had the results of our experiments checked and rechecked.* 我们已使我们的实验结果一再受到检验. *It is possible to have one hundred million telephone channels operating simultaneously.* (利用激光)让一亿条(电话)(通)路同时通话是可能的. *No body can be set in motion without having a force act upon it.* 如果不让力作用于其上,就不能使任何物体运动. *have everything ready for action* 做好行动(战斗)的一切准备. *We have to have this in view.* 我们得把这点考虑进去 ⑤[同有动作意义的名词联用,表示动作] *have a try* 试一试. *have a talk* 谈一谈. *have a class* 上课. *have a meeting* 开会. ▲*had better [best] +inf.* 最好是(做…),以(做…)为妙. *had (much) rather M than N* 宁可M也不N;愿M而不愿N;与其N倒不如M. *have a bearing on* 对…有影响. *have a choice of* 有许多…可(供)选择. *have a part in* 同…有关,参与. *have an eye on [upon]* 注意,留心. *have M as N* 把M作为N. *have got* =have. *have (got) to +inf.* 必须,不得不,得. *have in view* 注意到,考虑到. *have it that* 主张,(坚持)说. *have much [nothing, something] to do with* 与…很有[毫无,有些]关系,有许多[毫无,有些]共同之处. *have only to +inf. to +inf.* 只要(做)就(行). *have to do with* 涉及,研究的是;与…有关. *have the attention of* 受到…的注意.

Ⅳ *n.* (通常pl.)有产者,富人(国).

ha'ven ['heivn] Ⅰ *n.* 港口,避难所,安全地方,船舶抛锚处. Ⅱ *vt.* 开(船)入港,掩护,为…提供避难所.

havener *n.* 港务长.

have-not ['hævnɔt] *n.* (常用pl.)无产者,穷人,穷国. *the haves and the have-nots* 有产者和无产者,富国和穷国.

haven't ['hævnt] =have not.

ha'ver ['heivə] *vi.; n.* 胡说八道,废话.

hav'ersack ['hævəsæk] *n.* 干粮[肉粉]袋,背囊.

haversine *n.* 半正矢(即 $\frac{1}{2}(1-\cos\theta)$).

hav'ing *n.* (pl.)所有物,财产.

hav'oc ['hævək] Ⅰ *n.*; Ⅱ (*hav'ocked; hav'ocking*) *vt.* (自然力造成的)大破坏,严重破坏,损害,浩劫,大混乱. ▲*make havoc of* 或 *play [raise] havoc among [with]* 对…造成严重破坏,使…陷入大混乱.

Hawaii [hɑ:'waii:] *n.* (美国)夏威夷(岛,州).

Hawaiian [hɑ:'waiiən] *n.*; *a.* 夏威夷的,夏威夷人(的).

hawiite *n.* 中长玄武岩.

hawk [hɔ:k] Ⅰ *n.* ①鹰,隼 ②馒板,托灰板,灰盘,带柄方形灰浆板 ③(Hawk) 霍克(美地对空导弹). Ⅱ *v.* 散布(消息),兜售,咳嗽.

HAWK = homing all the way killer 全程寻的瞄准器.

hawk'bill *n.* (坩埚用)铁钳,坩埚钳.

hawk'eye *n.* 用潜望镜侦察潜水艇的装置,舰载空中早期警报飞机.

hawk'eyed *a.* 眼光敏锐的,无疏漏的.

hawse [hɔ:z] *n.* ①锚链孔,有锚链孔的船首部分 ②船首与锚间水平距离 ③双锚停泊时锚链之位置. *hawse bag* 锚链孔塞.

hawse(-)hole *n.* 锚链孔.

haw'ser ['hɔ:zə] *n.* 钢[粗]缆,大索,锚链.

haw'thorn *n.* 山楂(属).

hay [hei] *n.* 干(粮),牧)草. *hay road* 农村道路. ▲*make hay of* 使凌乱,搞乱. *make hay while the sun shines* 把握时机.

Hay bridge 海氏电桥.

hay-band *n.* (缠铸管心型用)草绳.

haydite *n.* 陶粒.

Hayes printer 海氏印字(电报)机,传真复印机.

Haynes 25 alloy 海纳斯25钴铬钨镍(超级)耐热合金(钴50%,铬25%,铬15%,镍10%,碳0.1%,铁2%,锰1.5%).

Hayne(s) stellite 哈氏钨铬钴合金,钴铬钨系合金.

Haynes-Shockley method 海因斯-肖克莱法(测定半导体电阻率的一种方法).

hay'rack *n.* 有传动装置的雷达信标[雷达指示器],导向式雷达指标台[指向台].

haystack antenna "赫斯塔克"跟踪站天线.

hay'wire Ⅰ *n.* 临时电线. Ⅱ *a.* 乱七八糟的,匆忙做成的,拼凑而成的. *haywire wiring* 临时布线. ▲*go haywire* 弄糟,混乱.

HAZ = heat affected zone 热影响区.

HAZ crack = heat action zone crack 热影响区域裂纹.

haz'ard ['hæzəd] *n.*; *vt.* ①危险[害,急](性),公害,冒险(性),易爆[燃]性 ②机会,偶然的事,成功的可能性 ③不测事件,事故,失事,失效(故障)率 ④障碍(物) ⑤拚(命),冒…危险. *explosion hazard* 易爆性. *fire hazard* 易燃性,易引起火灾的物. *health hazard* 对健康有害的事物. *reactor hazards* 和反应堆运行有关的危险. ▲*at all hazards* 不惜任何危险,不惜任何代价,务必,无论如何. *at [by] hazard* 胡乱地,随便地. *at the hazard of* 冒…的危险,拚着.

hazard-free circuit 无危险[无冒险]电路.

haz'ardless *a.* 无冒险的,无危险的.

haz'ardous ['hæzədəs] *a.* 危[冒]险的. *hazardous chemicals* 危险的化学药品. ~*ly ad.*

haze [heiz] Ⅰ *n.* ①薄[轻,烟,光]雾,雾状,朦胧,迷糊 ②(认识等)模糊. Ⅱ *v.* 使雾笼罩,起雾,变朦胧,混(变)浊. *haze factor* 霾系数(幕幛的亮度)惚外的比).

haze'free *a.* 不混浊的.

ha'zel *n.*; *a.* 淡褐色(的),榛(子)(的).

Hazeltine circuit 海兹工中和电路.

haze'meter *n.* 薄膜混浊度测试仪,能见度(测量)仪.

ha'zily *ad.* 朦胧地,模糊地.

ha'ziness *n.* 朦胧,模糊,浊度,零能见度.

ha′zy ['heizi] a. ①(有薄)雾的,多霾的,烟雾弥漫的,模糊的,朦胧的,不清晰的 ②不明白的,有些迷惑的.
HB =①half breadth 半宽度 ②handbook 手册 ③hard black 硬黑,硬烟末 ④highband 高频带 ⑤hose bib 软管龙头.
H$_B$ 或H$_b$ =Hrinell hardness 布氏硬度.
hbar =hectobar (气压单位)百巴(=10^7N/m^2.)
H-beacon n. H 型信标(指非方向性归航信标,输出功率为50～200W).
H-beam n. (宽缘)工字钢. H-beam pile 工字桩.
H-bend n. H 型弯曲(指波导管轴向的平滑变化).
H-bomb = hydrogen bomb 氢弹.
HBR = hardness, Brinell 布氏硬度.
HC =①hand control 手控制 ②hard copy 复制本硬拷贝 ③heating cabinet 加热箱 ④heating coil 加热线圈〔旋管〕 ⑤hemp core 麻芯 ⑥hexachloroethane 六氯乙烷 ⑦high capacity 高功率 ⑧high carbon 高碳 ⑨highcompression 高压缩 ⑩high conductivity 高电导性,高电导率 ⑪holding coil 保持线圈.
H-cable n. 屏蔽[H 型]电缆.
H-carrier system H 型载波系统(指提供一个载波信道的低频载波系统).
HCCS = high capacity communication system 高容量通讯系统.
HCF =①highest common factor 最高公因式,最大公因子 ②hundred cubic feet 百立方英尺.
HCH = haxachloro cyclo-hexane (农药)六六六.
HCL = horizontal center line 水平的中线.
H-class insulation H 类绝缘材料.
H-clinoptilolite n. 正-斜发沸石.
HCN =①handbook change notice 手册更改通知 ②hydrocyanic acid 氢氰酸,氰化氢 ③ hydrogen cyanide 氢氰酸,氰化氢.
H-column n. 工字柱.
H-component n. 水平分量.
HCP = hexagonal close-packed 六角形密集(栅).
HCS =①high carbon steel 高碳钢 ②high compressed steam 高压缩蒸汽.
HCSHT = high carbon steel heat treated 热处理过的高碳钢.
HCU =①height of catalytic unit 催化单位值 ②helium charging unit 充氦装置 ③homing comparator unit 寻的对比装置.
HCV =①hose connection valve 软管连接阀 ②hydraulic control valve 液压控制阀.
HD =①hand drawn 手工绘制的,手拉的 ②harbor defense 港口防御 ③hard ④heading ⑤heavy-duty 重型的,大功率的,大容量的,受重负荷的,经得起损耗的,未税重的 ⑥height-to-distance ratio 高距比 ⑦high duty lubricating oil 高温高压用润滑油.
H/D =①half duplex 半双工的 ②holddown.
hd = hogshead 大桶(52.5英加仑,或63美加仑).
H&D = hardened and dispersed 硬化的,分散的.
HD CR = hard chromium 硬铬.
HDA = high-duty alloy 高强度合金.
HDI = hexamethylene diisocyanate 六甲撑二异氰酸盐.
HDM = high-duty metal 高强度金属.
hdn = harden 硬化,淬火.
HDP(E) = high density polyethylene 高密度聚乙烯.

hdqrs = headquarters.
HDR =①hand rail 扶手 ②holddown and release.
HDS = hydrodesulfurization 加氢脱硫(法).
hdsp = hardship 困难.
HDT =①heat distortion 热变形 ②heat distortion temperature 热变形温度.
HDW =①hard-drawn wire 硬拉线,冷拉线 ②hardware 硬件,五金器具.
HDX = half duplex 半双工的.
he [hi:] pro n. 他.
he-〔词首〕雄,公(的).
HE =①heavy enamel 厚漆包的 ②high efficiency 高效率 ③high explosive 高爆[烈性]炸药 ④horizontal equivalent 水平距离,(地)水平施测 ⑤human engineering 环境工程学,(企业)人事管理,机械设备利用学,工程心理学.
He =①Hedstrom number 赫斯特罗姆数 ②helium 氦.
HE alloy 硅镁铝青铜.
He COMP = helium compressor 氦压缩机.
head [hed] I n. ①头,头[顶,端,上,前]部,突出部分,上[顶]端,尖,砖硪,箅[闸]首 ②水[磁,弹,轨,泵,船]源,冲,压力,压头,录音,放音]头,扬程,落差,高度,压]差,(水)位差,蓄水高度,水压,(蒸汽等)压力 ③盖,帽,顶,(圆)盘,层[浇]口,(刀)架 ④拱心,[石],(pl.)【化】(拔)头馏份,轻馏份 ⑤原矿,水平巷道,煤层中开拓的巷道 ⑥装置,设备 ⑦标题,项[条,题]目,要点,方面 ⑧首长,领导,主任,首席 ⑨智力,才能,智力,头脑 ⑩危机,极点,绝顶 ⑪一人,一匹,一头. II a. ①头(部)的,首要的,首席的. AC [DC,PM] erasing head 交流[直流,永磁]消磁头. air-speed head 空速管,气压感受器. band head 光谱带头,(谱)带的顶点. blade 〔knife〕head 刀片磁块,滑动刀架. boring head 镗床主轴箱,镗刀盘. brake head 闸瓦托. cable head 电缆分线盒,(终端)接头. casing head gas 油井[矿]气. center head 求心规. conduit head 贮箱. coupling head (万向接物的)铰链(关节). cross head 十字头. cutter head 铣头,刀盘. cutting head 机械录音头,纹道刀. department head 部门主任. distillation head 蒸馏设备. dividing head 分度器[头]. draw head 牵杆. drill head 钻床主轴箱[床头箱],钻削动力头,钻头头部,钎头. fuel head 油面高度. gauge head 测头,表头,塞规. gauging head 气动测头[塞规]. grinding wheel head 砂轮座. hard head 硬质巴比合金(锑90%,锡8%,其余铜). head amplifier 前置[前级视频],微音器,摄象机]放大器. head banding 磁头条带效应. head block 垫块,垫头枕木. head board 推出板. head clamp 摇臂钻进给前卡紧板,摇臂钻进给箱夹紧. head chip 磁头工作隙缝(间隙). head circuit 耳机电路,头戴送受话器线路. head effect 对地电容效应. head end system 输入系统. head eraser 前置[磁头]消磁器. head face 端面. head flag 磁头(起始)标记. head fraction 头馏份,最新馏出的馏分. head gap 磁头缝隙,头面间隙. head gate = head-gate. head leader (影片)片头,(磁带)引带. head metal 冒口,切头. head meter 落差〔压差〕流量计. *head of a delegation* 代表团团长. *head of liquid* 液柱压力,液位差. *head of mill* 下磨,磨底. *head of state* 国家元首. *head office* =head-office. *head phone*〔receiver〕头戴式耳机. *head pressure* 排出〔输送,水头〕压力. *head pulley* 主滑轮. *head race* 上游(水工建筑物),引水槽,引水渠道,前渠. *head resistance* 迎面阻力. *head from* 峰值储备. *head sampling* 进矿取样. *head screen* 焊工面罩. *head sea* 逆浪. *head set* 头戴式送受话器. *head shot* 拍摄头部,人像拍摄. *head stack*【计】磁头组,多轨磁头,(记录)标题集合. *head stock* 床头箱,主轴箱,头架,测量头. *head support assembly* 磁头组件. *head tank* 原〔进〕料罐,进料桶,落差贮水池,高位水池,压力槽,压头箱. *head tree* 支柱横木. *head wall* 端〔胸,正,山〕墙. *head wheel* 磁头鼓. *head wind* 顶(头)〔迎面〕风,逆风. *head work* 脑力劳动;拱顶石饰,头形装饰. *high pressure head* 高压位差. *indicating head* 仪表刻度盘. *···kilograms per head* 每人···千克. *loop head* 循环人,循环入口. *mixing head* (喷嘴器的)混合管. *optical head* (投影器)光度头. *pot head* 电缆终端套管. *pouring head* 浇口. *pressure head* 压力感受器,压头,(压力)差,测压高. *radio-frequency head* 射频端,射频部分. *screw capstan head* 螺旋杆(蜗轮式闸门)启闭机. *split head* 裂口. *suction head* 吸水高度,吸入水头〔管嘴〕. *thunder head* 飞象雷达块. *tool head* 刀架〔夹〕. *water head* 水头,水位差,水柱高度. *wheel head* 磨头. *work head* 工作台. ▲(*be*) *at the head of* 居首位,居先,领头,在···的上端〔最前面〕. (*be*) *above the heads of* 深奥得使···不能理解. *head and shoulders* (*above*) 高一个头,远远超过. *be unable to make head or tail of* 一点也不明白. *by a head* 只相差一个头,之先. *come* 〔*bring*〕 *to a head* 成熟,(使)至严重关头,达到顶点. *come under the head of* 编入···类,属于···项下〔范围〕. *count heads* 点人数. *have a (good) head on one's shoulders* 具有实际才能(常识等). *head and front* 主要部分〔项目〕. *head first*〔*foremost*〕头朝下,不顾前后,冒冒失失. *head on* 把脑头朝前,迎面(碰撞等). *head stone* 拱心石,键石,基础,根本. *hot head* 热中,心急. *keep one's head* 保持镇静,不慌不忙. *lose one's head* 慌张,失去理智,丧失. *make head* 前进. *make head against* 战胜,成功地抵制〔抵抗〕. *make head with* 使···有进展. *make neither head nor tail of* (*it*) 其像不明,莫明其妙. *put ··· into one's head* 将···提示给,使想起来. *put ··· out of one's head* 不再想,放弃···念头,使忘记. *run one's head against a wall* 碰壁,碰得头破血流. *take ··· into one's head* 凭空产生某种想法. Ⅲ *v.* ①在···的前头〔顶部〕,为···之首,率领,指挥 ②向···方向行进,对着 ③起〔露〕头,发源 ④为···带头人,构成···顶部. ⑤在···上加标题 ⑤遮拦,妨碍 ⑥割穗. *headed cable* 有接头的电缆. *headed paragraph* 列有标题的段落. *headed test specimen* 突头试件. ▲(*be*) *headed by* 以···为首(的),由···率领. *be headed for* 朝···方向前进. *head down* 向下降. *head for* 朝着···方向前进. *head off* 遮拦〔断〕,(使)改变目的(方向). *head the list* 列第一名. *head up* 向(···)前进. *head up in* 上加盖子;壅水,抬高水位,向···上升. *head M with N* 在M开头冠以N. *the column headed V* (表格中)标有"V"的一栏. *Use your head.* 动动脑筋.

head'ache ['hedeik] *n.* 头痛(的事情). ▲*have a headache* 头痛.
head'band *n.* (头戴受话器的)头带,耳机头环. *head-band receiver* 头戴式耳机.
head'beam *n.* 顶梁.
head'board *n.* 推出板.
head'chair *n.* 有头靠的椅子.
head-check pulse 磁头校验脉冲.
head'-end *a.*; *n.* 起点的,开始部分的,初步的,预备的,头端,(核燃料后处理)首端.
head'er ['hedə] *n.* ①头(口)部,磁(记录,报文)头,灯顶,顶盖,端板,标题,首铗 ②首长 ③集(气,水)管,母管,联管箱,管座 ④水箱(室),蓄(集)水池 ⑤镦锻机,镦锻机,制造钉头(工具头)的机械 ⑥横梁,帽木,露(丁)头砖,露头石 ⑦半端梁搁墙 ⑧上部炮眼. ⑨俯冲,倒栽. *bolt header* 螺栓锻造(镦锻)机. *cold header* 冷镦(锻)机. *discharge header* (增压)集气管. *double header* 多工位凸模件镦锻机. *eight pin header* 八脚管座. *header blank* 镦锻坯料. *header block* 头段. *header bolt* 冷镦(锻)螺栓. *header card* 标题卡片,首标卡. *header maker* 镦锻机制造厂. *header pipe* 集(总)管. *header record* 标题记录,记录头. *pipe header* 联管箱. *ring header* 集电环,整流子. *spray header* 喷嘴集管.
header-terminal capacitance 顶端〔支架寄生〕电容.
head'frame *n.* 井架.
head'-gate *n.* 首部闸门,引水闸门.
head'gear *n.* ①头戴听筒〔耳机〕②帽子,安全帽 ③连轮装置 ④井架,井塔.
head'ing *n.* ①(飞行,机头)方向,进向,方位,航线(程,向) ②镦头〔锻〕顶,镦粗,镦头,顶极,件〔篇〕③标题,项〔抬,题〕目,信笺上端所印文字,信〔报文〕头,报文首部,前端 ④导坑(洞),巷道,平巷,掌子面, (pl.)精矿,选矿所得重质部分 ⑤浇口布置法 ⑥(油桶的)V形槽. *air heading* 通风坑. *cold heading* 冷镦(锻). *heading bond* 丁砖砌合. *heading card* 方位分度盘. *heading die* 镦粗〔锻〕模. *heading driver*〔*man*〕掘进工. *heading error* 航向误差,对准目标的误差. *heading flash* 船首闪灯. *heading joint* 端接(合),直角接(合). *heading machine* 螺钉头〔端部凸模件〕镦锻机. *heading marker* 船首标志,航向指示器. *heading of moving vehicle* 运动体的指向. *heading tool* 钉头型(带孔凹)锤,端部凸模件,镦锻工具,带孔型镦锻工具. *magnetic heading* 磁航向.
head-in-the-sand *a.* 不承认事实的,驼鸟政策的.
head'lamp *n.* 头(前)灯,照明灯.
head'land ['hedlənd] *n.* 岬(角).
head'less ['hedlis] *a.* 无头(首)的,没有领导的,没有头脑的. *headless set screw* 无头止动螺钉.

head'light n. 前〔头,桅,照明,信号〕灯,飞机翼上的雷达天线.

head'line ['hedlain] I n. ①(报刊的大字)标题,页头标题 ②(pl.)新闻广播的摘要 ③首缆,首锚钢管. II vt. 给…加标题,大肆宣传. *banner headlines* 通栏大字标题. ▲*go into headline* 用大字标题登出. *hit* [*make*] *the headlines in* 成为…的头条新闻.

head'long a.; ad. 头向前(的),匆促,急速,轻率.

head'man ['hedmæn] n. 工长〔头〕,监工,首长.

head'most a. 最先的,最前面的,领头的. *headmost ship* 先头舰.

head-note n. 顶批〔注〕,批注.

head'-office n. 总社〔店,公司,局〕,(银行)总行,总机构.

head-on' a.; ad. 迎(正)面(的),头对头(的). *head-on photomultiplier tube* 对正光电倍增管,光电阴极光电倍增管. *head-on radiation* 直接定向辐射,正面(正向)辐射.

head-page n. 扉页.

head-per-track n. 每道一个磁头. *head-per-track disk* 每道一头磁盘.

head'phone n. 头戴受话器,送复话器,(头戴)耳机,(流速仪)听音器. *headphone adapter* 听筒套架,耳机塞孔.

head'(-)piece n. ①头戴受话器,耳机 ②盔,帽子 ③顶梁,横梁 ④扉页,页首〔音首〕花饰 ⑤流口 ⑥头脑,才智.

head'quar'ter ['hedˌkwɔːtə] v. 设总部,将…总部设在(in),把…放在总部里.

head'quarters ['hedkwɔːtəz] n. 本〔总〕部,总会〔局,店〕,司令〔指挥〕部. *general headquarters* 统帅部,总司令部.

head'race n. 引水渠,前渠.

head-receiver n. 头戴受话器,耳机. *single head-receiver* 单耳受话器.

head'rest n. 头枕〔靠〕.

head'room n. 净空(高度),头上空间,(不为液体充满的)自由空间,巷道高度.

head-sepatation bay 头部分离舱.

head'set n. 头戴送受话器,(头戴式)耳机. *double headset* 两耳受话器. *telephone headset* 头戴送受话器.

head'shell n. (磁)头壳.

head'ship n. 领导者的地位〔身分〕.

headsman ['hedzmæn] n. 推车工.

head'spring n. 源(泉),水源,起源.

head'stock ['hedstɔk] n. 床头架,车床头,(机,车床)头座,车头箱主轴箱〔头〕,联结(悬挂)架. *fast headstock* 固定式前顶针座,车(床)头. *headstock gear* 启机. *loose headstock* 后顶针座,床尾. *sliding headstock* 活动式前顶针座,活动式床头.

head'stone ['hedstoun] n. 础〔墙基,拱心〕石,墓石.

head'stream n. 源流.

head'-strong a. 顽固的,固执的,任性的.

head-telephone n. 头戴受话器.

head-to-head a. 竞争激烈的,头接〔对〕头的.

head-to-seat acceleration 反向加速度.

head-to-tail n. 头尾(相)接,(头-尾)系统连接.

head-to-tape contact 磁头磁带接触.

head'water(s) n. 上游,河〔水〕源. *headwater channel* 引水渠,上游渠.

head'way n. ①前〔行〕进,前移,进展〔尺,步〕,钻进,前进(进航)速度,船舶航行限度 ②(顶部)净空,净空高度 ③(前后两车之间的)车间时距,时间间隔. ▲*make headway* 前进.

head'word n. 标题,中心词.

head'work n. ①渠首〔进水口〕工程,渠首构筑物 ②拱顶石饰 ③脑力劳动 ④(pl.)准备工作.

head'y a. ①顽固的,迷惑人的,上头的 ②猛烈的.

heal [hiːl] v. ①医治,治愈,愈合,(使)恢〔修〕复,(裂缝)合拢(焊合) ②调停,和解 ③(在屋顶上)盖瓦. *heal bol* 弹簧车刀. ▲*heal up* 〔*over*〕 合拢,愈合.

heal'ant n. 修补剂.

health [helθ] n. 健康(状况),健全,卫生. *health guard* 检疫〔卫生〕员. *health of the reactor* 反应堆的正常状态. *health physicist* 有害辐射防护学家. *health physics* 保健物理,有害辐射防护学. *health resort* 休(疗)养地. *radiological health* 辐射(放射性)安全. ▲*be in good* 〔*poor*〕 *health* 身体(不)健康. *not* … *for one's health* 不是随便便干着玩的,另有目的.

health'-bureau ['helθbjuərou] n. 卫生局.

health'-center n. 卫生院〔所〕.

health'ful a. (有益于)健康的,卫生的,健全的. ~ly ad.

health'-giving a. 有益于健康的.

health'iness n. ①健康 ②健全.

health-monitoring I a. 剂量测定的. II n. 保健监测.

health'y a. ①(有益于)健康的,合乎卫生的 ②健全的,有益的 ③相当大的.

HEAO = high energy astronomy observatory 高能天文台.

heap [hiːp] I n. ①(一,土)堆,堆积,块,炼焦堆 ②堆〔累〕积,群(集) ③大量,许多 ④汽车(尤指破旧的). II vt. 堆(积),累累,积累,装载(满),倾泻,大量地给,拼命增加. III (*heaps*) ad. 很,非常,许多. *charring in heaps* 堆烧法. *circular heaps* 圆形堆烧法. *heap chlorination* 堆摊氯化处理. *heap coking* 土法炼焦. *heap leaching* 堆摊浸滤,堆浸(法). *heap of tripod* 三脚架头. *heap sand* 填充砂,铸造用砂. *heap symbol* 大堆阵符号. *heap*(*ed*) *capacity* 加载(堆装,堆积)容量,装载(堆积)能力. *heaped load* 堆集荷载. ▲*a heap of* 或 *heaps of* 一堆…,许多的,大量的. *feel heaps better* 觉得好多了. *heap up* 〔*together*〕堆积,积累,上涨. *heap M with N* 将M装满N,用N装满M. *heaps of times* 无数次地. *in a heap* 或 *in heaps* 成堆的,一堆堆的.

hear [hiə] v. ①听(见,到),从…(处,人)得知 ②听取,倾听 ③听〔准〕许,同意,照准,承认. ▲*have heard say that* (曾)听说. *hear about* 听到〔说〕关于…从接到…的信〔电报〕,受到…的批评. *hear of* 听到…的事〔人〕,答应,承认. *heae M out* 听M说完. *hear M* (十补足语) 听见〔到〕M在(做). *hear of one* (十补充语) 听说…怎么样. *hear tell of* 听到…的消息. *will* [would] *not hear of*… 不允许〔答应〕,不同意,拒绝(考虑),不予考虑.

heard [həːd] hear 的过去式和过去分词.

hear'er ['hiərə] *n.* 听的人,旁听人.

hear'ing *n.* 听(力,觉,闻),听力所及的距离,听取意见. *hearing aids* 助听器. *hearing loss* 听觉失灵〔损失〕,听力损失. *percent hearing* 听力(百分数). ▲ *out of hearing* 在听不见的地方. *within hearing* 在可以听见的距离内.

heark'en ['haːkən] *vi.* 倾听,给予注意(to).

hear'say Ⅰ *n.* 传闻,谣言. Ⅱ *a.* 传闻的,道听途说得来的.

heart [haːt] Ⅰ *n.* ①心(脏),内心,衷心,勇气 ②中(核)心,精华,要点,本(实)质 ③芯,心形物 ④(土地的)生产力. Ⅱ *vt.* 把…安放在中心部. *heart and square* 平匀,心形镂刀. *heart cam* 心形凸轮. *heart carrier* 鸡心(桃子)夹头. *heart check* 木心辐裂,内部裂缝. *heart cut* 中心(极窄)馏份. *heart girth* 胸围. *heart of a matter* 事情的实质. *heart wood* 心材〔木〕. ▲ *at heart* 或 *in one's heart* (*of hearts*) 在内心,暗暗. *find in one's heart to* + inf. 忍心,愿意. *from one's heart* 自心底,衷心. *go* (*get*) *to the heart of* 抓住…的要点〔中心〕. *heart to heart* 推心置腹,开诚布公地. *learn* … *by heart* 暗记,背诵,记住. *lie at the* (*very*) *heart of* (正)是…的核心〔精华〕所在. *lose heart* 失去勇气,灰心. *lose one's heart to* 倾心于,(变得)喜爱. *pluck up one's heart* 鼓起勇气,打起精神. *put one's heart into* 热心于…,一心一意去. *set one's heart on* 渴望,专心致志于…(目标),使…下决心做. *strike at the heart of* 击中…的要害. *take heart* 鼓起勇气,振起精神. *take to heart* 深为某事所感动(感到悲伤). *with one's whole heart* 或 *with all one's heart* 全心全意,衷心地.

heart'-block *n.* 心传导阻滞.

heart-cam *n.* 心形凸轮.

heart'-disease *n.* 心脏病.

heart'en ['haːtn] *v.* 鼓(激)励,使人振奋.

heart'-failure *n.* 心力(心脏)衰竭.

heart'felt *a.* 衷心的,真诚的.

hearth [haːθ] *n.* ①(窑,火,锻造,熔铁,熔炼)炉,炉床〔缸,底,膛,边〕,坩埚,火床,燃烧室 ②壁炉地面 ③槽 ④家 ⑤ 震源,焦点. *furnace hearth* 炉缸,炉底. *hearth accretion* 炉结块,炉缸冷结. *hearth cinder* 熟铁渣. *hearth furnace* 床(膛)式炉. *hearth layer* 底层炉料. *hearth roaster* 床式焙烧炉. *hearth stone* 炉石. *open hearth* 平炉. *roller hearth* 辊式炉底. (炉用)辊底运输机.

heart'ily *ad.* 诚心诚意,衷(热)心地,亲切地,积极地.

heart'iness ['haːtinis] *n.* 诚(衷)心.

heart'ing *n.* (石墙的)填心石块.

heart'land *n.* 心脏地带.

heart'less ['haːtlis] *a.* 无情的. ~ly *ad.*

heart'-rending ['haːt-rendiŋ] *a.* 令人伤心的.

heart'-shape recep'tion (用)心形方向图(接收).

heart-stirring *a.* 振奋人心的.

heart'-strings *n.* (pl.) 心弦,深情. ▲ *pull at one's heart-strings* 动人心弦.

heart-to-heart *a.* 坦率的,开诚布公的,诚恳的.

heart-whole *a.* 真诚的,全心全意的.

heart'wood *n.* 心材.

heart'y ['haːti] *a.* ①衷〔热〕心的,诚恳〔实〕的,热情〔忱〕的,亲切的 ②精神饱满的,强健的,丰饶〔盛〕的.

heat [hiːt] Ⅰ *n.* ①热(量,度),白热〔炽〕,热辐射,灼热,热学 ②暖气,保温 ③一炉(钢水),一次熔炼,加一次热,一次的努力 ④炉子的容量,装炉(量),(每炉)熔炼量,熔炼的炉次 ⑤激烈,激到〔怒,情〕,辣味. Ⅱ *v.* ①热,加(供,预,变,发)热,热处理,熔炼〔化〕②(使)激昂,刺激. *exchanged heat* 交换(传递,转化,吸收)热. *heat alarm* 过热(热警报)信号,温升报警信号,高温警报器. *heat analysis* 熔炼分析. *heat booster* 增(升,助,加)热器,热丝. *heat coil* 热(熔)线圈,加热蛇管. *heat colours* (回)火色. *heat content* 含热量,热函,焓. *heat convertible resin* 热固树脂. *heat cycle* 热循环,机热(模型)周期,熔炼周期. *heat density* 热能密度. *heat drop* 热降. *heat-eliminating medium* 冷却介质. *heat engine* 热机. *heat equation* 热流方程. *heat evolution* 放(散,发)热. *heat exchange cycle* 回热循环. *heat exchanger* 热交换器. *heat flash* 强热. *heat gun* 热风器,煤气喷枪. *heat homing* 红外线引导〔寻的〕. *heat increment* 热增耗,增生热. *heat indicator* 温度计. *heat input* 热输入,热量耗费,供热. *heat insulator* 保温(热绝缘)材料,热绝缘子(体),绝热体. *heat lightning* 闪电. *heat number* 或 *Heat No.* 熔炼炉号. *heat of combustion* 燃烧热,总(粗)能. *heat of formation* (neutralization, reaction, solution) 生成(中和,反应,溶解)热. *heat output* 燃烧热,发热量,热值,热输出. *heat passive homing guidance* 热辐射被动寻的制导. *heat power station* 火力发电站. *heat prover* 废气及排出气体的分析器. *heat radiation pyrometer* 光测高温计. *heat regenerator* 交流换热器,换流节热器. *heat reservoir* 储热器,热库〔源〕. *heat resisting alloy* 耐热合金. *heat run* 热试车,发热〔温升〕,工作,老化〕试验. *heat sensor* 热敏传感器,热敏元件. *heat sink* 散热片〔器〕,散(吸)热装置,冷源,热沉,吸热. *heat spot* 过热点. *heat test* 加〔耐〕热试验. *heat tint* 回火色,氧化膜色. *heat tinting* 烘染. *heat tolerance* 耐热性. *heat transfer by convection* 对流传热. *heat transfer factor* 传热因数(JH). *heat unit* (英国)热(量)单位,加热装置,绝热体,热辐射体. *heat up time* 加温时间. *heat value* 热值,卡值. *heat wave* 热浪(热辐射)波,红外线辐射波. *heat writing oscillograph* 热电式示波器. *latent heat load* 潜热负荷,湿吨. *mechanical equivalent of heat* 热功当量. *refining heat* 精炼(过程). *sensible heat load* 显热负荷,干吨. *total heat* 总热,热函. ▲ *at a heat* 一气儿,一(口)气地. *from heat to heat* 各炉. *heat up* (使)变热,加热. *in the heat of* 在…最热烈时,在…最激烈的时候. *roll in one heat* 一次(加热)轧成.

heat'able *a.* 可加热的. *heatable stage microscope* 热

heat-absorbing a. 吸热的.
heat-absorption capacity 热容量.
heat-agglomerating n. 加热烧结.
heat-bodied oil 聚〔叠〕合油，厚油.
heat-conducting a.；n. 导热(的).
heat-consuming a. 耗〔吸〕热的.
heat-convertible a. 可热转化的.
heat'ed a. (加,受,烧)热的,热〔激〕烈的,激昂的,兴奋的. *heated filament* 旁热式灯丝. ~ly ad. 热情地.
heat'-engine n. 热(力)机. *heat-engine plant* 火电厂.
heat'er ['hi:tə] n. 加〔预〕发,放,电)热器,加热装置〔元件,导体〕,热源,(火,加)热)炉;加〔发,电)热丝,灯丝(热源),热子;暖气〔保暖)设备;加热工〔者). *air intake heater* 进气加热器. *direct contact feed heater* 给水直接加热器. *electric heater* 电炉,电热器. *gas heater* 煤气炉. *heater case* 电热箱. *heater cathode* (旁)阴极. *heater chain* 热丝电路. *heater circuit* 加热〔热丝)电路. *heater coil* 加热线圈〔盘管). *heater emission* 热丝极发射. *heater outlet couple* 出口处热电偶. *heater (type) tube* 旁热式电子管. *heater wire* 热丝线. *helix heater* 螺旋状阴极,螺旋灯丝. *primary heater* 预热器. *reciprocating heater* 往返互换的加热器,往复加热器(区域熔炼). *space heater* 空间对流加热器. *surface heater* 暖面器. *tyre heater* 热鼓器,轮胎热压器.
heater-cathode leakage 热丝-阴极漏泄.
heat'erless tube 直热式电子管.
heat'er-type a. 旁热形(式).
heat-exchanger n. 热交换器.
heat-eye tube 红外线摄像管.
heat'-flash n. 强热.
heat-flow problem 热流问题.
heath [hi:θ] n. ①荒地,石南荒原 ②石南(属常青灌木).
heath'er [heðə] Ⅰ n. 石南属植物. Ⅱ a. 似石南的,杂色的.
heat-homer n. 有热感应自动引导头的导弹,热感应自动引导头,热自动瞄准头.
heat-indicating pigment 示温颜料.
heat'ing ['hi:tiŋ] n.；a. ①加〔发,预,受,变)热(的),加温,自热,热透,加热法 ②保温〔暖)(的),供暖〔热)(的),取〔采)暖,暖气〔装置) ③白炽,灼热 ④刺激的. *adiabatic heating* 绝热增温. *electric heating* 电热法. *heating alloy* 合金电热丝. *heating and power center* 热电站. *heating coil* 暖管,热熔〔热)线圈. *heating colour* 火色. *heating element* 加〔发)热元件,生热〔单)件,加热器. *heating generator* 热发生器,高频加热器. *heating pipe* 暖气〔暖)管. *heating power* 供热〔暖)能力,燃烧热,热〔卡)值. *heating stylus* 热处理录音针,(发)热刻纹针,加热针. *heating system* 供暖〔热)系统. *heating value* 热〔卡)值,发热量. *heating wire* 电热线. *r-f induction heating* 射频感应加热. *scale-free heating* (钢锭的)无氧化加热. *through heating* 穿透加热.

heating-up n. 升温. *heating-up time* 加热(到一定温度所需的)时间.
heat-insulated 或 **heat-isolated** a. 隔(绝)热的.
heat-intolerant a. 不耐热的.
heat-labile a. 不耐热的.
heatless lehr 无热(不加热)玻璃退火炉.
heat-lightning n. (夏夜的)闪电,热闪.
heat'(-)proof a. 耐(防,抗,保,不透,隔)热的,耐高温的,保温的,热稳(安)定的,不传热的,难熔的.
heat-recovering a. 热回收的,废热利用的.
heat-reducing filter 滤热片,滤热玻璃.
heat-removing a. 除热的,引走热量的.
heat'-resis'tance n. 耐热性(力).
heat'-resis'tant ['hi:tri'zistənt] a. 耐(抗)热的,不传热的,热稳(安)定的.
heat'-resis'ting a. 耐热(火)的,难熔的.
heat'-resis'tor n. 耐热器.
heat-retaining a.；n. 保(蓄)热的,热保持,贮热能力.
heatron'ic [hi:'trɔnik] a. 高频(率)电(介质加)热的.
heat-seal n. 熔焊〔接),热封.
heat-seeking guidance 热制导,红外线制导.
heat'-sen'sitive ['hi:t'sensitiv] a. 热敏的. *heat-sensitive paint* 示温漆. *heat-sensitive sensor* 热敏传感器.
heat-set vt. 对…进行热定形.
heat-shielded cathode 热屏蔽阴极.
heat-sinking capability 散热能力.
heat-stable a. 耐热的,热稳定的.
heat-stroke n. 中暑.
heat-tolerant a. 耐热的.
heat'-transfer n. 传热,热传递.
heat'-treat vt. 对…进行热处理.
heat'-treatable a. 可热处理的.
heat'-treatment n. 热处理.
heat'-trig'gered a. 由于过热而自动操作的.
heat-variable resistor 热敏电阻(器).
heave [hi:v] (*heaved* 或 *hove*) v.；n. ①举〔拉,拍)起,鼓〔胀,隆,捏)起,(道路)冻胀 ②抛,投,拉,拖,曳,卷(缆绳)(at, on) ③(使)起伏,升降,波动,上升 ④(航)开动 ⑤[地]平错,水平移动(断距),横断距,平移断层 ⑥努力,操劳. *heave a ship about* [*ahead*] 使船急转〔前进). *heave fault* 横推断层,捏断层. *Heave here.* (搬运用语)从此吊举,从此提起. *heave ratio* 冻胀比. *heaved block* 脊状断块. *heaved side* 上投侧. *heaving sand* 流沙. *heaving shales* 崩坍页岩. ▲*heave and set* (波浪)起伏. *heave down* (使船)倾斜,倾侧一边以便维修. *heave in* 绞进. *heave in sight* (在地平线上)出现,进入眼界. *heave out* 扯起,使(龙骨)露出水面以便维修. *heave to* (逆风)停船. *heave up* 拖〔绞)起(锚等),提升起. *with a mighty heave* 猛拉〔扔),举一下.
heave-ho n. 起锚,开船,动身,离找.
heav'en ['hevn] n. ①(常用 pl.)天(空),大气 ②天国,(基督教)天堂. *starry heavens* 星空. ▲*heaven and earth* 宇宙,万物,天地. *in the heavens* 在太空中. *move heaven and earth to +inf*. 竭尽全力去(做). *to heaven(s)* 极度地. *under heav-*

heav'enly Ⅰ a. (自)天空的,天上的. Ⅱ ad. 极,无比地. *the heavenly bodies* 天体. *the Taiping Heavenly Kingdom* 太平天国.

heav'enward(s) a.; ad. 向天(的),凌空(的).

hea'ver n. ①杠杆,小铁梃,大杆,举起〔移动〕重物的工具 ②叉簧,钩键 ③重量,扛起物 ④举者,举起〔移动〕重物的人.

heav'ier ['heviə] heavy 的比较级.

heav'iest ['heviist] heavy 的最高级.

heav'ily ['hevili] ad. ①(沉)重(地),重重地,猛烈地,厉害地 ②缓慢地,吃力地 ③大量地,稠〔浓〕密地,密集地,牢固地. *heavily cracked* 深度裂化的. *heavily damped circuit* 强阻尼电路. *heavily doped crystal* 高重〔掺杂晶体. *heavily faulted crystal* 高层错晶体.

heav'iness ['hevinis] n. ①(沉)重,重量,累赘 ②可称性,有重量性,有质性 ③浓密,迟钝,不活泼,笨拙.

Heaviside function 亥维赛函数,阶跃函数.

Heav'iside layer 海氏层,E电离层(高出地面100公里的反射电波的大气层).

heav'y ['hevi] Ⅰ a.; n. ①重(载,型)的,有重量的,大型的,大功率的 ②大(量,规模)的,异常的,浓的,稠的,粗的 ③(猛)烈的,厉害的,严重的,庄重的 ④繁重的,困难的,难对付的,难行的(道路等),泥泞的 ⑤阴闷的,恶劣的(天气),沉重的,悲痛的 ⑥装备重武器的 ⑦迟钝的,不活泼的 ⑧发酵不够的,未胀大的 ⑨要人,重物,(金相中的)重系列,重炮,重轰炸机. Ⅱ ad. 沉(笨)重地,大量地. *extra heavy* 特别浓的,特强,特结实的,加重. *heavy alloy* 重〔高密度〕合金. *heavy anode* 实心阳极. *heavy base layer* 重掺杂基区层. *heavy boring* 粗镗. *heavy crops* 丰收. *heavy current* 强〔大〕电流. *heavy cut* 深挖,深路堑,重镗印,重〔强力〕切削. *heavy cutting* 厚件切割. *heavy earthwork* 大量的土方工程. *heavy electron* 重电子,介子. *heavy ends* 重尾馏份. *heavy feed* 强〔进〕给. *heavy-fluid washer* 重液洗选机. *heavy force fit* 重压紧配合. *heavy fuel* 重质〔高粘度〕燃料,柴油. *heavy gauge wire* 粗导线. *heavy grade* 陡〔大〕坡. *heavy hydrogen* 重氢(H²),超重氢(H³). *heavy in section* 大截面. *heavy intermittent test* 重荷间歇〔断续重负载〕试验. *heavy ion demonstration experiment* 重离子轻核聚变示范实验. *heavy iron* 厚镀层热浸镀锌铁皮,厚锌层(镀锌薄)钢板. *heavy layer* 厚(粗)层. *heavy line*(图表中的)粗〔黑〕线. *heavy maintenance* 大修. *heavy (merchant) mill* 大型轧钢机. *heavy mortar* 稠灰浆. *heavy oil* 重油(煤焦油馏出物),重柴油,渣油,杂酚油. *heavy (phase) in* 重相入口(萃取). *heavy plant* 重工业厂矿. *heavy polymer* 重〔高分子〕聚合物. *heavy pressure* 高压. *heavy primaries* 初级宇宙(射)线中的重核,重原初核. *heavy rain* 大雨. *heavy repair* 〔maintenance〕大修(理). *heavy ring* 承力环. *heavy scale* 厚氧化皮. *heavy sea* 波涛汹涌的海面. *heavy section* 大型(材). *heavy section casting* 厚壁铸件. *heavy shade* 饱和色. *heavy snow* 大雪. *heavy soil* 粘质土. *heavy spar* 重晶石. *heavy stain*(试验沥青时的)浓油液. *heavy statics* 强烈天电干扰. *heavy traffic* 拥挤〔繁密〕的交通. *heavy water* 重水. *heavy weather* 阴沉的坏天气. *nose*〔*tail*〕 *heavy* 头〔尾〕重,机头〔尾〕下沉. ▲*heavy artillery* 重炮(兵),压倒的议论. *heavy guns* 重炮,决定的事实,无可动摇的论据. *heavy hand* 严厉手段. *heavy metal* 重金属,巨炮(弹),劲敌,伟人. *heavy with (fruit)* (果实)累累的. *lie heavy on*〔*upon, at*〕累,使苦恼.

heavy armed a. 带有重武器的,重装甲的.

heav'y-bod'ied a. 很粘〔稠)的.

heavy-buying a. 大量购入(买进)的.

heav'y-du'ty a.; n. 重(大)型(的),重载〔负〕(的),大(高)功率的,重级(的),大出力的,经得起损耗的,可在不良环境下工作的,关税重的,繁重工作〔苛刻操作)条件. *heavy-duty oil* 重型油,苛刻操作条件下用油(含有4%的各种添加剂). *heavy-duty radial drilling machine* 重型摇臂钻床. *heavy-duty rectifier* 强〔大〕功率整流器. *heavy-duty truck* 重型卡车.

heav'y-edge' a. 边缘加厚的.

heav'y-go'ing a. 难于通行的.

heav'y-hand'ed a. 笨拙的,(飞机操纵)动作粗笨(的),严厉的,压制的.

heav'y-head'ed a. 迟钝的,头部大而沉重的.

heav'y-heart'ed a. 忧郁的,悲伤的.

heav'y-la'den a. 负〔载)重的,负担沉重的(with).

heav'y-produ'cing a. 高产的.

heavy-spar n. 重晶石.

heavy-walled a. 厚壁的.

heavy-water-moderated a. 有重水减速剂〔慢化剂〕的,重水减速的.

heav'yweight n. 特别重的人〔物〕.

heb'domada ['hebdəmæd] n. 七(数,个人,件东西),七天,一周.

hebdom'adal [heb'dəmədl] a. 一周的,每星期(一次)的.

heb'etate ['hebiteit] v. 使(变)鲁钝.

heb'etude n. 愚(迟)钝.

hebiscetin n. 木槿黄酮.

HEC = heavy-enamel single-cotton 厚漆包单层纱包的.

heck'le ['hekl] vt. 质问,扰袭,梳理.

Hecnum n. 铜镍合金(铜55~60%,镍40~45%).

hecogenin n. 龙舌兰皂甙元酮.

hect = ①hectare 公顷 ②hectolitre 百升.

hec'tare ['hekta:] n. 公顷(=10,000m²).

hec'tic ['hektik] a. 患热病的,(脸)发红的,极兴奋的,激动的,忙乱的.

hecto- 〔词头〕百.

hectobar n. (气压单位)百巴(1 hbar = 10⁷N/m²).

hectog = hectogram(me).

hec'togamme n. 百微克.

hec'togram(me) ['hektougræm] n. 百克.

hec'tograph ['hektougra:f] n.; vt. (用)胶版(印),胶印.

hectol = hectolitre 百升.

hec'tolambda n. 百微升.

hec'tolitre 或 hec'toliter ['hektouli:tə] n. 百升.

hectom = hectometre 百米.

hec′tometre 或 **hec′tometre** ['hektoumi:tə] n. 百米. *hectometre wave* 百米波, 中波.

hec′tonewton n. 百牛顿.

hec′torite n. 锂蒙脱石. *hectorite grease* 锂蒙脱石润滑脂, 加入粘土(锂蒙脱石)制成的润滑脂.

hec′tostere n. 百立方米.

hec′towatt n. 百瓦特.

hec′towatt-hour n. 百瓦(特小)时.

he'd [hi:d] = ①he had ②he would.

hedenbergite n. 钙铁辉石.

hedera n. 常春藤.

hederagenin n. 常春藤配质, 常春(藤苷)配基.

hedge [hedʒ] I n. ①树(绿)篱, 栅栏, 障碍(物) ②模棱两可的话 ③套头交易. II v. ①用篱笆(栅栏)围住(分开), 包围 ②设障碍于, 妨碍 ③躲闪, 推诿, 不正面回答. ▲*be* [*sit*] *on the hedge* 骑墙, 受两面派. *hedge out* 用障碍物把…隔开. *hedged in with* 用…围住.

hedge′hog ['hedʒhɔg] n. ①(刺)猬 ②环形筑垒阵地, (军事防御)障碍物 ③梭形拒马 ④猬猬弹, 下潜用深水炸弹.

hedge′hop ['hedʒhɔp] vi. 极低空飞行, 掠地飞行.

hedge′hopper n. 掠地飞行的飞机(驾驶员).

hedge′row ['hedʒrou] n. 树(绿)篱.

hedrites n. 多角晶.

-hedron n. (几)面体.

Hedstrom number 赫斯特罗姆数 (He)(用于非牛顿流体的无量纲参数).

heed [hi:d] vt.; n. 注意, 留心. ▲*give* [*pay*] *heed to* 或 *take heed of* 注意, 留心, 提防.

heed′ful a. 注意的, 用心提防的 (*of*).

heed′less a. 不注意的, 掉以轻心的, 不顾 (*of*), 轻率的.

heel [hi:l] I n. ①跟(部, 面), 踵(状物), 后跟, 尾部(料), 底脚, 根部 ②梁, 踵, 肋(面, 顶(刃面) ③拱座(脚, 基), 柱脚, 坝踵, 上游迎水坡脚 ④(锥齿轮的)大端, 螺钉(测针)头, 止推轴面, 枢轴, 凸轮曲线的非凸起部分(器具的近桁处 ⑤钻井口 ⑥ (pl.) 剩余(物, 铁水), (感应炉)待用金属液, 残余, 残留物, 渣滓, 结痂, 底结 ⑦(船的)倾斜(侧). *heel block* 垫块(法). *heel contact* 踵型接触, 锥齿轮的大端接触. *heel end slug* (继电器线圈)跟端缓动铜环. *heel of metal* 熔金属面. *heel of tool* 刀头的跟面. *heel piece* (继电器的)根片. *heel post* 门轴柱, 柱脚. *heel pressure* 跟部压力. *heel push fit* 蹬入(重推入)配合. *heel slab* 后部底板. *heel tap* (玻璃)瓶底薄厚不均(废品). *tyre bead heel* 胎跟. ▲*bring* … *to heel* 使…服从(规则等), 追随口; *come to heel* 服从(规则等), 追随. *follow* [*on*, *upon*] *the heels of* 紧跟着…, 接踵(而来). *heels over head* 或 *head over heels* 头朝下, 颠倒, 乱七八糟, 完全地, 深深地. *set by the heels* 推翻, 使倾复. *to heel* 紧跟着, 追随者. *tread on the heels of* 紧随之后. *turn on one's heels* 转身, 急向后转. *under the heel of* 在…的蹂躏下.
II v. ①加(后)跟, 装舵 ②(使船, 飞机等)倾斜(侧) (*over*) ③紧随, 附从. ▲*heel over* 倾斜.

heel′board n. 踵板.

heel′ing n. (船的)倾斜(角), (铣头的)偏转角. *heeling error* 罗盘针因船体倾斜而产生的误差. 倾斜自差.

heel′piece n. (继电器的)根片.

heel′post n. 门轴柱, 柱脚.

HEETP = height equivalent to an effective theoretical plate 有效理论塔板等效高度.

HEF = high energy fuels 高能燃料.

Hefnerkerze n. 亥夫纳烛光 (HK) (= 0.9国际烛光).

heft [heft] I n. ①重(量), 重要(性), 势力 ②大半, 大部分. II v. 举起(试测…的重量), 重达.

hef′ty ['hefti] a. 很重的, 有力的, 异常大的. *hefty majority* 压倒多数.

HEG = heavy-enamel single-glass 厚漆单层玻璃的.

hegem′onism n. 霸权主义.

hegem′ony [hi(:)'geməni] n. 霸权, 盟主权, (政治)领导权. **hegemon′ic(al)** a.

Hehner number 亥纳值(脂肪中含有非皂化物与不溶于水的脂肪酸的百分数).

hei-function n. 开尔文 hei 函数.

height [hait] n. ①高(度, 程), 绝对高度, 海拔, 身长 ②顶(极)点, 绝顶, 卓越 ③(常用 pl.)高处(地), 丘. *The crane is 20 feet in height.* 这台起重机高20英尺. *climb the heights of science and technology* 攀登科学技术高峰. *bobbin height* 绕线管高度. *ceiling height* 上升限度, 升限(高度). *cut-off pulse height* 脉冲幅度限. *height above sea level* 海拔(高度). *height control* 微动气压计, 高度变化传感器, 高空控制, (图像的)高度调整, 帧高低调整. *height finder* 测高计. *height index circuit* 标高电路. *height of drop* 落差. *height of free fall* 自由落程. *height of layer* 料层厚度. *height of lift* 浇筑层厚度, 一次铺筑的厚度, 混凝土浇筑块的高度, 提升高度. *height pattern* (垂直面内的)垂直方向性(图). *operational height* 工作(额定, 射击可达, 战斗使用)高度. *pulse height* 脉冲幅度(振幅). *reference image height* 参考帧高. *service ceiling height* 实用升限高度. *true height* 真(实)高度, 实际(几何)高度. ▲*at its height* 正盛, 达到最高点, 正在绝顶. *be the height of absurdity* 荒谬绝伦. *in the height of summer* 盛夏.

height-dependent a. 随高度变化的.

height′en ['haitn] v. 升(加, 增, 提)高, 增大(加), 加强, 夸张, 加(变)深(颜色), (使)变显著, 使出色. *heighten one's confidence* 增强信心. *heighten one's speed* 加快速度. *heightening accuracy* 高程精度.

height-finder n. (飞行器)高度测定器.

height-gate turnoff 高度门电路断开.

height-index circuit 标高电路, 高度标示电路.

height-marker-intensity compensation 测高标记亮度补偿.

height-only-radar n. 单纯测高雷达.

height-times-width-method 高乘宽法, H. W. 法.

height-to-time converter (脉冲)高度-时间转换器.

Heil tube 带状电子束速调管.

heiligtag effect 干扰波引起的误差.

heinous ['heinəs] a. 极凶残的, 极可恨的. *heinous crimes* 滔天罪行.

heinrichite n. 砷钡铀矿.
heir [eə] n. 继承人.
Heising modulation 屏极定流调幅,板极〔阳极〕定流调制,海辛调制.
HEK = heavy-enamel single-cellophane 厚漆单层玻璃纸包的.
hekatonikosahedroid n. 一百二十胞超体.
hekistotherm n. 适寒植物.
helcosis n. 溃疡〔烂〕,溃疡形成.
held [held] I hold 的过去式和过去分词 II n. (工具的)柄榫头.
held′water n. 吸着〔粘滞〕水.
helenine n. 土木香脑.
helenite n. 弹性地蜡.
heleoplank′ton n. 池沼浮游生物.
Heke-Shaw motor 径向活塞式液压马达.
Hele-Shaw pump 径向转径向柱塞泵.
heli(o)- [词头] ①太阳的,日光的 ②螺旋的,直升飞机的.
heli′acal [hiːˈlaiəkəl] a. 太阳的,跟太阳同时升落的.
helianthin(e) n. 甲基橙.
he′liarc [ˈhiːliːɑːk] n. 氦弧. *heliarc cutting* 氦弧切割(法). *heliarc welder* 氦〔弧〕焊机.
helia′tion [hiːliˈeiʃn] n. 日光疗法.
heliatron n. 螺线电子轨道的微波振荡管.
hel′iborne [ˈheliboːn] a. 由直升飞机输送〔运载〕的.
hel′ical [ˈhelikəl] n.; a. 螺纹,螺旋面,螺旋〔线,纹,面,乘)的,螺(旋)状的. *cross helical gear* 螺旋斜齿轮,交错轴斜齿轮. *helical bevel gear* 螺旋伞齿轮. *helical burr* 螺纹. *helical conveyer* 螺旋输送机. *helical curve* [line] 螺旋曲线. *helical diagram* 螺旋〔取向〕图. *helical field* 螺旋波场. *helical flash lamp* 螺旋(型)闪(光)灯. *helical gearshaper* [pinion] *cutter* 斜齿插齿刀. *helical (out) lobe* 螺旋(外)叶. *helical rake angle* (铣刀的)轴向刀面角. *helical spring* 螺旋(形)弹簧,盘簧. *single helical gear* (单)螺旋齿轮,斜齿轮.
hel′ically ad. 成螺旋形. *helically grilled tube* 伸缩管,连接弯管. *helically welded tube* 螺旋缝焊接管.
helically-wound n.; a. 螺旋绕组(法),螺旋绕制的.
hel′ices [ˈhelisiːz] helix 的复数.
helic′ity [heˈlisiti] n. 螺旋形(性).
hel′icline [ˈheliklain] n. 逐渐上升的曲面斜坡.
helicograph n. 螺旋规.
hel′icogyre 或 **helicogyro** n. 直升飞机.
hel′icoid [ˈhelikɔid] n.; a. 螺圈,蜷面,螺旋(面,体)螺(旋)状〔形,纹)的,旋涡形. *screw helicoid* 轴向直线螺旋面(蜗杆轴向截面内具有直线齿廓的螺旋面).
helicoi′dal [heliˈkɔidl] a. = helicoid. *helicoidal anemometer* 螺旋桨式风速表.
hel′icon n. 螺旋波.
hel′icopt [ˈhelikɔpt] v. 乘直升飞机,用直升飞机载送.
hel′icopter [ˈhelikɔptə] I n. 直升(旋翼)飞机. II v. 乘直升飞机,用直升飞机载送. *helicopter carrier* 直升飞机母舰. *single-rotor helicopter* 单旋翼直升机.
hel′icoptermanship n. 驾驶〔乘坐〕直升机来往.
helicorubin n. 螺血红(色)素,螺血红蛋白.
helicospore n. 卷旋孢子.
hel′icotron [ˈhelikətrɔn] n. 螺线质谱计.
helics n. 螺旋构型.
helictite n. 石枝.
he′lide [ˈhiːlaid] n. 氦化物.
hel′idrome [ˈhelidroum] n. 直升飞机机场〔降落场〕.
helimag′netism n. 螺螺磁性.
heliocen′tric [ˈhiːliouˈsentrik] a. 日心的,以太阳为中心的,以日心测量的,螺旋心的. *heliocentric phase of the mission* 沿日心轨道飞行阶段.
he′liochrome [ˈhiːliouˈkroum] n. 天然色照片,彩色照片.
heliochro′mic [ˈhiːliouˈkroumik] a. 天然色照相术的.
he′liochromy [ˈhiːliouˈkroumi] n. 天然色照相〔摄影〕术,彩色照相〔摄影〕术.
heliogeophys′ics n. 太阳地球物理学.
he′liogram [ˈhiːliougræm] n. 回光信号,日光反射信号器发射的信号.
he′liogramma n. 日照纸.
he′liograph [ˈhiːliougraːf] n.; vt. ①日光反射信号器,日(光反射)仪,日照计 ②(拍太阳用的)太阳摄影〔照相〕机 ③太阳光度计,感光日照计 ④用回光反射信号器传递(信号),用太阳照相机拍摄 ⑤日光胶版.
heliog′raphy n. ①回光〔日光反射〕信号法,照相制版法,日光胶版法 ②太阳面学,太阳面记述. **heliograph′ic** a.
he′liogravure [ˈhiːliougrəˈvjuə] n. 凹版照相〔摄影〕(术).
he′liogyro [ˈhiːliədʒaiərou] n. 直升飞机.
he′liolamp n. 日光灯.
heliolat′itude n. 日面纬度.
heliol′ogy n. 太阳研究,太阳学.
heliolongitude n. 日面经度.
heliom′eter [hiːliˈɔmitə] n. 量(测)日仪.
helion n. α质点,α粒子,氦核.
heliophile n. 适阴〔喜光〕植物.
heliophilous a. 适阴的,喜(日光)的.
heliophobe n. 避阳〔嫌阳〕植物.
heliophobous a. 避〔嫌〕阳的.
heliophotog′raphy n. 太阳照相摄影术.
heliophys′ics n. 太阳物理(学).
heliophyte n. 阳生植物.
he′lioplant n. 太阳能利用装置.
Helios n. 赫利阿斯(太阳之神),高级轨道运行太阳观像台.
he′lioscope [ˈhiːliəskoup] n. 太阳(望远,观测)镜,太阳目镜,回熙器,量目镜.
helio′sis [hiːliˈousis] n. 日射病,中暑;因日光集中而发生的叶上的黑斑.
he′liosphere n. 日光层.
he′liostat [ˈhiːliostæt] n. 定日镜.
heliosupine n. 天芥菜亭.
heliotac′tic a. 趋光的.
heliotax′is n. 趋日性,趋阳性.
heliother′apy n. 日光疗法,日光浴.

hel′iotrope ['heljətroup] n. ①回光〔照〕器,回光仪,日光反射信号器 ②淡紫色,紫红色 ③血滴石,鸡血石 ④天芥菜属植物.
heliotrop′ic a. 向〔趋〕日性的. **heliot′ropism** n.
he′liotype ['hi:lioutaip] n. 胶版(画),胶版印刷,珂罗版.
he′liox ['hi:ljoks] n. 氦氧混合剂,深水潜水用呼吸剂(氦98%,氧2%).
hel′ipad ['helipæd] 或 **hel′iport** ['helpo:t] n. 直升飞机机场.
helipot n. 螺旋线圈电势〔电位〕计,螺旋线圈分压器.
helisphere reflector 螺旋球面反射体.
helitron n. (电子)螺线管,旋束管.
he′lium ['hi:ljəm] n.【化】氦 He, *helium leak detector* 氦检漏器. *helium permeation through glass* 玻璃渗氦.
helium-atmosphere n.; a. 氦气氛,氦(气)保护的.
Heliweld n. 赫利焊接(氦气保护焊接).
he′lix ['hi:liks] (pl. *helices* 或 *helixes*) n.; a. ①螺旋线(结构),卷线,螺旋〔管,丝,饰,弹簧〕,(行波)螺旋(线)波导,(柱头之)涡卷,螺杆,螺旋形(之物) ②(pl.) 单环(蒸馏柱用的填充物) ③耳轮 ④螺旋状的. *bifilar helix* 双线螺旋. *helix recorder* 螺旋扫描录像机. *normal helix* 正交螺旋线. *pan-cake helix* 扁平螺旋线圈. *tungsten helix* 钨螺旋丝.
helix-coupled sealed-off tube 螺旋式封口管.
helix-milling n. 螺旋线铣削.
helix-to-coaxial-line transducer 螺旋同轴线匹配变换器.
hell [hel] Ⅰ n. 地狱,巢窝,黑暗势力 Ⅱ vi. 疾驰. *margin hell* 尽端. ▲*a hell of* 极恶劣的,不像样的. *hell for leather* 用全速力,尽快地. *like* 〔*as*〕*hell* 猛烈,拼命. *what the hell* 究竟是…?到底是…? *Why in hell*?到底为什么?
hell-bent a.; ad. 拼命,猛烈的决心,坚持.
hell-diver n. 俯冲轰炸机.
hellebrigenin n. 嚏根(式)配基.
hellebrin n. 嚏根因.
Hel′lene ['heli:n] n. 希腊人.
Helle′nic a. 希腊(人)的.
hell′ish a. ①地狱(似)的 ②可憎的.
hel′lo ['hʌ'lou] Ⅰ int. 喂!哈罗!唉呀! Ⅱ v. 呼叫,向人呼"喂!".
helm [helm] Ⅰ n. ①舵(柄,轮),驾驶盘,转舵装置,枢机,要路 ②领导. Ⅱ vt. 掌舵,指挥,掌握(枢机). ▲*at the helm of* 掌握着…. *Down* (*with the*) *helm*! 转舵使船背着风! *take the helm of* 开始掌管,掌握,处理.
hel′met ['helmit] Ⅰ n. ①(头,钢)盔,(安全,防护,飞行)帽,(电,气,水)盔 ②(机,烟)罩,罐,(蒸馏罐的上部. Ⅱ vt. 给…戴上〔配备〕安全帽〔护面罩〕. *ammonia helmet* 氨气瓶盔形闸塞. *dust helmet* 防尘罩. *flying helmet* 飞行帽. *gas helmet* 防毒面具. *helmet radio* 飞行帽式(钢盔式)无线电设备,通信帽. *helmet shield* 焊工面罩,工作〔安全,飞行〕帽. *safety helmet* 安全帽.
hel′meted a. 戴头盔(安全帽,护面罩)的,头盔状的.
Helmholtz n. 亥姆霍兹(电偶极子力力矩单位,每平方埃1德拜). *Helmholtz coil* 探向〔亥姆霍兹〕线圈.

Helmholtz coil circuit 亥姆霍兹定相电路,测向线圈,探向线圈电路.
helms′man ['helmzmən] n. 舵手,摄像车司机,摄像升降机司机,操舵机人.
helobios n. 泄沼生物.
helophyte n. 沼泽〔沼生〕植物.
help [help] v.; n. ①帮〔援,协,救〕助,救济,有帮助,有用 ②促进,助长,治疗 ③忍耐,避免,抑制,阻止 ④补救方法. ▲*be a great help to* … 对…有很大帮助. *be of help* 有帮助,有用. *be past help* 无法挽救. *cannot help* + *ing*〔but + *inf*.〕 不禁…,忍不住…,不得不…. *cannot help it* 没办法. *cry for help* 求援〔救〕. *help in* 帮助(做),辅助,促进. *help on* 〔*forward*〕 使…获得进步〔进展〕,帮助进行. *help out* 帮助取出,帮助完成(某种作用),帮助…解决难题,起辅助作用. *help* … *over* 帮助…越〔度〕过. *help through* 帮助完成. *help M* (*to*) + *inf*. 帮助 M 做,有助于 M 做,促进 M 做. *help* (*M*) *with* 〔*in*〕 N 帮助(M) 做(从事)N. *not* … *if one can help it* 如果能避免(有办法)就不…. *There is no help for it.* 这可没有办法. *turn to* … *for help* 求助于. *with the help of* 或 *with one's help* 借助于,在…的帮助下,靠,利用.
HELP n. 求助程序.
help′er n. 帮助(教助)者,助手,副司钻,徒工,辅助机构(机车). *helper spring* 辅助(附加)弹簧.
help′ful ['helpful] a. 有帮助的,有用的,有益的. ~ly ad.
help′ing ['helpiŋ] Ⅰ a. 帮助的,辅助的. Ⅱ n. 帮助,一份(食物).
help′less ['helplis] a. ①无助的,未得到帮助的,无可奈何的,不能自立的,依赖他人的 ②无能的,没用的,无效的. ~ly ad.
help′mate ['helpmeit] n. 助理人员,助手,合作人员.
Helsingor ['helsiŋɔ:] n. (丹麦)赫尔辛格(港).
Helsinki ['helsiŋki] n. 赫尔辛基(芬兰首都).
hel′ter-skel′ter ['heltə'skeltə] a.; ad.; n. 慌慌张张(的),忙忙脚乱(的),狼狈(的).
helve [helv] Ⅰ n. (斧,工具)柄. Ⅱ vt. 给…装柄. *helve hammer* 摇锤,杠杆锤.
helvite n. 日光榴石.
hem [hem] Ⅰ n. 边缘,折(卷)边,缝,蜗壳饰. Ⅱ (*hemmed*; *hem′ming*) vt. ①缝…的边,给…卷(折)边 ②包围,关闭(about, in, round),接界. *hem shoe* 闸瓦.
HEM method 直升飞机电磁勘探法,水平线圈电磁法.
HEM wave 混合型电磁波.
hem(a)- [词头]血(的),血色的.
HEMA = hydroxyethyl methacrylate 羟乙基异丁烯酸酯,羟乙基甲丙烯酸酯.
hemacytom′eter n. 血球计数器.
hemagglutina′tion n. 血球凝集(作用).
hemagglutinin n. 血球(红细胞)凝集素,血凝素.
he′mal ['hi:məl] a. 血(管)的.
hemat(o)- [词头]血.
hemat′ic [hi:'mætik] a. (多)血的,血(红)色的.
hem′atin(e) n. (羟高铁,正铁)血红素,血色素苏木红,(氧化)苏木精,苏木因(紫).
hem′atite ['heмətait] n. 赤(红)铁矿,低磷生铁,三

氧化二铁锈层. *hematite (pig) iron* 低磷生铁.
hematochrome n. 血色素.
hem'atocrit n. 血球比容计,血细胞容量计,分血器.
hematocyanin n. 血青[血蓝]蛋白.
hematoglobin n. 血红蛋白.
hematoidin n. 类胆红素.
hematol'ogy n. 血液学.
hematol'ysis n. 溶血作用,血球溶解.
hematomancy n. 验血诊断法.
hematometachysis n. 输血法.
hematom'eter n. 血红蛋白计,血压计.
hematop'athy n. 血液病.
hematopexis n. 血凝固.
hematophyte n. 血寄生真菌,住血菌.
hematopoie'sis n. 血生成,红细胞生成作用.
hematosin n. 高铁血红素.
hematox'ylin n. 苏木精(紫,素).
heme n. 原血红素,亚铁原叶啉.
hemeralo'pia n. 昼盲(症),夜视症.
hemerocol'ogy n. 人工环境生态学,栽培生态学.
hemi- 〔词头〕半.
hemiacetal n. 半缩醛.
hemianopia n. 偏[半]盲,一侧视力缺失.
hem'ibel n. 半贝(尔).
hemibilirubin n. 半胆红素.
he'mic ['hi:mik] a. (关于)血的.
hemicel'lulase n. 半纤维素酶.
hemicel'lulose n. 半纤维素.
hemicolloid n. 半胶体.
hemicontin'uous a. 强弱连续的,半连续的.
hemicrys'talline a. 半结晶的,半晶质(状)的.
hem'icycle ['hemisaikl] n. 半圆形(室,墙,结构).
hemicyc'lic a. 半(循)环的.
hem'idome n. 半圆屋顶,半穿窿,半坡面.
hemifor'mal n. 半缩甲醛.
he'miglobin n. 变性血红素,高铁血红蛋白.
hem'igroup n. 半群.
hemihed'ral [hemi'hedrəl] a. 【结晶】半面(象)的.
  hemihedral form 半面晶形,半面式.
hem'ihe'drism n. 半对称性,半面象.
hem'ihe'dry n. 半对称,半面体.
hemihy'drate n. 半水化合物.
hemikaryon n. 单倍核.
hemimetabola n. 半变态类.
hemimetab'olous a. 半变态的.
hemimor'phic a. 异极的.
hem'imor'phism n. 半形性,异极性,半对称形.
hemimor'phite n. 异极矿.
he'min n. 氯高铁血红素,氯高铁原叶啉氯化血红素,血红素晶.
hemiparasit'ic a. 半寄生的.
hemipelagic a. 半远洋的,近海的.
hemiprismat'ic a. 半棱晶的.
Hemiptera n. 半翅目.
hemipyr'amid n. 半(棱)锥体.
hemisec'tion [hemi'sekʃn] n. 对切,一半切除.
hem'isphere ['hemisfiə] n. ①半球(地图,模型)②(活动的)范围,领域. *Magdeburg hemisphere* (气压实验用)马德堡半球.
hemispher'ic(al) [hemi'sferik(əl)] a. 半球(形,状)

的.
hemispher'oid n. 半球形(储罐),滴形油罐.
hemitrisul'fide n. 三硫化二物.
hem'itrope n. 半体双晶.
hemitro'pism n. 孪生,孪晶生成.
hemivariate n. 半变量.
hem'lock ['hemlɔk] n. 铁杉.
hemo- 〔词头〕血(的),血色(的).
hemochrome n. 血色原.
hemochromogen n. 血色原,血色母质.
hemochromoprotein n. 血色蛋白.
hemocircular a. 血液循环的.
hemoclasis n. 溶血作用.
hemoculture n. 血培养.
hemocyanin n. 血蓝蛋白,血蓝素.
he'mocyte n. 血细胞,血球.
hemocytoblast n. 原[成]血细胞.
hemocytolysis n. 血细胞溶解,溶血(作用).
hemodial'ysis n. 血液透析(作用).
hemodiastase n. 血液淀粉酶.
hemodromograph n. 血流计.
hemoflag'ellate n. 血鞭毛虫.
hemofuscin n. 血褐素,血棕色素.
hemoglo'bin [hi:mou'gloubin] n. 血红蛋白,血红素.
hemoglobinom'eter n. 血红蛋白计.
hemogram n. 血像(图).
hemoid a. 血样的.
hemoly'sin n. 溶血素.
hemol'ysis n. 溶血(作用),血细胞溶解.
hemolyt'ic a. 溶血的.
hemopexis n. 血凝固.
hemophil'ia n. 血友病.
hemophthisis n. 贫血.
hemorheol'ogy n. 血液流变学.
hem'orrhage ['hemərid3] n.; vi. 出血,溢血.
hemospa'sia n. 抽血,放血.
hemos'tasis n. 止血(法).
he'mostat n. 止血器[剂],止血.
hemostat'ic n.; a. 止血剂[的].
hemotoxin n. (溶)血毒素.
hemp [hemp] n. ①麻(絮,屑),苎,大麻(纤维),(长)纤维(植物)②麻(绞)绳. *hemp cut* 麻筋(刀). *hemp hose* 麻织水龙带. *hemp packing* 麻(丝封)填,麻套. *hemp palm* 棕榈.
Hempel analysis 或 Hempel distillation 亨佩耳蒸馏.
hemp'en a. 大麻(制)的,似大麻的.
hemp'palm ['hemppɑ:m] n. 棕榈.
hemp-seed oil 线麻油,大麻子油.
hemp-twist n. 麻绳.
hence [hens] ad. ①今(此)后,从此时(处)②因(从)此,所以,从而. *five years hence* 五年之后. *A body is buoyant in gas, hence also in air.* 物体在气体中有浮力,因此在空气中也有.
hence'forth' ['hens'fɔ:θ] 或 hence'for'ward ['hens'-fɔ:wəd] ad. 今后,从今以后.
hench'man ['hentʃmən] (*hench'men*) n. ①亲信,心腹②支持者,仆从.
hendec(a-) 〔词头〕十一.
hendec'agon n. 十一角[边]形.
hendecahedron n. 十一面体.

hendecanal n. 十一(烷)醛.
hendecane n. 十一(碳)烷,十一烷(级)(碳)烷.
hendecene n. 十一烯.
hendecyl n. 十一(烷)基.
hendecyne n. 十一碳炔.
He-Ne laser 氦氖激光器.
heneicosane n. (正)廿一(碳)烷,廿一(碳)(级)烷.
heneicosene n. 廿一碳烯.
Hengyang beds (白垩第三纪)衡阳层.
Henri de France system 法国亨利三色〔彩色〕电视发送系统(红、绿色用顺序制,蓝色用同时制).
hen'ry ['henri] n. 亨(利)(电感单位).
henrymeter n. 电感亨利计.
hentriaconta- 〔词头〕三十一.
hentriacontane n. 三十一(碳)烷.
HEOS = highly eccentric orbit satellite 高偏心轨道卫星.
hep'arin n. 肝素,肝磷酯.
hepatec'tomy n. 肝切除(术).
hepat'ic [hi'pætik] a. 肝(状,色)的. *hepatic gas* 硫化氢. *hepatic pyrite* 肝〔白〕铁矿.
Hepat'ica (pl. *hepat'icae*) n. 苔纲,苔类植物.
hepatin n. 糖原,动物淀粉.
hepati'tis [hepə'taitis] n. 肝炎.
hepatoflavin n. 核黄素.
hepato'ma n. 肝瘤.
hepcat n. 测定脉冲间最大与最小时间间隔的仪器.
HEPDEX = high-energy proton detection experiment 高能质子探测实验.
hept(a)- 〔词头〕七,庚.
heptabasic alcohol 七元醇,七(碱)价醇.
hep'tachlor-1-naphthol 七氯-1-萘酚.
heptacontane n. (正)七十(碳)烷,七十(碳)(级)烷.
heptacosane n. 廿七(碳)烷.
heptacyclic compound 七环化合物.
hep'tad ['heptæd] n.; a. 七个(一组,一套),【化】七价原子〔元素〕,七价的〔基,的〕.
heptadecane n. (正)十七(碳)烷,十七(碳)(级)烷.
heptadecene n. 十七碳烯.
heptadecyl n. 十七(烷)基.
heptadiene n. 庚二烯.
heptadiyne n. 庚二炔.
heptafluoniobate n. 七氟铌酸盐.
heptafluoride n. 七氟化物.
heptafluo-salt n. 七氟盐.
hep'tagon n. 七角〔边〕形.
heptag'onal ['heptægənl] a. 七角〔边〕形的.
hep'tahedron ['heptə'hedrən] n. 七面体.
heptahy'drate n. 七水(合)物.
hep'talat'eral n.; a. 七侧(的),七边(的).
heptaldehyde n. 庚醛.
heptalene n. 庚塔烯.
heptalenium n. 庚塔烯离子.
hep'tamer n. 七聚物.
heptamethylene n. 环庚烷,七甲撑.
heptanal n. 庚醛.
heptandiol n. 庚二醇.
hep'tane n. ['heptein] n. (正)庚烷,庚(级)烷.
heptanol n. 庚醇.
hep'tanone ['heptənoun] n. 庚酮.

heptaploid n. 七倍体.
heptasul'fide n. 七硫化物.
heptatom'ic a. 七原子的,七元〔价〕的.
heptava'lent a. 七价的.
heptene n. 庚烯.
heptenone n. 庚烯酮.
heptenyl n. 庚烯基.
heptet n. 七重峰.
heptine n. 庚炔.
hep'tode ['heptoud] n. 七极管,五栅管.
heptose n. 庚糖.
heptoxide n. 七氧化物.
heptoximate n. 庚肟盐.
heptoxime n. 庚肟.
heptulose n. 庚酮糖.
heptyl n. 庚基.
heptylate n. 庚酸(盐,酯或根).
hep'tylene n. 庚烯.
heptyne n. 庚炔.
her [hə:] *pron.* ①她的 ②(she 的宾格)她.
her'ald ['herəld] I n. 通报者,使者,预言者,先驱. II vt. 宣布,通报,预示〔报,告,兆〕. ~ic a.
herb [hə:b] n. (青,药,香)草,草本(植物). *herb doctor* 中医. *herb rubber* 草(本橡)胶.
herba'ceous a. 草本的,叶状的.
herb'age n. 草本植物,牧草.
herb'al I a. 草(本)的. II n. 本草书,植物志.
her'balism n. 本草学.
Herbert pendulum hardness 赫氏〔赫伯特摆式〕硬度.
herb'icide n. 除莠〔草〕剂.
her'bivore ['hə:bivouə] n. 草食(类)动物.
her'borize vi. 采集植物〔草药〕. herboriza'tion n.
herbosa n. 草本植被,草丛,草本(植物)群落.
herb'y a. 草(本,多)的.
Hercule'an 或 hercule'an ['hə:kju'liən] a. ①力大无比的 ②费力的,艰巨的,非常困难的. *herculean task* 艰巨的任务. *make herculean efforts* 作极其巨大的努力.
Her'cules ['hə:kjuliːz] n. ①大力神 ②大力士 ③武仙座. *Hercules bronze* 耐蚀青铜(铝2.5%,锌2%,铜85.5%,锡10%). *Hercules metal* 〔alloy〕铝黄铜(铜61%,锌37.5%,铝1.5%). *Hercules powder* 矿山炸药. *Hercules wire rope* 大力神(多股)钢丝绳.
Herculite n. 钢化玻璃.
Herculoy n. 锻造铜硅合金,硅青铜(锌1%,硅1.73~3%,锰0.25~1%,锡0~0.7%,其余铜).
Hercynian folding n. 海西(宁)褶皱.
hercynin(e) n. 组氨酸,三甲基内盐.
her'cynite ['hə:sənait] n. 铁尖晶石.
herd [hə:d] I n. (兽,牲口)群,属,堆. II v. 放牧,(使)成群(with, together).
herd'er n. 牧人〔工〕.
herderite n. 磷铍钙石.
herds'man ['hə:dzmən] (pl. *herds'men*) n. 牧民〔主〕.
here [hiə] I ad. 在〔向,到〕这里,关于此事,在这点上,这时. *Here we differ*. 关于这一点我们的意见是不一致的.

Ⅰ *n.* 这里,这点. *from here* 从这里. *near here* 在这附近.
▲*be here to stay* 成为久性的,为大家所通用〔欢迎〕的. *here and now* 此时此地. *here and there* 或 *here,there and everywhere* 到处,处处,四面八方. *here below* 在这个世界上. *here is* 这是,这里有,下面(叙述的)是. *here it is* 在这里,这是给你的. *here today and gone tomorrow* 缺乏永久性的,暂时的. *neither here nor there* 不得要领,离题,不切题,无关紧要. *we have here* 这儿有,这是.

here′about(s) ['hiərəbaut(s)] *ad.* 在这附近,在这一带.

hereaft′er [hiə'ɑ:ftə] *ad.* 今后,以后,此后,将来,以下,下文.

hereat′ ['hiər'æt] *ad.* 于是,因此.

here′by ['hiə'bai] *ad.* ①因〔由,特,借〕此,兹,由是 ②在这附近. *Notice is hereby given that* 特此布告.

hered′itary [hi'reditəri] 或 **hereditable** [hi'reditəbl] *a.* 遗传(性)的,代代相传的. *hereditary class* 可传类.

heredita′tion [hiredi'teiʃn] *n.* 遗传影响〔作用〕.

hered′ity [hi'rediti] *n.* 遗传(性),继承,传统.

herefrom′ ['hiə'frɔm] *ad.* 由此.

here′in′ ['hiər'in] *ad.* 在这里,在这当中,在本书中,此中,于此处.

here′inabove′ ['hiərinə'bʌv] *ad.* 在上(文).

here′inaf′ter ['hiərin'ɑ:ftə] *ad.* 在下(文).

here′inbefore′ ['hiərinbi'fɔ:] *ad.* 在上(文).

here′inbelow′ ['hiərinbi'lou] *ad.* 在下(文).

herein′to [hiə'intu:] *ad.* 入此.

hereof′ ['hiər'ɔv] *ad.* ①就此,由此 ②关于这个,在本文(件)中.

here′on′ ['hiər'ɔn] *ad.* 于此,在这里,在下(面,文).

here's ['hiəz] = here is.

her′esy ['herəsi] *n.* 异端,邪说.

her′etic ['herətik] *n.* 持异端者.

heret′ical *a.* 异端的.

here′to [hiə'tu:] *ad.* 到这里,至此,关于这一点,对于这个.

here′tofore′ ['hiətu'fɔ:] *ad.* ①至〔迄〕今,到现在为止,至此 ②以前,以前.

hereun′der [hiər'ʌndə] *ad.* 在下(面,文).

hereupon′ ['hiərə'pɔn] *ad.* 于是,关于这个.

here′with′ ['hiə'wið] *ad.* ①同此,并此,与此一道,随同 ②由此 ③用此方法. ▲*enclosed herewith* 此附上. *I send you herewith* 兹附上.

HERF = high energy rate forming (金属加工)高能快速成型(如:电磁成型,水中放电(电水锤)成型,爆炸成型等).

her-function *n.* 开尔文(her)函数.

Hering furnace 赫林电炉(熔料带磁压流动).

heritabil′ity ['heritə'biliti] *n.* 遗传力〔率,性,度〕.

her′itable ['heritəbl] *a.* 可转让的,可继承的,可遗传的,遗传性的.

her′itage ['heritidʒ] *n.* 遗产,遗传性,继承物,传统.

her′itor ['heritə] *n.* 继承人.

Herman process 赫尔曼钢丝(厚锌层快速)热镀锌法.

her′mannite *n.* 蔷薇辉石.

hermaph′rodite [hə:'mæfrədait] Ⅰ *n.* 雌雄同体〔同株〕. Ⅱ *a.* 具有相反性质的. *hermaphrodite calipers* 单边卡钳,定心划规.

hermaphrodit′ic(al) [hə:mæfrə'ditik(əl)] *a.* 雌雄同体的,具有相反性质的. *hermaphroditic connector* 单一型插头(座)(插头与插座都是相同的),鸳鸯〔阴阳〕插头.

hermaph′roditism *n.* 雌雄同体,兼具两性.

HERMES = heavy element radioactive material electromagnetic separator (英国)重放射性同位素电磁分离器.

hermet′ic(al) [hə:'metik(əl)] *a.* ①密封的,气密的,不透〔漏〕气的 ②炼金术的,奥妙的. *hermetic seal* (真空)密封,密封接头,气密密封.

hermet′ically [hə:'metikəli] *ad.* 密封着〔地〕,气〔紧〕密,不透气地,牢牢. *hermetically sealed* 密封的,密闭式的,封闭的,气密的.

hermetic-seal header assembly 密封管座装置.

hermetiza′tion [hə:meti'zeiʃn] *n.* 密封,封固.

her′mit ['hə:mit] *n.* 过隐居生活的人.

her′mitage *n.* 隐居之处,僻静的住处.

Hermite *n.* 厄米特插值.

Hermitian 厄米特(式)的.

hermitic′ity *n.* 厄米特,"厄米矩阵性",可化为厄米矩阵性.

herniarin *n.* 7-甲氧(基)香豆素.

HERO = hazards of electromagnetic radiation to ordnance 电磁辐射对军械的危险性.

he′ro ['hiərou] (*pl. he′roes*) *n.* 英雄(人物),(小说等)(男)主角. ▲ *make a hero of* 赞扬,捧.

hero′ic [hi'rouik] *a.* ①英雄〔勇〕的,崇高的,壮烈的 ②大于实物的,(盖洪大的,(剂量)大的. ▲*go into heroics* 过于夸张. *heroic size* 大于实物〔实物以上〕的尺寸.

hero′ically *ad.* 英勇地,壮烈地,勇猛地.

her′oin *n.* 海洛英,二乙酰吗啡.

her′oine ['herouin] *n.* 女英雄,(小说等)女主角.

her′oism ['herouizəm] *n.* 英雄主义(气概,行为),壮举.

Heroult furnace 艾鲁式电弧炉.

her′pes ['hə:pi:z] *n.* 疱疹.

herpetol′ogy [hə:pi'tɔlədʒi] *n.* 爬虫学.

herpolhode *n.* 空间极迹,瞬心固迹,瞬心固定曲线. *herpolhode cone* 不动锥面.

herpolhodograph *n.* 空间极迹图.

Herr [hɛə] (德语) (*pl. Herr′en*) *n.* 先生.

herrerite *n.* 铜菱锌矿.

Herreshoff furnace 窄轴式多膛熔矿炉.

her′ring ['heriŋ] *n.* 鲱(鱼),青鱼. ▲*be packed as close as herrings* 装得密密麻麻,挤得水泄不通. *draw a red herring across the path* 把话题扯到别处,引入歧途. *neither fish, flesh, nor good red herring* 非驴非马,不伦不类,不相干〔转移注意力〕的东西.

her′ringbone ['heriŋboun] Ⅰ *n.*; *a.* 人字形的,鱼刺〔骨〕形(的),鲱骨状(的),人字形(的),鱼骨状畸变,交叉缝式,矢尾形接合. Ⅱ *vt.* 作人字形的,作交叉缝式. *herringbone bond* 人字形砌合. *herringbone bridging* 人字撑. *herringbone earth* 鱼骨形接地. *herringbone gear* 人字(双螺旋)齿轮. *herringbone pavement* 人字式(铺砌)路面. *herringbone system* 人

字形〔鲱骨形〕排水系统. *herringbone type evaporator* V 型管蒸发器.

hers [həːz] *pron.* (she 的物主代词)她的(东西). ▲ *of hers* 她的. *a comrade-inarms of hers* 她的一位战友.

Her'schel ['həːʃəl] *n.* ①天王星(的别名) ②赫歇耳(光source的辐射亮度单位,等于1/π 瓦每球面度每平方米.) *Herschel effect* 赫歇耳效应.

herself' [həː'self] (*pl.* *themselves*) *pron.* ①她自己 ②(加强语气)(她)亲自,(她)本人. ▲(*all*) *by herself* (她)独自,独力地,单独地.

hertz [həːts] *n.* 赫(兹)(频率单位). *Hertz antenna* 赫兹天线(理论上的偶极天线),基本振子. *Hertz-doublet antenna* 赫兹偶极天线. *Hertz-Hallwachs effect* 赫兹-霍尔瓦克光电效应.

Hertzian waves *n.* 赫兹电波,电磁波.

HES = Heavy-enamel single-silk 厚漆单层丝包的.

hes'itance ['hezitəns] 或 **hes'itancy** ['hezitənsi] *n.* 犹豫,踌躇,迟疑. **hes'itant** *a.* **hes'itantly** *ad.*

hes'itate ['heziteit] *vi.* ①犹豫,迟疑,(对···)踌躇(不决)(about) ②暂(短)停 ③含糊,吞吞(in). **hes'itatingly** *ad.* **hesita'tion** *n.* **hes'itative** *a.*

hesperetin *n.* 橘皮素.

hesper'idin *n.* 橘皮试.

Hes'perus ['hespərəs] *n.* 金星,黄昏星,长庚星.

hes'sian ['hesiən] *n.* 浸沥青的麻绳,(一种结实的)粗麻布(袋),打包麻布,袋布,粗麻屑,砂钳屑. *hessian rope* 麻绳.

Hes'sian *n.* 赫斯(行列)式.

hes'site ['hesait] *n.* 天然碲化银(检波用晶体),(辉)碲银矿.

hes'sonite *n.* 钙铝榴石.

hetaryne *n.* 杂芳炔,脱氢杂环.

heter(o)- 〔词头〕杂,(异(型),不同,不均一.

hetero epitaxial 异质外延的.

het'eroac'id *n.* 杂酸.

heteroantag'onism *n.* 异型拮抗作用.

heteroan'tibody *n.* 异种抗体.

heteroan'tigen *n.* 异种抗原.

heteroaromat'ic *n.* 杂芳族化合物.

het'eroat'om *n.* 杂(环)原子,异质原子. **-ic** *a.*

heteroauxin *n.* 吲哚乙酸,异植物生长素.

heteroazeotrope *a.* 杂(多)共沸混合物.

heterobaric *a.* 异(原子)量的,原子量不同的.

heterobasidium *n.* 有隔担子,异担子.

heterobiopol'ymer *n.* 物杂聚物.

heterobi'otin *n.* 异生物素.

heterocaryon *n.* 异核体.

heterocaryote *n.* 异有核的.

heterocaryotic *a.* 异核的.

heterocatal'ysis *n.* 异体催化.

heterocel'lular *a.* 异型细胞的.

heterochain polymer 或 **heterocatenary polymer** 杂链聚合物.

heterocharge *n.* 混杂电荷.

heterochiral *a.* 左右异向(相反)的.

heterochromat'ic *a.* 异〔多,杂〕色的,异染质的,非单色的.

heterochro'matin *n.* 异染色质.

heterochromaty *n.* 异染现象.

heterochro'mosome *n.* 异染色体.

heterochro'mous *a.* 异色的,不同色的.

heterochronous *a.* 差同步的,异等时的.

heterochrosis *n.* 变色.

heterocom'plex *n.* 杂络物.

heterocom'pound *n.* 杂化合物.

heterocrys'tal *n.* 异质晶体.

het'erocycle *n.* 杂环.

heterocy'clic Ⅰ *a.* 杂(架)环的. Ⅱ *n.* 杂环族化合物.

heterocycliza'tion *n.* 杂环化(反应).

heterocyst *n.* 异形〔分节〕细胞.

heterodes'mic *a.* 异键的.

heterodi'ode *n.* 异质结二极管.

heterodisperse *a.* 非均相分散的,多分散的,杂散的.

het'erodox *a.* 不合于公认标准的,非正统的,异端的.

het'erodoxy *n.* 违反公认标准的(意见),异端.

heteroduplex *n.* 异源双链核酸分子.

het'erodyne ['hetərədain] *n.;a.;v.* ①外差(的,法,作用),成(他,差)拍的 ②外差〔差频,拍频,本机〕振荡器 ③成拍,致差,使…混合. *heterodyne condenser* 外差回路电容器. *heterodyne oscillator* 外差振荡器. *heterodyne receiver* 外差式接收机. *heterodyne wave analyser* 外差式谐波〔波形〕分析器. *self-heterodyne* 自差〔拍〕. *separate heterodyne* 独立本机振荡外差法.

heterodyning *n.* 外差(法),外差〔他拍〕作用. *generalized heterodyning* 综合外差作用.

heteroe'cious *a.* 异种寄生的.

heteroe'cism *n.* 异种寄生(现象).

heteroenoid system 杂烯系.

het'ero(-)ep'itaxy ['hetərou'epitæksi] *n.* 异质外延.

heterofunc'tional *a.* 杂官能的.

heterogam'ete *n.* 异形配(偶)子.

heterogamet'ic *a.* 异形配子的.

heterog'amy *n.* 异配生殖,配子异形,间接授粉.

heterogel *n.* 杂凝胶.

het'erogen *n.* 杂基因.

heterogeneic *a.* 杂种的,不同基因的.

het'erogene'ity [hetəroudʒi'niːiti] *n.* 【化】不(非)均匀(性),多相性,【数】不同〔纯〕一性,异类(质,样,种),异成分,不同性质,复杂(杂色,杂拼)性,不均(等)性,杂质. *lattice heterogeneity* 晶格异质,晶格不均匀性.

het'eroge'neous ['hetərou'dʒiːnjəs] *a.* 【化】不〔非〕均匀的,不同(一)的,非均质(的,掺)杂的,杂散的,复杂的,异质(种)的,各种子构成的,异成分的,多〔复,异〕相的,多色(能)的,非单色的,【数】非齐次(性)的,多机种的,不纯一的,混杂的,参差的. *heterogeneous structure* 多相组织.

heterogen'esis *n.* 异形〔异代〕生殖,世代交替,自然发生.

heterogenet'ic *a.* 异源的,多相的,不均匀的.

heterogen'ic *a.* 异种的,异原的.

heterogenic'ity [hetərədʒe'nisiti] *n.* 不纯一性,不均匀性,多相性,异质(种)性.

heterogenite *n.* 水钴矿.

heteroglycan *n.* 杂聚(多)糖.

heterograft *n.* 异种(体)移植.

heterohemagglutinins n. 异种血凝素.
heterohemolysin n. 异种溶血素.
heteroimmuniza′tion n. 异种免疫(作用).
hetero-ion n. (混)杂离子,离子-分子复合体.
het′erojunc′tion [ˈhetərouˈdʒʌŋkʃən] n. 异质结,递变结,异端连接. *hetero-junction injection* 异结注入.
heterokaryon n. 异[杂]核体.
heterokaryosis n. 异核(现象).
heterokaryote a. 异型核的.
heterola′ser n. 异质结激光器.
heterolateral a. 对侧的.
heterolipid n. 杂脂.
heterolog′ical a. 异种[源]的.
heterol′ogous a. 异种[源]的.
heterolupeol n. 杂羽扇醇.
het′erol′ysis n. 异族[种]溶解,外力溶解,极性分解,异裂.
heterolyt′ic a. 异种溶解的.
heterolyzate n. 外因溶质.
heteromeric a. 异数的,不同数的.
heteromerite n. 符山石.
heterom′etry n. 比浊滴定法.
heteromor′phic a. 异像[态]的,异[变]形的,多晶[型]的.
heteromor′phism n. 异[变]形,变形[型]性,异态[形,异型]性,(结晶)同质异像,多晶[型]现象.
heteromor′phous a. 异态的,多晶的.
heteronu′clear a. 杂环的,异核的.
heteronu′cleus n. 杂环核.
heteroph′any [ˌhetəˈrɒfəni] n. 异种(不同)表现.
heterophase n.
heterophoria n. 隐斜视.
heterophyte n. 异形[异养]植物.
heterophytic a. 异型二倍体的,二倍体两性异体的.
heterop′ic a. 非均匀[均质]的,无[非]均性的.
heteroploid n. 异倍体.
heteropo′lar a. 异(多,有)极的. *heteropolar bond* 有极[异极]键.
heteropolar′ity n. 有[异]极性.
heteropolyacids n. 多杂酸类.
heteropol′ymer n. 多[杂]聚合物.
heteropolymeriza′tion n. 杂聚合(作用),杂缩聚(作用).
heteropolysaccharidase n. 杂多糖酶.
heteroscedas′tic a. 【数】异方差的.
heteroscedastic′ity n. 【数】异方差性.
heteroside n. 葡糖(糖)式,甙,配糖物.
hetero′sis [ˌhetəˈrousis] n. 杂种优势,混种盛势.
heterosome n. 性染色体.
het′erosphere n. 非均质层,非均匀气层(在80km以上).
heterostat′ic a. 异位(势)差的.
heterosteric a. 异(型空间)配(位)的.
heterostrobe n. 零差频选通(闸)门,零差频门,零拍(闸)门.
heterostructure n. 异质[异晶]结构.
heterotactic unit 异向(立向)单元.
het′erotaxy n. 地层变位,内脏位.
heterothallic a. 异宗配合的.
heterothallism n. 异宗(异体)配合.

heterotope n. ①异位素,异(原子)序元素 ②(同量)异序(元)素.
heterotop′ic a. 异序的,非同位素的.
heterot′opy n. 异位.
heterotrichous a. 异鞭毛的,异丝体的.
het′erotroph n. 异养型,异养生物.
heterotroph′ic a. 异养(生物)的.
heterotrophism n. 异常营养.
heterotrophy n. 异养(有机营养),异(他)养性.
heterotrop′ic n.; a. 斜交(的),异养的.
heterotype n. 同类(型)异性物.
heterotyp′ical a. 异型的.
heteroxenous a. 异主寄生的.
heterozygo′sis n. 杂合,异型接合.
heterozy′gote n. 异型合子,杂合子.
heterozy′gous a. 杂合的.
HETP = height equivalent to a theoretical plate 理论塔板等效高度.
Hettangian n. (侏罗系)海塔基阶.
heuris′tic [hjuəˈristik] a.; n. ①启发式的(研究,应用,论据),发展式的,直观推断 ②渐(促)进的,探索的,探试的. *heuristic method* 启发性方法,直接推断法,探试法. *heuristic program* 探索(探试,助介)程序. *heuristic routine* 助解程序,试算解法程序.
heuris′tics n. 【计】直观推断,试探法.
Heusler alloy 锰铝铜强磁性合金(锰18~26%,铝10~25%,铜50~72%).
Heusler's magnetic alloy 铜基锰铝磁性合金(锰18~25%,铝10~20%,其余铜).
Hevea Brasiliensis 巴西三叶胶(一种高产天然橡胶树).
hevelian halo 淡晕.
hew [hju:] (*hewed*, *hewn* 或 *hewed*) v. ①砍,伐,劈,斩 ②砍(削,切)成 ③开采(凿),采掘,开辟 ④坚持,遵守(to). ▲*hew at* 砍着. *hew away* 砍去,斩去. *hew down* 砍倒. *hew M from N* 从N凿(采)出M. *hew one's way* 开辟道路,排除障碍前进. *hew out* 凿出,开采出来,开辟出,创出.
hew′er [ˈhju:ə] n. 砍伐者,采煤工人.
hewn [hju:n] I hew 的过去分词. II a. 粗削的. *hewn stone* 毛石,粗削石. *hewn timber* 拔材.
Hex = ①hexagon 六角(边)形 ②hexagonal 六角(边)形的.
hex [heks] a.; n. ①六角(边)形的 ②妖物,魔力(鬼). *hex head* (*set*) *screw* 六角头(止动)螺钉. *hex inverter* 六位反演器,六位变换电路. *hex nut* 六角螺母. *hex wrench* 六角扳手.
hex(a)- (词头) 六,己.
hexaba′sic a. 六(碱)价的,六元的,六代的.
hexaboride n. 六硼化物.
hexabromated a. 六溴化的.
hexabromide n. 六溴化(合)物.
hexabromo- (词头) 六溴(代).
hexacarbonyl n. 六羰基化物.
hexachlorated a. 六氯化的.
hexachlor′ide n. 六氯化(合)物.
hexachlorindate n. 六氯铟酸盐.
hexachloro- (词头) 六氯(代).
hexachloroac′etone n. 六氯丙酮.
hexachlorobutadiene n. 六氯丁二烯.

hexachlorocyclohexane n. 六六六,六氯环己烷.
hexachlorocyclopentadiene n. 六氯(代)茂.
hexachloroethane n. 六氯乙烷.
hexachlorohafnate n. 六氯铪酸盐.
hexachlorothallate n. 六氯铊酸盐.
hexachlorozirconate n. 六氯锆酸盐.
hex'achord n. 六音阶,六和弦.
hexachromic a. 六色的.
hexacontane n. 六十(碳)烷.
hexacosa- 〔词头〕廿六.
hexacosane' n. (正)廿六(碳)烷,廿六(碳)(级)烷.
hexacosanol n. 廿六醇.
hexacyanobutadiene n. 六氰基丁二烯.
hexacyc'lic a. 六环(核)的.
hex'ad ['heksæd] 或 hex'ade ['hekseid] n.; a. 六(个),六重轴,六价物(基,元素),六价(面)的,六个一组(套).
hexadeca- 〔词头〕十六.
hexadecane n. (正)十六(碳)烷,十六(碳)(级)烷.
hexadecanol n. 十六(烷)醇.
hexadecene n. 十六碳烯.
hex'adec'imal ['heksə'desiməl] a. 十六进(位)制的.
hexadecyl n. 十六(烷)基.
hexadecylene n. 十六(碳)烯.
hexadecyne n. 十六(碳)炔.
hexadekahedroid n. 十六胞超体.
hexadiene n. 己二烯.
hexadiyne n. 己二炔.
hexaeth'yltetraphos'phate n. 四磷酸六乙酯.
hexafluorated a. 六氟化的.
hexafluoride n. 六氟化物.
hexafluoro- 〔词头〕六氟(代).
hexafluoroben'zene n. 六氟(代)苯.
hexafluorohafnate n. 六氟铪酸盐.
hexaflurate n. 六氟盐.
hex'agon ['heksəgən] n. 六角(边,方)形,六角体. hexagon bar iron 六角钢. hexagon steel 六角形钻钢.
hexag'onal [hek'sægənl] a. 六角(边)(形)的,六方(面)晶系. hexagonal bar (rod)六角钢. hexagonal close-packed 密排六方. hexagonal lenticulation 六角透镜光栅. hexagonal pattern 六角晶格. hexagonal system 六方(六角)晶系.
hexagonal-close-packed lattice 六角密集晶格〔点阵〕.
hexagon-headed bolt 六角头螺栓.
hex'agram n. 六线形,六芒星形.
hexahalogenated a. 六卤代的.
hex'ahed'ral ['heksə'hedrəl] a. (有)六面体的,六边形的.
hexahedride n. 六面体式陨铁.
hexahed'ron n. (正)六面体,立方(面)体. regular hexahedron 正六面体,立方体.
hexahy'drate n. 六水合物.
hexahydric a. 六羟(元)的. hexahydric acid 六元酸.
hexahydro- 〔词头〕六氢化,加六氢.
hexahydrobilin n. 六氢后胆色素.
hexahydroxy- 〔词头〕六羟.
hexaiodated a. 六碘化的.
hexaiodo- 〔词头〕六碘(代).

hexakisoctahedron n. 六八面体.
hexakistetrahedron n. 六四面体.
hexakosioiohedroid n. 六百胞超体.
hexalin n. 环己醇.
hexamer n. 六聚物.
hexamethyl n. 六甲基.
hexamethylene n. 六甲撑,己撑,环己烷.
hexamethylene-diisocyanate n. 己撑二异氰酸脂.
hexamethylenetetramine n. 六甲撑四胺,环六亚甲基四胺,乌洛托品.
hexamethylolmelamine n. 六羟甲基三聚氰胺.
hexamethylpararosaniline n. 结晶紫,龙胆紫.
hex'amine n. 六胺,乌洛托品,六甲撑四胺.
hexammine n. 六氨络合物.
hexanal n. 己醛.
hexandioic acid 己二酸.
hex'ane n. (正)己烷,己级烷.
hexanediol n. 己二醇.
hexanedione n. 己二酮.
hexan'gular a. 六角的.
hexanitro- 〔词头〕六硝基.
hexanoate n. 己酸(盐,酯或根).
hexanol n. 己醇(通常指己醇-〔1〕).
hexanolactam n. 己内酰胺.
hexanone n. 己酮.
hexanone-〔2〕 n. 己酮-〔2〕,甲基·丁基甲酮.
hexanoyl n. 己酰.
hexaphenyl n. 六苯基.
hexaphenylethane n. 六苯乙烷.
hexaplanar n.; a. 六角晶系,平面六角晶,六角平面的.
hexaploid n. 六倍体.
Hexap'oda [hek'sæpədə] (pl.) n. 六足纲,昆虫纲.
hexapolythionate n. 连六硫酸盐.
hexapyanose n. 吡喃己糖.
hex'astyle a.; n. ①有六柱的,六柱式的 ②(正面)有六柱的建筑物.
hexasubstitution product 六取代产物.
hexatetrahedron n. 六四面体.
hexathionate n. 连六硫酸盐.
hexatom'ic a. 六原子的,六元的,六(碱)价的.
hexatriacontane n. 三十六(碳)烷.
hexava'lence 或 hexava'lency n. 六价. hexava'lent a.
hexavec'tor n. 六(维)矢(量).
hexene n. 己烯.
hexenol n. 己烯醇.
hexenone n. 己烯酮.
hexenyl n. 己烯基.
hexibiose n. 己二糖.
hexides n. 己糖二酐(脱二水己六醇类).
hexine n. 己炔.
hexitan n. 己糖酐酐(脱一水己六醇).
hexitol n. 己六醇.
hexoctahedron n. 六八面体.
hex'ode ['heksoud] n. 六极管. mixing hexode 六极混频管. triode hexode 三极六极管.
hex(o)estrol n. 己雌酚.
hexokinase n. 己糖激酶.
hexone n. 异己酮,异己酮-〔2〕,异己丑酮.

hexopentosan n. 己戊聚糖.
hexos'amine n. 己糖胺,氨基己糖.
hexosan n. 己聚糖.
hex'ose n. 己糖.
hexosediphosphatase n. 己糖二磷酸(酯)酶.
hexosediphosphate n. 二磷酸己糖,己糖二磷酸.
hexosemonophosphate n. 磷酸己糖,己糖磷酸.
hexose-6-phosphate n. 己糖-6-磷酸.
hexoxide n. 六氧化物.
hex'yl n. ①己基 ②六硝炸药 ③六硝基二苯胺. *hexyl alcohol* 己醇. *hexyl octyl decyl phthalate* 己基辛基癸基酞酸盐.
hexylene n. 己烯.
hexylresor'cinol n. 己基间苯二酚.
hexyne n. 己炔.
hexynol n. 己炔醇.
hey [hei] *int.* 嘿!咦!
hey'day ['heidei] n. 全盛(时)期. *in the heyday of youth* 在年青力壮的时候.
HF =①high frequency 高频(3,000~30,000Kc) ② high-frequency 高频的 ③hydrogen fluoride 氟化氢.
Hf = hafnium 铪.
hf = half 半.
H/F = held for 替…保留.
HF SECT = high frequency sector 高频部分.
HF telegraph transmitter 短波电报发射机.
HFA 或 **HF amp** = high-frequency amplifier 高频放大器.
HFC =①high-frequency choke 高频扼流圈 ②high frequency current 高频电流.
HFDF = high frequency direction finder 高频测向器.
hfdf = high-frequency direction finding 高频测向.
HFE = human factor engineering 环境因素工程学.
HFH = half-hard 半硬的,半防原子的.
HFO = Hf oscillator 高频振荡器.
HFORL = Human Factors Operations Research Laboratories 环境因素运筹研究实验室.
HFP = helium fuel tank pressurization 氦燃料箱增压.
Hfr = high frequency of recombination 高频重组.
H-frame n. H形电杆,H型支架.
HFS = hyperfine structure 超精细结构.
HFSV = high flow shutoff valve 大断流阀,高速关闭阀.
HG =①hand generator 手摇发电机 ②homing guidance 自动引(制)导.
H&G = harden and grind 硬化与研磨.
Hg = mercury 汞,水银.
hg =①hectogram 百克 ②heliogram 回光信号.
HGPS = high grade plow steel 高级索钢.
hgt = height 高(度),海拔.
HH =①half hard 半硬的,半防原子的 ②handhole 探孔,人孔,筛眼.
HH-beacon n. H型信标(非方向性无线电归航信号).
H-hinge n. 工字铰链.
HHW = higher high water 高高潮.
HHWI = higher high water interval 高高潮间隔.

HI =①Hawaii 夏威夷 ②Hawaiian Islands 夏威夷群岛 ③hazard index 危险指数 ④heat increment 热增耗 ⑤height of instrument 仪表高度 ⑥high intensity 高强度 ⑦horizontal interval 水平间隔.
HI polystyrene = high impact polystyrene 高冲击强度聚苯乙烯.
HIAD = handbook of instructions for aircraft designers 飞机设计师须知.
hia'tus ['hai:eitəs] n. ①间断[隙],裂缝,缝[空,罅]隙 ②漏字(句),脱文(字),缺失,脱漏之处 ③中断,拖宕,(时间)间歇.
hibakusha [hi'baku:fə] n. 核爆余生者.
hiber'nal ['haibə:neit] a. 冬(季)的,寒冷的.
hi'bernate ['haibə:neit] v. 冬眠,蛰伏,越冬,避寒. **hiberna'tion** n.
Hibex = High-G Boost Experiment 高加速度助推器实验.
hic'cough Ⅰ n. 电子放大镜. Ⅱ n. ; v. = hiccup 打嗝.
hic'key ['hiki] n. ①(电器上的)螺纹接合器 ②弯管器 ③器械,新发明的玩意儿.
hick'ory ['hikəri] n. 胡桃木,山核桃木,一种坚固的棉织物.
hickton n. 小镇,远离大都市的乡镇.
hic'ore ['hikɔ:] n. 希科(不锈钼络,表面硬化)钢.
hid [hid] hide 的过去式和过去分词.
hid'den ['hidn] Ⅰ hide 的过去分词. Ⅱ a. 隐藏(蔽)的,秘密的,神秘的. *hidden abutment* 埋式桥台. *hidden anomaly* 隐伏异常. *hidden charm meson* 隐粲介子. *hidden danger* 隐患. *hidden line* 隐(虚)线,阴暗线. *hidden microphone* 窃听器. *hidden rock* 暗礁. *hidden symmetry* 对称性. *hidden side of the Moon* 月球背面,月球的阴面.
hide [haid] Ⅰ (*hid*; *hid'den* 或 *hid*) v. 躲藏,隐藏[匿,蔽],遮掩,庇护,潜伏,守秘密. Ⅱ n. ①(兽)皮,皮革,塑料板坯;隐匿处. *hide glue* 皮胶. *raw* [*green*] *hide* 生皮. ▲*hide and hair* 完全. *hide* (…) *from*… 瞒(…)不让知道[无法察觉,无法看出(…),对…保守(…)的秘密. *hide or hair* 影踪.
hide-and-seek n. 捉迷藏,回避,躲闪,蒙混.
hide'bound ['haidbaund] a. 非常瘦的,墨守成规的,死板的,偏狭的,紧皮的(树木).
hid'eous ['hidiəs] a. 丑陋的,可恶的,讨厌的,骇人听闻的. ~**ly** ad.
hide-out n. 隐匿处(所).
hi'ding n. 隐匿,藏匿,遮盖,躲藏(处);击败. *hiding power* (油漆等的)遮盖[盖底,被覆]力.
hiding-place n. 藏〔储〕蔽处.
hi'dumin'ium ['haidju:miniəm] n. 铝铜镍合金,RR合金.
Hidurax = 海杜拉克斯铜合金(铝 8.5~10.5%,镍 0~5.5%,铁 1.5~6.0%,锰 0~6%,其余铜;或铝 2~4%,镍 1~3%,锰 12~16%,其余铜).
hi'emal ['haiiməl] a. 冬季的,寒冷的.
hierar'ch(i)al 或 **hierar'chic(al)** a. 体(谱)系的,分层的,层次的 ②僧侣(统治)的,僧侣(制度)的. *hierarchial file structure*【计】分级资料结构,分级文件结构.
hierarchiza'tion n. 等级化.
hi'erarchy ['haiərɑ:ki] n. ①体系(制),系统,谱系 ②

分层,层次(数),多层,分级(结构) ③级别,阶层,等级制度,特权阶级. *data hierarchy* 【计】数据层次. *hierarchy of memory* 【计】分级存储器系统,存储层次. *hierarchy of roads* 道路网主干线.

hi′eroglyph ['haiərouglif] *n.* 像形文字,秘密〔难解〕的符号.

hieroglyph′ic [haiərou'glifik] Ⅰ *a.* 像形文字的,符号的,难懂的. Ⅱ *n.* (pl.) 像形文字,难解的符号,难以辨认和理解的字.

hieroglyph′ical *a.* = hieroglyphic. — ly *ad.*

Hifar = High Flux Australian Reactor 澳大利亚高中子通量反应堆.

Hi-Fi 或 **hi-fi** ['hai'fai] = high fidelity 高保真度的,高度灵敏的.

Hi-Fix Decca 短程德卡(短程相位导航系统).

hiflash *n.* 高闪(燃)油.

HIG = hermetic integrating gyroscope 密封式积分陀螺仪.

HIG GYRO = hermetically sealed integrating gyro 密封的积分陀螺仪.

HIGED = handbook of instructions for ground equipment designers 地面设备设计师须知.

Higgins column 半连续离子交换柱.

hig′gle ['higl] *vi.* 讨价还价,讲条件,争执.

hig′gledy-pig′gledy *ad.* ; *a.* ; *n.* 极紊乱(的),杂乱无章(的).

Higgson *n.* 希格斯子.

high [hai] Ⅰ *a.* ①高,高度〔级、等〕,超,尚,处,地,原,(介,纬度)的,升高速度惊动的 ②(声音)尖锐的,高音(调)的,(颜色)浓〔深,鲜艳〕的 ③强(烈)的,激烈的,非常的,(很,重大)的,(严)重的,正盛的. Ⅱ *ad.* 高,大,强,高度〔价〕地,量大地,奢侈地. Ⅲ *n.* ①高(气)压(区、带、区),反气旋,气压极大区,大气压力的极大值 ②高峰(潮),高水准,大数字 ③高处〔地〕,天空 ④高速度转动 ⑤(pl.)见highs. *It's five metres high.* 这东西有五米高. *aim high* 向高处瞄准,向着高的目标. *barometric high* 高气压. *high ABM and MIRV* 大规模配置反导弹导弹和分导多弹头导弹. *high alphabet command decoder* 高位指令译码器. *high altitude Lp gas* 高丁烷含量的液化石油气体. *high altitude VOR* 高空(大高度)甚高频全向信标(导航). *high and low pass filter* 带阻滤波器,高低通滤波器. *high and low water alarm* 水位报警器. *high angle missile* 远程导弹. *high angle shot* 俯角拍摄. *high antiquity* 远古. *high area* 高气压圈. *high assay* 高指标样品. *high bainite* 上贝茵体. *high beam* 车前灯的远距离亮光束. *high bd.* *high bed* 沙洲,浅滩. *high boiler* 高沸化合物. *high boost* 频率特性曲线(部分)上升,高频分量提升,高频部分升高,高频补偿. *high brass* 优质黄铜. *high capacity tyre* 载重轮胎. *high carbon coke* 低分子焦炭. *high C circuit* 大电容电路. *high cellulose type electrode* 纤维素型焊条. *high chroma colour* (高)饱和色. *high colour switching rate* 高速彩色转换率,彩色高频分量转换速率. *high command* 统帅部,最高指挥部,最高领导班子. *high current* 强电流. *high cut* 深挖(土). *high dip* 急倾,急剧下降. *high-early* (*strength*) *cement* 早强(快硬)水泥.

high explosive 烈性(高爆)炸药. *high fidelity* 高保真度. *high filter* (抑制声频范围的)高频噪声滤波器. *high flying* 高空飞行. *high furnace* 竖炉. *high gear* 高速齿轮,高速档,直接传动. *high impact polystyrene* 耐冲击聚苯乙烯. *high joint* 凸缝. *high jump* 跳高. *high key* 亮色调图像调节键. *high level* 高空,大气高层,高电平,高能级. *high light* 光线最强部分,图像中最亮处,辉亮部分. *high limit* 最大限度,上限,最大(上限)尺寸. *high low lamp* 变光灯泡. *high lustre coating* 镜面光亮涂镀. *high megohmmeter* 超高阻表,超绝缘测试仪. *high megohm resistance comparator* 高阻比较器. *high melt* (化炉)高温熔炼. *high melting metal* 难熔(高熔点)金属. *high-mu tube* 高μ管,高放大系数管. *high pass* 高通(滤波器). (卫星轨道的)上部. *high peaker* 加重高频成分的设备,微分电路,脉冲修尖〔高频峰化〕电路. *high performance* 优质的,精密的,高精确性,高性能. *high point* (剃前刀具)增高齿顶. *high point of an orbit* 轨道远地点. *high polymer* 高分子. *high portland* 多水泥的. *high power capacity* 大功率电容,高容量(波导). *high power modulation method* 高功率〔高电平〕调制法. *high road* 大(干,公)路. *high scale* 上刻度上段,高读数. *high sea* 大浪,猛浪(海面浪高12～20英尺). *high seas* 公海,远海(洋),狂浪. *high slope* 陡坡. *high speed steel* 锋(高速)钢. *high spot* (路面)凸起点,重点,突出部分. *high steel* 硬钢,高碳钢. *high street* 大街,正街. *high summer* 盛夏. *high temper steel* 高温回火钢. *high turbine* 大功率涡轮机. *high volume production* 大量生产. *high water* 高(满)潮,洪(大,满)水. *high webbed tee iron* 宽腰 T 字钢. *high wind* 疾(大,劲)风. *hold high* 高举. *isallobaric high* 正变压中心. *three high mill* 三辊轧机. ▲*aim high* 力争上游. *be high on* 十分兴奋的,特别喜爱的. *from* (*on*) *high* 从天上,从高处. *high and dry* (船)搁浅,落在时代潮流的后面,孤立无援. *high and low* 四面八方,到处,上上下下. *high in* 含…量高的,在…高的,富…的. *high in aromatics* 富芳烃的. *high pressure* 高压,拚命努力. *high technology* 尖端技术. *high tide* 高(满)潮,达到最高潮的时候,绝顶. *high time* (*to*+*inf.*) 时机成熟的时候,正该…的时候. *high up* 位置(地位)高. *hit an alltime high* 创历史上最高纪录. *in high spirits* 高兴,兴致勃勃. *in high terms* 称赞. *— of high antiquity* 远古时候的,老早以前的. *on high* 在高空,在天上. *run high* 起大风浪,潮急;兴奋,激动;上涨.

high-alpha transistor 高增益晶体管.
high-altitude *a.* 高空的(美国标准为1500～6000m).
high-alumina *a.* 富矾土的.
high-aluminous *a.* 高品位铝矾土的.
high-amperage *n.* 大电流量,高安培数. *high-amperage arc* 强流电弧.
high-amplitude detector 强信号〔高振幅,高电平〕检波器.

high-angle *a.* 高角射击的,高射界的,高〔陡〕角的. *high-angle missile* 远程导弹.

high-aperture lens 大孔径透镜,强光透镜.

high-apogee orbit (弹道)高远地点轨迹.

high-ash *a.* 高灰分的,灰分高的.

highball Ⅰ *n.* (火车)全速前进信号,高速火车. Ⅱ *vi.* 全速前进.

high-boiling *a.* 高沸点的. *high-boiling fraction* 高沸点〔高温沸腾〕部分.

high-capacity *n.*;*a.* 大容量(的).

high-carbon *a.* 高碳的,碳含量高的.

high′-class′ *a.* 优质〔等,良〕的,高质量的,高级的,高精度级的.

high-coercive *a.* 高矫顽磁性的.

high-confidence countermeasure 长时电子对抗.

high-contrast image 高对比度图像,"硬"图像.

high-copper *n.*;*a.* 高铜,含铜高的.

high-creep strength steel 高蠕变强度钢.

high-current *n.*;*a.* 强(电)流,强电流的.

high-cut filter 高阻滤波器.

high-cycle *a.* 高频的. *high-cycle efficiency* 工作周期的高生产率.

high-density *a.* 密度大的,高密度,致密的. *high-density method* 高电流密度锌电解法.

high-ductility steel 高塑性钢.

high-dump wagon 高位倾卸式拖车.

high-duty *a.* 大功率的,高生产率的,重型的,载重的. *high-duty boiler* 高压锅炉. *high-duty cast iron* 高级优质铸铁. *high-duty cycle betatron* 高负载因子电子感应加速器. *high-duty steel* 高强度钢.

high-early-strength concrete 快硬〔早强〕混凝土.

high-electron velocity camera tube 高速电子摄像管.

high-energy *n.* 高能. *high-energy orbit* 非最佳轨道.

high′er ['haiə] *a.* (high 的比较级)较高的,高(一)级,度,次,阶)的. *higher ambient transistor* 高温稳定的晶体管. *high apse* 远星点. *high cut-off frequency* 上限截止频率. *higher derivative* 高阶导数〔微商〕. *higher isotopes* (较)重同位素. *higher plane curve* 高次平面曲线. *higher primary ideal* 高准素理想. *higher slice* 上部分层,上层. *higher space* 高维空间.

higher-level language 程序设计语言,高级语言.

higher-mode coupling 高次波型耦合,高次谐波激励.

higher-rated *a.* 较高额定值的,(发动机)增大推力的.

high′est ['haiist] *a.* (high 的最高级)最高的. *highest attained vacuum* 极限真空度.

high-fi ['hai'fai] = high-fidelity.

high′-fidel′ity *n.*;*a.* 高保真度(的),易感的,高度灵敏的.

high′ field *n.* 强(电)场的. *high(-)field emission arc* 高场致电子发射弧. *highfield type booster* 强场式升压机.

high-fired *a.* 高温熔烧过的,高温烧结的.

high-flash oil 高闪点油.

high′-flown′ *a.* 夸张〔大〕的,好高骛远的,野心勃勃的.

high(-)flying *a.* 高空飞行的;骄傲的,自命不凡的.

high′-fre′quency *a.* 高频(率)的,高周波(率)的. *high-frequency drying stove* 电介质烘(干)炉,高频干燥炉. *high-frequency broadcast station* 超短波广播电台.

high-frequency-amplification receiver 直放式接收机.

high-G *n.* 高冲击负载.

high-gain amplifier 高增益放大器.

high-gap compound 宽禁带化合物.

high-grade *a.* 高(品)级的,优等(质)的,高品位的,高浓缩的,浓缩度大的. *high-grade matte* 高品位镍. *high-grade steel* 高级钢.

high-heat *a.* 高温〔热〕的,耐热的,难熔的.

high-impedance *a.* 高阻抗的,高欧姆的,高电阻的.

high-index coupling medium 高折射率耦合媒质.

high-integration density 高集成度.

high′-inten′sity *a.* 高强度〔亮度〕的. *high-intensity AGS accelerator* 交变陡度〔梯度〕强流同步加速器.

high-intermediate-frequency receiver 高中频超外差式接收机.

high-key *n.* 高(色)调,浓色调.

high′land *n.*;*a.* 高地,高原(的).

high′lev′el *a.* 高标准的,高标高的,高质(级)的,高空的,强放射性的,高空的.

high-lift *n.* 高举,高扬程. *high-lift pump* 高扬程水泵,高压泵.

high′light Ⅰ *n.* ①(绘画,摄影图像中)最明亮的部分,辉亮〔光线最强〕部分,闪亮点,强光,照明效果 ②重(要)点,最精彩的地方,最精彩的节目,集锦. Ⅱ *vt.* ①使…突出(显著) ②集中注意力于,着重,强调 ③以强烈光线照射. *highlight halo* 摄影光轮. *highlight flux* 最大光通量. *highlight illumination* 图像亮点照明,图像最亮处照度. *highlight signal* 最亮信号. ▲*be in the highlight* …成为注意的中心,使人注目.

high-light-to-low-light ratio 最强最弱亮度比,对比度系数,反差系数.

high′(-)line *n.* 天线,高压线,架空索.

high-low bias check 高低偏压校验.

high-low bias test 边缘检查(校验).

high-low lamp 明暗(变换)电灯.

high-low level control 双位电平调整器.

high-low-range switch 高低量程转换开关,高低频转换开关.

high-low voltmeter 多量程伏特计,(电源)高低压警报电压表,高低压电压表(电源电压达到允许的最高、最低值时,能发出信号).

high-luminance colour 强发光色,(高)亮(度)色.

high′ly ['haili] *ad.* 高,大,强(烈),甚,非常,高度地,按高额. *highly absorbable particle* 易吸收粒子. *highly charged particle* 多荷电粒子. *highly efficient regeneration* 高度〔完全〕再生. *highly scientific approach* 高度科学性的方法. *highly skilled worker* 高度熟练的技工. ▲*speak highly of* 赞扬,称赞. *think highly of* 尊重,重视,对…评价很高.

highly-directional antenna 锐方向性天线.

high-lying resonance 高位共振.

high-lying state 高能态.

highly-parallel arithmetics 高度并行运算.

high'-melt'ing(-point) *a.* 高熔点的,耐〔难〕熔的,耐火的.

high-mobility hole 高迁移率空穴.

high'ness ['hainis] *n.* 高,高度〔尚,价,位〕.

high-noise immunity logic 高抗扰逻辑.

high-note buzzer 高音蜂鸣器.

high'-octane *a.* 高辛烷的.

high-ohmic *a.* 高电阻的,高欧姆的.

high-order *a.* 高次〔阶,位,序〕的. *high-order transverse mode* 高阶横波型.

high-order-corrected *a.* 高阶修正〔校正〕的.

high-pass *a.* 高通的(滤波器).

high-peak current 高峰值电流.

high-peaker *n.* 高频补偿电路,高频峰化器.

high'-perfor'mance *n.*; *a.* 优越性能,高效率的,高质量的,高准确度的,(发动机)大功率的,高速的,高性能的.

high'-pitched' *a.* 高音调〔声频〕的,尖声的,(屋顶等)高坡的,坡度陡的.

highpolymer *n.* 高聚合物.

high-potential *n.* 高电位〔压〕.

high-power(ed) *a.* 大〔强〕功率(的),力量大的,光强的,很亮的,大型的.

high-precision *n.*; *a.* 高精密〔准确〕(的),高精度,高度精确的,精密的.

high-pres'sure [I.] *n.* 高(气)压的,急迫的,拼命干的,强行推销的. [II.] *vt.* 强制〔迫〕,用高压手段影响,向…进行推销.

high-priced *a.* 高价的,昂贵的.

high-proof *a.* 含有酒精度高的.

high'-pu'rity *n.*; *a.* 高纯度(的),特纯的.

high-Q filter system 高 Q(值)〔高品质因素〕滤波器.

high-rank(ing) *a.* 高级的.

high-rate battery 高速放电电池组.

high-remanence *a.* 高顽磁性的,高剩磁的.

high-resistance *a.* 高(电)阻的,高欧姆的.

high-resolution *n.*; *a.* 高分辨率(的),高分辨能力(的),高清晰度(的),高分解力(的).

high'rise [I.] *a.* 高耸的,摩天的,高层的,有多层楼房并装有电梯的. [II.] *n.* 多层高楼.

high'-ri'ser *n.* ①高层住宅,高层办公楼 ②单人双人两用活动床 ③小型自行车.

high'-road *n.* 大(公)路,大道,容易进行的方法手段.
▲*the high-road to* (通向)…的大道.

highs *n.* (pl.) 高频分量,高频分量〔信号〕,三信号的高频分量的混合物〔混合信号〕. *mixed highs system* 高频混合制.

High-sensicon *n.* 氧化铅摄像管.

high-sintering *n.* 高温烧结.

high-sounding *a.* 夸张〔大〕的.

high'-speed' ['hai'spi:d] *a.* 高〔快〕速的. *high-speed heat* 高速加热. *high-speed loop* 快速循环存取区. *highspeed steel* 高速钢,锋钢.

high-spin *a.* 自旋数值大的,高自旋的.

high'-spir'ited *a.* 勇敢的,有精神的,易激动的.

high-stability *n.*; *a.* 高稳定度,高度稳定的.

high'stand *n.* 高台期.

high-strength *a.* 高强度的. *high-strength cast iron* 高强〔度〕铸铁. *high-strength cement* 高标号〔高强度〕水泥.

high-strung *a.* 紧张的,敏感的,兴奋的.

high'tail' *vi.* 赶快飞离,迅速离开〔撤退〕.

high-temper steel 高温回火钢.

high-temperature *n.*; *a.* (耐)高温(的),耐热(的).

high-tenacity rayon 高强螺萦.

high-tensile *a.* 高强(度)的.

high-tension *n.*; *a.* 高(电)压(的).

high-test *a.* ①优质的,高级的,适应高度需要的 ②经过严格试验的 ③高挥发性的.

high-threshold *a.* 高阈(值)的.

high-tide *n.* 高潮(线).

high-tin babbit 高锡巴比合金(锡 83～89%).

high-transconductance gun 高跨导电子枪.

high-type *a.* 高级(的).

high-μ tube 高 μ 管,高放大系数管.

high-usage trunk 高度使用的传输线〔中继线〕.

high-vacuum *n.* 高(度)真空.

high-velocity *a.* 高(快)速的.

high-viscosity *n.* 高粘度(性).

highwall-drilling machine 立式钻机.

high'-water *a.* 水位达到最高点的. *high-water mark* 〔line〕洪水痕迹,高水位(线),高潮线,最高水准,顶点.

high'way ['haiwei] *n.* ①公(大)路,大道,道路,交通干线 ②总线,航线,水路 ③导线,传输线,公用通道,信息通路,高通导 ④达到目的的途径. *highway at grade* 平交公路(与铁路在同一水平面上相交叉). *highway hopper* 筑路斗式运料车.

high-wrought *a.* 极度紧张的.

high-yield *n.* 高产额.

hi'jack ['haidʒæk] *n.* 劫持.

hike [haik] *v.*; *n.* ①长途徒步旅行,步行 ②飞(扬,飘,升,拉)起,提高,增加 ③在高空检修电线.

hiker *n.* 徒步旅行者,高空电线检修工.

HILAC 和 **Hilac** = heavy-ion linear accelerator 重离子直线加速器.

hi-line *n.* 高压线.

hi-lite *n.* =high light (图像)高亮度部分.

Hi-Lite Matrix 黑底高亮度矩阵.

Hi-Lite permachrome tube (RCA) 的黑底彩色管.

hill [hil] [I.] *n.* ①小山,丘(陵),土堆〔墩〕,高地 ②(山,斜)坡,坡道. [II.] *vt.* 堆成小山,(在树木周围)拥土. *hill and dale (recording)* 垂直〔深度,深划〕式〔录音〕. *hill-and-dale route* 横越分水线的道路. *hill holder* 汽车坡路停车防滑机构. *hill shading* 晕镜〔渲〕(画墨线的阴影). *potential hill* 势(位)垒.
▲*up hill and down dale* 翻山越谷,彻底地,完全,有耐性地,坚持地,猛烈地.

hil'lock ['hilək] *n.* ①(外延生长层的)小丘,蚀丘,土坡〔墩〕 ②(pl.) 异常析出.

hil'locky ['hiləki] *a.* 多小丘的,多土墩的,丘陵地带的.

hill'(-)side' ['hil'said] *n.* 山坡〔脚,边,腹,腰〕,丘陵的侧面. *hill-side road* 傍山路. *hill-side flanking* 护坡.

hill'top' *n.* (小山)山顶.

hill'y ['hili] *a.* (多)丘陵的,丘陵地带的,险阻的,崎岖的,峻峭的,有斜坡的,陡的.

hilo *n.* 一种镍合金.

hi-lo-check *n.* 计算结果检查,高低端检查.

Hi-LO set plug 不完全接触塞块法(检验螺纹旋入性的方法).

hi-low n. 出界.

hilt [hilt] Ⅰ n. (刀,剑等的)柄,把. Ⅱ vt. 装柄于. ▲*(up) to the hilt* 充分地,彻底地,完全地. *be proved to the hilt* 被完全证明.

him [him] pron. (he 的宾格).

Himala'ya [himə'leiə] n. 喜马拉雅山.

Himalay'an [himə'leiən] a. 喜马拉雅山脉的.

Himala'yas [himə'leiəz] n. 喜马拉雅山(区,脉).

Himet n. 碳化钛硬质合金.

hi-mode bias testing 边缘测试.

himself [him'self] (pl. *themselves*) pron. ①自己 ②(他)亲自,(他)本人. ▲*(all) by himself* 独自,独力,单独. *for himself* 给自己.

hind [haind (*hinder*; *hindmost* 或 *hindermost*) a. (指前后对称的)后面(边,部)的,在后的. *hind wheel* 后轮.

hindcasting technique 追算技术.

hin'der Ⅰ ['hində] v. 妨碍(害),阻止(滞,挠,碍). *hindered phenol* 受阻(化合)酚. *hindered rotation* 受碍转动. *hindered-settling classification* 阻落分级法. ▲*hinder…from* +ing 阻止…去(做),妨碍…(做)…,使…不能(做).

Ⅱ ['haində] a. ①后面(边,方)的 ②hind 的比较级.

hind(er)most ['haind(ə)moust] a. ①最后(面,方)的, ②hind 的最高级.

hin'drance ['hindrəns] n. 障(阻)碍,妨害,干扰,结(停)滞,延迟,障碍物. *hindrance to traffic* 交通障碍物.

hindsight ['haindsait] n. ①(枪)的照尺 ②事后的认识,后见之明. *realize with hindsight* 事后认识到.

hinge [hindʒ] Ⅰ n. ①铰链,铰接,折(合)叶,活页,门耳,节点,活动关节 ②(铰组)(机),重(要)之点,主旨,关键,转折点 ③透明胶水纸. *flapping* [δ] *hinge* (直升机)扑轴. *hinge armature* 枢轴衔铁. *hinge joint* 铰(链)接合,(机械手的)关节连接,铰式铰接. *hinge moment* 铰接力矩. *hinge of spring* 簧节套. *loose joint hinge* 活铰链. ▲*off the hinges* 铰链脱落,脱节,失常.

Ⅱ v. ①给…装铰链,铰接,用铰链转动(结合,附着) ②(以(看))…而定,依…为转移,依赖. *hinged bearing* 铰承座. *hinged flash gate* 舌瓣,下降式活门. *hinged hopper* 铰式斗车. *hinged joint* 铰(链)接(合),(混凝土路面的)铰式接缝,企口缝. *hinged plate* 铰折板. ▲*hinge M to N* 把 M 铰接到 N 上. *hinge on* [upon]…视…而定,依…为转移,关键在于;靠铰链转动.

hinge'less a. 无铰(链)的.

hingepost n. 铰接桥墩.

Hinsdale process 一种钢锭铸造法.

hint [hint] Ⅰ n. ①暗(提)示,线索,心得 ②点滴,微量. Ⅱ v. 示意,暗示,启发,略提一下. *Hints for Beginners* 初学者须知. ▲*give* [drop] *a hint* 暗示,启发. *hint at* 暗示,示及,略为提及. *take a hint* 领会暗示,明白,得到启发.

hin'terland ['hintəlænd] n. 海岸或河岸的后部地方,港口可供应到的内地区,后置地,后陆,内(腹)地,远离城镇的地方,穷乡僻壤. *interland sequence* 内陆层序.

hiortdahlite n. 片榍石.

hip [hip] Ⅰ n. (屋)脊,斜(屋)脊,降(偶)栋,堆尖,臀部. Ⅱ (*hipped*; *hipping*) vt. 给…造屋脊,使警觉(灵通). Ⅲ a. 熟悉内情的,市面灵通的. *hip point* (桁架)上弦与斜端杆结点. *hip token* (ALGOL 68 用) 模式化记号. *hip(ped) roof* 四坡(斜截头)屋顶. ▲*be hip to* 非常熟悉.

HIPAC = Hitachi parametron automatic computer 日立参变管电子计算机.

HIPAR = high power acquisition radar 大功率搜索雷达.

Hiperco n. "海波可"磁性合金,一种高导磁率与高饱和磁通密度的磁性合金(钴34%,铬0.5%和铁65.5%).

Hiperloy n. 高导磁率合金(铁50%,镍50%).

hi'pernik ['haipənik] n. "海波尼克"高导磁率镍钢,海波尼克高磁合金,铁镍磁性合金(铁50%,镍50%).

Hipersil n. "海波西尔"高导磁率硅钢,海波西尔磁钢(硅 3～3.5%,碳 ＜0.03%,硫 ＜0.02%,磷 ＜0.02%,锰0.1%).

Hiperthin n. "海波金"(一种磁性合金).

HIPOE = high pressure oceanographic equipment 高压海洋观测设备.

hipped [hipt] a. (屋顶)有斜脊的.

hip'piater ['hipieitə] n. 兽医.

hippiat'ric a. 兽医的.

hippiat'rics [hipi'ætriks] n. 兽医学.

hippocampal— n. 海马(趾)的.

hippocam'pus [hipə'kæmpəs] n. 海怪,海马(脑中之)海马趾.

hippulin n. 异马烯雌(留)酮.

hippuran n. 碘马尿酸钠.

hippy ['hipi] n. (美国)颓废派,嬉皮士.

HIPRES = high pressure 高压.

HIPS = highimpact polystyrene 高耐冲性聚苯乙烯(塑料).

Hi-Q = high-quality 高品质(质量)因数.

HIRAN 或 **hiran** = High Precision Shoran 高精度肖兰(近程无线电导航系统). 精密短程定位系统.

hire ['haiə] Ⅰ n. ①租用,雇用 ②租金,工资,报酬. *hire purchase* [system] 分期付款购买. *motor-cars on hire* 出租汽车. *work for hire* 做雇工. ▲*let out on hire* 出租. *pay for the hire of* 付…的租费.

Ⅱ vt. 租借,租用,雇用,出租. *hired labor* 计日工作,雇工. *hired labor rate* 工资率,计日工资. *hiring of labour* 招工,雇用工人. ▲*hire out* 出租.

hi-rel component 高可靠性元件.

hire'ling ['haiəliŋ] n.; a. 被雇用的(人),佣工,租用物.

hi'rer ['haiərə] n. 租借者,雇主.

Hirohata n. 广 (日本港口).

H-iron n. ①宽缘工字钢,工字铁 ②氢还原的铁粉.

Hiroshima ['hiro'ʃi:mə] n. (日本)广岛.

Hirox n. 希罗克斯电磁合金(铝 6～10%,铬 3～9%,锰 0～4%,锆、硼少量,其余铁).

HIRS = high resolution infrared radiation sounder

hirst n. 沙堆(滩).
Hirth minimeter 一种单杠杆比较仪.
hirudin n. 水蛭素.
Hirudinea n. 蛭纲(类).
his [hiz] pron. (he 的所有格)他的(东西).
Hishi-metal n. 覆乙烯金属板.
hisingerite n. 硅铁土.
hiss [his] n.; vi. (发)嘶嘶声,(发)嘘嘘声,啸(嘘)声,杂(嘘)音,漏气声. *hissing arc* 响弧,啸声电弧,(石墨弧光灯的)啸声弧光.
histaminase n. 组胺酶.
his'tamine n. 组胺.
histeresis = hysteresis.
his'tic a. 组织的.
histidase n. 组氨酸酶.
histidinal n. 组氨醛.
histidine n. 组氨酸.
histidinol n. 组氨醇.
histidyl-〔词头〕组氨酰(基).
histiocyte n. 固定巨噬细胞,组织(间质)细胞.
histo-〔词头〕组(织).
histoautoradiograph n. 组织放射自显影照片.
histoautoradiog'raphy n. 组织放射自显影术.
histochem'istry n. 组织化学.
histocompatibil'ity n. 组织相合性.
histodiagno'sis n. 组织诊断(法).
histodifferentia'tion n. 组织分化.
histogen n. 组织原.
histogen'esis n. 组织发生.
his'togram ['histəgræm] n. 直方(矩形,柱状,条带,频率分布,组织)图,频率分布器,频率分布图. *histogram recorder* 无线电遥测摄影机((帧)记录器).
histoh(a)ematin n. 细胞色素.
histolog'ical a. 组织的,有机的.
histol'ogy [his'tɔlədʒi] n. (有机)组织学,有机体的组织,组织结构,组织学论文.
histol'ysis n. 组织溶解(解体).
histone n. 组蛋白.
historadioautog'raphy n. 组织放射自显影术.
historadiog'raphy n. 组织射线照相术,放射组织自显影术.
histo'rian [his'tɔːriən] n. 历史家,年代史编者.
histo'riated [his'tɔːrieitid] a. 有图案的,用人物象装饰的.
histor'ic [his'tɔrik] a. 历史(性)的,历史上(有名)的,有历史意义的. *historic city* 历史名城. *historic spot* 古迹. *historic times* 历史时期.
histor'ical [his'tɔrikəl] a. 历史(上)的,有关历史的,过去的. *historical event* 历史事件. *historical geology* 地史学,历史地质学. *historical period* 历史阶段. *historical personage* 历史人物.
histor'ically ad. 在历史上,根据历史的观点(方法).
historic'ity [hisrə'risiti] n. 历史性,真实性.
histor'icize [his'tɔrisaiz] v. 赋予…以历史意义,使(似乎)成为历史上的真事,运用史料.
his'toried ['histərid] a. 有历史的,有来由的,记载于历史的,作为历史记载的.
his'tory ['histəri] n. ①历史,史学,病史,过去的事(的记载),过去了的事物,经(来)历,沿革,规律 ②随时间的变化,时间的函数,时间关系的图示法 ③函数关系,(关系,坐标)曲线,图形. *case history* 实例记载,病历. *history run* 历史运行(情况). *natural history* 自然科学,博物学. *temperature history* 温度随时间的变化,温度与时间的关系(曲线). *time history* 随时间的变化,时间关系曲线图. *unprecedented in history* 史无前例的. ▲*make history* 永垂史册.
histosol n. 有机土.
histospectrophotomet'ric a. 组织分光光度(学)的.
histotroph(e) n. 组织营养素.
Hi-Stren steel 低合金高强度钢.
histrion'ic [histri'ɔnik] I a. 戏剧的,表演的,舞台的. II n. 演员.
histrioni(ci)sm n. 戏剧性.
histrion'ics n. 舞台艺术,戏剧表演.
hit [hit] I (*hit, hit*) v. ①打(击),打(击,命)中,戳穿,使受创,使遭受 ②碰撞(着),冲击 ③到(达)...,投[合],成功 ④(偶然)碰见[发现,想到],看出,找到 ⑤达到,到达 ⑥瞬时中断[打扰],瞬断. *hit a target* 达到目标,完成生产指标. *hit an all-time high* 达到历史上最高记录. *hit bumps* 遇到凸起的地方. *hit a snag* 遇到意外困难. *hit the air* 广播. *hit the target* [mark] 命中目标,达到目的. *hit the rod "square"* 正好击在钻杆中心. *hitting accuracy* 命中率. *hitting time* 到达时间. *one-missile hit* 导弹单发命中. ▲*hit against* [on] 撞击,碰撞,碰在…上. *hit at* 瞄准,抨击. *hit it (right)* 或 *hit the nail on the head* 猜对了,完全做对了. *hit off* 把…打掉,适合,与…合得上(with),逼真地模仿,确切地描绘. *hit or miss* 不论结果如何,无论是否打中(目标). *hit on* [upon] (偶然)想出,碰见,发现. *hit up* 请求.
II n. ①打击,命[打]中 ②成功 ③抨击,批评 ④(在汽缸内)点火 ⑤碰撞. *hit and miss method* 尝试[断线]法. ▲*be* [*make*] *a (great) hit* 博得好评,很受欢迎,很成功.
Hitab n. 噪声和背景信号的测定靶,噪声估值的靶和背景信号.
HITAC = Hitachi transistor automatic computer 日立晶体管电子计算机.
Hitachi turning dynamo (日本)日立公司制旋转电机放大机.
hit-and-miss a. 碰巧的,无目的的,有时打中有时打不中的.
hit-and-run a. 闯了祸逃走的,打了就跑的.
hitch [hitʃ] n.; v. ①联[活]结,结索,索结,维系,瓜②联结(牵引,排结,挂排)装置 ③顿挫,故障,障碍,(偶然)停止 ④拴,系,绑,钩〔咬,上,拴挂〕住,套上[住],急扯[推] ⑤搭便车. *flexible hitch* 挠性联结,浮动式悬挂装置. *hitch feed* 啮动给料,夹合进给. *hitch hike* 附搭他人汽车等的旅行. *hitch tandem pavers* 拖带式串连摊铺机. *pickup hitch* 自动联结器. ▲*hitch together* 结合在一起. *hitch up* 迅速扯起[拉起],拴(牵上,上). *hitch up to* 迅速吸引,与…结合起来,钩住. *without a hitch* 无障碍,顺利地.
hitch'-hiker satellite 母子卫星(子星在轨道上发射).
hitch'ing n. 系留,联[接]结,突然停止.

hi-temperature *n.* 高温.

hith'er ['hiðə] I *ad.* (向,到)这里,向此处. II *a.* 这边的,附(邻)近的. ▲*hither and thither* 忽此忽彼,到处,向各处.

hith'ermost ['hiðəmoust] *a.* 最靠近的.

hith'erto ['hiðətu:] *ad.* 至今,迄今为此,向来,从来.

hith'erward(s) ['hiðəwəd(z)] *ad.* = hither.

hit-on-the-fly printer (飞击式)打印机,浮动打击式印刷机.

hit'-or-miss' *a.* 不定的,偶然的,没有固定花样的. "*hit-or-miss*" *Monte Carlo* "射中与否"蒙特卡罗(法).

hit'ter ['hitə] *n.* 铆钉枪.

hive [haiv] I *n.* ①蜂巢(状物),蜂箱,蜜蜂群 ②喧闹地区,一窝蜂. II *v.* ①贮备,聚居 ②分封,从团体中分出 (off).

hi-volt = high-voltage 高(电)压.

HIVOS = high vacuum orbital simulator 高真空轨道运行模拟器.

Hizex *n.* 高密度聚乙烯.

hj = hot junction 热接点,热端.

hjelmite *n.* (钙铌)钽矿.

HK = Hefnerkerze 亥夫纳烛光(=0.9 国际烛光).

HK$ = Hongkong Dollar, 港(币)元.

HKA = Hongkong Airways 香港航空公司.

HL = ①hand lantern 手提灯 ②hardening liquid 淬火液 ③hinge line 枢纽线,绞合线 ④horizontal line 水平线 ⑤hot line (alert system) 热线(警戒系统).

HL generator = high-low generator (汽车照明用)变速定压发电机.

hl = ①hectolitre 百升 ②hole 孔.

H-layer *n.* 腐殖质层.

HLW = higher low water 高低潮.

HLWI = higher low water interval 高低潮间隙.

HLWN = highest low water of neaptides 小潮的最高低潮.

HM = ①heading marker 船首标志,航向指示器 ②hollow metal 空心金属.

hm = hectometer 百米.

H-magnetometer *n.* H 磁强计,水平强度磁强计.

H-matrix *n.* 混合矩阵,H 矩阵.

HMDA = hexamethylene diamine 己(撑)二胺.

HMDF = hollow metal door and frame 空心金属门与构架.

HMDS = hexamethyldisilazane 六甲基二硅胺(烷).

HMF = 5-hydroxymethyl-2 furaldehyde 5-羟甲基-2-糠醛.

HMG = heavy machine gun 重机枪.

HMG/E = high-modulus graphite epoxy 高模数石墨环氧树脂.

HMGF = high modulus glass fiber 高模数玻璃纤维.

H(-)mode *n.* H 模(式),H 波,磁型波,横向电波,TE 波.

HMP = ①hexose monophos phate pathway 磷酸己糖途径,磷酸己糖支路 ②hydraulic maintenance panel 液压维护板.

HMSO = Her [His] Majesty's Stationary Office 英国政府出版社.

HMT = hand microtelephone 手持送受话机,手机.

HMU = hydraulic mockup 水力的实物大模型.

Hmu mode 传播模.

HMX = cyclotetramethylenetetranitramine 环四甲撑四硝胺.

HNDT = holographic non-destructive testing 全息摄影非破坏性试验.

H-network *n.* H 型(四端)网络,H 型电路.

HNGL = helium neon gas laser 氦氖气体激光器.

HNIL = high noise immunity logic 高抗扰性逻辑电路.

HnRNA = heterogeneous RNA 核不均 RNA.

HO = ①head [home] office 总公司,总店,(银行)总行 ②hoist 绞车.

Ho = holmium 【化】钬.

HOA = hands off-automatic 手别使-自动的.

hoar [hɔ:] I *n.* 灰白色(的),斑白的,旧的,霜白(的),白霜(地面)积霜的.

hoard [hɔ:d] I *n.* 窖藏,贮藏(物),宝库. II *v.* 贮藏,积蓄,囤积.

hoard'er ['hɔ:də] *n.* 贮藏(囤积)者.

hoard'ing ['hɔ:diŋ] *n.* ①板围,栅墙,(建筑工地的)临时围篱,招贴板,广告牌 ②张贴 (pl.) 贮藏(囤积)物 ③(一种德国的)告(报)警系统. *hoarding stone* 界石.

hoarfrost *n.* 白霜.

hoar'iness ['hɔ:rinis] *n.* 白发,灰发(症).

hoarse [hɔ:s] *a.* 噪声的,嘶哑的,(嗓子)哑的.

hoar'y ['hɔ:ri] *a.* 灰白的,灰(白)发的,陈旧的,古老的,久远的. *hoary antiquity* 远古. *hoary platitude* 陈词滥调.

hoax [houks] *n.*; *vt.* 欺骗,骗局.

hob [hɔb] I *n.*; II (*hobbed*; *hob'bing*) *v.* ①滚(铣)刀,螺旋铣刀,滚铣(切)刀,切压,截齿具 ②凸阳模,(树脂)挤(切)压压模 ③(毂)毂,蜗(轮)杆,螺(旋)杆 ④给…刀头刀钉,*gear cutter hob* 齿轮滚铣刀. *hob head* 滚刀架(座),滚切主轴头. *hob tap* 标准螺丝攻,板牙丝锥. *hob tester* 滚刀检查仪. *worm (gear) hob* 蜗轮滚刀. ▲*play [raise] hob* (任意)歪曲,捣乱.

Ho'bart ['houba:t] *n.* (澳大利亚)霍巴特.

hob'bing ['hɔbiŋ] *n.* 滚刀(切,铣,削,齿),滚齿机,切(挤)压模法. *conventional hobbing* 普通滚削,纵向进给滚削. *die(s) hobbing* 压制阴模法,模压制法. *gear cutting hobbing* 齿轮滚刀. *gear hobbing* 滚削(齿). *hobbing machine* 滚齿机. *hobbing press* 切压机. *hot hobbing* 热挤压制模(槽)法. *thread cutting hobbing* 螺纹滚刀. *worm gear hobbing* 蜗轮滚削.

hob'ble ['hɔbl] *v.*; *n.* 跛行,踌躇,艰难. ▲*be in [get into] a (nice) hobble* 进退两难(起来),为难.

hob'by ['hɔbi] *n.* 业余爱好,兴趣.

hob'byist *n.* 业余爱好者.

hob'nail ['hɔbneil] I *n.* 平头大钉. II *vt.* 钉平头大钉子.

hob-sinking *n.* 切压(制模).

Hobson's choice ['hɔbsnz'tʃɔis] *n.* 无选择余地的(东西).

hob-type magnetron 用柱形磁控管.

hoc [拉丁语] *ad hoc* ['æd'hɔk] *a.*; *ad.* 尤其,关于这,特定的,为这一目的而安排的,针对某一个问题而指定(制造,设置)的. *ad hoc committee* 特设,员会.
Hochou limestone (早石炭世)和州灰岩.
hock'ey ['hɔki] n. 曲棍球,冰球(比赛). *field hockey* 曲棍球. *ice hockey* 冰球.
ho'cus ['houkəs] (*ho'cus*(*s*)*ed*; *ho'cus*(*s*)*ing*) vt. 欺骗,在…中掺假,麻醉.
ho'cus-po'cus I n.; II (*ho'cus-po'cus*(*s*)*ed*; *ho'cus-po'cus*(*s*)*ing*) v. 欺骗,戏法,奇术.
hod [hɔd] n. 砂灰浆桶,灰(沙)斗,煤(砖)斗,化灰池.
hod'dy-dod'dy ['hɔdidɔdi] n. 灯塔的旋转灯.
hodectron n. (磁脉冲起动的)承气放电管.
Hodeida [hou'deidə] n. 荷台达(阿拉伯也门共和国港口).
hodge'(-)podge ['hɔdʒpɔdʒ] n. ①85～105Hz 干扰发射机 ②大杂烩,混合物.
hod'man ['hɔdmən] (pl. *hod'men*) n. 搬运灰泥、砖瓦的工人,砌砖工人的助手,小工.
hod'ograph ['hɔdəgra:f] n. 速度图,速矢端迹[图,线],速[矢]端曲线,根轨图,(震波)时距曲线,高空(风速)分析图. *hodograph method* 速度面[图]法,速矢(端线)方法. *hodograph plane* 速端平面. *hodograph transformation* 速矢(端线)变换.
hodom'eter [hɔ'dɔmitə] n. 路[里,车]程计,测程计,计步器,自动计程仪,计距器,轮转计.
hod'oscope ['hɔdəskoup] n. 描迹仪(器),辐射计数器. *counter hodoscope* 计数管组成的描迹器.
hoe [hou] I n. 锄,锹,(风)铲,灰匙,耕耘机. II v. 锄(地),挖,掘. *back* [*trench*] *hoe* 反向铲挖土机.
HOE = hydraulically operated equipment 液压[动]设备.
hoevellite 或 **hoevillte** n. 钾盐.
Hoffmann oscillator 霍夫曼振荡器.
hof-stage n. 热板,(显微)熔点测定器.
hog [hɔg] I (*hogged*; *hog'ging*) v. ①(使)弯,扭(曲),(使)中部拱起,变形 ②霸占,横冲直撞,不顾危险地开快车 ③[无] 干扰 ④用帚状工具清扫(船底). II n. ①弯拱(曲),弯头,软管 ②挖土工具 ③(肥)猪,贪婪的人 ④扫底部船壳的帚状工具. *hog chain truss* 链式桁架. *hog still* 蒸馏塔. ▲*go the whole hog* 彻底地干,做到底,完全接受. *live high on the hog* 过舒适生活. *low on the hog* 节俭地生活.
hog'back n. 拱背,拱起物,陡峻的拱脊[山脊],鬣丘,豚脊丘,猪背岭.
hog'gin ['hɔgin] n. 筛过的碎石,夹(含)砂砾石,级配砾石[碎石]混合料.
hog'ging ['hɔgiŋ] n. 拱,弯(翘)曲,拱度,垂度,扭曲,屈折[服]. *current hogging* 电流错乱. *hogging moment* 负弯矩. *hogging of furnace tube* 炉管凸起.
hog'horn n. (从设导到抛物柱面天线的)平滑匹配装置.
hogs'head ['hɔgzhed] n. ①大(啤酒)桶(63～140 加仑) ②豪格海(液量单位,英国=52½英加仑,美国=63 加仑).
hog'skin n. 猪皮(制品).
ohlraum n. 空腔(穴),(用作)黑体发射的空腔.
hoi(c)k [hɔik] v. 使(机头)突然朝上,急升.
oise [hɔiz] (*hoised* 或 *hoist*) vt. =hoist.
oist [hɔist] v.; n. ①扯[绞,升,曳,举,吊]起,提高

②卷扬(机),起重(机,设备),升降机(舱),卷扬机,升举器,绞(吊)车,滑车(组),起动机,启闭机. *air hoist* 气压提升机,气压起重绞车. *chain hoist* 吊链,差动滑车. *engine hoist* 发动机起重(起卸)机. *hoist bridge* 升降桥,绞车桥. *hoist carriage* 绞升料车. *hoist incline* 斜桥. *hoist tower* 吊机(起重)塔. *motor hoist* 电动提升机(起重机),电葫芦. *planetary geared hoist* 行星齿轮式吊车. ▲*hoist down a cargo* 卸下船货. *hoist up* 绞起,升起.
hoist-away n.
hoist'er n. ①起重机,卷扬机,提升机,绞(吊)车 ②起重机司机,吊车司机.
hoist-hole 或 **hoist'way** n. (货物)起货口,提升间.
hoist'ing n.; a. 起重,提升(的). *hoisting barrel* 绞车滚筒. *hoisting bucket* (高炉)料罐. *hoisting cable* 起重索,钢丝绳. *hoisting gear* 提升绞车. *hoisting jack* 千斤顶,起重器. *hoisting ring* 吊环. *hoisting unit* (winch) 绞盘(车).
Hoke gauge 福克块规(量块中间有孔,组合时用连接杆穿行).
Hokkaido [hɔ'kaidou] n. (日本)北海道.
hokutolite n. 北投石,含铅及镭的重晶石.
HOL = hollow 空穴,空心的.
holard n. 土壤水,土壤总含水量.
Holborn circuit 荷尔邦(超高频推挽)振荡电路.
hold [hould] I (*held*, *held* 或 *holden*) v. ①握,拿,盛,抓,托,顶,吊,吸,压,夹,卡)住,固定,安装 ②同步(期) ③持(继)续,不变(断,截,耐久,进行 ⑤抑制,阻止(滞),止住,约束,延缓(迟),(逆计数的)暂停,停发(口令) ⑥盛,装(得下),容纳,收容,包含(有),存储 ⑦占(拥,持,享)有,负有(义务,责任等),掌握,担任,使守(约等) ⑧有效,适合[用],成立 ⑨认(以)为,相信,想,心怀 ⑩举行,开(会). *The bench vise is used to hold a piece or part*. 台钳用来夹住零件. *The battery holds enough electricity*. 电池蓄有足够的电. *The shiny side of the film will not hold ink*. 胶卷的光亮面写不上墨水. *Equation* (1) *holds* (*true*) *for this type of motion*. 方程(1)对这一运动形式是成立的. *The contract still holds*. 合同仍然有效. *How long will the fuel hold?* 燃料能维持多久? ▲*hold back* 退缩,缩进,踌躇,阻止,抑(克)制,压(压,挡)住,抑留,抑[牵]制住,取消,隐瞒,保密. *hold by* 遵守,坚持,固执. *hold cheap* 轻视. *hold dear* 看重,珍视. *hold down* 保持,使保持向下,压(吸)住,抑(压)制,压低,减低. *hold everything* 停止,等一下. *hold fast* 稳固,坚持. *hold for* 适用于. *hold forth* 给予,提出(供),发表(意见). *hold* ... *from* (十*ing*) 使…不能,阻止. *hold good* (*true*) 有效(理),适用,成立. *hold in* 抑(压,阻)止,止住,忍耐. *hold in balance* 悬置未决. *hold in check* 阻止,抑制. *hold in esteem* (*honour*, *respect*) 尊重(敬). *hold in memory* 记住. *hold in place* (*position*) 把…固定就位(固定在适当的位置). *hold in solution* 溶解. *hold in trust* 保管. *hold it good* (*to*十 *inf.*) 以为(…)是好的. *hold off* 隔(离)开,保持一距离,不使靠近,脱出同步,拖延,耽

hold-all

搁,释抑. *hold on* 拉住,抓牢,使固定,坚〔支,维〕住〔to〕;继续,忍受. *hold one's hand* 罢手,余地,拉…的手. *hold oneself ready (to +inf.)* 准备好(做…). *hold onto* 拉住,束缚住. *hold open* (让它)开着. *hold out* 提出(供),伸出,主张,展开不,坚〔维〕持,不退让,保(扭)留. *hold over* 延期,展缓,保存,加以. *hold promise* 有希望〔前途〕. *hold the attention of* 使…注意. *hold to* 抓牢,紧握,抱住,坚持,固执〔守〕,不变,粘着,依附. *hold together* 结〔联〕合,合并,团结,在一起. *hold true* 有效,适用,成立. *hold up* 举起〔出〕,提起〔出,示〕,推举,支持〔撑〕,继续〔下去,持续,仍然有效,阻碍〔止,滞〕,停顿. *hold water* 不漏水,有〔条〕理,无懈可击. *hold with* 赞成,同意,和…抱同一意见. *it is held that*… 人们认为.

Ⅰ n. ①抓(住),捉,把(保)持,把(掌)握,控制,固定 ②线索,踹锚 ③把(抓)手,柄,夹〔门〕架,支〔支撑〕点,支持器,船(货,底)层)舱 ④同期,同〔整〕步 ⑤威(势)力,理解力 ⑥(导弹等)延迟倒数,延期发射. *break out (stow) the hold* (开始下货)装舱. *depth of hold* 船的深度. *hold circuit* 保持〔自保,吸持〕电路. *hold control* 同步调整〔控制〕. *hold frame* 停帧〔格〕. *hold instruction* 保存指令. *hold lamp* 占线指示灯. *hold mode* 保持状态. *hold of pile* 桩的打入深度. *hold paint* 货仓面漆,耐蚀漆. *hold position* 稳定姿态〔位置〕. *hold range* 牵引〔陷落,同步〕范围,同步〔吸持〕范围. *hold time* (导弹等)延迟倒数,延期发射. *horizontal hold* 行同步. *mains hold* 与电源同步,帧扫描与电源频率同步,网路同步. *vertical hold* 帧同步,帧频微调. ▲*catch* (*get, claw, seize, take*) *hold of* 抓〔握〕住,占有,利用. *have a hold on (over)* 对…有支配力. *have (keep) hold of* 抓住…不放. *lay hold on (of)* 或 *take hold of* 得到,到手,掌握,捕〔抓〕住,控制住,占有. *lose hold of* 松手,失把柄.

hold-all n. 工具袋〔箱〕,帆布袋,杂物囊,手提包〔箱〕.

hold(-)back n. ①缩进,退缩 ②妨(阻,障)碍,阻止,暂时停顿,抑(箝,牵)制,扣(保,滞)留 ③取消 ④抑车负 ⑤(导弹等)拉住装置 ⑥重馏份所含的轻馏份.

hold(-)down n. ①压板〔板,块〕,夹板〔子〕,压紧〔装置〕,固定 ②塔维,控制. *crowfoot hold-downs* 将盖子固定在塔板上的叉子.

holder ['houldə] n. ①夹(具),电极夹,焊把,焊条钳 ②(刀)杆,柄,(摇)把,手柄,支(持)件,固定件,支架,圈 ③罐,盒,容器,贮气器,气柜,储藏器 ④支持器〔物〕,支持架,(轴承)保持架,(块规)夹持器,稳定器,固定件 ⑤持有人,占有名. *air holder* 空气罐,空气储存(收集)器. *beam holder* 双叶,支架杆. *bit holder* 钻套. *bulb holder* 灯头. *carbon holder* 碳刷柄. *chuck holder* (机床)卡盘架. *clutch top holder* 丝锥铰扣〔夹头〕. *coil holder* 开卷机,开线卷装置,线架,线卷〔带卷〕支持器. *crystal holder* 晶体盒〔函〕. *cutter holder* 刀杆〔夹〕. *diamond holder* 钻石夹头(刀柄). *die(s) holder* 模座,螺牙扳手. *electrode holder* 电极夹,电极支座,焊条钳〔夹〕,手把. *flame holder* 火焰稳定器. *jet flame holder* 喷焰稳定器. *lamp holder* 灯座. *self adjusting shoe holder* 自(动)调〔整〕闸瓦托. *spring holder* 弹簧柄〔座,支架,定位销〕,簧片架. *store holder* 容器,箱,油罐. *tool holder* 刀夹〔持〕杆,(操作器内的)工具盒. *work holder* 工件夹持装置,(研磨机)工件夹盘,工件隔板.

holder-on ['houldər'ɔn] n. (压气铆钉的)气顶,(船上的)铆工.

hold'fast n. ①保(支)持,稳固 ②夹,(交)钳,钩子,支架〔承〕,平头大铁钉,紧握物 ③固定架,固定器,锚碇,地锚.

hold-in n. 保持(同步). *hold-in range* 同步(捕捉)范围.

hold'ing ['houldiŋ] n. ①把握,保,维,支,夹)持,保护,保持时间,支撑〔承〕(物),固定 ②保存,保持,占有,所有,有存储,贮藏,储备 ③同步 ④调整,定位,自锁封锁 ⑤【数】解的确定过程 ⑥所有物(权),占有物,财产,土地,租借地. *gold holdings* 黄金储备. *holding bar* 吸持棒. *holding bay* 港池式停机坪. *holding beam* 保持〔维持〕电子束,固定〔稳定〕射束. *holding capacitor* 存储〔记忆〕电容器. *holding capacity* 容积. *holding chuck* 卡〔夹〕盘. *holding circuit* 吸持〔保持,维持,吸收,自保〕电路. *holding company* 持股公司. *holding control* 同步调整〔控制〕. *holding device* 支持装置,吸持装置. *holding force* 矫顽〔吸持,自持〕力. *holding furnace* 〔*hearth*〕混合〔保温〕炉. *holding gun* 保持〔保存〕(电荷)的电子枪,维持枪. *holding magnet* 吸持〔保持〕电磁铁. *holding power* 吸持力. *holding ring* 调整〔定位〕环. *holding strip* 夹条. *holding tank* 受器,存储〔收集〕槽,收集器,储料囤. *holding time* 占用〔吸着,保留,保持〕时间. *holding wire* C 线,信号(测试)线.

holding-down n. 压紧,压入.

holding-up hammer 圆边击平锤,铆钉抵锤.

hold'man ['houldmən] n. 舱内装卸工人.

hold'-off n. ①延迟,推迟,截止 ②脱出同步,失(同步,瞄准点修正,闭锁,释抑〔放〕. *hold-off rectifier* 偏压电源整流器.

hold'out n. 坚持(者),不让步的人.

hold'-over n. 保持故障法;蓄冷;逾年.

hold-together n. 结合在一起,粘结住.

hold'(-)up n. ①支持,举起,提出 ②阻塞〔滞〕,抑制阻尼,保持,保〔滞〕留,停止〔住,顿,车〕,拦劫 ③(容器,管道,塔或其他设备的)藏量,容纳量,容器体积,给定时间内保持〔在装置中〕 ④索高价. *column hold-up* 填柱液. *fuel hold-up* 装添燃料,燃料含量.

hole [houl] Ⅰ n. ①孔,洞,(空)穴,空子,坑,槽,(小)开,出)缺口,(炉,孔,膛,井)眼,探(凹)坑,大型导弹地下坑 ②通电位,孔(管,线)道,管路,铁路的线 ③绝〔穷〕境,频段死点,死区 ④(扫描中的)无信区,(pl.)(图表曲线)中断,下降气流 ④障〔障〕碍点,绕揿探零 ⑤水(海)洞,水流深凹处. Ⅱ v. ①钻,凿,冲,开孔,打孔,打〔穿〕洞,筑(矿井,隧道)挖通矿井 ②放入洞中. *air (blow) hole* 气〔气泡〕,砂眼. *appendix man hole* 输气管进入孔. *blind hole* 盲孔,未穿孔. *bullet hole* 弹孔. *centre hole* 中心孔,顶针孔. *collar hole* 凹辊环. *dead* hole 盲孔,闭口孔型. drop hole 落砂孔(多膛熔烧炉各炉膛间的落砂孔). filler hole 注入〔加油〕孔. hole blow 井喷(干扰). hole boring cutter 镗孔刀. hole capture 空穴捕获. hole count check 计孔检验. hole deviation 井斜〔角〕. hole digger 钻孔器. hole drill 螺(纹底)孔钻. hole gauge 塞〔孔,内径〕规. hole in soaking pits 均热炉坑. hole loading 炮眼装药. hole logging 〔probe〕(电)测井. hole man 放炮工. hole mark 洞孔测标. hole noise 井口干扰. hole pattern 穿孔图案. hole stone 圆柱宝石轴承. hole table 空位表. key hole 键孔〔槽〕. metering hole 定径〔限流,校准〕孔. pick-up hole (压力)抽气孔,通气孔. 销钉孔,销钉孔,深划痕,鳞皮轧嵌(钢板缺陷). potential hole 势〔位〕阱. sink hole 缩孔,落水洞,溶斗,喀斯特漏斗. slag hole 出渣口,熔渣井. vent hole 通风〔排气,出烟〕孔. ▲a hole in one's coat 缺点,瑕疵. (be) in a hole 陷入绝境,为难. every hole and corner 每个角落,到处. make a hole in 在…打洞,花费过多. make hole 钻油井. pick holes in 找缺点〔漏洞〕,吹毛求疵.

hole-and-slotresonator 槽孔型谐振器.
hole-bored axle from end to end 空心车轴.
holed a. 拉拔(制)的.
hole-gauge ['houlgeidʒ] n. 塞〔验,孔,内径,内量〕规,内测微计.
hole-in-the-center effect 中(点)空(穴)效应.
hole-in-the-wall a. 小规模的,不重要的,狭小的,简陋的,境况凄惨的.
hol'ey ['houli] a. 有孔的,多洞的.
Holfos bronze 一种高强度青铜(锡 11～12%,磷 0.1～0.2%,铅 0.25%,其余铜).
hol'iday ['hɔledi] n. 假〔节〕日,休息日, (pl.) 假期,休假. ▲make holiday 度假. on holiday 在休假中,在度假. take a holiday 休假.
holid'ic [hɔ'lidik] a. 科学分析的.
ho'lism n. 机能整体性.
Hol'land ['hɔlənd] n. 荷兰.
hol'land ['hɔlənd] n. 洁白亚麻棉布,窗帘棉布.
hol'lander n. (荷兰式)打浆机,漂到机.
hol'ler ['hɔlə] v.;n. 呼喊,诉苦,抱怨. ▲holler about 发牢骚,挑剔,抱怨,鸣不平.
Hollerith ['hɔləriθ] n. 霍尔瑞斯(方式)(利用凿孔把字母信息在卡片上编码的一种方式). Hollerith constant 霍尔瑞斯常数,字符常数, H 常数. Hollerith type 霍尔瑞斯型,字符型, H 型.
Hollmann circuit 霍尔曼振荡电路.
hollocel'lulose n. 全(纤维素.
hol'low ['hɔlou] I a. ①空(心,洞,虚)的,中空的 ②凹(陷,部)的 ③不真实的,虚伪(假)的. II ad. 完全. III n. ①空心(冷披)管坯,毛管 ②穴,孔,洞,(街)沟,坑,(槽),(缝) ③凹部 ④空间 ⑤陷坑,低地,山谷. IV v. 挖〔凿,掏,变〕空,(使)成空穴,弄凹,曲成凹形. hollow beam 空心(环形)射束. hollow bit 岩心(取心)钻头. hollow concrete 多孔蜂窝状混凝土. hollow drill steel 空心钻杆,中空钻探钢,六角(钎子)钢. hollow fraise 套料〔套筒形, 筒形外圆,空心)铣刀. hollow guide 空腔波导管. hollow joint 凹〔空〕缝. hollow lead 滚刀的沟槽导程. hollow masonry wall 虚坞〔空心〕墙. hollow mill 筒形外圆铣刀,空心铣刀. hollow pipe 空心管子. hollow punch 冲孔器, 空心冲头. hollow rectangular guide 空腔矩形波导管. hollow spar 红柱石. hollow square 消波混凝土块体,空方阵. hollow swage (锻工用的)陷型模,甩子. hollow ware 凹形器皿. hollow way 沿谷道路. hollow wire 管状线. ▲hollow out M (in to N) 把 M 挖〔掏,凿〕空(做成 N). wear hollow 耗损成空壳.

hollow-drill shank 〔steel〕中空钻杆钢,空心钻钢,钎子钢.
hol'lowly ad. 凹着,空心,不老实,虚伪.
hol'lowness n. 凹,空洞,多孔性,空心度,虚伪.
hollow-pipe waveguide 空腔波导管.
hollow-space oscillator 空腔振荡器〔谐振器〕.
hollow-type guide 空腔波导(管).
Hollwack's effect 霍尔瓦克效应(一种光电效应).
hol'ly ['hɔli] (pl. hollies) n. 冬青属植物.
Hol'lywood ['hɔliwud] n. ①(美国)好莱坞(式的). "Hollywood hard" emplacement 半地下硬式发射阵地.
holmia n. 钦氧,氧化钦.
holmic a. 钦的.
holmite n. 富辉黄斑岩,云辉黄煌岩.
hol'mium ['hɔlmiəm] n. 【化】钬 Ho. holmium oxide 氧化钬.
holo- 〔词头〕全.
holoax'ial a. 全轴(的).
holobasidium (pl. holobasidia) n. 无隔担子.
holocam'era n. 全息摄影机〔照相机〕.
holocar'pic a. 整体产果式的.
hol'ocaust n. 大屠杀,大破坏.
holocel'(l)ulose n. 全纤维素.
Holocene a. 【地】全新统〔世〕.
holocen'tric a. 单心的.
holochrome n. 全色素.
holocoen n. 全环境,生态系统.
hol'ocrine ['hɔkəkrin] a. 全(浆)分泌的.
holo(-)crys'talline a. 全晶质(的),全(结)晶(的).
holodentog'raphy n. 牙科全息照相术.
holo-di'agram n. 全息析纹图.
holoen'zyme n. 全酶.
hol'ofilm n. 全息底片.
hologen'esis n. 完全发生.
hol'ogram ['hɔləgræm] n. 全息〔光〕照相,全息摄影(底片),全息图,综合衍射图, (pl.) 原样录相. hologram page 全息图画.
hol'ograph ['hɔləgrɑ:f] n.;a. ①全息〔光〕照相,全息摄影〔图像〕 ②亲笔(证书)的,的手书.
holograph'ic(al) a. 全息〔光〕(照相,摄影)的. holographic interferometer 全息〔光〕干涉仪〔干扰仪〕. holographic panoramic stereogram 全息〔光〕全景立体照片.
holog'raphy [hə'lɔgrəfi] n. 全息学,全息〔光〕摄影〔照相〕(术),综合衍射学.
holohed'ral [hɔlə'hedrəl] a. 全对称〔晶形〕的,全

〔多面的〕.
holohe'drism [ˌhɔlouˈhiːdrizm] *n.* 全对称性.
holohed'ron [ˌhɔlouˈhedrən] *n.* 全面体.
holohe'dry *n.* 全(面)对称,全晶形,全面像.
holohyaline *a.* 全玻(质)的.
holola'ser *n.* 全息激光器.
hololens *n.* 全息〔光〕透镜.
hololeucocrat'ic *a.* 全白色.
holomagnetiza'tion *n.* 全磁化.
holomelanocrat'ic *a.* 全黑色的.
holometab'ola *n.* 全变态类(昆虫).
holometab'olous *a.* 全变态的.
holom'eter *n.* 测高计.
holom'etry *n.* 全息(光)照相干涉测量术.
holomicrog'raphy *n.* 全息显微照相术.
holomic'tic *a.* (湖水)全竖直环流的.
hol'omorph *n.* 全形.
holomorph'ic *a.* 正则的,全纯〔形〕的. ***holomorphic function*** 全纯〔解析,正则〕函数.
holomor'phism *n.* 全面形,全对称形态.
holonom space 完整(合律)空间.
holonom'ic *a.* 完整〔完全〕的. ***holonomic condition*** 完整性条件.
holonomy *n.* 完整.
holopar'asite *n.* 全寄生生物.
hol'ophone *n.* 全息录音机.
hol'ophote [ˈhɔləfout] *n.* 全光反射装置,全射镜.
hol'ophyte *n.* 自养植的.
holophyt'ic *a.* 自养植物的,(全)植物式营养的.
holoplank'ton *n.* 全浮游生物.
hol'oscope [ˈhɔləskoup] *n.* 全息照相机.
holoscop'ic *a.* 近复消色差的.
holosei'smic *n.* 全息地震的.
hol'oside *n.* 多糖.
holosteric barometer 固体气压表(即空盒气压表).
holotac'tic *n.* 全规整.
hol'otape *n.* 全息录像带.
holotape-frame *n.* 全息磁带帧.
holothu'ria *n.* 海参类.
holothu'rian *n.* 海参动物.
Holothurioidea *n.* 海参纲.
holotrichous *a.* 全鞭毛的.
hol'otype *n.* 全型,完模标本.
hol'oviewer *n.* 全息阅读器(阅读器).
holster [ˈhoulstə] *n.* ①手枪(皮)套 ②机架〔座〕,轧辊(台)架,轧辊堆放架.
Holtz tube 霍尔兹放电管.
Holwach's effect 霍尔瓦克效应(一种光电效应).
Holweck valve 霍尔威克管,可折管.
ho'ly [ˈhouli] *a.* 神圣的.
ho'lystone [ˈhoulistoun] I *n.* 磨石. II *vt.* 用磨石磨.
HOM =①home ②homing.
hom'age [ˈhɔmidʒ] *n.* 敬意,尊敬. ▲*do* 〔*pay*〕*homage to* 向…致敬,服从.
homal *a.* 整形的.
homaloidal curves 统一曲线系.
homaloidal surfaces 统一曲面系.
homax'ial *n.* 等轴的.
home [houm] I *n.*; *a.*; *v.* ①家(庭,乡,用)(的),住处 ②本国(产)(的),国内(的),内地〔部〕(的),本地的,局部的 ③产地,窝点,终点,出发点,基地,中心地,根据地 ④自导航〔导引〕,自动寻的〔瞄准〕,归〔导〕航,回复原位 ⑤疗养〔休息〕所 ⑥击中要害的 ⑦设总部. II *ad.* ①在家,在本国,回家〔国〕②彻底地,适切地,到底〔顶,头〕③中要害,深入地 ④精确配合. ***convalescent home*** 疗养院.
heat home 热辐射自动瞄准〔导航〕,红外自动瞄准.
home address 【计】标识〔内部〕地址. ***home and foreign affairs*** 内政外交. ***home cell*** 起始单元. ***home display key*** 自屏显示电键. ***home equipment*** 国产设备. ***home freight*** 回头运费. "***home going***" *motor* 或 "*go home*" 备用发动机. ***home office*** 总公司,总店,(银行)总行. ***home position*** 原来(静止)位置. ***home products*** 本国产品. ***home quality*** (电视图象的)接收质量,广播接收质量. ***home radar chain*** 地面雷达网. ***home radio*** 家用收音机. ***home record*** 原始〔起始,引导,内部〕记录. ***home recorder*** 家用录音机,局内收报记录器. ***home roll*** 主辊,主滚筒. ***home scrap*** (厂内)返回钢,家内废. ***home television*** 民用电视. ***home truth*** 逆耳忠言. *push the bolt home* 把门闩闩上. *run home* 瞄准目标. *screw the cap home* 把盖拧牢〔拧到底〕. ▲*at home* 在家,在本国,自在. *at home and abroad* 在国内外. *be at home in* 〔*on*, *with*〕熟悉,熟知,精通,习惯. *bring home M to N* 使 N 认识〔确信〕M. *come* 〔*hit*, *strike*〕 *home* 打中目标〔要害〕,深深打进. *drive* 〔*knock*〕 *home* 钉牢,打到底,彻底打击. *get home* 达到目的〔终点〕,成功,获胜. *home actively* 〔*passively*〕主〔被〕动寻的. *home and dry* 安全的. *home bound* 返航,回国的. *home free* 优游自在的. *home on* 自动寻的〔瞄准,导航〕.
home'born *a.* 土生土长的.
home'bound *a.* 回家的,回本国的,返航的.
home'bred *a.* 国产的,家内饲养的,自繁的,本场产的.
home'-coming *n.* 回到家乡〔本国〕.
homedric *a.* 等平面的.
home'grown *a.* 本国产的,土生的. ***homegrown expert*** 土专家.
home'-land *n.* 祖国.
home'less *a.* 无家可归的.
home'ly *a.* 家庭的,平常的,常用的,朴实〔素〕的.
home'-made *a.* 自制的,手工制的,国产的,本地制的.
homener'gic *a.* 等能量的.
homeo- 〔词头〕相〔类〕似.
homeochronous *a.* 同时(期)的.
homeokine'sis [ˌhoumiokaiˈniːsis] *n.* 均等分裂.
homeomerous *a.* 各部相等的.
homeomor'phism 或 **homeomorphy** *n.* 异质同晶(现象),晶形现象,同晶型性,异物同形,同胚. **homeomor'phic** *a.*
homeomor'phous *a.* 同形(态)的.
home-on-jam *n.* 干扰寻的(跟踪).
homeorhesis *n.* 同态碎片.
homeosmotic'ity *n.* 恒渗(透压)性.

homeosta'sis n. 自动(调节)动态平衡,体内平衡,稳衡.
homeostat n. 同态调节器.
homeostat'ic a. 体内平衡的,稳态的. *homeostatic mechanism* 适应性机能.
homeostrophic a. 同向扭转的,同方向屈曲的.
homeotherm n. 恒温动物.
homeothermal a. 恒[同]温的,温血的.
homeothermia n. 恒温性.
homeothermous a. 温血[恒温]动物的.
hom(e)otransplant v.; n. 同种移植.
homeotyp'ic a. 同核分裂型的.
homepitaxy n. 同(等)外延.
home-produced a. =home-made.
ho'mer ['houmə] n. ①寻的(自动导引)设备,(自动)寻的弹头,导航弹头,自动寻的瞄准,寻的导弹,自动引导头,引导弹头 ②归航信标机(指点标:指示器),寻的导航(电)台,归航台. *missile homer* 导弹寻的设备.
home'stead n. 住宅,地[宅]基,(美)自耕农场.
home'stretch' n. (工作的)最后一部分.
hometaxial-base transistor 轴向均匀基极晶体管,外延均匀基区晶体管.
home'ward(s) a.; ad. 回家(的),回国(的).
home'work n. 家庭课外作业,准备工作.
homilite n. 硅硼钙铁矿.
ho'ming ['houmiŋ] I n. 自动寻的(瞄准),寻靶,(自动)引导,自寻,导(归)航,回复原位,归位. II a. (自行)导航的,归航的,回家的,寻的. *acoustic homing* 音响修正,声(反射)自动引导(寻的). *active* [*passive*] *homing* 主(被)动道踪(寻的,引导) *active radar homing* 主动式雷达自动引导. *homing action* 归航,膜片作用,(选择器)还原动作(作用). *homing adapter* 归航(测向)附加器,自动引导(寻的)装置. *homing aid* 自动寻的(辅助导航)设备. *homing antenna* 方位天线,航向(接收)天线,上引导(寻的)天线. *homing beacon* (无线电)归航信标. *homing control* (自动)瞄准,(自动)导引,自导. *homing course* 寻的航向,归航航线. *homing information* 制导数据. *homing movement* 回归到原位的动作,还原动作. *homing on* 瞄准. *homing pigeon* 信鸽. *homing sequence* 起始(引导)序列. *homing type line switch* 归位式(复原式)寻线机,归位式选择器. *midcourse homing* (远程导弹)飞行中段制导. *radar homing* 雷达自动引导. *radio homing* 无线电(辐射)测向(导航,寻的). "*search and radar homing*" 无线电探教信标发射机. *target homing* (导弹)自动寻向目标,自动寻的. *true homing* 真返航向.
hom'inid ['hɔmənid] n. 原人,原始人类.
hominiza'tion n. (机械)人性化,人类对世界的利用.
ho'mo ['houmou] (拉丁语) n. 人. *homo sapiens* 人类.
homo- 〔词头〕(相)同,相(类)似,共同,同质(型),一,连合,均匀,高,齐.
homoarbutin·n. 高熊果贰.
homoarecolin n. 高槟榔碱.

homoarginine n. 高精氨酸.
homoaromatic'ity n. 同芳香性.
homoatom'ic a. 同原子的,同素(种)的.
homoazeotrope n. 均匀共沸混合物.
homobasidium n. 无隔担子,同担子.
homoborneol n. 高冰片,高坎醇.
homocaryon n. 同核体.
homocel'lular a. 同一细胞的.
homocen'tric [həmə'sentrik] a. 同(中)心的,复心的. *homocentric pencil of rays* 同心光束.
homocentric'ity n. 共心性.
homo-chain polymer 均链聚合物.
homocharge n. 纯号电荷.
homochromat'ic a. 同(均,等)色的,一种颜色的.
homochromic n. 同色异构体.
homochromo-isomer n. 同色异构体.
homochromo-isomerism n. 同色异构(现象).
homochromous a. 同色的.
homochromy n. 同色.
homochronism n. 单时性.
homochronous a. 同时(期)的,类同步的.
homocitrullyl-amino-adenosine n. 高瓜氨酰氨基腺式.
homoclime n. 相同气候.
homocline n. 同(单)斜层,单斜褶曲.
homoconjuga'tion n. 同(均)共轭.
homocycle n. 碳(纯)环,同素环.
homocy'clic a. 同素环的,碳环的.
homocysteine n. 高半胱氨酸,同型半胱氨酸.
homocystine n. 高胱氨酸,同型胱氨酸.
homocystinuria n. 高胱氨酸尿.
homodes'mic n.; a. 纯键(的).
homodiene n. 高二烯.
homodimer n. 同型二聚体.
homodisperse 均相分散.
homodromous a. 同向(运动)的.
hom'odyne ['hɔmədain] n. 零差(拍),自差法. *homodyne circuit* 零差式(对应式)电路. *homodyne demodulation* 同载(波)解调. *homodyne detector* 零拍检波器. *homodyne mixer* 同步混频器.
homodyning n. 零拍探测(接收).
homoenerget'ic a. 同(高)能的.
homoenolate n. 高烯醇化物.
homoentropic a. 均(同,高)熵的.
homoeomor'phic a. 同形态的.
homoepitaxy n. 同质外延.
homofo'cal a. 共焦的.
homogamete n. 同形配子.
homogametic a. 同形配子的.
homog'amy [hou'mɔgəmi] n. 同配(配子)生殖,雌雄蕊同熟.
homogen n. 均质(合金).
homog'enate n. 匀浆,匀化产物.
homogene'ity [homədʒe'niːiti] n. 同种(质,性),均匀(相,一)性,等(均,同)质性,一致性,同一性,齐性. *dimensional homogeneity* 【数】维量(纯一尺度)均匀性,(因次)齐次性. *homogeneity test* 同质性检验.
homogeneiza'tion n. 均质化作用.

homoge′neous [hɔmə′dʒi:njəs] a. ①同族〔原,质,性,类,种,次〕的 ②均匀〔质,相,一〕的,单一的,同〔划,齐,纯〕一的,一〔单〕相的,对等的,类似的 ③【数】〔同〕次的,齐(性)的,单色的. *homogeneous beam* 均匀射束〔注流〕,均匀电子束. *homogeneous degree* 均匀度. *homogeneous integral equation* 齐次积分方程. *homogeneous light* 单色〔均匀〕光. *homogeneous ray* 单色射线. *homogeneous ring compound* 碳环化合物. *homogeneous space* 齐性空间. *homogeneous system* (数据库用)同机种系统. *homogeneous target* 无向性目标,均匀目标. *homogeneous tube* (不是焊接的)整个管.

homogen′esis n. 纯一发生.
homogen′ic a. 同种〔同型〕的,同基因的,纯合的.
homogeniza′tion [hɔmoudʒenai′zeiʃən] n. 均(一)化作用,均匀化(性),等〔匀〕质化.
homog′enize [hə′mɔdʒinaiz] v. 搅匀,使均匀〔质〕,变均匀,均匀化,扩散加热. *homogenized alloy* 均质合金.
homog′enizer n. 均质(化,浆)器.
homog′enizing n. 均匀〔扩散〕退火.
homog′enous [hə′mɔdʒənəs] a. 同源〔同质〕的,构造相同的,相似的,纯系的.
homog′eny [hə′mɔdʒini] n. 同种(性),(地质层的)生成同一.
ho′mograft n. 同种移植.
hom′ograph n. 同形异义词.
homograph′ic a. 单应的,等比对应的,等交比(形)的. *homographic solution* 对应解.
homog′raphy n. 单(对)应(性).
homohalin n. 均(匀)盐度.
homo-ion n. 同离子.
homo-ionic a. 同离子的.
homoiosmotic a. 等渗性的.
homoiostasis n. (体)内环境稳定.
homoiother′mal n. 恒(同)温的.
homo(io)ther′mic a. 调温的.
homo(io)thermism n. 保持恒温,温度调节.
homoiothermy n. 温血(恒温)动物,体温恒定.
homoisoleucine n. 高异亮氨酸.
homojunc′tion n. 同〔单〕质结,同类结.
homolanthionine n. 高羊毛氨酸.
homolat′eral a. 同侧的.
homolog = homologue.
homol′ogate [hə′mɔləgeit] v. 同意,认可,批准.
homolog′ical [hɔmə′lɔdʒikəl] = homologous.
homologically trivial 零调的.
homologisa′tion 或 **homologiza′tion** n. 均裂作用.
homol′ogise 或 **homol′ogize** [hə′mɔləgaiz] v. (使)相应(同),(使)一致,(使)同系,(使)类似.
homol′ogous [hə′mɔləgəs] a. 相应的,相(类)似的,对应的同,同调(系,族,种,源,质)的,同调于在(to),异体同形的,同种(同源)异体的. *homologous elements* (下)同调元素.
hom′ologue [′hɔmələg] n. 同系(对应,相似)物,同源染色体,同种组织,同调.
homol′ogy [hə′mɔlədʒi] n. 相同(当,应),对应,相应物,符合,同调(源,种),同系(现象),关系相同,(现象)对称,异体同形,相互反射,透射. *axial homology* 轴性透射. *homology type* (下)同调型.
homol′ysis n. 均裂.
homolyt′ic a. 均裂的.
homomerism n. (遗传的)同义因子性.
homomerous a. 各部分相等的.
homomet′ric(al) a. 同 X-光谱的,同效的,同度量的.
homomorph n. 同态像.
homomor′phic a. 同态的,同形的.
homomor′phism n. 同态(映像),异质同晶(现象),同晶(型).
homomor′phous a. 同态的,同形的.
homonomous a. 同律〔同列,同系〕的.
homon′omy [hɔ′mɔnəmi] n. 同律〔同列〕性.
homonu′clear a. 同(共)核的.
homonucleside n. 同型核甙.
hom′onym n. 同名异物,同音〔形〕异义词.
homon′ymous a. 同音〔形〕异义的,同名的,模棱两可的,双关的,同侧的,同一关系的.
homon′ymy n. 同音〔形〕异义(性).
homopantoyltaurine n. 高泛酰牛磺酸.
homopause n. 均匀层顶.
homoperiod′ic a. 齐周期的.
hom′ophase n. 同相.
hom′ophone n. 同音字母,同音异义词.
homophon′ic a. 同音的.
homophyt′ic a. 同型二倍体的.
homoplast′ic a. 同型的,相似的,同种移植〔成形〕的.
homopo′lar [hɔmə′poulə] a. 同(单,无)极的,共价的. *homopolar bond* 无极键. *homopolar compound* 无〔同〕极化合物. *homopolar generator* 单极发电机.
homopolycondensa′tion n. 均向缩聚.
homopol′ymer n. 均聚(合)物,同聚物.
homopolymeriza′tion n. 均聚(合)(作用).
homopolynucleotide n. 同聚核甙酸.
homopolysaccharide n. 同多糖.
Homoptera n. 同翅目.
homoscedas′tic a. 同方差的.
homoscedastic′ity n. 【数】同方差性.
homosei′smal n. 同地震曲线.
homoserine n. 高丝氨酸.
homoseryl n. 高丝氨酰基.
homospecif′ic a. 同种(特性)的.
homospecific′ity n. 同种特性,同特异性.
homosphere n. 均匀气层,均质层,混成层.
homos′pory n. 单孢子,孢子同型.
homostrobe n. 零差频选通,零拍(闸)门,单闸门.
homostructure n. 同质结构.
homotac′tic a. 等效的.
homotax′ial n. 排列类似的,等列的.
homotax′is n. 排列类似.
homotec′tic a. 同织构的.
homothal′lic a. 同宗配合的.
homothal′lism n. 同宗配合.
homotherm n. 恒温海水层,等温层,恒温动物.
homother′mal a. 同(匀)温的,温血的.
homother′mic a. 调温的.
homother′mism n. 保持恒温,温度调节.
homother′mous a. 温血的.
homothet′ic a. (同)位(相)似的.

homotope n. 同族(元)素.

homotop'ic a. 【数】同伦的,同位的. *homotopic to a constant* 零伦. *homotopic to zero* 与零同伦.

homotopy n. 【数】同伦,伦移.

homotransplant v.; n. 同种移植(物).

homotransplanta'tion n. 同种移植(术).

homo-treatment n. 均匀热处理.

homotrop'ic a. 向同的.

homotrop'ism n. 亲同类型.

homotype n. 同范(型),等模标本.

homotyp'ic a. 同型的.

homovi'tamin A 高维生素 A.

homozoic a. 同种动物的.

homozy'gote n. 同(质结)合子,同型接合体〔子〕,纯合子〔体〕.

homozy'gous [houmə'zaigəs] a. 同种的,同型(结合)的,纯合子(的).

hon. =honourable 尊敬的 ②honorary 名誉(上)的.

hondrom'eter [hɔn'drɔmitə] n. 粒度计,微粒特性测定计.

Hondu'ran [hɔn'djuərən] a.; n. 洪都拉斯的,洪都拉斯人(的).

Hondu'ras [hɔn'djuərəs] n. 洪都拉斯.

hone [houn] n.; vt. ①(细)磨(刀)石,(珩磨)油石,含油页岩,搪〔珩〕磨头,磨孔器 ②极细砂岩 ③刮路器 ④(搪)磨,珩磨,把…放在磨石上磨,磨光 (out) ⑤金属表面磨损. *cylinder hone* 〔油〕缸珩磨头.

ho'ner n. 搪磨机〔头〕. *micro honer* 微孔珩磨头.

hon'est ['ɔnist] a. 诚(忠)实的,老实的,善良的,正直(真)的,真正的,名声醒的 ②简单的,自然的. *Honest John* 诚实约翰(美海军地对空导弹名). *honest material* 好料. ▲*be honest with* 对…说老实话. (*to*) *be* (*quite*) *honest* (*about it*) 〔插入语〕说老实话,老实说. —ly ad.

honestone n. 均密砂岩,磨刀石.

honest-to-goodness a. 真正的,道地的.

hon'esty ['ɔnisti] n. 老实,诚实,正直.

honey ['hʌni] n. (蜂)蜜,甜味.

honey(-)bee n.

honeycomb ['hʌnikoum] I n. 蜂窝(器,结构,格栅,状物,状织眼),整流器〔栅,格〕,格状结构,蜂房(式). II a. 蜂窝〔巢〕状的. III v. 使成蜂窝状,把…弄成千疮百孔,满是洞孔,充斥. *honeycomb clinker* 蜂巢状烧结块. *honeycomb cracks* (路面,蜂窝状)龟裂,网状裂缝. *honeycomb duct* 导流管〔道〕. *honeycomb seal* 多孔密封,蜂巢〔蜂房〕状密封.

honeycomb-coil n. 蜂窝式线圈.

honey(-) *combed* a. 蜂窝结构的. *honey-combed casting* 多气泡〔蜂窝状〕铸件.

honeystone n. 蜜蜡石.

honeysuckle ['hʌnisʌkl] n. 忍冬,金银花.

Hong'kong' ['hɔŋ'kɔŋ] n. 香港. *Hongkong Dollar* (香港地区货币)港元.

ho'ning n. ①搪〔珩〕磨 ②刮平(路面) ③金属表面磨损.

onk [hɔŋk] n.; vi. 汽车喇叭声(响),撳(喇叭).

Honolu'lu [hɔnə'lu:lu:] n. 檀香山.

onora'rium n. 酬金.

hon'orary ['ɔnərəri] I a. ①名誉(上)的,无报酬的,义务的 ②荣誉的,光荣的,纪念性的 ④信用的. II n. 名誉学位(团体).

honorif'ic [ɔnə'rifik] a. 尊敬的,表示敬意的.

hon'o(u)r ['ɔnə] I n. ①光荣,荣誉 ②名誉,面子,信用,自尊心 ③尊敬,敬意,图下. *win hono(u)r* 争气,争光. *win hono(u)r for the socialist motherland* 为社会主义祖国争光. ▲*do* 〔*give, pay*〕 *honour to* 向…表…致敬意. *have the honour of* [*to* +*inf.*] 荣幸地(做…). *in honour of* 向…表示敬意,为了祝贺(招待,纪念). *on* 〔*upon*〕 *one's honour* 可以保证,一定要. *We request the honour of your company at dinner.* 谨备便酌,敬请光临.
II vt. ①尊敬(重),给与荣誉,礼遇,授勋,赐给 ②承认(诺,受),兑付.

hon'o(u)rable ['ɔnərəbl] a. ①荣誉的,光荣的,体面的,正当的 ②尊敬的,可敬的. **hon'o(u)rably** ad.

Hon'shu ['hɔnfu:] n. (日本)本州.

hood [hud] n.; vt. ①(帽,顶)盖,罩,套,外壳,兜(帽),(烟囱)罩,(防护,烟,排气,虹吸,机)罩,排气管,通风柜(帽),(雷达荧光屏的)遮光板(罩),挡(遮)板,(车)篷,伞,【建】出(匾)檐 ②蒙盖,隐蔽,戴,罩,加盖子. *elevator hood* 升运器弯头. *engine hood* 发动机罩. *fuel suction hood* 燃料吸进帽. *gasshaft hood* 气管塞. *hood cover* 机罩盖. *hood fastener* 罩子挂钩(防扣),盖锁扣. *hood lamp* 机罩灯. *hood pile cap* 套式桩帽. *hood pressure test* 容器(过压)试验,护罩试验. *lens hood* 物镜遮光罩.

-hood 〔名词词尾,表示身分,资格,境遇,性质,状态,时代〕例:*childhood* 幼年(时代), *neighbourhood* 邻近.

hood'wink ['hudwiŋk] vt. 欺骗,隐瞒,蒙蔽. *be hoodwinked for the moment* 一时受了蒙蔽.

hoof [hu:f] n. 蹄,足. ▲*show the* (*cloven*) *hoof* 显原形,露马脚.

hook [huk] I n. ①(吊,铁)钩,钩形物,镰刀,扣,钩,猫(圈),角钩,陷阱 ②爪,掣(夹,卡)子 ③线路中继,转播,变形线(扫描光栅失真) ④河湾. II v. (用钩)钩住(上),用钩连结,挂上,弯成钩形,钩取(得). *belt hook* 皮带扣. *hook angle* 前角. *hook bolt* 钩头螺栓. *hook face* 曲面. *hook foundry nail* 型箱用钩头钉. *hook gauge* 管压力表,钩形水位计,钩规(尺). *hook-on instrument* 〔*type meter*〕 钩接式(悬挂式)仪表. *hook receiver* (卫星对接系统中的)挂钩接头. *hook rule* 钩尺(用于测量凸缘或圆形物直径,或测量卡钳和两脚规的开度). *hook switch* 钩键,(电话机)挂钩开关. *hook wrench* 钩形扳手. *hook* (*ed*) *bolt* 带钩(丁字头)螺栓,钩头(地脚)螺栓. *PN hook* (晶体管中的) PN 钩. *pruning hook* 伐枝刀. ▲*by hook or* (*by*) *crook* 不择手段,用种种手段,无论用什么方法,无论如何. *hook in* 钩住(进). *hook, line, and sinker* 整个地,完全地. *hook on to* ……挂在钩上,钩住,挂起,依附于,追随. *hook M to N* 把 M 钩在(挂在)N 上. *hook up* 用钩锁住(起).

Hooke n. ①虎克 ②万向接头. *Hooke's joint* 万向连

轴节. *Hooke's law* 虎克定律.
Hookean solid 虎克物体(完全符合虎克定律的弹性固体).
hooked [hukt] *a.* 钩状的,有钩的,弯成钩形的,用钩针做的,入了迷的(on). ~**ness** *n.*
hook'er ['hukə] *n.* 吊挂工,挂钩.【纺】码布机,旧船. *Hooker process* 正向冲击挤压法(金属塑流方向与冲挤方向相同).
hook'ey ['hu:ki] *a.* 钩状的,多钩的.
hook-in *n.* 掘进,钩入[进,住].
hooking-up *n.* 用成组吊钩(将钢材水平)吊起.
hook'let ['huklit] *n.* 小钩子.
hook-on *a.* 钩接[悬挂]式的,钳形的.
hook-type *a.* (弯)钩形的,钩状的.
hook'up ['hukʌp] *n.* ①挂钩,悬挂[联结]装置,联结器,联系线路,接合 ②试验线路接入电网(系统),电路耦合,中继电台连锁,转插,联播电台 ③线路[接线,接续]图. *hook-up wire* 布用电线,架空电线,连接[单连]线,电路耦合接线.
hook'wrench ['hukrentʃ] *n.* 钩形扳手,弯头螺钉钻子.
hook'y ['huki] *a.* 多钩的,钩状的.
hoop [hu:p] Ⅰ *n.* ①环(带),(环,轮)箍,卡箍(带),轴环,(垫)圈,套,箍铁(钢) ②集电弓(叉) ③(热轧)带钩弓形小门. Ⅱ *v.* 箍结,用箍匝住,围绕. *hoop antenna* 圆柱(圆环)形天线. *hoop-drop relay* 落弓式继电器. *hoop iron* (打包窄)带钢,箍钢(铁). *hoop mill* 箍钢轧机,带钢压延机. *hoop reinforcement* 环状钢筋. *hoop steel* 箍钢带. *hoop stress* (圆)周应力,箍(环向)应力,环形电压. *hoop tension* 环筋张力. *hooped concrete* 环筋混凝土. *steel hoop* 钢箍,环箍.
hoop'ing *n.* (加)箍筋,(加)环箍,螺旋钢箍.
hoop-iron *n.* 箍钢,箍铁,(打包用)带钢.
hoot [hu:t] *n.; v.* ①(汽笛,汽车喇叭)叫声,鸣鸣叫 ②嘲骂,呵斥. ▲ *not give a hoot about* 对…置之不理,对…毫不在乎. *not worth a hoot* 毫无价值.
hoot-collector *n.* 开关式集电极板.
hoot'er *n.* 汽(警)号笛,警报器,吼鸣器.
hoover ['huvə] Ⅰ *n.* 真空吸尘器. Ⅱ *vt.* 用真空吸尘器把…弄清洁.
hop [hɔp] Ⅰ (hopped; hop'ping) *v.*; Ⅰ *n.* ①跳跃(动),(使)跳过[上] ②起飞,(一段)飞行,一段航程,飞过,接力段,横断 ③(电波)反射 ④忽布,蛇麻草, (pl.) 啤酒花. *hop propagation* 电离层链状反射传播,跳跃传播. ▲ *hop off* (飞机)起飞. *hop up* (发动机)超过额定功率.
hopcalite *n.* ①钴、铜、银、锰等氧化物的混合物(防毒面具中用) ②二氧化锰与氧化铜(3:2)的混合物 ③洁咖炸药.
hope [houp] *n.; v.* 希(盼)望,期望(待). ▲ *hope against hope* 抱万一的希望,妄想. *hope for the best* 抱乐观(态度). *in hopes of* or *in the hope of* (that) 希(盼)望,期望. *in hopes of gaining comments* 以征求批评意见. *It is sincerely hoped that* 恳切希望. *past* [*beyond*] *hope* 无希望,绝望. *pin* [*lay*] *one's hope*(*s*) *on* 把希望寄托在…上.
hope'ful ['houpful] *a.* 怀希望的,有希望的,有前途的. ▲ *be hopeful of* (*about*) 希望,期待,对…怀着希望. ~**ly** *ad.*
hopeite *n.* 磷锌矿.
hope'less ['houplis] *a.* ①无望的,绝望的 ②不可救药的. ~**ly** *ad.*
hop'per ['hɔpə] *n.* ①漏(厂,仓,斗)、装料,注入)斗,布〔给)料器,(贮)箱 ②斗台 ③【计】送卡箱,盛卡箱,储卡箱,储存设备,削波器 ④贮水(溶液)槽,贮煤器 ⑤计量器(筒),接受器(筒) ⑥底卸(式)车,漏斗车,有倾卸斗的手推车,开底式泥驳 ⑦轻型(直升)飞机,短程飞行者,短程飞机旅客. *blending hopper* 搅拌(掺合)桶. *bonl hopper* 粘结剂料斗. *car hopper* 车斗. *card hopper* 储卡箱(袋). *drying hopper* 干燥箱. *hopper car* 底卸式车,车斗车. *hopper chute* 漏斗式斜槽,滑槽. *hopper feeder* 料斗给料机,棉箱给棉机. *hopper scale* 料秤,自动盲斗定量秤. *hopper throat* 斗式卸料孔. *hopper truck* 斗式(斗)卡车. *hopper wagon* (自动)倾卸车. *hoppered bottom* 锥形底. *primary hopper* 一次料斗. *self-emptying* [*self-unloading*] *hopper* 自卸斗(箱).
hop'per-cooled *a.* 连续水冷却的.
hop'per-on-rails *n.* 行车式料斗. *hopper-on-rails type* 轨承行车式(拌和机).
hop'per-shaped *a.* 斗形的.
hop'ping *n.* 跳跃(动),电子跳动,船身上弯. *hopping film scanner* 跳光栅式电视电影扫描器. *hopping mechanism* 电波跳跃反射机理.
HOPS = highway optimum processing system 公路最优化程序系统.
hop'scotch method 跳点法.
HOR = horizontal 水平线,水平的.
Horace *n.* (英国)实验性核反应堆.
nor'ary ['hɔrəri] *a.* 时间的,每小时的.
horbachite *n.* 硫镍铁矿.
horde [hɔd] *n.* ①游牧部落 ②许多.
hor'dein *n.* 大麦醇溶蛋白.
hor'denine *n.* 大麦芽碱,对二甲氨乙基苯酚.
horicycle *n.* 极限圆.
hori'zon [hə'raizn] *n.* ①地平(线,圈),水平(线),反射界面 ②地(水)平仪 ③地层,层位 ④视(眼)界,视距,见识,范围,前景,前途,远景. *gyro horizon* 回转水平仪,人工(陀螺)地平仪. *horizon marker* 标准(指示,标志)层. *horizon of soil* 土层. *horizon range* 水平(视线)距离. *horizon transmission* 直接视距传输. *microwave horizon* 微波水平线,微波的正常传播距离. *radar horizon* 雷达水平线,雷达作用距离. ▲ *on the horizon* 刚冒出地平线,在地平线上. *widen one's horizon* 开阔眼界.
horizon-sensor device *n.* 水平传感器.
horizon'tal [hɔri'zɔntl] *a.; n.* ①地平(线),水平的 ②横(向)的,卧式的,平放的 ③水(地)平线,水平面(的),水平视图. *horizontal and vertical parity check code* (数据传输中用的)阵码. *horizontal bar generator* 横条(信号)发生器. *horizontal belt conveyer* 平带运输机. *horizontal blanking interval* (逐)行(水平)消隐时间,水平熄灭时间. *horizontal*

blackout period 行扫描熄灭脉冲时间，水平消隐脉冲周期，行消隐周期. horizontal direction 方位，水平方向. horizontal discharge tube 水平偏转放电锯齿波形成电路. horizontal driving pulse 行起动脉冲. horizontal dynamic amplitude control 行频会聚信号振幅调整. horizontal engine 卧式发动机. horizontal fillet weld 横向角缝焊接. horizontal hold 行〔水平〕同步. horizontal hunting 图像左右〔水平〕摆动. horizontal interlace 隔行扫描. horizontal lathe 卧式车床. horizontal ordinate 横座标. horizontal oscillator 行扫描振荡器，水平振荡器. horizontal plane 水平面. horizontal separator 行同步脉冲分离器，水平（同步）分离器. horizontal shading 水平阴影（信号），光栅两侧亮度差异.
horizontal-amplitude control 水平幅度调整，行〔水平〕幅度控制，行宽控制.
horizontal-boat zone refining 水平舟区熔提纯.
horizontal-deflection plates X 板，水平偏转板.
horizontal-drive signal 行主控信号，水平同步〔行驱动〕信号.
horizontal-flue n. 平烟道.
horizontal-interlace technique （水平扫描）隔行扫描技术.
horizontal'ity [ˌhɔrɪznˈtæləti] n. 水平状态〔位置〕，水平性质.
horizon'tally ad. 水平地，打横. horizontally interlaced image （水平）隔行扫描图像.
horizontally-polarized antenna 水平偏振〔水平极化〕天线.
horizontal-side control 行尺寸调整.
hormesis n. 抗菌素刺激作用，毒物兴奋效应.
hormo'nal a. 激素的.
hor'mone ['hɔːmoun] n. （刺）激素，荷尔蒙，内分泌.
hormonic a. 激素的.
hormonogen'esis [ˌhɔːmənoˈdʒenɪsɪs] n. 激素生成.
hormonogen'ic a. 激素生成的.
horn [hɔːn] I n. ①（触）角，角状〔质，制）物，悬出物，(pl.) 鱼尾状长尖角（带材的端部缺陷) ②号角，喇叭（形），口琴，角状容器 ③操纵杆，角状，机臂，电极臂 ④角柄，垫铁，砧角 ⑤（空心作用的）悬臂〔轴状）凹模 ⑥喇叭形〔圆锥形）扬声器，漏斗形〔号角形，喇叭形）天线，（天线的）喇叭形〔辐射体，扬声器，集音器）⑦半岛，岬（角），海角，支流，（海湾）分叉，角锥. Ⅱ vt. 装角下，把（曲）截去，使（船的框架）与龙骨成直角. arc horn 角形避雷器，防内络角形件. artificial horn （铁钻的）人造ема. box horn 喇叭形天线. control horn 控制杆. electromagnetic horn 一种喇叭形天线. elevator horn 升降舵杆. horn antenna 喇叭形天线，号角天线. horn block 角块，（机车的）轴箱架. horn feed 喇叭形天线馈电，喇叭形辐射器. horn gap 角形（放电器）火花杆. horn gate [sprue] 角形入口〔牛角，口注）. horn loudspeaker 号筒式扬声器. horn press 筒形件卷边接合偏心冲床. horn spacing 悬臂距离. horns of a groove （唱片）纹槽角刺. infinite flaring horn 无限长嗽展喇叭. pedestal horn 轴架导板. water horning 喷水清理. work horn （剥工的）工件套承.
horn'beam n. 铁树.
horn'berg n. 角岩岩，角山.
horn'blende n. 【矿】（角）闪石.
horn'blendite n. 角闪石岩.
horn'block n. 角块，（机车的）轴箱架.
horn'book ['hɔːnbuk] n. 初学入门书，ABC 初级教程.
horn-break switch 锥形〔号角形）开关.
horn-cyclide n. 角形圆纹曲面.
horned [hɔːnd] a. 有角的，角状的.
horn-fed paraboloid 喇叭馈电抛物面天线.
hornfels n. 角页岩.
horn-gate n. （牛）角状浇口.
horn-hunter n. 侦察器.
hornifica'tion n. 角质化.
horn'iness n. 角〔硬〕质.
hornito n. 溶岩滴丘.
horn'lead n. 角铅矿.
horn'less a. 无角的，无喇叭的.
horn'like a. 似角的.
hornquicksilver n. 角汞矿，天然氯化亚汞.
horn'silver n. 角银矿.
horn'stone n. 角岩〔石〕，黑硅石.
horn-subreflector n. 喇叭形副反射器装置.
horn-type a. 喇叭形的，号筒式的.
horn'work n. 角制品，角堡.
horn'y ['hɔːni] a. 角（状，质，制）的，坚硬如角的.
hor'ocycle n. 极限圆.
hor'ologe ['hɔrələdʒ] n. 钟表，日晷.
horol'oger ['hɔrələdʒə] 或 horol'ogist ['hɔrələdʒɪst] n. 钟表研究（制造）者，钟表商.
horolog'ical gear （微型）时计〔钟表）齿轮.
horolo'gium [ˌhɔrəˈloʊdʒɪəm] (pl. horolo'gia) n. 钟表，钟塔，时钟（星）座.
horol'ogy [hɔˈrɔlədʒi] n. 钟表学，钟表制造术.
hor'osphere n. 极限球面.
horren'dous [hɔˈrendəs] a. 可怕的. ~ly ad.
hor'rible ['hɔrəbl] 或 hor'rid ['hɔrɪd] a. 可怕〔恶）的，讨厌的.
horrif'ic [hɔˈrɪfɪk] a. 极其可怕的.
hor'rify ['hɔrɪfaɪ] vt. 恐吓，使（人）恐惧，使毛骨悚然.
hor'ror ['hɔrə] n. （引起）恐怖（的事物），（极端）厌恶.
hors [hɔː] （法语）ad. ; prep. （在…）之外.
horse [hɔːs] n. ①马（力），骑兵（总称）②（有脚的）（搭，搁）架，马架（刮板造型用）③（高炉）炉底凝〔结）块，炉瘤 ④绳索，铁杆 ⑤【地】夹层〔块，石). ▲a horse of another colour 完全是另外一回事. put the cart before the horse 本末倒置. (straight) from the horse's mouth （指消息、情报等）直接得来的. work like a horse 苦〔实）干.
horse'-drawn a. 马拖〔拉）的.
horse-gear n. 马具.
horse'hair n. 马鬃.
horse-latitudes n. (pl.) （大西洋的，副热带）回归线无风带.
horse'less a. 无〔不用）马的.

horse-power ['hɔːsˌpauə] n. ①马力,功率(合0.746W或550英尺磅/秒) ②马拉传动,畜力驱动. *brake horsepower* 制动马力(功率). *indicated (true) horsepower* 指示马力(功率). *pto horsepower* 动力输出轴马力(功率).

horse'radish ['hɔːsrædiʃ] n. 辣根.

horse'-sense n. (起码)常识.

horse'shoe ['hɔːsʃuː] n.; a. 马掌,蹄铁,马蹄形(的),U 形(物,的). *horse-shoe bar* 蹄铁钢.

horse-stone n. 夹层(石).

horsfordite n. 锑铜矿.

horst [hɔːst] n. 地垒(垣). *horst fault* 垒断层.

hur'sy ['hɔːsi] a. 马(似)的.

horticul'tural [ˌhɔːtiˈkʌltʃərəl] a. 园艺的.

hor'ticulture ['hɔːtikʌltʃə] n. 园艺(学).

horticul'turist [ˌhɔːtiˈkʌltʃərist] n. 园艺家.

Horton multispheroid 多弧水滴形油罐.

Horton sphere (可以加压的)球状气体贮罐.

Horton spheroid 水滴形(球形)油罐.

hose [houz] I n. 软(蛇)管,皮带管,水龙带,挠性导管,胶皮管. II vt. 接以软管,用软管浇(灌)水,软管装袖. *asbestos hose* 石棉管. *flexible shaft protecting hoses* 软轴管. *hose car* (消防)水管车. *hose coupling nipple* 软管用接头. *hose nozzle* 软管喷嘴,水龙带接头. ▲*hose down* 用水龙管冲洗,用软管洗涤,用软管卸油.

hose'man ['houzmən] n. 消防人员.

hose'pipe n. 蛇(皮)管,水龙软管.

hose-proof enclosure (电机等用软管冲洗时水不会溅入的)防溅渗外壳.

ho'siery ['houʒəri] n. 袜类,袜厂,针织品(厂).

Hoskin's metal 一种耐热耐蚀高镍合金(镍 34~68%,铜 10~19%,其余铁).

hosp =hospital 医院.

hos'pitable ['hɔspitəbl] a. ①招待周到的,好客的 ②宜人的 ③易接受的. *hospitable reception* 热情的接待. ▲*be hospitable to* 易接受. **hos'pitably** ad.

hos'pital ['hɔspitl] n. 医院. *hospital relay group* 故障线收容继电器群.

hospital'ity n. 殷勤招待,宜人,适宜.

hospitaliza'tion [ˌhɔspitəlaiˈzeiʃn] n. 住院(期间),入院(治疗),医疗保险.

hos'pitalize vt. 送进医院治疗,入院.

host [houst] I n. ①主人,宿(寄)主,节目主持人,主机 ②基质(体),晶核 ③许多,多数,大群. II v. (作主人)招待,(在…上)作主人. *host country* 东道国. *host crystal* 基质晶体,主(体)晶(体),结晶核. *host media* 基底介质,主介质. *host processor* 主处理机. *host rock* 围(主)岩. *host subscriber* 主机用户. ▲*a host of* 或 *hosts of* 许多,一大群(批). *play host to* 作…主人,招待. *reckon without one's host* 未经考虑重要因素(未与主要有关人员磋商)而作决定,无视困难.

host-based support program 供主机用的支援程序.

host-crystal n. 主晶.

hos'tel ['hɔstəl] n. 旅社,招待所,(寄)宿舍,站.

hostel-like process 类(似)站的进程.

hos'tile ['hɔstail] n.; a. 敌方(对,人)的,敌对的,敌对分子.

hostil'ity [hɔsˈtiliti] n. 敌视(意),敌对(状态,行动),反对,(pl.) 战争(状态,行动).

host-ion interaction 基质离子互作用.

host-language system 主语言系统.

hostler ['ɔslə] n. 机车(机器)维修人.

host-to-host protocol 主机到主机协议.

host-to-IMP control information 主机到接口报文处理机的控制信息.

hot [hɔt] I (*hot'ter, hot'test*) a. ①热(的) ②热[激,猛,强]烈的,厉害的,危险的,有害的 ③刺激性的,辣(味)的,不愉快的 ④最近[新]的(消息等),新鲜的,工作中的,才出炉的,才行的 ⑤有(高,强)放射性的,高压电线的,通电的,不接地的 ⑥(车辆)快的. II (*hotter, hottest*) ad. 热,热[猛]烈. III (*hot'ted; hot'ting*) v. (变,加)热,把…加温. *hot (-air) blast* 热鼓风. *hot atom* 高能反冲原子,"热"原子. *hot background* 加强背景照明. *hot-bar shears* 条钢热剪机. *hot bed* [rack] 【轧】冷床,【农】温床. *hot brick* (钢锭模型的)保温耐火砖. *hot brittle iron* 热脆铁. *hot camera* 在拍摄的摄像机. *hot cell* 热室,高放射性物质工作屏蔽室,热单元(电池). *hot charging* 热装料. *hot cold work* (在临界温度下的)中温加工. *hot column stabilizer* 热稳塔. *hot cooling* 沸腾冷却. *hot cure* 热处理(养护). *hot debate* 激烈的辩论. *hot dip* 浸(热)镀,热浸. *hot dozzle* 保温帽,(钢)锭头. *hot electron* 过热电子. *hot end modification* 热高位端. *hot extraction process* 热萃取法,真空熔化气体分析法. *hot fight* 激战. *hot floor* 平底干燥器. *hot forming* [sizing] 热压成形(冲压). *hot gas line* 热气管线,排出管. *hot gas welding* 热风焊接,气焊. *hot house* 室温,暖房,(陶瓷,窑器)干燥室. *hot investment casting* 精密(蜡模)铸造. *hot iron* 铁水. *hot laboratory* 强放射性物质研究实验室,原子核实验所,"热"实验室. *hot light* 热(主)光,电视转播室内最重要的灯光. *hot line* 作用(工作)线,(靶场用)热线. *hot job* [work] 带电操作,带电(热线)作业. *hot machining* 高温切削. *hot magnetron* 热阴极磁控管. *hot metal* 液态金属. *hot money* (国际)游资. *hot-neck grease* 轧钢机滚棒轴头润滑脂. *hot news* 最新消息. *hot oil expression* 热压油法. *hot patch* 补,火补钉(补内胎用). *hot plate* (加)热板,电炉,煤气炉. *hot potato* 难题,棘手的问题. *hot pressing* 热压,(唱片表面产生的)水纹效应. *hot quenching* 热油淬,分级淬火.《*hot rail*》架火标帜. *hot reserve* 暖机预备. *hot rubber* 聚乳合橡胶. *hot run table* 热金属辊道. *hot scarfing* (热)烧剥,高温修切边缘. *hot set* 热(凝)固,热作(锻)用具. *hot shortness* 热脆性. *hot shot* 过热,猝断过度. *hot spot* (过)热点,(过)热部位,局部加热,腐蚀点,(水银蒸流器)阴极斑(辉)点,辐射最强处,危险地区. *hot spotting* 热点. *hot start* 高电流起弧. *hot strip mill* 扁钢(带钢)热轧机. *hot subject* 热烈讨论中的题目. *hot tap* (钢锭的)热帽. *hot tension test* 高温拉力试验. *hot top* 冒口,保温帽,

顶. *hot vehicle* 导弹,火箭. *hot water* 热水,困境. *hot well* 天然温井,温泉,热水槽,热的冷凝物受器. *hot wire* 热线〔丝〕,有电电线,热电阻线,皮拉尼真空计.
▲*be hot for* 迫切要求. *be hot on* 热衷于. *blow hot and cold* 无定见,反复不定. *get hot* 变〔变〕热,激动,接近. *hot and heavy* [strong] 猛烈的,极力的. *hot one* 极佳的东西. *hot up* 变得激动〔骚乱〕起来.

hot-air oven 烘箱,热气灭菌器.
hot-alkyla'tion n. 热烷基化.
hot-atom chemistry 热原子〔高能反冲原子团〕化学.
hot'bed n. 【农】温床,【轧】冷床.
hot-blast n. 热(鼓)风.
hot-box n. (火车上的)热轴,过热的轴颈〔轴承〕箱,热芯盒.
hot-cast n. 热铸.
hotch'ing n. 跳汰机产物〔选矿〕.
Hotch'kiss n. ①钉书机 ②霍契凯斯炮〔重机枪〕.
hotch'potch ['hotʃpotʃ] n. 杂烩,乱七八糟的混杂物,(地层)混合物,混合岩层.
hot'-coining n. 热精压,热压花.
hot-cold a. 变化多端的.
hot-die n. 热压模.
hot-dip alloying n. 热浸合金过程
hot-drawn a. 热拉〔拔〕的.
hotel' [hou'tel] n. 旅社,旅馆,(法)官邸. *area hotel* 宇宙飞行器着陆地. *hotel car* 带客室的卧车. *hotel de ville* (法)市政府. *hotel Dieu* (法)医院.
Hotel [hou'tel] n. 通讯中用以代表字母 h 的词.
hot-forging n. 热锻.
hot-forming n. 热成型,热加工.
hot-galvanizing n. 热电镀,热线镀锌.
hot-gas n. 热气,高温气体.
hot'house ['hɔthaus] n. 温室,暖房,(陶瓷)干燥室.
hot-junction n. 热接点.
hot-laid a. 热铺(的).
hot'ly ['hɔtli] ad. 热(烈,心),激〔烈〕烈地.
hot-metal n. 熔(融)金属. *hot-metal mixer* 混合〔铁〕炉. *hot-metal process* (电冶)热装法. *hot-metal sawing machine* 热锯机.
hot-mould v. 热模型.
hot-neck n. (轧钢机)滚棒轴头.
hot'ness ['hɔtnis] n. 热(烈,心),激烈,热度.
hot'-plate n. 电炉,煤气灶. *hot-plate magnetic stirrer* 热板磁扰动器. *hot-plate test* 热板试验.
hot-platinum halogen detector 热铂卤素探漏器.
hot-press vt.; n. 热压,热压机,加热压榨(器),轧光,使发光泽.
hot'pressing n. 热压,热压机.
hot-quenching n. 热淬.
hot-rolled a. 热轧(压,碾)的.
hot-rolling n. 热轧.
hot-set 热固,热变定.
hot-short n.; a. 热脆(性,的),红脆的,不耐热的.
hot-shortness n. 热脆性.
hot'shot n. 快车〔机,枪〕.
hot'spots n. 热点.
hot-spotting n. 局部〔预先〕加热.

hot'-stretch n.; v. 热拉伸.
hot'-strip n. 热轧带钢〔材〕. *hot-strip ammeter* 热片安培计.
hot-tinting (回)火色,氧化膜色.
hot-top n. (鼓风炉熔炼)热炉顶,保温帽,冒口.
hot-trimming n. 热修整,热精整.
hot-wall tube furnace 热壁管式炉(通过管壁对管内加热).
hot-water a. 热水的. *hot-water bottle* [bag] 热水袋. *hot-water heating* 水暖设备.
hot'well n. (凝汽器的)热水井,凝结水箱.
hot-wire n. 热线(式)的,热电阻线(的),热阻丝(的),短路打火(汽车起动). *hot-wire instrument* 热线式仪表.
hot-work n.; v. 热加工,热作.
hot-workabil'ity n. 热加工性.
hot-zone n. 热带,热区.
Houdryforming n. 胡得利重整.
hound [haund] n. ①(拖车车架的)斜杆,斜撑杆 ②驱动,追赶.
hour ['auə] n. ①小时,钟头 ②钟点,时刻 ③(pl.) (规定的,一段,工作)时间 ④时机,(某一)时刻 ⑤一小时的行程 ⑥目前,现在. *busy hour* 忙时,最大负荷小时. *hour angle* 时(相位)角. *hour hand* 时针. *hours on* [to] *stream* 操作时间. *hours underway* 航海时间. *inverted* [inverse] *hour* 逆时针. *kilowatt-hour* 度,千瓦小时. *light* [slack] *hour* 轻负荷小时. *man hour* 工时. ▲*after hours* 下班后,在业余时间. *at all hours* 在任何时间,随时,日夜〔一直〕不断地. *at the eleventh hour* 在最后的时刻,在危急关头. *by the hour* 按钟点. *for hours (and hours)* 好几个钟头. *from hour to hour* 随时〔地〕. *hour after hour* 一小时又一小时,连续的. *in a good* [happy] *hour* 恰巧,幸好. *in the hour of need* 紧急的时候. *keep good hours* 按时作息. *of the hour* [当]前的,现在的. *off hours* 业余时间. *office hours* 办公时间. *on the hour* (在某一钟点)正,准点地. *out of hours* 未在上班时间,上班时间之外. *the small hours* 深夜(午夜后一点至四点之间). *to an hour* 恰恰,恰好.
hour-angle n. 【天】时角.
hour-circle n. 【天】时圈,子午线.
hour'-glass n. (计时)沙漏,水漏. *hour-glass effect* 船舶雷达站靠岸误差,航海雷达站在近海岸工作的误差,颈缩效应.
hour'-hand n. 时针.
hour'ly a.; ad. 每小时(地,一次)的,以钟点计算的,时时刻刻(的),常常. *hourly capacity* 小时生产能力. *hourly output* 每小时产量. *hourly variation factor* 时变化系数.
hour'meter n. 小时计. *engine hourmeter* 发动机运转小时计.
house I [haus] n. ①房子(屋,间),住宅,(宿)舍,家,建筑物,大楼会议厅 ②室(内),库,房,馆,车间,工段,厂房,场所,机构,所,社,商号〔行,店〕,戏院 ③家庭〔族〕,议院 ④(仪器,遮蔽)罩 ⑤观〔观〕众. II [hauz] v. ①收容,供宿,(给房子)住 ②收藏,容藏〔纳,包含,覆盖,遮蔽〕,关闭,挡住 ③放〔安,布置,安放[装],装有,把…嵌入,给…装外罩. *bag (filter) house* 布袋收尘室,囊式收尘室. *cell house* 电解厂房[车间]. *change house* 更衣室. *customs house* 海关. *dog house* 仪表室,工具室,高频高压电源屏蔽罩,(发射天线的)调谐箱. *house analog* 计算热平衡的模拟装置. *house brand* 工厂标号. *house-brand gasoline* 普通品牌汽油,汽油正规品种. *house cable* 室内电缆. *house flag* (轮船)公司旗. *house generator* 自备发电机. *house keeping* 内务处理,(程序的)内务操作. *house of culture* 文化宫. *house paint* 民用[房屋]漆. *house-service meter* 普通用户电度表. *house service wires* 进户线. *house substation* 专用变电所. *house turbine* 厂用涡轮机. *power house* 动力室[厂]. *rear axle house* 后轴箱. *round house* (机车的)调车房. *store house* 仓库. *test house* 实验室[站]. *The house rose to its feet.* 全场起立. *A full house* 客满. *clean house* 打扫[整理]房屋,内部清洗. *house of cards* 不牢靠的计划. *like a house on fire* 猛烈迅速地,快,盛. *on the house* 免费的,白给[拿]的.

house-car n. 箱车,冷藏车等的总称.
house′clean v. 打扫(房屋),去除不需要的人[物],清洗,改革.
housed a. 封装的. *housed joint* 藏纳接头.
house′ful n. 满屋,一屋子.
house′hold ['haushould] n.; a. 家庭[属,族],(一)家,(一)户,家中的,一般用途的,普通的.
house′holder n. 住户,户主.
house′keeping n. 保管,辅助[整理,服务性]工作,[计]内务(操作,处理). *housekeeping instruction* 辅助[内务,整理]指令. *housekeeping operation* 整理[内务,辅助,程序加工]操作. *housekeeping package* 整理[成家,内务]组装.
house′less a. 无房屋的,无家的.
house′let ['hauslit] n. 小房子.
house′lights n. (剧场)观众席灯光.
house′man n. (石油加工厂)控制室操作者.
house′-physic′ian n. 内科住院医师.
house′room n. 空间,放东西的地方,住宿.
house-service meter 家庭用仪表.
house′-supply n. 室内使用.
house′-sur′geon n. 外科住院医师.
house-to-house a. 挨户的.
house′top n. 屋顶.
house′wife n. 主妇. *house-wife program* 内务程序.
house′(-)work n. 家务(劳动).
hou′sing ['hauziŋ] n. ①(供给)房屋,住宅,住房(建筑),机[厂]房 ②(外,阀)壳,(外,炉)屏敝套,(外,护)罩,(轴承)盖,盒,(包装,曲轴,齿轮)室 ③(构,机,框,座,支,背,型芯,电刷)架,轴承座,机体[座] ④卡箍,垫圈,柄孔,槽,沟,腔,(塞)孔,凹部,榫眼 ⑤遮蔽[盖]物,(涵洞的)避入洞,壁洞 ⑥(pl.)润滑部位. *azimuth-control housing* 方位控制架. *bearing housing* 轴承箱. *coupling shaft housing* 接轴壳,联轴套. *fan housing* 风扇壳. *gear shift housing* 变速箱. *housing of pump* 泵体[壳]. *housing pin (screw)* 压紧螺丝. *housing project* 住房建筑计划. *streamlined housing* 流线型盒[壳].

Houston ['hju:stn] n. (美国)休斯敦(市).
hove [houv] 【海】heave 的过去式和过去分词.
hov′el ['hɔvəl] n. ①茅舍,小屋,杂物间 ②遮蔽物.棚,窑的圆锥形外壳.
hov′el(l)er ['hɔvələ] n. 无执照的领港员.
hov′er ['hɔvə] Ⅰ v. 翱翔,盘旋,升腾,垫升,停[空]悬,悬浮(over, about). Ⅱ n. ①翼盖,顶棚,遮棚 ②翱翔,盘旋. *hover between the two alternatives* 动摇于两种选择(方案)之间. *The mercury hovered around 36°C.* 气温停留在36°C左右.
hov′ercar n. 飞行汽车.
hov′ercraft n. 气垫车(船,艇),腾空艇,气垫飞行器,悬浮运载工具.
hov′ergem n. 民用气垫船.
hov′erliner n. 巨型核动力气垫船.
hov′ermarine n. 气垫船,海上腾空运输艇.
hov′erpad n. 气垫底板.
hov′erplane n. 直升飞机.
hov′ership n. 气垫船.
hov′ertrain n. 飞行(气垫)火车,气垫列车.
hovite n. 铝钙石.
how [hau] Ⅰ ad. ①怎样,怎么,用什么方法. *She has learned how to drive a tractor.* 她已学会(怎样)开拖拉机. *How did you do it?* 你是怎样做它的? *That depends upon how you did it.* 这要看你怎样做它(而定). *How do you mean?* 你是什么意思? *How do you like this lathe?* 你看这台车床好吗? *How if the machine were to stop suddenly?* 机器要是突然停了怎么办? *How do you do?* 你好! *How are you?* 你(身体)好(吗). *How goes it …?* …的情况怎样? ②为什么,为何(= for what reason, why) *How is it you are late?* 你为什么迟到? ③(修饰形容词或副词,表示程度)多少,多么,*How many?* (数)多少? *How much?* (量)多少? 什么价钱? *How long is it?* 它有多长? *How often need we oil that machine?* 每隔多久我们得给那机器上一次油? *No matter how difficult it may be.* 不管它多么困难. ④(带有强调的意味)怎么,…,尽可能. *This is how it happened.* 事情就是这样发生的. *Do it how you can.* 你尽可能做做看. ⑤(感叹)多么,真. *How fine the crop is!* 多么好的庄稼! Ⅱ n. 方法. *the how of doing work* (做)工作(的)方法. ▲*how about …* (情况,意见)怎样. *how comes [is] it that …* 怎么,为什么. *how ever that may be* 不论怎样. *How is that?* 那是怎么回事? 请再说一遍,你认为怎样? *no matter how* 无论多么(怎样的).
how′be′it ['hau'bi:it] ad.; conj. 虽然(如此),尽管如此,虽说,仍然.
Howell Bunger valve 锥形阀.
howev′er [hau'evə] ad.; conj. ①无论如何,不管虽然,即使…也 ②但是,可是,然而,仍.
how′itzer ['hauitsə] n. 曲射[榴弹]炮. *neutron howitzer* 中子发射器.

howl [haul] *n.; v.* ①怒号,号叫,啸声〔蜂,叫〕鸣 ②颤噪效应,声反馈 ③再生. *fringe* [*threshold*] *howl* 临振啸声. *howl repeater* 啸声增音机.

howl'er ['haulə] *n.* ①啸鸣[振鸣]器,高声信号器,气笛,警报器 ②大错. *howler circuit* 嗥鸣电路. ▲ *come a howler* 遭到失败.

howl'ing ['haulin] *n.* ①嗥鸣,啸声,振〔蜂,鸣〕鸣 ②颤噪效应,声反馈 ③再生. II *a.* 极端的,显而易见的,荒僻的. *acoustic howling* 音响啸声. *howling tone* 催挂音.

howlite *n.* 硅硼钙石.

howl-round *n.* 声反馈.

Howorth test 研磨试验.

howsoev'er [hausou'evə] *ad.* 无论如何,不管怎样,纵使,也.

how'-to' *a.* (给以)基本知识的. *how-to book* 基本知识书.

hoy [hɔi] *n.* 装载大体积货物的驳船.

Hoyt alloy 一种锡锑铜合金(锡 91%,锑 6.8%,铜 2.2%).

HP = ①hand pump 手摇泵 ②harmonical progression 调和级数 ③high pass filter 高通 ④high power 大功率 ⑤high pressure 高压 ⑥highly purified 高度精制 ⑦horizontal parallax 水平视差 ⑧horizontal plane 水平面 ⑨hot polymerized (rubber) 高温聚合(橡胶) ⑩hot press 热压机.

HPA =high pressure air 高压空气.

H-pad *n.* H 型衰减器.

hpc 或 **hp-c** =high pressure compressor 高压压气机.

hpcc =high pressure combustion chamber 高压燃烧室.

HPD =hydraulic pump discharge 液压(系统用的)泵(的)泄放.

HPDL =hydraulic oil pump discharge line 液压(系统用的)油泵泄放管路.

HPF =high power field 高倍视野.

hpf =①high-pass filter 高通滤波器 ②high power field 高倍视域(显微镜).

HPG =high-power ground 大功率地面雷达.

HPHD =high-pressure high-density 高压高密度的.

HPLR =hinge pillar 铰链柱.

HPMA =high-power microwave assembly 高功率微波装置.

hp/mgd 马力/百万加仑日.

HPN 或 **HPMom** =①horse-power nominal 标称(公称)马力 ②hydropneumatic 液压气动的.

HPO =high pressure oxygen 高压氧.

H-post *n.* 工字杆.

HPOT =high potential 高电位〔势能〕.

HPP =hydraulic pneumatic panel 液压(和)气动控制台.

HPS =①high-pressure steam 高压蒸气 ②hydraulic power supply 水(液)力的动力供应.

HPT =①high-pressure test 高压试验 ②high pressure turbine 高压涡轮.

HPU =hydraulic pumping unit 液压(系统)的泵装置.

HPV =high pressure valve 高压阀.

HQ =①headquarters 司令〔总,本〕部 ②high-quality 高品质〔质量〕因数.

HQMC =Headquarters, Marine Corps (美国)海军陆战队司令部.

H-quantum model H 量子〔重量子〕模型.

HR =①hand radar 携行雷达 ②handling room 操纵室 ③heat resisting 耐热的 ④heater 加热器,热源,灯丝 ⑤homogeneous reactor 均匀反应堆 ⑥hot rolled (steel sheets) 热轧(钢板) ⑦humidity relative 相对湿度 ⑧refrigerated helium 冷藏氦.

Hr 或 **hr** =hour 小时.

HR 或 **HRc** =Rockwell hardness 洛氏硬度.

HRIR =high resolution infrared radiometer 高分辨度红外辐射计.

HRLY =hourly 每小时的.

H-RNA 不均-核糖核酸.

HRP =①heat resistance paint 耐热涂料 ②heat resistance plastic 耐热塑料.

HRS =hot rolled steel 热轧(的)钢.

hrs =hours 小时.

HRV =hydraulic relief valve 液压安全阀.

HS =①head set 头戴式耳机,头戴受话器 ②head shot 拍摄头部(电视摄影的) ③heat shield 热屏蔽,防热层 ④heating surface 加热表面 ⑤high speed 高速 ⑥high-speed steel 高速钢 ⑦horizontal sensor 水平传感器 ⑧horizontal shear 水平剪力,卧式剪床 ⑨house surgeon 外科住院医师 ⑩hydraulic system 液压系统.

Hs =Shore scleroscope hardness 肖氏(回跳)硬度.

H-S =Hamilton-Standards (英)汉密尔顿标准.

H/S =high speed 高速.

hs =hora somni 临睡时.

H₂S system 波段示波雷达站.

HSAM =high-speed accounting machine 高速计算机.

HSB =high-speed buffer register 高速缓冲寄存器.

HSBR =high speed bombing radar 高速轰炸雷达.

HSC =①high-speed channel 高速通道 ②high-speed controller 高速控制器.

HSCB =high-speed circuit breaker 高速断路开关.

H-scope *n.* H 型显示器(指示器),分叉点显示器(信号为亮线,其倾斜度表示目标的仰角).

H-section *n.* 工字形断面,宽缘工字钢. *H-section attenuator* H 型衰减器.

HSG/E =high-strength graphite/epoxy 高强度石墨/环氧树脂.

HSI =horizontal situation indicator 水平位置指示器.

Hsikuanshan series (晚泥盆世)锡矿山统.

HSLA =high-strength low-alloy(steel) 高强度低合金(钢).

HSLC =high speed liquid chroma to graphy 高速相色谱法.

HSMS =high-speed microwave switch 高速微波开关.

HSS =①high-speed steel 高速钢 ②high speed switching 高速转换.

HSS measurement 高灵敏度航空磁测.

HST =①highest spring tide 最高大潮 ②hypersonic transport 特超音速飞机(五倍于音速以上).

HSV =hydraulic selector valve 液压选择阀.

H-system *n.* 两个地面站雷达引导系统.

HT =①heat 热 ②heat treatment 热处理 ③high

temperature 高温 ④high tension 高压 ⑤high tide 高潮，满潮 ⑥hunting time 自动选线时间.
H&T =handling and transportation 装卸与运输.
ht =①heat 热(量,度) ②height 高度.
HT RES =heat resistant 耐热的.
HT XGR =heat exchanger 热交换器.
HTA =heavier than air 比空气重.
HTB =hydraulic test bench 液压试验台.
HTC =①heat transfer coefficient 传热系数 ②hydraulic temperature control 液压温度控制器 ③hydraulic test chamber 液压试验室.
HTD =Hitachi turning dynamo 日立电机放大机.
HTH 次氯酸盐的商品名称.
HTL =①high threshold logic 高阈逻辑电路 ②high tide level 高潮水位.
HTM =high temperature materials 高温材料.
HTME = horizontal-tube multipie-effect 水平管多效(蒸馏法).
HTN =heterodyne 外差法.
HTO 氢氧化，氚标记的水.
HTOHL =horizontal takeoff/horizontal landing 水平发射/水平着陆.
HTR =heater 加热器,热源,灯丝.
HTRK =halftrack 半履带式(车辆).
HTS =①heat-treated steel 热处理钢 ②high-tensile steel 高强度钢 ③high-tension supply 高压电源.
HTSG =high-temperature strain gauge 高温应变计.
HTST =high temperature-short time Pasteurization 高温短时巴斯德灭菌.
HTU =height of a transfer unit 传递单位高度.
HTV =homing test vehicle 自动寻的试验飞行器.
HTW =high temperature water 高温水.
H-type mode H 型波,H 传播模,TE 模.
Huai River 淮河.
Huanglung limestone (中石炭世)黄龙灰岩.
hub [hʌb] n. ①(轮)毂,盘盖〔环〕,旋翼叶毂,(转轮)体 ②(套)套节,(千分尺)固定套管,轴(套),柄 ③(电线)插孔(口) ④冲头,切压母模 ⑤(道路的)凸起,突口,车轴 ⑥测站木桩,标桩(柱) ⑦中心,(社)(磁带)盘心,多条道路交汇点. faired over hub 整流式桨毂. hub borer 毂孔镗床. hub cutter 带套刨齿刀. hub liner 毂衬. hub micrometer (镗床装刀用)中心千分尺. hub of commerce 商业中心. pressed-out hub 压制毂. ▲from hub to tire 完全,从头至尾.
Hubbard-Field mix-design method 哈费氏(沥青)混合料配合设计法.
hub'bing n. 压制阴模法,切压阴模(法),高压冲制.
Hub'ble n. 哈勃(天文距离,等于 10 光年的单位).
hub'cap n. 毂盖.
hübnerite n. 钨锰矿.
huck'le n. 背斜隅尖.
HUCR =highest useful compression ratio 最高有效压缩比.
hud'dle ['hʌdl] I v. 乱挤〔堆,塞〕,挤作一团,卷缩 (into, up, together), 拥挤(together), 草率地做(up). II n. 混乱,拥挤,乌合. ▲all in a huddle 乱七八糟. go into a huddle 同…秘密讨论.
Hud'son ['hʌdsn] n. (美国)哈得孙河.
hue [hju:] n. ①色,色彩〔调,泽〕,色相〔度〕,混合 ②形式,样子 ③喊声,噪杂声. colour [spectral] hue 色调. hue shift 色调偏移. hue wave length 主波长. ▲of all hues 形形色色的. of various hues (意见)各不相同的. raise a hue and cry against 发动大家反对.
huebnerite n. 钨锰矿.
-hued [词尾] 有…颜色的. dark-hued 暗黑色的. many-hued 有许多颜色的.
Huey test 晶间腐蚀试验,不锈钢耐蚀试验.
huff [hʌf] v. 把…吹胀,吹[吹气],提高…价格.
huff-duff ['hʌf'dʌf] n. 高频无线电测向(仪).
Huffman-Mealy method 赫夫门-密莱法(一种时序电路的综合法).
hug [hʌg] I vt. (hugged; hug'ging). I n. ①紧抱[靠] ②坚持,抱有. ▲hug oneself on [for, over] 因…而沾沾自喜. hug the shore 紧靠海岸航行.
huge [hju:dʒ] a. 巨[庞]大的,非常的. huge concrete block 大型混凝土砌块.
huge'ly ad. 极大地,十分地.
Hughes system 休斯制(一种简单的同步电报制).
Hugoniot n. 休斯继电器.
huis [法语] à huis clos [a:'wi:'klou] 关着门,秘密地.
hulk [hʌlk] I n. ①废[破]船,残骸,外壳,巨大,笨重的船 ②庞然大物. II vi. 笨重地移动,显得巨大(up).
hulk'ing a. 庞大的,笨重[拙]的.
hull [hʌl] I n. ①(外)壳,皮,荚,外部 ②本身,船壳[体],(船,机)身,车盘,壳罩 ③薄膜. II vt. 去皮(壳). highly faired hull 流线型船身. hull cell 薄膜电池. ▲hull down 只见船桅不见船身,在远处,藏在他观察到敌人并能向其射击的隐蔽处.
Hull [hʌl] n. (英国)赫尔(市).
hull'er n. 脱壳[皮,粒]机,去壳[皮]机.
hum [hʌm] I n. ①(hummed; hum'ming) vi. (发)嗡嗡声,(发)哼声,哼鸣(扰),杂音,(电源)交流声,馈电路频率干扰. hum bar (交流声干扰所致)图象波纹横条,哼声(干扰)条. hum cancel coil 反交流声(交流声消除)线圈. hum filter 交流声[哼声]滤除器,平滑滤波器. hum free 无交流声(的),无哼声(的). hum measurement 哼声[背景噪声]测量. magnetic hum (磁感)交流哼声.
hu'man ['hju:mən] a.; n. 人(类)(的),似人的. human being 人(类). human dynamic response 人体动态响应. human engineering 环境[人类],运行]工程学,(企业)人事管理,机械设备利用学,人类工程学. human error 人为[主观]误差. human geography 人文地理学. human history 人类历史. human information-processing system 人对信息的处理系统. human observer 观测者. human operator 操作员. human operation 人工操作. human race 人类.
human-caused error 人为误差.
humane' a. 人道的.
hu'manism n. 人性[情,道],人道[人文,人本]主义,人文学,古典文化之研究.
human'ity n. 人类,人性[道],人文学.

hu′manize [′hju:mənaiz] v. 教〔感〕化,使成为人,赋予人性.
hu′mankind n. 人类.
hu′manly ad. 用人力,在人力所及范围内,从人的角度.
hu′manoid I n. 具有人类特点的. II a. 类人动物,猿人,人形机.
human-oriented language 面向人的语言.
humate n. 腐植酸盐.
hum-balancing resistor 哼声抵消电阻(器).
hum′ble [′hʌmbl] I. a. ①谦卑的 ②地位低下的. II vt. 贬抑,降低.
humboldtilite n. 硅黄长石.
hum-bucking coil (扬声器内)哼声抑制线圈.
hum′bug [′hʌmbʌg] n.; v. 欺骗,骗人的鬼话,用来骗人的东西,骗子.
hum′drum [′hʌmdrʌm] I a.; n. 乏味,单调,平凡. II (hum′drummed; hum′drumming) vi. 作单调的动作.
hume duct 或 **hume pipe** 钢筋混凝土管,混凝土冷却管道,休漠管道.
humec′tant n.; a. 湿润〔保湿〕剂,致湿物(的),润湿器.
humecta′tion n. 润湿,增湿,致湿(作用).
hu′mic [′hju:mik] a. 腐殖的. *humic acid* 腐殖酸. *humic coal* 腐殖林,泥煤. **hu′mics** n.
hu′mid [′hju:mid] a. (潮)湿的,湿润的. *humid analysis* 湿法分析. *humid ether* 湿醚,含水醚. *humid volume* 湿空气比容,湿容积. ~**ly** ad.
humidifica′tion [hju:midifi′keiʃən] n. 湿润,弄湿,增(加)湿,湿化,湿润性,增湿作用.
humid′ifier n. 增(加)湿器,湿润器.
humid′ify [′hju:′midifai] vt. 使湿润,使潮湿,弄(加)增(湿),调湿.
humidiom′eter n. 湿度计.
humid′istat [hju:′midistæt] n. 恒湿器(箱),保湿箱,湿度调节器.
humid′ity [hju:′miditi] n. (潮)湿,湿度,湿气,水分含量. *absolute humidity* 绝对湿度.
hu′midizer n. 增(加)湿剂.
hu′midness n. 湿度,湿气.
hu′midor n. 保湿盒,保湿气恒湿室,蒸气饱和室.
humidostat n. 湿度调节仪,恒湿(度调节)仪.
humifica′tion n. 腐殖化,腐殖作用.
hu′mify v. 腐殖化,成为土壤.
humin n. 腐殖(黑)物,腐黑酸,胡敏质.
humite n. 硅镁石.
hu′miture [′hju:mitʃə] n. 温湿度(华氏度数与相对湿度的和的一半).
humivore n. 腐殖质分解者.
hum′mer [′hʌmə] n. 蜂鸣(音)器,蜂音,哼声器. *hummer screen* 电磁筛动.
hum′ming [′hʌmiŋ] n.; a. (发)蜂鸣音〔声〕(的),鸣鸣(的),哼声(的). *humming arc* 哼弧. *humming elimination* 交流声消除.
hum′mock [′hʌmək] n. (圆,小)丘,(圆)岗,波状地,沼泽中的高地,冰丘(群,体.)
hummock-and-hollow topography 起伏〔皱盆,丘陵与盆地〕地形.
hummocked ice (南极的)丘状浮冰,冰丘.
hummocky surface 丘形地面.

hu′moral a. 体液的.
humoresque′ n. 谐谑曲,诙谐小品文,幽默作品.
hu′morous [′hju:mərəs] a. 幽默的,诙谐的. ~**ly** ad.
hu′mo(u)r [′hju:mə] I n. 滑稽,幽默,诙谐,情绪,体〔汁,水样〕液. II vt. 迎合,迁就,让步,使满足,变通办理,用巧办法处理. *crystalline humour* 水晶体〔液〕. *vitreous humour* 玻璃状液体. ▲*in no humour for* 不高兴…,无心… *in the humour for* 高兴…. *out of humour* 不高兴.
humo(u)rit n. 富于幽默感者,讽刺小品作家.
hump [hʌmp] I n. ①驼(凸)峰,隆(凸)起,凸处,山岗,(圆)丘,山脉 ②(曲线)顶点,(颇)峰值 ③危机 ④费力. II v. ①(使)隆起(成圆形) ②急起移动 ③努力,苦干. *hump frequency* 包络波频率. *hump speed* 界限速度. *hump voltage* (频率特性线)(凸起)电压,驼峰电压. *hump yard* 【铁路】驼峰调车场. ▲*over the hump* 已越过最困难〔危险〕阶段.
hump′back n. 驼背,弓背.
humped a. 驼峰式的,隆起的.
hum-to-signal ratio 哼声信号比,交流声(对)信号(的)比.
humulene n. 葎草烯.
humulite n. 腐殖岩.
humulone n. 葎草(香苦)酮,啤酒花,抑菌素.
hu′mus [′hju:məs] n. 腐殖土(质).
hunch [hʌntʃ] I n. ①厚片,大片(块),圆形隆起物,瘤 ②预感,直觉,主观臆断〔测〕. II v. ①弯,拿,弯曲而使之隆起,弯成弓状 ②推,向前移动. *hunch pit* 【冶】渣坑. ▲*have a hunch that* 预感到,总觉得.
hunch′back n. 驼背. ~**ed** a.
hun′dred [′hʌndrəd] n.; a. (一)百,百个,许多. *at nine hundred hours* 在九点(钟)正(9∶00). *hundred call second* 百秒呼. *hundred's place* 百位. ▲*a hundred and one* 一百零一,许多的. *a hundred and one ways* 千方百计. *a* (*one*) *hundred percent* 百分之百,全然,完全. *by hundreds* 成百成百的,很多很多. *hundreds of* 数百(的),数以百计,许许多多. *hundreds of thousands of* 几十万(的),无数. *ninety-nine out of a hundred* 百分之九十九,几乎全部.
hun′dredfold n.; ad. 百倍(地),一百重.
hun′dred-percent a. 百分之百的,完全的.
hun′dred-proof′ a. 纯正的,真实的.
hun′dredth n.; a. 第一百,百分之一(的).
hundredth-normal a. 百分之一当量浓度,0.01N.
hun′dredweight n. (简写为 cwt.)英担,半分吨,1/20吨(英国112磅,美国100磅).
hung [hʌŋ] **hang** 的过去式和过去分词.
Hunga′rian [hʌŋ′gɛəriən] a.; n. 匈牙利的,匈牙利人(的).
Hun′gary [′hʌŋgəri] n. 匈牙利.
hun′ger [′hʌŋgə] n.; vi. 饥饿,渴(欲)望 (*after*, *for*).
Hungmiaoling sandstone (晚二叠世)红庙岭砂岩.
hun′gry [′hʌŋgri] a. ①饥饿的,渴望的,如饥似渴的 ②贫瘠的,不毛的. ▲*be hungry for* 渴望. **hun′grily** ad.

hung'-up' *a.* 心理〔感情〕有问题的,专心于,迷恋于.

hunk [hʌŋk] *n.* 大块〔片〕,厚〔岩〕块. *hunk of cable* 电缆盘.

hunt [hʌnt] *v.;n.* ①打猎 ②追踪〔逐〕,搜索,寻找〔觅〕,探求(for) ③(机器等)不规则地摆〔振,浮〕动,(寄生)振荡,(仪器指示值与实测值间的)不稳定关系. *hunt effect* 猎振现象〔效应〕,摆动效区. ▲ *hunt down* 追击〔捕〕,搜索,搜寻…直至发现. *hunt for* (after) 搜寻,追捕. *hunt out* 逐出,寻出. *hunt up* 搜寻〔找〕(难发现之物).

hunt'er [ˈhʌntə] *n.;v.* ①猎人〔狗,表〕 ②搜索〔寻〕器,寻觅器 ③搜索〔寻〕者.

hunter-killer *n.* 猎潜艇.

hunt'ing [ˈhʌntiŋ] *n.* ①狩猎,追逐,搜索〔寻〕 ②寻找(平衡,故障等),探求〔索〕,寻线 ③乱调 ④(不规则的)振荡运动,猎振,摆〔摇,晃动〕,(同步电动机)速度偏差,追摆,追踪器,自动振动过程,趋于自激振动的倾向,自振过程,寄生振荡 ⑤偏〔逸〕航,曲折迂回〔行车. *hunting contact* 寻线器接点. *hunting of governor* 调节器的摆动. *hunting oscillator* 搜索〔不规则〕振荡器. *hunting time* 寻找〔摆动〕时间. *leak hunting* 测〔探〕漏,泄漏点寻觅. *level hunting* 多层寻线,电平摆动. *synchronous motor hunting* 同步电动机振荡.

Huntington dresser (组合)星形修整工具.

hunts'man *n.* 猎人.

hur'dle [ˈhəːdl] *n.;v.* ①(疏)篱,栅栏〔格〕,栏架,栅栏透水坝,障碍 ②用篱围住(off) ③(pl.)跨栏(赛跑) ④跳〔越〕过,克服. *hurdled ore* 经粗筛矿石.

hurl [həːl] *v.;n.* 用力投〔掷〕,猛投〔掷,冲,撞,推〕,猛烈发出. *hurl barrow* 双轮手推车. *hurling pump* 旋转泵. ▲ *hurl out* 释出(粒子).

Hu'ron [ˈhjuərən] *n.* (北美)休伦(湖).

hurrah' 或 **hurray'** *n.;v.* 欢呼(声),(高呼)万岁.

hur'ricane [ˈhʌrikən] *n.* 飓风(十二级以上,≥32.7米/秒),热带气旋〔风暴〕,龙卷风,暴风(雨),爆发. *hurricane deck* 最上层甲板,飓风甲板. *hurricane globe* 防风罩. *hurricane drier* 风干室.

hur'ricane-lamp *n.* 防风灯.

hur'ried [ˈhʌrid] *a.* 仓促的,匆〔慌〕忙的,草率的,急速的. ~ly *ad.*

hur'ry [ˈhʌri] *n.;v.* 仓促,慌〔急〕忙,着急,催促,赶快,急迫〔派,运〕. ▲ *hurry away* (off) (使)赶快去. *hurry through* (匆匆)赶完. *hurry up* (催…)赶快,加紧. *in a hurry* 匆〔急,慌〕忙. *in a hurry*, 一下子(容易地),很快地,愿意地,不久. *in no hurry* 不急于,不容易.

hur'ry-scur'ry 或 **hurry-skurry** *n.;a.;ad.;vi.* 慌乱,手忙脚乱地干.

hurry-up *n.* 匆忙的,紧急的,突击性的,应付紧急事故的. *hurry-up wagon* 应急修理车,抢险车.

hurst *n.* 沙岸,树林,小丘.

Hurst and Driffield curve H-D 曲线,曝光特性曲线.

hurt [həːt] Ⅰ (*hurt, hurt*) *v.* ①损伤,伤〔损,危〕害 ②对(于…)有不良影响 ③(使)受伤,痛疼. Ⅱ *n.* 创伤,损伤,伤害,苦痛.

hurt'er *n.* ①缓冲〔加强,保险,防护〕物,防护柱 ②加害者.

Hurter and Driffield curve 曝光特性曲线.

hurt'ful [ˈhəːtful] *a.* 造成伤害的,有害的. ▲ *be hurtful to* 有害于.

hur'tle [ˈhəːtl] *v.;n.* (使)猛冲,(发出)碰撞(声),猛撞,(使)急飞.

hus'band [ˈhʌzbənd] Ⅰ *n.* 丈夫. Ⅱ *vt.* 节约,节省.

hus'bandry *n.* ①农业,务农,耕作,饲养,管理 ②家政,节俭 ③处理自己事务. *animal husbandry* 畜牧(业).

hush [hʌʃ] *n.;v.* ①静寂,安静,平息,缓和,(使)沉默 ②衰减〔耗〕. ▲ *hush up* 遮掩,蒙蔽,秘而不宣,(使)不作声.

hush-hush Ⅰ *a.* 秘密的,秘而不宣的 Ⅱ *n.* 秘密气氛,保密政策. Ⅲ *vt.* 压下…不宣扬本底噪声降低.

husk [hʌsk] Ⅰ *n.* 外皮,壳,支架,无价值的(外表)部分. Ⅱ *vt.* 剥去…的壳或外皮,脱壳.

husk'y [ˈhʌski] *a.* ①(多,似)壳的 ②嘶哑的 ③强健的,庞〔强〕大的.

Husman metal 一种锡基轴承合金(锑11%,铜4.5%,铅10%,锌0.4%,其余锡).

hus'tle [ˈhʌsl] *v.;n.* ①乱推,推开,硬〔拥〕挤 ②硬逼(使) ③赶做,催促.

hut [hʌt] *n.* 棚(小)屋,茅舍,临时(木)营房,箱,盒. *cable* (*test*) *hut* 电缆分线箱〔配线房,汇接室〕. *filter hut* 滤波器盒. *gas bomb hut* 储气瓶存放站. *gas cable hut* 充气电缆线路储气站.

hutch [hʌtʃ] *n.;v.* ①棚〔茅〕屋 ②箱,橱,容器,贮槽,煤仓 ③矿车,跳汰机箱斗室,通过跳汰机筛板的细料 ④用洗矿槽洗 ⑤把…装在内内. *hutch water* 洗矿水.

Hutchinson metal 一种铋锡合金(用于热电偶,锡10%,铋90%).

Hutchinson tar tester 赫金生氏焦油粘度计.

hutchinsonite 硫砷铊铅矿,红铊铅矿.

hut'ment [ˈhʌtmənt] *n.* 临时办公处,临时营房.

Huto system (元古代)滹沱系.

Huxford circuit 赫克福(超短波)振荡电路.

HV = ①heating and ventilation 供暖与通风 ②high vacuum 高真空 ③high velocity 高速度 ④high voltage 高(电)压 ⑤high volume 高容量.

Hv = Vickers hardness 威氏硬度.

HVAR = high velocity aircraft rocket 机载〔飞机发射〕高速火箭.

H-variometer *n.* 水平强度磁变计,H-磁变计,水平磁力仪.

HV&C = heating, ventilating, and cooling 供暖,通风与供冷.

HVDC = high voltage direct current.

HVEC tandem 高压工程公司串列式加速器. transmission 高压直流输电.

HVL = ①half-value layer 半吸收层,半值层,衰减一半的层 ②high-velocity loop 高速度回路.

HVLJM = high velocity liquid jet machining 高速射流(机)加工.

HVPE = high voltage paper electrophoresis 高压纸电泳.

HVPS = high voltage power supply 高压电源.

HVR = high-velocity rocket 高速火箭.

HVS = high-voltage switch 高压开关.

hvy = heavy.

HW = ①half-wave 半波 ②heat wind 顶〔逆〕风 ③

heavy water 重水 ④herewith 同这一道(附上),用这方法 ⑤high water 高潮,洪水 ⑥hot water 热水.
HWA =hot wire anemometer 热线风速表.
H-wave n. H型波,横电磁波,水力波.
HWC =hot water circulating 热水循环.
HWF&C =high water full and change 朔望高潮间隔.
hwh =hectowatt hour 百瓦特小时.
HW I =high water interval 高潮间隔.
HWL =①high water level 高潮位,朔望平均满潮面 ②hot water line 热水管.
HWM =high-water mark 高水位线,高潮线.
HWOST =high water of ordinary spring tides 平常大潮时高潮(线).
HWP =harmonic wire projector 谐波定向天线.
HWQ =①high water inequality 高水位差 ②high water quadrature 弦高潮间隔.
HWR =hot water return 热水回路.
hwt =hundredweight 半分吨,1/20吨.
hwy =highway 公路.
Hy =hypoxanthine 次黄嘌呤,6-羟基嘌呤.
hy =henry 亨(利).
hy′acinth [′haiəsinθ] n. ①红锆石 ②紫蓝色. ～ine a.
hyacinthin n. 苯乙醛,风信子质.
hyalin n. 透明质.
hy′aline [′haiəlin] a.; n. 透明的,玻璃(状)的,玻基斑状的,透明阶〔物,素,层〕.玻璃质.
hyaliniza′tion n. 透明化作用.
hy′alite n. 玻璃蛋白石.
hyalocrystalline a. 透明晶体的.
hy′aloid [′haiəlɔid] a. 透明的,玻璃状的.
hyalophane n. 钡冰长石.
hyal′oplasm n. 透明质〔浆〕.
hyalosome n. 拟核仁,透明体.
hyaluron′idase n. 透明质酸酶.
Hyatt roller bearing 一种弹簧〔挠性〕滚柱轴承.
HyB Net 混合线圈平衡网络.
Hybnickl n. 改良18-8不锈钢(18-8钢加入3% Al).
hy′brid [′haibrid] Ⅰ n. 混合(物,语),混合电路(网络),混合计算机,混合波导连接,(波导)混合接头,节点,桥接岔路,等差作用,间生,杂(交)种,杂化物. Ⅱ a. 混合(式)的,桥接的,杂化〔种〕的,间生的. *hybrid airborn navigation computer* 混合式航空计算机. *hybrid bridge circuit* 差动式桥路. *hybrid circuit* 混合电路,波导管 T 形接头. *hybrid coil* 等差作用〔桥接岔路〕线圈,混合〔差动〕线圈. *hybrid computer* (模拟-数字)混合式计算机,复合计算机. *hybrid graphical processor* 混合〔模数〕信息处理机. *hybrid IC* 或 *hybrid integrated circuit* 混合式集成电路. *hybrid metal* 石墨化钢. *hybrid module* 混合微膜〔微型〕组件. *hybrid multiplex modulation system* 复合〔多重〕调制方式〔系统〕. *hybrid multivibrator* 复合式多谐振荡器. *hybrid parameter* 混合参量, h 参数, 杂合z参数. *hybrid rock* 混杂〔浆〕岩. *hybrid set* 混合线圈,二,四线变换装置. *hybrid system* 混杂〔合〕系统. *hybrid transister-diode logic* 混合晶体三-二极管逻辑回路,混合式晶体管-二极管逻辑电路. *hybrid TV* (管晶)拼合电视机. *hybrid vehicle* 双动力或多动力型汽车. *T-hybrid* (或 *hybrid T*)T 形波导导.
hybrida n. 杂种.
hybrid-coupled a. 双T形接头耦合的.
hy′bridism n. 混成,混合性,混杂〔交〕作用,杂交,杂种状态.
hybridiza′tion n. 混成,杂拼〔交〕,杂化(作用).
hy′bridize v. (使)杂交,混成. *hybridized orbital* 杂化轨函数.
hybrid-type a. 混合型〔式〕(的),桥接岔路型,差动式,复式.
hycar n. 丁二烯-丙烯腈共聚物,合成橡胶.
HYCOL =hybrid computer link 混合式计算机线路.
Hycomax n. 铝镍钴系永久磁铁(镍21%,钴20%,铝9%,铜2%).
hyconimage tracking sensor 成像跟踪传感器.
hyd =①hydraulic 水力学的,液压的,水力的 ②hydraulics 水力学,液压系统 ③hydrostatics 流体静力学 ④hydrous 含水的,水合的.
hyd pneu =hydraulic pneumatic 液力气力的,液压风动的.
HYDAC =hybrid digital analog computer 混合式数字模拟计算机.
hydantoin n. 乙内酰脲.
hy′dathode [′haidəθoud] n. 排水器〔孔〕.
hy′datid n. 泡,水泡.
hydatogen′esis [haidətə′dʒenəsis] n. 水成〔热液成矿〕作用,水生成.
hydatogen′ic a. 水成的.
hydatogenous a. 液成的,水成的.
hy′datoid [′haidətɔd] a.; n. 玻璃体膜,水状液的.
hydr- 〔词头〕水,流体,氢(化).
hy′dra [′haidrə] n. 湿水螅,水蟒,水蛇,长蛇座.
Hydra metal 海德拉合金钢(碳0.3%,铬3.5%,钨9～10%,碳0.26%,铬3%,钨9～10%,钼0.5%,镍2.5%).
hydrabarker n. 水力剥皮机.
hydrabil′ity n. 水化性.
hydrac′id [hai′dræsid] n. (含)氢酸.
hydraclone n. 连续除渣器.
hydracrylic acid n. 羟基丙酸.
hydrafiner n. 水化精磨机,高速精浆机.
hydraguide n. 油压转向装置.
hydra-headed a. 多头的,多中心的,多分支的.
hy′dralsite [′haidrəlsait] n. 水硅铝石.
hydram n. 氨〔胺〕化水,溶浆胶.
hydra-mat′ic a. 油压〔液压〕自动式. *hydra-matic transmission* 油压自动控制传动装置.
hydramine n. 羟基胺,醇胺.
hydrangenol n. 绣球酚.
hy′drant [′haidrənt] n. 消防〔给水〕栓,消防〔配水,给水〕龙头,取水管.
hydrapulpter n. 水力碎浆机.
hydrargillite n. 水铝矿,三水铝石.
hydrargyrate a. 水银的,含汞的.
hydrargyria [hɑːdrɑː′dʒiriə] n. 汞〔水银〕中毒.
hydrar′gyrism [hai′drɑːdʒirizm] n. 汞〔水银〕中毒.
hydrargyrosis n. 汞〔水银〕中毒.
hydrar′gyrum [hai′drɑːdʒirəm] n. 〔拉丁语〕汞 Hg.

hydrarthro'sis [haidrɑː'θrousis] n. 关节水肿〔积水〕.
hydras n. 水化物,水合物.
hydrase n. 水化酶.
hydras'tine n. 白毛茛碱,北美黄连碱.
hydratabil'ity n. 水合本领,水合性.
hydratable a. 能水合的.
hy'drate ['haidreit] n.; v. ①水合(化)物,含水物,水合(化)物〔作用〕②(使成)氢氧化物,(使)成水合物,(使)水合. cobalt hydrate 氢氧化钴. hydrate of aluminium 氢氧化铝. hydrate of lime (=hydrated lime)熟〔消〕石灰,石灰的水化物. hydrated form 水合式.
hydra'tion [hai'dreiʃən] n. 水合(作用). hydration heat 水合热. hydration water 结合水.
hydratisomery n. 水合同分异构.
hydrator n. 水化〔合〕器.
hydrature n. 水合度.
hydraucone n. 喇叭口.
hydrauger method 水冲钻探法.
hydrau'lic [hai'drɔːlik] I a. 水力(学)的,水工的,液力的,液〔水〕压的,水硬的. II n. 液压传动装置上,水力. highpressure hydraulic 高压液压系统. hydraulic accumulator 蓄水池. hydraulic back pressure valve 水保险器. hydraulic brake 水力闸,闸式水力测功器,液压制动器,液力刹车. hydraulic bronze 耐蚀铅锡黄铜(铜82～83.75%,锡3.25～4.25%,铅5～7%,锌5～8%). hydraulic cement 水凝水泥. hydraulic circuit 油路,液动循环管路. hydraulic design 液压计算,水力工程设计. hydraulic dredge 挖泥船,疏浚机. hydraulic engineering 水利工程. hydraulic flow 湍流. hydraulic generator 水轮发电机. hydraulic grade 水力梯度,水力坡降(线). hydraulic lime 水硬石灰. hydraulic line 水面线. hydraulic main 总水管. hydraulic pipe-line 输水管路. hydraulic power 水力. hydraulic press 水压机. hydraulic ram 水力夯锤,压力扬吸机. hydraulic seal 水封,液体〔压〕密封. hydraulic shape 过水形状. hydraulic turbine 水轮机. hydraulic valve 调水活门,液〔水〕压阀.
hydrau'lical a. =hydraulic.
hydrau'lically ad. (应用)水力〔液压〕原理,用水〔液〕压的方法. hydraulically automatic 液〔油〕压自动式. hydraulic-ally profitable section 水力上经济的断面.
hydraulically-tuned a. 水力调谐的.
hydraulician [haidrɔː'liʃən] n. 水利工程师,水力〔理〕学家.
hydraulic'ity n. (水泥)水凝〔硬〕性.
hydraulicking n. 水力挖土,水力冲挖,液身阻塞.
hydraulic-lift n. 水力升降机.
hydrau'lics [hai'drɔːliks] n. 水力学,应用液体力学,液压系统. extreme temperature hydraulics 极限温度水力学,极温液压装置.
hy'draulite n. 水凝石.
hy'drazine ['haidrəziːn] n. 肼,联氨(NH₂·NH₂). hydrazine sulphate 硫酸肼.

hydrazinium n. 鉼.
hydrazino- (词头)肼基,联氨基.
hydrazino-borane n. 肼基硼烷.
hydrazinolysis n. 肼解(作用).
hydrazoate n. 叠氮化物.
hydrazone n. (苯)腙.
hydrazono- (词头)肼叉,亚联氨基.
hydrazulmine n. 氢氮明 C₄H₅N₄(一种氰和氨的反应物).
hydremia n. 稀血症〔病〕.
hy'dric ['haidrik] a. (含)氢(轻)的,水生的. hydric oxide 水. hydric sulphate 硫酸.
hy'dride ['haidraid] n. 氢化物. boron hydride 硼烷,氢化硼. hydride cell 胶(态)金(属)粒光电管. hydride process 氢化处理法. hydride transfer 氢负离子转移.
hydriding n. 氢化.
hydridometallocarborane n. 氢化金属碳硼烷.
hydrindanol n. 茚烷醇.
Hydrindantin(Reduced-ninhy-drin) n. 还原-茚满三酮.
hydriodide. 氢碘化物.
hydrion n. 氢离子,质子.
hydrionic a. 氢离子的.
hydro (pl. hydros) I n. ①飞翔艇,水上飞机(=hydroplane) ②水力,水力发电机 ③水疗院(=hydropathic) II a. 水力的(=hydroelectric).
hydro- (词头)水,流体,氢(化).
hydro air 液压气压联动(装置).
hy'dro cope 液压平衡.
hydroabietylamine n. 氢化枞胺,氢化松香胺.
hydroacoustic a. 水声的,水下音的,液压声能的.
hydroadip'sia [haidroə'dipsiə] n. 不渴(症),不思饮水.
hy'droae'roplane ['haidrou'εərəplein]或 hy'dro-air'plane n. 水上飞机.
hydroalkyla'tion n. 加氢烷基化.
hydroammonolysis (=reductive ammonolysis) n. 氢化氨解(作用).
hy'droaromat'ic a. 氢化芳族的.
hydrobacteriol'ogy n. 水生细菌学.
hydroballis'tics n. 水下弹道学.
hydrobilirubin n. 氢胆红素.
hydrobiol'ogy n. 水生生物学.
hydrobios n. 水生生物.
hy'dro(-)bi'plane n. 双翼水上飞机.
hydroblast(ing) n. 水力清砂〔清理〕.
Hydrobon n. 催化加氢精制.
hydroborated a. 硼氢化的.
hydroborates (=boron hydrides) n. 硼氢化物.
hydrobora'tion n. 硼氢化反应(作用).
hydroboron n. 硼氢化合物,氢化硼.
hydrobromic acid 氢溴酸,溴化氢.
hydrobromic ether 溴代醚.
hydrobromina'tion n. 溴氢化作用.
hydrocal n. 流体动力模拟计算器.
hydrocaoutchouc n. 氢化橡胶.
hy'drocar'bon ['haidrouˈkɑːbən] n. 烃(类),碳氢化合物(类),油气. hydrocarbon binding material 碳氢结合料. hydrocarbon black 石油炭黑.

hydrocarbona'ceous *a.* (含)烃的,(含)碳氢化合物的.
hydrocarbonate *n.* 酸性碳酸盐,碳酸氢盐.
hydrocarbon'ic *a.* 烃的,碳氢化合物的.
hydrocarbyl *n.* 烃基.
hydrocarbyla'tion *n.* 烃基化(作用).
hydrocel'lulose *n.* 水解纤维素.
hydroceno'sis [ha:drosi'nousis] *n.* 导液法.
hydroceph'alus *n.* 脑积水,水脑.
hydrocerussite *n.* 水白铅矿.
hydrocharitaceae *n.* 水鳖属.
hydrochem'ical *a.* 水化学的.
hydrochem'istry *n.* 水质化学.
hydrochinone *n.* 水解苯醌,对苯二酚(显影剂).
hy'drochlor'ic ['haidrə'klɔrik] *a.* 盐酸的,氢氯酸的,氯化氢的. *hydrochloric acid* 盐酸,氢氯酸. *hydrochloric ether* 氯化烃.
hydrochlor'ide [haidrə'klə:raid] *n.* 盐酸盐,盐酸(化)合物,氢氯化(合)物,氯化氢.
hydrochlorinated rubber 盐酸橡胶.
hydrochlorina'tion *n.* 氯氢化反应.
hydrochloro-auric acid 氯金酸.
hydrochore *n.* 水布植物.
hydrochory *n.* 水媒传布.
hydrocincite *n.* 水锌矿.
hydroclass'ifying *n.* 水力分粒法.
hydroclas'tic rocks 水成碎屑岩.
hydrocleaning *n.* 水力清洗.
hydrocli'mate *n.* 水中生物的物理及化学环境,水面气候.
hydroclone *n.* 水力旋流器.
hydrocole *a.* 水栖的.
hydrocolloid *n.* 水解胶体.
hy'drocone ['haidrəkoun] *n.* 液压锥形罩. *hydrocone type* 吸管式,虹吸式.
hydroco'nion [haidrə'kouniən] *n.* 喷雾器,喷洒器.
hy'droconsolida'tion *n.* 水固结作用.
hy'drocool'er *n.* 水冷却器.
hy'drocool'ing *n.* 水冷却.
hydro-core-knock-out machine 水力型心打出机.
hydrocortisone *n.* 氢化可的松,皮质(甾)醇.
hydro-coupling *n.* 液压联轴节.
hy'drocrack'ing *n.* 加氢[氢压下]裂化,氢化裂解,破坏加氢.
hy'dro-cu'shion 液压平衡(缓冲),液压衬垫.
hydrocyana'tion *n.* 氢氰化(作用).
hy'drocyan'ic *a.* 氢氰化氰的. *hydrocyanic acid* 氢氰酸,氰化氢. *hydrocyanic ester* (*ether*)氰酸酯,腈.
hy'drocy'anide *n.* 氰氢化物,氢氰酸盐.
hydrocy'clone *n.* 水力旋流器.
hy'dro-cyl'inder *n.* 油(液压)缸.
hydrodealkyla'tion *n.* 加氢脱烷基化(作用),氢化脱烷基作用.
hydrodecycliza'tion *n.* 氢化开环作用.
hydro-denitrifica'tion *n.* 加氢脱氮.
hydro-densim'eter ['haidrouden'simitə] *n.* (土的)含水密实度测定仪.
hydroder'ivating *n.* 加氢衍生(作用).
hy'drodesulfuriza'tion (*process*) *n.* 加氢脱硫过程,氢化脱硫作用.
hy'drodesul'furizing *n.* 加氢脱硫.
hydro-devel'opment [haidroudi'veləmənt] *n.* 水力开发.
hydrodiascope *n.* 充液贴目镜.
hydrodip'sia *n.* 口渴.
hydrodrill *n.* 液压钻机.
hydroduct *n.* 水汽波导湿度改变形成的大气波导,湿度改变形成的对流层波导.
hydrodyn = hydrodynamics.
hy'drodynam'ic(**al**) ['haidroudai'næmik(əl)] *a.* 流体的,流体动力(学)的,水力[动]的. *hydrodynamic form* 流线型. *hydrodynamic gauge* 动水压力计. *hydrodynamic lubrication* 液动[体]润滑. *hydrodynamic noise* 流动[水动力]噪声. *hydrodynamic transmission* 液体动力传动. *hydrodynamic wave* H(水力)波.
hy'drodynam'ics ['haidroudai'næmiks] *n.* 流(液)体动力学,水动力学.
hy'drodynamom'eter *n.* 流速(量)计,水速计.
hydroejec'tor *n.* (冲灰的)水力喷射器,水抽子.
hydroelec = hydroelectric.
hy'droelec'tric ['haidroui'lektrik] *a.* 水电的,水力发电的. *Hydroelectric Board* 水电局. *hydroelectric* (*power*) *station* 水电站. *hydroelectric resource* 水力资源.
hy'droelectric'ity *n.* 水电. *hydroelectricity generation* 水力发电.
hydroelectrom'eter *n.* 水静电计.
hydroenerget'ic *a.* 水能学的.
hy'droen'ergy *n.* 水能.
hydroexpansiv'ity *n.* 水膨胀性.
hydroextrac'ting *n.* 脱水.
hy'droextrac'tion *n.* 水力提取.
hy'dro-extrac'tor ['haidrou-iks'træktə] *n.* 脱水器[机],水抽出器,离心机,挤压机.
hy'drofeed'er *n.* 液压(控制)进给装置. *air hydrofeeder* 液压控制气动进给装置.
hydrofine *v.* 加氢(催化)精制,氢化提纯.
hydrofin'ishing *n.* 加氢精制.
hy'droflap *n.* 水襟[罩],水下舵.
hy'drofluor'ic [haidrofluˈɔrik] *a.* 氟化氢的,氢氟酸的. *hydrofluoric acid* 氢氟酸. *hydrofluoric ether* 氟代烃.
hydrofluoride *n.* 氢氟化物,氢氟酸盐.
hydrofluorina'tion *n.* 氢氟化作用.
hydrofoil ['haidrəfɔil] *n.* 水叶,水翼(艇),着水板,浮筒. *hydrofoil cascade* 水力翼栅.
hy'droform *v.* 液压成形,临氢重整.
hydroformate *n.* 临氢重整生成物,加氢重整汽油.
hydroformer vessel 临氢重整反应塔.
hydroforming *n.* ①油液挤压成形,液压(橡皮模)成形 ②临氢重整(的),在氢压或含氢气体压力下的芳烃化.
hydroformyla'tion *n.* 加氢甲酰化,羰基化(作用).
hydrofrac'turing *n.* 水力压裂.
hydrofranklinite *n.* 黑锌锰矿.
hydrofuge [ha:droˈfjudʒ] *a.* 不透水的,防湿的.
hydrofuramidel (= furfuramide) *n.* 糠醛胺,二氢缩三个糠醛.

hydrogasifica'tion n. 高压氢碳气化,水〔加氢〕气化.
hydrogasoline n. 加氢汽油.
hy'drogel ['haidrədʒel] n. 水凝胶.
hy'drogen ['haidridʒən] n. 【化】氢 H. *hydrogen bomb* 氢弹. *hydrogen brittleness* 〔*embrittlement*〕氢〔蚀致〕脆. *hydrogen cracking* 加氢裂化,氢压下裂化. *hydrogen gas filled thyratron* 充氢闸流管. *hydrogen index* 含氢指数. *hydrogen nitrate* 硝酸. *hydrogen nitride* 氮化氢(NH₃). *hydrogen peroxide* 过氧化氢. *hydrogen refining* 加氢精制. *hydrogen reforming* 临氢重整. *hydrogen scale* 氢标度. *hydrogen (per) sulphide* (过)硫化氢. *hydrogen sulfide-proof steel* 抗硫化氢钢. *hydrogen test* 测氢试验.
hydrogenable a. 可以氢化的.
hydrogenant a. 加氢的,氢化的,还原的.
hydrogenase n. 氢化酶.
hydrog'enate [hai'drɔdʒineit] I vt. 使与氢化合,使氢化,加氢. *hydrogen treating* 加氢处理,使还原. Ⅱ n. 氢化物.
hydrog'enated [hai'drɔdʒineitid] a. 氢化的,加氢的,用氢处理〔饱和〕的.
hydrogena'tion [haidrədʒə'neiʃən] n. 氢化〔加氢〕(作用),水合〔化〕(作用).
hydrogenator n. 氢化器.
hy'drogen-bond'ed a. 氢键键合的.
hydrogencarbonate n. 碳酸氢盐.
hy'drogen-contain'ing a. 含氢的.
hydrogen-cooled machine 氢冷式电机.
hydrogenera'tion n. 水力发电.
hydrogen'esis [haidrou'dʒenisis] n. 氢解作用,聚水现象〔作用〕.
hydrogen'ic a. 类似氢的,水生〔成〕的. *hydrogenic model* 氢模型. *hydrogenic rocks* 水生〔成〕岩.
hydrogenide ['haidrədʒənaid] n. 氢化物.
hydrogen-in-petroleum test 石油中氢含量测定.
hydroge'nium [haidrə'dʒi:niəm] n. 氢(气),金属氢.
hydrogeniza'tion [haidrədʒənai'zeiʃən] = hydrogenation.
hydrog'enize [hai'drɔdʒinaiz] v. =hydrogenate.
hy'drogen-like ['haidridʒən-laik] a. 类〔似〕氢的.
hydrogenlyase n. 氢解酶,甲酸脱氢酶.
hydrogenol'ysis n. (加)氢分解(作用),用氢还原.
hydrogenosome n. 氢化酶颗粒.
hydrog'enous [hai'drɔdʒinəs] a. (含)氢的,水生〔成〕的. *hydrogenous coal* 褐煤,含水量高的煤.
hy'drogen-rich a. 富氢的.
hydrogen-type corrosion 氢式腐蚀.
hydrogen-unlike a. 不象氢的,非氢状的.
hydrogeochemistry n. 水文地球〔地质〕化学.
hy'drogeolog'ical a. 水文地质的.
hydrogeol'ogy n. 水文地质(学).
hydrogermana'tion n. 锗气基化作用.
hydroglider n. 水上滑翔机.
hydrogo'ethite [haidrə'gouðait] n. 水纤铁矿.
hy'drograph ['haidrougræf] n. ①自记水位计,流量速度计算仪 ②水位〔文〕图,水文曲线,(流量,水文)过程线. *hydrograph separation* 水文分析.
hydrog'rapher [hai'drɔgrəfə] n. 水文(地理)学家,水道测量家.

hy'drograph'ic(al) [haidrou'græfik(əl)] a. 水文(地理)的,水路的,水道测量术的. *hydrographic net* 水系. *hydrographic station* 水文站. *hydrographic survey* 水道〔河海,水文〕测量.
hydrog'raphy [hai'drɔgrəfi] n. 水文(地理)学,水文〔道〕图,水道〔路〕测量术,水道学.
hydrogymnas'tic a. 水中运动的.
hydrohalic a. 氢卤的.
hydrohalide n. 氢卤化物.
hydro-halloysite 水合多水高岭土.
hydrohalogen =hydrohalide.
hydrohalogena'tion n. 氢卤化作用,加上卤化氢.
hydrohematite n. 水赤铁矿.
hydroheterolite n. 水锌锰矿.
hy'droid n. ;a. 水螅,螅体;水螅(虫类)的.
hydroiodic acid 氢碘酸,碘化氢.
hydroiodic ether 碘代醚.
hydroiodina'tion n. 碘氢化反应.
hydroisobath n. 潜水位等值线.
hydroisohypse n. 等深线.
hydroisomerisa'tion n. 氢化异构现象,加氢异构化(作用).
hydroisomerizing n. 加氢异构.
hydroisopleth n. 等水值线.
hydrojet n. 喷液,液〔水〕力喷射(器).
hy'dro-junc'tion n. 水利〔力〕枢纽.
hydrokinematics n. 流体运动学.
hy'drokinet'ic a. 流(液)体动力的.
hy'drokinet'ics ['haidroukai'netiks] n. 流体动力学,水动力学.
hydrol n. 二聚水分子,(单)水分子.
hydrolabil a. 对水不稳定的,非水稳的.
hydrolabile a. 液体(水份)不稳定的,(液体)易变的.
hydrolapachol n. 氢化拉帕醇.
hydrolase n. 水解酶.
hydrolas'tic a. 液压平衡〔稳定〕的.
hydroline n. 吹制油.
hydrolith n. 氢化铬.
hydroliza'tion n. 水解.
hydroloca'tion n. 水声定位.
hydrolo'cator n. 水声定位器.
hydrolog'ic(al) a. 水文(学)的. *hydrologic balance* 〔*cycle*〕水分平衡〔循环〕. *hydrological gage* 水位计.
hydrologist n. 水文学家,水文工作者.
hydrology [hai'drɔlədʒi] n. 水文〔理〕学.
hydrolube n. 氢化润滑油.
hydrolysate n. 水解产物.
hydrol'ysis [hai'drɔlisis] n. 水解(作用),加水分解.
hydrolyst n. 水解催化剂,水解酵素.
hydrolyte n. 水解质.
hydroly'tic [haidrə'litik] a. 水解的,加水分解的. *hydrolytic dissociation* 水解电离.
hydrolyzate n. 水解产物,水解物.
hy'drolyze v. (进行)水解.
hy'drolyzer n. 水解器.
hydromagnesite n. 水菱镁矿.
hy'dromagnet'ic a. 水磁的,磁流体(动)力的. *hydromagnetic wave* 磁流波.

hy′dromagnet′ics *n.* (电)磁流体(动)力学.
hy′dromag′netism *n.* 水磁学.
hydroman *n.* 液压操作器,水力控制器.
hydromanometer *n.* 流体压力计,测压计.
hydromatic *n.* 液压自动传动(系统). *hydromatic drive* 油压式自动换排,水力传动. *hydromatic propeller* 液压自动变距螺旋桨. *hydromatic welding* 控制液压焊接(点焊,凸焊).
hy′dromechan′ical *a.* 流体力学的.
hy′dromechan′ics ['haidroumi'kæniks] *n.* 流体力学,水力学.
hydromedusa *n.* 水螅水母.
hydro-meliora′tion *n.* 水利土壤改良.
hydro-metallur′gical *a.* 湿法冶金的,水[湿]冶的.
hydro-met′allurgy *n.* 水冶,湿法冶金(学). *zinc hydrometallurgy* 湿法炼锌.
hydrometamorphism *n.* 水热变质.
hydrome′teor *n.* ①降水,水气现象 ②水文气象,(pl.)空中水分凝结物(如:雨,雪),水汽凝结体.
hydrometeorolog′ic(al) [haidroumi:tiərə'lɔdʒik(əl)] *a.* 水文气象的.
hydrometeorol′ogist *n.* 水文气象学家,水文气象工作者.
hydrometeorol′ogy *n.* 水文气象学.
hydrom′eter [hai'drɔmitə] *n.* ①(液体)比重计,浮计,石油密度计 ②流速计. *electrolyte hydrometer* 电液比重计.
hydromet′ric(al) *a.* 测定比重的,(液体)比重捡法的,(液体)比重计的. *hydrometric station* 水站.
hydrom′etry [hai'drɔmitri] *n.* ①水文测量(学),流速测定 ②(液体)比重测定(法),测比重法 ③测湿法.
hydromi′ca *n.* 水云母.
hy′dro-mon′oplane *n.* 水上单翼机.
hydromor′phic soil 水成土.
hydro-motor *n.* 射水[水压]发动机,油[液压]马达.
Hydron *n.* 海昌(一种酸度单位).
hydronalium *n.* 铝镁(系)合金.
hydronasty *n.* 感水性.
hy′dronaut ['haidrənɔ:t] *n.* (海军)深水潜航器驾驶[作业]员.
hydronau′tics *n.* 海洋工程学.
hydrone *n.* ①钠铅合金(钠35%,铅65%) ②(单体)水分子.
hydronephro′sis *n.* 肾积水.
hydron′ic *a.* 循环加热(冷却)的.
hydron′ics *n.* 循环加热[冷却]系统.
hydroni′tric acid (氢)叠氮酸.
hydroni′trogen *n.* 氢氮化合物.
hydronitrous acid 氢化亚硝酸,次硝酸.
hydro′nium (ion) [hai'drouniəm ('aiən)] *n.* 水合氢离子.
hydroop′tics *n.* 水域光学.
hydropath′ic *a.* 水疗法的.
hydrop′athy *n.* 水疗法.
hydro-peening *n.* 喷水清洗,冲洗.
hydrope′nia [haidro'pi:niə] *n.* 缺水,水不足,水过少.
hydropenic *a.* 缺水的,水不足的,水过少的.
hydroperoxida′tion *n.* 氢过氧化(作用).

hydroperox′ide *n.* 过氧化氢物. *acetic hydroperoxide* 过醋酸. *benzoyl hydroperoxide* 苯过酸.
hydroperoxyl *n.* 过氧羟基.
hy′drophil ['haidrofil] *a.* 吸水的,亲水的,吸湿的.
hydrophile *n.* 亲水物,亲水胶体.
hydrophil′ia [haidro'filiə] *n.* 吸(亲)水性,吸湿性.
hydrophil′ic [haidrə'filik] *a.* 亲水(性)的(吸)水的,保持湿气的,吸湿的.
hydrophilic′ity *n.* 亲水性.
hydrophilism *n.* 吸水(湿)性.
hydrophilite *n.* 氯钙石,天然氯化钙.
hydroph′ilous [hai'drɔfələs] *a.* 亲水的,水生的,吸水(湿)的,水媒的.
hydrophily *n.* 亲水性.
hydrophite *n.* 含水石.
hy′drophobe *a.*; *n.* 疏(嫌)水物,疏水胶体,憎(疏)水性.
hydropho′bia *n.* 狂犬病,恐水症.
hydropho′bic *a.* 疏(忌)水(性)的,狂犬病的.
hydrophob′icity *n.* 疏水性.
hy′drophobisa′tion ['haidroufoubi'zeiʃən] *n.* 憎水化.
hydrophoby *n.* 疏(憎)水性.
hy′drophone ['haidrəfoun] *n.* 水听(声)器,水中(下)听音器,潜水检查器,含水听诊器,水中地震检波器,海洋检波器. *line hydrophone* 线列水听器.
hydrophore *n.* 采水样器,测不同海深的温度计.
hydrophorograph *n.* 液体流压描记器.
hydrophosphate *n.* 磷酸氢盐.
hydrophotom′eter *n.* 水下光度计.
hydrophyl′ic *a.* 亲水(性)的.
hydrophys′ics *n.* 水文物理学.
hy′drophyte *n.* 水生植物.
hydrophyt′ic *a.* 水生的.
hydrop′ic *a.* 水肿的,浮肿的.
hydropigenous *a.* 引起水肿的.
hydropitchblende *n.* 水沥青铀矿.
hydropite [haidrəpait] *n.* 蔷薇辉石.
hy′droplane ['haidrouplein] I *n.* 水上飞机,水面滑走快艇,(潜水艇的)水平鳍,水翼. II *vi.* 乘水上飞机,掠过水面,水上滑行.
hy′droplaning *n.* 车轮空转,打滑. *hydroplaning speed* 液面滑行速度.
hydroplank′ton *n.* 水中浮游生物.
hydroplastic corer 氢化塑料取芯器.
hydroplumba′tion *n.* 铅氢化作用.
hydropneumat′ic [haidrounju:'mætik] *a.* 液(压)气(动)的,水气并用(动)的.
hydropneumat′ics *n.* 液压[流体]气动学.
hydropneumatolytic *a.* 液压气化的.
hydropol′ymer *n.* 氢化聚合物.
hydropolymeriza′tion *n.* 氢化聚合作用.
hydropon′ic [haidrə'pɔnik] *a.* 溶液(营养液)培养(学)的,溶液培养出来的,水栽法的.
hydropon′ics [haidrə'pɔniks] *n.* 水栽法,溶液(营养液)培养(学),溶液栽培学,水栽法(宇宙飞行中提供新鲜食用植物的方法).
hydroposia *n.* 饮水.
hy′dro(-)power ['haidrəpauə] *n.* 水力(发电). *hydropower station* 水电站.

hydropress n. 水〔液〕压机．
hydropretreating n. 加氢预处理．
hydroprocessing n. 加氢操作，加氢处理．
hydrops n. 积水，水肿，浮肿．
hydroptendine n. 氢化蝶啶．
hydropyrophos'phate n. 焦磷酸氢盐，酸式焦磷酸盐．
hy'droquinane' n. 氢化奎烷．
hy'droquinone' n. 氢醌，对苯二酚，几奴尼．
hydrorefi'ning n. 加氢精制．
hy'droreform'ing n. 临氢重整．
hy'drorub'ber n. 氢化橡胶．
hydrosafroeugenol n. 氢化黄樟丁香酚．
hydrosandblast n. 水砂清砂．
hydrosci'ence n. 水科学．
hy'droscope n. 水气计，温度计，验湿器，水中望远镜，深水探视仪，水力(液压)测试器，检水器．
hydroscop'ic a. 吸水(湿,潮)的，收湿的，湿度计的．
hydroscopic'ity n. 吸水性，吸湿性，吸湿度．
Hydrosein n. 板锤震源(商标名)．
hydrosei'smic n.; a. 海洋地震(的)．
hydrosep'arator n. 水力分离器，分水机．
hydrosere (**hydrarch succession**) n. 水生演替系列．
hydrosila'tion n. 硅氢化作用．
hydrosilicate catalyst 氢化硅酸盐催化剂．
hydrosilicofluoric acid 氢化硅氟酸，六氟络硅氢酸．
hydrosil'icon n. 硅氢化合物．
hydrosilyia'tion n. 氢化硅烷化．
hydrosizer n. 水力分级器．
hy'dro-ski ['haidrouski:] n. 帮助水上飞机起飞的水翼．
hy'drosol ['haidrəsɔl] n. (脱)水溶胶〔体〕，液悬体，水悬胶体．
hydrosol'uble a. 水溶性的，可溶于水的．
hydrosol'vent n. 水溶剂．
hy'drospace n. ['haidrəspeis] n. 海洋水界，水下空间．
hydrospark forming process 水中放电成形法，电水锤成型法．
hy'drosphere ['haidrəsfiə] n. 水界〔圈〕，地球周围的水，地球水面，地水层，(大气中的)水气．
hydro-spin(ning) n. 液力旋压．
hydro(-)sta'bilizer n. 水上安定面，水上稳定器．
hydrostable a. 对水稳定的，抗水的．
hydrostanna'tion n. 锡氢化作用．
hy'drostat n. (汽锅)防爆装置，水压调节器，液体防溢器，定水位计，警水器．
hydrostat'ic(al) [haidro'stætik(əl)] a. 静水(力)学的，流体静力(学)的，液压静力的，水静力的，(静)水压(力)的. **hydrostatic balance** 比重秤〔器〕，液体比重计，比重(比较)水下天平. **hydrostatic pressing** 水静压. **hydrostatic pressure** (流体)静压(力,强)，(静)水压(力)，液压. **hydrostatic stress** 流体静胁强〔应力〕. **hydrostatic test** (静)水压试验. **hydrostatic transmission** 液压传动(装置)，流体静力(静压)传送(设备)．
hydrostat'ics [haidrou'stætiks] n. 流(液)体静力学，水静力学．
hy'dro-structure n. 水工结构．
hy'drosul'phate 或 **hy'drosul'fate** ['haidrou'sʌlfeit] n. 硫酸氢盐，酸性硫酸盐，硫酸化物．
hy'drosul'phide 或 **hy'drosul'fide** ['haidrou'sʌlfaid] n. 氢硫化物. **hydrosulfide group** 氢硫基．
hy'drosul'phite 或 **hy'drosul'fite** ['haidrou'sʌlfait] n. 亚硫酸氢盐，连二亚硫酸盐．
hydrosulphonyl 或 **hydrosulfuryl** n. 巯基，氢硫(基)．
hydrosulphuric acid 氢硫酸，硫化氢．
hydrosyn'thesis [haidro'sinθisis] n. 水合成(作用)．
hydrotal'cite ['haidrou'tælsait] n. 水滑石．
hydrotator-thickener n. 水力浓缩槽．
hydrotax'is n. 向(趋)水性，趋湿性．
hydrotech'nics n. 水(力,利)工(程)学，水利技术．
hydrotechnolog'ical a. 水工学的，水力工程学的，水力工艺学的．
hydroterpin n. 氢化松节油．
hydrotherapeu'tic a. 水疗法的．
hydrother'apy n. 水疗法．
hy'drotherm n. 热液．
hy'drother'mal ['haidrə'θə:məl] a. 热液〔水〕的，水热作用的. **hydrothermal deposit** 热液矿床. **hydrothermal synthesis** 水热合成．
hydrother'mic a. 热〔温〕水的．
hydrotimeter n. (水的)硬度计．
hydrotimet'ric a. 水硬度的．
Hydro-T-metal n. 海德罗T锌合金(钛0.080～0.160%，铜0.40～0.70%，锰0.002～0.010%，铬0.003～0.020%，其余锌)．
hydrotorting n. 加氢干馏．
hydrotran'sport n. 水力运输．
hydrotreatment n. 加氢处理．
hydrotren'cher n. 液力挖沟(壕)机．
hydrotroilite n. 水单硫铁矿．
hy'drotrope n. 水溶物．
hydrotrop'ic solution 水溶溶液．
hydro'tropism n. 向水性，感湿(水)性．
hydrotropy n. 水溶助长性．
hy'drous ['haidrəs] n. 含(结晶)水的，水合〔化,状〕的，含氢的．
hydro-vac n. 油压真空制动器．
hydro-vacuum 油压真空(并用的). **hydrovacuum brake** 油压真空制动器，真空加力式油压制动器．
hy'drovalve n. 水龙头，水阀，液压开关(活门,阀)．
hy'drovane ['haidrouvein] n. (飞机的)着水板，水翼．
hydrowollastonite n. 雪(纤)硅钙石．
hydroxamino n. 羟胺基．
hydrox'ide [hai'drɔksaid] n. 氢氧化物. **hydroxide ion** 氢氧离子，羟离子. **Potassium hydroxide** 氢氧化钾，苛性钾．
hydroxidion n. 羟离子．
hydroxocobalamim(e) n. 羟钴胺素，维生素B$_{12a}$．
hydroxonium n. 水合氢(离子)．
hydrox'y n. 羟(基)，氢氧(基,化物). **hydroxy proline** 羟基脯氨酸．
hydrox'y-ac'id n. 含氧酸，羟(基烃)酸，醇酸. **hydroxy-acid bromide** 羟代酰溴. **hydroxy-acid chloride** 羟基酰氯．
hydroxyamino n. 羟氨基．
hydroxy-amino-acid 羟基氨基酸．
hydroxyandrostenedione n. 羟雄(甾)烯二酮．
hydroxyanthraquinone n. 羟基蒽醌．

hydroxyapatite n. 羟磷灰石.
hydroxychloride n. 羟基氯化物.
hydroxyd =hydroxide.
hydroxyeremophilone n. 羟基雅槛兰酮.
hydroxyesterifica′tion n. 羟酯化(作用).
hydroxyestradiol n. 羟雌(甾)二醇.
hydroxyestriol n. 羟雌(甾)三醇.
hydroxyestrone n. 羟雌(甾)酮.
hydroxyethyla′tion n. 羟乙基化(作用).
hydrox′ygen n. 液态氧和氢组成的二元燃料,液态羟燃料.
hydroxyhalide n. 羟基卤化物.
hydroxyindol(e) n. 羟(基)吲哚.
hydroxyisoxazole n. (农药)上菌消.
hydrox′yl =hydroxy.
hydroxylable a. 可以羟化的.
hydroxylamine n. 胺,羟胺.
hydroxylase n. 羟化酶.
hydroxylate n. 羟基化物.
hydroxylating n. 羟基化反应.
hydroxyla′tion n. 羟基化(作用),羟代(作用).
hydroxylic a. 羟基的.
hydroxylysine n. 羟(基)赖氨酸.
hydroxymethylase n. 羟甲基化酶.
hydroxymethylate n. 羟甲基化物.
hydroxymethyla′tion n. 羟甲基化作用.
hydroxymethylfurfural n. 羟甲基糠醛.
hydoxynervone n. 羟烯脑式脂,羟神经式脂.
hydroxynitrate n. 碱式硝酸盐.
hydroxynitra′tion n. 羟基化硝化(作用).
hydroxyorganosilane n. 羟基有机硅烷.
hydroxypentachloride n. 羟基五氯化物. *molybdenum hydroxypentachloride* 羟基五氯化钼.
hydroxyphenylketonuria n. 羟苯酮尿.
hydroxypregnenolone n. 羟基孕(甾)烯醇酮.
hydroxyproline (Hyp) n. 羟脯氨酸.
hydroxyprolyl- 羟脯氨酰(基).
8-hydroxyquinoline n. 8-羟基喹啉.
hydroxyquinone n. 羟基醌.
hydroxyskatol n. 羟基甲基吲哚.
hydroxysodalite n. 羟基方钠石.
hydroxystilbene n. 羟基芪.
hydroxytestosterone n. 羟睾(甾)酮.
hydroxytyramine n. 羟酪胺.
hydroxyurea n. 羟基脲.
hydrozincite n. 水锌矿.
Hydrozoa n. 水螅纲.
hydrozoan n. 水螅虫.
hydruret n. 氢化物.
hy′dryzing [′haidraiziŋ] n. (防止表面氧化的)氢气(圈内)热处理.
hydt =hydrant 消防栓,水龙头.
hydx =hydroxide 氢氧化物.
hy′dyne [′haidain] n. 一种火箭发动机用燃料,肼.
hy′etal [′haiitl] a. (降)雨的. *hyetal coefficient* 雨量系数.
hy′etograph [′haiitəgra:f] n. 雨量计(图),雨量记录表,年平均雨量分布图表,世界雨量图.
hyetograph′ic a. 雨量(图)的.
hyetog′raphy [haii′tɔgrəfi] n. 雨量(分布)学,雨量图法.
hyetol′ogy [haii′tɔlədʒi] n. 降水(量)学,雨学.
hyetom′eter [haii′tɔmitə] n. 雨量计〔表〕.
hyetom′etry [haie′tɔmitri] n. 雨量测定(法).
Hy′fil [′haifil] n. 海菲尔(一种玻璃纤维的商标名).
hyg ①hygiene 卫生(学) ②hygienic 卫生(学)的 ③hygienically 卫生地 ④hygroscopic 收湿的.
hyge′ian [hai′dʒi(:)ən] a. 健康的,(医药)卫生的.
hygias′tic a. 卫生(学)的.
hy′giene [′haidʒi:n] n. 卫生(学),保健学.
hygie′nic(al) [hai′dʒi:nik(əl)] a. 卫生(学)的,有益卫生的,保健的,促进健康的. *hygienic(al) pavement* 无尘耐磨路面.
hygie′nics [hai′dʒi:niks] n. 卫生学,保健学.
hygie′nist n. 卫生学家.
hygral equilibrium 湿度平衡.
hygrechema n. 水声,水音.
hygric a. 湿(气)的,潮的.
hygrine n. 古液碱.
hygro- 〔词头〕湿(气),液体.
hygroautometer n. 自记(自动记录)湿度计.
hygrochasy n. 逐湿性.
hygrodeik n. 图示湿度计.
hy′grogram n. 湿度图,湿度自记曲线.
hy′grograph [′haigrəgra:f] n. (自记)湿度计,湿度记录器〔表,仪〕,湿度仪.
hygrokinesis n. 感湿性.
hy′grol [′haigrəl] n. 胶状(态)汞,汞胶液.
hygrol′ogy [hai′grɔlədʒi] n. 湿度学.
hygrom′eter [hai′grɔmitə] n. 湿度表〔计〕. *recording hygrometer* 自记湿度表.
hy′gromet′ric [′haigrou′metrik] a. 测(量)湿(度)的,吸湿(性)的,降水的. *hygrometric equation* 湿度公式.
hygrom′etry [hai′grɔmitri] n. 测湿法,湿度测定(法).
hy′gronom n. 湿度仪.
hygropet′ric a. 湿石生长的.
hygrophilous a. 适〔喜〕湿的.
hygrophytes n. 湿生植物.
hygroplasm n. 液质.
hy′groscope [′haigrəskoup] n. 湿度器〔仪,计〕,测〔验〕湿器.
hygroscop′ic(al) [haigrə′skɔpik(əl)] a. 收湿的,吸湿〔水〕的,湿度计〔器〕的. *hygroscopic moisture*〔*water*〕湿存水,吸湿〔着〕水分. *hygroscopic salt* 潮解〔吸湿〕盐.
hy′groscopic′ity n. 吸〔收〕湿性,吸湿度〔率〕,吸水性,水湿性.
hygroscopy n. 湿度测定(法),潮解性,吸水性.
hy′grostat [′haigrəstæt] n. 恒湿器,湿度恒定〔调节〕器,湿度检定箱,测湿计.
hygrotaxis n. 趋湿性.
hy′grother′mograph n. 温湿计〔仪〕,湿温自记器.
hygrother′moscope n. 温湿仪.
hygrotropism n. 向湿性.
hyle n. 【哲】实质,物质.
hylergography n. 环境影响论.
hylogeny n. 物质的,髓质的.
hylogen′esis [hailo′dʒenisis] n. 物质生成.

hylogeny [hai'lɔdʒini] n. 物质生成.
hylon n. 阳性核.
hylotropic a. 保组变相物.
hylotropy n. 恒熔〔沸〕性.
Hymenomycetes n. 伞菌类.
Hymenophore n. 子(实)层体.
Hymenoptera n. 膜翅目.
hymograph n. 示波器.
Hynack steel plate 海纳克护膜耐蚀钢板(用海纳克铬酸溶液处理).
hy'oid ['haiɔid] a. U字形的,舌骨(形)的.
hyoscyamine n. 天仙子胺.
hyp [hip] n. 茇普(衰减单位,等于1/10 奈贝).
HYP = ①hyperbolic 双曲线的 ②hypergolic 自(点)燃的.
hypabyssal a. 半深成的,浅成的.
hypac'tic a. 轻泻的.
hypae'thral [hi'piːθrəl] a. 无屋顶的,露天的.
Hypalon (即 chlorosulfonated polyethylene) n. 氯磺酸化聚乙烯合成橡胶,海帕伦(一种硫化的塑料).
hypanakinesia n. 运动缺乏.
hypanakinesis n. 运动缺乏.
hypaphorin n. 色氨酸三甲基内盐.
hype [haip] n. ①欺骗,骗局,广告 ②皮下注射(器).
hype'mia [hai'piːmiə] n. 贫血.
hy'per- ['haipə] [词头] (特,高,极)超,过,在上,过多(大,度).
hyper Graeco-Latin square 【计】超格勒拜-拉丁方格.
hyperabelian group 超阿贝耳群.
hyperacid a. 酸过多的.
hy'peracid'ity n. 酸过多,过酸度.
hy'peracou'stic a. (特)超声(波)的.
hyperac'tion n. 活动〔动作〕过度.
hyperac'tive a. 活动(性)过度的. *hyperactive fault* 超工作故障.
hyperacute a. 极(过)急性的.
hyper(a)e'mia n. 充血.
hy'peralimenta'tion n. 营养过度.
hyperaltitude cryogenic simulator 超高空深冷模拟器.
hyperammonemia n. 高氨血.
hyperamne'sia [haipəːræm'niːsiə] n. 记忆增强.
hyperarithmet'ical a. 超算术的.
hy'perballis'tics n. 超高速弹道学.
hy'perbar n. 高气压.
hyperbaria n. 气压过高.
hyperbar'ic a. 高比重的,高压的.
hyperbarism n. 过(高)气压病.
hyperbilirubin(a)emia n. 胆红素血.
hyper'bola [hai'pəːbələ] (pl. **hyperbolas** 或 **hyperbolae**) n. 双曲线. *confocal hyperbola* 共焦双曲线.
hyperbol'ic(al) [haipəː'bɔlik(əl)] a. 双曲(线)的,夸大的,夸张法的. *hyperbolic escape arc* 双曲(线)弹道升弧. *hyperbolic lines* 双曲性直线. *hyperbolic logarithm* 自然对数. *hyperbolic systems* 双曲型(方程)组. *hyperbolic velocity excess* 双曲线轨道运行的剩余速度. ~ally ad.
hyperbolic'ity n. 双曲率.

hyperbolograph n. 双曲线规.
hyper'boloid [hai'pəːbɔlɔid] n. 双曲线体〔面〕,双曲面. *hyperboloid of one sheet* 单叶双曲线面.
hyperboloidal a. 双曲面的.
hyperbor'ean a. ; n. 极北的,寒冷的,北极人(的).
hypercap. 变容二极管的. *hypercap diode* 变容二极管.
hyper-cardioid microphone 超心形传声器.
hy'percharge Ⅰ vt. 加压过大,对…增压. Ⅱ n. 超荷(量).
hyperchromat'ic a. 多色差的,着色特深的,染深色的,色素过深的.
hyperchrome n. 浓色团.
hyperchro'mic a. 增色的,深色的,浓染的.
hyperchromic'ity n. 增色性,增色性(效应).
hyperchromism n. 皮肤过黑,细胞染色特深.
hyperco. 海波可(一种高导磁率与高饱和磁通密度的磁性合金,由钴、铬和铁合成).
hypercoagulabil'ity n. 高凝固性.
hypercoag'ulable a. 高凝固性.
hypercohomology n. 【拓扑学】超上同调.
hypercom'plex a. 超复数〔杂〕的. *hypercomplex number* 结合代数.
hyperconcentra'tion n. 超浓缩.
hypercone n. 超锥.
hyperconical a. 超锥的.
hyperconjuga'tion n. 超联结,超结合,超共轭(效应),二级共轭,贝克-内森效应.
hy'percrit'ic(al) ['haipəː(ː)'kritik(əl)] a. 过于苛严的,吹毛求疵的,超临界的. ~ly ad.
hy'percrit'icism n. 吹毛求疵的批评者.
hypercube n. 超正〔立〕方体.
hypercycloid n. 圆内旋转线.
hypercyl'inder n. 超柱形(面,体).
hyperdip'loid [haipəː'diploid] a. 倍数染色体过多的.
hy'perdisk n. 管理磁盘.
hyperdisten'tion [haipəːdis'tenʃn] n. 膨胀过度.
HYPERDOP = Hyperbolic Doppler 多普勒双曲线.
hy'perdrive n. 可超过光速的推进系统(假想的).
hyperelas'tic [haipəːri'læstik] a. 超弹性的.
hyperellip'soid n. 超椭圆体.
hyperellip'tic a. 超椭圆的.
hypere'mia n. 充血.
hyperener'gia [haipəːri'nəːdʒiə] n. 精力(活动)过度,能力过强.
hyperergy n. 高反应性.
hyperesthe'sia [haipəːres'θiːziə] n. 感觉过敏.
hyperesthet'ic a. 感觉过敏的.
hyper-eutec'tic a. ; n. 过共晶的,过低熔(共熔)的,高级低(超低)共熔体(的).
hy'per-eutec'toid n. 过共析(体),超(高级)低共析体. *hyper-eutectoid steel* 过共析钢.
hyperexcitabil'ity n. 超(常)兴奋性.
hyperexponential distribution 超指数分布.
hyperfil'trate n. 滤液.
hyper-filtra'tion n. 超滤(法,作用),高滤,反渗透(法)(或作 reverse osmosis).
hyperfine' ['haipəː'fain] a. 超精细的.
hyperflu'id a. ; n. 超流动的,超流体的.
hyperformer reactor 超重整反应器,钴-钼催化剂上重整的反应器.
hyperfrag′ment [haipə′frægmənt] *n.* 超(子)原子核,(含)超裂片.
hy′perfre′quency *n.* 超高频. *hyperfrequency waves* 微波,超高频波.
hyperfunc′tion *n.* 机能增强[亢进],功能亢进.
hypergal′axy *n.* 总星系.
hy′pergene *n.* 超基因.
hy′pergeomet′ric *a.* 超几何的,超比的.
hypergeom′etry *n.* 多维[度]几何(学).
hypergeostroph′ic *a.* 超地转的.
hyperglyce′mia *n.* 高血糖.
hy′pergol [′haipəgəl] *n.* 双组份[自燃式]火箭燃料,用自燃燃料的推进系统.
hypergol′ic [haipə′gɔlik] *a.* 自(点)燃的,自发火的. *hypergolic fuel* 双组份火箭燃料.
hy′pergon *n.* 拟球心阑透镜组,对称穹月亮.
hy′pergraph *n.* 超图.
hypergrav′ity *n.* 超重.
hy′perharmon′ic *a.* 超调和的.
hyperhemoglobinemia *n.* 高血红蛋白血.
hyperhomology *n.* 超(下)同调.
hypericin *n.* 金丝桃花蒽酮.
hyperimmuniza′tion *n.* 高度免疫.
hyperin *n.* 海棠甙.
hyperinsulinism *n.* 胰岛素过多(症).
hyperjump *n.* 超跃度.
hyperkerato′sis *n.* 角化过度(症).
hyperkine′sis [haipəkai′ni:sis] *n.* 运动过度,运动机能亢进.
hyperkinet′ic *a.* 运动过度的,运动肌能亢进的.
hyperlipemia *n.* 高脂血.
hyperloy *n.* (海波洛伊)高导磁率铁镍合金.
hyperlysinemia *n.* 赖氨酸过多血.
hypermal *n.* (海波摩尔)高导磁率铁镍合金.
hypermalloy *n.* (海波摩洛伊)高导磁率铁镍合金(镍40～50%,其余铁).
hy′perman′ganate *n.* 高锰酸盐.
hypermarket *n.* 巨型超级市场.
hypermat′ic *a.* 超正交的.
hypermatrix *n.* 超矩阵,分块(矩)阵,矩阵的矩阵.
hypermetagal′axy *n.* 超总星系.
hypermetro′pia *n.* 【医】远视(眼). **hypermetropic** *a.*
hypermnesia *n.* 记忆极强.
hypermnesic *a.* 记忆极强的.
hy′permorph *n.* 超等位基因.
hy′permul′tiplet *n.* 超多重(谱)线,超多重态.
Hy′pernic 或 **Hy′pernik** *n.* (海波尼克)高导磁率镍钢[铁镍透磁合金](镍40～50%其余铁).
hypernomic *a.* 超规律的,过度的.
hypernormal *n.* 超常态,超[逾]常的.
hyperno′tion *n.* 超概念.
hypernu′clear *a.* 超核的.
hy′pernu′cleus *n.* 超(子)原子核(含)超核.
hy′peron [′haipərɔn] *n.* 超子.
hypero′pia *n.* 【医】远视(眼).
hyperorthogonal *a.* 超正交的.
hyperoscula′tion *n.* 超密切.
hyperosmot′ic *a.* 高渗的.
hyperoxia *n.* 氧过多.

hyperoxic *a.* 含氧量高的,氧过多的.
hyperoxida′tion *n.* 氧化过度.
hyperox′ide [haipə′rɔksaid] *n.* 过氧化物.
hy′perpanchromat′ic *a.* ; *n.* 高汎色(的),高汎色胶片.
hyperparaboloid *n.* 超抛物体.
hyperpar′asite *n.* 重寄生物,第二次寄生物(即寄生物的寄生物).
hyperpermeabil′ity *n.* 渗透力过大,渗透性过高.
hyperphoric alteration 换置[质]作用.
hyperphys′ical *a.* 超物质的,超自然的,与物质分离的.
hyperpiesia [haipə:pai′i:siə] *n.* 压力过高,高压,血压过高,高血压.
hyperpietic *a.* 高压的,高血压的.
hyperplanar *a.* 超平面的.
hy′perplane *n.* 超平面.
hyperpla′sia *n.* 增生,增殖.
hyperplas′tic *a.* 增生(殖)的.
hyperplasy *n.* 增生,增殖.
hyperploid *n.* 超倍体.
hyperpn(o)ea *n.* 呼吸增快.
hyperpolarizabil′ity *n.* 超极化率.
hyperpolariza′tion *n.* 超极化.
hy′perpres′sure *n.* 超压.
hyperproteinemia *n.* 高蛋白血.
hyperprothrombinemia *n.* 高凝血酶原血.
hy′perpure *a.* 超[高]纯的.
hyperpycnal inflow 超重入流.
hyperpyrex′ia [haipəpai′reksiə] *n.* 过高热,温度过高.
hyperpyrex′ial *a.* 高热的.
hyperquadric *a.* 超二次曲面(的).
hy′perquantiza′tion [′haipəkwɔnti′zeiʃən] *n.* 超量子化,二次量子化.
hyperreac′tive *a.* 反应过敏的.
hyperrec′tangle *n.* 超矩形.
hyperreflex′ia *n.* 反射过[增]强.
hyperres′onance *n.* 共鸣[反响]过强.
hy′perscope [′haipəskoup] *n.* 壕沟用潜望镜.
hypersensibil′ity *n.* 超敏性.
hypersen′sitive *a.* 过敏的,超灵敏的.
hypersen′sitiveness *n.* 超敏性.
hypersensitiv′ity *n.* 超(灵)敏度[性],超感光度,过敏(性).
hypersensitiza′tion *n.* 超增感,超敏感,促过敏作用.
hypersen′sitized *a.* 超高灵敏度的,超感光的.
hypersen′sitizer *n.* 超增感剂.
Hypersil *n.* 一种磁性合金.
hyperson′ic [haipə′sɔnik] *a.* 高超音速的,(特)超声(速)的,高频的(马赫数大于5).
hyperson′ics *n.* 特超声速空气动力学.
hypersorber *n.* 超吸器,活性吸咐剂.
hypersorp′tion *n.* 超吸(附)法,全吸收(方法).
hypersound *n.* 特超声.
hy′perspace′ [′haipə:′speis] *n.* 超(越)空间,多维[度]空间,深空(宇宙)空间.
hypersphere *n.* 超球面.
hypersphe′rical *a.* 超球面的.
hyperstat′ic *a.* 超静(稳)定的.
hyperstatic′ity *n.* 超静定性,静不定性.

hy′persthene [ˈhaipəːsθiːn] *n.* 紫苏辉石.
hypersthenite *n.* 紫苏石,苏长石.
hyperstoichiometric *a.* 超化学计量的.
hyperstomatous *a.* 气孔上生的.
hyperstrange particle 超奇异粒子.
hy′perstress *n.* 超应力.
hyperstruc′ture *n.* 超级结构.
hy′persur′face *n.* 超曲面.
hypersusceptibil′ity *n.* 感受性过强,过敏(性).
hypersym motor 超"同步"电动机.
hypersyn′chronous [haipəˈsiŋkrənəs] *a.* 超同步的.
hypertape control 快速磁带控制(器).
hy′perten′sion *n.* 高血压,过度紧张,压力过高,张力过强.
hyperten′sive *a.*; *n.* 高血压的(者).
hy′pertherm [ˈhaipəːθəːm] *n.* 人工发热器.
hyperther′mal *a.* 过热的,高温的.
hyperther′mia *n.* 体温过高.
hyperther′mocouple *n.* 超温差电偶.
hy′perthermom′eter *n.* 超高温(温度)表[计].
hyperthyreosis *n.* 甲状腺机能亢进.
hyperthy′roidism *n.* 甲状腺机能亢进.
hyperthyroidosis *n.* 甲状腺机能亢进.
hypertonia *n.* 高渗压,血压[压力]过高.
hy′perton′ic [haipəˈtɔnik] *a.* 紧张过度的,【化】高渗的,过渗压的. *hypertonic solutlion* 高渗溶液.
hypertonic′ity *n.* 过度紧张,高渗(张)性.
hypertorus *n.* 超环面(锚环).
hypertox′ic *a.* 剧毒的.
hypertoxic′ity *n.* 剧毒性.
hypertrian′gular noise "超三角形"噪声.
hypertron *n.* 超小型电子射线加速器.
hy′perveloc′ity *n.* 特超声速,超高速. *hypervelocity model* 超速靶弹.
hyperventila′tion *n.* 过度通风,换气过度.
hyperver′bal *a.* 说话太多的.
hyperviscos′ity [haipəːvisˈkɔsiti] *n.* 粘滞性过高,粘性过大〔度〕.
hypervisor *n.* 管理程序.
hypervitaminosis *n.* 维生素过多(症).
hy′pervol′ume *n.* 超体积.
hypethral *a.* 无屋顶的,露天的.
hypex *n.* 海派克斯喇叭,低音加强号筒.
hypha(e) *n.* 菌丝.
hyphal *a.* 菌丝的.
hy′phen [ˈhaifən] Ⅰ *n.* 连字符,短划[横]("–"或"="). Ⅱ *v.* 用连字符连接.
hy′phenate [ˈhaifəneit] Ⅰ *vt.* 用连字符连接. Ⅱ *n.* 归化的美国公民. **hyphena′tion** *n.*
hypidiomorphic *a.* 半自形的.
hypisotonic *a.* 低渗透的.
hypnagogic *a.* 催眠的,安眠的,半睡半醒的,入眠前的.
hyp′nagogue [ˈhipnəgɔg] *a.*; *n.* 催眠的[药],安眠药.
hypnapagogic *a.* 阻眠的,妨碍睡眠的.
hypnic *a.* 催眠的,睡眠的.
hypnogen *n.* **& hypnogenous** *a.* 催眠的.
hypnone *n.* 苯乙酮,安眠酮.
hypnope′dia [hipnəˈpiːdiːə] *n.* 睡眠教学法.

hypno′sis *n.* 催眠(状态).
hypnospore *n.* 休眠孢子.
hypnot′ic *n.*; *a.* 安眠剂药,安[催]眠的.
hyp′notism [ˈhipnətizm] *n.* 催眠术.
hyp′notize [ˈhipnətaiz] *vt.* 施催眠术,使着迷.
hy′po [ˈhaipou] *n.* 大苏打,(五水合)硫代硫酸钠,海波.
HYPO =*hypodermic* 皮下的,刺激性的.
hypo- 〔词头〕次,低,亚,在下,轻,(过)少.
hy′poacid′ity *n.* 酸过少.
hypoalimenta′tion *n.* 营养〔食物〕不足.
hypoblast(endoderm) *n.* 下〔内〕胚层,基芽.
hypoborate *n.* 连二硼酸盐,低硼酸盐.
hypobor′ic *a.* 低比重的,低压的,低气压的.
hypoborism *n.* 低气压病.
hypoborop′athy [haipobæˈrəpəθi] *n.* 低气压病,高空病.
hypobromina′tion *n.* 次溴酸化(作用).
hypobromite *n.* 次溴酸盐.
hypobulia *n.* 意志减退〔弱〕.
hy′pocentre 或 **hy′pocenter** [ˈhaipouˈsentə] *n.* (核爆炸,地震)震源,(原子弹)爆炸中心在地面的投影点.
hypocentrum *n.* 震源.
hypochlor′ic acid 次氯酸.
hypochlorite *n.* 次氯酸盐.
hypochlorous acid 次氯酸.
hypocholesterolemia *n.* 低胆甾醇〔胆固醇〕血.
hypochromat′ic *a.* 染浅色的,淡染的,含染色体少的.
hy′pochrome *n.* 淡色团.
hypochro′mic *a.* 减〔浅,淡〕色的.
hypochromic′ity *n.* 减色现象,减色性〔度〕.
hypochro′mism *n.* 缺〔少,减〕色性.
hypoc′risy [hiˈpɔkrəsi] *n.* 伪善,虚伪.
hyp′ocrite [ˈhipəkrit] *n.* 伪君子.
hypocrit′ic(al) *a.* 伪善的,虚伪的. ~**ally** *ad.*
hy′pocrys′talline *a.* 半结晶,半晶原.
hy′pocy′cloid [ˈhaipouˈsaikloid] *n.* 圆内旋轮线,内圆滚线,内〔次〕摆线,内〔次〕摆圆. *spherical hypocycloid* 球面内摆线.
hypoder′mic *a.*; *n.* 皮下(组织)的,用于皮下的,皮下注射(器),刺激性的. ~**ally** *ad.*
hypoder′mis *n.* 下皮,真皮,下胚层.
hypodip′loid [haipouˈdiploid] *a.* 少于双价的(染色体数目少于二倍体数的).
hypodisper′sion *n.* 平均分布.
hypodynamia *n.* 机能减弱(降低),体力减弱(退),力不足,乏力.
hypodynam′ic *a.* 力不足的,乏力的.
hypoelas′tic *a.* 次弹性的.
hypoelastic′ity *n.* 亚〔次〕弹性.
hypoellip′tic *a.* 圆内椭圆的.
hypoergy *n.* 低反应性.
hy′poeutec′tic [ˈhaipouju:ˈtektik] *n.*; *a.* 亚共晶(的),低级低共熔体(的),次低共熔的.
hy′poeutec′toid [ˈhaipouju:ˈtektɔid] *n.*; *a.* 亚共析(的),低碳,低熔融质,低级低共熔体. *hypoeutectoid steel* 亚共析钢.
hypofunc′tion *n.* 机能减退.
hy′poge′al [haipəˈdʒiːəl] *a.* 地下的,上升生成的,深成的.

hypogee *n.* 地下〔山边,岩洞〕建筑.
hypoge'ic *a.* 地下的.
hy'pogene ['hipədʒi:n] *a.*; *n.* ①地下(生成)的,深成的,上升(生成)的的 ②内力(的)的,深成,深生岩. *hypogene rocks* 深成岩. *hypogene water* 上升水.
hypogen'ic *a.* 上升生成的,深生的.
hypogeostrophic *a.* 亚地转的.
hypogeous =hypogeal.
hypogeum =hypogee.
hypoglyc(a)emia [haipouglai'si:miə] *n.* 低血糖,血糖缺乏.
hypoglycin A *n.* 降糖氨酸,甲叉环丙基丙氨酸.
hypoglycogenolysis *n.* 糖原分解不足.
hypograv'ity *n.* 低重.
hypohalite(s) *n.* 次石〔岩〕盐.
hy'poid *a.* 准双曲面的. *hypoid gear* 准双曲面〔直角交错轴双曲面〕齿轮,偏轴伞齿轮. *hypoid generator* 准双曲面齿轮加工机床. *hypoid lubricant* 准双曲面齿轮润滑剂.
hypoiodite *n.* 次碘酸盐.
hypoiodous 次碘酸的.
hypolimnile 或 **hypolimnion** *n.* 潮下层.
hypometamorphism *n.* 亚变质(作用).
hypomne'sis [haipo'mni:sis] *n.* 记忆减退〔过弱〕.
hypomor'phic *a.* 亚等位基因的.
hypone'a [haipə'ni:ə] *n.* 精神迟钝.
hyponeustou *n.* 次漂浮生物.
hyponitrate *n.* 低硝酸盐.
hyponitric *a.* 低硝酸的.
hyponitrous acid 次硝酸.
hyponoi'a [haipo'nɔiə] *n.* 精神迟钝.
hypoosmotic *a.* 低渗的.
hypophasic *a.* 低相性的.
hypophone'sis [haipofə'ni:sis] *n.* 音响〔声音〕过弱.
hypophosphatasia *n.* 低磷酸脂酶症.
hypophosphate *n.* 连二磷酸盐,连二正磷酸盐,次磷酸盐.
hypophosphite *n.* 次磷酸盐.
hypophrenic *a.* 低能的,智力薄弱的,精神衰弱的,膈下的.
hypoplan'kton *n.* 下层浮游生物.
hypopla'sia [haipo'pleiʒiə] 或 **hypoplasty** ['haipoplæsti] *n.* ①发育不全,再生不良,形成不全 ②细胞减生(现象).
hypoplas'tic *a.* 发育〔形成〕不全的,形成不良的.
hypopne'a [haipop'ni:ə] *n.* 呼吸不足〔减慢〕.
hypopoten'tia [haipopo'tenʃiə] *n.* 电位过低,电活动性不足,(能)力不足.
hypop'sia [hai'pɔpsiə] *n.* 视力减退.
hypopycnal inflow 低重入流.
hyporrhe'a [haipo'ri:ə] *n.* 轻度出血.
hyposaline *a.* 低盐的.
hy'poscope ['haipəskoup] *n.* (枪用的,手持的)军用潜望镜,窒眼式望远镜.
hyposei'smic *a.* 深震的.
hyposensitiza'tion *n.* 脱敏(作用).
hypos'tasis [hai'pɔstəsis] (*pl.* **hypostases**) *n.* 【哲】本质,实在,【化】沉渣〔淀〕,下沉物.
hypostat'ic(al) *a.* 本质的,实在〔体〕的,沉下的,沉积(物)的,劣性的,弱性的.

hyposteel *n.* 亚共析钢.
hypostoichiomet'ric *a.* 次化学计量的.
hypostoma *n.* 下口.
hypostomatous *a.* 气孔下生的.
hypostroma *n.* 下子座.
hy'postyle *n.* 多柱式建筑.
hyposul'phate 或 **hyposul'fate** *n.* 连二硫酸盐.
hyposul'phite 或 **hyposul'fite** [hipou'sʌlfait] *n.* 次〔亚〕亚硫酸盐,硫代硫酸盐,连二亚硫酸盐.
hyposyn'chronous *a.* 次同步的.
hypotaurine *n.* 亚牛磺酸,氨乙基亚磺酸.
hypotelorism *n.* 距离过小,过近.
hypoten'sion *n.* 血压过低,压力过低.
hypoten'sive *a.* 减血压的,血压过低的药.
hypoten'sor [haipo'tensə] *n.* 降压药.
hypot'enuse [hai'pɔtinju:z] *n.* (直角三角形的)斜边,弦.
hypothal'amus *n.* 下丘脑.
hypoth'ecate [hai'pɔθikeit] *vt.* 担保,抵〔质〕押.
   hypotheca'tion *n.* *general letter of hypothecation* 一种质押书.
hypothecium *n.* 囊层基,囊盘下层.
hypother'mal *a.* 低温的,降温的.
hypother'mia *n.* 低温,低温麻痹,体温过低,降温,低温症.
hypothermophilous *a.* 适〔喜〕低温的.
hypother'my [haipo'θə:mi] *n.* 低温,降温,低体温法.
hypoth'esis [hai'pɔθisis] (*pl.* **hypoth'eses**) *n.* 假说〔设,定〕,前提. *ergodic hypothesis* 各态经历假说.
hypoth'esize [hai'pɔθisaiz] *v.* 假定〔设〕.
hypothet'ic(al) [haipou'θetik(əl)] *a.* 假说〔设,定,想〕的,有前提的. *hypothetical cycle* 假想的循环. *hypothetic(al) hinge* (建筑上或桥梁上的)假铰. *hypothetical machine* 理想机器. *hypothetical memory* 虚拟存储器. *hypothetical reserves* 推测〔假定〕储量.
hypothyreosis 或 **hypothyroidism** *n.* 甲状腺机能减退.
hypoton'ic *a.* 低渗(透压)的,压力过低的,张力过弱的.
hypotonic'ity *n.* 低渗性,压力过低,张力过弱.
hypotrichous *a.* 下毛的.
hypotrochoid *n.* 内转迹线,长短辐圆内旋轮线.
hypotrophy *n.* 半自主〔亚独立〕生长,发育障碍,营养不良.
hypovanadate *n.* 次钒酸盐.
hypovanadic oxide 二氧化钒.
hypovanadous oxide 一氧化钒.
hypoxan'thine *n.* 次黄质,次黄(6-羟基)嘌呤.
hypox'ia *n.* 缺氧.
hypox'ic *a.* 含氧量低的.
hypoxyphore'mia *n.* 血氧输送功能不正常.
hypsiloid *a.* Y字形的.
hypsochrome *n.* 浅色团,向紫增色基.
hypsochromic *a.* 向蓝移的.
hypsogram *n.* 电平图.
hypsographic *a.* 测高(学)的. *hypsographic curve* 陆高海深曲线,等高〔深〕线.
hypsog'raphy [hip'sɔgrəfi] *n.* 测高学〔术,法〕,等高线法,地形测绘学,表示不同高度的地形图,有立体

hypsom'eter [hip'səmitə] *n.* ①沸点测高〔定〕计,沸点气压计 ②用三角测量法测量高度的仪器.
hypsomet'ric(al) [hipsə'metrik (əl)] *a.* 测高(学,术)的. *hypsometric chart* 分层设色地图. *hypsometric curve* 等高线,潮海等深线,高程曲线.
hypsom'etry [hip'sɔmitri] *n.* (沸点)测高法〔学,术〕,沸点测定法,高程测量. *barometric hypsometry* 气压测高法.
hypsotonic *a.* 增加水表面张力的,界面不活动的.
hyracoidea 或 **Hyraxes** *n.* 蹄兔目.
Hy-rib *n.* 一种钢丝网.
hysol *n.* 环氧树脂类粘合剂.
Hysomer *n.* 临氢异构化.
hysteogram *n.* 直方图.
hysteran'thous [histə'rænθəs] *n.* 花后生叶.
hysteresigraph *n.* 磁滞曲线〔回线〕记录仪.
hysteresimeter *n.* 磁滞测定器〔测试仪〕.
hystere'sis [histə'ri:sis] *n.* ①磁滞(现象),滞后(现象,作用),滞变,迟滞(性) ②平衡阻碍. *dielectric hysteresis* 介质电滞. *frequency hysteresis* 频(率)滞(后). *hysteresis error* 磁环〔磁滞,滞后〕误差. *hysteresis free* 灭磁滞,无磁滞的. *hysteresis loop* 滞后回路〔线〕,磁滞回线. *hysteresis set* 磁后变形. *low hysteresis steel* 低磁滞硅钢. *thermal hysteresis* 温(度)滞(后),热滞.
hysteresiscope *n.* 磁滞回线显示仪.
hysteresis-meter *n.* 磁滞测定器.
hysteresisograph *n.* 磁滞测定仪,磁滞曲线绘制仪.
hysteret'ic [histə'retik] *a.* 磁滞的,滞后的.
hyste'ria [his'tiəriə] *n.* 癔病,歇斯底里,不正常的兴奋.
hyster'ic(al) [his'terik (əl)] *a.* 癔病的,疯狂的,歇斯底里(性)的.
hysterocrystalliza'tion [n.] 次生结晶作用.
hysterometer *n.* 滞后试验仪.
hysteromor'phic *a.* 后形的.
hysterothecium *n.* 缝裂囊壳.
hysterset *n.* 功率电感调整(用电抗线圈调整功率).
hystoroscope *n.* 磁性材料特性测量仪.
HY/SY = hydraulic system 液压系统.
Hytensyl bronze 海坦西尔黄铜(锌 23%,锰 3%,铁 3%,铝 4%,其余铜).
Hyther *n.* 湿热作用.
hy'thergraph ['haiθəgra:f] *n.* 温湿图.
hytor *n.* 海托尔抽压机.
hytron *n.* 哈管,"海特龙"(美国一大类电子管的商标名).
Hy-Tuf steel 高强度低合金钢(碳 0.25%,锰 1.3%,硅 1.5%,镍 1.8%,钼 0.4%).
hyzone *n.* 氪,重氢(即三原子的氢).
Hz = hertz 赫兹.
HZRD = hazardous 危险的.
hzy = hazy 有薄雾的,模糊的.

I i

I [ai] *pron.* 我.
I [ai] ①Ⅰ形 ②罗马数字的1 ③转动惯量的符号 ④电流的符号 ⑤磁化强度的符号 ⑥与 X 轴平行的单位矢量.
I = ①I-beam 工字钢 ②ignition 点〔发〕火 ③incomplete 不完全的,未完的 ④indicator 指示器〔剂〕,指针 ⑤industrial 工业的 ⑥inhibitory 禁止的,抑制的 ⑦initial 初始的 ⑧inner 内部的 ⑨input 输入 ⑩inside 内 ⑪inspector 检查员 ⑫instantaneous 瞬时的 ⑬institute [institution] 学会,协会 ⑭instrumental 仪器的 ⑮instrumentation 仪器,设备 ⑯intermediate 中间的 ⑰interpole 极间的,插入极 ⑱inverter 变换器,倒相器 ⑲iodine 碘 ⑳ionic 离子的 ㉑Iowa (美国)衣阿华(州) ㉒iron 铁(只在同其他物质连用时才缩作Ⅰ) ㉓island(s)岛.
i = inch 英寸.
I gal = imperial gallon (英制)加仑.
i layer 固有电导层,无杂质层.
I PROP = ionic propulsion 离子推进.
I scope I 型显示器,径向图形扫描的三度空间显示器.
IA = ①input axis 输入轴 ②interuational angstrom 国际通用埃(=10^{-8}cm).
Ia = Iowa (美国)衣阿华(州).
i. a. (拉丁语)=①*in absentia* 缺席 ②*inter alia* 除了的以外,尤其.
I&A = ①ice age 冰期 ②inventory and allocations 存货单与分配.
IAA = International Academy of Astronautics 国际宇宙航行学院.
IAAA = Integrated Advanced Avionics for Aircraft 飞行器用先进集成航空电子学.
IABSE = International Association for Bridge and Structu-ral Engineering 国际桥梁和结构工程协会.
IAC = ①Institute for Advanced Computation (美国)高级计算机研究所研制的系统,IAC 系统 ②instrument ap-proach chart 仪表进场图 ③integration assembly and checkout 集成装配与检查 ④international analysis code 国际分析电码.
IAC FLEET 国际分析电码(简式).
IACG = Inter-Agency Consultative Group 机构间协商组.
IACS = International Annealed Copper Standard 国际退火铜标准.
IAD = installation, assembly or detail 装置、组合件或零件.
IADIZA = Argentine Arid Zones Research Institute (阿根廷)干旱区研究所.
IAE = ①Institution of Aeronautical Engineers (英

国)航空工程师学会 ②intergal of absolute error 绝对积分误差 ③International Association for Ecology (国际)生态学会.
IAEA = International Atomic Energy Agency 国际原子能机构.
IAeE = Institute of Aeronautical Engineers (英国)航空工程师协会.
IAeS = Institute of the Aeronautical Sciences 航空科学会.
IAF = International Astronautical Federation 国际星际航空联合会.
IAGC = instantaneous automatic gain control 瞬时动作的自动增益调整电路,瞬时自动增益控制雷达.
IAH = International Association of Hydrogeologists (国际)水文地质学家协会.
IAHR = International Association for Hydraulic Research 国际水力研究协会.
IAL = international algebraic language 国际代数语言.
IALS = International Association of Legal Science (国际)法学(协)会.
IAM = International Association of Machinists 国际机械师协会.
IAMAP = International Association of Meteorology and Atmospheric Physics 国际气象与大气物理协会.
iamatology n. 药疗学.
ianthinite n. 水斑铀矿,(七)水铀矿.
IAP = international airport 国际机场.
IAR = Institute for Atomic Research (美国)原子能研究所.
IAS = ①indicator air speed 仪表空速,指示空速 ②Institute of the Aeronautical Sciences (美国)航空科学学院 ③In-stitute for Atmospheric Sciences (美国)大气科学研究所.
IASY = International Years of the Active Sun 太阳活动期国际观测年.
IAT = ①individual acceptance test 个别验收试验 ②inside air temperature 内部空气温度.
IATA = International Air Transport Association 国际航空运输协会.
iate′ria [aiəˈtiəriə] n. 治疗(学),疗法.
IATM = International Association for Testing Materials 国际材料试验协会.
iatreu′sis [aiəˈtruːsis] n. 治疗,疗法.
iat′ric(al) [iˈætrik(əl)] a. 医学(疗,生)的,药物的.
iatrochem′istry n. 化学医学,化学疗法.
iatrogenic a. 医原性的,受医师影响的.
iatrol′ogy [aiəˈtrɔlədʒi] n. 医学.
iatron n. 投影电位示波器,存储显示管.
iatrophys′ics [aiætrəˈfiziks] n. 物理疗法,物理学(派).
iatrotech′nics [aiætrəˈtekniks] n. 治疗(技)术,医学技术.
iatrotechniq′ue [aiætrəˈtekˈniːk] n. 治疗(技)术,医学技术.
IAU = International Astronomical Union 国际天文学联合会.
IAVC = instantaneous automatic volume control 瞬时动作的自动音量控制.
IAW = ①in accordance with 符合,和……一致,依照 ②isotopic atomic weight 同位素原子量.
IAZ = inner artillery zone 高射炮防空禁区.

IB = internal bremsstrahlung 内轫致辐射.
I/B = in bulk 散装.
ib = ibidem.
I-bar n. 工字钢.
IBC = ①input bias current 输入偏压电流 ②international brightness coefficient 国际亮度系数.
I-beam n. 工字(形)梁,工字钢. wideflange I-beam 宽缘工字钢. I-beam section 工字形断面,工字钢.
ibid = ibidem.
ibi′dem [iˈbaidem] 〔拉丁语〕ad. 出处同上,(在)同处(书,章,句).
IBM = ①intercontinental ballistic missile 洲际弹道导弹 ②International Business Machines Corporation (美国)国际商业机器公司 ③ion beam machining 离子束加工.
IBP = ①initial boiling point 初沸点 ②International Biolo-gical programme 国际生物计划.
IBPCS = International Bureau for Physico-Chemical Stand-ards 国际理化标准局.
IBR = infra-black region 黑外区.
IBS = internal bremsstrahlung 内轫致辐射.
IBT = ①instrumented bending test 装有测试仪表的弯曲试验 ②insulation breakdown tester 绝缘击穿试验器.
IBV = intercontinental ballistic vehicle 洲际弹道兵器.
IBWM = International Bureau of Weights and Measures 国际计量局.
IC = ①index correction 指数校正 ②indicating controller 指示控制器 ③inductance-capacitance 电感量-电容量 ④inspection committee 检查委员会 ⑤inspiratory capacity 吸入(气)量 ⑥instruction code 指令(代)码 ⑦integrated circuit 集成电路 ⑧integrated contractor 综合承包人 ⑨interior communications 内部通信联络 ⑩intermediate circuit 中间电路 ⑪internal connection 内部连接 ⑫interrupting capacity 截断能力 ⑬ionization chamber 电离室 ⑭iron-constantan 铁康铜.
IC colour pattern generator 集成彩色图案信号发生器.
IC die 集成电路晶片.
IC drum 有源无源计算机耦合磁鼓.
I&C ①identification and control 识别与控制 ②inspection and checkout 检查与测试 ③installation and checkout 安装与检验 ④instrumentation and control(room)仪表与控制(室)⑤integration and checkout 集成与检测.
i-c = iron-core 铁心.
i/c = ①in charge(of)负责,主管 ②incoming 进入的 ③interchange 互换.
ICA = instrument compressed air 仪表压缩空气.
icand n. 被乘数.
ICAO = International Civil Aviation Organization 国际民用航空组织.
ICARDA = International Centre for Agricultural Research on Dry Areas 国际干燥区域农业研究中心.
ICARUS = intercontinental aerospacecraft range unlimited system 航程无限的洲际宇宙火箭.
ICBM = intercontinental ballistic missile 洲际弹道导

弹.
ICBMS =intercontinental ballistic missile system 洲际弹道(式)导弹系统.
ICC =①ignition control compound (包装用语)易燃化学品 ②instrumentation control center 仪表控制中心 ③integrated component circuit 积分组件电路,整体元件电路,集成元件电路 ④International Computation Center 国际计算中心 ⑤item characteristic code 项目特征符号 ⑥iterative circuit computer 累接电路计算机.
IC&C =①installed, calibrated and checked 已安装、校准和检测 ②instrumentation calibration and checkout 测量仪表校准和检验.
ICCS =intersite control and communications system 场地间管理与通信系统.
ICD =①interface control dimension 界面[接口]控制尺寸 ②interface control drawing 界面[接口]控制图.
ICE =①Institution of Civil Engineers (英国)土木工程师学会 ②intergrated cooling for electronics 电子设备综合冷却 ③internal combustion engine 内燃机.
ice =internal combustion engine 内燃机.
ice [ais] Ⅰ n. 冰(块,凌,水);糖衣,渣壳. Ⅱ v. 结冰,冻结(凝),冰冻,用冰覆盖,使冰冷. *dry ice* 干冰,固体二氧化碳. *ice age* 冰期,冰河时代. *ice cap* 冰帽. *ice coating* 敷(结)冰,冰层,【气】冰膜[衣]. *ice floe* 大浮冰,凌汛. *ice glass* 冰花状玻璃. *ice laid deposits* 冰川沉积. *ice lens* 冰透镜体,冰晶体. *ice loading* (天线)被冰,冰负,*ice machine* 制冰[冷冻]机. *ice pack* (飘浮海上的)大片冰积块群,冰袋. *ice paper* (制图用)透明纸. ▲ *be frozen into ice* 结[冻]冰. *be iced over* 表面结了冰,被冰封住. *cut no ice* 无益[效],不起作用,没有影响. *ice up* 结冰,覆有冰,用冰填上.
ice-bath n. 冰浴[槽].
ice'berg ['aisbəːɡ] n. 冰山,流水. ▲ *the tip of the iceberg* 小部分,表面部分.
ice'blink n. 冰原反光.
ice'boat n. 破冰船,破冰设备,在冰上滑行的船.
ice'bound a. 冰封住的,封冻的.
ice'box n. 冰箱;严寒地带.
ice'(-)breaker ['aisbreikə] n. 破冰船,破冰设备.
icebreaking a. 开创先例的,打破坚冰的.
ice-cap n. 冰盖(帽,冠).
ice'-cold' a. 冰[极]冷的.
ice'con n. 冰凌.
ice'-cream Ⅰ n. 冰淇淋. Ⅱ a. 乳白色的.
ice'-fall n. 冰瀑,冰崩.
ice'-free' ['aisfriː] a. 不冻的,无冰的.
ice-glazed a. 涂冰的,表面结冰的.
ice'house n. 冰窖,制冰场所.
ice'jam n. 流冰壅塞,阻塞,僵局.
ICEL =International Council of Environment Law (国际)环境法理事会.
Ice'land ['aislənd] n. 冰岛. *Iceland spar* 冰洲石,双折射透明方解石.
Icelan'dic a. 冰岛(人)的.
ice-noise n. 冰上噪声.
ice'point n. 冰点.
ice'-skate vi. 溜冰.

ice'stone n. (天然)冰晶石.
ice-up ['aisʌp] v. 结冰.
ICFATCM =individual cleared for access to classified material 经审查可接触保密材料的(个)人.
ICFATCMUTAL =is cleared for access to classified mate-rial up to and including 准予接触可包括某级在内的秘密材料.
ICHEA =International Conference on High-Energy Accelerators 国际高能加速器会议.
IChemE =Institution of Chemical Engineers 化学工程师协会.
ichnogram n. 足迹[印].
ichnog'raphy [ik'nɔɡrəfi] n. 平面图(法).
ich'nolite ['iknəlait] n. 化石足印.
i'chor ['aikɔː] n. 岩精,腐液,脓水.
ichthulin n. 鱼卵磷蛋白.
ich'thyic a. 鱼类的,像鱼的.
ichthylepidin n. 鱼鳞硬蛋白.
ichthyoallyeinotoxin n. 幻觉性鱼毒素.
ichthyoallyeinotoxism n. 幻觉性鱼毒中毒.
ichthyocolla n. 鱼(鳔)胶.
ich'thyoid ['ikθiɔid] a.; n. ①鱼(状)的,流线型的 ②鱼形体,流线型体.
ichthyol'ogy n. 鱼类学.
ichthyophagous a. 食鱼的.
Ichthyosaurla n. 鱼龙目.
ICI =Imperial Chemical Industries 英国化学工业公司.
ICI chromaticity diagram ICI 彩色图.
ICI standard primaries 国际照明委员会标准三基色.
i'cicle ['aisikl] n. 冰柱,垂冰,焊接时管子接头中的上部金属突出物,毛刺.
ICIE =International Centre for Industry and Environment (国际)环境和工业中心.
i'cily ['aisili] ad. 冰冷地.
i'ciness ['aisinis] n. 冰冷(的状态).
i'cing ['aisiŋ] n. 结冰,覆冰,积冰(机翼上的结冰现象).
ick'le ['ikəl] =icicle.
ICL =incoming correspondence log 来信记录.
ICM =①intercontinental missile 洲际导弹 ②interference control monitor 干扰监控器.
ICN =instrumentation and calibration network 仪表与校准网路.
ico =iconoscope.
ICOLD =International Commission on Large Dams 国际大型水坝委员会.
i'con ['aikɔn] n. 像,图[肖,偶]像,插画[图].
icon'ic [ai'kɔnik] a. 人[图,偶]像的,传统的. *iconic representation* 图像表示.
icon(o)- [词头](映)像.
iconoclasm n. 偶像的破坏,对传统观念[惯例]的嘲弄.
iconog'raphy n. 插图,图解,图画志,肖像学.
iconol'atry n. 偶像崇拜.
iconolog n. 光电读像仪.
iconom'eter [aikə'nɔmitə] n. 量影仪,返[反]向光器,测距镜,光像测定器.
iconom'etry n. 量影学.
icon'oscope [ai'kɔnəskoup] n. 光电摄[显,析,发]像管,电子[积储式]摄像管,送像装置. *iconoscope*

iconotron

film camera 光电摄像管电视电影摄像机.

iconotron n. 移线光电摄像管.

icos(a)- 〔词头〕二十.

icosagon n. 二十边〔角〕形.

icosahe′dral a. 二十面体的.

i′cosahe′dron ['aikəsə'hedrən] (pl. *icosahedrons* 或 *i-cosahedra*) n. (正)二十面体.

icosi- 〔词头〕二十.

ICP =①instrument calibration procedure 仪表校准程序 ②International Council of Psychologists 国际心理学家理事会 ③inventory control point 存货控制点.

ICPMC = International Commission on Protection Against Mutagens and Carcinogens 诱变和致癌因素国际防护委员会.

ICR =①inductance-capacitance-resis-tance 电感-电容-电阻 ②initial conversion ratio 初始再生系数 ③instrumentation control racks 仪表控制架 ④integrated cancellation ratio 积累对消率, 积累对消系数.

ICRAF = International Centre for Research in Agro-forestry 国际农林研究中心.

ICRC = International Committee of the Red Cross 红十字国际委员会.

ICRO = International Cell Research Organization 国际细胞研究组织.

ICRP = International Commission on Radiological Protection 国际放射性辐射防护委员会.

ICR-system 电感、电容、电阻系统.

ICRU =①International Commission on Radiological Units and Measurements 国际放射单位和计量委员会 ②International Scientific Radio Union 国际科学无线电联合会.

ICS =①infrared camera system 红外(线)照相系统 ②instrumentation checkout station 仪表检测站 ③intercommunications system 内部通信系统 ④interphone control station 内部通话管理站.

ICSU = International Council of Scientific Unions 国际科学联合会理事会.

ICT =①insulated core transformer 绝缘铁心变压器 ②integrated circuit tester 集成电路测试器 ③integrated computer telemetry 集成电路计算机遥测技术 ④international critical tables 国际科技常数手册.

ictal a. 发作(性)的, 发作所致的.

icterus n. 黄疸.

ictom′eter [ik'tɔmitə] n. 心搏(测量)计, 心动计.

ic′tus (pl. *ictus*) n. 暴发, 发作, 搏动, 冲击, 暴病.

ICV = internal correction voltage 内部校正电压.

ICW =①in compliance with 依照 ②interrupted continuous waves 断续等幅波.

i′cy ['aisi] a. 冰(似,冷)的, 结(多)冰的, 冰覆盖着的, 冷淡的.

ID =①identification 鉴定, 验明, 标志 ②inducted draft 引导通风 ③infective dose 传染剂量 ④inside 〔inner, internal〕diameter 内(直)径 ⑤inside dimension(s) 内部尺寸 ⑥intelligence division 情报司〔科〕⑦interconnection diagram 相互联系图 ⑧item description 项目说明 ⑨station identification 电台识别.

id 〔拉丁语〕=*idem* 同前〔上, 处, 一作者〕, 相同.

ID (card) = identification card 身份证.

id lt = identification light 识别(灯)光.

Id(a) = Idaho (美国)爱达荷(州).

IDA =①integral-differential analyzer 积分微分分析器 ②International Development Association 国际开发协会 ③isotope-dilution analysis 同位素稀释分析法.

idaein n. 越桔色甙.

Idaho ['aidəhou] n. (美国)爱达荷(州).

Idahoan a.; n. 爱达荷州的, 爱达荷州人(的).

IDB = Inter-American Development Bank 泛美开发银行.

IDC =①in due course 及时地, 在适当时候 ②instantaneous deviation control 瞬时动作的偏移控制 ③Intelligence Documentation Center 情报文献中心 ④inter partmental communications (or correspondence)部门间交通(或通信).

IDCR = interchangeability design change request 互换性设计更换申请.

IDDD = international direct distance dialing 国际直通长途电话.

IDE = industry developed equipment 工业上研制的设备.

ide′a ['aidiə] n. ①思想, 概〔观〕念, 理想 ②想法, 主意, 打算, 计划, 目的, 意见, 想像. *good idea* 好主意. ▲ *at the bare idea of* 只要一想起…就. *form an idea of* 心里想像. *get ideas into one's head* 抱〔存〕幻想, 抱不切实际的想法. *get the idea that* 以为, 认为. *give an* 〔*some*〕*idea of* 使得到…概念, 使人们对…有所了解. *give up the idea of* 放弃…的念头. *have an idea* (*that*) 认为. *have no idea* (*as to*) *what* 摸不清, 捉摸不到. *have no idea of* 没有…观念, (一点也)不知道, 听也没有听过.

ideaed 或 **ide′a'd** ['aidiəd] a. 有某种看法的, 主意多的.

ide′al ['aidiəl] I a. ①理想的, 标准的, 典型的, 完美的 ②概〔观〕念的, 想像(中)的, 空想的, 虚构的, 唯心论的. II n. ①理想(使于环, 子代数, 的东西), 典型, 概念, 设想 ②典型〔范〕③最终的目的. *ideal function* 理想(广义)函数. *ideal lines* 假〔理想〕直线. *ideal network* 理想〔无损耗〕网络. *ideal point* 理想点, 假点, 伪点. ▲ *make it ideal* (*to use*) *for* 使…适合于做(作)的.

Ide′al ['aidiəl] n. 铜镍合金 (铜55～60%, 镍45～40%).

idealine n. 糊状粘结剂.

idealisa′tion =idealization.

ide′alism ['aidiəlizm] n. 唯心论, 唯心主义, 观念论, 理想主义.

ide′alist a.; n. 唯心论的, 唯心主义者(的), 空想家(的).

idealis′tic a. 唯心主义(者)的, 空想家的. ~*ally* ad.

ideal′ity [aidi'æliti] n. 理想(状态, 性质), 虚构的事物, 想像力.

idealiza′tion n. 简化, 约化, 理想化.

ide′alize ['aidiəlaiz] v. (使)理想(观念)化, 使合于理想, 形成理想, 用唯心的方式表现事物, 作理想化的解释.

ide′ally ['aidiəli] ad. 理想地, 完美地, 理论〔概念〕上.

idealoy n. "理想(化)"坡莫合金.

ideapho'bia n. 畏思考症.

ide'ate [ai'dieit] v. (对…)形成概念,对…具有印像,想像,设想. **idea'tion** n.

idea'tional a. 观念(作用)的,思想(作用)的,联想力的.

idee ['idei] n. 【法语】观念,思想,理想. **idee fixe** 固定观念,对某事的偏执.

i'dem ['aidem] [拉丁语] n.; a. 同一根据(作者,字,书),同上[前,一,样]的. **idem quod** 同….

idemfac'tor n. 幂等因子,幂等[等幂]矩阵,归本因素.

I-demodulator n. I-信号调解器.

idem'potency [ai'dempətənsi] n. 幂等[等幂]性.

idem'potent [ai'dempətənt] a. 幂等,等幂的.

ident = identification.

identic [ai'dentik] a. ①identical ②(措词,方式)相同的.

iden'tical [ai'dentikəl] I a. 相同[等]的,同一[样,等]的,恒等[同]的. II n. 恒等式. **identical element** 单位元素,珱元. **identical map** 等角投影地图. **identical particle** 全同粒子. **identical permutation** 【数】元排列. **identical relation** 恒(全)等式. ▲(be) **identical in** 在…方面是相同的. (be) **identical with** [to] 和…(是)等同[(完全)一样,相等]的. **under otherwise identical conditions** 其它条件都相同(时).

iden'tically [ai'dentikəli] ad. 同一[样],相[恒,全]同. **identically equal** 恒[全]等. **identically vanishing** 恒等于零.

identifiabil'ity n. 能识性.

iden'tifiable [ai'dentifaiəbl] a. 可识[区,鉴]别的,可看基是相同的,可证明是同一的,可辨认的. **identifable point** 易辨识点,易识别地物点. **identifiably** ad.

identifica'tion [aidentifi'keiʃən] n. ①识[辨,鉴]别(法),辨认,鉴定,确定[认],认证,证实,核对,查明,检验,身份证明②鉴定,判读,判读②同一,等同,使等同③标志[识,定,记]符号,表示法,打印④【计】号码装定⑤选[粘]合,同化. **coded identification** 编码表示法. **friend or foe identification** 敌我识别(器,系统). **identification mark** 商标(鉴别)标志,鉴定特征,记号. **identification markings** (商标)打印标号,认识标记. **identification of burst signal phase** 危同步信号相位识别. **identification resolution chart** 清晰度[分辨力]测试卡. **identification signal** 识别信号,(广播)间歇信号.

iden'tifier [ai'dentifaiə] n. ①标志[标识,识别]符 ②鉴别[识别]器,鉴定(用)试剂 ③鉴定[检验]人 ④(自动电话)查定电路. **identifier location** 标识位置.

iden'tify [ai'dentifai] v. ①识[辨,鉴]别,辨认认出,鉴[确]定,验明,发现,给…做出标志,标记[识]②视为同一,等同[看],(使)等同一[化],一致,(认为…,成为)一致. **identify element** "全同"元件,"全同"门. **identify** [**identifying**] **code** 识别电码,(穿孔带的)验证码. **identifying plate** 标号牌. ▲ **be identified with** 对…关心和合作,拥护,与…等同,用…来表示. **identify M by N** 用N给M作标志. **identify M with N** 使M和N等同,认为M 和N一样,把M看作是N,用N来表示M. **identify oneself with** 拥护,参与,与…有关,和…打成一片,参加[投身]到…中去.

iden'tity [ai'dentiti] n. ①同一(性),完全相同,一致 ②恒等(式,性,运算) ③本体,本[个]性,身份,(目标的)籍[国]籍. **identity code** 识别码. **identity crisis** 认同的转折点,个性转变期. **identity declaration** 【计】等同说明. **identity element** 单位[恒]元素,珱元(素). **identity gate** "(全)同"门,符合门. **identity group** 单位元素群. **identity matrix** 单位矩阵(一种方阵,其中数字1沿主对角线排列,其他在别处). **identity path** 探道路. ▲ **establish** [**prove**] **one's identity** 证明身份(国籍). **identity of M with N** M和N一样[相同]. **reach** (**an**) **identity of views** 取得一致的看法.

Idento meter n. 材料鉴别仪.

ideoelec'tric n. 非导体.

ideogenet'ic a. 意识(观念)性的.

id'eogram 或 **id'eograph** n. 表意文字(符号). **Chinese ideograph** 汉字. **ideographic(al)** a.

ideolog'ical [aidiə'lɔdʒikəl] a. 思想(上)的,思想体系的,意识(观念)(形态)的.

ideol'ogist [aidi'ɔlədʒist] n. 思想[理论]家.

ideol'ogy [aidi'ɔlədʒi] n. 思想(体系,方式,意识),意识(观念)形态.

IDEP = interservice data exchange program 军种间资料交换计划.

id est ['id'est] [拉丁语]即,就是,换言之.

IDF = intermediate distributing frame 中间配线框.

IDHS = intelligence data handling system 情报数据处理系统.

idio- (词头)个自(身,发),原(有),专有,同,特殊.

idiobiol'ogy n. 个体生物学.

idioblast n. 细胞原体,异细胞,自形变晶. **~ic** a.

idiochromat'ic [idioukrə'mætik] a. 自色的,本质(色)的. **idiochromatic crystal** 本质色[本质光电]晶体.

idiochromatin n. 性染色质.

idiochro'matism n. 本质色性.

idiochromosome n. 性染色体.

id'iocy ['idiəsi] n. 白痴,极端愚蠢.

idioelec'tric n.; a. 非导体,能摩擦起电的(物体).

idiogenous a. 【地】同成的.

idiogeosyncline n. 山间地槽.

idiogram n. 染色体组型.

id'iograph ['idiəgrɑːf] n. 个人签名,商标.

idiograph'ic [idiə'græfik] a. 个人签名的,商标的,独特的,具有独特特点的.

id'iom ['idiəm] n. ①成(习)语,方言 ②习惯语法,表达方式 ③风格,特色.

idiomat'ic(al) [idiə'mætik(əl)] a. 成语的,惯用的,符合语言习惯的.

idiomat'ically ad. 按照习惯用法.

idiomor'phic [idiə'mɔːfik] a. (矿物)自形的,自发的,整形的. **idiomorphic pore** 自发孔,自形孔.

idiopathet'ic a. 自(发)的.

idiopath'ic a. 自(特,原)发的,原因不明的.

idiop'athy n. 自发病.

idiophanism n. 自现干涉圈(现象).

idiophanous a. 自现干涉圈的.

idiophase n. 繁殖〔生殖〕期.

id'ioplasm n. 种质,胚质.

idiosome n. 核旁体,初〔浆〕粒.

idiostat'ic a. 同电(位)的,等位差的,同势差的. *idiostatic method* 同势〔位〕差连接法.

idiosyn'crasy 或 **idiosyn'cracy** [idiə'siŋkrəsi] n.（人的）特质,个〔特〕性,特有的风格,特异反应(性),特异体质,特异素,蛋白质性.

idiosyncrat'ic [idiəsiŋ'krætik] a. 特质的,特异性的,特别的.

IDIOT = instrumentation digital on line transcriber.

id'iot ['idiət] n. 傻子,白痴. *idiot box* 或 *idiot's lantern*〔俚〕电视机.

idiot'ic [idi'ɔtik] a. 愚蠢的. ~ally ad.

idiot-proof a. 简(单)易明的,安全可靠的,容易操作的.

idiotroph n. 独需型,独特营养要求株.

idiotrophic a. 自选食物的,自养型.

idiovaria'tion n. 自发(性)突变〔变异〕.

IDL = ①instrument development laboratories 仪表研制改进实验室 ②international date line（国际）日界线,国际日期变更线.

i'dle ['aidl] I a.; n. ①(懒)惰的,闲置的,空闲的,停机的 ②无功〔虚,无〕用的,根据的,空载〔转,位〕的,慢车〔速〕的,空转状态. II v. ①(懒)惰,虚度;空转〔费〕,开慢车,低速轧制. *idle battery* 闲置〔无负荷〕电池. *idle call*【计】空调中. *idle capacity* 备用〔储备〕容量,备用空转,空转功率,闲圈,空置线圈. *idle component* 无功分量,虚部. *idle contact* 空〔闲,间隔〕接点. *idle current* 无功〔效〕电流. *idle dream* 痴心妄想. *idle frequency* 闲频,中心〔空〕频,未调制的频率. *idle gear* 惰轮,空转轮,中间齿轮. *idle microphon* 哑静话筒,空转传声器. *idle motion* 空转. *idle operator lamp* 空位表示灯. *idle producer* 低产井. *idle roll* 传动〔空转,从动)轧辊. *idle route indicator* 闲路指示器. *idle rumour* 毫无根据的谣传. *idle running* 惰走〔空〕行程,空转. *idle slot detector* 空report文槽检测器. *idle space* 有害空间. *idle state* 静止状态. *idle stroke* 空(慢)行程. *idle two-way selector stage indicator* 双向选组级示网器. *idle wheel* [gear] 惰轮,空转〔闲,松〕皮带轮. ▲*idle away* 浪费,度度. *It is idle to say that* 说…是没有用的. *lie idle* 放着〔被搁置〕不用,一事不做. *run idle* 空转. *stand idle* 闲置〔着〕,袖手旁观.

'dleness n. 空闲时间,(机器的)空闲率.

'dler ['aidlə] n. ①空转(中乘),过桥,支持)轮,〔跨,闲)轮,张紧齿轮,支承滚轴,导(向)辊,(传送带的)托辊 ②惰,无效〔功〕的,空载(车) ③闲频信号. *idler circuit* 空(闲)〔载〕电路(回路). *idler frequency* (空)闲频(率). *idler pulley* 惰〔滚,空转〕轮. *idler roller* 导〔张力,托,惰〕辊. *return idler* 从动滚轮. *reverse idler*（汽车）的后退用空套齿轮,倒车用空套齿轮,反转空转齿轮.

'dlesse ['aidles] n. 空闲,无所事事.

'dling ['aidliŋ] n. 空(惰,跨)转,空〔无〕载(状态),工〔闲)置,无效(功),慢车(速),空车,低速轧制. *idling frequency* 闲频,无效频率. *idling rpm* 慢车（每分钟）转数.

i'dly ['aidli] ad. 无工作,无用地,闲散地.

i'docrase n. 符山石.

i'dol ['aidl] n. ①偶像,崇拜对像,宠物 ②幻像 ③谬论. ▲*emancipate the mind, topple old idols* 解放思想,破除迷信. *make an idol of* 崇拜.

ido1iza'tion [aidəlai'zeiʃən] n. 偶像化,盲目崇拜.

i'dolize ['aidəlaiz] vt. 把…作偶像崇拜,拜倒,盲目崇拜.

idolum [ai'douləm] (pl. **idola**) n. 幻像,观念,谬论.

idotron n. 光电管检验仪.

IDP = ①inner dead point 内死点 ②inosine diphosphate 二磷酸肌甙 ③integrated data processing 综合数据处理.

IDPS = incremental differential pressure system 增量压差系统.

idrialite n. 辰砂地蜡.

IDRV = ionic drive 离子推进.

IDS = inadvertent destruct 导弹在飞行时的故障爆炸.

Ids = dermatophytid reaction 皮肤真菌反应.

IDT = ①instrumentation development team 仪表研制小组 ②interdivision transfer.

iduronate n. 艾杜糖醛酸(盐,酯或根).

IDV = integrating digital voltmeter 积分数字电压表.

IE = ①index error 指标〔数〕误差. ②industrial engineer 工业工程师. ③industrial engineering 工〔企〕业管理学 ④inside edge 内缘,内刃口.

i. e. =（拉丁语) *id est* 也就是,即.

IE 或 **IEP** =immunoelectrophoresis 免疫电泳.

IEA = International Energy Agency 国际能源机构.

IEC = ①integrated environmental control 综合环境控制 ②International Electric Corporation 国际电气公司 ③ion-exchange chromatography 离子交换色谱法 ④ionexchange column 离子交换柱.

IEE = ①Institution of Electrical Engineers 电气工程师协会 ②Institute of Environmental Engineers 环境工程师协会.

IEEE = Institute of Electrical and Electronics Engineers 电气与电子工程师协会.

IEI = ①indeterminate engineering items 未确定的工程项目 ②Industrial Engineering Institute 工业工程学院.

IELS = isotope exciter light source 同位素激发器光源.

IEM = ion-exchange membrane 离子交换膜.

IEMC = International Electronics Manufacturing Co. 国际电子仪器制造公司.

IEO = Interim engineering order 临时工程指示.

IER = ion exchange resin 离子交换树脂.

ier n. 乘数(寄存器),乘式〔子〕,乘法〔倍增〕器.

IERE = Institute of Electronic and Radio Engineers 电子与无线电工程师学会.

ierfc = integral of error 误差函数补数的积分.

IES = ①induction electrical survey 感应-电测井 ② integral error squared 积分误差平方.

IESA = Department of International Economic and Social Affairs 国际经济和社会事务部.

IET = initial engine test 初期的发动机试验.
IEU = internal external upset (钻探管之)内外加厚.
if [if] Ⅰ *conj.* ①如果,假使,倘若,(假)设. *if and only if* 当且仅当,如果仅仅如果(语句). *if clause* 条件子句,如果副句. *If ice is heated,…* 如果将冰加热,…. *If there were no dust in the air,…* 如果空气中没有灰尘,…. *if tree* 【计】如果树 ②虽然,即使(if 前带有 even),既然. *If air is matter, it must act like other matter.* 既然空气是物质,它就必然和别的物质作用一样. *If water contains hydrogen and oxygen, you do not see them in it at all.* 水虽然含有氢和氧,但在水中却根本看不到它们. ③…的时候,总…;只要…. *If you mix yellow and blue, you get green.* 只要把黄色和蓝色混合,便可得到绿色. *The curve shows the current if the battery is running down rather quickly.* 这条曲线表示电池的电量较快地减少时的电流. ④是不是,是否,(if…or)是…还是(用在 ask, see, try, doubt, know, tell, wonder, learn 等字之后). *Do you know if the bottle is full of air?* 瓶子里是不是装满着空气,你知道吗? *How can you tell if the charge is positive or negative?* 你怎么知道电荷是正的还是负的? ⑤表示愿望或惊叹. *If I only knew!* 要是我知道的话多好! ▲ *as if* 好象,似乎. *even if* 即使…也. *if and when* = if 或 when. *if any* (插入语)即使有(也很少). *if anything* 假如有(的话),甚至于还,甚至可能. *if ever* 要是曾经,如果有过的话(那也). *if it were not for* 要不是,如果没有,除…之外. *if necessary* 如有必要. *if not* 要不然,即使不. *if only* 只要…就好了. *if possible* 如有可能. *if so* 如果这样的话. *only if* 只要当…时(才). *what if* 或 *what would happen if* 如果…那将会怎样呢? Ⅱ *n.* 条件,假定. *There is no if in the case.* 这里没有假定的余地.
IF = ①Institute of Fuel 英国燃料学会. ②internal flush 内平型(钻探管用工具接头的连接形式).
IF 或 **if** 或 **i-f** = intermediate frequency 中间频率,中频.
I/F = ①interface (分)界面 ②image-to-frame ratio 像帧比.
IF combining 中频(检波前)合并.
IF strip 中频放大器组,中波部分.
IFAO = International Fund for Agriculture Development 国际农业发展基金.
if-A-then-B-gate B"或"A 非门.
if-A-then-Nor-B gate "与非"门.
IFB = invitation for bid 招标.
IFC = International Finance Corporation (联合国)国际金融公司.
ifc = inflight calibrate 进入目标校正.
IFE = internal field emission 内场致放射.
IFF = ①identification, friend or foe 敌我识别(器,系统) ②inert fluid fill 惰性流体填充.
iff 【数】当且仅当.
IFF signal decoding 识别信号字译码.
if'fy ['ifi] *a.* 富于偶然性的,可怀疑的,有条件的,未确定的.
IFG = International Federation of Genetics 国际遗传学联合会.
IFIP = International Federation of Information Processing 国际信息处理联合会.
IFIS = integrated flight instrumentation system 综合飞行仪表系统.
IFM = indicating flow meter 指示流量计.
IFORS = International Federation of Operational Research Societies 国际运筹学学会联合会.
IFP 或 **IF preamp** = intermediatefrequency preamplifier 中频前置放大器.
IFR = ①image to frame ratio 像帧比 ②inflight refueling 飞向目标加燃料 ③infrared 红外的,红外线 ④instrument flight rules 仪表飞行规则.
IFR condition 仪表飞行状态,目目飞行情况.
IFRB = International Frequency Registration Board 国际频率注册委员会.
IFS = International Federation of Surveyors 国际测量员联合会.
IFT 或 **i-f transformer** = intermediate frequency transformer 中频变压器.
if-then 【计】蕴含,如果则. *if-then gate* A"或"B 非门.
IG = ①imperial gallon 英制加仑 ②inertial guidance 惯性制导 ③inspector general 总检查员.
ig = immunoglobulin 免疫球蛋白.
Igamid *n.* 依扑米德(德国一种聚酰胺系塑料商品名).
Igatalloy *n.* 钨钴硬质合金(钨82~88%,钴3~5%,碳5.2~5.8%)合金.
IGC = isothermal gas chromatography 等温气象色谱法.
IGCP(UNESCO) = International Geological Correlation Programme (联合国教科文组织)国际地质学相关方案.
igelite *n.* 聚氯乙烯塑料.
IGFET = isolated gate field effect transistor 绝缘[隔离]栅场效应晶体管.
IGL = ionized gas laser 离子化气体激光器.
IGLC = inverse gas liquid chromatography 逆气-液色谱法.
ig'loo 或 **ig'lu** ['iglu:] *n.* ①圆顶建筑,爱斯基摩人用硬雪块砌成的圆顶小屋 ②手提透明塑胶保护罩.
igloss 灼碱.
ign = ①igniter ②ignition.
ign det = ignition detector 发火检测器.
ig'neous ['ignios] *a.* 火(成)的,似火的,靠火力的,熔融的. *igneous concentration* 煅烧富集. *igneous magma* 岩浆. *igneous metallurgy* 火法冶金(学). *igneous rock* 火成岩,岩浆岩.
ignescent [ig'nesnt] *a.*; *n.* (碰击后)放出火花的(物质).
ignim'brite [ig'nimbrait] *n.* 熔结(中酸)凝灰岩.
ignitabil'ity *n.* 可燃性,着火性.
igni'table [ig'naitəbl] *a.* 可燃的,可着火的.
ignite' [ig'nait] *v.* 点火[燃],(使)燃烧,发[着]火. *ignited residue* 烧余残渣. *igniting fuse* 传爆信管 *igniting primer* 雷管,起爆药包,放炮器.
igni'ter [ig'naitə] *n.* 发火器[剂,极,电,装置],点火器[剂],(电)极,装置],触发器[极],(引燃)电极传[点]火药,引火剂,引爆装置. *igniter drop* 引火[起弧]极电压降. *integral igniter* 复合[二组元]喷嘴.

ignitibil'ity n. (焦炭)可燃性.
igni'tible [ig'naitəbl] a. 可燃的,可着火的.
igni'ting n. 点火,引火,开〔点〕炉.
ignition [ig'niʃən] 点火〔发,着,闪〕火,引〔点,爆〕燃,灼烧〔热〕,起爆,发火装置. *cartridge ignition* 烟火〔火药〕点火. *ignition accelerator* 缩短柴油滞燃期燃添加剂,柴油着火加速剂. *ignition anode* 点火〔触发,起弧〕极. *ignition charge* 点火药. *ignition fuse* 导火线. *ignition interference* 火花〔点火〕干扰. *ignition loss* 烧失量. *ignition plug* 火花塞,电嘴. *ignition point* 燃〔着火,发火〕点. *ignition scope* 点火检查示波器. *spontaneous ignition* 自燃.
ignitor =igniter.
igni'tron [ig'naitrɔn] n. 点〔发〕火器,点火〔引燃,放电〕管,水银半波整流管. *ignitron pulse* 触发〔起动〕脉冲.
igno'ble a. 卑鄙的,可耻的.
ignomin'ious a. 耻辱的,不光彩的.
ignor'able a. 可忽略(不计)的,可忽视的. *ignorable coordinates* 可遗〔可忽视,循环〕坐标.
ig'norance ['ignərəns] n. 不知(道),无知,不内行. ▲(*be*)*from*〔*through*〕*ignorance* 是由于〔出于〕无知. *be in*(*complete*)*ignorance of*(完全)不知道,对…一概然无知.
ig'norant ['ignərənt] a. 不知道的,无知识的,外行的,由于无知〔没有经验〕引起的. *ignorant end of tape* 钢卷尺的活动端. *ignorant error* 出于无知的错误. ▲*be ignorant of* 不知道,不懂. ~*ly ad.*
ignore' [ig'nɔː] Ⅰ vt. 不管〔顾〕,忽略〔略去〕不计,【计】不同,忽〔无〕视,抹煞. Ⅱ n.（电报）空点(子),无作用(符号). *A ignore B gate* 与 B 无关的 A 门. *ignore character* 不同〔无作用〕字符,无用〔无操作)符号,非法符. *ignore gate* 略去〔无关〕门"无关"门. *ignore instruction* 否定〔无效〕指令.
ignotum per ignotius（拉丁语）解释得比（原来（需要解释的东西)更难懂.
IGS =①inertial guidance system 惯性制导系统 ② Institute of Geological Science 地质科学协会.
IGU =①International Gas Union 国际气体工业联合会 ②International Geographical Union 国际地理联合会.
IGY =International Geophysical Year 国际地球物理年,国际地球观测年.
IH =①indirect heating 间接加热,旁热 ②instrument head 测量端,仪表头部 ③inverted hour 反时针向,倒时向.
IHB =International Hydrographic Bureau 国际水文局.
IHD =International Hydrological Decade 国际水文十年.
IHE =①Institute of Highway Engineers 公路工程师协会 ②intermediate heat exchanger 中间热交换器.
IHP =①indicated horse-power 指示马力 ②International Hydrological Programme 国际水文学方案.
ihp-hr =indicated horsepower-hour 指示马力小时.
Ihrig method 钢的固体渗硅法.
IHS =①infrared homing system 红外线自动引导系统 ②interim hydraulic supply 临时液力供应.

IHX =intermediate heat exchanger 中间热交换.
ii =instruction inspection.
IIASA =International Institute for Applied System Analysis 国际应用系统分析研究院.
IIEA =International Institute of Environmental Affairs 国际环境事务研究所.
IIED =International Institute for Environment and Development 环境与发展国际研究所.
IIEP =International Institute for Educational Planning 国际教育规划研究所.
IIL =①induction ion laser 感应离子激光器 ②integrated injection logic 集成注入逻辑.
IIN =item identification number 项目识别号.
IIR =isobutylene isoprene rubber 异丁橡胶.
I-iron n. 工字钢.
IISI =International Iron and Steel Institute 国际钢铁学会.
IITA =International Institute of Tropical Agriculture 国际热带农业研究所.
IIW =International Institute of Welding 国际焊接学会.
Ijmuiden n. 艾莫伊登(荷兰港口).
IJO =International Juridical Organization 国际司法组织.
ikon =icon.
IL =①inclined ladder 倾斜的梯 ②inside layer 内层 ③inside length 内部长度.
Il =illinium 玛.
I²L chip =integrated injection logic chip 集成注入逻辑片.
il- 〔词头〕无,非,不.
ILAS =instrument landing (or low) approach system 仪表着陆(或低的)进场系统.
i-layer n. 固有电导层,无杂质层.
ILd =deep investigation induction logs 深探测感应测井,深感应.
il'etin ['ilitin] n. 胰岛素.
Ilgner n. 可变电压直流发电装置. *Ilgner set* 可变电压直流发电装置,发电机电动机组.
ilk [ilk] a.; n. 相同的,同一的,同类,等级. ▲ *and his ilk* 之流. *of that ilk* 同,同地〔名,姓)的,同类的.
I'll [ail] (口语)=I will,I shall.
Ill =Illinois (美国)伊利诺(州).
ill =illumination 照明.
ill [il] (*worse*, *worst*) Ⅰ a. ①生病的,不健康的 ②坏的,有害的,抽劣的,不良的,恶意的 ③难以处理的,麻烦的. Ⅱ *ad*. ①坏,恶劣,不完美,不完全,不充分 ②几乎不. Ⅲ n. 坏,罪恶,恶(意),伤害,病害. (pl.)不幸,灾难〔祸〕,苦痛. *ill management* 管理不善. *It is ill to be defined*. 很难对它下定义. ▲ *be of ill repute* 臭名昭著. *be taken ill* 或 *fall*〔*get*〕*ill* 生病. *for good or ill* 好歹. *ill at ease* 不安. *ill with* 生…病. *take (a thing) ill* 或 *take in ill part* 误会,生气.
ill-adap'ted a. 与…不协调的(to).
illa'tion [i'leiʃən] n. 推定〔论〕,结论,演绎(法). *illa'tive* a.
illaudable [i'lɔːdəbl] a. 不值得赞美的.
ill'-be'ing n. 不好的地境,不幸,贫困.
ill-conditioned a. 健康状态不好的,情况坏的,【计】

病态的. *ill-conditioned matrix* 病态矩阵.
ill-defined *a.* 不定的.
ill'-despo'sed *a.* 对…敌视的,不赞成…的(towards).
ill'-effect *n.* 恶果,不良作用.
ille'gal [i'li:gəl] *a.* 非(违,不合)法的. *illegal character* 禁用字符,不合法[非法]字符. *illegal code* 禁用命令无效[非法]指令. *illegal-command check* 不合法指令检验,非法字符校验,禁用组合检验. ~ly *ad.* ~ity *n.*
illegalize *vt.* 使非法,宣布…为非法.
illeg'ible [i'ledʒəbl] *a.* 不明了的,难读的,难以辨认的,字迹[印刷]模糊的. **illegibil'ity** *n.* **illeg'ibly** *ad.*
illegit'imacy *n.* 非法(性),不合理,不合逻辑,不符合惯例.
illegit'imate Ⅰ *a.* 非法的,不合理的,不合逻辑的,不符合惯例的. Ⅱ *vt.* 宣布…为非法.
ill'-equip'ped *a.* 装备不良的.
ill-founded *a.* 无理由的,站不住脚的.
ill'-got'ten *a.* 非法获得的.
ill-health *n.* 健康不佳[不适],病态,虚弱,消瘦.
ill'-hu'mor *n.* 心绪[心情]恶劣.
ILLIAC-Ⅰ assembler 伊利阿克-Ⅰ汇编程序.
illic'it [i'lisit] *a.* 非(违)法的,禁止的,不正当的. ~ly *ad.* ~ness *n.*
illim'itable [i'limitəbl] *a.* 无边(限)的,无边无际的,不可计量的. **illimitability** *n.* **illimitably** *ad.*
illin'ium [i'liniəm] *n.* 【化】 玛Ⅱ(钷 promethium 的旧名).
Illinois [ili'nɔi(z)] *n.* (美国)伊利诺(州).
Illinois(i)an 或 **Illinoian** *a.*; *n.* 伊利诺州的,伊利诺州人(的).
illiquid *a.* 非现金的,不能立即兑现的,无流动资金的. ~ity *n.*
illite *n.* 伊利石,伊利水云母.
illit'eracy [i'litərəsi] *n.* ①文盲②无知(语言)错误.
illit'erate [i'litərit] Ⅰ *a.* ①文盲的,不识字的 ②无知的,语言错误的. Ⅱ *n.* 文盲.
illium *n.* 镍铬合金(镍56~62%,铬21~24%,铜3~8%,钼4~6%,少量铁、锰、钨、铁).
ill-judged *a.* 判断失当所引起的.
ill'ness [ilnis] *n.* (疾)病.
illog'ic [i'lɔdʒik] *n.* 不合[缺乏]逻辑.
illog'ical [i'lɔdʒikəl] *a.* 不合[缺乏]逻辑的,不通的,不合理的,无条理的,无意义的. ~ity 或 ~ness *n.* ~ly *ad.*
ill-posed *a.* 不适当的,提法不当的.
ill-sorted *a.* 不配对的,不相称的.
ill-thriven *a.* 不健康的.
ill-timed *a.* 不合时(宜)的,不适时的.
illum = illuminate.
illu'minable [i'lju:minəbl] *a.* 可被照明的.
illu'minance [i'l(j)u:minəns] *n.* 照(明)度,施照度.
illu'minant [i'l(j)u:minənt] Ⅰ *a.* 发光的. Ⅱ *n.* 发光物[体],施照体,光源,照明剂. *illuminant metamerism* 异光源色度差.
illu'minate [i'l(j)u:mineit] Ⅰ *vt.* ①照(明,亮,射),点亮 ②阐(说)明,启发 ③(用灯、字、画)装饰 ④使受辐射照射. Ⅱ *vi.* 照亮. *illuminated barrier* 照明式围栏. *illuminated body* 受照体. *illuminated dial ammeter* 光(照明)度盘式安培计. *illuminated dial instrument* 刻度盘照明的仪表. *illuminated electrode* 受照(电)极. *illuminating engineering* 照明工程学. *illuminating mirror* 经纬仪上的反光镜. *illuminating oil* 灯油. *illuminating power* 亮度,照明本领. *illuminating projectile* [flare]照明弹.
illumina'tion [il(j)u:mi'neiʃən] *n.* ①照(亮,射),发光,光照 ②照(明)度,照明设备,照明学,照视法 ③(常用 pl.)灯饰,电光饰 ④阐明,解释,启发. *critical illumination* 临界照明度. *illumination desk* 调光台. *illumination frequency* 照射信号频率. *illumination level* 照度级. *illumination photometer* 照度计[勒克司计]. *illumination zone* 可见[照明]范围. *intensity of illumination* 照度. *stage illumination* 舞台照明. ▲ *find (great) illumination in* 从…中得到(很大的)启发. **illu'minative** *a.*
illu'minator [i'l(j)u:mineitə] *n.* 发光器(体),照明器,照明装置,照(明)灯,施照体[器],反光镜[板],(底片观察用)光源,启发者. *illuminator level* 照明高度.
illu'mine [i'l(j)u:min] *vt.* 照明(亮,耀),启发.
illuminom'eter *n.* 照度计(计表),流明计.
ilus = ①illustrate(d) ②illustration.
illu'sion [i'lju:ʒən] *n.* 幻影[觉,想,视],错觉,假像. *optical illusion* 光幻视,错视,视错觉. ▲ *be under no illusion about* [as to] 对…不存有幻想. *cast away illusions* 丢掉幻想. ~al 或 ~ary *a.*
illu'sive [i'lju:siv] 或 **illu'sory** [i'l(j)u:səri] *a.* 产生错觉的,虚幻[构]的,因错觉产生的,迷惑人的.
ilust = ①illustrated ②illustration.
il'lustrate [iləstreit] Ⅰ *vt.* 图解,插图,(用图解,举例)说明,举例证明. Ⅱ *vi.* 举例. *illustrated book* 有插图的书.
illustra'tion [iləs'treiʃən] *n.* ①插图,图表[解] ②实例,例(子,证,示,解[图] ③(举例,用图表,具体)说明,注解,示范. ▲ *in illustration of* 作为…的例证. *cite instances in illustration of* 举例说明.
il'lustrative ['iləstreitiv] *a.* 说明[解说,例证](性)的,直观的. *illustrative diagram* 原理[解说]图. *illustrative problem* 例题. ▲ *illustrative of* 说明…的,作为…的例证(的). *facts illustrative of the point* 说明论点的事实. ~ly *ad.*
il'lustrator ['iləstreitə] *n.* 说明[图解,插图]者.
illus'trious [i'lʌstriəs] *a.* ①杰出的,著名的 ②光辉的,辉煌的,有光泽的,明亮的. ~ly *ad.*
illuvial horizon 淀积层.
illu'viate *vi.* 经受淀积作用.
illuvia'tion *n.* 淀积(作用),淋积(作用).
illu'vium [i'lju:viəm] *n.* 淋积层.
ILm = medium investigation induction logs 中探测感应测井,中感应井.
ilmenite *n.* 钛铁矿.
ilminite *n.* 铝电解研磨法.
ILO = ①in lieu of 代替 ②International Labor Organization (UN)(联合国)国际劳工组织.
Ilo *n.* 伊洛(秘鲁-港口).

ILPES = Latin-American Institute for Economic and Social Planning 拉丁美洲经济和社会规划研究所.

ILRV =in-line relief value 直列减压阀.

ILS =①instrument landing system 仪表〔盲目〕着陆系统 ②interferometric laser source 干涉度量〈的〉激光源.

ilsemannit(e) *n.* 蓝钼矿.

ILT =in lieu there of 改用,替代.

iluminite *n.* 铝电解研磨法,电解抛光氧化铝制品.

ILZRO = International Lead Zinc Research Organization 国际铅锌研究组织.

IM =①impulse modulation 脉冲调制 ②index manual 索引手册 ③induction motor 感应〔异步〕电动机 ④inner marker 内部指点标 ⑤inspection manual 检验手册 ⑥interceptor missile 拦截导弹 ⑦intramuscular 肌肉内的.

IM distortions 交调失真.

I&M = installation and maintenance 安装与维修.

im =image 影像,图像.

I'm =I am.

im- 〔词头〕(用于以 b,m,p 起首的字前)①向内,在内,放〔进〕入 ②无,非,不.

IMA = International Mineralogical Association 国际矿物学会.

i'ma ['aimə] *a.* 〔拉丁语〕最下的.

im'age ['imidʒ] I *n.* ①(图,肖,形,景,镜,映,影)像,成像,像点,图像 ②与相似(的人或物),典型,翻版 ③比(直,隐)喻,印象,概念,思想 ④反射(信号). II *vt.* ①作…的像,使…成〔显〕像,反映,反射,映射 ②描绘,使能似 ③想像 ④象征. *affine image* 仿射影像. *electric image* 电像,电位起伏状图. *electron image tube* 电子变像管. *image acceleration* 图像电移加速器. *image amplifier* 荧光增倍管〔增强管〕,图像放大管. *image amplifier iconoscope* 像增强光电报〔析〕像管. *image analyzer* 析像器,图像扫描器. *image antenna* 镜像天线,虚天线. *image attenuation* 对等〔镜频,图像,影像〕衰减. *image black* 黑色电平. *image by inversion* 反演像. *image construction* 求像法. *image converter* 光电图像变换管,光电变换器,变像管,图像转换器. *image deflection scanning* 移像扫描. *image device* 成像器件. *image dissector* (光电)析像管. *image duration* 帧周期. *image element* [point]像素〔点〕. *image flattening lens* 像场修正透镜. *image dissector* 析像管. *image frequency* 影像信号频率,图〔镜〕像频率,视〔镜〕频. *image furnace* 聚焦炉. *image iconoscope* 移像光电报像管. *image impedance* 镜像〔影像,对等,对等〕阻抗. *image integrating tracker* 图像(信号)累积跟踪器,电视形心(中心)跟踪器. *image intensifier orthicon* 增强式超正析像管. *image interference* 虚源干涉,电视〔影频,图像,像频〕干扰. *image isocon* 低速电子束正析〔摄〕像管. *image orthicon* 超(移)像,图像)正析(摄)像管. *image output transformer* 帧扫描〔图像信号〕输出变压器. *image phase constant* 影像相位常数,传输常数的虚部.

image photocell 光电摄像管,图像摄像管. *image ratio* 镜频(信道的)相对增益,图像比. *image reconstructor* 显〔复〕像管. *image reconstructor tube* 显像管. *image rejecting I F amplifier* 抑制像频干扰的中频放大器. *image rejection* 图像载波〔镜像干扰〕抑制. *image rejection filter* 镜像滤除滤波器. *image response* 镜频响应,镜像响应,像频通道特性. *image scale* 图像比例尺,像比. *image section* (电子)移像部分. *image shotpoint* 虚炮〔虚爆炸〕点. *image source* 虚震源. *image stage* 图像传输部分. *image storage device* 录像设备. *image tube* 移像〔显像,摄像〕管. *image vericon* 移像直像管,(移像)正析摄像管. *image viewing tube* 图像管. *image white* 白电平,图像白色. *potential image* 电位分布图. *real image* 实像. *television images* 电视图像. *virtual image* 虚像. *X-ray image* 伦琴(X)射线照片. ▲ (be) the (very) image of 酷似,非常像. *speak in images* 用比喻说. *the spitting image of* 同…简直一模一样.

im'ageable ['imidʒəbl] *a.* 可以描摹〔想像〕的.

imager *n.* 成像器.

im'agery ['imidʒəri] *n.* ①形像化(描述),比喻 ②(作,刻,雕,映,呈,成,拟)像,图像法,显像术.群〔立体〕像.

imag'inable [i'mædʒinəbl] *a.* 可想像的,想像得到的. *every means imaginable* 一切可以想〔像〕得出的方法. *the best (thing) imaginable* 最理想〔再好也没有的〕东西. *This is the only solution imaginable.* 这是唯一想得出的解决办法. **imaginably** *ad.*

imag'inal [i'mædʒinəl] *a.* (有关)想像的,想像力的,形像的.

imag'inary [i'mædʒinəri] I *a.* 想像的,假〔设,幻〕想的,虚(构)的,虚数的,虚势的. II *n.* 虚数. *imaginary component* 虚(数)部(成分,分量),无功(电抗)部分(分量),虚部. *imaginary line* 虚(假想)线. *imaginary number* 虚数. *imaginary root* 虚根. **imaginarily** *ad.*

imaginary-part operation 虚部运算.

imagina'tion [imædʒi'neiʃən] *n.* 想像(力),创造力,假〔空〕想. ▲ *beyond (all) imagination* (完全)出乎意料地.

imag'inative [i'mædʒinətiv] *a.* (富于)想像(力)的. *imaginative power* 〔faculty〕想像力. **—ly** *ad.*

imag'ine [i'mædʒin] *v.* 想像,(设,料,猜)想,推测,捏造. ▲ *imagine*…+ *ing* 设想…(做某事). *imagine M to be N* 认为(设想)M 是 N. *It is not to be imagined (that)* 不能设想(想像).

imagineering *n.* 人工复制,模拟.

imago *n.* 成虫,忆像.

IMAT = International Mechanism for Appropriate Technology 国际适宜技术机构.

imbal'ance [im'bæləns] *n.* 不〔失去〕平衡失调不相等,不稳定(性).

imbank =embank. ~ment *n.*

imbed =embed. ~ibility *n.* ~ment *n.*

imbibe' [im'baib] *v.* ①吸(入,收,取,液),浸透,透

〔渗〕入 ②感受.
imbibing n. 吸收〔吸液〕作用.
imbibi'tion [imbi'biʃən] n. 吸入(收,取,水,液),吸胀(作用),透入,浸渗,加水. ~al a.
im'bricate I ['imbrikeit] v. 作覆瓦状,(使)成鳞状,(使)叠盖,搭盖. II ['imbrikit] a. 覆瓦〔叠瓦〕形的,鳞状〔鳞形〕的,重叠的. imbricated conductor 分层导体.
imbrica'tion [imbri'keiʃən] n. 瓦状叠覆,鳞形. imbricative a.
imbroglio [im'brouliou] 〔意大利语〕n. 一团糟,错综复杂的局面.
imbue' [im'bju:] vt. ①浸染〔透〕,深染 ②使吸入(水分等),使吸湿,灌注,充满 ③使蒙受,感染. ▲imbue … with 把…灌给,使…受〔充满〕.
IMC =①Institute of Measurement and Control 测量与控制研究学会 ②integrated microelectronic circuitry 集成的微电子电路 ③International Meteorological Center 国际气象中心.
IMCO = Intergovernmental Maritime Consultative Organization (联合国)政府间海事协商组织.
IME 或 IMechE = Institution of Mechanical Engineers 机械工程师学会.
IMEO = interim maintenance engineering order 临时维修工程指令.
IMEP = indicated mean effective pressure 计示有效(平)均压(力).
imerf n. 密费(即倒费密 imref).
imerina stone 散光闪石.
IMF =①intense magnetic field 强磁场 ②International Monetary Fund (联合国)国际货币基金组织.
IMH = ①inlet manhole 人孔入口 ②integrated material handling 综合的材料处理.
Imhoff cone 英霍夫锥形管(测定沉淀性物质用).
Imhoff tank 英霍夫池,双层沉淀池,隐化池.
imictron n. 模拟神经元.
imidan n. 亚胺硫磷(杀虫剂).
imidazole n. 咪唑,异咪唑.
imidazolidinone n. 咪唑烷酮.
imidazoline n. 咪唑啉,间二氮杂环戊烯.
imide n. (酰)亚胺.
imido n. 亚氨.
imine n. 亚胺.
imino- 〔词头〕亚氨基.
iminourea n. 胍.
imipramine n. 丙咪嗪.
imit =①imitation ②imitative.
im'itable ['imitəbl] a. 可(值得)模仿的. imitability n.
im'itate ['imiteit] vt. 模仿〔拟〕,仿造〔制,效,真,形〕,临摹,摹拟,伪造.
imita'tion [imi'teiʃən] n. ①模仿〔拟〕,仿造〔制,效,真,形〕,临摹,摹拟 ②仿造〔制〕制品,仿造物,赝品. imitation gold 装饰用铜铝合金(铝3～5%,其余铜). imitation leather 假皮,人造革. ▲Beware of imitations 谨防假冒. give an imitation of 模仿. in imitation of 仿效.
im'itative ['imitətiv] a. 模仿〔拟〕的,摹拟的,仿造〔制,效〕的,伪造的. ▲be imitative of 仿效. ~ly ad. ~ness n.

im'itator ['imiteitə] n. 模拟〔仿真〕器,模拟程序,模仿〔仿造,伪造,临摹〕者.
IMK =identification mark 识别标志.
IMM =Institution of Mining and Metallurgy 矿冶学会.
immac'ulate [i'mækjulit] a. 洁白〔净〕的,无缺〔斑〕点的,无瑕疵的. immac'ulacy n. ~ly ad.
Immadium n. 高强度黄铜(铜55～70%,锌25～42%,铁1.5～2.0%,少量锰,锡).
immalleable a. 无韧性的,无展性的.
im'manence ['imənəns] 或 im'manency n. 包含,含蓄,内在(性),固有(性).
im'manent ['imənənt] a. 内在的,存在的,固有的(in),含蓄的.
immate'rial [imə'tiəriəl] a. 非物质的,无形的,非质的,不重要的,不足道的. immaterial points 非要点.
immate'rialism n. 观念论;非物质论,非唯物论.
immaterial'ity [imətiəri'æliti] n. 无形(物),不重要,非物质(性).
immate'rialize [imə'tiəriəlaiz] vt. 使无实体,使无形.
immature' [imə'tjuə] a. 不〔未〕成熟的,未完成的,不完全的,发育不全的,幼年〔未成年〕的,生硬的,粗糙的. immature concrete 未凝结的混凝土. immature residual soil 新残积土. immatu'rity [imə'tjuəriti] n.
immeasurabil'ity [imeʒərə'biliti] n. 广大无边,不能测量,不可计量性.
immeas'urable [i'meʒərəbl] a. 不能测量的,不可计量〔衡量〕的,(广大)无边的,无涯的. immeas'urably ad.
immed =immediate.
imme'diacy [i'mi:diəsi] n. 直接(性),刻不容缓.
imme'diate [i'mi:djət] a. ①直接的 ②紧(密)接的,最接近的,极近的 ③立即的,即刻的. immediate access 【计】即时(快速)存取,立即访问. immediate addressing 快速寻址,立即〔零级〕定址. immediate cause 直接原因,近因. immediate delivery 即交. immediate error 暂误. immediate instruction 立即〔零地址〕指令. immediate interests 眼前利益. immediate movement 瞬时位移. immediate shipment 即装. immediate successor 紧接后元,紧随元. give an immediate reply 立即答复. one's immediate superior 上一级领导,顶头上司.
immediate-access storage 快速存取〔立即访问〕存储器.
imme'diately ad. ①立即〔刻〕,马上 ②直〔紧〕接地 ③一〔经〕…就. immediately after …之后马上〔紧接〕就.
immedicable a. 不治的,无法〔药〕可治的.
immemo'rial [imi'mɔ:riəl] a. 人所不能记忆的,远〔太〕古的. from time immemorial 自古以来. ~ly ad.
immense' [i'mens] a. 无限〔边〕的,广〔巨,极〕大的.
immense'ly ad. 广〔巨〕大地,无限地,非常,很.
immen'sity [i'mensiti] n. 无限〔边〕的,巨〔广〕大,广大的空间,(pl.)巨大之物.
immen'surable [i'menʃurəbl] =immeasurable.

immerge' [i'mə:dʒ] =immerse.

immerse' [i'mə:s] vt. ①浸(入,渍,没),泡,沉入〔没〕,落水,基础下沉 ②专心,埋头于,投〔陷〕入,(全部)浸入. *immersed electron gun* 浸没式电子枪. *immersed method* 水浸法(探伤). *immersed nozzle* 潜入式喷嘴. *immersed tube* 浸管. *immersed tube tunnel* 水底管形隧道. ▲ *be immersed in* 埋头于,(全部)浸入. *immerse oneself in* 埋头于.

immerseable a. 可浸入(没)的. *immerseable finger* (冷液)浸入式深度规.

immer'sible a. 可浸的,浸入的,沉没的,密封的,防水的.

immer'sion [i'mə:ʃən] n. ①浸(入,渍,润,没,液),浸〔落〕水,油〔水〕浸,沉入〔没〕,下沉,插入 ②显微镜液浸检法 ③专心,热衷,陷入 ④【天】蚀,掩始. *immersion freezer* 浸液致冷器. *immersion heater* 浸没(入)式加热器,浸入式热水器. *immersion lens* 浸没透镜. *immersion technique* 水中(浸液)扫描术. ~al a.

immethod'ical [imi'θɔdikəl] a. 没有方法的,无秩序的,杂乱的,无条理的.

im'migrant ['imigrant] n.; a. 移入者,移来的,迁入的,移民的,侨民(的). *immigrants remittance* 外侨汇款.

immigrate ['imigreit] v. 移入,移居入境. **immigration** n.

im'minence ['iminəns] n. 危急,迫切,迫近的危险.

im'minent ['iminənt] a. 危急的,急迫的,燃眉的,迫切的,逼近的,即将来临的.

Immingham n. 伊明厄姆(英国港口).

immiscibil'ity [imisi'biliti] n. 不溶混性,难混溶性,不可混合性.

immis'cible [i'misibl] a. 不(能,易)混合(和)的,不溶混的,非互溶的,非搅拌的. *immiscible droplets* 非混和的液滴. *immiscible metal* 难混溶金属. **immiscibly** ad.

immission n. 注(排)入,注射.

immit'igable [i'mitigəbl] a. 不能缓和的,不能减轻的. **immitigably** ad.

immit'tance n. 导抗,阻纳. *immittance chart* 阻抗导纳图.

immix' [i'miks] vt. 混合,搅和,卷入. ~ture n.

immix'able a. 不能混合(和)的.

immo'bile [i'moubail] a. 不(能移)动的,推不动的,固定的,不机动的,稳定的,不变的,静止的. *immobilehole* 束缚空穴.

immobil'ity [imou'biliti] n. 不动(性),固定(性).

immobiliza'tion [imoubilai'zeiʃən] n. 固定(化),不动,制动(术),活动抑制,定位,降低流动性,缩小迁移率.

immo'bilize [i'moubilaiz] vt. 固定,使不动,使固定,使不能调动,使无机动性(货币,资金)流通,记录. *immobilized spindle* 备用轴.

immod'erate [i'mɔdərit] a. 过度(分,多)的,无节制的,不适中的,不合理的. **immodera'tion** n.

immod'est [i'mɔdist] a. 不适当的,不谦虚的,不正派的,厚颜无耻的. ~ly ad. ~y n.

immor'tal [i'mɔ:tl] I a. 不死〔朽〕的,永生的. II n. 不朽的人物.

immortal'ity [imɔ:'tæliti] n. 不死〔朽〕,永生,永远(性).

immor'talize [i'mɔ:təlaiz] vt. (使)不朽〔灭〕. **immortaliza'tion** n.

immor'tally [i'mɔ:tli] ad. 不朽(死)的,永久,非常,很.

immo'tile [i'moutail] a. 【生物】不游动的.

immovabil'ity [imu:və'biliti] n. 不动(性),不变.

immovable [i'mu:vəbl] I a. 不可移动的,不可改变的,不动的,不动(坚)定的,静止的,坚定不移的. II n. 不可移动的东西,(pl.) 不动产. **immovably** ad.

IMMR = installation, modification, maintenance and repair 安装,修改,维护与修理.

immune' [i'mju:n] a.; n. ①免疫的,免除的,不受(影响)的,不响应的(from, to),可避免的(against) ②免疫者. *immune from interference* 抗干扰的,免除干扰. *immune set* 【数】禁集. ▲ *beimmune from taxation* 免税.

immunifacient a. 引起免疫的,使免疫的,产生免疫力的.

immunifac'tion [imju:ni'fækʃn] n. 免疫(作用,法).

immu'nisin [i'mju:nizin] n. 介体.

immu'nity [i'mju:niti] n. ①免疫(性,力),免(抗)除(性),免受(性),豁免 ②不敏感性,不感受性,钝感性,抗(扰)性. *immunity to vibration* 抗振性, *noise immunity* 抗噪声度,抗扰度(性). *threshold immunity* 阈值抗扰度.

im'munize ['imjunaiz] vt. (使)免除(疫).

immuniza'tion n. 免疫(法,作用,接种).

im'muno- ['imjunou-] [词头] 免疫的,抗体的.

immuno-affinoelectrophoresis n. 免疫亲合电泳.

immunoassay n. 免疫测定法.

immunobiol'ogy n. 免疫生物学.

immu'nochem'istry n. 免疫化学.

immunoconglutina'tion n. 免疫团集作用.

immunodefic'iency n. 免疫缺乏.

immuno-electromicroscopy n. 免疫电子显微镜检查法.

immunoelectrophoresis n. 免疫电泳(法).

immunoferritin n. 免疫铁蛋白.

immunofiltra'tion n. 免疫过滤.

immunofluores'cence n. 免疫荧光.

immunogen n. 免疫原.

immunogenet'ics n. 免疫遗传学.

immunogen'ic a. 致(产生)免疫的,免疫性的.

immunogenic'ity n. 免疫原性.

immunoglob'ulin n. 免疫球蛋白.

immunol'ogist n. 免疫专家.

immunol'ogy n. 免疫学.

immunoradioautog'raphy n. 免疫放射自显影.

immunother'apy n. 免疫治疗(法).

immunotox'in n. 抗毒素,免疫毒素.

immure' [i'mjuə] vt. ①禁闭 ②把…镶〔埋〕在墙里. ▲ *immure oneself in* 埋头于.

immutabil'ity [imju:tə'biliti] n. 不变(性),不易性.

immu'table [i'mju:təbl] a. 不可改变的,(永远)不变的. **immu'tably** ad.

IMN = indicated Mach number 指示(仪表)马赫数.

IMO = interband magneto-optic effect 带间磁光效应.

IMO pump 三螺杆泵,叶莫螺旋泵.
imp [imp] *vt.* 加强,增大,补充.
IMP =①impact 冲击〔量〕②impeller 叶〔涡〕轮,压缩器 ③impulse 脉冲,冲击〔量〕④inosine monophosphate 磷酸肌式,肌式-磷酸盐,次黄嘌呤核式-磷酸盐 ⑤integrated monitor panel 综合监控台 ⑥interplanetary monitoring probe satellite 星际监视探测人造卫星.
imp gal =imperial gallon 英国标准加仑(4.546L).
IMP protocol 接口信息[报文]处理机协议.
imp value "损值".
impact Ⅰ ['impækt] *n.* ①碰撞,冲[撞,打]击,冲〔力,量〕,动能,震动,爆发,突加 ②脉冲 ③着陆,降〔坠〕落,弹着〔区〕,命中,中弹 ④回弹,弹跳,回跳 ⑤气流急剧滞止 ⑥影响,效果,反响. Ⅱ [im'pækt] *vt.* ①碰撞,冲击 ②装[压]紧,压接,楔住(into, in),装填,塞满,挤入. *impact Avalanche transit time diode* 碰撞雪崩渡越时间二极管. *impact cleaning* 抛丸清理. *impact compaction* 夯击压实, *impact damper* 缓冲[减震]器. *impact fluorescence* 轰击荧光. *impact landing load* 着陆负载. *impact line printer* 击打式行式打印机. *impact load stress* 冲击(荷载)应力. *impact of nuclear energy on industrial construction* 核能对工业建设的促进. *impact of the recoil* 反冲. *impact prediction area* 预测弹着[命中]区. *impact screen* 振动[拍振]筛. *impact transmitter* 脉冲发射机. *impact wrench* 套筒[机动]扳手,冲头. *point of impact* 弹着点. ▲ *give an impact to* 对…起冲击的作用. *have a strong impact on* 对…有巨大影响. *impact of M on N* M 对 N 的影响. *impact on*(against) …的冲击[力]. *make an impact on* 对…产生影响.
impacted *a.* 嵌入〔塞〕的,压[插]紧的,阻生的. *impacted medium* (打印机的)击打介质.
impac'ter *n.* ①冲击器 ②卧式锻造机,无砧座(模)锻锤,锤砕机,冲击式打桩机 ③碰着陆宇宙飞船.
impact-excited transmitter 脉冲激励发射机.
impac'tion [im'pækʃən] *n.* 碰撞,撞[冲]击,压接〔紧〕,装紧,嵌塞[入],阻生[塞].
impactom'eter *n.* 碰撞(空气)取样器,碰撞仪,冲击仪.
impactor =impacter.
impair' [im'pεə] Ⅰ *vt.*; *n.* ①削弱,损害[伤,坏],减少[弱],断裂,障碍 ②奇数. Ⅱ *a.* 奇数的,不成对的.
impair'ment *n.* 损伤[害],恶化,破坏,毁[减,缺]损. *impairment grade* 劣化度. *noise transmission impairment* 由于线路中有噪声而使传输质量降低.
impale' [im'peil] *vt.* 刺穿[住],钉住,使绝望. ~**ment** *n.*
impa'ler [im'peilə] *n.* 插入物[架].
impalpabil'ity [impælpə'biliti] *n.* 摸不着,无形,细微.
impal'pable [im'pælpəbl] *a.* ①摸不着的,感触不到的,细微的,微粒的,无形的 ②难以理解〔体会,捉摸,识别〕的. **im-pal'pably** *ad.*
impar ['impa:] *a.* 【解剖】不成对的,不对[偶]的,奇(数)的.

impar'ity [im'pæriti] *n.* 不同[称,等,齐],不平均,不均衡,差异.
impart' [im'pa:t] *v.* ①给与,分给 ②告诉,透露,通知,传达[递],产生. ▲ *impart M to N* 把 M 给与[赋予],传给,通知 N. ~**a'tion** *n.*
impar'tial [im'pa:ʃəl] *a.* 公平的,无私的,不偏袒的. ▲ *be impartial in* +*ing* …在(做…)时不持偏见. *be impar-tial to* 对…公正无私. ~**ly** *ad.*
impartial'ity [impa:ʃi'æliti] *n.* 公平,无私.
impar'tible [im'pa:tibl] *a.* 不能分割的,不可分的. **impartibil'ity** *n.*
impart'ment [im'pa:tmənt] *n.* 传[授]与(物).
impassabil'ity *n.* 不可通性.
impass'able [im'pa:səbl] *a.* 不可通(行)的,不能通过[行]的,不可逾越的,无路可通的,不(渗)透的. **impass'ably** *ad.*
impasse [æm'pa:s] *n.* 尽头,死胡同,绝境,僵局.
impassibil'ity [impæsi'biliti] *n.* 无感觉,麻木.
impas'sible [im'pæsibl] *a.* 无感(知)觉的,麻木的,无动于衷的,不能(受)伤害的,不痛的. ~**ness** *n.*
impas'sion [im'pæʃən] *vt.* 激起…的热情,使激动.
impas'sioned [im'pæʃənd] *a.* 充满热情的,热烈的,(感)激动的.
impas'sive [im'pæsiv] *a.* 无感觉的,缺乏热情的,冷淡的,无动于衷的,不易受伤害的,不动的. ~**ly** *ad.* ~**ness** *n.* **impassiv'ity** *n.*
impaste [im'peist] *vt.* 用浆糊封,用糊状物涂,使成糊状.
impasto [im'pa:stou] *n.* 厚涂.
impa'tency [im'peitənsi] *n.* 不通,关闭,闭阻,阻塞.
impatent *a.* 不通的,闭[阻]塞的,关闭的.
impa'tience [im'peiʃəns] *n.* 不耐烦,不耐性,急躁,渴望.
impa'tient [im'peiʃənt] *a.* 不耐烦的,无耐性的,急躁的,急于想…的. ▲ *be impatient for* +*inf.* 急要. *be impatient of* 不能忍受,忍不住,不许(解释). *be impatient with* 因…而不耐烦,不耐烦于. ~**ly** *ad.*
IMPATT (= Impact Avalanche Transit Time) diode 碰撞雪崩渡越时间二极管.
impayable [im'peiəbl] *a.* 无价的,极贵重的,超越一般限度的.
impeach [im'pi:tʃ] *vt.* ①控告,检举 ②对…表示怀疑,不信任,指责. ~**ment** *n.*
impearl [im'pə:l] *vt.* 使形成(珍)珠状.
impeccabil'ity [impekə'biliti] *n.* 无罪[过]的.
impec'cable [im'pekəbl] *a.* 无罪[过]的,没有缺点的,无瑕疵的,不会做坏事的. **impeccably** *ad.*
impec'cant [im'pekənt] *a.* 无罪[过]的,无缺点错误的.
impe'dance [im'pi:dəns] *n.* 阻[电]抗,(全,表观,交流)电阻,管阻. *acoustic impedance* 声阻[抗]. *impedance bond* 轨端扼流线圈,阻抗结合. *impedance bridge* 阻抗测量电桥. *impedance coil* 电抗[阻抗]线圈,扼流圈. *impedance coupling* 阻抗[扼流圈]耦合. *impedance roller* (磁带录音机中的)机械阻抗滚子,惰轮. *impedance screw* 节流螺钉. ▲ *present impedance to* 给…造成阻抗.
impedanceless generator 无阻抗发生器.
impede' [im'pi:d] *vt.* 阻[妨,障]碍,阻止. *impeded*

drainage 不良排水.

imped′iment [im′pedimənt] *n*. 阻[妨]碍,障碍(物),(pl.)行李,辎重. *impediment of listening* 收听干扰[阻碍]. ▲ *an impediment to* …的障碍(物). ~al *a*.

impedimenta [impedi′mentə] *n*. 行李,辎重,累赘,包袱.

impedim′eter *n*. 阻抗计.

impedim′etry *n*. 阻抗滴定法.

impedin *n*. 阻抑素.

impediog′raphy *n*. 超声阻抗描记术.

impedom′eter *n*. 阻抗计,阻抗测量仪.

impedor *n*. 阻[感]抗器,(二端)阻抗元件.

impel′ [im′pel] (*impelled*; *impelling*) *vt*. ①推进(动),激励 ②驱使,督促,迫[驱]使,促成 ③冲动,刺激 ④抛,投. *be impelled by necessity* 迫不得已. *feel impelled to* + *inf*. 觉得非(做)不可. *impel* … *to* + *inf*. 使…不得不(做).

impel′lent [im′pelənt] Ⅰ *a*. 推(进,动)的,促使的. Ⅱ *n*. 推动物[力],发动机,推进器.

impel′ler 或 **impellor** [im′pelə] *n*. 叶轮,涡轮,(水轮机的)轮子,(水泵)转子,转子的叶片,压榨器,推进器,抛砂机,刀盘,叶轮激动器,旋转混合器,推动者. *disk impeller* 轮盘搅拌器,盘式激动器. *impeller breaker* 叶轮式破碎器. *impeller head* 抛丸器,抛(丸)头. *impeller passage* 叶片间距. *radial-inlet impeller* 径向进口式泵. *screw impeller* 螺旋式搅拌叶轮.

impend′ [im′pend] *vi*. ①挂,吊 ②(事件,危险等)逼近,临头,即将来临[发生]. ▲ *impend over* 临到,挂,吊(在上头).

impend′ence [im′pendəns] 或 **impend′ency** *n*. 吊,挂,紧迫,危急.

impend′ing [im′pendiŋ] *a*. 迫切的,即将来临的. *impending cliff* 悬崖. *impending skid* 或 *impending skidding* 紧急[急刹车]滑行.

impenetrabil′ity [impenitrə′biliti] *n*. 不可(贯)入性,不能贯穿(性),不(渗)透性,不可入性,硬化,不可测知,不可解.

impen′etrable [im′penitrəbl] *a*. ①不可贯入(性)的,难[不能]贯穿的,不能穿透[过]的,不可入性的,坚硬无比的 ②不可测知的,难以捉摸的,费解的 ③顽固的,不接受的(to, by). **impen′etrably** *ad*.

impen′etrate [im′penitreit] *vt*. 贯通,深深嵌进,深入,渗透.

impennate *a*. 无羽[翼]的,翼短而覆有鳞状羽毛的(如企鹅等).

imper(at) =imperative.

imper′ative [im′perətiv] *a*.; *n*. ①命令的,强制(性)的,不可避免的,必不可少的,迫切的,紧急的,迫切的 ②命令,规则,必须履行的责任,不可避免的事. *imperative duty* 紧急任务. *imperative instruction* 执行(实行)指令. *imperative necessity* 迫切需要. ~ly *ad*.

imperceptibil′ity [impəseptə′biliti] *n*. 看不见,极微,细微.

impercep′tible [impə′septəbl] *a*. 看不见的,难以察觉的,觉察不到的(to),细微的,极轻微的. ~ness *n*. **impercep′tibly** *ad*.

impercep′tion [impə′sepʃn] *n*. 知觉缺失[不良].

impercip′ient *a*. 没有知觉的.

imperf =①imperfect ②imperforate.

imper′fect [im′pə:fikt] *a*. 不完全[善,美,整]的,未成的,不良的,有缺点[陷]的,非理想的,减弱的,缩小的. *imperfect crystal* 不完整[不完美]晶体. *imperfect earth* 接地不良,不完善接地. *imperfect tape* 不良磁带,缺陷带.

imperfec′tible [impə′fektəbl] *a*. 不可能完善的.

imperfec′tion [impə′fekʃən] *n*. 不完全[美,善,整](性),非理想性,不足,不健全,缺[弱]点,缺陷,不完整度,机械误差. *metallurgical imperfection* 冶金(上的)缺陷.

imper′fectly [im′pə:fiktli] *ad*. 不完善[全,美].

imper′forate [im′pə:fərit] 或 **imper′forated** *a*.; *n*. 无孔(隙)的,无气孔的,不穿孔的,无齿孔的(邮票),不通的,闭锁的.

imperfora′tion [impə:fə′reiʃn] *n*. 不通,无孔(状态),闭锁(状态).

impe′rial [im′piəriəl] Ⅰ *a*. ①帝国的 ②(英国度量衡)法定标准的,英国度量衡制的 ③特大的,壮丽的,堂皇的,宏大的,质地最优的. Ⅱ *n*. 特大(等)品. *imperial gallon* (简写 imp gal)英制(英国标准)加仑(4.546L). *imperial smelting furnace* 铅锌鼓风炉. *imperial standard* 英国标准. ▲ *on an imperial scale* 以特大规模.

impe′rialism [im′piəriəlizm] *n*. 帝国主义.

impe′rialist [im′piəriəlist] *n*.; *a*. 帝国主义者[的]. ~ic *a*.

imper′il [im′peril] (*imperil*(*l*)*ed*; *imperil*(*l*)-*ing*) *vt*. 危害(及),使陷于危险.

impe′rious [im′piəriəs] *a*. ①紧急的,迫切的 ②专横的,傲慢的,强制的,不随意的. ③不透(水)的. ~ly *ad*. ~ness *n*.

imperishabil′ity [imperiʃə′biliti] *n*. 不灭[朽]性.

imper′ishable [im′periʃəbl] *a*. 不灭[朽]的,经久不衰的,永久的. **imperishably** *ad*.

imper′manence [im′pə:mənəns] 或 **imper′manency** *n*. 非永久(性),暂时(性).

imper′manent [im′pə:mənənt] *a*. 非永久的,暂时的.

impermeabil′ity *n*. 不渗透性,不透水性,防水性,气密性. *impermeability test* 抗渗试验. *impermeability to gas* 不透气(性).

imper′meable [im′pə:mjəbl] *a*. 不(可)渗透的,不能透过的,不透水的,防水的,密封的. *impermeable to water* 不透水的.

imper′meator *n*. (气缸的)自动注油器.

impermissible [impə′misəbl] *a*. 不允许的,不许可的.

impers =impersonal.

imperscrip′tible [impə′skriptəbl] *a*. 没有文件证明的,非官方的,非正式的.

imper′sonal [im′pə:sənl] *a*. 非个人的,和个人无关的,不具人格的. *impersonal forces* 非人力,不具人格的力量(如自然力). ~ly *ad*.

impersonal′ity [impə:sə′næliti] *n*. 非人格性(的东西:指空间,时间等),和个人无关.

imper′sonate [im′pə:səneit] *vt*. 人格化,体现,扮演,模仿,假冒. **impersona′tion** *n*.

imper′tinence [im′pə:tinəns] 或 **imper′tinency** *n*. ①无礼,傲慢 ②不切题,不适[恰]当,不适合,不得要

imper′tinent [im′pə:tinənt] *a.* ①不恰当的,不适合的,不中肯的,不相干的,不得要领的,无关的,离题的 ②无礼的. *a point impertinent to the argument* 离题太远的论点. ~ly *ad.*

impertur′bable *a.* 沉着的,冷静的. **impertur′bably** *ad.*

imperturba′tion *n.* 沉着,冷静.

imper′vious [im′pə:vjəs] *a.* ①不能透过的,不透水的,抗渗的,不透性的,不可渗透的 (to) ②感觉不到…的,不了解…的,不受影响〔干扰〕的,不接受的,无动于衷的 (to). *impervious to moisture* 防潮的. ▲ *be impervious to all reason* 不通情理.

imper′viousness *n.* 不透过性,不透水(性).

impeti′go [impi′taigou] *n.* 脓疱疹,小脓疱疹.

impetrate [′impitreit] *vt.* 求得,恳求.

impetuos′ity [impetju′ɔsiti] *n.* 激(猛,热)烈.

impet′uous [im′petjuəs] *a.* 激烈的,猛烈的迅疾的,冲动的,急躁的. ~ly *ad.* ~ness *n.*

im′petus [′impitəs] *n.* (原,推)动力,动〔冲〕量,冲力,刺激,激励,促进,推动,冲击. ▲ *give an impetus to* 刺激,促进.

impg =impregnate 浸渍.

impinge [im′pindʒ] *v.* 碰撞,冲〔撞,打〕击,侵犯〔害〕,紧密接触,影响. ▲ *impinge against* 冲〔撞〕击. *impinge on*〔*upon*〕冲击,碰击〔撞〕到,(光)照射到…上,同…相抵触,侵犯〔害〕,紧密接触.

impinge′ment *n.* ①碰撞,冲〔撞,打,袭〕击,侵入,冲突,震,(雾点的)动力附着 ②水锤. *impingement angle* 入射角. *impingement attack* 浸滴,浸蚀. *impingement black* 烟道炭黑.

impinger *n.* 碰撞取样器,冲击(取样)器,空气采集器,撞击集尘器.

implacabil′ity [implækə′biliti] *n.* 难宽恕〔和解〕,执拗.

implac′able [im′plækəbl] *a.* 不可调和〔缓和〕的,毫不容情的,不饶恕的,不能平息的,不能改变的. ~ness *n.* **implacably** *ad.*

implant′ Ⅰ [im′plɑ:nt] *v.* ①播种,种〔移,埋,植,灌〕输,牢固树立 ②注〔插,嵌,植〕入,掺杂,安放. Ⅱ [′implɑ:nt] *n.* 插〔植,埋〕入物,移植物(片),植入管. *implant electronics* 内植电子器械.

implanta′tion *n.* ①种〔移,埋,植〕入 ②注〔插,植,种〕入,安放 ③规定,建立. *implantation equipment* 掺杂设备. *ion implantation* 离子移植技术,离子注入.

implanted-channel *n.* (半导体工艺)注入沟道.

implausible [im′plɔ:zəbl] *a.* 难以置信的. **implausibly** *ad.*

im′plement Ⅰ [′implimənt] *n.* 工〔器,用,机,农〕具,器械,仪器,家具,(pl.) 全套工具. Ⅱ [′impliment] *vt.* ①供给器具,提供方法 ②履〔执〕行,实现,完成,补充,贯彻,填满.

implemen′tal *a.* (作)器具(用)的,补助的,作手段的,起作用的,有助的.

implementa′tion [implimen′teiʃən] *n.* 供给器具,装置,仪器,履行,实现,【计】工具,执行(过程,程序). *implementation language* 工具〔实现〕语言.

implementor *n.* 【计】设备,实现者.

imple′tion [im′pli:ʃən] *n.* (充)满.

im′plicant [′implikənt] *n.* (蕴涵)项,隐含数. *prime implicant* 素项,素蕴涵.

im′plicate Ⅰ [′implikeit] *vt.* ①纠缠,使缠〔裹〕住,牵涉〔连〕②暗示,含蓄,(暗)含有…的意思,意味着,意思是. Ⅱ [′implikit] *n.* 包含的东西,暗指的东西. ▲ *be implicated in* 和…牵连〔有关带有关系〕.

implica′tion [impli′keiʃən] *n.* ①纠缠,牵连,关系 ②隐含(式),蕴涵(式),含意〔蓄〕,意义 ③本〔实〕质 ④(常用 pl.)推断,结论. *implication of material* 实质蕴函. ▲ *agree by implication* 默契. *by implication* 含蓄地,暗中.

implic′ative [im′plikətiv] *a.* 含蓄的,包含的,暗含的,言外之意的,牵连的. ▲ *implicative of each other* 互相包含的,互相关联的,互相牵连的.

implic′it [im′plisit] *a.* ①含蓄的,隐(暗)含的,暗示的,不讲明的,不明显的,隐式的,内含的,固有的 ②绝对的,无疑的,无保留的,盲目的. *an implicit agreement*〔*consent*〕默诺. *implicit address* 隐地址. *implicit computation* 隐函数法计算. *implicit differentiation* 隐微分法. *implicit obedience* 盲从. *implicit price* 潜价. *implicit synchronizing signal* 内隐同步信号.

implicit-function generation 隐函数生成.

implied′ [im′plaid] *a.* 暗指的,含蓄的,不言而喻的. *implied addressing* 蕴含选址,重复指〔定〕址. *implied AND circuit* 隐与门,(幻与门),线接与门电路. *implied consent* 默许. *implied DO* 隐循环.

implode′ [im′ploud] *v.* 爆聚,(向)内(破)裂,向内爆炸,(向)内爆炸,压破.

implore′ [im′plɔ:] *vt.* 恳〔乞〕求. **implora′tion** *n.*

implo′sion [im′plouʒən] *n.* ①内爆,内(破)裂,内心(内向,向心)爆炸,向内压爆,爆聚 ②从外向内的压力作用,挤压,冲挤,压碎〔破〕. *implosion guard* (电视接收机)防爆玻璃.

implo′sive *a.* ~ *n.* 内破裂,挤压震源,闭压音(的),破裂音.

imply′ [im′plai] *vt.* ①意思是,意味着,含有…的意思,暗示〔指〕②包含,含有〔蓄〕,蕴涵. *A implies B gate* 蕴含门,A "或"B 非门.

impolder [im′pɔldə] *vt.* 从海边围垦(土地).

impol′icy [im′pɔlisi] *n.* 失策,不高明. **impol′itic** *a.*

imponderabil′ity [impɔndər′ebiliti] *n.* 无重量,失重.

impon′derable [im′pɔndərəbl] *a.*; *n.* ①极轻的,无重量的,不可称量的,无法(正确)估计〔估价〕的 ②无重量[不可估量的力量,(pl.)无法估量的事物,影响作用]. *be of imponderable weight* 重量称不出.

imporos′ity *n.* 无孔性,不透气性,结构紧密性.

impor′ous *a.* 无孔隙的.

import Ⅰ [im′pɔ:t] *v.* ①输(引,导,移)入 (into),(从…)进口 (from) ②含有…的意思,意味着,意(说)明 ③对…有重大关系〔重要性〕. Ⅱ [′impɔ:t] *n.* ①输入,(常用 pl.)进口(货,商品) ②含义,意义〔思〕③重要(性). *import duty* 进口税. *import quota* 进口限额. *import surplus* 入超. *a matter of great import* 重大事情. *What does this import?* 这意味着什么?

impor′table *a.* 可进口的.

impor′tance [im′pɔ:təns] *n.* 重要(性),重大,价值.

attach importance to 重视,着重于,认为…有重要意义. (be) of great 〔no,not much, far reaching〕 importance (to)(对…)极为〔不,不很,极其]重要,(对…)有重大[没有,没有多大,有深远]意义.

impor'tant [im'pɔːtənt] a. ①重要于[大]的,严重的,显著的 ②大(量)的,许多的. ~ly ad.

importa'tion [impɔːˈteiʃən] n. 输(传)入,输入品,进口(货,商品),吸食.

impor'ter n. 进口商.

impor'tunate [im'pɔːtjunit] a. 强求的,缠扰不休的,迫切的,坚持的. ~ly ad.

impor'tune [im'pɔːtjun] Ⅰ v. 硬要,强求,纠缠(不休). Ⅱ a. =importunate. **importu'nity** n.

impose' [im'pouz] v. ①将…强加于,安放,使…负担,施加,强使,责成 ②征(税) ③利(采)用,欺骗,把(次品,赝品)硬塞 ④发生影响,给人以强烈印象 ⑤整(装,排)版. *Full voltage is imposed to crank the engine*. 全部电压都用来开动发动机了. *imposed rotation method* 旋转就位法. ▲ *impose M on* 〔upon〕 N 把 M 强加给〔施加于,放在 N（上）,使 N 承担 M,向 N 征（收）M,对 N 产生 M. *impose on*〔upon〕利用,欺骗,强加,施加影响.

imposing [im'pouziŋ] a. 给人深刻印象的,庄严的. ~ly ad.

imposi'tion [impəˈziʃən] n. ①安〔置]放,施加,覆盖,印上 ②负担,征税,税款 ③强加,强迫接受,责成 ④整(排)版.

impositor n. 幻灯放映机.

impossibil'ity [impɔsəˈbiliti] n. 不可能(性,的事),办不到的事.

impos'sible [im'pɔsəbl] a. 不可能(存在,发生)的,做不到的,不会发生的. ▲ *(be) impossible of* 不可能. *be unlikely but not impossible* 可能性虽然很小但不是不可能. *next to impossible* 几乎不可能的. *not impossible* 并非不可能.

impos'sibly [im'pɔsəbli] ad. 不可能地,办不到地,无法可想的. ▲ *not impossibly* 多半,或许.

im'post ['impoust] Ⅰ n. ①(捐,进口)税 ②拱墩〔基],拱端托,起拱点. Ⅱ vt. 把(进口商品)分类以征税.

impos'ture [im'pɔstʃə] n. 冒名顶替,欺骗(诈).

im'potence ['impətəns] 或 **im'potency** n. 无力〔能],无效,无法可想.

im'potent ['impətənt] a. 无力的,软弱无能的,不起作用的.

impound' [im'paund] vt. ①(在贮水池中)蓄水,筑堤拦水,蓄(水,把水)拦住〔蓄] ②扣押,没收 ③(将家畜)关在栏中,拘禁. *impounded surface water* 聚集的表面水. *impounding reservoir* 蓄水池,水库.

impound'ment n. 蓄水,积水,蓄水量.

impov'erish [im'pɔvəriʃ] vt. 使贫困,使虚弱〔无力],使(力量,资源)枯竭. *impoverished rubber* 失去弹性的橡皮.

impov'erishment [im'pɔvəriʃmənt] n. ①贫化,缺乏,贫乏(瘠],不毛 ②合金中的元素消失,损耗,耗尽.

impracticabil'ity [impræktikəˈbiliti] n. 不能实行,不实用性,难驾驭(对付).

imprac'ticable [im'præktikəbl] a. 不能实行的,做不到的,行不通的,不现实的,不能操纵的,不能使用的,不实用的,难对付的,无用的,难弄的. ~ness n. **imprac'ticably** ad.

imprac'tical [im'præktikəl] a. 不实用的,不(切)实际的,不能实行的,不现实的,做不到的. ~ity 或 ~ness n.

imprecise' a. 不精(明)确的,不精密的,非确切的,含糊不清的.

imprecision n. 不精密度.

impredicable a. 不可谓的.

impredicative a. 非直谓的,非断言的.

impreg ['impreg] n. 树脂浸渍木材.

impregnabil'ity [impregnəˈbiliti] n. 攻不破,坚固,浸透本领〔性能].

impreg'nable [im'pregnəbl] a. ①攻不破的,不动摇的,坚固的,坚不可摧的,坚定不移的 ②填塞坚实的,充满的 ③可渗透的. **impreg'nably** ad.

impregnant n. 浸渍剂.

impregnate Ⅰ ['impregneit] v. 注入,灌注,浸透〔透,渗,润,染〕,渗透,(使)充满,饱和,包含,使怀孕. Ⅱ [im'pregnit] a. 浸透的,饱和的,满怀的〔感〕. Ⅲ n. 浸渍树脂. *impregnate tie* 浸渍轨枕. *impregnated cable* 绝缘浸渍电缆. *impregnated carbon* 渍制炭极. *impregnated cathode* 浸渍式阴极. *impregnated rock* 浸染岩. *impregnated tissue* 含粉〔浸渍]磁砖. *impregnated-tape metal-arc welding* 焊剂绳金属弧焊. *impregnating coil* 渍制线圈. *impregnating compound* 防腐剂,浸渍化合物. *impregnating wood* 浸灌防腐木材. *oil impregnated metal* 含油轴承合金. ▲ *impregnate M with N* 用 N 浸渍(浸透)M,使 M 充满 N. *impregnate with* 注入,掺杂.

impregna'tion [impregˈneiʃən] n. 注入,浸透(渗,渍,染],饱和,充满,围岩中的浸染矿床,妊娠.

impregnation-accelerator n. 助透剂,浸渍促进剂.

impregnator n.

imprescrip'tible a. 不受惯例(法令)约束的,不可剥夺〔侵犯]的.

impress Ⅰ [im'pres] vt. ①(施,外,附)加,盖〔压〕印,刻记号,刻划,压〔压〕印 ②给予(强烈)影响,深刻印象,使…感动,使铭记,记住 ③引(利)用 ④传递,发送 ⑤从外部电源加(电压)到线路上. *impressed voltage* 外加电压. ▲ *be favourably impressed* 中意,得好印象. *(be) impressed by* 〔with] 为…所感动. *impress (a voltage 等) across* 把(电压等)加到…(两端). *impress M on* 〔upon] N 把 M 施加在(加到) N上,把 M 盖〔压,印] 在 N 上,使 N 注意 M. *impress M with N* 用 N 盖〔压,印] M,使 M 注意(强烈地)看到] N,使 M 对 N 有印像(认识). Ⅱ ['impres] n. ①盖印,铭记 ②印象,效应,记号,压痕,痕迹,特征.

impressible [im'presəbl] a. 可印的,可铭刻的,易受影响的.

impressio (pl. *impressiones*) n. 压迹.

impres'sion [im'preʃən] n. ①盖印,印记(模),痕迹,印(压)痕,模槽,凹陷〔槽,腔],模型型腔 ②印次(数,刷),版,印届数 ③压及底色,漆层 ④(视觉]印象,视觉感,感想,影响,效果,感应 ⑤观念,意念. *ball impression* 球凹(印). *first impression of 10000 copies* 第一次印刷一万册. *impression control* 字迹轻重控制. *mould impression* 模穴,模型内腔. *the* *second impression of the first edition* 初版第二次印刷. ▲ **be under the impression (that)** 以〔认〕为, 所得的印象好像是 (⋯) 的. *a favourable impression* 给 (⋯) 好印象. *give one's impression of* 陈述自己对⋯的印象. *make an impression on* 给予印象, 使感动, 在⋯上留下〔产生〕迹痕. *make no impression on* 对⋯无影响〔效果〕.

impressionabil'ity [impreʃənə'biliti] *n.* 可印〔刷〕性, 易感的, 敏感性.

impres'sionable [im'preʃənəbl] *a.* ①易受影响的, 敏感的, 感受性强的 ②易刻〔印〕的, 适合印刷的, 可塑的.

impressional *a.* 印象 (上) 的.

impressionism *n.* 印象派. **impressionist'ic** *a.*

impres'sive [im'presiv] *a.* 给人深刻印象的, 惊人的, 令人佩服〔难忘〕的. ~**ly** *ad.* ~**ness** *n.*

imprest ['imprest] Ⅰ *n.* 预付款. Ⅱ *a.* 预付的, 借予的.

imprimatur (拉丁语) *n.* 出版许可 (证), 批准, 认可.

imprimis (拉丁语) *ad.* 第一, 首先.

imprim'itive [im'primitiv] *a.* 非最本原的, 非原始的. *imprimitive matrix* 非素 (矩) 阵.

imprint Ⅰ [im'print] *vt.* 刻上记号, 加特征, 印 (刷), 盖 (印), 压 (印), 铭记〔刻〕(On, upon). Ⅱ [imprint] *n.* 印(记), (痕)迹, 特征, 印像, 铭刻, 盖印, 版本说明. *publisher's* (*printer's*) *imprint* 版本说明.

imprint'er *n.* 印刷 (刻印, 印码) 器.

impris'on [im'prizn] *vt.* 限制, 束缚, 关押.

impris'onment *n.* 下狱. 【化】包含.

improbabil'ity [improbə'biliti] *n.* 未必有 (的事), 未必确实, 不大可能 (的事).

improb'able [im'probəbl] *a.* ①不像会发生的, 未必有的, 未必确实的或不可信的 ②【物】不可几的, 非概然的. **improb'ably** *ad. not improbably* 或许.

impromp'tu [im'promptju:] *ad.*; *a.* 无准备 (的), 临时的, 即席 (的). Ⅱ *n.* 即席讲话〔演说〕.

improp'er [im'propə] *a.* ①不适〔妥〕当的, 不适应的, 不合式〔理〕的, 不规则的, 非正常的 ②不正确的, 错误的, 假的, 不正当的. *improper character* 非法〔禁用〕字符, 非正式符号. *improper code* 非法代码. *improper conic* 退化二次曲线. *improper function* 异常〔非正常〕函数. *improper fraction* 假 (可约) 分数. *improper integral* 广义〔异常, 奇异, 反常〕积分. *improper rotation* 反射〔异常, 非正常〕旋转. ▲ **put ⋯ to an improper use** 误用. ~**ly** *ad. improperly posed* 【计】不适当的, 提法不恰当的.

impropri'ety [imprə'praiəti] *n.* 不适〔正〕当, 不正确, 用词错误 (不当).

improvable [im'pru:vəbl] *a.* 能改良的, 可以改进的, 适于耕耘的. **improvability** *n.* **improvably** *ad.*

improve [im'pru:v] *vt.* ①改进 (善, 良), 增进 ②好转, 进步, 矫正, 软化 (精炼) ③利用. *alkali-chloride improving* 碱性精炼法. 粗铅除钟、锑、锡. *improved wood* 压缩木材. *improving of lead* 铅的提纯. ▲ **improve away** (*a good quality*) 想改良反而失去〔优良性质〕. **improve on** (*upon*) (对⋯加以) 改

进 (良), 作出比⋯更好的东西. *improve one's understanding of* 加深对⋯的了解.

improvement *n.* ①改善 (良, 进), 进步, 增进, 好转, 矫正 ②改进措施, 经改进的东西. *improvement line* 道路改建路界线, 道路扩建用地线. *improvement threshold* 信噪比改善阈值, 改进阈值, 改良限度. ▲ **an improvement on** (*upon*) ⋯的改善 (比改良了的). **be an improvement on** (*upon*, *over*) 比⋯好 (进步), 有改进, 比起⋯来是一个改进. *make an improvement* 改进 (良).

improv'er [im'pru:və] *n.* ①改良者, 改 (促) 进剂 ②实习生, 学徒.

improv'idence [im'providəns] *n.* 无远见, 不顾将来, 不节约, 不经济.

improv'ident [im'providənt] *a.* 不顾将来的, 无远见的, 不 (注意) 节约的, 不经济的. ~**ly** *ad.*

improvisatorial 或 **improvisatory** *a.* 即席的, 临时凑合的.

im'provise ['imprəvaiz] *v.* 即席〔临时〕创作, 临时准备〔凑合, 作成〕, (将戴雨) 快做, 现凑. *improvised makeshift* 临时凑合的办法. **improvisa'tion** *n.*

impru'dence [im'pru:dəns] *n.* 轻率 (的行动, 言语), 不谨慎. ▲ **have the imprudence to** 竟轻率⋯

impru'dent [im'pru:dənt] *a.* 轻率的, 不谨慎的. ~**ly** *ad.*

impson stone 焦性沥青.

im'psonite ['impsənait] *n.* 一种焦油沥青, 脆沥青岩.

impuberal *a.* 未成年的.

impu'berism [im'pju:bərizm] *n.* 未成年.

impul'sator [im'pʌlseitə] *n.* 脉冲发生器.

im'pulse ['impʌls] Ⅰ *n.* ①冲击 (动), 碰撞, 推 (震) 动, 推 (动, 进) 力, 冲 (力, 量), 动量 ②脉冲〔动〕. Ⅱ *vt.* ①冲击, 推 (搏, 跳, 冲) 动, 兴奋, 激励 (磁, 发) ②发生 (出) 脉冲. *impulse frequency method* (脉冲) 电 (流) 频率法. *impulse function* 脉冲函数. *impulse machine* 自动电话拨号盘. *impulse spring* (继电器中的) 脉动簧. *impulse ratio* 脉冲〔断续〕比. *impulse radiation* 脉冲辐射. *impulse tests* 脉冲状态 (电压) 试验. *impulse time division system* 时 (间) 分 (隔) 脉冲多路通信制. *impulse X-radiation* 韧生 X 辐射. ▲ **give an impulse to** 给⋯刺激, 推动, 促进.

impul'ser [im'pʌlsə] *n.* 脉冲发送 (传感, 发生, 调制) 器.

impul'sing [im'pʌlsiŋ] *n.* 振荡的冲击, (脉冲) 激励, 发出 (生) 脉冲. *impulsing relay* 脉冲继电器. *loop-disconnect impulsing* 通、断线路输送型号脉冲法.

impul'sion [im'pʌlʃən] *n.* ①冲动 (击), 推动 (进) ②冲量〔力〕, 推 (动) 力 ③脉冲.

impul'sive [im'pʌlsiv] *a.* (由) 冲动 (造成) 的, 冲 (击, 量) 的, 撞击的, 脉冲的. *impulsive force* 冲力. *impulsive load* 脉冲 (式) 负载, 短时负载. *impulsive transfer maneuver* 冲力转轨动作. ~**ly** *ad.*

impulsor *n.* 非共面直线对.

impunctate Ⅰ *a.* 非点状的, 无细孔的. Ⅱ *n.* 无细孔.

impu'nity [im'pju:niti] *n.* 免受惩罚, 不受损害〔

impure' [im'pjuə] *a.* 不纯(洁)的,污染的,掺杂〔假〕的.杂质的.混合的. ~ly *ad.*

impu'rity [im'pjuəriti] *n.* ①杂质,夹杂〔掺和,不纯,污染,混合〕物,晶格掺杂,混杂度 ②不纯〔洁〕,污〔沾〕染,污垢. *acceptor impurity* 受主杂质. *detrimental〔inimical〕impurity* 有害杂质. *foreign-metal impurity* 金属杂质. *impurity level* 不纯度,杂质能级〔量〕. *rocky impurity* 脉石. *troublesome impurity* 有害杂质,难除〔掉〕的杂质.

im'put ['imput] *n.* =input.

impu'table [im'pju:əbl] *a.* 可归罪于…的,可归因于…的(to).

imputa'tion [impju(:)'teiʃən] *n.* 归咎〔罪〕,污蔑,转嫁罪责. **impu'tative** *a.*

impute' [im'pju:t] *vt.* 把…归(咎)于,把…归功于,把…推于,把…转嫁于(to).

imputrescib'ility *n.* 不腐败性.

imputres'cible [impju:'tresibl] *a.* 不会腐败的.

impv. = imperative.

im'ref ['imref] *n.* 密费,准费密能级(或化学势),倒费密能级.

IMS =①infrared measuring system 红外测量系统 ②Institute of Management Sciences (美)管理科学学会 ③Institute of Mathematical Statistics (美)数学统计学会 ④International Metallographic Society 国际金相学会 ⑤irradiance measuring system 辐照度测量系统.

IMU = International Mathematical Union 国际数学联合会.

imuran *n.* 咪唑硫嘌呤.

in [in] Ⅰ *prep.* ①在…(地点,时间)里〔内,中〕,在…(条件,状况)下,在…方面,就…而论. *made in China* (在)中国制造(的). *a beacon in the distance* 远处的灯塔. *inclusions in a metal* 金属内部的夹杂物. *in this article* 在本文中. *nine in ten* 十个中有九个,十之八九. *a slope of 1 in 5* 坡度为1:5(竖斜)的斜坡. *in the 20th century* 在20世纪. *in a few days* 过几天,在几天之内. *in the past* (在)过去. *in a moment* 片刻,过了不多久. *in doing this* 在做这个的时候. *in the absence of …* 在没有…的情况下,…不在时. *in good order* 情况良好,整齐. *in some respects* 在某些方面. *one meter in diameter* (就)直径(而论是)一米. *equal in magnitude and opposite in direction* 大小相等而方向相反的. *rich in minerals* 矿产丰富的. *The generator is large in capacity, small in size and low in coal consumption.* 这台发电机发电量大,体积小,煤耗低. ②以(用,按)…(方式,形式,数量,比例,单位),用…(媒介,材料,工具), *in a word* 总(而言)之,(用)一句话(来说). *in round numbers* 用(大概)整数表示. *in parallel* 并联,平行地. *in rows* 成排地. *in a hurry* 匆忙中. *in bridge* 跨接,旁路,加分路,并联. *in quadrature* 正交. *in register* 配准,重合. *in running order* (正常)工作状态. *in the mud* 清晰度不良,(电视等)音量过小. *in the large* 全局的. *in the small* 局部地. *in total* 总计,整个地. *in trunk* 入〔来〕中继. *packed in tens* 每10个(包装成)一包. *to measure time in seconds* 用秒(钟)来度量时间. *to build a model in plastic* 用塑料做个模型 ③向〔往,到〕…里,成(为)…. *spread in all directions* 传向四面八方. *put it in practice* 把它付诸实践,实行它. *cut it in two* 把它切成两半 ④为了,以(便),由于,作为…的表示. *say something in reply* 说几句话来答复. *in response to* 应…(而),为了,响应,反应. ⑤构成各种固定词组(可查各有关词目).如: *in a measure* 稍为,多少有点. *in accord with* 与…一致,合乎,与…契合. *in all* 总计. *in between* 在中间. *in itself* 在本质上,就其本身而言,完全地. *in order to* +inf. 为了,以便. *in particular* 尤其是. *in so* [as] *far as* 就…而论,在…的范围内,到…的程度. *in that* 由于,因为. *in vain* 无效,徒然.

Ⅱ *ad.* ①在〔往〕内,进,入. *Come in.* 进来. *The train is in.* 火车到站了. ②与某些动词构成固定词组(可查各有关动词),如: *give in* 提交,登记,屈服,答应,接受. *result in* 导致,引起. *run in* 试转,跑〔磨〕合. ▲ *be in* 在家,到站,收割完,上市,流行,(在)燃着,当选,执政. *be in for* 遭受,同意参加. *day in, day out* 一天又一天,日复一日. *in and out* 时进时出,忽隐忽现,曲曲弯弯地.

Ⅲ *a.* 在(朝)里面的;到站的,抵港的;时髦的,流行的.

Ⅳ *n.* 入口,门路. *ins and outs* 迂回,曲折,里里外外,来龙去脉,底细,种种〔全部〕详情细节,出入口.

in [in] 〔拉丁语〕 *in absentia* 不在时,缺席. *in aeternum* 永久,永远. *in esse* 确实存在着. *in extenso* 全部,详细,不省略. *in limine* 开头,正要. *in medias res* 在正中. *in memoriam* 作为纪念. *in perpetuum* 永久. *in posse* 可能地,可能存在着. *in re* 关于,说到. *in situ* 在原地〔处,位置〕,就地,在,(应有的位置上,在(施工)现场. *in statu nascendi* 在新生〔生成〕过程中. *in statu quo* 照原状,照旧. *in toto* 全部(然),完全,总计,整个地. *in vitro* 在(生物)的体外,在玻璃器皿中,在试管内,在试验室中的(实验,化验). *in vivo* 在体内,自然条件下的(实验,化验).

IN =①inclination (磁)倾角 ②inlet 入〔进〕口 ③inlet valve 进给〔气〕阀,进气门 ④instrument note 仪表(使用)说明.

I/N = item number 项目编号.

In = indium 【化】铟.

in = inch(es) 英寸.

in- 〔词头〕①在内,向内,向,进,入 ②非,无.

in absentia 〔拉丁语〕当…不在时,缺席.

INA =①international normal atmosphere 国际标准大气压 ②iron nickel alloy 铁镍合金.

inabil'ity [inə'biliti] *n.* 无能(力),无能为力,不能. ▲ *inability to* +inf. 不能…的.

inaccessibil'ity [inæksesə'biliti] *n.* 难接近(达到,得到)

inacces'sible [inæk'sesəbl] *a.* 不能接近(进入,达到)的,达不到的,进不去的,难得到(达到,接近)的. *in-*

accessible area 荒野,偏僻处. **inaccessible** *value* 不可达[不可及]值. **inaccessibly** *ad.*

inac′curacy [in'ækjurəsi] *n.* 不精密(性),不准[精, 正]确(性,度),不精确的东西,错误[偏]差,误[偏]差,粗错 [漏]. *inaccuracy of dimensions* 尺寸不合格.

inac′curate [in'ækjurit] *a.* 不精密的,不准,正[精]确 的,错误的,有误差的. ~ly *ad.*

inacid′ity [inə'siditi] *n.* 无酸,酸缺失.

inact =inactive 非活性的,惰性的.

inac′tion [in'ækʃən] *n.* 不活动(发,跃),无行动[作用],静止,停工[工作],故障. *inaction period* 无[不]作用期间,钝化周期.

inac′tivate [in'æktiveit] I *vt.* 使不活动,使失活,减除[失去]活性,钝化,使不旋光. I *a.* 钝性的,不旋光的.

inactiva′tion *n.* 钝化(作用),失活(效),催化.

inac′tive [in'æktiv] *a.* ①不活动[发,跃]的,不灵活的,反应缓慢的,钝[惰]性的,迟钝的,钝态的,稳定的,不动的,静止的,停工的,暂停不用的 ②不起作用的,失[无]效的,无[非]放射性的,无活性的,不旋(光)的 ③非现役的. *inactive block* (PL/I用)静态分析程序. *inactive DO loop* 非现用循环. *inactive file* 待用[非现用]文件. *inactive leg* (弹簧)被动段. *inactive line* 虚描线,虚扫行,(电视)无效行. *inactive machine* 停用的机器. *inactive mode time sharing* 非活化. *inactive state* 待用[关闭]状态. ~ly *ad.*

inactiv′ity [inæk'tiviti] *n.* 不活动(性),化学钝性,反应缓慢性,不放射性,不旋光性,无功率.

inadaptabil′ity [inədæptə'biliti] *n.* 不适应[用,配]性.

inadap′table [inə'dæptəbl] *a.* 不能[无法]适应的,不可改编的. **inadaptably** *ad.*

inadapta′tion [inədæp'teiʃən] *n.* 不适应[用].

inad′equacy [in'ædikwəsi] *n.* 不适当[对应,相适应], 协调],不合适,不足(够,完全),官能不足(全).

inad′equate [in'ædikwit] *a.* 不适当[对应,妥当,相适应]的,不充分的,不完全的缺乏的,不够的,不(充)足的. *inadequate picture height* 图象高度不足. ▲ *inadequate to* [for, to +*inf.*] 对…(来说)不适当[不足]的,不适于,不足以. *be inadequate to* [for] *the purpose intended* 不足以达到预期目的. *The supply is inadequate to meet the demand* 供不应求. ~ly *ad.*

inadhe′rent *a.* 不粘结的.

inadhe′sion *n.* 不粘结.

inadhe′sive *a.* 不能粘结的.

inadmissibil′ity *n.* 难允许[承认].

inadmis′sible [inəd'misəbl] *a.* 不能承认(允许)的, 不能采纳的.

inadver′tence [inəd'və:təns] 或 **inadver′tency** *n.* 粗心,疏忽[漏],不注意,错误.

inadver′tent [inəd'və:tənt] *a.* 不当心的,不注意的,(由于)疏忽的,偶然的,无意中的,非故意的. ~ly *ad.*

inadvi′sable [inəd'vaizəbl] *a.* 不妥当的,不可取的,失策的,不明智的.

in aeternum [拉丁语] 永久,永远.

inagglu′tinable *a.* 不能凝集的.

ina′lienable [in'eiljənəbl] *a.* 不可分割[剥夺]的. **in-alienability** *n.* **inalienably** *ad.*

inalimen′tal *a.* 无营养的,无滋养的.

inalterabil′ity [inɔːltərə'biliti] *n.* 不变性.

inal′terable [in'ɔːltərəbl] *a.* 不(能)变(更)的. **inalterably** *ad.*

in-and-out *a.* 自由出入的,时好时坏的,暂时性的. "in-and-out" loss '输入-输出' 损耗. *in-and-out type* (*heating*) *furnace* 分批装料出料的室式(加热)炉.

inane′ [i'nein] *a.* 无意义的,愚蠢的,空[洞,虚]的. *make an inane remark* 言之无物. *the inane* (无限)空间,空洞无物. ~ly *ad.*

inan′imate [in'ænimit] *a.* 无生命[气]的,死的,无生机的,无精神的,单调的. *inanimate nature* 无生物界. *inanimate object* 无生物. ~ly *ad.*

inanima′tion [inæni'meiʃən] *n.* 无生命[气],不活动[泼].

inani′tion [inə'niʃən] *n.* ①无内容,空虚[洞] ②营养不良,食物不足,饿伤,虚弱.

inan′ity [i'næniti] *n.* ①空洞[虚],无意义 ②愚昧,无知 ③蠢事,废话.

inap′petence *n.* 无欲望,食欲不振,厌食.

inapplicabil′ity [inæplikə'biliti] *n.* 不能应用[适用].

inap′plicable [in'æplikəbl] *a.* 不能应用的,不适用[宜]的. **inapplicably** *ad.*

inap′posite [in'æpəzit] *a.* 不适合[当]的,不恰当不相称[干]的. ~ly *ad.*

inappre′ciable [inə'priːʃəbl] *a.* 微不足道的,小得难以觉察的,毫无价值的,不足取的. **inappreciably** *ad.*

inapprecia′tion [inəpriːʃi'eiʃən] *n.* 不欣赏,不正确评价. **inappreciative** *a.*

inapprehen′sible [inæpri'hensəbl] *a.* 难了解(领会)的,难以理解的.

inapprehen′sion [inæpri'henʃən] *n.* 不了(理)解.

inapprehen′sive [inæpri'hensiv] *a.* 缺乏了解的,未意识到危险的.

inapproach′able [inə'proutʃəbl] *a.* 难[不可]接近的,无可比拟的.

inappro′priate [inə'proupriit] *a.* 不适[恰]当的,不相称的,不合宜的. *inappropriate to the season* 不合时宜的. ~ly *ad.* ~ness *n.*

inapt′ [in'æpt] *a.* 不适[恰]当的,不合适[式]的 (for),不巧妙的,不熟练的,拙劣的,无能的 (at). ~ly *ad.* ~ness *n.*

inap′titude [in'æptitjuːd] *n.* 不适当,不合适,不相称,不熟练,拙劣,无能.

inar′ching [in'ɑːtʃiŋ] *n.* 嫁接.

inar′moured *a.* 非铠装的.

inarray *n.* 内部数组.

inartic′ulate [inɑː'tikjulit] *a.* 发音不清楚的,哑口无言的,说不出的,不能言喻的. ~ly *ad.*

inartifi′cial [inɑːti'fiʃəl] *a.* 天然的,不加人工的,非人造的,天真的,单纯的,不熟练的.

inartis′tic [inɑː'tistik] *a.* 非艺术的,缺乏艺术性的. ~ally *ad.*

inasmuch′ as 因为,由于.

inassim′ilable *a.* 不(能)同化的.

inatten′tion [inə'tenʃən] *n.* 不注意,疏忽.

inatten′tive [inə'tentiv] *a.* 不注意的,疏忽的. ~ly

ad. ~ness *n.*
inaudibil'ity [ino:də'biliti] *n.* 听不见.
inau'dible [in'o:dəbl] *a.* 听不见[到]的,不可闻的,无声的. **inaudibly** *ad.*
inau'gural [i'no:gjurəl] Ⅰ *a.* 开始的,开幕[会]的,创立的,就职的. Ⅱ *n.* 就职演说[典礼].
inau'gurate [i'no:gjureit] *vt.* ①创始,开始[创,辟] ②为…举行开幕式,为…举行通车[落成]仪式.
inaugura'tion [ino:gju'reiʃən] *n.* 开始,开幕(仪)式,落成[成立,就职,通车]典礼,通车仪式.
inau'gurator [i'no:gjureitə] *n.* 开[创]创始者,主持开幕[落成]仪式者.
in-band *a.* 合规频带. *inband distortion* 频带内失真. *inband frequency assignment* 带内频率分配.
in'bark ['inba:k] *n.* 树穴.
INBD = inboard.
inbeing ['inbi:iŋ] *n.* 内在的事物,本质(性).
in-between *a.* 在中间.
inblock *n.* 整块[体],单块. *in-block cylinder* 气缸排.
in'board ['inbo:d] Ⅰ *a.* 船[舰]舱,舷,机内的,机上[弹上]的,内侧(纵)的. Ⅱ *ad.* 在船[舰]舷,机内,在船舱中. *in-board profile* 船内纵剖面图.
in'bond ['inbond] *a.* (砖石墙)丁头砌合的. *inbond brick* 丁砖.
in'born ['in'bo:n] *a.* 生来的,天生的,先天的,遗传的.
in'bound ['inbaund] *a.* 入境[站]的,归航的,(船舶)回本国的.
in'break ['inbreik] *n.* 侵入,崩[陷]落.
in'breathe ['in'bri:ð] *vt.* 吸入,灌输,启发.
in'bred *a.* 近亲繁殖的,天生的,先天的.
in'breeding *n.* 近亲交配[交媾].
in-bridge *n.*, *ad.* 跨接,并联,旁路,加分路.
INC 或 **inc** = ①incinerator 焚化炉 ②incoming 进入的 ③incoming line 进线,引入线 ④incorporated 合并的,股份有限公司 ⑤including 包括 ⑥inclusive 包括在内的,计算在内的 ⑦increase 增加 ⑧inlet close 进气停止.
incalculabil'ity [inkælkjulə'biliti] *n.* 不可胜数,无数[量].
incal'culable [in'kælkjuləbl] *a.* ①数不清的,不可数的,无数的,极大的 ②不能预计的,预料不到的,难预测的 ③靠不住的,不确定的,易变的. **incalculably** *ad.*
incandesce' [inkæn'des] *v.* (使,烧至)白热(化),灼烧,(使)白炽化.
incandes'cence [inkæn'desns] *n.* 白炽[热]的,灼(炽)热.
incandes'cent [inkæn'desnt] *a.* ①白炽[热]的,炽(灼)热的 ②极亮的,灿烂的,闪闪发光的. *incandescent lamp* 白炽灯(泡). *incandescent sand flow* 热沙流.
incanous *a.* 灰白的,白发的.
in'-cap ['inkæp] *n.* 智能麻醉剂.
INCAP = ①incapability 无能 ②incapacitate 使无能,使失去资格 ③Institute of Nutrition of Central America and Panama 中美洲和巴拿马营养协会.
incapabil'ity [inkeipə'biliti] *n.* 无[无]能,无[无]资格.
inca'pable [in'keipəbl] *a.* 无能(力)的,不会(能)的,无用的,无资格的. ▲ *incapable of* 不会…的,不能,没有…的能力(资格). **incapably** *ad.*
incapac'itant *n.* 智能麻醉剂.
incapac'itate [inkə'pæsiteit] *vt.* 使…无能力[无资格],使不能,使不适合. ▲ *be incapacitated from (for)* 失去资格,失能. **incapacita'tion** *n.*
incapac'itator *n.* 智能麻醉剂.
incapac'ity [inkə'pæsiti] *n.* 无(能)力,无资格,不适当.
incaparina *n.* 因卡帕林那(一种加入植物油种子蛋白的食物).
incap'suled *a.* (被)包围的,有被膜的.
incar'cerate *a.* 隐闭的,圈围的.
incarnate Ⅰ [inkə'neit] *vt.* 使具(实)体化,体现. Ⅱ [in'ka:nit] *a.* 化身的,人(实)体化的.
incase = encase.
incase'ment [in'keismənt] *n.* 被覆,包装,装箱,入鞘,箱,盒.
incau'tious [in'ko:ʃəs] *a.* 不谨慎的,不慎重的,不注意的,不当心的,不能. ~ly *ad.*
in-cavity *n.* 内共振腔.
incdg = including 包括.
incen'diarism [in'sendjərizm] *n.* 放(纵)火,煽动.
incen'diary [in'sendjəri] Ⅰ *a.* 放(纵)火的,煽动性的. Ⅱ *n.* ①放(纵)火者,煽动者 ②燃烧弹,可引起燃烧的东西.
incen'dive *a.* 可引起着火的,易燃的.
incense Ⅰ [in'sens] *v.* ①使(人)发怒(激动) ②点香. Ⅱ *n.* ['insens] 香(加卫生香,蚊香等).
in'center ['insentə] *n.* 内(切圆)心.
incen'tive [in'sentiv] Ⅰ *a.* 刺激的,鼓励的,诱发的. Ⅱ *n.* 刺激,鼓励,诱因,动机. *incentive force* 鼓动力. *material incentives* 物质刺激. ▲ *be an incentive to* 对…起到激(鼓励)作用.
incept' [in'sept] *v.* (摄)取,开始,取得硕[博]士学位.
incep'tion [in'sepʃən] *n.* 开(初)始,起始,起头,开端,创立,创办(学会,机构等),剖刊. ▲ *at the (very) inception of* 在…的开头.
incep'tive [in'septiv] *a.* 开始(端)的.
incep'tor [in'septə] *n.* 开端者,初学者.
incer'titude [in'sə:titju:d] *n.* ①不确实(定),无把握,疑惑,无自信 ②不安全,不稳定.
inces'sancy [in'sesnsi] *n.* 不停(息)的,不间断性,(持续)不断.
inces'sant [in'sesnt] *a.* 不停(息)的,不间断的,(连续)不断的,频繁的. ~ly *ad.* ~ness *n.*
inch [intʃ] Ⅰ *n.* ①英寸 ②少量(许) ③一英寸的雨量,积雪等. Ⅱ *v.* 渐进(动),一点一点前进(测量,送料),慢慢地移动. *inch size* 英制尺寸. ▲ *by inches* 刚刚,一点(一)点地,逐(渐)渐地. *every inch* 完完全全地,彻头彻尾,彻头彻尾地. *inch by inch* 一点一点地,逐(渐)渐地. *to an inch* 丝毫不差地,精密(确)地. *within an inch of* 几乎,险些儿,差点儿,距离很近.
inchacao [intʃə'ka:o] *n.* 脚气(病).
inch'er ['intʃə] *n.* 小管,口径是…英寸的东西. *a 14-incher* 十四英寸口径的大炮.
inch'ing ['intʃiŋ] *n.* ①精密送料 ②低速转动发动机,瞬时断续接电,模型紧闭前缓慢施压的方法 ③微(点,寸,缓,蠕,渐)动,平稳移动,微调,一点点地.

inch'meal ['intʃmi:l] ad. 一点一点地,渐渐地.

in'choate ['inkoueit] a. 才开始的,初期的,不完全的.

incho'ative a. 开始的.

in'cidence ['insidəns] n. ①落下(的方向,的方式) ②进入,入射(角),到达,倾迎,攻,冲,安装 ③发生(率),发病率,影响(范围,方式,程度) ④【数】关联,接合. *incidence number* 关联数. *incidence of traffic* 业务量分布. *incidence space* 关联空间. *incidence wire* 倾角线. *plane of incidence* 入射(平)面.

in'cident ['insidənt] Ⅰ n. 事件(变,故),差错,【数】关联 Ⅰ a. ①易发生(遭遇)的,偶发的,难免的,附带的,伴随而来的(to) ②输(传)入的,入射的 ③关联的. *incident angle* 入射(倾斜,仰)角. *incident light* 入射光. *incident power* 入射波功率,"正向"功率. ▲ *incident to* — 所易发生(难免,附带)的,属于…的. *incident upon* 入(投)射到…上. *incident with one another* 相互关联. *without incident* 平安无事的.

inciden'tal [insi'dentl] Ⅰ a. ①偶然(发生)的,易发生的,附属(带,随)的,伴随的 ②非主要的,较不重要的. Ⅱ n. 附随事件, (pl.)临时费,杂费. *incidental device* 应急器件. *incidental FM* 寄生调频. *incidental music* (话剧或朗诵中)配乐. *incidentals time* 【计】非主要工作时间. ▲ *incidental to* …易发生(附随)的.

inciden'tally [insi'dentli] ad. ①偶然,突然 ②(插入语)顺便(附带)说道.

incin'derjell [in'sindədʒel] n. 凝固汽油.

incin'erate [in'sinəreit] v. 焚化,烧成灰,煅烧.

incinera'tion [insinə'reiʃən] n. 焚化(烧),烧尽,煅烧,灰化,烧灼灭菌法,火葬. *incineration house* 垃圾焚化炉.

incin'erator [in'sinəreitə] n. 焚化(焚烧)炉,化灰炉,煅烧炉,煅烧装置,(放射性废料)燃烧炉.

incip'ience [in'sipiəns] 或 **incip'iency** [in'sipiənsi] n. 开始,开端(初期),早期.

incip'ient [in'sipiənt] a. 开(起,原)始的,起首的,初期的,初始,发)的. *incipient cause* 远因. *incipient crack* 初裂(发纹). *incipient crystal* 晶胚. *incipient failure* 起始将临,初发,初期,早期故障,初始(初期)破坏. *incipient fusion* 垂熔. *incipient melting* 初熔.

incipit ['insipit] (拉丁语) n. 开始.

incir'cle ['in'sə:kl] n. 内切圆.

in-circuit a.; n. 线路内,内部电路.

inci'sal [in'saizəl] a. 切(开)的,切割的.

incise' [in'saiz] v. 切(割,开,入),流切,(雕)刻,蚀刻. *incised meander* 深切曲流(河曲). *incised river* 切割流,地下河.

inci'sion [in'siʒən] n. 切(开,口,入),缺口,切开线(术,口),(雕)刻的,刻,刀痕.

inci'sive [in'saisiv] a. 切入的,锐利的,尖锐的,深刻的,透彻的,轮廓分明的. *incisive tooth* 门齿,切齿. ~ly ad. ~ness n.

inci'tant [in'saitənt] a.; n. ①激的,兴奋的 ②兴奋剂,激发物,诱因.

incitantia n. 提神剂,精神兴奋剂.

incita'tion [insai'teiʃən] n. 刺激(物),激动(动,发),煽动,兴奋,诱因.

incite' [in'sait] v. 刺激,激(鼓)励,煽动,促成,引起.

incite'ment = incitation.

incl = ①inclosure 罩,壳 ②include 或 including 包含,包括 ③inclusive 包含的,计算在内的.

inclem'ency [in'klemənsi] n. (天气)严寒,险恶,狂风暴雨.

inclem'ent [in'klemənt] a. (天气)严酷的,寒冷的,恶劣的,狂风暴雨的.

incli'nable [in'klainəbl] a. ①易倾向…的,倾向于…的,赞成…的 ②可使倾斜的. ▲ *be inclinable to* 容易,倾向于,有…的倾向.

inclinatio (pl. *inclinationes*) n. (拉丁语)倾斜,斜度.

inclina'tion [inkli'neiʃən] n. ①倾斜(角),偏斜,倾角(度),磁倾角,交角,斜坡(面)度,角度,弯曲 ②倾斜(差,转) ③倾向,爱(嗜)好. *inclination of an orbit* 轨道交角. ▲ *against one's inclination* 违反本意. *have an inclination for* 爱好,喜欢.

inclinator n. 倾倒器.

inclinator'ium [inklainə'tɔːriəm] n. 测斜器(仪),矿山罗盘.

incline Ⅰ [in'klain] v. ①(使)倾斜(偏向),偏斜,弄斜 ②(使)倾向(有意)(于),有一倾向. *inclined bridge* 有纵坡的桥. *inclined parallelopiped* 斜角平行六面体. *inclined plane* 斜面. ▲ *be (fell) inclined to* [toward, to + *inf*.] 倾向于,一心)想. *be inclined to think* (*that*) 以(认)为,觉得. *incline* (*M*) *to N* (使M)向N倾斜,(使M)倾向N. Ⅱ [in'klain, 'inklain] n. 斜坡(角,[面),井,倾斜(线,面),倾度(角),山坡. *an incline of 1 in 5* 坡度为1:5(竖:横)的一个斜面. *an incline of 1 on 5* 坡度为1:5(竖:横)的一个斜面. *an incline of 1 to 5* 坡度为1:5(横:竖)的一个斜面.

inclined-tube manometer n. 斜管压力计.

inclinom'eter [inkli'nɔmitə] n. 侧斜器(仪,计),倾斜仪(器),倾角(倾斜)计,磁倾仪,量坡仪,井斜仪.

inclose = enclose.

inclosed a. 密闭的,封闭(式)的,闭合的,包装的. *inclosed meander* 环形河弯.

inclo'sure [in'klouʒə] n. 罩,壳,包裹体,围墙(栏,场,领),封入,包围.

INCLR = intercooler 中间冷却器(剂).

include' [in'klu:d] vt. ①包括(含) ②包住,关住 ③算(计). *angle included between*…之间的夹角. *included angle* 夹(内,包含,包容,接触)角,坡口角度. *included gas* (岩石孔隙中的,溶解在石油中的)束缚气体. *included slag* 夹渣. *including sidelobe* 交叉边瓣.

inclu'dible 或 **inclu'dable** a. 可包括在内的.

inclu'sion [in'klu:ʒən] n. ①包括(含),掺(夹)杂,包含关系,蕴含 ②杂质,夹(渗)杂物,夹渣(包)裹)体,内含物. *gaseous inclusions* 夹附气体,气体夹附物. *inclusion gate* 蕴含(或非)门. *slag inclusion* 夹熔渣. ▲ *with inclusion of* 同时包括,同时需要考虑.

inclu'sive [in'klu:siv] a. 包括(在内,一切)的,(从…开头,项目)计算在内的,内含的,可兼的,范围内的,内容丰富的,单举的,非遍举的. *inclusive disjunction* "或",可兼析取. *inclusive NAND* "同-与非"逻辑[运算] *inclusive NOR circuit* "非或"(逻辑)电路. *inclusive OR* "或"(逻辑电路),含或,包含逻辑和. *inclusive routine* 相容程序. *pages 3 to 15 inclusive* 自第三页至第十五页(首尾两页,第三页及第十五页也包括在内). ▲ *inclusive of* 连⋯在内. ~ly *ad.* ~ness *n.*

inclusive-NOR-gate *n.* "或非"门.
inclusive-OR gate *n.* "或"门.
Inco chrome nickel 镍铬耐热[因科镍]合金.
Inco nickel 因科镍.
incoagulabil'ity *n.* 不能凝固,不凝.
incoag'ulable *a.* 不(可)凝(结)的.
incoer'cible *a.* 不可控制[压制,强迫]的,不能用压力使之液化的.
incog'nizable [in'kɔgnizəbl] *a.* 不能[可]认识的,不知的,不可辨别的.
incog'nizance [in'kɔgnizəns] *n.* 不认识,不知觉.
incog'nizant [in'kɔgnizənt] *a.* 不认识的,没意识到的(of).
incohe'rence [inkou'hiərəns] *n.* ①不连贯(性),无条理,语无伦次 ②不[非]相干性,非相参(性) ③不粘结性,支离破碎,松散.
incohe'rent [inkou'hiərənt] *a.* ①不连贯的,无条理的,不相干[关,参]的 ②无粘性的,不胶结的,松散的,支离破碎的. *incoherent hologram* 非相干光全息图. *incoherent illumination* 散绕[非相干]照明. *incoherent rotation* 非一致转动. *incoherent scattering* 不相参[非相干]散射,杂乱散射. ~ly *ad.*
incohe'rentness 或 **incohe'sion** *n.* 不连性,不粘结性,无内聚性.
incohesive [inkou'hi:siv] *a.* 无粘聚力的.
Incoloy *n.* 耐热镍铬铁合金(碳 0.1%,锰 1.5%,硫<0.03%,硅<1%,铜<0.5%,镍 30～34%,铬 19～22%,其余铁).
incombustibil'ity [inkəmbʌstə'biliti] *n.* 不(可)燃(烧)性.
incombus'tible [inkəm'bʌstəbl] *a.*; *n.* 不能燃烧的,不燃性的,防火的,不燃物.
in'come ['inkəm] *n.* (定期)收入,所得,进款(项). *income account* 收益(进款)帐,损益计算书. *income tax* 所得税.
in'comer ['inkʌmə] *n.* 进来[新来,后继]者,移民.
in'coming ['inkʌmiŋ] **I** *a.* (进,新,接着)来的,(引,进,输,射)入的,入射的,到达的,增殖的,接[继,新]任的,移民的. **II** *n.* 进来[料],来到,(pl.)收入. *incoming call* 来话呼叫,呼入. *incoming carrier* 进入[输入]载波. *incoming circuit* 输入[入局]电路,入中继电路. *incoming level* 接收输入电平. *incoming mirror* 光入镜. *incoming panel* 进线配电盘. *incoming repeater* 来向增音机. *incoming selector* 入局选择器. *incoming solar radiation* 日照[射]. *incoming stone* (轧石机的)进给石料. *incoming tide* 涨潮. *incoming trajectory* 弹道的最末段. *incoming transmission* 节目输入,入局信号传输. *incoming trunk* 入[来]中继线. *incoming trunk circuit for toll recording and information* 记录查询入中继器. *incoming vessel* 进(港)口船舶. *incoming year* 即将到来的一年. *incomings and outgoings* 收支.

incommensurabil'ity [inkəmenʃərə'biliti] *n.* 【数】不能通约,不可通约性,无公度,不能用同一单位计算.
incommen'surable [inkə'menʃərəbl] *a.* ①【数】不可通约的,无共约数的,无公度的的 ②不能比较的,不能测量的,无共同单位(尺度)的,不合理的 ③不配与⋯比较的(with). **incommensurably** *ad.*
incommen'surate [inkə'menʃərit] *a.* ①不相称[应]的,不适当的,不充足的(to, with) ②不成比例的,不能相比的,不能通约的,无共同单位可计量的.
incommode' [inkə'moud] *vt.* 使感不便,使为难,妨碍,打扰.
incommo'dious [inkə'moudjəs] *a.* 不(方)便的,不合式的,狭小得无回旋余地的. ~ly *ad.*
incommu'nicable [inkə'mju:nikəbl] *a.* 不能表达[传达]的,不能联系的. **incommunicabil'ity** *n.*
incommunicado [inkəmju:ni'ka:dou] (西班牙语) *a.* 同外界隔离的,不许与外界接触(通讯)的.
incommu'table [inkə'mju:təbl] *a.* 不能交[变]换的. **incommutabil'ity** *n.* **incommutably** *ad.*
incompact' [inkəm'pækt] *a.* 不紧(密)的,松散的,不结实的.
in-company *a.* 公司内的.
incomparabil'ity [imkɔmpərə'biliti] *n.* 不可比性.
incom'parable [in'kɔmpərəbl] *a.* 无比(双)的,不能比较的,不可比的,无共同衡量基础的. ▲ (*be*) *incomparable with* (*to*) 不能和⋯相比较. **incomparably** *ad.*
incompatibil'ity [inkəmpætə'biliti] *n.* 不相容(性),不相合性,非[不]兼容性,不协调性,不能并存,性质相反,配低[配合з禁忌,不(能)配合,矛盾. *incompatibility problem* 不兼容问题.
incompat'ible [inkəm'pætəbl] *a.* 不相容[兼容]的,不相合的,不一致的,不协调的,不能共存[并存]的,不能溶合成一体的,互斥的,性质相反的,矛盾的,禁忌的. ▲ *be incompatible with* 与⋯不相容[不能共存]. **incompat'ibly** *ad.*
incom'petence [in'kɔmpitəns] 或 **incom'petency** *n.* 无[能]力,不适当,不合格,不(能)胜任,不熟练,能力不足,机能(闭锁,关闭)不全.
incom'petent [in'kɔmpitənt] *a.* 无能(力)的,不适当[合]的,不合格的,不熟练的,机能不全的,法律无效的. *incompetent beds* 软岩层. *incompetent fold* 弱褶皱. *incompetent rock* 塑性岩软岩. ~ly *ad.*
incomplete' [inkəm'pli:t] *a.* 不完全(善,备)的,未竣(成)的,不足的,不闭合的. *incomplete blocks* 不完全区组. *incomplete circuit* 不闭合电路,开路. *incomplete combustion* 未完全燃烧. *incomplete mixing* 拌和不匀. *incomplete reaction* 不完全反应,未完全反应. ~ly *ad.* ~ness *n.*
incomprehensibil'ity [inkəmprihensə'biliti] *n.* 不能理解,费解.
incomprehen'sible [inkəmpri'hensəbl] *a.* 不能理解的,不可思议的,莫测的. **incomprehen'sibly** *ad.*
incomprehen'sion [inkəmpri'henʃən] *n.* 不了解,无

理解力,缺乏理解.
incomprehen'sive [inkɔmpri'hensiv] a. ①没有理解力的,理解不深的,懂得很少的 ②范围不广的,包含得很少的.
incompressibil'ity [inkəmpresə'biliti] n. 非〔不可〕压缩性.
incompres'sible [inkəm'presəbl] a. 不可〔不能、不易〕压缩的,坚硬的. *incompressible fluid* 不可压缩〔非压缩性〕流体.
incompu'table [inkəm'pju:təbl] a. 不能计算的,数不清的,极大量的.
inconceivabil'ity [inkənsi:və'biliti] n. 不能想像,想不到.
inconceiv'able [inkən'si:vəbl] a. 不可想像〔理解〕的,想不到的,不可思议的,难以相信的,惊人的. **inconceiv'ably** ad.
inconcin'nity [inkən'siniti] n. 不适合,不调和.
inconclu'sive [inkən'klu:siv] a. 不确定的,缺乏决定性的,非最后的,不得要领的,不〔无确定〕结果的,没有结论的. ~ly ad. ~ness n.
incondens'able [inkən'densəbl] a. 不能凝〔浓〕缩的,不冷凝的,不能缩减的.
incon'dite [in'kɔndit] a. 结构〔文字,修辞〕拙劣的.
inconductiv'ity [inkɔndʌk'tiviti] n. 无传导性〔力〕,不电导性,非电导率性.
incon'el [in'kɔnəl] n. 铬镍铁〔耐热、耐蚀〕合金,因康镍合金(铬80%,铬14%,铁6%). *inconel X* X镍铬铁耐热合金(镍73%,铬15%,铁7%,钛2.5%,铝0.7%,锰1%,硅0.4%,锰0.5%,碳0.04%).
inconfor'mity [inkən'fɔ:miti] n. 不适合,不适合. ▲ *inconformity with* (*to*) 和…不一致.
incon'gruence [in'kɔŋgruəns] n. 不适合〔交合〕,不协调,不和谐,不相容性,不一致性,异元性.
incon'gruent [in'kɔŋgruənt] a.; n. 不适合的,不调和的,不一致的,不相容的,异元的,不同余. *incongruent point* 固液异成分溶点.
incongru'ity [inkən'gruiti] n. 不适合〔宜〕,不调和,不交合,不一致,不相称,不相容性,异元性.
incon'gruous [in'kɔŋgruəs] a. 不适合〔宜〕的,不协调的(*with*),不合适的,不相称〔容〕的,不同余的,不合理的,自相矛盾的,不一致的(*with*). ~ly ad.
in-connec'tion n. 内〔插入〕连接.
in-connec'tor n. (流线)内接符,内连接器.
incon'scient [in'kɔnʃənt] a. 无意识的,失去知觉的,粗心大意的.
inconsec'utive [inkən'sekjutiv] a. 不连续〔贯〕的,前后不一贯的,前后矛盾的.
incon'sequence [in'kɔnsikwəns] n. ①不连贯,前后不符〔矛盾〕,不合逻辑,不彻底性,不一贯性 ②不重要.
incon'sequent [in'kɔnsikwənt] a. ①不连贯,前后矛盾的,不相干的,不合逻辑的 ②无关紧要的,无价值的. ~ly ad.
inconsequen'tial [inkənsi'kwenʃəl] I a. ① = inconsequent ②无意义的,无关紧要的,微不足道的,不重要的. II n. 无关紧要的事物. ~ly ad.
inconsid'erable [inkən'sidərəbl] a. 不足道的,不值得考虑的,价值不大的,不重要的,微小的,琐碎的.
inconsid'erably ad. 不足取,些许.
inconsid'erate [inkən'sidərit] a. 不加思索的,考虑不周的,粗心的,轻率的. ~ly ad. ~ness 或 **inconsideration** n.

inconsis'tency [inkən'sistənsi] n. ①不〔非〕一致(性),(前后,自相)矛盾,不合理,不相容(性),不协调 ②不一致(自相矛盾)的事物〔言论,行为〕.
inconsis'tent [inkən'sistənt] a. ①不一致的,不协调的,不合理的,不相容的,不成立的,(前后)不一致的,(前后)矛盾的,不合逻辑的 ②反复无常的,常变的. ▲ *inconsistent with* 不符合于,与…不一致〔不合〕.
incon'sonant [in'kɔnsənənt] a. 不协调的,不和谐的,不一致的(*with*, *to*).
inconspic'uous [inkən'spikjuəs] a. 难以觉察的,不显著的,不引人注意的. ~ly ad. ~ness n.
incon'stancy [in'kɔnstənsi] n. 不坚定,反复无常,无恒心,易变,不规则,非恒性,不稳定性.
incon'stant [in'kɔnstənt] a. 不坚〔恒〕定的,反复无常的,无恒心的,易变的,不规则的. ~ly ad.
inconsu'mable [inkən'sju:məbl] a. 烧不完的,用不尽的,消耗不掉的,非消费性的,不能直接消费的. **inconsu'mably** ad.
incontest'able [inkən'testəbl] a. 无可争辩〔否认〕的,不容置疑的. *incontestable evidence* 无可否认的证据,铁证.
incontest'ably ad. 无疑地,明白地,当然.
incon'tinent [in'kɔntinənt] I a. 不能自制的,无力控制的,不能容纳的,不能保持力〔守住〕的. II ad. 立即,即刻,仓促地. **incon'tinence** 或 **incontinency** n. ~ly ad.
incontinentia n. 失禁,无节制,过度,极端.
incontrol'lable [inkən'trouləbl] a. 难〔不能〕控制的. **incontrollably** ad.
incontrover'tible [inkɔntrə'və:təbl] a. 无可争辩的,反驳不了的,无疑的,明白的,颠扑不破的.
incontrover'tibly ad. 无争论余地,不待说,明明白白.
inconve'nience [inkən'vi:njəns] vt.; n. (使)不便,(使)麻烦,打扰,不合适,不便之处,麻烦事. ▲ *put…to inconvenience* 使…不自由,使…不便〔麻烦〕.
inconve'nient [inkən'vi:njənt] a. 不方便的,不便利的,不合适的,麻烦的. ~ly ad.
inconvertibil'ity [inkənvə:ti'biliti] n. 不能交〔转〕换性,不可转化性,不可逆性.
inconver'tible [inkən'və:təbl] a. 不能交换〔变换,转换,倒换,兑换〕的,不能反转的,不可逆的. *inconvertible currency* 不能自由兑换货币. **inconver'tibly** ad.
incoordinate [inkou'ɔ:dinit] a. 不配合的,不协调的,不同等的,非对等的.
incoordina'tion [inkouɔ:di'neiʃən] n. 不协调性,不配合,共济(运动)失调,不等同. *incoordination load* 不匹配负载.
incor = incorporated 合并的,结合的,股份有限的(公司)
in-core n.; a 堆(芯)内. *in-core flux monitor* 堆芯通量监测器.
incor'porate I [in'kɔ:pəreit] v. ①(使)结〔联,混,掺〕合,混用,(使)合并〔并和〕,(使)组成公司,结社 ②包括〔综合〕(在),(安)装有,含有,把…包括进去 ③插〔引,输,加,编〕入 ④使具体化,体现. *an incorporated company* 股份有限公司. ▲ *incorporate M in* (*into*) N 把 M 插〔引,输,加,编〕入 N, 把 M 加〔并,掺,混,溶合〕到 N 里. *incorporate* (*M*)

incorporation with N（把 M）与 N 混合.

I [inˈkɔːpərit] a. ①合为一体的,合并（在一起）的,结（联）合（一起）的,一体化的,紧密结合的 ②组成的,（组成）公司的 ③掺（混）合的.

incorpo'ration [inkɔːpəˈreiʃən] n. 结（联,掺,混）合,合并,加（掺,引,并）入,公司,团体. ▲*incorporation into* 并入.

incorporator n. 合并者,公司创办人.

incorpo'real [inkɔːˈpɔːriəl] a. 无实体的,无形（体）的,非物质的,精神的. **incorpore'ity** n.

incorrect' [inkəˈrekt] a. 不正确的,错误的,不对的,不恰当的,不妥（当）的. ~**ly** ad. ~**ness** n.

incor'relate [inˈkɔrileit] a. 不（非）相关的.

incor'rigible [inˈkɔridʒəbl] a. 难以矫（纠）正的,不可救药的. **incorrigibly** ad.

incorro'dible a. 抗腐（侵蚀）的,不腐（蚀）的,不（防）锈的.

incorro'sive a. 不腐蚀的.

incorrupt' [inkəˈrʌpt] a. 未沾污的,无差错的,无改动的.

incorruptibil'ity n. 坚固性,耐用度,不腐败性.

incorrup'tible [inkəˈrʌptəbl] a.；n. 不易腐蚀的（东西）,不易败坏的.

in-country a. 国内的.

incras'sate a.；v. 增（肥）厚的,浓化（的）,浓缩.

increase I [inˈkriːs] v. 增加（大,多,长,殖,强）,提（升）高,上升,增长,繁殖, *increase by a factor of 1/5* 增加20%, *增加（1+1/5）倍. increase in volume* 体积增加. *increased contention*（信息）争用增加. *increasing series* 递增级数. *increasing wave* 增幅波. ▲*increase (M) by N*（使 M）增加 N. *increase by a factor of 5* 增高了4倍,提高到5倍. *increase by M times* 增加到 M 倍,乘以 M. *increase in direct ratio with* 随…成正比增加. *increase in …*（方面）增加. *increase M to N* 把 M 增加到 N. *increase with years* 逐年（一年一年）增加.

II [ˈinkriːs] n. 增加（大,多,长,进,殖）,升高,增（加）量,增大额. *increase current metering* 增流计量. *steep increase* 急剧增加,直线上升. ▲（*be*）*on the increase* 在增加中,不断增长（加）. *increase in* … …的增加（加）. ~**ment** n.

increaser n. 异径接头（管）,连轴齿套.

increas'ingly [inˈkriːsiŋli] ad. 愈加,日益,格外,越发,越来越.

incredibil'ity [inkredəˈbiliti] n. 不能相信,惊人.

incred'ible [inˈkredəbl] a. 难于置信的,不可思议（相信）的,奇怪的,惊人的,非常的. **incred'ibly** ad.

incredu'lity [inkriˈdjuːliti] n. 不（轻,相）信,怀疑.

incred'ulous [inˈkredjuləs] a. 不轻信（相信）的,（表示）怀疑的. ▲*be incredulous of* 不相信. ~**ly** ad.

in'crement [ˈinkrimənt] n. 增加（大,长,殖,收,益）,递增,增加物（量）,增量（值,额）【计】加（动词）,发育,余差. *increment of a function* 函数的差值. *increment type* 递增型. *temperature increment* 温度升高. *yearly increments* 年度增加物.

incremen'tal [inkriˈmentəl] a. 增加（量,值）的,逐次增长的,递增的. *incremental address* 增量（加）地址. *incremental analysis* 阶段增量分析. *incremental angular step* 步进角度增量. *incremental capacitor* 精确调整（校正）电容器,微量可调电容器. *incremental compiler* 可增（逐句）编译程序. *incremental connector* 加长连接件. *incremental digital recorder* 增量式数字记录器,步进数字录音机. *incremental duplex* 增流双工. *incremental frequency shift* 增量频移. *incremental gain* 微变量增益. *incremental hysteresis loss* 磁滞（滞后）损耗增量,微增磁滞损耗. *incremental induction* 增量电感. *incremental negative resistance* 负微分电阻. *incremental permeability* 微分（增量）磁导率,磁导率增量. *incremental plotter* 不连续曲线描述器,增量式绘图仪. *incremental quadruplex telegraphy* 增流式四路多工电报. *incremental recorder* 步进（级进,级间）记录器,连续记录器. *incremental tuner* 增量式（步进式,电感抽头式）调谐器.

incres'cent [inˈkresnt] a. 增大的,渐盈的.

incretin n. 肠降血糖素,肠促胰岛素.

incre'tion n. 内分泌.

in-crowd n. 小集团人员,小圈子（熟朋友）.

incrust' [inˈkrʌst] v. 用皮（壳）包裹,镶饰,长硬皮（壳）,包壳,结垢,结焦.

incrus'tant a.；n. （水的）硬垢.

incrusta'tion [inkrʌˈsteiʃən] n. ①用外皮包裹,结硬壳,结疤,结垢,矿渣,水锈,水垢,积垢 ②（建筑物）表面装饰,镶嵌（物,细工）. *sediment incrustation* 积垢.

in'cubate [ˈinkjubeit] v. ①孵（卵,化,育）②（病）潜伏③使及发展,（把…）酝酿成熟.

incuba'tion [inkjuˈbeiʃən] n. 保温（培养）,孵卵（化）,培（孕）育,（病）潜伏（期）. *incubation period* 孕育（诱导,潜伏期）.

in'cubative [ˈinkjubeitiv] a. 孵卵的,潜伏期的.

in'cubator [ˈinkjubeitə] n. 孵化（卵）器,细菌培养器,培育（培养,孵卵,恒温,保温）箱.

in'cubatory [ˈinkjubeitəri] = incubative.

inculcate [ˈinkʌlkeit] vt. 反复灌输,谆谆教诲. **inculca'tion** n.

incul'turing [inˈkʌltʃəriŋ] n. 移植（法）,接种.

incum'bency [inˈkʌmbənsi] n. ①责任,义务 ②压（着的东西）,覆盖（物）③任职,任期,职权.

incum'bent [inˈkʌmbənt] a. ①负有责任（义务）的,义不容辞的（on, upon）②躺卧的,倚依的 ③压（覆盖）在上面的,重叠的,叠（上）覆的 ④现任的,在职的. ▲*be incumbent upon … to +inf.*（做…）是…的义务（责任）.

incumber = encumber.

incumbrance = encumbrance.

incunabulum [inkjuˈnæbjuləm]（pl. *incunabula*）n. 早期,最初期,摇篮时代,古版本.

incunea'tion [inkjuːniˈeiʃən] n. 楔入,嵌入.

incur' [inˈkəː]（*incurred; incurring*）v. 招致（来）,遭受,惹起,承担.

incu'rable [inˈkjuərəbl] a. 不（能医）治的,不可救药的,不能改正的.

incurios'ity [inkjuəriˈɔsiti] n. 没兴趣,不关心,引不起兴趣,不新颖.

incu'rious [inˈkjuəriəs] a. 不感兴趣的,不关心的,不

incur'rence [in'kʌrəns] n. 招致,遭受.

incur'sion [in'kə:ʃən] n. ①侵入〔犯,略,袭〕,袭击 ②进〔流〕入.

incur'sive [in'kə:siv] a. ①攻入的,侵入〔略〕的,袭击的 ②流入的.

in'curvate [ˈinkəːveit] Ⅰ v. (使)(向内)弯曲. Ⅱ a. (向内)弯曲的.

incurva'tion [inkə:'veiʃən] n. 内曲〔凹〕,弯曲.

in'curve' [ˈinˈkə:v] Ⅰ v. (使)(向内)弯曲. Ⅱ n. 弯曲,内弯.

incurved [in'kə:vd] a. 弯曲的,内曲(弯)的,弯成曲线的.

Ind = ①indent 订单 ②India 印度 ③Indian 印度的 ④Indiana (美国)印第安纳(州).

ind = ①independent 独立的 ②index 索引,指数〔标〕 ③indicate 指示 ④indicator 指示器 ⑤inductance 电感 ⑥induction 感应,引入,归纳 ⑦industrial 工业的 ⑧industry 工业.

indaga'tion [indəˈgeiʃn] n. 小心研究,检查,诊查.

indalloy n. 锢银(英达络依合金)焊料(锢90%,银10%合金).

indan'threne [indan] and **indanthrone** n. 阴丹士林,阴丹酮,靛蒽醌,标准还原蓝.

indebt'ed [in'detid] a. ①负债的 ②受惠的,感恩〔激〕的. ▲ *be indebted to* 感谢,欠(某人). *I am greatly indebted to you for your help.* 我非常感激你的帮助. ~**ness** n.

indecid'uous [indi'sidjuəs] a. 常绿的,不落叶的.

indeci'pherable [indi'saifərəbl] a. 破译不出的,难辨认的,难懂的,模糊的.

indeci'sion [indi'siʒən] n. 犹豫不定,优柔寡断.

indeci'sive [indi'saisiv] a. ①犹豫不定的,优柔寡断的 ②非决定性的,非结论性的 ③未清楚标明的,不明确的,模糊的. *There are no indecisive boundaries between the two opinions.* 这两种意见截然不同. ~**ly** ad. ~**ness** n.

indecompo'sable a. 不可分解的,不可分的.

indeed' [in'di:d] ad. ①的确,确实,真是 ②实际上,真正地 ③当然,固然 ④甚至.

indef = indefinite 无限的,不定的.

indefatigabil'ity [indifætigə'biliti] n. 不屈不挠,不疲倦,坚持不懈.

indefat'igable [indiˈfætigəbl] a. 不屈不挠的,不(疲)倦的,坚持不懈的. **indefat'igably** ad.

indefea'sible [indi'fi:zəbl] a. 不能取消的,不能废除的. **indefeasibil'ity** n. **indefeasibly** ad.

indefec'tible [indiˈfektəbl] a. ①不败的 ②不易损坏的 ③无缺点的,无瑕疵的,完美的 ④永存的.

indefensibil'ity [indifensi'biliti] n. 无法防御〔辩护〕,站不住脚.

indefen'sible [indi'fensəbl] a. 难以〔无法〕防御的,无法辩护的,站不住脚的,不可原谅的. **indefen'sibly** ad.

indefi'nable [indi'fainəbl] Ⅰ a. 难(限)定的,不能下定义的,难以确切表达的,模糊不清的,不明确的. Ⅱ n. 难以下定义的事物. **indefi'nably** ad.

indef'inite [in'definit] a. 不明确的,未确定的,不定的,模(含)糊的,无限(期)的,无穷的. *indefinite equation* 不定方程. *indefinite scale* 任意比例尺.

indef'initely ad. 无限(期)地,在长时期内,无穷地.

indefinitely-small a. 无穷小的.

indehis'cent [ind:'hisənt] a. (果实等)成熟时不(开)裂的.

indelibil'ity [indeli'biliti] n. 不能消除〔抹去〕,难忘.

indel'ible [in'delibl] a. 不能消除〔擦掉,涂抹〕的,去〔洗,擦〕不掉的,不可磨灭的,持久的. **indelibly** ad.

indemnifica'tion [indemnifiˈkeiʃən] n. 使安全,保障,免受损失,赔偿(物).

indem'nify [in'demnifai] vt. ①保护〔障〕②赔〔补〕偿,偿付 (for). ▲ *indemnify … from* (against)…使…不受损害〔损失〕.

indem'nity [in'demniti] n. ①保证〔障,险,护〕②(补)偿,赔款,赔偿物〔金〕③免罚,赦免.

indem'onstrable [in'demonstrəbl] a. 不能〔无法〕证明的,无法表明的,无证明必要的. **indemonstrably** ad.

in'dene ['indi:n] n.【化】茚 (C_9H_8).

indeno- [词头]茚并.

indent [in'dent] Ⅰ v. ①刻成锯齿状的,刻凹槽,刻痕,使犬牙交错,用榫眼接牢 ②使奇入,使凹进,在…上压凹痕,压印 ③一式两(数)份地起草 ④(用双联单)订(货,购),(向…)正式申请,动用 (on) ⑤(印刷;书写)缩进(排)一二字. Ⅱ ['indent] n. ①(刻)痕,凹槽〔痕〕,凹砖牙〔砖榫〕,锯齿形,注,穴,空格 ②双联订单,契约,合同,(国外)订货单 ③〔印〕缩排,缩进,空格. *indented beam* 错口〔锯齿〕式组合梁. *indented joint* 齿接合,齿合接缝. *indent(ed) roller* 凹纹路碾〔压路机〕. *indented steel wire* 齿纹钢丝. ▲ *indent upon M for (goods)* 向M订(货).

indenta'tion [inden'teiʃən] n. ①刻〔切〕痕,凹槽〔痕,座〕,入,凹,部〕,低凹,缺口,呈锯齿形,(打)缺刻 ②印压,压坑凹痕,印,入 ③(印刷,书写)缩进,缩排,弯入,缩行 ④曲折岸,海岸线凹入处,成穴(陷球)⑤【军】装备〔配备〕. *indentation hardness* 压痕硬度. *indentation of contours* 围道的刻蚀. *indentation test* (勃氏)球印硬度试验. *residual indentation* 剩余陷穴〔空穴〕.

indent'er n. (硬度试验)压头,刻痕器,压陷器,球印器.

indent'ing [in'dentiŋ] n. 刻(压)痕,凹进,压凹(入),压大型窝,成穴,切口,刻槽.

indention n. = indentation.

inden'ture [in'dentʃə] n. ①= indentation ②学徒(定期服务)契约,双联合同,凭单.

INDEP = independent.

indepen'dence [indi'pendəns] n. 独立(性),单独(立),不依靠,无关(性). *charge independence* 电荷独立性(不变性).

indepen'dent [indi'pendənt] a. 独立(自)的,单独的,自主〔主〕的,不依靠的,【数】无关的,分(别)动的. *independent assortment* 自由组合,独立分配. *independent chuck* 分动(四爪,单独移爪)卡盘. *independent drive oscillator* 主动式振荡器,他激振荡器. *independent evidence* 充分的证据. *independent excitation* 他激(励),单独激励. *independent functions* 独立函数. *independent time-lag relay* 定时限继电器. *independent (type) transfer machine* 单机联线,单能机组合自动线. *independent variable* 自变量〔数〕,独立变量. *independent wire rope core* *wire rope* 绳式股芯的钢丝绳. *independent wire strand core wire rope* 钢芯钢丝绳. ▲ *(be) independent of* 与…无关,不依赖〔…的〕,不取决于〔…的〕,离…独立,不以…为转移,不受…制约〔限制,控制〕. *independent from* 与…无关.

indepen'dently *ad.* 独立〔任意,自由〕地. *independently excited cavity* 自激空腔共振器. ▲ *independently of* 与…无关,不取决于.

in'-depth' ['in'depθ] *a.* 深入的,彻底的,全面的.

indescribabil'ity [indiskraibə'biliti] *n.* 难形容(性).

indescri'bable [indi'skraibəbl] *a.* 难以描述〔形容〕的,难说的,模糊的,不同确的. **indescri'bably** *ad.*

indestructibil'ity [indistrʌktə'biliti] *n.* 不灭性,不可毁性. *indestructibility of matter* 物质不灭(定律).

indestruc'tible [indi'strʌktəbl] *a.* 不(可毁)灭的,耐久的,破坏不了的,牢不可破的. **indestruc'tibly** *ad.*

indeter'minable [indi'tə:minəbl] *a.* 无法决〔确〕定的,不能解决的,不定的,不能查明〔决定〕的. **indeter'minably** *ad.*

indeter'minacy [indi'tə:minəsi] *n.* 不确定(性,度),不固定,模糊,模糊.

indeter'minate [indi'tə:minit] Ⅰ *a.* 不(确,固)定的,未(决)定的,不明确的,模糊的,仍有疑问的,不会有结果的,无法预先知道的. Ⅱ *n.* 【数】未定元. *indeterminate analysis* 不定解〔分〕析. *indeterminate principle* 测不准原理. *indeterminate structure* 超静定结构. ~*ly ad.* ~*ness n.*

indeter'minateness *n.* 不定性.

indetermina'tion [indite:mi'neiʃən] *n.* 不(确)定(性),不明确的,模糊不清,不果断.

indeter'minism *n.* 不可预测〔言〕.

in'dex ['indeks] Ⅰ (pl. *in'dexes* 或 *in'dices*) *n.* ①索引,检索,目录 ②记…号,系数,率,分数,幂 ③标志〔高〕,下〔附〕指,符〔记〕号,示量,高程 ④指标〔引,示,南〕,为指示〔定位〕器,针盘(刻度盘上的)指针〔铣床〕的分度,分度指,指指,参见号,*acousto-electric index* 声电(变换)指数. *circular index* 圆〔回转〕分度头. *fixed index* 固定瞄准器. *FM index* 调频度. *index beam* 引示〔指引〕射束. *index bed* 〔矿〕标准层. *index bit* 定位比,定位比特. *index compound* 母体化合物. *index contour* 注数字等高线. *index correction* 仪表刻度〔误差〕校正,指标校正. *index dial* 指标〔刻度,标度〕盘. *index error* 指示误差,读数差. *index fossil* 标准化石. *index gauge* 指示计〔表〕,分度规. *index glass* 标镜,(测角器)指示镜. *index hand* 指针. *index head* 分度头〔器〕. *index intensity* 标记亮度. *index minerals* 标准〔指标〕矿物. *index number* 指数. *index of quality* 质量指标. *index part* 变址部分. *index plate* 分度〔标度,变速〕盘. *index point* 标定点. *index property* 特性. *index thermometer* 有刻度的温度计. *index time* 转位时间. *index tube* 引示管. *index unit* 指示〔分度〕装置. *performance index* 性能指标. *refraction index* 折射率,折光指数. *rotary index machine* 多工位转台式机床. *sliding index* 游标. *time indices* 记时,时标.

Ⅱ *v.* ①加〔编(入),附以〕索引,检索 ②记…号码,

转换角度(使对准位置),转(换)位(置),换档,改〔变〕址 ③指向〔明,示〕. *indexed address* (已)变〔地〕址,结果地址. *indexed file structure* 附标(定位,加索引)文件结构. *indexed list* 索引〔加下标,变址〕表. *indexed plane* 标高平面. *indexed system* 加标系. ▲ *index out* 指出〔示〕. ~*ical a.*

indexa'tion *n.* 指数化.

index-breeding *n.* 指数选择.

in'dexer *n.* 分度器,编索引的人.

in'dexing ['indeksiŋ] *n.* (标定)指数〔度〕,分度(法),索引,标引,加下标,加标记,转位,转换角度,换档,改〔变〕址,变址数. *correlative indexing* 相关检索. *indexing application unit* 变位单元,变址器. *indexing circuit* 指引电路. *indexing gear constant* 分度机构常数. *indexing head* 读数器. *indexing intensity* 标记亮度. *indexing operation* 变址操作. *indexing plate* 刻度盘. *indexing register* 指数〔变址〕(数)寄存器. *indexing slots* (印刷电路板)插头定向槽. *rotary indexing* 回转分度法.

indexless *a.* 无索引的.

In'dia ['indjə] *n.* 印度. *India ink* 墨(汁). *India paper* 凸版〔字典〕纸. *India rubber* 橡皮,橡胶(套鞋).

In'dia ['indjə] *n.* 通讯中用以代表字母i的词.

In'dian ['indjən] *a.* ; *n.* ①印度(人)的,印度人 ②印第安人的. *Indian corn* 玉米. *Indian ink* 墨(汁). *Indian paper* 凸版〔字典〕纸. *Indian red* 印度红,三氧化铁,氧化正铁.

Indiana [indi'ænə] *n.* (美国)印第安纳(州).

India-rubber *n.* (印度,天然)橡胶,(弹性)橡皮,橡胶套鞋. *india-rubber cable* 橡胶绝缘电缆,胶皮电缆.

In'dic ['indik] *a.* 印度的,印度语言的.

indic = indicator 指示器.

in'dicant *n.* ; *a.* 指示符,指征,指示的.

in'dicate ['indikeit] *vt.* ①指〔显,表,预,暗〕示,指出,表明,象征 ②简(单陈)述,简要地说明 ③需要,使成为必要. *indicated altitude* 计示高度〔指示高度〕. *indicated horsepower* 指示马力. *indicated noise meter* 噪声指示计. *indicated power* 指示功率. *indicated weight* 标(明的)重(量). *indicating light* 指示〔信号〕灯. ▲ *be indicated as* 用…表示.

indica'tion [indi'keiʃən] *n.* ①指征,表,展示,暗示,画出指示图表,指出 ②指示,示值,读数,表示法 ③象征,迹象,征兆〔候〕,指标 ④给〔发出〕信号,信号(设备). *brief indications* 简(单陈)述,概述. *indication error* 指示〔读数,示数,示值〕误差. *indication of oil* 油示,油苗. *indication range* 指示范围,搜索距离. *letter of indication* 印鉴证明书. *remote indication* 遥测. ▲ *give an indication of* 表示,象征,用来衬托(…的大小比例). *the indication is that* (有)迹象表明. *there are various indications that* 种种迹像表明.

indic'ative [in'dikətiv] *a.* 指示,显,预示的,表示特征的,象征的,陈述的. *indicative abstract* 指示性简述〔摘要〕. ▲ *be indicative of* 表现〔示〕出,有征兆,为…的征兆. ~*ly ad.*

in'dicator ['indikeitə] *n.* 指示器〔物,牌,剂,灯,符,指令,测量仪表〕,显示〔示功,示压〕器,标志器,目视

仪,计量表,计数器,千分表,指针,标记,示踪剂,示踪[标志]原子,食指. dial indicator 标度盘指示器,千分表. indicator card 指示卡. indicator chart 指示符[字]图. indicator diagram 示功图,指示器图表,蒸气压图,示压容图. indicator horizon 标准层位,指示层. indicator paper 试纸. inside indicator 内径测微指示器,内指示剂(中和滴定上用的石蕊). position indicator 位置指示器,定位仪. revolution indicator 转数计. surface indicator 平面规,表面找正器. thickness indicator 测厚计. two-colour indicator 两色指示剂.

indicator-off n. 指示指令断开.
indicator-on n. 指示指令接通.
indic'atory [in'dikətəri] a. 指[表]示的(of).
indica'trix [indi'keitriks] n. ①指示(线)图),标形,指示线[面],特征曲线 ②【地】蒂索指示图,畸变椭圆 ③【结晶】光率体. curvature indicatrix 曲率指示线. indicatrix of optic diaxial crystal 二轴晶光率体.
in'dices ['indisi:z] index 的复数.
indicia [in'diʃiə] n. (pl.) ①标记,记号,象征 ②邮戳,贴在信封上代替邮票的盖有邮戳的签券.
indicial [in'diʃəl] a. 的,单位阶跃的. indicial admittance 过渡导纳.
indic'ium [in'disiəm] n. (pl. indic'ia)表示,记号,征候.
indict [in'dait] vt. 控告,告发,起诉. ~ion n.
indictee' [indai'ti:] n. 被告.
indicter 或 **indictor** [in'daitə] n. 原告.
indictment [in'daitmənt] n. 控告,告发,起诉(书). bring in an indictment against 控告.
In'dies ['indiz] n. the (East) Indies 东印度群岛. the West Indies 西印度群岛.
indiff'erence [in'difrəns] 或 **indifferency** n. ①冷淡,不关心,不care,无关紧要,不重要 ②(小)事 ③无差别 ④中立,中性,惰性 ⑤不分化,不亲合力. a matter of indifference 无关紧要的事. ▲ show indifference to (towards) 不计较,不关心. with indifference 冷淡地,漠不经心地.
indiff'erent [in'difrənt] a. ①冷淡的,淡漠的,不关心的,不在乎的,不感兴趣的,不感觉的 ②不重要的,无关紧要的 ③平庸(常,凡)的,一般的,无差异的,无作用的,质量不高的,很差的 ④中立的,中性的,惰(惯)性的 ⑤未分化的,无亲合力的. indifferent electrolyte 协助电解物. indifferent equilibrium 随遇[中性]平衡. indifferent gas 惰性气体. ▲ be indifferent to 对…不关心(不感兴趣,是不在乎的). ~ly ad.
indiffu'sible a. 不[未]扩散的.
indiffu'sion n. 向内扩散.
in'digence ['indidʒəns] 或 **in'digency** n. 贫穷[困].
in'digene ['indidʒi:n] n. 土生的动[植]物.
indig'enous [in'didʒinəs] a. ①本土的,土的,本地(产)的,土生土长的 ②生成的,天生的,固有的(to). indigenous equipments and methods 土设备和土办法. indigenous fuel 当地燃料. indigenous graphite 析出石墨. use indigenous raw materials 就地取材. ~ly ad.

indigent ['indidʒənt] a. 贫困[穷]的.
indiges'ted [indi'dʒestid] a. 考虑不充分的,杂乱的,条理不清的,未[不]消化的.
indiges'tible [indi'dʒestəbl] a. 难理解的,难领会的,不消化的.
indiges'tion [indi'dʒestʃən] n. 难理解,难领会,消化不良,不消化. **indigestive** a.
indig'nant [in'dignənt] a. 愤慨的,义愤的(at, over, about, with).
indigna'tion [indig'neiʃən] n. 愤慨,义愤,声讨(at, against, with).
in'digo ['indigou] n. 靛(蓝,青). indigo blue 靛蓝色. indigo copper 铜蓝.
indigosol n. 溶靛素.
indigot'ic [indi'ɡɔtik] a. 靛(蓝,青).
in'digotin = indigo.
indirect' [indi'rekt] a. ①间接的,非直接的,经由某个中间物的,迂回的,不正的 ②不坦率的,不诚实的. indirect activities 辅助业务. indirect analog 间接模拟,非直接模拟型(计算机),函数型模拟(计算机). indirect descent 旁系. indirect light 间接(反射)光. indirect lighting 间接(无影反射)照明. indirect output 间接[脱机]输出. indirect radiation 间接辐射. indirect transfer to a planet 间接行星航行. indirect welding 单面点焊.
indirect'ly ad. 间接地. indirectly heated cathode 旁热(式)阴极. ▲ depend indirectly on 同…间接有关.
indirec'tion [indi'rekʃən] n. ①间接,迂回,兜圈子 ②不诚实,欺骗. by indirection 间接,兜圈子,拐弯抹角地.
indiscer'nible [indi'sə:nəbl] a. 分辨(觉察)不出的,难辨别的. **indiscernibly** ad.
indiscreet' [indis'kri:t] a. 不慎重的,轻率的,不明智的. ~ly ad.
indiscrete' [indis'kri:t] a. 不分开的,紧凑的.
indiscretion n. 不慎重,轻率.
indiscrim'inate [indis'kriminit] a. 无差别[区别,选择]的,普遍[混乱]的,不加选择[鉴别]的,杂乱的,侵袭各部的. ~ly ad. ~ness n.
in'discrimina'tion ['indiskrimi'neiʃən] n. 无差别[选择],不加区别,混淆,任意. **indiscriminative** a.
indispensabil'ity [indispensə'biliti] n. 必要[需],紧要.
indispen'sable [indis'pensəbl] I a. 不可缺少的,必不可少的,必需[要]的,主[紧]要的(to, for) ②避免不了的,不可推御的,责无旁贷的. II n. 不可少的人[物]. ▲ be indispensable to 对…是不可缺少的,对…是必需的. **indispensably** ad.
indispose' [indis'pouz] vt. 使不愿,使不倾向于,使不能,使不适合.
indisposed' [indis'pouzd] a. 不舒服的,不愿的,不倾向的,不想(干)…的.
indisposi'tion [indispə'ziʃən] n. 不适(当,合,意),不舒服,不想干…,厌恶.
indispu'table [indis'pju:təbl] a. 无可争辩的,无(可置)疑的,明白的. ~ness n. **indispu'tably** ad.
indissolubil'ity [indisɔlju'biliti] n. 不溶解性,不分解性,不均(匀)性,永久性.

indissol'uble [ˌindiˈsɔljubl] a. ①难[不]溶解的,不能分解[分离]的 ②稳定的,不能散消的 ③永恒的,永久不变的. **indissol'ubly** ad.

indissol'vable a. 不溶解的. ~**ness** n.

indistinct' [ˌindisˈtiŋkt] a. 不清楚的,不明显[明了]的,模糊的,微弱的,不易区别的,难辨认的,不确定的. ~**ly** ad.

indistinc'tion [ˌindisˈtiŋkʃən] n. 无区别,混乱,不明,同等.

indistinc'tive [ˌindisˈtiŋktiv] a. 不显著的,无特色的,无差别的. ~**ly** ad.

indistinct'ness [ˌindisˈtiŋktnis] n. 模糊,不清晰(度).

indistinguishabil'ity [ˌindistiŋgwiʃəˈbiliti] n. 不能区分辨性.

indistin'guishable [ˌindisˈtiŋgwiʃəbl] a. 不能区[辨]别的,难区分的,不易觉察的,无特征的. ~**ness** n. **indistinguishably** ad.

indistributable [ˌindisˈtribjutəbl] a. 不可分配[散布]的.

in'ditron [ˈinditrɔn] n. 指示管,字码[示数]管.

in'dium [ˈindiəm] n. 【化】铟. In, *indium antimonide* 锑化铟.

indium-enriched a. 加铟的.

indiver'tible [ˌindaiˈvəːtəbl] a. 不能引开的,难使转向的.

individ'ual [ˌindiˈvidjuəl] I a. ①个[分]别的,各个的单独(一)的,个体(人)的,特殊的,独特[自]的,专用的. II n. 个体(人),独立单位,特性. *individual background controls* 各路背景控制. *individual camera* 单独[单一背景航空]摄影机. *individual cast* 分割[分块,个别]铸造. *individual component* 单独[分立]元件. *individual ergodic* 个体各态历经. *individual reflection* 单次反射. *individual style* 独特风格. *individual account* 分户帐目.

individualism n. 个人(利己)主义,并体共生.

individualist a.; n. 个人(利己)主义者,个人主义(者)...~**ic** a.

individualistic a. 单个的,专用的.

individual'ity [ˌindividjuˈæliti] n. ①个体(人,性),单独(性),个别[独立]存在状态 ②(pl.)特征[性,色].

individualiza'tion [ˌindividjuəlaiˈzeiʃən] n. 差别,特记,个性化.

individ'ualize [ˌindiˈvidjuəlaiz] vt. ①使各个互不相同,个别化,使有特性,使适应个别需要 ②表现区别 ③一一列举,分别详述.

individ'ually [ˌindiˈvidjuəli] ad. 个别[逐一]地,一个一个单独地,个人地,以自己明白[显]地,以个人资格地.

individ'uate [ˌindiˈvidjueit] = individualize.

individua'tion [ˌindividjuˈeiʃən] n. 个体[个别]化,个性发生.

indivisibil'ity [ˌindiviziˈbiliti] n. 不可分性.

indivis'ible [ˌindiˈvizəbl] I a. 不可分(割)的. 【数】除不尽的,不可约的,极微的. II n. 极微分子,极小物,不可分的东西,不可除尽. *one and indivisible* 不可分割的一体的.

INDLUB = industrial lube 工业润滑油.

In'do-Chi'na [ˈindouˈtʃainə] n. 印度支那.

In'do-Chinese' [ˈindoutʃaiˈniːz] n.; a. 印度支那的,印度支那人(的).

indoc'trinate [inˈdɔktrineit] v. 教(训,导,育),灌输. **indoctrina'tion** n.

in'dol(e) [ˈindoul] n. 氮(杂)茚,吲哚,苯并吡咯.

in'dolence [ˈindələns] n. 懒散(惰),不积极的,无痛的.

in'dolent [ˈindələnt] a. 懒散(惰)的,不积极的,无痛的. ~**ly** ad.

indolgenic a. 产吲哚的.

indolyl- (词头) 吲哚(基).

indolylethylamine n. 吲哚乙胺.

indom'itable [inˈdɔmitəbl] a. 不能制[屈,征]服的,不屈不挠的,一往无前的. **indomitably** ad.

Indonesia [ˌindoˈ(u)niːzjə] n. 印度尼西亚.

Indonesian [ˌindoˈniːzjən] a.; n. 印度尼西亚(人)的,印度尼西亚人.

in'door [ˈindɔː] a. 室内[户内]的,内部的. *indoor antenna* 室内天线.

in'doors [ˈinˈdɔːz] ad. (在,进入)室内,在屋里,在家.

INDOR = internuclear double resonance 核间双共振.

indorsation [ˌindɔːˈseiʃən] = endorsement.

indorse = endorse.

indospicine n. α-氨基-6-胼基已酸.

indox n. 英多克斯钢磁铁(一种永磁材料).

indoxyl- (词头) 吲哚基.

indoxyl n. 吲羟,吲哚酚.

in'draft 或 **in'draught** [ˈindrɑːft] n. 引[吸,流]入,吸风(气),进气,吸入物,内向流,向内的气(水)流,向岸流.

in'drawing n. 牵入,凹入.

indu'bitable [inˈdjuːbitəbl] a. 无疑的,确实的,明白(确)的. **indu'bitably** ad.

induce' [inˈdjuːs] vt. ①诱(导,发),惹起,引起[发,射],招致,导致(出) ②感应[生],电感 ③归纳. *heat induced penetration* 热致贯穿. *induced activity* 感应[人工]放射性. *induced current* 感应[电]电流. *induced draft fan* 引[吸]风机. *induced emission* 诱导放射,感应[受迫]发射. *induced environment* 外界感应环境. *induced magnetic anisotropy* 磁感应各向异性. *induced mapping* 导出映射. *induced polarization* 激发极化(电位). *induced porosity* 次生孔隙. *inducing current* 施感电流. ▲ *induce ... to + inf.* 促使(导致)…(做某事).

induce'ment [inˈdjuːsmənt] n. 诱导[因],动机.

indu'cer [inˈdjuːsə] n. ①诱导者(物,体),诱发物[剂],诱因 ②电感器 ③(压缩机,鼓风机等的)进口段,叶[导]轮,导流轮.

indu'cible a. 可归纳的.

induct' [inˈdʌkt] vt. ①引入[导,进],吸(导)入 ②感应,感生 ③传授,介绍,使初步入门. *inducting circuit* 施感电路.

induc'tance [inˈdʌktəns] n. ①电感,感应(系数,现象,性),自感系数 ②(发动机)进气. *inductance amplifier* 电感耦合放大器. *inductance bridge* 电感电桥. *inductance coil* 电感(感应)线圈. *self [mutual] inductance* 自[互]感(系数).

induc'tile [inˈdʌktail] a. 没有延性的,低塑性的,不曲的.

induc'tion [in'dʌkʃən] n. ①引入〔导〕,进入,诱导(作用),诱进〔发〕,激发 ②感应(现象,密度),电感,磁感 ③吸入〔入〕,进气(发动机) ④归纳(法,推理) ⑤前言,绪〔序〕论 ⑥初次经验,入门. *air induction* 进气. *induction bridge* 感应〔电感,电抗〕电桥. *induction by simple enumeration* 简单枚举法. *induction field* 感应〔电,电磁〕场. *induction fluid amplifier* 引流型放大元件. *induction furnace* 感应电炉. *induction hardening* 高频硬化〔淬火〕,感应淬火. *induction motor* 感应〔异步〕电动机. *induction pipe* 吸入〔导入,送水,送气,进口〕管. *induction regulator* 电感(式电压)调节器. *induction screen* 〔sheath〕磁屏. *induction signalling* 电感应通信,电感应信号制. *induction spark coil* 电火花感应线圈. *induction stroke* 吸气冲程. *induction valve* 吸入阀,进气阀〔门〕. *residual induction* 残〔剩〕余磁感. *saturation induction* 饱和感应.

induc'tionless a. 无感应的,无电感的. *inductionless conductor* 无感导体.

induction-permeability curves 磁通-导磁率曲线.

induc'tive [in'dʌktiv] a. ①引〔吸,进〕入的,诱导的 ②感应的,电感(性)的,有感的 ③归纳的,绪〔导〕言的. *inductive AEM system* 感应式航空电磁系统. *inductive choke* 电感线圈,扼流圈. *inductive coupling* 电感耦合. *inductive loading* 加感. *inductive method* 归纳〔感应〕法. *inductive post* 电感性匹心. *inductive reactance* (有)感(电)抗. ~ly ad. ~ness n.

inductiv'ity [indʌk'tiviti] n. 介电常数,感应性〔率〕,诱导率〔性〕. *magnetic inductivity* 导磁率,导磁系数.

induc'togram [in'dʌktəgræm] n. X 线(照)片.

inductom'eter n. 电感计.

inductopyrex'ia [indʌktopai'reksiə] n. (感应)电发热(法).

induc'tor [in'dʌktə] n. 【化】诱导物〔者,体,剂〕,【电】感应器〔体,物,机,元件,线圈〕,电感器,电感线圈,手感应式发电机,引导者. *inductor form* 线圈架〔管〕. *inductor loudspeaker* 感应式电磁扬声器. *inductor microelement* 微型电感元件. *inductor scroll* 涡形吸管〔诱导管〕. *solenoidal inductor* 螺管(状)感应线圈.

inducto'rium n. (鲁门阔夫)感应(线)圈,火花感应线圈.

induc'tosyn [in'dʌktəsin] n. 感应同步器,感应式传感器(利用印刷电路的不接触直接测量位置的传感器). *inductosym angle readout* 感应同步角输出.

induc'totherm [in'dʌktəθə:m] n. 感应电热器.

inductothermy n. 感应电热(疗)法.

inductuner n. 感应(电感)调谐装置.

indue = endue.

indurance = endurance.

in'durate I ['indjuəreit] v. (使)坚固,(使)变硬,(使)硬化,硬〔固〕结. II ['indjuərit] a. 硬化的.

indura'tion [indjuə'reiʃən] n. 硬化(作用),变硬,硬结(作用),硬处,固结(作用).

in'durative a. 变硬的,硬结的.

indures'cent a. 渐硬的.

In'dus ['indəs] n. 印度河.

indus'trial [in'dʌstriəl] I a. 工业(上,用)的,产业的,(工业)生产的. II n. 工业公司,工业家,产〔工〕业工人. *gross value of industrial output* 工业总产值. *industrial analysis* 工业〔工艺〕分析. *industrial arts* 工艺. *industrial control* 生产过程控制. *industrial crop* 经济作物. *industrial design* 工业设计,设计图. *industrial engineering* 工业〔企业〕管理学,工业工程. *industrial furnace* 工业用〔直接烧光式〕电炉. *industrial park* 工业区. *industrial relations* 劳资关系. *industrial workers* 产业工人. *integrated industrial system* 完整的工业体系. *learn industrial production* 学工.

industrializa'tion [indʌstriəlaizei'zeiʃən] n. 工业化.

indus'trialize [in'dʌstriəlaiz] v. (使)工业化.

indus'trially [in'dʌstriəli] ad. 工〔产〕业上.

industrial-scale a. 工业规模的,大规模的.

indus'trious [in'dʌstriəs] a. 勤劳〔奋〕的,苦干的. ~ly ad. ~ness n.

in'dustry ['indəstri] n. ①工〔产,实〕业,生产 ②勤劳〔奋〕. *basic industry* 重工业,基础工业. *hard metal industry* 硬质合金工业. *instrument industries* 仪表制造业.

in'dwell ['indwel] (*in'dwelt*) v. 内在,存在(于…之中).

ined'ible [in'edibl] a. 不适于食用的,不可食的.

in-edit n. (磁带)编辑(起)点,编辑开始.

ined'ited [in'editid] a. 未经编辑的,未出版的,不曾发表过的.

ined'ucable [in'edjukəbl] a. 不可教育的.

inef'fable [in'efəbl] a. 难以形容的,无法表达的,说不出的. **inef'fably** ad.

ineffaceable [ini'feisəbl] a. 不能消除的,抹不掉的. **ineffaceably** ad.

ineffec'tive [ini'fektiv] a. 无效〔益,用,能〕的,效低的,不适合〔当〕的,不起作用的. ~ly ad. ~ness n.

ineffec'tual [ini'fektjuəl] a. 无效的,不成功的. ~ly ad. ~ness n.

ineffica'cious [inefi'keiʃəs] a. 无效力〔验〕的,不灵的,无实〔疗〕效的. ~ly ad. ~ness n.

inef'ficacy [in'efikəsi] n. 无效力〔验〕,无疗效.

ineffi'ciency [ini'fiʃənsi] n. 无效(力),无能〔用,益〕,效率低〔差〕.

ineffi'cient [ini'fiʃənt] I a. 效率低〔差〕的,无能〔力〕的,不经济的,不熟练的,不胜任的,不称职的. II n. 效率低的人. *inefficient combustion* 不良的燃烧. *inefficient serial algorithm* 【计】低效串行算法. ~ly ad.

inel = inelastic.

inelas'tic [ini'læstik] a. 无弹力〔性〕的,非弹性的,无伸缩性的,不弯曲的,无适应性的,不能变通的. ~ally ad.

inelastic'ity [inilæs'tisiti] n. 无〔非〕弹性(度),刚性,无适应性.

inel'egance [in'eligəns] n. 不精致,粗糙〔俗〕(的东西). **inelegant** a.

inel'igible [in'elidʒəbl] a.; n. 不合格的(人),不可取的,无资格的,不能入选的.

inel'oquent [in'eləkwənt] a. 无说服力的.
ineluc'table [ini'lʌktəbl] a. 不可避免的,必然发生的.
inenarrable [ini'nærəbl] a. 难以描述的.
inept' [i'nept] a. ①不适当的,不符合要求的 ②笨拙的,愚蠢的,无能的,不称职的. ～**ness** 或 **inep'titude** n.
inequable [in'ekwəbl] a. 不相等的,不均匀的.
ine'qual a. 不平等的.
inequal'ity [ini:'kwɔliti] n. ①不相(平)等,不平均(衡,坦),不均匀,不平度,不相合,不适应,不(相)同,差别,互异,变动,起伏,地形峻峭度 ②【数】不等(式,性,量),【天】均差. ▲ *inequality to a task* 不能胜任.
inequigran'ular a. 不等粒状的.
inequilat'eral [inikwi'lætərəl] a. 不等边的.
ineq'uitable [in'ekwitəbl] a. 不公正(平)的. **inequitably** ad. **inequity** n.
inequivalence n. 不等效.
inerad'icable [ini'rædikəbl] a. 不能根除的,根深蒂固的. **inerad'icably** ad.
iner'rable [in'erəbl] 或 **inerrant** [in'erənt] a. 不会错的,绝对正确的. **iner'rancy** n.
inerrat'ic a. 按一定轨道运行的.
inert' [i'nə:t] I. a. 惰(惯)性的,不活泼的,无活动力的,(迟)钝的,不起化学作用的,无用的,无反应的,中和(性)的,无效的. II. n. (pl.) 惰性组分(气体). *inert dust* 岩粉.
iner'tance n. 惯(惰)性,声质量. *acoustic inertance* 声惯量,声感抗,声阻.
inert-atmosphere furnace 惰性气氛(体)保护(加热)炉.
inert-gas-filled a. 充有惰性气体的.
iner'tia [i'nə:ʃiə] n. 惯性,惯量,惰性(量,值),惰力,不活泼(动),无力. *inertia couple* 惯力偶. *inertia governor* 惯性调速器. *moment of inertia* 惯性矩,转动惯量.
iner'tial [i'nə:ʃiəl] a. 惯(惰)性的,惯量的,不活泼的,反应慢的,呆滞的. *inertial Cartesian coordinates* 笛卡尔惯性坐标,惯性直角坐标. *inertial frame* 惯性坐标系,惯性读数系统. *inertial guidance* 惯性(段)制导,被动段制导. *inertial information* 惯性制导系统数据. *inertial instrument system* 惯性制导系统. ～**ly** ad.
iner'tialess a. 无惯(惰)性的.
iner'tialessness n. 无惯性.
inertial-mass n. 惯性质量.
inert'ness n. 惰性,不活泼性,惯性,稳定性.
inerts n. 惰性气体(组分,物质).
INES ＝Institute des Hautes Etudes Scientifiques 法国高等科学研究院.
inesca'pable [inis'keipəbl] a. 不可逃避的,推卸不了的,不可避免的,必然发生的. **inesca'pably** ad.
ines'se (拉丁语)确实存在着.
inessen'tial [ini'senʃəl] a.; n. ①不紧(重)要的,可有的 ③无关紧要的(东西) ②非物质的,无实质的,非本质(性)的.
ines'timable [in'estiməbl] a. 难估量(评价)的,无法估计的,极贵重的,无价的. **ines'timably** ad.
inevitabil'ity [inevitə'biliti] n. 不可避免,必然性.

inev'itable [in'evitəbl] a. 不可避免的,必然(发生)的,料得到的. **inev'itably** ad.
in. ex. ＝in extenso (拉丁语) 全部,充分,不省略.
inexact' [inig'zækt] a. 不精确(密)的,不正(准)确的,不严格的,不仔细的. ～**ly** ad.
inexac'titude [inig'zæktitju:d] n. 不精(正,确)的,不精密.
inexcu'sable [iniks'kju:zəbl] a. 不可原谅的,无法辩解的.
inex'ecutable [in'eksikju:təbl] a. 不能实行的,办不到的.
inexhaus'tible [inig'zɔ:stəbl] a. 用不完的,无穷(尽)的,不(知疲)倦的. **inexhaustibly** ad.
inexhaus'tive [inig'zɔ:stiv] a. 不详尽的,不彻底的. ～**ly** ad.
inexis'tence [inig'zistəns] n. 不存在(的东西). **inexistent** a.
inex'orable [in'eksərəbl] a. 不屈不挠的,坚决的,无情的. *inexorable law* 不可抗拒的规律. **inexorably** ad.
inexpansibil'ity n. 不可膨胀性.
inexpe'dience 或 **inexpe'diency** n. 不适当,不明智. **inexpe'dient** a.
inexpen'sive [iniks'pensiv] a. 花费不多的,廉价的,便宜的. ～**ly** ad. ～**ness** n.
inexpe'rience [iniks'piəriəns] n. 缺乏经验,不熟练,外行.
inexpe'rienced a. 缺乏经验的,不熟练的,外行的.
inex'pert [in'ekspə:t] a. 不熟(老)练的,业余的,外行的.
inex'plicable [in'eksplikəbl] a. 不能说明的,不可解释的,费解的,莫明其妙的. **inex'plicably** ad.
inexplic'it [iniks'plisit] a. 含糊的,模糊不清的. ～**ly** ad.
inexplor'able [iniks'plɔ:rəbl] a. 不能勘查的,不能探险的.
inexplo'sive [iniks'plousiv] a. 不爆发(炸)的,不破裂的.
inexpres'sible [iniks'presəbl] a. 无法表达的,说不出的,难以形容的. **inexpres'sibly** ad.
inexpressive [iniks'presiv] a. 不表现的,无表示的. ～**ly** ad. ～**ness** n.
inexpug'nable [iniks'pʌgnəbl] a. 攻不破的,不动摇的.
inextensibil'ity n. 非(不可)延伸性,无伸展性,不可伸长性.
inexten'sible [iniks'tensəbl] a. 不能扩张(伸展,拉伸)的,伸不开的.
inexten'sional a. 非伸缩的,不可开拍的.
in extenso [in eks'tensou] (拉丁语) ad. 全部,详细,充分,不省略.
inextin'guishable a. 不能消(扑)灭的,不能遏制的.
inextrac'table a. 不可提取的.
inex'tricable [in'ekstrikəbl] a. 不能解决(摆脱)的,解不开的,不可避免的. **inex'tricably** ad.
INF ＝infinite.
inf ＝①infimum 下确界 ②infinite 无穷(限)的,不定的 ③infinitive 不定式的 ④infinity 无穷大 ⑤information 报告,资料.
inf (拉丁语) ＝*infra* 在下,(在)以下. *ad inf* (＝ad infinitum) 永远,无限地.

INF display =infinite display 无限长显示.
infall n. 下降[倾],降落,塌[崩]陷,进水口.
infallibil'ity [infælə'biliti] n. 确实性,绝无错误.
infal'lible [in'fæləbl] Ⅰ a. ①没有[不致]错误的,不会[犯]错[误]的,绝对[一贯]正确的,确实[可靠]的 ②不可避免的,必然[发生]的. Ⅱ n. 可靠的事物,一贯正确的人. *infallible powder* 确发炸药. **infallibly** ad.
infan n. 输入(端),扇入.
in'fancy ['infənsi] n. ①幼小,幼年时代 ②初期,摇篮时代. ▲ *(be) in (the)infancy* 在萌芽[幼稚]状态,在初期,在幼年.
in'fant [infənt] n.; a. ①婴[幼]儿 ②幼儿[小,稚]的,初期的. *infant industry* 新建的工业.
in'fantile ['infəntail] 或 **in'fantine** ['infəntain] a. 婴儿(般)的,初期[步]的.
in'fantry ['infəntri] n. 步兵(总称),步兵团.
in'fantryman ['infəntrimən] n. 步兵.
in'farct [in'fɑːkt] n.【拉丁语】梗塞,梗死.
infat'uate [in'fætjueit] Ⅰ vt. 使中昏头脑,使糊涂. Ⅱ a.; n. 被冲昏头脑的(人). **infatua'tion** n.
infauna n. (软海床)底内动物.
infaust a. 不良的,不(顺)利的,不吉的.
infeasibil'ity n. 不可行性,不可能性. *infeasibility form* 不可行形式.
infea'sible [in'fiːzəbl] a. 不能实行的,办不到的,不可能的.
infect' [in'fekt] vt. 使感染,使传染,使受影响. ▲ *be infected with* 感染,沾染上.
infec'tible a. 可感染的.
infec'tion [in'fekʃən] n. ①感染,传染(病),污染 ②(坏)影响 ③抛掷产生雷达干扰的金属带.
infectios'ity n. 传染率,传[感]染度.
infec'tious [in'fekʃəs] a. 传染(性)的,感染的,有坏影响的,有损害的. ～ly ad. ～ness n.
infec'tive [in'fektiv] a. 传染[感染]性的,易传染的,影响别人的. ～ness n. 或 **infectiv'ity** n.
infeed n. 横向进磨,切入磨法,横切[进给]切入. *infeed rate* 横切比例,切入[送进]率.
infelic'itous [infi'lisitəs] a. 不幸的,不恰当的,不合适的. **infelic'ity** n.
infer' [in'fəː] (*inferred*; *inferring*) v. ①推理[论,断],推出,推导[出],(推出…)的结论 ②表[暗]示,意味着,意思是,含意,指明(出) ③猜想,臆测.
infer'able [in'fəːrəbl] a. 可推断[论]的,可指出的,可暗示的,可推测的(from).
infer-coat n. 二道底漆.
in'ference ['infərəns] n. 推理[论,断],结论,论断,含意. ▲ *draw [make] an inference (from)* (从…)作出论断[结论],(从…)断定.
in'ferent a. 传[输]入的.
inferen'tial [infə'renʃəl] a. 推理[论](上)的.
infe'rior [in'fiəriə] Ⅰ a. ①下(低,劣)等的,低下[级]的,低品质的,次的,下级的,次(要,级)的,差的 ②下方[部,位,附]的,(字母下)下角的 ③在地球轨道内侧的,在太阳和地球轨道之间的. Ⅱ n. ①下级,下属 ②下附数(文)字. *inferior angle* 下线角. *inferior arc* 劣弧. *inferior conjunction* 下合. *inferior field* 无穷域. *inferior figures* 下附数字. *inferior limit* 下限,最小尺寸[限度]. *inferi-or mirage* 下蜃景(超短波反常传播), *inferior planet* 内行星. ▲ *(be) inferior to* 在…之下,次[低,劣]于,不如. *inferior by comparison* 相形见绌. *inferior to none* 最优,第一.
inferior'ity [infiəri'ɔriti] n. 下级,低级[劣],下[劣,初]等,下位.
infer'nal [in'fəːnl] a. 地狱的,恶魔似的,极度的. *infernal machine* 饵[诡]雷.
inferno n. (1968年提出的恒星温度单位)因费诺(1因费诺= 10⁹K).
inferred-zero instrument (刻度不是从零点开始的)无零点的仪器.
inferrible 或 **inferrable** =inferable.
infer'tile [in'fəːtail] a. 贫瘠的,不毛的,不能生育的,无生殖力的.
infest' [in'fest] vt. (大批)出现,骚[侵]扰,蔓延,传染,侵染. **infesta'tion** n.
in'fidel [infidəl] n. 不精[正]确的,不真实的,不保真的,失真的.
infidel'ity [infi'deliti] n. 不精确,不正确(性),不真实,不保真,失真,无保真性.
in'(-)field ['infiːld] n. 安装地点,运用处,入射场.
infill' [in'fil] vt. 填充(满). *infill well* 加密(插补)井.
infiller n. 加密[插补]井.
in'filtrant [in'filtrənt] n. 浸渗(液)剂.
in'filtrate ['infiltreit] Ⅰ v. 渗[透,吸]入,渗透(过,滤,漏,流),穿(透)过(through, into),过滤,浸润,抽取. Ⅱ n. 渗入物.
infiltra'tion [infil'treiʃən] n. ①渗入[滤,流,漏]入,穿透,渗透(作用),浸润[渗,液] ②(流入盲沟或土粒空隙中的水,渗入[浸润]中的,吸水量. *infiltration ditch* 盲沟. *infiltration gallery* (渗流)集水管道. *infiltration water* 过滤水.
infiltrom'eter n. 渗透计,透水性测定仪,测渗仪.
infimum n. 下确界.
in'finite ['infinit] Ⅰ a. ①无限(大,长,远,量)的,无穷(大,远)的,无尽的,无边的,巨大的,无数的,许许多多的 ②不定的. Ⅱ n. 无穷大,无尽,无限物[远]. *infinite baffle* (扬声器的)无限反射板. *infinite decimal* 无尽小数. *infinite loop* 无限循环,死循环. *infinite point* 无限[穷]远点. *infinite rays* 平行射线. *infinite reflux* 全[无限]回流. *infinite series* 无穷[尽]级数. ▲ *an infinite of* 无限(量)的.
infinite-baffle speaker system 无障板扬声器系统.
in'finitely ad. 无限[穷]地,无法计量[想象]地. *infinitely variable speeds* 无级变速.
infinite-pad method (光符识别用)无穷反衬法.
infinite-sheeted region 无限页区域.
infinites'imal [infini'tesiməl] Ⅰ a. 无限[穷]小的,极(微)小的. Ⅱ n. 无限小(量),极小量,微元. *infinitesimal analysis* 无穷小分析,微元分析. *infinitesimal calculus* 微积分(学). *infinitesimal dipole* 单元(无限小)偶极子. *infinitesimal disturbance* 微扰动. *infinitesimal element* 无穷小元素. *infinitesimal geometry* 微分几何(学). ～ly ad.
infinite-valued a. 无限赋值的,无限多个值的.
infin'itive [in'finitiv] Ⅰ a. 不定的. Ⅱ n. (动词)

不定式.

infin'itude [in'finitju:d] n. 无限(量,的范围),无穷(数),无数. *the infinitude of outer space* 无限的外层空间. ▲ *an infinitude of* 无数的.

infinitum [infi'naitəm] 〔拉丁语〕 ad *infinitum* 永远,无限地,(以)至无穷大.

infin'ity [in'finiti] n. 无限〔穷〕(性),无穷〔限〕大,无止境,无数,无穷 ① 不连续点 ② 大量,大宗 ③ 刻度值,(刻度盘的)终值. ▲ *at infinity* 在无限远处,在无限远的距离上. *to infinity* 直到无限.

infirm' [in'fə:m] a. 虚〔孱〕弱的,不牢(靠)的,不生效的,不坚定的. ~ity n. ~ly ad.

infir'mary [in'fə:məri] n. 医务所,(小)医院,诊疗室,诊疗,疗养所.

infir'matory a. 虚弱的,无力的,不牢靠的.

infix I [in'fiks] vt. 镶进,嵌〔插,穿〕入,深印入,灌输. II ['infiks] n. 插入词,中缀,中加成分,插入表示. *infix operator* 插入算符,中缀〔中介〕运算符.

INFL =inflammable.

inflame' [in'fleim] v. ①燃烧,着〔点〕火,引燃,使炽热 ②激怒〔动〕,刺激,加剧,使火上加油 ③发炎,变红.

inflammabil'ity [inflæmə'biliti] n. 易(可,能,引燃性,燃烧性,兴奋性. *inflammability limit* 着火极限.

inflam'mable [in'flæməbl] I a. 可〔易〕燃的,易着火的,怕(接近)火的,易激动的. II n. 易(可)燃物. *inflammable air* 氢气,可燃气体.

inflamma'tion [inflə'meiʃən] n. ①燃烧,着火,点火〔燃〕,发光,起爆 ②炎症,发炎.

inflam'matory [in'flæmətəri] a. ①激怒的,煽动(性)的 ②炎(性)的.

infla'table [in'fleitəbl] I a. (可)膨胀的,可吹胀的,(可)充(打,吹)气的. II n. (pl.)喷制件.

inflate' [in'fleit] v. ①(使)膨胀 ②(使)胀大,(使)充气 ③加压,升高 ④(使)通货膨胀,抬高(物价). *inflated slag* 多孔熔渣. *inflated tyre* 充气轮胎.

infla'ter [in'fleitə] =inflator.

infla'tion [in'fleiʃən] n. ①膨胀,打〔充〕气,气胀(法),(气体的)补给,填充 ②均匀伸长 ③通货膨胀,物价上涨 ④夸张. *air inflation* 充气. *inflation inlet* 充气进口. *inflation pressure* 充气〔气胀〕压力. *inflation ratio* 吹胀比.

infla'tionary [in'fleiʃənəri] a. (通货)膨胀(引起)的.

infla'tor [in'fleitə] n. 增压〔压送〕泵,充气机,打气筒,气胀〔吹胀〕器.

inflect' [in'flekt] vt. 使弯〔反〕曲,使向内弯曲,(反)挠,使屈折. *inflected arch* 反弯拱.

inflec'tion =inflexion. ~al a.

inflec'tive [in'flektiv] a. 屈折的,弯曲的.

inflec'tor n. (粒子束)偏转器(板).

inflexibil'ity [infleksə'biliti] n. ①不(弯)曲(性),不挠(性),刚〔硬〕性,刚度,劲度,不可压缩性 ②不变,刚直.

inflex'ible [in'fleksəbl] a. ①不(可弯)曲的,不可伸缩的,非挠性的,硬〔刚〕性的 ②刚强〔直〕的,不屈的,坚定(不移)的 ③不可改变的,固定的. **inflex'ibly** ad.

inflex'ion [in'flekʃən] n. ①(反)弯曲,(反)挠曲,内向弯曲,屈曲,(射线的)偏转,挠移,【数】拐折,回折(点),拐点,凹陷 ②音调〔词尾〕变化. *inflexion point* 转折〔反弯,回折〕点,拐点. ~al a.

inflict [in'flikt] vt. 予以,使遭受,使承受,处(罚). ~ion n.

in'flight ['inflait] n.; a. 进入〔飞向〕目标,正在飞行的,飞行中的. *in-flight control* 飞行控制. *in-flight guidance system* 弹上制导系统.

infloat switch (带)浮子开关.

inflores'cence n. 花(序,簇),开花(期).

in'flow ['inflou] n. ①流(吸)入(量),给水量,内(入)流,吸风,进气 ②渗透〔漏〕②流入物,支流,河流的上游. *inflow current* 进流,内流〔正极〕电流.

in'fluence ['influens] I n. ①影响(力),作用,效应 ②感应〔化〕的,反应 ③有影响的人事物. II vt. 影响,干扰,对…有作用,感化. *combined influence* 综合影响. *influence basin* 浸没面积. *influence electricity* 感应(静)电. *influence function* 影响函数. *influence fuse* 不接触式信管. ▲ *be of influence* 是有影响的. *come under the influence of* (开始)受到…影响. *exert an influence on* 对…施加影响. *have influence on* 〔upon〕对…有影响. *have influence over* 有左右…的力量,对…有影响. *influence of M on N M* 对 N 的影响. *through the influence of* 靠…的力量. *under the influence of* 受…的影响,在…的影响〔作用〕下.

in'fluent ['influənt] I a. 流(注)入的,进水的. II n. 流(液)体,流入液(体),渗(支)流入液. *feed influent* 给水量. *influent seepage* 入渗,渗漏〔透〕.

influen'tial [influ'enʃəl] a. 有(施加)影响的,有(势)力的,感应的. ~ly ad.

influen'za [influ'enzə] n. 流行性感冒,流感. **influen'zal** a.

in'flux ['inflʌks] n. ①流入(量),注〔移〕入,汇合处,灌注,涌进,汇集 ②注〔流〕入口,河口,河流的汇合处. *influx of traffic* 交通汇流.

influx'ion n. 流入.

info ['infou] =information.

infobond 双面印制线路板点间连线自动操作装置.

INFOL =information oriented language 信息(专用)语言,面向信息的语言.

infold =enfold.

inform' [in'fɔ:m] v. ①通知〔告〕,传达,报告,告诉 ②鼓舞〔吹〕. ▲ *be informed of* 听说,知道,接到…的通知. *be rightly* 〔wrongly〕*informed* 得到正确〔错误〕的知识〔情报〕. *I beg to inform you that* … 谨通知,. *keep M informed* 随时向 M 报告情况.

infor'mal [in'fɔ:ml] a. 非正式(规)的,非形式的,不规则的,不拘礼节的,日常(使用)的. *informal axiomatics* 非形式公理学. ~ly ad.

informal'ity [infɔ:'mæliti] n. 非正式(的行为),不拘礼节.

informant [in'fɔ:mənt] n. 提供消息〔情报〕者.

informat'ics [infə'mætiks] n. 信息(学),信息控制论,信息科学〔资料学.

informatin n. 信使颗粒蛋白,信使素.

informa'tion [infə'meiʃən] n. ①通知,报告 ②情报,

消息,新闻,报导,知识,资料 ③信息(量),数据 ④查询,询问. *a piece of information* 一份情报〔资料〕,一则消息. *firsthand information* 第一手资料. *information content* 平均信息量,信息内容. *information desk* 问讯处,查询〔询问,查号〕台. *information display rate* 记录速度,信息显示速度. *information encoding* 信息编码. *information film* 新闻片. *information hour* 报导〔宣传,新闻〕节目时间. *information link* 通信链路. *information operator* 查询台话务员. *information please* 问答〔解答〕节目. *information rate changer* (磁带语言录音)还音速率变换器. *information science* 信息(科)学,资料学. *information source with memory* 有记忆信源. *information theory* 信息论. *information word* 计算机字,信息元. *official information* 官方消息. *steering information* 控制信息. ▲ *as far as (our) information goes* 照我们现有的资料来看. *ask for information* 打听消息,照会. *background of information* 积累起来的资料. *express information* 特快情报. *for fuller information please contact* — 欲知详情,请与…联系. *For your information (only)*, 仅供参考,供你参考. *information on* 〔*about*, *concerning*〕有关…的消息〔知识,资料,数据,介绍〕.

informa'tional *a.* 信息的,指示的、(提供)消息的,(介绍)情报的,(提供)情报的. *informational sign* 导向目标志.

information-carrying medium 载有信息的媒质.
information-handling capacity 信息处理能力,通路的信息容量.
information-oriented language 面向信息的语言.
information-write-wire *n*. 信息写入线.

infor'mative [in'fɔːmətiv] 或 **infor'matory** [in'fɔːmətəri] *a*. 情报的,供给消息〔知识〕的,提供资料的,有益的,指示的. *informative abstract* 信息摘要〔萃取〕,重点提取.

informed' [in'fɔːmd] *a*. 有知识的,见闻广的,消息灵通的,有情报根据的. *informed sources* 消息灵通人士.

infor'ming [in'fɔːmiŋ] *a*. 有教益的,启发〔指导〕性的.

informofer *n*. 核信使颗粒.
informosome *n*. 信息体.

in'fra ['infrə] *ad.* 在下,(在)以下. *infra focal image* 焦内图像. *see infra P. 21* 参看下文第21页. *vide infra* 参见下文,见下.
infra- 〔词头〕下(部),次,亚,低,低于.
infra-acoustic *a.* 亚(次)声的,声下的,亚音(声)频的,次声频的,阈阈以下的. *infra-acoustic telegraphy* 次声(亚声)频电报.
infra-audible *a.* 次(亚)声(频)的.
in'frabar *n.* 低气压.
infra-black *a.* 黑外的.
infraconnec'tion *n.* 内连.
infracon'scious *a.* 下意识的.
infrac'tion [in'frækʃən] *n.* 违法〔背〕,犯规,不全骨折.
inframe coding 帧内编码.

infragla'cial *a*. 冰底的.
infrahu'man [infrə'hjuːmən] *n*.; *a*. (科学实验中的)代人(试)动物,低于人类的(生物),似人的(生物).
INFRAL = information retrieval automatic language 信息检索自动语言.
infralit'toral *a.* 远离岸的.
infralumines'cence *n*. 红外发光.
inframi'crobe *n*. 滤过毒,病毒.
infranerit'ic *a*. 浅海的(在洋面37米以下).
infran'gible [in'frændʒibl] *a*. 不可破的,不可分离〔违背,侵犯〕的.
infran'ics [in'fræniks] *n*. 红外线电子学.
infranu'clear *a.* 核下的.
infra-or'bital *a.* 亚轨道的.
infrapar'ticle *n.* 红外粒子.
infraplacement *n.* (向)下移位.
infra-pro'tein *n*. 变性蛋白,蒉(旧称).
in'fra(-)red' [infrə'red] I *a*. 红外(线,区)的,产生红外辐射的,对红外辐射敏感的. II *n*. 红外线〔区〕. *infrared acquisition aid* 利用红外线探测. *infrared eye* 红外线自动引导头. *infrared heat-seeking system* 热(红外线)引导系统. *infrared lock-on* 红外制导系统跟踪,红外锁定. *infrared maser* 红外激射器. *infrared missdistance equipment* 红外脱靶距离测量装置. *infrared over-the-horizon communication* 超视距红外通信. *infrared range and detection equipment* 红外雷达. *infrared rays* 红外线,热射线. *infrared seeker* 红外线寻的制导导弹(弹头).
infra-refraction *n*. 红外折射.
infrasil *n*. 红外硅.
infrason'ic [infrə'sɔnik] *a.* 亚(低于)音频的,亚(次,微)声的,阈阈以下的,声下的.
infrason'ics *n*. 次声学.
infrasound *n*.; *n*. (极低频)亚(次)声波(的),不可听音,低于声频的.
in'frastructure *n*. ①下部(底层)结构,基础(结构),地基,底座 ②永久性基地,永久性防御设施,基本设施.
infratrochlear *a.* 滑车下的.
infratubal *a.* 管下的.
infraver'sion *n.* 下斜(视),下(低)埋.
infre'quency [in'friːkwənsi] *n*. 稀少〔有〕,很少发生.
infre'quent [in'friːkwənt] *a*. 不常见的,稀〔少〕有的,很少发生的,不寻常的. *not infrequent* 常常发生的.
infre'quently *ad*. 偶尔. *not infrequently* 常常.
infric'tion [in'frikʃən] *n*. 涂擦(法).
infringe' [in'frindʒ] *v*. ①违反〔背〕②侵犯〔害〕,破坏(*on*, *upon*). ~ **ment** *n*.
infructuous [in'frʌktjuəs] *a*. 无效果的,徒劳的.
infunde 〔拉丁语〕注入,倒入.
infundibular *a.* 漏斗(状)的.
infundibuliform *a.* 漏斗状的.
infundib'ulum [infʌn'dibjuləm] *n*. 漏斗(状器官).
infuse' [in'fjuːz] *v*. ①注(入),灌注〔输〕,鼓舞 ②泡制,浸渍,沏(茶).
infu'ser [in'fjuːzə] *n*. 注入〔鼓吹〕者,浸出〔注入〕器,茶盒.
infusibil'ity [infjuːzə'biliti] *n*. 不溶(熔)性,难熔性.

infu′sible [in′fju:zəbl] *a.* 难〔不〕熔的,不溶的,能注入的.

infu′sion [in′fju:ʒən] *n.* ①浸〔倒,导,注,引,渗〕入,灌输〔注〕,输液 ②浸渍〔液,剂〕,水浸液,泡制,注入物.

infusor′ial [infju:′sɔ:riəl] *a.* 藻类的. *infusorial earth* 硅〔矽〕藻土.

infusor′ian [infju:′sɔ:riən] *n.* 纤毛虫,滴虫.

infusum n. 〔拉丁语〕浸剂.

ING =inertial navigation and guidance 惯性导航与制导.

ING linac (加拿大)强中子发生器直线加速器.

INGA =inspection gauge 检验规.

in′(-)gate [′ingeit] *n.* 输入门,入口孔,内浇口.

in′gath′er [′in′gæðə] *v.* 收〔聚〕集,收获.

ingem′inate [in′dʒemineit] *vt.* 重〔反〕复(讲),重申.

inge′nious [in′dʒi:njuəs] *a.* 机〔灵〕敏的,精〔灵〕巧的,巧妙的,精致的,有创造才能的,有发明能力的. ~**ly** *ad.* ~**ness** *n.*

ingenu′ity [indʒi′nju:iti] *n.* 精〔灵〕巧,灵妙,机敏,创造〔独创〕性,创造力,才能,设计新颖,独出心裁.

ingen′uous [in′dʒenjuəs] *a.* 直率的,老实的,天真的,单纯的. ~**ly** *ad.* ~**ness** *n.*

ingest′ [in′dʒest] *vt.* 吸入〔收〕,摄取〔食〕,咽下.

inges′ta [in′dʒestə] *n.* 饮食〔食入〕物.

inges′tion [in′dʒestʃən] *n.* 吸收,摄取,空气〔气体,液体)的吸入.

inges′tive [in′dʒestiv] *a.* 食入的,摄食的,有关摄取的,供吸收的.

inglor′ious [in′glɔ:riəs] *a.* ①不光彩的,可耻的 ②不出名的. ~**ly** *ad.*

in′going [′ingouiŋ] *n.*; *a.* 进来〔入〕(的),洞察的,深入的. *ingoing particle* 入射粒子. *ingoing splice* (磁带)编辑(点).

in′got [′iŋgət] *n.* ①(铸)块,金属锭,锭(块,坯,料),棒,浇(铸,晶,钢)锭,坯料,铸模 ②(刚玉或碳化硅的结晶块.结晶. *cogged ingot* 初轧〔大方〕坯. *frozen ingot* 凝固铸料. *ingot bar* 铸块. *ingot charger* 装锭机. *ingot crane* 吊锭吊车. *ingot dogs* 〔*tongs*〕锭钳. *ingot iron* 锭铁,工业纯铁,低碳钢. *ingot mold ingot pattern* 钢锭模型〔部样〕,方框型偏析. *ingot pit* 均热炉. *ingot slab* 扁钢锭. *ingot steel* 铸钢,锭钢,钢锭. *ingot stripper* 脱模〔锭〕机. *ingot withdrawing device* 锭模分离装置. *sound ingot* 优质锭.

ingotism *n.* (树枝状)巨晶(钢锭结构缺陷),钢锭偏析.

ingot-retracting *n.* 曳锭.

ingrain′ [in′grein] Ⅰ *vt.* =engrain 深染. Ⅱ *a.* ①生〔深,纱〕染的 ②根深蒂固的,固有的. Ⅲ *n.* ①纱染毛线,原纱染色 ②固有的品质,本质. *ingrain dye* 显色染料.

ingrained′ [in′greind] *a.* 沾染很深的,根深蒂固的.

ingraves′cent *a.* (病势)渐重的,加重的,恶化的.

ingre′dient [in′gri:diənt] *n.* (混合物的)成分,组成部分,配〔原料,拼份〔料〕,要素, *alloying ingredient* 〔配)合金的组分. *injurious ingredient* 有害成分.

in′gress [′ingres] *n.* ①进〔侵,流,浸〕入,入内,入口,进路,进口处,通道 ②进入〔入境〕权 ③【天】初切.

ingress pipe 导入管. *ingress transition* 侵入过渡层. ~**ion** *n.* ~**ive** *a.*

in′growing [′ingrouiŋ] *a.* 向内长的.

in′grown [′ingroun] *a.* 长在内的,向内长的,天生的,生来的. *ingrown bark* 树皮.

in′growth [′ingrouθ] *n.* 向内长.

ingur′gitate [in′gə:dʒiteit] *v.* 大口吞咽,大口喝,卷入.

INH =inhibiting input 制〔禁〕止输入.

inh =inverted hour 反时针的,倒时数.

inhab′it [in′hæbit] *vt.* (居)住. *inhabited satellite* 载人卫星. *thickly inhabited* 人口稠密的. *thinly inhabited* 人口稀少的.

inhab′itable *a.* 适于〔可〕居住的.

inhab′itancy [in′hæbitənsi] *n.* 居住.

inhab′itant [in′hæbitənt] *n.* 居民,住户.

inhabita′tion [inhæbi′teiʃən] *n.* 居住,住处〔宅〕.

inha′lant [in′heilənt] *n.*; *a.* 被吸入的东西,吸入剂〔器,孔),吸入(用)的.

inhala′tion [inhə′leiʃən] *n.* 吸入(剂,物,法).

in′halator [′inhəleitə] *n.* 人工呼吸器.

inhale′ [in′heil] *v.* 吸入(进),吸气(烟).

inha′ler [in′heilə] *n.* 吸入器(管),吸〔滤〕气器,空气过滤器,防毒面具,吸入者.

inharmon′ic(al) [inha:′mɔnik(əl)] *a.* 不调和的,不协调的,不和谐的,非谐调的. *inharmonic frequency component* 不调和频率分量.

inharmo′nious [inha:′mounjəs] *a.* 不调和的,不和(谐)的,不协调的,嘈杂的,冲突的. ~**ly** *ad.*

inhar′mony [in′ha:məni] *n.* 不调和,不和谐,冲突.

inhaust′ [in′hɔ:st] *vt.* 吸,饮,吸(流)入.

inhere′ [in′hiə] *vi.* (本质上即)属于,生来即存在于,固有,存在(in).

inhe′rence [in′hiərəns] 或 **inhe′rency** *n.* 固(具)有,内在(性),基本属性,固有性状.

inhe′rent [in′hiərənt] *a.* 固(特,常,内)有的,本征的,生(本)来的,先天的,遗传的,内在(含)的,固着的. *inherent contradictions* 内在矛盾. *inherent grain size* 本质晶粒度. *inherent laws* 内部规律. *inherent parameter* 主要〔基本,固有,本征)参数. *inherent regulation* (内部)自动调节. *inherent spurious amplitude modulation* 剩余(固有内)调幅. *inherent stability* 固有稳定性. *inherent store* 自动取数存储器. *inherent stress* 内在应力. *inherent vice* 内部缺陷. *inherent viscosity* 特性粘度. ▲ (*be*) *inherent in* 为…所固有,是…的固有性质. ~**ly** *ad. inherently ambiguous* 固有二义的.

inher′it [in′herit] *v.* 继承,遗传. *inherited error* 遗留〔继承,积累〕误差.

inheritable *a.* (可)遗传的,可以继承的.

inher′itance [in′heritəns] *n.* 继承,承受,(金属)遗传(本质).

inhe′sion [in′hi:ʒən] *n.* 内在(性),固有(性).

inhibene *n.* 抑菌素,细菌变态酶.

inhibin *n.* 抑制素.

inhib′it [in′hibit] *vt.* 防〔阻,制,禁,停〕止,抑制,防腐蚀. *inhibit circuit* 阻通(禁止,截止)电路. *inhibit current pulse* 阻(塞电)流脉冲,禁止电流脉冲. *in-*

hibit gate 禁(止)门,截止面. *inhibit line* 截止线,"闭塞"信号传输线. *inhibit winding* 封闭[禁止]绕阻,保持线圈. *inhibited admiralty metal* 防腐蚀海军金属. *inhibited emission* 禁戒反射,抑制发射.

inhib′iter =inhibitor.

inhib′iting n. (火药柱)铠装,加抑制剂. *inhibiting input* 禁止输入.

inhibi′tion [inhi'biʃən] n. ①抑(遏)制,制[禁,阻,掬]止 ②阻碍,阻滞[化](作用),禁阻,反[负]催化,延缓(迟). *inhibition gate* 禁(止)门,封闭脉冲.

inhib′itive a. 有限化性的,禁止的,抑制的.

inhib′itor [in'hibitə] n. ①抑制剂[物,器,因子,因素,作用],阻化[止,缓,聚]剂,反催化[阻]剂,防锈剂,防腐蚀剂,缓蚀剂,抗氧化剂,抗老化剂 ②【计】禁止[阻]器 ③约束[抑制]者 ④(火药)铠装. *corrosion inhibitor* 减蚀[抗腐蚀]剂. *detonation inhibitor* 防爆剂. *inhibitor gate* 禁门. *natural oxidation inhibitor* 天然抗氧剂. *vapor phase inhibitor* 汽相抑制剂.

inhib′itory [in'hibitəri] a. 禁[阻]止的,抑制的,迟滞的. *inhibitory coating* 保[防]护层.

inhibitory-gate 【计】禁与非门,禁止(作用)门.

in′homogene′ity ['inhomoudʒe'ni:iti] n. 不(均)匀性,不纯一,不同类(度,族),非同性(种),多相(性),杂色(性).

inhomoge′neous [inhɔməˈdʒi:njəs] a. 不[非]均匀的,不纯一的,不同值的,非同质(性)的,不同类[族]的,非均相[质]的,多[复]相的,非齐次的,杂拼的. *inhomogeneous coordinates* 非齐次坐标.

inhour n. 核反应的单位(1/小时(小时)),例时数.

in(-)house [in'haus] a. 国内的,(机构)内部的,自(本)身的,自用的,固有的,独特的. *inhouse system* 自成一体的系统.

inhu′man [in'hju:mən] a. 非人的,野蛮车,残酷的. ~ly ad.

inim′ical [i'nimikəl] a. 有害的,不利的,敌意的. ~ly ad.

inim′itable [i'nimitəbl] a. 不能模仿的,无双的,无与伦比的. *inimitably* ad.

in/in =between inside walls 介于内壁之间的.

INIS = International Nuclear Information System 国际资料系统.

init [拉丁语] *ab init* = *ab initio* 从开头.

init = initiation.

init′ial [i'niʃəl] Ⅰ a. (最,起)初的,初始[期,次]的,原[开,起]始的,开头的,固有的,字首的. Ⅱ n. (开)首[大写]字母,(pl.)姓和名(或组织名称)的头一个字母,起线. Ⅲ (*initial(l)ed*; *initial(l)ing*) vt. 标[签]注起首字母于,草签. *initial acceleration* 初始加速度,起始(火箭)瞬时加速度. *initial allowance* 机械加工留量. *initial approximation* 一次近似. *initial attribute* 初值表征. *initial azimuth angle* 起飞上升角,发射时弹导倾斜角. *initial (boiling) point* 初馏点,初沸点. *initial breakdown* 毛坯,轧件,初次压轧. *initial condition* 原始[初始,起始,初值]条件. *initial cooling* 预冷,初冷却. *initial cost* 原价,原始成本,开办[基本建设]费. *initial data* 初始[原,始,开始]数据. *initial flight path* 弹道起始段. *initial issue* 创刊号. *initial line* 极轴,起

[始]线,初始[开]始行. *initial power* 启动功率. *initial powered trajectory* 弹道主动段. *initial price* 牌价. *initial segment* 初始(线)段,前节. *initial side* 起算边. *initial species* 原种. *initial tangent modulus* 原切模数. *initial transient* 起振过渡量,建起过程值,初始瞬值. *initial velocity* 初速(度). *initial word* 初始字,首字母缩略词.

init′ialism n. 字首[首字母缩略]词.

init′ialize [iˈniʃəlaiz] v. 起始,【计】预置[定],恢复,清除,初始化,初始准备,初值发送,安置初始值. *initialization* n.

init′ializer n. 初始程序.

init′ially [iˈniʃəli] ad. 最[起]初,开头,一开始. *initially twisted beam* 扭曲线型梁.

init′iate Ⅰ [iˈniʃieit] vt. ①开[创,起]始,着手 ②引进,发[起],启动,起爆[爆],激发[磁] ③促使. *initiating laser* 主控(主振)激光器. *initiating pulse* 触发[起动]脉冲. *initiating trigger* 启动触发[器,脉冲]. ▲ *be initiated into* (正式)加入. *initiate ... into* 使入门,(正式)介绍...加入. Ⅰ [iˈniʃiit] a.; n. 被准许[介绍]加入的(人),被传授知识的(人).

initia′tion [iniʃiˈeiʃən] n. ①创[创始,起]始,发生,产生,引起,造成引入 ②起动[爆,燃],激发[磁],励磁,引[分]发 ③传授,正式加入. *chain initiation* 链引发. *flow initiation* 流动的产生. *initiation area discriminator* 起始区判别器,初始区域鉴别器. *initiation combustion* 发火,起动. *initiation of anode effect* 阳极效应的发生. *initiation system* 起爆系统.

init′iative [iˈniʃiətiv] Ⅰ a. 起[创,开]始的,初步的. Ⅱ n. ①第一步,着手,开[创,起]始,发端 ②主动(性),积极性,首创[进取]精神. ▲ *have the initiative* 有主动[优先]权. *on one's own initiative* 自(主)动地. *on the initiative of* 在...倡议下,主动. *take the initiative* (*in* +*ing*) 发起,领导,带头,争取主动.

init′iator [iˈniʃieitə] n. ①开始[创始,首创,指引,传授]者,起始[起始动]者 ②引发剂,起爆剂,起爆[引发,刺激,接触]剂,引[起]爆药,起始[起动,引爆]器,点火器,激[励]磁机 ③广播[发送]端. *initiator program* 起始程序. *initiator/terminator* 启动-终止程序.

init′iatory [iˈniʃiətəri] a. 起[创]始的,初步的.

initio [iˈniʃiou] [拉丁语] n. (书中章句)开头. *ab-initio* [æb iˈniʃiou] 从开头,从(最)初开始.

INJ =①inject ②injection ③injector.

inject′ [inˈdʒekt] vt. ①注射[入,灌入(注),喷发,发,引]射,进[吹,投,射]入 ②注满 ③插进,引[引入 ④吹除(边界层). *injected signal* 注入(外输入)信号. ▲ *inject M into N* 把M注入[射入,加到,引入]N(中).

injec′table a.; n. 可注射的,注射物质.

injec′tion [inˈdʒekʃən] n. ①注射[入],喷[发,引]入,内[射,入,灌]射,射,投,吹,贯,通,灌,铸]入,加压 ②注射液(剂,法),针剂(注)进精神 ③插(入)(进,射)入(的时间,的地点) ⑤充[注]满,充血,浸渍 ⑥吹除(边界层). *fuel injection* 燃料喷射,注油. *grid in-*

jection 栅极注频. *helium injection* 通氦. *injection burn* (飞行器)入轨烧毁. *injection circuit* (信号)注入电路,混频器输入电路. *injection condenser* 喷射冷凝器. *injection corridor* 射入轨道的走廊. *injection cylinder* 压射气缸. *injection into translunar flight* 进入越过月球轨道飞行. *injection junction laser* 注入式激光器,半导体二极管激光器. *injection luminescent diode* 注入式发光二极管. *injection mold* 塑料注射成型机,注塑模具,注模. *injection pump* 喷射[油]泵.

injective module 内射模.

injec'tor [in'dʒektə] *n.* ①注射者 ②注射[入、水、油]器,注入[射]极,喷射器[泵、头],喷头,喷注器(油)嘴,发[引]射器 ③灌浆机. *injector condenser* 喷射冷凝器. *spray injector* 射流式喷嘴. *steam injector* 蒸汽喷注. *welding set with a surge injector* 脉冲稳弧焊接装置.

injectron *n.* 高压转换管.

injudic'ial 或 **injudic'ious** *a.* 判断不当的,不慎重的,不明智的.

injunc'tion [in'dʒʌŋkʃən] *n.* 命[指,禁,强制]令.

injunc'tive *a.* 命令的,训诲的.

in'jurant ['indʒurənt] *n.* 伤害物[剂].

in'jure ['indʒə] *vt.* 伤害,损害[伤],毁坏.

in'jured ['indʒəd] *a.* 受了伤的,受了损害的. *injured party* 受害者. *injured powder* 变质炸药. *the injured* 受伤者.

in'jurer ['indʒərə] *n.* 伤害者.

inju'rious [in'dʒuəriəs] *a.* 有害的,致伤的,有损的,诽谤的. ▲*be injurioius to* 对…有害. ~*ly ad*. ~*ness n*.

in'jury ['indʒəri] *n.* ①损伤[害、伤]害,毁坏 ②杀伤,受伤处,伤痍,创伤 ③侮辱,诽谤 ④障碍. *irradiation injury* 射线病,射线杀伤. ▲*be an injury to* 伤[危]害,对…有害. *do an injury to* 加害于.

injus'tice [in'dʒʌstis] *n.* 非正义,不公正,侵犯权利.

ink [iŋk] **Ⅰ** *n.* 墨水[汁],油墨,印色,(划线用)紫色涂料. *acid-proof ink* (印刷电路用)耐酸印刷. *as black as ink* 漆黑的. *China ink* 墨[汁]. *ink fog printer* 墨水雾式印刷机. *ink mist recording* 中迹记录. *ink reflectance* 墨迹反射. *ink ribbon* (打字器用)纸带. *ink vapour recorder* 墨气[油墨、绘制]记录器,自动图示记录仪. *invisible* 〔*sympathetic, secret*〕 *ink* 隐显〔感应〕墨水. *printing ink* 印刷油墨.

Ⅱ *vt.* 用墨水写,上墨水线,涂油墨于,签名(在…上). *inked ribbon* (有)油墨(的)色带. ▲*ink in* 〔*over*〕上墨水线,再用墨水(笔加)描. *ink out* 用墨水涂去.

inkbottle *n.* 墨水瓶.

ink'er ['iŋkə] *n.* (油)墨辊〔滚〕,(电信用)印字机,油墨印码器;涂[用]墨者.

inkhorn *a.* 学究气的. *inkhorn term* 从拉丁文(等)生造出来的言词;行文用语.

ink'iness ['iŋkinis] *n.* 漆黑.

ink'ing *n.* 上墨水线,涂油墨.

ink-jet printer 墨水喷射印刷机.

ink'less *a.* 无墨水[汁]的.

ink'ling ['iŋkliŋ] *n.* 暗示,略知,细微的迹像,稍得觉得,模糊的想法. ▲*get* 〔*have*〕 *an inkling of* 微微觉得,稍稍明白[知道] *give an inkling of* 使稍稍明白,给一点关于…的暗示. *have no inkling as to* 对…一无所知.

ink(-)pad *n.* 印泥[台].

ink-pencil *n.* (复写用)颜色铅笔.

ink'pot *n.* 墨水瓶.

ink-recorder *n.* 油墨印码器,笔写记录器.

ink'slinger *n.* 作者[家],记者员.

ink'spot *n.* 墨水点.

ink'(-)stand ['iŋkstænd] *n.* 墨水台[池].

ink'(-)stone ['iŋkstoun] *n.* ①砚 ②(水)绿矾.

ink-vapor recording 油墨印码器.

ink'(-)well *n.* (镶在桌上或墨水台上的)墨水池.

ink'writer *n.* (电报)印字机,油墨印码器.

ink'y ['iŋki] **Ⅰ** *a.* 有墨迹的,墨黑的. **Ⅱ** *n.* 小功率白光灯,(特写摄像时用)小型聚光灯.

INL = inlet 入口,引入.

in'laid ['in'leid] **Ⅰ** *inlay* 的过去式和过去分词. **Ⅱ** *a.* 镶嵌的,嵌花样的. *inlaid brick* 平埋砖,路面标示砖. *inlaid caption* 插入字幕. *inlaid work* 镶嵌细工[花纹].

inland Ⅰ ['inlənd] *n.*; *a.* 内地(陆)(的),国内(的). **Ⅱ** [in'lænd] *ad.* 在[到,向]内地. *inland bill* 国内汇票. *inland river* 内河. *inland telegraph* 国内电报.

inlay Ⅰ [in'lei] (*inlaid, inlaid*) *vt.* 镶嵌,镶[嵌,放]入,镶(嵌)入. *n.* 镶嵌物,镶嵌工艺[材料,图案],内置(法),嵌入法,插入物,里层,衬垫,型材. *inlay clad plate* 双金属层板.

inlayer *n.* 镶嵌者.

inlead *n.* 引入(线).

inleakage *n.* 漏泄[电],渗[漏,进,吸]入,不密封. *inleakage of air* 空气漏[渗]入. *inleakage of radioactivity* 放射性贯容内部.

in'let [inlet] **Ⅰ** *n.* ①(进,注)入口,进(气,水)口,浇口,(放,输)入孔,进水[汽]道 ②嵌入〔气〕,引[注]入,吸,放,通,输,流〕入 ③输[进]入量 ④插[镶]入物,镶嵌物,引入线 ⑤小[海,内]湾. **Ⅱ** (*inlet; inletting*) *vt.* 引进,嵌[插]入. *gas atmosphere inlet* 保护气体入口. *inlet cam* 吸进凸轮,进气凸轮. *inlet chamber* 进气室. *inlet connection* 进气管(接头),入口(输入),连接,进口接头. *inlet elbow* 喷管. *inlet of pass* 孔型入口侧. *inlet side* 入口(侧一端),真空侧. *inlet time* 集流时间. *inlet valve* 进气门,进油〔水,气,油〕阀. *pressure inlet* 增压管,接管嘴.

inlier ['inlaiə] *n.* 内围[露,窗]层.

in lim'ine (拉丁语)开头,此查.

in(-)line ['in'lain] **Ⅰ** *a.* 一列式(的),一列一字形的,顺排的,平行(排列)的,排成行的,串联(式)的,联机的,轴向(式)的,在(一直)线上的. **Ⅱ** *n.* 纵测线,(液压)进油(管)路. *dual in-line* 双列直插式. *in-line antenna* 并行馈电双环形(双频率)天线. *in-line arrangement* 纵向[轴向]配置,直线排列,顺列. *in-line assembly* (元件的)成行装配. *in-line* *booster* 轴向加速器,序列式增压器. *in-line colour picture tube*(电子枪)一字排列式彩色显像管. *in-line data processing* 成簇数据处理. *in-line engine crankshaft* 直列式发动机曲轴. *in-line filter* 在管线中的滤器. *in-line function* 直接插入函数,内(部)函数. *in-line heads* 垂直校准的(立体声)磁头. *in-line hologram* 同轴(一列式)全息图. *in-line offset* 离开排列. *in-line pin* 排齐销. *in-line procedures* 联机程序,直接插入子程序. *in-line processing* 在管道中处理. *in-line quick coupling* 准直快连接头. *in-line shadow-mask tube* 一字型荫罩管. *in-line stripe tube* 一字排列式条形(荧光)屏显象管,一字型枪条形屏显像管. *in-line subroutine* 直接插入(式)子程序,内子程序. *in-line system* 成簇数据处理系统. *in-line tuning* 同频调谐. *in-line type* (电子枪等)一字排列式.

in-list *n*. 【计】内目录.
INLO =in lieu of 代替.
in loc cit =in the place cited 在上述引用文中.
in′lyihg ['inlaiiŋ] *a*. (位于)内部的,在内的.
in me′dias res 〔拉丁语〕在正中.
in-milling *n*. 横向铣削.
in′most ['inmoust] *a*. 最内部的,最深(处)的.
in-movement *n*. 横向进磨运动.
inn [in] *n*. 小旅馆,客栈.
in′nage ['inidʒ] *n*. 剩(余)油量. *dome innage* 圆顶盖的容积.
in′nards ['inədz] *n*. 内部结(机)构.
in′nate ['i'neit] *a*. 先天的,固有的,生来的,遗传的,内在的. ~ly *ad.* ~ness *n*.
in′nav′igable *a*. 不便航行的,不通航的.
in′ner ['inə] Ⅰ *a*. 内(部)的,内心的,内侧的,里面的. Ⅱ **n**. 内部,里面,接近靶子部分. *inner core* 焰心. *inner cutting angle* 内导角的余角. *inner flue* 内烟道. *inner grid* 控制(调制)栅,内栅极. *inner marker signal* 主无线电信标信号. *inner memory* 内计算〕存储器. *inner product* 内(标)积. *inner viscosity* 结构粘度. *inner width* 净(内)宽.
inner-cased *a*. 有内套的.
in′nermost ['inəmoust] *a*. 最内部(里面)的,最深(处)的. *innermost core electron* 最内层(的)电子. *innermost suburbs* 近郊.
innerva′tion *n*. 神经支配[分布,感觉,刺激].
in′ning ['iniŋ] *n*. ①(棒球等)盘,局 ②执政期间,全盛时代 ③(pl.)在海中填筑的陆地,冲积土,涨出地 ④圈垦.
in′nocent ['inəsnt] *a*. 无罪的,天真的,无害的,良性的,缺乏[无,没有]···的 (of). *innocent passage* 无害通过(权),(遇险时)未经主权国同意在其港口停泊权. ~ly *ad.* in′nocence *n*.
innocu′ity [inə'kju:iti] *n*. 无害[毒].
innoc′uous ['inɔkjuəs] *a*. 无毒[害]的,无害的,安全的. ~ly *ad.* ~ness *n*.
innom′inatal *a*. 无名的.
innom′inate [i'nɔminit] *a*. 无[匿]名的.
in′novate ['inouveit] *vi*. 改革〔进〕,革[创]新,变革 (in, on, upon).

innova′tion [inou'veiʃən] *n*. ①改革(进,善),(创)新 ②新设施(发明,技术,计划,方法,制度,事物),合理化建议. *innovation spectrum* 修正谱.
innova′tional 或 **in′novative** =innovatory.
in′novator ['inouveitə] *n*. 革〔创〕新者,改革者.
in′novatory ['inouveitəri] *a*. 革〔创〕新的,富有革新精神的.
innox′ious [i'nɔkʃəs] *a*. 无害〔毒〕的. ~ly *ad.* ~ness *n*.
in nu′bibus 〔拉丁语〕在云中,含糊,不明.
innuen′do [inju(:)'endou] *n*.; *v*. 暗讽[指],影射. *attack by innuendo* 旁敲侧击,含沙射影.
innu′merable [i'nju:mərəbl] 或 **innu′merous** [i'nju:mərəs] *a*. 无数的,数不清的. **innu′merably** *ad*.
innutri′tion [inju:'triʃən] *n*. 营养不良. **innutritious** 或 **innu′tritive** *a*.
INO =inlet open 进气阀开.
ino- 〔词头〕纤维.
INOAVNOT = If not available, notify this office at once. 如果没有请立即通知本处.
inobser′vance *n*. 不注意,忽视,违反. **inobservant** *a*.
inoc′ula *n*. inoculum 的复数.
inoc′ulable *n*. 可接种的.
inoc′ulant *n*. 变质(孕育)剂.
inoc′ulate [i'nɔkjuleit] *vt*. ①给···接种,给···作预防注射 ②培植,播种;接芽[木] ③掺〔注〕入,灌输. *inoculated cast iron* 孕育铸铁. *inoculating crystal* 晶种,籽晶.
inocula′tion [inɔkju'leiʃən] *n*. ①【冶】孕育(作用,处理),加孕育剂法,变质处理,加制,培养〔植〕②接种,预防注射.
inoc′ulator *n*. 接种〔木〕者,接种〔注射〕器.
inoc′ulum [i'nɔkjuləm] (pl. *inoc′ula*) *n*. 培菌液,细菌培养液,接种体[物].
ino′dorous [in'oudərəs] *a*. 无气〔臭,香〕味的.
inoffen′sive [inə'fensiv] *a*. 无害的,无毒的,无礼的.
inofficious [inə'fiʃəs] *a*. 无职务的,不起作用的.
inop′erable [in'ɔpərəbl] *a*. 不能实行的,行不通的,不能操作的,不能[不宜]手术的.
inopera′tion *n*. 不(停止)工作,不操作.
inop′erative [in'ɔpərətiv] *a*. 不起作用的,不工作的,不生效的,无效(果)的,无益的,无法使用的,不能再用的. *inoperative period* 非运行期. ~ness *n*.
inoperculate *a*. 无盖盖的.
inop′portune [in'ɔpətju:n] *a*. 不合时宜的,不凑巧的,不及时的,不合适的. ~ly *ad.*
inor′dinate [i'nɔ:dinit] *a*. 无节〔限〕制的,过度的,异常的,无规律的,不规则的,紊乱的. *inordinate wear* 异常〔过度〕磨损. ~ly *ad.*
inorg = inorganic.
inorgan′ic [inɔ:'gænik] *a*. 无机的,无机〔生〕物的,无组织体系的,非自然生长所形成的,人造的. ~ally *ad*.
inorganiza′tion [inɔ:gənai'zeiʃən] *n*. 无组织(状态),缺乏组织.
inor′nate [inɔ:'neit] *a*. 朴素的,不加修饰的.
inos′culate [i'nɔskjuleit] *v*. ①(使···)连合 (with),(使纤维等)缠结 ②(使)密切结合,接[吻]合. **inoscula′tion** *n*.
in-out box 输入-输出盒,输入-输出组件.

inoxidizabil′ity n. 抗[不可]氧化性,耐腐蚀性.
inoxidizable a. 抗[不能]氧化的,耐腐蚀的.
inox′idize vt. 使不受氧化作用.
in′patient n. 住院病人.
inperfect field 不完全域.
in person a. 亲身的,现身的.
in perpet′uum [拉丁语] 永久.
INPH =interphone 内部通话机,内线自动电话机.
in′(-) phase ['infeiz] a. 【电】同相(位)的. *in-phase opposition* 反相的.
in-pile a. 反应堆内部的.
in-place a. 部署适当的. *in-place oil* 地层原油.
in′plane ['inplein] a. 面内的. *in-plane direction* (轨道)共面方向.
in-plant a. 厂内的. *in-plant system* 近距系统.
in-point n. (磁带)编辑(起)点.
IN-pointer n. 输入指示器.
inpo′lar ['in'poulə] n. 内极点. *inpolar conic* 内极二次曲线.
in pos′se [拉丁语] 可能地,可能存在着.
in′pouring ['inpɔːriŋ] n.; a. 流入的,倾入(的).
in-process a. (加工,处理)过程中的. *in-process measurement* 加工中测量. *in-process product* 中间产物,中间生成物.
inpro′pria perso′na [拉丁语] 亲自,自.
in-pulp electrolysis 【冶】矿浆(直接)电解.
in′put ['input] I n. ①输[引,导]入 ②进[供]给,进(给)料 ③输入量[额,端,物,项目,设备,数,功率,电压,信号,电路],消耗[进料,给料,输入量,进量,需用功率. ④投资,捐款. II (*input(ted); inputting*) vt. 输入,把(数据)输入计算机. *battery input* 蓄电池充电. *full-scale input* 满刻度输入(功率). *input admittance* 输入[入端]导纳. *input angle* 入射角. *input block* 输入数据[信息]组,输入部件,输入存储区. *input cavity* 输入谐振器,前置选择器. *input magazine* (卡片)输入箱,送卡箱. *input output analysis* 输入输出分析. *input output characteristic* 振幅输入-输出特性. *input UHF-aerial* 特高频天线输入接点,UHF天线输入端. *mains input* 电源电压[输入,功率]额定功率[输入量,处理能力]. *rated input* 额定功率[输入量,处理能力]. *work input* 消耗[输入]功,机器的总功.
input-limited a. 受输入限制的.
in′quest ['inkwest] n. 审讯,查询,调查.
in′quiline ['inkwəlain] n. 寄生[食]动物.
inquilinism n. 寄食现象.
inquina′tion [inkwi'neiʃən] n. 污染,感染.
inquire′ [in'kwaiə] v. ①询[访]问,打听 ②追[探]究,调查. *inquire and subscriber display* 询问终端显示器. ▲ *inquire about* (查,询)问. *inquire after* 问候. *inquire for* (访)问,要见. *inquire into* 探问,研究,调查. *inquire out* 问(查)出.
inqui′rer [in'kwaiərə] n. 询问[调查,查询]者.
inqui′ring [in'kwaiəriŋ] a. 好钻研[询问]的,好奇的. ~ly ad.
inqui′ry [in'kwaiəri] n. ①询[探]问,打听,探[研]究,调[探,审]问,查,查[质]询 ②询价. *inquiry application* (计算机的)咨询应用. *inquiry office* 问讯

处. *trunk directory inquiry* 长途电话局查询台,路由查询. ▲ *make inquiries of* 向…询问[调查,打听](关于)(about, into). *on [upon] inquiry* 调查后,经询问.
inquisi′tion [inkwi'ziʃən] n. 调查,探究,审问[讯]. ~al a.
inquis′itor [in'kwizitə] n. ①审问[调查]员 ②飞机上的"敌-我"询问器 ③询问雷达信标辅助装置.
in re [拉丁语] 关于,说到.
in-real n. 【计】内真值.
in-register n. 互相对(配)准,互相重合,(三帧基色画面)叠合精确.
in′road ['inroud] n. (突然)侵入[犯,害],(突然)袭击, (pl.) 损害,侵蚀.
in-row a. 行内的.
in′rush ['inrʌʃ] n. 侵[闯,流,涌]入,开动[起动]功率,起动冲击. *inrush of air* 空气流入,紧急进气,放气(进去),吸气.
in′rushing n. 流[吸]进的,冲入的.
INS =①inertial navigation system 惯性航行系统 ②insulate 绝缘 ③interchangeable substitute (item) 可互换的代用品(项目).
ins =①inches 英寸 ②insulated 绝缘的 ③insulation 绝缘 ④insulator 绝缘子 ⑤insurance 保证[险].
ins and outs 弯曲和回转,来龙去脉,底细.
insalu′brious 或 **insan′itary** a. 不卫生的,不利于健康的,有害的. **insalubrity** n.
insane′ [in'sein] a. 精神错乱的,极愚蠢的,毫无见识的.
insan′itary [in'sænitəri] a. 不卫生的.
insan′ity [in'sæniti] n. 精神错乱,精神病,愚顽.
insatiabil′ity [inseifiə'biliti] n. 不知足,贪欲.
insa′tiable [in'seifjəbl] a. 不知足的,不能满足的,贪得无厌的,无限(制)的.
insa′tiate [in'seifiit] a. 永不满足的,贪得无厌的,无限(制)的.
INSC =①inscribe ②inscription.
inscape ['inskeip] n. 内在的特性(质).
inscattering n. 内散射.
inscribable a. 可刻(雕)的.
inscribe′ [in'skraib] vt. ①写[记,刻,题]上,雕(铭)刻(记),牢记 ③题册(献) ④把…的名字写入名单,给…上册 ⑤(使)内接(切). *inscribed circle* 内接(切)圆.
inscri′ber [in'skraibə] n. 【计】记录器.
inscrip′tion [in'skripʃən] n. 记入,(铭)刻,标题,题词,碑文,铭文,符号,画线,编入名单,注册.
inscrip′tive a. 铭(刻)的,题字的,碑铭的.
inscroll [in'skroul] vt. 把…载入卷册,把…记录下来.
inscrutabil′ity [in'skru:tə'biliti] n. 不可测,不可了解,不可思议.
inscru′table [in'skru:təbl] a. 费解的,不可思议[理解,测知]的. **inscru′tably** ad.
in′sect [insekt] n. (昆)虫. *insect powder* 杀虫粉.
insecta n. 昆虫纲,六足纲.
insect-borne a. 昆虫传播的,虫媒的.
insec′ticide [in'sektisaid] n. 杀虫剂,农药. **insecticidal** a.
insec′tifuge n. 驱虫剂.
insectiv′ora [insek'tivərə] n. 食虫目(类).

insec'tivore [in'sektivɔː] n. 食虫生物.
insectiv'orous [insek'tivərəs] a. 食虫的.
insectofungicide n. 杀虫灭菌剂.
insectol'ogy [insek'tɔlədʒi] n. 昆虫学.
insectoverdins n. 虫绿蛋白.
insecure' [insi'kjuə] a. 不安全的，不牢〔可〕靠的，无保障的，不稳定的，危险的，易坍的，易用的. *The hinge is insecure.* 这铰链松了. ~ly ad.
insecu'rity [insi'kjuəriti] n. 不安全〔感，状态〕，不牢靠，无保障，易崩坏.
Inselbildung 〔德语〕(= island effect) n. 小岛效应.
insem'inate [in'semineit] vt. 播种子，种植，使受精.
insen'sate [in'senseit] a. 没有感〔知〕觉的，没有理智的.
insensibil'ity [insensə'biliti] n. 无感觉〔知觉，感情〕，麻木，人事不省.
insen'sible [in'sensibl] a. ①无感〔知〕觉的，失去知觉的，人事不省的，无意识的，麻木的，不知道的，不敏感的 (of) ②不关心的，冷淡的 ③难以〔不被〕察觉的，缓慢的，极微的 ④莫明其妙的，无意义的. ▲ **by insensible degrees** 极慢地，徐徐地.
insen'sibly ad. 不知不觉地，慢慢地.
insen'sitive [in'sensitiv] a. 不灵敏的，不敏感的，(对光、接触等)感觉迟钝的，低灵敏度的. ▲ **insensitive to** 对…不敏感的，不受…影响的，不易感受…的. ~ly ad.
insen'sitiveness 或 **insensitiv'ity** n. 钝性〔感〕，不灵敏(性)，不敏感，昏迷.
insen'tient [in'senʃənt] a. 无知〔感〕觉的，无生命的.
insep'arable [in'sepərəbl] I a. 不可分〔离，割〕的，分不开的 (from)，不可拆的. II n. (pl.) 不可分的事物. **insep'arably** ad.
insep'arate [in'sepəreit] a. 不分开〔离〕的，相连的.
insequent a. 斜向的.
insert I [in'sɔːt] vt. 插〔放，嵌，镶，夹，按，引，接，植，介，写，代〕入，加进，刊登，登载. II [in'sɔːt] n. ①插〔嵌，接，引，代〕入物，插头，塞子，插页，衬垫〔套〕，垫圈〔片〕，轴瓦〔衬〕刀片，芯棒，柄，卡盘 ②成品装镶法 ③(pl.)金属型芯，镶嵌件〔物〕 ④内冷铁 ⑤电极头. *die insert* 拉模坯，压模嵌入体. *insert bit* 插刀刀头. *insert cartridge* 板头 (带机传声器，拾音器的换能元件)，插入式盒. *insert chip* 镶嵌刀片. *insert core* 组合泥芯，插入〔穿皮〕泥芯. *inserted-cutter type of bar* 镶杆. *insert gauge* 塞规. *insert ring* 插入环，可熔镶块. *inserted component* 分立元件. *inserted die* 镶složа板牙. *inserted piece* 砂型骨，嵌入加强块. *inserted pin* 挡料销，插销. *inserted tool* 硬质合金〔合金刀〕刀具. *inserting machine* 零件自动插入机. *rock drill insert* 凿岩机硬质合金刀片. *separator insert* 分(间)隔板，隔板头. ▲ **insert M in (into) N** 把 M 插〔嵌，加，引，代〕入 N 中.
inser'ter [in'sɔːtə] n. 插入〔隔离〕物，插件，隔板，数据输入装置. *data inserter* 数据输入器. *piston inserter* 装活塞器.
inser'tion [in'sɔːʃən] n. ①插〔嵌，镶，放，夹，接，引，介，输，导，代〕入 ②插〔嵌〕入物，衬垫，插页，插入广告 ③(卫星等)射入轨道 ④安置，存放，附着，止端 ⑤登载. *insertion into earth orbit* 导入地球轨道. *reactivity insertion* 反应性〔率〕增长. ~al a.

in'ser'vice [in'sɔːvis] a. 在使用中进行的，在职期间进行的.
inset I ['in'set] (*inset* 或 *insetted*; *insetting*) vt. 插〔嵌，夹，流〕入，镶嵌. II n. ①插〔嵌，夹〕入 ②插入物，插图〔画，页〕③镶边 ④水道，(潮水)流入.
in'shore' ['in'ʃɔː] I a. 近(海)岸的，向陆的，沿海的. II ad. 沿海〔岸〕，靠近海岸，向着海岸. ▲ **inshore of** 比…靠近海岸.
in'side' ['in'said] I n. ①内〔里，内部〕面，(径)，里面，内容，内部的东西，(游标卡尺的)内卡脚 ②中间〔内部〕③内幕，内情. II a. ①内(部，侧，面)的，里面的 ②内幕的，秘密的，内部的. III ad. 在内(部)，在里面，往里面. IV prep. 在…内(里面)，…的内部. *inside antenna* 机内〔室内〕天线. *inside band* 活动内托条. *inside diameter* 内径. *inside drill* 侧孔电钻. *inside information* (stuff)内部消息. *inside indicator* 内径测微指示计. *inside lead gauge* 内螺纹导程(螺距)仪. *inside lock* (前轮)内转角. *inside micrometer* (测)内径千分规. *inside plant* 室内设施(线路). *in* (部)站. *inside slope* 井下斜井，暗斜井. *inside taper gauge* 内圆锥管螺纹牙高测量仪. ▲ **be hard at work inside** … 正在努力探索…的内幕〔内部〕的奥秘. "…**from Inside**"…内幕. *inside of* 在…以(之)内，不到(足)，少于. *inside out* 里面向外翻地，彻底地. *on the inside* 在(从)里面. *turn inside out* 翻里朝外.
inside-frosted lamp n. 乳白(磨砂，内表面闷光)灯泡.
inside-out n.; a. 里面向外翻(的). *inside-out filter* 外流式过滤器. *inside-out type cell* 内锌外炭式干电池.
insid'ious [in'sidiəs] a. 隐伏的，阴险的，狡猾的，在不知不觉之间加剧的(疾病等). ~ly ad. ~ness n.
in'sight ['insait] n. 洞察(力)，了解，领会，见识. ▲ **gain (get, have) an insight into** 看破(透)，洞察，透彻地理解，深入了解. *give an insight into* 使…深入地了解. *insight into* 对…的见识(了解)，对…的洞察力.
insig'nia [in'signiə] 〔拉丁语〕n. 国徽，证(徽，勋)章，标志，认别符号.
insignif'icance [insig'nifikəns] 或 **insignif'icancy** n. 无意义，无价值〔无效(的)，不重要，轻微.
insignif'icant [insig'nifikənt] a. 无意义的，无价值的，无用的，不重要的，轻微的，小的. ~ly ad.
insincere' [insin'siə] a. 不真诚的，不诚恳的，不可信的，虚伪的. ~ly ad. **insincer'ity** n.
insip'id [in'sipid] a. (枯燥)无味的，无生气的，无生命的. ~ity n. ~ly ad.
insist' [in'sist] v. 坚持，硬要，强调，坚决主张〔要求，认为〕. ▲ **insist on** (upon) 坚持主张，一定要.
insis'tence [in'sistəns] 或 **insis'tency** n. 坚持，强调，坚决主张(要求).
insis'tent [in'sistənt] a. 坚持的，强要的，迫切的，显著的(音，色的).
in situ 或 **in-situ** [in'saitjuː] a.; ad. 〔拉丁语〕(在)原地(处，位置)，就地，在(应有，正常，自然)位

inslope n. 内(侧)坡.

INSMAT =inspector of material 材料检验员.

insofar'as 或 **insofar as** [insou'fa:rəz] *conj.* 到这样的程度,就…一点上(来说),在…的情况下,在…范围(限度)内,既然,因为. ▲ *insofar as … is concerned* 就…而论.

insol =insoluble 不溶解的.

insolam'eter n. 日射计.

in'solate ['insouleit] *vt.* (曝)晒.

insola'tion [insou'leiʃən] n. 晒(干),曝晒(光),日照,日射(率,病),日射量,中暑.

insolubil'ity [insɔlju'biliti] n. 不(可)溶(解)性,不可解性.

insolubilize v. (使)不溶解,降低可溶性(溶解度).

insolubilizer n. 不溶材料.

insol'uble [in'sɔljubl] I *a.* ①不溶解(性)的,难以溶解的 ②不能解决(释)的,难以理解的,不可解的. II *n.* (pl.) 不溶(解)物(质). **insolubly** *ad.*

insolvable [in'sɔlvəbl] *a.* 不能解决(答)的.

insol'vency n. 无力偿付债务,破产.

insol'vent *a.*; *n.* 无偿债能力的(者),破产的(者).

insom'nia [in'sɔmniə] n. 失眠(症).

insom'niac [in'sɔmiæk] n. 失眠症患者.

insomuch' [insou'mʌtʃ] *ad.* 到…(的程度),如此(that). *insomuch as* 因为,由于.

in'sonate ['insouneit] v. (使)受(超高频)声波的作用. **insona'tion** n.

insonifica'tion n. 声透射,声照射.

insonify n. 声穿透. *insonified zone* (水下)声音传播区,有声区.

insorp'tion n. 吸收.

INSP =①inspection 检查 ②inspector 检查员.

in-space *a.* 宇宙中,空中. *in-space rendezvous* 深空(空间,航天)会合.

inspect' [in'spekt] v. 检查(验,修),观(视)察,调(审),探伤,试验. *inspecting engineer* 验收工程师. ▲ *inspect M for N* 检查M是否有N,就N检查M.

inspec'tion [in'spekʃən] n. ①检查(验),审查,观(视)察,参观,检查(检验,观测)站,目测(②检)查,校对,证明. *100% inspection* 全数检查(验). *China Commodity Inspection Bureau* 中国商品检验局(CCIB). *inspection cover* 检查孔盖,人孔盖. *inspction hole* 检查(看火,观测)孔. *inspection pit* 检修(检车,修车,检查坑,检验井,探坑(井)). *inspection satellite* 观察(识别)卫星. *magnetic inspection* 磁性探伤. ▲ *Inspection declined*! 谢绝参观! *inspection of (on)* 对…的检查(验).

inspec'tor [in'spektə] n. 检查(检验,验收)员,鉴定者,监工(员). *inspector's micrometer caliper* 检验用千分卡尺. ~al 或 ~ial.

inspec'torate n. 检查或视察人的职责(辖区).

inspec'toscope [in'spektəskoup] n. 检查镜,X光透视或零件检查仪.

insphere =ensphere.

inspira'tion [inspə'reiʃən] n. ①进(吸)气,吸(汲)入 ②蒸浓(法) ③启发,灵机 ④鼓舞(励). ▲ *give (the) inspiration to* 启发,鼓舞.

in'spirator ['inspəreitə] n. 呼吸(吸入)器,喷汽注入器,注射(水)器,喷射(注)器. *inspirator burner* 注射燃烧器.

inspi'ratory [in'spaiərətri] *a.* 吸气的,吸入的.

inspire' [in'spaiə] *vt.* ①吸(进)气,注入,灌注(输) ②鼓舞(励),激起,启发 ③引起,产生 ④授意,暗使.

inspi'ring [in'spaiəriŋ] *a.* 鼓舞人心的,激励的.

inspir'it [in'spirit] *vt.* 鼓舞,激励,使振奋.

inspir'iting *a.* 鼓舞(振奋)人心的.

inspirium n. 吸气.

inspirom'eter n. 吸气计.

inspis'sant [in'spisənt] *a.*; *n.* 使蒸浓的,使浓缩的,浓缩剂.

inspis'sate [in'spiseit] I *vt.* 使浓缩(厚), II *a.* 浓缩了的,浓厚的,强烈的.

inspissa'tion n. 蒸浓(法),浓缩(法,作用),增稠,浓厚化.

inspissator n. 蒸浓(浓缩)器.

INST 或 **inst** ①instant ②instantaneous ③institute ④instution ⑤instrument ⑥instrumentation.

INST CTL =instrumentation control (racks)仪表控制(台).

inst switch 瞬时开关.

INSTA = Inter-Nordic Standard(-ization)北欧国家间标准(化).

instabil'ity [instə'biliti] n. ①不稳定(性,度),不安定(性,度),不恒定的 ②动摇,不坚决. *plastic instability* 塑性不稳定性,塑性失稳.

insta'ble [in'steibl] *a.* 不(稳,安)定的,易变的.

instal(l)' [in'stɔ:l] (*installed; installing*) *vt.* ①安装(置),装配(置),装(拧,插,接)入,陈列,设置,建立 ②任命,使就职. *installed capacity* 设备容量.

installa'tion [instɔ:'leiʃən] n. ①(整套)装置(备),设备(施),结构,台,站 ②安装,组装,设置,设立 ③计算法 ④任命,就职. *cooling-fan installation* 冷却通风系统. *heating installation* 暖气设备. *industrial installation* 工业生产设备. *installation tape number* 磁带安装信号. *installation diagram* 安装(装配)图. *military installations* 军事设施. *pipe installation* 管道安装(铺设). *program installation* 程序装置(机构). *rocket-propelled test sled installation* 火箭试验滑行车.

installa'tional *a.* 安装的.

instal'ler n. 安装者(工),支座.

instal(l)'ment [in'stɔ:lmənt] n. ①分期付款 ②安装,装配 ③(丛书、杂志的)一部、一期、(分期连载的)一部分. *installment plan* 分期付款购货法. ▲ *in installments* 分期地. *pay by (in) installments* 分期付款.

instamatic system 飞机订票系统.

in'stance ['instəns] I n. ①例(子,证),实(事,范)例,样品 ②阶段,步骤 ③情况,场合 ④请(要)求,提议,建议 II *vt.* 提(举)…为例,举例,引证,用例子说明. ▲ *(as) for instance* 例如,举例来说. *at the instance of* 由于…之提议(主张,请求). *for instance* 例如. *in all instances* 在一切情况下. *in no instance* 在任何情况下都不. *in the first*

instance 最初,首先,在第一种情况下. *in this instance* 在这种情况下.

in'stancy ['instənsi] n. ①紧急[迫]②即时,瞬时③坚持.

in'stant ['instənt] I a. 立刻[即]的,瞬时的,直接的,紧急[迫]的,迫切的,速溶的②太快而无用的③当[本]月的. II n. 瞬间[时],即时[刻],时(刻),瞬得胶片. *instant on system* 瞬间[即时]接通制. *instant operating characteristic* 瞬态特性. *instant reply* 可即时放送的录象. *instant steam* 随手蒸汽. ▲(at) any instant 随时,在任何情况下. *at some instant* 在某一瞬间. *at the instant when* 在…的一刹那间. *at this (that) instant* 在这(那)一刹那,在这(那)瞬间. *for an instant* 片刻,一瞬间. *from instant to instant* 时时刻刻. *in an instant* 刹那间,立刻,忽然. *on the instant* 立刻[刻],马上. *take only an instant* 只需要一刹那功夫. *the instant (that)* ——就. *this instant* 即刻,马上.

instantané [法语] n. 快照,简机.

instantane'ity n. 瞬时[即时]性.

instanta'neous [instən'teinjəs] a. 瞬时(作用)的,瞬(态)急的,立即的,即刻(even)的,同时(发生)的. *instantaneous cap* 瞬时(同步)起爆雷管. *instantaneous deviation indicator* 瞬偏指示器. *instantaneous exposure* 自动快速曝光. *instantaneous recording* 即用(即时,现用)录音,瞬时录象. *instantaneous relay* 瞬息动作继电器. *instantaneous sample* 瞬时采样,采样信号与瞬时值. *instantaneous veloc·ity* 瞬时速度. ~ly ad. ~ness n.

instant'er [in'stæntə] ad. 立即,马上.

instant'iate [in'stænʃieit] vt. 用具体例子说明,例示. **instantia'tion** n.

in'stantly ['instəntli] I ad. 立刻,马上. II conj. ——就.

instan'tograph n. 快照,即取即相机.

instanton n. 瞬子.

in'star¹ ['insta:] n. (昆虫)蜕期.

instar² [in'sta:] (instarred; instarring) vt. 镶以星(状物).

instate' [in'steit] vt. 任命,安置,授予职位[资格].

in statu nascendi [拉丁语] 在新生(生成)过程中.

in sta'tu quo [拉丁语] 照原状,照旧,在现况下,在同样情况下.

instaura'tion [instɔ:'reiʃən] n. 恢[修]复,重建.

in'staurator ['instɔ:reitə] n. 重建者,创立者.

instead' [in'sted] ad. (来)代替,当作,不(是)…而(是),(插入语)而,代之以. *In this area there is no coal but, instead oil.* 在这个地区没有煤,而有石油. *If there is no coal, oil can be used instead.* 如果没有煤,可以用石油来代替. ▲*if instead* 如果不是那样,而是. *if instead of* 如果不是…而是. *if instead of adding an electron, an electron is removed from the shell* …如果这一层不是增加一个电子,而是从这层取走一个电子…. *instead of 代*替着,而不(是),不…(而). *The speed of the car is 100mi/hr instead of 50mi/hr.* 这汽车的速度不是50英里/小时而是100英里/小时. *Sometimes the lever is crooked instead of straight.* 有时杠杆是弯的而不是直的.

in-step a. 同步的,同相的,相位一致的,同级的.

in'stigate ['instigeit] vt. 煽动,教唆,怂恿.

instiga'tion [insti'geiʃən] n. 煽动,教唆,怂恿②刺激(物).

in'stigator ['instigeitə] n. 煽动[教唆]者.

instil(1)' [in'stil] (instilled; instilling) vt. 滴入[注,下],浸渍,逐渐灌输.

instilla'tion [insti'leiʃən] 或 **instil(1)'ment** n. ①滴入(液,法),注(滴入,滴剂,灌输②浸润物.

in'stillator ['instileitə] n. 滴注[入]器.

instinct' I ['instiŋkt] n. 本能[性],直觉. II [in'stiŋkt] a. 充满…的(with),生动的. ▲*by instinct* 出于本能. *have an instinct for* 生来就,生性爱好.

instinc'tive [in'stiŋktiv] a. 本能的,直觉的,天生的,自然的. ~ly ad.

in'stitute ['institju:t] I n. ①学会,协会,讲习学术会议②研究所[院],学院,专科学校③(pl.)(基本)原理[则],公理,定[规]则 II vt. ①建立,设立[置],制定②开始,着手,创始,实行.

institu'tion [insti'tju:ʃən] n. ①建立,设立[置],制[规]定②制度,惯例③学(协)会,学校[院],研究所,机关[构],公共设施.

institu'tional [insti'tju:ʃənəl] 或 **institu'tionary** a. ①设立的,制定的②制度(上)的,规定的③学会[校]的,研究所的,公共机构的④原理的. *institutional property* 社团地产[财产].

institu'tionalize [insti'tju:ʃənəlaiz] vt. 使制度化,使一成不变.

in'stitutor ['institju:tə] n. 设立[制定]者.

INSTL =①install 安装②installation 装置.

in-store n. 店内装设的,在店内发生的.

instoscope n. 目视曝光计.

instr =①instructions 指示书②instructor 指导人[员],仪表,工具.

instroke n. 内向(压缩或排气)冲程.

instruct' [in'strʌkt] vt. ①教(育,导),讲授②指示[导,挥],说明,通知,命令.

instruct'ed a. 受教育的,得到指示的,接到通知的,(被)委派的.

instruc'tion [in'strʌkʃən] n. ①讲教,教学[育],通知②【计】指令[示],程序,说明(书),须知,指南,指示书,守则,细则,规程③码. *B instruction* 变址(数)指令. B 指令. *extract instruction* 开方指令. *instruction character* 指令字符,控制(操作)字符. *instruction constant* 伪[无用]指令. *instruction display* 示数显示器. *instruction manual* 使用手册. *instruction sequence* 指令[控制]序列. *instruction time* 指示[指令取出,指令脉冲持续]时间. *loading instruction* 载重定额[规定]. *operating instruction* 业务(工作)规则,维护规则,业务规章. *operation instruction* 使用说明书. *service instruction* 业务规章[指南,须知],工作细则. *working instruction* 操作规程,工作细则. ▲*give instruction in* 讲授. *give instructions to + inf.* 指挥[命令](做某事). *receive instruction in M from N* 向N学习M.

instruc'tional [in'strʌkʃənəl] *a.* 教学[育]的.

instruc'tive [in'strʌktiv] *a.* 教训的,有(教)益的,启发性的,指导(性)的. *instructive television* 教育电视. ~**ly** *ad.* ~**ness** *n.*

instruc'tor [in'strʌktə] *n.* 教[讲]师,指导员.

in'strument ['instrumənt] I *n.* ①(测试,测量)仪,仪器[表],工具,器(械,具),装置,设备 ②手段,方法,(法定)文件,证书[件],契约 ③乐器. II *vt.* 用仪器装备,给…装备仪表,提交法律文件给. *end instrument* 敏感元件,传感器. *flow instrument* 流址计. *instrument approach* 盲目降落器. *instrument autotransformer* 仪表用[测试(用)]自耦变压器. *instrument board* 〔panel〕仪表板. *instrument ground optical recorder system* 地面光测记录仪. *instrument landing* 盲目[无线电导航]着陆,仪表(引导,指示)着陆. *instrument light* 仪表(操纵)板照明指示灯. *instrument mislevel* 仪器水准面不平. *instrument multiplier* 仪表扩(量)程器. *instrument of ratification* 批准书. *instrument shunt* 仪表分流器,电流扩展器. *instrument station* 测站. *instrument transformer* 仪表(用)变压器. *instruments stimuli primaries* 配调原色. *instrumented glider* 带有测量设备的滑翔导弹. *instrumented satellite* 测量卫星. *space clock instrument* 宇宙钟.

instrumen'tal [instru'mentl] *a.* ①仪器[表]的,器械[具]的 ②作为手段[工具,媒介]的,能起作用的,有帮助的,助成的. *instrumental analysis* (用)仪器分析. *instrumental conditioning* 〔learning〕机械反应[认识](据前次反应结果之好坏而学会作出适当反应). *instrumental drawing* 仪器[机械]制图. *instrumental drift* 仪表零点漂移. *instrumental satellite* 测量卫星. ▲ *be instrumental in* +*ing* 有助于,助长. *be instrumental to* 对…有帮助.

instrumental'ity [instrumen'tæliti] *n.* 工具,手段,媒介. ▲ *by* 〔*through*〕 *the instrumentality of* 用,依靠,借助于.

instrumenta'tion [instrumen'teiʃən] *n.* ①(测量,检测)(仪器,表)工具,仪器,仪表,仪式,仪表测量[设备 ②使用[装备]仪器,仪表化,仪表使用(法),仪器制作[使用],仪器制造学,器具使用的 ③方法,手段 ④实行[现]. *high-speed photographic instrumentation* 高速摄影仪. *instumentation console* 操纵(仪表)台,仪表柜[盘]. *instrumentation radar* 靶场测量雷达. *instrumentation ship* 仪表测量船,浮动测量. *instrumentation system* 测量系统. *pressure instrumentation* 测压仪表[设备].

in'strument-head *n.* 测量仪头部[端].

in'strumenting *n.* 检测仪表装置.

instrumentorium *n.* 全[整]套器械.

insubmersibil'ity *n.* 不沉性.

insubstan'tial [insəb'stænʃəl] *a.* ①无实质[无物质体]的,非实在的,幻想的 ②不坚固的,不牢的,薄弱的. ~**ity** *n.*

insucca'tion [insʌ'keiʃən] *n.* 浸透(渍),泡制.

insuf'ferable [in'sʌfərəbl] *a.* 不能容忍的,难以忍受的.

insufficiency [insə'fiʃənsi] *n.* 不足(够),太少,不充分,不适当,不胜任,功能[机能]不足,不全.

insufficient [insə'fiʃənt] *a.* 不足[够]的,不适当的,不能胜任的. ▲ (*be*) *insufficient to* +*inf.* 不足以,不能胜任(做). ~**ly** *ad.* *insufficiently burnt* 未烧透的.

n'sufflate ['insʌfleit] *vt.* 吹入[进,上],喷注.

insuffla'tion [insʌ'fleiʃən] *n.* 吹进(空气,瓦斯等),吹入(法,剂),吹[灌]气法.

in'sufflator ['insʌfleitə] *n.* 吹药[入]器,吹气者.

in'sula ['insələ] *n.* 岛,脑岛.

in'sulance *n.* 绝缘电阻.

in'sulant *n.* 绝缘物质[材料,电阻].

in'sular ['insjulə] *a.* (海)岛的,像岛似的,隔绝的,孤立的.

in'sulate ['insjuleit] *vt.* 使绝缘[热],隔离[绝,热,音],保温,使孤立. *insulated anticathode* 绝缘对阴极. *insulated body* 被绝缘体,包覆绝缘层. *insulated supply system* 不接地电源. ▲ *insulate M from N* 使 M 和 N 绝缘[隔离].

in'sulating ['insjuleitiŋ] *a.* 介电的,绝缘[热]的,保温的,隔音的. *insulating condenser* 隔直流电容器. *insulating particles* (电)介质粒子,绝缘粒子. *insulating tube* 瓷(绝缘)管.

insula'tion [insju'leiʃən] *n.* ①绝缘[热],隔离[热,音],保温 ②绝缘体,绝缘层,隔层 ③孤立. *insulation board* 隔音[热绝]板. *insulation current* 漏(绝缘)电流. *insulation material of vibration* 防震材料. *insulation strip* 分隔带. *insulation workshop* 保温车间. *sound insulation* 声绝缘,隔声. *thermal insulation* 热绝缘,保温层.

insulativ'ity *n.* 比绝缘电阻,绝缘性[度].

in'sulator ['insjuleitə] *n.* 绝缘体[子,物,器,材料],绝热体,隔离物,隔层[电]子,非导体,介质. *glass insulator* 玻璃绝缘子. *thermal* 〔*heat*〕 *insulator* 热绝缘体.

insulcrete *n.* 绝缘(混凝土)板.

in'sulin ['insjulin] *n.* 胰岛素.

insulinase *n.* 胰岛素酶.

insullac *n.* 绝缘漆.

insult I ['insʌlt] *n.* II [in'sʌlt] *vt.* 侮辱,损伤,伤害,蹂躏. *environmental insults* 环境对人体的各种危害. *radiation insult* 辐射损伤[伤害]. ~**ing** *a.*

insu'perable [in'sju:pərəbl] *a.* ①不能克服[排除]的,无法逾越的,不可逾制的 ②不可战胜的,无敌的. **insuperably** *ad.*

insupport'able [insə'pɔ:təbl] *a.* ①不能容忍的,难以忍受的 ②无根据的,没有理由的. **insupportably** *ad.*

insuppres'sible [insə'presəbl] *a.* 抑制不住的,忍不住的.

insu'rable [in'ʃuərəbl] *a.* (可以接受)保险的.

insu'rance [in'ʃuərəns] *n.* ①保险[证],保险费[单,金额,业务] ②安全保障[措施]. *fire insurance* 火险. *insurance policy* 保险单. *marine insurance* 水险. ▲ *provide insurance against* 为防止…提供安全措施.

insu'rant [in'ʃuərənt] *n.* 被保险人,受保人.

insure' [in'ʃuə] *v.* (给,替…)保险,保障,保证(使…

insu′rer [in′ʃuərə] n. 保险商(人，公司)，承保人.

insur′gence 或 **insur′gency** n. 起义，暴动，造反.

insur′gent a.; n. 起义的(者)，暴动的(者)，造反的(者).

insurmoun′table [insə:′mauntəbl] a. 不可克服的，难超越的. **insurmountably** ad.

insurrec′tion [insə′rekʃən] n. 起义，暴动，造反. ~al a.

insurrec′tionary a.; n. 起义的(者)，暴动的(者)，造反的(者).

insusceptibil′ity n. 无感觉，不易感受性，免疫性.

insuscep′tible [insə′septəbl] a. 不受…影响的，不接受…的，不容许…的(of, to).

in′swept [′inswept] a. 流线型的，前端窄的，窄式的，流[引]过的.

insymbol n. 内部符号.

in-sync operation 同步状态.

int 〔拉丁语〕 ad int=ad interim 临[暂]时的.

INT 或 **int** =①intake 进入 ②integral ③intensity 强[强]度 ④interior 内部 ⑤interjection (语法)感叹词 ⑥intermediate 中间的 ⑦internal 内部的 ⑧international 国际的 ⑨interrupter 断续[路]器 ⑩intersection 相交.

intact′ [in′tækt] a. 未(受)触动[扰动]的，原封不动的，无损伤的，未受损的，完整[无缺]的，整体的.

intagliated [in′ta:ljeitid] a. 凹雕的.

intaglio [in′ta:liou] n.; vt. 凹雕. **intaglio printing** 凹版印刷.

in′take [′inteik] n.; v. ①吸[引]，通，输，收入，进[吸]气，进水(头，口)，摄入 ②进入[口] ③进水构筑物，入口分管汇集装置，通风孔，输入端 ④吸入量[物]，输入[被消耗]能量，引入量，进风量 ⑤进气装置，进风巷道，吸入道. *air intake* 进气(管，口). *ram intake* 冲压[迎风]进气口，全压接收管. *intake rate* 入流率. *intake recharge* (含水层的)引入回灌量. *intake screen* 进料滤网. *intake silencer* 消声[音]器.

int. al. = 〔拉丁语〕 inter alia 尤其.

intandem n. (轧钢机)串联[列].

intangibil′ity [intændʒə′biliti] n. 不可触知(性)，不能把握，不可解.

intan′gible [in′tændʒəbl] a.; n. 不能触摸的，无实体的，不现实的，模糊的，难莽明白的，难以确定的，空虚的，不可捉摸的(因素，东西)，无形的(东西). *intangible in value* 无实际意义的. **intan′gibly** ad.

intarometer n. 盲孔十分尺.

intchg =interchangeable 可互换的.

INTCP =intercept 截(住).

INTCYL =intercylinder.

in′teger [′intidʒə] n. 整数，整(数)体，【计】整型(ALGOL用)，完整的东西. *integer field* 整字段.

integrabil′ity [intigrə′biliti] n. 可积(分)性.

in′tegrable [′intigrəbl] a. 可积(分)的.

in′tegral [′intigrəl] I a. ①整(体，个)的，完整(全)的，总体的，组[集，合]成的，综合的，主要的，必备的，构成整体所必要的 ②积分的，累积的 ③全悬挂的. II n. ①整[总]体，整数 ②积分 ③计算机中由整数表示数量的固定小数点制. *definite integral* 定积分. *double integral* (二)重积分. *integral algebraic* 代数整的. *integral calculus* 积分(学). *integral cast handle* 固定手把. *integral cavity klystron* 内腔式速调管. *integral circuit package* 组合电路件，组合微型电路. *integral differential equation* 积分微分方程. *integral distribution curve* 累积分布曲线. *integral key* 花键. *integral-hp motor* 大于1马力的电动机. *integral mesh* 结合网(摄象管中和聚焦极接在一起的网). *integral metal* 整体轴承，浇铸轴承(合金). *Integral pump* 英蒂格拉尔轴向柱塞泵.

integral′ity [inti′græliti] n. 完整性.

integraliza′tion [intigrəli′zeiʃən] n. 整化.

in′tegrally [′intigrəli] ad. 整体地. *integrally closed* 整闭.

integral-transform method 积分变换法.

in′tegrand [′intigrənd] n. 被积函数，被积式.

in′tegrant [′intigrənt] I a. =integral. II n. 成分，组成部分，要素.

in′tegraph [′intigra:f] n. 积分(描图，曲线)仪，积分器.

in′tegrate I [′intigreit] v. ①(求)积分 ②(使)完整(全)，整化，使一体化，成一体，划一，集[合，组]成，汇集 ③表示…的总和，合计，累计[积]，积累. II [′intigrit] a. 完整(全)的，综合自的. *integrated automated test system* 组合型自动测试系统. *integrated belt system* 整套的输送带系统. *integrated chroma processing* 集成电路色度(信号)处理. *integrated circuit* 集成(积分整体)电路. *integrated communication system* 综合通讯系统. *Integrated Communications Agency* 联合通信总局. *integrated community view* 【计】统合公共意向. *integrated computer* 混合计算机. *integrated console* 联控台，集中控制台. *integrated data processing* 统一(集中，整体，综合)数据处理. *integrated electronic processor* 集成电路加工器. *integrated file adapter* 整体文件存储衔接器. *integrated incident light* 入射总光能量. *integrated iron and steel works* 钢铁联合企业. *integrated light intensity* 积分(集束)光强度. *integrated mica* 结合(整片)云母. *integrated oil company* 大型石油(联合)公司. *integrated operating system* 集中操作系统. *integrated radiant emittance* 总辐射(能流密)度. *integrated trajectory system* 多站综合测轨系统. *integrating ahead* 向前积分. *integrating capacitor* 积分(存储)电容器. *integrating circuit* 积分电路. *integrating comb method* 【流体力学】冲量法，汇集排管法. *integrating detector* 积分(脉冲平均值)检波器. *integrating device* 积分装置，累计器，积分器. *integrating element* 积分元件. *integrating instrument* 积分仪器，积分器. *integrating meter* 积分计，积分计算仪. *integrating manometer* 累计压力计. ▲ *be integrated in* [*into*] 统一到(归并到)，被结合到(…)中. *integrate M into N* 使

M 并入 N, 把 M 总合为 N. *integrate M over N*, 把 M 对 N 积分. *integrate (M) with N* (把(M))和 N 结合起来. *integrate theory with practice* 使理论联系实际.

integra'tion [ˌintiˈgreiʃən] *n.* ①积分(法), 求积, 积算, 平均值测量 ②集成(化), 综(组,结,集)合, 合成(作用), 同化(作用), 集中, 整合, 积累, 整体化. *integration by decomposition* 分解求积法. *integration by reduction* 归约积分. *integration noise reducer* 抗干扰积分装置. *integration of instruments* 仪器综合利用. *integration of operation* 联合作业, 操作上的联合性. *right scale integration* 适当规模集成电路.

in'tegrative [ˈintigreitiv] *a.* 综合的, 整(一)体化的.

in'tegrator [ˈintigreitə] *n.* 积分仪(器,机,元件,电路,装置), 求积(积累,积分)器, 电表(测量)计, 综合者. *integrator circuit*. 积分电路.

integrator-amplifier *n.* 积分放大器.

integ'rity [inˈtegriti] *n.* 完全(整)性, 综合(统一)性, 完善; 正直, 诚实. *integrity basis* 整基. *integrity/security mechanism* 完整安全性机构. *lead integrity* 引线牢固性.

integro [ˈintigrou] [拉丁语] *de integro* 重行, 另行, 再.

integro-difference equation 积分差分方程.

integro-differen'tial *a.* 积分微分的.

integrom'eter *n.* 惯性矩面积仪.

integron'ics *n.* 综合电子设备.

integ'ument [inˈtegjumənt] *n.* 覆盖物, 皮肤, 外皮(壳), 包皮, 被膜. ～**ary** *a.*

in'tellect [ˈintilekt] *n.* ①理解力, 智力, 思维能力, 理(才)智 ②有才智的人, 知识界, 知识分子.

intellec'tion [ˌintiˈlekʃən] *n.* ①思维(作用), 思考, 推理, 理解, 智力活动 ②观念.

intellectron'ics *n.* 人工智能电子学.

intellec'tual [ˌintiˈlektjuəl] Ⅰ *a.* (有)智力的, 聪明的, 理智的, 用脑力的. Ⅱ *n.* 知识分子, 凭理智做事者. *intellectual faculties* 智能. *intellectual work* 脑力工作. ～**ly** *ad.*

intellectual'ity *n.* 理智(性), 智力, 聪明.

intellec'tualize [ˌintiˈlektjuəlaiz] *v.* 推理, 思考, 使理智化.

intel'ligence [inˈtelidʒəns] *n.* ①智力(慧, 能), 聪明, 灵巧, 理解力 ②报导, 消息, 情报(机构), 谍报, 知识 ③(导引, 瞄准)信号, 信息, 指令. *communications intelligence* 电信侦察. *current intelligence* 动态情报. *intelligence bureau* [department] 情报局[处, 部门]. *intelligence data* 侦察数据. *intelligence signal* 载波(信息, 情报数据)信号.

intelligencer *n.* 情报员, 间谍.

intel'ligent [inˈtelidʒənt] *a.* 有才智的, 有才智的, 聪明的, 理解力强的, 机智的, 可执行部分电脑工作的. *intelligent cable* 灵巧电缆. *intelligent capability* 智慧能力. *intelligent channel* 智能通道. *intelligent terminal* 灵活的终端设备, 智能终端(设备). ～**ly** *ad.*

intelligen'tial [ˌinteliˈdʒenʃəl] *a.* 智力的, (传送)情报的.

intelligen'tsia 或 **intelligen'tzia** [ˌinteliˈdʒentsiə] *n.* 知识分子(总称), 知识界.

intelligibil'ity [inˌtelidʒəˈbiliti] *n.* 可理解(性, 的事物), 明了(度), 可懂度, 清晰度.

intel'ligible [inˈtelidʒəbl] *a.* 可理解的, 易[可]懂的, 明了[白]的, 清晰的, 概念的. **intel'ligibly** *ad.*

IN'TELSAT 或 **In'telsat** [ˈintelsæt] = International Telecommunication Satellite 国际通讯卫星(组织).

intem'perate [inˈtempərit] *a.* 激烈的, 过度的. *intemperate ambition* 狂妄的野心. *intemperate wind* 烈风. *intemperate zone* 热(寒)带. ～**ly** *ad.*

intend [inˈtend] *vt.* ①想(要), 打算, 企图, 意图是 ②预定, 指定(给), 设计, 计划 ③意味着, 意指, (文字, 声明等)表示. ▲ *(be) intended for* 预定[计划]给, [打算]供…用, 想[准备]用作. *be intended to* +*inf*. 意图是使, 他用来. *be intended to be* = (规, 确)定为. *intend M as N* 打算把 M 作为 N. *intend M for N* 要使 M 成为 N. *intend (…) to*+*inf*. 打算[意图是](使…)(做). *it is intended that* 企[意]图.

intend'ance [inˈtendəns] *n.* 监督, 管理, 行政管理部门.

intend'ancy [inˈtendənsi] *n.* 监督[管理]人员, 管理区.

intend'ant [inˈtendənt] *n.* 监督[管理]人, 经理.

inten'ded [inˈtendid] *a.* ①计划中的, 预期[计]的, 打算中的 ②故意[有意]的.

intend'ment [inˈtendmənt] *n.* 含义, 意图.

intense [inˈtens] *a.* ①强(烈)的, 激(剧)烈的, 紧张的, 高度的, 热烈[情]的, 认真的 ②(底片)银影深度高的, 厚的. *intense colour* 浓(亮)色. *intense fall* 暴雨. *intense heat* 高温, 酷热(暑), 急剧加热. *intense longing* 热(渴)望. *intense study* 认真的研究. ～**ness** *n.*

intense'ly [inˈtensli] *ad.* 强烈地, 一心一意地.

Intensicon = intensifier vidicon 增强光电导摄像管, 增强硅靶视像管.

intensifica'tion [inˌtensifiˈkeiʃən] *n.* 增[加]强, 强化, 加剧(深), (底片)加厚(法). *intensification pulse* 加亮[照明, 增强]脉冲.

inten'sifier [inˈtensifaiə] *n.* 扩(放)大器, 增强器(剂), 倍加[增encourage]器, 增压器, 强化因子, (底片)加厚片[增厚剂], 照明装置, 增辉电路, 中间放大(放大器级)谐振)电路. *intensifier ebsicon* 微光(硅靶增强)摄像管. *intensifier electrode* 后加速电极, 加[增]强电极. *intensifier image orthicon* 增强式超正析像管(移像直像管). *intensifier pulse* 增强(辉)脉冲. *intensifier SEC camera tube* 增强式二次电子导电摄像管. *intensifier stage* 增强(放大)级. *spark intensifier* 火花增强器, 双重火花间隙点火栓.

inten'sify [inˈtensifai] *v.* 增[加]强, 使(变)强烈, 加剧, (底片)加厚, 增加强度, 增高(底片)银影密度, 使更尖锐. *intensified diode array camera* 硅靶视像管. *intensified image* 增亮图像. *intensifying gate* 增辉[门]电路, 照明脉冲. *intensifying pulse* 增辉脉冲. *intensifying ring* 辅助(加速)极, 增光环. *intensifying screen* 增光(感)屏, 光增强屏.

intensim'eter *n.* 声强计, X 射线强度计.

inten'sion [in'tenʃən] *n.* ①紧张,强度,加强 ②专心致志 ③【数】内涵. ~al *a.*

intensitom'eter *n.* X射线强度计.

inten'sity [in'tensiti] *n.* ①强(度),密[集]度,应力,亮度,光强,(底片的)明暗度 ②强(激,剧)烈(性),地震烈度,紧张. *colour intensity* 彩色亮度. *intensity level* 强度〔亮度〕级,亮度(电平). *intensity modulation* 亮度〔强度〕,射线电子束调制. *intensity of labour* 劳动强度. *intensity of light* 光〔照〕度,光强. *intensity of magnetization* 磁化强度. *radiant intensity* 辐射强度.

inten'sive [in'tensiv] I *a.* ①强(烈,度,化)的,增〔加〕强的,密集的,集中(约)的,紧张的 ②深入细致的,彻底的,充分的 ③内涵的. II *n.* 加强器(词). *intensive care unit* 特别医疗队队. *intensive readings* 精读材料. *intensive (type) mixer* 【冶】转筒混合机. ~ness *n.*

intent' [in'tent] I *n.* 企图,意向〔图〕,目的,意〔含〕义. II *a.* 一心一意的,专心的,集中的,坚决的. ▲ *be intent on* [*upon*] *one's work* 专心〔一心一意〕工作. *for* [*to*] *all (practical) intents and purposes* 无论从那点看,事实上,实际〔质〕上. *to good intent* 有益地. *with intent to* +*inf.* 怀有…的企图,存心〔做某事〕.

inten'tion [in'tenʃən] *n.* ①意图〔向〕,目的,企图,动机,用意 ②意义,意旨 ③概念 ④愈合(过程). ▲ *by intention* 故意,有意. *have no intention of* 无意,不想,没有…打算. *with the intention of* 以…为目的,抱着…的目的,打算.

inten'tional [in'tenʃənl] *a.* 故(有意)的. ~ly *ad.*

intent'ly *ad.* 专心地.

INTER = ①intermediate 中间的 ②interrupt 中断.

inter' [in'tə:] (*interred; interring*) *vt.* 埋葬.

in'ter ['intə] (拉丁语) *prep.* 在…中间,在,内. *inter alia* 尤其,特别,除了别的以外. *inter se* 秘密.

inter- (词头)①在(2)中间,(之)间,相互.

interabang [in'terəbæŋ] *n.* 疑问感叹号.

interaccel'erator *n.* 中间加速器.

interact I [intər'ækt] *vi.* 相互作用〔影响〕,制约,合,联系,交相感应,反应. II ['intərækt] *n.* 插曲,幕间休息. *interacting activity* 相互制约活动,交互式活动. *interacting simulator* 人机对话模拟器. *interacting space* 相制〔相互作用〕空间. ▲ *interact on each other* 互相作用〔影响,制约,配合〕. *interact with* 与…互相配合.

interac'tant [intər'æktənt] *n.* 相互作用物,【化】反应物.

interac'tion [intər'ækʃən] *n.* 相互作用〔影响,制约,配合,耦合,连接〕,交互(作用),交相感应,干扰〔涉〕. *interaction circuit* 相制〔互作用〕电路. *interaction formula* 交接公式. *interaction impedance* 相互阻抗,转移阻抗. *jet-shock interaction* 射流-激波干扰. *phase interaction* 相间作用. *repulsive interaction* 互推斥,互斥力. *singlet interaction* 单重态作用.

interac'tive [intər'æktiv] *a.* 相互作用〔影响,配合,干扰〕的,交互(性)的,人-机对话的,人机联作的. *interactive query* 相互〔交互,人-机对话式〕查询. *interactive mode* 对话(交互)方式. ~ly *ad.*

interagglutina'tion *n.* 交互凝集.

inter(-)Allied *a.* 盟国间的,盟际的,联合国的.

inter-Amer'ican [intərə'merikən] *a.* 美洲国家之间的.

interan'gular *a.* 角间的.

interanneal *v.* 中间退火. ~ing *n.*

interassimila'tion *n.* 粒间同化(作用).

interatism *n.* 整合论.

interatom'ic *a.* 原子间的.

interax'ial *n.* 轴间的.

interbal'uster *n.* 栏杆间空档.

interband *a.*, *n.* 带间〔际〕的,中间带.

interbank *a.* 银行之间的,管排〔束〕间的. *interbank rate* 银行同业间.

interbed *n.* 互〔夹〕层,层间.

interbed'ded *a.* 【地】互层的,层间的,镶嵌的,混合的.

interbed'ding *n.* 【地】互层.

in'terblock *n.* 信息记录组(区)字组间隔,区. *inter (-)block space* 信息组的组间间隔.

in'terbody ['intəbɔdi] *n.* 介体.

in'terburner ['intəbə:nə] *n.* 中间补燃加力燃烧室.

in'terbur'ning *n.* 中间补燃加力.

in'terbus *n.* 联络〔旁路〕母线.

inter'calary [in'tə:kələri] *a.* ①闰的 ②插入的,添加的,夹层的,中(居)间的,间介的,间生的. *intercalary day* 闰日(即2月29日). *intercalary month* 闰月(即二月). *intercalary strata* 【地】夹层.

inter'calate [in'tə:kəleit] *vt.* ①添〔插〕入,添加 ②闰. *intercalated bed* 夹层.

intercala'tion [intə:kə'leiʃən] *n.* ①插〔嵌〕入,夹杂 ②【地】夹层 ③隔行扫描.

intercalibrate *vt.* 相互校准,定标. **intercalibra'tion** *n.*

inter(-)call telephone 内部电话,(电台)选呼电话机.

intercar'dinal *a.* (方位)基点间的.

intercar'rier *a.* (内)载波的,互载的,载波差拍. *intercarrier noise suppression* 载波间〔载波差拍〕噪声抑制. *intercarrier sound signal* 中频〔载波差拍,内载波〕伴音信号. *intercarrier sound system* 内载波伴音系统,内载波(伴音)制. *intercarrier system* 内载波接收方式.

inter-cell *n.* 注液电池. *intercell communication* 单元间通信.

intercel'lular [intə'seljulə] *a.* 细胞间的.

intercept I ['intə'sept] *vt.* ①截取〔断,击〕,遮〔阻,切〕断,拦截,阻〔防,截〕止 ②相交,交叉〔切〕,贯穿,折射 ③窃〔侦〕听. II ['intəsept] *n.* ①截距〔流,段,击〕,截〔侦〕听 ②【讯】窃〔留〕录,窃〔侦〕听,监听〔接〕. *altitude intercept* 高度差距. *automatic intercept* 【讯】自动旁〔留〕录. *intercept ground optical recorder* 地面遮断光学记录器,"探针"式跟踪望远镜. *intercept heading* 截击航向. *intercept of a line* 线的截距. *intercept receiver* 截听〔侦察〕收机. *intercept station* 监〔截,侦〕听台〔站〕. *intercept tape* 暂录带. *intercept valve* 中间截止〔起动

intercepter =interceptor.

intercep'tion [intəˈsepʃən] *n.* ①拦截,截击[取,获,住],遮[截,切]断,阻断[隔,止],中止 ②相交,交叉,跨越,折射 ③窃[侦]听,雷达侦察. *accurate interception* 精确交叉截获. *blind interception* (用仪表)盲目拦截. *ground-controlled interception* 地面控制截击(设备). *interception above target* 上层目标截获. *interception noise* 电流再分布起伏噪声. *interception points* 截获[中继]点. *long-range interception* 远距离拦截(截击). **intercep'tive** *a.*

intercep'tor [intəˈseptə] *n.* ①拦截器[阻止]的人(或物) ②拦截[阻止,遮断]器,截断装置,去雷[击,收]机,收集器,【建】隔断梁 ③截[拦]击机,截击机雷达(站,台),拦截导弹 ④窃听器. *interceptor drain* 截水沟. *interceptor fire control radar* 截击炮瞄雷达. *interceptor plate* 翼缝式流板,窃听器. *interceptor valve* 阻止[截断]阀.

interchain *a.* 链间的.

interchange Ⅰ [intəˈtʃeindʒ] *v.* 交[互]换(位置),(使)交替(发生),切[转]换,(使)更迭(发生),交流,轮流进行,换线[置,向,极],转接,反演. Ⅱ [ˈintətʃeindʒ] *n.* ①交[互]换,交替,轮换,换接[置,线],反演,交换机 ②(道路)互通式立体交叉,道路立体枢纽,高速道路入口处,交换道. *heat interchange* 热交换,热互换. *interchange letters* 互通信件. *interchange opinions*〔views〕交换意见.

interchangeabil'ity *n.* 可交换[替]性,互换性,可替代性.

interchange'able [intəˈtʃeindʒəbl] *a.* 可交换[互换,代替,更换]的,交替的,可拆卸的,通用的. *interchangeable type bar* 可换字锤,可更换(字符)的打印字条. *interchangeable body* 互换的车身. *interchangeable parts* 可互换零件,通用配件. ~ness *n.*

interchange'ably *ad.* 可交[互]换地.

interchang'er *n.* 交换器(机).

interchannel *a.* 信[通]道间的. *interchannel crosstalk* 路际串音.

interchromosomal *a.* 染色体间的.

Interciencia *n.* 国际科学学会.

intercit'y [intəˈsiti] *a.* 城市间的,市际的. *intercity circuit* 长途[城市间]通信电路.

in'terclass [ˈintəˈklɑːs] *a.* 组间的,年级之间的.

intercloud gas 星云间气体.

interclude *v.* 阻隔[挡],间断.

intercoagula'tion *n.* 相互凝结.

intercolle'giate [intəkəˈliːdʒiit] *a.* 大学[学院]之间的.

in'tercolo'nial *a.* 殖民地间的.

intercolum'nar [intəkəˈlʌmnə] *a.* 柱[塔]间的.

in'tercolumnia'tion *n.* 柱[塔]间,柱[塔]间距离定比,分柱法.

in'tercom [ˈintəkɔm] (=intercommunication) *n.* (飞机,轮船等用的)对讲电话装置,对讲机,交谈装置,内部通话设备,内部通信联络系统.

inter-combina'tion *n.* 相互组合.

intercommu'nicate [intəkəˈmjuːnikeit] *vi.* 互相联系[通讯],互通(消息),相交[通]. *intercommunicating room* 互通的房间. *intercommunicating system* 内部通话[对讲电话]系统. *intercommunicating (telephone) set* 对讲电话,(内部)互通电话机.

intercommunica'tion [intəkəmjuːniˈkeiʃən] *n.* 互相来往[通信,通讯,交换],互通,双向(多向,双方,内部站间,飞机间,机内,(飞)船内(人员)通信(联络)),对讲电话装置. *intercommunication plug switchboard* 人工小交换台. *intercommunication primitives* 通信源语. *intercommunication system* 内部通话(通信)制,相互通信制.

intercommu'nion *n.* 交流,相互作用.

intercompar'ison *n.* 互相比较(with).

intercompila'tion *n.* (程序)编译间.

intercondens'er *n.* 中间(介)电容器,中间(级间)冷凝器.

in'terconnect' [ˈintəkəˈnekt] *v.; n.*(相)互连(接),(使)横向连接,内连,(使)互相联系(结合),互联. *interconnected circuit* 耦合电路. *interconnecting cable* 中继(连接)电缆. *interconnecting device* 转接设备,转接器. *interconnecting wiring diagram* 接线(布线,装配,连接)图. ▲ *be interconnected with* 与…相互连接(连通,沟通).

interconnec'tion [intəkəˈnekʃən] *n.* (相)互连(接),内连,互(门)连,互联,联结,互相联系[联结,组合],中间接入,横向过(通)道. *interconnection board* 底板. *interconnection diagram* 接线图.

interconnec'tor *n.* 中间连线,转接器,联接装置.

interconnexion *n.* =interconnection.

intercontinen'tal [intəkɔntiˈnentl] *a.* 洲际的,大陆间(的). *intercontinental (ballistic) missile* 洲际(弹道)导弹.

interconver'sion [intəkənˈvəːʃən] *n.* 变[互]换,(相)互(转)换,互变(现象). *analog-digital data interconversion* 模拟-数据变换.

interconver'tible [intəkənˈvəːtəbl] *a.* 可(相)互(变)换的,可互相转换的. **interconvertibil'ity** *n.*

intercoolant *n.* 中间冷却剂(液).

intercooled *a.* 中冷的.

intercool'er [intəˈkuːlə] *n.* 中间冷却器(剂).

intercool'ing *n.* 中间冷却.

intercoordina'tion [intəkouədiˈneiʃən] *n.* 相互关系(耦合,联系,协调).

intercorrela'tion *n.* 组间相关(关系).

intercos'tal [intəˈkɔstəl] Ⅰ *n.* 肋际,加强肋. Ⅱ *a.* 肋间的.

intercoup'ling [intəˈkʌpliŋ] *n.* 寄生(相互)耦合,互耦,协调.

in'tercourse [ˈintəkɔːs] *n.* 交际,来往,交通,交流(with),中断期间. *commercial intercourse* 商业往来,通商. *diplomatic intercourse* 外交(关系,往来).

interscres'cence *n.* 连生,共生,(晶体)附生.

intercross [ˈintəˈkrɔs] *v.* 相互交叉,交叉.

intercrustal *a.* 地壳内的.

intercrys'talline [intəˈkristəlain] *n.; a.* 内结晶,结晶内的,晶(粒)间的,(沿)晶界的. *intercrystalline* *fracture* 晶间破坏. *intercrystalline rupture*（晶粒间断裂.

intercur'rent [intəˈkʌrənt] *a.* 中间（发生）的，在过程中发生的，间（并）发的，介入的.

intercycle *a.*; *n.* 中间循环（周期）的，内周期.

interdendrit'ic [intədenˈdritik] *a.* （树）枝（状）晶间的，*interdendritic shrinkage* 枝晶间收缩.

in'terdepartmen'tal ['intədi:pɑːtˈmentl] *a.* 部际的，（各）部间的. ~ly *ad.*

interdepend' [intədiˈpend] *vi.* 互相依赖（依存）.

interdepen'dence [intədiˈpendəns] 或 **interdependency** *n.* 互相依赖（依存，关系，关联，耦合），（内部）相依（相关）的，*interdependence coefficient* 依存（完全消耗）系数.

interdepen'dent [intədiˈpendənt] *a.* 相互依赖（依存关联，耦合，影响）的. *interdependent function* 相依函数. ~ly *ad.*

interdict [intəˈdikt] *vt.* 禁〔停，制〕止，闭锁，阻断. Ⅰ [ˈintədikt]. ▲ *interdict from + ing* 禁〔制〕止…（做）. *interdict M to N* 禁止 N 使用（占有）M.

interdic'tion [intəˈdikʃən] *n.* 禁〔停〕止，闭锁，阻断. *barrage of interdiction* 封锁火力. *interdiction fire* 远距离拦阻射击.

interdic'tory [intəˈdiktəri] *a.* 禁〔制〕止的.

interdiffuse' *v.* 互相扩散〔弥漫〕，漫射.

interdiffu'sion [intədiˈfjuːʒən] *n.* 相互扩散.

interdig'ital [intəˈdidʒitəl] *a.* （晶体管构造）指状组合型的，交指型的，叉指式的，指〔趾〕间的. *interdigital magnetron* 叉指〔交错阳极，交（叉）指型〕磁控管.

interdigitated transistor 交指型晶体管.

interdis'ciplinary *a.* （各）学科（之）间的，边缘〔综合，多种〕学科的.

interdit [æterˈdiː] *a.* 〔法语〕禁止的.

interdot flicker 点间〔隔点〕闪烁.

inter(-)elec'trode [intəriˈlektroud] *a.* （电）极间的. *interelectrode space* 极腔空间.

interelectron'ic *a.* 电子间（的）.

interel'ement [intəˈreliment] *a.* 元件间的，元素间的.

interenin *n.* 肾上腺皮质激素提出物.

in'terest [ˈintrist] *n.* ①兴趣，趣味 ②关心，注意 ③重要（性），重大，意义，影响，势力 ④利益，利害关系，权利，股份，利息 ⑤行业，同业者. *a question of common interest* 共同关心的问题. *the business interests* 商业界. *vested interests* 既得利益. ▲ *have an interest in* 对…有利害关系〔有兴趣〕. *have interest with* 能对…产生影响. *have no interest for*〔*to*〕对…将来说没有任何兴趣. *hold one's interest* 吸引住…的兴趣. *in the interest(s) of* 为了〔…利益，…起见，…打算〕. *It is of interest to note that* 值得注意的是，饶有趣味的是. *lose interest* 不再感兴趣，不再引起兴趣. *of considerable*〔*not much*〕*interest* 相当〔不大〕重要的事. *of interest* 所关心的，在研究中的，所考虑的，有价值的，使人感兴趣的，有意义的. *show interest in* 对…表示关心〔兴趣〕. *take*〔*feel, have*〕 *no*〔*not much, a great*〕*interest in* 对…不感兴趣，很感〔没〕兴趣. *with interest* 有兴趣地；加重地，恳求地；通过某种关系. Ⅰ [ˈintrist,ˈinterest] *vt.* 使在意〔关心〕，使发生兴趣〔关心〕. ▲ *be interested in* 关心，对…感兴趣. *be interested to + inf.* 想〔愿意〕（做某事）. ~ly *ad.*

interesterifica'tion *n.* 酯交换.

in'terest-free *a.* 无息的.

in'teresting [ˈintristiŋ] *a.* 有趣〔味〕的，有意思的. ~ly *ad.*

in'terface [ˈintəfeis] Ⅰ *n.* ①（交，分，共，内）界面，离合〔接触，转换，相互作用〕面，面际〔间，线〕，接口（程序，设备），边界，结区，p-n 结 ②连接体〔装置，电路，作用〕，（人·机通讯用）接头装置，相互关系〔联系，作用〕. Ⅱ *v.* 对面，邻，衬 1 接〔耦，吻〕合，联系〔接〕. *gas-solid interface* 气-固界面. *interface condition* 交接〔界〕条件. *interface design* 接口部件设计. *interface error control* 接口错误控制. *interface layer* 中间层. *interface* (*layer*) *resistance* 层间（面间）电阻，内面阻. *interface location* 联络〔中间〕站. ▲ *interface* (*M*) *with N* （使 M）与 N 面接〔连系〕.

interfa'cial [intəˈfeiʃəl] *a.* 分界表面的，两表面间的，界面（上，间）的，分面的，面间（内）的，面（间），交合面（间）的. *interfacial agent* 界面活性剂. *interfacial angle* 【地】面交角. *interfacial tension* 面际〔界面，时间〕张力.

interfacility transfer trunk 设备连接中继线.

interfacing Ⅰ *a.* 邻界的，相邻〔关〕的，相互联系的，近似的. Ⅱ *n.* 接口（电路），电路与电路（的）连接.

interfere' [intəˈfiə] *vi.* ①干涉〔扰，预〕，扰乱，妨碍 ②抵触，冲突 ③过盈. ▲ *interfere in* 干涉，打〔扰〕乱. *interfere with* （与…间）干扰，妨碍，阻碍，与…冲突.

interfe'rence [intəˈfiərəns] *n.* 干涉〔扰，预〕，扰〔震〕动，串〔骚〕扰，妨碍，抵触，冲突，阻碍物，相互影响〔消灭〕；公盈. *constructive interference* 相长干扰. *destructive interference* 相消干扰. *interference fit* 压配合. *interference guard band* 抗（干扰（保护）频带. *interference inverter* 干扰补偿器，噪声限止器，杂波抑制器. *interference rejection* 抗干扰度，抗扰性，反干扰能力. *interference wave* 干涉〔扰〕波. ▲ *interference with* …干扰.

interfe'rence-free *a.* 抗〔无〕（干）扰的.

interfe'rent *n.* 干扰物.

interferen'tial [intəfəˈrenʃəl] *a.* 干涉（性）的.

interfe'rogram *n.* 干涉图〔照片〕.

interferom'eter [intəfiˈrɔmitə] *n.* 干涉仪，干涉计. *interferometer radar* 干涉雷达. *interferometer strain gage* 干涉式应变计. *interferometer systems* 干涉仪定位法.

interferomet'ric *a.* 干涉（测量）的，干涉〔扰〕计的. *interferometric manometer* 干涉压力计.

interferom'etry [intəfəˈrɔmitri] *n.* 干涉量度学〔法〕，干涉〔扰〕测量（法，术）.

interfe'ron [intəˈfiərɔn] *n.* 干扰素〔蛋白〕.

interferoscope *n.* 干涉镜，干涉显示器.

interfer′ric space 铁心间隙.
interfibrous a. 纤维间的.
interfield cut 场间切换,场逆程切换.
interfile Ⅰ a. 文件[资料]间的. Ⅱ vt. 把…归档[编入档案].
interfinger Ⅰ n. 楔形[指状]夹层. Ⅱ v. 相互贯穿,交错.
interfix n.;v. 相关,相互确定,中间定位,组配.
interflex n. 电子管和晶体检波器的组合.
interfloor travel 不同层次(桥面或楼面)间的交通.
interflow′ [intə′flou] Ⅰ vi. ①交流,互通 ②合[混,相互]流,混[汇]合,互相渗透. Ⅱ [′intəflou] n. ①过度[换向时阀口间]的流量 ②土内水流,壤中流,亚表土径流 ③交流,互通.
inter′fluent [in′tə:fluənt] Ⅰ a. 合[混]流的,汇合的交流的,交融的,混淆的. Ⅱ n. 【地】内流熔岩.
in′terfluve [′intəflu:v] n. 江河分水区,河间地,分野.
interfuse′ [intə′fju:z] v. 使渗[混,灌]入,(使)混[融]合,使渗透,使弥漫,使充满.
interfu′sion [intə′fju:ʒən] n. 渗入[透],混合[淆],融合.
intergalac′tic [intəgə′læktik] a. 星系际的. **intergalactic space** 星际间[星系际]空间.
intergenera′tional a. 存在于两[数]代人之间的.
intergener′ic a. (种)属间的.
intergen′ic a. 基因间的.
in′tergla′cial [′intə′gleisjəl] n.;a. 间冰期(的).
intergovernmen′tal a. 政府间的.
intergrade Ⅰ n. 中间的阶级(等级,形式),中间级(配),中间期,过渡阶段. Ⅱ v. 渐次变迁(混合).
intergran′ular a. (颗)粒间的,晶(粒,格)间的,内在(晶)粒状的,晶界的. *intergranular corrosion* 晶间[内在(晶)粒状]腐蚀.
intergreen interval 绿灯信号时间距.
intergrind v. (**interground**) 相互研磨. *interground addition* 研磨[混合时]的添加剂.
in′tergroup [′intə′gru:p] a. 团体之间的.
in′tergrowth [′intəgrouθ] n. 交互生长,共[附]生,连生(体).
interhemispher′ic [intəhemi′sferik] a. 半球间的.
interhuman a. 人与人间的.
in′terim [′intərim] Ⅰ n. 中间,暂[临]时,间歇. Ⅱ a. ①间歇的,期间的 ②临[暂]时的,过渡性的,暂定的,有条件的,预先约定的. *interim report* 阶段[中期]、临时性]报告. *interim specification* 暂行规范. ▲ **in** [**during**] **the interim** 在其间[时],同时,在过渡期间.
interindivid′ual a. 人与人之间的.
inter-industry equilibrium 部门间平衡.
interinhibitive a. 交互抑制的.
interion′ic [intərai′ɔnik] a. 离子间的.
inte′rior [in′tiəriə] Ⅰ a. ①内(部,面)的,里面的,国内的,室内的 ②内心的,本质的. Ⅱ n. 内部[里面]. *Department of the Interior* (美国)内政部. *interior communication* 舱间[相互,(气)船内人员]通信. *interior decoration* 内部装饰. *interior extent* 内延. *interior load* 中部[板中]荷载. *interior mapping* 开映象. *interior thickness* 中部厚度. *nonpressurized interior* 非气密[非密封]舱,透气舱. ~**ity** [intiəri′ɔriti] n. ~**ly** ad.
inte′riorize [in′tiəriəraiz] vt. 使…深入内心.
interja′cent [intə′dʒeisnt] a. 处在中间的.
interject′ [intə′dʒekt] vt. (突然)插入.
interjec′tion [intə′dʒekʃən] n. 感叹词,插入(物). ~**al** 或 **interjectory**. ~**ly** ad.
interjoist n. 跨距[度],搁栅间.
interkinesis n. 分裂间期[晶期].
interlaboratory a. 实验室之间的.
interlace′ [intə′leis] v.;n. ①交织[错,叉,替,加],组合,内叉,分解 ②夹层 ③隔行(扫描,析象),间行[隔] ④交错存储(操作),连续存贮指号. *interlace operation* [计] 交错操作. *interlace sequence* 场[隔行]顺序. *interlaced burst pattern* (正负半周对称)交错(的正弦)脉冲群图. *interlaced scanning* (电视)隔行扫描. ▲ **be interlaced with** 与…交错[交织在一起]. ~**ment** n.
interla′cing [intə′leisiŋ] n. 隔[间]行,隔行扫描[分解],交错(存储,操作),纹理,缠结. *dot interlacing* 跳点扫描. *even line interlacing* 偶(数)行(间)扫描. *interlacing arches* 交叉拱门.
interlaminar a. 层间的.
interlaminated a. 层间的.
interlamination n. 层间.
interlanguage n. 相互[中间]语言,中间代码.
interlap v.;n. 内搭接,内覆盖.
interlard′ [intə′la:d] vt. 使混杂,使夹杂,把不相干的东西插入(with).
interlattice n. 居间点阵. *interlattice ion* 点阵间的离子. *interlattice point distance* 阵点间距.
in′terlayer [′intəleiə] n.;a. 夹[隔,间,界]层,层间的. *interlayer temperature* 夹层温度.
interleaf Ⅰ [′intəli:f] n. 插入(空白)纸,中间层,夹层. Ⅱ [intə′li:f] vt. =interleave. *interleaf friction*(汽车弹簧钢板)板片间摩擦力.
interleave′ [intə′li:v] Ⅰ v. ①交织[替,插,错,夹] ②插入空白纸,交叉存取 ③隔行;隔行扫描 ④分解[析]. Ⅱ n. 分录,交错(关联). *frequency interleave* 频率交错(参差). *interleaved additional channel* (微波通信)插入(通)道. *interleaved transmission signal* 频谱交错传输的信号. *interleaving paper* 衬垫纸.
interlensing n. 透镜状夹层.
interline′ [intə′lain] Ⅰ vt. 写在[印在]行间,在行间插入,隔行书写[印刷],夹[嵌]入. Ⅱ n. 各(铁路)线之间的连系,两条线中间的虚线. *interline flicker* 行间闪烁.
interlin′ear [intə′liniə] a. 写在[印在]行间的,不同文字的隔行对照本的. ~**ly** ad.
interlink′ [intə′liŋk] v.;n. ①结合,链接,互连(通),把…互相连结起来,连环(锁) ②联节.
interlink′age n. 联接,链接,互连,连环,交链. *interlinkage flux* 联链[链接]磁通.
interlobe n. 叶间的.
interlock Ⅰ [intə′lɔk] v.;Ⅱ [′intəlɔk] n. ①联[互,闭,嵌,内,门]锁,(内部)连接,连结,联(连)动,同

步,结合,闭塞 ②联锁器〔法〕,联锁装置〔设备,转辙器〕,互锁设备,保险设备,安全开关,锁口 ③相互关系〔联系〕,交替工作. *interlock relay* 联锁继电器. *interlock system* 联锁系统,联锁〔锁相,同步〕制. *interlocked type waveguide* 联锁〔可弯〕波导管,软波导(管). ▲ *interlock M with N* 用N连〔联〕结·M,把M和N连结起来.

interlock'er n. 联锁装置.

interlock'ing [intə'lɔkiŋ] a. ; n. 可联动的,联(互,交,闭)锁,锁定,闭塞,关闭,锁结,联锁〔闭塞〕装置. *interlocking angle* (三镜摄像机)锁角. *interlocking device* 联锁装置. *interlocking method* 联锁(法),连动方法,电锁闭法. *interlocking milling cutter* 组合错齿槽铣刀. *interlocking signals* 联锁信号. *interlocking surface* 嵌锁式路面〔面层〕. *interlocking tooth* 交〔错〕齿. *mechanical interlocking* 机械联锁.

interlocu'tion [intəlou'kju:ʃən] n. 对〔会〕话,对答,交谈.

interloc'utor [intə'lɔkjutə] n. 对话者,参加谈话者.

interloc'utory a. 对话的,插入〔话〕的.

in'terloper n. ①非友〔走私,无船舶执照的〕之船 ②无执照营业的人 ③非成员星.

in'terlude ['intəlju:d] n. 间隔的时间,间歇,中间事件,插曲,穿插(事件),插入物,中间段,【计】插算,中间〔预算〕程序. *interlude music* 幕间〔间奏〕音乐,插曲.

interlu'nar [intə'lju:nə] a. 月晦期间的.

Intermag conference 国际磁学会议.

interme'dia [intə'mi:djə] n. intermedium 的复数.

interme'diary [intə'mi:djəri] I a. 中间(介,段)的,居中〔间〕的,媒介的,过渡的. II n. ①中间人,中介物,中间体,媒介(物) ②中间形态〔阶段〕,半成品 ③手段,工具.

interme'diate [intə'mi:djət] I a. 中间〔级〕等,继,频,速的,居中〔间〕的,过渡的. II n. ①中间体〔物,联接〕,中间段 ②(pl.)半成品,中间产品,中型轿车. III vi. 起媒介作用. *intermediate altitude communication satellite* 中高空通信卫星. *intermediate annealing* 中间〔工序间〕退火. *intermediate base* 中形管座. *intermediate cable* 中间〔配线〕电缆. *intermediate coupling* 中间〔介〕耦合. *intermediate film* 电视(速用)胶卷. *intermediate flange* 过渡〔对接〕法兰. *intermediate gear* 二挡(中间,第二速度)齿轮. *intermediate layer* 中间〔中间〕层,夹层. *intermediate oxide* 两性氧化物. *intermediate ports* 中途口岸. *intermediate range* 中(远)程. *intermediate range order* 中间程序. *intermediate reactor* 中能(中子反应)堆. *intermediate repeater* 中转站,中间增音器. *intermediate resistance* 中间接触〔电阻. *intermediate state* 居间态,中间状态. *intermediate structure* 中间(贝茵体)组织. *intermediate subcarrier* 辅助副载波. *intermediate support* 插座,中间支承. *intermediate tone* 半色调. *intermediate total* 中计. *intermediate value theorem* 介值定理. *intermediate water zone* 〔belt〕隔水层〔带〕. *intermediate zone* 中间(阵地)地带.

intermediate-energy proton 中能质子.

intermediate-frequency n. 中频. *intermediate-frequency receiver* 中频式〔超外差式〕接收机.

interme'diately ad. 在中间.

intermedin n. 促黑激素.

interme'dium [intə'mi:diəm] (pl. *interme'dia*) n. 中间物〔体〕,媒介物.

interme'dius [intə'mi:diəs] a. 中间(部)的.

intermembranous a. 膜间的.

intermeshed scanning 隔行〔间隔〕扫描.

intermetal'lic [intəmi'tælik] a. 金属间〔化合〕的. *intermetallic compound* 金属互化物,金属间化合物.

intermetal'lics n. 金属互化物,金属间化合物.

intermicellar a. 微胞〔微晶,胶束〕间的.

intermigra'tion [intəmai'greiʃən] n. 相互迁移.

inter'minable [in'tə:minəbl] a. 无限〔穷〕的,无止境的,冗长的. ～**ness** n. **interminably** ad.

intermin'gle [intə'miŋgl] v. (互相)混合,搀杂〔和〕(with),混栖.

intermin'gling n. 混合(物).

intermiscibil'ity n. 互溶〔混〕性.

intermis'sion [intə'miʃən] n. 中止〔断〕,间歇,暂停,中止〔休息〕时间,幕间休息(时间). ▲ *without intermission* 不(间)断(地),不停(地).

intermit' [intə'mit] v. (*intermitted*; *intermitting*) 暂停,间歇,(使)中止〔断〕,断断续续. *intermitted ram-jet* 脉冲式冲压喷气发动机.

intermit'tence [intə'mitəns] n. 中(间)断,间歇(性),周期性.

intermit'tency n. 间歇现象(性).

intermit'tent [intə'mitənt] a. 间歇(断)的,中断的,断续的,脉动的,周期性的,急冲〔撞〕的. *intermittent disconnection* 断续断线,时断时续. *intermittent load* 间歇负载. *intermittent pairing* 间隙对偶. *intermittent recorder* 间歇〔断续,打点式〕记录器. ～**ly** ad.

intermix' [intə'miks] v. (使)混合〔杂〕,掺合,交杂,搅拌,拌和(合) (with). *intermix stage* (互)混频级. *intermix tape* 混用磁带.

intermix'ture [intə'mikstʃə] n. 混合,混合物〔料,剂,液〕.

intermodal a. 综合运输的,(用于)联运的.

intermodula'tion [intəmɔdju'leiʃən] n. 相互调制〔调变,调同〕,内(交叉)调制,交(互)调,*intermodulation effect* 互(交叉)调制(作用,效应). *intermodulation frequency* (交)互调(制)频率,相互调制频率. *intermodulation noise measuring instrument* 互调〔准揭话〕噪声测量装置.

intermolec'ular [intəmə'lekjulə] a. (作用于)分子间的.

intermon'tane a. 山间的.

intermountain region 山间地区.

intermoun'tainous a. 山间的.

intermural a. 壁〔墙〕间的,校〔埠〕际的.

in'tern[1] ['intə:n] n. 实习医生,助理医师.

intern[2] [in'tə:n] v. ; n. 拘(扣)留,被拘留者. **intern'ment** n.

inter'nal [in'tə:nl] Ⅰ *a*. 内(部,面,在)的,国[机]内的,体内的,固有的,内政的. Ⅱ *n*. (pl.)本质(性),内部零[部]件. *internal antenna* (室,机)内天线. *internal chill* 内冷铁,反白口. *internal correction voltage* 内[极间]校正电压. *internal function register* 内操作[状态字]寄存器. *internal gear* 内(接)齿轮. *internal gear pump* 内啮合齿轮泵. *internal grinder* 内圆磨床. *internal grinding* 内圆磨削,内径轮磨. *internal groove sidewall* (唱片)纹槽内壁. *internal guidance* 自主引导[控制]. *internal output admittance* 输出端内部[阳极输出]导纳. *internal output impedance* 内(实际)输出阻抗. *internal picket fence* 泡室内篱式计数器系统. *internal point* (螺纹攻)定心孔. *internal Q* 空载品质因数. *internal resistance* 内阻力,内电阻. *internal stripping plate* 漏模型[底]板. *internal tube capacity* 极间[管内]电容.

inter'nal-combus'tion [in'tə:nl-kəm'bʌstʃən] *a*. 内燃的.

internal'ity [intə:'næliti] *n*. 内在(性).

inter'nalize [in'tə:nəlaiz] *vt*. 使内(部,在)化. **internaliza'tion** *n*.

inter'nally [in'tə:nəli] *ad*. 在内(部). *internally coherent* 内(部)相参(的),内相干的. *internally vibrated concrete* 插入振捣混凝土.

internat = international.

interna'tion [intə'neiʃn] *n*. 拘禁[留],禁闭.

international [intə'næʃənl] Ⅰ *a*. 国际(间)的,世界的,国界的. Ⅱ *n*. 国际性组织,国际比赛. *international alphabet numerical code* 国际第二号电码. *international bomber* 洲际轰炸机. *international conventions* 国际惯例. *international die* 公制螺丝钢板. *international servant* 国际机构的职员. *international telex service* 国际(拨号制)用户电报业务. *international test sieve series* 国际成套试验筛. *international waters* 公海. ~ity *n*.

Internationale [intənæʃə'nɑ:l] [法语] *n*. the Internationale 国际歌.

internat'ionalism [intə'næʃənəlizm] *n*. 国际主义.

internat'ionalist *n*.; *a*. 国际主义者(的).

internat'ionalize [intə(:)'næʃnəlaiz] *vt*. 国际化,把…置于国际共管之下. **internationaliza'tion** *n*.

internat'ionally *ad*. 国际上. *internationally allocated band* 国际分配[协定]频段.

in'terne ['intə:n] *n*. 实习医师,见习医生.

interne'cine *a*. (内部)互相冲突的,自相残杀的.

interneuron *n*. 中间神经元.

interneuronal *a*. 神经元间的.

inter'nist [in'tə:nist] *n*. 内科医师.

internode *n*. 节间,波腹(间的).

internu'clear *a*. (原子)核间(的).

internucleon (ic) *a*. 核子间的.

internun'cio [intə'nʌnʃiou] *n*. 信使,中间人,使节.

internus *a*. 内(侧)的.

in'terocean'ic ['intərouʃi'ænik] *a*. 海洋间的.

interocep'tion *n*. 内感受.

interoceptor *n*. 内(部感)受器,内纳器.

interocular distance 眼距.

interof'fice *a*. 局间的. *interoffice communication* 机关间通信.

interop'erable *a*. 彼此协作的.

interor'bital *a*. 轨道间的. *interorbital transfer operation* 轨道变换操作,变轨操作.

interos'culate *vi*. 混合,联系,互(相连)通.

interpage [intə'peidʒ] *vt*. 把…印[插]入书页间.

interpar'ticle *a*. 粒(子)间的,颗粒间的.

INTERPAS = International Patent Service 国际专利文献供应社(荷兰).

interpass *n*. 层间的.

interpen'etrate [intə'penitreit] *v*. (互相)贯通(穿),穿插,(互相)渗透.

interpen'etrating *a*. 穿插(的),互相贯穿的.

in'terpenetra'tion ['intəpeni'treiʃən] *n*. 互相贯通[穿,透,渗透,渗入],穿插,混晶【建】交截细工. *interpenetration twin* 互穿孪晶. **interpenetrative** *a*.

interper'sonal [intə'pə:sənl] *a*. 人与人之间(的关系)的.

INTERPET = International Petroleum Company 国际石油公司.

in'terphase ['intəfeiz] *n*.; *a*. 中间相,界[面,间]息期,(细胞)分裂间期,相间的. *interphase reactor* 中心[间]抽头(平滑)扼流圈. *interphase transformer* 相间变压器.

in'terphone ['intəfoun] *n*. 机内[内部(对讲)]电话(机),互通电话机,内线自动电话机.对讲(电话)机,内部通讯设备,内部通讯装置. *interphone amplifier* 直通电话[内部对讲电话]增音器. *interphone system* 内部通信[内部互通电话]设备.

interpilaster *n*. 壁柱空间.

interpla'nar *a*. 晶面[平面]间的.

in'terplane ['intəplein] *a*.; *n*. 机内的,中间翼(双翼机). *interplane radio* 飞机间通信无线电装置,航空无线电通信.

interplan'etary [intə'plænitəri] *a*. (行)星际的,星际间的,宇宙的. *automatic interplanetary station* 自动行星际站. *interplanetary flight* 星际航行. *interplanetary navigation* 星际导航. *interplanetary probe* 行星际探测火箭,行星际站. *interplanetary space* 宇宙[行星际]空间,太空. *interplanetary travel* 星际航行(旅行).

interplant' [intə'plɑ:nt] Ⅰ *a*. 厂际的,工厂之间的. Ⅱ *v*. 套种,间植. Ⅲ *n*. 套种的作物.

interplate *a*. 板块间的.

in'terplay ['intə'plei] *n*.; *vi*. 相互(反正)作用,作用和反作用,相互关系[影响].

interpo'lar *a*. (两)极(端)间的.

inter'polate [in'tə:pouleit] *v*. ①插(入值),内插(推)②加添,添改(进),(进行)窜改. *interpolating function* 插值函数.

interpolater = interpolator.

interpola'tion [intə:pou'leiʃən] *n*. ①插(补,嵌)入,内插(推),插(移)植,添(窜)改②(值,补)法,内插(推)法③插入物. *interpolation by central difference* 中差插值法. *interpolation error* 内插误

差. *interpolation technique* 插入〔间插〕法.

inter'polator [in'tə:pouleitə] *n.* ①插入器,内〔补,间〕插器,(海底电报)转发器,分数计算器,校对机,(穿孔卡片的)分类机 ②窜改〔插入〕者.

in'terpole *n.* 极间极,附加〔补偿〕磁极,辅助(整流)极,整流极. *interpole coil* 附加〔极间极,整流极〕线圈,补偿绕组. *interpole machine* 有整流磁极的电极. *interpole space* 极间空隙.

in'terpol'ymer ['intə'polimə] *n.* 共〔互〕聚物,异种高聚物共聚物,异分子聚合物.

interpolymeriza'tion *n.* 共聚作用.

interpopula'tional *a.* 种群间的.

interpose' [intə'pouz] *v.* ①置于…之间,放〔插〕入,提出(异议),干预,加以(妨害等) ②调解(停). *interpose type formwork* (钢管)承插式支架.

interposi'tion [intə:pə'ziʃən] *n.* ①放在当中,插入(物),介入,提出异议 ②调停,干涉〔预〕. *interposition circuit* 席间〔际〕电路.

inter posi'tum *n.* 〔拉丁语〕插〔补〕入的,居间的.

inter'pret [in'tə:prit] *v.* ①解释,说〔阐〕明 ②翻译,口译,译码,判读 ③把…理解为 ④表演(现) ⑤整理实验结果. ▲ *be interpreted as* 被解释为. *interpret M as N* 认为 M 是 N 的意思(表示),把 M 看作 N,把 M 理解为 N.

interpretable *a.* 可解释〔翻译,判读〕的.

interpreta'tion [intə:pri'teiʃən] *n.* ①解释,说明,描述,注(诠)解 ②(实验结果,数据)整理〔分析〕③翻译,译码〔解〕,判断〔读〕④表演. *depth interpretation* 深度推断. *signal interpretation* 信号译释. ▲ *in interpretation of* 在解释…时. *interpretation of M as N* 把 M 看作(解释为)N.

interpre(ta)tive [in'tə:pri(tei)tiv] *a.* 解释〔翻译,说明〕的. *interpretive tracing* 译码解释跟踪法.

inter'preter 或 **inter'pretor** [in'tə:pritə] *n.* ①讲解〔解释〕者,译员,口译者,判读员 ②解释〔翻译〕程序,解释器,翻译机〔器〕,译码机,转换机. *electronic interpreter* 电子翻译机. *interpreter code* 伪〔解释,翻译,象征〕码.

interpretoscope *n.* 译释显示器.

interpro'cess [intə'prouses] *n.*; *a.* 工序间(的). *interprocess communication* 进程(间)通信.

interprocessor bus driver 处理机间的总线驱动器.

interprogram communication 程序间的通信.

interproj'ect *a.* 工程与工程之间的.

interprovin'cial *a.* 省际的.

interpulsa'tion *n.* 间脉冲.

interpulse *n.* 脉(冲)间〔(脉冲星)次脉冲.

interpupillary distance 瞳孔距离,眼镜片中心距离(约 60～65mm).

interquartile range 【统】四分位数的间距.

inter-range instrumentation group 靶场仪表组.

interreac'tion *n.* 相互作用〔反应〕.

inter-record *n.* 记录〔字区〕间.

interredupica'tion *n.* 间期复制.

interreflec'tion *n.* 相互反射.

interrelate' [intəri'leit] *v.* 相互有关,(使)互相联系. *inter-related task* 互相关任务.

in'ter(-)rela'tion ['intəri'leiʃən] *n.* 相互〔内在〕关系,相互联系(性).

interrela'tionship *n.* 相互关系(联系,影响),内在关系,干扰.

interrobang [in'terəbæŋ] *n.* 疑问感叹号(?!).

inter'rogate [in'terəgeit] *v.* 询(质,审)问,提出问题.

interroga'tion [intərə'geiʃən] *n.* 询(访,质,审)问,疑问句,问号. *interrogation mark* 〔*point*, *note*〕问号. *interrogation pulses* 询问脉冲.

interrog'ative [intə'rɔgətiv] *a.* 询(疑,质)问的,疑惑的. ～ly *ad.*

inter'rogator [in'terəgeitə] *n.* 讯(质)问者,询问器,问答机〔器〕,探测脉冲. *interrogator response-transponder* 询问脉冲转发器.

interrogator-responder *n.* (询)问(应)答器(机).

interrog'atory Ⅰ *a.* 讯(疑,质)问的. Ⅱ *n.* 讯问,表示讯问的符(信)号.

in terro'rem 〔拉丁语〕作为警告.

inter-row *a.* 行间的.

interrupt' [intə'rʌpt] *v.*; *n.* ①遮(中,切,间,打,阻)断,断开〔续〕②阻(中,停)止,妨碍,打扰 ③缺〔裂〕口,间隔 ④中断信号. *interrupting pulse* 断路(中断)脉冲.～able *a.*

interrup'ted [intə'rʌptid] *a.* 中断〔止〕的,被打断的,被遮住(阻止)的,不通的,断开的,断续的,间断的. *interrupted continuous wave* 断续(等幅)波. *interrupted discharge of traffic* 交通〔车流)中断. *interrupted hardening* 分级淬火. *interrupted projection* 分瓣投影. ～ly *ad.*

interrup'ter [intə'rʌptə] *n.* ①遮断者,阻止〔妨碍〕者 ②断续器〔路,流,电〕器,断波器,中断器,开关,断续齿轮 ③障碍物. *interrupter vibrator* 断续(式)振动器. *periodic interrupter* 周期性断续器.

interruptibil'ity *n.* 可中断性,中断率.

interruptible power 可断续电功率.

interrup'tion [intə'rʌpʃən] *n.* ①遮(中,间,打)断,断续〔路〕,阻(停,中,休)止,(传导)阻滞,停歇,中绝,打扰 ②障碍、遮断物 ③中断(休止,检修)期间. *direct current interruption* 直流断路,整流器端开路. *interruption of contact* 断接,断电路. *interruption status* 中断开放状态. *service interruption* 业〔服)务中断,停电,停自来水. ▲ *without interruption* 无间断地,继续不断地.

interrup'tive 或 **interrup'tory** *a.* 中遮〔打〕断的,阻断的.

interrup'tor = interrupter.

interrupt-oriented system 中断用系统.

inter-saccadic *a.* 中(视觉)跳跃(运动)间的.

intersatellite *a.* 卫星间的.

interscan *n.* 中间扫描.

interscenden'tal *a.* 半超越的.

intersect' [intə'sekt] *v.* 横断〔切〕,贯穿,相交,(和…)交叉(切). *intersect a target* 捕获目标,目标夹中. *intersected country* 地形起伏地区,丘陵地区. *intersecting beam* 交叉(对碰)束. *intersecting body* 相贯体. *intersecting point* 交(会)点,转角点.

intersectio *n.* 交切〔叉〕,交切处.

intersec'tion [intə'sekʃən] *n.* ①横断〔切〕②(直)交,相交(数),交叉(点,线,集,会,切,互),合取,(前方)交会,道路交叉口 ③逻辑乘法(乘积),"与". *inter-*

section accuracy 拦截(相交点)精度. *intersection chart* 网络(交织)图. *intersection gate* 【计】"与"门.

intersectional friction (车流的)交叉阻力.
intersector curve 横断曲线.
intersector flow 部门间流量.
intersegmental *a.* 节间的.
interser′vice [intə'sə:vis] *a.* 军种间的.
intersex *n.* 雌雄间体, 间性体.
intersexual′ity *n.* 雌雄间性.
intersite *n.* 站(位置, 发射场)间. *intersite communications* 导弹部队内部通信设备. *intersite error* 位置(地物)误差. *intersite user communication* 各地用户间通信.
intersoci′ety 学会(之)间.
intersolubil′ity [intəsɔlju'biliti] *n.* 互溶性(度).
in′terspace [intə'speis] I *n.* ①空(中)间, 空(间)隙, 间距, 净空 ②星际. II *v.* ①留空隙, 用间隔隔开 ②填充…的间隙.
intersperse′ [intə'spə:s] *vt.* ①散(间)布, 散置(以), 分散 ②点缀(with) ③交替, 更迭 ④引(插)入. *intersperse in time* 随时间而散布. *interspersed matter* 铺撒料(物). ▲*be interspersed among* (*between*)散布在, 混杂在…中.
interspers′ion [intə'spə:ʃən] *n.* 散布, 散置, 点缀.
interspread gang punching 散张卡片叠穿孔.
intersputnik [intəs'putnik] 苏联全球卫星通信系统.
intersta′dial *n.* 间冰段.
interstage′ [intə'steidʒ] *a.*; *n.* 级间(的), 级际(的), 中间的, 段间. *interstage amplifier section* 中间放大级. *interstage coupling* 级间耦合. *interstage punch* 行间穿孔, 奇数行(上)穿孔. *interstage valve* 中间(联动)阀.
interstand *n.* 中间机座.
in′terstate [intə'steit] *a.* 州(与州之)间的, 州际的.
intersta′tion *a.* 电台间的, 台(站)间的, 台际的.
interstel′lar [intə'stelə] *a.* 星际(间)的, 宇宙的.
inter′stice [in'tə:stis] *n.* 空(孔, 间)隙, 缝, 罅, 裂(间)隙, 裂缝, 孔. *interstice wire* 中介心线.
interstitial [intə'stiʃəl] I *a.* 空(孔, 间, 填)隙的, 填(间)隙式的, 隙间的, 成裂缝的, 有孔的, 间的的. I *n.* 填隙(子), 填隙(填入)原子, 节(结点)间, 晶格节点间缺陷. *interstitial atom* 间充(填)原, 结点面(原子. *interstitial hydride* 填隙式氢化物. *interstitial solid solution* 间充(填隙式)固溶体, 浸渍固体溶液. *interstitial structure* 填隙式结构. ～ly *ad.*
interstitialcy *n.* 结点间, 节间, 晶格原子的形式, 间隙原子的产生, 填隙之对, 堆原子.
interstratifica′tion *n.* 间层作用.
interstrat′ified *a.* 层间的, 间隔的.
interstrip pulse 行间脉冲.
intersym′bol *a.* 码间的, 符号间的. *intersymbol error* 符号交错.
inter-sync *a.* 内同步.
intersystole *n.* 缩缩间期.
intertan′gling *n.* 卷曲, 缠绕, 交织.
INTERTANKO = International Association of Independent Tanker Owners 国际独立油轮所有者协会.
inter-telomerization *n.* 共调聚反应.
intertex′ture *n.* 交织(物).
intertidal *a.* 潮(线)间的.
in′tertie *n.* 交接横木, 交叉拉杆.
intertoll trunk 长途台间中继线.
intertonguing *n.* 交错相变化, 交错沉积.
intertown *a.* 市际的, 长途的. *intertown bus* 长途公共汽车.
intertrac′tion *n.* 吸浓作用.
inter-train pause 脉冲休止间隔.
in′tertube *a.* 管间的, 偏平流的. *intertube burner* 管间(偏平流)燃烧器.
intertwine′ [intə'twain] *v.* (使)缠结, (使)缠绕在一起, 交织. ━ment *n.*
intertwist I [intə'twist] = intertwine. II ['intə-twist] *n.* 缠结绕.
intertype *n.* 整行排铸机.
interunit wiring 部件间的接线.
interuniver′sity [intəju:ni'və:siti] *a.* 大学间的.
interur′ban [intə'ə:bən] *a.*; *n.* 城市间的(交通路线, 交通车辆), 市际(间)的, 长途的.
INTERV = interval.
in′terval ['intəvəl] *n.* ①间隔(距, 隙, 节), 空隙, 距(离) ②时间(间隔), 时限(段), 间歇 ③区间(域), 范围, 音程, 周期 ④网孔大小, 步长 ⑤间歇, 中断期间, 幕(口)间 ⑥差异(别), 悬殊. *after a week's interval* 隔一星期后. *dead interval* 间隔, (电报)空白. *interval abutting one another* 毗连区间. *interval change method* (求地层厚度变化的)角不整合法. *interval music* 幕间(口间奏)音乐. *interval sequence* 信号灯显示时间序列. *interval timer* 时间间隔测量器, 计时器. *interval transit time* 声波时差, 间隔传播时间. *intervals of expectancy* 预估重现期. *interval velocity* 层速度. *temperature interval* 温度范围(间距). ▲*at intervals* 不时, 有时, 时时, 断断续续, 每隔一段时间(距离), 处处. *at intervals of* 相(间)隔, 每隔…(一个). *arranged at intervals of ten feet* 以十英寸的间隔排列. *at long intervals* 偶尔, 间或. *at regular intervals* 每隔一定时间(间隔, 距离). *at short intervals* 常常, 在相隔短时间内. *at weekly intervals* 每隔一星期, 一周一次. *in the intervals of business* 在工作空暇时间.
inter′val′ley [intə'væli] *a.* 谷际(间)的.
intervallic [intə'vælik] *a.* ①间隔(歇)的, 幕(工)间的 ②悬殊的 ③音程的.
intervalom′eter [intəvə'lɔmitə] *n.* 间隔时间读出仪, 时间间隔计(表), 定时器, 间隔调整器, 曝光节制器. *photogrammetric intervalometer* 空中照相定时器.
interval′ve [intə'vælv] *a.*; *n.* 级间的, 闸阀间的, (电子)管间的, 中间管(的).
intervene′ *a.* 翼间的.
intervene′ [intə'vi:n] *vi.* ①插进(入), 介入, 介于, 居中 ②干预(涉)(in), 参与, 调查. *intervening blank spaces* 中间真空区, 中间空间. *intervening portion* 错位, 交错位置. *intervening releveling* 穿插复测水

intervenient [intə'vi:niənt] Ⅰ a. ①插〔介〕入的 ②干涉〔预〕的. Ⅱ n. 插〔介〕入物,干涉者.

interven'tion [intə'venʃən] n. 插〔介〕入,调停,干涉〔预〕,妨碍. *intervention switch* 应急〔紧急〕保险开关.

interventionist a.; n. 干涉(者)的,进行干涉的(人).

in'terview ['intəvju:] n.; v. 会面〔谈〕,会〔接见〕,探询,访问(记). ▲ *give* 〔*grant*〕 *an interview to* 接见. *have an interview with* 会见.

interviewee' n. 被接见〔采访〕者.

in'terviewer n. 接〔会〕见者,记者.

intervisibil'ity n. 〖测〗通视.

intervolve' [intə'vɔlv] v. 互卷,卷进,缠绕,互相盘绕.

in'ter-war' a. 两次战争之间的.

interweave' [intə'wi:v] (*interwove', interwoven*) vt. (使)交织,交叉,织进,使混杂,组合,使紧密结合(with).

interwind [intə'waind] (*interwound*) v. 互相盘绕,互卷.

interwind'ing a. 绕组间的.

interword a. 字间的.

interwork v. 互相配合〔连合〕,交互影响.

interzonal [intə'zounəl] a. 地带之间的.

intestinal [in'testinəl] a. 肠(内)的.

intes'tine [in'testin] Ⅰ a. 内(部)的,国内的. Ⅱ n. (pl.) 肠.

INTFER = interference 干扰.

INTGR =①integrate; integrating 积分〔累〕,集成,结合 ②integrator 积分〔累〕器

INTIB = Industrial and Technological Information Banks 工业和技术资料库.

in'timacy ['intiməsi] n. 亲密〔切〕,亲切感,友好. ▲ *be on terms of intimacy* 亲密.

in'timate ['intimit] Ⅰ a. ①亲密〔切〕的,密切的,紧密的 ②等〔接〕相近的,相似的 ③直接的,内在的,详细的,经过认真调查研究的 ④内心的,内部〔在〕的,个人的,本质的 ⑤精通的,熟悉的. Ⅱ n. 好友. Ⅲ ['intimeit] vt. 宣布,告〔通〕知,表〔暗〕提示. *intimate knowledge of life* 熟悉生活. *intimate mixing* 均匀拌和. ▲ *be on intimate terms with* 和…有亲密关系. ~*ly* ad.

intima'tion [inti'meiʃən] n. 告〔通〕知,暗〔提〕示.

intim'idate [in'timideit] vt. 恐〔恫〕吓,威胁. **intimida'tion** n.

intine n. (胞子)内壁.

intit'ule [in'titju:l] vt. 加标题于,给…命名.

intl = international 国际的.

INTLK = interlock 结合,连接,联锁装置.

intmed = intermediate 中间的.

INTMT = intermittent 间断的.

in'to ['intu, 'intə] prep. ①向内,进入…之内,到…里. *launch an earth satellite into orbit* 把人造地球卫星发射进轨道. *sail into the wind* 顶风航行. *work far into the night* 工作到深夜. ②变成,化〔转〕成,转化. *divide one into two* 一分为二. *turn water into steam* 将水变成蒸汽. ③〖数〗除. 3 *into 21 is 7*. 三除二十一等于七. ④〖数〗乘. 3 *into 7 is 21*. 三乘七等于二十一. ▲ (*be*) *into* 有很深关系,有兴趣于,欠…的债.

intol'erable [in'tɔlərəbl] a. ①不可容忍的,不可耐的,不允许的 ②过度〔分〕的,极端的. ~*ness* n. **intol'erably** ad.

intol'erance [in'tɔlərəns] n. 不能容忍,无耐受力,不耐(性),偏执〔狭〕.

intol'erant [in'tɔlərənt] a. 不能容忍的,偏执〔狭〕的. ▲ *intolerant of* 不能容忍,经受不住. ~*ly* ad.

intona'tion n. 声〔语〕调,音调〔准〕.

intor'sion [in'tɔ:ʃən] n. 缠绕,曲折,内扭转,内旋.

intort' [in'tɔ:t] vt. 向内弯.

in to'to [in'toutou] 〔拉丁语〕 ad. 全(部,然)完全,总计,整体,整个地.

Intourist n. 苏联国际旅行社.

intoxa'tion [intɔk'seiʃn] n. 中毒.

intox'icant [in'tɔksikənt] Ⅰ a. 致醉的,醉人的,使中毒的. Ⅱ n. 致醉物,麻醉剂,毒药〔物〕,酒类饮料.

intox'icate [in'tɔksikeit] vt. 致醉,冲昏,中毒. **intoxica'tion** n.

intra ['intrə] 〔拉丁语〕 *ab intra* 从内部.

intra- 〔词头〕在内,内部.

intra vane (**type**) **pump** 内(双重)叶片泵.

intra-abdominal [intræb'dɔminl] a. 腹内的.

intra-array a. 内阵列的.

intra-atomic a. 原子内的.

intrabed multiples 〖矿〗层间多次反射.

intracav'ity n. 腔内,内腔.

intracell' a. 晶格内的.

intracellular a. 细胞内的.

intra-city n. 市内的.

intraclass a. 同类的. *intraclass variance* 组合方差.

intracloud a. 云间的,云内层的.

intraconnec'tion n. 内(互)连,内引线.

intracontinental a. 陆内的.

intracor'poral [intrə'kɔ:pərəl] a. 体内的.

intracrustal a. 地壳内的.

intra(-)crystalline a. 晶体(粒)内的.

intractability [intrækto'biliti] n. ①倔强,难弄②难对付〔处理,加工,操作,消除〕.

intrac'table [in'træktəbl] a. 难控制〔处理,对付,驾驭〕的,难加工〔操作,消除〕的,倔强的,顽固的,难治的. **intrac'tably** ad.

intracytoplasm n. 胞浆内的.

intraday n. 一天内的.

intradepartmen'tal a. 部门内的.

intrados n. 拱腹(内)弧(线,拱内圈,拱底面,拱里.

intraductal a. 管内的.

intraformational bed 层内夹层.

intraframe coding 帧内编码.

intragalac'tic [intrəgə'læktik] a. 星系内的.

intragenic a. 基因内的.

intrageniculate a. 膝状体内的.

intragla'cial a. 冰川内的.

intragran'ular a. (颗,晶)粒内的,晶体内的.

intragroup [intrə'gru:p] a. 组内的,团体内的.

intramagmat'ic a. 岩浆内的.

intramembrane a. 膜内的.

intramicellar a. 微(胞)胞内的.

intramolec'ular a. 分子内部的.

in'tramu'ral ['intrə'mjuərəl] a. ①自己范围内的,内部的,脏器壁内的 ②城市内的,大学内的,在一建筑物内的. ~ly ad.

intramus'cular [intrə'mʌskjulə] a. 肌肉内的.

intran'sigence 或 **intran'sigency** n. 不妥协,不让步.

intran'sigent a. ; n. 不妥协的〔者〕,不让步的〔者〕.

in-transit buffering 【计】内传送缓冲.

intran'sitive [in'trɑːnsitiv] Ⅰ a. 非可递〔可迁〕的,非〔反〕传递的. 【语法】不及物的. Ⅱ n. 不及物动词.

in'trant ['intrənt] Ⅰ n. 加入者,入学〔会〕者. Ⅱ a. 进〔加〕入的.

intranu'clear a. 原子核内的,细胞核内的.

intra-oc'ular [intrə'ɔkjulə] a. 眼内的.

intra-office a. 局内的. *intra-office & line-transmitter* 局内局外两用发报机.

intraop'erative a. 手术〔工作〕期内的.

intra-oral a. 口内的.

intraparietal a. 壁内的,顶骨内的.

intraperitoneal a. 腹膜内的.

intrapermafrost water 颗粒间冻结水.

intraphagic a. 噬菌体内的.

intraplan'etary space 行星轨道与太阳之间的空间.

intraplicate a. 【地】内褶缘型.

intrapopula'tional a. 种群内的.

in'trapulse n. 脉冲内的.

intra-residue n. 残基内的.

intraretinal a. 视网膜内的.

intrasite communications 导弹发射场内部通信设备.

intrason'ic n. ; a. 超低频的(的).

intraspecif'ic a. 种内的.

intratelluric a. 【地】地内的.

intratransguanilation n. 内转移胍化作用.

intra-valley a. 谷内的.

intravasa'tion n. 内渗,进入血管.

intravehic'ular a. 宇宙航行器内的.

intrave'nous [intrə'viːnəs] n. 静脉内的.

intravi'tal [intrə'vaitəl] a. 活体的,生活期内的.

intrazonal soil 亚区带土壤.

INTRC = intricate.

intrench = entrench.

intrep'id [in'trepid] a. 无畏的,坚韧不拔的. ~ity n. ~ly ad.

in'tricacy ['intrikəsi] n. 错综,复杂,难懂, (pl.) 错综复杂的事物.

in'tricate ['intrikit] a. (错综)复杂的,缠结的,交错〔叉〕的,难懂的. ~ly ad.

intrigue' [in'triːɡ] Ⅰ n. 阴谋,诡计. Ⅱ vi. 策划阴谋,密谋(with). Ⅲ vt. 引起…的兴趣〔好奇〕.

intrin'sic(al) [in'trinsik(əl)] a. 内, 内在〔部,蕴,禀〕的, (本)体内的, 固有的, 本征〔质,能,原〕的, 本征电导的,实质〔在〕的,真正的,原设计的. *intrinsic curve* 包络线,禀性曲线. *intrinsic energy* 内〔禀,本征,固有〕能, 能含量. *intrinsic equation* 本性〔内蕴〕方程. *intrinsic impedance* 固有〔禀性,内禀〕阻抗. *intrinsic Q* 无载 Q 值. *intrinsic semiconductor* 本征〔无杂质,纯〕半导体. *intrinsic speed* 特性〔本征〕速度,理论抽速. *intrinsic stand-off ratio* 本征空载〔变位,偏离〕比. *intrinsic state* 内蕴〔固

有〕状态,内禀态. *intrinsic viscosity* 内〔固有,特性〕粘度. ~ally ad.

intro- 〔词头〕向中,向内,在内.

introd = ①introduction ②introductory.

introduce' [intrə'djuːs] vt. ①引进,插〔引,输,传,掺〕入,【化】导入 ②引导,介绍,提出〔倡〕采用,推广〔销〕③引起,造成,导致. *Introducing The Communist* 《〈共产党人〉发刊词》. ▲ *introduce M into N* 把 M 引入〔插入,掺入,放进,用于〕N. *introduce M to N* 把 M 介绍给 N.

introdu'cer n. 介绍人,提出者,创始人,导引器.

introduc'tion [intrə'dʌkʃən] n. ①引进〔入,用〕, 传〔输,掺,错〕导入 ②介绍, 提倡〔出〕, 采用, 推广〔销〕③引前,绪, 导言,绪论 ④入门,初步 ⑤提倡〔采用〕之物. *disturbance introduction* 加扰动. ▲ *be recent introductions* 是最近采用的. *introduction of M into N* 把 M 推广到 N, N 采用 M. *introduction to* …的入门〔初步,介绍,导言,绪论〕.

introduc'tive [intrə'dʌktiv] a. 介绍的,引导的,绪〔前〕言的.

introduc'tory [intrə'dʌktəri] a. 介绍的,导引〔言〕的,初步的,开端的. *introductory remarks* 绪言,开场白.

introflex'ion n. 内曲〔弯〕.

introgressant n. 渗入基因.

introgres'sion n. 基因渗入,群体间基因交换,渐渗杂交.

introitus n. (入)口.

intromit' [introu'mit] (intromitted; intromitting) vt. 让〔准许〕…进入,插〔输,送〕入. **intromis'sion** n.

intromittent a. 输送〔入〕的,插入.

in'troscope ['intrəskoup] n. 内腔检视仪,内壁检验仪〔显微镜〕,内孔窥视仪.

introspec'tion n. 自〔内,反〕省,自我测量.

introspective a. (好)内省的. *introspective program* 【计】自省程序.

introver'sible [introu'vəːsəbl] a. 可向内翻〔弯〕的.

introver'sion [introu'vəːʃən] n. 内向,曲,翻,弯).

introver'sive 或 **introver'tive** a. 内向〔翻,弯〕的.

introvert Ⅰ [introu'vəːt] v. 使内向〔省〕,使内弯〔翻,曲〕,成为内弯的. Ⅱ ['introuvəːt] n. 内弯〔翻,曲〕的东西,个性内向者.

intrude' [in'truːd] v. ①硬挤进(into), 强加(upon) ②侵〔闯〕入, (向内)突入,干涉,打扰,妨碍. *intruded rock* 侵入岩. ▲ *intrude oneself into* 闯进,干涉,妨碍. *intrude M upon N* 把 M 强加于 N.

intru'der [in'truːdə] n. ①入侵者,闯入者 ②入侵飞机〔导弹〕.

in-trunk n. 来〔入〕中继线.

intru'sion [in'truːʒən] n. ①闯〔侵〕入,侵袭, (向内)突入,注入,干涉,打扰,妨碍 ②侵入岩〔浆〕③材料的下沉.

intru'sive [in'truːsiv] a. ①闯〔侵,插〕入的,干涉的,妨碍的 ②侵入岩形成的. *intrusive body* 侵入岩体. ~ly ad. ~ness n.

intrust = entrust.

INTSTD THD = international standard thread (metric) 国际标准螺纹(米制).

INTSUM = intellgence summary 情报摘要.

in'tubate ['intjubeit] vt. 插管(入).
intuba'tion n. 插管法,导管插入法.
intu'it [in'tjuit] v. 直觉(观),由直觉知道.
intui'tion [intju'iʃən] n. 直觉,直觉知识.
intui'tional a. 直觉(观)的.
intuitionism n. 直觉主义,直觉论.
intuitionist logic 直觉主义逻辑.
intuitionistic mathematics 直觉主义数学.
intu'itive [in'tjuitiv] a. 直觉(观)的,由直觉得到的. ~ly ad. ~ness n.
intumesce [intju'mes] vi. 膨胀,肿大,隆起,扩大,泡沸.
intumes'cence [intju'mesəns] n. 膨胀,肿大,疙瘩,隆起.
Intumes'cent a. 膨胀的,肿大的,膨大的,隆起的.
intussuscep'tion n. 摄取,吸收,接受,同化,缩入,反折.
intwine' = entwine.
intwist' = entwist.
in'ulase ['injuleis] n. 菊粉[菊糖]酶.
in'ulin ['injulin] n. 菊(根,淀)粉,菊糖,土大香粉.
inunc'tion [i'nʌŋkʃən] n. 涂油(膏),软膏,(pl.)涂擦剂(法).
in'undate ['inʌndeit] vt. 淹没,泛滥,使充满(with).
inunda'tion [inʌn'deiʃən] n. ①洪(大)水②淹没,泛滥,横溢,充满.
in'undator n. 浸泡器.
inure' [i'njuə] v. 使习惯于(oneself to);生效,适用.
▲ *be inured to* 习惯于. ~ment n.
inusterol A 旋复花甾醇 A$(C_{30}H_{50}O)$.
inus'tion [i'nʌstʃən] n. 烧灼法,深烙法.
inutil'ity [inju'tiliti] n. 无用(的),无益,废物.
inu'tile [in'jutail] a. 没用的,无益的,无价值的.
INV =①in-line needle valve 直列针阀 ②inverse 反,逆,倒 ③invert 倒转换器(开关) ④invoice 发票,发货单.
in vacuo (拉丁语) 在真空中(内).
invade' [in'veid] vt. 侵入(略,犯),拥入.
inva'der [in'veidə] n. 侵入(略,犯)者,侵袭物,侵入病菌.
invag'inate [in'vædʒineit] v. (使)内折,(使)凹缩,套,陷入,套叠.
invagina'tion [invædʒi'neiʃən] n. 内折(处),陷(套)入,凹入(部分),套叠.
in'valid[1] [in'vælid] a.; n. ①有病的,病弱的,伤残的,病人用的 ②病人,伤员. Ⅱ [inva'lid] v. ①使病残,使伤残,失去健康 ②[in'vælid]使(某人)成为病号.
inval'id[2] [in'vælid] a. 无效(用)的,不成立的,作废的,废弃的,(久病)虚弱的(者). *invalid key* 无用[无效]键.
inval'idate [in'vælideit] vt. 使无效[无力],使作废. **invalida'tion** n.
invalid'ity [invə'liditi] n. 无效,无力,丧失工作能力.
inval'uable [in'væljuəbl] a. 无法估价的,无价的,非常宝贵(贵重)的. **inval'uably** ad.
invar' [in'va:] n. 殷(仪器,恒定,不胀,不变)钢,(因瓦)镍铁合金(镍36%,铁63.8%,碳0.2%,能在很宽的温度范围内保持固定长度). *super invar* 超恒范钢,超殷钢(镍29—40%,铁50—70%,钴<15%或镍31.5%,钴5%,其余铁).

invariabil'ity [invɛəriə'biliti] n. 不变(性).
inva'riable [in'vɛəriəbl] Ⅰ a. (永)不变的,无变化的,恒定的,一定的. Ⅱ n. 常数,不变量,不变量 n.
inva'riably ad. 不变(地),永恒地,一(必)定,总是.
inva'riance [in'vɛəriəns] n. 不变性,不变式.
inva'riant [in'vɛəriənt] Ⅰ n. 不变式(量,形),量(纯,无向)量,标量张量,标量不变量. Ⅱ a. 不变(形)的,无变度的,恒定的. *invariant equilibrium* 不变[无变度]平衡. *invariant in time* 不随时间而变化的.
invasin n. 扩散因子,透明质酸酶.
inva'sion [in'veiʒən] n. 侵略(犯,袭,入,染,占,害),闯入,发病.
inva'siveness n. 侵袭力.
invec'tive [in'vektiv] n.; a. 抨击(的),痛斥(的).
inveigh [in'vei] vi. 猛烈抨击,痛斥(against).
invent' [in'vent] vt. ①发明,创造(制) ②想(象)出,虚构,捏造.
inven'tion [in'venʃən] n. ①发明,创造,创造力 ②发明物,新发明 ③虚构,捏造.
inven'tive [in'ventiv] a. 发明的,有创造(发明)力的.
inven'tiveness n. 发明创造能力,创造力(性).
inven'tor [in'ventə] n. 发明者,创造[制]者.
in'ventory ['invəntri] Ⅰ n. ①(商品,物资等)清单[册],目录,报表 ②(位,置)清单,存货盘存(报表) ③设备,机器,用品 ③资源,矿藏量,总量(数),库存(量),装(投)料量 ④负载,装料. Ⅱ vt. 编(制)目(录),(存货)清查,清理(点,查),登记,调查,存储. *aircraft inventory* 编制内飞机总数. *inventory control* 编目控制. *inventory management* 库存管理. *inventory record* 财产目录登记. *inventory survey* 现况调查. *liquid inventory* 溶液库存量. *make (take, draw up) an inventory* 编(制)目(录),开清单. *sodium carbonate inventory* 苏打含量.
inverac'ity [invə'ræsiti] n. 不真(确)实性,谎言.
in'vernite ['invə:nait] n. 正斑花岗岩.
inverse Ⅰ ['in'və:s] a. (相)反的,反向(相)的,逆(向)的,倒(反)的,(位,置)颠,颠的,颠倒的. Ⅱ n. 反[逆,反)量,数,式),逆(量),逆元(素),逆矩阵 ②倒数(量). Ⅱ [in'və:s] vt. 使倒转,使成反面. *inverse amplification factor* 放大因数倒数,(电子管)渗透因数,控制率. *inverse back coupling* 负反馈(回授). *inverse chill* 反(内心)白口. *inverse correlation* 逆(负)相关. *inverse cubic law* 立方反比率. *inverse distance* 与距离成反比的数,距离倒数的. *inverse factorial* 反阶乘积. *inverse feedback* 负反馈. *inverse function* 反函数. *inverse image* 逆[倒]像,原像,倒影. *inverse matrix* 矩阵反演(求逆). *inverse metal masking* 反型金属掩蔽法. *inverse network* 回(归)路,反演电路,倒置(反演)网络. *inverse of a number* 某数的倒数. *inverse of multiplication* 乘法逆运算. *inverse opticality* 难视度. *inverse parallel* (闸流晶体管)反并联. *inverse photo resist* 反型光致抗蚀剂. *inverse position computation* 后方交会计算. *inverse ratio* 反比. *inverse relation* 反比关系. *inverse resonance* 反谐振,电流谐振. *inverse signal feedback*

负反馈,相反信号极性反馈. *inverse square of …* 的负二次方. *inverse square root* $-\frac{1}{2}$ 次方,平方根的倒数. *inverse time* 反〔逆〕比时限〔间〕. *inverse transistor* 换接晶体管,逆晶体管. *inverse volume* 容积的倒数. *inverse strength dependences on temperature* 温度越高,强度就越低;强度与温度成反比的关系. *inversed circuit* 反相〔反演〕电路. ▲ *be an inverse measure of* 是与…成反比的.

inverse'ly *ad.* 逆向地,相反地,反之. ▲ *(be) inversely proportional* 成反比(的). *depend inversely as* 同…成反比. *inversely as the square of* 与…的平方成反比.

inverse-ratio curve 反率线.
inverse-square law 平方反比律.
inverse-time *a.* 与时间成反比的. *inverse-time definite-time limit relay* 定时限-反时限继电器. *inverse-time delay* 动作延迟,反时滞.

inver'sion [in'və:ʃən] *n.* ①颠倒,倒置〔转,向,位,像〕,反向〔映,转,量,影,相,型〕,【数】反演,求逆,庚换(法),逆增(变,转,温,压),【化】转化,变换,【电】换(变)流,(四杆机构的)机架变换③倒置物,颠倒现象④【讠】"非"逻辑,"非"门(=NOT). *great inversion* 对流层顶层. *input inversion* 输入信号反相. *inversion layer* 逆温层,反型层. *inversion level* (激光)反转能级. *inversion point* 转化(反演)点.

inver'sional *a.* 颠倒的,反向(演)的.
inver'sive [in'və:siv] *a.* 反(对,演)的,倒转的,逆的,转化的.
inver'sor [in'və:sə] *n.* 反演器,倒置器,控制器.
invert I [in'və:t] *v.* (使)颠倒,(使)倒转(装,置,翻,相),使反向,翻转(过来),转化(换,回). II ['invə:t] *n.*; *a.* ①转化(回)(的),倒的,逆的,反置(的),(沟道等)反型 ②仰(倒)拱(的),管道内底(的)③颠倒了的事物. *inverter range finder* 倒像倒距仪. *inverted arch*【建】仰〔倒〕拱. *inverted commas* 引号. *inverted crosstalk* 频率倒置串音. *inverted Darlington* 倒置式达林顿复合电路. *inverted difference* 翻转差分. *inverted engine* 倒置发动机. *inverted evaporation* 向下〔伞形,反向〕蒸发. *inverted field* [frame] *pulses* 帧极倒脉冲. *inverted filter* 反滤层. *inverted neutrodyne* (高频调谐放大器的)反转中和. *inverted pulse* 倒(反相)脉冲,反极性脉冲. *inverted pyramid antenna* 倒角锥(漏斗形)天线. *inverted well* 吸水井. *inverting amplifier* 倒相(反相)放大器. *inverting element* 变换(换能,反相)元件. *inverting input* 倒像输入. *Ordinary diodes cannot phase invert such a signal.* 普通二极管不能使这种信号倒相.

invertase *n.* 蔗糖酶,转化酶.
inver'tebrate *a.*; *n.* 无脊椎动物(的),无脊椎的.
inverted-ram press 下压式压机.
invertendo *n.* 反比定理.
inver'ter [in'və:tə] *n.* 变换(压,流,频)器,倒换(相,反演)器,交换器,逆变器,(反用,反相旋转)换流器,电流换向器,离子变频管,变换电路,转

换开关,【计】"非"门(电路). *gate inverter* 门反相器. *interference inverter* 噪声限〔抑〕制器. *inverter loop* 反相环路. *inverter open collector* 收集极开路的反相器. *inverter transistor* 倒相晶体管. *inverter unit* 转换〔倒相〕器,倒相〔向〕部件. *line commutated inverter* (直流变交流的)有源逆变器. *phase inverter* 倒相器. *voltage-regulated inverter* 可调电压反用换流器.

invertibil'ity *n.* 可逆性.
inver'tible [in'və:tibl] *a.* 可逆的,被翻过来的,被颠倒的,相反的.
invertor = inverter.
invest' [in'vest] *v.* ①授(赋)予,使带有(性质)②(包)围,笼罩 ③投入(资),花费. *invest material* 覆盖材料. *invest shell casting method* 熔模壳型铸造法. *invested mould* 熔模铸型. ▲ *be invested with* …被…所笼罩,带有…色彩;被授予. *invest M in N* 把 M 投入 N.

inves'tigate [in'vestigeit] *v.* 调查(研究),探(审)查,勘测,试验. ▲ *investigate into* 调查研究. *investigate M for N* 对 M 进行 N 的研究.

investiga'tion [investi'geiʃən] *n.* ①调查(研究),探(审)查,勘测,试验 ②调查报告,研究论文. *experimental investigation* 试验研究. ▲ *conduct* (*carry on*) *an investigation in* [*into*] 对…进行研究. *make an investigation on* [*of, into*] (对…进行调查(研究). *under investigation* 在调查研究.

inves'tigative [in'vestigeitiv] *a.* 研究的,调〔审〕查的.
inves'tigator [in'vestigeitə] *n.* 研究,调查,审查)者,勘测(试验)员,侦察员.
inves'tigatory =investigative.
inves'ting *n.* 熔模铸造.
inves'titure *n.* 授权,覆盖物,装饰.
invest'ment [in'vestmənt] *n.* ①投资(额),投入(资本),花费 ②授予,包围,覆盖,被(包)覆物 ③熔模(蜡模)制造. *fuel investment* 装添燃料,燃料消耗. *government investment* 国家投资. *investment casting* 熔模(蜡模),失蜡,蜡型精密)铸造法,蜡模浇型法,失蜡造型. *investment compound* (在蜡型上套制熔模用的)耐火材料. *investment pattern* (可)熔模. ▲ *investment in* 对…的投资. *make an investment* (*of M*) *in N* 投资(M)于 N,在 N 上投资(M).

inves'tor [in'vestə] *n.* 投资者.
invet'eracy [in'vetərəsi] *n.* 根深蒂固,顽固不化.
invet'erate [in'vetərit] *a.* 根深蒂固的,长期形成的. ~*ly* *ad.*
invid'ious [in'vidiəs] *a.* 引起反感的,怀恨的.
invig'ilate [in'vidʒileit] *v.* 监视. *invigila'tion* *n.*
invigilator *n.* 监视器.
invig'orate [in'vigəreit] *vt.* 鼓舞,使精力充沛. *invigora'tion* *n.*
invig'orating 或 **invig'orative** *a.* 鼓舞人心的,令人鼓舞的.
invincibil'ity [invinsi'biliti] *n.* 无敌.
invin'cible [in'vinsəbl] *a.* 不可战胜的,战无不胜的,

invi'olable [in'vaiələbl] *a.* 不可侵犯的,不能违反〔背〕的. **inviolably** *ad.*

invi'olate [in'vaiəlit] 或 **invi'olated** *a.* 不可侵犯的,无损的. *keep one's faith inviolate* 坚信不渝,坚守诺言.

invis'cid [in'visid] *a.* 非粘〔滞〕性的,无粘度的,无韧性的,不能展延的,半半流体的. ~y n.

invisibil'ity [invizə'biliti] *n.* 不可见(性),看不见(的东西)

invis'ible [in'vizəbl] I *a.* 看不见的,不可见的,微小得觉察不出的,无形的,隐蔽〔形〕的,暗藏的,未反应在统计表上的. II *n.* 看不见的东西. *invisible green* 深绿. *invisible ink* 隐显墨水. *invisible line* 隐〔虚〕线. *invisible loss* 看不见的损失,蒸发损失. *invisible spectrum* 不可见光谱. ▲ *be invisible to the naked eye* 是肉眼看不见的. **invis'ibly** *ad.*

invita'tion [invi'teiʃən] *n.* ①邀请,招待(券),请柬 ②吸引,引诱 ③建议,鼓励. ▲ *Admission by invitation only.* 凭柬入场. *at the invitation of* 应…的邀请. *invitation to bid* 〔*tender*〕招标. *on* 〔*upon*〕 *invitation* 应邀. ~al *a.*

invi'tatory [in'vaitətəri] *a.* 邀请的,邀请的.

invite' [in'vait] *vt.* 邀请,招待,要〔请,征〕求,吸引,惹〔引〕起,招致: *invite tenders* 招标. *Questions are invited.* 欢迎提问.

invitee' [invai'ti:] *n.* 被邀请者.

invi'ter *n.* 邀请者.

invi'ting [in'vaitiŋ] *a.* 引人注目的,吸引人的,美好的. ~ly *ad.* ~ness n.

in vit'ro (拉丁语)在(生物的)体外,在玻璃器内,在试管内,在试验室中的(实验,化验).

in vivo [in'vi:vou] (拉丁语)在体内,在活的有机体中,自然条件下的(实验,化验).

in' voice [in'vɔis] I *n.* 发票,发货单,装货清单,货物的托运. II *v.* 开发票,开清单. *electronic invoicing machine* 电子会计机. *invoice specification* 发票明细单. *receive a large invoice of goods* 接受大批货物的托运.

invoice-book *n.* 进货簿,发货单存根.

invoke' [in'vouk] *vt.* ①恳〔请〕求,(迫切)要求,呼吁 ②发动〔挥〕,行使,实行 ③使用,引〔调〕用 ④引起,产生. *invoke new problems* 引起一些新的问题. *invoked block* 已〔被〕调(用)分程序.

involatile I *a.* 不挥发的. II *n.* 不挥发体.

in'volucre ['invəlu:kə] *n.* 花被,总〔蒴〕苞,外〔皮〕膜.

invol'untary [in'vɔləntəri] *a.* 非故意的,偶然的,无意的,不随意的,不自觉的,不知不觉的. **involuntarily** *ad.*

involuntomotory *a.* 不随意运动的.

involute I ['invəlut] *n.* 渐伸〔开〕线,切展线,包旋式. *a.* 渐伸〔开〕的,内旋〔卷〕的,错综(复杂)的,纷乱的. II ['invəlu:t] *vi.* ①卷起,内卷 ②恢复原状,复旧 ③消失,消散 ④退化. *involute equalizer* 螺旋式均压线.

involu'tion [invə'lu:ʃən] *n.* ①乘方,自乘,幂 ②对合 ③内〔包〕卷,回旋,错乱,错综复杂 ④退化、衰亡 ⑤复旧,复位. *complexes in involution* 对合的线丛

focal involution 焦点对合.

involutory *a.* 对合的,内卷的.

involve' [in'vɔlv] *vt.* ①包含(有),(必须)包括,含有,涉及,累及,牵涉到,有关系 ②使卷(陷)入,遍及,席卷,包围,笼罩 ③占用(时间),(使)用,用到 ④就是(把),即是(使) ⑤促成,免〔少〕不了,需要,不可缺少 ⑥自乘,把…乘方. *involve* … *to the fifth power* 对…五乘方. *Plant layout involves many considerations.* 布置工厂设备时要考虑许多问题. *Radar involves transmitting electromagnetic waves of very short wave length.* 雷达发射的是波长非常短的电磁波. *There can be no force unless two bodies are involved.* 除非牵涉到两个物体,否则就不会有力存在. *The use of logarithms involves converting numbers into other numbers that are all related to a standard base.* 使用对数就是把数变成另一种都同某标准基数发生关系的数. ▲ *(be, become) involved in* 包含在…中,与…有关,被卷〔陷〕入,处于…之中,专心地(做). *(be) involved with* 涉及. *involve M in N* 使M从事(卷入)N,要求M做N.

involv'ed [in'vɔlvd] *a.* ①所包含〔涉及,论述,研究〕的,有关的 ②(形式)复杂的,难于理解的,含混不清的.

involve'ment [in'vɔlvmənt] *n.* ①包含 ②缠绕,卷入,牵连,连累 ③混乱,困难 ④复杂的情况,牵连到的事物.

INVTR = inverter 变换器,倒相器,转换开关.

invul'nerable [in'vʌlnərəbl] *a.* 不会受伤害的,破坏不了的,无懈可击的,无法反驳的. **invulnerably** *ad.*

inwall *n.* 内壁,内衬.

in'ward ['inwəd] I *a.* (向,在)内的,内部(向,在)的,固有的,进口的,输入的. II *ad.* 向〔在〕内,向中心. III *n.* 内部(物),里面,实质,(pl.)进口商品,进口税. *inward bound* 向内行驶. *inward bound light* 内向光. *inward charges* 入港费. *inward correspondence* 来信. *inward curve* 内弯. *inward normal* 内向法线. *slope inward* 向内倾斜.

in'wardly ['inwədli] *ad.* 在内(部),向内,向中心,在内心中.

in'wardness ['inwədnis] *n.* 内质,本性〔质〕,实质.

in'wards ['inwədz] *ad.* = inward.

inward-tipping *a.* 向内倾斜的.

in'weave ['in'wi:v] (*in'wove', in'wo'ven*) *vt.* 使织入,使混入.

inwrap = enwrap.

in'wrought' ['in'rɔ:t] *a.* ①织〔缝〕入(花纹)的 ②嵌有…的,与…紧密混合的(with) ③嵌进〔入〕…的(in, on).

IO = ①in order 有秩序的,整齐的 ②intake open 进(气)口开启 ③ion engine 离子发动机 ④iterative operation 迭代操作

I-O = input/output 输入/输出.

Io = ionium 锾.

I/O = ①input/output 输入/输出 ②instead of 代替.

IOB = Inter-Organization Board for Information Systems and Related Activities 政府间资料系统及有关活动委员会.

IOC = ①initial operating capability 初始作战能力

IOC busy 输入输出控制占用.
IOCS =input-output control system 输入-输出控制系统.
IOD =①immediate oxygen demand 直接需氧量 ② integrated optical density 集成光密度.
iod- 〔构词成分〕碘.
i'odate ['aiədeit] Ⅰ n. 碘酸盐. Ⅱ vt. 用碘处理,向…加碘.
ioda'tion n. 碘化作用.
iodazide n. 叠氮碘.
iod'ic ['ai'ɔdik] a. (含,五价)碘的. *iodic acid* 碘酸.
i'odide ['aiədaid] n. 碘化物.
iodide-process n. 碘化物法,碘化物热离解法.
iodimet'ric a. 定碘量的.
iodimetry n. 碘还原滴定,碘量滴定法.
iodinase n. 碘化酶.
indina'tion n. 碘化作用〔过程〕.
i'odine ['aiədi:n] n. 【化】碘 I；碘酊. *iodine coulombmeter* 碘(极)电量计. *tincture of iodine* 碘酊.
iodinin n. 碘(化)菌素.
i'odism n. 碘中毒.
iodival n. 碘瓦耳,α-碘代异戊酰脲.
iodization =iodination.
i'odize ['aiədaiz] vt. 用碘(化物)处理,使含碘,加碘. *iodized paper* 碘纸.
iodo- 〔构词成分〕碘.
iodoacetamide n. 碘乙酰胺.
iodobrassid n. 二碘巴西烯酸乙酯.
iodochlorohydroxyquinoline n. 碘氯化烃基喹啉.
iododeoxyuridine n. 碘(代脱氧尿嘧啶核)贰.
iod'oform ['ai'ɔdəfɔ:m] n. 碘仿,三碘甲烷,黄碘.
iodohydrin n. 碘醇.
iodol n. 碘咯,四碘吡咯.
iodolactoniza'tion n. 碘化酯化.
iodomethyla'tion n. 碘甲基化(作用).
iodometry n. 碘量滴定法.
iodophilic a. 嗜碘的.
iodoprotein n. 碘蛋白.
iodopsin n. 视青紫(质).
iodopyrine n. 碘(安替)匹林.
3-iodotyrosine n. 3-碘酪氨酸.
iodouracil n. 碘(代)尿嘧啶.
iodyrite n. 碘银矿.
iogen n. 菌拟淀粉.
IOH =items on hand 手头存货.
IOJ = International Organization of Journalists 国际新闻工作者协会.
IOL =intermediate objective lens 中间物镜.
i'olite n. 堇青石.
i'on ['aiən] n. 离子. *ion engine* 离子发动机. *ion exchange* 离子交换(作用). *ion meter* 离子(射线力,电离压强)计,电离压力表. *ion plating film* 电离镀膜. *ion triplet* 三重离子.
ION = The Institute of Navigation 导航学会.
i'on-baf'fle ['aiən'bæfl] n. 电离阱.
ion-drag accelerator 离子拖带加速器.

ion-exchange n. 离子交换. *liquid ion-exchange* 液体离子交换,溶剂萃取.
ion-exchanger n. 离子交换剂.
ion-getter pump 离子吸气泵.
ion'ic [ai'ɔnik] a. 离子的. *ionic bond*〔link〕离子键. *ionic cleaning* 放电〔离子轰击〕清除. *ionic discharge* 电离放电. *ionic strength*(μ) 离子强度(μ)(表示溶液中电场强度的大小).
ionic'ity [aiə'nisiti] n. 电离度,电离性,离子性(度).
ion-induced a. 离子感生的.
ionisa'tion =ionization.
i'onise =ionize.
ionite n. 离子交换剂.
ioni'triding n. 离子氮化法.
io'nium [ai'ouniəm] n. 【化】镄 Io(钍的同位素,Th230).
ionizabil'ity n. 电离度,电离本领.
i'onizable a. 电离的,被离子化的.
ioniza'tion [aiənai'zeiʃən] n. 电离(作用,化),游离(作用),离子化(作用),离子形成,离子电渗作用. *electrolytic ionization* 电离(作用). *ionization arc-over* 离子飞弧. *ionization by light* 光致电离. *ionization chamber* 电离室〔箱〕. *ionization gauge* 电离真空〔压力〕计. *photo ionization* 光致电离.
i'onize ['aiənaiz] v. (使)电离(成离子),游离(化),离子化. *ionized gas readout* 气体电离式显示. *ionized molecular* 电离分子. *ionizing particle* 致电离粒子.
i'onizer n. 电离剂〔器〕,催(电)离素.
ion-milling n. 离子碾磨.
ionocolorimeter n. 氢离子比色计.
ionogen n. 电解物〔质〕,可电离〔可离子化〕的基团.
ionogen'ic a. 电化的,致电离的,离子生成的.
io'nogram n. 电离图,电离层(高频)特性(曲线)图,电离层回波探测.
ionolumines'cence n. 离子发光.
ion'omer ['aiənəmə] n. ①离聚物；离子交换聚合(物),含离子键的聚合物 ②聚乙烯的一类链型. *ionomer resin* 离子键树脂.
ionom'eter n. 氢离子浓度计,离子计,X射线强度计.
ionom'etry [aiə'nɔmitri] n. X射线(力)计,X线量测量法.
ionone n. 紫罗(芷香)酮.
ionopause n. 电离层顶(层).
ionophilic a. 亲离子的.
ion'ophone ['ai'ɔnəfoun] n. 离子扬声器.
ionophore n. 离子载体.
ionophoresis n. 电泳,离子电泳作用.
ion-optical a. 离子光学的.
ionoscatter n. 电离层散射.
ionoscope n. 存储摄像管.
ion'osonde ['aiə'nɔsɔnd] n. 电离层探测器〔站,装置〕.
ionosorption n. 离子吸收.
io'nosphere [ai'ounəsfiə] n. 电离层〔圈〕,离子〔亥维赛〕层. *ionospher'ic* a. *ionospheric scatter* 前向〔电离层〕散射.
ionospheric-path n. 电离层传播途径的.
ionotron n. 静电消除器.

ionotrop′ic a. 向离子的，离子移变的.
ionotropy n. 离子移变(作用).
ion-pair n. 离子对〔偶〕.
ion-radical n. 离子基.
ionsheath n. 离子套.
ion-thrustor n. 离子加速器.
iontophoresis n. 离子电渗疗法，离子电泳作用.
iontoquantim′eter [aiɔntɔkwɔn′timitə] n. 离子(定量)计，X射线量计.
iontoradeom′eter [aiɔntɔreidi′ɔmitə] n. 离子计，X射线量计.
ion-trap gun 离子(陷)阱电子枪.
iontron n. 静电消除器.
i/opn =in operation 正在操作.
IOS =①inspection operation sheet ②instrumentation operations station 仪表操作台 ③International Organization for Standardization 国际标准化组织.
io′ta [ai′outə] n. ①(希腊字母)Ι，ι ②微小，一点. *not change by one iota* 丝毫也不变. ▲ *not an iota* 丝毫不，一点也不.
IOTR =item operation trouble report 项目运转故障报告.
IO-tube =image-orthicon tube 超正析象管.
IOU =I owe you 借据.
IOV =inter-office voucher 内部凭单.
Iowa [′aiouə] n. (美国)衣阿华(州).
Iowan a.；n. 衣阿华州的，衣阿华州人(的).
Ioxoflavine n. 毒黄素.
ioxynil n. 4-羟(基)-3,5-二碘苯甲腈，碘苯腈.
IP =①identification of position 位置的确定 ②impact point 弹着点，降落点 ③impact predictor〔prognosticator〕弹着点预测器〔预示〕 ④index of plasticity 塑性指数 ⑤induction period (油)诱导期，(发动机)进气阶段 ⑥initial point 起始点 ⑦inside primary 初级线圈里面的一端 ⑧Institute of Petroleum (英国)石油学会 ⑨intermediate pressure 中等压力 ⑩intersecting point 交点，转角点 ⑪isoelectric point 等电点.
IP susceptibility 激发极化灵敏度.
I & P =indexed and paged 加上索引并标明页数的.
IPA 或 ipa =①intermediate power amplifier 中(间)功率放大器 ②isopropenyl acetylene 异丙烯基乙炔.
IPAI =International Primary Aluminum Institute 国际原生铝研究所.
IPB =illustrated parts breakdown 附有图解说明的零件破坏情况.
IPBM =interplanetary ballistic missile 星际弹道式导弹.
IPC =①interplanetary communications 星际通讯 ②illustrated parts catalog 带图解的零件目录册.
IPCEA =Insulated Power Cable Engineers Association 绝缘电力电缆工程师协会.
IPI =International Press Institute 国际新闻学会.
ipi =impregnated paper insulated 浸制纸绝缘的.
IPIECA =International Petroleum Industry Environmental Conservation Association 国际石油工业环境保护协会.
IPIR =integrated personnel information report 综合的人事资料报告.

IPL =①information processing language 信息处理语言 ②installation parts list 安装零件清单 ③instrument pool laboratory 仪器统筹实验室.
ipm =①inches per minute 英寸/分，每分钟英寸数 ②interruptions per minute 每分钟中断次数.
IPO =installation production order 设备生产定货.
IPOD =interplant operations directive 工厂之间的作业指示.
ipomeamarone n. 甘薯黑疤霉酮.
ipomeanine n. 甘薯黑疤霉二酮.
iporka n. 丈波卡(低温绝缘材料).
ipr =inches per revolution 英寸/转.
IPS =①instrument power supply 仪表动力供应 ②international pipe standard 国际管子标准 ③interruptions per second 每秒钟中断次数 ④iron pipe size 铁管尺寸.
ips =①inches per second 英寸/秒 ②internal pipe size 管的内径.
ipsi-lateral a. 同侧的.
ipsis′sima ver′ba [ip′sisimə′və:bə]〔拉丁语〕确切的原文.
ip′so fac′to [′ipsou′fæktou]〔拉丁语〕ad. 照那个事实，按照事实本身(来看)，事实上.
ipsolateral a. 同侧的.
ip′sophone [′ipsəfoun] n. 录音电话机.
IPST =international practical scale of temperature 国际实用温标.
IPT =①individual proficiency training 个人熟练程度的训练 ②internal pipe thread 管子的内螺纹 ③interplanetary travel 星际航行.
IPTR =interplant transfer record 厂际调拨记录.
IPTS = International Practical Temperature Scale 国际实用温度标.
IPV =inner pilot valve 内导阀.
ipy =inches penetration per year 每年腐蚀深度，英寸/年.
I. Q. = intelligence quotient 智(力)商(数).
i. q. =〔拉丁语〕*idem quod* 同…．
iqed =*in quod erat demonstrandum*(=That was to be proved)同形式证明的.
IQI = image quality indicator 像质计.
IQSY = international quiet sun year 国际宁静太阳年.
IR =①India rubber 橡胶，树胶 ②induction regulator 电感式电压调整器 ③informal report 非正式报告 ④information retrieval 信息检索 ⑤infrared 红外线，光谱红外区 ⑥inside radius 内半径 ⑦insoluble residue 不溶解残渣 ⑧inspector's rejection 检验员的驳回 ⑨inspector's report 检验员的报告 ⑩insulation resistance 绝缘电阻 ⑪internal resistance 内(电)阻 ⑫interrogator-responder 询问-应答器.
Ir =①Ireland 爱尔兰 ②iridium 铱 ③Irish 爱尔兰的.
I & R = interchangeability and replacement〔replaceability〕可互换性与贸换〔可置换性〕.
IR camouflage-detection camera 伪装(目标)探测(用)红外摄像机.
IR drop 电(内)压降，欧姆电阻上的电压降.
IR filter 红外滤光器(片).
ir- 〔词头〕不，无，非.
IRAC = Interdepartmental Radio Advisory Com-

mittee 部门间频率分配咨询委员会.
IR-aimed lidar 红外瞄准激光雷达.
IRAN =inspect and repair as necessary 检查并按需要加以修理.
Iran [i'ra:n] n. 伊朗.
IRANAIR =Iranian Airways 伊朗航空公司.
Ira′nian [i'reinjən] a.; n. 伊朗的,伊朗人(的).
Iraq′或 Irak [i'ra:k] n. 伊拉克.
Iraq′i [i'ra:ki] a.; n. 伊拉克的,伊拉克人(的).
ira′ser [ai'reizə] (= infra-red amplification by stimulated emission of radiation) n. 红外激光(器),红外(微波)激射(器),红外线量子放大器.
irate′ [ai'reit] a. 发〔愤〕怒的.
IRBM = intermediate range ballistic missile 中程弹道导弹.
IRC =①India-rubber covered 橡胶绝缘的 ②infra-red countermeasures 红外线对抗措施 ③interchangeability and replaceability committee 可互换性与可替换性委员会 ④International Red Cross 国际红十字会 ⑤International Resistance Co. 国际电阻公司.
IRCCM = infra-red counter-countermeasures 红外线反对抗措施.
IRCS =inertial reference and control system 惯性参考及控制系统.
irdome ['iədoum] n. 可通过红外线的整流罩,红外导流罩,红外窗门,线罩.
IRDS =integrated reliability data system 综合的可靠性数据系统.
IRE =Institute of Radio Engineers 无线电工程师协会.
Ire =Ireland.
i-region n. 本征区.
Ire′land ['aiələnd] n. 爱尔兰.
iresenin n. 血宽宁.
IRFNA = Inhibited red fuming nitric acid 加阻蚀剂的红发烟硝酸.
IRG = interrecord gap 记录〔字区〕间隔.
IRGA =infra-red gas analyzer 红外线气体分析器.
IRH =infrared heater 红外线加热器.
IRHD =international rubber hardness degrees 国际橡胶硬度标度.
IRI =India-rubber insulated 橡皮绝缘的.
Irian [iri'a:n] n. 伊里安(岛).
i′rides ['aiəridi:z] iris 的复数.
irides′cence [iri'desns] n. 虹〔晕〕色,虹〔晕〕彩,放光彩.
irides′cent a. 虹彩〔色〕的,现晕光的,闪光〔色〕的. ~ly ad.
irid′ic a. (四价)铱的,铱化的.
iridin n. 鸢尾定 $C_{24}H_{28}O_{14}$.
iridioplatinum n. 铂铱合金.
irid′ium [ai'ridiəm] n. 【化】铱 Ir.
iridodial n. 琉蚁二醛.
iridoplatinum n. 铱铂合金.
iridosmene n. 铱锇矿.
iridos′mine n. 铱锇矿,铱锇笔尖合金.
irigenin n. 鸢尾素.
irigenol n. 鸢尾精醇.
iriginite n. 黄(水)铀钼矿.
IRIS =①infrared interferometer spectrometer 红外

线干涉分光计 ②infrared research information symposium 红外线调研资料讨论会.
i′ris ['aiəris] (pl. irises 或 irides) n. ①虹〔彩,状物〕,彩虹色,(眼球的)虹膜,彩虹色石英 ②(镜)光圈,可变〔光〕帘,锁定〔光〕阑,可变光圈,入射光瞳 ③隔膜〔片,板,圈〕,膜片,挡板 ④窗片 ⑤伊丽思(美,研究火箭) ⑥鸢尾属(植物). iris action 阻隔作用. iris corder (红外线电子)瞳孔仪. iris diaphragm 虹彩器,虹彩隔片,(光圈),可变光阑,(波导中的)膜片,虹膜. iris setting indicator 控制光阑位置指示器. iris stop 虹彩〔可变〕光阑,(波导中的)膜片. iris touchstone 玄武岩. iris wipe 圆圈切换,圆圈式划切. ▲ iris in 圈入(图像由中间一点渐现光亮而至显出全景). iris out 圈出(图像由周围渐暗而达到全部消失).
iris-adaptation n. 虹彩适应.
i′risated ['aiərəseitid] a. 虹彩的,彩虹色的.
irisa′tion [aiəri'seiʃən] n. 虹影.
iris-capping shutter 光圈-加盖快门.
iriscorder n. 红外线电化学瞳孔仪.
iris-coupled filter 膜孔〔片〕耦合滤波器.
i′rised ['aiərist] a. 彩虹色的.
I′rish ['aiəriʃ] a.; n. 爱尔兰的,爱尔兰人(的). Irish diamond 水晶.
IRL =①incoming register link 入局记发器链路 ②information retrieval language 信息检索语言 ③infrared lamp 红外线灯 ④infrared lens 红外透镜.
IRLAS =infrared laser 红外(线)激光器.
IRM = inspection requirements manual 检查要求手册.
IRMR =infrared micro-radiometry 红外微波辐射测量(学).
IRNDT = infrared nondestructive testing 红外线非破坏性试验.
IRO detector 瞬时读出检波器.
IROAN =inspect and repair only as necessary 仅在必要时检修.
iron ['aiən] Ⅰ n. ①铁 Fe,铁器〔剂〕②烙铁,熨斗 ③铸铁芯铁 ④(pl.)铁粉. Ⅱ a. 铁(制,色,似)的. angle iron 角铁〔钢〕. cast iron 铸铁. cramp iron 铁夹钳. electric iron 电熨斗. electric soldering iron 电烙铁. ingot iron 锭铁,低碳钢. iron band 钢带,铁箍. iron carbonyl 羰基铁,五碳酰铁. iron circuit 铁磁路. iron constantan 铁康铜. iron foundry 铸铁厂,铸铁车间. iron glance 镜铁矿. iron grey 铁灰色. iron loss 铁(芯)耗,铁损,金属烧损. iron man 钢铁工人,铁汉,可代替人工的机器,通用摄像机. iron ore 铁矿. iron pavement 铸铁块(铺路)路面. iron pyrites 黄铁〔白铁〕矿,二硫化铁. iron scale 铁锈. iron stained 生锈〔锈蚀〕的. iron will 钢铁般的意志. pig iron 生铁. scrap iron 废铁〔钢〕. section iron 型钢. silicon iron 硅钢. twist iron 绞钳. tyre iron 拆轮胎棒. wrought iron 熟〔锻〕铁. ▲ have too many irons in the fire 事情管得太多,同时要办理的事太多. Strike while the iron is hot. 趁热打铁,趁好机会. Ⅱ v. ①熨平,压(打)薄,烙边,压平,矫直 ②装甲,用铁包. ▲ iron down 矫直,压平. iron out 熨平,矫平,

Ironac n. 艾罗纳(高硅耐蚀耐热)铸铁(硅13.5%,碳2.7%,磷0.7%,其余铁).

i'ronbound a. 包铁的,坚硬的,不容变通的;岩石围绕的.

iron-carbon n. 铁碳合金. *iron-carbon diagram* 铁碳平衡图.

i'ron(-)clad a. Ⅰ n. 铠装[装甲]的,包覆的金属,金属覆层. *iron-clad coil* 铁壳线圈. *iron-clad proof* 铁证.

iron-copper n. 铁铜合金.

iron-dog n. 狗头钉.

ironc n. 鸢尾酮,甲基芷香酮.

i'roner n. (轧平和烫平洗净的衣服用)轧液机,轧布机.

i'ron-foundry n. 铸铁厂,铸铁车间.

iron-free a. 无铁的,贫铁的,含铁量少的.

iron-hand n. 机械手.

i'ronhand'ed a. 铁腕的,用高压手段的.

iron'ic(al) [ai'rɔnik(əl)] a. ①讽刺的,反话的 ②铁的 ③令人啼笑皆非的.

i'roning n. 挤压法,变薄拉深,初[压]薄,压[熨]平,熨烫,烙边,铁烫灭菌法. *ironing machine* 熨压器.

i'ronless a. 无铁(心)的.

i'ronmaking n. 炼铁.

i'ronmaster n. 铁厂制造商.

iron-melting furnace n. 化[熔]铁炉.

iron-monger n. 金属器具商,小五金商.

i'ron-mongery n. 五金器具,五金业[店].

i'ronmo(u)ld Ⅰ n. 铁锈迹,墨水迹. Ⅱ v. (使)弄水锈迹[墨水迹].

iron-nickel-chromium n. 铁镍铬合金.

iron-notch n. 出铁口.

iron-oilite n. 多孔铁(100%铁).

iron-oxide n. 氧化铁(一般指Fe₂O₃).

iron-oxidizer n. 铁氧化剂.

iron-oxygen n. 铁氧.

i'ronsmith n. 铁(锻)工.

i'ron(-)stone n. 铁矿,含铁矿石,菱铁矿.

iron-vane instrument n. 铁片式仪表.

i'ron-ware n. 铁器,五金品.

i'ronwood n. 硬木,坚硬的木料.

i'ronwork n. 铁工,铁制品,铁制部分.

i'ronworker n. 钢铁(铁器)工人.

iron-works ['aiənwə:ks] n. (炼,钢)铁厂.

i'rony ['aiərəni] n. Ⅰ. (含)铁的,铁似的. Ⅱ n. 讽刺,反话.

IRP = intra-office reperforator 局内收报复凿机.

IRPTC = International Register of Potentially Toxic Chemicals 可能有毒化学品国际登记中心.

irra'diance [i'reidiəns] 或 **irra'diancy** [i'reidiənsi] n. ①发光,射出光线 ②辐照(度,率),辐射(通量密)度 ③光辉,灿烂.

irra'diant [i'reidiənt] a. ①光辉(亮)的,灿烂的,辉煌的发光的,射出光线的,照耀的,辐照的.

irra'diate [i'reidieit] v. Ⅰ. ①照明(耀),光照,启示[明],辐照[射],照射,(用紫外线,X射线等)处置,发光,光渗,扩散 ②启发,阐明. *irradiate energy* 发送出能量. *irradiated plastics* 照射[辐照,光渗]塑料. *irradiated to saturation* 活化到饱和的.

irradia'tion [ireidi'eiʃən] n. ①照射[光],辐照[射]发光,热线放射,放热,扩散,辐照度 ②光渗[线,照,晕] ③启发,阐明. *irradiation damage* 辐照损伤. *irradiation sickness* 辐射[射线]病. *proton irradiation* 质子照射.

irra'diative a. 有放射力的,有启发的.

irra'diator n. 辐射体[源],照射源,辐照[射]器.

irrad'icable [i'rædikəbl] a. 不能根除的.

irradome n. 红外整流罩.

irrat'ional [i'ræʃnl] Ⅰ a. ①无理性的,不合理的,荒谬的 ②【数】无理的,不尽的. Ⅱ n. 无理数,无理性. *change irrational rules and regulations* 改革不合理的规章制度. *irrational function* 无理函数. *irrational system of units* 无理[非有理]单位制.

irrational'ity [iræʃə'næliti] n. 不合理(的事),无条理,无理性.

irra'tionalize [i'ræʃnəlaiz] vt. 使不合理,使无条理.

irra'tionally [i'ræʃnəli] ad. 不合理,无条理.

irrealizable [i'riəlaizəbl] a. 不能实现的,不能达到的.

irrec'ognizable [i'rekəgnaizəbl] a. 不能认识[辨认,承认]的.

irreconcilabil'ity [irekənsailə'biliti] n. 不调和性,不可和解性.

irrec'oncilable [i'rekənsailəbl] Ⅰ a. 不能调和的,势不两立的,难和解的,不相容的,矛盾的(to, with). Ⅱ n. 不可调和的思想. *irreconcilable as fire and water* 水火不相容的. *irrec'oncilably* ad.

irrecoverable [iri'kʌvərəbl] a. 不能恢复[挽回,补救]的. *irrecoverable error* 不可校正的错误.

irrecu'sable [iri'kju:zəbl] a. 不能拒绝的,排斥不了的.

irredeem'able [iri'di:məbl] a. 不能挽回[恢复,改变,偿还,兑现,矫正]的.

irreducibil'ity n. 不可约性,既约性. *irreducibility test* 不可约判别法.

irredu'cible [iri'dju:səbl] a. 不能减缩[削减,降低,缩小,变小]的,【数】不可约[还原,简化]的,不能[没有]以复位的,不能分解的,既约的. *irreducible equation* 不可约方程. *irreducible fraction* 既约分数. *irreducible minimum* 最小限. *irreducible water saturation* 残余[束缚]水饱和率[度]. **irredu'cibly** ad.

irredun'dant a. 不可缩短的,无赘的,不能少的.

irreflex'ive a. 反自反的,漫反射的. *irreflexive relation*【逻】反[非]自反关系.

irref'ragable [i'refrəgəbl] a. 不能反驳[否认]的,不可争辩的,无可非议的,无法回答的,无疑问的.

irrefran'gible [iri'frændʒibl] a. 不可折射的,不可违犯的.

irref'utable [i'refjutəbl] a. 无可辩驳的,驳不倒的. **irrefutabil'ity** n. **irrefutably** ad.

irreg = irregular.

irregardless = regardless.

irreg'ular [i'regjulə] Ⅰ a. ①不规则的,不对称的,不均匀的,无规律的,不定期的 ②(参差)不整齐的,有凹凸的 ③非正规[式]的,不合常规的,不等的④有小缺陷的,不平的. Ⅱ n. 非正规的东西,不定期出版物,(pl.)等外品. *irregular bedding* 不整合层理. *irregular birational transforma-tion* 非正则双有理变换. *irregular chattering* 不定〔不规则〕反跳. *irregular error* 偶然误差. *irregular fracture* 不平断口. *irregular liner* 不定期航船. *irregular soundings* 不定点测深. *irregular waveguide* 异形波导.

irregular'ity [iregju'læriti] *n.* ①不规则〔规律,规律〕,不均匀,对称〕,平衡,平整〕,不正,正确,正则〕(性),不能调节性,不匀度,凹凸不平(之处),紊乱,参差不齐,非正规,不规律,不合规定.例② ②奇异性,奇点③（pl.）不规则的事物. *operating irregularity* 工作事故. *surface irregularity* 表面不平度〔奇异性〕,表面奇点〔缺陷〕.

irreg'ularly [i'regjuləli] *ad.* 不规则,非正规,凹凸不平.

irrel'ative [i'relətiv] *a.* 无关系的(to),不相干的,节的. ~ly *ad.*

irrel'evance [i'relivəns] 或 **irrel'evancy** *n.* 不切题,不相干〔关〕,无关系,跟不上潮流,枝节问题.【计】不恰当组合.

irrel'evant [i'relivənt] *a.* 不切题的,不相干的(to),没关系的,不中肯的,不恰当的,不切合的,跟不上潮流的. *irrelevant pattern indication* 假像.

irreme'diable [iri'mi:djəbl] *a.* 不能补救的,不可弥补的,不可救药的,难改正的,不可挽回的,不(能医)治的. *irremediable defect* 永久性损坏. **irremediably** *ad.*

irremis'sible [iri'misibl] *a.* ①不可原谅的,不能宽恕的 ②不可避免的,必须承担的.

irremovabil'ity [`irimu:və'biliti] *n.* 不能移动〔除去,撤免〕.

irremov'able [iri'mu:vəbl] *a.* 不能移动的,不能除去〔撤职〕的. **irremovably** *ad.*

irrep'arable [i'repərəbl] *a.* 不能修理〔恢复,挽回,弥补〕的,无可挽救的. ~**ness** *n.* **irrep'arably** *ad.*

irreplace'able [iri'pleisəbl] *a.* ①不能调〔更〕换的,无法替换的,不能替代的 ②不能恢复原状的 ③失去了就无法补偿的.

irrepres'sible [iri'presəbl] *a.* 控制〔压抑〕不住的,约束不了的. **irrepressibly** *ad.*

irreproach'able [iri'proutʃəbl] *a.* 无可指责〔非议〕的,无错误〔瑕疵,缺点,过失〕的. **irreproach'ably** *ad.*

irresist'ible [iri'zistəbl] *a.* 不可抵抗〔抗拒,阻挡〕的,压制〔禁止〕不住的,无可反驳的. **irresis'tibly** *ad.*

irres'olute [i'rezəlju:t] *a.* 犹豫不决的,摇摆不定的. ~ly *ad.*

ir'resolu'tion [`irezə'lju:ʃən] *n.* 犹豫不决,摇摆不定.

irresol'vable [iri'zɔlvəbl] *a.* 不能分解〔分离,解决〕的.

irrespec'tive [iri'spektiv] *a.* 不顾〔问,管,拘〕的,不考虑的. *irrespective of percentage* 【海运】单独海损全赔,无免赔率. ▲ *irrespective as to whether … or* 不同其是否. *irrespective of* 不顾,不论,不考虑,与…无关. *irrespective of the consequences* 不顾后果. ~ly *ad.*

irres'pirable *a.* 不能呼吸的,不可吸入的.

irresponsibil'ity [irisponsə'biliti] *n.* 无责任.

irrespon'sible [iris'pɔnsəbl] *a.*; *n.* ①不负责任的（人）(for),无责任（感）的（人),不可靠的(人)②不承担责任的(人),无需负责任的(人). **irresponsibly** *ad.*

irrespon'sive [iris'pɔnsiv] *a.* 不回答〔答复〕的,没有反应的,无感应的(to). ~**ness** *n.*

irreten'tion [iri'tenʃən] *n.* 不能保持〔留〕,无保持力. **irreten'tive** *a.*

irretriev'able [iri'tri:vəbl] *a.* 不可挽回的,无法弥补〔挽救〕的,不能恢复的. **irretrievabil'ity** *n.* **irretriev'ably** *ad.*

irreversibil'ity [irivə:sə'biliti] *n.* 不可逆性,不可回溯性,不可倒置性.

irrever'sible [iri'və:səbl] *a.* 不可逆〔转〕的,单向的,不能翻转〔倒转,倒置,倒退〕的,不能取消的,不可改变的. *irreversible absorption current* 衰减传导电流. *irreversible cycle* 不可逆循环. *irreversible deformation* 不可复复的变形. *irreversible process* 不可逆过程. **irrever'sibly** *ad.*

irrev'ocable [i'revəkəbl] *a.* 不能取消〔撤消,废止,改变,挽回〕的,最后的. **irrevocabil'ity** *n.* **irrev'ocably** *ad.*

IRRI = International Rice Research Institute 国际稻米研究所.

ir'rigable ['irigəbl] *a.* 可灌溉的.

ir'rigate ['irigeit] *v.* 灌溉〔注〕,浇,冲洗(伤口等). *irrigated fields* 水浇地,水田.

irriga'tion [iri'geiʃən] *n.* ①灌溉〔注〕的,水利,灌水(法),浇地 ②冲洗(法),（pl.）冲洗剂. *irrigation canal* 〔channel〕灌溉渠. *irrigation network* 排灌网. ▲ *bring … under irrigation* 使…水利化. ~**al** *a.*

irriga'tionist *n.* 灌溉者,水利专家.

ir'rigator ['irigeitə] *n.* 灌溉者〔车,用具,设备〕,冲洗〔注洗,灌注〕器,灌喷机.

irritabil'ity *n.* 易怒,不能忍耐,过敏(反应),刺激感受性,发炎,应激性.

ir'ritable ['iritəbl] *a.* 易发怒的,性急的,易受刺激的,过敏性的. **ir'ritably** *ad.*

ir'ritant ['iritənt] Ⅰ *a.* 有刺激(性)的. Ⅱ *n.* 刺激剂,品,物.

ir'ritate ['iriteit] *vt.* 激怒,刺激,使痛,使发炎. **ir'ritating** *a.*

irrita'tion [iri'teiʃən] *n.* 激(愤)怒,刺激(物),兴奋,反应过敏,疼痛,发炎. *mechanical irritation* 机械性刺激. ~**al** *a.*

ir'ritative ['iriteitiv] *a.* 使发怒的,刺激(性)的,使人不快的.

irrota'tional [irou'teiʃənl] *a.* 不轮流的,不〔非〕旋转的,不〔非〕旋(涡)的,(矢量场)无势的.

irrotational'ity *n.* 无旋度,无涡度,无旋涡现象,(矢量场的)有势性.

irrupt' [i'rʌpt] *vi.* 侵(闯)入.

irrup'tion [i'rʌpʃən] *n.* 突(冲,闯,爆)入,侵入. **irrup'tive** *a.*

IRS =①infrared spectroscopy 红外线光谱学 ②internal reflection spectrometry 内反射光谱测定法.

IRSC = International Radium Standard Commission 国际镭标准委员会.

IR-system *n.* 红外系统.

IRT =①individual reliability test 单件可靠性试验 ②infrared radiation thermometer 红外辐射温度计

③information retrieval technique 信息检索技术 ④interrogator-response-transponder 问答脉冲转发器 ⑤isotope ratio tracer 同位素比示踪剂.
IRTP =integrated reliability test program 综合的可靠性检验计划.
Irtran-1 艾尔特兰-1红外透射材料(氟化镁).
irtron [ˈərtrɔn] *n.* 类星星系，红外光射电源.
IRU = International Radio Union 国际无线电协会.
irving 或 **irvingite** *n.* 钠[钾]锂云母.
IR-wire =information read wire 信息读出线.
i. r. wire =india rubber wire 树胶绝缘线.
IRWL = ① interchangeability and replaceability wording list 可互换性与可置换性用语表 ②interchangeability and replaceability working list 可互换性与可置换性工作единствоpart.
IS =①impact switch 碰撞式开关 ②Industrial Service (Equipment Specifications)（设备规格）工业用 ③intermediate smooth 中等光滑度 ④internal shield 内部屏蔽 ⑤internal surface 内表面.
Is . =island 岛.
is =inside secondary 次级线圈的内末端.
is [iz] be 的单数第三人称（一般现在时). ▲ *as is* 照现在的样子(即不再作修理、改进).
is- 〔词头〕(相)等，(相)同.
ISA =①Instrument Society of America 美国仪表学会 ②international standard atmosphere 国际标准大气压 ③International standards Association 国际标准协会.
isa *n.* 锰铜(电阻用合金).
isabellin *n.* 锰系电阻材料(铜84%，锰13%，铝3%).
isabel′line *a.* 黄褐色的.
isabnormal *n.* 等异常线. *isabnormal line* 等偏差〔等异常〕线.
isacoustic curve 等响线.
isagoge [aisəˈgoudʒi] *n.* (学术研究的)绪论，导言. **isagogic** *a.*
isallobar [aiˈsæləba:] *n.* 【气】等变压线.
isallobar′ic *a.* 等变压的. *isallobaric chart* 等变压线图.
isallotherm *n.* 【气】等变温线.
isametral *n.* 等偏差线，等温度较差线.
isanabase *n.* 等基线.
isanaba′tion *n.* 等上升速度线.
isanemone *n.* 【气】等风速线.
isanomal *n.* 等距常线.
isanomaly *n.* 等异(常)线.
isarithm *n.* 等值线.
isasteric *a.* 等容的.
i′satin *n.* 靛红.
isatron *n.* 石英稳定计时比较器，质谱仪.
ISB =independent side band 独立边〔频〕带.
ISBN =international standard book number 国际标准书号.
ISC =①industrial security committee 工业安全委员会 ②interstellar communications 星际通讯.
ISCAN =inertialess steerable communication antenna 无惯性方向图可控通信天线.
I-scan n. 工型扫描.
ischemia *n.* 局部缺血.
isenerg(e) *n.* 等内能线.
Isenthal automatic voltage regulator 振荡型〔爱生塔尔〕自动稳压器.
isenthalp *n.* 等焓线，节流曲线.
isenthal′pic *n.* ; *a.* 等焓线，等焓函线，等焓的.
isentrop(e) *n.* 等熵线.
isentrop′ic [aisenˈtrɔpik] *n.* ; *a.* 等熵线的，等熵的. *isentropic change* 等熵(绝热)变化. ~ally *ad.*
isentrop′ics [aisenˈtrɔpiks] *n.* 等熵线.
isentropy *n.* 等熵.
iserine *n.* 钛铁矿砂.
ISG =imperial standard gallon 英制标准加仑.
I-shaped *a.* 工字形的.
ishikawaite *n.* 石川石，铌钽铁轴矿.
ISHR =intermediate-size homogeneous reactor 中等尺寸均匀反应堆.
ishwarone *n.* 依诗瓦酮 $C_{15}H_{22}O$.
ISI =①industry standard item 工业标准项目 ②Iron and Steel Institute 钢铁学会.
I-sideband *n.* I(信号)边带.
I-signal *n.* I(色差)信号.
i′singlass [ˈaizinglɑ:s] *n.* ①鱼(明)胶②云母，白云母薄片.
iskym′eter [isˈkimitə] *n.* 现场土壤剪切仪，现场剪切触探仪.
ISL =item study listing 项目研究编目.
Islam [ˈizlɑm] *n.* ①伊斯兰教，回教 ②(总称)伊斯兰教徒(回教徒)，穆斯林.
Islamabad [isˈlɑ:məbɑ:d] *n.* 伊斯兰堡(巴基斯坦首都).
Islam′ic [izˈlæmik] 或 **Islamit′ic** *a.* 伊斯兰(教)的，穆斯林的.
Is′lamite [ˈizləmait] *n.* 伊斯兰教徒，穆斯林.
is′land [ˈailənd] Ⅰ *n.* ①岛(屿)，安全岛，路岛，岛状物 ②甲板室，舰台，舰桥 ③支柱，栖体柱 ④孤立的地区[物] ⑤(喷气式飞机中的)导管固定部，⑥(移植)片. Ⅱ *vt.* 使成岛(状)，孤立，象岛屿般分布在. *island effect* 小岛效应. *island platform* 岛式站台. *islands of isomerism* 同质异能区("群岛").
is′lander [ˈailəndə] *n.* 岛(上岛)民.
island-hopping *n.* 越岛作战.
islanditoxin *n.* 冰岛青霉毒素.
islandless *a.* 无岛屿的.
island-like curve 封闭曲线.
isle [ail] Ⅰ *n.* 岛，屿. Ⅱ *v.* 使成岛，住在岛上.
is′let [ˈailit] *n.* 小岛，(小)屿，小岛状物，(孤立)地带.
ISM =industrial security manual 工业安全手册.
ISN =interplant shipping notice 厂际装运通知单.
is-not symbol 【计】(ALGOL 68用)非符号.
isn′t [iznt] =is not，见 be.
ISO =①International Science Organization 国际科学组织 ②International Standardization Organization 国际标准化组织 ③International Standards Organization 国际标准协会.
ISO sieves 国际标准(试验)筛.
ISO V-notch impact test 国际标准化组织标准 Ⅴ(型)缺口(试样)冲击试验.
iso- 〔词头〕(相)等，同等，同等，均匀，(同分)异构.
isoaccep′tor *n.* 同功受体.
isoacetylene *n.* 异乙炔.
isoacorone *n.* 异菖蒲酮.
isoadenine *n.* 异腺嘌呤.

isoagglutina'tion n. 同族凝集(作用).
isoagglutinin n. 同种凝集素.
isoalantolactone n. 异阿兰内酯 $C_{15}H_{20}O_2$.
isoalkyl n. 异烷基.
iso-allele n. 同等位基因.
isoalloxazine n. 异咯嗪.
isoamyl n. 异戊基.
iso-amyl-nitrite n. 亚硝酸异戊酯.
iso-amyranol n. 异向檀烷醇.
iso-amyrenonol n. 异白楂烯酮醇.
isoanabaric n. 等升压的.
isoanabase n. 等基线.
isoanakatabar n. 等气压较差线.
isoandrosterone n. 异雄甾酮.
isoanomaly n. 等异常线.
isoanthricin n. 异藏参英 $C_{22}H_{22}O_2 \cdot H_2O$.
isoantibody n. 同种抗体.
isoantigen n. 同种[同族、自体]抗原.
isoarislolone n. 异马兜铃酮 $C_{15}H_{24}O$.
isoatmic n. 等蒸发线.
isobal'last a. 等压载的.
i'sobar ['aisoubɑː] n. ①等压线 ②【化】同质[同量]异位素,(同量)异序(元)素 ③【数】等权. isobar polynomial 等权多项式.
isobar'ic [aisou'bærik] a. ①等压(线)的,恒压的 ②【化】同量异位(异序)的,同(质)异位的 ③【数】等权的. isobaric covariant 等权共变式[量]. isobaric line 等压线. isobaric nucleus 同量异位核. isobaric resonance 同质异位素共振. isobaric spin 同位旋. isobaric state 同质异位态,共振态. isobaric surface 等压面.
isobarism n. 同质异位性.
isobar-isostere n. 等压等体积(度)线.
isobary n. 同质异位性.
i'sobase n. 等基线.
i'sobath ['aisoubɑːθ] n. 等(水)深线.
isobathic 或 isobathye a. 等深的.
isobathytherm n. 海内等温线,等温深度线[面].
isobilateral n. 二侧相等的,等面的.
i'sobody ['aisobɑdi] n. 同种抗体.
isoboson n. 等玻色子数.
isobront n. 初雷等时线,等雷暴日数线.
isobu'tane n. 异丁烷.
isobutanol n. 异丁醇.
isobutene n. 异丁烯. isobutene rubber (聚)丁烯合成橡胶.
isobu'tylene n. 异丁烯,异丁撑.
isobutyrone n. 二异丁基甲酮.
iso-cadinene n. 异荜澄茄烯,异杜松烯.
isocaloric a. 等能的.
iso-camphenilol n. 异茨尼醇.
iso-camphenilone n. 异茨尼酮.
isocandela n. 等烛光,等光强.
isocaproaldehyde n. 异己醛.
iso-carvestrene n. 异香芹萜烯.
isocatabase n. 等降线.
isocatanabar n. 异月气压较差线.
isocellobiose n. 异纤维二糖.
isocenter n. 等角点,航摄失真中心.

isochasm n. 极光等频(率)线.
isochion n. 等雪线.
isochiot n. 等雪(高)线.
isochore n. 等容线,等体积(线),等差容线.
isochor'ic a. 等容的,等体(积)的.
isochromate n. 等色线.
isochromat'ic [aisəkrə'mætik] a. ①等[同,一,单]色的 ②【摄】正色的.
isochromatism n. 等色性.
isochromosome n. 等臂染色体.
i'sochron ['aisokrɒn] a. 等时值的.
isoch'ronal [ai'sɒkrənl] a. 等时的. isochronal line 同(时感)震线.
i'sochrone(s) ['aisəkroun(z)] n. 等[同]时线,瞬压曲线,交通等时区. isochrone diagram (星际航行)等时间图.
isochronia n. 等(同)时(值),等速.
isochron'ic [aisou'krɒnik] a. 等时的,同时完成的.
isoch'ronism [mizm] n. 等时性[值],等时振荡,同步. isochronism speed governor 同步调速器.
isochroniza'tion n. 使等时的.
isochronograph n. 等时图[计].
isoch'ronous [ai'sɒkrənəs] a. 等时的,同时完成任务的.
isocitr(at)ase n. 异柠檬酸(裂合)酶.
isocli'nal [aisə'klainl] a.; n. 等倾(斜)的,等斜(向)线. isoclinal fold【地】等斜褶皱.
isocline n. 等斜(线),等向线.
isoclin'ic [aisou'klinik] a.; n. 等倾(向)的,等(磁)倾线(的). isoclinic equator 地磁赤道.
isoclinotropism n. 等斜构造.
isocolloid n. 同质(同份)异性胶,异胶质.
isocompound n. 异构化合物.
i'socon ['aisoukən] n. 分流直像管,分流正析像管.
isoconcentrate n. 等浓度线.
isoconcentra'tion n. 等浓度.
isocorrelate n. 等相关线.
isocount n. 等计数.
isocrackate n. 异构裂化物.
isocracking n. 异构裂化.
isocrym n. 最冷期等水温线,同时结冰线.
isocurlus n. 等旋涡强度线.
isocyan n. 异氰.
isocyanate n. 异氰酸盐[酯].
isocyanine n. 异花青.
isocy'clic a. 等节环(型)的,碳环(型)的.
Isod machine 埃右冲击试验机.
iso-deflec'tion n. 等挠(度).
isodensitom'eter n. 等密度计.
isodes'mic a. 各向同点阵的,等链的.
isodesmosine n. 异锁链[赖氨]素.
isodextropimarinal n. 异澳松醛.
isodextropimarinol n. 异澳松醇.
isodiamet'ric a. 等(直)径的.
isodi'aphere ['aisou'daiəfiə] n. 等超额中子核素,(pl.)同差素.
isodiapher'ic a. 同差素的.
isodiazotate n. 反重氮酸盐.

isodiffu'sion n. 等漫射.
isodimor'phism n. 同二晶(现象),同二型(现象).
isodisperse a. 等弥散的,单分散的.
isodomon 或 **isodomun** 整块(石)端砌.
isodose n. 等剂量(线).
isodoublet n. 同位旋二重态.
isodrome governor n. 等速调速器.
isodrom'ic a. 等速的,同航线(飞行).
isodynam n. 等(磁,风)力线.
isodynam'ic [aisədai'næmik] a.; n. 等(热,磁)力的,(放出)等能的,等(强)磁力(线). *isodynamic earphone* 等相电动耳机. *isodynamic line* 等(磁)力线.
isodynamogenic a. 产生等力的,等力性的.
isodyne n. 等力线.
isoelas'tic a. 等弹性(的).
isoelec'tric [aisəi'lektrik] a. 等电(位,势)的,零电位差的. *isoelectric focusing* 等电子聚焦. *isoelectric point* 等电离点.
isoelectrofo'cusing n. 等电聚焦.
isoelectron'ic [aisouilek'trɔnik] a. 等电子(数)的.
isoemodin n. 异大黄素.
isoenerget'ic(al) a. 等能(量)的.
isoen'trope [aisə'entroup] n. 等熵线.
isoentrop'ic a. 等熵的.
isoenzyme n. 同工(功)酶.
isoerythrolaccin n. 异红紫胶素.
isofamily n. 等族.
isofenchone n. 异葑酮,异小茴香酮.
isofermion n. 等费米子数.
isoflavone n. 异黄酮.
isoflux n. 等(中子)通量.
isoforming n. 异构重整.
isogal n. 等重力线,等伽线.
isogalloflarin n. 异罂黄素.
isogam n. 等重(力)线,等磁力线,等磁场强度线.
isogametangium n. 同形配子囊.
isogamete n. 同形配子.
isogamous a. 同形配子的.
isogamy n. 同配生殖,配子同型.
isogene'ic [aisoudʒə'niːik] a. 等(同)基因的.
isogenesis 或 **isogeny** n. 同源. **isogenous** a.
isogenet'ic a. 同宗(源)的,同期成的.
isogen'ic a. 等基因的.
isogeopoten'tial n. 等大地势线.
isogeotherms n. 地下等温线,等地温线.
isoglacihypse n. 等冰冻线.
isoglutamine n. 异谷氨酰胺.
i'sogon ['aisougɔn] n. ①等(磁)偏线 ②同风向线 ③等角多边形.
isog'onal [ai'sogənl] a.; n. 等一角的,等角(偏)线. *isogonal line* 等方位(等磁偏,等角)线.
isogonal'ity n. 等角变换,保角交换.
isogon'ic [aisou'gɔnik] a.; n. ①等(偏)角的 ②等(磁)偏线. *isogonic curve* 等方位(等磁偏)线.
isogonism n. 等角(现象),准同型性.
isograd(e) n. 等梯度线,等变度,等量线.

isogradient n. 等梯度线.
isograft n. (同种)同基因(组织)移植.
i'sogram(s) ['aisougræm(z)] n. 等(值)线图.
i'sograph ['aisougra:f] n. ①等线图 ②(解代数方程用)求根仪.
isogrid n. 地壳等变线.
isoguanine n. 异鸟嘌呤.
i'sogyre n. 同消色线,等旋干涉条纹.
isoh(a)emoagglutinin n. 同种红细胞凝集素.
isohaline n. 等盐度线.
isohe'dral [aisou'hi:drəl] a. 等面(的).
i'sohel n. 等日照线.
isohemagglutinin n. 同血凝素.
isohemalysis n. 同族溶血作用.
isohion n. 等雪(深)线,等雪日线.
isohy'dric [aisou'haidrik] a. 等氢离子的.
isohy'et [aisou'haiət] n. 等雨量线,等沉淀线.
isohy'etal a. 等雨量线.
isohygrotherm n. 等水温线.
isohypse n. 等高(度)线.
isoimmuniza'tion n. 同种(族)免疫(作用).
isoimperatonin n. 异王草因.
isoinhibitor n. 同效抑制剂.
isoinver'sion n. 等反演.
iso-ionic point 等离子点.
isokinetin n. 异激动素,2-呋喃甲氨基嘌呤.
isokont a. 等鞭毛的,等长的.
isol n. 孤点元.
isolactose n. 异乳糖.
isolan'tite n. 艾苏兰太特(陶瓷高频绝缘材料).
i'solate ['aisəleit] I vt. ①隔(分,游)离,隔绝,封锁,(使)孤立,使脱离,断开,切断 ②使绝缘,使隔振 ③使隔析,析(排)出 ④抽数 ⑤查出(故障). II a. 隔离(绝缘,孤立)的. *isolate bus* 绝缘(隔离)汇流排,绝缘母线. *isolated beam* 独立梁. *isolated busbar* 隔相(相间隔离)母线. *isolated component* 离散元件(子部件),绝缘部件. *isolated flyspeck* (光学符号识别用)孤立黑斑. *isolated foundation* 防振(隔离,独立)基础. *isolated (neutral) system* 非接地制. *isolated outputs* 去耦输出. *isolated storm* 局部暴雨. *isolated amplifier* 缓冲(隔离)放大器. *isolating capacitor (condenser)* 隔(直)流(级间耦合)电容器. *isolating switch* 断路器,切断开关. *isolating transformer* 分隔变压器. ▲ *isolate M from N* 把 M 与 N 隔离(隔绝,分离,绝缘),使 M 脱离 N.
isolated-gate FET 隔离栅型效应晶体管.
isolater = isolator.
isolateral a. 等边的,同侧的.
isola'tion [aisə'leiʃən] n. ①隔(分,游,脱)离,隔绝,孤立,绝 ②绝缘,隔音,去耦,介质 ③隔析(作用),析(排,离)出,查出(故障) ④日照率. *electrolytic isolation* 电解分离. *isolation booth* 隔音室. *isolation capability* 诊断能力. *isolation method* 隔离法,(漏抗)分离计算法. *isolation mounting* 隔振装置.
i'solative a. 隔离的.
i'solator ['aisəleitə] n. 绝缘体(物,子),隔离器(物,

i'solead (curve) 等提前量曲线.
i'soleu'cine n. 异白〔异亮〕氨酸.
isoleucyl-〔词头〕异亮氨酸(基).
isolinderene n. 异钓樟烯 $C_8H_{14}O_2$.
i'soline n. 等直〔值,价,高,深,温,位〕线,【地】等斜褶皱.
isolit n. 绝缘胶纸板(一种纸绝缘材料). line isolit 线路绝缘纸.
isolite n. 艾索莱特(一种分层电木绝缘物).
isolith ['aisouliθ] n. 隔离式共块〔共片,单片〕集成电路.
isolog'ic 或 isologal a. 对鎓的.
isol'ogous [ai'sɔləgəs] a. 同构(异族)的,同系的,等列的,同基因的,相同的.
i'solog(ue) ['aisouloŋ] n. ①对鎓(变换) ②同构(异素)体.
isolux line 等照度线.
isolychn n. 亮度面,发光线.
isomagnet'ic [aisoumæg'netik] a.; n. 等磁(力)的,等磁(力)线.
isomaltose n. 异麦芽糖,6-葡糖-a 葡糖苷.
isomanoene n. 异泪柏烯.
isomate n. 异构产品.
isomatigote n. 等鞭毛的.
isomenal n. (气温)月平均等值线.
i'somer ['aisoumə] n. (同分,同质)异构体〔物〕,同族〔同核〕同能素,等降水线.
isomerase n. 异构酶.
isomer'ic [aisou'merik] a. 同分异构的,同质异能的: isomeric nucleus 同质异能核.
isomeride n. 异构体,异构物.
isom'erism [ai'sɔmərizm] n. 同分异构(性,现象),同质异能性,同素异性. core isomerism 原子核心同质异能性.
isomeriza'tion n. 异构化(作用).
isomeromorphism n. 同分异构同形性.
isom'erous a. 同分异构的,同质异能的.
isomet'ric [aisou'metrik] a.; n. ①等轴(晶)的,立方的 ②等体(容)积的,等大小的,同尺寸的 ③等比例的,等角(周,量,度,径)的,等距离的,非等渗的 ④等容线. isometric drawing 等角(投影)图,等距〔等量,等度〕图,等距画法. isometric line 等容线. isometric parallel 等容〔等值〕平行线,等纬圆. isometric projection 等角投影. isometric system 立方(晶)系,等轴系.
isomet'rical a. =isometric. ~ly ad.
isomet'rics n. 等容线,等体积线.
isometropal n. 等秋轴线.
isometry n. 等距(轴,容).
i'somorph ['aisoumɔːf] n. 同形(体),同构,(类质)同晶型体.
isomor'phic [aisou'mɔːfik] a. 同(一)构(造)的,同态的,同形的,同(晶)型的,同形的,类质同晶(型)的,类质同像的,(数学集)一一对应的.
isomor'phism [aisə'mɔːfizm] n. 同构(映射),同(晶)型性,同形(性),类质同象(同晶),类质同晶型(现象).
isomor'phous [aisə'mɔːfəs] a. 同晶的,同(晶)型的,同态(形,构)的,类质同象的,(类质)同晶型的.

isomyrtanol n. 异桃金娘烷醇.
isoneph n. 等云量线.
isoniazide n. 异烟肼.
isonitrosocamphor n. 异亚硝基樟脑肟基樟脑.
isonival a. 等雪量线.
isonomalis n. 磁力等差线.
isooc'tane n. 异辛烷.
iso-octyl n. 异辛基.
iso-olefine n. 异烯(烃).
isoorthotherm n. 等正温线.
iso-osmotic a. 等渗(透压)的.
isopach n. 等厚线.
isopachite n. 等厚线.
isopachous a. 等厚的.
isopag n. 等冻期线.
isoparaclase n. 岩层平面移动.
isopar'affin [aisə'pærəfin] n. 异链烷烃.
isoparamet'ric a. 等参数的.
isopause n. 等层顶.
isopentane n. 异戊烷.
isopentenyl-〔词头〕异戊烯(基).
isopentenylpyrophosphate n. 异戊烯焦磷酸.
isopentyl n. 异戊基.
isoperimet'ric a. 等周的.
isoperm n. 等渗透率线,恒导磁率铁镍钴合金. super isoperm 铁耗少的恒导磁率铁镍钴合金.
isophane n. 等作物线,物候相等开始线.
isophase n. 等相线.
isophasm (of pressure) n. 变压等直线.
isophonic a. 等音感的,等声强的.
isophorone n. 异佛尔酮.
isophote n. 等照度线.
isophthalonitrile n. 间苯二氰.
isophyllocladene n. 异扁枝烯.
isophytol n. 异植醇,异外缘醇.
isop'ic a. 同相的,相同的.
isopies'tic [aisoupai'estik] n.; a. 等压线,等压的.
isopies'tics n. 等压线.
isopimpinellin n. 异茴芹灵.
isopinocampheol n. 异松蔗醇.
isopino-camphone n. 异松蔗酮.
isopla'nar [aisou'pleinə] a. 同〔等〕平面的.
isoplanasic a. 等晕的.
isoplanat'ic a. 等晕的.
isoplanatism n. 等晕现象.
isoplanogamete n. 同型游动配子.
isoplassont n. 同类体.
isoplas'tic a. 同种的,同(等)基因的.
isopleth n. 等值线,等浓(度)线. isopleth radiation 辐射等值线. isopleth'ic a.
isoplethal n. 等值线.
isoplith n. 等长片断.
isopluvial a. 等雨量的.
Isopoda n. 等足目.
isopo'lar n. 等极化线.
Isopolymor'phism n. 同多形现象,等(同质)多晶型现象.
isopor(e) n. 地磁等年变线.
isopor'ic a.; n. 等磁变的,等磁变线.
isopoten'tial n. 等(位)势线,等(电)位,等势.

isopref'erence curve 等优先曲线.
i'soprene n. 异戊(间)二烯, 2-甲基丁二烯.
isoprenoid n. 异戊间二烯化合物, 异戊二烯类.
i'sopressor ['aisoupresə] a. 等加压的, 增压能力相等的.
isopropanol n. 异丙醇.
isopropenyl n. 异丙烯基.
isopropoxy n. 异丙氧基.
isopropyl n. 异丙基.
isopropyla'tion n. 异丙基化(作用).
isopropylidene n. 异丙叉.
isopropyl-ketone n. 异丙酮.
isoproterenol n. 异丙基肾上腺素.
isopter n. 等翅类.
Isoptera n. 等翅目.
isoptic curve 切角曲线.
i'sopulse ['aisoupʌls] n.; a. 衡定脉冲(的).
isopurone n. 异噗酮 C5H8N4O2.
isopycnal 或 isopycnic n. 等密(度)线(面).
isopyk'nic a. 等体积的, 等容的.
isopyrin n. 4-异丙基氨基安替比林.
isoquercitrin n. 异槲皮甙.
isoquinoline n. 异喹啉, 异氮杂萘.
isoquot n. 等比力点.
isorad n. 等拉德线(放射性的等量线).
isora'dial [aisou'reidjəl] n. 等放射线.
isoriboflavin n. 异核黄素.
isorota'tion n. 等旋光度.
isorrhopic a. 等价(值)的.
isosafroeugenol n. 异黄樟丁香油酚.
isosafrole n. 异黄樟(油)素.
isoscalar n. 同位素标量.
isos'celes [ai'sɔsili:z] a. (二)等边的, 等腰的.
i'soscope ['aisouskoup] n. 同位素探伤仪.
isoseis'mal [aisou'saizməl] n.; n. 等震线, 等震线.
isoseismic [aisou'saizmik] a. 等震的.
iso'seisms n. 等震线.
isosensitiv'ity n. 等敏感度.
isosepiapterin n. 异墨喋呤.
isosex'ual a. 同性的.
isoshehkangenin n. 异射干配质.
isoshehkanin n. 异射干英 C16H12O6.
isosin'glet n. 同位旋单态.
i'sosite ['aisousait] n. 等震线.
isosmot'ic [aisɔz'mɔtik] a. 等渗压的.
isosmotic'ity n. 等渗(透压)
i'sospace n. 同空间.
i'sospin ['aisouspin] n. 同位旋.
isospinor n. 同位旋旋量.
i'sospore n. 同形孢子.
isosporous a. 同形孢子的.
isos'tasy [ai'sɔstəsi] n. (压力)均衡,【地】地壳均衡.
isostath n. 等蒸度线.
isostat'ic [aisou'stætik] a. (地壳)均衡的, 均匀的, 等压的.
isostat'ics [aisou'stætiks] n. 等压线.
isoster n. 等体(积)度线.
isostere n. 等密度(比容)线, 等排(配)物, 同电子排列体.
isoster'ic I n. 等比容线. II a. 等体积(容)的, 电子等排的. isosteric surface 等体(积)度面.
isosterism n. 电子等配体.
isostich n. 等长片断.
iso-strain diagram 等应变图.
iso-strength interval 等强线间距.
iso-stress n. 等应力.
isostruc'tural a. 同(结)构(的), 等结构的, 同型的.
isostruc'turalism n. 等[同]结构性.
isostructure n. 等结构.
isosulf n. 异构硫.
iso-surface a. 等面的.
isosyn'chronous a. 等同步的.
isotac n. 同时解冻线.
isotachophore'sis n. 等速电泳.
isotach(yl) 或 isotache(n) n. 等(风)速线.
isotac'tic a. 全同(立构), 等规的. isotactic sequence 全同(立构)序列.
isotactic'ity n. 全同(立构)规整度.
isotalantose n. 等年温校差线.
isotaxy n. 等规聚合.
isoten'iscope [aisə'tenəskoup] n. 蒸气(静)压力计.
isoth = isothermal.
isothere n. 等夏温线.
i'sotherm ['aisouθə:m] n. 等温线. adsorption isotherm 等温吸附线.
isother'mal [aisou'θə:məl] a.; n. 等(同)温(线)的, 等温, 等温线. isothermal annealed 全(等温)退火的. isothermal layer 同温层.
isothermalcy n. 等温层结稳定性.
isother'mic a. 等(同)温的.
isothrausmatic rock 深成角砾环状岩.
isothreonine n. 异苏氨酸.
isotime n. 等时线.
isotomeograph n. 地球自转测试仪.
i'sotone ['aisoutoun] n. ①同中子异荷(异位)素, 同中子核素, 等中子(异位)素, 保序 ②等渗(压, 张)性.
isoton'ic [aisou'tɔnik] a. ①等渗(压, 张)的, 单调递增的, ②等中子(异位)的 ③发相同声音的. isotonic concentration 等渗(压)浓度.
isotonic'ity n. 等张(力)性, 等渗性.
i'sotope ['aisoutoup] n. 同位(素). even-A isotope 偶A同位素, A 为偶数的同位素.
isotope-activated a. 被同位素激活了的.
isotope-enriched a. 同位素富集的.
isotop'ic [aisou'tɔpik] a. 同位(素)的,【数】合痕的. isotopic amplitude 同位旋振幅. isotopic number 中(子)质(子数)差. isotopic spin 同位旋. ~ally ad.
isot'opy n. 同位素学, 同位素性质,【拓扑学】合伦, 合痕.
isotoxin n. 同族毒素.
isotrimor'phism n. 三重同形(同晶型)性.
i'sotron ['aisoutrɔn] n. 同位素分析器(分离器).
i'sotrope n. 均质, 各向同性, 各向同性晶体.
isotrop'ic(al) [aisou'trɔpik(əl)] a.; n. 各向同性(的), 各向(无)向性(的), 迷向(的), 单折射的, 不偏振的. isotropic line 迷向(极小)(直)线. isotropic symmetry 同位旋对称(性). isotropic unipole an-

tenna 全向〔非定向,各向同性〕天线.
isotropic-plane n. 迷向〔极小〕(平)面.
isot′ropism n. 各向同性(现象).
isotropous a. 同方向的,等向〔各向同〕性的,单折射的.
isot′ropy ['ai'sɔtrəpi] n. 各向同性(现象),全〔等〕向性.无向性,单折射,均质性.
i′sotype ['aisoutaip] n. 反映统计数字的象征性图表.
isotyp′ic(al) a. 同型的.
isovalerate n. 异戊酸盐〔酯,根〕.
isovaleryl n. 异戊酰.
iso-valeryltrifluoroacetone n. 异戊酸三氟丙酮.
isovalthine n. 异缬硫胺酸.
isovec′tor n. 等〔同位旋〕矢量.
isoveloc′ity n. 等(风)速线.
isovel(s) n. 等速线.
isoviolanthrene n. 异蒽烯紫,异紫蒽.
isoviolanthrone n. 异蒽酮紫,异宜和蓝酮,红光还原紫.
isovols n. 等容线,等体积线.
isovolumet′ric a. 等容的,等体积的.
isowarping a. 等挠曲的.
isozonide n. 异臭氧化物.
isozyme n. 同工(酶).
ISP = ①interim system procedures 临时系统程序 ②internally stored program 内存储程序 ③isotope separation power 同位素分离率.
I-spin double 同位旋二重态.
ISPL = interim spare parts list 临时备件单.
ISPT = initial satisfactory performance test 初次符合要求的性能试验.
ISR = ①information storage and retrieval 信息存储和检索 ②integrated support requirements 综合的辅助要求.
Is′rael ['izreiəl] n. ①以色列(国) ②以色列人 ③犹太人.
Israeli [iz'reili] n.; a. ①以色列的,以色列人(的) ②犹太的,犹太人(的).
Israelit′ic 或 **Israelitish** a. ①以色列人的 ②犹太人的.
ISRU = International Scientific Radio Union 国际无线电联合会.
ISS = industry standard specifications 工业标准规格.
ISSN = international standard serial number 国际标准期刊号.
ISSS = International Society of Soil Science 国际土壤学协会.
is′suable ['isjuəbl] a. ①可争论的,可提出抗辩的 ②可发行的 ③可能产生的.
is′suance n. 发行(给),颁布.
is′sue ['if(j)u:] Ⅰ v. ①流〔涌,冒,放,排,发〕出,发出来 ②发行〔布,给〕,颁发,配给,出版,印行 ③导致,造成,结果是 ④发表声明,issue a statement 发布命令.issuing velocity 射出速度.▲ issue (forth, out) from 从…中喷〔涌,迸,流〕出.issue from 由…得出〔产生,引起〕.issue in 导致,造成.Ⅱ. n. ①流〔发,放〕出,出〔河,排泄,引流〕口 ②发行(额,量,物),拨发,出版,版(本),(报刊)号,号 ③问题,论点,争论(点) ④结果,后果,收获.bring … to a successful issue 使…有圆满

结果.raise a new issue 提出新的争论点.the latest issue of 最近一期(杂志,期刊).▲ (be) at issue 在争论中的,意见不一致的,待解决的,待讨论的 in issue (在)争(议)论中.in the issue 结局〔果〕,到头来.major issues of principle 大是大非.side (minor) issue(s) 枝节问题.take〔join〕issue with M(on N)(在 N 问题上)和 M 持异议,(就 N)和 M 争论.the burning issue of the day 燃眉之急的问题.the point〔matter〕at issue 争论焦点.
is′sueless a. 无结果的,无可争辩的.
is′suer n. 发行者.
is-symbol n. 【计】(ALGOL 68用)是符号.
IST = ①international standard thread 国际标准螺纹 ②interstellar travel 星际航行.
Istanbul [istæn'bu:l] n. 伊斯坦布尔(土耳其港口).
ISTEG bar 钢筋用钢.
isth′mian ['isθmiən] a. 地峡的.Isthmian Canal 巴拿马运河.
isth′mic ['ismik] a. 地峡的.
isth′mus ['ismɔs] n. 地峡(颈),土腰.isthmus armature 细ші形衔铁.the Isthmus 巴拿马地峡,苏伊士地峡.
is′tle ['istli] n. 龙舌兰纤维,凤梨植物纤维.
ISTM = International Society for Testing Materials 国际材料试验学会.
I-strain = internal strain 内张力.
ISV = International Scientific Vocabulary 国际通用科技词汇.
iswas n. 简单计算装置.
ISWG = imperal standard wire gauge 英制标准线规.
it [it] pron. (pl. they, them) ①它.This is a grinding machine. We made it ourselves. It works well. Its performance is good. 这是一台磨床,是我们自己制造的.它很好用.它的性能良好.②这,那.Who is it? It is Comrade Li. 那〔这〕是谁?这,那是李同志.③(引代它后面起主语或宾语作用的 +ing,to+inf.,或从句)It is right to do so. 这样做是对的.We think it right to do so.我们认为这样做是对的.Will it be hard for them to do so? 他们这样做有困难吗?It is no use learning without practice. 学习而不实践是没有用的.It is doubtful if he will come. 他是否会来,是值得怀疑的.We took it for granted that he should come. 我们认为他一定会来.④(指天气,时间,距离等)it is raining. 正在下雨.It is six o'clock. 现在是六点钟.It is Monday, the 1st of May. 今天是五月一日,星期一.It is just 15m from one pole to another 从一杆到另一杆距离正好15m.So it seems 好像是这样.As it happend, …碰巧.⑤〔同 that 或 who,which,when 相呼应,以强调句中的主语,宾语或状语〕It is this nut that has worked loose. 是这个螺母松了.It is a motor that we want, not a pump. 我们要的是一部马达,不是一台泵.It was not until last night that we debugged the system. 直到昨晚我们才排除

了这系统的故障. ▲ *as it is* (可是)事实上,既然如此,按照实际情况来说,按照原状. *as it were* 似乎,可以说是. *be it that* 假如. *be that as it may* 尽管如此. *if it were not for* 若非,要不是,如果没有. *it follows that* 由此得出,从而,因此. *it is hardly too much to say* 可以毫不夸张地说,说…也不过分. *it matters little to* 对…没有多大关系. *see to it that* 设法使,注意使.

IT =①individual training 个别训练 ②inspection tag 检查标签 ③insulating transformer 隔离变压器 ④interfacial tension 界面张力 ⑤internal thread 内螺纹 ⑥international tolerance 国际公差〔容限〕⑦interrogator transponder 回答机 ⑧intra office transmitter 局内发信机 ⑨isomeric transition 同质异能跃迁,同质异构转化.

It =①Italian ②Italy.
itaconate n. 衣康酸,甲又丁二酸盐〔酯,根〕.
itacon'ic acid 甲又丁二酸,乌头二酸.
itai-itai ['i:tai'i:tai] n. 镉中毒,痛痛〔骨痛〕病.
Ital =①Italian ②Italy.
it(al) =①italic 斜体的 ②italics 斜体字 ③italicized 用斜体字印刷的.
Ital'ian [i'tæljən] a.; n. 意大利(人,语)的,意大利人〔语〕.
ital'ic [i'tælik] a.; n. 斜体的. (pl.)斜体字. ▲ (*be*) *in italics* 用斜体(印刷,表示).
ital'icize 或 ita'licise [i'tælisaiz] vt. 用斜体印刷.
It'aly ['itəli] n. 意大利.
ITC =①igniter test chamber 点火器试验间 ②intermediate toll center 长途电话中心局,长途汇接局.
itch [itʃ] n.; v. ①痒 ②疥癣 ③渴望(for). ~ing a.
ITE =Institute of Traffic Engineers 交通工程师学会.
i'tem ['aitəm] I n. ①条(目,款),项(目,次),一条新闻〔产品,东西,零〔元〕件,单元(信息)单位 ③作业,操作. II ad. 同样地,同上,又,亦. *an important item on the agenda* 一项重要议程. *item advance* 按项目前进,项目前进(法),项目前移,提出项目. *item counter* 操作次数计数器. ▲ *item by item* 逐条(个,项)(地).

item-by-item sequential inspection 逐项顺序检查,逐个顺序检验.
i'temize ['aitemaiz] vt. 逐条列举,分项列记,详细〔说〕明,分类〔条,项〕. *itemized schedule* 项目一览表.
ITEP linac (苏)理论和实验物理研究所直线加速器.
i'ter ['aitə] n. 〔拉丁语〕导管.
iteral a. 导管的,通路的.
it'erance ['itərəns] 或 it'erancy n. 重复〔述〕,反复地说.
it'erate ['itəreit] vt. ①重复(申,述),反复(地说) ②累接,迭代. *iterated electrical filter* 链形〔多节,累接〕滤波器. *iterated extension* 多重扩张. *iterated function* 复累〔多重〕函数. *iterated integral* 二〔累〕积分. *iterated interpolation method* 迭代插值法.
itera'tion [itə'reiʃən] n. ①重〔反〕复,循环,重迭〔申〕,反复地讲 ②累接(法)迭代(法),迭演,逐步逼近法. *iteration factor* 迭用〔重复〕因子.
it'erative ['itərətiv] a. 反〔重〕复的,迭代〔接〕的,迭〔复〕接的. *iterative circuit* 链形〔迭波〕电路,累接〔迭代〕电路. *iterative impedance* 累〔叠〕接阻抗,交等阻抗. *iterative problem* 重复的算题. *iterative structure* 叠合结构. *iterative test generator* 叠式测试生成程序. ~ly ad. *iteratively faster* 快速迭代.
iteroparity n. 重〔再,新〕生.
iteroparous a. 重〔再,新〕生.
ITF =integrated thermal flux 积分热中子通量.
itga =internal gage 内径规.
ITI =①initial task index 起始任务指标 ②integrated task index 综合的任务指标.
ITI method 拐点正切交线法.
itin'era(n)cy [i'tinərə(n)si] n. 巡回.
itin'erant [i'tinərənt] a.; n. 巡回的者).
itin'erary [i'tinərəri] n. 旅行〔途中,日记,指南〕,航海日程表,(预定)行程,路线(的),旅行(途中)的,巡回(中)的,连续拍摄. *itinerary lever* 电锁闭控制杆. *itinerary map* 航线〔路线〕图.
itin'erate [i'tinəreit] vi. 巡回. itinera'tion n.
ITL =①ignition transmission line 发火传输线 ②incomplete task log 未完成任务记录 ③input-transformerless 无输入变压器的.
ITLC =instant thin-layer chromatography 瞬时薄层色谱法.
it'll ['itl] =it will 或 it shall.
ITO =①interim technical order 临时的技术指示 ②International Trade Organization 国际贸易组织.
ITPR =infrared temperature profile radiometer 温度廓线红外线辐射计.
ITR =inventory transfer receipt 物资转移收条.
ITRL =instrument test repair laboratory 仪器检测修理实验室.
ITRO =integrated test requirement outline 综合的测试要求大纲.
Itron 伊管(一种荧光显示管).
ITS =①inertial timing switch 惯性定时开关 ②international temperature scale 国际温标.
its [its] pron. (it 的所有格)它的,其.
it's =①it is ②it has.
itself [it'self] (pl. *themselves*) pron. 它自己,它本身. *by itself* 独自〔立,力〕(地),单独地,孤立地,自然而然. *multiply … by itself* 把…自乘. *in itself* 本来〔身〕,单独,独自〔立〕,本〔实〕际上. *be a job in itself* 本身就是一件事情〔工作〕. *be not the end in itself* 本身不是目的,本身不是目的. *of itself* 自行,自然,本身,自动地. *present itself (to)* 出现,呈现,产生(在…眼前). *speak for itself* 不言而喻的,显然的. *suggest itself to* 呈现在…(眼前),浮现在…(心中). *upon itself* (在它)本身(上).
it'sy-bit'sy a. 极小的.
ITT =①incoming teletype 输入电传打字机 ②International Telephone and Telegraph Corporation (美国)国际电话(与)电报公司.
ITU =International Telecommunication Union (联合国)国际电信联盟〔协会〕.

ITV = ①industrial television 工业电视 ②instructional television 教学电视.
IU = ①internal upset (钻探管的)内加厚 ②international unit 国际单位.
IUA = International Union of Architects 国际建筑师联合会.
IUC = International Union of Chemistry 国际化学联合会.
IUCN = International Union for Conservation of Nature and Natural Resources 国际自然及自然资源保护联盟.
IUDR = idoxuridine 碘苷.
IUG = International Union of Geography 国际地理学联合会.
IUGG = ① International Union of Geodesy and Geophysics 大地测量与地球物理国际联合会 ②International Union of Geology and Geophysics 国际地质学与地球物理学联合会.
IUGS = International Union of Geological Sciences 国际地质学联合会,国际地质科学协会.
IULA = International Union of Local Authorities 国际当地机构联合会.
IUPAC = International Union of Pure and Applied Chemistry 国际理论化学和应用化学联合会.
IUPAP = International Union of Pure and Applied Physics 国际理论物理和应用物理联合会.
IURS = International Union of Radio Sciences 国际无线电科学联合会.
IUTAM = International Union of Theoretical and Applied Mechanics 国际理论力学和应用力学联合会.
IUWR = International Union for Water Research 国际水事研究联合会.
IV = ①independent variable 自变数,自变量 ②initial velocity 初始速度 ③inlet valve 进气阀,进给阀. ④ intravenous 静脉(内)的,静脉注射的. ⑤intrinsic viscosity 固有粘度 ⑥inverter 变换器,倒相器,转换开关.
i. v. = iodine valve 碘值.
I-V characteristic 伏安特性.
IVA = ①ideal voltage amplifier 理想电压放大器 ② inspection visual aid 检查用观察器具.
I-variometer n. 倾角可变电感器.
I've [aiv] = I have.
ivernite n. 二长斑岩.
IVF = in-vitro fertilization 体外〔试管〕受精.
i′ vied ['aivid] a. 长满了常春藤的.
i′ ory ['aivəri] Ⅰ n. ①象牙 ②(pl.)象牙制品,象牙雕刻物 ③象牙色,乳白色 ④厚光纸. Ⅱ a. ①象牙制成的,似象牙的 ②象牙〔乳白〕色的. *Ivory Coast* 象牙海岸.
ivory-white a. 乳白色的.
IVP = initial vapour pressure 起始蒸汽压力.
IVT = ①intervalve transformer 管间变压器 ②intravenous transfusion 静脉输液〔血〕(法).
ivy ['aivi] Ⅰ n. ①常春藤 ②(美国东北部的)名牌大学. Ⅱ a. ①学院的,学究式的 ②纯理论的,抽象的,无实用意义的. *Ivy Leaguer* 名牌大学的学生.
IW = ①indirect waste 间接的废物 ②interrupted wave 断续电波 ③isotopic weight 同位素的原子量.
I/W = interchangeable with 可与…互换的.
iw = inside width 内宽.
IWG = Imperial Standard Wire 英国标准线规.
IWGM = International Working Group on Monitoring or Surveillance UN 政府间监测或监察国际工作组.
IWRC = independent wire rope core 独立的钢丝绳芯,线绳(做的)钢丝绳芯(用于重型及高温吊装),绳式股芯.
IWSC wire rope = independent wire strand core wire rope 钢芯钢丝绳.
IW-wire = information write wire 信息写入线.
IX = ①installation exercise 安装作业 ② ion exchange 离子交换.
ixodynam′ics n. 粘滞动力学.
Izett steel 伊泽特非时效钢(碳 0.01%,锰 0.5%,硅 0.04%,铝 0.05%,氮 0.07%).
Izmir [iz'miə] n. 伊兹密尔(土耳其港口).
izod impact test 悬臂梁式冲击〔碰撞〕试验.
izod notch V 型缺〔切〕口.
iz′zard ['izəd] n. 字母 z. ▲ *from A to Izzard* 从头至尾,彻底地.

J j

J [dʒei] n. ①J 字形 ②与 y 轴平行的单位矢量 ③函数[雅可比]行列式.
J = ①jack 千斤顶,插孔 ②joiner 细木工,联系人,接合器 ③joist 搁栅,小梁 ④joule 焦耳 ⑤journal 杂志.
J alloy J 耐热合金(钴 60%,铬 23%,钼 6%,钛 2%,锰 1%,碳 2%).
J metal J 钴铬(高)耐热钢(钴 60%,铬 20%,其余铁).
J scope J 型[圆环]显示器(圆形时间基线,表示距离).
JA = Joint Agent 联合代理人.
Ja = January 一月.
jab [dʒæb] Ⅰ (*jabbed; jabbing*) v. Ⅱ n. (猛)戳,(猛)刺(进)(into),猛碰.
Jacama metal 铅基轴承合金(铅 71%,锡 10%,其余锑).
jac′inth n. ①红锆石,橘红色的宝石 ②橘红色.
jack [dʒæk] Ⅰ n. ①千斤顶,(螺旋)起[顶]重器,千斤葫芦,倒链 ②支撑物,支柱 ③手持风锤 ④传动[驱动]装置 ⑤(收放)作动筒,动力油缸 ⑥弹簧开关,簧片插孔 ⑦插座〔孔〕,塞孔 ⑧男子,水手〔兵〕,伐木工人. Ⅱ vt. ①(用千斤顶)顶起,(用千斤顶)张拉(钢丝),套料 ②增加,提高(up). *annunciator jack*

信号机塞孔,示号器塞孔. *antenna jack* 天线插座〔孔〕. *banana jack* 香焦插口. *black jack* 闪锌矿,粗黑焦油,瘦煤. *bridging jack* 并联(桥接)插孔. *cable (reel) jack* 电缆卷轴架. *coil jack* 带卷升降车. *differential-screw jack* 差动千斤顶. *double-break jack* 双断塞孔,双断开关. *hydraulic jack* 液压千斤顶(升降车,油缸),液力起重器. *jack and circle* 钻头装卸器. *jack arch* 平(单砖,等厚)拱. *jack arm* 起重平衡管. *jack bolt* 重(调整,定位)螺栓. *jack chuck* 活络卡盘. *jack engine* 辅助发动机. *jack fastener* 插口锁紧夹. *jack hammer* 手持式(风动)凿岩机,风镐. *jack hammer drill* 撞(冲)钻. *jack ladder* 索梯,木踏板绳梯. *jack lamp* 安全灯. *jack panel* 插孔面板,接线(转插)板. *jack per line* 同号,(电话)同一号码. *jack per station* 异号,(电话)不同号码. *jack plane* 大(粗)刨. *jack post* 轴柱. *jack rail bender* 轨道弯曲器. *jack screw* 或 *screw jack* 螺旋千斤顶(顶重器),起重(千斤顶)螺旋,起重螺丝. *jack shaft* 中间轴(变速箱)传动轴,副轴,主动轴,起重轴. *jack star* (铸工清理滚筒中的)五角星. *jack stringer* 外(小)纵梁. *jack strip* 插口簧片(排). *jack switch* 插接(弹簧)开关. *jack timber* [rafter, rib] 支(厂房)木,小(辅)椽. *jack truss* 半桁架. *jacking base* 顶推基座. *jacking beam* 顶(反作用)梁. *jacking block* 千斤顶木垫块. *jacking platen* 千斤顶压板. *keyboard jack* 键盘接头. *lifting jack* 千斤顶,起重器. *lock-out jack* 同步插孔. *magnetic jack* 磁力联接器,(棒的)磁锁. *make-busy jack* 闭塞按钮. *retraction jack* 升降机,(起落架等的)收放机构,收放作动筒. *rosin jack* (一种)闪锌矿. *spring jack* 触簧开关,弹簧塞孔. *switch jack* 机键塞口(插孔). *thrust jack* (发动机用)推力测定计. *track* [*rail*] *jack* 起轨器,钢轨起重器. *trouble jack* 障碍信号塞孔. ▲ *jack down* (用千斤顶)降下. *jack of all trades* 很多活儿都会一点的人. *jack up* (用千斤顶)顶起(高),起重,增加,提高,放弃,责备.

jack'al ['dʒækɔ:l] *n.* ①飞机所带干扰敌人无线电通信的设备 ②走狗,爪牙 ③胡狼. *jackals of the same lair* 一丘之貉. *play the jackal to the tiger* 为虎作伥.

jack'ass *n.* 锚链孔塞;公驴.

jack'bit *n.* 钻头. *jackbit insert* 切刀,刀具,刃口.

jack-down *n.* (用千斤顶)降下.

jack'engine *n.* 辅助发动机,小型蒸汽机.

jack'et ['dʒækit] **I** *n.* ①(外,水,气,护)套,套管(筒,壳,口),(外,弹)壳,盒,盖,(保护)罩,膜,蒙皮,挡板 ②转坑 ③包书纸,(书籍)护封,唱片套 ④短上衣,夹克,(软木)救生衣. **II** *vt.* ①给…装套(包皮封口,用汽车护着,用壳(外套)遮盖 ②穿上短上衣. *column jacket* 外柱,柱管. *cooling water jacket* 冷水套. *cylinder jacket* 气缸套. *fuel* [*fuel-element*] *jacket* 释热元件外壳(套). *jacket core* 水套型芯. *jacket cylinder* 有套气缸. *jacket space* 护套(套管)空间. *jacket valve* 套层阀. *jacketed cable* 包皮电缆. *jacketed lamp* 双层灯(一种钨丝卤素灯). *life jacket* 救生衣. *scale jacket* (钢锭)的氧化皮壳. *steam jacket* 汽套,蒸汽加热套.

jack'eting ['dʒækitiŋ] *n.* (外,蒙)套,套筒,包壳,(燃料元件的)封装,套式冷却(加温).

jackfield *n.* 插孔组.

jack'(-)hammer *n.* 风镐,手持(锤击)式凿岩机,凿岩锤,气锤.

jack-in-the-box *n.* 螺杆千斤顶,差动齿轮.

jack-in unit 插换部件.

jack-king flip-flop J-K 〔主从〕触发器.

jack'(-) knife **I** *n.* 大折刀. **II** *vt.* 用大折刀切(戳).

jack'-knifing *n.* 牵引机器相对拖拉机的转角.

jack-ladder *n.* 索梯,木踏板绳梯.

jack'lamp *n.* 安全灯.

jack-leg *a. ; n.* ①技术不高明的(人),外行的(人) ②不择手段的(人) ③权宜之计(的).

jack-of-all-trades *n.* 能做各种事情的人,万能博士,杂而不精的人.

jack-of-one-trade *n.* 单打一的人,只管一行的人,只懂得本行业务的人.

jack-plane *n.* 粗(大)刨,台车.

jack-post *n.* 轴柱.

jack'(-)screw *n.* 螺旋千斤顶(顶重器),起重(伸展)螺旋.

jack'shaft *n.* 中间(转动)轴,变速箱传动轴,副轴 ②溜煤眼,暗(盲,下水)井.

Jackson alloy 铜锌锡合金(铜 63～63.9%,锌 30.5～35.6%,其余锡).

jackstay *n.* ①撑杆 ②支索,(汽艇)分隔索.

jack-up *n.* ①用千斤顶顶(支)起,顶高,起重 ②增长 ③海上钻井(塔).

Ja'cob ['dʒeikəb] *n.* 木(铁)踏板绳梯,索梯. *Jacob alloy* 铜硅锰合金(铜 94.9%,硅 4%,锰 1.1%). *Jacob's staff* 罗盘支杆.

Jacobi alloy 雅各比合金(铜 85%,锡 10%,铜 5%或铅 85%,锡 5%,锡 10%或铅 63%,锡 27%,铅 10%).

Jacobian (determinant) *n.* 导数(雅各比)行列式.

jac'onet ['dʒækənit] *n.* 白色薄棉布,细薄防水布,杂色棉布.

Jacquard loom 杰克爱式织布机(一种采用穿孔卡片的老式织布机).

jacta'tion *n.* 夸张,辗转.

jacupi'rangite [dʒækju'paɪrændʒait] *n.* 钛铁霞辉岩.

jade [dʒeid] **I** *n.* (碧)玉,翡翠,绿玉色. **II** *a.* 玉制的,绿玉色的.

ja'deite ['dʒeidait] *n.* 翡翠,硬玉.

Jäderin tape *n.* 耶德林带状基线尺.

Jäderin wire *n.* 耶德林线状基线尺.

Jae metal 铜镍合金(铜 30%,镍 70%).

jaff [dʒæf] *n.* 复式干扰.

jag [dʒæg] **I** *n.* 锯齿状缺口,V字形凹口,尖锐的(锯齿状)突出物,参差(处),传真失真. 畸齿. **II** (*jagged; jagging*) *vt.* 使成锯齿状,刻上 V 形缺口. *jag bolt* 辣螺栓.

jag'ged ['dʒægid] 或 **jag'gy** ['dʒægi] *a.* 锯齿状的,有缺口的,参差不齐的,粗糙的,凹凸不平的. *jagged edges* 不平坦边沿,锯齿边缘. *jagged rocks* 嵯峨的岩石.

jag'gy ['dʒægi] *a.* 有锯齿状边的,有缺口的,不整齐的.

jail [dʒeil] =gaol.

Jakar'ta [dʒə'kɑ:tə] n. 雅加达(印度尼西亚首都).

JAL =Japan Air Lines 日本航空公司.

jal(l)op'y 或 **jaloppy** n. 破旧的汽车〔飞机〕,车辆.

jal'ousie ['ʒælu:zi] n. (固定)百页窗,遮篷.

Jalten n. 锰铜低合金钢(碳 0.25%,锰 1.5%,硅 0.25%,铜 0.4%).

JAM =① jamming 卡住,干扰 ② job assignment memo 工作分派备忘录.

jam [dʒæm] (jammed, jam'ming) v.; n.①压〔挤,楔〕紧,紧夹,(使)挤住〔卡,夹,楔,压,挤,咬,镦〕住,楔〔挤〕进,堵〔阻,滞,涌〕塞,塞〔挤〕满,(使)塞住,(开,转)不动,(使)发生故障,障碍,停转,卡片阻塞〔堵塞〕 ②(人为的)干扰,扰乱,扼止,抑制,失真 ③轧伤,压碎 ④困难 ⑤果酱. home-on jam 瞄准式干扰.ice jam 冰的壅塞,流冰堆积. jam nut 锁紧螺母,止动螺母,保险,安全〔调〕螺母. jam rivetter 窄处铆机. jam weld 对头焊接. ▲be in〔get into〕a jam 陷入困境. jam M into N 把 M 塞进 N. jam…on 使塞(轧)住(不)动. jam…together 把…挤在一起. jam up 挤满,拥塞.

Jamai'ca [dʒə'meikə] n. 牙买加.

Jamai'can a.; n. 牙买加(的),牙买加人(的).

jamb [dʒæm] n. ①(门窗)侧柱,门楹柱,门楣,侧柱〔墙〕,(pl.)炉壁撑条 ②矿柱,矿脉中的土石层. jamb extension 侧柱盖板. jamb guard 侧柱护铁. jamb post 门窗侧柱. jamb wall 门窗侧墙.

jambo n. drill jambo 凿岩机(手推)车,钻车.

jambosine n. 蒲桃碱 $C_{10}H_{15}O_3N$.

jambulol n. 蒲桃酸 $C_7H_8O_9$.

Ja'mestown ['dʒeimztaun] n. 詹姆斯敦(圣赫勒拿品首府).

jam-free a. 无(抗)干扰的.

jammed a. 被卡住的,挤住不动的,塞满的.

jam'mer ['dʒæmə] n. ①(人为)干扰发射机,(人为)干扰(发射)台,扰乱台 ②(电气,接收)干扰的 ③黄丝(U 形钢丝)芯撑. automatic search jammer 雷达搜索站自动抑制器. communication jammer 通信干扰器. jammer finder 干扰机探测雷达. jammers tracked by azimuth crossings 方位交叉跟踪干扰源. radar jammer 干扰雷达的发射机.

jam'ming ['dʒæmiŋ] n. ①堵〔阻〕塞,卡〔夹,滞,停,咬〕住,紧夹,不灵活 ②(人为,电子,接收)干扰,抑制,扼止,干扰杂音〔噪声〕. barrage jamming 封锁性(全波段,阻塞)干扰. jamming effectiveness 干扰对信号比,噪扰有效性. radio jamming 对无线电台干扰. spot jamming 局部(选择性,特定频率)干扰.

jam'-pac'ked a. 塞〔挤〕得紧紧的.

jam'proof a. 抗〔防〕干扰的.

jam-resistant a. 抗干扰的.

jam-to-signal (ratio) 干扰〔噪声〕信号比.

jam-up n. 交通阻塞.

JAN =joint army-navy 陆海军联合(的).

Jan =January 一月.

JANAF =joint army-navy-air force 陆海空三军联合(的).

Jan'et n. 卫星散射通信设备.

jan'gle ['dʒæŋgl] v.; n. (发出)刺耳声,刺耳地发出.

jan'itor ['dʒænitə] n. ①照管房屋的工友 ②看门的工人.

Janney motor 轴向回转柱塞液压马达.

Janney pump 轴向回转柱塞泵.

Jansen system 詹森系统(能在负载时调整电压的变压器系统).

Jansky noise 宇宙噪声.

J-antenna J 型(半波)天线.

Jan'uary ['dʒænjuəri] n. 一月.

JAP =①Japan 日本 ②joint acceptance plan 联合接收计划.

japaconitine [dʒæpəkə'naitin] n. 日乌头碱.

Japan' [dʒə'pæn] n. 日本. Japan current 日本海流,黑潮.

japan' [dʒə'pæn] I n.; a. ①(亮,假,黑)漆,(涂了)日本漆(的),日本漆器(的) ②日本瓷器的. II (japanned; japanning) vt. 涂漆(黑),涂以假漆,使发黑光. black japan 黑漆.

Japanese' [dʒæpə'ni:z] a.; n. 日本(语)的,日本人(的). Japanese flowering cherry (日本)樱花. Japanese lacquer 深黑漆,亮漆.

japan'ner n. (油)漆工.

JAPIB =Joint Air Photographic Intelligence Board 航空照相联合情报局.

Japlish n. 日本式英语.

JAPP =Japanese Patent 日本专利.

jar [dʒɑ:] I n. ①(大口)瓶,罐,缸,容器,罩 ②电瓶,蓄电池壳 ③加尔(电容单位,1 加尔=1/900μF;1 加尔 = 10^3cm(静电单位))④震动(惊,冲)击)击 ⑤(刺耳)的杂音,噪音〔声〕⑥不调和. II (jarred; jarring) v. ①(使)(突然,剧烈)震(摇,振)动 ②震惊,刺激(on, upon) ③以刺耳的声音撞击(against, on, upon),发噪声,发出刺耳声,轧轧地响 ④冲突,与…不调和(不一致)(with). accumulator jar 蓄电池容器. battery jar 电池瓶,电瓶(蓄电池)外壳. bell jar (烧钟)钟罩,钟形(玻璃)罩. filtering jar 滤缸. glass bell jar 玻璃(钟)罩. high-vacuum jar 高真空干燥器,高真空瓶. jar ram moulding machine 振动制模机. jarred loose ground 振松地. ▲be on the jar (门)半开着,微开.

jar'gan [dʒɑ:gən] n. 黄锆石.

jar'gon [dʒɑ:gən] n. ①(本专业的)行话,术语 ②难懂的话.

jarosite [dʒæɑrəsait] n. 黄钾铁矾.

jaroviza'tion n. 春化处理.

jar-proof a. 防震的.

jar'ring [dʒɑ:riŋ] n.; a. ①振(颤,抖)动 ②不调和(的),不和谐(的),相互干扰 ③炸裂声,震声. jarring effect 振动效应. jarring machine 振动机. jarring motion 振(颤)动. jarring moulding machine 振实(式)造型机. ~ly ad.

JASG =joint advanced study group 联合高级研究组.

jas'minal n. 茉莉醛.

jas'min(e) ['dʒæsmin] n. 茉莉;浅黄色.

jasmone n. 茉莉酮,素馨酮.

jas'per n. 碧玉,墨绿色.

JATO 或 ja'to ['dʒeitou] n. =jet-assisted take-off 助飞，(喷气)助飞器，起飞加速器，起飞用火箭助推器. *jato unit* 助飞(起飞加速)装置. *reverse jato* 喷气刹车，制动用喷气发动机，反向助飞器. *sustainer jato* 用在主发动机上的起飞加速器.

jaun'dice ['dʒɔ:ndis] n. 黄疸；偏见.

Jav'a ['dʒɑ:və] n. (印尼)爪哇(岛).

javanicin n. 爪哇镰菌素，茄镰孢菌素.

jav'elin n. 标枪.

javelliza'tion n. 次氯酸钠，消毒净水(法).

jaw [dʒɔ:] n. ①(上下)颚，颚板，(碎矿机)齿板，(上,下)钳口，(夹)爪，夹片(板，爪)，叉头 ②虎钳牙，虎(头)钳，钳子，夹(吹)紧装置 ③量爪[脚] ④销，键 ⑤滑块 ⑥游标 ⑦凸轮. *centering jaw* 定心凸轮. *contact jaw* 接触夹片，接触爪. *grip jaw* 颚形夹爪，夹紧颚爪. *gripper jaw* 夹爪. *jaw brake* 闸制. *jaw breaker* [*crusher*] 颚式轧碎[碎石]机. *jaw clutch* 爪[颚]式离合器. *jaw coupling* 爪盘联轴节. *jaw of coupling head* 接轴的铰接叉头. *jaw of pile* 桩帽. *jaw of spanner* 扳手钳口. *jaw of the chair* 轨座颚. *jaw plate* 颚板. *jaw vice* 钳子，钳. *jaw wedge* 立式导承调整楔. *reel gripper jaws* 卷取机卷筒的夹紧爪. *soft jaw* 铁(软钢)卡爪. *soft metal jaw* 软金属钳口垫片. *starting jaw* 起动爪. *towing jaw* 拖环. *vise* [*vice*] *jaw* 钳口.

jaw-breaker n. 颚式轧碎[碎石]机.

jaw-clutch n. 颚式离合器.

jayrator n. 移相器.

jay-walk ['dʒeiwɔ:k] vi. 不守交通规则随便穿越街道. *No jay-walking!* 过马路注意交通规则!

JB =junction box 分线盒，接线箱；套管；联轴器.

JC =①joint compound 密封剂 ②junction center 中心站.

JCA =job change analysis 工作改变[工作变换]分析.

JCAE =Joint Committee on Atomic Energy (美国)原子能联合委员会.

J-carrier system J 型载波制，宽带载波系统.

JCC =joint communications center 联合通信中心.

JCCAE =Joint Congressional Committee on Atomic Energy (美国)国会的原子能联合委员会.

JCEC =Joint Communications Electronics Committee 联合电子通信委员会.

JCENS =joint communications electronic nomenclature system 联合电子通信术语系统.

JCL control language 作业控制语言的控制语言.

JCR =job change request 工作更改申请.

jct =junction 接合，连接点，焊接.

JD =judging distance 目测距离.

jd =job description 工作的描述.

JDC =jet deflection control 喷流偏斜控制.

J-display J 型(环型距离);显示(器).

JDS =job data sheet 工作[工件]数据表.

JE =job estimate 工作的估计.

Je =June 六月.

jeal'ous ['dʒeləs] a. ①妒忌的，猜疑的 ②注意的，戒备的.

jean [dʒein] n. (细)斜纹布，(pl.)劳动布裤子，工作服.

JECNS =joint electronic communications nomenclature system 联合电子通信术语系统.

jecorin n. 肝糖磷脂.

jeep [dʒi:p] Ⅰ n. ①吉普车，小型越野汽车，小型水陆两用车 ②一种小型侦察联络飞机 ③小型(护航)航空母舰 ④有线电视系统. Ⅱ vt. 用吉普车运输. *air jeep* 空中吉普. *TV jeep* 电视吉普车.

jeer [dʒiə] n. 桁索. *jeer block* 桁索滑车.

jefferisite n. 水蛭石.

JEFM =jet engine field maintenance 喷气发动机外场维修.

JEFT 结型场效应晶体管

jejune [dʒi'dʒu:n] a. ①枯燥无味的，空洞的，内容贫乏的 ②不成熟的. ~ly ad. ~ness n.

jel =gel.

jell [dʒel] v. ①胶凝，凝(结成)胶(状)，冻胶，(使)固结 ②(使)定形，(使)具体化，变明确.

Jellet n. 耶雷(半юм)梭镜.

jel'lied ['dʒelid] a. 成胶状的，胶冻[质，凝]的，外涂胶状物的，冻胶的. *jellied gasoline* 胶凝汽油，凝固汽油.

Jellif n. 镍铬电阻合金.

jellifica'tion [dʒelifi'keifən] n. 凝(冻)胶作用，胶凝，冻(凝)结.

jel'lify ['dʒelifai] v. (使)成胶状(质).

jel'lium n. 铼.

jel'ly ['dʒeli] Ⅰ n. 胶体(质，状物)，(透明)冻胶，液凝胶，糊状物，半透明胶状果体，果子酱. Ⅱ v. (使)成胶质(状)，凝(冻)结，(使)成冷冻. *jelly bomb* 汽油弹. *jelly mould* 胶模. *lubricating jelly* 凝胶润滑剂. *petroleum jelly* 矿脂，石油冻，凡士林.

jelly-filled capacitor 充糊(胶体填充)电容器.

jel'lyfish n. 海面浮标(应答器)；海蜇，水母.

jel'lyfishing n. (电视显示图像中出现)"水母"状.

jel'lygraph n. 胶版.

jelly-impregnated a. 胶质浸渍的.

jelly-like a. 胶状的.

jelutong n. 胶路顿胶，明胶.

jem'my n. 铁撬棍，短铁撬.

Je'na ['jeinə] n. 耶拿(德意志民主共和国城市). *Jena glass* 耶拿光学玻璃.

jen'net ['dʒenit] n. 母驴.

jen'ny ['dʒeni] n. ①(移动)起重机，移动吊机，卷扬机 ②纺纱机. *jenny scaffold* 活动脚手架. *jenny wheel* 单滑轮起重机.

jeop'ardize 或 **jeop'ardise** ['dʒepədaiz] vt. 危及，使受危害，使遭遇危险.

jeop'ardy n. 危难(险). ▲ *be in jeopardy* 处在(生命)危险中，临危.

jequiritin n. 红豆因.

jerk [dʒə:k] n. ; v. 急拉(推，撞，扭，跳，动，抬，扔)，猛(然一)拉(撞，推，扭，踢，动，停，抬)，跳动，反跳(射)，振动(冲击)，颠簸地行进. *jerk a rope* 把绳子猛地一拉. *jerking motion* 冲撞，(断续)运动，振动，急跳，颠簸，爬行，蠕动. *jerking table* 震淘台. *physical jerks* 体操运动. *The door jerked open.* 门突然开了. ▲ *in a jerk* 立刻，马上. *jerk up* 突然提起(抛上). *with a jerk* 猛地，颠了一颠.

jerk'ily ad. 颠簸地，不平稳地.

jer′kiness n. 跳动，颠簸，运动的不均匀[平稳]性．

jerk′y ['dʒɚki] a. 急动[拉,扔]的,冲,撞[)的,不平稳的,颠簸的．*jerky motion* 爬行，蠕动．

jer′rican ['dʒerikæn] n. （一种五加仑装）金属制液体容器．

jer′ry ['dʒeri] a. 偷工减料的，草率（了事）的，权宜之计的．

jerrybuild vt. 偷工减料地建造．

jer′rybuilder n. 偷工减料的营造商，偷工减料的建筑物．

jer′rybuilding n. 偷工减料的建筑[工程]．

jer′ry-built a. 偷工减料建造[盖成]的，草率匆促拼凑的．

jer′rycan =jerrican.

jervine n. 藜[白藜]芦碱．

JES =Japanese Engineering Standards 日本技术标准规格．

Jessop H₄₀ （杰索普 H₄₀）铁素体耐热钢（碳 0.25%,锰 0.4%,硅 0.4%,铬 3.0%,钨 0.5%,钼 0.5%,钒 0.75%)．

jest [dʒest] I n. 笑话,笑柄．II vi. 说笑话,嘲弄（at)．

JET =①jettison 抛弃,投掷 ②job experience training 工作经验的训练．

jet [dʒet] I n. ①[喷]射流,水流,[喷]气流,水舌 ②喷出口,注,溅,气)口[[油)嘴,喷口(管),喷[雾]器 ③[套,支,连接]管,筒,管端 ⑤实验段气流,实验段断面 ⑥煤玉[精],黑玉[大理石],漆黑．II（*jetted; jetting*）v. ①喷出[射,注,溅,气],射[涌,进,突)出 ②乘喷气式飞机,用喷气式飞机运送 ③喷射钻井．III a. ①喷气(式)(发动机)推进的 ②黑色大理石制的,乌黑发亮的．*atomizing jet* 喷雾嘴．*cosmic-ray jet* 宇宙射线流．*electron jet* 电子束[流]．*elliptic jet* 椭圆断面（实验段)．*exhaust jet* 排气(的)(流,束)．*fluid jet* 液体流束,流体喷射．*free jet* 自由射流．*gas jet* 煤气嘴,煤气喷口,气焊枪．*jet airplane* 喷气式飞机．*jet area* 喷嘴面积,射流截面．*jet assist* 喷气助推器,喷射加速．*jet atomic* 原子喷气．*jet bit* 喷射式(带下水眼)钻头,喷射钻头．*jet black* 烟[炭)黑．*jet blade* 喷气式发动机叶片,涡轮导向器叶片,喷嘴环叶片．*jet blower* 喷气鼓风机．*jet carburetor* 喷雾式汽化器．*jet chimney* (喷射泵中,锅炉与喷嘴间的)蒸汽管道,*jet coal* 长焰煤．*jet condenser* 喷水凝汽[结]器,喷射冷凝器．*jet eductor* 喷射器．*jet engine* 喷气(式)发动机．*jet etch* 腐蚀．*jet exhauster* 喷射抽气机(真空泵),引射器．*jet exit* 尾喷管,尾喷口．*jet flow* [stream] 射流．*jet generator* 喷注式(超声波)发生器．*jet head* 喷气头．*jet lag* 高速飞行时引起生理节奏的破坏．*jet nozzle* 喷嘴,尾喷管,喷射管．*jet of flame* 火焰(锥体)．*jet pipe* 喷(射)口,喷嘴管,喷管,喷气管．*jet propeller* 喷气式推进器[螺旋桨]．*jet propulsion* 喷气推进．*jet pump* 喷注抽机,喷射泵．*jet skirt* (喷嘴与扩散泵壳密封的)喷嘴下裙,背层．*jet stack* (喷射)汽流线段．*jet stream* 急流,喷(射气)流．*jet tool* 水力冲击钻井用具．*jet vane* 喷气导流控制片,燃气舵．*jetted pile* 射水沉桩．*jetting method* (井点的)射水沉没法．*metering jet* 量(油,水)射口,量(油,水)嘴,测油孔．*movable jet* 偏向喷气喷射流,等离子体发动机．*power jet* 动力喷口．*prop[turboprop] jet* 涡轮螺旋桨发动机．*propulsive jet* 冲压式空气喷气发动机．*pulse jet* 脉动式空气喷气发动机．*ram jet* 冲压[击]喷气发动机．*reaction jet* 喷射流．*rocket jet* 火箭喷管[发动机]．*steam jet* 蒸汽燃气喷管[嘴]．*turbine jet* 涡轮喷气发动机．*turbo jet* 涡轮喷气发动机．*water jet* 水注(流),喷水口(管) ▲ **a jet of** 一股(喷流,射流)．

jetava′tor [dʒeta'veitə] n. 射流偏转器．

jet-black a. 煤玉似的,漆黑的,乌黑发亮的．

jet′blower n. 喷气鼓风机,喷射送风机．

jet′boat n. 喷气快艇．

jet′burner n. 喷射口,火口．

jet′crete ['dʒetkri:t] n. 喷枪喷射水泥浆,喷浆．

jet-drive n. 喷气传动,喷气推动．

jetevator n. 喷气流偏转器,导流片,转动式喷管(翼)．

jet-fighter n. 喷气歼击机,喷气战斗机．

jet-flow n. 射流,喷流．

Jethuri n. 七月分收获的久树葶胶．

jet′liner n. 喷气式客[班]机．

jetomic (=*jet atomic*) a. 原子喷气的．

Jet-O-Mizer 喷射式微粉磨机．

JETP =jet propelled 喷气推进的．

jet′port n. 喷气式飞机机场．

jet-powered a. 装有喷气发动机的,喷气发动机推进的,喷气动力的．

jet-propelled a. 喷(气)(式发动机)推进的,疾驰的,强有力的．

jet-propeller n. 喷气式推进器[螺旋桨]．

jet′sam ['dʒetsəm] n. ①沉锚 ②(船遇难时的,漂到岸上的)投弃货物(的装备) ③被抛弃的东西．

jet′stream ['dʒetstri:m] n. 喷射水流．

jet′ter n. 喷洗器,喷洗装置．

jet′ting n. ①喷(药)喷射,喷注(洒) ②土方的水力软化,水力沉桩法,射流洗井,水力钻井．*jetting fill* 水冲法填土．*jetting piling* 水力沉桩法．*jetting process* 水冲法．

jet′tison ['dʒetisn] n.; vt. (紧急情况下)投[抛]弃(货物,燃料,装备等),投掷,分出,放出(油,水),下坠．*booster jettison* 加速器的投掷[分离],抛下加速器．*fuel jettison* 燃料放出．*jettison device* 弹射器,弹射[投弃]装置．*jettison gear* 投弃[放油]装置．

jet′tisonable ['dʒetisənəbl] a. 可投弃[抛]的,可抛下[分离]的．*jettisonable nose* 可分离的(可抛弃的)火箭头部．

jet′ty ['dʒeti] I n. ①(突)码头,突[防波,导流]堤,栈桥 ②建筑物的突出部分．II vi. 伸出,突出．III a. 煤玉似的,乌黑发亮的．*jetty head* 坝头．

Jew [dʒu:] n. 犹太人,犹太教徒．

jew′el ['dʒu:əl] I n. ①宝石,贵重的人或物 ②(仪表,手表)宝石轴承．II (*jewel(l)ed; jewel(l)ing*) vt. 饰(镶)以宝石,把宝石轴承装进(手表,仪表)．*jewel bearing* 宝石(仪表)轴承．*V jewel* V 形(支承)面宝石轴承．*jewel block* 球滑车．

jew'el(1)er n. ①宝石商，珠宝商 ②宝宝石工人. jeweller'sred (红色)饰金磨粉.

jew'el(1)ery 或 jew'elry n. 珍宝,宝石,宝宝玉石工艺品. jewelry alloy 饰用合金.

Jew'ish ['dʒu:iʃ] 犹太人(似)的.

Jew'ry ['dʒuəri] n. 犹太人,犹太民族.

jew-stone ['dʒu:stoun] n. 白铁矿.

J-FET = junction type field effect transistor 结型场效应晶体管.

JHU/APL = Johns Hopkins University, Applied Physics Laboratory 约翰斯·霍普金斯大学,应用物理实验室.

JHU/ORO = Johns Hopkins University, Operations Research Office 约翰斯·霍普金斯大学,运筹学室.

JI = job instruction 工作说明(书).

jiao [dʒau] (汉语) n. 角(中国辅币单位).

jib [dʒib] I n. ①(旋,悬,起重机,吊机)臂,吊（挺,起重)杆,支架,人字起重机的桁 ②榫,扁栓 ③镰〔夹〕条,夹具 ④(截煤机)截盘. II (jibbed; jibbing) vi. ①踌躇不前 ②改变方向. electrode jib 电极支架. elevator jib 升降机臂. jib and cotter 楔. jib arm 吊臂,悬臂. jib crane 挺杆〔转臂式,动臂,悬臂)起重机, 旋臂吊机, 摇臂吊车. jib loader 摇臂装料机. ▲ jib at 对…不愿意,厌恶.

JIC = ①Joint Intelligence Committee (美国)联合情报委员会 ②joint intelligence center (美国)联合情报中心.

JICST = Japan Information Center of Science and Technology 日本科技情报中心.

JIG = joint intelligence group 联合情报组.

jig [dʒig] I n. ①夹(卡)具,夹紧装置, 定位模具(机,型),模,胎,装配)架,(托)架,焊接平台 ②模型〔子,具),钻(工)模,样板,模板(导)尺 ③(矿,洗矿)跳汰机,跳选汰法 ④衰减波群(串),一串衰减波 ⑤轻拨子闸,锈钢. II (jigged; jigging) v. ①上下簸动,摇(振)动,颠簸,快晃动 ②跳(矿),筛分,簸析(选),跳汰,清洗,分类,区分 ③用夹具加工. aligning jig 直线校准用夹具. assembly (assembling) jig 装配(工作)夹具,装配架. cooling jig 冷却器械. drill jig 钻模, 钻床夹具. fraise jig 铣床夹具, 铣陷. hydraulic jig 水簸机. jig boring 坐标镗削. jig bush(ing)钻套. jig drill 钻床钻床. jig grinder 坐标磨床. jig key 钻模键. jig plate 夹具板,钻模板. jig point 基点. jig saw 细(竖,线)锯. jig washer 跳汰洗矿机. piston jig 活塞跳汰机. plate jig 平板式夹具,板式钻模. pulsator jig 脉动跳汰机. welding jig 焊接夹具. ▲in jig time 极快地.

jig-adjusted a. 粗调的.

jig-bore 或 jig-borer 或 jig-boring machine 坐标镗床.

jigged-bed absorption column (脉动)跳汰床吸附塔,脉动跳汰床离子交换塔.

jig'ger ['dʒigə] n. ①小滑车, 辘轳, 盘车 ②筛矿器, 淘簸筛, 跳汰〔簸选,淘)筛矿机,跳汰机,工 ③(制陶器用的)车床分, 染布机 ④高周率(减幅振荡,可变耦合,阻尼振荡,衰减波)变压器,耦合器. jigger bars (路面)搓板带. jigger coupling 电感耦合. jigger saw 往复式竖线锯. transmitting jigger 发射振荡变压器.

jig'ging n. 筛, 振动, 上下簸动, 簸析法, 簸选. jigging conveyor 振动运送机. jigging motion 颠簸运动. jigging screen 振动筛.

jig'gle ['dʒigl] v.; n. 轻摇〔拉,推), 轻轻摇晃〔跳). jiggle bar 摇杆, 搓手柄.

jig'gly ['dʒigli] a. 不平稳的, 摇晃的.

jig-mill n. 靠模(仿形)铣床.

jig'saw ['dʒigsɔ:] I n. 细〔竖,线)锯,锯曲线机. II vt. 用锯曲线机锯(成),使互相交错搭接. ▲(be) of jigsaw pattern 犬牙交错的.

JIM = job instruction manual 工作说明手册.

jimcrow 或 jim crow n. 弯轨器,挺架,轨条拗曲器.

jim'my ['dʒimi] I n. 铁〔短)撬棍,料〔煤)车. II vt. (用短撬棍)撬.

jin [dʒin] (汉语) n. 斤(=1/2kg).

jin'gle ['dʒiŋgl] n.; vi. (作)叮当声, 小铃, 电话.

jiningite n. 褐釉钙矿.

JINR = joint Institute for Nuclear Research (苏联)联合原子核研究所.

jinrikisha [dʒin'rikʃɔ:] n. 〔日语)人力车.

JIP = joint installation plan 联合安装计划.

JIS = Japanese Industrial Standards 日本工业规格〔标准).

JISG = Japanese Industrial Standard Gauge 日本工业标准线规.

jitney ['dʒitni] n. 五分(镍币),收费便宜的公共汽车.

jit'ter ['dʒitə] n.; v. ①振(跳,颤,晃,抖)动,传真接受图像的不稳定移动 ②(信号的)不稳定性(速度)偏(误)差,歧离,起伏 ③散开,疏散,破碎(扫描点错误移动时的图片失真) ④颤抖,极为紧张,神经过敏. frame-to-frame jitter 帧跳动. jittered pulse recurrence frequency 脉冲重复频率跳动(规则变化). radar jitter 雷达回波的起伏, 无线电定向回波起伏. time jitter 脉冲重复频率不稳定引起的)扫描线距离标记的不稳定, 计时起伏.

jit'terbug ['dʒitəbʌg] n. 图像不稳定(故障), 图像跳动.

J-K = jack-king 主从(触发器).

JK Chart (=Jernkontoret Chart) JK 图(瑞典 JK 杂物评级图).

JK Scale JK 等级(瑞典 JK 杂物评级图等级).

j-L coupling 拉上耦合，J-L 耦合.

J-N = jet navigation 喷气航行.

JNACC = joint nuclear accident coordination 联合原子核事故协调中心.

JND = just noticeable difference 刚好能觉察出的差别.

j-number n. 虚数.

JO = ①job order 工作(任务)单 ②junior officer 下级官员.

Jo blocks 约氏量块.

JOA = joint operating agreement 协同工作协议.

job [dʒɔb] I n. ①(施工,编译或汇编程序)工作,工程,任务,作业,职务(位,业)②(加)工作件,工件,零(包,散)工 ③工地 ④事(件,情) ⑤作用 ⑥成品,成果. II (jobbed, jobbing) v. ①做临时工,做散工,打杂 ②加工 ③承包, 分包(工程),(临时)雇用 ④买卖, 经纪, 租赁 ⑤假公济私. III a. 包工的, 临时雇用的, 大宗的. job analysis 职业(作业)分析, 工作过程分析. job class【计】作业(题目)分类〔类别).

job location 施工现场[场所]. *job mix* 现场[工地]拌和[混合料]. *job operation* 加工方法. *job planing* 刨削工. *job practice* 施工方法. *job processing*【计】作业处理. *job program* 工作程序[计划],加工[作业]程序. *job rates* 生产定额. *job schedule* 工程进度. *job sequence* 加工[指令]序列[程序]. *job shop* 加工车间. *job shop simulation*【计】作业安排模拟. *job site* 工地,施工现场. *job specification* 施工规范. *job step* 工作[加工]步骤,作业段[步]. *job throughput*【计】作业处理能力,作业吞吐量. *job work* 包工,散工. *odd jobs* 零碎工作,散工. *piece work* 计件工作. *straight job* [无拖车的]载重汽车. ▲ *be out of a job* 失业. *by the job* 工[论]件,包做. *do a good [bad] job* 工作干得好[不好]. *do a job on* …对…做上工作. *have a hard job to* +*inf*. (做)得吃力. *job out* 分包出去. *make a good job of it* 办得好,处理得好. *on the job* 工作着,工作时,参与工作(的),在现场,在职.

job'ber ['dʒɔbə] *n*. ①临时工,工作散工者 ②批发商,股票经纪人 ③假公济私的人. *Jobber's reamer* 机用精绞刀.

job'bery *n*. 营私舞弊,假公济私.

job'bing *n*. 做临时工,重复性很小的工作,重复次数很少的工作. *jobbing foundry* 中心铸造车间. *jobbing mill* 零批轧机,小[中]型钢轧机. *jobbing shop* 修理车间. *jobbing work* 临时工,散[短]工.

job'-cured *a*. 现场养护的.

job'less ['dʒɔblis] *a*. 失业的,无职业的.

job'-lot *n*. 杂乱[五花八门]的一堆,凑合的廉价品.

job-mix(ed) *a*. 工场拌制的,工地配合的.

job-oriented terminal【计】面向作业的终端.

job-placed concrete 或 **job-poured concrete** 现场浇捣混凝土.

job-sequencing module【计】作业定序模块.

job'site *n*. 现场,工作地点.

job'-splitting *n*. (现代资本主义企业采用的把全日工改为两半日工的)一工分做制.

job-stack system 作业堆栈系统.

job'-work *n*. 临时工,散[包]工.

JOC =Joint Operations Center.

jock'ey ['dʒɔki] Ⅰ *n*. ①(薄,振动)膜,膜片 ②导轮 ③驾驶员,(机器等的)操作者 ④骑师. Ⅱ *v*. ①操作,驾驶 ②移动 ③欺诈,骗(取). *jockey pulley* [roller] 导轮,支持轮,(皮带或链条的)支持轮,张紧轮. *jockey weight* 活动砝码.

jocose' [dʒə'kous] *a*. 开玩笑的,幽默的. ~*ly ad*. ~*ness* 或 **jocos'ity** *n*.

joc'ular ['dʒɔkjulə] *a*. 滑稽的,幽默的. ~*ity n*. ~*ly ad*.

JOD =joint occupancy date 联合占用日期.

jog [dʒɔg] Ⅰ (*jogged*; *jogging*) *v*.; Ⅱ *n*. ①轻推(撞,摇),微[颤]动 ②精密送料 ③接[啮,嵌]合 ④拖遇,缓慢(平稳地)进行,逐渐进展(on, along) ⑤唤起,提醒 ⑥粗糙面,凹进,凸出,凹入[凸出]部,凹陷[处] ⑦突然转向 ⑧割[滑移,位错]阶. *dislocation jog* 位错的割阶. *jog trot* 缓行,单调的进程,常规.

jogged *a*. 拼[嵌,接,啃]合的.

jog'ging *n*. ①电动机的频繁反复启动,快速反复起动马达电路,冲动状态 ②渐动,轻摇[推,动],缓步,慢速.

jog'gle ['dʒɔgl] *v*.; *n*. ①摇(摆),轻摇,轻摆 ②榫接,(接)榫,啃合(扣),定缝销钉 ③偏斜,偏拉梗 ④折曲,滚折,下陷. *joggle truss* 拼接桁架. *joggle work* 镶接工作. *joggle(d) beam* 拼接[镶合,榫结]梁. *joggle(d) joint* 啃合接,榫[疙瘩]接. *joggled lap joint* 压肩接头. *joggling die* 皱粗模. *joggling machine* 折曲机. *joggling test* 折曲试验.

Johannesburg DSIF station 南非约翰内斯堡深空测量站.

johannite *n*. 轴铜矾.

JOHNNIAC open-shop system【计】琼尼阿克开放系统(一种分时针语言).

Johnson ['dʒɔnsn] *n*. 约翰逊. *Johnson bronze* 轴承青铜. *Johnson counter* 环形计数器. *Johnson effect* 约翰逊效应,热噪效应. *Johnson noise* 热[激][散粒效应,(电阻)热]噪声. *Johnson noise voltage* 热噪声[约翰逊,散粒噪声]电压. *Johnson powermeter* 微分功率表. *Johnson valve* 约翰逊阀,针型阀门,高落差水轮机阀.

johnstrupite *n*. 氟硅铈矿.

JOIDES = Joint Oceanographic Institutions for Deep Earth Sampling 联合海洋机构地球深层取样.

join [dʒɔin] *v*.; *n*. ①联[结]合,连[并,编,联,焊]接,接合(处,点,线,面),接缝,缝联,焊集,粘连 ②参加,加入. *join battle* 参加战斗,交战. *join (in) the discussion* 参加讨论. *join the army* 参军. *join the Party* 入党. *join two points* 把二点连接起来. *join by fusion* 熔接[焊]. *The cars joined their trains*. 车厢挂上列车. *The coils are joined to wires*. 线圈和导线连接起来. *join gate*【计】或门. *join homomorphism* 保联同态. *join operation* 连合运算. ▲ *join forces (with)* (与…)联合行动,(与…)合作. *join in* 参加,加入. *join M to N* 把M接到N上,把M和N连接起来. *join … together* 把…连成一体[连接在一起]. *join up* 连接起来,咬合,接合处,接入(电路). *join up with* 与…连接在一起,与…结合.

join'der ['dʒɔində] *n*. 连接,结[联,汇]合.

join'er ['dʒɔinə] *n*. ①接合物 ②细木工(人) ③联系者,联络员. *wood joiner* 木工.

join'ery *n*. 细木工(车间,技术,行业,制品).

join-homomor'phism *n*. 保联同态.

join'ing ['dʒɔiniŋ] *n*. 连接,结合,接合[缝],并[接]接,并到一起. *digit joining* (自动电话)并位. *joining by mortise and tenon* 榫槽接合. *joining magnetic tape* 磁带粘接. *joining nipple* 接合螺管. *joining of two dissimilar metals* 两种不同金属并到一起. *joining on butt* 对头接(合). *joining with passing tenon* 穿榫接合. *joining with peg-shoulder* 直榫接合. *joining with swelled tenon* 扩榫接(合). *position joining* 伸座.

joining-up *n*. 连接,咬合. *joining-up differentially* 差联. *joining-up in parallel* 并接. *joining-up in* *series* 串接.

joint [dʒɔint] **I** *n.*; *vt.* ①接[结]合,连[焊]接 ②接合点[处,面],分型面,接[焊,勾]缝,折合线,粘合[胶接,胶合]处,接头[口],联轴节,铰接[头],铰链,榫,关节,书脊槽 ③[桁架]结[节]点 ④组件 ⑤节理. **II** *a.* 连接的,联接的,共同[有]的,合办的,同时的. *air-tight joint* 气密接合. *ball* [socket, ball and socket] *joint* 球窝接合[关节]. *bell* [socket] *and spigot joint* 或 *spigot (and socket) joint* 钟接, 插承[套筒]接合,钟口接头. *bellows joint* 波纹管连接,膜盒连接,热补偿器. *belt joint* 皮带接头. *bevel* [mitre, miter, skew] *joint* 斜接. *blown joint* 错缝接合,间砌法. *bridge joint* 架接. *butt and collar joint* 套筒接合. *butt joint* 对[平]接,对抵接合. *cardan joint* 万向节,万向接合[头],铰链接合. *cup and ball joint* 球窝关节. *elbow joint* 肘节[接], 弯(管接). *end to end joint* 对[平]接,对抵接合. *even joint* 平(側)接. *eye joint* 眼圈接合. *female joint* 插承接合. *flush joint* 平贴接合,平(灰)缝,齐平接缝. *globe joint* 球关节. *halved joint* 嵌接合,对搭接,重接. *heading joint* 端接(合),直角接(合). *hinge joint* 铰(链)接(合). *Hooke's joint* 万向[虎克]接头,万向联轴节. *joint action* 接合,接头作用,联合作用[行动,作用]. *joint aging* (condition) *time* 粘合[接头]期. *Joint Army and Navy Specification* (美国)陆海军联合技术规范. *Joint Army-Navy-Air Force Publication* (美国)陆海空三军联合汇刊. *joint authors* 合著者. *joint between three members* 三联接合. *joint bolt* 接合[插销]螺栓. *joint box* (电缆)接线盒,连接套筒. *joint cap* 密封盖,接合盖帽. *joint chair* = *joint-chair*. *joint circuit* 联合线路. *joint cleaning* 清接缝. *joint close* (接)合接. *joint communique* 联合公报. *joint coupling* 万向接头,万向节,联轴器,接续套管,电缆接头套管,偶接. *joint cross* [center] (万向接头的)十字头. *joint current* 总电流. *joint declaration* 联合声明. *joint denial gate* [计]或非门. *joint distribution* 联(连)合分布. *joint efforts* 共同努力. *joint entropy* 相关平均信息量,相关熵. *joint face of a pattern* 分模面. *joint filling* [嵌]缝. *joint gap* 接缝间隙(宽度). *joint gate* 分型面(内浇口),[计]或门. *joint impedance* 总和[结点]阻抗. *joint meter* 测缝仪. *joint observation* 联合观测. *joint of framework* 节点. *joint opening* 缝口[隙]. *joint packing* 填充垫圈,接缝填料. *joint pin* 连接销,接合针. *joint pipe* (连接)管. *joint plane* 节理平面,分界面. *joint pole* 同架[共架]电杆. *joint probability* 联合概率. *joint resistance* 总和(合成)电阻. *joint ring* 接合密封[填密]圈. *joint sheet* 接合[填密]垫片. *joint spacer* 接缝隔片. *joint spider* (万向接头的)十字叉. *joint statement* 联合声明. *joint state-private enterprise* 公私合营

企业. *joint strap* 带状结点(接头). *joint trunk* 综合长途台(话务员)座席. *joint use* 【电】共用,同(电)杆架设. *joint variation* 连变分. *jump joint* 对(头)接(合). *knuckle joint* 肘(形)接合,铰接. *lead sleeve joint* 铅套筒连接,电缆分支套管. *match*(*ed*) *joint* 舌槽[企口]接合(槽口)接缝,合榫. *mechanical joint* 机械连接,绞接,接线夹,外线端纽. *rivet joint* 铆(钉)接合. *riveted butt joint* 对接(头)铆接. *riveted lap joint* 搭接铆接. *roll joint* 孔型锁口. *scarf joint* 嵌接,斜口接. *screw*(*ed*) *joint* 螺纹接合,螺(丝)套[管]接头. *seal joint* 密封接头[缝]. *sleeve* [thimble] *joint* (薄板叠札时的)折叠,合缝. *spigot joint* 插管接合,套管接合,接嘴,联轴节接合. *starved joint* 缺胶接头,接头处粘接剂不足. *T joint* T形接合(头). *table joint* 嵌接. *telescope*(*d*) [telescopic] *joint* 插接,套管接合,伸缩管连接,管连接装置. *tongue and groove joint* (凸凹)接头. *twist joint* 绞(扭)接. *union joint* 管子接头. *universal* (*cardan*) *joint* 万向接头. ▲ **build joints** 勾缝. **out of joint** 脱节的,脱榫的;混乱的,不协调的.

joint' bar *n.* 鱼尾(连接)板.

joint' box *n.* 接线盒,电缆接线箱(交接箱). *joint-box compound* 接线盒材料,电缆套管填充剂.

joint'-chair *n.* 接轨垫板,接座,接合座板.

joint'-cutting *n.*; *a.* 切槽(的).

joint' ed *a.* 有接缝的,有(关)节的,连接的,联合的,共同的.

joint' er *n.* ①管子工人 ②接合器(物),连接(接线器)接缝器,连接(导线)工具,涂缝镘 ③(修边,接缝,长)刨. *saw jointer* 连锯器.

joint-evil *n.* 关节病.

joint'-forming *n.* 接缝成形.

joint'ing *n.* 接合(头,缝,榫,缝,法),连(焊)接,填塞[嵌],封泥,垫片(料),(薄板叠札时的)折叠,合缝. *jointing clamp* 接缝夹. *jointing compound* 密封剂. *jointing material* 接合密封[填密]材料,填料. *jointing rule* 接榫规. *metal jointing* 金属填料.

jointing-rule *n.* 接榫规.

joint'less *a.* 无(接)缝的,无接头的,无法兰连接的.

joint' ly *ad.* 共同地,联合地,连带地. *jointly and severally assume no liability* 集体或单独地均不承担责任. *jointly stationary random process* 联合平稳随机过程. ▲ **jointly with**…和…在一起,和…共同地.

joint-stock *a.* 合股(资)的,股份组织的. *joint-stock com-pany* 股份公司.

joint-stool *n.* 折叠椅子.

join'ture [dʒɔintʃə] *n.* 连接,接合(处).

joist [dʒɔist] **I** *n.* (托,小,工字)梁,工字钢[格]栅,桁条. **II** *vt.* 给…架搁栅,给…安装托梁. *joist ceiling* 搁栅平顶. *joist pass* 工字钢孔型. *joist shears* 型钢剪切机. *joist steel* 梁钢,工字钢.

joke [dʒəuk] *n.*; *v.* ①(说)笑话,(开)玩笑 ②笑料,笑料 ③易如反掌的事情,毫无内容的东西,空话. ▲ **be but a joke** 只不过是开开玩笑而已,完全是一句

空话. *crack*〔*cut*, *make*〕*a joke* 开玩笑. *joking* a. 非常,很.

jol'ly ['dʒɔli] Ⅰ a. 高兴的,(令人)愉快的. Ⅱ ad. 非常,很.

Jol'ly n. 耐火砖成形机.

Jolmo Lungma ['dʒɔlmou'luŋmə] n. 珠穆朗玛峰(现译 Qomolangma Feng).

jolt [dʒoult] v.; n. ①振动〔摇,击,实〕,颠簸,摇动 ②震惊,严重的挫折 ③少量. *jolt capacity* 振〔撞〕击能力. *jolt molding machine* 振动造型机,振实制型机. *jolt ramming* 振(动)捣(击). *jolt squeeze moulding machine* 振压造型机. *jolt vibrator* 颠簸〔摇动式〕振捣器. *jolting knock-out grid* 振击落砂架. *jolting machine* 镦锻机,振实机. *vibrating jolt* 振实. ▲ *give … a jolt* 使 … 大吃一惊. *pass a jolt* 猛然一击.

jolt'er n. 振实制型机.振器器. *core jolter machine* 振实式型芯机. *foundry jolter* 型砂振实机.

jolt-packed a. 振实的.

jolt-packing n. 振动填料〔填筑〕.

jolt-squeeze a. 振(实挤)压的.

jolt'y ['dʒɔulti] a. 振捣的,颠簸的,摇动的.

JOM =①job operational manual 工作的业务手册 ②job-oriented manual 与工作有关的手册.

Jominy curve n. 顶端淬火曲线.

Jominy distance 顶端淬火距离.

Jominy test 顶端淬火试验.

JON =job order number 工作〔加工〕单编号.

JOOS =job-oriented organizational structure 与工作有关的组织结构.

JOP =joint operating〔operation〕procedure〔plan〕联合操作程序〔计划〕.

JOPM =①joint occupancy plan memorandum 联合占用计划备忘录 ②joint operation procedure memorandum 联合操作程序备忘录.

JOPR =joint operation procedure report 联合操作程序报告.

Jor'dan ['dʒɔːdn] n. 约旦. *Jordan arc* 约当弧. *Jordan matrix* 约当矩阵.

jor'dan n. 锥形精蘑机,低速磨浆机.

Jorda'nian a. 约旦的.

JOS =job order supplement 加工〔工作〕单附件.

joseite n. 硫硒铋矿.

jos'tle ['dʒɔst] v.; n. ①拥〔推〕挤,冲〔碰〕撞(against, with) ①贴近 ③(与…)竞争,(与…)争夺. ▲ *jostle … away (from, out of)* 把…推开.

jot [dʒɔt] Ⅰ (*jotted*; *jotting*) vt. 把…摘记下来,草草〔匆匆〕地记下(down). Ⅱ n. 一点(儿),少许,(最)少量,(最)小额〔量〕. ▲ *not a jot* 一点也没有,毫无〔无〕. *not one jot or tittle* 丝毫〔一点〕也没有.

jot'ter n. 笔记〔拍纸〕簿.

jot'ting(s) n. 匆匆记下的东西,简短的笔记.

joule [dʒaul] n. 焦耳(能量,热量,功的绝对实用单位, = 10^7 erg).

joulemeter n. 焦耳计.

jounce [dʒauns] v.; n. (使)震动,(使)摇动,摇晃,(使)颠簸.

jour =journal.

jour'nal ['dʒəːnl] n. ①(端,止推)轴颈,辊颈,枢轴,支耳 ②杂(会)志,学报,(定)期刊(物),新闻,日报 ③(航海)日志,日志,数据通信系统应用记录,钻井记录 ④流水帐. *crank journal* 曲轴颈(承)颈. *journal bearing* 轴颈轴承. *journal box* 轴(颈)箱,轴颈轴承. *journal bronze* 轴颈轴承青铜. *journal for axial〔radial〕 load* 轴(径)向负载轴颈. *journal function* 日志功能〔程序〕. *Journal of the Construction Division* (美国土木工程师学会)建筑工程(杂志). *journal rest* 轴颈支承. *journal tape* 数据应用记录带,会计记录带. *thrust journal* 止推轴颈.

jour'nalese ['dʒəːnəˈliːz] n. 新闻文体,报刊用语.

jour'nalism ['dʒəːnəlizəm] n. 新闻业〔学〕,新闻工作〔写作〕,编辑,出版〕,杂志报刊(总称).

jour'nalist ['dʒəːnəlist] n. 新闻记者,新闻工作者,报纸〔杂志〕编辑.

journalis'tic a. 报刊的,报纸〔杂志〕(特有)的,新闻工作(者)的. ~ally ad.

jour'nalize v. ①记入日记〔分类账〕②从事新闻〔杂志〕工作,为报刊撰文.

jour'ney ['dʒəːni] n.; v. ①(长途)旅行 ②旅〔行,路,历〕程,通 ③流〔移〕动. *double journey* 来回的路程. *journey's end* 路程终点,目的地. ▲ *break one's journey (at)* 中途(在…)下车. *go*〔*start, set out*〕 *on a journey* (出发)旅行. *take*〔*make, undertake*〕 *a journey* 旅行,跑〔走〕一趟.

jour'ney(-)man n. ①熟练工人 ②计日工,散〔短〕工.

jour'ney(-)work n. 临时工,短〔散〕工.

Jo'vial ['dʒouvjəl] a. 木星的.

JOVIAL =Jules own version of international algarithmic language 国际算法语言的朱尔斯文本.

joy [dʒɔi] n.; v. 快乐,高兴(的事),喜悦,乐趣. *joy stick* 操纵〔控制〕杆,驾驶盘. *share joys and sorrows* 同甘共苦.

joy'ful ['dʒɔiful] 或 **joy'ous** ['dʒɔiəs] a. 高兴的,欢乐的,兴高采烈的. *joyful news* 喜讯. ~ly ad. ~ness n.

joy'less ['dʒɔilis] a. 不快乐的,不高兴的,悲哀的. ~ly ad. ~ness n.

joy'stick n. (飞机的)操纵杆〔驾驶杆〕,(汽车的)驾驶盘,远距离操纵(十字显示器操作)的手柄,控制杆,控制手柄. *joystick control* 跟踪导弹的控制系统. *joystick lever* 球操纵杆. *joystick pointer* 操纵杆式(光标)指示器. *joystick signal* 遥控台发出的信号.

JP =①jet pilot 喷气机驾驶员 ②jet-propelled 喷气推进的,喷气式的 ③journal page 期刊页码.

J&P =joists and planks 碰桶与厚板.

JPL =①jet propulsion laboratory 喷气推进实验室 ②job parts list 工作零件清单.

J-plane analyticity 角动量平面解析性.

JPO =joint project office 联合项目办公室.

JPT =jet pipe temperature 喷管,喷管温度.

Jr. =junior 小…(父子姓名相同时指子).

JRDB =Joint Research and Development Board 联合研究与发展委员会.

JRS =Japan National Railway standard 日本国有铁道规格.

jrt =job responsibility transfer 工作责任转移.

JS =①jet study 射流〔喷气机〕研究 ②job specifica-

tion 工作说明书.
j/s =①jam-to-signal 噪声信号比 ②justified 证明是正确的.
J-scan n. J 型扫描(有径向偏移的圆形扫描).
JSME = Japanese Society of Mechanical Engineers 日本机械工程师学会.
JST = Japanese Standard Time 日本标准时间.
J. St. = jamming station 干扰电台.
JT = sonar listening equipment 水声测位仪听音设备.
JTA = job task analysis 工作任务分析.
JTF = joint task force 联合机动(特遣)部队.
JTG = joint task group 联合任务小组.
JTS = job training standards 工作训练标准.
jtsn = jettison 投掷,抛弃.
JU = joint use 共同使用.
jubilant ['dʒu:bilənt] a. 欢呼的,兴高采烈的,喜气洋洋的.
ju'bilee ['dʒu:bili:] n. ①(五十周年)纪念 ②佳节,喜庆,庆祝,欢乐. *jubilee truck* (一种车身狭而深的侧卸式)小型货车,轻轨料车. *jubilee wagon* 小型货车.
judas ['dju:dəs] n. 监〔窥〕视孔. *judas window* 监〔窥〕视孔.
Judas ['dju:dəs] n. 犹大,叛徒.
jud'der ['dʒʌdə] n.; v. ①(发出)强烈振动(声),震颤(声),颤抖,抖动 ②声音的突然变化 ③位移,不稳定性.(倾斜上输,显像管下图像)垂直位置不稳定,帧上下抖动. *vertical judder* 垂直位移,垂直投影的不稳定性.(倾斜上输,显像管下图像)垂直位置不稳定,帧上下抖动.
judge [dʒʌdʒ] Ⅰ n. ①裁判(员),审判员,法官 ②审查员,鉴定人. Ⅱ v. 裁〔评〕判,评价,鉴定〔别〕,识别,审理〔判〕③判断,断定,下结论,认为. ▲ *as judge by* … 根据…判断,按…来说. *be a good judge (of)* 善于鉴定. *be no judge (of)* 不能鉴定. *judge between right and wrong* 判断是非. *judge by (from)* … 从…来判断,根据…推测. *judge of* 判断,评价. *judge (of) M by (from) N* 用(以) N 来判断 M. *judging from (by)* … 根据(从)…插入语]根据…来推测,由…来判断. *so far as I can judge* 据我判断,我认为.
judg(e)mat'ic(al) ['dʒʌdʒ'mætik(əl)] a. 善于识别的,稳健的,明智的.
judg(e)ment ['dʒʌdʒmənt] n. ①判断(力),批判能力(的),识别(力),断〔鉴〕定,评价,判决,裁判,审查 ②意见,看法,见解 ③批评,指责. *judgement sample* 判断样品. ▲ *form a judgement (on, upon, of)* 关于…作出判断. *in one's judgement* 按照…的看法,照…看来,根据…的意见. *of good judgment* 判断力强的. *pass (give) judgment on (upon)* 对…作出判决,判决. *sit in judgement on (upon)* 审理,批评.
judicial [dʒu(:)'diʃəl] a. ①司法的,法院〔庭,官〕的,审判(上)的 ②裁〔判决〕的 ③公平(正)的 ④(慎重)决定的,考虑周密的,有判断力的 ⑤善于批评的,批判(性)的. *judicial chemistry* 法医化学. *Judicial Department (Office)* 司法部.
judiciary [dʒu(:)'diʃiəri] a.; n. 审判员(的),法官(的),法院(的),司法(的部).
judicious [dʒu(:)'diʃəs] a. ①有见识的,明智的,合宜的 ②敏感的,审慎的. ~*ly* ad. ~*ness* n.

jug [dʒʌg] n. (带柄)水罐,水壶,气缸,地震检波器. *jug handle* (从蒸馏锅〔塔〕中引出)操作用管线. *jug hustler* 放线员(工). *jug line* 大线.
JUG = the Joint Users Group.
ju'gal n. 颧轭的,颊部的.
jug'ful n. ①满壶〔罐〕②许多. ▲ *not by a jugful* 一点也不.
jug'gie n. 放线员(工).
jug'gle ['dʒʌgl] v.; n. ①变戏法,魔术 ②巧妙处理,把…抓得不牢〔摆得不稳〕③歪曲,窜改,颠倒 ④捏造,欺骗(诈). *juggle black and white* 颠倒黑白. *juggle the figures* 窜改数字. ▲ *juggle with* 玩弄,用…骗人. *juggle with history* 歪曲历史. *juggle with words* 〔concepts〕作文字〔概念〕游戏.
jug'gler n. ①变戏法者,杂技演员 ②骗子.
jug'glery n. 魔术,欺骗.
jughandle ramp 壶柄式匝道.
jug'-handled a. 不对称的,单方面的,片面的.
jugladin n. 核桃素,胡桃定.
juglanin n. 核桃素.
juglasin n. 核桃素,核桃球蛋白.
juglone n. 核桃醌,5-羟萘醌.
juice [dʒu:s] n. ①(浆)汁,(汁)液 ②电(流),汽油,液体燃料,硝化甘油(或其他动力来源)③钱,油水,实利. *brake juice* 制动系统的液体. *bug juice* 螺桨防冰流体. *juiced rehearsal* 电视节目预演.
juic'y ['dʒu:si] a. ①多汁的,水液的 ②多雨的,潮湿的 ③有趣的,富于色彩的.
juke'(-)box ['dʒu:kbɔks] n. 投币式自动电唱机.
Jul = July 七月.
Julian date 儒略日期(在天文计算中常用的计时制度).
Juliett [dʒu:li'et] n. 通讯中用以代表字母 *j* 的词.
July' [dʒu(:)'lai] n. 七月.
Jumann circuit 格子式滤波电路.
jum'ble ['dʒʌmbl] v.; n. 混合(物),掺杂(物),搞〔混,杂〕乱,混杂(成堆的,一堆),一团糟. ▲ *jumble up* (together) 混合,混乱地在一起.
jum'bly a. 混乱的,乱七八糟的.
jum'bo ['dʒʌmbou] Ⅰ n. ①庞然大物,体大(而笨拙)的东西,巨型设备,大型响气式客机 ②(高炉)渣口冷却器 ③隧道盾构 ④隧洞运渣车,钻车. Ⅱ a. 巨〔庞,特〕大的. *jumbo base* 大号(管)基. *jumbo boom* 重型吊杆. *jumbo brick* 大型砖. *jumbo jet* 巨型喷气机. *jumbo windmill* 巨型风力发动机. *jumbo work* 船中切断加长工程.
jump [dʒʌmp] n. ①跳(跃,动,过,伞),越过 ②跳(突)变,跃迁(变),突增(升),突跃,猛增,【计】(条件,指令)转移 ③跨接,跳线,出轨 ④一跳的距离,阶跃,距 ⑤第一类间断点 ⑥(薄板叠轧时的)折皱〔缺陷〕⑥矿脉的断层 ⑦定起角 ⑧(文章)转入他页. *conditional jump* 【计】条件跳跃指令,条件转移. *delayed jump* 延迟〔时〕跳跃,缓降. *electron jump* 电子跃迁. *energy jump* 能量跃迁. *hydraulic jump* 水跃. *jump a leg* 窜相位. *jump correlation* 跳点对比. *jump counter* 跳进式脉动计数器. *jump coupling* 跳合联轴节. *jump cut* (电视片)跳越剪辑,动剪. *jump drilling* 擅(索)钻. *jump feed* 快速越程,(仿型切削)中间越程,跳跃进刀(给). *jump func-*

tion 跃变函数. *jump grading* 跳越〔间断〕级配. *jump if not*【计】条件转移,若非则转移. *jump in brightness* 亮度落差〔跃变,突变〕. *jump in potential* 电势(跳)跃值,电位(跳)跃差,电位跃变(原). *jump instruction* 〔order〕【计】转移〔跳变,跳跃〕指令. *jump joint* 对(头)接(合). *jump operation*【计】转移操作. *jump order* 跳越指令. *jump scanner* 跳光栅式(电视摄影)扫描器. *jump seat* 活动〔折叠式〕座位. *jump spark* 跳(跃)火(花). *jump steepness* 阶跃陡度. *jump suit* 伞兵跳伞服,连衣裤工作服. *jump test* 可锻性试验. *jump transfer*【计】转移. *jump weld* 平头焊接. *jump welded tube* 对接焊管,焊缝管. *pressure jump* 压力突增〔突升,剧变,跃变〕. *sleet jump* 冰凌下的混线. *the high jump* 跳高. *the long*〔broad〕*jump* 跳远. *the pole jump* 撑竿跳. ▲ *at a jump* 一跃(跳). *from the jump* 从开始. *jump about* 跳来跳去. *jump aside* 跳(闪)开. *jump at*〔to〕*a conclusion* 立刻下结论. *jump at an offer* 欣然接受建议. *jump into* ＋*ing* 一头扎进(做). *jump on*〔upon〕责备,攻击,谴责. *jump over* 跳过. *jump the rails*〔track〕出轨. *jump with* 与……一致,符合.

jump-down satellite 脱离轨道的卫星.

jump'er *n.* ①跳(接)线,跳接(线,片),搭接片,连接端,(跃障后自动回位的)跃障器,桥形接片 ②长钻(凿),(上下)跳动钻,穿孔凿,钻锤,冲击钻杆,(上动器械)③棘爪,制轮爪,擎子 ④工作服,短上衣 ⑤跳跃者. *bonding jumper* 金属条,跨接线. *flexible jumper* 活动连接器,挠性连接器,软跳线. *grounding*〔bonding〕*jumper* 搭地线. *jumper bar*〔冲〕钻. *jumper cable* 跨接(分号)电缆,连接(跨接)线. *jumper indicator* 分号表. *jumper list* 分号表,(用户)配线表. *jumper wire* 跨接〔连,线〕线. *ribbon jumper* 色带跳动器. *saw jumper* 锯齿器.

jumper-boring bar 擒〔冲〕钻.

jump'ing *a.* 突变现象,跃变,跳动(的),跳跃(的). *jumping circuit* 跳线路. *jumping correspondence* 跳动对应. *jumping drill* 跳动钻头.

jumping-off place 出发点,智穷力竭的地步.

jump'-off *n.* 开始,垂直起飞.

jump'y ['dʒʌmpi] *a.* ①跳跃性的,跳动的,急剧变化的 ②激动的,神经质的.

Jun ＝June 六月.

junc ＝junction 连接(点).

Juncaceae *n.* 灯心草科.

junc'tion ['dʒʌŋkʃən] *n.* ①接合,连〔焊〕接,钎〔熔〕焊,跨越,联络 ②接合处,(钢梁)缀缝过渡处,接(合)点,连接(会合,联轨,交叉),(会)交,合流,连〔结〕接头〔界〕,端,(半导体)接〔结〕③接〔联〕线(线),中继(联)④(道路)交叉口,道路枢纽,枢纽(联轨)站,汇接局,河流汇合处. *alloy junction* 合金结. *cold junction* (热电偶的)冷端. *collector junction* 集电极结. *fly-over junction* 立体交叉. *four-way junction* 四通(管接头). *hot junction* (热电偶的)热端. *incoming junction* 输入连接,入中继线. *junction battery* 结型电池. *junction bench mark* 连测水准标点. *junc-tion block* 接线块,连接段. *junction board* 接续〔连接〕台. *junction box* 接〔分〕线盒,套管,集管箱,联轴器. *junction box header* 换热器的管束箱. *junction cable* 中继电缆. *junction center station* 枢纽站. *junction compensator* 冷端补偿器. *junction current* 结电流. *junction diode* 结式(面接型)二极管. *junction field effect transistor* 面结型(电)场效应晶体管. *junction filter* 高低通滤波器组合,结型滤波器. *junction flexode* 面接型变特性二极管. *junction hole* 中导孔. *junction house* (石油厂的)接收原料或产品)分类部门. *junction laser* 结型(注入)型)激光器. *junction leakage* 结漏电流. *junction line* 中继(联接)线,渡线. *junction loss* 汇接(中继)线)损耗. *junction monolithic capacitor* 单晶结电容器. *junction motion*【化】交联点运动. *junction plane* 过渡层平面,"结"平面. *junction plate* 接合〔连接〕板. *junction pole* 分线柱. *junction resistance* 接触电阻,p-n 结晶体管电阻. *junction station* 汇接〔联轨,枢纽,中继〕站,汇接站. *junction symbol* 连接符号. *junction transistor* 结式(面接型)晶体管. *linear junction* 线性结. *rate grown junction* 变速生长结. *reference junction* 基准结. *scissors junction* 锐角交叉. *shock waves junction* 激波交线(面). *step junction* 阶跃结. *thermo-electric junction* 温差电偶接头. *vacuum junction* 真空热电偶,真空热丝交流. *volume junction* 体接合. ▲ *make a junction* 连接起来,取得联络.

junc'tor *n.* 联结线〔机〕,连接机.

junc'tura ['dʒʌŋktfə] (*pl. junc'turae*) *n.* 结〔接〕合,接缝.

junc'ture ['dʒʌŋktfə] *n.* ①连接,接〔焊〕头,接合(点,处,连)〔焊〕接点,接缝,交界处 ②时机,关键(头). *at an important historical juncture* 在重大历史关头. ▲ *at this juncture* 在这个时候.

June [dʒuːn] *n.* 六月. *June solstice* 夏至.

jun'gle ['dʒʌŋɡl] *n.* ①丛(密)林(地带) ②稠密的居住〔工厂〕区 ③错综复杂难以解决的事. *jungle circuit* 稠密(复杂)电路. *jungle law* 弱肉强食的原则. *jun'gly* *a.*

Jungner battery 琼格纳的(铁镍蓄)电池.

ju'nior ['dʒuːnjə] I *a.* ①年少(幼)的,小……②次的,初(低,下)级的,低年级的,后进的 ③新颖的,新出现的 II *n.* ①年少者;晚辈,下级,后进者 ②(美国四年制大学)三年级生,(三年制)二年级生. *John Smith, Junior* 小约翰・史密斯. *junior beam* 次梁,小(轻型)钢坯. *junior machine* 新式机床. *junior range circuit* 辅助测距电路. ▲ *be junior to* 小(次,低)于.

juniperin *n.* 杜松(圆柏,桧)素.

junk [dʒʌŋk] I *n.* ①(大)块,碎(厚,金属)片,团粒,圆木 ②(零碎)废物,废料(堆),小块废铁(填缝隙用)油屑,碎片,旧电器,③旧工廊零件 ④冒名货物,假货 ⑤无意义信号,无用数据,无用的书 ⑥帆船,海船,舢板. II *vt.* 丢弃(掉),当作废物. *copper junk* 铜废料,废铜. *junk ring* 填料函压盖,压密

junk′-bottle 封〕环，衬（密封）圈. *junked tire* 废旧轮胎.

junk′-bottle n. 黑（深，绿）色厚玻璃瓶.

Ju′no n. 朱诺（美，卫星运载火箭）.

Juno cathode 卷状阴极.

Ju′piter [′dʒu:pitə] n. ①木星 ②丘辟特（美国地对地中程导弹） ③弧光灯.

Juras′sic [dʒuə′ræsik] n.; a. 侏罗纪（的），侏罗系（的）. *Jurassic period* 侏罗纪.

jure 〔拉丁语〕 *de jure* [′dʒuəri] 根据权利的，正当的，合法的，法律（的）.

jurid′ic(al) [dʒuə′ridik(əl)] a. 司法（上）的，审判（上）的，法律（上）的.

jurisdic′tion [dʒuəris′dikʃən] n. ①权限，管辖〔裁判，审判，司法〕权 ②管辖区域〔范围〕. ▲*exercise〔have〕 jurisdiction over* 管辖. *under the direct jurisdiction of* 直属于.

jurisdic′tional [dʒuəris′dikʃənl] a. 支配的，管辖〔理〕的，司法〔审判，裁判〕(权)的.

jurispru′dence [dʒuəris′pru:dens] n. 法(律)学.

juris′tic(al) [dʒuə′ristik(əl)] a. 法律(上所承认)的. ~**ally** ad.

ju′ry [′dʒuəri] I a. 应急的，备用的，临时(用)的. II n. 审查〔陪审，评判〕委员会，审查团. *jury pump* 备用泵. *jury repairs* 临时应急修理. *jury rig* 应急索具.

jur′yman n. 陪审员.

ju′ry-mast n. 应急桅杆.

ju′ryrigged a. 暂时的，临时配备的.

ju′ry-rudder n. 应急舵.

ju′ry-strut n. 应急支杠.

jus [dʒʌs] 〔拉丁语〕 n. 法律(原则，所保证的权利). *jus gentium* 国际法.

just [dʒʌst] I a. 公正的，合理的，正确〔当〕的，有（充分）根据的. *just compromise* 适当调和. *just scale* 自然音阶. *just size* 正确尺寸. II ad. ①恰〔刚，正〕好的 ②仅仅，好容易才 ③只〔不过〕是 ④（+完成时）刚才 ⑤（+how，why 或 what）究竟，到底 ⑥（命令句）请听…，请…一下，试一试 ⑦实在，真的. *just noticeable〔perceptible〕 difference* 最小可辨差异. *just tolerable noise* 最大容许噪声〔杂波〕. ▲*be just about to* + inf. 正要(做)，正准备(做). *be just the same to* …对…完全一样，对…来说无任何差别. *just a moment* 稍等一下. *just about* 差不多，几乎. *just as* 正如(完全像)…，恰当…的时候. *just as it is* 恰好如此，完全照原样. *just as M, so N* 正如 M 一样 N 也，正如 M 那样 N 也. *just like* 正如一样，几乎与…一样. *just now* 此刻〔目下，现在(就)〕，刚才(已，方才（还）. *just over* 比…稍高点，比…稍多于；刚刚结束. *just so* 正是这样，一点不错. *just started* 刚开始. *just the same* (虽然如此)仍然，还是一样，完全一样，并无差别. *just the same as saying* 就是说. *just the thing* 正是所需之物，正合用. *just then* 就在那时候，not *just* …but 不仅…而且…，*only just* 好容易才，刚刚好，勉强.

justape n. 整行磁带全自动计算机.

just-as-good a. 代用的.

jus′tice [′dʒʌstis] n. ①公正〔道，平〕，正当〔义〕，合理，妥当性 ②审判(员)，司法(官). *court of justice* 法院. ▲*do justice to* … 公平〔妥善〕处理，给…以公道的评价，(照片)酷似. *do oneself justice* 发挥自己的能力.

jus′tifiable [′dʒʌstifaiəbl] a. 言之有理的，合理的，有理由的，说得过去的，无可非议的，可证明的. *justifiable expenditure* 正当费用. *be hardly justifiable* 很难说过去的，很难说是正当的. **jus′tifiably** ad.

justifica′tion [dʒʌstifi′keiʃən] n. ①认为有理〔正当〕，证明(正确) ②正当理由，有理由，合理性，辩护〔明〕 ③【印，计】整版，装版，对齐，(碼速)调整. *justification service digit* 调整服务数字. *There is every justification for* + ing. 完全有理由(做). *There is no justification for it.* 这是没有正当理由的. ▲*in justification of* 替(为)…辩护.

jus′tificative 或 **jus′tificatory** a. 认为正当(有理)的，辩护的.

jus′tifier [′dʒʌstifaiə] n. ①装版工人 ②装版材料 ③证明者，辩解者.

jus′tify [′dʒʌstifai] v. ①证明…是正当〔正确，合理〕的，认为…有理由 ②为…辩护(for) ③【印，计】整版，装版，对齐，调整. *left justify* 【计】左侧整版. *right justify* 【计】右侧对齐. *justified margin* 合理余量〔余裕度〕，边缘调整. ▲*be justified in* + *ing* 可以(做)，应当(做)，有理由(做). *be justified in not* + *ing* 可以不(做)，有理由不(做).

just′ly [′dʒʌstli] ad. 公正地，正当地，严密地.

just′ness [′dʒʌstnis] n. 公正，正当，正确.

justo major 大于正常，过大.

justo minor 小于正常，过小.

jut [dʒʌt] I (**jutted; jutting**) vt. 突〔凸，伸〕出(out, up). II n. 突〔伸〕出(部)，突出物，突起部，突臂，尖端.

jute [dʒu:t] n. 黄麻(纤维)，电缆黄麻包皮. *jute rope* (黄)麻绳. *jute yarn* 黄麻线，电缆黄麻包皮线.

jut′ter [′dʒʌtə] n.; v. ①振〔摇〕动 ②抖纹(螺纹缺陷).

jutting-off-pier n. 悬臂桥墩.

juty yarn 黄麻线.

juvabione n. 保幼酮，保幼生物素.

juvenes′cence n. 复壮现象.

ju′venile [′dʒu:vinail] I a. ①年轻的，青少年的，幼(态)的，幼稚的，不成熟的 ②岩浆源的，童期的. II n. ①少年，青年人，(鱼虾等)幼体 ②儿童〔青少年〕读物. *juvenile school* 未成熟群，幼年群. *juvenile water* 岩浆〔原生，初生〕水. *juvenile wave platform* 幼年浪蚀平台.

jux′tapose [′dʒʌkstəpouz] vt. 把…并列，并置.

juxtaposition [dʒʌkstəpə′ziʃən] n. ①并置，并列，并行 ②斜接 ③邻〔接〕近，毗连 ④交叉重叠法.

JW = jacket water 水套冷却水.

Jy = July 七月.

K k

K [kei] n. ①K字形 ②与Z轴平行的单位矢量.
K 或 k = ①介电常数的符号 ②absolute zero 绝对零度 ③capacity (电)容量,能力 ④carat 或 karat 克拉(宝石、金刚石重量单位,等于 0.2 g) ⑤金位,开(纯金为 24 开) ⑤cathode 阴极,负极 ⑥cathode tube 阴极管 ⑦cellophane 赛璐珞,玻璃纸 ⑧constant 常数 ⑨constant of chemical equilibrium 化学当量常数 ⑩electrostatic capacity 静电电容 ⑪ionization constant 电离常数 ⑫kalium (potassium)钾 ⑬Kelvin (absolute scale)开氏绝对温标 ⑭kilo 千(10^3),1024 (存储器中,K 字 = 1024 字) ⑮kilogram(-me)千克 ⑯kilohm 千欧 ⑰kinesthetic【心】动觉的 ⑱kip 千磅 ⑲knot 海里,节 ⑳magnetic susceptibility 磁化率 ㉑velocity coefficient of chemical reaction 化学反应的速度系数.
K Monel K 蒙乃尔合金(镍 63%,铜 30%,铝 3.5%,铁 1.5%).
K scope K 型(移位距离)显示器.
KA 或 ka = ①kiloampere 千安培 ②kathode 阴极.
kabicidin n. 杀真菌素.
Kabul ['kɑ:bul] n. 喀布尔(阿富汗首都).
K-acid n. K-酸,1-8-氨基萘酚-4,6-二磺酸.
kaempferide n. 非素.$C_{16}H_{12}O_6$.
kaempferol n. 山奈酚 $C_{15}H_{10}O_6$,4.5.7-三羟黄酮醇 非醇.
kafirin n. 高粱醇溶蛋白.
Kagoshima [kɑ:gɔ'ʃi:mə] n. 鹿儿岛(日本港口).
Kahlbaum iron 卡尔巴姆纯铁(杂质在 0.025%以下).
kahlerite n. 黄钾铀伊矿.
Kainan n. 海南(日本港口).
kainite n. 钾盐镁矾.
Kainozoic era 新生代.
kai'ser ['kaizə] n. 皇帝. Kaiser roll (machine)开氏辊(机).
kai'serzinn n. 锡基合金(锡 93%,锑 5.5%,铜 1.5%).
kalamein door 金属包门.
Kald method 卡尔德转炉炼钢法.
KALDO quality 氧气斜吹转炉(生产的)质量.
kalei'dophon(e) n. 光谱仪,示振器(显示发声体振动情况的仪器).
kalei'doscope [kə'laidəskoup] n. 万花筒(似的场面),千变万化(的事物). ~ally ad.
kaleidoscop'ic(al) [kəlaidə'skɔpik(əl)] a. 万花筒(似)的,千变万化的. ~ally ad.
kalfax film 紫外感光定影胶片.
Kalgan series (白垩纪)张家口统.
ka'li ['keili] n. 氧化钾,苛性钾,木灰. alcohol kali 钾碱醇液,氢氧化钾的酒精溶液. kali salt 钾盐.
Kaliman'tan [kɑ:li'mɑ:ntɑ:n] n. 加里曼丹.
kalim'eter n. 碳酸定量器,碱定量器.
ka'lium ['keiliəm] (拉丁语) n.【化】钾 K.
kalk n. 石灰.

kalkowskite n. 高铁钛铁矿.
kallidinogen n. 胰激肽原.
kallikrein n. 激肽释放酶.
kallikreinogen n. 激肽释放酶原.
kallirotron n. 负阻抗[负电阻]管.
kallitron n. 两个三极管为获得负阻抗而周期性组合,卡利管.
kallitype n. 铁银(印画)法.
kal'somine I n. (刷)墙粉. I vt. 刷墙粉于.
kaltleiter n. 正温度系数半导体元件.
kalvar n. 卡尔瓦(记忆装置,照明胶卷),卡尔瓦光致散射体(一种激光选址膜).
kalzium metal 铝钙合金.
kamagraph ['kɑ:məgrɑ:f] n. 油画复印机,(用油画复印机)复印的油画.
Kamash alloy 锡基合金(铜 12.5%,铅 1.2%,其余锡;或铜 3.7%,锡 7.5%,其余锡;或铜 85%,锑 5%,铜 3.5%,锌 1.5%,铅 1.5%).
kame [keim] n. 冰砾(冰碛)阜. kame terrace 冰砾阶地.
Kampala [kæm'pɑ:lə] n. 坎帕拉(乌干达首都).
kampom'eter n. 热输射计.
Kampuchea n. 柬埔寨.
kampyla of Eudoxus 纺锤线.
kana n. (日文字母)假名.
kanamycin n. 卡那霉素.
kangaroo' [kæŋgə'ru:] n. 袋鼠.
Kanji n. [日语]汉字.
kanne n. 升(即 litre).
Kanner's tinplate 一种薄锡层镀锡薄钢板.
Kan'san a.; n. (美国)堪萨斯州的,堪萨斯州人(的).
Kan'sas ['kænzəs] n. (美国)堪萨斯(州).
Kanthal n. 堪塔尔铬铝钴耐热钢(铬 25%,铝 5%,钴 3%,铁 67%). Kanthal alloy 铬铝钴铁合金(铬 2%,铝 5%,钴 1.5~3%,其余为铁合金),铁铬铝电阻合金. Kanthal DR DR 精密级电阻丝(铁 75%,铬 20%,铝 4.5%,钴 0.5%). Kanthal Super ($MoSi_2$ 粉末烧结成的)堪塔尔高级电阻丝. Kanthal wire 堪塔尔铬铝电阻丝(铬 25%,铝 5%,钴 3%,其余铁;或铬 22%,铝 5.5%,钴 1.5%,其余铁).
kanzuiol n. (= tirucallol)甘遂醇,杨如咖勒醇 $C_{30}H_{50}O$.
Kaolan series (前震旦纪)皋兰统.
ka'olin(e) ['keiɔlin] n. 高岭土,(白)陶土,瓷土. kaolin porcelain 磁器.
kaolin'ic a. 高岭土的,(白)陶土的.
ka'olinised a. 高岭土化的.
ka'olinite ['keiɔlinait] n. 高岭石,(纯粹)高岭土.
kaoliniza'tion n. 高岭石[高岭土,陶土]化作用.
ka'olinize ['keiəlinaiz] vt. 高岭石[高岭土,陶土]化(作用).
kaon ['keiɔn] n. K 介子. kaon(ic) atom K 介原子.

Kapitza method 卡皮扎法(一种单(结)晶形成法).
kapnom'eter n. 烟密度计.
ka'pok ['keipɔk] n. 木棉(花),木丝棉,耳帽.
Kapp line 卡普线(磁感应线,每条线表示6000麦克斯韦).
Kapp method 卡普法直流电机效率试验法,电机温升测试法.
kap'pa ['kæpə] n. ①(希腊字母)K,κ ②卡巴(原生动物病毒). *kappa curve* K曲线.
kapron n. 卡普纶(聚己内酰胺纤维).
kapton n. 卡普顿(聚酰亚胺薄膜).
kar 冰斗(坑),凹地.
Kara'chi [kə'rɑ:tʃi] n. 卡拉奇(巴基斯坦港口).
kar'at ['kærət] n. ①开(量金单位,纯金为24开) ②克拉(宝石的重量单位). *gold 18 karats fine* 或 *18-karat gold* 十八开金.
karbate n. (耐蚀衬里材料)无孔碳.
Karlson system 卡尔逊(电话级)制.
Karlsruhe cyclotron (西徳)卡尔斯鲁厄回旋加速器.
kar'ma ['kɑ:mə] n. 卡马(镍铬系精密级)电阻材料(镍73%,铬21%,铝2%,铁2%). *Karma alloy* 卡马镍铬电阻丝.高电阻镍铬合金(铬20%,铁3%,铝3%,硅0.3%,锰0.15%,碳0.06%,其余镍).
karmalloy n. =karma alloy.
Karmarsch alloy 锡基轴承合金(锡85%,锑5%,铜3.5%,锌1.5%,铋1.5%,或铜12.5%,铅1.2%,其余锡,或锡7%,铜3.7%,其余锡).
Karmash alloy 锑铜锌轴承合金.
karnauba wax 巴西棕榈蜡,加洛巴蜡.
Karnaugh map 卡诺夫图(一种简化开关函数的方格图).
karolus system 卡罗勒斯电极系统.
karst [kɑ:st] (德语) n. 喀斯特,岩溶,水蚀石灰岩地区,石灰岩溶洞,石林. *karst well* 天然井. *karstic* a.
karstenite n. 硬石膏.
kart n. 小型汽车,赛车.
kartell [kɑ:'tel] n. 卡特尔.
kar'ton n. 厚纸.
karyapsis n. 核接合.
karyenchyma n. 核液.
karyo- (词头)(细胞)核(的).
karyochrome n. 核(深)染色细胞.
karyoc'lasis [kæri'ɔkləsis] n. 核破裂.
karyoclas'tic a. 核破裂的,分裂中止的.
kar'yocyte ['kæriosait] n. 有核细胞.
karyogam'ic a. 核配合的.
karyogamy n. 核融合,核配合.
karyogen'esis [kærio'dʒenisis] n. 核生成.
karyogen'ic a. 核生成的,生核的.
karyokine'sis n. 有丝分裂,核分裂.
karyoklasis n. 核破裂.
karyolemma n. 核膜.
karyolobism n. 核分叶.
karyol'ogy n. 细胞核学.
kar'yolymph n. 核液,核淋巴.
karyol'ysis n. (细胞)核溶解.
karyom'etry n. 核测定法.
karyomi'crosome n. 核微粒.
karyomite n. 核网丝,染色(易染)体.
karyomitome n. 核网丝.

karyon n. 核细胞.
karyophthisis n. 核消耗.
kar'yoplasm n. 核质,核浆.
karyorrhexis n. 核破裂,核碎裂.
kar'yosome n. 染色(质核)仁,核粒.
karyosphere n. 核球.
karyota n. 有核细胞.
karyotheca n. 核膜.
karyo'tin n. 核质,染色质.
kar'yotype n. 染色体组型.
Kashima n. 鹿岛(日本港口).
Kashmir [kæʃ'miə] n. 克什米尔.
kas'olite n. 硅铅铀矿.
kasugamycin n. 春日霉素,灭瘟素.
kata- (词头)向〔在〕下,(错)误,反对,完全,彻底.
kata factor 降幂〔卡他〕因数.
katabat'ic [kætə'bætik] a. 下降(气流)的,下吹的.
katab'olism [kə'tæbəlizəm] n. 陈谢(作用),分解代谢,异化. **katabol'ic** a.
katabolite n. 分解代谢产物.
kata-condensed a. 潜位缩合的.
katafront n. 下滑锋.
katagen'esis n. 促退生殖退行由化.
katakine'sis n. 放能作用.
katakinet'ic a. 放能的.
katakine'tomere [kætəkai'ni:tomiə] n. 低能物质,缺能物.
katakinetomer'ic a. 低能的,缺能的.
katallobar n. 负变压区.
katalysis n. 催化,触媒.
katamorphism n. 简化〔分化,破裂〕变质,破碎变质现象.
kataphase n. (细)胞(分)裂期.
kataphoresis n. 电(粒)泳,电粒降淋.
kataseism n. 向震中.
katathermom'eter [kætəθə'mɒmitə] n. 冷却(低温,卡他)温度计,冷却(率)温度表.
kate-isallobar n. 等负变压线.
katergol n. 液体火箭燃料.
kath(a)emolgobin n. 变性高铁血红蛋白.
katharom'eter n. 热导计,导热析气计,热导池鉴定器.
katharom'etry n. 热导率测量术.
kathepsin n. 组织蛋白酶.
kathetron n. 外控式三极涨气整流管,辉光放电管.
Kat(h)mandu ['kɑ:tmɑ:n'du:] n. 加德满都(尼泊尔首都).
kath'ode ['kæθoud] n. 阴(负)极.
katine n. 阿拉伯莱碱.
kat'ion ['kætaiən] n. 阳离子,正离子.
katisallobar n. 卡迪斯(山区)变压区.
katogene n. 破坏作用.
katogen'ic a. 分解的.
katol'ysis n. 不完全分解,中间分解.
Kaufman method 螺钉敏锻法.
kauri resin 贝壳松脂,栲樹脂.
kauri-butanol number 〔(solvency) value〕贝壳松脂丁醇(溶液溶解)值.
kaurit n. 尿素树脂接合剂.
kawain n. 醉椒素.
Kawasaki n. 川崎(日本港口).
kay n. 小礁岛,礁砂丘.

kayser *n.* 凯塞(光谱学中,波数的单位,波长的倒数,它所表示的能量是 123.9766×10^{-6}eV).

K-b =key-board 键盘.

kb ①kilobarn 千靶(恩) ②kilobyte 一千个字节,千字节.

K-band *n.* K(频)带,K 波段(频率 $11 \sim 36 \times 10^9$Hz, 波长 $2.73 \sim 0.83$cm).

kbar *n.* 千巴.

k-binding energy K 层结合能.

kbps =kilobits per second 千位/秒.

k-bracing *n.* K 形撑架,K 形联结杆.

kbyte *n.* 千字节,1024 字节.

kc ①kilo-character 千字符 ②kilocurie 千居里 ③kilocycle 千赫.

kcal =kilocalorie 千(大)卡.

k-carrier system K-载波系统.

k-conversion *n.* K(内)转换,K 壳层的内转换.

k-crossing *n.* K 形路口.

kcs 或 **kcps** 或 **kc/s** 或 **kc/sec** =kilocycles per second 〔千赫〕秒.

KD ①kiln-dried (窑中)烘干的 ②knocked down 拆卸的,解体的.

K-display *n.* K 型(位移距离)显示,方位-方位误差显示(器).

KDP ①known datum point 已知基准点 ②potassium dihydrogen phosphate 磷酸二氢钾.

KE =kinetic energy 动能.

kedge [kedʒ] Ⅰ *n.* 小锚. Ⅱ *v.* 抛小锚移锚.

keel [ki:l] Ⅰ *n.* ①龙骨,瓣状突起,脊(船脊骨 ②(平底)船 ③一平底船的煤,煤的重量单位(=21,2 长吨). Ⅱ *v.* ①使龙骨,具有龙骨状突起 ②将(船)翻至一侧,把(船)翻转(使船)倾覆,失败(over). *false keel* 副龙骨. *flat keel* 平板龙骨. *keel block* 铸锭;底座;摆床;龙骨垫木(缘,台);基尔试验(金属延性试验样品用). *keel line* 首尾〔龙骨〕线. *keel piece* 龙骨材件. *keel surface* 飞机垂直安定的翼面. ▲*keep … on an even keel* 使…保持平稳,使…的首尾保持在同一水平上. *lay the keel* 安龙骨,起工. *on a level keel* 平(稳)地. *on an even keel* 船首尾在同一水平上,平稳(的),(的),(平稳)的.

kee'lage ['ki:lidʒ] *n.* 入港〔停泊〕税.

keel'-block =keel block.

keel'-boat *n.* 龙骨船,有龙骨的内河货船.

keel'less *a.* 无龙骨的.

keel'-line *n.* 首尾〔龙骨〕线.

keel'son ['kelsn] *n.* 内龙骨.

keen [ki:n] *a.* ①锋利的,锐(利)的,尖(锐)的 ②敏〔捷〕锐的 ③厉害的,强〔激〕烈的 ④渴望的 ⑤廉价的, *keen alloy* 基金合金(铜75%,镍16%,锌2.3%,锡2.8%,钴2%,铝0.5%). ▲*a keen interest in* 对…的强烈兴趣. *be keen on* 喜欢,爱好,渴望,对…有兴趣.

keen-edged ['ki:'nedʒd] *a.* 刀口锐利的,锋利的.

Keene's cement 干固水泥.

keen'ly ['ki:nli] *ad.* 锐利,敏锐地,强烈地,渴望地,廉价.

keen'ness *n.* 尖锐(性,度),锋利,敏(锐)度.

keep [ki:p] Ⅰ (*kept, kept*) *v.* ①(使)保持(某种状态),使处(…怎样),(使)继续,维持,持续 ②保存〔留,藏〕③(…供…)继续,维持,持续保管,经售,照料〔顾〕④(供,饲)养 ④扣留,制止,妨碍 ⑤遵 〔保〕守,履〔举〕行 ⑥拿〔握〕着,记载〔入,住〕. *Keep the lubricating oil clean.* 使润滑油保持清洁. *Bearings should be kept greased.* 轴承应保持(得是上了)润滑(油的). *Keep the machine running.* 让这机器继续转动(不停). *The machine kept running all night.* 这机器整夜在转动. *Keep oil off the lenses.* 别让(仪器的)透镜沾油. ▲*keep +ing* (使)继续不断,一直. *keep a sharp lookout for* 留心察看. *keep after … to +inf.* 缠〔钉〕着要… (做). *keep at* (使…)继续,坚持. *keep (M) away (from N)* (使 M)远离(N),(使 M)不靠近(N). *keep back* 留在后面,不前进;阻止 … 向前;隐瞒,不告诉. *keep down* 抑〔压〕制,消除,减少,缩减,蹲下. *keep from +ing* 避而不,不使…,不使免于(阻,禁)止. *keep … going* 使 … 继续下去,接济 …. *keep hold of* 抓住不放. *keep in* 扣留,(让)不使外出去;压住,抑制;排聚;(让火)燃着不熄. *keep in a cool place* 在冷处保管. *keep in mind* 记着,考虑到. *keep in the offing* 驶行海面. *keep in touch with* 保持与…接触(联系), *keep off* 不接近,避开;挡住,防止 … 接近. *keep on* 继续(进行);接连(不断);反复,让 … 一直 … 着;前进. *keep M out (of N)* 不让 M 入(N)内,把 M 排斥在(N)外,防止 M 侵入(N),不介(进)入. *Danger! Keep out!* 危险! 切勿入内! *keep pace with* 跟上,同…齐步前进. *keep the sea* 坚持在海中,保持在海上. *keep time* 合〔打〕拍子,准(足,记)时. *keep to* 坚持,一直,遵守,(使)保持(在). *keep under* 控〔压〕制. *keep up* (使)保持住,继续下去,遵守,维持,支持. *keep up to date with* 始终跟上. *keep up with* 跟上,不落后于. *Keep upright.* 勿倒置! *keep watch* 留心,注意,看守.

Ⅰ *n.* ①保持〔有,养〕,看守,管理 ②【机】盒框(下承轴),(切割器的)压刀板 ③生活资料〔费用〕,饲养费 ④坚固据点. *keep relay* 保持〔止动〕继电器. ▲*for keeps* 完全,永久. *in good [high] keep* 保存得好.

keep'-alive *n.* 点火电极,保弧,维弧,保活. *keep-alive circuit* 保〔维〕弧电路,"保活"电路. *keep-alive contact* 电流保持接点. *keep-alive current* 电离电流, "保活"电流. *keep-alive electrode* 保〔维〕弧阳极(电极). *keep-alive voltage* 激励点火,保活电压, "点燃电压".

keep'er ['ki:pə] *n.* ①看守(保管,持有,负责)人,记录〔饲养〕器 ②保持器〔片〕,定位件,保位物,夹(子,头,),卡籀,架,柄;把 ③锁紧〔扣紧,止动〕螺母,定位螺钉 ④(永久磁铁)衔铁,卫铁,变剖马蹄 ⑤门栓,带扣,刹车. *dust keeper* 防尘装置. *elevator wrist pin keeper* 升降机肘节销定位螺钉. *keeper of magnet* 保磁用衔铁. *oil keeper* 油承. *time keeper* 精密计时机构,测时计,记时员.

keep'ing ['ki:piŋ] *n.* ①保管〔存〕,管理,贮存,堆放 ②遵守(诺言等) ③饲养〔养,育 ④供养,供给一致,协调. *keeping priority* 【计】保持优先. *time keeping* 计〔测〕时. ▲*in keeping with* 与…一致〔协调〕. *in safe keeping* 保管得很好. *out of keeping with* 与…不一致〔不协调〕.

keep'sake ['ki:pseik] *n.* 纪念物,赠品.

keeve [ki:v] n. 大桶,漂白桶.
keewatin series (早太古代)基瓦丁统.
keg [keg] n. (三十加仑以下的)小桶.
kei(-function) n. 开尔文 kei 函数.
KEK linac (日本)高能物理所直线加速器.
Kelcaloy method 高级合金钢冶炼法.
K-electron n. K 层电子(围绕原子核的第一层上的电子). *K-electron capture* K 层电子俘获.
kelene n. 氯(代)乙烷.
kel-F n. 聚三氟氯化乙烯聚合体.
Keller furnace 凯勒式电弧炉.
Keller machine 自动机械雕刻机.
Kellogg crossbar system 凯洛格纵横〔自动交换〕制,凯洛格交叉式(坐标式).
kellog (hot-top) method 钢锭顶部电加热保温法.
Kelly ball test (测定混凝土稠度用)凯氏球体贯入试验.
Kelly bar 凯氏方钻杆.
kelmet n. 油膜轴承,油膜轴承合金(铅 20～45%的铅青铜). *Kelmet bronze* 油膜轴承合金,铅青铜(铜 67.7～70.5%,锡 6.5%,铅 22.5～25.5%).
kelp [kelp] n. (大型)海藻,海草灰.
kel'son ['kelsn] n. 内龙骨.
Kel'vin ['kelvin] n. ①开氏绝对温度(开尔文温标的计量单位 K) ②一种温度单位(偶尔用作千瓦小时的名称) *Kelvin degree* 开氏(绝对)温度(它与华氏的关系是 K=5/9(F－23)＋273.15). *Kelvin effect* 趋肤〔集肤,开尔文〕效应. *Kelvin method* 开尔文法(用检流计作为一个桥边的测定检流计内部电阻的方法). *Kelvin scale* 绝对(开氏)温标,开尔文温标(刻度). *K. Kelvin temperature* 绝对(开氏)温度,开尔文温度.
kemet n. 钼镁合金(吸气剂).
Kemidol n. 凯米多尔石灰,细石灰粉.
Kemler metal 铝钼锌合金(锌 76%,铅 15%,铜 9%).
ken [ken] I n. 眼界,知(认)识范围,视野. II v. 认识,知道. ▲*beyond* (*out of, outside*) *one's ken* 或 *beyond the ken of* 超出…视野〔视界,知识范围〕之外,在…看不到的地方. *in one's ken* 或 *in the ken of* 在…看得到的地方,在…知识范围之内.
Kendall effect 肯德尔效应,假像效应(下边带受干扰调制的失真).
kenel n. 心子,型芯.
kennametal n. 钴碳化钨(钨钛钴类)硬质合金.
Kennedy key 方形切向键.
ken'nel ['kenl] I n. (洞,狗窝 ②沟渠,阴沟,下水道. II v. 钻进(in).
Kennelly-Heaviside layer 肯涅利-亥维赛昙,E 电离层(高度 110～120km).
ken'ning ['keniŋ] n. ①认识,知道 ②微量,小部分.
keno- 〔词头〕空(间),新,共(通).
kenopliotron n. 二极-三极电子管.
kenotox'in n. 疲劳毒素.
ken'otron ['kenotrɔn] n. 高压整流二极管,二极(高真空)整流管. *kenotron rectifier* (高压)二极管整流器.
kent n. 制〔绘〕图纸.
kental/lenite [ken'tælənait] n. 橄榄二长岩.
Kentanium n. 硬质合金 (TiC70～80%, Ni3.0～20%).
kentite n. 铵硝、钾硝、三硝甲苯炸药.
Kent'ledge ['kentlidʒ] n. 压重料,(铣铁)压块,压载铁,压船货用的铁块.
Kentuck'y [ken'tʌki] n. (美国)肯塔基(州). *Kentucky design method* 美国肯塔基州(柔性路面)设计法.
Ke'nya ['ki:njə] n. 肯尼亚.
ke'nyte ['ki:nait] n. 霓橄粗面岩.
kephal- 〔词头〕头.
kephalin n. 脑磷脂.
kept [kept] keep 的过去式及过去分词.
ker- 〔词头〕角.
keram'ic [ki'ræmik] a. 陶器的.
keram'ics [ki'ræmiks] n. 陶器.
kerargyrite n. 角银矿.
kerasin n. 角苷脂.
keratein(e) n. 还原角蛋白.
kerat'ic a. 角(质,膜)的.
ker'atin ['kerətin] n. 角质,角朊,角蛋白.
keratinase n. 角蛋白酶.
keratiniza'tion n. 角化(作用).
keratinize v. 角化,角质化,变成角质.
kerati'tis ['kerə'taitis] n. 角膜炎.
keratohyaline n. 透明角质.
keratoid a. (似)角质的,角膜样的. *keratoid cusp* 【数】甲种尖点.
keratol ['kerətoul] n. 涂有硝棉的防水布.
keratomalacia n. 角膜软化症.
keratom'eter n. (韦塞里)角膜曲率计.
ker'atophyre ['kerətəfaiə] n. 角斑岩.
ker'atose ['kerətous] I a. 角质(化)的. II n. 角质物〔产品,纤维〕.
kerato'sis n. 角化病.
keratosulfate n. 硫酸角质.
keraunophone n. 闪电预示器.
kerb [kə:b] n. 同 curb.
kerbside loading 县人行道上车(或装货).
kerb'stone ['kə:bstoun] n. 路缘石,侧石,道牙.
ker'chief ['kə:tʃif] n. 头巾.
kerenes n. 煤油烯.
kerf [kə:f] I n. 截(切,锯)口,劈(锯)痕,(气割的)切(割)缝,切断沟,槽. II vt. 截(口,断),切开子,剪断 ②锯(割,切),切缝,切(锯,掏)槽 ③采,掘.
ker-function n. (汤姆逊)ker 函数,开尔文 ker 函数.
kerites n. 煤油沥青.
kerma n. 科玛(放射学中一种动能单位).
kermes ['kə:miz] n. 硫氧锑矿.
kermesite n. 红锑矿.
kern(e) [kə:n] n. ①核(心,部),颗粒,偏力核 ②型芯撑,撑子 ③古地块. *Kern method* 克恩涂料粘耐性试验法. *kern of section* 截面中(核)心. *kern oscillation* 核振荡.
kern'but ['kə:nbʌt] n. 断层外侧丘.
ker'nel ['kə:nl] n. ①核,实,种,仁,中(核,珠)心,心材 ②部分方程的影响函数(核),弗雷德霍尔姆核 ③要点 ⑤谷(颗)粒,种子 ⑥(带电导体中)零磁场强度线,零位线 ⑦稳定电子群. *atomic kernel* 原子核. *attenuation kernel* 弱化〔衰减〕函数,弱化核. *diffusion kernel* 扩散影响函

ker′nelled [ˈkə:nld] *a.* 有核(仁)的.

kernicterus *n.* 脑核性黄疸.

kern-stone *n.* 粗粒砂岩.

ker′ogen [ˈkerədʒən] *n.* 油母岩(质). *kerogen shale* 油页岩.

ker′osene 或 **ker′osin(e)** [ˈkerəsi:n] *n.* 煤(火,灯,石)油. *kerosene cutback* 用煤油轻制的沥青. *kerosene method* (测土的密度用)石油(煤油)法. *kerosene oil* 煤(火,灯)油.

ker′otenes *n.* 焦化沥青质.

Kerr cell 克耳盒,光电调制器.

Kerr effect 电介质闪光电效应,克耳效应.

ker′santite [ˈkə:zəntait] *n.* 云斜煌岩.

Kesternich test 耐蚀试验.

kestner evaporator 长管式无循环蒸发器.

kestose *n.* 科斯庙,蔗果三糖.

ket *n.* 右(大)矢,可(矢量).

ket- [构词成分] 酮.

ketal *n.* 酮缩醇,缩酮.

ketazine *n.* 甲酮连氮.

ke′ten(e) [ˈki:ten] *n.* (乙)烯酮(类).

ketene-dimethyl *n.* 二甲酮,丙酮.

ketimine *n.* 酮亚胺.

keto- [构词成分] 酮.

keto *n.* 氧化(代)(酮)基.

ketoalkyla′tion *n.* 酮烷基化(作用).

ketoamine *n.* 酮胺,氨基酮.

ketoestradiol *n.* 酮雌(甾)二醇.

ketoestrone *n.* 酮雌(甾)酮.

keto-form *n.* 酮式.

ketogen′esis *n.* 生酮(作用).

ketogen′ic *a.* 生酮的.

ketogluconate *n.* 酮缩糖酸(盐,酯,根).

ketoglutaramate *n.* 酮戊二酸单酰胺.

ketoglutarate *n.* 酮戊二酸(盐,酯,根).

ketoheptose *n.* 庚酮糖.

ketohexonate *n.* 酮己糖酸(盐,酯,根).

ketohexose *n.* 己酮糖.

ketoimine *n.* 酮亚胺.

ketoindole *n.* 羟吲哚.

ketoisocaprote *n.* 酮异己酸.

ketoisovalerate *n.* 酮异戊酸(盐,酯,根).

ketol *n.* 乙酮醇.

keto-lactol *n.* 内缩酮.

ketolysis *n.* 解酮(作用).

ketolytic *a.* (分)解酮的.

keto-myo-inositol *n.* 酮肌醇,氧代环己六醇.

ke′tone [ˈki:toun] *n.* (甲)酮. *methyl ethyl ketone* 丁甲基乙基酮. *methyl isopropyl ketone* 甲基异丙酮.

ketone-sulphoxylate *n.* 次硫酸酮.

keton′ic [kiˈtɔnik] *a.* 酮的.

ketoniza′tion *n.* 酮(基)化作用.

ketonize *v.* 酮化.

ketoreductase *n.* 酮还原酶.

ketose *n.* 酮糖.

Ket′ter di′ode 变容二极管.

ket′tle [ˈketl] *n.* ①(水)壶,(水,小汽)锅,釜,勺 ②吊桶,白铁桶 ③【地】锅穴 ④溪水冲成的凹处. *first-over kettle* (炼铅)除铜精炼锅. *kettle fault* 锅形断层. *kettle moraine* 多穴碛. *pouring kettle* 浇注勺. ▲*a pretty* [*nice*] *kettle of fish* 一团糟,乱七八槽,一锅粥.

ket′tledrum [ˈketldrəm] *n.* (釜状)铜鼓,定音鼓.

ket′tleholder *n.* 水壶柄,釜(勺)柄.

keturonate *n.* 糖酮酸(盐,酯,根).

ketyl *n.* 羰游基 R_2C-ONa.

Keuper series (晚三迭世)考依统绕.

KeV = kilo-electron-volt 千电子伏(特).

kevatron *n.* 千电子伏级加速器.

kev′el [ˈkevəl] *n.* 盘绳栓.

key [ki:] Ⅰ *n.* ①钥(匙),(电,音)键,电门(钥),按钮,开关,扳手 ②楔,栓,销,双头螺栓 ③拱心(顶)石,拱键,楔形体(拱顶)砖 ④【计】信息标号(字眼),关键码(字) ⑤关键,要害,咽喉,秘诀,线索,纲要,索引,检索表 ⑥解答,题(表,图)解,答案,图例 ⑦【音乐】(主)调,调子 ⑧珊瑚礁,沙洲. Ⅱ *a.* 主要的,关键的,基础(本)的. Ⅲ *vt.* ①销[锁,上],嵌[拼]合,用楔固定,用销销住,楔固 ②键控,发报,发报 ③自动开关 ④向…提供线索(答案) ⑤用动植物分类特征表鉴定(生物标本). (*be*) *of key importance* 有关键(决定性)意义. *The key to the settlement of the question lies in* 解决这个问题的关键在于…. *center key* 拆锥套楔. *coiled key* 旋簧键. *key aggregate* 嵌缝(塞缝)集料. *key atom* 钥原子. *key bed* 键座(槽),标准(分界)层. *key block* [*stone*] 拱顶石. *key board* 键盘,按钮板. *key cabinet* 电话(电键)控制盒. *key card puncher* 卡片穿孔机. *key columns* 关键列. *key component* 主要(关键)组分,锁阴构份. *key diagram* [*map*, *plan*] 索引解说,原理草图,示意图. *key filter* 陷路滤波器(消除器),键噪滤波器. *key hole* 基准井. *key horizon* 标志(标准,基准)层. *key industry* 基本(主要)工业. *key instruction* 引导(主导)指令. *key lights* 主光. *key map* 总(索引)图. *key metal* 母合金. *key point* 关键,要点. *key post* 主要岗(职)位. *key protection* 存储键防护(保护). *key punch machine* 键控穿孔机. *key relay* 键控继电器. *key rock* 标志(标准岩)层. *key sample* 标准样品. *key screw* 螺丝栓. *key search* 关键字检索. *key seats* 键槽, (井壁上的)沟道. *key sender* 电键发送器,按钮电键. *key set* 电(按)键. *key socket* 电键插座,旋钮灯口. *key sorting* 分类标记. *key sound* 键音,急促声响. *key source* 译码索引,电码本. *key station* 主(控)台,控制(中心)站,基本(观测)站. *key switch* 钥匙(电键,按键,琴键)开关. *key tape load* 键带信息输入. *key thump* 击键噪声. *key to foreign trade in metal* 金属外贸入门. *key to the code* 电码索引. *key verify* 键盘检验. *key way* [*seat*, *seating slot*] 键槽,错座.

key well 关键[基准]井,基准钻孔. *key word* 关键[标号],引导,索引]字. *key wrench* 套筒扳手. *make-and-break key* 开关. *multi-code key* 复编码电键. *screw key* 螺旋键,螺丝校. *spoke key* 辐条扳手. *tightening key* 斜扁销. *tubular key* 管形螺丝扳手. *valve key* 阀簧抵座销,气阀制销. *wood key* 木楔. ▲ *all in the same key* 千篇一律. *hold the keys of* 支配,控制. *key in* 插[嵌]入,接通,楔入. *key into* 嵌进. *key off* 切断. *key on* 接通. *key out* 切断,断开; *key to* …的关键[要害,解答]. *key (M) to N* 用键(把M)固定到N上. *key up* 开调门,鼓舞,激励.

key'board ['ki:bɔ:d] Ⅰ *n*. (电)键盘,字盘,电键[开关]板,按钮. Ⅱ *v*. 用键盘写入(into),用键盘排字机排(字). *keyboard computer printer* 计算机的键盘打印机. *keyboard punch* 键盘穿孔机.

key-bolt *n*. 键螺栓,螺杆销.
key-click filter 电键声滤除器.
key'coder *n*. 键盘编码器.
key-colour *n*. 基本色.
key-drawing *n*. 解释[索引]图.
key-drive *n*. 键传动,键控.

keyed *a*. ①有键的,键控的 ②楔形的 ③锁着的,用拱顶石连住的. *keyed access method* 键取数法. *keyed attribute* 信息标号属性. *keyed AGC* 键控自动增益调整[控制],定时自动增益控制. *keyed amplifier* 键控放大器. *keyed burst-amplifier stage* 键控彩色同步脉冲放大级. *keyed clamp* 键控箝位(方式),定时箝位. *keyed (construction) joint* 楔形(工作)缝. *keyed file structure* 关键字式文件结构. *keyed girder* (木)键合梁. *keyed rainbow signal* 键控彩虹信号(3.56MHz连续正弦波信号).

key'er ['ki:ə] *n*. ①键控[控制,调制]器,电键[电讯]电路[定]时器. *keyer multivibrator* 起动[启动,键控]多谐振荡器. *keyer tube* 键控管.
key'frame *n*. 键盘.
key-generator output 选通脉冲发生器输出.
key'hole Ⅰ *n*. 锁眼,栓[钥匙]孔. Ⅱ *a*. 显示内情的,报道内幕的. *keyhole charpy impact test specimen* 钥匙形缺口冲击试样. *keyhole notch* 锁眼式刻槽(用于冲击试件). *keyhole specimen* 有刻痕的冲击试块.
key-in *n*. 插[嵌]入,【计】键盘输入,通频带,通过区. *key-in region* 通过区[域].

key'ing ['ki:iŋ] *n*. ①锁[插]上,用键固定[锁住,锁紧] ②键控(法),键控换向,键控,发报 ③自动开关,键控 ④键盘. *keying absorber* 键控火花吸收器. *keying action of aggregate* 骨料的锁结作用. *keying circuit* 键控[脉冲削除]电路. *keying chirps* (因按电键使发射频率变化形成的)电键啾啾声. *keying level* 键控[动作,吸动]电平. *keying signal* 键控[启明]信号. *keying strength* 咬合强度. *keying wave generator* 键控信号发生器.

key'less ['ki:lis] *a*. 无键[键,钮匙]的. *keyless ringing* 无钥信号,无键振铃,插塞式自动振铃. *keyless socket* 无开关灯口式.

key'man *n*. 中心[关键]人物.
key'note ['ki:nout] Ⅰ *n*. 主(要)旨,重点,主音,基调,基本方针,主要动向. Ⅱ *vt*. 给…定下基调.
key'-out *n*. 切断,断开,阻止.
key'-pulse *n*. 选通脉冲.
key'punch *vt*.; *n*. 键控[键盘式]穿孔(机). *buffered keypunch* 缓冲键盘穿孔机(一种在卡片穿孔前能校对数据的穿孔机).
key'puncher *n*. (键控)穿孔机操作员,穿孔员.
key'seat Ⅰ *n*. 键槽[座],销槽[座]. Ⅱ *vt*. 铣[插]键槽.
key'seater *n*. 铣键槽机,键槽铣床.
key-sending *n*. 用电键选择[拨号].
key'sent *n*. 用电键发送器拨号.
key'sets *n*. 配电[转接]板.
key'shelf *n*. 键座,电键盘.
key'stone ['ki:stoun] Ⅰ *n*. ①关键,主(要)旨,根本原理 ②梯形(失真),梯形畸变 ③拱心[顶]石,冠石,嵌缝石. Ⅱ *vt*. 用拱顶石支承. *keystone distortion* 梯形失真,梯形[梯形]畸变. *keystone plate* 瓦垅(波纹)钢板. *keystone scanning* 梯形扫描. *keystone strand wire rope* 楔表面钢丝绳(外表由楔形钢丝股组成,增加其耐磨性).
key'stoning *n*. 梯形失真[畸变].
key-to-disk *n*. 键(盘)-(磁)盘(结合)输入器.
key'-wall *n*. 齿[刺]墙.
key'way *n*. 键槽[道],销座,凹凸雌.
key'word *n*. 关键字[语].
K-factor *n*. 增殖系数[因数],倍增因子,K因数,径向压溃强度系数.
KG = kilogauss 千高斯.
kg = ①keg 小桶 ②kilogram 千克.
kg p m = kilograms per minute 千克每分钟,千克/分.
kg/cum = kilograms per cubic meter 千克/米³.
kgm = ①kilogram 千克 ②kilogram-meter 千克米.
kgmt = kilogramme-meter 千克·米.
kgr = kilogram 千克.
khaki ['ka:ki] *n*.; *a*. 黄褐色(的),卡其布的.
Kharkov linac (苏)哈尔科夫直线加速器.
Khart(o)um [ka:'tu:m] *n*. 喀土穆(苏丹首都).
khellin *n*. 开林,呋喃并色酮.
khi [kai] *n*. (希腊字母)χ,X.
Khorramshahr *n*. 霍拉姆沙赫尔(伊朗港口).
KHz = kilohertz 千赫.
kib'ble ['kibl] Ⅰ *n*. 木桶,(凿井用)吊桶. Ⅱ *vt*. 把…碾成碎块,粗碾.
kib'bled *a*. (破)碎(成)块的,粗碾的.
kib'bler *n*. 粉[破,压]碎机.
kick [kik] *v*.; *n*. ①踢(伤) ②反冲(力),后座(力),冲击,弹力,反应力,轴向压力 ③逆转,航面偏转 ④(仪表指针等)急跳,跳(动),跳(振),抖,翻动 ⑤反[对]抗(against,at) ⑥(发动机)起动 ⑦(石油产品的)初馏点,汽油的发动性 ⑧驱逐,逐[抛]出(out),抛掷 ⑨(瓶的)凹底,凹槽砖 ⑩终断. *back kick* 反[起动时]逆转,反工作,回爆,逆火. *kick circuit* 突跳(急冲)电路,(直流电信号波形修整用)脉冲电路. *kick starter* 反冲[突跳]式起动机(器). *kick the casing head* 向油槽车压注空气,从油槽车下部排除石油气. *kick transformer* 急冲(突跳,脉冲,回扫)

kick'back 变压器. *kicking coil* 反作用线圈, 扼流线圈. *kicking field* 冲击场, 快速脉冲场. *rudder kick* 方向舵偏转. ▲*kick back* 逆[倒, 反]转, 回录, 踢回, 退还. *kick down* 下弯[倾], 自动跳合. *kick down switch* 自动跳合开关. *kick off* 分离, 断[踢]开(电路). *kick on* 跳出. *kick one's heels* 白费时间. *kick out* 反冲出, 踢出. *kick up* 骚动, 急剧提高汽油辛烷值.

kick'back ['kikbæk] *n.* 逆[倒]转, 回[返]程, 反冲回, 退还, 回扣, 折头, 佣金. *kickback power supply* 回扫脉冲电源. *kickback transformer* 回[扫]脉冲变压器. *kickback type of supply* 脉冲(利用回扫脉冲的)电源. *phosphorus kickback* 回磷.

kick-down *n.* 下弯(倾). *kick-down limit switch* 自动跳合限位开关.

kick'er ['kikə] *n.* ①踢者, 反对的人 ②喷射[抛掷]器, 艇外推进器, 甩套器, 弹簧[抖动]器, 撬楔[推料]机 ③落下后反弹起来的物体 ④具有意料外的结果, 隐藏的难点 ⑤冲击(型)磁铁, 快脉冲磁铁. *kicker coil* 冲击线圈. *kicker light* 强聚[辅助]光.

kick'-in arm (冷床的)进料拨杆.

kick'off ['kik;(:)f] *n.* ①(卫星与运载火箭)分离, 断开, 不归位式寻线机跳开 ②拨料(甩出, 推出)机, coiler kickoff 拨[推]卷机. *kickoff arm* (冷床的)出料推杆.

kick-on *n.* 跳出, 不归位式寻线机跳接.

kick-out *n.* 反冲出, 踢出. *kick-out arm* (冷床的)出料推杆.

kick'-pedal *n.* 脚踢起动踏板.

kick'point *n.* 转折点.

kicksort *v.* 振幅分析. *kicksorting of pulses* 脉冲振幅分析.

kicksorter *n.* (振幅)分析器, 选分仪.

kick'stand *n.* 撑脚架.

kick'-starter *n.* 反冲[突踢]式起动器, 发动杆.

kick-up *n.* ①向上弯曲 ②翻车架, 翻罐笼. *kick-up frame* 上弯式车架, 特别降低车辆重心的车架.

kid [kid] *n.* ①小山羊(皮) ②孩子.

kid'ney ['kidni] I *n.* ①小圆石, 小卵石 ②(矿)肾 ③(pl.)(吹炉, 转炉)结块 ④性情, 脾气. II *a.* 肾状的, 卵形的. *kidney joint* 挠性接头, 气隙耦合器.

kid'skin *n.* 小山羊皮.

Kiel [kil] *n.* 基尔(德意志联邦共和国港口).

kier [kiə] *n.* 漂煮(精炼)锅.

kies *n.* 黄铁矿.

kie'selguhr ['ki:zəlguə] *n.* 硅藻土.

kieserite *n.* 水(硫)镁矾.

Kigali [ki'ga:li] *n.* 基加利(卢旺达首都).

kikekunemalo [kaikikjuni'ma:lo] *n.* 溱用树脂[脂].

Kikuchi line 菊池线(电子束入射于晶体时由电子散射所产生的谱线).

KIL = krypton ion laser 氪离子激光器.

kil'derkin ['kildəkin] *n.* 英国容量单位(= 1/2 barrel), 小桶.

kilfoam *n.* 抗泡剂.

kill [kil] I *v.* ①杀(死, 害), 致命 ②破坏, 摧毁, 消灭, 击落 ③刹住, 停住(机器), 截[切]断, 断开(电流), 解列 ④抑制(音, 振荡), 消去[除, 色, 像], 衰减, 中和 ⑤全去氧, 脱氧, 镇静(炼钢), 加脱氧剂 ⑥平整, 小压下量轧制 ⑦沉积(浮选), 沉淀 ⑧结束, 用完, 完全消耗, 使失效, 使记录等于零 ⑨否决, 打击 ⑩涂[删]掉, 除去, 放弃. ▲*kill off*[out] 消灭, 除去, 杀灭, 歼灭. *kill time* 消磨时间. *kill two birds with one stone* 一箭双雕, 一举两得.
II *n.* ①杀(死, 伤) ②破坏, 摧毁, 歼灭[沉], 消灭 ③脱氧, 全去氧 ④(浮选)沉积, 沉淀 ⑤猎获物, (被)击毁的敌机(敌舰, 潜艇) ⑥水道, 小河, 细流. *kill mechanisms* 杀伤机制, 衰减(抑制, 断开)机理.

killarney revolution (元古代, 古生代间)基拉耐运动.

kil'las ['kiləs] *n.* (泥)板岩, 片(板)岩.

killed [kild] *a.* 饱和了的, 镇静的, 脱氧的. *killed lime* 失效石灰. *killed line* 断线. *killed spirit* 焊酸, 焊接用的药水. *killed steel* 镇静[全脱氧]钢. *killed wire* (机械处理过的)去弹性钢丝.

kill'er ['kilə] *n.* ①瞄准[限制, 抑制, 熄灭, 断路]器 ②扼杀剂 ③消光杂质, 消光剂, 斯考勒弗尔(一种在电子袭击下莹暗的物质) ④屠刀, 凶手, 杀人者 ⑤杀伤细胞. *echo killer* 回波(反射)波, 反射信号抑制器. *killer circuit* 抑制(熄灭)电路, 抑制(消色)器电路. *killer satellite* 野战(凶杀)卫星. *killer stage* 彩色通路抑制级. *killer switch* 断路(限制)器开关. *killer tube* 彩色信道[信号]抑制器, 抑色管. *robot killer* 雷达自动瞄准器. *submarine killer* 防潜艇艇.

kill'ing ['kiliŋ] *a.; n.* ①致死(的), 杀伤(的) ②破坏的, 摧毁的 ③切断(电流, 电路)(的), 断开的 ④镇静的, 脱氧(的), 加脱氧剂 ⑤平整(小压下量轧制) ⑥沉积(浮选). *killing agent* 镇静(脱氧)剂. *killing of colour reproduction* 停止彩色重现. *killing of fluorescence* 荧光消抑. *killing period* 镇静[脱氧]期.

kill-time *a.; n.* 消磨时间的(事).

kiln [kiln, kil] I *n.* (砖, 瓦)窑, (火)窑, 干燥窑[炉], 烘干炉. II *vt.* (窑内)烘干[焙烧], 窑装(烘). *kiln (burnt) brick* 窑烘砖. *kiln dried wood* 窑干(烘干)木材. *kiln drying* 窑内烘干. *kiln liner* 窑衬. *kiln placing* 装窑. *revolving tubular kiln* 转(管)窑. *Waelz kiln* 烟化回转窑.

kiln'-dry ['kilndrai] *vt.* (窑内)烘干[干燥].

kiln'man *n.* 烧窑工人.

kilo ['ki:lou] = ①(词头)千(103) ②千克 ③千升 ④千米. *3 kilos* 三千克(升, 里). *kilo bomb* 超燃烧弹.

kilo ['ki:lou] *n.* 通讯中用以代表字母 k 的词.

kilo- (构词成分)千.

kil'oampere ['kilouæmpɛə] *n.* 千安(培).

kil'obar *n.* 千巴.

kil'obarn *n.* 千靶(恩).

kilobaud *n.* (信号或发报的速率单位)千波德.

kil'obit *n.* 千(二进制)位, 千比特.

kil'obyte *n.* 千字节.

kil'ocalorie ['kiləkælɔri] *n.* 千卡.

kil'ocurie ['kiləkjuəri] *n.* 千居里.

kil'ocycle ['kilousaikl] *n.* 千赫, (pl.)无线电广播. *kilocycle per second* 千赫(兹).

kilodyne *n.* 千达因.

kiloelectron-volt *n.* 千电子伏特.

kilog = kilogram(me) 千克.

kilogamma *n.* 千微克.

kil'ogauss *n.* 千高斯(磁感应强度单位).

kil'ogram(me) ['kiləgræm] n. 千克. kilogramme equivalent 千克当量(元素或基的千克当量度量等于其千克原子量被原子价所除).

kil'ogramme'ter 或 **kil'ogramme'tre** ['kiləgræ'mi:tə] n. 千克米.

kil'ohertz ['kiləhə:tz] n. 千赫(兹), 千周.

kil'ohm n. 千欧姆.

kilohyl n. 千基尔(公制工程质量单位).

kil'ojoule n. 千焦(耳).

kilol n. =kilolitre 千升.

kilolambda n. 毫升.

kil'oline ['kiloulain] n. 千磁力线.

kil'olitre 或 **kil'oliter** ['kiləuli:tə] n. 千升.

kil'olumen n. 千流明.

kilolumen-hour n. 千流明(小)时.

kil'olux n. 千勒(克司).

kilom =kilometre 千米.

kil'omega n. 千兆(10^9位).

kilomegabit n. 千兆(二进制)位,十亿位(10^9位).

kil'omeg'acycle n. 千兆周.

kil'ometre 或 **kil'ometer** ['kiləmi:tə] n. 千米. kilometre post 里程标. kilometre stone 里程碑(石). kilometre wave 千米波, 长波.

kilometre-ton 或 **kilometer-ton** n. 千米吨.

kilomet'ric(al) [kilə'metrik(əl)] a. 千米的. kilometric wave 千米波(1000到10,000米波).

kilomol(e) n. 千摩尔.

kilo-oersted n. 千奥(斯特).

kilo-ohm n. 千欧(姆).

kiloparsec n. 千秒差距(=3262光年).

kil'orad n. 千拉德(吸收辐射剂量单位).

kiloroentgen n. 千伦琴.

kilorutherford n. 千卢(瑟福).

kil'ostere ['kiloustiə] n. 千立方米, 千斯脱.

kil'oton ['kiloutʌn] n. 千吨, 相当于千吨TNT的爆炸方, 千吨TNT当量.

kil'otron n. 整流管.

kil'ovar ['kiləvɑ:] n. 千乏, 无功千伏(特)安(培).

kilovar-hour n. 千乏(小)时, 无功千伏安小时.

kil'ovolt ['kiləvoult] n. 千伏(特). kilovolt meter 千伏表(计).

kil'ovoltage n. 千伏电压.

kil'ovoltam'pere ['kiləvoult'æmpɛə] n. 千伏(特)安(培).

kilovolt-ampere-hour n. 千伏安小时.

kilovoltmeter n. 千伏计(表).

kil'owatt ['kiləwɔt] n. 千瓦(特). kilowatt hour 千瓦(小)时, 一度电.

kil'owatt-hour' ['kiləwət'auə] n. 千瓦小时, (电)度. kilowatt-hour meter 电度表.

kilowatt-meter n. 电力千瓦(数)计.

kilurane n. 千铀,千由阑(放射性能量单位).

kim'berlite n. 角砾云橄岩,金伯利岩(蓝绿色含金刚石云橄榄岩).

Kimitsu n. 君津(日本港口).

kimmeridgin(stage) (晚侏罗纪)启莫里阶.

kin [kin] n.; a. ①同类(的),同性(的) ②亲戚(总称).

kinase n. 激酶, 致活酶.

kind [kaind] I n. ①种(类), 属, 族, 级, 等, 品种, 型式, 物品 ②性质, 本质, 特性. II a. (一种)易采的②和(客)气的,亲切的. differ in degree but not in kind 只是程度上而不是性质上有所不同. ▲a kind of 一(某)种, 类似…的东西 有几分,稍稍. (all)kinds of 或 of all kinds 形形色色的,各种. in kind 以货代款,以实物,用物品,以同样方法[手段]. nothing of the kind 毫不相似,决不是那样. of a kind 同一种类的,徒有其名的. something of the kind 像那一类的事物, 类似的事物.

kin'dergarten ['kindəgɑ:tn] n. 幼儿园.

k-index n. k指数(磁扰强度量).

kin'dle ['kindl] v. ①点(火,燃) ②着火, 燃烧, 烧着, 发亮, 照亮(耀) ②激(引)起, 引起,鼓舞. ▲kindle up 燃起.

kin'dling ['kindliŋ] n. 点(着)火, 燃烧,发亮. (pl.)引火物. kindling point 燃点, 着火点. kindling temperature 着火温度, 燃点. ▲be smashed into kindling wood 撞得粉碎.

kind'ly ['kaindli] a.; ad. ①和气的[地], 亲切的, 自然地, 诚恳地, 衷心地 ②请.

kind'ness ['kaindnis] n. 亲地, 好意. ▲kindness of (信封上用语)烦…转交.

kin'dred ['kindrid] n.; a. 相(类,近)似(的),同(类,性质)的, 同源的. kindred effect 邻而[同源]效应. kindred type 类似型式.

kine [kain] n. ①(电视)显像管 ②屏幕录像 ③(速度的一种 CGS 单位)凯恩. kine bias (彩色电视)像偏. kine oscilloscope 电视显像管示波管.

kine- [构词成分]运(动)动, 电影.

kinegraphic control panels 远距离控制板.

kine-klydonograph n. 雷击的电流-时间特性曲线记录仪.

kin'ema ['kinimə] n. 电影(院). kinema camera 电影摄影机. kinema colour 彩色片,彩色电影.

kin'emacolo(u)r ['kinimək ʌlə] n. 彩色电影.

kinemadiag'raphy [kinimədai'ægrəfi] n. 电影照相术.

kinemat'ic(al) [kaini'mætik(əl)] a. 运动的, 运动[动力]学的. kinematic design 机动设计. kinematic viscosity (运动粘滞性, 动(力)粘滞度(率), (流动,比密)粘度.

kinemat'ically [kaini'mætikəli] ad. 运动学上, kinematically acceptable solution 满足运动条件的解(答).

kinemat'ics [kaini'mætiks] n. (纯)运动学(论).

kinemat'ograph [kaini'mætəgrɑ:f] I n. ①电影摄影(放映)机, 活动电影机, 运动描记器 ②活动电影(幻片), 电影制片(技) ③(放映, 电影(院). II v. 制成电影,(电影)摄影.

kinematog'raph n. 电影摄影术(学), 活动影片(电影).

kinemograph n. ①转速图表 ②流速坐标图 ③活动影片.

kinemom'eter [kaini'mɔmitə] n. ①流速计(表) ②感应式转速表, 灵敏转速计(表).

kinephoto n. 电影管录像, 屏幕录像. kinephoto equipment 屏幕录像设备.

kineplastikon n. 电影魔术镜头.

kineplex n. 动态滤波多路.
kin'ergety ['kinə:dʒeti] n. (运动能量).
kin'escope ['kiniskoup] Ⅰ n. ①(电视)显像管,电子显像管 ②显像管录像,屏幕录像,电视屏幕纪录片. Ⅱ vt. 拍摄屏幕纪录片. *colour kinescope* 彩色显像管. *kinescope grid* 显像管控制栅极,显像管调制栅. *kinescope recorder* 屏幕录像机〔录像装置〕. *kinescope recording* 屏幕录像.
kinesiat'rics [kini:si'ætriks] n. 运动疗法.
kine'sic [kai'ni:sik] a. 【医】(运动)的,动(力)的.
kinesim'eter [kini'simitə] n. 运动测量器,感觉探测计.
kinesiod'ic a. 运动道的,运动路径的.
kinesiol'ogy [kaini:si'ɔlədʒi] n. 【医】运动学,运动疗法.
kinesiom'eter [kaini:si'ɔmitə] n. 运动测量器,皮肤感觉计.
kinesiother'apy [kaini:siɔ'θerəpi] n. 运动疗法.
kine'sis [kai'ni:sis] n. 动态,运动,动作.
kinesither'apy [kaini:si'θerəpi] n. 【医】运动疗法.
kinesthe'sia [kainis'θi:zjə] 或 **kinesthe'sis** [kainis'θi:sis] n. 【心】动觉.
kinesthet'ic [kainis'θetik] a. 【心】(运)动觉的.
kinetonoid n. 类激动素.
ki'netheod'olite [kainiθi'ɔdəlait] n. (跟踪导弹、人造卫星用)电影(定镜)经纬仪,摄影经纬仪.
kinet'ic [kai'netik] a. ①(运)动的,动力(学)的,反应动力学的 ②运动的,能动的. *kinetic energy* 动能. *kinetic equation* 分子运动方程式,(大气)动力公式. *kinetic equilibrium* 动态[力]平衡. *kinetic friction* 动摩擦. *kinetic hypothesis* 分子运动假说. *kinetic metamorphism* (侵入)动力变质. *kinetic (molecular) theory* 气体运动(理)论,分子运动学说. *kinetic potential* 运动势. *kinetic simulator* 动态特性模拟器. *kinetic tank* 活动〔移动式〕油箱. *kinetic theory* 分子运动论.
kinet'ic-control n. 动态控制.
kinetic-potential n. 动势.
kinet'ics [kai'netiks] n. 动力(运动)学. *fluid kinetics* 流体动力学. *disproportion kinetics* 歧化动力学.
kineto- [构词成分)运动.
kine'tocam'era [kai'ni:touˈkæmərə] n. 电影摄影机.
kinetocar'diogram n. 心动图.
kinetochore n. 着丝点.
kinetogen'ic a. 促动的,引起运动的.
kine'togram [kai'ni:tougræm] n. 电影.
kine'tograph [kai'ni:tougrɑ:f] n. 电影放映〔摄影〕机,活动电影〔摄影〕机.
kinetograph'ic a. 描记运动的.
kinetonu'cleus n. 动核.
kine'tophone [kai'ni:təfoun] n. 有声活动电影机.
kinetoplast n. 动核〔质〕,动(质)体,毛基粒,动基体,激动体.
kine'toscope [kai'ni:təskoup] n. (活动)电影放映机. *kinetoscope film* 电影胶卷.
kine'tosome [(乙)'基体,动体.
kinetostat'ics n. 运动静力学.
kinetron n. 一种电子束管.

king [kiŋ] Ⅰ n. (国,大)王. Ⅱ a. 主…,(中心)…,特大(号)的. *king and queen post truss* 立式字架. *king bolt* = kingbolt. *king oscillator* 主振荡器. *king piece* = kingpiece. *king pile* 主桩. *king pin* = kingpin. *king pin angle* 主销倾角. *king post* = kingpost. *king post roof* 单柱 架梁顶. *king post truss* 单柱 架. *king rod* = kingrod. *oil king* 石油大王,石油垄断资本家. ▲*cabbages and kings* 各种各样的话题.
king'bolt ['kiŋboult] n. ①中枢铐,主销,主(要)栓,大螺栓(丝,旋) ②中心立轴,旋转(主)轴,(螺栓式)中柱.
king-closer n. 四分之三砖,七分头.
king'dom ['kiŋdəm] n. ①王国 ②领域,…界. *mineral kingdom* 矿物界. *the Tai-ping Heavenly Kingdom* 太平天国. *the United Kingdom* 英国,联合王国.
Kinghoren metal 铜锌合金,金格哈恩黄铜(铜58.5%,锌39.3%,铁1.15%,锡0.95%).
king'-piece n. 主梁(正),(桁架)中柱.
king'pin ['kiŋpin] n. ①中枢(中心)销,转向销,(转向节)主销 ②中心立轴 ③中心(关键)人物.
king'post ['kiŋpoust] n. 中柱,(桁架)中柱,吊柱杆. *king-post truss* 单柱桁架.
king'-rod n. (桁架)中柱(腹杆),钢制拉杆),大螺栓.
king'-size(d) ['kiŋsaiz(d)] a. 超过标准长度的,特长(大)的,非常的,特别的.
king-size-tanker n. 大型油船(3～4万吨以上),超级油轮.
King'ston ['kiŋstən] n. 金斯敦(牙买加首都).
king'-tower n. (塔式起重机的)主塔.
king'truss n. 主构架,中柱的桁构.
kinin n. 激肽,细胞分裂素.
kininase n. 激肽酶.
kininogen n. 激肽原.
kininogenase n. 激肽原酶.
kink [kiŋk] Ⅰ n. ①扭(弯,纠,绞)结,结点,死扣,疙瘩,纠缠 ②活套,套索,绞链 ③扭(弯,曲),弯曲,转折点 ④荡板缺陷②边部浪,(结构,设计)缺陷. *discharge kink* 放电弯曲〔扭折〕. *kink in surge line* 喘振线上的转折点. *kink of curve* 曲线的弯折(部分).
Ⅱ v. ①打(绞,纠)结,扮绞,(使)绞(乱),纠缠 ②扭接. *kinking of a wire* 缠绕,线扭折. *kinking of hose* 软管扭接.
kink'er n. (打结器的)扭结轴.
kink'y ['kiŋki] a. 绞结的,弯曲的. *kinky thread* 绞缠的线.
kinling limestone (早石炭世)金陵灰岩.
kino ['ki:nou] n. ①开诺(一种充有稀薄氦气的二极管) ②胶树胶 ③电影院. *kino lamp* 显像管.
kinocen'trum [kaino'sentrəm] n. 中心体.
kinoform n. 开诺全息照片,(位)相衍(射成像)照片.
kinoin n. 奇诺树脂C14H12O6.
kinol'ogy [kai'nɔlɔdʒi] n. 运动学.
kinomere n. (细胞)着丝点.
kinoplasm n. 动质.
ki'nosphere ['kainosfiə] n. 星(体),星线,星状体.
Kinsha'sa [kin'ʃɑ:sə] n. 金沙萨(扎伊尔首都).

kin′ship [ˈkinʃip] n. (性质)类似,近似.

kin′tal [ˈkintl] n. (一)百千克.

kinzel test piece 焊接弯曲试验片.

kiosk′ [ki′ɔsk] n. 小(配电,变压器)亭,(土耳其式的)凉亭,书报亭,公用电话间,音乐台.

kip [kip] n. ①千磅 ②幼兽之皮 ③旅店,客栈.

Kipp oscillation 基普振荡.

Kipp oscillator 单振子.

kipp phenomenon 跳跃现象.

kipp-pulse n. 选通脉冲.

kipp relay 冲息[单稳]多谐振荡器,双稳态多谐继电器.

KIPS =kilo pounds 千磅.

kir [kə:] n. 岩沥青.

kireo n. 袈渣(家)猫.

kirk [kə:k] n. 十字镜,教会,礼拜堂.

kirkifier n. 一种线性整流器(其三级管的栅极相对于灯丝极保持一较小的正电位,板极用作整流).

kirksite n. (模具用)锌合金(铝4%,铜3%,锌93%).

kirschheimerite n. 砷钴铀矿.

Kirsite n. 锌合金(铝3.5～5%,铜4%,镁1%,其余锌).

kish n. (生铁内,铁水中)结集[集结,初生,片状]石墨,石墨分离,渣(凝)壳,残留金属,炭浮于铁面上含石墨渣.

kiss [kis] v.,n. 接触[吻],轻触,彼此靠在一起.

kiss′er n. 氧化铁皮斑点.

kit [kit] n. ①(一套,全套,配套,随身)工具[用具] ,(配套,全装)元件[零件,器材],(成套)仪器,(一组)仪表 ②(工具,用具)箱[包,袋],背囊,小桶 ③(一,整,成)套,(一)组,全部. *adapter kit* 成套配件. *coil kit* 线圈组件. *crystal kit* 晶体(检波)接收机的成套零件. *do-it-yourself kit* 买主自行装配的一套零件. *dosimeter kit* 整套剂量测量仪器. *first-aid kit* 急救包. *flyaway kit* 随机器材包. *installation kit* 装置工具. *modification kit* 改型工具,附加器,附件. *repair kit* 修理工具包. *spare parts kit* 备(用零)件箱,零件包. *tool kit* 工具包[箱],组合工具.

kit-bag n. (帆布,皮)旅行包,工具袋.

kitch′en [ˈkitʃin] n. 厨房,厨房,起居室兼餐厅;全套炊具. *kitchen garden* 菜园.

kitchenette′ [kitʃiˈnet] n. 小厨房.

kitch′enware [ˈkitʃinwɛə] n. 厨房用具,炊具.

kite [kait] Ⅰ n. 风筝,(纸)鸢,(轻型)飞机. *box kite* 匣形风筝. *kite balloon* 风筝(系留)气球. *power kite* 飞机. ▲*fly a kite* 放风筝,窥测形势,试探舆论,开空头支票.
Ⅱ v. (像风筝一样)上(飞)升.

kite-airship n. 系留气艇.

kite-balloon n. 风筝[系留]气球.

kite-camera n. 俯瞰图照相机.

kite-flying n. 东拼西凑,开空头支票.

kitemeteorograph n. 风筝式气象记录器.

Kitimat n. 卡提玛特(加拿大港口).

kitol n. 鲸醇.

kit′tle [ˈkitl] a. 难对付(处理)的,麻烦的,微妙的,灵巧的.

Kitty cracker 小型裂化器.

kiulungshan series (中侏罗世)九龙山统.

kivuite n. 水磷铀钍矿.

kj =kilojoules 千焦耳.

Kjeldahl flask 基耶达烧瓶(一种长颈烧瓶).

kl =kilolitre(s) 千升.

klang [klɑ:ŋ] n. 〖德语〗音响,响声.

klangfilm n. 有声影片.

klax′on [ˈklæksn] n. 电(气)喇叭〖警笛〗.

klaxon-horn n. =klaxon.

kleene closure 【计】克伦闭包.

klendusity n. 年龄免疫性.

klepto-parasite n. 间接寄生物.

klep′toscope [ˈkleptouskoup] n. 潜望镜.

klieg light 或 klieg′light [ˈkli:glait] n. (摄电影用)澄光灯〖强弧光灯〗.

klieg′shine [ˈkli:gʃain] n. 澄光灯〖强弧光灯〗的光.

K-line n. K线(由于K电子层的电子激发,原子的X-射线谱上产生的特性线条).

klinkstone n. 响岩.

klinostat n. 缓转仪(用以研究植物对重心等反应).

klirr n. (波形,非线性)失真. *klirr factor* 波形〖非线性谐波〗失真系数,畸变系数. *klirr factor meter* 失真系数计.

klirr-attenuation 或 klirrdampfung n. 失真衰减量.

klirrfactor n. 非线性畸变〖失真〗系数,非线性谐波失真因数,畸变因数.

klm =①kilolumen 千流明 ②kilometre 千米.

KLT =kiloton (nuclear equivalent to one-thousand tons of high explosive) 千吨(核爆炸力,相当于一千吨烈性炸药).

klydonogram n. 脉冲电压记录图,脉冲电压显示照片.

klydonograph n. 脉冲电压记录器,脉冲电压拍摄机,过电压摄测仪.

kly′stron [ˈklaistrɔn] n. 速(度)调(制)(电子)管,调(制)速(度)管. *cascade klystron* 级联速调管. *klystron mount* 速调管座.

km =①kilo-mega 吉(咖)(10⁹) ②kilo-meter(s) 千米.

K-M image K-M图像,电子衍射图象.

KMC =kilomegacycles 吉(咖)赫(芝).

KMER =Kodak metal etch resist 柯达金属抗蚀剂.

k-meson n. K(重)介子.

kmw =kilomegawatt 吉(咖)瓦.

kmwh(r) =kilomegawatt-hour 吉(咖)瓦小时.

KN =kilonewton 千牛顿.

Kn =①knot 海里(约1852m) ②Knudsen number (说明气体流动情况的)努森数.

kn sw =knife switch 刀形开关.

knack [næk] n. ①技巧,诀窍,窍门,诀妙 ②习惯. ▲*have the knack of it* 找〖得〗到窍门〖诀窍〗. ~ly a.

knag [næg] n. 木节〖瘤〗.

knag′gy [ˈnægi] a. 多节〖疙瘩〗的. *knotty and knaggy wood* 多节木.

knap [næp] Ⅰ (*knapped; knapping*) vt. 打〖砸,敲,轧〗碎,敲(断),打. *knapping hammer* 碎石锤. *knapping machine* 碎石机.
Ⅱ n. 小山(顶),丘(顶).

knap′per [ˈnæpə] n. 碎石机〖锤〗,破碎器.

knap′sack [ˈnæpsæk] n. 背包〖囊〗,行囊. *knapsack*

algorithm 渐缩算法. *knapsack station* 背囊式电台, 轻便台.

knar [naː] 或 **knarl** n. 木瘤, 木(结)节.

knead [niːd] vt. 揉(搓,碎,捏,和成团),捏(和,制), 搓(捏),混合,搅拌. *kneaded gravel* 泥流砾. *kneaded structure* 捏合结构. *kneading action* 揉搓〔混合〕作用. *kneading compactor* 揉压机. *kneading machine* 搅拌机,搓揉式混砂机. *kneading mill* 捏和〔混砂,搅拌〕机. ▲*knead M to N* 把 M 捏〔搓,揣〕成 N.

knead'able ['niːdəbl] a. 可揉捏的,可塑的.

knead'er ['niːdə] n. 捏合〔和〕机,碎纸机. *kneader type mixer* 搅拌机,搓揉式混砂机.

knead'ing-trough ['niːdiŋtrɔf] n. 揉合槽〔钵〕.

knee [niː] Ⅰ n. ①膝(盖,部,架,状物,形材,形角) ②弯头(管),肘(曲)管,曲材,肋材,弯〔曲线〕的(最大曲率处),拐〔折〕点 ③曲材,合角铁 ④(铣床的)升降台. Ⅰ a. 直角的,曲线的,弯曲的,膝形的. Ⅲ vt. ①用膝盖碰 ②用合角铁(弯头管)接合. *beam knee* 梁尾接铁. *column and knee type* 升降台式. *jolt knee valve* 振实膝盖阀. *knee action*(前轮)膝(形)杆(在工作时的)动作(作用), (汽车)粘形车轴的摆动(分开式前桥的摆动. *knee action suspension* 独立悬挂. *knee action wheel* 膝(形)杆作用独立悬挂车轮. *knee bend* 折弯,弯(管)接头,(肘形)弯管,管子弯头, *knee brace* (bracing)隅〔角,斜〕撑. *knee joint* =knee-joint. *knee loss* 弯头〔屈折〕损失. *knee of curve* 曲线的拐点〔弯曲处〕. *knee piece* 曲块〔片〕. *knee pipe* 弯管〔头〕. *knee point* 曲线弯曲点,拐点. *knee toble* 三角桌,角形桌. *knee voltage* 拐点电压. *soft knee* 曲线缓变弯折处. *tank knee* 舱底接角. ▲*be on one's knees* 跪着. *bring … to his knees* (迫)使…屈服〔服从〕. *knee deep* 深及膝,许多,大量.

knee-action n.(前轮)上下〔膝杆〕动作(的).

knee-and-column n. 升降台.

knee-brace n. 隅〔角,斜〕撑.

knee'-breeches ['niːbritʃiz] n.(长及膝的)短裤.

knee'-cap n. 膝盖骨,护膝.

knee'-deep [niːˈdiːp] a. 深到膝的,没膝的,深陷在…中的(in).

knee-girder n. 肘状梁(式的).

knee'-high ['niːˈhai] a. 高及膝的.

knee'-hole n.(写字桌等)容纳膝部的地方. *knee-hole table* 两边带屉的书桌〔写字桌〕.

knee-iron n. 隅铁,角铁〔钢〕.

knee'-joint n. 膝关节,臂接,弯头接合.

knee-jointed a. 肘连接的.

kneel [niːl] (*knelt, knelt*) vi. 跪下〔倒〕(down).

knee'-pan n. 膝盖骨.

knell [nel] n., v.(敲)丧钟.

knelt [nelt] *kneel* 的过去式和过去分词.

knew [njuː] *know* 的过去式.

knick point 裂点.

knick'knack ['niknæk] n. 小家具,小装饰品,琐碎物.

knife [naif] Ⅰ (pl. *knives*) n. ①(小,削,刮,刨,手术)刀,刀(片)刀,刀片〔具〕,刮板器,切削器 ②外科手术. Ⅰ vt. 用(小)刀切,用尖刀戳,劈开,穿过. *angled knife* 有倾斜度的切割器. *doctor knife* 刮〔剖,刮胶〕刀. *double knife edge* 双刃刀支承. *knife edge* 刀口,刀刃(形),刃形〔刀口,刀刃〕支架,刃形边缘,(刃形)支棱. *knife edge bearing* 刀口支承. *knife edge pivot* 刀形枢轴. *knife edge support* 刃形支承. *knife gate* 缝隙〔压边,斧头,刀子〕浇口. *knife grinder* 磨刀装置,磨刀石,砂轮,磨刀工人. *knife holder* (量)刀夹,(量)刀架. *knife machine* 磨刀机. *knife pass* 切深孔机. *knife switch* 闸刀〔刀形〕开关. *knife test for plywood* 胶合板刀齿试验. *radio knife* 无线电〔高频〕手术刀. *shear knife* 剪切机刀片. ▲*go*〔*pass*〕*under the knife* 动外科手术. *knife it* 放弃,中止. *war to the knife* 血战.

knife-edge ['naifedʒ] n. 刀〔刃〕口,刀(刃)形(支承,边缘,铁片). *knife-edge bearing* 刃形支承. *knife-edge contact* 闸刀式开关〔接触〕. *knife-edge load* 线荷载. *knife-edge obstacle* 楔形障碍物.

knife-edged a. 极锋利的,极精密的.

knife-machine n. 磨刀机.

kni'fing n.(在切深孔里中的)切深(轧制). *knifing pass* 切深孔型.

knight engine 套阀发动机.

knit [nit] (*knit* 或 *knit'ted; knit'ting*) v. ①编织〔结〕 ②接〔结,粘,联〕合,合并 ③弄紧,弄结实,使紧密结合,使紧凑,使严密. *knit goods* 针织品. ▲*knit in* 织进〔入〕. *knit up* 织补,结束.

knit'ter n. 编织机,编织者.

knit'ting ['nitiŋ] n. ①编织(物,法),针织品 ②接〔结,粘〕合,(骨)愈合. *knitting action*(路面上层混合料的)交织或网结作用.

knitting-machine n. 编织〔针织〕机.

knitting-needle n. 织针.

knit'wear n. 编织的衣物,针织品.

knives [naivz] *knife* 的复数.

knld =knurled 滚花的.

knob [nɔb] Ⅰ n. ①节,(铸)瘤,球块,疙瘩,头部,(多肉缺陷)肥厚 ②(按,旋)钮,圆形把手,球形把手,球形柄,圆球饰门拟,调节器 ③鼓形绝缘子 ④小(圆)丘,圆形山, (pl.)丘陵地带. Ⅱ (*knobbed; knobbing*) v. 给…装球形把手,使有球形突出物,弄圆,鼓起. *control knob* 控制按钮. *counter knob* 计数器操纵柄. *knob insulator* 鼓形绝缘子〔隔电子〕. *knob of key* 键钮. *pedal push rod knob* 踏板杆头. *shift knob*(翻转)开关,开关按钮.

knob-a-channel mixer 多路调音台,多路分调(旋钮)混合台.

knob-and-basin topography 凸凹地形.

knob-and-tube wiring 穿墙布线.

knobbed a. 有(多)节的,圆头的.

knob'ble ['nɔbl] Ⅰ n. 节瘤,小节〔瘤〕,小圆块,小球形突出物. Ⅰ v. ①开坯,小压下量轧制(以除去氧化皮) ②压平(表面上的)隆起. *knobbled iron* 熟铁. *knobbling fire* 搅炼炉. *knobbling rolls* 压轧辊. *roll knobbling* 破鳞轧辊.

knob'bling n. ①熔锤过的铁疙瘩,用锤击碎砂石料 ②开坯,小压下量轧制 ③压平(表面上的)隆起.

knob'bly ['nɔbli] a. 有节〔疙瘩,圆形突出物〕的.

knob'like ['nɔblaik] a. 如球的,如圆丘的,疙瘩状的.
knob-operated control 旋钮控制,旋钮式调整.
knock [nɔk] v.; n. ①敲(打,成),打(击),碰(撞),撞②爆震(声),爆击(轰,燃),震动,爆击(音,击),(机器)运动不规则,(发动机)停敲 ③破坏,消灭,击落 ④顶销. *engine knock* 发动机爆声. *gas knock* 气体爆击(震). *knock characteristic* 抗爆性. *knock hole* 定位(销)孔,顶销孔. *knock meter* 爆震(测震)计,爆燃仪. *knock pin* 定位销,顶销,止páo,顶出杆. *knock rating* 防爆(爆震)率. *knock value* 抗震值. *knock wave* 冲(震)击波. *piston knock* 活塞爆击(震),敲缸. *side knock* 横向冲击,活塞斜击. *knock about* 不断冲击(而使左右摇晃),接连碰击(乱)磕(乱)碰. *knock M against* [on] N 把M撞到N上. *knock away* 敲掉(下来). *knock down* 撞(打,驳)倒;拆(卸,开),卸开,解体,分(析)出;击落, *knock down test* 可(锻)锻性试验. *knock home* (把钉子)钉到头,敲牢. *knock M* in [into] N 把M敲进到N里. *knock ··· into rapid motion* 使···迅速运动. *knock off* 撞(敲)掉,敲落(去),减低(去),除去,移走;赶完(走,紧),停止(工作). *knock out* 敲(打,凿,故,抛,激发)出,敲落,敲空,敲砂;防漏(液),脱离,完胜,脱模;使失去效能,使无用,破坏. *knock M out of N* 把M从N中击(激发)出. *knock over* 弄(翻,打)倒. *knock together* 使碰撞,赶紧做成. *knock up* 匆匆赶做(出),把···往上敲上去. *knock up against* 碰撞,同···冲突.
knockabil'ity n. 抽动性(型砂).
knock-about I a. 结实的,吵闹的. II n. 快帆船.
knock-compound n. 抗(爆)震剂.
knock'down ['nɔk'daun] I a. ①能(易于)拆卸的②廉价的,锐不可当的,不可抵抗的的 ③最低(价)的. II n. 易于拆卸的东西;击倒,降低.
knocked-on a. (被)打出的. *knocked-on atom* (从晶格中)被打出的原子. *knocked-on electron* 击出(撞上,冲出)的电子,δ电子.
knock'er ['nɔkə] n. ①敲(门)者 ②门环(锤),信号铃锤 ③爆震剂,爆震燃料. ▲*up to the knocker* 完全地,充分地.
knoc'ker-out ['nɔkə-aut] n. 落砂工.
knock-free a. 非(无)爆震的.
knoc'king n. ①撞,爆震(击),震动,打落(氧化皮),敲击信号 ②水锤 ③震性.
knoc'king-buc'ker n. 采石器.
knocking-out n. 打(敲)出,碰撞位移.
knock'meter n. 爆(测)震计,爆燃仪.
knock-off I a. 可连接的. II n. 敲落(去),停止(工作),中止. *knock-off cam* 停机凸轮.
knock-on n.; a. 弹(回,反)跳,撞击(出)的,(被)打出的(粒子),δ粒子. *knock-on collision* 对头(直接)碰撞.
knock'out ['nɔkaut] I n. ①敲(打,凿,激,振,抖)出,脱模,出坯,分离,打泥芯,出芯,脱壳,倒出铸件和壳,落(出)(工作) ②打箭,击出 ③拆箱器,拆卸器,脱模工具,内销(木器,模型)出件器 ④强烈的振荡 ⑤压射[抛射],分液,凝聚器,(压床)料棒. II a. 猛烈的,压倒的,轰动的. *core knockout* 泥芯打出机. *knockout box* 气体分离器. *knockout cylinder* 顶件油缸. *knockout grid* 落砂栅(架). *knockout machine* 取出(落砂,脱模)机. *knockout pin* (压铸壳型)顶(出,件)杆,(熔模铸造)顶出针. *knockout plate* 脱模板,甩板. *knockout press* 脱模力,甩力. *knockout process* 撞击过程. *knockout stroke* 出坯冲程. *knockout tower* 分离塔. *sizing knockout* 精压出坯杆. *spring knockout* 弹簧式顶件器.
knock'-pin n. 定位销,顶销,止页,顶出杆.
knock'rating n. 防爆率,爆震率,抗爆度.
knock-reducer n. 抗(爆)震剂.
knock-sedative a. 抗爆(震)的.
knock'-test n. 抗震(爆震)性试验. *knock-test engine* 测爆机,抗爆性(辛烷值)试验机.
knoll [noul] n 圆丘,小山,墩.
Knoop (indentation) microhardness test 努氏(刻痕)微硬度试验.
Knoop number 努普硬度值.
Knoop scale 努氏(硬度)标度.
knop [nɔp] n. 节,瘤,圆形把手(捏手),(电)钮,门拗,拉手,顶华,雷形装饰.
knopite n. 铈钙钛矿.
knopper-gall n. 五倍子.
knot [nɔt] I n. ①(绳,症)结,结点,(木,波)节,瘤(牛),节疤(瘤)疤,结节扣,纽 ②难事(题),麻烦事,疙瘩,关键,要点 ③一小群,一小队 ④节(测航速的单位=1海里/小时,合1.85千米/小时),海里. II (**knotted; knotting**) v.①(打,连)结,捆扎,包扎 ②聚[簇]集,聚成块. *ebonite knot* 硬橡皮扣. *knot hole* (木)节孔. *knot strength* (钢丝绳绳心的)打结强度. *knot wood* 有节木料. *knotting strength* 打结强度. ▲*cut the (Gordian) knot* 一刀两断,快刀斩乱麻,痛痛快快解决问题. *get into knots* (对···)困惑不解. *Gordian knot* 难解的结,难办的事,棘手问题;关键,焦点. *in knots* 三五成群. *tie a rope in a knot* 或 *tie a knot in a rope* 把绳子打个结,在绳上打个结. *tie oneself (up) in [into] knots* (使自己)陷入困境.
knothol mixer 隔膜混合器.
knot'hole ['nɔthoul] n. (木头上的)节孔.
knotofnet n. 染色amino核仁,核胶.
knot'ter ['nɔtə] n. 结筛;打结器.
knot'ty ['nɔti] a. ①有(多)节的,有(多)结的,瘤状的②纷乱的,难解(决,释)的,困难的,死结化的,纠缠不清的. *knotty and knaggy wood* 多节木. *knotty problem* 难题.
knot-wood n. (有)节木(料).
know [nou] (**knew, known**) v. 知道,懂得,通晓,了解,认识[出],(能)识[区,辨]别,分辨,经历. *We know most elements (to) have two or more isotopes.* 我们知道大多数元素都有两种或两种以上的同位素. *Copper is known to be a good conductor.* 大家都知道铜是良导体. ▲*all one knows* 全部能力(聪明才智),力所能尽的一切,尽全力,尽可能. *(be) in the know* 知道得很清楚,了解情况(内情),知内情的. *for all one knows* 据···所知,大半,恐怕是. *know a hawk from a handsaw* 辨别(判断)力很强. *know a thing or two* 实践经验丰富,工作能力很强. *know by heart* 背,记住. *know for certain that* 确实知道. *know how* 专

门技能[知识],生产经验;技术情报;能够. **know of** [about]知道[听说](有…). **know one's business 或 know the ropes** = know a thing or two. **know right from wrong** 分辨是非. **know oneself** 有自知之明. **know what one is about** 一切都应付自如,做事有把握. **know what's what** = know a thing or two.

knowabil'ity [nouəˈbiliti] n. 可知性.

know'able [ˈnouəbl] a. 可(易)知的,可了解的,能认识的.

know'-all n. (自称为)无所不知的人,知识里手.

know'-how [ˈnouhau] n. ①专门技能[技术,知识],实践知识,知识水平,(生产)经验,体验 ②技术情报[秘密] ③窍门,决窍.

know'ing [ˈnouiŋ] Ⅰ a. ①知道的,认识的,通晓的,有知识的 ②(自作)聪明的,机灵的 ③漂亮的,时髦的. Ⅱ n. 知道,认识. ▲**There is no knowing** 没法[不可能]知道.

know'ingly [ˈnouiŋli] ad. 有意识地,故意地,机警地.

know'-it-all a.; n. 自称无所不知的(人).

knowl'edge [ˈnɔlidʒ] n. ①知道,了[理]解,通晓 ②知识,学识[问],认识,经验,见闻,消息,资料. *He has a good knowledge of Chinese history.* 他非常了解中国的历史. *a branch of knowledge* 一门学科. *common knowledge* 人所共知的事. *general knowledge* 普通知识. *genuine knowledge* 真知. *knowledge factory* (高等)学校,教育机构. *perceptual knowledge* 感性知识. *rational knowledge* 理性认识. *theory of knowledge* 认识论. ▲**as far as our knowledge goes** 我们所知. **come to one's knowledge** 被…知道. **have no knowledge of** 不知,不理解,不认识. **have some knowledge of** 懂得一点. **not to my knowledge** 据我知道并不是那样. **to one's (certain) knowledge** 据…所(确)知. **to the best of one's knowledge** 就[尽]…所知. **within one's knowledge** 据…所知. **without the knowledge of** 未经…许可,不告知.

knowl'edgeable [ˈnɔlidʒəbl] a. 博学的,有知识的,有见识的.

known [noun] Ⅰ know 的过去分词. Ⅱ a. 已知的,有名的,大家知道的. Ⅲ n. 已知数[物]. *known number* 已知数. *known quantity* 已知量. *known reserves* 已知[探明]储量. *nationally known* 全国闻名的. ▲*(be) known* 闻名,已知,被知道(to),(be) *known as* 称为,通称(为),被认为是,叫做,即[记作];以…闻名[著称]. *be known for* 因…而众所周知. *be known to* 为…所知. (*be) well known* 十分有名. *become known* 出名. *it is well known that* 众所周知. *known by the name of* 通称为. *known for* 已知…的. *make known* 发表,表示;向…公布,使…知道(to).

know'-nothing [ˈnounʌθiŋ] n.; a. 一无所知的(人),不可知论者的.

know'-nothingism n. 不可知论.

KNT = sodium-potassium tartrate 酒石酸钠钾(一种常用的换能器材料).

knuck'le [ˈnʌkl] Ⅰ n. ①关[又,指]节,肘(状关)节,转向节,万向接头,铰链接合,枢轴 ②钩爪 ③(屋顶等的)脊. *knuckle arm* 关节(杆)臂,(汽车)方向(羊角,转向节)臂. *knuckle bearing* 铰式支座. *knuckle gear* 圆齿齿轮. *knuckle joint* 肘(形)接,叉形铰链接合,叉形(铰链)接头,肘接头,铰接. *knuckle joint press* 肘杆式压力机. *knuckle pin* 关节销,钩销,(万向)接头插销. *knuckle pin angle* 关节插内倾角. *knuckle press* 曲柄连杆式压力机. *knuckle (screw) thread* 圆螺纹. *knuckle spindle* 转向节销. *knuckle thrust bearing* 关节(转向节)推力(止推)轴承. *knuckle tooth* 圆(顶)齿. *universal joint knuckle* 万向接头关节.
Ⅱ v. 扭节,弯成肘节形. ▲**knuckle down** [under] **to**…屈服于…,向…投降. **knuckle down to work** 安下心来工作.

knuck'le-gear n. 圆齿齿轮.

knuck'le-gearing n. 圆齿齿轮装置.

knuck'le-joint n. 肘(形)接(头),(叉)形铰(链)接(合),叉形接头. *knuckle-joint knurler* 关节压花刀.

knuck'le-tooth n. 圆(顶)齿.

Knudsen burette 氯度滴定管.

Knudsen flow 努森(分子)流.

Knudsen gauge 努森压力计,努森规.

Knudsen number 努森数(Kn)(即 λ/L,表征气体在极低气压下的流动情况,此处 λ 为分子的平均自由路程,L 为由仪器尺寸导出的长度).

Knudsen pipet 氯度移液管.

Knudsen rate of evaporation 最大[努森]蒸发率.

knurl [nəd] n.; v. ①(硬)节,结,瘤,隆起,隆球饰 ②圆形按(旋)钮 ③滚花,压花(纹),刻痕(纹). *knurl wheel* 滚花轮. *knurled nut* 滚花螺母. *rhombic knurling* 菱形滚花(刀).

knur'ling [ˈnəːliŋ] n. 滚花(刀),压花(刀),刻痕. *knurling tool* 滚[压]花工具,滚花刀.

knur'lizing machine (加工废旧活塞和扩大活塞裙的)活塞修复机.

knur(r) [nəː] n. (树木等的)硬节,瘤.

KO = ①keep off 避开 ②keep out 勿入内.

Kobe [ˈkoubi] n. 神户(日本港口).

kobeite n. 钛稀金矿,河边矿'.

Koch resistance 科克电阻(一种光敏电阻).

KOCN = potassium cyanate 氰酸钾.

Ko'dachrome n. 柯达彩色胶片. *Kodachrome slide* 柯达幻灯片.

Ko'dak [ˈkoudæk] Ⅰ n. ①柯达(小型)照相机 ②(小型照相机拍的)照片. *Kodak Cine Special* 柯达十六毫米摄(电)影机. *Kodak film* 柯达胶片. *kodak photo resist (KPR)* 柯达光致抗蚀剂,光致感光剂,柯达光刻胶.
Ⅱ vt. ①用柯达(小型)照相机拍摄 ②速写,生动地描写.

Kodaloid n. 硝酸纤维素

KOe = kilo-oersted 千奥斯特.

koechlinite n. 钼铋矿.

kogel process (路面防滑的)热处理.

Kohlrausch bridge method 考劳希电桥法(特殊电阻的测量法).

Kollag n. 固体润滑油.

kolysep'tic *a.* 防腐的.

Konal *n.* 镍钴合金(镍70～73%，钴17～19%，铁7.5%，钛2.5～2.8%).

Kone *n.* 双纸盆扬声器.

Konel *n.* 科涅尔(镍合金), 科涅尔代用白金(镍73.07%, 钴17.16%, 钛8.8%, 硅0.55%, 铝0.26%, 锰0.16%或镍46%, 钴25%, 铁7.5%, 钛2.5%, 铬19%).

kong *n.* 缸.

Konig *n.* 康尼锡(色度学中，用来称呼三色系统的X刺激).

Konik(e) *n.* 科尼科镍锰钢(碳0.1%, 锰0.35%, 硅0.08%, 镍0.35%, 铬0.12%, 铜0.25%).

konim'eter [kou'nimitə] 或 **koniogravimeter** *n.* (空气中的)尘度计, 计尘器, 灰尘计数器, 空气尘量计.

koniol'ogy *n.* 微尘学.

koniscope *n.* 计尘仪, 检尘器(测定空气中尘粒的仪器).

konisphere *n.* 尘圈, 尘层.

konitest *n.* 计尘试验.

konom'eter [kə'nomitə] *n.* 尘埃计算器, 大气尘埃计.

konoscopic observation 会聚偏振光对晶面两次折射特性的观测.

Kon'stantan ['kɔnstæntæn] *n.* 康铜, 铜合金 = constantan.

Konstruktal *n.* 康斯合金(Al-MgZn2系合金).

kooman's array 库曼氏天线阵, 松树天线阵.

koosmie *n.* 库斯米(印度紫胶品系).

Kopar *n.* 科帕尔(南斯拉夫港口).

ko-pin = knockout pin 推顶销.

Koplon *n.* 高湿模量粘胶纤维.

Kopol *n.* 化石树脂.

kopsol (DDT) *n.* (农药)滴滴涕.

Korea [kə'riə] *n.* 朝鲜.

Korean [kə'riən] *n.* ; *a.* 朝鲜的, 朝鲜人(的).

kornbranntwein *n.* 黑麦酒.

kor'nish boiler 水平单火管锅炉.

koroseal *n.* 氯乙烯树脂(塑料).

koruna [kɔ:'ru:nɑ:] (*pl. korun*) *n.* 克朗(捷克斯洛伐克货币单位).

Koster magnet steel 科斯特钴钛磁钢.

kotron *n.* 硒整流器.

Kovar *n.* 柯伐(合金), 铁镍钴合金(镍29%, 钴17%, 铁54%, 膨胀系数与玻璃接近, 用作玻璃金属封料). *kovar-glass seal* 科伐铁镍钴合金与玻璃密封(焊接).

Kowloon ['kau'lu:n] *n.* (广东省)九龙(英占).

Kozanowski oscillator 克扎诺斯基振荡器(BK振荡器的一种).

KP = ①key pulse 键控脉冲 ②keyboard perforator 键盘凿孔机 ③kick plate (踢)挡板 ④kill probability 杀伤公算, 摧毁概率 ⑤kilopascal 千帕斯卡(10^3N/m²) ⑥kraft pulp 硫酸盐纸浆.

kPa = kilopascal 千帕斯卡(10^3N/m²)

KP&D = kick plate and drip 板和滴水槽.

KPH = kilometer per hour 千米每小时, 千米/小时.

KPR = Kodak photo resist 柯达光致抗蚀剂.

kps = kilopoises 千帕(粘度单位).

KPSI = thousand pounds per square inch (kips per square inch)千磅/英寸².

Kr = ①kiloroentgen 千伦琴 ②krypton 氪.

krad *n.* 克拉(X辐射单位).

Kraemer system 克莱玛方式(控制感应电动机速度的一种方法).

kraft [krɑ:ft] *n.* 牛皮(包皮)纸. *kraft pulp* 牛皮浆, 硫酸盐纸浆.

kraftpaper ['krɑ:ftpeipə] = kraft.

Kranenburg method 直接水压式成形法(凹模中加水, 工件直接受水压, 可以锻拉深).

Kranz Triplex method 可锻铸铁制造法(炉料, 铸铁和铬各一半).

Kr-arc lamp 氪弧灯.

Krarup cable 均匀(连续)加感电缆.

krarupization *n.* 均匀(连续)加感.

krarupize *vt.* 均匀(连续)加感.

k-rating factor k 额定因子(因数).

k-rating graticule k 值格线(片).

Krebs unit 克雷布斯单位(测量稠度的单位, 特别用于颜料).

kre'osote ['kriəsout] *n.* 杂酚油.

k-resonance k 介子共振.

Krith *n.* 克瑞(气体重量单位 = 氢在标准状况下一升的重量.1 Krith = 0.0896g).

Kroll corrosive liquid 氢氟酸腐蚀液(加<2%的HNO₃).

Kroll method 钛(锆)化合物还原法, 镁还原四氯化物法.

Kromarc *n.* (可)焊接不锈钢(铬16%, 镍2%, 其余铁).

Kromscope *n.* 彩色图像观察仪.

Kron network 克朗四端网络.

Kronecker delta 克罗内克符号.

KRT = cathode-ray tube 阴极射线管.

Krupp austenite steel 奥氏体铬镍合金钢.

Krupp furnace 粒状碳电阻炉.

Krupp triple steel W₄Cr₄V₂MO₂ 高速钢.

Krupp-Renn method 克鲁普转炉炼铁法(粒状还原铁法).

kryogenin *n.* 冷却剂.

kryometer *n.* 低温计.

kryoscope *n.* 凝固点测定计.

kryoscopy *n.* 凝固点测定, 冰点测定法.

kryotron = cryotron.

kryptoclimate *n.* 室内小气候.

kryptol ['kriptɔl] *n.* 粒状碳, (硅)碳棒, 电极粒状物(石墨, 碳化硅, 粘土的混合物, 电阻炉中用). *kryptol furnace* 炭粒炉. *kryptol stove* 碳棒电阻炉.

kryptomere *n.* 隐晶岩. **kryptomerous** *a.*

kryp'ton ['kriptɔn] *n.* 【化】氪, Kr. *krypton lamp* 氪灯.

kryptopyrrole *n.* 隐吡咯;2,4-二甲基-3-乙基吡咯.

kryptoscope *n.* 荧光镜.

kryptosei'smic *a.* 隐式地震的.

kryptosterol *n.* 隐留醇, 羊毛留醇.

kryptoxanthin *n.* 隐黄质, 玉米黄质.

krys'talglass *n.* 富铅玻璃(器), 结晶.

krys'tic *a.* 冰雪的.

krytron *n.* 弧光放电充气管. *krytron circuit* 克里管电路(用雪崩管电路产生高压锯齿波).

KS = ①knife switch 闸刀开关 ②potassium chlorate solid fuel 氯酸钾固体燃料.

KS magnet KS 永久磁铁.

KS steel KS 钢,钴钢.
K-scope n. K 型[移位距离]显示器.
kscp = kraft semi chemical pulp 硫酸盐半化学浆.
K-series n. K(线)系(列),因 K 辐射而生的线谱.
K-shell n. K(电子)层,K 壳(层),二电子壳层,围绕原子核最内的电子层.
Ksi = kilopounds per square inch 每平方英寸的千磅数.
KSN = kit shortage notice 成套器件[仪器,工具,零件]短缺通知.
k ꝑ = kodak special plate 柯达特种底片.
K-space n. K(动量,波矢量)空间.
KST = keyseat 键槽.
K-step metabelian group K 步亚阿贝耳群,K 步亚交换群.
Kt ①kiloton 千吨 ②kit 成套的器件(仪器,工具,零件) ③knot 海里(约 1852 米),节(=海里/小时).
KTFR = Kodak thin film resist 柯达薄膜抗蚀剂.
KTN pyroelectric detector 铌酸钽酸钾热电探测器.
Ku = Kurochatovium 铈(同 rutherfordium 钅卢,原子序数 104)
Kuala Lumpur [ˈkwɑ:ləˈlumpuə] 吉隆坡(马来西亚首都).
kuˈchersite [ˈku:tʃəsait] n. 油页岩.
Kuchuchin series (太古代)库齐钦统.
Kudamatsu n. 下松(日本港口).
Kumamoto n. 熊本(日本港口).
Kumanal n. 铜锰铝标准电阻合金.
Kumial n. 含铝铜镍弹簧合金(铝1～2.5%,镍5.8～13.5%,铜 84.0～92.9%).
Kumium n. 高电(热)导率铜铬合金(铜99.5%,铬0.5%).
kundt tube 孔脱管(一种声速测量器).
Kunheim metal 稀土金属与镁的合金,发火合金.
Kunial n. 含铝铜镍弹簧合金(铝1～2.5%,镍5.8～13.5%,铜 84.0～92.9%).
Kunifer n. 铜镍合金.
Kunitz unit (描述脢核糖核酸酶浓度及活性的)孔尼茨单位.
Kunming movement (中石炭世和晚石炭世间)昆明运动.
Kunyang Qun (前震旦系)昆阳群.
Kupfelsilumin n. 硅铝明合金.
kupfernickel n. 红砷镍矿.
kuppe n. 导流罩,透声穹室.
kupper solder 铅焊料(锡7～15%,锑7～9.5%,其余铅).
kurchatovium n. = rutherfordium.
kurˈhaus [ˈkuəhaus] n. 矿泉疗养所.
kurie = curie.
Kuril(e) Islands 千岛群岛.
kurˈkar [ˈkəkə] n. 凝砂块.
Kuromore n. 镍铬耐热合金(镍85%,铬15%).
kurtoˈsis [kəˈtousis] n. (曲线的)峰态,尖峰值,峭度,突出度(分布曲线中的高峰程度).
Kushanian stage 贵山阶,峨嵋山阶.
Kushiro n. 钏路(日本港口).
Kusum n. 久树(紫胶虫寄主树).
Kuttern n. 铜锌合金.
Kuwait 或 **Kuweit** [kuˈweit] n. 科威特.
Kuwaiti a.; n. 科威特(的),科威特人(的).

KV = ①kilovolt(s) 千伏(特) ②kinematic viscosity 运动粘度.
KVA 或 **KVa** 或 **kva** = kilovolt-ampere 千伏(特)安(培).
kvah = kilovolt ampere-hour 千伏安小时.
KV-AH meter 千伏安小时表.
K-value n. ①K 值,粘度(值) ②K[增殖]系数.
kvar = kilovar 千乏,无效千伏(特),安(培).
kvarh = kilovar-hour 千乏小时.
KVI = kinetic viscosity index 运动粘度指数.
KVp = kilovolts peak 千伏(特)峰值.
Kw = ①kilowatt 千瓦(特) ②kilowords 一千个字;1024 个字.
Kwa = kilo-watt-ampere 千瓦安.
Kwangˈchow [ˈkwɑŋˈtʃou] n. 广州(市).
Kwangˈtung [ˈkwɑŋˈtuŋ] n. 广东(省).
Kwd = kilowatt-day 千瓦天.
KWH 或 **kwH** 或 **kw-h** 或 **kw-hr** = kilowatt-hour 千瓦小时,(电)度.
kwoc = key word out of context 关键词索引.
Kword n. 千字(概称),1024 字.
kwot = key word out of title 标题关键词索引.
Kwr = kilowatts reactive 无功千瓦.
KWY = keyway 键槽.
KX = kilo-X-unit 千 X 单位(1X 单位约等于 10^{-11} cm).
kyˈanite [ˈkaiənait] n. 蓝晶石.
kyˈanize 或 **kyˈanise** [ˈkaiənaiz] vt. 用升汞(氯化汞)浸渍木材(电杆)(以防腐),用升汞注入(木材)防腐.
kyˈanizing 或 **kyˈanising** [ˈkaiənaiziŋ] n. 水银(升汞,氯化汞,汞剂)防腐(法).
kybernetˈics n. = cybernetics.
kymatolˈogy n. 波浪学.
kymogram n. 记录[记波,描波]图,转筒记录图.
kyˈmograph [ˈkaimougrɑ:f] n. 波形自动记录器[记录器],描[记]波器,转筒[转动]记录器,角功表. ~ic a.
kymogˈraphy n. 记波法,波形自动测量法,转筒记录法.
Kyoto [kiˈoutou] n. 京都(日本港口).
kyˈrock [ˈkairɔk] n. (美国产)沥青砂岩.
kyto- [词头]细胞.
kytoon n. 系留气球,风筝气球.
Kyushu [ˈkju:fu:] n. (日本)九州.
kyˈanize 或 **kyˈanise** [ˈkaiənaiz] vt. 用升汞(氯化汞)浸渍木材(电杆)(以防腐),用升汞注入(木材)防腐.
kyˈanizing 或 **kyˈanising** [ˈkaiənaiziŋ] n. 水银(升汞,氯化汞,汞剂)防腐(法).
kybernetˈics n. = cybernetics.
kymatolˈogy n. 波浪学.
kymogram n. 记录[记波,描波]图,转筒记录图.
kyˈmograph [ˈkaimougrɑ:f] n. 波形自动记录器[记录器],描[记]波器,转筒[转动]记录器,角功表. ~ic a.
kymogˈraphy n. 记波法,波形自动测量法,转筒记录法.
Kyoto [kiˈoutou] n. 京都(日本港口).
kyˈrock [ˈkairɔk] n. (美国产)沥青砂岩.
kyto- [词头]细胞.
kytoon n. 系留气球,风筝气球.
Kyushu [ˈkju:fu:] n. (日本)九州.

L l

L [el] (pl. **L's** 或 **Ls**) ①L形 ②罗马数字的50 ③高架铁路 ④勒夫波(一种面波).

L 或 l ①cellulose acetate 乙酸纤维素 ②lake 湖 ③lambert 朗伯(亮度单位) ④land 陆地, 地面 ⑤latent heat 潜热 ⑥Latin 拉丁(语, 人)的 ⑦latitude 纬度 ⑧launching 发射, 起动 ⑨law 定[规, 法]律 ⑩lead of helix 螺旋线导程 ⑪lead sheath 铅包皮 ⑫league (长度)里格, 联[同]盟 ⑬left 左 ⑭length 长度 ⑮lewisite 用降落伞投下的干扰雷达发射机 ⑯libra (e)[拉丁语]镑 ⑰light sense 光觉, 光感度 ⑱line 线 ⑲litre 公升 ⑳long 长的 ㉑low 低, 矮, 最低限度[记录], 最小分数 ㉒lumen(光通量单位)流明 ㉓luminous emittance 发光密度.

L capture L层电子俘获.

L display L 型显示(器), 双方位[方位-方位误差]显示(器).

L scope L 型显示器, 双向距离显示器.

l tn =long ton 长吨(1016kg).

LA =①large apertures(相机)大光阑 ②launch analysis 发射分析 ③lightning arrestor 避雷器 ④line assembly (在)装配线(上)装配 ⑤low altitude 低空.

La =lanthanum 镧.

La. =Louisiana (美国)路易斯安那(州).

la [lɑː] 〖法语〗à **la**〖aːlɑ〗 prep. 按照…的方式.

LAB =①laboratory 实验室[所], 研究室 ②lead acid battery 酸性铅蓄电池.

lab n. ①=laboratory ②凝乳酶.

labefacta'tion [læbifæk'teiʃən] 或 **labefac'tion** n. 动摇, 衰弱[落], 恶化, 崩溃, 灭亡.

la'bel ['leibl] Ⅰ n. ①标签[牌, 志, 记, 号], 书标, 纸[签]条, 名牌, 厂牌, 工厂牌号[标牌, 招牌], (电码)符号, 信息识别符, 标号, 记录单 ②【建】披水石, 出檐(线). Ⅱ (la'bel(l)ed, la'bel(l)ing) vt. ①(贴)贴标于, 贴商标, 注(证明), 标定下来, 注上标记, 做记号 ②(用放射性同位素, 示踪原子使…)示踪 ③标, 称[到, 分(类)]为. label area (唱片)片心区, 标签区, label(l)ing machine 贴标签机. labeling method 标号计算法. labeling scheme 代码电路, 标号方案. labeling reader 标记[号]卡图读器. ▲label M as N 指出[标明]M 是 N, 把 M 称为 N, 把 M 分到 N 类中. label M with N 把 M 标以 N, 在 M 上注上 N.

la'bel(l)ed a. (同位素)标记的, 示踪的. labelled atom 标记[显踪, 显迹, 示踪]原子. labelled common (block) 有标号的公用块. labelled compound 标记化合物, 含示踪原子的化合物.

la'bel(l)er n. 贴标签机.

la'bial ['leibjəl] a. 唇(状, 侧)的.

Labiatae n. 唇形科.

la'biate(d) ['leibieit(id)] a. 唇形的, 有唇的. labiate ladle 【冶】转包.

la'bile ['leibail] a. ①不稳[安]定的, 活泼的, 易变[错]的, 可适应的 ②不坚固的, 易滑动的, 易崩脱的. labile emulsion 快裂[不稳定]乳液. labile oscillator 易变[遥控]振荡器. labile shower 晶震. labile state 易变[不稳定]态.

labil'ity [lə'biliti] n. 不安[稳]定(性), 易变性, 易滑性, 非平衡.

labiliza'tion n. 不稳定化, 易变作用.

la'bilize v. 活化. labilized hydrogen atom 活化的氢原子.

lab'itome ['læbitoum] n. 有刃钳.

la'bium ['leibiəm] (pl. **la'bia**) n. (口)唇, 下唇(瓣), (管乐器的)嘴.

la'bor =labour.

laborato'rial [læbərə'tɔːriəl] a. 实验室的.

laborato'rian n. 检验师, 化验员.

lab'oratory ['læbərətəri] n. ①实验[化验, 试验]室, 研究室[所], 实验课 ②化学厂, 药[工]厂. control laboratory 化验室, 检验室. hot laboratory "热"[强放射性物质研究]实验室. laboratory procedure 实验(室)程序, 实验室研究方法, 实验步骤. laboratory sifter 震动筛分机. laboratory sole 炉底(床). laboratory test 室内试验. "semi hot" laboratory "半热"[中等放射性物质研究]实验室. warm laboratory 弱放射性物质研究实验室.

lab'oratory-scale a. 试验用(规模)的, 小型的.

laboratory-simulated degraded imagery 实验室模拟降质像, 实验室模拟清晰度下降的像.

la'bored =laboured.

la'borer =labourer.

la'boring =labouring.

labo'rious [lə'bɔːriəs] a. ①艰巨[难, 苦]的, 辛苦的, 费力的, 麻烦的 ②勤劳的, 熟练工. laborious test method 繁复的试验方法. ~ly ad. ~ness n.

la'bor-saving =labour-saving.

la'bour ['leibə] Ⅰ n. ①劳动, 工作, 努力, 苦工 ②劳动者, 劳动力 ③劳动力, 熟练工. Ⅰ v. ①劳动, 工作, 努力, 争取 (for) ②在困难中前进, 颠簸 ③详细完成[(论述], 仔细去做(labour under)力. hand labour 手(人)工劳动)(力). International Labour Day 五一国际劳动节. labour badly (机器)吃力地工作. labour capacity 劳动生产率, 工本. labour power 劳动力, 人力. labour saving 省[工], 节约劳动力. labour union 工会. ▲labour at 埋头于, 努力(做). labour for 为…而努力, 努力争取. labour one's way 吃力地前进. labour to + inf. 努力(做). labour to be 受害于, 苦于. labour under a delusion 误解, 想错, 为幻想所苦. lost labour 或 labour lost 徒劳. the labours of Hercules 或 the Herculean labours 需要花费

la'bourage n. 工资.

la'boured a. 吃力的,困难的,缓慢的,勉强的,(文体等)不自然的.

la'bourer ['leibərə] n. 工人,劳动者. *farm labourer* 雇农. *labourer relief* 劳动教济,工赈.

la'bouring a. 劳动的,困难的. ▲*take the labouring oar* 担任最困难的工作. ~ly ad.

la'bour-saving a. 省工的,节省劳力的,减轻劳动的.

la'boursome a. 吃[费]力的.

lab'radorite n. 曹灰[钙钠]长石,拉长岩,富拉玄武岩.

la'brum ['leibrəm] (pl. la'bra) n. (上)唇,缘边.

lab'yrinth ['læbərinθ] n. 迷宫(环,式密封),迷路,曲径(环,式密封),曲折(密封),封严圈（错综复杂,复杂的事（结构),难以摆脱的处境. *acoustic labyrinth* 声迷. *labyrinth box* 迷宫（式密封)箱. *labyrinth gland* 迷宫式压盖. *labyrinth packing* 迷宫式密(气)封,曲折式填充物(密封(件)),曲折阻漏(轴垫). ~ian 或 ic 或 ~ine a.

Labyrinthodontia n. 迷齿目.

labyrinthus n. 迷路.

lac [læk] n. ①虫(紫)胶,假(虫,光,清)漆,虫脂,天然胶质 ②涂有虫漆的器具 ③十万,无数. *asphalt lac* 沥青漆. *lac varnish* 虫胶清漆(凡立水),光漆. *needle lac* 针状虫胶. *Ningpo lac* 金漆.

lac'ca n. 虫漆(胶,脂). 紫胶虫,紫草茸. *lacca coerula* 石蕊.

laccase n. 漆酶.

lac'col n. (虫)漆酚.

lac'colite 或 lac'colith n. 岩株(盖). laccolit'ic 或 laccolith'ic a.

LACE =①launch angle condition evaluator 发射角情况估计器 ②launch automatic checkout equipment 发射自动校正设备 ③liquid air cycle engine 液态空气循环发动机.

lace [leis] I n. ①带子,束(饰),编带,花边,精细网织品 ②斜缘条 ③皮带接合(卡子,扣). I vt. ①束(系)紧(up),穿带子(through),缀合,用斜缘条连接,编(交)织 ②【计】全(条,瓦)条穿孔,一行(一列)全穿孔,在卡片上)穿乱敌. *lace bar* 缘条. *lace punch* 全穿孔. *laced beam* 缀合（花格,空腹)梁.▲*lace M together with N* 用 N 把 M 缀合在一起.

lace'like a. 带子般的,花边状的.

la'cer n. 系紧的用具. *belt lacer* 皮带扣,皮带卡子.

lac'erable ['læsərəbl] a. 易划破的,易可(撕裂)的.

lac'erate ['læsəreit] I vt. ①划(扯)破,撕(劈)裂 ②伤害. II a. 划(扯)破的,撕裂的,受折磨(困扰)的. *lacerating machine* 拉力试验机.

lac'erated a. =lacerate.

lacera'tion [læsə'reiʃən] n. 划破(伤),撕(劈)裂,裂(破)口,削切.

lacertilia (sauria) n. 蜥蜴类.

lacer'tus [lə'sə:təs] n. 纤维束.

lacet' [lə'set] n. 盘山(回旋)道路 ②带子.

lace'work n. 花纹(边). ①网眼针织物.

Lachman treating process n. 用氯化锌精制裂化汽油法.

lachrymal a.; n. 泪的,泪滴型,泪腺(的).

lachryma'tion [lækri'meiʃən] n. 流泪.

lach'rymator n. 催泪剂(物),催泪性毒气.

lach'rymatory a. 催泪的,泪的. *lachrymatory bomb* 催泪弹.

la'cing ['leisiŋ] n. ①束紧(带),单（顶)缀,斜缘条,牵系,编丝 ②花边装饰 ③导线,(局内电缆)分编. *angle lacing* 角紧条. *belt lacing* 皮带结合（接关),卡子,扣,引带接头. *lacing bar* 缘条. *lacing board* 系紧(布缆)板.

lacin'iate(d) a. 有边(穗)的,(叶子)条裂的.

lack [læk] v.; n. 缺乏(少),不足(够),没有,缺少(需要)的东西,无. *It lacks 5 minutes of nine*. 九点差 5 分. *lack character* 体型不良,体型无品种特征. ▲ *a certain lack of* 缺少一些,缺少一定的. *a certain lack of clarity* 有点不清楚. *for (by, from, through) lack of* 因缺乏,因无. *have no lack of* 不缺乏,丰富. *lack of* 缺乏(少),没有. *lack of alignment* 中心线偏差. *lack of penetration* [fusion] 未熔穿(焊透). *lack of resolution* 清晰度欠佳,析像力不足,鉴别力损耗. *lack of exercise* 缺少活动力. *supply the lack* 补缺.

lackadai'sical [lækə'deizikəl] a. 萎靡不振的,无精打采的. ~ly ad.

lacker =lacquer.

lac'key ['læki] n.; vt. 仆从,侍候,走狗. *Nothing is lacking for the plan*. 这计划甚么也不短少.▲*be lacking in*…缺乏(少)…. *be lacking in experience* 缺乏经验,经验不足.

lack'lustre 或 lack'luster ['læklʌstə] a.; n. 无光泽(的),暗淡(的),无生气(的),平凡的.

lac-la(c)ke n. 虫漆染料.

lac'mus n. 石蕊.

lacon'ic(al) [lə'kɔnik(əl)] a. 简洁的,精练的,干脆利落的. ~ally ad.

lacon'icism [lə'kɔnisizm] 或 lac'onism ['lækənizəm] n. 警句,简洁的语句,简洁(的表达方式).

Lacour motor 拉库尔电动机(一种三相分激电动机).

lac'quer ['lækə] I n. ①(真,亮,清,油,(清)喷,硝基,蜡克)漆 ②漆器(膜),(发动机中的)胶膜,坚硬漆状沉积 ③涂漆镀锡薄钢板. II v. ①涂上,喷)漆,漆沉积,使表面光洁,抛光. *clear lacquer* (透明)亮漆. *lacquer coat* 漆涂层. *lacquer disc* 录音胶片,蜡克盘,(一种录音盘). *lacquer enamel* 珐琅,磁(瓷)漆. *lacquer master* 蜡克主盘,录音胶片,(唱片录音)胶片头版. *lacquer oil* 喷漆(用)油. *lacquer original* 蜡克原盘,原版(唱片). *lacquer putty* 腻子,整(匀)面用油灰. *lacquer solvent* 喷漆(潜)溶剂. *lacquer thinner* 挥发性漆稀释剂,喷漆稀料,漆冲淡剂. *lacquer(ed) plate* 涂漆镀锡薄钢板.

lacquer-coated steel sheet 涂漆薄钢板.

lac'querer n. (油)漆工.

lac'quering n. 上(涂)漆,漆涂层,成漆,漆沉积.

lac'querless a. 无漆的.

LACR =*low-altitude coverage radar* 低空有效探测范围雷达.

lacrima'tion =lachrymation.

lac′rimator = lachrymator.
lac′rimatory = lachrymatory.
lacrosse′ [ləˈkrɔs] n. ①军事测距系统 ②长曲棍球.
lactacidase 或 lactalase n. 乳酸酶.
lactalbu′min 或 lact(o)albu′min n. 乳清〔乳白〕蛋白.
lac′tam [ˈlæktæm] n. 内酰胺, 镉, 内酰.
lactamide n. 乳酰胺.
lactamize v. 内酰胺.
lac′tary [ˈlæktəri] a. 奶(状)的.
lac′tase [ˈlækteis] n. 乳糖酶.
lac′tate [ˈlækteit] n. 乳酸盐〔酯,根〕.
lac′teal [ˈlæktiəl] n. 乳(状,汁)的, 含〔输送〕乳状液的.
lac′tean a. 乳(状)的.
lactenin n. 乳烃素.
lac′teous [ˈlæktiəs] a. 乳(状,白色)的.
lactes′cence [lækˈtesns] n. 乳化,乳状(液),乳浊〔乳汁〕状,乳白〔汁〕色. lactes′cent a.
lact(i)- 或 lacto- 乳(乳酸糖).
lac′tic [ˈlæktik] a. 乳(汁)的. lactic acid 乳酸.
lac′tics n. 产乳酸微生物.
lac′tide n. 丙交酯.
lac′tim n. 内酰亚胺.
lac′tochrome n. 核黄素, 维生素 B₂.
lactolase n. 乳酸酶.
lactolin n. 炼乳.
lac′tolite n. 乳酪塑料.
lactom′eter n. 乳(比)重计, 乳汁密度计.
lactonase n. 内酯酶.
lac′tone n. 〖化〗内酯.
lactoniza′tion n. 内酯化作用.
lac′toprene n. 乳胶, 人造〔聚酯〕橡胶.
lac′tose [ˈlæktous] n. 乳糖.
lact(o)yl- 〔词头〕乳酰(基), 2-羟丙酰(基).
lactoyltetrahydropterin n. 乳酰四氢喋呤.
lacu′na [ləˈkjuːnə] (pl. lacu′nae) n. ①脱漏(部分), 【数】缺项, 缺损 ②空〔间, 裂〕腺, 空白〔斑〕, 裂孔, 小孔, 凹窝, 穴 ③【地】缺失(地层), 洼地.
lacu′nae [ləˈkjuːni] lacuna 的复数.
lacu′nal [ləˈkjuːnəl] a. ①空〔间〕隙的, 凹窝状的, 多小孔的 ②缺项的.
lacu′nar [ləˈkjuːnə] n. 花格平顶, 凹格花板.
lacu′nary [ləˈkjuːnəri] a. ①空〔间〕隙的, 多小孔的, 孔穴的 ②有缺陷的 ③【数】缺项的. lacunary function 缺项函数. lacunary series 缺项级数.
lacu′nose [ləˈkjuːnous] a. 有间隙的, 脱漏多的.
Lac′us [ˈlækəs] n. 〖天〗(月面上的)湖.
lacus′trine [ləˈkʌstrain] a. 湖(泊, 成, 水)的, 生在湖中〔底〕的. lacustrine deposit〔sediment〕湖(成, 沉)积. lacustrine limestone 介壳灰岩. lacustrine soil 湖积土.
la′cy [ˈleisi] a. 花边(状)的, 带(状)的.
ladanum resin 劳丹树脂.
LADAR = laser detection and ranging 激光雷达.
lad′der [ˈlædə] n. ①梯(子, 架, 形物, 形裂缝), 阶梯 ②(多斗挖土机的, 挖泥机的)斗〔框〕架 ③(分级机的) 斗. cat ladder 墙上竖梯. digital-to-analog ladder 数字-模拟转换阶梯信号发生器. ladder attenua-tor 链式〔梯形〕衰减器. ladder control 多级控制. ladder dredge 多斗挖泥机. ladder polymer 梯形聚合物. ladder truck 有梯卡车. ladder (type) network 梯形〔型〕网络. ▲kick down the ladder 过河拆桥. see through a ladder 看见显而易见的东西.
lad′derlike a. 梯(子)状的.
lad′dertron n. 梯形管.
lad′der-type a. 梯形〔型〕的. ladder-type filter 梯形〔多节〕滤波器.
Lad′dic n. 拉蒂克多孔磁心(一种多孔磁性逻辑元件).
lade [leid] (la′ded, la′den) v. 装(载), 加负担于, 汲出〔取〕, 获得〔取〕得, 塞满, 把...压倒.
la′den [ˈleidn] Ⅰ v. lade 的过去分词. Ⅱ a. 装满了的, 装着货的, 充满了的(with). laden in bulk 散装. laden weight 车辆总载重, 装载重量. ▲(be) laden with...装满〔满载着〕....
la′ding [ˈleidiŋ] n. 装载(的货物), 装(船)货, 加荷, 重量, 压力, 汲取. bill of lading 提(货)单. lading door 装料门. received for shipment bills of lading 备运提单. through bills of lading 联运提单.
la′dle [ˈleidl] Ⅰ n. (铸, 长柄)勺, (铸, 盛钢)桶, 铲, 铁(钢)水包, 渣包浇注, 抬(包)包(俗名). Ⅱ vt. ①(用勺子)舀, 而入〔分出(out) ②给与, 赠送 (out). charging ladle 装料桶. Denisov vacuum ladle 丹尼索夫式出镍真空罐(由电解槽出镍用). ladle analysis 桶样〔盛钢桶, 取钔, 熔炼, 炉前〕分析. ladle heel 浇包残桶, 残铁. ladle lip〔spout〕浇包嘴. ladle pit 出钢坑. ladle sample 桶(中取)样. ladle test 桶样试验. one-lip hand ladle 单嘴手勺. wire-screen ladle 网勺, (金属丝)筛网网漏勺. ▲ladle in 舀进, 插入. ladle out 舀〔端〕出, 提供.
la′dleful n. 满勺, 满包量.
la′dle-to-la′dle ad. 一勺一勺地.
la′dy [ˈleidi] n. ①妇女, 女士, 夫人, 小姐 ②小石板 ③探照灯控制设备. Ladies (作单数名词)女厕所, 女盥洗室. Ladies and gentlemen! 女士们, 先生们!
la′dybird 或 la′dybug n. 瓢虫.
laeotrop′ic a. 左旋[蟠]的.
laeve a. 平滑的, 带绒毛的.
laevo- 〔词头〕左(向)左方.
laevo-configura′tion n. 左旋构型.
laevoglu′cose n. 左旋葡萄糖.
laevoi′somer n. 左旋(同族)异构体.
laevorota′tion n. 左旋, 逆时针旋转. laevorota′tory a.
l(a)evulosaemia n. 果糖血.
l(a)evulose n. 左旋糖, 果糖.
l(a)evulosuria n. 果糖尿.
LAFF = launcher air filtration facility 发射器空气过滤设备.
Lafferty gauge 拉弗蒂真空规, 热阴极, 磁控规.
LAFTA = Latin-American Free Trade Association 拉丁美洲自由贸易协会.
lag [læg] Ⅰ n.; vi. ①滞后〔涩, 相〕, 落〔后移〕后, 迟(时, 磁)滞, 迟(拖)延(的时间), 延迟, 变易, 卡住, 走慢, 耽搁 ②错开, 平移, 偏置 ③(惰)性 ④套(桶)板, 板条, 外(防护)套, 罩壳. Ⅱ vt. ①用隔热〔绝缘,保温[材料]保护，覆盖绝热层，给…加上外套 ②落[滞]后于。Ⅲ a. 最后的. altimeter lag 高度差，高度计读数滞后. lag bolt 方头螺栓. lag characteristic 延迟[余辉]特性. lag gravel 残留卵石. lag intake 迟（关）进汽（门）. lag lead compensator 滞（后）超（前）补偿器，零-极点补偿器. lag phase 停滞阶段，延迟[停滞]期. lag pile（加）套的桩. lag screw 方头螺钉，方头尖螺丝. lag window 落后窗. magnetic lag 磁(化)滞(后)，磁惯性. pickle lag 酸浸时滞性试验. short fluorescent lag 短余辉. thermal lag 热惯性，缓慢加热. time lag 时滞，时间延迟. time lag fuse 延时熔丝，惯性保安器. ▲lag behind (in) (在…方面) 落后(于)，迟缓，赶不上.

lage'na ['lədʒi:nə] n. (烧)瓶，壶，蜗管肌.

lagengneiss n. 层状片麻岩.

lageniform a. (烧)瓶形的.

lag'gard ['læɡəd] Ⅰ a. 落后的，迟缓的. Ⅱ n. 落后者，懒散的人.

lag'ger n. (经济)滞延指数.

lag'ging ['læɡiŋ] Ⅰ n. ①落[滞，移]后，迟滞，延迟 ②套[撑，桶，护，隔，横(档)]板，(窄，支撑)板条，板皮，贴皮 ③外(防护，保温)套，隔热(绝缘，保温)(套)层，套管，护壁，桥面 ④封纹. Ⅱ a. 落后的，慢的，迟缓的，凹凸不平的，粗糙的. boiler lagging 锅炉隔热垫层. jack lagging 砌筑壳体用的模板. lagging cover 粗涂[镀]. lagging device 滞相[滞后]装置，(相位)滞后器. lagging edge 后沿(脉冲下降边)，(脉冲)后沿. lagging jacket 汽缸保温套. lagging load 电感性[电流滞后的]负载. lagging phase angle 滞后相角. ~ly ad.

lagniappe ['lænjæp] n. 免费赠品.

Lagomorpha n. 兔目.

lagoon' [lə'gu:n] n. 泻(浅水)礁，潟海，咸水湖，(污泥)贮留地，氧化塘，沼. lagoon harbour 河口浅水港.

lagoon'-island n. 环礁.

La'gos ['leiɡos] n. 拉各斯(尼日利亚首都).

Lagran'gian [lə'ɡrændʒiən] n.; a. 拉格朗日算符[算子]，拉氏算符(的)，拉氏函数(的)，拉格朗日量. Lagrangian function 拉格朗日函数.

La Guaira n. 拉瓜伊拉(委内瑞拉港口).

laguna 或 lagune n. lagoon.

lahar n. (火山)泥流(物).

LAHL = level alarm high low 液面上下限警报.

Lahore' [lə'hɔ:] n. (巴基斯坦)拉合尔(市).

LAI = (意大利语)Linee Aeree Italiane 意大利航空公司.

laid [leid] lay 的过去式和过去分词. laid length 敷管长度. laid paper 直纹纸. to be laid cold 冷铺. to be laid hot 热铺.

laid-back a. 悠闲的.

laid-up a. 拆卸修理.

lain [lein] v. lie 的过去分词.

laissez-faire n. [法语]市场自由学说.

laissez-passer ['leisei'pæsei] n. [法语]通行证，护照.

lai'tance ['leitəns] n. (水泥)翻沫[浮浆，浆沫上浮]，混凝土面上的沫状物. laitance layer (水泥)翻沫[浮浆]层.

la'itier ['leitiə] n. 浮渣.

la'ity ['leiiti] n. 外行(人)，门外汉.

lake [leik] n. ①湖泊，池 ②色淀，沉淀色料，深红色(颜料)，媒色颜料 ③血细胞溶解，血球解体. lake asphalt [pitch] 湖沥青. lake bed 湖泊沉积矿. lake colours 色淀染料. lake copper 湖铜，由自然铜矿炼出的铜. lake marl 湖成泥灰岩，沼灰土. lake oil 琥珀油. the Great Lake 大西洋. the Great Lakes 北美洲五大湖.

lake'land n. 多湖泊地区.

lake'let ['leiklit] n. 小湖.

lake'shore n. 湖岸.

la'ky ['leiki] a. ①湖(状)的，多湖泊的 ②深红色的.

Lala n. 康铜(铜镍合金，铜45%，镍55%).

Lalande cell 拉兰电池(碳-锌电极碱性电池).

lalop'athy ['læləpθi] n. 言语障碍(症).

lam [læm] Ⅰ n. ①砂质泥[土]地，(亚，沙)质粘土 ②逃走，脱逃. Ⅱ v. ①(鞭)打(into) ②脱逃，逃走.

Lam = laminate(d); lamination 分层，成层，层叠.

lamb [læm] n. 羔(小)羊. lamb wave 兰姆波.

lamb'da ['læmdə] n. ①希腊字母第十一字 Λ, λ (表示波长的符号)，λ定位系统，人字形键尖 ②微升(百万分之一升). lambda hyperon Λ超子. lambda point λ点. lambda shock 人字形冲波系. lambda transition Λ跃迁.

lamb-dip n. 兰姆凹陷.

lamb'doid ['læmdɔid] 或 lambdoi'dal a. Λ形的，三角形的，人字形的.

lam'bency ['læmbənsi] n. (光，火焰等的)轻轻摇荡，微微闪耀，柔光，巧妙.

lam'bent ['læmbənt] a. (火，光)轻轻摇曳的，闪烁的，浮动的，微微发亮的，柔和的，巧妙的. ~ly ad.

lam'bert ['læmbət] n. 朗伯(亮度单位，物体表面垂直方向上每平方厘米反射或辐射一“流明”的亮度). foot lambert 英尺朗伯(亮度单位). Lambert's law 朗伯(余弦)定律.

lam'bertite n. 斜硅钙铀矿.

lamb'skin ['læmskin] n. ①劣质无烟煤 ②羔(羊)皮，羊皮纸.

lame [leim] Ⅰ a. ①(损)坏了的，(计量表)停止的，不完全的，有缺点的，跛的，瘸的，残废的 ②无说服力的，令人不满意的. Ⅱ vt. 使损坏，使停止，使不中用，使不完全，使不充分. Ⅲ n. 金属薄板[片]. ~ly ad.

lamel n. 薄片[层，板].

lamel'la [lə'melə] (pl. lamel'lae) n. 薄片[板，叶，层]，片(壳)层，间片，薄片剂，齿榴. glide lamella 滑动夹层.

lamel'lae [lə'meli:] n. lamella 的复数.

lamel'lar [lə'melə] a. 层[鳞，板，带，层纹，薄片，页片，网格]状的，片式的，叶片状的，薄板的. lamellar field 片式(非晶)场. lamellar magnetization 薄片磁化(两个面各成一个磁极). lamellar structure 叠晶[层状，片层]片结构，层纹[页状]构造，层状组织.

lamellar'ity n. carbide lamellarity 碳化物带状组织.

lam'ellate ['læmoleit(id)] a. 薄片[板]的，平(板)状)的，成层的，层状的.

lamella'tion n. 纹[页]理，层化.

Lamellibranchiata n. 瓣鳃类软体动物.
lamel′liform [lə′melifɔːm] a. 薄片形的.
lame′ness [′leimnis] n. 残缺,不完全,不完备,跛脚.
lament′ [lə′ment] n. 惋惜,哀悼,悲伤.
lam′entable [′læmentəbl] a. 令人惋惜的,可悲的,质量低的. **lam′entably** ad.
lamenta′tion [læmen′teiʃən] n. 悲伤,哀叹.
Lame's constant(s) 拉梅常数(弹性体表示应力应变关系的两个常数).
lamia′tion n. 层组合.
lamies n. 层演替系列组合.
lamiflo n. 片流膜.
lam′ina [′læminə] (pl. **lam′inae**) n. 薄层[片,板,膜],(叠,纹,底)层,层状体,叶片,窄腹,神经板. *lamina explosion proof machine* 窄隙防爆式电机.
lam′inable a. 可成为薄层[板,片]的,易展的.
lam′inac n. (成型用)聚酯树脂,泡沫塑料.
lam′inae [′læmini:] lamina 的复数.
lam′inal 或 **lam′inar** 或 **lam′inary** a. 层(式,状,流)的,薄层[片,板,状,铁片]的,分(多,成)层的,片(状)的,叠片的,层理的,由薄片(或层状体)组成的. *laminar flow* [motion] 层[片,滞,流线]流. *laminar fracture* 成层断裂. *laminar plastic flow* 片形范性流变. *laminar transistor* 薄片型晶.
laminaribiose n. 昆布二糖.
laminarin n. 昆布(海带)多糖.
laminarinase n. 昆布(海带)多糖酶.
lamineriza′tion n. 层(流)化,层状.
lam′inate Ⅰ [′læmineit] v. ①分[成]层,分[切,卷,锤]锻压[片]成薄片 ②叠压[板,合,积],叠层[片,合],制成薄[层压,胶合]板,层压制件,切成薄片,用薄片[覆盖]. 用薄板覆盖,包以薄片. Ⅰ [′læminit] a. 薄板[片状]的,分片[分层]的,层状的,由薄层叠成[覆盖]的. Ⅰ n. 层压制件[材料,板],分层[片,状,成]的[叠]层,层状,绝缘层. *glasscloth laminate* 玻璃布层压制品. *laminate molding* 层[压模]塑法. *laminate structure* 层[片]状结构.
lam′inated a. 分成薄层[片]的,分[成层]层的,层压[状]的,薄板状的,叠层(构造)的,层板[组成]的,(由)薄片[组成]的. *laminated arch* 层板拱. *laminated board* 层压板. *laminated contact* 分层片触点. *laminated core* 叠片铁[磁]芯. *laminated disc* [record] 叠层[分层]录声盘. *laminated ferrite memory* 叠片铁氧体存储器. *laminated insulation* 层状绝缘. *laminated plastic* 层压塑料. *laminated rock* 纹层岩. *laminated safety glass* 层压[夹层胶合]安全玻璃. *laminated shield* 层状[叠层]屏蔽. *laminated shim* 叠层薄垫调整垫,填隙片[垫]. *laminated spring* 叠板(式)(弹)簧(钢板). *laminated structure* 片状[层状,胶合板]结构. *laminated wood* 胶合板,叠层木板.
lam′inating n. 层压作(法),层合(法),分(成薄)层,卷成(包以)薄片. *laminating press* 层压机. *laminating resin* 层压树脂.
lamina′tion [læmi′neiʃən] n. 层压(成型),层叠(合,理),叠合,叠层[片]的,分[成,起,夹]层,(做成)薄层的,铁心片,交替片组,叠片[层压]结构,板状[层

状]构造,剥离,起鳞,纹理. *lamination factor* 叠装[层叠]系数. *lamination of pole magnetic* (冲)片. *spring lamination* 弹簧板,叠板簧.
lam′inative [′læmineitiv] a. 组织成层状的,层状质地的.
lam′inator n. 层合机.
laming n. 薄层[板].
laminif′erous a. 薄板[片]的,由薄层[膜]组成的.
lam′inogram = [′læminogræm] n. 深层 X 光像,体层[断层]照片.
laminograph n. 深层 X 光机,X 射线断层[分层]摄影机,体层[断层]照相机.
laminog′raphy n, X 射线分层(摄影)法,分层伦琴照相研究,体(断)层照相术.
lam′inose 或 **lam′inous** = laminal.
lamp [læmp] Ⅰ n. 灯(泡,光),(电子,真空)管,电灯,照明[发光]器,智慧的源泉,精神力量的来源. Ⅱ vt. 照亮,看到. *counter lamp* 计数器信号灯. *discharge lamp* 放电管. *finish lamp* 操作结束信号灯. *glim lamp* 阴极放电电管. *Kr lamp* 氪管. *lamp bank* 白炽电灯组,变阻灯排,电灯组组. *lamp bank signal* 灯列信号. *lamp base* 灯头(座),(电子管)管底(基,座). *lamp black* 黑(灯,油)烟,锅(灯)黑(颜色)和砂型涂料),灯炱. *lamp bulb* 玻璃(灯)泡. *lamp condenser lens* 光源聚光透镜. *lamp efficiency* 发光效率,灯率效. *lamp globe* 圆灯罩. *lamp house* 灯罩,光源,(矿)灯房. *lamp radar* 目标照射雷达. *lamp socket* 灯座,管座. *lamp synchroscope* 同步指示灯. *lamp system constant voltage generator* 照明系统定压发电机. *lamp test* 灯试法. *pilot lamp* 信号灯. *point lamp* 点光源. *the lamps of heaven* 发亮的天体.
lamp-base cement 灯泡(与铜头的)粘合剂.
lamp-black n. 黑(灯,油,煤)烟,锅(灯)黑.
LAMPF linac (美)洛斯-阿拉莫斯介子物理研究室直线加速器.
lamp′hole n. 灯口.
lamp′house n. (仪器上的)光源.
Lampkin circuit 小型电子管电路.
lamp′less a. 无灯的,未点灯的.
lamp′light n. 灯光.
lampoon′ [læm′puːn] Ⅰ n. 讽刺文. Ⅱ vt. 写文章攻击(讽刺).
lamp′post n. 灯杆,路灯柱.
lampropho′nia [læmproˈfouniə] n. 发音清晰.
lamproph′onic a. 发音清晰的.
lamproph′ony [læmˈprɔfəni] n. 发音清晰.
lamp′-socket n. 灯(插)座.
Lanac = Laminar Air Navigation and Anti-Collision System 兰那克(无线电空中导航及防撞系统).
lanai n. (有顶棚的)门廊(庭).
lanate a. 羊毛状的.
Lan′cashire [′læŋkəʃiə] n. (英国)蓝开夏(郡). *Lancashire boiler* 蓝开夏(水平双火筒)锅炉.
Lan′caster [′læŋkəstə] n. 蓝开斯特(英国城市).
lance [lɑːns] Ⅰ n. ①(长)枪,矛(状器具),擅杆 ②喷枪,(喷雾机的)喷杆,喷氧管,喷水器,吹管 ③柳叶刀,小刀. Ⅱ v. ①(用)枪刺,刺戳,切开(缝) ②用金

lanceol

属杆清扫,用风枪吹除 ③投,掷 ④急速前进. *lance pipe*钻管,矩形缩管. *lance point* 钻点,枪尖. *oxygen lance* 氧矛,氧气烧枪,氧气切割器. (*oxygen*) *lance cutting* 氧矛(炬)切割. ▲*break a lance with* 与…辩论(交锋).

lanceol n. 澳白檀醇.

lanceolate a. 披针(矛尖)状的,二头尖的,柳叶刀形的.

Lan-cer-Amp n. 镧铈钕镨钇稀土合金(一种强烈脱硫剂,镧>30%,铈 45～50%,其余 Di(钕镨),钇).

lan'cet ['lɑ:nsit] n. ①矢状饰,锐尖(长窄尖头)窗 ②砂(凿)钩,折角条,针(刀) ③(外科用)柳叶刀,刺血针. *lancet arch* 尖顶拱.

Lan'chow' ['læn'tʃou] n. 兰州.

lan'ciform ['lɑ:nsifɔ:m] a. 枪状的.

lan'cinate ['lɑ:nsineit] vt. 刺,撕裂,刀割. **lancina'tion** n.

lan'cing n. 切缝,用风枪险(水枪)吹洗.

land [lænd] Ⅰ n. ①陆(地,上),地(面,带),土(地,壤),岸,国土(家),小岛,陆地 ②齿刃(格,肯),(钻头)刃带,刃棱(背,棱面),刀刃的厚度 ③(活塞)环棱脊,(柱塞的)挡圆 ④分型面,纹间表面,接触面,接合区,接(触)点 ⑤焊(连接)盘,焊接区 ⑥台阶,采掘段 ⑦(枪炮的)阳膛线. *end land* (后面上的)刀尖梭边. *how the land lies* 情况如何. *flash land* (锻模)飞边溢缝. *helical land* 螺旋刃带. *land cable* (水底)登陆电缆. *land carriage* 陆(上)运(输). *land casing* 下套管. *land clearance* 用刀隙角. *land cruiser* (城市间)长途汽车. *land drag seismic cable* 陆上地震地电缆,陆上拖曳大线. *land fall* 山崩. *land fog* 浅(低)雾. *land liable to floods* 易水淹地区. *land mark* 地面标记,界标. *land of cutting tool* 刀刃棱面. *land phosphate* 磷灰土. *land pier* 岸墩,桥台. *land reclamation* 垦殖,开垦荒地,土壤改良. *land sediments* 陆相沉积(物). *land slide* (slip)坍坡(方,崩),崩塌,土山(崩,滑坡. *land storage tank* 地上油罐. *land utilization* 土地利用. *land waste* 砂砾,岩屑,风化石. *land width* 刃(齿)肯宽. *piston land* 活塞环区,活塞环槽脊. *straight land* (剥刀的)锋后导缘. *valve land* 阀面. ▲*by land* 由陆路. *close with the land* 接近陆地. *dry land* 岸,陆. *from all lands* 从各国. *land force(s)* 地面部队,陆军. *make land* 看见陆地,到岸. *set(the) land* 测陆地的方向. Ⅱ v. ①登(着,上)陆,降落,(使)到达,把…送到 ②卸(走)下,卸船 ③使…到达(陷入),使陷入. *landed mould* 凸缘(丰盛式)塑模. *landed plated hole* 有边镀金孔. *landed playload capability* 有效负载着陆能力. *landed terms* 岸上交货价格. *landed weight* 上岸(卸船)重量. ▲*land in* …登陆. *land M from N* 从 N 卸 M 上岸. *land in* 座落在. *land* (…) *in* (*into*) …(使…)陷入…(状态). *land on* (降)落于,下…,登陆(上岸),猛烈抨击.

land-air a. 地对空的,陆空联合的.

land-and-water a. 水陆两用的,两栖的.

lan'dau ['lændɔ:] n. (顶盖可开合或卸下的)四轮马车,敞篷轿车,后面顶盖可开合的小汽车. *landau level* 朗道能级.

landaulet(te) ['lændɔ:'let] n. 小型四轮马车,小型轿(式汽)车.

land-based a. 地面(陆地)基地的,岸基的,在陆上起飞降落的. *land-based range* 陆地靶场.

land'-breeze n. 陆风.

land'carriage n. 陆(上)运(输).

land'chain ['lændtʃein] n. 土地测链(每链 66 英尺).

land'-climate n. 大陆气候.

land'er ['lændə] n. 出铁(钢,渣,流)槽,斜槽,着陆器(舱),【矿】司罐(卸罐)工人.

land'fall n. 降落,接近陆地,着陆,山崩,崩塌.

land'fill v. ; n. 填筑(地,坑),掩埋.

land'force(s) n. 地面部队,陆军.

land'form n. 地形(貌).

land'ing n. ①着(登)陆(处),着落,着(上)靶,着屏,(电子)到达 ②下降,降落,下车,上岸 ②码头,月台,御货处,装卸台 ③沉淀(陷) ④(楼梯)平台,搭接缝. *floating passenger landing* 浮栈桥. *landing aid spaceborne radar* (宇宙飞船)船载着陆辅助雷达. *landing area* (*field*, *ground*)飞机场,着陆(降落)场(区). *landing beam* 着陆信标射束. *landing beam transmitter* 着陆信标发射机,跑道定位标发射机. *landing charges* 起货费. *landing craft* 登陆艇. *landing effect* 射击效率(效应),着陆效应. *landing footprint* (宇宙飞船的)预定落点. *landing gear* 起落架,起落装置. *landing light* 在荧光屏上,在靶板上的电子束射击点(着落点,到达点),电子束着靶(着屏). *landing speed* (最低)着陆速度. *landing stage* 栈船,浮码头. *landing strip* 起落(着陆)跑道,可起落飞机的狭长地带. *landing tee* 或 *landing T* T 形着陆标志,T 字布. ▲*at landing* 着陆(降落)时. *make (effect) a landing* 登(着)陆,降落. *make a forced landing* 强迫降落.

land'ing-charges n. 起货费.

land'ing-craft 或 **land'ing-ship-tank** n. 登陆艇.

land'ing-gear n. 飞机起落架,(飞机)降落装置.

land'ing-place n. 登陆(卸货)处,浮码头.

land'ing-stage n. 浮(动)码头,栈桥.

Landis chaser 切向螺纹梳刀.

land'less a. 无土(陆)地的. *landless plated hole* 无边镀金孔.

land'line n. 陆上通讯(运输)线.

land'-locked a. (几乎被,全为)陆地包围的,陆封的,为栅栏围住的(鱼等).

land'man n. 测量员(工).

land'mark n. 陆标,地物,界标(桩),里程碑.

land'mass n. 大片陆地,地块.

land'-mine n. 地雷.

land'-mobile a. 陆地机动的. *land-mobile communication* 地面固定点与动点间通信.

Landol's ring n. (测验视力用的)缺口环.

land'plane n. 陆地上飞机.

land-plant theory 陆生植物生成说.

land'sat n. 陆地卫星,地球资源技术卫星.

land'scape Ⅰ n. 风景(画,摄影),景色(观),地表(形,貌),前景展望. Ⅱ vt. (环境)美化,风景设计. *Landscape Bureau* 园林局. *landscape engineering* 绿化工程. *landscape gardening* 园艺学,风景园艺. *land-*

scape lens 观景(透)镜. *landscape planting* 风景造林,造景栽植.

land′scaper [ˈlændskeipə] *n.* 造园家,庭园设计师.

land′schaft *n.* 景观,自然景色.

land′side slope 内052侧坡,背水面坡.

land′slide 或 **land′slip** *n.* 坍坡[方,崩],塌方,崩坍,土[山]崩,滑坡.

lands′man [ˈlændzmən] (*pl.* *lands′men*) *n.* ①本国人,同胞 ②新水手.

land′spout *n.* 陆龙卷(风).

land-tied island 陆连岛,沙颈岬.

land-to-water contrast 干湿对比率.

land′ward(s) *a.*; *ad.* 向陆地,近陆地的,陆地方面的.

land′wash *n.* 高潮线.

land′waste *n.* 岩屑,风化石,砂砾.

lane [lein] *n.* ①车道,通[跑]道 ②(飞行)航线[路,道],空中走廊 ③小路[巷] ④(定位系统)篮. *air lane* 气廊,(气流的)狭窄地带,空中走廊,台卡导航仪的发射带,冰穴. *lane line* (路面)分道线.

lane-at-a-time *a.* 按车道的.

laner = light activated negative resistance emitter 拉纳(光激发负阻发射体).

lane-route *n.* 海洋航线.

lang = language 语(言),术(用)语,代码.

Langaloy *n.* 一种高镍铸造合金.

Lange lay 兰格捻(钢绞线捻向与钢丝绳捻向相同).

Langevin vibrator 兰杰文振动片(一种能工作于超音频的 X 切割式石英振动片).

lang-lay 或 **Lang lay** (钢丝绳中,每股中的钢丝的捻向同全绳中各股的捻向相同的)同向捻法,顺捻.

lang′ley *n.* 兰勒(太阳辐射的能通量单位,克卡/厘米²).

lang′syne [ˈlæŋˈsain] *ad.*, *n.* 很久以前,往昔.

lan′guage [ˈlæŋgwidʒ] *n.* 语言(学),文字,语调,措辞,术(用)语 (机器)代码,符号组. *number language* 【计】数字语言,计数制. ▲*in … language* 用…语言来说.

language-dependent parameter 【计】相依语言的参数.

language-independent macroprocessor 【计】独立于语言的宏处理程序.

lan′guid [ˈlæŋgwid] *a.* 疲倦的,无力的,衰弱的,阴沉的,萧条的,停滞的,缓慢的,不活泼的,漠不关心的,不起作用的. ~ly *ad.* ~ness *n.*

lan′guish [ˈlæŋgwiʃ] *vi.* 衰弱,疲倦,萧条,枯萎,焦思. ~ment *n.*

lan′guor [ˈlæŋgə] *n.* 疲倦,无力,衰弱,萧条,沉闷. ~ous *a.*

Lani Bird (Intelsat) 拉尼鸟(国际商用通信卫星).

lan′iard = lanyard.

lanif′erous 或 **lanigerous** *a.* 有柔(细)毛的,羊毛似的.

laning *n.* 通道收敛.

lan′ital [ˈlænitæl] *n.* (用酪素纤维制成的)人造羊毛.

lank [læŋk] *a.* 细长的,平直的,(草)稀少的.

lan′ky [ˈlæŋki] *a.* 过分细长的.

LANNET = large artificial nerve network 大型人工神经网路(高速逻辑电路).

lanocerin *n.* 羊毛蜡.

lan′olin(e) 或 **lan′olinum** *n.* 羊毛脂.

lan′sign [ˈlænsain] *n.* 语言符号.

lan′tern [ˈlæntən] *n.* ①(提,挂,手,信号,号志)灯,灯笼,灯具(包括灯池,灯罩,反光器等),信号台 ②幻灯(机) ③罩,外壳,网状芯扁骨 ④(灯笼式)天窗〔顶〕. *lantern glass* 灯笼玻璃. *lantern light* 提〔丝〕灯,(灯笼式)天窗. *lantern pinion* 滚柱(灯笼式)小齿轮. *lantern ring* 套环. *lantern slide* 幻灯片. *magic* [projection] *lantern* 幻灯(机),映画器.

lanthana *n.* 氧化镧.

lan′thanide [ˈlænθənaid] *n.* 镧系(元素),镧族(稀土)元素,镧(系)(化)物.

lan′thanite *n.* 镧石.

lan′thanum [ˈlænθənəm] *n.* 【化】镧. La. *lanthanum bromate* 溴酸镧. *lanthanum flint glass* 镧火石玻璃.

lanthionine *n.* 羊毛硫氨酸.

lanu′go [ləˈnjuːgou] *n.* 胎(柔,毫,细绒)毛.

lanusa *n.* 拉妞纱(再生纤维的德国商品名).

Lanx cast iron 一种特殊高级铸铁(碳 2.8～3.2%,硅 0.8～1.2%,磷 0.3%,锰 0.6～0.8%,硫＜0.13%,其余铁).

lan′yard [ˈlænjəd] *n.* 小〔短,牵〕索,(发射火炮等用的)拉火绳. *lanyard microphone* 颈挂式传声器.

Lanz cast iron 珠光体铸铁.

Lanz-pearlite process 铸型预热浇注法(预热温度 100～500℃)

Lao [lau] *n.*; *a.* 老挝的,老挝人(的).

Laos [lauz] *n.* 老挝.

Lao′tian [ˈlauʃən] *n.*; *a.* 老挝的,老挝人(的).

lap [læp] *v.*; *n.* ①搭接,皱皮,重叠(部分,量),折叠〔痕〕,叠盖,互搭,余面,鳞比,盖板,面缝,边 ②研磨〔盘,具,片〕,抛光,擦光(准),压榨 ③涂刷漆膜时的局部增厚,结轮 ④一周〔圈,卷〕,棉〔布〕卷,(卷成)卷,叠式焊接 ⑥轻〔中〕拍(声) ⑥膝(部),(衣服的)下摆,裙〔衣〕兜 ⑦掌管〔握〕 ⑧包抄〔围〕,(使)成卷,使部分重叠. *inside lap* 内余面〔重叠,遮盖〕. *lap dissolve* (电,视)淡入〔出〕,转旋变换,叠化. *lap drag* 叠板舀剂〔刮剂机〕. *lap gate* 压边(缝隙式)浇口. *lap joint* (互)搭接〔头〕,叠接,接接头,搭接缝. *lap mark* 折皱. *lap of coil* 曲管卷. *lap of splice* 搭接长度. *lap position* (滑阀的)遮断〔重叠,搭接〕位置. *lap riveting* 互搭〔叠〕铆,叠式铆接. *lap scarf* 互搭模接. *lap seam* 搭接缝. *lap splice* 互搭接头. *lap switching* 断通互换. *lap welding* 搭(头,叠)焊,叠式焊接. *lap winding* 叠绕组(法). *lap work* 搭接. *steam lap* 蒸气余面. *under lap* 负重叠,遮盖不足. ▲*dump M into the lap of N* 把 M 硬塞给 N. *lap out* 抛〔擦,磨〕光. *lap over* 重叠,叠接,盖成鳞状. *lap round* (in)包裹,缠绕于.

lapac′tic [ləˈpæktik] *a.*; *n.* 促〔致〕泻的,泻药.

lap′aroscope [ˈlæpərəskoup] *n.* 腹腔镜.

laparos′copy [læpəˈrɔskəpi] *n.* 腹腔镜检查.

laparot′omize [læpəˈrɔtəmaiz] *vt.* 剖〔开〕腹,做剖腹手术.

laparot′omy *n.* 剖腹术.

La Paz [lɑːˈpæz] *n.* 拉巴斯(玻利维亚首都).

lapel′ [ləˈpel] *n.* 翻领. *lapel microphone* 佩带式小型话筒,佩带式传声器.

lap′icide [ˈlæpisaid] *n.* 石工.

lap′idary n.; a. 宝石工〔的〕,宝石雕琢术〔的〕,宝石收集者,优雅、精确的.
lapie n. (石灰)岩沟.
lapil′li n. lapillus 的复数.
lapil′lus (pl. **lapil′li**) n. 火山砾.
lapiniza′tion n. 兔化法,兔体通过(减毒)法.
lap′is ['læpis] n. 〔拉丁语〕(宝)石.
lap′is laz′uli ['læpis'læzjulai] n. ①天青石,青金石,琉璃璧,金精 ②天蓝色.
lap-jointed a. 搭接的.
Laplace equation 拉普拉斯方程(式),调和方程.
Laplac′ian [lə'pla:siən] n.; a. 拉普拉斯算子〔算符〕(的),调和算子(的),拉氏〔调和量〕算符(的),负曲率.
Lap′land ['læplænd] n. 拉普兰(挪威、瑞典、芬兰、苏联各国北部拉普人居住的地区).
La Plata [la:'pla:tə] n. 拉普拉塔(阿根廷港市).
lap′less a. 无余面的,无重叠的.
lap′-over n. 搭接.
lapped a. 互搭的,搭接的,重叠的,磨过(光)的.
lap′per n. 研磨机,磨床,研具.
lap′ping ['læpiŋ] n. ①搭接,重叠,余面 ②研磨,研磨,抛(擦)光,搪擦,刮,磨片 ③压榨. *centerless lapping* 无心研磨法. *gear lapping* 研齿. *lapping cloth* 衬布. *lapping machine* 精研(研磨,磨光)机,磨床. *lapping switch* 断-通开关. ▲*over lapping* 重叠,搭接,跨越,飞弧,跳火花,堵塞,封闭. *over lapping curve* (磨削)交叉花纹,网纹.
lapse [læps] n.; v. ①(时间的)经过,推移(迟)), 消逝,过去,间隔 ②错误,误差,偏离 ③(温度)下降,降减,衰退 ④失效,消失,作废,终止(to) ⑤大气中正常温度梯度,垂直梯度 ⑥堕〔陷〕入. *a lapse of memory* 记错. *a lapse of the pen* 笔误. *a (long) lapse of time* 一段(长)时间. *after a lapse of two years* 经过〔隔了〕两年以后. *lapse rate* 温度垂直梯度,温度直减率.
lap′sus ['læpsəs] 〔拉丁语〕 n. 错(失,笔)误,失言,下垂,滑落. ▲*lapsus calami* 笔误,写错. *lapsus linguae* 口误,说错. *lapsus memoriae* 记错,遗忘.
lap-welded a. 搭焊的.
lap′work n. 搭接(工).
laq = lacquer (涂)漆.
Laramide revolution (白垩纪晚期)拉拉米运动.
lar′board ['la:bəd] n.; ad. 左舷,左舷方面的,朝左舷.
lar′ceny ['la:sni] n. 盗窃(罪,案),偷窃.
larch [la:tʃ] n. 落叶松(木).
lard [la:d] I n. 猪油,半固体油. II v. ①润色,修改,使充实 ②用脂肪润滑,涂油于. *lard oil* (精研用)猪油.
larda′ceous a. 猪油(似)的,腊似(质)的,含淀粉样蛋白的.
lar′dalite ['la:dəlait] n. 歪霞正长岩.
lar′der ['la:də] n. 食品室,食片房,食橱.
lar′dy a. (含,涂)猪油的,多脂肪的.
large [la:dʒ] a. (巨,广,远)大的,粗的,多(量)的,(容)量的,大规模的,广泛〔博〕的,开阔的,奔放的,夸大的. *large aggregate concrete* 用大集料(大于3.8cm)制成的混凝土,大粒料混凝土. *large calorie* 大卡,千卡. *large compared with* 比…大的. *large core memory* 大容量磁心存储器. *large electron-positron* 大型正负电子对撞机. *large group connection* 多组合连接. *large holding* 大农〔牧〕场. *large injection* 大量注入. *large objective for night observation* 夜间观察用的广角物镜. *large producer* 高产(器)井. *large signal* 强信号. *large value capacitor* 大容量电容(器). *the second largest* 次大的. ▲*as large as* (十数词)达….*as large as life* 与原物一般大小,亲自,千真万确. *at large* 详(仔)细地,充分地,冗长地,一般地,整个的,普通的,普遍地,自由行动的,随便地,无目标地,无任所的,一般说来,全面地. *half as large* 小二分之一,小一半. *in (the) large* 大规模地,一般地,全局的. *large scale* 大规模的,大尺度的,大(容)量的. *large scale condition* 大信号状态. *large scale integration* 大规模(大面积)集成(化,电路). *large scale memory* 大容量存储器. *large scale system* 大型系统. *large size* 大号,大型,大尺寸.
large-acceptance spectrometer 大接受角谱仪.
large-angle scanning 宽角扫描,大角度散射.
large-aperture seismic array (LASA) 大孔径地震检波器组合.
large′-capac′ity a. 大容量的.
large′-diam′eter a. 大直径的,大号的.
large′-du′ty a. 高生产率的,产量高的.
large′-grow′ing a. 快长的,长得快的.
large′-handed a. 慷慨的,大方的.
large′heart′ed a. 慷慨的,富于同情心的.
large′ly ['la:dʒli] ad. 大(量,多,都,部分,规模地),基本上,主要.
large′ness n. (巨,广,宽,伟)大.
large′(-)scale a. 大(工业)规模的,大型的,大比例(尺)的,大尺度的,大量的,大批的. *large-scale industry* 大规模的工业,重工业.
large′-screen n. 大(宽)屏幕.
large′-sig′nal n. 大信号.
large′-size(d) a. 大型(块)的,大号的,大尺寸的.
large-solid-angle counter 大立体角计数器.
large-tonnage n. 大产量(的),大吨位的. *large-tonnage product* 大量产品.
lar′gish a. 稍(略)大的,比较大的.
larithmics n. 人口(学)学.
lark [la:k] n.; v. ①(开)玩笑 ②云雀.
larmatron n. 准参数电子束放大器,电子注准参量放大器,拉马管.
larm′ier n. 滴水槽,飞檐.
larmotron n. 直流激励四极放大器.
lar′ry ['læri] I n. ①薄浆,半液态砂(灰)浆 ②拌浆锄,拌浆用铲 ③秤量车,手推车,摇车,翻底小车,电葫芦. II vt. 灌薄浆.
lar′va (pl. **lar′vae**) n. 幼虫,仔虫,蚴.
lar′vacide n. 杀蚴剂.
lar′val a. 幼体的.
lar′vikite ['la:vikait] n. 歪碱正长岩.
larynge′al [lærin'dʒi:əl] I a. 喉(部,音)的. II n. 喉部,喉音.
laryngol′ogy [læriŋ'gɔlədʒi] n. 喉科学.
laryngo-microphone = laryngophone.

laryngopharyngeal *a.* 咽喉的.
laryn'gophone [ləˈriŋgəfoun] *n.* 喉头送话器[微音器],喉式[头]传声器.
laryn'goscope [ləˈriŋgəskoup] *n.* 喉(头)镜.
lay'ynx [ˈlæriŋks] (*pl.* **laryn'ges** 或 **lar'ynxes**) *n.* 喉.
LAS =①代信号联锁温度指示器 ②light activated switch 光敏开关 ③low-alloy steel 低合金钢.
LASA =large-aperture seismic array 大跨度〔大孔径〕地震检波器组合.
lasabil'ity *n.* 可激射性.
lasable *a.* 可激射的.
lasant *n.* 激射(工作)物(质).
LASCR — light activated SCR (silicon controlled rectifier)光激硅可控整流器,光触发开关(元件).
lase I *vi.* 光激射,产生(放射)激光. II *n.* 激射光.
lasecon *n.* 激(射)光转换器.
la'ser [ˈleizə] I *n.* ①激光,受激发射光,莱塞,眯泽 ②激光器,光(受)激(发)射器,光量子放大器. II *v.* 光激射,产生激光. *gas laser* 气体光激射器,气体莱塞. *junction laser* 半导体结型激光器. *laser beam* 激光(射)光束. *laser data line* 激光谱数据传输线路. *laser plasma* 激光等离子体(区,气体). *laser processing* 激光加工. *laser rendezvous beacon* 轨道会合激光信标. *laser search and secure observer* 激光探测器. *laser transmitter* 激光发射机.
laser-addressed memory (用)激光选址(的)存储器.
la'ser-bounce 激光反射.
laser-Doppler fluid-flow velocimeter system 激光多普勒流速度计系统.
lasereader *n.* 激光图表阅读器.
laser-EDP setup 激光电子数据处理装置.
laser-emulsion storage 激光(感光)乳胶存储器.
laser-induced *a.* 激光感生〔感应,引发〕的. *laser-induced breakdown* 激光击穿.
la'sering *a.* ; *n.* 产生激光(的),激光作用.
laserium *n.* =laserplanetarium 激光天象仪.
laserphoto *n.* 激光照片传真.
laser-photochromic display 激光色显示,激光照射变色彩色显示.
laser-pumped ruby maser 激光泵激红宝石量子放大器.
laser-quenching *n.* 激光淬火.
laser-scope *n.* 激光观察器(显示器).
laser-seeker *n.* 激光自导弹.
laser-tube cavity 激光管谐振腔,(气体)激光腔.
lash [læʃ] I *n.* ①空〔余,游〕隙,空余 ②鞭梢 ③冲击,鞭打,攻击(at, against, out against) ④睫毛. II *v.* ①捆扎,绑(捆)紧,(用绳索)系住(down),联结 ②冲(打)击,痛斥,鞭打. (*gear*) *back lash* (轮)齿隙,背(侧,间)隙. *the lash of criticism* 严厉批评.
lash'er [ˈlæʃə] *n.* ①拦河坝,蓄水池 ②系索,捆绑用的绳索 ③装口清,加石工.
lash'ing [ˈlæʃiŋ] *n.* ①绳套,捆索(绑) ②清除岩(矿)石 ③鞭打,斥责 ④(pl.)许多,大量(of).
La'shio [ˈlɑːʃjou] *n.* 腊戍(缅甸)腊戍(市).
lash-up *n.* ①临时(草草)做成的器械 ②装置,计划,安排.
la'sing [ˈleisiŋ] *a.* ; *n.* 产生(发射)激光(的),激光作用. *lasing ability* 光激射能力. *lasing efficiency* 光量子振荡器有效系数. *lasing emitter* 激光放射体. *lasing fiber* 激光(光学)纤维. *lasing light emitter* 激光源,激光发射体,相干光源. *lasing mode* 激发模.
LASRM =low-altitude short-range missile 低空近程导弹.
LASS =light-activated situation switch 光触发硅开关.
las'situde [ˈlæsitjuːd] *n.* 疲劳,厌倦,意志消沉,倦怠.
last [lɑːst] I *a.* ; *n.* 最后(的),最终〔近,新〕(的),末尾(的),仅余的 ②最近过去的,紧接前面的,昨…,去…,上… ③终结,结局 ④结论(权威)性的,极端的 ⑤最不可能的,最不适合的,最不愿意的,最不希望的,最糟糕的 ⑥(加强语气用)每一的 ⑦重量单位(约十四千磅上下),(英国)谷物容量单位(=80 蒲式耳), 舒适的. II *ad.* 最后(上次)的,上次,末尾. III *v.* 维(持,延)续,维(支)持(耐)久,延长,足够(…之用),经受住,寿命是,寿命可达,所用的时间为. *last current state* 最后当前状态. *last cut*〔化〕最后馏分. *last finishing pass* 终轧孔型. *last May* 或 *in May last* (六月以后指)今年五月,(四月底以前指)去年五月. *last month* 上月. *last party release* 双方(话终)拆telecop,*last significant figure* 末位有效数字. *last son* 末子. *last word* 最后一句话〔决定权〕,决定性的说明,定论,最新形式,最先进品种. *last year* 去年. *the last amplifier* 末级〔终端〕放大器. *the last century* 最近的一百年,上一世纪. *the last month of the year* 一年的最后一个月. *the last of* …之中的最后一个. *tire last* 轮胎耐久性. *The tire lasts up to 100,000 miles.* 这轮胎可以跑十万英里. *That is the last thing to try.* 那东西不值一试. *This is the last thing in laboursaving devices.* 这是节省劳力方面的最新产品. *He is the last man to do it.* 他决不至于干这件事,他最不适于做这件事. *at* (*the*) *last* 终于(完),到底,最后. *at* (*the*) *long last* 久而久之,好容易才,终于,最后. *first and last* 始终,一直. *for the last time* 最后一次. *from first to last* 自始至终. *last but not* (*the*) *least* 最后但非最不重要的. *last but one* 〔*two*〕倒数第二〔三〕. *last of all* 到最后了,最后. *last out* 支(维)持到(底),拖延,(足)够(多少时间)使用. *The sintered-metal bearings contain enough oil to last out the lifetime of the machine.* 烧结合金轴承所含的润滑油足够机器一辈子使用. *last resort* 最后一着,最后的补救办法. *last term* 末项. *last time* 上次. *the last word* (最)新产品〔发明〕,最高权威. *to* (*till*) *the last* 直到最后,直到现在.
last-in, first-out list 〔计〕后进先出表.
last'ing [ˈlɑːstiŋ] *a.* ; *n.* 持(耐)久(的),永恒〔久,存〕的(的),稳定(的),固定的,耐磨的,厚实斜纹织物. ~ly *ad.* ~ness *n.*
last'ly *ad.* 最后,终于末,末了.
last-marked character 最后标记字符.
last-minute *a.* 最后一分钟的,紧急关头的.
last-named *a.* 最后提到的.
Lat = Latin 拉丁(语,人)的.
lat =①lateral 侧面的,横向的 ②latitude 纬度.

lat. ht. =latent heat 潜热.

Latakia [lætəˈkiː(:)ə] n. 拉塔基亚(叙利亚港口).

latch [lætʃ] I n. ①(锁，门，窗)闩，插〔止动〕销，插〔塞〕孔，闩栓，弹簧键，挂钩，把手，碰〔闩，弹簧〕锁，弹簧锁,压紧装置 ②挡器，掣子,（掣）爪，卡铁，凸轮，阀，活〔闸〕门 ③〔计〕寄存器，锁存器，门闩线路，锁存电路. II v. ①闩〔拴〕上，上插销,上碰锁 ②封闭〔锁〕，锁住,系固 ③抓住,占有，理解(on, onto). *door latch* 门扣〔闩〕. *latch bistable* 闭锁双稳. *latch bolt* 碰簧销. *latch circuit* 闩锁〔门闩、锁存〕电路. *latch drive* 闭锁驱动. *latch hook* 挂〔闩，弹簧〕钩,掣〔卡〕子. *latch lock* 弹键闩锁. *latch nut* 锁紧螺母. *latch screw* 弹键螺钉. *latched system* 译密码装置. *launch latch* 发射触点. *quadrant latch* 掣子弧形板. *scram latch* 快速棒锁闩,事故棒制动器. ▲*on the latch* (插销)闩着,(碰锁,弹簧锁)锁着(门不用钥匙也可以开).

latch'ing n. 封闭〔锁〕,锁住,碰〔搭〕锁. *latching circulator* 锁式环流器,自锁环流器. *latching current* 最大接入电流,闭锁〔保持〕电流. *latching full adder* 闩锁全加法器.

latch'-key n. 碰锁〔弹簧锁〕钥匙.

latch'-lock n. 碰锁,弹簧锁.

Latd =latitude 纬度,边线.

late [leit] I (*la'ter, la'test* 或 *lat'ter, last*)a. ①迟(到)的,晚(期)的,后期的 ②近来的,最近的 ③延迟的,滞后的 ④(已)故的,前(任)的. II (*later, latest*)ad. 迟,晚,近来,新近,以〔先〕前,不久前. *late fee* （英）过时补加费. *late gate* 后门闩(电路),晚期波门. *late pulse* 后跟踪门脉冲,后波门. *late release* (绿灯)推迟显示. ▲*as late as*…迟,至…才,只是在…*it*. *Better late than never*. 迟做总比不做好. *early and late* 从早到晚. *early or late* 早晚,迟早,究迟, *late in* 或 *in the late* 在…之后期. *in the late seventies* 在七十年代末期. *late in the 1970's* 在二十世纪七十年代后期. *of late* 近来,最近. *of late years* 近来,这几年来.

late-glacial n. 后冰川期.

late'ly [ˈleitli] ad. 近来,最近,不久前.

late-model a. 新型的.

la'ten [leitn] v. (使)变迟,(使)晚出生.

la'tence [ˈleitəns] 或 **la'tency** n. ①潜在〔时〕,潜〔隐〕伏(状态),潜隐,潜伏物,潜在因素 ②〔计〕等候(来自存储器的信息被送入这种单元去的延迟)时间,(计算机)执行（一个任务所需的）时间. *latency time* 等待时间. *minimal latency routine* 最快取数程序.

late'ness [ˈleitnis] n. 迟,晚.

latensifica'tion n. 增像之加强,潜影强化.

la'tent [ˈleitənt] a. ①潜(在,藏,伏)的,隐蔽〔性〕的 ②联系的. *latent heat* 潜热. *latent image* 潜像〔影〕. *latent polarity* 潜极性. *latent root* 隐伏〔本征，特征〕根. *latent solvent* 惰性溶剂. *latent vector* 本〔特〕征向量. ~ly ad.

la'ter [ˈleitə] (late 的比较级) I a. 更〔较〕后的,后来的,以后的,较迟的,新近〔近〕的. II ad. 以〔迟〕后,更迟. *a little later* 过一会儿,稍后. *one second later* 一秒钟以后. *later arrivals* 续至者. ▲*later on* 后来,以后,下面,下文. *sooner or later* 迟早,终究.

lat'era [ˈlætərə] n. latus 的复数.

lat'erad [ˈlætəræd] ad. 向侧面,侧向.

lat'eral [ˈlætərəl] I a. ①横向的,侧向的,外侧的,侧(向,面,生)的,旁边的,水平的,垂直于速度矢量方向的,单面的支线的. II n. ①侧面(向,部),位于侧面(侧向生长)的东西 ②支线〔渠〕,分支管,横材,通向排水沟，〔矿〕走向平巷 ③梯度曲线,梯度电极系测井. *lateral area* 侧面积. *lateral blue convergence assembly* 蓝侧位会聚装置. *lateral contraction* 横向收缩,缺口的缩颈. *lateral correction* 偏差修正,方向修正量. *lateral curve* 梯度测井曲线,梯度电极系（测井）曲线. *lateral curve spacing* 梯度电极系电极距. *lateral guidance* 盲目降落导航. *lateral inversion* 左右颠倒,图像(左右)倒置. *lateral magnifying power* 线性放大系数,放大倍数. *lateral mode* 横模,横向波型. *lateral pressure* 侧〔横〕压力〔压强〕. *lateral range* 横向(偏航)距离. *lateral refraction* 旁侧光,旁向折射. *lateral spreading* 宽展. *lateral view* 侧视.

lateral-cut recording n. 横刻录音.

lateral'ity n. 偏重一个侧面(如惯用右手),在侧面的状态,(向)一侧性,一侧优势.

lateraliza'tion n. 侧枝化.

lat'eralize [ˈlætərəlaiz] vt. 使向一侧,使限于一侧.

lat'erally ad. 向(向)侧面,横向地.

latericeous a. 红砖灰状的,土红色的.

lat'erite [ˈlætərait] n. (铝)红土(矿),砖红壤,铁矾土. *laterite soil* (铝)红土,砖红壤. *nickel-bearing*〔*nickel-iferous*〕*laterite* 含镍红土矿.

laterit'ic [lætəˈritik] a. (铝)红土的,红壤所具. *lateritic soil* (铝)红土,红壤.

lateritious a. 红砖灰状的,土红色的.

lateriza'tion n. 红土化(作用),砖红壤化(作用).

latero- 〔词头〕侧,旁.

laterodevia'tion [ˌlætəroudiːviˈeiʃən] n. 侧偏,侧向偏斜.

lateroduc'tion [lætəroˈdʌkʃn] n. 侧转〔展,旋〕.

lat'erolog n. 侧〔横〕向测井.

laterotor'sion [lætəroˈtɔːʃn] n. 侧转〔外〕旋,侧〔旁〕扭.

laterover'sion [lætəroˈvəːʃn] n. 侧转〔倾〕，旁转.

la'test [ˈleitist] (late 的最高级) a.; ad. 最迟〔后,晚,新,近〕(的). *latest frost* 终霜. *the latest thing* 新产品,最新的发明. ▲*at (the) latest* 至迟（不过）,最晚.

la'tex [ˈleiteks] (pl. *lat'ices* 或 *la'texes*) n. 橡(胶)浆,乳浆,乳状液，（天然橡胶,人造橡胶）乳液. *latex paint* 乳胶〔胶乳〕漆.

la'texed a. 浸了胶乳的,滚浆的.

latexom'eter n. 胶乳比重计.

lath [lɑː] I n. (灰)板条,条板. II vt. 钉条板〔板条〕,抹灰板条,挂瓦条,用板条覆盖（衬里）. *lathed ceiling* 板条平顶.

lathe [leið] n.; vt. 车〔旋〕床,用车床加工,车削. *boring lathe* 镗床. *buffing lathe* 磨〔抛〕光机. *copying*〔*tracer-controlled*〕*lathe* 仿形〔靠模〕车

床. *engine lathe* 普通车床. *face lathe* 落地车床. *grid lathe* 自动绕粉机. *lathe bed* 车床床身. *lathe carrier* (车床的)鸡心(桃子)夹头, 车床刀架. *lathe drill* 卧式钻床. *lathe turner* 车(旋)工. *pipe lathe* 管子加工车床. *T lathe* 端面(落地)车床.

lathe'-hand n. 车工.

lath'er ['lɑːðə] I n. 泡沫, 肥皂泡. II v. ①起(发)泡沫 ②涂肥皂沫. *lather oil* 纺织用组合油. *lathering power* 起(泡)沫(能)力.

lath'ing n. (钉)板条. *metal lathing* (抹灰用)金属网.

lathosterol n. 7-烯胆(甾)烷醇.

lath'work n. 板条工作.

lath'y ['lɑːθi] a. 板条状的, 细长的.

lathytine n. α-吡啶丙氨酸.

lati- [词头]宽的, 阔的.

lat'ices ['lætisiːz] n. latex 的复数.

laticif'erous a. 有(出)乳液的. *laticiferous vessel* 胶乳容器.

laticom'eter n. 胶乳比重计.

Lat'in ['lætin] n.; a. 拉丁(语, 人)(的). *Latin America* 拉丁美洲. *Latin square* 【数】拉丁方, *Latin square meth-od* 【数】拉丁方格法.

Lat'in-Amer'ican a.; n. 拉丁美洲人(的).

Lat'inize ['lætinaiz] vt. 译成拉丁语, 使具有拉丁文形式, 使拉丁化.

Latino [læˈtiːnou] n. 拉丁美洲人.

la'tish ['leitiʃ] a.; ad. 稍迟(晚,)的.

lat'itude ['lætitjuːd] n. ①纬度(线), 纬度角, 【天】黄纬, (经纬距法的)纵距, 从坐标增量 ②活动余地, 宽(容)度, 范围, 摄影宽度, (曝光)范围(时限), (感光乳剂)感光度范围, (行动或言论)自由 ③(pl.)地区(方, 域). *northern latitude* 北纬. ▲*understand it in its proper latitude* 充分理解它.

latitu'dinal [læti'tjuːdinl] a. 纬度的, 纬度方向的.

latiumite n. 硫硅石.

lat-long computer 导航(经纬度)计算机.

latrine n. 厕所, 公厕.

latrix = light accessible transistor matrix 光取数(存取)晶体管阵列, 光可入内的晶体管矩阵.

lat'ten ['lætən] n. 金属(热轧)薄板(厚 0.45〜0.55 mm), 镀锡铁片, (锤成的)黄铜片, 类似黄铜的合金片. *extra latten* 热轧特薄板(厚 0.45mm 以下).

Lat'tens n. 锌子锌铜合金.

lat'ter ['lætə] a. ①late 的比较级之一 ②后面(半, 者)的, 末了(尾)的, 近来的, 最近的, 现今的, *the latter half of the century* 下半世纪. ▲*in these latter days* 近来, 现今. *the former … the latter …* 前者…后者…. *the latter* 后者.

lat'ter-day a. 现代的, 当今(代)的, 以后的.

lat'terly ad. 近来, 最近, 在后期(末期).

lat'termost ['lætəmoust] a. 最后的.

lat'tice ['lætis] I n. 格(子, 册)格(窗, 状, 架), 晶(栅)格, 叶栅, 点阵, 串列, 磁铁布局 ②网络(斜条, 网络)结构 ③支承桁架, 承重结构, 格构式桁架型杆. II vt. 做成(网)格状, 缀合, 叉级. *atom(ic) lattice* 原子晶格(子, 点阵). *crys-tal lattice* 晶格, 晶体点阵. *cubic lattice* 立方晶格(点阵). *inverse (recip-rocal) lattice* 倒易晶格. *lattice array* 点阵列. *lat-*

tice beam 格构(花格)梁. *lattice circuit* X 型(网格)电路. *lattice coil* 蜂房(多层, 网络)线圈. *lattice defect (imperfection)* 晶格缺陷. *lattice disturbance* 光栅结构的破坏. *lattice filter* 桥式(格型)滤波器. *lattice flow* 叶栅中流动. *lattice network* X 形(桥形, 点阵)网络, 网格形线路. *lattice point* 格(网, 阵)点. *lattice search* 格点搜索(寻优)法. *lattice square* 格形方(区组). *lattice truss* 格构桁架. *lattice type filter* X 形(桥形)滤波器. *lattice type wave filter* 桥接滤波器. *lattice web* 花格腹板. *lattice wound coil* 蜂房式线圈. *point lattice* 点阵. *slab lattice* 板栅. *vortex lattice* 涡串.

lat'ticed a. 格构的, 花格的, 有格子的, (制成)格状的, 格子形的. *latticed girder* 格构(大)梁. 花格(大)梁. *latticed stanchion* 缀合支柱.

lat'tice-like a. 格构的, 花格形的. *lattice-like structure* 晶格(状)结构.

lat'tice-ordered a. 有序格的, 格序的.

lat'tice-plane a. 晶格(点阵)面.

lat'tice-point a. 格(网, 阵)点的.

lat'tice-site n. 格点, 点阵位.

lattice-vibration 点阵振动.

lat'ticework n. 网格(结构), 格子(细工). *lattice-work scanner* 格形扫掠天线.

lat'tice-wound coil n. 蜂房式线圈, 格子(绕法)线圈.

lat'ticing n. 成(网)格状, 缀合, 双缀.

lat'tin = latten.

lat'tix a. 光取数晶体管阵列的.

la'tus ['leitəs] (pl. *latera*) (拉丁语) n. 【数】边, 弦, 侧胁, 腹, 宽, 阔. *latus rectum* (recta) 正焦弦.

Lat'via ['lætviə] n. 拉脱维亚(苏联加盟共和国国名).

Lat'vian ['lætviən] n.; a. 拉脱维亚人(语的).

lauan [ləˈwæn] n. 柳安木.

laud [lɔːd] vt.; n. 称赞, 赞美.

laud'able ['lɔːdəbl] a. 值得称赞的, 可嘉的, 健康的, 健全的. *laud'ably* ad.

laudanin n. 降甲劳丹碱(素).

laudanosine n. 劳丹碱.

lauda'tion [lɔːˈdeiʃən] n. 称赞, 赞美, 颂扬. *laud'ative* 或 *laud'atory* a.

Laue method 劳埃法(利用单晶产生 X 线衍射的方法), (X 射线分析)晶体法.

laugh [lɑːf] v.; n. 笑(声), 发笑. ▲*laugh at* 嘲笑, 不顾, 漠视, 因…而笑. *laugh away (out of court)* 付之一笑, 一笑置之.

laugh'able ['lɑːfəbl] a. 有趣的, 可笑的. *laugh'ably* ad.

laugh'ing n.; a. 笑(着的), 可笑的.

laugh'ing-gas n. 笑气, 一氧化二氮, 氧化亚氮.

laugh'ing-stock n. 笑柄. ▲*make a laughing-stock of oneself* 闹笑话, 出洋相.

laugh'ter n. 笑(声).

laumoutite n. 浊沸石.

launch [lɔːntʃ] I v. ①发(入, 弹)射, (使)升空, 起飞, 射击, 投掷(at, against) ②(使船)下(入)水, (桥架设)(使)滑梁 ③创(开)办, 发动(起), 提出, 施以, 展开, 开始 ④激励. II n. ①发射, (船的)下水 ②(舰

载,敞篷,小)汽艇,小船〔艇〕,大舢板. launch airplane 火箭运载机. launch cell (导弹)发射井,发射掩蔽所. launch complex 导弹发射场综合设施,全套发射设备. launch pad (火箭等的)发射台〔点〕. launch research site (导弹)实验发射数据. launch vehicle 运载火箭,活动发射装置. launch window (火箭)发射最佳时间,发射时限,发射窗. ▲launch forth [out] on an enterprise 投身于事业. launch M into N 向 N 发射 M. launch out (船)下水,开始新的事情,大讲,详述. launch (out) into work,着手. launch (out) into an argument 开始辩论.

launch'er ['lɔ:ntʃə] n. 发射器〔架,装置〕,起动装置. post launcher 支柱式发射架. tower launcher 发射塔,长导轨垂直发射装置.

launch'ing n. ①发(人,投)射,施放,起飞,升空,发〔放〕动 ②(船)下水,(桥架架设)滑架 ③激励. battery [multiple] launching 齐发. launching grease [oil] 船用下水滑脂. launching nose 滑曳导梁. launching of caisson 沉箱下水. launching phase 发射〔加速,主动〕段,发射时间范围. launching range 发射场,靶场,射程. launching site 发射场,发射阵地,发射场上的各种设备. launching trolley 滑曳空中吊车. launching ways [船] 下水滑道. test [trial] launching 试验性发射. zero-length launching 零长〔无导轨,垂直〕发射.

launch'ing-pad n. 发射台,起始点,跳板.

launch'ing-tube n. (水雷,鱼雷)发射管.

launch-on-time. n. 发射限定时间,起飞时间.

laun'der ['lɔ:ndə] I v. ①洗(衣,濯,熨),浆(清洗2) 可以洗,经得起洗. II n. 流(水,洗灌)槽,洗(叩)矿槽,出铁〔铜,渣〕槽,槽洗机. insulated launder 绝热〔保温〕流槽. lead return launder 返铅流槽. ~ er n. 洗衣工,洗涤机.

laun'dromat ['lɔ:ndrəmæt] n. 自助洗衣场.

laun'dry n. 洗衣(房),送去洗的东西. laundry soap 洗衣皂,洗涤用皂.

lauraldehyde n. 月桂醛,十二(烷)醛.

lauramide n. 月桂酰胺.

laurane n. 月桂烷.

laura'sia [lɔ:'reiʒə] n. 劳亚古陆,美欧亚(古)大陆. laurasia land 劳亚古陆.

laurate n. 月桂酸,月桂酸盐〔酯,根〕.

laurdalite n. =lardalite.

lau'reate ['lɔ:riit] a. ; vt. 荣誉的,卓越的,带桂冠的,授…以荣誉.

lau'rel ['lɔrəl] I n. ①月桂树,桂冠 ②(pl.) 荣誉. II vt. 给予…荣誉. ▲rest on one's laurels 满足于既得的成就. win [gain] laurels 获得荣誉.

lau'rel(l)ed a. 获得荣誉的.

laurentian orogenesis (太古代与元古代间)劳伦造山运动.

lau'ric acid 月桂〔十二〔烷〕)酸.

laurilignosa n. 月桂:常绿木本群落.

laurisilvae n. 阔叶乔木群落,照叶林.

lauroyl n. 月桂酰,十二烷酰.

laurusan n. 脱氢间型霉素.

lauryl n. 月桂基,十二烷基.

Lausanne' [lou'zæn] n. (瑞士)洛桑(市).

Lautal n. 劳塔尔铜硅铝合金(铜 4～6%,硅 0.2～0.75%,其余铝).

lau'ter I vt. 过滤. II a. 清澈的,纯净的,澄清的. lauter tank (tub, tun) 滤桶.

lav [læv] n. 盥洗室,厕所.

la'va ['lɑ:və] n. 火山流出的熔岩,火山岩. lava ash 熔岩灰. lava beds 火山岩床.

lava-flow n. 熔岩流.

lavage' [lɔ:'vɑ:ʒ] 〔法语〕 n. ; v. 灌洗〔法〕,洗(法).

lavalier (e)' [lævə'liə] n. 缀有宝石的环状首饰. lavalier cord (颈挂式传声器用)颈绳.

lavalier microphone 颈挂式传声器.

lava'tion [lə'veiʃən] n. 洗涤,洗涤用水. ~al a.

lav'atory ['lævətəri] n. 洗脸盆,洗脸〔盥洗〕室,厕所.

lave [leiv] I v. 洗涤,沐浴,冲刷,(缓慢)流过〔经〕. II n. 遗留〔剩余〕物.

lavement ['leivmənt] n. 洗涤,沐浴,灌洗(肠).

lav'ender ['lævində] n. ; a. 淡紫色(的).

lavendulin n. 淡紫霉菌素.

lav'enite n. 锆钽矿.

la'ver ['leivə] n. 紫菜.

laveur' [lə'və:] 〔法语〕 n. 灌洗器.

lav'ic a. 溶岩的.

lav'ish ['læviʃ] I vt. 浪费,乱化(on, upon),慷慨地给予. II a. 无节制的,过度〔多,分〕的,浪费的,丰富的,大量的. ~ly ad. ~ness n.

LAW =light antitank weapon 轻型反坦克武器.

law [lɔ:] I n. 定〔法〕律,规则,定则,法律,法规〔令〕,原理,规程. II v. (对…)起诉,控告. basic guidance law 基本制导法则. combination law 并合律. emergence law 应急制度. law of conservation of energy 能量守恒定律. law of probability 概率〔几率〕定律. law of similarity 相似定律. law of similitude 同比律. law of sines 正弦定律. law of zero or unity 零壹律. mass action law 质量作用定律. partition law 分配〔布〕定律. threshold law 阈定律.

law-and-order a. 宣扬法治的.

law'breaker n. 违法者.

law'breaking a. ; n. 违法(的).

law'ful ['lɔ:ful] a. 合法的,法定的,法律上的. ~ly ad. ~ness n.

law'less a. 不(非,违)法的. ~ly ad. ~ness n.

lawn [lɔ:n] n. ①草地(坪,场) ②(上等)细(亚)麻布,细竹布 ③细弱 ④菌苔. lawn mower 草坪刈草机,雷达噪声限制器.

lawn'-mower n. 剪草器具,割草机.

lawn'y ['lɔ:ni] a. ①细麻布(做)的 ②(多)草地的.

Law'rence tube n. 劳伦斯管(一种栅控式彩色显像管).

lawren'cium [lɔ:'rensiəm] n. 【化】 铹 Lw.

law'sone n. 2-羟(基)-1,4-萘醌.

law'suit ['lɔ:sjut] n. 诉讼.

law'yer ['lɔ:jə] n. 律师,法学家.

lax [læks] a. 松(弛)的,缓慢的,疏忽的,不小心的,不严格(肃)的,不精密〔确〕的,散开的,腹泻的.

laxa′tion [lækˈseiʃən] n. 松弛,放松,缓慢,轻泻.

lax′ative [ˈlæksətiv] a. 未被抑制的,未予束缚的,轻泻的.

lax′ity [ˈlæksiti] n. ①松弛,疏松,疏密度 ②不严格,不正确,疏忽.

lax′ly ad. 松,缓慢地.

lay¹ [lei] v. lie 的过去式.

lay² [lei] a. ①局外的,外行的,无经验的,非专业性的 ②非主导的,副的. lay shaft 副(侧,对,中间,平行,并置,逆转)轴.

lay³ [lei] I (laid, laid; lay′ing) v. ①放(布,安装,设)置,放下,摆,搁,安排①铺,埋,敷设,覆盖,灌筑,打底 ③拟定,提出 ④提,绞,捻(向),编,扭转 ⑤镇住[压],消除,弄[打]倒,压平 ⑥瞄[对]准,投(弹) ⑦下赌注,产卵 ⑦把…加于,施…于,把(功)归于. lay heavily 产蛋多的,高产的. lay the grain 砑[壓]光. ▲lay about 抡开干,乱干起来. lay aside 或 lay away 或 lay by 撤开,放弃,放下,停止,搁置,保留,贮藏,使不能工作. lay bare 揭示,暴露. lay down 放(搁,记)下,设计[立],制(规)定,兴建,建造,铺(敷)设,安装主张,断言,牺牲,放弃,贮藏,覆盖,使沉淀(积),交(献)出,付(款). lay emphasis on 着重,强调. lay for 等待(时机). lay hands on 抓住,找到,占有,伤害. lay (one) under the necessity of +ing 使(…)必须(做). lay in 贮藏. lay off 划分,画(重)[作]下,标界,停工,休息,辞退,解[开]雇,(在…于)(量)取(某一长度)(on),放样,下料,卸(中停止止,于…)(于人);放在上,增(重),安排. lay oneself out to +inf. 尽力(做). lay open 显示,揭露,说明,割伤. lay out 展(摆,铺)开,陈列,布置(局),计划,拟定,定位线(方向)之线(的,放样,标(注)明,投资,花费. lay out constant 数位分配常数,测绘缩放比例常数,划线常数. lay out machine 测绘缩放仪. lay over 覆盖,敷,涂,延期,胜过,压倒,(中途)稍作停留. lay stress [weight] on 强调,着重,重视. lay the dust 除(灭)尘. lay the foundation of 打基础,奠基,开始. lay to 把…归于,努力干,使(船)停下. lay up 贮藏,卧置,建立,(能停用[待修]),搁置,卧病. lay waste 使荒废糟场,毁灭.

II n. ①位置,层(次),方向,地形,形势,情况,状态 ②绳索的股数及扭法,捻(向),(粗)[细]度 ③方针,计划,职业,工作 ④分红,价格(销售)条件. albert [lang] lay (绳索)顺捻. in-lay 镶入[嵌],嵌体. in-lay casting 镶嵌铸造(法). lay day 停(窝)工日. lay days [time] 装卸时间. lay land 生荒地,处女地. lay of cutting 切削层. lay of line 路线. lay of the land 地形. lay ratio 扭绞系数,电缆绞距与芯线平均直径之比. ordinary [regular] lay (绳索)逆[普通]捻. S lay 右(手)捻. Z lay 左(手)捻.

lay′about n. 无业游民.

lay′-aside [ˈleiəˈsaid] n. ①放下,搁置,放在一边 ②(干路)路侧的停车处,超车或避车的车道,备用车道,铁路侧线,矿井中空车皮贮道.

lay′boy n. 叠制(堆砌)装置.

lay′-by [ˈleibai] n.①=lay-aside ②最后耕作程序.

lay′days [ˈleideiz] n. 装卸[停泊]时间.

lay′down n. 沉积(密)[度]用布置图.

lay′er [ˈleiə] I n. ①层(次),夹[分,迭,薄,阶]层,绒皮层

膜,(薄,垫)片,条 ②焊[涂,镀,地,岩]层 ③放置[铺筑,设计]者,瞄准手,敷设[铺放,编绳]机 ④(园艺)压条,压枝 ⑤(卷材的)图 ⑥产蛋鸡. adsorbed layer 吸附层. Appleton layer 阿普顿层. F 电离层. attenuated layer (拉)薄层. babbitt layer 巴比合金层. barrier layer 阻挡[障碍]层. boundary layer 附面层,边界层,界限层. carburized layer 渗炭层. Elman layer 埃克曼(海流)层(其流向与风成直角). E-layer E 电离层(变化于 110～120km 高空). F-layer F 电离层(变化于 200～400km 高空). hearth layer 底层炉料,底料层. Heaviside-(Kennelly) layer 亥维赛(肯亚利)层,海氏层,E 电离层,不可压流边界层. layer build dry cell 叠层式干电池. layer equivalency 当量层厚. layer insulation 层间绝缘. layer lattice 层形点阵. layer level 层次分级. layer protective glass 玻璃氧化膜(保护层). layer short 【电】层间短路. layer splice (电缆)顺层编接[连接]. layer to layer signal transfer 层间信号传递[串扰],复印效应. layer type cable 分层式电缆. layer winding 分层绕组. pipe layer 铺管工人. sharp layer 特薄片[层]. strip layer 带卷的图. water bearing layer 含水层. ▲by layers 分层(的).

II v.(使)成层,分层,打底. layered structure 成层[分层],层状结构.

lay′er-built a. 分层(制法,铺筑)的. layer-built cell 分层[叠层]电池.

layer-by-layer winding 或 **layer-for-layer winding** 叠层绕组.

layer-growth rate 膜生长速度.

layer-line n. (X 光)层线.

layer-to-layer signal transfer (录音带)层间串扰[传递].

layer-wound solenoid 层绕螺线管.

lay′ing [ˈleiiŋ] n. ①布置,敷(铺,装)设,衬整,安装 ②最初所涂的底层 ③瞄准 ④捻,绞合,捻. aided laying 半自动瞄准,半自动敷设. laying depth 埋置深度,铺筑厚度. laying effect 【电】敷设影响(效应). laying the bearings (钢琴,风琴等)调音术.

laying-off n. 停工,下料.

laying-out n. 敷设线路[管道].

lay′man [ˈleimən] (pl. lay′men) n. 非专业人员,外行.

lay′(-)off′ [ˈleiːf] n. (一段时间强迫)解雇[失业],停工期间,中止活动,关闭,休息. lay-off period 观察期,停用期.

lay-on roller 压带轮.

lay′out [ˈleiaut] n. ①布[配]置,分布(配),(规[计])划,安(编)排,(电路,版面,书型)设计,布局,陈[排]列,形式 ②定位线,切线,敷设(线路),加工过程(流程) ③草图,略图,平面,设备,布置,设计,规划,电路,线路,外形,示意图,外形,轮廓,草(方)案 ④事态,情况,形势 ⑤地图 ⑥(一套)器具[工具],全套装备 ⑦(观测)站,运动场. digit layout 数的配置. general layout 总配置图,总平面图,总平面布置,一般设计,总体(一般)布置. layout character 打印格式[格式控制,布局控制]字符(符号). layout chart 观测系

lay′over 图. *layout constant* 数位分配常数. *layout design* 图纸〔草图,电路图〕设计. *layout machine* 测绘缩放仪. *layout plan* 规划,设计,平面图. *plant layout* 车间〔设备〕布置. *skeleton layout* 草图,初步布置. *teletypesetting layouts* 电传植字样本. *two ring layout* 驱动环节设计. (自动机床)拖拉环设计. *width of layout* 数位分配宽度.

lay′over [ˈleiouvə] *n.* ①(公共交通)终点停车处 ②(旅行)中断〔逗留〕期间 ③津贴.

lay′shaft [ˈleiʃɑːft] *n.* 副(嵌)对,传动,中间,平行,并置,逆转轴.

lay′up *n.* ①扭转〔绞〕,绞合 ②接头,接合处 ③敷〔成,结〕层,树脂浸渍增强材料. *RR layup* 树脂树脂增强层压材料. *wet layup* 树脂浸渍湿增强材料.

lazaret′(to) *n.* 检疫所〔船〕,甲板间的贮藏室,传染〔隔离〕病院.

laze [leiz] *v.; n.* 偷懒,懒惰,混日子.

la′zily [ˈleizili] *ad.* ①懒惰地 ②迟钝地,缓慢地.

la′ziness [ˈleizinis] *n.* 懒惰,迟钝,缓慢.

laz′uli [ˈlæzjulai]=lapis lazuli. ~ne *a.*

laz′ulite [ˈlæzjulait] *n.* 天蓝石. **lazulit′ic** *a.*

laz′urite [ˈlæzjurait] *n.* 天青石,青金石.

la′zy [ˈleizi] *a.* ①懒(惰)的 ②迟钝的,缓慢的. *lazy arm* 小型传感器支架. *lazy board* 木制支架(安装输送管器). *lazy element* 惰性元素. *lazy guy* 【船】吊杆稳索. "*Lazy H*" *antenna* 双偶极子 H 型天线,双平行偶极子天线. *lazy pinion* 空转小齿轮. *lazy stream* 缓流. *lazy tongs* (自由活塞燃气发生器的)同步机构,惰钳.

lazy-bones *n.* 懒骨头.

lazy-jack *n.* 屈伸起重机.

lazy-tongs *n.* (自由活塞燃气发生器的)同步机构,惰钳.

LB =①lifeboat 救生艇 ②light bracket 轻型托架 ③line busy 占线 ④linoleum base 油毡底层 ⑤local battery 本机电池 ⑥log book 日记,记录,履历书 ⑦lowband 低频带.

lb =pound 磅.

lb ap =pounds, apothecary's (英国药衡制的)磅.

lb. per sq. in. g. =pound per square inch gauge 磅/英寸²(表压).

lb t =①pounds thrust 磅推力 ②pounds troy 英国金衡磅.

LBA =local battery apparatus 磁石电话机.

L-band L 波段(390～1550MHz;波长 76.9～18.3cm).

L-bar 或 **L-beam** (不等边)角钢.

lb-avdp =pounds, avoirdupois (英国常衡制的)磅.

LBC =leaded bronze casting 铸铅青铜.

lbcal =pound-calorie 磅卡.

Lbf =pounds force force 磅力.

lbf-sec/lbm 或 **lbf-sec lbm⁻¹** =pounds force times seconds per pound mass (specific impulse)(比冲量)磅力·秒/磅质量.

LBH =length, breadth, height 长、宽、高.

LBI =long baseline interferometry 长基线干涉度学.

L-binding energy L 层结合能.

LBIR =laser beam image reproducer 激光束图像重现器.

lbm =pounds mass 磅(质量).

LBMCTX = local battery magneto call telephone exchange 用手摇发电机呼叫的磁石式电话交换机.

LBP =①length between perpendiculars 垂直线间的距离 ②light beam pickup 光束传感器.

LBS =①local battery signalling 磁石式电话振铃 ②local battery supply 磁石式电话电源 ③local battery switch-board 磁石式电话交换机 ④local battery system 磁石式.

lbs =pounds 磅.

lbs/max =pounds maximum 最大磅数.

lbs/min =pounds minimum 最小磅数.

LBT =①local battery telephone 磁石式电话 ②low bit test 低位试验.

LBTS =①local battery telephone set 磁石式电话机 ②local battery telephone switchboard 磁石式电话交换机.

LBTX =local battery telephone exchange 磁石式电话交换机.

L. B. W. Buz. Cal. T. X. = local battery with buzzer calling telephone exchange 用蜂鸣器呼叫的磁石式电话机.

LC =①inductance-capacitance 电感-电容 ②landing craft 登陆艇 ③launch complex 全套发射设备 ④launch con-trol 发射控制 ⑤launch corridor 发射通路 ⑥lead covered 铅包的 ⑦letter contract 书面合同 ⑧letter of credit 信用状〔证〕 ⑨level control 摺位(信号)电平调节,液(位)面控制 ⑩lightly canceled 轻幸删除 ⑪line concentrator 线路集中器 ⑫link controller 无线电通信线路控制器 ⑬liquid chromatography 液相色谱(法) ⑭loaded cable 加感电缆 ⑮locked closed 锁闭的 ⑯loud and clear 大声而清楚 ⑰low carbon 低碳的.

L/C =①launch control 发射控制 ②lead covered 铅包的 ③letter contract 书面合同 ④letter of credit 信用状〔证〕 ⑤light case 轻外壳 ⑥locked closed 锁闭的 ⑦loop check 回路检查 ⑧low carbon 低碳的.

lc =lower case 小写字盘 ②(拉丁语) *loco citato* 在上述引文中.

L/C ratio (电)感(电)容比.

LCAO = linear combination of atomic orbitals 原子轨道(函数的)线性组合.

L-capture *n.* (核对)L 层电子俘获.

L-cathode *n.* 金属多孔〔多孔隔板,莱门扩散〕阴极,L 型阴极.

LCB = longitudinal position of center of buoyancy 浮力中心的纵向位置.

LCC = ① landing craft control 登陆艇的控制 ② launch control console (or center) 发射控制台(或中心) ③link controller connector 无线电通信线路控制连接器.

LCCS =launch control and checkout system 发射控制与校正系统.

LCD =①launch control design 发射控制的设计 ②liquid-crystal display 液晶显示(器).

lcd =least common denominator 最小公分母.

LCDTL =load compensation diode transistor logic 负载补偿二级管晶体管逻辑(电路).

LCE =launch control equipment 发射控制设备.

LCF =①launch control facility 发射控制设备 ②least common factor 最小公因子 ③longitudinal

position of center of floatation 浮力中心的纵向位置.
LCFC =launch complex facilities console 全套发射设备控制台.
L. C. F. mix =Lime, Cement, Flyash mix 石灰、水泥、粉煤灰混合物.
LCF-meter *n*. 感容频率计.
LCG =①liquid column gauge 液柱压力计 ②longitudinal position of center of gravity 重心的纵向位置.
LCGS =laboratories command guidance system 实验室指挥制导系统.
LCHP =local control hydraulic panel 局部控制液力操纵板.
LCI =launch complex instrumentation 全套发射仪表.
LCL =①less than carload 少于一车的(货)量 ②less-than-carload(铁路运输中的)零担的 ③local 局部的,当地的,本机的 ④lower control limit 控制下限,行动下限.
LCM =①landing craft mechanized 机械化的登陆艇 ②launch control monitor 发射控制指示器 ③lauch crew member 发射班人员 ④lead coated metal 涂铅的金属 ⑤least common multiple 最小公倍数 ⑥liquid column monometer 液柱压力计.
LCML =low level current mode logic 低电平电流型逻辑(电路).
LCMS =launch control and monitoring system 发射控制与监察系统.
LCP =launch control panel 发射控制仪表板.
LCP(L) =landing craft, personnel (large)人员登陆艇(大型).
LCP(R) =landing craft, personnel (with ramp)人员登陆艇(带滑轨).
LCR =inductance-capacitance-resistance 电感-电容-电阻.
lcr =low compression ratio 低压缩比.
LCR meter 电感电容电阻测定计〔测试器〕,LCR 三用表.
LCR(L) =landing craft, rubber(large)橡皮登陆艇(大型).
LCR(S) =landing craft, rubber(small)橡皮登陆艇(小型).
LCS =①laser communications system 激光通信系统 ②lathe control system 车床控制系统 ③launch control sequence〔simulator, subsystem, system〕发射控制程序〔模拟器,子系统,系统〕 ④leveling control system 调平控制系统 ⑤liaison call sheet 连络通话单 ⑥loudness contour selector 等响线选择器.
LCS(S) =landing craft, support(small)支援登陆艇(小型).
LCT =①local civil time 地方民用时,当地通用时间 ②location, command, and telemetry 定位、指挥与遥测.
LCT(A) =landing craft, tank(armored)(装甲)坦克登陆艇.
LCV =①landing craft, vehicle 车辆登陆艇 ②liquid control valve 液体控制阀 ③low calorific value 低热值.
LCVM =log conversion voltmeter 对数变换伏特计.
LCVP =landing craft, vehicle and personnel 车辆及人员登陆艇.

LCZER =localizer 飞机降落用无线电信标,定位器.
LD =①leak detector 检漏器 ②lethal dose(药物的)致死剂量 ③light difference 光差 ④list of drawings 图纸清单 ⑤load 负载 ⑥local delivery 当地交付 ⑦long delay 长时延迟 ⑧long distance 远距离,长途电话通讯,长途电话局(或交换机),长途话务员 ⑨long duration 长持续时间.
L/D =①length-to-diameter (ratio)长度直径比,(燃烧室)延伸率 ②lift-to-drag(ratio)升阻比.
Ld =limited 有限的.
L&D =loss and damage 损失和损坏.
LD quality 氧气顶吹转炉(生产的)质量.
LD steel 氧气顶吹转炉钢.
LDA =line driving amplifier 线路〔行信号〕激励放大器.
LDB =light distribution box 轻配电箱.
LDBZ =lead bronze 铅青铜.
LDC =①less developed country 不发达国家 ②long distance call 长途通话 ③lower dead center 下死点.
ldc =line drop compensator 线路电压降补偿器.
LDD =laser detector diode 激光检波器二极管.
LDE =linear differential equations 线性微分方程式.
LDF =①Linear Decision Function 线性判定函数 ②Linear Discriminant Function 线性判别式函数 ③load distribution factor 负载分布系数.
L. D. F. stn =landing direction finding station 降落测向台.
LDG =linear displacement gauge 线性位移测量计.
ldg =①landing 着陆 ②loading 加载.
LDH =lactate dehydrogenase 乳酸盐脱氢酶.
L-display L 型显示器.
LDMI =laser distance measuring instrument 激光测距仪.
LDMS =laser distance measuring system 激光测距系统.
LDP =①language data processing 语言数据处理 ②load double precision (双)倍精度寄存.
LDP(E) =low density polyethylene 低密度聚乙烯.
LDR =light-dependent resistors 光敏电阻.
L-driver *n*. (汽车)学习驾驶员(=learner-driver).
LDRS =laser discrimination radar system 激光鉴别雷达系统.
LDT =①laser discharge tube 激光放电管 ②linear diffe-rential vector equation 线性差变方程 ③local daylight saving time 当地经济时〔夏季时间〕.
L. D. Tel =long distance telephone 长途电话.
LDV =①Laser-Doppler-Velocimeter 激光多普勒速度计 ②linear differential vector 线性微分矢量.
LD-Vac process 氧气顶吹转炉-真空脱碳脱气法.
LDVE =linear differential vector equation 线性微分矢量方程.
LDX =long distance xerography (communications facsimile system)远距离静电印刷术(电传真通信系统).
LE =①labo(u)r exchange 产品交换,职业介绍所 ②launch equipment 发射设备 ③lead engineer 首席工程师 ④leading edge 前缘,导边 ⑤left end 左端 ⑥left extremity 在尽头 ⑦left eye 左眼 ⑧Lewis number 【流体】路易斯数 ⑨lifting eye 吊眼〔耳

⑩light equipment 轻型装备 ⑪low efficiency 低效率 ⑫low explosive 低级炸药.

Le chatelier flask 拉萨德利尔比重瓶.

lea [li:] n. ①草〔牧〕地 ②【纺】缕,小绞(棉纱,绢丝;每缕长120码;毛纱:80码,麻纱,300码).

leach [li:tʃ] I n. ①沥滤〔器〕;滤灰槽〔池〕②滤灰,灰汁. II v. ①(沥,溶,浸)滤,浸〔滤〕出,沥灰(析,提),滤取(去,掉),提取,精练,淋溶〔洗〕②(用水)漂. *leached surface* 渗漏〔淋溶〕面. *leach(ing) liquor* (solution)沥滤〔浸提〕液. *plating leach* 镀敷浸出(高压优先还原法). ▲*leach away* (out)渗滤. *leach out* 浸出,渗漏,淋溶,溶浸,洗出. *leach out M from N* 从 N 中沥出 M. **leachabil'ity** n.

leach'able ['li:tʃəbəl] a. 浸出(析)的,可沥滤〔滤取,滤去)的.

leachate n. 沥滤〔浸出〕液.

leach'ing ['li:tʃiŋ] n. ①过滤,提,沥,渗漏,固-液萃取,浸析作用,溶滤,沥漉〔取〕(法),淋洗〔溶〕,浸盐. *cold leaching* 【冶】常温浸出. *dump leaching* 废石堆〔矿堆〕浸出. *in-place* (in situ) *leaching* 就地浸出. *leaching agent* 助渗剂. *leaching basin* 滤水池. *leaching by agitation* 搅荡法. *leaching rate* 渗出〔放毒〕率. *leaching well* 渗水井. *selective iron leaching* 优先铁浸出. *stope leaching* 就地(坑内)浸出. *tower leaching* 塔淋浸出.

leaching-out n. 沥滤出,洗(浸)出.

lead¹ [li:d] I (led) v. ①引〔领〕导,带〔率〕领,指挥②导〔通)向,通往(to)③延,移,移〔前,领〕导先,前置(瞄准) ④引,引入,导致,引(水) ⑤(诱)使,引起(to+inf.),过(生活). *lead the way* n(带)路. *lead to Communism* 通向共产主义. *lead… astray* 把…引入歧途〔搞胡涂〕,使…迷路. *lead away* 带走,把…引入歧途. *lead M by N* 比 M 超前 N(量). *lead … by the nose* 牵着…的鼻子,自由操纵…. *lead in* 引入. *lead off* 领〔带)头,开头(始)导出,引走,排除. *lead off to* 通到(向). *lead off with* 从…开始,把…放在最前面. *lead on* 率(带)领…继续前进,诱使…继续下去,引诱. *lead on to* 引(导)到,导致. *lead out* 开始,带〔领〕头,导出,引走,排除. *lead to* …引到,产生,通向,引到,直到…. *lead to the conclusion* 得出结论. *lead M to N* 导 M 至 N,把 M 引到 N,使 M 得到 N 的结果. *lead … to + inf.* 使…(有可能)(做). *lead up* 抢先. *lead up to* 逐渐导致〔通向,引到).

II n. ①引〔领〕导②超〔导,移,领)前,领先,带头,榜样,首位,提前〔超前,前置〕量③(导,引)线,(电)线头,(导)管,(阀)导体,(潮)导体,引入线④提(暗)示,标志,内容提要,导语,重要报道⑤通路,进入口,引水沟,矿脉⑥(pl.)龙门挺,打桩机导柱. *angle of lead* 或 *lead angle* 超前〔导前,前置,螺旋(升)〕角,导〔程〕角.

III a. ①领先〔头〕的②最重要的,以显著地位刊载的. *ballistic lead* 弹道提前〔阳极引(出)线,阴极支路. *compensatory* (compensating) *lead* 补偿(导)线. *control lead* 操纵(导)线. *current lead* 电线. *down lead* (天线的)引下〔导〕线. *flight lead* 螺(齿)型,丝距. *ground lead* 接地线. *kinetic lead* 运动提前量. *lead angle* 前置〔超前,导前〕角.

lead attachment 引线焊接〔连接〕(法). *lead beam* 引导(瞄准)波束. *lead block* 导块,导向滑车〔轮〕. *lead bonding* 引线接合(法). *lead code* 前导码. *lead computer* (火箭射向目标用)导引计算机. *lead cutting edge angle* 外锋导磨角. *lead gauge* 导程检查仪,螺距规. *lead inductance* 引线电感. *lead limit switch* 行程(引先)限位开关. *lead line* 接受管,从泵到油罐之间的管线. *lead of brushes* 电刷超前. *lead of screw* 螺旋导程. *lead of valve* 阀导柱. *lead pursuit* 引导跟踪方式. *lead riser* 引线头. *lead screw* 导〔螺〕杆,推动螺杆,丝杠〔杆〕,(唱片)引入(纹)槽. *lead tester* 导程检查仪. *lead time* 筹备时间,产品设计至实际投产间的时间,订货至交货间的时间. *lead wire* 导线,引(入,出)线. *main lead* 电源线,母线. *oil lead* 油管(道). *phase lead* 相位超前. *power* (supply) *lead* 电源(馈电)线. *pulse lead* 脉冲引线. *valve lead* 阀门,导气筐,阀导柱. *voltage lead* 电压导程. ▲*a hot lead* 很好的线索. *follow a lead* 亦步亦趋. *follow the lead of* 效法,仿效,学习…的榜样. *give … a lead* 给…示范(作榜样),提示…. *have a lead of …* 领先…(时间,距离). *the lead story* 头条新闻. *take the lead* 带头,领(占)先,居首,负责领导,做榜样.

lead² [led] I n. ①铅 Pb,铅制品②测锤(铅),水砣,铅锤③铅笔心④铅条,插铅⑤枪弹⑥(pl.)铅板(屋顶). *base bullion lead* (含有贵金属的)粗铅铅. *black lead* 黑铅,石墨. *blue lead* 蓝铅,金属铅. *hard lead* 硬铅,铅锌合金. *heave* (cast) *the lead* 投测铅,(用铅锤)测水深. *lead acetate* 乙酸铅. *lead base alloy* 铅基合金. *lead bath* 镀铅(铅泽火)槽. *lead burning* 铅焊. *lead bronze* 铅青铜. *lead coating* 包铅,铅层. *lead covered wire* 铅包线. *lead drier* 铅催干剂. *lead encasing of hose* 软管铅套. *lead glass* 铅玻璃. *lead joint* 填铅接合(缝). *lead line* 测深绳. *lead loss* 铅(皮损)耗. *lead patenting* 铅浴淬火. *lead screen* 铅屏蔽. *lead sensitivity* 含铅量. *lead sheath* (ing)铅包(皮). *lead sheet* 或 *sheet lead* 铅板(皮,片). *lead tolerance* 容许含铅量,四乙铅容许含量. *lead tree* 树枝状铅,铅树. *lead zirconate-titanate ceramics* 锆钛酸铅陶瓷. *pig lead* 生铅. *secondary lead* 再生铅. *spongy lead* 锭线,海绵状铅. *white lead* 铅白,碱式碳酸铅. *work lead* (鼓风炉产含银)粗铅. *yellow lead* 铅黄,氧化铅.

II vt. ①包〔镀,填,塞,衬)铅,用铅被覆〔接合),插铅条②加铅(up),用铅条固住,被铅盖〔塞)住,用铅锤测深.

lead-acetate n. 醋酸铅.

lead-acid battery 铅酸性蓄电池组.

lead-and-oil paint n. 油铅,油漆.

lead-angle course 有超前鱼导引的航向.

lead-baffled collimator 铅屏准直仪.

lead-circuit n. 超前电路.

lead-covered a. 镀铅的,铅包〔皮)的.

lead'ed I ['ledid] a. 加〔含,镀,包,填)铅的,乙基化的. *leaded bronze* 铅青铜. *leaded joint* 铅(工)连

接,铅封接. *leaded (up) gasoline* 加铅〔乙基化〕汽油. *leaded zinc oxide* 含铅〔铅化〕锌白,含铅氧化锌. Ⅱ〔'li:did〕*a*. 有引线的. *beam leaded device* 梁式引线器件.

lead'en〔'ledn〕*a*. ①铅(制、色)的 ②沉〔笨〕重的,低劣的,质量差的 ③乏味的.

lead'er〔'li:də〕*n*. ①领导者,领袖〔导〕,指导人,指挥者〔设备〕,领导〔机〕③引导,导管〔杆,柱,线〕,引出〔出〕线,引带(磁带首尾无磁粉部分),引〔带〕头,(闪电)先导,排〔落〕水管,导火线,顶砖 ④〔数〕首〔领〕项,(经济)先导指数 ⑤社论,重要文章,标题,空白段 ⑥点(指引线,虚线,连点 ⑦影片的引导部分,片头. *leader blanks* 引导空白字. *leader cable* 引线(电缆),主电缆. *leader mill* 精整轧机. *leader of chain* 链的首项. *leader pass* 成品前孔,预精轧〔精轧前〕孔型. *leader record* 标题〔引导〕记录. *white leader* (影)片(前)头的空段.

leaderette'〔,li:də'ret〕*n*. (新闻)短评,编者按语.

lead'erless *a*. 无领导的.

lead'ership〔'li:dəʃip〕*n*. 领导,指挥〔导〕,领导人员,统帅能力. *under the leadership of* … 在…的领导下.

lead'-free *a*. 无铅的,不含四乙铅的.

lead-hammer *n*. 铅锤.

lead'(-)in'〔'li:d in〕*n*. 引入〔端〕,输入〔端,线〕,引(入)线,介绍,开场白. *booster lead-in* 导引〔中间〕传爆药. *lead-in and change-over* (调度电话)引入转换架. *lead-in groove* (唱片)盘首纹,引入(纹)槽. *lead-in screw* 引入螺钉〔磁带〕. *lead-in spiral* 输入螺旋线,输入磁带,盘首纹. *lead-in wire* 引入〔药〕线,联络线.

lead'ing[1]〔'li:diŋ〕*n*.;*a*. ①领〔引,主,指,先〕导(的),领先的,前面的,指引的 ②超〔提,导〕前的,前置量(以度表示) ③导〔定〕向的,第一流〔位〕的,(最)主要的. *leading article* 社论,为招揽生意的特别廉价商品. *leading black* (信号前的)前置黑色. *leading block* 导块,导向滑车. *leading coefficient* 首项系数. *leading control* 标题控制. *leading current* 超前电流. *leading diagonal* 主对角线. *leading edge* 前沿〔缘〕,(脉冲)的上升边,(叶片)的进气边. *leading end* 前端,引导端. *leading Eq pulses* 前平衡〔均衡〕脉冲. *leading fossil* 主导〔标准〕化石. *leading in phase* 相位超前. *leading light* 迭标灯,导航标灯. *leading line* 导航线. *leading load* 电容性负载. *leading mark* 标志,方向标. *leading muon* 领头 μ 子. *leading note* 导音,长音阶第七音. *leading out* 引(出)线. *leading phase* 超前相位. *leading pile* 定位〔桩. *leading pole* 导磁极,领头极点. *leading pole-tip* 磁极前端. *leading screw* 丝(螺)杠,丝杠. *leading spurious signal* 首要〔超前〕乱真信号. *leading tap* 机用螺丝攻,螺丝锥. *leading transient* 前沿瞬变特性. *leading wheel* 导(主动,驱动)轮. *leading white* 超前白色(在信号之前的白尖头信号). *leading zero* 先行零.

lead'ing[2]〔'ledin〕*n*. ①铅(制品,框,片,皮,条,细工) ②加铅,塞铅条,乙基化.

leading-edge pulse time (脉冲)前沿上升时间.

leading-in *n*. 引入(线). *leading-in cable* 引入〔进局〕电缆. *leading-in wire* 引〔导入〕线,引药线.

lead-lag *n*. 超前滞后.

lead'less Ⅰ〔'li:dlis〕*a*. 无引〔引线的. Ⅱ〔'ledlis〕*a*. 无铅的.

lead-line〔'ledlain〕*n*. 测深索,锤条.

lead-lined *a*. 铅衬的,挂铅的,铅内里的,衬铅的.

leadman *n*. 测深手.

lead'off'〔'li:d'ɔ:f〕Ⅰ *n*. 开始〔端〕,着手. Ⅱ *a*. 开始的、领头的.

lead-out *n*. 引〔导,输)出〔端〕,引出线,(唱片)盘尾纹.

lead-over groove (唱片)盘中纹.

lead-oxide camera tube 氧化铅摄像管.

lead-pursuit approach 沿追踪曲线接近.

lead-screw *n*. 导(螺)杆,推动螺杆,丝杠.

lead-sheathed cable 铅包电缆.

leads'man〔'ledzmən〕(pl. *leads'men*) *n*. 测深手〔者〕,掷锤人. *leadsman's platform* 测深台.

lead-tight *a*. 铅密封的,不跑铅的.

lead-time *n*. 研制周期〔期限〕.

lead-up *n*. 导致物.

lead'work *n*. ①铅衬,铅制品 ②(pl.)铅矿熔炼工厂,制铅工厂.

lead'y〔'ledi〕*a*. 含〔似〕铅的,铅色的.

leaf〔li:f〕(pl. *leaves*) Ⅰ *n*. ①叶(片,瓣,饰),(薄,弹)簧片,薄(泊,箔)片,(书)页,张,(锡,金属)箔,锉刀片 ②小齿轮的齿片,(铣刀杆上的)调整垫 ③门扉,天窗,(开合桥的)翼 ④活门,节流门 ⑤瞄准尺. Ⅱ *v*. 长叶,翻页〔篇〕,揭〔书页〕(over). *back sight lead leaf* 尺板. *gate leaf* 整流栅片片. *leaf bridge* 开合桥. *leaf electrometer* 箔静电计,箔验电器. *leaf of Descartes* 笛卡儿蔓叶线. *leaf spring* 片〔扁〕簧,簧片,汽车钢板(弹簧). *leaf valve* 舌〔片〕阀(簧片),瓣状活门. *loose leaf* 活页. *main leaf* 钢板弹簧主片(第一片). ▲*turn over a new leaf* 翻开新的一页,重新开始.

leaf'age〔'li:fidʒ〕*n*. (树)叶,叶饰.

leaf'ing〔'li:fiŋ〕*n*. 叶(飘)浮,浮起,金属粉末悬浮现象.

leaf'let〔'li:flit〕*n*. ①散页的印刷品,活页,传单,广告 ②小叶,叶片. Ⅱ *v*. 散发传单. *instruction leaflet* 散页的说明书.

leaf-valve *n*. 舌(叶片,簧片)阀,瓣状活门.

leaf'y〔'li:fi〕*a*. 多叶的,叶状的.

league〔li:g〕Ⅰ *n*. ①同〔联〕盟,联合会,社团,盟约 ②种类,范畴 ③里格(长度单位 ≈ 3英里). *league table* 比较表. *marine league* 三海里. *the Communist Youth League* 共产主义青年团. *the League of Red Cross Societies* 红十字协会.
Ⅱ *v*. 组成联盟,结盟,团结,联合. ▲*be leagued together against* … 联合起来反对 … *in league with* … 和…联〔同〕盟.

lea'guer〔'li:gə〕*n*. ①同盟者,盟国〔员〕②围攻〔部)队).

leak〔li:k〕*n*.;*v*. 漏(泄,出,损,水,气,霉,电,油,孔,洞,隙),渗(漏,滤,流,透),泄放,流,耗散,泄露〔漏电阻,漏出量(物) ②分支路. *grid leak* 栅漏(电阻). *leak check* 检查漏气. *leak clamp* 修理夹,防止

输送管漏失的管箍. leak detection 检查漏泄,紧密性检查. leak detector 泄电〔接地,与地短路〕指示器,检漏仪,漏泄检验器〔检测器〕. leak free 密封的. leak hunting 寻(找)漏(气地方). leak preventive 防漏剂. leak test 漏电〔检漏,漏电,密封,气密性〕试验. leak tester 检漏器. natural leak 自漏. ▲leak away 漏掉〔掉〕,耗散. leak off 漏泄〔气〕,放出. leak out 漏出,泄漏,暴露. leak through 渗透〔漏〕,漏油.

leak'age [ˈliːkidʒ] n. ①漏[泄,出,失,逸,损,磁,电,气,油,水〕,损失,渗漏,透,入,出,流〕,泄漏,泄放②渗[过]滤,滤液 ③损耗,耗散 ④漏出[入,失〕量,漏出[入]物,许可的漏损率 ⑤渗漏处〔缝〕. clearance leakage 不紧密,不紧密,间隙漏泄. current [electrical] leakage 漏电. leakage coefficient 渗漏〔漏泄,泄放,漏磁,漏电〕系数. leakage indicator 泄漏指示器,检漏计,示漏器. leakage line 磁漏线. leakage magnetic flux 漏磁通(量). leakage of charge pattern 电位起伏,电荷图案漏泄. leakage of electricity into the ground from power lines 电从输电线漏到地下. leakage power 漏〔耗散〕功率. leakage pulse 漏泄〔泄漏〕脉冲. leakage resistance (泄)漏电阻. leakage test 漏电〔渗漏,紧密性〕试验. leakage transformer 漏磁〔通〕变压器,恒压变压器. magnetic leakage 磁漏. quantum leakage 量子泄漏,隧道效应. radiation leakage 辐射(经防护层缝隙的),辐射穿透防护层缝隙. surface leakage 表面漏泄(传导).

leak'ance [ˈliːkəns] n. 漏泄〔电〕,漏泄(传导)系数,漏泄电导. leakance per unit length 单位长度的漏泄电导.

leak'er n. 漏孔,漏泄处,有漏元件,不严密部件,渗水铸件,(熔模)漏铁水,(水压试验时)出汗.
leak'-free a. 密闭的,密封的.
leak'-in n. 漏入.
leak'iness [ˈliːkinis] n. (泄)漏泄程度,易泄漏(秘密),不紧密性.
leak'ing n.;a. 泄漏,渗漏(的),渗漏,漏出的,不密闭的,易泄漏的,透水性的,耗散. flux leaking 通量的漏失.
leaking-out n. 泄漏〔损〕脱〔逃〕出.
leak'less a. 不渗漏的,防漏的,密封的.
leak-off a. 漏泄〔气,水〕的.
leak'-out n. 漏出,跑火.
leak'proof a. 不漏(电)的,防漏(泄)的,(真空)密封的,不透的,紧密的.
leak'proofness n. 密封〔气密〕性,密闭度.
leak-tested a. 密封度试验的.
leak'-through n. 漏通.
leak-tight a. 不漏(透)的,(真空)密封的,无漏损的,严密.
leak'y [ˈliːki] a. (易,泄)漏的,(有)漏隙〔孔,洞〕的,漏泄〔损,水,电〕的,有漏隙的裂〔开〕缝的,松的,不密的. leaky grid detector 栅漏检波器. leaky joint 渗漏不密闭的接缝. leaky wave antenna 漏波天线. leaky waveguide (天线)开槽[纵缝,有纵隙的,漏隙]波导.
leaky-mode n. 漏模.

leaky-pipe antenna 波导-裂〔隙,开〕缝天线.
leam n.; v. 沼泽地排水,闪耀.
lean [liːn] I (leaned 或 leant) v. ①偏〔倾〕斜,歪〔偏〕曲 ②(使)依〔倚〕靠,倾〔偏,趋〕向(于)(toward, towards) 使贫化(out). I a. ①瘦(贫,乏,弱)的,含量少的.瘦(弱)的 ②歉收的,质劣的. II n. ①偏〔倾〕斜,偏曲,倾向 ②〔冶〕缺〔缺陷〕,未充满 ③瘦肉. auto [automatic] lean 自动贫油. lean coal 低级煤. lean flammability 可燃性下限. lean gas 贫〔瘦,干,废〕(煤)气. lean material 选矿后的废石. lean (mix) concrete 贫(少灰)混凝土. lean oil 贫(吸收,解吸,脱吸)油. lean ore 贫矿. lean solution 度[稀溶]液. ▲lean (M) against [on] N (把 M)靠在 N 上. lean back [backwards]向后仰〔倾〕. lean forward 向前俯,探过身去. lean on [upon]根据,依赖,靠在…上. lean out of 从…〔斜伸〕出…(外). lean over 倾斜,伏(弯身)在…上. lean over backward(s)走另一个极端,出偏差.
lean-burn a. 微弱燃烧的.
lean'ing [ˈliːniŋ] a.; n. 倾斜(的),倾向(towards),爱好. leaning wheel grader 车轮可倾式平地机.
leaning-out effect 贫乏效应.
lean'ness [ˈliːnnis] n. 贫〔瘦,乏〕,欠收.
leant [lent] v. lean 的过去式或过去分词.
lean'-to' [ˈliːntuː] n.; a. 单坡的(房子),单斜的,披屋. lean-to roof 单披〔屋〕顶.
leap [liːp] I (leapt 或 leaped) v. 跳(跃),(使)跳过,迅速行动,移位,错动. I n. 跳(跃),跃进,跳跃的高度〔距离〕,断层. leap day 闰日. leap year 闰年. ▲a big leap in … (方面的)大跃进. a leap in the dark 轻举妄动,冒险(的行动). an overall leap forward 全面跃进. be reached at a single leap 一跃而就,一下子就达到的. by leaps and bounds 飞跃地(的),迅速(的),突飞猛进(的). go by leaps 飞跃前进. leap at (a chance, an opportunity)抓住(机会). leap forward 跃进. leap over 跳过. leap to a conclusion 一下子作出结论. leap to the eyes 涌现在眼前,历历在目. Look before you leap. 深思熟虑而后行. with a leap 突然,一跃(增加). with leaps and bounds 迅速地,飞跃地,突飞猛进地.
leap'er n. 跳跃者.
leap'frog n.; v. ①动力〔火力,机动〕夯,用动力夯夯 ②跳背(游戏),蛙跳般地(前进,移过),跳过). leapfrog circuit 跳耦电路. leapfrog method 跳步(点)法.
leap'frogging n. 雷达测距脉冲的相位和重复频率跳变.
leapt [lept 或 liːpt] v. leap 的过去式和过去分词.
learn [ləːn] (learned 或 learnt) v. ①学〔习,会〕,练习,记忆〔住〕②知道,听到〔说〕,查明,获悉,弄清楚,认识到. learn a lesson 学习课程,获得教训. ▲learn by [from] experience 从经验中学习. learn … by heart 默〔熟〕记. learn by rote 死记(硬背). learn M from [of] N 向 N 学习 M,从 N 听到 M. learn of M through N 通过 N 知道〔获悉〕M. learn (how) to + inf. 学会(做). learn the news of 接到…的消息.
learn'able a. 可学得的.

learn'ed ['lə:nid] a. ①博学的,有学问的 ②学术上的 ③经过训练学到的. *learned society* 学会. *the learned* 有学问的人,学者. ▲*be learned in* … 精通…. ~ly ad.

learn'er ['lə:nə] n. 学习者,初学者. *advanced learner* 进修者.

learn'ing ['lə:niŋ] n. 学习(问,识),(专门的)知识,博学. *book learning* 书本知识.

learnt [lə:nt] learn 的过去式和过去分词.

lea'ry a. 怀疑的,留神的.

lea'sable a. 可租借的.

lease [li:s] n. 租约(契),租借权(物),租借期限. I vt. ①租借(得) ②出租. *lease tank*〔tankage〕油罐. *leased circuit* 专用路线. *leased facility* 租用设备. *leased telegraphy* 租线电报. ▲*a new lease of life* 寿命延长. *hold by* 〔*on*〕 *lease* 租用〔借〕. *give … a new lease of life* 使…寿命延长. *put out to lease* 出租. *take a new lease of* 〔*on*〕 *life* 延长寿命. *take … on lease* 租用〔得〕.

leased-line network 租用(专线)网络,租用专线通信网,专线网络.

lease'hold ['li:should] I a. 租借的,借(租)来的. II n. 租借物,租借地(期).

lease'holder ['li:shouldə] n. 租借人,承租人.

leash [li:ʃ] I n. ①皮条(带) ②【纺】综束(把(指提花机上连于同一根颈线下的若干综线). II vt. 用皮带系住,束缚, ▲*hold* 〔*have*〕 *in leash* 用皮带缚住,束缚,抑(控)制. *slip the leash* 脱去束缚. *strain at the leash* 焦急地等待获得允许做某事.

least [li:st] I (little 的最高级). a.; ad. 最小(少,低,后)(的),最不重要的. II n. 最小(限度),最少(量),最下位. *least action* 最小作用量. *least common denominator* 最小公分母. *least common multiple* 最小公倍(数,式). *least count* 最小读数. *least significant difference* 最低层差. *least significant digit* 最低(位)有效数字,最低(有效)位,最低〔右〕(数)位. *least significant end* 最低〔末〕端. *least square* 最小二乘方,最小平方方. ▲*at* (*the*) *least* 至〔最〕少,最低限度,无论如何. *at the very least* 最低限度,起码. *in the least* 一点,丝毫. *last but not* (*the*) *least* 最后但非最后最不重要. *least of all* 最不. *not* 〔*nor*〕 *in the least* 一点也不,一点也没有,毫不. *not least* ①很(能),也 ②不限于,不只是,不是(小,少)的 ③尤其(是). *not the least* …也没有. *to say the least of it* 〔插入语〕至少(可以这说),退一步说.

leastone n. 层状砂岩.

least-square (**s**) **fitting** 最小二乘拟合(法).

least-time path 最短〔小〕时程.

least'ways ['li:stweiz] 或 **least'wise** ad. 至少,无论如何.

leath'er ['leðə] I n. ; a. 皮(革,带,革制品)(的), II v. 用(软)皮擦,制成皮,钉皮,用皮革包盖. *American leather* 油布. *leather cloth* 漆(油,防水)布,人造革. *leather collar* 皮(垫)圈. *leather colour* 皮革色,染革用染料. *leather hard* (窑业制品毛坯的)半干状态. *leather machine belting* (机用)皮带.

leather packing 皮革填充,皮垫. *leather washer* 皮垫圈(衬垫). ▲*hell-bent for leather* 尽可能快,极快. *leather down* 用皮使劲擦.

leatheret ['leðə'ret] n. 人造革,纸革,假皮.

leath'ern ['leðən] a. (似)皮的,皮革质的,革制的.

leath'eroid n. 人造革,纸皮,薄钢纸.

leath'er-soled a. 皮底的.

leath'ery a. 似革的,革质的,坚韧的.

leave [li:v] I (*left*, *left*) v. ①离(开,去),脱离,舍去,动身,出发,(从某个方位)经过. *leave "9" carry* 离"9"进位. *leave school* 离校,毕业,退学. *leave the pass* 出孔型. *leave* (*Tientsin*) *for Beijing* 动身(离开天津)去北京. *leaving energy* 出口能量. *leaving momentum* 输出动量. *leaving whirl velocity* 离开叶轮的圆周分速度 ②留,剩,丢,放,遗〔下,漏〕〔放〕置,遗忘,保存(留),递交,交付,(把…)交给,委托. *leave a deep impression* 留下深刻印象. *leave slack in the manhole* 把备用电缆留〔放〕在人孔内. *leave word* 留言. *Three from seven leaves four.* 七减三得〔剩〕四. *We are left with 10 volts at the collector.* 在集电极还剩下10伏. ③使,让,听任,许可. *Don't leave the taps dripping.* 不要让龙头滴水. *leave …in stationary state* 使…处于稳定状态. *leave the door open* 让门开着. *leave the molecules ionized* 使分子离子化. *The excess energy in the nucleus left it in an excited state.* 核中的过剩能使核处于激发的状态. ▲*be left behind* 忘记携带,遗留,留下. *be left on one's own* 放任不管. *be left out* 省去,忽略. *be left over* (*from*) (从…)剩〔遗留〕下(来). *be left till called for* (邮件等)留局待领. *be left to itself* 不理,听任它,听其自然. *leave a thing as it is* 听其自然,置之不理. *leave a thing undone* 搁置不做. *leave …about* 把…丢下不管,用过了…就不管,乱放〔丢〕. *leave alone* 不问,不去动,听任. *leave behind* 遗留,留下,忘(记携)带;把(…)丢在后面,超过. *leave…for behind* 叫…远远抛在后面,大大超过…. *leave M for N* 留下 M 给 N,把 M 交付给 N. *leave go* 〔*hold*〕 *of* 放(松)手,放开. *leave …in the air* 搁置,悬而不决. *leave M in the hands of N* 把 M 委托(留给,交给)N(去做). *leave it at that* 适可而止,够了,就这样好了,到此为止. *leave much to be desired* 很多地方不能令人满意,有不少缺点,还有许多有待改进之处. *leave no means untried* 用尽方法. *leave no stone* (*s*) *unturned* 用尽方法. *leave nothing to be desired* 最好不过,尽善尽美. *leave off* 停止,不再使用,不继续,放弃. *leave …on* 让…开着(通着,放着). *leave …on one's own* 放任不管,听其自然. *leave out* 省去,忽略,不考虑,不包括在内,遗漏,离开. *leave out of account* 〔*consideration*〕 不(加)考虑,不顾(管),不…,计算在内. *leave over* 剩(留)下,延期,推迟(延后)处理. *leave room for* 下…的余地. *leave something as it is* 听任某事自然发展. *leave something to be desired* 有些地方不能令人满意,有缺点. *leave the matter to take its own course* 听其自然. *leave the track* 出轨. *leave M to N* 给 M 留(剩)下 N,把 M 交给(留给)

N(去做). *leave 6-inch ends to the wire* 把导线每端各留下6英寸长的头. *leave … to chance* 任…自然发展. *leave … to weather* 听任…经风雨, 把…放在露天. *leave…up in the air* 搁置, 把…悬而不决. *leave M with N* 给 *M* 留(剩)下 *N*, 把 *M* 交给(留给) *N*(去做).
Ⅱ n. ①离开(去), 告别 ②许可, 同意, 准(许)假 ③假期, 休假. *leave of absence* 准假. *two month's leave* 两个月的假. ▲*ask for leave* 请假. *beg leave* 请允许, *by* [*with*] *your leave* 请原谅, 对不起, 劳驾, 如果你允许的话. *give leave* 准假. *leave off* 休养许可. *leave out* 外出许可. *on leave* 休假. *without leave* 擅自.

leav'en ['levn] Ⅰ v. ①使发酵 ②发生影响, 使渐变, 使活跃, 使带…气味. Ⅱ n. ①酵母[素], 发酵剂, 曲 ②气味, 色彩 ③引起渐变的因素, 潜移默化的影响.

leav'ening ['levniŋ] n. ①使发酵 ②酵母 ③影响, 引起渐变的因素 ④气味, 色彩.

leaves [li:vz] Ⅰ n. leaf 的复数. Ⅱ v. leave 的单数第三人称现在式.

leave'-taking n. 告别.

lea'vings ['li:viŋz] n. 剩余的东西, 剩货, 残余(渣, 油), 渣滓, 屑.

Lebanese' [lebə'ni:z] a.; n. 黎巴嫩的, 黎巴嫩人.

Leb'anon ['lebənən] n. 黎巴嫩.

Leblanc system 勒布兰(二相变三相)接线(法).

lec'a ['lekə] n. 粘土陶粒.

Lecher line [wire] 勒谢尔线(用来测试射频频率的一种传输线).

Lechesne alloy 莱契森铜镍合金(铜60~90%, 镍10~40%, 铝<0.2%).

lecithin(e) n. 卵磷脂, 磷脂酰胆碱.

lecithinase n. 卵磷脂酶.

leck n. 致密粘土, 硬粘土, 粘土石.

lec'tin n. 外源凝集素.

lectotype n. 选型.

Lectromelt furnace 还原熔炼电弧炉.

lec'ture ['lektʃə] Ⅰ n. (学术)演讲, 讲座, 讲义, 严责, 教训. Ⅱ v. ①讲演(课) ②教训, 训诫, 谴责. *lecture experiment* 演示实验. *lecture theater* 阶级教室. ▲*attend a lecture* 听讲. *deliver* [*give*] *a lecture on* … 讲授…. *give* [*read*] *… a lecture* 教训(训斥)…一顿, 给…上一堂课.

lec'turer n. 学术报告者, 讲演者, 讲师.

lec'tureship n. 讲座, 讲师的职位.

led [led] *lead* 的过去式和过去分词.

LED = ①large electronic display 大电子显示器 ②light emitting diode 发光二极管.

led'aloyl ['ledəloil] n. 铅石墨和油的合金(主要用作自润轴承).

Leddel alloy 莱登锌合金(铜5~6.5%, 铝5~6.5%, 其余锌).

Leddicon n. 雷迪康[铝靶, 氧化铝视象]管.

Ledebur bearing alloy 锌基轴承合金(锡17.5%, 铜5.5%, 其余锌).

ledeburite n. 莱氏体.

ledge [ledʒ] n. ①突出部分, 突起边沿, 凸耳[缘], 边缘 ②横档, 壁(棚)架 ③岩石, 岩(暗)礁, 礁层, 石梁 ④浅[石]滩, 急流 ⑤矿床, 含矿岩层, 槽脊(结壳). *ledge excavation* 岩石(面)开挖. *ledge joint* 搭接接合. *ledge rock* 礁石, 坚石岩, 含矿(突出)岩石. *ledge wall* 下盘, 底板. *ledge waterstop* 坚岩止水器. *window ledge* 窗台.

ledge'ment n. 横线条.

ledg'er ['ledʒə] n. ①总(分类, 分户)帐 ②(脚手架的)横木[杆, 档], 卧木[材], 底板, 牵杆, 垫衬物 ③注册, 登记. *ledger account* 分类帐. *ledger balance* 收支平衡. *ledger blade* 剪毛机上的固定刀片. *ledger board* 栏顶板, 栏杆的扶手, 脚手架, 木架隔层横木. *ledger paper* 帐簿纸. *ledger wall* 下盘.

ledge'rock n. 细晶硅岩.

ledol n. 喇叭茶萜醇.

LEDP = large electronic display panel 大电子显示器面板.

Led'rite n. 铅黄铜(铜61%, 锌35.6%, 铅3.4%)

lee [li:] Ⅰ n. 下风, 背风面, 背冰川面. Ⅱ a. 背风的, 下风(处)的. *lee side* 背风面. *lee tide* 下(顺)风潮. ▲*on* [*under*] *the lee* 在背风处. *under the lee of* 躲在…的后面.

leech [li:tʃ] Ⅰ n. ①水蛭, 蚂蟥, 吸血鬼 ②帆的垂直缘. Ⅱ v. 吸尽…的血汗, 依附于别人.

leech-finger n. 环指, 无名指.

LEED = ①laser energized explosive device 激光激励爆炸装置 ②low-energy electron diffraction 低能量电子衍射法.

Leeds [li:dz] n. (英国)利兹(市).

Leeds-Northrup pyrometer n. 望远镜型光电高温计.

leek [li:k] n. 〔植〕韭葱. ▲*not worth a leek* 毫无价值.

Lee-McCall system 一种锚固预应力混凝土高强粗钢筋的方法.

leer [liə] n. (玻璃)退火炉. *leer pan* 退火盘.

leer'y ['liəri] a. 机警的, 狡滑的, 留神的.

lees [li:z] n. (pl.)(残, 淬, 沉)渣, 沉淀(积)物; 糟(粕), 废物.

lee'-side n. 背风面.

lee'ward ['li:wəd] Ⅰ a.; ad. 下(背)风的, 在(向)下风的. Ⅱ n. 下风, 背风处, 逆风向. *leeward slope* 背风坡.

lee'way ['li:wei] n. ①(活动)余地, 可允许的误差 ②风力的损失, 落后 ③风压(差, 角). ▲*have leeway* 有活动余地. *have much* 〔*a great deal of*〕 *leeway to make up* 要花许多力量才能赶上. *make up* (*for*) *leeway* 赶上, 回到原来位置.

lefkoweld n. 环氧树脂类粘合剂.

LEFM = linear elastic fracture mechanics 线性弹性断裂力学.

left[1] [left] *leave* 的过去式和过去分词.

left[2] [left] Ⅰ a.; n. 左(面, 方, 边, 侧, 图, 舷, 翼, 派)(的). Ⅱ ad. 在左(侧), 向左. *left circular polarization* 左旋圆极化. *left corner bottom-up* 左角自底向上. *left hand* 左手(方, 向). *left hand drive* 左座驾驶, 左御式. *left hand limit* 左方极限. *left hand rule* 左手定则. *left hand thread* 左旋螺纹. *left handed crystal* 左(旋结)晶. *left justify* (打印页的)左侧调整(以便打印), (信息簇)左对齐. *left shift* (向)左移(位). *the left* 左派. ▲*to the left of* 在…的左方. *turn* (*to the*) *left* 向左转.

left-aligned 向左对准的.
left-component n. 左侧数,左边部分.
left-field n. 活动中心之外,边线.
left'-hand ['lefthænd] a. 左(手,方,面,边,侧,向,转,旋)的,用左手的,靠左行驶. *left-hand adder* 左侧数加法器. *left-hand curve* 左旋曲线. *left-hand derivative* 左微商,左(方)导数. *left-hand digit* 高位(数位),左位,左侧数(字),左边的数字. *left-hand lay* 左(手)捻,左转(反时针方向)扭绞. *left-hand member* 左边部分. *left-hand side back link* 左端回推连线. *left-hand singularity* 左半平面奇异性.
left'-hand'ed a.; ad. ①(用)左手(做)的,左侧(的),左旋的,(与时针的,向左(逆时针)旋转的 ②笨拙的. *left-handed modes* 左旋圆极化模. *left-handed screw* 左转螺旋. *left-handed space* 左旋坐标空间.
left'-in-place' a. 留在原地的.
left'-invariant 左不变式.
left'ish a. 左倾的.
left'ist a.; n. 左派(的),左翼的,左撇子.
left-justified character 左对齐字符.
left'-lane n. 左边车道.
left'-leaning a. 左倾的.
left'-lug'gage ['left'lʌgidʒ] n. 寄存行李. *left-luggage office* 行李寄存处.
left'most a. 最左的,极左的.
left'-off a. 不用的,脱掉的. *left-off movement*(车辆)左转驶出行驶.
left'-of(-the)-cen'tre a. 中间向〔靠〕左的.
left'over a. n. 剩余的(物),废屑料〕.
left'-right a. 左右(方向)的,左到右的.
left-sided completely reducible 【数】左完全可约.
left-to-right parser 从左到右分析算法.
left'-turn a. 左转弯的.
left'ward(s) ['leftwəd(z)] a.; ad. 左(面,侧)的,向左面,在左面的.
left'wing a. 左派〔翼〕的,进步的.
left'wing'er n. 左派(人士).
leg = legend 图例.
leg [leg] I n. ①腿,胫(管,床,屋,底)脚,臂(立支)柱,支架(承,杆,脚) ②支线(管,路),引线,分支(节) ③(三角形的)股,勾,(侧)边,角尺 ④(三相系统的)相(部分),多相变压器,每一相的线,角铁 ⑤成(部)分,结构 ⑥一段路程(航线) ⑦(催化剂)升气器. II v. 走,跑,实力. *aeroil leg*(起落架)空气油压减振支柱. *compression leg* 压柱. *dog leg*(板材)双向折弯,(钢丝绳)犹(犬蹄)弯. *downward leg*(弹道的)降弧. *hot leg* 热段. *iron leg* 铁块. *leg bridge* 以立柱作支承的梁式桥. *leg function* 曲线段. *leg of a fillet weld* 角焊缝的焊脚. *leg of angle* 角铁的股,角边. *leg of circuit* 电路的一相,电网电路支路. *leg of frame* 框架立柱. *leg piece* 立柱,撑柱. *leg pipe* 短铸铁送风管,冷凝器气压管. *leg vice* 老〔长腿〕虎钳. *legs of a right triangle* 直角三角形的两股,勾股. *lower leg of siphon* 虹吸U形管的泄水道. *radio range leg* 无线电测距射束. *shear legs* or *shear leg crane* 动臂〔剪形〕起重机. *spacer leg* 隔离支柱. *stiff leg derrick* 刚性柱架,斜拉杆式起重机. *tele-*
scopic legs(可)伸缩柱. *upward leg*(弹道的)升弧. *water leg* 水涨落速度装置. ▲*be on one's legs* 站立着,发达的,富裕的,已有成就的. *feel* 〔*find*〕*one's legs* 开始认识自己的能力,有了自信心. *get on one's legs* 站起来. *give*…*a leg up* 助…一臂之力. *hang a leg* 犹豫不定. *have not a leg to stand on* 站不住脚,没有根据,不能成立. *on one's last legs* 垂死,临近结束. *put one's best leg forward* 〔*foremost*〕飞速走〔跑〕,全力以赴. *stand on one's own legs* 独立(做),依靠自己力量. *The boot is on the other leg.* 事实恰恰相反. *try it on the other leg* 试用所剩的最后方法去做.

leg'acy ['legəsi] n. 遗产,传统.
le'gal ['li:gəl] I a. 法律(上)的,合法的,正当的,法定的. II n. 法定权利,依法必须登报的声明. *legal limit* 法定速率限制. *legal program* 合法程序. *legal required field intensity* 规定(指定)场强. *legal responsibility* 法律上的责任. *legal service area* 广播区域,广播服务区. *legal wheel load* 法定轮载. ~*ly* ad.
legal'ity [li(:)'gæliti] n. 合法(性),法律性, (pl.)法律上的义务.
legaliza'tion [li:gəlai'zeiʃən] n. 使合法,合法化,公认,批准,认可.
le'galize ['li:gəlaiz] vt. 使合法化,(法律上)认可,使成为法定,批准,公认.
le'gally ['li:gəli] ad. (在)法律上,合法地.
le'gal-size a. 法(规)定尺寸的.
legate I ['legit] n. 使者(节). II [li'geit] vt. 把…遗留(赠)给.
lega'tion [li'geiʃən] n. 公使馆,使节的派遣(职权).
legcholeglobin n. 豆胆绿蛋白.
leg'end ['ledʒənd] n. ①图例(注),图表符号,符号表,代号,说明书 ②传说,铭文,轶事.
leg'endary ['ledʒəndəri] a. 传说(奇)的.
leg'erdemain' ['ledʒədə'mein] n. 花招,手法,诡辩, (变)戏法.
legged [legd] a. 有腿的,…腿的. *three legged* 三脚的. *short-legged* 短距离的.
leg'giness n. 多次反射.
leg'ging ['legiŋ] n. ①拉丝,起粘丝 ②护(裹)腿.
leg'gy ['legi] a. 长(细)腿的,茎秆细长的,多相位的.
legh(a)emoglobin n. 豆血红蛋白,豆根瘤蛋白.
legibil'ity [ledʒi'biliti] n. 易解(读),字迹清楚,清晰度. *legibility distance*(标志)可读距离.
leg'ible ['ledʒəbl] a. 可识别的,(字迹)清楚的,印刷显明的,明了的,易读的. **leg'ibly** ad.
le'gion ['li:dʒən] n. ①军团(队) ②多,大批,无数. ~*ary* a.
leg'islate ['ledʒisleit] v. 立法,制定法律.
legisla'tion [ledʒis'leiʃən] n. 立法,制定法律,法规.
leg'islative ['ledʒislətiv] a.; n. (有)立法(权)的,立法权,立法机关. *legislative body* 立法团体.
leg'islature ['ledʒislətʃə] n. 立法机关,议会.
legit'imacy [li'dʒitiməsi] n. 合法(性),合理,正当.
legit'imate I [li'dʒitimit] a. ①合法的 ②正(当,经,规,系)的,合理的,真实的 ③(被)允许的. II [li'dʒitimeit] vt. 使合法,认为正当(合理),证明…

有理. ~ly ad.
legitima'tion [lidʒiti'meiʃən] n. 合法化,正当,合理.
legit'imatize [li'dʒitimataiz] 或 legit'imize vt. 使合法(理),认为正当(合理).
leg'less ['leglis] a. 无腿的.
leg'man ['legmən] n. (现场)采访记者,(因工作需要)到处奔波的人.
leg'-of-mut'ton ['legəv'mʌtn] a. 三角形的,羊腿形的.
leg'room n. (车辆,飞机上)供乘坐者伸腿的面积.
leg'ume ['legju:m] 或 legu'men n. 荚(果),豆荚,荚科植物,苜蓿类植物.
legumelin n. 豆清蛋白.
legumin n. 豆(球)蛋白.
Leguminosae n. 豆科.
leg'work n. 跑腿活儿,新闻采访工作.
Le Havre n. 勒阿弗尔(法国港口).
lehm n. 黄土.
lehr n. (玻璃)退火炉. heatless lehr 无热[不加热]玻璃退火炉. lehr loader 连续式玻璃退火炉的装载(输送)机.
lehuntite n. 钠沸石.
lei n. 列伊(罗马尼亚币, 1列伊=100巴尼 (bani)).
Leicester ['lestə] n. (英国)累斯特(城,郡).
leipo- (词头)脂肪,肥胖,缺乏.
Leipsic 或 Leipzig ['laipzig] n. (德国)莱比锡(城).
leisure ['leʒə, 'li:ʒə] n. 空闲(心),自在,不勉强.
▲at leisure 闲着,慢吞吞地,失业. at one's leisure 闲暇时.
leit'motif 或 leit'motiv ['laitmouti:f] 〔德语〕主题,主要目的,中心思想.
LEJ = longitudinal expansion joint 纵向伸缩接头(伸缩缝).
lek [lek] n. 列克(阿尔巴尼亚货币单位).
LEL = lower explosive limit 爆炸下限.
L-electron a. L层电子.
LEM = ①laser energy monitor 激光能量监控器 ②lunar excursion module 月球探测飞船.
Lemarquand n. 铜锌基锡镍钴合金(锌37%,锡9%,镍7%,钴8%,其余铜).
lemery salt 硫酸钾.
lem'ma ['lemə] (pl. lemmate 或 lem'mas) n. ①前 (命,主)题,标题(字),题词 ②【数】辅助定理,辅助命题,引(定)理,预备定理.
lem'niscate ['lemniskeit] n. 【数】双纽线. lemniscate function 双纽线函数. lemniscate reception 圆形方向图(双纽线方向性图)接收.
lemol'ogy n. 传染病学.
lem'on ['lemən] n. ; a. 柠檬(的,黄,树)、淡黄色(的). lemon chrome 铬黄. lemon pale 浅柠檬(油的颜色标记). lemon scented gum 油桉树. lemon spot 白点. lemon yellow 柠檬色,柠檬黄(铬酸钡和铬酸铅颜料).
lemonade' [emə'neid] n. 柠檬水.
lempira [lem'pi:ra:] n. 伦皮拉(洪都拉斯币单位).
Lenard ray 勒纳德射线(通过薄金属板由真空管放射出的阴极射线).
lend [lend] (lent, lent) vt. ①借(给),贷与,出租,贡献 ②提供,给与,添加. ▲lend a (helping) hand 帮忙,帮助(with) lend aid 〔assistance〕to 帮助,支持. lend itself to 适(用,合)于,对…有用,

有助于. lend …a hand in + ing 帮助…(做). lend one's countenance 赞成,支持. lend oneself to 尽力于,帮助,屈从. lend out 借出. to lend substance to …使…有具体内容.
lend'able a. 可供借(贷)的.
lend'er ['lendə] n.出借者,贷方,高利贷者.
lend'ing ['lendiŋ] I n. 借给〔出〕,出租,借出〔租借〕物,附属物. II借出的.
lenet'ic n. ; a. 静水群落(的).
LENG = length 长度.
length [leŋθ] n. ①长(度)〔字〕(块)长,记录长度,距(离),(路)程,截距 ②(持续)时间,期间〔限〕③程度,范围,宽度 ④段,节,根. a length of tubing 一节管子. a room 20 feet in length and 12 feet in breadth 一间长20英尺宽12英尺的房间. burst length 脉冲时间. coiling length (鼓筒)钢丝绳容量. focal length 焦距. gap length 隙宽. lenght feed 纵向进给(走刀). length gauge 长度规(计). length modulation 脉宽〔长度〕调制. length of delay 延迟值. length of haul 运距. length of lay 捻距. length of life (使用)寿命. length of normal 法线的长(度),法距. length of oil 油的延展长度. length of run 运程. length of side 边长. length of stroke 冲程. length of the intervals 间隔时间. length of travel 行程. length rod 测杆. mixing length 混合程. multiple lengths 倍尺〔长〕度. pulse length 脉冲宽度,脉冲持续时间. reduced optical length 折合光程. register length 【计】寄存器可容纳字数,寄存器长度. space length 空间距离,间距. wave length 波长. zone length 溶区长度(区域精炼). The fibres are still their normal length. 纤维仍保持其正常长度.
▲a lenght of 一截〔节,段,根〕. a length of time 一段时间. at full length 详详细细. at great [considerable] length 冗长地,相当详细,加以赘述. at length 终于,好容易才. 最后,长时间地,详细〔充分〕地. at [of] some length 相当详细,相当长. be at arm's length 在伸臂可及之处,一臂之长,避开. be (of) length 具有〔保持〕…长度. go the whole length 尽量. go (to) all lengths [any length]竭尽全力. go to great lengths 竭尽全力. go (to) the length of + ing 甚至(极端到)(做). in a unit of length (在)…单位长度(上)的. in the length of time t 在时间 t 内. in the same length of time 以相等时间,在同样长的时间内. over the length and breadth of …涉及…的全部〔体〕,普遍,到处. to length 定尺,按一定长度,(满)应有的长度. cut off to length 锯〔截〕成一定长度. cut to length 定尺剪切. draw a bar to length 按一定长度抽一线段.
length'en ['leŋθən] v. 延(拉,伸,放,加,接,变)长,延伸. lengthened code 延长码. lengthened pulse 加宽脉冲. lengthening coil 加长线圈. lengthening inductance 加感线圈. lengthening piece 接长杆件.
length'ener n. 伸(延)长器.
length-ga(u)ge n. 长度计(规).
length-of-life test 寿命试验.

length'sman n. 长度测量员.
length'ways 或 **length'wise** a.; ad. 纵(向),(沿)长(度方向上)的,纵长的[地]. *lengthwise section* 纵断面.
length'y ['leŋθi] a. (冗,漫)长的. **length'ily** ad. **length'iness** n.
le'nience ['li:njəns] 或 **le'niency** n. 宽大,不严厉.
le'nient ['li:njənt] a. 宽大的,温和的,轻的.
Len'ingrad ['leniŋgra:d] n. 列宁格勒(苏联城市).
Len'inism ['leninizəm] n. 列宁主义.
Len'inist ['leninist] n.; a. 列宁主义者(的).
len'itive ['lenitiv] a., n. 镇痛的,缓和的,滑润的,滑润[镇痛,缓和,缓泻]剂.
len'ity ['leniti] n. 宽大.
lens [lenz] I n. ①透镜,镜头,(接)物镜,(凹凸)镜片,放大镜,(汽车)灯玻璃,(眼球)晶状体 ②扁平(扁豆形)矿体,透镜状油矿[矿藏]. II vt. 给…摄影,拍摄. *a 1-inch focal-length lens* 焦距一英寸的透镜. *a 0.7-inch wide-angle lens* 焦距 0.7 英寸的广角[宽景]透镜. *fast lens* 快镜,强光透镜. *field lens* 向场(镜). *filter lens* 滤光镜. *lamp lens* 灯玻璃. *lens bending* 透镜配曲调整. *lens covering a small angle of field* 窄视角透镜(物镜). *lens efficiency* 透镜分辨能力,透镜天线效率. *lens in* 聚焦. *lens paper* 拭镜纸. *lens screen* 光阑. *lens shutter* 中心快门,透镜光阑. *lens speed* 透镜速率,物镜直径与焦距比. *lens stereoscope* 立体镜. *lens strength* 透镜光焦度. *lens truss* 叶形[鱼形]桁架. *lens turret matting shot* 镜头转轮遮摄. ~**atic** a.
lens-adapter rings 透镜适配圈.
lens-antenna n. 透镜天线.
lens-barrel n. 镜筒.
lens-detector cell 聚焦红外线探测器元件,透镜-探测器部件.
lensed a. 有透镜的.
lense-mount n. 透镜框架.
len'sing n.; a. 透镜作用,透镜状的.
lens'less a. 无透镜的.
len'slet n. 小透镜,小晶(状)体.
lens'man (pl. *lens'men*) n. 摄影记者.
lens(o)meter n. 焦度计,检镜片计.
lens-shaped a. 透镜形的.
lens-to-screen distance 透镜与(荧光)屏间的距离.
lens-vesicle n. 晶状体泡.
lent [lent] *lend* 的过去式或过去分词.
lenthionine n. 蘑菇香精.
len'tic ['lentik] a. 死水的.
lenticel n. 【植】皮孔.
len'ticle ['lentikəl] n. 透镜体,扁豆体.
lentico'nus [lenti'kounəs] n. 圆锥形晶状体.
lentic'ular [len'tikjulə] 或 **lentic'ulated** a. (双凸)透镜状的,两面凸的,菱(扁豆)状的,(眼球)晶(状)体的,凹凸式胶片的. *lenticular arch* 双竹拱. *lenticular beam* 鱼(豆)形梁,扁豆光. *lenticular film* (彩色影片用)凹凸式(双凸透镜状)胶片,柱镜胶片. *lenticular plate* 微透镜板. *lenticular truss* 叶(鱼)形桁架.
lenticula'tion n. 透镜光栅,透镜光栅膜制造方法,双凸透镜形成法.

len'tiform ['lentifɔ:m] = lenticular.
lentiglo'bus [lenti'gloubəs] n. 球形晶状体.
lenti'go [len'taigou](pl. *lentig'ines*) n. 斑点,黑痣,雀斑.
len'til ['lentil] n. ①(小)扁豆 ②【地】小扁豆层. *lentil-headed screw* 扁头螺钉. *sea lentils* 马尾藻.
lentinan n. 蘑菇多糖.
len'toid ['lentoid] a., n. 透镜状的,透镜状结构.
len'tor n. (CGS 制的运动粘度单位)伦托(即现名 stoke 泡);缓慢,愈重,粘连.
LEO ①=low enrichment ordinary water reactor 低浓缩普通水反应堆 ②(一种公制加速度单位)利奥(表示 $10m/s^2$ 的加速度).
Leonard control ['lenəd kən'troul] 伦纳德控制,发动机电动机组控制,厂-U 机组调速.
Leonhardt System 李氏(预应力)张拉系统.
Le'onid ['li:(ə)nid] n.【天】狮子座流星.
Le'onine ['li:(:)ənain] a. 狮子的,勇猛的.
leop'ard ['lepəd] n. 豹. *leopard spot* 豹斑.
leotrop'ic a. 左旋的,左蟠的.
LEP ①=large electronic panel 大型电子设备控制板 ②lowest effective power 最低有效功率.
Lepel quenched spark-gap 勒佩淬熄火花放电器.
lep'er ['lepə] n. 麻风病患者.
lepeth cable 铅聚乙烯包皮电缆.
lepid'ic a. 鳞状的.
lepidocrocite n. 纤铁矿.
lepidolite n. 锂(红)云母. *lithia micas lepidolite* 锂云母.
lepidopterin n. 鳞蝶呤.
Lepidosauria n. 有鳞类.
lepmokurtic distribution 尖峰态分布.
lepol kiln 列波罗(水泥)回转炉.
lep'ra ['leprə] n. 麻风病.
leprol'ogy [lep'rɔlədʒi] n. 麻风病(理)学.
lepromin n. 麻风菌素.
leprosa'rium [leprə'sɛəriəm] n. 麻风病院.
lep'rosy ['leprəsi] n. 麻风(病),腐败,堕落.
lep'ta ['leptə] *lepton* 的复数.
lepto- (词头)小,细,薄.
leptodactyline n. (间-羟基苯乙基)三甲基铵盐.
leptoder'mic a. 薄皮的,皮肤细嫩的.
leptogen'esis n. 可纺性.
leptokurtosis n. 尖峰态.
leptomeninx n. 软脑膜.
leptom'eter n. 比粘计.
lep'ton ['leptɔn](pl. *lep'ta*) n. 轻子,轻粒子(包括电子,正电子,中微子,μ介子). ~**ic** a.
leptonema n. 细线.
lepton-production n. 轻子致产生,轻生.
lepton(s)-hadron(s) universality 轻子-强子普适性.
leptopel n. 微粒.
lep'toscope n. 薄膜镜.
leptospirosis n. 钩端螺旋体.
lermontovite n. 水铈铀磷钙石.
LERT = Lockheed (洛克希德) emergency reset timer.
LES satellite 林肯实验卫星.
le'sion ['li:ʒən] n.; vt. 故障,损坏(伤,害),伤痕(害),杀伤,疾患.

Leso′tho [lə'soutou] *n.* (非洲)莱索托.

LESS = least cost estimating and scheduling 最低成本估计与预定.

less [les] Ⅰ (little 的比较级)*a.*;*ad.* 更少〔小〕,较少〔小,次〕,稍少〔小〕,不足的,缺少的,不大〔太〕,比较不. *be less known* 不大著名. *in* [*to*] *a less degree* 程度较少的. *less certain* 不太保险,不太有把握. *less-common metal* 稀有金属. *less difficulty* 较小的困难. *less likely* 不太可能,可能性较少. *less noble metal* 次贵金属. *less persistence* 短余辉(余辉时间较短). *less than 80* 小于〔不到〕80. *less than satisfactory* 不令人满意. *of less importance* 次要的,没有那样重要,比较不重要的. *of less weight* 更〔较〕轻的. *2 per cent less than* … 比…少〔差〕2%. Ⅱ *n.* 更少〔小〕,较少〔小〕,较少的数量〔数额,时间〕. *in less than a year* 不到一年. Ⅲ *prep.* ①不足,还差 ②减去〔少〕,扣除,去掉,撇开…不计,…除外 ③无,缺,没有. *a year less three days* 一年少三天. *The mixture should be the concrete mix, less the coarse aggregate*. 这种混合料应是没有粗粒料的混凝土拌合料. *The voltage across* R_E *is equal to* V_B *less* V_A. 加在 R_E 上的电压等于 V_B 减去 V_A.
▲*a little less* 少一点. *any the less* 更少〔小〕的. *even less* 〔用于否定〕更不用说,何况. *far less* 少得多. *in less than no time* 立刻,马上,一眨眼工夫. *less and less* 愈来愈少〔小〕. *less M than N* 更多地不是 M 而是 N. *less than* 小于. *little less than* 几乎不下于,大致与…相等. *more or less* 或多或少(地),程度不同(地),在不同程度上,大约,近乎. *much less* 少得多,〔用于否定〕更不用说,何况. *no less a person than* 级别(身分)不低于. *no less M than N* 在 M 方面不亚于 N,同 N 一样的 M. *no less than* … 有…那么多,不少于…,和…一样,正如. *none the less* 或 *not* (*any*) *the less* 或 *no less* 〔尽管如此〕还是,(虽然那样)仍然,依旧. *not less than* 不少于,至少〔不比…差〕. *nothing less than* 正〔好〕是,恰恰是,简直是,无异于,无非是. *something less* 少一些. *still less* 〔用于否定〕更不用说,何况.

essee′ [le'si:] *n.* 承租〔赁借〕人.

es′sen ['lesn] *v.* ①(使)减〔变〕少,(使)变小,缩小,减轻,衰减 ②使较不重要,使无价值,轻视,看不起,贬低.

es′ser ['lesə] (little 的比较级之一) Ⅰ *a.* 稍〔较,更〕小的,稍〔较,更〕少的,次要的. Ⅱ *ad.* 更少〔小〕地,较少〔小〕地. *lesser calorie* 小卡. *lesser nation* 〔*power*〕小国. *lesser road* 简易道路.

Lessing ring 李圣杯,圆环(精馏柱和吸收柱用填充物).

essiva′tion *n.* 洗涤.

es′son ['lesn] Ⅰ *n.* ①功课,(课本的)一课,课程(题,时) ②教训,经验. Ⅱ *vt.* 教(训),给…上课. *a lesson to* … 给…的一个教训. *give* 〔*teach*〕 *lessons in* … 教…课. *take* 〔*have*〕 *lessons in* … *from* … 向…学…课. *read* … *a lesson* 教训…一顿,给…上一堂课. *The table above offers two lessons*. 上表提供〔表明〕了两点.

lessor′ [le'sɔ:] *n.* 出租人.

lesspollu′tion *n.* 无污染,无公害.

less-than-carload *a.* (铁路运输中的)零担的.

less-than condition 【计】小于条件.

less-than-truckload *a.* 卡车零担的.

less-well calcined 煅烧不良的.

lest [lest] *conj.* ①唯恐,免得,以免,不然 ②〔用在 fear, be afraid 等词后面,连接接从句的作用,并无实际意思〕. *We were afraid lest he should get here too late.* 我们恐怕他会来得太迟. ▲*for fear lest* 免得.

LET = linear energy transfer 能量直线传输,单位长度射程的能量损失.

let [let] Ⅰ *v.* ①允许,许可,让,令,假定,设,使 ②放,泄,使流出 ③出租,借出 ④订(合同),包给,被承包 ⑤让…进入〔通过〕. *letting tints* 回火色. *Let M be equal to N.* 令 M=N. *Let me do so.* 请允许我这样做. *These shoes let* (*in*) *water.* 这些鞋子透水. ▲*let alone* 更不用说,至于…更不必说了,听任,不理,别去管,不去动. *let be* 别去管〔动〕,听任,不打扰. *let by* 让过,避让. *let down* 放落,松弛放下,减速(着落)下降,排出,使失望,辜负,不支持. *let drop* 〔*fall*〕 丢下,使跌倒,泄露,画(垂直线等). *let fly* (*at*)(向)发〔攻,击〕出. *let go* 〔*go of*〕放〔松〕手,放开,释放,发射,由(它)去. *let in* 让进入,放进,放〔插,嵌〕入,通(水,空气)等. *let in for* 使陷入,使遭受. *let into* 让进入容纳,使进,告知. *let it go at that* 不再谈此事(了),停止讨论,不再去想. *let loose* 释放,放(发)出出. *let off* 放(出,掉),熄灭,免除,饶恕,从轻处置,准许…暂时停止工作. *let on* 泄露,透露,假装. *let out* 放出(泄,松,室,长,大),泄露,出去,出租. *let out at* 向…孟击. *let pass* 不追究,忽视. *let ride* 不管,放任,自流. *let slide* 不关心,对…漫不经心. *let slip* 放走,松开…的绳索,错过. *let through* 使(许,让)通过. *let up* 减弱〔小,缓〕,松弛,停止,放手,松开,让. Ⅱ *n.* ①出租,租出 ②障〔阻〕碍. *without let or hindrance* 毫无阻碍地.

let′down ['letdaun] *n.* 下降,减低〔少〕,排出,松弛,失望.

let′-go n. 放(脱)开,释放,层压塑料缺胶脱层的地方.

le′thal ['li:θəl] Ⅰ *a.* 致命(性)的,致死的,死亡的. Ⅱ *n.* 【生】致死因子〔基因〕. *lethal area* 杀伤区域. *lethal dose* 致命剂量,致命射线量. *lethal weapon* 凶器.

lethal′ity [li'θæliti] *n.* ①杀伤力,死亡率 ②致命(杀伤,损害)性,致死现象,武器的效能. *radiation lethality* 辐射致死率. *30-day lethality* (照射后)超过三十天的死亡率.

lethar′gic(al) [le'θɑ:dʒik(əl)] *a.* 迟钝的,不活泼的,冷淡的,困倦的,昏睡的,无生气的. ~*ally ad.*

leth′argy ['leθədʒi] *n.* ①勒(对数能量损失)(在慢化过程中,中子起始能量和中子能量的自然对数比) ②衰减系数 ③不活泼,昏睡,无生气.

le′the ['li:θi] *n.* 记忆缺失,记忆力丧失,遗忘(症).

letheral *a.* 记忆缺失的,健忘的.

let-out *n.* 出路,空子.

let's [lets] = let us 让我们,咱们(来)….

let′ter ['letə] Ⅰ *n.* ①字母,文〔活,铅〕字,符号,字句

②信(件),书信,函件,(无线)电报,(常用 pl.)证书,许可证,通知书 ③(pl.)字体,通讯 ④(pl.)出租人. Ⅱ v. 写[印,刻]上字,编字码,写印刷体,加标题,按文字分类,用字母分类标明. *arts and letters* 文学艺术. *call letter* 呼号. *capital letter* 大写字母. *key letter* 编码键. *letter of advice* 发货[汇款]通知书. *letter of credit* 信用证. *letter of indication* 印鉴证明书. *letter of introduction* 介绍信. *letter of the law* 法律条文. *letter paper* 信纸. *letter shift* (电传打字机上)(转为)打印字母,换字母档. *letter string* 字母行[串]. *letter type code* 字符代码,符号[字母型]代码. *letter worship* 拘泥字句. *letters and lettering* 字体与写法. *letters patent* (overt) 特许证书,专利证. *letter shift* 变换字母,换字母档,(电传打字机上)打印字母. *open letter* 公开信. *small letter* 小写字母. ▲*in letter and in spirit* 无论形式和内容. *letter, by letter* 一个字母一个字母地. *to the letter* 照字句,不折不扣地,严格[严密,精确,彻底]地.

let′ter-base sys′tem (多路电报的)文字基准制.

let′ter-case *n.* (可携带的)文书夹.

let′tered [ˈletəd] *a.* 有学问[文化]的;印有文字的,印有字母的. *lettered dial* (电报)字码盘. *lettered message* 标志上的文字通信.

let′ter-head *n.* 信纸上端所印文字(机关、部队、公司、工厂等名称和地址),专用信纸.

let′tering [ˈletəriŋ] *n.* 文字,写[刻,印](的)字,编字码,写信,(写)印刷体字. *letters and lettering* 字体和写法.

let′terpaper *n.* 信纸[笺].

let′ter-perfect *a.* 字字[完全]正确的,逐字的.

let′ter-phone 书写电话机.

let′terpress *n.* (有插图的印刷物中的)本[正]文,文字部分,活版印刷,信报复写器.

let′terset *n.* 活版胶印.

let′ter-sheet *n.* 信纸[笺],邮简.

let′ter-weight *n.* 镇纸,信秤.

let′ter-writer *n.* 书信复写器,写信者.

let′ting-down *n.* 下滑,[冶]回火.

lettre (法语)*au pied de la lettre* [ou pje də lɑːˈletr] 按字面意义.

let′tuce [ˈletis] *n.* 莴苣.

let′up [ˈletʌp] *n.* ①停[中]止,停顿,放松,减小,休息 ②起[成]层.

leu [ˈleu] (pl. *lei*) *n.* 列伊(罗马尼亚货币单位).

leucine *n.* 亮(白)氨酸.

leucismus *n.* 白色.

leucite *n.* 白榴石.

leucitophyre *n.* 白榴斑岩.

leu′co [ˈljuːkou] *a.*; *n.* 无色(的),褪色(的),白(的). *leuco compound* 无色化合物.

leuc(o)- 〔词头〕无,白,淡,白血球.

leucoagglutina′tion *n.* 白细胞凝集作用.

leu′cobase *n.* 无色母体.

leu′cocrate *n.* а. 淡色岩.

leucocrat′ic *a.* 淡色的.

leu′cocyte [ˈljuːkəsait] *n.* 白血球[细胞].

leucocyth(a)e′mia *n.* 白血球过多症,白血病,血癌.

leucoderma *n.* 白斑病,白癜风.

leucom′eter *n.* 白色计.

leu′cophane *n.* 白磷石.

leucophore 或 **leucoplast** *n.* 白色体.

leu′coscope *n.* 光学高温计,感色[光]计,色光光度计.

leucosphenite *n.* 淡锄钛石.

leucovirus *n.* 白血病病毒.

leuk(a)e′mia [ljuːˈkiːmiə] *n.* 白血球过多症,白血病血癌.

leuke′mic *a.* (患)白血病的.

leuk(o)- 〔词头〕= leuc(o)-.

leval alloy 铜银共晶合金.

levan *n.* 果[左]聚糖.

leva′tor [ləˈveitə] (pl. *leva′tores*) *n.* 起子,撬子,提肌,举肌.

levecon = level control 信号电平控制,位面[级位]控制.

lev′ee [ˈlevi] Ⅰ *n.* ①(大,河,天然,冲积,防洪)堤,堤防 ②码头. Ⅱ v. 筑(成)堤. *levee crown* 堤顶. *leveed bank* 冲填浅滩,淤填沙滩. *leveed pond* 堤成池.

lev′el [ˈlevl] Ⅰ *n.* ①水平(线,面,尺),平面,台面,平地,[矿]主平巷 ②水位,水准[角],标高[准级,高(液)面 ③电(磁,声)平 ④(能,位)级,(高,程,强)密度,层(次),阶层,层,态 ⑤水平仪(器,尺),水准仪[器,测量],等级,级别,地位,含量,范围,领域水泡. Ⅱ а. ①(水)平的,同程度[水平]的,同高(度)的 ②相齐的,相等[当]的,【电】等位的 ③(光带均匀的,并进的 ④笔直的 ⑤均匀不变的,平均分布的 ⑥平稳的. *Code structure*:5,6,7 *or* 8 *level, user nominated.* 编结构,5,6,7或8个层次,用户指定. *conduction level* 导带能态. *confidence level* 可靠度,信任度. *constant level* 常度. *crest level* 堤顶高程. *cross level* 横向路道. *datum level* 基准面零电平. *energy level* 能级. *engineering level* 技术[工程]水平. *equilibrium level* 平衡级. *even level* 偶数层. *fiduciary level* 可靠度,临界级. *five level code* 五电平码,五值码. *flux level* 通量水平[强度]. *ground level* 地面,房间之间的隔声系数. *hearth level* 炉底. *injection level* 注入电(水)平. *level "1" "1"* 电平. *level above threshold* 阈上声级. *level bar* 水平[准]尺. *level capacity* (存储器的)级容量. *level compensator* 电平补偿电路,分层补偿器. *level control* 液面[级位,位面,信号电平]控制. *level correction* 水平气(泡)校正. *level crossing* 水平[平面]交叉. *level diagram* 分层流图,电平图. *level difference* 电平[声级]差,房间之间的隔声系数. *level filler* (油)液面控制孔. *level fluctuation* 层次起伏[涨落]. *level gauge* [indicator]液面指示器,水准仪,水平规(仪). *level instrument* 水准仪. *level line* 等高线,电平线. *level meter* 水平[水位,液面]仪,电平指示器,水平仪,电平表(计),声级计. *level net* 水准网. *level number* 层(次)号(码). *level of addressing* 定址级数. *level of nesting* (程序的)嵌套层(次). *level of subsoil water* 地下水位. *level on variable* 一级变量. *level overload* (操作)定额过载. *level recorder* 电平[能级,声级]记录仪. *level shift diode* 电平移动二极管. *level surface* 水准

[平]面,液面. level switch (信号)电平开关,挡位电平转换. level tester 水准管检定器,(校)水准器. lifting condensation level 上升凝结层. loading level 加料刻度. neutron level 中子密度. oil level 油位[面,窗]. period level 起动状态的区域. power level 功率级[值,大小,米]平. present level 原水平,规定高度. radiation level 辐射能级[强度]. regeneration level 再生剂用量(离子交换). reserve level 备用量. safety trip level 事故防护的安全[工作]限度. sea level 海(平)面. significance level 显著水平(概率). slag level 渣面[缘]. spirit level 气泡水准. tolerance level 允许的辐射级,允许剂量级. trip level 断路电平. zero level 零水位[标高,电平,能级],起点级. ▲at all levels 处处. be (on a) level with 跟…相齐[同等,一样高]. do one's level best 尽全力,尽最大努力. draw level (with)(和…)平,(同…)相齐. find one's (own) level 找到相等的水平[相称的位置]. on the level 公平,坦荥,老实(说). II. v. ①(弄,铺,放,校,矫,整,调,找,抄,修,测)平,修平②同高[同等,平衡,平直,均衡,均匀],使成水平,放在水平位置 ②瞄[对]准,调整,水准测量,液面控制 ③等于(使均匀,整齐,均(匀)化,均涂[染)) ⑤夷平,毁坏. levelled reference error 水平[准]参考误差. ▲level a gun at…用枪瞄[对]准…. level down 降低…至同一水准. level off 整[夷]平,矫[变]直,使成水平,调整水平位置,水平飞行,达到平衡,使穏定. level off to 稳定到,趋近于;使与…成一平面. level out 使…变得水平,拉[铲]平,取消,使消失,进入水平飞行轨道. level up 提高…(水位)至同一水准,使平整,均匀,水平,使整平,平衡. level M with N 使M和N在同一水平上[同高].

level-dependent gain 电平相关增益.
level-dyeing property 均染性.
level-enable flip-flop 电平启动触发器.
lev′el-headed a. 头脑冷静的.
lev′el(l)er [′levlə] n. ①水平[准]测量员,整平者 ②整平(校)平,调平,修平)器,平地机,整平机,钢板矫平机 ③平均主义者, automatic noise eveller 噪声自动限制器. oil leveller 油标,油位表. roller leveller 辊式矫直机,辊式钢板压平机. sheet leveller 薄板校平机. stretcher leveller 拉伸矫直机. voltage leveller 电压低平器.
lev′el(l)ing [′levliŋ] n. 水准测量,测整,抄,调,打,电)平,矫正直,平),均匀化,调整,水平调节,场地平整,均化[涂,染],流平性,匀饰性. levelling adjustment 电平调整. levelling along the line 路线水准测量. levelling base 水[基]准面. levelling block 校平(可调式)垫铁,水平校正块,调水平用模块. levelling bulb 水准[平液]球管. levelling instrument 水准仪[器]. levelling machine (板材)矫平[矫直]机,平整机,平路机. levelling pole [rod]水准[标]尺. levelling process 水准测量,整平横断面. levelling properties 均涂性能. levelling rod 水准(标)尺. levelling screw 校平[水准]螺旋,校平[水准调整]螺钉. levelling set 水准测定装置. levelling support 校平[水准]架. levelling tape 测平用皮尺. trigonometric levelling 三角高程[水准]测量,三角测高法. zone levelling 区域平均法,区域夷平.
lev′eling-up′ n. 整平,拉平,平衡,均衡.
lev′elman n. 水准测量员.
lev′el(-)meter n. 电平表[指示器],水平仪[指示器],水位指示器.
lev′elness n. 水平度.
lev′el-off n. 整[到]平,矫直,恢复水平.
level-theodolite n. 水准经纬仪.
Level-Trol n. 特罗耳液位调节器.
lev′el-up′ n. 找水平,拉平,使整齐,平衡.
le′ver [′li:və 或 ′levə] I. n. (杠,拉,控制,操纵,旋转]杆,(手)柄,把手,工具,途径,手段. II. v. 用杠杆撬[移]动,撬开,用杆操纵. brake lever 刹车杆. clamp lever 夹紧把手. clutch lever 离合器分离[操纵]杆. connecting lever 连杆. dog lever 挡块促动换向杠杆. hand lever 手柄. isometric lever 等长杠杆,手柄. isotonic lever 等张杠杆. lever brake 杆闸,刹车杆. lever change 变换手柄(位置),变速杆. lever chuck 带柄夹头. lever clamp 杠杆夹(具),偏心夹具. lever contact 杆式[活动]接点. lever jack 杠杆千斤顶. lever rule 杠杆定理. lever shears 杠杆式剪切机. lever spring 杠杆[可动支持]弹簧. lever of crane 起重机臂. locking lever 止动柄,锁杆. operating lever 操纵杆. pedal lever 踏板[杆]. toggle lever 肘节杆,套钩臂. ▲lever off 把…撬出. lever up 把…撬起来.
le′verage [′li:vəridʒ] n. ①杠杆系[率,装置,机构] ②杠杆作用(传动) ③杠杆(效)率,杠杆臂长比,力臂比 ④扭转力矩 ⑤力量,影响.
leverrierite [livə′riəraɪt] n. 晶蛭石(即伊利石).
lever-type a. 杠杆式.
levi′athan [li′vaiəθən] n. 庞然大物;巨型远洋轮,大海兽,鲸,鳄. leviathan washer 大洗涤机.
levibactivirus n. 光滑噬菌体.
lev′igable a. 可研末的,可研碎的.
lev′igate [′levigeit] vt. ①粉碎,弄成粉[糊],研(成)末 ②细磨,磨光[细],水磨 ③澄清[出],沉淀,漂洗,淘选,洗净[矿]. leviga′tion n.
lev′in [′levin] n. 电闪.
levis a. 平滑的,轻的.
lev′itate [′leviteit] v. 浮动[起],(使)飘[悬]浮,(使)升在空中. levitating field 浮力场.
levita′tion [levi′teiʃən] n. 飘[悬]浮,浮起. levitation melting 浮悬法,悬(空)熔(化)法,(无坩埚)悬浮熔融.
levitron n. 环状结构装置(类似"仿星器"之类的装置),漂浮器.
lev′ity [′leviti] n. 轻率(行为),变化无常.
levo- [词头] 左(旋)的,在(向)左方.
levocli′na′tion n. 左偏,左倾.
levo-compound n. 左旋化合物.
levoglu′cose [li:vou′glu:kous] n. 左旋葡萄糖,果糖.
levogyral a. 左旋的.
levogyrate a. 左旋的.
levogyra′tion n. 左旋. **levogyr′ic** a.
levoi′somer n. 左旋异构体.

levoro′tary *a.* 左旋的.
levorota′tion *n.* 左旋. **levoro′tatory** *a.*
levotor′sion *n.* 左倾,左偏.
levover′sion *n.* 左转.
levulinate *n.* 乙酰丙酸,乙酰丙酸盐[酯,根].
levulose *n.* 左旋糖,果糖.
lev′y ['levi] *v.; n.* ①征收[集,用],抽[征]税 ②征收额. *levy tax* 征税. ▲*levy taxes on* [*upon*]… 对…抽[征]税. *levy taxes on in comes* 征收所得税.
Lewatit C 羧酸阳离子交换树脂.
Lewatit DN [**KS,PN**] 磺酚阳离子交换树脂.
Lewatit KSN 磺化聚苯乙烯阳离子交换树脂.
Lewatit M₁ 弱碱性阴离子交换树脂
Lewatit M₂ 强碱性阴离子交换树脂.
lew′is ['lu:is] *n.* 起重爪,吊楔,雄榫. *lewis bolt* 棘[地脚,路易斯]螺栓. *lewis hole* 吊楔孔. *Lewis number* 路易斯数(Le)(流体的扩散率与扩散系数之比).
lew′isite *n.* ①用降落伞投下的干扰雷达发射机,降落伞式雷达干扰发射机 ②锑钛烷绿石 ③糜烂性[路氏]毒气.
lewisson *n.* =lewis.
lex [leks] (pl. *leges*) *n.* [拉] 法律.
Lexan plastic detector 聚碳酸酯塑料探测器.
lexeme *n.* 语义.
lex′ical ['leksikəl] *a.* 辞典(编辑)的,词[字]汇的,词法的. *lexical analyzer* 词法分析程序.
lexicog′rapher *n.* 词典编纂者.
lexicograph′ic(al) *a.* 字典式的,字典编辑上的. *lexicographic order* 字典(式)顺序.
lexicog′raphy *n.* 字典编辑(法).
lexicol′ogy *n.* 词汇学.
lex′icon *n.* 词典,字典,语汇,专门词汇.
Ley *n.* 一种锡铅轴承合金(锡75～80％,铅20～25％).
ley [lei] *n.* ①草坪,混合草地,牧场 ②废皂碱水.
Ley′den ['laidn] *n.* 莱顿(荷兰城市). *Leyden jar* 莱顿瓶.
LF =①launch facility 发射设备 ②left foot 左脚 ③life float 救生浮体. ④limit of flocculation 絮状沉淀单位 ⑤line-feed 换[移]行 ⑥line finder (电传打字电报机)寻线机 ⑦linear feet 纵英尺,延英尺,沿长度方向的英尺数 ⑧linoleum floor 油毡铺地 ⑨load factor 负载因[系]数 ⑩low frequency 低频 (30～300kHz/s).
LFA =low-frequency amplifier 低频放大器.
LFAO =line flow assembly order 流水作业线装配指令.
LFB =①半胶质甘油炸药 ②local feedback 局部[本机]反馈.
LFC =①laminar flow control 层流控制 ②level of free convection 自由对流高度 ③logic flow chart 逻辑操作程序图 ④low frequency choke 低频扼流圈 ⑤low frequency correction 低频校正 ⑥low frequency current 低频电流 ⑦low frequency of colicinogeny transfer 产大肠杆菌素性状低频率转移.
LFD =①latest finish date 最迟的完成日期 ②low fatal dose 最小的致命剂量 ③low frequency decoy 低频假目标 ④low frequency disturbance 低频干扰.

lff =low-frequency filter 低频[低通]滤波器.
LFG =lead free glass 无铅玻璃.
lfici =low-frequency iron core inductance 低频铁芯电感.
LFL =laser flash lamp 激光闪光(信号)灯.
LFM =①linear feet per minute 纵[延]英尺/分钟 ②low frequency modulation 低频调制 ③lower figure of merit 低的品质因数,低的灵敏值.
LF/MF = low frequency-to-medium frequency (ratio)低频对中频(比率).
LFO = low frequency oscillator 低频振荡器.
LFSE = ligand field stabilization energy 配位场稳定能.
LFT =①laser flash tube 激光闪光管 ②linear flash tube (直)线性闪光管.
LFV =low frequency vibration 低频振动.
LG =①landing gear 起落架 ②large grain 大颗粒 ③length gage ④level gauge 水准仪 ⑤level glass 液面视镜 ⑥liquid gas 液化气体 ⑦long 长 ⑧loop gain (控制)回路增益 ⑨low gear 低速传动(齿轮),低档.
L/G = letter of guarantee 信用保证书.
lg =①length 长度 ②logarithm 常用对数(以10为底).
lg tn =long ton 英吨,长吨(2240磅,合1.016 t).
lge =large 大的.
lgth =length 长度.
LGTPR =long taper 长锥体.
LH =①latent heat 潜热 ②(或 l. h.) left-hand(ed) 左手,左方,左倾,左旋的 ③lighthouse 灯塔 ④liquid hydrogen (LH₂)液态氢 ⑤lithium sulphate 硫酸锂 ⑥lower half 下半部.
LH₂ = liquid hydrogen 液态氢.
LHDR = left-hand drive 左座驾驶,左御式.
LHA =①local hour angle 地方时角 ②lower half assembly 下半部组装.
Lhasa ['lɑ:sə] *n.* 拉萨(市).
LHC = liquid hydrogen container 液氢容器.
LHD = load, haul, dump 【矿】装(载),拖(运),(倾)卸.
LHDS = laser hole drilling system 激光钻孔系统.
LHE = liquid helium 液态氦.
lher′zolite ['lə:zəlait] *n.* 二辉橄榄岩.
LHR =①left-hand rule 左手定则 ②low hybrid resonance 低(频)混合共振 ③low hysteresis rubber 低滞后橡胶.
LHS = left-hand side (等式的)左边,左端.
LHT(H) = left hand thread 左旋螺纹.
LHV =① liquid hydrogen vessel 液氢容器 ②low heat value 低热值.
LHW = lower high water 【港】低高潮.
LHWI = lower high water interval 【港】低高潮间隔.
LI =①level indicator 液(位)面指示器 ②light index 光照指数 ③liquidity index 液性[液化,流性]指数 ④low-intensity 低强(烈)度的.
Li =lithium 锂. *Li star* 锂星.
LIA =level indicating alarm 液面记录警报计.
liabil′ity [laiə'biliti] *n.* ①责任,义务(for) ②(pl.)负债,债务,赔偿责任,负担 ③倾向性,易生(遭,受) ④不利条件. *company of limited liability* 有限公

司. *jointly or severally assume no liability* 集体或单独地均不承担责任. *liability for damages* 损害赔偿的责任. *liability of cracking* 易裂性. ▲*liability to* … 易于(易发生)…,有…的倾向.

li'able ['laiəbl] *a.* ①有(法律)责任的,有义务的 ②应受(罚)的,应付(税)的,应服从的 ③易于…的,有…倾向的 ④可能的,大概的. ▲*liable for* … 对…应负责任的. (*be*) *liable to* … 易(发生)…,有…倾向的,趋向于…,应服从…的. (*be*) *liable to* +*inf.* 易于(做),容易(做),易(遭)受,有…的倾向.

liai'son [li(:)'eizən] *n.*; *v.* 联络,联系(人),语音的连音,协作(with), (为协调而)通气(between). *liaison office* 联络处.

liana [li'ɑːnə] *n.* (热带)藤本植物.

liang [ljɑːŋ] (单复同) *n.* 两(重量单位).

Liao'ning ['ljau'niŋ] *n.* 辽宁(省).

Liar *n.* 光学物镜(镜头).

lib [lib] =liberation 解放.

lib [lib] 〔拉丁语〕 *ad lib* 即兴.

Lib =①libra 磅 ②librarian 图书管理员 ③library 图书馆.

li'bel ['laibəl] *n.*; *v.* 诽谤,诬蔑,侮辱. ~(l)ous *a.*

li'ber [laibə] *n.* 韧皮部.

li'ber [laibə] (pl. *li'bri* 或 *li'bers*) *n.* 〔拉丁语〕书册,契据登记簿.

lib'eral ['libərəl] *a.* (磊落)大方的,丰富的,充足的,足够的,公正的,公平的,自由(的,主义)的. *be liberal in supply* 供应充足. *Liberal Party* (英国)自由党. ~ly *ad.*

lib'eralism *n.* 自由主义.

liberal'ity [libə'ræliti] *n.* 大方,慷慨,丰富,宽阔,公正.

lib'eralize ['libərəlaiz] *v.* 放宽范围〔限制〕,解除(官方)的控制, (使)自由主义化. **liberaliza'tion** *n.*

lib'erate ['libəreit] *vt.* 解放,释放,析出,使脱(游)离,使(力)起作用. *liberated heat* 放出的热量.

libera'tion [libə'reiʃən] *n.* 解〔释〕放,游离,释〔逸,析,放〕出. *electron liberation* 电子释放. *liberation of a gas* 气体的释出. *liberation of heat* 放热. *the People's Liberation Army of China* 中国人民解放军.

lib'erator ['libəreitə] *n.* 解放者. *liberator cell* 【冶】脱铜槽.

Libe'ria [lai'biəriə] *n.* 利比里亚.

Libe'rian [lai'biəriən] *n.*; *a.* 利比里亚人,利比里亚人(的).

lib'erty ['libəti] *n.* ①自由,解〔释〕放 ②特许(权),特权, (水手)上岸许可(时间). ▲*at liberty* 任〔随〕意的,自由的,闲着的,不用的,无约束的. *set at liberty* 释放. *take liberty in* …在…中是灵活自如的. *take the liberty of* +*ing* 〔*to*+*inf.*〕擅自(做).

lib'itum 〔拉丁语〕 *ad libitum* [æd'libitəm] 随〔任〕意,无限制地.

li'bra ['laibrə] (pl. *li'brae*) *n.* ①磅(重量单位, lb) ②镑(货币单位, £).

li'brae ['laibriː] libra 的复数.

libra'rian [lai'brɛəriən] *n.* 图书(馆)管理员,【计】(程序库管理程序,程序库生成程序.

libra'rianship *n.* 图书管理业务,图书馆事业.

li'brary ['laibrəri] *n.* ①图书馆〔室〕②藏书,丛书,文库 ③【计】(程序,信息)库. *library function* 库函数,集合函数. *library name* 库名,程序库中一段源程序名. *library routine* 库存〔程序库〕程序. *library subroutine* 子程序库,库存子程序. *library support* 程序库供应〔支援〕. *library tape* 库存(纸,磁)带, (程序)库带. *library track* 参考道,目录磁道.

librate' [lai'breit] *vi.* ①振〔摆〕动 ②平均〔衡〕.

libra'tion [laib'reiʃən] *n.* ①振〔摆〕动 ②天平(秤)动 ③平衡〔均〕. *optical libration* 光学天平动.

li'bratory *a.* 振〔摆〕动的,保持平衡的.

libret'to [li'bretou] *n.* 歌剧脚本,歌词.

Libreville [liːbrə'viːl] *n.* 利伯维尔(加蓬首都).

li'bri [laibrai] *liber* 的复数.

li'briform ['laibrifɔːm] *a.* 似韧皮部的.

libron *n.* 自由子.

Lib'ya ['libiə] *n.* 利比亚.

Lib'yan ['libjən] *n.*; *a.* 利比亚人(的),利比亚的.

LIC =①laser image converter 激光(光电)变换〔像〕器 ②level indicated control 液面指示控制 ③linear integrated circuit 线性集成电路 ④low inertia clutch 惯性小的离合器.

lice [lais] *n.* louse 的复数.

li'cence 或 **li'cense** ['laisəns] *n.*; *vt.* 许可(证),特许(证),执照,牌照,证书,检查证,容〔准〕许,批准,认可,发许可证给…. *import* (*export*) *licence* 进〔出〕口许可证. *licence lamp* (*light*) (汽车)牌照灯. *licence plate* (*tag*) (汽车)牌照. *A licence for to*+*inf.* …的执照〔许可证〕. *licence* … *to*+*inf.* 允许(批准)…(做). *take licence with* 灵活处理. *under licence* 获得许可,领有执照. *under* …*licence* 采用…的专利许可.

li'cenced 或 **li'censed** ['laisənst] *a.* 得到许可〔批准〕的,领有执照的. *licensed vehicle* 有执照的车辆.

licensee' 或 **licencee'** [laisən'siː] *n.* 领有许可证〔执照〕者.

li'censor 或 **li'censer** 或 **li'cencer** ['laisənsə] *n.* 发许可证〔执照〕者.

li'censure ['laisənʃə] *n.* 许可证的发给.

licen'tiate [lai'senʃiit] *n.* (从大学或学术协会等)领有开业证书的人,执照的持有人, (欧洲某些大学中的)硕士.

lich'en ['laikən] *n.* 地衣,薛苔,苔藓.

lichenase *n.* 地衣〔昆布〕多糖酶.

licheniform *n.* 地衣形(菌素).

lichenoid *a.* 似地衣的.

lichenol'ogy *n.* 地衣学.

lichenom'etry [laikə'nɔmətri] *n.* 地衣测定法.

Lichtenberg alloy *n.* 利登彼格铅锡铋易熔合金(铋50%,铅30%,锡20%).

lichthahn *n.* 光栓.

lic'it ['lisit] *a.* 合法的,正当的. ~ly *ad.*

lick [lik] *v.*; *n.* ①冲〔舐〕洗,卷烧,吞没,舐 ②克服,打败,超越 ③匆忙 ④少量 ⑤速度,步速 ⑥盐砖. ▲*at a great lick* 或 (*at*) *full lick* 急忙,极速地. *give a lick and a promise* 马马虎虎好好,随便擦洗一下. *lick into shape* 整顿,使像样.

lick'ing *n.* 打〔舐〕败,舔.

lic'orice ['likəris] *n.* 甘草(根,汁,糖,果).

LID =①laser intrusion detector 激光入侵探测器 ② leadless inverted device 无引线变换[换流]器.

lid [lid] Ⅰ n. ①盖,罩,帽,顶,凸缘 ②眼睑(= eyelid) ③温度逆增的顶点,初始逆温高度 ④制止,取缔[消]. Ⅱ vt. 给…装[盖]盖子. *journal* (*box*) *lid* 轴颈(箱)盖. *Lid Tank* "盖槽"(装置在反应堆的防护屏孔上的水槽). *trunk lid* (汽车)后行李箱盖. ▲*put the lid on* 禁止,取缔,使到顶.

li'dar ['laidə] n. = light detection and ranging 又名 laser radar (激)光探测和测距,激光定位器,(激)光(雷)达.

lid'ded ['lidid] a. 有盖子的,有覆盖的,盖着的.

lid'less a. 没有盖[罩]的,留神注视着的.

LIDS = lithium ion drift semiconductor 锂离子漂移半导体.

lie¹ [lai] Ⅰ (lay, lain; lying) vi. ①躺,卧,平放 ②(处,躺)在,位[在]于 ③保持[处于]…状态 ④停驻[泊],(道路)通过 ⑤展现,伸展. *Here lies the essential advantage.* 主要优点就在于此. *The trouble lies in the engine.* 毛病发生在引擎. *The computer has been lying idle for a week.* 这台计算机搁置不用已一星期了. *▲lie along the land* 沿岸航行. *lie at the root* [basis] *of* 是…的根据[基础]. *lie by* 搁置一旁,休息,停歇,在手边[近旁]. *lie down* 躺下,横卧,屈服. *lie idle* 不活动,(闲)搁着,呆滞. *lie in* 位[处,在,取决]于,在,是. *lie off* [海] 与陆地(或其它船只)保持一定距离,暂停工作. *lie on* [*upon*] 在…上,落在…,压迫,依赖,随…而定,是…的义务(责任,负担). *lie on* (*its*) *side* 侧放(躺)着. *lie open* 开着(放置),暴露出来. *lie over* 延期,搁延,缓办,等待以后处理,(过期而)未支付. *lie to* 集中全力于,顶风停住. *lie under* 遭受,受到. *lie up* 卧病,(船)入坞,停止使用. *lie with* (落)在,是…的权利[义务].

Ⅱ n. 位置,方向,形势,状态,(刻研,表面)花纹方向. *the lie of the land* 地势,形势. ▲*as far as in me lies* 尽我的力量.

lie² [lai] Ⅰ n. 谎言,假像,造成错觉的事物. *lie detector* 测谎器. ▲*tell lies* 撒谎. *give the lie to* 揭穿…的虚假[谎言].

Ⅱ (lied; ly'ing) v. 说谎,造成错觉,欺骗. ▲*lie about* (*a matter*) 说(某事)谎话.

Lie 李(人名). *lie algebra*【数】李氏代数. *Lie group*【数】李(氏)群.

Liebermann reaction 李伯曼反应.

liebigite n. 铀钙石[矿].

Liechtenstein ['liktənstain] n. (欧洲)列支敦士登. *the Principality of Liechtenstein* 列支敦士登公国.

LIED = laser initiating explosive device 激光起爆爆炸装置.

lief [li:f] ad. 欣然,乐意地. ▲*would* [*had*] *as lief M as N* 或 *would* [*had*] *liefer M than N* 宁愿 M 不 N,与其 N 不如 M.

lien¹ ['li:ən] n. 扣押(财产以待偿债的)权,留置权. ▲*have a lien on* [*upon*] 对…有留置权. *have a prior lien on* 对…有先取权.

li'en² ['laiən] n. 脾(脏).

lie'nal [lai'i:nəl] a. 脾的.

li'entery ['laiəntəri] n. 泄泻,滑肠,消化不良性腹泻.

Lienyunkang n. 连云港.

lierne [li'ə:n] n.【建】枝肋.

lieu [lju:] n. 场所. ▲*in lieu of* 代替.

lieuten'ant [lef'tenənt] n. (陆军)中尉,(海军)上尉,副职[代理]官员.

lieuten'ant-colonel [lef'tenənt-'kə:nl] n. 中校.

lieuten'ant-comman'der n. 海军少校.

lieuten'ant-gen'eral n. 中将.

LIF = laser interference filter 激光干扰滤波器.

life [laif] (pl. *lives*) n. ①生命(活,存,气),生物,生命力 ②寿命,(生存,延续,连续操作)时间,贮存期,使用期(限),操作年限,耐用度(性),耐久性 ③实物,原形,活体模型 ④无生命物类似活力的特性,弹性 ⑤新机会,(生命的)新开端. *bath* [cell] *life* 电解槽寿命. *burn-out life* 灯丝(烧坏)寿命. *charge life* 反应堆连续操作时间. *die wall life* 模壁寿命. *fatigue life* 疲劳负荷(下使用)寿命. *intellectual life* 精神生活. *irradiation life* 照射时间. *life belt* 安全[保险,救生]带. *life curve* 寿命曲线,使用期限的特性曲线. *life cycle* 生活史,生活周期. *life expectancy* 预期(使用)寿命,预计(使用)期限. *life line* 安全线,救生索,生命线. *life of bottom* 炉底寿命. *life period* 寿命,存在时期. *life size* 和实物一样大小,原大. *life time* 寿命,使用期限. *mental life* 精神生活. *mould life* 模型寿命,模型型号稳定性. *pot life* 储放[搁置]时间,(胶粘剂)适用期. *rupture life* 持久强度. *service life* 使用期[寿命],运行寿命. *shelf life* 搁置寿命. *tool life* 工具寿命,刀具耐用度. *useful life* 有效寿命,利用期限. *vegetative life* 植物,植物性生长. *working life* 工作(用)寿命. ▲*a life size* 实物大小,原大. *all one's life* 终身,一生. *as large as life* 实物(原物)那么大,千真万确. *for dear* [*one's*] *life* 拼命地. *for the life of me* 无论如何. *from* (*the*) *life* 从原物,拿原物做样本. *half life* 半辈子,半衰期,半分裂期. *in life* 在生命中,一生中,世间. *give long life* (使)有长寿命,耐(经)用. *nothing in life* 毫无,一点也没有. *on your life* 在任何情况下,无论如何. *to the life* 逼真地. *true to life* 逼真的.

life-and-death 或 **life-or-death** a. 生死攸关的.

life'belt n. 安全[保险,救生]带.

life'blood n. 活(生命力)(的来源),生命线,命根子.

life'boat n. 救生船[艇].

life'buoy n. 救生圈.

life'-jacket n. 救生衣.

life'less a. 无生命(气)的,死的,枯燥无味的. *lifeless rubber* 无弹力橡皮. ~**ly** *ad*. ~**ness** n.

life'like a. 逼真的,栩栩如生的.

life'line n. 救生索,生命线.

life'-long a. 终生(身)的.

life'size(**d**) a. 原大(的),原尺寸的,实物大小的.

life'span n. 存在[正常运行]时间,平均生命期,寿命,生命.

life'-spring n. 生命之泉.

life'-strings n. 生命线,维系生命之物.

life'time n. (使用)寿命,使用期(限),持续[连续操作]时间,生存期,(终)生,一辈子. *lifetime killing impurity* 限制寿命的杂质. *power* [reactivity] *lifetime*(反应堆)连续操作时间. *volume lifetime* 体内寿命.

life′work n. 毕生的工作,终身的事业.

LIFO = last in, first out 后入先出.

LIFT = logically integrated FORTRAN translator 逻辑集成公式翻译程序.

lift [lift] v.,n. ①举[升,提,吊,抬,隆]起,上[提]升,起[重],提高,挖起,掘起,消散,除去,解除,撤销 ②升[浮,起]力,升举力的高度,升[扬,行,冲]程,黑电平升降 ③楼层 ④提升次数,一次提[吊]的量,一台模制机械一次生产的制品 ⑤升降[起重,活门,卷扬]机,提升[起落]机构,提臂,拉杆,升液器 ⑥运送,空运,空中供应线 ⑦清偿,偿付 ⑧数解 ⑨剽(窃)窃. *a dead lift* 不用机械的硬搬,需要全力以赴的难事. *air lift* 空气鼓泡,空运,空气动力升举力,气动起重机,气力升降机,空气升液(抽水)器. *cam lift* 凸轮升度[升程]. *electric lift* 电梯,电力升降机. *force lift* 压送[力]泵. *fork lift* 叉式升降机,万能升降车,叉车. *gas lift* 气[举],气体升液器. *jack lift* 起重吊车. *lift bridge* 吊[升降]桥. *lift counter* 往返行程[冲程]计数器. *lift gate* 拦路木,升降闸门. *lift hammer* 落锤. *lift hook* 吊钩. *lift level* (黑色)升降电平. *lift line* 提升管线. *lift lock* 单级船闸. *lift of pump* 泵的扬程,泵压头高度. *lift pump* 提升[升液,升水]泵. *lift shaft* 升降机井. *lift truck* 自动装卸车[地]隆起,断块,地垒. *quick lift cam* 急升[大升角]凸轮. *satellite lift* 发射人造卫星到预定轨道. ▲*give...a lift* 让…搭车,帮…忙. *lift off* 搬走,把…顶离,离地,发射,起飞. *lift out* 提升,举起,提[举,吸]出. *lift up* 举[升,抬]起,升高.

liftabil′ity n. (型砂的)起模性.

lift′boy 或 **lift′man** n. 开电梯的工人.

lift′-drag ra′tio 升阻比.

lift′er n. 起重者,升降车,启门,推料机构,起重设备[起落器,抬刀机构,升降台[杆],吸取[提升,举扬]器,电磁铁的衔铁,(阀)挺杆,【铸】砂钩,提钩. *fork lifter* 叉式升降机,万能升降车,叉车. *lifter winch* 起重绞车. *loop lifter* 活套挑,撑套器,防折器. *valve lifter* 阀[气门]挺杆,起阀器.

lift′er-load′er n. 升运装载机.

lift′ing [′liftiŋ] n.,a. ①举起(的),起[提]升(的),抬升,提高,隆起,上[提]升(的) ②咬底[起] ③逆流波. *lifting beam* 吊车天杆. *lifting body* (具有重返大气层、自行着陆等功能的)宇宙飞行及高空飞行两用机. *lifting bolt* [eye] 吊环. *lifting bridge* 升降桥,吊桥. *lifting capacity* 提升量,升举能力. *lifting finger* 翻钢[回转]拨星子. *lifting homotopy* 升腾同伦. *lifting hook* 吊钩. *lifting jack* 千斤顶,起重(举起)机. *lifting magnet* 起重磁铁,磁力起重机,磁铁盘. *lifting of concrete* 混凝土在拆模时的剥落. *lifting pipe* 上升分线管. *lifting platform* [plate] 平台升降车. *lifting power* 举重[起重]力,升举能力,提升量. *lifting superorbital entry* 以超轨速度上升进入(大气层). *lifting winch* 提升绞车,卷扬机.

lift′ing-jack n. 起重器,千斤顶.

lift′ing-screw n. 螺旋起重器.

lift′-off n. 搬走,卸下,离地,发射,起飞(时刻),初动.

lift′-pump n. 提升[升液,升水]泵.

lift′-type a. 悬挂式的.

lift′-up n. 举[升]起,升高.

lig′ament [′ligəmənt] n. (丝)线,带,灯丝,扁钢弦. *straight ligament* 直线吊线. ~al 或 ~ary 或 ~ous a.

lig′and [′ligənd] n. 配合基[体],向心配合(价)体. *ligand field* 配位场.

ligarine n. 石油酯.

lig′ase [′ligeis] n. 连接酶.

lig′asoid n. 液气悬胶.

li′gate [laigeit] vt. 绑扎,结扎.

liga′tion n. 绑扎,缚法,结扎(线),络合物形成(作用).

lig′ature [′ligətʃuə] n.;vt. 绑扎,结扎,绳子,带子,绑[结扎线,连字,连接线,连系物.

light [lait] Ⅰ n. ①光(线,源,学),(绘画中的)明亮[投光]部分,(电,色,示示,信号)灯,灯光(标,塔),火,照明,天[发光]体,天车目窗 ②日光,白昼,黎明 ③启发,见解,可用来说明的事实,显露,众所周知 ④具有低折射率的光学玻璃系列 ⑤(pl.)轻瓷(厚度在0.18mm以下的)镀锡薄钢板. Ⅱ a. ①(光,明,透)亮的,发光的,淡(浅)色的,不显著的,不重要的,轻(便,快,微,载,装,型,质,率)的,少量的,分量让人手下不足的,薄的,精(灵)巧的 ②明白的,清楚的 ③松的,粗的,砂质的. Ⅲ ad. 轻(快,轻,装)的,容易. Ⅳ (lighted, lighted 或 lit, lit) v. ①点亮[燃,火,灯],投光[射],照明,彩光 ②起飞,发财 ③退火 ④突然降临,偶然碰(得)到(on, upon). *a light film of...* 薄薄的一层.... *air light* 航空信号塔[指标]. *anode* (cathode) *light* 阳[阴]极发光[辉光]. *danger light* 危险信号灯光. *emergency light* (事故)信号灯. *fast to light* (晒)不褪色,耐晒[光]. *high light* (s)强光部,(图像)最亮处,最精采的地方. *incandescent light* 白炽灯. *indicator light* 指示灯. *infrared light* 红外线(辐射). *instrument light* 仪表(操纵)板照明指示灯. *light absorption line* 光谱吸收线. *light activated* 光敏的,光激发的. *light ageing* 光致老化. *light aggregate concrete* 轻集料混凝土. *light air* 软风(1～3英里/时). *light alloy* 轻合金. *light and shade* 明暗,光与影. *light annealing* 光亮退火. *light antenna* 光(束)导向天线. *light barrier* 挡光板,光垒. *light beacon* 光信标,灯塔. *light beam* 光柱,光束,光线. *light bias* 光偏(置),光偏移,光线背景,轻微漏光,点亮,照明. *light blue* 淡蓝的. *light bomb* 照明弹. *light brick* 轻砖. *light bridge* 灯光调整电桥. *light button* 光按钮. *light casting* 薄(小)铸件,薄壁(光)电管元件. *light characteristic* 光传输特性,光亮度特性. *light check* 检验灯. *light chloride* 轻质(松散)氯化物. *light chopper* 截光器,光线斩续器. *light coal* 轻[气,瓦斯]煤. *light coated electrode* 薄皮焊条. *light coating* 薄药皮,薄涂层. *light collector optics* 聚光镜. *light control* 光量控制,灯光(照明)调节. *light current* 视频电流. *light cutting* 浅挖,浅切. *light* *day* 白昼光日(约160亿英里). *light dependent resistor* 光敏电阻. *light dope* 轻掺杂. *light emitting diode* 发光[光反射]二极管. *light equipment* 照明[轻便]设备. *light engine* 没有挂列车的机车. *light fastness* 耐光性[度], 耐晒性. *light fill* 低填土, 矮路堤. *light filter* 滤光器. *light finishing cut* 完工切削, 精(光)削, 精加工. *light fixture* 电灯组件[器具]光导. *light flux* 光通量. *light flux sensitivity* 光束灵敏度. *light fugitive* 不耐光的. *light gathering power* 聚光本领. *light gauge plate [sheet]* 薄板. *light grade* 小坡度, 低标号. *light guide* 光控制[制导], 波导, 导向设备. *light gun* 光电子枪, 光笔[枪]. *light hand* 手轻, 高手. *light head* 光电传感头. *light hole* 轻空穴. *light homer* 光学自动跟踪设备. *light homing* 光学导航[跟踪]. *light homing guidance* 光(辐射)制导. *light hopper wagon* 漏斗[底开,混凝土斗]车. *light house* 灯塔. *light indicator* 灯光指示器. *light industry* 轻工业. *light intermittent test* 轻负载断续试验, 轻荷间歇试验. *light level* 亮度[光强]级. *light load adjustment* (在计算机内)摩擦补偿调节. *light metals* 轻金属. *light meter* 照度计, 曝光表, 电表. *light microguide* 微形光导管. *light microphone* 光敏传声器. *light mixing* 光信号混合. *light negative* 负光电导性. *light oil* 轻油. *light paste* 软膏. *light pattern* (录音的)光图, 光图案. *light pen* 光笔, 光写入头. *light pencil* (细)光束. *light period* 照期. *light petroleum* 石油醚. *light pipe* 光(导)管. *light plate* 中钢板. *light quantity* 光通量. *light quantum* 光(量)子. *light railway* 轻便铁路. *light rain* 小[微]雨. *light region* 亮区. *light relay* 光电继电器. *light resistance* 耐光性[度]. *light resistant* 耐光性. *light resistor* 光敏电阻器. *light running* 轻载运转. *light sand* 轻砂. *light section(s) plate* 小断面, 小型断[材]. *light seeking device* 光敏器件, 光自动寻动头. *light sensation* 感光, 光敏. *light sensitive* 感光的, 光敏的. *light sheet* 薄钢板. *light signal* 灯(光)信号. *light silty loam* 轻粉壤土. *light soil* 轻质土, 砂土. *light splitter* 光束分裂器, 分光器. *light spot scanning* 光点(飞点)扫描. *light stability* 光稳定性, 耐光性. *light tracer* 曳光弹. *light transfer by fiber optic* 纤维光学传递. *light trap* 挡光器. *light truck* 轻型载重汽车. *light tube* 光调制管. *light valve* 光阀(值). *light watt* (光通量单位)光瓦特. *light wave* 光波. *light weight section* 轻型型钢. *light weight steel shape* 冷弯型钢, 轻型钢材. *light wheel tractor* 轻型轮胎式拖拉机. *light work* 容易的工作. *light year* 光年(一光年为电磁辐射在一年内的行程, 等于 9.4605×10^{15} m). *overload light* 过载(光)信号器, 过载信号灯. *parallel light* 平行光束. *safety light* 安全指示灯. *traffic light* 交通管理色灯. *turn on [off] the light(s)* 开[关]灯. ▲*according to one's light* 依照自己的意见, 良知

(行事), *bring ... to light* 揭露(示), 暴露, 显露, 发现. *by the light of nature* 本能地, 自然而然地. *come [be brought] to light* 显露(出来), 出现, 为众人所知. *in a good light* 看得清楚(在光线好的地方). *in a new light* 用新的见解. *in light* 光线照着. *in (the) light of* 按照, 根据, 鉴于, 由于, 从…来看, 借助, 当作. *in this light* 就此而论. *light come, light go* 易来易去. *light in the head* 头昏的, 愚蠢的, 失去理智的. *light off* 点[生]火, 光照终止, 发生中偶然遇上(想出来), 发现, 光照明开始. *light up* 点亮(燃)火), 照亮. *make light of* 认为…不很重要(价值不大), 轻视, 看轻. *see light* 领会, 理解. *see the light (of day)* 问世, 领悟. *set light by* 轻视. *shed [throw] (a) light on [upon]* 阐明, 有助于说明, 使…更明白(清楚). *sit light on* (工作等)对…要求不严.

light'-absor'bent n. 吸光料.
light-activated switch 光激转换开关, 光敏开关.
light-addressed light valve 光寻址光阀.
light-alloy a. 轻合金的.
light-armed a. 轻武器装备的.
light-beam n. 光束(注).
light-coloured a. 轻度着色的, (着)淡色的, 浅色的.
light-conducting fibers 光导纤维.
light-cone algebra 光锥代数.
light-coupled a. 光耦合的.
light-current engineering 弱电工程.
light-curve n. 光变曲线.
light'-day n. 光日(约160亿英里).
light'-duty a. 轻(型)的, 小功率(工作状态)的, 温和条件下的.
light'en ['laitn] *v.* ①照[弄, 点, 发, 变]亮, 照明, 启发, 发光, 闪耀[光] ②减(变)轻, 减少, 缓和, (使)轻松, 愉快. *lightening hole* 减(轻)重(量)孔.
light-end products 轻质产品.
light'ener core n. 简化泥芯.
light'er ['laitə] Ⅰ *n.* ①点火机[器, 物, 者], 引燃器[极], 打火机, 照明器, 发光器 ②驳船. Ⅱ *vt.* (用)驳(船)运送. Ⅲ *a.* 更轻的. *craft and (or) lighter risks* 驳运险. *lighter stone* 火石(铈60%, 铁40%, 或铈70%, 铁30%).
light'erage n. 驳运(费), 驳船装卸[运送], 卸货在驳船上, (总称)驳运器.
light'-face n. 细体(字).
light'fast a. 耐晒(光)的, (晒)不褪色的.
light-gauge a. 薄的, 细的(板材, 铁丝等). *light-gauge sheet* 薄钢板.
light'guide n. 光导向装置. *lightguide tube* (电视)投影管.
light'house n. 灯塔, 曝光台, 拍摄示波管荧光屏图像的设备. *lighthouse diode* 灯塔二极管. *lighthouse of collimated particles* 准直粒子聚光体.
light'ing ['laitiŋ] *n.* 照明(设备), 舞台灯光, 采光, 光线, 点灯(火), 起动, 发射, 退火, 减重, (画面的)明暗分布. *bias lighting* 衬托光. *indirect lighting* 间接(反映)照明. *lighting cable* 电灯线, 照明电缆. *lighting installation* 照明装置(设备). *lighting power* 照明率, 亮度. *lighting switch* 灯(照明)开关. *spot lighting* 点光源照明, 局部照明.

light′ing-up n. 点燃〔火〕,行车开灯时间.

light′ish [′laitiʃ] a. ①(颜色)有点淡的,淡色的 ②较轻的,不太重的.

light′less [′laitlis] a. 无光的,不发光的,暗的.

light′ly ad. 轻(轻,微,度,易,快,盈,巧,率,浮)地,稍微,淡淡地,松驰地,不紧密地. *lightly covered* 轻度覆盖的,填土不多的. *lightly doped* 轻掺杂的.

light′meter [′laitmitə] n. 照度〔光度〕计.

light-month n. 光月(约5000亿英里).

light-negative a.; n. 光阻的,光负的,负光电效应的,负光电导性.

light′ness n. ①轻(微,便,易,快,巧,率,浮) ②精巧,优美 ③光亮,明亮〔朗〕,亮〔光,鲜明〕度(色彩的)淡.

light′ning Ⅰ n. 闪电(放电),电光,雷(电). Ⅱ a. 闪电(般)的,快速的. *lightning generator* 脉冲发生器,人工闪电发生器. *lightning rod* conductor, arrester, guard〕避雷针〔器,装置〕. *lightning storm* 雷暴. *lightning surge* 雷涌,雷电冲击(波). *lightning switch* 避雷开关. ▲at〔with〕*lightning speed* 或 *like* (greased) *lightning* 闪电式地,风驰电掣地,一眨眼.

light′ning-arrester 或 **light′ning-conductor** 或 **light′ning-rod** n. 避雷针〔器,装置〕.

light′-panel n. 轻型方格.

light′-pipe n. 光导管,导光管.

light′plane n. 轻型飞机.

light′plot [′laitplɔt] n. 舞台照明法.

light-positive n. 正光电导性,空穴光电性.

light-press fit 轻压配合.

light′-producing a. 发光的,发磷光的.

light-projector n. 发光器.

light′proof a. 不透光的,遮光的.

light′-reflec′ting a. 反光的.

light′-resistant a. 耐光性的.

light′-sec′tion meth′od 光切(断)法.

light′-seeking n. 光(自动)寻的. *light-seeking device* 光敏器件,光电元件,光自动引导头.

light′-sen′sitive a. 光敏的,感光的.

light′ship n. 灯(塔)船.

light′show n. 光展示.

light-sized a. 小号的,小尺寸的.

light′some a. ①轻快的,敏捷的,无忧无虑的,轻率的 ②发光的,明亮的,淡的(色彩). ~ly ad. ~ness n.

light′-spot n. 光点.

light′-struck a. 光照射的,(底片,印相纸等)漏过光的.

light-tight a. 不透光的,防光的.

light′-tracer n. 曳光弹.

light′-up n. 点火.

light′-valve n. 光阀.

light′-water-mod′erated a. 普通水(作)减速(剂)的.

light′wave n. 光波.

light′-week n. 光周(约1150亿英里).

light′weight a. 轻(型,便,质)的,重量(很)轻〔小〕的,标准〔平均〕重量以下的,无足轻重的.

light′wood n. 易燃的木头,轻〔多脂〕材.

light′year n. 光年.

light′-yellow 淡黄.

ignan n. 木酚素.

ligne de voute〔法语〕穹户线.

lig′neous [′lignias] a. 木(制,材,质,样,状,本)的.

lign(i)-〔词头〕木.

lignicolous a. 木素上生长的.

lignif′erous [lig′nifərəs] a. 木性的,产木材的.

significa′tion [lignifi′keiʃən] n. 木质化.

lig′niform n. 木质似的,呈木状的.

lig′nify [′lignifai] v. (使)木质化.

lig′nin [′lignin] n. 木(质)素,木质,磺化木质素,亚硫酸纸浆废液,一种用纸屑做的塑胶绝缘料. *lignin plastic* 木质塑料. *lignin tar pitch* 木质素(焦)油脂,木质素溶脂,木质素硬沥青.

lig′nite [′lignait] n. 褐煤.

lignite-tar pitch 褐煤柏油脂,褐煤溶脂,褐煤硬沥青.

lignitif′erous a. 褐煤化的.

lignitous coal 褐煤.

lignivorous a. 食木质的,毁坏木质的.

ligno-〔词头〕= lign(i)-.

lignocel′lulose n. 木素纤维素,不化纤维.

lignocellulos′ic a. 木质纤维的.

lignocerane n. 廿四烷.

lignocerylsphingosine n. 廿四酰,(神经)鞘氨醇.

ligno-humus n. 木素腐殖质.

lignosa n. 木本植被(群落).

lig′nose [′lignous] n. ①木质素 ②一种含有硝化甘油和木质纤维的炸药.

lig′nosol n. 木浆.

lignosul′phonate n. 磺化木质素,木质磺酸盐,亚硫酸纸浆废液.

lignumvitae n. 铁梨木.

lig′roin(e) [′ligrouin] n. 挥发油,轻石油,石油醚,粗汽油,里格若英(汽油和煤油间的一种石油馏份),石油英.

li′kable [′laikəbl] a. 可爱的,值得喜欢的. ~ness n.

like¹ [laik] Ⅰ a. ①同样的,相像(等)的,同类的,类似的,(形状,外观,种类,性质,……)相同〔似〕的. *in like manner* 以同样的方式,同样地. *like numbers* 【数】同类数,同名数. *like pole* 同性(名)极. *The two cases are very like.* 这两种情况很相似 ②〔词尾〕像,似,……般的,……状的. *chain-like* 链状的. *dust-like* 尘埃状的. Ⅰ prep.; conj. ①像,如同,和……一样,像…那样. *I cannot do it like you* (do). 我不能做得像你(做)那样. Ⅲ n. 相似〔同样〕的事物(或人),同类(事物). *Never do the like again*. 别再做这种事情了. *his like = the like of him* 像他(这样)的人. Ⅳ ad. 大概,可能,多半,有点儿. ▲*and the like* 或 *and such like* 以及诸如此类,依此类推,等等. *anything like* 像…那样的事(物),有任何一点像,在任何方面〔程度〕像. (*as*) *like as not* 多半,十之八九,很可能. *as like as two peas* 一模一样. *feel like* +ing 想要,心想. *had like to have done* 差点儿就要做了. *just like* 正如〔几乎同〕…一样. *like a book* 清楚地,谨慎地. *like anything* 极度,猛烈地,拚命地. *like enough* 多半,恐怕. *look like* 好像是〔要〕,看来像. *nothing* 〔*none*〕*like* 无物能及〔没有比〕…的,一点也不像. *or the like* 或其他同类的东西等,或诸如此类. *something like* 几乎,差不多,大约,有点像,像样的,了不起的,像…的东西. *the like of it* 那类东西,类似的事情.

like² [laik] Ⅰ. v. 喜欢, 爱好, 希望, 愿意, 想, 适合于. *He likes swimming* [to swim]. 他喜欢游泳. *How do you like this lathe?* 你觉得这台车床怎么样? *should* [would] *like to* + *inf.* 很想(要). Ⅱ. n. 爱好(物). [只用于] *likes and dislikes* 好恶, 爱憎.

like'able =likable.

like'lihood ['laiklihud] n. 似真, 似然(性), 像有, 可能, 相似(性), 可能发生的事的可能成功的迹像. *likelihood function* 【数】似然(遍真)函数. *maximum likelihood estimator* 最大似然估计(量). ▲ *have a high likelihood of* +ing 很可能(做). *in all likelihood* 多半, 八九成, 十之八九.

like'ly ['laikli] Ⅰ. a. ①很可能的, 像是(预计, 大概)会的, (像是)可靠(信)的, 大约的 ②(似乎)合理(合适)的, (好像)适当的, 有希望的, 吸引人的. *equally likely event* 等可能事件. *Such a case is possible, but not likely*. 这一情况是可能的, 但也未必. *That's a likely story!* 倒说得像呀! Ⅱ. ad. 多半, 也许, 也许可能, 大概, 多半. *As likely as not* 多半, 八九不离, 大概, 或许, 恐怕, 很可能. (*be*) *likely to* + *inf.* 可能(做), 像是要(做), 大概会(做). *It is likely that...* 很可能... *most likely* = as likely as not. *not likely* 不见得, 大概不会.

li'ken ['laikən] *vt.* 比喻, 比拟. ▲ *liken … to* 和与前的一样, 把...比作... 比作....

like'ness ['laiknis] n. ①相似(性, 处, 实例), 类似, 复制品 ②肖象, 照片, 写真 ③外表, 表像, 表像. ▲ *in the likeness of* 貌似, 假装.

like-new a. 像新的.

like'wise ['laikwaiz] Ⅰ. ad. 同样, 照样, 也, 又. Ⅱ. conj. 也, 而且.

li'king ['laikiŋ] n. 爱好, 喜爱. ▲ *be to one's liking* 合...的意, 投...所好. *have a liking for* 喜欢. *on* (*the*) *liking* 实习的, 试用的.

li'lac ['lailək] n.; a. 紫丁香, 西洋[欧洲]丁香, 淡紫色(的).

lila'ceous [lai'leiʃəs] a. 淡紫色的.

Liliaceae n. 百合科.

liliquoid n. 乳状胶体.

lilliput'ian [lili'pju:ʃiən] a. 很矮, 非常小的, 小人国的.

Lilon'gwe [li'lɔŋgwi] n. 利隆圭(马拉维首都).

lil'y ['lili] n.; a. ①百合(花) ②洁白的(东西). *lily white* 纯白(透明石油产品). ▲ *paint* [*gild*] *the lily* 画蛇添足.

lil'y-white a. 纯白的, 纯洁的.

LIM =①latent image memory 潜像存储器 ②limit 极限 ③limiter 限制(幅)器 ④linear-induction motor 线性感应马达.

Lima ['li:mə] n. ①利马(秘鲁首都) ②通讯中用以代表字母 l 的词.

LIMAC =large integrated monolithic array computer 大规模集成化单片阵计算机.

lim'acon ['liməsɔn] n. (帕斯卡)蜗线, 蜗牛形曲线.

liman? n. 碱潮(沼), 溺谷, 河口, 江河入海处的湾.

limb [lim] n. ①肢(状物), 臂, 手足, 翼, 边(缘), 缘, (天体的)外缘, 山侧, 支流, (树)大枝 ②分度弧[圈], (分)度盘, 针盘, 量(测)角器, 测度(角)器 ③零[部]件, 部分 ④管(芯)柱, 管(插)脚, 插(管)角 ⑤电磁铁心. *limb of electromagnet* 电磁铁铁心. *magnet limbs* 凸极. *upper limb* 上边缘.

lim'bal a. (边)缘的.

lim'ber ['limbə] Ⅰ. a. 可塑的, 柔软的, 易弯曲的, 富于弹性的, 轻快的, 敏捷的. Ⅱ. v. ①(变)柔软 ②把(火炮)系在前车上. Ⅲ. n. ①(拖火炮和弹药车辆的)前车 ②(*pl.*) (船底龙骨两侧的)污水道, 通水孔.

lim'bic a. 缘的.

limb'less a. 无肢(翼)的, 无枝叉的.

lim'bo ['limbou] n. ①丢弃废物的地方, 忘却, 遗弃 ②中间过渡状态(地带) ③监狱, 拘禁.

lim'burgite ['limbə:dʒait] n. 玻基辉橄榄岩.

lim'bus ['limbəs] (*pl. lim'bi*) n. 缘, 边缘.

LIMDAT =limiting date 限制日期.

lime [laim] Ⅰ. n. ①石灰, 氧化钙, 粘鸟胶 ②酸橙 [柚], 椴椿, 椴树. *calcium lime* 纯石灰. *carbonate-free lime* 纯石灰, 纯氧化钙. *caustic* (*quick*) *lime* 生石灰, 氧化钙. *chlorinated lime* 漂白粉. *dolomitic lime* 含镁(白云)石灰. *lime blue* 石灰蓝. *lime bright annealed wire* 中性介质中退火的钢丝. *lime carbonate* 碳酸钙. *lime chloride* 氯化钙. *lime coating* 涂石灰, 碳酸钙沉淀物. *lime deposit* 锅垢, 碳酸钙沉淀物. *lime ferritic electrode* 碱性焊条. *lime grease* 钙基润滑脂. *lime mica* 珍珠云母. *lime mudrock* 灰泥岩. *lime wash lime* 石灰水. *lime white* 石灰白 (*slaked, drowned*) *lime* 熟(消)石灰. ▲ *in the lime* (*light*) 引人注目, 触目. *lime light* 石灰光, 灰光灯, 注意点. Ⅱ. *vt.* 用石灰处理(中和), 熔融, 澄清, 撒[刷, 涂]上, 加[石灰, 浸在石灰水中. ▲ *lime out* 石析.

lime'burner n. 烧石灰工人.

lime-burning kiln 石灰窑.

limed a. 用石灰中和(熔融, 澄清, 处理过)的, 刷了石灰的, 水泥砌合的.

lime-feldspar n. 钙长石.

lime-glass n. 石灰(氧化钙)玻璃.

lime-kiln n. 石灰窑.

lime'light ['laimlait] Ⅰ. n. ①石灰光, 灰光灯 ②注意点. Ⅱ. *vt.* 把光集中在...上, 使成注目中心, 使显著. ▲ (*be*) *in the limelight* 引人注目, 为人们注意的中心, 公然. *take* [*come into*] *the limelight* 变成人们注意的中心. *throw limelight* (*on*) 阐明, 使真相毕露.

li'men ['laimen] (*pl. li'mens* 或 *lim'ina*) n. (声差, 色差)阈. *difference limen* 差阈, 听觉锐度.

lime-roasting n. 石灰焙烧.

lime'-rock 或 **lime'stone** n. 石灰石(岩), 碳酸钙. *magnesian limestone* 白云岩, 石灰岩, 含镁石灰岩.

li'mes ['laimiz] n. (*pl. limites*) (要塞的)边界, 界量, 限度. *limes inferiores* 下极限. *limes superiores* 上极限.

lime-sand brick 硅石砖, 灰砂砖.

lime'stone n. 灰石, 石灰石.

lime'-trap n. 石灰捕集器(氧化设备真空系统用).

lime'tree n. 菩提树.

lime'wash Ⅰ. n. 石灰水. Ⅱ. *v.* 刷石灰水, 刷(涂)白.

lime'water n. 石灰水.

lim'ic a. 饥饿的.

limic′olous a. 泥生的,栖于〔生活于〕(淤)泥中的.
lim′ina ['liminə] limen 的复数之一.
lim′inal ['liminəl] Ⅰ a. ①阈的,入口的 ②最初的,开端的 ③易觉的. Ⅱ n. 最低当量. *liminal contrast* 阈值对比度. *liminal value* 最低极限值.
limine [拉丁语] *in limine* 开头,正要.
li′ming n. 加(石)灰,撒〔涂〕石灰,浸灰法,石灰处理(中和,澄清). *liming process* 灰浸〔浸灰〕法. *liming tank* (加)石灰槽.
Limit =limiter 限制器,限幅器.
lim′it ['limit] Ⅰ n. ①(极,界)限,限度,极点,范围,区域,边界 ②限制〔定〕,公差,极限值,极限尺寸. *clearance limit* 余隙极限,净空(界)值. *elastic limit* 或 *limit of elasticity* 弹性极限〔限度〕. *elevation limits* 仰角变化范围. *error limits* 误差范围. *exact limit* 准确的限度,小公差. *flow limit* 流动屈服值,塑性流动(极限). *grading limits*（颗粒）级配范围. *limit bridge* 窄限电桥,"通—断"桥式指示器. *limit design(ing)* 极限强度〔荷载〕设计,最大强度设计法. *limit gauge* 极限量规,极限规. *limit in mean* 平均(均值)极限. *limit indicator* 限幅〔极限,限流〕指示器. *limit of integration* 积分范围,积分上下限. *limit of seed size* 晶种粒度范围. *limit point* 极限点,聚点. *limit register* 界限寄存器. *limit signal* 有限〔限定〕信号. *limit solid solution* 饱和〔有限〕固溶体. *limit stop* 限位挡块. *limit switch* 限位〔限制,行程〕开关. *limit system* 公差〔极限〕制. *lower plastic limit* 塑性下限,下塑图下限. *mill limit* 轧制公差. *prescribed limit* 规(定)定极限,已知范围. *superior*〔*in-ferior*〕*limit* 上〔下〕限. *takeoff power limit* 起飞极限功率. *time limit relay* 限(延)时继电器. *to the best observational limit yet available* 根据目前所得到的最精确的观测结果. *upper frequency limit* 频率上限〔上极限〕. *yeld limit* 屈服限,屈服点. ▲*be the limit* 太过份,使人无法容忍. *go beyond*〔*over*〕*the limit* 超过限度. *go the limit* 达到极限,超过一切容许的限度. *in the limit* 在极限情况下. *limits*〔范围〕外,止步,禁止入内. *place limits on* 限制. *set a limit to*（对…加以）限制〔控制〕,给…卡定一个限度. *the superior*〔*inferior*〕*limit* 最早(迟)的期限,最大〔小〕的额. *There is a limit to……*是有限度的. *to the*（utmost）*limit* 到极点,极度地. *within certain limits* 在一定的范围〔限度〕内. *within fine limits* 细致〔精确〕地. *within limits* 适度,适当地,在一定范围内,有限度地. *within the limits of……* 在(不超过)……范围内. *without limit* 无限(制)地.
Ⅱ vt.限（制,定,幅）,立界限,约束,有限,减少. ▲*a limited number of the first few*…… *be limited in*……（上,方面）受限制. *be limited to*（局）限于,被限.
lim′itable a. 可求极限的,可限制的.
lim′itans ['limitænz] n. 界膜.
lim′itary ['limitəri] a. 有(界)限的,界限的.
limita′tion [limi'teiʃən] n. ①限（制,界,定,度,幅）,制约,界〔极〕限,边界 ②局限性,缺点〔陷〕,条件的限制,能力有限. ~**al** a.
lim′itative ['limiteitiv] a. 限定的,有限制的(性)的.
lim′itator n. 限制器.
lim′it-cycle n. 极限环,极限周值.
lim′ited ['limitid] a. ①有限(度)的,(被)限定的,(受)限制的 ②缺乏创见的 ③乘客定额的,速度快的,特别的. *limited combat gasoline* 航空汽油 99/130. *limited company* 有限公司. *limited express* 特别快车. *limited function* 有限〔有界〕函数,圈函数. *limited range* 限界〔度〕. *limited set* 有界差〔集〕,图集. *limited way* 限制进出的道路. ~**ly** ad. ~**ness** n.
limited-access highway 限制进入的公路.
limited-liability company 股份有限公司.
lim′iter ['limitə] n. 限制(动)器,限幅器,限幅级. *current limiter* 电流限制器. *limiter circuit* 限幅〔限辐〕电路. *video limiter* 视频限制器.
lim′iting ['limitiŋ] n.; a. 限制〔定,幅〕(的),(界)〔极〕限(的),约(限)〔束〕(的),净空. *limiting dimensions* 限制尺寸,净空. *limiting factor* 限制因素. *limiting intensity* 极限强度. *limiting of resolution* 分辨力限度,清晰度〔分辨能力〕限制. *limiting point* 极限点,聚点,限点. *limiting resistor* 限流电阻. *limiting stress* 极限应力. *limiting surface* 界面. *limiting value* 极限值. *limiting viscosity* 特性粘度. *limiting viscosity number* 特性粘数.
limit-in-mean n. 平均(均值)极限.
lim′itless ['limitlis] a. 无限(制,期)的. ~**ly** ad. ~**ness** n.
limitron n. 电子比较仪.
lim′itrophe ['limitrouf] a. 国〔边〕境地方的,位于边界上的,有相邻界的,接近…地方的(to).
limivorous a. 食泥的.
lim′mer ['limə] n. 沥青(质)石灰石〔岩〕.
limn [lim] vt. ①素描,画 ②描写,生动地叙述,刻划. ~**er** n. 绘画者,描述者.
limnet′ic [lim'netik] a. 淡水的,湖泊的,沼泽的,生活于淡水的. *limnetic facies* 湖相.
lim′nograph n. 自记水位仪.
limnol′ogy n. 湖沼(水文,生物)学.
limnophilous a. 嗜池沼的.
limnoplankton n. 池沼浮游生物.
lim′o ['limou] n. 大型轿车.
limon n. 柠檬.
limonada n. 柠檬水(剂).
lim′onene n. 柠檬烯.
limonis n. 柠檬的.
li′monite ['laimənait] n. 褐铁矿.
limonit′ic [laimə'nitik] a. 褐铁矿的.
limophagous a. 食泥的.
limother′apy n. 饥饿疗法.
lim′ousine ['limu(:)zi:n] n. 轿车,大型高级轿车.
limp [limp] Ⅰ a. 柔软的,易曲的,无力的. Ⅱ vi.; n. 跛行,缓慢费力地进行. *limp base* 地下基地,(半)防原子的)半硬基地.
lim′pen vi. 变软,弯曲.

lim'pet ['limpit] n. 蛾,帽贝;水下爆破弹. ▲*stick like a limpet* 缠住不放,纠缠不休.

lim'pid ['limpid] a. 清彻的,明晰的,透明的,平静的,无忧无虑的. ~**ly** ad.

limpid'ity [lim'piditi] n. 清彻(度),明晰(度),透明(度).

li'my ['laimi] a. ①(有)粘性的,胶着[粘]石灰石,含镁石灰岩.

LIN = liquid nitrogen 液(态)氮.

lin = linear (直)线性的.

li'nable ['lainəbl] a. 排成一直线的.

linac = linear (electron) accelerator 线性(电子)加速器,直线加速器.

li'nage ['lainidʒ] n. ①排成行,排成一直线 ②(印刷品,原稿)每页行数.

linal'ool [li'næloul] n. 里哪〔芫荽〕醇,沉香〔萜〕醇,芳樟醇.

linamarin n. 亚麻苦甙,里哪苦甙.

li'nar ['lainɑː] n. 线星(天体).

linatron n. 利纳特朗,波导加速器,直线回旋加速器.

linch'pin ['lintʃpin] n. (开口,保险)销,车轴销,制轮楔,关键.

Lin'coln weld 焊剂层下自动焊,埋弧自动焊.

lin'dane ['lindein] n. 六氯化苯.

Lindemann glass 林德曼玻璃,透紫外线玻璃.

lin'den ['lindən] n. 椴,菩提树,欧洲椴.

line [lain] I. n. ①线(条,路),(直,曲,电,金属,管,界,路,航,通信,连,测,行,扫,光谱,谱,作业,交通,铁路)线,战(阵)线②(细)绳,索,铁丝,电[缆]线,(绳,草)索,拉绳,吊链,铅锤线 ③(字的)一行,列,排,串,队,行列,横队,系列〔统〕④ 赤道 ⑤(商品的)种类,货色,存[定,购]货 ⑥专职[业,擅]专长 ⑦(常用 pl.)方向[式,法,针]⑧范围,方面 ⑨轮廓,外形,蓝图(pl.)设计,草图,船体型线图 ⑩运输路线(公司,系统) ⑪一种长度单位 = 1/12 英寸 ⑫迹像,消息 ⑬纹,痕 ⑭血统,品系,系(群). *a wide line of research* 广泛〔多方面〕的研究. *absorption line* 吸收〔谱〕线. *air line* 直线,航空线,航空公司,轻便架空通信线路,空气管道,风道〔管〕. *anchor line* 锚链. *automated press line* 自动化冲压生产线. *bath line* 熔池〔电解〕液面. *cell line* 电解槽系列. *cutting line* 剪切作业线. *dead line* 限期,安全界线. *dotted line* 虚线. *double line* 双轨〔线〕. *drive line* (动力)传动路线〔系统〕. *earth line* 接地母线,公共接地线,地下电缆线路. *feed line* 馈〔进给,供给〕线,供应导管. *hair lines* 发纹. *line amplifier* 线路〔行信号,水平扫描〕放大器. *line asynchronous line* (电源)异步,线路〔接续〕排. *line blanking* 回程电子束熄灭,行消隐. *line boring* 直线镗削,直线(成行)钻孔. *line break* 输送管线断裂. *line checking* 线形binder. *line circuit* 用户线电路. *line code* 行代码. *line communication* 有线(电气)通信. *line concentrator* 集线装置. *line conic* 二斑曲线. *line crawl* 爬行. *line current* 线路电流,输送管线上电流. *line data set* 行式数据集,磁盘行式数据组,成行钻孔. *line driver* 【计】行驱动线,总线驱动器,路线激励器. *line element* 线(元)素,波形折叠滤清元件. *line feed* 换[走,移]行,

印刷带进给,线路馈电. *line fill* 线路占用[利用]率. *line filling* 充满足限. *line focus* 行聚焦. *line generation* 向量产生. *line generator* 线产生器. *line heating* 带辅加热. *line image* 行式映像. *line inclusion* 链状夹杂物. *line jump scanning* 隔行[跳行]扫描. *line interlace* 隔行扫描. *line keystone waveform* 行频梯形(失真)补偿波形. *line lamp* 呼叫(号)灯. *line level* 传输线某点信号电平,沿(传输)线电平. *line linearity* (行)扫描线性. *line lock* 行[电源]同步,行(电源)锁定. *line milling* 直线铣削. *line misregistration* 行位不正. *line of oils* 油组. *line of production* 生产线,生产流程. *line of sight* 视线,瞄准线[距]. *line pattern* 光谱图. *line pipe* 干线用管,总管. *line pressure* 气[液]压系统操作压力,输送管压力. *line printer* 行式印刷装置,宽行打字机,行式印刷机,宽行印字机,行录制器. *line production* 流水作业. *line pump* (向)管线(中)泵送. *line reaming* 用组合铰刀,或长铰刀)铰孔. *line relay system* 线用组合中继制. *line selector* 终接器,线路[行数]选择器. *line shaft* 天[总,动力]轴,轴心线. *line speed* 线(流程,电子射线沿行移动)速度. *line (staff) structure* 工厂生产(管理)组织. *line starter* 线路起动机. *line stretcher* 延长器,线扩充器,线耦合装置,电话插塞. *line switch* 寻(传)线机,线路[电路]开关. *line sync pulse* 行频(率)同步脉冲. *line tape data*. *line transmitter* 中继发报机. *line trigger* 电源触发. *line wire* 外线,线路导线. *lines of ferrite* 铁素体带. *lines per sq. cm.* 磁力线/厘米². *Lüders line* 滑移线. *off line* 外[离]线,脱机. *oil line* 油路(系统),(输)油管[线]. *pipe line* 管道. *power line* 电力线. *sash line* 吊窗绳. *sense line* 液压控制管路,方向导管. *shear line* 剪切流程,剪切生产[作业]线. *sheeter lines* 削痕. *slitting line* 纵切流程. *strain line* 应变[扭曲]滑销裂纹. *supply line* 供料线,润滑油管道. *up* [*down*] *line* 上[下]行(铁路线). *wave line* 波传播方向. ▲*a line of* 一排[列,行,系列]. *a line of least resistance* 阻力最小的方向,最容易的方法,最省力的途径. *a line on …* 关于…的观念[消息]. *above the line* 标准点以上,一般(一定)的标准以上. *all along the line* 在全线,全方面[到处,在整个过程中,在每一点上. *along* [*on*] … *line* 或 *along* [*on*] *the lines of* 按照…方向,以…方式,根据…方法…(be) in line with and … cross the line 越过赤道,立功(合作),同意. *cross the line* 越过赤道,立功. *down the line* 完全地,往市中心(去). *draw a line between* 划清…(之间的)界线. *draw the line at* 反对,拒绝做到…以上. *hew to the line* 服

lin'eage

从纪律,循规蹈矩. *hold the line* (打电话时)等着不挂断;坚定不移,不肯退让. *in (a) line* 成一行〔排〕,整齐,一致,协调,有秩序,受约束. *in line for* 即将获得,可以得到. *in line with* 跟…一致,符合. *on line* (与主机)联机,在线,机内. *on the line* 在工作〔发电〕中,在界线〔线路,轨道〕上,(挂)在和眼睛一般高的地方,(挂)在最显著的地方,处于危险状态,立即,马上. *out of line* 不成一直线,不一致,不协调,与现行价格(标准)不符. *out of one's line* 与某人无关的,不擅长,不欢喜. *read between the lines* 体会言外之意. *take a line of policy* 采取一种方针. *take a strong line* 干得起劲. *the line of duty* 值勤,公务.

Ⅱ v. ①划线于,画轮廓,用线划分〔标示〕②排齐〔队〕,使成直线,布置成一条线,排成行列,沿…形成行列 ③给…加(衬)里(贴面,覆面),衬砌,镶〔衬〕,嵌入,(表面)加固,配入套管. *a road lined with trees* 两旁种植树木的道路. *be lined with more piping* 再衬一层套管. *corrosion proof lined* 衬砌腐蚀材料的. *lined borehole* 衬壁钻孔. *lined canal* 砌面明沟. *lined paper* 格记录纸. *lined with vinyl or polyethylene sheet* 衬有乙烯基片或聚乙烯片. *rubber lined* 衬有橡皮的,橡胶衬里. ▲*be lined with* 镶〔排,衬砌〕有,排满. *line off* 用线划开. *line out* 划线标明,标出,把…排成行,(向某一方向)迅速移动. *line through* (一笔)勾销,划掉. *line up* 排队,使平直〔排成一线,排成一行,对齐,平坦〕,排〔对〕齐,对准中心,调整〔节,直〕,校正〔直〕,对〔拉〕直,垫叠,调成一直线,相位对正,使吻合. *line up a job* 安排一项工作. *line upon line* 一点一点地,稳步向前地. *line (M) with N* (给 M)对(衬)以 N,(顺着 M)镶〔衬,套〕以 N.

lin'eage ['liniidʒ] n. ①线作为,排成一直线 ②行数 ③系,族,系统〔族〕,谱系,系属(结构) ④血统. *lineage line* 系属线.

lin'eal [’liniəl] a. ①直系的 ②(直,沿)线的,(直)线状的,纵的,一次的. *lineal element* 线素. *lineal shrinkage* 线性收缩. *lineal relationship* 直系亲属.

lin'eament ['liniəmənt] n. (面,外,地)貌,轮廓,特征,棋盘格式,区域断裂线. *lineament tectonics* 地貌构造学.

line-and-grade stakes 放样桩.

lin'ear ['liniə] a. ①(直)线的,直线型的,线〔带〕状的,长条形的,纵的,线的,延的,沿线的,滑轴作用的 ②(直)线性的,一次的,一维的,长(度)的,线性化的. *linear acceleration* 线性加速度. *linear compound* 直链化合物. *linear construction* 直尺作图法. *linear dimension* 线尺度. *linear element* 微弧,弧(线性)元素. *linear equation* 一次方程(式),线性方程. *linear expansion* 线膨胀. *linear flow* 层(线)流. *linear form module* 线性形式模,齐式模. *linear function* 线性函数,一次函数. *linear graph* 线性图. *linear inductosyn* 线性位移〔直线运动〕感应式传感器. *linear line complex* 线性(一次)线丛. *linear load* 线负载,单位长度负荷,单位长度(线)荷载. *linear measure* 长度(单位),长度测量. *linear meter* 延米. *linear motion actuator* 直线〔音圈式〕电机. *linear point-set* 一维〔线性〕点集. *linear products* 定尺线材〔产品. *linear program part* 程序直线部份. *linear velocity* 线速度. ▲*be linear with* 与…成线性关系.

linearisa'tion =linearization.

lin'earise =linearize.

linear'ity [,lini'æriti] n. (直)线性(度). *linearity circuit* 线性化. *linearity error* 线性误差. *linearity sleeve* 行线性(校正)环.

lineariza'tion [,liniərai'zeiʃən] n. 直线〔线性〕化.

lin'earize ['liniəraiz] vt. 直线〔线性〕化. *linearizing resistance* 线性化电阻.

lin'earizer n. 线性化电路.

lin'ear-lim'ited a. 受线性限制的.

lin'early ad. (成)直线地,线性地. *linearly dependent vector* 线性相关的矢量. *linearly polarized light* 线〔平面〕偏振光. *linearly-polarized wave* 线(平面)偏振波,平面(线性)极化波.

line-at-a-time printer 宽行打印机,行式打印〔刷〕机.

lin'eate(d) ['liniit(id)] a. 画有(许多平行)线条的,有〔印〕线的,画有条纹的.

linea'tion [lini'eiʃən] n. 线条〔理〕,画〔标,构造〕线,轮廓.

line-charge model 线(磁,电)荷模型.

line-cone n. 线圆锥.

lined [laind] a. 衬砌的,镶的,用线划分的,排成行的. *lined borehole* 衬壁钻孔. *lined canal* 砌面明沟.

line-focus n. 线状焦点.

line-haul n. 长途运输.

line-indices n. 反射线指数.

line'man =linesman.

lineman's detector 携带式检电器.

lin'en ['linin] n.; a. ①亚麻布〔纱,线,制品〕②亚麻(色)的,灰白色的 ③用亚麻纺成的,亚麻布制的〔装订)的,似亚麻布的,(定期)邮餐,班机(轮). *linen bakelite* 纤维胶木. *linen finish* 布纹. *linen paper* 布纹纸.

linen-tape n. 布卷尺.

line-of-sight n. 视线. *line-of-sight reception* 视距信号接收.

lin'eograph n. 描线规.

lineoid n. 超平面.

lin'eolate a. 有细纹的.

line-output transformer 行扫描输出变压器.

li'ner ['lainə] n. ①衬砌(垫,里,管,瓦,圆,套,板,料),轴瓦,炉衬,垫料(片),套管(管),镶条,嵌入件 ②混凝土模板(壳),护面,两梁间的横梁 ③直线规,画线的人(或工具) ④(定期)邮轮,班机(轮). *aerial liner* 定期飞机,班机. *autoclave liner* 高压釜〔压煮器〕衬里. *bearing liner* 轴承瓦. *bomb liner* 还原钢弹衬里. *bush liner* 模套衬里,压模内衬. *hub liner* 毂衬. *jolt-packed liner* 振筑衬里. *liner bushing* (钻模)衬套. *liner material* 衬里(炉衬)材料. *liner plate* 衬砌板,垫板. *liner tube* 衬管. *outer liner* 外套. *taper liner* 楔形塞垫,斜垫.

line-scan circuit 行扫描电路.

line'shaft n. 传动轴,主轴,天轴.

line'sman n. 线路〔巡线,养路,放线〕工人,调车员,线务员,架线兵,执线人.

line-to-ground a.; n. 线路对地的,线路接地.

line-to-line I a. 两线间的,行间的. II n. 混线,线间短路.

line'(-)up ['lainʌp] I v. 垫〔调,校〕整,调节,使平直〔均匀〕. II n. 阵容,序列,联盟,(有共同兴趣或宗旨的)一组人,(同一用途的)一批东西.(pl.)同相轴. *line-up test* 综合测试.

line-voltage n. 线电压.

line'width n. 行距〔宽〕,线幅〔宽〕,谱线宽度.

LINFT =linear foot 延英尺(lin. ft.).

lin'ger ['liŋgə] v. 拖延,经久不消〔融〕,徘徊不去,逗留〔匀〕.

lin'gering ['liŋgəriŋ] a. 拖延的,延长的,残留的,经久不消的. *lingering period* 逗留〔受激〕期.

lin'go ['liŋgou] (pl. *lin'goes*) n. ①专门术语;行话 ②难懂的术语,莫明其妙的语言者,隐语.

lin'got n. 金属锭.

lin'gua ['liŋgwə] (pl. *lin'guae*) n. 舌,语言. *lingua franca* 共同的语言,混合语.

lin'gual ['liŋgwəl] a.; n. 舌的,舌音(的,字母)的,语言的.

Lin'guaphone ['liŋgwəfoun] n. 用唱片进行语言教学的方法,灵格风.

lin'guiform a. 舌形(状)的.

linguini [liŋ'gwi:ni] n. 意大利面条(长薄而扁平).

lin'guist ['liŋgwist] n. 精通数国语言者,语言(学,研究)的.

linguis'tic(al) [liŋ'gwistik(əl)] a. 语言(学,研究)的.

linguistic'iam [liŋgwis'tifən] n. 语言学家.

linguis'tics [liŋ'gwistiks] n. 语言学.

lin'gulate ['liŋgjuleit] a. 舌状的.

lin'iment n. 涂抹油(剂),擦剂.

li'ning ['lainiŋ] n. 衬〔砌,垫,套,层,里,板,料,筒,带,片,皮〕,镶〔夹,砌,内,里,搪,包〕衬,垫板〔木〕,面料,覆盖,覆盖,涂层,挂里,气套,套筒,隔板〔挡板〕,轴瓦找正,定心,按线校准,(铁路的)拨〔整〕道. *brake lining* 闸衬(片),制动垫,阻尼衬,刹车垫,制动车面料,制动面,制动衬管. *clutch lining* 离合器摩擦片衬片. *lining bar* 垫杆,样棒. *lining board* 衬板. *lining peg board* 界标. *lining up* 使平直,使均匀,对准中心,校正,调整. *metal lining* (非电解)镀覆金属. *mold lining* 坩埚衬里. *tank lining* 槽衬里,电解槽内衬,油罐衬里.

li'ning-up n. 准备制造,试制,预加工,制备.

linishing n. (在抛光之前,用金刚砂之类磨料)擦光,条带磨磨.

LINIVA =linear instantaneous value 线性瞬时值.

link [liŋk] I n. ①(链,滑,连接)环,键,链〔连,节,路〕,铰链,铰接头,钢箍,关〔环〕节 ②杆(件)(连,拉)杆,连锁〔架〕,连接,连接场,连接片,月牙板 ③接续〔线,设备,部件,指令〕,(固定接线,隔离开关,中继线,耦合线),网络节(无线电通讯,无线电微波接力)线路,通信,耦合,线性关系 ⑤〔化〕键(合) ⑥令(测量用的长度单位) = 7.92 英寸 ⑦河道弯曲处 ⑧卧扇 ⑨要点. II v. 连接(起),联系(络),合以,同盟,结,联,咬合,连扣,环接,通信,联络. *cross link* 交键. *data link* 数据(自动)传输装置. *forked link* 叉形连杆. *fuse link* 保险丝(片). *guidance links* 制导中继装置. *link belt* 链带. *link block* 复接塞孔排,连接分程序. *link circuit* 链(耦电)电路,中继电路. *link coupling* 环节(圈,链)耦合. *link emitter* 环形发射极. *link field* 连接字段. *link lever* 连(摇,提)杆. *link line* 连路线. *link motion* 连杆运动. *link order* 耦合(连)指令. *link press* 联杆式压力机. *link receiver* 中继(接力)接收机. *link saddle* 滑动鞍,月牙座板(板鞍). *link stopper* 挡(撞)块. *linked complex* 环绕复形. *linked subroutine* 链式(闭型,闭合子)程序. *linked switch* 联动开关. *servo link* 助力传动装置,伺服系统. *U link* U 型夹头,U 形联接(链节)环. *wireless link* 无线电线路. ▲*link up (with)* (和⋯)连接,接合,结合,键合,联系.

link'age ['liŋkidʒ] n. ①连接(结,系,锁,锁链,接线)②联动(悬挂)装置,连环套,连杆(组,机构),拉(推)杆,联杆,连结,链锁,匝连 ③匝连电中继线路,子程序出入的连接指令 ④键(合),内聚 ⑤连锁遗传,亲缘关系. *brake linkage* 机械式制动联动机构,制动联杆,闸联动联杆. *chain-and-segment linkage* 分段传动装置. *clutch linkage* 离合器联动机构. *conjugated linkage* 共轭(匙合)键. *flux linkage* 磁通匝链数. *four-bar linkage* 四连杆机构. *interconnecting linkage* 相联键. *linkage coefficient* 环绕系数. *linkage computer* 连续动作(式)计算机,联动(连接)运算计算机. *linkage editor* 连接编辑,连锁编辑程序,装配程序. *sliding block linkage* 滑块链系.

linkage-mounted a. 悬挂式的.

link-edit n. 连接编辑.

lin'ker n. 连接(编辑)程序.

lin'king ['liŋkiŋ] n. ①连接,接合,联合,联锁,耦(咬)结,链)合 ②套口,连圈. *linking coefficient* 环绕系数. *linking route* 连接(路)线. *linking satellites* 对接卫星.

link'ing-up n. 接上,连接. *linking-up ship* 联络舰. *linking-up station* 中继电台.

link'-motion n. 联杆运动.

links [liŋks] n. 海岸草原,高尔夫球场.

links-and-links a. (针织品等)双反面组织的, *links-and-links machine* 双反面针织机,回复机.

links'land n. 海岸沉积沙带.

link'-transmitter n. 强方向射束发射机.

link'-up n. 连接(络),联系(络),合会,同盟.

link'work n. 链系,联动装置.

linn [lin] n. 瀑布,瀑布下的水潭,峭壁,溪谷.

linnaeite n. 硫钴矿.

Linnaeon n. 林奈种.

Linnaeus n. 林奈(瑞典植物学家).

Linneon n. =*Linnaeon* 林奈种.

lino'leate [li'nouliət] n. 亚(麻子)油酸盐(酯),十八碳二烯-9,12-酸.

linole'ic ac'id 亚油酸,蓖酸.

linole'nic ac'id 亚麻酸.

lino'leum [li'nouljəm] n. (亚麻)油毡,油地毡,漆(油)布.

linotape n. 浸漆绝缘布带,黄蜡带.

linotron n. 利诺管(一种产字码的阴极射线管).

li′notype ['lainoutaip] n. 费诺(条行)排铸机,行型活字铸造机,行型活字(印刷品). *linotype metal* 活字金,费诺排铸机铅字用合金(铅 84～86%,锑 11～12%,锡 3～5%).

linoxyn n. 氧化亚麻仁油.

LINS = ①lightweight inertial navigation system 轻型惯性导航系统. ②LORAN inertial system 劳兰远航仪惯性系统.

lin′seed ['linsi:d] n. 亚(胡)麻子,亚麻仁. *linseed oil* 亚麻(子,仁)油.

lin′seys n. 亚麻羊毛交织物.

lint [lint] n. ①棉花(绒,纤维),皮棉 ②(绷带用)亚麻布,绒布 ③纤维屑. *lint free cleaning cloth* 不起毛的擦光布.

lin′tel ['lintl] n. 楣,(孔,门,窗,炉口上承重的)(水平)横楣,过梁,(炉壁)横梁(托圈).

lin′ter ['lintə] n. ①棉毛,(pl.)棉绒纤维,棉短绒 ②轧(棉)毛机,棉绒除去器,剥绒机.

lint′less ['lintləs] a. (布)不起毛的.

lintol =lintel.

li′ny ['laini] a. 画线的,线(纹)多的,似线的,细的,有皱纹的,皱纹多的.

Linz-Donawitz process 氧气顶吹转炉炼钢法(LD 法).

Linz-Donawitz with ARBED and CNRM 喷石灰粉炼钢法.

LIODD = laser in-flight obstacle detection device 激光飞向目标障碍探测装置.

li′on ['laiən] n. ①狮子 ②勇猛的人,名人 ③(the Lion)【天】狮子座(宫). *lion indicator* (跨于活塞销上,观测连杆变形的)跨规. ▲ *the lion's share* 较(最)大部分.

lip [lip] n. ①唇(部),前(进口)唇,唇状物 (凹陷物)的边,(凸)缘,端,凸出部分 ②刀(切削)刃 ③法兰盘,端面帆(边)的嘴子,口承 ⑤挖斗前缘,铲土机舌瓣 ⑥有铰链的溜槽延伸部分 ⑦悬臂,支架 ⑧电缆吊线夹板 ⑨鱼鳞板,百页窗片. *cowl lip* 外壳前缘. *die lips* 压出机机头口型. *diffuser lip* 进气口压器的外壳(嘴). *lip angle* 唇(钻)缘)角. *lip clearance* 背(后)角. *lip curb* 唇状路缘. *lip hat section steel* 带卷帽型钢. *lip height* 唇缘高度. *lip loss* 进口边缘损失. *lip microphone* 唇用传声(微音)器,唇式碳粒传声器. *lip on lye reed* 笼籁唇. *lip pour ladle* 转包. *lip reed* 号类乐器. *lip (ring) packing* 带唇(边,缘)(环形)密封(件). *lip screen* 分级(阶段)筛. *lip Z steel* 带卷 Z 型钢. *oil seal lip* 油封叶唇,带唇边的密封件. *overflow lip* 溢口(缘)*lip* 密封唇,带唇边的密封件. *stationary lip* 固定颚板.▲*be steeped to the lips in* 深陷于…之中. *keep (carry, have) a stiff upper lip* 坚定不移,顽强不屈. *on the lips of* 在…流传,出自…之口,挂在…嘴边.

liparite n. 流纹岩.

liparoid a. 脂肪的,似脂的.

i′pase ['laipeis] n. 脂(肪)酶.

ip-deep a. 表面上的,无诚意的.

ipid(e) 或 lipin = lipoid.

ipidic a. 脂类(质)的.

ip′less a. 没有嘴(唇)的.

ip′-mike n. 唇式用传声(微音)器.

ip(o)- 〔词头〕脂肪的.

lipobactivirus n. 类脂噬菌体.

lipoclas′tic I a. 溶脂(解脂)的,分解脂肪的. II n. 脂溶物.

lipogen′esis n. 脂肪形成.

lipog′raphy [li'pɔgrəfi] n. (书写时)字母(或词)的脱漏.

lip′oid ['lipɔid] I n. 类脂(化合)物,类脂体. II a. 脂肪性的,类脂的.

lipoidosis n. 脂代谢障碍,脂沉积症.

lipol′ysis n. 脂类分解(作用).

lipolyt′ic a. (分)解脂(肪)的.

lipomato′sis n. 脂(肪)过多症.

lipophil′ic a. 亲脂的.

lipopho′bic a. 疏脂的.

lipophre′nia [laipo'fri:niə] n. 精神(神志)丧失.

lipoplast n. 脂质体.

lipopolysaccharide n. 脂多糖,脂聚糖.

lipopro′tein [lipo'prɔti:n] n. 脂蛋白.

lipopsyche n. 失神,气绝.

lipositol n. 肌醇磷脂.

liposol′uble a. 脂溶的.

liposome n. 脂质体.

liposthy′mia [laipo'θaimiə] n. 晕厥,昏倒.

lipot′rophy [li'pɔtrəfi] n. 脂肪增多.

lipovitellin n. 卵黄脂磷蛋白.

lipoxidase n. 脂(肪)氧合酶.

lipoxygenase n. 脂(肪)氧合酶.

Lipowitz alloy 利波维兹(低温易熔)合金(作保险丝等用,铅 35.5%,锡 10.2%,铋 44.6%,镉 9.7%).

lipped [lipt] a. 有嘴的,唇状的. *lipped joint* 唇状接合,半搭接.

lip-pour ladle 转包,带嘴浇包,唇注桶.

lipreder n. 线性预测声码器.

liq =liquid 液体.

liq′uate ['likweit] vt. 熔(解,融,化),熔(偏,离,铸)析,分离(浮渣),液化.

liqua′tion [li'kweiʃən] n. 熔(偏,液)析.

liquefa′cient [likwi'feiʃənt] I a. 冲淡的,液化的,溶解性的. II n. 熔解物,解凝剂.

liquefac′tion [likwi'fækʃən] n. ①液化(作用),变成液态,溶解(化) ②冲淡,稀释. *liquefaction failure* 液化破坏. *liquefac′tive* a.

liq′uefiable a. 可液化的,能熔化的.

liq′uefied a. 液化的,(变成)液态的,熔化的,冲淡的,稀释的. *liquified air* 液化空气. *liquefied petroleum gas* 液化石油气.

liq′uefier n. 液化器(机,剂),稀释剂,液化器操作工.

liq′uefy ['likwifai] v. ①液化,变成液态,溶解(化) ②冲淡,稀释. *liquefying gas* (待)液化气体.

liq′uefying-point n. 液化点.

liques′cence 或 liques′cency n. (可,易)液化性,可冲淡性.

liques′cent [li'kwesnt] a. 可(易)液化的,可冲淡的,变液的.

liqueur′ [li'kjuə] n. 混成(甜露)酒.

liq′uid ['likwid] I n. 液(体,态),流体. II a. 液(体,态)的,流动的,流动的,透明的,清澈的,不稳定的,易变的. *liquid annealing* 盐浴退火. *liquid assets* 流动资产. *liquid brake* 液力(压)制动器,液动闸. *liquid brightener* (镀镍)光亮水. *liquid brush* liq′uidate

rectifier 电解电刷整流器. liquid clutch 液体联轴节,液体[力]离合器. liquid compass 充液(体)罗盘,湿式罗盘. liquid condenser 液体介质电容器. liquid contraction 液态收缩. liquid coolant 冷却液. liquid crystal 液晶. liquid drier 液体催干剂,燥液. liquid flow zone 流动态区. liquid friction 粘结结构摩阻力,液相阻力. liquid fuse 充油保险器[丝],液体信管,液体熄弧保安器. liquid growth 液相生长. liquid head 液柱头. liquid limit apparatus 液限仪. liquid line 液相线. liquid logic circuit 液态逻辑电路. liquid measure 液量单位,液体测量器. liquid metal welding 浇注补焊. liquid packing 液密封. liquid paraffin 白油,无色蜡油,液态石蜡. liquid phase [phantom] 液相. liquid potential 液体接触[面]电位差. liquid power 汽油,液体燃料. liquid rectifier 电解整流器. liquid rheostat 液浸[液体]变阻器. liquid seal 液封,水封. liquid shrinkage 液态收缩. liquid slag 熔融渣. liquid steel 钢水. liquid whistle 液体警笛[一种超声波发生器]. make-up liquid 补充溶液. ～ly ad.

liq′uidate ['likwideit] v. ①液化,(使)变成液体,熔解[析],熔(化分)离 ②清理[算,除],偿还,结束,破产 ③肃清,消灭,取消. liquidated damages 违约罚金. liquida′tion n.

liquid-bath n. 熔浴[池],液池.
liquid-carburizing n. 液体渗碳.
liquid-compressed steel 液态挤压钢,加压凝固钢.
liquid-cooled a. 液冷(式)的,液体冷却的.
liquid-displacement meter 液体排代计.
liquid-drop model 液滴模型.
liquidensitom′eter n. 液体密度(校正)计.
liquid-expansion thermometer 或 liquid-filled thermometer 或 liquid-in-glass thermometer 液体温度计.
liquid-fired a. 烧液体燃料的.
liquid-flow equation 液体流动方程.
liquid′ity [li′kwiditi] n. 液性,流(动)性,流畅. liquidity index 液性[液化,流性]指数.
liq′uidize ['likwidaiz] vt. 使液化.
liquid-junction potential 液体接触电位.
liq′uidness n. 液态(状).
liq′uidoid ['likwidoid] n. 液相线.
liquidom′eter n. 液位计,液面(测量)计,液体流量计.
liquid-operated a. 液动的,液压的.
liquid-phase a. 液相的.
liquid-proof a. 不透水的.
liquid-sealed a. 液封的.
liquid-tight a. 液体不能透过的,不透液体的.
liq′uids ['likwidəs] Ⅰ n. 液(相)线,沸点曲线. Ⅱ a. 液体(相)的,液态的.
liquif(ic)a′tion n. 液化(作用),熔化,溶解,稀释.
liq′uifier n. 液化器[剂],稀释剂.
liq′uify ['likwifai] v. 液化,熔化,溶解,稀释.
liq′uogel n. 液状凝胶,液体胶.
liq′uor ['likə] Ⅰ n. 液(体,剂),(水)溶液,溶体,流体,碱液,酒(类),母液. Ⅱ v. 浸在液中,使溶解,用液态物质处理,给(鞋子,皮革等)上油. ammonia liquor 粗氨水. ammoniacal liquor 氨液. blow-off liquor 自蒸发溶液. cold-leach liquor 常温浸出液. liquor condensate 冷凝液. liquor cresolis 甲酚消毒液. liquor finish draw 湿法拉制. liquor finishing 钢丝染红处理(酸洗后,浸入硫酸铜和硫酸锡混合稀溶液中,表面产生一层铜锡薄膜). liquor room 配液室. mother liquor 母液. Not Good [Not-OK, NOK] liquor 次液,不合格溶液. spent steel pickle liquor 钢酸洗废液. supernatant liquor 澄清了的溶液.

liq′uorice ['likəris] n. 甘草.
lira ['liərə] n. (pl. lire 或 liras) 里拉(意大利货币单位).
lirellate a. 有脊(沟)的,脊(沟)状的.
L-iron n. 角铁.
LISA = ①linear systems analysis 线性系统分析 ②line impedance stabilization network 线路阻抗稳定网络.
Lis′bon ['lizbən] n. 里斯本(葡萄牙首都).
lisim′eter = lysimeter.
lisoloid a. (内)液(外)固胶体,固体乳胶.
LISP = list processor (data processing) 表格处理机(数据处理).
lis′som(e) ['lisəm] a. 柔软的,敏捷的,轻快的. lis′somely ad. lis′someness n.
list [list] Ⅰ n. ①表(格)册,一览[明细]表,目录(表),(清,名,价)目)单,说明 ②倾(斜,侧),倾向性 ③狭[布,木]条 ④布[织]边,边饰. Ⅱ v. ①列表[入,举],记入 ②编(目)[排,入],排列[成,入]表 ③镶[安]边 ④倾(斜,侧) ⑤听,愿意,想要. drawing list 图纸. general list 总清单. list edge 毛翘,[板材边缘上的]锡[屑]. list entry 登记输入口. list processing 编目处理. packing list 装箱[包装]单. spare parts list 备(用零)件表. ▲be listed at 列为. draw up [out] a list 编目录. make a list of 造表[册],编目录. top [lead] the list 占第一位,居首位.
lis′ten ['lisn] vi. ; n. ①听(倾,细)听,听取(取)[听(服)从. ▲listen for 等着听,听听(有否)…. listen in 收[倾]听,监[偷]听. listen in to … 收听…的广播. listen to (倾)听,服从. on the listen 在注意地听着.
lis′tener ['lisnə] n. ①听众,收[倾]听者,收音员 ②听声器. listener's echo 电话(受话者)回声.
lis′tener-in (pl. lis′teners-in) n. 无线电收听者.
lis′ten-in′ n. 监[收]听.
lis′tening ['lisniŋ] n. ①收(倾,监)听. Ⅰ a. 收听的,助听用的,注意的,留心的. listening device 听音机. listening gear 听音器. listening period 收听周期. listening post 情报收集中心,听音(潜听)哨,能监听无线电通讯的短波电台. listening room 试(监)听室. listening station 侦察敌人电子器材位置的无线电(或雷达)接收站,监听站.
listening-in n. 收(监)听(无线电,广播). listening-in device 潜听装置. listening-in line 监听(听话)线.
listening-post n. 听音哨.
lis′ter ['listə] n. ①制表人,编目者 ②双壁犁.

lis'terine ['listəri:n] n. 一种防腐溶液.
list'ing n. 列表,计入表中,编目,编排,排列,一览;倾斜,横倾;镶边. *listing spooler* 列表假脱机系统.
list'less ['listlis] a. 不留〔关〕心的,不注意的,不想活动的,无精打采的. ~**ly** ad. ~**ness** n.
Liston chopper 利斯顿式机械换向器.
LIT = low impedance transmission 低阻抗传输.
lit [lit] I light 的过去式和过去分词. I a. 照亮的,点着的. ▲*lit par lit intrusion* 间层侵入,夹层.
liter = litre.
lit'eral ['litərəl] I a. 文字(上)的,字面〔义〕(上)的,逐字的,按字句的,用字母代表的,严格〔确〕的,确确实实的,不加夸张的,朴实的,缺乏想像力的. I n.【计】(程序)文字,字面值,文字上的错误,印刷错误. *literal coefficient* 文字系数. *literal equation* 文字方程. *literal translation* 直译. ▲*in the literal sense of the word* 照字面的意思,实在,真正. ~**ity** n.
lit'eralize 或 **lit'eralise** ['litərəlaiz] vt. 照字面解释,拘泥字面.
lit'erally ad. ①字面上(地),照文义,逐字地 ②简直,实在(是),真正地,完全地. ▲*take too literally* 太拘泥于字面.
lit'erarily ad. 文学上,学术上.
lit'erariness n. 文学〔艺〕性.
lit'erary ['litərəri] a. 文学(上)的,从事写作的,著作的,书面的. *literary property* 著作权,版权.
lit'erate ['litərit] a.;n. 识字的(人),能阅读和写作的(人).
litera'tim [litə'reitim] (拉丁语) ad. 逐字,照字面,照原文.
litera'tion [litə'reiʃən] n. 缩略字.
lit'erator ['litəreitə] n. 作家,文人.
lit'erature ['litəritʃə] n. ①文学〔艺〕,文学作品 ②文献,著作,印刷品. *literature cited* 参考〔引用〕文献. *literature search* 文献检索.
lith-〔词头〕= litho-.
lithanode n. (铅蓄电池中)过氧化铅.
lith'arge ['liθɑ:dʒ] n. ①(一)氧化铅,密陀僧,铅黄,黄丹 ②正方铅矿.
Lithcarb atmosphere 锂蒸气保护气氛.
lithe [laið] 或 **lithe'some** ['laiðsəm] a. 柔软的,易弯(曲)的.
lithergol n. 液固混合推进剂.
lith'ia ['liθiə] n. 氧化锂,锂氧. *lithia mica* 锂云母. *lithia water* 锂盐矿水.
lith'ic ['liθik] a. ①石(制)的 ②锂的 ③(膀胱)结石的. *lithic era* 原始古代. *lithic facies* 岩相.
lith'ical ['liθikəl] a. 石质的.
lithicon storage tubes 硅存储管.
lithifac'tion n. 岩化(作用).
lithifica'tion n. 岩(矿,石)化(作用),成岩作用.
lithite n. 平衡石.
lith'ium ['liθiəm] n.【化】锂 Li.
lithiuma'tion [liθiə'meiʃən] n. 锂化,饮用水加锂.
lithium-loaded a. 用锂饱和的,载锂的.
LITHO = lithograph 石印品.
lith'o-〔词头〕石,岩石,锂.
litho felt 石印毡,印刷用毡.

litho oil 石印油.
lith'oclast ['liθoklæst] n. 碎石器.
lithoclas'tic a. 碎石的.
lithocon n. 硅存贮管.
lith'ocyst n. 晶胞胞.
lithofacies n. 岩相.
lithofrac'tion n. 岩裂作用.
lithogen'esis 或 **lithogen'esy** n. 造岩,岩石生成〔成因〕.
lithogenous a. 造岩的.
lith'ograph ['liθəɡrɑ:f] I n. 石版(印刷物),石印(品,画),金属版印刷(品). II v. (用)石(版)印(刷),平〔金属〕版印刷. ~**ic** a.
lithog'raphy [li'θəɡrəfi] n. 石(平,金属)版印刷术,石印术.
lith'oid a. 石质〔状,样〕的. *lithoid tufa* 石质华.
litholine n. 石油,原油.
litholog'ic(al) a. 岩性〔石〕的,岩石学的. *lithologic log* 岩性录井. *lithological map* 矿产地质图. *lithologic triangle* 岩相三角图.
lithol'ogy n. 岩性〔石〕学.
lith'omarge n. 密高岭土.
lithome'teor n. 大气中浮悬尘拉,大气尘粒.
lith'o-paper n. 石印纸.
lithophotog'raphy n. 光刻照相术.
lith'opone ['liθəpoun] n. 锌钡白,硫化亚铅,立德粉.
lith'oprint ['liθəuprint] vt. 用(照相)胶印法印刷,平版〔胶印法〕印刷品.
litho'sis n. 肺石屑病,石屑肺.
lithosol n. 石质土.
lith'osphere n. 地壳,岩(石)圈,岩石层,陆〔岩〕界,地球〔天体〕的固体部分.
lithospor'ic n. 石斑.
lithostratig'raphy n. 岩相层序.
lith'ostrome n. 均质岩层.
lith'otope n. 稳定沉积区〔状况〕.
lithotroph n. 无机营养菌.
Lithua'nia [liθju(:)'einjə] n. 立陶宛(苏联加盟共和国名).
Lithua'nian [liθju:'einjən] n.; a. 立陶宛人〔的,语〕.
lit'mus ['litməs] n. 石蕊(色素). *litmus paper* 石蕊(试)纸. ▲*litmus test* 决定性的试验〔考验〕.
lit'musless a. 中性的,既不肯定也不否定的.
litmus-paper n. 石蕊试纸.
LITR = low-intensity test reactor 低中子通量密度试验性反应堆.
li'tre ['li:tə] n. 升(容量单位,= 1000cm³). *litre flask* (一)升(量)瓶.
lit'ter ['litə] I n. ①杂乱,零乱 ②(杂乱的)废物,垃圾,碎屑,折角条 ③担架. II vt. 使杂乱,使乱七八糟(up),在…上乱扔〔丢〕废物,在…下零乱地堆满 (with). *litter bag* 废物袋. ▲*in a litter* 一片杂乱.
lit'ter-bin n. 废物箱,垃圾箱.
lit'teriness n. 杂乱.
lit'tery ['litəri] a. 杂〔零〕乱的,碎屑的,不整洁的.
lit'tle ['litl] I a. (比较级 *less* 或 *lesser*,最高级 *least*) ①小(型)的,细(幼,矮)小的. *a little house* 一座小房子. *little end* (连杆等)小头. ②(表示否定

语气)少,不多的,少量的,几乎没有,没有什么;(*a little*表示肯定语气)少量[许],一点[些],稍稍,略微,有几分. *a very simple device with little to go wrong* 一台非常简单但不太会出毛病的装置. *know little German* 不懂什么德语(比较 *know a little German* 懂一点德语). ③短暂的. *a little month to wait* 等待短短的一个月. ④破碎的,微不足道的,渺小的. Ⅲ (比较级 *less* 或 *lesser*,最高级 *least*) ad. ①少,(a little)稍许,一点儿. *a little before ten (o'clock)* 十点钟不到一点(儿) ②毫不,一点也不. *little know* 一点也不知道(比较 *know a little* 稍懂一点,也许知道一点). Ⅲ n. ①没有多少,(a little)一点,少量 ②短时间,短距离. ▲*a little better than* 比…稍微要好一点. *after a little* 经过一段时间[距离],过了一会儿. *as little as* 仅仅,只不过. *as little as 30 years ago* 仅仅三十年以前. *(be) of little value* 价值不大. *but little* 稍加,少许,没有什么. *by little and little* 逐渐地,一点一点地,慢慢地. *count for little* 无足轻重. *for a little* 暂时,一会儿,经过一段(短)时间[距离]. *go for little* 没有多少用处,几乎无效. *in little* 小型的,小规模的[地],缩小的. *little better than* (几乎)和…一样,与…(几乎)没有差别. *little M but N* 除 N 以外,几乎没有 M. *little by little* 逐渐地,一点一点地,慢慢地. *little if anything* 或 *little or no* [nothing]几乎[简直,实际上等于]没有的. *little less than* (几乎)不下于,大致与…相等. *little more than* 只不过(多一点),与…(几乎)没有差别,(几乎)等于,只是…多一点). *little short of* (几乎)近于. *make* [think] *little of* 认为…不很重要[价值不大],不以…为意,轻视,难于了解,不领会. *Many a little makes a mickle.* 积少成多. *no little* 不少(的),很多. *not a little* 不少(的),很多的,非常. *set little by* 轻视. *the little* 仅有的一点.

LITTLE【计】LITTLE 语言(用来生产不依赖机器的软件的一种系统程序设计语言)

little-Abner n. 轻便小型防空警戒雷达.
little-fuse bolometer 保险丝式(电阻)测辐射热计.
little-Joe n. 由发射处的无线电控制的近炸信管炸弹.
little-known a. 不出名的,很少有人知道的.
lit'tleness n. (细、短)小,少量.
lit'toral ['litərəl] Ⅰ a. 海滨的,沿海(岸)的,潮间带的,浅海(底)的. Ⅱ n. 海岸,滨海带,潮汐区. *littoral area* 潮汐(滨海)区. *littoral facies* 潮岸(滨海)相.
Litus n. 海滨群落,砂海滨.
lit'uus ['litjuəs] n. 连锁螺线.
litz wire 或 litzen wire 或 litzendraht wire 辫(织)(编)织,绞合,李兹)线.
Liumogen n. 琉鬼根磷光体.
livabil'ity n. 生命[活]力,成(存)活率.
liv'able ['livəbl] a. 适于居住的,过得有价值的.
~ness n.
LIVC = low input voltage converter 低输入电压变换器.
LIVCR = low input voltage conversion and regulation 低输入电压变换及调节.
live Ⅰ [liv] vi. ①住,生活,活着,(继续)生存[存在,活着],留存. Ⅱ vt. 过(…生活),渡过,实践,经历. ▲ *as I live* 或 *as sure as one lives* 的的确确. *live by* 靠…生活. *live in* 住进. *live off* 住在…之外,靠…生活(供养). *live on* 以…为生活. *live through* 度过,经受住. *live up to* 实行,达[做]到,与…相等. *live with* 同[共]处,承认,避免不了.
Ⅲ [laiv] a. ①活(跃,泼,动)的,有生命的,可变的,暂时的 ②燃烧的,烘热的精力充沛的 ③有效的,能起作用的 ④正在工作[使用]的,运转着的,能开动的,动力发动的,传动的 ④新鲜的,鲜艳的,还未用过的,天然的,未采掘的,原状的 ⑤充[通、带]电的,有电压的,装着炸药[可裂变物质]的,实弹的,相位的,有足够电力的,承压的,放射性的,对生命有危险的 ⑥配线中正接接地 ⑦(参加)实况播送的. *live axle* 动轴,活接头(有效,主动,传动)轴. Ⅳ ad. 在[从]表演现场,实[按]实况. *live beam pass* 开口梁形轧槽. *live broadcast* 现场直播,直播. *live camera* 现场(新颖)摄像机. *live center*(机床)活顶尖. *live circuit* 发性回路,带电(有电压)的电路. *live colour camera* 实况转播彩色电视摄像机. *live crude* 充气原油. *live coals* 烧红的煤块. *live end* 有效端,加电[工]端. *live firing* 实弹发射. *live graphite* 含铀块石墨. *live inject* [insert]实况节目播插. *live load*(力)负载,动(活)载荷,活(负)载,实用(工作)负载. *live machine* 可以使用的机器. *live parking lot* 停车不离车. *live pass* 工作孔型. *live pick-up* 直接录音,广播室(实况)广播. *live program* 实况(室内)广播(节目).直播节目. *live question* 当前的问题. *live radar information* 实时雷达信息. *live recording* 现场录音,(电影、电视)同期录制. *live roller(s)* 传[转]动辊. *live rolls* 滚轴运输机. *live room*(交)混(回)响室. *live shell* 实弹. *live spindle* 旋转主轴. *live steam* 直接蒸气,新[鲜蒸]气. *live stress* 活载应力. *live studio* 具有较好混响装置的播音室,活化播音室,实况广播室,混响播音[演播]室. *live studio transmission* 演播室直播. *live talent studio* 直接表演播音室. *live television broadcast* 实况(现场)电视广播. *live time* 实况转播时间. *live transmission* 实时传输,广播节目的直播. *live wire* 火线,通电(带电)线.

live-bottom furnace 单电极(炉底通电)电弧熔炼炉.
live-end n. 混响壁(演播室)反射板,屏风.
live'-farm'ing n. 畜牧业,养畜业.
live'-in a. 留宿的,寄居的,长住的.
live'lihood ['laivlihud] n. 生活[计]. ▲ *make* (*earn, gain*) *a livelihood* 谋生.
live'liness n. 活泼,生动,强烈,鲜明.
live'load n. 活(动力),实用,工作)负载.
live'long a. 漫长的,整个的.
live'ly ['laivli] Ⅰ a. 活泼的,鲜明的,生动的,热烈的,灵活的,动作迅速的,真实的. *lively coal* 易碎(成块的)煤. Ⅱ ad. 活泼地,轻快地. live'lily ad.
live'ness n. 生动,活跃度,混响度.
live-oak n. (植)常绿橡树.
live'-out a. 不留宿的.
liv'er ['livə] Ⅰ n. 阀,肝. Ⅱ v. 肝化,硬化,石油产品在管线中冷凝成块状. *liver oil* 肝油. *liver ore* 赤铜矿. *livered oil* 硬化油.

liv′er-fluke n. 肝吸虫.
live-roll table 传动辊道.
live-roller n. 传(转)动辊.
live-room n. (交)混(回)响室.
Liv′erpool [′livəpu:l] n. (英国)利物浦.
liv′er-rot n. 肝吸虫病.
liv′erstone [′livəstoun] n. 重晶石.
liv′erwort n. 藓类.
liv′ery [′livəri] n. ①伦敦同业公会会员 ②(出租马,马车的)马车行,马车房,各种车辆出租行 ③财产所有权的让渡(批准书).
lives I [laivz] life 的复数. II 见 live I.
live′stock n. 家畜,牲畜. livestock farm (畜)牧场. livestock population 牲畜头数,家畜存栏数.
live′stockman n. 畜牧业经营者,饲养员,养畜者.
livetin n. 卵黄蛋白.
liveweight n. 活重,体重. liveweight gain [increase] 增重.
liv′id [′livid] a. 铅(青灰)色的.
livid′ity [li′viditi] n. 铅(青灰)色.
liv′ing [′liviŋ] I a. ①活着的,生活的,有生命的,现存(代)的 ②在活动中的,使用着的,起作用的 ③活跃的,生动的,逼真的 ④未经采掘的. II n. 生活(存),活动. living polymer 活性高聚物,活性聚合物. living quarters 宿舍. living room 起居室. living wage 生活工资. ▲make a living 谋生,生存.
liv′ingstonite n. 硫汞锑矿.
LIVR = low input voltage regulation 低输入电压调节.
LIW = loss in weight 重量损失.
lixiv′ial [lik′siviəl] a. 浸出的,浸渍了的,去了碱的.
lixiv′iant n. 浸出(滤)剂[溶液].
lixiv′iate [lik′sivieit] vt. 浸出[析,滤,提,湿],溶滤,淋洗,去碱. lixivia′tion n.
lixiv′ium n. 灰(汁),碱(灰)液,浸出(滤)液.
LJ = life jacket 救生短上衣.
LJP = liquid junction potential 二液体界限位差,二液体边界电位差.
Lju′bljana [′lju:blja:na:] n. (南斯拉夫)卢布尔雅那.
LK = ①leak ②link.
LKD = locked 锁住的.
LKG = locking 锁定.
LKN = lock-in 锁定,同步.
LKR = locker 锁扣装置,可锁的小柜,冷藏间.
LKT = lookout 警戒.
LKUP = lock-up 锁住.
LKWASH = lock washer 锁紧垫圈.
LL = ①land lines 陆上通信[运输]线 ②leased line 专[租用]线 ③light load 轻荷载 ④light lock 暗室[箱]口的避光装置 ⑤lines 行 ⑥live load 实用[工作]负载,活载 ⑦low level 低标高[位],低电平[能级] ⑧lower left 下左 ⑨lower limit 下限.
L/L = lower limit 下限.
'll = will, shall(如 she'll, I'll 等).
LLC = ①liquid level control 液(位)面控制. ②liqui-dliquid chromatography 液-液色谱法.
LLI = liquid level indicator 液(位)面指示器.
LLL = low-level logic 低电平逻辑电路.
LLLTV = low light level television 微光电视.

Lloyd's [ləidz] n. (英国)劳埃德(船级)协会. A 1 at Lloyd's 第一流的,最好的 Lloyd's Register 劳埃德船舶年鉴. Lloyd's rule [length breadth, depth] 劳氏规范[长度,宽度,深度]. Lloyd's scantling numeral 劳氏船体构件尺寸指数.
LLQ = left lower quadrant 左下象限.
LLR = load limiting resistor 限制负载的电阻(器).
LLS = ①laser light source 激光光源 ②linear least-squares 线性最小二乘方 ③liquid level sensor 液面传感器.
LLT = long lead time (参考 lead 词目的 lead time 条).
LLTI = long lead time items (参考 lead 词目的 lead time 条).
LLW = lower low water 【港】低低潮.
LLWI = lower low water interval 【港】低低潮间隔.
LM = ①land mobile 地上移动(无线电设备) ②level meter 电平计 ③light metals 轻金属 ④linear modulation 线性调制 ⑤liquid metals 液态金属 ⑥liquid methane 液态甲烷 ⑦locator middle 中间定位器 ⑧lunar module 登月舱.
L/M = list of materials 材料单.
lm = ①limit 极限 ②lumen 流明(光通量单位) ③lumen range 流明范围.
lmd = logarithmic mean difference 对数平均(湿度)差.
LMEE = light military electrical equipment 轻型军用电设备.
L-meson 轻[L]介子.
LMF = ①liquid-metal fuel 液体金属燃料 ②low and medium frequency 低频及中频.
LMFR = liquid-metal-fueled reactor 液体金属燃料反应堆.
LMG = ①laser milling gauge 激光铣规 ②light machine gun 轻机关枪 ③liquid marsh gas 液化沼气 ④liquid methane gas 液态甲烷.
LMO = laser master oscillator 激光主控振荡器.
LMP = low melting point 低熔点.
LMS = ① laser mass spectrometer 激光质谱仪 ② least mass square 最小均方 ③ load matching switch 负载匹配开关.
LMT = ① length, mass, time 长度、质量、时间 ② length of mean turn 每匝的平均长度. ③local mean time 地方平(均)时,当地时间.
LMTD = logarithmic mean temperature difference 对数平均温差.
LN = ①line ②liquid nitrogen 液态氮 ③lot number 批号 ④natural logarithm 自然对数.
LNCHR = launcher 发射[起动]器.
LNG = liquefied natural gas 液态天然气.
LNR = last number 末号.
LNTL = lintel 楣,过梁.
LO = ①layout 布置 ②lift off 卸下,起飞 ③liquid oxygen 液氧 ④local oscillator 本机振荡器 ⑤locked open 锁定开着的 ⑥lock-on 锁住,自动跟踪 ⑦logical operation 逻辑操作[运算] ⑧low 低,低端 ⑨lubricating oil 润滑油.
L/O = lift off 卸下,起飞.
LOA = ①length overall 全长,总长 ②letter of agree-

ment 协定书 ③letter of offer and acceptance 交货验收单.

LOAC = low accuracy 低精[准]确度.

load [loud] *n.; v.* ①(荷,负)载,荷[载]重,载[负]荷,压力,负担,重物[锤] ②装(载,填,料,货,药,弹,满),加载[感,负荷],使(…)增加重量,用铅加重,充填[电,气],撑(入),(使)饱和 ③【计】装[送,写,输]入,寄存,取(送)数 ④一担[驮,车],装载[发电,工作]量,输沙率. *capacity* [*full*] *load* 满载. *coaxial dry load* 同轴电缆功率吸收器. *dead load* 恒载,静(荷)载,静重,静负荷,(结构)自重,(本)底[负]载. *draft load* 牵引力. *duplex-load* 双重装药. *edge* [*side*] *load* 边(缘荷)载. *excess load* 超[过]载. *gross load* 总[毛]重,总负载. *load admittance* 负载导纳. *load and go* 独立运算,(程序)装入并立即执行. *load and linkage editor* 装入连接编辑程序. *load automatic* 随负载变化自动作用的. *load bearing* 承载[重]. *load bearing frame* 承重支架. *load brake load* (超载)制动器,重锤闸. *load card* (磨成特殊形状的)凿孔卡. *load cell* 压力盒,测压仪,测力传感器,(液体)负载管,(石料压力试验用的)加载筒. *load classification number* (简写 L.C.N) 荷载分类指数. *load coil* 加感线圈. *load curve* 荷重[负载]曲线. *load date counter* 送入数据计数器. *load dispatcher* 供电调度员,配电员. *load displacement* 满载排水量. *load distance* 运距. *load double precision* (LDP) 双倍精度寄存. *load draught* 满载吃水. *load factor* (客)机坐位[位]利用率,装载因子,负载系数. *load gauge* 测荷仪. *load hopper* 装料漏斗. *load in bulk* 散装(荷载). *load indicator* 测力计,功率计. *load line* 装货吃水线. *load meter* 载荷计,测荷仪,轮毂测定仪,落地磅秤. *load mode* 传送(载)入,装入)方式. *load module* 寄存信息段(块),输入程序片,装配组件. *load negative operation* 存负操作. *load per second* 电波每秒通过的加感线圈数. *load point* 荷载作用点,【计】输入点,(磁带)信息起止点. *load point marker* 输入点标志,存存点符,读写位置标识. *load rate* 荷载率,单位荷载. *load ratio adjuster* 有载电压调整装置. *load real address* 送实地址. *load running* 满载运转. *load sharing matrix switch* 均分负载矩阵开关. *load spectra* 荷重光谱. *load stress* 载荷应力. *load test* 加[负]载试验. *load test on pile* 桩载试验. *load time* 存入时间. *load voltage* 工作[负载]电压. *load* (*water*) *line* 满载吃水线. *loaded beam* 承载(的)梁. *loaded length* 载荷长度. *loaded line* 加感线路. *loaded rubber* 填料橡胶. *loaded sheets* 填料纸. *loaded stock* 填料. *loaded weight* 装载重量. *military load* 战斗装药,炸药,军用载重. *net load* 净负载,有效载重. *no load* (车,转)电,无负荷. *no load test* 空[无]载试验. *on load* 加载(荷),在负载下,在应力状态下. *radial crushing load* 径向断裂载荷. *salt loaded* 用盐饱和了的. *shock* [*impact*] *load* 冲击载荷. *single* (*point*) *load* 单(点)荷载,集中荷载. *thrust load* 推力,轴向(压)力,轴向负载,冲刺压

力. *under load* 欠载. *uniformly loaded cable* 均匀加感电缆. ▲*be loaded with* 装[载](满)着. *load M on* [*onto*] *N* 把 M 加[装]到 N 上. *load up to* …加上负载[带上负荷],装载[满]. *load M with N* 给 M 加[装]上 N. *take a load* 负载,承重,消耗功率.

loadabil'ity [loudə'biliti] *n.* 载动能力.

load'age *n.* 装载量.

loadamat'ic *a.* 随负载变化自动作用的. *loadamatic control* 负载变化自动控制.

load-and-go *n.* 装入并执行,(程序)装入立即执行.

load-back method 反馈法.

load-bearing *n.; a.* 承载[重](的).

load-carrying *a.* 载重的,负荷的.

load-draught or **load-draft** *n.* 满载吃水.

load'ed ['loudid] *a.* 有负载的,加感的,填料的,荷重的,装着货的,装有弹药的,加重的,灌过铅的.

loaded-potentiometer function generator 加载电位计函数发生器.

load'er ['loudə] *n.* ①装载[料,卸]机,装填[料,药,弹]器,加载[料]器,【装入,承载]器,装料[搬运,自动储存送料]设备,【计】输入[装入,装配]程序 ②搬运[装卸]工,装弹者. *bucket loader* 斗式装载机,料罐卷扬装置. *cutter loader* 联合采煤机,装装(联合)机. *jib loader* 旋臂装货机. *loader routine* 【计】输入[装入]程序.

loader-digger *n.* 挖掘装载机.

loader-dozer *n.* 装载推土两用机.

load-factor *n.* 负载系数.

load'ing ['loudiŋ] *n.; a.* ①装填[料,运](的),加感(料,重)(的),上[送]料,负载(的),充电(的) ②荷(上)负载,载荷[工重](的),(车,船等装载的)货 ③【计】输入,装入(程序),装上磁带盘,存入(放) ④填充物,填料(磨具)堵塞,气体中灰尘的聚集 ⑤轴离子吸附于树脂上(离子交换). *coil loading* 加感. *coil loading car* 卷材装料小车. *gas loading* 气体填充. *lift loading* 升力分布. *loading attachment* 装载[上料]装置. *loading charges* 装船[货]费. *loading coil* 加感(延长,加长,负载)线圈. *loading coil spacing* 加感节距. *loading error* 【计】负载[加载,输入]误差,装配[装入]错误. *loading factor* 装载[安全,储备]系数. *loading gauge* 量载规,装载标准. *loading hat* 加感线圈帽. *loading in bulk* 散装. *loading line* 灌油管线. *loading manhole* (地下路线)装设加感线圈的进入孔. *loading material* 加感[加装]材料,填料. *loading plate* 装[承]载板. *loading program* [*routine*] 输入程序. *program loading* 程序调入. *salt loading* 用盐饱和. *thrust loading* 推力负荷,推重比,功率重量比.

load'-line *n.* 载货吃水线.

load'master *n.* 空中理货员.

loadom'eter *n.* 荷载(测力)计,测荷(压)仪,(称量载重汽车的)落地磅秤,轮载测定器.

load'-sharing *n.* 均分负载.

load'-shedding *n.* (电源过载时)切断某些线路的电源.

load'star ['loudsta:] *n.* ①北极星 ②指导原则,注意的目标.

load'stone ['loudstoun] *n.* ①(极)磁铁矿,天然磁石

load-supporting n. ;a. 承载(的).
load-up condition 负荷状态.
loaf [louf] I (pl. *loaves*) n. ①(一条)面包 ②个, 块. II v. 浪费时间, 混日子.
loam [loum] n. 沃土,(亚、细)粘土,亚砂土,壤土,垆垆土(),麻泥,(做铸模等用的)粘泥和砂等的混合物. *loam core* 泥芯. *loam mould* 泥[粘土]型. *red loam* 红壤. *sandy loam* 亚砂土,砂壤土.
loamifica'tion n. 壤质化.
loam'y ['loumi] a. 壤土(质)的,垆垆(质)的 *loamy soil* 壤土,垆垆土.
loan [loun] n. ; v. ①借出(物),借〔贷、放〕款,公债 ②外来语.
Loanda n. = Luanda.
loanee' [lou'ni:] n. 借入者,债务人.
loan'er n. 借出者,债权人,借用物.
loan'word n. 外来语.
loath [louθ] a. 不愿意的. ▲*be loath to* +*inf*. 不愿意(做). *nothing loath* 十分愿意.
loathe [louð] vt. 厌恶,不喜欢.
loath'ful 或 loath'some 或 loath'ly a. 讨厌的,可恶的[叶形]感.
loaves ['louvz] n. loaf 的复数.
LOBAR = long base line radar 长扫描行雷达.
lo'bate(d) ['loubeit(id)] a. 分裂的,有裂片的,叶状的,有叶的.
lob'by ['lɔbi] n. ①门〔走〕廊,穿堂,前〔大〕厅 ②休息〔接待〕室.
lobe [loub] n. ①凸起〔子、角、起部〕,突岀 ②叶(子、片),(天线方向图的)瓣,(辐射图 ③瓣(叶形轮),(气眼)鼓囊 ④正弦的(正,负)半周. *back lobe* (天线方向图的)后瓣. *cam lobe* 凸轮凸角. *four lobe cam* 四角形凸轮. *lobe chamber* 翼室. *lobe pattern* 波瓣方图. *lobe plate* 凸轮〔突起〕板. *lobe switching* (天线)波瓣(波束)转换.
lobed [loubd] a. 有突出部分的,叶形的. *lobed wheel* 叶形轮.
lobe'line n. 山梗烷醇酮,山梗菜碱,山梗碱.
lo'bing ['loubiŋ] n. ①天线射束(波束)的控制,天线扫探 ②圆柱的凸角. *conical lobing* 圆锥形扫探. *lobing antenna* 等信号区转换天线,波束可控天线. *lobing frequency* 锥形扫描时的调制频率. *lobing modulation* 扫描调制.
Lobito [lou'bi:tou] n. 洛比托(安哥拉港口).
lob'ster ['lɔbstə] n. ①飞机上所带的探寻敌人反干扰或雷达的设备 ②龙虾(肉).
lob'ular ['lɔbjulə] a. 小裂片(状)的,小叶片(状)的.
lob'ulus (pl. *lob'uli*) n. 小叶,翅瓣.
LOC = ①large optical cavity (laser) 大光腔激光器 ②launch operator's console 发射操纵者的仪表台 ③line of communication 通信线路 ④local 局部的,本地的,本机的 ⑤location 位〔配〕置,定位.
loc. cit. = *loco citato* (in the place cited) 〔拉丁语〕在上述引文中. *loc primo cit* = *loco primo citato* (= in the place first cited) 〔拉丁语〕在第一次引用文中.
lo'cal ['loukəl] I a. ①地方的,本〔当〕地的,市〔局〕内的,近郊的 ②局部的,狭隘的,本机〔身〕的 ③【数】轨迹的. II n. ①地方性,局限性,本地新闻 ②市郊列车,慢车 ③(事情发生的)场所,地点 ④工会地方分会. *local adjustment* 测站〔局部〕平差,局部调整. *local algebra* 定域代数. *local batch processing* 本地〔就地〕成批处理. *local battery* 本机(自给),局部电池. *local burst mode* 【计】局部分段式(传送). *local busy* 局部占线,市话忙. *local busy condition* 市话忙,市话占线. *local cable* 局内〔市话〕电缆. *local channel* 本地信道. *local contraction* 局部收缩. *local control* 局部控制(设), *local coupling* 定域耦合. *local derivative* 局部导数. *local exchange (switching) center* 地区内部交换中心. *local field theory* 定域场论. *local frequency* 本振频率. *local group* 本(近邻)星系群. *local jack* 应答塞孔,本席插孔. *local Lagrangian* 定域拉格朗日量. *local oscillation* 本机(身)振荡,本振. *local quench* 部分淬火. *local secondary line switch* 用户第二级寻线机. *local side* (接输入输出装置的)终端设备连接器. *local signal* 自局〔本地〕信号. *local source* 本地〔地方台〕信号源. *local standard time* 地方标准时间,区(域)时(间). *local station* 市内电话局,本地电台. *local supplies* 当地材料,当地供应物. *local (switching) center* 局部转接〔交换〕中心. *local train* 慢普通列)车. *local transmission line* 短距离传输线,市区传输线. *local trunk line* 局内〔地区、短距离〕中继线. *local UHF oscillator* 特高频本机振荡器.
local-at-fracture extension (试样的)集中〔局部相对〕破断伸长.
local-distant switch 本地-远距离转换开关,近程-远程开关.
locale' [lou'ka:l] n. 场所,地点.
lo'calise = localize.
lo'calised = localized.
lo'calism n. 方言,地方话.
local'ity [lou'kæliti] n. 地点〔区〕,局部,位置,方向〔位〕,现场,当地、场所、产地,所在地,定域性. *locality assumption* 定域性假设.
localizabil'ity n. 可局限性,可定域性,可定位性.
lo'calizable a. 可定位〔域〕的,可以限制于了局部的.
localiza'tion [loukəlai'zeiʃən] n. ①定位〔域〕,探测,(位置的)测定 ②局部(性),限制〔固定〕(在一区域),地方化,局部化,本地化. *local side*, 部位,单元. *fault localization* 故障寻找,探伤,障碍点测定,故障位置测定. *localization of disturbance* 确定扰动的位置,将扰动局部化. *localization of sound* 声源的测定,声音的定位. *selective localization* 选择性定位.
localizator = localizer.
lo'calize ['loukəlaiz] v. ①定位〔域〕,测〔确〕定(位置,部位),局部化,地方化 ②局限,把…限制〔固定〕在局部,把…限制在一区域,使局部化,集中.
lo'calized a. 局部〔限〕的,定域的,固定的. *localized high temperature* 局部高温.
lo'calizer n. 定位(探测)器,(着陆)指向标,定位信标,(飞机降落用)无线电信标,抑制剂. *localizer sector* 飞机降落用无线电信标区,定位器扇形区.

lo′cally *ad.* 局部地,在本地,当地. *locally available material* 当地(可用)材料. *locally connected* 局部连通的.

local-remote relay "本地"-"远区"转换继电器.

lo′cant *n.* 位次,位标.

Locarno [lou'ka:nou] *n.* (瑞士)洛迦诺(市)

locate′ [lou'keit] *vt.* ①探测[判明,确定,查出,找出](位置,数值),划出 ②【计】定位(线),放样 ③设置,安排,固定. *locate a flaw* 确定缺陷位置, *locate mode* 定位方(形)式. *locate statement* 定位语句. *locating pin* (定线)测针,(工件)定位销. *locating tab* 定位销. ▲*be located at* [*in*] 位于,放[座落]于.

loca′ter = locator.

loca′ting *n.* (工件)定位,定线,放样.

loca′tion [lou'keiʃən] *n.* ①定位[线],配[安]置,安装,探[勘]测,测定[位],标定 ②位置,地点[段],场所[地],现场部位 ③【计】(存储)单元,地址,选址 ④(pl.)定位件 ⑤(电影)外景,外景拍摄地(场) ⑥(车辆等)出租(契约). *even location* 偶数存储单元. *grade location* 坡度(路基)设计. *ground location* 地面测位. *job location* 施工现场(场所). *layout location* 定线. *location counter* 定位(地址,单元,指令)计数器. *location free procedure* 浮动过程. *location layout* 位置布置. *location of apparatus* 仪器的配置. *location of mistakes*【计】错误勘定. *location of root* 勘根(寻根)法. *location parameter* 位置[定位,测定]参数 *location pin* 定位销. *location problem* 布局问题. *location sound recording* 外出录音. *location survey* (定线)测量,勘测. *transition location* 转折(戾)点.

loca′tor [lou'keitə] *n.* 定位器,探测[测位,勘定,搜索]器,定位销,雷达. *echo locator* 回波跟踪器. *hole locator* 孔定位器. *locator of pipe* 摆管器. *locator variable* 定位(位置)变量. *mine locator* 探雷器,地雷探测器.

loch [lɔk 或 lɔx] *n.* (滨海)湖,海湾.

lochan *n.* 小滨海湖,池塘,贮水池.

lo′ci [′lousai] locus 的复数.

lock [lɔk] I *n.* ①锁(扣),闩,栓,塞,(水,船)闸门,闭锁(装置),保险(装置) ②联锁,锁定,锁闭,交通的闭塞,同步,牵行[引](频率),阀,锁定[定位]器 ③一撮头发,(羊毛等)一锁,【纺】毛撬. *air lock* 气塞,(沉箱)气闸,锁气室,(塑体表面的)气窝(穴,孔),缩孔. *air lock valve* 气阀[气锁安全]阀. *bolt lock* 螺栓保险. *gas lock* 气栓[塞]. *gun lock* 电子枪密封固定装置. *hydraulic lock* 液力粘着,(液柱)卡死现象,液压锁定,液阻塞. *ignition lock* 点火开关. *lock ahead unit* 先行控制部件. *lock bolt* 防松[紧]螺栓. *lock clamp* 销轴锁紧. *lock file* 封锁文件. *lock for sweep* 扫描同步. *lock gate* 闸门,锁闸. *lock knob* 锁钮. *lock nut* 防松[制动,锁紧,锁定,保险]螺母. *lock oil* 原油. *lock pin* 固定销,保险销. *lock rod* 锁杆位车厢隔音室,锁定区. *lock screw* 夹[锁]紧螺钉. *lock seam* 卷边连接缝,锁紧接缝. *lock seam sleeve* 接缝套管. *lock seaming dies* 卷边接合模.

lock sheet piling bar 带锁口的钢板桩. *lock test* 拘束[束缚],锁定,牵引]试验. *lock valve* 保险阀. *lock washer* 防松[锁紧,止动,弹簧]垫圈. *man lock* 人孔闸. *nut lock* 螺母锁紧. *nut lock bolt* 螺母锁紧螺栓. *phase lock* 相位同步. *pressure lock* 空气[气压]阀,压力栓. *valve lock* 阀簧抵座销,气门制销. *vapor lock* 汽塞[阻,封].

Ⅱ *v.* ①锁(定,住,紧),闭锁[合],关[封]闭,堵[闭]塞,卡住,固[销]定,定位,制动,刺住,保险 ②联锁,同步,牵引(频率),连[交]接 ③潜藏 ④自动跟踪捕准),紧抱住,捕捉,截获 ⑤通过[建造]水闸. *lock the recloser open* 使自动开关断开并锁定,把自动开关锁在开的位置. *locked coil wire rope* 密封钢丝绳. *locked groove* (录声盘上的)闭纹,周槽,同心(纹)槽. *locked in stress* 内应力. ▲*lock away* [*in*] 关[藏]起来. *lock in* 锁定[住],同步(牵引),(张弛振荡器的)捕捉. *lock in synchronism* 进入(锁定)同步. *lock* (M) *into* N (把M)固定在N中 *lock into the target* 捕捉[截获,瞄准]目标. *lock on* (onto) (开始)自动跟踪[锁准,捕获,捕捉],跟踪,锁定[住],跟踪,揪[钉]住…不放. *lock out* 关在门外,封闭[锁],闭塞,关厂,切断,分离,锁定,同步,松开[开,释放]. *lock out pulse* 同步脉冲. *lock, stock and barrel* 一古脑儿,统统,完全地. *lock up* 锁住,锁住,固定,封闭[固],潜藏,储藏[存].

lock′age [′lɔkidʒ] *n.* ①水闸高低度,闸程 ②水闸用材料,水闸通行税,过船闸 ③过闸,水闸通过 ④船闸系统(使用). *lockage water* 闸(内蓄)水.

locked-seam *a.* 潜缝的.

lock′er [′lɔkə] *n.* (有锁的小)橱,柜,箱,机架,室,冷藏间,夹紧,锁扣装置. *air locker* 气塞 *locker paper* 冷藏包装纸.

locker-er-plant *n.* 抽屉式冷柜.

lock-filers clamp 虎钳夹.

lock′-in *n.* 同步,锁定,入锁,封[门]锁,关进,捕获. *lock-in circuit* 自保(持)电路,锁定[强制同步]电路. *lock-in synchronism* 进入[牵入,锁定]同步. *lock-in* (*type*) *tube* 同步(电子)管,锁式管.

lock′ing *n.* 锁定,封闭,关闭,堵塞,制动,联锁,同步,连接,捕捉[获],跟踪. *corner locking* (*machine*) (木工)直角组接(机). *field locking* 场同步. *locking ball* (拨叉的)定位钢球. *locking bit* 封锁位. *locking circuit* 强制同步电路,锁定[保持]电路,自保线路. *locking clamp* 保险夹. *locking device* 锁扣[锁定,闭塞]装置,保险设备. *locking escape* 封锁,上锁换码,锁定转义. *locking key* 锁[止动]键,止动按钮,锁定字符. *locking lip* 锁住(环)圈的]制动唇. *locking magnet* 吸持[锁定]磁铁. *locking signal* 同步[锁定,禁止]信号. *locking washer* 防松[锁紧]垫圆. *locking wire* 锁紧用钢丝. *nut locking wire* 螺母锁紧丝. *route locking* 路由闭塞.

locking-type plug 锁式插头.

lock′jaw [′lɔkdʒɔ:] *n.* 锁颚病,破伤风.

lock′keeper 或 **locks′man** *n.* 船闸管理人.

lock′less *a.* 无锁的,无扇闸的.

lock′nut *n.* 防松[对开]螺母,自锁螺帽.

lock'-on n. 锁住〔定,位〕;跟踪,捕捉〔获〕;手柄,密封水底通道. *lock-on circuit* 受锁〔(强制)同步,锁定,自动跟踪〕电路,符合线路. *lock-on counter* 同步〔锁定,跟踪)计数器〔管〕. *radar lock-on* (用雷达)捕捉目标.

lock'out v.; n. ①切断,分离 ②闭〔封〕锁,锁定,停止,闭厂 ③失步,同步损失 ④加压舱. *lock-out circuit* 保持〔闭塞〕电路. *lock-out pulse* 失步脉冲. *lockout relay* 连锁〔保持,锁定〕继电器.

lock-over circuit 双稳态电路.

lock'pin n. 锁销.

lock'smith n. 锁匠.

lock'step n. 前后紧接、步伐一致的前进,因循守旧.

lock'up n. 锁(住,定),闭.

lock'washer n. 锁紧(防松)垫圈.

lock'wire n. 安全铁线.

lo'co ['loukou] n. (牵引)机车,火车头. *loco price* 当地交货价格.

loco citato ['loukousi'teitou] 〔拉丁语〕(在)上述引用文中.

loco sopra citato 〔拉丁语〕在前面所引证的地方,在前面提及的地方.

locofo'co [loukou'foukou] n. 摩擦火柴.

locomo'bile [louka'moubil] Ⅰ n. 自动机车,锅驼机. Ⅱ a. 自动推进的.

locomote' [louka'mout] vi. 走(移动),行进.

locomo'tion [louka'mouʃən] n. 运转(力),移动(力),交通机关,旅行.

lo'comotive ['loukamoutiv] Ⅰ n. (牵引)机车,火车头. Ⅱ a. (有)运转(力)的,(引起)运动的,移(机,行)动的. *A locomotive* 原子机车. *locomotive crane* 机车吊机,机车起重机. *locomotive engine* 机车,火车头. *locomotive oil* 汽缸油. *nuclear-powered locomotive* 核动力机车. *sled locomotive* 火箭滑轨拖车.

lo'comotiveness n. 变换位置方法,位置变换性能.

locomo'tory [louka'moutəri] a. 运动的,移动的,有运动能力的.

LOCOS = local oxidation of silicon 硅的局部氧化.

loc'tal ['ləktəl] a. 锁式的(电子管座或管脚). *loctal base* 锁式管底(座).

loc'ule n. 子囊腔.

lo'cus ['loukəs] (pl. *lo'ci*) n. ①(点的)轨迹,轨线,矢量图,圆图,几何轨迹,根轨迹,位〔色,焦〕点 ②(空间)位置,部(所)位,处所,场所,地点 ③中心 ④节,结. *root locus* 根轨迹. *spectral* 〔spectrum〕 *locus* 谱线轨迹. *stability loci* 稳定域,稳定性〔区〕界限. *transfer locus* 传递函数轨迹图. ▲*locus in quo* 当场,现场.

lo'cust ['loukəst] n. ①(刺)槐 ②蝗虫. *black locust* 刺槐. *Chinese locust* 槐木. *locust years* 艰苦岁月.

lo'cust-tree n. 槐(树).

locu'tion [lou'kju:ʃən] n. 措辞,说话法,语句,惯用语.

lode [loud] n. ①(含)矿脉,丰富的蕴藏 ②天然磁石 ③水路(排水沟. *lode ore* 脉矿.

lode'star ['loudsta:] n. ①北极星 ②指导原则,注意的中心.

lode'stone ['loudstoun] n. 磁石,天然磁铁,极磁铁矿,吸引人的东西.

lodge [lədʒ] Ⅰ n. 传达室,小屋. Ⅱ v. ①住(寄)宿,容纳 ②进入而固定,射入,打进,(筛孔)堵塞,沉淀〔积〕,积聚,堆积 ③提出(抗议等) ④交付,存放. ▲*lodge a protest against ...* 提出抗议. *lodge at* [in, with]住在,寄宿在. *lodge M in N* 使 M 进入并固定于 N,把 M 置于〔存放在〕N 里. *lodge M with N* 向 N 提出(申诉,起诉)M.

lodg(e)'ment ['lədʒmənt] n. ①堆积(物),沉淀,积(物),储存 ②寓所,寄宿处,立足点,据点 ③存放(物,处),提出. *permanent lodgment in the body* (放射性同位素)在机体中的长期储存.

lodg'ing ['lədʒiŋ] n. ①寄(住)宿 ②(常用 pl.)住房(处),寄宿处 ③(庄稼等的)倒伏.

lodging-house n. 公寓,宿舍.

lodox n. 微粉末磁铁.

Lodz [ludʒ] n. (波兰)罗兹(市).

loemol'ogy n. 传染病学.

lo'ess ['louis] n. 黄土,大孔性土. *loess flow* 黄土流. *secondary loess* 次生黄土.

loessal a. 黄土质的. *loessal soil* 黄土质土.

loes'sic a. 黄土的.

Lo-Ex n. 洛埃克斯硅铝合金,低膨胀系数合金(硅12~15%;镍,铜,镁,铁混量,其余铝).

LOF = ①line of force 力线 ②local oscillator filter 本机振荡器滤波器 ③local oscillator frequency 本机振荡器频率 ④lowest observed frequency 最低测得频率.

LOFAR = low-frequency acquisition and ranging 低频搜索与测距.

lo'-fi ['loufai] a.; n. 低度传真的(音域,重播,设备).

loft [lɔ:(f)t] Ⅰ n. 顶楼(层),阁楼,鸽舍. Ⅱ v. 放ส增进,促进,把...向上太空发射. *loft antenna* 顶棚〔屋顶〕天线. *loft drier* 箱式干燥器,干燥箱.

LOFT = low frequency radio telescope 低频射电望远镜.

loft-dried a. 风干的.

loft'ily ad. 高高地.

loft'ing n. 放样,理论模线的绘制.

Loftin-white amplifier n. 罗夫亭-怀特放大器(一种直接耦合的直流放大器).

lofts'man ['lɔftsmən] (pl. *lofts'men*) n. 放样员.

loft'y ['ləfti] a. 高(耸)的,极高的,崇高的,高级的,玄虚的.

log [lɔg] Ⅰ n. ①原〔圆〕木,圆(木)树,(未经刨削的)干材,大木料 ②(工作,航行)日记,记录(表),值班(保养,运行)记录,无线电台日志,履历书 ③测井(记录,曲线图),岩心记录 ④测程器(仪),计程仪,(汽车)行驶里程,航速表,测速计 ⑤(无线电台)节目单 ⑥锚定件 ⑦对数(符号) ⑧笨重的人. Ⅰ v. ①采伐,伐木 ②航行,记入航海日记,记录(记载结果),示速力,(以几海里的时速)航〔飞〕行 ③【计】存〔记〕入,联机. *air log* 航空日记. *formation analysis log* 地层分析测井曲线图. *graphic* 〔strip〕 *log* 岩性录井图. *hand log* (船速)手控测程器. *log chute* 流木滑槽. *log data* 钻井记录,测井曲线. *log drum* 【计】记录鼓. *log frame* 垂直框(木)架,多锯机. *log frequency sweep* 对数式频率扫描. *log haul-up* 架木机. *log line* 测程仪绳. *log i-f am-*

plifier 对数中频放大器. *log lock* 过木闸. *log paper*(半)对数坐标纸. *log pass* 筏道. *log pile* 圆木桩. *log scale* 对数标尺, 计算尺. *log sheet* 对数(座标记录)纸, 记录(日志)表, 记录卡片. *log spiral* 对数螺旋曲. *log tables* 对数表. *log washer* 分级槽, 洗矿机. *mud log* 泥浆电阻率测井. *optical log* 光学测程器. ▲ *heave* [throw] *the log* 用测程仪测船速. *log down* 【计】注销. *log in* 【计】请求联机. *log off* 【计】注销. *sail by the log* 用测程仪测船的位置.

log'afier n. 对数放大器.
logagnosia n. 言语不能, 失语症.
logagraphia n. 书写不能, 失写症.
logaphasis n. 示意不能, 达意不能, 运动性失语症.
log'arithm ['lɔgəriθəm] n. 对数 *logarithm integral* 积分对数. ▲ *take logarithm* (*to the base* 10)取(以10为底的)对数. *take the logarithm of* …取…的对数.
logarith'mic [lɔgə'riθmik] a. 对数(性, 式)的. *logarithmic diode* 对数(变换)型二极管. *logarithmic horn* 对数号筒[纸盆]. *logarithmic paper* 对数坐标纸. *logarithmic scale* 对数尺度[刻度, 标度, 标尺]. *logarithmic series* 对数级数. *logarithmic sine* 正弦对数. *logarithmic singularity* 对数性奇(异)点. *logarithmic strain* 对数应变. *logarithmic table* 对数表. *logarithmic viscosity number* 比浓对数粘度.
logarith'mically ad. 用对数, 对数(性)地.
logar'thmoid n. 广对数螺线.
logatom n. (试音用)音片.
logatome n. 音节.
log'book n. (航行, 工作)日记, 记录(本), 航程表, 履历书.
log-down 【计】注销.
loge =natural logarithm to the base e(以e为底的)自然对数.
logetronography n. 电子滤波术[选频术].
logged [lɔgd] a. 浸(湿)透的, 弄得笨重的, 记录的. *logged thickness* 钻井记录(地层)厚度.
logged-crib abutment 木笼桥台.
log'ger ['lɔgə] n. ①(自动)记录器, 代表读数自动记录装置, 工艺参数自动分析记录仪 ②测井仪, 对数校度仪, 有对数指示的测量仪 ③伐(锯)木工, 将圆木装车的机器. *data logger* 数据记录[输出]器, 数值记录表, 巡回检测器. *data logger checker* 数据输出校验器. *computing logger* 计算记录器. *radioactive logger* 放射性测井仪.
log'ging ['lɔgiŋ] n. 记录(仪器读数, 试验结果, 调谐位置) ②测井 ③【计】存(记)入, (请求)联机 ④阻塞 ⑤伐木(业, 量), 浮运木材. *logging in* 请求联机. *logging out* 退出系统. *mud logging* 泥浆录井. *water logging* 【核】水侵效应.
log'ic ['lɔdʒik] n. 逻辑(学, 部分), 电路, 线路. ②逻辑(条理)性, 推理(法), 必然的联系 ②威(压)力, 力量. I a. (合乎)逻辑(性)的, 合理的. I n. 上的. *logic add* 逻辑加, "或". *logic algebra* 逻辑代数. *logic circuit* 逻辑线路(电路). *logic coincidence element* 逻辑"与"元件. *logic difference* 逻辑异. *logic module* 逻辑微型组件. *logic multiply* 逻辑乘. *logic of modality* 模态逻辑. *logic product gate* "与"门. *logic unit* 运算部件, 运算器, 逻辑单元.

log'ical ['lɔdʒikəl] a. (合乎)逻辑的, 逻辑上的, 逻辑学的, 合理的. *logical add* 逻辑加, "或". *logical block* 逻辑块, 逻辑单元(部件, 组合). *logical circuit* 逻辑电路. *logical comparison* 逻辑比较. *logical design* 逻辑设计. *logical difference* 逻辑异. *logical I/O* 逻辑(输入)/(输)出. *logical multiply* 逻辑乘, "与". *logical operation* 逻辑运算. *logical "on"* 逻辑"或"(函数). *logical unit* 逻辑装置[部件, 元件].
logical'ity [lɔdʒi'kæliti] n. 逻辑性.
log'ically ad. 逻辑上, 合乎逻辑地. *logically equivalent* 逻辑等效(价). *logically true* 【计】永真, 永远真确, 逻辑正确(真实).
logic-arithmetic unit 逻辑运算器, 逻辑运算单元.
logic-controlled sequential computer 逻辑控制时序计算机.
logic-in-memory n. (具有)逻辑(功能的)存储器.
log'icism n. 逻辑主义.
log'icor =logic core 逻辑磁芯.
logic-sum gate "或"门.
log-in n. 【计】注册, 记入.
logis'tic [lou'dʒistik] I n. ①数理[符号]逻辑, 逻辑斯谛, 计算术 ②后勤 I a. ①逻辑的 ②计算的 ③(善于)计算的, 比例的 ④后勤的. *logistic curve* 增加(对数)曲线. *logistic spiral* 对数螺线. ~al a.
logis'tics n. 后勤(学), 后勤务, 输给系统.
logit n. ①分对数 ②(1952年提出用来代替decibel分贝的名称)洛吉.
log'itron n. 磁性逻辑元件.
log-log n. 两坐标轴全用对数的比例图. *log-log paper* 双对数坐标纸. *log-log plot* 双对数座标图. *log-log scale* 重对数图尺[尺度].
log'normal a. 对数正态.
log'-off n. 【计】注销.
log'ogram n. 病情说明图表.
logom'eter n. 电流比(率)计, 比率表.
logon n. 构成信息的一个单位, 注册, 记入.
log'otype ['lɔgoutaip] n. ①连合活字, 洛格铅字合金 ②(广告等用的)标识.
log'out n. 事件记录, 记录事件发生, 事件发生文件, 运行记录, 注销. *limited channel logout* 限定通道记录输出.
log-raft n. 木筏.
log'rolling ['lɔgrouliŋ] n. ①滚木头, 搬运木材 ②互助, 互相捧场.
log'-ship n. 扇形计程板, 手用测程器.
log'way n. 筏道.
log'wood ['lɔgwud] n. 苏(方)木, 苏方树.
lo'gy ['lougi] a. 迟缓的, 弹性不足的.
Lohys n. 洛伊斯硅钢片(含硅2%).
loi =limit of impurities 杂质限度.
loid [lɔid] n.; v. (用)万能锁卡(开门).
loin [lɔin] n. 腰(部, 肉).

loi′ter [′lɔitə] v. ①闲逛,耽搁,待机,虚度(时间) ②指定高度不定方向的巡航.
loi′terer [′lɔitərə] n. 闲混(逛)的人.
loktal base 锁式管座.
Lola n. (斯坦福粒子高频分离器模型)罗拉.
loll v. 负惰性横倾.
lol′ly ice [′lɔli ais] n. 海上浮冰,海岸冰.
LOM =①LASER optical modulator 激光光学调制器 ②list of modifications 更改清单.
lomasome n. 质膜外泡.
Lomé [lou′mei] n. 洛美(多哥首都).
lon =longitude 经度.
Lon′don [′lʌndən] n. 伦敦(英国首都). *London Club* 伦敦俱乐部(核燃料供应集团). *London pattern* (pollution)(以煤烟污染大气为主的)伦敦污染型. *London smoke* 暗灰色.
Lon′donderry [′lʌndədəri] n. 伦敦德里(英国港口).
lone [loun] a. ①孤(独)的,单独的 ②无人烟的,人迹稀少的. *lone electron pair* 或 *lone pair electron* 未共(享)电子对. *lone flight* 单独飞行.
lone′ly [′lounli] a. 孤独,人迹稀少的,荒凉的.
long =①longitude 经度 ②longitudinal 经度的,纵的.
long [lɔŋ] Ⅰ a. ①长(久,期,远,时间,距离)的,过(冗)长的,远(距离)的,缓慢的,长久的,多位的 ②…以上上,众多的,充足的,大的,长于…的(on). Ⅱ ad. 长(好)久,长期以来,久已,始终,遥远地. Ⅲ n. 全长,长期间(时间,距离). Ⅳ vi. 渴望,极想. *a road 30 miles long* 长达30英里的道路. *a square one meter long on each side* 边长 1m 的正方形. *long acceleration* 长期加速度. *Long Beach* (美国)长滩(市). *long burst* 长时间的脉冲,慢扫描电视中扫描的长描正程. *long column* 长柱(长度>20倍直径). *long counter* 长(全波)计数器(管). *long distillate* 宽馏份. *long dozen* 十三个. *long duration test* 耐久试验. *long echo* 延迟回波. *long eye auger* 深眼木钻. *long feed* 纵向进给(进刀). *long flat nose pliers* 尖嘴钳. *long floating point* 多倍精度浮点. *long haul* 远程运送,长运距. *long haul call* 长途通话. *long hundred* 一百二十,一百多. *long hundredweight* 长吨(=112磅). *long normal* 长电位曲线,长电位电极系测井. *long note* 远期票据. *long number* 长数,多位数字. *long offset recording* 大偏移距记录. *long oil* 长油(的,度)(含油量多的,油份30～60加仑). *long oil varnish* 油性清漆. *long playing* [声]慢转. *long precision* [计]多倍精度[字长]. *long radius* 大[长]半径. *long range* 远射程,长距离,远距离通信. *long response time* 慢反应(大惯性仪器). *long run test* 长期(连续)试验. *long sheet* 记录表,记录卡片. *long shot* 远投(射),(看起来不大可能是正确的)猜[预]测,远景[摄]. *long shunt winding* 长并激绕组. *long ton* 长吨,英吨(=2240磅=1.016t). *long wet spells* 长期潮湿天气. *longs and shorts* 长短砌合. ▲*a little longer* 再…一会儿,稍长一点(时间),稍(久)[迟]. *a long dozen* 十三个. *a long hundred* 一百二十. *a long ton* 长[英]吨(=2240磅). *a long way* 远距离,巨大差别,悬殊. *a long way off* 离得很远. *all day long* 整天. *all one′s life long* 终身,一辈子. *as broad as it is long* 宽都一样,终究是一样. *as long ago as* 早[远]在…就(已). *as long as* 只要…之久,…有多久,长达. *at long last* 久而久之,终于,最后. *at (the) longest* 最晚,最久,至多. *be long about* 慢吞吞地做,做…耽搁时间. *be long in* +ing 很不容易,好容易才,很久才. *before long* 不久(以后),很快. *(for) a long time* 好久. *for long* 长久. *have not long to live* 活不长的,长不了的. *in the long run* 从长远看来(终究),归根到底,结局[果],到底,到末了. *long after* 在…以后很久. *long (, long) ago* 很早以前,久远. *long before* 很久以前,在…以前很久,远在…以前. *long for* 渴望. *long odds* 悬殊,相差很远. *long price* 高价,昂贵. *long sight* 好眼力(光),洞察力. *long since* 很久以前(早就),久已. *no longer* 不(能)再,已不. *not … any longer* (已)不再,已不. *not long since* 近来,就在不久以前. *so long as* 只要. *take long to* +inf. 花很长时间(才)(做成). *The long and the short of it (is that)* 概括地说,是这样的,归结起来,是…
long′-ago′ a. 从前的,昔昔的.
long′-await′ed a. 期待已久的.
long-base-multiple-blade drag 长底盘多刃刮路机.
long-chain n. 长链.
longdal log washer 回转板式洗矿机.
long-date(d) a. 长期的,远期的.
long-decayed a. 长寿命的,长半衰期的.
long′-dis′tance a. 长途的,长途电话的,远程的,远[长]距离的. *long-distance aids* 远距无线电导航(辅助)设备,(无线电)远程导航设备.
long-drawn 或 **long-drawn-out** a. 拉长的,长期的.
long′-dura′tion n. 长期(荷载). *long-duration satellite* 长寿命运转卫星.
longer-lived a. 寿命较长的.
lon′geron [′lɔndʒərɔn] n. (纵,大)梁,干骨.
longest-lived a. 寿命最长的.
longe′val [lɔn′dʒi:vəl] a. 长命的,耐久的.
longev′ity [lɔn′dʒeviti] n. ①长寿(命)的,寿命,存活力,耐久性,使用期限持久性 ②长期供职,资历.
long-half-life a. 长半衰期的,长寿命的.
long′-hand [′lɔŋhænd] n. 普通写法.
long-haul a. 长运距的,远距离的,远程的.
longim′etry n. 测距法.
long′ing [′lɔŋiŋ] n. 渴望,极想. *have (a) longing for …* 渴望[极想]…. ~**ly** ad.
long-irradiated a. 长时间照射的.
long′ish [′lɔŋiʃ] a. 稍长的.
longisporin n. 长孢菌素.
lon′gitude [′lɔndʒitju:d] n. 经度(线),[天]黄经,横距. *celestial longitude* 天文经度,黄经. *east longitude* 东经. *longitude circle* 黄经[子午]圈.
longitu′dinal [lɔndʒi′tju:dinl] Ⅰ a. ①经度(线)的,长度的 ②纵(向)的,轴向的 Ⅱ n. 纵梁,(pl.)小梁,纵枕木,阔栅. *longitudinal crack* 纵(向)裂(缝,隙). *longitudinal parking* 平行停车. *longitudinal pro-*

file 〔section〕纵断面,纵剖面(图). *longitudinal separation* 纵向间隔,前后距离,(同高度的飞机间)航程距离. ~ly ad.

long′-last′ing a. 耐用〔久〕的,长寿命的.
long-leaf pine 长叶松.
long-life a. 长(寿)命的,使用期限长的,经久耐用的.
long-line n. (预应力)长线法. *long-line currents* 电流线. *long-line effect* 长线效应. *long-line pre-stressed concrete* 长线法〔先张法〕预应力混凝土. *long-line production process* 长线〔预加应力〕法.
long-lived a. 长(寿)命的,使用期限长的,经久耐用的.
longn =longeron 纵(大)梁.
long-on a. 丰富的,供应充足的.
long-period a. 长(寿)命的,长期的.
long-playing record 慢转〔密纹〕唱片.
long-radius n.;a. 大半径(的).
long-range a. 远程〔距〕的,长距离〔射程〕的,作用半径大的,广大范围的,长期〔远〕的,广泛的. *long-range order parameter* 长程序参数. *long-range particles* 长射程粒子.
long-rectangular-wave generator 长矩形脉冲〔长矩形波〕发生器.
long-run a. 长期的,将来一定会发生的.
long′shore 〔'lɔŋʃɔː〕a. 海岸边的. *longshore bar* 沿海岸洲.
longshoreman n. 码头工人.
long′-shot I a. 甚小的,渺茫的. II n. 远拍摄.
long′-sight′ed a. 眼力好的,有远见的,远视的.
long-slot coupler n. 长(缝)耦合器.
long′-stand′ing a. 长期存在的,长期间的.
long′stop n. 检查员,检查机.
long-sustained a. 持续的,持久的.
long-tailed pair 差动放大器,长尾对,发射极耦合晶体管对,阴极耦合推挽级.
long′-term a. 长期〔远〕的,远期的. *long-term afterimage* 长期保留残像,(靶面)烙上图像.
long′-time a. 长期的,持久的. *long-time base* 测长距扫描,长时基.
longue haleine 〔'lɔːŋgæ'lein〕〔法语〕(一口)长气. ▲ *a work of* 〔de〕 *longue haleine* 需要长期努力的工作.
longulite n. 长联锥晶,联珠晶子.
long′ways 或 **long′wise** ad. 纵长地.
lonneal n. (钢丝绳)低温回火.
loob n. 碎锡矿渣.
look 〔luk〕I v. ①看,查看,弄明白,注意,留神,预期,期待 ②看来像是,貌似,显得〔露〕③(朝,向)朝(着). II n. ①(一)看,查看,调查 ②外观,样子,(模)样,面貌. *look ahead control* 先行控制. *look box* 观察孔. *look check* 〔计〕回送校验. *looking glass* 窥镜. *Look if it is right* 查查对不对. *These chemical reactions look* (*as if they were*) *simple.* 这些化学反应看上去(仿佛很)简单. *The house looks* (*to the*) *south.* 这房屋朝南. ▲ *look about* 东张西望,四顾,警戒,查看情况,(四处)寻找,考虑. *look after* 照顾应,料,关心,注意,监督,目送,寻求. *look ahead* 考虑未来,预作准备,超前. *look ahead for*〔to〕为…预作准备,预见到,预期,盼望. *look around* = look round. *look as if* 看起来像,似乎,仿佛. *look at* 注视,看,考察,考虑,检查,审阅,着眼于. *look back* 回头,回顾,回忆,追溯. *look down* 下降,降落. *look down on*〔upon〕轻(蔑)视,瞧不起. *look for* 寻找,寻求,期望〔待〕,查看. *look forward to* 盼〔指〕望,期待,展望. *look in*(顺便)看望,随便看看,往里看. *look into*(往里)窥视,观察,调查,浏览. *look like*(看来)像,好像是(要). *look on*(把…)看作 (as),观望,旁观,面向(对). *look out* 当心,注意,提防,照料(看),找(挑)出 (for),往外看. *look over* 从…上面看过去,(大致)看过目,(逐步)查阅〔看〕,检查,忽略. *look round* 环顾,到处寻找 (for),(事前)仔细考虑,游览,察看. *look sharp* 非常留心,赶快. *look through* 透过…观察,看穿,浏览,通读一遍,彻底调查,仔细检阅,审核,由…看出. *look to* 往…看去,注意,朝向,照应,指望. *look to... as ...* 把…看作…. *look to ... for...* 指望〔依赖〕…得到. *look to ... to* + *inf.* 指望〔依赖〕…(做). *look to be*(看上去)像是〔有〕. *look* (*to it*) *that* 注意,当心(别). *look to see* 查看一下. *look toward*(s) 指(倾,趋,朝)向,往…看去,预计到,为…作好准备,期待,指望. *look up* 检查,查(阅),探求,看望,仰视,上涨,好转,查寻. *look up on* = look on. *Look you!* 注意! *upon the look* 在找寻着.

look-ahead adder 前视〔监督〕加法器.
look-aside memory 【计】后备存储器.
look-at-me n. 中断信号. *look-at-me function* 中断功能.
look-back test 回送检查.
look′er 〔'lukə〕n. 观看的人,检查员.
look′er-on′ 〔'lukər'ɔn〕(pl. *look′ers-on*′) n. 旁观者.
look′-in n. 观察,(顺便)拜访.
look′ing-glass 〔'lukiŋglɑːs〕I n. 镜子,窥镜. II a. 完全颠倒翻转的,乱七八糟的.
look′out 〔'luk'aut〕I n. ①警戒,注意,监视 ②了望台〔员〕,监视哨(台,所),望楼,观察处 ③景色,远景,前途 ④任务,工作. *look-out angle* 视(界)角. *look-out station* 观察站. ▲ *keep*〔*take*〕*a* (*good, sharp*) *lookout for* 小心提防,注意,戒备. *on the look-out for* 注意,警戒.
look′-over n. 粗略的一看.
look-through n. 透视,监听.
look′-up n. 检查,搜索,查表,扫掠.
loom 〔luːm〕I n. ①织(布)机 ②桨(橹,橹柄)③翼肋部部 ②隐隐显见的形象 ⑤保护管〔套〕. II vt. ①在…中隐约出现 (through, up through)②(危险,困难)迫近,快要发生. *loom motor* 织布机用电话. *loom oil* 织机油,重锭子油. ▲ *loom large* 显得严重,威胁着.
loom′ing n. 海市蜃楼,上现蜃景.
loop 〔luːp〕I n. ①环(口),圈,回,环,框,(窄,小)(狭)孔,洞,穴 ②环路(线,道),回路(线),电(回)路,周线,旁通导管,线(圈),环形天线,封闭系统,〔计〕循环,程序中一组指令的重复 ③(波)腹,波腹,纽(形)环,座(弯)线,弯曲,弹簧 ④活套(轧制形成的轧材),筋从. II v. ①(形)成圈〔环〕,打成卷,把(导线)连成回路,作孔,(用圈)围住,(用环)约系

②形成活套,活套轧制,防止活套折叠,循环,成旋涡〔涡流〕,翻筋斗,环状飞行,使作环状运动. *box loop* 环形天线. *closed loop* 闭合回路〔电路,回线,环路〕. *feedback loop* 反馈电路. *film loop* 影片框. *hysteresis loop* 滞后环,滞后〔磁滞〕回线,平衡障碍. *loop a line* 环路法连接线路. *loop alignment error* (环状天线引起的)方位误差,环形(天线)调整误差. *loop amplitude* 圈图振幅. *loop asymptote* 回环渐近线. *loop bar* 环头杆. *loop body* 循环节,循环本体. *loop box* 环路箱,【计】变址寄存器. *loop capacitance* 耦合环状电容. *loop checking system* 回路〔线,送〕校验系统. *loop circuit* 闭回路,封闭线. *loop control* 环路控制,穿孔带指令控制. *loop coupling* 感应耦合. *loop cut* 纽形剖线. *loop detector* 环形天线式测车器,涨力弯,膨胀管图. *loop expansion pipe* 补偿管. *loop film* 电影循环片. *loop filter* 环路滤波器. *loop head* 循环头,循环入口. *loop impulse* (自动交换机的)回线脉冲. *loop inversion* 循环反演. *loop line* 环形线路〔路,线〕,绕线(路). *loop range* 环形天线式全向无线电信标. *loop receiver* 探向〔环形天线〕接收机. *loop seal* 环(形)封(口),盘封. *loop size* 【计】积带长度. *loop stop* 循环停机. *loop storage* 环状磁带存储,闭环存贮器. *loop strength* 互判强度. *loop table* 转台,循环表. *loop traverse* 闭合导线. *loop tape recorder* 循环磁带录音机. *loop wire* 环(回)线. *looped filament* 环状(环形)灯丝. *negative loop* 指示图的负值部分. *open loop* 开口(非闭合)回路,开环(路). *spiral loop* 可调环形天线, 【航】螺旋圈飞. *test loop* 试验〔测试〕回路,环形试验管道,试验用环形天线. *voltage loop* 电压腹点. ▲*loop M around N* 把(环形物M)穿〔套,绕〕在N上.

loop-coupled *a*. 环耦合的.

loop'er *n*. 打环装置,环顶器,【轧】活套挑,撑套器,防折器,【纺】套口机,弯纱线.

loop-excitation function 回线激发函数.

loop-free *a*. 无回路〔循环〕的.

loop'ful *a*. 全环的.

loop'hole ['lu:phoul] *n*. ①环(枪)眼,窥〔透光,换气〕孔,窄窗 ②漏洞.

loop'ing *n*. (构,使)成环(形),成圈,打成卷,闭合导线观测. *looping channel* 卷取沟槽〔井道〕,环线. *looping floor* 转环地面. *looping mill* 线材滚轧机,环轧机. *looping test* (钢丝)打结试验. *looping trough* 围盘.

loop'ing-in' *n*. 环形安装,形成回〔环〕路.

loop-locked *a*. (带有)闭(合)环的.

loo'py ['lu:pi] *a*. 多圈的,一圈一圈的,糊涂的.

loose [lu:s] **I** *a*. ①松(散,弛,动)的,不紧的,未固定的,没有被固定〔紧固〕的 ②散开(粒,装)的,不密的(稀)淅的,疏松的,(染料等)易脱的 ③空转的,无负荷的 ④自由(流动)的,游离的,无拘束的,未加束缚的,不稳定的 ⑤可变的,不精确的 ⑥宽松的,不严密的 ⑦不切切的,不明确的,粗(眼,略)的. **II** *ad*. 松(散,弛)地,不精确地,不紧凑地. **III** *n*. 解放,发射,活动〔插入式〕定位销 **IV** *v*. . 释放,松〔解〕开,放松〔掉,枪〕,疏松,松土,起瞄. *loose bush* 可换〔活动〕衬套. *loose cable* 松纸包电缆. *loose cavity plate* 带空腔活动板模. *loose change gear* 可互换变速齿轮. *loose circuit* 松(弱)耦合电路. *loose coal* 疏松煤,易破碎的煤. *loose contact* 不良接触,接触松动,松接触. *loose coupling* 弱(疏,松弛)耦合,松联结. *loose fit* 松(动)配合,让配合. *loose flange* 松动(套)凸缘,松套法兰盘. *loose frame type* 活套框架式. *loose framing* (排列)过疏成帧. *loose goods* 松散货物. *loose headstock* 随转尾座. *loose list* 松弛表. *loose measure* 粗测,(按)松(容量计)量. *loose membrane* 疏松膜,疏松层滤器. *loose oxidation products* 不稳定氧化产物. *loose packed* 散装. *loose pattern* 【铸】粗制〔实物〕模型. *loose piece* 【铸】芯盒〔木模活块. *loose pin* 导向(定心)销,活动(插入式)定位销. *loose pulley* 游(滑)轮,惰轮,空转〔套〕(皮带)轮,独立滑车. *loose sand* 散砂. *loose shot* (图面保持相当余裕的)松摄(镜头). *loose socket* 平滑离合器. *loose soil* 松(散)土. *loose tongue* 嵌入榫,合板钉. *loose wheel* 游滑轮. ▲*break loose* 挣〔逃〕脱,迸发出来. *cast loose* 解(绳). *come loose* 松动,得松. *let* 〔*set*〕 *loose* 放松〔走〕,开〔释〕放,发出. *sit loose* 不注意,忽视. *turn loose* 释放,放掉,发射,开火. *work loose* (螺钉)松掉〔动).

loose-flowing *a*. 缓缓流着的,轻轻飘着的.

loose-jointed *a*. (绞链)可拆开的,(关节)活络的.

loose'-leaf' *a*. 活页的.

loose'ly *ad*. 松(散,弛)地,宽松地,不精确地,不严格地,大概. *loosely bound* 松结合的,不密的.

loosely-spread *a*. 未捣实的(混凝土).

loos'en ['lu:sn] *v*. 弄松,松〔解〕开,分散,放松〔宽〕,(变)松散〔弛〕,弛缓. *loosened concrete* 已损坏的混凝土. *loosened oxide* 疏松的氧化层,碎鳞. ▲*loosen off* 拆(拧)下.

loose'ness ['lu:snis] *n*. 松度,松动(弛,劲),疏松,释放;缓慢.

loose-packed *a*. 散装的,不严密包装的.

loose-plate transfer mold 活板式传递塑模.

loot [lu:t] *v*. *n*. 掠夺(物),抢劫,赃物.

LOP = ①line of position 位置〔定位,目标〕线 ②lubricating oil pump 润滑油泵.

lop [lɔp] *Ⅰ v*. ①(松弛地)垂下,(使)下垂 ②摇摇晃晃,东倒西歪,不稳 ③修剪,砍(去),裁短(away, off) ④割裂,删除 ⑤缓慢. **I** *n*. 砍伐,砍下的树枝,柴捆.

loparite *n*. 铈铌钙钛矿.

loping *n*. 脉动(输送石油产品).

LOPO = low power water boiler 小功率沸腾式反应堆.

lopolith *n*. 岩盆.

lop'per *n*. 砍除器,斩波器. *amplitude lopper* 限幅器.

lop'ping *n*. 摇摇晃晃,东倒西歪,不稳,晃动.

lop'py *a*. 下〔低〕垂的.

loprotron *n*. 整流射线管,射束开关管.

lop'sided ['lɔpsaidid] a. 倾斜(边)的,歪斜的,倾向一方的,不平衡的,不均(对)称的,偏重的,一边倒的. *lopsided diagram* 偏重图. ~ly ad. ~ness n.

lo'quat ['loukwɔt] n. 枇杷(树).

LOR = ① low frequency omnidirectional radio range 低频全向无线电信标 ② low frequency omnidirectional range 低频全向作用距离.

lor = lorryborne 卡车运输的.

Lorac = long-range accuracy system 罗拉克(远程精密,精密无线电,双曲线相位)导航系统,罗拉克定位系统.

Lorad n. 罗拉德远距离探测系统,罗拉德方位测定器,远程精确测位器.

Lor'an ['lɔræn] n. (= long range navigation) 远程(无线电导)导航(系统),远程双曲线导航系统,劳兰系统,劳兰远航仪. *Loran chart* 罗兰航海图. *Loran cytlac* 劳兰 C (远程) 导航装置. *Loran guidance* 劳兰制导,远程制导(一种双曲线制导). *Loran indicator* 劳兰显示管,远距导航指示器. *sky-wave synchronized loran* 天波同步远程雷达导航系统.

lorandite n. 红铊矿.

loranskite n. 钇钽矿.

lord [lɔːd] n. ①主人 ② 君主,贵族,勋爵,长官. *the First Lord of the Admiralty* (英国)海军大臣,海军部长. *the First Lord of the Treasury* (英国)国家财政委员会主任. *the Lord Mayor of London* 伦敦市长. ▲ **lord it over** 对…称王称霸,对…作威作福.

lord'ly ['lɔːdli] a. ①豪华的,贵族似的 ② 傲慢的,无礼的.

lore [lɔː] n. (专门,特殊科目的)知识,(特殊的)学问.

Lorentz coil 笼形(洛伦兹)线圈.

Lorentz-covariant n. 洛伦兹协变量(式).

Lorentzian n. 洛伦兹函数.

lorenzenite n. 硅钠钛矿.

loretin n. 试铁灵.

Lorhumb line 洛latitude布导航网的时间变更线.

loricated pipe 内部涂有沥青的管子.

Lorraine' [lɔ'rein] n. (法国)洛林(地区).

lor'ry ['lɔri] n. ①卡(货)车,载重(运货)汽车,运输车 ② 手(矿)车,推(运)料车 ③平台(长形)四轮车 ④载货飞机. *flying lorry* 运货飞机. *lorry loader* 自动装卸机. *lorry rail (track)* 手车轨道. *lorry tyre* 载重车胎. *motor lorry* 载重(运货)汽车. *tank lorry* 油罐汽车,槽车.

lorry-mounted a. 悬挂在载重汽车上的,悬挂在汽车底盘上的. *lorry-mounted crane* 汽车吊,起重汽车.

LORSAC = long-range submarine communications 远程潜水艇通信.

LOS = ① line of sight 视线,瞄准线 ② lunar orbiter spacecraft 月球轨道宇宙飞行器.

Los An'geles [lɔs'ændʒiləs] n. (美国)洛杉矶(市). *Los Angeles (pollution) pattern* (以汽车排放废气污染大气为主的)洛杉矶污染型. *Los Angeles rattler* 洛杉矶(石料)滚碎机.

los'able ['luːzəbl] a. 易失去的,能被失去的.

Loschmidt number 或 **Loschmidt constant** 洛喜米特(常)数 N_L (一立方米理想气体在标准温度和压强下的分子数).

lose [luːz] (**lost, lost**) v. ①失(去,落),损(丧,遗,丢)失,减少,降低 ②白(浪)费 ③错过,漏过(看,听),摆脱,误(车),抓不住,迷失(路) ④失败 ⑤(钟表)走得慢. ▲ **lose an opportunity** 错过机会. **lose no time in** + *ing*. 及时(做);抓紧时间(做),不失时机(做). **lose one's grip** 再也抓不住,松开. **lose oneself** 迷路,消失. **lose oneself in** 埋头(专心)于. **lose one's labour** 白化(浪费)劳动力. **lose out** 失去,输. **lose sight of** 忘记,忽略,再也看(望)不见. **lose time** 延误,失去时机. **M lose N to P M** 把N 传(丢)给 P; M 失去 N 并把 N 传给 P. **lose track of** … 不知…之所在(的情况). *There is not a moment to lose.* 一分钟也不能浪费.

los'er ['luːzə] n. 失主,损(遗)失者,失败者,损失物.

los'ing ['luːziŋ] a., n. 失败(的),损失(的).

loss [lɔ(ː)s] n. ①损失(耗,害,伤),亏(烧)损,衰减,吸收损失,减少(小,下降,降低 ②丧(遗,丢)失,灭亡 ③错过,浪费,漏失,逸散,废料 ④失败(利) ⑤【计】拒服式(对顾客不能立即服务的方式). *aperture loss* 孔径失真. *blood loss* 失血,出血. *bus voltage loss* 母线电压损失. *coincidence loss* 符合误差(损失). *counting loss* 计数损失,漏计数. *hydrogen loss* 氢还原减重,氢损法. *loss angle* 损耗角. *loss by solution* 溶失量. *loss call* 未接通的呼叫. *loss free conditions* 无损失条件. *loss in weight* 失重. *loss modulation* 耗损(吸收)调制. *loss of (in) head* 水头(压失,落差)损失,水头损失,(水)位(抑)损. *loss of hearing* 听觉缺失,聋. *loss of (in) information* 无报道. *loss of life* 使用期缩短,寿命缩短. *loss of memory* 记忆缺失,健忘. *loss of picture lock* 图象失锁. *loss of power* 电源损耗,功率损失. *loss of pressure* 压力下降(损失). *loss of signal* 信号丢失. *loss of weight* 失重. *loss on ignition* 烧失量,烧蚀(超过100℃时的). *loss through standing* 储存时损失. *loss time* 损耗(空载)时间. *packing loss* 敛集亏损. ▲(**a**) **loss of** 损失. **at a loss** 亏本,贴钱,困惑,不知所措. **be at a loss to** + *inf*. (对做什么)感到迷惑(为难,不知所措). **be at a loss for a word (words)** 找不到恰当字眼,不知怎样解释才好. **loss in** (…方面的)损失. **without (any) loss of time** 即刻,马上,毫不迟延地. **without loss** 毫无损失(耗)地.

loss-delay system 混合(等待-延滞)系统.

loss'er n. 衰减器. *losser circurt* 损耗电路.

loss'-free 或 **loss'less** a. 无损耗(失)的.

loss'maker n. 亏本生意;不断亏损的企业.

loss-of-charge method 电荷漏减法.

loss-on-heating test 加热损失试验.

loss'y a. 有损(耗)的,有损失的,漏失的,耗散(能量)的. *design of lossy filters* 有损滤波器的设计.

lost [lɔst] Ⅰ v. *lose* 的过去式和过去分词. Ⅱ a. ①损失的,丧损的,失去的,灭亡的,无益的,徒劳的,迷路的,浪费掉的 ②无感觉的,徒劳所措的,迷失的. *lost count* 略去的读数,漏计数. *lost head* 切头.

lost-wax 水头损失. *lost head nail for shoes* 大头鞋钉. *lost labour* 徒劳. *lost material* 磨损〔损耗〕的材料. *lost motion* 无效运动,空动. *lost pulse* 漏失脉冲. *lost surface* 磨掉的面层. *lost velocity head* 速度头损失. *lost wax (process)* 失蜡(精密)铸造. ▲ *be lost* 迷路. *be lost in* 埋头〔专心〕于. *be lost on 〔upon〕* 对…不起作用〔没有影响〕. *be lost to…* 不再受…影响,感觉不到…,耗费在…上. *be lost to sight* 再也看不见了,消失了.

lost-wax moulding n. 熔模〔失蜡〕法造型.

lot [lɔt] Ⅰ n. ①(一)组〔批,块,群,类,套,份〕,批〔大〕量,许多 ②地块〔区,段,皮〕,一块地,分段,场地,畜栏 ③分配器 ④命运. Ⅰ vt. 划分,分垛〔给,配〕,抽签. *lot plan* 地段图. *lot production* 大批〔批量〕生产. *lot size* 批量. *parking lot* 停车场〔区〕. ▲ *a good 〔great〕 lot* 大量,很多. *a lot* 非常,大量,很多,…得多. *a lot of* 很多,许多的,大量的,一块〔地〕,一套. *by 〔in〕 lots* 分堆〔包,组〕. *have neither part nor lot in* 同…一点关系也没有,未参与. *It falls to the lot of … to + inf.* 得由…来(负责做),(做)的责任就落在…的头上. *lots of* 或 *lots and lots (of)* 很多的,大量的. *quite a lot (of)* 相当多,很多,非常. *the (whole) lot* 全部〔体〕,总量.

lo-temp = low temperature 低温.

loth [louθ] a. = loath.

lotio n. 〔拉丁语〕洗液,洗剂,涂剂.

lo′tion [′louʃən] n. 洗〔涂〕剂,洗液,洗净,涂剂.

lot′tery [′lɔtəri] n. 彩票,不可靠〔不能预测〕的事. *great lottery* 虚无飘渺的事.

lo′tus [′loutəs] n. 荷〔花,莲〕(花),莲师.

Lotus alloy 洛特斯铅锑锡轴承合金(铅75%,锑15%,锡10%).

loud [laud] Ⅰ a. 大(高)声的,响亮的,强调的,坚持的,难闻的. *loud dot* 响点. *loud trailer* 大功率指向性扬声器. Ⅰ ad. 响亮地,大声地.

loud′-hail′er [′laud′heilə] n. 强力扬声器.

loud′ly [′laudli] ad. 响亮地.

loud′ness [′laudnis] n. 高〔大〕声,响度,音量. *loudness contours* 等响线.

loud′ness-level n. 响(度)级.

loud-pedal vt. 坚持…的调子.

loud′speak′er [′laud′spi:kə] n. 扩音〔扩声〕器,喇叭.
loudspeaker microphone (内部通信用)对讲机.
loudspeaker monitor 监听扬声器.

loud-speaking telephone 扬声电话机.

loudspeaking (telephone) receiver 扩音受话器.

lough [lɔk] n. (爱尔兰的)湖,港湾.

Louis [′lu:i] n. 路易. *Port Louis* 路易港(毛里求斯首都).

Louisian′a [lu:izi′ænə] n. (美国)路易斯安那(州).

Louisville [′lu:i′ivil] n. (美国)路易斯维尔(市).

lounge [laundʒ] n. 休息(文娱)室,起居室,客厅.
lounge antenna 室内垂直偶极(子)天线.

loup(e) n. 不定形铁块.

loupe [lu:p] n. (小型)放大镜.

Lourenco Marques [lər′ensou′mɑ:k] n. 洛伦索马贵斯(莫桑比克首都).

louse [laus] (pl. *lice*) n. ①虱 ②寄生虫 ③可鄙的人.

louse-borne a. 虱传播的.

louver 或 **louvre** [′lu:və] n. ①(汽车的)放热〔气〕孔 ②(通风用)天(地),放气,(固定)百页,屋脊管,屋檐,气缝,屋顶上的气楼,窗〔栅,鱼鳞〕板,隔栅 ③发动机盖 ④防直射灯罩. *louver board* 散热片. *louver lighting* 隔栅照明,(光眾用白色格栅遮住的)散光照明.

lovable [′lʌvəbl] a. 可爱的. ~*ness* n. *lovably* ad.

love [lʌv] v. t. n. ①爱(好,情),热爱,喜欢 ②【体】零分. *love all* 零比零. ▲*for the love of* 为了…起见. *love of …* 对…的爱好. *not for love or money* 无论怎样也不,无论出什么代价也不.

lovely [′lʌvli] Ⅰ a. 可爱的,好看的,优美的. Ⅰ n. 漂亮的东西.

lovozerite n. 基性岩石.

low [lou] Ⅰ a. 低(级,声,廉,度)的,浅的,弱〔小〕的,矮的,轻的,少的,下部的,不足的. Ⅰ ad. 低,在低处,向低下(的位置),低声(价). Ⅰ n. 最低限度〔记录〕,低点〔温,水平,数字,排档〕,低速齿轮,低频,低水准,低气压(区),初速,最小分数. *heat low* 热低压. *in low* 凹窝. *low ABM and high MIRV* 小规模配置反导导弹和大规模配置分导多弹头导弹. *low access* 慢速存取. *low baking* 低温烘烤.
low beam 车灯的短焦距光. *low bracket gasoline* 低辛烷值车用汽油. *low brake* 低速闸,低速制动器.
low brass 下等黄铜. *low built car* 低重心车辆.
low crown 低路拱,横坡小的路拱. *low distortion* 轻度失真. *low doped* 轻掺杂的. *low emission* 弱放射〔发射〕. *low flash* 低温闪蒸. *low gear* 低(排,速)档,低齿轮(传动). *low head* 低水头. *low key* 低音调键,暗色调图像调节器. *low key lighting* 阴暗色调照明.
low key tone (图象)阴暗色调. *low level code* 初级程序,初级码. *low limit* 最小限度〔尺寸〕,下限.
low-lying 低(洼,标高)的,位置地势很低的. *low order* 低位(阶,次). *low pitch cone roof* 低倾度锥形顶盖. *low shot* 仰视拍摄,低摄. *low speed neutron* 慢中子. *low spot* 低处,坑洞,车辙. *low steel* 低碳钢. *low sun gear* 低速恒星齿轮. *low water* 低水位,低潮. *low wines* 松节油蒸馏水分. ▲*as low as* 低到…(就已). *at lowest* 至少,最低. *(be) low in* 缺乏,含…最低的,(…方面)低的. *bring low* 减少,降低,恶化. *have a low opinion of* 轻视,认为…不好. *lie low* 平躺,隐匿,潜伏. *run low* 快用完了,减少.

low′-activ′ity a. 弱放射性,低放射性水平.

low-alloy a. 低合金的.

low-altitude defence 低空防御.

low-and-high-pass filter 带阻〔带除〕滤波器,高低通滤波器.

low-angle a. 小俯冲角的.

low-ash a. 低灰分的.

low-blast furnace 低压鼓风炉,低压高炉.

low-boiler n. 低沸化合物.

low-boiling a. 低沸(点)的,沸点低的,低温沸腾的.

low-boom n. (桁架)下弦.

low-c circuit 小电容电路.

low-carbon *a.* 低碳的.
low-density *a.* 密度低的. *low-density code* 低密度码. *low-density method*【冶】低电流密度(锌电积)法.
low-duty *a.* 轻型的,小功率(工作状态)的,小容量的,力量弱的. *low-duty-cycle switch* 短时工作〔瞬时转换〕开关.
low-end *a.* 低级的.
low′-en′ergy *a.* 低能的,非穿透的,软的(辐射). *low-energy orbit* 最telow轨道.
low′er ['louə] Ⅰ *low* 的比较级. Ⅰ *a.* 下(游,面,层,级,等)的,低(级,部)的,(日期)较近的,【地】早期的. Ⅲ *v.* 降低(下,落),放低(下),跌落,减低〔弱,少〕,削弱. *lower accumulator* 下限累加器. *lower approximate* 偏小近似值. *lower apse* 近星点. *lower bound* 下(低)界. *lower boundary* 下边〔境〕界. *lower case* (印刷)小写字体. *lower cut* 粗切削. *lower die* 下压模. *lower gate* 下游闸门. *lower limit* 下限. *lower melting alloy* 易熔合金. *lower member* 低级物. *lower plastic limit* 塑性下限,下塑限. *lower pressure limit* 低压极限. *lower red heat* 暗红色. *lower sample* 下层试样. ▲*lower ... into place* 〔position〕把…往下放到应有的位置.
lower-case *n.; a.* 小写(的,字).
low′ering Ⅰ *n.* 降低,下降,低下. Ⅱ *a.* 阴天的,昏暗的.
low′er-key′ *a.* 较低强度的.
low′ermost *a.* 最低(下)的.
low′est *a.* 最低(下,小)的. *lowest common denominator* 最小(低)公分母. *lowest common multiple* 最小(低)公倍数. *lowest order* 最低位.
low-expansion *a.* 小膨胀系数的.
low-flash Ⅰ *a.* 低闪(光)点的. Ⅱ *n.* 低温发火,低温闪蒸.
low-freezing *a.* 低凝结〔固〕点的,低结晶温度的.
low-frequency *a.* 低频(率)的.
low-gear *n.* 慢速(低速)齿轮.
low-grade *a.* 低(等)级的,低(质量〔品位〕)的,(热度等)低的,次〔劣〕等的,轻度的. Ⅱ *n.* 平缓坡度.
low-gravity fuel 轻〔低比重〕燃料.
low-head *a.* 低扬程的,低压头的.
low-hearth *n.* 精炼炉床.
low-heat-duty clay 低熔点粘土.
low-intensity *a.* 低强度的.
low-key(ed) *a.* 低调的,有节制的.
low′land ['lоuland] *n.* 低地(的),低洼地.
low-lead *a.* 低铅的,含铅少的.
low′-lev′el *a.* 低(能)级的,低标高〔标准,水平,电平,放射性水平〕的,初级的. *low-level bus* 低底盘公共汽车. *low-level cracking* 轻度裂化. *low-level defence* 低空防御. *low-level detection* 低能级检测,低功率检波,低空探测,低电平信号的检波. *low-level railway* 地下铁道.
low-lift pump 低压泵.
low-light *a.* 低照度的.
low′ly ['louli] *a.; ad.* 谦逊,普通,平凡,低低(下)地,低级的.

low-lying *a.* 低(注,标高)的,位置(地势)很低的. *low-lying area* 〔ground, land〕低地. *low-lying excited state* 低受激态.
low-melting-alloy *n.* 易熔(低熔点)合金.
low-melting-point *n.* 低熔点.
low-moisture *a.* 低水分的.
low-oil alarm 低油位警报.
low-order *a.* 低位(阶,次)的.
lowpass Ⅰ *a.* 低通的. Ⅱ *n.* 低通(滤波器). *low-pass filter* 低通滤波器. *low-pass filter section* 低频滤波器节.
low-performance equipment 低性能设备.
low-phosphorous *a.* 低磷的.
low-powered *a.* 小(低)功率的,装有小型发动机的.
low-pressure *a.* 低压的,松松的.
low-proof *a.* 酒精成分低的.
low-purity *a.* 不纯的,低纯度的,污染了的.
low-quality *a.* 低质量的.
low-rank fuel 低级燃料.
low-rate code 低(信息)率码.
low-reading thermometer 低温温度计.
Lowrer *n.* 罗兰导航系统.
low-resistance *a.* 低阻力(电阻)的.
low-rise *a.* 层数少而无电梯的(楼房).
lows *n.* 低频.
low-set *a.* 矮胖的.
low-side roller-mill 低面滚磨机.
low-silicon *a.* 低硅的.
low-sintering *a.* 低温烧结的.
Lowson technique 洛森技术,高频设备调谐技术.
low-sounding horn 低音喇叭.
low-suction controller 抽吸过程中的最低压力调节器.
low-tension *a.* 低电压的.
low-test-gasoline *n.* 低级汽油.
low-thermo metal 低熔点合金.
low-valence 或 **low-valency** *n.* 低价.
low-valent *a.* 低价的.
low-volatile coal 低挥发分煤.
low-volatility fuel 低挥发分燃料,重质燃料.
low-voltage *n.; a.* 低(电压)的.
low-water *a.* 低水位的,低潮的.
low-wing *n.* 低(下)翼.
lox [lɔks] Ⅰ *n.* 液(体)氧(气). Ⅱ *v.* 加注液氧.
LO-X = low thermal expansion 低热膨胀.
loxic *a.* 扭转的,斜弯的,斜扭的.
lox′odrome ['lɔksədroum] *n.* ①斜航(曲线),等(航)线,斜驶线,方位线 ②【天】恒向线. *loxodrome curve* 斜驶曲线.
loxodrom′ic(al) [lɔksə'drɔmik(əl)] *a.* 斜航〔驶〕的. *loxodromic line* 斜驶线,等角线,斜〔等角〕航线. *loxodromic spiral* 斜驶螺线.
loxodrom′ics 或 **loxodromy** *n.* 斜航法.
loxo′sis *n.* 斜位.
loxot′ic *a.* 斜(弯)的,倾斜的.
lox′ygen *n.* 液氧.
loy′al ['lоiəl] *a.* 忠诚(实)的. ～**ly** *ad.* ～**ness** *n.*
loy′alty ['lоiəlti] *n.* 忠实〔诚〕,守法.
Loyang ['lоu'jɑŋ] *n.* 洛阳.

loz′enge [ˈlɔzindʒ] *n.*; *a.* ①菱形(物,的) ②锭[片]剂,药片.

LP = ① laminated plastics 层压塑料 ② laminated polyethylene film 分层聚乙烯片 ③ limited production 有限生产 ④ linear programming 线性规划 ⑤ linear polarization 线偏振 ⑥ liquefied petroleum (gas) 液化石油(气) ⑦ liquid propellant 液体燃料,液体推进剂 ⑧ liquid propellant missile 液体燃料火箭 ⑨ long-period 长周期 ⑩ long playing 长间隙,长期振动,密纹的,密纹唱片 ⑪ low-pass 低通 ⑫ low power 低倍率,低功率 ⑬ low-pressure 低压(力),低气压.

LPB = low-tension power board 低压电源板.

lpc = low pressure compressor 低压压气机.

lpcc = low pressure combustion chamber 低压燃烧室.

LP-compressor *n.* 低压压气机.

LP-control *n.* 光电控制.

LPD = least perceptible chromaticity difference 最低可见(色度)差.

LPF = ① liquid pressure filter 液压滤器 ② low pass filter 低通滤波器 ③ lowest possible frequency 最低可用频率.

LPG = ① liquefied petroleum gas 液化石油气 ② liquid propane gas 液态丙烷.

LPHB = low pressure heating boiler 低压加热锅炉.

LPL = ① laser-pumped laser 激光-抽运-激光 ② light-proof louver 不漏光的放气窗[孔] ③ long pulse laser 长脉冲激光 ④ low power logic 低功率逻辑电路.

LPM = ① lines per minute 行/分钟 ② liters per minute 升/分钟.

LPOX = low pressure oxygen 低压氧气.

Lpp = length of perpendiculars 垂直距离.

LPR = line print 行式打印.

LPRR = low power research reactor 小功率研究反应堆.

LPS = lines per second 行/秒.

LPT = ① low-power test 低功率试验 ② low pressure turbine 低压涡轮机.

lpw = lumens per watt 流明/瓦.

lq = liquid 液体.

LR = ① laboratory reactor 实验室反应堆 ② laboratory reagent 实验室试剂 ③ laboratory report 实验(室)报告 ④ large ring 大圆环 ⑤ left rear 左后 ⑥ level recorder 电平(能级,液面)记录仪(器) ⑦ line relay 线路继电器 ⑧ liquid rocket 液体燃料火箭,液体火箭发动机 ⑨ lock ratio 有效数荷,载荷[重量]比 ⑩ lock rail 门锁档 ⑪ long range 远程 ⑫ lower right 右下方.

L/R = ① left right 左右 ② locus of radius 半径的轨迹.

Lr = lawrencium 铹(通常缩写成 Lw).

LRA = level alarm recorder 液面警报记录器.

LRBS = laser ranging bombing system 激光测距投弹系统.

LRC = ① lead resistance compensator 导线电阻补偿器 ② level recording controller 液面记录调节器 ③ line rectifier circuit 线路整流器电路.

LRCS = League of Red Cross Societies 红十字会协会.

LRF = laser range finder 激光测距仪.

LRh = liquid rheostat 液体变阻器.

LRI = ① left-right indicator 左右指示器 ② long-range interceptor 远程邀击机 ③ long-range radar input 远程雷达输入.

LRIR = low resolution infrared radiometer 低分辨力红外射线探测仪.

LRL = lunar receiving laboratory 月亮标本实验所.

LRLTRAN = Lawrence Radiation Laboratory translator 劳伦斯射线实验室的翻译程序(语言).

LRM = Lunar Reconnaissance Module 月球探测用宇宙飞船.

LRN = long-range navigation 远程导航.

LRO = low resistance ohmmeter 激光欧姆表.

LRP = ① launch reference point 发射参考点 ② long-range planning 远景规划.

LRPA = long-range patrol aircraft 远程巡逻飞机.

LRR = long-range radar 远程雷达.

LRRP = lowest required radiated power 所需的最低辐射功率.

LRS = ① laser ranging system 激光测距系统 ② light radiation sensor 光辐射敏感元件 ③ lightweight radar set 轻型雷达装置.

LRV = lunar roving vehicle 月球车.

LS = ① laboratory system 实验室(座标)系统 ② laser system 激光系统 ③ launch site 发射场 ④ least square 最小乘方 ⑤ lead sheet 铅皮[板] ⑥ left side 左边 ⑦ length of stroke 冲[行]程长度 ⑧ level switch (信号)电平开关,箱位电平转换 ⑨ lever switch 杠杆(操纵)开关 ⑩ light source 光源 ⑪ light switch 照明开关 ⑫ limit switch 极限开关,终点电门 ⑬ line stretcher 拉线器 ⑭ line switch 线路开关 ⑮ liquid sensor 液体传感器 ⑯ local switch 本机[局部]开关 ⑰ Lockheed standards 洛克希德标准 ⑱ long shot 远摄[景] ⑲ longitudinal section 纵向剖面 ⑳ loose shot 松摄(图面保持相当的余裕) ㉑ loudspeaker 扩音器,喇叭 ㉒ low speed 低速 ㉓ low shrink 低收缩 ㉔ lump sum 总额,总结算.

LSA = ① level shift amplifier 电平移动放大器 ② limited space-charge accumulation 限制空间电荷积累 ③ linear servo actuator 线性伺服执行机构.

L-satellite *n.* 月球卫星.

LSB = ① least significant bit 最低(有效)位 ② lower sideband 下边带.

lsc = *loco supra citato* (= *in the place cited above*) 〔拉丁语〕在上述引文中.

LSC = ① large scale computer 大型计算机 ② liquid scintillation counting 液体闪烁计数 ③ liquid-solid chromato-graphy 液固色谱法.

LSCI = large scale compound integration 大规模混合集成(电路).

LSD = ① large screen display 大屏幕显示 ② laser signal device 激光信号装置 ③ latching semiconductor diode 闭锁半导体二极管 ④ least significant difference 最小显著差别 ⑤ least significant digit 最低(数)位,最右(数)位,最小有效数 ⑥ lysergic acid diethylamide 麦角酸〔赖瑟酸〕二乙基酰胺(一种麻醉药).

L. S. D. 或 **l. s. d.** 或 **£. s. d.** = 〔拉丁语〕*librae*, *solidi*, *denarii*, 即 pounds, shillings, and pence 镑、

先令和便士.
LSDS = large screen display system 大屏幕显示系统.
L-series n. （谱线的）L 系.
LSF = least square fit 最小二乘法近似.
LSG = ①(Imperial) Legal Standard Wire Gauge 英国标准线规 ②low stress grinding 低应力研磨.
L-shell n. L(电子,壳)层.
LSHI = large scale hybrid integrated circuit 大规模混合集成电路.
LSHV = laminated synthetic high voltage 层状、合成、(耐)高电压(的).
LSI = ①large scale integration (of circuits) （电路的）大规模集成 ②launch success indicator 发射成功指示器.
LSIS = laser shutterable image sensor 激光快门影像传感器.
LSL = low speed logic 低速逻辑电路.
LSM = ①laser slicing machine 激光切片机 ②letter sorting machine 分信机 ③linear select memory 字选存储器 ④linear sequential machine 线性序列机.
LSN = ①line stabilization network 行稳定网络 ② linear sequential network 行顺序网络 ③load sharing network 负载分配网络.
LSO = line stabilized oscillator 行稳定振荡器.
LSP = ①line synchronizing pulse 行同步脉冲 ②linear selenium photocell 线性硒光电池 ③low speed printer 低速印字(相)机.
LSPC = linear selenium photocell 线性硒光电池.
LSQ = least square 最小二乘法.
L-square n. 直角尺.
LSR = ①launch signal responder 发射信号应答器 ②light sensitive relay 光敏继电器 ③light sensitive resistor 光敏电阻(器) ④linear seal ring 纵向密封环 ⑤location stack register 位置组号寄存器.
LSS = ①landing ship, support 支援登陆舰 ②light spot scanner 光点扫描器 ③line scanner system 用户线扫描器电路系统 ④linking segment subprogram 联系段子程序 ⑤liquid scintillation spectrometer 液体闪烁分光仪 ⑥longitudinal static stability 纵向静态稳定性 ⑦low speed switching 低速开关.
lsst = lead-sheathed steel-taped 铅包钢带包装的.
LST = ①landing ship, tank 坦克登陆舰 ②light sensitive tube 光敏管 ③line scan tube 行扫描管 ④liquid storage tank 液体贮藏箱 ⑤local sidereal time 地方恒星时 ⑥local standard time 地方标准时.
LSTF = lead sulfide thin film 硫化铅薄膜.
LST-G = large steam turbine-generator 大型汽轮发电机组.
LSU = landing ship, utility 通用登陆艇.
LSW = laser spot welder 激光点焊机.
L/SW = limit switch 限程开关,终点开关.
LT = ①laminated teflon 层状聚四氟乙烯 ②language translation (data processing) 语言翻译(数据处理) ③letter telegram 字母电报 ④level trigger 电平触发器 ⑤light 光,照明 ⑥line telegraphy 有线电报 ⑦line transmitter 线路发射机 ⑧local time 本地时间,地方时 ⑨logic theory (computers) 逻辑理论(计算机) ⑩long ton 长吨(1016kg) ⑪low target 低目标 ⑫low temperature 低温 ⑬low tension 低压 ⑭low torque 低转矩 ⑮lug terminal 接线片.
L. T. a. C. = long thread and collar (套管)长螺纹和接头.
Lt wt = light weight 轻的,重量小的.
Lt yr = light year 光年.
lta = lighter than air 比空气轻.
LTB = low tension battery 低压电池.
LTC = ①last trunk capacity 终端中继线容量 ②lead telluride crystal 碲化铅晶体 ③linear transmisson channel 线性传输通(电)路 ④low temperature coefficient 低温系数 ⑤low temperature cooling 低温冷却.
Ltd. = limited 有限的,有限(公司).
LTDR = laser target designator receiver 激光目标指示器接收机.
LTE = low thrust engine 低推力发动机.
LTF = ①laser terrain follower 激光地形跟踪装置 ② liquid thermal flowmeter.
LT/FM = long term/frequency modulation 长期/频率调制.
LTFR = lot tolerance failure rate 批内允许故障率.
LTFRD = lot tolerance fraction reliability deviation (quality control) 批内允许可靠率偏差(质量控制).
LTFS = laser terrain following system 激光地形跟踪系统.
Ltg = lightning 闪电.
lth(r) = leather 皮革.
LTL = ①less than truckload 小于卡车载重(量) ② line-to-line 两线间的.
LTM = line type modulation 线式调制.
LTON = long ton 长吨.
LTP = ①laminated thermosetting plastics 层压热固塑料 ②low temperature passivation 低温钝化 ③ lower trip point 下解扣点.
LTPD = lot tolerance percent defective 批内允许次品率.
LTR = ①letter 字母,符号,信 ②low temperature rubber 低温橡胶.
LTRS = laser target recognition system 激光目标识别系统.
LTS = ①language teaching system 语言教学系统 ② language translation system 语言翻译系统 ③linearity testset 线性试验装置 ④link terminal simulator 连接终端模拟器 ⑤load transfer switch 负载传输开关 ⑥long haul toll transit switch 长途电话转换开关.
LTT = ①line test trunk 线路试验中继线 ②low temperature tempering 低温回火.
LTTR = long term tape recorder 长期磁带录音(录像)机.
LTV = ①launch test vehicle 发射试验导弹 ②long term vibration 长期振动 ③long tube vertical 长立管.
lt-yr = light-year 光年.
Lu = ①loudness unit 响度单位 ②lutecium 镥(即cassiopeium 镥).
lu = lumen 流明(光通量单位).
Luan'da [luː'ɑːndə] n. 罗安达(安哥拉首都).
Luang Prabang ['luɑːŋ prɑː'bɑːŋ] (老挝)琅勃拉邦(市).
LUB = lubricate [lubricating, lubrication] 润滑.

lubarom′eter n. 一种测大气压用仪器.

lub′ber [′lʌbə] n.; a. 傻大个儿,大而笨拙的. *lubber line* 校准〔航向标〕线. *lubber's hole* 桅楼升降口.

Lubber's line n. 留伯斯线(方向仪上的参考线),校正线.

lube [lju:b] n. 润滑油,润滑物质〔材料〕. *lube cut (distillate)* 润滑油馏份. *lube extract blend* 润滑油中提出的混合物. *lube oil* 润滑油.

lubex n. (自润滑油中抽出)芳香族物.

Lu′blin [′lu:blin] n. (波兰)卢布林(市).

lu′boil = lubricating oil 润滑油.

Lubral n. 卢伯拉尔铝基轴承合金.

lu′bricant [′l(j)u:brikənt] I n. 润滑剂〔油,脂,材料,液〕,冷却液,牛油,猪油和硬脂酸的混合油,润肤剂,油膏. I a. 润滑的. *cutting lubricant* 切削油,切削冷却润滑液. *solid lubricant* (固体)润滑脂,黄油.

lu′bricate [′l(j)u:brikeit] v. (加)润滑油,注〔涂,上〕油,(使)润滑,起润滑作用. *lubricating cup* 油杯. *lubricating jelly* 凝胶润滑剂. *lubricating screw* 黄油枪. *lubricating system* 润滑〔供油〕装置,润滑系统.

lubricating-oil n. 润滑油.

lubrica′tion [l(j)u:bri′keiʃən] n. 润滑(作用,法〕,注〔上,加〕润滑油.

lu′bricator [′l(j)u:brikeitə] n. ①润滑器〔油剂,装置〕,(加)油器 ②油壶〔杯,嘴,盅〕,防喷管,防溅盒 ③加油工.

lubric′ious [l(j)u:′briʃəs] 或 **lu′bricous** [′l(j)-u:brikəs] a. 光滑的,不稳定的.

lubric′ity n. 光滑,润滑能力,润滑性(质),含油性,油脂质,不稳定性.

lubrifica′tion n. 润滑(性能),涂油.

lubrito′rium [l(j)u:bri′tɔ:riəm] n. 汽车(加)润滑的油站.

lubro-pump n. 油泵.

Lucalox n. 芦卡洛克斯烧结(白)刚玉(高纯度 Al$_2$O$_3$ 微粉常温加压后,高温烧结而成),熔融氧化铝.

lucarne′ [lju:′ka:n] n. 屋顶窗,老虎窗.

lu′cency [′lju:snsi] n. 发亮,透明.

lucensomycin n. 明霉素(意北霉素).

lu′cent [′lju:snt] a. 明(发)亮的,(半)透明的.

Lucerne′ [lju:′sə:n] n. (瑞士)卢塞恩(市).

lucero n. 英国 IFF 及 Eureka-Rebecca 导航系统中应用的询问器-应答器.

lu′ces [′lju:si:z] n. lux 的复数.

lu′cid [′lu:sid] a. 透明的〔彻〕的,清楚的,清醒的,易懂的,肉眼可见的. **～ly** ad. **～ness** n.

luc′ida [′lu:sidə] n. (一星座中)最亮的星. *camera lucida* 转写〔描〕器,明箱.

lucidin n. 光泽汀.

lucid′ity [lju:′siditi] n. 明白,清晰,透明,清澈,洞察,清醒度.

lucidus a. 光泽的.

Lu′cifer [′lju:sifə] n. 金星. *lucifer match* 摩擦〔安全〕火柴.

lucif′erase [lju:′sifəreiz] n. (虫)发光素酶.

lucif′erin [lju:′sifərin] n. (虫)荧光素.

lucif′erous a. 光辉的,发亮〔光〕的,有启发的.

lucif′ugous [lu:′sifjugəs] a. 怕(见)光的,避〔背〕光

的.

lucigenin n. 光泽精.

lucipetal n. 趋光性.

lu′cite [′lju:sait] n. 人造荧光树脂,有机荧光玻璃,丙烯酸树脂,2-甲基丙烯酸. *lucite pipe* 透明塑料管.

luck [lʌk] I n. 运气,侥幸,幸运. I vi. 侥幸成功,靠运气行事. *luck hook* 如意钩. ▲**by luck** 幸亏,碰巧,侥幸. *rough luch* 倒霉. *worse luck* (更)不幸地.

luck′ily [′lʌkili] ad. 幸亏,碰巧,侥幸地.

luck′less a. 不幸的.

luck′y [′lʌki] a. 侥幸的,幸运的.

lu′crative [′lju:krətiv] a. 可获利的,赚钱的,有利的. **～ly** ad. **～ness** n.

lu′cubrate [′lu:kjulənt] vt. (在夜间,在灯下)刻苦研究,详细论述. **lucubra′tion** n.

lu′culent [′lu:kjulənt] a. ①光辉的,光亮的,透明的 ②明白(显)的,易懂的.

LUD = lift-up door 提升〔上推〕门.

Ludenscheidt n. 芦丁切伊特镍基合金(锡 72%,锑 24%,其余铜).

lu′dicrous [′lu:dikrəs] a. 荒谬的,可笑的. **～ly** ad.

LUE = left upper extremity 左上极限.

lueshite n. 铌铁矿.

LUF = lowest usable frequency 最低(可)使用频率.

luff [lʌf] I n. ①倾角〔斜〕,俯仰 ②船首的弯曲部 ③抢风行驶 ④(货物在起重时的)起落摆动. I v. 抢风(贴近风向)行驶(up),船帆首向风行驶,使起重机吊杆起落,改变吊杆外伸长度,变幅.

luffer boards 窗板,百页窗.

luff′fing [′lʌfiŋ] n. 抢风运动,上下摆动,起重杆的升降. *luffing crane* 俯仰式起重机.

lug [lʌg] I n. ①突出部,突起点〔边〕,突棱,(凸,挂,吊,箍)耳,耳状物,凸缘,小片 ②(带柄)把手,提柄,搭子,针脚,吊环,(悬弹)的环 ③加厚部分,肋,臂壁 ④接线片(头),焊片(耳),夹耳,插头 ⑤轴,车轴 ⑥衔〔砲〕套砲〔钢筋)突纹,胎纹 ⑦钳,夹子,轮爪〔棘,剌〕,抓地板(爪) ⑧(用力拖)拉,(用力)拖拽,拉链 ⑨片(弹)板. I v. (拖,用力)拉(有时加介词 at, round, along),(about, along, at). *attaching lug* 系耳. *button-type lug* 带帽盘的发射杆,带保护盒的发射托架. *earth lug* 接地连接板. *foot lug* 舌片,支撑,爪,销钉. *launching lug* 发射杆,导向架. *leveling lug* 校平耳. *lifting lug* (起重)吊(挂)耳. *lug angle* 辅角钢. *lug brick* 企口砖. *lug cover pail* 有盖桶. *lug plate* 接线片(板),焊片(耳). *lug washer* 爪形(带耳)止退垫圈. *support lug* 支承耳帐. *tender back lug* 煤水车后端定位铁. *terminal lug* 耳端子,接头耳. *wear lug* 防磨凸耳. ▲**lug in** (**into**)引出. *lug out* 拔(拖)出.

lug′gage [′lʌgidʒ] n. (随身)行李,皮箱(包),红褐色. *luggage carrier* 行李架. *luggage grid* (*at back*) (车身后)行李架. *personal luggage* 随身〔小件〕行李.

lug′gage-rack n. (车厢内座位上面的)行李架.

lug′gage-van n. (火车的)行李车.

lug′less n. 无耳的,无突出物的. *lugless brick* 无耳砖,光面砖.

lugu′brious [l(j)u:′gju:briəs] a. 悲伤(惨)的,可怜的.

~ly *ad*. ~ness *n*.

LUH = lumen hour 流明小时.

LUHF = lowest useful high frequency 最低可用高频.

luke'warm ['l(j)u:kwəm] *a*. ①(液体)微温的,温(吞)的,有点温热的 ②不热心的,不起劲的. *lukewarm water* 温水. ~ly *ad*. ~ness *n*.

Lulea *n*. 律勒欧(瑞典港口).

lull [lʌl] *v*.; *n*. (暴风雨等)暂息,间歇,平静,使安静,使缓和.

lul'laby ['lʌləbai] *n*. 催眠曲.

LUM = luminous 发光的.

lumachel(le) *n*. 贝壳大理岩.

lumarith *n*. 留马利兹(一种防蚀层,防蚀涂料).

Lumatron *n*. 热塑光阀(一种有存储的高分解力投象显示件).

lum'ber ['lʌmbə] Ⅰ *n*. ①木材(料,条,板),锯木(材) ②无用的杂物,碎屑,废物,破烂. Ⅱ *v*. ①乱堆,堆满无用的物. 阻碍(up) ②采伐(木材),伐木,制材 ③隆隆地行进,隆隆地驶过(along, by, pass). *lumber drying* 木材干燥法. *lumber mill* 锯木厂. *lumber yard* 堆木场,木料工.

lum'berer *n*. 伐木工.

lumberg *n*. (光能单位)伦尔格(= 10-7 m・s).

lum'bering *n*. 伐木(业). Ⅰ *a*. 外形笨重的,动作迟缓的,笨拙的.

lum'berman ['lʌmbəmən] *n*. 采伐木材的人,伐木工.

lum'ber-mill *n*. 锯木厂,制材厂.

lum'bersome ['lʌmbəsəm] *a*. 沉重的,笨重的.

lum'ber-yard *n*. 堆木(木料)场,木材堆置场.

lu'men ['lu:men] (pl. *lumina*) *n*. ①流明(光通量单位) ②(细胞)腔 ③同介内腔. *lumen efficiency* 发光效率. *lumen fraction* 相对照明(亮度),光流量. *lumen output* 光(流明)输出,光强.

lu'menme'ter ['lu:mən'mi:tə] *n*. 流明(照度)计.

lumerg *n*. (光能单位)流末格(即 lumberg).

lumeter *n*. 照度(流明)计.

lumicon *n*. 流密康(一种具有很大的光放大和高分辨能力的电视系统).

lu'mina ['lu:minə] *n*. lumen 的复数.

luminaire' [l(j)u:mi'neə] *n*. (照明)设备,光源,发光体.

lu'minance *n*. 亮[辉,流]度,明视觉的亮度,发光率,光(密)度. *cathode luminance* 阴极辉光. *luminance curve of eye* 眼睛灵敏度曲线. *luminance function* 亮[可见度]函数,(相对)可见度曲线. *luminance function of the eye* 视感度特性,人眼光谱灵敏度. *luminance signal* 亮度信号.

luminance-free signal 去亮信号.

lu'minant ['l(u)uminənt] *a*. 发光的.

lu'minary ['l(j)uminəri] Ⅰ *n*. 发光体,照明(器),灯光,名人. Ⅰ *a*. 光的.

lu'mine ['lu:min] *vt*. 照亮,使发亮,启发.

luminesce' [lu:mi'nes] *vi*. 发光.

lumines'cence [l(j)u:mi'nesəns] *n*. 发(冷,磷,荧)光. *cathode luminescence* 阴极(电子)激发光.

lumines'cent [l(j)u:mi'nesənt] *a*. 发光的. *luminescent activator* 荧光激活剂. *luminescent counter* 发光(闪烁)计数管.

luminif'erous *a*. 发(冷)光的,(传)光的.

lumnite *n*. 矾土水泥(防护材料).

lu'minizing *n*. 荧光合剂覆盖层,荧光涂敷.

luminom'eter *n*. 光(照度)计量,发光计,照明计.

luminophor(e) *n*. 发光体[品].

luminos'ity [l(j)u:mi'nositi] *n*. ①(发)光度,亮[照,集]光,光强 ②光度,发光(集光)本领 ②发光体(物) ③辉点,光明(辉),发光,清晰.

luminotron *n*. 发光(辉光)管.

lu'minous ['l(j)u:minəs] *a*. ①发光[亮]的,夜光的,(明)亮的,照耀着的,光明的,灿烂的 ②集光(度)的 ③明了的,明晰的,清楚的 ④聪明的,有启发的. *luminous beacon* 灯标. *luminous body* 发光体. *luminous diffuse nebula* 亮弥漫星云. *luminous edge*(显象管)遮光边框,框架. *luminous efficiency* 光(流明)效率. *luminous emittance* 发光度. *luminous energy* 光能. *luminous exitance* 光束发散度,光的出射率. *luminous flame* 光焰. *luminous flux* 光通量,光束(流). *luminous flux per watt* 发光率(光通量/瓦). *luminous intensity*(发)光强(度),照度,光力. *luminous paint* 发光(油)漆,发光涂料. *luminous power* 发光(能力)(度),光力. *luminous ray*(可见)光线,光束. *luminous reflection factor* 光反射率. *luminous sensitivity*(感)光灵敏度. *luminous standard* 测光(光度)标准. *very luminous camera* 大集光度的照相机.

lum-rhodopsin *n*. 光视紫红[质].

lumisterol *n*. 光甾醇,(感)光固醇.

lump [lʌmp] Ⅰ *n*. ①块(团),堆,团 ②大量,一大堆,多数,总共 ③瘤,核,节,肿(块),疱 ④块(粒)度 ⑤(pl.)块煤(团),块体(团),结块,(使)合在一起,把…归并在一起,把…混为一谈 ②集中[总],浓缩(化) ③包括(起来),概括(together). *lump coal* 块煤. *lump lime* 生[块]石灰. *lump of fuel* 燃料块. *lump ore*(大)块矿(石). *lump pyrite* 黄铁矿块. *lump salt* 粗晶盐. *lump sum* 总数[额,的](金额). *lump work* 包工. ▲*a lump of* …一块…*in a* [*one*] *lump* 一次全部地. *in big lumps* 成堆地,大量地. *in* [*by*] *the lump* 总共[计]的,总的说来. *lump M with N* 把 M 归到 N 类中,把 M 和 N 归在一类,把 M 和 N 混为一谈.

lumped *a*. 集总(中)的. *lumped capacity* [*capacitance*]集总(中)电容. *lumped inductance* 集总电感. *lumped model* 集总模型. *lumped parameter system* 分布参数系统. *lumped resonant circuit* 集总参数谐振电路.

lump'er ['lʌmpə] *n*. ①码头工人,装卸工 ②小承包商,小包工头.

lump'iness *n*. 块度,粒度.

lump'ing ['lʌmpin] Ⅰ *a*. ①集总(中)的 ②许多的,大量的(沉,笨)重的,大的. Ⅰ *n*. ①集总分裂(变),集中,浓缩 ②成块(团),块状,堆积. *lumping of uranium* 铀的块状分布,铀集总位置. *lumping weight* 足重,十足重量.

lump'ish ['lʌmpiʃ] *a*. 块[团]状的,笨重的,迟钝的.

lump-sum *a*. (金额)一次总付的. *lump-sum contract* 总包(包干)合同,包工契约.

lump'y [ˈlʌmpi] a. (成)块状的,多块的,成团[块]的,笨重的,凹凸不平的,波浪起伏的. *lumpy mass* 总质量. **lump'-ily** ad.

lu'na n. 月球(苏),月球探测器.

lu'nabase I n. 月岩. II a. 月海的.

lu'nanaut n. 登月宇航员.

lu'nar [ˈljuːnə] a. ①月(球)的,太阴的 ②新[半]月形的,似月的 ③微亮[弱]的 ④(含)银的. *lunar bug* 小型载人往返月球飞行器. *lunar calendar* 阴历. *lunar caustic* 硝酸银,银月. *lunar circumnavigation* 环月飞行. *lunar communication back line* 月球-地球通信线路. *lunar departure* 月面发射. *lunar eclipse* 月蚀. *lunar escape* 脱离月球引力区,月球轨道逸逃点. *lunar excursion vehicle* 登月飞船,登月舱. *lunar exploration module* (美"阿波罗"飞船)登月舱. *lunar extended stay spacecraft* 长时登月飞船. *lunar impact* 在月球上硬着陆. *lunar inequality* 月行差(月球受太阳吸引在轨道上运动的扰动). *lunar interval* 太阴间隙,月时间隔,月朦(月球穿过地球子午线与穿过格林尼治子午线之间的时间间隔). *lunar landing* 月面上着陆. *lunar lift-off* 从月球上起飞. *Lunar Module* 登月舱. *lunar politics* 不切实际的问题,空论. *lunar rover* 月行车. *lunar shuttle* 往返地-月间的飞船. *Lunar Sun occultation* 月掩太阳. *lunar variation* 月令[太阳]变化. *lunar year* 太阴年.

lunar-impact camera 月面降落(电视)摄像机.

lu'narite n. 登月宇航员.

lu'narnaut n. 登月宇航员.

lu'narscape n. 月景.

lu'nate a. 新[半]月形的.

lunch [lʌntʃ] vi.; n. (吃,供给)午餐,(吃)中饭,早点心,便餐.

lunch'eon [ˈlʌntʃən] n. ①=lunch ②便宴,午餐招待会.

luncheonette' [ˌlʌntʃəˈnet] n. 小餐馆.

lunch'ery [ˈlʌntʃəri] n. 小餐馆.

lunche'ria [ˌlʌntʃəˈtiəriə] n. (顾客自理)简易食堂.

lunch'room [ˈlʌntʃruː(ː)m] n. 小食堂,餐室.

Lundin hitch point searcher 伦丁故障点搜索器.

lune [luːn] n. ①号形,月牙(半月,新月)形 ②球面,月牙二角形. *lune of a sphere* 球面二角形,球面月形.

lunette' [luːˈnet] n. ①弧面窗 ②凹凸两面的透镜,(表上的)平面玻璃盖 ③(潜泳的)护目镜 ④(炮车等)牵引环.

lung [lʌŋ] n. ①肺(脏),辅助肺部呼吸的装置 ②街区小花园,市肺. *lung injurant agent* 伤肺剂. *lung irritant* 窒息性毒剂. ▲*have good lungs* 声音宏亮.

lunge n.; v. (一种比重单位)伦吉 ②刺,猛冲,冲刺.

lunged [lʌŋd] a. 肺似的,有肺的.

lung'-power n. 发声的力量.

lunicen'tric a. 月心的.

lu'niform [ˈljuːnifɔːm] a. 月形的.

lu'nik [ˈluːnik] n. 月球火箭[卫星,探测站,探测器].

luniso'lar [ˌluːniˈsoulə] a. 月与日的,由于月日引力的. *lunisolar diurnal tide* 日月潮汐.

luniti'dal a. 月(太阴)的. *lunitidal interval* 太阴间隙.

lunk [lʌŋk] n. 选取中继线.

lu'nule [ˈljuːnjuːl] n. 半月状的东西(或记号).

Lupanov tree 鲁巴诺夫"树"(一种低温译码器).

LUPC = lighted under program control 程控(就)亮.

lu'pus [ˈluːpəs] n. 狼疮,(pl.)财狼座.

LUQ = left upper quadrant 左上象限.

LUR = London Underground Railway 伦敦地下铁道.

lurch [ləːtʃ] vi.; n. ①倾斜(侧,向),突然一歪,东倒西歪 ②摆动,蹒跚 ③败北,挫折. ▲*give a* (*sudden*) *lurch* 突然一歪,突然倾斜.

lure [ljuə] I n. 诱惑(物),吸引力,饵. II v. 引诱,吸引,诱惑.

Lurgi metal 铅基钡钡轴承合金(钙 0.5~1%,钡 2~4%,其余铅).

lu'rid [ˈljuərid] a. 青灰色的,苍白的,深浓色的,(火焰等)火红红的,可怕的,惊人的,阴暗的. ~**ly** *ad*.

lurk [ləːk] vi.; n. 潜[埋]伏,潜藏[在].

Lusa'ka [luːˈsɑːkə] n. 卢萨卡(赞比亚首都).

lusec = micron-liters per second (= torr-milliliters per second) ①流克克(漏泄单位,每一升体积内每秒压力升高一微米水银柱),毫升·毛/秒,或等于 1L/s(在 10-6 毛时) ②一种真空泵抽气速度单位(等于一微米压强下每秒的抽气速度).

lush [lʌʃ] a. 茂盛的,丰富的,豪华的,繁荣的,有利的.

Lu'shun [ˈljuːˈʃun] n. 旅顺.

Lu'shun'-Dai'ren [ˈljuːʃunˈdairen] n. 旅(顺)大(连).

lust = lustrous 有光泽的.

lus'ter [ˈlʌstə] I n. ①光泽[彩,亮,辉] ②烛台,分枝灯架 ③光瓷,虹彩釉 ④五年时间 ⑤闪光,发光,使有光泽[彩]. —= n. 上釉. *bismuth luster* 铋光泽. *luster glass* 虹彩玻璃. *luster sheet* 抛光薄板. *metallic luster* 金属光泽. ▲*add luster to* …给…增光.

lus'terless a. 无光泽的.

lus'terware n. (总称)光瓷.

lust'ily [ˈlʌstili] ad. 拼命地,起劲地.

lustre = luster.

lus'treless a. 无(光)泽的.

lus'trex n. 苯乙烯塑料.

lus'tring [ˈlʌstriŋ] n. 光丝绸,(纱布等的)加光整理过程.

lus'trous [ˈlʌstrəs] a. 有光泽的,光辉的,闪光的,灿烂的. ~**ly** *ad*. ~**ness** *n*.

lus'ty [ˈlʌsti] a. 强烈的,有力的,强健的.

luta'ceous a. 粘土质(的).

lute [l(j)uːt] I n. ①水泥封涂(涂沫) ②(密)封(胶)泥,油灰,腻料,粘土浆,封闭器,起密封作用的橡皮圈 ③修整样板,镘板 ④直规,摹尺 ⑤诗琴,琵琶. II v. 用封泥封,用泥封固,涂泥(灰),停泥,浓缩. ▲*lute in* 对(空)嵌,嵌入.

lute'cia n. 氧化镥.

lute'cium [ljuːˈtiʃiəm] n.【化】镥 Lu.

lutein n. 叶黄素,黄体素,黄体制剂.

luteiniza'tion n. 黄体化.

lu'teous [ˈljuːtiəs] a. 黄中带绿色的,深桔黄色的.

lute′string [ˈljuːt-striŋ] n. 光亮绸,加光丝带.
lute′tium [ljuːˈtiːʃiəm] n. 【化】镥 Lu.
lutil n. 金红石.
luting n. (用)泥封,用粘泥封闭接合处.
lutite 或 **lutyte** n. 细屑岩.泥质岩,层泥岩.
lux [lʌks] (pl. **luxes** 或 **luces**) n. 勒(克司)(照度单位,等于 $1 lm/m^2$),米烛光,米·坎德拉. *lux candle* 米(勒克司)烛光. *lux gauge* 照度计,勒克司计. *lux mass* 活性黄土(催化剂载体).
luxe [luks] 〔法语〕 *de luxe* [dəˈluks] 上等的,特制的,精制(装)的,豪华的. *edition de luxe* 精装本.
Lux′emb(o)urg [ˈlʌksəmbəːg] n. 卢森堡. *Luxemburg effect* 卢森堡效应(一种大气交叉调制).
lux1stor n. 一种光导管.
lux(o)meter n. 照(光)度计,勒(克司)计,流明计.
luxon n. 特罗兰,光速子,国际光子(视网膜照度单位).
luxu′riance [lʌgˈzjuəriəns] n. 繁茂,茂密,丰富,华丽,精美.
luxu′riant [lʌgˈzjuəriənt] a. 丰富(饶)的,多产的,繁茂的,华丽的,精美的.
luxu′riate [lʌgˈzjuərieit] vi. 茂盛,享受(in).
luxu′rious [lʌgˈzjuəriəs] a. 奢侈的,豪华的,精美而昂贵的.
lux′ury [ˈlʌkʃəri] n.；a. 奢侈(品)的,豪华的,丰富的.
Luzon′ [luːˈzɔn] n. 吕宋(岛).
LV =①landing vehicle 登陆车辆 ②launch vehicle 活动发射装置,运载火箭 ③legal volt 法定[国际]伏特 ④limit value 极限值 ⑤linear velocity 线速度 ⑥low viscosity 低粘度 ⑦low voltage 低压 ⑧low volume 低容量.
LVB =low voltage bias 低压偏压.
LVC =①log voltmeter converter 对数刻度伏特计变换器 ②low voltage capacitor 低压电容.
LVCD =least voltage coincidence detector.
lvd =louvered (door)有固定百页的门[窗].
LVDT =linear variable differential transformer 线性[可调差接变压器.
LVE =linear vector equation 线性矢量方程.
LVF =①linear vector function 线性矢量函数 ②low-voltage fast field.
LVI =①landing vessel,infantry 步兵登陆舰 ②low-viscosity index 低粘度指数.
lvl =level.
LVM =line voltage monitor 线电压监控器.
LVN =①limiting viscosity number 特性粘度数 ②low voltage neon 低电压氖(管).
LVOR =low powered VOR 低功率甚高频全向信标.
Lvov [lvɔf] n. (苏联)里沃夫(市).
LVP =①low-voltage plate 低电压(极)板 ②low-voltage protection 低电压防护.
LVPS = low-voltage power supply 低压电源.
LVR =①line voltage regulator 线电压调节器 ②low-voltage release 低电压释放(机构).
LVS =low velocity scanning 低速扫描.
LVT =①landing vessel,tank 坦克登陆艇 ②linear variable transformer 线性可变(变压系数)变压器 ③linear velocity transducer 线性速度传感器 ④low voltage tubular 低电压管状的.

LVZ =low velocity zone 低速带.
LW =①left wing 左翼 ②light warning radar 轻便警戒雷达 ③long wave 长波 ④low water 低水位,低潮(位).
LW =lawrencium 铹.
L/w =lumen per watt 流明/瓦.
L-waves n. L 波.
LWC =lightweight concrete 轻质混凝土.
LWD =①larger word (data processing)(数据处理)大字 ②low water datum 低水位基准面.
LWF & C =low water full and change 朔望平均月潮低潮间隙.
LWG =liveweight gain 增重.
L×W×H =Length×Width×Height 长×宽×高.
LWI =①load wear index 载荷磨损指标 ②low water interval (平均)低潮时隔.
LWIC =lightweight insulating concrete 轻质绝缘混凝土.
LWII =long wavelength infrared illuminator 长波红外线发光体.
LWIR =long wavelength infrared (radiation)长波红外线(辐射).
LWL =①length of waterline (吃)水线长度 ②load water line 载重吃水线 ③low water line 低潮线.
LWM =low water mark 低水位标记,低潮线.
LWOST =low water ordinary spring tide 一般大潮低潮(面).
LWQ =low water quadrature 方照低潮.
LWR =①light warning radar 轻便警戒雷达 ②light-water reactor 轻水反应堆 ③lower (较)下.
LWST =low-water spring tide 大潮低潮面.
LWU =laser welder unit 激光焊接装置.
LX =liquid crystal 液晶.
Lx =Lux 勒(克斯)(照度单位).
LXD =laser transceiver device 激光收发装置.
LXFT =linear xenon flash tube 线性氙闪光管.
LXT =linear xenon tube 线性氙管.
LY =①last year's model 去年的型号 ②linear yard 延码.
ly =①langley(太阳辐射的能通量单位)兰勒 ②light year 光年.
Lyallpur [ˈliːəpur] n. (巴基斯坦)莱亚普尔(市).
lyase n. 裂合酶,裂解酶.
lyate n. (两性)溶剂阴离子. *lyate ion* 溶剂阴离子.
lyce′um [laiˈsiəm] n. 文化宫,文化团体,文苑.
lycopo′dium n. 石松子.
lyd′dite [ˈlidait] n. 立德炸药.
lydite n. 碳石板岩(试金石).
lye [lai] n. ①灰汁 ②碱液(水). *lye change* 废碱液. *lye dissolving tank* 溶碱槽. *lye tank* 〔vat〕碱液槽.
lyear n. 光年.
ly′ing [ˈlaiiŋ] I v. lie 的现在分词. II n. ①天窗 ②横卧 ③虚伪,谎话. III a. ①躺[卧]着的 ②虚妄的,假的. *lying days* 卸货日. *lying light* 天窗. *lying overfold* 伏〔平伏倒转〕褶皱. *lying panel* 平纹镶板. *lying side* 下盘. *lying wall* 下〔底〕盘. ▲*lying down* 拒绝履行契约, *lying to* 接近.
Lyman tube n. 赖曼放电管.
Lymar n. 光子铅板.
lymph [limf] n. 淋巴(液),粘液,血清,(淋巴似的)

lymphat'ic [lim'fætik] 或 lym'phous ['limfəs] I a. 淋巴的,迟缓的,缓慢的. II n. 淋巴管.
lyndochite n. 黑稀金矿.
lyo- 〔词头〕溶,离.
lyoen'zyme n. (细胞)外酶.
lyogel n. 液凝胶,冻胶.
lyolipase n. 可溶脂酶,胞外脂酶.
lyo-lumines'cence n. 晶溶发光.
lyol'ysis n. 液解(作用),溶(剂)解作用.
lyometal'lurgy n. 溶剂冶金,萃取冶金.
lyonium n. (两性)溶剂阳离子,溶剂合质子.
Ly'ons ['laiənz] n. (法国)里昂.
ly'ophile n. ; a. 亲液物,亲液胶体,亲液的.
lyophil'ic [laiə'filik] a. 亲液的. *lyophilic colloid* 亲液胶体.
lyophilisa'tion 或 lyopheliza'tion n. (低压)冻干(法),升华〔冷冻,冻态〕干燥,冷冻脱水,冷冻真空干燥法.
lyoph'ilize [lai'ɔfilaiz] vt. 冻干(指通常在真空中的冷冻状态下蒸发水份).
lyoph'ilizer [lai'ɔfəlaizə] n. 冷冻干燥器.
lyoph'ilizing [lai'ɔfilaiziŋ] n. 冻(结真空)干(燥).
ly'ophobe n. 疏〔憎〕液物,疏液胶体.
lypho'bic [laiou'foubik] a. 疏〔憎〕液的,疏〔憎〕水的.
ly'osol a. 液溶胶.
lyosorp'tion n. 吸收溶剂(作用).
ly'osphere n. 液圈.
ly'otrope n. 感脱离子,易溶物. **lyotrop'ic** a.
lyr = layer (砌,涂,焊)层.

Ly'ra ['laiərə] n. 天琴(星)座.
ly'rate ['lairit] a. 竖琴状的.
Lyrids n. 天琴(座)流星群.
lysate n. 溶胞〔解〕产物,溶菌产物,裂解液.
lyse [lais] v. (使)溶解,溶化.
lyser'gic ac'id 麦角酸.
lysim'eter [lai'simitə] n. 渗水计,测渗计,渗漏测定计,液度(估定)计.
ly'sin n. 细胞溶素.
ly'sinal n. 赖氨醛.
ly'sine n. 赖氨酸,溶(细胞)素.
ly'sis n. 溶解,分解,溶胞(作用),溶菌(作用),消散,(病的)渐退.
ly'socline ['laisəklain] n. 溶(解)跃面(化学物质能溶解于其中的一海水层).
ly'sogen ['laisədʒən] n. 细胞溶素原.
lysog'eny [lai'sɔdʒəni] n. 溶原性.
ly'sol ['laisəl] n. 杂酚皂液,煤酚皂溶液,来沙尔,来苏儿.
lysolecithin n. 溶血卵磷脂.
lysophospholipase n. 溶血磷脂酶,磷脂酶 B.
ly'sosome n. 溶酶体.
ly'sozyme n. 溶菌酶.
lysyl - 〔词头〕赖氨酰(基).
lysylaminoadenosine n. 赖氨酰氨基腺式.
lysyloxidase n. 赖氨酰氧化酶.
lyt'ic a. 溶(松)解的.
lytomor'phic a. 溶解变形的.
LZS field theory 莱曼-齐默曼-西曼度克场论.
LZT = local zone time 地(方)区时.

M m

M = ① 磁性物质的符号 ② 互感的符号 ③ 调制系数 ④ (罗马数字)千 ⑤ Mach (number) 马赫(数) ⑥ magnaflux 磁粉检查法,磁粉探伤机 ⑦ magnet 磁石,磁铁 ⑧ magnetic dipole moment 磁偶极矩 ⑨ magnetic moment module ⑩ male 阳(公)的,插入式的 ⑪ manual 手册,细则,手控的 ⑫ mark 标记 ⑬ marker 指点标 ⑭ martin 马丁炉 ⑮ mass (number) 质量(数) ⑯ maxwell 麦克斯韦(磁通量单位) ⑰ mean 平均(值,数) ⑱ measure 度量, (公) 约数 ⑲ medium 中(间),介质,平均 ⑳ mega 兆 (10^6) ㉑ megohm 兆欧 ㉒ member 元(件),构件 ㉓ meridian 经(子)午线 metacenter 定倾中心,稳定中心 ㉕ micro 微 (10^{-6}) ㉖ microphone 麦克风,话筒,微音器 ㉗ middle 中 mile 英里 ㉙ mill (查 mill 词目) ㉚ minimum 最小 ㉛ mode 模式 ㉜ model 模型,样机 ㉝ moderate 中等的 ㉞ modulator 调制器 ㉟ module 模数 ㊱ mole 克分子 ㊲ molecular weight 分子量 ㊳ moment 力矩 ㊴ Monday 星期一 ㊵ month 月 ㊶ moon 月球 ㊷ morning 早晨 ㊸ motor 电动机 ㊹ mountain 山 ㊺ mustard gas 芥子气.
m = ① mass 质量 ② meridies (=noon) 中午 ③ metre 米 ④ mile 英里 ⑤ milli- 毫 (10^{-3}) ⑥ million 百万 ⑦ minute 分(钟) ⑧ molality 重量克分子浓度.

M channel 主〔M,和〕通道.
M discontinuity 莫霍不连续面,莫霍界面.
M display M型(距离)显示(器).
M∞ = free stream Mach number 自由(空间,未扰动)气流马赫数.
MA = ① main alarm 主报警信号 ② Master of Arts 文学硕士 ③ mental age 智力年龄 ④ meter angle 米角 ⑤ methacrylate 甲基丙烯酸酯 ⑥ milliangstrom 毫埃 ⑦ military academy 军事学院 ⑧ mixed amplifier 混合放大器 ⑨ modulated amplifier 被调制放大器.
M/A = maintenance analysis 维护分析.
Ma = masurium 铬(即 technetium 锝的旧名).
M. a. = microampere 微安(μA).
mA 或 ma = milliampere 毫安,千分安培.
ma = matrix 母〔岩〕岩,岩石骨架.
MAA = Mathematical Association of America 美国数学协会.
MaA = maleic acid 马来酸,顺(式)丁烯二酸.
MA(A) = maleic anhydride 马来酐,顺(式)丁烯二(酸)酐.
maar n. 小火山口,低平火山口.
MAB = Man and Biosphere 人与生物层.
MAC = ① maximum air concentration 最大空气浓

度 ②maximum allowable concentration 最大容许浓度 ③mean aerodynamic center 平均气动力中心 ④mean aerodynamic chord 平均气动力弦 ⑤multiaction computer 多作用计算机 ⑥multiple access computer 多路存取计算机 ⑦multiple address code 多地址码.

macad′am [məˈkædəm] n. 碎石(路).
macad′amite a. 碎石路的.
mac′admix [ˈmækədmiks] n. 拌有沥青或其他粘结料的碎石混合料.
macad′amize [məˈkædəmaiz] vt. 铺碎石,建筑碎石路. **macadamiza′tion** n.
Macao [məˈkau] n. (广东省)澳门.
macaro′ni [mækəˈrouni] n. 通心粉(面).
Mac′asphalt [ˈmækəsˈfælt] n. 马克地沥青混合料.
mac′caboy [ˈmækəbɔi] n. 一种雷达干扰探测器.
macdougallin n. 仙人掌留醇,甲(基)胆甾烯二醇.
Mace [meis] I n. 一种伤害性压缩液态毒气. I vt. 向…喷射伤害性压缩液态毒气.
mac′erals n. 煤的基本微观结构,(煤的)显微组分.
mac′erate [ˈmæsəreit] v. (在水中或苛性钾中)浸软(化,渍,解),(使)消瘦.
macerater =macerater.
macera′tion [mæsəˈreiʃən] n. 浸渍(解)(作用),浸软.
mac′erator n. 浸渍机(器),纸浆制造机,切碎机.
Mach [mɑːk] n. 马赫(速度单位). *Mach front* 马赫锋(阵面,波前). *Mach metal* 马赫铝镁合金(镁 2～10%,其余铝). *Mach meter* 马赫计(表). *Mach number* 马赫数,速度与音速的比值.
mach = ①machine 机(器,械,床) ②machinery 机器,机械(装置),设备,工具 ③machinist 机械师,机工.
mache [ˈmɑːʃei] n. 马谢(量镭的单位,空气或溶液中所含氡的浓度单位).
MACHGR =machine group 机(器)组.
machic′olate [mæˈtʃikouleit] vt. 在…上开堞眼(枪眼). **machicola′tion** n.
machicoulis [mɑːʃiˈkuːli] n. 堞(枪)眼.
machin = machinery 机器,机械(装置),设备,工具.
machinabil′ity [məʃinəˈbiliti] n. (可)切削性,(可)切削加工性,可(机)切加工性,机削性,机械(切削)加工性能. *machinability annealing* 改善加工性的退火.
machinable [məˈʃiːnəbl] a. 可切削的,可(机)加工的,可用机械的,机器可读(入)的. *machinable medium* 机器可读的存储媒体.
mach′inate [ˈmækineit] v. 图谋,策划. **machina′tion** n.
machine [məˈʃiːn] I n. 机(器,械,组,构,关),装置,设备,飞(电)机,发动,计算,打字,印刷,缝纫)机,(机)床,(加速,飞行)器,汽(自行)车,机动车辆,机械作用. *air machine* 通风机. *all purpose machine* 万能工具机. *analog(ue) machine* 模拟机. *automat(ue) machine* 自动机械(机床,装置). *broaching machine* 铰孔机,拉床. *charging machine* 装(加)料机,装料设备. *copying machine* 仿形(摹模)机床. *digital machine* 数字计算机. *drilling machine* 钻床. *echo machine* 回音(波)设备,回声机. *electronic machine* 电子仪器(设备). *fog(ging) machine* 烟雾发生器,喷烟器. *grinding machine* 磨床. *impulse machine* 自动(电话)拨号盘. *induction machine* 感应电机,起电机. *machine aided cognition* 计算机辅助识别. *machine attendance* (机器)保养. *machine building* (manufacturing)机械(机床)制造,机器制造工业. *machine code* 机器代码,指令表. *machine control* 电视电影机控制. *machine cycle* 机器工作(计算)周期. *machine drawing* 机械制图(图纸),工程(机械)画. *machine finish(ing)* 机械加工(修整). *machine head* 床头,主轴箱. *machine language* 机器(计算机)语言,计算机码. *machine maker* 机械制造者,机械工厂. *machine moulding* 机器造型,造型机. *machine property* (quality)切削性. *machine rifle* 自动步枪. *machine ringing* 铃流机振铃,自动振铃,自动信号. *machine sensible* 机器可读的. *machine setting* 机床安装(调整). *machine shop* 机工(金工,机械)车间. *machine switching A board* 半自动局 A 台. *machine switching system* 机械自动接线机,机用丝缆. *machine time* 运转(作业,计算机)时间. *machine tool* 机床,工具机,工作母机,机械工具. *machine unit* 运算数(部件,单位),(模拟机的)机器单位. *machine variable* (计算机)运算数,计算机变量. *machine washer* 平垫圈. *machine welding* 机械化焊接. *machine word* (计算机)字,计算机信息元. *machine work* (机械)加工,计算机加工. *machine works* 机械厂. *office machine* 事务(用)计算机. *original machine* 原型(主轴箱移动式)自动机床. *series* (serial) *machine* 串行计算机. *shaft machine* 轴类加工自动机. *shaping machine* 牛头刨床. *T* (transfer) *machine* 自动线. *test machine* 检验机,材料试验机. *thermal machine* 热机. *tracing machine* 描图机,电子轨迹描绘器. *tube machine* 制管机.

II v. (机械,机,切削)加工,机械切削,机(械)制(造). *machined edge* (板、带板)经机械加工的边. *machined surface* (已)加工面. *machining allowance* 加工余量,机削裕度. *machining center* (可连续完成好几个工序的加工)多工序自动数字控制机床. *machining constant* 切削常数. *oxygen machining* 氧气切削. *the material machined* 机加工的材料. ▲*machine away* 切削掉.
machineability = machinability.
machineable = machinable.
machine-building [məˈʃiːnˈbildiŋ] a. 制造机器的,机械制造的.
machine-casting n.; a. (用)机(器)铸(造)的,机器浇注.
machine-cleaning a. 机械清洁(清除)的.
machine-dependent a. 与机器相关的,依赖于机器的.
machine′gun [məˈʃiːngʌn] n.; vt. (用)机(关)枪(扫射). *machine-gun mike* 直线式传声器. *machine-gun microphone* 强指向性传声器,机枪形传声器.
machine′hours [məˈʃiːnauəz] n. 机器运转时间.
machine-independent a. 与机器无关的,独立于机器

machine-language n. 机器(计算机)语言.
machine-laying n. 机械化敷设.
machine'less a. 不用机器的,机加工力量不足的.
machine'like [mə'ʃi:nlaik] a. 像机器一样的,机器似的.
machine-made [mə'ʃi:nmeid] a. 机(械)制(造)的,刻板的,机械的.
machine'man n. 印刷工,钻石工人.
machine-oriented language 面向机器语言.
machine-readable a. 机器可读的,可直接为计算机所使用的. *machine-readable data* 机器可读的数据. *machine-readable medium* 机器可读入(的数据)媒体.
machinery [mə'ʃi:nəri] n. ①机器(制造),机械(制造,装置,设备,部分,作用),机构 ②工具,手段,方法. *machinery arrangement* 机械(发动机)布置. *machinery bronze* 机用青铜. *machinery (iron) casting* 机器铸件,铸铁机器件. *pneumatic machinery* 气(风)动机械.
machine'screw n. 机(金属)螺丝.
machine-sensible information 机器可读信息.
machine-shaping n. 加工成型.
machine'shop n. 机工(机械)车间,机械(工)厂,机器房.
machine-spoiled time n. 机器损坏(故障,浪费)时间.
machine-tooled a. 机(械)制(造)的,机加工的.
machine'work n. 机(械)工,机加工,切削加工,机械制品.
machinist [mə'ʃi:nist] n. 机(械)工(人),机械工作者,机械师. *machinist's microscope* 工具显微镜. *machinist's level* 机工水平仪. *machinist's rule* 机工规尺,划线机.
machinofacture n. 机械制造,机加工产品.
Mach'ism ['mɑ:kizəm] n. 马赫主义(即经验批判主义).
mach'meter ['mɑ:kmitə] n. 马赫(数)表,马赫计,M表.
Mach-number-varied a. 随马赫数变化的.
machom'eter [mɑ:'kɔmitə] n. 马赫(数)表,M表.
Macht metal 铜锌合金(铜60%,锌38～38.5%,其余铁).
machtpolitik (德语) n. 强(霸)权政治.
Mackenite metal (镍铬系,镍铬铁系)耐热合金.
Mackensen bearing 麦肯森式三油楔动压(滑动)轴承.
mac'(k)intosh ['mækintɔʃ] n. (防水)胶布,(胶布)雨衣.
mackintosh(ite) n. 脂钍铅钍矿,黑铀钍矿(石).
Mack's cement 麦克斯水泥(一种铺面无水石膏灰泥).
mac'le ['mækl] n. 双晶,短空晶石,矿物中的暗斑.
Macleod gauge 麦氏压力(真空)计.
mac'ro ['mækrou] I a. 宏(观)的,宏观组织的,宏大(量)的,常量的,粗视的,长的,极厚的,成批使用的. II n. 宏观(组织)用,宏指令,宏功能. *macro check* 宏观分析,宏观(低倍,肉眼)检查. *macro code* 宏代码. *macro eddy currents* 宏涡流. *macro etch(ing)* 宏观(试片)腐蚀. *macro filming* 微距摄影. *macro instruction* 宏(广义)指令. *macro library* [计]宏程序库. *macro name* 宏功能名字. *macro order* 宏指令. *macro qualitative analysis* 常量定

性分析. *macro streak flaw test* 断面缺陷肉眼检验,粗视条痕裂纹检验. *macro structure* 宏观(粗视,低倍)组织,宏观结构.
macr(o)- (词头)宏(观),大(量),常量,粗视,长.
macroacerva'tion n. 大堆成长(作用).
macroanal'ysis n. 常量分析.
macroanalyt'ic(al) a. 常量分析的.
macro-architecture n. 宏体系.
macro-assembler n. 宏汇编程序.
macroassignment statement 宏赋值语句.
macroat'om n. 大原子.
macro-autoradiography n. 宏观放射自显影术.
macro-axis n. 长(对角)轴,斜方晶体或三斜晶体中的长轴.
macrobiota n. 大型生物区(系).
mac'roblock n. 宏模块.
mac'robody n. 宏功能体.
macro-call n. 【计】宏调用.
macrocausal'ity n. 宏观因果性.
macrochem'ical a. 常量化学的.
macrochem'isty n. 常量化学,化学反应可用肉眼观察的化学.
macrocinematography n. 放大电影摄影(放映)(原大～20倍),微距电影(电视)摄影术.
macrocinematog'raphy n. 放大电影摄影术(原大～20倍),微距电影摄影术(超近摄技术).
macroclas'tic a. 粗屑的.
mac'roclimate n. 大气候.
macroclimatol'ogy n. 大气候学.
mac'rocode I n. 宏代码. II v. 宏编码.
macroconstit'uent n. 常量成分.
macrocorro'sion n. 宏观(大量)腐蚀.
mac'rocosm n. 宏观世界,整个宇宙,(任何大的)整体体. ～ic a.
mac'rocosmos = macrocosm.
macro-cracks n. 宽(裂)缝,宏观裂缝.
macrocrys'tal n. 粗晶.
mac'rocrys'talline ['mækrə'kristəlain] I a. 宏晶的,粗(粒)结晶的,大(块,粒)结晶的. II n. 宏(粗)晶,粗晶质.
macrocyclic a. (包含15个原子的)大环的.
macro-diagonal n. 长对角轴.
macrodispersoid n. 粗粒分散胶体.
mac'rodome ['mækrədoum] n. 长轴坡面.
macroeffect n. 宏观效应.
macroel'ement n. 宏元素,[计]宏元素,宏组件.
macroer'gic a. 高能(量)的.
mac'roetch' ['mækrə'etʃ] v. 宏观腐(浸)蚀,粗视组织浸蚀.
macroexamina'tion n. 宏观研究.
macroex'erciser n. 宏检查程序.
macroexpan'sion n. 宏(指令)扩展.
macrofarad n. 兆法拉.
macrofeed 常量馈给(进给).
macrogel n. 大粒凝胶.
macro-generating program 宏功能生成程序.
macroglobulin n. 巨球蛋白.
mac'rograin ['mækrəgrein] n. 粗(大)晶粒.
mac'rograph ['mækrəgrɑ:f] or macrog'raphy [mə'krɔgrəfi] n. 宏观(原形,肉眼)图,宏观(肉眼)检查,粗形(宏观,粗视组织)照相,低倍照相(图),实

物,放大照相(术).

macrograph'ic *a.* 宏观的,低倍照相的. *macrographic examination* 粗视组织检查,宏观检验.

macrohard'ness *n.* 宏观硬度.

macroheterogene'ity *n.* 宏观不均匀性.

macro-instruc'tion *n.* 宏指令.

macroion *n.* 大(分子)离子,高(分子)离子,巨[重]离子.

macrolanguage *n.* 宏语言.

macro-library *n.* 宏程序库.

mac'rolide ['mækrəlaid] *n.* 高酚化物,大环内酯(物).

macrolog'ic *n.* 宏逻辑.

macromeritic *a.* 粗晶粒状的.

macrometeorol'ogy *n.* 大气象学.

macrom'eter [mə'krɔmitə] *n.* (光学)测距器,测远器.

macromethod *n.* 宏观方法,常量法,大量分析.

macro-modelling *n.* 宏观模型试验.

macro-modular computer 宏模块组件计算机.

macromolec'ular *a.* 大分子的,高分子的.

macromol'ecule [mækrɔ'mɔlikju:l] *n.* 大(高)分子.

macronu'cleus *n.* 大核,巨核,滋养核.

macro-order *n.* 宏指令.

macro-organism *n.* 大型生物.

macrooscillograph *n.* 常用[标准]示波器.

macroparam'eter *n.* 宏观参数[变量].

macrophage *n.* 巨噬细胞,大食细胞.

macrophagous *a.* 巨噬的,巨噬动物的,食大粒的.

macropho'tograph *n.* 放大照相[照片].

macrophotog'raphy *n.* 微距摄影术.

macrophys'ics [mækrou'fiziks] *n.* 宏观物理学.

macropinacoid *n.* 长轴a(轴)面.

macroporos'ity *n.* 大孔性,大孔隙率,宏观[肉眼]孔隙.

macropor'ous *a.* 大孔(隙)的.

macroprecipita'tion *n.* 常量沉淀.

mac'roprism *n.* 长轴柱.

macroprocessor *n.* 宏加工(处理)程序.

macropro'gram *n.*; *v.* 宏(观)程序(设计).

macropro'totype *n.* 宏指令字记录原形.

macropyr'amid *n.* 长轴锥.

macroradial *n.* 宏根பரs大(分子)基团.

macro-relief *n.* 广域(大区)地形.

macrorheol'ogy *n.* 宏观流变学.

macro-rhythm *n.* 大节律.

macroroentgenogram *n.* X 线放大照片.

macroroentgenog'raphy *n.* X 线放大照相术.

mac'ros *n.* 宏命令[指令].

mac'rosample *n.* 常量试样.

macroscale *n.* 宏观大度,大尺度,大规模.

mac'roscheme *n.* 宏功能方案.

macroscop'ic(al) [mækrou'skɔpik (əl)] *a.* 宏观的,大范围的,低倍放大的,(用)肉眼(或稍放大)可见的,粗视的,粗看的,巨观的. *macroscopic test* 低倍[宏观]检验. ~ally *ad.*

macroscopic-void *n.* 大孔,大空洞.

macros'copy *n.* 宏观,粗视检查.

macrosection *n.* 宏观断面(图),宏视截面,粗视剖面.

macrosegrega'tion *n.* 宏观(区域,严重)偏析.

macroseism *n.* 强震. ~ic *a.*

macroseismograph *n.* 强震仪.

mac'roshape *n.* 表面形状,宏观(几何)形状.

mac'roshot *n.* 微距摄影(镜头).

macroskel'eton *n.* 宏程序纲要.

macrosolifluc'tion *n.* 大型泥石流.

mac'rospore *n.* 大孢子.

mac'rostate *n.* 宏观状态.

mac'rostrain *n.* 宏应变[胁变],常量应变.

mac'rostress *n.* 宏应力(胁强),常量应力.

macrostruc'tural *a.* 宏观结构的.

macrostruc'ture [mækrou'strʌktʃə] *n.* 宏观(金相)组织,粗视(低倍,肉眼可见的)组织,宏观结构[构造],大型构造.

macrosucces'sor *n.* 宏功能后续(符).

macrosynop'tic analysis 宏观天气分析.

mac'rotrace *n.* 宏追踪.

macrotur'bulence *n.* 宏观紊流,大尺度紊动.

macro-ur'ban [mækrou'ə:bən] *n.* 大城市.

macrovoid ratio 大孔隙比.

macroweath'er *n.* 宏观(尺度)天气.

macrozooplank'ton *n.* 大型浮游动物.

MACS = ①medium-altitude communication satellite 中高度通信(人造)卫星 ②missile air conditioning system 导弹空气调节系统 ③multiproject automated control system 多元自控系统.

MACTOR = matcher-selector-connector 匹配-选择-连接器.

mac'ula ['mækjulə] (pl. *mac'ulae*) *n.* ①太阳的黑点,暗斑,矿石的疵点 ②瑕疵,伤斑,缺陷. *macula lutea* 黄斑.

mac'ulae ['mækjuli:] *n.* macula 的复数.

mac'ular ['mækjulə] *a.* 有斑点(污点)的,不清洁的.

mac'ulate I ['mækjuleit] *vt.* 弄脏,玷污. II ['mækjulit] *a.* 有斑点(污点)的,不清洁的,玷污的.

macula'tion [mækju'leiʃən] *n.* 斑点,污点.

maculif'erous *a.* 有斑点的.

mac'ulose *a.* 斑结状的.

mad [mæd] *a.* 疯狂的,狂(暴)的,猛烈地. ▲*like mad* 疯狂地,猛烈地.

MAD = ①machine analysis display 机器分析显示 ②magnetic airborne detector 飞机用磁场检测计,机上磁场探测计 ③magnetic anomaly detection 磁场异常探测 ④maintenance, assembly, and disassembly 维护、装配与拆卸 ⑤manufacturing assembly drawing 制造装配图 ⑥material analysis data 材料分析资料 ⑦multi-apertured device 多孔磁心,多孔器件 ⑧multiple access device 多路存取装置 ⑨multiply and add 乘和加.

MAD line 微波声延迟线.

Madagas'car [mædə'gæskə] *n.* 马达加斯加.

mad'am ['mædəm] (pl. *madams* 或 *mesdames*) *n.* 夫人,女士,小姐.

MADAM = multipurpose automatic data analysis machine 多功能自动数据分析机.

madame (pl. *mesdames*) [法语] *n.* 夫人.

MADAR = malfunction analysis detection and recording 故障分析探查与记录.

MADDAM = micromodule and digital differential analyzer machine 微型组件及数字微分分析机.

MADDIDA = magnetic drum digital differential

analyzer 磁鼓数字微分分析器.
made [meid] I *v.* make 的过去式和过去分词. II *a.* ①特制的,人工造的 ②完成的,制成的 ③捏造的. *made block* 组成滑车. *made course* 真航向. *made ground* 填土[地],现代沉积. *made in China* 中国制造. *made land* 填土[地]. ▲*be made from* M 由 M 制成的. *be made of* M M 制的,用 M 制成的. *be made to order* 定制的. *ready made* 现成的.

MADE = ①minimum airborne digital equipment 最少的机载数字式仪表 ②multichannel analog-to-digital data encoder 多路模拟-数字数据编码器.

Madeira [məˈdiərə] *n.* 马德拉(群)岛(非洲),马代腊河(巴西).

Madelung constant (计算库仑能量的)马德伦常数 (α).

mademoiselle [mædəməˈzel] (pl. *mesdemoiselles*) [法语] *n.* 小姐.

made-to-order *a.* 定制的.

made-up ['meid'ʌp] *a.* ①人工的,制成的,预制的 ②编制的,配制的 ③掺补的 ④决定了的 ⑤组成的. *made-up ground* 填土[地].

MADIS = millivolt analog-digital instrumentation system 毫伏模拟-数字仪表系统.

madistor *n.* 磁控管,磁控型半导体等离子体器件,磁控等离子体开关,低温半导体开关器件. *diode madistor* 二极管型磁控管. *transistor madistor* 晶体管型磁控管.

mad'ly *ad.* 疯狂地,极其.

MADRE = ①magnetic drum receiving equipment 磁鼓接收装置(利用电离层反射和甚低功率探测超视距目标的雷达) ②Martin automatic data-reduction equipment 马丁自动数据处理(信息简编变换)设备.

MADREC = malfunction detection and recording system 故障探测与记录系统.

Madrid [məˈdrid] *n.* 马德里(西班牙首都).

MADT = microalloy diffused-base transistor 微合金扩散(基极)晶体管.

MADW = military air defense warning (net)军事防空警报网.

mae = mean absolute error 平均绝对误差.

MAEE = marine aircraft experimental establishment 海军飞机实验研究中心.

maelstrom ['meilstroum] *n.* 大旋涡(流),破坏性的力量,大动乱,灾害.

MAEP = maps and aerial photographs 地图和航空相片.

maestro ['maistrou] *n.* 名家,大师,冷燥大西北风.

MAF = ①maximum amplitude filter 最大振幅滤波器 ②missile assembly facility 导弹安装设备 ③mixed amine fuel 混合胺燃料.

mafia [ˈmɑːfiə] *n.* 秘密社会,黑手党.

mafic *a.* 镁铁质的,镁铁矿石的.

MAG = ①magazine刊物,(仓)库,箱,盒 ②magnesium 镁 ③magnet 磁铁 ④magnetic 磁性的 ⑤magnetism 磁 ⑥magneto 磁电机 ⑦magnetron 磁控管 ⑧magnitude 量,大小 ⑨maximum available gain 最大可用增益.

Magal 或 **magaluma** *n.* 铝镁合金.

Magallanes *n.* 麦哲伦(智利港口).(现名 Punta Arenas 阿雷纳斯角).

magamp = magnetic amplifier 磁(性,力)放大器.

magaseism *n.* 剧震.

magazine [ˌmæɡəˈziːn] *n.* ①杂志,(定)期刊(物) ②(工具,卡片,记录纸)箱,(软片,胶卷)暗盒,(照相机)底片夹 ③(子,弹药,雷)库 ④盘(匣,盘),(火炉的燃料室 ⑤(材料自动送进)料斗,储料匣[台,筐,架,槽],(吹芯机)储芯筒,卡片存储装置,自动储存送料装置 ⑥资源地,宝库. *a magazine of film* 一盘(盒)软片. *charging magazine* 装料台. *magazine camera* 自动卷片照相机,图片摄影机. *magazine feed(ing)* 自动储存送料. *magazine loader* 自动储存送料装置. *magazine stove* 自动加煤的火炉. *magazine type automatic lathe* 料斗式自动车床. *magazine-type charger* 料进给台,储存式装料台. *mechanized magazine* 机械化供应的仓库,自动供弹箱. *tool magazine* 多刀刀座. *underground magazine* 地下仓(弹)库.

magazinist *n.* 杂志撰稿人,期刊编辑.

mag. call T. X. = magneto call telephone exchange 磁石式电话交换机.

Magclad *n.* (用劣质镁合金包在优质镁合金板上的)双镁合金板.

mag'dolite *n.* 两次煅烧白云石.

magdynamo 或 **magdyno** *n.* 磁石发电机,(点火用)高压永磁发电机,(充电用)直流发电机组.

magen'ta [məˈdʒentə] *n.* *a.* 深(绛)红色(的),红色苯胺染料,(碱性)品红(色),洋红(染料,色)的.

MAGFET = magnetic metal-oxidesemiconductor type field effect transistor 磁的金属氧化物半导体场效应晶体管.

mag'gie [ˈmæɡi] *n.* 不纯镁.

maghem'ite [ˈmæɡhemait] *n.* 磁赤铁矿.

MAGIC = magnetic & germanium integer calculator 磁和锗整数计算机.

mag'ic [ˈmædʒik] I *n.* 魔(幻)术,戏法,魔(魅)力. II *a.* 魔(幻)术的,有魔(魅)力的,不可思议的. *magic box* "幻箱". *magic chuck* 快换夹具(头). *magic eye* 电子射线管,(光调谐指示管的)电眼,光调谐指示器. *magic guide bush* 变径(涨缩)导套. *magic hand* 机械(人造)手. *magic ink* (可在油污金属表面上或不能写知的表面上划印记的)万能笔. *magic lantern* 幻灯,映画器. *magic line* 调谐(指示)线. *magic nucleus* 幻核. *magic number* 幻数. *magic square* 纵横图,幻方. *magic stone* 透蛋白石. *magic T* [tee]混合接头,T 形波导支路. *magic T* [tee]混合接头,T 形波导支路(岔路),幻 T 形,魔 T(幻 T)电路. *magic veil* 电视屏遮光罩,(显像管)边框,框架. ▲*as if by magic* 或 *like magic* 不可思议地.

mag'ical [ˈmædʒikəl] *a.* 魔(幻)术的,不可思议的. ~*ly ad.*

magic-N nucleus 幻中子数核,幻 N 核.

magic-number *n.* 幻数.

magicore *n.* 高频铁氧心.

magic-T., *T* 混合接头, T 形波导支路(岔路), T 形.

magic-Z nucleus 幻质子数核,幻 Z 核.

mag-ion pump 磁控离子泵.

magiste'rial [ˌmædʒisˈtiəriəl] *a.* 地方行政官的,教师的,硕士的.

mag'istracy n. 地方行政官的职权〔管辖区〕.
mag'istrate ['mædʒistrit] n. 地方行政官,县长,市长.
MAGLOC = magnetic logic computer 磁逻辑计算机.
mag'ma ['mægmə] (pl. *mag'mas* 或 *mag'mata*) n. 岩浆,(矿物等的)软块,稠液,(稀)糊,洗炼糖膏. *magma pump* 糊浆,稠液唧筒.
mag'mata ['mægmətə] n. magma 的复数.
magmat'ic [mæg'mætik] a. 岩浆的. ~**ally** ad.
mag'matism n. 岩浆作用〔活动〕.
MAGmeter n. 直读式频率计.
MAG MOD = magnetic modulator 磁调制器.
Magnacard n. 磁性蕈孔卡装置.
magnadur(e) n. 铁钡永磁合金,马格那多尔磁性合金,镁铝合金
magnafacies n. 主相.
mag'naflux ['mægnəflʌks] I n. ①磁粉检查法,磁力探伤法,电磁探伤法 ②磁粉探伤机 ③磁通量. II vt. 用磁粉检查法检验,磁力探伤. *magnaflux method* (裂缝及缺陷的)磁通量检测法. *magnaflux steel* 航空用高强度钢. *magnaflux tesl* 磁力线〔磁力探伤〕检验,磁流试验. *magnaflux testing* 磁通量〔磁粉检查〕试验.
Magnaglo n. 马格纳络磁性粉末,磁力线探伤用粉末.
magnal base (阴极射线管用)十一脚管底〔管座〕.
Magnalite n. ①铝基铜镁合金 ②磁性粉末,探伤磁铁粉.
magna'lium [mæg'neiliəm] n. 马格纳利镁铝(铜)合金(铜 1.75%,镁 1.75%,其余铝,或铜 0～2.5%,镁 1～10%,铜 0～1.2%,镍 0～3%,硅 0.2～0.6%,铁 0～0.9%,锰 0～0.03%,其余铝).
mag'nane n. 镁烷.
magnanim'ity [mægnə'nimiti] n. 宽宏大量,高尚(的行为). **magnan'imous** a. **magnan'imously** ad. **magnan'imousness** n.
mag'nascope n. 放像镜.
mag'nate ['mægneit] n. 大资本家,(工商界)大亨,巨头,权贵,富豪,…大王. *American steel magnate* 美国钢铁大王.
Mag'navolt n. 一种旋转放大器的商品名.
mag'nechuck n. 电磁吸盘〔卡盘〕.
mag'neform v. 磁力成型.
Magnel system 马氏(预应力)张拉系统.
magneplane transportation 磁力飞车运输.
mag'ner n. 无功〔无效〕功率.
mag'nescope n. 放像镜.
magne'sia [mæg'niːʃə] n. 氧化镁,镁氧(矿).镁土,(菱)苦土,菱镁矿. *magnesia brick* 镁(氧)砖. *magnesia cement* 镁氧〔菱镁土〕水泥. *magnesia ceramics* 镁氧陶瓷.
magnesia-alumina-silica n. 硅镁铝合金.
magnesia-based a. 镁基的.
magnesia-chrome n. 镁铬合金,铬镁.
magnesia-insulated a. 氧化镁绝缘的.
magne'sial 或 **magne'sian** [mæg'niːʃən] a. 镁(质)的,(含)氧化镁的. *magnesian limestone* 镁质(石)灰岩,含镁石灰石,白云石.
magne'sic a. (含)镁的.
Magnesil n. 用作磁放大器心子的磁性合金的商品名.
magnesiofer'rite n. 镁铁矿.

mag'nesite ['mægnisait] n. 菱镁矿,菱苦土矿,菱镁土,镁砂. *magnesite brick* 镁砖. *magnesite cement* 镁氧〔菱镁土〕水泥.
magnesite-bearing a. 含镁砂的.
magnesite-chrome n. 镁铬合金.
magnesit'ic a. 菱镁土的,镁砂的.
magne'sium [mæg'niːziəm] n. 镁 Mg. *aluminum magnesium* 铝镁合金. *magnesium ferrite* 镁氧铁体. *magnesium lamp* 镁光灯. *magnesium light* 镁光. *magnesium limestone* 〔spar〕镁质(石)灰石,白云石. *magnesium oxide* 氧化镁. *magnesium titanate ceramics* 钛酸镁陶瓷.
magnesium-base alloy 镁基合金.
magnesium-copper sulphide rectifier 镁-硫化铜整流器.
magnesium-rare earth 稀土-镁合金.
magnesium-reduced a. 镁还原的.
magnesium-reduction n. 镁还原.
mag'neson n. 试镁灵.
mag'nestat ['mægnistæt] n. 磁调节器,磁放大器.
magne-switch n. 磁(力)开关.
mag'nesyn n. (转子有永久)磁(极的)的自动同步机. *magnesyn compass* 磁同步(远读)罗盘.
mag'net ['mægnit] n. ①磁铁〔石,体〕②有吸引力的人或物. *analyzing magnet* 磁分析器. *lifting magnet* 起重机磁铁. *magnet bell* 磁石〔极化〕电铃. *magnet coil* 电磁〔励磁〕线圈. *magnet core* 磁(铁)芯. *magnet crane* 磁力起重机. *magnet exciting coil* 励磁线圈. *magnet meter* 磁通计. *magnet separator* 磁力分离机,选选机. *magnet stand* 磁性〔磁力〕表架,磁带. *magnet steel* 磁性钢. *magnet stopper* 电磁制动器. *magnet valve* 电磁阀. *magnet wire* (导)线,磁性(录音)钢丝. *plunger magnet* 带磁铁的螺线管. *soft magnet* 软(暂时)磁铁. *U magnet* U 马蹄形磁铁.
magnet- = magneto-
magnetic-acoustic a. 磁声的.
magnet'ic(al) [mæg'netik(əl)] a. 磁(性,学,体)的,磁铁的,(可)磁化的,能吸引的. *magnetic activity* 地磁活动(性). *magnetic after effect* 磁后〔剩磁〕效应. *magnetic amplitude* 磁方位角,磁化曲线幅度. *magnetic analysis* 磁力分析法. *magnetic anomaly* 地磁(磁力)异常,磁畸. *magnetic anomaly detection* 近点角磁性探测. *magnetic armature loudspeaker* 舌簧式扬声器. *magnetic artifacts* 人工磁效应. *magnetic bearing* 磁方向角. *magnetic blow* 磁性熄弧. *magnetic bridge* 测量导磁率电桥,磁桥. *magnetic cartridge* 磁性(拾音器)心座,电磁式拾音头. *magnetic curve* 磁化(磁测,磁异常)曲线. *magnetic circuit* 磁路. *magnetic clutch* 电磁(磁性)离合器. *magnetic coating anchorage* (磁带)磁层粘牢度. *magnetic compass* 罗盘仪,磁罗盘. *magnetic conductivity* 导磁(磁导)性,磁导率. *magnetic deformation* 磁性柁变形,磁致伸缩. *magnetic density* 磁场强度. *magnetic dial gauge*

magnet'ically

磁性度盘式指示器,磁性指示表〔千分表,百分表〕. *magnetic dip* 磁倾角. *magnetic diurnal variation* 月日磁变. *magnetic drill press* 电磁钻床. *magnetic drum* 磁鼓,转鼓状磁铁分离器,磁力滚. *magnetic earphone* 电磁式耳机. *magnetic equator* 地磁赤道. *magnetic (field) cooling* 磁场中冷却. *magnetic figure* 磁场图形,磁力线图〔式〕. *magnetic film* 涂磁胶片,磁性声带片. *magnetic flux test* 磁力线〔力探伤〕检验,磁流试验. *magnetic gap* 磁(气)隙. *magnetic generator* 永磁发电机. *magnetic geophysical method* 地球物理磁测法. *magnetic hum* (感应)交流哼声,磁哼声. *magnetic ignition* 磁石电机点火法. *magnetic inductive capacity* 或 *magnetic inductivity* 导磁率. *magnetic ink* 磁性墨水. *magnetic ink characteristic reader* 磁字阅读机,磁墨水字符读出器. *magnetic IP* 磁激发极化法. *magnetic line of force* 磁力线. *magnetic linkage* 磁通匝连数,磁链. *magnetic master* (节目)原版磁带. *magnetic method* 磁(测)法,选磁法. *magnetic mirror field* 磁反射镜场,镜面对称场,反射场. *magnetic needle* 磁〔指南〕针. *magnetic number* 磁量子数. *magnetic observatory* 地磁观测所. *magnetic oscillator* 磁控振子. *magnetic particle indication*〔pattern〕磁粉形像. *magnetic pickup* 磁性〔变磁阻,电磁式〕拾音器. *magnetic plated wire* 镀磁线. *magnetic printing* 复印效应〔效应). *magnetic printthrough* 磁带复印效应. *magnetic pulley* 磁力分离磁滚筒. *magnetic recording medium* 磁载声体. *magnetic recording reproducing head* 录放(复合)磁头. *magnetic remanence* 剩〔顽〕磁,磁顽,剩磁感应,剩余磁通密度. *magnetic reversal* 倒转〔反方向〕磁化. *magnetic Reynolds number* 磁雷诺数(Rem). *magnetic rotation* 磁致旋光,磁转偏光. *magnetic separation* 磁力〔磁性〕分离,磁选. *magnetic shift register* 磁元件移位寄位器. *magnetic sound-recording level* 录音磁平. *magnetic sound talkie* 磁录式有声电影. *magnetic speaker* 永磁扬声器. *magnetic stirrer* 电磁搅拌器. *magnetic surface* 磁致带面. *magnetic susceptibility* 磁化(导)率,透磁率. *magnetic tape read* 带(输入)机,读带机. *magnetic tape station* 磁带机〔记录台〕. *magnetic tape thickness tester* (镀层厚度)磁性测厚仪. *magnetic thickness tester* (镀层厚度)磁性测厚仪. *magnetic transition temperature* 居里点,磁性转变温度. *magnetic tube* 磁控制管. *magnetic V block* V型磁块(块). *magnetic virgin state* 未磁化了〔无残磁)状态. *magnetic wall thickness gauge* 壁厚磁测仪. *magnetic wire* 磁(导)线,磁性(录音)钢丝. *new Ks magnetic steel* 新 Ks 硬磁钢,铁、镍、铝、钛、(钴)系磁钢. *remanent*〔residual〕*magnetic* 剩磁的.

magnet'ically *ad*. 磁性上,用磁力,用磁铁(磁场)作用. *magnetically active* 磁致旋光(的),磁性的. *magnetically aged* 磁性老化〔陈化)的. *magnetically-confined* 磁约束的. *magnetically hard*〔soft〕磁硬〔软)的.

magnetic-core *n*. 磁芯.
magnetic-coupled *a*. 磁耦合的.
magnetic-current *n*. 磁流,磁通.
magnetic-disc *n*. 磁盘.
magnetic-field *n*. 磁场.
magnetic-film *n*. 磁(性薄)膜.
magnetic-flux 磁通(量).
magnetic-flux-leakage *n*. 磁漏,漏磁.
magnetic-iron *n*. 磁铁.
magnetic-matrix switch 磁模〔磁性矩阵)开关.
magnetic-memory plate 磁性存储板.
magnetic-particle *n*. 磁粉. *magnetic-particle inspection* 磁力〔磁粉)探伤.
magnetic-plane characteristic 磁场平面特性.
magnetic-pulse *n*. 磁脉冲.
magnetic-resistance *n*. 磁阻.
magnet'ics ['mægnetiks] *n*. 磁(力)学,磁性元件〔材料).
magnetic-suspension *n*. 磁悬(法)(区域熔炼).
magnetic-tape *n*. 磁带.
magnetisability = magnetizability.
magnetisable = magnetizable.
magnetisation = magnetization.
magnetise = magnetize.
magnetiser = magnetizer.
mag'netism ['mægnitizəm] *n*. 磁(性,学,力,力现象),吸引力. *earth's magnetism* 地磁. *permanent magnetism* 恒磁,永久磁性.
mag'netist ['mægnitist] *n*. 磁学家.
mag'netite ['mægnitait] *n*. 磁铁矿〔石),反尖晶石,四氧化三铁锈层.
magnetizabil'ity *n*. 磁化能力〔强度),可磁化性,磁化率. *remanent*〔residual〕*magnetizability* 剩余磁化强度. *spontaneous magnetizability* 自发磁化〔起磁),自然磁化.
mag'netizable *a*. 能磁化的,能产生磁性的.
magnetiza'tion [mægnai'zeiʃən] *n*. 磁化(强度),起磁,激励. *cluster of magnetization* 磁化线束,磁通. *intensity of magnetization* 磁化〔磁感应)强度. *line of magnetization* 磁化〔磁力)线.
mag'netize ['mægnitaiz] *v*. 磁化,起〔传,激,励)受磁,激励,吸引. *magnetizing apparatus* 充磁器. *magnetizing current* 磁化〔激磁,励磁)电流.
mag'netizer ['mægnitaizə] *n*. 磁化机(器,装置),充磁器,起磁机,传(感)磁物,导磁体.
magnetless magnetron 无磁铁磁控管.
magne'to [mæg'ni:tou] Ⅰ *n*. 磁(石发)电机,永磁发电机. Ⅱ *a*. 磁石式(的),永磁式(的). *magneto bell* 磁石〔磁铁,极化)电铃. *magneto breaker arm* 电磁机断电(器)臂. *magneto detector* 磁石检波器. *magneto diode* 磁敏二极管. *magneto dynamo* (点火用)高压永磁发电机-(充电用)直流发电机组. *magneto exploder* 磁石雷管. *magneto field scope* 磁场示波器. *magneto generator* 磁机(手摇)发电机. *magneto grease* 磁电机润滑脂. *magneto gyrocompass* 磁力回转盘,磁陀螺. *magneto ignition* 磁电机点火.

magneto microphone 电磁式送话器. *magneto plumbite* 氧化铅铁淦氧磁体. *magneto resistance* 磁致电阻, 磁阻(效应). *magneto system* 磁石式[制], 磁石式电话制. *magneto thermoelectric effect* 磁热电效应. *starter magneto* 磁力起动机.

magneto- [词头]磁力[性], 磁.
magnetoactive medium 磁活性介质.
magne'toaerodynam'ics n. 磁(性)空气动力学.
magne'tobell [mæg'ni:toubel] n. 极化[磁石]电铃.
magnetobiol'ogy n. 磁生物学.
magnetobrems n. 磁韧致辐射.
magnetocaloric a. 磁(致)热的.
magne'tochem'ical [mægni:tou'kemikəl] a. 磁化学的.
magne'tochem'istry n. 磁化学.
magnetoconductiv'ity n. 导磁率[性], 磁致电导率.
magne'tocrys'talline n. 磁晶(体).
magnetodielec'tric n. 磁性电介质.
magneto-diode n. 磁敏二极管.
magnetodynamic pick-up head 动磁拾音头.
magnetodynam'ics n. 磁动力学.
magne'tody'namo [mæg'ni:tou'dainəmou] n. (点火用)高压永磁发电机-(充电用)直流发电机组.
magne'toelas'tic a. 磁致弹性的.
magne'toelastic'ity n. 磁致弹性.
magnetoelec'tret n. 磁驻极体.
magne'toelec'tric(al) [mægni:toui'lektrik (əl)] a. 磁电(机)的, 电磁的. *magnetoelectric machine* 永磁电机.
magne'toelectric'ity [mægni:touilek'trisiti] n. 磁电(学), 电磁学.
magnetoemis'sion n. 磁致发射.
magne'tofluiddynam'ic a. 磁流体力学的.
magne'tofluiddynam'ics n. 磁流体(动)力学.
magne'togasdynam'ic a. 磁性气体动力学的.
magne'togasdynam'ics n. 磁性气体动力学.
magne'togen'erator [mæg'ni:tou'dʒenəreitə] n. 磁(石发)电机.
magne'togram [mæg'ni:tougræm] n. 磁强记录图, 地磁(强度)记录图, 磁力图.
magne'tograph [mæg'ni:tougra:f] n. 磁变仪, 地磁(强度)记录仪, 磁强(自动)记录仪, 磁针自记仪[器].
magne'tohydrodynam'ic a. 磁流体力学的, *magnetohy-drody namic theory* 磁流体理论.
magne'tohydrodynam'ics n. 磁流体(动)力学.
magnetoilmenite n. 磁铁钛矿.
magnetoionic a. 磁离子[磁电离]的. *magnetoionic wave component* 磁电离[离子]波分量.
magnetol'ogy [mægni:tɔlədʒi] n. 磁学.
magnetomechanical a. 磁机械的, 磁力学的, 磁-力的, 旋磁的.
magnetom'eter [mægni:'tɔmitə] n. 磁强[力]计, 地磁(力)仪. *magnetometer survey* 磁法勘探(测量), 磁强计测绘. *magnetometer vehicle detector* 磁力干扰式车辆检测器.
magnetomet'ric a. 磁力的, 磁性的.
magnetom'etry n. 磁力[磁强]测定, 测磁强术, 测磁学.
magnetomo'tive [mægnitou'moutiv] a.; n. 磁力作用的, 磁动力的, 磁势. *magnetomotive force* 磁(动, 通)势.
mag'neton ['mægnitɔn] n. 磁子(磁矩原子单位).
magneto-ohmmeter n. 永磁发电机式欧姆表, 摇表.
magne'to-op'tic(al) [mæg'ni:tou'ɔptik (əl)] a. 磁光的. *magneto-optical rotation* 磁致旋光.
magne'toop'tics [mæg'ni:tou'ɔptiks] n. 磁光学.
magnetopause n. 磁层顶.
magne'tophone [mæg'ni:toufoun] n. 磁带录音机[器], 磁电话筒, 磁石扩音器.
magnetophotophore'sis n. 磁光致迁动, 磁光泳(现象).
magnetophoto-reflectiv'ity 磁光反射系数.
magnetopiezoresis'tance n. 磁致压电电阻.
magnetoplasma n. 磁等离子体[区].
magne'toplas'madynam'ic a. 磁等离子体动力学的. *magnetoplasmadynamic generator* 磁等离子体发电机.
magne'toplasmadynam'ics n. 磁等离子体动力学.
magnetoplumbite n. 磁铅石, 磁铁铅矿.
mag'netor ['mægnitə] n. 磁电机.
magnetorecep'tive a. 感受磁的.
magnetoresis'tance n. 磁(致电, 控电, 敏电)阻, 磁阻效应.
magnetoresis'tive a. 磁(致电)阻的.
magnetoresistiv'ity n. 磁致电阻率, 磁阻效应.
magnetoresis'tor n. 磁(致电)阻器, 磁控电阻(器).
magne'toscope [mæg'ni:touskoup] n. 验磁器.
magneto-Seebeck effect 塞贝克磁效应.
magnetosheath n. 磁鞘.
magnetosonic wave 磁声波.
magnetosphere n. 磁(性)层.
magnetostat'ic a. 静磁的.
magne'tostat'ics [mægni:tou'stætiks] n. 静磁学.
magnetostric'tion [mæg'ni:tou'strikʃən] n. 磁致伸缩(现象), 磁力控制. *magnetostriction delay line* 磁致伸缩延迟线.
magne'tostric'tive a. 磁致伸缩的.
magne'tostric'tor n. 磁致伸缩体[伸缩振子].
magnetoswitchboard exchange 磁石式交换机.
nagnetotail n. 磁尾.
magne'totel'ephone [mæg'ni:tou'telifoun] n. 永磁(磁石)式电话.
magnetotelluric a. 大地电磁的.
magnetotellurics n. 大地电磁学.
magneto-thermoelec'tric a. 磁热电的.
magnetotrop'ic a. (地)磁回归线的.
magnetotropism n. 向磁性, 磁性运动.
magneto-turbulence n. 磁性湍流, 磁流体(力学)湍流.
magneto-turbulent a. 磁性湍流的.
magneto-type n. 磁式(的).
magnetoviscous a. 磁粘性的.
magnetrol n. 磁放大器.
magnetrom'etry n. 磁力测定术.
mag'netron ['mægnitrɔn] n. 磁控(电子)管. *magnetron optics* 磁控型电子光学系统. *magnetron pulling* 磁控管频(率)牵(引).
magnetropism n. 磁(致)磁性.
magnet-siren n. 磁号笛.
magnetspher'ic [mægnit'sferik] a. 地磁的.

magnettor n. 二次谐波型磁性调制器.
magnet-valve n. 电磁阀.
magni- [词头】.
magnif′erous a. 含镁的.
magnif′ic [mæɡˈnifik] a. 壮丽的,宏伟的.
magnifica′tion [ˌmæɡnifiˈkeiʃən] n. 放大(率,倍数,复制),扩大,增大[加],倍率. *angular magnification* 角度放大(率). *magnification for rapid vibrations* 速振动放大. *magnification in depth* 轴向放大率. *magnification of circuit* 电路放大率(放大倍数),谐振(曲线)锐度,谐振点电压升高倍数. *magnification ratio* 伸缩比,放大比.
magnif′icence [mæɡˈnifisns] n. 宏伟,壮丽,豪华.
magnif′icent [mæɡˈnifisnt] a. 宏伟的,壮丽的,庄严的,豪华的,极好的,优良的.
magnif′icently ad. 很好地,大大地.
mag′nifier [ˈmæɡnifaiə] n. 放大(透)镜,放大[扩大]器.
mag′nify [ˈmæɡnifai] vt. 放(扩,夸,增)大,增加,加[增]强. *magnify M 100 diameters* 把 M 的直径放大 100 倍. *magnify M 200 times* 把 M 放大到 200 倍. *magnifying glass* 放大镜. *magnifying lens* 放大(透)镜,凸透镜. *magnifying power* 放大率[能力]. *time magnifying* 时间刻度放大.
mag′nifying-glass n. 放大镜.
magnil′oquence [mæɡˈniləkwəns] n. 夸大,夸张,华而不实. **magnil′oquent** a.
magnipheric a. 微粗瓷状的.
magni-scale n. 放大比例尺.
mag′nistor [ˈmæɡnistə] n. (一种具有电子管特性的铁陶瓷元件)磁变管,记忆器.
mag′nistorized [ˈmæɡnistəraizd] a. 应用磁变管的,磁存储的.
mag′nitude [ˈmæɡnitjuːd] n. ①大小,尺寸,量(度,值,级),数量,(数)值,积,模,幅[长,强]度,宽装 ②等级,(数)量级,震级,星等 ③重要,重大 ④巨[广]大. *magnitude contours* 等值线. *magnitude of current* 电流量[值,强度]. *magnitude of stresses* 应力值. *magnitude portion* 尾数部分. *star of the first magnitude* 一等星. *stellar magnitude* 星等级. ▲(*be*) *of the right magnitude* 大小(数值)正好合适. *of the first magnitude* 最大(最重要)的,一等(第一流)的. *order of magnitude* 数量级.
Magno n. (电阻线用)镍锰合金(锰 5%,其余镍).
magnolia metal 铅锑锡(轴承)合金(铅 78~84%,其余锑,少量铁,锡;或锑 15%,锡 6%,其余铅).
magnon n. 磁(量)子,磁振子,磁性材料中自旋波能量子.
Magnorite n. 硅镁耐火砖(氧化镁 97%,二氧化硅 1.5~2%,一氧化钙 1.3~1.5%).
mag′noscope n. 电听诊器.
Mag′nox [ˈmæɡnəks] n. (罐装反应堆轴燃料元件用的)镁诺克斯合金(常见的有 Magnox B 和 Magnox A12,后者:铝 0.8%,铍 0.01%,其余镁).
Magnuminium n. 镁基合金(比重 1.8).
mag′slep [ˈmæɡslep] 或 **mag′slip** n. 旋转变压器,无触点式自整角机,遥控[遥测,无触点式自动同步]机. *magslip resolver* 无触点自整角机解算机,同步解算器. *synchromagslep* 无触点式自动同步机.

Maguel n. (后张法中)高强度钢丝的张拉锚固法.
mahog′any [məˈhɔɡəni] n. 桃花心木,(硬)红木,赤褐色. *mahogany ore* 密铜铁矿.
mai′den [ˈmeidn] I n. 少(处)女. II a. 处女的,初次的. *maiden test* 初次试验. *maiden voyage* 初航.
mail [meil] I n. ①邮(件,政,袋,包),信件(汇) ②邮递员,邮政汽车(工具). II vt. 邮寄. *air mail* 航空邮件,空运. *by first mail* 头班邮寄,第一次付邮. *by separate mail* 另邮. *mail drop* 邮筒,信箱. *mailing list* 发送文件清单.
mail′able a. 适用邮寄的.
mail-box n. 邮箱,信筒,信箱区(存储器中的公用单元). *mailbox memory* 信箱式存储区,专用存储单元.
Mailgram n. 邮递电报.
Maillechort n. 铜镍锌合金(铜 65~67%,镍 16~20%,锌 13~14%,其余铁).
mail-order n. 函(邮)购.
maim [meim] vt. 使...残废,使受重伤,使不能用.
MAIN = maintenance 维修(护),保养.
main [mein] I a. 主(要)的,总的,基(本)的,干(线,管)的,正的,充分的,尽(全)力的,强力的. II n. ①(常用 pl.)(水,电,煤气,下水道等的)总(干,主)线,电力(馈电)线,电力网,电线管,总(干,主)管路,干渠 ②体力,力(气,量) ③主要部分,要点. *collecting main* 汇流排,母线槽. *combined main* 线束. *electric main* 输电总线. *exhaust main* 排气总管. *gas main* 总气管. *hydraulic main* 总水管,水压主管,液压总管. *main bang* 领示(探索,放射)脉冲,主脉冲信号. *main bang suppression* (雷达发射机)直接波抑制. *main bearing reference signal* 基准(主基)点. *main bearing* 主轴承,转轴. *main body (bulk) of M* M 的主要部分. *main body of road* 路基. *main bottom* 基座(岩). *main cable* 主索,载重索,主(干)电缆,大线. *main carriage* 纵动刀架. *main control console* 主(中央)控制台. *main cycle* 大周期. *main dispatching centre* 主调度中心,电视台切换中心. *main drain* 排水总管,排水干渠,干线沟渠. *main drive* (传)动机构,主传动. *main drive gear* 主(动)齿轮. *main frame* 主机(架),底盘. *main jet* 主喷嘴,(汽化器)的高速并喷嘴. *main lead* 电源线. *main maximum* 主最大值,主峰. *main pulse reference group* 主基脉冲群. *main riser* 主立管. *main scale* (卡尺,千分尺的)主尺. *main sea* 外海,开阔海面. *main stream* 干流,主流. *main supply* 供电干线,主供油管. *mains antenna* 照明网(电源线)天线. *mains hold* 帧扫与电源频率同步,与电源同步. *mains hum pattern* 交流干扰图像. *mains set* 交流电的收音机. *mains supply* 干线(市电)电源, *main (s) voltage* 电源(干线,供给)电压. *power mains* 输电线,电源网. *pumping main* 输送压力管. *rising main* 立柱母线. *service main* 给水总管,用户干线. *steam main* 蒸气母管. *supply mains* 供电网,电源,供电干线,给水总管. *water main* 总水

main'body 管,引水干渠. ▲*by main force* 全靠力气. *for [in] the main* 总的来说,大体[基本]上,大致,主要. *with main strength* 尽[用]全力. *with might and main* 全力以赴地.

main'body n. 主要部分,主体[力],正文.

main'center n. 中枢.

Maine [mein] n. (美国)缅因(州).

main'frame ['meinfreim] n. 主机[构]架,(汽车)底盘,总配线架,(除外部辅助装置的)计算机,电脑主机. *mainframe memory* 主体存储器. *mainframe program* 主机程序.

main-generator n. 主发电机.

main-hatch n. 中部舱口[升降口].

main'-land ['meinlænd] n. 本土,大陆.

main'-line n. 干线,正线,主线.

main'ly ['meinli] ad. 主要(地),大部分,大概,大抵.

mains-operated instrument 交流电源仪表.

main'spring ['meinspriŋ] n. 主(发)[钟表]弹簧,(主要)动力,主要动机[动力,原因].

main'stay [meinstei] n. 主要支持[依靠],大桅牵索.

main'stream ['meinstri:m] n. 主[干]流,主要倾向.

main-supply n.;a. 电源(的),交流的,供电干线,主供油管.

main'switch ['meinswitʃ] n. 主开关,主电门.

maint = maintenance 维修,保养.

maintain' [men'tein] vt. ①维[保]持,继续 ②保存[留] ③(日常)维[养]护,(小)修,照管 ④制止,抑制 ⑤支[坚]持,主张 ⑥应[保]持(依靠),供给 ⑦供给[养]. *maintain at grade* 保持坡度[纵坡]. *maintained tuning fork* 音叉振荡器. *maintaining furnace* 保温炉. *pressure maintaining valve* 压力(控制)顺序(动作)阀,定压阀. ▲*maintain M onto N* 把 M 固定在 N 上.

maintainabil'ity n. 可保养[维护]性,维修[保养]能力.

maintain'able [men'teinəbl] a. ①可支[维,保]持的,可保养[维修]的 ②可主张[坚持]的.

maintain'er n. 保养[修理](工,人),养路机.

main'tenance ['meintinəns] n. ①维[保,支]持 ②(技术)保养(日常,技术)维[养]护,维[小,检]修,路务 ③运转,操作,看管 ④保管[存],供给,供应和配套 ⑤坚[支]持,主张. *direct maintenance* 直接操作. *file maintenance* 文件维护[处理,管理]. *maintenance apron*(飞机场)机修坪. *maintenance depot* 养护补给站,(机械)修配厂,保养厂. *maintenance division* 养路段[工区]. *maintenance down time* 修复时间. *maintenance free* 不需维护[修]的. *maintenance man* 维修工. *maintenance of channel in estuary* 河口航道的维护. *maintenance overhaul* 经常修理. *maintenance standby time* 维修准备时间. *on-line maintenance* 不停产检修. *operating maintenance*(运行)维护,小修,日常维护. *preventive maintenance* 防护修理[检修,设备],预防保养[维修],预修. *remote maintenance* 遥控,远距离操作.

maintenance-free a. 不需维护的,不要求修理的.

main-water n. 自来水.

Mainz [maints] n. 美因兹[美因茨](德意志联邦共和国城市).

maio'sis n. 减数分裂.

maison(n)ette [meizə'net] n. 小屋,(跨二层楼的)公寓套房.

maitlandite n. 脂钍铅铀矿.

maize [meiz] n. ①玉米,玉蜀黍 ②玉米的颜色,黄色.

Maj. = major.

majes'tic [mə'dʒestik] a. ①威严的 ②雄伟的,壮丽的. ~**ally** ad.

maj'esty ['mædʒisti] n. 尊[威,庄]严.

majeure [ma:'ʒə:] n.(法语) *force majeure* ①压倒的力量 ②(使无法履行契约的)不可抗力(如天灾、战争等).

majol'ica [mə'dʒɔlikə] n.(石灰质)陶器,涂有不透明釉的陶器.

ma'jor ['meidʒə] I a.(两部分中)较大[多,长,优,重要]的,主要[修]的,重点的,多数的,第一流的. II n. ①专业科目,主科 ②少校 ③成年者. III vi. 主修,专门研究(in). *major arc* 优[大]弧. *major axis*(椭圆的)长轴,主轴. *major calorie* 大卡. *major cycle* 大(主)循环,大周期. *major diameter* 大直径,外径. *major function* 强[优]函数. *major highway* 主要[干线]公路. *major industry* 大型[重点]工业. *major line* 主线. *major metal* 主要金属. *major mode* 大调式,大音阶式. *major overhaul* 大修,总检修. *major part* 较大部分. *major parts* 主要零件,主要部件. *major road* 主通路,主干路. *major principal stress* 第一(最大)主应力. *major project* 大型[大规模](工程)计划. *major repair* 大修. *major system kit* 成套主系统(微计算机中的成套硬件和软件). *major terms*(专利)常用名词表. *major total* 总计,主要统计值. *major triad* 大调三和弦.

ma'jorant(e) ['meidʒərənt] n. 强[优,控制]函数. *majorant series* 长[强,优]级数.

major'ity [mə'dʒɔriti] n. ①(谓语动词可用单数或复数)(大)多数,大部分,大半,过半数,多数逻辑. ②成年. *majority (carrier) emitter* 多数载流子发射极. ▲*be in (the) majority* 占大多数. *in the great majority of cases* 在大多数情况下. *the majority of* 大多数,大部分.

majority-decision element 择多判定元素.

majority-logic decodable code 择多逻辑可解[译]码.

majority-rule decoding algorithm 择多解[译]码算法.

majoriza'tion n. 优化.

majorizing sequence 优化序列.

major-minor deflection 主-副偏转(显示用显像管).

Majunga [mə'dʒʌŋɡə] n. 马任加(马尔加什共和国港口).

majus'cule [mə'dʒʌskju:l] n.;a. 大写(字母)(的),大字(的).

make [meik] I (*made, made*) vt. ①制(造,作),做,修筑,加工,生产,作出. *make a hole* 钻[打,挖,凿]个洞. *make a pattern* 压[刻]出花纹. *make a recording* 录音. *make a sketch* 绘制草图. *make an impression* 留下痕迹,给与印像. *make metals* 熔炼金属. *make power* 发电,产生电力. *make readings* 取读数. ②产生,引起,形[构,组]成. *make an angle of 30° with the horizon* 与水平线形成30°的夹角.

1000 kilograms makes one ton. 一千公斤等于一吨. Copper and aluminum make good conductors. 铜和铝是良导体. ③接通,接入,接合. make a circuit 接通电路. ④行,驶,转(距离,圈数,速度). make n turns 转 n 圈. make a step forward 前进一步. The car makes 90 miles an hour. 这汽车时速90英里. ⑤(make +表示动作的名词=该名词意义的动词). make a calculation (=calculate)计算. make a change (=change)改变. make a start (=start)开始. make delay (继电器)动作时延. make measurements (=measure)测量,量测. ⑥(make+名词+名词或形容词、前置词词组、副词等)使…成为. make the steel bar a magnet 使钢棒成为一块磁铁. make everything clear 使所有问题都清楚. The piston is made in the shape of a cylinder. 活塞做成圆柱形. Cutters are made to any desired angle. 刀具可以做成所需要的任何角度. ⑦(make + 名词 + inf.)使…(做). (be made to + inf.)被迫(做). Heat makes things expand. 热使物体膨胀. Electric current is made to flow through wires. 使电流沿导线流动. ⑧(make +名词+过去分词)使…(处于某状态). make a glass rod electrified 使玻璃棒带电. ▲(be) made from 由(原料)制(构,组)成. (be) made of 由(材料)制(构,成). (be) made of the order of 达到约. (be) made up of 由(部件,材料)制(成,构)成. make against 妨碍,不利于,…与…相反. make as if [as though]假装,装作. make away with 带走,除去,摧毁,用完. make certain 弄清楚. make certain of 确定,查明,把…弄清楚(确实). make contact 接通,闭合(电路). make dead 断开(路),切断. make fast 把…固定(栓紧,关紧). make for 有利于,促使,增进,助长,造成,产生,走向. make M from N 用 N 做(制)M,把 N 做(制)成 M. make good 修理,恢复,补偿,弥补,履行,保持,完成,实现,达到,证明,证实…是正确的. make M into N 把 M 做(制)成 N. make it 成功. make like 模仿,假装. make much of 重视,充分利用,悉心照顾,理解. make M of N 用 M 做(制)N,使 N 成为 M. make out 发现,看出,读出,说明,证明了解,理解,起草,书写,扩大,进展,完成. make over 转让,移交,更正,更新,修改,改造. make sure 弄明白,确信,使…确定. make the best of 充分利用. make through with 完成. make true 调整,使准,使笔直. make up 补充,补偿,修理,装配,配制,配(混)合,形(组)成,等于,占(比例),草拟,编造(谎言),解决,弥补,化妆,(印)排版. make up for 弥补,补偿. make up M into N 把 M 做(组,构)成 N. make up to 接近,补偿. make use of 用. Ⅰ n. ①构造,组织,样式,形状,种类,型号,牌号[子] ②制造(量),生产(量),制造方法,制成品 ③接通,闭合(电路) ④性质[格]. make after 跟在…后. Before all others operate 其它接点都动作后(前)闭合. make and break 电流断续器. make break system 先接后离(换接)方式. make impulse 接通电流脉冲. make percent 接通(闭合)百分比. of a certain size and make 具有某一尺寸和某种构造的. of a special make 特制的. of all makes 各式各样的. of first-class make 第一流货色的. of home make 国产的,本地产的. of new make 新型的. of various makes 形形色色的.

make-and-break n.; a. 接与断(电路),先接后离,断续,闭路,接离,通断.

make-before-break n. 先接后离(接点),先闭后开,合断.

make-break operation 通-断操作.

make-busy n. 闭塞,占线.

make-contact n. 闭合(回路)接点,接通.

make-do =makeshift.

make-or-break a. 是成(功)是(失)败的.

make-position n. 闭合位置.

ma'ker ['meikə] n. ①制造者,工人,制造机 ②制造(承包)厂,公司 ③接合(接通)器. bolt maker 螺钉制造厂. contact maker 断续器,开关. die cast machine maker 压铸机制造厂. maker use 接合器的应用. pattern maker 制模工人.

maker-up n. 排版工,制品装配工.

make'shift ['meikʃift] Ⅰ n. 权宜之计,临时措施,暂时代用品. Ⅱ a. 权宜的,临时(用)的.

make-up ['meikʌp] n. ①组织,组(制,造,构)成,结构,充数之物 ②接通,闭合 ③补给(充,偿,足),弥补 ④修理,装配,配制[料],制作,排[印]版 ⑤化妆(用品). fuel make-up 燃料补充(给). make-up of charge 配料. make-up rail 标准短轨. make-up time 补算[纠错]时间.

make'weight ['meikweit] n. (磅秤上)补充重量的东西,充数之物,相抵(消)之物.

ma'king ['meikiŋ] n. ①制造(作,备),构造,结构. 发展,生产,冶炼,加工 ②接通(入)闭合 ③制造物 ④ (pl.)性[素]质,要素 ⑤成功的基础原因[手段]. (be) in the making 在制造[形成,发展]中,未完成的. be the making of 成为…的基础,保证…的成功. have the makings of 具有…素质. making gap by arc (电弧)隙加工. making hole 钻进[井口,进尺. making overlapping run 多层焊. slag making 造渣. tube making 管材生产.

making-capacity n. 接通[闭合]能力,闭合容量.

making-current n. 接通(时)的最大脉冲电流.

making-up n. ①修理,装配,包装,制作(造) ②补偿(充,足) ③拼版.

mal- (词头)不(正确),非,不良.

mal = malfunction 失灵,故障.

Malabo ['mɑːlɑːbou] n. 马拉博(赤道几内亚首都).

Malacca [məˈlækə] n. 马六甲(马来西亚港市). Strait of Malacca 马六甲海峡.

mal'achite [ˈmælə kaɪt] n. 孔雀石,石绿. blue malachite 蓝铜矿,石青. malachite green (碱性)孔雀绿.

malacon n. 变水锆石.

mal'adjus'ted [ˈmæləˈdʒʌstid] a. 不适应的,失调的,失配的,调整[校正]不良的.

mal'adjust'ment [ˈmæləˈdʒʌstmənt] n. ①失调(配),不匹配(协调),调整(校准)不良 ②不适应,不一致性.

maladmin'ister [ˈmælədˈministə] vt. 对…管理不善,

mal'adroit' 不适当地执行. maladministra'tion n.

mal'adroit' ['mælə'drɔit] a. 不熟练的,笨拙的. ~ly ad. ~ness n.

mal'ady ['mælədi] n. 疾[毛,弊]病,歪风邪气.

malafide ['meiləˈfaidi] 〔拉丁语〕恶意歪曲地,不诚实的.

Mal'agas'y ['mæləˈgæsi] Ⅰ a. 马尔加什的. Ⅱ n. 马尔加什人〔语〕.

malaise [mæˈleiz] n. 不适,欠爽.

malakograph n. 软化率计.

malalign'ment n. 不成一直线,(直线,轴线)不〔未〕对准,不同轴性,不平行性,相对位偏,偏心率.

mal'ap'ropos ['mælˈæprəpou] Ⅰ a.; ad. 不适当的〔地〕,不合时宜的〔地〕,不凑巧的〔地〕. Ⅱ n. 不适合〔不适当〕的东西.

mala'ria [məˈlɛəriə] n. 疟疾. mala'rial a.

Malawi [mɑːˈlɑːwi] n. 马拉维.

mal'axate vt. 捏,揉(混),拌和. malaxa'tion n.

Malay' [məˈlei] Ⅰ a. 马来亚的,马来亚式的,马来人〔语〕的. Ⅱ n. 马来人〔语〕.

Malaya [məˈleiə] n. 马来半岛,马来亚.

Malaysia [məˈleiʃə] n. 马来西亚.

Malaysian [məˈleiʃən] a.; n. 马来西亚人〔的〕.

mal'colmize ['mælkoulmaiz] vt. 不锈钢表面氮化处理.

malcompres'sion n. 未压紧,压制不到.

mal'content ['mælkəntent] a.; n. 不满(足)(的),不满者.

malcrystalline a. 残晶的,过渡形结晶的.

maldeploy' vt. 错误部署.

maldistribu'tion n. 分布不准,分布不均(匀).

Maldive ['mɔ(ː)ldiv] n. 马尔代夫.

male [meil] Ⅰ a. 男(性)的,阳(性)的,正的,凸的,雄(性)的,公的. Ⅱ n. ①男(性,子) ②插入式配件,凸模,公插头. male adapter 外螺纹过渡管接头,管接头凸面垫圈. male and female face 阴阳面. male contact 阳性接触体,插头塞[接点]. male die 内螺模,阳模. male dovetail 榫舌. male fitting 外螺纹配件,阳模配合. male force 模套,阳模. male gamete 雄配子. male gauge 塞规. male (parent) line 父系,父本品系. male plug 插头[销]. male rotor 凸形转子. male screw 外[阳,凸,雄]螺钉. male T 外螺纹三通管接头. male tank 重型坦克. male thread 外[阴,公]螺纹.

Male ['mɑːlei] n. 马累(马尔代夫首都).

maleabil'ity = malleability.

malealdehyde n. 顺丁烯二醛,马来醛.

maleate n. 顺丁烯二酸,马来酸〔盐,酯,根〕.

maledic'tion [mæliˈdikʃən] n. 咒骂,诽谤. maledic'tory a.

malef'ic [məˈlefik] a. 恶毒的,有害的. malef'icence n. malef'icent a.

male'ic acid 缩苹果酸,马来酸,顺丁烯二酸. maleic acid ester resin 马来酸酯树脂,顺丁烯二酸酯树脂.

maleic anhydride 顺(式)丁烯二(酸)酐.

maleic resin 马来树脂,顺丁烯二酸-丙三醇树脂.

male(in)imide 顺丁烯二酰亚胺.

maleinoid n. 顺式异构化合物. maleinoid form 顺式.

maleoyl- 〔词头〕顺丁烯二酰(基),马来酰(基).

malev'olence [məˈlevələns] n. 恶意[毒]. malev'olent a.

malforma'tion [mælfɔːˈmeiʃən] n. 畸形,不正常部分.

malformation-crystal n. 残缺晶.

malformed [mælˈfɔːmd] a. 畸形的,残缺的.

malfunc'tion(ing) [mælˈfʌŋkʃən(iŋ)] n. 不正常工作(动作,起动),不正确〔不按规则〕起动,(机械,过坏,操作)的故障(错误),出错,(错)误动作,动作失调,失效,(机能)失灵〔不良,障碍〕. guidance malfunction 制导设备失灵. malfunction routine 定错[查找故障,错误检查]程序.

malgré [malgre] 〔法语〕 prep. 不〔尽〕管,任凭. malgré lui 非出于本意地,情不自禁地.

Mali ['mɑːli] n.; a. 马里(的).

mal.i. = malleable iron 可锻铸铁.

malic acid 苹果酸,羟基丁二酸.

mal'ice ['mælis] n. 恶(敌)意,怨恨.

malic'ious [məˈliʃəs] a. (怀有,出于)恶意的,蓄意的,预谋的. make malicious remarks 肆意攻击. ~ly ad. ~ness n.

malign' [məˈlain] Ⅰ a. 有害的,恶(性)的. Ⅱ vt. 诽谤,诬蔑. exercise a malign influence 产生不良影响. ~ly ad.

malig'nance [məˈlignəns] 或 malig'nancy [məˈlignənsi] n. 恶意,恶性(肿瘤),癌.

malig'nant [məˈlignənt] a. ①有恶意的,恶毒的 ②恶性的,有害的,致命的. ~ly ad.

maline tie 绳索扎结,用绳索把电缆固定到吊线上.

MALL = malleable 韧性的,可锻的.

mall [mɔːl] n. ①(手用)(大)槌(,打石,大木)槌,夯 ②林荫路. mall hammer (大)槌.

mallaunching n. 发射不灵,不成功的发射.

malleabil'ity [mæliəˈbiliti] n. 展〔韧〕性,可锻〔可延压〕性,加工性,可塑性.

mal'leable ['mæliəbl] Ⅰ a. 有展〔韧,延(伸)〕性的,可锻的,可压制〔延展,性能〕的,能适应的. Ⅱ n. 可锻铸铁. malleable (cast-) iron (可)锻〔铸〕铁,纯铁,展〔韧〕性铸铁. malleable pig iron 制造可锻铁的生铁,可锻铸铁用生铁(碳 4.0%,硅 1.7～2.1%,锰 0.2～0.4%,磷<0.1%,硫<0.04%,铜<0.18%,铬<0.03%). malleable steel 软钢,展性钢. ~ness n.

mal'leabl(e)ize vt. 可锻化,韧化,使具有展性.

mal'leableness n. 展〔韧〕性,可锻〔可压缩〕性.

mal'leablizing n. 退火,脱碳,可锻化的.

mal'leate vt. 锻,压延,锤薄. mallea'tion n.

mal'let ['mælit] n. ①(木,大手,短)锤 ②桉树. mallet perforator 锤式冲孔〔穿孔〕机,锤击穿孔机.

Mallet alloy 黄铜(铜 25.4%,锌 74.6%).

Mallory metal 无锡高强度青铜(锰或铝<4%).

Mallory sharton alloy 钛铝锆合金(铝 8%,锆 8%,钽+铌 1%,其余钛).

malloy n. super malloy 镍钼铁超(级)导磁合金(镍 79%,钼 5%,铁 15%,锰 0.5%).

malm [mɑːm] n. 石灰质砂,钙质砂土,白垩土,泥灰岩,灰泥. malm brick 灰砂〔白垩〕砖. malm rock 粘土砂岩. Malm series (晚侏罗世)麻姆统.

malmedie method 一种螺母锻造法。
Malmö ['mælmou] n. 马尔摩(瑞典港口)。
malmstone n. 砂岩。
malnourished ['mæl'nʌriʃt] a. 营养不良的。**malnutrition** n.
malobserva'tion n. 观察〔观测〕误差。
malonamide n. 丙二酰胺。
malonate n. 丙二酸,丙二酸盐〔酯,根〕。
malonyl- 〔词头〕丙二酰(基),丙二酸,单酰(基)。
malopera'tion n. 不正确维护〔操作,运转〕。
Malott metal 锡铅铋易熔合金(锡 34%,铋 46%,铅 20%,熔点 95℃)。
maloyl- 〔词头〕苹果酰(基),羟基丁二酰(基)。
mal'posit'ion ['mælpə'ziʃən] n. 位置不正,错位。
mal'prac'tice ['mæl'præktis] n. 治疗不当,违法行为,假公济私,营私舞弊。
malsta'tion vt. 错误(地)派置(军队等)。
malt [mɔːlt] n. 麦芽,麦芽酒,麦乳精。
Malta ['mɔːltə] n. 马耳他(岛)。
maltase ['mɔːlteis] n. 麦芽糖酶。
Malter effect 马尔特(反常的二次电子发射)效应。
Maltese ['mɔːl'tiːz] a. ; n. 马耳他人〔的〕。**Maltese cross** 十字轮机构,马氏(间歇)机构。
mal'tha ['mælθə] n. 软沥青,半液质沥青,沥青柏油胶。
mal'thene n. 软沥青质,(pl.)马青烯,石油脂〔质〕。
mal'thoid n. 油(毛)毡。
maltreat' [mæl'triːt] vt. 虐待,乱用,滥用(机器等)。~ment n.
m. a. m 或 **mAm** = milliampere minutes 毫安-分(钟)。
mam'elon 或 **mam'eron** n. (小)圆丘。
MAMIE = minimum automatic machine for interpolation and extrapolation 内插法及外推法用的微型自动机。
mam'mal ['mæməl] n. 哺乳动物。
mamma'liam n. ; a 温血动物,哺乳动物,哺乳类(动物)的。
mammal-roentgen-equivalent n. 生物伦琴当量。
mam'moth ['mæməθ] Ⅰ a. 巨大的,庞大的。Ⅱ n. 猛犸象,巨物,庞然大物。
ma mtr = milliammeter 毫安计。
MAN = manual 手动(控)的,人工的,手册。
man [mæn] Ⅰ (pl. men) n. 人(们,类),…员,工人,男人。Ⅱ vt. 配备(以工作)人员(with),(载入人,操作。air man 飞行员。blast-furnace man 吹风工,高炉工,炉前工。camera man 摄影〔摄像〕员。dead man 双面撑闸,(铅锌鼓风炉)积铁。engine man 司机,机械师〔员〕。line man 线务员。man amplifier 体能放大器。man earth-return spacecraft 载人再返地球飞船。man hour 工时。man lock (沉箱)进人闸。motor man 司机,驾驶员。repair man 修理工人。research man 研究人员。test man 测试员,测量员。▲(all) to a man 毫无例外,全部。as men go 照一般的说法。as one man 一致地。to the last man 毫无例外,全部。
man'acle ['mænəkl] Ⅰ n. ①(pl.)手铐 ②束缚。Ⅱ vt. ①上手铐 ②束缚,拘束,妨碍。
man'age ['mænidʒ] v. ①管(办,处)理,经营 ②使用,驾驶,操纵,控制,支配 ③设法(to +inf.) ④用…解决问题〔完成任务〕(with)。▲can [could, be able to] manage with 能使用…,设法对付过去,能用…解决问题。manage without M 没有 M 也行,不用 M 也对付过去。
manageabil'ity [mænidʒə'biliti] n. 可管理〔处理〕,可使用〔驾驶,操纵〕性。manageability of the flame 火焰可调节性。
man'ageable ['mænidʒəbl] a. 易管理〔处理,操纵,控制,驾驭〕的,易办的,可以设法的。**manageably** ad.
man'agement ['mænidʒmənt] n. ①管理(办,处)理,经营,领导,使用,驾驶,操纵〔作〕,控制,支配 ②管理处,管理部门,经理部,厂〔资〕方,董事会。factory [plant] management 工厂管理,生产组织。management information system 信息控制系统,经营情报系统。management support utility 管理后援应用程序。
man'ager ['mænidʒə] n. 管理〔领导〕人,经营〔指导〕者,经理,导演。
manage'rial [mænə'dʒiəriəl] a. 管〔办,处,经〕理的。managerial application 控制使用。managerial data 管理资料〔数据〕。~ly ad.
manage'rialist n. 管理学家。
man'agership ['mænidʒəʃip] n. 经理〔管理人〕身分。
man'aging ['mænidʒiŋ] n. ; a. (善于)处理〔管理,经营〕(的)。managing director 总经理,常务董事。
Managua [mə'nɑːgwə] n. 马那瓜(尼加拉瓜首都)。
MANAM = manual amendment 手工修正。
Manama [mæ'næmə] n. 麦纳麦(巴林首都)。
manauto n. (旋钮,开关)手动-自动,手控-自控。
man-carried a. 便(于)携(带)的,可携带的,轻便的。
man-carrying a. 载人的,有人驾驶的。
man-caused a. 人为的。
mance's method 曼斯法(电池电阻的测定)。
Man'chester ['mæntʃistə] n. 曼彻斯特(英国城市)。Manchester goods (英国)棉(纺)织品。
man-child n. 男孩。
Mandalay [mændə'lei] n. 曼德勒(缅甸城市)。
man'date ['mændeit] Ⅰ n. ①命(训)令 ② 托管。Ⅱ vt. 委托(管理),托管。
man'dator ['mændeitə] n. 命令者,委任者。
man'datory ['mændətəri] Ⅰ a. ①必须遵循的,强制性的 ②命令的,指示的 ③委任(托)的(upon)。Ⅱ n. 代理人,代办者。mandatory sign 指示标志。
man-day n. 劳动日,人工日。
man'drel 或 **man'dril** ['mændrəl] Ⅰ n. ①(圆形)心轴,紧轴,静〔主〕轴,轴胎(柄) ②芯棒〔杆〕,铁心,圆棒,型芯,芯(冲)子,扩管锥体,顶杆 ③(涂有放射性的)半导体阴极金属心 ④卷筒 ⑤鹅嘴锤,丁字镐。Ⅱ v. ①拉延 ②随心轴转动。cone mandrel (双)锥体心轴。expanded mandrel 张开状态的卷筒。mandrel diameter 型心〔心轴〕直径。mandrel down coiler 辊〔心轴〕式地下卷绕机。mandrel test 卷解试验。piercing mandrel 穿孔心棒。taper shank mandrel 锥柄心轴。
mandrin n. 细插针。
MANDS = maintenance and supply.
manebach twin 底面双晶。
man'engine ['mænendʒin] n. 坑内升降机。

maneton n. (曲)轴颈,可卸曲柄夹板.

maneu'ver [mə'nu:və] n.; v. ①机动(动作,运用,飞行),(机动,飞行)动作(pl.)(对抗)演习,运动,调遣〔运,度〕②操纵(作),操纵法,运用,对付 ③(使用)策略,策划. *accentuated maneuvering* 强化操纵. *air maneuver* 空中演习,空中机动动作. *backstage maneuvering* 幕后活动. *maneuver margin* 机动限度. *maneuvering test* 操纵试验. *maneuver(ing) unit* 机动(突击,主攻)部队. *precision maneuver* 准确动作. *programmed maneuver* 程序机动(演习).

maneuverabil'ity [mənu:vərə'biliti] n. 机动〔灵敏,灵活,可控,可操纵,可运用〕性.

maneu'verable [mə'nu:vərəbl] a. 机动〔灵活〕的,容易驾驶(操纵)的,可操纵的.

MANF =manifold.

man'ful ['mænful] a. 勇敢的,果断的. ~ly ad. ~ness n.

Manganal n. 含镍高锰钢(锰 12%,镍 3%,碳 0.6~0.9%).

man'ganate ['mæŋgəneit] n. 锰酸盐,(pl.)锰酸盐类.

manganese' [mæŋɡə'ni:z] n. 【化】锰 Mn. *black manganese* 氧化锰. *manganese bronze* 锰青铜(合金). *manganese concretion* 锰质结核. *manganese phosphor* 锰激活磷光体. *manganese spar* 菱锰矿,蔷薇辉石. *manganese steel* (高)锰钢.

manganese-copper-nickel n. 锰铜镍合金.

manganese-iron n. 锰铁合金.

manganese-zinc ferrite n. 锰锌铁氧体.

mangane'sian a. (含)锰的.

mangan'ic [mæŋ'gænik] a. (似,三价,六价,得自)锰的.

man'ganides n. 锰系元素.

manganif'erous a. 含锰的.

man'ganin ['mæŋgənin] n. ①锰铜,锰镍铜合金(锰 12%,镍 2%,铜 86%;或锰 13~18%,镍 1.5~4%,其余铜) ②锰铜镍线. *enamel manganin* 漆包锰铜线. *manganin alloy* 锰铜合金,锰铜. *manganin wire* 锰铜线(锰 13%,铜 87%).

manganite n. 水锰矿,亚锰酸盐.

mangano-columbite n. 锰铌铁矿.

manganotantalite n. 锰铅铁矿.

man'ganous ['mæŋgənəs] a. (亚,二价,含)锰的,锰似的. *manganous chloride* 二氯化锰.

mang'corn n. 混合粒.

mangelinvar n. 钴铁锰合金(钴 35%,铁 35%,镍 20%,锰 10%).

man'gle ['mæŋgl] Ⅰ vt. ①碾压,轧(干),砑光 ②乱切,切〔割〕碎,擦裂 ③损〔破,毁,弄〕坏,糟蹋. Ⅱ n. 碾压〔轧板,砑光,轧浆,轧光)机,钢板矫正机,辊式板材矫直机.

man'gler ['mæŋglə] n. 压延〔砑光〕机,轧机操作人员.

Mangonic n. 镍基锰合金(镍 97%,锰 3%).

man'grove ['mæŋgrouv] n. 红树.

man'handle ['mænhændl] vt. (由)人力操作(推动,开动,转运),人工操作.

Manhat'tan [mæn'hætən] n. 曼哈顿(美国).

man'hole ['mænhoul] n. (供人以入修理、清除用)人孔,检查〔检查、维修,操作〕孔,探孔,避孔,舱(出入,升降,工作,扫除,检查窗)口,探〔检查,进入)井. *inspection manhole* 检修人孔.

man'hood ['mænhud] n. (男子的)成年身分.

man'hour ['mænauə] n. 工时,人工小时,一人一小时的工作量.

MANIAC =mathematical analyzer, numerical integrator & computer 数学分析数值积分器和计算机.

Manic n. 铜镍锰合金(锰 15~20%,镍 9~21%,其余铜).

man'ifest ['mænifest] Ⅰ vt. ①表(证)明 ②(清楚)表示,(明白)显示,显露 ③显现(出),现出(oneself);表现为,作用在于(oneself by, oneself in). ▲*manifest M as N* 把 M 表现为力表示为 N. Ⅱ a. 明白的,明显的,显然的. Ⅲ n. ①显示,声明,宣言 ②(载)货单,仓(口)单,装(船)货(详细)清单.

manifesta'tion [mænifes'teiʃən] n. ①表明〔示〕表现形式,体现,现象,征象 ③公开声明.

manifes'tative [mæni'festətiv] a. 显然的,明了的.

man'ifestly ['mænifestli] ad. 明白(明显)地,显然.

manifes'to [mæni'festou] Ⅰ n. 宣言,声明,布告. Ⅱ vt. 发表宣言(声明).

man'ifold ['mænifould] Ⅰ a. ①多样的,各种各样的,形形色色的,多数的,多方面的,许多的 ②有多种用途的,作成多份的. Ⅱ ad. 许多倍,……得多. Ⅲ n. ①歧管〔管〕,联管,集合(集气,进气)管,导〔总)管,管道〔线〕,(喷嘴前的)集流腔,联箱 ②复式接头,油路板 ③【数】簇,流形,拓扑空间,拓扑面 ④复印本,拷贝, Ⅳ. v. ①复印(件)制成,复制 ②复写(成数份),作成数份 ②装支〔歧〕管. *algebraic manifold* 代数簇. *cooling manifold* 冷却集管. *fuel manifold* 燃料总管,燃料汇流腔. *gas manifold* 气体管线,供气支管. *induction manifold* 进气〔进油,吸水)管. *manifold condenser* 多管冷凝器. *manifold heater* 多管加热器(蒸汽炉). *manifold paper* 打字纸,复印纸. *manifold pressure* 歧管(管道内)压力. *manifold tunnel* 多叉隧洞. *manifold waveguide* 分歧波导管. *manifold with boundary* 带边流形. *nozzle manifold* 多喷头插座(座内为一集流腔).

man'ifolder ['mænifouldə] n. 复写〔复印〕机.

man'ifolding n. 支管(歧管)装置,复印(写).

Manil'(l)a [mə'nilə] n. ①马尼拉(菲律宾首都) ②马尼拉麻,马尼拉纸. *Manila gold* 锌黄铜(铅 2%,锌 12%,铜 85%). *Manilla rope* 粗麻绳,白棕绳,吕宋绳.

man-induced a. 人为的,人工诱发的.

manip'ulate [mə'nipjuleit] v. ①操作〔纵〕,控制,摆弄,扰动,(巧妙地)处理,计算,运算,(熟练地)使用,利用,应付 ②打键,键控 ③变换 ④【轧】翻倒. *manipulated soil* 重塑土. *manipulated variable* 操纵量,控制变量. *manipulating key* 手动键.

manipulater =manipulator.

manipula'tion [mənipju'leiʃən] n. ①操作〔纵〕,控制,管理,转动,回转,处理,计算,使(利)用 ②打键,键控 ③变换 ④【轧】翻倒 ⑤钢管工艺试验的名称. *manipulation of electrode*(焊条)运条焊. *manual manipulation* 人工控制,手动操纵,手工操作. *mathematical manipulation* 数学变换. *remote manipulation* 远距离操纵,遥控.

manip′ulative [mə'nipjuleitiv] 或 **manip′ulatory** a. (用手)操作[操纵,控制,管理,处理]的,手工的,手控的. *manipulative indexing* 对应索引,相关标引.

manip′ulator [mə'nipjuleitə] n. ①操作[操纵,控制]器,操作[纵]装置,机械手,推床 ②键控器,电键,发报机 ③操纵[作]者. *manipulator rack* 推床齿条. *servo manipulator* 伺服[电子控制]机械人. *universal manipulator* 万能机械手[翻钢推床].

manipulator-operated a. 机械手控制的.

manjak n. 纯[硬化]沥青.

mankind n. ①[mæn'kaind] 人(类) ②['mænkaind] 男子,男性.

man′ly ['mænli] a. 男子气概的,果断的,大胆的. **man′liness** n.

man-machine a. 人(与)机器的. *man-machine system* 人-机器系统,人-机器(通信)系统.

man-made ['mænmeid] a. 人造[为,工]的. *man-made earth satellite* 人造地球卫星. *man-made fiber* 人造[化学]纤维. *man-made noise* 人为[工业]干扰,人为[工业]噪声.

man-minute n. 一个人一分钟的工作量,人工分(钟).

manned [mænd] a. 有人驾驶[操作,操纵,管理]的,载人的. *manned space flight* 载人的宇宙飞行.

man′ner ['mænə] n. ①方法[式],样式 ②举止,态度,风格,样子 ③(pl.)礼貌,规矩 ④(pl.)习惯,惯例 ⑤种类. *manner of origin* 起源[成因]形式. ▲ *after the manner of* …仿效. *after the manner this* 照这样. *all manner of* …各式各样的,各类. *by all manner of means* 无论如何,必定. *in a broad manner* 一般,大体上. *in all manner of ways* 用各种方法. *in a manner* 有点,在某种意义上. *in a manner similar to* …以类似于…的方式. *in a manner that* …以…的方式. *in a somewhat more quantitative manner* (数量)稍多一些地. *in like manner* 同样地. *in [with] the manner* 在现行中,当场. *in such a manner* 如此,用这样的方式. *in the manner of* …像…那样,按…的方式. *in the same manner* 同样地. *in the same manner as* …和…同样的方法. *in this manner* 如此,照这样.

man′nerism ['mænərizəm] n. 特殊风格,习气.

Mannheim ['mænhaim] n. 曼海姆(德意志联邦共和国城市). *Mannheim gold* 曼海姆金(锌10%,锡1%,其余铜).

man′ning n. 配备人员.

MANO =manometer(流体)压力表.

manocryometer n. 融解压力计,加压熔点计.

manoeuvrability =maneuverability.

manoeuvrable =maneuverable.

manoeuvre =maneuver.

manoeuvreability =maneuverability.

manoeuvreable =maneuverable.

man′ograph ['mænəgrɑ:f] n. 流(体)(力,强)记录(器),压力自记(记录)器,(自)记压.

manom′eter [mə'nəmitə] n. (流体)压力[压强]计,压力[气压]表,测压[气压]计. *differential manometer* 差示[差动]压力计,微压计. *gas manometer* 气压表. *manometer pressure* 表压. *manometer tube* 压力管.

manomet′ric(al) [mænə'metrik(əl)] a. ①测压(计)的,感应压力的 ②流体压力计的,用压力计量的 ③压力的,压差的. *manometric bomb* 密闭爆发器. *manometric flame* 感压焰. *manometric fluid* [liquid] 测压液. *manometric method* 测压法. *manometric thermometer* 压差温度计.

manomet′rically ad.

manom′etry n. 测压术[法],压力计测量,容积的压力测量. *differential manometry* 示差测压术.

MANOP =manual of operations 战斗使用条例,操作手册.

man. op. =manually operated 用手操作的,人工装填的.

man. oper. =manual operation 手动,人工.

man′oscope n. 流压计,气体密度测定仪.

manos′copy n. 气体容量分析[密度测定].

man′ostat ['mænəstæt] n. 恒[稳]压器,压力稳定器. ~**ic** a.

man-pack a.; n. 单人可携带的,便携式无线电收发装置. *man-pack television unit* 便携式电视装置.

man′power ['mænpauə] n. 人力(功率单位,=1/10马力),劳动力. *manpower limitation* (导弹)主动段限制.

man-rate vt. (对火箭或宇宙飞船的安全载人飞行进行)安全评定.

man-rated a. 适于人用的.

man. ring. =manual ringer 手摇发电机振铃.

man-roentgen-equivalent n. 人体伦琴当量.

man′sard ['mænsɑ:d] n. 【建】复折屋顶. *mansard roof truss* 折线形桁架.

Mansbridge capacitor 金属化纸介电容器,卷式电容器.

man′sion ['mænʃən] n. 住宅,大厦,大楼,(pl.)公寓.

man′size(d) ['mænsaiz(d)] a. ①大(型)的 ②困难的,吃(费)力的 ③适于一个人的.

man′tel ['mæntl] n. 壁炉架(台,罩).

man′telpiece ['mæntlpi:s] n. 壁炉架构件,壁炉台.

Man-Ten steel 低合金高强度钢.

man′-time (pl. *men-times*) n. 人次.

mantis′sa [mæn'tisə] n. 【数】假数,(对数的)尾数,数值部分.

man′tle ['mæntl] Ⅰ a. ①罩(盖),(汽灯的)白炽罩,覆盖(物),套筒(膜),外皮(壳),幕 ②覆盖层,表层,盖面②层,地幔 ③(水车的)槽 ④(高炉)环壳壳 ⑤壁炉颈[台]. Ⅱ v. ①覆盖,罩上,套,包②(液面)结皮 ③展开,扩展. *gas mantle* 煤气灯罩. *incandescent mantle* 白炽罩. *mantle cone* 破碎机可动圆锥. *mantle head* 可动破碎圆锥颈. *mantle of rock* 岩石表层,风化(表皮)岩. *mantle of soil* 土(的)表层,风化层,土壤覆盖层,表皮土,土被. *mantle pillar* (高炉)环壳柱.

mantle-grade n. 灯罩级品位.

manu- [词头] 手.

man′ual ['mænjuəl] Ⅰ a. 用手的,手动[控,调,工,用,操作]的,人工(操作)的,人力的. Ⅱ n. ①手册,袖珍本,说明书,指南,细则,教本 ②键盘. *design manual* 设计手册. *manual acting* 人工[用手]操作的. *manual computation* 笔算. *manual control* 手

控,人工控制. *manual extinguisher* 手提式灭火机. *manual labour* 手工,体力劳动. *manual number [word] generator* 手控[人工]输入设备,手控数字存储器. *manual operation* 手动[工]操作,人工控制. *manual ram reverse* 滑枕反向手操纵. *manual rate-aided tracking* 人工速度辅助跟踪. *manual reconfiguration* 人工改变系统结构. *manual switch* 手[手控]开关,自动控制器的人工辅助运行装置. *manual toll switchboard* 长途人工接续台. *service manual* 操作、使用和维护规程,使用[维护,修理]说明书.

manual-automatic *a.* 手动-自动的,人工-自动的,半自动的. *manual-automatic relay* 手动-自动(控制)转换继电器.

man'ually ['mænjuəli] *ad.* 用手(工),手动[手控]地. *manually controlled* 人工控制的. *manually operated* 人工操纵的. *manually operated valve* 手动(操纵)阀.

manuf =manufacture 制造.

manufac'tory [mænju'fæktəri] *n.* 制造厂,工厂. *hardware manufactory* 五金工厂.

manufacturabil'ity *n.* 可制造性,工艺性.

manufac'turable *a.* 可制造的.

manufac'tural [mænju'fæktʃərəl] *a.* 制造(业)的.

manufac'ture [mænju'fæktʃə] *vt.; n.* ①(机械)制造,(大量)生产,加工 ②制造业,工业 ③(pl.)制(造)品,产品,工厂. *commercial manufacture* 工业制造(生产). *copper manufactures* 铜制品. *manufacture of iron and steel by fusion* [by melting] 钢铁熔炼. *manufactured aggregate* 人造集料(如陶粒). *manufactured product* 制成品. *manufactured sand* 人工砂. *steel manufacture* 炼钢业,钢铁工业. ▲*manufacture M from N* 用 N 制造 M. *manufacture M into N* 把 M 造成 N. *of foreign [home] manufacture* 外国[本国]制造的.

manufac'turer [mænju'fæktʃərə] *n.* 制造者[厂],生产者,厂商,工厂主,产品厂. *aluminium manufacturer* 铝厂. *manufacturer's certificate* 厂商证明书.

manufac'turing [mænju'fæktʃəriŋ] Ⅰ *a.* 制造(业)的,生产的,工业的. Ⅱ *n.* 制造(业),生产. *manufacturing district* 工业区. *manufacturing engineering* 制造工艺[技术,工程学]. *manufacturing machine* 生产机械. *manufacturing miller* 生产型[专业化(生产)],专用,无升降台式铣床. *manufacturing shop* 专业化(生产)车间. *manufacturing tolerance* 制造公差. *repetitive manufacturing* 大量[成批]生产.

manufacturing-oriented *a.* 从事生产的,与生产有关的.

man'umotive ['mænjumoutiv] *a.* 手动的,手推的.

man'umotor ['mænjumoutə] *n.* 手推车.

manure' [mə'njuə] Ⅰ *n.* 粪肥,肥料. Ⅱ *vt.* 给(土地)施肥. *chemical manure* 化肥.

man'uscript ['mænjuskript] Ⅰ *n.* ①手(底,原)稿,手抄本 ②(工件的)加工图. Ⅱ *a.* 手抄的,用手写的. ▲*be in manuscript* 尚未付印. ~al *a.*

man. X =manual exchange 人工电话交换机.

many ['meni] (*more, most*) *a.; n.* ①许多,多数 ②许多人,多数人. *How many times did you try?* 你试过多少次? *I have some, but not many.* 我有一些,但不多. *many of us* 我们很多人. *This concept is hard for many to grasp* 这个概念许多人难理解. ▲*a good [great] many (of)* 大量,很多. *as many* 也是这个数的,同样数量的,和…一样多. *as many again* 再加这么些个,(再)加一倍. *as many as* 和…一样多,整整的,达…之多,…多少就…多少,尽数(地). *half as many again* 是一倍半于,…的 50%. *half as many* 是…的一半,是…的 50%. *like so many* 像许多人一样,象同数的…一样. *many a* 许多的. *many a reader* 许多读者. *many (and many) a time* 常常,屡次,多次. *not so many as* 没…那么多,少于. *one too many* 多余的一个,多了一个. *one too many [much] for* 胜过,非…所能敌. *so many* 这么多的,同样数目的. *too many by one [two]* 多一(二)个.

many-angled *a.* 多角的.

many-body *a.* 多体的.

man-year *n.* 一个人在一年内完成的工作量,人年(计算编程序的时间单位).

many-element laser 多元激光器.

manyfold *a.* 多次倍地.

many-(for-)one *a.* 多对一. *many-one correspondence* [数] 多一对应. *many-one function table* [计] 多(对)一函数表.

many-purpose *a.* 多种用途的.

many-sided *a.* 多边的,多角的,多方面的. ~ness *n.*

many-stage ['meni'steidʒ] *a.* 多级(段)的,多串级的(联)的.

many-to-one *a.* 多对一.

many-valley *a.* (半导体)多谷(型)的,有多谷形能带的.

many-valued ['meni'vælju:d] *a.* 多值的.

many-valuedness *n.* 多值性.

many-voiced *a.* 多声部的.

many-ways, many-wise *ad.* 多方面,种种.

Mao Tsetung Thought ['mau'tse'tuŋ'θɔ:t] *n.* 毛泽东思想.

MAOS =metal-alumina-oxide-silicon 金属-氧化铝-氧化物-硅(结构).

M. A. O. T. = maximum allowable operating temperature 最高操作温度.

map [mæp] Ⅰ *n.* ①(地,挂,天体,布局)图,图型,图像 ②【数】映像,映射,变址,(地址)变换 ③宇宙[排列]遗传图. *conformal map* 保角映像,保角[准形]变换. *contour map* 回路[轮廓,等高线,等值线]图,围线映像. *correction map* 修正[校正]图. *flow map* 流线图,流[气流]景像. *flux map* 流束[气流,通量]图. *magnetic map* 地磁图. *map address* 变换地址. *map board* 图板. *map cracking* 龟裂,网状裂缝. *map development* 构图,图件绘制. *map-like radar display* 地图形雷达显示. *map measurer* 量图(曲线)仪. *map nadir* 图面天底点. *map scale* 地图比例尺. *map tracer* 航向图描绘仪.

seismic map 地震图. *weather map* 气象图. ▲*off the map* 不重要的. *on the map* 重要的,屈指可数的. *put M on the map* 使 M 被认为重要.
Ⅱ *vt.* ①绘制,测绘,制图,用地图表示〔画出〕,在地图上标出〔标记〕(out) ②计划,设计,拟订,安排出(out) ③【数】映像〔射〕,变换 ④测定(染色体中基因)位置. *mapping with order preserving* 保序映射. ▲*map into* 映入. *map onto* 映成,映到. *map out* 绘〔制成〕图.

MAPCHE = mobile automatic program checkout equipment 活动的自动程序校正设备.

MAPI — Machinery and Allied Products Institute 机械及联合产品研究所.

MAPL = manufacturing assembly parts list 制造装配零件表.

ma'ple ['meipl] *n.* ①枫(木,树),槭(木,树) ②淡棕〔灰黄〕色. *hard maple* 硬木.

map'-making *n.* 绘制地图,地图测绘学.

map'pable *a.* 可用图表示的. *mappable unit* 图幅.

map'per ['mæpə] *n.* 测绘仪,制图者,绘图人;映像程序. *sand-bed mapper* (研究易散体力学的)砂池.

map'ping ['mæpiŋ] *n.* ①绘〔制〕图,(地形)测绘,(地图)绘制〔测绘〕,映像〔射〕,变换 ③选表过程 ④【铸】结疤,包裂,毛刺,夹层,包砂,鼠尾. *conformal mapping* 保形〔共形,保角〕变换,保形映像,合形〔保角〕转运. *geometry of mapping* 保形变换的几何性质. *ground mapping* 地图表示〔标记〕. *linear mapping* 线性映像〔变换〕. *mapping camera* 地图〔测绘〕摄影机. *mapping degree* 映像度. *mapping device* 布局〔规划〕设备,变换〔测绘〕装置. *mapping ensemble* 映射集. *mapping of a set in another space* 映入. *mapping of a set onto another space* 映成. *mapping space* 映射空间. *mapping table* 变换〔变址〕表. *mapping with order preserving* 保序映像. *radar mapping* 雷达(地形显示)图. *video mapping* 视谱扫描指示,扫调指示.

map'pist ['mæpist] *n.* 制图者.

mar [ma:] *vt.* ; *n.* ①损坏〔伤,害〕,毁〔破〕坏,弄糟〔坏〕②擦〔勒〕伤,划痕 ③障碍,缺点 ④小湖 ⑤(=microanalytical reagent) 微量分析试剂. ▲*make or mar* 促使…完全成功或彻底失败.

MAR — ①mercury arc rectifier 汞弧整流器 ②microanalytical reagent 微量分析试剂图 ③ multifunction array radar 多功能相控阵雷达.

Mar. = March 三月.

Maracaibo [mærə'kaibou] *n.* 马拉开波(委内瑞拉港市).

maraging *n.* 高强度热处理,马氏体时效处理. *maraging steel* 马氏体时效钢,特高强度钢,高镍合金钢(镍18～25%).

Mar'athon ['mærəθɔn] *n.* ; *a.* 马拉松(式的). *Marathon race* 马拉松赛跑(全长42.195km).

mar'ble ['ma:bl] Ⅰ *n.* ①大理石(岩),云石 ②(pl.) 大理石雕刻〔艺术品〕③(石,泥,玻璃)弹子. Ⅱ *a.* (象)大理石(似,状)的,纯白的,冷淡的. Ⅲ *vt.* 把…做成大理石状〔带大理石花纹〕. *marble structure* (高速钢金相组织的)鳞斑状组织. *marbled glass* 大理石纹玻璃,斑纹玻璃.

Marble corrosive liquid 硫酸铜盐酸(钢材显微组织检查用)腐蚀液($CuSO_4$ 4g, HCl 20cc, H_2O 20cc).

mar'bleize ['ma:blaiz] *vt.* 弄成大理石花纹,大理石化. **marbleiza'tion** *n.*

mar'bly ['ma:bli] *a.* 像大理石似的,冷淡的.

mar'casite ['ma:kəsait] *n.* 白铁矿.

march [ma:tʃ] Ⅰ *n.* ①(March)三月 ②行进〔军〕,前进 ③进展〔步〕,发展,行程 ④进行曲 ⑤(pl.)边界〔境〕. *a day's march* 一日行程. *a line of march* 行军路线. *the march of events* 事件的进展〔发展〕. ▲*be in* 〔*on*〕*the march* 在进行〔行军〕中. *steal a march* (*up*) *on M* 比 M 占先,越过 M.
Ⅱ *v.* ①(使)前进,进军,推进,通过 ②进行〔展〕. *marching problem* 步进式问题 *marching "I's and "O"s* 跨步 "1"和 "0" 化(半导体存储器的测试法). ▲*march into* (长驱)直入,进入. *march off* 出发,使行进. *march on* 继续前进,使前进,逼近,向…推进. *march upon* 〔*with*〕 与…接邻,交界.

mar'chasite ['ma:kəsait] *n.* 白铁矿.

mar'chite *n.* 顽火透辉岩.

mar'comizing *n.* 不锈钢表面氮化处理.

Marconi antenna 马可尼(水平部分一般不大于3/8λ的 T 形)天线.

marco'nigram [ma:'kounigræm] *n.* 无线电报.

mar'cus *n.* 大铁锤.

mare¹ ['mɛəri] (pl. *maria*) *n.* ①【天】(月亮、火星表面的)海(指阴暗区),月球(上的)低洼地 ②海: *mare clausum* 领海. *mare liberum* 公海.

mare² [mɛə] *n.* 母马.

mar'ekanite ['mærikənait] *n.* 珠状流纹玻璃.

mar'eogragh ['mæriəgra:f] *n.* 自动水位计,潮汐自记仪.

marform process (用)橡皮模压制成型法(一般上模为橡皮模).

margaric acid 十七(烷)酸.

margarin(e)' *n.* 人造黄油,代黄油.

mar'garite ['ma:gərait] *n.* 珍珠(云母),串珠雏晶.

marge *n.* 边缘限度,界限(=margin).

mar'gin ['ma:dʒin] Ⅰ *n.* ①边(缘,界,限,距,际),限〔界〕,极〔界〕,范围,限度,阈 ②余量〔限,地〕,裕〔幅〕度,储备量 ③安全系数,电传打字机)改正力,差距〔数,别〕③页边,空白,间距 ④岸边 ⑤保证金. Ⅱ *vt.* 加边于,加旁注于. *c. g. margin* 重心范围. *current margin* 电流容度. *gain margin* 增益裕度〔极限,范围〕,放大范围. *margin capacity* 储备容量. *margin for page* 页界〔限〕. *margin microswitch* 微型限位开关. *margin of continental shelf* 大陆架边缘. *margin of drill* 钻锋圆边. *margin of energy* 能量储备,后备能量. *margin of error* 最大容许误差,误差量,误差(界)(限)〔线〕. *margin of power* 功率极限. *margin of safety* 或 *safe-*〔*ty*〕*margin* 安全系数〔限度,余额,储备,边限〕,可靠性〔程度〕,强度储备. *margin of stability* 稳定系数〔限度,界线〕,稳定储备量. *margin set free* 栏外最大打字数. *margin stop* 极限挡块. *margin tolerance* 公〔允〕差. *margin voltage* 容限电压. *margin width* 刃带宽. *overload margin* 过载定额. *phase*

mar'ginal

margin 相位裕度〔余量,储备〕,相补角,稳定界限. *shutdown(reactivity) margin* 停堆的剩余反应性. *stability margin* 稳定系数,稳定性储备. *surge*〔*stall*〕*margin* 喘振极限〔边界〕. ▲*allow a large margin of safety* 留出很大的安全系数. *allow a margin of M* 留出 M 的余地〔余量〕. *by a narrow margin* 勉勉强强地,恰好地,差一点儿.

mar'ginal ['mɑ:dʒinl] *a.* ①边缘(部,限,界)的,临界的,〔极〕限的,决定性的 ②勉强够格的,收益仅敷支出的 ③页边的,图廓的,侧面的,在栏外空白处的,有旁注的 ④沿岸的,海滨的. *marginal adjustment* 边限〔边际〕调整. *marginal amplifier* 边频〔边带〕放大器. *marginal analysis* 限界〔边际〕分析. *marginal bar* 边缘钢筋,护栏. *marginal capacity* 备用〔边限〕容量. *marginal check(ing)* 边界〔边限〕检验,边界检查. *marginal data* 图例说明〔边限〕. *marginal focus* 边缘焦点. *marginal groove* 无声槽,哑槽. *marginal punched card* 边缘穿孔卡. *marginal ray* 边光,周边光线,边缘射线. *marginal reinforcement* 边缘钢筋. *marginal relay* 定限继电. *marginal stability* 临界稳定性. *marginal utility* 边限效用. *marginal vacuum* 容许真空.

margina'lia [mɑ:dʒi'neiliə] *n.* ①(pl.)旁注,页边说明 ②次要的东西.

mar'ginalize *vt.* 忽略,排斥.

mar'ginally ['mɑ:dʒinəli] *ad.* ①在边上,在栏外,在空白处 ②或多或少地,在一定程度上,勉强合格. *marginally punched card* 边沿穿孔卡(片).

mar'ginate Ⅰ=margin *v*. Ⅱ *a*. 有边(缘)的.

mar'ginated *a.* 有边(缘)的.

margination texture 蚀边结构.

margin-perforated *a.* (四口)边缘穿孔的.

margin-punched *a.* 边缘穿孔的.

margosa *n.* 楝树.

Marianas 或 **Mariana Islands** 马里亚纳群岛.

mar'igraph ['mærigrɑ:f] *n.* 验潮计.

marihuana 或 **marijuana** *n.* 大麻(中的毒质).

marina *n.* 海边空地,摩托艇码头.

marine [mə'ri:n] Ⅰ *a.* 海(上,中,底,洋,水,运,事,军,产,成,相)的,航海的,船(只,用)的,海上作战队的. Ⅱ *n.* ①船舶(设备),船只,舰队,海运(业),航海 ②海军陆战队(员) ③海〔磨,冲〕蚀. *marine acoustics* 水声学. *marine aircraft* 海上航空器. *marine beacon* 航路信标. *marine belt* 领海. *marine cable* 海底电缆. *marine chronometer* 船用精确时计. *marine corrosion* 海水腐蚀. *marine deposit* 海洋〔海相〕沉积 *marine engineer* 造船工程师. *marine radar* 船用〔航海,海用〕雷达. *marine stores* 船(上用)具. *marine (type) turbine* 船用涡轮机,船舶汽轮机. *merchant marine* (一个国家的)商船(总称).

marine-disaster *n.* (在)海(上遇)险.

marineland *n.* 海产养殖场.

mar'iner ['mærinə] *n.* 海(船)员,水手. *mariner's card* 海图. *mariner's compass* 船舶用罗盘,航海罗盘. *mariner's needle* 罗盘针. *master mariner* (商船)船长.

Marino Process 马里诺钢丝电镀锌法.

mar'itime ['mæritaim] *a.* 海(上,岸,运,事,港)的,靠〔近,沿,航〕海的,港口的,海员的. *maritime affairs* 海运事务. *maritime climate* 海洋性气候. *maritime law* 海事法. *maritime mobile service* 海上移动业务. *maritime perils* 海上遇险. *maritime power* 制海权. *maritime provinces* 沿海各省. *maritime radio navigation service* 海上无线电导航业务. *maritime territory* 领海.

Maritime-Custom *n.* 海关.

maritim'ity *n.* 海洋对气候的影响程度.

Mark *n.* (德)马克(货币单位). *F. R. G. Deutsche Mark* 德意志联邦共和国马克. *G. D. R. Mark* 德意志民主共和国马克.

mark [mɑ:k] Ⅰ *n.* ①记〔符,标〕号,标志〔记,识,星〕,唛头,痕〔印,商〕标,印(戳)记 ②目标,靶子,照准(方位)标 ③痕迹,印迹,伤〔斑〕痕,条〔振〕纹,纹路,斑〔污〕点 ④界限,限度,标准 ⑤特征〔性〕,优〔分〕等 ⑥…型,…号 ⑦印像,影响,注意. *aiming marks* 瞄准点. *all mark* 全穿孔,全标记. *bench mark* 标高〔志〕,基准点,水准点〔标志〕,试射点. *collar mark* 辊环痕,辊印. *cutter mark* 切削刀痕. *finish mark* 加工符号. *flow mark* 流线谱. *gear mark* 机床传动链(传动机构)(误差反应在工件上的)痕迹. *grease marks* 油斑(渍). *guide mark* 导板划伤. *identification mark* 商标,标志,记号. *joined mark* 连缝. *joint mark* 接合符号〔限度,痕迹,模(接合)缝〕. *leading mark* 导标. *mark M* M型,M号. *mark and space impulses* 传号和空号脉冲. *mark number* 标号,编号,牌号. *mark post* 标杆. *mark register* 时标〔记时〕寄存器. *mark scan(ning)* 特征〔标志,符号〕扫描. *mark scraper* 划线器. *mark sensed card* 标记读出卡片. *mark sensing* 读出孔,符号〔标记〕读出. *mark sheet* 特征〔标号〕表,标记图. *mould mark* (模型)飞边,(模型)接合缝. *navigational mark* 航标. *post mark* 邮戳. *sand marks* 夹砂,(非金属)夹杂(物). *scale mark* 刻度线. *scratch mark* 划痕. *subscale mark* 子(辅助)刻度. *timing mark* 时(间)标(志,记). *trade marks* 商标. *zero mark* 零位刻度〔标记〕,基准记号. ▲*below the mark* 在标准以下. *beside the mark* 没有打中目标,不切合(恰当,中肯),不得要领,不对. *beyond the mark* 过度〔分〕,超出界限. *come* 〔*fall*〕*short of the mark* 没有达到目标,不合格. *get off the mark* 起步,出发,开始(工作). *hit the mark* 中的,打中目标,达到目的,中肯. *miss the mark* 未打中目标,未达到目的,不成功,失败. *over the mark* 估计过高,超过限度. *overshoot the mark* 过度,言过其词. *shoot wide of the mark* 离目标很远. *under the mark* 估计过低. *up to the mark* 达到标准. *wide of the mark* 离开(没有打中)目标,不切合(中肯,恰当),不得要领,不对,毫不相关. *within the mark* 没有弄〔估〕错.

Ⅱ *vt.* ①加〔作〕记〔符〕号,作标志〔记〕,划线位置,区分〔划〕 ④设计,计划 ⑤记下〔录〕⑥注意 ⑦编号. ▲*be marked in* 刻度为. *mark M by N* 用 N

marked 标出 M. **mark down** 记录(下),记下,减价. **mark off** 区〔划〕分,给…划界,用界线隔开,标出(刻度),划线. **mark off M into N** 给 M 作 N 刻度标志. **mark out** ①区划,(用线)划上,划线,记下,划记号,定位置 ②指出(区),设计,订立(计划),规划 ③注意 ④取消,消去. **mark out for** 事先决定,决定…的命运. **mark time** 踌躇,犹豫不决,侯机. **mark up** 标高,涨价,抬高价格,记账,赊卖〔欠〕.

marked [mɑ:kt] a. ①有记号〔标志〕的,加印记的,标定的 ②明显的,显著的. *marked cycle* 规律循环. *marked difference* 显著的区别. *marked page reader* 标记页面阅读器. *marked point* 靶标〔标志〕点. *marked route* 有标志路线.

mark'edly ['mɑ:kidli] ad. 显著〔明显〕地.

mark'edness n. 显著.

mark'er ['mɑ:kə] n. ①记〔信号〕,标记〔志,线〕,指〔路,点,向〕标〔信〔频,示,踪,路〕标,浮标,标杆,标志〕指示,显示,识别标识,划行,划印,记分〕器,标志信号发生器,距离发生器,指示器,指示〕层 ②纪念碑,里程碑,标示物 ③记分〔信号〕员,划线〔打印,号料〕工. *aerial spraying marker* 飞机喷雾信号〔标识器〕. *fan marker* 扇形〔辐射〕指点. *marker antenna* 无线电信标天线. *marker beacon* 示标电台,无线电指点标,无线电信标台,标志信标. *marker buoy* 浮标. *marker clamp* 标志信号电平箝位线路. *marker generator* 标志发生器. *marker group* 标识群. *marker lamp* 标志〔识别信号〕灯. *marker oscillator* 标记脉冲〔频标信号〕发生器. *marker post* (反射式)向导标. *marker pulse* 标识〔频标,标志,标记〕脉冲,同步标志脉冲. *marker register* 时标〔标识,标志〕寄存器. *marker selector* 标志脉冲选择器,频标〔脉冲〕选择器. *marker space* (唱片)分隔器. *marker sweep generator* 扫频标志(信号)发生器. *personnel marker* 单人用(发光)标志器. *pipe marker* 管子曲线规. *radar range marker* 雷达测距基线. *range marker* 距离标志〔标识〕器,导标,距离刻度指示器. *range marker pulse* 距离校准脉冲. *time marker* 记时标,计〔标时,时间〕指示器.

mar'ket ['mɑ:kit] I n. ①市场,行业 ②销路,需要 ③买卖,交易 ④市面,行情,市价 ⑤马克特(一种黄铜牌号) Ⅱ v. 买卖,销售. *black market* 黑市. *Market brass* 马克特黄铜(铜 65%,锌 35%). *market order* 市价定购. *market place* 市场. *market price* 市价. *market size* 市场〔商品〕尺寸. *market value* 市(场)价(格),市值. **There is no market 〔a poor market〕 for M** M 没有销路,M 销路不好. ▲**at the market** 照市价. **be in the market for** 想买进. **(be) on the market** (正待)出售,可买到,在市场上. **bring to market** 或 **put 〔place〕 on the market** 出售,销售. **raise the market upon** 向…要高价.

mar'ketable ['mɑ:kitəbl] a. (适合)市场(销售)的,销路好的. *marketable cathodic cobalt* 商品阴极钴. *marketable value* 市场价值. **marketabil'ity** n.

mar'keting ['mɑ:kitiŋ] n. 上市,交易,买卖,销售,运销,(集合名)市场商品.

mark'ing ['mɑ:kiŋ] I n. ①标记〔志,识,明,号,线〕,记号,传号,印痕,痕迹,条纹,(路)标 ②作记号〔记〕,打印,划线. Ⅱ a. 赋予特征的. *marking current* 传号〔符号〕电流. *marking device* 标示器,记录设备,压花〔纹〕机,压印器,划线机. *marking ink* 打印〔不褪色〕墨水,划线蓝铅油. *marking iron* 烙印铁. *marking machine* 印字机. *marking off* 划线. *marking out* 划线. *marking pin* 测〔标〕钎. *marking press* 压印〔刻印,压痕〕机. *marking stake* 电缆标石. *marking stencilled* 标记有模板印刷的(文字),打印. *marking stud contact* 标志接点. *marking tool* 划线工具. *marking wave* 传号〔符号,记录,标记〕波. *pock markings* (不锈钢退火缺陷)麻点,痘痕.

marking-gauge n. 划线规.
marking-ink n. 打印〔不褪色〕墨水.
marking-iron n. 烙印铁.
marking-off 或 **marking-on** n. 划线.
marking-out n. 划线,(立标桩)定线,做记号.
Markite n. 导电性塑料.
markka ['mɑ:kkɑ:] n. 马克(芬兰货币单位).
Markovian process 马尔可夫(无后效)过程.
mark-sense n. 标记〔号〕读出.
marks'man ['mɑ:ksmən] (pl. **marks'men**) n. 射手,狙击手,神枪手.
marks'manship ['mɑ:ksmənʃip] n. 射击术,枪法.
mark'stone ['mɑ:kstəun] n. 标石.
mark-to-space ratio 脉冲信号荷周比,传号-空号比,标空比,标记点空比.
mark'-up ['mɑ:kʌp] n. 标高,涨价.
marl [mɑ:l] I n. 泥灰(石,岩),灰泥. *lime marl* 灰质泥灰岩. *marl loam* 泥灰质壤土. Ⅱ vt. 施泥灰于.
marla'ceous [mɑ:'leiʃəs] a. 泥灰(质,岩)的.
Marlex n. 马来克司聚乙烯.
mar'lin(e) ['mɑ:lin] n. 绳〔细〕索. *marline clad wire rope* 包麻钢丝绳. *marline tie* 绳索扎结(用绳把电缆固定到吊线上).
mar'lite ['mɑ:lait] n. (抗风化的)泥灰岩.
marl'pit n. 泥灰岩坑.
marl'stone ['mɑ:lstəun] n. 泥灰岩〔石〕.
marl'y ['mɑ:li] a. 泥灰(土,岩)的,(含)泥灰质的,似泥灰土的.
mar'matite ['mɑ:mətait] n. 铁闪锌矿.
mar'mite ['mɑ:mait] n. 酸制酵母,小沙锅,蒸煮器. *marmite can* 大型保暖容器.
marmora'ceous a. (像)大理石的,大理石状的.
mar'morate(d) a. 带大理石纹的.
marmora'tion n. 用大理石贴面,表面装饰.
marmor'eal ['mɑ:'mɔ:riəl] 或 **marmor'ean** [mɑ:'mɔ:riən] a. (像)大理石的,大理石(制)的.
maroon' [mə'ru:n] I n.; a. ①栗色(的),褐红色(的) ②爆竹,鞭炮. Ⅱ vt. 把…放逐到荒岛.
marque [mɑ:k] n. 商品的型号〔式样〕.
marquee' [mɑ:'ki:] n. 大帐篷,【建】大门罩.
mar'quench ['mɑ:kwentʃ] n. (Ms 变态点)分级淬火,等温淬火.
mar'quetry 或 **mar'queterie** ['mɑ:kitri] n. 镶嵌(嵌

木〕细工.

Marrak'ech 或 Marrak'esh [məˈrækeʃ] n. 马拉喀什(摩洛哥城市).

marresis'tance n. 耐擦伤性.

mar'riage [ˈmærɪdʒ] n. 结婚, 结〔配〕合. *marriage problem*(运筹学中的)匹配问题.

mar'row [ˈmærou] n. (骨, 精)髓, 精华, 实质, 最重要的部分, 活力, 生气. ▲*the pith and marrow of M M* 的精华〔要点, 核心, 最重要的部分〕. *to the marrow* 到骨髓的, 地道的.

mar'rowbone n. 髓骨.

mar'rowy a. 有力的, 强的, 丰富的, 简洁的.

mar'ry [ˈmærɪ] v. 结婚, 使结〔接, 啮〕合. *married operation* 混合操作, 图像伴音相继预选. *married sound* 图像伴音混合.

MARS = ①machinery retrieval system 机械补救系统 ②memory-address register storage 存储地址寄存器存储 ③military amateur radio system 军事业余无线电爱好者网 ④multi-aperture reluctance switch (data storage unit)多孔磁阻开关(数据存储单元).

Mars [mɑːz] n. 火星. *Mars entry capsule* 探封火星大气层(密封)舱.

Marseilles [mɑːˈseilz] n. 马赛(法国港口).

marsh [mɑːʃ] n. 沼泽, 湿〔沼(泽)〕地. *marsh gas* 沼气, 甲烷.

mar'shal [ˈmɑːʃəl] Ⅰ (*mar'shal(l)ed; mar'shal-(l)ing*) v. ①整理〔顿〕, 安排, 砌筑, 排列次序 ②(给)…(按顺序)编组, 调度 ③引导, 带领. Ⅱ n. ①元帅 ②消防队长, 警察局长.

Mar'shall [ˈmɑːʃəl] n. 马歇尔. *Marshall Islands* 马绍尔群岛. *Marshall properties* 用马歇尔法测定的(沥青混凝土的)性质. *Marshall stability* 马歇尔稳定度.

mar'shal(l)ing n. ①配置〔排列〕整齐 ②编组列车. *marshalling masonry* 砌筑坪工, 规则砌体. *marshal(l)ing track* (列车)编组线.

marsh'gas n. 沼气, 甲烷.

marsh'land n. 沼泽〔沼〕地, 湿地.

marsh'-ore n. 沼铁矿.

marsh'y [ˈmɑːʃɪ] a. (像, 多)沼泽的, 沼〔湿〕地的, *marshy field* 水田.

mars'quake n. 火星地震.

Mar-straining n. 马氏体常温加工.

mart [mɑːt] n. 商业中心, 市场.

mar'temper [ˈmɑːtempə] v.; n. 马氏体等温淬火, 间歇〔分级〕淬火, 分级回火.

Martens test 马氏(塑料热变变形)试验.

mar'tensite [ˈmɑːtenzait] n. 马氏体, 马丁体, 马丁散铁. *martensite steel* 马氏体钢.

martensit'ic a. 马氏体的. *martensitic stainless steel* 马氏体不锈钢, 马氏永磁体. *martensitic transformation* 马氏体式变化.

mar'tial [ˈmɑːʃəl] a. ①军事的, 战时〔争〕的 ②火星的③(诗)铁的. *martial law* 戒严令. *under martial law* 在戒严期中, 在戒严地区内. ~**ly** *ad*.

Mar'tian [ˈmɑːʃjən] n.; a. 火星的, 火星人(的).

mar'tin [ˈmɑːtɪn] n. 一种燕子.

Mar'tin [ˈmɑːtɪn] n. 马丁(炉), 平炉. *Martin furnace* 平炉, 马丁炉. *Martin process* 平炉法. *Martin steel* 平炉〔马丁〕钢.

Martinel steel 硅锰(结构)钢(碳 0.24%, 锰 0.75%, 硅 0.1%).

mar'tingal(e) n. ①弓形〔弓式〕接线 ②镤, 马颈缰.

Martinique [mɑːtiˈniːk] n. 马提尼克(岛)(拉丁美洲).

Martino alloy 伪铅(一种镍铜锌电阻合金).

mar'tyr [ˈmɑːtə] n. 烈士, 殉难者. *revolutionary martyrs* 革命先烈.

Maru n. (用于日本船名上, 相当于汉语"号")丸.

MARV = manoeuvring reentry vehicle 机动重返大气层运载工具.

mar'vel [ˈmɑːvəl] Ⅰ n. 奇迹, 奇观. Ⅱ v. 惊异〔奇〕, 对…大为惊讶(at, why, how, if it can be so, that it should be so). *perform marvels* 作出〔创造〕奇迹.

mar'vel(l)ous [ˈmɑːvɪləs] a. 惊奇〔异〕的, 奇怪的, 不可思议的. ~**ly** *ad*. ~**ness** n.

mar'ver n. 乳化玻璃板.

Marvibond method (氯乙烯叠层金属板的)滚压叠层法.

marvie 或 marvy 妙极了.

mar'working n. 形变热处理, 奥氏体过冷区加工法(在奥氏体的范围给予塑性加工而得到马氏体的纤维状的金属的方法).

Marx regeneration process 强碱再生过程.

Marx'ism [ˈmɑːksɪzəm] n. 马克思主义.

Marxism-Leninism [ˈmɑːksɪzəmˈlenɪnɪzəm] n. 马克思列宁主义.

Marxism-Leninism-Mao Tsetung Thought n. 马克思主义、列宁主义、毛泽东思想.

Marxist [ˈmɑːksɪst] Ⅰ n. 马克思主义者. Ⅱ a. 马克思主义的.

Marxist-Leninist [ˈmɑːksɪstˈleninɪst] Ⅰ n. 马列主义者. Ⅱ a. 马克思列宁主义的.

Marx's circuit 马克斯式脉冲电压发生器电路.

"M"-ARY 【计】多状态, 多条件, 多元.

Maryland [ˈmɛərɪlænd] n. 马里兰(美国州名).

MAS = ①Master of Applied Science 应用科学硕士 ②metal-alumina-semiconductor 金属氧化铝半导体 ③metal-alumina-silicon 金属-氧化铝-硅(结构) ④metal anchor slots 金属销槽 ⑤micro analytical standards 微量分析标准 ⑥Military Agency for Standardization 军事标准化研究局 ⑦milliampere second 毫安秒.

mas'con [ˈmæskɔn] n. 质密区, 质量密集(指月球表面下层高密度物质的集中).

mascot guidance "顺利"制导.

MASCOT = Motorola automatic sequential computer operated tester 莫托洛拉自动顺序计算机控制测试器.

mas'culine [ˈmɑːskjulɪn] a. 男(阳)性的.

mase [meiz] vi. 激射, 产生和放大微波.

ma'ser [ˈmeizə] = microwave amplification by stimulated emission of radiation 脉塞, 脉泽, 微波激射(器), 受激辐射微波放大器, (微波)量子放大器. *maser action* 微波激射作用. *maser generator* 量子振荡器. *maser interferometer* 激射干涉仪. *maser* *oscillator* 脉泽[分子,量子,微波激射]振荡器. *ruby maser* 红宝石微波量子放大器,红宝石脉塞.

Maseru ['mæzəru] *n.* 马塞卢(莱索托首都).

mash [mæʃ] *vt.* ①磨[捣,压]碎,捣烂 ②混合 ③麦芽汁[浆],麦芽糖化醪. *mash hammer* 小铁锤. *mash seam welding* 滚压电阻缝焊,压薄滚焊.

mash'er ['mæʃə] *n.* 磨碎[捣碎,压榨]机.

Mashhad [mɑːˈʃhɑːd] *n.* 马什哈德(伊朗城市).

mash'y ['mæʃi] *a.* 磨碎的,捣得稀烂的.

MASK =masking 屏蔽.

mask [mɑːsk] I *n.* ①(面,遮,口,防护)罩(防毒)面具 ②屏蔽,(蔽光)框,印相幕罩屏(蔽),掩[遮]幕[罩]片,面层 ③快门,(光刻)掩膜 ④伪装蔽 ⑤【计】掩[表征]码;分离字 ⑥时标;时间标志. *adjustable mask* 可调屏(幛). *aperture* [*aperture shadow*] *mask* 多孔障板. *arc welding mask* 电弧焊护罩. *cipher mask* 数码掩模. *coding mask* 编码盘. *figure mask* 数码遮掩装置. *focus mask* 聚焦栅(极). *framing mask* 限制[限动]框. *glass mask* 玻璃屏,(屏蔽)框. *instruments mask* 仪表装置. *mask alignment* 掩模校准[调整,对准,对位,重合]. *mask artwork* 掩模原图. *mask bit* 屏蔽位. *mask etch* 掩蔽腐蚀. *mask focusing colour tube* 荫罩聚焦彩色显像管. *mask image signal* 图像化装信号. *mask layout* 掩模设计. *mask line* (电视)分帧线,(电影)分格线. *mask microphone* 面罩式传声器. *mask pattern* 掩模图案,点阵结构,晶架. *mask register* 时标[计时,参考,选样]寄存器. *mask set* 掩模组件,一套掩模. *mask signal generator* 遮蔽信号发生器. *mask target* 对准标记. *mask voltage* 障板[屏蔽]电压. *opaque mask* 不(半)透明罩. *oxygen mask* 氧气面罩. *shadow mask* 荫板. ▲*under the mask of* 假借…的名义,在…假面具下.

II *v.* 罩①给…戴面具[罩] ②掩蔽,掩没,掩盖,隐蔽,伪装,化装. *masked diffusion* 掩蔽扩散. *masked ROM* 带掩模的只读存储器. *masked state* 屏蔽状态. ▲*mask off* 屏[掩]蔽(掉).

mask'ant ['mɑːskənt] *n.* 保护层.

masked [mɑːskt] *a.* ①戴着面罩的 ②遮[隐,掩,屏]蔽着的,有伪装的. *masked diffusion* 掩蔽扩散.

mask'ing ['mɑːskiŋ] *n.* 遮,掩,隐,遮蔽,掩蔽,伪装,(镜头)蒙罩,伪装. *beam masking* 射束遮拦(遮屏). *camera masking* 摄像机镜头罩. *masking amplifier* (彩色信号比)校正[掩蔽,化装]放大器. *masking aperture* 限制[掩蔽,遮光]孔径. *masking audiogram* 掩蔽声波图,声掩蔽听力图. *masking of sound* 声的掩蔽. *masking plate* 荫罩板.

mask'less *a.* 无遮蔽[屏蔽,掩模]的.

ma'son ['meisn] I *n.* (砖)石工,瓦工,泥瓦工. II *vt.* 用石砌. *mason jar* (装底料)陶瓷瓶.

mason'ic [məˈsɒnik] *a.* (砖)石工的,瓦工的.

ma'sonite ['meisnait] *n.* (贴面,绝缘,保温用)绝缘纤维板,夹布胶木板.

ma'sonry ['meisnri] *n.* (砖)石工(程),砌筑[体](工),(建筑物,技术),砖石建筑,围砌,炉墙. *brick masonry* 砌砖工程,砖(砌坯)工. *dressed masonry* 细石工,数面圬工. *green masonry* 未硬化的砌体. *masonry envelope* 砌体. *masonry unit* 砌块,圬工单位. *stone masonry* 砌石工程,石圬工.

masonry-lined *a.* 砌圬工衬砌的. *masonry-lined tunnel* 圬工衬砌隧道.

masonry-stone *n.* 砌圬工. *masonry-stone culvert* 石(圬工)涵洞.

ma'sonwork *n.* (砖)石工,圬工(建筑物).

masout *n.* 黑[重,柴]油,铺路油.

mass [mæs] I *n.* ①物质 ②质量 ③块(状物),(古)地块,团,堆,片,群,体,山岳岩体 ④容[面]积,机壳 ⑤大量,成批,大部分,许多,多数 ⑥群众. II *v.* 集中(合],聚结,密集. III *a.* ①群众(性)的 ②大量[批]的,大规模的 ③整个的,总的 ④集中的,密集的. *active mass* 有效质量,放射性材料. *dissimilar air mass* 异气团. *fused* [*molten*] *mass* 熔体,熔融物质. *mass action* 质量[分量,浓度]作用. *mass analyzer* 质谱仪,质谱[质量]分析器. *mass balance* 平衡重量,配重,质量[物料]平衡. *mass cache memory* 大容量超高速缓冲存储器. *mass concrete* 大体积(大块)混凝土. *mass curve of water quantity* 积数水量曲线. *mass data* 大量数据. *mass diagram* 土(方累)积图,积分曲线. *mass etch*(石英片)粗蚀. *mass flow* 质量流(量). *mass flow lifting* (催化剂)密相向上输送. *mass flow technique* 流体化床粒子的输送技术. *mass hardness* 全部过硬,质量硬度. *mass load* 惯性负载. *mass memory* 大容量存储器,信群存储器. *mass motion* 整体运动. *mass movement* 整体运动,块体移动. *mass number* (原子)质量数. *mass on chemical scale* 化学标度质量,化学原子量. *mass on physical scale* 物理标度质量,物理原子量. *mass optical memory* 大容量光存储器. *mass point* 质点. *mass polymerization* 本体(大块)聚合法. *mass production* 大量[大批,成批]生产. *mass ratio* 始末质量比(发射时的质量与终了时的质量之比). *mass resistivity* 比电阻,质量(体积)电阻率. *mass service system with delay* 等待服务系统. *mass spectrograph* 质谱仪. *mass spectrometer* 质谱仪,质谱分光计. *mass spectrometry* 质谱分析,质谱分析器(测定). *mass spectrum* 质谱. *mass storage* 大容量存储(器). *mass tone* 主(浓)色,质(原)色调. *mass transfer* 质量交换(传递,转移). *mass transit* 公共交通,大量交通(运输). *operating mass* 工作负载. *ore mass* 矿体. *relativistic mass* 相对论质量. *spongy mass* 海绵体. ▲*a mass of* 一大块[团,堆],大量的,许多. *be a mass of* 浑身一团,全身,遍体,遍地. *in the mass* 整,总(体上),合计,大体上. *the (great) mass of* 大多数,大部分.

M.A.S.S. =maximum allowable sample size 最大试样量.

Massachusetts [ˌmæsəˈtʃuːsets] *n.* (美国)麻州,麻萨诸塞(州).

mas'sacre ['mæsəkə] *n.*; *vt.* 大屠杀,集体屠杀.

mass-action *n.* 质量[分量,浓度]作用.

mas'sage ['mæsɑːʒ] *n.*; *v.* 按摩(法),推拿.

mass-based *a.* 有广大群众基础的.

MASSDAR = modular analysis, speed-up, sampling, and data reduction 模数分析,加快,抽样和数据简化.

masse [mæs]〔法语〕*en masse* 一起,一同.

mass-energy *n.* 质(量)能(量)(关系). *mass-energy equation* 质能相当性.

mass'enfilter ['mæsənfiltə] *n.* 滤质器.

mass-filter *n.* 滤质器.

mass-float *n.* 惯性浮体.

mass-force *n.* 惯性力.

mas'sicot ['mæsikɔt] *n.* 氧化铅,铅黄,黄丹.

mas'sif ['mæsi:f] *n.* ①整体(块),(断层)地块 ②山(岳,丘),山岳岩体,(占地块)地台.

mas'sive ['mæsiv] *a.* ①(笨,厚)重的,(巨,粗)大的,大而重的,大(整)块的,块状的 ②结实的 ③大规模的,大量的 ④【矿】均匀构造的,非晶质的. *massive dam* 坞工坝. *massive dump* 【计】大量(信息)转储. *massive resonance* 大质量共振. *massive structure* 整体(积体,厚块,块状)结构. *massive texture* 整体(块状)结构,块状组织. *massive weapon* 大规模毁灭性武器.

mas'sively *ad.* 整体地,整块地,块状地,大规模地,沉重地.

mas'siveness *n.* 大而又重,巨大,重量.

massiv'ity [mæ'sivity] *n.* 整体性,巨块结构.

mass'less *a.* 无质量的,零质量的.

mass-luminosity law (星体)质量-亮度(关系)定律.

mass-manufacture *vt.* 大量制造.

mass-market *a.* 大量销售(买卖)的.

Mass-Memory Unit 大容量存储单元,信群存储单元.

mass'-produce' *vt.* 大量生产(制造).

mass-produced *a.* 大量(大批,成批,工业性)生产的.

mass'-produc'tion *n.* 大量生产(制造).

mass-reflex *n.* 总体反射(分光).

mass-separator *n.* 质量(同位素)分离器.

mass'-spectrog'raphy 质谱分析(法),质谱学.

mass-spectrom'eter [mæspek'trɔmitə] *n.* 质谱仪,质谱分析器. *time-of-flight mass-spectrometer* 渡越时间质谱仪.

mass-spectromet'ric *a.* 质谱(仪)的.

mass-spectrom'etry [mæspek'trɔmitri] *n.* 质谱学,质谱分析(测量)(法).

mass-spec'trum *n.* 质谱.

mass-synchrom'eter *n.* 高频(同步)质谱仪.

mass-transfer *n.* 质量交换(传递),传质.

mas'sy ['mæsi] *a.* (笨,厚)重的,大而重的,坚实的,实心的.

MAST = magnetic annular shock tube (风洞研究用)磁性环形激波管.

mast [mɑ:st] Ⅰ *n.* 桅(杆),(电,天线,起重)杆,(铁,天线,系留)塔,(联结)支柱,支座(撑,架),(栓)柱,圆柱体. Ⅱ *vt.* 在…上装桅杆. *aerial* [*antenna*] *mast* 天线杆(塔,柱). *mast antenna* 铁塔(式)天线. *mast arm* (照明)灯具桅臂. *mast crane* 桅杆(式)起重机,桅式吊机. *mast jacket* 转向柱套管. *mast timber* 桅木. *nozzle mast* 喷杆. *panzer mast* 钢管连接用电线. *pitot mast* 空速管柱. *telescopic mast* 伸缩套管式天线杆.

mas'ter ['mɑ:stə] Ⅰ *n.* ①主人,雇主,老板,(商船)船长,校(院)长,控制(征服)者 ②教师,教练 ③工长,师傅,技师,大师,能手,优秀者 ④名家,硕士 ⑤校对规,靠模,主导装置 ⑥(录音器)主盘,(录音,录像)原版,(唱片模版)头版,主(唱)片. Ⅱ *a.* ①主(要,动,管)的,主控的,领导的 ②仿形的,靠模的 ③标准的,校对(用)的,校正(用)的 ④精通的,熟练的,高明的,高超的. *Master of Science* 理科硕士. *control master* 检查工长. *drive master* (汽车)自动传动装置. *forge master* 锻造加热控制装置. *height master* 高度规. *hob master* 挤(模)压制模的原(阳)模. *master alloy* 母(主,中间)合金. *master altimeter* 校正用高度计. *master antenna* 电视(接收)主天线,共用天线. *master antenna television* 共用天线电视. *master bar* 校对(标准,多用,主控)棒,母条. *master builder* 营造家,营造工头. *master busy* 主线占线. *master cam* 范凸轮. *master check* 校正,校对. *master clock* 主时钟母钟,时标(时钟)脉冲,主脉冲,时钟信号,同步脉冲发生器,主控振荡器,主同步电路. *master clock-pulse generator* 母时钟脉冲发生器. *master console* 监督(主控制)台. *master control* 主(总,中心,中央)控制,主调整,主控程序. *master curve* 总(主,通用,叠合)曲线. *master data* (不变常)数据. *master drawing* 样图,(光学仿型)发令图. *master file* 主外存储器,主资料(文件). *master frequency* 主(振)频(率),基本频率. *master gauge* 校对(标准)规,标准测量仪,标准仪表,总表,总压计. *master gear* 主(基准,标准)齿轮. *master hand* (名)手. *master jaw* (标准)卡爪座. *master key* 总电钥(电键,钥匙). *master mask* 母掩蔽,母版. *master mason* 熟练圬工. *master meter* 主表,标准(基准仪表,基准(电)表. *master meter method* 标准仪表(比较)检验法. *master mould* 原始(标准模型,母型. *master negative* (唱片模版)头版,主底片. *master nozzle* 校对(测量)喷嘴. *master oscillator* 主控振荡器. *master pattern* 母模(型),原始(标准)模型,金属芯盒,双重收缩模(型). *master piece* 样件. *master plan* 总(平面,布置)图,总计划,总体规划. *master plate* 主板,靠模板,样板,通用(坐标)型板. *master PPI* 主平面位置显(指)示器. *master pulses* 主(控,台)脉冲. *master reticule* 掩模原版(网版). *master ring* 校对环规. *master river* 主河,干流. *master roller* 范凸轮滚子,触轮. *master routine* 主程. *master sample* 标准样品. *master scale* 标准尺. *master set* 校对(校正)调整. *master slave system* 主从方式(系统). *master slice* 母片. *master stamper* 压模. *master station* 控(台,台站(站),主控站. *master stroke* 高招,妙计. *master subswitcher* 主控分(主辅助)开关,校准用副转换开关. *master switch* 总(主控)开关,主控寻线机. *master switcher* 校准用转换开关,主控转换开关. *master tap meter* 标准(板牙)丝锥,标准螺纹丝. *master timer* 主脉冲发生器. *master track pin* 链轨(履带)销. *master TV system* 主电视系统,共用天线电视接收系统. *mas-*

ter valve 导〔控制，主〕阀. *master work* 杰(出工)作. *master workpiece* 仿形〔靠模〕样板. *passed master* 名家，能手. *quill master* 套式校对规. *sketch master* 草稿底图. *station master* 站〔局，台〕长. *torque master* 转矩传感器，转矩检测装置. ▲*a master of* 精通…的人. *be master of* 精通，掌握，控制，能自由处理. *be one's own master* 独立，自主. *make oneself (the) master* 熟练，精通，钻研. Ⅱ *vt.* ①控制，征服，成为…的主人 ②掌握，精通，(学会)熟练.

mas'terbatch *n.* 〔橡胶〕原批.

mas'terbuilder *n.* 工头，监工，营造师.

master-chip integrated circuit 母片集成电路.

mas'terclock *n.* 母钟，时钟脉冲.

master-control *vt.* 总控制〔操纵〕，中心〔中央，整个〕控制，主控.

mas'terdom ['mɑːstədəm] *n.* 控制(权，力).

mas'terhood *n.* ①精通，控制，胜利 ②首长〔校长，教师〕的身分〔职位，职务〕.

mas'terkey *n.* 万能钥匙，法宝，总电钥〔键〕.

mas'terly ['mɑːstəli] *a.* 熟练的，高明的，巧妙的.

master-meter method 标准仪表比较检验法，以标准仪表检验同类仪表的方法.

master-oscillator radar set 主振器控制雷达.

master-oscillator set 主控振荡器.

mas'terpiece ['mɑːstəpiːs] *n.* ①杰作，名著，大作 ②样作.

mas'tership ['mɑːstəʃip] *n.* ①主权，精通，熟练(over) ②〔首长，校长，教师等的〕身分〔职位，职务〕，硕士学位.

master-slave *a.* 主从的(机械手)，仿效的.

master-stroke *n.* 高招，妙计.

mas'terwork ['mɑːstəwəːk] *n.* 杰作，名著.

mas'tery ['mɑːstəri] *n.* ①精通，熟练，技巧(of) ②控制，掌握 ③优势，优胜. ▲*acquire one's mastery of* 精通. *exercise mastery over* 掌握. *gain* [*get, obtain*] *the mastery of* 控制，精通. *gain mastery over* 制胜. *mastery of the air* 〔*seas*〕制空〔海〕权.

mast'head ['mɑːsthed] *n.* 杆(柱，桅)顶.

mas'tic ['mæstik] *n.* ①(砂)胶，胶泥，胶粘剂，胶粘水泥，胶泥，玛琋脂，乳香，厚浆涂料，填筑缝材料，嵌〔捣〕灰，油灰，封泥，腻料. *asphalt mastic* (地)沥青砂胶，(地)沥青膏. *mastic cement* 胶脂水泥，水泥砂胶. *mastic gum* 胶粘剂，玛琋脂，乳香. *mastic insulation* 玛琋脂绝热层. *mastic pavement* 沥青砂胶〔玛琋脂〕路面.

masticabil'ity [mæstikə'biliti] *n.* 可撕咀性.

mas'ticable ['mæstikəbl] *a.* 可撕咀〔捏和〕的.

mas'ticate ['mæstikeit] *vt.* ①撕咀，捏和 ②〔橡胶〕素炼 ③咀嚼. **mastica'tion** *n.*

mas'ticator ['mæstikeitə] *n.* 撕咀〔割碎，捏和，素炼〕机，立式粘土搅拌〔搓揉〕机.

mas'ticatory *a.* 撕咀的，捏和的.

mastic-lined *a.* 胶泥衬里的.

MASTIF = multiaxis spin test inertia facility 多轴旋转试验的惯性设备.

masu'rium [mə'sjuəriəm] *n.* 【化】钨 Ma (锝的旧名).

masut *n.* 黑〔重，铺路〕油.

masuyite *n.* 水铅铀矿.

MASW = master switch 总开关.

MASWT = mobile antisubmarine warfare target 流动的防潜艇军事目标.

MAT = ①mechanical aptitude test (人)对机械的适应性试验 ②microalloy transistor 微合金晶体管 ③mobile aerial target 流动的空中目标.

mat [mæt] Ⅰ *n.* ①(地，垫)席，垫〔子，层，块，物〕，(棚，钢筋)网，柴排，蒲包，编织物，(包装货物的粗糙)编织品，织物 ②底〔П板〕吸盘 ③罩〔表面〕面层 ④一丛〔簇，团〕⑤褪光. Ⅱ *a.* ①暗淡的，无光(泽)的 ②粗糙的，毛面的，未抛光的，不反光的. Ⅲ (*matted; mat'ting*) *v.* ①铺垫子(底板) ②缠结，编织 ③褪光，使(表面)无光泽. *curing mat* (混凝土)养护覆盖. *earth mat* (接)地网. *feed mat* 可移式拧螺钉机. *glass mat* 玻璃纤维板，玻璃垫. *insulating mat* 绝缘垫. *mat base* 垫层. *mat coat* 罩面，面(保护)层. *mat foundation* 席形〔底板〕基础. *mat fracture* 无光泽断口. *mat glass* 磨砂玻璃，毛玻璃. *mat gloss* 平光. *mat layup* 织物敷层. *mat metals* 未抛光的金属. *mat reinforcement* 钢筋(丝)网. *mat surface* (照像纸的)布纹面. *mat type* 编织式. *stand mat* 台式拧螺丝机.

Matadi [mə'tɑːdi] *n.* 马塔迪(扎伊尔港口).

mat'ador(e) ['mætədəː] *n.* ①斗牛士 ②无人驾驶飞机.

Mataline *n.* ①钴铜铝铁合金 (钴35%，铜30%，铝25%)，夹油轴承.

match [mætʃ] Ⅰ *v.* ①比赛，相竞争，较量 ②对照〔比〕，比较 ③配合，符合，与…相比 ④相(匹)，搭，装，选〕配，配(偶，耦)，结〕合，配套 ⑤与…相适应〔相对应，相称〕，使协调，和…一样〔一致，相等，相好，相似，相配合于〕⑥使平(直)，垫整，均整〔匀〕，微调. *match the ever-growing size of M* 适应 M 日益增大的尺寸. *matched data* 匹配数据. *matched groups* 配比〔匹配〕组. *matched horn* 配音喇叭. *matched pair transistor* 配对(对偶)晶体管. *matched parting* 双面型板的分型面. *matching plug* 匹配插头，耦合元件. *matching stimuli primaries* 比色计原色.

Ⅱ *n.* ①(一根)火柴，火绳，导火线 ②(比竟)赛 ③对〔敌〕手 ④匹配，配比，相配〔配对〕物 ⑤假型. *match bit* 符合位. *match board* 模板，(假)型板. *match casting* 镶合浇铸. *match exponents* 对应幂，对阶. *match gate* 【计】"同"门，匹配门. *match grinding* 配磨自动定寸磨削. *match joint* 舌榫〔企口〕接合〔接缝〕. *match lines* 对口线. *match mark* 配合符号. *match plate* 模板，分〔双，双面〕型板. *match plate dies* 模板铸模. Q-*match* 同轴(匹配)套管，匹配短截线. *sand match* 砂假型. T-*match* T 形匹配. ▲*be a match for* 和…相配的，敌得过. *be more than a match for* 胜(强)过. *find* [*meet*] *one's match* 遇着对手. *play a match* 比赛.

match'able ['mætʃəbl] *a.* ①对等的，相配的 ②匹敌的，敌得过的.

match'board *n.* (假)型板，模板.

match'boarding *n.* 铺假型板.

match'box *n.* 火柴盒.

match′er n. 制榫[匹配]机. *end matcher* 多轴制榫机.
match-filtering n. 匹配滤波.
matchhead fuze 药线引信.
match′ing ['mætʃiŋ] n. ①匹[选]配,【轧】双合,配合,扣合 ②[垫]整,协[微]调. *chart matching* 图像(与)地图叠合. *colour matching* 配色. *cycle matching* 脉冲导航. *impedance matching* 阻抗匹配. *matching circuit* 匹配电路. *matching control* 自动选配装置. *matching hole* 装配孔,销孔. *matching impedance* 匹配(用)阻抗. *matching joint* 舌槽[企口]接合[接缝],合榫. *matching of exponents* 对阶. *matching of pulses* 或 *pulse matching* 脉冲(剡度)均调[均整,调整,校准]. *matching of stages* 各级的协调. *matching operation* 匹配运算,配对操作. *matching parts* 配件. *matching point* 平衡工作点. *matching requirements* 配合条件,装配要求. *matching sizing* 配磨自动定寸. *matching transformer* 匹配用变压器. *matching unit* 连接器,配件,匹配装置. *matching window* 匹配窗,匹配膜片. *pulse matching* 脉冲均调[调整,校准]. *stub matching* 短截线匹配.
match′joint n. 合榫,舌槽[企口]接合.
match′less ['mætʃlis] a. 无敌[双,比]的.
match′lock n. 旧式毛瑟枪,火绳枪.
match′making n. ①火柴制造 ②媒介.
match-merge v. 符合归并. *match-merge operation* (数据)并合操作.
match-terminated line 匹配负载线,负载匹配传输线.
match′wood n. ①火柴杆,制火柴杆的木材 ②碎木,细木片. ▲*make matchwood of* 或 *reduce to matchwood* 粉碎.
mat-covered a. 有保护层的,有席子[垫子]盖的.
mate [meit] Ⅰ v. 配[啮,拼]合,(装)配(成)对,成双,搭配,联姻,相连. Ⅱ n. ①配对物,一对中的一个 ②啮合部分[零件],拼[接]合面 ③副船长,大副 ④副手,助手 ⑤伙伴,同事. *electrician′s mate* 电工助手. *mate′s receipt* 大副收据. *pinion mate* 啮合小齿轮.
mated-film memory 耦合膜存储器.
mate′rial [məˈtiəriəl] Ⅰ n. ①(材,原,物)料,物质[资]剂 ②部件,设备,(pl.)必需品,用具,器材 ③内容,素材,题材,品名 ④(技术)资料. Ⅱ a. 物质[资]的,具体的,实质(性)的,实体的 ⑤重要的,重大的. *abrasive material* (研)磨(材)料. *absorbing material* 吸收物[体,剂]. *activated material* 放射化物质,激活物质[材料,剂]. *air-equivalent material* 空气等效材料. *backing material* 底层板板,背(贴)材(料),敷底料. *blasting material* 炸药. *breeder material* 燃料原料,再生材料,变成为核燃料的中子吸收剂. *bulk material* 松散[散装,大批]材料. *carrier material* 载体,负荷体. *cladding material* 镀[覆盖]层,覆盖材料. *code-practice material* 收发电文. *condemned material* 报废器材. *contact material* 电接触器材. *depleted material* 贫化[贫乏的]材料,缺乏某种同位素的元素,废的[废过的]核燃料. *detecting material* 探测物质,检波材料. *die material* 压[拉,冲]模材料. *diluent material* 冲淡[稀释]剂. *emitting material* 发射物质(板极,体). *enriched material* 浓缩物,浓集[加浓]物质. *explosive material* 炸药. *fall-out radioactive materials* 放射性降落(沉淀,沉积物). *feed material* 原料,进料,供料. *fertile material* 燃料(原料),增殖性物质,变成核燃料的中子吸收剂. *filling material* 填(装)料. *foreign material* 杂质,外来物质,异物,掺和物. *fuel material* 燃料. *gangue material* 脉(废)石. *getter material* 吸气剂. *grinding material* 磨料,磨光(研磨)剂. *heat-transfer material* 载热体(剂),散热体,传热(热转移)介质.《*hot*》*material* 强放射性物质(材料). *intermediate material* 中间产物. *ion-exchange material* 离子交换剂. *material difference* 重大(本质上)的差别. *material handing crane* 运料吊车. *material implication* 实质蕴涵. *material particle* (物)质粒(子). *material point* 质点. *material test*(*ing*) 材料试验. *moderating material* 减速(慢化)剂. *nuclear material* 可裂变物质,核燃料,核反应堆材料. *off-gauge material* 【轧】短尺(等外)轧材. *outgoing materials* 选取的产物,取试样. *plastic material* 塑(性材)料. *polycrystalline material* 多晶体,多晶物质. *raw material*(′s) 原(材)料. *scattering material* 散射体(剂). *self-luminescent material* 自发光体(物质),荧光体. *semi-finished material* 半成(制)品. *separated fissile material* 分离的可裂变同位素,100%核燃料. *soluble material* (可)溶(性物)质. *spent material* 废物,渣滓,废料场,渣堆. *starting material* 原(始)料,起始物料. *strategic materials* 战略物资. *tracer material* 示踪剂. *writing materials* 文具. ▲*be material to* M 对 M 很重要.
materialisation = materialization.
materialise = materialize.
mate′rialism [məˈtiəriəlizəm] n. 唯物论,唯物主义. *dialectical materialism* 辩证唯物主义.
mate′rialist [məˈtiəriəlist] Ⅰ n. 唯物主义者. Ⅱ a. 唯物(论,主义,主义者的)的. *materialist conception* [*interpretation*] *of history* 唯物史观.
materialis′tic [mətiəriəˈlistik] a. 唯物(论,主义)的. *materialistic conception* [*interpretation*] *of history* 唯物史观.
materialis′tically ad. 在唯物论上,从唯物主义的观点来看.
mate′rial′ity [mətiəriˈæliti] n. ①物质(实体)性,重要(性),重大 ②(pl.)物质,实体.
materializa′tion [mətiəriəlaiˈzeiʃən] n. 物质(具体)化,实现.
mate′rialize [məˈtiəriəlaiz] v. (使)物质(具体)化,实现,(使)成为事实.
mate′rially [məˈtiəriəli] ad. ①物质(实质,实际)上 ②显著(重大,大大)地.
material-man n. 材料(物资)供应人.
materia medica [məˈtiəriəˈmedikə] [拉丁语] n. 药物(学).
materiel′ [mətiəriˈel] [法语] n. 物质材料(设备),作

mat-forming treatment n. 表面处治.
math = ①mathematical 数学(上)的,数理的 ②mathematician 数学家 ③mathematics 数学.
Mathar method (测定剩余应力的)小孔释放法.
mathemat'ic(al) [mæθi'mætik(əl)] a. ①数学(上)的,数理的 ②严正的,(极)正确的 ③可能性极小的. *mathematical instruments* 数学仪器〔装备〕. *mathematical logic* 数理逻辑. *mathematical(al) power* 乘方. *mathematical programming* 线性〔数学〕规划. *mathematical treatment* 数学处理. *mathemat'ically ad.*
mathematicasis n. 数学术.
mathemati'cian [mæθiməti'ʃən] n. 数学家.
mathemat'ics [mæθi'mætiks] n. 数学.
mathematiza'tion n. 数学化.
Mathesius metal (含有锶或铯的)铅-碱金属合金.
ma'ting ['meitiŋ] n.; a. 配合〔套〕(的),相连(的)(机械零件). *mating gear* 配对齿轮. *mating surface* 啮合〔配合,拼合〕表面. *mating sizing* 配磨自动定.
Mat'l 或 MAT'L = material 材〔原,资〕料,物质.
MATNO = material (requested) is not ayailable(所需)材料现在缺货.
mat'rass ['mætrəs] n. 卵形瓶,(吹管分析用的)硬质细玻璃管.
MATRE = material requested 所需材料.
matric algebra (矩)阵代数.
ma'trices ['meitrisiz] n. matrix 的复数.
matricon n. 阵选管(一种产生字符的阴极射线管).
ma'trix ['meitriks] (pl. ma'trices 或 ma'trixes) n. ①基〔母,本)体,基础〔块〕,衬〔间〕底 ②母〔近岩,矿脉,杂矿石 ③【数】(矩)方)阵,母式,真值表,间架,行列,矩阵变换电路 ④(铸,压)模,版)型,压〔阴,字,板,胎)模,型片 ⑤原〔本〕色 ⑥容器 ⑦填质,结合料,在集料中填充的砂浆. *copper matrix* 铜质型片. *interlocking matrix* 连结体. *launching matrix* 发射槽〔列),发射槽〔列〕. *Matrix alloy* 铋锑铅锡合金(铅 28.5%,锑 14.5%,铋 48%,锡 9%). *matrix amplifier* 换算〔矩阵〕放大器. *matrix brass* 模型黄铜. *matrix circuit* 矩阵变换电路. *matrix element* 矩阵元〔件,素〕. (电视)转译电路元件,矩阵电路元件. *matrix equation* 矩阵方程. *matrix gain control* 矩阵(运算)放大器(增益控制),放大系数调整电位器. *matrix gate* 矩阵门,译码器. *matrix matching* 阵列分配. *matrix metal* (粉末烧结中的)粘结金属. *matrix printer* 版型印字机,针极〔矩阵式〕打印机,字模印刷器,触针打印式. *matrix unit* 矩阵单元,光谱矩阵电路,换算电路. *metallic matrix* 金属基体. *negative matrix* 负矩阵,(照相)底片. *positive matrix* 正矩阵,(照相)正片. *square matrix* 方阵.
matrix-decoding method 矩阵译码法.
ma'trixer n. 矩阵变换〔转换〕电路.
ma'trixing n. ①转换,换〔重〕算,折合 ②矩阵化,矩阵运算 ③字模铸造. *matrixing function* 矩阵函数〔功能〕.

matrizant n. 矩阵积分级数.
matroos-pipe n. 烟斗. *matroos-pipe type horn* 烟斗型喇叭〔号筒〕.
MATSO = material requested being supplied 所需材料现正提供.
Matsu ['mɑː'tsuː] n. 马祖(岛).
Matsushita pressure diode (松下)压敏二极管.
matt [mæt] I a. ①无(光)泽的,无光的,暗淡的,乌泽的 ②不光滑的,粗糙的. II vt. 使无光泽. *matt paint* 无光〔无泽〕涂料. *matt surface* 无泽面.
mat'tamore ['mætəmɔː] n. 地下室〔仓库〕.
matte [mæt] I n. ①【冶】锍,冰铜 ②(冶炼中产生的)不纯金属,褪光. II a. 无光的,暗淡的,乌泽的,表面粗糙的. III vt. 炼锍. *copper matte* 铜锍,冰铜. *matte fall* 提锍率. *matte finish* 无光无洁度. *matte shot* 挡〔遮〕摄. *matte surface* 无光面,毛面. *matting furnace* 锍炼炉.
matted crystal 晶子,雏晶.
matte-fall n. 锍的富集率,冰铜产出率.
mat'ter ['mætə] I n. ①物(质,体,料),(实)质,实体,材料,要素,成分 ②题材,内容,(印刷,书写的)物 ③事(情,件),问题,(pl.)情况,情形 ④(the matter)麻烦〔事),毛病,困难 ⑤原因,根据,理由. *colouring matter* 着色剂,色料. *foreign matter* 杂质,外来的物质. *make matters worse* 使情况恶化. *particulate matter* 物质粒子(如尘埃). *postal matter* 邮件. *printed matter* 印刷品. *reducing matter* 还原剂,还原物质. *saline matter* 盐分. *solid matter* 固体. *subject matter* 主题,要点,内容,素材. *What's the matter with…?* …出了什么事〔毛病〕? ▲(a) matter for…的事情. *a matter of M* 只是 M 的问题,大约 M,M 左右〔上下〕. *a matter of course* 当然的事. *as a matter of convenience* 为了方便起见. *as a matter of course* 当然,势所必然. *as a matter of experience* 根据经验. *as a matter of fact* 事实上,实际. *as a matter of record* 根据所获得的资料〔数据〕. *as matters stand* 或 *as the matter stands* 照目前的情况来看. *for that matter* 或 *for the matter of that* 说实在的,关于那一点,在这方面,就那件事而论. *in the matter of…* 关于,至于,在…方面. *in this matter* 关于此事. *It is* [makes] *no matter* 那不算一回事,无关紧要. *it is* [makes] *no matter whether* 无论…都无关紧要. *matter of the utmost concern* (关系)重大的事件. *no matter* 无关紧要,不要紧,不碍事,无论. *no matter how* [what, when, which, who, where] 不管〔无论〕怎样什么,什么时候,哪一个,谁,什么地方〕. *nothing is the matter with M* 或 *there is nothing the matter with M* M 没有什么〔问题〕. *remain a matter of M* 仍然是 M 的问题. *something is the matter with M* 或 *there is something the matter with M* M 有障碍〔毛病〕. *the matter in hand* 着手之事. *the matter went so far that* 事情到了这样的地步以致…. *what matter?* 有什么要紧? 那有什么要紧?
II vi. (通常用于疑问,否定和条件句中)要紧,有(重大)关系. ▲*do not matter* 无关紧要. *it*

matter-of-course *does not matter to M* 这不碍 M 的事, 对 M 无关紧要. *it does not matter if* 即使…也不要紧. *it does not matter whether … or …* 无论是否…都不要紧, 无论…还是…都是一样的. *it hardly matters at all* 几乎没有什么要紧〔关系〕. *it matters little* 〔least, much, very much, nothing〕*to M* 这对 M 无所谓〔关系最小, 有重大关系, 很要紧, 没关系〕. *It matters less than N* 比 N 不如 N 重要. *What does it matter?* 这有什么关系? 那有什么要紧?

matter-of-course *a.* 当然的, 不用说的, 意料中的.
matter-of-fact *a.* 事实的, 实际的, 平凡的, 乏味的. **matter-of-factly** *ad.* **matter-of-factness** *n.*
mat′tery *a.* 内容丰富的, 重要的.
Matthiessen's standard 马奇森 (铜丝电阻) 标准.
mat′ting ['mætiŋ] I *n.* ①席 (子), 垫 (子, 层, 块), 〔棚〕网, 柴捆, 蒲包, 麻袋, (包装货物的粗糙) 编织品, 编席的材料 ②无光泽表面, 褪光 ③炼锍, 遮镜 ④ (焊前) 清洗工序. II *mat*, *matt*, *matte* 的现在分词.
Mattisolda *n.* 银焊料.
matt′ness ['mætnis] *n.* (油漆的) 褪光.
matt′ock ['mætək] *n.* 鹤嘴锄〔斧〕. *carpenter's mattock* 鹤嘴锄〔斧〕.
matt′ress ['mætris] *n.* 垫 (子), 褥 (垫), 柴排, 沉排 (床). *mattress antenna* 多层天线, 床垫形 (多列) 天线. *mattress array* 矩阵式天线阵, 多排天线, 多层天线阵 (反射器), 天线反射面. *mattress pole stiffener* 柴排支杆 (加劲杆). *spring mattress* 弹簧垫子.
matura′tion *n.* (石油) 熟化, 成熟.
mature [mə'tjuə] I *a.* ①成熟的, 壮 (成) 年的 ②考虑成熟 (周到) 的, 深思熟虑后的, 慎重的, 完全的 ③到期的. *mature city* 老城市, 定型城市. *mature consideration* 成熟的考虑. *mature plan* 考虑周到的计划. *mature soil* 熟土. II *v.* ①成熟〔长〕, 老化, 陈化 ②完成, 到期. *bill to mature* 汇票到期. *matured concrete* 成熟 (经过养护硬化的) 混凝土. *matured slag* 熟渣.
matu′rity [mə'tjuəriti] *n.* ①成熟 (度, 时期), 壮年 (期) ②老化, 陈化 ③完成, 完备, 到期. ▲*come to maturity* 成熟.
matuti′nal [mætju:'tainl] *a.* 清晨的, 早的.
MATV = master antenna television 主天线电视.
mat-vibrated *a.* 表面震荡的.
MATW = metal awning-type window 金属遮蓬形窗.
mau′ger or **mau′gre** ['mɔ:gə] *prep.* 不顾, 不管, 虽然.
maul [mɔ:l] I *n.* 大 (木) 锤. II *vt.* ①打伤, 打 (刺) 破, 伤害, 虐待 ②(笨拙地) 乱弄 ③用大锤和楔劈开 ④严厉批评.
Mauritania [mɔri'teinjə] *n.* 毛里塔尼亚.
Maurita′nian *n.*; *a.* 毛里塔尼亚人的.
Mauritian *n.*; *a.* 毛里求斯人, 毛里求斯的.
Mauritius [mə'riʃəs] *n.* 毛里求斯.
mausole′a [mɔ:sə'li(:)ə] *n.* mausoleum 的复数.
mausole′um [mɔ:sə'li(:)əm] *n.* (pl. *mausole′ums* 或 *mausole′a*) 陵 (墓), 庙.
mauve [mouv] *n.* ①紫红 (淡紫, 绛红) 色 (的) ②苯胺紫 (染料).

mauvein(e) *n.* 苯胺紫.
MAVAR = ①microwave amplification by variable reactance (利用) 可变电抗 (的) 微波放大 ②mixer amplification by variable reactance 脉伐, 参量放大, 可变电抗混频放大, 低噪声微波放大器 ③modulating amplifier by variable reactance (利用) 可变电抗 (的) 调制放大器.
ma′vin ['meivn] *n.* 专家, 行家.
MAW = medium antiarmor〔antitank〕weapon 中型反装甲〔反坦克〕武器.
MAWP = maximum allowable working pressure 最大容许工作压力.
max. = maximum 最大 (量, 的), 最高值 (的). T_{max} 最高加热温度.
max-flow min-cut theorem 【计】 最大流最小截定理.
maxi = ①maximum 最大 (量, 的), 最高值 (的) ②长裙, 长外衣, 长女服.
max′im ['mæksim] *n.* ①格言, 准则, 原理, 主义 ②一种老式机 (关) 枪.
max′ima ['mæksimə] *n.* maximum 的复数. *maxima of regular waves in the principal phase* 主ըε大波. *maxima of wave of the end portion* 尾震最大波.
max′imal ['mæksiməl] *a.* 最〔极〕大的, 最高的, 最大的. ~**ly** *ad.*
max′imin *n.* 极大化极小.
maxi-min criterion 极大极小〔最大最小〕判据.
maximisation = maximization
maximise = maximize.
max′imize ['mæksimaiz] *v.* ①(使) 达到〔找到, 增加到, 扩大到, 加强到〕最大 (值, 限度), 使极大 (化), 极限化 ②充分重视.
maximiza′tion [mæksimai'zeiʃən] *n.* maximization *over discrete* 离散集合上的最大化.
max′imizer *n.* 极大化, 达到极大.
max′imum ['mæksiməm] (pl. *max′ima* 或 *max′imums*) *n.*; *a.* 最大 (值, 量, 数, 限度), 最高 (值, 量, 限度, 的), 最大值 (极大值, 顶点, 值, 限度, 的), (峰, 高) 峰, 极〔顶〕点. *critical maximum* 临界极大值. *maximum admitted diameter of work* 工件最大许可直径. *maximum beam centre* *a. i. p values* 波束中心最大等效各向同性辐射功率值. *maximum generating watt* 最大发电量. *maximum draft*〔*draught*〕最大吃水深度. *maximum gauge* 最大厚度或直径. *maximum head water* 上游最高水位. *maximum large area contrast* 大面积极限衬比度. *maximum obscuration* 【天】 蚀甚. *maximum relay* 过载继电器. *maximum scale* 最大刻度 (标度). *maximum speed* 最大速度, 最高速度. *maximum type* (带有装入滚珠孔型的) 重负荷型 (轴承). *proper maximum* 真 (正常) 极大.
maximum-frequency *n.* 最大频率.
maximum-likelihood detection 最大似然检测.
maxi-order *n.* 大订单.
max′ipulse *n.* 最大脉冲法.
maxi-taxi *n.* 巨型出租车.
Maxite *n.* $W_{18}Cr_4V_1CO_4$ 高速钢.
maxivalence *n.* 最高价.

MAXT =maximum tight (fit)最紧密(配合).

maxterm *n.* (极)大项.

max′well [′mækswel] *n.* 麦(克斯韦)(磁通量单位,=$10^{-8}Wb=10^{-8}V\cdot s$). *Maxwell field equation* 麦克斯韦(电磁)场方程(式).

Maxwellian distribution 麦克斯韦分布.

max′wellmeter [′mækswelmi:tə] *n.* 磁通(麦克斯韦)计.

Maxwell-turn *n.* 麦(克斯韦)-匝(磁链单位).

May [mei] *n.* 五月. *May Day* "五一"国际劳动节. *the May 4 Movement* 五四运动. *May press* 冷挤压压力机.

may [mei] *v.* ; *aux.* (过去式 *might*) ①[表示可能、或然性,否定式用may not]可能,或许. *That may or may not be true.* 那可能是真的,也可能不是真的(比较. *That cannot be true.* 那不会是真的). ②[表示许可,否定式用must not]可以. *May I come in?* — *Yes, you may.* 我可以进来吗？——可以. *You may* [must not] *go now.* 你现在可[不可以]去.③[表示有理由,否定式用cannot](诚然)可以,不妨,难怪. *We may call it an elastic body, but we cannot consider it perfectly elastic.* 我们可以(不妨)叫它是个弹性体,但我们不能认为它是完全弹性的. *He may well say so.* 他很可以(不妨)这么说. ④[用于(so)that…从句中,表示目的(以便)能(够),(使…)可以. *Hold the flag higher* (so) *that all may see.* 把旗子举得高一些,让大家都看到. ⑤[表示愿望]但愿. *May it be so!* 但愿如此！▲*as best one may* 极力设法. *as it may. as the case may be* 看情况. *be that as it may* 虽然这样(说),虽然(如此). *come what may* 不管怎样. *however it* (that) *may be* 不管怎样. (*it*) *may be* 多半,也许. *may as well* 最好,还是…的好. *may as well …(as not)* …也行(不…也行). *that may well be* 很有可能是.

maya [′ma:jə] *n.* 幻(影).

Mayari R R 低合金耐热钢(碳<0.12%,铬0.2~1%,镍0.25~0.75%,钼0.5~0.7%,铜0.5~1%).

may′be [′meibi:] Ⅰ *ad.* 大概,多半,或许. Ⅱ *n.* 疑虑. ▲*as soon as maybe* 尽可能快地.

may′day [′meidei] *n.* 无线电话中求救信号(等于无线电报中的SOS).

may′er *n.* 迈尔(热容量单位,=1 J/K).

may′or [mɛə] *n.* 市长. ~al *a.*

may′oralty [′mɛərəlti] *n.* 市长的职位(任期).

may′orship [′mɛəʃip] *n.* 市长的职位.

MAZAK *n.* 压铸锌合金(铝,铜,镁,铁,铅,镉,锡,锌).

mazarine [mæzə′ri:n] *n. a.* 深蓝色(的),深蓝色的东西.

maze [meiz] Ⅰ *n.* ①迷宫(网,津),曲径②混乱,胡涂,迷惑. *maze domain* 迷路形磁畴. ▲*be in a maze* 困惑,不知所措,弄胡涂了. Ⅱ *vt.* 使为难(迷惑),不知所措.

mazed [meizd] *a.* 困惑的,不知所措的.

ma′zily [′meizili] *ad.* 迷宫式地,弯弯曲曲地,困惑地.

Mazlo alloy 镁合金(铝6%,锌1%,锰0.15%,其余镁).

mazout 或 **mazut** [mə′zu:t] *n.* 黑[重]油.

ma′zy [′meizi] *a.* 迷宫式的,弯弯曲曲的,混乱的,复杂的,困惑的.

MB =①electromagnetic brake 电磁制动器 ②magnetic bearing 磁方位 ③mail box 信箱 ④main battery 主电池 ⑤materiel bulletin 器材公报 ⑥medium bomber 中程轰炸机 ⑦megabar 兆巴 ⑧megabit 兆位 ⑨memory buffer 存储缓冲器 ⑩methyl bromide 甲基溴,溴代甲烷 ⑪methylene blue (碱性)亚甲蓝 ⑫millibars 毫巴 ⑬missile battalion 导弹营 ⑭missile body 导弹体 ⑮mobile base 可动基底 ⑯motorboat 汽艇 ⑰multi-band 多频带.

M-B = make-break 闭合-断开.

M/B = ①make or buy (自)制或买 ②medium bomber 中程轰炸机.

Mb = myoglobin 肌红蛋白.

Mbabane [mba:′ba:n] *n.* 姆巴巴纳(斯威士兰首都).

mbar =millibar(气压单位)毫巴(=100N/m).

MBB =①magnetic blow-out circuit breaker 磁吹断路器 ②make-before-break 先(闭)合后(断)开.

M. Bes. out = modulator band electrical system out 调幅器带通滤波器输出.

MBF =①modulator band filter 调幅器带通滤波器 ②thousand board feet (lumber)千板英尺(木料).

MBF in = modulator band filter in 调幅器带通滤波器输入.

MBF out = modulator band filter out 调幅器带通滤波器输出.

MBH = thousands of BTU per hour 千英国热量单位/小时.

MBI = may be issued 可以发出〔发布,发行〕.

MBK = multiple beam klystron 多注速调管.

MBM = thousand feet board measure 千板英尺.

mbn = millibarn 毫巴(核反应截面单位).

M-body *n.* 麦克斯韦体.

MBP = mid-boiling point 平均沸点.

MBRE = memory buffer register, even 存储缓冲寄存器,偶.

MBRO = memory buffer register, odd 存储缓冲寄存器,奇.

MBRUU =may be retained until unserviceable 可保留到不合用时(为止).

MBS = ①magnetron beam switching 磁控管射束转换 ②main bang suppression 主脉冲信号抑制,控制脉冲(A显示器上发射脉冲所引起的大信号)抑制.

MB/S = megabit per second 兆位/秒.

MBST = magnetic beam-switching tube 磁旋管.

MBT = 2-mercaptobenzothiazole 2-巯基苯并噻唑,快熟粉.

MC = ①machine 机器,机床 ②machinery certificate 机器执照 ③magnetic core 磁芯 ④main cock 主旋塞 (阀) ⑤marginal check 边缘〔界限〕检验 ⑥marked capacity 标定载(货)量 ⑦master control 主[总,中心]控制,主调整 ⑧material control 材料控制 ⑨mechanical cycling 机械循环 ⑩megacycle 兆周 ⑪megacycles per second 兆赫 ⑫memory control (unit) 存储控制 ⑬meter-candle 米-烛光 ⑭metric carat (200 milligrams) 克拉(200mg) ⑮midget condenser 小型电容器 ⑯momentary contact 瞬时接触 ⑰motorcycle 机器脚踏车 ⑱moving coil 动圈 ⑲multiple contact 复式接点 ⑳multiple copy 多份复制(品).

M/C = ①manual control 手控 ②multi-channel 多

路.
Mc = megacurie 兆居里.
mc = millicurie 毫居里.
MCA = ①Manufacturing Chemists Association(美国)化学品制造商协会 ②maximum ceiling absolute 绝对最高升限 ③maximum credible accident 最大设想事故 ④methylcholanthrene 甲基胆蒽.
Mcal = megacalorie 兆卡,百万卡.
M-carcinotron *n.* M 型反向波管.
MCB = ①metal corner bead 金属墙角护〔饰〕条 ②miniature circuit breaker 微型开关.
MCC = ①main control console 主控制台 ②maintenance of close contact 保持密切接触 ③minor cycle counter 短周期计数器 ④motor control center 发动机控制中心 ⑤multichip circuit 多片电路 ⑥multicomponent circuits 多路复件 multiple component complex.
MCD = ①magnetic circular dichroism 磁性圆二色散 ②mean corpuscular diameter 平均颗粒直径 ③metal covered door 金属外包门.
MCDP = micro-programmed data processor 微程序控制数据处理机.
MCF = thousand cubic feet 千立方英尺.
MCF = million cubic feet 兆立方英尺,百万立方英尺.
mcflm = microfilm(ing) 缩微胶卷(拍摄).
mcg = microgram 微克.
McGill metal 麦吉尔铝铜合金(铝 9%,铁 2%,其余铜).
MCHFR = minimum critical heat flux ratio 最小烧毁比,最小临界热通量比.
MCI = malleable cast iron 韧性铸铁.
mCi = millicurie 毫居里.
mcl = microliter 微升.
McLeod gauge 一种测量高度稀薄气体压力的压力计,麦克里德气压计(真空计),麦氏真空计.
mcls = megacycles per second 兆周/秒,兆赫.
MCM = ①magnetic core memory 磁心存储器 ②Monte Carlo method(数据处理)蒙特卡罗方法 ③mille circular mils 千圆密耳(0.5067 mm²).
MCMS = multichannel memory system 多道存储系统.
MCN = ①maintenance control number 维修管理号 ②manufacturing change note 制造更改说明 ③master change notice 总更改通知.
MCP = ①manufacturing change point 制造更改要点 ②master control program 主控程序 ③multi-component plasma 多元等离子体.
mcps = megacycles per second 兆赫,兆周/秒.
MCR = ①maintenance control report 维修管理报告 ②manufacturing change request 制造更改申请 ③masterchange record 主要更改记录 ④maximum continuous rating 最大持续功率 ⑤maximum continuous revolution 最高持续转速 ⑥mean conversion ratio 平均再生系数 ⑦micrographic catalog retrieval 缩微(胶卷)目录检索.
MCRT = multi-channel rotary transformer 多道可转动变压器.
MCRWV = microwave 微波.
MCS = ①master control set 主控装置 ②megacycles per seconds 兆周/秒 ③mobile checkout station 流动检查站.
m. c. s. = meter-candle-seconds 米-烛光-秒.
MCTI = Metal Cutting Tool Institute 金属切削工具研究院.
MCtr = master controller 主控制器.
MCtt = (electro) magnetic contactor 电磁接触器,电磁开关.
M&CU = monitor and control unit 监控设备.
mcurie = millicurie 毫居里.
M-curve *n.* M 曲线,大气校正折射率与高度的关系曲线.
MCVF = multi-channel voice frequency 多路话音频率.
MCW = ①metal casement window 金属竖铰链窗 ②modified continuous wave 修改的连续波 ③modulated continuous wave 已调制连续波.
MCW tracking radar 微波跟踪雷达.
MCX = minimum-cost estimating 估计最少费用.
MD = ①magnetic drum 磁鼓 ②manual data 手册资料 ③manufacturing directive 制造命令 ④map distance 图上距离,测地距离,水平距离 ⑤mean deviation 平均偏差 ⑥ medium duty 中等负载 ⑦methyldichloroarsine 甲脒化二氯,甲基二氯胂 ⑧months after date(或 month's date)发票后…月 ⑨motor drive 马达驱动.
M-D = modulation-demodulation 调制-解调.
M/D = ①man day 人日 ②memorandum of deposit 存款单,送款票 ③month's date(或 months after date)发票后(或)…月.
Md = mendelevium 钔.
Md point = martensite deformation point 塑性加工时马氏体变形点,Md 点.
md = ①millidarcy(渗透性的度量单位)毫达西,千分之一达西 ②minimum Rockwell hardness(塑料的)最小洛氏硬度.
MDC = ①magnetic drum controller 磁鼓控制器 ②main display console 主显示台.
MDCC = master data control console 主要数据控制台.
mdd = milligram per square decimeter per day(腐蚀速度单位)毫克/分米²·天.
MDDPM = magnetic drum data processing machine 磁鼓数据处理机.
MDE = modular design of electronics 电子设备的积木化设计.
M-derived filter M-导出式(M 推演式,M 导型)滤波器.
MDF = ①main distribution frame 总配线架,主配线板 ②manual direction finder(无线电)手动探向器 ③medium-frequency direction finding 中频方向探测 ④mild detonating fuse 温和的爆炸导火索.
MDFNA = maximum density fuming nitric acid 最高密度发烟硝酸.
MDI = ①magnetic direction indicator 磁航向指示器 ②micro-dosemetric instrumentation 微剂量测量仪 ③miss distance indicator 脱靶距离指示器.
M-discontinuity *n.* 莫霍不连续面.
MDL = minimum detectable limit 最低(可)察觉限度.
Mdlle = mademoiselle 小姐.
Mdm = madame 夫人.
MD-Macr = magnetic drum macroorder 磁鼓宏指

Mdme =madame 夫人.

MDNBR =minimum departure from nucleate boiling ratio 最小烧毁比,最小偏离池核沸腾比.

MDR =①memory-data register 存储-数据寄存器 ②mission data reduction 使用数据简化 ③multi-channel data recorder 多道数据记录器 ④multiplicand divisor register 被乘数-除数寄存器.

MDS =①malfunction detection system 故障探测系统 ②minimum discernible signal 可辨别的最小信号.

mdse =merchandise 商品〔业〕,货.

MDT =mean down time 平均空闲时间.

MDTL =modified diode transistor logic 改进的二极管晶体管逻辑(电路).

me [mi:] *pron.* (I 的宾格).

ME =①magnetic-electric 磁-电 ②manpower estimate 劳动力估计 ③marbled edges 云石(饰)边 ④Master of Engineering 工程硕士 ⑤maximum effort 最大努力 ⑥mechanical efficiency 机械效率 ⑦mechanical engineer 机械工程师 ⑧mechano-electronic 机(械)电(子)的 ⑨megacyles per second 兆周/秒 ⑩metalsmith 金工 ⑪methyl 甲基 ⑫microwave electronics 微波电子学 ⑬Middle East 中东 ⑭military engineer 工程兵,军事工程师 ⑮milligram equivalent 毫克当量 ⑯minimum elevation 最小仰角 ⑰mining engineer 采矿工程师 ⑱miter end (45°)斜接端 ⑲modulation efficiency 调制效率 ⑳molecular electronics 分子电子学 ㉑most excellent 最优的 ㉒multi-engine 多曲柄式发动机,多发动机的.

M/E =mechanical/electrical 机/电的.

MEA =maintenance engineering analysis 维修工程分析.

mea'con ['mi:kən] Ⅰ *n.* 虚假干扰〔假象雷达干扰,干扰信号发生;设备(接收敌人信号并以同样频率播出此信号,以扰乱敌人导航系统). Ⅱ *v.* 虚假干扰,假象雷达干扰,发出错误信号以干扰,产生干扰信号.

mead'ow ['medou] Ⅰ *n.* 草原〔地〕,牧场. *meadow ore* 沼(褐)铁矿. Ⅱ *vt.* 把…改造成牧场.

mead'owy ['medoui] *a.* 草地的,有草的,牧场(似)的.

mea'ger 或 **mea'gre** ['mi:gə] *a.* 贫(瘠,乏)的,不充分的,少的,(枯燥)无味的. *meagre feeling* 软感. *meagre lime* 贫石灰. ~**ly** *ad.* ~**ness** *n.*

meal [mi:l] Ⅰ *n.* ①餐,膳食,进餐〔吃饭〕时间 ②(粗,石)粉,细粒,麦片,玉米片. Ⅱ *vt.* 碾碎. *vi.* 进餐,吃饭. *bone meal* 骨粉. *mount meal* 硅藻土.

Me. alc. =methyl alcohol 甲醇.

mea'lie ['mi:li] *n.* (pl.)玉米,王蜀黍.

mea'liness ['mi:linis] *n.* 粉状,粉性.

meal'time ['mi:ltaim] *n.* 吃饭〔进餐〕时间.

mea'ly ['mi:li] *a.* ①(粗)粉的,麦片,玉米片(撒有)粗粉的 ②有斑点的. *mealy structure* 粉状结构.

mealy-mouthed *a.* 转弯抹角说的,不坦率的.

mean [mi:n] Ⅰ (*meant*) *vt.* ①意思是,意味着,意指,表示 ②打算,计划,意欲(to+*inf*.) ③具有意义,对…是重要的,可能造成 ④预(指)定. *The idea of atoms means a great deal in chemistry.* 化学上原子的概念是很重要的. ▲*by M is meant N* 所谓 M 指的是 N,M 的意思是 N,用 M 表示 N. *What is meant by atomic energy?* 所谓原子能指的是什么? 原子能的意思是什么? *by M mean N* 所谓 M 指的是 N,M 的意思是 N,用 M 表示 N. *What do you mean by "matter"?* 所谓物质指的是什么? *By the word "alloy" we mean "mixture of metals."* 用"合金"这个词来表示"金属的混合物". *mean business* 当真. *mean M for N* 打算使 M 成为 N,指定 M 给 N,把 M 用来做 N. *mean much* 很重要.
Ⅱ *n.* ①中央(间),当中 ②平均(数,量),(平)均值,均数,(比例)中项,中数. ③(pl.)见 **means**. Ⅲ *a.* ①(平均)的,中(间,等)的,平常的 ②下(劣)等的 ③自私的,讨厌的. *arithmetical mean* 算术平均,算术中项. *geometrical mean* 等比中项,几何平均值. *harmonic mean* 调和中项,调和平均值. *mean affine curvature* 仿射中曲率,仿射平均曲率. *mean anomaly* 平均异常,平均近点角. *mean axis* 中(平均)轴. *mean carrier* 中间(平均)载波. *mean continuity* 中数连续. *mean curvature* 中〔平均〕曲率. *mean down time* 平均空闲〔停机〕时间. *mean effective pressure* 平均有效压力,有效均压. *mean effective value* 均方根值,平均有效值. *mean error* 平均〔标准,均方,中〕误差. *mean evolute* 中点渐屈线. *mean free path* 平均自由(行)程,平均自由通道. *mean geometrical distance* 几何平均距离. *mean life* 平均寿命,平均使用期限. *mean line* 等分〔中心,中〕线. *mean point of three points* 三点的中点,形(重)心. *mean proportional* 比例中项. *mean square* 均方(值). *mean square error* 均方(误)差. *mean terms* 中(内)项. *mean time between failures* 平均故障〔失败〕间隔时间,平均无故障时间. *mean value* 平均值(数). *mean value control system* 平均位置调节器. *mean value periodic quantity* 周期变量平均值. *mean water level* 平均(水)水位. *proportional mean* 比例中项. *quadratic mean* 均方值,二次方平均值. ▲*a mean of* 平均(数,…). *a mean of 3 in.* 平均3英寸. *as a means of* (见 means); *have a mean opinion of* 轻视,瞧不起. *in the mean time* 这时,同时,在这期间. *no mean* 相当的,很好的.

mean'der [mi'ændə] Ⅰ *n.* ①曲流(折,径),河(弯)曲,弯弯曲曲的路,(河道)的游荡 ②(回绞)波形饰,乙形花纹. *meander line* 曲折线. Ⅱ *vi.* 蜿蜒,曲折地流,散步.

mean'dering [mi'ændəriŋ] Ⅰ *a.* 曲折的,弯曲的,(弯弯)曲曲(曲地)流的,散步的. Ⅱ *n.* 曲流(折,径),迂回运动,蜿蜒,弯弯曲曲的路径,河道的游荡. *meandering movement* 弯曲移动. ~**ly** *ad.*

mean'drine 或 **meandroid** *a.* 弯弯曲曲的,有螺旋形(回旋,盘旋形)面的,纵谷状的.

mean'drous *a.* 弯弯曲曲的,螺旋形的,(锯齿)波状的.

mean-free error time 平均无故障时间.

mean-free path 平均自由通路.

mean'ing ['mi:niŋ] Ⅰ *n.* ①意义〔思,味〕,含义 ②意图,企图,目的. Ⅱ *a.* 有意义(企图)的,意味深长的.

▲*full of meaning* 意味深长的. *with meaning* 有意义地,有意思地. *well meaning* 善意地.

meaning-bearing word 有意义字.

mean'ingful ['mi:niŋful] *a.* 有意义的,意味深长的,合乎理性的. ～**ly** *ad.* ～**ness** *n.*

mean'ingless ['mi:niŋlis] *a.* 无意义(目的)的,荒谬的,没意思的. ▲(*be*) *meaningless to M* 对 M 是毫无意义的.

mean'ingly *ad.* 故意地,有意思地.

mean-level AGC 平均电平式自动增益控制.

mean'ly ['mi:nli] *ad.* 拙劣,贫习. *think meanly of* 藐(轻)视.

mean'ness ['mi:nnis] *n.* ①平均,普通,中等,中间 ②劣等.

means [mi:nz] *n.* (单复数同) ①方法,方式,手段,措施,途径 ②工(用)具,设备,装置 ③剂 ④资产,收入. *antihunt means* 稳定方法,稳定〔阻尼〕器. *controlling means* 控制设备〔机构〕. *disperse means* 弥散剂. *engaging means* 接通装置〔机构〕. *information storage means* 信息存储方法. *means of production* 生产资料〔手段〕. *means of transportation* 运输工具. *measuring means* 量测工具〔设备,方法〕. *pulse generating means* 脉冲振荡装置,脉冲发生器. ▲*as a means of* 作为…的工具〔方法〕. *by all (manner of) means* 无论如何,务必,一定,必定. *by all (any) means* 无论如何,以任何方法,不惜一切,一定;(表示答应)完全可以. *by fair means or foul* 用任何方法,不择手段. *by means of* 用,以,借助于,通过. *by no (manner of) means* 决不(是). *by some means (or other)* 以某种方法,用这种或那种的方法,设法,(总得)想个办法. *by this means* 用这种方法〔手段〕. *by which means* 借此. *have a means of* ＋*ing* 能够〔有办法〕. *have no means of* ＋*ing* 无法(做). *take means* 采取手段. *try every means* 用各种手段,想尽办法.

mean-square *n.* 【数】均方. *mean-square deviation* 均方(偏)差. *mean-square error* 均方(误)差. *mean-square root* 均方根.

means-test *vt.* 经济调查,发放救济.

meant [ment] *vt.* mean 的过去式和过去分词.

mean'time ['mi:n'taim] I *ad.* ①其间,在那当中 ②当时,同时,其时,一方面 ③一会儿功夫. II *n.* 中间,其间. ▲*in the meantime* 在此期间,(与此)同时,一方面,一会儿功夫.

mean-time-between-failures *n.* 平均稳定〔平均故障间隔〕时间.

mean-time-to-failure *n.* 平均初次出故障〔平均初次失效〕时间〔平均无故障时间〕.

mean-time-to-repair *n.* 平均修复时间.

mean-value *n.* 平均值,平均数(值).

mean-velocity *n.* 平均速度.

meanwhile ['mi:n'(h)wail] ＝meantime.

meas ＝measure(ment); measuring.

mea'sles ['mi:zlz] *n.* ①麻疹,痧子 ②(图像)斑点,起花(指印刷线路板上出现的树脂集气泡群集).

mea'sling *n.* 生白点〔斑〕.

mea'sly ['mi:zli] *a.* ①没用的,没有价值的,劣质的 ②微小的,少量的,不充分的.

MEASTON ＝measurement tonnage 容积〔装运〕吨位 (40 立方英尺为一容积吨).

measurabil'ity [meʒərə'biliti] *n.* 可测性.

meas'urable ['meʒərəbl] *a.* ①可(量)测〔计量,度量,测量,测度〕的 ②适度的,适当的. ▲*come within a measurable distance of* 接近,逼近,临近.

meas'urably ['meʒərəbli] *ad.* 到可测定的程度,到某种程度,多少,适当地.

meas'urand ['meʒərənd] *n.* 被测的物理量〔性质,状态〕,被测对象,测量容量.

measura'tion *n.* 测量〔测定,求积〕(法).

Measuray *n.* X 光测厚计.

meas'ure ['meʒə] I *n.* ①量度,大小,尺寸〔度〕,数〔重〕量,数〔度量〕值 ②测量〔定〕,估〔衡〕量 ③度量〔长度〕单位,度量标准,量器〔具〕,计量槽,比例尺,节拍 ④量度法,测度〔法〕,办法,措施,手段 ⑤程度,范围,限度 ⑥测度,公约数 ⑦层组〔系〕. *acceptable defect level measure* 容许误差级别判据. *angular measure* 角(的)测度. *board measure* 板尺,板材量度单位,板材计. *capacity measure* 容量. *circular measure* 弧度法. *common measure* 公约数,公(测)度. *counter-radar measure* 反雷达措施. *cubic measure* 体〔容〕积. *dry measure* 干量. *full (good) measure* 足分量,足够. *greatest common measure* 最大公约数. *liquid measure* 液(体)量(法). *loose measure* 松散体积,松方. *measure against erosion* 防侵蚀措施. *measure algebra* 测度代数. *measure analysis* 量测〔容量〕分析. *measure expansion* (体积)膨胀. *measure function* 测度函数. *measure of capacity* 容量. *measure of curvature* 曲率. *measure of discontinuity* 不连续性测度〔量〕. *measure of precision* 精密程度,精确度. *measure of skewness* 偏度. *measure preserving transformation* 保测变换. *measure space* 测度空间. *measures and weights* 权度,度量衡. *protective measure* 防〔保〕护措施. *safety measure* 安全〔保安,保险〕措施. *solid measure* 体(容)积. *square measure* 面积. *tape measure* 皮〔卷带〕尺. *valuable measure of effectiveness* 预期效果可达程度. *weights and measures* 权度,度量衡. ▲*a full measure of* 足够的. *above measure* 非常,极(度),过度. *adopt measures* 采取措施,设法,处置. *be a measure of M* 是(衡量)M 的尺度〔量度,计量单位〕. *beyond measure* 非常,极(度),过度. *for good measure* 作为额外增添,加重分量. *give the measure of M* 成为 M 的标准,表示 M 的程度. *in a great (large) measure* 主要地,大部分,大半. *in a (some) measure* 有几分,部分地,多少. *in measure* 适度地. *know no measure* 没有边际〔止境〕,极度. *out of measure* 非常,极(度),过度. *set measures to* 加以限制,约束. *show the measure of M* 成为 M 的标准,表示 M 的程度. *take measure of* 测定. *take measures* 采取措施,设法,处置. *to fill up the measures of M* 为使 M 达到极点. *to measure* 照尺寸. *within measure* 适度〔适当〕地. *without measure* 非常,极(度),过度.

II *v.* ①(测,计,度,估)量,测定,估计,判断 ②有…

长〔宽,高等〕③调节,使均衡. *The room measures 10 meters across.* 这间房间宽十公尺. ▲*be measured to be M* 测得为 M,…的测量结果为 M. *measure M against N* 根据〔对照〕N 来度量〔计量〕M,拿 N 量度 M. *measure M as N* 把 M 作为 N 量测. *measure off* 量出,区划. *measure M on N* 用 N 来测量 M. *measure out* 量〔划〕出,计量,量〔配〕好. *measure to* 量测到〔某精度〕. *measure up to* 符合,达到,够得上,胜任. *measure with* 符合,达到,满足,够得上,胜任.

meas'ured ['meʒəd] *a.* ①量过的,(被,已)测定的,实测的,根据标准的,精确的 ②有分寸的,慎重的,几经推敲的,仔细考虑过的. *measured hole* 测量孔. *measured profile* 实测纵断面. *measure rate system* 计次收费制. *measured service* 计次制. *measured value* 实测数值,测定〔测量〕值.

meas'uredly ['meʒədli] *ad.* ①量过,实测过 ②慎重地.

measure-kernel *n.* 测度核.

meas'ureless ['meʒəlis] *a.* 无限的,非常的,巨大的.

meas'urement ['meʒəmənt] *n.* ①量,计,度,量,计, (实验)测定,尺寸,大小,量〔宽,深,高,长〕度,量,容〔体〕积,计算量,测量结果 ②测量〔测定〕法,度量〔衡〕制 ③(pl.)规范. *balance measurement* 重量试验,重量平衡测定,天平法测量. *ballistic measurement* 弹道测定,绘制弹道特性曲线. *barometric height measurement* 气压高度测量. *bridge measurement* 桥式〔桥接〕电路测定. *certificate of measurement* 尺码证明书. *comparative measurement* 比较测定法,比较量度. *distance-difference measurement* 双曲线测位制,双曲线定位. *distance sum measurement* 椭圆测位制,椭圆定位. *measurement goods*〔*cargo*〕体积货物(按其体积、容量来算的货物). *measurement of angle* 测角,角度测量. *measurement of quantities* 计量,量的测定,量方. *measurement range* 量程,测程,测量范围. *measurement ton* 尺码吨. *measurement update* 测量校正,校正观测量. *pattern measurement* 天线辐射图测绘. *remote measurement* 遥测,远距离测量. *repetition measurement* 复(角)测法. *shunt telephone measurement* 听度测量,监听. *sound measurement* 声波测距(法),音源标定. *three wire measurement* 三线测螺纹法. *timber measurement* 木材体积. *voice-ear measurement* 通话试验. ▲*make a measurement* (*with M*) (用 M)进行测量. *measurement on* 量测,对…进行量测所获得的数字〔结果〕. *take measurements*〔*a measurement*〕*of* 测量,量出.

meas'urer ['meʒərə] *n.* ①量器〔具〕,测量元件〔仪表,仪器〕②测量员.

meas'uring ['meʒəriŋ] Ⅰ *n.* 测量,量度. Ⅱ *a.* 测(量)(用)的,量(测)的,计量的,仪表. *measuring appliance* (测)(用)的,量(测)的,仪表. *measuring buret(te)* 量液滴定管. *measuring by repetition* 复测法. *measuring case depth for steel* 钢的表层(硬化)深度测定法. *measuring column* 水银柱(温度计).

measuring compressor 计测空气压缩机. *measuring cylinder* 量筒. *measuring device* 量具,测量仪表. *measuring glass* (玻璃)量筒(量杯). *measuring grid* 方格测试片,测量格片. *measuring hopper* 定量(料)斗. *measuring implement*〔*instrument*〕量具,测量仪表. *measuring junction* (热电偶)测量结,热(高温)接点. *measuring key* 测试电键. *measuring machine* 量具测准机,测长机,量皮板. *measuring mark* 测标. *measuring pin* (油)量(控制)针. *measuring pipet(te)* 带刻度吸管,量液吸移管. *measuring platform* 观测台. *measuring point* 测点,计量起点. *measuring pressure* 测定(计示)压力. *measuring projector* 轮廓投影仪. *measuring range* 量程,测定(测量)范围. *measuring resistance* 标准(测量)电阻. *measuring scale* 量(标,刻)度,比例(尺. *measuring tape* 测(卷,皮)尺.

measuring-chain *n.* 测链.
measuring-line *n.* 测线(绳).
measuring-tape *n.* 测(卷,皮)尺.

meat [mit] *n.* ①肉 ②内容,实质 ③(释热元件的)燃料部分. *fuel meat* 释热元件的燃料部分. *meat and drink* 饮食.

meat-and-potatos *n.*；*a.* 重点(的),基本(的).

meat'y ['miti] *a.* ①肉(似)的 ②内容丰富的,重要的,扼要的,有力的.

mec = mechanic.

mecarta *n.* 胶木.

mech *n.* 技工,机械师.

mech 或 **mechan** = ①mechanical 机械(制)的,力学的 ②mechanics 机械,力学,结构 ③mechanism 机理(制),机械(构),装置.

mechan-〔构词成分〕机械.

mechan'ic [mi'kænik] Ⅰ *n.* 机(修,械)工(人),技工,机械师(员). Ⅱ *a.* ①机械似的,用机械的,机(自动)的 ②手工的. *instrument mechanic* 仪表机械工. *motor mechanic* 司机,机械员. *radio mechanic* 无线电装配员(技术员).

mechan'ical [mi'kænikl] Ⅰ *a.* ①(用)机械的,机械制(学)的,机(自动)的 ②力学的,机(械)工(程)的,物理上的 ③无意识的,呆板的. Ⅱ *n.* ①机械部分,作用部件,机构,结构 ②无关紧要的参加者,闲角. *mechanical admittance* 力导纳. *mechanical advantage* 机械效益. *mechanical analog computer* 机械模拟计算机. *mechanical analysis* 机械(动力)分析,粒径级配分析. *mechanical axis* 机械轴,晶体 Y 轴. *mechanical blowpipe* 自动焊(割)炬. *mechanical bolt* 螺钉. *mechanical brains* 人工脑. *mechanical compliance* 力顺. *mechanical damage* 硬伤,机械损伤. *mechanical dictionary* 机器(自动化)词典. *mechanical digger* 挖掘机. *mechanical efficiency* 机械效率. *mechanical elevator* (矿料)升运机. *mechanical equivalent of heat* 热功当量. *mechanical finisher* (混凝土路面)整修机. *mechanical float* 机墁,机动墁板(混凝土路面)墁平机. *mechanical impedance* 力(机械)阻抗. *mechanical jack* 机力千斤顶(起重器). *mechanical loader* 装载机. *mechan-*

ical micromanipulator 微型机械操纵器，微型机械手. mechanical ohm (力阻抗单位)力欧姆. mechanical pilot 自动操纵(驾驶)器. mechanical properties 机械性能，力学性质. mechanical reactance 力抗. mechanical reduction gear 齿轮减速装置. mechanical resistance 力阻，机械阻力. mechanical shovel (单斗)挖土机，机铲. mechanical stoker 机〔自〕动加煤机. mechanical strain 机械应变〔胁变〕. mechanical system 机械方式〔系统〕，力学体系〔系统〕，机工系. mechanical tandem 自动转接〔中继〕. mechanical test(ing) 机械〔力学〕试验. mechanical transport 机动车运输，汽车交通. mechanical working properties 机械加工性能. mechanical wrench 机动扳手. mechanical zero 机工零点，机械零位.

mechan'ically [mi'kænikəli] ad. 用机械的(方法)，机械〔无意识〕地. mechanically actuated (driven)〔机械驱〕动的. mechanically capped steel 机械封顶钢. mechanically clamped tool 机械夹固车刀. mechanically operated 机械操纵的. mechanically propelled 机〔机械推〕动的.

mechanically-minded a. 有机械知识的，懂得机械的.
mechan'icalness n. 机械性，自动.
mechani'cian [mekə'niʃən] n. 技工，机械师，机械技术人员.
mechan'ics [mi'kæniks] n. ①力学，机械〔构〕学 ②机械(部分)，机构，结构 ③例行手续，技术细节或方法，技巧. fluid mechanics 流体力学. fracture mechanics 断裂力学. mechanics of bulk materials handling 散装材料起重运输机械. mechanics of materials 材料力学.
mechanisation = mechanization.
mechanise vt. = mechanize.
mech'anism ['mekənizəm] n. ①机构，机(械结)构，(机械)装置，机械作用，机械学，结构方式，体制 ②机理〔制〕，机械作用(过程) ③历程，进程 ④位〔手〕法. chain-and-ducking dog mechanism 带自动升降爪的链条机构，拖运机，移送机. control mechanism 操纵机构. coupling mechanism 耦合器. crystallization mechanism 结晶机理. drive mechanism 传动(机构，装置). flame mechanism 燃烧进程. fuse mechanism 引信，信管装置，起爆机构. heat-removal mechanism 排热设备. homeostatic mechanism 适应性机能. inorganic reaction mechanism 无机反应历程. launching mechanism 发射设备，发射法. mechanism of combustion 燃烧过程〔原理〕. mechanism of fracture 破坏〔断裂〕机理. mechanism of poisoning (树脂)中毒机理. safety mechanism 安全装置，保安机械装置.
mechanis'mic a. 机构的，机械装置的，机理的.
mech'anist ['mekənist] n. ①机械师，机(械技)工 ②机械(唯物)论者.
mechanis'tic [mekə'nistik] a. 机械(学，论)的. ~ally ad.
mechaniza'tion [mekənai'zeiʃən] n. 机械化. mechanization of equations 方程式的机械编排. system mechanization 全盘(综合，系统)机械化.
mech'anize ['mekənaiz] vt. 使〔实现〕机械化，在…之中〔为…而〕使用机械，用机械装备〔制造〕.
mech'anized ['mekənaizd] a. 机械化的. mechanized accountant 机械计算装置. mechanized data 机器可读数据. mechanized press line 机械化冲压生产线.
mech'anizer n. 进行机械化的人.
mechano- 〔构词成分〕机械.
mechanocaloric a. 热(力)机(械)的，机械致热的，用机械方法使温度产生变化的，功-热的.
mechanoceptor n. 机械感受器.
mechanochem'istry n. 机械化学.
mechano-electronic a. 机械(电子)的.
mechan'ogram n. 机械记录图.
mech'anograph n. 模制品，机械复制品.
mechanog'raphy n. 模制法，机械复制法.
mechanol'ogy n. 机械学(知识，论文).
mechanomor'phic a. 机械作用的，似机械的.
mechanomorpho'sis n. 机械变态.
mechanomotive force 交变机械力的均方根值(单位牛顿).
mechanorecep'tion n. 机械感受.
mechanorecep'tor [mekənəri'septə] n. 反应机械刺激的感觉器官.
mechanostric'tion n. 机械致伸缩，力致伸缩.
mechanother'apy [mekənə'θerəpi] n. 机械〔力学〕疗法.
mechan'otron n. 机械〔力学〕电子传感器.
mech C/O = mechanical checkout 机械校正.
Mechs [meks] = mechanized force 机械化部队.
MECL = Motorola Emitter Coupled Logic 莫托洛拉发射极耦合逻辑(电路).
MECO = main engine cutoff 主发动机停车.
MED = ①medival 中古(时代)的，中世(纪)的 ②median 中间的，中线，中位数 ③medical 医学的，医药的 ④medicine 医药，医学，药剂 ⑤medium 媒介，介质，中间 ⑥microelectronic device 微电子设备 ⑦minimal effective dose 最小有效剂量.
med n. 医生.
med'al ['medl] I n. 徽(助，奖，像，证，纪念)章. II vt. 授予…奖章. ▲the reverse of the medal 问题的另一面. ~lic a.
medal'lion [mi'dæljən] n. (椭)圆形浮雕〔装饰〕，大奖(像，纪念)章.
med'allist n. 奖章获得者.
Medan [me'da:n] n. 棉兰(印度尼西亚城市).
med'dle ['medl] vi. (摸，玩，乱)弄，参与，插手，干预〔预〕(with)，管闲事(in).
med'evac ['medəvæk] n.; v. (用)救伤直升飞机(运送).
medi- 〔构词成分〕中间的.
MEDI = Marine Environment Data and Information Referral System 海洋环境数据和资料查询系统.
me'dia ['midiə] n. medium 的复数.
me'diacy ['mi:diəsi] n. 媒介，中间状态.
me'diad ['mi:diæd] ad. 朝着中线(中平面).
mediaeval = medieval. ~ly ad.
me'dial ['mi:djəl] a. ①中(间，央)的，居〔当〕中的，大

me'dian | me'dium

小适中的.②平均的,普通的. *medial friction*(对向车间间的)交会阻力. *medial language and format* 独音语言和格式,独音语言和主频成份. *medial telescope* 休卜曼[中间补偿]望远镜. ~ly *ad*.
me'dian ['mi:djən] Ⅰ *a*. 中(央,间,等)的,中线的,中(位)数的,中值的. Ⅱ *n*. ①【数】中(心)线,二等分线中点[段],中(位)数,中值②[正]中,中间分隔[分车]带. *median discharge* 中(常)流量. *median energy* 平均能量. *median line* 中线. *median point* 重心,中点. *median size* 中等大小,中等(颗粒)尺寸. *median year* 中常年,平均年.
me'diant ['mi:diənt] *n*. 中间数.
medias (拉丁语) *in medias res* 在正中.
me'diate Ⅰ ['mi:dieit] *v*. ①处于中间,介乎其间(between)②调停[解](between). ③作为引起…的媒介,传递. *mediating agent* 媒[催化]剂.
Ⅱ ['mi:diit] *a*. 中[居]间的,间接的.
me'diately ['mi:diitli] *ad*. 在中间,居中,间接地.
media'tion [midi'eiʃən] *n*. 中间,调停. me'diative *a*.
me'diatize ['mi:diətaiz] *vt*. ①置于中间,调停②合并,并吞,使成为附庸. mediatiza'tion [mi:diətai'zeiʃən] *n*.
me'diator ['mi:dieitə] *n*. 介体,媒[催化]剂,媒质. ~ial *a*.
med'ic ['medik] Ⅰ *n*. 医生,医务工作者. Ⅱ *a*. 医学[药,疗]的.
med'icable ['medikəbl] *a*. 可医治的,能医好的.
med'ical ['medikəl] Ⅰ *a*. ①医学(上,用)的,医疗[务,药]的,卫生的②内科的③开业医生的.薄玻璃小瓶,小玻璃瓶. *medical certificate* 健康证明书,诊断书. *medical examination* 体格检查. *medical history* 病历. *medical inspection* 健康诊断,检疫. *medical ionization* 电疗电离. *medical treatment*(内科)医疗. ▲*under medical treatment* 在治[医]疗中的.
med'ically ['medikəli] *ad*. 医学[药,务]上,卫生上,用医药.
medic'ament [me'dikəmənt] *n*. 医药[治],药(剂,物). ~ous *a*.
med'icate ['medikeit] *vt*. 用药物治,加入药品.
med'icated ['medikeitid] *a*. 加有药品的,含药的,药(用)的. *medicated soap* 药皂.
medica'tion [medi'keiʃən] *n*. 药物(治疗),加入药品,药剂.
med'icative ['medikeitiv] *a*. 治疗的,有药效的,加有药品的.
med'ichair *n*. (电子传感)医疗器.
medic'inable [me'dis(i)nəbl] *a*. 医药的,医治的,保健的.
medic'inal [me'disinl] Ⅰ *a*. 医药的,药用的,医[治]疗的,有疗效的,有益健康的. *medicinal herbs*(中)草药. *medicinal spring*药泉. Ⅱ *n*. 药物[品].
medicinal-absorbent *n*. 医用吸收品,脱脂棉.
medic'inally *ad*. 作为医药,用药物,由于药效.
med'icine ['medsin] Ⅰ *n*. ①医学(上),内科学②药(剂),内服药. Ⅱ *vt*. 给药吃,使服药. *atomic* [nuclear, radiation, radiological] *medicine* 医疗辐射学. *medicine dropper* 滴药管. ▲*take medicine* (s)服药.
medicine-chest *n*. 药箱[柜].
med'ico ['medikou] *n*. 医生.
medico- [构词成分]医学[疗,药]的.
med'ico-athlet'ics ['mediko(u)æθ'letiks] *n*. 医疗体育.
med'icobotan'ical ['mediko(u)bə'tænikəl] *a*. 药用植物学的.
med'icogalvan'ic ['mediko(u)gæl'vænik] *a*. 电疗的.
med'icole'gal ['mediko(u)'li:gəl] *a*. 法医(学)的.
medie'val [medi'i:vəl] *a*. 中古(时代)的,中世纪的(公元1100~1500年).
medie'vally *ad*. 在中世纪,在中古时代.
me'dii *n*. medius 的复数.
medi̇iphysic *n*. 显微斑晶的(斑晶在0.04~0.008mm之间).
medio'cre ['mi:diouka] *a*. 普通的,中等的,平常[凡,庸]的,第二流的,无价值的. medioc'rity [mi:di'ɔkriti] *n*.
mediog'raphy [mi:di'ɔgrəfi] *n*. (一种特别项目的)多种材料表.
mediophyr'ic *a*. 中斑晶的.
Medit = Mediterranean Sea 地中海.
med'itate ['mediteit] *v*. ①企图,考虑,计[策]划 ②沉思,熟虑 (on, upon).
medita'tion [medi'teiʃən] *n*. 沉思,默想,考虑. med'itative *a*.
med'itator *n*. 策划者,沉思者.
mediterra'nean [meditə'reinjən] *a*. 被陆地包围的,离海岸远的. *Mediterranean (Sea)* 地中海.
me'dium ['mi:diəm] Ⅰ (pl. *me'dia* 或 *me'diums*) *n*. ①介质,介体,(存储)媒体,媒介(工具),媒(液,溶)剂,传导体,滚光(存储)介质 ②中间(物),中央 ③适度,平均数(值) ④方法,手段 ⑤(传动)机构,(传动)装置,工具 ⑥培养基 ⑦与号纸 ⑧(media)宣传工具. Ⅱ *a*. 中(央,间)性,位,等,型,级,速)的,中间的,平均的,普通的. *actuating medium* 工作介质,工质(如蒸汽,水等). *binding medium* 粘(结)合剂. *circulating medium* 通货,流通的媒介. *compressible medium* 可压缩介质(流体). *cooling medium* 冷却剂,冷却介质. *culture medium* 培养基. *dispersion (dispersing) medium* 弥(分)散剂. *fluid medium* 流质(体). *hydraulic medium* (液压系统的)工作液体. *magnetic recording medium* 磁性载声体. *medium access memory* 中速存取存储器. *medium (carbon) steel* 中碳[硬]钢. *medium closeup* 半身(特写镜头). *medium frequency* 中频. *medium hardening* 中速硬化(的). *medium long shot* 半身[中远景]镜头. *medium NOR* 中间"非"电路. *medium of circulation* 通货,流通的媒介. *medium range* 中(近)程. *medium scale integration* 中规模集成电路. *medium section* 中型(材). *medium short wave* 中短波. *medium shot* (电视,电影)中景. *medium structure* 中粒结构. *medium sweep* 中速扫描. *medium tar* 中质柏油,中质焦油沥青,中质落. *medium tempering* 中温回火. *medium tone* 半[中间]色调,半音度. *moving*

gaseous medium 气流. *output medium* 数据输出装置. *scintillating medium* 闪烁物〔体〕. ▲ *by* 〔*through*〕*the medium of* M 以 M 为媒介,通过 M. *in the medium* 平均来说.

medium-break(ing) *a*.；*n*. 中裂的,中度裂化.
medium-burned *a*. 中温烧成的.
medium-capacity plant 中容量电站.
medium-curing *n*.；*a*. (沥青等的)中凝(的),中级处理(的).
medium-distance aids 中程无线电导航仪.
medium-drying *a*. 中速干燥的.
medium-duty Ⅰ *a*. 中型〔等〕的. Ⅱ *n*. 中批〔中等〕生产.
medium-fast sweep 中速扫描.
medium-frequency waves 中波.
medium-grained *a*. 中(颗)粒的,中级粒度的.
medium-granular *a*. 中颗粒的.
medium-hard *a*. 中硬(度)的.
medium-heavy lathe 中型车床.
medium-high frequency waves 中短波.
medium-lived *a*. 中等耐久(寿命)的.
medium-persistance phosphor 中等余辉的磷光体.
medium-pointed *a*. 中度削凿加工的.
medium-power objective 中等倍数物镜.
medium-pressure *a*. 中(等)压(力)的.
medium-range *a*. 中(近)程的.
medium-scale *a*. 中比例尺的,中型的,中等规模的.
medium-setting *a*. 中凝的,中凝的.
medium-size(d) *a*. 中型的,中号的,中等尺寸〔大小〕的,中颗粒的.
medium-slaking *a*. 中消(化)的.
medium-soft *a*. 中(半)软的.
medium-term *a*. 中期〔中项〕的.
medium-type *a*. 中型的.
medium-weight *a*. 中重的.
medium-width steel strip 中等宽度带钢.
me′dius (*pl. medii*) Ⅰ *n*. 中指,手的第三指. Ⅱ *a*. 中间的,正中的.
medjidite 菱铀钙石.
med′ley ['medli] Ⅰ *n*.；*a*. 混合(的,物),混杂(的),杂拌物,杂录,集锦. Ⅱ *vt*. 使成杂乱一堆,使混杂.
med. s. = medium steel 中碳钢,中硬钢.
medul′la [me'dʌlə] *n*. 骨(中)髓,髓质.
meed [mi:d] *n*. 报酬,奖赏,赞辞,(指ария赞等)应得的一份(of).
meehanite cast iron 或 **meehanite metal** 加制(密烘,变性)铸铁,孕育铸铁(用钙-硅孕育).
meek [mi:k] *a*. 柔和的,温顺的. ~**ly** *ad*. ~**ness** *n*.
meerschalminite *n*. 铝海泡石.
meer′schaum ['mɪəʃəm] *n*. 海泡石.
meet [mi:t] Ⅰ (*met, met*) *v*. ①遇(会,碰)见,(与…)相遇〔交,会,合〕,迎接,遭遇,(与…)会合〔接触,相交叉〕,交切〔集〕,交切点,会聚(in),集合 ②符合〔适〕合,满足 ③对(应)付,对抗. *meet a* 〔*the*〕 *condition* 满足〔具备〕条件. *meet a criterion* 符合〔满足,达到〕标准. *meet an objective* 达到目的. *meet particular circumstances* 对付具体的情况. *meet the cost of* 付出…的代价. *meet the necessity* 符合,适合. *meet the problem* 解决问题. *meet the requirements* 符合〔满足〕要求. *meet the specification* 合乎规格〔规范〕. ▲*be met by* 遇着. *meet in* 会聚〔会交〕于,兼备,共有. *meet the case* 适合,合用,符合〔满足〕所提出的要求. *meet the need*(*s*) *for* 满足对…的需要. *meet the needs of* 满足…的需要. *meet together* 集〔会〕合. *meet up with* 追〔赶〕上,遇着,碰见. *meet with* 碰(撞)见,遭〔遇〕到,经(遭,承)受,经历,获得. *meet with stresses* 承受应力.
Ⅱ *n*. 会〔集〕合,交(切)点,交线,开〔集〕会,【计】"与".
Ⅲ *a*. 对的,适合〔适当〕的(for, to +*inf*.), to be 十过去分词.

meet-homomorphism 保交同态.
meet′ing ['mi:tiŋ] *n*. ①会(议),集会 ②会〔集,接〕合,连接〔交叉,汇合,合流〕点. *general meeting* 大会. *meeting engagement* 遭遇战. *meeting point* 交(汇,切)点. *ordinary meeting* 例会. ▲*break up a meeting* 解散会议. *call a meeting* 召集一次会议. *chair a meeting* 主持开会. *dissolve a meeting* 解散会议. *hold a meeting* 开会. *set up a meeting* 安排一个会. *speak in meeting* 发表意见.
meeting-house *n*. 会〔教〕堂.
meeting-place *n*. 会场,合流点,集会地点.
meet′ly *ad*. 适当〔适宜,恰当〕地.
meet′ness *n*. 适当,适宜,恰当.
meg. = megohm 兆欧.
meg. *n*. 小型绝缘线试验器.
meg(a-) [词头]兆,百万, 10^6, 大,强.
mega *n*. ①兆,百万, 10^6 ②大. *mega bar* 兆巴. *mega electron volt* 兆电子伏特. *mega watt* 兆瓦(特).
megabacte′rium *n*. 巨型细胞〔细菌〕.
meg′abar *n*. 兆巴.
megabasite *n*. 黑钨矿.
meg′abit *n*. 兆〔百万〕位,兆〔百万〕比特,百万二进制数字.
megabromite *n*. 氯溴银矿.
meg′abus *n*.【计】兆位总线.
meg′abyte *n*. 兆字节.
meg′a-corpora′tion *n*. 特大企业.
megacu′rie [megə'kjuəri] *n*. 兆〔百万〕居里.
meg′acycle ['megəsaikl] *n*. 兆周,兆赫,百万周. *megacycles per second* 兆赫,每秒兆周.
meg′adeath *n*. 一百万人死亡(原子战争的死亡单位).
meg′adyne ['megədain] *n*. 兆达(因).
mega-electron-volt *n*. 兆〔百万〕电子伏(特), Mev, 10^6 eV.
meg′aerg ['megəə:g] *n*. 兆尔格.
megafar′ad ['megəfæræd] *n*. 兆法(拉).
meg′afog ['megəfɔg] *n*. 警雾(信号)扩音器,雾信号器.
meg′agauss *n*. 兆高斯.
meg′ahertz *n*. 兆赫(兹),兆周/秒.
meg′ajet *n*. 特大喷气客机.
meg′ajoule *n*. 兆〔百万〕焦耳.
meg′aline *n*. 兆力线(磁通单位), 10^6 麦.
meg′alith ['megəliθ] *n*. (建筑和纪念碑等用的)巨石.
megalith′ic [megə'liθik] *a*. 巨石的. *megalithic age* 巨石器时代.

megal(o)- 〔构词成分〕特大.
meg'alograph n. 显微图形放大装置.
megalokaryocyte n. 巨核细胞.
megalophage n. 巨噬细胞.
megalop'olis [megə'lɔpəlis] n. 大城市,大型工业城镇.
megalopsy n. 视物显大症.
megaloscope n. 放大镜,显微幻灯.
megamega n. 兆兆,百万兆.
megameter n. ①高阻[兆欧,迈格]表,摇表 ②大公里 (=1000km).
megam'pere [meg'æmpɛə] n. 兆[百万]安(培).
meganthophyllite n. 镁直闪石.
megapar'sec [megə'pɑ:sek] n. 百万秒差距,3×10^6 光年,三兆[三百万]光年.
Megaperm n. 梅格珀姆镍锰铁高导磁率合金(镍65%,铁25%,锰10%).
megaphenocryst n. 大斑晶.
meg'aphone ['megəfoun] Ⅰ n. 扩音器,喊话器,喇叭筒. Ⅱ v. 用扩音器[喇叭筒]讲.
megapho'nia [megə'founiə] n. 扩音,声音响亮.
megaphonic a. 扩音器的.
megaphyric a. 大斑晶状(的).
megapoise n. 兆[百万]泊(粘滞度单位).
megapulse laser 兆瓦脉冲激光器.
Megapyr n. 梅格派洛铬铁铝铬电阻丝合金.
megarad n. 兆拉德.
megaroentgen n. 兆伦琴.
megarutherford n. 兆卢(瑟辐).
meg'ascope ['megəskoup] n. ①粗视显微镜 ②扩大照相机,显微幻灯.
megascop'ic [megə'skɔpik] a. ①宏[巨]观的,粗大的(放大)的,粗视的,借助低倍扩大镜可见的 ②肉眼可见[识别]的 ③显像照相的. ~ally ad.
meg'aseism n. 伟震,剧烈地震. ~ic a.
megaspher'ic a. 显球型的.
megasprinter station n. (设想中高300层,宽1~2英里的)特级大厦.
meg'asweep n. 摇频振荡器.
megatecton'ic a. 巨型构造的.
megatem'perature n. 高温.
megathermal climate 热带雨林气候.
meg'aton ['megətʌn] n. ①兆[百万]吨 ②百万吨级(核弹爆炸力的计算单位,当量为一百万吨TNT炸药). ~ic a.
meg'aton'nage ['megə'tʌnidʒ] n. 百万吨级(爆炸力).
meg'atron ['megətrɔn] n. 塔形(电子)管.
mega-undation n. 巨陆地或海底大面积上升或下降运动.
meg'avar n. 兆乏,Mvar(电抗功率单位).
megaver'sity n. (学生数以万计的)超级大学.
meg'avolt ['megəvoult] n. 兆[百万]伏(特).
megavoltage n. =megavolt.
megavolt-ampere n. 兆伏安.
meg'awatt ['megəwɔt] n. 千兆瓦,兆[百万]瓦(特),MW. *megawatt early warning station* 兆瓦级远程警报站.
megawatt-hour n. 千千瓦小时,百万瓦时,千度.
megc =megacycles 兆周.
megerg n. 兆尔格.
meg'ger ['megə] n. ①高阻[兆欧,迈格]表,兆欧

[测高阻]计,绝缘试验器 ②制片厂监督. *bridge megger* 桥式高阻[迈格]表.
Meggers lamp 高频电源水银灯,梅格斯灯.
mego =megohm.
meg'ohm ['megoum] n. 兆[百万]欧(姆),MΩ. *megohm bridge* 高阻[兆欧]电桥.
megohmite ['megoumait] n. =megomit.
meg'ohmmeter ['megoumi:tə] n. 兆欧[高阻,迈格]表.
megomit(e) n. 整流子云母片,绝缘物质.
megs = ①megasecond 兆秒 ②megacycles 兆周,兆周波.
megt =megaton 兆吨(核爆炸相当于百万吨烈性炸药).
megv = million volts 百万伏特.
megw = megawatt 兆瓦特.
megwh = megawatt-hour 兆瓦特-小时.
mehp = mean effective horsepower 平均有效马力(功率).
MEI = ①manual of engineering instructions 技术细则手册 ②Metals Engineering Institute 金属工程研究院.
meio- 〔词头〕小的.
meiobar ['maiəbɑ:] n. 【气】低(气)压区,低压等值线,低气压的所在地,小于1000毫巴的等压线.
meio'sis [mai'ousis] n. 减少,减数(成熟)分裂.
meiot'ic a. 减数分裂的.
Meissner method 迈斯纳(无线电操纵)法.
meizosei'smal 或 **meizosei'smic** a. (地震)最强震度[力]的. *meizoseismal area* 强[极]震区.
mejatron n. 特殊观察用扁形显像管.
MEK = methyl ethyl ketone 甲基乙基酮;丁酮.
mekapion n. 电流计.
mekom'eter [mi:'kɔmitə] n. 光学(精密)测距仪,晶体调制光束精密测距仪,(枪炮的,携带用)测距器.
Mekong ['mei'kɔŋ] n. 湄公河(中南半岛).
mekydro n. 液压齿轮.
MEL = ①many-element LASER 多元激光 ②master equipment list 主要设备清单.
mel [mel] n. ①唛(声)(音调单位) ②蜂蜜.
MELabs = Microwave Engineering Labs 微波工程实验室.
melaconite n. 土黑铜矿.
mel'amine ['meləmi(:)n] n. 蜜胺,三聚氰(酰)胺.
melaminoplast n. 蜜胺(三聚氰胺)塑料.
melan- 〔构词成分〕黑,黑素.
mel'ancholy ['melənkəli] n.;a. 忧郁症(的),使人抑郁的.
Melane'sia [melə'ni:ziə] n. 美拉尼西亚群岛.
Melane'sian [melə'ni:ziən] n.;a. 美拉尼西亚(人)的,美拉尼西亚人.
mélange [mei'lɑ:nʒ] (法语) n. 混合物,混杂(沉积层),杂记(集).
mel'anin ['melənin] n. 黑(色)素.
melanocrate n. 暗色岩.
melanocrat'ic a. 暗色岩的.
melanoidin n. 类黑精.
melanotype n. 铁板照相.
melatopes n. 光轴影.
Melbourne ['melbən] n. 墨尔本(澳大利亚港口).
meld [meld] v. =merge.

meldometer n. (测熔点用)高温温度计,熔点测定计.
mêlée ['melei] 〔法语〕n. 混战,混乱一堆,激烈的论战.
MELI = master equipment list index 主要设备清单索引.
melilite n. 黄长石.
mel'inite ['melinait] n. 麦宁炸药,苦味酸.
me'liorate ['mi:liəreit] v. 改正(良,进,善),修正. **meliora'tion** [mi:liə'reiʃən] n. **me'liorative** a.
melior'ity [mi:li'ɔriti] n. 改正(良,善),进步,卓越,优越性.
meliphane 或 **meliphanite** n. 密黄长石.
mellif'erous ['melifərəs] a. (生,做)蜜的,甜的.
mellite n. 蜜蜡石.
mellitic acid n. 苯六(羧)酸.
mel'low ['melou] I. a. ①柔软的,松(软,散)的 ②柔和的(光,色),圆润的(音) ③淡的. II. v. (变)成熟,变软. *mellow soil* 松软土壤,松透性土. ~ly ad. ~ness n.
mel'lowy a. =mellow.
melmac n. 密胺树脂,三聚氰胺树脂.
melochord n. 谐合音调,谐奏器,谐奏合唱.
melocol n. 脲-甲醛,三聚氰胺-甲醛树脂粘合剂.
melo'deon [mi'loudiən] n. ①簧(小)风琴,一种手风琴 ②侦察接收机.
melod'ic [mi'lɔdik] a. 旋律的,调子[音调]优美的. ~ally ad.
melo'dion n. =melodeon.
melo'dious [mi'loudjəs] a. (有)旋律的,音调优美的,调子好听的. ~ly ad.
melo'dium n. =melodeon.
mel'odrama n. 情节剧,轰动的事件. ~tic a.
mel'ody ['melɔdi] n. 曲(主)调,旋律,乐曲.
mel'ograph n. 音谱自记器.
mel'on ['melən] n. 甜瓜. *watermelon* 西瓜.
mel'onite n. 碲镍矿.
melt [melt] I. (melted, melted 或 molten) v. n. ①熔(化,融,炼,解),溶(解,化),融(解,化) ②熔体[化的](成)物,熔态(熔融的)物质[金属,矿物],熔炼过程 ③软化,变软,(渐渐)消失(散). *acid melt* 酸性熔体. *induction melt* 感应熔化. *melt down analysis* 熔毕分析. *melt down time* 熔毕时间. *melt number* 熔(化)号. *melt run* 熔合线. *melt water structure* 溶水构造. *melted asphalt* 摊铺地沥青(混合料). *melted iron* 铁水. *waste cell melt* (电解槽)废电解液. ▲**melt away** 熔(溶)掉,消失. *melt back* 回熔,反复熔炼(法). *melt down* 熔化(毕,尽,掉),销毁. *melt into* (溶)入,熔(溶)到,熔(溶)成,化为,消散于. *melt into air* 消失. *melt into distance* 消逝,消失在远方. *melt up* 熔化(毕,尽,掉),销毁.
meltabil'ity [meltə'biliti] n. 可熔性,熔度.
melt'able a. 可熔(化)的,易熔的.
melt'ableness n. 可熔性,熔度.
melt'age ['meltidʒ] n. 熔融量,熔融物.
melt-back n. 反复熔炼(法),回熔.
melt'down n. 熔化,熔毕(尽,掉),销毁. *reactor meltdown* 堆内(释热元件的)熔化.
melteigite n. 霞霓钠辉岩.

melt'er ['meltə] n. ①炉工,熔炼工 ②熔炉,熔化器. *babbit melter* 熔巴氏合金炉. *melter products* (有色)半成品.
melt-grown a. 熔(化)态长成的.
melt-growth n. 熔融法生长.
melt'ing ['meltiŋ] I. n. 熔(化,解,炼,融),溶(化,解),熔融法. II. a. 熔(溶)化的. *delayedheat melting* 余热熔化. *flash melting* (薄钢板锡镀层的)软熔发亮处理. *melting conditions* 熔化情况[条件],炉气. *melting heat* 熔解热[力]. *melting loss* 烧损,火耗,熔火损失,熔炼损耗. *melting point* 熔点,熔化温度. *melting range* 熔化区域. *melting ratio* (冲天炉,高炉)焦铁比,熔化金属与材料之比. *zone melting* 区域熔炼(溶化法,精炼法). ▲**melting in** 滑动轴承紧配跑合.
melting-down n. 熔化(毕,掉). *melting-down power* 熔化能力.
meltingly ad. 融[溶]化.
melting-point n. 熔点,熔化温度.
melting-pot n. (金属,熔化)坩埚,熔炉[钢]. *go into the melting-pot* 被革新,接受改造. *put* [*cast*] *into the melting-pot* 加以重作,改造.
melt-off n. 熔耗的.
melt-pulling n. 熔体拉制(伸).
melt-quench transistor n. (回熔区)骤冷晶体管.
melt'shop n. 熔炼车间.
melt-stoichiometry n. 熔体计量.
melt'water n. (冰雪的)融(溶)水,融融液.
mem = ①materials engineering manual 材料工程手册 ②member 构[元]件,元,项,节,段,成(会)员 ③memento 回忆录,警钟 ④memoir 报告,论文(集),纪要,回忆录 ⑤memorandum 备忘录,便条 ⑥memorial 纪念物[品],备忘录.
MEMA = microelectronic modular assembly 微电子学微型组件装置.
MEMB = membrane 膜片.
mem'ber ['membə] n. ①(组成)部分,构[部,机,零,元,焊,杆]件,结构要素,杆,条,板,器 ②一员,一份子,成(会)员 ③【数】元,项,边[项,子,端],端①边 ④【化】节,链(环)节,接缝,小(分)层,段,(环)中的原子数. *brake beam tension member* 闸梁受拉条. *compression member* 抗压件,受压构件. *controlled member* 调节(操纵,控制)对象. *correcting member* 调节[调整]部件. *cross member* 横梁[板,桁,臂,线,件],线担. *die member* 压模零[构]件. *draft-responsible member* 牵引力传感器. *first member* 【数】左端(边). *frame member* 构件. *front cross member* 前横挡. *grip member* (机械手的)抓手. *guide member* 导引构件,发射导轨. *mating member* 配合件. *member aggregate* 元结合. *member in bending* 受弯构件. *member in compression* 受压抗(构)件,压杆. *member of an equation* 方程式的项. *torque summing member* 转矩相加器. *transverse member* (起重机的)挺(吊)杆,横梁(件,臂). *unstrained member* 不受荷元件,(构架的)不受力杆. *vertical member of strutted pole* 支撑杆垂直部分. ▲

member by member 逐项.

mem'bered a. 有肢的, …节的, 有会员的. *four-membered rings* 四节的环.

mem'bership ['membəʃip] n. ①会员资格, 会〔党, 团〕籍 ②全体会员〔成员〕③会员〔成员〕数.

membra ['membrə] 〔拉丁语〕*disjecta membra* 断〔碎〕片, 碎屑.

membrana'ceous 或 **mem'branate** =membranous.

mem'brane ['membrein] n. ①(薄,隔)膜, 膜片〔状物〕, 隔板, 防渗扪面 ②振动片 ③光圈 ④表层 ⑤羊皮纸. *membrane analogy* 薄膜模拟. *membrane curing* 薄膜养护. *membrane equation* 薄膜方程. *membrane equilibrium* 膜渗平衡. *membrane process* (离子交换)膜法. *membrane pump* 薄膜泵. *membrane theory* 薄膜比拟理论. *membrane wall* 膜式水冷壁. *porous membrane* 多孔膜.

membrane-curing a. 薄膜养护的. *membrane-curing compound* 薄膜养护剂, 薄膜养护化合物.

membranelle n. 微膜.

membra'neous [mem'breiniəs] 或 **membra'niform** =membranous.

membranin n. 膜素.

membranogen n. 膜素.

membra'nous [mem'breinəs] a. 薄膜的, 膜(状,质)的.

mem'bron n. 功能膜子.

memen'to [me'mentou] (pl. *memen'to(e)s*) n. 纪念品, 警钟, 备忘手册, 提醒人注意的东西.

mem'istor n. 电解存储器, 人工记忆神经元, 记忆神经元模型, 存储器电阻.

mem'nescope n. 瞬变〔储存管式〕示波器.

mem'o ['memou] n. 笔记, 记录, 备忘, 便条〔笺〕, 摘要, 章程. *exchange memo* 兑换水单. *weight memo* 重量单.

Mem'ocon ['meməkɔn] n. 电子计算机的一种形式.

mem'oir ['memwɑ:] n. ①(学术)报告, 论文, (pl.)(学术)论文集, (学会)纪要 ②言行录, 传记〔略〕, (pl.)回忆录, 自传.

mémoire [me'mwɑ:] 〔法语〕 n. 备忘录, 节略.

memomo'tion n. ①时间比例标度变化 ②控制〔慢速〕摄影.

memorabil'ia [memərə'biliə] n. (pl.)值得记忆的事情, 应记录下来的东西, 大事(记).

memorabil'ity [memərə'biliti] n. 应记住的事情, 重大, 著名, 显著.

mem'orable ['memərəbl] a. 难忘的, 值得纪念的, 重大的, 显著的, 著名的. ~**ness** n. **mem'orably** ad.

memoran'da [memə'rændə] n. *memorandum* 的复数.

memoran'dum [memə'rændəm] (pl. *memoran'da* 或 *memoran'dums*) n. ①备忘录, 笔记本 ②(外交)便条〔笺〕, 摘要. *memorandum and articles of association* 条例及组织章程, 公司组织章程. *memorandum of an association* 公司章程. ▲ *make a memorandum of* 记录(以免遗忘).

memorandum-book n. 备忘录.

memo'rial [me'mɔ:riəl] I n. ①纪念物〔品, 碑, 馆, 仪式, 日〕 ②(pl.)历史记录, 编年史 ③备忘录, 请愿〔抗议〕书. I a. 纪念的, 记忆的, 追悼的. *a memorial meeting* 追悼会. *a memorial to the martyrs* 烈士纪念碑.

memo'rialize [mi'mɔ:riəlaiz] 或 **memo'rialise** vt. ①向…递交请愿〔抗议〕书 ②纪念.

memoric instruction 记忆指令.

memorisation = memorization.

memorise = memorize.

memoriser = memorizer.

memor'iter [mi'mɔritə] ad. 凭记忆, 谙记.

memoriza'tion n. 记忆, 记录, 存储.

mem'orize ['meməraiz] vt. ①记住〔忆, 录〕, 熟〔默〕记, 背 ②【计】存储(器, 元件). (信号)积累器.

mem'orizer ['meməraizə] n. 存储器.

mem'ory ['meməri] n. ①记忆(力), 纪念(品), 记录, 回忆 ②存储(器, 元件, 量), 记忆装置〔系统〕, (信息)积累器. *cryoelectronic memory* 极低温记忆装置. *file memory* 文件存储. *magnetic memory* 磁存储器, 磁性存储元件. *memory access* 存取器. *memory block* 存储区〔块, 组件〕. *memory cache* 存储器的超高速缓存. *memory capacity* 存储(记忆)(容)量. *memory dump* 信息转储, 存储器清除(打印). *memory effect* 记忆〔存储〕效应, 惯性. *memory exchange* 存储互换(装置), 存储交换. *memory hierarchy* 分级存储器系统. *memory in metal* 金属存储器. *memory plate* 存储器板, 磁心板. *memory print-out* 存储信息转储. *memory scope* (synchroscope)存储式〔长余辉〕同步示波器. *memory space* 存储空间, 存储量. *memory transfer* (存储内容)转储. *rapid access memory* 快速存取存储器. *read only memory* 只读存储器. *scratch pad memory* 高速暂存存储器, 便笺式存储. ▲ *bear* 〔*have, keep*〕*in memory* 记着, 没有忘记. *beyond the memory of man* 〔*men*〕在人类有史以前. *come to one's memory* 想起, 忆及. *commit M to memory* 记住 M, 把 M 记在心上. *from memory* 凭记忆. *have no memory of* 完全忘记. *in memory of M* 为纪念 M. *In memory of Norman Bethune* 纪念白求恩. *to the best of my memory* 就我记忆所及. *to the memory of M* 为纪念 M. *within living memory* 现在还被人牢记着, 还被今人所记忆. *within the memory of man* 〔*men*〕在人类有史以来.

memory-allocation overlays 存储器分配重复占位区.

memory-cycle n. 存储〔存取〕周期.

memoryless channel 无记忆〔无存储〕信道.

memory-map list 存储器安排(内容)表.

memory-reference instruction 访问存储器指令.

memory-scope n. 存储式〔长余辉〕同步示波器.

mem'orytron n. (阴极射线式)存储器, 记忆管.

mem'oscope n. 存储〔记忆〕管式示波器.

mem'otron n. (阴极射线式)存储器, 记忆管.

men [men] n. *man* 的复数.

men'ace ['menəs] v.; n. 威胁, 恐吓, (使有…)危险. ▲*be menaced by* 〔*with*〕*M* 有 M 的危险, 受到 M 的威胁. *menace to M* 对 M 的威胁. *menace* (*M*) *with N* (使 M)受到 N 的威胁.

men'acing a. 威胁(性)的. ~**ly** ad.

menadi′one [menə′daioun] n. (2-)甲(基)萘醌,维生素 K₃.

menaquinone n. 甲基萘醌类,维生素 K₂ 类.

mend [mend] I v. ①修(理,补),加强 ②修〔改,纠,订,校〕正 ③改良〔善〕,恢复,复原 ④加快. mend fuses [a fuse] with M 用 M 换作保险丝. mend the fire 在火里加煤炭,加添燃料. mend the mould 补〔修〕型. ▲mend up 修补. mending up (of the moulding) 修补铸型.
II n. ①修理〔补〕(的部分) ②改善,改正,好转,恢复. ▲be on the mend 在好转〔改正中〕.

mend′able [′mendəbl] a. 可修好〔改正〕的.

mendeleeffite n. 钙铌钛铀矿.

Mendeleev's law 门捷列夫定律,周期律.

mendelev′ium [mendə′leviəm] n. 【化】钔 Md.

mendeleyevite 或 mendelyeevite n. 钙铌钛铀矿.

Mende′lian n. 孟德尔学派.

Men′delism n. 孟德尔遗传学说.

men′der [′mendə] n. 修理工〔者〕,修补〔改正,修正〕者, (pl.) 报废〔成品〕板材,有缺陷的电镀制品. road mender 修路工.

men′dery n. 修理店.

M. Eng. = ①Master of Engineering 工程硕士 ② mechanical engineer 机械工程师.

M-ENG = multi-engined 多发动机的.

menin′ges n. 脑(脊)膜.

meningi′tis n. 脑膜炎.

menis′ci [mi′nisai] n. meniscus 的复数.

menis′coid [mi′niskɔid] a. 弯月〔弯液〕面的,新月面的,凹凸透镜的.

menis′cus [mi′niskəs] (pl. menis′ci 或 menis′cuses) n. ①新月,新月形物 ②(汞柱的)弯液〔凹月〕面,弯〔新〕月形(零件),半月〔月牙〕板 ③凹凸(弯月面)透镜. meniscus lens 凹凸〔弯月形〕透镜. positive meniscus 正液面.

menotax′is n. 不全定向.

men′sal [′mensəl] a. 每月的.

men′strua [′menstruə] n. menstruum 的复数.

men′strual [′menstruəl] a. 每月(一次)的.

men′struum [′menstruəm] (pl. men′strua) n. 溶(药)剂,溶媒.

men′sual [′mensjuəl] a. 按(每)月的.

mensurabil′ity [mensjurə′biliti] n. 可测性.

men′surable [′menʃurəbl] a. 可度量〔测量〕的,有固定范围的.

men′sural [′menʃurəl] a. 关于度量的.

mensura′tion [mensjuə′reiʃən] n. 测量(法,术),测定(法),度度,求积法,量法.

men′tal [′mentl] a. ①精神(病)的,智[脑力]的,心理的 ②记忆的,思维[想]的,默的. mental arithmetic 心算. mental home [hospital] 精神病院. mental strain 精神紧张. mental test 智力〔心理〕测验. mental work [labour] 脑力劳动. ▲make a mental note of 记住.

mental′ity [men′tæliti] n. 智[脑力]力,心理(状态),精神作用,情绪.

men′tally [′mentəli] ad. 智力〔心理〕地,心算地,在心里,精神上.

men′thol [′menθol] n. 薄荷醇〔脑〕,薄荷. menthol crystal 薄荷脑.

men′tion [′menʃən] vt. ; n. 叙述,说〔讲,提,写〕到,记载. mention a few atoms 举几种原子. Don't mention it. (答复别人道谢时用语)不用客气,不用谢. ▲above [before] mentioned 上述的. as mentioned above [before] 如上〔前〕所述. make mention of 提及,讲述. not to mention 不用说,且不提,更不必说. not worth mentioning 不值得一提. to mention a few 且举几种〔几个〕. unless otherwise mentioned 除非另作说明. without mentioning 不用说,更不必说. worth mentioning 值得一说〔一提〕.

men′tor [′mentɔ:] n. 顾问,指导者,师傅,教练.

men′u [′menju:] n. 菜单,饭菜,餐.

MEO = ①maintenance engineering order 保养工程规则 ②major engine overhaul 发动机总检修〔大修〕.

MEQ = milligramequivalent 毫克当量.

MEP = ①manuals of engineering practice 工程实践手册 ②mean effective pressure 平均有效压力 ③mean probable error 平均概差 ④motor end plate 发动机端板.

mephit′ic(al) [me′fitik(əl)] a. 有毒气〔恶臭〕的. mephitic air 碳酸气.

mephi′tis [me′faitis] 毒气,恶臭.

ME Phy = master of engineering physics 工程物理硕士.

meq = milligramequivalent 毫(克)当量.

mer n. = monomeric unit 链节,基体. mer weight 基体量.

mer = ①meridian 子午圈〔线〕,顶点,正午 ②meridional 子午线的,最高的,南欧的,南方的.

mer- [词头] 海洋.

MERA = ①micro electronic radar array 微电子学雷达相控阵 ②molecular electronics for radar applications 分子电子学在雷达中的应用.

Meral n. 米拉尔含铜铝镍合金.

merbro′min [mə:′broumin] n. 汞溴红,红药水.

Mercalli scale 默加利地震烈度表.

mer′cantile [′mə:kəntail] a. 商(人,用,业)的,贸易的. mercantile firm 商店. mercantile marine (一个国家的)商船(总称).

mercaptan n. 硫醇.

mercast n. 冰冻水银法,水银模铸造.

Mercator chart 麦卡托航用图.

mer′cenary [′mə:sinəri] I a. 唯利是图的,雇佣的. II n. 雇佣兵.

merceriza′tion 或 mercerisa′tion [mə:sərai′zeiʃən] n. ①丝光处理〔作用〕②碱化,浸碱作用.

mer′cerize [′mə:səraiz] vt. ①丝光处理 ②碱化. mercerized cotton 府绸,丝光棉布.

mer′cery [′mə:səri] n. 布(绸缎)类,布(绸缎)店.

mer′chandise [′mə:tʃəndaiz] I n. ①商品,货物 ②商业. II v. 交易,做买卖(生意).

mer′chant [′mə:tʃənt] I n. ①商人,批发商,(国际)贸易商 ②…狂. II a. 商(人,业)的. merchant bar 小型型钢. merchant bar iron 商品条钢. merchant captain (商船)船长. merchant copper 商品铜. merchant fleet 商船队. merchant furnace 工

厂熔炼炉. *merchant iron* (商品) 条钢, 商品型钢. *merchant marine* (一个国家的) 商船(船员). *merchant mill* 条钢轧机. *merchant rate* 商业汇价. *merchant seaman* (商船) 的船员. *merchant service* 海运, 海上贸易, 商船. *merchant ship* 〔vessel〕商船. *merchant steel* 商品(条)钢. *merchant wire* 钢丝制品. *speed merchant* 好开快车的人.

mer′chantable [ˈməːtʃəntəbl] *a.* 有销路的, (可作)商品的.

merchant-bar mill 条钢轧机.

mer′chantman [ˈməːtʃəntmən] *n.* 商船.

mer′chrome *n.* 异色异构结晶.

mer′chromize *vt.* 表面硬化.

Merco bronze 默科青铜 (铜88%, 锡10%, 铅2%).

mer′coid [ˈməːkɔid] *n.* 水银(转换)开关.

Mercoloy *n.* 铜镍锌耐蚀合金 (铜60%, 镍25%, 锌10%, 铁2%, 铅2%, 锡1%).

mercomat′ic *n.* 前进一级后退一级(汽车用)变速机.

mer′curate [ˈməːkjureit] I *vt.* 使与汞(水银, 汞盐)化合,汞化,用汞处理. II *n.* 汞化产物.

mercura′tion *n.* 加汞(汞化)作用.

mercu′rial [məːˈkjuəriəl] I *a.* ①(含,似)水银的, (含)汞的 ②活泼的, 灵活的, 易变的 ③Mercurial 水星的. II *n.* 汞(制)剂. *mercurial barometer* 水银气压计. *mercurial gauge* 水银压力计. *mercurial poisoning* 水银中毒. *mercurial thermometer* 水银温度计.

mercu′rialism *n.* 水银中毒,汞中毒,汞毒症.

mercurial′ity [məːkjuəriˈæliti] *n.* 活泼,灵活,易变.

mercu′rialize [məːˈkjuəriəlaiz] *vt.* ①用水银处理, 使受水银作用 ②使活泼 ③改变水银疗法, 使服泻剂. *mercurializa′tion n.*

mercu′rially *ad.* 用水银(剂)地,活泼(灵活)地.

Mercu′rian [məːˈkjuəriən] *a.* 水星的.

mercu′riate *vt.* 汞化,用汞(水银)处理.

mercu′ric [məːˈkjuərik] *a.* (含)水银的,(正,二价)汞的. *mercuric chloride* 氯化汞,升汞.

mer′curide *n.* 汞化物.

mercurimet′ric *n.* 汞液滴定的.

mercurim′etry *n.* 汞液滴定法.

mercu′rizate I *v.* 汞化, 加汞, 用汞处理. II *n.* 汞化产物.

mer′curize [ˈməːkjuraiz] *v.* 汞化, 加汞, 用汞处理. *mercuriza′tion n.*

mercu′rochrome [məˈkjuərəkroum] *n.* 红(溴)汞, 红药水, 粪素基荧光黄钠盐.

mercurometric surveys 汞量测量.

mer′curous [ˈməːkjurəs] *a.* (含)水银的,(亚,一价)汞的. *mercurous chloride* 一氯化汞, 氯化亚汞, 甘汞.

mer′cury [ˈməːkjuri] *n.* ①汞, 水银 Hg ②水银柱(剂), 温度计 ③Mercury 水星. *argental mercury* 含银汞. *mercury absolute pressure* 水银柱压力. *mercury air-pump* 汞(汽)泵. *mercury blende* 辰砂. *mercury chloride* 氯化汞, 升汞. *mercury column* 水银柱. *mercury connection* 水银联接. (环形) 水银开关. *mercury contact relay* 汞接继电器. *mercury fulminate* 雷(酸)汞, 起爆药. *mercury gauge* 〔manometer〕水银压力计. *mercury thermo-* *stat* 汞控恒温器. *mercury vapo(u)r lamp* 汞汽灯, 水银(蒸汽,荧光)灯, 人工太阳灯. *mercury vapour rectifier* 汞弧整流器. ▲*drain off mercury* 提取〔导出〕水银.

mercury-arc [ˈməːkjuriɑːk] *n.* 汞弧. *mercury-arc lamp* 汞弧灯, 水银(弧光)灯. *mercury-arc rectifier* 汞弧整流器.

mercury-cathode *n.* 汞阴极.

mercury-in-glass thermometer (玻璃)水银温度计, 汞柱玻璃温度计.

mercury-motor meter 水银电动式仪表.

mercury-pool cathode 汞池〔水银槽〕阴极.

mercury-sealed *a.* 汞封(口)的.

mercury-tank rectifier 汞弧(汞槽)整流管(器).

mercury-vapo(u)r [ˈməːkjuriveipə] *a.* 汞汽的, 水银蒸汽的. *mercury-vapor rectifier* 汞弧整流器.

mer′cy [ˈməːsi] *n.* ①怜悯, 宽恕 ②支配, 控制, 幸运. ▲*(be) at the mercy of M* 完全受M支配〔控制〕, 任由M摆布, 在M掌握之中. *be left to the tender mercy* 〔*mercies*〕 *of M* 任由M摆布.

merde [merd] *n.* 〔法语〕排泄物, 污秽.

mere [miə] I *a.* 仅仅的, 只(不过)的. II *n.* 边(境)界, 界线 ②(水)池, 湖, 塘.

mere′ly [ˈmiəli] *ad.* 仅仅, 只, 不过. ▲*not merely … but* (*also*) 不仅…而且.

merge [məːdʒ] *v.* ①消失(逝), 吞(沉)没, 埋入 ②熔(融,合,溶)解 ③汇(组,合)合, 交汇 ④合(混)并, 合流, 吸收, 数据并合, (图像的)并接, 合并程序. *merged transistor logic* 合并(并合)晶体管逻辑. *merging intersection* 汇合交叉口. *merging road* 交汇道路. *merging sort* (归) 并 (种) 类. ▲*merge into* 合并〔归并, 汇合〕成①消失(沉没, 溶解)于…中①溶(融)合到…里. *merge M into N with P* 把M同P合成N, 把M同P并入N.

mergee′ *n.* 合并的一方.

mer′gence [ˈməːdʒəns] *n.* 消失, 沉没, 没入, 吸收, 合并, 结合.

mer′ger [ˈməːdʒə] *n.* ①合(归)并 ②联合组织(企业), 托拉斯. *merger diagram* 状态合并图.

merge-sort *n.* 归并分类.

merid′ian [məˈridiən] I *n.* ①子午线(圈), 经线 ②中天, 正午, 十二点正 ③顶点, 绝顶, 高潮, 全盛时期. II *a.* 子午线(圈)的, 切向的, 正午的, 顶点的, 全盛时期的. *first* 〔*prime*〕 *meridian* 本初子午线. *Greenwich meridian* 格林尼治子午圈. *magnetic meridian* (地)磁子午圈. *meridian altitude* 中天〔子午圈〕高度. *meridian circle* 天文纬度仪, 子午仪. *meridian passage* 中天. *meridian plane* 子午(经)圈面. *meridian spacing* 经差. *meridian stress* 经线应力. *meridian transit* 中天. ▲*be calculated for the meridian of* 适合…的能力〔习惯〕.

merid′ianus (pl. **merid′iani**) *n.* 子午线, 经线.

meridiem 〔拉丁语〕 *n.* 正午. *ante meridiem* [ˈæntimiˈridiəm] 午前.

merid′ional [məˈridiənl] I *a.* ①子午(线, 圈)的, 切向的, 经线的, 最高的 ②南欧(人)的, 法国南部的. II *n.* 南欧人. *meridional circulation* 经向〔经圈〕环流. *meridional image surface* 子午像面.

meridional plane 子午(平)面. meridional (tangential) ray 子午(正切)光线.

merist(o)- 〔词首〕可分的,分生的.

mer'istem ['meristem] n. 分生(分裂)组织.

meris'tic a. 对称(排列)的,裂殖的.

mer'it ['merit] I n. ①优点,长处,优值,特征 ②指标(数),准则,标准 ③灵敏 ④价值,品质 ⑤功劳(绩,勋)⑥(常用 pl.)功过,是非,曲直. figure of merit 质量(系数),性能,值,品质;优良指数,值,品质,灵敏(工作)度. gain-band merit 增益(通)带宽(度)指标. merit factor of an amplifier 放大器的质量因数. merit number (金属的)价值指数. merit rating 考绩,评定功绩. power-band merit 功率(通)带宽(度)指标. radio merit 无线通信优值(国际通信优良尺度). ▲make a merit of 或 take merit to oneself for 把…当做自己的功劳宣传,自夸;…是自己的功劳. on one's own merits 靠实力,带真本. on the merits of the case 按事件的是非曲直.
Ⅱ vt. 值(应)得,有…价值. merit attention 值得注意. merit consideration 值得考虑.

meritocrat'ic [merətə'krætik] a. 高级学者统治阶层的,英才教育的.

merito'rious [meri'tɔ:riəs] a. 有价值的,有功绩(勋)的,可称赞的,相当好的. meritorious deeds 功绩. ~ly ad. ~ness n.

merit-rating n. 考绩.

mer'lon ['mə:lən] n. (城)垛,垛齿.

mero- 〔词头〕(一)部分,局部,缺.

merocrys'talline n. 半晶质(体)的.

merohe'dral [merə'hidrəl] a. (结晶)缺面(体)的. merohedral form 缺面形.

merohedric a. (结晶)缺面(体)的. merohedric form 缺面形.

merohedrism n. (结晶)缺面体,缺面性(像).

merohedry n. 缺面像.

meromor'phic a. 半纯的,有理型的. meromorphic curve 半纯(亚纯,有理型)曲线. meromorphic function 半纯(亚纯,逊地,有理型)函数. meromorphic mapping 映入自同构映射,亚纯映射.

meromor'phism n. 映入自同构.

meron n. 半子.

merosymmet'rical a. (结晶)缺对称(缺面体)的.

merosym'metry n. (结晶)缺对称(缺面体).

merosystemat'ic a. =merosymmetrical.

merot'omize vt. 分成几部分,裂成几块.

merot'omy n. 分成几部分,裂成几块.

merotropism 或 merotropy n. 稳变异构(现象).

mer'rily ['merili] ad. 快乐(愉快,高兴)地.

mer'riness ['merinis] n. 愉快,高兴.

mer'ron n. 质子.

mer'ry ['meri] a. 愉快的,高兴的,有趣的.

merry-dancers n. 北极光.

mer'ry-go-round ['merigəuraund] n. 旋转木马;"走马灯"式感应力钢丝连续张拉设备,故意拖延. a merry-go-round of 一连串的. merry-go-round windmill 转塔式风力发动机.

mer'sion ['mə:ʃən] n. 沉入,浸入.

mer'winite ['mə:winait] n. 镁硅钙石.

mes- 〔词首〕=meso.

mes 〔荷兰语〕electric mes 电手术刀.

MES =methyl ethanesulfonate 乙基磺酸甲酯.

MESA =miniature electrostatic accelerometer 微型静电加速计.

me'sa ['meisə] n. ①台地,高台,台面,方(平面)山 ②台(面)型晶体管. epitaxial mesa 外延生长台面式晶体管. mesa diode 台面型晶体二极管. mesa etch 台面蚀刻(腐蚀). mesa etching 台面蚀刻,台面型晶体管蚀刻法. mesa (type) transistor 台(面)式晶体管.

mesdames [mei'da:m] n. madam 或 madame 的复数.

mesdemoiselles [meidəmwə'zel] n. mademoiselle 的复数.

mesenchym(e) n. 间(光)质.

MESFET = metal-semiconductor field effect transistor 金属-半导体场效应晶体管.

mesh [meʃ] I n. ①网(眼,孔,丘,格,目,丝,络,状物),筛(孔,眼),格(网)②(筛)目,(筛)号(粒度单位),每平方英寸孔眼数 ③槽,孔,座 ④啮(咬)合⑤罗网,圈套,错综复杂. absorption mesh 吸收格. grid mesh 栅(极网孔). mesh analysis 筛(分)析,网孔解析(分析). mesh cathode 网状阴极. mesh circuit 回路,网孔(形)电路,网格(网状)电路. mesh connection 网(状)形结线(连接),网形接法,多角形接线法. mesh coordinate 网络(格)坐标. mesh current 网孔(槽路)电流. mesh electrode 网状电极. mesh (gauge) filter 筛网过滤器. mesh grid 细(编织)网栅. mesh lines 网格线. mesh number 筛(网)号. mesh of cable network 电缆网路分布区. mesh points 网格点. mesh reinforcement 钢筋网,网状钢筋. mesh screen 网筛(孔),筛子. mesh side cutter 啮合(嵌入)侧铣刀. mesh size (of flux)粒度. mesh voltage △(环形)连接法线电压,(多相制)线(间)电压. minus mesh 筛下. plus mesh 筛上. redundant mesh 补充(附加)回路. screen mesh 网筛(孔),筛子网眼. strainer mesh 滤网. wire mesh (金属,钢,塑料)丝网,线网. ▲ be in mesh (齿轮)互相啮合(咬合). go into mesh with 与…啮合(咬合).
Ⅱ v. ①啮(咬)合,钩(搭)住,衔接,紧密配合 ②结网,用网捕. ▲ mesh together 啮(咬)合在一起. mesh with 与…啮(咬)合.

mesh-belt n. 织带.

meshed [meʃt] a. 网(格)状的,有孔的,啮合的. meshed anode 网状阳极.

Meshed [meʃed] n. 迈谢德(伊朗城市).

mesh-generation code 网格制备编号.

mesh'ing ['meʃiŋ] n. 啮(咬)合,钩(搭)住,结网. meshing engagement 啮合. meshing gear 啮合齿轮.

mesh-star connection 三角星形接线法.

mesh'work ['meʃwə:k] n. 网(络,状物,织品),(网)筛.

mesh'y ['meʃi] a. 网状的,多孔的.

me'sial ['mi:ziəl] a. 中(央,间)的,当(正)中的. ~ly

ad.

me′sic ['mi:sik] *a.* 介子的. *mesic atom* 介原子.

mesion′ic *a.* 介(子)离子的.

mesitoyl *n.* 酰.

mesityl 基,2,4,6-三甲苯基,3,5-二甲苯基.

mesit′ylene 或 **mesit′ylol** *n.* ,1,3,5-三甲基苯.

mesityloxy *n.* 基氧,2,4,6-三甲基氧基.

mesne [mi:n] *a.* 中.

meso- 〔词头〕中(央,间,等,位),内消旋,介,新,中等的.

mesochronous *a.* 平均同步的.

mesocli′mate *n.* 局部[地方]气候.

mesocolloid *n.* 介胶体.

mesocrate *n.* 中色岩.

mesocrat′ic *a.* (火成岩等的)中色的.

mesodynam′ics *n.* 介子动力学.

mes′oform ['mesəfɔ:m] *n.* 内消旋式[型].

mesohydry *n.* 氢原子振动构(现象).

mesoiden *n.* 中生代山脉.

mesoion′ic *a.* 中离子的,介(子)离子的.

mesoi′somer *n.* 内消旋异构体.

mesokurtic distribution 常峰态分布.

mesokurto′sis *n.* 常峰态.

mesolimnion *n.* 中间湖沼.

mesolith′ic [mesə'liθik] *a.* 中石器时代的. *mesolithic age* 〔period〕中石器时代.

mesol′ogy [me'sɔlədʒi] *n.* 生态学,环境学.

mes′olyte *n.* 中介电解质.

mes′omer(e) ['mesəmiə] *n.* 内消旋体.

mesomer′ic [mesə'merik] *a.* 内消旋的,中介的. *mesomeric ion* 中介离子. *mesomeric state* 稳〔中介〕态.

mesomeride *n.* 内消旋体.

mesom′erism [mi'sɔmərizəm] *n.* ①中介(现象)②型键[稳变,缓变]异构(现象)③共振[共鸣](现象,状态).

mesometamor′phic *a.* 中介变态的.

mesomor′phic *a.* 介晶的;中间形态的. *mesomorphic state* 介晶态,液晶状态.

mesomor′phism *n.* 介晶.

mes′on ['mesɔn] *n.* 介子,重电子. *American meson* μ 介子. *British meson* π 介子. *K meson* K〔重〕介子. *L meson* 轻介子. *meson field* 介子场. *meson shower* 介子簇射.

mesoneritic fascia 中近海带.

meson′ic [me'sɔnik] *a.* 介子的. *mesonic atom* 介原子.

meso′nium [mi'sounjəm] *n.* 介子素(介子与电子组合成的耦合系统).

meson-producing accelerator 介子发生器,介子工厂.

mes′opause ['mesəpɔ:z] *n.* 【气】中圈顶,中(间)层顶.

mesopelag′ic [mezoupə'lædʒik] *a.* 中深海层的(深约 600~3000 英尺).

mes′ophase ['mesəfeiz] *n.* 中间相(离地面 15~50 英里范围),中间期.

mesopic vision 过渡视觉.

mes′oplast ['mesəpla:st] *n.* 细胞核.

mes′opore *n.* 间隙孔.

meso-position *n.* 中(间)位(置),(杂环异原子)中位,(意的)9,10 位.

mes′osphere ['mesəsfiə] *n.* 散逸层,中间层,中大气层,中圈(离地 250~600 英里).

mes′otherm *n.* 中温植物.

mesother′mal *a.* 中温(植物)的.

mesotho′rium [mesə'θɔ:riəm] *n.* 新钍 MsTh. *mesothorium-I* 新钍 I, MsT h_1(镭同位素, Ra^{228}). *mesothorium-II* 新钍 II, MsTh$_2$(锕同位素, Ac^{228}).

mesotomy *n.* 内消旋体离析.

mes′oton ['mesətɔn] 或 **mes′otron** ['mesətrɔn] *n.* 介子,重电子.

mesotroph′ic *a.* 富营养的.

mes′otype *n.* 中型.

mesozo′ic [mesou'zouik] *n.* ; *a.* 中生〔中世〕代(的). *mesozoic era* 中生代. *mesozoic group* 中生界.

mes′ozone *n.* 中带,中间区.

mess [mes] I *n.* ①混〔凌〕乱,乱七八糟,困境,肮脏,污秽②弄糟,失败③(四个)一组④聚〔膳〕伙〕食. ▲ *get into a (pretty) mess* 陷入困境. *in a mess* 混乱,乱七八糟;肮脏,脏极了. *make a mess of* 弄糟. *make a mess of it* 把事情搞得一团糟. I *vt.* 弄脏〔乱,糟〕,搞[打]乱. *vi.* ①干涉,摆弄②供膳. ▲ *mess about* 摆弄,拖延. *mess around* 拖延,干涉,浪费时间. *mess up* 陷入困境,搞乱,弄糟. *mess with* 会餐.

mes′sage ['mesidʒ] I *n.* ①信息,消息,情报,报导②电文,(数据通信用)报文,(无线,话传)电报,通信[话,报],通知(书),咨文③任务,使命④预言,启示. I *v.* 通知[告],(同…)通讯联系. *cipher* 〔*cypher*〕*message* 密码电报. *congratulatory message* 贺电,祝词. *message rate* 计次价(目),消息率. *message register* 通话计次器. *message routing* 报文路径〔路由〕选择. *message source* 消息源. *message time stamping* 信息记时. *message unit call* 近郊区通话. *secrecy messages* 密电. *urgent message* 紧急消息,加急电报. *wireless message* 无线电报. ▲ *send a message of greeting to M* 向 M 致贺电.

message-beginning character 报文开始符.

message-switching *n.* 信息[数据]转接[转换],消息交换.

message-to-noise ratio 信噪比.

mes′senger ['mesindʒə] *n.* ①通信[邮递]员,信使②悬〔吊线〕缆,电缆吊绳,挂〔吊,悬〕索③钻孔取样器. *messenger call* 传呼. *messenger RNA* 信使核糖核酸. *messenger trip* 〔*walk*〕投递路线. *messenger wire* 〔*cable*〕吊线,悬线缆,承力吊索.

mess′gear *n.* 餐具.

mess′hall 或 **mess′house** *n.* 餐厅,食堂.

messieurs [me'sjə:] (法语) *n.* (pl)各位(先生).

Messina [me'si:nə] *n.* 墨西拿(意大利港口).

mess′motor *n.* 积分马达(计).

Messrs. ['mesəz] = messieurs, Mr. 的复数.

mess′tin *n.* 饭盒.

mess-up *n.* 紊[混]乱.

mess′y ['mesi] *a.* 凌乱的,肮脏的,污秽的.

met [met] *v.* meet 的过去式和过去分词.

MET =①metal 金属 ②metallurgical 冶金(学)的 ③metallurgy 冶金学 ④metaphysics 形而上学,玄学 ⑤meteorological (station)气象(站) ⑥multiemitter transistor 多发射极晶体管.

met(a)- 〔词头〕中(间,位),间位,后,亚,后,介,偏,变,超越,总的. *meta compact* 亚紧. *meta language* 元〔超〕语言.

meta-acid n. 偏(位)酸,间(位)酸.
meta-aluminate n. 偏铝酸盐.
metaan'thracite n. 偏无烟煤(挥发分及其他杂质低于2%).
meta-autunite I 六水偏钙铀云母.
meta-autunite II 二水偏钙铀云母.
metab'asite [me'tæbəsait] n. 变基性岩.
metabelian a. 亚可(交)换的. *metabelian group* 亚交换群,亚阿贝尔群. *metabelian product* 亚可换积.
metabio'sis n. 半共生,共栖,随从生活,同生作用.
metabol'ic [metə'bɔlik] a. 变化(形)的,同化作用的,(新陈)代谢的.
metabolim'eter n. (基础)代谢计.
metab'olism [me'tæbəlizəm] n. (新陈)代谢(作用),同化作用.
metab'olite [me'tæbəlait] n. 代谢物.
metab'olize [me'tæbəlaiz] vt. 使新陈代谢,使变形,同化.
metabolodisper'sion n. 体内胶质分散程度.
metabolons n. 一种放射性物质的裂变产物.
metab'oly [me'tæbəli] n. (新陈)代谢(作用),变形.
met'abond n. 环氧树脂类粘合剂.
met'acenter 或 **met'acentre** ['metəsentə] n. (浮体的)定倾〔稳定〕中心.
metacen'tric [metə'sentrik] a.; n. 定倾〔稳定〕中心的,中间着丝点的,定倾中心染色体. *meta centric height* 定倾中心高度,稳心高度.
metachar'acter n. 元字符.
metachem'ic(al) a. 原子结构(化)学的.
metachem'istry [metə'kemistri] n. 原子结构(化)学,超化学.
metachroma'sia n. 因光异色现象(作用),变色现象.
metachromat'ic [metəkro'mætik] a. (因生锈,温度变化)变色的,因光异色的,异染性.
metachro'matin n. 异染质.
metachro'matism [metə'kroumətizəm] n. (因生锈,温度变化)变色(反应),因光异色,异染性.
metachro'mism n. 色素变色.
metacin'nabarite n. 黑辰砂矿.
metacolloid n. 结晶胶体,(pl.)偏胶质.
metacom'pound n. 间位(取代)化合物.
met'acryst n. 变晶,次生晶. *metacryst inclusion* 变晶色体.
met'acrystal I a. 变晶的. II n. (pl.)变晶晶.
metacrys'talline [metə'kristəlain] a. 变(亚)晶的,不稳晶的.
metacyclic a. 亚循环的. *metacyclic equation* 亚循环方程.
meta-derivative n. 间位衍生物.
meta-directing a. 间位指向的.
metadurain n. 变质暗煤.
met'adyne n. 微场扩流发电机(供调整电压或变压用的一种直流电机),微场电机放大器,旋转式磁发放大机.
meta-element n. 母体(过渡)元素,过渡金属.
met'afilter n. 层滤机.
metafiltra'tion n. 层滤.
metagalac'tic [metəgə'læktik] a. 总星系的,全星系系统的,宇宙的.
met'agalaxy ['metəgælæksi] n. 总星系,全星河系统,宇宙.
me'tage ['mi:tidʒ] n. 称量,容量〔重量〕的官方检定.
metagen'esis n. 世代交替.
metagnos'tics n. 不可知论.
met'agon n. 后植核酶.
meta-halloysite n. (脱水的)多水高岭土.
meta-heinrichite n. 偏砷钡铀矿,准砷铀钡矿.
metainstruc'tion n. 中间指令.
metaisomeride n. 位变异构体.
metaisomerism n. (双键)位变异构现象.
metai'somers n. (双键)位变异构体.
meta-kahlerite n. 偏水砷铀铁矿,准砷铀绿矿.
metakine'sis [metəkai'ni:sis] n. 中期分裂.
meta-kirschheimerite n. 偏(准)砷钴铀矿.
metakliny n. 基团位变.
metal. =①metallurgy 冶金学 ②metallurgical 冶金(学,术)的.
met'al ['metl] I n. ①金属(制品,性),五金,合金,淦,齐②成色,成分③铸铁(溶液),(熔化槽内的)熔融玻璃④轨条(合金,衬瓦)⑤碎石料,铺路碎石⑥(pl.)轨条(道)⑦(一般的)总炮数,炮火力. II vt. ①用金属包被,盖以金属②用碎石铺路面. *A metal* A 镍铬耐热铜(铬14%,镍35%,碳 0.35%,硅1%,锰0.5%,其余铁). *admiralty metal* 含锡黄铜,海军水兵铜,海军炮铜. *anti-friction metal* 减摩轴承合金. *base* [*basic*] *metal* 贱碱,本基,本基底,主要)金属,母材,基料. *bell metal* 钟铜,青铜合金. *blue metal* 蓝铜镍(铜62%). *bracket metal* 托架轴承(合金). *brazing filler metal* 钎料. *cast metal* 铸造金属,金属铸锭. *compound metal* 合金. *connecting rod metal* 连杆(瓦)轴承合金. *Dow metal* 道氏镁合金. *Electron metal* 镁铝合金. *expanded metal* 用金属板拉成的网,网形铁,板网. *ferrous metal* 黑色金属. *fine metal* 纯金属. *G metal* 铜锡锌合金(铜40%,锡50%,锌10%). *gun metal* 炮铜,枪炮黄铜. *hard metal* 硬质合金. *heat-transfer metal* (液态)金属载热剂. *heavy metal* 重金属,重型坦克〔装甲车〕(总称). *hot metal* 熔融(液态)金属,铁水. *interchangeable metal* 可换轴承合金. *large metal* (车床主轴的)前轴承. *Meehanite metal* 米汉铁. *metal back(ing)* 金属壳(背,衬垫),(电子射线管的)金属敷层. *metal back tube* 铝背(金属敷层)电子射线管,铝背(金属敷层)显像管. *metal base transistor* 金属基底晶体管. *metal break out* 漏铅,漏水,漏铁水,铸型裂口. *metal coating* 包镀金属(法),金属涂层(保护层). *metal cone* (阴极射线管的)锥形金属壳. *metal cut saw* 金工(用)锯,切金属用锯. *metal element* 金属清元件. *metal eliminator* 金属杂物分离机,磁选器. *metal fouling* 炮管碎片. *metal fouling solution* (炮膛用)除铜液. *metal*

met′alanguage

gathering 镦粗. *metal gauze* [lath, mesh] 金属〔钢丝〕网. *metal master* [negative] (录声用) 金属主盘, 原始主盘, (唱片模版)头版. *metal mixer* 混铁炉〔包, 罐〕. *metal notch* 金属流出口. *metal oxide* 金属氧化物 (绝缘膜). *metal "P" band* "P"金属镶边. *metal patch bullet* 破甲弹. *metal penetration* 金属渗透 (到砂粒间), 机械砂粒. *metal plug* 出铁口冻结. *metal positive* (唱片)第一模板, 母(二)版. *metal powder* 爆粉, 金属粉. *metal raceway* 电线保护用铁管. *metal road* 碎石路(面). *metal run out* 漏箱, 跑水, 漏铁水. *metal saw* 金工用锯, 锯片członków, 刀. *metal shingles* (金属)鱼鳞板. *metal tube* 金属壳电子管. *metal turbulence* 液态金属混流. *metal work* 金(属)加工. *metal working machinery* 金工加工机械. *Monel metal* 蒙乃尔合金. *oilless metal* 无油轴承(合金). *parent metal* 基本〔母体〕金属, 母材, 基料. *red metal* 红铜. *rosslyn metal* 不锈钢铜-不锈钢复合板. *semi-finished metal* 坯, 半成品轧材. *sheet metal* 金属片, 金属(薄)板, 板料. *star metal* 星锑, 锑金属锭. *sterro metal* 含铁黄铜. *type metal* 活字(合)金, 印刷合金. *white metal* 白锍, 白冰铜, (银白色低熔点)白合金(如轴承合金, 印刷合金, 白), 白合金, 铅锡锡合金. *yellow ingot metal* 工业黄铜. *yellow metal* 黄铜(铜60%, 锌40%). *Z metal* Z 珠光体可锻铸铁. ▲*leave* [run off] *the metals* (火车)出轨.

met′alanguage n. 元语言.
metal-arc welding 金属(极)电弧焊.
met′alate vt. 使金属化.
metala′tion n. 金属化作用, 金属原子取代.
metalaumontite n. 黄浊沸石.
metal-back n. 金属壳[背, 衬垫].
metal-base transistor 金属基体晶体管.
metal-bearing a. 含(有)金属的.
metal-Braun tube 金属显像管.
metalbumin n. 变清蛋白.
metal-ceramic a. 金属陶瓷(的).
metal-chelated a. 金属螯合的.
met′alclad n.; a. 装甲(的), (金属)铠装(的), 金属皮, (有)包层(的), 金属包盖[包护].
metal-cutting n. 金属切削.
metal′dehyde [mi′tældəhaid] n. (低, 多, 四)聚乙醛, 介乙醛.
metal-enclosed a. 密闭在金属壳中的, 有金属包壳的, 金属铠装的.
metalep′sis n. 取代(作用).
metaler n. 钣金工.
metaleucite n. 蚀变白榴石.
metal-fiber n. 金属纤维.
metal-foil n. 金属箔.
met′alform n. (混凝土)金属模板.
metal-free a. 无(含)金属的.
metal-fuelled a. 液态金属燃料的.
metal-grade n. 金属工.
metal′ikon [mi′tælikon] n. (金属)喷涂〔喷镀〕(法).
metalimnion n. 变相湖沼, 斜温层, (湖)的温度突变层.

1045

metalloceram′ics

metalinguis′tic [metəliŋ′gwistik] a. 元语言的.
met′alist n. 金属工人.
metaliza′tion n. =metallization.
metalize vt. =metallize.
metall =metallurgy 冶金学.
metalla′tion n. 金属取代.
met′alled a. 金属的, 碎石铺面的.
met′aller n. 钣金工.
met′allergy n. 异性变(态反)应性.
metal′lic [mi′tælik] a. ①(含, 似)金属的, 金属(性, 质, 制)的 ②产金属的. *metallic area of wire rope* 钢丝绳的有效金属断面. *metallic channel* 导电棒, 有线电路. *metallic film* 金属薄膜. *metallic insulator* 金属绝缘子, 四分之一波管回线. *metallic rectifier* 金属〔干片〕整流器. *metallic return* (*circuit*) 双线(金属线)回路. *metallic speech-path switching element* 金属接点式话路开关元件. *metallic sponge* 海绵(状)金属. *metallic standard* 金(银)本位. *metallic tape* 钢卷(皮)尺, 金属卷尺.
metallic-grey a. 银灰色的.
metallic′ity n. 金属性.
metal′lics n. 金属粒子, 金属物质. *dross metallics* 金属浮渣. *matte separation metallics* 锍中金属粒子. *metallics of charge* 装料中的金属部分〔物质〕. *revert metallics* 金属物返料.
met′allide [′metəlaid] vt. 电解电镀.
metallif′erous [metə′lifərəs] a. (产, 含)金属的.
met′allike a. 似金属的.
metallikon n. (金属)喷涂〔镀〕(法).
met′alline [′metəlain] a. 金属(似, 性, 质, 制)的, 含〔产〕金属的, 含金属盐的.
metal-lined a. 金属衬里〔里〕的.
met′al(l)ing [′metliŋ] n. 碎石料, 金属包镀, 敷金属, 喷金属.
metallisation =metallization.
metallise =metallize.
metallised =metallized.
met′allist n. 金属工人.
metalliza′tion [metəlai′zeifən] n. ①金属〔导体〕化, 使具有导电性. ②敷(喷)镀(金属)法), 金属喷镀, 喷涂金属粉. *Al metallization pattern* 金属化图形, 金属化互连图.
met′allize [′metəlaiz] vt. ①化为金属, 使金属〔导体〕化, 使与金属化合, 使具导电性, (使(橡皮)硬化, 使矿化 ②(金属)喷镀包镀(金属), 喷镀(粉), 敷镀以金属. *metallizing temperature* 金属化〔金属涂覆〕温度.
met′allized [′metəlaizd] a. 敷〔镀〕以金属的, 金属化的, 镀膜的, 镜面(化)的. *metallized aluminium* 包覆铝. *metallized carbon* 金属(高压)渗渍(无空洞形)碳. *metallized glass* 喷镀金属玻璃, 金属化玻璃. *metallized plastic* 镀金属塑料, *metallized screen* 金属膜〔背, 化〕荧光屏.
met′allizer n. 金属上包型陶瓷时粘结用金属〔合金〕粉末(材料), 喷镀金属器.
met′allizing n. 喷镀(金属), 金属镀(法), 敷金属法, 金属化, 导体化, 镀涂层, 镀镜.
metalloceram′ics n. 金属陶瓷.

metallochem'istry n. 金属化学.
metallochrome n. 金属着色剂.
metal'loen'zyme [mətælou'enzim] n. 金属酶.
metalloflavopro'tein n. 金属黄素蛋白.
metallogenet'ic a. 成矿的.
metallogeny n. 矿床成因论.
metal'lograph [mi'tælgrɑːf] n. ①（带照相设备的）金相显微镜,金相显微摄影机 ②金相照片,金属表面的（射线,电子）显微照相 ③金属版（印刷品）. *colour metallograph* 彩色金相照片.
metallog'rapher [metə'lɔgrəfə] n. 金相学家.
metallograph'ic(al) [mitælə'græfik(əl)] a. 金相（学）的. *metallographic examination*〔*test*〕金相检验. ～**ally** ad.
metallographist n. 金相学家.
metallog'raphy [metə'lɔgrəfi] n. 金相（金属）学,金属结构研究.
met'alloid ['metəlɔid] a.;n. 金属似的,准〔类,赛,非〕金属（的）,非金属元素. ～**al** a.
metallom'eter n. 金属试验器.
metallo-metric a. 金属量的. *metallo-metric survey* 金属量测量.
metallo-optics n. 金属光学.
metallorgan'ic a. 有机金属的,金属有机物的.
metallorgan'ics n. 金属有机物.
metal'loscope [metə'lɔ(u)skoup] n. 金相显微镜.
metalloscopy n. 金相显微（镜）检验.
metallostat'ic a. 金属静力学的. *metallostatic pressure* 金属静压力.
metallothermic method 金属热还原法.
metallotrophy n. 金属移动作用.
metallur'gic(al) [metə'ləːdʒik(əl)] a. 冶金（学,术）的. *metallurgical coke* 冶金焦〔炭〕,高炉焦〔炭〕. *metallurgical microscope* 金相显微镜. *metallurgical technology* 金属工艺学. ～**ally** ad.
metal'lurgist [me'tælədʒist] n. 冶金工作者,冶金学家,冶金师.
metal'lurgy [me'tælədʒi] n. 冶金（学,术）. *chlorine metallurgy* 氯化冶金. *dry*〔*fire, fusion*〕*metallurgy* 火法冶金,熔炼. *metallurgy cell* 金相匣〔箱〕. *non-ferrous metallurgy* 或 *metallurgy of non-ferrous metals* 有色金属冶金（学）,非铁冶金. *powder metallurgy* 粉末冶金（学）. *reactor (material) metallurgy* 反应堆材料冶金（学）. *wet metallurgy* 湿法冶金,水冶.
Metallux n. 微型金属薄膜电阻器.
metal-modified a. 金属改性的.
met'alock n. （铸锻件）冷修补法.
metalog'ic n. 元逻辑.
metalog'ical a. 元逻辑的. ～**ly** ad.
metal-on-glass plate 敷金属玻璃板.
metal-organic a. 有机金属的,金属有机物的.
metal'osccpe n. 金相显微镜.
metalos'copy n. 金相显微（镜）检验.
metal-oxide n. 金属氧化物,金属绝缘膜.
metal-plate n. 金属板〔片〕,铁板.
metal-powder n. 金属粉末.
metal-salt n. 金属盐.

metal-semiconductor a. 金属-半导体的.
met'alsmith n. 金(属技)工.
met'alster n. 金属膜电阻(器).
metal-to-metal a. 金属对〔和〕金属的.
met'alware n. 金属器皿.
met'alwork ['metlwəːk] I n. 金工,金属制造,金属件〔制品〕. II vt. 金属加工,制造金属件.
met'alworker ['metlwəːkə] n. 金(属加)工工人.
met'alworking ['metlwəːkiŋ] I n. 金属加工(制造),制造金属件. II a. (从事)金属制造的.
metamag'net n. 亚磁体.
metamag'netism n. 变磁性.
metamathemat'ics n. 元数学.
met'amember n. 元组成员〔成分〕.
met'amer ['metəmə] n. 位变〔同分〕异构体〔质〕,条件色的,【生物】体节.
met'amere n. 位变异构体.
metamer'ic [metə'merik] a. 位变〔同分〕异构的,条件色的. *metameric match* 条件配色.
metameride n. 位变异构体,【生物】体节.
metam'erism [me'tæmərizəm] n. 位变〔同分〕异构（性,体,现象）,条件配色,【生物】分节（现象）.
meta-metalanguage n. 【计】元元语言.
Metam'ic n. 梅氏金属陶瓷,铬-氧化铝金属陶瓷（铬70%,三氧化二铝30%）.
met'amict n. 混胶状,蜕晶质,晶体因辐照而造成的无定形状态.
metamor'phic [metə'mɔːfik] a. 变质〔态,形,性,成化〕的,改变结构的. *metamorphic rock* 变质〔变成〕岩.
metamor'phism [metə'mɔːfizm] n. 变质(作用,程度),变成(作用),变化〔形,态〕(现象). *load metamorphism* 承载变性.
metamorphopsy n. 【心理】视物变形症.
metamor'phose [metə'mɔːfouz] vt.;n. (使)变化〔形,性,质,态,成〕. *metamorphosed rock* 变质岩.
metamor'phoses [metə'mɔːfəsiːz] n. metamorphosis 的复数.
metamor'phosis [metə'mɔːfəsis] (pl. *metamorphoses*) 变化〔形,性,质,态〕(作用).
metamorphot'ic a. 变态〔形,质〕的.
metamor'phous [metə'mɔːfəs] a. 变形〔态,质〕的.
metaniobate n. 偏铌酸盐.
metanom'eter n. 甲烷指示计.
metano'tion n. 【计】元概念.
meta-orientating 或 **meta-orienting** a. 间位定向〔指〕向的.
meta-orientation n. 间位定向.
metaosmot'ic a. 亚渗透的.
metapep'sis n. 区域〔水热〕变质(作用).
met'aphor ['metəfə] n. 隐喻,比喻.
metaphor'ical [metə'fɔrikəl] a. 隐〔比〕喻的.
metaphor'ically ad. 用隐〔比〕喻.
metaphos'phate n. 偏磷酸盐.
metaphosphoric acid 偏磷酸,二缩原磷酸.
met'aphrase ['metəfreiz] n.;vt. 直译,逐字翻译,修改…的措词.
metaphras'tic [metə'fræstik] a. 直译的,逐字逐句翻译的.
metaphys'ical [metə'fizikəl] a. ①形而上学的,玄学

metaphys'ics [metə'fiziks] n. 形而上学,玄学,抽象论,元物理(学).
metaplasia n. 组织变形[转化].
met'aplasm n. 后成质,滋养质,副浆.
metapole n. 等角点,无畸变点.
meta-position [metəpə'ziʃən] n. 间位.
metaproduc'tion n. 【计】元产生式.
metapro'gram n. 元〔亚〕程序.
metaquartzite n. 变质石英岩.
metarheol'ogy n. 亚流变学.
metarhyolite n. 变流纹岩.
meta-saleite n. 偏(变)镁磷铀云母,准镁磷铀云母.
meta-schoepite n. 变,准)铁铀矿.
met'ascope ['metəskoup] n. 红外线显示〔指示〕器,携带式红外线探测器,借投射红外线能在荧光屏上看见黑暗中物体的一种望远镜.
metasil'icate [metə'silikit] n. 硅酸盐.
metasilicic acid 硅酸.
metasomat'ic [metəso(u)'mætik] a. 【地】交代的. *metasomatic deposit* 交代矿床.
metaso'matism [metə'soumətizəm] 或 metasomatose 或 metasomato'sis [metəsoumə'tousis] n. 交代作用,交代变质(作用).
met'asome ['metəsoum] n. 交代(代替,寄生)矿物,新成体.
metastabil'ity n. 亚(介)稳定性,亚稳度(性).
metastabiliza'tion n. 亚稳定化.
metasta'ble [metə'steibl] I a. (介,准,似,暂时,相对)稳(定,态)的,介稳平衡的,暂时稳定. II n. 亚稳,介稳度,介稳平衡,暂时稳定. *metastable austenite* 介稳奥氏体. *metastable diagram* 介稳平衡图. *metastable level* 亚稳能级〔电平〕. *metastable limit* 亚稳极限. *metastable mineral* 准稳矿物.
metas'tases [me'tæstəsi:z] n. metastasis 的复数.
metastas'ic a. 移位(层)的.
metas'tasis [me'tæstəsis] (pl. metas'tases) n. 移位变化,转移,同质蜕变,失 α-微粒变化(现象),变形,变态,新陈代谢.
met'astate n. 亚态.
metastat'ic [metə'stætik] a. 新陈代谢的,变形(态)的,转移性的.
met'astructure n. 次显微组织.
meta-substitu'tion n. 间位取代(作用).
metasymbol n. 元符号.
metataxis n. 分异深熔(带状混合)作用.
metatenomeric change (含氮物)趋稳重排(作用).
metatenomery n. (含氮物)趋稳重排作用.
metatheorem n. 元定理.
metatheory 元理论.
metath'eses [me'tæθəsi:z] n. metathesis 的复数.
metath'esis [me'tæθəsis] (pl. metath'eses) n. 复分解(作用),置换,易位(分析)反应.
metathet'ic(al) [metə'θetik(əl)] a. 复分解的,置换的.
metatitanate n. 偏钛酸盐.
meta-torbernite n. 偏(变),准)铜铀云母.
metatropy n. 互变.
metatungstate n. 偏钨酸盐.
met'atype n. 次〔伴〕型.

meta-tyuyamunite n. 偏钒钙铀矿,准钙钒铀矿.
meta-uranocircite n. 偏(变)钡铀云母.
meta-uranopilite n. 变铀铅矿.
meta-uranospinite n. 偏(变)砷铀云母.
metava'riable n. 元变量.
metawolframate n. 偏钨酸盐.
metazeunerite n. 偏(变)翠砷铜铀矿.
METB =metal base 金属基底.
metback process 回熔过程.
METC =metal curb 金属缘,金属(镶)边(饰).
METD =metal door 金属门.
mete [mi:t] I vt. ①分配,给予(out) ②(测,衡)量,测定. II n. 边境,分)界,界石. *metes and bounds* 边(界),界石.
meteo(r). =meteorology 气象学.
me'teor ['mi:tjə] n. ①流(陨)星,陨石,(流星的)榮光 ②大气现象,昙花一现的东西. *optical meteor* 光学现象.
meteor- (构词成分)流(陨)星,气象.
meteor-burst radio 流星余迹无线电通信系统.
meteorfax n. 避免流星干扰传递信息.
meteor'ic [mi:ti'orik] a. ①流星的,陨(星)的 ②大气的,气象的 ③流星似的,昙花一现的,闪烁的,迅速的. *meteoric burst scatter propagation* 流星瞬闪散射传播. *meteoric iron* 陨铁. *meteoric shower* 流星(雨). *meteoric water* 雨〔天落,气象)水,降水(雨,雪等).
meteor'ically ad. 流星似的,迅速地,闪烁地.
me'teorite ['mi:tjərait] n. 陨星[石]. *iron meteorite* 铁陨石. *stony meteorite* 石铁陨星,陨石. meteorit'ic(al) a.
meteorit'ics n. 陨(流)星学(天文学).
meteoro- (构词成分)流星〔石〕,气象.
me'teorogram ['mi:tjərəgræm] n. 气象(记录)图,气象记录曲线.
me'teorograph ['mi:tjərəgra:f] n. 气象计,气象记录器(自记仪),气压-温度-湿度仪. -ic a.
me'teoroid ['mi:tjərəid] n. 陨星群,宇宙尘,流星体. -al a.
me'teorolite ['mi:tjərəlait] n. 陨星,陨石.
meteorolog'ic(al) [mi:tjərə'lɔdʒik(əl)] a. 气象(学)的. *meteorological observatory* 气象台. *meteorological report* 天气预报. *meteorological station* 气象站. *meteorological summary* 气象报告. meteorolog'ically ad.
meteorol'ogist [mi:tjə'rɔlədʒist] n. 气象工作者,气象学家.
meteorol'ogy [mi:tjə'rɔlədʒi] n. 气象学,(某地区的)气象状态.
meteorotrop'ic a. 受气候影响的.
meteorotropism n. 气候趋应性.
meteor-scatter system 流星余迹散射通信系统.
meteosat n. 气象卫星.
me'ter ['mi:tə] I n. ①米 ②(测)量(仪)器,(测量仪)表,表头,(测量)计,(测定)仪,计数(算,量)器. II v. (用计量仪表)计(测量),量度,记录,统计. 登记. *air meter* 气流(风速,量气)计. *AVO meter* (安伏欧)万用(电)表. *beat meter* 拍(差)频测试器. *C (capacity) meter* 电容测试器. *climb meter* 升降

速度表. *clock meter* 钟表式计数器. *crack meter* 裂缝探测仪. *current meter* 流速计〔仪〕,测〔电〕流计,安培表. *disk meter* 圆盘计量器,盘式流量计. *dual meter* 双读表. *float meter* 浮子式流量计,浮尺. *flow meter* 流量表,流动性测定仪. *gas meter* 气量计,(煤)气表,火表. *heat meter* 热电偶,温度传感器. *hysteresis meter* 磁滞测定仪. *impulse meter* 脉冲计数器. *in-tegrating meter* 积分计算仪. *kilowatthour meter* 千瓦小时计,电度表. *LC meter* 电感电容测试器. *LCR meter* 电感电容电阻测定计〔三用表〕. *lens meter* 检镜仪,透镜检查仪,焦度计. *meter angle* (一)米(距离的)视角. *meter bridge* 滑线〔臂〕电桥. *meter case* 仪表外壳,仪器盖里. *meter constant* 仪表〔计数器,校正〕常数. *meter dial* 仪表刻度盘. *meter full scale* 刻度范围,最大量程. *meter glass* 量杯,刻度烧杯〔瓶〕. *meter in circuit* 接入仪表的电路. *meter key* 滑线电键. *meter out circuit* 不接入仪表的电路. *meter per second* 每秒……米,米/秒. *meter reading* 计算器读数. *meter relay* 记录〔计〕指针式(带表头的)继电器. *meter regulator* 计〔定〕量表. *meter scale* (米)尺. *meter screw* 米制螺纹. *meter sensitivity* 仪表〔计算〕灵敏度. *meter series* 米制系列. *meter supplying method* 按表〔按量〕供电法. *meter system line* 按量供电制线路. *meter taper* 公制锥度(规). *meter transformer* 仪表用变压器. *meter water equivalent* 米等效水深. *oil meter* 量油计. *orifice meter* 锐孔流量〔速〕计,孔板〔孔口流量计〕,测流〔量水〕孔. *polyphase meter* 多相电度表. *pressure differential meter* 差压式流量计. *Q meter* Q 表,品质因数表. *rate-of-flow meter* 流量计. *recording meter* 自记计数器,自记〔记录式〕仪表. *Roentgen meter* X 射线计. *S meter* 信号强度指示器,信号强度计. *thermal meter* 测热仪表,热测量〔热线式〕仪表,通用电表. *universal meter* 万用表. *velocity of propagation meter* 传播速度测定器. *Venturi meter* 文氏管,文氏速度计. *volt(age) meter* 伏特〔电压〕表. *water meter* 水量计,水(量)表. *watt-hour meter* 瓦特小时计,电度表. *wide meter* 宽剂度仪表. *wind meter* 风速表,风力计. *wire temperature meter* (金属)线温度测定表. *zero center (type) meter* 中央〔中心〕指零式仪表.

-meter [-mitə] ①……计,……仪 ②米,公尺.

me'terage ['mi:təridʒ] n. ①计〔测〕量 ②测量费,量表使用费.

meter-ampere n. 米-安(培)(天线电流动量单位).

meter-candle n. 勒(克司),米烛光(照度单位).

meter-candle-second n. 米烛光秒.

me'tered a. 测量〔定〕的,计量的. *metered curb* 装有停车计时的路缘. *metered flow* 计量流量. *metered lubrication* 计量润滑.

meter-in n. 在压力管路中的液压调节. *meter-in circuit* 入口节流式回路(节流阀在执行元件进油路上的调速回路). *meter-in system* 进油路节流调速式.

me'tering ['mi:tərin] n. ①测〔计,配〕量,测定 ②记录,登记,统计,计数 ③限油,调节(燃料). *fuel metering* 燃料调节. *lean metering* 贫油调节. *metering device* 计量仪表,测量(仪表)装置,量器(具,斗). *metering function* 限流作用. *metering hole* 定径孔. *metering jet* 测油孔,针阀调节喷嘴. *metering nozzle* 定径喷嘴. *metering orifice* 测流量孔. *metering pin* 量针. *metering rod* 油尺,量油杆. *multiple metering* 多次测量〔计数〕,复式读数. *personal metering* 个人剂量测量法. *remote metering* 遥测,远距离测量. *repeated time and zone metering* 重复计时计次数. *rich metering* 富油调节. *solid state metering relay* 固态计数继电器. *zone metering* 按区(域)统计.

meter-kilogram n. 米-千克,米-公斤.

meter-kilogram-second a. 米千克秒单位制的,米、公斤、秒(制)的.

me'terman n. 读表者,仪表调整者.

me'termul'tiplier n. 仪表量程倍增器.

meter-out n. 不接入仪表;出口节流,在回流管中的液压调节. *meter-out circuit* 出口节流式回路(节流阀在执行元件出油路上的调速回路).

meter-type relay 电流计式继电器.

mete-stick n. 量尺.

mete-wand ['mi:twond] 或 mete-yard ['mi:tjɑ:d] n. 计量棒.

METF =metal flashing 金属盖片(披水板)

METG =metal grill 金属格栅.

METH =methane 甲烷.

meth- 〔构词成分〕甲基.

methacryl(ic) acid 甲基丙烯酸,异丁烯酸.

methac'rylate [me'θækrileit] n. 甲基丙烯酸酯,异丁烯酸,异丁烯酸盐(酯,根).

methacrylonitrile n. 甲基丙烯腈.

methacryl(o)yl- 〔词头〕异丁烯酰基,2-甲(基)丙烯酰基.

meth. alc. =methyl alcohol 甲醇.

methana'tion [meθə'neiʃən] n. 沼气化甲烷化.

me'thane ['meθein] n. 甲烷,沼气.

methano- 〔词头〕甲撑.

meth'anol ['meθənol] n. 甲(醇),木酒精.

methe'moglobin n. 高铁血红蛋白.

methenyl- 〔词头〕甲川,次甲.

methide n. (金属的)甲基化物. *germanium methide* 甲基锗. *thallium methide* 三甲铊.

methi'onine [me'θaiəni:n] n. 蛋氨酸,甲硫(基丁)氨酸.

methionyl- 〔词头〕甲硫氨酰(基).

meth'od ['meθəd] n. ①(方)法,方式,手段,技术 ②规律,秩序,程(序,理),条理,系统 ③整理,整顿 ④分类法. *back and forth method* 选择〔尝试〕法. *correlation method* 相关法〔率〕. *cut and try* 〔trial〕 *method* 试算〔试验,选择,试探,(多次)尝试,逐步渐近〕法. *image method* 镜像法. *least-square method* 最小二乘法. *method by stair-case wave* 阶梯波形法. *method of approach* (逐次)渐近法. *method of approximation* 近似(算)法. *method of least* 〔*minimum*〕 *squares* 最小二乘(方)法. *method of release control* 复原方式. *method of trial(s) and error(s)* 或 *trial(-) and(-) error method* 试错〔试算,试配,尝试,逐步迫近〕法. *method using drift cancelled oscillator* 漂移补偿〔振荡〕器法. *method utilizing lines adjustable length* 线长变换法. *safety method* 安全技术,保护措施. *zero method* 零测(量)法,衡消〔补偿〕法.

method'ic *a*. =methodical.
method'ical [mi'θɔdikəl] *a*. ①有秩序〔顺序,条理,规律,系统,组织〕的,有条不紊的,按顺序做成的 ②方法(上)的. ~ly *ad*. ~ness *n*.
meth'odize ['meθədaiz] *vi*. 定秩序〔方法〕,使有系统〔条理〕,使系统化,分门别类. **methodiza'tion** *n*.
methodolog'ical [meθədə'lɔdʒikəl] *a*. 方法论的,方法学的,分类法的.
methodol'ogist *n*. 方法学家,方法论者.
methodol'ogy [meθə'dɔlədʒi] *n*. 方法(学,论),分类〔研究〕法,操作法,工艺.
methox'ide ['meθɔksaid] *n*. 甲氧基金属,甲醇盐.
methoxy- 〔词头〕甲氧(基).
meth'yl ['meθil] *n*. 甲(烷)基. *methyl alcohol* 甲〔木〕醇,木精. *methyl chloride* 甲氯基,氯(代)甲烷. *methyl ethyl ketone* 甲基·乙基(甲)酮,丁酮. *methyl methacrylate* 异丁烯酸甲酯,甲基丙烯酸甲酯. *thallium methyl* 三甲铊.
methylacryl'ic acid 异丁烯酸,甲基丙烯酸.
methylamine [meθilə'mi:n] *n*. 甲胺.
meth'ylate ['meθileit] *vt*.; *n*. 甲基化(产物),甲醇金属,加(混)入甲醇.
meth'ylated ['meθileitid] *a*. 甲基化了的,加入甲醇的. *methylated spirit* 变质〔含甲醇〕酒精,甲基化酒精,用甲醇使变性的酒精.
methylcyclopentadienyl nickel nitrosyl 甲基环戊二烯基亚硝酰镍.
methyldioctylamine *n*. 甲基二辛基胺.
meth'ylene ['meθili:n] *n*. 甲撑(叉),亚甲. *methylene blue* 亚甲蓝,(四)甲基蓝.
methyl'ic [mi'θilik] *a*. (含,得自)甲基的,甲基.
methyl-isobutyl-ketone *n*. 甲基异丁酮.
methyl-methacrylate (resins) 异丁烯酸甲酯,硬〔有机〕玻璃.
methylolacetone *n*. 羟甲基丙酮.
4-methylpentanone-〔**2**〕 *n*. 4-甲基戊酮-〔2〕.
methylpentene polymer 甲基戊烯聚合物.
methylphosphinate *n*. 亚膦酸甲(基)酯.
methyl-phosphonate *n*. 膦酸甲酯.
METI =major engineering test item 主要工程试验项目.
metic'ulous [mi'tikjuləs] *a*. 小〔细〕心的,仔〔过〕细的,精确的(in). ▲*in a meticulous way* 过细地细致地. ~ly *ad*. ~ness *n*.
métier ['meitjei] 〔法语〕*n*. 职业,工作,专长.
metlbond *n*. 酚醛,环氧树脂类及无机粘合剂,金属粘合(工艺).
METM =metal mold 金属模.
METO =①maximum engine takeoff power 发动机最大起飞功率 ②maximum except take-off power 除起飞外额定最大功率.

me'tol ['mi:toul] *n*. 甲氨基酚(显像剂).
met'ope ['metoup] *n*. 两饰柱间的壁,排档间饰.
METP =metal partition 金属隔板.
METR =①materials and engineering test reactor 材料和工程试验反应堆 ②metal roof 金属顶.
metralac *n*. 见 metrolac.
metraster *n*. 曝光表.
metre =meter.
metrechon *n*. 双电子枪存储管.
met'ric ['metrik] Ⅰ *a*. ①公〔米〕制的,公尺的 ②(测)量的,度量的,度规的. Ⅱ *n*. 度规,度量标准,度量,尺度. *metric atmosphere* 公制气压. *metric differential geometry* 初等微分几何. *metric field* 度规场. *metric measure* 米尺计量. *metric photograph* 按比例相片〔图〕摄影. *metric plate camera* 度量用硬片摄影机. *metric scale* 米尺. *metric size* 米制尺寸. *metric space* 度量空间. *metric system* 米制. *metric tensor* 度量张量. *metric thread* 公制螺纹. *metric ton* 公吨,米制吨. *metric unit* 米制单位. *metric waves* 米波. ▲*in metric* 用米制的.
met'rical ['metrikəl] *a*. 度〔测,计〕量(用)的,度规的,metrical character 度量〔计量,数量〕性状. *metrical information* 测量〔可度量的〕信息. *metrical instrument* 计量仪器. *metrical transitivity* 度规传递性,度量可移性.
met'rically *ad*. 米制地.
metrica'tion *n*. 米制化.
metric-wave *n*. 米波.
metrizable *a*. 可度量(化)的.
metriza'tion *n*. 度量化,引入度量.
met'ro ['metrou] Ⅰ *n*. 地下铁道,大都市地区政府. Ⅱ *a*. 大都市(包括郊区)的.
METROC =meteorological rocket 气象火箭.
met'rograph ['metrəgra:f] *n*. 汽车速度计.
metrohm *n*. 带同轴电压电流线圈的欧姆计.
met'rolac *n*. 胶乳比重计.
metrolog'ical [metrə'lɔdʒikəl] *a*. 度量衡学的,计量学的.
metrol'ogist [mi'trɔlədʒist] *n*. 度量衡学家,计量学家.
metrol'ogy [mi'trɔlədʒi] *n*. ①度量衡学,计量学,测量学 ②度量衡制,计量制.
metron *n*. 密特隆(计量信息的单位).
met'ronome ['metrənoum] *n*. 节拍声,节拍器.
metronom'ic *a*.
metrop'olis [mi'trɔpəlis] *n*. ①首都〔府〕②大城市,大都会,中心地,文化商业中心.
metropol'itan [metrə'pɔlitən] Ⅰ *a*. 首都的,大都市的,都市(内)的. Ⅱ *n*. 大城市居民,大城市派来的人.
Metrosil *n*. 含有碳化硅和非线性电阻的半导体装置.
METS =metal strip 金属(扁)条.
met'tle ['metl] *n*. 勇气,精神,气质. ▲*(be) on one's mettle* 奋发,鼓起勇气.
met'tled ['metld] *a*. 勇敢的,有精神的,精神焕发的.
met'tlesome =mettled. ~ly *ad*.
Metz [mets] *n*. 梅斯(法国城市).
MeV =①megaelectron-volt 兆电子伏特 ②million electron volts 兆〔百万〕电子伏特(10^6 Ev).

MEW = ①megawatt early warning 兆瓦远程警戒雷达 ② microwave early warning 微波远程警戒雷达,微波(早期)预警.

mew [mju:] Ⅰ n. 隐蔽处,密室. Ⅱ vt. 把…关起来(up).

MEx = main exciter 主激磁机,主励磁机.

Mex = ①Mexican 墨西哥的(人) ②Mexico 墨西哥.

Mex'ican ['meksikən] a.; n. 墨西哥的(人).

Mex'ico ['meksikəu] n. 墨西哥. *Mexico City* 墨西哥城(墨西哥首都).

mez'zanine ['mezənin] n.; a. 中(层)楼(的),夹层楼面(的),两层楼之间的楼面,夹层间,位于第一层内的阁楼,多层构架(热电厂汽机房与锅炉房间的多层车间建筑),(舞台下的)底层.

mezzotint ['medzo(u)tint] Ⅰ n. 金属版印刷法(印刷品). Ⅱ vt. 把…制成金属版.

MF = ①machine finish (造纸)纸机装饰 ②main feed 主馈(电)线、干线 ③male to female (ratio) 阳件与阴件(比),插销与插座(比) ④mastic floor 胶脂地面 ⑤mechanical filter 机械滤波器 ⑥medium frequency 中频 ⑦melamine formaldehyde 三聚氰胺甲醛塑料 ⑧membrane filtration 薄膜过滤 ⑨metal filament 金属灯丝 ⑩microfarad 微法拉(μf) ⑪microfiche 显微照相卡片 ⑫microfilm 微型胶卷 ⑬milk fat 乳脂 ⑭mill finish 轧光,压光,滚光,挤光,精装磨轧 ⑮millifarad 毫法拉 ⑯missile failure 导弹故障 ⑰mixed flow 混合气流 ⑱multi-frequency 多频 ⑲multiplying factor 倍率,放大率 ⑳manufacture 制造.

M/F = marked for 作了标记以供…;被指定(供).

Mf point = Martensite finish(ing) point Mf 点,下马氏点,马氏体转变终止点.

MFB = motional feed back 动圈反馈方式.

MFBM = thousand feet board measure(木材)千板英尺.

MFC = ①manual frequency control 手动频率控制 ②micro-functional circuit 微功能电路 ③mobile fire con-troller 可移动的射击指挥仪器 ④multi-frequency code signalling 多频编码信号方式.

MFCO = manual fuel cutoff 手控的燃料切断.

MFCS = missile flight control system 导弹飞行控制系统.

MFCT = major fraction thereof 其主要〔大〕部分.

MFD = ①magnetic frequency detector 磁鉴频器 ②microfarad 微法拉 ③minimum fatal dose 最小致死(剂)量 ④multi-frequency dialling 多频拨号(用多频发送号码脉冲).

mfd = ①manufactured 制造,生产 ②microfarad 微法(拉)(μfd).

M/FD/F = medium frequency direction finding [finder] 中频测向〔测向器〕.

MFG = manufacturing 制造(的),生产(的).

mfh = micron cubic feet per hour 微米/立方英尺·小时(压力升高单位).

MFI = melt flow index 熔融流动指数.

MFKP = multifrequency key pulsing 多频键控脉冲.

MFM = miniature fluxgate magnetometer 微型磁通量阀门磁强计.

mfo = manifold 多支管,复写本,多方面的.

MFOS = multi-frequency outgoing sender 多频发送器.

MFP = ①mean free path 平均自由行程 ②mixed fission products 混合裂变产物.

MFPG = mixed fission products generator 混合裂变产物发生器.

MFR = ①manufacture(r) 制造(者) ②mean failure rate 平均故障率 ③multi-frequency receiver 多频接收机.

MFS = ①multi-frequency sender 多频记发器,复频发送器 ②multifunction sensor 多功能传感〔探测〕装置.

MFSFU = matt-finish structural facing units 毛面〔无光泽〕饰面构件.

MFSK = multi-frequency-shift keying 多频移键控.

MFSS = missile flight safety system 导弹飞行安全系统.

MFT = multiprogramming with a fixed number of tasks 任务数量固定的多道程序设计.

MG = ①machine-glazed 机制有光的,机器研磨〔砑光〕的 ②machine gun 机关枪 ③make good 补偿,修补,履行,达到,维持 ④mill glazed 铣光的 ⑤mixed grain 混合颗粒,多种粒径的 ⑥motor generator 电动发电机 ⑦multi-gauge 多用规,多用测量仪表.

M-G = motor-generator 电动发电机.

M/G = miles per gallon 英里/加仑.

Mg = ①electromagnet 电磁铁 ②magnesium 镁.

mG = milligauss 毫高斯.

mg = milligram 毫克.

mgal n. 毫伽(利略)(重力加速度单位; = 10^{-3} cm/s^2).

MGC = ①manual gain control 人工增益调整 ②missile guidance and control 导弹制导与控制 ③missile guidance computer 导弹制导计算机.

MGCR-CX = maritime gas-cooled reactor critical experiment 海上气冷反应堆临界试验.

MGD = ①magnetogasdynamics 磁气体动力学 ②million gallons per day 百万加仑/日.

MGE = ①maintenance ground equipment 技术维护地面设备 ②missile ground equipment 导弹地面设备.

mge = mileage 英里数.

MGG = memory gate generator 存储门发生器.

MGI = mobile gamma irradiator 活动式伽玛(γ)辐射器.

mgm = milligram 毫克.

M-GPD = million US gallons per day 百万美国加仑/日(1美国加仑=3.785L).

Mgr = manager 经理.

MGS = missile guidance system〔set〕导弹制导系统

MgS = electromagnetic switch 电磁开关.

m.-g. set = motor-generator set 电动发电机组.

Mg. SP. = magnetic speaker 磁扬声器.

MGSTS = missile guidance system test set 导弹制导系统测试设备.

MgV = electromagnetic valve 电磁阀.

MH = ①magnetic heading 磁航向(方位) ②man-hour(s) 工时 ③medium power homer 中功率寻的设备,中功率归航指点标.

M/H = ①man-hour(s) 工时 ②miles per hour 英里/小时.

mh = ①millihenry (电感单位)毫亨 ②millihour 毫

MHCP =mean horizontal candle-power 平均横向烛光.

MHD =①magnetohydrodynamical 磁流体动力学的 ②magnetohydrodynamics 磁流体(动)力学 ③minimum hemolytic dose 最小溶血剂量.

MHD generator 磁流体发电机.

MHDF = medium and high frequency direction-finding station 中频及高频无线电测向台.

MHF =①medium-high frequency 中-高频 ②mixed hydrazine fuel 混合联氨燃料.

MHHW =mean higher high water 平均高高潮(面).

MHLW =mean higher low water 平均高低潮(面).

mho [mou] *n.* 姆(欧)(电导单位).

mhometer *n.* 姆欧(电导)计.

MH-radio beacon 中功率无线电信标.

M/H/S =miles per hour per second 英里/小时/秒.

mhs =manhours 工时,人时.

MHSCP =mean hemispherical candlepower 平均半球烛光.

MHT =①mean high tide 平均高潮 ②mild heat treatment 适度热处理 ③missile handling trailer 导弹运载拖车.

MHVDF =medium, high, and very high frequency direction-finding station 中频、高频及甚高频无线电测向台.

MHW =mean high water 平均高潮.

MHWI =mean high water lunitidal interval 平均高潮间隔.

MHWN =mean high water neap (tides)小潮平均高潮(面).

MHWS(T) = mean high water springs (tide)大潮平均高潮(面).

MHY =microhenry 微亨(利).

MHz =megahertz 兆赫.

MI =①maintenance instruction 维修说明书 ②malleable iron 可锻〔可展〕铁,韧性铁 ③manual input (防空雷达)地面观测员送入的信号 ④manufacturing inspector 制造检验员 ⑤material inspection 材料检查 ⑥metabolic index 代谢指数 ⑦middle initial(外国姓名的)中间〔第二个〕缩写字母, 中间字首 ⑧military intelligence 军事情报 ⑨mill 铣刀〔床〕, 轧钢机;轧钢车间,工厂;千分之一英寸 ⑩Miller integrator 密勒积分器(利用电子管效应的一种积分电路) ⑪missile industry 导弹工业 ⑫moisture index 水分〔含水量〕指数 ⑬monitor inspection 监督检查 ⑭mutual inductance 互感.

mi =①mile 英里 ②minor 较少〔小,次要〕的 ③minute 分.

M-I bus 存储输入汇流线, 存储(器)输入总线.

MIA = metal interface amplifier 金属界面放大器.

MIAC = material identification and accounting code 材料识别和计算码.

Miami [mai'æmi] *n.* 迈阿密(美国港口).

miargyrite *n.* 辉锑银矿.

miarolit'ic *n.*; *a.* 晶洞(状), 洞隙.

mias'ma [mi'æzmə] (pl. *mias'mata* 或 *mias'mas*) *n.* 空气中微生物、腐败有机物发出的毒气, 瘴气. ~l 或 ~t'ic(al) 或 **mias'mic** *a.*

mias'mata [mi'æzmətə] *n.* miasma 的复数.

MIBK =methyl isobutyl ketone 甲基异丁酮, 甲基异丁基甲酮.

MIC =①micrometer 测微计, 千分尺 ②microphone 扩音器, 送话器 ③microscope 显微镜 ④microwave integrated circuit (ry) 微波集成电路(学) ⑤minimal inhibitory concentration 最小抑菌浓度 ⑥monitoring, identification, and correlation 监视、鉴别和相关 ⑦monolithic integrated circuit 单片式集成电路.

mic = ①microphone. *wireless mic* 无线传声器, 无线麦克风. ②microscopic 显微镜的.

Mic *n.* 米克(= 10^{-6} 亨利的一种电感单位名称).

mi'ca ['maikə] *n.* 云母. *flexible mica* 柔软云母板, 可曲性云母. *high mica* 外突〔高位〕云母. *mica filled moulded product* 充填云母的压模制品. *mica insulation* 云母绝缘. *mica plate* 云母(试)板, 云母片. *mica segment* 〔sheet〕或 *sheet mica* 云母片. *mica splitting* 剥片云母, 云母片剥离.

mi'cabond *n.* 迈卡邦德绝缘材料.

mica'ceous [mai'keiʃəs] *a.* 云母(质, 似, 状)的, 含云母的 ②分层的, 薄板状的 ③闪亮的, 有光彩的.

micaciza'tion *n.* 云母化作用.

mi'cadon ['maikədən] *n.* 云母电容器.

micafo'lium *n.* 胶合云母箔.

micalam'prophyre [maikə'læmprəfaiə] *n.* 云母煌斑岩.

micalex *n.* (压粘)云母石, 云母玻璃.

mi'canite ['maikənait] *n.* 人造云母, 云母(塑胶)板, 胶合(层瓦)云母板, 绝缘石. *micanite plate* 云母板〔片〕.

mica-paper *n.* 云母纸.

mi'carex *n.* (压粘)云母石, 云母玻璃, 云母板.

micarta *n.* (耐酸耐碱衬里用)层状酚塑料, 胶纸板, 胶木, 电木纸, 耐热玻璃.

mica-schist *n.* 云母片岩.

micaiza'tion 或 **micatiza'tion** *n.* 云母化(作用).

mica-slate *n.* 云母板岩.

mica-supported screen 云母衬底屏幕.

mice [mais] *n.* mouse 的复数.

micell(a) [mai'sel(ə)] (pl. *micell'lae*) *n.* 胶束(囊), 胶(质)粒(子), 胶态离子, 胶态分子团, 晶子, 分子组缕, 微胞(团), 巢(橡胶纤维及其他复杂物质的单位结构).

micell'lae [mai'seli:] *n.* micella 的复数.

micellar *a.* 胶束的, 微胞的.

micelle [mi'sel] *n.* = micellae.

Mich'igan ['miʃigən] *n.* (美国)密执安(湖), 密歇根〔密执安〕(州).

mickey ['miki] *n.* 雷达手, 雷达设备. *Mickey Mouse* 米老鼠;陈词滥调, 混乱, 无关重要的(东西, 学院课程);简捷近似法. ▲*take the mickey out of* 杀⋯的威风.

mickey-mouse *n.* 简捷近似法, 陈腔滥调.

mick'le ['mikl] *n.*; *a.* 大量(的), 许多(的). *mickle hammer* 大锤, 碎石锤. *Every little makes a mickle.* 积少成多, 集腋成裘.

MICR = magnetic ink character recognition (reader) 磁墨水字符识别〔阅读器, 读出器〕.

mi'cra ['maikrə] *n.* micron 的复数.

MICRENS = Microbiological Resources Centre for Developing Countries 发展中国家微生物资源中心.

mi′crify ['maikrifai] vt. 缩小(尺寸,意义,价值),缩微.

micro = micrograph 显微照片.

mi′cro ['maikrou] a.; n. ① 微(型,小,量,细,观)的,微的 ② 微米 ③ 百万分之一,10^{-6} ④ 测微计,千分表. micro analysis 微量〔微〕分析. micro bar 微巴. micro circuit chip 微型电路切片. micro corrosion 显微腐蚀. micro crack 微裂. micro crystal 微晶体. micro drive 微(传.驱)动. micro eddy currents 微涡流. micro electrode 微小电极. micro filming 显微〔缩微〕胶卷. micro flaw 发裂纹. micro flip-flop 微型(双稳态)触发电路. micro gel 微凝胶. micro H 微 H 图形无线电导航法. micro honer 微型珩磨头. micro inverse 微梯度(曲线,电极系测井). micro laterolog 横向〔微侧向,微电极系横向〕测井. micro micro ammeter 微微安培计. micro module (package) 微型组件、超小型器件. micro plasma welding 微束〔微弧〕等离子焊接. micro screw 测微螺旋. micro segregation 微量离析. micro slide (显微镜的)载物片. micro strip 微波传输带. micro structure 显微〔微观〕组织. micro test 显微〔高倍〕检验. micro wax 微晶石蜡. micro welding 显微焊.微型焊接. micro wire 细〔悬〕丝.

micro- 〔词头〕微(量),小,细,百万分之一,10^{-6},显微,扩〔放〕大.

micro-absorption n. 微(量)吸收.

microacoustic system 微声系统.

mi′croadd v. 微量填加〔添加〕.

mi′croadjuster [maikrouədʒʌstə] n. 微量调整器,测微〔精密〕调节器,精调装置.

microadjust′ment n. 微量〔测微〕调整,精(密)调(整).

microaerophilic a. 微需氧的. microaerophilic bacteria 微氧性细菌.

microafter-shock n. 微余震.

mi′croal′loy ['maikro(u)'æloi] n. 微(量)合金.

microam′meter n. 微安(培)计,微安表.

mi′croamp 或 **mi′croam′pere** ['maikrə'æmpɛə] n. 微安(培).

micro-ampere-meter n. 微安计.

microanaerobic a. 微厌氧(性)的.

microanalyser = microanalyzer.

microanal′yses [maikrouə'nælisi:z] n. microanalysis 的复数.

microanal′ysis [maikrouə'nælisis] (pl. microanal′yses) n. 微量〔显微〕分析,微量化学分析.

microanalyt′ic(al) [maikrouænə'litik(əl)] a. 微量分析的.

microan′alyzer n. (电子探针)微量分析仪(器),显微分析器.

microanaphoretic a. 微量阴离子电泳的.

microangiog′raphy n. 微血管照相术.

microaphanit′ic n. 显微隐晶质.

micro-application manual 微应用手册.

microar′chitecture n. 微体系结构.

micro-assem′bly 微条集,微组合.

micro-at′mosphere n. 微小气候.

microautog′raphy n. 显微放射自显影术.

microautora′diogram n. 显微放射自显影照相.

microautora′diograph n. 微射线自动照相(机).

microautoradiograph′ic a. 微射线自动照相的.

microautoradiog′raphy n. 微射线自动照相术.

microbacillary a. 细菌的,杆菌的.

microbacte′rium (pl. *microbate′ria*) n. 微生物,细杆菌.

microbal′ance ['maikro(u)bæləns] n. 微量天平,微量秤.

microballoon′ n. 微球.

mi′crobar n. 微巴(压强单位,=1 达因/厘米^2).

mi′crobarn n. 微靶恩.(μb).

microbarogram n. 微气压记录图.

microbar′ograph ['maikrə'bærəgræf] n. (自记)微(气)压计,(精)微(气)压记录器. ~ ic a.

microbarom′eter n. 微(精测)气压计,微气压记录表.

mi′crobe ['maikroub] n. 微生物,细菌.

mi′crobeam ['maikro(u)bi:m] n. 微光束.

micro′bial [mai'kroubiəl] 或 **micro′bian** 或 **micro′bic** a. 微生物的,(因)细菌(而引起)的.

microbibliog′raphy n. 缩微目录.

microbicidal a. 杀菌剂的.

micro′bicide [mai'kroubisaid] n. 杀菌剂,杀微生物剂.

microbioassay n. 微生物测定.

microbiolog′ic(al) [maikroubaiə'lɔdʒik(əl)] a. 微生物(学)的.

microbiol′ogist n. 细菌(微生物)学家.

microbiol′ogy [maikroubai'ɔlədʒi] n. 细菌(微生物)学.

micro′bion [mai'kroubiən] n. 微生物.

microbiona′tion n. 细菌〔微菌〕接种.

microbiophagy n. 微生物噬菌作用.

microbi′oscope n. 微生物显微镜.

microbiot′ic n. 抗生素.

mi′crobody n. 微体.

microbond′ing [maikrou'bɔndiŋ] n. 微焊.

mi′crobore n. ① 微孔,小孔 ② 微(微)调刀头,精密(微调)镗刀头.

microboring head 精密(微调)镗刀头.

microbranch address 微转移地址.

microbrownian a. 微布朗的.

microburette n. 微量滴定管.

mi′cro-burner n. 微(焰)灯,小型本生灯〔燃烧器〕.

mi′crobus ['maikro(u)bʌs] n. 微型公共汽车.

microcache n. 微程序缓冲中存储器,微程序缓存.

mi′crocal(l)ipers ['maikroukælipəz] n. 千分尺,测微计〔器〕. vernier microcallipers 游标千分尺.

microcalorie n. 微卡,10^{-6}卡.

microcalorim′eter n. 微热量计.

microcalorim′etry n. 微量量热学,微(观)量热法.

mi′crocam n. 微型凸轮.

microcam′era n. 微型照相机.

microcanon′ical a. 微正则的.

microcapil′lary n. 微(毛)细管.

mi′crocard ['maikroukɑ:d] n. 缩微(印)卡,显微卡,阅微照相片.

microcar′tridge n. 微调镗刀,微调夹头,微动卡盘.

microcataphoret′ic a. 微量阳离子电泳的.

microcator n. 指针测微计,弹簧头测微器.

microcausal'ity n. 微观因果性.
microcav'ity n. 微(型空)腔.
microcentric grinder 由电磁圆板驱动和二块支承瓦支持工件的(轴承环滚道)特种无心磨床.
micro-chad n. 微查德(等于10^{10}中子/米^2/秒).
microchar'acter n. 显微划痕硬度(试验)计.
mi'crochecker n. (杠杆式)微米校验台,微动台.
microchem'ical [maikrou'kemikəl] a. 微量化学的.
microchemical-analysis n. 微化分析,微量(化学)分析.
microchem'istry [maikrou'kemistri] n. 微量[痕量]化学.
micro-chilling n. 微粒激冷(法),粉粒细化晶粒(法)(在钢液中加入金属粉粒使金属细化).
mi'crochronom'eter ['maikroukrə'nɔmitə] n. 精密〔测微〕时计,测微计时表,瞬时计,微计时器.
microcinematog'raphy n. 显微电影术,显微电影摄影〔照相〕术.
mi'crocir'cuit ['maikro(u)'sə:kit] n. 微型电路.
mi'crocir'cuitry ['maikro(u)'sə:kitri] n. 微型电路学〔技术〕.
microclas'tic n.; a. 细屑质,微碎屑状的.
microclean'liness n. 显微清洁(度).
mi'croclimate ['maikrouklaimit] n. 小〔微〕气候,小环境气候.
microclimat'ic a.
microclimatol'ogy n. 微〔小,应用〕气候学.
mi'crocline n. 微斜长石.
micrococ'cus [maikrə'kɔkəs] (pl. micrococ'ci) n. 球(状细)菌,小球菌属.
mi'crocode n. 微编码[指令,程序设计],微(操作)码.
mi'crocollar n.
microcolorim'eter n. 微量比色计.
microcolorim'etry n. 测微比色法.
microcombustion method n. 微量燃烧法.
microcommu'nity n. 小群落.
mi'crocompu'ter ['maikro(u)kəm'pju:tə] n. 微型电子计算机. microcomputer bipolar set 一套双极型微计算机电路.
microconcrete n. 微粒混凝土.
microcone penetrometer 微型针入度计.
microconstit'uent n. 微量成份,微观组份.
microcon'text n. 最小上下文.
microcon'trast n. 显微衬比.
microcontrolled modem 微控制调制解调器.
mi'crocopy ['maikroʊkɔpi] Ⅰ n. 显微〔缩微〕照片,缩影印刷品. Ⅱ vt. 显微照相,缩影印刷,缩微复制.
microcorro'sion n. 微〔显微,微观〕腐蚀.
mi'crocosm ['maikro(u)kɔzəm] n. 小天地,微观世界,缩图〔影〕.
microcos'mic [maikro(u)'kɔzmik] a. 小天地的,微观世界的,缩图的. microcosmic bead 磷酸盐珠. microcosmic salt 磷酸盐,磷酸氢铵钠.
microcosmos [maikrou'kɔzməs] n. =microcosm.
microcoulomb n. 微库(仑).
microcoulombmeter 或 microcoulom'eter n. 微库仑计,微电量计.
microcoulom'etry n. 微库仑分析法,微库仑滴定法.
mi'crocrack n.; v. 显微(微小)裂纹,微观裂缝,微裂点,产生微裂纹.
mi'crocrazing n. (陶瓷型烘烤时的)显微裂纹.
mi'crocrith ['maikrəkriθ] n. (作为单位的)氢原子量,微克立方(一个氢原子).
microcryptocrys'talline n.; a. 微隐晶(质,的).
microcrys'tal [maikrə'kristl] n. 微晶(体).
microcrys'talline ['maikro(u)'kristəlain] n.; a. (显)微晶(质)(的),微晶状[体]的.
microcrys'tallite n. 微晶(粒).
microcrystallog'raphy n. (显)微(结)晶学,微观晶体学.
microcrystalloscop'ic n. 微晶学内.
mi'croculture n. ①小文化区 ②微生物体或组织等的培养.
microcu'rie [maikrə'kjuəri] n. 微居里, 10^{-6} 居里.
micro-cyclone n. 小气涡.
microdensitom'eter [maikrədensi'tɔmitə] n. 微(量)密度计,显微(微观)光密度计,微显像调密度计.
microdensitom'etry n. 微量黑度测量法.
mi'crodetec'tion ['maikroudi'tekʃən] n. 微量测定.
mi'crodetec'tor ['maikroudi'tektə] n. 微量(微动)测定器,灵敏电流计.
microdetermina'tion n. 微量测定(法).
microdiagnos'tics n. 微诊断法,微诊断程序.
mi'crodial n. 精密刻[标],分度盘.
micro-dictionary n. 小型词[辞]典.微型词典.
microdiecast n. 精密压铸.
microdiffrac'tion n. 微衍射.
microdilatom'eter n. 微膨胀计.
microdimen'sional a. 微尺寸的.
microdisk transistor 微型晶体管.
microdisper'soid n. 微胶分散胶体.
mi'crodissec'tion ['maikroudi'sekʃən] n. 显微解剖(法).
mi'crodist(ancer) n. 精密测距仪.
mi'crodot ['maikro(u)dɔt] Ⅰ a. 微粒的. Ⅱ n. 缩微照片.
micro-drill v. 微型打孔,微量钻削.
micro-drive v.; n. 微(小驱)动.
microdrum n. 微分筒,测微鼓.
microecol'ogy n. 小区域生态学.
micro-economic model 小(范围)经济模型.
mi'croeffect n. 微观[微量]效应.
micro-elastom'eter n. 测微弹性仪.
microelec'trode [maikroui'lektroud] n. 微观电极.
microelectrolyt'ic a. 微量电解的.
microelectron'ic a. 微电子(学)的,超小型电子的. microelectronic reliability 微型电路可靠性.
microelectron'ics ['maikro(u)ilek'trɔniks] n. 微[超小型]电子学,微电子技术.
microelectrophoresis n. 微电泳.
microel'ement [maikrə'elimənt] n. 微[超小]型元件,微型组件,微量元素.
microencapsula'tion n. 微囊法(包装).
microenergy switch 微动开关,微量转换开关.
micro-estima'tion n. 微量测定(法).
mi'croetch n.; v. 微(刻)蚀.
microevolu'tion n. 短期进化.
microexamina'tion n. 微观研究[检验,观察],显微检验.
microexudate n. 渗出物薄层.
mi'crofar'ad ['maikro(u)'færəd] n. 微法(拉), 10^{-6} 法拉.
microfaradmeter n. 微法拉计.

mi′crofeed v.; n. 微量进给[走刀], 微动送料.
microferrite n. 微波铁淦氧.
mi′crofiber 或 **microfibril** n. 微纤维.
mi′crofiche [′maikro(u)fi:ʃ] n. 显微照相卡片(4×6英寸卡片上有6×12帧面显微照相), 缩微胶片, 缩微)平片. *microfiche system* 微型记录系统.
mi′crofield n. 微场, 微指令段.
mi′crofilm [′maikrəfilm] Ⅰ n. 显微胶片[影片], 缩微影片[照片], 缩微(照相)卡片, 缩微(微型)胶卷, 微薄膜. Ⅱ vt. 缩小摄影, 把…摄成缩影胶片. *microfilm processor* 缩微胶片现象器. *microfilm reader* 缩微阅读器. *microfilm recorder* 缩微(胶片, 影片)摄影机, 缩微胶片记录器.
mi′crofilmer n. 缩微电影摄影机.
microfilmog′raphy n. 缩微胶卷目录.
micro-filtra′tion n. 超滤(作用).
mi′crofin′ishing n. 精密磨削, 精滚光.
mi′crofis′suring n. 微裂缝.
microflare n. 微喷发, (太阳的)次耀斑.
micro-flaw n. 发裂纹, 显微裂纹.
microflip-flop n. 微型触发电路.
microflora n. 微生(植)物群落[区系].
microfluidal a. 微流态学.
microfluorom′eter n. 显微荧光计.
microfluorophotom′eter n. 显微荧光光度计.
mi′croflute n. 微[小]槽.
microfluxion n. 微流结构.
microfocus v. 显微显焦.
microforge n. 显微拉制仪.
mi′croform [′maikrəfɔ:m] n.; vt. 缩微(过程, 复制), 缩微印刷品[复制品, 材料]. *microform display device* 微型显示装置.
mi′croformer n. 伸长计(测伸长率用).
microfractog′raphy n. 显微断谱学, 断口显微照相术.
micro-fuse n. 细(微型)保险丝.
microfu′sion n. 显微熔化.
mi′crogap n. 微(间)隙.
microgas′burner n. 微(型)煤气灯.
micro-gasifica′tion 微气泡.
micro-geomorphol′ogy n. 微地形学.
microglobulin n. 小球蛋白.
mi′crogram [′maikro(u)græm] n. 微克(重量单位), 10^{-6}, (μg.); 显微(微观)图.
microgram-atoms n. 微克原子.
mi′crogramme =microgram.
microgran′ular a. 微晶粒状的.
mi′crograph [′maikrəgrɑ:f] n. 显微[缩微]照片, 显微(微观)图, 显微传真电报, 缩写器, 微动描记器, 显微放大器.
micrograph′ic [′maikrə′græfik] a. 微相(照相)的. *micrographic test* 显微检验.
micrograph′ics n. 缩微制图工业, 缩微制图材料的生产.
microg′raphy [mai′krɔgrəfi] n. 显微照相[绘图], 缩微照相术, 显微检验, 缩写.
mi′crogrid n. 微网[栅, 格], 微细网眼.
mi′crogroove [′maikro(u)gru:v] n.; a. 密纹(的), 密纹唱片.
micro-H n. 微-H 圆形无线电导航法.

mi′crohardness [′maikrəhɑ:dnis] n. 显微硬度.
microheight gauge 高度千分尺.
microhen′ry [maikrə′henri] n. 微亨(利), 10^{-6} 亨(利).
mi′crohm [′maikroum] n. 微欧(姆), 10^{-6} 欧(姆), μΩ.
microhol′ograph n. 微型全息照相.
microholog′raphy [maikrəhə′lɔgrəfi] n. 微型[显微]全息照相术.
microhoning n. 精珩磨.
microim′age Ⅰ a. 录在胶片上的. Ⅱ n. (录在胶片上的)微像(记录), 缩微影像, 微像. *micro image data* 录在胶片上的(微像)数据.
mi′croinch [′maikrouintʃ] n. 百万分之一英寸, 微英寸, 10^{-6} 英寸. *microinch finishing* 光制, 精加工.
microin′dicator n. (测)微指示器, 指针测微器, 纯杠杆式比较仪, 米尼表, 米尼测微仪.
microinhomogeneities n. 微观不均匀性.
microinstabil′ity n. 微(观)不稳定性, 动力论不稳定性.
microinstruc′tion n. 微程序[指令].
microin′strument n. 显微(操作)器具.
micro-interferometer n. 显微干涉仪, 干涉显微镜.
microionophoretic a. 微离子漂移的.
micro-irradia′tion n. 微束照射.
mi′crolamp n. 微灯, 显微镜(中照明)用灯, 小型人工光源.
microlaterolog n. 微侧向测井.
microlayer transistor 微晶体管.
microlens n. 微距镜.
microle′sion n. (微)小损伤.
micro-level n. 微级.
mi′crolite [′maikrəlait] n. 细晶石(钽烧绿石), (pl.) 微晶.
microliter n. =microlitre.
mi′crolith [′maikrouliθ] n. 微晶, 细小石器.
microlith′ic [maikro(u)′liθik] 或 **microlit′ic** [maikrə′litik] a. 微晶的, 细石器的.
mi′crolitre [′maikro(u)′li:tə] n. 微升, 10^{-6} 立升, μl.
Microlock¹ n. 丘辞特导弹制导系统.
microlock² n. 卫星遥测系统, 微波锁定[锁相]. *microlock station* 微波锁定[锁相]遥测站.
microlog n. 微电极测井. *microlog continuous dipmeter* 连续式微电极测斜仪.
microlog′ic n.; a. 微逻辑(的).
micrologic-dot n. 微逻辑点.
microl′ogy [mai′krɔlədʒi] n. 微元件学, 显微(科)学.
mi′crolug n. 球化率快速测定试棒.
mi′crolux n. ①微勒(克司)(照度单位, 10^{-6} 勒) ②杠杆式光学比较仪[长]度.
microm n. 微程序只读存储器.
micro-machine n. 微型电机, 微型机械.
micromachining n. 微型机制, 微切削加工.
micromag n. 一种直流微放大器.
micromagnetom′eter n. 显微磁强力仪, 测微强磁计.
micromanipula′tion n. 显微操纵[操作], 精密控制.
micromanip′ulator [maikrəmə′nipjuleitə] n. 显微[微观]操纵器, 精密控制器, 显微操作设备(超小型电子管的显微装配设备), 显微检验装置, 小型机械

micromanom′eter [maikrəmə′nɔmitə] *n.* 精ă…ƒæµèƒ压力计，微气压计，微压力表[计]，测微压力[计].

microma′tion *n.* 微型器件制造法，微型化工艺，缩微化.

microma′trix [maikrə′meitriks] *n.* 微矩阵(变换电路).

micromechan′ics *n.* 微观力学.

mi′cromech′anism ['maikro(u)'mekənizəm] *n.* 微观机构.

micromerigraph *n.* 空气粉尘粒径测定仪.

micromerit′ic *a.* 微晶粒状(的)，粉末状的.

micromerit′ics [maikro(u)mi′ritiks] *n.* ①测微学，微晶(粒)学,微尘学,粉末工艺学,粉体(粒,流)学 ②微标准学.

mi′cromesh *n.* 微孔(筛).

micrometeor *n.* (望远镜未能观测到的)微流星.

mi′crome′teorite ['maikro(u)'mi:tjərait] *n.* 微陨石[陨星]，陨石陨粒，陨[流]星,宇宙尘.

mi′crome′teoroids *n.* 微陨星体,微宇宙尘.

micrometeorol′ogy *n.* 微气象学.

microm′eter [mai′krɔmitə] Ⅰ *n.* ①测微器(计,表)，千分尺,千分卡(尺),测距器,(光学)小角度测定仪 ②微米,10^{-6}米. Ⅱ *vt.* (显)微测(量). *air micrometer* (测量千分之一毫米的)气动测微计. *flying micrometer*【轧】飞测千分尺. *inside* [*outside*] *micrometer* 内径[外径]千分尺. *micrometer calipers* 千分(卡)尺,千分卡规,螺旋测径器,测微计. *micrometer depth gauge* 深度千分尺,深度千分卡规. *micrometer dial* 测微仪(表),千分,千分刻度盘. *micrometer eyepiece* 测微目镜. *micrometer gauge* 测微规. *micrometer head* 测微头,千分卡头. *micrometer microscope* 测微显微镜. *micrometer ocular* 测微目镜. *micrometer screw* 测微螺旋,千分丝杠. *micrometer slide caliper* 测微滑动卡尺. *micrometer spindle* 微米轴. *micrometer stand* 千分尺座. *micrometer tooth rest* 测微支齿点. *pneumatic micrometer* 气动千分尺,气动测微仪. *removal lens micrometer* 移镜器分筒. *spiral micrometer* 螺旋测微计,螺旋读数显微镜.

micrometer-driven tuning mechanism 测微计调谐机构.

micrometering *n.* (显)微测(量),测微数量.

micromethod *n.* 微量(测定)法.

mi′cromet′ric(al) ['maikro(u)'metrik(əl)] *a.* 测微(术)的.

microm′etry [mai′krɔmitri] *n.* 测微法,测微数量.

micromho *n.* 微姆(欧),10^{-6} 姆(欧).

mi′cromi′cro ['maikrə'maikrə] *n.* 皮,10^{-12}.

micromicroam′meter *n.* 皮安培计.

micromicrofarad *n.* 皮法(拉),10^{-12} 法(拉).

micro-microgram *n.* 皮克,10^{-12} 克.

micromicron *n.* 皮米,10^{-12} 米.

mi′cromil ['maikromil] *n.* 纳米,毫微米.

micromil′limeter 或 **micromil′limetre** ['maikrou'milimi:tə] *n.* 纳米,10^{-9} 米.

micromin′iature *a.* 超小型的,微型的. *microminiature tube* 超小型电子管,微型管.

microminiaturisa′tion = **microminiaturiza′tion**.

microminiaturiza′tion 或 **microminiaturisa′tion** [maikrəminjətʃəri′zeiʃən] *n.* 超小型化,微型化.

micromin′iaturize 或 **micromin′iaturise** [maikrə(u)′minjətʃəraiz] *v.* 超小型化,微型化.

micromodular program 微模程序.

micromod′ule [maikrə′mɔdjuːl] *n.* 微型组(元,器)件,超小型器(组)件,微模. *micromodule electronics* 微模电子学. *micromodule equipment* 微型装置[组件].

micromorphol′ogy *n.* 微观形态学,微形态结构[分析].

micromo′tion *n.* 微(移)动,分解动作.

mi′cromotor ['maikro(u)moutə] *n.* 微型马达(电动机).

micromo′toscope [maikrə′moutəskoup] *n.* 显微电影摄影机,微动摄影装置.

micromuta′tion *n.* (微)小突变,基因突变.

mi′cron ['maikrɔn] (pl. *mi′cra*) *n.* ①公丝,微米,10^{-6} 米 ②百万分之一 ③微子,微粒,直径$0.2\sim10\mu$ 的胶状微分子. ④微汞柱($= 10^{-3}$ 毛). *micron hob* 小模数滚刀. *micron micrometer* 千分尺. *micron order* 精密级.

mi′croneedle *n.* 微针状体,(显)微针.

Microne′sia [maikrə′niːʒə] *n.* 密克罗尼西亚群岛.

Microne′sian Ⅰ *n.* 密克罗尼西亚人(语). Ⅱ *a.* 密克罗尼西亚的.

micronex *n.* 气炭黑,槽法炭黑.

micronic element 微粒(质)滤清元件.

microniser = **microniser**.

microniza′tion [maikrənai′zeiʃən] *n.* 微粉化.

mi′cronize ['maikrənaiz] *vt.* 使微粉化,使成为微小粒子.

micronizer *n.* 声速喷射微粉机,超微粉碎机,微粉[喷射式]磨机.

micronormal *n.* 微电位(曲线,电极系测井).

micronu′cleus *n.* 小核,微核.

micronu′trient ['maikro(u)′njuːtriənt] *n.* 微量营养(元)素.

mi′croobject *n.* 显微样品.

microobjec′tive *n.* 显微物镜.

micro-ohm *n.* 微欧(姆),10^{-6} 欧(姆).

micro-ome′ga *n.* 微奥米伽(定位系统).

microopera′tion *n.* 微操作.

micro-orange-peel pattern 微桔皮状(表面)(外延生长表面不良之一种).

microorgan′ic *a.* 微生物的.

microor′ganism [maikrə′ɔːɡənizm] *n.* 微生物,细菌.

micro-oscilla′tion *n.* 微振动,微观波动.

microoscillograph *n.* 显微(测微,微型)示波器.

microosmom′eter *n.* 微渗(透)压(强)计.

micropaleontol′ogy *n.* 古微生物学.

micropar′ticle *n.* 微(观)粒(子).

micropegmatit′ic *a.* 显微伟晶的.

microphenom′enon [maikro(u)fi′nɔminən] *n.* 微观现象.

mi′crophone ['maikrəfoun] *n.* 扩音[传声,微音,送话]器,麦克风,话筒. *microphone disturbance* 传声器干扰效应,颤噪效应. *microphone effect* 颤噪[微

音,传音器〕效应. microphone transmitter 送话器.

mi′crophon′ic ['maikrə'fɔnik] *a.* 扩音〔传声,微音,送话〕器的,颤噪的. microphonic bars 颤噪效应引起的图像上的条纹. microphonic effect 话筒〔颤噪,微音〕效应. microphonic noise 颤噪〔微音〕噪声,传声器效应引起的杂音.

microphonic′ity *n.* 颤噪效应引起的噪声,颤噪声.

microphon′ics *n.* 颤噪效应,颤噪声,微音扩大学〔术〕.

mi′crophonism ['maikrəfounizm] *n.* 传声〔送话〕器效应,颤噪效应,颤噪声.

micropho′noscope [maikro'founəskoup] *n.* 微音听诊器,扩音听筒.

microphony *n.* 颤噪效应,颤噪声.

microphoresis *n.* 微量电泳.

mi′crophoto *n.* 显微照相.

microphotocopy *n.* 显微卡,阅微相片.

microphotodensitom′eter *n.* 微(光〔像〕)密度测定器.

microphotoelec′tric *a.* 微光电的.

microphotogram *n.* 缩〔显〕微照相图,分光光度图,显微传真电报.

microphotogrammetry *n.* 分光光度术.

micropho′tograph [maikrə'foutəgra:f] I *n.* 缩〔显〕微照相〔照片〕,缩微胶卷,显微镜传真. II *vt.* 把...拍摄成显微〔缩微〕照片. ~ic *a.*

microphotog′raphy [maikrəfə'tɔgrəfi] *n.* 缩〔显〕微照相术,显微照片术,显微印片,显微晒印法.

microphotolithographic technique 显微光刻技术.

microphotom′eter [maikrəfə'tɔmitə] *n.* (测,显)微光度计.

microphotomet′ric *a.* (测,显)微光度计的.

microphotom′etry *n.* 微光度术.

microphys′ical *a.* 微观物理的.

microphys′ics *n.* 微观(微粒)物理(学).

micropipet′(te) *n.* 微量吸移管,微量滴管.

mi′croplas′ma ['maikro'plæzmə] *n.* 微等离子区〔体〕.

microplastom′eter *n.* 微(量)塑性计.

micropoikilit′ic *a.* 微嵌晶状的.

micropolarim′eter *n.* 测微偏振计.

micropolariscope *n.* 测微偏振镜,偏(振)光显微镜.

micropollu′tion *n.* 微量污染.

mi′cropore *n.* 微孔.

microporos′ity *n.* 微孔(性,率),(显微)缩松,显微疏松,微管,微裂缝.

micropo′rous ['maikro(u)'pɔ:rəs] *a.* 微孔性的,多微孔的. microporous plastic sheet 微孔塑料薄膜.

microporphyrit′ic *a.* 微斑状.

microposit′ion *vt.* 微定位.

micropot 或 **micropotentiom′eter** *n.* 微电位计.

mi′cropowders *n.* 微细研磨粉,超细粉.

mi′cropower *n.* 微(小)功率.

mi′cropres′sure *n.* 微压.

mi′croprint ['maikrəprint] *n.* 缩微印刷品,显微印制卡.

microprinted circuit 微型印刷〔印制〕电路.

mi′croprism *n.* 微棱镜.

mi′croprobe *n.* 显(微)探针. microprobe technique (电极)探微技术.

mi′croprobing *n.* 微区探查.

mi′croprocess *n.* 微观过程.

mi′croprocessor *n.* 微信息处理机,微型计算机.

microprocessor-based programmer 采用微处理机的程序编制机.

micropro′gram(me) [maikrə'prougræm] *v.* ; *n.* 微程序(设计,控制). microprogram unit 微程序部件.

microprogrammabil′ity *n.* 微程序控制的,可编微程性.

micropro′grammable *a.* 微程序控制的,可编程的.

micropro′grammed *a.* 用微程序控制的.

micropro′grammer *n.* 微程序设计员〔编制器〕.

micropro′gramming *n.* 微程序(设计,控制).

microprojec′tion *n.* 显微映像(投影).

microprojec′tor [maikroupro'dʒektə] *n.* 显微映像〔投影〕器,显微幻灯,显微放映机.

micropsy *n.* 视物显小症(所见物体比实物小的一种幻觉).

micropub′lishing *n.* 缩微复制品出版业务,缩微出版工作.

micropulsa′tion *n.* 微脉动.

mi′cropulser 或 ['maikro'pʌlsə] 微(矩形)脉冲发生器.

micropul′verizer *n.* 微粉磨机.

mi′cropunch *v.* 微穿孔.

mi′cropuncture *n.* 微孔,显微穿刺术.

micropyle *n.* 珠孔.

micropyromerides *n.* 细粒石英.

mi′cropyrom′eter ['maikroupaiə'rɔmitə] *n.* ①精测(微,微型,小型)高温计 ②微温计,微小发光体(发热体)测温计.

mi′croquartz *n.* 微石英.

microradiautog′raphy *n.* 显微放射自显(影)术.

microra′diogram *n.* 显微射线照相.

microra′diograph [maikro(u)'reidio(u)gra:f] *n.* 显微射线照相,X 射线显微照相〔照片〕,X 光照相检验. ~ic *a.*

microradiog′raphy [maikro(u)reidi'ɔgrəfi] *n.* 显微射线照相术,显微放射显影术,X 射线显微照相术,X 光照相检验(法).

microradiom′eter *n.* 显微(微量)辐射计.

mi′croray ['maikro(u)rei] *n.* 微波,微射线.

microreac′tion *n.* 显微(微量,细微)反应.

mi′croread′er ['maikro(u)'ri:də] *n.* 显微阅读器.

microrecip′rocal degree (色温的英制单位)迈尔德.

mi′crorecord *n.* 缩微复制文献.

microrecor′ding *n.* 微记录,缩微文献复制术.

mi′crore′lay ['maikro'ri:lei] *n.* 微动继电器.

microrelief′ *n.* 微(域)地形,小地形,微(地形)起伏.

micro-reproduc′tion *n.* 缩微复制(品).

microresistivity log 微电阻率测井.

microresis′tor *n.* 微电阻器.

micro-respirometer *n.* 微量呼吸器.

micro-rheol′ogy *n.* 微观流变学.

micro-ribbon connector 微矩型插头座.

micro-ro(e)ntgen *n.* 微伦琴,10^{-6} 伦琴.

microroutine *n.* 微例(行)程(序).

microrutherford *n.* 微卢(瑟福),10^{-6} 卢.

micros = ① **micro-safety burner** 安全微灯 ② **microscopy** 显微术,显微镜检查法.

mi′croscale *n.* 微量,微刻(尺,标)度,小规模.

mi′croscan ['maikrəskæn] *v.* 细光栅扫描,显微扫描.

mi′croscope ['maikrəskoup] n. 显微镜,微观. *examine M through a (powerful) microscope* 用(高倍)显微镜检查 M. *flying spot microscope* 飞点扫描电视显微镜. *microscope camera* 显微照相机. *microscope carrier* [stage] 显微镜载物台. *observe M under a microscope* 在显微镜下观察 M.

microscope-viewed a. (利用)显微镜观察的.

microscop′ic(al) [maikrə′skɔpik(əl)] a. 显微(镜)的,极(细)微的,微观的,高倍(放大)的,用显微镜可见的. *microscopic capacity change detecting circuit* 微容量变化检测电路. *microscopic examination* [test] 金相试验,微观〔显微(镜)〕检验. *microscopic stresses* 显微应力.

microscop′ically ad. 用显微镜,显微镜下,显微地.

micros′copist n. 显微镜工作者.

micros′copy [maikrə′skɔpi] n. 显微(技)术,显微(镜)学,显微镜检查(法).

mi′croscratch n. 微痕.

microscreen n. 微孔筛网.

mi′cro-script n. 微书手稿.

mi′crosec′ond ['maikrə′sekənd] n. 微秒, 10^{-6} 秒. *microsecond meter* 微秒表.

microsec′tion [maikrə′sekʃən] n. (显微)磨[薄,切]片,(显微)镜检(查)用薄片,金相切片,显微断面.

microsegrega′tion n. 显微〔微观,树枝状,枝晶间〕偏析,微观分凝.

mi′croseism ['maikrəsaizm] n. 微震,脉动. ~**ic(al)** a.

microseismic′ity n. 微震活动性.

microseismogram log 微地震测井.

microseis′mograph [maikrə′saizməgra:f] n. 微(动)计.

mi′croseismol′ogy ['maikrə(u)saiz′mɔlədʒi] n. 微震学.

microseismom′eter [maikrəsaiz′mɔmitə] n. 微震计.

microseismom′etry [maikrousaiz′mɔmitri] n. 微震测定法.

mi′crosensor n. 微型传感器.

mi′croshrinkage n. 显微缩孔.

mi′crosize n.; v. 微型,微小尺寸,自动定寸. *gauge microsize* 自动定寸.

mi′croslide n. 显微镜载片〔承物玻璃片〕.

microsnap gauge 手提式卡规.

mi′crosoftware n. 微软件.

microsoliffluc′tion n. 微泥流,微土溜.

mi′crosome ['maikrəsoum] n. 微(粒)体.

mi′crosound n. 微声. *microsound scope* 微型示波器,小型测振仪.

microspec function 特定微功能,微专用功能.

microspectrofluorim′eter n. 显微荧光分光计.

microspectrom′etry n. 显微测谱术,显微光谱学.

microspec′troscope [maikrə′spektrəskoup] n. 显微分光镜(附有分光镜的显微镜,或附有显微镜的分光镜).

microspectros′copy n. 显微光谱学,显微测谱术,显微光谱分析.

microspher′ic a. 微球状的.

microspherulit′ic a. 微球粒状的.

mi′crospike n. 微端丝.

mi′crospindle n. 千分螺杆,千分尺轴.

mi′crospot n. 微黑子.

mi′crostat n. 显微镜载物台.

mi′crostate n. 微观状态.

mi′crostep n. 微步(进).

mi′crostone n. 细粒度油石.

mi′crostoning n. 超精加工.

mi′crostrain n. 微应变,微小变形.

mi′crostrainer n. 微滤[器],微孔滤网,微量滤器.

mi′crostress n. 微应力.

mi′crostrip n. 微波传输带(微波不对称开路传输线),微带(线),缩微胶卷. *microstrip line* 微(波)带(状)线路.

mi′crostroke n. 微动行程.

microstruc′tural n. 显微〔微观,微型〕结构的.

mi′crostructure ['maikrəstrʌktʃə] n. 显微〔微观,微型,微晶〕结构,显微〔微观〕组织,显微构造.

microsubroutine n. 微子程序.

microsur′gery n. 显微外科学,显微手术法.

mi′croswitch ['maikrəswitʃ] n. 微动〔微型,小型〕开关.

mi′crosyn ['maikrəsin] n. 精密自动同步机,微型同步机,微动(自动)同步(线圈)器.

mi′crosystem n. 微型系统,微观体系.

microtactic′ity n. 微观规整性.

mi′crotape n. 缩微胶卷条带.

microtasim′eter n. 微压计.

microtechnic n. 精密〔显微〕技术.

microtechnique n. 微〔显微〕技术.

microtel′ephone n. 小型〔微型〕话筒.

micro-tel′escope n. 显微望远镜.

micro-tel′evision n. 微型〔袖珍〕电视(接收机).

microtensiom′eter n. 测微张力计.

mi′crotest ['maikrətest] n. 精密试验.

mi′crotext n. 缩微文本,缩微版.

mi′crotherm n. 低温(植物).

microthermistor n. 微热敏电阻.

microthermoluminescent dosimeter 微热释光剂量计.

microthermom′eter [maikrəθə:′mɔmitə] n. 微〔精密〕温度计.

micro-titra′tion n. 微量滴定(法).

microtitrim′etry n. 微量滴定法.

mi′crotome ['maikrətoum] n. 检镜用薄片切断器,检镜用刀,切片刀,(薄片)切断机,(切片机)切片. *microtome section* (切片机)切片. *microtom′ic(al)* a.

microt′omy [mai′krɔtəmi] n. 检镜用薄片切断术,(显微)切片技术.

microtonom′eter [maikrətə′nɔmitə] n. 微测压计.

microtranspar′ency n. 透明的缩微复制品.

mi′crotron ['maikrətrɔn] n. 电子回旋加速器.

microtron′ics [maikrə′trɔniks] n. 微电子学.

mi′crotube n. 微型管.

microtubule n. 微管(丝).

microtur′bulence n. 微湍(流),微小涡动.

mi′crotwinning n. 微孪晶.

mi′cro-unit n. 微量单位.

mi′crouniverse n. 微观世界.

microvaria′tion n. 微变化,小扰动.

microvariom′eter n. 微型变感器.

microvibrograph n. 微震计.

microvilli n. 微小突起物.
microviscom'eter 或 **microviscosim'eter** n. 微粘度仪〔计〕,微型粘度计.
mi'crovoid n. 微孔.
mi'crovolt ['maikrəvoult] n. 微伏(特), 10^{-6} 伏(特).
microvoltam'eter n. 微库仑计,微电量计.
mi'crovolter n. (音频交流)微伏计.
microvoltom'eter n. 微伏(特)计.
microvolu'tion n. 微观进化.
microwarm stage 显微熔融加温台.
mi'crowatt ['maikrəwɔt] n. 微瓦(特). *microwatt electronics* 微瓦(功率)电子学.
mi'crowave ['maikrəweiv] n.; a. 微波(的),超高频波. *microwave diplexer* 微波双工器. *microwave early warning radar* 微波远程警戒雷达. *microwave filters using quarter wave couplings* 四分之一波长耦合式微波滤波器. *microwave photomixing* 微波光电混频. *microwave ST link equipment*(由演播室到发射台的)微波接力线路装置. *microwave tower in the sky* 转播(用的)卫星.
microwave-modulated a. 微波调制的.
mi'croweather n. 小天气.
mi'croweigh v. 微量称量.
mi'crowelding n. 微件焊接.
microzoa'ria [maikrozo'εəriə] n. 微生物.
mi'crozyme ['maikro(u)zaim] n. 醇母菌.
mi'crurgy ['maikrə:dʒi] n. 显微手术,显微手术〔操作〕法.
Mic. Sw = microphone switch 话筒开关.
mid [mid] a. 中(央,间,部,句)(的). *mid gear* 中间齿轮. *mid per cent curves* 50%曲线. *mid region stretch*(图像处理中)中间灰度扩张. *mid section* 中间截面(图视). *from mid June to mid July* 从六月中旬到七月中旬. ▲*in mid air*(在)半空中. *in mid course* 在途中. *in the mid of* 在…中间.
MID = ①middle 中间 ②minimal inhibiting dose 最低限度抑制剂量 ③minimum infective dose 最小感染剂量.
mid-〔词头〕中. *the mid-20th century* 二十世纪中叶.
MIDAC = Michigan (University of) Digital Automatic Computer 密执安(大学)自动计算机.
mid'-air' ['mid'εə] a. 在空中(半空)的.
midar 或 **MIDAR** = microwave detection and ranging 微波探测与测距.
MIDAS = ①missile defense alert satellite [system] 导弹防御警报[警戒]卫星[系统] ②missile detection alarm system 导弹探测预警系统 ③missile intercept data acquisition system 导弹拦截数据获取系统.
mid-Atlan'tic ['midət'læntik] a. 中部大西洋的.
mid'au'tumn ['mid'ɔ:təm] n.; a. 中秋(的).
midazimuth n. 平均方位(角).
mid'band n. 中频(带). *mid-band frequency* 频带(波段)中心频率. *midband noise figure* 波段中心噪声系数.
mid'bandwidth n. 中心带宽.
midblock bus stop 区段中间的公共汽车站.

mid-blue a. 淡蓝的.
mid-board n. 中隔墙,间壁,中间纸板.
midchan'nel [mid'tʃænl] n. 水路的中段.
mid-chord n. 弦线中点.
midco n. 四刃的一种钻头.
mid'-coil n. 半线圈.
mid'course ['midkɔ:s] n. 中途,(弹道)中段. *midcourse burn* 弹道中段火箭发动机的开动,(发动机的)中途点火. *midcourse guidance* 航程引导.
mid'day ['middei] n.; a. 正午(的),中午(的). ▲*at midday* 正午.
mid-diameter n. 平均直径.
mid'dle ['midl] I n. ①中间(部,央),当中,气流〔液流〕核心,腰部 ②中间〔媒介〕物,中等货(物) ③【数】中项. II a. 中间,中央,中等级,记的,正中的. III v. 放在正中位置,处于中心位置,(把…)对折. *Middle Ages* 中世纪. *middle break* 中断. *middle distance* 中距离,中景. *middle distillate* 柴油,照明灯油. *Middle East* 中东,中东地区. *middle entry* 中间(登记)项. *middle gear* 中间齿轮,中档(速率). *middle girder* 中主梁,中间(板)梁. *middle half* 四分之二(四等分的中部二等分),中间二分之一. *middle lamella* 中层(细胞),胞间壁层. *middle man* 中间人,岩层中的夹层. *middle marker* 中点指标. *middle ordinate* 中距,中央纵距. *middle point* 中点. *middle post* 桁架中柱. *middle space* 星际空间. *middle square method* 平方取中法. *Middle States*(美国)东海岸中部诸州. *middle tap*(丝绳的)第二锥. *middle term* 内项,中项[词]. *middle third* 三分中一(等分的中部一等分),中三分. *middle tooth* 主齿. *middle water* 层间水. *Middle West*(美国)中西部(各州). ▲*in the middle of M* 正在 M 当中,在 M 的中央(部),在 M 的中途.
mid'dle-a'ged ['midl'eidʒd] a. 中年的.
mid'dle-brack'et ['midl'brækit] a. 中间等级的.
mid'dle-class' ['midl'klɑ:s] a. (品质)中等的,普通的(分类表)中部的,中产阶级的.
middle-condenser circuit 低通滤波器 T 形节.
middle-eye n. 眼区,中心区.
middle-key picture 色调适中的图像.
mid'dleman ['midlmæn] n. 中间(商)人.
mid'dlemost ['midlmoust] a. 正中的,最当中的.
mid'dleshot n. 中射式的.
mid'dle-sized ['midlsaizd] a. 中型的,中等大小[尺寸]的.
middle-square method 平方取中法,中平方法.
mid'dling ['midliŋ] I a. 中等(级,号)(的),普通的,第二流的,不甚健康的. II n. ①中级品,中等[中间]产物[品],中矿 ②麦麸,粗(面)粉. III ad. 略为,颇为,相当地. *wheat middlings*(抛光镀锡薄钢板用),麦麸. **-ly** ad.
Mid'east a. 中东的.
mid-engined a. (汽车)发动机在本身中部的.
mid-Europe'an [midjuərə'pi(:)ən] a. 中欧的.
midfeather n. 中间(墙)壁,中间加隔,隔(挡,承)板.
mid-focal length 中(平均)焦距.
mid-frequency n. 中(心)频(率). *mid-frequency loudspeaker* 中音扬声器.

mid-gap line 禁带中间线.

mid-gear n. 中间齿轮,中档(速率).

mid′get ['midʒit] Ⅰ n. ①小型动物,微型(物),小设备,小零件 ②小照片 ③小型焊枪,微型焊炬. Ⅱ a. 微型的,(极)小型(化)的,袖珍的,小尺寸的. *midget plant* 小型装置[设备],小型工厂. *midget super emitron* 小型超光电摄像管.

Midgley bouncing pin 辛烷值测定机中指示爆震的传感器.

mid′heaven ['midhevən] n. 中空,天空中部,中天,子午圈.

mid-height n. 高度的(一半的地方).

midheight-deck bridge 中承(式)桥.

midi-bus n. 中型公共汽车.

Mid-IR 中红外的.

mid′land ['midlənd] n.; a. 中部(地方)(的),内地[陆](的),远离海洋的.

mid′line n. 中线. *mid-line capacitor* 对数律(可变)电容器.

midline-center a. 中线为中心的.

mid′morn′ing n. 上午的中段时间.

mid′most ['midmoust] a.; ad.; n. 正中(央)的,最当中(的).

mid′night ['midnait] n.; a. 午夜(的),子夜(的),夜半(的),黑暗(的),漆黑(的). *midnight ethyl* 气体汽油. ▲*at midnight* 在午夜. *burn the midnight oil* 工作到深更半夜,开夜车.

mid′noon′ ['mid′nuːn] n. 正午.

midocean n. 洋中,外(远)洋中.

Midop n. 测量导弹弹道的多普勒系统.

mid-ordinate n. 中(央纵)距.

mid′-Pacif′ic ['midpə'sifik] a.; n. 中部太平洋(的).

mid-part n. 中(间砂)箱.

midperpendic′ular n. 中垂线.

mid-plane n. 中平面.

mid′point n.; a. 中点(值的). *midpoint crossing* (道路)区间交叉口.

mid-position n. 中间位置.

mid. r. =middle range 中等(平均)距离.

mid′range ['midreindʒ] n. 中列数,核值中数,变量范围中点,射程中段,波段中心区. *midrange forecasting* 中期预报. *midrange horn* 中音号筒.

mid′-sea ['midsiː] n. 外海,外洋.

mid-sec′tion Ⅰ n. 节(段)中部,中间截面(剖视). Ⅱ a. 半节(段)的.

mid-series n. 串中剖,半串联. *mid-series characteristic impedance* 串中剖特性阻抗. *mid-series termination* 半 T 端接法.

mid′ship ['midʃip] n.; a. (船身)中(央)部(的).

mid′ships n.; ad. (在)船身中央(部).

mid′shot n. 中景.

mid-shunt n. 并中剖,(并)并联. *midshunt derived filter* 半并联推演式滤波器. *mid-shunt termination* 半 π 端接法.

midspan moment 中间跨弯矩.

mid-square method 中平方方法,平方取中法.

midst [midst] Ⅰ n. 中(央,间),正中. ▲*from* [*out of*] *the midst of* 从…当中. *in the midst of* 在…当中 (中间). *into the midst of* 到…中间. Ⅱ ad. 在中间(中央). ▲*first, midst and last* 始终一贯,彻头彻尾. Ⅲ prep. 在…中间(之间).

mid′stream ['midstriːm] n. 中流,河中心.

mid′summer ['midsamə] n. 盛(仲)夏,夏至.

mid-tap n. 中心抽头.

mid′term ['mid′təːm] Ⅰ a. 中间的,期中的. Ⅱ n. 中期.

mid-value n. 【统】中值. *mid-value of class* 组中点.

mid′way′ ['mid′wei] n.; a.; ad. (位于,在)中间(的),(在)中途(半路)(的). *Midway Islands* 中途岛. ▲*midway between* 介乎…之间(的),位于…中间(的).

mid′week n. 周中.

Mid′west′ n. (美国的)中西部,中西部的人(事物).

mid′wife ['midwaif] n. (pl. *mid′wives*) 助产士.

mid′wifery ['midwifəri] n. 助产(术),产科学.

mid-wing n. 中翼.

mid′win′ter ['midwintə] n.; a. 隆(仲)冬(的),冬至(的).

MIEP =multipurpose integrated electronic processor 多用途综合电子信息处理机.

MIFI =missile flight indicator 导弹飞行指示器.

MIFL =Master International Frequency List 国际频率总表.

MIFR =Master International Frequency Register 国际频率总登记.

MIFS = multiplex interferometric Fourier spectroscopy 多重干扰傅里叶光谱(学).

MIG = ①metal-inert-gas (underwater welding) 金属焊条惰性气体(水下焊接) ② metal inertia gas welding 金属焊条惰性气体保护焊 ③miniaturized integrating gyro 小型化的积分陀螺仪 ④multilevel interconnection generator 多电平互连式信号发生器.

Mig 或 **MIG** [mig] n. 米格式飞机.

might [mait] Ⅰ v. aux. (may 的过去式)①可能,或许 ②可以 ③表示假设ження要是可以的话),就会,说不定早已 ④本该,理应,何不,是不是可以. Ⅱ n. 势[权],兵,能,威,气,体力,力量 ②大量,很多. ▲*as might have been expected* 不出所料. *by might* 用武力. *might as well M(as N)*(与其 N)还不如 M,(比起 N 来)还是 M 的好,(要想 N)就好比 M. *with* [*by*] *might and main* 或 *with all one's might* 竭尽全力.

might′ily ['maitili] ad. 非常,极其,强有力地,强烈地.

might′iness ['maitinis] n. 强大,有力,伟大,高位.

might′y ['maiti] Ⅰ (*might′ier, might′iest*) a. ①强大的,有力的 ②巨大的,非常的,非凡的. *mighty midget* 微型磁放大器. *Mighty Mouse* =巨鼠"(美国设计的一个高中子通量密度反应堆的名称). *mighty post* 顺序动作连续冲压压力机. Ⅱ ad. 非常,很.

mig′ma n. 混合岩岩浆.

migmatisa′tion n. 混合岩化(作用),混合作用.

mig′matite n. 混合岩.

mi′grant ['maigrənt] n. 移居者,移栖动物,候鸟.

migrate′ [mai'greit] v. ①(迁,转,位,偏)移,移(徙,流)动,洄游,进位 ②移居(外国).

migra′tion [mai′greiʃən] n. ①(迁,转,)移,徙(徙,流,)动,进位(计),(分子内)原子移动(电解时)离子(克服溶液的粘滞阻力)的移动〔徙动,迁移〕,色移 ②移民〔居〕. *grain boundary migration* 晶界迁移. *molecular migration* 分子徙动. *migration of petroleum* 石油运移.

migra′tor [mai′greitə] n. 移居者,候鸟.

mi′gratory [′maigrətəri] a. 迁移移动,移栖,洄游,流动)的. *migratory aptitude* 移动(倾向)性. *migratory bird* 候鸟. *migratory motion* 移(徙,流)动. *migratory oil* 运移(石)油. *migratory permutation* 可移排列.

Miguet electrode 一种大型电弧炉用的由许多扇形电极块组合成一个大的圆形连续式电极.

MIH =miles in the hour 这小时内的哩数.

MIK =methyl isobutyl ketone 甲基异丁(基)酮.

mike [maik] I n. ①扩音〔微音,送话,传声〕器,麦克风,话筒 ②千分尺,测微器. I n.; vt. 偷懒,怠工;用千分尺测量. *mike technique* 微音技术(利用话筒产生特殊效果的技术). *off mike* 离开话筒.

mi′kra [′maikrə] 或 **mikras** n. mikron 的复数.

Mikrokator n. 扭538式比较仪.

Mikrolit n. (一种)陶瓷刀具.

Mikrolux n. 杠杆式光学比较(长)仪.

mi′kron [′maikron] (pl. **mi′kra** 或 **mi′krons**) n. =micron.

mikropoikilit′ic a. 微似晶结构的.

mil [mil] n. ①密耳(量金属线直径和薄板厚度的单位,=0.001 英寸) ②密位,角密耳,角密度(=圆周 1/6400 弧长所对的圆心角,即 1/6400 周角),千分角=千分之一镑 ④毫升,立方厘米,毫英寸 ⑤角密位,角密耳(360°/6400=3.375′). *circular mil* 圆密耳(=直径为 1 密耳的金属线面积单位. 1 密耳 = 0.001 英寸). *mil formula* [relation]密位〔角密度〕计算公式. *mil rule* 密位(角密度)尺.

mil = ①mileage 英里数 ②military 军(事,用)的,陆军的 ③militia 民兵 ④milliliter 毫升 ⑤million 百万,兆 ⑥milliradians 毫弧度.

mil spec =military specification 军用规格标准.

milage = mileage.

milam′meter [mi′læmitə] n. 毫安(培)计.

Milan [mi′læn] 或 **Milano** n. 米兰(意大利城市).

milar = mylar.

milarite n. 整柱石.

mild [maild] a. ①温(和,暖)的,轻(微,性)的,缓和的,(柔)软的,淡的,不浓的,适度的 ②低碳的. *mild base* 弱碱. *mild clay* 亚粘土,软泥. *mild disinfectant* 软性的消毒剂. *mild iron* 软铁. *mild oxidation* 轻度氧化. *mild quench* 软淬火. *mild steel* 软(低碳)钢,含碳约 0.04% 的热轧钢. *mild sand* 瘦(型)砂.

mild-carbon steel strip 低碳带钢.

mild-clay n. 软质粘土.

mil′den [′maildn] v. (使,变)温(暖)和.

mil′dew [′mildju:] I n. 霉(属,菌). II v. 生(发)霉.

mil′dewed [′mildju:d] a. 发了霉的,陈腐的.

mil′dewproof a. 防霉(的),不生霉(的).

mil′dewy = mildewed.

mild′ly ad. 缓和(轻度)地. *mildly detergent oil* 中级去垢油.

mild′ness n. 温(缓)和,(柔)软,适度.

mile [mail] n. 英里(=1.609 公里 =5280 英尺). *air [aeronautical] mile* 空里(长度同海里). *mile meter* 里程表,里数计. *mile post* 里程标(碑). *miles operated* 行驶里程. *miles per gallon* 每加仑汽油所行里数. *miles per hour* 每小时里数. *nautical [sea] mile* 海里,海里(长度同空里). *radar nautical mile* 雷达哩. *standard mile* 标准(电缆)里. ▲*be miles better* 好得多. *be miles easier* 容易得多. *not 100 miles from* 离…不远(不久),差得不远.

mile′age [′mailidʒ] n. 里数(图),按里计算的运费(旅费),汽车消耗一加仑汽油所行的平均里数. *mileage recorder* 里程记录器,里程表. *mileage table* 里程表. *mileage tester* 里程试验机,燃料消费量试验机(试验消耗相当于一加仑或一升燃料行程里数的机械). *total mileage* 总行驶里程.

mileom′eter n. 里程计,路码表.

mile′post [′mailpoust] n. 里程碑(标).

mile-recorder n. 里程记录器.

mile′stone [′mailstoun] n. 里程碑,(历史上)重大事件,标志.

mil-foot n. (电阻单位)密耳-英尺.

mil-graduated a. 密位分度,千分之一分度.

mil′ieu [′mi:ljə:] (法语) n. 周围,环境,外界,背景.

milliliter = milliliter.

milimetre = millimetre.

milit. = military.

mil′itancy [′militənsi] 或 **mil′itance** n. ①战斗性〔精神,准备〕,斗争性强 ②交战状态,好战. **mil′itant** a. mil′itantly ad. mil′itantness n.

mil′itarily [′militərili] ad. 在军事上,从军事角度.

mil′itarism [′militərizəm] n. 军国主义.

mil′itarist n.; a. ①军国主义者(的),军阀(的) ②军事学家(的). ~ic a.

mil′itarize [′militəraiz] vt. ①军国主义化,向…宣传军国主义 ②军事化. **militariza′tion** n.

mil′itary [′militəri] I a. 军(事,用,队,人)的,陆军(战)的. II n. 军队,陆军,军部,军人. *military academy* 军事学院. *military attache* (陆军)武官. *military crest* 防界线,军事倾斜变换线. *military engineering* 军事工程(学). *military environment microprocessor* 军用微处理机. *military equipment* 武装(器). *military force* 兵力,军事力量,武装部队. *military history* 战史. *military police* 宪兵队. *military service* 兵役,军事部门,军种. *military standard* 军用标准. *military strength* 兵(武)力.

mil′itate [′militeit] vi. (发生)影响,起作用,妨碍. ▲*militate against* 妨碍,不利于,冲突.

militia [mi′liʃə] n. ①民兵(部队,组织),义勇军 ②国民警卫(自卫)队.

militiaman [mi′liʃəmən] (pl. **militiamen**) n. ①民兵 ②国民警卫(自卫)队员.

milk [milk] I n. ①乳(汁),状液,状物)),浆 ②从母体中分离出的子同位素. *milk glass* 乳白玻璃. *milk of lime* 石灰乳(液),石灰浆. *milk replacer*

代乳品. **milk sap** 乳状液. **milk scale** 乳白度,乳晶计. **milk scale buret(te)** 乳白刻度滴管. **powdered milk** 奶粉. ▲**milk for babes** 适合儿童的东西,初步的东西. **spilt milk** 不可〔无法〕挽回的事情.
Ⅱ v. ①挤奶,抽〔榨〕取,剥削 ②蓄电池个别单元充电不足 ③子同位素从母体中分离 ④(自电线)偷听(电报,电话),套出(消息).

milk-and-water a. 无味的,无力的,泄了气的.

milk'er ['milkə] n. ①电池充电用低压直流电机 ②子同位素发生器 ③挤奶器〔机〕,奶牛〔羊〕. **isotope milker** 子同位素发生器.

milk'glass n. 乳白玻璃.

milk'iness ['milkinis] n. 乳状(性),乳浊,乳白色,(浑)浊度,浑浊性,阴暗.

milk'ing ['milkiŋ] n. ①乳浊 ②蓄电池个别单元充电不足 ③提取,溶离,子同位素从母体中分离. **isotope milking** 子同位素从母体中分离. **milking generator** 电池充电用低压直流电机. **milking of daughter activity** 子系〔子体物质〕放射性分离.

milk'powder n. 奶粉.

milk-stone n. 乳石,白矿石.

milk'white ['milkhwait] a. 乳白色的.

milk'y ['milki] a. (像)牛奶的,乳状〔浊、白色〕的,混浊的(不清)的. **milky glass** 乳白玻璃. **milky quartz** 乳石英. **milky sea** 沉淀性(乳白色)发光. **Milky Way** 银河,天河.

mill [mil] Ⅰ n. ①工厂,工场,碾磨〔面粉〕厂,磨坊 ②(研、)磨机,粉碎机,轮机,机(器) ③滚轧机,轧(钢)机,轧制设备 ④铣刀〔片〕⑤钢芯 ⑥轧钢〔制造〕厂,轧钢车间 ⑦清理滚筒,清选机 ⑧千分之一英寸 ⑨密尔,千分之一美元. Ⅱ v. ①(碾)磨,磨细(碎),碾(粉)碎 ②碾(研)压,滚轧,滚花 ③铣(削、平),切削 ④锯(木)⑤搅拌,将…打成泡沫 ⑥选矿. **attrition mill** 碾磨〔磨碎〕机. **backed type of mill** 有支撑辊的轧机. **ball (bowl) mill** 球磨机. **ball race mill** 球磨轨豪. **big mill** 粗(开坯)轧机. **boring mill** 镗床. **brass mill machine** 轧铜机. **cement mill** 水泥厂. **cold(-rolling) mill** 冷轧机. **concentrating mill** 选矿厂. **conical mill** 锥形磨研机. **copper mill** 轧铜厂. **crushing mill** 压(击)碎机. **cylinder mill** 圆筒碾磨机. **double two high mill** 复二重式轧机,复二重式轧机. **edge (runner) mill** 双辊研磨机,碾磨机,轮碾〔轮碾式混合〕机. **edging mill** 轧边机. **end mill** 端(面)铣(刀). **end runner mill** 双辊研磨机,碾磨机. **expanding mill** (管材)扩径机. **face mill** 平面铣刀. **finishing mill** 终(精)轧机. **flattening mill** 轧平机. **grinding mill** 磨机,研磨机. **hammer mill** 锤磨机. **hollow mill** 空心铣刀. **knife mill** 切磨机. **micron mill** 微粉磨机. **mill auxiliaries** 附属机械〔设备〕. **mill bed plate** 底盘. **mill board** 麻栗板,封面纸板,马粪纸. **mill cards** 采石场废料. **mill cinder** 轧屑. **mill cost** 工厂生产费(包括原料,运输,包装、保险等费用的轧制成本). **mill edge** 热轧缘边,(板,带材未经剪切的)轧制边. **mill engine** 压榨〔轧机〕机. **mill file** 扁锉. **mill finish** 精(磨)整〔轧,压,挤)光. **mill floor** 车间地面. **mill groove** 碾槽. **mill hardening** 轧制余热淬火. **mill housing** 轧机机架.

mill knife 磨刀. **mill limit** 轧制公差. **mill line** 轮碾机. **mill loss** 压榨损失. **mill motor** 压延用电动机. **mill operator** 轧钢工,滚轧工人. **mill race = millrace**. **mill retting** 工业浸渍. **mill roll opening** 滚隙. **mill run = millrun**. **mill scale** 轧制铁鳞,热轧钢锭表面的氧化皮. **mill sheet** 制造工艺规程(表),制造厂产品记录,材料成分分析表,钢材成分力学试验结果记录表. **mill star** (清理滚筒用)星形铁,三角铁. **mill stone** 磨石. **mill surface** 磨制面. **mill table** 工作(升降)辊道,轧机尾道水车的出水槽. **mill tap** 轧制铁鳞. **mill train** (轧机的)机列机组. **mill type motor** (轧机)补助机用电动机. **mill work** 光面(磨光)工作. **paint mill** 涂料磨盘. **pan mill** 盘碾研机. **paper mill** 造纸厂. **pass mill** 平整机. **plate mill** 轧板机. **roll(ing) mill** 辊式碾碎机,轧制(钢)机. **sampling mill** 取样车间. **sand mill** (辗轮式)混砂机. **steel mill** 轧钢厂. **tube mill** 管磨机,管磨机,管厂. **universal mill** 万能铣床. **warm-up mill** 加热辊. **wash mill** 洗涤装置,淘泥机. **water mill** 水轮(机). **wheel mill** 轮碾(碾碎)机,车轮轧机. **wire rod mill** 线材轧机. ▲**go through the mill** 经受磨练. **in the mill** 在制造中,进行中. **mill around (about)** (不规则地)转动,成群兜圈子(走来走去). **mill off** 研光.

millabil'ity n. 可轧性,可铣性.

mill'able a. 可轧(铣)的,适合于(在锯床上)锯的.

mill'bar n. 熟铁初轧条.

mill'board ['milbɔːd] n. 麻丝〔硬纸〕板.

mill'construction n. 工厂建筑,耐火构造.

mill'dam n. 水闸,水车用贮水池.

milled [mild] a. ①磨碎的,研压的,压紧了的 ②铣成的 ③(周缘)滚花的,棱面带槽纹的. **milled cloth** 毡合织物. **milled edge** 铣成边. **milled helicoid** 铣削出的螺旋面. **milled nut** 周缘滚花螺母. **milled ring** 滚花环. **milled rubber** 捏炼了的橡胶. **milled screw** 滚花头螺钉. **milled twist drill** 麻花钻.

millena'rian [mili'nɛəriən] a. 一千年的.

millen'ary n. a. 一千年(的).

mill-engine n. 压榨(压轧)机.

millen'nia [mi'leniə] n. millennium 的复数.

millen'nial [mi'leniəl] a. 一千年的.

millen'nium [mi'leniəm] (pl. **millen'nia** 或 **millen'niums**) n. ①一千年 ②(幻想中的)黄金时代.

mill'er ['milə] n. ①铣工 ②铣床(用工具)③磨坊主,工厂经营人 ④制粉厂. **auto miller** 自动连续混砂机.

mill'erite [miləraɪt] n. 针(硫)镍矿.

milles'imal [mi'lesiməl] Ⅰ a. 千分(之一)的. Ⅱ n. 千分之一. ~**ly** ad.

mil'let ['milit] n. 小米.

mill'hand n. 研磨(制粉,纺纱)工人.

milli- (词头)千分之一,毫.

milliam'meter [mili'æmiːtə] n. 毫安(培)计(表).

milliamp 或 **milliam'pere** [mili'æmpɛə] n. 毫安(培),10^{-3} 安培. mA. **milliampere men** 弱电工程师.

milliam'perage [mili'æmpɛəridʒ] n. 毫安(培)数.

milliamperemeter n. 毫安表〔计〕.
milliangstrom n. 毫埃, 10^{-13} 米, mÅ.
mil'liard ['miljɑːd] n. 十万万, 十亿, 10^9.
millia'rium [mili'ɛəriəm] n. ①距离单位(=1.48千米=0.92英里) ②里程碑. **mil'liary** a.
mil'libar ['milibɑː] n. ①(碾,研)磨巴, mB(压强单位).
millibar-barometer n. 毫巴气压表.
mil'libarn n. 毫靶(恩), 10^{-3} 靶恩.
mil'licron ['milikrɔn] n. 毫微米, 10^{-9} 米.
mil'licurie ['milikjuəri] n. 毫居(里), 10^{-3} 居里, mc.
mil'lidarcy n. 毫达西, 10^{-3} 达西.
mil'lidegree n. 毫度, 10^{-3} 度.
milli-earth rate unit 毫地球自转率单位.
milli-equivalent n. 毫克当量.
millier [milj'ei] 〔法语〕 n. 百万克, 公吨.
mil'lifarad ['milifærəd] n. 毫法(拉), 10^{-3} 法拉, mf.
mil'ligal ['miligæl] n. 毫伽, 10^{-3} 伽(重力加速度单位).
mil'ligamma n. 毫微克, 10^{-9} 克.
mil'ligauss n. 毫高斯(磁场强度单位).
mil'ligoat n. 对方向不灵敏的辐射探测器.
mil'ligram ['miligræm] n. 毫克, 公丝, 10^{-3} 克, mg.
mil'ligramage ['miligræmidʒ] n. 毫克时.
milligram-atom n. 毫克原子.
mil'ligramequivalent n. 毫克当量.
milligram-hour n. 毫克小时.
milligram-ion n. 毫克离子.
mil'ligramme = milligram.
milligram-molecule n. 毫克分子.
mil'lihen'ry ['mili'henri] n. 毫亨(利), 10^{-3} 亨(利).
mil'lijoule n. 毫焦耳.
Millikan electrometer 一种早期的电离室剂量计.
mil'lilamb'da n. 毫微升, 10^{-9} 升.
mil'lilam'bert n. 毫朗伯(亮度单位)毫朗伯, 10^{-3} 朗伯.
mil'liliter 或 **mil'lilitre** ['mililiːtə] n. 毫升(cc), 10^{-3} 升, ml.
mil'lilux n. 毫勒(克司), 10^{-3} 勒(克司).
mil'limass unit 千分之一原子质量单位.
Millimess n. 一种测微仪.
mil'limeter 或 **mil'limetre** ['milimiːtə] n. 毫米, 10^{-3} 米, 公厘. **millimeter of mercury** 毫米汞〔水银〕柱.
millimeter-milliradian n. (束流发射度单位)毫米-毫弧度.
millimetre-wave n. 毫米波.
millimet'ric a. 毫米的.
mil'limho n. 毫姆欧.
mil'limicra ['milimaikrə] n. millimicron 的复数.
mil'limicro n. 纤毫微, 10^{-9}.
mil'limicrofar'ad ['milimaikrə'færəd] n. 毫微法(拉), 10^{-9} 法拉.
millimicromicroammeter n. 毫微微安(培)计.
mil'limicron ['milimaikrɔn] (pl. *mil'limicra*) n. ①纤米, 毫微米, 10^{-9} 米, mμ ②毫微克.
mil'limicrosec'ond ['milimaikrə(u)'sekənd] n. 毫微秒, 10^{-9} 秒.

mil'limol ['milimɔl] n. 毫克分子, 毫模.
mil'limo'lar a. 毫克分子的.
mil'limole n. 毫(克)分子(量).
mil'limu ['milimju] n. 毫微米, 10^{-9} 米.
mill'ing ['miliŋ] n. ①(碾, 研)磨(碾, 研)碎, 磨矿, 制粉 ②铣(削, 齿, 法) ③滚压, 轧制 ④选矿 ⑤绒毡合. *acid milling green* 蓝光酸性绿. *ball milling* 球磨研磨. *chemical milling* 化学蚀刻(削). *climb milling* 顺铣. *conventional milling* 逆铣. *down milling* 顺铣. *electrochemical milling* 电化学铣削. *face milling* 端(面)铣(削). *gang milling* 多刀铣削, 排铣. *milling arbor* 铣刀轴. *milling cutter* 铣刀. *milling machine* 铣床, 磨削〔切削, 研磨〕机. *milling of ores* 选矿, 处理矿石. *plain milling* 平〔卧〕铣. *up milling* 逆铣. *vibratory milling* 振动球磨.
milling-cutter n. 铣刀.
milling-machine n. 铣床, 切削〔研磨〕机.
milling-tool n. 铣刀.
millinile n. 反应性单位, =10^{-5} 的反应率.
mil'linor'mal ['mili'nɔːməl] a. 毫规(度)的, 毫(克)当量的.
millioersted n. 毫奥(斯特), 10^{-3} 奥斯特.
milliohm n. 毫欧(姆), 10^{-3} 欧姆.
milliohmmeter n. 毫欧计(表).
mil'lion ['miljən] I n. ①百万, 兆, 10^6 ②大众, 群众 ③百万金(镑, 法郎等) ④(pl.)无数, 许许多多. I a. 百万的. *Mathematics for the Million* 大众数学. ▲*by the million* 大量的. *millions upon millions of* 千百万的.
millionaire' [miljə'nɛə] n. 大富豪(财主), 百万富翁.
million-electron-volt n. 兆〔百万〕电子伏特, 10^6 电子伏特, Mev, mev.
mil'lionfold ['miljənfould] a.; ad. (成)百万倍(的, 地).
mil'lionth ['miljənθ] a.; n. 百万分之一(的), 第百万个(的). *one hundred-millionth* 一亿分之一. *four millionths of an inch thick* 百万分之四英寸厚.
millioscilloscope n. 小型示波器.
milliosmol(e) n. 毫渗压单位, 毫奥斯莫, 微渗透粒子, 毫渗透分子.
milliosmolar'ity n. 毫渗度.
mil'liped(e) ['miliped] n. 百〔千〕足虫, 倍脚类的节足动物.
mil'liphot n. 毫辐透(照度单位, =10^{-3} 流明/厘米2).
mil'lipoise n. 毫泊, 10^{-3} 泊(粘度单位).
mil'lipore n. 微孔.
mil'lirad n. 毫拉德, 10^{-3} 拉德(辐射剂量单位).
millira'dian n. 毫弧度, 10^{-3} 弧度.
millirem n. 毫拉德当量.
milliroentgen n. 毫伦(琴), 10^{-3} 伦琴.
millirutherford n. 毫卢(瑟福), 10^{-3} 卢瑟福.
mil'liscope n. 金属液温度报警器.

mil′lisecond ['milisekənd] n. 毫秒, 10^{-3} 秒, ms.
mil′litorr n. (真空[压强]单位)毫乇.
mil′lival n. 10克当量/100升.
millivalve voltmeter 电子管毫伏计[表].
mil′livolt ['milivoult] n. 毫伏(特), 10^{-3} 伏特, mV.
mil′livolt-ammeter n. 毫伏安计(表).
mil′livoltme′ter ['milivoult'mi:tə] n. 毫伏(特)计[表].
mil′liwatt ['miliwɔt] n. 毫瓦(特), 微瓦, 10^{-3} 瓦特, mW.
mil′liwattmeter n. 毫瓦表.
mill′man n. 轧钢工, 滚轧工人.
mill′pond 或 mill′pool n. 水车用贮水池. ▲like a mill-pond (海洋像更水池那样)非常平静.
mill′race [milreis] n. 水车的进水槽, 水车用水流.
mill′run ['milrʌn] Ⅰ n. ①水车用水流 ②(用碾测定矿质的)一定量矿砂. Ⅱ a. ①未分级的, 未经检查(检验)的 ②普通的, 平均的.
mill′scale n. 轧(锻)制铁鳞, 热轧钢锭表面的氧化皮.
mill′scrap n. (轧材的)切头.
mill′stone [milstoun] n. 磨石(砂砾), (沉)重的负担. millstone grit 磨石粗砂岩. ▲be between the upper and nether [lower] millstone 被上下夹攻而陷入困境.
mill′stream ['milstri:m] n. 水车用的水流, 水沟.
mill′-tail n. 水车用的余水.
mill-type lamp 耐(防)震灯泡.
mill-weir n. 水堰.
mill′work ['milwə:k] n. ①水车(的安装或操作)工, 厂机械(的安装, 设计) ②磨光工作.
mill′wright ['milrait] n. 水车(轮机)工, 磨轮机工, 机械安装(装配)工, (水车)设计人.
mil′n = million 百万.
MILS = missile impact locating system 弹着点测定系统.
MILSAT = military satellite 军事卫星.
mil′scale n. 千分尺.
MILSPEC = military specification (美国)军用规格.
MILSTD = military standard (美国)军用标准.
milt [milt] n. 牌.
MILTRAN n. 一种军用数字仿真语言.
MIMD architecture 多指令多数据结构.
mim′eo ['mimiou] n.; v. 油印(品).
mim′eograph ['mimiəɡrɑ:f] Ⅰ n. (滚筒)油印机, 复写机(器), 油印品 Ⅱ vt. 用油印机油印, 用复写器复印.
mime′sis [mai'mi:sis] n. 模仿(性), 拟态.
mimesite n. 粒玄岩.
mimet′ic [mi'metik] a. 模仿的, (模)拟的, 拟态的, 类似的, (伪[膺])对称的. mimetic crystal 拟晶. mimetic crystallization 拟晶(后构造)结晶. mimetic twinning 拟双晶. ~ally ad.
mim′etism ['mimitizm] n. 模仿(性), 拟态.
mim′etite n. 砷铅矿′.
mim′ic ['mimik] Ⅰ a. 模仿(拟)的, 拟态的, 假(装)的. Ⅱ n. 仿造物, 仿制品, 模义物. mimic bus 模拟线路(母线). mimic buses (发光)模拟电路. mimic colouring 保护色. mimic diagram 模拟(信号等)现

场活动的监视屏.
Ⅲ (mim′icked; mim′icking) vt. ①模仿〔拟〕, 仿制, 模写 ②与…极为相似, 活象.
mimic-disconnecting switch 模拟断路器.
mim′icked ['mimikt] mimic 的过去式和过去分词.
mim′icking mimic 的现在分词.
mim′icry ['mimikri] n. 模仿(拟), 仿制(品), 拟态.
mim-men a. 死背硬记的.
MIMO = (数据处理用的)man in, machine out.
min = ①minim 量滴 ②minimum 最小(值)最低(点, 量, 数), 极小值 ③minor 较小的 ④minute 分(钟).
min. alt. = minimum altitude 最低高度.
min. rn. = minimum range 最小射程, 最近距离.
mina′cious [mi'neiʃəs] a. 威吓(性)的. minac′ity n.
Minalith n. (含磷酸铵, 磷酸钠, 磷酸氢二铵的)木材防腐剂(兼作滞火剂用).
Minalpha n. 锰铜标准电阻丝合金(锰12%, 镍2%, 其余铜).
minamata disease 水俣病, 汞中毒.
minar′ [mi'nɑ:] n. (小, 灯)塔, 望塔(楼).
Minargent n. 一种铜镍合金(铜56.8%, 镍39.8%, 钨2.8%, 铝0.6%).
MINAT = miniature 微型.
mince [mins] v. ①切(绞)碎 ②装腔作势, 矫揉造作.
min′cer ['minsə] n. 绞碎(粉碎, 绞肉)机.
min-cut n. 极小截.
mind [maind] Ⅰ n. ①精神, 意志 ②头脑, (内)心(才)智, 智力 ③愿望, 想法, 思想 ④记忆, 回忆. absence of mind 心不在焉. presence of mind 镇定, 急智. I am of your mind 我同意你的意见. Ⅱ v. ①留心, 当心, 注意, 照顾 ②介意, 在乎, 反对. Mind you. 请注意. Never mind. 没关系, 不必顾虑. ▲apply [bend] the mind to 专心于, 把精神灌注在. be in two [several, twenty] minds 动摇不定, 犹豫不决. be of a [one] mind 意见一致. be of the same mind (多人)表示同意, (一人)意见不变. bear [have, keep] in mind 记住, 考虑到. blow one's mind 极度激动(震惊). bring [call] to one's mind 使…想起. change [alter] one's mind 改变想法[主意]. come to [into] one's mind 想起. dawn on one's mind (真相)变明白. disclose [say, speak, tell] one's mind 坦率表明意见. give one's mind to 专心于, 注意. have a great [good] mind to + inf. 非常想, 极有意, 几乎决意. have a mind to + inf. 打算, 想要, 有意. have half a mind to + inf. 有几分想. have M in mind 记得〔得〕M, 想要做 M. have no [little] mind to + inf. 一点儿也不想. have M on [upon] one's mind 把 M 挂在心上, 为 M 而操心. in one's mind 在…的心目中, 照…的看法. keep an open mind 不抱成见. keep [have] one's mind on 专心于, 注意, 留心. make up one's mind 决意, 下决心(to+inf.); 接受, 认定(to, that). open one's mind 把意见告诉. open the mind 开扩思路〔眼界〕. pass [go] out of mind 被忘却. put [keep] M in mind of N 使 M 想起 N. set one's mind on 决心要, 很想要. speak one's mind 坦率说出想法. spring to

mind'ed

mind 使人突然想起. *take one's mind off* M 把注意力从 M 移开, 对 M 不注意. *to one's mind* 照…的想法, 据…的意见, 合…的心意, 为…所喜欢. *turn one's mind to* 注意. *with M in mind* 考虑到 M, 把 M 搁在心上.

mind'ed ['maindid] a. ①有意(做)(to + inf.), 有…意图的 ②[附于 a., ad. 或 n. 之后, 构成复合词] 有…头脑的, 有…精神的, 热心于…的, 关心…的, 重视…的. *political-minded* 关心政治的. *research-minded* 富于研究精神的. *strong-minded* 意志坚强的.

mind'er ['maində] n. 看守人, 守护人, 照料人. *dust minder* 防尘指示装置. *machine-minder* 照看机器的人.

mind'ful ['maindful] a. 注意, 留心, 记挂, 不忘(of). ~ly ad. ~ness n.

mindingite n. 铜水钴矿.

mind'less ['maindlis] a. ①不注意…的, 忘却…的(of) ②无头脑的, 无意识的. ~ness n.

mine [main] I pron. (I 的物主代词)我的. *Your tool is not so good. You may work with mine.* 你的工具不那么好, 你就用我的好了.

II n. ①矿(山, 井, 坑), 铁矿 ②资源, 富源, (知识, 资料等的)源泉, 宝库 ③坑道, 火炕, 地雷坑 ④(触发, 遥控)地雷, 水(鱼)雷, 火箭炮弹. *a mine of information* 知识的宝库. *aerial mine* 空中鱼雷, 空投水雷. *air mine* 空中火箭炮弹, 空投的鱼雷. *guided mine* 可操纵的鱼雷, 可操纵的火箭炮弹. *mine effect* 地下爆发效力. *mine group* 布雷队. *mine hoist* 矿井提升机. *mine hunting* 探雷. *mine locator* 探矿仪. *mine machine oil* 矿山机油. *mine run* 原矿. *mine run coal* 原煤. *mine support section* 矿山支撑(用)型材. *mine sweeping* 扫雷. *mine thrower* 追击炮, 掷雷筒. *mine vessel* 水雷艇. ▲*charge a mine* 装填地雷. *lay a mine* 布置[敷设]地雷. *strike a mine* 触雷. *work a mine* 采矿, 开矿.

III v. ①开矿[采, 发], 采掘(for), 提取 ②在…下掘地道, 挖坑道 ③敷设地雷(水雷) ④以地雷(水雷)炸毁 ⑤发射火箭 ⑥推翻, (暗地)破坏, 使变弱. *mined charge* 坑道装药.

MINEAC = miniature electronic autocollimator 微型电子准直仪.

mine-barrage n. 雷幕.
mine-chamber n. 雷室.
mine-detector n. 地雷搜索[探测器]器, 侦[探]雷器, 金属探测器.
mined-out pit 采矿废坑.
mine-dragging n. 扫海[雷]工作.
mine-dredger n. 扫雷机, 扫雷艇.
mine-field n. 矿区, 布雷区.
mine-layer n. 布雷舰[船, 飞机].
minelaying a. 布雷的.
mi'ner ['mainə] n. ①矿工 ②地雷[坑道]工兵 ③(自动)开采[采煤]机, 联合采矿机. *miner's truck* [*waggon*]矿车.
minerag'raphy [minə'rægrəfi] n. (金属)矿相学.
min'eral ['minərəl] I n. ①矿(物质), 矿石[产] ②无机物, 矿泉水. II a. ①(含)矿物的, (有)矿(物)

质的 ②无机的. *mineral acid* 无机酸. *mineral aggregate* 矿石, 矿质集料, 骨料, 石料. *mineral black* 石墨. *mineral bloom* 晶簇石英. *mineral butter* 土林, 矿脂. *mineral coal* 煤. *mineral coke* 天然焦. *mineral compound* 无机化合物. *mineral concentrate* 精矿. *mineral condenser* 无机(介质)电容器. *mineral cotton* 矿(渣)棉. *mineral deposit* 矿床, 矿藏. *mineral detector* 晶体检波器. *mineral earth oil* 石油. *mineral fat* 地蜡. *mineral-filled asphalt* 掺填料地沥青, 填充细料的地沥青. *mineral kingdom* 矿物界. *mineral lake* 铬酸锡玻璃. *mineral matter* 矿物质. *mineral oil* 矿物油, 石油, 液体蜡. *mineral paper* 纸棉. *mineral pitch* 地(矿)质沥青, 柏油. *mineral product* 矿产. *mineral purpl* 氧化铁. *mineral resources* 矿物资源. *mineral seal oil* 重质灯油. *mineral tar* 软(质天然地)沥青, 矿油, 矿浆. *mineral varnish* 石漆. *mineral vein* 矿脉. *mineral water* 矿泉水. *mineral wax* 地蜡, 蜡. *mineral wool* 矿(物)棉, 矿渣绒, 玻璃棉(尾毛, 石纤维. *ore mineral* 有用矿物.

mineral = mineralogy 矿物学.
mineral-chemistry n. 矿物化学.
mineral-dressing n. 选矿.
mineralisa'tion = mineralization.
min'eralise = mineralize.
min'eraliser = mineralizer.
mineraliza'tion n. 矿化[成矿](作用).
min'eralize ['minərəlaiz] v. 矿化, 成矿, 使含矿物, 矿. *Mineralizing fault* 成矿断层. *mineralized state* 无机状态. *mineralized zone* 矿化带.
min'eralized a. 矿藏丰富的.
min'eralizer n. ①造矿元素, 矿化剂[物] ②矿化者.
mineralocorticoid n. 矿物类皮质激素, 盐皮质激素.
mineralog'ical [minərə'lɔdʒikəl] a. 矿物(学)的. ~ly ad.
mineral'ogist n. 矿物学家.
mineralog'raphy [minərə'lɔgrəfi] n. 矿相学.
mineral'ogy [minə'rælədʒi] n. 矿物学.
min'eraloid ['minərəlɔid] n. 似(类, 准)矿物.
minerocoenol'ogy n. 矿物共生学.
minerogenet'ic 或 **minerogenic** a. 成矿的.
miner's inch 矿工英寸(矿上量水的单位, 等于 1/40 英尺³/秒).
mine-run a. 未经选洗的(原矿).
minesite n. 敏勒炸药.
mine-sweeper n. 扫雷艇.
mine-sweeping n. 扫雷.
mine-thrower ['main'θrouə] n. 迫击炮.
mine-timber n. 坑木.
minette n. 云煌岩.
mine-water n. 矿坑水.
mine-worker n. 矿工.
min'gle ['miŋgl] v. ①混(合, 杂, 入, 在一起)(with), 掺杂 ②参加, 加入(among, in, with). ▲*truth mingled with falsehood* 真真假假.
mingle-mangle n. 大杂烩.

mini ['mini] n. ①缩影,缩图 ②缩型,模型 ③小型计算机,微型汽车. *mini full-facer* 小型全断面隧洞掘进机.

mini- 〔词头〕缩,微,小(型),短暂.

mini-amplifier n. 小型放大器.

mini-amplifier-modulator n. 小型调制放大器.

MINIAPS =minimum accessory power supply 最小辅助电源.

min'i-ash ['miniæʃ] a. 少灰的,少沉淀的.

min'iature ['minjətʃə] I n. ①缩影〔图〕②微生,(缩小的)模型 ③小型物,小型照相机. II a. 小型的,缩小的,尺寸(稍)小(一点)的,微小型(的)、袖珍的,小规模的. *miniature bearing* 微〔超小〕型轴承. *miniature book* 袖珍本. *miniature camera* 小型照相机. *miniature cap* 小型管帽,灯头. *miniature component*(超)小型元件. *miniature lamp* 小型灯泡,指示灯. *miniature tooth-induction* 最小齿磁感. *miniature tube* 小型(电子)管,微型管. ▲*in miniature* 小型的,缩图的,小规模的〔地〕,用模型,用缩图画. III vt. ①画成小型,用缩图〔模型〕表示 ②使…小型化.

miniaturisation =miniaturization.

miniaturise =miniaturize.

miniaturiza'tion [minjətʃərai'zeiʃən] n. 小〔微〕型化.

min'iaturize ['minjətʃəraiz] vt. (使)小型化. *miniaturized component* 小型元件.

min'ibar n. 小型条信号(发生器).

min'ibike n. 小型摩托车.

min'iboom n. 短暂繁荣.

min'ibus ['minibʌs] n. 小型公共汽车(只坐四人),面包车.

min'icab ['minikæb] n. 微型出租汽车.

min'icam ['minikæm] 或 **min'icamera** ['minikæmərə] n. 小〔微〕型照相机.

min'icar n. 微〔小〕型汽车.

min'icard n. 缩印资料卡,缩微字符卡.

min'icell n. 微型细胞,微细胞.

min'icom n. 小(型)电感比较仪.

minicompo'nent n. 小型元件.

minicompu'ter n. 小(型)计算机.

minicrys'tal n. 微〔小〕型晶体,微晶.

minidi'ode n. 小型二极管.

miniemulator n. 小型仿真程序.

minifica'tion [minifi'keiʃən] n. (尺寸)缩小(率),缩小尺寸,减少,削减.

min'ifier n. 缩小镜.

mini-floppy disk 小软盘.

minifocused log 微聚焦测井.

min'ify ['minifai] vt. 缩小(尺寸),弄小,减少〔小〕,削〔减〕减.

min'igroove n. 密纹.

min'ihost n. 小型主机.

min'ikin ['minikin] I n. 微小的东西,最小铅字. II a. 微小的.

min'ilog n. 微电极测井.

Mini-log n. 单元式晶体管封装电路.

minilog-caliper n. 微电极一并径测井.

min'im ['minim] I n. ①量滴(液量最小单位,美制 = 0.0616cc,英制 = 0.0592 cc,约一滴量),米宁 ②最小物,微小(物),很少的一份. II a. 最小的,微小的.

min'ima ['minimə] *minimum* 的复数.

Min'imag n. 米尼麦格微型磁力仪.

min'imal ['minimǝl] a. 最小(限度)的,最低的,极小的,极微的. *minimal access* 〔latency〕*coding* 最快存取数〔访问〕编码. *minimal access program* 最短存取时间程序,最快存取程序. *minimal curve* 极小〔迷向〕曲线. *minimal function* 最低〔极小〕函数. *minimal latency routine* 最快存取〔存取〕程序. *minimal line* 极小〔迷向〕(直)线. *minimal path* 最短程. *minimal plane* 极小〔迷向〕(平)面. *minimal polynomial* 最小多项式. *minimal value* 极小值.

minimal-access n. 最快存取〔访问〕. *minimal-access programming* 最快存取〔取数〕程序设计. *minimal-access routine* 最快存取程序.

minimal'ity n. 最小(性).

minimaliza'tion n. 极小化,取极小值.

minimal-latency coding 最快存取编码,最短耽搁的程序设计.

min'imax' ['mini'mæks] n. 鞍点,极大极小,最大最小,极小化极大. *minimax criterion* 极小化极大准则. *minimax design* 极限设计. *minimax method* 极大极小法. *minimax principle* 极小极大原理(在最坏情况下使损失减至最小). *minimax solution of linear equations* 线性方程组的极值解. *minimax theorem* 极大极小值定理.

minimeter n. ①指针测微计〔器〕,测微仪 ②米尼表,米尼测微仪 ③千分比较仪 ④空气负压仪.

minimisation = minimization.

minimise = minimize.

minimiza'tion [minimai'zeiʃən] n. 极〔最〕小化,求(函数)最小值,化为极〔最〕小值,最简化. *minimization of total potential energy* 全位能最小法.

min'imize ['minimaiz] vt. ①使…成极小,将…减至〔达到〕最小(量,值),将…减至〔缩到〕最低程度〔限度〕,使…为最小值 ②求…的最小值〔最小值〕〔量〕 ③轻视,将…作最低估计 ④信务剧减,压缩通报. *minimizing sequences* 极小化序列.

minimodule n. 微型组件.

min'imum ['minimǝm] I (pl. *minima* 或 *min'imums*) n. 最小(量,值,限度),最低(量,值,点,限度)(量,值,限度)极小(量,值),(曲线的)谷. II a. 最小(限度)的,最低的,最少的. *minimum access* 最快存取〔取数〕. *minimum capacity* 最小〔起点,零点〕电容. *minimum diameter of thread* 螺纹最小直径. *minimum enroute I.F.R. altitude* 最低安全飞行高度. *minimum height tree* 最小层次树. *minimum latency* 最快存取. *minimum period* 低限〔最少〕时间. *minimum photographic distance* 最近拍摄距高. *minimum problem* 极小(值)问题. *minimum range* 最近〔最短,最小作用〕距离,最小射程〔量程〕. *minimum relay* 低载继电器. *minimum size* 最小〔最同〕尺寸. *minimum space station spacings* 太空电台最小占用间隔. *minimum thermometer* 最低温度表〔计〕. *primary minimum* 主极小. *weather minimum* 最低安全气象. ▲*at minimum*

minimum-access n. 最快存取[取数], 最优存取.
minimum-cost cutting speed 最经济切削速度.
minimum-delay coding 最小延迟编码.
minimum-distance code 最小间隔码.
mi'ning ['mainiŋ] I n. ①开[采, 探]矿, 开采[挖]矿业, 矿山 ②敷设地雷[水雷]. II a. 采矿的, 矿用的. *coal mining* 煤矿业. *deep mining* 深井开采. *mining car* 矿车. *mining core tube* 岩心管, 采矿机身管. *mining effect* 爆炸效力. *mining industry* (采)(工)业. *mining machine* 采矿[采掘]机. *mining subsidence* 矿坑下陷, 矿穴沉陷. *mining survey* 矿山测量. *mining system* 坑道工事. *open-cut*[opencast, open-pit] *mining* 露天开采.
min'inoise a. 低噪声的.
minioscilloscope n. 小型示波器.
min'ipad n. 小垫片.
mini-plant n. 实验室规模试生产用小型设备, 中间工厂, 实验工厂.
min'ipore n. 小孔.
min'iprints n. 缩印品(比原版小, 比缩微大的复制品, 可用放大镜阅读).
miniprocessor n. 小型处理机.
min'ipump n. 小(微)型真空泵.
Mini-SOSIE n. 最小编码低能脉冲序列法(商标名).
min'ister ['ministə] I n. ①部长, 阁员, 大臣 ②公使, 外交使节 ③侍从 ④代理人 ⑤(pl.)政府. *minister to M* 驻 M 公使. *Prime Minister* 总理, 首相. *vice-minister* 次长, 副部长.
II vi. (对…有)帮助, 顾, 尽力, 有贡献(to).
ministe'rial [minis'tiəriəl] a. ①部长的, 大臣的 ②内阁的, 政府(方面)的, 部的 ③代理的, 补[辅]助的, 附属的 ④有帮助[贡献]的, 起作用的(to).
ministe'rially ad. 作为部长(大臣)(的).
min'istrant ['ministrənt] n.; a. 助理(的), 辅佐(的).
ministra'tion [minis'treiʃən] n. 帮助, 服务, 救济.
min'istrative ['ministrətiv] a. 帮助的, 服务的.
min'istry ['ministri] n. ①部 ②内阁[政府](各部), 全体部长 ③部长职. *Ministry of Foreign Affairs* 外交部.
min'isub ['minisʌb] n. 小型潜水艇.
min'itrack ['minitræk] n. (追踪卫星或火箭用)电子(小型, 干涉仪卫星, 相位比较角无线电)跟踪系统.
minitransis'tor n. 小型晶体管.
min'itrim n.; v. 微调.
min'ituner n. 小型调谐器.
min'itype n. 微(小)型.
min'ium ['miniəm] n. ①红铅(粉), 红丹, (天然)铅丹, 四氧化三铅 ②朱色. *iron minium* 赭土, 含铁铅丹, 含铁氧化铅.
miniumite = minium.
miniva'lence n. 最低化合价.
min'iwatt n. 小功率.
Minofar n. 餐具锡合金(锑 17～20%, 锌 9～10%, 铜 3～4%, 其余锡).
minom'eter [mi'nɔmitə] n. 微放射针, 袖珍测量计用的充电位计数仪.
mi'nor ['mainə] I a. ①(两者之中)(较)小的, (较)少的, (较)短的, (较)轻的, 少数的 ②次要的, 辅助

的, 不重要的, 局部的 ③子(行列)式的. II n. ①【数】子(行列)式, 余子式 ②未成年人 ③选修科, 次要科目 ④【音乐】小调. *first minor* 初余子式. *minor arc* 主(小, 劣)弧. *minor axis* (椭圆的)短轴. *minor bend* 微弯波导. *minor betterment* 次要[局部]改善. *minor crane* 小型起重机. *minor cycle* 小(短)周期, 小循环. *minor details* (次要)细节. *minor determinant* 子行列式. *minor diagonal* 次对角线. *minor diameter fit of spline* 花键内径配合. *minor diameter of thread* 螺纹内径. *minor element* 痕(微)量元素. *minor enterprises* 中小企业. *minor exchange* 电话支局, 分交换机. *minor face* 短边. *minor fault* 小断层. *minor filament* 微(小)光灯丝. *minor function* 下函数. *minor inconsistenece* 小量不一致. *minor inorganics* 微量无机成分. *minor key* 小音阶. *minor lobe* (天线方向图的)旁[后, 副]波辮. *minor loop* 小磁滞回线, 局部磁滞回路(线), 小循环. *minor metal* 次要[稀有]金属. *minor of a determinant* 子行列式. *minor office* 分(支)局. *minor overhaul* (repair)小修. *minor path* 劣路线. *minor pool* 浅滩. *minor principal stress* 最小(第二)主应力. *minor radial* 次要辐射(分线). *minor relay station* 小转发站. *minor shock* 副震. *minor stop* (公共汽车)小站, 乘客不多的停车站. *minor term* 小词(项). *minor total* 次要的总计量, 小计. *minor trough* 副(小)槽.
mi'norant(e) ['mainərənt] n. 弱(劣)函数.
Minorca [mi'nɔ:kə] n. 米诺卡岛(西地中海).
minor-caliber a. 小口径.
minor-cycle n. 短(小)周期, 小循环.
minor'ity [mai'nɔriti] n. ①少数 ②少数民族 ③未成年. *minority carrier* 少数载流子. *minority (carrier) emitter* 少数载流子发射极. ▲*be in the minority* 占少数.
Minovar n. 低膨胀高镍铸铁(镍 34～36%, 其余铁).
MINS = miniature inertial navigation system 微型惯性导航系统.
Minsk [minsk] n. 明斯克(苏联城市).
mint [mint] I n. ①薄荷 ②造币厂 ③巨大, 巨额, 大(宗) ④富源. *a mint of* 大量的, 巨大的. II a. 崭新的, 完美的, 新造的. ▲*in mint state* (condition)崭新的, 刚造好的, 无污损的, 完善的.
II vt. 铸造(钱币), 新造(创造, 造出)(词句).
min'tage ['mintidʒ] n. 铸(硬)币, 造.
mint-condition a. 崭新的.
Min Tech = Ministry of Technology 技术部.
min'term n. 小项. *minterm form* 小项形式.
minterm-type 小项型.
minit-mark n. (货币面的)刻印(印记).
mint-weight n. (货币的)标准重量.
min'uend ['minjuend] n. 被减数.
mi'nus ['mainəs] I a. 负的, 减去的, 阴(极, 电)的, 零下的. II n. ①负数(量, 极) ②【数】减(号, 法), 负号, 零下, "-" ③不足(利), 损失, 缺点(陷). III prep. ①减去 ②没有(…的), 去掉, 失去. *minus blue* 减蓝(色), 缺蓝. *minus charge* 负(阴)电荷.

minus earth 阴极〔负极〕接地. *minus effect* 副作用,反〔不良〕效果. *minus electricity* 阴〔负〕电. *minus grade* 下〔降〕坡. *minus involute* (齿轮的)负的渐开线. *minus material* 次品."*minus*" "负"矿石. *minus No. 3 material* 小于3筛号的材料. *minus phase* 反〔负〕相. *minus screw* 一字槽头螺钉,左旋螺纹. *minus side* 减〔负〕侧. *minus sight* 前视. *minus sign* 负号,减号,"－". *minus zone* 负数区. *The temperature is minus thirty degrees.* 温度是零下30度.

min'uscule ['minəskju:l] Ⅰ n. 小写字母. Ⅱ a. 很小的,很不重要的.

minus-minerals n. 负矿石.

minute Ⅰ ['minit] n. ①分(1/60 小时, 1/60 度),角度的弧分 ②一会儿,瞬间,刹那 ③备忘录,笔记, (pl.)会议记录. Ⅱ ['minit] vt. ①记〔摘〕录,将…制成备忘录(down),…列入会议记录 ②测定…的精确时间. *charged minute* 计费分钟数. *message minute* 通话分钟数. *minute hand* 分针,长针. *minute mark* 分记. *minute of arc* 弧分. *minutes of talks* 谈话记录. ▲*half a minute* 片刻. *in a few minutes* 几分钟工夫就,立刻. *in a minute* 立即,马上,一会儿. *make a minute of* 记录…记下. *the minute (that)* … 刚…就…. *this minute* 现在,即到. *to the minute* 一分不差,准确地,正,恰好. *up to the minute* 最新(式)的.
Ⅲ [mai'nju:t] a. ①微小的,微细的 ②详细的,精密的,细致的. *minute adjustment* 精密调节. *minute bubbles* 小气泡. *minute crack* 发状裂缝,细裂缝. *minute irregularities* 微(小)的不平整度. *minute loop antenna* 微(小)环形天线. *minute projections* 极微小突出部分,摩擦面的粗糙度. *minute quantity* 极少量. ▲*a minute amount* 微量,一点点.

minute-book n. 记录簿,议事簿.
minute-hand n. (钟表的)长针,分针.
minutely Ⅰ ['minitli] a.; ad. 每分钟(都发生的),(连续)不断(的). Ⅱ [mai'nju:tli] ad. 微小地,详细地,精密地,精确地.
min'uteman ['minitmæn] n. (美国独立战争时的)民兵.
minute'ness [mai'nju:tnis] n. 微小,详细,精密,精确.
minute-sized a. 尺寸微小的,极小尺寸的.
minu'tia [mai'nju:fiə] (pl. *minu'tiæ*) n. 细节〔目〕,琐事.
minu'tiæ [mai'nju:fii:] n. minutia 的复数.
Minvar n. 镍铬(低膨胀)铸铁(镍29%,铬2%,其余铁;或镍36%,铬2%,其余铁).
min'verite ['minvərait] n. 钠长角闪辉绿岩.
Mi'ocene ['maiəsi:n] n.; a. 第三纪中新世(的),中新统(的). *Miocene epoch* 中新世.
miogeosyncline n. 冒(圆)地槽.
mionec'tic a. 低〔少〕氧的.
miostagmin n. 减张抗体. *miostagmin reaction* 小滴反应,减张抗体反应.
MIP = ①malleable iron pipe 韧性铁管 ②manual input processing〔program〕人工输入处理〔程序〕③material improvement project 材料改进计划 ④mean indicated pressure 平均指示压力 ⑤methods improvement program 方法改进程序 ⑥minimum impulse pulse 最小冲击脉冲.

MIPE = ①magnetic induction plasma engine 磁感应等离子体发动机 ②modular information processing equipment 积木式信息处理设备.
mipor a. 多微孔的.
mipora n. 米波拉(一种保温材料).
MIPS = ①metal-insulator-piezoelectric semiconductor 金属-绝缘(物)压电半导体 ②million instructions per second 每秒执行一百万条指令.
MIR = ①material inspection report 材料检查报告 ②memory-information register 存储信息寄存器.
M&IR = manufacturing and inspection record 制造与检查记录.
Mira n. 米拉铜合金(铜 74～75%,铅 16%,锑 0～6.8%,锡 1～8%,镍 0.25～1%,锌 0～0.6%,铁 0～0.2%).
mirabil'ia [mirə'biliə] 〔拉丁语〕n. 不可思议的事(物),奇迹.
Mirabilite n. 米拉比来铝合金(镍 4.1%,铅 0.04%,硅 0.3%,铁 0.4%,钠 0.04%,其余铝),芒硝.
mir'acle ['mirəkl] n. 奇迹,令人惊奇的事(物),特出的〔惊人的事例(of). *do*〔*work*〕*a miracle* 创造奇迹. ▲*to a miracle* 奇迹般地,不可思议地.
mirac'ulous [mi'rækjuləs] a. 奇迹般的,不可思议的,超自然的,非凡的. ~**ly** ad. ~**ness** n.
mir'age ['mirɑ:ʒ] n. 蜃(幻)景,海市蜃楼 ②幻想,妄想 ③光辉,强光. *inferior*〔*superior*〕*mirage* 下〔上〕现蜃景.
miran [mi'ræn] n. =missile ranging 米兰系统,导弹射程测定系统,测定导弹弹道的脉冲系统.
mirbane oil 硝基苯,蜜蒺油.
MIRCENS = Microbiological Resources Centre for Developing Countries 发展中国家微生物资源中心.
mire [maiə] Ⅰ n. 淤泥〔渣〕,泥(沼,潭,坑,地),矿泥,困境. ▲*be in the mire* 陷入困境. *drag* … *through the mire* 使…丢丑,把…搞臭. *find* 〔*stick*〕*oneself in the mire* 掉在泥坑里,陷入困境,束手无策.
Ⅱ v. ①(使)陷入泥坑〔困境〕,(使)束手无策.
mired = microreciprocal degree(色温单位)迈尔德(2000K 温度的倒数等于 500×10^{-6},也等于500迈尔德).
mire-drum n. 天然盐水.
mi'riness ['maiərinis] n. 泥泞.
mirk(**y**) =murk(y).
MIRPL = major item repair parts list 主要项目修理零件单.
MIRPS = multiple information retrieval by parallel selection 通过并行选择的多次信息恢复.
MIRR = materials inspection and receiving report 材料检查与接收报告.
mir'ror ['mirə] Ⅰ n.; v. ①镜子,(反射)镜,反光,倾斜)镜,反射器(物) ②借镜〔鉴〕③反映(射)出,映出.
Ⅱ a. 镜式的. *concave*〔*convex*〕*mirror* 凹〔凸〕镜. *dichroic mirror* 二向色镜,分色镜. *magnetic mirror* 磁镜,磁塞. *mirror arc* 镜弧灯. *mirror backed fluorescent screen* 带反射镜〔背面敷铝〕的荧光屏,背面反射式荧光屏. *mirror ball* 小型球面反射镜. *mirror coating* 反射镜涂膜. *mirror drum* 镜面筒.

mirror effect 镜像效应. *mirror electrodynamometer* 反射镜式功率计,镜式电测力计,镜式力测电流计. *mirror element* 镜像元,像素. *mirror extensometer* 反光〔镜示〕伸长计〔延伸仪〕. *mirror face* 镜面. *mirror field* 磁反射镜场,镜面对称场,反射场. *mirror finish* 镜面光洁度,镜面磨削. *mirror galvanometer* 镜式电流计〔检流计〕. *mirror grinding* 镜面磨削. *mirror instability* 磁镜不稳性. *mirror iron* 镜铁. *mirror machine* 带有磁镜的热核装置. *mirror polish* 镜面抛光. *mirror reading* 镜示读数法. *mirror reflection* 镜面反射. *mirror scale* 镜面刻度盘〔标度〕. *mirror shot* 利用反射镜摄影〔拍摄〕,反射镜合成摄影. *mirror stereoscope* 反光立体镜. *mirror stone* 白云石. *mirror symmetry* 镜面对称.

mirror-bright *a.* 镜的,像镜一样发光的.
mir'rored *a.* 镀金(属)的,镀膜的,镜面(化)的.
mirror-image *n.*
mir'rorless *a.* 无反射镜的.
mir'rorlike *a.* 如(似)镜(一般)的.
mir'ror-lined *a.* 内镀面镜层的,背面镀反射膜的.
mirror-phone *n.* 磁气录音机.
mirror-smooth *a.* 镜面一样光滑的,平滑如镜的.
mirror-symmetric *a.* 反射对称的,反转对称的.
mirror-writing *n.* 倒写.
MIRT = molecular infrared ray tracer 分子化红外线示踪器.
mirth [məːθ] *n.* 欢笑,高兴.
mirth'ful ['məːθful] *a.* 欢笑的,高兴的. ~ly *ad.* ~ness *n.*
MIRV = multiple independently targeted re-entry vehicle Ⅰ *n.* 分导多弹头(重返大气层)导弹〔运载工具〕. Ⅱ *v.* 改装为分导多弹头导弹,用多弹头分导重返大气层运载工具去装备.
MIRVing *n.* 改装为分导多弹头导弹.
mi'ry ['maiəri] *a.* 淤泥的,泥泞的,泥沼的,沾满泥的,肮脏的.
MIS = ① management information system 经营管理信息处理系统 ② metal-insulator-semiconductor 金属绝缘体半导体.
MIS condenser 金属-绝缘体-硅电容器.
mis- 〔词头〕错,误,不(利,准),坏.
mis-act' [mis'ækt] *vt.* 行为失检,行动错误,执行不佳.
misadjust'ment *n.* (错)误调(整,谐),失调,不准确的调整〔调节〕.
mis'administra'tion *n.* 管理失当.
misadven'ture [misəd'ventʃə] *n.* 不幸(事件),灾难,意外事故. ▲ *by misadventure* 因不幸〔意外事件〕,过失.
mis'aim' ['mis'eim] *v.* 失准,灯光不正确投射.
misalign'ment [misə'lainmənt] *n.* ①不(大)对准(直线),未校准,非(直)线性,非准直(性),不同轴性,轴线(中心线)不重合(位移),不对中,不同心度,不平行度 ②不重合(符合,一致),不规则排列,安装〔对准〕误差,失调,不正,偏移,移动,位移,调(校)整不当 ③角(度)误差 ④偏心率 ⑤误差方向. *angular misalignment* 角偏差〔位移〕. *lateral misalignment* 横向,横向位移. *misalignment voltage* 失配〔失谐〕电压.

misapplica'tion [misæpli'keiʃən] *n.* 误(错,滥)用,不正确应用〔使用〕.
misapply' ['misə'plai] *vt.* 误(错,滥)用,不正确应用〔使用〕.
mis'apprehend' ['misæpri'hend] *vt.* 误解,误会. **mis'apprehen'sive** *a.*
misappro'priate [misə'prouprieit] *vt.* ①误〔滥,盗,挪〕用 ②侵〔霸〕占. **misappropria'tion** *n.*
mis'arrange' ['misə'reindʒ] *vt.* 排错,安排〔布置,配置〕不当,不正确地安排(配置). ~ment *n.*
misbecome [misbi'kʌm] (*misbecame'*, *misbecome'*) *vt.* 不适于….
misbelief ['misbi'liːf] *n.* 误信.
misc = ① miscellaneous 杂项(的) ② miscellany 杂记 ③ miscible 易混合的,可溶合的.
miscal'culate [mis'kælkjuleit] *v.* 算〔估〕错,计算误差,误〔失〕算. **miscalcula'tion** *n.*
miscall' [mis'kɔːl] *vt.* 错叫,误称.
miscar'riage [mis'kæridʒ] *n.* ①错误,误差(送) ②失败,流产,不成功.
miscar'ry [mis'kæri] *vt.* ①失败,流产,不成功 ②产生错误〔误差〕,误投,未送至目的地.
mis'ce ['misi] 〔拉丁语〕*v.* 混合,混和.
miscella'nea [misi'leiniə] *n.* (pl.) 杂集〔记,录〕,随笔,杂文.
miscella'neous [misi'leiniəs] Ⅰ *a.* (混)杂的,杂项的,各种(各样)的,多方面的. Ⅱ *n.* 其他. *miscellaneous business* 杂务. *miscellaneous division* 总务科. *miscellaneous goods* 杂货. *miscellaneous sands* 多种砂. ~ly *ad.*
miscel'lany [mi'seləni] *n.* ①混合〔杂〕 ②杂集〔记,录〕,随笔,杂物. ▲ *a miscellany of* 各种(各样)的,杂七杂八的.
misch metal = mischmetal.
mischance [mis'tʃɑːns] *n.* ①不幸(事件),灾难〔障碍〕,故障. ▲ *by mischance* (由于)不幸(事件),不巧.
mischcrystal *n.* 混晶,固溶体.
mis'chief ['mistʃif] *n.* ①损〔灾,危,伤〕害,灾祸 ②障碍,毛病 ③胡闹,恶作剧. ▲ *make mischief (between)* (在…之间)挑拨离间〔搬弄是非〕. *play the mischief with* 损害,弄坏,把…弄得乱七八糟.
mis'chievous ['mistʃivəs] *a.* 有害的,有毒素的,胡闹的. ~ly *ad.* ~ness *n.*
misch' metal [miʃmetl] *n.* 含铈的稀土(镨系)元素合金,铈(镧敛镨)合金(约铈 50%,镧 45%),混合稀土,稀土金属混合物.
miscibil'ity [misi'biliti] *n.* 可混(合)性,溶混〔掺混,互溶〕性,融和,可拌和性. *miscibility gap* 混溶裂隙.
mis'cible ['misibl] *a.* 可〔易〕混(合)的,可(溶)混的,可拌和的(with).
mis-classifica'tion *n.* 错误分类.
misclosure *n.* 闭合差,非圆闭曲捕.
Misco metal 镍铬铁耐蚀合金(镍 30～65%,铬 12～30%,其余铁).
miscoding *n.* 密码错编.
miscolo(u)r [mis'kʌlə] *vt.* 着色不当,错着色,错误表现.
mis'conceive' ['miskən'siːv] *v.* 误解〔会〕,错认,(对…)有错误观念(of).

misconcep′tion [miskən'sepʃən] n. 误解，错误的观念，概念不清，错觉.

misconduct I [mis'kɔndəkt] n. II ['miskən'dʌkt] vt. ①处理不当，办理不善，办错 ②胡作非为.

misconnec′tion [ˌmiskə'nekʃən] n. 错[误]接.

misconstruc′tion [miskən'strʌkʃən] n. ①误解[会]，曲解，解释错误 ②(建议，房屋)盖错. ▲*be open to misconstruction* 容易引起误会，容易被误解.

misconstrue′ [miskən'struː] vt. 误解[会]，曲解.

misconverged kinescope 电子束发散式显像管.

misconver′gence n. 收敛失效(不足)，无[失]收敛，不会聚，会聚失调，失聚. *colour misconvergence* 色失聚，基色分像错叠[失叠]. *misconvergence of beams* 射束分散[分开]，波束分散，电子注失聚，电子束失会聚.

mis′count′ ['mis'kaunt] v.；n. 算(数，点)错，错[误]算，计[计数]错误[误算，误差]，误计数，不正确计算.

miscreate′ [miskri'eit] v. 错[误]造，弄成奇形怪状.

mis′date′ ['mis'deit] vt. 记[填]，弄错日期.

mis′deal′ing ['mis'diːliŋ] n. 做错.

mis′deed′ ['mis'diːd] n. 罪行，犯罪.

mis′deem′ ['mis'diːm] vt. 错认为，错认，估计[判断]错.

mis′deliv′ery n. 误投，发货错误.

misdemea′no(u)r ['misdi'miːnə] n. 坏事，过失，犯轻罪.

misderive [misdi'raiv] v. 错误得出[推论].

misdescribe [ˌmisdis'kraib] v. 误记，记述错误. **misdescrip′-tion** [misdis'kripʃən] n.

misdirect′ ['misdi'rekt] vt. ①指导[指挥，指示]错(误)，方向指错，瞄错 ②写错(地址)，错用，错误处置，使用不当. ~ion n.

misdoing [mis'du(ː)iŋ] n. (常用pl.) 坏事，罪行.

misdoubt [mis'daut] v.；n. 怀疑，不相信，担心.

mise [miːz] n. 协定，协约.

mise en scène ['miːzɑːn'sein] [法语] ①舞台装置[演出] ②周围情况，环境.

mise-a-la-masse method (电法勘探) 充电法.

miseduca′tion [misedju(ː)'keiʃən] n. 错误教育.

misemploy′ ['misim'plɔi] vt. 误用，乱用.

mi′ser ['maizə] n. 钻凿土用大型钻头，管形提泥钻头，钻探机，凿井机 ②守财奴.

mis′erable ['mizərəbl] a. ①可怜的，不幸的，悲惨的，痛苦的 ②简陋的，粗劣的 ③糟糕的，使人难受的. ~ness n.

mis′erably ['mizərəbli] ad. ①可怜地，不幸地，悲惨地 ②非常，极，大大地.

mis′ery ['mizəri] n. 悲惨，苦难，不幸，痛苦，穷困.

mises′timate I ['mi'sestimeit] vt. II ['mi'sestimit] n. 错误[不正确]评价.

misfea′sance [mis'fiːzəns] n. 不法行为，滥用职权，违法，过失.

mis′feed′ n.；v. 误传[输，馈]送，传送失效.

mis′fire′ ['mis'faiə] v.；n. ①(发动机)不发(着，点)火，不点弧，不点火，发动不起来，抛错 ②(枪炮)打不响，未发射 ③哑炮，拒爆 ③达不到(未达到)目的，打不中要害. *misfire detonation* 拒爆.

mis′fit′ ['mis'fit] v.；n. ①不吻合[适合]，配合不良，配错，错合 ②不配合的零件，不适合[不称职]的人. *misfit dislocation* 不匹配位错. *misfit energy* 错配能. *misfit river* 不相称河，弱水河.

misfo′cus v. 散焦.

misform′ [mis'fɔːm] v. 作成奇形怪状，弄成残缺不全.

misfor′tune [mis'fɔːtʃən] n. 不幸，灾难(祸). *suffer misfortune* 遭受不幸.

misfra′ming n. 帧失步.

misgave′ [mis'geiv] v. misgive的过去式.

misgive′ [mis'giv] (*misgave′*, *misgiv′en*) vt. 使感到疑虑[害怕，不安].

misgiv′en [mis'givn] v. misgive的过去分词.

misgiv′ing [mis'giviŋ] n. 疑虑[惑]，担心，不安.

misgov′ern [mis'gʌvən] vt. 对…管理不当. ~ment n.

mis′guidance ['mis'gaidəns] n. 错误的指导[引导]，误入歧途.

misguide′ [mis'gaid] vt. 对…指导[领导]引导错误，使…误入歧途.

mis′gui′ded ['mis'gaidid] a. 搞错的，被指导[引导]错的，误入歧途的. ~ly ad.

mishan′dle [mis'hændl] vt. ①(使)用错，处理错，看管不好，乱弄 ②误操作，不正确运用[周转，转变].

mis′hap ['mishæp] n. 不幸(事)，意外事故，损坏，灾祸.

mishear′ [mis'hiə] (*misheard*) vt. 听错.

misheard′ [mis'həːd] v. mishear的过去式和过去分词.

mish′mash ['miʃmæʃ] n. 混杂物，杂烩.

mis′inform′ ['misin'fɔːm] vt. 误传，传情(消息)，使误…误入歧途.

mis′informa′tion ['misinfə'meiʃən] n. 误传，传错消息，错误报导，错误的消息.

mis′inter′pret ['misin'təːprit] vt. 误解[译，释]，误以为，错判断. ~a′tion [misintəːpri'teiʃən] n.

misjudge′ [mis'dʒʌdʒ] v. (把…)判断[估计，论断]错误，看错，轻视.

misjudg(e)′ment n. 判断[估计]错误.

Miskolc ['miʃkoults] n. 米什科尔茨(匈牙利城市).

mislaid′ [mis'leid] v. mislay的过去式和过去分词.

misland′ [mis'lænd] vt. 在错港口靠岸.

mislay′ [mis'lei] (*mislaid*) vt. 遗失，误置，不知放在什么地方，丢弃.

mislead′ [mis'liːd] (*misled′*) vt. 带[领，引]错，使…迷惑[误解，误入歧途]，给…错误印象.

mislea′ding [mis'liːdiŋ] a. 使人误解[迷惑]的，引入歧途的，骗人的.

misled′ [mis'led] v. mislead的过去式和过去分词.

mislike′ [mis'laik] vt.；n. 厌恶.

mismachined a. 加工不当的.

misman′age [mis'mænidʒ] vt. 办错，处理错误，处置失当，管理不善. ~ment n.

mismatch′ [mis'mætʃ] n.；vt. ①失配[调，谐]，解谐 ②配合不符，零件错配 ③不重合[匹配，协调，符合，一致]，未对准，有误差 ④【铸】错箱. *mismatched generator* 失配振荡器. *mismatched line* 不拟合曲线.

mismatch′ing n. 错[失]配，失配系数.

mismate′ [mis'meit] v. 误配，组合[配合]不当，错配合.

misname′ [mis'neim] vt. 误称，叫错.

misno′mer [mis'noumə] n. 误称，名称使用不当，用字错误.

miso- 〔构词成分〕厌恶,憎恨.
misone'ism [misɔ'ni:izm] n. 保守主义.
misopera'tion [misɔpə'reiʃən] n. 误动作,误操作,异常运用,不正确的操作,失去平衡,故障.
misorienta'tion n. 取向错误,定向〔取向〕定错〔摆错〕方向.
misoriented a. 取向错误的,方向〔方位〕定错〔摆错〕的.
mispair'ing n. 缺对.
mis'pickel ['mispikəl]. 毒砂,砷黄铁矿.
misplace' [mis'pleis] vt. ①错(误)放,误置,(放)错位(置) ②误给. misplaced winding 偏位绕组.
~ment n.
misplug v.; n. 插塞错插,误插.
misprint' [mis'print] vt.; n. 误(打)印,打印错误,印刷(错)(误),刊误.
misprise' 或 **misprize'** [mis'praiz] vt. 轻视,看不起.
mispronounce' vt. 发错音. **mispronuncia'tion** n.
mispropor'tion [misprə'pɔ:ʃən] n. 不均称〔相称,平衡,调和〕,不成比例.
misquote' [mis'kwout] vt. 误引,引述错误. **misquota'tion** n.
MISRE =microwave space relay 微波空间中继.
misread' [mis'rid] (**misread'**) vt. 错读,读〔看〕错,把…解释〔测量〕错误.
misreg'ister n. 记录〔指示,显示〕不准确.
misregistra'tion 或 **misreg'istry** n. 配准〔对准〕不良,错层配准,记录失真〔错误〕,(电视彩色)不协调,重合失调〔不良〕,误读,【计】位置不正.
mis'remem'ber ['misri'membə] v. 记(忆)错(误),忘记.
mis'report' ['misri'pɔ:t] v. 误报.
mis'represent' ['misrepri'zent] vt. ①误解〔传〕,曲解,歪曲,把…颠倒黑白,虚报 ②误识表现〔表示〕.
~a'tion n.
misroute' vt. 错放(不正确的)指向,误转.
mis'run' ['mis'rʌn] n.; vi. 滞流,浇不足,【铸】缺肉. **misrun** casting a run 缺陷铸件.
MISS =man-in-space simulator 人在宇宙空间的模拟装置.
miss [mis] v.; n. ①未打中〔打着,命中,射入〕,脱靶,打歪,落空 ②未拿到〔捉到,达到〕,损失,失去〔掉,踪,误〕,没收 ③没听到,觉察,领会 ④遗(脱)漏,省(漏)掉(out) ⑤未赶上,错过,够不上,缺(席),不到 ⑥逃脱,免于 ⑦惦念 ⑧小姐. **miss chucking**(错)装夹(紧). **miss coat** 涂层漏警代价. **miss feed**(错)误进给. **miss match** 失配〔适〕,不重合. **miss punch**(ing) 错位冲孔(导向不良). **missed heat** 不合格熔炼. **missing of ignition** 不着火. **near miss** 接近击中〔错〕,近距脱靶.
▲**A miss is as good as a mile**. 毫末之错仍为错. **miss one's**〔**the**〕**mark**〔**aim**〕未达到原定目的,失败,不够好,不恰当. **miss fire**(枪炮)不发火,不点火,不成功. **miss out on** 得不到期望中的东西. **miss the bus** 错过机会. **miss the point** 不得要领,不懂要旨.
miss'dis'tance ['mis'distəns] n. 脱靶〔误差,失误〕距离. **guidance missdistance** 制导误差值. **missdistance information** 脱靶量信息.
mis'send' ['mis'send] (**mis'sent'**) vt. 送错.
missense n. 误义.
miss-fire shot 瞎〔不爆发的〕炮眼.
misshape' [mis'ʃeip] vt. 弄成奇形怪状,使成异形.
missha'pen [mis'ʃeipən] a. 畸形的,异形的,残缺(不全)的,奇形怪状的.
mis'sile ['misail] Ⅰ n. 导弹,火箭,飞(射)物,信号,照明弹,射体,发射物,抛射体,弹性体,投射〔打掷〕器. Ⅱ a. 可发射〔投掷〕的. **guided missile** 导弹. **homing missile** 自动寻的导弹. **intercontinental missile** 洲际导弹. **missile car complex** 导弹发射列车,铁路综合发射设备. **missile guidance set** 制导设备. **missile range gate** 导弹距离跟踪波门. **missile site** 导弹发射场. **selfguided missile** 自控导弹.
missile-bearing beam 导弹方位引导波束.
missile-borne package 弹载部件.
mis'siledom n. 导弹世界.
missileer n. 导弹专家.
mis'sileman n. 火箭发射手,导弹操作手,导弹部队,导弹专家.
missile-mounted retro-reflector 弹载后向反射器.
missile-operation control 导弹导引.
missile-range instrumentation radar 导弹靶场测量雷达.
mis'sil'(e)ry n. (有关)导弹(设计,发射,控制)的技术.
missile-target engagement range 导弹截击目标距离.
mis'sing ['misiŋ] Ⅰ n. 脱(漏),未打(命,击)中,未射入,空白 ②不着火,故障 ③损失,失去(败,踪) ④通(经)过. Ⅱ a. 失去〔落〕的,不见了的,失踪的,缺少的,错过的. **missing mass** 丢失质量. **missing order** 缺序. **missing plot technique** 【统】缺区补救技术. **radial**〔**vertical**〕**missing**(发射器的)〔垂直〕旁路. **the missing link**(体系中)缺少的一环. ▲**missing from M** 在 M 中缺少的,从 M 中不见的.
miss'ion ['miʃən] Ⅰ n. ①使命,(战斗)任务,飞行(任务) ②代表团,使团,使节,使馆,特使 ③(汽车的)变速箱. Ⅱ v. 派遣. **engine mission** 发动机变速箱. **mission success rate** 使用成功率. **mission to M** 赴 M 的代表团. ▲**be sent on a mission** 被派出差. **complete one's mission** 完成任务.
mission-dependent equipment 专用飞行设备.
mission-independent equipment 通用飞行设备.
mission-oriented network 面向任务的网络.
miss'is ['misiz] n. 夫人.
Mississip'pi [misi'sipi] n. (美国)密西西比(河,州).
Mississip'pian Ⅰ a. (美国)密西西比河〔州〕的. Ⅱ n. (早石炭纪)密西西比统.
mis'sive ['misiv] n. 公文,公函,书信.
Missou'ri [mi'zuəri] n. (美国)密苏里(州). **Missouri**(**design**) **method**(美国)密苏里州(柔性路面厚度)设计法. **the Missouri** 密苏里河.
mis'spend' ['mis'spend] (**mis'spent'**) vt. 浪费,滥用,错漏,误用,虚度.
mis'spent' ['mis'spent] vt. misspend 的过去式和过去分词.
mist [mist] Ⅰ n. ①(烟,油,轻,薄)雾,霭,霭,烟云,湿气 ②朦胧. **aluminium mist** 铝(金属)雾. **mist fan motor** 喷雾吹风马达(电动机). **mist lubrication** 油雾润滑. **mist separator** 湿气分离器. **mist**

mist. spray 喷雾. salt mist 咸雾. ▲lost in the mists of time 时间久了渐被遗忘. see things through a mist 模模糊糊地看东西.
Ⅱ v. 下雾,被雾所笼罩,模糊不清.
mist. =mistura 合剂.
mista'kable ['mis'teikəbl] a. 易错的,易被误解的.
mistake' [mis'teik] Ⅰ (mistook', mista'ken) v. 弄[搞]错,看,想,认,估计)错,误解(..),失策. ▲mistake M for N 把 M 弄错[误会]为 N. There's no mistaking. 不会弄错的. Ⅱ n. 错误,误差,过错[失],事故,误会. A mistake occurred. 出错,发生错误. make a mistake 出[搞]错, 犯错误. ▲and no mistake 无疑地,的确.
mista'ken [mis'teikən] Ⅰ v. mistake 的过去分词. Ⅱ a. 错误的,弄[搞]错了的,误解了的. ▲be mistaken about[in] 把 M 弄[搞]错了. ～ly ad. ～ness n.
mis'ter ['mistə] n. 先生.
mis'term ['mis'tə:m] vt. 误称.
mistermina'tion n. (端接)失配,失谐.
mistery =mystery.
mist'ful ['mistful] a. 雾深的,朦胧的.
mis'tily ['mistili] ad. 雾深,朦胧地,模糊地.
mis'time ['mis'taim] vt. 做(说)得不合时宜,估计错…的时间,不同步.
mis'timed ['mis'taimd] a. 不合时宜的.
mis'tiness n. 雾深,朦胧,模糊,不明了.
mist'like ['mistlaik] a. 薄雾状[似]的.
mistook' ['mis'tuk] v. mistake 的过去式.
MISTRAM = missile trajectory measurement system 导弹轨迹测量系统.
mis'translate ['mistræns'leit] vt. 译错,误译.
mis'transla'tion ['mistræns'leiʃən] n. 译错,误译.
mis'tress ['mistris] n. 女主人,霸主,情妇.
mis-trip v. ; n. 掷球失误,误跳闸.
mis'trust ['mis'trʌst] Ⅰ vt. 不相信(信任),怀疑. Ⅱ n. 不相信,怀疑(of, in).
mis'trust'ful ['mis'trʌstful] a. 不相信的,怀疑的(of). ▲be mistrustful of 不信任[相信]. ～ly ad. ～ness n.
mis'tune' ['mis'tju:n] vt. 失调[调],误调(谐).
mis'ty ['misti] a. (有)雾的,模糊(不清)的,朦胧的.
misunderstand' [misʌndə'stænd] (misunderstood')vt. 误会(意中),曲解.
misunderstand'ing n. 误会(心),隔阂,争执.
misunderstood' [misʌndə'stud] v. misunderstand 的过去式和过去分词.
misu'sage [mis'ju:zidʒ] n. 错(误,滥)用.
mis'use' Ⅰ ['mis'ju:z] vt. Ⅱ ['mis'ju:s] n. 错(误,滥)用. misuse failure 因滥用而损坏(出故障).
mis'work' n. ; v. 工作出错.
mis'write' ['mis'rait] (miswrote', miswrit'ten) vt. (书)写错(误).
mis'writ'ten ['mis'ritn] v. miswrite 的过去分词.
mis'wrote' ['mis'rout] v. miswrite 的过去式.
MIT = ①manufacturing integrity test 制造完整性试验 ②Massachusetts Institute of Technology (美国)麻省理工学院 ③master instruction tape 主控带.
MITE = ①microelectronic integrated test equipment 微电子集成试验装置 ②military industry technical manual 军事工业技术手册 ③miniaturized integrated telephone equipment 微型集成电话设备 ④multiple input terminal equipment 多端输入终端设备.
mite [mait] n. 一点点,少许,小东西. ▲a mite of 一点点,小小的. not a mite 一点也不(也没有).
miter = mitre.
mit'igable ['mitigəbl] a. 可缓和[减轻,镇静,调节]的.
mit'igate ['mitigeit] vt. 减轻,缓和,使镇静,调节. mitigating of flood 减洪. mitiga'tion [miti'geiʃən] n.
mit'igative ['mitigeitiv] Ⅰ a. 缓和性的,止痛的,镇静的. Ⅱ n. 缓和[镇静,止痛]剂.
mit'igator [mitigeitə] n. 缓和[镇静]剂.
mit'igatory ['mitigeitəri] a. 缓和[镇静]的,减轻的.
mi'tis ['maitis] Ⅰ n. 可锻铁(铸件). Ⅱ a. 铸造用可锻铁的,轻的,缓和的. mitis casting 可锻铁铸造[铸件]. mitis metal 可锻铁(铸件).
mitochon'dria n. 线粒体.
mitogen n. 促细胞分裂剂.
mitogenet'ic [maitoudʒi'netik] a. 引起细胞间接分裂的. mitogenetic ray 孳生[发育]射线.
mitome n. 原生质网.
mito'sis n. 有丝(间接)分裂.
mitotic index (细胞)有丝分裂指数.
mi'tre ['maitə] vt. ; n. ①斜接(面,规),斜棒,斜角[接]缝 ②成 45°角斜接,45°接合,45°角接口,作成斜的. mitre gate 人字闸门. mitre gear 等径伞齿轮,等径直角斜齿轮. mitre joint 斜削接头,斜(面)接合,斜角连接. mitre square 斜角尺. mitre valve 锥形阀. mitre welding 斜接焊接. mitre wheel 等径伞齿轮. square mitre 斜角尺. wheel mitre 等径伞齿轮.
mitre-box n. (木工用)45°角尺,轴锯箱.
mitre-gear n. 等径伞齿轮,等径直角斜齿轮.
mitre-wheel n. 等径伞齿轮,正角斜齿轮.
mitron n. 电子调谐式柱形磁控管,(通过)电压控制(可在宽频带范围内进行)调谐磁控管,米管.
Mitsche's effect 银-铜合金特殊时效硬化,米谢效应.
Mitsubishi's balancing machine 三菱(公司)平衡试验器.
mit'ten ['mitn] n. 连(无)指手套(只有拇指分开,其余各指并在一起). canvas mittens 帆布手套. double palm canvas mittens 掌部双层帆布手套.
mix [miks] Ⅰ v. ①混(拌,溶)合,掺和(混)搅拌,扰动 ②配合(料),配(调,拌)制 ③(变)频 ④混淆[同] ⑤交往,相处,参与(in). ▲mix en route 在运输途中拌和,路拌. mix up 混(拌)合,调好,搅匀,混淆. mix M with N 把 M 和 N 混(拌)合.
Ⅱ n. ①混合,掺和 ②混合料,(均匀)混合物,新浇(未结硬的)混凝土 ③配合比 ④糊涂,迷惑. Ⅱ a. 混合的. bearing-type mix 轴承粉料,轴承类粉末混合物. closed mix 按最小空隙原则的配合比. friction-type mix 摩擦粉料,摩擦类粉末混合物. mix design 混合料成分(配合比)设计,配料设计. mix gate "或"门. mix muller (捏轮式)混砂机,搅拌碾砂机,混合碾压机. mix seal 拌合式(混合料)封层. mix selec-

mix'able *a.* (可)溶混的.
mix-crystal *n.* 合[和]混]晶.
mixed [mikst] *a.* 混[掺]合的,拌合(式)的,交叉着的,各种各样的,混淆的. *mixed accelerators* 混合催速剂,联合加速器. *mixed base* 拌和式[混合料]基层,混合(成)基,混合碱,混合底子. *mixed blanking* 复合消隐. *mixed cold* 冷拌和. *mixed crystal* 混合[混频]晶体,固溶(晶)体. *mixed decimal* 带(小数的)数. *mixed exponent* 带分数指数. *mixed flow* 混合流,混流式. *mixed fraction* 带分数. *mixed gas producer* 混合煤气发生炉. *mixed grain size* 混晶粒度. *mixed high technique* (彩色电视)混合高频发射技术. *mixed highs* 三信号的高频分量混合物,混合高频分量[信号]. *mixed highs system* 高频混合制,混(合)高频系统. *mixed hot* 热拌和. *mixed joint* 混合接头. *mixed number* 带分数. *mixed pressure turbine* 混压涡轮机. *mixed radix* 混基. *mixed rags* 成型,装配,组合. *mixed syncs* 复合同步(信号). *mixed tube* 混合(频,波)管. *mixed turbine* 混流式涡轮机.

mixed-base *n.* ;*a.* 混(合)基(数的). *mixed-base notation* 混合基数(计数)法,混合基编码.
mixed-bed exchanger 混合床树脂交换器.
mixed-continuous group 【计】混合连续群.
mixed-flow turbine 混流式水轮机.
mixed-grained *a.* 多种粒径混合的.
mixed-highs transmission 混合高频传送,"灰色"传送.
mixed-in-place *a.* 就地[工地]拌和的,路拌的.
mixed-in-transit *a.* 在运输途中拌合的.
mixed'-phase *n.* 混波相位.
mixed'-powder *n.* 混合粉末.
mixed-radix notation 混合基数记数法.
mixed-up *a.* 混[拌]合的,混乱的,迷惑的.
Mixee *n.* 米克斯粉末混合度测量仪(测定器).
mix'er ['miksə] *n.* ①混合(混炼,混料,调和,搅拌)器,混合箱,搅拌[拌合,混合,混砂]机,(粘胶)溶解机 ②混铁炉 ③混(变)频器,混(变)频(电子)管,(超外差接收机中)第一检波器,混合控制台,调音台 ④混合者. *coincidence mixer* 符合信号混合器,符合混频电子管. *column mixer* 混合柱[塔]. *concrete mixer* 混凝土搅拌机. *crystal mixer* 晶体混频器. *jet mixer* 喷射混合器. *metal mixer* 混铁稳[包,炉]. *mixer amplification by variable reactance* 可变电抗混频放大器,低噪声微波放大器. *mixer crystal* 混频晶体. *mixer filter* 混频器滤波器. *rotary mixer* 滚筒搅拌(混合)机. *tilt mixer* 电视电路中校正频失真的电路. *transit mixer* 运送搅拌机. *truck mixer* 汽车式搅拌机,混凝土拌和车.
mixer-agitator tank 拌和机(搅)拌缸.
mixer-duplexer ['miksə'dju:pleksə] *n.* 混频双用器,混频-天线转换开关两用器.
mixer-granulator *n.* 混合制粒机.
mixer-lorry *n.* 汽车式(混凝土)拌和机,移动式拌和机.
mixer-settler *n.* 混合沉降(澄清)器,混合澄清(萃取)槽.
mix'i *a.* 长、中、短俱备的(即包括 mini, midi 和 maxi).
mix'ing ['miksiŋ] *n.* ①混合(力),混炼,拌和,搅拌,(粘胶)溶解 ②混频(波),变频 ③扰动 ④混录,录音,转录,配音 ⑤混合物的形成,混合对称化(张量指标的表示). *machine mixing* 机拌(法). *mixing at site* 就地[工地,现场]拌和. *mixing chamber* 混合(混气,预燃,拌合,搅拌)室. *mixing circuit* 或"(混)频"电路. *mixing drum* 鼓形(叶板式,滚筒式)混砂机,拌和鼓(筒). *mixing ladle* 混铁罐(包). *mixing mill* 混砂机(碾),炼胶机. *mixing proportion* [*ratio*] 合比,混合比例. *mixing resistor circuit* 电阻混频电路. *mixing roll* 混炼机,混合辊. *mixing screw* 螺旋混合器. *mixing tube* (燃料空气等的)混合管,混频管,混波管. *mixing unit* 成套拌合设备,拌合厂,混合器部分(部件).

mix-in-place *n.* 就地拌和,路拌.
mixolimnion *n.* 混成层,环行层(指潮水).
mixom'eter *n.* 拌和计时器.
mix-preparation *n.* (混凝土)拌和物配制.
mixt. = mixture.
mix'ture ['mikstʃə] *n.* 混合(物,体,气,料,剂,比,状态),配料,炉[混合]料分,型砂. *anti-freezing mixture* 防冻剂. *correct mixture* 正确混合气(比). *first fire mixture* 速燃点火药. *freezing mixture* 冷凝(冷冻)剂. *gas mixture* 气体混合物,混合气体. *gasoline mixture* 汽油(和空气)混合物. *lean mixture* 贫油混合气,贫(灰)(少炭,少油)混合料. *mixture calculation* 配料计算. *mixture control assembly* 混合气控制装置,混合比调节装置. *mixture length* 混合流程. *mixture making* 配料(计算). *mixture ratio* 混(配)合比,混合气成分比. *mixture specifications* (混合料的)配料规范. *rare mixture* 贫(混凝土)拌合物. *starring mixture* (烟铎)成星剂.

mix-up *n.* ①混(拌)和,混乱,弄混 ②混合物.
Miyazaki *n.* 宫崎(日本港口).
Mizushima *n.* 水岛(日本港口).
miz'zle ['mizl] *vi.* ; *n.* (下)毛毛雨,蒙蒙细雨.
miz'zly *a.* 毛毛雨的,蒙蒙的.
MJ = ①mastic joint 玛琋脂(胶泥)接缝 ②megajoule 兆焦耳.
MK = ①mark 标记,型 ②microphone 微音器,话筒 ③modification kit 附加器,附件,改装用附带工具.
MK magnet MK 磁铁,铁镍铝组成的永磁性材料.
MK steel MK 钢,镍铝钴铁合金永磁钢.
mkd = marked 有记号的,加印记的.
MKO = modification kit order 改装用附带工具定货(单).
MKR = marker 指点标.
MKS = meter-kilogram-second (units) 米-千克-秒(单位制).
MKSA = meter, kilogram, second and ampere (system) 米-千克-秒-安(单位制).
MK-system = Mohs, Krupp 氏制,摩根-凯南制.
mkt = market 市场,市价,行情.
ML = ①machine language 机器语言 ②material list

材料单 ③maximum likelihood 最大可能性 ④mean level 平均水平〔电平,能级〕⑤mid-line 中线 ⑥minelayer 布雷艇艇 ⑦motor launch 汽〔摩托〕艇 ⑧mould line 模线.
ML programmer 用机器语言的程序设计员.
ml = ①millilambert(亮度单位)毫朗伯②milliliter 毫升.
MLB = metallic link belt 金属链带.
MLC ① median lethal concentration 半致死浓度 ②multi-lens camera 多镜头摄影机.
MLCB = multilayer circuit board 多层电路板.
MLD = ①minimum lethal dose 最小致死(剂)量 ②median lethal dose 致死中量,半致死量.
MLE = maximum likelihood estimate 最大可能性估计.
MLF = multilateral force 多边(核)力量.
MLHW = mean lower high water 平均低高潮面.
MLI = ①marker light indicator 标志灯光指示器 ②multi-layer insulation 多层绝缘.
MLLW = mean lower low water 平均低低潮面.
MLO = mycoplasma-like organism 类菌原体,原质菌状体.
MLP = ①machine language program 机器语言程序 ②metal lath and plaster 钢丝网抹灰.
MLPCB = multi-layer printed circuit board 多层印刷电路板.
MLR = ①memory lockout register 存储保持〔闭塞〕寄存器②multiply and round 乘和舍入.
MLT = ①mean low tide 平均低潮②median lethal time(辐射)平均致死时间③multi-line telephone 多路电话.
mlt = mean length of turn 匝的平均长度.
MLVPS = manual low-voltage power supply 手控低压电源.
MLW = mean low water 平均低潮(面).
MLWI = mean low water lunitidal interval 平均低潮间隔.
MLWN = mean low water neaps 小潮平均低潮(面).
MLWS = mean low water springs 大潮平均低潮(面).
MM = ①magnetic-mechanical 磁-机械的②maintenance manual 维修手册③man-months 人(工)-月 ④man-made 人造的⑤manufacturing manual 制造手册⑥medium maintenance 中修⑦megameter 兆欧(高阻)表,大公里(1000公里)⑧merchant〔mercantile〕marine 一个国家的(商船)(总称)⑨methyl methacrylate 异丁烯酸甲酯,甲基丙烯酸甲酯⑩microfilm 缩微(微型)胶卷⑪micromodule 微型组件,超小型器件⑫middle marker 中点指标(设在离跑道起点1060m处)⑬millimeter 毫米.
mM = millimoles 毫克分子,毫模.
m/m = ①man month 人(工)月②millimeter 毫米.
mmc = megamegacycle 兆兆赫(10^{12}赫).
MMCF = million cubic feet 百万立方英尺.
MMD = ①mass median diameter 堆〔团〕平均直径② maximum mixing depths【气象】混合层最大深〔高〕度.
MME = ①Master of Mechanical Engineering 机械工程硕士②micrometeoric erosion 微流星尘侵蚀.
Mme. = Madame 夫人.
MMF = micromation microfilm 微型化缩微胶卷.

mmf = ①magnetomotive force 磁动〔磁通〕势②micromicrofarads 微微法拉(μμf).
MMH = monomethyl hydrazine 甲肼,一甲基联氨(火箭燃料).
mmHg = millimeters of mercury 毫米汞柱.
mmho = millimho 毫姆欧.
MMI = methyl mercuric iodide 碘化甲汞.
MMM = modified monel metal 镍铜锡铸造合金,改良型蒙乃尔合金.
MM&M = material manual and material memorandum 材料手册和材料备忘录.
MMN = methyl mercury cyanide 氰化甲汞.
mmn = millimicron 毫微米.
MMOD = micromodule 微型组件.
mmole = millimole 毫克分子量.
MMP = ①metric module pitch 公制标准齿节②multiplexed message processor 多路传输的消息处理机.
mmpp = millimeters partial pressure 毫米分压〔汞柱〕.
MMRBM = Mobile Medium-Range Ballistic Missile 机动中程弹道导弹.
mmu = ①millimass unit 千分之一原子质量单位② millimicron 毫微米.
MN = ①meganewton 兆牛顿②magnetic north 磁北.
Mn = manganese 锰.
mN = millinormal 毫当量(千分之一当量).
mn = millinile 毫奈耳(反应性单位).
M-naphthodianthrone n. 间萘二蒽酮.
MND = minimum necrosing dose 最小坏死剂量.
mneme n. 记忆.
mnemic a. 记忆的.
mnemon n. 记忆单位.
mnemon'ic [ni(:)'mɔnik] Ⅰ a. (帮)助记(忆的),记忆(性)的. Ⅱ n. ①记忆法〔术〕,记忆存储器,记忆装置,助记〔记忆〕符号②(pl.)寄存,增进记忆的方法,帮助记忆的东西. *mnemonic code* 助记〔记忆〕码. *mnemonic symbol* 助记符号. *mnemonic operation code* 助记操作码.
mnemotech'nics [ni(:)məˈtekniks] 或 **mnemotech'ny** n. = mnemonic n. (pl.).
MNF = multilateral nuclear force 多边核力量.
MNFE = missile not fully equipped 未完全装备〔安装〕好的导弹.
MNL = manually operated 手控的.
MNOS = metal-nitride-oxide-silicon〔semiconductor〕金属-氮化物-氧化物-硅(半导体).
MNR = ①massive nuclear retaliation 大规模核还击②mean neap rise 平均小潮升.
MNS = metal-nitride-silicon 金属-氮化物-硅(结构).
MNT = mononitrotoluene 一硝基甲苯.
MO = ①machine operation 机器操作②mail order 邮购,通信定购③make offer 提建议④manual output 手动输出⑤manually operated 手控的⑥masonry opening 砌石〔圬工〕开口⑦master oscillator 主振荡器⑧medical officer 医务人员⑨method of operation 操作方法⑩molecular orbital 分子轨道,分子轨函数⑪money order 汇兑,邮汇.
M&O = maintenance and operations 维护与操作.
Mo = molybdenum 钼.
mo = ①manually operated 用手操作的②mass of

electron at low velocity 低速电子质量③molecular orbit分子轨道④month 月⑤monthly 每月的.

mo [mou] *n*. 粒径 0.1～0.02mm 的细砂土、冰积粉土或岩粉.

M-O effect =magnetic-optic effect 磁光效应.

moan [moun] *n*.; *v*. 呻吟, 呼啸, 悲叹(声). ~**ful** *a*.

moat [mout] Ⅰ *n*. (水)沟, (城)壕, 槽, 护城河. Ⅱ *vt*. 挖壕围绕. *isolation moat* 隔离壕.

moated *a*. (围)有壕沟的. *moated resistor* 壕状电阻器.

mob =①mobile 汽车, 移动(式)的②mobilization 流动作用, 动员③mobilized 动员的, 调动的.

MOBIDAC =mobile data acquisition system 移动式数据获取系统.

Mobidic =mobile digital computer 移动式数字计算机.

mo'bile ['moub(a)il] Ⅰ *a*. ①易运, 活, 流, 移, 游, 机]动的, 可移动的, 动态的, 游离的②灵活的, 轻便的, 可携带的, 活动装置的③易(常, 多)变的④汽车的. Ⅱ *n*. 运动物体, 可(活)动装置, 汽车. *mobile crane* 移动式吊车(起重机), 汽车式起重机. *mobile defect* (晶体格子的)活动缺陷. *mobile electron* 流动(移动)电子. *mobile equilibrium* 动态平衡. *mobile grease* 铝皂(低粘度)润滑脂. *mobile lab* 流动实验室. *mobile liquid* 流性(低粘度)液体. *mobile load* 活载, (活)动(荷)载. *mobile moisture* 游离水分. *mobile oil* 流性油, 机(器)油, 发动机润滑油. *mobile receiver* 轻便(便携式)接收机. *mobile repair shop* 修理车. *mobile service* 移动电台设备. *mobile station* 移动(便携式)电台. *mobile television unit* 电视转播车. *mobile transformer* 车式(移动式)变压器. *mobile TV receiver* 汽车(移动式)电视接收机.

mobile-unit truck 电视(可移装置)车.

mobil'ity [mou'biliti] *n*. 可(能, 运, 活, 流, 变, 游, 机)动性, 流动率, 灵活性, 淌度, 迁移(率). *differential mobility* 微分迁移率. *ionic mobility* 离子迁移率, 离子淌度. *mobility safety index* 流动安全指数.

mobility-type analogy 导纳型模拟, 一种电声-机械动态模拟.

mo'bilizable *a*. 可活动的, 可移动的, 可动员的. *mobilizable resistance* 流动阻力, 通行阻力, 机动阻力.

mobiliza'tion [moubilai'zeiʃən] *n*. 活(移)动, 动员, 动[征]用, 流动(活动)作用, 活动法. *mobilization orders* 动员令.

mo'bilize ['moubilaiz] *vt*. 动员, 调动, 动(运)用, 使流通, 使活动, 松动. *mobilize all positive factors* 调动一切积极因素.

mo'biloil *n*. 流性油, 机(器)油, (汽车)润滑油.

mobilom'eter *n*. 淌度计, 流变计.

MOBL =macro oriented business language 事务管理用宏语言.

MOBOT =mobile remote-controlled robot 移动式遥控机械装置.

mobot *n*. 人控机器人.

MOC =master operational controller (发射阵地的)操作发射指挥站.

MOCAM =mobile checkout and maintenance 流动的检查与维修.

mock [mɔk] Ⅰ *v*. ①嘲笑(弄), 挖苦(at)②制造模型(样板)(up). Ⅱ *vt*. 挫败, 使徒劳无功. Ⅲ *a*. 假的, 模拟的, 模仿的. Ⅳ *n*. 嘲笑, 模仿, 仿造(品). *mock moon* 【气】幻月(月晕的光轮). ▲**make a mock of** 讥笑, 嘲弄. *mock up*(制造)模型, 制造样机.

Mock gold 铂铜合金, 莫克金(铜 12%, 铂 12%, 镍 64%, 银 12%), 或铜 71%, 铂 25%, 锌 4%).

Mock platina 或 Mock platinum 高锌黄铜(锌 55%, 铜 45%).

Mock silver 铝锡合金, 莫克白银(铝 84%, 锡 10.2%, 磷 0.1%, 其余铜).

mock'ery ['mɔkəri] *n*. 嘲笑, 愚弄.

mock'sun *n*. 幻日.

mock'up ['mɔkʌp] Ⅰ *n*. ①(1:1 的)模型(飞机, 汽车等), 同实物等大的仿真模型, 实体模型, (1:1 的)式, 样品(机)②等效雷达站③伪装物, 伪装工事 Ⅱ *a*. 模型的. *mockup test* 模型试验. *nuclear mockup* 核反应堆模型. Ⅲ *v*. 制造模型(飞机).

MOD =①microwave oscillating diode 微波振荡二极管②Ministry of Defense 国防部③model (模)型④modulation 调制, 调节⑤modulator 调制器⑥modulus 模数, 系数.

mod =①moderate 适度的, 中等的②modern 现代的③modification 修改, 变态④modified 修改了的, 改良的⑤modifier 修改者, 调节器, 改良剂⑥modify 缓和, 减轻, 修改.

Mod. osc. =modulator oscillator 调制器振荡器.

mo'dal ['moudl] *a*. ①模态的②最普通的, 最常见的, 典型的, 出现频率最高的, 众数的(统计上的)的方式上的, 式样的, 形态的. *modal logic* 模态逻辑. *modal speed* 最常见的(观测中出现频率最高的)速率. *modal split* 定型(习用)的交通分流. *modal system* 模态系统. *modal value* 最常见的(出现频率最高的)值.

modal'ity [mou'dæliti] *n*. 模态, 形态, 样(方)式, 程式.

mo'dally ['moudli] *ad*. 模态, 最常见, 形式(方式).

mode [moud] *n*. ①方(形, 型, 样, 格, 函)式, 方法, 外形, 形状(态), 状态, 图②模式(样)[式]样, 法, 波形, 传输形, 波振荡, 传输型②众数(值), 最频值, 出现频率最大的值, (数值分布曲线中)频率最高的数值, 最可几值③方法, 手段, 习惯, 种类. *aperiodic mode of motion* 非周期运动(形式). *common mode noise* 共态噪声. *control mode* 调节(控制)法. *decay (disintegration) mode* 衰变型(图, 方式, 系统). *depletion mode* 耗尽型. *dominant mode* 主型. *E mode* E型波. *enhancement mode* 增强型. *fundamental mode* 基态, 主模(基谐)方式, 基本形式, 波基型, 振荡主模. *H mode* H型波, 横电波. *π mode* π模, (磁控管的)π 型振荡器. *mode chart* 模式(波型)图, 振荡模图表. *mode competition* 波模竞争. *mode coupling* 波型(模态)耦合. *mode crossing* (不同)波型(波模)交叉. *mode filter* 杂模滤除器, 振荡模滤波器. *mode jump* 振荡模跳变, 波模跳变.

mode locking 波型同步,波模锁定[同步],振荡模锁定. *mode of decay*〔disintegration〕衰变型[图,方式,系统]. *mode of deposition* 沉积条件. *mode of motion* 运动形式[方式]. *mode of operation* 工作原理[状态,状况,制度,规范],操作方法,工况. *mode of resonance* 谐振模(式). *mode of vibration* 振动模式. *mode pattern* 模式花样. *mode purity* 波型纯净度,波模纯度. *mode repulsion* 模态互斥. *mode separation*(振荡)模式分隔,波型[波模频率]间隔,波模分离 *mode switch* 波型[波模,工作状态]转换开关. *multispeed floating mode* 多速度无静差作用,多速无差调节方法. *new mode* 新样式[形式,方法]. *normal mode* 正常振荡模,固有[自然]振荡,正规方式,标准振荡方式. *normalized mode* 正则化模态. *operating mode* 工作状态[制度],工况. *roll subsidence mode* 衰减倾侧运动,衰减滚动. *spatial mode*(通量)空间分布. *three mode control* 三项控制. ▲*all the mode* 非常流行. *out of mode* 不流行,过时.

mod'el ['mɔdl] I n. ①模〔原,典〕型,模式,模范,标本,样(式,品),样子[式]样,型[号,式],缩图〔样板,靠模. II a. ①模型的,模拟的②典型的,标准的,模范的. *cell model* 电解槽模型. *console model* 落地型. *cybernetic model* 控制论模型,模拟控制机. *graphic model* 立体〔三维〕图. *model cam* 标准凸轮. *model change* 产品变化〔更新〕,型号改变. *model computer* 积木式计算机. *model equation* 模型方程. *model experiment*〔test〕模型试验. *model machine* 样机. *model number* 型号(序数). *model set* 模型. *old model* 旧型号,旧式的. *preproduction model* 试制模型,样机. *supersonic dropping model*(飞机投掷式)超声波信标. *table model* 台〔桌〕式. *test piece model* 试验样品,模型. ▲*on M model* 在 M 样机中,在 M 型中. *on new television models* 在新型电视机(样机)中. *on the model of* 仿照.
III (*model(l)ed; model(l)ing*) v. ①作…的模型,塑造[形]②模拟[造],作模型[造],仿造③设计. ▲*be model(l)ed on* 模仿,效法. *model M after*〔on, upon〕*N* 按照〔仿照〕N 制作〔仿制〕M.

mod'eler =modeller.

mod'eling =modelling.

mod'eller ['mɔdlə] n. 模型制作者,造型者.

mod'elling ['mɔdliŋ] n. ①模〔成,定〕型〔造〕型 制造〔建立,试验〕③模拟(试验)④仿形,靠模. *modelling bar*(缩放仪)比例杆. *modelling light* 立体感灯光.

mode-locked laser 锁模激光器.

mode-locked train 模式同步组列.

modelocker n. 锁模器.

modem =modulator-demodulator 调制解调器,调制反调制装置.

mod'ena ['mɔdinə] n. 深紫色.

mo'der ['moudə] n. 脉冲信码[编码]装置.

mod'erate I ['mɔdərit] a. 适度[中]的,有节制的,中等(级,度)的,缓〔温〕和的. *moderate cracking* 中度裂化. *moderate directivity antenna* 弱方向性天线. *moderate gale* 【气】疾风,七级风. *moderate operating conditions* 中等使用[工作]条件. *moderate sea* 中浪,中常波(海面)(波高3～5英尺). *moderate visibility* 中常能见度.
II ['mɔdəreit] v. ①缓和,减轻〔速,少〕,慢化,降低②节制,调节③使…适中. ▲*exercise a moderating influence on* 对…起缓和作用.

mod'erated a. 慢化的(带有)减速(剂)的. *slightly moderated* 稍(轻微)慢化的.

moderate-energy n. 中能.

moderate-length n. 中等长度[距离].

mod'erately ad. 适度[适中]地,普通[中等]地,在一定程度上. *moderately rapid* 常速的. *moderately slow* 微慢的. *moderately soluble* 中等溶度的,尚易溶解的.

moderate-sized a. 中型的,中等大小的.

modera'tion [mɔdə'reiʃən] n. 减速,慢化,缓和,延时作用,节制,适度[中],稳定,中等. ▲*in moderation* 适度地.

mod'erative a. 减速的,慢化的.

mod'erator ['mɔdəreitə] n. ①减速[慢化,缓和,阻滞]剂,慢化剂②主席,议长,仲裁者,调停者.

moderator-coolant n. 减速冷却剂.

moderator-reflector 漫化反射层.

mode-reconversion n. 波型(模)〔振荡型〕再变换.

mod'ern ['mɔdən] I a. ①现代的,近代的②时新〔髦〕的,新式的. II n. 现(近)代人,新时代人,有新思想或鉴赏力的人. *modern connector* 环结件,结合环. *modern conveniences*(住房内)现代[新式]设备. *modern history* 近代史. *modern inventions and discoveries* 现代的发明与发现. *modern times* 现代.

modern-day a. 今日的,目前的.

modernisation =modernization.

modernise =modernize.

mod'ernism ['mɔdənizəm] n. 现代式,现代方法〔用法,主义〕.

modernis'tic [mɔdə'nistik] a. 现代(式,风格)的.

moder'nity [mɔ'dəniti] n. 现代性,现代风格,(pl.)现代(新式)的东西.

moderniza'tion [mɔdənai'zeiʃən] n. 现代化(的事物).

mod'ernize ['mɔdənaiz] vt. 使现代化,使成现代式,用现代方法.

mod'ernly ad. 用现代式,在现代.

mod'est ['mɔdist] a. ①合适的,适度[中,当]的,有节制的,普通的②谨慎的,谦虚的,朴素的. *modest capacity memory*〔storage〕小容量存储器. *modest intent* 一般要求. ~*ly ad.*

mod'esty ['mɔdisti] n. ①适度〔中,当〕,节制,中肯②谨慎,朴实,虚心. *modesty panel* 桌前或台前的遮腿挡板.

mo'di ['moudai] n. modus 的复数.

mod'icum ['mɔdikəm] n. 少量,一点点,适量. ▲*a modicum of* 少量,一点点.

mod'ifiable ['mɔdifaiəbl] a. 可变更[改进,调整]的,可缓和[修改]的. ~*ness n.*

modifica'tion [mɔdifi'keiʃən] n. ①变更[化,动,换,形,动,体,质,态],改变[进,良,善,造,建,型,装挡板,

mod′ificative 性[、]修改[正、饰]，调整，诱发变异②改进了的型式③缓和、限制[定]④变质[孕育，改善]处理. *allotropic modification* 同素异形体. *modification by irradiation* 辐照变性. *modification kit* 改型工具，改进的设备，附加器，附件. *modification of orders* 指令变换[修改]. *sign modification* 符号变换.

mod′ificative ['mɔdifikeitiv] 或 **mod′ificatory** ['mɔdifikeitəri] *a.* 修正的，改进的，调整的，缓和[减轻]的.

mod′ificator *n.* 变质剂，孕育剂.

mod′ified ['mɔdifaid] *a.* 变更[改，形，型]的，改进[良正]的，修改[正]的，重建的. *modified alpax*〔silumin〕变质〔改性〕硅铝明〔铝硅合金〕. *modified "AND" circuit* 改进式"与"电路，模拟"与"电路. *modified austempering* 改良奥氏等温淬火. *modified binary code* 反射二进码，循环码. *modified cast iron* 孕育铸铁. *modified cement* 改良水泥. *modified constant potential charge* 准恒压充电法〔恒定电压经过电阻充电〕. *modified cube* 模方，开〔口〕槽方块，人工方块. *modified impedance relay* 变形〔修正〕阻抗继电器. *modified index* 修正指数. *modified involute gear* 渐开线修正齿轮. *modified line* 改线. *modified roll mechanism* 补充旋转运动机构，（滚筒机的）差动机构. *modified velocity* 改正流速.

mod′ifier ['mɔdifaiə] *n.* ①调节器，镜相器②调节改良，变性剂③改变装置，修饰因子，改性物，改变因素④（火箭火药的）改良成分⑤［计］变址数⑥调节（修改）者. *modifier formulas* 修正公式. *modifier register* 变址〔修改〕寄存器. *modifier spark advance* 发火提早装置. *modifier store* 变址寄存器. *synchronous phase modifier* 同步整相器.

mod′ify ['mɔdifai] *vt.* ①(使)变更[化，形，态，质]，改变[进，良，善]，修改[正，饰]，调整②［计］变址③缓和、减轻，限制[定]④变质[孕育，改善]处理. *modifying agent* 改良〔改善，修改，变换〕剂.

modil′lion *n.*〔建〕托饰.

mo′ding *a.; n.*（波，振荡，传输）模的，模变，跳模. *moding circuit* 模电路.

modioliform *a.* 蜗轴状的，（车）毂状的.

mo′dish ['moudiʃ] *a.* 流行的，时髦的. ~**ly** *ad.* ~**ness** *n.*

MODS = Manned Orbital Development Station 载〔有〕人的轨道研究站.

modul *n.* 模（数，量）. *double modul* 双模.

modulabil′ity [mɔdjulə'biliti] *n.* 调制能力〔本领〕

mod′ular ['mɔdjulə] *a.* ①模（块）的，系数的，以（率）的②制成标准组件的，按标准型式〔尺寸〕设计〔制造〕的，预制的. *modular algebra* 模式代数. *modular connector* 组合式接插件. *modular construction*（单元）结构. *modular design* 积木化设计. *modular design method* 定型设计法. *modular function* 模函数. *modular ratio* 模量比.

modular′ity [mɔdju'læriti] *n.* ①积木性，模件性②调制性〔率〕.

mod′ularize *v.* (使)积木化，(使)模件化. *modularized receiver* 定型接收机. **modulariza′tion** *n.*

mod′ulate ['mɔdjuleit] *v.* ①调（制，整，节，幅，谐）②转变，变音. *amplitude modulated* 振幅〔已〕调的. *frequency-modulated*〔已〕调频的，频率（被）调制的. *modulated amplifier* 受调〔已调〕波放大器. *modulated antenna* 调谐驻波天线. *modulated current* 已调(制)电流. *modulated signal* 已调(制)信号. *modulated tube*（被）调制管. *modulated wave* 已，受调(制)波. *modulating current* 调制电流. *modulating valve* 液压(位置)控制随动阀. *pulse modulated* 脉冲调制过的. *sinusoidally modulated* 按正弦定律调制的，（已）正弦调制的.

modula′tion [mɔdju'leiʃən] *n.* 调制〔节，整，谐，幅，变〕，转〔变〕调，变换，缓和. *amount of modulation* 调制率，调制度百分数. *amplitude modulation* 振幅调制，调幅. *angle modulation* 调角. *cross modulation* 交叉调制. *depth of modulation* 调制（深）度. *frequency modulation* 频率调制，调频. *modulation frequency ratio* 调制频率与载（波）频（率）之比. *modulation meter* 调制度测试器〔测量仪〕，调制（深度测量）计，调制（度）表. *modulation product* 调制积，调制分量. *modulation valve* 调制管. *over modulation* 过（量，度）调（制）. *percentage modulation meter* 调幅度测试器. *phase modulation* 相位调制，调相. *velocity modulation* 速度调制，调速.

mod′ulator ['mɔdjuleitə] *n.* 调制〔节，幅，变〕器，韦内特（圆筒）调制器，调制电极（栅极），韦内特栅极，抑扬调节器. *amplitude modulator* 调幅器. *light modulator* 光调(制)器，调光器. *modulator carrier* 调制器载(波)频(率). *modulator circuit* 调制(器)电路. *modulator element* 调制(器)元件. *modulator tube* 调制管. *phase modulator* 相位调制器，调相器.

mod′ulatory ['mɔdjuleitəri] *a.* 调制〔节，整〕的.

mod′ule ['mɔdju:l] *n.* ①模(块，量，差)，系(因)数，比，率②阶（数）③模件，（微型，积木式，成型）组件，可互换标准件，微型组件（标准）单元，程序片，存储体，指令组④基本计量，齿轮基节，测量流水等的单位（100公升/秒），圆柱的半径（量）度⑤〔数〕加法群⑥舱. *command module* 指挥〔指令〕舱. *computer module* 计算机样〔模〕图. *decay module* 衰变模件. *load module* 寄存信息段〔块〕，输入程序片，装配件. *lunar module* 登月舱. *module of elasticity* 弹性系数〔模数〕. *module of gear* 齿轮模数. *module of resilience* 回弹系数，回能模数. *module of rigidity* 刚性系数〔模数，模量〕.

moduler circuit 微型混合集成电路，微型组件电路.

mod′uli ['mɔdjulai] *n.* modulus 的复数.

mod′ulo ['mɔdjulou] I *n.* 模(数，量)殊余数（计算机中被特殊数目除后之余数）. II *prep.* 对…的. III *ad.* 按模计算. *modulo-2 counter* 二元〔二进位〕计数管. *modulo-n adder* 模 n 加法器. *modulo-n check* 模 n 检验，按模（数）校验. *modulo-n sum* 模(的)和(数). *modulo-nine's checking* 模 9(的)检验.

modulom'eter n. 调制计〔表〕.
modulo-two sum gate 异门, 按位加门.
mod'ulus ['mɔdjuləs] (pl. **mod'uli**) n. ①模〔数, 量, 差〕, 模运算, 系〔因, 指〕数, 比, 率 ②模件, 〔微型〕组件 ③基本〔计量〕单位. *bulk modulus* 体积〔容积〕弹性模量〔模数, 系数〕. *elastic modulus* 或 *modulus of elasticity* 弹性模量〔系数〕. *fineness modulus* 细度模数〔系数〕, 纯度模数. *mean square modulus* 均方模. *modulus of a machine* 机械效率. *modulus of continuity* 连续模. *modulus of resilience* 回弹系数, 回能〔跳〕模数, 〔回〕弹能模量. *modulus of rigidity* 刚性模量〔系数〕. *modulus of rupture* 挠曲〔极限〕强度, 折断系数, 裂断〔弯折, 挠折〕模量, 断裂模数. *modulus of torsion* 扭转〔弹性〕模量. *piezoelectric modulus* 压电系数. *section modulus* 截面模量. *shear modulus* 切变模量, 抗剪弹性系数. *transverse modulus of rupture* 弯曲强度极限. *Young's modulus* 杨氏模量〔模数〕.
mo'dus ['moudəs] (pl. **mo'di** 或 **mo'duses**) n. 〔方〕法, 方〔样〕式, 程序. *modus operandi* 做法, 方法, 运用法, 工作方式. *modus ponendo tollens* 用肯定来否定式, 取拒式. *modus ponens* 〔肯定前件的〕假言推理, 取式. *modus tollendo ponens* 用否定来肯定式, 拒取式. *modus vivendi* 暂行协定〔条约, 解决办法〕, 权宜之计, 生活方式.
moe = measure of effectiveness 有效性度量.
Moelinvar n. 莫林瓦合金.
moellon n. 麂皮废脂. *moellon degras* 麂皮废脂, 油鞣废油.
MOF = maximum observed frequency 最大观测频率.
mof(f)ette' n. 【地】碳酸喷气孔, 放出二氧化碳等气体的火山口.
MOGA = microwave and optical generation and amplification 微波及光学发生与放大.
Mogadishu [mɔgə'diʃu:] n. 摩加迪沙〔索马里的首都〕.
mogas = motor gasoline 车用汽油.
mogister = mos shift register 氧属氧化物半导体移位寄存器.
MOGR = moderate or greater 中等或较大.
mogul base 大型〔电子〕管底〔座〕, 大型插座.
mogullizer n. 真空浸渗设备.
Mohm n. (力迁移率的一种单位〕莫姆〔等于力欧姆的倒数, 其量纲式为秒质量 -1〕.
Moho n. 【地】莫霍〔不连续〕面, 莫霍界面.
mohole n. 超深钻, 莫霍钻探.
Mohr cubic centimetre 莫尔毫升〔一种容积单位, 用于滤光糖量测定〕.
Mohr's clamp 或 **Mohr's clip** 弹簧夹, 莫尔夹.
Mohshardness 莫氏硬度.
Mohs'scale (of hardness) 莫氏硬度〔计, 标〕. *Mohs' scale number* 莫氏硬度值.
MOI = ①methods of instruction 指导方法 ②moment of inertia 惯性矩, 转动惯量.
moi'ety ['mɔiəti] n. 一半, 半个, 二分之一, 一部分.
moil [mɔil] I vi. (辛勤劳动〔工作〕. vt. 弄湿〔污〕. II n. ①(辛勤〕劳动〔工作〕 ②鹤嘴锄, 十字镐

③泥浆〔潭〕.
MOIL = motor oil 马达油, 机油.
moiré ['mwɑ:rei] n. ; a. 波纹〔的〕, 云纹〔的〕, 波动光栅, 乱真纹, 莫尔条纹〔电视图像上两个光栅结构的干涉〕. *moiré fringe counting system* 〔电视光栅〕边纹〔乱真干涉纹〕计数方式. *moiré pattern* 波纹〔莫尔〕图形〔像〕, 乱真图案, 乱真纹样.
moirépattern n. 水纹图样, 波纹图形.
moist [moist] a. (潮)湿的, 湿润的, 多雨的. *moist air* (潮)湿〔空〕气. *moist chamber* 湿(气)室, 保湿室, 培养皿. *moist colours* 水彩画颜料. *moist curing* 湿治法, 湿养护, 湿润处理. *moist room conditions* 湿室条件. *moist steam* 饱和水蒸汽, 湿蒸汽.
moist-cured a. 湿治的, 湿养护的, 经湿润处理的.
mois'ten ['mɔisn] v. 变〔弄〕湿, 沾, 蘸, 濡, 润, 增, 加〕湿, *moistened with gasoline* 用汽油润湿, 以汽油蒸汽饱和.
mois'tener n. 润湿器, 喷水装置.
mois'ly ad. (潮)湿地.
moist'ness n. 湿气〔度〕, 水分.
moistograph n. (自记)湿度计.
mois'ture ['moistʃə] n. 湿度, 水分, 潮〔湿〕气. *moisture apparatus* 测湿器. *moisture barrier* 防潮〔防湿〕层. *moisture capacity* 〔*content*〕含〔持〕水量, 湿〔潮〕度. *moisture combined ratio* 湿度结合比, 加水燃比. *moisture curve* 湿度〔变化〕曲线. *moisture eliminator* 脱湿〔去潮, 干燥〕器. *moisture equivalent* 含〔持〕水当量. *moisture film* 湿(水)膜. *moisture permeability* 透〔渗〕潮性. *moisture regain* 回潮, 吸湿(性), 回湿性. *moisture retention* 保水〔吸湿〕性. *moisture room* 湿气〔保湿〕室. *moisture sampling* 水分取样. *moisture sensitive resistance material* 湿敏电阻材料. *moisture teller* 水分〔快速〕测定仪. *moisture test(ing)* 湿度〔水分, 含水量〕试验.
moisture-bearing a. 含水分的.
moisture-conditioned a. 润湿的.
moisture-density control 湿(度)密(度)控制.
moisture-excluding efficiency 湿气排除效率.
moisture-free a. 干(燥)的, 不含水分的, 无水的, 脱湿的, 不潮的.
moisture-holding capacity 保〔持〕水量.
moisture-laden a. 含水分的, 饱水的.
mois'tureless ['moistʃəlis] a. 没有湿气〔水分〕的, 干燥的.
mois'tureproof a. 防潮〔湿, 水〕的, 耐湿的, 不透水的, 水稳定的.
moisture-repellent a. 防〔憎〕水的, 防潮的.
moisture-resistant a. 防潮的, 耐〔抗〕湿的, 水稳定的.
moisture-retentive a. 吸湿的.
moisture-solid relationship 水分-固体〔含水量-密实度〕关系.
moisture-tight a. 防湿的, 不透水的.
mois'turize ['mɔistʃəraiz] v. (给…)增加水分, (使…)恢复水分.
MOIV = mechanically operated inlet valve 机械控制进给阀.
Moji n. 门司〔日本港口〕.
MOL = ①machine-oriented language 面向机器的语

言,适用于机器的语言 ②manned orbiting laboratory 载人(绕)轨道实验室.

mol =①gram-molecule 克分子 ②molecular 分子的 ③molecule 分子.

mol [moul] *n.* (=mole)克分子(量),摩尔(单位),(克)衡分子. *mol concentration* 克分子浓度. *mol fraction* 克分子分数比(数率).

mol. wt. =molecular weight 分子量.

mo′lal ['moulæl] *a.* (含,重量)克分子(浓度)的,重模的. *molal concentration*(重量)克分子浓度,重模浓度. *molal conductance* 克分子电导. *molal depression constant*(重量)克分子冰点下降常数. *molal elevation constant*(重量)克分子沸点上升常数. *molal solution*(重量)克分子溶液,重模溶液. *molal surface* 克分子表面积. *molal volume* 克分子体积. *molal weight* 克分子量.

molal′ity [mou′læliti] *n.*(重量)克分子浓度(每 1000g 溶剂中溶质的克分子数),重模(浓度),单位重量的摩尔浓度.

molamma *n.* 粒д渣(紫)胶.

mo′lar ['moulə] *a.*;*n.* ①(体积,容积)克分子(浓度)的,摩尔的,容模的②质量(上)的③磨碎的④(大)块的⑤日齿(的). *molar agents* 磨碎药剂. *molar concentration*(体积)克分子浓度,容模浓度. *molar earth-movement* 磨碎地壳运动. *molar fraction* 体积克分子分数. *molar ratio* 克分子比. *molar solution*(体积)克分子溶液,容模溶液. *molar volume* 克〔衡〕分子体积. *molar weight* 克分子量.

molar′ity [mou′læriti] *n.*(体积,容积)克分子(浓)度(每1升溶液中溶质的克分子数),容量摩尔浓度(摩尔/升),容模.

Molasse [mə′lɑ:s] *n.*【地】磨砾层(相).

molas′ses [mə′læsiz] *n.*(废)糖浆,糖蜜.

mol-chloric *n.* 分子氯.

molcohe′sion *n.* 分子内聚力.

mold =mould.

moldability =mouldability.

moldable =mouldable.

Molda′via [məl′deivjə] *n.* 摩尔达维亚.

Moldavian *a.*;*n.* 摩尔达维亚人(的).

moldboard =mouldboard.

molder =moulder.

moldery *n.* 造型车间.

molding = moulding.

molding-die = moulding-die.

moldproof =mouldproof.

moldy =mouldy.

mole [moul] I *n.* ①摩尔克分子(量),克模,衡分子 ②防波堤,海〔突〕堤,堤道③隧洞全断面掘进机④鼹鼠. II *v.* 掘土,掘隧道,挖坑,凿地. *mole conductivity* 克分子电(传)导率,分子导电系数. *mole drain* 地下排水沟,暗渠. *mole drainage* 地下排水工程,开沟排水. *mole fraction* 克分子份数(数率). *mole number* 克分子(系)数. *mole per cent* 克分子百分数. *mole plough* 挖沟犁. *training mole* 导流堤. ▲*as blind as a mole*(双目)全瞎,全盲.

Mole *n.* 莫尔式管道测弯仪.

mol′echism 或 **mol′ecism** ['mɔləkizəm] *n.* 分子有机体.

molec′tron *n.* 集成电路,组合件.

molectron′ics [moulek′trɔniks] *n.* 分子电子学(电子器件超小型化技术).

molec′ula (pl. *molec′ulae*) =molecule.

molec′ulae *n.* molecula 的复数.

molec′ular [mou′lekjulə] *a.* (克)分子的,分子组成的. *molecular conductance* 分子流导,分子态气导. *molecular conductivity* 克分子电导(传导)率,分子导电系数. *molecular distillation* 分子〔高真空〕蒸馏. *molecular electronics* =mole(ele)ctronics. *molecular formula* 分子式. *molecular fraction* 克分子分数比. *molecular number* 分子序(数),(分子内)原子序数和. *molecular pump* 分子〔高真空〕泵,分子抽机. *molecular still* 分子〔高真空〕蒸馏器. *molecular volume* 克分子体积. *molec′ular weight* 分子量.

molecular′ity [moulekju′læriti] *n.* 分子性〔状态〕.

molec′ulary *a.* =molecular.

mol′ecule ['mɔlikju:l] *n.* (克)分子,微点,微小颗粒. *polar molecule* 有极分子.

molecule-deep *a.* (一个)分子厚度的.

molecule-ion *n.* 分子离子.

moleculus *n.* (物质一克分子中的,理想气体在0℃正常大气压下每单位容积中的)分子数,分子常数.

mole′drain ['mouldrein] I *vt.* 掘地下排水沟. II *n.* 地下排水沟.

mole-electronics *n.* 分子电子学(电子器件超小型化技术).

molefrac′tion [moul′frækʃən] *n.* 克分子份数,克分子比.

mole-plough 或 **mole-plow** ['moulplau] *n.* 开沟犁.

moler ['moulə] *n.* 硅藻土.

mole-skin ['moulskin] *n.* 软毛皮,一种厚实的棉织物.

moletron *n.* 分子加速器(离子分子反应的工具).

moletron′ics *n.* =molecular electronics 分子电子学.

mol′ion *n.* 分子离子.

Moll thermopile 康铜〔莫尔〕热电偶〔堆〕.

mol′lerize ['mɔləraiz] *v.* 钢渗铝化(处理),钢铁(表面)热浸铝.

molles′cence [mə′lesəns] *n.* 软化,变软的倾向.

molles′cent [mou′lesnt] *a.* 软化的,柔软的.

molles′cuse [mə′leskju:s] *n.* 软化.

mollient I *v.* 使柔软. II *n.* 软化(缓和)剂.

Mollier chart 焓熵图.

Mollier diagram 莫利尔线图.

mol′lifiable ['mɔlifaiəbl] *a.* 可软化〔缓和〕的.

mollifica′tion [mɔlifi′keiʃən] *n.* 软化(作用),变软,缓和,减轻,镇静.

mol′lifier *n.* 软化〔缓和〕剂.

mol′lify ['mɔlifai] *vt.* 使软化,弄软,缓和,减轻,安慰,使平静〔息〕.

mollisin *n.* 滑菌醌.

mollisol *n.* (冻土)溶化土层,松软土.

mol′lusc ['mɔləsk] *n.* 软体动物.

mollus′can [mɔ′lʌskən] *n.*;*a.* 软体动物(的).

molochite *n.* 煅烧高岭土(=calcined china clay).

Molotov cocktail 莫洛托夫燃烧瓶.

molox′ide *n.* 分子氧化物.

molozonide n. 分子臭氧化物.
mols =molecules 分子.
molsep =molecular separation 分子分离.
molt =moult.
molten ['moultən] Ⅰ v. melt 的过去分词. Ⅱ a. 熔(化,融)的,铸造的,浇铸的. molten charge 热装料. molten electrolyte 融态电解质. molten filler 热贯填(缝)料. molten iron 铁水. molten magma 岩浆. molten metal 金属(液)液,熔融金属,已熔金属. molten slag 液态熔渣,红渣. molten state 熔化状态. molten steel 钢水. molten test sample 熔液试样.
molten-lead n. 熔铅.
mol'ugram ['mɔljugram] n. 克分子.
moluranite n. 黑钼铀矿.
moly-B n. 钨钼合金.
molyb'date [mə'libdeit] n. 钼酸盐. molybdate orange 铬橙〔桔,橙〕红,钼(铬)橙(钼酸铅、铬酸铅、硫酸铅的混合颜料).
molybdena n. 氧化钼.
molybdena-alumina catalyst 钼铝催化剂.
molybdenate n. 钼酸盐.
molybden'ic a. (三价)钼的.
molyb'denite [mə'libdinait] n. 辉钼矿.
molyb'denous [mə'libdinəs] a. (二价)钼的.
molyb'denum [mə'libdinəm] n.【化】钼 Mo. arc-cast molybdenum 弧熔钼锭,电弧熔铸的钼. chrome molybdenum steel 铬钼钢. molybdenum coating 钼敷层. molybdenum dioxide 二氧化钼. molybdenum gate 钼栅. molybdenum high speed steel 钼(高速)钢. molybdenum permalloy 含钼镍铁导磁合金,钼玻莫合金.
molybdenum-copper n. 钼铜合金.
molybdenum-free steel 无钼钢.
molybdenum-permalloy n. 铁镍钼导磁合金,钼坡莫合金.
molybdenum-silver n. 钼银合金.
molybdenyl n. 氧钼基.
molyb'dic [mɔ'libdik] a. (正,三价,六价)钼的. molybdic acid 钼酸. molybdic oxide 三氧化钼.
molybdine 或 **molybdite** n. 钼华.
molybdoferredoxin n. 固氮铁钼(氧还)蛋白.
molybdous a. 亚(二价)钼的.
molybdyl n. (羟)氧钼基.
Molykote n. 二硫化钼润滑剂.
MOM =①mass optical memory 大容量光存储器 ②middle of the month (这)月中.
mom-and-pop a. 家庭式的(商店).
Mombasa [mɔm'bæsə] n. 蒙巴萨(肯尼亚港口).
mo'ment ['moumənt] n. ①瞬间〔时〕,片〔时〕刻 ②(力,弯,挠,转,磁)矩,动量 ③因素,要素 ④时机,机会 ⑤重〔要〕性. bending moment 弯矩. corrective moment 修正〔力〕矩. dipole moment 偶极矩. electric moment 电矩. magnetic moment 磁矩. moment about point M 对 M 点的矩. moment at support 支点弯矩. moment coefficient 矩〔弯矩〕系数. moment curve 力矩(弯矩)曲线,力矩(弯矩)图. moment generating function 矩(量)母函数,矩量生成函数. moment method 力矩法. moment of couple (力)偶矩. moment of dipole 偶极矩. moment of inertia 〔gyration〕惯性矩,转动惯量,惯性动量. moment of momentum 动量矩,角动量. moment of span 跨矩. moment of torsion 扭(转力)矩. moment of truth 关键时刻. nuclear mechanical moment 核自旋. spin moment 自旋(矩). ▲at a moment's notice 一接到通知立即,马上. at moments 时时,常常. (at) any moment 随时,无论什么时候. at the last moment 在最后关头. at the moment 此刻;那时,在(当时的)短时间内. at the moment of … 当 … 时. at the moment when= 当 …, 在 … 的时刻,在 … 的一瞬间. at the right moment 在适当的时候,在应该做的时候. at the same moment (of time) 在同一瞬间. at the very moment when… 正在 … 的时候, …… 就. at this very moment 此刻. (be) of great moment 重要,意义重大. (be) of little [no] moment 无足轻重. every moment 时时刻刻,每一刻. for a moment 片刻,一会儿. for the moment 目前,现在,暂时. half a moment 片刻, 一会儿. in a moment 立即,马上,一会儿工夫. not [never] for a moment 决不,从来没有. on the moment 立刻,马上. the (very) moment (相当于连接词)正当 … 的那一刹那间, … 就. this (very) moment 现在(立即),此刻. to the moment 恰好,不差片刻. upon the moment 立刻,马上.
momen'ta [mou'mentə] n. momentum 的复数.
momen'tal [mou'mentl] a. 惯性〔动〕量(的),力矩的. n. (力)矩.
mo'mentarily ['moumənterili] ad. ①一瞬间,刹那间,瞬息间,暂时 ②立即,随即,每时每刻.
mo'mentary ['moumənteri] a. 瞬时的,瞬息间的,顷刻的,刹那的,短暂的,时时刻刻的.
moment-distribution n. 弯矩分配(法).
moment-generating function 矩生成函数.
mo'mently =momentarily.
moment-of-inertia n. 惯性(力)矩,转动惯量.
momen'tous [mou'mentəs] a. 重大(重要)的,严重的.～ly ad. ～ness n.
momen'tum [mou'mentəm] (pl. **momen'ta**) n. (线性)动量,(总)冲量,冲力,动向,要素,势头,力量. angular momentum 角动量,动量矩. momentum effect 冲力作用(效应). momentum energy vector 动能矢量. momentum flow vector 动量流(通量)矢量. momentum of electron 电子动量. momentum spectrum 动量谱,动量分布. ▲gather momentum 走向高潮,方兴未艾.
MON =①monitor 监视(听)装置,话务班长 ②monitoring 监听(视,控).
Mon. = Monday 星期一.
mon- [词头]单,一.
Mon. T. = monetary telephone 投币式公用电话机.
mon'ac'id ['mɔn'æsid] Ⅰ a. 一(酸)价的,一元的,一碱的. Ⅱ n. 一元(一价,一碱(价))酸,一价醇物. monacid base 一(酸)价碱. monacid salt 一元酸式盐. —ic a.
Mon'aco ['mɔnəkou] n. 摩纳哥.

mon'ad ['mɒnæd] I n. ①单一[子,元,位,体,轴]、个体、单原子元素 ②一价物[基,元素] ③单细胞生物，单胞虫[菌]。II a. 不能[不可]分的.

monad'ic(al) [mɔ'nædik(əl)] a. 单一[子,元,值,体]的，一元的，单原子元素的，一价元素的. *monadic operation* 单值操作，一元[单值]运算. *monadic operator* 一元算子.

monad'nock [mə'nædnɔk] n. (准平原上的)残山[丘].

monamide n. 一酰胺.

monamine n. 一元胺.

mon'arch ['mɔnək] n. 君主，(国)王.

monar'chic [mɔ'nɑ:kik] a. 君主(制度,政体)的.

mon'archy ['mɔnəki] n. 君主政治，君主国.

mon'arkite n. 硝铵、硝酸甘油、硝酸钠、食盐炸药;菲那卡特.

monas'ter ['mɔnæstə] n. 单星体.

monatom'ic [mɔnə'tɔmik] a. 单原子的，单质的，一价的. *monatomic acid* 一元酸，一(碱)价酸. *monatomic base* 单价碱,一(酸)价碱. *monatomic gas* 单原子气体. *monatomic molecule* 单原子分子.

mon'au'ral ['mɔn'ɔ:rəl] a. 单耳的，单耳听感的，非立体音的.

monavalent a. 一价的,单价的.

monax'ial [mɔ'næksiəl] a. 单轴的.

mon'azite ['mɔnəzait] n. 独居石,磷铈镧矿. *monazite sand* 独居石矿砂.

mon'chiquite ['mɔntʃikait] n. 沸煌岩.

Mond gas 半水煤气,蒙德煤气.

Mon'day ['mʌndi] n. 星期一.

Mon'days ad. 每星期一,在任何星期一.

mon'dial ['mɔndiəl] a. 几乎遍于全世界的,全世界范围的.

Monel（metal）或monelmetal n. 蒙乃尔高强度耐蚀镍铜(锰铁)合金,蒙乃尔高强度良延性抗蚀合金(镍68%,铜28%,铁1.5%,铁2.5%电的和26～32%,镍64～69%,少量锰,铁). *K Monel* K 镍铜合金(镍63%,铜30%,铝3.5%,铁1.5%). *Monel cast iron* 耐蚀镍铜铸铁.

Monel-lined a. 镍铜(锰铁)合金衬里的.

monergol n. 单一组成喷气燃料.

moneron（pl. monera）n. 无核原生质团.

mon'etary ['mʌnitəri] a. (金)钱的,金融的,货币的,财政(上)的. *monetary crisis* 货币危机. *monetary system* 货币制度. *monetary unit* 货币单位.

mon'etize ['mʌnitaiz] vt. 定为(铸成)货币. **moneti-za'tion** n.

mon'ey ['mʌni] I n. ①金钱,货币 ②财产,财富 ③(pl.) 金额,款项. *hard money* 硬币. *money down* [out of hand] 现金,现款. *money rates* 利息. *paper* [representative] *money* 纸币. *pay money down* 付现金. *ready money* 现金,现款. *soft money* 纸钞票. *standard money* 本位币. ▲*on the money* 在最适当的地点(或时间).

II v. ①铸造(货币) ②(卖出)换成现金,供给现款.

money-earning a. 营业的,盈利的.

mon'eyed ['mʌnid] a. 金钱(上)的,富有的,有钱的. *moneyed interests* 财界(人物),金融界,资本家.

moneying-out n. 现金付款,付给现金.

moneyman n. 金融(财政)专家.

money-market n. 金融市场,金融界.

money-order n. 汇兑,邮汇,汇票.

money-saver n. 省钱物.

mon'ger ['mʌŋgə] I n. 商人,贩子,专事…的人. II vt. 贩卖,散播.

Mon'gol ['mɔŋgɔl] n. 蒙古人.

Mongo'lia [mɔŋ'gouliə] n. ①蒙古 ②内蒙古. *the Inner Mongolia Autonomous Region* 内蒙古自治区.

Mongo'lian [mɔŋ'gouliən] a.; n. 蒙古的(人). *Mongolian oak* 柞树.

mongrel ['mʌŋgrəl] n.; a. 杂种,混交种,杂种的,血统不明的.

mo'nial ['mouniəl] n. 竖框,窗门的直梃.

monic a. 首一的,首项系数为1的. *monic equation* 首一方程.

mon'ica ['mɔnikə] n. (飞)机尾(部)警戒雷达.

monil'iform a. 念珠形的,珠串状的.

Mon'imax n. 钼镍铁(高导磁)合金(镍47%,钼3%,其余铁).

mon'ism ['mɔnizm] n. 一元论.

monis'tic(al) [mɔ'nistik(əl)] a. 一元论的,(溶液中)未电离的,未游离的.

monit'ion [mou'niʃən] n. 警告,劝告(of).

mon'itor ['mɔnitə] I n. ①监视[听,控,督,测]装置,侦测[检验,检查,器]电路,传递,指示,警报]器 ②(放射性)剂量计,(放射性)监测[检查,仪 ③火箭监测器 ④稳定控制装置,保护,安全]装置,保险设备 ⑤通风[采光]顶 ⑥(喷)水枪,喷射口 ⑦监听员,调音师,班长. *air*〔-*activity*〕 *monitor* 大气污染记录器. *alpha monitor* α剂量计. *counter monitor* 计数管监测器,控制计数管. *engine monitor* 发动机检查(监察)器. *health monitor* 剂量计. *monitor operator* 电台监听员. *monitor roof* 采光屋顶. *monitor tube* 监视(显像)管. *monitors' desk*（长途电话）班长台. *neutron monitor* 中子记录(检验,控制,计数)器. *phase monitor* 相位指示器,示相器. *picture monitor* 图像信号监视器. *pilot monitor* 自动驾驶仪. *power monitor* 功率监察器,功率检查装置. *remote monitor* 遥控装置,远距离监测器. *survey monitor* 普查辐射仪(剂量计). *television*〔TV〕*monitor* 电视检视器,电视检查装置. *tritium monitor* 氚探测器. *water monitor* 水放射性记录(检查)器. *waveform monitor* 检查(监视,控制)示波器.

II v. ①监视[听,控,督,测,察],检查[验],控制,操纵,管理,追踪,跟踪,侦测传播,报警,(放射性)剂量测定,保险 ②调节,校音,检查. *monitored control system* 监督(控制)系统. *monitoring coil* 检查线圈. *monitoring printer* 监控复印机. *monitoring recorder* 录音监听仪设备,监控记录器. *process monitoring*（工艺）过程（的）控制(监督). *quality monitoring* 质量控制(检查).

monito'rial [mɔni'tɔ:riəl] 或 **mon'itory** ['mɔnitəri] a. 警告的,劝告的.

mo'nium ['mouniəm] n.

mon'key ['mʌŋki] n. ①猴子 ②(打桩)锤,心轴 ③活(动)扳手,活螺丝扳手 ④起重机小车 ⑤渣口.

(制玻璃)熔化壶,小坩埚. drop monkey 模锻(件)活扳手. monkey chatter 交叉失真,邻道干扰,串话,啁啾声. monkey cooler 【冶】渣口冷却器,渣口水箱(套). monkey driver 〔engine〕锤式(卷提式)打桩机. monkey hammer 落锤. monkey spanner 〔wrench〕活(动)扳手,螺丝扳手,万能螺旋扳手,活旋钳.
Ⅱ v. 玩弄,乱弄(about, about with),干涉(with).

monkey-chatter n. (两相邻波道边带差频所引起的干扰)啁啾声,交叉失真,邻道干扰,串话.
monkey-engine n. (锤式,卷提式)打桩机.
monkey-wrench n. 活(动)扳手,螺丝扳手,活旋钳.
mon'o ['mɔnou] a.; n. ①单音的,单声道的(唱片,重播) ②单核白血球增多症.
mono- [词头]单一,单一的.
monoaccel'erator n. 单加速器.
monoac'etate n. 一乙酸酯.
monoa'cid Ⅰ a. 一(酸)价的,一元的,一酸的. Ⅱ n. 一元(一价,一碱(价))酸,一酸值物.
monoacid'ic [mɔnouə'sidik] a. 单价的,一(酸)价的,一元的.
monoatom'ic a. 单原子的. monoatomic acid 一元酸,一(碱)价酸. monoatomic base 单价酸,一(酸)价碱. mo-noatomic gas 单原子气体. monoatomic semiconductor 单质半导体.
monoax'ial [mɔnou'æksiəl] a. 单轴的.
monoba'sic [mɔnə'beisik] a. ①一(碱)价的,一盐基的,一元的 ②一代的.
monobed ion exchange 单床(混合树脂)离子交换.
mon'obel n. 硝铵,硝酸甘油,锯屑,食盐炸药(单贝尔).
mon'obloc a. 单元的,单块的,整体的.
mon'oblock n.; a. 整体的,单体(块,元)(的). monoblock cast(ing) 整体铸造,整块铸造(件).
monobrid circuit 单片混合电路.
monobro'mated a. 一溴化的.
monobro'mide n. 一溴化物. indium monobromide 一溴化铟.
monobrominated a. 一溴化的.
monobromina'tion n. 一溴化作用.
Monobromomethane n. 溴甲烷.
mon'obucket n. 单斗.
mono-buoy mooring 单浮标停泊.
mon'ocable n. 架空索道.
monocalcium phosphate 磷酸一钙.
monocar'bide n. 一碳化物. uranium monocarbide 一碳化铀.
monocen'tric a. 单心的.
monochlorated a. 一氯化的.
monochlo'ride n. 一氯化物. indium monochloride 一氯化铟.
monochlorinated a. 一氯化的.
monochlorina'tion n. 一氯化作用.
monochlorizated a. 一氯化的.
monochlorosilane n. 一氯甲硅烷.
mon'ochord ['mɔnoukɔ:d] n. 单弦(音响测定器),单音听觉器,弦音计,听力计,调和,和谐.
monochro'ic [mɔnou'krouik] 或 **monochromat'ic**

[mɔnə-krə'mætik] a. 单(一色)的,单色光的,各向同等吸光的,单能(频)的,单能的. monochromatic filter 单色滤色片.
monochro'ism n. 光的各向同等吸收.
monochro'mat n. 单色透镜(物镜,视者)
monochromat'ically ad. 单色(一色)地.
monochromatic'ity n. 单色性.
monochromatic-pinhole n. 单色针孔.
monochro'mating a. 致单色的.
monochro'matism n. 全色盲.
monochro'matize vt. 使单色化,使成单色.
monochromatization n.
monochromator n. 单色仪(器),单色光镜,单能化器.
mon'ochrome ['mɔnəkroum] Ⅰ n. 单色(画,影片,照片),黑白影片(图像),单色. Ⅱ a. 单色的,黑白的. by-pass monochrome (彩色电视中)单色图像信号共现(原理). monochrome band 单色波段. monochrome receiver [set] 黑白电视接收机. monochrome television 单色(黑白)电视. monochrome voltage 单色信号电压.
monochrom'eter n. 单色仪(器),单色光镜,单能化器.
monochrom'ic(al) a. 单色(图像,影片)的. monochromic(al) television 单色(黑白)电视.
monochromize v. 使单色化,成单色.
monocl =monoclinic 单斜(晶系)的,单结晶的.
mon'ocle ['mɔnəkl] n. 单片眼镜.
monocli'nal [mɔnə'klainəl] a. (地层)单斜的,单斜层的.
mon'ocline ['mɔnəklain] n. 单斜(层),单斜折皱(褶曲,结构).
monoclin'ic [mɔnə'klinik] a. 单斜(晶系)的,单结晶的. monoclinic prisms 单斜棱晶. monoclinic sulfur 单斜(晶)硫,针形硫.
mon'ocoil n.; a. 单线圈(的),单线管(的).
mon'ocolo(u)r n. 单色.
mon'ocontrol n. 单(一)控制(调节).
mon'ocoque [mɔnəkouk] n.; a. 硬壳式(结构,机身)(的),单壳机身,无大梁结构. metal monocoque 金属壳机身. monocoque body 无骨架式车身,单壳体车身.
mon'ocord n. 单塞绳,单联线. monocord switchboard 单塞绳交换机. monocord system [P.B.X.] trunk board 单塞绳式中继台.
monocotyle'don [mɔnoukɔti'li:dən] n. 单子叶植物.
mon'ocrystal n. 单晶(体),单晶丝.
monocrys'talline n.; a. 单晶(体,质,丝,形)的.
monoc'ular [mɔ'nɔkjulə] Ⅰ a. 单眼(用)的,单目(简,孔)的,单透镜的. Ⅱ n. 单筒望远镜. monocular hand level 单眼手水准.
mon'ocycle ['mɔnəsaikl] n. 单(独)轮车,单环,单周期(循环).
monocy'clic a. 单(一)环的,单周期(循环)的.
monocyclic-start n. 单周期起动. monocyclic-start induction motor 单相(单周期起动)感应电动机.
mon'ocyte ['mɔnəsait] n. 单核细胞,单核白血球.
monodecyl n. 单葵基.
monoder'mic a. 单层的.

monodic predicate calculus 一元谓词演算.
monodirec'tional *a.* 单向的.
monodisperse' 或 **monodisper'sity** *n.*; *a.* 单分散(性),等弥散的.
monodnabactivirus *n.* 单DNA噬菌体,单脱氧噬菌体.
mon'odrome *n.* 单值.
monodromic *a.* 单值的,单一性的.
monod'romy [mouˈnɔdrəmi] *n.* 单值(性).
monoe'cious *a.* 雌雄同体[株]的.
monoenerget'ic 或 **monoer'gic** *a.* 单(一)能(量)的,单色的.
monoester *n.* 单酯.
mono-ethanolamine *n.* 单乙醇胺.
monoethenoid *a.* 单烯型的.
monoether *n.* 单醚.
monofier *n.* 摩诺管,振荡放大器.
mon'ofil [ˈmɔnəfil] 或 **monofil'ament** [mɔnə-ˈfiləmənt] *n.* 单(纤)丝,单纤维,单缕.
monofile *n.* 单文件.
mon'ofilm [ˈmɔnəfilm] *n.* 单分子层,单(层)分子膜.
monofluorated *a.* 一氟化的.
monofluoride *n.* 一氟化物.
monofluorinated *a.* 一氟化的.
monofluorobenzene *n.* (一)氟(代)苯.
monoflurina'tion *n.* 一氟化作用.
monoflurizated *a.* 一氟化的.
mon'oformer *n.* 光电单函数发生器,函数电子射线变换器.
monofre'quent *a.* 单频(率)的.
mon'ofuel [ˈmɔnəfjuəl] *n.* 单元燃料,单元推进剂.
monog =monograph 专论,记录.
monog'amy 一一对应,一对一,单配偶[性].
mon'ogen *n.* 单[一]价元素,单种[价]血清.
monogen'esis [mɔnəˈdʒenisis] *n.* 一元,单[无]性生殖,单细胞源论.
monogenet'ic *a.* 单性的,单色的,单成的.
monogen'ic [mɔnouˈdʒenik] *a.* 单演(的),单基因的.
monogeosyncline *n.* 单向斜,单地槽.
monogr =monograph 专论,记录.
mon'ogram [ˈmɔnəɡræm] *n.* 拼合文字,花押字. ~mat'ic *a.*
mon'ograph [ˈmɔnəɡrɑːf] Ⅰ *n.* 专(题)论(文),专著论文单行本. Ⅱ *vt.* 记录,在专论中讨论,写关于…的专题文章. *power monograph* 功率图集.
monog'rapher [mɔˈnɔɡrəfə] *n.* 专题论文的作者.
monograph'ic(al) [mɔnəˈɡræfik(əl)] *a.* 专题论文的. ~ally *ad.*
monog'raphist [mɔˈnɔɡrəfist] *n.* 专题论文的作者.
monohalide *n.* 一卤化物.
monohalogenated *a.* 一卤代的.
monohapto *n.* 单络(合点).
monohedral *a.* 单面的.
monohedron *n.* 单面体.
monohy'drate *n.* 一水合物,一水化物. *alumina monohydrate* 一水氧化铝. *monohydrate dolomitic lime* 单水白云化石灰.
monohy'dric [mɔnəˈhaidrik] *a.* 一羟(基)的.
mono-hydrol *n.* 单聚水分子.
monohydrox'y [mɔnəhaiˈdrɔksi] *a.* 一羟基的.

mon'oid [ˈbiɔnɔid] *n.* 独异点,带有中性元的半群. ~al *a.*
monoi'odated *a.* 一碘化的.
monoi'odide *n.* 一碘化物. *indium monoiodide* 一碘化铟.
monoi'odinated *a.* 一碘化的.
monoiodina'tion *n.* 一碘化作用.
monoiodizated *a.* 一碘化的.
monoisotop'ic *a.* 单一同位素的.
mon'ojet *n.* 单体喷雾片[多个喷雾片的集合体].
monokaryon 或 **monocaryon** *n.* 单核.
monokinet'ic *a.* 单(动)能的.
mon'olayer [ˈmɔnəleiə] *n.*; *a.* 单(原子,分子,细胞)层(的). *monolayer emitter* 单层发射体.
mon'olever *n.* 单手柄. *monolever switch* 单手柄十字形开关,单柄四向交替开关.
mon'olith [ˈmɔnouliθ] *n.* 独石(柱,碑,像),独块巨石,整块石料,块体混凝土,整体,整(体)料,单块.
monolith'ic Ⅰ *a.* ①整体(式)的,整铸的,独块巨石的,整块石料的,块体混凝土的,整体(式)的,单一的. Ⅱ *n.* 单片,单块. *monolithic circuit* 单块[片]电路. *monolithic ferrite memory* [storage] 叠片铁氧体存储器. *monolithic integrated circuit* 单块[单片式]集成电路. *monolithic layout* 单块电路设计. *monolithic memory* [storage] 单片存储器. ▲(*be*) *monolithic with* 与…成整体.
mon'olock *n.* 单锁.
mon'olog(ue) [ˈmɔnəlɔɡ] *n.* 独白,独演剧本.
mon'omark [ˈmɔnoumɑːk] *n.* (表示商品等的)符号,注册标记,略符,略名.
mon'omer [ˈmɔnəmə] *n.* 单(分子物)体,单基[聚]物,单元结构. *monomer reactivity* 单体(聚合)活性. *monomer reactivity ratio* 单体竞聚率.
monomer'ic *a.* 单体[元]的. *monomeric unit* 单体单元,基体,链节.
monomer-polymer *n.* 单体聚合物.
monometal'lic [mɔnouməˈtælik] *a.* 单(一)金属的,单本位(制)的. *monometallic standard* 单本位制.
monomet'allism *n.*
mono'mial [mɔˈnoumjəl] Ⅰ *a.* 单(一)项的,单项(式)的. Ⅱ *n.* 单项式.
monomin'eral *n.* 单矿物.
monomolec'ular [mɔnəmouˈlekjulə] *n.*; *a.* 单(一,层)分子的. *monomolecular film* [layer] 单分子层.
mon'omorph Ⅰ *n.* 单晶(形)物. Ⅱ *a.* 单晶的.
monomor'phic [mɔnəˈmɔːfik] *a.* 单一同态的,单形(态)的.
monomor'phism *n.* 单一同态,单形态学说.
monomor'phous [mɔnəˈmɔːfəs] *a.* 单(晶)形的,单一同态的.
mon'omo'tor [ˈmɔnəˈmoutə] *n.* 单发动机.
mon'omultivi'brator *n.* 单稳态多谐振荡器.
Monongahelen series (晚石炭世)默朗加希拉级.
mononi'trate *n.* 一硝酸盐(酯).
mononitra'tion *n.* 一硝基化.
mononi'tride *n.* 一氮化物. *uranium mononitride* 一氮化铀.
mononu'clear *n.*; *a.* 单核(的).

mononu′cleate a. （细胞）单核的.
mono-objective binocular microscope 单物镜双筒显微镜.
monoox′ide n. 一氧化物. *carbon monooxide* 一氧化碳. *metal monooxide* 金属一氧化物.
monoph′agy n. 单主寄生,单食性.
mon′ophase ['mɔnəfeiz] n.；a. 单相(位)(的).
mon′ophone n. 送受话器.收发话器.
monophon′ic [mɔnə'fɔnik] a. 单音的. *monophonic recorder* 单声道录音机.
monophos′phate n. 单〔一〕磷酸盐. *strontium monophosphate* 磷酸氢锶.
monophylet′ic a. 一元的,单种(源)的.
mon′oplane ['mɔnəplein] n. 单翼（飞）机,单平面.
monoplasmat′ic a. 单质(纯)的.
mon′oplast ['mɔnəplæst] n. 单细胞.
mon′oploid n.；a. 单倍体(的).
monopo′dial a. 单轴的,单足的.
monopo′dium n.【植】单生轴,单轴型.
monopo′lar n.；a. 单极(的).
mon′opole n. 单极,孤立磁极,狄喇克单极,孤立电荷. *monopole automatic gas cutter* 自动光学曲线追踪气割机.
monop′olist [mə'nɔpəlist] n. 独占〔垄断〕者,垄断〔专利〕者.
monopolis′tic a. 垄断的,专利的.
monopoliza′tion n. 独占,垄断,获得专利权.
monop′olize [mə'nɔpəlaiz] vt. 独占,垄断,专营,专买,得到…专利权.
monop′oly [mə'nɔpəli] n. ①垄断(权),专利(权,品),专卖(权)②独家经营,垄断(专利,专卖)公司,垄断集团〔企业〕. *monopoly capital* 垄断资本. ▲*have a monopoly of foreign trade* 拥有对外贸易垄断权. *make a monopoly of* 独占,垄断,独家经营.
monopropel′lant [mɔnəprə'pelənt] n. 单元（火箭,喷气）燃料,单元（一元）推进剂,单一组分的液体火箭燃料. *liquid monopropellant* 液体单元燃料,液态单组分推进剂.
mon′opulse ['mɔnəpʌls] n. 单脉冲.
monorad′ical n. 单价基(团).
mon′orail ['mɔnoureil] n. 单轨（条,吊车,铁路）,单频道.
mon′orail′way n. 单轨铁路.
monoray locator 探雷器.
mon′oreac′tant n. 单元燃料,单一反应物.
mon′orefrin′gent a. 单折射〔折光〕的.
monornabactivirus n. 单 RNA 噬菌体.
monosac′charide n. 单糖(类).
monosac′charose n. 单糖.
mon′oscience n. 单门(部)科(学),专门学科,专论.
mon′oscope ['mɔnəskoup] n. ①（简）单(静)像管②存储管式示波器. *monoscope instrument* 单镜头式(摄影测图)仪器.
monose n. 单糖.
mon′osea′plane n. 单翼水上飞机.
mon′oshell n. 单壳.
monosilane n. 单〔甲〕硅烷.
monosilicate n. 单硅酸盐.
monosize-distribution n. 单一粒度分布.
monosomat′ic a. 单体的.

monosomatous a. 单体的.
mon′osome n. 单〔副〕染色体,单核(糖核)蛋白体,单糖体.
monoso′mic a. 单体生物,单(染色)体的.
monosomy n. 单体性.单体染色体状况.
mon′ospar ['mɔnəspɑ:] n. 单梁.
mon′ospindle n. 单轴.
mon′osplines n. 单项仿样〔样条〕函数.
monospore n. 单孢子.
monosporous a. 单孢子的.
monostabil′ity n. 单稳状态.
monosta′ble [mɔnə'steibl] a. 单稳态(式,的),具有一种稳定位置〔一种稳定态〕的. *monostable trigger* 单稳态触发器.
monostatic radar 有源(单基地)雷达.
monostatic sonar 收发（合置）声呐.
monostratal a. 单层的.
mon′osub′stituted a. 单基取代了的.
mon′osubstitu′tion n. 单基取代.
mon′osulfide n. 一硫化物. *indium monosulfide* 一硫化二铟.
mon′osyllable n. 单音节字(字).
monotactic n. 构形的单中心规整性.
monotech′nic n. 单种工艺（科技）的(学校),专科学校.
monotec′tic [mɔnə'tektik] n.；a. 偏晶(体)(的).
monoter′minal a. 单（电）极的.
monothet′ic a. （根据）单（一）原则的,单原理的.
mon′otint ['mɔnətint] Ⅰ a. 单色的. Ⅱ n. 单色画.
mon′otone ['mɔnətoun] n.；a. 单(色,音)调(的). *monotone decreasing* 单调递减.
monoton′ic [mɔnə'tɔnik] a. 单调的. *monotonic convergence* 单值收敛. *monotonic loading*（梁柱体）单冲荷载. *monotonic operator* 单调算子. ~ally ad.
monotonic′ity [mɔnətə'nisiti] n. 单调(性),单一性,无变化.
monot′onous [mə'nɔtənəs] a. 单调的,无变化的,千篇一律的. ~ly ad. ~ness n.
monot′ony [mə'nɔtəni] n. 单调(性),单一性,千篇一律,无变化.
monotremata n. 单孔目.
mon′otron ['mɔnətrɔn] n. 摩诺直越式（直射式）,无反射极的调速管,摩诺硬度检验仪. *monotron hardness test* 摩诺硬度试验.
monotrop′ic a. 单变〔性,值〕的,单变现象的,单向转变的,单食(性)的. *monotropic function* 单值函数.
monotropism n. 单变性.
monot′ropy n. 单变性,单(向转)变现象.
mon′otube n. 单〔独〕管. *monotube boiler* 单筒锅炉.
mon′otype ['mɔnətaip] n. ①（单式）自动排（字）浇（印）机,（单字）铸排机,自动排铸（铸字）机②单型③单版画（制作法）. *monotype metal* (单字)排铸机铅字用合金（铅 77%,锑 15%,锡 8%）.
monotyp′ic [mɔnə'tipik] a. 自动排铸的,单型的.
monounsat′urate n. 单一不饱和油脂.
monova′lence [mɔnə'veiləns] **monova′lency** [mɔnə'veiləns] n. 一[单]价.
mon′ovalent ['mɔnəveiələnt] a. 单(一)价的.
mon′ova′riant a. 单变(量,度)的.

monoverticillate *a.* 单轮生的.
mon'owheel *n.* 单轮.
monox *n.* 氧化硅.
monoxenous *a.* 单主寄生的.
monox'id [mə'nɔksid] 或 **monox'ide** [mə'nɔksaid] *n.* 一氧化物. *carbon monoxide* 一氧化碳.
monoxygenase *n.* 一氧化物酶.
Monroan series (晚志留世)门罗统.
Monro'via [mən'rouviə] *n.* 蒙罗维亚(利比里亚首都).
monsieur [mə'sjə:](法语) *n.* 先生.
monsoon' [mɔn'su:n] *n.* 季(节)风,贸易风.
mon'ster ['mɔnstə] I *n.* 巨人(物),怪物,庞然大物,洪水猛兽. II *a.* 巨大的,异常大的.
monstros'ity [mɔns'trɔsiti] *n.* 畸形,怪异,奇形怪状,怪物,庞然大物.
mon'strous ['mɔnstrəs] I *a.* ①畸形的,奇形怪状的,怪异的,可怕的②巨大的,庞大的,异常大的,荒谬的. II *ad.* 非常,很,极. ~ly *ad.* ~ness *n.*
montage [mɔn'tɑ:ʒ] *n.*, *vt.* (镜头)剪辑,剪辑画面,蒙太奇②安装,装配. *montage amplifier*(图像)剪辑放大器.
montan wax 地(矿蜡,褐煤蜡.
Montan'a [mɔn'tænə] *n.* (美国)蒙大拿(州). *Montana gold* 黄铜(锌 10.5%, 铝 0.5%, 铜 89%).
montanate *n.* 褐煤酸酯.
Montanian series 蒙塔纳统(晚白垩纪).
montanic acid 褐煤酸, 廿九烷酸.
montant *n.* (嵌板的,框架的)竖杆.
Monte Carlo method 蒙特卡罗法(对无规则的数字应用数学算子进行一系列的统计实验以解决许多实际问题),统计检验法.
Montegal *n.* 镁硅铝合金,蒙蒂盖尔铝合金(镁 0.95%, 硅 0.8%, 钙 0.2%, 其余铝).
montejus *n.* 压气(蛋形)压送器. *pressureair montejus* 压缩空气升液器.
Monterrey' [mɔntə'rei] *n.* 蒙特雷(墨西哥城市).
Montevideo [mɔntivi'deiou] *n.* 蒙得维的亚(乌拉圭首都).
montgol'fier [mɔnt'gɔlfiə] *n.* 热空气气球.
month [mʌnθ] *n.* 月(份). ▲*a month of Sundays* 很久,很长的时间. *month by month* 逐月,每月. *month in, month out* 月月,每月. *the month after next* 再下一个月. *the month before last* 再上一个月,前月. *this day month* 下个月今天.
month'ly I *a.* (每,按)月(的), 每月一次的. II *ad.* 每月,每月一次. III *n.* 月刊. *monthly load curve* 月负载曲线. *monthly variation* 月份的(交通量)变化.
monticellite *n.* 钙镁橄榄石.
mon'ticule ['mɔntikju:l] *n.* 小(火)山,小丘,小突起.
montmoril'lonite ['mɔntmɔ'rilənait] *n.* 蒙脱土(石),胶岭(高岭)石,微晶高岭土.
Montreal [mɔntri'ɔ:l] *n.* (加拿大)蒙特利尔.
mon'ument ['mɔnjumənt] *n.* ①纪念物(碑、像、馆)②标石,界碑,(测量用)石(混凝土)桩,古迹,遗址,名胜③不朽功迹(成就,著作),值得纪念的东西. *monument mark* 界碑,标石,标志桩.
monumen'tal [mɔnju'mentl] *a.* ①纪念(性,碑)的,不朽的②巨大的,极端的.
monumen'talize [mɔnju'mentəlaiz] *vt.* 立碑纪念,永远纪念.
monumen'tally *ad.* ①用纪念碑,为纪念②非常,很,极.
monzonite *n.* 二长岩.
monzonitic texture 二长结构.
mood [mu:d] *n.* 语气,(论)式,心情. *moods of the syllogism* 三段论底式.
mood'y *a.* 易怒的,忧郁的.
moon [mu:n] I *n.* ①月(亮,球,状物),月相②(人造地球)卫星. *moon blindness* 夜盲症. ▲*blue moon* 不可能(不合理,难得见)的事. *crescent* [*new*] *moon* 新(弯)月. *full moon* 满月. *moon's phase* 月的盈虚. *once in a blue moon* 极少,极难得,罕有,永无.
II *vt.* 闲荡. ▲*moon away* 虚度.
moon'beam ['mu:nbi:m] *n.* 月(的)光(线).
moon'-bounce *n.* 月球弹跳.
moon'buggy *n.* 月球车.
moon'craft *n.* 月球飞船.
moon'down ['mu:ndaun] *n.* 月落(时).
mooned *a.* 月亮般的,新月状的,有月形纹的.
Mooney units (橡胶可塑性的)穆尼单位.
moon'eye *n.* 夜盲症.
moon'fall *n.* 落至月面.
moon'-flight *n.* 登月飞行.
moonik *n.* (苏联的)月球火箭,月球卫星.
moon-knife *n.* 月牙刀.
moon'less ['mu:nlis] *a.* 没有月亮的,无月亮的.
moon'let ['mu:nlit] *n.* 【天】小月亮,小卫星.
moon'light ['mu:nlait] *n.*; *a.* 月光(的),有月亮的. *moonlight gasoline* 月光汽油,自机器油箱内漏出的汽油.
moon'lit ['mu:nlit] *a.* 有月亮的,被月亮照亮的.
moon'man *n.* 登月太空人.
moon'mark *n.* 月球陆标.
moon'port *n.* 月球火箭发射站.
moon'quake *n.* 月震.
moon'rise ['mu:nraiz] *n.* 月出(的时刻).
moon'rock *n.* (取自)月球(的)石.
moon'scooper *n.* 宇宙车,月球标本收集飞船.
moon'scope ['mu:nskoup] *n.* (人造)卫星观测(望远)镜.
moon'set ['mu:nset] *n.* 月落(的时刻).
moon'shine ['mu:nʃain] *n.*; *a.* ①月光(的),月夜的②空(幻)想(的).
moon'shiny ['mu:nʃaini] *a.* ①月光照耀的,月光似的②空想的,无意义的.
moon'ship *n.* 月球飞船.
moon'shot *n.* 月球探测器,向月球发射.
moon'stone *n.* 月长石.
moon'track ['mu:ntræk] *v.* 卫星跟踪.
moon'ward(s) *ad.* 往月球.
moon'y ['mu:ni] *a.* 月亮(状)的,新月形的,圆的,月光似的.
moor [muə] I *n.* ①(高)沼,沼泽,泽地②湿(沼泽)土③荒(旷)野④停泊,系留,下锚. *moor coal* 沼泥,松散煤塘. *moor light* 停泊灯.
II *v.* (使)停(碇)泊,停(系)住,系留,下锚,锚定.
moor'age ['muəridʒ] *n.* 停泊(所),系留(处),系泊费.

Moore tube 穆尔管(装饰广告用的一种放电管).

moor'ing ['muəriŋ] *n.* ①停(碇)系,锚①泊,系留,下锚,泥流淤积.②(pl.)系船具(缆,锚,链等),系船,设备,系留用具③(pl.)停泊所,系船处. *mooring buoy* 系船浮标. *mooring drag* 活动锚. *mooring guy* 系留索. *mooring island* 系泊岛. *mooring mast* 系留桅. *mooring pile* 锚定桩. *mooring stall* 浮台. *mooring swivel* 双锚锁环. *mooring wire rope* 系留用钢丝绳.

moor'ing-buoy *n.* 系船浮筒.

moor'ing-mast *n.* 系留桅.

moor'ing-post *n.* 系留柱.

Moor'ish arch 马蹄拱.

moor'land ['muələnd] *n.* 荒野,沼泽地,高沼地.

moor'peat *n.* 沼煤,泥沼土.

moor'stone ['muəstoun] *n.* 花岗石(质孤石).

Moorwood machine 浸镀锡机.

moor'y ['muəri] *a.* 多沼泽的,沼地的,原(荒)野的.

M/O/O/S = minutes/zero/zero/seconds 分/0/0/秒.

moot [mu:t] Ⅰ *a.* 争论的,未解决的,(悬而)未决的,不切实际的. *moot point* 争论(之)点,悬而未决的问题. Ⅱ *vt.*;*n.* 讨[辩]论,提出(问题,讨论).

moot'ed ['mu:tid] *a.* 未决定的,悬而未决的,有疑问的.

mop [mɔp] Ⅰ *n.* ①拖把(布),墩布②擦光辊,抛光轮,布轮. *cloth finishing mop* 抹光布轮.
Ⅱ *vt.* 拿拖把拖,擦,揩,打扫,肃清,扫荡. *mop the floor with M* 彻底击败 M. *mop up* ①擦去(干,净),揩干,扫掉②结束,做完.

MOP =①manual override panel②movable oil plot 可动油图.

MOPA =①master oscillator power amplifier 主控振荡器的功率放大器② modulated oscillator power amplifier 调制振荡器的功率放大器.

MOPAT = master oscillator, power amplifier transmitter 主控振荡器、功率放大器式发射机(导航用,波长为30cm).

mop'board *n.* 〔建〕踢脚板.

mope pole 支撑管道用杆.

mo'ped ['mouped] *n.* (一种装有小型电动机的)机动自行车.

Mo-Permalloy *n.* 含钼镍铁导磁合金(镍78.5%,铁17.7%,钼3.8%).

mop'stick *n.* 拖把柄.

MOPTARS = multi-object phase tracking and ranging system 多目标相位跟踪和测距系统.

Mopti ['mɔ:pti] *n.* 莫普蒂(马里城市).

mop-up *n.* ①擦(揩)干,扫除②结束,做完③(线路)全程. *mop-up equalizer* 扫余均衡器.

MOR = modulus of rupture 断裂模数.

mor *n.* 酸性有机物质,粗腐殖质.

moraine' [mɔ'rein] *n.* (冰)碛,冰碛石,冰堆石. *moraine soil* 冰碛土.

mor'al ['mɔrəl] Ⅰ *a.* ①道德(上)的,道义(上)(有关)是非(原则)的②精神上的,有教育意义的. *moral culture* 德育. Ⅱ *n.* ①教训,寓意,教育意义②是非的原则,道德. ▲*give M moral support* 给M以道义上的支持. *moral certainty* 确实可靠[非常可能]的事. *moral outlook* 人生观. *moral principles* 道义.

morale' [mɔ'ra:l] *n.* 士气,纪律,风纪,道德[义],信心[念].

mor'alism ['mɔrəlizəm] *n.* 道德,格言,道义.

moral'ity [mə'ræliti] *n.* 道德(品质),教训,寓意.

mor'alize ['mɔrəlaiz] *vt.* 说明…的深刻意义,讨论道德问题,说教.

mor'ally ['mɔrəli] *ad.* 道德上,道义上.

morass' [mɔ'ræs] *n.* 泥沼(地),沼泽,艰难,困境,陷阱. *morass ore* 褐铁矿.

morass-ore *n.* 褐铁矿,沼铁矿.

morato'rium [,mɔrə'tɔ:riəm] *n.* 延期付款命令,延期付款期间,暂停.

mor'bid ['mɔ:bid] *a.* 病态的,疾〔生〕病的,不健康〔全〕的,可怕的. ~**ity** 或 ~**ness** *n.* ~**ly** *ad.*

morbif'ic a. 病因的,致病的.

morceau' [mɔ:'sou] (pl. *morceaux'*)〔法语〕*n.* 小片,(作品)片断.

morceaux *n.* morceau 的复数.

mor'cellate ['mɔ:səleit] *vt.* 使裂开,使分开,切碎.

mor'dant ['mɔ:dənt] Ⅰ *a.* ①尖锐的,讽刺的②腐蚀性的,染色(留色)的③剧烈的. Ⅱ *n.* ①(金属)腐蚀剂,酸洗剂,金箔粘着剂②媒染(留色饰染)剂. *reduced mordant* 还原媒染剂. *spirit mordant* 酒精媒染剂.
Ⅱ *v.* 浸蚀(色,冶),腐蚀,酸洗,媒染. ~**ly** *ad.*

more [mɔ:] *a.*;*n.*;*ad.* (many 或 much 的比较级)更(多,加,甚),再,额外,另外,多余,附加. *more or less* 或多或少. *more important* 更重要的. *more and more rapidly* 越来越快地. *4.5T or more* 4.5吨或更多一点. *more than probable* 很可能. *once more* 再一次. *The more the better.* 越多越好. *More is meant than meets the ear.* 话里有话. *Are there any more bolts left?* (此外)还剩得有螺栓吗? *There are some*〔a few,many,no〕*more bolts left.* (此外)还剩得有一些〔少许,许多,没剩下〕螺栓. *There is some*〔a little,much,no〕*more oil left.* (此外)还剩得有一些〔少许,许多,没剩下〕油. *How many more bolts do you want?* 你还需要多少螺栓? *I want one more bolt*〔*five more bolts*〕. 我还要一(五)个螺栓. *I have five, I should like as many more.* 我有五个,我再要这么些(五个). ▲*a little more* 再…一点. *all the more* 更加,越发,格外. *and no more* 只此为止,不过…罢了. *any more* 还,更,(已不)再,再也(不). *even more* 还,更. *hardly more than* 仅仅,不过是. *little more than* (几乎)不多于,只不过是. *more and more* 越来越(多),益发,逐渐. *more like* 大约,差不多,毋宁说,比较更接近. *more likely M than N* 比起 N 更可能是 M. *more often than not* 往往,时常,大半,大概. *more or less* 或多或少,多少,有点儿,大体上,在不同程度上,大约,近乎,左右. *more specifically* 更具体地说. *more than* 多〔大,甚〕过,不止,不仅,不只是. *more M than N* 比 N 更 M,更大的可能性是 M 而不是 N,与其说是 N 不如说是 M. *more than all* 尤其,其中. *more than enough* 过分的,十二分,绰绰有余,很多的. *more than ever* 更加,越发,更多的.

more than that[this] 不仅如此, 此外, 再者. *much more* 更加, 何况. *neither more nor less than* 不多不少, 正好, 简直, 正是. *never more* 决不再, 以后不再, 不再. *no more* 不再, 都不, 也不, 没有了, 死了. *no more than* 仅仅, 不过是, 不多于. *no more M than N* 不比 N 更 M, 同 N 一样都不 M. *none the more* =not the more 依旧, 仍然, 不因此而更. *not M any more than N* 正像 N 一样也不 M. *not more than* 不多于, 不超过, 至多, 没有到…的程度, 不比…更. *nothing more or less than* 不多不少, 正好, 正是. *nothing more than* 只不过是, 无非是, 正是, 简直是. *nothing more than…not* 一点也不比 N 更 M. *once more* 再一次. *rather more than* 比…多一些. *some more* 再…一点. *still more* 更(多, 加). *the more* 越发, 更是, 更为尤其如此. *the more M the more N* 越 M 就越 N, M 越多 N 也就越多. *what is more* 而且, 并且, 加之, 此外, 更有甚者, 更为重要(严重)的是.

morenosite *n*. 碧矾.

moreo'ver [mɔː'rouvə] *ad*. 况且, 并且, 加之, 此外, 又.

mor'gan *n*. 摩(基因交换单位).

mor'gen [ˈmɔːgən] *n*. 摩肯(荷兰等国的土地面积单位, = 2.1165 英亩).

Morgoil *n*. 铝锡合金轴承(锡 6.5%, 硅 2.5%, 铜 1%, 其余铝).

morgue [mɔːg] *n*. ①资料室, (参考)图书室 ②傲慢 ③陈尸所.

mor'ibund ['mɔribʌnd] *a*. 垂死的, 临终的, 将要消灭的, 腐朽的, 没落的.

mor'ion ['mɔriən] *n*. 黑(水)晶.

morn [mɔːn] *n*. 黎明, 日出, 早晨.

morn'ing ['mɔːniŋ] *n*.; *a*. 早晨(的), 上午(的), 黎明, 早期. *morning star* 晓(金)星. *morning watch* 【海】早班值勤(上午四时至八时). ▲*from morning till* [to] *night*[evening] 从早到晚. *in* [during] *the morning* 在早上[上午].

morning-glory ['mɔːniŋɡlɔːri] *n*. 牵牛花. *morning-glory horn* 蜿展喇叭, 指数式喇叭. *morning-glory spillway* 喇叭形溢洪道.

Moroc'can [məˈrɔkən] *a*.; *n*. 摩洛哥的(人).

Moroc'co [məˈrɔkou] *n*. 摩洛哥.

mo'ron ['mɔːrən] *n*. 白痴, 笨人. ~**ic** *a*. ~**ity** *n*.

morph *n*. 形变, 变体.

mor'pha *n*. 形态.

morphac'tin [mɔːˈfæktin] *n*. 形态素.

mor'pheme *n*. 词态, 词素.

mor'phia ['mɔːfiə] 或 **mor'phin** ['mɔːfin] 或 **mor'phine** ['mɔːfiːn] *n*. 吗啡.

mor'phinism *n*. 吗啡中毒.

morpho- (构词成分) 形状, 形态.

morphodifferentia'tion *n*. 形态分化.

morphogen'esis *n*. 地貌形成, 形态形成(发生).

morpholine *n*. 吗啉, 1,4-氧氮六环.

morpholog'ic(al) [mɔːfəˈlɔdʒik(əl)] *a*. 形态学的, 地貌的.

morphol'ogy [mɔːˈfɔlədʒi] *n*. ①组织, 结构, 形态(学), 词态学, 词法 ② 表面波度, 表面几何形状. *powder morphology* 粉末形态.

morphometry *n*. 形态测量学.

morphophysiol'ogy [mɔːfəuˌfiziˈɔlədʒi] *n*. 形态生理学.

morphotropism *n*. 变晶现象.

mor'photropy *n*. 变形性, 变晶影响.

mor'photype *n*. 形态型.

Morrison bronze 青铜(铜 91%, 锡 9%).

mor'row ['mɔrou] *n*. ①早晨 ②次日, 第二天 ③紧接在后的时间. ▲*on the morrow of* M M 一结束之后, 紧接着 M.

Morse (**code**) 莫尔斯(电码). *Morse alphabet* 莫尔斯电码. *Morse lamp* 信号(探照)灯. *Morse receiver* 莫尔斯收报机. *Morse taper* 莫氏锥度. *taper shank Morse taper reamer* 锥柄莫氏锥度铰刀.

Morse-coded *a*. 莫尔斯电码的.

mor'sel ['mɔːsəl] I *n*. 少量, 一小片(块), 一口. II *vt*. 分成小块, 少量地分配.

mor'tal ['mɔːtl] I *a*. ①(要, 必会, 致)死的, 致命的 ②垂死的, 临终的, 终身的 ③拚(死)的, 不共戴天的 ④人(类)的 ⑤极端(大, 长)的, 非常的 ⑥(与 any, every, no 等连用)可能的, 想象得出的. II *n*. 人(类), 不能免死的生物.

mortal'ity [mɔːˈtæliti] *n*. ①致命性, 不可免的死亡 ② 死亡率(数), 失败数(率) ③ 人(类).

mor'tally ['mɔːtəli] *ad*. ①致命地, 严重地 ② 非常, 很, 极(为).

mor'tar ['mɔːtə] I *n*. ①砂(灰, 泥)浆, 灰(浆)泥白, 研钵, 乳钵 ②石工. II *vt*. 用砂浆(灰浆)涂抹(粘接). *agate mortar* 玛瑙研钵. *asphalt mortar*(地)沥青砂浆. *cement mortar* 水泥砂浆. *mortar bed* 灰浆层, 化灰池. *mortar bound surface*(surfacing) 砂浆结(碎石)路面(面层). *mortar joint* 灰缝, 砂浆接缝. *mortar mill*[mixer] 砂(灰)浆拌和机, 白研机. *mortar rubble masonry* 浆砌毛石圬工. *mortar refractory mortar* 耐火泥浆.

mor'tar-board ['mɔːtəbɔːd] *n*. 灰浆板, 镘板.

mor'tarless ['mɔːtəlis] *a*. 干砌的, 无灰浆的.

mor'tar-void(s) *n*. 砂浆空腺.

mort'gage ['mɔːɡidʒ] *n*.; *vt*. 抵押, 保证.

mor'tice = mortise.

mortiferous *a*. 致死(命)的.

mor'tify ['mɔːtifai] *v*. 伤害, 使人感到羞耻. **mortifica'tion** *n*.

mor'tise ['mɔːtis] I *n*. ①榫眼(量), 榫槽, 凹(凸)榫, 槽(道), 沟, 座, 孔(道) ② 固(定)安定. *mortise and tenon* 公母(雌雄)榫, 镶榫. *mortise and tenon joint* 镶榫(雌雄榫)接合. *mortise chisel* 榫(孔)凿. *mortise hole* 榫眼. *mortise joint* 榫接. *mortise lock* 插锁.

II *vt*. ①开榫眼, 凿榫 ② 接(上)榫, 用榫眼接合(固定)③ 切割. *mortising machine* 凿榫(眼)机, 制榫机. *mortising slot machine* 凿榫机. *mortise one beam in*[into] *another* 把一根梁榫接到另一根梁上.

mor'tiser *n*. 凿榫(眼)机.

Morton-Haynes method 摩尔顿-海因兹法(测量半导体载流子寿命的一种典型方法).

Morton tube 摩尔顿小极间距三极管.

Mos = ①metal-oxide-semiconductor 金属-氧化物-半导体；金氧半导体 ② metal oxide-semiconductor transistor 金属氧化物半导体晶体管 ③metal-oxide-silicon (integrated circuit)金属-氧化物-硅(集成电路).

mos =months.

mosa'ic [mou'zeiik] Ⅰ n.; a. ①镶嵌(式，砖，图细工，结构,艺术品，的)，嵌花(式,的)，镶木工，拼成，拼合，拼凑，地砖，马赛克(的)，斑纹状(的) ②感光嵌镶幕，嵌镶光电阴极. Ⅱ vt. 镶嵌(装饰)，嵌镶[花]. *aerial (photographic) mosaic* 空中〔航空〕照片集拼地图. *mosaic area* 嵌镶幕面，颗粒幕面积. *mosaic block* 镶嵌块. *mosaic crystal* 嵌镶晶体〔结晶〕. *mosaic electrode* 嵌镶光电阴极，颗粒电极. *Mosaic gold* 铜锌合金（装饰用黄铜（铜65%，锌35%)；彩色金（一种主要含二硫化锡的颜料）. *mosaic pavement* 嵌花式地面. *mosaic screen* 感光嵌镶幕〔屏〕. *mosaic structure* 晶体嵌镶结构，亚结构. *mosaic surface* 拼花面，马赛克(感光)镶嵌屏，镶嵌表面. *mosaic tile* 彩色〔镶嵌〕瓷砖.

mosa'icism n. 嵌镶现象.

mosa'ic(k)er [mou'zeiikə] n. 镶嵌者.

mosandrite n. 褐硅铈矿.

Mos'cow ['mɔskou] n. 莫斯科(苏联首都).

MOSFET = metal-oxide-semiconductor type field-effect transistor 金属氧化物半导体场效应晶体管.

MOSIC =metal-oxide-semiconductor type integrated circuit 金属氧化物半导体集成电路.

Mosjoen n. 莫绍恩（挪威港口）

MOSL circuit 金属氧化物半导体管逻辑电路.

mosque [mɔsk] n. 伊斯兰教寺院,清真寺.

mosquito [məs'ki:tou] n. (pl. *mosquito(e)s*) Ⅰ n. 蚊子. Ⅱ a. 蚊式的，小型的. *mosquito boat*〔*craft*〕(鱼雷)快艇,短潜艇. *mosquito fleet* 鱼雷快艇队.

mosquito-craft n. 鱼雷快艇.

mosquito-net n. 蚊帐.

moss [mɔs] n. ①苔，藓，地衣 ②(泥，泥炭)沼，沼泽. *moss copper* 苔纹铜.

Mössbauer effect 穆斯堡尔效应（各种嵌于固体中的放射性核无反冲地发射及吸收伽马射线的效应）.

mossite n. 重钽钽矿.

MOSSOS = metal-oxide-semiconductor silicon-on-sapphire 采用蓝宝石硅的金属氧化物半导体(器件).

moss'y ['mɔsi] a. ①生〔了〕苔的，苔似〔状〕的 ②海绵状的. *mossy lead* 海绵状铅.

mossy-grain n. 海绵粒.

MOST = ①metal-oxide-semiconductor (type field effect)transistor 金属氧化物半导体(场效应)晶体管 ②metal oxide silicon transistor(s)金属氧化硅晶体管.

most [moust] Ⅰ a.; n. (many 或 much 的最高级) ①最大(的，限度)，最高〔额，程度〕(的，数)的. *get the most from* 从…得到最大的好处. *Which is (the) most*, *M*, *N or P?* 那一个数值最大，M，N 还是 P？*Do the most you can*. 尽你最大的力量去做. ②大多数，大部分. *most of us* 我们大多数. *most engineering materials* 大多数工程材料.

Ⅱ ad. ①（说明形容词、副词、动词）最. *most accurately* 最准确地. *most effective* 最有效的，高效(能)的. *most probable* 最可几〔能〕的，最或〔概〕然的，最大公算的. *most significant bit* 最高(二进制数)位，最有效的二进制位. *most significant digit* 最高(有效)位，最高(位)有效数(字). *most significant end* 最高(前)端. *most suitable field intensity* (最)适应电场强度. *most used* 最常用的. *most useful* 最有用的. *most interesting* 很〔非常]有趣的. *most likely* 很可能. *This is most difficult*. 这是很困难的. ③(和 always, everyone, anything 等连用)几乎. *Most everybody knows this element*. 几乎每一个人都知道这种元素.

▲*at (the) most* 或 *at the very most* 至多(不过)，最多 *for the most part* 大概〔都〕，多半，基本上，通常地. *make the most of* 充分〔善于，尽量〕利用〔使用〕. *most and least* 统统，都，毫无例外. *most of* 大部分，大多数. *most of all* 尤其是，最，首先. *(the) most of all* 最…的〔地〕. *most important of all* 最重要的.

most'ly ['moustli] ad. ①主要地，基本上，几乎全部，大部分，多半 ②大概.

Moszkowski unit (核子物理中一种跃迁概率单位)莫兹夸斯基单位.

MOT = motor 马达，电动机.

Mota metal 内燃机〔锡基高强度〕轴承合金（锡85～87%，铜4～6%，锑 8.5～9.5%）.

mote [mout] n. ①尘埃,微尘〔屑，粒〕②瑕疵，小缺点.

motel' [mou'tel] n. 专为汽车游客开设的(公路两旁的)旅馆.

moth [mɔθ] n. ①蠹(虫，鱼)，蛾 ②推毁(敌方)雷达站用的导弹.

moth'ball Ⅰ n. ①卫生球，防蠹丸 ②(进行保护性处理后)封存. Ⅱ a. 保(封)存的，后备的，收藏起来的，退役的. Ⅲ vt. (进行保护性处理后)存存〔储存〕. ▲*in mothballs* 收存起来，封存中，退役.

moth'-eaten ['mɔθi:tn] a. ①虫蛀了的 ②过时的，陈旧的.

mother ['mʌðə] n. ①母(亲) ②根本，源泉 ③母同位素 ④母盘，母模,制唱片的金属模型，第一模盘 ⑤航空母舰，载运飞机，飞机运载器. Ⅱ a. 母的，本国的. *mother aircraft*(航空)母机，飞机运载器，飞机运载机. *mother alloy* 母合金. *mother batch* 母份，第一批. *mother country* 祖国，故国. *mother crystal* 原〔母〕晶(体). *mother current* 主流，母流，本流. *mother earth* 大地，地(球). *mother glass* 基样〔样品〕玻璃. *mother liquid*〔*liquor*〕母液. *mother machine* 机床，工作母机. *mother metal* 母(基)金属. *mother of pearl* 珠母层，珍珠母，螺钿. *mother oil* 原油. *mother plate* 第一模盘，母模，母盘，样〔模〕板. *mother rock* 母岩. *mother rod* 主〔母〕连杆. *mother ship* 航空〔登陆舰〕母舰. *mother solution* 母溶液. *mother stock* 母份，第一批. *mother substance* 母体. *mother water* 母液. *mother wit* 常识，天生的智力.

Ⅱ v. (产)生，照管，保护.

moth'er-board n. 母板.

moth'erland ['mʌðəlænd] n. 祖国.

moth'erless a. 没有母亲的.
moth'erlike a. 母亲般的.
mother-liquor [mʌðə'likə] n. 母液.
moth'erly a.; ad. 慈母般的[地].
mother-of-pearl n. 珠母层,珍珠母,螺钿.
mother-ship n. 航空母舰,运载飞机,(航空,潜水,水雷,登陆艇)母舰.
moth'proof Ⅰ a. 防蛀[蠹]的. Ⅱ vt. 把…加以防蛀处理,使…具有防蛀能力,防蠹加工. *mothproof finish* 防蠹加工.
moth'proofer n. 防蠹剂.
motif [mou'ti:f] n. 主题,要点,特色,型1.
mo'tile a. 活动的,能动的,运动的,有动力的.
motil'ity n. 游动(现象),活(动)力,动力,活动[运动],可动,机动性,能动力[性].
mo'tion ['mouʃən] Ⅰ n. ①运[移,摆,窜,开]动,运行[转],输送,行进,移位 ②行[冲]程 ③运转机构,运动机构,机械装置 ④(pl.)活动,动作,手势 ⑤(会议上的)提议,动议. Ⅱ v. 以手势[动作]示意[表示,指示](to),招手. *angular motion* 角[转]动. 角运动. *circling* [*circular*] *motion* 圆周运动,环(式)运行. *circumferential motion* 环(绕)流,圆周运动. *climbing motion* 爬高. *compound motion* 复合[复摆]运动,联合[双刀]进给. *cycle motion* 周期[循环]运动. *differential motion* 差动,差速运动. *eddy motion* 紊[流]运动,涡[流]运动. *feed motion* 进给运动,供[馈]给(机构). *forward motion* 前进运动,移动,工作行程[冲程]. *harmonic motion* 谐运动[振动]. *idle motion* 空行程,空[惰]转,无载荷下工作,空载运转. *lost motion* 空转[动]无效[无载,空载]行程. *motion of translation* 线性运动. *motion picture* 电影. *motion picture camera* 摄影机. *motion study* (对工人工作所作的)工作研究. *oscillating* [*oscillatory*] *motion* 摆动,振动[荡]. *parallel motion* 水平移动,平行运动,四联杆机构运动. *quick return motion* 速回运动,快速回程. *setting in motion* 起动. *shock motion* 冲击波传播,震动,激振运动. *sliding motion* 滑动. *slow motion* 慢动作(工业电视). *stop motion* 停车[止动]装置,停止机构,*transient motion* 瞬变[暂态]过程,瞬时[非定常]运动. *travel motion* 移位,位[转]移,变换,移动量. *turbulent motion* 扰动,湍动,紊流运动. *working motion* 工作行程[运动],主体运动. ▲**be in motion** 在运转[行驶](中),在运转(着). **go through the motions of** 做出…姿态,装…样子. **make motions** [**a motion**]用手势表示,提议. **of one's own motion** 自动(自愿地. **put** [**set**] **M in motion** 使 M 运动[运转],开始转动,开始工作(),开动 M,调动 M,把 M 付之实践(付诸实施).
mo'tional ['mouʃənəl] a. 运动的,动态的,(由运动(产)生的. *motional admittance* 动生[动态]导纳. *motional feedback amplifier* 动反馈放大器. *motional impedance* 动态[动生]阻抗. *motional waveguide joint* 活动波导管连接.
motion-derived voltage 动生电压.
mo'tionless ['mouʃənlis] a. 不(活)动的,固定的,静止的.
mo'tion-pic'ture n.; a. 电影(的),影片(的).
mo'tivate ['moutiveit] vt. ①引起动机,推动,刺激,激发,促使 ②启发,诱导.
motiva'tion [mouti'veiʃən] n. ①推(促)机,刺激,激发,诱导,动力,动机 ②机能.
mo'tivator ['moutiveitə] n. 操纵机构[装置],(飞行器的)舵,操纵面.
mo'tive ['moutiv] Ⅰ a. 发(起),原)动的,(引起)运动的(产生的,不固定的. Ⅱ n. ①动机[因],目的 ②主题. *motive for one's action* 行为的动机. *motive force* [*power*] (原)动力. *motive power machine* 动力机械.
Ⅱ vt. ①推动,刺激,激发,促使 ②成为…的主题.
mo'tiveless ['moutivlis] a. 无目的的,没有理由的.
motiv'ity [mou'tiviti] n. (原,发)动力,储能.
mot'ley a. 杂色的,混杂的.
Moto n. 月吨产量.
mot'obloc n. 拉床,拉丝[拔]机.
motocar = motorcar.
motocycle = motorcycle.
motofacient a. 促动的,发动的.
MOTOGAS = motor gasoline 动力汽油.
motom'eter n. 转数计,转速表.
motoneu'ron n. 运动神经原[单位].
mo'tor ['moutə] Ⅰ n. ①发[原,电,拖]动机,马达,引擎,摩托,助推器,传动器 ②机动车,汽车,内燃机 ③机械能源,运动部件 ④双矢旋量. Ⅱ a. 发(动)的,电动机驱动的,汽车的. Ⅲ v. ①用汽车搬运 ②乘[开]汽车. *axial rotary plunger motor* 轴向回转柱塞(式)液压马达. *boost motor* 助推器. *canned motor* (装在)密封(外壳内的)发动电[动]机. *gear type motor* 齿轮液压马达. *hydraulic motor* 水力发动机. *motor alternator* 电动交流发电机. *motor amplifier* 电机放大器. *motor battery* 电动机电池. *motor benzene* (benzol) (动力)米. *motor casing* 摩托车外胎,电动机机壳. *motor circuit* 动力电路. *motor caravan* 汽车式住宅. *motor coach* 公共[长途]汽车. *motor converter* 电动机-发电机组,电动变流机. *motor depot* 汽车站[场]. *motor dory* 摩托艇,汽船. *motor drive* 电机驱动(装置), *motor driven welding machine* 电动旋转式焊机. *motor duct* 高架箱形桥. *motor flusher* 洒水车. *motor generator* (*set*) 电动机发电机组. *motor glider* 电动滑翔机. *motor grader* 自动平地机. *motor maker* 电机厂. *motor meter* 电动机型[电磁作用式]仪表. *motor oil* 电动机润滑油. *motor pump* 机动泵. *motor roller* 单独传动辗道,机动压路机. *motor ship* 汽船,发动机(推进)飞行器. *motor siren* 马达报警器,(电)动警)笛. *motor speed* 电(动)机转速. *motor spirit* (车用)汽油. *motor starter* (电动机)起动器. *motor switch oil* 电动开关油,电动开关油,电动开关油,通用润滑油. *motor timer* 电动机驱动计时器[定时装置,时间继电器]. *motor truck* 载重汽车,卡车. *motor type insulator* 防震[马达形]绝缘子. *motor winding type electroclock* 用电动机上弦的电钟.

motor with air 〔*water*〕 *cooling* 风〔水〕冷式发动〔电动〕机. *motor with reciprocation* 反转电动机. *motor with self excitation* 自激电动机. *motor wrench* 管子钳. *pen motor* 移动笔尖机构. *piston motor* 活塞式液压马达. *series motor* 串绕马达,串激电动机. *servo motor* 伺服马达,动力传动装置. *spring motor* 发条盒. *sustainer motor* 主autoload动机,续航发动机. *three-phase current motor* 三相交流电动机. *vibratory motor* 产振马达,电动揿抖装置.

mo'torable *a.* 可通行汽车的.
motor-alternator *n.* 电动机交流发电机(组).
Motoram'a [moutə'ræmə] *n.* 新车展览.
mo'tor-ar'mature ['moutə'ɑ:mətjuə] *n.* 电动机电枢.
motor-assisted *a.* 有发动机辅助推进的.
mo'torbicycle 或 mo'torbike *n.* (二轮)摩托车〔机器脚踏车〕.
mo'torboat ['moutəbout] Ⅰ *n.* 汽艇〔船〕. Ⅱ *v.* 乘汽艇〔船〕.
mo'torboating *n.* (低频寄生振荡的)汽船声,乘汽船.
motor-booster *n.* 电动升压机.
mo'torborne *a.* 汽车拖运〔运送〕的.
mo'torbus ['moutəbʌs] *n.* 公共汽车.
mo'torcab *n.* 出租汽车.
mo'torcade ['moutəkeid] *n.* 汽车行列〔长列〕.
mo'torcar *n.* (小)汽车,电动〔自动〕车,(铁道上的)机动车厢. *motorcar interference* 汽车发动机干扰. *motorcar set* 汽车无线电设备,汽车收音机.
motor-coach *n.* (长途)公共汽车.
mo'tor-com'mutator ['moutə'kɔmjuteitə] *n.* 电动机整流器.
mo'tor-conver'ter 或 motor-convertor *n.* 单枢换流器,电动〔单枢〕转动〔变流〕机,电动发电机,电动机-发动机组.
mo'torcycle ['moutəsaikl] Ⅰ *n.* 摩托车,机器脚踏车. Ⅱ *vi.* 骑摩托车.
motor-drawn *a.* 电动机〔机械〕牵引的,机动的.
motor-drive *n.* 电动机. *motor-drive circuit* 电机驱动电路. *motor-drive oil lifter* 电动油压升降机.
motor-driven ['moutədrivən] *a.* 电机驱动的,汽车〔机械〕牵引的,电〔机,自〕动的. *motor-driven switch* 电动机驱动开关.
motordynamo *n.* 电动直流发电机.
mo'torfan *n.* 电扇.
mo'tor-field ['moutəfi:ld] *n.* 电机磁场.
mo'tor-gen ['moutədʒen] 或 mo'torgen'erator ['moutə-'dʒenəreitə] *n.* 电动发电机.
moto'rial [mou'tɔ:riəl] *a.* (引起)运动的,原动的.
mo'toring *n.* ①汽车运输 ②电动回转. *motoring map* 公路交通图. *motoring test* 电动回转试验(发电机性能试验的一种方法).
motorisation = motorization.
motorise = motorize.
motorised = motorized.
mo'torist ['moutərist] *n.* 汽车驾驶人,乘汽车者.
motorium [拉丁语] *n.* 运动中枢,运动器.
motorius *n.* 运动神经.
motoriza'tion [moutərai'zeiʃən] *n.* 机械〔机动,摩托,电气〕化.

mo'torize ['moutəraiz] *vt.* 使机械〔机动,汽车,电气〕化,以汽车装备,给…安装发动机. *motorized cover* 机动罩.
mo'torized *a.* 装有发动机的,机〔自动〕的,摩托化的. *motorized keyboard* 电动键盘.
mo'torlaunch *n.* 汽艇.
mo'torless *a.* 无发动机的. *motorless flying* 滑翔飞行.
mo'torlorry *n.* 运货〔载重〕汽车.
mo'tormaker *n.* 汽车制造人〔厂〕.
mo'torman *n.* 驾驶员,司机.
motormeter *n.* 电动机型积算表,电磁作用式仪表,电动式电度计,汽车仪表.
motor-oil *n.* 润滑油,电动机油,机油.
motor-omnibus *n.* 公共汽车.
mo'tor-op'erated *a.* 电〔发〕动机驱动〔操纵〕的,电动〔操纵〕的.
motor'pathy [mə'tɔ:pəθi] *n.* 运动〔体操〕疗法.
mo'torplane *n.* 动力飞机.
motor-roller *n.* 机碾,机动压路机.
mo'torscoot'er *n.* 小型机车,低座小摩托车.
mo'torship *n.* 汽船.
mo'torspirit *n.* (车用)汽油.
mo'torsquadron *n.* 汽车队.
mo'torstarter *n.* (电动机的)起动器,发动器.
mo'tor-torque *n.* 发动机〔电动机〕转矩. *motor-torque generator* 一种同步驱动发电机.
mo'tortruck *n.* 载重汽车,汽车运输.
mo'tortype *a.* 电动机型的,马达型的.
motor-vehicle *n.* 汽车.
motor-vehicle-use *n.* 汽车使用.
motor-wag(g)on *n.* 小型运货汽车.
mo'torway ['moutəwei] *n.* 汽车道〔路〕,公路,快车道.
motor-winch *n.* 电动绞车.
mo'tory ['moutəri] *a.* (引起)运动的.
MOTPICT = motion picture 电影.
MOTS = module test set 模件试验装置.
mot'tle ['mɔtl] Ⅰ *vt.* 弄上〔使具有)斑点,使成杂色. Ⅱ *n.* 斑〔污〕点,混色斑纹〔斑点〕,表面斑汶,杂斑模纹,麻口. *mottle cast iron* 杂晶铸铁,麻口铁.
mot'tled ['mɔtld] *a.* 杂〔花〕色的,有斑点的,有花斑纹的. *mottled cast iron* 麻口(铸)铁,杂晶铸铁. *mottled effect* 斑点效应,(表面)斑迹现象. *mottled (pig) iron* 麻口(生)铁. *mottled plate* 有杂筱模的镀锡钢板.
mot'tling ['mɔtliŋ] *n.* 斑点〔迹,纹,影〕,生斑,麻点,麻口化,去光泽,制毛面. *mottling effect* 斑点效应,(表面)斑迹现象.
mot'to ['mɔtou] (*pl. mot'to(e)s*) *n.* 座右铭,格言,题词,标语.
mottramite *n.* 钒铜铅矿.
MOTU = mobile optical tracking unit 可动的光学跟踪设备.
mou [mu:] (汉语) *n.* 亩.
moulage [mu:'lɑ:ʒ] *n.* 石膏模子,蜡模.
mould [mould] Ⅰ *n.* ①(模,铸,字,纸)型〔模〔板,子,具,盘〕,铸〔塑,压,型〕模,结晶器,坩埚 ②样板,曲线板 ③形状,花边,线脚〔条〕 ④霉菌 ⑤(沃,埴,腐殖)土 ⑥类型,气质. *built-up mould* 组合(塑)

模. cast(ing) mould 铸型(模). copper mould 铜模,铜坩埚. fireclay mould 耐火粘土模. floating chase mould 双压〔浮套〕塑模. full mould casting 泡沫塑料实型铸造(注入铁水后,泡沫塑料模型燃烧气化,铁水占据空间). ingot mould 铸锭模,钢锭模. loam mould 泥型,粘土型. mould assembling 合〔扣〕箱. mould bed 砂床. mould blower 吹型机. mould board 型模,样,底,平板. mould carriage 运模车. mould case 制树壳,模型〔制〕箱. mould cathode 模制阴极. mould clamps 卡具,马蹄夹,砂箱夹子,铸型(紧固)夹. mould cope 上(半)型,盖箱. mould core 模芯,模型硫化. mould cure 模型硫化. mould drag 下(半)箱,底箱. mould gasket 压制(成型)的填密片. mould insulation 模制绝缘材料. mould jacket 套筒,型套. mould joint 分型面. mould line (表示船壳形状的)型线. mould loft (造船厂内的)放样台,放样间. mould press 压模机. mould pressing 模压制. mould release 离模〔脱模,分型〕剂,分型粉. mould section 或 half mould 半型. mould shift 错箱. mould shrinkage 脱模后收缩,成型〔模型〕收缩. mould unloading 脱〔下〕模. mould venting 扎出气孔. mould wash (铸物)涂料. mould weight 压铁. permanent mould 永久铸模. reduction mould 还原坩埚. sand mould 砂模〔型〕. split mould 组合〔可拆〕模. thermit mould 热剂模型. tube mould 内胎〔吹管〕模.

II v. ①(模)塑,模压〔制〕,压制,铸〔造,铸〕造,成,制〕造,浇铸,翻砂,压制,把…放在模子里做 ②发霉 ③对…产生影响,形成 ④与…的轮廓相符合 ⑤【建】用线条〔雕刻〕装饰. moulded cathode 模制阴极. moulded chime lap joint 塑口互接接头. moulded core 模压〔制〕铁粉芯. moulded facing 热模(压)制(离合器)表面镶片. moulded goods 模制品. moulded lens 模制〔模压〕透镜. moulded mica 云母板,人造云母. moulded powdered ferrite 粉末铁淦氧. moulded resin 模制树脂. moulded specimen 模制〔成型,结构扰动的〕试样. ▲mould M into N 把 M 铸〔塑,模压〕成 N. mould on [upon] 按…的模子做.

mouldabil'ity n. 可(模)塑性,成型性.
mould'able a. 可(以模)塑的.
mould'board ['mouldbɔːd] n. 型〔模,样,底,平〕板,犁壁. belt mouldboard 带式犁壁. shiftable mouldboard (平地机或犁上的)可拆换刀片.
mould-cover n. 腐蚀质层.
mould-drying n. 烘模.
moulded-in-place n. 现场〔就地〕制模.
mould'enpress n. 自动压机.
mould'er ['mouldə] I n. ①模塑〔造型〕者,制模工,铸工,造型工 ②模,薄板坯,开坯切刀,毛坯机 ③造型〔翻砂的〕〔印〕(复制用的)电铸板. II v. 崩溃,腐朽,消亡,瓦解. moulder's blacking bag 型面粉袋. moulder's brad [sprig] 造型的通气针,砂型〔口〕钉. moulder's hammer [mallet] 造型(木)锤,锤头. moulder's peel [shovel] 砂铲,造型用铁铲

子. moulder's rule (模型工)缩尺.
mo(u)ld'ing ['mouldiŋ] n. ①(模)塑(法),造型(法),塑型,模塑物,模压〔压制,制模,模样,压模,翻砂 ②型工 ③压制件,模制零件,模〔塑〕造物 ④嵌装,线脚〔条〕⑤倒角. blow moulding 吹塑法. cold moulding 冷塑,常温压制. compression moulding 压(模)塑. core moulding machine (制)型芯机. extrusion moulding 压挤〔挤压〕(模)型〔法〕. fluid-pressure moulding 液压造型. heatronic moulding 高频电热模(塑)法. injection moulding 注(射)模法. insert moulding 镶嵌造型. jet moulding 喷(射)模(塑)法. laminated moulding 层压(模)塑法. machine [mechani-cal] moulding 机械造型. moulding board 模(压)板,造型平板,翻箱板. moulding box [flask] 型(砂)箱. moulding cutter 成形刀具. moulding floor 翻砂车间. moulding in cores 组芯造型. moulding machine 铸模〔制)模,造型,切痕,线条)机. moulding material 成型(造型,模制)材料. moulding powder 塑(料)粉,压型粉. moulding practice 造型(方)法,翻砂. moulding press 模压机. moulding sand (mixture)型砂,造型混合物. moulding surface 成形面. moulding time 成形时间. moulding tolerance 模制公差. moulding water content 成型含水量,塑性湿度. sand moulding (型)砂造型. vacuum moulding 真空模塑.

moulding-die n. 压〔塑型〕模.
mould'proof a. 防霉的,不透霉的.
mould'y ['mouldi] I a. 发(生)霉的,霉烂的. II n. (空射,空投)鱼雷,水雷. ▲go mouldy 发霉.
moulinet n. 扇闸,风扇刹车.
Moulmein [maul'mein] n. 毛淡棉(缅甸港口).
moult [moult] v. ; n. 换羽,脱毛(皮),皮),去除.
mound [maund] I n. ①(土)墩,土〔小山,冈,丘〔陵〕,堆,团〔护〕堤. II vt. 筑堤,造土堆. mound breakwater 堆石防波堤.

mount [maunt] I v. ①安装,装配〔载〕,固定,封固,悬挂,镶嵌,粘贴,接〔贴〕②调〔确,制,规〕定,建〔确〕立 ③把(标本)固定在显微镜的载片上,制作标本 ④发动(攻势),设置(岗哨)⑤登(骑)上,上升,增加. ▲mount M in N 把 M 安装(镶嵌)在 N 上(里). mount M on N 把 M 架(安装)在 N 上. mount M to N 把 M 安装到 N 上. mount up 安装,高达,增加.

II n. ①固定件,(台,登,框,炮)架,支杠,支持物,(机)座,(电子)管脚,框,盒 ②装置,机构 ③装配台 ④(海)山,丘 ⑤(显微镜的)载片. antenna mount 天线安装机械,架设天线机构. bolometer mount (电阻)辐射热器的支架. bracket mount 托架. detector mount 检波头. direct mount 直接安装,直接定位装卡. hinge mount 铰链架〔座〕. lens mount 透〔物〕镜框架. mount meal 硅藻土. stud mount 柱螺栓装置. synchro-driven mount 自动同步机驱动部分. thermistor mount 热敏电阻座. three-axis mount 三轴架. waveguide mount 波导管头,波导管支架.

moun'table a. 可安装〔装配,固定〕的,能登上的.

mountable curb 斜式〔允许车辆驶上的〕缘石.
moun'tain ['mauntin] *n.* ①山(地),高山. (pl.)山脉 ②巨大如山的物,大量. *mountain building* 〔*making*〕造山运动(作用). *mountain chain* 〔*range*〕山脉. *mountain coast* 陡海岸. *mountain cork* 〔*leather*〕石棉. *mountain creep* 坍坡〔方〕,崩坍. *mountain effect* (电波传播的)山地效应. *mountain flour* 石粉. "*Mountain goat*" 声纳,声波定位器. *mountain lift* 山区钢缆铁道. *mountain location* 山区定线. *mountain tunnel* 穿山〔山岭〕隧道. ▲*a mountain of* 大量的,很多的,山一般的. *make a mountain (out) of a molehill* 小题大做. *remove mountains* 移山倒海,创造奇迹.
mountain-artillery *n.* 山炮.
mountain-battery *n.* 山炮队.
mountain-chain *n.* 山脉.
moun'tained ['mauntind] *a.* 山一样的,多山的.
mountaineer' [maunti'niə] Ⅰ *n.* 山地人,登山运动员. Ⅱ *vi.* 登〔爬〕山.
mountaineer'ing *n.* 登山运动.
mountain-gun *n.* 山炮.
moun'tainous ['mauntinəs] *a.* 山(地,岭,岳)的,多山的,山地的,巨大的. *mountainous diffraction* 山地衍射〔绕射〕.
mountain-range *n.* 山脉.
moun'tainside *n.* 山腰.
mountain-system *n.* 山系.
moun'tainy *a.* 多山的.
moun'tebank *n.* 江湖医生〔骗子〕.
mount'ed ['mauntid] *a.* ①安装〔装配,固定〕好的,安装在…上的,悬挂(式)的 ②【军】机动的 ③已建立〔制定〕的 ④骑马的 ⑤装架的,裱装的,镶嵌的. *field mounted* 安装在现场的. *mounted spares* 安装备用件. *rack-mounted* 安装在支架上的.
mount'er ['mauntə] *n.* 安装〔装配,裱装,镶嵌〕工,(装置缩微复制品用的)夹套.
mount'ing ['mauntiŋ] *n.* 安装,安〔装〕置,装配,固定,封固〔藏〕,悬挂 ②(台)座,(支,框,置,吊,机,底)架,固定件 ③(pl.)配件,构件,零件,附装物 ④镶嵌 ⑤钢筋 ⑥上升 ⑦登上,上车,上马,乘骑. *adjustable instrument mounting* 仪表的可调节方形支架,仪表调节装置. *cell mounting* 框格〔孔格〕式固定〔安置〕. *clamp mounting*(加)垫圈固定. *direct mounting* 直接安装〔组合〕. *engine mounting* 发动机悬挂法〔固定方式〕,发动机座. *engine rear mounting* 发动机后架. *frame mounting*(在)框架上固定〔安置〕. *foot mounting*(用)安装脚座(进行安装). *gasket mounting* 填密片板式连接. *mounting base* 安装基座. *mounting bolt* 装配螺栓. *mounting flange* 装配法兰,安装盘. *mounting hole* 安装〔固定〕孔. *mounting panel* 安装〔支持,置架,接线〕板. *mounting plate* 安装板,装配平台. *panel mounting*(在)面板上安装〔置〕. *plug-in mounting* 插入式安装. *reflection plane mounting* 利用激光反射的模型固定装置. *spring mounting*(加)弹簧安装. *swing mounting* 摆动支架〔承〕. *telescopic mounting* 套管式安装,伸缩式固定. *three-point linkage mounting* 装在三点悬挂装置上,三点悬挂装置. *trunnion mounting* 耳轴(式)安装座,用耳轴进行安装,安装节. *wall mounting*(在)墙上安置.
Mouray solder 锌基铝铜焊料(铝6～12%,铜3～8%,锌80～91%).
mourn [mɔːn] *v.* 悲痛,哀悼(for, over). ～**er** *n.* ～**ful** *a.* ～**ing** *n.*
MOUSE = minimum orbital unmanned satellite of the earth (仪表载重50kg以下的)不载人的最小人造地球卫星.
mouse [maus] (pl. *mice*) Ⅰ *n.* ①(老,家,田)鼠 ②(上下窗户用的)坠子 ③小火箭 ④【计】鼠标. Ⅱ *a.* 鼠色的. *mouse beacon* 可控指向标,控制信标. *mouse mill* 静电动机. *mouse station* 指挥〔控制〕台,在目标处给飞机指示位置的雷达台. Ⅲ *v.* ①捕鼠 ②窥探,四下寻找 ③袭击,赶出 ④扯开,撕裂.
mouse-colo(u)r *n.* 鼠色,灰褐色.
mouse-hole *n.* 鼠穴,狭窄的出〔入〕口.
mous'er *n.* 捕鼠动物.
mouse'trap ['maustræp] *n.* 捕鼠器,瞬developer,反潜弹.
moustache [məs'tɑːʃ] *n.* 小胡子.
mous'y *a.* (多)鼠的,鼠般的,胆小的.
mouth [mauθ] Ⅰ *n.* ①口,嘴,口(入,进,出入,进气,排出,接收,喷火,喇叭,坑,漏,炉,烧,河,港)口,(喷)嘴,(出,进入)孔,开口处 ②输入〔出〕端,进入〔气〕管,排出管,狭窄〔收敛〕部分. *feeding mouth* 喂入口. *mouth annealing* 浇口退火. *mouth of pipe* 管口. *mouth of shears* 剪刀开口,冲剪口. *mouth of the entrance* 入口截面. *mouth of tongs* 钳口. *mouth organ* 口琴. *mouth piece* 接口〔管,圈〕,口承,套口,送话口. *suction mouth* 吸入〔水〕口. Ⅱ *v.* ①把…放进口中,用口接触 ②注入(in, into) ③大声说,扬言,清楚地读出. ▲*by (word of) mouth* 口头上. *from the horse's mouth* (消息等)直接得来的. *give mouth to* 说出,吐露. *in the mouth of* 据…说. *with one mouth* 异口同声地.
mouth'ful ['mauθful] *n.* 一(满)口. ▲*at a mouthful* 一口. *make a mouthful of* 一口吞下.
mouth-gag *n.* 开(张)口器.
mouth'ing *n.* 漏斗形开口,承〔套〕口. *fish mouthing* 【轧】锷鱼嘴.
mouth-organ *n.* 口琴.
mouth'piece ['mauθpiːs] *n.* ①接口(管,圈),管接头,管口,承口,口承,口罩,套口〔管,筒〕,送话口 ②代言人,喉舌.
mouth'-wash *n.* 漱口药.
movabil'ity [muːvə'biliti] *n.* 可(能,流)动性,迁移率.
mov'able ['muːvəbl] Ⅰ *a.* (可,活,滑,可移)动的,移动式的,可(拆)卸的. Ⅱ *n.* 家具. (pl.)动产. *movable antenna* 移动式天线. *movable bearing plate* 探向器,可动方位盘. *movable bridge* 活动〔开合〕桥. *movable center* 弹性顶尖. *movable coil* (可)动(线)圈,可转线圈. *movable computer* 移动式计算机. *movable contact* 活动接点〔触点,触头〕,滑动接〔触〕点. *movable core* 可动型芯〔铁芯〕.

movable crane 桥式吊车. *movable element* 活动元件. *movable fit* 动〔松〕配合. *movable jaw* 活扳. *movable joint* 活节. *movable load* 活〔动,荷〕载,动载. *movable propeller turbine* 轴流转桨式水轮机. *movable singular point* 可去〔移〕奇(异)点. *movable support* 限〔随动〕刀架,可动支架. *movable table* 活动工作台.

movable-vane *n.*; *a.* 可动叶片(式的).

movably *ad.* 可(易)动(地).

move [mu:v] Ⅰ *v.* ①(运,移,流,摇,摆,搬,行,开,转)动,(使)改变位置,运转,前进,发展,迁移,传(导)②提(议)动议,申请③使…(做)动身,搬家⑤感〔鼓,推〕动. *The earth moves round the sun.* 地球绕太阳旋转. *Heat moves from a hotter to a colder body.* 热量从温度较高的物体传到温度较低的物体上. *move M to other work* 调 M 去做别的工作. *moving iron* 软铁. ▲*move about* 动来动去,围绕…运行. *move along* 往前移动,前〔推〕进,进行. *move aside* 挪在〔移到〕旁边,除去. *move away from* 离开…而去. *move for* 提议,要求. *move heaven and earth* 竭尽全力. *move in* 〔into〕往…里移动,把…移进〔转到,推入〕吃〔钻,搬〕入,进入. *move off* 离去,起〔开〕动,开走,畅销. *move on* (继续)前进,促使…前进〔移动〕,进行,进一步讨论研究〔into,to). *move on to* 移〔搬,转〕到…上. *move out* 向外移动,开〔急,搬〕走,扩散. *move over* 移到. *move through* 经〔通〕过,穿越. *move up* 向上移动,提前〔上〕,上升.
Ⅱ *n.* ①(运,移)动,发展,推移,(移)动②措施,手段,方法. *move man* 运料〔搬运〕人. *move mode* (数据的)传送方式. ▲*get a move on* 赶紧. *keep M on the move* 使 M 继续运〔移〕动. *make a move* 移动,迁移,开始行动. *on the move* 在移〔流,活〕动中,在进展中.

moveable = movable.

move'ment ['mu:vmənt] *n.* ①(运,活,移,开)动,(迁)移,动作,动作(状态),输送,调动,生长②动程,活动范围③机件〔构〕,机械(装置)④(pl.)态度,举止. *bath movement* 熔体运动. *bulk movement* (某种物质的)整体运动. *central movement* 有心运动. *movement area* 行政区域. *movement of earth* 土,土体移动. *movement gage* 测动仪. *movement of (molten) zone* 或 *zone movement* (区域熔炼)熔区移动. *movement of void* (区域熔炼)空段移动. *play movement* 接头间隙. *roll movement* 轧辊调整〔移动〕速度. *vibration movement* 振动.

mover ['mu:və] *n.* ①原〔发〕动机,马达,推进器,机器,(推)动力,原动力②在动的人〔物〕,搬运工人,提议人. Ⅰ *a.* 可(运)动的. *earth mover* 运土机. *mover stair* 自动楼梯. *prime mover* 原动机,会出主意的人. *source mover* 移动源用的装置.

mov'ie ['mu:vi] *n.* 影片,电影(院).

mov'ietone ['mu:vitoun] *n.* 疏套法录音的有声电影,(浓淡线条法的)影片录音.

Movil *n.* 聚氯乙烯合成纤维.

moving ['mu:viŋ] *n.*; *a.* ①(活〔移,流,运,滑〕动(的)②自〔主,原,冲〕动的,运输业的③可调的④使人感动的. *moving average* 流动平均数. *moving axis* 动轴. *moving blade* 动〔转动〕叶片. *moving coil* 动圈式(可动(线)圈,可转(旋转)线圈. *moving force* (活)动力. *moving iron* 动铁,软铁. *moving load* 活载,(活)动(荷)载. *moving parts* 运动机件. *moving period* 帧(电视)或景(电影)移动时间,运动期间. *moving seal* 动密封. *moving singularity* 可去奇(异)点. *moving staircase* 自动(活动)楼梯〔扶梯〕. *moving traffic* 行驶车流,行车交通. *moving trihedral* 流动(动标)三面形. *moving vane* 动〔旋转〕叶片. *moving wave* 行波.

moving-armature loudspeaker 动片式〔舌簧式〕扬声器.

moving-coil *n.*; *a.* (可)动(线)圈(式),可转线圈. *moving-coil microphone* 动圈〔电动〕式传声器. *moving-coil pick-up* 电动拾声器,动圈式拾音器.

moving-conductor *n.*; *a.* 动导体(式). *moving-conductor loudspeaker* 动圈式扬声器.

moving-iron *n.*; *a.* 动铁(式).
moving-magnet *n.* 动磁(铁)(式),可动磁铁.
moving-mass *n.* 运动质量.
moving-needle *n.* (可动(磁)针(式).
moving-picture *n.* 电影,影片.
moving-staircase 或 **moving-stairway** *n.* 自动(活动)楼梯〔扶梯〕.
moving-target *n.* 动靶,活动目标.

moviola *n.* 音像同步装置.

mow [mou] Ⅰ (*mowed, mown* 或 *mowed*) *v.* 割(草,禾),刈(倒,除)扫射(除). ▲*mow down* 〔off〕割下,刈倒,扫倒.
Ⅱ *n.* (干)草堆,禾堆,禾草堆积处.

mow'er ['mouə] *n.* 割草机,割草工人.

mowing-machine ['mouiŋmə'ʃi:n] *n.* 割草机.

mown [moun] *v.* mow 的过去分词.

MOX = metal oxide (resistor)金属氧化物(电阻).

moxibus'tion *n.* 艾灸(疗).

moy'a *n.* 【地】泥熔岩.

moyle *n.* 鹤嘴锄,十字镐.

Mozambican *a.* 莫桑比克的.

Mozambique [mouzəm'bi:k] *n.* 莫桑比克.

MP = ①maintenance point 维修点 ②maintenance prevention 安全设施〔措施〕③manifold pressure 歧管压力 ④manual proportional ⑤material pass 物资通行证 ⑥mathematical programming 数学〔数理〕规划 ⑦mechanical part 机械部分 ⑧medium play 中等游隙 ⑨medium pressure 中等压力 ⑩megapascal 兆帕斯卡 (= $10^6 N/m^2$) ⑪melting point 熔点 ⑫metallized paper 金属化纸,敷了金属的纸 ⑬methylpurine 甲基嘌呤 ⑭middle point 中点 ⑮milepost 里程标 ⑯motion picture 电影 ⑰multiplier phototube 光电倍增管 ⑱multipole 多极.

M-P = metal or plastic 金属或塑料.

M/P = ①manpower 人力 ②months after payment 支付后…月.

mp = milli-poise 毫泊.

M&P = materials and processes 材料与工序.

MPA = ①Mechanical Packing Association 机械包装协会 ②Metal Powder Association 金属粉末协会

methylphosphonic acid 甲基膦酸 ④ modulated pulse amplifier 被调制的脉冲放大器 ⑤ multiple precision arithmetic 多倍精度计算.

mpb = maximum pressure boost 最大增压.

MPC = ①manufacturing planning change 制造计划改变 ②maximum permissible concentration 最大容许浓度 ③missile production center 导弹生产中心.

Mpc = megaparsec 百万秒差距, 3.26×10^6 光年.

MPD = ①magnetoplasmadynamic 磁等离子体动力学的; 磁激等离子气体 (发电机) ②maximum permissible dose 最大允许剂量.

MPE = ①maximum permissible exposure 最大允许照射 ②mechanized production of electronics 电子设备的机械化生产 ③multiple phase ejectors 多相喷射器.

mpg = miles per gallon 英里/加仑.

mph = ①(偶尔指) meters per hour 米/小时 ②(常指) miles per hour 英里/小时.

mphps = miles per hour per second 英里/小时/秒, 每秒每小时英里数.

MPI = ①magnetic particle inspection 磁粉检验 ②maximum permissible intake 最大允许进入量(内部) ③mean point of impact 平均弹着点 ④Metal Powder Industries Federation 金属粉末工业联合会 ⑤molecular parameter index 分子参数索引.

MPIF = Metal Powder Industries Federation 金属粉末工业联合会.

MP&IS = material process and inspection specification 物质处理与检验规范.

MPL = ①maintenance parts list 维修部件清单 ②manufacturing parts list 制造部件清单 ③maximum permissible level (辐射) 最大允许能级 ④Metals Processing Laboratory (MIT) (麻省理工学院) 金属加工实验室.

MPM = ①meters per minute 米/分钟 ②miles per minute 英里/分钟 ③monocycle position modulation 单周期脉冲位置调制.

MPN = most probable number 最可能的数(目), 最大可几量.

MPO = maximum power output 最大功率输出.

MPP = ①major program proposal 主要计划的建议 ②missile power panel 导弹动力控制台 ③most probable position 最可能的位置.

MPPL = multi-purpose programming language 多用途程序语言.

MPRE = medium power reactor experiment 中等动力反应堆试验.

MPRL = master parts reference list 主要部件参考(编号)表.

MPS = ①manufacturing plan sheet 生产计划图表 ②manufacturing process specifications 生产过程详细说明 ③Matsushita pressure (松下)压敏的 ④meters per second 米/秒 ⑤miles per second 英里/秒 ⑥military production specifications 军用生产规格.

MPSH = mean pressure suction head 平均压力吸引高度, 平均抽吸压头.

MPSM = manufacturing process specifications manual 生产过程详细说明手册.

M-P. S's. L. = multi-party subscriber's line 用户合用线.

mpt = melting point 熔点.

MPTE = multipurpose test equipment 多用途试验设备.

MPTP = materials physical testing program 材料的物理试验计划.

MPTS = metal parts 金属部件.

MPX = multiplex 复合, 多路, 多工.

MQ = multiplier quotient register 乘数-商寄存器.

MQC = manufacturing quality control 制造质量控制.

MQPL = military qualified products list 军用合格产品单.

MQR = multiplier-quotient register 乘数-商寄存器.

MR = ①machinability rating 切削性能指数 ②machine records 机器记录 ③machinery repairman 机械修理员 ④market research 商情研究 ⑤material requisition 材料申请 ⑥material review 材料审查 ⑦medium range 中射(航)程, 中发射距离 ⑧memory register 存储寄存器 ⑨mercury rectifier 水银整流器, 汞弧整流器 ⑩message register 通话计次器 ⑪methyl red 甲基红(指示剂) ⑫microminiature relay 超小型继电器 ⑬mineral rubber 矿物胶 ⑭monitor recorder 监ров记录装置 ⑮monthly report 月报 ⑯monthly review 评论月报.

M/R 或 **M&R** = maintenance and repair 维护与修理.

Mr. = Mister 先生.

mr = milliroentgen 毫伦琴.

mrad = millirad (辐射吸收剂量单位) 毫拉德.

MRB = ①materials review board 材料审查委员会 ②missile review board 导弹审查委员会 ③modification review board 改型审查委员会.

MRBM = medium-range ballistic missile 中程弹道式导弹.

MRD = ①metal rolling door 金属滑动门 ②minimum reacting dose 最小反应剂量.

mrd = millirutherford (放射活性单位) 毫卢瑟福.

mre = mean radial error 平均径向误差.

Mrem = mega-roentgen-equivalent-man 兆[10^6]生物伦琴当量.

mrem = milliroentgen-equivalent-man 毫[10^{-3}]生物伦琴当量.

Mrep = mega-roentgen-equivalent-physical 兆[10^6]物理伦琴当量.

mrep = milliroentgen-equivalent-physical 毫[10^{-3}]物理伦琴当量.

MRF = multipath reduction factor 多路降低因数[缩减系数].

MRG = medium range 中距离, 中射程.

mr/hr = milliroentgens per hour 毫伦琴/小时.

MRIR = medium resolution infrared radiometer 中分辨红外辐射计.

MRL = ①manufacturing reference line 制造参考线 ②material requirements list 材料要求清单 ③medium power loop range 中功率回路测距 ④multiple ruby laser 复式红宝石激光器.

mRNA = messenger RNA 信使核糖核酸.

MRO = maintenance, repair, and operation 维护、修理和运转.

M-roof n. M形〔双山墙〕屋顶.
MRP = monthly report of progress 进展月报.
MRR = ①maintenance, repairs and replacements 维护、修理和更换 ②material rejection report 材料退回报告 ③material reliability report 材料可靠性报告 ④material review record〔reports〕材料审查记录(报告) ⑤mechanical reliability report 机械可靠性报告 ⑥mechanical research report 机械研究报告 ⑦medical research reactor 医学研究用反应堆 ⑧molecular rotational resonance 分子旋光共振 ⑨monthly review report 评论月报.
MRS = ①manned reconnaissance satellite 有人驾驶的侦察卫星 ②master radar station 主雷达站,基本雷达站 ③material requirement summary 材料要求总结 ④material review standards 材料审查标准.
Mrs. = Mistress 夫人.
MRTC = military rest time computer 军事"静寂"时间计算机.
MRTS = multiple reperforator transmitter system 复式凿孔发射系统.
MRU = ①microwave relay unit 微波中继装置 ②mobile radio unit 移动(式)无线电站 ③much regret, I am unable 很抱歉, 我不能.
MRV = multiple re-entry vehicle 多弹头重返大气层运载工具.
MS = ①machine screw 机器螺钉 ②machine steel 机器钢 ③magnetic spectrometer 磁谱仪 ④magnetic storage 磁存储器 ⑤magnetic switch 磁开关 ⑥magnetic synchro 磁同步 ⑦main switch 主(总)开关 ⑧maintenance and service 维修和使用 ⑨manufacturing status 生产现状 ⑩manuscript 手稿,原稿 ⑪margin of safety 安全系数 ⑫mass spectrum 质谱 ⑬Master of Science 理科硕士 ⑭master sequencer 主程序装置 ⑮master station 总机 ⑯master switch 主控开关,主控寻线机 ⑰material specifications 材料规格 ⑱maximum stress 最大应力,最大压力 ⑲mean square 均方 ⑳mechanical specialties 机械特性 ㉑medium shot (电视,电影)中景 ㉒medium steel 中碳钢,中硬钢 ㉓memory system 存储系统 ㉔metric system 米制 ㉕Metallurgical Society (of AIME) (美国矿业、金属、石油工程师学会)冶金学会 ㉖mild steel 软钢 ㉗military specification 军用规范 ㉘military standards 军用标准 ㉙missile skin 导弹外壳 ㉚missile station 导弹站 ㉛missile system 导弹系统 ㉜modal sensitivity 最常现灵敏度 ㉝moderate speed 中等速度 ㉞modification summary 改进总结 ㉟molar solution 容模溶液 ㊱morphine sulphate 硫酸吗啡碱 ㊲motor-selector 机动制选择器 ㊳motor ship 汽船.
M/S = ①magnetostriction 磁致伸缩 ②meters per second 米/秒.
Ms. = Miss 或 Mrs.女士.
mS = millisiemens(实用电导单位)毫西门子.
ms = ①mass spectrometer 质谱仪 ②megasecond 兆秒 ③millisecond 毫秒.
M&S = ①maintenance and supply 保养与供给 ②model and series 型(号)及批(组)(号).
M-S flip-flop = master-slave flip-flop 主从触发器.
Ms point = Martensite starting point 上马氏点,Ms点.

MSA = ①maximum size aggregate 最大粒径骨料 ②methanesulfonic acid 甲磺酸.
MSAF = master supervisory and alarm frame 集中监视警报装置.
MSB = most significant bit 最高(二进制数)位.
MSC = ①manned spacecraft center 载人宇宙飞船中心 ②mile of standard cable 英里标准电缆.
M. Sc. = Master of Science 理科硕士.
M-scope = M型显示器(A型显示器的一种变型,基信号沿水平时间基线移动使与目标信号偏转的水平位置一致,以测定目标距离).
MSCP = mean spherical candle-power 平均球面烛光.
MSD = ①mass-spectrometric detection 质谱检定(法) ②mean solar day 平均太阳日 ③minimum safe distance 最小安全距离 ④most significant digit 最高(有效)位,最左(数)位.
MSDN = missile systems drawing number 导弹系统的图纸号码.
MSE = mean square error 均方误差.
msec = millisecond 千分之一秒,毫秒.
M/sec = microsecond 微秒.
MSEE = mean square error efficiency 均方误差效率.
MSEI = mean square error inefficiency 均方误差低效率.
M/SEQ = master sequencer 主程序装置.
MSF = ①manned space flight 载人空间飞行 ②medium standard frequency 中波标准频率,标准中频 ③milli-square foot 千分之一平方英尺 ④multi-stage flash (desalination method) 多级闪蒸(脱盐法).
msg = message 信息,情报.
MSH = most significant half 最高有效半加(减).
MSHB = minimum safe height of burst 爆炸的最小安全高度.
MSI = ①medium scale integration 中规模集成(电路) ②meteorological stagnation index 气象滞带指数.
MSID = mass spectrometric isotope dilution 质谱同位素稀释.
MSIS = manned satellite inspection system 载人卫星检查系统.
MSL = ①main sea level 公海平面 ②maximum service life 最大使用寿命 ③maximum service limit 最大使用限度 ④mean sea level 平均海平面 ⑤measurement standards laboratory 测量标准实验室 ⑥missile 导弹.
MSM = ①manufacturing standards manual 制造标准手册 ②materials specification manual 材料规格手册 ③missile standards manual 导弹标准手册 ④thousand feet surface measure (木材)千英尺表面尺寸.
MSMTH = metalsmith 金(属技)工.
MSN = ①master serial number 总编号 ②military serial number 军用编号.
msp = miscellaneous small parts 各种小零件.
m-splines n. m次仿样〔样条〕函数.
MSR = ①manufacturing specification request 生产规范要求 ②mean spring rise 平均大潮升 ③mechanized storage and retrieval (数据处理)机械化的存储与检索 ④Merchant-Ship Reactor 商船用反应堆

⑤mineral surface roof 矿质面的顶 ⑥missile site radar 导弹发射场雷达 ⑦monthly status report 情况月报.
MSS = ①make suitable substitution 作适当的代替 ②manual safety switch 手控的安全开关 ③manuscripts(手,原)稿 ④microwave survey system 微波探测系统〔装置〕⑤missile safety set 导弹安全设备 ⑥missile subsystem 导弹的子系统 ⑦mixed spectrum superheater 混合光谱过热器〔炉〕⑧mode selection switch 波型选择开关 ⑨mode shape survey 波型测量.
MSSCE = mixed spectrum superheater critical experiment 混合光谱过热器临界试验.
MSSR = mixed spectrum superheat reactor 混合光谱过热反应器.
MST = ①mean solar time 平均太阳时 ②measurement 测定 ③missile systems test 导弹系统的试验 ④monolithic system technology 【计】单片系统工艺 ⑤mountain standard time 山区标准时间.
MsTh = mesothorium 新钍.
MSTS = ①missile static test site 导弹静态试验场 ②multi-subscriber timeshared (computer system) 多用户分时(计算机系统).
MSV = ①manned space vehicle 载人宇宙飞船 ②mobile surface vehicle 机动的地面运输设备.
MSW = microswitch 微动开关.
MSWD = mean square of weighted deviates 加权偏差的均方.
MT = ①empty 空的 ②machine translation 机器翻译 ③magnetic tape 磁带 ④magnetic tube 磁偏转电子射线管 ⑤mail transfer 信汇 ⑥master timer 主要定时装置,主要计时器,主要时间延迟调节器 ⑦material transfer 传质 ⑧maximum torque 最大转矩 ⑨mean tide 平均潮位 ⑩mean time 平均时间,平时(平太阳时) ⑪mechanical transport 机动车交通(运输) ⑫megaton(s) 兆吨,百万吨 ⑬metric ton 公吨(=1000kg) ⑭military training 军训 ⑮military transport 军运 ⑯missile test 导弹试验 ⑰mode transducer 模变换器(电磁波传播) ⑱monetary telephone 投币式公用电话机 ⑲motor tanker 内燃机油槽船 ⑳motor transport 汽车运输 ㉑mount 安装,架,台 ㉒mountain time 山区时间 ㉓multiple transfer 多级转移.
M/T = ①mail transfer 信汇 ②measurement tons 容积(尺码)吨 ③metric ton 公吨.
M&T = maintenance and test 保养与试验.
Mt = mountain 山.
mt = measurement 测定,测量.
MT cut MT 切析(用 MT 切割法切割的石英晶体片).
MT magnet 铁铝碳合金磁铁.
MTA = mass (spectrometric) thermal analysis 质谱热分析法.
MTB = ①maintenance of true bearing 保持真实方位 ②motor torpedo boat 鱼雷快艇.
MTBA = Machine Tool Builders' Association 机床(工机机)制造业联合会.
MTBE = mean time between events 事件间平均间隔时间.
MTBF = mean time between failures 故障间隔时间,平均无故障时间.
MTBM = mean time between maintenance 维修平均间隔时间.
MTBR = ①mean time between repair 修理平均间隔时间 ②mean time between replacement 更换平均间隔时间.
MTC = ①master tape control 主带控制 ②master test connector 集中测试用终接器 ③memory test computer 检测存储器的计算机.
MTCC = master timing and control circuit 主计(定)时及控制电路.
MTCF = mean time to catastrophic failure 大故障前平均时间.
MTCN = military transport communications network 军用运输通信网.
MTCU = magnetic tape control unit 磁带控制装置.
MTD = ①magnetic tape and magnetic drum 磁带磁鼓 ②mean temperature difference 平均温差 ③mounted 安装的.
MTE = ①maximum tracking error 最大跟踪误差 ②mega-ton equivalent 百万吨当量 ③missile targeting equipment 导弹瞄准目标设备 ④multisystem test equipment 多系统试验设备.
M. Te. = monetary telephone 投币式公用电话机.
MTF = ①mechanical time fuse 机械定时引信 ②modulation transfer function 调制传递函数.
MTFF = mean time to first failure 平均首次出故障时间.
MTG = ①meeting 会议 ②mounting 安装 ③multiple-trigger generator 多触发脉冲发生器.
MTH = magnetic tape handler 磁带信息处理机.
mth = month 月.
MTI = ①Metal Treating Institute 金属处理学会 ②moving target indication 活动目标显示 ③moving target indicator 活动目标指示器.
MTK = medium tank 中型坦克.
MTL = ①master tape loading 主带负载 ②material 材料 ③material testing laboratory 材料试验室 ④merged transistor logic 合并晶体管逻辑.
MTM = methods time measurement 操作方法时间测量,工时定额测定法.
MT/MF = magnetic tape to microfilm 磁带/缩微胶卷.
mtn = mountain 山.
MTNS = ①metal-thick nitride-silicon 金属-厚氮化物-硅(结构) ②metal-thick oxide-nitride-silicon 金属-厚氧化物-氮化物-硅.
MTO = modification task outline 改型工作大纲.
MTON = ①measurement ton 容积(尺码)吨 ②million tons 百万吨.
MTOS = metal-thick oxide-silicon 金属-厚氧化物-硅(结构).
MTR = ①magnetic tape recorder 磁带记录器 ②materials testing reactor 材料试验反应堆 ③materials testing report 材料试验报告 ④mean time to repair 修理前平均时间 ⑤mean time to restore 修复前平均时间 ⑥missile track radar 导弹跟踪雷达 ⑦multiple track radar 多路跟踪雷达 ⑧multiple-track range 多信道无线电信标,多方向性信标台.
MTRE = ①magnetic tape recorder end 磁带记录器终端 ②missile test and readiness equipment 导弹试验与准备装置.
MTRS = magnetic tape recorder start 磁带记录器始

MTS＝ ①machine-tractor station 机器拖拉机站 ② magnetic tape system 磁带系统 ③metre-ton-second 米-吨-秒（单位制）④motor-operated transfer switch 电动机转换开关.

mts ＝mountains 山.

MTSQ ＝mechanical time, superquick（信管）机械定时, 超急（瞬发）（的）.

MT/ST ＝magnetic tape "Selectric" typewriter 磁带电动打字机.

MTT ＝①magnetic tape terminal 磁带引头 ②mean transit time 平均过渡〔飞越〕时间 ③microwave theory and technique 微波理论与技术.

MTTF ＝mean time-to-failure 故障前平均时间.

MTTFF ＝mean time to first failure 首次故障前平均时间.

MTTR ＝mean time to restore〔repair〕修复〔修理〕前平均时间.

MTU ＝①magnetic tape unit 磁带装置, 磁带机 ② methylthiouracil 甲基硫尿间氮苯 ③metric units 公制单位 ④multiplexer and terminal unit 多路调制器和终端装置.

MTV ＝management television 管理用电视.

MTVAL ＝master tape validation 主带确认.

MTWF ＝metal thru-wall flashing 金属穿墙挡水板.

M-type carcinotron M 型返波管（电子束与电场和磁场相垂直的行波管）.

mtz ＝motorized 摩托化的, 机动的; 以汽车代替的.

MU ＝①machine unit 机器单元 ②maintenance unit 维修单元 ③mark-up 记帐 ④mass unit 质量单位 ⑤measurement unit 测量仪器, 测量单元 ⑥methylene unit 甲叉单元 ⑦million units 百万单位 ⑧mobile unit 机〔活〕动单元 ⑨mock-up（足尺寸）模型 ⑩ mouse unit（鼠射气）鼠单位 ⑪multiple unit 多元, 复合单元.

M/U ＝mockup（足尺寸）模型.

Mu ＝millimicron 毫微米.

mu n. ①[mjuː] 希腊字母 M, μ, 百万分之一, 10^{-6} m ②[muː] 亩（＝0.067公顷）. *mu constant* 放大系数 μ, μ 常数. *mu metron* 微米测微表. *mu oil* 桐油.

mu-antenna n. μ 型天线.

mu-beta measurement μ-β [增益和相角]同时测试.

MUBIS ＝multiple beam interval scanner 多射束间隔扫描器.

mucase n. 粘多糖酶.

much [mʌtʃ]（more, most）I a.; n. 大量, 许多, 很多. *There is much work to do.* 有大量工作要做. *How much vaseline do you want?* 你要多少凡士林？ *How much a gallon is this oil?* 这种油多少钱一加仑？ *Much of this is true.* 这有大部分是真的. *Much has been done in this field.* 在这方面做了许多工作.

Ⅰ ad. ①非常, 很, 大为, 大大,（时）常. *much-improved* 大大改进了的. *much-needed* 非常需要的. *a much used type of tractor* 常用的一种拖拉机. *It doesn't much matter.* 这不大要紧. ②差之, 几乎, 大致, 在很大程度上. *The condition is much the same.* 情况差不多没有什么变化. *These boxes are much of a size.* 这些盒子差不多一样大. *We are much at one on this point.* 在这点上我们的意见大致相同. *This is very much the pattern we follow.* 我们进行的方式和这个差不多. ③[修饰比较级或最高级]（…得）多, 更加,（最）最. *He is much better today.* 他今天好（得）多了. *We must work much harder* [much more carefully]. 我们必须更加努力[更加仔细]工作. *This is much the simplest case.* 这是（最）最简单的情况. *This is much the better of the two.* 两个当中这个好得多. ④常常, 好久. ▲*as much* 同样多,（也, 还）这么. *as much again as* 二倍于, …的二倍, 比…多一倍. *as much as* 和…一样多,（尽）那么多. *as much M as N*（尽）N 那样多的 M, 正像 N 一样也（是）M. *as much as possible* 尽可能地（多）. *as much as to say* 等于说. *be (not) much of a M* 是个(不怎么)好的 M, (不)是个很好的 M. *be too much for M* 非 M 所能比[敌], 对付], 是 M 应付不过来的. *count for much* 非常重要, 关系重大. *ever much* 非常, 十分, 万之. *go for much* 大有用处. *half as much again as* 一倍半于, 比…多 50%. *half* [twice] *as much as* 为…的一半[两倍], 为…的 50%[200%]. *have much in common* 有许多共同之处. *have much to do with* 与…很有关系, 和…有许多共同之处. *how much* 多少, 到什么程度, 什么价格. *in as* [so] *much as* 由于, 因为, 既然. *in so much that* …到…的程度, 因此, 以致. *it is hardly too much to say* 可以毫不夸张地说, …也不过分. *make much of* 了解, 明白, 重视, 夸奖. *much as* 和…几乎一样, 很像,（在句首时）虽然很, 尽管我. *much at one*（结果, 价值, 影响, 见解等）几乎相同. *much less* 更少得多, 更不用说. *much more* （多）得多, 更何况. *much more likely* 极可能, 更可能, 想必. *much of* 大量的, 许多的. *much of a size* [sort, type] 大小[种类, 形式]相仿, 差不多同样大小[种类, 形式]. *much the same* 大致相同, 差不多一样, 差不多没有什么变化. *not so much as* 甚至于不. *not so much M as N* 与其说是 M 不如说是 N, 没有 N 那么多的 M. *not think much of* 不认为…好, 认为…不怎么么好. *(not) up to much*（不）是很有价值, 很不怎么好. *quite as much* 同样（多）. *so* [thus] *much as* 就这样, 这么讲完这么多, 关于 M 就讲到这里. *so much the better*（那就）更好. *so much the worse*（那就）更坏. *think much of* 重视. *this* [that] *much* 这（那）么多. *very much so* 无疑, 不成问题, 完全可能, 恰是这样. *without so much as* (+ing) 甚至于不, 甚至连…也不（没）.

much'ness ['mʌtʃnis] n. 很多, 许多. *be much of a muchness* 大同小异.

mucic a. 粘(液)的, 分泌粘液的, 粘液酸的.

mucid a. (发)粘(霉)的, 粘液质的, 有霉味的.

mucif'erous [mjuː'sifərəs] a. 含有[产生]粘液的.

mucif'ic [mjuː'sifik] a. 分泌粘液的.

mu'ciform a. 粘液状的.

mu'cilage ['mjuːsilidʒ] n. 粘液〔质, 胶〕,（植物的）粘浆, 胶水〔浆〕.

mucilag'inous [mjuːsi'lædʒinəs] a. 粘(性)的, 分泌粘液的, 粘液(质)的.

mu'cin ['mju:sin] n. 粘蛋白.
mu'cinase n. 粘多糖酶.
mucinogen n. 粘蛋白原.
mu'cinous a. 粘质的,含粘蛋白的.
muciparous =muciferous.
muck [mʌk] Ⅰ n. ①腐殖土,软[污,淤]泥 ②垃圾,废[碎]屑,废渣[料] ③熟铁扁条 ④污物,脏东西,粪,肥料[团],糊[软土(堆). muck bar 熟铁(初轧)扁条,压[匣]条. muck foundation 淤泥[泥浆]地基. muck mill 熟铁扁条粗轧机. muck rolls 熟铁扁条轧辊. muck shifter 废渣装运机. slag muck 渣堆,废渣. ▲be in (all of) a muck 浑身是泥的. make a muck of 弄脏[糟],把……弄得一塌糊涂.
Ⅱ v. ①弄脏 ②破坏 ③挖泥(土),出渣,清理,装岩. ▲a muck about 混日子. muck out 挖除软土〔淤泥〕,出渣. muck up 弄脏[糟],搞糟,破坏.
muck'amuck ['mʌkəmʌk] n. 大人物.
muck'er ['mʌkə] n. ①软土[淤泥]挖运机,装岩机 ②挖泥[土方,清渣]工.
muck'le ['mʌkl] a., n. 大量(的),许多(的).
muck-up n. 一团糟.
muck'y ['mʌki] a. 脏的.
mucoglobulin n. 粘球蛋白.
mu'coid ['mju:kɔid] n.; a. 类粘蛋白,如粘液,粘液状的.
mucoitin n. 粘液素,粘多糖.
muconolactone n. 粘糠酸内脂.
mucopep'tide n. 粘肽.
mucopolysac'charide n. 粘多糖.
mucoproteid n. 粘蛋白化合物.
mucopro'tein [mju:kou'prouti:n] n. 粘蛋白.
mu'cor ['mju:kə] n. 毛霉菌.
muco'sa [mju'kousə] n. 粘膜. **muco'sal** a.
mucos'ity [mju'kɔsiti] n. 粘性.
mu'cous ['mju:kəs] a. (似,有)分泌)粘液的.
mu'cus ['mju:kəs] n. 粘液.
mud [mʌd] Ⅰ n. ①泥(土,浆,渣,汁,滓,路),浆,滤泥,泥浆,沉淀物,涂料 ②没价值的东西 ③不清晰的无线电或电报信号. battery mud 蓄电池浆渣[沉淀物]. cell mud (电解)槽渣. mud avalanche 泥石流. mud cake 泥饼. mud cup 泥浆杯. mud daub 粘补旋缝. mud guard (汽车的)挡泥板. mud gun 泥炮〔枪〕. mud hole 排泥〔渣,垢〕孔. mud jack 压浆泵. mud log 泥浆电阻率测井. mud logging 泥水(测井)记录,泥浆录井. mud meter 含泥率计. mud oil 油井采油. mud press 滤泥机. mud pump 抽泥机,泥浆泵. mud residue 泥〔残〕渣. mud settler 沉泥(渣)机,泥浆沉降器. mud sill 排泥座床,底基,下槛. mud valve 泥浆泵排出阀. mud wall 土墙. ▲a fling (sling, throw) mud at M 把泥涂在 M 上,污蔑 M. in the mud (电视等)清晰度不良,音量过小. stick in the mud 陷入困境,停滞不前,墨守成规.
Ⅱ vt. ①使混浊,弄[搅]混 ②使沾上污泥,抹泥,抹光 ③(钻井采油时)把泥浆压[灌,注]入(off).
mud'apron ['mʌdeiprən] n. 挡泥板,叶子板.
mud'cap vt.; n. 用泥盖法进行爆破(把炸药放在岩石上,盖泥后再行爆破). mudcapping method 泥盖〔爆破〕法.

mud'dily ['mʌdili] ad. (浑身)尽是泥,肮脏地,污浊,头脑混乱地.
mud'diness ['mʌdinis] n. 泥污(泞),污浊,头脑混乱.
mud'dle ['mʌdl] Ⅰ v. ①弄得尽是泥,使(颜色)混独 ②(使)混乱(胡里胡涂),一塌糊涂) ,弄(得一团)糟 ③混乱(up, together),搅拌 ④浪费(away). ▲muddle along (on) 敷衍(胡混混)过去,混日子. muddle through 混过去,(屡次失败)好容易达到目的. muddle with one's work 敷衍了事.
Ⅱ n. 混〔紊,杂〕乱,胡涂,昏迷. ▲in a muddle 杂乱无章,一塌糊涂,胡里胡涂. make a muddle of 弄糟.
mud'dle-head'ed ['mʌdl'hedid] a. 昏头昏脑的,头脑不清楚的,愚笨的.
mud'drag 或 **mud'dredge** 或 **mud'drum** n. 疏浚〔挖泥)机.
mud'dy ['mʌdi] Ⅰ a. ①多泥的,泥泞的,泥浆覆盖的,肮脏的 ②泥浆状的 ③不透明的,混浊的,泥色的,模糊的,不纯粹的 ④混乱的,胡涂不清的. Ⅱ v. 拿泥弄脏,弄[搅]浊,使头脑混乱[胡涂不清].
mud'flat ['mʌdflæt] n. 海(河)滨,泥地,泥滩.
mud'guard ['mʌdgɑ:d] n. 挡泥板,(汽车)叶子板.
mud'hole ['mʌdhoul] n. 排泥[渣,垢]孔,除泥孔,澄泥箱.
mud'jack n. 压浆泵. Ⅱ v. 压浆. mudjack method 压浆法.
mud'lump n. 泥火山.
mud'pump Ⅰ v. 抽(唧)泥. Ⅱ n. 抽泥机,泥浆泵.
mud'rock n. 泥石. mudrock flow 泥石流.
mud'sill ['mʌdsil] n. 排梁座床,底基,下槛.
mud'stone ['mʌdstoun] n. 泥石〔岩〕.
MUF =maximum usable frequency 最大可用频率.
mu-factor n. 放大系数(因数),放大率.
muff [mʌf] Ⅰ n. ①套(筒,管),轴(衬,保温)套,燃烧室外管 ②轴套轧 ③(任热法炼铵)镁结晶罐 ④失败,错误 ⑤笨拙,笨蛋. ear muff 耳机上的橡皮护套. heating muff 加热套筒. muff (clamp) chuck 套筒卡盘. muff coupling 套筒联轴节,连接套筒. muff joint 套筒接头. ▲make a muff of the business 把事情弄糟.
Ⅱ v. 失败(误),弄[做]错,放过(机会).
muff-coupling n. 套(管式)接(合).
muffel =muffle.
muff-joint n. 套筒连接.
muf'fle ['mʌfl] Ⅰ v. ①包(住),(围)裹,覆(up) ②消声(音),灭音,压住(声音),蒙[箍]住,抑制,压抑. muffled glass 遮光玻璃.
Ⅱ n. ①围巾 ②灭音的包覆材料,消音〔消声,灭音)器 ③马弗炉,隔焰炉(甑),闭(式烤)炉 ④套筒,玻璃(灯)罩. alloy muffle 合金马弗炉膛. furnace muffle 马弗炉膛. muffle furnace 套[隔焰,回热,膛式]炉. muffle kiln 隔焰窑.
muf'fler ['mʌflə] n. ①围巾 ②消音[消声,灭音,减音)器. concentric cylinder muffler 套〔集)筒式消声器. exhaust muffler 排气消声器. muffler explosion 消声器爆声. muffler tail pipe 回气管尾管.
mug [mʌg] Ⅰ n. ①(有把的)大杯,一种清凉饮料 ②

嘴脸，面部照片 ③罪犯，笨蛋． ④〔工程质量单位〕马格(一公斤重的力产生1米/秒² 加速度的质量)． *mug shot*(电影)特写，面部照片．
Ⅱ *v*. ①拍照 ②抢劫 ③攻读，钻研．
mug'gy *a*. 闷热的．
mu-H-curve *n*. 导磁率-磁场强度曲线．
mul'berry ['mʌlbəri] *n*. 桑树． *mulberry fibre* 纸构纤维． *mulberry silk* 桑蚕丝．
mulch [mʌltʃ] *n*.；*vt*. 覆盖(料，物)，用覆盖料〔草皮，植物等〕覆盖，(覆以)护根． *mulch method* 覆盖〔护路面，护树根〕法．
mulde *n*. 凹地，槽，【地】向斜层．
mule [mjuːl] *n*. ①小型电动机车，轻型牵引机 ②骡子 ③〔道路〕样板． *hydraulic mule* 液力供压机． *mule traveler* 爬行吊机．
mull. =mullion.
mull [mʌl] Ⅰ *n*. ①软布 ②失败，混乱，乱七八糟 ③岬，海角 ④黑泥土，细〔熟〕腐殖质． ▲*make a mull of* 弄糟〔坏〕．
Ⅱ *vt*. ①弄坏〔乱，糟〕 ②研究，思索 ③粉〔磨〕碎，研磨，(辗)混砂 ④煨煮． ▲*mull over* 仔细考虑．
Mullarator *n*. 辊轮-转子式混砂机．
mull-burro *n*. 轮碾式移动〔轻便〕混砂机．
mul'ler ['mʌlə] *n*. ①研磨〔碾砂，粉碎〕机，(辗轮式，摆轮式)混砂机，碾砂机 ②研杵，搅棒 ③滚〔碾，摆〕轮. *rotary muller* 滚筒式连续混砂机. *sand muller* 辗轮式混砂机. *speed muller* 摆轮式高速混砂机．
Muller-Breslau's principle 变位线〔影响线，米勒白司老〕原理．
mullicite *n*. 蓝铁矿．
mul'lion ['mʌliən] Ⅰ *n*. 竖棍，窗门的直棂，石质中棂. *adjacent mullion* 附加木杆．
Ⅱ *v*. 装直棂于，用直棂分开. ~ed *a*.
mul'lite ['mʌlait] *n*. 富〔高，多〕铝红柱石，麻〔莫〕来石. *mullite brick* 高铝红柱石砖，莫来石砖．
mul'lock *n*. ①矿山废土〔石〕，不含金的土〔石〕 ②混乱的状态．
mul'ser *n*. 乳化机．
MULT = ①multiple 多(元，重)，复(合) ②multiplier 倍乘〔频〕器．
multan'gular [mʌl'tæŋgjulə] *a*. 多角的．
Mult-Au-matic vertical spindle automatic chucking machine 多工位卡盘立式自动车床．
mult(i)- (词头)多．
mul'tiaccel'erator *n*. 多重加速器〔接合器〕．
mul'ti-ac'cess *n*. 多路存取〔访问〕，多路进入．
mul'tiadap'ter *n*. 多用附加器．
mul'tiaddress *n*.；*a*. 多地址〔位置〕(的)．
multiaerial system 多天线〔多振子〕系统．
multi-alkali *n*. 多碱. *multi-alkali photoelectric surface* 多碱金属的光电性表面．
mul'ti-am'plifier *n*. 多级放大器．
mul'tianal'ysis ['mʌltiə'næləsis] *n*. 全面〔详细，多方面〕分析．
mul'ti-an'gular *a*. 多角(度)的．
mul'tian'nual *a*. 多年(度，期)的．
mul'ti-ap'erture(d) *a*. 多孔的. *multiaperture device* 多孔磁芯〔器件〕．
multiar(circuit) *n*. 多向振幅比较〔鉴别〕电路，多向鉴辅电路，(雷达)多距电路．
multi-arch *a*. 多〔连〕拱的．
mul'tias'pect *n*. 多方向(面，位)．
mul'tiband *n*. 多〔宽〕频带，多波段. *multiband post acceleration tube* 多级后加速管. *multiband tube* 多带管，带状荧光屏管．
mul'tibank *n*. 多复式〔【无】复接排．
multibar'rel *a*. 多管〔筒〕(式)的．
mul'tibea'con *n*. 三重调制指点标，多〔组合，三重调制〕信标．
mul'ti-beam *n*. 多(光，电子)束，复光柱．
mul'ti-bed *n*.；*a*. 多床(层)的，多段床．
multibilayer *n*. 多组双层(膜)．
mul'tiblade *a*. 多叶(片)(的)，复叶的．
mul'tibladed *a*. 多(复)叶的．
mul'tibreak Ⅰ *n*. 多重开关. Ⅱ *a*. 多断点的．
mul'tibuck'et *n*.；*a*. 多斗(式)．
multibulb rectifier 多管臂(汞弧)整流器．
multiburst signal 多频率脉冲群(正弦波群)信号．
mul'tican *n*. 多分管的．
mul'ticar'bide *n*. 多元(复合)碳化物. *cemented multicarbide* 烧结多元碳化物，多元碳化物硬质合金．
multicarrier transmitter 多载波发射机．
multicas'ting *n*. 立体声双声道调频广播．
mul'ticav'ity *n*. 多腔(槽，瓣)．
mul'ticell 或 **mul'ticel'lular** *a*. 多(复)室的，多孔(眼)的，多管的，多单元的，多网格的，多细胞的. *multicellular bridge decks* 多格桥面(板)．
mul'ticen'tered *a*. 多心的．
mul'tichain *n*. 多链(色的). *multichain condensation polymer* 星形缩(合)聚(合)物．
mul'tichamber *n*. 多(复)室，多层．
mul'tichan'nel ['mʌltitʃ'ænəl] *n*.；*a*. 多(波，通频，信，重管)道(的)，多路(槽)(的). *multichannel record* 多声道唱片. *multichannel recording oscillograph* 多路示波器，多回线示波器．
mul'ticharge *n*. 混合装药．
mul'tichip ['mʌltitʃip] *n*.；*a*. 多片(状)．
multichromatic spectrophotometry 多色分光光度计．
multi-circuit *n*. 多线路的．
multi-class sender 万用记发器，万用记录器．
mul'ticlone *n*. 多(管)旋风机，多聚尘机，多管式旋流除尘器〔旋风(收尘)器〕．
mul'ticoat *n*. 多(复)层．
mul'ticoil ['mʌltikɔil] *a*. 多线圈(绕组)的．
multicollinear'ity *n*. 多次共线性．
mul'ticolo(u)r [mʌltikʌlə] *n*.；*a*. 多(彩)色(的)．
mul'ticolo(u)red [mʌltikʌləd] *a*. 多(彩)色的．
multi-combination meter 多用途复合仪表．
mul'ti-combus'tion chamber 多个燃烧室．
multicom'pany *n*. 多种经营的．
mul'ticompo'nent *n*. 多成分(组分)的，多(组)元的. *multicomponent admixture* 复合(多成分)掺合料．
mul'ticompres'sion *n*. 多级压缩．
mul'ti-compu'ter *n*. 多计算机．
multicomputing unit 多运算器．
mul'ti-concen'tric *a*. 多层同心的．
mul'ticonduc'tor *n*. 多触点. *multiconductor cable* 多

心电缆. multiconductor plug 多线插头.
Multicon(n) n. 麦帖康(一种移像光电摄像管).
mul'ti-connec'tor n. 复式连接器.
mul'ticon'stant a. 多常数.
mul'ticon'tact a. 多接〔触〕点的.
mul'ticore a. 多(磁)芯的. multicore cable 多芯电缆,多电缆心线. multicore magnetic memory 多磁心存储器.
multicoupler n. 多路耦合器.
mul'ticrank n. 多曲柄.
mul'ti-crys'tal a. 多晶的.
mul'ticurie a. 具有数居里放射性的,多居里的.
mul'ticut n. 多刀切削. multicut lathe 多刀车床.
mul'ticutter n. 多刀(具).
mul'ticycle a.; n. 多周期的,多(次)循环(的).
mul'ticy'clone n. 多管式旋流(除尘器),气旋族,多级旋风分离器,多旋风子,多管式旋流(收尘器). multicyclone dust collector 多管式旋流除尘器〔旋风(收尘)器〕.
mul'ti-cyl'inder ['mʌlti'silində] n.; a. 多(气)缸(式)的.
mul'ti-cyl'indered ['mʌlti'silindəd] a. 多(气)缸式的.
multi-daylight press 多层压机.
multidecision game 多步判决对策.
mul'tideck n. 多层.
mul'tidemodula'tion n. 多解调电路.
mul'tidiam'eter n. 多(直)径. multidiameter reamer 多径铰刀.
mul'tidigit n. 多位.
mul'tidimen'sional a. 多维的,多面的.
mul'tidirec'tional a. 多(方)向的.
mul'ti-disc n. 多片.
multidis'ciplinary [mʌlti'disiplinəri] a. (包括,有关)多种学科的.
mul'tidomain' n. 多畴. ~ed a.
mul'tidraw n. 多点取样.
mul'ti-drill n. 挑钻,多轴钻,多钻头. multi-drill head 多轴钻床主轴箱. multi-drill head machine 排钻床,多轴钻床.
multidrop communication network 多站通信网络.
mul'tiech'o n. 多次〔多重,颤动〕回声.
mul'ti-effect' a. 多效的.
mul'ti-elec'trode a. 多电极的.
mul'tiel'ement n. 多元(素,件). multielement antenna 多振子天线. multielement array 多元天线阵.
mul'tiemit'ter n. 多发射极.
mul'tien'gine Ⅰ n. 多曲柄式发动机. Ⅱ a. 多发动机的.
mul'tien'gined a. 多发动机的.
mul'ti-expan'sion n.; a. 多次膨胀(式).
mul'tifac'tor n. 复因子.
mul'tifa'rious ['mʌlti'fɛəriəs] a. 各种各样的,种种的,千差万别的,五花八门的,多样性的,多方面的. multifarious aspects 多方面,各个方面. ~ly ad. ~ness n.
mul'tifee n. 复式收费.
mul'tifeed a. 多点(供油)的.
mul'tifil'ament ['mʌlti'filəmənt] n.; a. 多(灯)丝(的),复丝(的),多纤维(的).

multifile search 多重资料检索,多文件检索.
multifinger contactor 多(触)点接触器.
multiflagellate a. 多鞭毛的.
mul'tiflame n. 多焰.
mul'tiflash ['mʌltiflæʃ] Ⅰ n. 多闪光装置. Ⅱ a. 多闪光(灯)的.
mul'tiflow a. 多流的.
mul'tiflying punch n. 多针穿孔.
multi-focus n. 多电极聚焦.
mul'tifoil ['mʌltifɔil] n.; a. 【建】多〔繁〕叶饰(的). multifoil arch 多(孔)叶拱,多瓣拱.
mul'tifold ['mʌltifould] a. 多倍〔重〕的.
mul'tifont n. 多字体〔型〕.
mul'tiform(ed) ['mʌltifɔːm(d)] a. 多形(份)的,各式各样的,形式繁多的. multiform(ed) function 多值函数.
multifor'mity [mʌlti'fɔːmiti] n. 多形性.
multiframe n. 复帧.
mul'tifre'quency a. 多频(率)的,宽频带的,复频的. multifrequency sinusoid 正弦波谐波.
mul'tifuel n. 多种燃料的.
mul'tifunc'tion n. 多功能. multifunction array radar 多功能相控阵雷达.
mul'tifunc'tional a. 多功(官)能的.
multigang switch 多联开关.
mul'tigap n. 多(间,火花)隙. multigap plug 多(火花)隙火花塞.
mul'tigauge n. 多用量测仪表,复式测量仪,多用规,多用检测计.
mul'tigerm a. 多芽的.
mul'tigrade a. 稠化的,多品位的,多(等)级的.
mul'tigraph ['mʌltigrɑːf] n. (旋转式)排字印刷机,油印机. multigraph paper 蜡纸,复印纸.
mul'tigrate n. 复炉篦.
mul'tigreaser n. 多点润滑器.
mul'tigrid n.; a. 多(栅)极的.
mul'tigroup n. 多群〔组〕的.
mul'tigun n. 有数个电子枪的. multigun CRT 复〔多〕枪显像管,多枪式阴极射线管,多束示波管.
mul'ti-harmon'ic a. 多重谐和的.
multiharmonograph n. 多谐记录仪.
mul'tihearth n. 多层炉.
mul'tihole ['mʌltihoul] n.; a. 多孔(的).
mul'tiholed a. 多孔的.
multihop propagation 多跃(多反射)传播.
mul'tihull n. 多体船.
mul'tiim'age n. 重复〔多重〕图像,复〔多〕像,分裂影像.
multi-industry a. 多种工业的.
mul'tiinjec'tor n. 多喷嘴.
mul'ti-in'put n. 多端输入.
mul'ti-jack n. 复接插孔,复式塞孔.
mul'ti-job n. 多重工作,多道作业.
mul'tijunc'tion n. 多结的.
mul'tikey n. 多键.
mul'tikey'way n. 多键槽.
mul'tilam'inate ['mʌlti'læminit] a. 多(薄)层的.
multilamp beacon 多灯信标.
mul'tilane a. 多车道的,多线的(道路).
multilasered optical radar 多元激光雷达.

mul'tilat'eral ['mʌlti'lætərəl] *a.* 多边的,多侧的,多方面的,多国参加的. *multilateral treaty* 多边条约.

mul'tilat'eralize *vt.* 使多国化.

mul'tilay'er ['mʌlti'leiə] *n.*; *a.* 多(分子)层(的),多层膜. *multilayer board* 多层(印制)板. *multilayer welding* 多层焊.

mul'tilead *a.* 多引(入)线(的).

mul'ti-legs *a.* 复式的. *multi-legs intersection* 复式〔多条道路〕交叉.

mul'tilength *n.* 多倍长度的. *multilength arithmetic* 多倍长度运算. *multilength working* 多倍长工作单元,多倍字长〔精度〕工作.

mul'tilev'el *n.*; *a.* 多层〔级〕(的),多(水)平面(的). *multilevel addressing* 多级定址〔寻址〕. *multilevel approach* 多水平法. *multilevel interrupt* 多级中断.

mul'tiline *n.* 多线,复式线路. *multiline production* 分类〔多线〕生产法.

mul'tilin'eal ['mʌlti'liniəl] *a.* 多线的.

mul'tilin'ear *a.* 多(重)线性的.

mul'ti-lin'gual Ⅰ *a.* 多种语言的,懂(用)几国文字的. Ⅱ *n.* 懂多种语言的人.

multi-list processor 多道程序处理机.

mul'tilith *n.* 简易办版印刷品,简易影印机.

mul'ti-load *n.* 多负载.

mul'tilobe *n.* 多叶片的,多瓣的.

mul'tiloop *n.* 多回路〔线〕的,多匝〔环〕的,多网格的,多分支的,多圈的. *multiloop servo system* 多(环)路伺服系统. *multiloop stability* 多环稳度.

mul'timachine *n.* 多机. *multimachine assignment*(单人)多机操作任务.

mul'timass *n.* 多质量.

mul'time'dia *a.* 多种手段(方式)的.

mul'timeter ['mʌltimi:tə] Ⅰ *n.* 万用〔复用〕表,多用途计量器,多量程测量仪表,通用〔万能〕测量仪器. Ⅱ *v.* 多次计量〔测量〕,多点测量. *multi-metered call* 复式计次呼叫.

mul'time'tering *n.* 多次计算〔测量〕,多点计算〔测量〕,复式读数(计次,计数)法,多重计数法.

multimicroelec'trode *n.* 微电极组.

mul'timillionaire' *n.* 拥有数百万家财的富翁.

multi-million-dollar *a.* 几百万美元的,非常非常赚钱的.

multimillion-fibre *n.* 多束纤维.

mul'timo'dal *n.* 多峰. *multimodal distribution* 多重模态分布.

mul'timode *n.* 多波型,多模(态),多方式. *multimode cavity* 多模〔多波型〕共振腔.

mul'timolec'ular *a.* 多分子的.

mul'timo'tored ['mʌlti'moutəd] *a.* 几个发动机的.

multi-mu valve 变μ管.

multi-mull(er) *n.* 双碾盘连续混砂机.

mul'tinational *a.* 多民族的,多国家的.

mul'tini'tride ['mʌlti'naitraid] Ⅰ *v.* 多次氮化(处理). Ⅱ *n.* 多元(复合)氮化物.

mul'tino'dal *a.* 多节点的.

mul'tinode ['mʌltinoud] *a.* 多节的.

mul'tino'mial ['mʌlti'noumiəl] Ⅰ *n.* 多项式. Ⅱ *a.* 多项的.

multinormal distribution 多维正态分布.

mul'ti-noz'zle *n.* 多喷管〔嘴〕.

mul'tinu'clear ['mʌlti'nju:kliə] *a.* 多核〔环〕的.

mul'tinu'cleate *n.* 复(多)核的.

mul'tiof'fice *n.* 多局制. *multi-office area* 多局制电话区.

mul'ti-op'erated *a.* 多操作者同时工作的.

multi-operator welding set 多站电焊机.

mul'ti-or'der *a.* 多阶的.

mul'ti-or'ifice ['mʌlti'ɔrifis] *n.*; *a.* 多孔板(的).

mul'tiout'let *n.* 多引线.

mul'tipack *n.* 多件头商品小包.

mul'tipac'ting 或 **mul'tipac'toring** *n.* 次级电子〔发射〕倍增. *multipacting plasma* 多碰等离子体.

mul'tipac'tor *n.* 次级电子倍增效应,高速微波功率开关. *multipactor effect* 多碰(电子二次倍增)效应.

mul'tiparameter *n.* 多参数〔量〕.

multi-part *n.* (由几部分(组成)的.

mul'tipar'tite ['mʌlti'pɑ:tait] *a.* 多歧的,分为多部的,由多国参加的.

multiparty line 合用线,同线.

mul'tipass *n.*; *a.* 多次通过,多通道〔路径,途径〕,多(通)路的,多(次行)程的,(螺纹)多头的. *multipass compiler* 多次(扫描)编译程序. *multipass welding* 多道焊.

mul'tipath *n.*; *a.* 多路(径)(的),多途径(的),(螺纹)多头的. *multipath core* 多路磁心. *multipath signal* 多程信号,多路径传播信号.

mul'tiped(e) Ⅰ *a.* 多足的. Ⅱ *n.* 多足虫(动物).

mul'ti-pet'ticoat *a.* 多裙式的.

mul'tiphase ['mʌltifeiz] *n.*; *a.* 多相(的).

mul'tipha'sic *a.* 多相的,多方面的.

mul'tipho'ton *n.* 多光子.

mul'tiplace ['mʌltipleis] *a.* 多座,多位(数)的.

mul'tiplane ['mʌltiplein] Ⅰ *n.* 多翼飞机. Ⅱ *a.* 多翼的. *multiplane camera* 动画摄影机.

multi-plate *n.* 多盘(片)的.

multiplaten *a.* 多层的.

mul'tiple ['mʌltipl] Ⅰ *a.* ①多(重,倍,次,级,数,路,样,方)的,复(合,式,杂)的,含有多部的,许多的,反复重复的,组成的 ②(成)倍(数)的 ③并联合的. Ⅱ *n.* ①多倍〔元〕的,并联(接)②多条系统,多次线路 ④相联构成 ⑤(pl.)多倍厚板〔薄板块〕. Ⅲ *v.* ①复接,并联 ②成为多重〔倍〕. *a common multiple* 公倍(数). *at frequencies many multiples of those frequencies currently in use* 以多倍于现用频率的频率. *central* [common] *battery multiple* 共电制复式塞孔盘. *coding pulse multiple* 脉冲编码系统. *decimal multiple* 十进(位)倍数,十进的. *integral multiple* 整倍数. *multiple access* 多路存取,多址联接(通信). *multiple arch* 多(连)拱. *multiple attributive classification* 多属性分类. *multiple bank* 复接排. *multiple beam* 多(光)束,复光束(光柱). *multiple belt* 多(条)皮带(传动). *multiple bell pier* 复钟式桥墩. *multiple benches*(来料场的)多层工作. *multiple bond* 重键. *multiple box culvert* 多孔箱涵. *multiple capacitor* 多联电容

器. multiple centre joint 多条中线缝. multiple circuit 多级〔倍增,复接〕电路. multiple clutch 复式离合器. multiple coat 多〔复〕层. multiple component units"配套"无线电零件,无线电组件. multiple connector 多路流程图. multiple correlation 复合〔多重〕相关. multiple curve 多重曲线. multiple cut 多刀〔切〕削. multiple cutter head (六角车床的)多刀刀杆. multiple daylight press 多层压机. multiple diameter drill 阶梯钻头. multiple die 复锻模. multiple disintegration 倍速蜕变(作用). multiple disk clutch 多片式(摩擦)离合器. multiple distribution 多路〔并联,复接〕配线. multiple distribution system 复配电制,并列制. multiple drill head 多轴钻床主轴头. multiple drill (press) [drilling machine] 多轴钻床. multiple drilling 多孔钻法. multiple effect 多(性),多方面的效应. multiple error 多级〔重,次〕误差. multiple expansion 多级〔次〕膨胀. multiple extreme 多重极值. multiple filter 多节〔多重〕滤波器,复式过滤器. multiple firing 齐爆. multiple frequency 复频,多重频率. multiple generator 乘积发生器. multiple glide 复滑移. multiple independent re-entry vehicle 多弹头分导导弹. multiple induction loop 多次归纳循环. multiple inputs 多端输入. multiple isomorphism 多同态. multiple jet 多孔喷嘴. multiple keys 花键. multiple length 倍尺(长度). multiple lift packing 散装. multiple line 多重〔复式〕线. multiple linkage [links]重键. multiple manometer 组合压力计. multiple modulation 复〔多重,多级〕调制. multiple mould (单面)叠箱造型,多巢压模. multiple on course signal 多航向信号. multiple on-line 多路联机. multiple partition 多效分配. multiple periodicity 多重周期. multiple point 多重点. multiple point tool 多刃刀具. multiple position circuit 并席电路. multiple precision 多倍精度. multiple printing machine 多种形式打印机. multiple production 多次〔多重,重复〕生产. multiple proportions 倍比. multiple punch 多次穿孔,(每行穿两个以上的孔)复孔穿孔,多冲头,多模〔复〕冲床. multiple punching machine 多头冲床. multiple purpose project 综合利用工程. multiple radiation 多束辐射. multiple ram forging method 多压头锻造法. multiple random variables 多维随机变量. multiple rectifier 复合电路整流器. multiple reflection 多次反射. multiple resonance 复共鸣〔振〕,复谐振. multiple rhombic antenna 菱形天线网. multiple selector valve 多位置换向〔配油〕阀. multiple shop [store] 连锁〔联号〕商店. multiple signal 多重〔复现〕信号. multiple sound track 复〔多重〕声道. multiple spline 花键. multiple strand 多线〔股〕的. multiple stratification 多层化. multiple switch 多重开关. multiple system 并联式,复式(系统). multiple tariff meter 多种价目计算器. multiple thread 复〔多头〕螺纹. multiple tooling 多刀切削. multiple truss 复式桁架. multiple tuned antenna 复调(谐)天线. multiple turn 多圈(匝,转,螺线)的. multiple twin quad 双股(扭绞)四芯电缆. multiple twin type 复对型,(双)双绞式. multiple unit steerable antenna 多元可转天线,方向图可控式多元〔菱形〕天线. multiple valued 多值的. multiple wear wheel 修复〔翻新〕的车轮. multiple web 多肋式的. series multiple 串并联,复接. sheet bar multiple 倍尺薄板坯. the least common multiple 最小公倍数. ▲be multiples of M 是 M 的倍数.

multiple-address n. 多(重)地址.
multiple-alternative detection 多择检测.
multiple-arch n. 多〔连〕拱.
multiple-aspect indexing 多方向〔位〕索引.
multiple-band receiver 多波段接收机.
multiple-beam interferometry 多光束干涉.
multiple-blade n.; a. 多刃(的),多叶片(的).
multiple-bridge n. 群桥.
multiple-burst correction 多突发纠正.
multiple-cable n. 复电缆.
multiple-carbide n. 多元碳化物.
multiple-cavity a. 多腔(孔,室)的,复室的.
multiple-coincidence n. 多次重合.
multiple-colour phosphor screen 多层彩色荧光屏.
multiple-column n.; a. 多柱(式).
multiple-contact a. 多触头〔触点,接点〕的.
multiple-core a. 多心的.
multiple-cut n. 多刀,多次.
multiple-cutting-edge-tool n. 多刃刀具.
mul'tipled a. ①复式〔接〕的 ②多重〔倍〕的 ③并联的.
multiple-disc 或 multiple-disk n. 多盘〔片〕.
multiple-duct conduit 多孔管道.
multiple-effect n. 多效.
multiple-electrode n. 多(重)极.
multiple-electron n. 多电子.
multiple-error-correcting n. 多差校正.
multiple-exposure n. 多次曝光.
multiple-film n. 多重片.
multiple-frequency n. 多〔倍〕频.
multiple-grid n. 多栅.
multiple-gun tube 多(电子)束管,多枪管.
multiple-hole a. 多孔的.
multiple-hop n. 多次反射.
multiple-ionized a. 多次电离的.
multiple-lane n. 多车道.
multiple-layer sandwich radome 多层结构天线罩.
multiple-lift a. 多层(式)的.
multiple-lobe dovetail groove 枞树型燕尾根.
multiple-machine-head n. 多切削〔加工〕头.
multiple-moulding n. 多模,多次模塑法.
mul'tiple-noz'zle a. 多喷嘴的.
multiple-operator a. 多操作者同时工作的.
multiple-order pole 多阶极点.
multiple-part a. 由几部分组成的. multiple-part mould 多箱铸型. multiple-part pattern 多开模.
multiple-pass n. 多(行)程,多路.
multiple-path n. 多路. multiple-path coupler 多路

〔多孔〕耦合器.
multiple-pin a. 多刀(式),多(测)针的.
multiple-pin-hole n. 复针孔.
multiple-piston n. 多活塞.
multiple-plate a. 多(薄)片(状)的,多层板的,多盘的.
multiple-plunger n. 多柱塞.
multiple-point n.; a. 多(重)点(的). *multiple-point recorder* 多路〔多点,多信道〕记录器.
multiple-processing n. 多重处理.
multiple-programming n. 多(重,道)程序(设计).
multiple-pulse n. 多脉冲.
multiple-purpose tester 万能〔复用〕测试器〔试验器〕.
multiple-roll n. 多滚筒,多辊.
multiple-rotor n. 多转轴子.
multiple-scale system 多刻度系统.
mul′tiple-se′ries [′mʌltipl′siəri:z] n. 复〔混〕联,串并联,并联-串联.
multiple-sintering n. 多次烧结.
multiple-speed a. 多速的.
multiple-spindle a. 多轴的.
multiple-spot a. 多点的.
multiple-stable-state a. 多稳态的.
multiple-stage a. 多段(层)的,多级(式)的.
multiple-stand n. 多机座〔机架〕的.
multiple-start a. 多头的,多线(路)的,复线的(螺纹).
multiple-story n. 多层.
multiple-structure n.; a. 多层结构,多桥式.
multiple-surface a. 多面的,枞树形的.
multiple-switch n. 开关的,复接机键的.
mul′tiplet [′mʌltiplet] Ⅰ n. 相重项,多重(谱)线,多重态. Ⅱ a. 多重谱线的. *multiplet rule* 多重(谱)线定则.
multiple-tank n. 多(储)罐.
multiple-target system 多目标测距系统.
multiple-threaded n. 多头〔多线〕螺纹的,多纹的.
multiple-tool n. 多刀的.
multiple-track a. 多信〔车〕道的,多路的,多线轨道的.
multiple-tube a. 多管(式)的.
multiple-tuned a. 多重〔多工〕调谐的.
multiple-twin n. 扭绞多芯的,双对的,双绞的. *multiple-twin quad* 双股四芯电缆.
multiple-unit a. 多元的,复合的,联列的,多发动机的,多(线)组的,多车厢的.
multiple-valued a. 多(重)值的.
multiple-wheel n. 多轮.
multiple-wick oiler 多点润滑器.
multiple-wire antenna 多束天线.
multiple-wire multiple-power submerged arc welding 多丝埋弧焊.
mul′tiplex [′mʌltipleks] Ⅰ n. 多路(传输,通信,复用),多工,多重通道,多倍测图仪. Ⅱ a. 多(部分,重,样,段,模,形式,元素)的,复(式,合,接)的,倍增的,倍增的. *frequency-division multiplex* 频率分隔多路传输. *multiplex SLAR* 多频率双极化合成孔径雷达. *multiplex system* 多路〔多工〕制. *multiplex telegraph* 多路通报,多路(复式)电报,复式电报机. *multiplex telegraphy* 多路(通)报(学). *multiplex time division system* 时间分割多路通信制. *multiplex transmitter* 多道〔多路〕通信发射机. Ⅲ v. ①倍增(加) ②标度〔尺度〕放大 ③多路传输〔复用,调制〕. *colour multiplexing* 彩色信号多路传送系统,彩色副载频正交调制. *method of multiplexing* 复合组合法. *multiplexed operation* 多重操作.

mul′tiplexer 或 **mul′tiplexor** [′mʌltipleksə] n. ①多路调制〔转换〕器,多重通道,多路扫描器〔扫描装置〕,(电视)IQ信号混合器,能调整多路输入〔输出〕的缓冲器 ②信号连乘器,(信号)倍增〔倍加〕(信号)器,扩器 ③转换开关 ④乘数. *diode multiplexer* 二极管转换开关. *multiplexer channel* 多路〔切换器〕通道.
multiple-zone refining 多熔区的区域提纯.
mul′tipliable [′mʌltiplaiəbl] 或 **mul′tiplicable** [′mʌltiplikəbl] a. 可增加〔加倍〕的,可乘的.
multiplicand′ [′mʌltipli′kænd] n. 被乘数. *multiplicand divisor register* 被乘数-除数寄存器.
mul′tiplicate [′mʌltiplikeit] a. 多(重,倍,次,数,样)的,复(合,式)的,并联的.
multiplica′tion [′mʌltipli′keiʃən] n. ①增加〔多,殖〕,繁,倍增〔加〕,乘,按比例增加 ②乘法〔积〕,相乘. *analog multiplication* 模拟乘法. *brightness multiplication* 亮度增加. *current multiplication* 电流放大(率). *electrical multiplication* 电乘法运算. *fast (-neutron) multiplication* 快中子增殖. *frequency multiplication* 倍频. *multiplication by constant* 乘(以)常数(量). *multiplication by stages* 分级倍增. *multiplication by variables* 乘(以)变数(量). *multiplication constant* 乘法〔倍增〕常数. *multiplication factor* 增殖〔倍增,放大〕因素,乘数. *multiplication of series* 级数乘法. *multiplication table* 九九表. *pulse-rate multiplication* 脉冲重复倍频〔频率倍增〕. *reciprocal multiplication* 倒数,倒数相乘,乘以倒数. *secondary multiplication* 二次(电子)放大. *secondary-emission multiplication* 次级电子放大〔倍增〕,二次放射(电子)倍增. *short-cut multiplication* 简化乘法. *signal multiplication* 信号放大. *vector multiplication* 矢(量)乘(法). ▲*multiplication by M* 乘以M. *multiplication cross* 叉乘.

multiplica′tional a. 增加〔殖〕的,相加〔增〕的,乘法的,相乘的.
mul′tiplicative [′mʌltiplikətiv] a. 倍增的,(趋于)增加的,增殖的,相乘的,乘法的. *multiplicative arrays* 乘载阵. *multiplicative axiom* (乘法)选择公理. *multiplicative channel* 相乘信道. *multiplicative function* 积性〔乘法〕函数. *multiplicative inverse* 乘法逆元(素). *multiplicative lattice* 乘格. *multiplicative process* 增殖过程.
mul′tiplicatively ad. 用乘法,增加地. *multiplicatively closed* 乘法封闭的.
mul′tiplicator [′mʌltiplikeitə] =multiplier.
multiplicatrix n. 倍积.
multiplic′ity [mʌlti′plisiti] n. ①多(倍,样,样性,重),(重,度),复度〔合,杂〕 ②多〔复〕数 ③(相)重数,相乘〔重〕性 ④阶. a〔the〕 *multiplicity of* 多

数的,多种〔样〕的,繁多的,许(许)多(多)的,大量的。multiplicity factor 多重性因数。multiplicity of poles 极点的阶,极点的(相)重数。multiplicity of root 根的阶,根的(相)重数。multiplicity of zero 零点的阶,零点的相重数。

mul'tiplier ['mʌltiplaiə] n. ①乘法〔倍增,倍加,倍率,复联,放大,扩(量)程,增殖〕器,乘法装置,(光电)倍增管 ②乘数(式,子),乘数,因数(子),增益率 ③增加〔殖〕者. electric multiplier 电乘法器. electron multiplier 电子倍增器. frequency multiplier 倍频器. last multiplier 最后乘子,尾乘式. multiplier coefficient unit 系数相乘部件. multiplier electrode 倍增电极. multiplier kinescope 倍增式显像管. multiplier phototube 电子倍增光电管,光电倍增器〔管〕. multiplier register 乘数寄存器. multiplier rule 乘法定则. multiplier spot 电子倍增光点. multiplier traveling-wave photo diode 行波光电倍增二极管. multiplier tube 电子倍增管. secondary-emission multiplier 次级电子倍增管. undetermined multiplier 未定乘数. voltage multiplier 倍压器.

multiplier-detector n. 倍增管-探测器.
multiplier-divider unit 乘法器-除法器部件,乘除数单元.
multiplier-quotient n. 乘商.
mul'tiploid a. 多倍体.
mul'tiply Ⅰ ['mʌltiplai] v. ①(使)增加〔殖〕,多,繁殖,(按比例)放大〔扩大〕②乘,倍增. logic(al) multiply 逻辑乘. 3 multiplied by 2 equals 6. 二三得六. multiply 3 by 〔with〕2 二乘三. multiply M by itself 把 M 自乘〔平方〕. multiply time 乘法时间. multiplying arrangement 放大设备. multiplying channel 复用信道. multiplying circuit 乘法电路. multiplying constant 常倍数. multiplying D/A converter 数字/模拟相乘变换器. multiplying factor 倍增因数,倍率. multiplying gauge 放大〔压力〕计,倍示〔压力〕规. multiplying gear 增速齿轮〔装置〕. multiplying glass 放(大)大镜. multiplying lever balance 倍数杠杆天平. multiplying manometer 倍示压力计. multiplying power 倍率,放大率. multiplying punch 按比例扩大穿孔机. multiplying unit 乘法器. multiplying wheel 增速(齿)轮. Ⅱ ['mʌltipli] ad. ①复合地,多样〔重,倍,路〕地,并联地 ②复杂地. multiply connected 多连通的. multiply periodic 多(重)周期的. multiply primitive cell 复基胞. multiply transitive 多重可迁〔传递〕的.

mul'ti-ply ['mʌlti-'plai] a. 多股〔层〕的. multi-ply plywood 多层夹板. multi-ply tyre 多层外胎.
multiply-connected a. 多重连通的. multiply-connected body 多连体.
multiply-divide n. 乘除法.
mul'tipoint n.; a. 多点(式,的). multipoint circuit 多端线路. multipoint tool 多刀刀具.
mul'tipo'lar [mʌlti'poulə] n.; a. 多极(的,电磁机).

mul'tipolar'ity n. (辐射的)多极性.
mul'tipole n. 多(复)极. multipole switch 多刀(极)开关.
mul'tipollu'tant n. 多种污染物.
mul'tipol'ymer n. 共(多)聚物.
mul'tiport n. 多端口.
multiposit'ion n. 多位置.
mul'tipres'sure n. 多压的.
mul'tiprobe n. 多探针(法),多探头.
mul'tiprocessing n. 多道〔重〕处理.
mul'tiproc'essor n. 多(重)处理机〔处理装置〕. memory shared multiprocessor 公用存储器的多处理机. multiprocessor system 多处理系统.
mul'tipro'gram n. 多(重,道)程序.
mul'tipro'grammed a. 多道程序的.
mul'tipro'gramming n. 多(道,级)程序(设计),程序复编.
mul'tipropel'lant ['mʌltiprə'pelənt] n. 多元〔多组分〕燃料,多元推进剂.
multipunch press 多头冲床.
mul'tipur'pose ['mʌlti'pə:pəs] a. 万能〔通用,多效,多用途,多功能,多目标,综合利用〕的. multipurpose water utilization 水利资源综合利用.
multiqueue dispatching 多路排队调度.
multiradix computer 多基数计算机.
mul'tirange ['mʌltireindʒ] a. 多限〔域〕的,多量程〔刻度〕,标度,范围,(波)段的.
multiread feeding 多次读入输送.
mul'tireflec'tor n. 多层反射器.
mul'tire'flex n. 多次反射.
mul'ti-re'gion a. 多区〔带〕的,多种区域.
mul'ti-res'onant a. 多谐(振荡)的.
multi-ring n. 多环的,多核的.
multi-roll n. 多辊,多滚柱. multi-roll bearing 滚针〔滚柱〕轴承.
mul'tirota'tion n. 变旋(现象),变(异)旋光(作用),旋光改变(作用).
mul'tirow a. 多排〔列,行〕的.
mul'tirun'ning n. 多道程序设计.
mul'ti-scale 或 **multiscaling** n. 通用换算,多刻度,多次计数.
mul'tiscaler ['mʌltiskeilə] n. 万能定标器,通用换算线路.
multiscrew extrusion machine 多螺杆挤压机.
mul'tiseater ['mʌltisi:tə] n. 多座机.
mul'tisec'ond a. 多秒钟的.
mul'tisec'tion n. 多段. multisection filter 多节滤波器.
mul'tiseg'ment a. 多节〔段,部,瓣〕的. multisegment magnetron 多腔〔多瓣阳极〕磁控管.
mul'tiselec'tor n. 复接选择器.
mul'tise'quencing n. 多序列执行.
multisequential system 多时序系统.
mul'tise'rial a. 多列的.
mul'tiseries a. 混联的,多系列的.
mul'tishaft a. 多轴的.
multi-shed a. 多裙式(的).
mul'tishift ['mʌltiʃift] a. 多班(制)的. multishift operation 同时间进行数种问题的运算.

mul′tishock n.; a. 激〔多〕波系,多激波的.
mul′tishoed a. 多蹄式(的).
mul′tislot n. 多槽.
mul′tispan n. 多跨.
mul′tispar ['mʌltispɑ:] n. 多梁.
mul′tispec′imen n. 多试件.
mul′tispeed a. 多(级变)速的.
mul′tisphere n. 多弧. multisphere (wheel) magnetron 多腔环形磁控管.
mul′tispin′dle n. 多轴(的).
mul′tispi′ral a. 多螺旋的.
multispot array 多元基阵.
mul′tistabil′ity n. 多稳定性.
mul′tista′ble a. (具有)多(种)稳(定)态的,多稳(定)的.
mul′tistage′ ['mʌlti′steidʒ] n.; a. 多级(式)(的),多段(的),分阶段进行的,多阶(的),级联. multistage amplifier 多级〔级联〕放大器. multistage centrifugal pump 多级离心泵. multistage rocket 多级火箭.
multistage-crystallization n. 多级结晶.
mul′tistage(d) a. 多级(段,阶)的.
multistand a. 多机座〔机架〕的.
mul′tistan′dard n. 多标准.
multi-start n. 多头的,多线(路)的,复线的(螺纹).
multistatic radar 多基地雷达.
multistation communication network 多站通讯网络.
multistation moulding machine 多工位造型机.
mul′tistep n. 多级〔步〕的,阶式的.
mul′tisto′r(e)y 或 mul′tisto′ried a. 多层(楼)的.
mul′tistrand ['mʌltistrænd] n.; a. 多股(的),多流股钢. multi-strand tendon 钢铰线束.
mul′tistream n.; a. 多管(的),多股流的. multi-stream heater 多管加热炉.
mul′tistu′dio n. 多用演播室.
mul′tiswitch n. 复机机键.
mul′tital′ent n. 多才多艺的人,多面手.
mul′ti-tap I n. 转接〔多插头〕插座. II a. 多插〔抽〕头的.
mul′ti-task n. 多重任务.
mul′titer′minal n.; a. 多端(网路)的,多接线端子的.
mul′ti-throa′ted ['mʌlti′θroutid] a. 多路口的.
mul′titone n. 多频音. multitone circuit 多音电路. multitone transmission system 多周波传送系统.
mul′titool n. 多刀工具,多刀. multitool cutting 多刀切削. multitool head 多刀刀具夹.
mul′titooth n. 多齿(的). ~ed a.
multitrace oscilloscope 多线示波器.
mul′titrack n. 多(信)道,复〔多〕声道. multitrack range 多路〔多信道〕无线电信标,多道无线电指向标.
mul′titron n. 甚高频脉冲控制的功率放大器.
mul′titube ['mʌltitju:b] I n. 多(真空,电子)管,复用(复极)真空管. II a. 多管的.
multitu′bular [mʌlti′tju:bjulə] a. 多管式的.
mul′titude ['mʌltitju:d] n. ①(许,众)多,大批(量),群众 ②多倍 ③集,组. the multitude 群众. ▲a multitude of 许多的,众多的. as the stars in multitude 多得像繁星一样.
multitu′dinous [mʌlti′tju:dinəs] a. 许(众,繁)多的,大批(量)的,非常多的,种种的,各色各样的. ~ly ad. ~ness n.
multi-turn a. 多圈〔匝,转,螺线〕的.
multi-turning head 多位刀架.
multi-type wheel 多次印字轮.
mul′tiu′nit a. 多组〔重〕的,多部件的,复合的. multiunit antenna 多元〔多振子〕天线. multiunit office 多重局. multiunit tube 多极〔复合〕管.
multi-unit-steerable antenna 多元可转天线.
multiva′lence 或 multiva′lency n. 多价,多种价值性,多义性.
multiva′lent [mʌlti′veilənt] a. 多价的,多叶的. multivalent function 多叶函数.
multivalley structure 多谷结构.
mul′tival′ued a. 多值的.
mul′ti-val′uedness n. 多值性.
mul′tivalve a. 多(电子)管的.
multivane n. 多叶(片,轮)的.
multiva′riable a. 多变量〔数〕的.
multiva′riant a. 多变的,多自由度的.
multiva′riate(d) n.; a. 多元(的),多变(量,数)(的). multivariate distribution 多维(变量)分布. multivariate interpolation 多变元插值. multivariated analysis 多变量分析.
mul′tivec′tor n. 多重矢(向)量,交错张量.
mul′tiveloc′ity n. 多速的.
multiver′sity n. 多学院多科系从事教学、科研的多科性大学.
mul′tivertor n. (可进行模拟-数字和数字-模拟两种变换的)复式〔晶体管〕变换器.
mul′tivi′brator ['mʌlti′vaibreitə] n. 多谐振荡(动)器. astable multivibrator 不稳多谐振荡器. bistable multivibrator 双稳多谐振荡器. flip-flop multivibrator 双稳态触发器. one-shot multivibrator 中息多谐振荡器. width multivibrator 脉冲宽度主控多谐振荡器.
mul′tiviscos′ity n. 稠化.
multivi′tamin n.; a. 多种维生素(的).
multiv′ocal [mʌl′tivəkəl] I a. 多义的,含糊的. II n. 多义语.
mul′tivo′ltage a. 多电压的.
multivoltine a. 多化(性)的,多孢的.
mul′tivo′ltmeter n. 多量程电压表〔伏特计〕.
mul′tivol′ume(d) a. (书等)多卷的.
multi-wall a. 多层.
multi-wash n. 〖冶〗多层洗涤.
multiwave n.; a. 多波(的).
multiway n.; a. 多(条道)路(的),多(方)向(的),多孔的,复合的,多位(加工)形式. multiway intersection 复合交叉口. multiway type 多主轴式,多位(加工)形式. multiway socket 多脚管座.
multiwheel n. 多(砂)轮.
multi-wheeler n. 多轴〔轮〕汽车.
multiwire a. 多(复)线的. multiwire antenna 多束天线. multi-wire brush contacts 胡刷形接触对. mul-

ti-wire tendon 钢丝束.
multi-zone relay 分段限时继电器.
multoc'ular [mʌl'tɔkjulə] *a.* 多眼的.
multum in parvo ['mʌltəmin'paːvou] 小型而内容丰富,小中见大,小而具全.
mum [mʌm] *a.*; *n.* 沉默(的),无言(的),不说话(的). *keep mum about* 不说起…. Ⅱ *v.* 闭口,沉默,不讲话.
mum'ble *v.* 含糊地说话.
mu-mesic atom μ介子原子.
mu'meson *n.* μ介子.
mu-metal *n.* 阿姆科铁,μ金属〔合金〕,镍铁高导磁(率)合金,铁镍锰铬(具有高电阻和高导磁率的)磁性合金(铁20%,镍75%,铜5%).
mu'-meter ['mjuːmiːtə] *n.* 侧滑测定仪.
mu-metron *n.* 微米测微表.
mummifica'tion *n.* 僵化,干尸化,木乃伊化,干性坏疽.
mum'mify ['mʌmifai] *v.* 弄干(保存),使萎缩,枯萎,弄(变)成木乃伊. **mummifica'tion** *n.*
mum'my ['mʌmi] *n.* 木乃伊.
MUN =munitions 军需品.
mun'dane [mʌn'dein] *a.* ①现世的,世俗的 ②宇宙的.
mun'dic *n.* 磁性硫化铁,黄铁矿.
Mungoose metal 铜镍锌合金(铜12～15%).
Munich ['mjuːnik] *n.* 慕尼黑(德意志联邦共和国城市).
munic'ipal [mju(ː)'nisipəl] *a.* 市(政,立)的,城市的,内政的,地方自治的. *municipal engineering* 市政工程(学). *municipal highway* 城市〔都市〕公路.
municipal'ity [mju(ː)nisi'pæliti] *n.* 市(区),自治市〔区〕,市政当局,市政府.
munic'ipalize *v.* 归市有(管).
munic'ipally *ad.* 市政上.
mu'niment ['mjuːnimənt] *n.* (pl.)契约,证书,记录. *muniment room* 文件室,档案室.
munit'ion [mjuː'niʃən] *n.* (pl.)军需〔用〕品,军火,弹药,必需品. Ⅱ *vt.* 供给军火〔弹药,军需品〕.
munity *n.* 易感性.
munjack *n.* 硬化沥青.
mun'nion *n.* 竖框,窗门的直梃.
Mun'sell *n.* 孟塞尔云母. *Munsell color system* 孟塞尔色表座标系统. *Munsel value* 孟塞尔色度值〔明暗度〕.
mun'tin(g) *n.* 门中梃,窗梃条.
Muntz metal 四-六黄铜,孟磁〔锌铜〕合金,熟铜(锌40%或35～45%,其余铜).
mu'on ['mjuːɔn] *n.* μ介子.
muon'ic *a.* μ介子的.
muonium *n.* μ介子素,μ⁺介子与电子组合成的耦合系统.
MUPL =mockup planning (1:1尺寸)模型规划.
MUR =mockup reactor 模型核反应堆.
mu'ral ['mjuərəl] Ⅰ *a.* 墙壁〔上,似)的,壁形的. Ⅱ *n.* 墙壁,壁饰〔画〕. *mural arch* 壁拱. *mural background* 墙壁背景.
muramidase *n.* 胞壁质酶,溶菌酶.
muramyl- 〔词头〕胞壁酰(基).
mur'der ['məːdə] *n.*; *vt.* 谋〔凶〕杀(案),杀害 ②

弄坏,毁掉.
mur'derer ['məːdərə] *n.* 凶手,杀人犯.
mur'derous *a.* 杀害(人)的,行凶用的,凶残的. ~**ly** *ad.*
mu'rein ['mjuriən] *n.* 胞壁质.
murexan *n.* 氨基丙二酰脲.
murexide *n.* 紫脲酸铵.
mu'riate ['mjuərit] *n.* 氯化物〔钾〕,盐酸盐. *muriate of ammonia* 氯化铵.
muriat'ic [mjuəri'ætik] *a.* 氯化的,盐酸化的. *muriatic acid*(粗)盐酸.
mu'riform ['mjuərifɔːm] *a.* 似鼠的,砖格状的.
mu'rine ['mjuərain] *a.* 老鼠的,鼠科的.
murk [məːk] *a.*; *n.* 黑暗(的),阴暗(的).
mur'ky ['məːki] *a.* (阴)暗的,有浓雾的,深的,朦胧的,隐晦的.
Murmansk [muə'maːnsk] *n.* 摩尔曼斯克(苏联港口).
mur'mur ['məːmə] *n.*; *v.* ①(发)沙沙声,(发)嘀嘀声,潺潺声 ②(发)牢骚,(出)怨言. ~**ous** *a.*
Muroran *n.* 室兰(日本港口).
mur'phy ['məːfi] *n.* (不用时折叠在壁橱内的)隐壁床,折床(=murphy bed).
mur'rhine ['mʌrin] *a.* 萤石(制)的.
mus =①museum 博物馆〔院〕②music 音乐,乐曲 ③musical 音乐的,音乐会〔片〕.
MUSA = multiple-unit steerable antenna 可变形的多菱形天线,复合菱形〔多元可转,多元方向图可控菱形〕天线.
Muscat ['mʌskət] *n.* 马斯喀特(阿曼首都).
Muschelkalk series 壳灰岩统.
musci *n.* (pl.)藓类植物.
mus'cle ['mʌsl] Ⅰ *n.* ①肌(肉),筋 ②体力,力气. ▲ *man of muscle* 力气大的人. *not move a muscle* 面不改色,神色不变.
Ⅱ *vi.* 发挥膂力,靠力气前进(through). ▲ *muscle in* 硬挤入,干涉,侵入,强取.
muscle-flexing *n.* 武力炫耀.
mus'cleless *a.* 没有力气的.
mus'covite ['mʌskəvait] *n.* 白〔优质〕云母. *muscovite granite* 云白花岗岩.
mus'cular ['mʌskjulə] *a.* 肌肉(发达)的,有膂力的. *muscular strength* 膂力,力气. *muscular man* 肌肉发达的人,大力士.
muscular'ity [mʌskju'læriti] *n.* 肌肉发达,膂力,强壮.
mus'culature *n.* 肌(肉)组织.
muse *v.*; *n.* 沉思,冥想.
muse'um [mju(ː)'ziəm] *n.* 博物(美术)馆. *museum piece* 艺术珍品,老古董.
museum-piece *n.* 艺术珍品,老古董.
mush [mʌʃ] Ⅰ *n.* ①烂泥,软块,糊状物 ②噪声〔音〕,干扰,分谐波 ③废〔胡〕话,梦呓. *grey zinc mush* 灰色锌糊. *mush area* 不良接收区域.
Ⅱ *v.* ①切,斩,刻 ②颤噪,干扰 ③讲废话 ④(飞机因控制器失灵)操纵低效,爬升失灵. *mushing error* 颤噪〔干扰〕误差.
Mushet steel 马歇(自硬,高碳素锰)钢,钨钢(碳1.5%,钨7～8%,锰1～2%,铬2%).

mush'room ['mʌʃrum] I. n. ①蘑菇,菌,草②蘑菇状物〔烟云〕③钟形泡罩,阀〔舌〕。II. a. 蘑菇形的,草状的,伞形的. *mushroom button* 菌形按钮. *mushroom cam* 蕈状凸轮. *mushroom floor* 环幅式楼板. *mushroom follower* (凸轮的)菌形随动片. *mushroom growth* 迅速发展. *mushroom reinforcement* 环辐钢筋. *mushroom valve* 菌形阀。III. vi. ①迅速生长,蓬勃发展,猛烈扩大②打扁成蘑菇形③爆炸.

mush'roomed 或 **mush'room-shaped** a. 菌〔蘑菇〕形的,辐射状式的,环幅式的.

mushy a. ①(粘)糊状的②(飞机等)性能失灵的.

MUSIC = multisensor intelligence correlation 多探(触)点情报的相关.

mu'sic ['mju:zik] n. ①音乐,乐曲〔谱〕②激到的辩论. *compose music* 作曲. *instrumental music* 器乐. *music wire* 琴(用钢)弦. *vocal music* 声乐. ▲ *face the music* 勇于承担后果〔批评〕,临危不惧. *set M to music* 为 M 谱曲.

mu'sical ['mju:zikəl] I a. 音乐(般)的,悦耳的。II n. 音乐会(片). *musical arc* 音弧. *musical echo* 音乐回声. *musical frequency* 乐音频率. *musical instrument* 乐器. *musical interval* 音程. *musical note* 律音,音符. *musical quality* 音色. *musical scale* 音阶. ~ity n.

mu'sically ad. 音乐上,象音乐,和谐地.

mu'sicassette ['mju:zəkæset] n. 卡式音乐录音带.

mu'sic-book ['mju:zikbuk] n. 乐谱.

mu'sic-hall ['mju:zikhɔ:l] n. 音乐厅.

musician [mju:'ziʃən] n. 音乐(作曲)家.

musicol'ogy ['mju:zi'kɔlədʒi] n. 音乐学,音乐研究.

music-stand n. 乐谱架.

musk [mʌsk] n. 麝香(鹿).

mus'keg ['mʌskeg] n. 稀泥炭〔淤泥〕,沼(泽).

mus'ket ['mʌskit] n. 滑膛枪.

mus'ketry ['mʌskitri] n. 步枪射击术.

musket-shot n. 步枪子弹〔射程〕.

mus'kiness ['mʌskinis] n. 有麝香气.

mus'ky ['mʌski] a. 有麝香气的.

mus'lin ['mʌzlin] n. 细(薄)棉布,软棉布. *muslin bag* 棉布(隔膜)袋.

muslin-delaine n. 棉布,细薄平纹毛织物.

muss [mʌs] I n. 混〔杂,零〕乱,一团糟。II vt. ▲ *muss up* 搞乱,弄乱〔糟,脏〕.

mus'sel ['mʌsl] n. 蠔,淡菜,贻贝.

mus'sy ['mʌsi] a. 杂〔混〕乱的.

must¹ [mʌst] I v. aux. ①(+inf.)必须,应该,一定要. *Theory must be integrated with practive.* 理论必须和实际相结合 ②(+inf.)必定,一定③(+have +过去分词)谅必(已经),一定是,必然(已经)(一完了)④偏巧。II n. 绝对需要的,不得不做少不了的。III n. 必须要做的事,必需的东西,必读. *a must book* 必读(书). *This order is a must.* 这个命令必须执行.

must² n. (发酵前的)葡萄汁,新葡萄酒.

must³ I n. 霉(臭)。II vi. 发霉.

mus'tard ['mʌstəd] n. 芥(末),芥子气. *mustard oil* 芥子油,异硫氰酸酯.

mustard-gas n. 芥子气.

mus'ter ['mʌstə] n.; v. ①集合〔中〕,召集②鼓起 (up) ③样品④检验〔阅〕⑤清单,花名册. *pass muster* 被认为满意,合格.

mus'tiness ['mʌstinis] n. 霉状(性)

mus'ty ['mʌsti] a. ①发〔生〕霉的,霉烂的 ②陈腐的,过时的,老朽的.

mut = ①mutilated 损坏的,变形的,残缺不全的 ②mutual (相)互的.

mutabil'ity [mju(:)tə'biliti] n. 不定性,易变(性),突变可能性,可变性,反复无常.

mu'table ['mju:təbl] a. 可(易,多)变的,不定的,反复无常的. **mu'tably** ad.

mu'tagen n. 致变物,诱变剂〔原〕,诱变〔致突变〕因素.

mutagen'esis n. 诱变,引起突变.

mutagen'ic a. 诱变的,引起突变的.

mutagenic'ity [mju:tədʒə'nisəti] n. 变变性,诱变,诱变剂的性.

mu'tagenize ['mju:tədʒənaiz] vt. 诱变.

mu'tagism n. 诱变.

mutain n. 变变蛋白.

mu'tamer n. 变构物,旋光异构体〔物〕.

mutamerism n. 变构〔变光〕现象.

mu'tant n. 突变株〔体,型〕,变种生物. *spontaneous mutant* 自发突变株.

mutaro'tase [mju:tə'routeis] n. 变旋酶.

mutarota'tion [mju:tərou'teiʃən] n. 变旋(现象),变(异)旋光(作用),旋光改变(作用),多重旋光,双旋光.

mutate' [mju:'teit] v. 变化,更换,转变,【生】突异,(使)突变.

muta'tion [mju(:)'teiʃən] n. 变化,更换,转变,变变,变形〔异,质〕,突变基因,突变体.

muta'tor n. 突变基因.

mute [mju:t] I n.; v. ①静噪,噪声抑制,减弱一的声音②哑巴(人)。II a. 无声的,哑的,沉默的. *mute antenna* 仿真天线. *mute control* 静噪控制,无噪声(音)调整. *muting circuit* (人工)噪声抑制电路,镇静电路. *muting sensitive* 低敏的. *muting switch* 静(无噪声)调谐开关. ~ly ad.

Mutegun n. (铁水口)堵塞机(器).

Mutemp n. 铁镍合金(镍30%,铁70%).

mu'tilate ['mju:tileit] vt. 损〔残〕害,损〔破〕坏,毁坏(伤),切断(手足等),使残废,歪曲,扭曲,残缺不全). **mutila'tion** [mju(:)ti'leiʃən] n.

mu'tilative ['mju(:)tileitiv] a. 破坏性的,切断的.

mutineer' [mju(:)ti'niə] n. 叛变者,反抗者.

mu'tinous ['mju:tinəs] a. 叛变(背叛)的,反抗的.

mu'tiny ['mju:tini] n.; vi. 叛(哗)变,造反.

muton n. 突变单位,突变子.

mut'ter ['mʌtə] v.; n. 轻声低语,抱怨.

mut'ton ['mʌtn] n. 羊肉. *mutton fat* 羊脂.

mu'tual ['mju:tjuəl] a. (相)互的,共同的. *mutual affinity* 相互吸引,亲和力. *mutual anchorage* (钢筋混凝土内的钢筋)搭接. *mutual attraction* 相互吸引. *mutual capacitance* 互电容. *mutual circuit* 双向通话电路,互通(电话)电路. *mutual component* 共同元件. *mutual conductance* 互〔跨〕导. *mutual effect* 相互作用. *mutual flux* 互感磁通. *mutual* *impedance* 互〔转移〕阻抗. *mutual inductance* 互感（系数）. *mutual inductor* 互感线圈，互感〔应〕器. *mutual information* 交互信息. *mutual resistance* 互导的倒数，互（电）阻. *mutual solubility* 互溶性〔度〕.

mutual-complementing code 互补码.
mutual-inductance n. 互感.
mu'tualism ['mju:tjuəlizəm] n. 协同作用，互生现象，互惠共生，共栖.
mu'tualist n. 共栖动物.
mutual'ity n. 相(互)互(关系).
mu'tually ['mju:tjuəli] ad. （相，交）互. *mutually disjoint* 互不相交. *mutually equilateral polygons* 互等边多角形. *mutually exclusive* 互不相交的，不相容的，互斥的. *mutually synchronized* 相互同步.
mu-tuning n. 磁铁〔磁性〕调谐.
MUX ＝ ①multiplexer 多路调制器 ②multiplexing equipment 多工设备.
muz'zle ['mʌzl] Ⅰ n. 喷口〔嘴〕,腔〔孔,炮〕口. *muzzle velocity*（离开喷（枪,炮)口时的）初速,腔口速度.
Ⅱ v. 抑制,封住…的嘴.
MV ＝ ①market value 市场价值 ②mean value 平均值 ③measured value 测得值 ④medium voltage 中（等电）压 ⑤megavolt 兆伏 ⑥methyl violet 甲基紫 ⑦microvolt 微伏 ⑧million volts 百万伏 ⑨motor vessel 汽船 ⑩multivibrator 多谐振荡器 ⑪muzzle velocity 出口速度,（枪,炮）初速.
Mv ＝mendelevium 钔.
mV ＝millivolt 毫伏.
mv ＝ ① mean variation 平均偏差 ② mercury-vapour 汞汽 ③millivolt 毫伏.
M/V ＝merchant vessel 商船.
MVA ＝mevalonic acid 米落酸，甲瓦龙酸.
MVar ＝megavar 兆乏.
MVB ＝multivibrator 多谐振荡器.
MVC ＝manual volume control 手动音量调节.
MVD ＝ ①map and visual display 地图和视觉显示 ②motor voltage drop 发动机电压降.
MVDF ＝ medium and very high frequency direction-finding station 中频及其高频方位测定站.
MVE ＝multivariate exponential distribution 多元指数分布.
MVS ＝ ①magnetic voltage stabilizer 磁稳压器 ②minimum visual signal 最小视频信号.
MVT ＝ multi-programming with a variable number of tasks 可变任务数量的多道程序设计.
MVTR ＝moisture vapor transmission rate 湿气传透率.
MVU ＝minimum variance unbiased 极小方差无偏.
MVUE ＝ minimum variance unbiased estimate 极小方差无偏估计.
MVULE ＝ minimum variance unbiased linear estimator 极小方差无偏线性估计量.
MVV ＝maximum voluntary ventilation 最大随意通风.
MW ＝ ①medium wave 中波 ②megawatt 兆瓦 ③microwatt 微瓦 ④microwave 微波 ⑤mixed widths 混合宽度 ⑥molecular weight 分子量 ⑦most worthy 最有价值，最值得.

M/W ＝ ①man week（人）工周 ②manufacturing week 制造周.
mW ＝milliwatt 毫瓦.
MWARA ＝ Main World Air Route Area 世界主要航线区域.
MW/BCN ＝microwave beacon 微波信标.
Mwd ＝megawatt-days 兆瓦日.
MWD/MTM ＝ megawatt day/metric ton of metal 兆瓦日/公吨金属（燃耗单位）.
mwe ＝metre of water equivalent 水当量的米数.
MWL ＝ ①mean water level 平均水平面，平均水位 ②milliwatt logic 毫瓦逻辑.
MWP ＝ ①maximum working pressure 最大工作压力 ②membrane waterproofing 隔膜防水.
mwr ＝mean width ratio 平均宽度比.
MWS ＝microwave station 微波站.
MWV ＝maximum working voltage 最大工作电压.
MX ＝ ①multiple address 多地址 ②multiplex 多路传输〔复用〕,多工，复式.
Mx ＝maxwell（磁通量单位）麦克斯韦.
MXQ ＝ modular X-ray quantometer 标准型伦琴剂量计.
MXR ＝ ①mask index register 时标变址寄存器 ②mixer 混频器.
MY ＝ ①million years 百万年 ②motor yacht 摩托快艇.
my [mai] pron.（I 的所有格）我的.
my ＝ ①million years 百万年 ②myopia 近视.
MYBP ＝million years before present 距今百万年以前.
mycalex n. 云母玻璃,（低粘）云母块.
myco- 〔词头〕真菌,霉菌.
mycolog'ical a. 真菌学的.
mycol'ogy n. 真菌学,霉菌学.
mydri'asis n. 瞳孔放大.
MYG ＝myriagram 万克,十公斤.
mykroy n. 米克罗依绝缘材料.
mylar n. 聚酯薄膜〔树脂〕. *mylar film* 聚酯〔密拉〕薄膜.
my'lonite n. 糜棱岩. **mylonit'ic** a.
mylonitiza'tion n. 糜棱化(作用).
MYM ＝myriameter 万米,十公里.
my(o)- 〔词头〕肌肉.
myocar'dial [maiə'kɑ:diəl] a. 心肌的. *myocardial infarction* 冠状动脉梗塞.
myocar'diogram n. 心肌运动图.
myofibril n. 肌原纤维.
myofil'ament n. 肌丝（肌肉蛋白的结构单元）.
my'ogram n. 肌动（电流）图.
my'ope ['maioup] n. 近视者.
myo'pia [mai'oupiə] n. 近视. **myop'ic** a.
myo'sis n. 瞳孔缩小,瞳孔收缩.
myri(a)- 〔词头〕万, 10^4 ,无数.
myr'iabit n. 万位.
myr'iad ['miriəd] Ⅰ n. （一）万,无数. Ⅱ a. 无数的,数不清的. *a myriad of* 无数的,数不清的.
myr'iadyne ['miriədain] n. 万达(因).
myr'iagram(me) ['miriəgræm] n. 万克,十公斤.
myr'ialiter 或 **myr'ialitre** ['miriəli:tə] n. 万(公)升.
myr'iameter 或 **myr'iametre** ['miriəmi:tə] n. ①万

米,万公尺,十公里 ②超长(波).

myriamet'ric a. 万米的,万公尺的. *myriametric wave* 超长波(波长>一万米,频率<3 万赫兹).

myr'iapod ['miriəpɔd] n.; a. 多足(类)的(动物).

myr'mekite ['mə:mikait] n. 蠕状石.

myrmekitic structure 蠕状构造.

myrosin n. 芥子酶,芥子酵素,黑芥子硫甙酸.

MYS = microyield strength 微屈服强度.

myself [mai'self] *pron.* 我自己(亲自). ▲(all) by myself 独自,单独,独力地. as for myself 至于我自己.

myste'rious [mis'tiəriəs] a. 神秘的,秘密的,难解的,不可思议的. ~ly ad.

myste'rium n. (银河系)神秘波源.

mys'tery ['mistəri] n. ①神秘,秘密,奥妙,不可思议 ②诀窍,秘诀. *mystery control* 神秘控制(无线电控制的俗名) ③白金、锡、铜合金 ④手艺,手工业. ▲be a mystery to M M 不能理解,M 觉得不可思议. be wrapped in mystery 关在闷葫芦里,不可理解. dive into the mystery of 探索…的奥秘. make a mystery of 把… 神秘化. unravel the mystery of 探索…的奥秘.

mys'tic(al) ['mistik(əl)] a. 神秘的,不可思议的,奥妙的. ~ally ad.

mystifica'tion [mistifi'keiʃən] n. 故弄玄虚,神秘化,蒙蔽.

mys'tify ['mistifai] vt. 故弄玄虚,神秘化,使迷惑(困惑),蒙蔽. ▲be mystified by 给…弄得莫明其妙.

mystique [mis'ti:k] n. 奥妙,秘诀,神秘性.

myth [miθ] n. 神话(式的人物),虚构的故事,荒诞的说法.

myth'ic(al) ['miθik(əl)] a. 神话的、虚构的,空想的. ~ly ad.

myth'icize ['miθisaiz] vt. 当作神话(解释),神话化.

mytholog'ic(al) [miθə'lɔdʒik(əl)] a. 神话(上,似)的,凭空想象的,荒唐无稽的.

mythol'ogy [mi'θɔlədʒi] n. 神话.

my'thus ['maiθəs] n. 神话.

myx-, **myxo-** (词头)粘.

myxoflagellates n. 粘鞭毛虫.

myxoxanthophyll n. 蓝溪藻黄素乙.

MZPI = microwave zone position indicator 微波目标指示器,微波区位置显示器.

N n

N = ①nano 毫微,纤(10^{-9}) ②national form 美国(标准螺纹)牙形 ③navy 海军 ④negative 负的,阴(极) ⑤neutral 中立 ⑥newton 牛顿(力单位) ⑦nitrogen 氮 ⑧normal 正交,法线,正常,标准,当量,规度 ⑨normal concentration 当量浓度,规定浓度 ⑩normalized value 标准的 ⑪north 北 ⑫north pole 北极,N 极 ⑬nozzle 喷嘴 ⑭number 数,号 ⑮nylon 尼龙 ⑯revolutions per unit time 每单位时间的转数.

n = ①index of refraction 屈光指数,屈光率 ②nano 毫微,纤(10^{-9}) ③net 净 ④neutron 中子 ⑤noon 中午 ⑥noun 名词.

N by E = north by east 北偏东.

N by W = north by west 北偏西.

n mi = nautical mile 海里(合 1853.2m).

n mih = nautical miles per hour 海里/小时.

NA = ①neutral axis 中性轴 ②North America 北美 ③not available 见 N/A ④ numerical aperture 数值口径,数值孔径.

N/A = ①next assembly 下一次会议,下次装配 ②not above 不超过 ③not affected 未受影响的 ④not applicable 不适用的 ⑤not available 弄不到的,无效的,未利用的.

Na = sodium 钠.

na = nail 纳耳(英国旧度量单位,等于 $2\frac{1}{4}$ 英寸).

Na Hg = sodium amalgam 纳汞齐.

NAA = ①National Aeronautical Association 全国航空协会 ②neutron activation analysis 中子激活分析,中子放射性分析.

NAB = ①navigational aid to bombing 轰炸用雷达 ②nut and bolt 螺母和螺栓.

nab n. 水下礁丘.

nab'la ['næblə] n. 微分算符(子),劈形算符(数学符号▽).

NABS = nuclear-armed bombardment satellite 核装炸卫星.

NAC = ①nacelle 吊(短)舱,发动机舱 ②negative admittance convertor 负导纳变换器.

nacelle' [nə'sel] n. 吊(短)舱,发动机(短)舱,(气球的)吊篮. *engine* (*motor*) *nacelle* 发动机(短)舱. *integral nacelle* 机内发动机舱,主舱,舱体短舱. *nose gear nacelle* 前轮舱. *radio loop nacelle* 无线电环形天线盒.

NACO = night alarm cutoff 夜间警报切断.

na'cre ['neikə] n. 珍珠母(层,质).

na'cred ['neikəd] a. 含有珍珠母的,真珠质的,有真珠层的.

na'creous ['neikriəs] 或 **na'crous** ['neikrəs] a. 含有珍珠母的,有珍珠光泽的,像真珠质的.

na'crite n. 珍珠陶土.

Nada n. 一种铜基合金(铜 91.75%,镍 3.75%,锡 3.75%,铅 0.75%).

NADC = Naval Air Development Center 海军航空研制中心.

nadel n. 针状突起.

na'dir ['neidiə] n. ①【天】天底(点) ②最低(下,弱)点,最低温度. *ground nadir* 地面天底点. ▲at the nadir of 在…的最下层(最低点).

NADU = naval air development unit 海军航空研制单位.

NAE = ①National Academy of Engineering 国家工程院 ②National Aeronautical Establishment 国家航空研究中心.

naegite n. 锆铀矿,稀土锆石.

NAES =naval air experiment station 海军航空实验站.

nae′vi ['niːvai] naevus 的复数.

nae′vus ['niːvəs] (pl. *nae′vuses* 或 *nae′vi*) *n.* 痣, 斑点.

NAFEC =National Aviation Facilities Experimental Center 全国航空设备试验中心.

Nagano *n.* 长野(日本城市).

Nagasaki [ˌnɑːgəˈsɑːki] *n.* 长崎(日本港口).

Nagoya [ˈnɑːgɔjə] *n.* (日本)名古屋(市).

NAI =no address instruction 无地址指令.

nail [neil] I *n.* ①(铁)钉②指甲, 爪③纳尔(长度单位, =5.715cm). II *vt.* ①钉(住), 用钉钉牢, 使固定(不动) ②吸住(注意力), 引起(注意). *dog nail* 道钉. *nail extractor* (*puller*) 起钉器, 拔钉器. *nail head bonding* 钉头式接合(法). *nail nippers* 拔(起)钳. *nailed truss* 钉固桁梁. *pipe nail* 弧面(瓦状头)泥芯撑. *rag nail* 钉(折)钉, 鞣螺栓. ▲*drive* (*knock*) *in a nail* 钉(入)钉子. *hit the* (*right*) *nail on the head* 说得(解释, 理解)正确, 中肯, (做得)恰到好处. *nail down* 用钉子钉住. *nail...down to...* 使...负责(说明白), *nail...on* 把...钉到...上. *nail up* 钉牢.

nail′able *a.* 可打钉的, 能受钉的. *nailable concrete* 受钉混凝土.

nail-connected girder bridge 钉板梁桥.

nail′crete *n.* 受钉混凝土.

nail′er *n.* 制钉工人.

nail′ery *n.* 制钉厂.

nail-hammer *n.* 钉锤.

nail′head ['neilhed] *n.* 钉头(帽), 【建】钉头饰. *nailhead bonding* 钉头式接合(法), 钉头焊, 球焊.

nail-headed *a.* 钉头形的, 楔形的.

nail′ing ['neiliŋ] *a.* ; *ad.* 敲钉用的, 受钉的②极好(的), 出色(的). *nailing block* (*plug*) 受钉块, 钉条. *nailing concrete* 受钉混凝土.

nail′less *a.* 没廠钉的.

nail-machine 或 **nail-making machine** 制钉机.

nail′picker *n.* 检钉器.

Nairo′bi [naiəˈroubi] *n.* 内罗毕(肯尼亚首都).

naive 或 **naive** [nɑːˈiːv] *a.* ①自然的, 朴素(实)的②天真的. *naive materialism* 朴素唯物主义. ~*ly ad.* ~*ness n.*

naive′té [naiˈiːvtei] 或 **naivety** ['neiviti] *n.* 质朴, 朴素, 天真.

Nak *n.* 钠钾共晶合金(钠 56%, 钾 44%).

na′ked ['neikid] *a.* ①裸(露)的, 无遮蔽的, 无保护的, 无绝缘的, 无衣的②如实的, 明白的, 无注释的, 无掩饰的. *naked eye* 肉眼. *naked feet* 赤脚. *naked fire* 活火(头), 露火. *naked flame* 活(无遮盖)火焰. *naked hands* 空手. *naked light* 开放(无遮盖)光线, 没有灯罩的灯. *naked radiator* 无保护罩散热器. *naked truth* 明明白白(原原本本)的事实. *naked wire* 裸线. ▲*naked of...* 没有...的. ~*ly ad.* ~*ness n.*

nakrite =nacrite.

NAL =National Accelerator Laboratory 国立加速器实验所.

Nalcite *n.* 一种离子交换树脂. *Nalcite HCR* (*HDR, HGR*) 磺化聚苯乙烯阳离子交换树脂. *Nalcite SAR* 强碱性阴离子交换树脂. *Nalcite WBR* 弱碱性阴离子交换树脂.

na′led ['neiled] *n.* 冰堆, 二溴磷.

NAM =National Association of Manufacturers(美国)全国制造商协会.

na′mable ['neiməbl] *a.* 可起(命, 指)名的, 有名的.

NAMC =Naval Air Materiel Center (美国)海军航空材料中心.

Namco chaser 组合板牙刃板梳刀.

name [neim] I *n.* ①(名字, 名目), 姓名②名义③名声(誉)④著名的人物. II *vt.* ①给...命(取)名②举(说, 叫, 提)出, 列举, 指定③委任, 任命④提 (开)出(价格). *declarator name* 说明符名称[定义]. *family name* 姓. *name brand* 名牌货. *name of commodity* (*goods*) 货名. *name of part* 品名. *name plate* 铭牌, 名(号)牌, 厂名牌. ▲*as the name implies* 顾名思义. (*be*) *named for*(被)指定作. *be named in honour of...* 为纪念...而命名. (*be*) *true to one's name* 名符其实. *by name* 用(凭)名字, 名叫. *by name John* 或 *John by name* 名叫约翰的. *by* (*of, under*) *the name of...* 名叫..., 以...的名字(义). *call...by name* 叫...的名字. *go by* (*under*) *the general name of...* 统称为.... *go by* (*under*) *the name of...* 名叫(叫做, 称为).... *have a name for...* 或 *have the name of...* 以...出名(著称). *in name* 名义上(的), 有名无实的. *in name but not in reality* 有名无实的. *in one's own name* 以自己的名义. *in the name of...* 以(凭)...的名义, 代表..., 为...的缘故, 替. *know...by name* 只知道...的名字. *name after* (*for*) 以...命名. *name...for...* 指定(提名)...作.... *not to be named on* [in] *the same day with...* 与...不可同日而语, 比...差得多. *of name* 有名的. *of no name* 无名的. *the name of the game* 事情的本质, 真正重要的东西. *to one's name* 属于自己的东西. *without a name* 无名的, 不知名的, 名字说不出的.

name′able =namable.

name′board *n.* 船名板.

named *a.* 标着名称的, 被指名的, 指定的.

name′less ['neimlis] *a.* ①无名的, 不知名的, 没有署名的②说不出的, 难以形容的, 无法描述的.

name′ly ['neimli] *ad.* 即, 换句话说.

name′plate *n.* 铭牌, 名(号)牌, 厂名牌, 商标, 报刊名.

name′sake ['neimseik] *n.* 同名的人(东西).

Namibia [nəˈmiːbiə] *n.* (西南非洲)纳米比亚.

Nampo *n.* 南浦(朝鲜民主主义人民共和国港口).

NAMPPF =nautical air miles per pound of fuel 每磅燃料的(航)空英里数.

Namurian *n.* (在欧洲石炭系的)拿摩里阶.

Nan′chang′ [ˈnɑːnˈtʃɑːŋ] *n.* 南昌.

NAND [nænd] =NOT AND **[计]** "与非". *NAND circuit* "非与"电路. *NAND element* "与非"元件(单元], "与非"门. *NAND operator* 与非算子.

nandinine *n.* 南天竹碱 ($C_{19}H_{19}O_3N$).

nanism ['neinizm] *n.* 特小(性), 矮态, 矮小, 体小, 侏儒状态.

nanoplankton *n.* 微型浮游生物.

na′no [ˈneinə] *n.* 那(诺),毫微,纤(10^{-9}).
nano- 〔词头〕那(诺),毫微,十亿分之一,纤(=10^{-9}).
nanoam′meter *n.* 那(诺)安计,毫微安计.
nanoamp(ere) *n.* 毫微〔那(诺)〕安(培),10^{-9}安培.
nan′ocircuit *n.* 毫微〔超小型(集成)〕电路.
nanocu′rie *n.* 毫微居(里),纤居(里),10^{-6}居里.
nano-dosim′etry *n.* 超微剂量学.
nanofar′ad *n.* 毫微法(拉),10^{-9}法拉.
nanofossil *n.* 超微化石(微浮游植物的化石).
nan′ogram *n.* 纤克,毫微克,10^{-9}克.
Nan′ograph *n.* 镜面仪表读数记录用随动系统.
nanohen′ry (nH) *n.* 毫微〔那(诺)〕亨(利),10^{-9}亨.
nanom′eter *n.* 毫微米,10^{-9}米.
nan′on *n.* 毫微米(10^{-9}米).
nanophotogrammetry *n.* 缩微摄影测量(术).
nanoprogram *n.* 毫微程序.
nan′oscope *n.* 毫微秒〔超高频〕示波器.
nanosec′ond *n.* 毫微〔那(诺)〕秒,10^{-9}秒. *nanosecond pulser* 毫微秒脉冲发生器.
nanosur′gery *n.* 毫微外科手术.
nan′owatt *n.* 毫微〔那(诺)〕瓦(特),10^{-9}瓦特. *nanowatt electronics* 毫微瓦(功率)电子学.
Nansha Islands 南沙群岛.
nap [næp] *n.*; *vi.* ①(绒布等面上的)细毛,使(绒布等)起毛②打瞌睡,打盹. ▲***be caught napping*** 冷不防被人抓住,被发现在打瞌睡. ***take*** 〔have〕 ***a nap*** 打盹,睡午觉. ***take*** 〔catch〕…***napping*** 乘…不备.
NAP =noise abatement procedure 噪声抑制程序.
na′palm [ˈneipɑ:m] Ⅰ *n.* 凝固汽油(弹),(制造汽油弹的)纳磅油,胶化汽油,凝汽油剂. Ⅱ *vt.* 用凝固汽油弹轰炸,用喷火器攻击.
nape [neip] *n.* 颈背,项,后颈.
naphazoline *n.* 萘唑啉,2-(1-萘甲基)-咪唑啉.
naph′tha [ˈnæfθə] *n.* (粗)挥发油,石脑油,石油(精),矿物油,粗汽油. *aromatic naphtha* 芳烃油,芳族燃料油. *Gulfspray naphtha* 粗汽油. *naphtha residue* 石脑油残渣,重〔黑〕油. *solvent naphtha* 溶剂石脑油.
naph′thalene 或 **naph′thaline** *n.* 萘(球),卫生球. *naphthalene ball* 卫生丸,萘丸〔球〕.
naph′thane (=decalin) *n.* 萘烷.
naph′thanol *n.* 萘烷醇.
naph′thenate *n.* 环烷酸盐.
naph′thene *n.* (石油)环烷,环烷(属)烃,(脂)环烃. *naphthene base* 环烷(烃)基. *naphthene base oil* 环烷基石油. *naphthene hydrocarbons* 环烷属烃.
naphthen′ic *a.* 环烷的,(脂)环烃的. *naphthenic acid* 环烷酸,环酸. *naphthenic base* 环烷(烃)基,沥青基. *naphthenic residual oil* 环烷〔沥青〕质残油.
naph′thenone *n.* 环烷酮.
m-naphthodianthrone *n.* 间萘二蒽酮.
naph′thol *n.* 萘酚.
naphtholithe *n.* 沥青页岩.
naphthoquinone *n.* 萘醌.
naph′thyl [ˈnæfθi] *n.* 萘基.
naphthylamine *n.* 萘胺,氨基萘.
na′pier [ˈneipiə] *n.* 奈培(衰减单位,=8.686分贝). *Napier equation* 奈培公式. *Napier log* 或 *Napier's logarithm* 自然〔讷氏〕对数.
Na′pier [ˈneipiə] *n.* 纳比尔(新西兰港口).
Napierian logarithms 自然〔讷皮尔〕对数.
nap′kin [ˈnæpkin] *n.* 餐巾. ▲***lay up in a napkin*** 藏着不用.
Na′ples [ˈneiplz] *n.* 那不勒斯(意大利港口). *Naples yellow* 拿浦黄,锑酸铅.
napo′leonite *n.* 球状闪长岩.
nappe [næp] *n.* ①叶,(溢流)水舌 ②外层,表面 ③推铺,推覆体,溶岩流. *nappe profile* 溢流水舌截面. *nappe separation* 射流分离,水舌脱离.
NARCOM =North Atlantic Relay Communication System 北大西洋中继通信系统.
narco′sis [nɑ:ˈkousis] *n.* 麻醉.
narcosyn′thesis *n.* 麻醉剂疗法.
narcother′apy *n.* 麻醉〔睡眠〕疗法.
narcot′ic [nɑ:ˈkɔtik] Ⅰ *a.* 麻醉性〔剂〕的,催眠的. Ⅱ *n.* 麻醉剂,麻药,催眠药.
nar′cotism *n.* 麻醉(作用,状态),不省人事.
nar′cotize *vt.* 使麻醉. **narcotiza′tion** *n.*
nard [nɑ:d] *n.* 甘松,甘松油脂.
NAREC =naval research electronic computer 海军研究用电子计算机.
Na-reduction 钠还原(法).
Narite *n.* 一种铝青铜(铝13~15%,铁5%,镍1%,铜79~81%).
Narm tape 纳姆合成树脂粘接剂.
narrate′ [næˈreit] *vt.* 叙〔陈〕述,讲(述).
narra′tion [næˈreiʃən] *n.* 叙〔讲,陈〕述,故事.
nar′rative [ˈnærətiv] Ⅰ *n.* ①故事,讲述,叙述文 ②解说词. Ⅱ *a.* 叙述的,叙事体的.
narra′tor *n.* 叙〔讲〕述者,讲解〔解说〕员,播音员.
narra′tress *n.* 女讲解〔解说,播音〕员.
nar′row [ˈnærou] Ⅰ *a.* ①窄的,细的,狭(窄,小,隘) ②有限的,受限制的 ③严密〔格〕的,精确的 ④勉强的,仅仅的. Ⅱ *v.* 弄〔变,收〕窄,使狭小,收缩,缩小(down,up). Ⅲ *n.* 狭窄的地方,(常用 pl.)山〔海〕峡,峡谷. *narrow band* 窄(频)带. *narrow base* 窄基底,窄基区. *narrow flame* 舌焰. *narrow gate* 窄选通脉冲,窄闸门,窄门电路. *narrow gauge* 窄轨距,窄轨的. *narrow-gauge railway* 窄轨铁路. *narrow guide* 窄导轨〔槽〕. *narrow gun* 窄径电子枪. *narrow rule* 狭规,窄尺. *narrow tube* 小直径管. ▲***in a narrow sense of the word*** 狭义地说. ***narrow (M) to N*** (把M)限制〔局限〕在N(之内).
narrow-angle picture tube 小偏转角显像管.
narrow-band *n.* 窄(频)带,狭(频,通)带. *narrow-band charactascope* 窄频带频率特性观测设备. *narrow-band spectrum* 窄带谱 *narrow-band-long-wave omnidirectional range* 窄频带长波全向无线电信标.
narrow-base *n.* 窄基底,窄基区.
narrow-beam *n.* 狭窄射线,窄束.
narrow-bore tube 小直径管.
narrow-deviation frequency-modulated transmitter

narrow-gate circuit 窄频移调频发射机.
narrow-gate circuit 窄选通(脉冲)电路, 窄门电路.
narrow-gate multivibrator 窄门多谐振荡器.
narrow-gate range potentiometer 精确距离电位计.
narrow-gauge *n.* 窄轨的, 窄轨距.
nar'rowing *n.*; *a.* 缩小(短), 收缩, 窄化, 变窄, 限制, 狭的, 严密的. *narrowing circuit* (脉冲)变窄电路, 脉冲锐化电路. *pulse narrowing* 脉冲变窄.
nar'rowly *ad.* ①狭窄地 ②勉强地, 好容易地, 仅仅 ③严密地, 精(仔)细地.
narrow-mouth(ed) *a.* 细口的.
narrow-narrow gate 超窄选通脉冲.
narrow-necked *a.* 细颈(口)的.
nar'rowness *n.* 窄(小).
Nar'rows ['nærouz] *n.* 达兹尼尔海峡; 奈洛斯海峡(在美国纽约市斯塔腾岛和长岛之间).
n-ary *a.* n 元的.
NAS = ①National Academy of Sciences(美国)国家科学院 ②national aerospace standard 美国国家航空及宇宙航行空间标准 ③national aircraft standards(美国)国家飞机标准 ④Naval Air Station(美国)海军航空试验站.
NASA = National Aeronautics and Space Administration (美国)国家航空和航天管理局.
na'sal ['neizəl] *a.*; *n.* 鼻的, 鼻音的, 鼻音(符号). *nasal rating* 按气味评价.
nasal'ity *n.* 鼻音(性).
na'salize ['neizəlaiz] *v.* 用鼻子发声, 鼻音化. **nasaliza'tion** *n.*
NASAP = Network Analysis for Systems Application Program 系统应用程序用网络分析(计算机程序).
nas'cence ['næsns] 或 **nas'cency** ['næsnsi] *n.* 发生, 起源.
nascendi (拉丁语) *in statu nascendi* 在新生(生成)过程中. *hydrogen in statu nascendi* 新生态氢.
nas'cent ['næsnt] *a.* 初(新)生的, 初期(生)的 ①处于生成过程的, 发生中的, 在排出时的. *nascent hydrogen* 新生氢, 初生氢, 初生态氢. *nascent neutron* 初生中子. *nascent oxygen* 原子态氧. *nascent state* 【化】新(初)生态, 方析态.
Nash pump 纳希泵, 液封型真空泵.
Nasmyth pile-driver 汽锤打桩机.
nason stone 硅氨钙铅矿.
Nas'sau ['næsɔ:] *n.* 拿梭(巴哈马首都, 在古巴东北方向).
nas'tily ['nɑ:stili] *ad.* 污秽, 不清洁. **nas'tiness** *n.*
nastur'tium *n.* 旱金莲.
nas'ty ['nɑ:sti] *a.* ①很脏的, 不洁的, 讨厌的 ②险恶的 ③难应付(处理)的, 严重的. II *n.* 讨厌的东西. *nasty smell* 臭味, 难闻的气味.
NAT = ①national 国家的, 全国的, 国立的 ②nationality 国籍 ③native 出生的, 天然的 ④natural 自(天)然的 ⑤non-aqueous titration 非水滴定(法).
nat *n.* 奈特(一种度量信息的单位, 1 奈特 = $\log_2 e \approx 1.443$ 比特).
na'tal ['neitl] *a.* 诞(出, 初)生的. *natal day* 生日. *natal place* 诞生地.
natal'ity [nei'tæliti] *n.* 出(产)生率.

na'tant ['neitənt] *a.* 浮在水上的, 游泳的, 漂浮的, 浮游的. ~**ly** *ad.*
nata'tion [nei'teiʃən] *n.* 游泳.
natatores *n.* 水禽类, 游禽类.
nato'rial 或 **na'tatory** *a.* 游泳(用)的.
nato'rium [neitə'tɔ:riəm] (pl. *natato'riums* 或 *natato'-ria*) *n.* (室内)游泳池.
na'tion ['neiʃən] *n.* 国家, 民族, (全国)国民. *law of nations* 国际公法. *the Chinese nation* 中华民族. *the most favoured nation* (*clause*) 最惠国(条款). *the United Nations* 联合国.
nat'ional ['næʃənl] I *a.* ①国家(立, 有)的, 民族的 ②国家标准的 ③国民的. II *n.* 国民, 侨民, 同胞. *foreign nationals in China* 在华外籍侨民. *National A alloy* 耐蚀铝合金(铜 0～4%, 镁 0～4%, 硅 0～7.5%, 锰 0～0.6%, 镍 0～1.5%, 其余铝). *National Assembly* 国民议会. *national bank* 国家银行. *national center* 全国电话总局. *national channel* 全国波道. *national coarse thread* (美国)国家标准粗牙螺纹. *national costume* 民族服装. *National Day* 国庆日. *national defense* 国防. *national economy* 国民经济. *national (extra) fine thread*(美国)国家标准(极)细牙螺纹. *national highway* 国道. *national income* 国民收入. *national minority* 少数民族. *National People's Congress* 全国人民代表大会. *national spirit* 民族精神. *national standard* 国家标准. *national supergrid* 国家超级电力网. *national taper* 国家标准锥度.
nationalisa'tion = nationalization.
nationalise = nationalize.
nat'ionalism ['næʃənəlizəm] *n.* ①民族主义, 国家主义 ②工业国有化主义.
nat'ionalist *n.*; *a.* 民族主义者(的), 国家主义者(的). —**ic** *a.* ~**ically** *ad.*
national'ity [næʃə'næliti] *n.* ①国籍 ②民族, 部族 ③国名 ④国家的.
nationaliza'tion [næʃnəlai'zeiʃən] *n.* 国有(化, 制), 收归国有.
nat'ionalize ['næʃnəlaiz] *vt.* ①收归国有, (使)国有化, 使变成国营 ②(使)国家)获得独立.
nat'ionally *ad.* 全国(性)地, 从国家的观点(立场)上, 在全国范围内.
na'tion-wide ['neiʃənwaid] *a.* 全国(性)的, 全民(族)的.
na'tive ['neitiv] I *a.* ①本国(地)的, 当地生的, 出生的, 土产的 ②天然(纯净)的, 天生的, 原来的, 先天的. II *n.* ①(出生于…的)人, 本地人 ②当地产的动(植)物. *native and foreign* 国内外的. *native asphalt* 天然(地)沥青. *native copper* 自然铜. *native country*(*land*) 祖(本)国. *native gold* 现金. *native home* 原产地. *native language* 本国(族)语. *native metal* 自然金属. *native substrate* 同质衬底. *native sulphur* 天然硫. *He is a native of England.* 他是英国人. ~**ly** *ad.* ~**ness** *n.*
nativ'ity *n.* 诞(出)生, 出生地.
natl = national 国家的, 国立的.
NATO = North Atlantic Treaty Organization 北大西洋公约组织.

na′trium ['neitriəm] *n.* 【化】钠 Na. *natrium amalgam* 钠汞齐. *natrium amide* 氨基化钠. *natrium brine* 钠盐水. *natrium lamp* 钠蒸气灯. *natrium lead* 含钠铅合金 (Na 2%).

natriumi′odide *n.* 碘化钠.

natroautunite *n.* 钠钾铀云母.

natrolite *n.* 钠沸石.

na′tron ['neitrən] *n.* 泡碱,氧化钠,碳酸钠,含水苏打. *natron calc* 碱石灰. *natron saltpeter* 钠硝石.

nat-rubber *n.* 天然橡胶.

nat′tier blue 淡蓝色.

nat′tily ['nætili] *ad.* 整洁,清楚.

nat′ty ['næti] *a.* ①整洁的,干净的 ②清楚的 ③敏捷的.

natu′ra [拉丁语] *de rerum natura* [diːˈrerəm nætjuərə] 就事物本质而论.

nat′ural ['nætʃ(ə)rəl] *a.* ①自然(界)的,天然的,非人造的 ②固有的,本来的,本能的,天赋的 ③(当)然的,物质的 ③常态的,正常的,普通的 ④预期的 ⑤逼真的. *natural base* 生物碱,自然对数之底. *natural color* 天〔自〕然色,彩色. *natural crack* 自然裂纹. *natural crystal* 天然矿石〔晶体〕. *natural current* (地表)自然电流,地电流,中性线电流. *natural detector* [rectifier] 矿石检波器. *natural dissipated power* 固有消耗功率. *natural features* (天然)地形,地貌. *natural flow station* 自流〔水利〕发电站. *natural frequency* 固有〔自然,振动〕频率. *natural gas* 天然(煤)气,石油气. *natural hardness* 原硬度. *natural history* 自然史,博物学. *natural impedance* 特性〔固有〕阻抗,波阻抗. *natural logarithm* 自然对数. *natural oscillation* 自由摆〔振〕动,基本〔固有,本征〕振荡,自由〔无阻尼〕振动. *natural parameter* 特性参数. *natural pattern* 实样〔物〕模. *natural philosophy* 物理学,自然哲学. *natural scale* 自然〔级〕数,自然〔固有〕量,固有容积,天然尺寸,自然〔普通〕比例尺,直径比率. *natural science* 自然科学. *natural sine* 正弦真数. *natural size* 原尺寸. *natural steam power plant* 地热力发电厂. *natural steel* 天然〔初生〕硬度钢. *natural trigonometrical function* 三角函数的真数. ▲*come natural to…* 对…来说是轻而易举的. *it is natural (for…) to +inf.* (对…来说)(做)是自然的,(…)很自然地(做). *it is (quite) natural that* 十分(很)自然…,…是十分(很)自然的.

natural-born *a.* 生来的,天生的.

natural-colour reception 天然色接收(彩色电视).

natural-function generator 自然〔解析〕函数编程序,解析函数发生器.

nat′uralism *n.* 自然主义,本能主义〔行动〕.

nat′uralist *n.* 自然科学工作者,博物学家,自然主义者.

naturalis′tic *a.* 自然(主义)的,天然的,写实的.

nat′uralize ['nætʃrəlaiz] *v.* ①(使)加入国籍(in, into) ②归化,驯化 ③(纳)(外来语,文字) ③移植 ④使习惯于,使适应. ▲*become naturalized as* [in] …加入…国籍.

nat′urally ['nætʃrəli] *ad.* ①自〔天〕然地,天生地,生(来) ②当然,必然地,不用说 ③容易地.

nat′uralness ['nætʃrəlnis] *n.* ①自然 ②纯真,逼真度.

na′ture ['neitʃə] *n.* ①自然(界,现象,状态),天然(状态),原始状态,宇宙万物 ②特性〔征〕,性〔本〕质,本〔天〕性 ③实际,实况 ④种类,类别,级,大小⑤树脂. *all nature* 万物. *anisotropic nature* 有向性,各向异性. *crystalline nature* 晶体性质. *factors of practical nature* 实际性的因素. *gated nature of signal* 信号选通性. *hints of a general nature* 一般性的提示. *information of this nature* 这种(性质的)信息〔数据,资料〕. *nature and nurture* 本性与教养,先天与后天,遗传与环境. *nature hazard* 天险. *nature of electricity* 电的性质. *nature reserve* 自然保护区. *nature study* 自然研究. *radioactive nature* 放射性起源,放射特性. *second nature* 第二天性,习性,习惯. *things of this nature* 这种〔类〕事情. *thixotropic nature* 触变〔摇溶〕性质. *The methods are of a specific nature.* 这些方法独具特点. ▲*against nature* 违反自然〔本性〕. *(be) in* [of] *the nature of* 具有…的性质,好像(是),类似,简直(是). *(be) true to nature* 逼真的. *by* [from, in] *the (very) nature of things* [the case] 所当然地,当〔必〕然. *by (its) very nature* 天然地,本〔生〕来,就其本性而言. *in a* [the] *state of nature* 在自然〔天〕然状态. *in nature* (就)性质上(来说),实质上,事实上,究竟. *in the course of nature* 通常,按照常例,根据事物的常理,自然而然地.

naught [nɔːt] *n.* 无(价值),【数】零. *naught point* [decimal] *two* (小数)零点二, 0.2. ▲*a thing of naught* 没价值〔没用〕的东西. *all for naught* 徒然. *bring…to naught* 使…成泡影,使…失败〔无效〕,毁灭. *care naught for* …对…不感兴趣,认为…毫无价值. *come to naught* 失败,落空. *set…at naught* 蔑视,嘲笑.

naught′y ['nɔːti] *a.* 顽皮的,淘气的.

nau′mannite *n.* 硒银矿.

Nauru [nɑːuˈruː] *n.* 瑙鲁(约在东经167°之赤道附近).

nau′sea ['nɔːsiə] *n.* ①恶心,晕船 ②厌〔憎〕恶,反感. ▲*feel nausea* 作呕.

nau′seate ['nɔːsieit] *v.* (令人)恶心〔作呕〕,厌恶.

nau′seating 或 **nau′seous** *a.* 令人作呕〔恶心〕的,讨厌的.

naut =nautical.

nau′tical ['nɔːtikəl] *a.* 航海的,海(上)的,船舶的,船员的. *nautical chart* 航海图. *nautical ephemeris* 航海历,航海年表. *nautical mile* 海里(= 1853.2 m). *nautical receiving set* 水听器. *nautical scale* 海比例尺. *nautical term* 航海用语.

nau′tilus ['nɔːtiləs] *n.* ①一种潜水器 ②舡鱼,鹦鹉螺.

Nau′tophone *n.* (航海用的一种电动的)雾信号机,高音〔电动〕雾笛.

nauts =nautical miles 海里.

nav =①naval 海军的,船舶的 ②navigable 可航行的 ③navigate; navigation 航行,导航 ④navigator 导航设备,领航员.

navaglide n. 飞机盲目着陆系统.
navaglobe n. 远程无线电导航系统.
nav'aho ['nævəhou] n. (美国)一种地对地导弹,超音速巡航导弹.
navaid n. 助[导]航设备,助航装置(如雷达信标),助航系统.
na'val ['neivəl] a. ①海军的,军舰的 ②海洋的,船舶[运用]的. *naval action* [engagement]海战. *naval architecture* 造舰工程. *naval blockade* 海上封锁. *naval brass* 海军黄铜. *naval bronze* 海军青铜. *naval construction* 舰艇建造. *naval forces* 海军(部队). *naval hydrodynamics* 海洋流体力学. *naval port* 军港. *naval power* 海军力,制海权. *naval shore* 海岸. *naval stores* 船用品,海军补给品,松脂类(原料),松脂制品. *naval tank* 船模试验池. *naval yard* 造船厂,海军工厂.
na'vally ad. 在海军方面.
navamander n. 编码通信设备[系统].
nav'ar ['nævɑ] n. 导航雷达,无线电空中航行操纵系统,指挥飞行的雷达系统. *navar principle* 空中导航原理. *navar scope* 飞行员用导航显示设备(显示器). *navar screen* 导航屏幕(指挥飞行的投影装置).
na'varchy ['neivɑːki] n. 海军力.
navarho n. 一种远程无线电导航系统.
navar-screen system 导航屏幕系统.
nav'ascope ['nævəskoup] n. 机载雷达示位器,(飞行员用的)导航仪,导航设备.
nav'ascreen n. 导航屏幕(指挥飞行的投影装置).
nav'aspector n. 导航谱(指示装置).
NAVCM =navigation countermeasures and deception 导航对抗与伪装.
nave [neiv] n. ①(轮)毂,(衬)套 ②(铁路车站等建筑的)中间广场 ③中殿,听众席. *nave boring machine* 镗毂机. *nave of wheel* 轮毂.
na'vel ['neivəl] n. (肚)脐,中央(心).
navia'tion n. 海军航空(兵).
navic'ular [nə'vikjulə] a. 船形的,舟状的.
navig =navigation.
navigabil'ity [nævigə'biliti] n. 适航性.
nav'igable ['nævigəbl] a. ①可航行的,可通航的(海,河)②适(于)航(行)的(船舶). *navigable pass* 航道. *navigable semicircle* 可航半圆. *navigable waterway* 通航水路. ▲*be navigable for* [to]可通(船)的,适于…航行的.
nav'igate ['nævigeit] v. ①驾驶(船,飞机),导[领]航 ②航行于,沿…航行,航空(海)③使通过.
navigating-jack 或 **navigating-lieutenant** 或 **navigatingofficer** n. (海军)领航员.
naviga'tion [nævi'geiʃən] n. ①导[领]航 ②航行(学),航海[航空]术,航空,海上交通[运输](总称). *air navigation* 航空学,空中导航. *blind navigation* 仪表导航. *constant-bearing navigation* 定向航行,(弹与目标)平行接近法. *fixed lead navigation* 固定提前角导航. *navigation by space references* 天体导航. *navigation canal* 通航运河. *navigation coal* 锅炉[蒸汽]煤. *navigation coordinate* 导航座标. *navigation department* 航海系. *navigation fix* 领航座标. *navigation light* 导航灯. *navigation lock* 船闸. *navigation opening* 港口. *navigation* (*al*) *computer* 导航计算机. *radar navigation* 雷达导航. *space navigation* 宇宙航行.
naviga'tional a. 导航的,航海[行,空]的. *navigational aids* 助航设备. *navigational satellite* 导航[航海]卫星. ~ly ad.
navigation-coal n. 汽锅用煤,锅炉煤,蒸汽煤.
nav'igator ['nævigeitə] n. ①领航员,航行员 ②导航设备,导[领]航仪. *navigator fix* 导航定位. *radar navigator* 雷达导航设备.
navigator-bombardier n. 领航轰炸员.
navigraph n. 一种领航表.
navsat =navigation satellite 导航卫星.
nav'vy ['nævi] I n. ①挖凿[土,泥]机 ②挖掘工人. II v. 掘(地). *navvy barrow* 土车,运土手推车. *navvy pick* (挖)土镐.
na'vy ['neivi] n. ①海军(人员,部)②藏青色. *navy blue* 深蓝色,藏青色. *navy bronze* 海军青铜(铜88%,铅6%,铅1.5%,锌4.5%). *navy receiver* 船用(海军用)接收机. *navy socket* 海军用电子管座.
Naxas emery (天然)刚玉.
nay [nei] I ad. ①不但如此,而且,甚至 ②不,否. II n. 否定,拒绝.
naze n. 海角,岬角.
NB =①American standard buttress threads 美国标准锯齿螺纹 ②narrow-band 窄(频)带 ③nobias (relay)无偏压(继电器).
N.B. =(拉丁语) *nota bene* 注意,留心.
Nb =①niobium 铌(即 columbium 钶)②number 数,号.
NBA =nickel base alloy 镍基合金.
NBC =National Broadcasting Company(美国)全国广播公司.
NbE =north by east 北偏东.
NBFM =narrow-band FM 窄带调频.
N-bomb n. 核弹.
NBR =nitrile butadiene rubber 腈基丁二烯橡胶.
NBS =①National Bureau of Standards(美国)国家标准局 ②New British Standard (Imperial wire gauge)英国新标准线规(帝国线规).
NBTL =Naval Boiler and Turbine Laboratory(美)海军锅炉及涡轮实验所.
NBTL test NBTL 试验,重油热稳定性试验.
NbW =north by west 北偏西.
NC =①chloropicrin stannic chloride 三氯硝基甲烷四氯化锡 ②National Carbon Co. 国家炭精公司 ③national certificate 国家合格证 ④national coarse thread 美制粗牙螺纹 ⑤natural convection 自然对流 ⑥neutralizing capacitor 中和电容器 ⑦nitrocellulose 硝化纤维素 ⑧no change 无变化 ⑨no charge 免费,未充电,未装载 ⑩no connection 没有联系,不连接 ⑪no cost 无代价 ⑫noise criterion 噪声标准(判据)⑬non-condensing 不冷凝的 ⑭normally closed 常闭(合)⑮nose cone 鼻锥,头部,弹头 ⑯ numerical control 数字控制.
N/C =①no change 没有改变 ②numerical control 数字控制.

NCA =nickel copper alloy 镍铜合金.
NCC =non-convertable currencies 非兑换货币.
NCE =normal calomel electrode 标准甘汞电极.
NCI =no cost item 无代价项目.
NCL =National Central Library (英) 国立中央图书馆.
NCM =noncorrosive metal 无腐蚀性金属.
N-component *n*. N 成分, 核作用成分.
n-compound *n*. 正构化合物, *n*-化合物, 标准化合物.
NCR =①nitrile-chloroprene rubber 腈基氯丁橡胶 ②no carbon required 不需要碳 ③nuclear 核的.
NCR PROP =nuclear propulsion 核推进, 核发动机.
NCRP =National Committee on Radiological Protection 全国防辐射委员会.
NCS =①Net Control Station 无线电网控制局 ②Numerical Control Society (美国) 数字控制学会.
NCU =①nitrogen control unit 氮气控制设备 ②nozzle control unit 喷管控制设备.
ncv =no commercial value 无商业价值.
N/C/W =not complied with 未依照….
ND =①Navy Department 海军部 ②neutron density 中子密度 ③no date 无日期 ④no drawing 无图纸 ⑤not detected 未探(测)出 ⑥nuclear device 核装置.
Nd =neodymium 钕.
n. d. =no date 或 not dated 无日期.
nda =not dated at all 根本无日期.
NDB =non directional radio beacon 无指向性无线电信标.
NDE =①nondestructive examination (evaluation) 非破坏性检查(鉴定) ②nonlinear differential equation 非线性微分方程.
NDI =nondestructive inspection 非损毁性检查, 非破坏性试验.
n-digit product register *n* 位乘积寄存器.
Ndjamena [nˈdʒɑːmenɑː] *n*. 恩贾梅纳 (乍得首都).
Ndola [nˈduːlɑː] *n*. (赞比亚) 恩多拉(市).
ndp =normal diametric pitch 规定径节.
2-NDPA =2-nitrodiphenylamine 2-硝基二苯胺.
NDRO =nondestructive readout 无损读出, 不破坏(信息)读出.
NdUp laser =neodymium pentaphosphate laser 过磷酸钕激光器.
NDRW =non-destructive read-write 非破坏性(信息)读写.
NDT =①nil ductility transition 零延性转变 ②nondestructive testing 非破坏性检验.
NDT (drop weight) temperature NDT (落锤试验) 温度.
NDTI =nondestructive testing and inspection 非破坏性试验和检查.
NDW =net dead weight 净载重量.
NE =①net energy 净能 ②noneffective 无效的 ③northeast 东北 ④northeastern 东北的.
Ne =neon 氖.
n/e =not exceeding 不超过.
NE by E =northeast by east 东北偏东.
NE by N =northeast by north 东北偏北.
neˊplus ulˊtra [ˈniː plʌsˈaltrɑ] *n*. 〔拉丁语〕(已〔可〕达到的) 最远〔高〕点, 极〔顶〕点, 至高〔上〕(of).

NEAC =①Nippon electric automatic computer 日本制造的电气电子计算机 ②nuclear engine assembly checkout 核发动机装配检查.
NEAD =negative electron affinity device 负电子亲和力器件.
neap [niːp] Ⅰ *n*.; *a*. 最低潮(的), 小潮(的). Ⅱ *v*. (潮水) 断向小潮, 达小潮最高点, (由于小潮) 使(船) 受阻. *neap tide* 小(〔最)低, 弦)潮. *neap range* 小潮涨落差. ▲*be neaped* (船) 因小潮搁浅.
near [niə] Ⅰ *a*.; *prep*. Ⅰ (接, 靠, 邻, 附) 近, 邻接, 在…近旁 ②将近, 大约, 几乎, 差不多 ③精密, 细. Ⅰ *a*. ①接近的, 近似的, 仿制的 ②左侧的 ③(路等) 直达的, 近的. Ⅱ *v*. 接(靠, 使, 走) 近, 靠拢. *near concern* 密切的利害关系. *near delivery* 近期交货. *near distance* 近距. *Near East* 近东. *near field* 近场. *near misses* 些微误差, 近距脱靶. *near resemblance* 酷似. *near route* 〔way〕近路. *near sight* 近视. *near sonic* 近音 [声] 速的. *near surface path* 【海洋物理】表层声径. *near translation* (逐字) 直译. *near ultra-violet rays* 近紫外线 (波长接近可见光波的紫外线). *near work* 精密的工作. *nearer (to) the center* 比较靠近中心 (的地方). *nearest neighbour approximation* 最近邻近似法. *the shell nearest to the nucleus* 最靠近原子核的那一层. *the near front wheel of the road car* 路车的左前轮. *the near side of the road* 路的左侧. *give thickness to the nearest 1/10000 of an inch* 得出的厚度精确到万分之一英寸. *record the passage of time to the nearest second or so* 计时精确到一秒左右. *as a near's unity* 当一个近于 1 时…. *The job is nearing completion.* 这件工作正接近完成. *Don't go near the edge.* 不要走近边沿. *National Day is drawing near.* 国庆节快到了. *It was near six o'clock.* 快六点了. *If the short is near inflammable material, it may start a fire.* 如果在易燃物附近发生短路, 可能会引起火灾. ▲*as near as* …在…限度内. *be near to*… 离…近 [接] 近, 靠近, 濒于. *come* [*go*] *near (to)* +*ing* 几乎, 差一点. *far and near* 远近, 到处. *get* [*draw*] *near* 接 (逼) 近. *in the near future* 在最近 [不久] 的将来. *near at hand* 在手边, 在近旁, 即将临近. *near by*…在…附近, 靠近…. *near to*… 在…近旁, 靠 [接] 近…的. *near upon* 将近. *near nowhere* 离…很远, 差得远. *on a near day* (不) 日内, 三五天内.
nearˊby [ˈniəbai] Ⅰ *a*.; *ad*. 附近(的), 近处的), 接近…的, 附近(的). Ⅱ *prep*. 在…的附近. *nearby echo* 邻近回波 (回声). *nearby future* 最近的将来.
near-capacˊity condition 接近极限能量(的)情况.
near-commerˊcial scale 接近工业规模.
near-conˊtinent n. 近欧 (从英国看, 指比利时、荷兰、法国、丹麦等).
near-critˊical *a*. 近临界的.
near-earth *a*. 近地(球) 的.
near-end crosstalk 近端串话 [音].
near-field pattern 近场方向图, 近场图案.
near-level grade (水) 平波.
nearˊly [ˈniəli] *ad*. ①几乎, 差不多, 差一点, 将近, 大

约 ②(接)近,密切地 ③好容易 ④精密. *It's nearly six o'clock*. 将近六点钟了. *nearly as [so] hard as steel* 几乎和钢一样硬. *nearly free electron approximation* 概(似)自由电子近似法. ▲*not nearly* 远不及,相差很远. *not nearly as [so] hard as steel* 远不及钢那样硬. *not nearly enough* 远不够,相差[差得]很远.

near-magic a. 近幻(核)的.
near-miss Ⅰ n. (飞机)幸免相撞,幸免于难,未直接命中. Ⅱ vt. 仅免于.
near'ness ['niənis] n. (接,邻)近,近似,密切.
near-point (=punctum proximum) n. 近点.
near-print n. 誊写印刷品,印刷品.
near-prompt a. 近瞬时的,接近瞬发的.
near-real-time n. 近实的.
near'shore zone n. 近滨(岸)带.
near'side n. 左边.
near'sight'ed a. 近视的,眼光短浅的.
near'sight'edness n. 近视眼,眼光短浅.
near-son'ic a. 跨音速的,近音(声)速的.
near-source n. 近(震)源.
near-spherical a. 类球状,近似球形的.
near-term a. 目前的,短暂[期]的.
near-ther'mal a. 近热(能)的.
neat [ni:t] a. ①整洁[齐]的 ②净的,纯的,未搀杂的 ③简洁[练]的,精巧[致]的 ④平[光]滑的. *a neat piece of work* 一件精致的成品. *neat cement* 净水泥. *neat lime* 纯(石)石灰. *neat line* 准线,图表边线,墙面交接线. ~ly ad. ~ness n.
neat'line n. 准线,图表边线,墙面交接线.
NEB =noise equivalent bandwidth 噪声等效带宽.
Nebras'ka [ni'bræskə] n. (美国)内布拉斯加(州).
neb'ula ['nebjulə] (pl. *neb'ulae*) n. ①【天】星云,雾气 ②喷雾剂.
neb'ulae ['nebjuli:] nebula 的复数.
neb'ular a. 星云(状)的.
nebu'lium n. 【天】氪.
nebuliza'tion n. 喷雾(作用).
neb'ulize v. 喷雾.
neb'ulizer n. 喷雾器.
nebulos'ity [nebju'lɔsiti] n. ①星云[云雾]状态,星云状物,云量(度) ②模糊(状态),朦胧.
neb'ulous ['nebjuləs] a. ①星云(状)的,云雾状的 ②模[含]糊的,朦胧的.
NEC =①National electrical code (美国)全国电气(线路和设备的架设及安装)规程 ②National Electronics Conference (美国)全国电子学会议 ③Nippon Electric Company 日本电气公司 ④Nippon Electro-technic committee 日本电工委员会.
nec =①necessary ②not elsewhere classified 别处不保密的.
nec'essarily ['nesisərili] ad. 必定[然]的,必要地,当然. ▲*not necessarily* 未必,不一定.
nec'essary ['nesisəri] Ⅰ a. 必要[需]的,必然[定]的,不可免的,必须做的. Ⅱ n. (常用 pl.)(生活)必需品. *a necessary condition* 一个必要的条件. *daily necessaries* 生活必需品,日用品. ▲(*be*) *necessary to* [*for*] … 是…所必要[需](的). *if necessary* 必要时,如果必要的话. *it is necessary (for* …) *to* +*inf*. (…)必须(做),(…)有(做)的必要.
neces'sitate [ni'sesiteit] vt. ①需要,使成为必要,以…为条件 ②迫使,强迫. ▲*necessitate*…*to* +*inf*. 迫使…(做).
neces'sitous [ni'sesitəs] a. ①穷的,贫困的 ②紧迫的 ③必需的,不可避免的. ~ly ad. ~ness n.
neces'sity [ni'sesiti] n. ①必要(性),必然(性,的事) ②需要,必(急)需 ③必需品 ④贫困,危急. *necessity and contingency* 必然性和偶然性. ▲*be under the necessity of* + *ing* 被迫(做),不得已而(做). *from necessity* 迫于[由于]必要. *in case of necessity* 遇必要时. (*no*) *necessity for*…*to* +*inf*. …不需要(没)有(做)的必要. *of necessity* 必然[定],不得已,不可避免地. *without the necessity for*…不需要…,没有…的必要.
neck [nek] Ⅰ n. ①颈(部,口,状物,弯饰),脖子(端)轴颈,弯(管,管径,细)部颈,直径缩小的部位,叶柄,柄 ②凹槽,环形槽 ③短管 ④窄(隘)路,地(海)峡. Ⅰ v. ①截(断)口面收缩,颈[凹]缩,缩小,形成轴(颈)缩 (down) ②(锻件下料时)冲槽. *cold neck grease* 冷轧辊颈润滑脂. *filler neck* 接管嘴,漏斗颈. *goose necks* 鹅头轴. *hot neck grease* (轧钢机)(热)轧辊(轴)颈润滑脂. *neck bear(ing)* 弯颈轴承. *neck bush* 内(弯颈)衬套,轴颈套,底箱. *neck collar* 轴颈[承]环. *neck down* 闸门[缩颈]泥芯. *neck grease* 轴颈专用润滑脂. *neck journal* 或 *neck of shaft* 轴颈. *neck of hook* 钩柄. *neck of land* 地峡,狭窄地带. *neck shadow* 管颈阴影(图像偏移至屏外). *neck telephone* 喉头送话器. *neck tube* 颈管,(摄像管的)玻璃外壳. *swan neck* 鹅颈管,弯管. *tube neck* 管颈. ▲*break the neck of* … 做(完)…的最困难的一部分. *neck and neck* 并驾齐驱,齐头并下. *on (over) the neck of* 紧跟在…后面. *up to one's neck in* 齐颈陷在…中,深陷于…中.
neck'breaking speed 危险速率.
necked a. 压(缩)的,拉细的.
necked-down core 颈缩[易剥冒口]芯片,隔片.
necked-in n. (边缘)向内弯曲.
necked-out n. (边缘)向外弯曲.
neck'erchief n. 围巾,领巾.
neck-in n. (边缘)向内弯曲.
neck'ing n. ①颈缩,缩颈,辊颈加工,形成轴颈,形成细颈现象,收口切颈,(锻件下料时)冲槽 ②颈部,小直径的部位 ③伸展盒,内退刀槽 ④柱颈 ⑤去直钉头. *necking bit* 切(退刀)槽车刀. *necking cutter holder* 切(退刀)槽刀杆. *necking down* 颈缩,断面收缩. *necking in* 颈缩. *necking point* 颈缩点. *necking tool* 切(退刀)槽工具.
necking-in operation 割缺口.
neck'lace ['neklis] n. 项链.
neck-out n. (边缘)向外弯曲.
neck'tie ['nektai] n. 领带.
neck'wear n. 领带,围巾之类.
necrol'ogy n. 死亡统计(通知),讣告.
necropar'asite n. 死物寄生菌.
necro'sis [ne'krousis] n. (pl. *necro'ses*)坏死[疽],疮坏,黑斑症.

NECS =National electrical code standards(美国)全国电气(线路和设备的架设及安装)规程标准.

nec′tar ['nektə] n. 甘美的饮料,花蜜.

NED =normal equivalent deviation 标准当量偏差.

NEDAR =nautical exploration device and recoverer 海洋探测装置与回收装置.

NEDTA =disodium salt of ethylenediammetetraacetic acid 乙二胺四乙酸二钠盐.

ne′e [nei] a. (法语)娘家姓…的.

need [ni:d] I n. ①需要,必需(要) ,必须 ②缺乏,不足,贫困,危急 ③(pl.)必需品,要求. ▲ *at* (*one's*) *need* 在紧急时,必要时,急需时. *be* [stand] *in need of* 需要,要. *have need of* [for](需)要. *have need to* +*inf.* 必须(做),需要(做),该(做). *have no need of* 不需要. *if need be* 如果需要的话. *in time* [case] *of need* 在紧急的时候,万一有事时. *meet the needs for* [of] … 满足…的需要. *the need for* +*ing*(做)的必要,对…的需要. *the need for M to* +*inf.* M(做)的必要性,需要 M(做). II v. ①需要,要,必须,有…的必要. *This motor needs repairs.* 这台发动机需要修理. ▲ *need* +*ing* 或 *need to* +(被)动(做),应(做)(做). *The fuse needs replacing* [*to be replaced*]. 保险丝需要(加以)更换. *there needs no* …用不着…,不需要…. ②(通常在否定句或疑问句中作助动词,第三人称单数不加 s)必须. *He need not come.* 他不必来. ▲ *All* … *need* (*to*) *do is* (*to*) +*inf.* *All we need do is increase the charge.* 我们只需要增加电荷. *All you need do is press a switch, and the motor starts.* 只要按一下开关,发动机就开动了. *it need hardly be said that* 简直用不着说,几乎不必说. *it need not* +*inf.* 不需要(做). *it need not be*(但)不一定如此. *it need only* +*inf.* 只需要(做). *need not* +*inf.* 用不着(做),不需要(做),不必(做). *However, this need not always be so.* 然而,并不一定总是如此. *no* … *need* +*inf.* 没有…必来(做). *No gases need contaminate the work.* 工件不会(可以不致)受到气体污染;没有气体(不致于有气体)会来污染工件.

need′ful ['ni:dful] I a. 需要的,必要(需)的,不可缺的(for, to). II n. 需要的事物. *the needful* 必需的东西. *do the needful* 或 *do what is needful* 做所必须做的事.

need′fully ad. 必要地,不得已.

need′iness n. 贫穷,穷困.

nee′dle ['ni:dl] I n. ①(指,探,滚,唱,磁)针,指示器,针状物(体),针状结晶体 ②尖岩(峰),方尖塔,横撑木,(桥面下墙)撑架 ③【焊】穿炉引杆 ④放射性材料容器 ⑤鞭策,刻薄话. II v. ①(用针)刺(穿),穿过(through),(用针)缝 ②(使)成针状结晶 ③用横撑木支持 ④加强…效果. *carburettor adjusting needle* 汽化器调节油针. *cement needle* 水泥硬固检验针. *compass needle* 罗盘针. *curved needle* 弯针. *dip*(*ping*) *needle* 磁倾针,(磁)倾角指针. *fine needles* 细针状结晶. *jet needle*(汽化器的)油量控制针. *needle annunciator* 指针示号器. *needle beam*(托换基础用)簪梁. *needle bearing* 滚针[针式]轴承. *needle dam* 针坝,栅条坝. *needle etching* 针刻. *needle force* 针压力. *needle galvanometer* 磁针电流计,指针检流器. *needle gap* 针隙. *needle holder* 测针[指针]夹持器,针托. *needle indicator* 指针式指示器. *needle instrument*[telegraph]针示电报机. *needle jet* 针阀调节喷嘴. *needle lac* 针状虫胶. *needle lubricator* 针孔润滑器,针孔油枪. *needle point method* 针画法. *needle roller* 滚针,针状滚柱. *needle*(*roller*)*bearing* 滚针轴承. *needle stem* 喷针杆,针阀杆. *needle telegraph* 针示电报机. *needle valve* 针(状)阀. *needled steel* 针状组织的钢. *pipe needle*(引焊管坯通过加热炉和轧机机座的)管式引杆. *valve needle* 阀的探针,阀活门顶针. ▲ *as sharp as a needle* 非常敏锐. *hit the needle* 击中要害. *look for a needle in a bundle of hay* 大海捞针. *thread the needle* 完成一件艰辛工作.

Needle bronze 一种铅青铜(铜 84.5%, 锡 8%, 锌 5.5%, 铅 2%).

needle-cast n. 落叶病(症).

needle-density n. 针人密度.

needle-like a. 针状的.

needle-point n. 针尖.

needle-shaped a. 针状的.

needle-slot screen 细筛筛.

need′less ['ni:dlis] a. 不需(要)的,无用的,多余的. ▲ (*it is*) *needless to say* [add](插入语)不用说. ~**ly** ad. ~**ness** n.

need′ling n. 横撑木.

needn't ['ni:dnt] v. =need not.

needs ad. 必须,一定. ▲ *must needs* +*inf.* ①=needs must +*inf.* ②偏偏(要)(做),坚持要(做),必须. *needs must* +*inf.* 必须(做),不得不(做),必(一)定(做),非(做)不可.

need′y ['ni:di] a. 贫困的,非常贫穷的,缺乏生活必需品的.

NEF =①national extra fine thread (美国)国家标准极细牙螺纹 ②noise equivalent flux 噪声等效通量.

NEFD =noise equivalent flux density 噪声等效通量密度.

neg =①negative 负的,阴(性,极)的 ②negligible 可忽略的,很小的.

negacyclic code 负循环码.

neg′aohm n. 一种负温度系数的金属电阻材料(氧化铬与氧化铜的混合物).

negate' [ni'geit] vt. ①否定(认),拒绝,拒不接受,使无效,不存在,取消 ②求反,"非",对…施以"非"操作.

negater n. "非"门,倒换(换流)器. *negater spring* 反旋弹簧.

nega′tion [ni'geifən] n. ①否定(认),否定词,拒绝,反对 ②虚无,不存在 ③非,"非"操作,求反. *negation gate* "非"门.

neg′ative ['negətiv] I a. ①否定(认)的,反对(面)的,拒绝的,消极的 ②负的,阴(性)的,带负电的 ③黑白颠倒的,明暗相反的,底片的. II n. ①否定(认)②负数(值,量,元,像)③负(阴)电,阴极板 ④(照相)底片(板),负片,底片用胶卷,反面 ⑤【计】"非". III vt. 否定(认),拒绝,拒不接受,使无效,使中和,抵销. *answer in the negative* 或 *return a negative* 作否定答复. *hard negative* 硬色调底片,强反差底片. *negative acceleration* 负加速度,减速度. *negative acknowledge* 否认. *negative after image* 负余(残)像. *negative AGC* 反向自动增益控制. *negative AND gate* 【计】"与非"门. *negative booster* 降压器. *negative brush-lead* 电刷的后退. *negative catalysis* 缓化(作用),负催化(作用). *negative characteristic* 负特性,下降的特性曲线. *negative current* 负(反向)电流. *negative definite* 负定的. *negative direction* 逆向,反方向. *negative displacement pump* 负排量泵. *negative distortion* 负畸变(失真),枕形失真(电视). *negative electrode* 负(电)极,阴(电)极. *negative error* 负误差. *negative exponent* 负指数. *negative film* 底片. *negative ghost* 负鬼影(幻影,重像),黑白颠倒的鬼影(重像,图像). *negative glow* 阴极辉光,负辉区. *negative ignore gate* 【计】无关非门. *negative justification* 负码速调整. *negative modulation* 负极性调制. *negative pattern* 底片(底片)图案. *negative photoresist* 负性胶,负性光致抗蚀剂. *negative phototropism* 背光性. *negative plate* 负(阴)极板,底片. *negative proposition* 否定命题. *negative reinforcement* 负楼(压力,负荷矩)钢筋. *negative replica* 复制阴模. *negative segregation* 反(负)偏析. *negative sequence* 逆序. *negative side rake (angle)* 负刃倾角,负旁锋刀面角,负侧斜度. *negative sign* 负号. *negative supply* 负压电源. *negative temperature* 负(零下)温度. *negative terminal* 负极,负端,负极端子(接线柱). *negative thread* 阴螺纹. *negative transmission* 负调制(负极性)输送. *negative wave* 负(空号)波. *negative well* 渗水井. *negative writing* 底片(负片)记录. ▲ *(be) negative to*...(电压)比...低,(电压)相对于...是负的. *in the negative* 否定地. *on negative lines* 消极地. *Two negatives make a positive*. 负负得正.

negative-control thyratron 负压控制闸流管.

negative-glow lamp 辉光放电灯.

negative-going *a*. 负向的. *negative-going reflected pulse* 负向反射脉冲. *negative-going signal* 负向信号.

neg'atively *ad*. ①否定地,消极地 ②负(地),阴性(地). *It was decided negatively*. 这遭到了否决. *answer negatively* 否定地答复. *negatively charged* 带负电荷的. *negatively charged ion* 阴离子,负(电性)离子. *negatively oriented angle* 负定向角. ▲ *charge* ... *negatively* 使...带负电荷.

negative-phase relay 反向(负相位)继电器.

negative-phase-sequence component 反相序分量.

negative-resistance bridge 测量负电阻电桥,负阻电桥.

negative-working photoresist 负性感光胶.

negativ'ity *n*. (电)负性.

negator *n*. 【计】"非"元件,倒换器.

negatoscope *n*. 底片观察盒,看片箱(灯),读片灯.

neg'atron *n*. ①阴(负)电子 ②双阳极负阻管,负阻(电子)管.

negentropy *n*. (负)平均信息量,负熵.

neg'ion ['negiəm] *n*. 阴离子,阳阴离子.

neglect' [nig'lekt] *vt*.; *n*. ①忽视(略),疏(玩)忽 ②遗漏. *in a state of neglect* 处于无人管理的状态. *neglect of duty* 或 *neglect one's duties* 失职. ▲ *neglect +ing* (*to +inf.*) 忽略(做).

neglect'able *a*. = negligible.

neglect'ed *a*. 被忽视的.

neglect'ful *a*. 疏忽的,忽视(略)的,不管的,不留心的. ▲ *be neglectful of* ... 忽视...,不注意...,不管... ~ly *ad*. ~ness *n*.

neg'ligence ['neglidʒəns] *n*. 忽视,疏忽,粗心大意,不注意.

neg'ligent ['neglidʒənt] *a*. 疏忽的,不注意的,粗心大意的,随便的. ▲ *be negligent of* [*in*] ...疏忽...,对...马虎,不注意... ~ly *ad*.

neg'ligible ['neglidʒəbl] *a*. 可忽视(略)的,不计的,微不足道的,不重要的,很小的. *a negligible quantity* 小量,小数目,可略去量. *negligible set* 可除集. **neg'ligibly** *ad*.

negotiabil'ity *n*. 流通性,可转移性,流通能力.

nego'tiable [ni'gouʃiəbl] *a*. 可谈判的,可协商的,可转让的,可流通的,可通行的.

nego'tiate [ni'gouʃieit] *v*. ①商议(订),谈判,协商,交涉(with) ②处理,办理 ③使(证券等)流通,转让 ④克服(困难),通过,越过(障碍). *negotiate a bend* [*corner*] 拐弯. *negotiated amount* 议付金额. *negotiating bank* 议付银行.

negotia'tion [nigouʃi'eiʃən] *n*. ①商议,谈判,交涉,协商 ②流通,转让,议付. ▲ *be in negotiation with* ... 与...商议. *carry on negotiations with* ... 与...进行谈判(继续交涉). *enter into* [*upon*] *negotiations with* ... 和...开始谈判(交涉). *negotiation for* ...... 的谈判.

nego'tiator [ni'gouʃieitə] *n*. 交涉人,商议人,谈判人,协商人.

nego'tiatory *a*. 商议(谈判,交涉)的.

Ne'gro ['ni:grou] *n*.; *a*. 黑(种)人的.

Ne'groid ['ni:groid] *a*. 黑(种)人的,类似黑人的.

NEI = ①noise equivalent input 噪声等效输入 ②noise equivalent intensity 噪声等效强度 ③noise equivalent irradiance 噪声等效辐照度 ④not elsewhere indicated 别处未表明.

neigh'bo(u)r ['neibə] I *n*. 邻居[国],邻(国)人,邻近的东西,邻粒子(原子),邻近值. II *v*. 邻接(近),相邻,接近.

neigh'bo(u)rhood ['neibəhud] *n*. ①邻里,邻(附,接近),周围,街道,地区 ②【数】邻域. *coordinate neighbourhood* 座标邻域. *infinitesimal neighbourhood* 无穷小邻域. ▲ *in the neighbo(u)rhood of* ... 在...的附近[左右,上下],大约...

neigh'bo(u)ring ['neibəriŋ] *a*. 邻近[接]的,左近的,附近的,接壤的. *neighbo(u)ring country* 邻国. *neighbo(u)ring region* 邻域.

neigh'bo(u)rliness *n*. 睦邻,友好.

neigh'bo(u)rly *a*. 睦邻的,友好的.

nei'ther ['naiðə 或 'ni:ðə] I *a*.; *pron*. (两者)都不,

(两者)没有一个. *I can agree in neither case.* 或 *In neither case can I agree.* 两种情形〔无论那一种情况〕我都不能同意. *Neither statement is true.* 两种说法都不真实. Ⅱ *ad.* ; *conj.* 也不,也没有. ▲ **neither more nor less than**…和…完全一样. **neither M nor N** 既不 M 又不 N, M 和 N 都不. *A gas has neither definite shape nor definite volume.* 气体既没有一定的形状,也没有一定的体积. **neither of**(两个之中)没有一个. *Neither of the gears is engaged.* 两个齿轮没有一个啮合的,两个齿轮都没有啮合. **neither M or N** M 或者 N 都不,既不 M 也不 N.

neither-NOR gate 【计】"或非"门.
nek'ton *n.* 自游〔游泳〕生物.
nekton'ic *a.* 自游的.
NEL =Naval Electronic Lab(美国)海军电子研究所.
NELA =Nationd Electric Light Association 国家电灯协会.
NEM =not elsewhere mentioned 别处未曾提及.
NEMA =①National Electrical Manufacturers Association(美国)全国电气制造商协会 ②National Electronic Manufacturing Association 国家电子制造联合会.
Nemay = Negative Effective Mass Amplifier and Generator 奈迈(负有效质量放大器与振荡器).
nemat'ic [ni'mætik] *a.* 向列(相)的,丝状的. *nematic phase* 向列相.
nemo *n.* 室外广播.
nenadkevite *n.* 硅钙铅铀钛铈矿.
neo- (词头)新(近,发现,发明)的.
neobiogen'esis *n.* 新生物发生.
Ne'ocene ['ni:əsi:n] *n.* ; *a.* 新〔晚〕第三纪(的).
neocolo'nialism [ni(:)ouko'lounjəlizəm] *n.* 新殖民主义.
Neocomian Stage (早白垩世早期)尼欧克姆阶.
neocuproin *n.* 新试铜灵.
neodar'winism *n.* 新达尔文主义.
ne'odoxy ['ni:ədɔksi] *n.* 新学说,新见解.
Neodym 〔德语〕*n.* 钕 Nd.
neodymia *n.* 氧化钕.
neodym'ium [ni:ə'dimiəm] *n.* 【化】钕 Nd. *neodymium glass* 含钕玻璃.
neofat *n.* 再(生)脂肪.
neoforma'tion [nifɔfɔ:'meiʃn] *n.* 新生物.
neofor'mative *a.* 新生的,新组成的.
Neogen *n.* 一种镍黄铜(锌27%,镍12%,锡2%,其余铜).
Ne'ogene ['ni:oudʒi:n] *n.* 新〔晚〕第三纪(系). *Neogene system* 新第三系.
neogen'esis [ni(:)ou'dʒenisis] *n.* 新〔再〕生.
neogen'ic *a.* 新生的.
neogla'cial *a.* 新冰河作用的.
neohex'ane *n.* 新己烷,2,2-二甲基丁烷.
ne'oid ['ni:ɔid] *n.* 【数】放射螺线.
Neo-light *n.* 氖灯方向指示器,氖虹信号灯.
ne'olite *n.* 【地】新石.
ne'olith ['ni:əliθ] *n.* (新石器时代的)石器.
neolith'ic [ni(:)ou'liθik] *a.* 新石器时代的,过时的.
neol'ogism [ni(:)'ɔlədʒizəm] *n.* 新词语,新词的创造〔使用〕.
neol'ogize [ni(:)'ɔlədʒaiz] *vi.* 创造〔使用〕新词.
neol'ogy [ni:'ɔlədʒi] =neologism.
Neomagnal *n.* 铝镁锌耐蚀合金(铝90%,镁5%,锌5%).
ne'omorph *n.* 新形态,新等位基因.
neomor'phic *n.* 新生形.
neomor'phosis *n.* 新变态,新(形体)形成.
neomy'cin [ni:ou'maisin] *n.* 新霉素,新链丝菌素.
ne'on ['ni:ɔn] *n.* 【化】氖 Ne;霓虹光(灯)的,氖光灯. *neon arc lamp* 氖弧灯,热阴极氖光灯. *neon bulb* 霓虹灯. *neon computing element* 氖气计算元件. *neon glim lamp* 氖灯,霓虹灯泡. *neon glow lamp* 氖光灯,氖辉光放电管. *neon lamp* [indicator, light, tube] 氖管[灯],霓虹灯. *neon oscillator* 氖管振荡器,霓虹灯. *neon sign* 氖灯信号,霓虹灯广告. *neon spark tester* 氖光试验器. *neon stabilizer* 氖气稳压管. *neon timing lamp* 氖光测时灯.
Neonalium *n.* 一种铝合金(铜6~14%,铁、硅等0.4~1%,其余铝).
neona'tal *a.* 新生儿〔期〕的.
neon-grid screen 氖栅屏.
neontol'ogy [ni:ɔn'tɔlədʒi] *n.* 近代生物学.
neopentane *n.* 新戊[季戊]烷.
neophytadiene *n.* 植醇二烯.
neoplasia *n.* 新(瘤)形成.
ne'oplasm *n.* 瘤,恶性增生,赘生物,新生物.
neoplas'tic *a.* 瘤的.
ne'oprene ['ni:əpri:n] *n.* 尼奥普林氯丁(二烯)橡胶,聚氯丁橡胶. *neoprene latex* (聚)氯丁橡(胶)浆,人造橡(胶)浆. *neoprene synthetic rubber* 氯丁合成橡胶.
neopterin *n.* 新蝶呤.
neorobio'sis *n.* 细胞坏死,渐进性(细胞)坏死.
ne'osome *n.* 新成体,新核蛋白,新火岩体.
neostigmine *n.* 【药】新斯的明.
neotecton'ics *n.* 新构造运动.
neoter'ic [ni:ou'terik] *a.* ; *n.* 近代的(人),现代的(人),新式的,新发明的.
ne'otron *n.* 充气式脉冲发生管.
ne'otype *n.* 新型,新模标本.
neovolcanic rock 新火山岩.
neoxanthin *n.* 新黄质,新叶黄素.
neozo'ic [ni:ou'zouik] *a.* 新生代的. *neozoic era* 新生代.
NEP =noise equivalent power 噪声等效功率.
NEPA =①National Environmental Policy Act 国家环境政策法 ②nuclear energy for propulsion of aircraft 航空发动机用核能 ③nuclear energy propulsion for aircraft 飞行器的核能推进(装置).
Nepal' [ni'pɔ:l] *n.* 尼泊尔.
Nepalese' [nepɔ:'li:z] 或 **Nepali** *n.* ; *a.* 尼泊尔人〔语,的〕.
NEPD =noise equivalent power density 噪声等效功率密度.
ne'per ['neipə] =napier.
nepermeter *n.* 奈培表[计].
nephanal'ysis [nefə'nælisis] *n.* 云层分析,广大地区内的云层图.
neph'eline ['nefəlin] 或 **neph'elite** *n.* 霞石.

neph′elinite n. 霞岩.
neph′elite ['nefəlait] n. 霞石.
nepheloid layer 雾状层(混浊海水).
nephelom′eter [nefə'lɔmitə] n. (散射)浊度计,浑浊度表,比浊计(仪),烟雾计,测云计,能见度测定计.
nephelometric method 比浊法.
nephelom′etry n. 浊度测定法,比浊法,测昙度法,散射测浊法,测云速和方向法.
neph′ew ['nevju:] n. 侄,甥.
neph′ograph n. 云摄影机.
nephol′ogy [ne'fɔlədʒi] n. 云学.
nephom′eter [ne'fɔmitə] n. 云量仪,量云器.
neph′oscope ['nefəskoup] n. (反射式)测云器,测云镜,云速计.
neph′rite ['nefrait] n. 软玉.
nephrit′ic a. 肾(病)的.
nephri′tis n. 肾炎.
neph′roid a. 肾形的.肾脏线.
nephro′sis n. 肾变病.
nepit n. 内比特(=1.44比特).
nep′ouite n. 镍绿泥石.
NEPR =nuclear explosion pulse reaction 核爆炸脉冲反应.
Nep′tune ['neptju:n] n. 海王星.
neptu′nian a. 水成论的,海王星的.
nep′tunist n. 水成论者.
nep′tunite ['neptjunait] n. 柱星叶石.
neptu′nium series 镎系. Np. *neptunium series* 镎系.
NER =never exceed redline 不要超过红线.
ne′ral ['ni:ræl] n. 橙花醛,柠檬醛.
Nergandin n. 内甘丁7:3黄铜(铜70%,锌28%,铅2%).
nerit′ic [ni'ritik] a. 浅海的,近岸的. *neritic facies* 浅海相.
Nernst effect 加热金属在磁场中产生电位差的效应,能斯脱效应.
Nernst lamp 能斯脱灯泡(氧化钍白炽灯(泡)).
NERO =new experimental low energy reactor 新型小功率实验性反应堆.
ne′rol ['niəroul] n. 橙花醇.
Nertalic method 耗极弧弧焊法.
NERV =①nuclear emulsion recovery vehicle 核乳胶膜相回收飞行器 ②nuclear energy research vehicle 原子能实验用飞行器.
NERVA =①nuclear engine for rocket vehicle application 火箭飞行器用的核发动机 ②nuclear rocket development program 核火箭发展计划.
nerv′al ['nə:vəl] a. 神经(系统)的.
nerve [nə:v] I n. ①神经,中枢,核心,筋,叶(翅)脉 ②回缩性,(弹性)复原性 ③(pl.)神经过敏(紧张) ④胆(力)量,勇气. II vt. 鼓励,给于力量,使有勇气. *auditory nerve* 听觉神经. *motor nerve* 运动神经. *nerve cell* 神经细胞. *nerve of a covering* 覆盖网. *nerve structure* 神经组织. *optical nerve* 视神经. ▲*have iron nerves* 或 *have nerves of iron* [steel] 有胆量,什么都不怕. *have the nerve to* +inf. 有(做)的勇气,厚着脸皮(做). *nerve oneself* 鼓起勇气,振作起来. *regain one′s nerve* 恢复勇气与自信. *strain every nerve* 竭尽全力.
nerve-centre n. 神经中枢,核心.
nerve′less ['nə:vlis] a. ①无力的,没气力的,没生气的,没勇气的,松懈的 ②沉着的,镇静的 ③无翅(叶)脉的. ～ly ad. ～ness n.
ner′vous ['nə:vəs] a. ①神经(质,紧张,过敏)的,不安的,害怕的 ②有力的,强健的 ③简练的,刚劲的. *nervous tension* 神经紧张. *nervous system* 神经系统. ▲*feel nervous about* 担心,害怕. *full of nervous energy* 精力充沛. ～ly ad. ～ness n.
ner′vure ['nə:vjuə] n. 叶(翅)脉,交叉侧肋.
ner′vus (拉丁语) (pl. *ner′vi*) n. 神经.
nerv′y ['nə:vi] a. ①神经紧张(过敏,质)的 ②刺激神经的 ③镇静的,有胆量的.
n.e.s =not elsewhere specified 没有在别处说明的.
nesa n. 奈塞(透明导电膜). *nesa glass* 奈塞玻璃(一种透明导电薄膜半导体玻璃).
nesacoat n. 氧化锡薄膜电阻.
Nesbitt method 纳氏粒铁直接冶炼法.
NESC =National Electric Safety Code(美国)全国用电安全条例.
nes′cience ['nesiəns] n. ①无知,缺乏知识 ②不可知论.
nes′cient ['nesiənt] a.; n. ①无知的,不知的(of) ②不可知论的(者). ▲*be nescient of*⋯ 对⋯一无所知.
nesh =hot short 热脆.
nesistor n. 双极场效应晶体管,负阻器件.
nesosil′icate n. 岛硅酸盐.
nesprene washer 合成橡胶垫圈.
NESS =national emergency steel specifications 国家特种钢规格.
ness [nes] n. 岬(角),海角,海岬.
nessleriza′tion n. 奈氏[等浓]比色法.
nest [nest] I n. ①(成,嵌)窝,群,组,束 ②一套(形状相似,一个比一个小,可以叠在一起的)器具,连床[塔式]齿轮 ③定位器,组合排样 ④座,槽,塞(插)孔 ⑤蜂窝(缺陷),(矿)巢,窝 ⑥休息处,庇护(隐蔽)所,舒适的地方. II v. ①筑巢,做窝 ②把一套起来,叠套,套用,成〔似〕套. *bird nest* 鸟窝,锅垢,炉渣. *nest of intervals* 区间套. *nest of tubes* (电子)管组,管簇. *nest spring* 复式盘簧,双重螺旋弹簧. *nesting operation* 上推[下推]操作. *nesting storage* 叠式(堆栈式,后进先出)存储器. *nesting work of strip* 冲片排列法. *rollaway nest* 滚道,滑槽. *roller nest* 滚柱窝. ▲*a nest of* 一套(一个比一个小可以叠在一起的)⋯. *a nest of boxes* 一套盒盒. *a nest of sieves* 一套筛子. *nest M with N* 把N和M套起来(嵌套). *nest one on top of another* 把一个套(码)在另一个的顶上.
nest′able a. 可套上的,可套起来的. *nestable pipe* 套管.
nest′ed a. 套(装)的,嵌套(入)的,窝形的,巢状的,成堆的,内装的. *nested block* 【计】嵌套分程序. *nested domain* [region] (区)域套. *nested intervals* 区间套. *nested loop* 嵌套循环.
nest′ing n. (符)筑.
nes′tle ['nesl] v. 安居(身),座落(down, in, into, among),使紧贴,挨靠(against, up to).
NET =①network 网络 ②noise evaluation test 噪声

估计试验 ③not earlier than 不早于… ④number of element types 部件型号.

net [net] I *a.* ①净的,纯(粹,净)的 ②网状的,有网脉的 ③基本的,最后的. II *n.* ①网(络,格,状物,织品),无线电网 ②双工通信中同频率电台组 ③净重[数,值]④要点[旨]. III *v.* ①撒[布,张]网(手),结网,用网捕,用网覆盖 ②净得,(得)捞[挣]. *dissipative net* 耗散[元耗](电)网络. *guard* [*safety*] *net* 抑制栅极,保护网. *net absorption* [*retention*] 净吸收量. *net amplitude* 净[总,合成]振幅,净[合成]幅度. *net attenuation* 净[实际]衰减. *net calorific* [*heating*] *value* 低热值,净[纯]发热值. *net* (*dry*) *weight* (即 N.W.) 净重. *net duty of water* 净用水率. *net effect* 合成串音,净效应. *net efficiency* 净[总有效]效率. *net freeboard* (最大洪水位与坝顶间的)净超高. *net function* 网格函数. *net head* 有效落差[水头]. *net horse power* 净[有效]马力. *net of curves* 曲线网. *net output* 净输出. *net plane* 点阵平面. *net price* 实[净]价. *net reactance* 纯[净]电抗. *net result* 最终结果. *net sectional area* 有效截面面积. *net structure* 网状结构[组织]. *net ton* 净[短,美]吨(=2,000磅). *net transmission equivalent* 传输线净衰减等效值. *net work* 纯功. *stereographic net* 极射赤面投影网. *wire net* 钢丝网.

Net Wt =net weight 净重.

NETAC =Nuclear Energy Trade Associations' Conference 原子能贸易协会会议.

NETF =nuclear engineering test facility 原子工程试验设备.

Neth =Netherlands.

neth'er ['neðə] *a.* 下(面)的,地下的.

Neth'erlander *n.* 荷兰人.

Neth'erlandish *a.*；*n.* 荷兰(人,语)的,荷兰语.

Neth'erlands ['neðələndz] *n.* 荷兰.

neth'ermost ['neðəmoust] *a.* 最下面的,最低的.

NETR =nuclear engineering test reactor 核工程试验反应堆.

NETRC =National Educational TV &. Radio Center (美国)全国教育电视与无线电中心.

net-shaped *a.* 网状的.

nett *a.* =net. 纯净的,基本的,最后的.

net'ted *a.* 用网包[捕]到的,网状的. *netted texture* 网状结构.

net'ting ['netiŋ] *n.* 网(织品),钢筋网,撒[结,制,用]网,(进行)联络. *wire netting* 导线[铁丝]网.

net'tle ['netl] *n.*, *v.* ①荨麻,荨麻科植物 ②刺激,激怒. ▲*grasp the nettle* 攻艰,坚毅迅速地解决困难,大胆抓乱棘手问题.

net'tle-grasper *n.* 敢于攻艰的人.

net'ty ['neti] *a.* 网状的.

net'work ['netwə:k] I *n.* 网(状物,织品,状组织,状系统,(四端)网络,格,电线,网)路,电力网,广播[电视]联播公司,分散方法中由活动和事项组成的)流线图. II *vt.* 使成网状,联播. *attenuation network* 衰减网络,衰耗器. *bridge network* 桥式四端网络,桥接网络. *circuit network* 由四端网络组成的线路. *coding network* 编码网络,编码器. *compensating network* 补偿[校正]电路. *equalizing network* 补偿电路,稳衡器,校正四端网络. *four-terminal* [*two-port*, *four-pole*, *two-terminal pair*] *network* 四端网络. *linear time-varying network* 线性变参数网络. *network analyzer* 网络分析器,网络分析计算机. *network cementite* 网状渗碳体. *network chart* 网(线)路图. *network commutator* 网络换向器. *network of pipes* 管网. *network show* 联播节目. *network structure* 网状组织. *recurrent network* 链形线路[电路,网络]. *resistance* [*resistive*] *network* 电阻网络,衰减器. *simulative network* 衰耗均衡器. *T network* T形四端网络,T形节. *transfer network* 转送[换能]器,变换电路. ▲*a network of* …一套…

network-forming ion 成网离子.

network-modifying ion 变网离子.

Neumann band 或 **Neumann line** 诺埃曼带,诺埃曼层状组织.

neur- 或 **neuro-** [词头] 神经.

neu'ral ['njuərəl] *a.* 神经(系统,中枢)的.

neuramebim'eter *n.* 神经反应时间测定计.

neurilem'ma [njuərə'lemə] *n.* 神经鞘(旧名神经膜).

neu'rine *n.* 神经(毒)碱.

Neu'ristor *n.* 纽瑞斯特(一种 PnPn 结构的负阻开关),人造神经纤维,神经器件.

neu'rite ['njuərait] *n.* 神经突,轴突,体轴.

neuri'tis [njuə'raitis] *n.* 神经炎.

neurobiol'ogy *n.* 神经生物学.

neurobion'ics *n.* 神经仿生学.

neurocalorim'eter *n.* 神经热量计.

neurochem'istry *n.* 神经化学.

neurocommunica'tion *n.* 神经通信.

neurocybernet'ics *n.* 神经控制论.

neu'rocyte *n.* 神经细胞.

neurodynam'ics *n.* 神经动力学.

neuroelec'tric *a.* 电神经的.

neuro-engineering *n.* 神经工程学.

neurofibrilla (pl. **neurofibrillae**) *n.* 神经原纤维.

neurofibrillar *a.* 神经原纤维的.

neurog'lia *n.* 神经胶质.

neurohor'mone *n.* 神经激素.

neurohyphysis *n.* 垂体神经叶,神经垂体.(脑下)垂体后叶.

neu'roid *n.* 神经元网络.

neurol'ogy *n.* 神经(病)学.

neu'romime *n.* 神经元模型.

neu'ron(**e**) *n.* 神经细胞,神经原[元].

neu'rophone *n.* 脑听器.

neurophysiol'ogy *n.* 神经生理学.

neu'ropile *n.* 神经丛.

neurosci'ences *n.* 神经科学.

neurot'ic [njuə'rɔtik] *a.* 神经(病,系统,过敏)的,影响神经系统的. II *n.* 神经病患者,影响神经的药剂.

neurot'omy [njuə'rɔtəmi] *n.* 神经切断术,神经解剖学.

neu'rula ['njuərələ] *n.* (pl. *neu'rulas* 或 *neu'rulae*)神经(轴)胚.

neuston *n.* 漂浮水生动物,漂浮生物.

neut ①neuter 中性的,无性的 ②neutral 中性的,中和的 ③neutralizing 中和,平衡,抵消.

neu'ter ['njuːtə] *a.; n.* ①中性(的,词),无性的 ②中立的,中立者.

neu'tral ['njuːtrəl] I *a.* ①中性的,中和的,中间的,中立(国)的,无作用的 ②不带电的 ③空档的 ④随遇的 ⑤无确定性质的,(颜色等)不确定的,非彩色的(指黑、灰或白色的,尤指灰色的). II *n.* ①中立国 ②空档(位置) ③中(性)线,中间位置,中(点,面),中和 ④中性粒子,未带电粒子 ⑤非彩色. be 〔remain〕 neutral 守〔保持〕中立. earthed neutral 接地中线〔中点〕. leave a car in neutral gear 让车子放空档. neutral angle 中心〔缓和〕角. neutral axis 中性轴(中和〔中性〕轴线,中性汇流系. neutral bus 中性母线,中性汇流条. neutral colour 〔tint〕不鲜明的颜色,灰〔中和〕色,无彩色. neutral colour filter 中性滤色器〔镜〕. neutral conductor 中性〔导〕线. neutral earthing 〔grounding〕中点接地. neutral element 零〔中间〕元素. neutral equilibrium 随遇〔中性〕平衡. neutral impedor 中性点接地二端阻抗元件. neutral line 中立(性,和)线. neutral point 中性〔和〕点,节点. neutral position 空档,中和〔性,立〕位置. neutral pressure 中性压力. neutral reactor 中性线接地电抗器,中和扼流圈. neutral refractory 中性耐火材料. neutral relay 无极〔中和〕继电器. neutral speed 平衡速率. neutral zone 中立地带,道路的中心盘地带. slip the gears into neutral 把齿轮推到空档.

neutralator *n.* 中间补偿器.

neutralisa'tion *n.* = neutralization.

neu'tralise *vt.* = neutralize.

neu'tralism *n.* 中立主义,种间共处.

neutral'ity [njuːˈtræliti] *n.* 中性〔立,和〕,中立地位,平衡,无作用. neutrality condition 中性〔和〕条件.

neutraliza'tion [ˌnjuːtrəlaiˈzeiʃən] *n.* ①中和(作用,法),中立(状态,化),平衡,抵消 ②失效,抑制. neutralization test 中和试验. plate neutralization 屏极(电路)中和. radar neutralization 雷达失效.

neu'tralize [ˈnjuːtrəlaiz] *vt.* ①使中和,平衡,抵〔相〕消 ②使中立 ③使失效,抑制. neutralizing condenser 平衡〔中和〕电容器. neutralizing filter 中和〔抵消〕滤波器. neutralizing resistance 中和电阻. neutralizing zone 中立区.

neu'tralizer *n.* 中和器〔剂,池〕. beam neutralizer (离子)束中和器. crank shaft impulse neutralizer 曲轴冲力平衡器.

neutret'to [njuːˈtretou] *n.* 中(性)介子.

neu'trin [ˈnjuːtrin] *n.* 微中子.

neutri'no [njuːˈtriːnou] *n.* 中微子,中性微子.

neutro- (词头)中性,中和.

neu'trodon [ˈnjuːtrədɔn] *n.* 平衡〔中和〕电容器.

neu'trodyne [ˈnjuːtrədain] I *n.* ①(中和)接收法,中和法 ②(有)中和的)高频调谐放大器. II *a.* 平衡式的. neutrodyne circuit 平差〔中和〕电路. neutrodyne receiver 消〔中和〕接收机.

neu'tron [ˈnjuːtrɔn] *n.* 中子. external neutrons 外部中子,外中子流. intercept neutrons 吸收〔截获〕中子. neutron capture 中子俘获. neutron capture-produced 俘获中子而产生的. neutrons from fission 分裂〔裂变〕中子. neutrons per absorption 每吸收一个中子后放出的全部中子. neutrons per fission 每次裂变所放出的全部中子(数). neutrons scattered from aluminium 被铝散射的中子,铝核散射的中子.

neutron-activated *a.* (被)中子激活的.
neutron-bombarded *a.* (被)中子轰击的.
neutron-deficient *a.* 中子不足的,缺中子的.
neutron-fissionable *a.* 中子(作用下)可裂变的.
neutron'ics *n.* 中子(物理)学.
neutron-irradiated *a.* (被)中子照射的.
neutron-magic *a.* 具有中子幻数的.
neutron-optical *a.* 中子光学的.
neutron-physical *a.* 中子物理的.
neutron-rich *a.* 富中子的,中子过剩的.
neutron-sensitive *a.* (对)中子灵敏的.
neutron-tight *n.* 不透中子的.
neu'tropause *n.* 中性层顶.
neu'trophil [ˈnjuːtrɔfil] *n.; a.* 嗜中性细胞,嗜中性白血球.
neu'trophilous *a.* 嗜中性的.
neu'trosphere [ˈnjuːtrəsfiə] *n.* 电离层下面的大气层区域,中性层.
neu'trovision *n.* 中子视.

Nevada [neˈvɑːdə] *n.* 内华达(州).
nevadite [nəˈvɑːdait] *n.* 斑流岩.
névé [ˈnevei] (法语) *n.* 粒雪,万年雪(尚未压积成冰者),冰原,永久积雪(冰雪).

nev'er [ˈnevə] *ad.* ①从来〔永远〕不,从来没有,未曾 ②决〔毫,绝对〕不,切勿,千万别 ③一点也不,一点也没有. The absolute zero of temperature can never be reached. 温度的绝对零度是永远不可能达到的. Never will the bodies move without forces sufficient to overcome the resistance. 没有足够的外力克服阻力的作用,物体决不会运动. Never attempt to use a file as a pry bar. 切勿把锉子当撬棍使用. ▲never again 永〔决,绝对〕不再. never before 以前从来没有. never ever "永不"的加重语气. never mind 不要紧,不必介意. never so 非常. never so much as 甚至不. never the +比较级 一点也不, 毫不.

never-ending *a.* 不断的,无止境的,没底的.
never-failing *a.* 不绝〔变〕的,永不辜负热望的.
nev'ermore [ˈnevəˈmɔː] *ad.* 决不再.
nevertheless [ˌnevəðəˈles] *ad.; conj.* ①尽管如此,虽然…但是,(尽管如此)还是,然而,不过 ②仍〔依〕然.

new [njuː] I *a.* ①新(式,鲜,颖,奇,造,发现,发明)的,初次的,生(疏)的,没经验的,不习惯的 ②〔重,更〕新的,再开始的 ③新近的,现代的 ④新(附)加的. II *ad.* 新(近),最近. new construction 新建工程. New Delhi 新德里(印度首都). new face 新产品,新手,技术不熟练者.新式的,新颖的. New Guinea 新几内亚(岛). New Hampshire (美国)新罕布什尔(州). New Jersey (美国)新泽西(州). New Mexico (美国)新墨西哥(州). new mode 新样〔形〕式,新方法. new model〔style〕新型(号),新式样. new moon新月,朔. New Orleans新奥尔良(美国港口). new soil生荒地,处女地. new town新城,卫星城. New World西半球,美洲. New Year新年. New York(美国)纽约(州,市). New Zealand新西兰. New Zealander新西兰人. ▲(be) new to… 对…不熟悉[不习惯]. new from… 刚从…来的.

new'born a. 新(再)生的.
new'build vt. 新建(造),重建.
new'built a. 新建(造)的,重建的.
New'castle ['nju:ka:sl] n. ①纽卡斯尔(澳大利亚港口) ②纽卡斯尔(英国港口).
new-coined a. 新造的.
new'come I a. 新来(到)的. II n. 新来者.
new'comer n. 新来(不认识)的人,新[生]手.
new'el ['njuəl] n. (螺旋梯)中柱,楼梯栏杆柱.
new'fan'gled a. 新奇的,爱好新事物的.
new'fash'ioned a. 新式的,新流行的.
new'found a. 新发现的.
Newfoundland' [nju:fənd'lænd] n. (加拿大)纽芬兰(岛).
New'haven n. 纽黑文(英国港口).
new'ish ['nju:iʃ] a. 稍新的,相当新的.
new-look 最新样式.
Newloy n. 一种耐蚀铜镍合金(铜64%,镍35%,锡1%).
new'ly ['nju:li] ad. ①新[最近] ②重新,以新的方式.
newly-discovered a. 新发现的.
newly-laid a. 新铺的,新浇灌的.
newly-located a. 新定位(线)的.
newly-oiled a. 刚浸过油的,才灌油的.
new'-made a. 才做好的,重新做的.
Newmark influence chart 纽马克感应图.
new-model vt. 改造[编,组,建].
new'ness n. 新(奇)的,不熟悉,不习惯.
New'port n. 新港(英国港口).
news [nju:z] n. ①新闻,(电影)报导,消息,音信,新事件,新奇的事情 ②…报. foreign [home] news 国际(内)新闻. news agency 通讯社. news reader 新闻播音员,评论员. Here is a news summary. 现在报告新闻提要. That is news to me. 那事我才第一次听到. That's no news to me. 那事我早已听说了.
news'agency n. 通讯社.
news-cameraman n. 新闻摄影记者.
news'cast ['nju:zka:st] n. 新闻广播.
news'caster n. 新闻广播员,评论员.
news'casting n.; a. 新闻(广播)的.
news'-film n. 新闻(记录)(影)片.
news-gatherer 或 news-hawk n. 新闻记者.
news less a. 没有新闻(消息)的.
news'(-)letter n. 通讯(稿),业务通讯,简讯,定期出版的时事通讯.
news'magazine n. 新闻杂志,时事刊物.
news'man ['nju:zmən] n. 新闻记者,送报人.
news'organ n. 报纸,新闻杂志.
news'paper ['nju:speipə] n. 报纸,新闻纸. daily newspaper 日报. newspaper man 新闻记者. week-ly newspaper 周报. ▲according to the newspapers 据报载. take(in) a newspaper 订阅报纸.
news'-picture n. 新闻(影)片.
news'-print n. 白报纸,新闻纸.
news'reel ['nju:zri:l] n. 新闻(影)片.
news'-room n. 阅报室,(报社)编辑部.
news'-sheet n. 单张报纸,通讯(稿).
news'vendor n. 报贩.
news'worthy a. 有新闻价值的,值得报道的.
news'-writer n. 新闻记者.
news'y ['nju:zi] a. 新闻多的.
new'ton ['nju:tn] n. 牛顿(影)片(米千克秒制中力的单位,$=10^5$达因). Newton alloy 一种铋铅锡易熔合金(铋50%,铅31.2%,锡18.8%). Newton metal 一种低熔点合金(铋56%,铅28%,锡16%).
Newto'nian a. 牛顿的. Newtonian fluid 牛顿流体. Newtonian mechanics 牛顿力学.
New'trex n. 聚合松香(商品名).
next [nekst] I a.; n. ①(其,下)次的,下一个,紧接(在后面)的 ②与…邻接的,隔壁的. II ad. 其次,然后,下一次(步),下面. III prep. 次于…,在…近旁. a seat next the fire 炉子旁边的座位. next exit sign 下一出口标志. next week 下星期. next nearest neighbour 次最近邻. next year 明年. sit next (to) the table 坐在桌子旁边. ▲come next 随(跟)着,继之是. in the next place 其次,第二点. next but one 隔一个(即第三个). next but one 和第二. next…but three 相第第四. next door 隔壁. next door to 在…隔壁,近于,几乎是,差不多. next to 紧跟在…之后的,仅次于…(的),方,附近,附近,近于,几乎. next to impossible 几乎不可能. next to none 几乎什么都没有,比谁都好,比谁都不坏. next to nothing 几乎(什么也)没有. next to the last 倒数第二. the next best (仅)次(于)最好的.
nex'us ['neksəs] n. 连系[接,锁],结[接]合,互连,联络,关系,网络,节,段,连环,融合膜.
NF =①national fine thread(美)国家细螺纹 ②near face 邻近面 ③negative feedback 负反授,负反馈 ④neutral fraction 中性部分,中性馏分 ⑤noise factor 噪声系数,噪声指数 ⑥noise figure 噪声指数 ⑦Normes Francaises 法国标准 ⑧nose fuse 弹头引信.
nF =nanofarad 毫微法(拉).
nf =nonferrous 非铁的.
NFB =①negative feedback 负反馈,负回授 ②no feedback 无反馈,无回授 ③non-fuse breaker 无保险丝断路器.
NFD =no fixed date 无固定日期.
NFDC =National Flight Data Center(美国)国家飞行资料中心.
NFFI =not fit for issue 不宜发表.
NFM =narrow band frequency modulation 窄频带调制.
NFO =non-fluid oil 不流动润滑油.
n-fold pole n 阶极点.
NFOT =normal fuel oil tank 额定燃油舱.
NFPA =①National Fire Protection Association 国家防火协会 ②National Fluid Power Association

(美国)全国流体动力协会.
NFPS =nuclear flight propulsion system 核动力飞行推进系统.
NFS =not for sale 非卖品.
NG =①**narrow gauge** 窄轨距 ②**nitroglycerine** 硝化甘油,甘油三硝酸酯 ③**no-go** 不通行,不过端 ④**no good** 或 **not good** 不行,不好,无用 ⑤**nonhydrated glass** 非水化玻璃 ⑥**number group** 号码组.
ng =**nanogram** 纤克,毫微克 (10^{-9} 克).
NGC =①**nozzle gap control** 喷管间隙的控制 ②**number group connector** 号码组接线器.
NGL =①**natural gas liquid** 液态天然气,气体汽油 ②**no gimbal lock** (used in gyro references)无常平架锁定(用于陀螺定向基准).
NGO =Non-governmental organisation 非政府组织.
NH =nonhygroscopic 不吸湿的,防潮的.
nH =nanohenry 毫微亨.
NHE =①**nitrogen heat exchange** 氮热交换 ②normal hydrogen electrode 标准氢电极.
n-hedral angle n 面角.
NHK =〔日语〕Nippon Hoso Kyokai(Japan Broadcasting Corporation)日本广播协会.
NHP =nominal horse power 标称〔额定〕马力.
NHV =net heating value 净热值.
NI =①**neon indicator** 氖灯指示器 ②**noise index** 噪声指数 ③**non-inductive** 无感抗.
Ni =nickel 镍.
ni′acin [′naiəsin] n. 尼亚新烟〔烟碱〕酸,抗癞皮病维生素.
niacinamide n. 烟酰胺,尼克酰胺,抗糙皮病维生素.
Niag 一种含铅黄铜(铜 46.7%,锡 40.7%,铅 2.8%,镍 9.1%,锰 0.3%).
Niag′ara [nai′ægərə] n. 尼亚加拉(河),急流,洪水. *Niagara Falls* 尼亚加拉瀑布.
Niamey′ [nja:′mei] n. 尼亚美(尼日尔首都).
nib¹ [nib] Ⅰ n. ①尖〔端,头,劈,楔〕,笔尖,【建】突边,凸出部②字模,眼②孔②酪素颗粒.Ⅱ vt. 装尖头,弄尖,换笔尖. *diamond nib* 金钢钻尖. *nibbed bolt* 尖头螺栓.
Nib² n. 【计】半字节,四位字节,四位组.
nib′ble [′nibl] v.; n. ①啃,轻咬,一点一点地切下,分段冲裁(at) ②吹毛求疵(at) ③赞同,有意于④便少量⑤半字节,四位组.
nib′bler n. 步冲轮廓机,毛坯下料机. *nibbler shears* 缺陷切除剪.
nib′bling n. ①一点一点地切下 ②复杂零件的分段冲裁,步冲轮廓法. *gang slitter nibbling machine* 多圆盘分段剪切机. *nibbling machine* 复杂零件分段冲裁冲床,步冲轮廓机.
NIC =①**navigation information center** 航行情报中心 ②**negative impedance converter** 负阻抗变换器 ③**not in contract** 不在合同内.
Nicalloy n. 一种高导磁铁镍合金(镍49%,其余铁),镍铝铁合金,高导磁率合金.
Nicara′gua [nikə′ra:gua] n. 尼加拉瓜.
Nicaraguan a.; n. 尼加拉瓜的,尼加拉瓜人(的).
nicarbing 或 **Ni-carbing** n. 渗碳氮化,碳氮共渗(法),(气体)氰化.
Nicaro method 尼卡洛贫镍矿提镍法.

niccolite n. 红砷镍矿.
Nice [ni:s] n. 尼斯(法国港口).
nice [nais] a. ①(美,良)好的,(优)美的,精密〔巧,美,致〕的,细微〔致〕的,微妙的②有趣的,吸引人的③敏锐的④〔反语〕糟糕的,困难的,坏的. *nice business here*, *nice distinction* 细微的区别. *nice mess* 一团糟. *nice point* 微妙的地方. *nice weather* 〔day〕好天气. ▲*nice and* +a. 好…,很…,…得很. *nice and high* 好高,高得很. *get…into a nice mess* 使…陷入困境. *in a nice fix* 进退两难,处于困境. *weighed in the nicest scale* 用极精密的秤秤过的,经仔细考虑过的.
nice′ly ad. 很好地,令人满意地,精密〔美〕地,合式地,相宜地,恰好地,刚好.
ni′cety [′naisiti] n. ①美好,优美,精密〔确,细〕,准〔正〕确,细致,微妙,细微的区别②(pl.)细节. *a point of great nicety* 需要仔细考虑之处,十分微妙〔不容易决断〕的问题. ▲*to a nicety* 正确地,精密地,恰到好处.
niche [nitʃ] Ⅰ n. ①壁龛②适当的位置〔场所〕,小生境. Ⅱ vt. 放在壁龛内,放在适当的位置.
niched a. 放在适当位置的.
Nichicon n. 电容器.
Nichols-Herreshoff furnace (双层中心轴的大型)多膛熔烧炉.
nich′rome [′nikroum] n. 镍铬(耐热)合金,镍铬合金膜(镍60～90%,铬10.35%). *nichrome steel* 镍铬耐热钢. *nichrome wire* 镍铬(耐热)合金丝(线),镍铬电热丝(线). *nichrome-wound furnace* 镍铬丝电阻炉.
Nichrosi n. 一种高硅镍铬合金(铬15～30%,硅16～18%,其余镍).
nick [nik] Ⅰ n. ①(v形小)刻痕,缺〔槽,膛〕口沟,裂痕〔口,纹,缝〕,凹痕〔处,沟〕,(缝)隙②正确时刻,恰于其时. Ⅱ vt. ①作刻痕,刻 v 形缺口于,弄缺,截入②(恰好)赶上. *nick action* (钢丝绳用镀中钢丝的)交咬作用. *nick bend test* 刻槽挠曲试验. *nicked fracture test* 刻槽弯曲断裂试验. *nicked teeth milling cutter* 切齿铣刀. *nicked tooth* 〔teeth〕刻齿痕. *nicking tool* 划刀. ▲*in the nick of time* 正是时候,在恰好的时候,正在关键时刻.
nickase n. (DNA)切口酶.
nick′el [′nikl] Ⅰ n. ①【化】镍Ni②(美国)镍币,五分镍币.Ⅱ vt. 镀镍(于). *nickel bare welding filler metal* 镍焊丝. *nickel brass* 镍铜锌合金. *nickel bronze* 镍青铜(镍5～8%,锡5～8%,锌1～2%,少量磷). *nickel carbonyl* 羰基镍. *nickel chrome steel* 镍铬钢. *nickel clad copper* 镀镍铜. *nickel coat* 包镍,镍表皮. *nickel foil* 镍箔. *nickel oreide* 镍黄铜(铜63～65.5%,锌30.5～32.75%,镍2～6%). *nickel pellets* 粒状镍. *nickel plating* 镀镍. *nickel shot* 镍珠,(颗粒的)镍. *nicket silver* 镍银,德银,锌白铜,铜镍锌合金. *nickel steel* 镍钢(合金). *white nickel* 砷镍矿.
nick′elage n. 镀镍.
ni′ckelate n. 镍酸盐.
nic′kelbrass n. 镍黄铜.

nickel-cemented *a.* 镍结碳化的. *nickel-cemented tantalum carbide* 镍(结碳化)钽硬质合金,镍钽金属陶瓷. *nickelcemented titanium carbide* 镍(结碳化)钛硬质合金,镍钛金属陶瓷. *nickel-cemented tungsten carbide* 镍(结碳化)钨硬质合金,镍钨金属陶瓷.

nickel-chrome *n.* 镍铬合金(镍80%,铬20%).

nickel-chromium-iron *n.* 镍铬铁.

nickel-chromium steel 镍铬钢.

nickel-clad 或 **niclad** *n.* 钢板包镍板(法).

nickel-cobalt (alloy) 镍钴合金.

nickel-copper ferrite 镍铜铁氧体.

Nick'elex *n.* 光泽镀镍法.

Nick'elin *n.* 铜镍锌合金,铜镍锰高阻合金.

Nick'eline *n.* 镍格林[锡基密封]合金(锡85.4%,锑8.8%,镍0.43%,锌0.28%).

nick'elizing ['niklaizin] *n.* 镍的电处理.

nickel-lined *a.* 衬镍的.

nickelocene *n.* 二茂镍.

Nick'eloid *n.* 一种铜镍耐蚀合金(镍40~45%,其余铜).

nick'elous *a.* (正,二价)镍的. *nickelous ammine* 低镍氨络合物.

Nick'eloy *n.* ①镍铁合金(镍50%,铁50%)②铝铜镍合金(铝94%,铜4.5%,镍1.5%).

nick'elplate *vt.* 镀镍.

nickel-plated *a.* 镀镍的.

nickel-pyrite *n.* 镍黄铁矿.

nick'elsteel *n.* 镍钢.

nickel-zinc ferrite 镍锌铁氧体.

nick'ings *n.* 煤屑,焦屑.

nick'name ['nikneim] Ⅰ *n.* 绰(外)号,浑名(for). Ⅱ *vt.* 给...起绰号[加浑名].

Nick'oline *n.* 尼克林铜镍合金(镍20%,其余铜).

Nic'la *n.* 一种镍黄铜(镍39.41%,铜40~46%,镍12~15%,铅1.75~2.5%,其余铝).

Nic'lad *n.* 包镍耐蚀高强度钢板.

Nico metal 耐蚀镍铜合金(镍90%,铜10%).

nicofer *n.* 镍可铁.

Nic'ol ['nikəl] *n.* 尼科耳(棱镜),偏光镜. *Nicol crossed* 正交尼科耳棱镜. *Nicol prism* 尼科耳棱镜,棱晶.

nic'olayite *n.* 水硅铀钍矿.

Nicosia [nikəu'si(:)ə] *n.* 尼科西亚(塞浦路斯首都).

nico'tia [ni'kəuʃiə] *n.* =nicotine.

nico'tian [ni'kəuʃiən] *a.*, *n.* 烟草的,抽烟的(人).

nicotinamide *n.* 烟酰胺,尼克酰胺,抗糙皮病维生素,维生素PP.

nic'otine ['nikətin] *n.* 烟碱,尼古丁.

nicotin'ic [nikə'tinik] *a.* 烟碱(酸)的. *nicotinic acid* 烟(烟碱)酸,氮茱酸-[3].

Nic'ral *n.* 一种铝合金-(铬0.25~0.5%,铜0.25~1%,镍0.5~1%,镁0.5~1%,其余铝).

Nic'rite *n.* 一种镍铬耐热合金(镍80%,铬20%).

Nic'robraz *n.* 镍铬焊料合金(适用于奥氏体钢或高铬不锈钢,镍65~70%,铬82~87%,少量硼).

Nicrosilal *n.* 镍铬硅(合金)铸铁(硅4.5~6%,锰0.6~0.7%,镍17.5~18.5%,铬2~2.5%,碳1.8%,微量硫,磷).

Nida *n.* (拉制用)青铜(铜91~92%,锡8~9%,少量磷).

nidal *a.* 巢的.

nida'tion [nai'deiʃən] *n.* 营巢,(孕卵在子宫内)着床,殖入(胚体),埋藏(于体内).

nido *n.* 巢窝.

niece [ni:s] *n.* 侄女,甥女.

NIF =noise insulation factor(声)透射损失.

nif *n.* 固氮基因.

Nife accumulator 镍铁蓄电池.

nife(core) 镍铁(合金磁芯),镍铁带.

nig [nig] *vt.* (**nigged, nigging**)(雕)琢,撤消,废除.

Ni'ger ['naidʒə] *n.* 尼日尔,尼日尔河.

nigeran *n.* 黑曲霉多糖.

Nige'ria [nai'dʒiəriə] *n.* 尼日利亚.

Nige'rian *a.*; *n.* 尼日利亚的,尼日利亚人(的).

nigericin *n.* 尼日利亚菌素.

nig'gerhead *n.* 不熔块,黑礁砾,黑色压缩烟砖,低劣的橡胶.

nigh [nai] Ⅰ *ad.* (接)近地,靠近地,几乎. Ⅱ *a.* ①(接)近的,直接的,短的②左在侧的. Ⅲ *prep.* (接)近.

night [nait] *n.* 夜(间、晚),黑夜,黑暗. *night alarm circuit* 夜铃电路,夜间报警电路. *night blindness* 夜盲症. *night driving* 夜间行车. *night error* 夜间误差. *night glasses* 夜用望远镜. *night key* 夜铃电键. *night latch* 弹簧锁. *night position* 夜班台. *night shift* 夜班. *night sight distance* 夜间视距. *night signal* 夜间信号. *night vision* 夜(间)视(觉),微光摄象电视.▲**all night (long)** 或 **all the night through** 整夜,通宵. **at night** 夜晚,在夜里. **by night** (在)夜间,趁黑夜. **day and night** 或 **night and day** 日夜不停地,日以继夜地. **Good night!** (晚间分别时说)晚安. **late at night** 在深夜. **last night** 昨夜. **night after night** 连着几夜,每夜. **on the night of** (某日)晚上. **over night** 过夜. **the night before last** 前夜. **throughout the night** 通宵达旦,通夜. **under night** 乘黑夜,秘密. **under (the) cover of night** 趁夜(黑).

night'blindness *n.* 夜盲症.

night'fall ['naitfɔ:l] *n.* 黄昏,日暮.▲**at nightfall** 傍晚.

night'glass(es) *n.* 夜用望远镜.

night(-)glow *n.* 夜间气辉.

night'landing *n.* 夜间降落(着陆,登陆).

night'latch *n.* 弹簧锁.

night'long *a.*; *ad.* 彻夜的(地),通宵的.

night'ly ['naitli] *a.*; *ad.* 每夜(的),夜夜,晚上的.

night'ops *n.* 夜袭,夜间演习.

night'raid *vt.* 夜袭.

night-service connection (电话的)夜间接续.

night'shift *n.* 夜班,夜班工人(总称).

night'sight *n.* 夜间瞄准器.

night-television *n.* 微光摄像电视,夜光电视.

night'time *n.* 夜间.

night'viewer *n.* 夜间(红外线)观察器.

night-visibil'ity *n.* 夜间能见度.

night'-watch *n.* 值夜(者,时间).

night'-work *n.* 夜(间)工(作).

nigres'cence [nai'gresəns] *n.* 变[发]黑.

nigres′cent *a.* 发[带]黑的,渐渐变黑的.
nig′rify ['nigrifai] *vt.* 使变黑.
nigrom′eter *n.* 黑度计.
nigrosine *n.* 水溶对氮苯黑,苯胺灰[黑],黑色素,粒子元,尼格(洛辛).
Nihard *n.* ①镍铬冷硬铸铁②镍铬冷硬铸件(碳 3.3～3.5%,硅 0.75～1.25%,镍 4.5%,铬 1.5%,其余铁).
ni′hil ['naihil][拉丁语] *n.* (虚)无,空,毫无价值的东西.
ni′hilism ['naihilizm] *n.* 虚无主义,无政府主义.
ni′hilist *n.* 虚无主义者.~**ic** *a.*
nihil′ity [nai'hiliti] *n.* 虚无,空,无效,琐事.
Niigata [ni:'ga:tə] *n.* 新潟(日本港口).
Niihama *n.* 新居滨(日本港口).
Nikalium *n.* 一种镍铝青铜.
Nike *n.* (美国)奈克(奈基式)地对空导弹.
Nike-Ajax *n.* (美国)奈克(奈基式)Ⅰ型地对空导弹.
Nike-Hercules *n.* (美国)奈克(奈基式)Ⅱ型地对空导弹.
niketh′amide [ni'keθəmaid] *n.* 【药】尼可萨胺,二乙基烟酰胺.
Nike-X *n.* (美国)奈克-X 反弹道导弹系统.
Nike-Zeus *n.* (美国)奈克-宙斯反弹道导弹系统,奈克[奈基式]Ⅲ 型地对空导弹.
Nikrothal　L 精密级镍铬电阻丝合金(镍 75%,铬 17%,其余锰,硅).
nil [nil] *n.* 无,零(点). *nil factor* 零因子. *nil method* 零位法. *nil norm* 最低限额. *nil ring* 幂零元素环,谐零环. *nil segment* 零线段.
nile [nail] *n.* 奈耳(反应性代用单位,=0.01).
Nile [nail] *n.* (非洲)尼罗河.
Nilex *n.* 一种镍铁合金(镍 36%,其余铁).
Nilo *n.* 镍洛低膨胀系数合金(镍,铁,铬,钴).
nilom′eter [nai'lomitə] *n.* 水位计.
Nilot′ic [nai'lɔtik] *a.* 尼罗河(流域)的.
nil′potent *n.* 幂零.
nim′bi ['nimbai] nimbus 的复数.
nim′ble ['nimbl] *a.* 敏捷[锐]的,迅速的,灵敏的,机警的,聪明的,构思很灵巧的.~**ness** *n.* **nim′bly** *ad.*
nimbo-stratus *n.* 雨层云,雨层雨,Ns.
nim′bus ['nimbəs] (pl. *nim′bi* 或 *nim′buses*) *n.* 雨云. *fractus nimbus* 碎雨云.
NIMBUS *n.* 大型气象试验卫星.
nimbus-cumuliformis *n.* 积云状雨云.
nimi′ety [ni'maiəti] *n.* 过多.
Nimol *n.* 耐蚀高镍铸铁(镍 12～15%,铜 5～7%,铬 1.5～4%,碳 2.75～3.1%,硅 1.25～2%,锰 1～1.5%).
Nimonic (**alloy**). 镍铬铁(耐热)合金,镍铬系合金,尼孟[因康]合金(镍 80%,铬 20%).
nine [nain] *n.*; *a.* 九(个). *nine nines* 九个"9"(表示纯度,即 99.9999999%). *nine test* 九验法, *nines check* 模九校验. *nine's complement* 九的补码,十进制反码,基数 10 减 1 的补数.▲*in nine cases out of ten* 十之八九,大抵. *nine tenths* 十之八九,几乎全部. *nine times out of ten* 几乎每次,十之八九,常常.
nine′fold ['nainfould] *a.*; *ad.* 九倍(重)的.

nine-line conic 九线二次曲线.
nine-point conic 九点二次曲线.
nine′teen′ ['nain'ti:n] *n.*; *a.* 十九(的),十九岁,十九点钟(下午七点).
nine′teenth′ ['nain'ti:nθ] *n.*; *a.* 第十九(个),(…月)19 号,十九分之一(的).
nine-tenths *n.* 十分之九,差不多全部.
nine′tieth ['naintiiθ] *n.*; *a.* 第九十(个),九十分之一(的).
nine-to-fiver *n.* (九点到五点的)白领员工.
nine′ty ['nainti] *n.*; *a.* 九十(个). *ninety column card* 九十列(穿孔)卡片.▲*ninety-nine times out of a hundred* 百分之九十九,几乎全部. *the nineties* 九十年代,九十几,九十多度.
ningyoite *n.* 水磷铀钙矿.
ninhydrin *n.* (水合)茚三酮.
ninth [nainθ] *n.*; *a.* 第九(的),(…月)九号,九分之一(的).~**ly** *ad.*
ni′obate *n.* 铌酸盐. *lithium niobate* 铌酸锂. *niobate ceramics* 铌酸盐陶瓷.
niob′ic *a.* (五价)铌的.
ni′obite *n.* 铌铁矿.
nio′bium [nai'oubiəm] *n.* 【化】铌 Nb. *niobium capacitor* 铌电解电容器.
niobous *a.* 三价铌的,亚铌的.
niobyl *n.* 铌氧基.
niocalite *n.* 黄硅铌钙矿.
nioro *n.* 铜金镍合金.
NIP =nipple. 螺纹接口.
nip [nip] *v.*; *n.* ①夹[掐],掐,捏,挤,咬(入),剪[切]断,摘取(芽端,轧件端部)压轧①虎钳②两辊之间的辊隙⑤少量⑥寒气,严寒⑦伤害,摧残,冻坏⑧阻碍,制止⑨赶快. *double nip* 双接口. *nip action*(钢丝绳胶中钢丝的)交咬作用. *nip angle* 咬入角.▲*nip…in the bud* 在萌芽时摘取,防患于未然,阻止发展. *nip off* 剪断,摘掉.
Nipagin A 对羟基苯甲酸乙酯(p-hydroxy benzoic acid ethyl-ester).
Nipasol 对羟基苯甲酸丙酯(p-hydroxy-benzoic acid n-Propylester).
nipholite *n.* 锥冰晶石.
Nipkow('s) disk 尼普科夫扫描盘.
NIPO =negative input positive output 负输入正输出.
nip′per ['nipə] *n.* ①挟[掐]者,剪断者②(pl.)钳[镊,夹]子,拔(齿)钳. *a pair of nippers* 一把钳子. *end cutting nippers* 中心剪丝钳.
nip′ple ['nipl] *n.* ①橡皮奶头,乳头状突起②连接套,螺纹接套(头),(螺纹)管接头,短[连]接管③加油咀,(喷灯)喷嘴,(枪炮的)火门. *close nipple* 螺纹接头[管]. *coupling nipple* 车钩发笋. *grease nipple* 滑脂嘴. *hose nipple* 软管螺纹接套. *inlet nipple* 进口螺纹接套. *lubricating nipple* 加油嘴. *metering nipple* 测量螺纹接管,定量轴套.
Nip′pon ['nipon] *n.* 日本.
Nipponese′ [nipə'ni:z] *a.*; *n.* 日本人(的),日本(语)的.
NIR =①acrylonitrile -isoprene rubber 丙烯腈-甲基 3 二烯橡胶②near infrared 近红外线③non-ioniz-

ing radiation 非电离辐射.
Niranium n. 钴镍铬齿科用铸造合金(钴64.2%,铬28.8%,镍4.3%,钨2%,碳0.2%,硅0.1%,铝0.7%).
Ni-resist = nickel resist 尼瑞西斯特铸铁,耐蚀高镍铸铁,耐蚀镍合金(碳3%,镍14%,铜6%,碳2%,硅1.5%). *ductile Ni-resist cast iron* 高镍球墨铸铁,不锈镍铸铁.
NIRTS = new integrated range timing system 新型集成测距定时系统.
NIS = not in stock 无库存.
nis matte 镍锍,镍冰铜.
nisiloy n. 镍硅(孕育剂).
Ni-Span (alloy) 镍铬钛铁定弹性系数合金(镍42%,铬5~6%,钛2~3%,其余铁).
Ni-speed 一种能控制硬度及内应力的高淀积(速)率的镀镍过程.
ni'sus ['naisəs] [拉丁语] n. 努力,企图,力争.
nit [nit] n. 尼特(表面亮度单位,等于1新烛光/米²),内比特(=1.44比特).
nit obsn = night observation 夜间观察.
Nital n. 硝酸乙醇腐蚀液(5cc比重1.42的浓硝酸与100cc的95%乙醇溶液的混合液).
NITC = not in this contract 不在此合同中.
Ni-tensilorin n. 镍铬铁(镍1~4%).
niter n. = nitre.
Nitinol [nitə'nɔːl] n. 镍钛诺(一种非磁性合金).
nitom'eter n. 尼特(亮度)计.
ni'ton ['naitən] n. ①氡 Nt (radon Rn 的旧名) ②氡 Em²²² (射气同位素).
nit'pick ['nitpik] v. 吹毛求疵,挑剔.
nitragin n. 根瘤细菌肥料,根瘤菌剂.
nitra-lamp n. 充气(电)灯泡.
nitralising n. (钢板涂搪烧前)硝酸钠溶液浸渍处理法.
Nitralloy (steel) n. 氮化合金(钢),氮化(渗氮)钢(碳0.2~0.45%,铬0.9~1.8%,铝0.15~1%,硅0.2~0.4%,锰0.4~0.7%,或有铝0.85~1.2%,其余铁).
nitram'ine [nai'træmin] n. 硝胺.
nitramon n. 硝铵炸药.
nitratase n. 硝酸还原酶,硝酸酯酶.
ni'trate ['naitreit] I n. 硝酸盐(钾,钠,酯,根). II vt. 用硝酸处理,硝化. *ammonium nitrate* 硝酸铵. *cellulose nitrate* 硝酸纤维(素). *nitrated asphalt* 硝化(地)沥青.
nitra'tion [nai'treifən] n. 硝化(作用),硝代,氮化,渗氮(法).
ni'tratite ['naitrətait] n. 钠硝石,智利硝石.
ni'tre ['naitə] n. ①硝酸钾,硝石②硝酸钠. *nitre cake* 硝饼,硫酸氢钠.
nitrene n. 氮烯,氮宾.
nitriabil'ity n. 氮化性.
ni'tric ['naitrik] a. (含)氮的,硝酸根的,硝石的. *nitric acid* 硝酸. *nitric oxide*(一)氧化(一)氮.
nitrida'tion n. 渗氮,氮化.
ni'tride ['naitraid] n.; vt. 氮化(物),氮化,硝化. *aluminum nitride* 氮化铝. *nitrided steel* 渗氮(氮化)钢.
ni'triding n. 氮化(法),渗氮. *nitriding steel* 渗氮(氮化)钢.

nitrifica'tion n. (氮的)硝化(作用),硝酸化作用.
ni'trifier n. 硝化(细)菌.
ni'trify ['naitrifai] v. 硝化,变成硝石.
nitrilase n. 腈水解酶.
nitril-attack-bacteria n. 腈分解菌.
ni'trile ['naitrail] n. 腈,[pl.]腈类 (R. CN). *nitrile rubber* 腈橡胶.
ni'trite ['naitrait] n. 亚硝酸盐(酯,根)(-NO₂).
ni'trizing n. 渗氮,氮化法.
nitro n. 硝基,(里)基化甘油. *nitro cellulose* 硝化纤维(素),棉花火药. *nitro group* 硝基. *nitro rayon* 硝基(化)人造丝,硝化嫘萦.
nitro- [词头] 硝基.
nitro-alloy n. 氮化(渗氮)合金.
nitroamine n. 硝胺.
nitroan'iline n. 硝基苯胺.
nitrobac'ter n. 硝化杆菌.
nitrobacte'rium n. 硝化细菌.
nitrobenzene' or **nitrobenzol** n. 硝基(代)苯.
nitrobiphenyl n. 硝基联苯.
ni'trocal'cite ['naitrou'kælsait] n. 钙硝石.
nitrocell'ulose n. 硝化(酸)纤维(素),棉花(棉纤维)火药,硝化棉,火棉.
nitrochalk n. 钾铵硝石,白垩硝肥.
nitrocobalamin n. 硝钴维生素.
nitrocom'pound n. 硝基化合物.
nitrocot'ton n. 硝化棉,硝化纤维素.
nitro-cyclohexane n. 硝基环己烷.
nitro-deriv'ative n. 硝基衍生物.
nitrodope n. 硝基涂料,硝基清漆.
nitroexplo'sive n. 硝化火药.
nitrogel'atine n. 硝化明胶炸药.
ni'trogen ['naitrid3ən] n. 【化】氮 N. *nitrogen assimilation* 氮固化作用. *nitrogen case-hardening* 渗氮. *nitrogen fixation* 氮气固定(作用),固氮(作用). *nitrogen hardening* 渗氮硬化.
ni'trogen-adsorp'tion n. 氮吸附.
ni'trogenase ['naitrədʒəneis] n. 固氮酶.
ni'trogena'tion n. 氮化作用.
ni'trogen-filled a. 充氮的.
ni'trogen-fix'ing a. 固氮的,氮气固定的.
ni'trogen-free a. 无氮的.
nitrog'enous a. 含氮的.
nitrogen-sealed a. 氮气密封的.
nitroglyc'erin(e) [naitrou'glisəriːn] n. 硝化甘油(炸药),甘油三硝酸酯,硝酸甘油,炸(药)油, *nitroglycerine explosive* (dynamite) 硝化甘油炸药.
nitroguanidine [naitrə'ɡwɑːnidiːn] n. 硝基胍.
nitrokalite n. 硝石.
nitrolime n. 氰氨(基)化钙.
nitrom'eter n. 测氮管,氮量计(器).
nitrometh'ane n. 硝基甲烷.
nitron n. (试)硝酸,黄酯,硝酸试剂,尼脱隆塑料.
ni'tronaph'thalene n. 硝基萘.
nitronate n. 氮酸酯.
nitrophenol n. 硝基(代)(苯)酚.
nitrophenyla'tion n. 硝苯基化.
nitrophile n. 喜氮植物.
nitrophilous a. 嗜(喜,适)氮的.

nitrophoska n. 硝酸磷酸钾.
nitro-powder n. 硝化火药.
nitroprusside n. 硝普盐.
NITROS =nitrostarch 硝化淀粉.
nitrosa′tion 或 **nitrosyla′tion** n. 亚硝基化(作用).
nitrosifica′tion n. 亚硝化作用.
nitroso n. 亚硝基. *nitroso group* 亚硝基.
nitroso- 〔词头〕亚硝基.
nitros(o)amine n. 亚硝(基)胺.
nitroso-β-naphthol n. 亚硝基-β-萘酚.
nitrosocamphor n. 亚硝基樟脑.
nitroso-compound n. 亚硝基化合物.
nitrosoguanidine n. 亚硝基胍.
nitrosomonus n. 亚硝化毛杆菌.
nitrosourea n. 亚硝基脲.
ni′trostarch n. 硝化淀粉.
nitrosyl n. 亚硝酰(基).
nitrotoluene n. 硝基甲苯(炸药).
nitrotyl 或 **nitroyl** n. 肟基.
ni′trous ['naitrəs] a. ①亚硝(酸)的 ②(似)硝石的 ③亚氮的,含有三价氮的. *nitrous acid* 亚硝酸. *nitrous oxide* 一氧化二氮,氧化亚氮,笑气.
nitrovinyla′tion n. 亚硝基乙烯化(作用).
nitrox′ide n. 硝基氧.
nitrox′ime n. 硝基肟.
nitroxyl n. 硝基氧.
nit′ty-grit′ty n. 细节,细则,实质性. ▲*get down to the nitty-gritty* 追究根源(或细节).
Nivaflex n. 一种发条合金.
ni′val ['naivəl] a. (多)雪的,终年积雪地区的,生长在雪中的.
nivarox n. 尼瓦洛克斯合金.
niva′tion n. 雪(霜)蚀.
niveau n. 水平仪.
Ni-Vee n. 镍维铜基合金(铜80~88%,镍1~5%,锡5~10%,锌2~5%).
nivenite n. 沥青铀矿,黑富铀矿.
nivomet′ric a. 测雪的.
NIWRC =new independent wire rope core (wire rope) 新型钢丝绳芯的(钢丝绳).
nix [niks] n.; ad.; vt. ①没有,无物 ②不(行,干) ③拒绝 ④无法投递的邮件.
nixie decoder 数码管译码器.
nixie light 数字〔码〕管.
nixie readout 数码管读出装置.
nixie tube 数字〔码〕管.
NK =night key 夜铃电键.
NK winding 静电容最小的绕法.
NL =①non-linear 非线性的 ②north latitude 北纬.
N/L =no limit 无限.
n-leg a. n 脚的,n 引线的.
NLGI =National Lubricating Grease Institute 国立润滑脂研究所.
NLR =①noise load ratio 噪声负载比; ②non-linear resistance 非线性电阻.
NLS =non-linear system 非线性系统.
nlt =①not later than 不迟于 ②not less than 不少于.
NM =①nautical mile 海里 (=1853.2m) ②nickel manganese steel 镍锰钢 ③non-metallic 非金属的.

nm =①nanometer 毫微米,纤束 ②nuclear moment 核矩.
NMC =National Meteorological Center 国家气象中心.
NMDR =nuclear magnetic double resonance(核磁)双共振.
n-mer n. n 聚物.
NML =nuclear magnetism log 核磁测井.
NMP =navigational microfilm projector 导航显微胶片放大器.
NMR =①nuclear magnetic relaxation 原子核磁性弛张 ②nuclear magnetic resonance 核磁共振.
NMS =non-magnetic steel 无磁钢.
nmt =not more than 不多于.
NMTBA =National Machine Tool Builders Association 全国机床制造商协会.
N/N =not to be noted 不用记录.
NNE =north north east 东北北.
NNI =Noise and Number Index 噪声和数值指标.
N-nitroso n. 正-亚硝基.
NNW =north north west 西北北.
no [nou] Ⅰ a. ①〔表示"无,没有"的 no 是形容词,是修饰名词的〕无,没有,没有任何. *no charge machine-fault time* 机器故障免费时间. *no doubt* 无疑,当然. *no hang-up* 立(即)接(续)制通信. *no load* 无(荷)载,空载. *no orders* 无定单,无汇票. *no parallax* 无视差. *no pull* 零位张力,无张力. *no roll* 无滚卡的,汽车坡路停车防滑机构. *no skid road* 主路〔粗糙〕路面. *no slip angle* 临界咬入角. *no spring* 无弹簧. *no spring detent* 无弹簧带爪式(换向阀),带定位装置式(换向阀). *no step metallization* 无台阶的金属化. *no taper* 无锥度. *no touch* 无(不)接触,无触点. *no trunks* 全部占线,无空线. *No man is born wise*. 没有任何人是生来就聪明的. *We use no timber and 2 tons of cement*. 我们不用木料而用2吨水泥. *No other tool is suitable for the job*. 没有别的工具(是)适合于这件活儿(的). *The brakes on no two cars are alike*. 没有两辆车上的闸是一样的. *There is no (sound) evidence to prove this*. 没有(可靠的)证据证明这点. *He is getting no place in his work because he is going at it wrong*. 他工作没有进展,因为他做得不对路.
②〔在谓语后,表示跟在 no 后面的那个字的反义〕不是,并非,决非. *This is no small contribution*. 这是很大的贡献. *To overhaul such a machine is no great problem*. 检修这样一台机器不是大问题. *This is no place for parking*. 这并不是停放车辆的地方. *It is no distance from here*. (它)离这里不远. *It is no go*. 这不行,这无济于事.
③不许,禁止. *No admittance except on business*. 非公莫入. *No parking*! (此处)不准停(放)车(辆). *No smoking*. 禁止吸烟. *No turn*. 不准转弯.
④〔there is no +ing〕难以,不可能,不容. *There is no denying the fact*. 事实不容否认.
Ⅱ ad. ①不,否,非. *no constant boiling mixture* 非恒沸液. *Isn't 〔Is〕 it Monday today? No, it*

isn't. 今天不是〔是〕星期一吗？不，今天不是.
② 〔同比较级连用〕并不，毫不. *This motor is no heavier than that one.* 这部马达并不比那部重. *We can wait no longer.* 我们不能再等了.
Ⅱ *n.* (pl. *noes*) 否定〔认〕, (pl.) 投反对票者. ▲*no…either…* 也不，也没有. *no other than* (不是别人)正是，恰恰是.

NO ＝① navel ordnance 舰艇军械 ② night observation 夜间观察. ③ nonofficial 非正式的 ④ non-original 非原件 ⑤ normally open 常开的，静开的，原位断开的 ⑥ not operational 不用的，非运行的 ⑦ octane number 辛烷值.

No ＝① nobelium 锘 ② number 第…号.

N/O ＝① in the name of 以…名义,代表,代替 ② no orders 无定单，无汇票 ③ not otherwise 未另行…；其他情况下就不这样.

no of pcs ＝number of pieces 件数.

no- 〔词头〕无，空，不，非.

no-account *a.* 没用的，没价值的.

no-address computer 无地址计算机.

nob [nɔb] *n.* 球门门栓，雕球饰，【冶】冒口.

no-bake sand 自硬砂〔砂，树脂和催化剂的湿混和物，能在环温下自硬).

nob'bing *n.* 压挤емес铁块.

no-being *n.* 不存在〔有〕的，无人，谁也不. *Nobody knows.* 谁也不知道. ▲*nobody else* 没有其他人，其外没人.

no-bottom *n.* (测深呼号)未达海底.

NOC ＝notice of change 更改(的)通知单.

nocardamin *n.* 诺卡胺素.

no-carry 〔计〕无进位(的).

no-charge *a.* 免费的. *no-charge machine-fault time* 机器故障免费时间.

nociceptor *n.* 损伤感受器.

no-contact pickup 无触点检波器.

no-core reactor 无铁芯扼流圈.

no-cost *a.* 免费的.

no-count *a.*； *n.* 没价值的(人).

no-creep type baffle 非蠕爬型障板.

noctalo'pia *n.* 夜盲(症).

noctilu'cence [nɔkti'lju:sns] *n.* 夜(磷)光，生物(性)发光.

noctilu'cent *a.* 夜光的，夜间(黑暗中)发光的，可见的，生物(性)发光的.

noc'tirsor *n.* 暗视器.

nocto television 红外线电视，暗电视.

noctovis'ion [nɔktə'viʒən] *n.* 红外线电视，暗电(觉)，黄昏视觉.

noctovi'sor *n.* 红外线摄像机〔望远镜〕.

noctur'nal [nɔk'tə:nl] Ⅰ *a.* 夜(间)出，夜间发生的).
Ⅱ *n.* 夜间时刻测定器. *nocturnal cooling* 夜间冷却. *nocturnal radiation* 夜间辐射.

noctur'nalism *n.* 夜(间)活动.

noc'turne ['nɔktə:n] *n.* 夜景画.

nocufensor *n.* 外伤防御器.

noc'uous ['nɔkjuəs] *a.* 有害的，有毒的.

nod [nɔd] *v.*； *n.* ① 点头 ② 打瞌睡 ③ 偶尔出错 ④ 摇摆，上下〔前后)摆动，倾斜. ▲*on the nod* 未经正式手续的，有默契的.

no'dal ['noudl] *a.* ① (波)节的，结(点)的，节点的，交点的②中心的，枢纽的，关键的③部件的，组合件的. *nodal analysis* 节点分析法. *nodal carriage* 测节轨运器. *nodal cubic* 结点三次线. *nodal equation* (波)节方程. *nodal line* (波)节线，结(交)点线. *nodal point* 结(节，叉)点. *nodal slide* 测节器. *nodal type* 波节线(流态).

no'dalizer *n.* 波节显示器.

nod'ding Ⅰ *n.* 章动. Ⅱ *a.* 点头的(的)，低垂的，摆动(的).

NODE ＝noise diode 噪声二极管.

node [noud] *n.* ①(波，茎)节，结点(节)，瘤②节〔结，交，叉，中心)点，相轨迹交点③分支〔汇合)点. *biplanar node* 【数】二切面重点. *conic node* (*of a surface*)(曲面)锥顶点. *current node* 电流波节. *node branch* 节点的分支. *node of orbit* 轨道交点. *single node* 单节(点). *uniplanar node* 【数】单切面重点. *vibration node* 振动节〔结).

no-delay base (电话)的立即接通制.

no-delay toll method 即时通话法.

node-locus *n.* 结点轨迹.

node-shift method 角(度偏)移法.

no'di ['noudai] *nodus* 的复数.

no'dical ['noudikəl] *a.* 交点的.

nodoc *n.* 密码子补体，(反)密码子.

no'dose ['noudous] *a.* 有节的，结节(多)的，瘤形的.

no-doubt *n.* 没有疑问，当然.

nodoubt'edly *ad.* 无疑地.

no-dressing *n.* 不修整(砂轮).

nod'ular ['nɔdjulə] 或 **nod'ulated** ['nɔdjuleitid] *a.* (结)节(状)的，球(团，粒，榴，结核)状的. *nodular cast* [*graphite*] *iron* 球(铁石)墨铸铁，可锻(韧性)铸铁. *nodular cementite* 粒状渗碳体体(=spheroidal cementite). *nodular graphite* 团状石墨. *nodular ore* 肾状赤铁矿. *nodular troostite* 团状屈氏体.

noduiariza'tion *n.* 球化.

nod'ularizer *n.* 球化剂.

nodula'tion *n.* 生节(块)，有节.

nod'ule ['nɔdju:l] *n.* (不规则的)球结节，【矿】结核，岩球，矿(球，小，根)瘤，瘤(球)状物. *pyrite nodule* 黄铁矿结核.

nodulif'erous *a.* 带瘤的.

nod'ulizer *n.* 球化剂，成粒机.

nod'ulizing *n.* 团矿，球化(退火)，附聚〔烧结)作用. *nodulizing agent* 球化剂.

nod'ulose 或 **nod'ulous** *a.* 有小结节的，有瘤的，球(瘤)状的.

nodum n. 植被抽象单位.

no'dus ['noudəs] (pl. *no'di*) n. ①〔结〕节②难点③错综复杂.

NOE =①notice of exception 例外情况通知〔说明〕②nuclear Overhauser effect 核磁欧氏效应.

noemat'ic a. 思考的, 思想的.

noe'sis [nou'i:sis] n. 认识, 识别, 智力.

noet'ic [nou'etik] a. 认识的, 识别的, 智力的.

no-excitatin detectoion relay 无激励检测继电器.

no-fault a. 不追究责任的.

no-fines concrete 无细料〔的〕混凝土.

NOFORN =not releasable to foreign nations 不可向国外发表〔发行〕.

no-fuse switch 无保险丝的开关.

nog [nɔg] I n. 木钉〔栓, 砖, 桶〕,【矿】木块, 垛式支架, 支柱垫楔. II vt. 用木钉支住〔钉牢〕, 砌木砖.

NOGAD =noise-operated gain adjusting device 噪声〔电平〕控制增益装置.

nogalamycin n. 诺加霉素.

nog'gin n. 诺金(液量单位, 合 1/4 品脱).

nog'ging n. 填充的砖石砌体, 木架砖壁, 壁砖, 间墙立柱间的水平连系木条. *brick nogging* 用砖填充墙架, 木架砖壁.

no-go a. ①不宜开展的, 不利进行的②治外法权的, 只准特许人士入内的③不通过的, (通)不过的. *no-go gauge* 不过止规, 不过端止规.

nohlite n. 铌钇铀矿.

no'how ['nouhau] ad. 毫不, 决不, 无论如何不, 没法〔不可〕解决地.

NOIBN =not otherwise indexed by number 别处无数字索引.

noil¹ n. (羊毛, 丝等的)刷副,【纺】精梳短毛〔落棉〕.

Noil² n. 一种锡青铜(锡 20%, 铜 80%).

noise [nɔiz] I n. ①噪声〔音, 扰〕, 统计(起伏)噪声, 杂音〔波〕②干扰(文献检索)无效③声音, 喧闹声④时常转变特性的能量, 海面不和谐的随机变化. II vt. ①发噪音, 喧闹②宣扬, 谣传. *arc noise* 电弧噪声〔干扰〕. *fine-grain noise* 微起伏噪音, 小颗粒噪音. *hum noise* 交流声. *mechanical noise* 机械噪声, 电子管中的喀啦声. *noise abatement* 〔reduction〕减声. *noise absorbing circuit* 消噪声电路, 噪声吸收电路. *noise background* 背底数值, 背景噪声. *noise balancing circuit* 平衡静噪〔噪声衡消〕电路. *noise blanker* 噪声熄灭装置. *noise elimination* 消声. *noise filter* 静噪滤波器. *noise fringe* 噪扰带, 干扰边线. *noise immunity* 抗扰度〔性〕, 抗噪声性. *noise insulator factor* 隔音度, 隔音系数, 隔噪声因数. *noise killer* 静噪器. *noise level* 噪声〔干扰, 杂音〕电平, 噪声级, 噪声水平. *noise-like signals* 似噪声信号. *noise limiter* 噪声限幅器. *noise suppressor* 噪声抑制器, 消声器. *peaked and flat noise* 脉冲和平滑干扰. *random noise* (不规则)杂音, 杂乱〔随机〕噪声, 偶然干扰. *reactor noise* 反应堆"噪声", 反应堆功率的涨落. *shot noise* 散粒〔发射〕噪声, 用语言表达或暗示. ▲*make a noise* 或 *make noises* 产生噪声.

noise-free receiver 低噪声接收机.

noise'ful a. 喧闹的.

noise'killer n. 噪声抑制〔消除, 吸收〕器, 静噪器.

noise'less ['nɔizlis] a. 无噪声的, 低噪声的, 噪声水平低的, 无声的. *noiseless action* 无声操作. *noiseless recording* 无噪声录音〔象〕. ~ly ad. ~ness n.

noise'-meter n. 噪声(测定, 电平, 级)表, 噪声计, 噪声测试器. *objective noise-meter* 绝对噪音测定表.

noise-modulated a. 噪声调制的.

noise'proof a. 防杂音〔噪声〕的, 隔音〔声〕的, 抗噪的.

noise-shielded a. 防噪声的.

nois'ily ad. 吵〔喧〕闹地.

nois'iness n. 噪声〔量, 特性〕, 杂乱性, 吵〔喧〕闹度.

noi'some ['nɔisəm] a. 有害〔毒〕的, 有恶臭的, 令人讨厌的. ~ly ad. ~ness n.

nois'y ['nɔizi] a. 有噪声的, 有干扰的, 吵闹的, 嘈杂的. *noisy channel* 噪声信道. *noisy mode* 干扰〔噪音, 杂波〕形式.

NOL =normal operating losses 正常运行损失.

no-lead gasoline 无铅汽油.

no-leak n. a. 不漏漏〔气, 油〕, 无漏泄的.

no-leakage n. 无漏泄.

no-lines n. 全部占线, 无空线.

no-load n.; a. 无(负)载(的), 空载(的), 空负荷, 空车开路. *no-load running* 空载〔无负荷〕运转. *no-load test* 空〔无〕载试验. *no-load Q* 无载时的 Q 值.

NOM =①nomenclature 术语(表) ②nominal 标〔公〕称的.

nom [nɔm]〔法语〕n. 名. *nom de plume* 笔名.

no'mad ['noumæd] n.; a. 游牧(民, 的), 流浪者.

nomad'ic a. 游牧(离, 动)的, 无定的.

no'madize v. 过游牧生活.

Nomag n. 非磁性高电阻合金铸铁(镍 9~12%, 锰 5~7%, 硅 2.0~2.5%, 碳 2.5~3.0%).

no-man n. 无人的. *no-man control* 无人控制〔操纵〕.

no'men clature n. 术语(表, 集), 专门用语(名词), 名称, 词汇, 命名(法, 原则). *alloy nomenclature* 合金名称.

nom'inal ['nɔminl] I a. ①标〔公〕〔额〕定的, 铭牌(规定)的②名义上的③无名无实的③极小的, 极微小的④按计划进行的, 令人满意的. II n. 标称词, 名词性的词(或词组). *nominal diameter* 标称〔名义〕直径, 中值粒径. *nominal horsepower* 标称〔公称, 额定〕马力. *nominal line width* 标准行宽. *nominal output* 标称生产率, 标称输出, 额定输出〔出力, 产量〕. *nominal pressure* 标称〔公称, 标定, 额定〕压力. *nominal rating* 标准〔称〕规格, 额定值. *nominal size of pipes* 管材的公称尺寸. *nominal speed* 正规最大车速, 名义〔象征〕速率. *nominal sum* 微小的数目. *nominal value* (票)面(价)值, 标〔公〕称值, 额定值.

nom'inally ad. 标称, 名义上, 有名无实地.

nom'inate ['nɔmineit] vt. 提名, 推荐, 指定, 任命. *user nominated* 用户指定的. ▲*be nominated to …*被任命担任…. *nominate … for …* 提名…为…. *nomina'tion* n.

nom'inative ['nɔminətiv] a. 指名的, 被提名的, 被任命的, 按指定的.

nom'inator ['nɔmineitə] n. ①提名〔任命, 推荐〕者②

分母.
nominee' [nɔmi'ni:] n. 被提名[推荐,任命]者.
no-mirror n. 无反射镜.
no-mixing cascade 理想级联.
nom'ogram [ˈnɔməgræm] 或 **nom'ograph** [ˈnɔməgra:f] n. 列线[线解,线示,尺解,诺读,曲线,示]图,计算图表,图解. *aerodynamic nomogram* 空气动力特性图. *noise-factor nomograph* 噪声指数列线图. *pulse delay nomogram* 确定脉冲延迟时间的列线图. *slide-rule nomogram* 计算尺型的列线图解. *thermistor nomogram* 热敏[计算热变]电阻的列线图.
nomographic chart 列线图,算图.
nomog'raphy n. 列线图解法[术],图算法,计算图表学.
nom'otron n. 开关电子管.
non [nɔn] 〔拉丁语〕 ad. 非,不(是),无. *non ferrous metal* 非铁[有色]金属. *non friction guide* 滚动[非摩擦]导轨. *non oriented* 不取向的. *non periodic* 非周期性的,非定时的. *non return valve* 单向[止回]阀. *non rotating wire rope* 不旋转钢丝绳. *non shrink cement* 抗缩水泥. *non store type* 非存储式. *non tracking* 无[电蚀]径迹,非跟踪. ▲*non plus ultra* 极点,绝顶. *non sequitur* 与事实不符的推断,不合理的结论.
NON STD = nonstandard 非标准的.
non- 〔词头〕非,不,无,未.
non(a)- 〔词头〕九,壬.
non-absor'bent a. 不吸收性的.
non-abstractive a. 非抽提性的.
non'-accep'tance n. 不答应,不接[验]收.
nonacidfast a. 非抗酸性的.
nonactin n. 无活(性)菌素.
nonactin'ic 无光化性(的),非光化(的).
nonac'tivated a. 未激活的,未活化的,非放射化的.
non-adaptabil'ity n. 不适于(to).
non'add'itive a. 非相加[求和]的.
nonadditiv'ity n. 非相〔叠〕加性.
non-adiabat'ic a. 非绝热的.
non'adjus'table a. 不可调节的.
no'nage n. 未成年〔熟〕,幼稚,早期.
non-ag(e)ing a. 不老化的,不陈化的,经久的,无时效的,未过时的. *non-ageing steel* 无时效钢.
nonagenary a. 九十进制的.
nonagglom'erating a. 不粘[熔]结的.
nonaggres'sion n. 不侵略,不侵犯.
non-agitating truck 途中不搅拌的混凝土运送车.
non'agon n. 九边形.
non-air-entrained concrete 不加气混凝土.
non-align' vi. 不结盟,非刈线. ~**ment** n.
nonalloyable a. 不能成合金的.
nonamer n. 九聚物.
non-analytic function 非解析函数.
nonane n. 壬烷.
nonanol n. 壬醇.
non-antagonis'tic a. 非对抗性的.
non-a'queous a. 非[无]水的.
non-arcing a. 无[不发]火花的,不打火的,无弧的.
nonarithmet'ic shift 非算术移位,循环移位.

non-artesian water 非自流地下水.
non-articulated arch 无铰拱.
nonary a. ; n. 九进的,九个一组的东西.
non-asphal'tic a. 非[无,不属于]地)沥青的.
non-asso'ciated gas 非缔合天然气.
non-asso'ciative al'gebra 非结合代数.
non-atom'ic a. 无原子的.
non-atten'dance n. 缺席,不到.
non-attended station 无人监视[值班]台,无人值班转播站.
non'-atten'tion n. 不当心,疏忽.
non'-atten'uating wave 等幅波.
non'-automat'ic a. 非自动的.
non'auton'omous system 非自控[治]系统.
non'-ax'ial a. 非轴(向)的. *non-axial trolley* 旁滑接轮.
non'bacte'rial a. 非细菌性的.
non-baking coal 不焦结煤.
non'ba'sic va'riable 非基本变量.
non-bearing structure 非承压结构.
non'benefic'ial a. 无益的,有害的.
non'-bi'nary code 非二进制代码.
non'-biolog'ical a. 非生物的.
non'-bitu'minous a. 非[无,不属于]沥青的.
non-bloated a. 无胀性的,不膨胀的.
non'block code 非分组码,非块码.
non'-block'ing a. 不闭塞的.
non-bonded prestressed reinforcement 不粘着(的)预应力钢筋.
nonbook n. 无真实价值的书,辑录本.
non-break A.C. power plant 无中断交流电源设备.
non'breed'ing n. ; a. 非增殖的.
non'brown'ing n. 不暗化[照射后不变暗]的(玻璃).
non-burn'ing model 不燃烧的(发动机)模型.
non'-ca'king a. 无粘性的,非粘结的,不结块的.
non'-capac'itive a. 非电容性的,无电容的.
non-capillary a. 无[非]毛细的.
non'-causal'ity n. 非因果关系.
nonce [nɔns] n. ; a. 现时,目前,只以当时为限的,一度发生[使用]的. ▲*for the nonce* 目前,暂且.
non-cellulosic material 非纤维质材料.
non'-cen'tered a. 无心的.
non'-cen'tral a. 无心的,偏心的. *noncentral F* 非中心F分布.
non-cen'tric n. 无中心的,离开中心的.
non'chalance [ˈnɔnʃələns] n. 漠不关心,冷淡,无动于衷. ▲*with nonchalance* 无动于衷地. **non'chalant** a.
non'-circular a. 非圆形的.
non'-cir'culatory a. 非循环的.
non'claim [ˈnɔnkleim] n. 在法定时间内未提出要求.
non-clas'sical a. 非经典的.
non-closed a. 开的,不包封的.
non-cohe'rent 或 **non-cohe'sive** a. 无粘聚力的,不粘聚的,松散的,不附着的,无粘性的,非相干的. *non-coherent integration* 非相干积分. *non-coherent rotation* 非一致转动. *non-cohesive material* 松散[非粘性]材料. *non-cohesive soil* 非粘性土,无粘性土.

noncoin′cidence n. 不一致.
non-coking n.；a. 非焦化,非焦结的. *non-coking coal* 非焦化煤,干烧煤.
non-coll = noncollegiate 不属〔不设〕学院的,未受大学教育的.
non′-collin′ear a. 非共线的.
non-color a. 原色(的).
non′com′batant n.；a. 非战斗人员〔单位〕,非战斗(人员)的.
non′combus′tible a.；n. 不燃的,不燃物.
non′-commer′cial a. 非贸易的,非商业性的. *non-commercial traffic* 无货车交通,非商业性交通.
non′-commit′tal a. 不表示意见的,不承担义务的.
non-commutabil′ity 或 **non-commutativ′ity** n. 不可互换性.
non′-commu′table a. 不可互换〔易〕的.
non′-commu′tative a. 非交换的,非可换的.
non′-commu′ting a. 非对易的.
non′-com′parable 或 **non′-compar′ative** a. 非可比的.
non-compensable a. 不能补偿的.
non′compet′itive a. 非竞争性(的).
non′compli′ance n. 不同意,不答应,不顺从.
non-concor′dant cable 不吻合引线.
non-concordantly oriented 非协合定向的.
non′-concur′rent a. 非共点的,不集中于一点的.
non′-conden′sable a. 非冷凝的.
non′conden′sing a. 不(能)冷凝的,不凝结的,非凝汽的. *noncondensing engine* 排汽蒸汽机.
non′-conduc′ting n.；a. 不传导(的),不导电(的),不传热的,绝缘的. *non-conducting hearth furnace* 绝缘底电炉. *non-conducting transistor* 不通导晶体管. *non-conducting voltage* 截止〔不导电〕电压.
non′-conduc′tion n. 不传导.
nonconduc′tor [nɔnkənˈdʌktə] n. 非导体,电介体,绝缘体.
non′con′fidence n. 不信任.
nonconfor′mable a. 不一致的,不整合的.
non-conforming shape factor 非保形因数.
non′-conform′ity n. 不适〔整〕合的,不一致(with, to).
non′conjunc′tion n. (数理逻辑)"与非". *nonconjunction gate* "与非"门.
non′conserva′tion n. 不守恒(性).
non′conser′vative a. 不(保)保守的,不可逆流的. *nonconservative concentration* 非保守浓度.
non-con′stancy n. 非恒性,不稳定性,不恒定性.
non′consu′mable a. 非自耗的,不消耗的. *nonconsumable melting* 非自耗的(电极)熔炼.
non′-con′tact n. 无触点,无接触. *non-contact longitudinal recording* 无触点纵向记录.
non′-conten′tious a. 不会引起争论的,非争论性的.
non′contin′uous a. 不继〔连〕续的,间断的.
non′-conver′gent a. 非收敛的.
non′coop′erative a. 不〔非〕合作的.
non′copla′nar a.；n. 非共面(的),异(平)面的.
non-correlated a. 不〔非〕相关的.
non′correspon′ding control 无静差调节.
noncorrodibil′ity n. 抗腐蚀能力.
non′-corro′dible a. 抗(腐)蚀的,不腐蚀性的.
noncorro′ding a. 抗腐蚀的.
non′-corro′sive a. 无(非)腐蚀性的,不锈的,抗(腐)蚀的. *non-corrosive steel* 不锈钢,不腐蚀钢.
non′-corro′siveness n. 不腐蚀性.
noncorrosiv′ity n. 无腐蚀性.
non′-count′able a. 不可数的.
noncrack-sensitive a. 不产生裂纹的.
non′-crit′ical race 非临界追赶.
non′critical′ity n. 非临界性.
non-cross-linked polymer 非交联聚合物.
noncross′over n. (染色体)非交换型的,非交换体的.
non′cryogen′ic a. 非低温〔深冷〕的.
non′-crys′tal a. 非晶体的.
non′crys′talline n.；a. 非晶〔状,性,质〕(的),非晶的,不透明的. *noncrystalline siliceous material* 非晶(质)硅质物.
non′-crys′tallizable a. 不结晶的.
non′cu′bic a. 非立方(系)的.
non′-cut′ting a. 非切削的.
non′cyc′lic a. 非周期(循环)的. *noncyclic code* 非循环码.
non′dec′imal base 非十进制基数.
non′decompo′sable a. 不可分解的. *nondecomposable matrix* 不可分解矩阵.
non′decrea′sing function 非减〔不下降〕函数.
non′-defec′tive n. 良品,合格品.
non′-deflec′ting a. 不变形的,不挠曲的.
non′-deform′able 或 **non′-deform′ing** a. 不(可)变形的.
non′(-)degen′eracy n. 非简并度.
nondegen′erate(d) a. 非退化的,非简并的,常态的. *nondegenerated curve* 常态曲线.
non′-degra′dable waste 不可降解废料.
non′-delete′rious a. 无害的.
non′-delim′iter a. 非定义〔界〕符.
non′-deliv′ery n. 未交付(货物),无法投递〔送达〕.
non′(-)dense a. 疏的,不密的,无处稠密的.
non′-denu′merable a. 不可数的.
non′-derog′atory a. 非减阶的,非损的.
non′descript′ Ⅰ a. 形容不出的,难区别的,没有特征的,不可名状的,不伦不类的. Ⅱ n. 难以形容〔归类〕的人.
non′descrip′tor n. 非叙词.
non′destruc′tive a. 非破坏(性)的,不破坏的,无损的. *nondestructive inspection* [testing] 无损探伤〔检验〕,非破坏性探伤. *nondestructive reading memory* 不破坏读出的存储器. *nondestructive readout* 无损读出,不破坏读出.
non′-deter′minacy n. 不确定性.
non-developable ruled surface 非可展直纹曲面.
non′-de′viated a. 未经折射的.
non′-diather′mic a. 非透〔导〕热的.
non′-differen′tiable a. 不可微分的.
non′-diffu′sible hy′drogen 非扩散氢.
non′-dimen′sional a. 无因次〔量纲〕〔因次〕的. *non-dimensional coefficient* 无量纲系数.
non′-dimen′sionalized a. 无量纲化的,无因次的.
non′-direc′tional a. 无方向(性)的,不(非)定向的,与

方向无关的. non-directional radio beacon 全向无线电信标.
non'-direc'tive a. 无方向性的,无〔非,不〕定向的.
non'-disa'ble instruction 执行的指令.
non'-discoloring a. 不变色的.
non'-discrete' valua'tion 非离散赋值.
non'disjunc'tion n. (数理逻辑)"或非",不分离,不分开现象. nondisjunction gate 【计】或非门.
non'disper'sive a. 非色(分)散的.
non'-dis'sipative net(work) 无耗(散电)网络.
nondividing a. (细胞)不分裂的.
nondraining a. 不泄放的.
non'-dry'ing oil 非干性油.
non'-duc'tile frac'ture 无塑性破坏.
non'dusty a. 不起尘的.
none [nʌn] I pron. [谓语用单、复数均可](1)谁(一点)都不,谁(一点)也没有,毫不,没谁[人](2)…之中无论哪个都不〔都没有〕,…之中没有一个(of). There were none present. 谁也没有到场(出席). Sounds there were none (= There were no sounds) except the murmur. 除嗡嗡声以外没有别的声音. He wanted some string but there was none(= no string). 他要一些绳子,但一根也没有. None of this concerns them. 这事与他们毫无关系. None of the inert gases will combine with other substances to form compounds. 惰性气体之中无论哪一种都不会和其他物质化合而形成化合物. II ad. 一点也不,毫(绝,决)不. ▲next to none 几乎什么都没有,比谁都不坏. none at all 一点(一个)也没有. none but 仅,只,只有〔除非〕…才,除…外都没有(谁也不). none else 没别人,无他. none other but〔than〕(不是别人)正是,不外乎是,恰恰是. none so〔too〕+ a. 一点也不…,并不…,一点也不…. none the less (虽然那样)还是,仍然,(然而)还是. none the worse (for)丝毫不(因…而)受影响,(虽…)依然如故.
non'effec'tive ['nɔni'fektiv] a. 无效力的,不起作用的.
non'-elas'tic a. 非〔没有〕弹性的,无伸缩性的.
non'-elastic'ity n. 非弹性,不伸缩性.
non'-elec'tric a. 不用电的,非电的.
nonelectrogenic a. 非电生的.
non-elec'trolyte [nɔni'lektroulait] n. 非电解质,不电离质.
non'electron'ic a. 非电子的.
non'-elimina'tion n. 不排〔消〕除,不消灭.
non'-embed'ded a. 非埋藏的,露天的.
non'em'pty set 非空集合.
nonen'tity [nɔ'nentiti] n. 不存在(的东西),虚构(物),不足取的东西.
non-enumerable a. 无数的,不可计数的. non-enumerable set 不可数集.
non'enzymat'ic a. 非酶(催化)的.
non'epita'xial a. 非外延(生长)的.
non'equal'ity gate 【计】"异"门.
non'-equilib'rium [n. 非平衡(态),不〔失〕平衡.
II a. 非平衡的. non-equilibrium carrier 非平衡载流子. non-equilibrium flow 不平衡流,非定常流.

non'-equiv'alence n. 非等价,"异". nonequivalence gate 【计】"异"门. non-equivalence interruption "异"中断.
non'equiv'alent a. 非等效的.
non'-era'sable sto'rage 固定〔只读〕存储器.
non'-ero'dible chan'nel 不冲刷河槽.
non'-er'ror sys'tem 无误差制.
non'(-)essen'tial a. 非本质的,不重要的,次要的,非必需的. non-essential singularity 非本性奇点.
none'such ['nʌnsʌtʃ] n. 无以匹敌的人(或物),典范〔型〕.
nonet n. 九重线〔奏〕.
none'theless = nevertheless.
nonex n. (透紫外线)铅硼玻璃.
non-execu'tion n. 未执行.
non'-exis'tence n. 不存〔实〕在(的东西). flow non-existence 无流动可能. non-existence code 非法代码,不存在的代码.
non'-exis'tent a. 不存〔实〕在的,非天然存在的,空的.
non'-expan'ding exit noz'zle 非扩散排气喷嘴,圆筒形排气管.
non-expansive condition (of soil) (土的)无湿胀状态,(土的)非湿胀.
non'-expen'dable a. 多次应(使,作)用的,可回收的,能恢复的.
non'-explo'sive a. 防爆的,不爆炸的.
non'exponen'tial a. 非指数的.
non'exposed' a. 未接触的,未暴露的.
non'extrac'table a. 不可萃取的.
non'-extru'ding a. 不挤凸的,不凸出的.
non-fading modifier 不衰退孕育剂〔变质剂〕.
non'fea'sible states 不可行状态.
non'fer'rous ['nɔn'ferəs] a. 非铁的. non-ferrous alloy 有色〔非铁〕合金. non-ferrous castings 有色金属铸件. non-ferrous foundry 有色金属铸造厂〔车间〕. non ferrous metals 有色金属. non-ferrous materials 有色金属材料.
non-fertile reflector 【核】非转换材料的反射层.
non-fireproof construction 非防火建筑.
non-firm power 特殊〔备用〕电力.
non'fis'sion n.; a. 不裂变(的).
non'fis'sionable a. 不可分裂的,不裂变的.
non-flam a. 不燃性的.
nonflame n. 非火焰,无焰.
non'flam'mable a. 不可(易)燃的,非自燃的.
non'flex'ible line 刚性线.
non-floating rail 固定栏杆.
non'-flow'ing a. 不流动的.
non'-fluc'tuating a. 非脉动的.
non'-flu'id oil 厚质机油,润滑油.
nonfossil-fuel n. 非矿物燃料.
non'-foul'ing n.; a. 不污结〔浊〕(的),未污染的.
non'frac'tionating distilla'tion 非分馏蒸馏.
non'fractiona'tion sedimenta'tion 不分割〔分别〕沉降.
non'-free'zing a. 不(结)冻的,耐〔抗〕寒的.
non-frost heaving 不冻胀的,不翻浆的.
non'-frost-suscep'tible a. 不冻的,对霜冻不敏感的.
non'fuel-bear'ing compo'nent 不载(核)燃料的元件.

non'-fulfil(1)'ment n. 不履行,不完成.
non-fuse breaker 无熔线〔丝〕断路器.
non'-fusibil'ity n. 抗熔性.
non'fu'sible a. 不(可)熔的.
non'-gen'erating period 非发电时期.
non'gla'cial a. 非〔无〕冰川的.
non-glare n. 防眩.
Non-gran n. 一种青铜(铜87%,锡11%,锌2%).
non'-ground'ed a. 不〔非〕接地的.
non'group code 非群码.
non'-gyromagnet'ic a. 非旋磁的.
non'hap'pening n. 无关重要的事.
non'-harmon'ic a. 非谐波的.
non'-haz'ardous a. 安全的,不危险的.
non-heat-isolated a. 非隔热的.
non'-hermet'ic a. 不气密的,不密闭的.
non'-holonom'ic a. 不完整的.
non'-ho'ming a. 不归位的. non-homing switch 不归位机键.
non'homocentric'ity n. 非共心性.
non'-homogene'ity n. 不均匀性.
non'-homoge'neous a. 非齐(次,性)的,非〔不〕均匀的,混杂的,多相的. non-homogeneous medium 非均匀介质.
non-Hookian a. 非线性弹性的,非胡克(定律)的.
non-hydraulic cement 非水硬性水泥.
non'-hydrocar'bon n. 非烃.
non'-hygroscop'ic a. 不吸潮的.
non'-hy'pergola a. 不〔非〕自燃的.
non'-ide'al a. 非〔不〕理想的.
non'-iden'tical a. 不恒等的,不全同的.
non'-iden'tity n. 不同一性.
non'-igni'table a. 耐〔防〕火的,不燃的.
nonil'lion [nou'niljən] n. (英,德)1×10^{54}, (美,法)1×10^{30}.
non'-immune' a. 不免疫性的,未免疫的.
non-impact printer 非击打式印刷机.
non'increa'sing func'tion 非增函数.
non'-individ'ual bod'y 连续体.
non'-induc'tive a. 无感(应)的,无(电)感的,非诱导的.
non'-inert' impu'rity 活泼〔非惰性〕杂质.
non'-iner'tia n. 无惯性.
non'infec'tious a. 非传染性的,不传播疾病的.
non'-inflammabil'ity n. 不(可)燃性.
non'inflam'mable a.;n. 不易〔可,起〕燃的〔物〕,不着火的. noninflammable oil 不燃性油. noninflammable oil-filled transformer 非燃性合成油浸变压器.
non'-injec'tor n. 不吸引喷射器.
non'inju'rious a. 无害的,(燃料)无毒的,不伤害的.
non'-in'tegrable a. 不可积分的.
non'-in'tegral quan'tity 非整数值.
non'-interact'ed a. 无相互作用的,不相连的.
non'-interact'ing a. 不互相影响的,无相互作用的. non-interacting control system 非相互控制系统.
non'-interact'ive a. 不相关的,非交互的.
non'-intercha'ngeable a. (极性)不能互换的.
non'-intercooled a. 无中间冷却的.

non'-interfe'rence n. 不干涉,无干扰,不互相干扰.
non'-interven'tion n. 不干涉.
non'fnva'riance n. 非不变性.
non'inver'tible knot 不易散纽结.
noninverting amplifier 同相放大器.
non'-ion'ic a. 非离子(式)的,非电离的. non-ionic micelles 非离子胶束.
non'-i'onized a. 非电离的.
non'-i'onizing n. 不(致)电离(的).
non'irra'diated a. 未受辐照的,未辐照的.
non'ir'ritant a. 无刺激性的.
non'-isentrop'ic a. 非等熵的.
non'isoelas'tic a. 非等弹性的.
non-isologous transformation 非对望变换.
non'-isomet'ric a. 非等距的.
non'-isother'mal a. 非等温的.
non'isothermal'ity n. 非等温性.
non'isotrop'ic a. 各向异性的,非各向同性的,非速向的.
no'nius n. 游标〔尺〕.
non-lead-covered cable 无铅包电缆.
nonlead(ed) a. 无铅的,不含四乙铅的.
non'-le'thal a. 不致死的.
non'-lift'ing a. 无升力的. non-lifting injector 不吸引喷射器.
non'lin'ear a. 非线性的,非直线的. nonlinear element 非线性元件. nonlinear optical phenomena 非线性光学现象. nonlinear time base 非线性时基〔时间轴〕. nonlinear wound potentiometer 线绕非线性电位器.
non'linear'ity n. 非线性. aerodynamic nonlinearity 空气动力学(特性)的非线性(变化),非线性气动力特性线. small nonlinearity 弱非线性.
non'-lin'earized a. 非线性化的.
non'-liq'uefying a. 非液化性的.
non'-liv'ing a. 无生命的,非生物的.
non-load-bearing concrete 不受载混凝土.
non'-load'ed a. 无(空)载的,非加载的.
non'-lo'cal a. 非局部的,非区域的,全部的,全体.
non'localizabil'ity n. 不可定位性.
non'lo'calizable a. 不可定位的.
non'-lo'calized a. 非定域的,非局限的,未定位的.
non'-loca'ting a. 不定位(的),浮动(的).
non'-locking a. 非锁定,不联锁. nonlocking escape 不封锁换码. non-locking key 自动还原电键,非锁定电键. non-locking shift character 不封锁移位符.
non'-loss n. 无损耗.
non'lu'minous a. 不发光的,无光的,不闪耀的.
non'mag'ic nu'cleus 非幻核.
non'-magnet'ic I a. 非〔无〕磁性的. II n. 非磁性物,无磁性钢. non-magnetic steel 无〔非〕磁性钢.
non'malig'nant a. 非恶性的,良性的.
non'-maneu'verable a. 非机动的.
non'-marine' a. 非海成的,陆相的.
non'-matched da'ta 不匹配数据.
non'-mechan'ical a. 非机械的.
non'mech'anized a. 非机械化的.
non'-melt n. 非熔化的.
non'met'al n. 非〔准〕金属(元素).

non-metal'lic Ⅰ a. 非金属的. Ⅱ n. (pl.)非金属物质,非金属夹杂物. *non-metallic fusion point* 非金属烧结点,非金属物软化点. *non-metallic inclusions* 非金属夹杂物.
non'metallif'erous a. 非金属的.
non'-me'tering a. 无读数的,不计数的.
non'microphon'ic a. 无颤噪效应的.
non'mi'gratory a. 非迁移的,不[非]回游的.
non'-min'imum phase 非极小相.
non-miscibil'ity n. 不混溶性.
non'-mis'cible a. 不(可)混溶的,不可混合的.
non'-mobil'ity n. 不动性,固定性.
non'mod'erator n. 非减速剂,非慢化剂.
non'-modular space 非模空间.
non'-modula'tion sys'tem 非调制方式.
non-moving a. 静止的,不动的.
non'-mul'tiple a. 非复式的,单的. *non-multiple switchboard* 简式[无复接]交换机.
non-mutilating a. 非破坏性的.
non'-nat'ural a. 非天然的,人工(造)的,不自然的.
non'nav'igable a. 不通航的.
non'-neg'ative a. 非负的,正的.
non'negativ'ity conditions 非负性条件.
non'neg'ligible a. 不可忽视的,重大的.
non'nego'tiable ['nɔnniˈgoufjəbl] a. ①不可谈判的,无商议余地的②禁止转让的,不可流通的. *non-negotiable bills of lading* 副本提单.
non'neoplas'tic a. 非肿瘤性的.
non'-Newto'nian a. 构化粘度的,反常粘性的,非牛顿的. *non-Newtonian substance* 非牛顿物质,剪应变对剪应力之比不是常数的物质.
non'-Newto'nianism n. 非牛顿性.
non'-nor'mal a. 非正规的,不垂直的. *non-normal equation* 非模方程.
non'-normal'ity n. 不垂直,非正态性. ▲*non-normality of M to N* M 与 N 不垂直,M 不垂直于 N.
non'-nu'clear a. 非核的,非核子的. *non-nuclear weapons* 常规武器.
non'-null class 非空类.
non'-numer'ical a. 非数值(字)的. *non-numerical line switch* 无号寻线机. *non-numerical operation* 非数字操作.
no'-no ['nounou] n. 禁忌.
non'-oc'cupied a. 未占的,未布居的,空缺的.
nonode n. 九极管.
non'-offic'ial a. 非正式的.
non'-oh'mic resis'tor 非欧姆电阻(器).
nonoil' [nɔn'ɔil] n. 石油以外的.
non-oleaginous a. 非油质的,非油性的.
non'-op instruc'tion 无操作指令,空指令.
nonopaque a. 透 X 线的,透光的.
non'-o'pening die 非开合模.
non'-op'erative a. 不工作的,无效的,不动作的.
non'or'bital a. 无轨道的.
non'or'dinary stream 非普通流.
non'-o'rientable a. 不能定向的.
non-orienta'tion n. 无定向.

non-oriented free water 不定向自由水.
non'-orthog'onal a. 非正交的.
non'orthogonal'ity n. 非正交性.
non'os'cillating 或 non'-os'cillatory a. 不振动[荡]的,不摆动的.
nonose n. 壬糖.
non'-o'verflow n. 非溢流. *non-overflow dam*(不溢水的)封闭坝,非溢流坝. *non-overflow groin* 不淹丁坝.
non'-overlap'ping a. 不相重叠的,不相交的. *non-overlapping classes* 互不覆盖类.
non'-overloading n.; a. 不(无)超载(的).
non'-oxida'tion n. 不氧化.
non'-oxidizabil'ity n. 不可氧化性.
non'-ox'idizable a. 不可氧化的.
non'-ox'idizing n.; a. 无氧化性(的).
non'paired ter'races 不对称阶地.
non'-parabol'ic a. 非抛物线形的.
non'paramet'ric a. 非参数的,非参量性的.
non'-parasit'ic a. 非寄生的.
nonpareil' a.; n. ①无比的,无双[上]的,独特的(人,物)②【印】一种相当于六点的老式活字,六点间隔.
non'partic'ipating a. 不参加的.
non'-par'ty a. 非党的,非党派的.
non-passing sight distance 停车视距.
non-passing zone 禁止超车区.
non-pathogenic a. 非病原的,不致病的.
non'-pay'ing a. 不合算的,非有效的.
non'-pay'ment n. 不(无力,拒绝)支付.
non'-peak' hours 非高峰小时,平时.
non'-pen'etrating n.; a. 不穿透的(的),非贯(穿)的.
non'-per'fect a. 不完全的,非理想的.
non'-perform'ance n. 不履(实)行,不完成.
non'-period'ic a. 非周期(性)的,无周期的,非振荡的,非配谐的.
non'persis'tent a. 非持久性的.
non'-phan'tom cir'cuit 非幻像电路.
non'phase'-invert'ing a. 不反相的.
non'-pla'nar a. 空间的,非平面的,曲线的.
non'-plane mo'tion 曲面运动.
non'-plas'tic a. 无塑性的.
nonplate-like mineral 非板状矿物.
non'plus' vt.; n. (使)为难[迷惑,狼狈,不知所措]. ▲*at a nonplus* 为难,不知所措. *be nonplussed over...* 对…一筹莫展. *put [reduce] to a nonplus* 使为难,使不知所措.
non'po'lar a. 非(无)极性的. *non-polar bond* 非极性键.
non'-po'larised 或 non'-po'larized a. 非(不)极化的,非偏振的. *non-polarized relay* 无极(中和)继电器.
non'polar'ity n. 非(无)极性.
nonpolarizable electrode 非极化电极.
non'-pol'ishing n.; a. 不易磨光(的),耐磨(的).
non'-pollu'tion ['nɔnpəˈljuːʃən] n. 无污染.
non'-poros'ity n. 无孔性.
non'po'rous a. 无(细,气)孔的.
non'-pos'itive a. 非正的,负的.
non'-po'table wa'ter 非饮用水.
non'-pow'er a. 不作功的.

non'predeter'mined ['nɔnpri:di'tə:mind] a. 非预先决定的.
non'-preemp'tive prior'ity 无抢先优先权.
non-preformed a. 松散的，不预先成形的.
non-pressure treatment (木材防腐)无压力处理(法).
non-pressure welding 不加压焊接.
non'pres'surized a. 不加压的，正常压力下工作的.
non'prim'itive a. 非初基的. *nonprimitive code* 非本元[非元始]码.
non'-print instruc'tion 禁止打印指令.
non'-prismatic a. 非棱柱形的. *nonprismatic beam* 非等截面梁. *nonprismatic channel* 非棱柱体渠道.
non'-priv'ileged a. 非特惠的.
non'produc'tive a. 不(直接从事)生产的，无生产力的，非生产性的. *nonproductive operation* 辅助操作.
non'pro'grammed halt 非程序停机.
non'-prolifera'tion n. 禁止[防止]扩散，不扩散.
non'-propell'ing a. 非自动推进式的.
non'-protec'tive a. 无防护的.
nonpulverulent residue 不脆残渣，非粉状残渣.
non'-pump'ers n. 无喷泥现象的混凝土板.
non'-putres'cible mat'ter 非腐败物.
non'-race'way burn'ing (鼓风炉)无空窝燃烧.
non'ra'dial a. 非径向的.
non'ra'diating a. 不辐射的.
non'radia'tion n. 不辐射.
non'ra'diative a. 非放射性的.
non'radioac'tive a. 非放射的.
non'radiogen'ic a. 非放射产生的.
non'-ram'ified a. 非分歧的.
non'-ram'ming air'scoop 非冲压空气口.
non'-rat'ional func'tions 非有理函数.
non'-rat'tling n. 减震.
non'reac'tive a. 不起反应的，无抗的，非电抗的，无回授的. *nonreactive circuit* 无抗电路. *nonreactive load* 非电抗性负载. ▲*nonreactive with*…不和…起反应的.
non'reactiv'ity n. 无反应性，惰性，不灵敏性.
non'-re'al a. 非实的.
non'realis'tic a. 不能实现的，不现实的.
non-receipt n. 未到货，未收到.
non'recip'rocal a. 单向的，非交互的，非互易的. *nonreciprocal circuit* 不可逆电路.
non'-recommen'ded a. 非推荐的.
non'-recor'ding gauge 非自记水位计.
non'-recov'erable a. 不可回收的.
non'rectifica'tion n. 非整流性，不能整流.
non'reflec'ting a. 不反射的.
non'-reflec'tion n. (无)反射.
non'-reflex'ive a. 非自反的.
non'refrac'tive a. 非折射的.
non'-refrig'erated a. 无冷却的.
non'-refuell'ing n. 不加油.
non'regen'erable a. 不能再生的.
non'-reg'ister controll'ing selec'tion 直接选择(拨号).
non'-regis'tered a. 无记录的.
non'-reg'ular a. 非正则的.
non'-reg'ulated dis'charge 未调节的流量.
non'reheat' a. 无中间再热的.
non'-reinforced' a. 无(钢)筋的.
non'-relativis'tic 非相对论性(的).
non'-rel'evant indica'tion 假象.
non'-remov'able a. 不可拆卸的，非可去除的. *nonremovable metal* 不可拆卸轴承合金衬套. *nonremovable tape* 永久磁带.
non'repeatabil'ity n. 不可重复性.
nonres'ident a. ；n. 非常驻的，不住在工作地点的；非本地居民.
non'-res'idue n. 非剩余.
non'-resis'tance n. ①无电[耗]阻，无阻力②不抵抗，屈服.
non'-res'onant a. 非谐(共)振的.
non'-resto'ring meth'od 不恢复法.
non'resu'perheat a. 无中间再过热的.
non'-return' a. 不返回的，止逆[回]的. *non-return finger (device)* 单向[非反向]安全装置. *non-return to zero method* 不归零法. *non-return valve* 单向[止回]阀.
non'-return'-to-ze'ro Ⅰ a. 不归零的. Ⅱ n. 不归零制(其中相似的二进位数字是不个别地而是成群地记存).
non'-reversibil'ity n. 不可逆性.
non'-rever'sible 或 non'-rever'sing a. 不可逆的，不反转的，不可转换(反向)的，(极性)不能互换的.
non'rig'id a. 非硬式的，软式的，非硬质的. *nonrigid airship* 软式飞艇.
non'-ro'tating a. 不回[旋]转的. *non-rotating rope* 不会打拧的(多层多股)绳.
nonrota'tion [nɔnrou'teiʃən] n. 未旋转，转功缺失.
non'-rota'tional a. 无旋的，非转动的. ～ly ad.
non'-rust steel 不锈钢.
non'-rust'ing a. 防(不)锈的，抗蚀的.
non'-sa'lient pole al'ternator 隐极同步发电机，非凸极式发电机.
non'-sa'lient pole machine' 非突(磁)极机，隐(磁)极机.
nonsaline a. 淡的，无盐的.
non'-sam'pling n. ；a. 非抽样(的).
non'-saponifying a. 不可皂化的.
non'sat'urable a. 不饱和的.
non'sat'urated a. 不(非、未)饱和的.
non-saturating a. 不可饱和的.
non'-scan'ning anten'na 固定(非转动)天线.
non'sched'uled a. (客机)不定期的. *nonscheduled maintenance time* 非规定的维修时间.
non'-scour'ing veloc'ity 不冲流速.
non'segrega'tion-al'loy n. 无偏析合金.
non'-seis'mic re'gion 非(无)地震区.
non'-selec'tive a. 无选择的，非选择性的，无差别的，一视同仁的.
non-selfcleaning a. 非自清的.
non'-self-ignition n. 非自燃的.
non'-self-maintained' a. 非自持的，非独立的.
non'-selfquench'ing a. 非自猝灭(熄)的.
non'sense ['nɔnsens] n. ；a. 废话，胡说(闹)，谬论，无意义的(话)，因遗传密码上有无意义序列而产生的. *nonsense syllable list* 单音字表.

nonsen'sical a. 没有意义的,荒谬的. ~ly ad.
non'-sep'arable a. 不可分(离)的.
non'-sep'arated a. 非分离的,不可分的.
non'-sep'arating a. 不分开〔离〕的,粘着的.
non-septate a. 无隔的.
non'-se'quence n. 不连续.
non'-sequen'tial opera'tion 非时序操作.
non'sequen'tial stochas'tic pro'gramming 无顺序随机规划.
non'-se'ries-par'allel a. 非串并联的,非混联的.
non'set'tling a. 不沉降的,不沉落的,不沉积〔淀〕的.
non'sex'ual a. 无性的.
non'shared control' u'nit 非公用控制器.
non'-shat'terIng a. 不碎的,不易脆的,不震裂的.
non'short'ing con'tact switch 无短路接触开关.
non'-shrink(ing) a. 抗缩的.
non'signif'icant a. 无足轻重的,不足道的,无意义的.
non'silt'ing veloc'ity 不淤(积)流速.
non'-sine n. 非正弦. *non-sine-wave* 非正弦波.
non'sin'gular a. 非奇(异)的,非退化的,满秩的. *non-singular code* 非奇异码.
non'singular'ity n. 非奇异性.
non'-sinusoi'dal a. 非正弦的.
non'sked' ['nɔn'sked] n. 不定期航线,不定期运输机.
non'-skid' a.; n. 不滑(动)的,防滑,防滑装置. *non-skid tyre* 防滑轮胎.
non'-slaking a. 不水解的.
non'-slip Ⅰ a. 防〔不〕滑的. Ⅱ n. 防滑梯级. *non-slip drive* 非滑动传动.
non'-slip'ping a. 无滑动的.
non'soap a. 【化】无皂的.
non'soci'ety a. 不属于(或不加入)工人团体(或工会)的.
non-soil volume 土的空隙体积.
non'-solid'ified a. 不牢固的.
non'-sol'uble a. 不溶解的,不可溶的.
non'solute n. 非溶质.
nonspace-sensitive a. 对空间不敏感的,体积大小无所谓的.
non-spawner n. 不产卵个体.
non'-spec'ial a. 非特殊的.
non'specifica'tion n. 无规格,非规范.
non'-spec'tral col'our 谱外色.
non'-spec'ular sur'face 非镜面.
non'-spher'ical a. 非球形的.
non'-spin'ning a. 不旋转的.
non'-spore a. 无孢的.
non-spore-bearing a. 无芽孢的.
non'-spore'forming a. 不产生孢子的.
non'-spray'able a. 不可喷雾〔涂〕的.
non'-square mat'rix 非方形矩阵.
non'sta'ble a. 不稳定的.
non'-stain'ing a. 不污染的. *non-staining cement* 白色水泥.
non'-stall'able a. 非失速〔举〕的.
non'stan'dard anal'ysis 非标准分析.
non'stat'ic a. 不产生无线电干扰的,静电荷不积聚的,无静电荷的,无静电干扰,非静止的.
non'stationar'ity n. 非平稳性.

non'-sta'tionary a. 不稳定的,非稳恒〔定〕的,非〔不〕定常的,不固定的,移动式的,非永久性的.
non'stead'y a. 不稳(定)的,不定常的.
nonsteroid(al) a. 非类脂[固]醇的.
non'stick'(ing) a. 不粘(附,合)的,没有粘性的,不会粘着的,灵活的.
nonstoichiomet'ric [nɔnstɔikiə'metrik] a. 非化学计量的.
nonstoichiom'etry n. 非化学计量(计算),偏离化学计量比.
non'-stop' a.; ad. (中途)不停(的),不间断的,不降落的,不着陆的,直达(的). *non-stop chuck* 非停机〔不停车〕卡盘. *non-stop flight* 直达飞行.
non-stop-concreting n. 混凝土连续浇筑.
non-storage n. 非积〔存〕储式.
non'-strat'ified rock 非成层岩.
non'-strip'(ping) a. 防剥落的.
non'-struc'tural a. 不用于结构上的,不作结构材料的.
non'-sub'stituted a. 未取代的.
non'such n. =nonesuch.
non'-sur'faced a. 未铺路面的.
non'sustain'ing slope 逆流坡度.
non'-swell'ing a. 不膨胀的,非膨胀性的.
non'-symbiot'ic a. 非共生的.
non'-symmet'ric(al) a. 不〔非〕对称的.
non'-syn'chronous a. 非同步的,异步的,不同期的.
non'-synthet'ic a. 非合成的.
nonsystemat'ic code 非系统码.
non-tacky a. 非粘性的,不粘的.
non'taint'ing a. 无污染的.
non'-ta'pered key 非锥形键.
non'-tech'nical a. 非技术性的.
non-tectonite n. 非构造岩.
non'-telescop'ic a. 不能伸缩的.
non'-ter'minal n. 非终结〔接〕符号.
non'-ter'minating dec'imal 无尽小数.
non'ther'mal a. 非热能〔力〕的.
non'-thresh'old log'ic 无阈逻辑.
non'-ti'dal riv'er 无潮汐河流.
non'-tilt'ing a. 非倾侧(式)的.
nontopographic photogrammetry 非地形的摄影测量.
non'-tox'ic a. 无毒的.
non'-track'ing a. 耐漏电流的,无(电花)径迹的,非跟踪的.
non-transition metal 非过渡金属.
non'-tran'sitive a. 非传〔可〕递的.
non'transla'tional a. 非平移的.
non'-transpar'ency n. 不透明(性,度),不透光性,不透彻. *non'-transpar'ent* a.
non'triv'ial a. 非平凡的. *nontrivial solution* 非无效解.
nontronite n. 绿脱石,绿高岭石.
non'-tu'nable a. 不调谐的,不调谐的.
non'-tur'bulent a. 非扰动的,非紊〔湍〕流的,无湍流的.
non'-u'niform a. 不均匀的,非均质的,不〔非〕一致的,不等的,变化的,多相的. *non-uniform beam* 变截面梁. *non-uniform distribution of domain structrue* 非均匀磁畴结构. *non-uniform flow* 变

non'unifor'mity n. 不(非)均匀性,不均质性,不一致性,多相性,异质性. nonuniformity coefficient 不均匀系数. turbulence nonuniformity 紊流度.
速〔不等,紊〕流. non-uniform function 非单值函数. non-uniform motion 变速运动. non-uniform scale 不等分标尺. ~ly ad.

non'u'nity a. 非同式的.
non'uple a. 九倍(重)的,九个一组〔套〕的.
non'-use n. 不使用,不形成习惯,放弃.
non'-util'ity n. 不用,无用.
non'va'lent a. 无价的,不能化合的,惰性的.
non'van'ishing a. 非零的,不(化)为零的,不等于零的,不消失的.
non'va'riant a. 不变的,无变量的,恒定的.
non'vec'tor n. 非病媒.
nonvertical photograph 非竖直(航摄)像片.
non'-vi'brating a. 不振动的.
non'-vi'brator n. 不振子.
non'vir'gin neu'tron 非原中子.
non'-vis'cous a. 无粘性的,不粘的,无摩擦的,(液体,气体)理想的.
non'-visibil'ity n. 朦胧,模糊,零能见度.
non'-vol'atile a. 永久的,长存的,不挥发的,非挥发性的,非易失性的. non-volatile memory〔storage〕固定〔永久性〕存储器.
non'-volatil'ity n. 不挥发性.
non'vol'atilized a. 未挥发掉的.
non'-vor'tex a. 无涡流的,无旋(涡)的.
non-washed a. 不冲洗的.
non'-wa'tertight a. 透〔漏〕水的.
non'-weight'ed code 非加权码,无权码.
non'-weld'able a. 不可焊接的.
non'weld'ing a. 不焊合的.
non'-wettabil'ity n. 不可湿性.
non'-wet'table a. 不可湿润的,不浸润的.
non'-wet'ting a. 不润湿的,非浸润的.
non'wo'ven a. 无纺的,非纺织〔织造〕的.
non'-yield'ing a. 不屈服的. non-yielding retaining wall 刚性挡土墙.
nonyl n. 壬基.
non'zero n. 非零(的,值). nonzero digit 非零位.
noo'dle ['nu:dl] n. ①傻瓜②面条.
nook [nuk] Ⅰ n. 角(落),(屋)隅,岬角,转角〔转变,隐蔽)处,偏僻地方. Ⅱ v. 放在角落〔隐蔽)处. ▲every nook and corner 到处,每一个角落.
noon [nu:n] n.; a. ①正〔中)午(的)②顶点,全盛期③子午线的. high noon 正午十二时. ▲as clear as noon 一清二楚.
noon'day n. 正〔中)午,全盛. ▲as clear〔plain〕as noonday 极明白,一清二楚. at noonday 在中午.
noon'tide n. ①中午②午夜③顶点,最高点.
noon'time n. =noonday.
no-op(s)或 no-operation n. 【计】无〔空)操作,停止操作指令. no-operation instruction 无操作指令,空指令.
noose [nu:s] Ⅰ n. 套〔绞)索,活结〔圈〕,圈套,陷井,束缚. Ⅱ vt. 在绳〔索)上结成活套,安圈套. draw the noose tighter about …把套在…脖子上的绞索拉得更紧. put nooses round one's own neck. 把绞索套在自己的脖子上.
nootkatone n. 努特卡酮;诺卡酮.
no-overtopping condition 未溢水〔未越波)的条件.
NOP = not otherwise provided for 无别项规定.
no'-par'allax n. 无视差.
no'-pas'sing zone 禁止超车区.
nopyl n. 诺甫(醇)基.
Nor. =①North②Norway, Norwegian ③Norman.
nor [nɔ:] conj. ①也不,也没②并且〔而且,同时)…也不. This material cannot withstand strong stresses,nor can it resist high temperatures. 这种材料既经不住重压,也抗不住高温. ▲neither M nor N 既不 M 又不 N,无论 M 还是 N 都不.
NOR (= Not or) 【计】"或非","非或"(门). NOR circuit "或非"电路. NOR element "或非"元件,"或非"门. NOR logic "或非"逻辑(电路). NOR operation "或非"运算.
nor- 〔词头〕正,去甲.
Noral n. 铝锡轴承合金(锡6.5％,硅2.5％,铜1％,其余铝).
no-raster n. 无光栅,无扫描.
Norbide n. 一种碳化硼.
NORD = navy ordnance 海军军械.
Nor'dic ['nɔ:dik] 北欧人(的).
nordmarkite n. 英碱正长岩,锰十字石.
nordo = no radio 表明飞机上没有无线电设备的信号.
nordstrandite n. 新三水氧化铝.
NOR-element n. 【计】"或非"元件.
norethindrone n. 炔诺酮.
norethynodrel n. 异炔诺酮.
Nor'folk ['nɔ:fək] n. ①诺福克(美国港市)②(英国)诺福克(郡).
NOR-function n. 【计】"非或"作用.
no'ria ['nɔ:riə] n. ①戽水车②多斗挖土机.
no'rium n. 【化】铪(旧称).
nor-leucine n. 正亮〔正白)氨酸.
norleucyl- 〔词头〕正亮氨酰(基).
NOR-logic n. 【计】"或非"逻辑.
NORM = ①normal②normalize.
norm [nɔ:m] n. ①定额〔量),限额,当量,平均值②标准,规范〔范),模范,准则,典型③【数】范数,模方④标准矿物成分. norm of a matrix (矩)阵的范数. norm of reaction 反应范围. norm reducing method 减模法. norm ring 赋范(巴拿赫)环. technical norms 技术标准(规格).
NORM CLSD = normally closed 常闭(合)的.
NORM OPN = normally open 常(断)开的.
normabil'ity n. 可模性.
Normagal n. 铝镁耐火材料(三氧化二铝40％,氧化镁60％).
nor'mal ['nɔ:məl] a.; n. ①正(常,规)(的),常态(的),正态的,中性的②标准(的),额定的,规定的,合乎规则的,标称的,【化】当量(浓度)的,常量〔度),规度〔品)的③【数】垂直于(的),铝垂线(的,正交(的),法线(的),法向(的)④简正(的)⑤【化】正〔链)的. long normal 【勘探】长电位曲线,长电位电极系测井. normal acceleration 法向〔正交,标准)加速度. normal angle 法角. normal band 基带. normal

brightness 正射亮度. *normal close* 常闭（阀）,常断（阀）. *normal combustion*（混合物的）完全燃烧. *normal component* 法线〔法向,垂直,正交〕分量. *normal concrete* 普通混凝土. *normal condition* 正常〔常规〕条件〔情况〕. *normal coordinate* 简正〔正规,法〕坐标. *normal cross section* 正剖面,横截面,垂直断面. *normal curve of error* 正态误差曲线. *normal cut* X 切割晶体, X〔标准〕切割. *normal direction* 法线方向. *normal distribution* 正态〔常〕分布,高斯〔法向〕分布. *normal divisor* 不变〔正规〕子群. *normal domain* 正规〔伽罗瓦〕数域. *normal end clearance angle* 前锋正后隙角. *normal equation* 正规方程,法〔标准〕方程式. *normal force* 法向〔正交〕力. *normal form* 范式,正规〔标准〕形式,法线式. *normal horse power* 额定〔标称〕马力. *normal hydrated lime* 单(正常)水化石灰. *normal hyperbolic equation* 模双曲方程. *normal incidence* 正〔法线〕入射. *normal jet* 法线气动量规,普通〔法线〕喷嘴. *normal law* 正态法则. *normal line* 法线. *normal load* 正常〔额定,标称;垂直〕负载. *normal mode of vibration* 简正振动型〔方式〕. *normal module* 法向〔面〕模数. *normal open* 常开〔闭〕,常通〔闭〕. *normal opened contact* 正常开接点,动合接点. *normal operator* 正规算子. *normal order* 良序. *normal pin* 垂直〔止动〕销. *normal plane* 法面. *normal position* 正常〔静止〕位置. *normal probability paper* 正态（分布）概率（绘图）纸. *normal random variable* 正态随机变量. *normal rated power* 额定功率. *normal saline* 生理盐水. *normal school* 师范学校. *normal section* 正截口〔面〕,正断面. *normal segregation*（正常,冷却）偏析. *normal set*【数】良序集. *normal side relief angle* 旁锋正后让角. *normal size* 正常〔标准〕尺寸. *normal solution* 当量〔标准,规度,规定〕溶液. *normal spectrum* 正常谱,匀排光谱. *normal stress* 正〔垂直,法向〕应力,法向强. *normal surface* 垂直〔正交,法线速度〕面,法面. *normal temperature*（正）常温（度）. *normal to a curve* 曲线的法线. *normal width* 标准宽度. *polar normal* 极法矩,极法线. *wave normal* 波面法线. ▲ *(be) normal to* 垂直于…,对…成直角,…的法线; 垂直于…的线. *off normal* 离位,不正常.

normal-air *n.* 标准空气.
nor'malcy *n.* = normality.
normalisa'tion *n.* = normalization.
nor'malise *v.* = normalize.
nor'malised *a.* = normalized.
normal'ity [nɔː'mæliti] *n.* ①常态,标准状态〔性质〕,正常状态标准,正规〔性〕②当量浓度,每升的克当量,规（定浓）度③垂直. *weight normality* 重量当量浓度. ▲ *normality of M to N* M 与N 垂直, M 垂直于N.
nor'malizable *a.* 可规范化的.
nor'malize ['nɔːməlaiz] *vt.* **mormaliza'tion** [nɔːməlaiˈzeiʃən] *n.* ①正常〔正规,正则,标准,标称,规格,规范,归一）化②（热处理）解除内应力,正（常）煅火,常化③取准,校正. *automatic number normalization* 数值自动规格化. *normalized admittance* 归一导纳. *normalized condition* 正规〔归一〕条件,正火状态. *normalized form* 标准形式. *normalized floating-point number* 规格化浮点计位数. *normalized function* 规范〔规范化〕函数. *normalized impedance* 归一〔标准〕化阻抗. *normalized steel* 正火钢. *normalized tempering* 正常回火. *range normalized* 按距离标称化的,距离校正的.

nor'malizer *n.* 正规化子, 标准化部件.
nor'mally *ad.* 正常地,一般地,通常,普通. *normally closed* 常〔原位〕闭合的, 常〔静〕闭的, 常断开的. *normally loaded* 正常负载的.
normal-mode theory 简正波理论.
normal-stage punch 正规穿孔.
nor'mative ['nɔːmətiv] *a.*（定）标准的,规范的,正常的. ~ly *ad.* ~ness *n.*
nor'matron *n.* 模型〔典型〕计算机.
normed *a.*【数】赋范的.
normer'gic *a.* 反应正常的.
normobaric *a.* 正常气压的.
normochro'mic *a.* 常色的.
nor'mocyte *n.* 正常红细胞.
normoglycemia *n.* 血糖量正常.
normother'mia *n.* 正常体温.
normox'ic *a.* 含氧量正常的.
norol *a.*; *n.* 无滚子的,汽车坡路停车防滑机构.
NOR-operation *n.*【计】"或"运算.
NOR-operator *n.*【计】"或非"算子.
Nor'pac *n.* 北太平洋.
norpluvine *n.* 降〔去甲〕雨石蒜碱.
norsteroid *n.* 去甲甾类,去甲类甾醇,降甾族化合物.
north [nɔːθ] Ⅰ *n.*; *a.* ①北(方,部)(的)②位于北部的,来自北方的. Ⅱ *ad.* 向〔在〕北,自北方. *magnetic north* 磁北极. *North America* 北美洲. *north bound* 向北开(行)的. *North Carolina*（美国）北卡罗来纳(州). *North Dakota*（美国）北达科他(州). *north latitude* 北纬. *north pole* 北极. *North Star* 北极星. *north tropic* 北回归线. ▲ *due north* 北, in *the north of…* 在…的北部. *north by east*〔*west*〕北偏东〔西〕. (*on* [*to*]) *the north of…* 在…以北〔北面〕.

North matched-filter technique 诺斯匹配滤波器技术.
North-About Route 北方近岸冰间航道.
north'-bound 向北行驶的.
north'east ['nɔːθˈiːst] Ⅰ *n.*; *a.* 东北(方,部,的),从东北来的,向东北的. Ⅱ *ad.* 向〔在,从〕东北.
north'east'er *n.*（强烈的）东北风.
north'east'erly *a.* 来自东北的,向东北的.
north'east'ern *a.*（来自,在,向）东北的.
north'east'ward Ⅰ *a.*; *n.*（在）东北方(的),朝东北的. Ⅱ *ad.* 在〔向〕东北.
north'east'wards *ad.* 在（向）东北.
north'erly ['nɔːðəli] Ⅰ *a.*; *ad.* 偏北的,从北方吹来的,向（朝）北,北方. Ⅱ *n.* 北风.
north'ern ['nɔːðən] *a.*（在）北(方)的,北部的. *north-*

north′erner n. 北方人.
north′ernmost a. 最北的.
north′ing ['nɔ:θiŋ] n. ①北距,北偏,真北与指示器所指的偏差②北进(航,驶)③北中(天),北赤经,北向纬度.
north′light n. 北极光.
north-pole n. 北极.
north-stabilized P. P. I. 正北方位稳定平面指示器.
north′ward ['nɔ:θwəd] Ⅰ a. ; ad. 向北(方,的),北向的,朝北(的). Ⅱ n. 北(方,部,端).
north′wards ad. 向北方,朝北.
north′west′ ['nɔ:θ'west] Ⅰ n. ; a. 西北(部,方,的),从西北的,向西北的. Ⅱ ad. 向西北,在西北.
north′west′er n. (强烈的)西北风,西北风暴.
north′west′erly a. ; ad. 来自西北的,向(在)西北(的).
north′west′ern a. (来自,在,向)西北的.
north′west′ward Ⅰ a.; n. (在)西北方(的),朝西北的. Ⅱ ad. 向(西北,在). ~ly ad. ; a.
north′west′wards ad. 在(向)西北.
Nor′ton gear 三星齿轮.
norvaline n. 正缬氨酸.
Nor′way ['nɔ:wei] n. 挪威. *Norway krone* 挪威克朗.
Norwe′gian [nɔ:'wi:dʒən] a. ; n. 挪威的,挪威人(的),挪威语(的).
NOS =not otherwise specified [stated]未另行规定[说明].
Nos =numbers 号(数).
nosazontol′ogy n. 病因[原]学.
nose [nouz] Ⅰ n. ①鼻(子,锥,状物),(物)端,尖端,凸头(部,耳),突出部,前端(缘),接近端,刀尖,尖部,机头(首,端)部②管口[管,柱,嘴],炉嘴(鼻)③(无线电)信号方向图的最长线④地角⑤嗅觉. *aeroplane nose* 飞机头部. *long nose* 长头[部]. *nose angle* 刀尖角. *nose circle* (轴)圆端. *nose cone* 头部,鼻椎,前锥体. *nose end* 头端,管口端. *nose of cam* 凸轮鼻端,凸轮尖. *nose of pier* 桥墩尖端[锥体]. *nose of tool* 刀头,刀尖. *nose of wing* 翼前缘. *nose piece* 喷嘴,测头管壳.换镜座底座. *nose radius* 刀尖(端点)半径. *nose taper* (交通岛)端点斜坡. *nose time* 鼻部时间. *nose wheel* 前轮. *pointed nose* 尖头部,尖形头. *shock-forming nose* 超音速扩散(压)锥. *spindle nose* 主轴端部,轴尖. *thin nose pliers* 扁嘴(克丝)钳. ▲*as plain as the nose in* (*on*) *one's face* 显而易见的. *count* [*tell*] *noses* 计算赞成人数. *cut* [*bite*] *off one's nose to spite one's face* 拿自己刀头搬起石头砸自己的脚,自己害自己. *follow one's nose* 一直向前,依本能行动. *have a good nose* 嗅觉灵敏. *nose to nose* 面对面. *rub one's nose in* 使亲身体会. (*right*) *under one's very nose* 就在…的面前,当着…的面.公然.
Ⅱ v. ①闻(嗅,探,侦察,看,露)出(out),闻(at, about),探查(寻)(after, for)②(船等)前进,冲进,向…飞行,飞向③【地】倾斜(in). ▲*nose ahead* 以少许之差领前. *nose down* (机首)向下降落,下冲,俯冲. *nose heavy* 机头下沉,头重. *nose up*(机

首)向上,上仰.
nosean(e) n. 黝方石.
nosed Ⅰ a. 头部…的. Ⅱ n. (送轧坯料的)楔形前端.
nose′-dive n. ; vi. 垂直俯冲,(刹车时)前部下倾,(价格等)猛跌,暴落.
nose(-)heaviness n. (部荷)重度.
nose′-heavy n. 头重.
nose-high n. 机身向上的(水)平飞(行).
nose′less a. 无喷嘴(鼻状物)的,无鼻子的.
noselite n. 黝方石.
nose′-low n. 机头向下的(水)平飞(行).
nose′piece n. ①顶,端,接(线)头②喷嘴,管口③(供显微镜上)替换镜头用的旋转装,换镜旋座[转盘]④(显微镜)镜鼻. *revolving nosepiece* 换镜旋座[转盘].
nose′-pipe n. 放汽管口.
nose′plate n. 前底板,分线盘.
nose′-spike n. 头部减震针,顶针.
nose′-up n. 昂头头.
nosin n. 黝方石.
no′sing n. ①(机身)头部,机头[头部]整流罩②突缘(饰),梯级突边,护轨鼻铁③摇梁. *pilot nosing* (机车)挑障器鼻. *streamlined nosing* 头部(机头)整流罩.
nosite n. 黝方石.
noso- [词头] 疾病.
nosochthonog′raphy n. 疾病地理学.
nosoco′mial [nɔsə'koumiəl] a. 医院的.
nosoco′miam [nɔsə'koumiəm] n. 医院.
nosogenic a. 发[致]病的,病原的.
nosogeog′raphy n. 疾病地理学.
nosog′raphy n. 病理学.
no-spark n. 无火花.
no-strings a. 无附带条件的.
nos′trum n. [拉丁语] 秘方,成药.
not [nɔt] (简作 n't, 如 isn't) ad. 不,未,非,无. *Don't you know?* 你不知道吗? *Do you not know?* 你(真)不知道吗?"*Is* (*n't*) *it right?*"-"*I think not.*" "这(不)对吗?"-"我想(这)不(对)." *All is not right.* 未必全对. *All the data are to be checked.* 并非全部数据都要校核. *The results were not altogether good, however.* 可是结果却并不都好. *This version is not placed first because of its simplicity.* 这个方案不是因为它简单才放在首位. *Take care not to break it.* 当心别把它打破了. *not well-posed* 不适定的,提法不恰当的."*Not wired*" "备用的","未连到装置","未接线的". ▲*all … not* (=not all,not …all)不是所有的…都. *and what not* 等等,诸如此类. *as likely as not* 说不定,或许,恐怕,很可能. *if not* 即使不,甚至(也),不然的话, (*it is*) *not that* …而并不是. *not a one* 一个也不. *not a bit* (*of*)决不,并不,一点没有,一点也不. *not a few* [*a little*] 不少的,很多的. *NOT ALLOWABLE* [*ALLOWED*] 不允许. *not always* 未必(总),不一定(总). *not at all* 完全没有,毫不,断不,并不. *not but* 虽然,但,除非. *not M but* (*rather*) *N* 不是 M 而是 (倒是)N. *not but that* (=*not but what*) 虽然,虽则. *not by a long way*

(=not by long odds)远不. not either M or N 既不 M 也不 N, 无论 M 或 N 都不. NOT EXCEED 不超过. not in any degree 决不, 并不. not (in) the least 一点也不. NOT INSULATED 不绝缘的. not nearly 远不及. not M nor N 既不 M 也不 N. not only M but (also) N (but N as well)不但 M 而且 N, 既 M 又 N. not seldom 屡屡. not so M as N 不象 N 那样 M. not so…as all that 不是(因为)…到这样的程度. not so much as…甚至连…也不(也没). not so much M as N 与其说是 M 不如说是 N. not that 并不是说. not that…but that…不是(因为)…而是(因为)…. NOT TO BE TIPPED 勿倾倒. not to mention 更不用说. not to scale 超出量程. not too well 不太好. not yet 尚未, 还没有, 还不. only not 简直是, 几乎跟…一样.

NOT 【计】"非". A AND NOT B gate "A"与"B 非门. A OR NOT B gate A"或"B 非门. (logical) "NOT" circuit "非" (逻辑) 线 (电) 路. NOT carry "非"进位. NOT function "非"作用. NOT gate "非"门. NOT operator 求反算子.

no'ta be'ne ['nouta'bi:ni] (拉丁语) v. 注意, 留心.
notabil'ia [nouta'bilia] n. (pl.) 著名的事物.
notabil'ity [nouta'biliti] n. ①显著, 著名②著名的事物, 重要人物③值得注意.
no'table ['noutabl] a.; n. ①值得注意的, 显著的, 著名的②可注意的, 可知觉的③(知)名人(士).
no'tably ad. 显著地, 著名地, 值得注意地, 格外, 特别是.

NOT-AND gate 【计】"与非"门.
notan'da [nou'tændə] n. notandum 的复数.
notan'dum [nou'tændəm] n. (pl. notan'da 或 notan'dums) (拉丁语) n. (拟)记录的事项, 备忘录.
nota'rial [nou'tɛəriəl] a. 公证(人)的. ~ly ad.
no'tarize ['noutəraiz] vt. 公证, 公证人证明.
no'tary ['noutəri] n. (public) notary 公证人.
no'tate ['nouteit] vt. 把…写成标志(记号).
notatin n. 葡糖氧化酶.
nota'tion [nou'teiʃən] n. ①符(记, 用)号, 标志, 注释, 备忘录②符号表示法, 标志法, 记(计)数法, 计数(算)制③乐谱, 记谱法. binary notation 二进位符号, 二进(位记)数(法). contracted notation 简化符号, 略号, 代号. decimal notation 十进位符号, 十进(位记(计)数(法). exponential notation 指数计数制(法). matrix notation 矩阵符号(形式). the common scale of notation 十进(位)记数法. ~al a.

NOT-both gate 【计】"与非"门.
NOT-carry n. 【计】"非"进位.

notch [nɔtʃ] I n. ①槽(凹, 切), 缺, 豁)口, 凹(槽, 坑), 低凹, 压痕, 刻痕, (V形)切痕(in, on)②入孔③(换级, 步进)触点, 挡点④(选择器)标记⑤区段⑥(多级)⑥路路, 山间小路, 峡谷, 山峡, 垭口, 路堑⑦(棘轮)齿. II vt. ①给…开槽口, 将…切口, 刻 V 形凹痕于, 作V形孔口②放入凹槽. cinder notch 渣口. iron notch 出铁槽. metal notch 放金属口, 金属流出口. notch adjustment 刻痕(标记)调整. notch angle (冲击试件的)刻槽角. notch board 凹板. notch brittleness 切口(冲击, 刻损, 缺口)脆性. notch curve 切口(阶形, 下凹)曲线. notch diplexer (锐截止式)天线共用器. notch effect 刻痕(缺口)效应, 凹缺作用. notch filter 陷波滤波器, 频率特性串凹下凹的滤波器, 阶式过滤器. notch generator 标志(信号)发生器. notch groove 刻槽. notch gun (高炉的)泥炮. notch pin 缺(凹)口销. notch ratio 凹口(换级)比. notch sensitivity test 缺口脆性试验. notch toughness 切口(刻击)韧性. notch wedge impact 楔击缺口冲击试验. notch wheel 棘轮. sear notch 扣机槽. slag notch 渣口, 出渣槽. tuyere notch 风口孔.

notch'back n. 客货两用汽车.
notch'board n. 凹板, (楼梯的)捆板.
notched a. 带(有)切口的, 刻有凹槽的 notched bar 凹口试样. notched beam 开槽梁. notched disc (disk, plate) 周缘凹口盘. notched flange 有槽凸缘. notched impact strength 切口冲击强度. notched sill 齿槛. notched specimen 刻槽试件.
notched-bar cooling bed 齿条式冷床.
notch'ing n.; a. ①切口(凹), 开(刻)槽, 开缺口, 作凹口法②切, 砍③局部冲裁④阶梯式, 下凹的. notching curve 下凹(阶梯)曲线. notching diplexer 锐截止式天线共用器. notching filter 陷波滤波器, 阶式过滤器. notching punch 凹口(局部落料)冲头. notching relay 加速(多级式)继电器.

NOT-circuit n. 【计】"非"电路.

note [nout] I n. ①笔(札)记, 草稿, 记(摘)录, 备忘录②注(解, 释), 按语③记(符)号, 标志, 特征④意见, 评论⑤注意, 暗(提)示⑥便条, (短)的信(函)件, 外交照会⑦票(据)借)据, 纸币⑧拍, 节, 非律, 音符, 琴键, 音(声)调, 语气⑨著名, 重要. an exchange of notes between…之间信件(外交照会)往返. bank notes 纸币, 钞票. beat note 拍音. foot note 脚注. half note 半音. musical note 律音, 音符. note book 记录(笔记, 期票)簿. note form 记录格式(表格). note frequency 声频. note keeper 记录员. notes on (to, for) a text 正文的注释. ¥5 note 五元钞. post note 汇票. promissory note 或 note of hand 期票. ▲a matter worthy of note 值得注意的事情. (be) of note 有名的, 值得注意的. (be) worthy of note 显著的, 值得注意的. compare notes with…和…交换意见. make notes of 作…的草稿. make (take) notes (a note) of 记录(下). take note of 注意.

II vt. ①记录(下), 摘下(down)②加注解(附注, 记号, 音符)③注意, 留心④指示(出), 提到. tonnage noting 载重计算法. ▲as already noted 或 as noted above 如上所述, 正如(上面)所指出的那样. it should be noted that 应该注意. unless otherwise noted 除非另有说明.

note'book n. 笔记(记录, 期票)簿(本).
no'ted a. 著(有)名的. ▲(be) noted for (as) 以…而著名(著称, 闻名).
no'tedly ad. 显著地.
note'keeper n. 记录员.
note'keeping n. 记录.

note′less *a.* 不引〔被〕人注意的,不著名的,没有声音的,音调不和谐的.
note′let *n.* 短信〔简〕.
note′paper *n.* 信纸〔笺〕,便条纸.
note′worthy *a.* 值得注意的,显著的. **note′worthily** *ad.* **note′worthiness** *n.*
NOT-function *n.* 【计】"非"功能.
NOT-gate *n.* 【计】"非"门.
not-go end 不通端,止端.
not-go gauge 止端规,不过端量规,不通过规.
noth′ing ['nʌθiŋ] Ⅰ *n.* ①没任何东西,什么也没,空,无,零②琐事. *Nothing (new) happened.* 没发生什么(新的)情况. *Two minus two leaves nothing.* 二减二剩零. *Horsepower has nothing to do with the horse.* 马力和马毫不相干. *An explosion is nothing more than a tremendously rapid burning.* 爆炸无非是非常急速的燃烧. *It is a mere nothing.* 这是琐屑小事.
Ⅱ *ad.* 毫不,决不. *This differs nothing from that.* 这个和那个毫无区别. ▲*all to nothing* 百分之百的. *be nothing to…* 不能和…相比,比起…来简直等于零,对…无关重要,和…毫无关系. *come to nothing* 毫无结果,终归失败. *for nothing* 无效益,徒然,白白,毫无理由,免费. *count for nothing* 算不了什么. *go for nothing* 毫无用处,毫无结果. *good for nothing* 无用的,毫无价值. *have nothing to do with* 与…毫无关系. *make nothing of* 不懂,不能理解〔解决〕,没有利用,认为…不在话下,对…毫不关心. *next to nothing* 差不多没有,很少. *nothing but* 或 *nothing else but 〔than〕* 或 *nothing less 〔more〕 than* 只不过是,不外是,简直是. *nothing near 〔like〕* 远远不及,差得远. *nothing of the kind 〔sort〕* 一点也不是,决不是那么一回事. *nothing remains but to +inf.* 此外只要…就行了,只需. *nothing short of* 完全是,不是是,除非. *there is nothing for it but to +inf.* 除…之外别无它法. *there is nothing like…* 什么也比不上…. *think nothing of* 把…放在心里,认为…不算一回事,把…看成不重要. *to say nothing of* 更不必说…〔了〕.
noth′ingness ['nʌθiŋnis] *n.* ①(虚)无,空,不存在②无关紧要,没有价值. *pass into nothingness* 化为乌有,消灭.
no′tice ['noutis] *n.; vt.* ①注意(到),提及,警告②注意事项③布〔通,预,公〕告,(预先)通知,呈报,消息,情报,价目牌,标志〔记〕,招牌④短评,简〔评〕介,介绍. *advance notice* 预先通知. *caution notice* 危险〔警戒〕标志. *notice to airmen* 航空员通告. ▲*at a moment′s notice* 立即,马上,即刻. *at 〔on〕 short notice* 即刻,立即,一俟通知〔马上就…〕,临时,忽然. *bring…to 〔under〕 one′s notice* 引起(谁)对…的注意. *come into 〔under〕 one′s notice* 受到…的注意. *give a week′s notice* 在一星期前通知. *give notice of…* 通知(关于)…. *have notice of…* 接到(关于)…的通知. *take notice of…* 注意(到)…,留心. *till 〔until〕 further notice* 在另行通知以前. *without notice* 不预先〔另行〕通知.

no′ticeable ['noutisəbl] *a.* 引人注意的,(容)易(看)见的,显著的. **no′ticeably** *ad.*
no′ticeboard *n.* 布告牌.
no′tifiable ['noutifaiəbl] *a.* 应通知〔报告〕的.
notifica′tion [noutifi'keiʃən] *n.* 通知〔书,单〕,通告,布告. ▲*notification of…to…* 把…通知….
no′tify ['noutifai] *vt.* 通知,报告〔导〕,通〔公,警,宣〕告. *notified party* 被通知人. ▲*notify M of N* 或 *notify N to M* 把N通知M.
no-till(age) *n.* 免耕法.
no′tion ['nouʃən] *n.* ①观〔概〕念,想〔看〕法,意见〔图〕,见解②(pl.) 小杂物〔针线等〕. ▲*give a 〔some〕 notion* 使人产生了一个想法〔念头〕,使人大概地知道. *have a good notion of* 很懂得. *have no notion of* 不明白,完全不懂,没有…的意思〔想法〕.
no′tional *a.* ①概念上的,观念的,理论的,抽象的②想像的,幻〔空〕想的③象征的,名义上的. ~ly *ad.*
no′tochord *n.* 脊索.
notogae′a *n.* 南界(动物地理区).
notori′ety [noutə'raiəti] *n.* 臭名昭著,声名狼藉(的人).
noto′rious [nou'tɔːriəs] *a.* 臭名昭著的,声名狼藉的,(普通指坏的方面)出了名的. ▲*be notorious for…* 在…方面(普通指坏的方面)是出了名的,以…出名. *It is notorious that* 众所周知. ~ly *ad.* ~ness *n.*
no-touch *n.* 无〔不〕接触,无触点.
notwithstand′ing [notwiθ'stændiŋ] *prep.; ad.; conj.* 虽然,尽〔不〕管…(还是,仍然). ▲*notwithstanding (that)…* 虽然,尽管. *this notwithstanding* 尽管(虽然)如此.
Nouakchott [nu'ɑːkʃɔt] *n.* 努瓦克肖特(毛里塔尼亚首都).
nought [nɔːt] *n.* 零,无,没有价值的东西. *nought decimal five* 或 *nought point five* 0.5. *noughts complement* 补码. ▲*bring…to nought* 使…失败. *come to nought* 失败,落空. *set…at nought* 忽〔藐〕视….
noumeite *n.* 硅镁镍矿.
nou′mena ['nauminə] *n.* noumenon 的复数.
nou′menal ['nauminəl] *a.* 实体〔在〕的,本体的. ~ly *ad.*
nou′menon ['nauminən] (pl. *nou′mena*) *n.* 实〔本〕体,实在.
noun [naun] *n.* 名词. ~al *a.*
nour′ish ['nʌriʃ] *vt.* ①养育,滋养,给以营养②怀(有),抱(希望),孕育③供给,支持,助长.
nour′ishing *a.* 滋养的,富于营养的.
nour′ishment *n.* 食物,滋养品,养料,营〔滋〕养,营养情况.
nous [nuːs] *n.* 智力,理智.
nou′sic *a.* 智力的.
nou′veau ['nuːvou] 〔法语〕 *de nouveau* 从新,另行,再. *nouveau riche* 暴发户.
Nov = November 十一月.
no′va ['nouvə] (pl. *no′væ* 或 *no′vas*) *n.* 新星.
novacekite *n.* 水砷镁铀矿.
novaculite *n.* 均密石英岩.
Novalite *n.* 一种铜铝合金(铝 85%,铜 12.5%,锰 1.4%,铁 0.8%,镁 0.3%).

nov'el ['nɒvəl] I a. 新(型、颖、奇)的，异常的，异奇的。II n. 小说。*novel tube* 标准九脚小型管。
novelette [ˌnɒvə'let] n. 短(中)篇小说。
nov'elist n. 小说作家。
nov'elty ['nɒvəlti] n. ①新奇(颖)，奇异②新事物，新产品。
Novem'ber [no(u)'vembə] n. 十一月。
novenary a. 九(进制)的。
novendenary a. 十九进制的。
nov'ice ['nɒvis] n. 初学者，新手，生手。
novice-operator n. 新(见习)技术员，新的操作人员。
novic'iate 或 novit'iate [nou'viʃiit] n. 新(生)手，见习(期)。
Novikov gear hob 圆弧齿轮滚刀。
no'vo ['nouvou] (拉丁语) *de novo* 从头，再，重新。
novobiocin n. 新生霉素。
no'vocain(e) n. 奴佛卡因。
Novokonstant n. 标准电阻合金(锰12%，铝4%，铁1.5%，其余铜)。
novolac 或 novolak n. (线型)酚醛清漆(树脂)。*epoxy novolac adhesive* 线型酚醛环氧粘合剂。*novolac epoxy* 酚醛环氧树脂。
no-volt relay 无电压继电器。
no-voltage release 无(电)压释放器。
NOVS =National Office of Vital Statistics(美国)国家重要统计司。
novursane n. 诺乌烷。
now [nau] I ad. ①(现在)此刻，目前，现在②(过去)刚才，当时，那时，（将来）立刻(就)，马上(就)，这就④〔表示作者的语气，多在句首〕原来，那末，于是，可是。II conj. 既然(…now…)。III n. (接在前置词后面)此刻，目前，如今，现在。*from now onwards* 从今以后。IV a. 十分时髦的、领先潮流的。▲*before now* 在这以前。*but now* 刚才。*by now* 现在已经，这时(日)，至此。*(every) now and then* (again)时时，不时地，有时。*from now on* 从现在起，今后。*just now* 此刻，现在，立即，马上，刚才。*now…now…* 一会儿…一会儿…,时而…时而…。*now (is the time) or never* 机不可失，时不再来。*now that* 既然，因为。*till* (up to) *now* 到现在为止，迄今。
now'aday ['nauədei] a. 现(当)今的。
now'adays ['nauədeiz] ad. 现今，如今，现在，目下，近时。
no'way(s) ['nouwei(z)] ad. 一点也不，决(毫)不。
now'cast n. 即时天气预报。
nowel n. ①【铸】底箱，下型箱，下模②阻力。
no'where ['nou(h)wɛə] I ad. 无处，哪儿也不，什么地方都不，没有行，远远地抛在后面。II n. 无处，不知道的地方。*nowhere dense* 疏的，无处稠密的。▲*be (come in) nowhere* (在比赛中)被淘汰，完全失败，一事无成。*get* (lead) *nowhere* 一事无成处，没有(不会产生)结果。*nowhere near* 谈不下上，远不及，离…很远。
nowhere-dense set 疏(无处稠密)集。
no'-win' a. 不可取胜的，不败的。
no'wise = noway(s)。
now'ness n. 现在性。
now-toughened a. 已经韧化(变韧)的。
nox n. 诺克斯(弱照度单位，合 10^{-3} 勒克司或 10^{-3} 流明/米^2)。
nox'ious ['nɒkʃəs] a. 有害(毒)的，不卫生的。*noxious gas* 秽气。~ly ad. ~ness n.
noy n. 诺伊(一种可觉察到的噪音度单位)。
noz =nozzle.
noz'zle ['nɒzl] n. ①喷管(嘴，口，头，丝头)，喷射器，(接)管嘴，口承，烧杯(嘴)，燃烧器，排气(放接)，连结套)管②注(铸，接，筒，出铁)口，浇包眼，波导(的)出口③穴，隙④喷嘴形波导管天线。*convergent nozzle* 渐缩喷嘴。*de Laval nozzle* 渐缩渐阔喷嘴。*flow nozzle* 流量计喷嘴，测流嘴。*in-flight suppressor nozzle* 飞行消音管。*jet nozzle* 喷嘴，尾喷管，喷射管。*nozzle angle* 喷嘴角，喷口扩散角。*nozzle block* 喷嘴组。*nozzle box* 喷嘴箱。*nozzle diaphragm* 燃气轮喷嘴隔板，(固体火箭发动机的)喷管挡板。*nozzle meter* 管嘴式流速计。*nozzle ring* 喷管环，喷管箍环，涡轮导向器。*nozzle tester* 喷射器性能试验装置。*nozzle wrench* 喷嘴扳手。*oil nozzle* 喷油嘴。*pump nozzle* 喷吸嘴。*stopper nozzle* 注口喷嘴。*suction nozzle* 吸气口，吸嘴。*turbine nozzle* 涡轮导向装置，涡轮喷嘴(管)。
noz'zle-end n. 喷管端部分，喷口部分。
noz'zleman n. 喷水(砂)口工，喷枪操作工。
noz'zling n. 打尖，锥头。
NP =①name plate 名牌②National Pipe 美国标准管(螺纹)③neutral point 中和点，中性点④nickel plate 镀板⑤nominal pitch 公称节距⑥non-polarity 无极性⑦normal pitch 标准间距，标准行距⑧normal pressure 正常压力，法向压力。
Np =①neper 奈培(衰减单位，等于8.686分贝)②neptunium 镎(化学元素)。
NPA =National Production Authority 国家生产开发权。
NPC =①National Patent Council(美国)全国专利委员会②National Petroleum Council(美国)全国石油委员会③The National People's Congress(中国)全国人民代表大会。
NPD =nuclear power demonstration reactor 核动力示范反应堆。
n-pentane n. (正)戊烷。
n-person zero-sum game n. 人零和对策。
NPG =naval proving ground 海中试验场。
NPL =①National Physical Laboratory(英国)国家物理实验室②National Physics Laboratory(美国)国家物理实验室③new programming language 新程序语言④normal power level 额定功率级，正常功率电平。
npl =nipple 螺纹接管。
n-ple isomorphism n 重同构。
NPN =negative-positive-negative 负-正-负。
NPO =①naphthophenyloxazole 萘基苯基脲唑②negative-positive-zero 负-正-零。
N-pole n. N 极，(磁)北极。
n-port n. 多(n)端口。
NPR =①noise power ratio 噪声功率比②nuclear paramagnetic resonance 原子核顺磁共振。
NPS =①American Standard Straight Pipe Thread 美国标准直管螺纹②counts per second 计数/秒③nominal pipe size 标称管尺寸。

NPSC = American standard straight pipe threads in coupling 美国标准接头直管螺纹.

NPSF = American standard straight pipe threads for pressure-tight joints 美国标准密接头直管螺纹.

NPSH = ①American standard straight pipe threads for hose couplings and nipples 美国标准软管接头和接嘴直管螺纹 ②net positive suction head 净(吸引)压头,净吸收压差 ③net pump suction head 泵的净吸压头.

NPSI = American standard internal straight pipe threads 美国标准内直管螺纹.

NPSL = American standard straight pipe thread for lock-nuts 美国标准锁紧螺母直管螺纹.

NPSM = American standard straight pipe thread for mechanical joints 美国标准机械接头直管螺纹.

NPSP = net positive suction pressure 净正抽吸压力.

NPT = ①American standard Taper Pipe Thread 美国标准锥管螺纹 ②national pipe thread ③normal pressure and temperature 标准压力与温度,常温常压.

NPTR = American standard taper pipe thread for railing fittings 美国标准栏杆用锥形管螺纹.

NPV = net present value 净现值.

NQR = nuclear quadrupole resonance 核四极矩共振.

NR = ①natural rubber 天然橡胶 ②navigational radar 导航雷达 ③neutral red 中性红 ④no requirement(规格)无要求 ⑤noise ratio 噪声比 ⑥noncoherent rotation 不相干转动 ⑦nonreactive (relay) 非电抗性的(继电器) ⑧normal radar 正规雷达 ⑨normal range 正常范围.

N/R = ①no record 无记录 ②not required 不需要的.

Nr = number 号.

nr = near 近,在…附近.

NRC = National Research Council (美国)国家科学研究委员会.

NRCP = nonreinforced concrete pipe 无钢筋的混凝土管.

NRE = ①negative resistance effect 负阻效应 ②negative-resistance element 负阻元件 ③nuclear rocket engine 核火箭发动机.

n-region n. n 区,电子区.

NRF = naval reactor facility 海军反应堆设备.

NRM = nonroutine maintenance 非日常维护.

NRT = normal rated thrust 额定(标称)推力.

NRTS = National Reactor Testing Station (美国)全国反应堆测试站.

NRV = non-return valve 止回阀,单向活门.

NRZ = nonreturn-to zero 不归零(制).

NRZI = non-return-to-zero-IBM 国际商用电子计算机(IBM)公司式不归零.

NS = ①Nano-Second 毫微秒(10^{-9}秒) ②National Special (thread)(美国)国定特种(螺纹) ③national standard 国家标准 ④near side 左侧 ⑤nickel steel 镍钢 ⑥nuclear ship 核动力船只.

NSA = ①National Security Agency (美国)国家安全局 ②National Standards Association (美国)国家标准协会.

NSB = Nuclear Standards Board 原子能标准委员会.

NSC = ①National Security Council 国家安全委员会(美) ②no significant counts 无显著放射性 ③noise suppression control 噪声抑制控制.

nsec = nanosecond 毫微秒.

NSF = National Science Foundation (美国)国家基金会.

n-simple space n 单空间.

nso = no spares ordered 未定购备件.

NSP = ①National Space Program (美国)国家宇宙空间计划 ②nonstandard part 非标准件.

nspf = not specifically provided for 非专供….

NSR = nitrile silicone rubber 腈硅橡胶.

NSS = ①navigation satellite system 卫星导航系统 ②nitrogen supply system 供氮系统.

NSSC = Neutral Sulfite Semi-Chemical pulp 中性亚硫酸盐半化学浆.

NSSCC = National Space Surveillance Control Center (美国)国家宇宙空间观察控制中心.

NST = no strength temperature 无强度温度.

NSU = nitrogen supply unit 供氮设备.

NT = ①neap tide 小潮 ②net tonnage 净吨数 ③non tight 非密封.

Nt = niton 氡(即 Rn, radon).

nt = ①nit 尼特(表面亮度单位,等于 1 新烛光/米²) ②number of teeth 齿数.

nt. wt. = net weight 净重.

NTA = nitrilotriacetic acid 氮川三醋酸,氮川三乙酸 $N(CH_2COOH)$.

NTC-unit = negative temperature coefficient unit 负温度系数元件.

NTD = non-tight door 非密门,轻便门.

N-terminal n. N (氨基)末端.

NTG = nuclear test gauge 燃料元件反应性快速测量仪.

n-th a. 第 n 个,n 次(阶). *n-th differential* n 阶微分. *nth-level address* N 级地址. *n-th-order* n 阶(次). *n-th power* n 次方(幂). *nth (power-) law receiver* n 次方调制特性接收机. *n-th root* n 次方根.

NTI = noise transmission impairment 电路杂音干扰.

NTIS = National Technical Information Service (U. S. A.)美国技术情报服务处.

NTL = non-threshold logic 无阈值逻辑(电路).

ntl = no time lost 立即.

NTM = nozzle test motor 喷管试验发动机.

NTO = nitrogen tetroxide 四氧化二氮.

NTP = ①National taper pipe (美国)国家标准锥管(螺纹) ②normal temperature and pressure 常温常压,标准温度和压力 ③number of theoretical plates 理论盘数,理论板数.

NTPC = National Technical Processing Center (美国)国家技术处理中心.

NTR = ①navigational time reference 航行的时间基准 ②noise-temperature ratio 噪声-温度比 ③nuclear test reactor 试验性核反应堆.

NTS = not to scale (drafting) 不按比例(制图).

NTSC = National Television System Committee 美国国家电视机系统委员会.

NTU = number of transfer units 传递性单位数目.

n-tuple n. n 数列(数组). *n-tuple integral* n 重积分.

n-tupling n. n 倍.

NTX =navy teletype exchange 海军电传打字交换机.
NU =name unknown 名字不详.
Nu =Nusselt number 努塞尔数.
nu [nju:] n. (希腊字母)N，v. *Nu value* v 值，色散倒数(透明材料色散率倒数).
N. U. tone =number-unobtainable tone 被叫用户占线忙音，空号音.
nuance' [nju:ɑ:ns] 〔法语〕n. 细微差别〔异〕.
nub [nʌb] 或 **nub'ble** [ˈnʌbl] n. ①小块，节，瘤②要点〔旨〕，核心③(pl.)(有色)结块.
nub'bly [ˈnʌbli] a. 块状的，瘤〔节〕多的.
nubecula n. 混浊症，薄翳.
nubibus 〔拉丁语〕*in nubibus* 在云中，含糊，不明.
nu'biform [ˈnju:bifɔ:m] a. 云形的.
nu'bilose n. 喷雾干燥器.
nu'bilous [ˈnju:biləs] a. ①多云〔雾〕的②模糊的，不明确的.
Nubrite n. 光泽镀镍法.
nu'cha [ˈnju:kə] n. (pl. *nu'chae*)项，颈背.
nu'chal a. (颈)项的.
nucle- 或 **nucleo-** (词头)核.
nu'clear [ˈnju:kliə] 或 **nu'cleal** [ˈnju:kliəl] 或 **nu'cleary** [ˈnju:kliəri] a. ①(原子，有，含)核的，核子〔心)的，中心的②核物理的，原子弹〔能)的. *nuclear atom* 核型原子. *nuclear bomb* 核(炸)弹. *nuclear cement log* 核水泥测井. *nuclear center* 核心. *nuclear disintegration* 原子核蜕变〔崩解〕. *nuclear energy*. 原子能，(原子)核能，原子内部能量. *nuclear fission* (原子)核裂变(分裂). *nuclear fusion* 核聚变，核熔融反应. *nuclear gauge* 核子计数器. *nuclear isobar* 核同量异位素. *nuclear isomer* 同核异构体，同核异性物. *nuclear magnetism log* 核磁测井. *nuclear measurement*(试验土特性的)核子放射量测. *nuclear power* (原子)核动力. *nuclear reactor* (原子)核反应堆(器). *nuclear sediment density meter* 核子沉积物比重计. "*Nuclear*" *test* (测土密度的)核子放射性试验.
nuclear-powered a. 核动力的. *nuclear-powered submarine* 核潜艇.
nuclear-propelled a. 带有核推进器的.
nuclear-pure a. 核纯的.
nu'cleartipped' a. 有核弹头的.
nu'clease n. 核酶酸.
nu'cleate [ˈnju:klieit] Ⅰ v. 成核，形成品核，集结，起核作用，是…的核心. Ⅱ a. 有核的，核酸〔盐〕的. *nucleating centre* 成核中心.
nu'cleated a. 有核的.
nuclea'tion n. ①成核(现象，作用)，核化，核子作用，核晶作用①(过程)②晶核，形成核心，晶核形成③人工造雨法. *poor nucleation* 核子生成不好现象. *stacking fault nucleation* 堆垛层错成核. *two dimensional nucleation* 二维核化.
nu'cleator n. (成)核剂.
nu'clei [ˈnju:kliai] n. nucleus 的复数.
nucleic acid 核酸.
nu'cleid n. 类原子核.
nucleiform a. (似)核形的.

nu'clein n. 核素〔质〕，核蛋白.
nucleoalbumin n. 核蛋白.
nucleocapsid n. 壳包核酸，病毒粒子，壳体核，试酸核荚膜.
nucleocidin n. 核杀菌素.
nucleogen'esis n. (元素)的核起源，元素形成，原子核形成.
nucleohiston(e) n. 核糖组蛋白.
nu'cleoid n. 类核，病毒核心，核当量.
nucleoliform n. 核仁形.
nucleolin n. 核(仁)素.
nucle'olus n. (pl. *nucle'oli*)核仁，小核体.
nucleom'eter n. (测量 α, β, γ 射线的)核子计，放射性计数器.
nu'cleon [ˈnju:klion] n. 核(粒)子，单字. ~ic a.
nucleon'ic a. 核(电)子的，核物理的.
nucleon'ics [nju:kliˈɔniks] n. (应用)核子学，应用核物理，原子核工程.
nucleophile n. 亲核试剂，亲核物质.
nucleophil'ic a. 亲核的，亲质子的.
nucleophilic'ity n. 亲核性.
nu'cleoplasm n. 核原生质.
nu'cleopore n. 核孔.
nucleoprotamine n. 核精蛋白，鱼精蛋白.
nucleopro'tein n. 核蛋白.
nu'cleor n. "裸"核子，核子核心.
nucleosi'dase n. 核甙酸.
nu'cleoside n. 核甙.
nucleoti'dase n. 核甙酸酶.
nu'cleotide n. 核甙酸.
nucleotidyl- (词头)核甙酸(基).
nu'cleus [ˈnju:kliəs] (pl. *nu'clei* 或 *nu'cleuses*) n. ①(原子，晶，细胞，泡，地)核，核子②(核，中)心，核心程序环③【天】彗核，流星核④费雷德霍尔姆核，积分核. Ⅱ a. 有（含)核的. *aromatic nucleus* 芳基核. *atomic nucleus* 原子核. *crystal nucleus* 或 *nucleus of crystal* 晶核，结晶中心. *daughter nucleus* 子核. *ice nucleus* 冰晶核. *nucleus formation* (原子，晶)核生成(作用). *nucleus of a set* 【数】集的核(心). *nucleus of crystallization* 结晶核. *product* [*resultant*] *nucleus* 复合核，子核，核产物. *target nucleus* 靶核.
nu'clide n. 核素. *fission nuclide* 裂变核素-裂变产物，碎片核素. *radiochemical nuclide* 放射化学分离出的核素.
nude [nju:d] a. ①裸(露)的，光秃的②肉色的③(契约等)无偿的. *nude gauge* 无壳真空规，裸规. ~ly ad. ~ness n.
NUDETS =nuclear detection system 核探测系统.
nu'dibranch n. 裸鳃类软体动物.
nu'dity [ˈnju:diti] n. 裸露，露出，(pl.)裸出部.
nuevite n. 铌钇矿.
NUFP =not used for production 不用于生产.
nu'gatory [ˈnju:gətəri] a. 没价值的，没有的，无效的.
nug'get [ˈnʌgit] Ⅰ n. ①矿块，天然贵金属块，(天然)金块，块金②(点燃)熔核，(焊点)点核③小而有价值的东西. Ⅱ a. 极好的.
Nu-gild n. 饰用黄铜(锌 13%.)
Nu-gold n. 饰用黄铜(锌 12.2%).

nui'sance [ˈnjuːsns] *n.* ①麻烦事情,讨厌的事[东西,人],有害的东西[作用]②障[妨]碍,噪扰,刺激(作用),损[害],公害. *nuisance parameters* 多余参量[数]. *smoke nuisance* 烟害. ▲*commit no nuisance* 禁止倾倒垃圾[弃置杂物].

nuke [nuːk] Ⅰ *n.* 【俚】核武器,核动力发电站. Ⅱ *v.* 用核武器攻击.

Nukualofa [nuːkuəˈlɔːfə] *n.* 努库阿洛法(汤加首都).

NULACE = nuclear liquid-air cycle engine 核液态空气循环发动机.

null [nʌl] *n.; a.* ①零(位)(的),零点,空(的,行),无②不存在的,没有的③无效(用,价值)的. *aural null* 静位,无声带,听觉零点. *null amplifier* 指零放大器. *null angle* 零位偏角. *null astatic magnetometer* 衡消无定向磁强计. *null balance device* 衡消装置. *null carrier method* 载波零点法. *null character 0* 字符. *null circle* 点[零]圆. *null circuit* 零电路. *null class* 零(空)类. *null detector* 零值检测器. *null ellipse* 点[零]椭圆. *null fill-in* 零值补偿,零插补. *null hypothesis* 虚[零,原,解消]假设. *null indicator* 零(位指)示器. *null instrument* 平衡点测定器. *null matrix* 零矩阵. *null method* 【物】衡消法[零点(示)法]. *null offset* 零点偏移. *null set* 空(测度)集. *null setting* 调零装置. *null sharpness* 消声锐度. *null statement* 空语句. *null string* 空行. *null torque* 零位力矩. ▲*null and void* 无效(的),作废.

nul'lah [ˈnʌlə] *n.* 水道[路],河床,峡谷,沟壑. *nullah bridge* 峡谷桥.

null-homotopic *a.* 零伦的.

nullifica'tion [ˌnʌlɪfɪˈkeɪʃən] *n.* ①废弃,取消,使无效②压制,抑止(制).

nul'lifier *n.* 废弃[取消]者.

nul'lify [ˈnʌlɪfaɪ] *vt.* ①废弃[除],取消,作废,使无效,成泡影,使无价值②使为零,使等于零.

nullisomic *n.* 缺对染色体的.

nul'lity [ˈnʌlɪtɪ] *n.* 【数】零度(数),零维(数)②无效③(全)无,不存在,无用的(可有可无的)东西.

nullo (拉丁语) *n.* 零. *dictum de omni et nullo* 全和零原则,三段论公理.

null-set *n.* 零集,空集.

null-type bridge 指零〔零示式〕电桥.

nullvalent *a.* ①零价的②不活泼的,不起反应的.

Nul'trax *n.* 线位移〔直线运动〕感应式传感器.

Num = ①*number* 号②*numeral* 数词.

Numb = *numbers* 数字.

numb [nʌm] *a.; v.* (使)麻痹[木](的),失去感觉的. ~**ly** *ad.* ~**ness** *n.*

num'ber [ˈnʌmbə] Ⅰ *n.* ①数(目,字,量),(数)值,总数②号(数,码),第…号(卷,期)③序数,系(指)数④(pl.)算术. Ⅱ *vt.* ①给…编号[数码],编号数字标记②计有数,达到,共有③计算,计入,算入…数内(among, in, with). *abstract number* 抽象[无名]数. *artificial number* 人造数. *atomic number* 原子序数,(周期表)顺序号. *block number* 批号. *broken* [*fractional*] *number* 分数,小数. *charge number* (电子单位的)电荷,原子序数. *climbing number* 上升系数. *code number* 电码号,序号. *construction number* 工厂编号,工程号. *dash number* 零件编号. *dead* [*service suspending*] *number* 呆号. *decimal number* 十进位数,(十进)小数. *distribution number* 分配[布]系数. *engine number* 发动机号数. *even number* 偶数. *flip-flop number* 触发计数. *hardness number* 硬度值(指数). *index number* 指数. *ionic number* (离子)电子数. *isotopic number* 同位数,中质差. *jet number* 喷嘴符号(表示孔径或流量). *Knoop number* 努普硬度值. *known number* 已知数. *mixed number* 带分数. *number and range of spindle speeds* 主轴转速级数和范围. *number cutter* (按压力角编号的)套数齿轮刀具. *number density* 数量密度(用以说明每单位体积物质的克分子数). *number generator* 数码(信号)发生器. *number information* 查号台查号. *number line* 实数直线. *number marking* 号码标志. *number of cross feeds* 横进刀[给]量种数. *number of diametral pitch thread* 径节螺纹种数. *number of dips* 浸蚀次数. *number of feeds* 进给[刀]量级数. *number of oscillations* 振动次数[频率]. *number of reversals* 颠倒(反转)次数. *number of revolutions* (旋)转数. *number of samples* 样本[品]组数. *number of speeds* 转速级数. *number of starts* 螺纹头数. *number of taper* 锥度级数. *number of threads* 螺纹扣数. *number of turns* (螺)圈数,匝数,转数. *number of twists* 扭曲次数. *number one* 第一号(流),自己,个人利益. *number plane* 实数平面. *number plate* 号数板,(编)号牌,车牌子,号码盘. *number range* 数值范围. *number representation system* 数制,数系. *number scale* 记数法. *numbers 1～5* 第1号到第5号. *octane number* 辛烷数(值). *odd number* 奇数. *parts number* (零)件号. *pitch number* 齿型数,节数. *precedence number* 优先次序号数. *probable number of hitting* 命中平均数. *quantum number* 量子数. *round-off* [*rounded*] *number* 约整数,取整数(目),舍入数. *screening number* 屏蔽系数. *serial number* 序(编)号. *shell number* 壳层内粒子数,壳层序数. *short number* 短〔少位〕号. *the May number* 五月号. *turbulence number* 紊流度. *viscosity number* 粘变值. *weight number* 权数. ▲*a high* [*low*] *number* 大(小)数. *a large* [*great, tremendous, considerable*] *number of* 大量的,许多的. *a limited number of* 数目有限的. *a number of* 一些,若干,许多. *an equal number of M and N* 相同数目的M和N. *back numbers*(杂志等的)前面几期,过期期刊. *be among the number of* 是…之列. *be numbered* 屈指可数,不多了,有限. *by number* 总共,数目上. *by numbers* 依靠数量优势而…. *in ＋a.* *numbers* 以…数,…批地. *in great* [*large*] *numbers* 多数,大量地. *in number* 总共,数目上. *in round numbers* 取其整数,约计. *large numbers of* 大量. *model number* 型号. *number…among*…把

…算入…之内. *number…from 1 to 11* 给…编成从 1 到 11 的号. *number up* 列举. *numbers of* 一些, 若干, 许多. *put the number at* 估计数目为…. *quite a number of* 相当多的, 许多的, 大量的. *the current number* 最近一期. *the number of*…的数目. *times without number* 多次, 数不清的次数. *to the number of* 达到…数目, 为数达, 总数为, 多到. *without* [beyond, out of] *number* 无数的, 无法计算.

number-crunching n. 数据搞弄.

num′bered a. 达到限定值的, 已被编号的. *numbered card* 已编号卡.

num′bering n. 编号[码]. *numbering equipment* 编[发]号设备. *numbering machine* 自动记[计]机, 号码[印刷]机, 编号印字机. *numbering stamp* 编号印字器.

num′berless a. ①无数的, 不可胜数的 ②没号数[数]的.

num′ber-let′ter a. 数字和字母的.

number-unobtainable tone (电话)空号音.

numer center (可连续完成几个工序加工的)多工序自动数字控制机床.

numer mite 数字控制钻床.

nu′merable ['nju:mərəbl] a. 可数的, 可计算[数]的, 数得清的.

nu′meracy ['nju:mərəsi] n. 数量观念强, 丰富的思维[表达]能力.

nu′meral ['nju:mərəl] a.; n. ①数的, 数字(的), 数字, (pl.)数码 ②代表数目的, 示数的. *Arabic numerals* 阿拉伯数字. *cardinal numerals* 基数词. *fractional numerals* 分数词. *numeral order* 编号次序. *ordinal numerals* 序数词.

nu′merary ['nju:mərəri] a. 数的.

nu′merate ['nju:məreit] Ⅰ v. 数, 计算, 读(数). Ⅱ a. 有丰富的思维能力的.

numera′tion [nju:mə'reiʃən] n. ①计算(法), 读数(法) ②[计]命(计)数法 ③编号. *decimal numeration* 十进法. *numeration table* 数字表.

nu′merator ['nju:məreitə] n. ①(分数的)分子 ②计数器[管] ③信号机, 示号器, 回转号码机 ④计算者.

numer′ic [nju:'merik] Ⅰ a. 数(字, 值)(的) ②分数 ③不可通约数的. *numeric conversion code* 转换代码, 数值变位码. *numeric data* 数字数据. *special numeric* 特殊符号.

numer′ical [nju:'merikəl] a. 数(量, 值, 字)的, 用数字表示的, 表示数量的. *numerical aperture* 数值孔[口]径. *numerical approximation* 近似数值, 数值近似. *numerical coding* 数字编码. *numerical control device* 数字[值]控制装置. *numerical data* 数(字)数据. *numerical digit* 数位. *numerical equation* 数字方程(式). *numerical expression* 数式, 数值表达式. *numerical function* 数函词[项]. *numerical invariants* 不变数. *numerical method* 数值法, 数值方法. *numerical order* 数字, 数字次序. *numerical predicate* 数谓词[项]. *numerical procedure* 计算方案. *"Numerical" selector* 用户号码选择器. *numerical solution* 数值[近似]解. *numerical statement* 统计. *numerical strength* 人数, 兵力, 舰艇[飞机]数. *numerical switch* 号码机. *numerical symbols* 数字符号. *numerical value* 数值. *numerical variable* 数变词[项], 数字变量.

numer′ical-graph′ic meth′od 数值图解法.

numer′ically ad. 数字[值]上, 用数, 根据数字.

numer′ically-controll′ed machine′ tool 数字控制机床.

numer′ic-alphabet′ic n. ; a. (数)字符, 字母数字的.

numer′ic-field da′ta 数字域数据.

nu′meroscope ['nju:mərəskoup] n. 示数器, 数字记录器[显示器].

nu′merous ['nju:mərəs] a. ①为数众多的, 大批的, 多次的 ②许多的, 无数的. *numerous errors* 无数的错误. *too numerous to enumerate* 不胜枚举. ~ly ad. ~ness n.

num′miform a. 钱币形的.

Nummulitic limestone (早第三纪)货币虫灰岩.

nun buoy 或 **nun-buoy** n. 纺锤形浮标.

NUNA = not used on next assembly.

nunatac 或 **nunatak** n. 冰源孤山[岛峰].

n-unit n. 中子剂量单位(该单位为中子在 100 伦琴"维克托林"剂量计的微型电离室内产生相当于 1 伦琴 γ 射线所引起的电离作用).

N-unit n. 中子剂量单位(该单位为中子在 25 伦琴"维克托林"剂量计的微型电离室内产生相当于 1 伦琴 γ 射线所引起的电离作用).

nu′percaine ['nju:pəkein] n. 奴白卡因(局部及脊髓麻醉剂).

NUPPS = non-uniform progressive phase shift 非均匀递增相移.

Nural n. 努拉尔铝合金.

Nu′remberg ['njuərəmbə:g] n. (德意志联邦共和国)纽伦堡(市). *Nuremberg gold* 铜铝金装饰(用)合金(金 2.5%, 铝 7.5%, 铜 90%).

Nuroz n. 聚合木松香(商品名).

nurse [nə:s] Ⅰ n. ①护士, 看护人, 保护者, 保姆 ②受照顾. Ⅱ vt. ①精心照料[管理, 使用] ②保(看)护, 护理, 培养 ③加气[油]. *nurse crops* 保护[覆盖]作物.

nurs′(e)ling n. 婴儿, 苗木.

nurs′ery ['nə:sri] n. ①苗圃, 温床, 繁殖[养鱼]场 ②托儿所, 育儿室, 保育器. *rice nursery* 水稻秧田.

nurs′eryman ['nə:srimən] n. (pl. *nurserymen*) 苗圃工作者, 园主[工].

nursing-home n. (私人)疗养所, 私立病院.

nur′ture ['nə:tʃə] n. ; vt. ①养育, 培(教)养, 训练 ②营养物, 食物.

nut [nʌt] Ⅰ n. ①螺帽[母, 套] ②果核, 胡桃, 坚[硬]果 ③"坚果"级煤块 (30～50mm 的小块煤). Ⅱ v. 上[拧, 装]螺帽. *back nut* 支承(支持), 限动, 锁紧, 后, 抵底]螺帽. *blind nut* 堵 nut. *castellated* [castle] *nut* 槽形[槽顶]螺帽. *channel nut* 槽形螺帽. *counter* [countersunk] *nut* 埋头螺帽. *hold-down nut* 固定[脚]螺帽. *jam* [lock, check, back] *nut* 紧[锁定, 防松]螺帽. *nut bolt* 带帽螺栓, 螺钉. *nut coke* [coal] 小块煤, 焦丁. *nut former* 螺母锻压机. *nut lock* 螺母锁紧. *nut oil* 胡桃油. *nut planking machine* 自动高速螺母(制造)机. *nut shaping ma-*

chine 螺帽成形〔加工〕机. *nut switch* 螺帽(形)开关. *nut tap* 螺帽丝锥, 螺帽丝攻. *nut tapping machine* 攻螺母机. *nut wrench* 螺帽扳手. *packing nut* 衬垫〔压紧,填密,紧塞,密封〕螺帽, *stay nut* 撑条螺帽. *thumb (wing) nut* 翼形〔蝶形,元宝〕螺帽. *union nut* 接管〔联管〕螺帽,连接螺套. ▲*a hard nut to crack* 不易解决的难题.

nu'tate ['nju:teit] vi. 章动,下垂(俯). *nutating feed* 盘旋馈电.

nuta'tion [nju:'teiʃən] n. ①下垂(俯),垂〔点〕头 ②【天】章动(地轴的微动,转体轴的振动) ③(植物)自动旋转运动,转头. *nutation angle* (雷达)盘旋角. *nutation of inclination* 倾角章动.

nut'gall ['nʌtgɔːl] n. 没食子,五棓子.

nut-lock washer 止松〔锁紧〕垫圈.

nu'trient ['nju:triənt] I a. 营养的. II n. 营养素〔物品〕,培养基,养分〔料〕,食物. *crystal nutrient* 晶体培养基.

nu'trilite n. 生长〔营养〕因子.

nu'triment ['nju:trimənt] n. 营养品〔物〕,食物,滋养物. ~al a.

nutriol'ogy [nju:tri'ɔlədʒi] n. 营养学.

nutri'tion [nju(:)'triʃən] n. 营养(作用,学),食物,滋养物. ~al a.

nutri'tious 或 nu'tritive a. (有)营养的.

nutsch (filter) 或 nutsch'filter ['nʌtʃfiltə] n. 吸滤器.

nut'shell ['nʌtʃel] I n. 坚果壳,体形〔数量〕小的东西, 无价值的东西. II a. 简洁的, 扼要的. ▲*in a nutshell* 简言之,概括地说,在极小的范围内.

nut'ted a. 上了螺帽(母)的.

nut'ting n. 上〔加〕螺帽.

nut'ty a. ①多〔似〕坚果的,(土等)多硬核的 ②愚蠢的. *nutty structure* 核状结构.

nuvistor n. 超小型抗震(电子)管.

NV = ①nozzle vanes 涡轮叶片 ②nozzle velocity 喷嘴速度.

n-valued a. 多值的.

NVR = no voltage relay 无电压继电器.

NW 或 nw = northwest, northwestern.

nW = nanowatt 毫微瓦.

NWA = Northwest Airlines (美国)西北航空公司.

n-way switch N 路开关.

NWbN 或 NW by N = northwest by north 西北偏北.

NWbW 或 NW by W = northwest by west 西北偏西.

NWP = non waterproof 未经耐水处理的.

NWS = National Weather Service 国家气象局.

NWT = not watertight 不是不漏水的.

N. wt. = net weight 净重.

NX = ①nonexpendable item 非消耗品 ②not exceeding 不超过.

NY = New York 纽约.

NYC = New York City 纽约市.

nyctalo'pia n. 夜盲(症). nyctalop'ic a.

nycterine a. ①夜间(发)的 ②暧昧的,隐蔽的.

nycterohemeral a. 昼夜的.

nyctinasty n. 感夜性.

nyctohemeral a. 昼夜的.

nyctom'eter n. 暗视计.

nyctoplankton n. 夜浮游生物.

Nykrom n. 高强度低镍铬合金钢.

Nylasint n. 烧结用尼龙粉末材料.

Nylatron n. 石墨填充酰胺纤维.

ny'lon ['nailən] n. ①酰胺纤维,尼龙,耐纶 ②(pl.)尼龙〔耐纶〕织品. *nylon coating* 尼龙涂层. *nylon epoxy* 耐纶〔酰胺纤维〕环氧. *nylon fabric* 尼龙织物. *nylon tube* 尼龙〔耐纶〕管. *nylon wire* 尼龙丝.

nymph [nimf] n. (活动)蛹.

nystagmograph n. 眼球震颤(描)记器.

nystag'mus [nis'tægməs] n. 眼球震颤,眼的颤抖.

nystatin n. 制霉菌素,真菌素.

NYT = New York Times (美国)《纽约时报》.

Nytron n. 碳氢(化合物)硝酸钠清洁剂.

NZ = ①New Zealand 新西兰 ②New Zealand National Airways Corporation 新西兰国家航空公司.

NZSS = New-Zealand Standard Specifications 新西兰标准规格.

O o

O [ou] n. ①圆形物,O 形符号〔标记〕②零. *a round O* 圆圈.

O = ①octarius 液磅品脱 ②ohm 欧(姆) ③opening 开口 ④orange 橙(色) ⑤oscillator 振荡器 ⑥oxide-coated 涂氧化物的 ⑦oxygen 氧.

o- 〔词头〕= orth(o)-.

O NOZ = oil nozzle 油喷嘴.

OA = ①one adder 加 1 加法器 ②output axis 输出轴 ③overall 总的(尺寸),外廓的(尺寸).

O-A = overall.

OACI = *Organisation de l'Aviation Civile Internationale* 国际民航组织.

oad = overall dimension 总尺寸,外形尺寸.

oaf [ouf] n. ①畸形〔白痴〕儿童,白痴 ②蠢人,莽汉. ~ish a.

O-agglutina'tion n. O-凝集反应.

OAI = on-line analog input 在线模拟量输入.

oak [ouk] n.; a. ①橡〔栎〕树,橡〔柞,栎〕木,麻栎,青冈 ②橡木(制)的. *oak block* 橡木(垫)块. *oak panels* 橡木镶板. *red oak* 红栎木.

oak'en ['oukən] a. 橡木制造的.

oaker'manite [ou'kəːmənait] n. 镁黄长石.

Oak'land ['oukländ] *n.* 奥克兰(美国港市).

oak'um ['oukəm] *n.* 麻絮(丝),填絮.

OAL = Ordnance Aerophysics Laboratory 军械航空物理实验室.

OAO = ①on-line analog output 在线模拟量输出 ② orbiting astronomical observatory 天体观测卫星.

OAR = ①Office of Aerospace Research 宇宙空间研究室 ②Office of Air Research 航空研究室.

oar [ɔː, ɔə] I *n.* ①桨(状物),橹,翼 ②桨船 ③划手. II *v.* 划,荡桨. ▲**put in one's oar** 干涉[预]. **rest on one's oars** (暂时)休息一会儿.

OARAC = Office of Air Research Automatic Computer 航空研究用自动计算机构局.

oars'man *n.* 划手,摇橹者.

oar'weed *n.* 叶片状海藻.

OAS = Organization of American States 美洲国家组织.

oa'ses [ou'eisiːz] oasis 的复数.

oa'sis [ou'eisis] *n.* 沃洲,(沙漠中的)绿洲.

OAT = ①outer atmospheric temperature 外层大气温度 ②outside air temperature 外面空气温度.

oat [out] *n.* 燕麦,麦片粥.

oat'en ['outn] *a.* 燕麦(做)的.

oath [ouθ] *n.* ①誓言,宣誓 ②咒骂语.

oat'meal ['outmiːl] *n.* 麦片粥.

OAU = Organization of African Unity 非洲统一组织.

OB = ①ocean bottom 洋底,洋床 ②outside broadcasting 实况无线电广播 ③overboard 向船外.

ob- (词头) 逆,反,非,倒.

Ob [ɔb] *n.* 鄂毕河.

obakulactone *n.* 黄柏内酯.

obakunone *n.* 黄柏酮.

OBD = omnibearing-distance system 全方位距离导航系统(由指层标和测距器构成的极坐标导航系统).

ob'duracy ['ɔbdjurəsi] *n.* 顽固,执拗. **ob'durate** *a.* **ob'durately** *ad.*

obe'dience [ə'biːdjəns] *n.* 服(听)从,遵守(从,照). **blind obedience** 盲从. ▲**hold … in obedience** 使 …服从. **in obedience to** 遵照,服从.

obe'dient [ə'biːdjənt] *a.* 服(听)从,遵守(从)的. ▲**be obedient to M** 服从 M,遵守 M. **Your (most) obedient servant** (资产阶级来往信函结尾套语)您的恭顺的仆人.

obe'diently *ad.* 服(遵)从地. **Yours obediently** (资产阶级来往信函结尾套语)您的恭顺的.

obei'sance [ou'beisəns] *n.* 鞠躬,敬礼.

ob'eli ['ɔbilai] obelus 的复数.

ob'elisk ['ɔbilisk] *n.* ①方尖塔,尖柱,方尖柱碑 ②剑号(†).

ob'elize ['ɔbilaiz] *vt.* 加剑号(†).

ob'elus ['ɔbiləs] (pl. **ob'eli**) *n.* 剑号(†).

Oberhoffer solution [reagent] 钢铁显微分析用腐蚀液(CuCl₂ 1.0g, SnCl₂ 0.5g, FeCl₃ 30.0g, (浓)HCl 30ml, H₂O 500ml 乙醇 500ml).

o'beron ['oubərən] *n.* 控制炸弹的雷达系统.

obese' [ou'biːs] *a.* 肥胖(大)的. ~**ness** 或 **obe'sity** *n.*

obey' [ə'bei] *v.* ①服(听)从,遵(照),照(随)…行动 ②(隶,归)属于 ③完成,执行,操作,满足(方程式)要求.

ob'fuscate ['ɔbfʌskeit] *vt.* 使困惑[糊涂]. **obfusca'tion** *n.*

OBI = omnibearing indicator 全向无线电导航指示器.

obiter ['ɔbitə] (拉丁语) *ad.* 顺便,附带. **obiter dictum** 附言.

obit'uary [ə'bitjuəri] I *n.* 讣闻[告]. II *a.* 死(亡)的. **obituary notice** 讣闻[告].

obj = object.

object I ['ɔbdʒikt] *n.* ①物(体,品,件),实物,事物 ②对象,客体(观) ③目的(物),目标,靶 ④项[科]目,课程 ⑤结果,宾语 ⑥【光】物(前)方. II [əb'dʒekt] *v.* ①反对,对立,不赞成,抗议(to, against) ②提出…来反对,提出…作为反对的理由. **cylindrical object** 圆柱体. **every-day object** 日常(用)品. **ground object** 地面目标. **object angle** 物体角. **object beam** 物体光束. **object carrier** 载物体,物架. **object code** (汇编程序)结果代码,目的码. **object distance** 物距,目标距离. **object focal point** 物焦点. **object function** 原(目标)函数. **object glass** [lens] 物镜. **object language** 结果(目的)(程序),结果语言. **object lesson** 实物[直观]教学,具体例子,实际教训. **object line** 可见轮廓线,外形线. **object marking** 固定目标示. **object micrometer** 物镜测微计. **object module** 结果(目标)模块(组件)程序. **object of study** 研究的对象. **object plane** 物面. **object plate** 检镜片. **object program** 目的(目标,结果)程序. **object space** 物(界),物体空间(方位). **reflecting object** 反射物. ▲**attain one's object** 达到目的. **no object** 不计(论),怎样都好,不成问题;没有理由(必要). **distance no object** 不论远近. **there is no object in** + *ing* 没有(做)的必要. **object (against…)** 对之所以反对(…)是因为(…). **object to** 不同意,反对,讨厌. **object (M) to N**(提出 M 来)反对 N. **with that object in view** 以那个为目的. **with the object of …** 以…为目的.

object-glass *n.* 物镜.

objec'tify [ɔb'dʒektifai] *vt.* 具体化,体现.

objec'tion [əb'dʒekʃən] *n.* ①反对,异议,不承认,不喜欢 ②缺点(陷) ③障(妨)碍,被反对的事物 ④反对的理由. **the (chief) objection to … is …** 的(主要)缺点是. **There are other objections to …** 还有别的一些缺点. **There is no objection to +** *ing*(做 …)没有什么不可以,(做…)也不碍事. ▲(be) **open to objection** 有可议(论)的余地,有不合理之处,值得怀疑(的),容易找到缺点(的),薄弱的. **feel an objection to (+** *ing***)** 不愿意(做). **have an objection to (+** *ing***)** 反对(做). **have no objection to (+** *ing***)** 不反对(做). **make an objection against [to] …** 对 …表示反对(提出异议). **raise an objection against [to] …** 对 …表示反对(提出异议). **take (an) objection against [to] …** 对 …表示反对(提出异议).

objec'tionable [əb'dʒekʃnəbl] *a.* ①该反对的,有异议

object(ive)-micrometer n. 物镜测微计.

objec'tive [əb'dʒektiv] I a. ①客观的,真实的,实体的,物(体)的,对像的,物镜的 ②目标的. II n. ①(接]物镜 ②目的(地),目标,结果,任务 ③对象,客体. astrographic objective 天文照相物镜. high-power objective 高倍(强光,高光强)物镜. microscope objective 显微镜物镜. objective aperture 物镜孔(径). objective function 目标函数. objective lens 物镜. objective magnification 物镜放大率. objective measurement 客观度量. objective prism 物镜棱镜. objective program 目的(结果)程序. storage objective 存盘基准性[目标]. telescope objective 望远物镜. ultimate objective 最终目标.

objec'tively ad. 客观地.
objec'tiveness n. 客观[性].
objec'tivism [əb'dʒektivizm] n. 客观主义,客观性.
objectiv'ity [ɔbdʒek'tiviti] n. 客观性.
object-lens n. (接)物镜.
ob'jectless a. 没有目的的,没有对像的.
object-line n. 轮廓[外形,外围,地形,等高]线.
objec'tor [əb'dʒektə] n. 反对者.
object-plate n. 检镜片.
object-staff n. (测量的)准尺,函尺.
ob'jurgate ['ɔbdʒəːgeit] vt. 骂,谴责. objurga'tion n.
obl =oblique 斜.
ob'late ['ɔbleit] a. 扁(圆)的,(椭圆绕自身短轴旋转而形成的)扁球状的. oblate ellipsoid 扁椭面(球). oblate spheroid 扁球(面).
oblate'ness [ɔb'leitnis] n. 扁率,扁圆度.
ob'ligate ['ɔbligeit] I vt. 使...负义务(责任],强迫(制). II a. ①限于特定生活条件的(道义,法律上)受约束的,有义务的 ②必需(要)的,必然的,完全不可避免的. obligate aerobes 专性需氧微生物. ▲be obligated to +inf. 有责任去....
obliga'tion [ɔbli'geiʃən] n. ①义务,职责,责任 ②契约,证书,债务 ③恩惠,感恩. ▲be under an obligation to + inf. 有...的义务. obligation to M 对M的义务(恩惠). without obligation 不受约束.
oblig'atory [ə'bliɡətəri] a. ①约束的,强制的,受限制的 ②必须(做,履行)的,要求的,义不容辞的,负有的. duties obligatory on M M 应尽(不可推却)的义务. obligatory point 约束点. ▲It is obligatory on M to + inf. M 必须(做).
oblige' [ə'blaidʒ] vt. ①责成,强迫(制),要求 ②应...的要求(请求)而(做),使满足(感谢),借,给. ▲be obliged to M 感谢(激)M. be obliged to + inf. 不得不(做),必须(做). oblige M by + ing 替M (做). oblige M to + inf. 强迫(责成)M(做). oblige M with N 把N(借)给M.
obli'ging a. ①乐于助人的,恳切的 ②应尽的. ~ly ad.
oblique' [ə'bliːk] I a. ①(倾,斜)的,斜交(叉)线,偏面的,歪的,非垂直的 ②间接的 ③不坦率的,有隐意的. II vi. 倾斜,歪曲. III ad. 成 45°角地.

oblique aerial photograph 倾斜航空照片. oblique angle 斜角(包括锐角和钝角). oblique collision 斜(向)碰(撞). oblique coordinates 斜坐标. oblique crossing 斜(形)交(叉). oblique cutting 斜刀切削. oblique fillet weld 斜交角焊缝. oblique notching 开剑槽. oblique plotting machine 倾斜测图仪. oblique ray 斜射(光)线. oblique shock (wave) 斜激波. oblique shock front 斜交激波波面. oblique system 斜角系. oblique T joint 斜接 T 形接头. oblique tenon 斜榫. oblique wave 斜向波. ~ly ad.

oblique-incidence coating 斜入射涂敷(镀膜).
oblique'ness [ə'bliːknis] 或 **obliq'uity** [ə'bliːkwiti] n. ①(倾,歪)斜,斜向(交),不正 ②斜(倾)度,斜(倾)角,斜面. obliquity factor 倾斜因素. obliquity of the ecliptic 黄赤交角,黄道斜度.
oblit'erate [ə'blitəreit] vt. ①涂掉(去),擦(删)去,消灭(痕迹),【计】清除,消除 ②磨损,擦伤,破裂 ③平整,扎光 ④(使)湮没,忘却. oblitera'tion n.
obliv'ion [ə'bliviən] n. 忘却,埋(湮)没. ▲be buried in oblivion 或 fall into (sink into) oblivion 湮没无闻.
obliv'ious [ə'bliviəs] a. 不注意的,忘却(记)的. ▲be oblivious of M 忘记(却)M. ~ly ad.
ob'long ['ɔblɔŋ] n.; a. 长方形的(的),(长,阔)椭圆形(的),伸(拉,扁)长的.
oblong-punched plate 长方眼梳板.
obnox'ious [əb'nɔkʃəs] a. 讨厌的. ▲be obnoxious to M 是 M 所讨厌的. ~ly ad. ~ness n.
oboe¹ ['oubou] n. 双簧管.
oboe² = observed bombing of enemy 或 observer bomber over enemy 将装炸机引导到目标的系统(控制装炸机的一种无线电导航设备).
obo'void [ɔb'ɔuvɔid] a. 倒卵形的(果实).
obruchevite n. 铌钽钇铀矿,钇铀烧绿石.
OBS = ①observation 观察 ②observer 观察者 ③obsolete 已废的,陈旧的 ④omnibearing selector 无线电定向标选择器.
obscura'tion [ɔbskjuə'reiʃən] n. ①阴暗,朦胧,模糊,蒙昧化 ②【天】掩星,蚀,食.
obscure' [əb'skjuə] I a. ①(阴)暗的,模糊的,不清楚的,不乍明的 ②含糊的,难解的 ③无名的,不易发现的,隐藏的,偏僻的. II vt. ①弄暗,遮蔽,使模糊不清,使难理解 ②使相形见绌,使暗淡无光. obscured glass 阿尤玻璃. ~ly ad. ~ ness 或 obscu'rity n.

obsequent river [stream] 逆向河.
obse'quial [əb'siːkwiəl] a. 葬礼的.
ob'sequies ['ɔbsikwiz] n. 葬礼.
obse'quious [əb'siːkwiəs] a. 逢迎的,卑躬屈膝的. ~ly ad. ~ness n.
observabil'ity n. 可观察性,能观测性.
obser'vable [əb'zəːvəbl] I a. ①可观察到的,可以察觉的,可探测到的,看得出来的 ②值得注意的,显著的 ③可(应宜)遵守的. II n. ①可观察量(事物),现象 ②观察符号(算符) ③值得注意的东西. obse'rvably ad.
obser'vance [əb'zəːvəns] n. ①遵守(循),奉行 ②庆祝典礼,(宗教)仪式 ③观察 ④习惯,惯例.

obser'vant a. ①注意的,留[当]心的(of, in+ing, to+inf.),观察力强的 ②遵守的(of).

observa'tion [ɔbzə'veiʃən] n. ①观[侦,视]察,观[探,实]测,实验,检查,监[注]视,瞭望,测天 ②遵守,执[实]行 ③观察力 ④(pl.)观察结果,观[视]察报告(on),观测值 ⑤短评,按语,意见(on),言论. *air observation* 空中侦察[观察]. *macroscopic observation* 宏观观察. *metallographic observation* 金相观察. *microscopic observation* 微观[显微镜]观察. *observation car* 火车的游览车厢. *observation check* 外形检查. *observation circuit* 监测[视]电路. *observation error* 观测[察]误差. *observation point* 观测站[点]. *observation post* 观测所,监视[瞭望]哨. *observation station* 观测站[所],气象[测候]台. *observation tower* 观测塔. *observation window* 观察窗,观测孔. (service) *observation desk* 观测[试验]台,(业务)监察台. *visual observation* 肉眼[视力]观察,直观研究法. ▲**come [fall] under one's observation** 引起…的注意,被看到[瞧见]. **escape [avoid] observation** 没有被察觉,避免[不为人]所注意. **it is a matter of common [general] observation that** 众所周知. **keep … under observation** 或 **keep observation upon…** 观察(看)…,监视(看)…. **make a few observations on M** 对M表示发表]一些意见. **take an observation** (观)测天(文). **the period under observation** 观察[测]期间. **under observation** 受到观察中,监视之下.

observa'tional a. (根据)观察[测]的,监视的. *observational error* 观测误差. ~ly ad.

obser'vatory [əb'zə:vətri] n. 观测[观象,天文,气象,瞭望]台[站],观测[观察]所. *astronomical observatory* 天文台. *magnetic observatory* 地磁观测所.

observe' [əb'zə:v] v. ①观[侦]察,观[探]测,监[注]视 ②觉察,看[注意]到,知道 ③遵守,保持,举行,庆祝 ④评论[述],说明,对…表示意见(on, upon). *observe silence* 保持沉默. *observed bombing of enemy* = oboe². *observed data* 观测[实验]数据. *observed profile* 观测剖面图. *observed reading* 测量值,观测读数. *observed value* 观测值. *Only one particle was observed to be released.* 发现释放出来的只有一个粒子. ▲**be observed from…** 从…可以知道[看出]. **it is observed that** 可以看出,可以说. **observe that** 注意到,(评述)说.

obser'ver n. ①观察者,观测[观象,侦察,测候]员 ②见证人,旁观者,目击者 ③遵守者 ④评论员 ⑤观察器,观[侦]察机. *automatic observer* 自动观测仪. *observer bomber over enemy* = oboe. *radar observer* 雷达操纵[观察]员. *service observer* 监查员,业务[话务]监查员. *weather observer* 气象观测工作者.

obser'ving a.; n. ①注意的,留心的,善于观察的 ②观察,观测,检查,遵守 ③观察力敏锐的. *observing station* 观测站,气象台. *observing tower* 观测[气象]塔,测量觇塔. *toll service observing* 长途通信维护检查.

obsess' [əb'ses] vt. 缠住,不断地困扰. ▲**be obsessed by [with]…** 被…缠住[所困扰],死抱住…不放.

obses'sion [əb'seʃn] n. 成见,顽固[陈腐]的观念. ▲**be under an obsession of…** 被…缠住[所困扰],死抱住…不放.

obsid'ian [əb'sidiən] n. 黑曜岩.

obsoles'cence [ɔbsə'lesns] n. 逐渐过时,陈旧,作[报]废,(逐渐)废弃.

obsoles'cent [ɔbsə'lesənt] a. 在逐渐过时中的,将要[逐渐]已经]废弃的,快要不用的.

ob'solete ['ɔbsəli:t] Ⅰ a. 作废的,已废(弃)的,已不[不能]用的,过时的,失去时效的,退化的,发育不完整的,陈腐[旧]的,老式的. Ⅱ n. 废弃,作废[陈腐]的东西. ~ly ad. ~ness n.

ob'soletism n. 废弃,被废弃了的东西.

ob'stacle ['ɔbstəkl] n. ①障碍(物),阻碍,妨害,干扰 ②雷达目标. *knife-edge obstacle* 楔形障碍物. *obstacle detection* 障碍探测. *obstacle with sharp shoulder* 有棱角的物体. ▲**an obstacle to M** (对)M的障碍. **throw obstacles in one's way** 妨害,阻碍.

obstet'ric(al) [əb'stetrik(əl)] a. 产科的.

obstetrician [ɔbste'triʃən] n. 产科医生.

obstet'rics n. 产科学(学).

ob'stinacy ['ɔbstinəsi] n. ①顽固,固执 ②顽强. ▲**with obstinacy** 顽固地,固执地,顽强地.

ob'stinate ['ɔbstinit] a. ①顽固的,固执的 ②顽强的. *obstinate resistance* 顽强抵抗. ▲**be obstinate in M** (方面)顽固[顽强]. ~ly ad.

obstrep'erous [əb'strepərəs] a. 吵闹的,喧嚣的,无秩序的,难驾驭的. ~ly ad. ~ness n.

obstruct' [əb'strʌkt] vt. 妨[阻]碍,阻塞,阻挡[挠],干扰,遮断. *obstruct (the) traffic* 阻[妨]碍交通,使交通阻塞. *obstruct the view* 妨碍视线. *view-obstructing* 妨碍视线的. ▲**obstruct M from [in]…+ing** 阻[妨]碍M(做).

obstructer = obstructor.

obstruc'tion [əb'strʌkʃən] n. 妨[阻]碍,阻[闭,梗]塞,障碍(物)(to). *obstruction buoy* 障碍物浮标,沉航浮标. *obstruction cocycle* 障碍物上链. *obstruction lamp* 障碍物标志灯. *obstruction light* 航行阻障警告灯. *obstruction of the ignition tube* 发火管阻塞. *obstruction to an extension* 扩张的障碍.

obstruction-guard n. (火车机车的)排障器,护栏.

obstruc'tive [əb'strʌktiv] a.; n. 阻碍(者)的,妨碍(的),引起阻塞的,障碍(物). ▲**be obstructive to M** 成为M的障碍. ~ly ad. ~ness n.

obstruc'tor [əb'strʌktə] n. 障碍物,拦阻虎,起阻碍作用的人.

ob'struent ['ɔbstruənt] a.; n. 梗阻的,阻塞的,止泻[收敛]剂.

obtain' [əb'tein] v. ①获得,得[借,买]到,达到 ②有,存在,成立 ③流[通]行. *obtain an experience* 获得经验. *obtain one's end* [*object, aim*] 达到目的. *the measured value of a physical quantity obtaining from moment to moment* 所测得的各种

不同时刻的物理量. *This relationship obtains at all instants of time.* 这关系式在任何时候都是成立的. *This result would obtain for point x.* 这结果对点 x 来说是可以的. ▲*obtain M for N* 得到 N 等于 M. *obtain M with N* 与 N 一起得到 M, 用〔借助〕N 得到 M. *obtain with M* 为 M 所公认. *This obtains with most people.* 这是众所公认的.

obtain'able [əb'teinəbl] *a.* 能获得的, 可得〔买〕到的, 能达到的.

obtrude' [əb'truːd] *v.* 闯〔强〕入, 强迫接受, 强加〔行〕, 挤〔冲〕出. ▲*obtrude M on* 〔*upon*〕 *N*, 强迫 N 接受 M, 把 M 强加于 N.

obtru'der *n.* 冒冒失失的人.

obtrun'cate *v.* 砍去…的头〔顶〕部.

obtru'sion [əb'truːʒən] *n.* ①强迫接受(on, upon) ②冒失, 莽撞.

obtru'sive [əb'truːsiv] *a.* ①强〔闯, 突〕入的, 冒失的, 强迫别人接受〔己见〕的 ②伸出的, 突出的. ～**ly** *ad.*

obtund' [əb'tʌnd] *vt.* 使止痛, 使失去感觉, 使迟钝, 缓和.

obtun'dent *n.*; *a.* 止痛的(药), 减少疼痛的, 使感觉迟钝的.

ob'turate ['ɔbtjuəreit] *vt.* (闭)塞, (紧紧)塞住(…的)口〔孔〕, 气密.

obtura'tion *n.* 闭〔紧〕塞, 气密.

ob'turator *n.* 闭〔阻〕塞器, 密闭件, 封闭体〔器〕, 填充〔充填〕体, 塞子, 密封(零件, 装置), 气密装置. *obturator ring* 闭活塞环.

obtuse' [əb'tjuːs] *a.* ①钝(角)的, 不快〔尖〕的, 圆头的 ②迟钝的, 愚笨的 ③抑止(声音). *obtuse angle* 钝角. *obtuse triangle* 钝角三角形. ～**ly** *ad.* ～**ness** *n.*

ob'verse ['ɔbvəːs] *n.*; *a.* ①硬币等的正面, (事物两面的)较显著面 ②(事实等的)对应部分. ～**ly** *ad.*

obver'sion [ɔb'vəːʃən] *n.* 转换〔向〕, (翻)转, 变换, 折算, 将表面反过来.

ob'viate ['ɔbvieit] *vt.* 排〔消, 免〕除, 避免, 事前预防.

ob'vious ['ɔbviəs] *a.* 明显〔白, 了〕的, 显而易见的, 显著的, 清楚的. ▲*it is obvious that* 显然, 很明显. ～**ness** *n.*

ob'viously *ad.* 明显〔白〕地, 显然.

OBW = observation window 观察窗.

OC = ①ocean (洋)海 ②on center 在中心 ③open circuit 开路 ④operating characteristic 工作特性, 使用特性(曲线) ⑤operational capability 作战能力 ⑥operations control 操作的控制 ⑦oxygen consumption 耗氧量.

o/c = ①open circuit 开路 ②outward collection 出口托收 ③overcharge 超载费.

O&C = operations and checkout 操作与校正.

O-carcinotron *n.* O 型返波管.

OCB = ①oil circuit breaker 油断路器, 油开关 ②overload circuit breaker 过载断路器.

occ = occupation 占领, 职业.

occa'sion [ə'keiʒən] *n.* ①时机, 机会, 场合, 时刻 ②诱(起)因, 原因 ③理由, 根据, 需要, 必要 ④盛事〔会〕, (pl.) 事(务). I. *vt.* 引起, 使(发生). ▲*as occasion demands* 〔*requires*〕 遇必要时, 一旦有机会时, 及时. *as occasion serves* 得便(时), 一旦有机会〔就〕. *at* … *occasion* 在…时候. *at an earlier occasion* 早先. *for the occasion* 临时. *give occasion to* 引起, 使…发生. *have no occasion for M* 没有 M 的根据〔必要〕. *have no occasion to* + *inf.* 没有…的理由〔必要〕. *have occasion for* 需要. *if* 〔*when*〕 *the occasion arises* 〔*as should occasion arise*〕 遇有机会时, 必要时. *improve the occasion* 利用机会, 因势利导. *on great occasions* 在盛大的节日(场面). *on no occasion* 决不. *on* 〔*upon*〕 *occasion* 间或, 有时, 遇必要时. *on one occasion* 曾经, 有一次. *on rare occasions* 很少, 在个别情况下, 偶尔. *on repeated* 〔*several*〕 *occasions* 不止一次, 屡次. *on that occasion* 在那个时候. *on the first occasion* 一有机会. *on the occasion of* … 在…的时候, 值此…之际. *on this occasion* 在这个时候. *rise to the occasion* 善于处理困难局面〔特殊事故〕, 随机应变. *take* 〔*seize the*〕 *occasion to* + *inf.* 乘机(做), 抓住机会(做). *there is no occasion to* + *inf.* 没有理由〔必要〕(做).

occa'sional *a.* ①非经常发生的, 偶然〔尔〕的, 临时的 ②非经常的, 不多的 ③应时的 ④必要时使用的, 备不时之需的, 临时需要面做的. *occasional electrons* 偶发电子. *occasional lubrication* 非正规润滑. *occasional moulding pit* 【铸】造型地坑, 通气造型坑, 硬(砂)床.

occa'sionalism *n.* 偶因论(说).

occa'sionally *ad.* 偶尔(地), 不时, 有时, 间或, 往往.

occa'sioned *a.* 偶然引起的, (由…)引起的.

Oc'cident ['ɔksidənt] *n.* 西方(国家)(包括欧, 美两洲).

Occiden'tal [ˌɔksi'dentl] *a.*; *n.* 西方的(人), 西方人, 西欧的.

occlude' [ək'luːd] *vt.* **occlu'sion** [ək'luːʒən] *n.* ①封〔关, 闭, 堵〕住, 闭〔封〕锁, 闭合, 锁〔塞, 阻〕住, 咬合 ②断〔停〕汽, 遮断 ③吸留〔收, 着, 附〕(气体), 吸藏, 吸气, 夹带〔附〕, 包藏, 保持, 回收 ④咬合. *occluded foreign matter* 夹杂杂质. *occluded gas* 包(藏)气, 吸留气体. *occluded oil* 吸留油. *occluded water* 吸留水. *slag occlusion* 夹渣.

occlu'sive *a.* 咬合的, 闭塞〔合〕的.

occult' [ɔ'kʌlt] I *a.* 【天】掩蔽, 隐蔽, 变暗, 蚀. II *v.* 【天】隐蔽, 隐藏, 变暗, 蚀. *occulting light* 连闪灯, 明灭相间灯, 隐显灯, 断续蔽光灯.

occulta'tion *n.* 【天】掩星, 蚀 ②掩蔽, 隐藏, 不见.

oc'cupancy ['ɔkjupənsi] *n.* 占有(率, 期间), 占用〔领〕, 居住(期间). *occupancy study* 车位占用调查. *space occupancy* 位置排列.

oc'cupant ['ɔkjupənt] *n.* 占有〔占用, 居住〕者, (车, 机, 屋等)里面的人, 乘客〔员〕. *occupant restraint system* 乘车人安全防护系统.

occupa'tion [ˌɔkju'peiʃən] *n.* ①占有(properties, 据, 领)(期间) ②占有权 ③职(专)业, 业〔商〕务, (经常, 永久性的)工作, 消遣. *men out of occupation* 失业者. *occupation number* 占有数. *occupation probability* 占有〔填满〕概率. *occupation road* 专用道路.

occupa'tional *a.* ①职业(引起)的 ②军事占领的.

oc'cupied ['ɔkjupaid] *a.* 已占用的, 占有〔领〕的, "有

oc'cupier 人", occupied state 已占态. occupied station 施测(的测)站. ▲be occupied 有人占用,没有空.

oc'cupier ['ɔkjupaiə] n. =occupant.

oc'cupy ['ɔkjupai] vt. ①占(有,用,据,领),拥有,充填 ②住在,使(租)用 ③花费,需要(时间) ④使…忙于(从事)(in, with),担任,处于(某种地位). occupy a position 占有地位(位置). occupy a position between 位置介于…之间. occupy most of the time 占去了大部分时间. ▲be occupied in [with] +ing 或 occupy oneself in [with] +ing 从事(做).

occur' [ə'kə:] (occurred; occur'ring) vi. ①发生,出现 ②存在,有,被发现 ③被想到(起)(to). What has occur-red? 发生了什么事? Mistakes occur on every page. 每一页都有错误. No current flow occurs through the junction. 没有电流通过结. With increase in temperature there occurs increase in volume of gases. 随着温度的增高,气体的体积也就增大. ▲occur as M 作为 M 存在,以 M 的形式出现. occur for M 发生在 M(的时候),当 M 时就发生. occur to … …想到;发生,出现. it occurred to us that 我们想到. there occur 存在,有,发生,出现.

occur'rence [ə'kʌrəns] n. ①发生(现),出现(率),(数据库中的)具体值 ②存在,有,埋藏,所在地,产出,层理,矿床 ③事件(故),情状)况,产状,现象,机会 ④传播,扩张,分布. daily occurrence 日常发生的事. ore occurrence 矿藏,矿石存龛. oscillatory occurrence 振荡现象. random occurrence 随机[偶然]事件. unfortunate occurrence 不幸事件. ▲be of common [frequent] occurrence 经常发生. be of rare occurrence 少有的,偶尔发生.

o'cean ['ouʃən] n. (海,大)洋 ②大量,极多,广阔,无限[际,量]. ocean current 洋[海]流. ocean deep 海渊. ocean floor 洋[海]底[bottom]. ocean island 洋中岛,大洋岛. ocean lanes [route] 远[外]洋航线. ocean liner 远洋定期客轮. ocean ports 海港. ocean tramp 不定航线的远洋货轮. ocean voyage 航海. ▲oceans of 很多的,许许多多的.

oceanarium n. 海洋水族馆.

oceaneer'ing n. 海洋工程.

o'cean-going a. (行驶)远洋的. ocean-going commerce 海外贸易. ocean-going tanker 远洋油轮.

Ocea'nia [ouʃi'einjə] 或 Ocean'ica n. 大洋洲.

Ocea'nian a.; n. 大洋洲的(人).

ocean'ic [ouʃi'ænik] Ⅰ a. 大洋的,海洋(产)的,(汪洋)大海的. Ⅰ n. (pl.)海洋工程学. oceanic deposit 海洋沉积. oceanic hemisphere 水(海洋)半球. oceanic moderate 海洋性温和(气候). the O-ceanic Islands 大洋洲.

oceanite n. 大洋岩.

oceaniza'tion n. 海洋化.

oceanogenic sedimentation 海洋沉积(作用).

oceanog'rapher n. 海洋学家.

oceanograph'ic a. 海洋学的,海洋事业的. oceanographic dredges 海洋底拖网. oceanographic trac-er 海洋水文示踪物.

oceanog'raphy n. 海洋学.

oceanol'ogy n. 海洋开发技术,海洋学.

oceanophys'ics n. 海洋物理学.

ocel'lus (pl. ocel'li) n. 单眼,眼点.

o'chre 或 o'cher ['oukə] n. 赭石,赭(黄褐)色. buff-ing ochre 擦光赭石粉. cobalt ochre 钴华. nickel ochre 镍华. ochre brown 赭褐(色)的.

o'chreous a. 赭土的,赭(石)色的.

ochretriplot n. "黄褐"三联体.

ocimene n. 罗勒烯.

ocimenone n. 罗勒烯酮.

o'clock [ə'klɔk] …点钟. at 8 o'clock 在八点钟. It's just six o'clock, 刚好六点(钟). ▲know what o'clock it is 样样都晓得,熟悉情况,为人机敏.

OCO =①open-closed-open"开-关-开"②operational checkout 操作上的检查.

O-compound n. 邻位化合物.

OCONUS =outside of continental United States 在美国大陆(范围)之外.

ocp =operations control plan [panel] 操作控制计划[面板].

ocpan n. 锡基白合金(锡80～90％,锑10～15％,铜2～5％,铅<0.25％).

OCR =①omnidirectional counting rate 全向计数速度 ②optical character reader 发光字母读出器,光学字符识别机,光学符号阅读器 ③optical character recognition 光学符号识别 ④ optical character recognition equipment 光学符号识别机.

OCR-common language 光学字符号识别通用语言.

OCS =①oscillating colour sequence 振荡彩色顺序,周期变化的彩色顺序 ②outer continental shelf 外陆架 ③overspeed control system 超速控制系统.

OCT =①octagon 八边形 ②octagonal 八角形的 ③octane 辛烷 ④octave 八(音)度.

Oct. =October 十月.

oct(a)- [词头]八.

oc'tad ['ɔktæd] n. 八个一组[套],八价(物,元素).

octadecane n. (正)十八烷,十八碳烷.

octadecene n. 十八(碳)烯.

octadentate n. 八齿(合)剂.

octad'ic n.; a. 八进位[制](的),八价的,八个一组的.

oc'taforming n. 八碳重整.

oc'tagon ['ɔktəgən] n.; a. 八角[边]形(的). octagon bar 八角棒材[型钢]. octagon ingot 八角钢锭. ～al a.

octahe'dra [ɔktə'hi:drə] octahedron 的复数.

octahed'ral [ɔktə'hedrəl] a. (有)八面的,八面体的. octahedral crystal 八面晶体. octahedral site 八面体座[位].

octahedrite n. 锐钛(锥)矿,八面石,八角形二氧化钛晶体.

octahed'ron ['ɔktə'hedrən] (pl. octahed'rons 或 octahe'-dra) n. (正)八面体. truncated octahedron 截顶八面体.

octahydroestrone n. 八氢雌(甾)酮.

oc'tal a. ①八进(位,制)的 ②八脚的,八面(边,角)的. octal digit [number] 八进制数(字,位). octal sock-

et [base] 八脚管座.

oc'tamer *n.* 八聚物.

octamethylpyrophosphoramide *n.* 八甲基焦磷酰胺.

octamonic amplifier 倍频放大器.

oc'tane ['ɔktein] *n.* (正)辛烷,辛烷值. *octane number* [value] (汽油)辛烷值[数]. *octane promoter* 抗爆剂. *octane selector* 辛烷值选择器,(以辛烷值为基础的)早火或晚火调整装置.

oc'tanol *n.* 辛醇.

oc'tanoyl- (词头)辛酮(基).

oc'tant ['ɔktənt] *n.* ①八分圆(圆周的八分之一),八分体[区,仪] ②【数】卦限. *octant error* 八分圆误差.

octantal *n.* (航海)八分仪误差. *octantal in form* (测向器的)八分仪误差.

oc'taploid *n.* 八倍体.

oc'tapole *n.* 八极.

octarius *n.* 液磅(等于1品脱或八分之一加仑).

oc'tastyle *n.* 八柱式.

octava'lence 或 **octava'lency** *n.* 八价. **octava'lent** *a.*

oc'tave ['ɔktiv] *n.* 八(音)度,倍频程(八度). *octave band* 倍频[程]带.

octa'vo [ɔk'teivou] *n.* 八开(本,纸,大小).

oc'tene *n.* 辛烯.

octet(e)' [ɔk'tet] *n.* ①八隅(体),八角体 ②【计】八位位组 ③八重(态,峰,线,唱,奏).

octil'lion [ɔk'tiljən] *n.* (英)1×10^{48},(美,法)1×10^{27}.

octiva'lence *n.* 八价. **octiva'lent** *a.*

octo- (词头)八,辛.

Octo'ber [ɔk'toubə] *n.* 十月.

octob'olite [ɔk'tobəlait] *n.* 辉石.

oc'tode [ɔktoud] *n.* 八极管.

oc'todec'imo *n.* 十八开本(纸,页).

octodenary *a.* 十八进制的.

octofollin *n.* (=benzestrol) 辛叶素,异辛雌酚.

Oc'toil *n.* 辛基油,双-2-乙基己基酞酸酯.

Octoil-S *n.* S-辛基油,双-2-乙基己基癸二酸酯.

oc'tonal 或 **oc'tonary** Ⅰ *a.* 八进制的,八进(数)的. Ⅱ *n.* 倍频. *octonary number system* 八进制.

octopamine *n.* 章鱼(涎)胺;对羟苯-β-羟乙胺.

oc'topod ['ɔktəpɔd] *n.* 八足类(软体)动物.

oc'topole *n.* ;*a.* 八极(的).

oc'topus ['ɔktəpəs] *n.* 章鱼.

oc'tose *n.* 辛糖.

octova'lence *n.* 八价. **octova'lent** *a.*

oc'troi ['ɔktrwa:] *n.* 货物(城门)税,入市税(征收处(员)).

octual sequence 八进制序列.

oc'tulose *n.* 辛酮糖.

oc'tuple ['ɔktjupl] Ⅰ *a.* 八维[重,倍]的. Ⅱ *v.* 加[增]到八倍. *octuple space* 八维(度)空间.

octuplex telegraphy 八路通报.

oc'tupole *n.* 八极(的).

oc'tyl *n.* 辛基.

oc'tylamine 或 **octylamine** *n.* 辛胺.

oc'tylene *n.* 辛烯.

OCU =operational control unit 操作控制设备.

oc'ular ['ɔkjulə] Ⅰ *a.* ①(用,适于)眼睛的,视觉 (上)的,眼见的 ②目镜的. Ⅱ *n.* (接)目镜. *ocular circle* 出射光瞳. *ocular demonstration* [proof]显面易见的证据. *ocular estimate* 目测(法). *ocular micrometer* 测微目镜,接目(目镜)测微计. *ocular witness* 目击者,见证人. *working ocular* 观察目镜.

oc'ulist ['ɔkjulist] *n.* 眼科医生.

oculogyral *a.* 动眼的.

oculomo'tor [ɔkjulə'moutə] *a.* 转动眼球的.

oculomotorius *n.* 动眼神经.

oculop'athy [ɔkju'lɔpəθi] *n.* 眼病.

oc'ulus ['ɔkjuləs] (pl. *oc'uli*) *n.* 眼睛.

OD =①oculus dexter 右眼 ②operations directive 操作的指示 ③original design 原设计 ④outside diameter 外(直)径 ⑤outside dimensions 外尺寸 ⑥over drive 超速传动,增速传动 ⑦overburden drilling 盖层钻孔 ⑧overdraft 或 overdrawn 透支.

O-D =origin and destination 起讫点.

Oda metal 铜镍系合金(铜45~65%,镍27~45%,锰1~10%,铁0.5~3%).

ODAS =Ocean Data Acquisition System 海洋数据获取系统.

ODC =original design cutoff 原设计截止.

ODD =operator distance dialling 话务员长途拨号方式.

odd [ɔd] *a.* ①奇(数)的,单数(个)的 ②多余的,剩余(下)的;过剩的,零散[星]的,未完的,不平的 ③不完全的,无配对的 ④偶然的,临时的,不固定的 ⑤附加的,补充的,额外的 ⑥奇特[异]的,特别的 ⑦…以上,…多 (pl.) 见, odds. 250-*odd* 250多(个). *odd coupling* 奇偶台. *odd function* 奇函数. *odd harmonic* 奇次谐波. *odd jobs* 零工,临时工作. *odd man* [hand] 临时工. *odd number* 奇数. *odd parts* 多余的零件,废零件,残留物. *odd permutation* 奇排列(置换). *odd-side* [铸]副箱. *odd thread* 奇螺纹. *test odd* 奇次谐波测试. *twenty odd years* 二十多年. ▲*at odd times* 偶尔,非经常地,在余暇的时候. *odd lot* 零星货物,不成套的东西. *oddly odd* 奇数和奇数的积.

odd-A nucleus 奇质量数核,A核.

odd-charge nucleus 奇电荷核.

odd-come-short *n.* (布的)小片,零头,(pl.)碎屑,零碎物件.

odd-come-shortly *n.* 不日,过几天,不久.

odd-controlled gate 【计】奇数控制门.

odd-even *a.* 奇偶的. *odd-even check* 奇偶校验(检验). *odd-even counter* 二元计数管,奇偶计数器.

oddharmonic function 奇调和函数.

odd'ity ['ɔditi] *n.* 奇(特[异]),奇事,奇怪的东西.

odd-leg calipers 单脚规.

odd-line interlacing scanning 奇数隔行扫描.

odd'ly *ad.* ①成奇数,单数地,零星[碎]地,非经常地 ②奇怪地. ▲*oddly enough* [to say] 说也奇怪. *oddly even* 奇数和偶数的积. *oddly odd* 奇数和奇数的积.

odd-mass nucleus 奇质量核.

odd'ment ['ɔdmənt] *n.* ①零头,零碎物件,碎屑 ②残余物,残渣 ③库存量.

odd'ness ['ɔdnis] *n.* 奇(妙,异,数).

odd-odd *a.* 奇-奇的.
odd-parity check 奇数奇偶校验.
odds [ɔdz] *n.* (pl. 或 sing) ①不等(式),不均 ②优势,差[区]别 ③希望,可能性,有利条件 ④不和,相争. *fight against heavy [fearful] odds* 以寡敌众. *The odds are against* … 优势不在…方面,…成功的机会很小. *The odds are in our favour.* 优势是在我们方面. ▲*be at odds with M (on N)* 和 M 争论(吵)(关于N的问题). *by long [all] odds* 远远超过, …得多,远胜过. *make odds even* 拉平,使平等[均]. *odds and ends* 残余,零碎物件[东西]. *The odds are that*…是很可能的,多半,可能是.
odd-shaped *a.* 畸形的.
odd'side *n.* 假[副]箱,假型,砂胎模,(pl.) 半永久胎模[箱], *odd-side board* 模板. *odd-side pattern* 向外凸的半个型板.
odd-sized *a.* 尺寸特殊的.
odd-Z nucleus 奇电荷核,奇Z核.
ode [oud] *n.* 颂,歌,赋.
Odense ['oudənsei] *n.* 欧登塞(丹麦港口).
Odes'sa [ou'desə] *n.* 敖德萨(苏联港口).
odev'ity *n.* 【数】奇偶性.
ODI =on-line digital input 在线数字量输入.
o'dious ['oudiəs] *a.* 可憎[恨]的,讨厌的. ～**ly** *ad.*
o'dium ['oudjəm] *n.* 憎恨,讨厌,臭名昭著.
ODO =on-line digital output 在线数字量输出.
o'dograph ['oudəɡrɑːf] *n.* 里程[路码]表,自动计程仪,计步器,测距仪,航程记录仪.
ODOM =odometer.
odom'eter [ou'dɔmitə] *n.* 里程[速度,路码]表,里程计,自动计程仪,测距[计步器],测深仪,固结[压缩]仪.
odom'etry *n.* 测距[程]法.
odonata *n.* 蜻蜓目.
odon'toblast [ou'dɔntəblæst] *n.* 齿胚细胞,成牙质细胞.
odontoceti *n.* 齿鲸亚目.
odon'tograph *n.* 画齿规. *odontograph method* 画齿法.
odon'toid [ɔ'dɔntɔid] *a.* 齿形[状]的.
odontom'eter *n.* 渐开线齿轮公法线测量仪.
odor =odour.
o'dorant ['oudərənt] *n.* 添味(增味,加臭)剂,恶臭物质. Ⅱ *a.* 有气味(香气)的.
odorif'erous *a.* 有气味(香气,臭味)的,芳香的.
odorim'eter *n.* 气味(臭味)测定器.
odorim'etry *n.* 气味(臭味)测定法.
odorless =odourless.
odorom'eter *n.* 气味计.
o'dorous *a.* 有气味(香气,臭味)的,芳香的.
o'dorousness *n.* 气味(恶臭)浓度.
o'dour [oudə] *n.* ①气味,香气,臭味 ②声誉.
o'dourless *a.* 没有气味(香气)的.
ODP =①oil diffusion pump 油扩散泵 ②outer dead point 外死点.
ODPN =2,2-oxydipropionitrile 2,2-氧基乙醚.
ODR =omnidirectional range 全向无线电信标.
odynom'eter *n.* 痛觉计.
Oe =oersted 奥斯特(磁场强度单位).

OE =omissions excepted 遗漏不在此限.
O-E FF =odd-even flip flop 奇-偶双稳.
OECD =Organization for Economic Cooperation and Development 经济合作和发展组织.
oecology =ecology.
oede'ma [iː'diːmə] *n.* 浮[水]肿.
oedom'eter *n.* 土样(压缩性)测试计.
oenantholactam *n.* 庚内酰胺.
oenantholacton *n.* 庚内酯.
oenin *n.* 锦葵色素-3-β-葡糖甙.
oenol'ogist *n.* 酿酒学家.
oenol'ogy *n.* 酿酒学.
oenom'eter *n.* 酒精定量计.
O-enriched air 富氧空气.
oeolotrop'ic *a.* 各向异性的.
oer'sted ['ɔːsted] *n.* 奥(斯特)(磁场强度单位).
oer'stedmeter *n.* 奥斯特计,磁场强度计.
oestradiol *n.* 雌(甾)二醇.
oestrane *n.* 雌(甾)烷.
oes'trin *n.* 雌激素.
oes'triol *n.* 雌(甾)三醇.
oes'trogen *n.* 雌(甾)激素.
oes'trone *n.* 雌(甾)酮.
oestrus *n.* 动情期.
OETO =Ocean Economics and Technology Office, UN 联合国海洋经济和技术处.
OF =①oil filled 油浸的,充油的 ②oil fuel 油燃料 ③outside face 外表面.
O/F =oxidizer-to-fuel ratio 氧化剂与燃料比.
of. =official 法定的.
of [ɔv;əv] *prep.* …的,用…做的,关于…的,对[离,从]…的 ①(表示归属、对象、性质、特征) *strength of metals* 金属的强度. *heat treatment of metals* 金属的热处理. *the product of the current and the voltage* 电流和电压的乘积. *the influence of temperature on pressure* 温度对压力的影响. *three motors of the same type* 同一类型的三部马达. *the first of October* 十月一日. *Motors are of many designs.* 马达有许多类型. *We have many things to think of.* 我们有许多事情要考虑. *This is so of physics.* 物理学用来说就是这样. *be of this type* 属于这种类型. *be of exactly the same weight* 重量完全相等. *be of particular note* 应予以特别注意. *be of great precision* 是很精确的 ②(表示材料、组份) *a house of brick* 一所砖房. *made of plastic* 塑料制的. *The sea is mainly composed of water and salt.* 海洋主要是由水和盐组成 ③(表示数量、大小、部分) *a ton of coal* 一吨煤. *30 meters of wire* 30米电线. *a power of 1 watt* 1瓦的电力. *one [a few, all] of us* 我们当中的一个[几个、全体]. *each [the newest] of the five pumps* 这五台泵的每一台[最新的一台]. *Of all the pumps this one is the newest.* 所有这些泵当中的,这一台最新 ④(表示原因、起源、出身) *The door opened of itself.* 这门是自己开的. *We are glad of his progress.* 我们因他的进步而高兴. *He was born of a*

worker's family. 他出身于一个工人家庭 ⑤〔表示分离、除去、距离〕clear a canal of obstruction 清除运河中的障碍物. air free of dust 无尘的空气. empty the box of its contents 把盒子里的东西腾空. within 10 km of the station 距车站10公里以内. 20 km south of Beijing 北京以南20公里. five minutes of two 差五分钟两点, 两点差五分. ▲of account 重要(的), 有价值(的). of itself 自然而然地, 自动地, 自行, 单独. of late 近来.

OFACS = overseas foreign aeronautical communications station 海外航空通信站.

OFD = ocean floor drilling 洋底钻井.

off. = office 局, 办事处, 管理处, 站, 所.

off [ɔ(;)f] Ⅰ ad. ①〔与动词连用, 表示离开, 完成, 结束等〕离开, 下, …完, …掉. be off (水, 电, 煤气, 装置, 设备)关着, 断路, 停了, 没有了; 废除, 取消, 解列, 离(松, 断, 走)开; 脱落〔离, 掉〕. boil off 汽化, 通过煮沸〔除掉(杂质). break off 弄〔切〕断. cut off 切断, 割去, 隔开, 断路. draw off 抽去, 排除. filter off 滤掉. shut off 关掉, 阻断. switch off 切断, 关掉, 断路. turn off 关闭〔掉〕, 车到①②路②; 超出, 除外 〔闭〕, 切断, 截止 ③〔离隔④离〕开, 相差, 在〔到〕远处, 在外(面). protection off 保护断开. (be) a long way off 离得很远. The town is five miles off. 城在五英里路外. The measurement is off by 3 inches. 尺寸差三英寸. May Day is only a week off. 离五一节只差一星期了.
Ⅱ prep. ①〔从〕…离开, 脱离, 从, 由, …超出, 除外. three meters off the ground 距地面三米. off stage 离开舞台, 台后. off the track 出轨. cut M off N 从N上切下M. fall off M 从M上掉〔落〕下. run off M 从M上流〔滚〕下来 ②在…附近的海面上 ③不足, 少于, 减去, 扣除. two years off thirty 差两年满三十(岁). take 10% off the price 照定价打九折.
Ⅲ a. ①〔较〕远的, 远离的, 离开的, 那一边的 ②外的, 旁的 ③〔车轮等)在右侧的, (船)的向海一边的, 离开大路的, 分支的 ④空闲的, 不工作的 ⑤关闭了的, 停止了的, 有毛病的 ⑥低于通常年份的, 较差的, (可能性)极小的. off camera 正在摄像而未送出电波信号的电视摄像机. off day 休假日. off flavo(u)r 臭气〔味〕. off gas 废气. off highway truck 越野载重车. off mike 离线〔开〕话筒. off odour 臭气〔味〕. off oil 次等油. off product 副产物. off road 横路. off season 淡季, 非生产季节. off shade 败色. off side 远的一边, 甲挡右侧. off smelting 熔炼废品. off soundings 深海. off time 关机(间歇)时间. off transistor 截止〔不导电〕晶体管. the off side of the wall 墙的另一边.
Ⅳ v. ①离开〔岸〕②中〔断〕开, 断开, 停〔截〕止 ③废除〔弃〕, 通知中止 ④脱去.
Ⅴ n. ①关闭, 断〔脱〕开, 断路, 切断 ②右前方.
▲be badly off 生活贫困. be well off 生活富裕. better off 情况更好, 处于更好的环境中. far off 远

(离), 遥远, 在远方. (go) off the air 停播, 播音结束. **off and on** 断断续续(地), 时断时续(地), 不规则地, 间歇, 不时地. **off bound** 驶出的, 出境的. **off center** 偏心. **off duty** 下班, 不当班〔值〕日. **off frozen** 解冻. **off hand** 立即, 马上; 自动的, 无人管理的. **off issue** 枝节问题. **off limits** 界限〔范围, 限度〕外; 禁止入内. **off line** 脱机, 外〔离, 脱〕线, 线外. **off normal** 不正常的, 离动的, 越界. **off normal contact** 离位接点. **off normal lower** 〔upper〕下〔上〕限越界. **off peak** 非最大的, 非高峰(时间), 非峰值的; 正常的, 额定的. **off position** 断路〔不动作)位置. **off ramp** 驶出坡〔匝〕道. **off smelting** 熔炼废品. **off the beam** 不对, 错误. **off the map** 在地图上找不到, 不存在的, 远离人烟的. **off the mark** (子弹)未中的; 离题的, 不恰当的. **off the point** 离题的, 不中〔对〕题的, 不着要点的. **off the reel** 即刻, 马上, 一口气. **off with** 拿掉, 取〔脱〕去. **on and off** = off and on. **(on) the off chance** 可能性极小的(机会). **right**〔straight〕**off** 立刻, 马上. **worse off** 情况更坏, 处于更坏的环境中.

of'fal ['ɔfəl] n. 废物〔料, 品〕, 碎屑, 垃圾, 次品.

off-angle a. 斜的. off-angle drilling 钻斜孔法.

off-axis a. 轴外的, 离〔偏)轴的. off-axis error 离轴误差.

off-balance a.; ad. 不平衡(的), 失去平衡(的), 倾倒(的).

off-bar vt. 把…关〔阻, 挡)在外面.

off-bear vt. 移开, 除〔拿〕去, 取走.

off'-beat' [ˈɔːfˈbiːt] Ⅰ a. ①次要的, 临时的 ②非传统的, 不规则的, 自由的. Ⅱ n. 【音】弱拍.

off-blast n. 停风.

off-bottom n. 〔高炉炉底)全部熔化.

off-camera Ⅰ a.; ad. 在电影〔电视〕镜头之外(的). Ⅱ = off camera.

off'cast n.; a. 抛〔放)弃的(人, 物), 废除(的).

off-center(ed) = off-centre(d).

off-centering n. 中心(光栅)偏移, 偏心.

off-centre(d) a.; ad.; v. 偏(移中)心(的), 不平衡(的), 不对称(的), 离中心的, 偏位的(错位), 光栅偏移. off-centre circuit 偏心〔移〕电路. off-centre coil 偏心线圈. off-centre lane operation 〔movement〕不平衡〔不对称)车道运行.

off'-chance [ˈɔːftʃɑːns] n. 不大会有的机会, 万(分之)一的希望, 侥幸.

off-color(ed) 或 **off-colour(ed)** a. 变色的, 不标准〔不正常)颜色的, 次色的. off-colour industry 炭黑工业. off-colour product 变色产品.

off-contact n. 开路触点, 触点断开.

off'-course [ˈɔːfkɔːs] n. 偏离航向.

off-cut Ⅰ n. 切余纸(板, 钢板), 切下之物. Ⅱ a. 不正常尺寸的, 不标准大小的.

off-cycle a. 非周期的. off-cycle defrosting 中止循环法除霜.

off'-day [ˈɔːfdei] n. 休息〔休假)日.

off-design' [ˈɔfdiˈzain] a.; n. 非计算的, 非设计的(工况), 偏离设计值的. off-design behaviour 非设计工况, 非计算工作规范. off-design condition 非计算条件, 非设计情况.

off-diagonal a. 非对角(线)的,对角线外的.
off-dimension a. 尺寸不合格的.
off-duty [ɔːfˈdjuːti] a. 不值班[勤]的,未运行的,备用的.
off-effect n. 撤光效应.
offence' [əˈfens] n. ①过错,犯罪[法],违反,冒犯 ②攻击,进攻 ③令人讨厌的事物. ▲*an offence against* 违反. (*commit*) *an offence against the law* 违反法律,犯法. *give* [*cause*] *offence to* 触怒,得罪. *offence and defense* 进攻和防御. *take offence* (*at*) (因…而)生气.
offence'less a. 无罪的,没有过错的,不攻击的.
offend' [əˈfend] v. ①犯法[罪,错误],违犯[反,背],触犯 ②触怒,得罪,使不愉快. *offend the ear* 刺耳. *offend the eye* 刺[扎]眼,难看. ▲*be offended at* [*by, over*] …被…触怒,对[因]…生气. *be offended with M for N* 因M而生气,被M的N触怒. *offend against* 违反[犯],不合.
offend'er n. ①罪犯,肇事者 ②事故[毛病]的原因,故障的所在处.
offen'ding a. 损坏了的,不精细的,令人不愉快的,犯错误的.
offense =offence.
offen'sive [əˈfensiv] I a. ①讨厌的,令人不愉快的,无礼的,难闻[看]的 ②攻击的,攻击[势]. *be offensive to one's ear* 刺耳. *offensive on a large scale* 大举进攻. ▲*offensive against* … 对…的攻击. *take* [*act on*] *the offensive* 采取攻势.
of'fer [ˈɔfə] v.; n. ①提供[出,议],给予,贡献,献给 ②企图,试,表示[要] ③出[开]价 ④(使)呈现,(使)出现,发生 ⑤插[填,嵌]入. *accept an offer* 接受一个提议. *an offer to* [*of*] *help* 愿意帮助的表示. *offer an economic advantage* 具有经济上的优点. *offer a suggestion* 提出建议. *offer high drag* 产生很大的阻力. *offer me help* 或 *offer to help me* 表示要帮助我. *refuse* [*decline*] *an offer* 拒绝一个提议. ▲*as occasion* [*opportunity*] *offers* 有机会时,机会来到时. *counter offer* 还价. *make an offer* 提议[供];出价. … *offer a starting point* 从…开始,起点是…. *offer itself* 呈[出]现. *offer M for N* 为[对]N提供M;出售M要价N;出价M来买N. *offer the main hope of success* 最有成功的希望. *offer M to N* 对N产生[提供]M,把M提供给N. *offer opposition to* 抵[反]抗. *offer resistance to* 抵抗,对…有[产生]阻力. *on offer* 出卖[售]. *take the first opportunity that offers* 一有机会就利用.
of'fering n.; a. ①提供[议],贡献,礼物 ②填[嵌,插]入(的). *offering connector* 插入连接器,介入终接器. *offering distributor* 插入式分配器.
off-fiber n. 撤光纤维.
off-flavo(u)r n. 臭气[味],异味.
off-gas n. 气态废物,废[尾,出口]气,抽气.
off'-gauge [ˈɔfgeidʒ] I a. 非[不]标准的,不合格的,等外的,不按规格的,不均匀的. II n. ①不均匀厚度 ②超差. *off-gauge plate* 等外[不合格]板.

off-go n. 离开,出发.
offgoing a. 出发的,离去的.
offgrade n.; a. 等外(品,的),(品位)不合格(的,产品),号外的,低级的. *offgrade iron* 等外[不合格]铁.
off-ground n. 停止[中断]接地,接地中断.
off-grounded a. 不接地的,与地断开的.
off'hand' [ˈɔːfˈhænd] a.; ad. ①没有准备(的),即席(的),即时(的),事先没有提到(的) ②随便的(说),马虎(的) ③自动的,无人管理的 ④立即,马上. ~ed a. ~edly ad.
off-heat n. 废品(钢),熔炼废品,熔炼不合格.
off'-hour' [ˈɔː(ː)fˈauə] n. 工作时间以外的时间.
of'fice [ˈɔfis] n. ①办公室[处],办事[管理]处,营业[事务]所,机构[号],(公司)局,室,处,科,社,(英国)部,政府机关 ②职务[位,责],任务,机能,公职 ④(pl.)服务,帮助. *booking* [*ticket*] *office* 售票处. *branch* [*minor, out*] *office* 分店(社,局,公司),分支机构. *drawing office* 绘图[设计]室. *head* [*main, master*] *office* 总局(社,店,公司). *inquiry office* 问讯处. *London office* 伦敦分公司,驻伦敦办事处. *New York Operations Office* 纽约业务处. *newspaper office* 报社. *office building* 办公楼. *office cable* 局内电缆. *office engineer* 内业工程师. *office hours* 办公[营业]时间. *office machine* 事务用计算机. *Office of the charge d'Affaires* 代办处. *office pole* 进局电杆,引入电杆. *office practice* 业务实习. *office procedure* 管理方法. *office telephone* 公务电话机. *office work* 业务[室内]工作,内业,事务. *post office* 邮局. *radio central office* 无线电总局,无线电中央台. *receiving office* 接收站[台,局]. *tandem office* 中继电话站,中继局. *the Foreign Office* (英国)外交部. ▲*be in office* 在职,(资本主义国家政党)执政. *be out of office* 去职,(资本主义国家政党)下台,在野. *do* [*hold*] *the office of M* 担任M职务. *leave* [*resign*] *office* 辞去职务. *take* [*enter upon*] *office* (资本主义国家)就职. *through* [*by*] *the good offices of* 由于…的尽力[斡旋].
office-bearer n. (英国)官员,公务员.
office-building n. 办公楼.
office-clerk n. (资本主义国家)职员,办事员.
office-copy n. 公文(正本).
office-holder =office-bearer.
office-hours n. 办公(营业,门诊)时间.
officer [ˈɔfisə] n. ①官员,军官,警官 ②(高级)官员,办事员,公务员 ③(会社等之)正副主席,秘书,高级船员. *accountant officer* 检查[监察,会计]员. *customs officer* 海关工作人员. *healthphysics officer* 剂量保健员. *launch control officer* 发射指挥官. *radiological safety officer* 剂量员,放射性安全员.
offic'ial [əˈfiʃəl] I a. ①公职的,公务(上)的,职务上的 ②官方的,正式的,法定的,公认的 ③官僚(作风)的. II n. 官员,(高级)职员,行政人员,公务员. *official acceptance* 正式验收. *official authority* 官方,当局. *official call* 公务通话. *official*

officialese' *gazette* (政府)公报. *official letter* [note] 公文. *official publication* 政府出版物. *official rate* 法定汇价,官价. *official submission* (资本主义国家)公开投标. *official test* 正式(验收)试验. *official visit* 正式访问.

officialese' *n.* 公文用[术]语.

offic'ialism [əˈfiʃəlizəm] *n.* 官僚[文牍]主义,(资本主义国家)机关总组织.

offic'ially *ad.* 公务上,正式,公然.

offic'iate [əˈfiʃieit] *vi.* 行使(执行)职务,担任(as),主持(at).

offici'nal [ɔfiˈsainl] *a.* ①法定的 ②药用[典]的,成药的.

officio (拉丁语) *ex officio* [ˈeksoˈfiʃiou] 依据职权,职权上.

offic'ious [əˈfiʃəs] *a.* (外交)非正式的. ~ly *ad.* ~ness *n.*

off'ing [ˈɔ:fiŋ] *n.* 视界范围内的远处海面,海(洋)面,与岸边的距离,远离岸边的位置.▲*gain an offing* 驶出海面,在海面,在眼前[附近],即将发生或出现,在酝酿中. *in the offing* 驶出海面上. *take the offing* 驶出海面.

off-interval *n.* 关闭间隔.

off-iron *n.* 铸铁废品.

off'ish [ˈɔfiʃ] *a.* 疏远的,冷淡的.

off'-key *a.* 走音[调]的,不合适的,不正常的.

off'lap *n.* 退复,分错距,平移断层.

off'let [ˈɔ(:)flit] *n.* 放水管,路边引水沟.

off'-limits *n.* ;*a.* 禁止通行的止步,禁止入内[通行]*off-limits file* 隔离文件.

off-line' [ˈɔ:fˈlain] *a.* 脱(离主机)(单独工作)的,外[离,脱]线的,脱扣的,不在铁路沿线的. *off-line computer* 脱机(外部)设备,间接装置. *off-line equipment* 脱机[外部]设备,间接装置. *off-line operation* 脱线[离线,独立,脱机,脱扣]操作. *off-line process* 脱机[脱卸]处理. *off-line working* 脱机[离线]工作.

off-load *vt.* ; *a.* 卸载[货](的),非载荷的,卸下.

off-loader *n.* 卸载机(器).

off-lying *a.* 离开的,偏移的,遥远的. *off-lying sea* 远(外)海.

off-melt *n.* 废品(钢),熔废品,熔炼不合格.

off-normal *a.* 不正常的,离位(的),偏离[位]的,越界的. *off-normal lower [upper]* 下[上]限越界. *off-normal spring* 离位簧.

off-on wave generator 键控信号振荡器[发生器],启闭波发生器.

off-path *n.* ;*a.* 反常路径(的),不正常通路(的).

off-peak [ˈɔ(:)fˈpi:k] *a.* 非最大的,非高峰的,非峰值的,高峰点的非正常的,额定的. *off-peak energy* 非峰值电能量. *off-peak hours* 非峰值工作时间. *off-peak load* 非峰值(非最大,正常)负载.

off-port flame 喷嘴[汽门]外部的火焰.

off-position *n.* 关闭[拆断,切断,开路,断路]位置[状态],不工作状态,非操作位置.

off-print [ˈɔ:fprint] Ⅰ *n.* (书刊中选文的)单行本. Ⅱ *vt.* 翻(抽)印.

off-rating [ˈɔ:fˈreitiŋ] *n.*;*a.* 不正常[非标准]条件(状态),超出额定值.

off-resonance *n.* 非共振,失谐.

off-road *a.* 路(面)外的,越野的.

off'scourings [ˈɔ:fˈskauəriŋz] *n.* 垃圾,渣滓,废[污]物.

off-screen *n.* 离开屏幕,停拍,在观众视线以外发生[产生的]. *off-screen voice* 插话声音.

off'scum [ˈɔ(:)fskəm] *n.* 废渣.

off-sea *n.* 离海的,由海洋运向陆地的.

off-season *n.* 淡[闲]季,非生产季节.

off'set [ˈɔ:fset] Ⅰ *n.* Ⅱ (*offset, off'set*) *vt.* ①偏移[离,位,置,心],失调,不重合,位移[漂]移,移动,(核磁)出界,在基线之测量,相对位置,横距,区距,位置修正[补偿]②补偿(值),弥补,抵消(to, against)③倾斜,水平断错[错位]④不均匀性质⑤剩余[残余,永久]变形,残留[静态]误差,剩余体积[差值],调整[补]匀偏差,起步时差 ⑥(作)偏置[迁回]管 ⑦(分)支,分岔,支距[路,管,脉]⑧(制)胶版,透(传)印 ⑨(底座)阶宽,【建】壁阶 ⑩【船】型值(船体型线对基线的坐标),船体尺码表 ⑪阴阳排接缝. Ⅲ *a.* ①偏移[置,离,心,头,颈]的,横向移动的,位移的,分支的 ②补偿的 ③不拆除的,拖接的,搭接的. *chord (deflection) offset* 弦线支距. *double offset* 双路补偿[抵消]. *offset angle* 偏(斜)角. *offset bend* 平移(Z形)弯管. *offset cam* 偏心凸轮,支凸轮支距节. *offset carrier* 偏离载波,偏离频率. *offset clamp* 偏颈夹头. *offset course computer* 偏航向(航向迂回)计算机. *offset crankshaft* 偏置曲(柄)轴. *offset current* 补偿(失调)电流. *offset dial* 补偿度盘,时差转盘. *offset direction* 偏离航向,偏移方向. *offset distance* 支(差,偏)距偏移. *offset electrode* 偏心式电极. *offset hexagon bar key* 偏颈六角扳手. *offset hitch* 支钩. *offset link* 奇数链接头节. *offset method* 偏装法,(测定屈服点)残余变形法,平行位移测条件屈服强度方法,永久变形应力测定法. *offset oil* 印刷油. *offset pipe* 偏置(迂回)管. *offset print(ing)* 胶(板)印(刷). *offset scale* 支距尺. *offset scriber* 偏头划(线)针. *offset socket wrench* 弯头套筒扳手. *offset staff* 偏距尺. *offset tool* 偏刀,鹅颈刀. *offset voltage* 补偿(调整)电压,失调电压. *sight offset* 瞄准提前量,瞄准差,视偏. *spring offset* 单边弹簧(弹簧偏置)式(换向阀). *tangent offset* 切线支距. *zero [null] offset* 零(点)偏移.▲*be offset by M* 为 M 所抵销. *be offset from M* 由 M 偏离 M.

offset-axes gears 偏轴齿轮.

offset-mho relay 偏置姆欧继电器.

off'setting *n.* ①偏移[әиe,位,移,离心(偏)率,偏心距],偏置法 ②斜率,倾斜 ③不均匀性 ④支距测法.

off'shoot [ˈɔ:fʃu:t] *n.* 分(旁)枝,支派[路,线,脉,流],衍生物,岩枝.

off'(-)shore [ˈɔ:fʃɔ:] *a.*; *ad.* ①离开海岸(的),滨外(的),向(在)海面(的)的,由陆地吹向海洋(的)②(设)在近海(的). *offshore bar* 滨外(沙)洲,近海洲,离岸沙洲. *offshore drilling* 海上(洋)钻井(探). *offshore exploration* 海上勘探. *offshore oil delivery* 海底油管输送. *offshore purchases* 国(海外采购. *offshore sea-wall* 外海堤. *offshore trough* 近岸海槽. *offshore unloading* 海底管道卸

载. *offshore wind* 陆风,由陆地吹向海洋的风.
off'side ['ɔ:fsaid] n.;a. 后[反]面、(车、马等的)右边的,(足球运动)越位的. *offside of bearing* 轴承的(润滑油)出口边. *offside overtaking* 里档[不合规章的]超车. *offside tank* 右油箱.
off'-size n. 不合尺寸,尺寸不合格,非规定大小[尺寸].
off-smelting n. 熔炼废品,熔炼不合格.
off'spring ['ɔ:spriŋ] n. ①子孙,后代 ②幼苗,仔 ③产物,结果 ④次级粒子,支系.
off'-stage ['ɔ(:)f'steidʒ] a.;ad. 不在舞台上(的),离开舞台[屏幕]幕后(的).
off-state a.;n. (处于)断路(状态)的,断开(时)的,断开[熄灭]状态,静[截]止态. *off-state time* 断开时间.
off-stream Ⅰ n. 侧馏份. Ⅱ a. 停用的. *off-stream pipe line* 停用[备用,旁流]管线. *off-stream unit* 停用设备.
off-street a. 不在街上的,街道外的,路外的.
off-sulphur a. 去硫的.
off'take Ⅰ n. ①取[截]去,扣除 ②排出(口),出口 ③支管,分接(头),泄水处,排水渠[管],排气管[口]. Ⅱ v. 夺得,移去. *furnace offtake* 炉子出口烟道. *gas offtake* 出气口[道],排烟道. *offtake structure* (渠道的)分水建筑物.
off-test a. 未经检验的,未规定条件的.
off-the-air signal 停播信号.
off-the-books a. 黑市的.
off-the-cuff a. 无准备的,任意的,即[临]时的,即席的,当场的.
off-the-record a. 秘密的,非正式的,不留记录的,不可引述[报导]的,不许发表的.
off-the-road a. 不在(公)路上(行驶)的.
off-the-shelf a. 成品的,预制的,畅销的,现成[用,有]的,流行的.
off-time n. 停止[关机,断电]时间,非(规)定时间. *power off-time* 停[断]电时间.
off'track a. 不上轨(的),偏离轨道[磁道].
off-tube Ⅰ a. 带有断开电子管的. Ⅱ n. 闭锁管,断开[截止]管.
off-tune a. 失调[谐]式的.
off'type a. 不合标准的.
off'ward(s) ad. (离岸)向海面.
off-white a. (近于)纯白的,灰白色的,米色的.
off'wool n. 低等[等外]毛.
OFHCC 或 **OFHC-Cu** = oxygen-free high conductance copper 高导无氧铜.
oft [ɔ(:)ft] ad. 时常,常常.
of'ten [ɔ(:)fn] ad. 经常,往往,屡次,再三.▲ *as often as* 每(一)次,每当. *as often as not* 常常,屡次. *every so often* 时时,常常,有时. *How often*? 多少时候一次? *more often than not* 多半,通常,大半(是),多半(是),大概. *once too often* 多了一次.
of'tentimes ad. 时常.
oft-repeated a. 多次重复的.
oft-stated a. 常说的.
oft'times ad. 时常.
Ogalloy n. 含油轴承(铜85~90%,锡8.5~10%,石墨0~2%).

ogdohedry n. 八半面像,八面体性.
o'gee ['oudʒi:] n. S形(的,曲线,凝线),双曲曲形(的). *ogee curve* 双弯[S形]曲线. *ogee washer* S形垫片.
ogi'val [ou'dʒaivəl] a. 尖顶式的,尖拱的,蛋形的,卵形的. *ogival arch* 尖[葱形]拱.
o'give ['oudʒaiv] n. 头部尖拱,尖顶[卵形]部,卵形线,分布[累积频率]曲线,拱形体. *false ogive* 整流罩,风帽. *nose ogive* 蛋形[拱形]头部,头部卵形部分. *radome ogive* 雷达天线的蛋形整流罩. *secant ogive* 割面尖拱(拱形体). *tangent ogive* 切面尖拱,正切卵形线.
OGL = outgoing line 出线,引出线.
OGO = orbiting geophysical observatory 地球物理观测(卫星).
OGRL = outgoing rural line 区内出线.
OGRS = ①outgoing relay set 出局中继器 ②outgoing rural selector 区内出线选择器.
OGT = outgoing trunk 出中继线.
OGTC = ①outgoing toll center 去长途电话中心局 ②outgoing toll circuit 去长途电路 ③outgoing trunk center 去长途电话中心局 ④outgoing trunk circuit 去长途电话中心局,出中继电路.
OH = ①hydroxyl group 羟基 ②office hours 办公时间 ③open hearth 平炉 ④operational hardware ⑤overhead ⑥over-the-horizon 视距外通信.
oh [ou] int. 哦!唉呀!哎哟!
oh = ohm 欧(姆).
OHC = overhead cam shaft 上凸轮轴.
OHI = ordnance handling instructions 军械操作说明.
Ohio [ou'haiou] n. (美国)俄亥俄(州).
OHM = ohmmeter 欧姆表,电阻表.
ohm [oum] n. 欧(姆)(电阻单位,符号为Ω). *acoustic ohm* 声欧(1微巴的声压产生1厘米³/秒的空间速度时,声阻(抗)为1声欧). *mega ohm* 兆欧,百万欧姆. *ohm ammeter* 欧安计. *ohm gauge* 欧姆(电阻)表. *Ohm's law* 欧姆定律. *reciprocal ohm* 欧姆的倒数,姆欧.
ohma 欧马(1861年提出的电势实用单位的最早名称).
ohmad n. 欧马德(旧的电阻实用单位,1881年由欧姆代替).
ohm'age n. 欧姆电阻[阻抗,数],用欧姆表示的电阻值.
ohmal n. 铜镍锰合金(铜87.5%,镍3.5%,锰9%).
ohmam'meter n. 欧姆(安)培)计.
ohm'er n. (直读式)电阻(欧姆)表.
ohm'ic a. 欧姆(性)的,电阻的. *armature ohmic loss* 电枢铜损. *ohmic conductor* 非[电阻]导体. *ohmic contact* 欧姆接触[点],电阻(性)接触. *ohmic electrode* 欧姆性电极. *ohmic leakage* 漏电阻. *ohmic loss* 欧姆(电阻)损耗. *ohmic resistance* 欧姆律电阻.
ohm'meter ['oummi:tə] n. 欧姆表,电阻表. *digital ohmmeter* 数字欧姆计.
ohm-meter ['oum'mi:tə] n. 欧姆米 Ωm.
OHS = open hearth steel 平炉钢.

OHV =overhead valve 顶阀,上置汽门.
OI =operating instructions 操作说明.
oidium (pl. *oidia*) *n*. 裂生子.
OIL =operation inspection log 操作检查记录.
oil [ɔil] I *n*. 油,石油(产品),润滑油(剂),铺路油,油分,(pl.)油类,油画颜料,油画,油布(雨衣). II *v*. ①加(上,注,涂)油,润滑,浸在油中,涂油②(油,脂)融化. *blasting oil* 硝化甘油,炸油. *castor oil* 蓖麻油. *crude* [*base, mother*] *oil* 原油. *dead oil* 重油,蒸馏石油的残油. *drawing oil* 拉制用油,冷拉润滑油. *earth oil* 石油. *engine*[*motor*] *oil* 机(车)油,润滑油. *fuel oil* 燃(料)油,重油. *hydraulic oil* 液压[力]油. *mineral oil* 液体石蜡,矿物油,石油. *mobile oil* 机器油,(汽车,内燃机)润油. *oil atomizer* 喷油器,油雾化器. *oil bath* 油浴(罐,池),油浴槽. *oil blackening* 蓝化(钢). *oil body* 油的体度,润滑油的粘度[稠度]. *oil bodying* 油的聚合. *oil brake* 油压闸,液压制动器. *oil buffer* 油[液压]缓冲器. *oil chuck* 液压卡盘. *oil circuit breaker* 油断路器. *oil switch* 油开关. *oil cleaner* 滤油器. *oil colour* 油画(油质)颜料. *oil column* 加油柱. *oil condenser* 油浸电容器. *oil container* 储油器. *oil content* 含油量. *oil control ring* 护油圈. *oil current breaker* 油开关. *oil cut-off valve* 断油阀. *oil damper* 油减震[阻尼]器,液压缓冲器. *oil derrick* 井架. *oil detection* 找油,石油勘查. *oil drain hole* 放油孔. *oil dressing* 浇浙青. *oil drip* 滴油器. *oil engine* 柴(油)机. *oil feed* 给[加]油. *oil field* 油田. *oil filler* 加油口,油料加入器. *oil filter*[*strainer*] 滤油器. *oil flotation* 全油浮选. *oil fuse* 油浸保险丝. *oil gas seal transformer* 充油封闭式变压器. *oil gauge* 油量计,油位表,油规,油比重计. *oil gear* 液压传动装置,油齿轮. *oil groove* (滑)油槽,油沟[道]. *oil hardened steel* 油淬硬钢. *oil jack* 油压千斤顶. *oil line* 输油管线,油管. *oil mat road* 沥青处治的道路. *oil motor* 油(液压)电动机,油(液压)马达. *oil of vitriol* (浓)硫酸. *oil operated transmission* 油压(液力)传动. *oil paper* 油(绝缘)纸. *oil pipeline* 输油管. *oil press* 油(液)压机,榨油机. *oil primer* 油性底层涂料,油质抵漆. *oil processing* 制油法. *oil quenching* 油淬火. *oil receiver* 油盆,盛(储)油器. *oil refinery* 炼油厂. *oil reserves* 石油储藏量,含油量. *oil reservoir* 储(盛)油器,油滴接斗.油槽[罐],(储)油层. *oil retainer* 护油圈,挡油器. *oil site* 润油点,润滑部位. *oil slick* (水面上的一层)浮油. *oil space* 油槽. *oil sprayer* 油雾喷射器. *oil supply line* 操作油管,供油线. *oil tappet* 油压挺杆. *oil tar* 焦油. *oil tempering* (浴)回火,(用)油回火. *oil thief* 取油样器. *oil thrower* 抛油器. *oil transformer* 油心变压器. *oil treatment* (土路的)铺路油处治,沥青处理. *oil tubular capacitor* 油浸管状电容器. *oil varnish* 清油漆. *oil zone* (含)油带. *rolling oil* 冷轧润滑油,轧辊表面润滑用乳化液. *secunda oil* 页岩太阳油. *stand oil* 熟油. *vacuum (pump) oil* 真空泵油. ▲*oil and vinegar* 油和酸,水火(不相容). *pour oil on the flame* 火上加油,煽动. *strike oil* 探得油矿,大发横财. *under oil* 浸(在)油(里).

oil-bath *n*. 油浴(锅),油槽.
oil-burning *a*. 燃(烧)油的.
oil-can *n*. (加)油壶,运油车.
oil′cloth 或 **oil-coat** *n*. 油布.
oil-colours *n*. 油画(颜料).
oil-containing *a*. 含油的.
oil-contaminated *a*. 油染污的.
oil-core *n*. 油泥芯.
oil′dag *n*. 石墨膏,石墨滑剂,石墨润滑剂[油],胶体石墨.
oildraulic strut 油液压支柱.
oiled *a*. 加[注,涂,浇]了油的,油浸的,润滑的,油化的,化成油状的,浇(拌)了沥青的. *oiled cloth* 绝缘油布. *oiled linen* 油布.
oil′er [ɔilə] *n*. ①加(注,给)油器,油杯,加油壶,涂油机,输滑油器 ②加油(润滑)工,涂油者 ③(正产着油的)油井 ④油船(轮),用油作燃料的轮船 ⑤柴油发动机. *stock oiler* 座架加油装置.
oil-field *n*. 油田. *oil-field brines* (钻井时进入井内的)油田水,矿水.
oil-filled *a*. 充油的,油浸的. *oil-filled cable* 充油电缆.
oil-fired *a*. 燃(烧)油的.
oil-free *a*. 无油的.
oil-gas *n*. 石油气.
oil′gear [ˈɔilɡiə] *n*. ①液压传动装置 ②甩油齿轮,润滑齿轮. *oilgear motor* 径向回转柱塞液压马达. *oilgear pump* 回转活塞泵.
oil-hardening *n*. 油淬火.
oil-heated *a*. 燃(烧)油的.
oilhydraulic engineering 液(油)压工程.
oil-immersed *a*. 油浸(没)的. *oil-immersed self-cool* 油浸自然冷却(式的).
oil-impregnated *a*. 浸过油的.
oil′iness *n*. (含)油性,润滑性,油质(气).
oil′ing *n*. 加[注,涂]油(法),油化润滑. *intermittent oiling* 间歇润油[加油法]. *oiling subgrade* 浇油路基. *oiling system* 加油系统,润油设备.
oilite *n*. (多孔)含油轴承合金,石墨青铜轴承合金. *super oilite* 多孔铁铜合金(铁75%,铜25%).
oil′less *a*. 无油(式)的,缺油的,未经油润的,不需加油的. *oilless bearing* [*metal*] 不加油(自动润滑,石墨润滑,含油)轴承.
oil′let *n*. 孔眼,视孔.
oil-limiter *n*. 限油器.
oilostat′ic *a*. 油压的.
oil-painting *n*. 油画(法).
oil-plant *n*. 炼油厂.
oil-pool *n*. 油藏,石油在地下的聚集.
oil′proof *a*. 耐[抗]油的,不透油的,防油的.
oil′-quenching *n*. 油淬火,油急冷(处理).
oil-seal *n*.; *v*. 油(密)封.
oil′seed *n*. 含油种子.
oil′-skin *n*. 油布,防水布,(pl.)一套防水衣.

oil'-softener *n.* 油类软化剂.
oil'-soluble *a.* 油溶性的,(可)油溶的.
oil(-)spring *n.* (石)油井,(石)油泉.
oil'stone *n.* 油石.
oil'-tank *n.* 油箱.
oil-tanker *n.* 油轮,运油车.
oil-tempering *n.* 油回火.
oil-tight *a.*; *n.* 不漏[透]油的,油封[密].
oil-transferring *n.* 石油输送.
oil-trap *n.* 捕油器,集油槽.
oil-way *n.* 润滑油槽,油路,加(注)油孔.
oil-well *n.* 油井.
oil'y ['ɔili] *a.* (含,多,似)油的,油质(状,性)的,涂有油的,浸过油的,加油润滑的.
oint'ment ['ɔintmənt] *n.* 软膏,油[药]膏.
OIRT = *Organisation Internationale de Radiodiffusion et Télévision* 国际广播电视组织.
ok ['ou'kei] I *a.* 全对,不错,正确,阅. II *ad.* 对,是,好,行. III *n.* (pl. **ok's**) 同意,承认. IV *vt.* (**ok'd**; **ok'ing**) 同意,批[核]准,承认.
okay 或 **okeh** 或 **okey** = OK.
Okayama *n.* 冈山(日本港口).
Oker *n.* 铸造改良黄铜(铜72%,锌24.5%,铁2.32%,铅1.1%).
okinalein *n.* 喔奇呐勒英.
okinalin *n.* 喔奇呐灵.
Okinawa [ouki'nɑːwə] *n.* 冲绳(岛).
Oklaho'ma [ouklə'houmə] *n.* (美国)俄克拉何马(州).
OL = ①oil level 油位[面] ②oleum 油 ③open loop 开环 ④overlap 重叠,跳过.
O&L = observation and listening 观察和窃听.
o'lafite ['ouləfait] *n.* 钠长石.
ola'tion *n.* 羟桥合(作用),羟(桥)聚(合)作用.
old [ould] I *a.* ①(**old'er, old'est**)年老的,(用)旧的,旧[老]式的,过时[去]的,古代[老]的,有经验的 ②⋯岁的,⋯年老的 ③(**eld'er, eld'est**)年长的. II *n.* ①往昔,古时 ②(the old)老人们. *old civilization* 古代文明. *old hand* 老手,熟练工人. *old horse* 炉底结块. *old metal* 废金属. *old sand* 旧砂. *old stone age* 旧石器时代. ▲ *old and young* 或 *young and old* 老老少少,无论老少,每个人. *old in* ⋯长于⋯,富有⋯经验. *old in experience* 老经验. *old times* 古时候,古代,以前,往年.
-old *a.* ⋯岁的,有⋯年历史的,⋯年以前的. *a 7-year-old tractor* 一台使用了七年的拖拉机. *age-old* 古老的,久远的.
old'en ['ouldən] I *a.* 往昔的,古老的. II *v.* 变老. *in olden times* 或 *in the olden days* 往昔,昔日.
old-fashioned ['ould'fæʃənd] *a.* 旧[老]式的,过时的.
Oldham coupling 十字联轴节.
old'ish *a.* 稍老[旧]的.
old-line *a.* ①历史悠久的 ②保守的.
old-metal *n.* 废金属.
Oldsmoloy *n.* 铜镍锌合金(铜45%,锌39%,镍14%,锡2%).
old'ster *n.* 上了年纪的人.
old-style *a.* 老(旧)式的.

old-time *a.* 古时的,往昔的,长久以来的.
old-world *a.* 旧世界的,老式的,古时的.
oleaceae *n.* 木犀科.
oleag'inous [ouli'ædʒinəs] *a.* 油质的,含油的,产油的,多脂肪的,润滑的.
olean'der [ouli'ændə] *n.* 夹竹桃.
olean'drose *n.* 齐墩果糖.
olease *n.* 油酸脂酶.
o'leate *n.* 油酸(根,盐,酯).
olefina'tion *n.* 烯化[成烯]作用.
olefin-based *a.* 从烯烃出发的,基于烯烃的.
olefin(e) *n.* (链)烯(烃),烯族烃. *olefine hydrocarbon* 烯烃.
olefin'ic *a.* 烯(属)的,烯(烃)族的.
ole'ic *a.* (得自)油的,油酸的. *oleic acid* 油酸. *oleic alcohol* 油醇,十八烯醇.
oleiferous *a.* 油性的,含油的,润滑的.
o'lein *n.* 油精,三油精,(三)油酸甘油酯.
o'leo *n.* 油(压,液). *oleo buffer* [cushion] 油压缓冲. *oleo damper* 液压减震器,油压缓冲器. *oleo fork* 油压缓冲叉. *oleo gear* 油(压)减震器. *oleo shock absorber* 油(压)减震器.
oleo- (词头)油(的).
oleocinase *n.* 中乳氧化酶.
oleo-gear *n.* 油压减震器.
oleo-leg *n.* 油液空气减震柱.
oleomargarin(e) *n.* 代(人造)黄油.
oleom'eter *n.* 油比重[纯度]计,油量计,验油计.
oleophil'ic *a.* 亲脂的.
oleopho'bic *a.* 疏油的.
oleorefractom'eter *n.* 油折射计.
oleoresin *n.* (含,精)油树脂,(含油)松脂.
oleosol *n.* 油溶胶,润滑脂,固体润滑油.
oleo-soluble *a.* 油溶性的.
o'leostrut *n.* 油液空气减震柱.
oleo'sus [ouli'ousəs] *a.* 油状(性)的,油润(滑)的.
olesome *n.* 油滴颗粒.
o'leum (拉丁语) *n.* 发烟硫酸,油.
olfac'tion [ɔl'fækʃən] *n.* 嗅(觉). **olfac'tory** *a.*
olfactom'eter *n.* 嗅觉计.
olfactronics *n.* 嗅觉电子学.
"ol" group 桥尽离子.
olibanum *n.* 乳香.
Oliensis spot test 奥氏斑点试验(沥青材料).
olige'mia [ɔli'dʒiːmiə] *n.* 血量减少.
oligo- [ɔligo-] (词头)(缺)少,不足,寡,低,微微,渐.
Oligocene *n.* 渐新世(的).
ol'igoclase ['ɔliɡoukleis] *n.* 奥长石.
oligodendrocyte *n.* 少突神经胶质细胞.
oligodynam'ic *a.* 微动力的,微量活动(作用)的.
oligodynam'ics *n.* 微动作用,微动力学.
oligoel'ement *n.* 少量元素.
oligomer *n.* 齐(分子量)聚(合)物,低(聚)聚物.
oligomeriza'tion *n.* 齐聚,低(分子量)聚合(作用).
oligometal'lic *a.* 少量金属的.
oligomitic sediment 陆海沉积.
oligomycin *n.* 寡霉素.
oligonitrophilic *a.* 嗜微氮的.

oligonucleotide n. 低(聚)核试酸.
oligoelefine n. 寡烯(指含3,4个烯链).
oligophagous a. 寡食性的.
oligoplasmat'ic a. 少胞质的,细胞质少的.
oligosac'charide n. 低[寡]聚糖,寡糖.
oligosaprobic n.; a. 微腐生物,贫腐水性的,寡污水腐生的.
oligose n. 低聚糖.
oligosilicic acid 寡硅酸.
oligotroph'ic a. 贫瘠的,营养不足的,少营养的.
oligotrophy n. 营养不足.
olistherozone n. 淡染色区.
olistostrome n. 滑动沉积,滑乱层.
oliva'ceous [ɔli'veiʃəs] a. 橄榄色[状]的.
ol'ivary ['ɔliveri] a. 橄榄形的.
ol'ive ['ɔliv] n.; a. ①橄榄(树,木,枝) ②橄榄(色)的,黄褐[绿]色的. *olive branch* 橄榄枝. *olive green* 橄榄绿. *olive oil* 橄榄油. ▲*hold out the* [*an*] *olive branch* 伸出橄榄枝,建议讲和.
oliveiraite n. 水钛锆矿.
ol'iver ['ɔlivə] n. 脚踏铁锤,冲锻锤模. *oliver filter* 真空圆筒滤器,鼓式真空过滤机[器].
ol'ivet(te) ['ɔliveət] n. ①橄榄园[林] ②剧院用的一种强力泛光灯 ③人造珍珠.
olivil n. 橄榄树脂素.
olivin(e)' ['ɔlivi(ː)n] n. 橄榄石.
oliv'inoid [ə'livinoid] n. 似橄榄石.
olivomycin n. 橄榄霉素.
ol'lite ['ɔlait] n. 滑石.
OLO =①off line operation 离线操作 ②on line operation 在线操作.
OLR =overload relay 过载继电器.
Olym'pic [ə'limpik] a. 奥林匹克的. *Olympics* 或 *Olympic Games* 奥林匹克运动会. *Olympic bronze* 奥林匹克硅青铜(A:铜96%,硅3%,锌1%; B:铜97.5%,硅1.5%,锌1%).
OM =①oceanography and meteorology 海洋学和气象学 ②outer marker 外层指点标.
o.m. =①omni mane 每晨 ②organic matter 有机物质.
O&M =operation and maintenance 使用和维护.
O&MA =operation and maintenance activities 使用和维护活动.
Oman [ou'mɑːn] n. 阿曼.
O-man =overhead manipulator 大型万能机械手[摹拟机],架空式机械手.
OMB =outer marker beacon 外部无线电指点标,外部无线电信标.
ombro- [构词成分]雨.
ombrogenous a. 喜雨的,湿生的.
om'brogram n. 雨量图.
om'brograph ['ɔmbrəgrɑːf] n. 自计雨量器.
ombrol'ogy n. 测雨学.
ombrom'eter [ɔm'brɔmitə] n. 雨量器[计].
ombrophilout 或 **ombrotroph'ic** a. 好[喜]雨的.
o'mega ['oumigə] n. ①希腊字母的末一字 Ω,ω ②奥米伽远程导航系统 ③末尾,最终,终[结]局,结论. *alpha and omega* 首尾,始末,全部. *omega steel* 奥米伽高碳钢(碳0.69%,硅1.85%,锰0.7%,钒0.2%,钼0.45%).

omega-oxidation n. Ω[尾碳]氧化.
ome'gatron n. 奥米伽器,高频[回旋]质谱仪,真空管余气测量仪. *omegatron gauge* 回旋真空规. *omegatron tube* 回旋计管.
o'men ['oumen] n.; vt. 征兆,预先[示]. ▲*be an omen of* 为…的征兆,显示…的预兆.
OMI =operational maintenance instruction.
omi'cron [ou'maikrən] n. (希腊字母)O,o.
om'inous a. ①不祥[吉]的 ②预示[兆]的(of). ~ly ad.
OMIS =omission 省略,遗漏.
omis'sible [ou'misibl] a. 可以省略[去]的.
omis'sion [o'miʃən] n. 省略[遗漏,删除](的东西),疏忽.
omit' [o'mit] vt. 省[删]去,省[忽]略,遗漏,忘记. ▲*omit M from* [*in*] *N* 在 N 中漏掉[略去] M. *omit +ing* [*to +inf.*] 忘记(做).
OMM =*Organisation Meteorologique Mondiale* 世界气象组织.
Ommatid'ium (pl. **ommatid'ia**) n. 小眼.
ommochrome n. 眼色素.
omn. bih. =*omni bihora* 每两小时.
omn. hor. =*omni hora* 每小时.
omn. noct. =*omni nocte* 每夜.
omni [ɔmni] (拉丁语) 全(部),总,遍. *omni antenna* 全向天线. *omni distance* 全程,至无线电信标的距离. *omni range* 全向无线电信标,全向导航台,短距离定向设备.
omni- [词头] 全(部),总,遍.
om'nibearing a. 全方位的,全向(导航)的. *omnibearing range* 全方位无线电信标.
omni-bearing-distance navigation 全方位-距离导航,方位与距离综合导航.
om'nibus ['ɔmnibəs] I n. 公共汽车. II a. ①总括的,混合的 ②多项[用]的,公用的. *omnibus bar* 汇流条,母线. *omnibus book* [*volume*]汇编,选集(全一册),文集. *omnibus calculator* 多用计算装置. *omnibus tie line* 汇接局直达连接线.
omnicar'diogram n. 全心图.
omnicolous a. 杂栖的.
omnidirec'tional [ˌɔmnidi'rekʃənəl] a. 全向的,无定向的. *omnidirectional antenna* 全向辐射天线,非定向天线. *omnidirectional collector* 各向面积收集器. *omnidirectional radio range* 全方向无线电导航台,无[全]向无线电信标.
om'nidis'tance n. 全程,至无线电信标(测得)的距离.
omni-factor n. 多因数.
omnifa'rious a. 各种各样的,五花八门的.
om'nifont n. 全字体.
om'niforce n. 全向力.
om'nigraph n. 缩图器,发送电报电码的自动拍发器.
omniguide antenna 全向辐射槽线式天线.
omnilateral pressure 全侧向压力.
om'nimate ['ɔmnimeit] n. 简化的自动生产设备. **omnimat'ic** a.
omniphib'ious a. 能在任何条件下着陆的.
omnip'otence n. 全能,无限权力. **omnip'otent** a.
om'nipres'ence [ˌɔmni'prezəns] n. 普遍存在.

om'nipres'ent *a.* 全程,全方向,全向(无线电)信标,全向导航台,短距离定向设备. *microwave omnirange* 微波全向信标.

om'nirange *n.* 全程,全方向,全向(无线电)信标,全向导航台,短距离定向设备. *microwave omnirange* 微波全向信标.

omnis'cience [ɔm'nisiəns] *n.* 无所不晓. **omnis'cient** *a.*

om'nitron *n.* 全能(全粒子)加速器.

om'nium ['ɔmniəm] *n.* 总额,全部.

omnium-gatherum *n.* 混合(物,剂,气),杂凑.

om'nivore *n.* 杂食动物.

omniv'orous *a.* 随手(拾来,采取)的,什么食物都吃的,杂食(性)的,多寄主的,什么书都看的. ~**ly** *ad.*

omphacite *n.* 绿辉石.

om'phalos *n.* 中心点,中枢,脐.

OMR = optical mark reader 光学标志读出器,光学指示读出器.

OMRW = optical maser radiation weapon 光学脉泽辐射武器.

OMS = ovonic memory switch 双向存储开关.

o. m. s. = output per manshift 每人每班产量,单人生产率.

OMT = orthomode transducer 直接式收发转换器(天线收发转换用).

omtim'eter *n.* 高精度光学比较仪.

ON = operation notice.

o. n. = *omni nocte* 每夜.

on [ɔn] Ⅰ *prep.* ①[接触,覆盖]在…上. *on the road* 在路上. *on site* 在工地,当(原,就)地. *a picture on the wall* (挂在)墙上的画. *surface coat on the ceiling* 天花板的(表)面层. *float on the water* 浮在水面上. *write on paper* 写在纸上. *continued on page five* 下接第五页. ②临(靠,接,将近)沿. *city on the sea* 靠海的城市. *on the north of the city* 临城北,在城的北郊. *provinces on the east coast* 东海岸各省. *on both sides of the river* 在河的两岸. *just on 2 o'clock* 马上就要两点了. *just on 约10* 将近十英镑. ③在…中. 一(经)…就. *on Sunday* 在星期日. *on the 1st of May* 在五月一日. *on that morning* 在那天早晨. *on request* 函索(即寄),来取(就给),备索. *on this occasion* 在这一次. *on examination* 一经调查(就). *on the intake stroke* 在吸入冲程(时),*payable on demand* 来取即付. *Rivets contract on cooling* 铆钉在冷却时会收缩. ④[状态,方法]在…中,在(状态)下,从事于,在…供职. *on duty* 值班. *on business* 因公. *on load* 加载(荷),在负载有的应力状态下. *on fire* 燃(烧)着,着火. *on camera* 电视机正在放送电视信号. *on the air lamp* 表示"正在广播"的红灯. *on sale* 在(出售)上市. *be on the decrease* 在减少中. *on trial* 在试验中,经试验后,在受审. *stand a box on end* 把箱子竖着放(端面朝下). *The tide is on the flow.* 潮水正在上涨. *The water is on the point of boiling.* 水马上就要开了. ⑤靠,借(助),用,通过,根据. *on our estimate* 根据我们的估计. *act on principle* 按原则办事. *based on fact* 以事实为根据的. *have M on good authority* 从可

靠方面获悉 M. *on an average* 平均算来. *go on foot* 走着去,步行. *a power station running on heavy oil* 用重油作燃料的电站. *The turbine works on rising or falling tides.* 水轮机靠潮水涨落来运转. ⑥关于,对于,论及. *information on the mechanical properties* 关于机械性能的资料. *the influence of temperature on pressure* 温度对压力的影响. *Now we are on the subject of welding.* 我们是在讨论焊接问题. ⑦向,朝. *The window looks on the street.* 窗户朝着街道. ⑧[表示重叠,累加](一个)接(一个)…又. *heaps on heaps* 累累. *defeat on defeat* 接二连三的失败.

Ⅱ *ad.* ①[接触,覆盖](安置)上去,(连接)上去. *put a cover on* 盖上盖子. *The bottle has a label on.* 瓶子上贴了标签. ②向前,继续,(进行)下去. *end on* 末端向前. *read on* 继续往下看,继续读下去. *move on* 继续运动[前进]. *Work is well on.* 工作进行顺利. ③(电路,油路)接通,通路,开着,点着,(电路)闭合,导电,导通,(发动机)开[起]动. *switch on the electric light* 开电灯. *on time* 接通时间. "on" *transistor* 通导晶体管. *engine on* 开动发动机. *turn on the water* 开自来水. *The tap is on.* (水)龙头开着. *The handbrake is on.* 手闸煞住. *The lights were all full on.* 电灯全亮着. *The radio is on.* 无线电正开着[正在广播] ④进行中,发生中,上演. *The new play is on.* 新戏正在上演.

▲*and so on* 等等. *farther on* 再向前. *from today on* 从今天起,从今以后. *from here on* 从这里开始,此后. *from now on* 从现在起,今后. *from then on* 从那时起. *just on* 马上就要,接近,差不多. *later on* 在(到)后来,以后. *off and on* 或 *on and off* 断断续续地,不时地. *on account 记帐* (o/a). *on and on* 不断(停)地,继续(地). *on bound* 入境的,驶入的. *on centres* 中心间距. *on foot* 步行,站着. *on gauge* 扎样,标准的. *on gauge plate* 合格(的)板(材),标准板. *on record* 登记的,纪录上,记录在案的. *on the eve* 前夕,将近. *on the whole* 总的说来. *on to* 向,到…上. *on with* 穿上,戴上;开始,继续.

on-air tally circuit 广播标示电路.

on-and-off switch 通-断开关.

on-axis *a.* 同轴的.

on-board *a.*; *ad.* 在船(舱,飞机,弹)上,(飞)机载的,(气)球载的.

on-campus *a.* 在(大学)校的,到学校的.

once [wʌns] *ad.*; *conj.*; *n.*; *a.* ①只一次[回,遍,趟],一倍 ②一度,曾经,以前(的) ③一旦,一经,只要…便,在…情况下,在…以后. *once a month* 每月一次. *This clock needs winding once a week.* 这钟每星期只需要上一次发条. *Once nought is nought.* 一零得零. *Once one is one.* 一一得一. *once you understand this rule…* 你一旦了解这个规则(以后). *people once thought that…* 人们一度[曾经]认为. *Once movement has begun, the coefficient of friction usually falls slightly.* 在运动开始以后,摩擦系数通常会稍降低一些. ▲*all at* *once* 突然，忽然，同时(一齐)，一起. *at once* 立刻，同时. (*every*) *once in a while* 间或，偶尔，有时. *for that once* 只那一次，就是那回. *for* (*this*) *once* 就这一次，这一次(特别要). *if once* 一旦…，一经…. *more than once* 不止一次，好几次. *not once* 一次也没有，一次也不. *once again* 再一次，又，重新(再来一遍). *once and again* 一再，三番，屡次，一次又一次(地)，反复不断地. *once and away* 只此一次(地)，永远(地). *once* (*and*) *for all* 彻底地，一劳永逸地，只此一次，断然. *once more* 再一次，又，重新(再来一遍). *once or twice* 一两次. *once upon a time* 从前，古时. *when once* 一旦…，一经….

once-forbidden *a.* 一次禁戒的.
once-over *n.* 一过了事，浏览一遍，匆促的检查.
once-run oil 原馏油.
once-through *a.* 单程的，直通的，直流的，单向流动的，一次(操作，通过，完成)的，一回的. *once-through design* 一次设计，单向流动结构，直流方案. *once-through flowsheet* 一次循环工艺图. *once-through operation* 单循环，一次操作〔运算〕，非循环过程，单程转化. *once-through reactor* 燃料单一循环〔直流冷却〕反应堆.
oncogene *n.* 致癌〔致肿瘤〕基因.
oncogenesis *n.* 肿瘤生成〔发生，形成〕.
oncogenous *a.* 瘤原性的，致瘤的.
oncol'ogy *n.* 肿瘤学.
oncol'ysis *n.* 瘤溶解，肿瘤消除.
oncom'eter *n.* 器官体积测量器.
on'coming ['ɔŋkʌmiŋ] *a.*; *n.* ①接近(的)，(即将)来临(的) ②迎面而来的(车辆)，对向的. *oncoming generation* 下一代. *oncoming neutron* 撞击中子. *oncoming shift* 下一班(工人). *oncoming traffic* 对向交通，迎面车流. *the oncoming of winter* 冬天的来临.
on'cost *n.* 杂费.
on-course *a.* 在航线上的. *on-course detector* 航向照准指示器. *on-course trajectory* 飞向目标的轨迹〔弹道〕.
oncovin *n.* 长春新碱.
on-dit [ɔn'di:] (法语) *n.* 据〔听〕说，谣传.
on'dograph *n.* 高频波形器，(电容式)波形记录器，波形描记器.
ondom'eter [ɔn'dɔmitə] *n.* 波长〔频率〕计，测波器，波形测量器.
on'doscope *n.* 辉光管振荡指示器，示波器.
ondulateur *n.* 时号自记仪.
one [wʌn] Ⅰ *a.*; *n.* ①一(个)，单(独)的，一方(的)，一头(的) ②某一，同一(样)的 ③第一 ④完整的，一体的. *book one* 第一册. *chapter one* 第一章. *from one side to the other* 从一头(侧)到另一头(侧). *in one direction* (以)同一方向，向一个方向. *Number one* 一号(NO.1). *one block* 整体，一体. *one brick wall* 单砖墙. *one chuck* (*ing*) 一次装卡. *one coat* 单层. *one day* (过去)有一天，(将来)有朝一日. *one direction thrust bearing* 单向推力〔止推〕轴承. *one gate* 【计】"或"门. *one half* 一半. *one hundred million* 一亿. *one hundred thousand* 十万. *one minute wire* 一种能在硫酸铜溶液中浸渍一分钟的钢丝. *one number time* 数的周期. *one or two days* 一两天. *one price* 同一(样)价格. *one rule* 一根直尺. *one setting* 一次调整. *one shot* 【计】一次通过(编程序). *one start screw* 单头螺纹. *one stroke* 单〔一次〕行程. *one third* 三分之一. *one thirty-five* 一点三十五分，一百三十五，一元三角五分. *one touch switcher* 单触自动转换开关. ⑤(重读)唯一(的). *There's only one way to do it.* 做这事只有一种方法. *That's the one thing needed.* 那是所需要的唯一东西，那是最需要的东西.

Ⅱ *pron.* ①一个人，任何人，人人，我们，(这)一个. *some one* 某人. *such a one* 这样一个人. *the absent one* 缺席者. *the little ones* 孩子们. *No one could lift it.* 没有人能(单独)把它举起来. *One should know oneself.* 人贵有自知之明. ②〔代替前面的人或物，避免重复〕*a better one* 更好的一个. *that one* 那个. *This problem is one of great difficulty.* 这个问题是个大难题. *The term "strain" is a geometrical one.* "变形"这词是几何学上的名词.
▲ *A one* 最上级. (*a*) *thousand and one* 无数的. *all in one* 一致，合而为一，同时(一起)，一揽子. *at one* 一致地，协力地. *at one time* 一次. *be all one to M* 对M完全一样. *become one* 成为一体. *by ones and twos* 一次一两个，三三两两地. *for one* 例如，举例说，比方说，在他(她)为其中之一. *for one thing* 有一个理由，理由之一是，举个例(来说)，首先. *in one* 结合起来，团结一致. *in ones* 一个一个地. *it's all one to M* 对M都是一样(没有什么不同). *last but one* 倒数第二. *on the one hand* …, *on the other hand* 一方面…，另一方面…. *one after another* 〔the other〕一个接着一个，依次，逐一，陆续，相继(地). *one and all* 人人，每个人，谁都. *one and only* 唯一的. *one and the same* 同一，一样的，完全相同的. *one another* 相互. *one by one* 一个一个地，逐一地，各(挨次). *one* … *or another* 这个或那个，某种，各色各样的. *one or the other* 两者之一. *one or two* 一两个，一些. *one to one* 一对一的，一比一的. *one way or another* 用种种方法. *taking* [*taken*] *one* … *with another* 大体看来，大概，平均计算. *ten to one* 很有可能，十有八九. *the one* … *the one* …, *the other* …, *the other* …, 一个是…，另一个是. *the one* …; *the other* …; 前者…; 后者…. *too many by one* 只多一个. *with* [*in*] *one voice* 异口同声地.

one-address *a.* 单〔一〕地址的.
one-at-a-time operation 时分操〔动〕作.
one-centered arch 单心拱，圆拱.
one-column matrix 单列矩阵.
one-core-per-bit memory〔storage〕每位一个磁芯存储器.
one-course *a.* 单层的.
one-digit adder 半加法器.
one-digit time 数字(位)周期.
one-dimensional *a.* 一元的，一〔单〕维的，一次的，单因次的，线性的，单向的.
one-eighty *a.* 180°(转弯)的.

on-effect *n.* 给光效应.
one-half *n.* 二分之一.
one-hinged arch 单铰拱.
one-jet *a.* 单喷嘴[喷口,射流)的.
one-kick *a.* 单次的,一次(有效)的.
one-lane *n.*; *a.* 单车道(的).
one-layer *a.* 单[一]层的.
one-level *a.* 一层的,一级的.
one-lip hand ladle 单嘴手钐.
one-man *a.* 单人(操作,驾驶)的,单独. *one-man flask* 手抬砂箱.
one-many function table "一-多"函数表.
onemeter *n.* 组合式毫伏安计.
one-motor travelling crane 单电动机吊车.
one'ness ['wʌnnis] *n.* ①独一(无二),独特 ②完整,一体,统一.
one-off *a.* 单件的(生产).
one-one *a.* 一(对)一的.
one-out-of-ten code 【计】"十中取一"码.
one-parameter *a.* 单参数的.
one-pass compiler 一遍(扫描)编译程序.
one-pass machine 联合(一次行程完成全部工序的)筑路机(械).
one-phase *a.* 单相的.
one-piece *a.* 整体的,单片(体,块)的,一片的. *one-piece pattern* 整(体)模. *one-piece runner* 整体式转轮.
one-piece-forged *a.* 整锻的.
one-pip area (荧光屏上的)单脉冲区.
one-point pick-up 单点拾音器,单点电视摄像管.
one-point wavemeter 定点波长计.
one-quadrant multiplier 单象限乘法器.
one-quarter *n.* 四分之一.
ONERA = *Office National d'Etudes et de Recherches Aerospatiales (France)* (法国)国家宇航研究局.
Onera method 氟化物渗铬剂铬化法.
on'erous ['ɔnərəs] *a.* 繁重的,麻烦的 (to). ~ly *ad.*
one's [wʌnz] *pron.* one 的所有格. *one's complement* 【计】一的补码,二进制反码.
one-sack batch 用一袋水泥的混凝土拌料.
one-seater *n.* 单座汽车[飞机].
oneself' [wʌn'self] *pron.* ①自己,自身 ②自行,亲自. ▲*absent oneself* 缺席. *(all) by oneself* 独自(地),单独(地). *exert oneself* 努力. *for oneself* 为自己,独自[立]地. *of oneself* 独自,自然而然,自发地.
one-setting *n.* 一次调整.
one'-shot' ['wʌn'ʃɔt] *a.*; *n.* ①一次使用[完成,起动)的,只有一次的,【计】一次通过(编程序)②(电视摄像机)单镜头拍摄 ③冲息,单冲. *one-shot circuit* 单(稳)触发电路. *one-shot device* 一次有效装置. *one-shot multiplier* 串-并行乘法器. *one-shot multivibrator* 冲息(单稳)多谐振荡器. *one-shot operation* 单步操作(单循环或单脉冲). *one-shot type* 单层式(表面处理).
one-sided *a.* 单(方)面的,(只有)一边的,单侧(向)的,

片面的. *one-sided step junction* 单边突变[阶跃)结. *one-sided view* 片面的见解,偏见.
one-sidedness *n.* 片面性.
one-size *a.* 均一尺寸的,等大的,同样大小的,同粒度的.
one-spool engine 单轴式(单转子)发动机.
one-spot tuning 单纽(同轴)调谐.
one-step operation 单步操作.
one-story furnace 单层炉.
one-stroke *n.* 单(一次)行程.
one'time *a.* 从前的,一度的.
one-ton brass 锡黄铜(锌38%,锡1%,铜61%).
one-to-one *a.* 一(对,比)的. *one-to-one correspondence* 一一对应.
one-to-partial select ratio 一与部分选择(输出)比,"1"与半选输出比.
one-to-zero ratio 一与零(输出)比.
one-track *a.* 单轨的,单一不变的,狭隘而刻板的.
one-unit plant 单机组电站.
one-valued *a.* 单值的.
one-velocity *a.* 单速度的.
one-way *a.* 单向(行,程,路,面)的. *one-way fired pit* 单向(单侧吸嘴)均热炉. *one-way laser unit* 单向发射的激光装置. *one-way pavement* 单向车行道. *one-way reinforced* 单向钢筋. *one-way sign* 单向通行标志. *one-way signal* 单向(组)信号. *one-way valve* 单向(止回)阀.
one-way-reversible telegraph operation 一路可逆电报操作.
one-writing system 写"1"系统.
on'fall ['ɔnfɔːl] *n.* 攻(袭)击.
on-fiber *n.* 给光型纤维.
on'flow ['ɔnflou] *n.* ①支流 ②流入(水),进气,洪流.
on-gauge *a.* 标准的,合格的.
on'going ['ɔngouiŋ] Ⅰ *a.* 正在进行的,前进的. Ⅱ *n.* 进行,行动,事务.
on-impedance *n.* 开态阻抗.
on-interval *n.* 接通间隔.
on'ion ['ʌnjən] *n.* 葱头,洋葱. *onions alloy* 铅锡铋易融合金(铅30%,锡20%,铋50%).
onion-skin *n.* 葱皮(纸).
on-job *a.* 在工地的. *on-job lab* 工地实验室. *on-job trials* 工地试验.
onlap [?] 上覆(层),上超.
on-line ['ɔnlain] *a.* ①联机(线)的,载线的,联用的,【计】与主机联在一起工作的,主(机)控(制)的 ②在线的,直接的. *debugging on-line* 或 *on-line debugging* 联机程序的调整. *on-line alarm* 在线报警. *on-line data reduction* 联机数据简化(处理),在线数据处理. *on-line maintenance* 不停产检修. *on-line memory [storage]* 在线(联机)内存储器. *on-line model* 在线(内线)(操作)模型. *on-line operation* 联机(联线,在线,联用,机内)操作,在线运算,在线工作.
on'-load ['ɔnloud] Ⅰ *v.* 装[加,负)载. Ⅱ *a.* 带着负荷(时)的. *on-load refueling* 【核】不停堆换料. *on-load regulation* 带荷调节. *on-load voltage ra-*

on'looker ['ɔnlukə] *n.* 旁观[目击]者,观众.
on'looking ['ɔnlukiŋ] *n.*; *a.* 旁观(的).
only ['ounli] I *a.* ①唯一的,仅有的,单独的,独一无二的 ②仅有的,无比的,最适当的. II *ad.* ①单独地 ②仅仅.只(是),不过,才,方 ③反而,结果却,不料. III *conj.* 但是,可是,不过. *a only-or-only b* 仅 a 或仅 b. *piston only* 活塞本体. *the only example* 唯一的例子. *He only knows that.* 或 *He knows that only.* 他仅仅知道那件事. *Only he knows that.* 只有他知道那件事. *the only man for the position* 担任这个职务最合适的人选. *This rack is only to be used for light articles.* 此架只供放置轻便物体之用. *Water must be mixed only to be filtered out again.* 必须先掺水而后只好再把它滤掉. ▲*if only* 只要…(就好了),但愿. *it is only natural that*… 很自然的;…是很自然的. *not only M but (also) N* 或 *not only M but N as well* 不仅 M 而且 N,既 M 又 N. *one and only* 唯一的. *a matter of* 只不过是,仅仅是. *only for* 要是没有. *only if (when)* 只有当…(才),只有在…的时候(才),唯一的条件是. *only just* 好容易,刚刚才. *only not* 简直是,几乎跟…一样,差不多. *only that* 只是,要(若)不是,要是没有,若非. *only too* 非常,极(其),实在(太). *be only too well aware that* … 充分意识到. *It is only too true.* 这是非常真实的,可惜这竟是事实.
on-mike *n.* 靠近话筒,正在送话.
onocerin *n.* 芒柄花醇[蜡素].
on-off *a.* 时断时续的,开关式(的),离合的,双位的,通断,起停. *clutch on-off* 离合器离合. *on-off action* 开关"通-断"作用,"开关"式动作. *on-off control* 开关[起停,离合,双位置,"通-断","接通"-"断开",继电器式]控制. *on-off element* 开关元件. *on-off gauge* 开关[通断]测量仪. *on-off servomechanism* 开关[启闭式]伺服系统. *on-off thermostat* 自动控制恒温器[箱]. *vane on-off regulator* 翼形"开-断"[双位自动]调节器.
on-off-fiber *n.* 给(光)撤光纤维.
onomasticon *n.* 专用名词[特殊名称]表.
onomatopoe'ia [ɔnəmætoupəˈpiə] *n.* 拟声,像声(字). **onomatopoe'ic(al)** 或 **onomatopoet'ic** *a.*
onozote *n.* 加填料的硫化橡胶[硬橡皮].
on-peak *a.* 最大[高]的,高峰尖[值]的.
on-position *n.* 接通[接入,动作,闭合,工作)位置,工作[合闸,通电,制动]状态.
on-power refueling 【核】不停堆换料.
ONR = Office of Naval Research (美国)海军研究局.
on'rush ['ɔnrʌʃ] *n.* 猛冲,突击,冲锋,奔流.
on'set ['ɔnset] *n.* ①有力的开始,动手,攻击,攻(进,冲)击,发作. ▲*at the very onset* 刚一开始.
onshore *a.*; *ad.* 在岸上(的),向(着)海)岸的. *onshore winds* 向岸风.
on-site *a.* (在)现场的,就[当,原]地的.
on'slaught ['ɔnslɔːt] *n.* 猛攻,突击(on).
on-state *a.* (处于)接通(状态下)的,接通时的,开态.

on-state resistance 通路(时的)电阻.
on-stream *a.* 在生产中的.
on-target detector 目标瞄准[命中)指示器.
Ontario [ɔnˈtɛəriou] *n.* ①(加拿大)安大略省 ②铬合金工具钢(碳 1.48%,铬 11.58%,钒 0.29%,钼 0.75%,锰 0.29%,硅 0.34%).
on-test *a.* 试验开始的,试验进行中的.
on-the-air *a.* 正在广播[播音中]的,(发信机)在工作中的,(电波)正在发射的.
on-the-farm performance testing 现场生产性能测定,现场成绩测定.
on-the-fly printer 高速旋转印字器,飞击式打印机.
on-the-job *a.* 在工作中的,在职的.
on-the-road *a.* 在路上的,在公路上行驶的. *on-the-road mixer* 就地拌和机. *on-the-road requirement* (车辆)使用要求.
on-the-shelf *a.* 滞销的,搁置的,废弃的.
on-the-site labour 工地劳动力.
on-the-spot *a.* 现[当]场的.
on-time *n.*; *ad.* 工作[接通持续]时间,及[准]时.
on'to ['ɔntu(ː)] *prep.* 向…(方面),到…上,在…上.
ontogen'esis 或 **ontog'eny** *n.* 个体发育(史).
ontol'ogy [ɔnˈtɔlədʒi] *n.* 本体论,事物的本体.
o'nus ['ounəs] *n.* 义务,责任,负担,过失.
on'ward ['ɔnwəd] *a.*; *ad.* 向前(的)(进,进步的). *move onward* 向前移[运]动,前进. *onward movement* 前进运动. *onward transmission* 转交.
on'wards ['ɔnwədz] *ad.* 向前,前进. *move onwards* 向前移[运]动,前进. ▲*from M onwards* 从 M (算)起,从 M 以来. *from this day onwards* 从今天起,从今以后.
Onychophora *n.* 有爪类.
on'yx ['ɔniks] *n.* 缟[条纹,截子]玛瑙,石华.
o/o = between outside 面间.
OOA = optimum orbital altitude 轨道最适高度.
oocyan(in) *n.* 胆绿素,蛋壳青素.
o'ocyte *n.* 卵母细胞.
oogamete *n.* 雌(卵]配子.
oog'amy *n.* 异配(卵式]生殖,卵配.
oogen'esis *n.* 卵子发生.
oogo'nium *n.* 卵原细胞,卵囊,藏卵器.
ooide *n.* 鲕石.
ookinesis *n.* 卵核分裂.
ookinete *n.* 动合子.
oolemma *n.* 卵黄膜.
o'olite *n.* 鲕状岩,鲕石.
o'olith ['ouəliθ] *n.* 鱼耳石.
oolit'ic *a.* 鱼卵状的,鲕状(的).
ooo = out of order (有)障碍的,(有)故障的.
ooplasm *n.* 卵质.
OOS = out of sight 视界外.
o'osperm *n.* 受精卵.
o'osphere *n.* 卵球(芽).
o'ospore *n.* 卵孢子,受精卵,被囊合子.
o'otid ['uotid] *n.* 卵(细胞).
ooze [uːz] *v.*; *n.* ①(慢慢)渗出(物),徐徐流出,渗出(物),分泌(物),漏(滴)出,泄漏(out),(逐渐)消失(away) ②泥浆,软(淤,潮,海]泥,河床[海底]沉淀物 ③沼地. *ooze film* 软泥薄层. *ooze sucker* 吸泥器,渗水吸收器.

ooz'y ['u:zi] *a.* ①(有, 像)软[淤]泥的, 泥浆的 ②渗[漏, 滴]出的.

OP =①oil pressure 油压 ②oil pump 油泵 ③open coat 疏涂[饰]层, 疏上胶层 ④operating procedure 操作程序 ⑤optical probe 光学探头 ⑥orbital period 轨道周期 ⑦ordnance pamphlet 军械小册子 ⑧outer panel 外翼段 ⑨out-put 输出 ⑩outside primary 初级线圈外端 ⑪over pressure 过压 ⑫over proof 超过额定的.

op amp =operational amplifier 运算放大器.

op cit =(拉丁) *opere citato* (in the work cited)在所引的书中.

OP magnet (铁钴氧化物)烧结磁铁, 强顺磁性磁铁.

opaca n. 荫暗的.

opacifica'tion [opæsifi'keiʃn] *n.* 浑浊化.

opac'ifier [ou'pæsifaiə] *n.* 遮光剂, 不透明[光]剂.

opacim'eter n. 暗度计.

opacitas (拉丁语) *n.* 浑浊, 不透明(区)浊斑.

opac'ity [ou'pæsiti] *n.* 不透明(体), 不透(明, 光)性, 不透(明)度, 不透明系数, 遮光性, 暗(浑浊, 阻光)度, 浊斑, 不透明声[热], 昏[阴]暗, 意义模糊.

opa'cus [ou'peikəs] *a.* 蔽光的(云).

o'pal ['oupəl] *n.*; *a.* 蛋白[猫眼]石 ②乳白[色] 玻璃 ③乳白的. *opal glass* 乳白(色)玻璃, 玻璃瓷.

opales'cence [oupə'lesns] *n.* 乳(白)光[白]色.

opales'cent [oupə'lesnt] 或 *opalesque'* *a.* 发乳(白)光的, 乳色的.

o'paline I ['oupəlain] *a.* 发乳(白)光的, 乳白色的, 蛋白石(似)的. II ['oupəli:n] *n.* 乳白玻璃.

o'palwax *n.* 乳白蜡(一种氢化植物蜡).

opaque [ou'peik] I *a.* ①不透[明, 光]的 ②不传导电流的, 不传热的, 隔音的 ③无光泽的, (晦, 昏)暗的, 浊的 ④含糊的, 迟钝的. II *n.* ①不透明(体), 黑暗①遮光涂料 ③遮檐. *opaque body* 不透明体. *opaque mask* 不透明屏幕. *opaque projector* 反射式(电视)放映机. *opaque to nucleons* 对于核子不透明的. ~*ly ad.* ~*ness n.*

OPC =ordinary portland cement 普通水泥.

OPD =out-patient department 门诊部.

OPDAR =optical direction and ranging 光雷达, 光学定位[向]和测距.

OPEC = Organization of Petroleum Exporting Countries 石油输出国组织.

o'pen ['oupən] I *a.* ①开(着, 口, 式, 放, 阔)的, 张[展, 敞]开的, 敞口[式]的, 明(露)的, 露天的, 不[遮]盖的, 无包封的 ②无断路[开]的③有空(隙)的, 多孔的, 疏松的 ④公共的, 公开[然]的 ⑤开始工作的, 营业着的 ⑥(河流)不冰封的, 无冰的 ⑦未决定的, 未决定的. II *v.* ①(打, 揭, 展, 张, 解, 断)开, 开启[放, 口, 发, 垦, 拓, 通, 辟, 展, 始, 火), 断[开路], 打通, (使)通车 ②公开, 泄露, 解释, 说明, 启发, 表[展]示, 显现裸露 ③开业, 创立 ④开证. III *n.* ①空地, 露天, 户[外, 空]外 ②开路. *leave a matter open* 悬而不决. *normally open* 常断[开]的. *open a mine* 开矿. *open a well* 打井. *open account* 赊账, 未结算的帐. *open air* 露天, 户外空气. *open annealing* 露天退火. *open arc lamp* 敞式(无罩, 室外)弧光灯. *open arc welding* 明弧焊. *open area factor* (筛子的)开孔面积系数. *open beading* 波纹板冲压法. *open belt* 开口皮带(传动), 开式传动皮带. *open block square* 空心矩形尺. *open bridge* 敞(空)式桥. *open bridge floor* 明(无碴)桥面. *open burning coal* 非结焦性煤. *open butt joint* 开口对接. *open car* 敞篷车. *open cathode* 开(阴)阳极. *open cell* 开路电池. *open center* 中立开口(阀)(滑阀在中立位置, 全部通路相通). *open cheque* 普通支票. *open chock* 开口导缆钳. *open circuit* 断[开]路, 开式[环](液压)回路, 开式(分级)流程. *open circuit characteristic* 空载[开路]特性. *open circuit voltage* 空载[开路]电压. *open coat* 疏涂[饰]层, 疏上胶层. *open coil* 开路线圈. *open collet* 弹簧套筒夹头. *open core (type)* 空心式(铁芯), 开芯(式). *open cycle* 开式循环. *open delta connection* V 形接法. *open end* 见 open-end. *open flow capacity* 敞喷能力, 无控制出油能力. *open front* 前开式. *open fuse* 明(敞式)保险丝. *open gate* 通门. *open grain structure* 多孔结构, 粗晶组织, 结晶粗大. *open ground* 天然(无保护层)的地面. *open hearth* 平炉. *open height* 开口高度. *open joint* 骞缝接头, 明缝, 开口接合. *open letter* 公开信. *open line* 明线, 外通路线. *open loop* 开环, 开(口回)路. *open mining* 露天开采. *open mold* 敞开铸型, 闸型. *open pass* 开口[式]孔型. *open pit* 采石场, 露天坑洞[矿坑]明坑[井], 样洞. *open port (harbour)* 通商口岸, 自由港. *open question* 未解决的(待研究)的问题. *open railway crossing* 不设护栅的铁路交叉. *open river stage* 河道通航期. *open routine* 开型(直接插入)程序. *open sand* 粗[多]孔, 开式级配[砂]. *open sand casting* 【铸】明浇, 地面浇铸, 敞浇铸件. *open sea* 公(大)海. *open sea canal* 通海运河. *open shop* 开放式程序站(计算站, 机房). *open side planer* 单柱[侧]床, 单臂龙门钝床. *open side type* 单柱式, 侧敞开式. *open slating* 碗错石板. *open steam* 直接蒸汽. *open space* 空地, 空间隙. *open steel* 沸腾钢, 不完全脱氧钢. *open subroutine* [subprogram] 开型(直接插入)子程序. *open system* 开式, 外通[开](管), 开放式)系统. *open territory* 空旷地区. *open texture* 稀松(开式级配), 多孔隙(组织). *open (the book) at page 12* 翻开(书本)第十二页. *open time* 断开[间隔]时间. *open tolerance by 0.005 inch* 把(原定)公差放宽 0.005 英寸. *open traverse* 不闭合导线. *open type rack* 单面(开式)机架. *open washer* 开口(C形, 弹簧)垫圈. *open weather* 暖和的天气. *open work* 露天开采. *opened coil annealing* 松卷退火. *The door is open.* 门开着. *The door is opened.* 门开了.

▲*be open to* 对(向)⋯开放, 通向, 与⋯相通, 有⋯的余地, 易受到; 容易被. *be open to question* 值得怀疑, (还)有争议, 引起争论. *be open to an offer* 愿意考虑某一提议. *be open with* 不隐瞒. (be) opened by [with]以⋯开始, 用⋯打开. be opened to the sky (是)敞开的. come out into the open (成为)公开. fly open (门)突然敞开. in *the open* 公然,公开地,露天,在室〔户〕外,在野外. *keep one's eyes open* 留神看看,留神找,注意发现. *open M for N* 为 N 展〔打,张〕开 M. *open here* 从此打开. *open into* 〔on, onto〕通到〔向〕. *open manner* 直率的态度. *open out* 打〔展,张〕开,使膨胀,加速,揭示,显露,疏散,发达. *open the way to* 〔for〕给…打开了道路,给…提供了方便. *open to* 朝…开,朝〔通〕向,对…敞开的,与…相通的. *open up* 开辟,发展,打通,打〔剖,揭,张〕开,(涌)现出. *open upward* 〔*downward*〕(容器口)朝上〔下〕. *open with M* 从 M 开始. *with open arms* 张开手臂,热诚(欢迎). *with open eyes* 睁着眼睛,神神地,吃惊地.

o'penable ['oupnəbl] a. 能开的.
o'pen-air a. 野〔户,室〕外的,露天的.
open-armed a. 衷心的,热诚的.
o'pencast 或 **o'pencut** n. 露天开采的矿山. a.; ad. 露天开采的(地). *opencast coal* 露天煤矿. *opencut mining* 露天采矿〔开采〕. *opencut tunnel* 明挖隧道.
open-circuit n. 开路.
open-coil n. 开〔路线〕圈.
open-delta n. V-形(连接),开口三角形(连接).
o'pened a. 开(路)的,断开的. *opened coil* (退焊前松开的带)卷.
open-end(**ed**) a. 开口的,可扩充的,无底的,无终止的,无尽头的,有效期不定的. *open-end span* 无底桥跨. *open-end wrench* 或 *open-ended spanner* 开口扳手. *open-ended design* 可扩展设计(能适应未来发展的设计). *open-ended line* 终端开路线.
o'pener ['oupnə] n. ①开启工具,开销〔口器〕,开…机 ②直头〔扳直,直卷)机 ③开启〔始〕者. *coil opener* 带卷直头机,开卷机. *knuckle opener* 钩爪扳钥. *spring opener* 开簧器.
open-faced a. 光〔露〕面的,坦率的.
open-flame furnace 有焰炉.
open-flow system 放流型,开管系统.
open-flux-path n. 开磁路.
open-graded a. 开式级配的,松级配的.
open-grain structure 粗晶组织,多孔式结构.
open-grid n. 自由栅,悬栅,栅极开路.
openharbo(**u**)**r** n. 自由港,无掩护港口.
open-hearth (**furnace**) n. 平〔膛〕炉. *open-hearth furnace plant* 平炉炼钢厂.
o'pening ['oupniŋ] n.; a. ①开〔放,启,始,发,沟〕(的),打开 ②开〔口,孔,缝〕口,洞,缝,隙,开口,口径,通路〔道〕③ 【轧】辊缝,掀极 ④断开〔路〕,切断 ⑤松压,分解 ⑥空地. *air intake opening* 进气孔〔口〕. *centre opening* 中心孔. *charge* 〔*charging, feed, receiving*〕 *opening* 装〔加,进〕料口. *deliver an opening address* 致开幕词. *die opening* 模膛〔槽,孔〕. *mesh* 〔*sieve*〕 *opening* 筛孔. *opening angle* 开度角,孔径角. *opening bank* 开证银行. *opening between rolls* 轧辊间距离. *opening by concentrated acid* 浓液分解法. *opening of bids* 开标. *opening of cock* 旋塞开度,管塞口. *opening of the telescope* 望远镜视野. *opening of tuyere* 风口. *opening time* 断开〔动作,开幕〕时间. *roll gap opening* 辊隙开口度. *roll*〔*mill*〕 *opening* 轧辊开度,辊隙. *root opening* 焊缝底距. *sheath opening* 铅皮开口. *tap opening* 放液孔. *valve opening* 阀门口,活门通口〔度〕.

opening-limiting device (导叶)开度限制装置.
open-jawed spanner 开口爪扳手.
open-joint n. 有间隙接头.
o'penly ['oupnli] ad. 公开地,公然,直率地.
open-mouthed a. 敞(大)口的.
o'penness ['oupnnis] n. 敞开,开放,空旷,公开,直率,松脆.
open-pit n. 露天开掘的. *open-pit mining* 露天开采.
open-reel n. 开盘式(录像机).
open-riser n. 明冒口.
open-steel n. 沸腾钢.
open-taxtured a. 开级配的,不密实的,多孔的.
open-top a. 敞(开口)口的.
open-tube vapor growth 开管法气相生长.
open-type a. (敞)开式的.
open-web a. 空腹的. *open-web girder* 空腹大梁.
open-wharf mooring island 系泊岛式码头.
open-wire circuit 架空明线线路.
open-wire line 明线.
o'penwork n. ①网格(状)细工,透雕细工 ②露天采掘(场).
oper = ①operation ②operator.
op'era ['ɔpərə] n. ①歌剧 ②opus 的复数. *opera glass*(*es*) 观剧用的小望远镜.
operabil'ity n. (可)操作性(度),适用性,可手术性,手术率.
op'erable ['ɔpərəbl] a. ①可操作〔运转〕的,可动手术的 ②切实可行的,实用的.
operameter n. 动数计,运转〔转速〕计.
op'erance n. = operation.
op'erand ['ɔpərænd] n. 运算对象,运算数,运算量〔域〕,操作数,基数. *operand queue* 操作数队列. *operand word* 操作数字.
op'erant a. 工作的,有效验〔果〕的.
op'erate ['ɔpəreit] v. ①操作〔纵〕,控制,驾驶,管理,经营 ②运行〔转,用〕,工(动作,开〔起,启〕动,(使)转〔移〕动 ③运〔计〕算 ④作战(against),飞行 ⑤(起)作用〔影响〕,见效 ⑥完成,引起,决定 ⑦动手术,开刀(on, upon, for). *operate a machine* 开动〔操作〕机器. *operate a pointer* 使指针移动. *operate miss* 操作〔控制,运算〕误差. *operate power* 操作〔运行〕功率. ▲*operate as*…起…作用. *operate off M* 以 M 为动力来关闭. *operate on*〔*upon*〕M 影响 M,对 M 起作用(产生影响,生效),靠 M 来开动〔运转,工作〕,处理 M. *operate over long distances* 远距离飞行〔操作〕.
op'erated a. 操作的,控制的,开〔起〕动的,运转的,管理的. *compressed-air operated* 气力(动)的,气压传动的,风力的. *hand operated* 人工操作的,手动的. *hydraulic operated* 液压操纵的. *operated digits* 被加数的〔被操作〕数位. *pneumatically operated* 气动的. *relay operated* 继电器(起动)的. *remotely operated* 遥控的,远距离控制的.
op'erating a. 操作〔纵〕的,控制的,工作的,运转〔行,用〕的,有作用的,有效的,管理〔经营〕的,营业上的. *operatingboard* 工作台,控制〔操作〕盘. *operating characteristic* 操作〔工作,运行,使用〕特性. *operating control* 操作〔运算〕控制装置. *operating cost* 保养〔运用〕费. *operating current* 工作〔吸持,吸动〕电流. *operating derrick* 生产用井架. *operating distance* 作用〔有效,无线电测量〕距离. *operating forepressure* 工作〔操作〕前级压强. *operating height* 飞行高度. *operating house* (活动桥)开关房,工作室. *operating life* 使用〔工作〕寿命,使用期限. *operating line* 作业线,操作线. *operating (instruction) manual* 操作规程〔手册,说明书〕,使用指示书. *operating means* 工质(指桨中工作液体). *operating mode* 工况. *operating personnel* 管理〔服务〕人员. *operating radius* 作用半径. *operating range* 工作〔作用,运转〕范围,有效〔作用〕距离,工作间隔. *operating refinery* 石油加工厂. *operating repairs* 日常维护检修. *operating switch* 工作开关. *operating system-management* 操作系统管理. *operating threshold* 工作限,工作阈. *operating time* 运转〔动作,工作,操作〕时间. *operating unit* 操作〔运算〕部件,调节机构.

opera'tion [ɔpəˈreiʃən] *n.* ①操作〔纵,控制,管理,实施,营,经〕法,生产,施工,作业,工作,业务 ②运行〔转,用〕,工\[动\]作,开\[起\]动 ③运算(过程,步骤,指令 ④计算,运算,操作指令 ⑤作用,效果〔力〕,适应,使用,有效范围〔期间〕⑤作战,飞行,军事行动,行动计划 ⑥(外科)手术. *all weather operation* 全天候工作. *Atomic Product Operations* 原子工厂. *batch operation* 间歇作业〔运行,操作〕,分批操作,周期过程. *cascade operation* 级联(过程,工作). *clamping operation* 固定,捆,绑. *directing operation* 控制操纵(程序). *duplex operation* 双工通信〔电报〕. *duty-cycle operation* 工作循环. *four operations* 四则(运算),加减乘除. *free-running operation* 自由振荡. *handling operation* 服务,管理. *idle operation* 空转. *intermittent operation* 间歇状态的运行,间歇操作. *irreversible operation* 不可逆运算,不可逆工作状态. *machining operation* 机械〔切削〕加工. *manual operation* 人工操作〔接续,控制〕,手工操作. *no delay operation* 无延迟接续. *nulling operation* 零位调整,归零. *once-through operation* 单循环. *one-time operation* 只能使用一次,一次有效利用. *operation code* 【计】操作〔运算〕码. *operation drawing* 加工图. *operation factor* (ratio) 运算(行)率. *operation frequency* 操作〔工作〕频率. *operation guide computer* 制导〔导向〕计算机. *operation sequence* (操作)工序,工作程序. *plant (scale) operation* 工业(大规模)生产. *plugging operation* 管材在芯棒上的辗轧. *random operation* 偶然动作〔吸合〕. *reclaimer operation* 回收操作〔作业〕. *red-tape operation* 程序修改. *time-averaging operation* 按时间取平均数. *unit operation* 单元操作. *working operation* 工序,工作行程〔冲程〕. ▲*bring ... into operation* 将……投入生产〔开始运转〕. *come (go) into operation* 开始工作〔运转〕,生效,(被)实施. *in a single operation* 一道工序(地),一次操作(地). *in operation* 运转〔使用,操作,实施〕中. *keep M in operation* 保持 M 运转〔有效〕. *out of operation* 停止工作〔运转〕. *put M in* [*into*] *operation* 把 M 投入生产,使 M 运转,实施,施行. *put M out of operation* 使 M 停止运转〔生效〕.

operation-address register 运算地址寄存器.

opera'tional *a.* ①操作(上)的,工作的,业务的,运转〔用〕的,(可供)使用的 ②计〔运〕算的 ③作战的. *operational amplifier* 运算〔操作〕放大器. *operational beacon* 工作指标. *operational calculus* 运算微积(分). *operational character* 操作符,运算符号,控制字符. *operational characteristics* 使用特征,行驶特性. *operational data* 工作〔运算〕数据. *operational development* 产品改进性研制. *operational form* (运)算子(形)式. *operational function* 经营〔作业〕职能. *operational pavement system* 路面设计运筹体系. *operational reliability* 工作〔事务,运行〕可靠性. *operational research* 运筹学. *operational sequence* (操作)工序,工作程序. *operational test set* 工作状态测试设备. *operational use time* 有效〔工作〕时间. ▲*be operational* 可供使用. *become operational* 开始运行.

operation-control switch 操作控制开关.

op'erative [ˈɔpərətiv] Ⅰ *a.* ①操\[动\]作的,运转〔行〕的,工作的,实施的,作业的 ②运算的 ③有效力的,现行的 ④手术的. Ⅱ *n.* (技术)工人,职工. *become operative* 生效. *operative weldability* 【焊】操作工艺性.

op'erator [ˈɔpəreitə] *n.* ①操作人员,工作者,技师,驾驶〔工\]人,计算,测量者,报务,接线,机务,调车,作业,值源〕员,装配工,经营者,手术者. ②(运)算子,算符,操作符〔码〕,运算数 ③控制器,操作〔操纵〕机构. *admittance operator* 导纳算子. *bearing operator* 方位测定员. *chief operator* 组长,班长. *coder operator* 译码算子,译电员. *computer operator* 计算机算子,计算机操作人员. *controlling operator* 总局,控制局,话务员. *crane operator* 吊车司机. *flow operator* 流量控制器. *lathe operator* 车工. *operator guide system* 操作机械制导系统. *operator in charge* 领航人员. *operator license* 驾驶执照. *operator notation* 算符号. *operator on duty* 值班员. *operator part* (指令的)操作码〔运算〕部分. *operator precedence* 算符优先. *OR operator* "或"算子. *range operator* 测距员,距离操作手,测距器. *range-tracking operator* 距离跟踪员. *recorder operator* 电影摄影师,记录器操纵人员. *utility operator* 辅助工. *welding operator* 焊工.

operon *n.* 操纵子.

OPGV = optimum practical gas velocity 最佳实际气体流速.

ophical'cite [ɔfiˈkælsait] *n.* 蛇纹大理岩.

ophiolite n. 蛇纹石,蛇绿岩.
ophitic texture 辉绿结构.
ophiuride n. 【数】蛇尾线.
ophthal'mia n. 眼(结膜)炎.
ophthal'miater [ɔf'θælmieitə] n. 眼科医生.
ophthal'mic a. 眼的.
ophthalmol'ogy n. 眼科学.
ophthalmom'eter n. 眼科检查镜,眼膜曲率计.
ophthal'moscope n. 检眼镜,眼膜曲率镜.
ophthalmotonometer 眼压计(测量内压力的).
ophthalmus n. 眼.
OPI =①off-site production inspection 现场外的生产检查 ②outside purchase inspection 外购品检查.
o'piate I n. 鸦片(制)剂,麻醉剂(物). I a. 安眠的,麻醉的.
opine [ou'pain] v. 想,以(...认)为.
opin'ion [ə'pinjən] n. ①意见,见解,看法,舆论,(pl.)主张 ②判断,评价,鉴定. *public opinion* 舆论. *A matter of opinion* 看法问题. *act up to one's opinions* 按...的意见行事. *be of (the) opinion that* 认为,相信. *form an opinion of (about)* 对...形成意见. *give an opinion on* 对...表示意见. *have (form) a good (high) opinion of* 认为...好,对...评价很高,相信.... *have no opinion of* 对...无好评. *have the courage of one's opinions* 敢说敢做. *in my opinion* 我以为,据我看来,照我的看法. *in the opinion of* M 照 M 的看法,M 认为. *of the same opinion* 抱同一意见(看法). *pass an opinion* 下结论.
opin'ionated a. 坚持己见的,顽固的,武断的.
opisom'eter n. (测量地图等曲线距离的)计图器,曲线仪.
opisthotonus n. 角弓反张.
o'pium ['oupjəm] n. 鸦片,麻醉剂.
OPLE =Omega positioning and locating equipment 奥米伽定位设备.
o. p. m. =operations per minute 每分钟动作的次数.
OPN =open 开.
OPNG =opening 开口.
OPP =①opposed 对面,相反的 ②opposite 相反的,对面的.
op-pa'tenting n. 织洛老式淬火法.
op'pilate ['ɔpileit] vt. 闭塞,阻止.
oppo'nent [ə'pounənt] I a. 敌(反)对的,对抗(立)的. II n. 对(敌)手,反对者.
op'portune ['ɔpətju:n] a. 合适的,恰好的,及时的,合时宜的,凑巧的. *opportune rain* 及时雨. *at a most opportune moment* 在最恰当的时候. ~ly ad.
opportu'nism [ɔpə'tju:nizm] n. 机会主义.
opportu'nist n.; a. 机会主义者(的). ~ic a.
opportu'nity [ɔpə'tju:niti] n. 机会,时机,可能. ▲*afford* [find, get, miss, seize, take] an *opportunity* 给予(找到,得到,失去,抓住,利用)机会. *at the earliest* [first] *opportunity* 一有机会,尽早. *have an opportunity to* +inf. [for +ing, of +ing] 有...的机会,有机会.... *make an opportunity to* +inf. 造成...的机会. *make the most of an opportunity* 极力利用机会. *on the first opportunity* 一有机会.

oppose' [ə'pouz] vt. ①反对(抗),抗辩 ②使对立(相对,对问),对...对抗. *oppose imperialism* 反对帝国主义. *oppose violence to violence* 以暴力对付暴力. *opposing connection* 对绕. *opposing current* 逆(对向)流. *opposing electromotive force* 反电动势. *opposing vehicle* 对(相)向车辆. *series opposing* 反向串联. ▲*oppose* M *against* (*to*)N 把 M 与 N 对照(相对比),使 M 对抗 N,以 M 反对 N,使 M 与 N 相对立. *oppose oneself to* 反对.
opposed' a. ①相对的,对立(向,置)的 ②反对的,对抗的. *opposed cylinders* 对置汽缸. *opposed diodes* 对接二极管. ▲*as opposed to* ...与...相反(不同,相对(立)). *be* (stand) *opposed to* ...反对...,与...相对立.
opposed-piston n. 对置活塞.
op'posite ['ɔpəzit] a., n., ad.; prep. ①相对(的,者),(在)对面的,对立(的,物,面),反对的,对向(置,的,生)的...(在...)对过 ②相反(的,物),反向的,相对应的 ③不同(极)性的,不同号的. *opposite angles* 对(顶)角. *opposite arc* 反向弧. *opposite change* 对换,180°换向,转180°. *opposite direction* 对(相)向,相反的的方向. *opposite edge of a polyhedron* 多面体的对棱. *opposite faces* 对立面. *opposite forces* 对向力. *opposite number* 对手,对等人物. *opposite orientation* 反定向. *opposite pole* 异性极. *opposite pressure* 反压力. *opposite sense* 反指向. *opposite sequence* 逆顺序,逆序列. *opposite side* 对边. *opposite sign* 异(反)号. *Quite the opposite*. 正好相反. *stand opposite* 立(站)在对面. *the unity of opposites* 对立的统一. θ *is the angle opposite the side AB*. θ 是对着 AB 边的角. ▲(*be*) *at opposite ends* 位于两端. (*be*) *opposite* (*to*)...在...对面,对...的对面,与...相反. *opposite from* ...与...相反(相对,不相容)(的). *equal and opposite* 大小相等方向(符号)相反. *For every action there is an equal and opposite reaction.* 每一个作用都有一个大小相等方向相反的反作用. *the opposite of* ...和...相反.
opposite-flow n.; a. 逆流(的).
op'positely ad. 反反地,相反地,在相反的位置上,对面,背对背. *oppositely charged particles* 电荷相反的粒子. *oppositely directed* 反向的,方向相反的. *oppositely oriented* 反向定向的. *oppositely sensed* 反指向的.
opposit'ion [ɔpə'ziʃən] n. ①对立(置,向,抗),相对 ②矛盾 ③反(对,抗)的,抵抗),反作用 ④障碍物 ⑤【天】冲,(月)望 ⑥(资本主义国家)反对(在野)党. *air opposition* 空中对敌. *offer opposition* 加以反对,予以反抗. *meet with opposition* 遭到反对. *opposition of propositions* 命题的对待关系. *phase opposition* 反相(位). *The moon is in opposition with the sun.* 月亮在望点. ▲*in opposition to* M 与 M 相反(不和),反对 M. *in opposition to each other* 互相对立,面对面. *rise in opposition to* ... 起来反对....
oppositipolar a. 对极的.

oppress' [ə'pres] *vt.* 压迫〔制,抑〕,重压,使难以忍受.

oppres'sion [ə'preʃən] *n.* ①(受)压迫,压迫行为,压〔抑〕制 ②沉闷,闷热. **oppres'sive** *a.*

oppres'sor *n.* 压迫者,暴君.

oppro'brious [ə'proubriəs] *a.* ①骂人的,辱骂的 ②可耻的,丑恶的. ~ly *ad.*

oppro'brium [ə'proubriəm] *n.* 责骂,耻辱.

oppugn' [ə'pju:n] *vt.* 怀疑,反对〔驳〕.

OPR = ①operate ②operating ③operation ④operator.

OPRNL = operational 操作上的,业务上的,作战上的.

opsearch = operational [operations] research 运筹学.

opsin *n.* 视蛋白.

opsiom'eter [ɔpsi'ɔmitə] *n.* 视力计.

op'sonin *n.* 调理素.

opsopyrrole *n.* 3-甲基-4-乙基吡咯.

OPT = ①operational pressure transducer 操作上的压力传感器 ②optical 光学的 ③optimum 最适度,最佳条件 ④optional 随选的,随意的 ⑤output transformer 输出变压器.

opt [ɔpt] *vi.* ①选择,挑选(for, between) ②不参加,停止,排除(out).

Opt. s = optical sight 光学瞄准具.

optacon *n.* (激光)盲人阅读器.

OPTAR = optical automatic ranging 光学自动测距计.

op'tic ['ɔptik] Ⅰ *n.* 镜片(指光学仪器中的透镜、棱镜等). Ⅱ *a.* =optical.

op'tical ['ɔptikəl] *a.* ①光(学,导)的,旋光的 ②视觉〔力〕的,眼〔睛〕的. *optical activity* [rotation] 旋光性〔度〕. *optical bench* 光具座. *optical branch* 光学支. *optical cavity* 光学共振器腔〔谐振腔〕. *optical center* 光心. *optical character reader* 光字符读出器〔阅读机〕. *optical direction and ranging* 光雷达,光学定向和测距. *optical eclipse* 光线日食. *optical fiber* 光导纤维. *optical filter* 滤光器〔镜〕,滤色镜. *optical flat* 光学平玻璃,(光学,平行)平晶,光学平面样板. *optical head* 光度头(投影器). *optical heterodyne radar* 光频外差雷达. *optical horizon* 直视地平视. *optical illusion* 光错觉,光幻视,错觉. *optical indicator* 光(学)指示器,测微显微镜. *optical inversion* 偏振转向(现象). *optical isolator* 光频隔离器. *optical light filter* 滤光〔色〕镜(片),光学滤波器. *optical maser* 激光器,光脉泽器,量子放大器. *optical mixing* 光混频. *optical parallel* 光学(平行)平晶,光学平行计. *optical path* 光程(径). *optical pattern* 反光图案,光带图形. *optical phased array* 光频整相阵列,光频相控阵. *optical phonon* 光频(学)声子. *optical pumping* 光泵激,光学泵作用(泵唧啊,泵抽动). *optical pyrometer* 光测高温计. *optical range* 视线〔光测〕距离,光视距. *optical reader* 光输入机,光阅读机. *optical sight* 光学瞄准镜. *optical sound talkie* 光电式有声电影. *optical square* 直角(转光,旋光)器,光直角定规. *optical system* 光具组,光学〔机〕系统. *optical transistor* 光敏晶体三极管. *optical viewfinder* (摄影机)光学寻像器,(照相机)取景器. *optical "yardstick"* 光码尺.

op'tically *ad.* 光学上,用视力的. *optically active* 旋光的. *optically denser* [thinner] *medium* 光密〔疏〕媒质. *optically inactive* 不旋光的. *optically ported CRT* 光(投影)窗式显像管.

optically-derived transform 光导变换式.

op'ticator ['ɔptikeitə] *n.* (仪表的)光学部分,光学扭簧测微仪.

optic'ian [ɔp'tiʃən] *n.* 光学仪器(制造)商,眼镜商.

op'ticist ['ɔptisist] *n.* 光学家.

optic'ity *n.* 旋光性,光偏振性.

op'ticon *n.* 第三视神经节,第二髓板.

op'tics ['ɔptiks] *n.* 光学,光学器(件,光学系统.

op'tidress *n.* 光学修正. *optidress projector scope* 光学修正投影显示器.

op'tima *n.* optimum 的复数.

op'timal ['ɔptiməl] *a.* 最佳〔优〕的,最恰(当)的,最(适)宜的. *optimal control* 最佳〔优〕控制. *optimal flow* 分布最佳的车流.

optimal'ity *n.* 最优性.

optimat'ic *n.* 光电式高温计,一种光电式的光.

optim'eter *n.* 光学比较〔长〕仪,光电比色计. *optimeter tube* 光较管,光学比较光管. *projection optimeter* 投影(式)光学比较仪.

optiminim'eter *n.* 光学测微仪.

optimisation *n.* =optimization.

optimise *v.* =optimize.

op'timism ['ɔptimizəm] *n.* 乐观(主义),信心.

op'timist ['ɔptimist] *n.* 乐观主义者,充满信心的人.

optimis'tic(al) *a.* ①乐观的,有信心的 ②最有利的. *optimistic time estimate* 最短时间估计. **optimis'tically** *ad.*

optimiza'tion [ɔptimai'zeiʃən] *n.* ①最佳〔优〕化,最优法,(使)最恰当〔适宜,适合〕②最佳特性确定,最佳条件选配,最佳数值〔参数〕选定 ③优选(法,技术). *linear optimization* 线性最佳化. *optimization of parameters* 最佳参数选择. *optimization of vertical curves* 竖曲线最优设计.

op'timize ['ɔptimaiz] *v.* ①优选,(使)最佳〔优〕化,(使)最恰当〔适宜,适合〕②确定...的最佳特性,选择...的最佳条件,选定...的最佳数值〔参数〕③发展至极限,使发挥最大作用 ④表示乐观. *optimizing controller* 最佳控制器〔装置〕.

op'timum ['ɔptiməm] *a. ; n.* 最佳(的,值,点,状态,条件,方式),最适(应,度)的,最优(的,值),最适宜(的,点,值,情况,条件),最恰当(的,值),最有利的,良性的. *optimum code* 最优编(代)码. *optimum conditions* 最有利条件,最佳状态. *optimum programming* 最佳程序设计,最优(线性)规划. *optimum seeking method* 优选法. *optimum speed* 最佳(临界)速率. *optimum temperature* 最佳温度.

op'tion ['ɔpʃən] *n.* ①选择(能力,的,余地,的自由),挑选,(选择)方案,任选项,自由选择,取舍 ②可选择之物,备选样机 ③随(任)意. *None of the options* *is satisfactory.* 这些(选择)方案[所选择之物]没有一个令人满意. *option switch* 选择开关. ▲*at one's option* 随[任]意. *have no option* 没有其它的选择余地. *have no option but to* +*inf*. 除…外别无办法,非…不可,只好…. *leave to one's option* 任人选择. *make one's option* 进行选择.

op'tional ['ɔpfənl] *a.* ①随[任]意的,任选的,可选择的 ②非强制的,不是必须的. *optional equipment* 附加[备用]设备. *optional extras* 任选附件. *optional gear ratio* 可变齿轮速比. *optional test* 选定(项目的)试验. *sign optional* 任意符号(正或负). ～**ly** *ad.*

op'tiphone *n.* 特种信号灯.
op'tist ['ɔptist] *n.* 验光师.
opto- 〔词头〕眼,视(觉,力).
opto-acoustic *a.* 光声的.
optochin *n.* 奥普托欣(乙基氢化羟基奎宁的商品名).
optoelectron'ic *a.* 光(学)电(子)的. *optoelectronic scanning* 光电扫描(术).
optoelectron'ics *n.* 光(学)电子学.
op'togram *n.* 视网膜像.
optomagnet'ic *a.* 光磁的.
optom'eter *n.* 视力计.
optom'etrist *n.* 验[配]光技师.
optom'etry *n.* 验光,视力测定(法).
optomotor *n.*; *a.* 视动(的).
op'tophone *n.* 盲人光电阅读装置,光声器,光声对讲器.
optotransis'tor *n.* 光晶体管.
optotype *n.* 验光[试视力]字体.
op'tron *n.* 光导发光元件.
optron'ic *a.* 光导发光的.
optron'ics *n.* 光电子学.
op'ulence ['ɔpjuləns] *n.* 富裕,丰富. **op'ulent** *a.*
o'pus ['oupəs] 〔拉丁语〕 *n.* (pl. *op'era* 或 *op'uses*) 著作,(艺术,音乐)作品,乐曲. *opus incertum* 有混凝土块填心的毛石砌体. *opus latericium* 嵌砖混凝土墙. *opus mixtum* 砖面圬土墙.

OQC =outside quality control 外部质量控制.

or [ɔː] *conj.* ①或(者). *white, grey or black* 或 *white or grey or black* 白的、灰的或黑的. *two or three miles* 两三英里. *ten or more* 十个或十个以上(比较);ten and more 十几.
②〔or 前常有逗点〕即,就是. *a meter or 100 centimeters* 一米即100厘米. *the off or far side* 较远的一边即那一边. *We shall now discuss motion along a straight line, or rectilinear motion.* 现在讨论沿直线的运动,即直线运动. ③否则,要不然. *A body must be made to move, or no work is done.* 必须使物体移动,否则便没有做功. ▲*M and/or N* M 和 N 二者或一个,M 与(或)N. *M and N or else* M 和 N 或者是 M 或 N. *either M or N* 或者 M 或者 N,不是 M 就是 N. *neither M or N* M 或者 N 都不;既不 M 也不 N. *not M or N* 既不 M 也不 N. *not either M or N* 既不 M 也不 N,无论 M 或者 N 都不. *or else* 否则,不然就,要不就. *or otherwise* 或相反(的东西,情况). *or rather* 或者说得正确些,确切些说. *M or so* M 左右(上下),大约. *whether M or N* 是 M 还是 N,不论是 M 还是 N. *whether or no* 无论怎么(总). *whether … or not* 或 *whether or not …* 是否,会不会,不管.

OR 或 "or" Ⅰ *n.* ①【计】"或"(门) ②=opsearch 运筹学. Ⅱ *vt.* (ORed, OR'd)【计】"或"起来,进行"或"运算. *A OR NOT B gate* A"或"B"非"门. *exclusive OR circuit* 异或电路,"异"电路. (*logical*) *OR circuit* "或"(逻辑)线路,或门电路. *OR cycle* 运筹学周期. *OR element* [*unit*] "或"元件,"或"门. *OR else* "或","异",按位加. *OR logic* "或"逻辑. *OR model* 运筹学模型. *OR operation* "或"运算[操作] *OR NOT* "或非". *OR tube* "或"门管.

OR =①operation record 运转记录 ②operational report 操作上的报告 ③operations requirements 操作要求 ④operations research 运算研究,运筹学 ⑤orange 橙黄色 ⑥order register 指令寄存器 ⑦outside radius 外半径 ⑧overload relay 过载继电器.

O&R = overhaul and repair 检修与修理.
or'acle *n.* 预言(者).
or'al ['ɔːrəl] Ⅰ *a.* 口(头,述)的. Ⅱ *n.* 口试.
oralloy *n.* 橙色合金(美国浓缩铀的代称).
oral'ogist [o'rælɔdʒist] *n.* 口腔学家.
oral'ogy [o'rælədʒi] *n.* 口腔学.
Oran [ɔː'raːn] *n.* 奥兰(阿尔及利亚港口).
OR/AND 【计】"或/与".
or'ange ['ɔrindʒ] *n.*; *a.* 橘(子,色,树),橙(黄色,柑,橘子状). *mineral orange* 铅[红]丹. *orange peel* 橘皮(硅片表面不正常状况),(轧制金属的)粒状[疙瘩状]表面,橘皮形(缺陷),明气孔,表面针孔. *orange peel bucket* 桶瓣式抓[抑]斗. ▲*apples and oranges* 一些属于不同种类的东西.
or'angeade' ['ɔrindʒ'eid] *n.* 橘子水.
orange-brown *a.* 橙棕色的.
orange-peel bucket 瓣形[三瓣式,四瓣式]抓斗.
orange-peel excavator 三[四]瓣式抓斗挖土机.
orange-red *a.* 橙红色的.
orange-tan *a.* 橙褐色的.
orange-yellow *a.* 橙黄色的.
orangite *n.* 橙黄石.
oranium bronze 铝青铜(铝3～11.5%,其余铜).
ora'tion [ɔː'reiʃən] *n.* ①演讲(说) ②引语,叙述法.
or'ator *n.* ―**ial** *a.* ―**ical** *a.*
ORB = omnidirectional radio beacon 全方向无线电信标.
orb [ɔːb] Ⅰ *n.* ①球(体),环,天体,眼珠 ②轨道. Ⅱ *vt.* ①作成球,弄圆 ②包围.
orbed [ɔːbd] *a.* ①球状的,圆的,被包围着的 ②十全的.
orbic'ular [ɔː'bikjulə] 或 **orbic'ulate** [ɔː'bikjulit] *a.* 球[环,轮,辙]状(的),圆的.
orb-ion pump 弹道[轨旋]离子泵.
or'bit ['ɔːbit] *n.*; *v.* ①轨[弹]道 ②沿轨道运行[旋转,飞行],绕…作圆周运动,使进入轨道运行,环绕,盘旋降落 ③眼窝(眶),(承)窝 ④(活动)范围. *definitive* [*final*] *orbit* 既定轨道. *electron orbit* 电子层,电子轨道. *ion orbit* 离子轨道. *lunar* [*moon's*(*path*)] *orbit* 白道,月球轨道. *orbit peri*-

or′bital

od [time] 运行[轨道]周期,绕轨道一周的时间. ▲ **inorbit** 在轨道上[运行的时候]. **orbit about** [**around**] **M** 沿轨道绕 M 运行的旋转,飞行.

or′bital [ˈɔːbitl] *a.*; *n.* ①轨[弹]道的,范围的 ②轨函数(相应于一组确定量子数的状态函数),单电子轨道波函数 ③边缘的,核外的. *hybridized orbital* 杂化轨函数. *orbital angular momentum* 轨角动量. *orbital electron capture* 轨道电子俘获. *orbital period* 轨道周期,(绕轨道)运行周期. *orbital stability* 轨道[公转]稳定性.

or′biter [ˈɔːbitə] *n.* 轨道飞行器,轨道卫星.

orbit-motion *n.* 轨道[公转]运动.

or′bitron [ˈɔːbitrɔn] *n.* 轨旋管,弹道式钛泵. *orbitron ion pump* 弹道(式)离子泵.

orbit-transfer *n.* 轨道转移.

orbit-trimming *n.* 轨道修正[调整](改变轨道偏心度或旋转平面).

orcein *n.* 地衣红.

or′chard *n.* 果园.

or′chestra *n.* 管弦乐队. ~l *a.* ~te *v.*

orcinol *n.* 地衣酚,5-甲基间苯二酚.

ORCON = organic control 有机控制.

ORD = ①operational ready date 操作上准备完毕的日期 ②optical rotatory dispersion 旋光(色散)谱.

ord = ①order 命令,(等)级,[数]阶,[计]位,次序,定货 ②ordinary 普通的 ③ordnance 军械.

ordeal′ [ɔːˈdiːl] *n.* (对品格或忍耐力的)严峻考验,苦难的经验.

or′der [ˈɔːdə] *n.*; *vt.* ①(次,顺,程,秩,有)序,(光等,衔射)序数,序列 ②指[命令,指示,规则[程]③[等],阶[级,[数]阶,次,数量级,10的幂指数,[计]位,序模,序模,[计]位 ④种(类),目,族 ⑤调配,管[处]理,整理[顿],安排,指挥[导]⑥订货[购,制],定(仪单,汇兑(奇票)⑦柱式(型),式样,状(工况)⑧指令计算机. *back order* 暂时无法满足的订货. *calling order* 发送[传送]程序,呼号指令. *coded order* 编码指令. *current order* 现行指令. *cycle order* 循环次序. *derivative order* 导数的阶. *extra order* 附加位,附加指令. *fill an order* 供应定货. *first order* 一等(阶,次),(第)一级,原序,初指令. *first order of solution* 第一次近似值. *gear ratio order* 设置传动比指令,传导系数装定指令. *long-range order* 长程有序. *material order* 材料单. *operational order* 操作命令[次序],运算指令. *order button* 信号[命令]钮,呼叫按钮,(电话)信号电键. *order check* 记名支票. *order code* 指令[命令]码. *order drawing* 外注图. *order equipment* 联络装置. *order form* 定单. *order format* 指令格式,指令[次序]安排形式. *order function* 阶函数. *order limit* 顺序极限. *order number* 指令编号,命令[定单]号码,阶数序号. *order of a differential equation* 微分方程的阶. *order of connection* 接通次序,连接顺序. *order of contact* 接触度. *order of interference* 干涉级(次). *order of magnitude* 数量级,数值阶次,绝对值的阶,绝对值的大小,十倍数因子. *order of matrix* (矩)阵阶. *order of poles* 驻点的阶,极点的相重数. *order of purity* 纯度等

or′der

级. *order of reaction* 反应级(数). *order of spectrum* 光谱阶. *order of stressing* 张拉次序. *order of the reflected rays* 反射线的次数. *order of units* 位数. *order on a bank* 银行汇票. *order parameter* 有序参数. *order tank* (计算装置的)顺序存储器. *order wire* 传号[联络,记录,通知,指令,指号]线. *order wire circuit* 传号[席间联络]电路. *ordered pair* (有)序偶. *payment order* 支付委托书. *postal* [*post-office*] *order* 邮(政)汇(票). *purchase order* 购货单. *running order* 运转次序[态]. *rush order* 紧急定货,加急挂号. *shipping order* 运[发]货单. *steering order* 控制[操纵]信号,转向[控制]指令. *technical order* 技术说明(规程,转向). *working order* 加工单,工作顺序(情况). *zeroth order* 零次[级,阶]. ▲**a large** [**tall**] **order** 繁重的任务. (*be*) *in order* (是)完好[有条理]的,(是)适用[适宜,必要]的,整齐,正需,处于可使用状态,按照顺序. (*be*) *in the order of* 按照[根据]…次序,约为,大约. (*be*) *made to order* 定做[制]的. (*be*) *of the order* (*of magnitude*) *of* 数量级为,大约,约为. *be of the order of a thousandth of an atmosphere* 约为千分之一大气压. *be of the same order of magnitude as M* 与 M 为同一数量级. (*be*) *on order* 已在定购,可供定购. (*be*) *on the order of* 约为,大约. *be ordered to* + *inf.* 奉命(做). (*be*) *out of order* 混乱,发生故障,出毛病,失调. *by order of M* 奉 M 的命令[指示]. *call a meeting to order* 宣告开会. *come under the orders of M* 接受 M 的指挥,服从 M 的命令. *draw* (*up*) *in order* 使排齐. *give an order for* 定购(货). *give orders for the work to be started* 下令开始工作. *go* [*get*] *out of order* 紊乱,发生故障,出毛病. *in* … *order* 按…次序(排列),处于…状态. *in good* (*working*) *order* 工作情况良好. *in regular order* 按次序,有条不紊. *in order for* — *to* + *inf.* 为了使…得以(做),以便让…能(做). *in* (*the*) *order of M* 按照 M 次序[顺序](排列). *in order not to* + *inf.* 以便不(做),为了不(做). *in order that* [*for*] 为了,以便,目的在于. *in order to* + *inf.* 为了,以便. *keep* … *in* (*good*) *order* 保持整齐. *made to order* 定制的. *make an order of magnitude improvement in M* 把 M 改善了一个数量级. *of the first order* 头等的,首屈一指的. *of the same order as M* 差不多与 M 一样. *on orders from M* 接 M 发出的指令,据来自 M 的指令. *on the order of* (数值)相当于,大约,数量级为,跟…相似的. *order about* 驱使. *order M back into order* 回到. *order M from N* 向 N 定购 M,命令 M 离开 N. *order M from N to P* 命令 M 从 N 进入 P. *order M to N* 命令 M 到(做). *order of the day* 议事日程,社会风气,流行. *pay to order of M* 付于 M(或其指定人). *place an order with M for N* 向 M 定购 N. *put* [*set*] …*in order* 整修,检修,调整. *put M on the order of the day* 把 M 排到议事日程上. *take orders from M* 接受 M 的命令. *take things in order* 依次做事. *throw M*

order-book
out of order 使M产生混乱〔故障〕,出毛病,失调. *to order* 按定(货)单. *to the order of* 到大约,到…范围. *under the orders of* M 遵照M的命令.
order-book n. 定货簿.
order-complete set 有序完备集.
order-disorder n. 有序-无序,规则-不规则.
or'dered a. 有序的. *ordered domain* 有序畴. *ordered state* 有序(状)态. *ordered structure* 有序结构.
or'derer n. 定货人.
order-form n. 定货单,定货用纸.
order-function n. 序(次)函数.
or'dering n. 调整,整顿,①排列次序,次序关系,有序化(转变). *long-range ordering* 大范围的调整. *ordering bias* 排序偏差,序列偏离. *ordering by merging* 合并排序,并项成序过程,并入过程. *ordering effect* 建序效应. *ordering process* 有序处理法. *ordering relation* 次序关系.
order-isomorphism n. 序同构.
or'derliness n. 整齐,有秩序,守纪律.
or'derly ['ɔːdəli] I a. ①有(秩)顺序的,有规则的,有纪律的 ②传令的. II n. 通讯员,传令〔勤务〕兵,男护理员,勤杂〔清洁〕工. *in an orderly way* 按顺序. *orderly derivate* 有序的导数.
order-of-magnitude n. 数量级,绝对值的阶〔大小〕.
order-preserving n. 保序.
order-type n. 序型.
order-writing n. 写出指令.
or'dinal ['ɔːdinl] I a. 次〔顺〕序的,依次的,属于科(的). II n. 序数(词). *ordinal numbers* 序数. *ordinal relation* 顺序关系. *ordinal sum* 序数和. *regular ordinal* 正则序数. *singular ordinal* 特异序数.
or'dinance ['ɔːdinəns] n. 规格,条例,法令,布告. *ordinance load* 规定荷载. *ordinance regulating carriage of goods by sea* 海运法令.
or'dinarily ['ɔːdnrili] ad. ①通常,普通,大概 ②正常地. *more than ordinarily* 异乎寻常地.
or'dinary ['ɔːdnri] I a. 普通的,正(通,寻,平,照)常的,规定(则)的,平凡的,❶原始的. II n. 常事〔例〕,平凡. *ordinary binary* 普通二进制. *ordinary bond* 〔link, linkage〕单价键. *ordinary charcoal tinplate* 一般厚锡层镀锡薄钢板. *ordinary construction* 普通(半防火)建筑. *ordinary differential equation* 常微分方程. *ordinary grade* 普通等级. *ordinary lay*(钢丝绳)普通(交互,逆)捻. *ordinary pressure* (寻)常压(力). *ordinary subroutine* 常用子程序. *ordinary superphosphate* 过磷酸钙. *ordinary temperature* (寻)常温(度). *ordinary tool steel* 碳素〔普通〕工具钢. *ordinary valence* 主(要化合)价. ▲*in an ordinary way* 普通,平常,常(情形). *in ordinary* 常任〔备〕的,后备的. *out of the ordinary* 异(乎寻)常的,非常的,例外的.
or'dinate ['ɔːdinit] I n. ①纵〔竖〕坐标 ②竖标距,纵距 ③弹道高度. II a. 有规则的,正确的. *initial ordinate* 原始纵坐标.

ordina'tion [ɔːdi'neiʃən] n. ①整划〔理〕,排列,分类 ②规格(则),命令. *ordination number* 原子序(数).
ORDIR = omnidirectional digital radar 用相干接受的超远程雷达.
or'dnance ['ɔːdnəns] n. (各种)炮,武器,军用品,军械(库),兵工. *light atomic ordnance* 轻型原子武器. *ordnance engine* 军用型发动机. *ordnance map* 军用地图,按一般比例尺出版的地图. *ordnance survey* (陆军)地形测量. *ordnance tractor* 絷炮车. *ordnance vehicle* 军用车.
or'donnance ['ɔːdɔnəns] n. (建筑物)布局,配置,安排.
ordo-symbol n. 朗道符号.
Ordovician n. ; a. 奥陶纪〔系〕(的).
ordrat = ordnance dial recorder and translator 试射弹信息处理计算机.
or'dure ['ɔːdjuə] n. 排泄物,粪便.
or'dus n. 有序线.
ore [ɔː] n. 矿(砂,物,石). *comminuted* [fine (divided), ground, milled, pulverized] *ore* 粉矿. *complex ore* 复合〔多金属〕矿. *crude* (green, original, run-of-mine, pit-run, raw) *ore* 原矿(石). *ore assay* 试金,矿石分析. *ore burdening* 配料. *ore crusher* 碎矿机,矿石破碎机. *ore dressing* 选矿. *ore mineral* 有用矿物. *sea ore* 海杂草. *shipping ore* 一级(供冶炼用的)矿石. ▲*be in ore* 含有矿石.
ore-bearing a. 含矿的.
ore-body n. 矿体.
ore-burden n. 矿石配料.
ore'carrier n. 矿石船.
ore-deposit n. 矿床.
Oregon ['ɔrigən] n. (美国)俄勒冈(州).
oreide n. 高铜黄铜. *nickel oreide* 镍黄铜(铜63～65.5%,锌30.5～32.75%,镍2～6%).
ore'ing n. (高碳钢的)矿石脱碳法.
ore-mineral n. 金属矿物.
oreom'etry n. 山的高度测量.
ore-opening n. 矿石分解.
ore-processing n. 矿石处理.
ORFC = orifice 孔.
org = ①organic 有机的 ②organization 组织.
or'gan ['ɔːgən] n. ①元(机)件,元素,部分,工具 ②机构,机关(报) ③器官 ④风琴,口琴. *critical organ* 临界(危险,对放射性灵敏的)器官. *end organ* 灵敏元件,传感器. *government organ* 政府机关(报). *state organs* 国家机关.
organchlorine n. 有机氯化合物.
or'gandie ['ɔːgændi] n. 薄棉纱布.
organelle n. 细胞器(官),小器官.
organ'ic [ɔː'gænik] a. ①器官的,机体的,组织的,结构的 ❷有机〔体,物〕的,有生命的,器质的 ③有组织的,有系统的 ④根本的,固有的. *an organic part* 结构的一部分. *an organic whole* 有机的整体,有组织的统一体. *organic compound* 有机化合物. *organic chemistry* 有机化学. *organic glass* 有机玻璃. *organic matter* [substance] 有机物(质). *organic*

organ'ically 1174 **or'igin**

semiconductor 有机半导体. *organic synthesis* 有机(物)合成.

organ'ically *ad.* ①有机地,有组织地,根本上 ②用器官. *organically bound state* 有机束缚状态.

organic-extraction *n.* 有机(溶剂)萃取.

organidin *n.* 碘化甘油.

organisation =organization.

organise =organize.

or'ganism [ˈɔːmɡənɪzəm] *n.* ①有机物,(有)机体,有机组织,生物(体),细菌 ②机构,组织,结构,构造. *social organism* 社会(组织). *sulfur oxidizing organism* 硫氧化生物.

or'ganizable [ˈɔːɡənaɪzəbl] *a.* 可改为有机体的,可以组织起来的.

organiza'tion [ˌɔːɡənaɪˈzeɪʃən] *n.* ①组织(方式),机构,构造(成),编排(方式),体(编)制 ②团体,协会 ③有机体,体质,(有)机化. *missile organization* 导弹机构. *organization chart* 组织图表. *project organization* 设计机构.
~al *a.*

or'ganize [ˈɔːɡənaɪz] *v.* ①组织,构成,编制,筹备,发起,创办(立),成立 ②使有机化,使成有机体,机化,使有条理 ③组织(成)工会.

or'ganized *a.* 有器官(组织)的,成为有机体的,具有机体构造的.

or'ganizer *n.* 组织者,创办者,发起人.

organo- [词头]有机.

organobentonite *n.* 有机膨润土.

organo-borane *n.* 有机硼烷.

organobora'tion *n.* 有机硼化(作用).

organochlor'ine *n.; a.* 有机氯(的).

organogel *n.* 有机凝胶.

organogen'ic *a.* 有机生成的.

organo-halogeno-silane *n.* 卤化有机硅烷.

organo-halogens *n.* 有机卤素.

or'ganoid *a.* 细胞器,类器官.

organolep'tic *a.* 传入感觉器官的,特殊感觉的.

organolite *n.* 离子交换树脂,有机(生物)岩.

organomercu'rial *n.* 有机汞制剂.

organo-metal(lics) *n.* 或 **organo-metallic compound** 金属有机化合物.

or'ganon (pl. **or'gana**) *n.* 器(官).

organoni'tiogen *n.* 有机氮.

organophos'phate *n.* 有机磷酸盐(酯).

organophos'phor *n.* 有机磷(化合物).

organophos'phorus *n.* 有机磷.

organosilane *n.* 有机硅烷.

organosil'icon(e) *n.* 有机硅(酮,化合物).

organosiliconpol'ymer *n.* 有机硅高聚物.

organosilmethylene *n.* 甲撑二硅基.

organo-siloxane *n.* 有机硅氧烷.

organosllyl *n.; a.* 有机硅的,甲硅烷基.

or'ganosol *n.* 有机溶胶.

organot'rophy *n.* 器官(有机)营养.

or'gatron *n.* 电子琴.

orichalc(h) *n.* 黄铜.

oricycle *n.* 极限圆.

ORIDE =override.

o'riel [ˈɔːrɪəl] *n.* 突(凸)(出壁外的)窗.

o'rient [ˈɔːrɪənt] Ⅰ *vt.* ①定(取)向,定(方)位,排列方向,标定,调整 ②确定地址 ③(使)向东 ④查明真相,正确地判断,修正,使认清形势,(使)适应. Ⅱ *n.; a.* 东方(的),上升的(太阳),开始发生的,珍珠(光泽). *orient core* 方位中心. *orient sun* 朝阳,上升的太阳. ▲**orient oneself to…** 使自己适应….

orientabil'ity *n.* 可定向性.

o'rientable [ˈɔːrɪəntəbl] *a.* 可定向的.

Orien'tal [ˌɔːrɪˈentl] Ⅰ *a.* 东方(诸国,出产)的,亚洲的,灿烂的. Ⅱ *n.* 东方人,亚洲人. *oriental alabaster* 条带状大理岩. *oriental emerald* 绿刚玉.

o'rientate [ˈɔːrɪenteɪt] *vt.* =orient.

orienta'tion [ˌɔːrɪenˈteɪʃən] *n.* ①定(取,走,朝)向,定(方)位,校正[排列]方向,归巢本领,辨向本能 ②定位(针),方(倾)向性. *crystal orientation* 晶(体取)向. *disordered orientation* 不规则取向(排列). *orientation diagram* 方位[定向]图. *orientation line* 标定线. *orientation polarization* 取[定]向极化. *outer* [*exterior*] *orientation* 外方位. *preferred orientation* 择优取向,最佳(优先)取向. *radio range orientation* 无线电定向. *seed orientation* 籽晶取向. ~al *a.*

o'riented *a.* ①定[有,面]向的,(排列)取向的 ②与…有关的,有关…的 ③从事于…,根据…制成的,着重…的,适于(用于)…的. *computer-oriented* 面向计算机的,与研制计算机有关的. *disk oriented system* 面向磁盘系统,磁盘中心处理系统. *engineering-oriented* 从事工程的,与工程有关的. *environmentally-oriented* 与环境模拟工程有关的. *manufacturing-oriented* 从事生产的,与生产有关的. *oriented circle* 有向圆. *oriented nuclei* 取(定)向核. *oriented specimen* 定向(位)试品. *space-oriented* 适用于空间条件的. *water-oriented* 有关水的. ▲**oriented to M** 以 M 为目标的.

orientom'eter *n.* 结构取向性测定器.

or'ifice [ˈɔrɪfɪs] Ⅰ *n.* ①(小)孔,小洞,(孔,管,出,开)口,锐孔(口),腔,眼 ②注(流)孔,测量孔,针(圆)孔,测流孔,阻尼(节流)孔 ③喷嘴(管)口,小管的口端 ④隔板(片),光阑,遮光板,孔板. Ⅱ *vt.* 阻隔,节流,调整光阑. *beam orifice* 射线(沈)孔. *blast orifice* 鼓风口. *die orifice* 模孔,机头孔型. *escape orifice* (液体,气体)出口. *exhaust orifice* 排气口. *fuel orifice* 燃料喷嘴(喷射孔). *jet orifice* 喷(油)嘴,喷管(口),射流口. *metering orifice* 测(汽,油,水)孔. *nozzle orifice* 喷(嘴)口. *orifice column* 筛板塔. *orifice meter* 孔板流量计,孔流速计,量水孔. *orifice plate* (锐)孔板,光阑. *sharp-edged orifice* 锐缘喷孔. *slit orifice* 缝隙口型,裂缝,槽口. *vacuum orifice* 抽真空口. **orificial** *a.*

orifice-metering coefficient 孔板流量计系数.

orifice-plate flowmeter 孔板流量计.

orific'ium [ˌɔːrɪˈfɪʃɪəm] (pl. **orific'iae**) [拉丁语] *n.* (管)口.

orig =①origin ②original.

or'igin [ˈɔrɪdʒɪn] *n.* ①起源,由来,开(始)端,震源,产地 ②起(始,出发)点,(座标)原点,焦点,起始地址

③来历,出身,血统 ④(pl.)来龙去脉,原〔成〕因. *band origin* 谱带基线. *country of origin* 原产地. *geometrical origin of neutrons* 中子产生地点. *Origin of coordinates* 座标原点. *origin of force* 力的作用点. *origin of target noise* 目标噪声源. *track origin* 径迹起点. ▲(*be*) *M by origin* 原籍 M. *be of … origin* 起源于…. (*be*) *of labouring-class origin* 劳动人民出身.

orig'inal [ə'ridʒənl] Ⅰ *a.* ①原始〔来,先,状,本,图,文,物,生〕的,开始的,最初〔早〕的,初期的,固有的,本来的 ②独创的,有创造力的,新颖的,崭新的. Ⅱ *n.* 正本,原型〔形,物,文,稿,作,著,像,图,函数〕,模型. *lacquer original* 录音原版,摄克主盘. *original bills of lading* 正本提单. *original car* 原车(未经改制,未更换部件的车). *original cost to date* 现值. *original design* 原设计. *original grid* 原形光栅〔线栅〕. *original ground level* 天然地面标高,原始地面高程. *original interstice* 原生间隙. *original negative* 原版,原底片. *original nucleus* 原始核. *original position* 原〔起〕始位置. *original print routine* 原始打印程序. *original size* 原来尺寸. *original state* 初始状态. *original treatment* 初次〔原〕处理. *original work* 原著. *wax original* 蜡主盘.

original'ity [əridʒi'næliti] *n.* ①原来〔始〕,固有,本原 ②独创性〔力〕,创造力〔性〕,创见〔新〕,独特,新颖.

orig'inally *ad.* ①原〔本〕来,最〔当〕初 ②独特地,新颖地.

orig'inate [ə'ridʒineit] *v.* ①起源〔因,点〕,发生,开始,出现,发源〔端〕②引起,产生 ③首创,创始〔办,作,立〕,发起,发明. *originating call* 发端呼叫. *originating traffic* 始发交通. ▲*originate from* [*in*] 发生于,起源于,从…中产生〔发出〕.

origina'tion [əridʒi'neiʃən] *n.* ①开〔起〕始产生,出现 ②创作〔办〕,发起〔明〕③起点〔源,因〕. *call origination* 呼叫方.

orig'inative *a.* 创作的,有创造性的,新颖的.

orig'inator *n.* 创作〔发明〕者,原著者,创办人,发起人.

orig'ine [ə'ridʒini] (拉丁语) *n.* 发端,起原,【数】原点. *ab origine* 从最初,从起源.

O-ring *n.* O型环,密封圈. *O-ring packing* O型环密封件,O型环油封,橡皮圈.

Oriskanian *n.* 或 **Oriskany stage** (早泥盆世晚期)奥里斯康阶.

orixine *n.* 和常山碱.

Orlikon *n.* 地对空导弹.

orlite *n.* 水硅铀铅矿.

or'lon [':lɔn] *n.* 奥龙(一种合成纤维).

or'molu *n.* ①锌青铜,铜锌锡合金(锌0~25%,锡6~17%,其余铜) ②镀金物.

or'nament Ⅰ [':nəmənt] *n.* Ⅱ [':nəment] *vt.* 装饰〔品〕,添光彩〔的物〕. *radiator ornament* 散热器饰件. *side ornament* 侧面〔端部〕装饰品. ▲*ornament M with N* 用N装饰M.

ornamen'tal Ⅰ *a.* 装饰(用)的,观赏的,增光的. Ⅱ *n.* (pl.)装饰品. *ornamental forest* 风景林. *ornamental moulding* 艺术造型.

or'namentalize *vt.* 装饰.

or'namentally *ad.* 作为装饰.

ornamenta'tion [ɔːnəmen'teiʃən] *n.* 装饰(品).

ornate' [ɔː'neit] *a.* (装饰,词藻)华丽的,雕琢过的. ~*ly ad.* ~*ness n.*

or'nithine *n.* 鸟氨酸.

ornithol'ogy [ɔːni'θɔlədʒi] *n.* 鸟类学.

ornithophily *n.* 鸟媒(传花粉),鸟媒花.

ornithop'ter [ɔː'niθɔptə] *n.* 扑翼(飞)机.

ornithyl- 〔词头〕鸟氨酰(基).

OR-NOR 【计】"或-非或".

OR-NOT *n.* 【计】"或非"(门),蕴含门.

orogen *n.* 造山地带.

orogen'esis 造山运动作用,成因,山岳的形成作用.

orogen'ic *a.* 造山的.

orog'eny *n.* 造山(运动,作用).

orograph'ic(al) [ɔrə'græfik(əl)] *a.* 山岳(志,论)的,山〔地〕形的. *orographical condition* 山〔地〕形条件.

orog'raphy *n.* 山志学,山岳形态学.

orohydrog'raphy *n.* 高山水文地理学,山地〔地形,山岳〕水文学.

o'roide [':rɔid] *n.* 铜锌锡合金(锌16.5%,锡0.5%,铁0.3%,其余铜).

orol'ogy *n.* 山理学,山岳成因学.

orom'eter [ə'rɔmitə] *n.* 山压气压(高度)计.

orom'etry *n.* 山的高度测量.

orophysin *n.* (垂体前叶)酮体产生因子.

ORP = *orbital rendezvous procedure* 轨道会合程序.

or'phan [':fən] *n.* ; *vt.* (使成)孤儿.

or'piment [':pimənt] *n.* 雌黄,三硫化二砷.

ORR = *orbital rendezvous radar* 轨道会合雷达.

orrery [':rəri] *n.* 天象(太阳)系仪.

orrhoimmu'nity *n.* 血清(被动)免疫性.

orrhol'ogy *n.* 血清学.

ORSA = Operations Research Society of America 美国运筹学学会.

Or'sat apparatus 气体(烟气)分析器.

ORT = ①*operational readiness test* 战备状态检查 ②*operational readiness training* ③战备状态训练 *orbital rendezvous technique* 轨道会合技术 ④*ordnance rating test* 军械评级试验.

ortet *n.* 源株.

orth- 〔词头〕①正,原 ②直(线),垂直 ③邻位.

Orthatest *n.* (蔡司)奥托比较仪.

or'thicon [':θikɔn] 或 **orthicon'oscope** *n.* 正摄像管,正析(摄)像管,低速电子束摄像管,直线性光电显像管. *image orthicon* 超(移像)正析像管,低速电子束摄像大管. *super orthicon* 超正析像管.

or'thite [':θait] *n.* 褐帘石.

or'tho [':θou] *P*, 直,原,邻(位). *ortho state* 正态.

ortho- 〔词头〕①正,原 ②直(线),垂直 ③邻(位) ④正形,矫形.

ortho-acid *n.* 正〔原〕酸.

ortho-arteriotony *n.* 正常血压.

ortho-axis *n.* 正(交)轴.

orthobaric density 本压密度.

ortho-boric acid 原硼酸.

or'thocen'ter *n.* 垂心. **orthocen'tric** *a.*

orthochromat'ic [ˌɔːθəkrouˈmætik] a. 正(染)色的. *ortho-chromatic film* 正色胶片.
orthochro'matism n. 本色性.
or'thoclase n. 正长石. *orthoclase porphyry* 正长斑岩.
orthoclas'tic a. 正解理.
or'thocline n. 直倾型.
orthocom'plement n. 正交补.
ortho-compound n. 邻位化合物.
orthocresol n. 甲甲酚, 邻位煤酚.
orthodeu'terium n. 正重氢.
orthodiag'onal a. 正轴交.
orthodiagraphy n. X射线正摄像术.
or'thodome n. 正轴坡面.
or'thodox [ˈɔːθədɔks] a. ①正(传)统的, 旧式的 ②习俗的, 惯例的. *orthodox material* 正常材料. *orthodox scanning* 正则扫描.
or'thodoxy [ˈɔːθədɔksi] n. 正(传)统观念.
or'thodrome n. 大圆弧, 大圆圈线.
ortho-effect n. 邻位效应.
orthoferrite n. 正(原)铁淦氧, 正铁氧体.
ortho-fused a. 单边(合)稠的.
orthogen'esis n. 直向演化(进化, 发生), 直(向发)生说.
orthogen'ics [ˌɔːθəˈdʒeniks] n. 优生学.
orthogeosyncline n. 正地槽.
orthogeotropism n. 直向地性.
orthogneiss n. 正(火成)片麻岩.
or'thogon n. 矩(长方)形.
orthog'onal a. 正交的, 直角(交)的, (相互)垂直的, 矩形的. *complex orthogonal* 复正交. *orthogonal coordinate* 垂直[直角, 正交]座标. *orthogonal expansion* 正交函数展开. *orthogonal joint* 正交接合. *orthogonal lattice* 直角点阵. *orthogonal parity check sum* 正交奇偶校验和. *orthogonal projection* 正(交)投影. *orthogonal section* 正(交)剖面.
orthogonal'ity n. 相互垂直, 正交(性), 直交(性), *orthogonality relation* 正交关系. *orthogonality system* (规格化)正交系.
orthog'onalizable a. 可正交化的.
orthogonaliza'tion n. 正交化.
orthog'onalize vt. 正(直)交化, 使正交, 使相互垂直. *orthogonalized parity check equation* 正交奇偶校验方程. *orthogonalizing process* 正交化步骤.
or'thograde a. 直体步行的.
or'thograph n. 正视图, 正投影图, 正射图.
orthograph'ic(al) [ˌɔːθəˈɡræfik(əl)] a. ①正(直)交的, 直角的 ②正射的 ③(用)直线(画, 投射)的 ④正字法的. *orthographic projection* 正(正射, 平行)投影, 正投影.
orthog'raphy n. ①正投影法, 正射法, 【数】正交射影 ②剖面, 【建】面图投影 ③正字法, 表音法.
orthoheliotropism n. 直向阳性.
orthohe'lium n. 正氦.
orthohexag'onal a. 正六方的. *orthohexagonal axis* 六角正交轴(线).
orthohy'drogen n. 正氢.
ortho-iodine n. 正碘.

orthokinesis n. 正动态.
orthokinetic coagulation 同向凝结(作用), 正动凝结.
Orthometar n. 奥索曼太(照相机物镜商品名).
orthometric correction 竖高改正.
orthometric drawing 正视画法.
orthomode transducer 直接式收发变换器, 正交模交换器.
ortho-molecule n. 正分子.
orthomor'phic a. 正形的, 正角的.
orthomuta'tion n. 定向突变.
or'thonik 或 **or'thonol** n. 具有矩形磁滞环线的铁心材料.
orthonor'mal [ˌɔːθəˈnɔːməl] a. ①正规化的, 标准化的 ②标准(规范, 规格化)正交的. *orthonormal basis* 标准(规范, 规格化)正交基. *orthonormal function* 标准(规范, 归一化)正交函数. *orthonormal vectors* 正交单位向量.
orthonormal'ity n. 正规化, 标准化, 正交归一性.
orthonormaliza'tion n. 正交归一化.
orthonor'malize vt. 使正规(标准, 规一)交化, 规格化正交. *orthonormaliza'tion* n.
or'thop(a)edy 或 **orthop(a)e'dics** n. 矫形术[学].
or'thopan 或 **orthopanchromat'ic** a. 全色的. *orthopan film* 全色胶卷[片].
orthophenylphenol n. 联苯酚.
orthophor'ic a. 正位的, 正视的.
orthophos'phate n. 正磷酸盐.
orthopho'tograph n. 正射投影像片.
orthopho'tomap n. 正射投影像片组合图.
orthophotomosa'ic n. 正射投影像片镶嵌图.
orthopho'toscope n. 正射投影纠正仪.
orthophyre n. 正长斑岩.
or'thopole n. 正交极.
ortho-position n. 邻位.
orthopositronium n. 正阳电子素(由一个正电子和一个负电子结合而成的准稳定体系).
Orthop'tera n. 直翅目.
orthop'tic a. 切距的. *orthoptic circle* 切距圆. *orthoptic curve* 切距曲线.
orthoquart'zite n. 正石英岩.
orthoradios'copy n. X射线正摄像术.
orthorhom'bic a. 正交(晶)的, 斜方(晶系)的, 正菱形的. *orthorhombic system* 正交(晶)系, 斜方晶系.
ortho-rock n. 正(火成)变质岩.
orthoscop'ic a. 无畸变的, 直线式的, 平直的.
orthoscopic'ity n. 保真显示性.
orthos'copy n. 无畸变.
or'those n. 正长石.
orthoselec'tion n. 直向(定向)选择.
orthosil'icate n. 原硅酸盐(酯).
orthosilicic acid 原硅酸.
orthostat'ic a. 正态的, 直立(体)的.
orthostat'ism n. 直立(体).
orthostig'mat n. 广角镜头.
orthotelephonic response 正交电话响应.
or'thotest n. 杠杆式比较仪.
ortho-tolidine n. 邻-联甲苯胺.
orthotom'ic a. 面正交的.
orthotomy n. 面正交性.

or'thotope n. 棱正交的多胞形.
orthotrop'ic a. 正交各向异性的. *orthotropic plate* 正交异性板.
orthovanadate n. 原钒酸盐.
Orton cone 标准测温熔锥,奥顿耐火锥.
orvillite n. 水锆石.
ORWP =optical radiation weapon program 光辐射武器计划.
Orycteropodidae n. 土豚科.
oryzanin n. 硫胺素,维生素 B1.
oryzenin n. 米谷蛋白.
OS =①ocean station 大洋观测站 ②oil switch (充)油开关 ③one shot 单稳态 ④operating system 控制[操作]系统 ⑤operational spare 操作上的备件 ⑥ordnance specification 军械详细说明 ⑦outside secondary 次级线圈外端 ⑧overseas 海外 ⑨oversize 过大,(尺寸),超差.
Os =osmium 锇.
OSA =Optical Society of America 美国光学协会.
Osaka [ouˈsɑːkə] n. 大阪(日本港口). *Osaka tube* "奥萨卡"振荡管,反射速调管.
Osaki diode 隧道二级管.
os(ar) n. 蛇形丘.
osazone n. 脎.
OSC =①operation switching cabinet 操作转换箱 ②oscillate 或 oscillation 振动,振荡 ③oscillator 振荡器 ④oscillograph 示波器 ⑤oscilloscope (阴极射线)示波器.
OSC even 振荡器恒温槽.
OSCAR = optimum survival containment and recovery 最恰当的残存量和回收.
Os'car [ˈɔskə] n. ①通讯中用以代表字母 o 的词 ②(电影界)奖章.
os'cillate [ˈɔsileit] v. ①振荡,振[摆,波,脉,颤]动,振摆 ②摇摆,动摇,游移 ③发生,发条音. *oscillating agitator* 摇摆式拌料机. *oscillating crystal* 振荡晶体. *oscillating current* 振荡电流. *oscillating flashboard* 舌瓣闸门. *oscillating grinding* (工件台只作微量往复摆动的)微量纵摆磨削. *oscillating mode* 振荡模式,振荡型. *oscillating motion [movement]* 振[摆]动. *oscillating motor* 摇动(油)马达,摇摆油缸. *oscillating sander* 摆[往复]式砂带磨床. *oscillating spindle lapping machine* 摆轴精研机.
oscilla'tion [ˌɔsiˈleiʃən] n. ①振荡,振(波,脉,颤)动,(来回,一次)摆动,颤振 ②振幅,消长度. *continuous oscillation* 等幅振荡,等幅波. *interfacial oscillations* 分界面上的波运动. *oscillation at a point* 在一点上的振幅. *oscillation damping* 消振,减震. *oscillation loop* 振荡波腹. *oscillation of a function* 函数的振幅. *oscillation photograph* 回摆照相. *persistent oscillation* 等幅(持续)振荡. *pressure oscillation* 压力振(变)动. *pulsative oscillation* 脉(波,扰)动. *pure (sinusoidal, sine-wave) oscillation* 正弦振荡,正弦波. *resonance oscillation* 共(谐)振. *ribbon oscillation* 色带升降. *self-sustained oscillation* 等幅(非阻尼)振荡. *shock oscillation* 激波脉动. *sustained oscillation* (他激)持续振荡,外差式等幅振荡. *undamped oscillation* 无阻尼振荡[振动,摆动],等幅(无衰减)振荡.
os'cillator [ˈɔsileitə] n. 振荡[振动,摆动,加速,发生,继续]器,振动输送机,振(动)子,振荡管,振动部. *audio (circuit, frequency) oscillator* 音频振荡器. *closed oscillator* 闭路振子,闭合振荡回路器,封闭式振子. *chopping oscillator* 间歇(断续)作用发生器,断续振荡器,断续动作发生器. *crystal (control) oscillator* 晶(体)控(制)振荡器. *double-transit oscillator* 双腔(双渡越)速调管. *driving [master] oscillator* 主控振荡器,发振器. *fixed oscillator* 固定频率发生器. *harmonic oscillator* 简谐振子,谐振(荡)器,谐波发生器. *horizontal oscillator* 行扫描振荡器. *keyboard oscillator* 按钮调谐频率的振荡器. *linear oscillator* 线(性)振子. *oscillator coil* 振荡(器)线圈. *oscillator crystal* 振荡(器)晶体. *oscillator density* 振子密度. *oscillator in control* 振荡(体)控(制)振荡器. *oscillator in hard [soft] operation* 振荡器的强[弱]用. *square waveform oscillator* 矩形脉冲发生器. *timing oscillator* 定时信号振荡器.
oscillatoria n. 颤藻属.
os'cillatory [ˈɔsileitəri] a. 振动(荡)的,摆动的,摇动的. *oscillatory degrees of freedom* 振荡自由度. *oscillatory motion* 振荡运动.
os'cillector n. 振荡(频率)选择器.
os'cillight n. 显像管,电视接收管. *Farnsworth oscillight* 阴极射线管.
oscil'lion [ɔˈsiljən] n. 三极振荡管,振荡器管.
oscillistor n. 半导体振荡器.
oscil'logram [ɔˈsiləɡræm] n. 波形(示波,振荡)图. *oscillogram trace reader* 示波图读出器.
oscil'lograph [ɔˈsiləɡrɑːf] n. 示(录)波器,示波仪,振动描记器,快速过程(脉冲)记录仪. *acoustic oscillograph* 示声波器. *cathode ray oscillograph* 阴极射线示波器. *double [dual-beam] oscillograph* 双(射)线双电子束示波器. *Hathaway oscillograph* 12回线示波器. *moving-coil type oscillograph* 动圈式示波器. ~ic a.
oscillog'raphy n. 示波法[术].
oscillom'eter [ˌɔsiˈlɔmitə] n. 示波器(计),振动测定[描记]器. *recording oscillometer* 记录式示波器.
oscillomet'ric a. 示波(计)的,振动描记法的.
oscillom'etry n. 示波测量术(法),高频指示,振动描记术.
os'cilloprobe n. 示波器测试头,示波器探头.
os'cilloreg n. 激光 X-Y 高速记录器.
os'cilloscope [ˈɔsiləskoup] n. 示波器(仪,管),录波器. *double [double-beam, dual-channel, dual-trace] oscilloscope* 双(射)线示波器,双电子束示波器. *high-speed oscilloscope* 高速记录示波器,快速扫描示波器. *oscilloscope photograph* 示波器照相.
oscillosynchroscope n. 同步示波器.
os'cillotron n. (阴极射线,电子射线)示波管.
os'citron n. 隧道二极管振荡器.
osc-out =oscillator out 振荡器输出.

oscp =oscilloscope 示波器.
os'culate ['ɔskjuleit] v. 密切,(面,线)接触,有共同点(with).
os'culating a. 密切的.
oscula'tion [ɔskju'leiʃən] n. (超)密切,相切,接触. os'culatory a.
os'culum ['ɔskjuləm] (pl. os'cula) n. 小口,细孔.
OS/D =over, short and damaged 过多、短缺和损坏.
OSE =omniforce spatial environment 全向力空间环境.
o'sier ['ouʒə] n.; a. 柳树[枝,条](的).
osirita n. 铱锇.
OSL = outstanding leg 突出支.
Os'lo ['ɔzlou] n. 奥斯陆(挪威首都).
osm =osmole 渗透压克分子.
osmate n. 锇酸盐.
Osmayal n. 欧斯马铝锰合金(锰1.8%).
osmic acid 锇酸.
osmiophil a. 嗜锇的.
osmiopho'bic a. 嫌锇的.
osmiridium n. 铱锇矿,铱锇合金. osmiridium pen alloy 铱锇笔尖合金.
osmite n. 铱锇矿,天然锇(锇80%,铱10%,锇5%).
os'mium n. 【化】锇 Os. osmium lamp 锇丝灯. osmium pen alloy 锇锇笔尖合金.
osmocene n. 二茂锇.
osmogen n. 酶原.
osmolal'ity n. 重量克分子渗透压浓度.
osmolar'ity n. 克分子渗透压浓度,渗透性.
osmole n. 渗透压克分子(渗透压重模和渗透压容模的单位).
osmom'eter [ɔz'mɔmitə] n. 渗压[透]计.
osmom'etry [ɔz'mɔmitri] n. 渗透压(力)测定(法).
osmon'dite [ɔz'mɔndait] n. 奥氏体变态体(淬火钢400℃回火所得的组织).
osmophilic a. 亲(易,趋)渗的.
osmopho'bic a. 憎渗的.
osmorecep'tor n. 渗透压感受器.
osmoregula'tion n. 渗透压调节.
osmoreg'ulator n. (X线)透射调节器,渗压调变生器.
osmoreg'ulatory n. 调节渗透的.
osmos tube 渗透管,X射线管硬度调节装置.
os'mosalts 或 os'mosar n. 渗透盐剂(一种木材防腐剂).
os'moscope n. 渗透试验器.
os'mose ['ɔzmous] 或 osmo'sis [ɔz'mousis] n. 渗透(性,作用). reverse osmosis 反[逆]渗透(或作hyperfiltration).
os'mosize v. 渗透.
osmotax'is n. 趋渗性.
osmot'ic a. 渗透的. osmotic pressure 渗(透)压(力,强),浓差压.
osmoticum (pl. osmotica) n. 渗压剂.
osmotropism n. 向渗性.
osnode n. 自密切点.
OSO =orbiting solar observatory 太阳观测卫星.
osone n. 邻酮醛糖.
os'ophone n. 助听器,奥索风.

OSP =①oscilloscope 示波器 ②outside procured part 外购的部分.
OSR =operated stack register 操作栈寄存器.
osram n. 灯泡钨丝,锇钨钨丝合金. osram cadmium [cd] lamp 钨丝镉蒸气灯,镉电极管. osram lamp 钨丝灯.
oss =①optical surveillance system 光学监视系统 ②orbital scientific station 轨道科学站 ③orbital space station 轨道空间站 ④ordnance safety switch 军械安全开关.
ossein(e) n. 生胶质,胶胶原,骨有机质.
osseoalbu'minoid n. 骨硬蛋白.
osseocolla n. 骨胶.
osseomucoid n. 骨(类)粘蛋白.
os'sify v. 成骨[硬,僵]化,骨化. ossifica'tion n.
osss =optical space surveillance subsystem 光学的空间监视辅助系统.
OST =①Office of Science and Technology 科学与技术处 ②operational suitability testing 作战适用性[操作适应性]试验 ③operational system test 操作系统试验 ④ordnance special training 军械特殊训练 ⑤ordnance suitability test 军械适应性试验 ⑥overspeed temperature 超速温度.
OSTD =ordnance standard 军械标准.
osteichthians n. 硬骨鱼纲.
osteichyes n. 硬骨鱼纲.
osten'sible [ɔs'tensəbl] a. 表面的,伪装的,假(像,装)的,显然的. ostensible obedience 阳奉阴违.
osten'sibly ad. 表面上,外表上.
osten'sive [ɔs'tensiv] a. 用事物[动作]表示的. ostensive definition 实物定义.
ostenta'tion [ɔsten'teiʃən] n. 夸(炫)耀,虚饰,夸耀,招摇. ostenta'tious a. ostenta'tiously ad.
oste(o)- [词头]骨.
os'teoblast n. 成骨细胞.
os'teoclast n. 破骨细胞,折骨器.
osteofibro'sis n. 骨纤维变性(症).
osteogen'esis n. 成骨作用.
osteolepid n. 甲虫.
os'teolite n. 土磷灰石.
os'teolith n. 骨磷灰石.
osteo'ma n. 骨瘤.
osteomyeli'tis n. 骨髓炎.
osteop'athy n. 按摩,骨疗法.
os'teophone ['ɔstiofoun] n. 助听器.
osteoporosis n. 骨质疏松(症).
osteo'sis n. 骨质生成,骨化(病).
oster chaser 管螺纹梳形板牙.
os'tiole n. 孔口.
os'tium ['ɔstiəm] (pl. os'tia) n. 口,门口.
os'tracism ['ɔstrəsizəm] n. 放逐,排斥,摈弃. os'tracize vt.
ostracoda n. 介形亚纲.
ostrea n. 牡蛎属.
os'trich n. 鸵鸟.
OS&Y =outside screw and yoke 外边的螺旋和轭.
OT =①oiltight 不漏油 ②organization table 编制表 ③originating trunk 发送中继线 ④output transformer 输出变压器 ⑤overlay transistor 层叠[覆盖式]晶体管 ⑥overtime 超限时间,加班.

OT PNL = outer panel 外翼段.

OTA = World Touring and Automobile Organization 世界旅行与汽车组织.

Otaru n. 小樽(日本港口).

OTC = ①originating toll center 去话长途电话中心局 ②originating toll circuit 去话长途电路 ③originating trunk center 去话长途电话中心局 ④overcurrent trip coil 过电流解扣线圈 ⑤oxytetracycline 氧四环素.

OTF = optical transfer function 光传递函数.

OTH radar = over-the-horizon radar 超视距雷达.

oth'er [ˈʌðə] Ⅰ a. ①别的,另外的,另一个,其他〔余,次〕的 ②对方〔面〕的,相反的,不同的. Ⅱ pron. ①别的(东西),另一个(东西),别人 ②(the other)另一个,另一人〔方〕. Ⅲ ad. 不(是)那样,用别的方法,另外,别样. *the other* 另一个(人,方). *the others* 其余的人,其他东西. *the other day* 前些日子,几天前. *the other party* 对方. *be decided by quite other considerations* 根据完全不同的因素来决定. *some other* 别人,别的. *some others* 另外一些,另外什么人〔什么东西〕,其他的. *some other day* 改天,另一天. *Have you any other questions?* 你还有其他问题吗？*There is no other use for it.* 此外没有别的用处. *tell one from the other* 对两者加以辨别. *All metals are conductors although some are better than others.* 金属都是导体,虽然其中一些金属比另一些金属导电性要好. ▲(*all*) *other things* 〔*conditions*〕 *being equal* 其他条件〔情形〕都相同时. *among other things* 或 *among others* 其中,就中,尤其,格外. *and others* 及其他,等人,等等. *can not do other than to* + *inf.* 或 *can do no other than to* + *inf.* 除…外别无他法,只好…. *each other* 相互,彼此. *every other* (每隔一个的),(所有其他的). *every other day* 每隔一天(…一次),(除了这天之外的)每天. *Write on every other line.* 请隔行(书)写. *in other words* 换句话说. *no other* 没有(任何)别(的)〔其他的〕. *no other M than N* 除N之外别的M,除N之外别的M. *no M other than N* 除了N之外没有别的M. *no* 〔*none*〕 *other than* (不是别人)正是,恰恰是,不外(是). *nothing other than* 不是别的,不是别的. *on that day of all others* 偏偏在那一天. *on the other hand.* (在)另一方面,但是又,反之. *one after the other* 一个接一个地,陆续,相继. *one* … *or the other* 一个…或另一. *require additional force from one side or the other* 需要从某一侧再加一个力. *one M the other N* 一方面是M另一方面是N. *other from* 与…不同的,不同于. *other than* 除了M,M除外,不同于M,与M不同的,除M以外的,(而)不是M. *quite other* 完全不同的. *some* … *or other* 某个(一个),总…什么. *some day or other* 过几天,(总)有一天. *somehow or other* 设法,以种种方法,无论如何,这样或那样,不知为什么. *sometime or other* 迟早. *the one M the other N* 前者是M后者是N. *the other way* (*round*) 相反(地).

other-than-co-channel interference 不同信道干扰.

other-than-earth-satellite n. (除地球外的)行星卫星.

oth'erwhere(s) ad. 在别处,在另一个地方.

oth'erwise [ˈʌðəwaiz] Ⅰ ad.;a. ①另外,别样,在其他〔不同〕方面,在不同〔相反〕的情况下 ②用其他方法,按另一种方式,换句话说 ③别样的,其他性质的. Ⅱ conj. 否则,(要)不然,不如是. *an otherwise ideal design* 如果上述缺点得以改正则是一个理想的设计方案. *A tracer is used to trace some movement which cannot otherwise be followed.* 示踪物用于示踪某种用别的办法不能跟踪的运动. ▲*and otherwise* 及其他,等等. *but otherwise* 然而在别的方面却. *can do no otherwise than* 或 *can not do otherwise than* 除这(这么做)外别无他法,只好(这么做). *not* (*any*) *otherwise than M* 不用M以外的任何方式〔方法〕；除M外,不是别的情况. *or otherwise* 或相反,或它的反面. *merits or otherwise* 优点或缺点. *be not concerned with its accuracy or otherwise* 不考虑正〔精〕确与否. *otherwise known as* (换个说法)或者称为. *otherwise than M* 不像M,与M不同,除M之外. *rather* + *inf.* *than otherwise* 巴不得(做). *under otherwise identical* 〔*equal*〕 *conditions* 其他条件都相同(时). *unless otherwise mentioned* (*noted, specified, stated*) 除非另有(作)说明.

OTIA = Ordnance Technical Intelligence Agency 军械技术情报机构.

o'tic [ˈoutik] a. 耳(部)的.

o'tiose [ˈouʃious] a. 没有用(处)的,不需〔必〕要的,多余的,无效的. **otios'ity** n.

oti'tis n. 耳炎. *otitis media* 中耳炎.

OTL = ①operating time log 运转时间记录 ②output transformerless 无输出变压器.

OTO = out-to-out 外廓尺寸,全长〔宽〕,外到外.

oto- 〔词头〕耳.

otocyst n. 听泡〔囊〕.

o'tolith [ˈoutəliθ] n. 〔听,平衡〕石,听耳.

o'tophone [ˈoutəfoun] n. 助听器,奥多风.

otophonum n. 助听器.

o'toscope [ˈoutəskoup] n. 检耳镜.

OTP = ①output transformer 输出变压器 ②oxidizer tanking panel 氧化剂装箱控制板.

OTR = overload time relay 过载限时继电器.

OTRT = operating time record tag 运转时间记录标签.

OTS = ①optical technology satellite 光学技术卫星 ②Organization for Tropical Studies 热带研究组织 ③ovonic threshold switch 双向阈值开关.

Ottawa [ˈɔtəwə] n. 渥太华(加拿大首都).

ot'ter n. 水獭(皮).

Otto cycle 奥托(四冲程)循环. *Otto cycle engine* 四冲程发动机,四冲程循环内燃机. *Otto engine* 四冲程发动机.

OTU = operational taxonomic unit (数值分类的)处理分类单位.

ouabain n. 乌巴因,乌木(箭毒)甙,毒毛旋花.

Ouagadougou [waːɡəˈduːɡuː] n. 瓦加杜古(上沃尔特的首都).

ought [ɔ:t] I *aux. v.* (没有时态变化)①应该〔当〕,应该,理应(to+*inf.*)②(指过去)早应该,本应〔当〕,就应该(to have +过去分词)③(做)才好(to +*inf.*) II *n.* 零. *He ought to have arrived by this.* 他此刻该到了. *You ought to make this experiment before you come to a conclusion.* 你得出结论前做这个实验才好.

ounce [auns] *n.* ①英两,盎司(常衡英两=1/16磅=28.349克.金衡=1/12磅=31.104克)(简写 oz) ②少[微]量. *An ounce of prevention is worth a pound of cure.* 一分预防抵得十二分治疗. *ounce metal* 高铜黄铜,铜(币)合金(铜84—86%,锌,锡,铅各4—6%,镍<1%).

ouncer transformer 小型〔袖珍〕变压器.

our [auə] *pron.* (we 的所有格)我们的. *in our opinion* 我们的看法(是). *our Newyork correspondent* 本报驻纽约记者.

ours [ˈauəz] *pron.* (we 的物主代词)我们的. *Subheads are ours.* 小标题是编者加的.

ourselfʳ [auəˈself] *pron.* (报纸社论用语)我们(自己).

ourselvesʳ [auəˈselvz] *pron.* (pl.)(我们)自己,(我们)亲自. *We will make this experiment ourselves.* 我们将亲自做这个实验. ▲(*all*) *by ourselves* 我们单独〔独自,独立〕地. *for ourselves* 自己,〔为〕自己.

oust [aust] *vt.* 逐出,驱逐,赶〔轰,撵〕走,(非法)剥夺,夺取,代替. ▲*oust M from* 〔*of*〕 *N* 把 M 从 N 撵走〔排除出去〕. **—er** *n.*

out [aut] I *ad.* ①向外(面),在外(部,面),…出②完结,熄灭,…掉,…完,…光,到达极点,彻底地③(无线电话用语)"报文完,不必回话"④远在…. *be out* 离开,不在,不在家,(借)出去了;发表[出版,出现,问世,泄露]了;过时[不流行]了;失灵,有毛病,出错;熄灭,熄火,闲着;(酒)退了,(潮)退了;(洪水)泛滥. *be out in calculation* 算错了. *be three minutes out* (钟表快慢)相差三分钟. *before the week is out* 本星期内. *blow out* 吹灭〔出〕,爆裂. *burn out* 烧光〔尽,灭〕. *come out* 出〔版,来〕,发行,公诸于世. *day in* (*and*) *day out* 天天,每天,继续不断地. *draw it out into wire* 把它拉成丝. *find out* 找出〔到〕,发现,计算出. *go out* 出去,熄灭,过时,出版. *point out* 指出. *run out* 用光,溢〔跑〕出. *stand out* 突出,耸立. *way out* 出口,出路.
II *prep.* 通过…而出. *run out the door* 跑出门去.
III *a.* ①外(面,部)的,在(往)外的,(向…)伸出的,输出的 ②移动的,位移的,偏离的 ③断开的 ④特大的. *out amplifier* 输出放大器. *out board* 外侧. *out diffusion* 向外扩散. *out flow pressure* 流出压力. *out focus* 焦点失调[不准],不聚焦. *out movement* 对向[退磨]运动. *out orbit* 外层轨道. *out phase* 异相,不同相. *out race* 外座圈,外环. *out rigger* 悬臂[伸出]梁. *out seal* 外部密封. *out size* 特大型[号]的. *out stroke* 排气冲程. *out switch* 输出开关. *out symbol* 外部符号. *out valve* 泄水阀门.
IV *n.* ①出口 ②外部〔头,面,观〕 ③缺〔弱〕点,借口 ④【印】漏排 ⑤脱销货. (pl.)付出的钱. *coolant out* 冷却剂出口. *heavy* (*phase*) *out* 重相出口(萃取). *helium out* 氦出口. *water out* 水出口.
V *vt.* ①赶出,驱逐(出),发射,放(打,藏)出 ②熄灭 ③伸出,展延.
VI *vi.* 外出,拿〔说〕出,暴露,(被)公布〔知道〕. *Truth will out.* 真相总会大白.
VII (*out of*) ①从…(当)中(出来),在…(范围)以外,到…以外(去) ②超出,脱离,摆脱,放弃 ③用…(做材料) ④由于,出自 ⑤失去,缺(少),没有. *a way out of M* 摆脱[克服,解决]M 的办法. *be built out of* 用…做〔构〕成. (15 *meters*) *out of N* (距)离 N(15m). *make a box out of plywood* 用胶合板做个盒子. *pump the water out of the tank* 用泵把水从水箱抽出. *one instance out of many* 许多例子当中的一个. *out of alignment* 不对准〔同轴,平行〕. *out of balance* 不〔失去〕平衡. *out of blast* 停风. *out of center* 离开中心,偏心. *out of character* 不相称,不符合(自己的个性等). *out of condition* 保存〔健康状况〕不好,无用,损坏. *out of contact with* 不与…接触,跟…隔绝. *out of control* 失去控制,不加控制的. *out of course* 紊乱,无秩序. *out of danger* 脱(离危)险. *out of date* 过时的,老式的. *out of doors* 户〔野〕室[外,露天. *out of doubt* 无疑,确实. *out of fashion* 不流行,古式的. *out of fix* (钟表)不准. *out of focus* 散(离)焦,焦点失调[不准],不聚焦. *out of frame* 失〔偏〕帧,帧失调. *out of gas* 缺油,燃料用完. *out of ga*(*u*)*ge* 不合规格. *out of gear* 齿轮脱开,失常,有毛病,切断的,不工作的. *out of health* 有病,出〔生〕不在内,没有份,跟不上,消息不确实的,弄〔搞,猜〕错,误的,与…无关的,不牵连在内的. *out of keeping with* 和…不相合,不调和[相称]. *out of level* 倾斜,不平坦,起伏. *out of measure* 过度,非常,极. *out of mesh* 切断的,(齿轮)脱离开的. *out of mind* 忘记. *out of necessity* 由〔出〕于必要. *out of operation* 不能工作〔运转〕的,失效的,切断的. *out of order* 混乱,不按规则,损坏,有毛病,发生故障. *out of phase* 脱〔失〕相,异(同)相,不同相. *out of place* 不适当的,不相称的,在不适当的位置. *out of plumb* 不直,不合规矩. *out of position* 不适当[不正确]的位置. *out of print* 绝版. *out of range* 越界,溢出. *out of range number* 超位数. *out of reason* 毫无理由地,无故. *out of repair* 失修,损坏,处于不正常状态的. *out of round* 不圆. *out of roundness* 椭圆度,不圆度,出〔非〕正常. *out of season* 不合时令的,过时的. *out of service* 不能〔再〕工作〔使用〕的. *out of shape* 走〔变〕样,失去正常形状的. *out of sight* 看不见. *out of size* 非正常大小的. *out of square* 歪斜,不正,不成直角的. *out of step* 失〔不同〕步. *out of stock* 缺货. *out of syn* 〔*synchronizm*〕 失步,不同步. *out of the ordinary* 非凡的. *out of the question* 毫无可能的,做不到的. *out of* (*the*)

reach 力所不及,不能达到,够不着的,难以接近. *out of the sphere of* 出乎…范围之外. *out of the way* 以便不成为障碍,向旁边,脱离常规,异常,偏僻的,罕见的,少有的. *out of time* 不合拍[时宜],过[误]时. *out of touch* 不接触,失去联系. *out of true* 不精[正]确. *out of tune* 失[走]调,不和谐,不能控制的. *out of use* 无用,废弃,报废,不能使用的. *out of work* 失业,不能工作的,(机器)有毛病. ▲*all out* 完全地,尽力地. *be at* [*on the*] *outs with* 与…不和. (*be*) *on the way out* 将要过时[淘汰],快要不用了. *be out at elbows* 捉襟见肘. *be out for* 把…当作目标,追求,想获得,一心为. *be out to* + *inf*. 设法(做),企图(做),期望(做). *from out to out* 从一头到另一头,全长,全宽. *go all out* 鼓足干劲,全力以赴. *have a day out* 休假一天. *in and out* 忽隐忽现,忽内忽外,出没不定,进进出出. *make a poor out* (*of it*) 出洋相,不成功,搞不好. *out and away* 无比地,远远地,非常,最最. *out and home* 来回. *out and in* = *in and out*. *out and in bend* 凹凸砌合. *out and* 彻头彻尾(的),完全(的),彻底(的),十足(的). *out in* 远远在. *out* (见 *out* 的第Ⅵ条). *out there* 向远在那边. *out to out* 总(外廓,最大)尺寸,全长,全宽. *out with* 拿[说,赶]出. *set out to* + *inf*. 着手(做). *the ins and outs* 细节,一五一十,角角落落. *times out of number* 无数次.

out- [词头] ①出,向外,在外,远 ②超过.

outa =out of.

out′age ['autidʒ] *n*. ①停[静]止,停[间]歇,停机(时状态),故障停工,运转中断,不活动 ②停[断]电,供电[电流]中断(期) ③油缺 ④(发动机关闭后)油箱内的剩余燃料 ⑤(油罐、油槽内为了液体膨胀)预留容积[容量,的空间],保险机构 ⑥运输[贮运]中的损失量,储运损耗,减耗量,排出量 ⑦放出孔,排气[油,液]孔,(排)出口.

out-and-in bond 凹凸砌合.

out-and-out ['autənd'aut] *a*.; *ad*. 完全的,彻底(的),不折不扣(的),彻头彻尾(的),十足(的).

out-at-elbows *a*. 穿旧的,磨破的,捉襟见肘的.

out′back ['autbæk] *n*.; *a*. 内地(的),内陆(的),内地偏僻而人口稀少的. Ⅱ *ad*. 向内地.

outbade′ [aut'beid] *v*. outbid 的过去式.

outbal′ance [aut'bæləns] *vt*. ①重[优]于,胜过 ②在效果上超过.

OUTBD =outboard 舷外(的).

outbid′ [aut'bid] ([*outbid* 或 *outbade′*, *outbid* 或 *outbid′den*]) *vt*. 出价高于别人,抢先.

outbid′den [aut'bidn] *v*. outbid 的过去分词.

out′board ['autbɔːd] Ⅰ *a*. 船[架,机]外的,外侧的,电动机装于外的(机),外侧(舷)的. Ⅱ *n*. 外侧,外装电动机,电动机装于外的船. *outboard bearing* 外置[外伸]轴承. *outboard motor* 外装电动机,外动推进机.

out′bond *a*. 外砌的,横叠式的.

outbound Ⅰ ['autbaund] *a*. ①驶往外国的,离开(中区,港口)的,外出的,出境的 ②向外,向外的,引出的. Ⅱ *n*. (*pl*.) 出境线. Ⅲ [aut'baund] *vt*. 跳[过]过. *ship outbound for M* 驶往 M 的船只.

outbrave′ [aut'breiv] *vt*. ①比…勇敢,战胜,压倒,抵抗 ②轻视,不把…放在心上.

outbreak Ⅰ ['autbreik] *n*. Ⅱ [aut'breik] *vt*. ①爆发(燃),突然飞散[蔓延] ②冲突,溃决 ③破[断]裂,中断 ④暴动,反抗.

out′breeding *n*. 远系繁殖,异系交配.

out′building ['autbildiŋ] *n*. 附属建筑物,外屋.

outburn *v*. 烧完[光],燃烧时间超过.

out′burst ['autbəːst] *n*. ①(辐射)爆发[炸,燃],突发,突然飞散[放气],喷出 ②溃决,冲破 ③(pl.) 脉冲,尖头信号 ④闪光. *solar radio outbursts* 太阳无线电辐射爆发.

out′cast *n*.; *a*. 被遗弃者(的).

outclass′ [aut'klɑːs] *vt*. (远远)超(胜,高)过,优于.

out′come ['autkʌm] *n*. ①结果(论,局),成(效)果,最后 ②产量,输出(量) ③出口(孔),排气(流出),排出口. *outcome function* 出现函数.

out′coming Ⅰ *n*. 结果. Ⅱ *a*. 出口(射)的,外(逸)出,离开的. *outcoming electron* 逸出(出射)电子. *outcoming signal* 输出信号.

outconnector *n*. 【计】(流线)改接零,外连接器.

out′crop ['autkrɔp] *n*.; *vi*. 露出(地面的部分),露头. *outcrop of the fault* 断层露头. *outcropping rock* 露头岩石.

out′cut *n*. 切口.

outda′ted [aut'deitid] *a*. 过时的,陈旧的,不流行的.

out′device *n*. 输出设备.

outdid′ [aut'did] *v*. outdo 的过去式.

outdiffu′sion *n*. 向外(柱状合金)扩散.

outdis′tance [aut'distəns] *vt*. 远远超过[胜过],把…远远抛在后头.

outdo′ [aut'duː] (*outdid′*, *outdone′*) *vt*. 优于,胜过,超过(出),高过[于,出],打败. *outdo oneself* 得到空前的成绩,超过自己原有水平,格外努力.

out′door ['autdɔː] *a*. ①户[野,室]外(式)的,露天(式)的,屋外(门外)的,门外的,表面的. *outdoor exposure* (露天)曝露. *outdoor handle* 门外手柄. *outdoor location* 露天设备,室外装置[安装],外景. *outdoor substation* 室外配电变电所. *outdoor type generator* 露天[室外]发电机.

out′doors′ ['aut'dɔːz] Ⅰ *a*. 在[向]户外[野外]. Ⅱ *n*. 户[野]外,露天.

outdoor-type *a*. 户(室,野)外(式)的,露天(式)的.

out′er ['autə] Ⅰ *a*. ①外(部,边,侧,异,层,面,观)的,表面的 ②远离中心的,边远的 ③客观的,物质的. Ⅱ *n*. 外线. *outer bearing* 外(侧)轴承. *outer belt* 外环(路). *outer casing* 外壳(胎),容器. *outer coating* 外层(皮),外部敷层. *outer column* 外(后)柱. *outer conductor* 外导体,(同轴电缆的)外导线,(电力线的)外侧线. *outer continental shelf* 外大陆架. *outer corner* (钻头)转角. *outer cutting angle* 外脊角的余角. *outer electron* 外层电子. *outer inspection* 外观检查. *outer lane* 外侧[边缘]车道. *outer linearization* 多线性化. *outer locator* 外探测器[定位器]. *outer marker* 指外符号,外指点标. *outer multiplication* 外乘法. *outer race* 外座圈,外环. *outer rotor* (齿轮泵的)外齿轮. *outer shoe* 外支块,外托板. *outer support* 外支架,后立柱.

outer-cavity *n.*; *a.* 外腔(式的).
outerface *n.* (磁带、纸带的)外面.
outer-field *a.* 外层(侧)的. *outer-field generator* 外层(侧)旋转发电机.
outermapping radius 外映射半径.
out′ermost ['autəmoust] *a.* 最外(方,面,层)的,最远的,最高(后)头的.
outer-product *n.* 外(矢,向量)积.
outer-shell *a.*; *n.* 外(层)(的). *outer-shell electron* 外层电子,价电子.
out′erspace *n.* 外部(外层,星际,宇宙)空间.
out′erwear ['autwɛə] *n.* 外衣.
out-expander *n.* 输出扩展电路.
outface′ [aut'feis] *vt.* 大胆地面对.
out′fall ['autfɔ:l] *n.* ①河(渠)出,流出,排泄口 ①冲锋,突(袭),冲击 ③排出,抛下. *outfall ditch* 排水沟. *tidal outfall* 潮汐溢水道.
out′fan ['autfæn] *n.* 输出(端),扇出.
out′field ['autfi:ld] *n.* 外(出射)场,郊外,边境,未知的世界.
outfire *vt.* 灭(熄)火.
out′fit ['autfit] *n.* ①(成套)设备(装备,装置,仪器,用具,备用工具),附属装置,附具,备(配)件,备品,旅行用品 ②行号,商店 ③准备,装配,配备. I *vt.* 装(配),准备,供给. *battery charging outfit* 充电站,充电设备. *gas welding outfit* 气(焊机)(组). *repair outfit* 修理工具. *tool outfit* 成套工具.
outflank′ [aut'flæŋk] *vt.* 包围,迂回,战胜,胜过,挫败.
out′flow ['autflou] *n.*; *v.* 流出,流(出,量,物),外流,流动,(化学反应)进行,爆发. *outflow conditions* 流动出口条件. *outflow channel* 放水渠道. *outflow from reservoir* 水库出流量.
outfly′ [aut'flai] *v.* 飞越,飞出,在飞行速度上超过.
outfoot′ [aut'fut] *vt.* 追(赶)过.
out′gas ['autgæs] *vt.* 除(去,排,释,放)气,漏气. *outgassing rate* 除气率. *vacuum outgassing* 真空脱(除)气.
out-gate ['autgeit] *n.* (电路)输出出门,输出开关,冒口.
outgen′eral [aut'dʒenərəl] *vt.* 用战术(计策)胜过.
out′giving ['autgiviŋ] *n.* 声明,发表.
outgo I ['autgou] (*outwent′, outgone′*) *vt.* 优于,胜(超)过,跑在前头. I ['autgou] *n.* ①支出,费用 ②发出,流出,外出,出口 ③结果,产品.
out′going ['autgouiŋ] I *a.* 外(出)的,外出的,出发(射)的,离开的,退去的 ②即将离职(结业)的 ③开朗的. I *n.* ①动身,出发 ②(pl.)费用,支出 ③声明. *outgoing cable* 输出电缆. *outgoing call* 呼出(叫),去话. *outgoing carrier* 外(输)出载波. *outgoing gauge* 轧后厚度. *outgoing level* 发送(输出)电平. *outgoing line* 出出线. *outgoing neutron* 出射中子. *outgoing panel* 馈电盘. *outgoing repeater* 去向增音机. *outgoing secondary line switch* 出中继第二级寻线机. *outgoing side of rolls* 轧辊出料的一面. *outgoing signal* (回声测仪仪)发出信号. *outgoing transmission* 节目输出. *outgoing trunk* 出去话中继线. *outgoing wave* 输出(辐射)波.

outgone′ [aut'gɔn] *v.* outgo 的过去分词.
outgrew′ [aut'gru:] *v.* outgrow 的过去式.
outgrow′ [aut'grou] (*outgrew′, outgrown′*) *vt.* 长得比…大(快),长(发展)得不再要….
outgrown′ [aut'groun] *v.* outgrow 的过去分词.
out′growth ['autgrouθ] *n.* ①生长(生成,派生)物,突出物,瘤(自然产物),副产品,侧淀积,结果 ②幼芽,枝条,分支 ③聚晶品生长,过生长.
out′guard ['autga:d] *n.* 前哨.
out′haul cable 开启桥升吊索.
out′house ['authaus] *n.* 附属建筑物,外屋,(户外)厕所.
out′ing ['autiŋ] *n.* 外出,旅行,游览. *outing flannel* 软绒布. ▲*have an outing at* 在…游览.
outlaid′ [aut'leid] *v.* outlay 的过去式和过去分词.
out′land [autlænd] *n.*; *a.* 外国(的),外地(的).
out′lander [autlændə] *n.* 外国人,局外人.
outland′ish [aut'lændiʃ] *a.* ①外国(味)的 ②奇异的,古怪的. ~ly *ad.*
outlast′ [aut'lɑ:st] *vt.* 较…经久(耐用,长命),比…持续得久.
out′law ['autlɔ:] I *n.* ①被剥夺公民权者,被查禁的组织 ②歹徒,罪犯. I *vt.* 使失去法律效力,使失去时效. ~ry *n.*
outlay I ['autlei] *n.* ①(基本)费用,成本,经费,基建投资,支出(额) ②外置(移植)物,(表面)移植物. I [aut'lei] (*outlaid′; outlay′ing*) *vt.* ①支付(出),花费 ②外置.
out′leakage *n.* 漏(出,电),漏出量.
out′let ['autlet] *n.* ①(输,放,引,流,排)出口,排泄(气,出)口 ②出口管,管道排出出口 ③出口(出线,出线,引(输)出端 ③出口截面 ④电源插座 ⑤流(排,输,放,溢)出 ⑥销路,出路. *air outlet* 排气,空气(导引)出口. *exhaust outlet* 排气(排水,放油)孔. *fuel outlet* 燃料出口,放油孔. *outlet box* 引出(分线)盒(箱),接线(线头,出线)匣. *outlet bucket* (虹吸管的)出口(唇),出口消力户,出口反弧段. *outlet line* 出线出口. *outlet of the pass* 孔型出口侧. *outlet pipe* 出口(排出,泄水,放出,流出)管. *outlet pressure* 出口(处)压力. *outlet sleeve* 出口(加压)套管. *outlet temperature* 出口(终点)温度. *outlet valve* 出口阀,排泄,泄水(放)阀. *outlet velocity* 出口流出,最后)速度. *outlet water* 废水. *outlet work* 泄水(排水,河口)工程. *outlets capacity* 出线容量. *primary outlet* 第一个出口,初级引出线,长途电话中心局. *slag overflow outlet* 炉渣溢流口. *wingduct outlet* 机翼中导管的出口截面.
out′lier ['autlaiə] *n.* ①离开本体的东西,分离物,离层,老图(外露)层 ②局外人.
out′line ['autlain] I *n.* ①外形(线,图),轮廓(线,图),(略,草,示意)图,剖面,周线,外(形)线,回路 ②(pl.)大纲,要点,梗概,概(摘)要. I *vt.* ①画轮廓(草图),草拟出 ②概(略)述,提出…的要点. *double outline* 双回路,双轮廓线. *front outline* 正视(前视)图,垂直投影. *outline drawing* (map) 略图,轮廓,外形图. *outline light* (被摄物)轮廓的照明灯,轮廓光. *outline of process* 生产过程简图. *outline of scanned area* (扫描区域)目标轮廓. *outline of*

video signal 视频信号包线〔轮廓〕. *outline proposals* 纲领性建议. *tooth outline* 齿廓,齿外形. ▲*draw outlines* 〔*an outline*〕*of* 画…轮廓,打…草图,概括地阐述,讲述…的要点. *give an outline of* 概述. *in outline* 梗概的,只画轮廓. *make an outline of* 写…提纲.

outlive′ [autˈliv] *vt.* ①比…经久〔长命〕②渡过 ③老到超过…的程度.

outlook I [ˈautluk] *n.* ①景色,眼界,视野 ②前途,远〔前〕景,展望,形势 ③观点,见解,看法 ④看守(人),警戒. *outlook on life* 人生观. *the world outlook* 世界观. ▲*on the outlook* 看守〔警戒,留心〕着. *outlook for M M* 的远景〔前途〕. *outlook on M* 对 M 的观点,望得见 M. *outlook over M* 望得见 M. II [autˈluk] *vt.* 比…好看.

out′lying [ˈautlaiiŋ] *a.* 在外的,远离(中心,主体)的,远隔的,边远的,外围的,分离的,无关的,题外的. *outlying area* 郊区. *outlying zone* 外围地区.

outmaneu′ver 或 **outmanoeu′vre** [autməˈnuːvə] *vt.* 挫败…的计谋,用谋略制胜.

outmatch′ [autˈmætʃ] *vt.* 进行得比…快,赶过.

outmarch′ [autˈmɑːtʃ] *vt.* 胜强,超过,优于.

outmilling *n.* 反向〔离向〕铣切,迎铣.

outmo′ded [autˈmoudid] *a.* 过时的,废弃了的,不流行的.

out′most [ˈautmoust] *a.* =outermost.

out′ness [ˈautnis] *n.* 客观(存在)性,外在性.

out′num′ber [ˈautˈnʌmbə] *vt.* 数量上超过〔压倒〕,多于,比…多.

out-of-balance *a.* 不平衡的,失去平衡的.

out-of-band *a.* (频)带外的.

out-of-date [ˈautəvˈdeit] *a.* 过时的,落后的,陈旧的.

out-of-door [ˈautəvˈdɔː] *a.* 户(室,野)外的,露天的.

out-of-doors [ˈautəvˈdɔːz] *ad.* 在户(室,野)外,露天.

out-of-focus [ˈautəvˈfoukəs] *a.* 散〔离〕焦的,焦点失调(不准)的,不聚焦的,不清晰的,模糊的.

out-of-frame *a.* 帧(幅)失调的.

out-of-ga(u)ge *a.* 不合规格的.

out-of-operation *a.* 不工作的,不运转的,失效的,切断的.

out-of-order *a.* 无次〔顺〕序(的),混乱(的),失效,有毛病的,出故障的,损坏.

out-of-phase *n.*; *a.* 不同相,反〔异〕相,不在位相上的,与位相不符合(不重合)的,位相移动的.

out-of-pile *a.* 反应堆外的.

out-of-pocket cost 实际费用〔成本〕.

out-of-pocket expenses 零星杂项费用.

out-of-repair *a.* 失修的,破损的.

out-of-roundness *n.* 不圆度,椭圆率.

out-of-season *a.* 不当令,过时.

out-of-step *a.* 失步〔同〕的,不同步的,不合拍的.

out-of-the-way [ˈautəvðəˈwei] *a.* ①边远的,偏僻的,交通不便的,人迹罕至的 ②奇特的,异常的,不寻常的.

out-of-town *a.* 外埠的,不在本城(市)的.

out-of-work *a.* 不工作的,失效的,切断的,失业的.

out-operator *n.* "出"算子.

outpace′ [autˈpeis] *vt.* 跑得比…快,追过.

out′patient [ˈautpeiʃənt] *n.* 门诊患者. *outpa-tients′ department* 门诊部.

outtperform′ [autpəˈfɔːm] *vt.* 工作性能比…好,运转能力优于,优越,胜过.

out′-phase [ˈautfeiz] *n.*; *v.* 反〔异〕相,相位不重合,非符合位相.

out′polar *a.* 外配极的.

out′port [ˈautpɔːt] *n.* 外港,输出港.

out′post [ˈautpoust] *n.* 前哨(地区),边远地区,哨兵.

outpour I [autˈpɔː] *v.* II [ˈautpɔː] *n.* 泻〔流〕出.

out′pouring [autˈpɔːriŋ] *n.* 泻〔流〕出,倾倒,流露,进发.

out-primary [autˈpraiməri] *n.* 初级绕组〔线圈〕端,原(初级)绕组线头.

outproduce′ *vt.* 在生产上胜过.

out′put [ˈautput] *n.* ①(生)产量,生产(率,能力),产出(物),效率,供给量,输出量,排出量(物),流量,出(水)量,产额〔品,值〕,出产(率),出力 ②输出(额,值,端,线,功率,信号,数据,设备) 功率(输出),出口 ③引出(线),引线输出端 ④计算结果. *daily output* 日产量. *desired output* 期待输出值,输出量的希望值. *effective output* 有效输出〔功率〕,实际(生)产量. *engine output* 发动机的输出功(效)率. *final output* 最后输出〔结果〕,终端输出. *guidance output* 输出制导信号. *heat output* 热功率,放热,热损失,散热率,热量输出. *indicated output* 指示马力〔出量〕. *instantaneous output* 瞬时功率〔容量〕,瞬时出量. *large(-volume) output* 大量生产,大输出,大产量. *light output* 光输出,发光效率. *lumen output* 光输出,光强. *maximum output* 最大输出〔功率,出量〕. *output admittance* 出端〔输出〕导纳. *output amplifier* 输出(末级)放大器. *output circuit* 输出电路. *output due to input* 由于输入而产生的输出,次于输入的输出. *output in metal (stock) removal* 出屑量. *output lead* 引出线,输出端. *output of a cupola* 冲天炉的熔化率. *output of column* 塔的生产能力,塔产物物料平衡. *output of hearth area* 单位炉床面积产量,单位产量(每日)产量. *output rate* 产量,生产率,出(屑)量. *output rating* 产量,输出功率. *output transformerless circuit* 无输出变压器电路. *output work queue* 【计】文件输出排队. *output writer* 【计】输出改写程序. *power output* 动力(电力,功率)输出(量),输出(端)的功率. *rated output* 额定输出〔产〕,输出〔额定〕功率,额定出力. *specific output* 比输出(量),比出量,单位功率,功率系数. *thrust output* 输出推力. *total output* 总功率〔产量,输出〕,全能率. *ultimate output* 最大功率,极限容量. *useful output* 有效功率〔马力〕,有用功率(输出量).

output-to-output crosstalk 测量远端串话.

out′rage [ˈautreidʒ] I *n.* 暴行. II *vt.* 违反,迫害.

outra′geous [autˈreidʒəs] *a.* 残暴的,荒谬绝伦的.

outran′ [autˈræn] *v.* outrun 的过去式.

outrance [uːˈtrɑːns] (法语) *n.* 极端,最后. *à outrance* 到底,至极点. *combat à outrance* 打到底.

outrange′ [autˈreidʒ] *vt.*; *n.* 射程(打得)比…远,射程超过比…能看得远,超(出)量程,超出作用距离范围.

outrank′ [autˈræŋk] *vt.* 等级超过,级别(地位)高于.

outré [ˈuːtrei] (法语) *a.* 越出常轨的,过度的,奇怪

outreach' [aut'ri:tʃ] I v. 超〔越,胜〕过,优于. II n. 起重机臂,悬臂,极限伸距,伸出,延展,范围.

outemer [u:tra'mea] (法语) I ad. 在(向)海外. II n. 海(国)外.

outrid'den [aut'ridn] v. outride 的过去分词.

outride' [aut'raid] (outrode', outrid'den) vt. 行驶速度比…快,胜过,冲过.

out'rigged [autrigd] a. 有舷外装置的.

out'rigger ['autrigə] n. (支,外,构)架,承力外伸支架,(外伸)叉架,伸(悬)臂架,舷外铁(叉)架(杆). outrigger jack 支撑起重器,撑腕千斤顶. outrigger scaffolds 挑出脚手架. outrigger shaft 外伸〔延长〕轴. outrigger wheel 挑出轮.

outright I [aut'rait] ad. ① 完全地,彻底地,全部地,共总地 ②坦白地,公开地,公然,断然 ③即时,立刻,马上 II ['autrait] a. 直率的,明白的,完全的,十分的,总共的,彻底的.

outri'val [aut'raivəl] vt. 胜过,打败.

outrode' [aut'roud] v. outride 的过去式.

outrun' [aut'rʌn] (outran', outrun') vt. 超过(范围),追(赶)过,比…跑得更快(更好).

out'rush n. 高速流出(的射流),出口压力差.

outsail' [aut'seil] vt. 航行比…(更)快,追过.

outscri'ber n. 输出记录机.

outsell' [aut'sel] (outsold') vt. 卖得比…多(贵,快).

out'set ['autset] n. 开头,端,始,最初,边注. ▲[in] the outset 在开头,当初,起(首)先,一开始. from the outset 从开头.

outshine' [aut'ʃain] (outshone') vt. (照得)比…亮(强),使…相形见绌(黯然失色).

outshone' [aut'ʃɔn] v. outshine 的过去式和过去分词.

outshoot I [aut'ʃu:t] (outshot') v. II ['autʃu:t] n. 射出,突(凸)出,伸出(的物).

out'shore n. 远离海滨,海上.

outshot I n. 废品,凸〔伸〕出部分. II v. outshoot 的过去式和过去分词.

out'side' ['aut'said] I n. ①外部(面,表,观,界),表面 ②极端(限) ③(游标尺的)外卡脚. II prep. 在(向)…的外边(外)…外边的②超过(越出)…范围,在…之上(之外,以上)③除去…(之外). III a. ①外(部,面,侧,观,界)的,表面的,肤浅的 ②室(屋)外的 ③极端(度)的,最高(大)的,最大限度的,超出…外的局外的,外行的. IV ad. 在外面〔部),向户(室)外 ②向(在)海上 ③出线(界). outside air 外界空气. outside blade 外切刀齿. outside broadcast 不在播音室内进行的播音,室外广播. outside calipers 外卡钳(规). outside chance 不大可能的机会. outside chaser 外(阳)螺纹梳刀. outside drawing [view]外形(视)外形[图. outside estimate 最高的估计. outside help 外援. outside indicator (液)外指示剂. outside lead gauge 外螺纹导程(螺距)仪(规). outside micrometer 外径千分尺(测微计). outside network 外部管网. outside of tubes 管外,位于(换热器)管间的空间. outside pitch line length 齿顶高度. outside price 最高价格. outside seal 外部密封. outside single-point thread tool 单刃外螺纹刀具. outside taper gauge 外圆锥管螺纹牙高测量仪. outside widening 外侧加宽. outside wiring 室外(布,配,架)线. outside work 户外工作. those on the outside 局外人,外行. ▲at the (very) outside 至多. be outside M 超过 M(范围)之外. outside in 从外侧向内侧,从外缘向中心的,向心录音法(从圆盘外侧向内侧的录音法),外面翻到里面. outside of=outside prep.

outside-in a. 从外(侧)向内(侧)的,从外缘向中心的.

outside-in filter 过滤物自外缘流经过滤介质至中心的过滤器. outside-in recording 向心录音法(从圆盘外侧向内侧的录音法).

out'si'der ['aut'saidə] n. 外行,局外人,旁观者,没有关系的人,没有专门知识的人.

out'size ['autsaiz] I a. =outsized. II n. 特大(号).

out'sized ['autsaizd] a. 特别大的.

out'skirts ['autskə:ts] n. 郊外,市郊,外边(圈),边界. ▲on the outskirts of …的外边.

outsmart' [aut'sma:t] vt. 比…聪明(机智),以机智胜过,哄骗,愚弄.

outsold' [aut'sould] v. outsell 的过去式和过去分词.

outsole n. 脚,基低.

outspent' a. 疲乏的,用过的.

outspo'ken [aut'spoukən] a. 直率的,坦白的.

outspread' [aut'spred] I. (outspread') n. 扩张,展开,传播,散布. I a. 扩张的,展开的.

outstanding I [aut'stændiŋ] a. ①显著的,突出的,杰出的,引人注意的 ②未完成的,未解决的,未偿还的,未付的. outstanding balance 未用余额. outstanding features 突出的特点. outstanding problems 未解决的问题. ▲leave outstanding 搁着不管(不偿还). II ['aut-stændiŋ] a. 突出的,伸出的. outstanding leg (of angle)(角钢的)伸出肢. ~ly ad.

out-state n. "出"状态.

out'station ['autsteiʃən] n. 分局,支所,外场,野外靶场.

outstay' v. 住得超过(限度),在持久力上超过.

outstep' ['autstep] vt. 走(超)过,夸大.

outstretch' [aut'stretʃ] vt. 拉(伸)长,伸开,扩张,伸展(得超出…的范围).

outstrip' [aut'strip] vt. 超(胜,追)过,(使)超前,超出,提前,优于,跑在…前面.

out'stroke n. 排气冲程.

outthrust' v.; a.; n. 冲出(的),突出(的,物).

out-to-out n.; a. 总(宽薄)尺寸,总长(宽)度,全长(宽).

outtrav'el vt. 旅行超出(某地区,范围),在速度上超过.

out-trunk n. 去(出)中继线.

out'turn ['autə:n] n. 产量.

outval'ue [aut'vælju:] vt. 比…有价值.

outvie' [aut'vai] vt. 胜过,打败.

outvoice' [aut'vɔis] vt. 声音压过(比…大).

outwalk' [aut'wɔ:k] vt. 比…走得快(远).

out'ward' ['autwəd] I a. ①外(部,面,表,形,界,来)的,表面的,皮毛的 ②向外的 ③物质的,客观的 ④明显的,公开的,外面的. II ad. 在(向)外(部),外表(表面)上,往海外. III n. 外部(形,表),(pl.)

(周围)世界. **outward eye** 肉眼. **outward derivative** 外(向)导数,外微商. **outward flange** 外凸缘(法兰). **outward form** 外表(形,貌). **outward passage** [voyage] 出航. **outward seepage** 向外渗出. **outward things** 周围的事物,外界. **outward thrust** 向外推力. ▲**to outward seeming** 外表上,表面上(看来).

outward-bound ['autwəd'baund] a. 开往国外的,出航的.

out'wardly ['autwədli] ad. ①在[向](外(面),从外面来 ②外表上,表面上.

out'wardness ['autwədnis] n. 客观存在,客观性.

out'wards ['autwədz] ad. 在[向]外(部),外表[表面]上,向国外. **ship bound outwards** 开往国外的船.

out'wash ['autwɔʃ] n. 冲刷[蚀,积],刷净,清除,除[刷]去,冰水沉积. **glacial outwash** 冰川沉积.

outwatch' ['aut'wɔtʃ] vt. 一直看到看不见为止,比…看得久.

outwear' ['aut'wɛə] (**outwore', outworn'**) vt. ①比…经久[耐用] ②穿旧[破],用完,过耗.

outweigh' ['aut'wei] vt. 重量超过,重[多,优]于,比…重[贵],胜[强]过.

outwell v. ①倒掉[去], ,倾析 ②铸造.

outwent' ['aut'went] v. **outgo** 的过去式.

outwit' ['aut'wit] vt. (以)智(战)胜.

outwore' ['aut'wɔː] v. **outwear** 的过去式.

outwork Ⅰ ['autwək] n. ①户外,外围防御工事 ②户外[野外,露天]工作. Ⅱ [aut'wək] vt. 在工作上胜过,比…做得更快[好].

out'worker ['autwəːkə] n. 外勤人员.

outworn' ['aut'wɔːn] Ⅰ a. ①过时的,已废除不用的,陈旧的 ②磨坏的,破损的. Ⅱ v. **outwear** 的过去分词.

OV = ①operational vibrations (a combination of sinusoidal and random vibrations 5~2000 cps)操作上的振动(正弦振动与随机振动的一种组合,5~2000周期每秒) ②over ③over-voltage 过(电)压.

OV 硅酮固定液(商品名).

ov- (词头)蛋,卵.

o'val ['ouvəl] n.; a. 椭圆(形,钢,孔型,的),蛋形(的),卵形的(物,线,弧). **oval and round method** 圆钢椭圆-圆形孔型系统轧制法. **oval and square method** 圆钢椭圆-方形孔型系统轧制法. **oval cable** 椭圆形电缆. **oval (head) rivet** 椭圆头铆钉. **oval head screw** 椭圆头螺钉. **oval strand** 椭圆形股绳.

ovalbu'min n. 卵清蛋白.

ovalene n. 间二蒽嵌四并苯,卵苯[烯].

ovalisa'tion 或 **ovalization** n. 成椭圆形.

oval'ity n. 椭圆度(性),卵形度.

ovaloid Ⅰ n. 卵形面. Ⅱ a. 似卵形的.

o'vary n. 卵巢.

ova'tion [ou'veiʃən] n. 热烈欢迎[鼓掌],欢呼.

ovbd = overboard (向)舷外,水中.

ovcst = overcast 阴(天),架空支架.

OVE = on-vehicle equipment 在飞行器上的设备.

OVEL = ovonic electroluminescence 双向场致发光.

ov'en ['ʌvn] n. (烘,火,烤)炉,窑,烘箱,干燥箱[机,器,室],干热灭菌箱,恒温箱[器,槽],加热室. **auxiliary oven** 辅助加热炉. **bake oven** 熔炉,烘(烤)炉. **core oven** 烘型心炉. **crystal oven** 晶体恒温箱. **drying** [baking] **oven** 干燥炉[器,箱,室]. **oven loss test** 炉焙[加热]损失试验. **oven tar** 焦炭炉柏油,焦炭炉焦油沥青,焦炭炉焙. **oven test** 耐热试验. **recuperative oven** 换热炉. **reflector oven** 反射式加热炉. **retort oven** 蒸馏炉. **treating oven** 热处理炉,干燥炉.

oven-dried a. 烘干的.

ov'enstone n. 耐火石.

ov'enware n. 烤(炉用)盘(烘箱用陶瓷制浅盘).

over ['ouvə] Ⅰ prep.; ad. ①在[向,从]…上方[上空,上面],盖上[满,住],放在…上面. *A bridge-crane passed over our heads.* 天车从头顶开过. *The balcony juts out over the street.* 阳台伸向大街. *put a plastic cover over the thresher* 给脱粒机盖块塑料布. *a metal tab over an opening on the panel* 面板上的一个开口上(方)的一块金属标牌. *two over three* 三分之二(2/3) ②往[在]…对(对面,对过)另一侧,这边一边],越过,经过,满遍(出),翻过来,倒下去,(转移或更换)过来[去]. *jump* [climb] *over a fence* 跳(攀)过栅栏. *Electrons cannot easily travel over or through an insulator.* 电子不容易越过或穿透绝缘子. *The vise is over there.* 虎钳在那边. *a bridge over the river* 河上的一座桥. *a belt going over the pulley wheel* 绕过皮带轮的皮带. *turn the forging over* 把锻件翻个身. *pull the pole over* 把杆子伞倒. *get over the difficulties* 渡过困难. *This question can stand over.* 这个问题可暂时搁在一边. *arc over* 跳弧放电,跳火,飞弧,闪(弧)络. *boil over* 沸溢. *bridge over* 跨接,桥接. *change-over switch* 转换[换向]开关. *flow over* 溢出,满出,横流. *nose over* 倒转(栽),翻个儿. *spark over* 打火花,跳火 ③遍及,遍布,到处,处处,全部[面],沿全长,从头到尾,自始至终,在…范围内. *all over the country* 全国各地. *all the year over* 整年地. *for over a thousand years* 已有一千多年的历史,时间持续超过一千年. *go over the circuit carefully* 把线路仔细检查一遍. *think it over* 仔细考虑一下. *talk it all over with him* 同他彻底谈谈. *melt the weld over a narrow zone* 使焊件在一狭窄的区域(内)熔化. *take an average over this range* 取这个范围内的平均值,对这个范围取平均值. *The voltage is seen to be fairly constant over a wide frequency range.* 电压在一宽频带内也十分稳定. *freeze over* 全部冻结(凝固),为冰所覆盖,结满了冰 ④多于,超过,…多,…以上,剩余. *ten km and over* 十千米(及)以上. *three hours or (a bit) over* 三小时或更多(一点). *This pole weighs over 150kg. It is over 60 cm round the middle.* 这根杆子重150多千克,它中央的周长在60cm以上. *Is there any fuel (left) over?* 还剩得有燃料吗? ⑤胜过,(优)先于,

(凌驾)于…之上,比起…来. *an enormous simplification over the previous methods* 比起过去的方法来的一个巨大简化. *the saving in cost over other methods* 比起别的方法来在成本方面的节约. *Porcelain has two advantages over glass.* 陶瓷有两点胜过玻璃 ⑥在…期间,在(从事)…的时候. *This model has been continually improved over the last few years.* 这种型号近几年间一直在改进. *Don't chat over your work.* 工作时别闲聊 ⑦关于,对于,由于; *Let us talk over the matter later.* 以后咱们再谈论这事. *rejoice over good news* 为好消息而高兴 ⑧再(次),重复. *do the experiment over* 把这实验再作一次. *do it ten times over* 把它重复做十遍. *start the test all over again from the beginning* 把这试验整个儿地重新从头开始 ⑨了结,结束,完成. *The test is over.* 检验完毕 ⑩[无线电通话用语]"报文完,请回复".

Ⅱ *a.* ①过度[分,多]的,超(过)的,多[有,剩]余的 ②上面的,上级的,外面的 ③完成的,过去的. *over arm* 横杆[臂],悬梁[臂]. *over arm brace* (卧铣)横梁支架. *over arm support* 撑杆,支架. *over balance* 超(出)平衡,失(过)平衡. *over ball dial measurement* 节圆直径钢球测量法. *over ball diameter* 钢球外点直径(节圆直径钢球测量法所测尺寸). *over beam* 过梁. *over blow* (转炉)过吹,(高炉)加热鼓风. *over brace* 横杆支架[柱]. *over burdening* 装料过多,超载. *over charge* 超(过)载,超装,过量充电,加料过多. *over compound dynamo* 过复励发电机. *over compound excitation* 过复(绕激)励. *over control* 超调现象. *over correction* 过分改正. *over cure* 过熟,过分硫化[处治]. *over current relay* 过载继电器. *over damping* 过(度)阻尼[衰减]. *over discharge* 过放电. *over drive* 超速传动. *over excitation* 过励. *over excite* 过励磁. *over exposure* 过曝,过(分)露(光). *over feed stoker* 火上加煤机. *over feeding* 给料过多. *over flow* 溢流. *over focus* 过焦点. *over inflation* 过度打气,过分充气. *over length* 过长. *over load* 过(量)负,过量充电. *over modulation* 过(量)调(制). *over oiling* 加油[用油]过度. *over pickling* 浸渍过量,酸浸过度. *over pin* (节圆直径滚柱测量法用)滚柱. *over pin dial* 跨针测距厚仪. *over pin diameter* 柱外母线直径. *over point* 初馏点,蒸馏首滴温度. *over poling* [冶]插树(还原)过度. *over pressure* 过压,超压力. *over rate characteristic* 过量率(过定额,(阀门)压力增量)特性. *over reach* 越限(时间). *over reduction* 过度还原. *over ride* 超程(程). *over speed* 超速. *over speed drive* 超速传动. *over strain* 过度应变. *over stretch* 过度伸长. *over top* 超高速. *over torque* 过转矩. *over travel* 超程. *over weight* 过重.

Ⅲ *vt.* 跳[跨,绕,走]过.

▲ *all over* 各处,到处,遍及整个,普遍,整个[(完)全(像),(持续)]整个…(时期),全停,全部结束. *all over with* 完结,了结,做完. *be over* 完了,过去,终了,结束. *excess of M over N* M 超过 N 的部份. M 比 N 多出的部分. *just over* (比…)多一点,稍稍超过,刚结束的. *once over* 一遍. *over a range of* 在…的范围(区段,波段)内. *over again* 再一次,重新(再来一遍),反复地. *over against* 在…的正对面,正对(着),对照着,与…对比. *over all* 全面地,四面八方,从一(极)端到另一(极)端. *over and above* 如(外)还的,而且,加之,在上面,超过,在…以外,除…之外,太,过于,过分. *over and over (again)* 一再,再三,屡次,一次又一次(地),反复不断地. *over here* 在这里,在这边. *over the air* 广播里,用无线电,通过空气. *over the hump* 大半已完,困难的部分已经过去. *over the range of* 在…的范围(区段,波段)内. *over there* 在那里(那边],[美]在欧洲. *well over* 比…多得多,大大超过.

over- [词头] ①过(度),超,太 ②在外(部),在上面.

o'verabound' ['ouvərə'baund] *vi.* 极多,过多(in, with).

o'verabun'dance ['ouvərə'bʌndəns] *n.* 过多,过(于)丰富,过剩.

o'verabun'dant ['ouvərə'bʌndənt] *a.* 过多的,过富的.

o'veracid'ity *n.* 过酸度.

o'veract' [ouvə'rækt] *v.* 过度…,过分…,(动作)过火,夸张.

o'verac'tive ['ouvə'ræktiv] *a.* 过度活化的,过于活泼的,过多的,过量的.

o'veractiv'ity ['ouvəræk'tiviti] *n.* 过度活化(性),过于活跃.

o'verage ['ouvəridʒ] *v.* ; *n.* ; *a.* ①超出(的),过多(的),过剩(的) ②过老化[陈化,时效)(的),逾龄(的),人工时效过度.

o'veragita'tion *n.* 过度搅拌.

o'veralkalin'ity *n.* 过碱度.

overall Ⅰ ['ouvərɔ:l] *a.* ①总(共)的,全(面,部,体)的,综合的,所有的,轮廓的,包含一切的 ②一般的,普遍的. *n.* (pl.) 工作服,工装裤,(工作)外上衣. Ⅱ [ouvər'ɔ:l] *ad.* 全面地,全体,整个,总的说来. *disposable overalls* 一次有效工作服. *overall accuracy* 总[综合]准确度. *overall attenuation* 总[净,全]衰减. *overall coefficient* 总[综合]系数. *overall design* 总体设计. *overall dimension* (size) 总(全,外形,轮廓,最大)尺寸,通体大小. *overall efficiency* 总[综合],计计,整机)效率,总有效利用系数. *overall flaw detection sensitivity* (超声波)相对探伤率敏度. *overall length* 总长(度),全长(度). *overall mean velocity* 断面平均流速. *overall pattern* 总体图式. *overall pressure ratio* 总压比. *overall project* 总[综合]方案(计划). *overall solution* 总体[共同]解法. *overall structure* 整体结构. *overall test* 总(容器,静态)试验. *overall weldability* 使用可焊性. *overall width* 总[全,外]宽.

overambitious ['ouvəræm'biʃəs] *a.* 野心太大的.

o'veramplifica'tion 过分[过度]放大,放大过度.

over-and-over addition 逐次(反复)加法,重复相加.

over-and-under controller 自动控制器.

o'veranneal' v. 过(度)退火.
o'veranxi'ety ['ouvəræŋ'zaiəti] n. 过于担心,过度渴望.
o'veran'xious ['ouvə'ræŋkʃəs] a. 过于担心的,过分渴望的.
o'verarch' ['ouvə'ɑːtʃ] v. 上设(架)拱圈,(在上面)做成拱形.
o'verarm' ['ouvərɑːm] =overhand.
o'verbake' ['ouvə'beik] v. 过烘(烧、烤),烘焙过度,烧损.
overbal'ance ['ouvə'bæləns] Ⅰ v. ①(使)失(去平)衡,过(度)平衡,超(出)平衡,(歪)倒 ②过重(量),重(多,优)于,(价值)超过. Ⅱ n. ①不(失去,过(度)超出)平衡,歪倒 ②过重(量),超重,(价值)超过.
o'verbank n. 大坡度转弯,倾斜过度,河滩. overbank flow 漫滩流.
o'verbar n. 划在上面(顶上)的横线(短划).
overbased a. 高碱性的.
overbate v. 过度软化(减弱).
overbear' [ouvə'bɛə] (overbore', overborne') vt. 压服(倒),克服.
overbear'ing [ouvə'bɛəriŋ] a. ①厉害的,压倒的,非常之大的 ②专横的,霸道的,傲慢的. overbearing heat 酷热. ~ly ad.
over-beating a. 打浆过度.
o'verbend ['ouvə'bend] v. 过度弯曲.
o'verbi'ased a. 过偏压的.
o'verbleach v. 过度漂白.
o'verblew' ['ouvə'bluː] v. overblow 的过去式.
overblow' [ouvə'blou] (overblew', overblown') v. ①(转炉)过吹火,(高炉)加速鼓风 ②吹过(散),狂吹. foam overblow 过度发泡. overblown steel 过吹钢(转炉).
overblown' [ouvə'bloun] Ⅰ a. ①被吹散(刮走)的,吹过的,(风)停了的 ②被忘记的,完了的. Ⅱ v. overblow 的过去分词.
o'verboard ['ouvəbɔːd] ad. 在(向)船外,到水中.▲throw overboard 扔(丢)掉,放弃,把…扔到船外(水中).
overboard-dump n. 卸载.
o'verbold' ['ouvə'bould] a. ①过于大胆的 ②过分显眼的,过于凸露的.
overbore' [ouvə'bɔː] v. overbear 的过去式.
overborne' [ouvə'bɔːn] v. overbear 的过去分词.
overbought' [ouvə'bɔːt] v. overbuy 的过去式和过去分词.
overbreak v. (隧洞)超挖,超爆,过度断裂,裂面过大,过碎. overbreak control 超爆破控制.
overbreak'age n. 超挖度.
o'verbridge ['ouvə'bridʒ] n. 天(旱,跨线)桥. overbridge magnetic separator 过桥式磁铁分离机.
overbrim' [ouvə'brim] v. (使)溢(满)出.▲fill to overbrimming 倒(灌)得满满的.
overbuild' [ouvə'bild] (overbuilt') v. ①建筑(造)过多 ②建筑在上面(顶上) ③指望过度. overbuilding freeway 越建筑物(高架)超速干道.
o'verbunch ['ouvə'bʌntʃ] v. 过聚束.
o'verbur'den Ⅰ n. ①超(负)载,过载,过重,过负荷,过度负担 ②上部沉积(积土),覆盖(风化)层,表(浮)土(层),(冲)积土,废料堆,(高炉)过重料. overburden pressure 积土(上覆岩层)压力,超载.Ⅱ v. 超载,使载重过多,装料过多,(使)负担过重,覆土,过压.
o'verbur'densome a. 超(过)载的,过重的.
overburn' (overburnt') v. 烧毁(损),过烧.
overburnt' Ⅰ overburn 的过去式和过去分词. Ⅱ a. 过烧的.
overbusy [ouvə'bizi] a. 太忙的.
overbuy [ouvə'bai] (overbought') vt. 买得过多(过贵).
overcame' [ouvə'keim] v. overcome 的过去式.
overcan'opy [ouvə'kænəpi] vt. 用帐篷遮盖.
overcapac'ity n. 超负荷.
o'vercapitaliza'tion [ouvəkæpitəlai'zeiʃən] n. 投资过多.
o'vercapit'alize ['ouvəkə'pitəlaiz] vt. 投资过多,投过多资本.
overcar'bonate v. 充碳酸气过饱和.
overcarbona'tion n. 充碳酸气过饱和.
overcare' [ouvə'kɛə] n. 过分小心(谨慎),过忧.
overcare'ful [ouvə'kɛəful] a. 太(过分)小心(谨慎)的.
o'vercast ['ouvə'kɑːst] Ⅰ n. ①阴(天) ②支撑架空管道(拱形)支架. Ⅱ a. 阴的,多云的. overcast sky 阴天. Ⅱ (overcast') v. 使阴暗,阴(暗)起来,阴云遮蔽. overcasting staff 测量杆.
overcau'tion [ouvə'kɔːʃən] n. 过于小心(谨慎).
overcau'tious [ouvə'kɔːʃəs] a. 过于小心(谨慎)的. ~ly ad.
o'vercharge [ouvə'tʃɑːdʒ] v.; n. 超(负)载,过载,过负荷,过量(过度)充电,装载(装药,加料)过多,额外收费,多计价款.
over-chute n. 跨泵槽,溢流斜槽.
o'verclass n. 扩类.
overclassifica'tion n. 分等(分级)过高.
o'verclimb n. 失速,气流分离.
overcloud [ouvə'klaud] v. 乌云笼布,被(以)阴影遮住,(使)变阴暗.
o'vercoat ['ouvəkout] Ⅰ n. ①外套,大衣 ②降落伞 ③涂层. Ⅱ v. 涂刷(饰).
o'vercoating n. 外敷层,保护涂层,涂刷(饰).
overcolor or overcolour [ouvə'kʌlə] vt. 着色过浓,夸张.
overcome' [ouvə'kʌm] (overcame', overcome') v. 克(征)服,打败,(制)胜,胜过,压服(倒). overcome friction 克服摩擦力.▲be overcome (被)压倒.
overcommuta'tion n. 过(度)整流,加速换向.
overcompac'ted a. 过度压实的,压得过密的.
o'vercom'pensate [ouvə'kɔmpenseit] v. 补偿过度,过(度)补偿. o'vercompensa'tion n.
overcompound v.; n. 过(超)复励,过复绕(卷)电机. overcompound dynamo (generator) 过复绕发电机. overcompound excitation 过复(绕)激励.
overcompres'sion n. 过(度)压缩.
o'vercon'fidence [ouvə'kɔnfidəns] n. 过于自信,自负. overcon'fident a.
o'verconsol'idated a. 过度固结的.
o'verconsolida'tion n. 固结(压密),过度固结.
o'verconstrained' a. 约束过多的,无解的.
overcontrol' [ouvəkən'troul] v. 过度控制,过分操

overconver'gence n. 过度收敛,过会聚.

o'vercook' ['ouvə'kuk] v. 煮(熔烧)过度,绝干,过度损坏.

overcool' ['ouvə'ku:l] v. 过(度)冷(却).

o'vercoring n. 套芯.

overcorrec'tion [ouvəkə'rekʃən] n. 过调(节),重(新)调(整),再调整,过校正(矫正).

o'vercount v. ; n. 计数过度.

overcouple ['ouvə'kʌpl] vt. 过耦合.

o'vercrack v. 过度裂化.

o'vercredu'lity ['ouvəkri'dju:liti] n. (过于)轻信.

o'vercred'ulous ['ouvə'kredjuləs] a. 过于轻信的,太容易相信的.

o'vercrit'ical ['ouvə'kritikəl] a. 超(过)临界的,过于危险的,过分吹毛求疵的.

o'vercross v. 上跨交叉,跨越.

overcrow' ['ouvə'krou] vt. 打垮(败),压倒,夸耀.

overcrowd' ['ouvə'kraud] vt. 使太挤,挤满. ▲ overcrowd M with N 用 N 把 M 塞满(挤满),弄得拥挤不堪.

o'vercrowd'ed a. 过于拥挤的,塞得太满的.

o'vercrowd'ing n. 过分拥挤,(人口)过密,工业过分集中.

o'vercrowned a. 路拱过大的.

overcrust' ['ouvə'krʌst] vt. ; n. 用外皮(外壳)包,盖(硬)壳.

overcure' ['ouvə'kjuə] v. ; n. 过(分)硫化,过(度)熟(化),过分处治.

o'vercu'rious ['ouvə'kjuəriəs] a. 过于好奇的.

o'vercur'rent ['ouvə'kʌrənt] n. 过(量,载)电流. overcurrent ground system 过载(过电流)继电保护方式. overcurrent relay 过载(过电流)继电器.

o'vercut ['ouvəkʌt] (o'vercut') v. ①过度切割(刻划) ②切(割)断 ③过(度)调制.

overdam' v. 堤坝壅水.

overdam'ming n. ①过度堰塞(壅水),堤坝淹没 ②过压密实.

overdamp' ['ouvə'dæmp] v. 超(过度),剩余(阻尼,阻尼过度,强(过度)衰减.

overda'ring ['ouvə'dɛəriŋ] a. =overbold.

overdeep'ening n. 过量下蚀.

overdel'icate ['ouvə'delikit] a. 过于精致的,超灵敏的,神经过敏的.

overdense a. 过密的(电子密度大于 10^{12} 个/厘米^3).

overdepth n. 超出(外加)深度.

overdesign' vt. ; n. 保险(过于安全的,安全系数大的,余量的)设计,大储备计算.

overdetermina'tion n. 超定(性,度),过定(性,度).

overdeter'mined a. 超(过)定的.

overdevel'op [ouvədi'veləp] vt. 显像(影)过度,过度发达(展). ~ment n.

overdid' ['ouvə'did] v. overdo 的过去式.

overdilu'tion [ouvədai'lju:ʃən] n. 过分冲淡.

overdimen'sioned a. 超(大)尺寸的.

o'verdischarge' ['ouvədis'tʃɑ:dʒ] v. ; n. 过(量)放电(卸料),(活塞发动机的)提前排气.

o'ver-disten'sion n. 膨胀过度.

o'verdistilla'tion n. 另侧的蒸馏.

overdo' ['ouvə'du:] (o'verdid', o'verdone') vt. ①过于…,做得过火,做作 ②过于劳累 ③煮(烧)得过度. ▲ overdo oneself (one's strength)勉强,过分努力.

overdone' [ouvə'dʌn] v. overdo 过去分词.

o'verdoor Ⅰ n. ①门顶装饰 ②山墙,人字墙. Ⅱ a. 门上(部)的.

overdose Ⅰ ['ouvədous] n. Ⅱ ['ouvə'dous] vt. 过度剂量,(用药)过量.

o'verdraft' ['ouvədrɑ:ft] n. ①过度通风,上部通风(装置) ②透支 ③轧件(离轧辊时)上弯,下压力 ④(地下水的)过度抽汲.

overdraught =overdraft.

o'verdraw' ['ouvə'drɔ:] (o'verdrew', o'verdrawn') vt. ①张拉过度 ②透(超)支 ③夸张(大).

o'verdrawn' ['ouvə'drɔ:n] v. overdraw 的过去分词.

overdress Ⅰ ['ouvə'dres] vt. 过度装饰. Ⅱ ['ouvədres] n. (薄)外衣.

o'verdrew' ['ouvə'dru:] v. overdraw 的过去式.

o'verdried' a. 过(分)干(燥)的.

overdrive' ['ouvə'draiv] (overdrove', overdriv'en) vt. ; n. ①超速传动(行驶),超速档,增速传动装置,加速移动 ②过压(载,驱动,策动,激励),激励过度 ②使用过度,使负担过重. overdrive clutch 超速离合器. overdrive condenser 过激励用电容器. overdrive gear 增速(超速传动)齿轮. overdrive system 超速传动系统.

overdriv'en ['ouvə'drivn] Ⅰ v. overdrive 的过去分词. Ⅱ a. ①超速传动的 ②过载(荷)的,过激(励)的,激励过度的 ③上动的. overdriven pile 过深桩,超深桩. overdriven amplifier 过载(过激励,过压状态)放大器.

overdri'ving vt. 过激励,过载,过调制.

overdrove' ['ouvə'drouv] v. overdrive 的过去式.

overdry' v. 过(分)干(燥).

o'verdue' ['ouvə'dju:] a. 过时(期)的,迟到的,误点的. overdue bill 到期未付票据.

overdye' ['ouvə'dai] vt. 套色,再染.

overea'ger ['ouvə'ri:gə] a. 过分热心的.

over-electrol'ysis n. 电解过度.

o'verem'phasis ['ouvər'emfəsis] n. 过于强调,过于着重,偏重.

overem'phasize v. 过分强调.

overenthusias'tic [ouvərinθju:zi'æstik] a. 过于热心(热烈)的.

overes'timate Ⅰ ['ouvə'restimeit] v. Ⅱ ['ouvə'restimit] n. 估计过高,过度估价,过于重视.

o'verestima'tio ['ouvəresti'meiʃən] n. 估计过高,过度估价,过于重视.

o'verexag'gerate v. 过分夸大.

overex'cavate v. 超挖.

o'verexcita'tion ['ouvəreksai'teiʃən] n. 过励磁,过激(励),激励过度,激励过度,激发过度.

o'verexcite' ['ouvərik'sait] vt. 过励磁,过激(励)磁,过(度)激发. ~ment n.

o'verexert' ['ouvərig'zə:t] vt. 过于用力,加力过多.

o'verexer'tion ['ouvərig'zə:ʃən] n. 过于努力,用力过度,太费力.

o'verexpan'sion ['ouvəreks'pænʃən] n. 过度膨胀.

o'verexpose' ['ouvəriks'pouz] vt. 使曝光(感光,照

o′verexpo′sure ['ouvəriks'pouʒə] n. 过度曝光[感光,照射,辐照], 曝光过度.

o′verextend′ vt. 使伸延过长,使承担过多的义务. ~ed a.

overfall I (overfell′, overfall′en) v. 袭击, 突然落到…头上,漫溢. II n. ①溢表〔道,沟〕,溢流〔口,堰〕,滚水坝,溢出(口),外溢 ②回浆. free overfall 自由溢水门,非淹没水门. overfall dam 溢流堰〔坝〕.

overfall′en v. overfall 的过去分词.

o′verfamil′iar [,ouvəfə'miljə] a. 太熟悉的,太普通的.

o′verfatigue′ ['ouvəfə'ti:g] vt.; n. (使)疲劳过度〔筋疲力尽〕.

o′verfault n. 上冲[离心(逆)]断层.

o′verfed [ouvə'fed] v. overfeed 的过去式和过去分词.

overfeed′ ['ouvə'fi:d] I (o′verfed) v. II n. 过分供给[进给,馈送],过装料,加料过多,过量进料. overfeed stoker 火上加煤机.

overfeed-firing n. 上饲式燃烧.

overfell′ v. overfall 的过去式.

overfill′ n.; v. 过满,满出,过量填注. overfill a pass 【轧】满出孔型.

overfilled a. 过充满的(轧制缺陷).

overfin′ish v. 过度修整.

overfire′ v. 过度燃烧,过热,烧毁[损].

o′verflash v.; n. 闪络,飞弧.

overflew ['ouvə'flu:] v. overfly 过去式.

o′verflight n. (飞机)飞越上空.

overflow I [ouvə'flou] v. 溢(流,出),上〔外,满〕漫,溢,泄[漫]出,泛滥,横流,边缘泄漏 ②(充,聚,堆,过)满,充斥,过剩〔装〕. overflow with 充满[溢],盛产,极丰富于,洋溢. overflowed land 泛滥地区. II ['ouvəflou] n. ①溢流[出,水,呼],上[外]溢,滥出,过水[计算机溢出,边缘泄漏 ②泛滥,洪水 ③充斥[满],过多 ③剩刀,过量程,超过业务量,溢出话务 ④溢水[流,涨水,泄水,泄出]管,溢流水管,溢出口,溢流道,溢流[出气]冒口 ⑤上清液. overflow bridge 过水桥. overflow call 溢呼,全忙呼叫. overflow contact 全忙接点. overflow dam 溢流〔溢水〕坝. overflow meter 全忙计数器,溢呼次数计. overflow mould 溢流[挤压]模. overflow pipe 溢水[溢流,排水]管. overflow pulse 溢出[溢流]脉冲. overflow valve 溢流阀.

o′verflow′ing a.; n. 溢出(的,物),剩余,充沛的,洋溢,泛滥.

overflown ['ouvə'floun] v. overflow 的过去分词.

overflume n. 越渠渡槽.

overflux n. 超通量.

overfly′ [,ouə'flai] (overflew′, overflown′) v. 飞越,飞行在…上空.

overfo′ci [ouvə'fousai] n. overfocus 的复数.

overfo′cus [ouvə'foukəs] I n. (pl. overfo′ci) II vt. 过焦(点).

overfold n.; v. 倒转褶皱.

o′verfond′ [ouvə'fond] a. 过于爱好的.

overformed a. 冶冶成的.

overfreight I [ouvə'freit] vt. 载货过多,过载. II ['ouvəfreit] n. 重[过]载,超过租船合同货量的运费,运货单之外的一批运货.

overfre′quency n. 超[过]频率,超过(额定)频率.

overfuel′ v. 燃料供应过量,过度给油.

o′verfulfil(l)′ ['ouvəful'fil] v. 超额完成. ~ment n.

o′verfull a. 太[过]满的,充满的. ad. 过度.

o′vergas ['ouvəgæs] v. (煤气加热炉)过吹.

overgassing n. 过度析出气体,放气过多,过吹(水玻璃砂),过量供给燃气.

overgate capacity (水轮机的)超开度容量.

o′vergauge ['ouvəgeidʒ] I a. 超过规定尺寸的,等外的. II vt. 放尺,正偏差轧制.

o′vergen′erous ['ouvə'dʒenərəs] a. 过于丰富的,过浓的,过于强烈的.

overgild′ [ouvə'gild] (overgild′ed 或 overgilt′) vt. 给…表面镀金,把…染成金黄色.

overglaze′ I a. 釉面的. II n. 面釉.

overgov′ern [ouvə'gʌvən] vt. 统治,强行不必要的规定.

overgrew′ [ouvə'gru:] v. overgrow 的过去式.

o′vergrind (o′verground) v. 研磨过度,过度粉碎〔磨细〕.

o′verground ['ouvəgraund] I a. ①地上的 ②过磨[细]的,研磨过度的,过度粉碎的. II v. overgrind 的过去式和过去分词.

o′vergrow′ [ouvə'grou] (o′vergrew′, o′vergrown′) v. 长得太大(过高,过快),生长过度(速),长过…(的范围),丛覆生长,长满.

overgrown [ouvə'groun] I v. overgrow 的过去分词. II a. 长得太快的,长满的.

overgrowth′ n. ①生长过度(过速),肥大 ②附(晶)生长),连(共,漫,增)生,繁茂,蔓延. GaAs overgrowth onto silicon dioxide GaAs 单晶生长在 SiO_2 上.

o′verhand′ ['ouvəhænd] I a. ①手从上面拿东西 ②支撑的 ③举手过肩的. II ad. ①从上支持着,举手过肩 ②用内脚手架从内墙砌砖. III n. 优势,上风,胜利.

overhang I ['ouvə'hæŋ] (o′verhung′) v. ①(向…)倾(斜), 垂[挂,悬,突]于…之上,外伸,悬垂,吊在[悬于]…之上 ②威胁,逼近,可能来到. II ['ouvəhæŋ] n. ①突出(物,部分),凸肩,撑出,外伸,伸出物,灯具悬伸距,边缘芯头,悬垂,悬垂(物,部分)③上架式安装法 ③横梁,檐. III a. 悬臂〔张臂〕式的,突出的. overhang crane 高架〔吊装式〕起重机. overhang roll 悬臂. overhang wheel 外伸车轮. overhanging beam 悬臂〔伸臂,伸出〕梁. overhanging eaves [roof] 飞檐. overhanging hammer 单臂锤. overhanging pendant switch 外伸悬垂式按钮. overhanging pile driver 伸臂式打桩机. overhanging slope 倒坡. overhung door 吊门. wing overhang 翼外罩.

o′verhang′ing a. 悬伸的,突出的,在轴端的,前探的.

overhard′ening n.; a. 过硬的,硬化.

o′verha′sty ['ouvə'heisti] a. 太急速的,过分轻率的,太草率的.

overhaul I ['ouvə:hɔ:l] n. ①大(检,拆)修,彻底,仔细,解体)检查,修配[理] ②超(过免费标准的)运(距). II [ouvə'hɔ:l] v. ①大(检,拆,翻)修,彻底,

overhead I ['ouvəhed] *a.* ①(在)头上的,上面[跨部]的,在上面通过的,过顶的,高架的,架空的,悬吊的,离[高出]地面的,装设于[地面之上]的 ②总(括)的,经常的 ③普遍的,平均的 ④未分类的,间接的 ⑤塔顶馏出的. II *n.* ①经常[管理,间接]费,杂费,杂项开支,总开销 ②辅助[整理,杂务,内务]操作 ③塔顶流出物,(蒸馏塔)顶部 ④额外消耗,额外量. III ['ouvə'hed] *ad.* 在(头,顶,楼)上,高高地. *factory overhead* 厂内杂项开支(经常费用). *overhead bits* 附加位. *overhead bright stock* (塔顶)馏出的光亮油,塔底流出的高质量油. *overhead cabin* 高架仓. *overhead cable* [line, wire]飞线,高架[架空]线. *overhead charges* [cost, expense] 管理[经常]费,杂项开支[费用],通常开支. *overhead clearance* 跨线桥净空. *overhead convection type* 向上对流式. *overhead conveyer* 高架运送机. *overhead crossbar* 跨立横杆. *overhead crossing* 高架[立体,上]跨)交叉. *overhead cylinder stock* 汽缸油头馏份. *overhead distillate* 头馏份. *overhead irrigation* 喷灌. *overhead naphtha* 塔顶石脑油,自塔顶取出的(粗)汽油馏份. *overhead pilot bar* 顶架导向杆. *overhead pipe* 高架[架空]管道. *overhead position welding* 仰焊. *overhead railway* 高架铁道. *overhead structure* 顶上部结构. *overhead suspension* 架空悬置. *overhead system* 架空线路系统,架线[高架]式. *overhead tank* 压力槽[罐]. *overhead time* 开销(额外)时间. *overhead (traveling) crane* 高架(移动式)起重机,桥式吊车,行车,天车. *overhead trolley conveyor* 吊链(悬挂式)运输机. *overhead truck scale* (架空)车秤. *overhead valve* 顶阀,顶置气门. *overhead vapours* 塔顶引出的蒸汽. *overhead view* 顶(俯)视图. *overhead welding* 仰焊.

overhead-taken *a.* 自塔顶取出的.
o'verheap' ['ouvə'hi:p] *vt.* 堆积过多,装载过度.
overhear' [ouvə'hiə] (**overheard'**) *vt.* ①串音 ②偶而听到,偷听.
overheard' [ouvə'hə:d] *v.* overhear 的过去式和过去分词.
o'verheat' ['ouvə'hi:t] *v.*; *n.* ①过(分加)热,过烧,使过热,过热 ②温度回火 ③使过激动. *overheat switch* 热继电器,过热开关.
o'verheat'er ['ouvə'hi:tid] *a.* 过热的,过烧的.
overheat'er *n.* 过热器.
o'verhours' ['ouvərauəz] *n.* = overtime.
overhoused' ['ouvə'hauzd] *a.* 房子太大的.
overhung ['ouvə'hʌŋ] I *v.* overhang 的过去式和过去分词. II *a.* 悬臂(式)的,外伸的,悬垂(空)的,凸出的. *overhung crank* 外伸曲柄. *overhung door* 吊门. *overhung turbine* 悬臂式涡轮机.

overhydra'tion *n.* 水合过度,水中毒.
overhydrocracking *n.* 深度加氢裂化.
overinfla'tion *n.* 过度打气,过度充气.
overirradia'tion [ouvəireidi'eiʃən] *n.* 过度辐照.
overis'sue *n.*; *v.* 滥发,限外发行,多印份额,过剩印刷物.
overjoyed *a.* 极度高兴的(at, with).
o'verjump' [ouvə'dʒʌmp] *v.* ①跳[越]过,飞过 ②忽略,无视.
overkill I *v.* 用过多的核力量摧毁(目标),重复杀中. II *n.* 过多的核武器摧毁力.
overlabo(u)r [ouvə'leibə] *vt.* 使劳动过度.
overlade' *vt.* 超[过]载.装载过多,过负荷.
overla'den [ouvə'leidn] *a.* 过载的,装货过多的,过负荷的.
overlaid' [ouvə'leid] *v.* overlay 的过去式和过去分词.
overlain' *v.* overlie 过去分词.
overland I [ouvə'lænd] *ad.* (由,经)陆路[上](由)地面. II ['ouvəlænd] *a.* ①陆路[上]的,经过陆地的,横跨大陆的 ②地表[面]的. *overland flow* 表流[地面]径流,坡面流. *overland propagation* 地面传播. *overland runoff* 地表径流.
overlap I [ouvə'læp] *v.* II ['ouvəlæp] *n.* ①(部分,正,信号区,波浪)重叠,交叉[型]重叠,搭接(部分),互搭,正遮盖,覆盖(面),顶盖 ②叠加,搭接,交会[叠] ③(部分)一致[相同],(时间等)巧合,(在阀调时机构中)排气阀与吸气阀同开的时间,复合,重复[搜影] ④并行,复用 ⑤超[跨]越,跳(超)过,超(覆)摆 ⑥飞弧,燥火花,堵塞,封闭 ⑦堵塞,封闭 ⑧(焊接的)飞边,焊瘤. *band overlapping* 频带重叠. *forward overlap* 前向重叠. *interval overlapping* 【数】叠区间. *overlap coefficient* 重叠系数. *overlap joint* overlap of knives 剪刃重叠量. *overlap transistor* 覆盖式晶体管. *overlap welding* 搭接焊. *overlap X* 扫描光点 X 方向(沿扫描线方向)重叠. *overlap Y* 扫描光点 Y 方向(扫描移动方向(与 X 方向垂直))重叠. *overlapped joint weld weld* 搭头双焊. *overlapped operation* 重叠操作. *overlapping boards* 鱼鳞板. *overlapping curve* (断)叉叉[干]纹,网纹. *overlapping of lines* 行重叠. *overlapping of orders* 级的重[交叠,阶叠加. *overlapping placements* 错接(混凝土)浇筑块. *overlapping roller conveyer* 双层滚轴输送机. *positive overlap* 正重叠,正遮盖. *power overlap* 动力重叠. *pulse overlap* 脉冲重叠. *research overlapping* 研究上的重复现象. *resonance overlap* 共振重叠. *tapered overlap* 两斜面接头. *valve overlap* 阀[气门]重叠.

overlap-fault *n.* 超覆[逆掩]断层.
overlay I ['ouvəlei] *n.* ①外罩,外涂,(涂,覆)盖层,表层,涂覆层,罩[贴]面,(键盘透明)覆盖板,盖在上面的东西 ②被单,褥垫 ③ (pl.)【计】重复占位(程序)段,共用(交换使用)存储区 ④(照片)轮廓纸 ⑤增(续)加(物),(牙)高嵌体. *overlay clad plate* 两层或三层的双金属板. *overlay metallizing* 重叠敷镀金属. *overlay segment* (程序的重叠段. *overlay transistor* 覆盖式[层叠]晶体管. II [ouvə'lei] (**overlaid'**, **overlay'ing**) *v.* ①镀,涂(上),铺,

overleaf I ['ouvə'li:f] ad. 在下页[反面,背面],下页. II ['ouvəli:f] n. 下[反]页,反面.

overleap I ['ouvə'li:p] (*overleaped*, *overleapt*) vt. ①跳[越]过,跳过 ②忽略,省去. II ['ouvə'li:p] v. 过犹不及,做得过火.

overleapt' ['ouvə'lept] v. overleap 的过去分词.

overlength n. 过长,剩余长度.

overlie' [ouvə'lai] (*overlay'*, *overlain'*; *overly'ing*) v. 放[覆,伏]在上面,覆盖(在…上面),叠加[置]. *overlying sediments* 上覆沉积.

overlimed a. 加灰过量的. *overlimed cement* 石灰过多的水泥.

overline a. 跨路[线]的. *overline bridge* 跨线桥,(跨路)天桥.

overload I ['ouvə'loud] v. II ['ouvəloud] n. (使)超[过]载,超重(现象),过[负]荷,过量充电,使负担过重. *overload capacity* 超载(能)量,过载能力(额量,容量). *overload level* 过载(量)级,超荷级. *overload provision* 超载规定. *overload wear* 过载磨损. *plate overloading* 屏极过载 ▲*be overloaded with work* 工作过重.

overloader n. (装载斗作业时越过车顶的)Y式装载机,翻转式装载机.

o'verlong ['ouvə'lɔŋ] a. 过长的.

overlook' ['ouvə'luk] v. ①俯视[瞰],鸟瞰,眺望 ②监督[视],指导,视察,照料 ③耸立,高过 ④过目,读 ⑤忽[漠]视,忽略,漏看,没有看出(注意到).

o'verlooker n. 检查[监督,视察]员.

o'verlord ['ouvə'lɔ:d] n. 大地主,霸王.

overlow'er v. 过度降低.

overlu'bricate vt. 过量润滑.

o'verly ['ouvəli] ad. 过度地,过分,太.

overlying ['ouvəlaiiŋ] a. 在上面,覆盖(在…上面)[置](的),重叠. *overlying deposit* 表征沉层. *overlying roadway* 上层路. *overlying strata* 上覆地层. II v. overlie 的现在分词.

o'verman ['ouvəmæn] I (pl. *o'vermen*) n. 工长,工头,监督者. II v. 派人(配置人员)过多.

overmany ['ouvə'meni] a. 过多的.

overmasted [ouvə'mɑ:stid] a. 桅杆太长[过重]的.

overmas'ter [ouvə'mɑ:stə] vt. 压服[倒],征(克)服,胜过.

overmastica'tion n. 过度研磨.

overmatch I ['ouvə'mætʃ] vt. 优于,胜过,过匹配. II ['ouvəmætʃ] n. 劲(强)敌.

o'vermax'imal a. 超最大值的.

o'vermeas'ure [ouvə'meʒə] I v. 估量过大,高估. II n. 余量,留量,裕度,过多量,剩余.

o'vermelt [ouvə'melt] v.; n. 过度熔炼,熔炼过度.

o'vermen ['ouvəmən] n. overman 的复数.

overmill v. 过度研磨.

overmix' v. 拌和过度,过度混合.

o'vermod'erate vt. 过度慢化(缓和).

overmodula'tion [ouvəmɔdju'leiʃən] n. 过调制.

o'vermuch' ['ouvə'mʌtʃ] I a. 过多的,太多的. II ad. 过度,太,极.

o'vermull' ['ouvə'lʌm] v. 过混(混砂时间过多).

o'verner'vous ['ouvə'nə:vəs] a. 过于紧张的,神经过敏的,大胆小的.

over-neutraliza'tion n. 过度中和.

o'vernice' ['ouvə'nais] a. 过于吹毛求疵的,太严密的.

o'vernight' ['ouvə'nait] I ad. ①在前一天晚上,在昨夜,隔夜 ②在晚上,在夜里,通宵,终夜,一个晚上,一夜功夫 ③极快地. II a. ①(前一天)晚上的,隔[过,昨]夜的 ②(终)夜的,夜间(用)的. III n. 前一(天的)晚(上).

overnutri'tion n. 营养过分,富营养化.

over-oxida'tion n. 过(度)氧化.

o'verox'idize ['ouvə'ɔksidaiz] vt. 过(度)氧化. *overoxidized heat* 过氧化熔珠.

overpaid' [ouvə'peid] v. overpay 的过去式和过去分词.

overpass' [ouvə'pɑ:s] vt.; n. ①渡,(通)过,超越 ②立体(上路)交叉,上跨路(桥),跨线路,上跨通道 ③溢流挡板 ④忽略,漏看 ⑤优于,超过 ⑥违反. *overpass bridge* 上跨桥. *overpass ramp* 上跨交叉的坡道.

o'verpassed' 或 **o'verpast'** ['ouvə'pɑ:st] a. 过去的,已经废除的.

overpay' [ouvə'pei] (*overpaid*) vt. 多付(款).

overpay'ment n. 付款过多.

o'verpeo'pled ['ouvə'pi:pld] a. 人口[居民]过多的密的.

o'verpick'ling v. (板,带材等的)过酸洗.

overpitch' [ouvə'pitʃ] vt. 夸大[张].

o'verplay' vt. 把…做得过分[过火],过分依赖…的力量.

overplumped a. 过肥的.

o'verplus ['ouvəplʌs] n. 过剩,过多,剩余(数量),超出的数量.

overpole v. (炼铜)插棹[还原]过度. *overpoled copper* 插棹[还原]过度的铜.

overpopula'tion [ouvəpɔpju'leiʃən] n. 人口过多[过密,过剩],过布居,(能级的)布居过剩.

overpoten'tial n. 超[过]电势(电位,电压),过(电)压.

overpour gate 上溢式闸门.

overpow'er [ouvə'pauə] I vt. ①打败,克[压]服,压倒,(以力量,数量)胜过 ②供给…过强的力量. II n. 过功率[负荷]. *overpower relay* 过功率[负荷]继电器.

overpow'ering [ouvə'pauəriŋ] a. 难以抗拒[制止]的,太强的,强烈的.

overpraise I [ouvə'preiz] vt. II ['ouvə'preiz] n. 过度称赞,过奖.

overpressure ['ouvəpreʃə] I n. 超[过]压(力),超大气压(力) II n. (剩余)压力. *overpressure method* 过压试验法. *overpressure resistant* 耐压的. *overpressure turbine* 反击式水轮机. *oxygen overpressure* 剩余氧压. *stagnation overpressure* 临界点剩余压力.

overpressuriza'tion n. 使超[过]压,产生剩余压力,过量增压.

overpres'surize v. 使超[过]压,产生剩余压力.

overprime v. (起动时)燃料过量注入.

overprimed a. 过量注入的.

overprint' ['ouvə'print] vt. 添[加],复[叠]印,晒[相]过度,偏上打印,附加印刷(印在空白页的标记).

o'verproduce' ['ouvəprə'dju:s] v. 生产过剩[过多],超过定额地生产.

overproduc'tion ['ouvəprə'dʌkʃən] n. 生产过剩.

o'verproof(ed)' ['ouvə'pru:f(d)] a. 含(酒精)量超过标准的,超(过)标准的,超差的.

overprotec'tion n. 过度防护(保护).

o'verproud' ['ouvə'praud] a. 太骄傲的.

o'verpunch'ing n. 【计】上部(附加,三行区)穿孔,补孔修改法.

overquench' v. 过冷淬火,淬火过度.

overradia'tion n. 辐射过度.

overran' ['ouvə'ræn] v. overrun 的过去式.

overrange Ⅰ v. 超出额定[正常]的界限. Ⅱ a. 过量程的.

o'verrate' ['ouvə'reit] Ⅰ vt. 估计[定额,评价]过高,高估,超过额定值. Ⅱ n. 定足额,逾限[过量]率.

overreach' ['ouvə'ri:tʃ] vt. ; n. ①伸得过长 ②越过,渡越,走过头 ③延长动作(时间) ④普及 ⑤欺,骗过. overreach interference 渡越[越站]干扰. ▲overreach oneself 弄巧成拙,枉费心机.

o'verreact' vt. 反应过度,反作用过强(to).

overread' ['ouvə'rid] (**overread'** ['ouvə'red]) vt. ①从头读完,通读 ②读过度.

overreduce' v. 过(度)还原[缩小,简化]. **overreduc'tion** n.

overrefine' v. 过度精制.

overreinforced a. 钢筋过多的,超筋的.

overrelaxa'tion n. 超(过度)松弛,过度弛豫.

overres'onance n. 过共振.

o'verrich a. 过富的,(混合气体)过浓的. overrich mixture 过富混合气(物). overrich oiled surface 多油(沥青过多)的路面.

overrid(den) ['ouvə'rid(n)] v. override 的过去分词.

override' ['ouvə'raid] (**overrode'**, **overrid'(den)**) v. ; n. ①超[越,胜]过,超越(限度),压倒,占优势,克服 ②超越(控),过载,过量负荷,凸出 ③盈余,上升 ④取而代之,对冲,补偿,人工代用装置 ⑤不顾,不考虑,蔑视,拒绝,废弃 ⑥滥用 ⑦清除区(机场跑道两端的不良地区). override control 越驰[越权]控制. override facility 人控功能. poisoning override 中毒补偿. pressure override 压力增量,压力超过量(安全阀全开时额定压力与启开压力之差). xenon override 氙剩余,氙浓度超过平衡浓度.

overri'ding ['ouvə'raidiŋ] Ⅰ a. 占优势的,压倒的,基本的,(最)主要(重要)的,首要的,抑要的,推掩的,行驶(使用)过度的. Ⅱ n. 越越(控)过载,仪器过载. Ⅲ v. override 的现在分词. ▲**be of overriding importance** (最)重要的.

overrig'id a. (具有)过多(冗)余(杆件)的(结构).

o'verripe' ['ouvə'raip] a. 过于成熟的. overripe wood 过老木材.

over-river-levelling n. 过河水准测量.

overroad a. 跨路的. overroad stay 跨路拉线.

o'verroast'ing n. 过烧,焙烧过度.

overrode' ['ouvə'roud] v. override 的过去式.

overroll' v. 过度碾压.

overrule' ['ouvə'ru:l] vt. ①驳回,不准,拒绝,废弃,宣布无效 ②统治,克服,压倒.

overrun' Ⅰ ['ouvə'rʌn] (**overran'**, **overrun'**) v. Ⅰ n. ①越[跑]过,超过(限度,额定界限,正常范围,播出时间) ②越程[限],超速,超支,超限运动 ③溢流[出],泛滥 ④覆盖,蔓延 ⑤消耗过度,荒废 ⑥(飞机)跑道延伸段,备用跑道. overrun(ning) clutch 超越[速]离合器. overrun coupling 超速联轴节.

o'vers n. 筛渣,筛除物.

OVERS = orbital vehicle reentry simulator 人造卫星重返(地球)模拟器.

o'versail' v. 突(伸,凸)出,(使)连续突跳.

o'versand'ed a. 多砂的,含砂过多的. oversanded mix 多砂(混凝土)拌合物(混合料).

o'versat'urated a. 过饱和的.

overversatura'tion n. 过饱和.

o'versaw' ['ouvə'sɔ:] vt. oversee 的过去式.

overscore vt. 在…顶上划线.

o'versea(s)' ['ouvə'si:(z)] Ⅰ a. ①(来自)海外的,外国的 ②海(洋)上(空)的,海面的. Ⅱ ad. 向(在)海外,向(在)外国. overseas broadcasting 对外(国外,海外)广播. oversea transmission 远(远)洋传输. overseas Chinese 华侨. Overseas Chinese Affairs Commission 华侨事务委员会. ▲**go overseas** 到国外.

o'versee' ['ouvə'si:] (**o'versaw'**, **o'verseen'**) vt. ①监视(督),管理,照料 ②省略,忽视,错过.

o'verseen' ['ouvə'si:n] v. oversee 的过去分词.

o'verseer ['ouvəsiə] n. 监工,工头,监督,管理人,监视程序.

o'versen'sitive ['ouvə'sensitiv] a. 过(分灵)敏的,过于敏感的.

oversensitiv'ity n. 超灵敏度,过敏.

o'verse'rious ['ouvə'siəriəs] a. 过于严重(认真)的,太严肃的.

overset' ['ouvə'set] (**overset'**) vt. 翻转(倒),倾(颠)覆,推翻,(精神)混乱,排字过多(密).

oversew' ['ouvə'sou] vt. 对缝,缝合.

overshad'ow ['ouvə'ʃædou] vt.①遮蔽(荫),弄阴,遮盖,使蒙上阴影 ②使不显著,使显得不太重要,夺取…的光彩 ③保护.

o'vershine' ['ouvə'ʃain] (**o'vershone'**) vt. (光)…强(亮),使…相形见绌(黯然失色).

o'vershoe' ['ouvə'ʃu:] n. 套(鞋)鞋.

overshone v. overshine 的过去式和过去分词.

o'vershoot' ['ouvə'ʃu:t] Ⅰ n. ①超调(节,整,量),超调(量),过冲(量),超越度 ②(曲线的)突起,突增,脉冲跳增,尖头信号,尖峰,过度特性的上冲(峰突),正峰突. overshoot clipper 过冲(峰突)限制器. overshoot of an instrument 仪表指针偏转过头. speed overshoot 速度过调量. Ⅱ (**o'vershot'**) v. ①过调(节,量),过冲(出),上冲,过平衡,过辐射 ②越过(标),飞过(指定地点),射(打,偏转)过头,不命中 ③超过,过分,超出规定,作用(动作)过度,超量装药爆炸 ④溢(逸)出,溢流 ⑤从高处(上面)射下. ▲**overshoot oneself** (the mark) 做得过火,弄巧成拙.

o'vershot' ['ouvə'ʃɔt] Ⅰ a. ①上击(式)的,上射(式)的,上部比下部突出的 ②夸大的. Ⅱ v. overshoot 的过去式和过去分词.

o'verside I ['ouvəsaid] a. 从船边的(装或卸货物),在唱片反面的. II ['ouvə'said] ad. 从船边,越过(船只等的)边缘. *free overside* 到港价格,输入港船上交货价格.

o'versight ['ouvəsait] n. ①监督〔视〕,观察,(小心)看管〔照顾〕②失察,大意,疏忽,忽略 ③误差. ▲*by (an) oversight* 由于粗心大意,不当心(小心). *have (the) oversight of* 监督〔视〕,看管.

o'versim'plify ['ouvə'simplifai] vt. 过于简化.

o'versimplifica'tion n.

o'versize ['ouvəsaiz] I a. 过〔特,加〕大的,超过(一定,加大修理)尺寸的,安全系数过大的. II n. ①超过尺寸,尺寸过大,加大(带余量,非标准)的尺寸,过大粒度 ②筛上(物)超大颗粒系数. *oversize factor* (筛子的)超大颗粒系数. *oversize material* 过大的(不合格的)材料. *oversize piston* 加大活塞. *oversize product* 筛上物,过大(超过一定尺寸)的产品. *oversize vehicle* 超型(超过通常尺寸的)车辆,大载重量汽车.

oversized =oversize a.

o'versizing n. 选择参数的裕度.

o'verslaugh ['ouvəslɔː] I n. ①(因有重要任务)免〔解〕除职务 ②洲,沙滩. II vt. ①解〔免〕除职务 ②阻止,妨碍.

o'versleeve ['ouvəsliːv] n. 袖套.

overslip' ['ouvə'slip] vt. ①通〔滑〕过,错过 ②忽略,看漏.

oversmoke' [ouvə'smouk] v. 弄得满是烟.

overspeed n.; v. (使)超速(运行,转动),超转(速,数),超转〔旋〕速. *overspeed protection* 过速保护,防止过速. *overspeed test* 超速试验.

overspend' ['ouvə'spend] (*overspent*') v. 花费〔用钱〕过多,开销太大,用尽.

overspent' ['ouvə'spent] v. overspend 的过去式和过去分词.

o'verspill ['ouvəspil] n. 溢出物.

o'verspray n.; v. 过(度)喷(涂),喷溅性.

overspread' ['ouvə'spred] (*overspread*') v. 涂,覆盖,布满,蔓延. ▲*be overspread with M* 布满了M.

o'verstabil'ity ['ouvəstə'biliti] n. 超(过度)稳定性,超安定性.

o'versta'ble a. 超过稳定的,很稳定的.

o'verstag'gered a. 过多参差失调的.

o'verstain v. 过度染色.

o'verstate' ['ouvə'steit] v. 夸大,(叙述)夸张,言过其实.

o'verstate'ment n. 夸大(张)(的叙述),大话.

overstay' vt. 呆得超过…的限度.

o'verstee'en v. 削峭.

o'verstee'pening n. 削峭作用.

o'versteer' I n.; v. 过度转向(弯). II a. (汽车)对驾驶盘反应过敏的.

o'verstep' ['ouvə'step] I vt. 超越,越过. II n. 大冲推断层,海侵不整合逆掩断层.

overstock I ['ouvə'stɔk] vt. II ['ouvə'stɔk] n. 充满〔斥〕,供应过多,存货过剩,过多贮备.

overstokering n. 上给煤(燃料).

overstorey n. 上木(亦作 overwood).

o'verstory n. 上层.

overstrain I ['ouvə'strein] n. 过度(超限,残余)应变,紧张(努力)过度,过劳,过载. *overstrain ag(e)ing* 过应(冷作)时效. II ['ouvə'strein] v. 过度应变,使变形过大,(使)紧张,用〔工作,伸〕力过度,过载.

overstress' [ouvə'stres] vt.; n. 过(度)〔超限〕应力,逾限应变,过(负)载,超载,过电压,加超限应力,使…受力(强度)过大,紧张过度,过分强调.

o'verstress'ing ['ouvə'stresiŋ] n. 过(度)〔超限〕应力,逾限应变,超负载.

overstretch' v. 过度伸长,过拉伸.

overstrom table 菱形摇床,菱形淘汰盘.

o'verstrung' ['ouvə'strʌŋ] a. 过度变形的,紧张过度的,过敏的.

overstuff' ['ouvə'stʌf] vt. ①装填过度,塞紧盖起来 ②涂油过多.

overstuffed' ['ouvə'stʌft] a. ①填塞很多的,(坐位垫得很厚)柔软而舒适的 ②涂油过多的,多油的.

o'versul'fur v. 加硫过量.

oversupply' ['ouvəsə'plai] vt.; n. 供应过度,供给过多.

o'verswell'ing n. 冒槽,沸腾〔涌〕.

o'verswing =overshoot.

oversyn'chronous a. 超同步的.

o'vert ['ouvəːt] a. 明显的,外表〔观〕的,展开的,公开的.

overtake' [ouvə'teik] (*overtook*', *overta'ken*) vt. ①超越(过),追(赶)上,超(越)车 ②突(然袭)击,突然降临,落到…头上 ③压倒,打垮. *overtaking flow* 车来流. *overtaking of waves* 后浪推前浪,波浪追推. *overtaking rule* 超(越)车规则. *overtaken vehicle* 被超(越)车辆.

overta'ken [ouvə'teikən] v. overtake 的过去分词.

overtamp' v. 捣固过度.

o'vertan' v. 过鞣,鞣过度.

o'vertask' ['ouvə'tɑːsk] vt. 加重负担,使做过重的工作.

overtax' [ouvə'tæks] vt. 使负担过重,抽税过重,过载. *overtax one's strength* 用力过度.

overtem'per ['ouvə'tempə] v. 过度回火.

o'vertem'perature n. 过热(温度),超温.

o'verten'sion n. 过(超限)应力,电压过高,过(电)压,紧张过度.

over-the-horizon radar 超远程电离层雷达,超视距雷达.

over-the-horizon system 视距外通信方式.

over-the-road a. 沿(省市之间的)公路的,长途运输的.

over-the-top a. 自顶部(塔顶)排出的.

overthrew' ['ouvə'θruː] v. overthrow 的过去式.

overthrow I [ouvə'θrou] (*overthrew*', *overthrown*') vt. II ['ouvəθrou] n. 击败,(使)毁灭,推翻,打倒,倾〔颠〕覆,瓦解,废除. ~al n.

overthrown' [ouvə'θroun] v. overthrow 的过去分词.

overthrust' n. 逆掩〔上冲,掩冲〕断层.

o'vertime ['ouvətaim] I n. 加班〔超限,超出的,额外的)时间,加班加点(费). II ad. 在规定时间之外,超出时间地. *work overtime* 加班(加点)工作. ▲*be on overtime* 在加班工作中.

overtire' [ouvə'taiə] v. (使)过(于疲)劳.

overtitra'tion n. 滴过了头,滴定过量.

o'vertly ['ouvə'tli] ad. 明显地,公开,公然.

o'vertoil' ['ouvə'tɔil] v. (使)过劳.

overtone I ['ouvətoun] n. ①泛音,陪音,分音,泛[倍]频,泛频峰,谐波,谐谐 ②(pl.)附带意义,色彩. II ['ouvə'toun] vt. 晒(像)过度. *overtone crystal unit* 谐波〔泛谐〕晶体振子.

overtook' [ouvə'tuk] v. overtake 的过去式.

overtop [ouvə'tɔp] vt. 超(高)出,高过(高于,高耸(…之上),胜〔超〕过. *overtopped dam* 溢水坝. *overtopped water stage* 漫顶水位. *overtopping of highway* (洪水)淹过路面.

o'vertrades n. 高空信风.

overtrain' [ouvə'trein] vt. 训练(练习)过度.

overtrav'el v.;n. ①大移动 ②超〔越〕程,多余行程 ③过(重)〔调〕量,再调整.

o'verture ['ouvətjuə] n. ①(向…)提议,建议,提案 (to),主动的表示 ②序曲(幕). ▲*make overtures to* 向…提议〔建议.

overturn I [ouvə'tə:n] v. II ['ouvətə:n] n. 倾翻(倒),翻(颠)倒,翻(倒)转,翻过来,推翻,毁灭. *overturning effect* 倾覆作用. *overturning moment* 倾覆力矩. *overturning skip* 翻斗.

overuse I [ouvə'ju:z] vt. II ['ouvə'ju:s] n. 使用过度,用过头,滥用.

o'vervalua'tion ['ouvəvælju'eiʃən] n. 估计〔评价〕过高,高估.

o'verval'ue ['ouvə'vælju:] vt. 过于重视,估计过高,高估.

overventila'tion n. 换气过度.

overvibra'tion n. (混凝土)振动过度.

o'verview ['ouvəvju:] n.;v. ①观察,概观 ②综〔概〕述,概要.

overvoltage ['ouvə'voultidʒ] n. 超(电)压,过(电)压,(开关的)最高电压.

overvoltage-proof a. 耐过电压的,有过电压保护的.

o'vervulcaniza'tion n. 过度硫化,硫化过度.

o'vervul'canize v. 过度硫化.

o'verwalk' ['ouvə'wɔ:k] v. 行走过度.

overwater ['ouvə'wɔ:tə] a. 水面上的.

overween'ing [ouvə'wi:niŋ] a. 自负的,傲慢的,过分自信的.

overweight I ['ouvəweit] n. II ['ouvə'weit] a.; vt. 超过〔过量〕(的),超载(的),超重 ③(过)限(定)重量(的),超额(的),使负担过重. *overweight vehicle* 超重(大载重量)汽车.

overweighted ['ouvə'weitid] a. 超载的,载重(装载)过多的,重量超过的.

o'verweld' v. 过焊.

o'verwet' I a. 过湿的. II v. 使过湿.

overwhelm ['ouvə'hwelm] vt. ①压倒(服),挫败,(打)翻,粉碎,击溃 ②淹(覆,漫)没.

overwhelm'ing [ouvə'hwelmiŋ] a. 压倒的,不可抵抗的,优势的. ~**ly** ad. *overwhelmingly important* 头等重要的,比什么都重要的.

o'verwind' ['ouvə'waind] (*o'verwound'*) v.; n. (把发条)卷得太紧,过度卷绕,卷过头,【轧】上卷式.

overwind'ing n. 附加绕组.

o'verwin'tering n. 越冬,保存过冬.

overwood n. 上木.

overwork I ['ouvə'wə:k] v. (使)工作〔使用)过度 (使)过劳. II ['ouvə'wə:k] n. 过多(过度)的工作, 过(度)劳(动). III ['ouvəwə:k] n. 额外(规定时间之外)的工作,加班(加点).

o'verwound' ['ouvə'waund] v. overwind 的过去式和过去分词.

overwrite' [ouvə'rait] (*overwrote'*, *overwrit'ten*) v. ①写在…上面 ②写满,写得过多 ③【计】(冲算)改写,重写. *overwriting error* 重写误差.

overwrit'ten [ouvə'ritn] v. overwrite 的过去分词.

overwrote' [ouvə'rout] v. overwrite 的过去式.

overwrought ['ouvə'rɔ:t] a. 过劳的,工作过累的,紧张过度的.

o'veryear n. 越冬. *overyear storage* 多年调节库容.

overzoom n. 失速,气流分离.

ovfl = overflow

ovhl = overhaul

o'viform ['ouvifɔ:m] a. 卵形的.

ovion'ic n. 按奥夫辛斯基效应工作的半导体组件.

ovip'ara n. 卵生动物.

ovip'arous a. 卵生的.

oviposit'ion n. 产卵.

ovist n. 卵原论者.

ovld = overload

o'vo ['ouvou] 〔拉丁语〕*ab ovo* 从开始,由开始.

ovoflavin n. 核黄素,维生素 B_2.

ovoglob'ulin n. 卵球蛋白.

o'void ['ouvɔid] a.; n. 卵(圆)形的,卵形物〔体〕. *ovoid grip* 卵(蛋)形状柄. ~**al** a.

o'volo ['ouvəlou] n. (建筑物)凸出 1/4 圆(饰),馒形饰.

ovon'ic [ə'vɔnik] a. 双向的.

ovon'ics n. 交流控制的半导体元件,双向开关半导体器件.

ovsp = overspeed

ovula'tion n. 排卵.

o'vum ['ouvəm] (pl. *o'va*) n. 卵(子,细胞,饰).

OWE = optimum working efficiency 最佳工作效率.

owe [ou] v. ①(把…)归功于,归因于,认为…是靠…的力量(to) ②对…负有(义务),欠…的债〔恩惠). ▲*owe a debt to* 欠…的债,感谢. *owe it to M that* 幸亏 M(才). *owe much to* 在很大程度上归功于,多亏了. *owe M to N* 把 M 归功于 N,归因于 N,(认为)M 是由于 N,认为〔得到,具有〕M 是靠 N 的力量,全靠 N 才有 M.

OWF = optimum working frequency 最佳工作频率.

OWGL = obscure wire glass 不透明绞网玻璃.

owing ['ouiŋ] a. 该付的,未付的,欠着的. ▲*owing to* 由于,因为,归因于. *owing to the fact that* 由于(事实).

owl [aul] n. 猫头鹰.

owl-light n. 微光,薄暮.

own [oun] I v. ①自己(身)的 ②固〔特〕有的,独特的. II v. ①拥(具,占,所)有 ②同意,承认,认领. *own code* 【计】专用(固有)码,扩充工作码,特有子程序. *own coding* 自编的. *own quantity* 固有量. *own type* 固有(自身)型. III n. 固有量. ▲*all one's own* 独地地. *The material has some properties all its own.* 这种材料有它一些特有的性质. *come*

own'er ['ounə] *n*. 所有者,物主,业主.【计】文件编写人. *owner indicator* 自量指示剂. *owner record* 主记录. ▲*at owner's risk* (损失等)由物主负责.

own'ership *n*. 所有权(制),主权.

owp = outer wheel path 外行车轨道.

OWT = outward trunk 外干线,外中继线.

ox = ①oxide 氧化物 ②oxidizer 氧化剂.

ox [ɔks] *n*. (pl. *ox'en*) *n*. 牛.

oxa-〔词头〕【化】氧杂,噁.

oxacyclopropane *n*. 氧杂环丙烷,环氧乙烷.

ox'alate ['ɔksəleit] *n*. 草酸盐〔酯,根〕,乙二酸盐. *uranyl oxalate* 草酸双氧铀.

oxalic acid 乙二酸,草酸.

Oxally *n*. 包层材.

oxaloacetamide *n*. 草酰乙酰胺.

oxalopropionamide *n*. 草酰丙酰胺.

oxamide *n*. 草酰胺,乙二酰二胺.

oxazinone *n*. 噁嗪酮.

oxazolone *n*. 噁唑酮.

oxazones *n*. 噁嗪酮,羟噁嗪.

ox'bow ['ɔksbou] *n*. U 字形弯曲. *oxbow lake* 牛轭湖,弓形湖.

ox'en [ɔksən] *n*. ox 的复数.

Ox'ford ['ɔksfəd] *n*. 牛津(大学).

Oxfordian *n*. (晚侏罗世)牛津阶.

oxicracking *n*. 氧化裂解.

oxidabil'ity *n*. 可氧化性(度),氧化能力.

ox'idable ['ɔksidəbl] *a*. (可)氧化的.

ox'idant ['ɔksidənt] *n*. 氧化剂.

ox'idase *n*. 氧化酶.

ox'idate ['ɔksideit] Ⅰ *v*. 氧化. Ⅱ *n*. 氧化物.

oxida'tion [ɔksi'deiʃən] *n*. 氧化(作用,层),正化. *anodic oxidation* 阳极氧化. *neutral oxidation* (在)中性(气氛下)氧化. *oxidation resistance* 抗氧化能力. *preferential oxidation* 优先氧化. *pressure oxidation* 加压氧化. *selective oxidation* 优先〔分别〕氧化. *x-ray oxidation* 伦琴射线作用下的氧化作用.

oxidation-reduction 氧化还原(作用),氧化还原反应链.

oxidation-resistant Ⅰ *n*. 抗氧化剂. Ⅱ *a*. 抗氧化的. *oxidation-resistant steel* 抗氧化钢,不锈钢,高热耐氧化钢,热稳定钢,耐热不起皮钢.

ox'idative *a*. 氧化的.

ox'ide ['ɔksaid] *n*. ; *a*. 氧化物〔皮,层,的〕. *acetic oxide* 乙酸酐. *diallyl oxide* 二丙烯醚. *iron oxide* 氧化铁. *loosened oxide* 疏松的氧化层,碎鳞. *metal oxide* 金属氧化物,金属绝缘膜. *oxide cathode* 氧化物阴极. *oxide core* 氧化铁芯芯. *oxide film* 氧化膜. *oxide film condenser* 电解〔氧化膜〕电容器. *oxide inclusions* 氧化物夹杂. *oxide lines* 线状氧化物. *oxide of alumina* 刚玉,氧化铝. *oxide of tin* 氧化锡. *oxide profile* 氧化层外形. *oxide tool* 陶瓷〔氧化物〕刀具.

oxide-coated *a*. 涂(敷)氧化层(物)的,表面氧化的. *oxide-coated filament* 敷氧化物灯丝.

oxide-free *a*. 无〔不含〕氧化物的.

oxide-fuelled *a*. 氧化物为燃料的.

oxide-mask pattern 氧化层掩蔽图案.

oxid'ic *a*. 氧化的.

oxidif'erous *a*. 含氧化物的.

oxidim'etry *n*. 氧化(还原)测滴定(法).

oxidisability = oxidizability.

oxidisable = oxidizable.

oxidisation = oxidization.

oxidise = oxidize.

oxidizabil'ity *n*. (可)氧化性,氧化度.

ox'idizable *a*. 可氧化的.

oxidiza'tion [ɔksidai'zeiʃən] *n*. 氧化(作用),生锈.

ox'idize ['ɔksidaiz] *v*. ①使氧化,(使)生锈 ②使脱氢 ③使增加原子价. *oxidized surface* 氧化表面. *oxidizing agent* 氧化剂. *oxidizing atmosphere* 氧化性气氛. *oxidizing flame* 氧化焰. *oxidizing process* 氧化过程,精炼.

ox'idizer ['ɔksidaizə] *n*. 氧化剂.

oxidizer-cooled *a*. 氧化剂冷却的.

oxido- 〔词头〕氧化,氧撑.

oxido-indicator *n*. 氧化物指示剂.

oxido-reduc'tase *n*. 氧化还原酶.

oxido-reduction *n*. 氧化还原(作用).

oxidosome *n*. 氧化体(粒).

ox'imase *n*. 肟酶.

ox'imate *n*. 肟盐.

oxima'tion *n*. 肟化(作用).

ox'ime *n*. 肟.

oxim'eter *n*. 血氧定量〔光电血色〕计.

oxim'etry *n*. 测氧化,氧化测定(术).

ox'imide *n*. 草酰亚胺.

oximino- 〔词头〕肟基,羟亚胺基.

ox'inate *n*. 8-羟基喹啉盐.

oxine *n*. 8-羟基喹啉.

oxirane *n*. 环氧乙烷.

oxisol *n*. 氧化土.

oxitol *n*. 苯基溶纤剂.

ox'o *a*. 氧代,氧络的,含氧的. *oxo bridge* 氧桥.

oxo-compound *n*. 氧基化合物.

oxoglutarate *n*. 酮戊二酸.

oxogroup *n*. 桥氧基.

oxoisomerase *n*. 磷酸己糖异构酶.

oxola'tion *n*. 氧桥合(作用).

oxona'tion *n*. 羰化反应.

Oxo'nian *a*. 牛津大学的.

oxo'nium *n*. 氧沃,锜(四价氧). *oxonium compound* 氧沃〔四价氧〕化合物. *oxonium ion* 水合氢离子.

oxo-process *n*. 氧化法,氧化合成.

oxoprolinase *n*. 羟脯氨酸酶.

oxo-reaction *n*. 含氧化合物合成(反应).

oxo-synthesis *n*. 氧化合成.

oxozone *n*. 四聚氧.

oxozonide *n*. 氧臭氧化合物.

oxy- 〔词头〕①氧化,羟基,含氧的 ②尖锐,敏锐.

oxyacetone *n*. 氧丙酮.

ox'yacet'ylene n.; a. 氧(乙)炔(的). *oxyacetylene blowpipe* 氧乙炔焊炬〔吹管〕. *oxyacetylene cutting* 氧(乙)炔切割,气割. *oxyacetylene torch* 氧(乙)炔焊炬,氧乙炔割炬. *oxyacetylene welding* 氧(乙)炔焊接,气焊.

oxyac'id n. 含氧酸,羟基酸.

oxyarc n. 吹氧切割弧. *oxyarc cutting* 氧气电弧切割.

oxyaustenite n. 氧化奥氏体,氧化 γ 铁固熔体.

oxybion'tic a. 需氧的.

oxybiosis n. 需氧生活.

oxybiotin n. 氧(代)(氧化)生物素.

oxybro'mide n. 溴氧化物.

oxycalorim'eter n. 氧量热计,耗氧测量计.

oxy-carbon dioxide 氧-二氧化碳.

oxycat'alyst n. 氧化催化剂.

oxycel'lulose n. 氧化纤维素.

oxycephal'ic 或 **oxycephalous** a. 尖头的.

oxychlor'ide n. 氯氧化物. *oxychloride cement* 氯氧水泥. *uranium oxychloride* 二氯二氧化铀,氯氧化铀.

oxychlorina'tion n. 氧氯化.

oxycholes'terol n. 羟胆甾醇,羟胆固醇.

oxychromat'ic a. 嗜酸染色(质)的.

oxychromatin n. 嗜酸染色质.

oxy-coal gas flame 氧煤气火焰.

oxydant n. (双组元推进剂中的)含氧成分.

oxydation = oxidation.

oxydehydrogena'tion n. 氧化脱氢.

oxydol n. 双氧水,过氧化氢.

oxydrol'ysis n. 氧化水解(反应).

ox'ydum n.〔拉丁语〕氧化物.

ox'yferrite 〔'ɔksiferait〕氧化铁素体.

oxyfluoride n. 氟氧化物. *uranium oxyfluoride* 二氟二氧化铀,氟氧化铀.

oxyful n. 双氧水.

ox'ygen 〔'ɔksidʒən〕 n. 氧(气)O. *elemental oxygen* 原子氧. *fluorine plus liquid oxygen* 氟液氧混合气. *liquid oxygen* 液(态,体)氧,气氧. *oxygen analysis* 定氧分析. *oxygen blast* 吹氧. *oxygen bomb* 氧气炼铜. *oxygen bomb calorimeter* 氧弹测热器. *oxygen bottle* 〔cylinder, bomb〕氧气瓶,高压氧气筒,储氧钢筒. *oxygen converter gas recovery* 纯氧顶吹转炉烟气回收. *oxygen deficit* 〔depletion〕缺氧(量). *oxygen evaporator* 液氧的气化器. *oxygen explosive* 液氧炸药. *oxygen free copper* 无氧铜. *oxygen gas* 氧气. *oxygen lancing* 氧矛切割. *oxygen steel* 氧气(吹炼的)钢. *oxygen steelmaking process* 氧气炼钢法. *oxygen tank* 储氧箱〔罐〕. *oxygen welding* 氧(气)焊接. *solid oxygen* 固态〔体〕氧. *total oxygen* 总含氧量.

oxygen-acetylene welding 氧(乙)炔,焊接,气焊.

oxygenant n. 氧化剂.

oxygenase n. (加)氧酶.

oxyg'enate 〔'ɔk'sidʒineit〕 v. 用氧处理,(使)氧化,以氧化合,用氧饱和,充(供)氧. *oxygenated asphalt* 氧化(地)沥青. *oxygenated water* 充氧水. *oxygena'tion* n.

oxygenator n. 充氧器.

oxygen-bearing a. 含氧的.

oxygen-blown a. 吹氧的. *oxygen-blown converter* 吹氧〔氧气〕转炉.

oxygen-carrying ion 含氧离子.

oxygen-containing n.; a. 含氧(的).

oxygen-enriched a. 增氧的. *oxygen-enriched air blast* 富氧鼓风.

oxygen-free a. 无氧的,不含氧的. *oxygen free copper* 无氧铜. *oxygen-free gas blanket* 无氧气层.

oxygen'ic 〔ɔksi'dʒenik〕 a. (含,似)氧的.

oxygenium n. 氧.

oxygenize = oxygenate.

oxygenol'ysis n. 氧化分解(作用).

oxyg'enous = oxygenic.

oxygen-poor stratum 缺氧层.

oxygen-rich a. 富氧.

oxygen-sensitive a. 对氧灵敏的.

oxygon(e) n. 锐角三角形.

oxygon(i)al a. 锐角(三角形)的.

oxyhalide n. 卤氧化物.

oxyhalogen n. 卤氧.

oxyhalogenide n. 卤氧化物.

oxyhemocyanin n. 氧合血蓝蛋白.

oxyhe'moglobin n. 氧合(氧化)血红蛋白,氧血色素.

oxyhepati'tis n. 急性肝炎.

oxyhydrate n. 氧化水合物.

oxyhy'drogen n. 氢氧爆炸气,爆炸瓦斯,电解(爆炸)气,氢氧(气). *oxyhydrogen blowpipe* 氢氧吹管. *oxyhydrogen welding* 氢氧焰焊接.

oxyhydroxydibro'mide n. 二溴羟氧化物. *molybdenum oxyhydroxydibromide* 二溴羟氧钼.

oxyhydroxytrichlor'ide n. 三氯羟氧化物. *molybdenum oxyhydroxytrichloride* 三氯羟氧钼.

oxyindole n. 羟(基)吲哚.

oxyiodide n. 碘氧化物.

oxylophyte n. 喜酸植物.

oxyluciferin n. 氧化荧光.

oxylumines'cence n. 氧发光.

oxymercura'tion n. 氧基亲汞化作用.

oxym'eter n. 量氧计.

oxymuriate n. 氯氧化物. *potassium oxymuriate* 氯酸钾.

oxyner'vone n. 羟基神经〔烯脑〕酯.

oxyni'trate n. 含氧硝酸盐. *scandium oxynitrate* 硝酸氧化钪.

oxyni'tride n. 氮氧化合物.

oxyosis n. 酸中毒.

oxy-paraffin n.; n. 含氧〔氧化〕石蜡,(火焰)燃气与氧混合产生的.

oxyphilous a. 喜〔嗜〕酸的.

oxyphobous a. 嫌酸的,憎酸性的.

oxyphytes n. 喜〔嗜〕酸(性)植物.

oxyproline n. 羟(基)脯氨酸.

oxypurine n. 羟基嘌呤.

oxyquinoline n. 8-羟基喹啉.

oxyrad'ical n. 氧化自由基.

oxy-salt n. 含氧盐.

oxysen'sible a. 对氧敏感的,氧敏的.
ox'ysphere n. 岩石圈.
oxysul'fate n. 含氧硫酸盐. *ceric oxysulfate* 硫酸氧化高铈. *scandium oxysulfate* 硫酸氧化钪.
oxysul'fide 或 oxysul'phide n. 氧硫化物,氧硫化物.
ox'ytetracy'cline n. 氧四环素,土霉素.
oxythi'amine n. 羟基硫胺素.
oxytol'erant a. 耐氧的.
oxytrichloride n. 三氯氧化物.
oxytrifluoride n. 三氟氧化物.
oxytrop'ic a. 向氧的.
oxytropism n. 向氧性.
oxyty n. 溶氧浓度.
Oy = Oralloy "橙色合金"(美国浓缩铀的代称).
oyamy'cin n. 大谷霉素.
oy'ster ['ɔistə] n.; a. ①透镜形零件,扁豆形的 ②蚝,牡蛎.
oz = ounce 盎司(28.35 克),英两.
oz cast iron 铈硅钙球墨铸铁.
ozalid paper 氨黑(正像)晒图纸.
ozalid print 氨黑晒图.
OZARC = ozone atmosphere rocket.
Ozarkian series (早奥陶世)欧扎克统.
oz-ft = ounce-foot 盎司英尺.

oz-in = ounce-inch 盎司英寸.
ozo'cerite 或 ozo'kerite [ou'zoukərit] n. 地[石]蜡.
ozona'tion n. 臭氧化(作用),臭氧消毒(处理).
ozonator n. 臭氧化器,臭氧发生器.
o'zone ['ouzoun] n. 臭氧,新鲜空气. *liquid ozone* 液态臭氧. *ozone layer* [sphere] 臭氧层.
ozon'ic [ou'zɔnik] a. (含)臭氧的,臭氧似的.
ozonidate n. 臭氧剂.
o'zonide n. 臭氧化物.
ozonif'erous a. 有(产生)臭氧的.
ozonium n. 菌丝束.
o'zonize ['ouzənaiz] vt. 用臭氧处理,使含臭氧,臭氧化. ozoniza'tion n.
o'zonizer n. 臭氧化器,臭氧发生(施放)器,臭氧消毒机.
ozonol'ysis n. 臭氧分解.
ozonom'eter [ouzə'nɔmitə] n. 臭氧计.
ozonom'etry n. 臭氧测定术.
ozo'nopause n. 臭氧顶层,臭氧层上界.
ozo'noscope n. 臭氧测量器.
ozo'nosphere n. 臭氧层.
o'zonous = ozonic.
ozs = ounces.

P p

P 或 p = ①page 页 ②part 部分,零件 ③participle【语法】分词 ④past 过去的 ⑤per 每 ⑥permeance 磁导 ⑦phon 吩(响度单位) ⑧phosphorus 磷 ⑨pico 微微($=10^{-12}$) ⑩pint 品脱($=1/2$ 夸脱$=1/8$ 加仑) ⑪pitch 齿[螺]距,行[栅]距,步,间隔 ⑫plate 板,电[屏]极 ⑬poise 泊(粘度单位) ⑭polar distance 极距 ⑮pole (磁,电)极 ⑯position 位置 ⑰positive 阳[正]的,阳极 ⑱power 功率,动力 ⑲pressure (静)压力 ⑳pressure per unit area 单位面积的压力 ㉑primary 原的,一次的 ㉒prime 原始的 ㉓proposal 提(建)议 ㉔proton 质子 ㉕prototype 原型,样机 ㉖pseudoscalar 赝标量(的) ㉗pump 泵.
p of o = point of origin 原点.
PA = ① parametric amplifier 参量放大器 ② polyamide 聚酰胺 ③power amplifier 功率放大器 ④practice amendment ⑤preliminary acceptance 初步验收 ⑥proportional action 按偏移的作用,比例作用 ⑦public address 扩音装置 ⑧public address system 有线广播系统.
PA = Preparatory Activity 筹备活动.
Pa = ①pascal 帕斯卡(= 1 牛顿/米²) ②prot(o)actinium 镤.
pa = per annual (annum)每年.
P&A = professional and administrative 专业的与行政管理的.
PA system = public address system 有线广播系统.
PAA = polyacrylic acid 聚丙烯酸.
PAAC = program analysis adaptable control 程序分析适应控制.
PABA = para-aminobenzoic acid 对氨基苯甲酸.
pab'ular a. 食品的.
pab'ulum ['pæbjuləm] n. 食物(品,粮),营养物,燃料.
PABX = private automatic branch exchange 专用自动小交换机[台].
PAC = ①pilotless aircraft 无人驾驶飞机,飞航式导弹 ②pneumatic auxiliary console 气动辅助支架.
pace [peis] Ⅰ n. ①步(子),步调(速,伐),速度 ②一步(≈0.75m),步距(测),一测步(≈0.9m) ③(梯)台,楼梯转弯处的宽台,梯步. Ⅳ v. ①慢步 ②步测 ③整(定)速. *pace counter* 记步器. ▲*at a great* (*quick, rapid*) *pace* 大(快)步地,快速地,很快地, *at a steady pace* 稳地,以比较稳定的速度. *keep* (*hold*) *pace* (*with* …)跟上(…),(与…)并驾齐驱. *keep pace* 跟上. *pace out* (*off*)步测出(一段距离). *put through one's paces* 或 *try one's paces* 考核…的能力〔本领〕. *set* (*make*) *the pace* 定出步调(速率).
PACE = ①performance and cost evaluation 性能与成本估计 ②precision analog computing equipment 精密模拟计算机设备.
PACEET = Programme Activity Centre for Environmental Education and Training 环境教育和训练方案活动中心.
pace'maker ['peismeikə] n. ①领步人 ②心律电子脉冲调节器,心房脉冲产生器,(心脏电子)起搏器.

pa'cer ['peisə] n. ①步测者 ②领步人 ③定速装置,调搏器. *load pacer* (试验机)加载速度整速装置. *strain pacer* 定速应变试验装置.

pach- 〔词头〕厚〔度〕.

pachim'eter n. 测重机,弹性切力极限测定计.

pachom'eter [pə'kɔmitə] n. 测厚计.

Pachuca (tank) 空气搅拌浸出槽.

pachyman n. 茯苓聚糖.

pachym'eter [pə'limitə] n. =pachometer.

pachymose n. 茯苓糖.

pachynema n. 粗线.

pacif'ic [pə'sifik] a. 和平的,平稳(静)的,温和的,太平(洋)的. *Pacific converter* Pacific 丝束直接成条机. *the Pacific countries* 太平洋沿岸各国. *the Pacific (Ocean)* 太平洋. ~ally ad.

pa'cing Ⅰ n. 步测,整(定)速. Ⅱ a. 基本的,有决定性的. *pacing factor* 〔item〕基本〔决定性〕因素,基本决定性条件.

pack [pæk] Ⅰ n. ①包,捆,行李,驮子束 ②组合(件),部件(分),单元,容器,弹头筒 ③塞子,填塞物接头 ④叠板(垛),板叠,毛石砌体 ⑤包装〔扎〕法 ⑥(一)堆,一伙,群,队 ⑦(大)块〔浮〕冰 ⑧巴克〔重量名〕 Ⅰ v. ①包〔组,封〕装,打包,装箱,上驮,驮运 ②拼〔组装,填充,密封,填塞(充,实,和)],压紧,夯实. *closely packed* 密堆积的. *coil pack* 线圈组件. *disk pack* 磁盘集合〔部件],(可换式)磁盘组. *film pack* 胶片剂量计. *hydraulic power pack* 液压动力机组,液压联动机构. *loosely packed* 疏堆积的. *mill pack* 单张薄板板,叠轧板材,叠板. *pack alloy* 压铸铝合金(镍 4%,铜 4%,硅 1.5%,其余铝). *pack animal* 驮兽. *pack annealing* (闭)箱退火,叠重堆烧,成叠退火. *pack carburizing* 装箱渗碳. *pack fong* 铜镍锌合金(铜 26~40%,镍 16~37%,锌 41~32%,铁 0~2.5%). *pack hardening* 装箱渗碳硬化. *pack heating furnace* 叠板加热炉. *pack of radium* 镭源. *pack unit* 部件箱,箱装部件,小型无线电收发机. *packed array* 合并数组. *packed cell* 积层〔组式〕电池. *packed column* 填充柱,填充(蒸馏)塔. *packed decimal number format* 组合式十进制数格式. *packed joint* 堵塞〔填〕接头. *packed solid* 充实〔密集〕固体. *power pack* 动力泵[装置,组],电源组,电源(装置),供电部分. *screen pack* 网组,过滤网组. *sheet pack* 叠钢皮,钢皮捆. ▲*pack in* 装(挤,塞)进. *pack out* (拆)开. (加聚)顶出. *pack up* 包(装)好,收拾(工具等),停止工作,坏(完)了,出故障,不运转. *pack M with N* 把 N 装进 M 里,用 N 填满〔装满〕M.

pack'age ['pækidʒ] Ⅰ n. ①包〔装〕,捆,束,组〔套,外壳,盒,密封的装置(部分),紧密的装置 ②插〔组,机〕件,(标准)部件,单元,接头,成套〔综合〕设备,(电视等可供工厂的)完整节目,成件大型整包 ④(薄板叠轧时的)折叠,合板 ⑤包装〔打包〕费. Ⅰ vt. 打包,装箱,封〔集,组〕装,装配,密封. *a package(d) deal* 整批〔一揽子〕交易,整套工程. *contracting "packaged deal" projects* 承包整套工程项目. *control rod drive package* 控制棒驱动机构. *double [dual] in-line package* 双列直插式组件. *hermetic package* 气密封装. *oil burning package boiler* 小型(可移式)燃油锅炉. *package circuit* 浇注电路. *package reactor* 装配式反应堆. *package shell* 组装外壳. *package tape* 插入式纸带. *power package* 动力组,动力装置,动力机组,动力装置. *velocity package* 加速器(舱),测速仪部舱.

pack'aged a. 小型的,袖珍的,(快集)装的,典型的,综合的,成套的. *packaged boiler* 快装(整装)锅炉. *packaged design* 组装结构. *packaged gas turbine* 快装式燃气轮机(组). *packaged plant*〔unit〕小型(可移动,密封)装置. *packaged transistor* 封装(密封式)晶体管.

pack'ager n. 打包(包装)机.

pack'aging n. ①包打,装箱,液覆,外层覆盖 ②包(封,集,组)装,装配填塞(满) ③插(组)件 ④包装材料. *junctional packaging* 组件封装. *packaging density* 封装(组装,装配)密度.

pack'-carburizing 装箱渗碳〔固体〕渗碳.

pack'er ['pækə] n. ①包装者,包装(打包)工人,打包商(厂),罐头公司 ②打包仪器,打包机,压土机,镇压器,压紧实器,撞齐器 ③插(组),密塞,栓(灌浆)塞.

pack'et ['pækit] Ⅰ n. ①(一,小)包,(一,小)捆,(一)束,(一)盒,(一)组 ②小件包裹(行李),信息(数据)包 ③邮船 ④子弹. Ⅰ vt. ①做成包裹 ②用邮船运送. *cell with packets of block anodes* 块状阳极装配在一起的电池. *dosimeter [film] packet* 胶片剂量计. *first-aid packet* 急救包. *glide packet* 滑动小件. *pulse packet* 脉冲群(链,束,系列). *small packet* 小包邮件. *wave packet* 波包(束),射频脉冲. *X-ray film packet* X 射线胶片剂量计.

pack'et-day n. 邮件截止日,邮船开船日.

pack'-hardening n. 装箱渗碳(装箱表面)硬化,渗碳.

pack'-house n. 仓库,堆栈.

pack'-ice n. (大)块(浮)冰.

pack'ing ['pækiŋ] n. ①包装,打包,装箱(配),组装,装(色谱)柱 ②包装物,包装用材料,包皮 ③填料(充,塞物),装填,密封,嵌封(的材料),灌注(筑),夯捣,压实 ④填塞(垫,材)料,填充物,衬(密封)材料,嵌封(填塞)件,胀(垫)圈,蜡型(填势)的,垫革,盘根 ⑤〔计〕存储,合并(数) ⑥收集,紧束 ⑦(变 压缩(非线性扫描引起的几何失真) ⑧按最大密度选择投配. ⑨(送话器)中磁精末结块. *axle packing* 轴孔填装. *buta-heli-grid packing* 一种由网形截面螺旋带缠成的填充物. *close packing* 密堆积,(垛跺)紧束,压紧(实)封闭,紧密包装. *cup packing* 皮碗密封. *export packing* 出口包装. *joint packing* 接合填密,紧束,接合包装. *journal packing* 轴颈密封. *L type packing* 帽形密封件,领圈形胀圈. *labyrinth packing* 曲折密封. *leather packing* 皮垫. *loose packing* 非紧密装填. *metallic packing* 金属垫料. *packing agent* 渗碳剂. *packing box* 〔case〕填塞盒,〔机〕填料箱,填密函. *packing charges* 装箱[包装]费. *packing course* 填层,(大石块基层上的)嵌片层. *packing density* 存储(记录,封装,装配,组装,夯实)密度,充填度. *packing factor* 堆积因数.记录[存储]因子. *packing felt* 毡垫,毡衬. *packing fraction* 效率率,紧束分数. *packing gland* 填函料,密封止压盖. 填函[填函]盖,密封套. *packing grease* 密封润滑油. *packing house* 包装工厂,肉品加工厂. *packing list* 装箱单. *packing piece* 衬片,衬垫物. *packing maker* 密封接合器. *packing of orders* 指令组合. *packing ring* 填密环,垫圈. *packing space* 填密空间. *packing station* 肉品[家禽]加工厂,屠宰包装厂. *packing the sand* 紧[筑,夯]砂. *rod packing* 推杆密封环. *rubber packing* 橡皮环. *U cup packing* U型环密封件,U型皮碗,活塞杯皮碗.

pack'ingless *a.* 不能密封的,无密封的.

pack'less ['pæklis] *a.* 无衬垫[密封,填充,填料]的,未加封[包装]的,未填实的,疏松的.

pack'plane ['pækplein] *n.* 货舱能脱换的飞机.

pack'-rolled *a.* 叠轧的.

pack'sand *n.* 细[粒]砂岩.

pack'-sintering *n.* 装箱烧结.

pack'-thread ['pækθred] *n.* 包装线,包扎绳;两股线,缝线.

pack'way *n.* 马道.

PACM = pulse-amplitude-code modulation 脉冲幅度编码调制.

PACMETNET = Pacific Meteorological Network 太平洋气象网.

PACOB = propulsion auxiliary control box 发动机辅助操纵箱.

PACP = propulsion auxiliary control panel 发动机辅助操纵板.

pact [pækt] *n.* 合同,契[公,盟]约,协定.

PACT = production analysis control technique 生产分析管理技术.

Pac'teron *n.* 铁碳磷母合金(压制铸铁粉末时加入的液相形成剂).

pac'tion ['pækʃən] =pact.

pad [pæd] Ⅰ *n.* ①(缓冲,密封)垫,垫片[圈,块,板,衬],贴片,填料,衬箱,衬垫[套]②法兰[盘],凸缘 ③基[底]座,托,(发射台)缓冲器,衰减[耗]器,延长器⑤焊盘,焊接区[点],冒口残根 ⑥极[滑]板⑦印色盒,墨滚,底漆 ⑧便笺本,拍纸簿. Ⅱ (padded; *pad'ding*) *vt.* ①(装)填塞[充],铺垫于;衬塞,垫,添塞,插入 (to) ②浸染,拉长,铺张 ③[电]整整(到),统调(到)(to),跟踪③整平,铲除[打磨]冒口残根,用定色染浸染.浸染,打底. *asbestos pads* (镀锌时擦线用)石棉夹. *axle pad* 轴垫. *bonding pad* 焊接区,结合区,联结填料. *concrete pad* 混凝土座,混凝土发射台. *die pad* 冲模垫. *ejector* [knockout] *pad* 推件盘. *felt pad* 毡垫. *forming pad* 造型垫. *guide pad* 导向块. *iron pads* 铸铁安全皿. *jack pad* 千斤顶垫. *launch*(*ing*) [*firing*] *pad* [电]发射台. *metal pad* 金属液层. *mixing pad* 混[拌]合垫,混料器. *mounting pad* 安装垫. *oil pad* 油垫,润滑垫[填料]. *pad bearing* 衬垫轴承,带油垫轴承,垫块支座. *pad control* 垫整器控制. *pad footing* 基脚,衬垫基础. *pad lubricator* 垫式润滑器. *padded card* 垫薄纸的卡片. *padded door* 衬垫门. *rubber pad* 橡皮垫. *switching pads* 转接衰减器. *track pad* 履带块.

Padar *n.* 被达,(一种)无源雷达,无源探测定位装置(一种轰炸机用无源探测系统).

pad'der ['pædə] *n.* 微调[垫整]电容器. *low-frequency padder* 低频微调电容器.

pad'ding ['pædiŋ] *n.* ①填塞[充](物),填[垫]料,衬垫,芯②统调,垫[调]整,去耦,跟踪③连接,结合④浸染. 打底⑤冒口贴边,加贴片[法],铲除[打磨]冒口残根⑥定色剂[法]⑦使平直,使均匀⑧补白. *padding condenser* 垫整电容器. *resistive padding* 用电阻垫整垫整,吸收衰减器.

pad'dle ['pædl] Ⅰ *n.* ①桨(状物),桨[轮]叶,叶片②闸门[板],开关③踏板④(搅拌,拍打等用的)桨形棒,搅棒 Ⅱ *v.* 刻(桨),涉(戏)水. *brake paddle* 闸[刹车]踏板. *feathering paddle* 活桨叶. *paddle beam* 明轮架. *paddle box* 明轮罩. *paddle door* 闸门. *paddle mixer* 转臂式混砂机,桨叶[叶片](式)拌和机. *paddle shaft* 桨叶[叶片]轴. *paddling process* 搅拌法. *water bowl paddle* 饮水器阀门.

pad'dle-wheel *n.* 桨[叶片]轮,径向直叶风扇轮.

pad'dy ['pædi] *n.* 稻,谷.

pad'eye *n.* 垫板扎眼.

p-adic *n.* p进.

p-adically equivalent p进等价.

pad'lock ['pædlɔk] Ⅰ *n.* 挂[扣,荷包]锁. Ⅱ *vt.* 锁以挂锁.

pad-out *n.* 填充.

PADT = post-alloy diffusion transistor 柱状合金扩散晶体管.

paedog'amy *n.* 幼体配合,自核交配.

paedogen'esis *n.* 幼体生殖.

paedomorphosis *n.* 带面发生,幼体发育.

paeonidin *n.* 芍药素.

paeonol 或 **peonol** *n.* 芍药醇.

PAFM = particle-and-force computing method 质点和力计算法.

page [peidʒ] Ⅰ *n.* ①(印张的)一面,页,页式[面]②记录③指待页. Ⅱ *vt.* 标咀...的页数. *open your book at page 7* 打开书本翻到第七页. *page address* 【计】页面地址. *page composer* 页面编排器,页组合器. *page frame number* 页面座标号. *page printer* 页式打印机,印页机. 纸页式印字电报机. *page table* 页面表. *page teleprinter* 页式电传打印机. *page turning capability* 【计】页面操作[转换]能力. *pages of history* 历史的记录. *see over page for continuation* 续见次页. *see pages 3-5 参看第3~5页. the second paragraph on page 5* 第五页第二段. *turn to page 15* 翻到第十五页. ▲*page through* 翻阅.

pag'inal ['pædʒinl] 或 **pag'inary** ['pædʒinəri] *a.* (每,对)页的. *paginal translation* (逐页)对(照翻)译.

pag'inate ['pædʒineit] *vt.* 标记页数,加页码. **pagination** *n.*

pa'ging *n.* 页(面)式,调页,(划)分页(面),页控制法,播叫. *demand paging* 请求式页面调度. *paging drum* 页鼓.

pago'da [pə'goudə] *n.* (宝)塔.

pago'da-tree n. 槐,榕树.
pagodite n. 寿山石,冻石.
pagoscope n. (预测降霜用)测霜仪.
PAHO =Pan American Health Organization 泛美卫生组织.
pahoehoe lava 绳状熔岩.
paid [peid] Ⅰ v. pay 的过去式和过去分词. Ⅱ a. 已付的,有工资的. *paid cash book* 现金支出账. *paid cheque* 付讫支票.
paid-up a. 已付[清]的.
pail [peil] n. (提,吊,木,铁)桶,罐,壶,一桶的量. *a pail of water* 一桶水.
pail'ful n. 满桶,一桶.
pain [pein] Ⅰ n. ①痛(苦)②(pl.)费〔努〕力,刻苦. Ⅱ v. (使)痛(苦). *pain phosphorus* 块状磷. *sensation of pain* 痛觉. ▲*be at the pains of* +*ing* 苦心(做). *go to great pains* 下苦功夫,煞费大劲. *spare no pains* 不辞劳苦. *take pains to* +*inf.* 尽力(做),煞费苦心(做).
pain'ful a. 痛(苦)的,讨厌的,费劲的.
pain'-killer n. 止痛药.
pain'less a. 无痛(苦)的.
pains'taking a.；n. 刻[辛,劳]苦的,苦干(的),煞费苦心(的). *be painstaking with one's work* 辛辛苦苦地工作. ~**ly** ad.
paint [peint] Ⅰ n. ①颜[涂]料,油漆②雷达显示器上显像. Ⅱ v. 涂[上]漆,喷漆[涂]、刷(上)涂料,上[着]色,描绘,画. *acid seal paint* 防酸封漆. *aluminium paint* 铝粉涂料,银色漆. *antiglare paint* 无光漆. *antirusting paint* 金属防锈油漆. *celluloid paint* 透明油漆. *give the door two coats of paint* 把门涂上两层油漆. *luminous paint* 发[夜]光涂料. *paint coating* 涂漆. *paint filler* 油漆填料[底层]. *paint from nature* 写生. *paint in oils* 画油画. *paint primer* 聚漆底涂. *paint spray(er)* 喷漆器. *paint the door green* 把门漆成绿色. *paint vehicle* 油漆媒液. *radioactive luminescent paint* 放射性发光涂漆. *red paint* 红油漆[色],红铅漆[涂料],铅丹漆. *zinc paint* 锌粉涂料. ▲*paint…in* 把…画于图中. *paint…out* 用颜料(油漆)涂去. *paint the lily* 画蛇添足.
paint. =painting.
paint'box n. 颜料盒.
paint'brush n. 漆刷,画笔.
paint'coat n. 涂层.
paint'ed a. 着了色的,上了漆的,色彩鲜明的,彩色的,假装的.
paint'er n. ①油漆工具②油漆工(人),着色者③画家④系(艇)索. *air painter* 喷漆器. *painter's naphtha* 白节油(溶剂,漆用石脑油).
paint'ing n. ①着色(标志),涂漆(油,色),色标②颜(涂)料,油漆③图(油,绘)画. *spray painting* 喷漆.
paint'-on technique 涂抹技术.
paint'work n. 油画,油漆工.
pair [pɛə] Ⅰ n. ①(一)对(双),(一)副(把,套)(对,配)漆②(电)线对. Ⅱ v. 成(配)对(双)(双板坯)摞)(双)合,双层轧制,叠轧. *a pair of pliers* 一把钳子. *cord pair* 塞绳线对. *coupled pair* 耦合对. *electron pair* 电子偶〔对〕. *high-(er) pair*(链系的)线点对偶. *interstitial-vacancy pair* 填隙-空缺偶,节间和空位的组合. *ion pair* 离子偶[对]. *μ meson pair* μ介子偶. *nuclear pair* 核对[偶]. *pair annihilation* 电子偶的淹没,湮灭. *pair of faults* 层错对. *pair of quadratic forms* 【数】二次齐式对,二次型对. *pair of steps* 梯子,绳梯. *pair parking* 车尾相对的停车方式. *pair production* 电子偶的产生. *pair transistor* 双晶体管,对管. *pair(ed) cable* 双股(对)绞,对扭,成对电缆. *paired multiplier* 乘二式(双)乘法器. *paired nucleons* 成对核子. *reciprocal salt pair* 倒易(平衡)盐对. *tension pair* 牵力副. *turning pair* (链系的)回转偶,旋转力偶. *twisted pair* 扭绞二线电缆. *unshared pair* 未配合的电子偶. ▲*in pairs* 双双. *pair off* 成对分置,逐对分开. *pair up with* 与…成对(配合).
pair-density function 对密度函数.
pair'ing n. ①配[对]偶,配对,(核子等)成对,并行②(薄板坯的)摞〔双〕合,电缆心的对绞,行偶对偶现象③双层轧制,叠轧. *ion pairing* 离子对. *quad pairing* 四线组对绞(电缆). *pairing of interlaced field* 隔行帧配置(电视),隔场配对.
pair'wise ad. 对(偶)地,成对(双)(地),双双. *pairwise orthogonal* 两两正交.
paisbergite n. 蔷薇辉石.
Pak'istan ['pækistæn] n. 巴基斯坦.
Pakistan'i [pækis'tæni] a. 巴基斯坦的,巴基斯坦人(的).
pak'tong ['pæktɔŋ] n. 白铜.
PAL =phase alternation line 相位变化线,逐行倒相制.
Pal. =Palestine 巴勒斯坦.
pal [pæl] n. ①帕耳(固体上振动强度的无量纲单位)②伙伴. Ⅱ vi. ▲*pal up with* 同…结交.
pal'ace ['pælis] n. 宫(殿),大厦,宏伟的建筑物. *palace of culture* 文化宫.
palae(o)- [构词成分] 古,原始,旧.
palaeo-arc'tic n.；a. 古北极区(的).
palaeo-astrobiol'ogy n. 古天体生物学.
pal(a)eobiol'ogy n. 古生物学.
palaeocathaysion n. 古华夏式.
palaeo-caucasia n. 古高加索大陆.
pa'laeocene (epoch) n. 古新世.
palaeocli'mate n. 古气候.
pal'aeo-climatol'ogy n. 古气候学.
pal'aeoecol'ogy n. 古生态学.
Pa'laeogene n. 早第三纪.
palaeogen'esis n. 重演性发生(祖代特征重现于以后各代).
pal'aeogeog'raphy n. 古地理学.
palaeolith'ic(age) 旧石器时代.
pal'aeomagnet'ic a. 古地磁的.
pal'aeomag'netism n. 古地磁学,古磁(性).
palaeontol'ogy [pælion'tolədʒi] n. 古生物学,化石学.
palaeosalin'ity n. 原始盐度.

palaeotecton'ics n. 古地质构造学.
palaeotypa 或 palaiotype n. 古相.
palaeozo'ic [pæliou'zouik] a.; n. 古生代(的). *palaeozoic era* 古生代.
palagonite n. 橙玄玻璃.
Pal-Asia n. 古亚洲大陆.
pala'tial [pə'leiʃəl] a. 宫殿(似)的;富丽堂皇的.
palau [pə'lau] n. 钯金合金,钯金(金20%,钯80%).
pala'ver [pə'lɑ:və] n.; v. ①商谈,谈判,交涉②闲谈,废话,瞎扯.
pale [peil] I a. ①淡色的,暗淡的,浅色的,微弱的,弱光的②苍白的. II n. ①栅(板,杆)桩,栏栅,围篱③范围③尖板条. III v. ①变淡(暗),褪色②用栅围住. *pale blue* 淡蓝. *pale fencing* 栅栏,围墙. *pale green* 苍绿. *pale oil* 苍色油,浅色润滑油. *pale red* 苍红. *pale straw yellow* 浅草黄的. ▲*beyond the pale of*…在…的范围之外. *within the pale of*…在…的范围之内.
pale'-face n. 白人.
Palembang ['pɑ:ləmbɑ:ŋ] n. 巴邻旁,巨港(印度尼西亚港口).
pale'ness n. 苍(青)白.
pale(o)- [构词成分] 古,原始,旧.
paleobot'any n. 古植物学.
paleocircula'tion n. 古环流.
pal'eolith ['pælioliθ] n. 旧石器.
paleolith'ic a. 旧石器时代的.
paleontol. =paleontology.
paleontol'ogist 古生物学家,化石学家.
paleontol'ogy [pælion'tolədʒi] n. 古生物学,化石学.
paleosere n. 古生代演替系列.
pal'eotrans'port n. 古搬运.
paleozo'ic [pælio'zouik] a. 古生代的,古生界的. *paleozoic crudes* 古生代石油.
Pal'estine ['pælistain] n. 巴勒斯坦.
Palestin'ian [pæles'tiniən] a.; n. 巴勒斯坦的,巴勒斯坦人(的).
pal'ette ['pælit] n. 调色板.
pale'-yellow a. 浅黄色.
palid n. 铅基轴承合金(铅82~90%,锑5~11%,砷4~7%).
palifica'tion [pælifi'keiʃən] n. 用桩加固地基,打桩,桩工.
palinal a. 后移的,向后的.
pa'ling ['peiliŋ] n. (木)栅,围篱,(打)桩.
palingen'esis n. 再生(作用),新生,变态. *palingenetic* a.
palinmne'sis ['pæli'ni:sis] n. 回忆.
palirrhe'a [pæli'ri:ə] n. 反(回)流,再度漏流.
palisade [pæli'seid] 或 palisado I n. (木)栅,栅栏,围篱,桩,(pl.)断崖. II vt. 用栅围绕. *electric palisade* 电栅栏.
pa'lish ['peiliʃ] a. 稍(略带)苍白的.
pali(s)san'der [pæli'sændə] n. 红木.
Pal'ium n. 铝基轴承合金(铜4.5%,铅4%,锡2.6%,镁0.6%,锰0.3%,锌0.3%,其余铝).
pall [pɔ:l] n.=pawl.
pallad'ic a. ①(正)钯的,四价钯的②钯制的③含钯的.
palla'dium [pə'leidiəm] n. 【化】钯 Pd. *palladium contact point* 钯接触点. *palladium copper* 钯铜合金(钯70%,铜25%,镍<1%,其余银). *palladium gold* 钯金(热电偶)合金.
palla'dor n. 铅钯热电偶.
palla'dous [pə'leidəs] a. 亚钯的.
pal'let ['pælit] n. ①平板架,货架(盘),板台,码垛盘,装货夹板②集装箱③制模板,托板(架,盘)④抹子,刮铲,泥刀,瓦板盘,镘板,运砖板,托片⑤棒形鳞爪,擎子的锤垫,垫衬(板),滑板. ⑧(电话机的)衔铁⑨小车,(带式烧结机)烧结车⑩调色板. *anvil pallet* 砧面垫片. *box pallet* 框盒板台. *flat pallet* 平台板. *frame pallet* 架(框)式托台. *pallet carrier* 集装箱运输车. *pallet conveyer* 板式运送机,集装箱输送机. *pallet truck* 码垛车. *steel pallet* 钢制托盘.
pal'letise 或 pal'letize ['pælitaiz] vt. 垫以托板,放在托板上,夹板装载,码垛堆积. palletisa'tion 或 palletiza'tion n.
pal'liate ['pælieit] vt. ①(暂时)减轻,缓和②辩解,掩饰.
pallia'tion [pæli'eiʃən] n. ①减缓(物)②掩饰,辩解.
pal'liative ['pæliətiv] I n. ①减轻(剂)②减尘剂,防腐剂③辩解,姑息手段. II a. 使减轻的,治标的,辩解的,减尘的.
pal'liator n. =palliative.
pal'lid ['pælid] a. 苍白的,没血色的. ~ly ad. ~ness n.
pal'lium ['pæliəm] n. 层状雨云,大脑皮层.
pal'ly a. 要好的.
palm [pɑ:m] I n. ①(手)掌,手心,掌状物②棕榈(叶)③优胜(奖). *anchor palm* 锚爪(齿). *palm butter* (grease) 棕榈油. *palm grip hand knob* 星形手钮. *palm push fit* (手掌)推入配合. ▲*bear (carry off) the palm* 得胜. *yield the palm to*…输给…,对…让步.
II vt. 蒙混,混用,抚弄. *palm*…*off upon a person* 哄骗某人接受…,拿…来骗某人.
Palma'ceae n. 棕榈科.
Pal'mar ['pælmə] a. (手)掌的,掌中的.
pal'mary a. 最优秀的,最重要的,最有价值的.
pal'mate ['pælmit] a. 掌状的,蹼足的.
palmatine n. 非洲防己碱.
palmella n. 不定群体.
pal'meter n. 帕耳计.
palmitic 或 palmitaldehyde n. 棕榈(软脂)醛.
palmitate n. 棕榈(软脂)酸,十六(烷)酸,棕榈酸盐(酯,根).
palmit'ic ac'id 棕榈酸,(正)十六(烷)酸,软脂酸.
pal'mitin ['pælmitin] n. (三)棕榈精,甘油三个棕榈酸酯.
pálmitoleic acid 棕榈油酸,十六碳烯-[9]-酸.
palmitoleostearin n. 棕榈油硬脂甘油二脂.
palmitoleoyl- [词头] 棕榈油酰(基).
palmitoyl- [词头] 棕榈酰(基),软脂酰(基).
palmityl n. 棕榈(软脂)(基).
palm'-oil [pɑ:moil] n. 棕榈油.
palm'y ['pɑ:mi] a. ①棕榈(似)的,产棕榈的②繁茂荣).
pal'nut n. 一种单线螺纹锁紧螺母.

palpabil'ity [pælpə'biliti] *n.* 可触知性,明白〔显〕.
pal'pable ['pælpəbl] *a.* ①摸得出的,可触知的②明显的. **pal'pably** *ad.*
pal'pate ['pælpeit] *vt.* 摸. **palpa'tion** *n.*
palpita'tion *n.* 心悸,心跳,颤〔抖〕动.
PALS =positioning and location system 位置测定系统.
pal'stance *n.* 角速度(即 $\omega=2\pi f$).
pal'try ['pɔːltri] *a.* 没有价值的,不重要的,微不足道的.
palu'dal 或 **paludine** *a.* (多)沼泽的,生瘴气的. *paludal fever* 疟疾.
Paludicola *a.* 涉水亚目.
paludicolous *a.* 沼栖(的).
pal'udine *a.* 沼生的.
pal'udism ['pæljudizəm] *n.* 疟病.
palygorskite *n.* 坡缕石.
palynol'ogy *n.* 花粉分析,孢粉学.
pam =pamphlet 小册子.
PAM =①polyacrylamide 聚丙烯酰胺②pulse amplitude (amplifier) modulation 脉(冲)幅(度)(放大)调制.
P-aminodimethylaniline *n.* 对氨基二甲基苯胺.
Pamirs' [pə'miəz] *n.* 帕米尔(高原).
pam'pas *n.* (南美)大草原.
pam'per ['pæmpə] *vt.* 纵容,姑息.
pam'phlet ['pæmflit] *n.* 小册子,单行本,小论文,规范细则.
pamphleteer' *n.* 小册子作者.
pan [pæn] I *n.* ①盘(状物),秤〔天平〕盘,盆,皿,(平)锅,池,槽,槽,浅箱,容器,盘壳②底座,垫(木)③平(板)面,抖动板④四〔注〕地,池沼,浅坑⑤硬土层,底土,母岩,燧岩⑥全,总. II *v.* (*panned*; *pan'ning*) ①拍摄全景,摇镜头(移动摄影机)随着(拍摄物),随动拍摄②面位显示,扫调〔视〕. *catch pan* 人孔里盖. *chip*〔*drip*〕*pan* 承屑盘. *clutch housing pan* 离合器外壳. *crank case oil pan* 曲轴箱油盘. *devulcanizing pan* 脱硫釜. *drain pan* 放(油)盘,泄油槽. *dry pan* 干式轮辗粉碎机. *engine dust pan* 发动机防尘盘. *Pan American* 泛美的,全美洲的. *pan cake formed coil* 盘式线圈. *pan conveyer* 平板(盘式)运输机. *pan focus* 全焦点(焦聚),远近景同时摄影法. *pan head bolt* 锅头(皿形头)螺栓. *pan head screw* 大柱头(皿形头)螺钉. *pan mill* 盘石,碾碎机,碾盘式碾磨机. *pan rivet head* 锅(皿)形铆. *pan scale* 盘秤,(硬水)锅垢. *pan soil* 硬土,坚土. *pan vibrator* 振动盘. *press pan* 压力机枕木. *sample pan* 样品用皿. *under pan* 底盘. *vacuum pan* 真空锅. *warming pan* 焊炉,火盆. *wet pans* 湿润容器. ▲*pan down* (摄像机)镜头垂直下移. *pan left* (摄像机)镜头转向左方. *pan up* 镜头垂直上升.
PAN =①panoramic 全景(像)的②peroxyacetyl nitrate 硝酸过氧化乙酰.
PAN AM =Pan American World Airways 泛美航空公司.
PAN B =①panel bolt 面板螺栓②panic bolt 紧急保险螺栓③polyacrylonitrile 聚丙烯腈.

pan-〔词头〕全,总,泛.
panace'a [pænə'siə] *n.* 万应药,灵丹妙药,补救方法.
panacene *n.* 人参烯.
panacon *n.* 人参酚.
**panactin'ic a.* 全光化的.
panadap'tor *n.* 扫调附加器,景像〔全景〕接收器.
panalarm *n.* 报警设备.
pan-algebra'ic curve 泛代数曲线.
panalyzor *n.* 调频发射机综合测试仪.
Panama' [pænə'mɑː] *n.* 巴拿马.
Panama'nian [pænə'meinjən] *a.* ; *n.* 巴拿马的,巴拿马人的.
Panamer'ican 或 **Pan-Amer'ican** [pænə'merikən] *a.* 泛美的,全美洲的.
pan'cake ['pænkeik] I *n.* ①薄烤饼,渣饼,平叠〔扁平〕形物,盘形混凝土块,(漂淌沥青不均匀而形成的)油饼②(飞机)平坠(着陆),平降. II *a.* 平螺旋式的,扁平的 III *vt.* 使扁平,使飞机平降(降,坠),平坠着陆 (饼形,盘形,平叠)线圈, 扁平(高频)感应圈. *pancake engine* 水平对置式发动机. *pancake reactor* 扁锭式反应堆. *pancake synchro* 扁平型同步机. *pancaked core* 扁平堆芯.
Pan'cha Shi'la ['pæntʃə'fiːlə] *n.* (和平共处)五项原则,潘查希拉.
panchromate 或 **panchromat'ic** [pænkrə'mætik] *a.* 全(泛)色的,色的(胶片). *panchromatic film* 全色软片(胶卷,薄膜).
panchromatism *n.* 泛色感性.
panchromatize *vt.* 使成全(泛)色的.
panchromatograph *n.* 多能色谱仪.
pancli'max *n.* 演替顶极,泛顶极群落.
pancrat'ic [pæn'krætik] *a.* 视界大的,可随意调节的(透镜). *pancratic lens* 活动透镜.
pan'creas ['pæŋkriəs] *n.* 胰脏(腺).
pancrea'tin *n.* 胰酶,胰液素.
pancreati'tis *n.* 胰腺炎.
pan'da ['pændə] *n.* 熊猫.
pandem'ic [pæn'demik] I *a.* 流行(性)的,世界广泛)流行的,传染性的,一般的,普遍的. II *n.* 传染病.
pan'(-)down *n.* (电影摄影机或电视摄像机镜头)垂直下降,摄影机垂直接全景,下摇镜头,向下通摄.
pane [pein] I *n.* (棋盘)方格②窗格玻璃③锤〔钻,头,尖〕头. II *v.* 嵌玻璃. *cross-pane hammer* 横头锤. *pane of a hammer* 锤的顶边. *pane of glass* 玻璃板.
panegyr'ic [pæni'dʒirik] *n.* ; *a.* 颂词,称赞(的)(on, upon).
pan'egyrize ['pænidʒiraiz] *v.* 称赞,致颂词.
pan'el ['pænl] I *n.* ①(嵌,镶,护墙,壁,屋)板,座,盘,片(凹,凸)方格,栅栏,板材〔条〕②仪表〔配电,控制〕板,操纵台(盘,板,片),面板③节间,镶[段](板,片),叶片④画板,图片,名簿(单)⑤小组(委员会)小组讨论会⑥(一)组(=). II (*panel*(*l*)*ed*, *panel*(*l*)*ing*) *vt.* 给…镶板,嵌板于. *a panel meeting* 专家小组会议. *access panel* 观察板(台). *blank panel* 备用(空面)板. *center panel* 中央面板,翼中段. *control*(*switch*)*panel* 控制盘(板,屏),操纵板(台). *front panel* 面板. *fuse panel* 保险丝座

盘. *general control panel* 总控制盘. *glass-reinforced panel* 玻璃增强板. *graphic panel* 图表板. *hydraulic panel* 液力操纵板. *instrument (ation) panel* 控制台〔盘〕,操纵盘,仪表板. *jack panel* 插口〔孔〕板,塞孔〔接线〕板. *key panel* 电键〔发报〕板. *main panel* 主控制屏,主配电盘. *meter panel* 检测仪表板. *operating panel* 控制盘〔板,屏〕,操纵盘. *panel board* 配电盘,配电〔接线〕箱,面〔图,镶〕板,仪表〔操纵〕板. *panel body* 厢式车身,车棚〔闭式汽车厢. *panel form* 格形模板. *panel girder* 格子梁,花(格)梁. *panel length* 节间长度. *panel load* 节间荷载. *panel mounting* (在)面板上安置,配电盘装配. *panel point* 节点,桁架节点. *panel strip* 嵌条. *panel-type board* 分组接线板,有复式塞孔盘的交换台. *panelled ceiling* 嵌板平顶. *patch panel* 接线板. *pneumatic panel* 配气板. *power panel* 电源板,配电盘. *radio panel* 无线电仪表板. *schedule panel* 程序转换盘. *valve panel* 电子管座.

pan'elling ['pænəliŋ] *n*. ①镶板,嵌板细工,门心板②分段法. *wood panelling* 镶木.

pan'el(1)ist ['pænəlist] *n*. 专家小组成员,专家座谈会参加者,名单上列名者,讨论会主持人(无线电,电视问答节目等的),回答问〔出场者.

pan'el-work ['pænl'wə:k] *n*. 构架(工程),镶板工作.

panforma'tion *n*. 泛群系.

pang [pæŋ] *n*. (一阵)剧痛,悲痛,难过.

pangaea *n*. 古陆桥,联合古陆.

pan'(-)geodes'ics *n*. 泛短程线,泛测地线.

pan'handle *n*. 锅柄,(柄状)狭长地带.

pan'head ['pænhed] *n*. 截锥头,截头(正)圆锥(状)头,皿〔盘〕形头. *panhead rivet* 皿形头〔盘头,平头,截锥头〕铆钉.

panhygrous *a*. 全湿的.

pan'ic ['pænik] *n*.; *a*.; *v*. 恐〔惊〕慌(的),失措,紧急,无谓的,过份的. *Don't panic !* 不要惊慌. *get up a panic* 引起恐慌. *panic button* 紧急锁〔开关. *panic fear* 无谓的恐怖. *panic stop* 急刹车.

pan'icky *a*. (容易引起)恐慌的.

pan'icle *n*. 圆锥(散穗,复总状)花序.

pan'ic-stricken ['pænik-strikən] *a*. 惊慌失措的.

panidiomor'phic *a*. 全自形的.

pan'lite *n*. 聚碳酸酯树脂. *panlite G* 玻璃纤维加强聚碳酸酯树脂.

pan'nikin ['pænikin] *n*. 小(金属)杯〔盘,锅〕,一小杯量.

pano- [词头]全,总,泛.

panogen *n*. 双氰胺甲荃.

pan'oplay *n*. 摄全景动作作,摇全景〔镜头〕.

panop'tic [pæn'ɔptik] *a*. (用图)表示物体全貌的.

pan'oram ['pænəræm] *n*. 全景(图),全景镜,全景装置.

panoram'a [pænəˈrɑːmə] *n*. ①全景(图),全息〔周视〕图,(连续)画景,全景装置②连续不断变动的景像,遥镜头,遥摄 ③通盘考察,概观. *panorama dolly* 安放全景装置的矮脚皮轮车.

panoram'ic [pænəˈræmik] *a*. ①全像〔景)的 ②频谱扫调指示的. *panoramic camera* 全景照相机〔摄影机〕. *panoramic comparison* 扫调〔全景〕比较. *panoramic receiver* 扫调〔全景,侦察〕接收机. *panoramic sight* 周视瞄准镜. *panoramic view* 全景.

panose *n*. 潘(三)糖,6-α-葡糖基麦芽糖.

panotrope *n*. 电唱机.

Pan'-Pacif'ic ['pænpəˈsifik] *a*. 泛太平洋的.

panphotomet'ric *a*. 全色测光的.

panradiom'eter *n*. 全波段辐射计,"黑"辐射计.

panseri alloy 硅铝合金(硅11.5%,镍4.5%,镁0.4%,铜0.6～1.6%,其余铝).

pan'-shaped *a*. 圆盘形的.

panstrophoid *n*. 泛环索线.

pant [pænt] *v*.; *n*. ①喘气,心跳 ②脉〔波,晃,振〕动 ③ (pl.)(整流)罩 ④渴〔热〕望(for, after, to + *inf*.). *wheel pants* 轮(整流)罩.

pan'tagraph = pantograph.

pan'tal ['pæntəl] *n*. 潘塔尔铝合金(含有镁,锰,硅,钛等).

pantel'egraph *n*. 传真电报.

panteleg'raphy *n*. 传真电报(术).

pantel'ephone *n*. 送话器灵敏度很高的电话机,无失真电话机.

pantetheine *n*. 泛酰巯基乙胺.

pan'tile ['pæntail] *n*. 波形瓦.

pant'ing ['pæntiŋ] *n*. 脉〔波,晃,振〕动. *panting action* 脉动作用,振动影响. *panting beam* 补强梁. *panting frame* 加强框(架).

Pan'todrill *n*. 自动完全能钻床.

pan'tograph ['pæntəgrɑːf] *n*. ①比例绘图(仪)器,放大仪,缩图器,(地震)偏移位置标绘仪,放大尺〔器〕②(电车顶)导电弓(架),架式受电弓. *pantograph collector* (方)架式集电器. *pantograph copying grinder* 缩放仪式仿形磨床. *pantograph ratio* 缩比. ~ *ic a*.

pantol'ogy [pænˈtɔlədʒi] *n*. 百科全书,事类统编.

pantom'eter [pænˈtɔmitə] *n*. 经纬(万能)测角仪.

pantomor'phic *a*. 变化自由的,具有各种形态的.

pantomor'phism [pæntəˈmɔːfizm] *n*. 全形性,全对称性,(结晶)全对称现象.

pantonine *n*. 泛氨酸,α-氨基 β, β-二甲基-γ-羟基丁酸.

pantoph'agous *a*. 杂食性的.

pantoplankton *n*. 泛浮游生物.

pan'toscope ['pæntəskoup] *n*. 广角〔大角度,全景〕照相机,广角(大角度)透镜.

pantoscop'ic [pæntəˈskɔpik] *a*. 广角的,大角度的(照相机,透镜等),眼界宽广的. *pantoscopic camera* 全景照相机〔摄影〕.

pantothenate *n*. 泛酸盐〔酯,根〕.

pantothen'ic ac'id 泛酸.

pantothenylcysteine *n*. 泛酰半胱氨酸.

Pantotheria *n*. 古兽目.

pan'try ['pæntri] *n*. 食品〔餐具〕室,配餐室.

pants [pænts] *n*. (长)裤.

Panulirus *n*. 龙虾属.

pan'-up *n*. (电影摄影机或电视摄像机镜头)垂直上移〔升〕,上摇镜头,向上通摄.

pan'zer ['pæntsə] I *a*. 装甲的,铠装的. II *n*. 铠装输送机,装甲车,坦克车. *panzer mast* 钢管连接用电

极. *panzer troops* 装甲部队.
panzeractinom′eter *n.* 温差电[林格-福斯纳屏蔽]感光计.
PAP = pierced aluminum plank 冲孔(的)铝板.
PAPA = automatic programmer &. analyser of probabilities 信息概率自动程序设计器和分析器.
papa′in *n.* 木瓜蛋白酶.
papav′erine *n.* 罂粟碱.
pa′per ['peipə] Ⅰ *n.* ①纸②报纸,论文③(pl.)文件,证件,记录,记载①试卷④砂纸⑤证券,纸币,票据.Ⅱ *a.* 纸做的,纸上的,书面的,理论上的.Ⅲ *vt.* 用纸包[覆盖],用砂纸擦[磨光],糊裱,加贴衬页. *a paper of pins* 一包针. *a sheet of paper* 一张纸. *bakelized paper* 电木纸. *blotting paper* 吸墨纸. *blue paper* 蓝晒纸. *carbon paper* 复写纸. *coated paper* 铜板纸,盖[涂]料纸. *commit to paper* 写[记录]下来. *(cross) section paper* 方格纸. *customs papers* 海关证件. *daily paper* 日报. *emery paper* (金刚)砂纸. *evening papers* 晚报. *experimental papers* 实验论文. *fibre paper* 水合纤维纸板. *filter paper* 滤纸. *fish paper* 鱼膏[青壳]纸. *glass paper* (玻璃粉)砂纸. *lead acetate test paper* 乙酸铅试纸. *litmus paper* 石蕊试纸. *log paper* (半)对数座标纸. *log-log* [logarithmic] *paper* (双)对数座标纸. *manila paper* 马尼拉纸(电缆绝缘纸). *oiled paper* 绝缘用油纸. *paper base* 纸带盘座. *paper cable* 纸绝缘电缆. *paper calculations* 上[理论]计算. *paper chromatography* 纸上色层分析法. *paper clay* 薄层粘土. *paper conden ser* 纸介(质)电容[器]. *paper cure* (混凝土的)纸板养护. *paper electrophoresis* 纸上电泳. *paper location* 纸[图]上定线. *paper method* 纸上[室内]作业法. *paper money* 纸币. *paper mulberry* 楮树. *paper phenol* 酚醛纸. *paper sheeting* (建筑用)纸板. *paper slew* (打印机)超行距走纸. *paper tape micro* 纸带微指令. *paper throw* 超行空纸,纸带空用,跑纸. *paper war* (*fare*) 笔战,论战. *paper work* 书面(资料)工作,文件工作. *parchamyn paper* 油光纸. *plain paper* (空)白纸. *pole paper* [电]试极纸. *reagent paper* 试纸. *record paper* 记录带. *resistance paper* 电阻纸. *review paper* 综合介绍. *sensitized paper* 感光纸. *square (d) paper* 方格纸. *teledeltos paper* (传真电报收录用)炭纸. *two-cycle log paper* 双周对数纸. *Whatman's paper* 一种色层分离滤纸.▲*on paper* 纸上,理论上,统计上. *put pen to paper* 着手写. *send in one's papers* 提出辞呈. *set a paper* 出考题.
pa′per-and-pen′cil er′ror 书写错误,笔算误差.
pa′perback ['peipəbæk] *n.* 纸(封)面本,普及本,平装书.
pa′perbacked *a.* 纸(封)面的,平装的.
pa′perboard *n.* 纸板.
pa′per-chromatog′raphy *n.* 纸上色层分析法.
pa′percore ply′wood 纸心胶合板.
pa′per-knife *n.* 裁纸刀.
pa′per-making *n.* 造纸.
pa′per-mill *n.* 造纸厂.
pa′per(-)weight *n.* 压纸器,镇尺,压尺.
papier-maché ['pæpjei'mɑːfei] (法语) *n.* 纸壳子,混凝纸(用于制造盆、盆盎的纸质可塑材料). *papier-maché mould* [印刷]纸型[版].
papiliona′ceous *a.* 【植】蝶形的.
papil′la *n.* 乳头(状小突起).
Papua New Guinea 巴布亚新几内亚.
Papveraceae *n.* 罂粟科.
papy′rograph [pə'paiərəgrɑːf] *n.* 复写器,复[誊]写版,简易胶版.
papy′rus (pl. *papy′ri*) *n.* 纸莎草(纸),古埃及用纸.
par [pɑː] *n.* 同等[样],同程度,等价,平均,定额,标准,常态.▲*at* (*above, below*) *par* 按照[高于,低于]原价[票面价值]. *nominal* (*face*) *par* 票面价格. (*official*) *par of exchange* (法定)汇兑平[牌]价. *on a par with*…和…同等,等于…, *par avion* (法语)(邮政)航空. *par exemple* 举例,例如. *par excellence* 典型(的地),卓越(的地).
PAR = ① parallel 平行的[线],并联的 ② perimeter acquisition radar 远程[环形]搜索雷达③precision approach radar 精确着陆雷达④ 4-(2-pyridylazo) resocinol 帕酚,4-(2-吡啶基偶氮)间苯二酚.
Par & **par** = ① paragraph 段,节 ② parenthesis 括弧[号].
para ① = para rubber 帕拉(橡)胶② = paragraph 段,节③ = *n.*, *v.* 对(位)的. *para compound* 对位化合物. *para state* 仲态.
par(a)- [词头] ①侧,并,外,旁,顺,超②反,误,异常,失调,类,拟,似,密切有关③【化】对位,藻上(仲,副)④用降落伞,伞兵⑤倒错,错乱⑥庇(保)护.
paraballoon *n.* 充气(抛物形)天线.
parabasalt *n.* 普通玄武岩.
parabionts *n.* 共生生物.
parabiot′ica *a.* 同生态的.
par′able ['pærəbl] *n.* 比喻,寓言.▲*in parables* 用比喻.
parab′ola [pə'ræbələ] *n.* 抛物线,抛物面反射器. *cubical hyperbolic parabola* 双曲抛物挠线. *receiving parabola* 抛物面接收天线.
parabol′ic(al) [pærə'bɒlik(əl)] *a.* ①抛物线(性)的,抛物面的 ②(用)比喻(说明)的. *parabolic asymptotes* 渐近抛物线. *parabolic cylinder* 抛物柱面. *parabolic detection* 平方律检波,抛物线检波. *parabolic load* 抛物线型分布荷载. *parabolic mirror* 抛物面柱面镜. *parabolic reflector* 抛物柱面反射[器]. *parabolic transformation* 抛物型变换. *parabolic velocity* (沿)抛物线(轨道运动)的速度,第二宇宙速度.
parabol′ic-reflec′tor mi′crophone 抛物面反射镜式传声器.
parabol′ic-shaped collec′tor 抛物面形聚光镜.
parab′oloid [pə'ræbəlɔid] *n.* 抛物面(天线,反射器),抛物(线)体,抛(物)面镜. *paraboloid of revolution* 回转抛物面. *transmitting paraboloid* 发射抛物面天线.
paraboloid′al [pəræbə'lɔidl] *a.* 抛物面的,抛物线体的. *paraboloidal mirror* 抛物面镜. *paraboloidal*

reflector 抛物面反射器.
paraboson n. 仲玻色子.
paracasein n. 衍[副]酪蛋白.
Paracel Islands "派拉塞耳岛"(殖民主义者强加于我国领土西沙群岛(Sisha Islands)的称呼).
paracen'tral a. 旁中央的,近中心的.
par'achor ['pærəkɔː] n. (克分子)等张比容[体积].
parachromatin n. 副染色质.
par'achrome n. 胞内色素.
par'achute ['pærəʃuːt] I n. 降落伞,(坚井井筒内的)防坠器,(巷道用)保险器. II v. 跳伞,空投,伞降. *chest pack parachute* 胸包式降落伞. *landing parachute* 着陆(减速)降落伞. *parachute descent* [*drop*]降落伞降下. *parachute flare* 伞投照明弹. *parachute set* 带降落伞无线电台. *parachute tower* 跳伞塔. *parachute troops* 伞兵(部队).
par'achutism n. 降落伞装置,跳伞法.
par'achutist 或 **par'achuter** n. 跳伞员,伞兵.
par'aclase n. 【地】断层(裂缝).
paracli'max n. 亚演替顶极.
paracompact a. 【数】仿紧的. *paracompact space* 仿紧空间.
para-compound n. 对位化合物.
par'acon n. 聚酯(类)橡胶质.
paraconductiv'ity [ˌpærəkɔndʌk'tiviti] n. 顺电导(性).
paracontrast n. 网膜上减敏衬度.
paracoumarone n. 聚苯骈呋喃,聚库玛隆. *paracoumarone resin* 聚库玛隆树脂.
par'acourse n. 并行航线.
paracresol n. 对(位)甲酚.
par'acril n. 丁腈橡胶.
paracrys'tal n. 次(仲)晶品,不完全结晶.
paracrys'talline [ˌpærə'kristəlain] a. 次(仲)晶的,类结晶的.
par'a-curve n. 抛物线.
parade' [pə'reid] n.; v. ①游行,检阅,阅兵,列队行进②陈列,展览③炫耀[示]④广场. *hold a parade* 举行阅兵式. *make a parade of* 炫示[耀].
paradichlorobenzene n. 对二氯苯.
para-dioxane n. 对二脑烷,对二氧杂环己烷.
par'adox ['pærədɔks] n. ①反(奇,整)论,似非而是[似乎矛盾]的说法,佯谬,诡辩②疑题,矛盾事物,颠倒现象. *gravitational paradox* 引力疑题. *paradox gate* 环(移波)阀.
paradox'ical [ˌpærə'dɔksikəl] a. ①反论的,似非而是的②荒谬的,不合理的,反常的,矛盾的,奇异的,诡辩的,~**ity** 或 **par'adoxy** n.
par'adrop ['pærədrɔp] n.; v. 伞投,空投.
para-electric n. 顺电的,顺电材料.
paraelec'tric state 仲电态.
parafermion n. 仲费米子.
paraffina'ceous a. 石蜡族(质)的.
par'affin(e) ['pærəfin] I n. 石[地]蜡,链烷(属)烃,石蜡油,煤油. II vt. 涂石蜡,用石蜡处理. *borated paraffin* 用硼蜡处理过的石蜡. *paraffin base* 石蜡基,烷(属)烃基,蜡底子. *paraffin base oil* [*petroleum*]石蜡基原油. *paraffin hydrocarbons* 烷(属)烃,石蜡族烃,链烷烃,饱和链烃. *paraffin press* 石蜡过滤器. *paraffin scale (wax)* 粗[未精制]石蜡. *paraffin series* 烷属烃. *paraffin wax* 固体石蜡. *paraffin wire* 石蜡绝缘线,浸蜡线.
paraffin'ic a. 石蜡族的,烷(烃,族)的,链烷的. *paraffinic base crude oil* 石蜡基原油.
paraffinic'ity n. 石蜡(链烷烃)含量.
paraffinum n. 石蜡.
para-flare-chute n. 照明降落伞,伞投照明弹.
par'aflow ['pærəflou] n. 一种抗凝剂.
par'afocus ['pærəfoukəs] n.; v. 仲聚焦. *parafocusing spectrometer* 仲聚焦光谱计.
par'aform n. =paraformaldehyde.
paraformal'dehyde n. 仲(多聚)甲醛$(CH_2O)_x$.
parafoveal region 视外区域.
paragen'esis n. 共生(次序).
parageosyncline n. 准(副,陆旁)地槽.
par'aglider ['pærəglaidə] n. 滑翔降落伞.
paraglob'ulin n. 副[血清]球蛋白.
paragneiss n. 副片(水成片)麻岩.
par'agon ['pærəgən] I n. 模范,典型. II vt. 当作典型,胜过,比较(with). *Paragon steel* 锰铬钒合金钢(锰 1.6%,铬 0.75%,钒 0.25%,其余铁,碳).
paragonite n. 钠云母.
par'agraph ['pærəgrɑːf] I n. ①段,节,短文 ②段落号 ③短评 ④尺寸段. II vt. 分段,写短评.
Par'aguay ['pærəgwai] n. 巴拉圭.
Paraguay'an [ˌpærə'gwaiən] n.; a. 巴拉圭的,巴拉圭人(的).
paragut'ta n. 假橡胶,合成树脂.
paraheliotropism n. 避日性,避日运动.
parahe'lium n. 仲氦.
parahematin n. 拟高铁血红素.
parahemophil'ia n. 副血友病.
par(a)hor'mone n. 副激素.
parahy'drogen n. 仲氢.
para-i'odine n. 仲碘.
para-isomer(ide) n. 对位异构体.
paralbu'min n. 拟滑蛋白,血清球蛋白.
paraldehyde n. 仲(乙)醛,三聚乙醛.
paraliageosyncline n. 海滨地槽.
paralic a. 近海的.
parallac'tic a. 视差的.
parallactos'copy n. 视差镜术.
par'allax ['pærəlæks] n. ①【天】视差②【几何】倾斜(线). *annual parallax* 周年视差. *binocular parallax* 双眼视差. *no parallax* 无视差. *parallax error* 视差(误差),判读误差. *parallax range transmitter* 视差校正发射机. *relative parallax* 相对视差.
parallaxom'eter n. 视差计.
par'allel ['pærəlel] I a. ①平行的,并行的,并列的,同一方向[目的]的②并联的③相同的,类似的. II n. ①平行(线,圈,铁)②并联[列,行],并联线路③纬(度)线,(黄)纬圈④水准,(圆柱)带圈(垫板,片),滑(支模)板⑤类似(物),与…相似之处(to),匹敌者⑦比较,对比. III v. ①平行于②类似于,相应[当于,匹敌,与…相等,对比③(使)同时进行,同步. *a road running parallel to* [*with*] *the railway* 与铁路平行的一条路. *adjustable parallel* 活动平垫铁. *die parallel* 拉模孔的圆柱形部分. *draw a parallel between two events* 比较二事(的相似之处). *draw lessons from parallel experience* 从类似的经验中取得教训. *optical parallel* 光学[平行]平晶. *parallel arithmetic unit* 【计】并行运算器. *parallel bars* 双杠,平行杠. *parallel cascade action* 【计】并联串级动作. *parallel case* [instance]同样的例子. *parallel (channel) printer* 并联[通路]打印机. *parallel coupling* 并联[联合],平行连接. *parallel curves* 平行曲线. *parallel cut* (晶体)Y 切割,平行切割. *parallel dike* 顺坝. *parallel experience* 类似的经验. *parallel feeder* 平行馈(电)线. *parallel flow* [层]流,平行[直线]流,平行射流流动,直流(电). *parallel hand tap* 等直径丝锥. *parallel in* 并联(行)输入. *parallel in banks* 并排成列. *parallel memory* 【计】并行存储器. *parallel motion* 水平移动,平行运动,四联杆机构运动. *parallel of declination* 【天】赤纬圈. *parallel of latitude* 纬圈. *parallel plate condenser* 平行板[片]电容器. *parallel plate micrometer* 平行玻璃测微器. *parallel reamer* 平行铰刀,(圆柱)直槽铰刀. *parallel regulation* 并联调节. *parallel regulator* 分流调节器. *parallel resonance* 反[并联]谐振. *parallel rule(r)* 平行规[尺]. *parallel serial* [series]并串联[行],复[混]联. *parallel table* 对照图表. *parallel test* 替换检定. *parallel to grain* 顺纹. *parallel translation* 平行移动. *parallel to 10 seconds of arc* 平行度达10秒弧度的. *parallel unconformity* 平行不整合,假整合. *parallel vice* 平口[台]虎钳. *parallel wing* 长方形[等截面]机翼. *parallel wire* 平行(双)线,双线式明线. *parallel wound* 并绕,复绕(法),并激绕法. *parallels of a surface of revolution* 回转面的平行圈. *the 40th parallel of north latitude* 北纬40度. ▲*in parallel* 并联. *in parallel and series* 并串联,混联,复联. *in parallel with*…与…并联[行],同时. *parallel to* [with]与…平行的. *run parallel to* [with]同…平行. *series parallel* 并串联,复联,混联. *without (a) parallel* 无比(的),无与伦比.

par′allel-arc fur′nace 并联电弧炉.
parallel(-)axiom n. 平行公理.
par′allel-ax′is theorem 平行移轴定理.
par′allel-by-bit n. 【计】位并行.
par′allel-by-char′acter n. 字符并行.
par′alleled [pærəleld] a. 并行的,并联的.
par′allelehedra n. 平行面体.
parallelepipedal a. 平行六面体的.
parallelepiped(on) n. 平行六面体. *inclined parallelepiped* 斜角平行六面体. *rectangular parallelepiped* 长方体,矩体,直角平行六面体.
par′alleling n. 并联.
par′allelism [pærəlelizm] n. 平行(度,性),类似,对应,比较,并行论,二重性. *parallelism of thrust and drag curves* 推力和阻力曲线的比较. *wave-particle parallelism* 波粒二重性.
parallelizabil′ity n. 可并行(化)性质.
par′allelizable a. 可并行化的.
par′allelize vt. 使平行(于),平行放置.
par′allelly ad. 平行地.
parallel′ogram [pærə'leləgræm] n. 平行四边形. *parallelogram identity* 平行四边形恒等式. *parallelogram of forces* 力的平行四边形. *parallelogram of velocity* 速度的平行四边形. *period parallelograms* 【数】周期格子,周期网. ～**mic** a.
parallelohe′dron n. 平行多面体.
parallelom′eter n. 平行仪.
parallelepiped(on) n. ＝parallelepiped(on).
parallel′oscope n. 平行镜.
parallelotope n. 超平行体[六边形].
par′allel-par′allel log′ic 【计】并行-并行逻辑.
parallel(-)plane a. 平面平行的.
par′allel-plate 平行板.
par′allel-res′onant a. 并联谐振的.
par′allel-rod tuning 平行杆调谐.
par′allel-se′rial n. 并-串行,并-串联,复[混]联.
par′allel-stays n. 平行性拉线.
par′allel-tube am′plifier 电子管并联放大器.
paral′lergy n. 副变态反应.
paraloc n. 参数器振荡电路.
par′alyse 或 **par′alyze** [pærəlaiz] vt. ①使无力(效),使瘫痪,麻醉②关闭. *be paralysed with fear* 吓呆发呆. *paralysa′tion* n.
par′alyser 或 **par′alysor** 或 **paraly** n. 麻痹药,阻化[滞]剂.
paral′ysis [pə'rælisis] n. ①闭塞[锁],截止,停顿,间歇②瘫痪,麻痹③毫无力量,无能力.
paralyt′ic [pærə'litik] Ⅰ a. 麻痹的,瘫痪的,无力的. Ⅱ n. 患麻痹者.
par′alyze ＝paralyse. **paralyza′tion** n.
PARAM ＝①parameter 参数[量]②parametric(al) 参数[变]的.
paramag′net [pærə'mægnit] n. 顺磁(性)物质,顺磁材料,顺磁体.
paramagnet′ic a. 顺磁(性)的. *paramagnetic resonance* 顺磁谐[共]振. *paramagnetic substance* 顺磁质. *paramagnetic susceptibility* 顺磁盐化率.
paramagnet′ically-doped a. 顺磁法掺杂的.
paramag′netism [pærə'mægnitizm] n. 顺磁性.
par′amarines [pærəmɔri:nz] n. 海军伞兵.
param′bulator n. 计程车.
paramecin n. 草履虫素.
parame′cium n. 草履虫属.
param′eter [pə'ræmitə] n. ①参数[量,项],系数,特征值,特征数据,特性,补助变数,计算指标②半参轴,标轴③(根据基底时间、劳动力、工具、管理等的)工业生产预测法. *damping parameter* 阻尼系数. *design parameters* 设计参数. *dynamic parameter* 动态参数. *lattice parameter* 晶格参数[量]. *lumped parameier* 集总[中]参数. *parameter delimiter* 参数定义符. *parameter of material* 物性参数. *performance parameter* 性能参数. *preset parame-ter* 预定参数. *stray parameter* 杂散(补

param′eterized a. 参数化的.
param′eter-transforma′tion n. 参数变换.
parametral plane 参变平面.
paramet′ric [pærə'metrik] a. 参数〔量〕的. *parametric amplification* 参量放大. *parametric diode* 参数〔参量放大〕二极管. *parametric equation* 参数方程〔式〕. *parametric line* 参数曲线,坐标线. *parametric singular point* 参数〔流动〕奇点. *parametric up-converter* 参数向上变换器.
paramet′rix n. 拟基本酸记〔奇异函数〕.
parametriza′tion n. 参数化(法).
parametron n. 参变管,参数器,变感〔变参数,入口〕元件,参数激励子. *coupling voltage attenuation of parametron* 参数器的耦合电压衰减量.
parami′crobe n. 寄生微生物.
paramo n. 高寒带.
para-mol′ecule n. 仲分子(二原子分子,其中两原子自旋相反).
paramolybdate n. 仲钼酸盐.
par′amorph n. 同质异形〔晶〕体,副像.
paramor′phic a. 同质异形的.
paramor′phism n. 同质异晶(现象),同质异形性,同质假象,全变质作用.
par′amount ['pærəmaunt] Ⅰ. a. ①最高的,最重要的,头等的,卓越的 ②高过,优于(to). Ⅱ. n. 最高,至上,首长,最高统治者. *be paramount to all others* 胜过其他一切. *of paramount importance* 最重要的.
par′amountcy ['pærəmauntsi] n. 最高权位,至上,首要.
paramp = parametric amplifier 量量〔数〕大器.
paramucin n. 异粘液素,副粘蛋白.
paramuta′tion n. 旁突变.
paramylum n. 副淀粉.
paramyosin n. 副肌(浆)球蛋白.
Parama′ [pɑːrəˈnɑː] n. 巴拉那河.(在巴西和阿根廷境内).
paranecrosis n. 类坏死.
paranor′mal a. 轻度异常的.
paranox n. 一种润滑油多效添加剂.
paranthelion n. 幻日.
parantiselena n. 幻月.
para-ortho conversion 对位,邻位变换.
par′apack ['pærəpæk] n. 空投包.
par′apet ['pærəpit] n. ①栏杆,护〔胸,栏,女儿〕墙,防浪墙 ②人行道. *parapet gutter* 箱形水槽. ~ed a.
par′aphase ['pærəfeiz] n. 倒相. *paraphase amplifier* (将单端信号变为推挽信号的)倒相(推挽)放大器,分相放大器.
parapherna′lia [pærəfə'neiljə] n. (pl.) ①随身用具,零星器具 ②机械的附件.
par′aphrase ['pærəfreiz] n. ; v. 释义,意译,解释…的意义. **paraphras′tic(al)** a.
paraph′ysate a. 有侧丝的.
paraph′ysis (pl. **paraph′yses**) n. (脑上)旁突体,侧丝.
par′aplasm n. 原生质液,副〔透明〕质,异常增生物.
paraplas′mic a. 透明质的,异常增生的.

par′a-plas′tic n. ; a. 似塑料(的),异常增生的,发育异常的.
par′aplex n. 增塑用聚酯.
para-position n. 【化】对位.
para-positronium n. 仲正(电)子素.
parapro′tein n. 病变蛋白.
para-rock(s) n. 水成变质岩,副变质岩.
para-rubber tree 橡皮树.
paraschist n. 副(水成)片岩.
paraschoepite n. 副柱铀矿.
parasele′ne [pærəsi'liːni] n. 幻月(月晕时的光轮).
parasexual′ity n. 准性生殖.
par′asite ['pærəsait] n. ①寄生(物,虫,菌),废〔寄生〕阻力,附加 ②(天线)反射器 ③(pl.)天电干扰,寄生振荡(现象,效应). *parasite current* 寄生电流. *parasite on* [upon] *the community* 社会的寄生虫.
parasit′ic(al) [pærə'sitik(əl)] a. 寄生(物,性)的,派生的,附加的. *parasitic air* (从)窑炉(各)缝隙吸入(炉内的)空气. *parasitic element* 寄生(无源)元件,无源振子. *parasitic light* 杂光. *parasitic moment* 次(寄生)弯矩. *parasitic oscillation* 寄生振荡. *parasitic thermoelectromotive force* 寄生温差电动势.
parasit′ics n. 干扰,寄生现象.
parasitifier n. 带寄生物者.
par′asitism n. 寄生(生活),寄生物感染.
par′asitize vt. 寄生.
parasitogen′ic a. 寄生(物原)的,寄生物所致的.
par′asitoid a. 寄生物样的.
parasitol′ogy n. 寄生物(虫)学.
parasol′ ['pærəsɔl] n. 阳伞,伞式单翼机.
parastatis′tics n. 仲统计法.
parasympathet′ic n. ; a. 副交感神经(的).
parasympathin n. 副交感(神经)素.
paratac′tic a. 罗列的. *paratactic lines* (克利佛特)平行线.
par′ataxy n. 挠平行性.
paratellurite n. 亚碲酸盐.
par′aterm n. 仲项.
parathy′roid a. ; n. (副)甲状旁腺(的).
parathyroidec′tomy n. 甲状旁腺切除(手术).
par′aton(e) n. 帕拉顿(一种粘度添加剂).
paraton′ic a. 外力或外因促成的,由光热等刺激而生的,生长迟延的.
para-transit vehicle 中型加班公共汽车.
paratrip′tic a. ; n. 防止耗损的,防衰的(剂).
par′atroops ['pærətruːps] n. (pl.)伞兵部队.
paratroph′ic a. (活物)寄生的,偏寄生营养的.
paratrop′ic plane 经向面.
paratungstate n. 仲钨酸盐.
par′atype n. 副型,副模.
paraty′phoid a. ; n. 副伤寒(的).
paratyp′ic(al) a. 偶然的,异型的.
para-unconform′ity n. 假整合.
par′avane ['pærəvein] n. 扫雷器,防水雷器(切断水雷的装置),破雷卫,防潜艇器.
par avion′ [pɑːræ'vjɔn] (法语)(邮政)航空.
parax′ial a. 傍(近,等)轴的. *paraxial region* 近轴范围,傍轴区.

paraxonia n. 偶蹄目.
paraxylene n. 对二甲苯.
par'cel ['pɑːsl] I n. ①包〔裹〕,小包,一片〔块,宗〕②部分③(常带贬义)一批〔群,组〕II vt. ①分配,区分,分(成数)份②打包. by parcel post 当包裹寄. parcel…into two parts 把…分成两路分. parcel post 邮政包裹. shipping parcels 小件货物. ▲by parcels 一点一点的. part and parcel of…的重要〔不可缺少的〕部分.
parch [pɑːtʃ] v.; n. ①干透,焦(干)②烘,炒. parch crack 切边裂纹,拉裂. parching heat 灼热.
parch'ment ['pɑːtmənt] n. 羊皮纸,羊皮纸文件,类似羊皮纸的纸,垫衬沥青纸毡. parchment imitation 仿羊皮纸. parchment paper 假羊皮纸,硫酸纸.
parch'moid n. 仿羊皮纸.
parch'myn n. 仿羊皮纸.
Parco powder 帕科粉末(磷酸盐覆膜防锈处理的药品).
PARD = parts application reliability data book 元〔零〕件仗应可靠性性数据手册.
par'don ['pɑːdn] n.; vt. 原谅.
Pardop = passive range Doppler 被动测距的多普勒系统.
pare [pɛə] vt. ①削(去),修,剥,刮(away, off)②削减,逐渐减少(down).
paregor'ic [pærə'gɔrik] I a. 镇(止)痛的. II n. 镇痛药.
paren n. = parentheses 括弧〔号〕.
parenchyma (of wood) (木材的)薄壁组织.
pa'rent ['pɛərənt] I n. 父母,亲(本,代),母体,本〔根〕源. II a. 原始〔本,来〕的,起始的,母…的. natural parent 天然放射系的母体. parent aircraft 运载飞机,母机. parent crystal 原始晶体,母晶. parent element 母体元素. parent ion 母离子. parent material 原材料,母料. parent metal 基〔焊〕料,母材,底层〔基本〕金属. parent nucleus 母核. parent population 母体. radioactive parent 原生放射性同位素.
pa'rentage n. 出身,亲〔血〕缘,家系,亲子关系.
paren'teral a. 不经肠的,胃肠外的.
paren'thesis [pə'renθisis] n. (pl. paren'theses) ①插句②括弧,圆括号. ▲by way of parenthesis 附带地,顺便.
paren'thesis-free nota'tion 无括号表示〔标序〕法,无标号标序记号.
parenthet'ic(al) [pærən'θetik(əl)] a. 插入(句)的,括弧(内)的,弧(引)形的,作为附带说明的.
parenthet'ically ad. 顺便地说,作为插句.
parent-molecule n. (在彗星头的)母分子.
parer'gon [pæ'rə:gɔn] parergon 的复数.
parer'gon [pæ'rə:gɔn] (pl. parer'ga) n. ①副业②附属装饰③补遗,附录.
par'esis ['pærisis] n. 局部麻痹. **paret'ic** [pə'retik] a.
paresthe'sia n. 感觉异常.
paresthet'ic a. 感觉异常的.
par excel'lence [pɑːr'eksəlɑːns] [法语]典型的〔地〕,卓越的〔地〕.
par exem'ple [pɑːreg'zɑ̃mpl] [法语]举例,例如.
par'focal a. 齐焦的,正焦点的.

par'get ['pɑːdʒit] I n. 石膏,灰泥. II v. (粗)涂灰泥.
parhe'lion [pɑː'hiːljən] (pl. parhe'lia) n. 幻日(日晕上的光轮). **parhe'lic** 或 **parheli'acal** a.
parhe'lium n. 仲(副)氮.
parhemoglobin n. 醇不溶性血色素.
paribus ◁caeteris▷ [ceteris] paribus 其他条件相同时.
pa'ring ['pɛəriŋ] n. (常用 pl.)刨花,切片〔屑〕,剥下来的皮. paring chisel 削凿刀.
par'i pas'su ['pɛəri'pæsuː] ad. [拉丁语]同时而同等地,同一步调地,并行地.
Par'is ['pæris] n. 巴黎. Paris blue 天蓝色(颜料). Paris green 巴黎绿,翠绿,(杀虫剂)碱性甲基绿. Paris metal 一种镍铜合金(铜 6~16%,锡 2%,钴 1%,铁 1~5%,锌 5%,其余铜). plaster of Paris 熟石膏.
Paris'ian [pə'rizjən] a.; n. 巴黎的,巴黎人(的).
parisite n. 氟菱钙铈矿.
parison n. (玻璃,塑料等)型坯.
par'ity ['pæriti] n. ①同(均,平,相)等,均势,同格〔位〕②类似,相同③比价(值,率),平价,等价(值,额)④字称(性)⑤[计]奇偶(性,误差). air parity 空中均势. charge parity 电荷字称. even parity 偶数奇偶校验,偶[正]字称性. fixed parity 固定平价. nuclear parity 核武器比价. odd parity 奇(负)字称性. paper tape parity 纸带奇偶检验. parity bit 奇偶检验位. parity check 奇偶(性)检验,同类〔偶〕校验,均等〔一致〕核对. parity conservation 字称守恒. parity error [计]奇偶检验误差. parity experiments 字称实验. parity of treatment 等待遇. ▲by parity of reasoning 由此类推.
park [pɑːk] n. ①(公)园,(围)场,放置场,停车场,停机坪,材料库. II v. 停放(置,车),排列,布置,安〔整〕顿. ball park 球场. out of the ball park 出界,出场. parked vehicle 停驻车辆,停放的汽车.
park'er n. 停放的车辆,停车. Parker Kollon screw 薄板螺钉. Parker truss 曲弦(帕克式)桁架. Parker's alloy 一种镍铬黄铜(铜 60%,锌 20%,铅 10%,锡 10%). Parker's cement 罗马水泥.
park'ering n. 磷酸盐处理.
park'erise 或 **park'erize** vt. 磷酸盐被膜[保护膜](防锈)处理,(加接触剂的)磷化[磷酸盐,金属防锈处理.
parkine n. 派克木碱.
park'ing ['pɑːkiŋ] n. 停车(场,处),公园. parking area [lot, place, space] 停车场. parking ban 禁止停车. parking bay 港湾式停车处. parking lane (路上)停车道. parking meter 汽车停放收费计(计时器). parking study (survey) (停车场)停车调查. No parking (here). (此处)禁止停车.
park'like ['pɑːklaik] a. 公园般的.
park'way ['pɑːkwei] n. 风景区干道,公园大路,园道.
park'y ['pɑːki] a. (空气,天气)寒冷的.
par'lance ['pɑːləns] n. 说法. ▲in common parlance 俗话所谓,照一般说法.
par'ley ['pɑːli] n.; vi. 谈判,讨论,会谈(with). hold

a parley with 和…谈判.

par'liament ['pɑ:ləmənt] *n.* 国会,议会. *the Houses of Parliament* 上下两院. ~**al** 或 ~**ary** *a.*

par'lour ['pɑ:lə] *n.* 起居室,接待(会客,休息)室,营业室.

paro'chial [pə'roukjəl] *a.* 狭隘(小)的,有限的,有局限性的(in),地方性的.

parochor *n.* 等张比容[体积](克分子).

parol *n.* 石蜡燃料.

paroline *n.* 液体石油膏.

paromomycin *n.* 巴龙霉素.

paronite *n.* 石棉橡胶板.

parotid *n.*; *a.* 腮腺(的),耳边(下)的.

paroxysm *n.* 暴发高潮[作用],突发波,发作,阵发.

paroxysmal *a.* 发作的,阵(突)发的,爆发性的.

par'quet ['pɑ:kei] Ⅰ *n.* ①镶木[席纹,拼花]地板,木条镶花(的地板) ②正厅(后)座. Ⅱ *a.* 镶木细工的. Ⅲ *vt.* 铺镶木地板.

parquetry *n.* 镶木细工[工作,地板].

Parr metal 一种镍铬铜耐蚀合金

parrot ['pærət] *n.* 鹦鹉.

par'ry ['pæri] *vt. n.* 挡(避,闪)开,回避.

pars [pɑ:z] (*pl. partes*) *n.* [拉丁语]部(分).

parse [pɑ:z] *vt.* (语法)分析.

par'sec ['pɑ:sek] *n.* = parallax second 【天】秒差距(表示天体距离的单位,视差为一秒的距离,相当于3.259光年).

par'ser *n.* (句法)分析程序.

Parson brass 锡基锑铅铜合金(锡74~76%,铜3.0~4.5%,铅14~15%,得7~8%).

Parson bronze 一种锰黄铜.

Parson's Mota metal 锡基锑铜轴承合金(锡86~92%,铜3~5%,锑4.5~9%).

par'sonsite *n.* 斜磷铅铀矿.

part [pɑ:t] Ⅰ *n.* ①部分,成分,要素 ②〔部,元,工,配,组合〕件 ③(几)分之〔几〕职责,角色,作用,地域〔方〕,区域 ⑤(书籍)部,筒,分册 ⑥【建】(柱下部)半径的三十分之一. 11 *is a hundredth part of* 1100. 11 是100的百分之一. *two fifth parts* 五分之二. 25 *parts per* [in *a*] *million* 百万分之25 (25p.p.m.). *a part in* 10^8 一亿分之一,1×10^{-8}. *a third part in* 1000 千分之三,3×10^{-3}. *cemented carbide insert part* 硬质合金部件. *cleaner insert part* 滤器心子. *coined parts* 精压零件. *component part* 构(零,部)件. *critical part* 主要机件,要害部分. *cycle valve parts* 气嘴. *dense parts* 密致零件. *integral part* 整数部分. *make a part of a rotation* 转几分之一圈. *mating part(s)* 配合件. *meridional part(s)* 子午线倍值. *moulded part* 模制件. *one part in* 10^4 万分之一,1×10^{-4}. *operation part* 〔计〕操作部分,操作码,运算代码. *part and parcel (of)* 主要(组成)部分,本质. *part correlation coefficient* 部分相关系数. *part sectioned view* 局部剖面图. *parts catalogue* 零件目录. *parts feeder* 送料器,拾取定向零件. *parts list* 零件目录,零件单. *parts number* 零件号码. *parts rack* 零件架. *piece part(s)* 零件. *profiled parts* 齿形零件. *real part* 实数部分. *repair parts* 备(用)零件,备品. *replacement part* 备用(更换用的)零件. *service parts* 备品(件),修理用部件. *sintered parts* 烧结零件. *spare parts* 备(用)零件,备品,配件. *superoilite machine parts* 多孔铁铜机械零件. *transient part* 瞬变部分(分量). ▲ *a man of parts* 有才干的人. *do one's part* 尽自己职责,尽自己一份力量. *feel a part of* …感到自己对…有一分责任. *for one's part* 至于某人,对某人说来. *for the most part* 大概,多半,通例. *have no* [*a*] *part in* …. 同…无(有)关系. *in large part* 在很大程度上,大部分地. *in part* 部分地,有几分. *in parts* 分(有)几部分. *on the part of* 在…方面,就…方面(角度)来讲. *part by part* 逐项,详细. *play a part in* …中起(一份)作用. *play* [*act, take*] *the part of* …投演…角色. *play an important part in* …在…中起重要作用. *take part in* …参加(参与,协助). *take part with* (*take the part of*)…,站在…一边,支持…. *the better part* 一大半,大部分,主要部分;较好的办法. Ⅱ *v.* 分开(离,裂,割),分成数分,切(折)断,断绝(关系,联系),放弃,剖裁,区(辨)别. ▲ *part from* 离开同…分手. *part with* 离开,放弃,出让.

Ⅲ *a.* 部分的. *ad.* 部分地. *part work, part study* 半工半读. *It is made part of iron and part of wood.* 它是部分用铁,部分用木制的.

Part. aeq. = partes aequales 等份.

part'able *a.* 可分开的.

partake' [pɑ:'teik] (*partook', parta'ken*) *v.* ①分享(担),参与(加)(*of*)②具有,有点儿,略带(*of*). ▲ *partake in* [*of*] *M with N* 同 N 分担(共享)M.

parta'ker [pɑ:'teikə] *n.* 分担者,参与者,有关系的人(*of, in*).

partan algorithm 平行切线(算)法.

parte [拉丁语] *ex parte* ['eks'pɑ:ti] 片面的.

part'ed ['pɑ:tid] *a.* 裂口(缝)的,分开的,部分的.

parterre [pɑ:'tɛə] *n.* ①花坛 ②【建】正厅(后)座.

part'-fill *vt.* 把…装一部分.

parthenocarpy *n.* 单性(无性)结实.

parthenogen'esis *n.* 单性(孤雌)生殖.

par'tial ['pɑ:ʃəl] Ⅰ *a.* ①部分的,局部的,分别的,单独(个)的,不全的,不完全的 ②偏的,偏袒分的,不公平的 ③偏心(爱)(*to*) ④〔部〕件的. Ⅱ *n.* (pl.) 分音,泛音,偏音(波,流),偏导数. *partial abrasion* 局部擦痕. *partial assembly drawing* 零件装配图,装配分图. *partial automatic* 半(部分)自动的. *partial bearing* 半轴承. *partial coherence* 部分(局部)相干(性). *partial conductor* 次导体,畸性(光电)导体. *partial crit* 次临界介质量. *partial delivery* 零批交货. *partial derivative* 偏导数,偏微商. *partial difference* [*increment*] 偏差[偏增量]. *partial differential* 偏微分(的). *partial distillation* 部分(局部)蒸馏. *partial field* 分场. *partial flow filter* 支管过滤器. *partial fraction* 部分分数(分式). *partial linear differential equation* 线性偏微分方程. *partial load* 部分荷载,局部负载. *partial node* 不全节. *partial potential* 化学势. *partial pressure*

部分[局部]压力,分压(力,强). *partial products* 部分(乘)积. *partial roundabout* 半环形广场. *partial shipment* 分批装船. *partial summation* 部分求和,和差变换. *partial transform* 偏[部分]变换式. *partial vacuum* 部分[未尽,半]真空. *partial volume* (部)分体积. *upper partials* 陪音.

par′tial-frac′tion expan′sion 部分分数展开.

par′tial-image *n.* 分像图.

par′tially [′pɑːʃəli] *ad.* 部分地,局部地,不完全地,偏袒地. *partially differentiate* 偏微分. *partially elastic* 部分弹性的. *partially occupied band* 不满带. *partially separate system* (排水系统)部分分流制. *partially silvered mirror* 半涂银镜(面).

partial-one output signal 半选"1"输出信号.

partial-select input pulse 半选输入脉冲.

partibil′ity [pɑːtiˈbiliti] *n.* 可分[剪]性.

partic′ipant [pɑːˈtisipənt] Ⅰ *n.* 参与[加]者(in),共享者. Ⅱ *a.* 参与的,有关(系)的(of).

partic′ipate [pɑːˈtisipeit] *v.* ①参与[加],分享(in),共享 ②带有…的性质(of). *participating country* 参加国.

participa′tion *n.* 参与,合作,分[共]享. *with participation from all concerned* 在有关各方面都来参加的情况下. *with the participation of …* 有…参加[合作].

partic′ipator *n.* 参与[合作]者.

particip′ial [pɑːtiˈsipiəl] *a.* 分词的.

part′iciple [′pɑːtisipl] *n.* 分词. *past participle* 过去分词. *present participle* 现在分词.

part′icle [′pɑːtikl] *n.* ①微[颗,粉]粒 ②质点 ③粒子 ④极小量. *coated particle* 涂敷[包覆]粉粒,涂层颗粒. *direct particle* 原始粒子. *dust particle* (微)尘粒. *elementary material particle* 元质点. *energetic [high energy] particle* 高能粒子. *fission [fragment] particle* 裂变碎片. *foreign particle* 杂质粉粒[粒子]. *fundamental particle* 基本粒子. *highly charged particle* 多电荷粒子. *insulating particles* 绝缘质点,介质粒子. *intermetallic phase particle* 金属间相微粒. *oversize particle* 筛上[过粗]粉粒. *particle size* 粒径、颗(微)粒尺寸. *particle transfer* 【焊】溶滴过渡. *particle velocity* 质点(粒子)速度. *point particle* 质点. *seed particle* 晶秆, *sol particles* 溶胶粒子. *uncharged particle* 不带电粒子. *uncoupled particle* 自由(非束缚)粒子. ▲ *have not a particle of* …一点儿…也没有.

par′ticle-size *n.* 粒度(径).

par′ticoloured [′pɑːtikʌləd] *a.* 杂色的,斑驳的.

partic′ular [pəˈtikjulə] Ⅰ *a.* ①特别[殊,定,例,有]的,单个[独]的,个别的,分项的 ②详细的,细致的. Ⅱ *n.* ①项目,特色[点] ②(*pl.*)详细资料[数据],说明,摘要,细节[目]. *particular resonance* 局部谐振. *particular sentence* 特称语句. *particular solution* 特解. *particular system of signal receiving* 特种(信号)接收方式. ▲ *be particular about* (*over*) 讲究. *be particular to* … 是…所特有的. *give particulars* 详述,细讲. *go into particulars* 涉及细节,详细叙述. *in every particular* 在一切方面. *in particular* 特别(是),尤其(是),一,详细.

particular′ity *n.* 特殊(性),特质,精确,考究,详细,细目,单个.

partic′ularize *v.* 逐一列举,特别指出,特殊化. *particulariza′tion* *n.*

partic′ularly *ad.* 特别,格外,尤其,显著,详细地.

partic′ulate *n.*; *a.* 粒子,微粒(状)的、颗粒状物,散(细)粒(的),粒子组合的. *airborne particulates* 在空气中的悬浮粒子. *particulate copper* 颗粒性铜,散式铜. *particulate solids* (催化剂的)粉碎固体粒子.

part′ing [′pɑːtiŋ] Ⅰ *a.* 分离的,离别的. Ⅱ *n.* ①分离(开,裂,割],区分 ②分支界]、道舍,岔口,错车道 ③夹层 ④分离工序,分型面,分离[脱模]剂. ⑤剖截(冲压),切断,撕(开叠)板. 劈开粘结的热轧叠板,接缝 ⑥分金(用热浓硫酸将金银分开) ⑦砂箱分界线 ⑧翠[胶]理 *parting agent* 模型润滑剂,分型剂. *parting cell* 分金槽. *parting compound* = *parting powder*. *parting down* 阶梯型分型面,挖割(不平分型面). 修型. *parting face* 分离面. *parting gate* 分型面上的内浇口. *parting line* 接合(分型)线,(玻璃制品表面的)模型接缝飞边. *parting powder* (*compound*) 分型剂(物),脱模剂,离型粉,隔离粉,分离粉. *parting pulley* 拼合轮. *parting strip* 分车带. *parting tool* 截刀,切(断)削]刀,开股冠具刀.

Partin′ium *n.* 一种铝合金(铝 88.5%,铜 7.4%,铁 1.3%,锌 1.7%,硅 1.1%,铝 96%,铜 0.65%,锡 0.15%,锑 2.4%,钨 0.8%).

partisan′ 或 **partizan′** [pɑːtiˈzæn] *n.* 游击队员,同党人. *partisan troops* 游击队. *partisan warfare* 游击战.

partisanship *n.* 党派性.

parti′tion [pɑːˈtiʃn] *n.*; *v.* ①划[区,配,部]分,分割[段,块,区,配,布,隔,开,离,类],整数分割 ②隔板(壁,墙],隔开物(部分],分隔物,挡板,隔膜,间壁. *partition board* 隔板. *partition chromatography* 【化】分配色层法,分溶层析法. *partition function* 划(配)分函数. *partition gas chromatograph* 分离气处分析器. *partition insulator* 绝缘导管,隔板绝缘体. *partition method* 分类法. *partition noise* 电流分配噪声. *partition of load* 负荷分配. *partition of unity* 单位分解. *partition test* 分拆[段]检验. *partition value* 分割值,划分数. *partition wall* 隔墙,间壁. *partitioning device* 【化】分配设备. *partitioning of matrices* 矩阵分块.

partit′ioned *a.* 分配[布],隔离的. *partitioned matrices* 分块(矩)阵. *partitioned segmentation* 分割段落式(调度).

part-length rod 【核】短[局部]控制棒.

part′ly [′pɑːtli] *ad.* 部分,部分地,局部地. *partly ordered set* 半序集(合).

partly-mounted *a.* 部分悬挂的,半悬挂式的.

part′ner [′pɑːtnə] *n.* 合伙[作]人,伙伴,股东,配偶.

PARTNER = *proof of analog results through a nu-*

part'nership n. ①合伙(营,股),协力 ②公司,合伙组织. ▲**in partnership with** 和…合作(伙). **strike up partnership** 合作(伙),结成一体.

part-number n. (零)件号(码).

parton n. 部分子.

partook [pɑːˈtuk] vt. partake 的过去式.

part'-time a. 兼任(非全时的),零星的.

part-transistorized a. 部分晶体管化的.

par'ty [ˈpɑːti] n. ①党,党派,团体 ②一群(班,队,组),随行人员 ③当事人,(一)方 ④用户 ⑤聚(宴,茶,晚)会. a Party member [group,branch]党员(小组,支部). called [calling] party 被叫(主叫)用户. contracting parties 缔约方面. notified party 被通知人. one contracting party 缔约一方. party telephone 共线[载波]电话. the Communist Party of China 中国共产党. the parties concerned 有关方面. third party 第三者. ▲**be a party to** 参与,同…发生关系.

par'ty-line n. ①党的路线 ②共用电话线路,同线电话.

par'ty-wall n. 界[共用]墙.

parvafacies n. 分相.

parylene n. 聚对苯(撑)二甲基.

PAS =①primary alert system 主要警报系统 ②public address system 有线广播系统.

pascal n. 帕(斯卡),pa(压强单位,=1牛顿/米²).

pass [pɑːs] Ⅰ n. ①道(路,过),小路,隘口,滩(烟)道,通行证,护照,免票 ③合 [压]轧 ④焊道,焊垂(焊滴凝成垂形的行列) ⑤【轧】孔型,轧道一次,轧辊型缝 ⑥(数)绕地一圈,接收(卫星)信号持续时间. Ⅱ v. (passed, passed 或 past)①通穿,经,横,越,度,放过 ②消逝 ③传递 ④合格,及格 ⑤流通,发生 ⑥扫描. backing pass 底焊道. band pass 带通,通(频)带. beam pass 梁孔型. bypass 旁通,旁路. closed pass 闭口式孔型(轧槽). cogging-down pass 开坯[延伸]孔型,开道次. diamond pass 菱形孔型. draught per pass 每道次压下量. drawing pass 拉轧孔,edging pass 轧边孔型,轧边(轧)道. finishing pass 精轧孔型,精轧(成品)道次. groove pass (轧辊的)型缝. high pass filter 高通滤波器. one pass 一次走刀[通过],一道. open pass 开口(式)孔型. pass by value 按值传送. pass capacitor 旁路电容器. pass filter 滤过器. pass schedule 轧制规范(安排),计划. pass the test 测试通过,检验合格. pass word 口令,通行字. passing punch 预冲孔冲头. root pass 根部焊道. single pass welding 单道焊. skin pass 表皮光轧,光整(表皮)冷轧,调质轧制,平整道次. zone pass 区域熔融,熔区通过. ▲**bring…to pass** 引起,使发生,实行,完成. **come to pass** 发生,实现. **pass across** 跨过. **pass along** 传递,使…向前传播,送到 (to),沿…而过,经过. **pass away** 经过,终止,死亡,(时间等)过去,度过(时间). **pass beyond** 超越,通(越)过. **pass by** 绕过,忽略,(时间)过去. **pass for** [as] 被认为是,被当

作,冒充. **pass into** 变成,化为,进入. **pass off** 冒充[搪塞]过去,发生,经过,结束,不去注意. **pass on** 通过,继续前进,传给,转到 (to). **pass out** 出去,由…中穿[流]出 (of),不复(存在). **pass over** 越[从…上面经,绕,跨]过,传[让]给,忽略. **pass round** 绕. **pass through** 穿(通,经,过)过,刺穿,经历. **pass to** 转[传]到. **pass up** 向上运(移)动,拒绝,弃权,不理.

PASS =①passage ②passenger.

pas'able [ˈpɑːsəbl] a. 可通行的,能通过的,过得去的,还好的,合格的. **pas'ably** ad.

pas'sage [ˈpæsidʒ] n. ①(经,穿)过,通行权,流通,推移 ②通(气,水,孔,管)道,通路,走廊,门[道,路]出入口. ③【轧】(塞)槽 ④航(旅)行,行程 ⑤一段(话),一节(书) ⑥中天,凌(日). admission passage 进(气)道. by passage 旁路. coolant passage 冷却(载热)剂管道. cylinder passage 气缸口. exhaust passage 排(出)通道(路),排(汽)道. flow passage 中子流孔道,流通道. heat-transfer passage 导热孔道. impeller passage 叶片间距. inlet passage 进(入)通道. oil passage 油孔. passage of chip [cuttings]切屑排出. passage of heat 热通道. passage of time 时间的推移[流逝]. shock front passage 激波前的通道. valve passage 阀口通道,瓣口. zone passage 熔区(区域)通过.

pas'sage-way n. 通路(道),航线,水路,走廊. oil passage-way 油管[沟].

passam'eter [pæˈsɑːmitə] 或 **passatest** n. 外径指示规,外径精测仪,杠杆式卡规.

pas'sant [ˈpæsənt] 〔法语〕**en passant** 顺便.

pas'savant [ˈpæsəˈvɑːn] n. 〔法语〕通行证.

pass'-band [ˈpɑːsbænd] n. 通(频)带. equivalent pass-band 等效通(频)带. pass-band limiting switch 通(频)带宽(度)限制开关.

pass'-book n. 银行存折.

pass'-by n. ①迂回,旁路(通) ②打…旁边过去.

pass'-check n. 入场券,通行证.

pass'-course n. 通过路线.

pas'senger [ˈpæsindʒə] n. 乘客,旅客. passenger ferry 人渡,旅客渡轮. passenger plane 客机. passenger service 客运服务. passenger ship 客轮. passenger train 客车. passenger tyre 轻轮胎.

passe'-partout' [ˈpæspɑːˈtuː] n. 〔法语〕画框,总钥匙,护照.

pas'ser-by [ˈpɑːsəˈbai] (pl. **pas'sers-by**) n. 过路人,行人,经过者.

passeriform n. 雀形目.

pas'serine n. 雀类.

pas'sim [ˈpæsim] ad. 〔拉丁语〕到(处,随)处.

passim'eter [pæˈsimitə] n. ①内径指示规,杠杆式内径指示计,内径精测仪 ②自动售票器 ③步数计,计步(计程)器.

pas'sing [ˈpɑːsiŋ] Ⅰ a. ①经过的,过往的,通行的 ②合格的,过得去的 ③目[一时]前的 ④短暂的,草率的,偶然的. Ⅱ n. ①经过,穿,轧过,透射,逝去,(时间)推移,超越,议决,忽略. by-passing 分路,旁路. passing band 传输频带,通(频)带. passing punch 预冲

pas'singly ad. 顺便,仓卒,很,非常.
pas'sion ['pæʃən] n. ①热情〔望,中〕,爱好 ②激怒. ~ly ad.
pas'sionate ['pæʃənit] a. 热烈〔情〕的,易激动的. ~ly ad.
pas'sionless a. 没有热情的,冷淡的. ~ly ad.
pas'sivant n. 钝化剂.
pas'sivate ['pæsiveit] v. 【冶】钝化.
passiva'tion n. 钝化(作用),保护膜的形成,形成保护膜. passivation effect 钝化效应. passivation (planar) transistor 钝化(平面)晶体管.
pas'sivator n. 钝化(减活)剂.
pas'sive ['pæsiv] I a. ①被动(式)的,消极的,钝〔惰〕态的,不活泼的,反应缓慢的 ②无源的. II n. 【电】无源. passive antenna 无源〔寄生,无激励〕天线,天线无源振子. passive detector 无源探测器,辐射指示器,探测用接收机. passive earth pressure 土抗力,被动土压力. passive electric circuit 无源电路. passive element 无源元件,被动元素. passive metal 惰态(有色)金属. passive network 无源网络. passive relay station 无源中继台〔站〕. passive satellite 无源卫星(利用人造卫星作为反射体,进行宇宙通讯).
pas'sive-ac'tive cell 钝化-活化电池.
passiv'ity n. ①被动(性),消极,不抵抗 ②钝性〔态〕,无源性.
pass'key ['pɑ:ski:] n. ①万能钥匙 ②碰〔撞〕锁(门)钥匙.
pass'less ['pɑ:slis] a. 没有路的,走不通的.
passom'eter [pæ'sɔmitə] n. =passimeter.
pass-out steam turbine 旁路汽轮机.
pass-over mill 递回式轧机.
pass'port ['pɑ:spɔ:t] n. ①护照,证〔说〕明书 ②手段,敲门砖.
pass'-test n. 测试通过,检验合格.
pass-versus-concentration curve 通过次数与浓度关系曲线.
past [pɑ:st] I a. (已,刚)过去的,结束的,卸任的,老练的. II n. 过去(的生活),往昔〔事〕. for a long time past 过去的一段长时间中.in the past 在过去,从来. in times past 在过去,好久以前.in the distant past (在)远古. past master 老手,能手. the past month 上(个)月.
II prep. 过了(…以后),超(经,通)过. drive the burnt gases out past the valve 把废气通过阀门排出去. The inertia will carry the wheel past the point A. 惯性使轮子转过A点. every twenty minutes past the hour 每小时过20分(如1.20,2.20,3.20…等等). go past the house 在屋边走过. half past two 两点半.
IV ad. 过. go past 打旁边走过去. let him past 让他过去.
PAST =propulsion and associated systems tests 发动机与附属系统的测试.
pas'tagram n. 温高图,白拉梅图.
paste [peist] I n. (浆)糊,(软)膏,胶,糊剂,(面)团,(蓄电池的)有效物质. II vt. 粘贴,裱糊,涂胶(up, down, on, together). aluminium paste 银灰漆,铝涂料. carbon paste 碳膏〔胶〕,电极糊. diamond paste 金刚石磨浆〔研磨膏〕. green paste 生阳极糊. insulation paste 绝缘胶. light (runny, thin) paste 软膏. paste board (胶)纸板. paste cutting compound 冷却切削工具用的糊状物,冷却切削润滑剂. paste resin 糊状树脂. paste shrinkage (混凝土初期的)水泥浆收缩. Soderberg (electrode) paste 连续自熔阳极糊. soldering paste 焊膏〔油〕. stiff paste 浓膏. violet paste 紫(铅)油.
paste'board ['peistbɔ:d] n. 胶(厚)纸板,硬纸卡.
pasted a. 膏的,胶的,浆糊的. pasted filament 钨膏灯丝. pasted plate 糊制蓄电池极板,涂浆极板.
paste-forming properties 成浆性.
pastel' [pæs'tel] n. 彩色粉(蜡)笔(画),菘蓝染料蜡笔色,大青(染料).
pa'ster ['peistə] n. 涂胶纸,贴笺纸,粘贴人〔物〕,自动接纸装置.
pasteurello'sis n. 巴斯德杆菌病.
pasteurisa'tion 或 pasteuriza'tion n. 巴氏灭菌〔消毒〕法,低热灭菌.
pas'teuriser 或 pas'teurizer n. 巴氏灭菌〔消毒〕器.
pastil(le) n. 锭剂.
pas'turage ['pɑ:stjuridʒ] n. ①畜牧业 ②牧场〔草〕.
pas'ture I n. 牧草〔地〕. II v. 放牧.
pas'ture-ground 或 pas'ture-land n. 牧场.
pa'sty I a. ['peisti] ①浆糊〔面团,膏〕状的,粘性的 ②苍白的. II n. (酥肉)馅饼. pasty iron 【冶】糊状铁.
pat [pæt] I n. ①饼子,扁块,小块(试样) ②(水泥安定性试验的)试(扁)饼,馒头形水泥试块 ③冲头导向卸料板. II v. 轻拍. III a. 恰当的. pat on the back 拍拍肩膀(表示称赞或鼓励). pat stain test (鉴定沥青混凝土含油量用)饼块染迹试验. ▲stand pat 坚持,拒绝改变.
PAT =production assessment test 产品评定试验.
pat =①patent 专利(的,权) ②pattern.
Pat. Off. =Patent Office 专利局.
patabiont n. 地上动物.
patacole n. 林地暂居动物.
PAT-C =position, attitude, trajectory-control 位置、状态、轨迹控制.
patch [pætʃ] I n. ①补钉(缀,片),挡布,盖(搭,连接)板,补强件,(炉衬)修补(小)型,铁板上打补钉 ②碎片〔屑〕,斑点〔纹〕 ③临时性的线路〔电路〕,插接线,【计】插入(程序)码 ④小块地(田),地区,小砂矿. cinder patch (钢锭表面及均热炉底)粘结的氧化皮块. eta patch 枫形〔乙挡〕补缀. finger patch 指布. oxide patch 氧化斑点. patch bay 接线架,插头安装板. patch board 接线板〔盘〕,插接〔排题〕板,转接插件,配电盘. patch bolt 补件螺栓. patch cord =patchcord. patch of carbon 局部积炭. patch panel 接线〔转插,编排〕板. patch repair 补路面坑槽,补坑. patch thermocouple 接触热电偶. signal-selector patch 信号选择器脉冲. slag patch 矣滓(钢锭缺陷). tube patch 内胎补缀. tyre hot patch 热补胎胶. ▲not a patch on 远不如,比

…差得多. *strike a bad patch* 遭到不幸或困难.
II *vt.* ①(修)补,补炉 ②(用软线)临时性接线路,插入. ▲ *patch in* 临时接入(于电路). *patch out* 暂时(从线路)撤去. *patch up* 打补钉,修(弥)补,拼凑,排解,平息.

patch'board *n.* 接线〔转插〕板,转接插件,接线(配电)盘.

patch'cord ['pætʃkɔ:d] *n.* (配电盘的)软线,插入线,中继〔调度〕塞绳,连接电缆.

patch'ery ['pætʃəri] *n.* 弥缝,拙劣的工作.

patch'ily *ad.* 杂凑地,不规则地,质地不匀地.

patch'ing *n.* ①(衬衬,泥芯,砂型)修补,修理,(路面)补坑,搪衬 ②(临时性)接线. *patching board* 接线板. *patching cord* 调度塞绳,连接电缆. *patching curve* 插入(曲)线. *patching gun* 修炉衬喷枪. *patching material* 补炉〔填塞〕料,修补材料. *patching operation* 接线工作.

patch'ing-in *n.* 临时性接线.

patch'-panel *n.* 接线〔转插,编排〕板.

patch'plug *n.* 转接插头.

patch-program plugboard 变程板,变动程序接线板.

patch'work *n.* 修补工作,拼凑的东西,混杂物.

patch'y *a.* 修补成的,不规则的,杂凑的,质地不匀的.

patd = patented 专利的.

pate [peit] *n.* 脑袋,头(顶)部,前额.

pa'tency ['peitənsi] *n.* 明白(显),显著,公开,开放(性),未闭.

pa'tent ['peitənt 或 'pætənt] I *n.* 专利(权,证,品,件),执照,特许状,专卖(权),获专利的发明物. II *a.* 专利的,特许的 ②精巧的,别致的,上等的 ③明显的,显著的,展开的,开放的,未闭的. III *v.* ①取得(批准,特许)专利 ②(钢丝)韧化处理,制作铅坏. *letters patent* 专利证. *patent coated paper* 特制光纸. *patent drier* 燥漆,漆头. *patent fee* 专利费. *patent leather* 漆革(黑)漆皮. *best patented steel wire* 优等(制绳)铅淬火钢丝. *patented claim* 专利申请. *patented wire* 铅淬钢丝.

pat'entable *a.* 可以取得专利的.

patentee' [pætən'ti:] *n.* 专利权所有人.

patent-hammered *a.* 面石修饰的.

pa'tenting *n.* (线材的)拉(丝)后的退火处理,铅淬火,钢丝韧化处理,登记专利. *air patenting* 空气淬火,风冷.

patentizing *n.* 铅淬火.

pa'tently *ad.* 明白地.

pa'tentor *n.* 专利许可者.

patera *n.* 插座,接线盒.

pateraite *n.* 黑钼钴矿.

pa'ternos'ter *n.* 链斗式升降机. *paternoster elevator* 链斗式升降机.

path [pɑ:θ] (*pl. paths* [pɑ:ðz]) *n.* ①小路,路(途,声,光)径,通(电,线,道)路,(线圈)分支 ②(路,轨)轨(路径,航)线,弹(轨)道,轨行(线路,流)程,路线长度(刻线). *blade element path* 叶素轨迹. *by path* 旁路. *cam path* 凸轮槽. *canonical path* 正则路线,典型轨迹. *closed path* 闭合回(通)道)路. *crank pin path* 曲柄圆. *data path* 【计】数据分支(通路). *digit path* 【计】(磁鼓)数字道. *dog-leg path* 折路径(轨迹). *flow path* 物料流动路线,流迹,流动道. *free path* 自由行程(路线). *mean free path* 平均自由(路)程. *optical path* 光程线. *path component* 道路连通区. *path curve* 轨线. *path difference* 程(路径)差. *path of integration* 积分路线(途径). *path of shear* 切屑的裂程. *piston path* 活塞行(中)程. *product path* 【数】积道路. *roller path* (进给的)滚柱系. *vacuum flight path* 真空弹道. *vortex path* 涡道(路),涡流轨迹.

pathematol'ogy [pæθimə'tɔlədʒi] *n.* 病理学(尤指精神病理学).

pathet'ic [pə'θetik] *a.* ①可怜的,悲惨的 ②感情上的. ~ally *ad.*

path'finder ['pɑ:θfaində] *n.* ①开拓者,探险者,引导(导航)人员 ②领航飞机,导航器,导引装置,航迹(向)指示器. *pathfinder bacon* 导航信标. *pathfinder element* 导航元素.

path'finding ['pɑ:θfaindiŋ] *n.* 领航,寻找目标.

path-gain factor 通路增益系数.

pathobiol'ogy [pæθəbai'ɔlədʒi] *n.* 病理学.

pathochem'istry *n.* 病理化学.

pathocidin *n.* 灭病菌素.

path'ogen ['pæθədʒen] 或 **path'ogene** ['pæθədʒi:n] *n.* 病原(体,菌),(致)病菌.

pathogen'esis [pæθə'dʒenisis] *n.* 致病原因,发病.

pathogenet'ic 或 **pathogen'ic** 或 **pathog'enous** *a.* 致病的,病原的.

pathogenic'ity *n.* 致病原属性.

pathog'eny [pə'θɔdʒini] *n.* 病原(论).

patholog'ic(al) [pæθə'lɔdʒik(əl)] *a.* 病理学(上)的,(有)病的,病态的,治疗的. *pathological set* 病态集.

pathol'ogy [pə'θɔlədʒi] *n.* 病理(学),病害(学),病状.

pathophysiol'ogy *n.* 病理生理学.

path'way ['pɑ:θwei] *n.* 路(道)径,(小)路,通道(路),轨迹(线),航迹(线,路),弹道. *sinker pathway* 钻井(钻头)通路. *slug pathway* 嵌条通路.

pa'tience ['peiʃəns] *n.* 容忍,忍耐(力),耐心. ▲ *be out of patience with* 对…不能再忍受. *have no patience with* 不能容忍. *have not the patience to* + *inf.* 没有耐心(做).

pa'tient ['peiʃənt] I *a.* 有耐性的,勤快的,容许的. II *n.* 病人,患者.

pa'tiently *ad.* 耐心地.

pat'ina ['pætinə] *n.* 铜绿〔锈〕,(金属或矿物的)氧化表层,任何外面之物.

pat'inated *a.* 生了锈的,布满铜绿的.

patina'tion *n.* 生锈,布满铜绿.

pat'inous *a.* 有锈的.

patio ['pɑ:tiou] *n.* 天井,庭院.

PATP = production assessment test procedure 产品评定试验程序.

patric'ian [pə'triʃən] *n.*; *a.* 贵族(的).

pat'riot ['pætriət] I *n.* 爱国者. II *a.* 爱国的.

patriot'ic [pætri'ɔtik] *a.* 爱国的. *patriotic war* 卫国战争. ~ally *ad.*

pat'riotism ['pætriətizəm] *n.* 爱国心,爱国精神.

pat'rix *n.* 阳(上)模.

patrol' [pə'troul] *n.*; *v.* 巡逻(查,视),巡逻者(队).

侦察. *patrol car* 巡逻车. *patrol grader* 养路用平地机. *patrol maintenance* 巡回养护〔路〕.

patrol'man *n.* 外勤(员),巡逻工〔者〕,(电线等的)保线员.

pa'tron ['peitrən] *n.* ①赞助人 ②顾客,主顾.

pa'tronage ['pætrənidʒ] *n.* 保护,赞〔资〕助,支持,培养,奖〔鼓〕励.

patronite *n.* 绿硫钒矿.

pat'ronize ['pætrənaiz] *n.* 赞〔资〕助,照〔光〕顾.

Pat's = patents 专利(权).

PATT = pattern 图型,图案.

pat'ten ['pætən] *n.* ①柱基〔脚〕②平板,狭板条 ③木套鞋.

pat'ter ['pætə] Ⅰ *n.* ①(雨点或轻快敲打等急速的)拍击声 ②行话 ③一种(木)屐,(木)抹子. Ⅱ *v.* 喋喋〔快速地〕讲述,发急速拍击声.

pat'tern ['pætən] Ⅰ *n.* ①典型,榜样 ②模(型,式,木〔阳〕模,型板,流谱〔型〕),标本,样本〔品〕③型(样,模,款,程,方)式,式(花)样,规范,制度 ④图,图形(谱,表,案,像,样),花纹,倾面 ⑤特性曲线 ⑥晶格〔点〕点阵,结构 ⑦(天线)辐射〔方向〕图,波瓣图,光瓣 ⑧喷漆直径(喷嘴喷出圆锥状涂料在一定距离上的直径). Ⅱ *vt.* ①模仿,摹制,仿造(after, upon) ②以图案装饰,构图,组合,加花样. *AC pattern* AC 形图形. *antenna pattern* 天线方向〔辐射〕图. *Bitter pattern* 毕特粉纹. *circuit pattern* (印刷)电路图形. *core pattern* 芯型. *dot-blur pattern* 存储〔记忆〕矩阵. *fibre pattern* 纤维图纹. *field pattern* 场〔电〕型图,场图〔型,线〕,场分布. *flow pattern* 流线谱,气流结构,流型,〔机〕活动模. *fork-like pattern of two shock waves* 叉形激波系. *gear pattern* 齿轮驱动误差图型. *herring bone pattern* 人字焊法. *ingot pattern* 钢锭(低倍组织)试样. *interference pattern* 干涉特性图. *logical pattern* 逻辑图. *moiré pattern* 波纹图形. *pattern cracking* 网状裂缝. *pattern cutting ratio* (制)下的粉末样品. *pattern die* 模. *pattern displacement* 光栅位移,图像变位. *pattern distortion* 像差,彩色畸变,图像(光栅)失真. *pattern draft* 拔模斜度. *pattern draw* 起(脱)模. *pattern generator* 图形〔码型,模式〕发生器,测视〔测试〕图案(信号)发生器,直视装置信号发生器. *pattern half* 半分模型. *pattern maker* 模型(制模,木模)工. *pattern-maker's contraction* 模型(固态)收缩. *pattern-maker's rule* 缩尺,制模尺. *pattern master* 母(主)模型. *pattern match* 假箱〔型〕. *pattern metal* 模型金属,金属模〔型〕材料. *pattern of symbol* 符号模式. *pattern of vortex line* 涡线型形状. *pattern shop* 制模车间,模型工场. *pattern taper* 取模深度〔角度〕,拔模斜度. *powder diffraction pattern* 粉末衍射花样. *rivet pattern* 铆钉排列形式. *rolling pattern* 轧制型图. *scale pattern* 铁皮痕. *standing-wave* 〔stationary wave〕 *pattern* 驻波图. *stream pattern* 流型. *streamline pattern* 流(线)型. *stucco pattern* 灰泥模. *test pattern* 试验图表,测试图. *voltage pattern* 电压起伏图. *wave pat-*

tern 波谱〔型〕. *X-Ray pattern* X-射线照片. (*X-ray) powder pattern* 德拜-谢列伦琴线图,粉末照相. ▲ *follow the pattern of* 仿照.

pat'tern-bomb *vt.* 定形轰炸.

pat'terning *n.* 制作布线图案(集成电路的)图案形成,背景〔图像〕重叠.

pat'ternmaker *n.* 制〔木〕模工,模型制造者. *patternmaker's contraction* 制模〔固态〕收缩. *patternmaker's lathe* 木工车床. *patternmaker's rule* 制模尺,缩尺.

pat'tern-propaga'tion fac'tor 场方向性相对因数,传播〔方向性〕因数.

pattern-sensitive fault 特殊数据组合故障.

pattinoniza'tion *n.* 粗铅除银精炼法.

patulin *n.* 棒曲霉素.

pat'ulous ['pætjuləs] *a.* 张〔展〕开的,开放的,扩展的.

Patzold's condition 最大介质损耗的条件.

pauci- 〔词头〕(微)少.

paucidisperse' *v.* 少量分散.

paucis verbis 〔拉丁语〕简言之.

pau'city ['pɔsiti] *n.* 少(量,许),缺,微少,贫乏.

paul = pawl.

Pauli exclusion principle 泡利排他律.

Pauli's method 波利(电阻变化)法.

pau'lin *n.* 焦油〔防水〕帆布,蓬布. *roof paulin* 篷布.

pau'lite *n.* 钾铝铀云母.

Paulo'wnia [pɔ:'lɔuniə] *n.* 桐属(树).

pau'perize ['pɔ:pəraiz] *vt.* 使贫困. **pauperiza'tion** *n.*

pause [pɔ:z] *n., vi.* ①间歇,暂停,中止 ②犹豫,迟疑 ③休止(音)符. *a pause to take breath* 暂停下来歇一歇. *give pause to* 使犹豫〔踌躇〕. *pause to look round* 停下来看看四周.

pave [peiv] *vt.* ①铺砌,铺(路,面) ②安排,准备. *paved floor* 铺砌桥面〔地板〕. ▲ *pave the way for* 〔to〕 为…铺平道路.

pave'ment *n.* 铺砌层,路〔地,护,铺〕面,铺地材料,铺道,人行道,(机场跑道)道面,(桥面)铺装.

pa'ver *n.* 铺砌工,铺料〔路〕机. *paver boom* 桁梁.

pa'vier *n.* = paver.

pavil'ion [pə'viljən] Ⅰ *n.* ①大帐篷,更衣室,(运动场)休息所 ②亭. Ⅱ *vt.* 搭帐篷(盖住).

pa'ving *n.; a.* 铺路(用的),铺砌(的),铺料(材料),路面. *paving course* 铺砌层. *paving in setts* 石块〔小方石〕铺砌. *paving machine* 铺路机. *rubber paving* 橡皮铺面.

pa'vio(u)r ['peivjə] *n.* 铺路工(人),铺路机,一种特硬的铺面砖.

paw [pɔ:] Ⅰ *n.* 脚爪. Ⅱ *vt.* 抓,搔.

pawl [pɔ:l] Ⅰ *n.* ①棘(制轮,止动,掣,卡,挡,推)爪,掣(卡)子,凸爪,倒齿 ②勾,爪. Ⅱ *vt.* 用爪止住. *catch pawl* 制爪. *check pawl* 止回棘爪. *reversible pawl* 可逆爪.

pawn [pɔ:n] *n.* ①典当,抵押物 ②= pawl.

PAX = private automatic exchange 专用自动交换机,自动小交换机.

Pax'board 或 **Paxfelt** *n.* 一种绝缘材料.

Pax'olin n. 一种酚醛层压塑料.
pay [pei] Ⅰ v. (paid, paid; pay'ing) ①支付, 偿还, 还清 ②给予, 付出〔给, 款〕, 酬劳, 给薪资 ③有利, 合算, 划得来, 值得. Ⅱ n. 报酬, 工资, 薪饷, 产油〔生产〕层. Ⅲ a. 收〔自费〕的, 富〔含〕矿的, 工资的. *It pays to do so*. 这样做是合算的. *pay a price* 付出代价. *pay a visit* 参观, 访问. *pay bed* 产油〔生产〕层, *pay dirt* 含矿泥砂. *pay homage* 向…致敬, 向…表示敬意. *pay in advance* 预付款. *pay load* = payload. *pay ore* 富〔值得开采的〕矿石. *pay quantity* 付款〔结帐〕工程量. *pay station board* 公用电话台. *pay television* 收费电视. ▲ *it pays* 值得, 有意义的. *pay attention to* 注意. *pay back* 偿还, 报答. *pay down* 即时〔用现金〕支付, 〔分期付款购货时〕先交付. *pay for* 付…的代价, 负担…费用, 补偿. *pay for M by N* 为 M 付出的代价是 N. *pay in* 缴〔捐〕款. *pay lip service to* 口头上承认. *pay off* 清洁, 遣散, 责罚, 收买. *pay one's way* 支付应承担的费用, 自己出钱, 不负债, 不赔钱. *pay out* 支付, 付〔偿〕还, 补偿, 报复, 责罚, 放松, 放出, 释放. *pay up* 付清, 付讫.
pay'able ['peiəbl] a. ①付〔应〕付的 ②有利的, 合算的.
pay'ably ad. 有利地.
pay-as-you-go n. 按程收费, 分期付款.
pay-as-you-go-plan n. 按程收费计划, 分期付款计划.
pay-as-you-see (television) (计时)收费电视, 投币式电视.
pay-as-you-view n. (计时)收费电视, 投币式电视.
pay'check n. 工资.
payee' ['pei'i:] n. 受〔收〕款人.
pay'er n. 付款人, 付给者.
pay'ing Ⅰ a. 有利(可图)的, 合算的. Ⅱ n. 支付.
pay'ing-in ship 缴款运矿车.
pay'ing-off n. 放绳, 开〔松〕卷.
pay'load ['peiloud] n. ①有效负载, 有用〔有效〕载荷, 〔运输工具的〕净载重量, 战斗装药, 战斗部, 仪表舱 ②〔工厂, 企业等的〕工资负担. *payload volume* 有效负载体积. *payload weight* 有效载荷重量.
pay'loader n. 运输装载机.
pay'ment ['peimənt] n. ①支付(额), 付款(方法), 偿还, 缴纳, 报酬 ②惩罚. *current payments* 经常性支付. *payment against documents* 凭单付款. *payment at sight* 见票即付. *payment by instal(l)ment* 分期付款. *payment ⋯ days after arrival of goods* 货到后⋯日付款. *payment ⋯ days after sight* 见票后⋯日付款. *payment in advance* 预付. *payment in full* 全付〔缴〕, 付讫, 一次付清. *payment in kind* 实物支付. *payment on terms* 定期付款. *payment upon arrival of shipping documents* 单到付款.
pay'off ['peiɔf] Ⅰ n. ①清算, 偿清, 支付 ②成〔结效〕果, 收效, 报酬, 企业等的收益 ③发工资(日) ④放线(松卷)装置 ⑤性能指标 ⑥〔事件, 叙述等的〕高潮 ⑦决定性的事〔因素〕 Ⅱ a. 得出结果的, 决定的. *payoff function* 支付函数. *payoff reel* 展卷机.
pay'roll ['peiroul] n. 工资单, 计算报告表. *be off the payroll* 已被解雇. *be on the payroll* 被雇用.
pay'-sheet ['peiʃi:t] n. 工资.
PB = ①painted base 涂漆的底座 ②Publications Board 出版委员会(后叫 CFSTI——Clearinghouse for Federal Scientific and Technical Information, National Bureau of Standards 国家标准局联邦科学技术情报交换所) ③Publications Bulletin 文献汇报 ④pull back 拉后,(摄象机)后移 ⑤pull box 引〔分〕线盒 ⑥pulse beacon 脉冲信标 ⑦push button 按钮.
Pb =plumbum 铅.
PB gas 丙烷、丁烷混合气体.
PBAA =polybutadiene acrylic acid copolymer (solid rocket fuel)聚丁二烯丙烯酸共聚物(固体火箭燃料).
PBAN = polybutadiene acrylonitrile 聚丁二烯丙烯腈.
P-band P 波段(225～390 兆赫).
PBCN =project budget change notice 工程预算更改通知.
pbhp = pounds per brake horse-power 磅/制动马力, 每制动马力(多少)磅(数).
PBI =polybenzimidazole 聚苯并咪唑.
PBIP =pulse beacon impact predictor 脉冲信标弹着预测器.
PBL =parachute-braked landing 降落伞制动式着陆, 减速伞着陆.
PBM = proceed backward magnetic tape 磁带反转.
PBN = phenyl-beta-naphthylamine 苯基-β-萘基胺.
PBP gas 丙烷、丁烷、戊烷混合气体.
PBR = power breeding reactor 动力增殖反应堆.
P-branch n. P 分支, 负分支.
PBS = poly-1,4 butylene succinate 丁二醇-1,4-丁二醇聚酯.
PBX = private branch exchange 专用(小)交换机, *PBX arc* 专用(小)交换机触排. *PBX contact bar* 专用(小)交换机接触条. *PBX final selector* 专用(小)交换机终接器.
PBXFS =PBX final selector.
PC = ①padding condenser 垫整电容器 ②paper chromatography 纸色谱法 ③parsec 秒差距〔表示天体距离的单位, 视差为一秒的距离, 相当于 3.259 光年〕 ④ per cent 百分数〔比〕 ⑤Petersen coil 灭弧〔消弧〕电抗线圈 ⑥phosphatidyl choline 磷脂胆碱 ⑦photocathode 光电阴极 ⑧photocell 光电管 ⑨photoconductor 光电导体, 光敏电阻 ⑩piece 个, 件, 块 ⑪pitch circle 节圆 ⑫plenum chamber 增压室 ⑬point of curvature [curve] 曲线起点 ⑭polycarbonate 聚碳酸酯 ⑮pondus civile 常衡制(英制) ⑯prestressed concrete 预应力混凝土 ⑰priced catalogue 价目表,定价单 ⑱prime cost 原价 ⑲printed circuit 印刷〔制〕电路 ⑳ production control 生产〔作品〕控制 ㉑program counter 程序计数器 ㉒programmed check 程序检验 ㉓proportional counter 正比计数器 ㉔provisional center 临时中心站 ㉕pseudo-code 伪码 ㉖pulsating current 脉动电流 ㉗pulse comparator 脉冲比较器.
pc =①piece 个, 块, 件, 份 ②price(s)价格.
P&C = physical and/or chemical 物理的与/或化学的.
P/C = ①parts catalog 零(部, 配, 元)件目录 ② price

catalogue 价目〔定价〕表 ③ price(s) current 市价表.

PC wire =pre-stressed concrete wire 预应力混凝土结构用钢丝.

PCA =①polar cap absorption 极冠吸收 ②Portland Cement Association 波特兰水泥协会.

PCAM =punch card accounting machine 穿孔卡(会计)计算机.

PCB =①planning change board 计划更改委员会 ②polychlorinated biphenyl 聚[多]氯联苯 ③printed-circuit-board 印刷[制]电路板 ④project change board 项目更改委员会 ⑤propulsion control box 发动机操纵台.

PCBS =Portland cement British standard specification 英国(普通)水泥标准.

PCC =①poly carbonate film condenser 聚碳酸酯薄膜电容器 ②precompressor cooling 预压器[机]的冷却 ③programme-controlled computer 程序控制计算机.

PCCB =product coordination and control board 产品协调与控制委员会.

PCCM =production coordination committee meeting 生产协调委员会会议.

PCD =①pounds per capita per day 每天每人磅数 ②program change directive 计划〔程序〕更改指示 ③program-control document 程序控制资料 ④project control drawing 设计控制图表.

PCDS =project control drawing system 设计控制图表系统.

PCE =pyrometric cone equivalent (示温)熔[热]锥比值.

pcf = pounds per cubic foot 磅/立方英尺.

PCFL =propulsion cold flow laboratory 发动机低温流实验室.

PCh =punch check 穿孔校检.

PCI =①planning card index 设计卡片索引 ②program controlled interruption 程序控制中断.

PCL =polycaprolactam 聚己内酰胺.

pcl(s) =parcel(s)小包(裹).

PCM =①parts and components manual 零〔配〕件与元件手册 ②pour cent mille (法语)反应性单位, 等于 10^{-5} ③primary code modulation 原(主要)代码变换 ④project control memo 设计计〔工程〕检查备忘录 ⑤pulse-code modulation 脉(冲编)码调制 ⑥pulse count modulation 脉(冲计)数调制 ⑦punch-card machine 凿孔机.

pcm =percentage of moisture 含水率, 湿度百分数.

P&CM =parts and components manual 零〔配〕件与元件手册.

PCMI = photo chromic micro image 光变色显微图像.

PCMTS = pulse code modulation telemetry system 脉(冲编)码调制遥测技术系统.

PCMX =4-chloro-3, 5-xylenol 4-氯-3,5-二甲苯酚.

PCN =①part control number 零(元, 部)件控制号 ②planning change notice 计划更改通知 ③project control number 计划〔工程〕控制数 ④ proposal control number 建议控制数.

P-compound n. 对位化合物, P化合物.

P-conducting a. 空穴(P型)传导的.

PCP =①photon-coupled pair 光子耦合对 ②pneumatics control panel 气动控制盘〔操纵台〕③pressurization control panel 增压控制台 ④primary control program 主控程序 ⑤program control plan 程序控制计划 ⑥project control plan 设计控制计划.

PCR = ①planning change request 计划更改申请 ②planning check request 计划检查申请 ③power control room 功率〔动力〕控制室. ④ publication contract requirement 出版合同要求.

PCS =①pole changing switch 换极开关, 换极器 ②punch card system 凿孔(卡)系统.

pcs =pieces 份, 个, 工件.

PCT = ①Patent Co-operation Treaty 专利合作条约 ②perfect crystal technique 完整晶体技术 ③polychlorinated terphenyls 聚氯三联苯 ④ potential current transformer (仪用)变压变流器, 变压器和变流器的组合 ⑤prime contract termination 原合同满期.

pct =per cent(um)或 percent 百分数百分之几, 每百.

PCTFE =polychlorotrifluorethylene 聚氯三氟乙烯.

PCTR =physical constant test reactor 物理常数实验反应堆.

PCU = ①pneumatic checkout unit 气动检测装置 ② pod cooling unit 舱内冷却设备 ③ pound-centigrade unit 磅·卡 ④pressurization control unit 增压控制装置.

PCU SEQ =pressure control unit sequencer 压力控制设备程序装置.

PCU/HYD =primary control unit, hydraulics 一级(液压)控制装置.

PCV =pressure control valve 压力调节阀.

p-cyclic matrix p 循环(矩)阵.

PD = ①pitch diameter (螺纹)中径;(齿轮)节径 ② port of debarkation 目的港 ③potential device 电位器 ④potential difference 电位差 ⑤power driven 电动的, 机械(动力)传动的 ⑥preliminary design 初步设计 ⑦pulley-drive 滑轮〔皮带轮〕传动 ⑧Pulse Doppler 多普勒脉冲.

Pd =①paid 已付的, 付讫 ②palladium 钯.

PD System = Position Dialling System 话台拨号系统.

PDA = post deflection accelerator 后置偏转加速电极.

PDAR =producibility design analysis report 生产能力设计分析报告.

PDC =power distribution control 配电控制.

PDI =①pictorial deviation indicator 图示偏差指示器 ②pilot direction indicator 飞机驾驶员航向指示器.

P-dimethylaminoazobenzene n. 对二甲胺基偶氮黄, 奶油黄.

PDM = pulse duration modulation 脉(冲)宽(度)调制, 脉冲持续时间调制.

PDM-FM-FM = pulse-duration modulation frequency multiplexes 脉宽调制频率多路传输.

pdo =production design outline 产品设计草图.

P-doped a. (有)P型杂质的, *P-doped layer* P型区.

PDP =①power distribution plan 配电〔动力分配〕计划 ②pressure distribution panel 压力分配控制板 ③program development plan 程序研究计划.

PDR =①peak dose rate (radiation) (辐射)最高剂量率 ②periscope depth range 最大潜望深度 ③

phase data re-corder 相位数据记录器 ④power directional relay 功率〔电力〕方向继电器 ⑤precision depth recorder 精密回声测深仪 ⑥preliminary design review 初步设计检查.

PDS = power distribution system 配电〔动力分配〕系统.

pds = potential differences 电位差.

PDSA = predesign and systems analysis 草图设计与系统分析.

PDST = Pacific Daylight Saving Time 太平洋夏季时间.

PDT = Pacific Daylight Time 太平洋夏季时间.

PDTEL = priced depot tooling equipment list 仓库工具设备价目单.

PDU = ①pneumatic distribution unit 气压输送分配器 ②power distribution unit 配电〔动力分配〕装置.

PE = ①performance evaluation 性能估算 ②peripheral equipment 外部〔外围,辅助〕设备 ③permanent echoes 地物回波 ④permissible error 允许差误 ⑤photo-electric 光电的 ⑥polyethylene 聚乙烯 ⑦port of embarkation 发〔启〕航港 ⑧preliminary evaluation 预先估计 ⑨pressure element 压力元件 ⑩primitive equation 原始方程 ⑪probable error 概率〔概然,可几,近真〕误差 ⑫processing element 处理部件.

Pe 见 Peclet number.

P&E = planning and estimating 设计与估计.

pea [pi:] n. 豌豆,豌豆级棵(美国无烟煤粒级 9/16～3/16 英寸,英国商用煤粒级 1/2～1/4 英寸). *as like as two peas* 极其相似. *pea coke* 豆粒(大小)的焦炭. *pea gravel* 豆(粒)砾石,绿豆砂,细砾.

PEAC = photoelectric alignment collimator 光电〔定线〕准直仪.

peace [pi:s] n. 和平,安静,平安,和睦,和约. *break the peace* 扰乱治安. *hold one's peace* 保持沉默. *keep the peace* 维持治安. *peace footing* 平时编制.

peace'ful a. 和平〔安宁,温和〕的. *peaceful coexistence* 和平共处. ～ly ad.

peace'time n.; a. 平时(的).

peach [pi:tʃ] n. 桃,桃红色.

pea'cock ['pi:kɔk] n. ①孔雀,孔雀蓝色 ②一种轰炸机目标导航系统的大型发射机,飞机无线电发射机系统. *peacock stone* 孔雀石.

pea-green a. 青豆色的,淡绿色的.

pea-jacket n. 粗呢短外衣.

peak [pi:k] I n. ①高峰,顶,巅(峰),尖峰〔点,端〕②顶点,最高点,最高负荷,峰〔极,巅〕值,峰荷最大(值,量) ③波〔洪〕峰,峰头,突出,顶,歧是. II v. ①耸起(色层法)锐极大值 ②最高达,顶点是,山～为顶点(at) ③修尖,锐(峰)化,瘦削 ④使(脉冲)尖锐,引入尖脉冲. *at～peak* 在…的最高值〔最大负载期间〕,最繁忙的时刻. *at peak periods* (在)高峰期间,(在)最繁忙的时刻. *negative peak* 负峰值. *off peak* 正常的,额定的,非峰值的. *off-peak periods* 非峰值时间. *peak clipper* 峰值限幅〔削波〕器. *peak clipper circuit* 削峰〔限幅,峰值限制〕电路. *peak clipping* 削峰. *peak contact* 齿顶啮合(接触). *peak curve* 尖顶曲线. *peak data-transfer rate* 瞬时数

据传输率. *peak density periods* 高峰(负荷)时间. *peak detector* 峰值〔幅度〕检波器. *peak factor* 峰值因〔系〕数,巅因数,振幅因数. *peak flux density* 最大〔峰值〕磁通密度. *peak forward anode voltage* 正向峰值阳极电压. *peak induction* 陡化感应. *peaks in time series* 时间序列中的峰点. *peak level* 峰值级,峰值电平. *peak load* 峰〔最大,高〕峰负载,(高)峰(负)荷,最大荷载,最大载重. *peak output* 最大〔峰值〕输出功率. *peak point current* 峰值电流. *peak power* 峰值(最大)功率,巅(值)功率,尖峰出力. *peak separation* 脉冲间距. *peak white limiter* "白色"信号峰值限制器. *peak white limiting circuit* "白色"电平限制电路. *secondary peak* 副峰. *white peak* 电视图像最白点的信号电平.

peak-and-hold n. 峰值保持.

peak-charging effect 峰值充电效应.

peaked a. ①最大值的,峰值的 ②有尖顶的,瘦削的,多峰的. *peaked amplifier* 建峰〔峰化〕放大器(特性曲线高频部分升高的放大器).

peak'er ['pi:kə] n. 峰化器,脉冲整形器〔锐化器〕,加重高频设备,锯齿电压中加人脉冲设备,微分〔峰化,脉冲峰尖〕电路.

peakflux density 最大磁通密度.

peak-frequency deviation 最大频率偏移.

peak-holding n. 峰值保持.

peak'ing ['pi:kiŋ] n. ①剧烈增加 ②脉冲峰尖〔峰化,加强〕,引入尖〔窄〕脉冲,将频率特性的高频部分升高 ③求峰值,将频率特性的高频部分升高,加以微分,微分法. *cathode peaking* 阴极高频补偿. *flux peaking* 通量剧增. *forward peaking* 向前散射极大值. *high-frequency peaking* 高频峰化. *peaking circuit* 锐化〔峰化〕电路,引入尖脉冲电路. *peaking coil* 校正〔补偿,扫描信号校正〕线圈,建峰〔峰化〕线圈. *peaking effect* 峰值(化)效应,建峰效果. *peaking resistance* 峰〔直线〕化电阻. *series peaking* 用串联法使频率特性的高频部分升高.

peak' load n. 峰〔巅〕值负载,(高)峰(负)荷,尖峰负荷,最大负载.

peak-peak value (正负)峰间(振)幅值,峰-峰值,(正负)巅间(振)幅值.

peak-reading (diode) voltmeter (二极管)峰值电压表〔伏特计〕.

peak-to-peak n. (正负)峰(之)间的,峰峰〔最大最小〕之间,由最大值到最小值,值得〔振荡〕总振幅. *peak-to-peak detector circuit* 峰间检波电路. *peak-to-peak ripple voltage* 波纹电压全幅值. *peak-to-peak signal* 信号全幅值,波纹电压峰-峰值,峰间(幅)值,峰-峰差值. *peak-to-peak voltmeter* 峰间〔峰-峰,双倍振幅〕电压表.

peak-to-valley ratio 峰(值)谷(值)比.

peak-to-zero n. 从峰值到零,从最大值到零,峰零时间.

peak-type diode detector 二极管峰值检波器.

peak'y ['pi:ki] a. 有(尖)角,多〔有,尖〕顶的. *peaky curve* 尖顶峰形,有峰,多最高值〕曲线.

peal [pi:l] n.; v. 钟声,(发)隆隆声,鼓响.

peamafy n. 坡莫菲高导磁率合金.

pean n. =peen.

pea'nut n. 花生. *peanut capacitor* 花生式电容器. *peanut fiber* 花生纤维.

pear [pɛə] n. 梨(树,木,形,形物). *pear curve* 梨线. *pear oil* 梨油,乙酸戊酯.

pear'iform ['pɛərifɔ:m] a. 梨形的.

pearl [pə:l] Ⅰ n. ①珍珠(状物),微粒 ②杰出者珍品 ③珍珠色,灰白色. Ⅱ a. 珍珠(状,色)的,淡蓝灰色的. *pearl ash* 粗碳酸钾. *pearl curve* 珍珠线. *pearl glue* 颗粒胶. *pearl spar* 白云石. Ⅲ v. (使)呈珠状,采珠.

pearled [pə:ld] a. ①用珍珠装饰的 ②珍珠似的,有珍珠色的.

pearl'ite ['pə:lait] n. ①【冶】珠光体(铸铁),珠层(铁),(纯)珠层体,珠粒体,层片形组织 ②珍珠岩. *pearlite colony* 珠光体团. *sorbitic pearlite* 索拜珠光体.

pearlit'ic a. 珠光体的,珠层(铁)的,珠粒(体)的. *pearlitic iron* 珠光体可锻铸铁.

pearl-necklace n. 珠链.

pearl'y a. ①珍珠似(色,饰)的 ②珠光的 ③响亮的. *pearly luster* 珍珠光泽.

pearl'yte ['pə:lait] n. 珠光体.

pear-push n. 悬吊(式)按钮.

pear-switch n. 悬吊[梨形拉线]开关.

peas'ant ['pezənt] n. 农民. *poor and lower middle peasants* 贫下中农.

peas'antry n. 农民(阶级).

pea'stone n. 豆(砾)石.

peat [pi:t] n. 泥煤,泥炭(土). *peat bog* [*moor, moss*] 泥炭地(沼).

peat'ery ['pi:təri] n. 泥炭产地,泥炭沼泽.

peat'y a. 泥炭(似)的,泥煤(似)的.

pea'vey n. 长撬棍,(翻木头用的)钩棍.

peb'ble ['pebl] Ⅰ n. ①卵[小圆]石,砾石,(透明)水晶 ②(轧制金属的)粒状(疙瘩状)表面,粗表面,粗立. Ⅱ v. 铺小石,用小圆石铺砌,制革使具粗杂表面. *pebble of beryllium* 铍砾,砾状铍.

peb'bly a. 多石子(卵石)的.

PEC = ① photoelectric cell 光电管,光电元件 ② physics, engineering and chemistry 物理、工程与化学 ③ polyethylene coated 聚乙烯涂敷 ④ printed electronic circuits 印刷电路 ⑤ production equipment code 生产设备代码.

pecan' [pi'kæn] n. (美洲)山核桃(树).

peck [pek] Ⅰ n. ①配克(粒状物的容量单位, 9.09L 或 2 加仑) ②啄孔[痕] ③许多. *a peck of troubles* 许多麻烦. *iron peck* 铁斗,风加仑桶. Ⅱ v. 啄(掘). *pecking motor* 步进电动机.

peck'er ['pekə] n. ①啄木鸟,啄掘机,接线器,簧片,舌形部 ②穿孔器(针) ③鹤嘴锄. *marker pecker* 信号钢针.

Peclet number 佩克莱特(准)数(=雷诺数同普朗特数的乘积 $\frac{cu l}{\lambda}$).

pec'tase ['pekteis] n. 果蔬酵素,果胶酶.

pectic acid 果胶酸.

pec'tin ['pektin] n. 果胶.

pec'tinase n. 果胶酶.

pec'tinate ['pektineit] 或 **pec'tinated** ['pektineitid] a. 梳状的,齿形的.

pectina'tion [pekti'neiʃən] n. 梳状(物),梳理.

pectinesterase n. 果胶酯酶.

pec'tinose ['pektinous] n. 树胶醛糖,果胶糖,阿拉伯糖.

pectiza'tion n. 果胶糖,胶凝作用.

pec'tograph n. 【化】胶干图形.

pectog'raphy n. 胶干图形学.

pecul 见 picul.

pec'ulate ['pekjuleit] v. 挪[盗]用,侵吞(公款). **pecula'tion** n.

pecu'liar [pi'kju:ljə] a. 独特的,特有(殊,异,种)的,奇怪的. n. 特权,特有财产. ▲(*be*) *peculiar to* 限于…的,使用[仅限于]…为…所特有的.

peculiar'ity n. 特质[征,性,色],奇特[异],怪癖.

pecu'niary [pi'kju:njəri] a. 金钱上的. *pecuniary condition* 财政(经济)状况. *pecuniary embarrassment* 财政困难. *pecuniary resources* [*considerations*] 财力.

PED = ① pedestal (支,底,轴架)座,(支,轴)架 ② personal equipment data 小型(专用,携带式)设备资料 ③ program execution directive 计划执行命令.

ped n. (土壤自然)结构体.

pedagog'ic(al) [pedə'gɔdʒik(əl)] a. 教学法的,教师的. *pedagogical innovation* 教学(法)改革.

ped'agogy ['pedəgɔgi] n. 教育学,教授法.

ped'al ['pedl] Ⅰ n. ①踏板,(脚)蹬 ②【数】垂足线(面). Ⅱ a. ①踏板的,脚踏的 ②【数】垂足的 ③脚(足)的. Ⅲ v. 蹬踏板. *foot pedal* 脚踏板. *pedal accelerator* 脚踏加速器,加速踏板. *pedal brake* 踏板制动,踏板闸,脚刹车. *pedal circuit* 踏板电路. *pedal clearance* 踏板间隙. *pedal curve* 垂足曲线,垂足线. *pedal cycle* 自行车. *push pedal* 推板.

pedal-dynamo n. 脚踏发电机.

ped'alfer [pi'dælfə] n. 淋余土,铁铝土.

pedalian a. 足的.

pedalium n. 叶状物.

pedal-rod n. 踏板拉杆.

ped'dling ['pedliŋ] a. 琐碎的,不重要的.

ped'estal ['pedistl] Ⅰ n. ①(支,底,基)座,管,脚,台,垫(座),(支)架,(柱)基②轴承座(架),(托)轴架,轴箱架③轴箱导板(夹板) ④消隐(熄弧,熄灭)脉冲电平 ⑤焊核凸点,焊接台柱. Ⅱ v. 加台脚,搁在架上,支持. *center pedestal* 中央操纵台. *main pedestal* 总轴架. *pedestal bearing* 托架轴承. *pedestal body* 轴架架. *pedestal generator* 基准[基座]电压发生器. *pedestal level* (图像信号和同步信号)区分电平,封闭(台阶,基准,熄灭脉冲)电平. *pedestal pile* 扩底桩. *pedestal rock* 基岩. *pedestal sign* (可移动的)柱座标志. *pedestal voltage* (平顶)基座(形)脉冲电压. *solid pedestal* 整体轴承. ▲*put* [*set*] *on* [*upon*] *a pedestal* 把…当作崇拜的对象.

pedes'trian [pi'destriən] Ⅰ n. ①行人,步行者 ②非专业人员. Ⅱ a. 行人[人行]的,步行的,普通的,日常

pedi- （构词成分）脚.
的，平淡〔凡〕的. *pedestrian overcrossing*〔*overpass*〕人行天桥. *pedestrian walk*〔*way*〕人行道.
ped'ial ['pediəl] *a.* 单〔晶〕面的.
ped'icab ['pedikæb] *n.* 三轮车.
ped'igree ['pedigri:] I *n.* （封建社会的）家谱，系谱，血统，由来，起源，种系，来由和发展，（飞机，轮船等的）演变过程. II *a.* 纯种的.
ped'iment *n.* ①山人（字）墙，三角楣饰②山前侵蚀平原，麓原. *pediment arch* 三角拱. ~**al** *a.*
ped'imented *a.* 有山墙的，人字形的.
pedim'eter [pi'dimitə] *n.* = pedometer.
pedim'etry *n.* 步测法.
pedion *n.* 单面（晶）.
pedipulator *n.* 步行机.
ped'ocal *n.* 钙层土.
pedogen'esis [pi:dou'dʒenisis] *n.* ①幼虫或幼态期生殖②成土作用，土壤发生.
pedogeochemical prospecting 土壤地球化学探矿.
pedogeog'raphy *n.* 土壤地理学.
pedolog'ical *a.* 土壤学的.
pedol'ogy *n.* 土壤学.
pedom'eter [pi'dɔmitə] *n.* 步数〔程〕计，计步器，计程器.
pedomotor *n.* 足动机.
pedon *n.* 单个土体.
pedotheque *n.* 土壤样品.
peek [pi:k] *vi.* 窥视，偷看(at).
peek-a-boo *n.* 〔计〕（一组卡片的）相同位置穿孔.
peel [pi:l] I *n.* ①（果，嫩树）皮②（锻造操作机的）钳杆③（推，装料）杆. II *v.* ①剥〔削，脱，蜕〕皮，脱壳，剥〔去〕(off)，剥碎，散裂②凿净〔铸锭〕. *bar peel* 简易杆式推料机. *charging peel* 装料（机推）杆. *moulder's peel* 铸工铲凿. *peel back*(壳型)脱壳. *peel oil* 果皮油. *peel strength* 撕裂〔剥离，延伸〕强度. *peel test* 剥离试验.
peel'er *n.* ①削皮〔脱壳〕器，去〔剥〕皮机②坯料剥皮机（床），坯料修整（清理）机（床）. *magnetic peeler*（加速器中的）磁反射器. *rotary peeler* 坯料剥皮车床.
peel'ing *n.* ①去〔剥，脱〕皮，（从）剥落〔高，除〕，鳞剥，坯料剥皮〔修整〕②（热处理引起的）脱皮〔渣皮，铸件表皮，落砂，凿净铸件. *peeling off* 剥离〔落，片〕.
peen [pi:n] I *n.* 锤顶〔头，尖〕，扁头冲击. *ball peen* 圆（锤）头. *cross peen* 横（锤）头. *peen hammer* 尖〔锤〕锤. *peen plating*（金属粉末）扩散渗镀法. *peen hardening*（加工硬化法）. *peen pin*（扁头）夺钐锤，桩实杆. *straight peen* 直（锤）头.
II *v.* ①（用锤顶，锤尖）敲击，锤击，锤击修补铸件，冷锻②喷丸（砂）（表面强化），进行喷丸处理，用小锤轻打使钢材表面硬化③（用锤尖）拔〔弯，平平〕（金属，皮革等）.
peen'ing ['pi:niŋ] *n.* ①用锤尖敲击②喷珠〔丸〕硬化，喷射（加工硬化法）. *hot peening* 高温喷丸硬化. *peening ma-chine* 喷丸机，喷砂机，锤击机. *peening shot* 喷锤用丸. *shot (ball) peening* 喷丸硬化.
peep [pi:p] *v.;n.* ①窥视，偷看②现〔流〕露，微现
(out)③哎哎(声)④吉普车（同 *jeep*). *peep hole* 窥〔检〕视孔，观察孔.
peer [piə] *n.* 同等，匹敌(者). *v.* ①比得上(with)，匹敌②盯着，窥视(at, into)射进(into)③隐现.
peer'less *n.* 无比的，无双的. *Peerless alloy* 镍铬高电阻合金（镍78.5%，铬16.5%，铁3.0%，锰2.0%）.
PEF = ①polyethylene foamed 聚乙烯泡沫②powerhouse exhaust facility 发电（动力）厂排气装置.
peg [peg] I *n.* ①栓(钉)，木楔(柱，栓)，(挂，木，铁)钉，栈芯，销，(标)桩，轴杆②（晒）夹，（插，桶）塞③标记，标高，方位物，测标④借口，遁词. *draw peg* 起拉螺钉. *insulating peg* 绝缘栓钉. *peg count*【电】占线计数. *peg gate* 反〔直〕水口，下浇注口. *peg (adjustment) method* 两点校正法，桩正法. *peg rammer* 风冲子. *peg stay* 套栓撑撑. *peg switch* 记次转换开关，栓钉开关，栓转电闸. *peg welding* 栓柱焊接. *peg wire* 螺母防松（用）铁丝. *vent peg* 阀塞〔栓〕.
II *v.* (*pegged*; *peg'ging*) *v.* ①栓〔钉，系〕牢②设（打）桩，用标桩划界③限定. ▲ *peg away at* 继续（努力）做. *peg out* 定线(界)，放(灰)线，放样.
peg'amoid ['pegəmɔid] *n.* 人造革，防水布.
peganine *n.* 佩尕宁，瓦丝素.
peg'ging *n.* 销子连接.
pegging-out *n.* 打〔标，立〕桩，定〔放〕线，标界.
peg'matite *n.* 伟晶岩，黑龙岗石.
pegmatitic structure 伟晶构造，文象结构.
pegmatolite *n.* 正长石.
PEGS = polyethylene glycol succinate 丁二酸乙二醇聚酯.
pegtop ['pegtɔp] *a.* 陀螺(形的). *pegtop paving* 小石块铺砌.
PEI = ①plant engineering inspection 工厂〔设备〕工程检验②Porcelain Enamel Institute（美国）瓷料瓷釉研究所（规格）③preliminary engineering inspection 初步工程检验.
peimanine *n.* 贝母烷.
peiminone *n.* 贝母酮.
pein = peen.
Peirce-Smith converter 皮氏卧式（内衬镁砖的）转炉.
PEJ = premolded expansion joint 预制（塑）的胀缩接合.
pek *n.* 油漆，涂料.
pelagial *n.* 远洋带，远洋区域.
pelag'ic [pe'lædʒik] *a.* 大〔远，海〕洋的，深〔远〕海的水层的，海栖的，浮游的. *pelagic zone* 水层〔远洋〕带.
pel'agism ['pelədʒism] *n.* 晕船.
pelagite *n.* 海底锰结核.
pela'gium *n.* 海面群荟.
pelagophilus *a.* 栖海面的.
pelargonate *n.* 壬酸（盐）.
pelargonidin *n.* 花葵素，天竺素，色素，天竺葵定.
Pelargo'nium *n.* 天竺葵（属）.
pel'hamite ['peləmait] *n.* 蛭石.
pel'ican ['pelikən] *n.* 鹈鹕.
pe'lite *n.* 泥质岩.
pelite-gneiss *n.* 泥片麻岩.
pelit'ic *a.* 泥质的.

pel′let ['pelit] Ⅰ n. ①(弹,靶,药)丸,小球,(颗)粒,粉末,小子弹,药柱②(小,切,圆,晶)片,球粒,颗粒材料〔产品〕②(圆)片状器件,圆形木楔③球〔条形,丸形〕团矿. Ⅱ v. 压丸,做成丸〔片〕状. *doping pellet* 燃料芯块. *germanium pellet* 锗小〔切〕片. *getter pellet* 吸气剂丸. *igniter pellet* 点火雷管. *pellet bonder* 球式接合器. *pellet extrusion* (粉末冶金的)粉末挤压成型法. *pellet test* 火花鉴别法. *pelleted concentrate* 颗粒精料. *pelleting property* 成片性能. *pelletted pitch* 球状沥青.

pel′leter n. 制(压)片机,制粒机,颗粒饲料机.

pel′letize v. 造球(粒),制粒,做成丸〔球,粒,片〕状, *pelletizing plant* 造球〔制粒,渣块压制,团矿〔压制〕〕设备.

pel′letizer n. 制粒机〔窑〕,造球〔制丸〕机.

pel′licle ['pelikl] n. 薄皮〔层〕,(薄,菌,表)膜,表皮,酸,(照相)胶片.

pellic′ular a. 薄膜的. *pellicular water* 薄膜水.

pell′mell ['pel'mel] n. ; ad. 杂〔零,混,纷〕乱.

pellonxite n. 生石灰.

pellotine n. 佩荷碱.

pellu′cid [pe'lju:sid] a. 清澈的,透明的. ~ly ad.

pellucid′ity n. 透明〔度〕,透明〔明晰〕性.

Pellux n. 一种脱氧剂.

pelochthium n. 泥滩群落.

pelorus n. 哑罗经,罗经刻度盘,航行方向盘,方位仪.

pelt [pelt] v. ; n. ①投掷,(雨等)大〔猛〕降②毛〔生〕皮. *pelting rain* 倾盆大雨. ▲(at) full pelt 全速地,尽快地.

peltatin n. 盾叶鬼臼素.

Peltier electromotive force 珀尔帖电动势.

peltogynol n. 盾母醇.

Pelton turbine 或 **Pelton wheel** 水斗式〔冲击式〕水轮机.

pel′try n. ①皮囊〔货〕②风箱.

pelyte n. 泥质岩.

PEM =①photo-electromagnetic effect 光电磁效应 ②pulse encode modulation 脉冲编码调制.

pem′(m)ican ['pemikan] n. 文摘,提要.

pemosors =multilayer copolymer 多层共聚物.

pen¹[pen] Ⅰ n. ①(钢)笔,笔尖,写〔记录〕头. v. (*penned*; *pen′ning*) 写(作). *ball pen* 圆珠笔. *bow pen* 划线笔,小圆规. *fountain pen* 自来水笔,剂量笔. *pen metal* 含锡黄铜(锡 85%,锌 13%,铅 2%). *pen motor* 记录笔驱动电机. *pen recorder* 描笔式(笔尖划线)记录器. *swivel pen* 曲线笔.

pen²[pen] (*penned* 或 *pent; pen′ning*) vt. ; n. 栏,圈,围,放牧(作业)区 *pen up* 关〔囚〕进,关〔封〕闭.

PEN =penetrate 或 penetration 穿〔渗,熔,焊〕透.

penaid =penetration aid 突防〔突破辅助〕装置,突防手段.

pe′nal ['pi:nl] a. 刑事(上)的.

pe′nalise 或 **pe′nalize** vt. 处罚,使不利,使变坏,使恶化. **penalisa′tion** 或 **penaliza′tion** n.

pen′alty n. ①惩罚,罚款,负担,代价,补偿②(质量,性能的)恶化,损失〔值〕. *penalty function* 罚〔补偿〕函数. *time penalty* 时间损失. ▲at the penalty of M 以 M 为代价. *on* 〔*under*〕 *penalty of* M 违者处以 M.

pen-and-ink recorder 自动记录器〔收报机〕.

pen-and paper a. 书写〔面〕的,纸上的.

pencatite n. 水滑大理岩.

pence [pens] penny 的复数. *pence conversion equipment* 12 单位穿孔卡片装置,便士转换装置.

penchant ['pa:nʃa:n] (法语) n. 喜〔爱〕好,倾向 (for).

pen′cil ['pensl] Ⅰ n. ①铅笔,写〔记录〕头②光(线)锥,(辐)射锥,(射,光,线)束,条. *axial pencil*【数】平面束. *bow pencil* (上铅)小圆规. *china marking pencil* 划蜡笔. *colour pencil* 笔型温度计,测温笔. *coloured pencil* (彩)色铅笔. *convergent pencil of rays* 聚光孔径角,集光角. *fuel pencil* 燃料元件细棒. *grease pencil* (纸皮)油彩画笔,石印笔. *hair pencil* (绘画用的)毛笔. *light pencil* 光束. *line pencil* 或 *pencil of lines* 线束. *metal pencil* 焊条. *pencil beam* 锐方向性射束,实向束. *pencil compass* (铅笔头)圆规. *pencil core* 通气芯,管〔笔〕状泥芯. *pencil gate* 笔杆浇口,(雨淋式浇口下端)管状内浇口. *pencil of curves* 曲线束. *pencil of matrices* (矩)阵束. *pencil rocket* (高空气象观测用)小型火箭. *pencil tube* 笔形管,超小型管,铅笔管. *pencil-work* 铅笔图画. *test pencil* 试电笔.

Ⅱ (*pen′cil(l)ed; pen′cil(l)ing*) vt. ①用(铅)写〔画,标出〕,用画笔画②成射束状. ▲*pencil in* 暂定,草拟.

pencil-case n. 铅笔盒.

pen′cil(l)ed ['pensld] a. 用铅笔写的,光线锥的,聚束的.

pen′cil(l)ing n. 铅笔痕,细线,铅笔线花样.

pen′craft ['penkra:ft] n. 书法,文体,著述.

pend [pend] vi. 悬垂,吊着,悬而未决,未决.

pen′dant ['pendənt] n. ①吊挂,悬置②悬〔下〕垂物,垂(悬)饰,钩〔耳,垂)环,挂物,吊灯③悬〔吊〕架,悬架式操纵(按钮)台④(三角)小旗,测地上的标示⑤附录,附属物. Ⅰ a. 悬吊的,下垂的,未定的. *cord pendant* 电灯吊线. *cord pendant lamp* 吊灯. *pendant control* 控制板. *pendant (control) box* 悬吊按钮站,悬吊开关盒. *pendant (control) switch* 悬垂式按钮,吊灯[悬吊]开关. *pendant point* 悬挂点. *pendant push* 悬吊按钮〔开关〕. *pendant signal* 吊灯信号. *pendant-type luminaire* 悬挂式照明器. *pendant wire* (流速仪测流用的)测索. *pipe pendant lamp* 管吊灯. *sighting pendant* 瞄准锤,牵曳标.

pendellosung n. (厄瓦尔德)摆解.

pend′ency ['pendənsi] n. 垂下,悬垂,未决,未定. *during the pendency of* 在…未定时.

pend′ent ['pendənt] a. 悬垂〔吊〕的,下垂的,悬而未决的. *pendent drop apparatus* 悬滴法表面张力测定仪.

penden′tive n. 穹隅(圆屋顶过渡到支柱之间的渐变曲面),斗拱. *pendentive dome* 三角穹(上)圆(屋)顶.

pend′ing ['pendiŋ] Ⅰ a. 悬而未决的,未定的,悬至

的,在进行中的. II *prep.* ①在…期间,在…中②直到,在…之前.

pen'dular *a.* 振动[子]的,摆动的.
pen'dulate ['pendjuleit] *vi.* 摆振[动],振动,振摇.
pendulos'ity *n.* 摆性.
pen'dulous ['pendjuləs] *a.* 悬垂[摆]的,摇摆(不定)的,吊着的. *pendulous accelerometer* 摆式加速度计. *pendulous gyroscope* 摆修正式陀螺仪. *pendulous vibration* 悬摆振动.
pen'dulum ['pendjuləm] I *n.* 摆(锤),振动体. II *a.* 摆动(式)的. *ballistic pendulum* 冲击摆,弹道摆. *centrifugal pendulum* 离心摆,离心力调速器. *mathematical* [*simple*] *pendulum* 单摆,数学摆. *pendulum clinometer* 摆式斜度[测坡]仪. *pendulum conveyer* 摆式运送机. *pendulum hardness* 摆测[冲击]硬度. *pendulum relay* 振动子继电器. *pendulum saw* 摆锯. *pendulum shaft* 摆轴(坝内的)测锤直井. *pendulum stanchion* 摇(轴支)座. *pendulum wire* 垂仪. *physical* [*compound*] *pendulum* 复摆,物理摆.
pendulum-resistant *a.* 摆锤式阻尼的.
pene = peen.
pene- [词头] 几乎
pene-aid = penaid.
peneplain or **peneplane** *n.* 准(侵蚀)平原,准平面.
penesei'smic *a.* 几震的,少地震地区的.
penetrabil'ity [penitrə'biliti] *n.* ①(可)穿透性,透入性,透过率,穿透(贯穿)本领(能,性)(可)贯入性②渗透性(力),透明性(度)②突破(防)能力.
pen'etrable ['penitrəbl] *a.* 可穿透(过)的,能贯穿的,可渗透(入)的,能透过的,不密封的.
penetra'lia [peni'treiliə] *n.* (*pl.*)内部,最深处,秘密.
penetrameter = penetrometer.
pen'etrance ['penitrəns] *n.* 穿透(性,率),贯穿,透射(过),透入度,外显率,放大因数倒数.
pen'etrant ['penitrənt] I *n.* 渗透剂[液],通透物,贯入料. II *a.* 穿(渗)透的,透彻的. *penetrant method* (超声波探伤的)透过法.
pen'etrate ['penitreit] *v.* ①透(穿,渗,灌,贯,陷,进)入,透视[过],贯穿,入土②浸染,弥漫,充(填)满③进入敌区,突破(防)④看穿,洞察. ▲ *penetrate into* 透(渗,深)入.
pen'etrating ['penitreitiŋ] *a.*; *n.* ①侵[穿]入,穿透的,贯穿的②敏锐的,透彻的③尖(声)的,刺激性(气味)的. *fluorescent penetrating inspection* 荧光渗透剂检验,荧光探伤. *penetrating fluid* 渗透[浸注]液. *penetrating power* 透过[贯入]力,渗透性,贯穿本领. *penetrating study* 透彻的研究.
penetra'tion [peni'treiʃən] *n.* ①穿(深,凿,浸,透,熔,焊)透,透过,侵[贯,深,刺]入②穿透率[力],穿透(深)度,侵彻度,渗透性,贯(针)透,推入[度③(焊接)熔深,机械粘砂④洞察(力)⑤突防. *atmospheric penetration* 进入稠密大气层飞行. *penetration bead* 根部焊道. *penetration coat* 贯入[灌浇]层. *penetration cooling* (叶片)渗透冷却. *penetration depth* 有效肤深[透入深度. *penetration index* 针(入)入度指数(PI). *penetration of current* 有效肤深,透入深度. *penetration of light* 透光. *penetration of pile* 沉桩. *penetration of the tool* 吃刀,进刀. *penetration surface course* 灌沥青面层. *penetration treatment* 灌沥青处理. *penetration twin* 贯穿孪晶. *spray penetration* 喷雾射程,喷射深度. *vacuum oil penetration for hemp core* 麻心真空浸油.

pen'etrative ['penitrətiv] *a.* 有穿透能力的,(能)贯穿透的,能渗透的,透入的,贯入力的,敏锐的.
pen'etrator ['penitreitə] *n.* ①侵入者,突防飞机[导弹]②洞察者③穿透器[物],(硬度试验)压头,穿头④过烧,烧化(闪光焊). *vacuum oil penetrator for hemp core* 麻心真空浸油器.
penetrom'eter [peni'tromitə] *n.* (射线)透度[穿透]计,透过计,针穿硬度计,贯入筒计,针入度仪(测定计),稠度计.
pen'etron ['penitrən] *n.* ①介子,重电子. (meson, mesotron之旧称)②(射线)透射密度测量仪,γ-射线穿透仪,γ透射测厚仪,电压穿透式彩色管.
pen'guin ['peŋgwin] *n.* 企鹅. *penguin suit* 太空衣.
pen'holder ['penhouldə] *n.* (钢)笔杆.
penicillamine *n.* 青霉胺.
penicil'lin [peni'silin] *n.* 青霉素.
penicillinase *n.* 青霉素酶.
penicillio'sis *n.* 青霉病.
penicil'lium *n.* 青霉菌.
penicillus *n.* 青霉头[帚].
penin'sula [pi'ninsjulə] *n.* 半岛.
penin'sular [pi'ninsjulə] I *a.* 半岛(状)的. II *n.* 半岛的居民.
peniotron *n.* 日本式快接简谐运动微波放大器.
penitentes *n.* 锯齿形几米高小雪山堆.
pen'-knife ['pennaif] (*pl.* *pen'knives*) *n.* 小刀.
pen'-name *n.* 笔名.
pen'nant ['penənt] *n.* 短索,尖旗,(三角)小旗,信号旗,奖旗. *pennant diagram* 尖旗图(连续梁图解法).
pen'nate ['peneit] *a.* 羽状的.
pen'niform ['penifɔ:m] *a.* 羽状的.
pen'ning ['peniŋ] *n.* 石块铺砌,护坡. *Penning effect* 彭宁效应.
pennogenin *n.* 喷闹配质.
pen'non ['penən] *n.* 长三角旗.
Pennsylva'nia [pensil'veinjə] *n.* (美国)宾夕法尼亚(州). *Pennsylvania truss* 折弦再分(宾夕法尼亚式)桁架.
Pennsylvanian system (早石炭世)宾夕法尼亚系.
pen'ny ['peni] *n.* ①(*pl.* *pennies* 指个数, *pence* 指价额)便士(英货币系=1/100镑. 1971年2月15日以前=1/12先令=1/240镑)②(美)分. ▲ *not a penny the worse* 比以前一点不坏.
pen'nystone *n.* 平扁(小块)石.
pen'nyweight *n.* (英国一种金衡单位)英钱(=1/20盎斯.=1.5552克).
pen'nyworth ['peniwə(:)θ] *n.* ①一便士的东西,少量②交易(额).
penol'ogist [pi:'nɔlədʒist] *n.* 刑法学家.
penol'ogy [pi:'nɔlədʒi] *n.* 刑法[事]学.
penotro-viscometer *n.* 贯(针)入式粘度计.
Penros *n.* 聚合木松香(商品名).
pen'sion[1] ['penʃən] *vt.*; *n.* (发给)养老[抚恤],退休,

补助，年〔月〕金，津贴.
pen'sion² ['penʃən] n. 供膳的宿舍
Pensky-Martens flash-point 闭式〔彭马氏〕闪点.
pen'stock ['penstɔk] n. (节制)闸门，潮门，救火龙头，给水栓，压力钢〔水，输送〕管，进水管，引水管道，压头管线，(有耐火内衬的与高炉送风管连接的)短铸铁送风管，水泵〔槽〕. penstock courses 压力水管管节.
pent [pent] Ⅰ pen² 的过去式和过去分词 Ⅱ a. 被关〔拦，禁〕住的. pent roof 单坡屋顶.
pent =pentode 五极管
pent(a)- 〔词头〕五，戊.
pen'ta n. (流speed仅装置上的)五个接触点，五氯酚，季戊炸药.
pentaborane n. 戊硼烷.
pentabro'mide n. 五溴化物.
pentac lens n. 五元透镜.
pentacarbonyl n. 五羰基化物.
pentacene n. 【化】戊省，并五苯.
pentachloride n. 五氯化物.
pentachloroethane n. 五氯乙烷.
pentachloronitrobenzene n. 五氯硝基苯.
pen'tachlorophe'nol n. 五氯(化)苯酚.
pen'tacle n. 五角星(形).
pentacosane n. 二十五烷.
pen'tad n. 五(个一组，年间，价)，五价物〔元素〕，【气象】候，五天. pentad of noncollinear points 非共线点的拼五小组.
pentadactyl a. 五指(状)的，五趾的.
pentadecagon n. 十五边形.
pentadec'ane [penta'dekein] n. 十五烷.
pentadiine n. 戊二炔.
pentaeryth'rite 或 pentaeryth'ritol n. 季戊四醇.
pentaether n. 五醚.
pentagamma function 五γ函数.
pen'tagon n. 五边〔角〕形. the Pentagon (美国国防部)"五角大楼".
pentag'onal a. 五边〔角〕形的，五边形的. pentagonal prism 五角棱镜.
pen'tagram n. (由正五边形对角线连成的)五角星(形).
pen'tagraph =pantograph.
pen'tagrid n. 五栅〔七极〕管. pentagrid converter 五栅变频管.
pentahapto a. 五络(的).
pentahed'ra n. pentahedron 的复数.
pentahedroid n. 五胞超体.
pentahed'ron n. (pl. pentahed'ra) 五面体.
pentahydric alcohol 五元醇
pentakis- 〔词头〕五个.
pentalene n. 戊搭烯.
pentaline n. 五氯乙烷.
Pentalyn n. (改性)松香，季戊四醇酯(商品名).
pen'tamer n. 五(节)聚(合)物.
pentamethide n. 有机金属化合物.
pentamethylpararosaniline n. 五甲基副品红，甲基紫.
pen'tamirror n. 五面镜.
pen'tammine n. 五氨络(合)物.
pentanal n. 正戊醛.
pentanamide n. 戊酰胺.

pen'tane ['pentein] n. (正)戊烷，戊级烷. pentane lamp 戊烷灯.
pentanoate n. 戊酸(盐、酯、根).
pentanoic acid 戊酸.
pentanol n. 戊醇.
pen'taox'ide n. 五氧化物.
Pen'taphane n. 膜状氯化聚醚塑料 (penton)
pentaphos'phate n. 五磷酸盐.
pentaploid n. 五倍体.
pentaploidy n. 五倍性.
pen'taprism n. 五棱镜.
pentaspherical coordinates 五球坐标.
pentatom'ic a. 五原子的.
pen'tatron n. 具有一个公共阴极和两组电极的电子管，五极二屏管.
pentava'lence n. 五价.
pentava'lent a. 五价的.
penten n. 五乙撑六胺，〔(NH₂CH₂CH₂)₂NCH₂)₂.
penthemeron n. 候，五天.
pent'house ['penthaus] n. 披屋，屋顶房间，附属建筑物，遮檐，倾斜屋檐. penthouse roof 单坡屋顶.
pen'thrit(e) n. 季戊炸药.
pentice =penthouse.
pentile =pantile.
pentine n. 戊炔.
pentlandite n. 镍黄铁矿，硫镍铁矿.
pentobarbital n. 戊巴比妥.
pen'tode n. 五极管. pentode generator 五极管振荡器.
pentolite n. 季戊四醇四硝酸酯和三硝基甲苯混合的一种烈性炸药.
pen'ton n. 片通(一种氯化聚醚塑料);聚 3,3-二(氯甲基)环氧丙烷.
penton-rubber n. 氯化聚醚塑料橡胶.
pentopyranose n. 吡喃戊糖.
pentosamine n. 戊糖胺.
pen'tosan n. (多缩)戊糖，戊聚糖.
pen'tose ['pentous] n. 戊糖.
pentoside n. 戊糖甙.
pentosuria n. 戊糖尿.
pentox'ide n. 五氧化物.
pent'roof n. 单坡屋顶.
pent-up a. 被拦住〔挡起〕的，壅高的，被抑制的.
pen'tyl n. ①戊(烷)基②季戊炸药.
pen'tylene n. 戊烯.
penul'timate [pi'nʌltimit] n.; a. 倒数第二(个字，节).
penum'bra [pi'nʌmbrə] (pl. penum'brae) n. 半(阴)影，半暗部，半部合影，画面浓淡相交处.
penwiper oboe 袭炸引导系统中机上大功率发射机回答器之10cm接收机.
pe'ony ['piəni] n. 芍药，牡丹.
peo'ple ['pi:pl] n. ①人民，民族 ②人(们). the People's Republic of China 中华人民共和国. people mover 快速交通工具.
pep [pep] Ⅰ n. 劲头，锐气. Ⅱ (pepped; pep'ping) vt. 打气，替…加油. pep up the gasoline 添加气体汽油于重质汽油.
PEP =①peak envelope power 峰值包迹功率 ②Pre-

cipitation Enhancement Project 增加降雨量计划.
peperi′no n. 白榴〔碎晶〕拟灰岩.
peplomer n. (病毒)包膜子粒,膜粒.
pep′lopause n. 多云层顶.
pep′los n. (病毒)包膜,包被.
pep′per ['pepə] n. 胡椒,花)椒.
pep′perbox n. 改进了的 oboe 轰炸引导系统中机上大功率发射机回答器之 10 厘米接收机.
pep′permint ['pepəmint] n. 薄荷(油,糖).
pep′sic a. 消化的.
pep′sin(e) n. 胃蛋白酶.
pepsinogen n. 胃蛋白酶原,酸酶原.
peptase n. 肽酶.
peptidase n. 肽酶,胜酶.
peptid(e) n. 肽,缩氨酸.
peptidoglycans n. 胞酶聚糖,粘肽.
peptinotoxin n. 消化毒素.
peptisation =peptization.
peptizate n. 胶溶体.
peptiza′tion [peptai′zeiʃən] n. 胶溶作用,塑解,分散(作用),解胶.
pep′tizator (或 peptizing agent n. 胶溶〔化〕剂.
pep′tize v. 使胶溶,塑解.
pep′tizer n. 塑解剂〔胶溶剂〕.
peptocrinin n. 消化外泌素.
pep′tone ['peptoun] n. 胨.
peptoniza′tion n. 胨化.
per 或 **per** [pə:] prep. ①每②由,经,靠,按,以. about $1.10 per 1000 每一千个约值 1.10 元. 5 per cent 百分之五. per cent consolidation 固结百分数. per foot-of-hole 每英尺钻孔. per inch 每英寸. per post 由邮寄. per unit 每单位. sixhundredths of 1 per cent 万分之六. ▲ as per usual 照常(例). per an(n) 或 per annum 每年,按年计. per capita 〔caput〕每人,按人头分(分配),按人口〔平均〕. per contra 反面,相反的,在另一方面,在对方. per ct 或 per cent(um) 每百,百分数〔比〕,(几). per contiguum 接触, per continuum 连续. per diem 每日,按日. per example 根据样品. per fas et nefas 无论如何. per mensem 每月,按月. per mill(e) 每千,千分率(‰). per os 口服,经口〔腔〕. per pro (-curationem) 派代表,代表〔理〕. per rail 由铁路. per saltum 一跃,突然. per se 自〔身〕,本来,性〔本〕质上.
per. =①period(时,周)②periodical 周〔定〕期的③person 人.
per- (词头)①通(过),遍(及),完全,极,超,甚②【化】过,高.
PER ①perigee 近地点,(弹道)最低点②periodical 期刊.
per an(n). =per annum 每年,按年计.
per cap. =per capita 按人头分(分配).
PERA =Production Engineering Research Association of Great Britain 英国制造工程研究协会.
peracid n. 过酸(类).
perac′idity n. 过酸性.
peradven′ture [pərəd′ventʃə] I ad. 也许,或者. II n. 疑问,偶然,可能性. ▲ beyond 〔without〕 peradventure 毫无疑问,必定. if 〔lest〕 peradventure 万一,要是.

peralkaline n. 过碱性.
Peraluman n. 优质镁铝锰合金(镁 0.5~6%,锰 0.3~1%,其余铝) Peraluman 2 二号铝镁锰合金(镁 2.2%,锰 1.4%,其余铝). Peraluman 7 7号铝镁锰合金(镁 7%,锰 0.4%,其余铝).
perambula′tion n. 查〔踏〕勘,巡视.
peram′bulator ['præmbjuleitə] n.①巡视者②手推车③测程车〔器〕,测距仪,间距规.
perazine n. 10-(γ-甲基哌嗪丙基)-吩噻嗪.
perbasic a. 高碱性的.
perbenzoic acid 过苯(甲)酸.
per′bunan ['pə:bju:nən] n. 丁腈橡胶,别布橡胶.
PERC =percussion 撞击,碰撞,振动.
percar′bonate n. 过碳酸盐.
perceiv′able a. 可以感觉到的,可觉察的,可见的,明白的. **perceiv′ably** ad.
perceive′ [pə′siːv] vt. ①感觉(出),发觉,觉察②领会,理解,看出.
percent′ [pə′sent] n. 百分率〔数,比〕,%,每百. atomic percent 原子百分数,原子浓度. increase by 20 percent 增长百分之二十. percent articulation (传声)清晰度. percent consolidation 固结度,固结百分率. percent contrast 百分对比度,相对对比率. percent error 百分(数)误差. percent hearing 听力(百分数). percent of pass 合格〔通过〕率. percent reduction 压缩〔还原〕率. percent ripple 波纹〔波波〕百分比. percent size (筛分后)大小区分率. percent test 挑选试验. recovery percent 回收率〔百分数〕.
percent′age n. 百分率〔比,数,法,含量〕,比率. fractional percentage points (of ...)(...的)千分之几,千分之几(的...). modulation percentage 调制深度百分数. percentage by volume 体积〔容积浓度〕百分率. percentage coupling 容量系数〔百分数〕. percentage differential relay 百分率差动继电器. percentage elongation 延伸率. percentage error 百分误差. percentage humidity 湿度百分数,饱和度. percentage modulation meter 调幅度测试器. percentage of moisture (简写 p.c.m)含水率. percentage of voids 空隙百分率, (相对)空隙率. percentage recovery 采收率,回采率. percentage reduction of area 断面收缩率.
percentagewise ad. 按百分率,从百分比来看.
percen′tile [pə′sentil] I n. 百分位,百分之一,百分比下降点,按百等分分布的数值. II a. 按百等分排列〔分布)的. percentile curve 分布曲线.
perceptibil′ity n. 能知觉,理解力,感受性.
percep′tible [pə′septibl] a. 可感觉到的,易感〔见〕的,可认知的,看〔觉察〕得出的,显而易见的,明显的. **percep′tibly** ad.
percep′tion [pə′sepʃən] n. 感〔知,察〕觉(过程,作用),理解(力),感受,体会. artificial perception 人工识〔判〕别. perception of solidity 立体感觉. perception time 觉察〔感应〕时间. sense perception 感觉. stereo perception 立体感觉.
perception-reaction time 感觉反应时间.

percep'tive [pə'septiv] *a.* (有)知觉的,有理解力的. ~ly *ad.*

perceptiv'ity *n.* 知觉,理解力.

perceptron *n.* 视感控器(模拟人类视神经控制系统的电子仪器),感知器(机).

percep'tual *a.* 感性的,(五官所)知觉的.

percevonics *n.* 知觉学.

perch [pə:tʃ] I *n.* ①榫,(连)杆,主轴,架②〔英国丈量单位〕杆(长度合 5.029m, 面积合 25.29m², 体积合 0.7008m³)③高位,有利地位,(高)气压处,安全位置. *perch bolt* 汽车(弹簧)钢板螺杆.
II *v.* 栖息,位置,建造于高处,高踞,放置,坐(落),休息. *perched water* 静止地下水, 上层滞水, 滞水(栖止水).

perchance' [pə'tʃɑːns] *ad.* 偶然, 或许, 万一.

perchlo'rate [pə'klɔːrit] *n.* 高(正)氯酸盐.

perchloratocerate *n.* 高氯酸根络铈酸盐.

perchlorethylene *n.* 全氯乙烯.

perchloric acid 高氯酸.

perchloride *n.* 高氯化物.

perchlorina'tion *n.* 全氯化.

perchlorobenzene *n.* 六氯苯.

perchloroethylene *n.* 全氯乙烯.

perchloromethane *n.* 四氯化碳.

percip'ience [pə'sipiəns] *n.* 知(感)觉, 理解(力). **percip'ient** *a.*

Percival circuit (电视)噪声抑止(制)电路.

per'colate [pə:kəleit] I *v.* 渗滤(透, 出, 流, 漏), 砂滤, 渗(滤, 透, 穿)过(through), 浸流. II *n.* 渗(滤)出液. *percolating filter* 渗透滤器.
▲ *percolate down through* 透过…而下渗.

percola'tion *n.* 渗透(滤, 漏)(作用), 深层渗透, 地面渗入, 穿(漏)流(法), 渗过吸着层. *percolation apparatus* 渗透(滤)仪. *percolation ratio* 渗(滤)率.

per'colator [pə:kəleitə] *n.* 渗滤(流)器, 渗滤漫出器, 过滤器, 滤池.

percrystalliza'tion *n.* 透析结晶(作用).

percus'sion [pə:kʌʃən] *n.* 撞(打), 冲击, 碰撞(炸), 振(激)动, 击发, 叩, 〔医〕诊. *percussion boring* 〔drilling〕冲击钻探(孔). *percussion cap* 炸药帽, 雷管. *percussion core* 顿钻取岩心. *percussion drill* 冲撞, 顿钻. *percussion instruments* 打击乐器(鼓, 锣等). *percussion rock drill* 冲(击)岩心(心)钻. *percussion welding* 冲击焊, 储能焊, 锻接.

percussion-grinder *n.* 撞碎机.

percus'sive *a.* 撞(冲)击的. *percussive boring* 冲击钻探(孔).

percutaneous *a.* 经皮的.

percyanoolefine *n.* 全氰烯羟.

perdeuterated *a.* 全氘化的.

perdistilla'tion *n.* 透析蒸馏作用.

perdu [pə:'dju:] *a.* 看不见的, 隐藏的, 潜伏的.

perdurabil'ity *n.* ①(延续)时间②耐(持)久性.

perdu'rable *a.* 持(耐)久, 永久的.

perdure' [pə'djuə] *vi.* 持久, 继续.

perduren *n.* 硫化橡胶.

peregrinate [perigrineit] *v.* 游历, 旅行, 侨居外国.

peremp'tory [pə'remptəri] *a.* ①绝对的, 断然的, 强制的, 不许违反的②独断的. **peremp'torily** *ad.*

peren'nial [pə'renjəl] I *a.* 一年到头的, (四季, 多年)不断的, 持〔长〕久的, 多年生的, 常年的. II *n.* 多年生植物. ~ly *ad.*

perester *n.* 过酸酯.

perezinone *n.* 佩蕊增酮.

perezone *n.* 佩蕊宗.

PERF =①perforate 穿(钻, 打, 冲)孔②perforator 穿孔机③performance 性能.

perfect I ['pə:fikt] *a.* ①完全〔美, 备, 整, 成〕的, 理想的, 无缺点的②正〔准, 精〕确的③精通的, 熟练的④(非〔无〕)粘性的(液, 气体). II [pə'fekt] *v.* ①使完全〔善〕, 完成②使熟练. *perfect combustion* 完全燃烧. *perfect differential* (完)全微分, 完整微分. *perfect diffuser* 全漫射面(体), 全(理想)扩散体. *perfect elastic material* 完全弹性材料, 理想弹性体. *perfect gas* 理想气体, 完美气体. *perfect magnetic conductor* 全导磁体. *perfect radiator* 完全辐射体, 发射比较仪. *perfect score* 满分. *perfect square* 完全平方, 整方. *perfect transfer press* 全连续自动压力机.

perfect'ible [pə'fektəbl] *a.* 可以完成的, 可以弄完美的.

perfec'tion [pə'fekʃən] *n.* 完成〔善, 美, 全〕, 完整性, 无缺, 熟炼. macro〔micro〕*perfection* 宏(微)观完整性. ▲ *to perfection* 完全〔美〕地.

perfec'tive *a.* 使完美〔善〕的.

per'fectly ['pə:fiktli] *ad.* 完全〔美〕地. *perfectly aligned seat* 对准座. *perfectly diffusing plane* 全扩散面. *perfectly elastic* 完全弹性的.

per'fectness *n.* 完全〔整〕性.

perfla'tion *n.* 通风, 换气, 吹入法, 吹气引流法.

perflecto-comparator *n.* 反射比较仪.

perflectometer *n.* 反射头, 反射显微镜.

Perflow *n.* 半光泽镍镍法的添加剂.

perfluorina'tion *n.* 全氟化作用.

perfluoroalkyla'tion *n.* 全氟烷基化(作用).

perfluoroallene *n.* 全氟丙二烯.

perfluorocyclobutane *n.* 全氟环丁烷.

perfluoropropane *n.* 全氟丙烷.

per'forate [pə:fəreit] *v.* 穿〔钻, 打, 冲, 凿〕孔, 打眼, 贯穿, 多孔中裁〔切〕(into, through). *perforated brick* 多(孔)空心)砖. *perforated casing* (井的)滤管. *perforated chaplet* 箍式泥芯撑. *perforated pipe* 多(穿)孔管. *perforated plate column* (多层)孔板(分馏, 蒸馏)塔, 筛板塔. *perforated slag* 多孔熔渣. *perforated stone* 多孔(透水)石. *perforated strip-metal chaplet* 盒形铁皮芯撑. *perforated tape reader* 【计】穿孔带读数器. *perforating action* 成孔作用. *perforating typewriter* 凿孔打字机.

perfora'tion *n.* ①穿(钻, 打, 冲, 射, 片, 齿)孔, 打眼②孔(洞). *chadless perforation* 带屑穿孔.

per'forative *a.* 穿孔的, 穿得过的, 有穿孔力的.

per'forator [pə:fəreitə] *n.* 穿〔冲, 凿, 钻, 打〕孔器〔机〕, 螺旋锥, 剪票钳. *perforator slip* 凿孔纸条片. *tape perforator* 【计】纸带穿孔机.

perforatorium *n.* 顶体.

perforce' [pə'fɔːs] ad.; n. 必然〔定〕,务必,强制(地),用力. ▲ by perforce 用力气,强迫,强制地. of perforce 不得已. perforce of 靠…的力量.

perform' [pə'fɔːm] v. ①做,进〔实,执,履〕行,完成②运行,使用③表演,演奏. perform a task 执行任务. perform an experiment 做实验. perform calculations 完成演算,进行运算. perform the integration 求积分. perform work 做功. performing unit 执行元件. The machine is performing very well. 这机器运行良好.

perform'able a. 可执行的,可完成的.

perform'ance [pə'fɔːməns] n. ①(运转,路面耐用)性能,特性(曲线),(操作)效能,效率,动作,作用②表现,功(成,演)绩②实(执,运,施)行,做,表演,完成,作业,操作③生产力〔率〕. flicker-brightness performance 闪光与亮度关系. life performance 寿命特性. operational performance 使用特性,操作性能. optimum performance 最佳性〔特性〕能. performance chart 操作〔工作〕图,工作〔动作〕特性图. performance curve 性能〔运行,工作特性曲线. performance data 性能〔运行〕数据,动态参数. performance figure 质量指标. performance history 开发〔开采〕过程. performance index 性能工作,作用,成绩,演绩指数,性能指标. performance measurement 性能测量,工作状况的测定. performance number 特性值,功率值. performance parameter 性能参数. performance period 执行周期,运行时间. performance test 性能〔运行,使用〕试验,性能测试,成绩测验. reference performance 正常工况下的操作. transient performance 过渡过程特性,瞬时〔态〕特性.

perform'er [pə'fɔːmə] n. 执行者〔器〕,表演者.

performeter n. ①工〔动〕作监视器②自动调谐的控制谐振器.

perfume I ['pəːfjuːm] n. 芳香,香(味,料,水). II [pə(ː)'fjuːm] vt. 使(发)香,薰香.

perfu'mery [pə(ː)'fjuːməri] n. 香料(水),香料厂(店).

perfunc'tory [pə'fʌŋktəri] a. 敷衍的,马虎的,草率的.

perfuse' [pə'fjuːz] vt. 灌注,洒,使充〔铺,撒〕满(with). perfu'sion [pə(ː)'fjuːʒən] n.

perfu'sive [pə(ː)'fjuːsiv] a. 易散发的,能渗透的.

pergame'neous a. 羊皮纸(制,似)的.

per'gament ['pəːgəmənt] n. (假)羊皮纸.

pergamyn n. 羊皮纸. pergamyn paper 耐油纸.

Per'glow n. 光泽镁镍法的添加剂.

per'gola ['pəːgələ] n. 凉亭,藤架.

perhafnate n. 高铪酸盐.

perhalogena'tion n. 全卤化(作用).

perhaps' [pə'hæps] I ad. 也许,或许,多半,恐怕,大概. II n. 猜〔疑,设想,尚属疑问的事情.

perhapsatron n. 或许器(一种环形放电管).

perhu'mid a. 过湿的(气候).

perhydrate n. 过水合物.

perhydride n. 过氢作物.

perhydro- [词头] 全氢化.

perhydroanthracene n. 蒽烷,全氢化蒽.

perhydrocyclopentanophenanthrene n. 环戊烷多氢菲.

perhydrol n. 强双氧水(含 30%过氧化氢).

perhydrous coal 含氢量超过一般水平的煤(例如:烛煤).

peri =perimeter 圆周,周边.

peri- [词头]①(邻)近,周(围),环(绕一周)②【化】迫(位).

perianth n. 花被,总〔蕚〕包.

perianthopodin n. 坏安坡定,花被足定.

periap'sis [peri'æpsis] n. 近拱点,最近点.

periastral a. 星体周围的.

perias'tron [peri'æstrɔn] n. 【天】近星点.

periacarp [perikɑ:'p] n. 果皮.

pericen'tral a. 中心周围的.

pericen'tre n. 近中心点,靠近轨心点.

per'iclase 或 periclasite n. 方镁石.

pericli'nal [peri'klainəl] a. 穹状的. periclinal chimaera 周层嵌合体.

pericline n. 穹页②肖钠长石.

peri-compound n. 迫位化合物.

per'icon n. (红锌及日铜的)双晶体.

peri-condensed a. 迫位缩合的,带边冷凝的.

pericyazine n. 10-(γ-对羟基哌啶丙基)-2-氰基吩噻嗪.

pericy'cloid n. 圆摆线.

pericyte n. 周细胞.

periderm n. 周表,周皮.

peridiole n. 小包,第二(内部)子壳.

perid'ium (pl. perid'ia) n. 包被,子壳.

per'idot ['peridɔt] n. 橄榄石.

peridotite n. 橄榄岩.

perielectrotonus n. 周围电紧张.

perien'zyme n. 细胞外酶,外周酶.

per'ifocus n. 近焦点.

perige'an [peri'dʒiːən] a. (在)近地点(时间)的. perigean tide 近月潮,(月)近地点潮.

per'igee ['peridʒiː] n. ①【天】近地点②(弹道)最低点. perigee tide 近月潮.

perigla'cial [peri'gleiʃəl] n.; a. 冰(川周)缘(的),冰边,近冰河的. periglacial climate 后冰川期气候,冰缘气候.

per'igon ['perigɔn] n. 周角(360°).

perihe'lion [peri'hiːljən] (pl. perihe'lia) n. ①【天】近日点②最高点,极点.

perikinet'ic a. 与布朗运动有关的. perikinetic coagulation 异向凝结(作用).

perikon detector 双晶体(红锌矿)检波器.

per'il ['peril] I n. 危〔冒〕险,危急,损失. II vt. 危及,冒险,置…于危险中. be in peril of one's life 有生命危险. peril one's life 冒生命危险. perils of the sea (ocean) 海上危险,海难.

perilla oil 紫苏子油,荏油.

perillaldehyde n. 紫苏(子)醛 $C_{10}H_{14}O$.

perillartine n. 紫苏子亭 $C_{10}H_{15}ON$.

per'ilous ['periləs] a. 危〔冒〕险的. perilous peak 险峰. ~ly ad.

per'ilune ['periluːn] n. (人造月球卫星在轨道上的)近月点.

perilymph ['perilimf] n. 外淋巴.
perim'eter [pə'rimitə] n. ①周边,长,围,界),圆周②圆度③视野〔目场〕计 perimeter acquisition radar 环形目标指示雷达,帕尔尔〔环形,远程搜索〕雷达. perimeter of a circle 圆的周长. wetted perimeter 湿(润范)围,润周.
perim'etry n. 视野测量法.
perinaphthenone n. 周萘酮,萘嵌苯酮.
perineural a. 外周神经的.
perinucleolar a. 核仁外周的.
pe'riod ['piəriəd] n. ①周期,循环②时期,期间,期〔阶〕段,时间(间隔),年限,寿命,反应堆时间常数③时〔年〕代. 【地】纪④〔学〕时,节⑤句(点). error-free running period 无误运转周期. free period 自由振荡周期. half-life period 半衰期,半排出期. off period 断开时期. on period 接通时期. overhaul period 无大修工作期间,发动机工作寿命. period in arithmetic 分位法. period meter for nuclear reactor 原子反应堆周期计(回声计时器). period of a circulating [repeating] decimal 小数的循环节. period of design 设计年限. period of element 元素的阶,元素周期. period of half change [life] 半变〔衰〕期. period per second 赫,周/秒. period section 周期断面型钢. recurring period (循环小数的)循环节. start-up period 试车周期. storage cycle period 【计】存储期间,最大等待时间. warm-up period 暖机阶段,发射前准备阶段. work-up period 工作〔起动〕周期. ▲ come to a period 完结,结束,终结. put a period to 使完结,结束.
peri'odate n. 高碘酸盐.
period'ic I [piəri'ɔdik] a. 周期(性)的,循环的,不时发生的,断时的,间歇〔断〕的,断续的. II [pərai'ɔdik] a. 【化】高碘的. periodic acid 高碘酸. periodic antenna 周期性〔调谐驻波〕天线. periodic chain 【化】周期链. periodic circuit 周期性电路. periodic current 周期〔脉振〕电流. periodic decimal [fraction] 循环小数. periodic duty 周期运行,循环工作〔使用〕. periodic inspection 定期检修,小修. periodic law 周期律. periodic line 梯形网络,链路. periodic test 定期试验.
period'ical [piəri'ɔdikəl] I a.=periodic. II n. 期刊,杂志. monthly periodical 月刊. periodical fraction 循环小数. periodical magnetic field 周期性磁场. periodical publications 期刊. periodical room 期刊阅览室.
period'icalist n. 期刊论文作者,报刊撰稿人,杂志发行人.
period'ically [piəri'ɔdikəli] ad. 周期地,定期,按时,间歇地.
periodic'ity [pəriə'disiti] n. ①周期(性,数),定期〔间发)性,循环〔间歇)性②频周)率,周波. periodicity factor. ringing periodicity 振铃周期性.
periodiza'tion n. 周期化.
period-luminosity curve 【天】周光曲线.
periodogram n. 周期(曲线)图. periodogram analysis 周期解析法,谐波分析,周期曲线图分析.
perioscope n. 扩视镜,视野计.
periph'eral [pə'rifərəl] I a. 周边(围,缘)的,外围(面,部)的,圆周的,边(外缘)的,外表面的,非本质的,(神经)末梢的. II n. 【计】外部(围)设备,辅助(附加)设备. periph-eral angle (铣刀)外周角. peripheral discharge mill 周缘(边)出料磨. peripheral equipment 外围(外部,辅助)设备. peripheral ratio 缘速比. peripheral velocity 圆周(线)速度,围边(线)速度. peripheral vision 边界视力,视觉边限. peripheral widening 周缘增宽.
peripher'ic a. 周围〔边)的,圆周的,四周的,末梢的. peripheric bluster 蜂窝气孔,皮下气孔. peripheric velocity 边周速度.
peripherine n. 陶拉唑啉.
periph'ery [pə'rifəri] n. 周边〔线,缘,围,界,长),界限,边缘,(圆)周,圆柱(体)表面,外面(区,围),(神经)末梢(的周围). periphery turbine pump 有周缘叶片的泵.
periphonic a. 多声道的.
periphysis (pl. periphyses) n. 缘丝.
periphytes n. 附生植物.
periphytic a. 水中悬垂生物的.
periphyton n. 水中悬垂生物.
periplanatic a. 全平面的.
periplasm n. (外)周(胞)质,胞外质.
periplast n. 周胞体.
periplogenin n. 杜柳毒弍配基.
peripolar a. 极周的.
peri-position n. (萘环的)迫位,萘环的(1.8 or 4.5)位.
perip'teral [pə'riptərəl] I a. (周)围(列)柱(式)的,(运动物体)周围气流的. II n. 围柱(式)殿.
perip'tery [pə'riptəri] n. ①围柱式建筑②(运动物体)周围的气流区.
PERIS = periscope.
per'iscope ['periskoup] n. 潜望镜,窥视镜. furnace scanning periscope 熔炉观测镜. periscope binoculars 潜望镜式双筒望远镜. periscope depth range 最大潜望深度.
pericop'ic(al) [peri'skɔpik(əl)] a. ①(用)潜望镜的,潜望镜式的②大角度的(透镜,照相机). periscopic rangefinder 潜望测距仪.
per'ish ['periʃ] v. 死〔灭〕亡,消〔毁〕灭,腐蚀掉,败〔破〕坏,枯萎. perished metal 过烧金属. perished steel 过渗碳钢. perishing cold 严寒.
per'ishable ['periʃəbl] I a. 易腐败的,易坏〔灭〕的,会枯萎的,不经久的,脆弱的. II n. 易腐品,易坏物. **per'ishably** ad.
perisperm (pl. perispermum) n. 外胚乳.
per'isphere ['perisfiə] n. ①(大)圆球,中心棱球,星外球. ②周氛,势力范围.
perispore ['perispɔ:] n. 孢母细胞,孢子周壁〔外壁),芽胞膜,胚种皮.
Perissodac'tyla [perisou'dæktilə] n. 奇蹄类.
peristal'sis [peri'stælsis] (pl. peristal'ses) n. 蠕动.
peristal'tic [peri'stæltik] a. 蠕动的,有压缩力的,螺状的,起于两导体间的.
peris'tasis [pə'ristəsis] n. 环境.

peristerite n. 钠长石.
peristome n. 子实口缘, 口围部.
per'istyle ['peristail] n. 周柱式, 柱列, 列柱廊.
peritec'tic [peri'tektik] a.; n. 包晶(体)的, 转熔的. peritectic reaction 包晶反应, 转熔作用(反应).
peritec'toid [peri'tektɔid] n.; a. 包晶[析](体)(的), 转熔体.
perithe'cium [peri'θi:fiəm] n. 子囊壳.
peritoneum n. 腹膜.
peritricha n. 周毛菌.
peritrichate 或 peritrichous a. 周毛的, 遍体有毛的.
per'itron n. 荧光屏可轴向移动的(三维显示)阴极射线管.
peri-urban road 城市周围[近郊]道路.
perivas'cular a. 血管周围的.
periwinkle ['periwiŋk] n. 长春花(属)的植物.
perk [pə:k] v.①动作灵敏(伶俐)②振作, 昂(竖, 昂)起(up)③详细调查, 窥视④过滤, 渗透. Perking brass 铸造用锡青铜(铜 76～80%, 锡 20～24%). perking switch 快动[速断]开关.
perklone n. 全氯乙烯(商品名).
perknite n. 辉闪岩类.
perlatolic acid 珠光酸.
perlimonite n. 磁铁矿.
perlit n. 高强度珠光体铸铁.
per'lite ['pə:lait] n. 珠光体, 珍珠岩, 高硅火山岩.
perlitic structure 珠光体结构, 珍珠结构(构造).
perlon n. 贝纶, 聚酰胺纤维. perlon-1 贝纶-1 (=caprone 卡普隆).
perlucidus n. 透光云.
PERM 或 perm =permanent 永久的, 不变的.
Perma n. 层压塑料.
per'maclad n. 碳素钢板上覆盖不锈钢板的合成钢板.
per'mafrost ['pə:mafrɔst] n. 永(久冰)冻, 永久[多年]冻土, 永冻地[层]. permafrost table 永冻土层深度线.
per'mag n. 清洁金属用粉.
permaliner n. 垫整电容器.
per'malloy ['pə:malɔi] n. 坡莫合金, 强磁性铁镍合金, 透磁合金(镍 78.5%, 铁 21.5%), 透磁钢. super permalloy 超坡莫合金(铬<6%, 硅<2%, 锰<4%, 镍 40～85%, 铁 16～60%).
Permalon n. 偏氯乙烯树脂.
per'manence ['pə:mənəns] n. 永[持, 耐]久(性), 稳定度[性], 安定度. permanence condition 不变条件. permanence of sign 号的承袭. permanence theories 永恒说.
per'manency ['pə:mənənsi] n.①=permanence②永(持)久的事物.
per'manent ['pə:mənənt] a.①永[持, 经, 耐]久的, 恒[固]定的, 不(可)变的, 定型的②常设[务]的. permanent center 永久中心, 定设中心. permanent committee 常设委员会. permanent deflection 永久挠曲, 剩余变位. permanent deformation 永久变形, 余留应变. permanent dynamic speaker 永磁电动式扬声器. permanent flow 稳(定)流, 定常流动. permanent load 永久负载, 恒载. permanent memory 固定[永久性]存储器. permanent mo(u)ld 永久[金属]铸型, 耐用铸模, 硬[永久]模. permanent moulding pit 永久造型坑. permanent repair 大(治本, 永久)修理. permanent resistor 固定电阻(器). permanent set 永久[残余]变形, (混凝土等)终凝. permanent stability 耐久性. permanent way 轨道, 路面, 路基. permanent wind 恒定风. permanent work 永久性工程.
per'manently ['pə:mənəntli] ad. 永[持]久地. permanently convergent series 永久收敛级数.
permanent-magnet a. 永磁的. permanent-magnet moving-coil instrument 永磁动圈式仪表. permanent-magnet moving-iron instrument 永磁动铁式仪表.
permanent-magnet-field generator 永磁(场)发电机.
perman'ganate [pə:'mæŋgənit] n. 高锰酸盐. permanganate method 高锰酸盐(钾)(滴定)法. potassium permanganate 高锰酸钾.
permanganic acid 高锰酸.
permaphase n. 带硅酮, 聚合物层的色谱固定相(商品名).
permatron n. 磁(场)控(制)管, 贝尔麦特管.
permeabil'ity [pə:miə'biliti] n. 渗透(性, 度, 率), 穿(通)透性, 透气性, 导磁性(率), 渗水性, 孔性, 贯穿(穿透)率, 渗蚀度(性). air permeability 空气渗透率, 透气率. magnetic permeability 磁导率. permeability apparatus [meter]透气计, 透气率测定仪. permeability cell 透气槽. permeability coefficient 渗透[磁导]系数. permeability curve 磁导率曲线. permeability for gas 透气性, 气体渗透率. permeability of [to] heat 导热性. permeability tuning (导)磁(系数)调谐.
permeability-tuned inductor 导磁率调谐电感线圈.
per'meable ['pə:miəbl] a. 可渗[穿]透的, 可通过的, 渗透性的, 不密封的, 透水[层 layer]的. permeable bed [layer]透水层. permeable groin 有孔[透水]坝. permeable plastics 可透塑料. permeable soil 渗透性土. ~ness n. per'meably ad.
per'meame'ter ['pə:miə'mi:tə] n. 磁导计(仪), 渗透仪, 渗透性试验仪.
per'meance ['pə:miəns] n.①(磁阻的倒数)磁导, 导磁性(率)②渗入, 透过(度), 弥漫, 充满. per'meant a.
permease n. 透(性)酶, 透膜质.
per'meate ['pə:mieit] v. 渗(入, 透, 过), 透(穿)过, 透入 (among, into, through), 普(遍)及, 弥漫, 充满.
permea'tion n. 渗透(作用), 渗气, 贯穿, 透过, 浸透.
permendur (e) n. 波明德(一种铁钴磁性合金, 钴 50%, 钒 1.8～2.1%, 其余铁).
permenorm n. 波曼诺铁镍合金(用于磁放大器, 镍 50%, 铁 50%).
Permet n. 珀米塔铜镍钴永磁合金(铜 45%, 镍 25%, 钴 30%).
Per'mian ['pə:miən] n.; a. 【地】二叠纪(的), 二叠系(的). Permian period 二叠纪. Permian system 二叠系.
permill'age [pə'milidʒ] n. 千分率[比].

Per′minvar n. 一种高导磁率合金(镍 45%,钴 25%,铁 30%). *super perminvar* 超导磁率磁性合金(镍 9%,钴 22.8%,铁 68.2%).

permissibil′ity n. 容许度.

permis′sible [pə′misəbl] a. (可)容许的,许可的,准许的,安全的. *permissible error* 容许误差,公差. *permissible explosive* 安全(合格)炸药. *permissible motor* 防爆〔紧闭〕电动机. *permissible tolerance* 容许公差. **permis′sibly** ad.

permis′sion [pə′miʃən] n. 许可,容〔准〕许,同意,答应.
▲ *ask for permission* 请求许可,征求同意. *give M permission to* +inf. 许可 M(做). *with the permission of* 经…许可. *without permission* 未经许可.

permis′sive [pə′misiv] a. ①许可的,容许的 ②随意的. *permissive block* 容许闭塞机. ~ly ad. ~ness n.

permit [pə′mit] (*permitted*; *permitting*) v. 许可,容〔允,准〕许,答应,使得有可能. *permitted band* 允许能带,导带. *A permit of (no)* … (不)容许. *permit M to* +inf. 允许(M)(做).
Ⅱ [′pə:mit] n. ①许可证,执照 ②许可.

permite aluminium alloy 耐蚀铝硅合金(铜 0~5%,硅 1.5~7.5%,铁 0~0.4%,其余铝).

permit′tance [pə′mitəns] n. ①(电)容性电纳,电容 ②许可.

permittim′eter n. 电容率计.

permittiv′ity [pə:mi′tiviti] n. (绝对)电容率,介电常数. *permittivity of a medium* 介质的介电常数. *relative (dielectric) permittivity* 相对电容率,相对介电常数.

perm′meter n. 透气性试验仪.

Permo-carboniferous period 石炭二叠纪.

permolybdate n. 过钼酸盐.

permom′eter n. 连接雷达回波谐振器用的设备.

permonosulphuric acid 过一硫酸 H_2SO_5.

Permo-Trias n. 二叠-三迭系.

permselec′tive a. 选择性渗〔穿〕透的.

permselectiv′ity n. 选择透过性.

permutabil′ity n. 换排(转置,交换,可置换)性.

permu′table [pə′mju:təbl] a. 可变更的,可(能)交换的,可(代,置)换的,【数】可排列的.

permuta′tion [pə:mju′teiʃən] n. ①变更,置〔互,交〕换,移置,取代,重新配置,【数】(重)排列 ②【化】嬗〔换,蜕〕变. *circular permutation* 循环排列. *even permutation* 偶排列〔置换〕. *permutation group* 置换群.

per′mutator n. 转换开关,变〔交〕换器.

permute [pə′mju:t] vt. ①改变…的序列,置换,交换,排列 ②(滤砂)软化. *permuted code* 【计】置换码.

permuted-title index 循环置换标题索引.

Permutit n. (天然或人造)沸石. *Permutit A* 〔B,S-1〕强碱性阴离子交换树脂. *Permutit H-70* 羧酸阳离子交换树脂. *permutit Q* 磺化聚苯乙烯阳离子交换树脂. *Permutit W* 弱碱性阴离子交换树脂.

per′mutite [′pə:mju(:)tait] n. (使硬水软化的人造硅酸盐)人造沸石,软水砂,滤(水)沙.

per′mutoid [′pə:mju(:)tɔid] n. 【化】交换体. *per-*

mutoid reaction 交换型反应,交换(体沉淀)反应.

pernambuco n. 棘云实红木.

pernic′ious [pə′niʃəs] a. (对…)有害〔毒〕的,致命的 (to), 恶性的. ~ly ad. ~ness n.

pernick′ety [pə′nikiti] a. ①吹毛求疵的 ②难对付的,需要十分小心对待的 ③要求极度精确的.

perofskite n. 钙钛矿.

peroikic a. 多主晶的.

perolene n. 载热体(联苯-联苯醚混合物).

peroral a. 口服的,经口的.

per′orate [′perəreit] vi. 下结论,作结束语.

perora′tion [perə′reiʃən] n. 结论,结束语.

perovskite n. 钙钛矿.

perox′idase n. 过氧化酶.

peroxida′tion [pərɔksi′deiʃən] n. 过氧化反应(作用).

perox′ide [pə′rɔksaid] n. 过氧化物. *hydrogen peroxide* 过氧化氢 H_2O_2.

perox′idize [pə′rɔksidaiz] v. 过氧化,(使)变为过氧化物.

peroxisome n. 过氧物酶体,过氧化质体.

perox′yl n. 过氧化氢.

peroxysulfate n. 过(氧)硫酸盐.

perp = perpendicular.

perpend Ⅰ [′pə:pənd] n. ①穿墙石,贯(控)石 ②(pl.)砖石砌体的垂直缝. *perpend wall* 单石(薄)墙. Ⅱ v. [pə:′pend] 细细考虑,注意.

perpendic′ular [pə:pən′dikjulə] Ⅰ a. ①(与…)垂直〔正交,直角)的 ②(与)直(竖)立的,铅垂的. Ⅱ n. ①垂直,正交,竖直(线) ②(铅)垂线,垂直面. *perpendicular bisector* 中垂线. *perpendicular cut* 垂直(轴线的截面)切割. *perpendicular line* 垂直〔正交]线. *perpendicular to grain* 截〔横,逆〕纹. *photograph perpendicular* 像片垂直线. ▲ *be out of (the) perpendicular* 倾斜.

perpendicular′ity [pə:pəndikju′læriti] n. 垂直(性,度),直立,正交.

perpendic′ularly ad. 垂直,笔直,纵.

per′petrate [′pə:pitreit] vt. 犯(罪,错误),做(坏事),瞎搞,胡说. **perpetra′tion** [pə:pi′treiʃən] n.

per′petrator [′pə:pitreitə] n. 犯罪者.

perpet′ual [pə′petjuəl] a. 永久(恒,存)的,不变的,不间断的,无休止的. *perpetual motion* 永恒运动. *perpetual screw* 蜗杆,无限〔轮回〕螺旋. *perpetual snow* 积雪.

perpet′ually ad. 永远(久)地,老是.

perpet′uate [pə(:)′petjueit] vt. 使永存,保全,维持,使永垂不朽. **perpetua′tion** [pə(:)petju′eiʃən] n. **perpet′uance** n.

perpetu′ity [pə:pi′tju(:)iti] n. 永久〔恒〕,永存(物),不朽. *in* 〔*to, for*〕 *perpetuity* 永远地.

perpetuum mobile 〔拉丁语〕 *in perpetuum* 〔*perpetuum mobile*〕 永(恒运)动.

perplex′ [pə′pleks] vt. 使为难(困惑,混乱),难住,使复杂化. *perplexed question* 错综复杂的问题.

perplex′ing a. 错综复杂的,使人困惑的.

perplex′ity [pə′pleksiti] n. 窘困,迷惑,混乱,复杂,令人困惑的事物.

per'quisite [ˈpəːkwizit] n. ①额外所得,津贴②小费②特权享有的东西.
perquisition [pəːkwiˈziʃən] n. 彻底搜查.
perrhenate n. 高铼酸盐.
per'ron [ˈperən] n. (大建筑物门前的)露天梯级,(石)阶.
perry [ˈperi] n. 梨酒.
pers = ①personal (个)人的,本人亲自的②personnel (全体)人员.
pers. comm. = personal communication 私人通信,未发表资料.
persalt n. 过酸盐.
per se [pəːˈsiː] (拉丁语)本(自)身,本质上.
per'secute [ˈpəːsikjuːt] vt. ①迫害②困扰,难住. ▲ **persecute M with N** 用 N 来难住[困扰]M. **persecu'tion** [pəːsiˈkjuːʃən] n.
perseve'rance [pəːsəˈviərəns] n. 坚定(持),坚韧不拔,毅力.
perseve'rant a. 能坚持的.
persevera'tion [pəːseveˈreiʃən] n. 持续动作,过去经验之自然重复.
persevere' [pəːsiˈviə] vi. 坚持,不屈不挠,百折不回 (at, in, with). **persevere to the end** 坚持到底.
Per'sian [ˈpəːʃən] a.; n. 波斯的,波斯人(的),(pl.) 男像柱. **Persian blinds** 百叶窗. **Persian powder** 杀虫粉. **Persian red** 铬红,波斯红.
persiennes [pəːsiˈenz] n. (pl.) 百页窗.
persim'mon [pəːˈsimən] n. 柿(子,树). **persimmon oil** 柿子油.
persist' [pəˈsist] vi. ①坚持(in)②持续,继续存在 (耐)久. **persist in taking the road of self-reliance** 坚持自力更生的道路.
persis'tence [pə(ː)ˈsistəns] 或 **persis'tency** [pə(ː)ˈsistənsi] n. ①坚持(性),持久(性,力),稳定性,住留②余辉(荧光屏上余辉)保留[持续]时间,(视觉)暂留③(时间)常数. **persistence characteristic** 暂留(残留,持久,余辉)特性. **persistence length** 相关长度,余辉长度(时间). **persistence of energy** 能量守恒. **persistence of screen** 荧光屏余辉的持久性. **persistence of vision** 或 **visual persistence** 视觉暂留. **pulse persistence** 脉冲宽度. **steady persistence** 长(持久)余辉.
persis'tent [pəˈsistənt] a. 坚持的,持久(续)的,不变的,稳(顽)固的. **persistent agent** 持久(的毒)剂,长效剂. **persistent gas** 持久毒气. **persistent retention of moisture** 积水,滞留. **persistent state** 回归状态. **persistent waves** 等幅(连续)波. ~ly ad.
persis'ter 或 **persis'tor** n. 冷持管,冷持(双金属)存储元件.
persistron n. 持久显示器.
persitol n. 鳄梨(甘露庚)醇糖醇.
persnickety = pernickety.
per'son [ˈpəːsn] n. 人(员),家伙,个体,菌落个体. ▲ **in person** 亲自. **in the person of** 以…资格,代表;体现于…叫做…的人. **no less a person than** 级别〔身份〕不低于.
perso'na [pəːˈsounə] (pl. **perso'nae**) n. ▲ **persona grata** 受欢迎的人. **persona non grata to** [**with**] 不受…欢迎的人. **in propria persona** 亲自.

per'sonage [ˈpəːsənidʒ] n. ①(重要)人物,要人②个人. **democratic personage** 民主人士.
per'sonal [ˈpəːsənl] a. (个,本)人的,自(亲)身的,私(自)的,专用的. **personal circuit** 专用线路. **personal communication** 私人通信,未发表资料. **personal considerations** 个人的需要和爱好,考虑不同情况. **personal effects** 动产. **personal equation** 人差,个人在观察上的误差. **personal error** 个人(操作人,人为)误差. **personal radio** 小型(携带式)收音机. **personal rapid transit** 快速客运. **personal tax** 直接税. **personal television** 小型电视接收机.
personal'ity [pəːsəˈnæliti] n. 品格,个性,人(物).
per'sonalize [ˈpəːsənəlaiz] vt. ①使人格化,体现②在(物品上)标出姓名(记号). **personaliza'tion** n.
per'sonally ad. 亲自,(作为)个人,就个人来说.
per'sonalty [ˈpəːsənəlti] n. 动产.
person-day n. 活动日.
per'sonhood n. 个人特有的品质与特点,个性.
personifica'tion [pə(ː)ːsɔnifiˈkeiʃən] n. ①人格化 ②典型(范),化身,体现.
person'ify [pə(ː)ːˈsɔnifai] vt. ①使人格化,把…看作人②表体(现,是…)的化身.
personnel' [pəːsəˈnel] n. (全体)人员,(全体)职员,班底,人事(录). **engineering (and) technical personnel** 工程技术人员. **operating personnel** 操作(生产,维护)技术人员. **personnel administration** (**management**) 人事管理.
person-to-person I a. ①(通过)个人(接触进行)的,(长途电话)在指名受话人受话后才收费的. II ad. 个人对个人的,面对面的.
persorp'tion [pəː(ː)ˈsɔːpʃən] n. 吸混(作用),多孔性吸附.
perspec'tive [pəˈspektiv] n.; a. ①透视(图,画法,学),(在)中心透视(的),(电视)声音的远近配置,投影的,配景(画)②远景,展望,前途③视野,正确观察事物相互关系的能力④观点,看法⑤联系,整体各部分的比例⑥透镜,望远镜. **angular perspective** 斜透视. **isometric perspective** 等角透视. **perspective geometry** 透视(投影)几何. **perspective projection** 透视(立体)投影. **perspective representation** 透视图表示,余辉残留图像显示. ▲ **in perspective** 合乎透视法,展望中的,正确地. **in one's true perspective** 正确如实地.
perspectiv'ity [pəːspekˈtiviti] n. 透视对应,透视(性),透视.
per'spex [ˈpəːspeks] n. (一种介电)有机玻璃,防风(塑胶)玻璃,聚合的 2-甲基丙烯酸甲酯,不碎透明塑料(填料的介电有机玻璃. **expanded perspex** 加有填料的介电有机玻璃.
perspica'cious [pəːspiˈkeiʃəs] a. 敏锐的,判断理解力强的.
perspicac'ity [pəːspiˈkæsiti] n. 敏锐的,判断理解力强.
perspicu'ity [pəːspiˈkjuːiti] n. 明晰(白),清楚.
perspic'uous [pə(ː)ːˈspikjuəs] a. 意思明白的,表达清楚的. ~ly ad.
perspira'tion [pəːspəˈreiʃən] n. (出,流)汗,分泌,蒸发,排出. **perspi'ratory** a.

perspire' [pəs'paiə] *vi.* 出汗,排出,分泌,蒸发.

persua'dable [pə(:)'sweidəbl] *a.* 可说服的,可使相信的.

persuade' [pə'sweid] *vt.* ①说服,劝说,促使②相信[信服]. ▲*be persuaded of* [*that*]相信,认为不错. *persuade oneself* (确)信. *persuade … to* + *inf.* [*into* + *ing*]说服…(做)…,(促)使…(做).

persua'der *n.* 威慑物,(超正析像管)电子偏转板,阻转电极.

persua'sion *n.* 说服(力),劝说,信念②种类,性别③派别,集团.

persua'sive [pə'sweisiv] I *a.* ①有说服力的. II *n.* 动机,诱因.

persul'fate 或 **persul'phate** [pə'sʌlfeit] *n.* 过[高]硫酸盐.

persul'fide 或 **persul'phide** *n.* 过硫化物.

persulfuric acid 或 **persulphuric acid** 过(二)硫酸.

persymmet'ric *a.* 广对称的.

pert [pət] *a.* 冒失的,活泼的,别致的,辛辣的. ~ly *ad.*

PERT =①program evaluation (and) review technique 计划评审法,统筹方法,程序估计和检查技术 ②program evaluation research task 程序估计研究工作.

pert = pertaining 附属(物),有关的.

pertain' [pə'tein] *vi.* ①从[附]属(于)(to)②关于,与…有关系(to)③适合,相称(to),匹配.

pertain'ing *a.* 有关系的,附属的,为…所固有的 (to). I *n.* 附属(物). II *prep.* 关于. III *a.* 附属(物).

pertechnetate *n.* 高锝酸根[盐].

perthite *n.* 条纹长石.

perthophyte *n.* 活体腐生生物.

perthosite *n.* 淡钠二长石.

pertina'cious [pəti'neiʃəs] *a.* ①顽固的,固执的②坚持的. ~ly *ad.* **pertinac'ity** *n.*

pertinax *n.* 熔结纳克斯胶(木),胶纸板,酚醛塑料.

per'tinence ['pətinəns] 或 **per'tinency** ['pətinənsi] *n.* 适(恰)当,相关,切题.

per'tinent ['pətinənt] I *a.* ①适(恰)当的,贴切的,中肯的②相干[应]的,与…有关的(to). II *n.* (pl.) 附属物. *pertinent data* 相应的资料. *the point pertinent to the question* 与问题有关的要点.

pertungstate *n.* 高钨酸盐.

perturb' [pə'təb] *vt.* ①烦(干)扰,扰(搅)乱(动),使紊乱②【天】使摄动. *perturbing potential* 微扰势.

perturb'able *a.* 易被扰动的.

perturb'ance [pə'təːbəns] *n.* 扰动(乱),干(微)扰,【天】摄动.

perturba'tion [pətə'beiʃən] *n.* ①扰(乱)动,微(干)扰,波动,失真,断裂,破坏,【天】摄动. *concentration perturbation* (区域熔炼)浓度扰动. *mass-flow rate perturbation* 质量-流量扰动. *perturbation calculus* 小扰动法计算. *perturbation method* 摄动[扰动]法,小扰动方法. *perturbation of velocity* 速度变动. *perturbations of daily schedule* [计] 每日故障记录表.

pertussin *n.* 深咳波氏菌素.

Peru [pə'ru:] *n.* 秘鲁. *Peru balsam* 秘鲁香脂[胶].

peru'sal [pə'ru:zəl] *n.* 细(精,阅)读,研讨.

peruse' [pə'ru:z] *vt.* 细(精,阅)读,研讨.

Peru'vian [pə'ru:vjən] *a.*; *n.* 秘鲁的,秘鲁人(的).

pervade' [pə(:)'veid] *vt.* 蔓延,弥漫,渗透,遍及,盛行,充满,扩大. **perva'sion** [pə(:)'veiʒən] *n.* **perva'sive** *a.*

pervapora'tion *n.* 全蒸发(过程).

per'veance ['pə:viəns] *n.* 导流系数,空间-电荷因子,电子导导电系数(即 $i_k = G_b^{3/2}$ 中的 G). *perveance of a multielectrode valve* [*tube*] 多极管的导电系数.

perverse' [pə'və:s] *a.* 坚持错误的,反常的,荒谬的. ~ly *ad.*

perver'sion [pə'və:ʃən] *n.* 误用,曲解,倒错,颠倒,反常. **perver'sive** *a.*

perversor *n.* 逆归一化回元数.

pervert' [pə'və:t] *vt.* 误用,歪曲,曲解,败坏,使反常. *perverted image* 反像.

pervert'ible *a.* 易被误用的,易被曲解的,反易常的.

per'vial *a.* (可)透过的,能透过的.

pervibra'tion *n.* (混凝土)内部振捣.

pervibrator *n.* 内部(插入式)振捣器.

per'vious ['pə:vjəs] *a.* 透水(水)的,有孔的,能通(透)过的,可渗(浸)透的,弥漫的,可通行的,能接受的 (to). *pervious course* [*bed*] 透水层,渗透层.

per'viousness ['pə:vjəsnis] *n.* 渗[可]透性,透过(水)性.

perylene *n.* 苝,二萘嵌苯.

perzirconate *n.* 高锆酸盐.

PES = ①photoelectric scanner 光电扫描器 ②photo-electron-stabilized-photicon 移像光电稳定摄像管.

pes [pi:z] (pl. *pedes*) *n.* 足,蹄.

Pescado'res [peskə'dɔ:riz] *n.* "佩斯卡多列列岛"(16世纪葡萄牙殖民主义者强加于我国领土澎湖列岛的称呼).

pes'ky ['peski] *a.* 麻烦的,讨厌的.

peso ['peisou] *n.* 比索(拉丁美洲许多国家及菲律宾等国货币的).

PESO = plant engineering shop order 工厂机加工任务单.

pes'simism ['pesimizm] *n.* 悲观(主义).

pes'simist *n.* 悲观(主义)者.

pessimis'tic [pesi'mistik] *a.* 悲观的,不利的,最不顺利的. *the most pessimistic solution* 最不利的解.

pessimum *n.* 劣性(过频或过强的刺激).

pest [pest] *n.* ①害(人)虫,(有)害(生)物,有害的东西,灾害②(鼠)瘟,疫. *pest house* 传染病[隔离]医院. *tin pest* 锡瘟[病],α-锡,灰锡.

pes'ter ['pestə] *vt.* 使苦恼,烦扰.

pes'ticide ['pestisaid] *n.* 杀虫[菌]剂,农药,防疫[除害]剂.

pesticin *n.* 鼠疫巴氏杆菌素.

pesticon = photoelectron stabilized photicon 移像光电稳定摄像管.

pestif'erous [pes'tifərəs] *a.* ①传染性的,致(传)疫的,传播疾病的②有害的,讨厌的. ~ly *ad.*

pes'tilence ['pestiləns] *n.* ①瘟(温,时)疫,(恶性)流行病,(恶性)传染病②有毒害的事物.

pes'tilent ['pestilənt] *a.* ①致命的,传染性的②有(危)害(性)的,有毒素的,有害的.

pestilen'tial *a.* ①(引起)瘟疫的,传染性的②有(危

(性)的,有毒素的③讨厌的. ~ly *ad.*
pestis *n.* 鼠(瘟)疫,黑死病.
pes'tle ['pes(t)l] I *n.* (研)杵,捣(碾)锤,槌. II *v.* (用杵)捣,研碎. *pestle mill* 捣锤. *pestle and mortar* 杵和臼.
pestmaster *n.* 溴甲烷.
pet [pet] *n.* ; *a.* 喜爱的(动物),受宠爱的人,小(东西). *pet cock* 小旋塞,小龙头. *pet valve* 小型旋塞(阀).
PET =①pentaerythrite 或 pentaerythritol 季戊四醇 ②performance evaluation test 性能鉴定试验 ③polyethylene terephthalate 对苯二甲酸乙二醇聚酯 ④production environmental test 生产环境试验.
pet =petroleum 石油.
pet. prod. =petroleum product 石油产品.
peta- [词头]拍它(= 10^{15})(1974年9月第64次国际计量委员会通过).
pet'al ['petl] *n.* (花)瓣.
pet'alite ['petəlait] *n.* 透锂长石.
pet'aloid ['petəlɔid] *a.* 花瓣状的.
pet'cock ['petkɔk] *n.* (放泄用)小型旋塞,小活栓,扭塞,小龙头,油门,手压(减压,排泄)开关.
pe'ter ['pi:tə] *vi.* (逐渐)停止(消失,耗尽)(out).
Petersen coil 灭弧(消弧)电抗(线)圈.
pet'iole ['petioul] *n.* (叶)柄,茎,(动物的)肉柄(茎).
petit [pə'ti:] 法语小的,次要的,琐碎的. *petit bourgeois* 小资产阶级的(分子).
petit'ion [pi'tiʃən] *n.* ; *v.* 请求(愿)(书),诉状,申请(书),恳求(for, to +*inf.*),呈文. ~ary *a.*
petit'ioner *n.* 请求人.
PETN =①pentaerythrite tetranitrate 季戊炸药,季戊四醇四硝酸酯 ②pentaerythritol 季戊四醇 $C(CH_2OH)_4$.
PETP =polyethylene terephthalate 聚对苯二甲酸乙二酯.
petr =petroleum 石油.
petralol *n.* 液体石油膏.
petrean *a.* 石质的,化(岩)石的,硬化的.
petrifac'tion [petri'fækʃən] 或 **petrifica'tion** [petrifi'keiʃən] *n.* 化石,石化(作用).
pertrifac'tive ['petri'fæktiv] 或 **petrif'ic** [pi'trifik] *a.* 会石化的,有石化性能的.
petrifica'tion *n.* ①成为化石,石(固)化,化石②吓呆.
pet'rified *a.* 化石的,石化的.
pet'rify ['petrifai] *v.* ①(使)石(质)化,转化为石质,硬化②使发呆. *petrifying liquid* (喷墙)防潮液.
petro- [词头]石(油),岩石.
petroacetylene *n.* 石油乙炔.
petrobenzene *n.* 石油苯.
petrochem'ical [petrou'kemikəl] *a.* 石油化学的,岩石化学的. *n.* 石油化学产品(药品). *petrochemical industry* 石油化学工业. *petrochemical plant* 石油化工厂.
petrochem'istry [petrou'kemistri] *n.* 石油化学,岩石化学.
petrocole *n.* 石栖动物.
petrofab'ric *n.* 岩组学.
petrogas *n.* 液体丙烷.
petrogen'esis *n.* 岩石成因论,岩石发展学.

petrogentic element 造岩元素.
petrog'eny *n.* 岩石发生学.
petrog'rapher *n.* 岩石学家.
petrograph'ic(al) [petrə'græfik(əl)] *a.* 岩石(学)的,岩相(学)的. *petrographic analysis* 岩石(相)分析.
petrog'raphy [pi'trɔgrəfi] *n.* 岩相(类)学.
pet'rol ['petrəl] I *n.* ①汽油,挥发油②=petroleum 石油(产品). *petrol motor* 汽油发动机. II *vt.* 加汽油.
petrola'tum [petrə'leitəm] *n.* 矿脂,石腊油,软(不定形)石蜡,防锈油,轴承包装油,凡士林. *petrolatum album* 白矿脂,白凡士林.
pet'rolax *n.* 液体矿脂.
petrolene *n.* 石油烯,沥青脂,软沥青(沥青中溶于己烷的部分).
petro'leum [pi'trouljəm] *n.* 石油(产品). *crude* [*raw*] *petroleum* 原油. *petroleum ether* 或 *light petroleum* 石油醚. *petroleum jelly* 矿脂,凡士林,石油冻[膏]. *petroleum oil* 石油润滑油,石油. *petroleum specialties* 特殊石油产品. *petroleum spirit* 汽油,石油精.
petrol'ic [pi'trɔlik] *a.* 石(汽)油的,从石油中提炼的.
petrolif'erous [petrə'lifərəs] *a.* 含(产)石油的.
petrolift *n.* 燃料泵.
pet'rolin(e) ['petrəlin] *n.* 石油淋(一种碳化氢).
pet'rolize ['petrəlaiz] *vt.* 用石油点燃(覆盖),用石油(产品)处理,用石油铺(路).
petrolog'ic(al) [pe'trə'lɔdʒik(əl)] *a.* 岩石学的.
petrol'ogy [pi'trɔlədʒi] *n.* 岩石(理)学.
petrol-resistance *n.* 耐汽油性.
petronaphthalene *n.* 石油萘.
petronol *n.* 液体石油脂.
petrophys'ics *n.* 岩石物理学.
petropro'tein *n.* 石油蛋白.
petro'sal [pi'trousəl] *a.* 硬的,石头般的.
petrosapol *n.* 石油软膏.
petrosio *n.* 液体矿脂.
pet'rosphere ['petrosfiə] *n.* 地壳.
petrotecton'ics *n.* 岩石构造学.
pet'rous ['petrəs] *a.* 石质的,化石的,硬(化)的,岩石(似)的.
pet'ticoat ['petikout] *n.* ①衬裙②裙状物,筒,有圆锥口的软管,裙状绝缘子. *double petticoat porcelain insulator* 双裙瓷绝缘子,双重隔电子. *petticoat insulator* 裙式绝缘子. *petticoat of insulator* 绝缘子外裙. *petticoat spark plug* 裙罩式火花塞. *valve petticoat* 阀裙.
pet'tifog ['petifɔg] *vi.* 挑剔,过分注重细节,小题大作. ~ging *a.*
pet'tiness ['petinis] *n.* 微小,琐碎.
pet'ty ['peti] *a.* (微,细,渺)小的,小规模的,次要的,不足道的,下级的,心胸狭窄的,琐碎的.
petu'nia [词头]喇叭花,深紫红色.
petunidin *n.* 矮牵牛(忒)配甚,3'-甲花翠素.
petunin *n.* 矮牵牛贰.
petzite *n.* 针碲银矿,碲金银矿.
peucedanine *n.* 前胡精.
peu'cine ['pju:sin] *n.* 沥青,树脂.

peucinous *a.* 沥青性的, 树脂(性)的.

pew'ter ['pju:tə] *n.* ①白镴(锡铅合金, 锡基合金), 铅锡锑合金, 锡锑铜合金, 镴镲, 点铜器 ②白镴器皿. *Roma pewter* 铅镴合金, 白镴(铅 30%, 锡 70%). *yellow pewter* 低锌黄铜, 顿巴合金.

pexitropy *n.* 冷却结晶作用.

Pexol *n.* 强化松香胶(商品名).

pez *n.* 地沥青.

PF =①picofarad 皮微法(拉) ②plain face 光(素)面 ③position finder 测位器 ④power factor 功率因数 ⑤preflight 飞行前的 ⑥preparing facility 准备设施 ⑦pressure fan 压力风机(扇) ⑧proximity fuse 近爆(炸)引信 ⑨pulse frequency 脉冲频率 ⑩pulverised fuel 粉化燃料.

P-F curve =penetration fracture curve 淬火深度-断面结晶粒度曲线, P-F 曲线(表示淬火硬化能力的曲线).

Pfanhauser platinizing 磷酸盐电解液镀铂(电解液, 磷酸氢二铵 20g, 碳酸氢钠 100g, 铂氯酸 4g, 水 1L).

PFB =Provisional Frequency Board 临时频率委员会.

pfc =plactic-film-capacitor 塑料膜电容器.

pfd =preferred 优先(选用)的.

PFI =Pipe Fabrication Institute(美国)制管研究所(规格).

pfi =power factor indicator 功率因数指示器.

PFK =①perfluorokerosene 全氟煤油 ②phosphofructokinase 磷酸果糖激酶.

PFM =①power factor meter 功率因数计 ②proceed forward magnetic tape 磁带正转 ③pulse frequency modulation 脉冲频率调制(幅), 脉冲调频.

PFN =pulse forming network 脉冲形成电路(网络).

PFR =prototype fast reactor 原型快中子反应堆.

PFS =propellant feed system 推进剂输送系统.

PFT =pulsed Fourier transform 脉冲傅氏转换.

PFU =①plaque forming unit 噬斑单位 ②prepared for use 备用(的).

PG =①program guidance 程序制导 ②programmer 程序装置(机构), 程序设计员(器) ③proving ground (试验)靶场 ④pyrolytic graphite 高温分解石墨 ⑤pyrotechnic gyro.

pg =picogran 沙克, 微微克(10^{-12} 克).

PG clamp =parallel-groove clamp 平行双槽线夹.

PGA =power generation assembly 发电设备.

PGP =pulsed glide path (飞机的)盲目着陆脉冲系统.

PGR =precision graphic recorder 精密图像记录器.

PGS alloy =platinum gold silver alloy 铂金银接点合金(金 69%, 铂 6%, 银 25%).

PGT =per gross ton 每登记吨的, 按体积吨计(100 立方英尺为 1 体积吨).

PG-wire *n.* 心线(型), 芯线.

PH =①phenyl 苯基 ②power house 发电厂, 动力室 ③precipitation hardening 沉淀(弥散)硬化.

ph =①per hour 每小时 ②phase 相(位) ③phenyl 苯基 ④phon (响度单位) ⑤phot 辐透(照度单位) ⑥telephone 电话.

pH =potential of hydrogen (氢离子浓度倒数的对数) pH 值. $\text{pH} = \log_{10}(1/[\text{H}^+])$. *pH meter* pH 计, 氢离子计, 酸碱计. *pH value* pH 值.

Ph Bal =phantom balance 幻像电路平衡.

PH BRZ =phosphor bronze 磷青铜.

Ph D =doctor of philosophy 哲学博士.

PHA =phytohaemagglutinin 植物血球凝集素.

phacoid *a.* 透镜状的.

phacolite *n.* 扁菱沸石.

phacolith *n.* 岩脊(眼, 鞍).

phacom'eter *n.* 透镜折射率计.

phacotherapy [fækə'θerəpi] *n.* 日光浴(疗法).

phaenotype *n.* 表(显)型.

ph(a)eophorbide *n.* 脱镁叶绿甲酯酸.

Phaeophyceae *n.* 褐藻纲.

phaeophyta *v.* 褐藻.

phae'ton ['feitn] *n.* 敞篷(旅行)汽车, 游览车, 一种轻快的四轮马车.

phage [feidʒ] *n.* 噬菌体.

phage-coded *a.* 噬菌体(信息)编码的.

phagocytable *a.* 易吞噬的.

phag'ocyte ['fægəsait] *n.* 吞噬(噬菌)细胞. **phagocyt'ic** *n.*

phagocytin *n.* 吞噬细胞素.

phagocytise *v.* 吞噬.

phagocyto(ly)sis *n.* 吞噬(细胞)作用, 吞噬细胞溶解, 噬菌(胞噬)作用.

phagocytolyt'ic *a.* 吞噬细胞裂解的.

phagol'ysis *n.* 吞噬(细胞)溶解)作用.

phagosome *n.* 吞噬体.

phagostim'ulant *n.* 诱食剂.

phagotroph *n.* 吞噬.

phagotroph'ic *a.* 吞食的.

phalloidin(e) *n.* 鬼笔(毒)环肽, 鬼笔碱.

phaner- 或 **phanero-** 〔构词成分〕显, 可见.

phaner'ic *a.* 显晶的.

phanerite *n.* 显晶岩.

phanerocrys'talline *n.* 显晶质.

phanerogam *n.* 显花植物.

phanerogamous *a.* 种子植物的.

phaneromere *n.* 显粒岩.

Phanerozo'ic *a.* 显生代(从寒武纪开始至今)的.

phan'otron ['fænətrɔn] *n.* 热阴极充气二极管.

phan'tasm ['fæntæzəm] *n.* 幻影(像, 觉, 想), 假像.

phantas'ma [fæn'tæzmə] (pl. *phantas'mata*) *n.* 幻影(觉, 想), 空想.

phantasmago'ria [fæntæzmə'ɡɔ(:)riə] *n.* ①幻觉效应(即屏幕上影像骤然缩小或增大的光学效应) ②变幻不定的场面.

phantasmagor'ic [fæntæzmə'ɡɔrik] *a.* 幻影(似)的, 变幻不定的.

phantas'mal [fæn'tæzməl] 或 **phantas'mic** [fæn'tæzmik] *a.* 幻影(觉, 想)的.

phan'tastron ['fæntəstrɔn] *n.* 延迟管, 幻像延迟电(线)路, 幻像多谐振荡器(利用密勒回授电路的单管弛张振荡器, 以可产生线性计时波形), 准幻像种延迟线路. *phantastron circuit* 幻像电路. *phantastron delay (circuit)* 幻像延迟电(线)路. *phantastron divider* 幻像电路分频器, 准像脉冲延迟电路分频器.

phantasy =fantasy.

phan'tom ['fæntəm] Ⅰ *n.* ①幻像(影, 想, 觉), 影像(子), 错觉 ②仿真, 人体)模型 ③(部分)剖视图 ④鬼怪式飞机 ⑤有名无实的东西. Ⅱ *a.* ①空幻的, 幻像(觉, 想, 影)的, 空的, 虚的 ②假想的, 外表上的 ③

部分剖视的. *liquid phantom* 液相. *phantom antenna* 假天线,仿真天线. *phantom circuit* 幻像〔仿真,模拟〕电路. *phantom crystal* 先成晶体,幻晶体. *phantom signal* 幻像信号. *phantom target* 假〔幻像〕目标. *phantom view* 部分剖视图,经过透明壁的内视图.

phantoming n. 构〔架〕成幻路.
phantophone n. 幻像电话.
phaopelagile a. 海洋面的.
phao-plankton n. 透光层浮游生物.
pharbitin n. 牵牛亭 $C_{54}H_{96}O_{27}$.
phare = pharos.
pharm. = pharmacology 药理学.
pharmaceutic a. = pharmaceutical.
pharmaceu′tical [ˌfɑːməˈsjuːtikəl] Ⅰ a. 药物〔用,学〕的,医〔配,制〕药的. Ⅱ n. 药品〔物,剂〕,成药. ～ly ad.
pharmaceu′tics n. 制药学.
pharmac(eut)ist n. ①药剂师,调剂员 ②药商.
pharmacokinet′ics n. 药物动力学.
pharmacolite n. 毒石.
pharmacol′ogy [ˌfɑːməˈkɔlədʒi] n. 药物〔理〕学.
pharmacopoe′ia [ˌfɑːməkəˈpiːə] n. 药典,(一批)备用药品.
phar′macy [ˈfɑːməsi] n. ①药(剂)学,制〔配〕药 ②药房〔店〕③(一批)备用药品.
phar′mic [ˈfɑːmik] a. 药物〔学〕的.
p-harmonic function p 调和函数.
pharoid n. 辐射加热器.
pha′ros [ˈfɛərɔs] n. 灯塔,航标灯.
phase [feiz] Ⅰ n. ①相(位,角),位〔周,物,波,金,震〕相,形像,(月像)盈亏 ②(发展)阶段,(时)期,局面,形势,状态 ③方(侧)面,部分,步骤,遍 ④节拍. *ceramic phase* 陶瓷相. *launching phase* 起飞〔发射,加速〕阶段. *liquid phase* 液相. *metastable phase* 亚稳相. *phase angle* 相(移)角. *phase belt* 相带. *phase bit* 【计】定相位. *phase change* 相变,换相. *phase changer* 换相(数)器,相位变换器,变相器. *phase coil* 相位线圈. *phase constant* 相移(位,周)常数. *phase contrast microscope* 相衬显微镜. *phase crossover* 相位交点. *phase demodulation* 鉴相,相位解调. *phase demodulator* 〔detector, discriminator〕鉴相器,相位解调器. *phase diagram* 相(位)图,信号相运行图,平衡图. *phase fault* 相间短路,相位故障. *phase fluctuation* 位相波动. *phase front* 相(位波)前,波前面. *phase inversion* 〔reversal〕倒相,相位颠倒. *phase lag(ging)* 相位滞后. *phase lead* 相位超前. *phase lock(ing)* 锁相. *phase margin* 相余量,稳定界限,相位余量〔容限〕,允许相位失真. *phase method* 相位法. *phase microscope* 相衬显微镜. *phase of distillation* 蒸馏阶段. *phase of flocculation* 絮凝相. *phase plate* 相移片. *phase quadrature* 相位正交,90°相位. *phase reversal transformer* 倒相变压器. *phase rule* 相律,相位规则. *phase shifter* 移相器. *phase splitter* 分相器〔电路〕. *phase transformer* 相位变换器,变相器. *phase transition* 相(转)变. *valve phase* 阀相位. *Wustite-iron phase* 方铁体铁相. ▲*(be) in phase* 【物】同相(的),同时协调(的). *(be) in phase with M* 与 M 同相(的). *(be) of opposite phase to M* 与 M 反相. *(be) out of phase* 异相(的),非同时协调(的),不协调. *be 180° out of phase* 位相相差 180°. *(be) out of phase with M* 与 M 异相. *enter on* 〔*upon*〕 *a new phase* 进入新阶段(时期,局面).

Ⅱ vt. ①使调整相位,使定相,整〔调〕相 ②使分阶段〔按计划〕进行 ③逐步采用. *external* 〔*internal*〕 *phasing* 天线外〔内〕部定相. *field phasing* 帧脉冲定相. *phased array radar* 相控(天线)阵雷达. *phased laser array* 同相光激射器阵列. *phasing adjustment* 相位调准〔整〕. *phasing back* 反相,相位逆转. *phasing capacitor* 定相电容器. *phasing current* 相〔平衡〕电流. *phasing switch* 调相开关. *phasing* 〔*phase-shifting*〕 *transformer* 移相〔相移〕变压器,移相变换器. *quadrature phasing* 差 90° 的相位关系. *space phasing* 空间传播相位差距. ▲*phase down* 逐步〔分阶段〕缩减. *phase in* 〔*into*〕(分阶段)引〔纳,接,投,编〕入,逐步采〔启〕用,包括,服,役. *phase out* (逐步)取〔停,止〕用,(分期)完成,过渡,退役. *phase out (of) some R & D work* 停止某些研究与试制工作.

phase-and-amplitude equalizer 幅相均衡器.
phase-and-amplitude indicator 相(位和振)幅指示器.
phase-change switch 变相开关.
phase-coherent a. 相位相干〔相参〕的.
phase-contrast Ⅰ a. (用)相衬显微镜的. Ⅱ n. 相差衬托.
phase-control n. 相位控制.
phased-array radar 相控阵雷达.
phase-delay n. 相(位)延迟.
phase-detecting n. 检相. *phase-detecting element* 相敏〔相位检测〕元件.
phase-down n. 停止(活动),关闭,逐步缩减,解列.
phase-insensitive a. 对相位变化不灵敏的.
phase-in(to) n. 投入,启动,并列.
phase-inverter n. 倒相器.
phase-locked a. 锁相的,相位同步的. *phase-locked loop* 锁相环路,相位同步回路.
phasemass n. 相位量(传输量的虚部,其单位为度或弧度).
phasemeter n. 相位(差)计.
phase-microscope n. 相(位)相显微镜.
phase-modulated a. 调相的.
phaseolin n. 云扁豆〔菜豆球〕蛋白.
phase-out n. (逐渐)停止,中止,关闭,解列,逐步结束〔撤军〕. *phase-out of some R* 〔*research*〕 *and D* 〔*development*〕 *work* 停止某些研究与试制工作.
pha′ser [ˈfeizə] n. 相位器〔计〕,移相器,中子激射器,声子量子放大器,激声,费塞.
phase-reversing connections 反相连接.
phase-rotation relay 反相继电器.
phase-sensitive a. (对)相(位变化灵)敏的.
phase′shift n. 相(位)移,移相. *phase-shift keying*

移相键控.
phase-shifted *a.* 不同相的,异相的.
phase-shift-frequency curve 相频特性曲线.
phase-splitter *n.* 分相器.
phase-splitting circuit *n.* 分相电路.
phase-to-phase *n.* 相位间的,相位对相位的.
phase-unstable *a.* 相位不稳定的.
phasigram *n.* 相图.
phasitron *n.* (一种)调频管,调相管.
phasmajector *n.* 发出标准视频信号的电视测试设备,简单静像管,静像发射管,单像管.
phasometer *n.* 相位计.
phasor *n.* 相位复(数)矢量,相(矢)量,相图,彩色信息矢量,复数.
phasotropy *n.* 氨基氢振动异构(现象).
PhBz =phosphor bronze 磷青铜.
pH-controller pH 计,pH 调节器.
PhD =doctor of philosophy 哲学博士.
phellandral *n.* 水芹醛.
phellandrene *n.* 水芹烯.
phel'lem *n.* 木栓.
phel'logen *n.* 木栓形成层.
PHEN =phenolic 苯酚的.
phenacemide *n.* 苯乙酰脲.
phenacetolin *n.* 迪吉诃(Degener)指示剂(测定水的碱度用).
phen'acite *n.* 似晶石,硅铍石.
phenan'threne [fi'nænθrin] *n.* 菲($C_6H_4CH)_2$.
phenanthrenequinone *n.* 菲醌.
phenanthridine *n.* 菲啶.
phenanthryne *n.* 菲炔.
phenate *n.* (苯)酚盐,石碳酸盐.
phene *n.* ①苯(=benzene) ②表现性状.
phenelzine *n.* 苯乙肼.
phenesterin(e) *n.* 胆甾醇对苯乙酸氮芥.
phenethyl *n.* 苯乙基.
phenethylene *n.* 苯乙烯.
phenetidine *n.* 乙氧基苯胺.
phen'etol(e) ['fenətəl] *n.* 苯乙醚,乙氧基苯 $C_6H_5·OC_2H_5$.
phengite *n.* 多硅白云母.
phenic acid 苯酚的别名.
phenixin *n.* 四氯化碳.
phenobarbitone *n.* 苯巴比妥.
phenocopy *n.* 拟表型.
phe'nocryst ['fi:nəkrist] *n.* [地] 斑晶.
phenogenet'ics *n.* 发育[表型]遗传学.
phenogram *n.* 【生物】物候图.
phe'nol ['fi:nɔl] *n.* (苯)酚,石炭酸(C_6H_5OH). *free phenol* 单体(游离)酚. *phenol fibre* 酚(碳酸)纤维. *phenol (formaldehyde) resin* (苯)酚(甲)醛树脂. *phenol oil* 苯酚润滑油.
phenolase *n.* 酚酶.
phenolate *n.* (苯)酚盐.
phenol'ic *a.* (苯)酚的,酚醛的. *phenolic (-formaldehyde) resin* 酚醛树脂. *phenolic plastics* 酚醛塑料.
phenol'ics *n.* 酚醛塑料[树脂].
phenolite *n.* 费诺化(一种酚醛塑料).
phenol'ogy [fi'nɔlədʒi] *n.* (生)物(气)候学,物候现象.
phenolphthal'ein [fi:nɔl'fθæli:in] *n.* (苯)酚酞 ($C_{20}H_{14}O_4$).
phenolplast *n.* 酚醛塑料.
phenolsulfonate 或 **phenolsulphonate** *n.* 苯酚磺酸盐.
phenolsulfonphthalein *n.* 酚磺酞,酚红.
phenolsulphonic acid process 苯酚磺酸电镀锡法.
phenol'ysis *n.* 酚解.
phenom'ena [fi'nɔminə] phenomenon 的复数.
phenom'enal [fi'nɔminl] *a.* ①现[唯]象的 ②从感觉得到的 ③显著的,非常[凡]的.
phenom'enalize [fi'nɔminəlaiz] *vt.* 作为现象来观察[处理],把…当作现象看待,现象的显示.
phenom'enally *ad.* 现象上,非凡,稀有.
phenomenolog'ical [finɔminə'lɔdʒikəl] *a.* 现[表]象学的,现象(上)的,唯象的. ~ly *ad.*
phenomenol'ogy [finɔmi'nɔlədʒi] *n.* 现[表,唯]象学.
phenom'enon [fi'nɔminən] (*pl. phenom'ena*) *n.* ①现象,征兆[候] ②不平常的事物[件] ③珍品,奇迹. *electromagnetic phenomenon* 电磁现象. *physical phenomenon* 物理现象.
phenom'etry *n.* 物候测定学.
phenon *n.* (数值分类)表观群.
phenophase *n.* 物候期.
Phenoplast *n.* 酚醛塑料.
phenosaf'ranine *n.* (蓝光碱性)酚藏花红.
phenosulfonphthalein *n.* 酚磺酞.
phe'notype *n.* 表(现)型,显型,混合型.
phenoweld *n.* 改性酚醛树脂粘结剂.
phenox'ide [fi'nɔksaid] *n.* (苯)酚盐,苯氧化物.
phenoxy resin (苯)氧(基)树脂.
phenoxybenzamine *n.* 苯氧苄胺.
phen'yl ['fenil] *n.* 苯基(C_6H_5-).
phenylacetylglutamine *n.* 苯乙酰谷氨酰胺.
phenylacetylglycine *n.* 苯乙酰甘氨酸,苯乙尿酸.
phenylalaninase *n.* 苯丙氨酸酶,苯丙氨酸-4-羟化酶.
phenylalanine *n.* 苯(基)丙氨酸.
phenylalanyl- [词头] 苯丙氨酰(基).
phenylam'ine *n.* 苯胺.
phenylbenzene *n.* 联苯.
phenyl-cellosolve *n.* 乙二醇单苯醚.
phenylcumalin *n.* 苯基吡喃.
phen'ylene ['feni:lin] *n.* 苯撑,次苯基.
phenylethane *n.* 苯乙烷.
phenylethyl alcohol 苯基乙(化)乙醇.
phenylfluorone *n.* 苯基芴酮,苯基萤光酮.
phenylhy'drazine [fenil'haidrəzin] *n.* 苯肼.
phenylmercuric-p-toluenesulfonechloroamide *n.* 氯代硫胺苯汞.
phenylog *n.* 插(联)苯物.
phenylphenol *n.* 苯基苯酚,联苯酚.
phenylstilbene *n.* 苯芪.
phenylthiocarbamyl- [词头] 苯基氨荒酰.
phenylthiohydantoic acid 苯基海硫因酸,苯异硫脲基醋酸.
phenylthiohydatoin *n.* 苯基海硫因,苯乙二酰硫脲.
phenylthioisocyanate *n.* 苯异硫氰酸.
pheochromocyte *n.* 嗜铬细胞.
pheophorbide *n.* 脱镁叶绿甲.
pheophorbin *n.* 脱镁叶绿二酸.

pheophytin *n.* 脱镁叶绿素.
pheromone *n.* 信息素,外激素.
pheron *n.* 酶蛋白,脱辅基酶.
phi [fai] *n.* (希腊字母)Φ,φ.
phi′al ['faiəl] *n.* 管(形)瓶,小药瓶,小玻璃瓶,长颈小瓶.
phialide *n.* 瓶梗,烧瓶形.
phi′alis ['faiəlis] (pl. *phi′alides*) *n.* 管(形)瓶.
phialopore *n.* (团藻的)沟孔.
phi-coefficient *n.* φ系数.
phi-function *n.* φ函数.
phil =philosophy 哲学.
Philadel′phia [filə'delfjə] *n.* 费城,费拉德尔菲亚.
Phil′ip ['filip] *n.* 菲利普. *Philips driver* 十字螺丝起子. *Philips gauge* 冷阴极电离真空计. *Philips screw* 带十字槽头的螺钉.
Phil′ippine ['filipi:n] *a.* 菲律宾的,菲律宾人的. *the Philippines* 菲律宾(群岛).
Philisim *n.* 一种炮铜(铜86.25%,锡7.4%,锌6.35%).
philo- (构词成分)爱好,亲,嗜.
philolog′ic(al) [filə'lɔdʒik(əl)] *a.* 语言(文)学的.
philol′ogist [fi'lɔlədʒist] *n.* 语言(文)学家.
philol′ogy [fi'lɔlədʒi] *n.* 语言(文)学.
phil′omath ['filəmæθ] *n.* 数学爱好者.
philos′opher [fi'lɔsəfə] *n.* 哲学家,思想家. *philosopher's stone* 点金石.
philosoph′ic(al) [filə'sɔfik(əl)] *a.* ①哲学(上)的 ②理性的,冷静的 ③自然科学研究的. *Philosophical Magazine* 《自然科学杂志》.
philos′ophize [fi'lɔsəfaiz] *v.* 从哲学观点思考,从哲学上来看,思索.
philos′ophy [fi'lɔsəfi] *n.* ①哲学,哲理,人生〔宇宙〕观 ②基本原理〔定律,观点〕,自然科学,特点,原则,方法,方式 ③沉着. *design philosophy* 设计原理〔特点,准则〕. *natural philosophy* 自然哲学. *philosophy of measurement* 测量方法〔原理〕.
philotech′nic(al) [filə'teknik(əl)] *a.* 爱好工艺的.
phlean *n.* 梯牧草果聚糖.
phlebogram *n.* 静脉X线照片,静脉博动图.
phlebostat′ic *a.* 静脉静力学的.
phlegm [flem] *n.* 痰,粘液,迟钝.
phlegmat′ic(al) [fleg'mætik(əl)] *a.* 粘液质的,迟钝的.
phleomycin *n.* 腐草霉素.
phlobaphene *n.* 柝鞣红.
phlobatannin *n.* 红粉单宁〔鞣质〕.
phlo′em *n.* 韧皮部.
phlogis′tic [flɔ'dʒistik] *a.* ①燃素的 ②炎症的.
phlogistica′tion *n.* 除氧(作用).
phlogis′ton [flɔ'dʒistən] *n.* 燃素.
phlog′opite ['flɔgəpait] *n.* 金云母.
phlogo′sis *n.* 炎症,丹毒.
phloretin *n.* 根皮素,根皮苷配基.
phlorhizin *n.* 根皮苷,果树根皮精.
phloridzin *n.* 根皮甙,果树根皮精.
phloroglucin *n.* 间苯三酚.
phloroglucinol *n.* 间苯三酚.
phlorol *n.* 乙基苯酚.

phm =①phase meter 相位计 ②phase modulation 相位调制,调相.
pH-meter *n.* 氢离子浓度测定仪,酸碱计,pH 计,pH 调节器.
Phnom Penh [p'nɔm'pen] *n.* 金边(柬埔寨首都).
pho′bia *n.* (病态的)恐惧,憎恶. **pho′bic** *a.*
phobo-phototaxis *n.* 趋光性.
phobotaxis *n.* 【生物】趋避性(恐惧辨向移动).
phoenicine *n.* 排红素.
phoe′nix ['fi:niks] *n.* ①(神话中的)长生鸟,凤凰 ②绝世珍品. *phoenix effect* "凤凰"效应(钚240转换为易裂变的铀241).
phoenix-tree *n.* 梧桐.
phoeophorbide *n.* 脱镁叶绿酸.
phoeophorbin *n.* 脱镁叶绿二酸.
phoeophytin *n.* 脱镁叶绿素.
pholerite *n.* 大岭石.
phon [fɔn] *n.* 方(响度单位).
phon- =phono-.
phonal *a.* (声)音的.
phonau′tograph [fou'nɔ:təɡrɑ:f] *n.* 声波记振仪.
phone [foun] I *n.* ①电话(机) ②送受话器,耳机 ③单音,音素. II *v.* (给…)打电话,打电话通知(to). *laryngo phone* 喉头送话器. *phone jack* 听筒塞孔,耳机插孔. *phone meter* 通话计数器,测声计. *phone operator* 电话接线员. *thermo phone* 热致发声器.
pho′neme ['founi:m] *n.* 语音,音素(位). **phonemat′ic** 或 **phonem′ic** *a.*
phonemeter ['founmi:tə] *n.* 通话计数器,测声计.
phonet′ic [fou'netik] I *a.* 语音(学)的. II *n.* (pl.)语音学. *phonetic keyboard* 速写键盘. *phonetic speech power* 语音功率. *phonetic typewriter* 口授(语音)打字机. —ally *ad.*
phonet′icism *n.* 音标表示法.
phonet′icize *vt.* 用语音符号写表示.
pho′nevision ['founiviʒən] *n.* 电话(有线)电视(一种收费制电视).
pho′ney ['founi] I *a.* 假的,伪造的. II *n.* 骗子,假货.
pho′nic ['founik] I *a.* 声(语)音的,有声的. II *n.* (pl.)声学,语(发)音学. *phonic motor* (调谐或同步用)蜂音电动机. *phonic wheel* 音轮.
pho′nily *ad.* 虚假地.
pho′niness *n.* 虚假.
pho′nite ['founait] *n.* 霞石.
pho′no ['founou] *n.* 声音,唱(留声机). *phono amplifier* 音频(电唱机)放大器. *phono motor* 唱机或录音机用电动机.
PHONO =phonograph 唱机,留声机.
phono- (构词成分)声,音,说话.
phono-bronze *n.* 铜锡系合金.
phonocar′diogram *n.* 心音图,心音记录.
phonocardiog′raphy *n.* 心音描记术,心音显示技术.
pho′nochem′istry ['founou'kemistri] *n.* 声化学.
pho′nodeik ['founədaik] *n.* 声波显示仪.
phonofilm ['founəfilm] *n.* 有声电影.
pho′nogram ['founəɡræm] *n.* ①录音片,唱片 ②话传电报.
pho′nograph ['founəɡrɑ:f] *n.* 唱机,留声机. *electric*

phonograph 电唱机. *phonograph adapter* 〔pick-up〕唱机的拾音器. *phonograph connection* 留声机连接,拾声器与声频放大器连接. *phonograph record* 唱片. *radio phonograph* 收音电唱机.

phonograph'ic(al) [founə'græfik(əl)] *a.* ①录音的 ②唱机的,留声机的 ③表音速记法的. *phonographic recorder* 录声记录器,唱片录音机.

phonog'raphy [fou'nɔgrəfi] *n.* 表音〔速记〕法.

pho'nolite 或 **pho'nolyte** ['founəlait] *n.* 响岩.

phonom'eter [fou'nɔmitə] *n.* 声强计,声强度计,测声〔音〕计,声响度计.

phonom'etry [fou'nɔmitri] *n.* 声强测量〔定〕法,测声术.

phonomo'tor [founə'moutə] *n.* 电唱〔录音〕机用电动机.

pho'non ['founɔn] *n.* 声子(晶体点阵振动能的量子). *shear phonon* 横振动声子.

phonon-drag *n.* 声子-曳引.

phonon-induced relaxation 声子诱导弛豫.

pho'nophore ['founoufɔː] *n.* 报话合用机.

pho'nophote ['founoufout] *n.* 音波发光机.

phonophotog'raphy *n.* 声波照相法〔术〕.

pho'noplug *n.* 信号电路中屏蔽电缆用插头.

pho'nopore ['founəpɔː] *n.* 报话合用机.

phono-radio *n.* 电唱收音机.

phonorecep'tion *n.* 声感受.

phonorecep'tor *n.* 感音器.

pho'norecord ['founəurekɔːd] *n.* 唱片.

pho'noscope ['founəskoup] *n.* 验声器,微音器.

phonosen'sitive *a.* 感音的,声敏的.

phonosyn'thesis *n.* 声合成.

phonotaxis *n.* 趋音性.

phonotropism *n.* 向声性.

pho'notype ['founoutaip] *n.* 音标铅字(体).

pho'notypy ['founoutaipi] *n.* 表音印刷〔速记〕法.

pho'novision ['founəviʒən] *n.* = phonevision. *phonovision system* 电话-电视系统,传真电话(系统),有线电视.

phonozenograph *n.* 声波测向器〔定位器〕.

phony = phoney.

Phoral *n.* 铝磷合金.

phorbide *n.* 脱镁叶绿环类.

phorbin *n.* 脱镁叶绿(母)环类.

phorbol *n.* 佛波醇.

phoresis *n.* 电泳现象.

phorocyte *n.* 结缔组织细胞.

phorogen'esis *n.* 平移作用.

phorone *n.* 佛尔酮,两个异丙叉丙酮.

phoronom'ics *n.* 声测角计,声测向计.

PHOS = ①phosphate ②phosphorescent.

phos 〔希腊语〕*n.* 光.

phos- 〔词头〕光.

phos-copper *n.* 磷铜焊料(含磷 7~10%).

phosgena'tion *n.* 光气化(作用).

phos'gene ['fɔzdʒiːn] *n.* 光气,碳酰氯. *phosgene bomb* 光气弹.

phos'genite ['fɔsdʒinait] *n.* 角铅矿.

phosph- 〔词头〕磷.

phosphagen *n.* 磷酸原,磷肌酸.

phos'phamide ['fɔsfəmaid] *n.* 磷酰胺.

phosphaminase *n.* 氨基磷酸酶.

phos'phatase ['fɔsfəteis] *n.* 磷酸(酯)酶.

phos'phate ['fɔsfeit] *n.* 磷酸盐〔酯〕,磷肥. *calcium phosphate* 磷酸钙. *phosphate chalk* 磷灰岩(土). *phosphate coating* 磷化〔磷酸盐〕处理. *phosphate crown glass* 磷(酸盐)晃玻璃.

phosphate-ligand *n.* 磷酸盐配合体.

phosphat'ic *a.* (含)磷,磷酸盐的. *phosphatic deposit* 磷质沉积.

phosphatidalcholine *n.* 缩醛磷脂酰胆碱.

phosphatidalserine *n.* 缩醛磷脂酰丝氨酸.

phosphatidase *n.* 磷脂酶.

phosphatidate *n.* 磷脂酸(盐,酯,根).

phos'phatide *n.* 磷脂.

phosphatidylcholine *n.* 磷脂酰胆碱,卵磷脂.

phosphatidylethanolamine *n.* 磷脂酰乙醇胺.

phosphatidylinositol *n.* 磷脂酰肌醇.

phos'phating *n.* (金属表面)磷酸盐(防锈)处理,磷酸盐敷层,磷酸盐化.

phosphatiza'tion *n.* 磷化.

phos'phatizing *n.* 磷酸作用,磷化,渗磷.

phosphide ['fɔsfaid] *n.* 磷化物,磷脂. *aluminum phosphide* 磷化铝.

phosphinate *n.* 亚膦酸盐〔酯〕.

phos'phine ['fɔsfiːn] *n.* ①磷化氢 ②膦 ③碱性染革黄棕.

phosphinyl *n.* 磷酰基.

phos'phite ['fɔsfait] *n.* 亚磷酸盐〔酯〕.

phospho- 〔词头〕①磷酸,磷酸(基) ②指"有磷共存".

phosph(o)amidase *n.* 磷酸胺酶.

phosphoamide *n.* 磷(酸)酰胺.

phosphoarginine *n.* 磷酸精氨酸.

phosphobacte'ria *n.* 磷细菌.

phosphocre'atine *n.* 磷酸肌酸.

phosphodiester bond 磷酸二酯键.

phosphodiesterase *n.* 磷酸二酯酶.

phosphodihydroxyacetone *n.* 磷酸二羟丙酮.

phosphodoxin *n.* 磷酸氧还素.

phosphoenolpyruvate *n.* 磷酸烯醇丙酮酸.

phosphoesterase *n.* 磷酸酯酶.

phosphofructokinase *n.* 磷酸果糖激酶.

phosphoglucoisomerase *n.* 磷酸葡糖异构酶.

phosphogluconolactone *n.* 磷酸葡糖酸内酯.

phosphoglyceraldehyde *n.* 磷酸甘油醛,磷酸甘油醛.

phosphoglyceride *n.* 磷酸甘油酯.

phosphoglycerol *n.* 甘油磷酸,磷酸甘油.

phosphoglyceromutase *n.* 磷酸甘油酸变位酶.

phosphoglycopro'tein *n.* 磷糖蛋白.

phosphohexoisomerase *n.* 磷酸己糖异构酶.

phosphohexokinase *n.* 磷酸己糖激酶.

phosphohexose *n.* 己糖磷酸酯,磷酸己糖.

phosphohomoserine *n.* 磷酸高丝氨酸.

phosphohumate *n.* 腐殖酸磷肥.

phosphoinositide *n.* 磷酸肌醇.

phosphoketopentoepimerase *n.* 磷酸戊酮糖差向异构酶.

phosphokinase *n.* 磷酸激酶.

phospholipase *n.* 磷脂酶.

phospholipid *n.* 磷脂.
phosphomolybdate 磷钼酸盐.
phosphomonoesterase *n.* 磷酸单酯酶.
phosphomutase *n.* 磷酸变位酶,转磷酸酶.
phosphonate ester 膦酸酯.
phosphona'tion *n.* 磷酸化(作用).
phosphonic acid 膦酸.
phosphonitrogen *n.* (一种)磷氮肥.
phospho'nium [fɔs'founiəm] *n.* 镑,一价基. —PH₄.
phosphonodithioate *n.* 二硫代膦酸脂.
phosphopantetheine *n.* 磷酸泛酰巯基乙胺.
phos'phopro'tein *n.* 磷蛋白.
phosphopyridoxal *n.* 磷酸吡哆醛.
phosphopyridoxamine *n.* 磷酸吡哆胺.
phosphopyruvate *n.* 磷酸丙稀酸.
phos'phor ['fɔsfə] *n.* ①磷,黄磷②荧[磷]光物质(粉,剂),磷③[天]启明星,闪烁物③晶星,启明星. long-lag [persistence] phosphor 长余辉磷光体. phosphor bronze 磷青铜(耐蚀,耐磨；一般含锡10～14%,磷 0.1～0.3%,有时还含铅、镍). phosphor dot 荧[磷]光点. phosphor removal 脱磷. phosphor screen 荧光屏,发光板. scintillating [scintillation] phosphor 闪烁体.
phosphoramide *n.* 磷酰胺.
phosphoramid(o)ate *n.* 磷酰胺酯,氨基磷酸酯.
phos'phorate ['fɔsfəreit] *vt.* 使和磷化合,加磷,使含磷. phosphorated oil 含磷油.
phosphor-copper *n.* 磷铜(一般含磷0.25%).
phosphoresce' [fɔsfə'res] *vi.* 发磷光.
phosphores'cence [fɔsfə'resns] *n.* 磷光(性),荧光(现象). accelerated phosphorescence 加速发磷光.
phosphores'cent [fɔsfə'resnt] Ⅰ *a.* 磷光性的,(发)磷光的. Ⅱ *n.* 磷光体.
phosphoretic steel 磷钢.
phos'phoret(t)ed ['fɔsfəretid] *a.* 含磷的,与磷化合的. phosphureted hydrogen 磷的氢化物.
phosphoribomutase *n.* 磷酸核糖变位酶.
phosphoribosylamine *n.* 磷酸核糖胺.
phosphoribosyl-5-aminoimidazole *n.* 5-氨基咪唑核甙酸.
phosphoribosyl-5-aminoimidazole-4-carboxamide *n.* 5-氨基咪唑-4-甲酰胺核甙酸.
phosphoribosyl-5-aminoimidazole-4-carboxylate *n.* 5-氨基咪唑-4-甲酸核甙酸.
phosphoribulokinase *n.* 磷酸核酮糖激酶.
phosphor'ic [fɔs'fɔrik] *a.* 磷的,含(五价)的. phosphoric acid 磷酸. phosphoric pig iron 高磷生铁.
phosphorim'eter *n.* 磷光计.
phosphorim'etry *n.* 磷光测定法.
phosphorise = phosphorize. **phosphorisa'tion** *n.*
phos'phorism ['fɔsfərizəm] *n.* 慢性磷中毒.
phos'phorite ['fɔsfərait] *n.* ①亚磷酸肥酸(含 P₂O₃) ②磷钙土,磷灰岩.
phosphoriza'tion *n.* 磷化作用,增磷.
phos'phorize *v.* 磷化,引入磷元素.
phos'phorizer *n.* ①钟罩(在金属液中添加易蒸发或低熔点金属时用的工具)②增磷剂.
phosphoro- [词头] 磷(的).

phosphorog'raphy *n.* 磷光照相术.
phosphorol'ysis *n.* 磷酸解(作用).
phosphorom'eter *n.* 磷光计.
phos'phoroscope ['fɔsfərouskoup] *n.* 磷光镜,磷光计.
phosphorosilicate glass 磷硅酸玻璃.
phosphorothiolothionate *n.* 硫赶硫逐磷酸酯,二硫代磷酸酯.
phosphorothionate *n.* 硫逐磷酸酯.
phosphorotrithioate *n.* 三硫代磷酸酯.
phos'phorous ['fɔsfərəs] *a.* (亚)磷的,含(三价)磷的,由磷得到的,磷样的. phosphorous acid 亚磷酸. phosphorous pentoxide 五氧化二磷. phosphorous test for lubricating oil 测定润滑油中磷含量的亚磷试验. phosphorous tin 含(磷锡).
phos'phorus ['fɔsfərəs] *n.* ①[化]磷 P ②磷光体,发光物质③[天]启明星,金星. amorphous-phosphorus 无定形磷(即红(red)磷). metallic-phosphorus 金属态磷(即黑(black)磷). ordinary-phosphorus 寻常磷(即白(white)磷). phosphorus kick-back [冶]回磷. phosphorus oxychloride 三氯氧化磷,磷酰氯. radio phosphorus (放)射磷. red phosphorus 赤(红)磷.
phos'phoryl *n.* 磷酰基. **phosphoryl chloride** 磷酰氯.
phos'phorylase *n.* 磷酸化酶.
phosphoryla'tion *n.* 磷酸化(作用).
phosphorylcholine *n.* 磷酸胆碱.
phosphorylethanolamine *n.* 磷酸乙醇胺.
phosphoserine *n.* 磷酸丝氨酸.
phosphotaurocyamine *n.* 磷酸胱基牛磺酸.
phosphotransacetylase *n.* 磷酸转乙酰酶.
phosphotransferase *n.* 磷酸转移酶,转磷酸酶.
phosphotriose *n.* 丙糖磷酸,磷酸丙糖.
phosphotungstate *n.* 磷钨酸盐.
phosphowolframate *n.* 磷钨酸盐.
phosphuranylite *n.* 磷铀矿.
phos'phuret(t)ed ['fɔsfjuretid] *a.* 含(低)磷的. phosphuretted hydrogen 磷化氢(类),膦.
phos'sy ['fɔsi] *a.* 磷毒性的,磷的.
phosvitin *n.* 卵黄高磷蛋白.
phos'wich *n.* (由余辉时间长短不一的磷光体组成的)层状闪烁体.
phot [fɔt] *n.* 辐透,厘米烛光(照度单位,=1流明/厘米²).
phot = ① photograph ② photographer ③ photographic ④ photography.
phot- [词头] ①光(致,敏) ②摄像[影] ③光电 ④光子 ⑤光化(学的).
phote [fout] *n.* 辐透(照度单位).
photelom'eter [foutə'lɔmitə] *n.* 光电比色计.
pho'tetch *n.* 光蚀刻,光刻(技术).
pho'tic ['foutik] *a.* ①发光的②感光的,受光的④透(日)光的. photic zone 透光层.
pho'ticon ['foutikɔn] *n.* 光电(高灵敏度)摄像管,辐帖康管.
pho'tion *n.* 充气光电二极管.
pho'tism ['foutizəm] *n.* 后起(续发)光觉,幻视.
pho'tistor ['foutistə] *n.* = photo transistor 光敏晶体(三极)管,光电晶体管.

pho′to [′foutou] I *n.* = photograph 照片,(摄影)图片. II *vt.* 拍照,照相. III *a.* 照相的,摄影的. *photo composing* 光学排字. *photo copier* 照相复印(拷贝)器. *photo elasticity* 光(测)弹性学. *photo induced strain* 光感应变. *photo transistor* 光敏晶体(三极)管. ▲ *have (get) one's photo taken* (请人)给…拍照. *make photos (a photo) of* 摄下…的图像. *take a photo* (自己来)拍照.

photo- 〔词头〕光,光电,照相.

photoabsorp′tion *n.* 光(电)吸收.

photoactin′ic [foutouæk′tinik] *a.* (发出)光化射线的,能产生光化作用的.

photoac′tivate [foutou′æktiveit] *vt.* 光激活,光敏化,用光催化. **photoactiva′tion** *n.*

photoac′tive [foutə′æktiv] *a.* 光敏的,光活的,感光的. *photoactive substance* 感光物质.

photoac′tor [foutou′æktə] *n.* 光电开关,光敏〔光电变换〕器件.

photo-addition *n.* 光化加成作用(反应).

photoadsorp′tion [foutouæd′sɔːpʃən] *n.* 光(致)吸附.

photoag(e)ing *n.* 光老化(作用).

photoalidade *n.* 像片量角仪.

photoam′meter *n.* 光电安培计.

photo-am′plifier *n.* 光电放大器.

photoanal′ysis *n.* 光电分析.

photoan′gulator *n.* 摄影量角仪.

photoassocia′tion *n.* 光缔合.

photo-audio generator 光电式音频信号发生器.

photoautotroph *n.* 光能自养,光合自养生物.

photoautotrophic microorganism 光营养微生物.

photoautoxida′tion *n.* 光自动氧化.

photobacte′ria *n.* 发光细菌.

photobase *n.* 摄影基线.

photobat′tery *n.* 光电池.

photo-beat′ [foutou′biːt] *n.* 光拍,光频差拍.

photobeha′vior *n.* 光敏性.

photobiol′ogy *n.* 光生物学,生物光学.

photobleaching *n.* 光致漂白,光褪色.

photocam′era *n.* 照相机.

photocarrier *n.* 光生载流子.

photocar′tograph *n.* 摄影测图仪.

photocatal′ysis [foutoukə′tælisis] *n.* 光催化(作用),光化(学)催化,光接触作用.

photocat′alyst [foutou′kætəlist] *n.* 光(化学)催化剂,光触媒.

photocath′ode [foutə′kæθoud] *n.* 光(电)阴极,光电发射体. *mosaic photocathode* 嵌镶光电阴极.

pho′tocell [′foutəsel] *n.* 光电管,光电池,光电元件. *barrier-layer* 〔*barrier-plane*, *blocking layer*〕 *photocell* 阻挡(带密封)层光电管. *black-body photocell* 全吸收光电管. *front-effect photocell* 带半透明光电阴极的光电管. *photocell pick-off* 光电管传感(发送)器. *thalofide photocell* 硫化铊光电池,铊氧硫光电管.

photocentre *n.* 光心.

photo-ceram *n.* 摺制图案美化〔装饰〕陶瓷.

photo(-)ceram′ic [foutousi′ræmik] I *a.* 陶器照相的,摺制图案美化陶器的. II *n.* (pl.) 陶器照相术,用摺制图案美化陶器的技术.

photo(-)chart′ing [foutou′tʃɑːtiŋ] *n.* 摄影制图.

photochem′ical [foutou′kemikəl] *a.* 光化(学)的. *photochemical cell* 光化电池. *photochemical reaction* 光化反应.

photochemilumines′cence *n.* 光化学发光.

photochem′istry [foutou′kemistri] *n.* 光化学.

photochop′per *n.* 光线断路器,遮光器.

photochromat′ic *a.* 彩色照相的. *photochromatic film* 彩色(照相)软片.

pho′tochrome [′foutəkroum] *n.* 彩色照片.

photochromic I *a.* 光致变色的,光彩色的,光色(敏)的. II *n.* (pl.)光敏材料,光变玻璃. *photochromic paper* 光色相纸.

photochromism *n.* 光致变色现象,光色(敏)性.

pho′tochromy [′foutəkroumi] *n.* 彩色照相术.

photochron′ograph [foutou′krɔnəɡrɑːf] *n.* ①活动物体照相机,活动物体照片 ②恒星中天摄影仪,照相记时仪.

photochronog′raphy *n.* 活动物体照相术,摄影记时术.

photocinet′ic *a.* 光致运动的.

photoclino-dipmeter *n.* 摄影测斜仪.

photoclinom′eter *n.* 照相井斜仪.

pho′tocoagula′tion [′foutoukouæɡjuˈleiʃən] *n.* 光焊接,光致凝结.

photocolorim′eter *n.* (光)比色计.

photocolorim′etry *n.* 光比色法,光色度学.

photo-communica′tion *n.* 光通信.

photocompose [foutoukəm′pouz] *vt.* 照相排(版),光学排字. **photocomposit′ion** *n.*

pho′tocon [′foutəkɔn] *n.* 光(电)导元件,光导器件.

photoconduc′tance *n.* 光电导(值).

photoconduc′ting *a.* 光(电)导的,光正的.

photoconduc′tion [foutoukən′dʌkʃən] *n.* 光电导(率,性). *photoconduction effect* 光电导效应.

photoconduc′tive [foutoukən′dʌktiv] *a.* 光电导的. *photoconductive cell* 光敏电阻,光电导管,光电导电池. *photoconductive film* 光敏(光电导)薄膜. *photoconductive layer* 光电导层. *photoconductive tube* 光(电)导管,视像管.

photoconductiv′ity [foutoukɔndʌk′tiviti] *n.* 光电导性. *volume photoconductivity* 体积光电导性.

photoconduc′tor [′foutoukən′dʌktə] *n.* 光电导体,光敏电阻. *germanium photoconductor* 锗光电阻.

photocontrol′ *n.*, *v.* 像片连测.

pho′tocopy [′foutoukɔpi] I *n.* 照相版,照相复制品. II *v.* 照相复制.

photocreep *n.* 光蠕变.

photocrosslinking *n.* 光致交联.

photocur′rent [foutou′kʌrənt] *n.* 光电流. *bulk photocurrent* 体内光电流. *photocurrent carrier* 光电载流子.

pho′tod *n.* 光电二极管.

photodechlorina′tion *n.* 感光去氯(作用).

photodecomposit′ion *n.* 光分解.

photodegra′dable *a.* 可光降解的. *photodegradable polymer* 光崩解高聚物.

photodegrada′tion *n.* 光(致)降解(作用).

photodensitom′eter n. 光稠计,光密度计.
photodensitom′etry n. 光密度分析法.
photodepolariza′tion n. 光去极化.
photodestruc′tion n. 光裂解,光化裂解(聚合物).
photodetach′ment n. 光电分离.
photodetec′tion n. 光(电)探测,光检测.
photodetec′tor [foutoudi'tektə] n. 光(电探)测器,光接收器.
photodeu′teron [foutə'dju:tərən] n. 光致氘核.
photodichroic n. 光(致)二向色的.
photodichroism n. 光二(向)色性.
photodielectric effect 光致介电效应.
photodiffu′sion n. 光扩散.
photodimer n. 光二聚物.
photodimeriza′tion n. 光二聚(作用).
photodinesis n. 光致原生质流出.
photodi′ode [foutou'daioud] n. 光电(敏,控)二极管,半导体光电二极管.
photodisintegra′tion [foutoudisinti'greiʃən] n. 光致蜕变[分解],γ射线引起的核反应,光核反应.
photodissocia′tion n. 光致离解[分离,分解],光解作用,光化学离解.
photodosim′eter n. 光电测量计.
pho′todrama ['foutəˌdrɑ:mə] n. 影片.
photod′romy [fo'tɔdrəmi] n. 光动(现象).
photodu′plicate Ⅰ [foutou'dju:plikeit] v. 照相复制. Ⅱ [foutou'dju:plikit] n. 照相复制本.
photoduplica′tion n. 照相复制.
photodynam′ic a. 在光中发荧光的,光(感)力,光动力的,光促的.
photodynam′ics n. 光动力学.
photodynesis n. 光致原生质流动.
photoeffect′ [foutəi'fekt] n. 光(电)效应. *inner photoeffect* 内光电效应.
photoelas′tic [foutoui'læstik] a. 光(测)弹(性)的.
photoelastic′ity [foutəilæs'tisiti] n. 光(测)弹性(学),光致弹性.
photoelectret n. 光驻极体.
photoelec′tric(al) [foutoui'lektrik(əl)] a. 光电的. *photoelectric autocollimator* 光电式自准直仪. *photoelectric cell* 光电(池). *photoelectric effect* 光电效应. *photoelectric emission* 光电发射. *photoelectric function generator* 光电式函数发生器. *photoelectric microphotometer* 光电测微光度计. *photoelectric photometer* 光电光度计. *photoelectric yield* 光电子产额. ~ally *ad.*
photoelectric′ity [foutouilek'trisiti] n. 光电(学,现象).
pho′toelec′troluminesʹcence n. 光电场致[电致]发光,光致[电]发光.
photoelectrolyt′ic a. 光电解的. *photoelectrolytic cell* 电解光电池.
photoelectromag′netism n. 光电磁.
photoelectrom′eter n. 光电(比色)计.
pho′toelec′tromo′tive a. 光电动的. *photoelectromotive force* 光电动势.
pho′toelec′tron ['foutoui'lektrɔn] n. 光电子. *photoelectron stabilized photicon* 光电子稳定式辐帖康[摄像管],移像光电稳定式摄像管.

pho′toelectron′ics [foutəilek'trɔniks] n. 光电子学
photoel′ement [foutou'elimənt] n. 光电元件(池管),阻挡层光电池,光生伏打电池 *photoelem with external photoelectric effect* 外光电效应电管.
photo-elimina′tion n. 光致消除.
photoemf n. 光电动势.
photoemisʹsion [foutoui'miʃən] n. 光电(子)放(发射,光(致)发射.
photoemisʹsive a. 光(电)发射的. *photoemissive c* 光电发射管,外光电效应光电管. *photoemissive fect* 光电发射效应,外光电效应.
photoemissiv′ity n. 光(电子)发射能力,光电发射率
photoemit′ter n. 光电(子)发(放)射体(器),光电源
photo-emul′sion n. (照相)乳胶.
photoenerget′ics n. 光能力学.
photoengra′ving [foutouin'greiviŋ] 或 **photoetc(ing)** ['foutə'etʃ(iŋ)] n. ①照相(制)版,影印版照相感光制版(凸)版,照相凸版(印刷) ②光刻(技术光蚀刻),照相蚀刻法,光腐蚀,光镂,光机械雕刻.
photoesthet′ic a. 感光的,光觉的.
photoexcita′tion [foutəeksi'teiʃən] n. 光致激发,激(磁).
photoexcited a. 光激的.
photoex′citon n. 光激子.
photoextinc′tion n. 消光. *photoextinction meth* 【化】比浊分析法.
photo-eyepiece n. 投影目镜.
pho′to-fabrica′tion ['foutouæfəbri'keiʃən] n. 光工,光镂,照相化学腐蚀(零件)制造法,光刻法.
photo-FET n. 光控效应晶体管.
photofisʹsion [foutou'fiʃən] n. 光致(核)裂变.
photofixa′tion n. 光固定.
pho′toflash ['foutəflæʃ] n. 照相闪光灯,脉冲光灯,(镁闪光,闪光灯照片. *photoflash bomb* (夜间航摄)相闪光弹.
pho′toflood ['foutəflʌd] n. (摄影用)超压强烈溢灯,摄影泛光(灯). *photoflood bulb* 超压强烈溢光泡.
photoflu′orogram [foutou'flu(:)ərəgræm] n. 荧光图像照片.
pho′tofluorog′raphy ['foutəfluə'rɔgrəfi] n. 荧光图像照相(摄影),荧光摄相术. **pho′to fluorograp ic** a.
photofluorom′eter n. 荧光计.
photofluoroscope n. 荧光屏,荧光屏照相机.
pho′tofor′mer n. 光函数发生器,光电函数振荡器,极发射管.
photog [fə'tɔg] = ①photograph ②photographer ③photography.
photogalvanic effect 光电效应.
photogel n. 摄影明胶.
photogel′atin [foutou'dʒelətin] n. 感光底片胶,照明胶. *photogelatin process* 珂珞版制版术.
pho′togen(e) n. 页岩煤油,发光体[源],能发光之机物.
pho′togene ['foutədʒi:n] n. 后(余)像,闭辟留像.
photogen′erator n. 光电信号发生器,半导体发光器.
photogen′ic [foutə'dʒenik] a. ①(磷)发光的,发光 ②由于光而产生的 ③适宜于摄影的. *photoge*

granules (生物性)发光粒.
photogeol'ogy [ˌfoutoudʒiˈɔlədʒi] *n.* 摄影地质学.
photoglow tube 充气光电管.
pho'toglyph [ˈfoutəglif] *n.* 照相雕刻版,光刻版.
photog'lyphy *n.* 照相雕刻术.
photogoniom'eter *n.* 像片量角仪.
pho'togram [ˈfoutəgræm] *n.* ①(把物体放在光源和感光纸之间制成的)黑(物)影照片,照片(相),电视〔电传〕照片,摄影测量图 ②传真电报. *X-ray photogram* X-射线照片图.
photogrammeter *n.* 摄影经纬仪.
photogrammet'ric *a.* 摄影〔影象〕测量(学)的. *photogrammetric camera* 测量摄影机. *photogrammetric triangulation* 摄影三角测量.
photogrammetrist *n.* 摄影测绘者.
photogram'metry [ˌfoutəˈgræmitri] *n.* 摄影地形测量学,摄影(照相)测量(学,术,法),摄影测绘(制图). *aerial photogrammetry* 航空摄影测量制图(学). *photogrammetry by intersection* 交会摄影测量.
pho'tograph [ˈfoutəgrɑːf] Ⅰ *n.* 像(照)片, Ⅱ *v.* 照相,摄影. *photograph axes* 像片(摄影)轴, *photograph negative* 航摄底片黑面. *photograph perpendicular* 摄影机主光轴. *photograph transmission system* 传真传输制. *streak photograph* 条纹照片,纹影照片. ▲ *have one's photograph taken* 或 *pose for one's photograph* 或 *get〔one-self〕 photographed* 请人给自己照相. *take a photograph of* 拍一张…照片.
pho'tographable *a.* 可拍摄的.
photog'rapher [fəˈtɔgrəfə] *n.* 摄影者〔员〕.
photograph'ic(al) [ˌfoutəˈgræfik(əl)] *a.* ①摄影的,照相的 ②详细的,逼真的. *photographic barograph* 摄影气压计. *photographic density* 照相(片)密度,底片黑度. *photographic film* 胶片(薄膜),照相底片,胶卷. *photographic finder* 探像器. *photographic fog* 灰雾. *photographic negative* (照相)底片. *photographic photometer* 曝光表,照相光度计. *photographic positive* (晒出的)正片. *photographic sensitivity* 感光度. *photographic sound recorder* 光学录音机. *photographic storage*【计】照相(永久性)存储器.
photograph'ically *ad.* 用照相的方法,用照片,照相似地.
photographone *n.* 光电话.
photog'raphy [fəˈtɔgrəfi] *n.* 摄影(术,学),照相术. *colour photography* 彩色摄影术. *frame photography* 分幅摄影术. *infrared photography* 红外线相术. *schlieren photography* 纹影照相术. *smear photography* 扫描(快速)摄影术.
photogravure [ˌfoutəgrəˈvjuə] *n.*; *vt.* 照相制(凹)版法,照相凹板,照相版印成的图,用照相凹版印刷,影写板.
pho'togrid *n.* (金属冷加工过程的)座标变形试验(法).
pho'togun [ˈfoutəgʌn] *n.* 光电子枪.
photogyra'tion *n.* 光回转(效应).
photohalide *n.* 感光性卤化物.
photohalogena'tion *n.* 光卤化(作用).
photo-hardening *n.* 光硬化(作用).
pho'tohead *n.* 光电传感头.
photohe'liograph [ˌfoutəˈhiːliəgrɑːf] *n.* 太阳照相仪.
photohmic *a.* 光欧(姆)的.
pho'tohole [ˈfoutəhoul] *n.* 光(空)穴.
photohyalog'raphy *n.* 照相(蚀)刻法.
photoim'pact *n.* 光冲量,光电(控)脉冲.
photo-inactiva'tion *n.* 光钝化作用,光不激活.
photo-induced *a.* 光诱导的,光(学)感生的,光致的.
photoinduc'tion [ˌfoutouinˈdʌkʃən] *n.* 光诱导,光感应.
photoinjec'tion *n.* 光注入.
photo-intel'ligence *n.* 摄影侦察.
photo-interconver'sion *n.* 光致互转换.
photo-interpreta'tion *n.* 相片判读(辨认).
photointer'preter *n.* 相片识别器〔判读装置〕,照片判读员.
photoioniza'tion [ˌfoutouaiənaiˈzeiʃən] *n.* 光(致)电离,光化电离(作用). *extrinsic photoionization* 非本征光电离.
photoi'somer *n.* 光致同分异构体.
photoisomerism *n.* 感光异构(现象).
photo-isomeriza'tion *n.* 光致异构化.
photojournalism [ˌfoutouˈdʒɜːnəlizəm] *n.* 新闻摄影工作,摄影报道.
photokine'sis *n.* 光动(性,现象),光激运动,趋光性.
photokinet'ic *a.* 趋光的.
photoklystron *n.* 光电速调管.
photolabile *a.* 对光不稳的,光致不稳定的,不耐光的.
photolayer *n.* 光敏(摄影感态)层.
pho'tolith [ˈfoutəliθ] =①photolithography *vt.* ②photolithographing.
photolithoautotrophy *n.* 无机光能自养.
photolith'ograph [ˌfoutəˈliθəgrɑːf] Ⅰ *n.* 影印(照相)石版,照相平版印刷品. Ⅱ *vt.* 用照相平版(影印石版)印刷,影印,光刻.
photolithograph'ic *a.* 照相平版印刷的,(用)照相石版术(印)制的,光(法)刻的. *photolithographic process* 光刻工艺,照相制板工艺.
pho'tolithog'raphy [ˌfoutəliˈθɔgrəfi] *n.* 照相平版印刷(术),影印法,光刻(蚀)法,光印(影印)石版术.
photolocking *n.* 光锁定.
photolog *n.* 摄影记录.
photol'ogy [fəˈtɔlədʒi] *n.* 光学,物理光学,光的科学.
photolom'eter *n.* 光电比色计.
pho'tolumines'cence [ˈfoutoulumiˈnesns] *n.* 光(激发光,荧光. **pho'tolumines'cent** *a.*
photolyase *n.* 光裂合酶.
photol'ysis [fəˈtɔlisis] *n.* 光(分)解(作用).
photolyte *n.* 光解质(物).
photolyt'ic [ˌfoutəˈlitik] *a.* 光(分)解的.
photom =photometry 光度学;计光术.
pho'toma [fəˈtoumə] *n.* 闪光.
photomacrograph *n.* 宏观照片,宏观(粗型)照相.
photomacrog'raphy *n.* 宏观照相(摄影)术,粗型照相术.
photomagnet'ic [ˌfoutoumægˈnetik] *a.* 光磁的, *photomagnetic effect* 光磁效应.

photomag′netism n. 光磁性.
pho′tomagne′toelec′tric [foutoumæg′ni:toui′lektrik] a. 光磁电的. *photomagnetoelectric effect* 光电磁效应.
pho′tomap ['foutoumæp] n. 空中摄影地图. v. 摄制空中地图.
pho′tomask ['foutouma:sk] n. 光掩模, 遮光模. *photomask set* 光掩模组.
pho′tomasking n. 光学掩蔽, (感)光掩蔽.
pho′tomaton n. (几分钟内可印出照片的)自动摄印相机.
photomechan′ical [foutoumi′kænikəl] a. ①光(学)机械的②照相工艺(制版)的.
photomeson n. 光(生)介子.
photom′eter [fou′tomitə] n. 光度计, 曝光表, 测光仪, 分光计. *flicker photometer* 闪变光度计. *photometer illumination* 光度计视场的照度. *shadow photometer* 比影光度计. *subjective photometer* 直观光度计. *ultra photometer* 超光度计. *wedge photometer* 劈片光度计.
photometering n. 光度测量.
photomet′ric [foutə′metrik] a. 光度(计, 学)的, 测(量)光(度)的, 光测的. *photometric cube* 光度(测用)立方体. *photometric data* 光(度)测光(度)数据. *photometric method* 光度测定法. *photometric scale* 光度标.
photom′etry [fou′təmitri] n. 光度学, 测光(学, 法), 光度测定(法), 计光术. *flame photometry* 火焰光谱法. *photoelectric photometry* 光电光度术(测量). *physical photometry* 物理光度学, 客观计光术. *visual photometry* 目视光度学, 主观计光术.
photomi′crograph [foutə′maikrougra:f] Ⅰ n. ①显微照相②显微(放大, 金相)照片. Ⅱ vt. 给…拍摄显微照片.
photomicrog′raphy [foutəmai′krɔgrəfi] n. (用)显微(镜)照相(摄影, 检验)(术).
photomicrom′eter n. 显微光度计.
photomi′croscope [foutə′maikrəskoup] n. 照相(摄)影显微镜, 显微照相机.
photomicros′copy n. 显微照相术.
pho′tomix′er n. 光电混频器, 光混合器.
pho′tomix′ing ['foutə′miksiŋ] n. 光混频(合).
pho′tomod′ulator [foutou′mɔdjuleitə] n. 光调制器.
pho′tomontage′ [foutəmɔn′ta:ʒ] n. 集成照片(制作法), 照片剪辑.
pho′tomosa′ic n. 感应嵌镶幕, 嵌镜光电阴极.
photomo′tion n. 光激活动.
photomotograph n. 肌动光电描记仪.
photomul′tiplier [foutoumʌltiplaiə] n. 电子倍增管, 光电倍增器(管). *large-area photomultiplier* 大阴极面积光电倍增器. *photomultiplier counter* 光电倍增管计数器, 闪烁计数器.
photomuon n. 光(生)μ介子.
photomu′ral [foutə′mjuərəl] a. 大幅照片的.
photomutant n. 光敏突变体.
pho′ton ['foutɔn] n. ①光(量, 电)子, 辐射量子②特罗兰(眼网膜照度单位). *gamma-ray photon* γ光子. *photon bunching* 光子束. *photon counting* 光子计算法. *photon log* 光子测井. *photon rocket* 光子火箭.
photonas′tic a. 倾光性的.
photonasty n. 倾(感)光性.
pho′toneg′ative Ⅰ a. 负趋光性的, 电导率与照度成反比的, 负光电的. Ⅱ n. 负光电材料. *photonegative effect* 负光电效应.
photonephelom′eter [foutənefəl′ɔmitə] n. 光电浊(混)度计.
photoneu′tron [foutə′nju:trɔn] n. 光激中子. *photoneutron source* 光中子源.
photon′ics n. 光子学.
photonitrosa′tion n. 光亚硝化(作用).
photonon n. 光钟.
photonu′clear n. 光核的. *photonuclear excitation* 光致核激发. *photonuclear yield* 光核反应产额.
photonuclea′tion n. 光致晶核形成.
photo-off′set [foutou′ɔ(:)fset] n. 照相胶印法.
pho′to-op′tical n. 光学照相的.
pho′to-op′tics n. 光学照相.
photoorganot′rophy n. 有机光能营养.
photooscillogram n. 光波形图.
photoox′idant n. 光氧化剂.
pho′tooxida′tion n. 感光氧化作用, 光(致)氧化(作用).
pho′to-ox′ide n. 光氧化物.
photooxyda′tion n. =photooxidation.
pho′topair n. 照片对.
photoparamet′ric a. 光参数的.
pho′topeak n. 光(电)峰.
pho′tope′riod ['foutou′piəriəd] n. 光(照)周期. ~ic(al) a.
photoperiodic′ity n. 光周期(性, 现象).
pho′tope′riodism n. 光周期现象, 光周期性.
pho′toperspec′tograph n. 摄影透视仪.
photophase n. 光照阶段.
photophile a. 喜(适)光的.
photoph′ilous a. 嗜(适, 喜)光的.
photophobic a. 憎(嫌, 避)光的.
photophoby n. 畏(怕)光.
pho′tophone ['foutəfoun] n. 光(线)电话(机), 光音机, 光通话, 光声变换器.
photophor n. 磷光核.
pho′tophore ['foutəfɔ:] n. (医用)内腔照明器, 发光器官.
pho′tophore′sis ['foutəfə′ri:sis] n. 光泳(现象), 光致迁动, 光致单向移动.
photophosphoryla′tion n. 光(合)磷酸化(作用).
photophygous n. 避强光的.
photo′pia [fou′toupiə] n. 光适应, 服对光调节.
photop′ic a. 适(应)光的, 明视的. *photopic vision* 亮(明, 日光, 可见光, 白昼)视觉.
photopig′ment n. 感光色素.
photopion n. 光(生)π介子, π光介子.
pho′toplane n. 摄影飞机.
photoplas′tic [foutə′plæstik] a. 光范性的. *photoplastic effect* 光范性效应. *photoplastic recording* 光(热)塑记录.
photoplastic′ity n. 光塑性.
photoplate n. 照相底片, (乳)胶片.

pho'toplay ['foutəplei] n. 故事影片,戏剧片.
photopog'raphy [foutə'pɒgrəfi] n. 照相地形图.
photopolarim'eter n. 光偏振表.
photopol'ymer n. 干膜,光聚合物.
photopolymerisable a. 光聚合的.
pho'topolymeriza'tion ['foutoupɒlimərai'zeiʃən] n. 光(致)聚(合)作用,光化学聚合(作用).
photopos'itive [foutou'pɒzətiv] Ⅰ a. 正趋光性的,电导率与照度成正比的,正光电(导性)的,光(电)导的,光正的. Ⅱ n. 正光电材料.
photopoten'tial n. 光生电位.
photopredissocia'tion n. 光致预离解.
pto'toprint ['foutəprint] Ⅰ n. 影印(画),照相复制品. Ⅱ v. 影印,照相复制,晒印照片.
pho'toprocess n. ; v. 光学处理[加工].
pho'toproduced a. 光形成的,光致的. photoproduced mesons 光生[光子形成的]介子.
pho'toproduct n. 光化[致]产品,光合(产)物,光生产物.
pho'toproduc'tion n. 光(致产)生,光致作用. elastic photoproduction 弹性光致产生.
photopro'ton [foutə'prouton] n. 光(激,致)质子.
photopsia n. 火花[闪光]幻视.
photopsin n. 光视蛋白.
photopsy n. 光幻觉.
photoptom'eter [foutɒp'tɒmitə] n. 光觉[敏]度计.
photoptom'etry n. 辨光(光觉)测验法.
pho'tora'dar n. 光雷达.
pho'tora'diogram ['foutə'reidiougræm] n. 无线电传真照相[电报,图片].
photoreac'tion n. 光致[光化]反应. nuclear photoreaction 光致核反应.
photoreactiva'tion n. 光照活化作用,光(致)复活(作用),光复合作用,光重激活,光再生.
pho'toreader n. 光电读出器,光电读数器,光电输入机.
photoreading n. 光电读数[出],像片判读.
photorecep'tion n. 光感受.
photorecep'tor [foutouri'septə] n. 光(感)受器,感光器[体].
photorecon 或 photorecon'naissance [foutouri-kɒnisəns] n. (空中)摄影[照相]侦察. photoreconnaissance satellite 侦察卫星.
photoreconver'sion n. 光致再转换.
photorecor'der [foutəri'kɔːdə] n. 摄影[照相]记录器,自动记录照相机.
photo-recovery n. 光再生,光复合作用,光重激活.
photorec'tifier [foutəˈrektifaiə] n. 光电二极管,光电检波器.
photoreduce' v. 照相缩小.
photoreduc'tant n. 光化还原剂.
photoreduc'tion [foutouri'dʌkʃən] n. ①光致[化]还原(作用)②照相缩版(缩小).
photorefrac'tion n. 光反射照相.
photorelay n. 光控继电器,光(电)继电器,光开关.
photorelease v. ; n. 光致释放.
photorepeat'er [foutouri'piːtə] n. 照相复印机,光重复机,精缩[分步重复]照相机.
photo-reproduc'tion n. 照相复制术.
photoresist' [foutouri'zist] n. 光致[光敏]抗蚀剂,感

光性树脂,光刻(感光)胶,光阻材料.
photoresis'tance [foutouri'zistəns] n. 光敏电阻,光敏层. photoresistance cell 内光电效应光电管,光敏电阻,光电阻管.
photoresis'tor [foutouri'zistə] n. 光敏电阻(器).
photores'onance n. 光共振.
photorespira'tion n. 光呼吸(作用).
photoresponse' n. 感光反应,光电活度,光(电)灵敏度.
pho'toscanner n. 光扫描器.
pho'toscan'ning n. 光扫描.
pho'toscope [foutəskoup] n. 透视镜荧光屏.
photo-second n. 辐透秒(曝光单位).
photosensibiliza'tion n. 光敏(化)作用.
photo-sensing marker 摄影谱出标记.
pho'tosen'sltive ['foutə'sensitiv] a. 光敏的,(能)感光的. photosensitive cathode 光敏阴极. photosensitive diode 光敏二极管. photosensitive paper 感光纸.
photosen'sitiveness [foutou'sensitivnis] n. 光敏性(度),感光性.
photosensitiv'ity [foutəsensi'tiviti] n. 感光性,光敏(感)性,感光(电)灵敏度,光电活度.
photosensitiza'tion [foutousensitai'zeiʃən] n. 光敏作用,感光过敏,光化学敏化,光敏增感作用.
pho'tosen'sitize [foutə'sensitaiz] vt. 使具有感光性,使光敏[增感].
photosen'sitizer n. 光敏(化)剂,感光剂,光敏材料.
pho'tosen'sor n. 光敏器[元]件,光感受器,光检验器,光(电)传感器.
pho'toset ['foutəset] (pho'toset; pho'tosetting) vt. 照相排(版).
photo-signals n. 光(电流)信号.
pho'tosource n. 光源. photosource of neutrons 光中子源.
photospalla'tion n. 散裂光核反应,光致散裂(反应),γ量子作用下的散裂反应.
pho'tosphere ['foutousfiə] n. 【天】光球,光球层.
pho'tospot n. (摄影)聚光(灯).
photostabil'ity n. 耐光性,不感光性,(对)光稳定性.
pho'tostable a. 不感光的,耐光的,见光安定的,对光稳定的.
pho'tostage n. 光照阶段.
pho'tostar Ⅰ n. 发光星体,光星. Ⅱ a. 发出光的. nuclear photostar 原子核光星.
pho'tostat 'foutoustæt] Ⅰ n. 直接影印机,原大照相版,直接影印制品,照相复制机. Ⅱ vt. 用直接影印机复制. photostated copies 直接影印本.
pho'toster'eograph n. 立体测图仪.
photostimula'tion n. 光刺激(作用).
photostrophism n. 植物(茎叶)扭转向光性.
pho'tostudio n. 照相馆,摄影棚.
photosummator n. 光电累进器.
pho'tosurface n. 光敏(表)面,感光面.
pho'toswitch' ['foutə'switʃ] n. 光控继电器,光控电门开关.
photosyn'thesis [foutou'sinθəsis] n. 光(化)合(成)作用,光能合成.
pho'tosyn'thesizer n. 光合作用系统.
photosynthet'ic [foutousin'θetik] a. 光合(作用)的. ~ally ad.

photosyntom′eter *n.* 光合计.
photatac′tic *a.* 趋光(性)的.
photo-tape *n.* 光电穿孔带. *photo-tape reader* 光电穿孔带读出器,光电纸带阅读器.
phototax′is [foutou'tæksis] *n.* 趋光性. **phototac′tic** *a.*
phototel′egram [foutou'teligræm] *n.* 传真电报.
phototel′egraph [foutou'teligra:f] I *n.* 传真电报(机). II *v.* 传真发送.
phototelegraphic apparatus 传真电报机.
phototeleg′raphy [foutouti'legrəfi] *n.* ①传真电报(术),电传真 ②(利用日光反射的闪光等的)光通讯.
phototel′ephone [foutou'telifoun] *n.* 光传(线)电话(机),传像电话.
phototelephony *n.* 光线(光传,传真,传像)电话,光电话学.
phototel′escope [foutou'teliskoup] *n.* 照相望远镜.
phototheod′olite [foutouθi'ɔdəlait] *n.* 照相(摄影)经纬仪,测摄仪,照相量角仪.
photother′apy [foutou'θerəpi] *n.* 光线疗法.
photother′mal *a.* 光(辐射)热的.
photothermion′ic *a.* 光热离子的.
photothermoelastic′ity *n.* 光热弹性.
photothermomagnet′ic *a.* 光热磁性的.
photothermom′etry *n.* 光测温学,光计温术.
photothermy *n.* 光(辐射)热作用.
pho′totimer ['foutoutaimə] *n.* ①曝光计(表),光(电)定时计(器) ②摄影计时器.
pho′totiming *n.* 光同(调)步,光计时,曝光定时.
phototonus *n.* 光敏性.
phototopog′raphy *n.* 摄影(地形)测量学.
phototox′ic *a.* 光毒性的,光线损害的.
phototox′is [foutou'təksis] *n.* 光线(光辐射,放射线)损害.
phototransforma′tion *n.* 光致转换,光转化(作用).
phototransis′tor [foutoutræn'zistə] *n.* 光电(光敏)晶体(三极)管. *junction phototransistor* 面接合型光电晶体管.
phototriangula′tion *n.* 摄影(相片)三角测量.
phototri′ode *n.* 光电(光敏)三极管.
pho′totron *n.*
phototron′ics *n.* 矩阵光电电子学,矩阵光电管.
pnototroph *n.* 光能利用菌.
phototroph′ic *a.* 向光的,光营养的.
phototrophy *n.* 光养,光合(光能)营养,光色互变(现象).
phototrop′ic *a.* 向光(性)的.
photot′ropism [fou'tɔtrəpizəm] *n.* ①向(趋)光性 ②光色互变(现象).
photot′ropy [fou'tɔtrəpi] *n.* 光(致)色互变(现象),光电互变(现象),光色随入射光波长的变化.
pho′totube ['foutoutju:b] *n.* 光电管(元件,池). *multiplier phototube* 光电倍增器. *phototube circuit* 光电管电路.
pho′totype ['foutoutaip] *n.* 珂罗版(制版术,印刷品),摄影原版.
phototypesetting [foutə'taipsetiŋ] *n.* 照相排版(字).
pho′totypy ['foutoutaipi] *n.* 珂罗版制版术.
pho′tounit *n.* 光电元件.
pho′tovalve *n.* 光电元件,光电管.
photova′ristor [foutə'vɛəristə] *n.* 光敏电阻.

pho′tovision *n.* 电视. *photovision relaying* 电视转播.
photovis′ual *a.* (用于消色差透镜)对光化射线和最强可见光线有同样焦距的. *photovisual achromatism* 光化视觉消色差性. *photovisual objective* 拟视照相(物)镜.
photovoltage *n.* 光(生)电压. *open circuit photovoltage* 开路光电压.
photovolta′ic [foutouvɔl'teiik] *n.* 光电(池)的,光致电压的,光生伏打的. *photovoltaic cell* 阻挡层光电池,光生伏打电池. *photovoltaic effect* 光电(光生伏打)效应.
photovulcaniza′tion *n.* 光硫化(作用).
Photox *n.* 一种光电池(商品名).
photox′ide *n.* 光氧化物.
photozin′cograph [foutou'ziŋkəgra:f] I *n.* 照相锌版(印刷品). II *vt.* 用照相锌版印刷.
photozincog′raphy [foutouziŋ'kɔgrəfi] *n.* 照相锌版制造术.
photron′ic [fou'trɔnik] *a.* (用)光电池的. *photronic cell* (硒)光(伏)电池.
phot-second *n.* 辐透秒(曝光单位).
phoxim *n.* 腈肟(辛硫,肟硫)磷,倍聊松.
php = pounds per horsepower 每马力磅数.
phR = photographic reconnaissance 照相(摄影)侦察.
phr = ①part per hundred parts of rubber 100份胶中的份数 ②phrase ③pounds per hour 每小时磅数 ④preheater 预热器.
phragmoplast *n.* 成膜体.
phra′sal ['freizəl] *a.* 短(片)语的.
phrase [freiz] I *n.* ①短(片)语,词组 ②措词 ③成语,惯用语,格言. II *v.* 用短语表示,措辞.
phra′seogram 或 **phra′seograph** *n.* 表示短语的速记符号.
phraseolog′ical [freiziə'lɔdʒikəl] *a.* 措辞的,习语的.
phraseol′ogy [freizi'ɔlədʒi] *n.* 措辞,用语,用字,术(成)语.
phra′sing ['freiziŋ] *n.* 措辞,表达法.
phreat′ic [fri(:)'ætik] *a.* 井的,凿井取得的,地下(水)的. *deep phreatic waters* 深井水. *phreatic discharge (of water)* 地下水涌流量. *phreatic gas* 准火山瓦斯. *phreatic high* 地下水上部含水层,高地下水位. *phreatic water surface* 地下水(静止)水位.
phreatophyte *n.* 潜水湿生植物.
PH-recorder *n.* 氢离子浓度记录仪.
phren [fren] *n.* 膈,精神,意志.
phren′osin *n.* 羟脑试脂.
PhS = phase shifter 移相器,相位调整器.
pH-stat *n.* 恒pH槽.
PHTC = pneumatic hydraulic test console 气动液压试验控制台.
phthalazone *n.* 酞嗪酮.
phthal′ein ['θæli:n] *n.* 酞.
phthalic acid 酞酸.
phthal(ic) acid resin 邻苯二(甲)酸树脂.
phthalic enhydride 邻苯二(甲)酸酐.
phthal′imide *n.* 酞酰(邻苯二甲酰)亚胺.

phthalocy'anin(e) [θælou'saiəni(:)n] n. 酞花青(染料),酞青. *metal-free phthalocyanine* 无金属酞花青.

phthalonitrile n. 酞腈,(邻)苯二甲腈.

phthiocol n. 结核杆菌醇素,结核萘醌,3-甲基-2-羟-1,4-萘醌.

phthi'sic ['θaisik] n.; a. 肺结核(病人),有肺结核的. ~al a.

phthi'sis ['θaisis] n. 肺结核.

phugoid n.; a. 长周期振(运)动,低频自振动,长周期的. *phugoid motion* 起伏(长周期)运动. *phugoid oscillation* 浮沉(长周期)振荡.

phut(t) [fʌt] n.; ad. 砰(的一声),啪(的一声). ▲ *go phut* (车胎)爆裂,不灵,出毛病,失败,崩溃,

phychroenerget'ics n. 环境热能学.

phycobilin n. 藻胆(色)素,藻青素.

phycobiont n. 藻类共生体.

phycochrome n. 藻色素.

phycocyanin n. 藻青蛋白,藻蓝素.

phycocyanobilin n. 藻青素.

phycoerythrin n. 藻红素,藻红蛋白.

phycoerythrobilin n. 藻红素.

phycol'ogy n. 藻类学.

phycomyce'tes n. 丝状菌属,藻菌纲.

phycophaein n. 藻褐素.

phycophyta n. 藻类植物.

phycoxanthin n. 藻黄素.

phylacobio'sis n. 守护共栖.

phylac'tic a. 防御(作用)的,防护的.

phylaxin n. 抵抗素.

phyl'lite n. 千枚岩,硬绿泥石,鳞片状矿物.

phyllocaline n. (促)成叶素.

phyl'loclade n. 叶状枝.

phyllocladene n. 扁枝烯.

phyl'lode n. 叶状(叶)柄,假叶.

phyllodulcin n. 叶甜素.

phylloerythrin n. 叶赤素.

phyl'loid ['filɔid] a. 叶状的,叶状枝.

phyllonite n. 千枚糜棱岩.

phylloporphine n. 叶卟吩.

phylloporphyrin n. 叶卟啉.

phyllopyrrole n. 叶吡咯.

phylloquinone n. 叶绿醌,维生素 K_1,2-甲基-3-植基-1,4-萘醌.

phyllosilicate n. 页硅酸盐.

phyllosinol n. 叶点霉素.

phylogen'esis n. 种系(种族)发生,系统发育.

phylog'eny [fai'lɔdʒini] n. (事物的)发展史,系统发育,种系发生,亲缘关系.

phy'lum n. (生物)门,类,语系.

phymatiasis n. 结核(病).

phyon(e) n. (垂体前叶)促成长素.

phys = ①physical ②physician ③physics ④physiological ⑤physiology.

physalia n. 僧帽水母.

physalite n. (浊)黄玉.

physiat'rics [fizi'ætriks] n. (物)理疗(法).

phys'ic ['fizik] I a. [医]药的,药剂,医(学,术)②查 physics 条. *a dose of physic* 一服药. Ⅱ (*phys'icked*; *phys'icking*) vt. 治疗,给…服药,诊.

phys'ical ['fizikəl] I a. ①物质的,有形的,实际的②物理的,自然(界,科学)的 ③身(肉)体的,体力(格)的. Ⅱ n. 体格检查. *physical address* 实在地址. *physical change* 物理变化. *physical circumstance* 实际(具体)情况. *physical construction* 机械结构. *physical contact* 直接接触,体接触. *physical depreciation* 有形损耗. *physical design* (机械的)结构设计,物理设计. *physical education* [culture]体育. *physical environment* 自然环境. *physical error* 物理误差. *physical exercise* 体育活动,运动,体操. *physical geography* 自然地理. *physical name* 实体名字. *physical pendulum* 复摆. *physical science* 自然科学. *physical tra-cer* 物理指示剂. *physical training* 体育锻炼. *Physical truth is a different matter.* 实际情况完全是另一回事. *physical weathering* 物理(机械)风化(作用). *physical I/O* 实际输入输出.

phys'ically ['fizikəli] a. ①物理上,实际(质)上,就物理意义讲,按照自然规律 ②身体上,体格上.

physician [fi'ziʃən] n. (内科)医生. *attending* [*visiting*] *physician* 主治医生. *chief physician* 主任医生. *consult a physician* 诸医生看(病). *resident* [*house*] *physician* 住院医生.

phys'icist ['fizisist] n. 物理学家.

physico- (构词成分)物理(学),自然(界),身体(的).

physicochem'ical [fizikou'kemikəl] a. 物理化学的.

physicochem'istry n. 物理化学.

physico-metallurgy n. 物理冶金.

phys'ics ['fiziks] n. ①物理(学) ②物理性质(成份),物理意义,物理现象. *cosmical physics* 宇宙物理学. *nuclear physics* (原子)核物理学. *surface physics* 表面物理学.

physio- (构词成分)自然,天然,物理,生理,生物.

phys'iochem'ical a. 生理(生物)化学的,生化的.

phys'iochem'istry n. 生理(生物)化学.

physiog'nomy [fizi'ɔnəmi] n. ①外貌(形,观),特征 ②地势(貌).

physiograph n. 生理仪.

physiog'rapher [fizi'ɔgrəfə] n. 地文学家,自然地理学家.

physiograph'ic(al) [fiziə'græfik(əl)] a. 地文(学)的,自然地理学的.

physiog'raphy [fizi'ɔgrəfi] n. 地文学,自然地理学,地球形态学,(区域)地貌学.

physiol = physiology 生理学.

physiolog'ic(al) [fiziə'lɔdʒik(əl)] a. 生理(学)的. *physiological effective energy* 生理有效能,代谢能. *physiological saline* 生理盐水. ~ally ad.

physiol'ogy [fizi'ɔlədʒi] n. 生理学.

physiotherapeu'tic [fiziouθerə'pju:tik] I a. (物)理疗(法)的. Ⅱ n. (pl.) 物理疗(法).

physiother'apy [fiziou'θerəpi] n. (物)理疗(法).

physique' [fi'zi:k] n. 体格(质).

physisorp'tion n. 物理吸附.

physostig'mine n. 毒扁豆碱.

phytagglutinin n. 植物凝集素.

phytase n. 肌醇六磷酸酶,(旧称)植酸酶.

phytate n. 肌醇六磷酸盐(酯,根).

phytin *n.* 肌醇六磷酸钙镁, 植酸钙镁, 非丁, 白木耳.
phyto- 〔构词成分〕植物.
phytoaeron *n.* 空中微生物群落.
phytoalexln *n.* 植物抗毒素.
phytobenthon *n.* 水底植物.
phytobiocenose *n.* 植物群落.
phytochem′ical *a.* 植物化学的.
phytochem′istry *n.* 植物化学.
phy′tochrom(e) *n.* 植物(光敏)色素.
phy′tocide *n.* 除莠剂.
phytocli′mate *n.* 植物气候.
phytoclimatol′ogy *n.* 植物小气候学.
phytocoenol′ogy *n.* 植物群落学.
phytocoeno′sis (*pl. phytocoeno′ses*) *n.* 植物群落.
phytocoenosium *n.* 植物群落.
phytocommu′nity *n.* 植物群落.
phytocytomine *n.* 植物细胞分裂素.
phytoecdysone *n.* 植物蜕皮激素.
phytoecol′ogy *n.* 植物生态学.
phytoedaphon *n.* 土壤生物(群落).
phytoene *n.* 八氢番茄红素.
phytoflavin *n.* 藻黄素.
phytofluene *n.* 六氢番茄红素.
phytogenic rock 植物岩.
phy′togeog′raphy *n.* 植物地理学.
phytoh(a)emagglutinin *n.* 植物血球凝集素.
phytohor′mone *n.* 植物激素.
phyto-indicator *n.* 指示植物.
phytokinase *n.* 植物激酶.
phytokinin *n.* 细胞分裂素, 植物激动素.
phytol *n.* 植醇, 叶绿醇.
phytolaccatoxin *n.* 商陆毒.
phytolipopolysaccharid *n.* 植物脂多糖.
phytoliths *n.* 植物岩.
phytol′ogy *n.* 植物学.
phytomelane *n.* 植物黑素.
phytomeliora′tion *n.* 植物改良.
phytomicroor′ganism *n.* 植物微生物.
phytoncide *n.* 植物杀菌素.
phytopathol′ogy *n.* 植物病理学.
phytophage *n.* 食植性, 食植物动物.
phytophagous *a.* 食植物的, 植(草)食性的.
phyto–phenol′ogy *n.* 植物物候学.
phytophysiol′ogy *n.* 植物生理学.
phytoplankter *n.* 浮游植物(个体).
phytoplank′ton *n.* (海洋)浮游植物, 可繁殖的海洋浮游生物.
phyto′sis *n.* 植物性寄生病, 细菌性疾病, 植物病.
phytosphingosine *n.* 植物鞘氨醇, 4-羟双氢(神经)鞘氨醇.
phytosterol *n.* 植物甾醇素, 植物固醇.
phytotox′ic *a.* 植物性毒素的, 对植物有毒的, 阻止植物成长的.
phytotoxic′ity *n.* 植物毒性(中毒), 药害.
phytotox′in *n.* 植物(性)毒素.
phytotron(e) *n.* 育苗室, 人工气候室.
phytotrophy *n.* 植物寄生(营养).
phytoxanthin *n.* 叶黄素, 胡萝卜醇.
phytozoon *n.* 植虫类, 食植物动物.
phytyl- 〔词头〕植基, 叶绿基.

pi [pai] *n.* ①(希腊字母)Π π ②圆周率 π.
PI = ①paper-insulated 纸绝缘的 ②penetration index 针[帽]入度指数 ③performance index 性能指标 ④photogrammetric instrumentation 摄影测量仪表 ⑤photointelligence 照相情报 ⑥pilot indicator 导频指示器 ⑦planning information 设计资料 ⑧point insulating 点绝缘 ⑨point of intersection 交叉点 ⑩polyimide 聚酰亚胺 ⑪pressure indicator 压力指示器, 压力表 ⑫programmed instruction 程序指令, 编序 ⑬The Plastic Institute 塑料学会.
P-I = photogrammetric instrumentation 摄影测量设备(仪表).
PIA = Pakistan International Airlines 巴基斯坦国际航空公司.
pial ['paiəl] Ⅰ *a.* 软膜的. Ⅱ *n.* 小瓶.
pianette′ [piə'net] 或 **pianino** [pjæ'ni:nou] *n.* 小型竖式钢琴.
pianis′simo [pjæ'nisimou] 〔意大利语〕*a.*; *ad.* 很轻的.
pian′ist *n.* 钢琴家.
pian′o ['pjænou] *n.* 钢琴. *grand piano* 大钢琴. *piano wire* 钢琴(丝), 琴钢丝, 钢弦, 高强钢丝. *upright piano* 竖式钢琴. ▲*play (on) the piano* 弹钢琴.
pianoforte [pjænou'fɔ:ti] *n.* 钢琴.
piano′la [pjæ'noulə] *n.* 自动钢琴.
piauzite *n.* 板沥青.
piaz′za Ⅰ ['piætsə] *n.* 广场. Ⅱ ['pi'æzə] *n.* 步(游, 外)廊, 有拱顶的长廊.
PIB = polyisobutylene 聚异丁烯.
pi′bal ['paibəl] *n.* ①测风气球 ②高空测风(报告).
PIBD = portable interface bond detector 手提式界面接合探测器.
pi-bond π 键.
PIC = ①polymer impregnated concrete 聚合物浸渍混凝土 ②program information center 程序信息中心.
pic [pik] (*pl. pics* 或 *pix*) = picture 照片, 电影.
PIC cable = polyethylene insulated conductors cable 聚乙烯绝缘电缆.
picayune′ [pikə'ju:n] Ⅰ *n.* 不值钱的东西. Ⅱ *a.* 微不足道的, 不值钱的.
PICE = programmable integrated control equipment 积分程序控制设备.
pic′ein ['pisiin] *n.* 云杉素〔甙〕. *picein wax* 真空黑蜡.
pick [pik] Ⅰ *n.* ①(鹤嘴)锄, (风, 丁字)镐, 尖锐的小工具, 传感[发送]器, 敏感元件 ②选择(物, 权), 精华 ③【印】污点. Ⅱ *v.* ①采集, 收集, 摘[拆]取, 拾, 捡, 拔, 撬(开), 撕, 扒, 掷(拨) ②掘, 凿, 凿, 琢, 磨 ③挑选, 检选, 选择. *coal pick* 采煤风镐, 刨煤镐. *pick axe* [mattock] 鹤嘴锄. *pick feed* (三位仿形铣削的)周期进给. *pick hammer* 风镐. *pick test* 抽样检验. ▲*pick at* 挑剔, 戳, 啄. *pick holes in* 对...吹毛求疵. *pick off* 摘去, 拔[拾]取, 狙击, 发送器. *delay pick off* 延时发送器. *pick on* 挑选, 挑剔. *pick out* 掘[选]出, 区别(出), 选拔(择), 挑选, 分辨(出), 分类(选), 衬托(出), 领会. *pick over* 拣选. *pick up* 挖掘(出), 拾起, 托起, 采集, 吸收, 举起, (电极头)粘连, 获得, 【焊】溶入, 感受到, 接收到, 探测出, 读出, 接(上车), 学会, 收拾, 整理, 操作, 恢

pick′aback ['pikəbæk] *a.*; *ad.* ①在肩（背）上的,背着(的) ②在铁道平车上(的).

pick′ax(e) ['pikæks] Ⅰ *n.* 鹤嘴锄,手镐,丁字斧,锛子. Ⅱ *v.* 用鹤嘴锄(掘).

picked [pikt] *a.* ①精选的,(仔细)挑选的 ②(用锄、镐)挖掘过的 ③尖的,有尖锋的 ④光的,有光芒的. *picked dressing* 粗琢(石面),凿平修饰.

pick′el ['pikəl] *n.* 冰斧.

pick′er ['pikə] *n.* ①鹤嘴锄,十字镐 ②拣选机,检出器 ③取像针 ④清梳机,松棉[毛]机 ⑤拣选工,检拾〔采摘〕者. *fire picker* 拨火钩. *picker feed* 切入进给. *pipe picker* 管状分离轮.

pick′et ['pikit] Ⅰ *n.* ①尖(木)桩 ②前〔警戒〕哨,哨兵,(pl.)〔罢工时的〕纠察队. Ⅱ *vt.* ①用桩〔栅〕围住 ②设置警戒哨. *aerial picket* 空中警戒飞机. *picket ship* 雷达哨舰,雷达警戒飞机.

pick′etboat *n.* 雷达哨艇.

pick′etline *n.* 哨兵线,警戒线,(罢工时的)纠察线.

pick′ing ['pikiŋ] *n.* ①摇,刨,凿眼 ②摘取,采集,拣〔挑,粗〕选,选择 ③清棉 ④未烧透的砖 ⑤(pl.)剩余的零碎物品,可捡物,捡取 ⑥采集,摘取,挑选. *fire picker* 拨火钩.

pick′le ['pikl] Ⅰ *n.* ①(浸渍用)盐水,(清洗金属表面用)酸洗液,稀酸液 ②困境 ③空投鱼雷. Ⅱ *vt.* ①盐浸,浸 ②浸渍〔泡〕. *be in a sad〔nice〕pickle* 处境困难. *killing pickle* 死酸.

pick′ler *n.* 酸洗装置〔设备〕,酸洗液. *acid-dip pickler* (沉浸式)酸洗装置. *four-arm pickler* 周期式四臂酸洗机. *plunger mast-type batch pickler* 柱塞式周期(分批)酸洗装置.

pick′ling ['piklin] *n.* ①酸漫〔洗,蚀〕,浸渍〔酸,蚀〕,刻〔腐〕蚀 ②封藏. *acid pickling* 酸洗〔渍,蚀〕. *engine pickling* 发动机封藏. *pickling oil* 防锈油. *pickling tub〔bath〕*酸洗池. *white pickling* 光腐蚀,二次酸蚀.

pick′lock ['piklɔk] *n.* 撬锁工具.

pick′-mattock ['pikmætək] *n.* 鹤嘴锄,镐.

picknometer =pycnometer.

pick′-off ['pikɔf] *n.* ①采〔拾取,摘〕脱〕去,截止②传感〔发送〕器,敏感元件 ③拣拾〔出件〕器,自动脱模装置 ④幵稳定性自动校正仪. *pick-off diode* 截止二极管. *pick-off gear* 选速装置,可换齿轮. *position pick-off* 位置传感器. *yaw pick-off* (自动驾驶仪的)航向电位计.

pick-test *n.* 取样试验,抽样检查.

pick′(-)up ['pikʌp] Ⅰ *n.* ①拾(起,取),挑选,抽出 ②拾音器,拾波(器),检拾(器) ③传感〔发送,变送〕器,地震检波器,声传磁头,拾声器心,拾感头,敏感〔接收〕器件,测量仪表,读出〔数〕器 ④电视摄像(管),电视发射管(讯)器 ⑤实况转播地点,电视实况转播的电路系统,在发射过程中的接收声波(影像)转变为电波 ⑥灵敏(敏感)度,邻近电路引起的干扰 ⑦固定夹具,固定器 ⑧加速(度,性能),(汽车等的)突然加速能力,(继电器的)受动,捕获目标,上客 ⑨上货 ⑩小吨位(运货)卡车,小型轻便货车,待取(信息的存储)单元 ⑪粘着〔屑〕 ①【轧】咬印(薄板表面凹点) ②(商业等的)好转. Ⅱ *a.* ①现成的,凑合的,临时拼凑成的 ②挑选的 ③灵

敏的. *antenna pickup* 天线噪声,天线电路中产生的起伏电压. *crystal pickup* 晶体(压电)拾音器. *dynamic pickup* 动态传感器. *electronic image pick-up device* 电子摄像装置. *live pickup* (电视)室内摄影,播送(室内)实况. *motion picture pickup* 电影摄影. *noncontacting〔contactless〕pickup* 无触点传感器. *oscillation〔vibration〕pickup* 测振计. *pick-up antenna* 接收天线,拾取信号天线. *pick-up arm* 拾取臂,拾音器臂. *pickup brush* 集电刷,集流刷. *pickup coil* 耦合(测向,拾波,拾音,吸引,电动势感应)线圈. *pickup current* 接触起动,触动,吸引,拾音器)电流. *pickup gear* 钩起装置. *pickup hole* (压力)测量孔,测量用)通气孔. *pickup line* 拾取信号线. *pickup loop* 耦合圆(环,匝),拾音环. *pickup of engine* 发动机的加速性能. *pickup plate* 【计】(接收)信号板. *pickup point* (桩)的起吊点,着力点. *pickup probe* 拾取(拾拾)探针. *pickup truck* 轻型(小吨位装货)卡车. *pick-up voltage* 起始(接触,拾取)电压. *piezoelectric pickup* 压电拾音器,晶体拾音器. *remote pickup* 电视实况摄像,远距离电视摄像,远距离拾波. *roll pickup* (轧件上的)辊印,辊痕. *roll rate gyro pickup* 滚动角速率陀螺传感器. *sheet pickup* 薄板分送机. *torque pickup* 扭力计.

piclear unit 图像清除器.

PICM =particle in cell computing method 在格网中的质点计算法.

pic′nic ['piknik] *n.*; *v.* 野餐,郊游.

picnometer =pycnometer.

pico-〔词头〕皮(可),沙,毫纤(10⁻¹²).

picoam′meter *n.* 皮(可)沙安培计.

picoampere *n.* 皮(可)安(培),10⁻¹² 安培.

picocurie *n.* 皮(可)居(里),10⁻¹² 居里.

pico-dosimetry *n.* 分子剂量学.

picofar′ad [pikəfærəd] *n.* 皮(可)法(拉).

picogram *n.* 沙克,皮(可)克,10⁻¹²克.

picohen′ry *n.* 皮(可)亨(利),10⁻¹² 亨利.

picojoule *n.* 皮(可)焦耳,10⁻¹² 焦耳.

pic′oline *n.* 甲基吡啶.

picolog′ic *n.* 皮(可)逻辑电路.

pic′ometer *n.* 皮(可)米,10⁻¹² 米.

pic′opicogram *n.* 10⁻²⁴ 克(质量单位).

picoprogram(ming) *n.* 皮(可)程序(设计).

picornavirus *n.* 小病毒.

pi′cosecond *n.* 皮(可)秒,10⁻¹² 秒.

pic′otite [pikətait] *n.* 铬尖晶石.

picral *n.* 苦味醇液(含苦味酸 3～5%的酒精).

pic′rate [pikreit] *n.* 苦味酸盐.

pic′ric [pikrik] *n.* 苦味酸的. *picric acid* 苦味酸,黄色炸药.

picrite *n.* 苦橄石.

picro-carmine *n.* 苦味醇脂红.

picromycin *n.* 苦橄素.

picrotoxin *n.* 木防己苦毒素.

Pictest *n.* 杠杆式千分表,靠表,找表.

pic′togram *n.* 象形(曲线)图,图(表,解).

pic′tograph ['piktəɡrɑːf] *n.* 象形文字,统计图表. ~ic

picto′rial [pik′tɔ:riəl] I a. (绘)画的,有插图的,(用)图(表)示的,由图片组成的,图片[像,解]的. II n. 画报[刊]. *pictorial computer* 帧型[图解式]计算机. *pictorial computer with coursor* 图示航线(航行)计算机. *pictorial display* 图像式显示.

picto′rialize [pik′tɔ:riəlaiz] vt. 用图表示的. **pictorializa′tion** n.

picto′rially ad. 用(插)图,如绘成图画.

pic′ture ['piktʃə] I n. ①(图)画,图[照,影]片,插图,透示(投影)图 ②图画,图表,肖[景]像,影像[图],画(帧)面,摄影镜头 ③实[情]况,概念,描述. *Bohr picture* 玻尔(原子)模型. *computer picture* 计算机图像. *moving pictures* 电影(片). *oil flow picture* 油迹流谱. *picture charge* 电荷图像. *picture control coil* (图像)定心[控制]线圈. *picture frame* 亮边(边缘部分呈亮口),画框,图片,(显)像帧(面). *picture frequency* 帧频,图像频率. *picture i-f amplifier* 图像信号中频放大器. *picture image* 照相图像. *picture phone* 电视电话,可视电话(机). *picture point* [element] 像素,像点. *picture receiver* 电视[图像信号]接收机. *picture reproducer* 影像再现装置,重放设备,放映机. *picture show* 画展,电影(院). *picture telegraphy* 传真电报术. *picture transmission* 图像传送,传真. *picture tube* 显像管. *picture window* 配景窗. ▲ *come* [enter, step] *into the picture* 出现,显得突出,引起人们注意,起作用,被牵涉到,牵连进去. *out of the picture* 不合适,不相干,不重要,在本题以外的.

II vt. ①画,描绘[述,写] ②设想,想像 ③用图表示,用图画装饰. *Picture a nucleus as being built out of protons only.* 假想(有个)原子核只是由质子构成的. *Picture the wire sliced along its length.* 假定这导线是沿其长度方向剖开的. *Picture yourself driving a tractor.* (你)设想你自己在开拖拉机. *Picture to yourself a tractor passing by.* (你)设想有台拖拉机正从你旁边开过. *The Bohr model pictures a solar system.* 玻尔(原子)模型象一个太阳系.

pic′turephone ['piktʃəfoun] n. 电视电话.

picturesque′ [piktʃə′resk] a. 如画的,逼真的,生动的,别致的. ~ly ad. ~ness n.

pc′turize ['piktʃəraiz] vt. 用图画表现,把…拍成电影.

pic′ul ['pikəl] n. 担(中国重量单位,=100市斤). *picul stick* 扁担.

PID = ①piping and instruments diagram 管路及仪表布置图 ②proportional plus integral plus derivative action【控】比例积分微分动作,比例加积分加微分控制作用 ③proportional-integral-differential (controller)比例积分微分(控制器).

pid′dling ['pidliŋ] a. 微小的,不重要的.

pid′gin ['pidʒin] n. 混杂语言;事务,工作.

pie [pai] I n. ①馅饼 ②饼式线圈[绕组]. II vt. 弄乱(铅字或排版). *pie winding* 饼式绕组. ▲ *as easy as pie* 非常容易. *have a finger in the pie* 干预(某事).

piece [pi:s] I n. ①(一)块[片,件,个,只,根,支,篇,匹] ②(断,零,碎,切,小)片,部分,段 ③零[部,构]件 ④(被加工的)毛坯,铅料,轧件,待加工工件 ⑤管接头. *bed piece* (机)床身. *cable piece* 电缆段,定长度电缆. *check piece* 自动停车器,制速器. *cross piece* 十字架. *die piece* 模具上抽块. *distance piece* 垫[隔,定距]片. *ear piece* 耳机. *eye piece*【物】目镜. *guide piece* 导向装置,导卫板. *head piece* 木隔断的压顶木. *one-piece* 一[单]片的,单体的. *packing piece* 填套片. *piece number* 件号. *piece wage* 计件工资. *piece work* 计件工作,单件生产. *pole piece* 极靴[片]. *protecting piece* 护板. *repair piece* 备件. *sample piece* 样块. *T piece* T形块,T形接头. *test piece* 试件,试样,制取试样的金属块,钢材取样块. *time piece* 时间间隔. *work piece* 工(件)加工件. ▲ *a piece of* 一块[片,件,个,只,根]. *a piece of work* 一件工作[作品],难事. *all to pieces* 完全,充分,彻底,粉碎,失去控制地. *break into* [to] *pieces* (使)成碎片. *come* (*fall, go*) *to pieces* 瓦解. *cut in* [into, to] *pieces* 把…切碎. *of a piece with M* 与M同性质[一样]的. *piece by piece* 逐(件,点,渐). *take…to pieces* 拆散(机器)。

II vt. 拼成,接[凑,综,结]合,修理,添[修]补. ▲ *piece in* 插入,添加. *piece M on to N* 把M拼[凑,补,接]到N上. *piece out* 补足,凑够,串成. *piece together* 接[综,拼]合. *piece up* 修补,弥缝.

piece′meal ['pi:smi:l] I ad.; a. 逐点[件,片,段,次,渐],一件一件地,一部分一部分地,渐进地,零碎地. II n. (断)片,片段,块. *piecemeal determination* 逐段确定法. ▲ *by piecemeal* 一件一件地,逐渐地,零碎地.

piece′wise ['pi:swaiz] ad.; a. 分[逐,片]段(的). *piecewise linear iteration* 逐段线性迭代. *piecewise smoothing subroutine* 分段校平子程序.

piece′work ['pi:swə:k] n. ①计件工作 ②单件生产.

pied (法语)*au pied de la lettre* 照字义.

pied [paid] a. 斑驳的,杂色的.

pied′mont ['pi:dmənt] n.; a. 山麓(的),山前地带(的).

pied′montite ['pi:dməntait] n. 红帘石.

pi-electron n. π电子.

piend [pi:nd] n. 尖棱,突角.

pier [piə] n. ①(桥,墙,支,间)墩,桥台[脚] ②(凸式)码头,支撑物 ③【建】窗间壁,窗间墩,扶[间]壁,(角,支)柱. *bank* [land] *pier* 桥台,岸墩. *floating pier* 浮栈桥. *pier drilling* 桩柱钻井,水上[浅海边]钻井. *pier glass* 窗间镜. *pier head* 码头. *pier head line* 港口建筑线. *pier process* 水煤气发生过程. *pier shaft* 墩身. *pier stud* 墩柱. *pile pier* 桩(式桥)墩,桩支柱头. ▲ *ex pier* 码头交货.

pierce [piəs] I v. ①戳[剔]穿,贯通[穿] ②刺(穿,突,进,插)入,突破,渗透 ③冲[穿,锥,钻]孔,穿孔. II n. 工艺孔. *pierce punch* 冲孔[工艺孔]冲头. *pierced brick* 穿孔砖.

Pierce circuit (控制晶体接在栅极-阴极[阳极]间的自激)振荡器电路.

piercer ['piəsə] n. ①锥(子) ②钻孔器[机],穿孔(轧)机 ③冲头 ④冲床,冲压机 ⑤自动轧管机,芯棒 ⑥炮工针. *millstone piercer* 石辊凿.

pier'cing ['piəsiŋ] I a. 刺穿的, 锐利的, 敏锐的, 洞察的. II n. 穿[刺],贯[穿],突入[破],冲[钻,锥,穿]孔,穿孔机. *piercing drill* 穿心钻. *piercing mill* 穿孔机. *piercing point bar* 芯棒. *piercing saw* 弓锯丝锯.

pier'head ['piəhed] n. 码头(外端),防波堤堤末部.

Pierott metal 锌基轴承合金(锡 7.6%,铜 2.3%,锑 3.8%,铅 3%,其余锌).

pierre-perdue n. 抛石.

piesim'eter [paii'simitə] n. 压力[压觉]计.

pi'esis ['paiesis] n. 血压.

piesom'eter [paii'somitə] n. 压力[压觉]计.

PIEV time of driver 驾驶人恢复知觉、智力、情绪和意志所需的时间.

pieze n. 皮滋(*MTS* 制的基本压力单位,等于 10^3 牛顿/米²).

piezo- 〔词头〕压[力,电].

piezocaloric a. 压热的. *piezocaloric effect* 压热效应.

pie'zochem'istry [pai'i:zou'kemistri] n. 高压〔压力〕化学.

piezochom(at)ism n. 受压变色.

piezocoupler n. 压电耦合器.

pie'zocrys'tal [pai'i:zou'kristl] n. 压(电)晶(体).

pie'zocrystalliza'tion n. 加压结晶.

piezodial'ysis n. 加压渗析.

piezodielec'tric n. 压电介质的.

piezo-effect n. 压电效应.

pie'zoelec'tric (al) [pai'i:zoui'lektrik (əl)] a. 压电的. *piezoelectric compliance* 压电顺度. *piezoelectric converse effect* 反压电效应. *piezoelectric crystal* 压电晶体. *piezoelectric gauge* 压电计(仪). *piezoelectric modulus* 压电系数(模量,模数). *piezoelectric oscillator* 压电振荡器,晶体(控制)振荡器.

pie'zoelectric'ity [pai'i:zouilek'trisiti] n. 压电(现象,性),压电学.

pie'zoelec'trics n. 压电体.

pie'zogauge n. 压力计.

piezoglypt n. 气印,鱼鳞[烧蚀]坑.

piezoid n. (压电) 石英片, 石英晶体, 石英振荡片, *transducing piezoid* 作换能器用的压电晶体.

piezoisobath n. 加压等深线.

pie'zolight'er n. 压电点火器.

pie'zo-lumines'cence n. 压电(压致)发光.

pie'zomagnet'ic a. 压(电)磁的. *piezomagnetic effect* 压磁效应.

piezomag'netism n. 压磁现象.

piezometamorphism n. 压力变质作用.

piezom'eter [paiə'zomitə] n. (流体)压力(强,缩,觉)计,测压计,静压水位计,微压表,压缩计,地下水位计,孔隙水压力计,材料压缩性测试计. *piezometerring* 环形流量计.

piezomet'ric [paiə'zou'metrik] a. 测压(计)的,流压计的,量压的,测压水位的. *piezometric level* 水(平)压面,压力计平面,测压管水位. *piezometric line* 自由水面(坡)线. *piezometric ring* 压力计环. *piezometric tube* 测(流)压管.

piezom'etry [paii'zomitri] n. (流体)压力测定.

piezo-oscillator n. 晶体(控制)振荡器,压电振荡器.

piezophony n. 压电(晶体)送(受)话器.

pie'zoquartz [pai'i:zoukwo:ts] n. 压电石英.

pie'zoresis'tance n. 压(电)阻,压敏电阻,压力电阻效应.

pie'zoresis'tive [paii:zouri'zistiv] a. 压阻(现象)的,压敏电阻的.

piezoresistiv'ity n. 压电阻率.

piezoresis'tor n. 压敏电(阻)器.

piezores'onator n. 压电(晶体)谐振器.

piezotropy n. 压性.

pi-filter n. π 型滤波器.

pig [pig] n. ①猪 ②生[铣]铁,(金属)[块],块块. *pig back*(平炒)用生铁增碳. *pig bed* (高炉) 铸床, 出铁场, 生铁场(四周), 溜到余铁水铸型, 铸剩余铁水砂坑. *breaker* 铁块(铸锭,锭料)破碎机,碎铁机. *pig casting* 〔*moulding*〕 *machine pig* 铸锭机. *pig copper* 生铜,粗铜锭. *pig iron* 生铁,铣铁. *pig lead* 或 *lead pig* 铅锭,生铅. *pig metal* 生铁锭. *pig tongs* 铸锭钳子. *pig up* 生铁增碳.

PIG = ①pendulous integrating gyro 摆式修正积分陀螺仪. ②Penning ionization gauge 潘宁(冷阴极)电离真空规 ③Phillips ion gauge 菲利浦斯电离计.

PIGA = pendulous integrating gyro accelerometer 摆式(修正)积分陀螺加速表.

pig'eon ['pidʒin] n. 鸽子. *carrier* 〔*homing*〕*pigeon* 通信鸽. *pigeon hole* (钢柜内)空穴.

pig'eonhole ['pidʒinhoul] I n. ①鸽笼,小室,小出入孔 ②文件(分类)架. II vt. ①把(文件)归类分类,插入文件架中 ②分类记录,贮存,置于架格中 ③把(计划)搁置[起].

pig'ging ['pigiŋ] n. 生铁. *pigging up* 〔*back*〕生铁增碳.

pig'gyback ['pigibæk] a.; ad. 在肩上(的),在背上(的),在铁道平车上(的),驮背运输,机载的,机上的,自动分段控制的. *carried piggyback* 副载波调制. *piggyback control* 分段(级联)控制. *piggyback operation* 驮背式集装运输,子母车运输.

pig'-iron ['pigaiən] n. 生铁(块).

pig'let n. 小猪,小锭.

PIGM = copolymer of isoprene and glycidyl methacrylate.

pig'ment ['pigmənt] n. 颜[色]料,色素,着色粉,涂剂. v. 加颜色,变色,成为有色. *loading pigment* 颜料填充剂. *pigmented compound curing* (混凝土路面)加色剂薄膜养护.

pigmen'tal 或 **pig'mentary** a. (含有)颜料[色素]的.

pigmenta'tion [pigmən'teiʃən] n. 颜料淀积(作用),色素形成(沉着的),染[着]色,染色性.

pigmentum n. (拉丁语)色素(质),涂料.

pig'tail ['pigteil] n. ①猪尾 ②辫子 ③抽头,引线,软导(接)线 ④引出(出〔端)⑤柔韧铜辫(丝) ⑥猪尾形线 (由电刷上引出的线束),电刷与刷握联接用的软电缆 ⑥挠性接头.

pike [paik] I n. ①矛,针(头),刺,尖头 ②十字镐,鹤嘴锄 ③关卡,收税栅,通行税. II vt. 刺. *pike*

peak 山顶〔巅〕. *pike pole* 杆钩〔叉〕.
piked *a.* (有)尖(头)的.
pil shale 油页岩.
pilas'ter ['piləstə] *n.* 壁〔挨墙,半露〕柱(桥台前墙的)扶垛.
pilbarite *n.* 硅铀钍铅矿.
pile [pail] I *n.* ①桩,(桩)柱 ②堆,叠,垛 ③电堆,电池(组),核反应堆,铀堆 ④包,束,(捆) ⑤烟囱⑤大量,大块 ⑥高大的(一群)建筑物 ⑦绒毛[毛,头],软绒. II *v.* ①堆(积,起,放,叠,聚),积累(up, on) ②打桩,把桩打入,用桩支撑[加固] ③打成报 ④挤,进入(in, into),(挤)出(off, out). *carbon pile* 碳堆,层叠碳板变阻器,碳精盒. *jetted pile* 射水沉桩. *nuclear pile* 核(反应)堆. *pile bridge* 桩(承)桥. *pile charring* 【冶】成柱炭化. *pile drawer* 拔桩机. *pile engine* 打桩机. *pile extractor* 拔桩机. *pile hammer* 打桩机. *pile in layers* 分层〔重叠〕堆积. *pile oscillator* 反应堆振动器,振荡式中子测定器. *pile plank* (企口)板桩. *pile trestle* 排桩〔桩构〕栈道〔栈桥〕. *pile winding* 分层叠绕绕组. *pipe pile* 管桩. *simplex pile* 带有金属外壳的现浇混凝土桩. *slab pile* 初轧板坯垛. *straight sheet pile* 板垛,扁平板桩. ▲*pile it on* 夸张.
piled *a.* 打了桩的,成堆的. *piled jetty* 桩式突码头〔防波堤〕.
pile-down *n.* 反应堆的逐渐停堆.
pile-drawer *n.* 拔桩机.
pile-driver *n.* 打桩机,桩架.
pile-head *n.* 桩头.
pi'ler *n.* 堆集〔积,垛〕机,板坯〔集草〕机,堆垛装置. *sheet piler* 垛板机.
pile-screwing capstan 螺旋柱式绞盘.
pile-up *n.* 堆积(效应),聚积,积累(存),堆,垛,(车)碰撞.
pi'leus ['pailiəs] (pl. *pi'lei* ['pailiai]) *n.* 菌伞[盖].
pile'work *n.* 打桩工程.
pil'fer ['pilfə] *v.* 偷窃.
pil'ferage *n.* 偷窃,赃物.
pil'ferer *n.* 小偷.
Pilger mill 皮尔格无缝钢管轧机.
Pilgrim rolling process 周期式轧管法.
pili *n.* pilus 的复数.
pilif'erous *a.* 如〔有〕毛的.
pi'ling ['pailiŋ] *n.* ①打桩(工程,工具),板〔排〕桩,桩 ②(聚)成堆,堆垛〔存〕,垛起,叠放 ③分〔成〕层,层理〔结〕. *bearing piling* 支桩,重梁. *deep-arc piling* 拱形板桩. *piling bar* 钢筋钢板桩. *piling beam* 钢板桩. *piling home* 把桩打到止点. *piling of dislocations against obstacles* 位错在障碍前边的塞积. *piling plan* 桩位布置图. *slab piling* 垛放初轧板坯.
pill [pil] I *n.* 丸(剂),药丸,片,小球,子(炮,炸)弹. I *v.* 把…做成丸,起泵. *pill heat* 【冶】首次熔炼. *pill transformer* 匹配变换器〔短截线〕.
pil'lage ['pilidʒ] *n.*; *v.* 掠夺,抢劫.
pil'lar ['pilə] I *n.* (支,号,小,圆,矿,煤,台)柱,柱状物,座,(桥,闸)墩,(桅杆起重机的)中心立柱. II *vt.* 用柱支持[加固, 装饰], 成为支柱. *control pillars* 控制柱. *driven from pillar to post* 到处碰壁. *pillar bearing* 柱〔墩〕支座. *pillar crane* 转柱起重机. *pillar shaper* 柱架(牛头). *pillar stone* 奠基石, 隔石. *pillar support* 柱支座, 柱基. *pillar switch* 柱式开关. *pillar working* 煤柱采煤法.
pillar-bolt *n.* 柱形螺栓, 螺撑.
pillar(-)box *n.* 邮(信)筒.
pill'aret ['pilərit] *n.* 小柱.
pill'aring *n.* (高炉)冷料柱.
pill'box ['pilbɔks] *n.* ①丸药(纸)盒②小屋③碉堡,掩体. *pillbox antenna* 抛物柱面天线.
pil'lion ['piljən] I *n.* (摩托车)后座. II *ad.* 坐在后座上.
pil'low ['pilou] I *n.* ①枕(块),轴枕〔衬,瓦〕,衬板,铜衬②[枕(轴承),垫板(块),垫]. II *vt.* 枕于,(使)靠在(...上), 搁(on), 垫. *pillow block* 轴承, *pillow block bearing* 架座. *pillow joint* 球形接合. *pillow lava* 枕状熔岩. *pillow pivot* 球面中心支枢. *pillow test* 枕形抗裂试验.
pilocar'pine *n.* 毛果芸香)碱.
pi'lot ['pailət] I *n.* ①领航(港)员, 引水员, 舵手, 领导人, 指导者, 响导, 带路人②飞行员, (飞机)驾驶员 ③导向器(轴, 物), 驾驶仪, 导杆(销, 槽, 顶), 定料销 ④导洞(孔)⑤控制器,液压机构中的)伺服阀⑥(机车前面的)排障器 ⑦指示灯〔器〕⑧航海〔路〕指南. II *a.* ①引导的, 导向〔测〕的, 前(先)导的, 领〔导〕示的 ②控制的, 操纵的, 驾驶的 ③辅助的, 检查的 ④实验性的, (典型)试验的, 中间规模的. III *vt.* ①引(指, 响)导, 导向, 操纵(on, onto, in, over) ②驾驶, 指示. *a pilot run* 小批试产. *back pilot* (拉刀)后导部. *controller pilot* 调节器的控制阀. *cutter pilot* 刀具导(向)杆. *front pilot* (拉刀)前导杆. *master pilot* 主控导频. *pilot bar* 排障杆, 导向杆. *pilot balloon* 测风气球. *pilot bearing* 导轴承. *pilot bell* 监视铃. *pilot boring* 先行试钻. *pilot bracket* 指示灯插座(灯座). *pilot brush* 控制刷, 测试(辅助)刷, (选择器)电刷. *pilot calculation* 试算. *pilot casting* (校验型板用)标准铸件. *pilot cell* 指〔领〕示电池, 控制元件. *pilot chart* 领航图, 航空气象简图. *pilot circuit* 控制(导频)电路. *pilot connection* 控制连接. *pilot control* 领示(导频)控制. *pilot drive* 导洞开挖〔掘进〕. *pilot exciter* 副励磁机, 导频励磁器. *pilot experiment* 中间试验. *pilot furnace* 中间工厂试验炉. *pilot heading* 超前导洞. *pilot hole* 导向〔定位〕孔, 辅助(方)孔. *pilot house* 领航〔操纵〕室. *pilot investigation* 试点调查. *pilot ion* 比较〔领示〕离子. *pilot jet* 引导开口, 起动喷嘴. *pilot jetting* 前驱水甲. *pilot lamp* 信号灯, 度盘灯, 监视灯, 指示灯, 领航灯. *pilot level* 导频电平. *pilot lever* 控制手柄. *pilot light* 领航信号灯, 领示灯, 信号光, 指示灯光, 搜索探照灯. *pilot model* 先导模型, 试验样机. *pilot motor* 辅助(伺服)电动机. *pilot nut* 导枢帽. *pilot operated valve* 液压控制动作阀, 导阀控制换向阀. *pilot pin* 定位(定线)栓. *pilot piston*

pi′lotage 导向活塞,导柱. pilot plant 见 pilot-plant. pilot production试产,试制. pilot project 试验计划,中间试验. pilot reactor 示范性〔中间规模的〕反应堆. pilot reamer 导径铰刀. pilot relay 控制〔主控,指示,辅助(信号)、导频信号〕继电器. pilot scheme〔project〕(小规模)试验计划. pilot screw 支持螺丝. pilot signal 领示〔导频,控制信号. pilot sleeve 导向套管. pilot studies 探索研究. pilot survey 试验调查. pilot switch 领示〔导频,辅助〕开关. pilot tap 带导柱丝锥. pilot test 小规模试验. pilot trench 导沟. pilot truss 脚手架的桁架. pilot valve 导阀,辅助阀,控制〔伺服〕阀. pilot wire 领示〔操作,控制〕线,辅助引线. pilot wire transmission regulator 领示线自动增益调整器. robot pilot 自动驾驶仪.

pi′lotage ['pailətidʒ] n. ①领航(术),领港(术,费),引水,响导 ②驾驶(术),目视飞行术. pilotage chart 领航图. pilotage water 引水区.

pilotaxitic texture 交织结构.
pi′loted a. 有人驾驶的.
pilotherm n. (双金属片控制的)恒温器.
pi′lothouse n. 操舵室.
pi′loting n. 领港,驾驶,操纵,调节,控制,(过程的)半工厂性检查.
pi′lotless a. 无人驾驶〔操纵〕的,无驾驶员的. pilotless aircraft 无人驾驶飞机. pilotless high-altitude reconnaissance plane 无人驾驶高空侦察机. pilotless missile (弹道)导弹.
pilot-plant n. ①中间(试验性)工厂,小规模试验性工厂 ②(小规模)试验(性)设备,实验(性)装置,试验生产装置.
pilot-plant-scale a. 半工业试验规模的中间工厂.
pilot-tube n. 指示灯.
pil′ular ['piljulə] a. 药丸(状)的,丸粒的.
pil′ule ['piljuːl] n. 小药丸.
pilus (pl. pili) n. 纤毛,菌毛.
pilz bridge 菌式桥.
PIM = precision instrument mount 精密仪器架.
PIMA = copolymer of isoprene and methylacrylic acid 异戊间二烯和甲基丙烯酸的共聚物.
pimaradiene n. 海松二烯.
pi-mesic atom π介原子.
pi-meson ['paiˈmiːzɔn] n. π介子.
pi-mode π型(磁控管振荡型).
pimp′ing ['pimpiŋ] a. 微不足道的,无足轻重的,很小的,没价值的.
pim′ple ['pimpl] n. ①丘疹,疙瘩,肿鼓 ②小突起,小高处 ③(由要伤痕造成的)唱片缺陷.
pim′pling n. 粗糙度.
PIN = position indicator 位置指(显)示器.
pin [pin] I n. ①(扣,别,大头)针、(图)钉 ②销(子,钉)、枢(轴)、(螺,栓)栓,细,支,撑]杆,柱,铰,短轴,导(定位)销,控(轴,测,齿)针,散热刺 ③插头,引线(手[子,电子管]脚座,(插头等的)管脚)④(钥匙)插入锁孔的部分 ⑤公螺纹 ⑥琐碎物,小东西. II a.针的,钉的,销的. III (pinned; pinning) v. ①钉(扣,别,住)(on, to, together, up) ②按住,牵制(against) ③止(阻,钉,压)住(down). base pin 管脚. cam follower pin 凸轮从动销子. catch pin 挡杆,带动销. clevis pin U 形钩, U 形夹销,控销. core pin 心杆,铁心销,销钉,穿孔杆. cotter pin 扁(开尾)销. crank pin 曲柄销. drift pin 对准钉孔用的销子,铆钉整孔销,尖冲钉. fuel pin 燃料元件细棒. guide pin 导销. hole forming pin 穿孔针. index pin 指度针. in-line pin 排齐的引线. insert pin 插销,插接头,插销. joint pin 枢接合. keying pin 移接针,键住定位针. knock-out pin 顶出杆. pin bar 渗碳钢丝. pin bearing 销〔滚柱〕轴承,枢承. pin board = pinboard. pin bolt 销(钉),带(开尾)销螺栓. pin bush 定心(位)销垫. pin connected 铰(销,枢)接的. pin connection 销(螺栓)连接. pin cushion distortion (显示用显像管)枕形畸变. pin drill 针头钻,销孔钻. pin file 钟表锉刀,针锉. pin gauge 销(栓)规. pin handle T 形销栓. pin hinge 销铰. pin holes 针孔,气,塞,销钉,引线〕孔,小分层(薄板缺陷). pin insulator 针形(装脚)绝缘子. pin jack 管脚插孔. pin joint 枢接合. pin lift 顶杆(指手工造型机顶杆系统). pin lift moulding machine 顶杆造型机. pin metal 销钉用黄铜(铜62%,锌38%). pin point(多孔镀铬的)点状凡隙. pin rammer 扁头〔三角头〕砂锤,风铲. pin roller(测量齿厚或节圆直径用)滚柱. pin seal 铆销密封. pin spot-light 细光束聚光灯. pin type insulator 针形(装脚)绝缘子. pinned end 栓接端. punch pin (尖)冲头,冲子. rigging pin 装配销. three-pin plug 三心插塞子. valve lift pin 阀顶杆. vent pin 阀栓〔塞〕. vertical contact pin (铝电解槽)顶插棒. wrist pin 活塞〔肘节,腕〕销.

Pinaceae n. 松科.
pin′acoid n. 【晶】平行双面(式),轴面(体),平行双面式(结晶)端面.
pin′board n. 插销〔转接,接线〕板,插塞控制板. pinboard programming 插接式程序设计.
pince-nez (法语) n. 夹鼻眼镜.
pin′cer ['pinsə] a. 钳子的,钳形动作的. pincer spot welding head X 形点焊钳.
pin′cers ['pinsəz] n. ①(铁,拔钉,钢丝)钳,钳〔镊,夹〕子,钳状物 ②(蟹等的)螯. a (pair of) pincers 一把钳子.
pincette [pɛ:n'set] (法语) n. 小钳(镊)子,夹钳.
pinch [pintʃ] v.; n. ①捏,挟,捻,挤 ②夹紧〔断〕,紧压,压折〔榨〕,箍〔收,颈,狭〕缩,挤压(变形),折缝 ③变薄 ④压迫〔力〕,勒紧,夺取〔取〕(from, out of) ④困难,紧急情况,紧要关头 ⑤节省〔(一)撮,微量 ⑦参离子线柱 ⑧收缩效应,尖灭 ⑨管脚. a pinch of salt 一撮盐. pinch bar 撬棒. pinch clamp 弹簧夹. pinch cock 弹簧(节流)夹. pinch effect (电磁)收(箍)缩效应,夹紧效应. pinch (off) voltage 夹断电压. pinch pass 轻(精)冷轧. pinch pass rolling 平整,光整冷轧. pinch plane 扭面. pinch plasma 箍(收)缩等离子体. pinch point 见 pinchpoint. pinch roll 夹送(紧)辊. pinch roller 夹送轮(辊),压(紧)带轮,压轮. pinch screw seal 压紧钢封. thermal pinch 热收缩效应. ▲ at (in, on,

upon *a pinch* 在危急时,在紧要关头. *if* 〔*when*〕*it comes to the pinch* 在危急时,必要时. *know* 〔*feel*〕*where the shoe pinches* 知道困难所在. *pinch off* 箍〔夹〕断,压紧,节流. *pinch off seal* 压紧密封,铜管封接.

pinch′beck [′pintʃbek] Ⅰ *n*. ① 金色铜,铜锌合金 ② 冒牌货. Ⅱ *a*. 波纹管〔状〕的. *pinchbeck tube* 波纹管〔连接〕.

pinch′cock *n*. (夹在软管上调节液流用)活嘴〔弹簧,节流,管〕夹.

pinched *a*. 压〔夹〕紧的,(自)收缩的,受箍缩的. *pinched stem* 靶茎. *pinched resistor* 扩散致窄电阻(器).

pinch′er [′pintʃə] *n*. ① (条钢因耳子造成的)折叠(缺陷),(薄板的)折印(缺陷) ② (pl.) 钳子,铁钳,夹锭〔剪线〕钳. *pincher trees* 折皱(带钢缺陷).

pinch-off *n*. 夹〔箍〕断,夹紧. *pinch-off point* 夹断点. *pinch-off effect* 箍断效应.

pinch-point *n*. 窄〔扭〕点,饱和蒸气与冷却剂最小温差点.

pinch-preheated *a*. 利用放电收缩预热的.

pinch-roll *n*. 夹紧辊.

pin-connected *a*. 枢〔栓,销,铰,连〕接的.

pin′cushion [′pinkuʃin] *n*. ① (放针用的)针插 ② 枕形失真. *pincushion correction circuit* 枕形(失真)校正电路. *pincushion distortion* (光幅)枕形失真,正〔枕形〕畸变. *pincushion magnet* 枕形失真调整磁铁.

pine [pain] Ⅰ *n*. 松(树,木). *pine oil* 松木油. *pine tree* 松树,松树式天线阵,水平偶极子天线阵. Ⅱ *vi*. ① 憔悴,消瘦(away) ② 渴望(after, for, to+*inf*.).

pi′neal [′painiəl] *a*. 松果形的.

pine′apple [′painæpl] *n*. 菠萝,凤梨(树),炸弹,手榴弹.

pine-cone *n*. 松果〔球〕.

pin-electrode *n*. 针状电极.

pi′nene *n*. 蒎烯.

pi′nery [′painəri] *n*. 松林,菠萝园.

pine′tree [′paintri] *n*. 松树. *pinetree crystal* (树)枝(状)晶(体). *pinetree line* 松树(预警)线. *pinetree marking* 松枝印痕(带钢表面缺陷). *pinetree oil* 松树油. *pinetree structure* 枝晶结构.

pi-net(work) *n*. π(电)网络,π型电路〔滤波单元〕.

pinfeed form 针孔传输形式.

ping [piŋ] *n*. ① (枪弹飞过时的)啾(声),来自(回声测距)声纳设备的脉冲信号,声(纳)脉冲. *ping jockey* 雷达兵,声纳兵,操纵警报仪侦察*电子仪器*的人. Ⅱ *v*. ① 啾啾地响〔飞〕,发啾啾声 ② 发爆鸣声. *pinging noise* 颤鸣噪声,声呐器效应噪声. *pinging sonar* 脉冲声响.

ping′er [′piŋə] *n*. 研究海流用声脉冲发送器,声波发射器,声信号发生器,浅穿透高功率换能器.

ping′-pong [′piŋpɔŋ] *n*. 乒乓球,往复转换工作.

pin′head [′pinhed] *n*. 针(钉)头,小东西,微不足道的东西. *pinhead blister* 微(气)孔. *pinhead diode* 针头型二极管.

pin′hole [′pinhoul] *n*. 针〔销,栓,塞,冲,齿,穿,小〕孔,小洞,针眼(钢锭缺陷),细缩孔,细孔隙,阳极棒插孔,气泡,(皮下)气孔,(pl.) 疏孔. *pinhole lens* 针孔透镜.

pin′ion [′pinjən] Ⅰ *n*. ① 小(副,传动,人字,游星)齿轮,齿杆 ② 翅膀,羽毛. Ⅱ *vt*. 缚〔绑〕住. *bevel pinion* 伞(斜)齿轮. *lazy pinion* 惰轮,空转小齿轮. *mill pinion* 人字(人字)齿轮座的齿轮轴. *pinion cutter* 小齿轮铣刀. *pinion file* 锐边小锉. *pinion gear* 小齿轮,游星〔主动〕齿轮. *pinion shaft* 小齿轮轴. *pinion unit* 齿轮传动系. *planet pinion* 行星〔游星〕齿轮. *rack-end pinion* 齿条(齿轮)传动. *shank pinion cutter* 带柄插齿刀. *spline pinion cutter* 花键插齿刀. *spur pinion* 小正齿轮.

pinion-gearing *n*. 小齿轮传动装置.

pinipicrin *n*. 松叶苦素 $C_{22}H_{36}O_{11}$.

pinitol *n*. 蒎立醇,右旋肌醇甲醚.

pink [piŋk] Ⅰ *a*. 粉(淡红)的,石竹色的. Ⅱ *n*. ① 石竹(花),粉红色,一种淡黄色颜料 ② 典型,极致,精毕,化身 ③ (皮革等)饰孔,小孔 *be in the pink* 非常健康. *Dutch pink* 栎皮黄素血黄色染料. *the pink of perfection* 十全十美. Ⅲ *v*. ① 刺,扎,戳,弄穿小孔(out) ② 把边剪成锯齿形 ③ (内燃机)发爆震声,发格达格达的响声. *pinking roller* 压花滚刀.

pink-collar *a*. 粉领阶层的(多指女的,如教员,售货员,文书等).

pin′kie *n*. 小手指.

pink′ish [′piŋkiʃ] *a*. 带粉红色的.

Pinkus metal 铜合金(黄铜,铜 88.1%,锌 6.9%,锡 2.5%,铅 1.8%,镍 0.3%,铜 0.4%;青铜:铜 72.5%,锌 14.7%,铅 8.3%,锌 1.5%,锡 2.5%).

pinky =pinkie.

pin′nace [′pinis] *n*. 舢板,小艇,舰载艇,小汽船.

pin′nacle [′pinəkl] Ⅰ *n*. ① 小尖塔,水(石)塔,尖顶〔柱〕② 尖(高)峰,山顶,尖(暗)礁 ③ 顶点(峰),极点 ④ 信号杆塔. Ⅱ *vt*. 置于尖顶上,放在最高处 ② 造小尖顶(塔)于,做成小尖顶塔形. *pinnacle nut* 六角帽顶螺母. *pinnacle of prosperity* 极度繁荣.

pinnately decompound leaf 羽状复叶.

pinnat′ifid *a*. 羽状半裂的.

pin′ning *n*. ① 打小桩,支撑 ② 销连接,上开口销 ③ 销(锁)住,阻塞,闭合. *pinning attack* 牵制性攻击. *pinning force* 钉扎力.

pinning-in *n*. 嵌入,将灰浆及石片填入新旧结构间使之相联结.

Pinnipedia *n*. 鳍脚目.

PINO =positive input-negative output 正输入-负输出.

pinocytosis *n*. 胞饮(作用,现象),细胞吸入,饮液作用.

pinoline *n*. 轻松香油.

pinoquercetin *n*. 西黄松黄酮,6-甲基槲皮酮,松棟精.

pinoresinol *n*. 松(树)酯醇,松脂酚.

pinosome *n*. 胞饮泡.

pinostrobin *n*. 乔松素,5-羟(基)-7-甲氧(基)黄烷酮.

pinosylvin *n*. 赤松素,3,5-二羟(基)茋.

pin′point [′pinpoint] Ⅰ *n*. ① 针尖,极尖的顶端 ② 一点点,微物,琐事 ③ 航空照片. Ⅱ *a*. ① 精确定点〔位〕的 ② 极精〔准〕确的,细致的,详尽的 ③ 针尖式的,

pin-shaped electrode 针状电极.
pint [paint] n. (液量及容量单位)品脱(=1/8 加仑, 英=0.568246L; 美=0.57793L[干]或 0.47341L[液]).
pin′tle 或 **pin′tel** ['pintl] n. ①枢(立,垂,直)轴 ②开口(连管)孔 ③枢(针,销)栓 ④扣钉(针). lockung pintle 锁扣钉. pintle chain (一种)扁环节链,扣钉链. pintle nozzle 针栓喷嘴.
pin′-up Ⅰ a. 可钉在墙上的. Ⅱ n. 钉在墙上的东西. pin-up lamp 壁灯.
pin-wheel n. 直升飞机.
pin′xit ['piŋksit] (拉丁语) v. 由某人绘制(用于绘画落款后面,常略作 pinx 或 pxt).
PIO = process input output 过程输入输出.
Piobert effect 皮奥伯特效应(冷轧、冷拉加工时,金属表面产生晶格滑移现象).
Piobert line 皮奥伯特效应产生的金属表面线状缺陷.
pioloform n. 聚乙烯醇缩醛.
pi′on ['paiɔn] n. π介子.
pioneer′ [paiə'niə] Ⅰ n. ①拓荒者,开辟者 ②先锋(驱),少先队,倡导者 ③(轻,开路)工兵.采用. Ⅰ v. ①开辟(路),倡导,首创,走在前列 ②首先采用,发明,创造,提倡. Ⅲ a. ①最早的,原始(先)的 ②首创的,开拓的,先驱的. pioneer bore 隧道导洞. pioneer road 荒区(拓荒)道路. pioneer telephone 原始的电话. pioneer tunnel 侧辟导洞. pioneer well 导井. pioneering work 先行(开展)工程.
Pioneer′ [paiə'niə] n. 一种耐蚀镍合金(镍 65%,其余铬、钼). Pioneer metal 镍铬铁合金(镍 38%,铬 20%,铁 35%,钼 3%,硅 4%;或镍 35%,铬 25%,铁 35%,钼 5%).
pionnote n. 粘粉分生孢子团.
pip [pip] n. ①(广播)报时信号(声响) ②针头,尖头脉冲(信号),峰值 ③(雷达)反射点,幻(讯)象,尖头筒(导)管 ⑥剧变形 ⑦(梨,柑)种子,(骨牌)点子,(肩章)星. pip displacement 标记位移(移动). pip integrator 脉冲力积分器. pip matching 脉尖(顶)匹配调整,脉冲刻度校准,标记调节. pip matching circuit 脉冲标志均衡电路,标志匹配电路. timing pip 定时脉冲,计时尖头信号,定时(协调)触发信号.
PIP = ①permanent internal polarization 永久内部极化 ② predicted impact point 预示的弹着点 ③production implementation program 生产执行规划 ④ programmed interconnection process 程序互连工艺过程 ⑤pulse integrating pendulum 脉冲积分摆.
PIPA = pulse integrating pendulum accelerometer 脉冲积分摆加速表.
pi′page ['paipidʒ] n. ①管子,管道(系统) ②用管子输送,管道运输 ③(用管)输送费.
pipamazine n. 10-(γ-乙酰哌啶-N-丙基)-2-氯代-吩噻嗪.
pipazethate n. 10(吡啶并-苯并噻嗪)羧酸-2-[2-哌啶-乙氧基]乙酯.
pipe [paip] Ⅰ n. ①管(子,道,状物),导管,简(管),输送管 ②内径为基准的管 ③(铸件)缩孔,缩管,淀锭漏斗管 ④硬[刚性]同轴传输线 ⑤重皮(带钢表面缺陷) ⑥最大桶(液量单位 =105 英加仑或 126 美加仑) ⑦管状(矿)脉,筒状火成碎岩,火山筒[管] ⑧管乐器,哨(声),鸟叫声 ⑨烟斗⑩(pl.)喉子,声带,呼吸器官 ⑪容易做的工作. Ⅱ v. ①给…装管(道,子),用管(路,子)输送 ②(用导线,用同轴电缆)传送,传输(消息),谈论,透露 ③使管子吹奏 ④发出尖音 ⑤为…滚边,卷边,镶边 ⑥看(见),中视. black pipe 非镀锌管,无镀层管. blow[blower, blast] pipe 排气管,风管,吹管. blow-off pipe 吹除[吹卸]排气,放泄)管. brake pipe 制动器[油]管. casing pipe 钻套,井壁管. central pipe 中心缩孔[缩管]. communicating pipe 连通管. cross pipe 十字管. cross-over pipe 架空管. down pipe 立[吊,下输]管. external faired pipe 外形流线化导管,整流罩密封的外导管. finned pipe 翅管. four-way pipe 四通管,十字形管. pipe bender 弯管机. pipe capacity 管道容量(通过能力). pipe casing 套管. pipe cavity 缩孔(残余). pipe chute 斜槽. pipe close 管塞. pipe coupling 管子偶接,联管节. pipe drain 管式排水,排水管. pipe earth 导管接地. pipe fitter 管子装配工(修理工). pipe fitting 管道安装工作,管子配件,接管零件(如弯头,阀门等). pipe grid 管状栅板. pipe grout 管内灌浆. pipe liner 管套,套管. pipe locator 探管仪. pipe offset "乙"字形连接管. pipe run 管道. pipe sizing 管道尺寸的选择,管道计算. pipe sleeker (smoother) 船形[圆柱内壁,管子砂型]熨刀. pipe tee "T"型["丁"字]管节. pipe thread(ing) 管子螺纹. pipe twist 管钳,修管器. pipe valve (涡轮传动用)管阀,圆形闸门滑板. pipe wrench 管扳手. piped end (钢锭的)收缩头部分. piped service 剧场专用的有线电视. piped steel 有缩孔的钢. piped water 管(子)给水. play pipe 游管. primary pipe 初次[原形]缩孔. process pipe 工艺管道. ram-air pipe 冲压空气管. reel pipe (盘条)卷取导管. rose pipe 滤吸管. runner pipe 流通管. seal pipe 料封管. seamless pipe 无缝钢管. service[feed] pipe 进给管. stand pipe 立管. tail pipe 尾喷管,泵吸入管. worm pipe 蜗形管. Y pipe Y 形(三通,分叉)管接头. ▲pipe away 发出许愿信号. pipe down 压低声音. pipe in 用电讯设备传送. pipe off 宣布…不受欢迎. pipe up 提高声音,开始唱(说,吹奏)
pipeage = pipage.
pipe-insert n. 水管套座.
pipe′ layer n. ①管道敷设机,铺管机 ②铺管工,管道安装工.
pipe′less a. 无管的.
pipe′line ['paiplain] Ⅰ n. ①管道(系,路,线),导管,供给系统,(地下)输油管,输送管 ②【计】流水线 ③情报来源(渠道,传送途径) ④商品供应线. Ⅱ vt. 为…装管道,用管道输送. fuel pipeline 燃料管道.

pipeline organization 流水线结构. ▲ *in the pipeline*(指任何货物)运输中,即将送递,在计划〔进行〕中.
pipe′liner *n.* 管道安装工,铺管工,管路专家.
pipe′lining *n.* 管道敷设〔安装〕,铺管工,管路输送,流水线操作〔技术〕.
pipeloop *n.* 管圈,环形〔循环〕管线.
pipe-mover *n.* (喷灌装置)管道移动器.
pi′per [′paipə] *n.* 管道工.
piper′azin(e) *n.* 哌嗪,对二氮己环.
piperazinium *n.* 哌嗪鎓.
piper′idine [] *n.* 哌啶,氮杂环己烷,氮己环,六氢吡啶.
piperidino-〔词头〕哌啶基.
pip′erine *n.* 胡椒碱.
piperitenol *n.* 胡椒烯醇,薄荷二烯.
piperitenone *n.* 胡椒烯酮.
piperitol *n.* 胡椒醇,薄荷烯酮.
piperitone *n.* 薄荷烯酮,胡椒酮.
pip′eronal *n.* 胡椒醛,3,4-亚甲二氧苯甲醛(用于香料工业).
piperonyl *n.* 胡椒基,3,4-亚甲二氧苯甲基,3,4-亚甲二氧苄基.
pipe′-still *n.* 管式蒸馏釜.
pipe-strap *n.* 管卡〔箍〕,管子支吊架.
pipet(te)′ [′pi′pet] I. *n.* (玻璃制)吸(移,液,量)管,移液管,滴(球)管,细导管. II. *vt.* (用滴管)吸取(移). *gas pipette* 吸气管,验气球管. *pipet analysis* 吸管分析法. *pipette degassing by lifting* 真空起泡除气.
pipe′work *n.* 管道工程(布置,系统),输送管线,管件.
pi′ping [′paipiŋ] I. *n.* ①管(道)系(统),管道(布置),管路(子)导管(系统) ②装管子,配(接)管 ③管系总长 ④管涌〔流〕,沿管道输送,敷设管路 ⑤钢锭管状病,气泡缝,(钢锭)缩孔,收缩,浇铸〔液缩〕成管 ⑥卷(滚)边 ⑦管嘴声,笛(尖)声. II. *a.* ①似笛声的,尖声(音)的,高音的 ②平静的,和平的. III. *ad.* 滚热〔沸腾〕地,吱吱地. *piping by heave* 隆起管涌. *piping diagram* 管道布置图. *piping drawing* 配〔布〕管图. *piping hanger* 吊管(子)架. *piping hot* 滚烫〔热〕的. *piping voice* 尖锐的声音. *pump piping* 泵压管. *signal piping* 信号枪.
pip′kin [′pipkin] *n.* (有横柄的)小金属锅.
pi-plane *n.* π平面.
pip-squeak [′pip-skwi:k] *n.* 不重要〔无价值的〕东西,控制发射机的钟表机构.
pi′py [′paipi] *a.* ①管形的,有管状结构的 ②(发)尖音的,笛声的.
piquancy [′pi:kənsi] *n.* 辛(泼)辣. *piquant a.*
pique [pi:k] *n.*;*vt.* ①(使)生气 ②刺激,激起 ③夸耀(oneself).
piquet *n.* 警戒哨.
PIR = production inspection record 生产检查记录.
pi′racy [′paiərəsi] *n.* ①海盗行为 ②(河道)夺流 ③非法翻印 ④侵犯专利权〔著作权〕,剽窃.
Pirani *n.* 皮拉尼. *Pirani gauge* 皮拉尼真空〔压力〕计,热压力计,皮氏计. *Pirani tube* 皮拉尼管(测真空度的电阻管). *Pirani type booster* 皮拉尼式增压机.
pi′rate [′paiərit] *n.*;*v.* ①海盗,掠夺者 ②非法印(者)③掠夺. *pirate river* 夺流河.

pirat′ic(al) [pai′rætik(əl)] *a.* 海盗的,非法翻印的.~**ally** *ad.*
pirn [pə:n] *n.* 纤线,纬纱管,纤子.
plrogue [pr′oug]. *n.* 独木舟.
pirolatin *n.* 鹿蹄草汀 ($C_{23}H_{34}O_7 \cdot H_2O$).
PIRT = precision infrared tracking (system) 精密红外跟踪系统.
pirylene *n.* 3-戊烯-1-炔.
Pisa [′pi:zə] *n.* 比萨.
pis aller [′pi:z′ælei] 〔法语〕最后一手,应急措施,权宜之计.
pisatin *n.* 豌豆素.
pis′cary [′piskəri] *n.* 在他人水域内捕鱼的权利,共渔权,捕鱼场.
piscato′rial [piskə′tɔ:riəl] 或 **pis′catory** *a.* 渔业的.
Pis′ces [′pisi:z] *n.* ①鱼纲(类) ②双鱼座(宫).
pis′ciculture *n.* 养鱼(业,法).
piscina [pi:′si:nə] *n.* 鱼塘,养鱼池.
pis′cine [′pisain] *a.* 鱼(类)的,似鱼的.
piscivore *n.* 食鱼动物.
pisciv′orous *a.* 食鱼的.
pise *n.* 砌墙泥,捣实粘土.
pi-section *n.* π形节,Π形节.
pi′siform *a.* 豌豆形的.
pi′solite *n.* 豆石.
pisolitic limestone 豆状灰岩.
pissasphalt *n.* 软沥青.
piste 〔法语〕*n.* 小路,便道,简易道路.
pis′til [′pistil] *n.* 雌蕊.
pis′tillate [′pistileit] *a.* 雌(蕊)的,只有雌蕊的.
pis′tol [′pistl] I. *n.* ①手枪,信号手枪 ②手持喷枪. II. *vt.* 以手枪射击. *pistol grip* 手枪式握把. *pistol shot* 手枪射程. *spray pistol* 喷雾枪,手枪式喷雾器. *welding pistol* (热塑性塑料)焊枪. *wire pistol* 喷丝枪,金属丝喷刚枪.
pis′ton [′pistən] *n.* 活塞,柱塞. *application piston* 操纵活塞. *back piston* (波导管的)后活塞. *balance piston* 平衡〔阻尼〕活塞. *damping* (dashpot)*piston* 减震活塞. *dummy piston* 假(平衡)活塞. *floating piston* 浮动活塞. (*full*) *skirted piston* (全)侧缘活塞. *opposed piston* 对置活塞. *oversize piston* 加大活塞. *piston motor* 活塞液压马达. *piston only* 活塞本体. *piston ring* 活塞环,活塞(胀)圈. *piston rod* 活塞杆. *piston skirt* 活塞裙,活塞侧缘. *piston slap* 活塞拍响(声). *piston stroke* 活塞冲程〔行程〕. *pneumatic piston* 风动活塞. *relief piston* 放气(调压)活塞,冲击式缓冲器. *spring-opposed piston* 弹簧承力活塞.
pis′tonphone *n.* 活塞(式)测声〔发音〕仪.
piston-rod *n.* 活塞杆.
pit [pit] I. *n.* ①(地,凹,料)穴,竖,铸,锭,浸蚀(检修)坑,洼地 ②凹点(坑,痕,窝,陷,坐)(砂,缩,纹)孔,洞 ③壁龛 ④锈斑,浸蚀麻点 ⑤煤矿,矿井(坑),(石炭,地,炭)窑,地下温室,堑壕,掩体 ⑥接受箱 ⑦均热炉 ⑧井,陷阱,深渊 ⑨(剧场)正厅后排 ⑩果核. II. (*pit*′*ted*; *pit*′*ting*) *vt.* 使凹下,弄凹,起凹点,使成凹痕,挖坑井,置于坑内,窖藏,使有伤痕〔疤痕〕,使抗腐. *air pit* 气坑(穴). *bottom centre-fired pit* 中心燃烧式均热炉. *cable pit* 电缆沟. *cut-*

tings pit 刀屑坑. *dead soaking pit* (锭、坯)加热保温坑,均热坑. *engine pit* 修车坑. *etching pit* 侵蚀孔〔陷斑〕,蚀痕. *firing pit* (试验喷气发动机用)火力试验间. *granulating pit* (炉渣等)水碎池〔坑〕. *open pit* 露天矿. *pit furnace* 坑炉. *pit head* 坑〔矿〕口. *pit lathe* 地坑车床. *pit liner* 井〔坑〕口衬垫. *pit man* 矿工,锯木工,连杆,联接杆. *pit of wood cell* (木细胞)纹孔. *pit planer* 地坑〔落地〕刨床. *pit run* 毛料,未分选的土石料. *pit saw* (双人)大锯. *pit scale* 矿山秤,落地磅秤. *pit skin* 〔冶〕表面气孔,桔皮. *pit type* 地坑型,立柱可移式龙门型(刨床). *pitted skin* 明孔气,表面针孔. *salt pit* 采盐场. *sand pit* 磨光玻璃表面上的小凹坑,砂坑. *steel pit* 均热炉(薄板表面缺陷). *vertically fired pit* 垂直供热的均热炉,中心换热式均热炉. ▲ *pit M against N* 使M与N相斗〔竞争〕.

pitch [pitʃ] Ⅰ n. ①(纹槽)间隔,节(螺,齿,辊,纹)②(齿轮)的齿节,周节,螺旋线间隔③沥青,树脂,涂脂,硬松油脂(屋面)斜度(坡),坡度,高跨比,矢高 ④(地层,矿脉)倾斜(度),斜角,伏向,立脉 ⑤俯仰(纵倾)角,(船只)纵摇〔纵倾〕,纵摇幅度 ⑥音调,程度,高〔强度〕(顶,极)点 ⑦工作效率 ⑧态度 ⑨投掷. *axial pitch* 轴向节距. *back pitch* 后(节)距,(铆钉间的)横距. *circular pitch* 圆周齿距,周节. *coarse pitch* 大螺距,粗(粒)距. *diametral pitch* 径节. *flat pitch* (螺旋桨的)低螺距. *lateral cyclic pitch* 横向操纵面倾斜. *nominal pitch* 标称螺距. *normal pitch* 法线螺距,法向节距. *nose-down pitch* 俯冲. *nose-up pitch* 上仰. *pitch angle* (伞齿轮的)节锥半角,倾(斜)角,俯仰角,螺距角. *pitch block* 节圆柱. *pitch chain* 节(间)链,短环链. *pitch circle* (齿轮的)节(距)圆. *pitch coal* 沥青煤. *pitch control* 节距调节(机构),节距控制;螺旋桨桨距调节机构;色调控制;音调控制;俯仰控制,纵向操纵. *pitch curve* (齿轮)节线,啮合曲线. *pitch diameter* (齿轮的)节圆直径,(螺纹的)中径,(电缆的)平均直径,工具直径. *pitch error* 齿(螺)距误差. *pitch face* 斜齿面. *pitch-faced stone* 凿面石. *pitch gauge* 螺距规,螺纹样板. *pitch interval* 音程. *pitch line* (齿条)节线,节距线,中心线,分度线,绝缘线. *pitch of arch* 拱矢(高),拱的高(度)跨(度)比. *pitch of beat note* 拍频音调. *pitch of boom* (起重机,挖土机)臂的倾斜角. *pitch of centers* 顶尖〔轴心〕间距. *pitch of corrugations* 波纹高跨比. *pitch of drills* 钻头轴距. *pitch of pipe* 管子斜度. *pitch of rivets* 铆(钉)间距. *pitch of roof* 房顶(屋面)高跨比,屋顶斜度. *pitch of teeth* (齿轮)齿距,齿节距离. *pitch of thread* 螺距. *pitch of weld* 焊线距. *pitch on metal* 浸涂沥青的软钢板. *pitch peat* 沥青质泥炭. *pitch point* 节点. *pitch stone* 琢石,松脂岩. *pitch streak* 松脂条纹. *pitch time* 间隔〔节拍〕时间. *pole pitch* (磁)极距,极间隔. *pole tough pitch* 火精铜,插精精炼铜. *tough pitch* 韧铜. *tube pitch* 管心距. *winding pitch* 线圈

〔绕组〕节距. *zero thrust pitch* 无推力螺距. ▲ *at concert pitch* 处于高效能〔充分准备〕状态. *to the highest* 〔*lowest*〕 *pitch* 到最高〔低〕限度.

Ⅱ v. ①投掷,丢弃,颠簸,俯仰,(船体)纵摇,倾斜 ②涂沥青,铺砌 ③(为…)定(音)调,调节,选择,决定,把…定在(得) ④搭架,架设,搭帐蓬,布置,安顿 ⑤竭力推销 ⑥偶然碰见〔on, upon〕 ⑦咬住. *pitched dressing* 琢边石工. *pitched felt* 柏油毡. *pitched paper* 柏油纸. ▲ *pitch down* 俯冲. *pitch in* 开始努力工作,努力投入工作. *pitch into* 猛烈攻击,着手投入,投身于. *pitch on* 〔*upon*〕偶然选定,决定. *pitch up* 上仰.

pitch′black′ a. 漆黑的.
pitch′blende ['pitʃblend] n. 沥青〔晶质〕铀矿.
pitch′down n. 俯冲〔飞〕.
pitch′er ['pitʃə] n. ①(用以产生俯仰力矩的)俯仰操纵机构 ②水瓶 ③投掷者.
pitch′fork ['pitʃfɔ:k] Ⅰ n. 音叉,干草叉. Ⅰ vt. 骤然把…塞进〔抛入〕(into).
pitch′ing ['pitʃiŋ] Ⅰ n. ①(飞机)俯仰(角的变化),(汽车)前后颠簸,纵向角振动,(船只)纵摇,纵倾,纵向颠簸 ②扔出,漂流 ③铺砌,石块铺底,(砌石)护坡,海漫. Ⅱ a. 陡的,倾斜(伏)的. *pitching chisel* 〔*tool*〕 斧凿. *pitching of slope* 斜坡铺砌,护坡. *pitching piece* 【建】出梁. *pitching velocity* 俯仰变化速度.
pitching-in n. ①吃刀,切入(量) ②切口 ③空刀间距.
pitch′out ['pitʃaut] n. 突然转弯(动作).
pitch′o′ver ['pitʃouvə] n. (火箭垂直上升后)按程序转弯.
pitch-pine n. 含酯松木.
pitch′stone n. 松脂岩.
pitch′up ['pitʃʌp] n. 上仰.
pitch′wheel n. 相互啮合的齿轮.
pitch′y ['pitʃi] a. ①沥青(似)的,涂有沥青的,用沥青覆盖的,粘性的 ②漆黑的 ③多树脂的. *pitchy lumber* 多树脂的木材. *pitchy road* 柏油路.
pit′fall ['pitfɔ:l] n. ①陷井(坑),圈套 ②(由疏忽而出的)毛病,缺陷,失误,隐藏的危险,易犯的错误.
pith [piθ] n. ①(木,骨)髓,髓心 ②(体(精))力 ③核心,要〔重〕点 ④重要性意义. *man of pith* 精力饱满的人. *pith-ball electroscope* 木髓球验电器. *the pith and marrow of* …的要点〔精华〕.
pit′head n. 矿井口.
pi-theorem n. (白金汉)π 定理.
pith′ily ['piθili] ad. 简练地,有力地.
pith′y ['piθi] a. ①(多)髓的 ②简练的,精辟的,有力的.
pit′iful a. 可怜的.
pit-incinera′tion n. 坑式焚化.
pit′man ['pitmən] (pl. *pit′men*) n. ①矿工,煤矿〔采石〕工人,机工,钳工,锯木工 ②联接杆,连杆,摇杆. *pitman arm* (汽车的)转向(垂)臂,连杆臂. *pressure pitman* 受压联接杆.
pitocin n. 催产素.
pitom′eter [pi'tɔmitə] n. (测量流速的)皮托压差计,流速(管流)计,皮托管测压器. *pitometer log* 水压计程仪.
pitot ['pi:tou] n. 空速(全压,皮托)管. *comb pitot* 总

pitot-static difference 总压和静压差.
pit-pair *n*. 纹孔对.
pit'prop *n*. (矿井)临时坑木柱.
pitressin *n*. 加压素,抗利尿激素.
pit-run *a*. 采自料坑的,未筛的. *pit-run ore* 原矿石.
pitsaw file 半圆锉.
pit'ted ['pitid] *a*. 有凹痕的. *pitted surface* 有坑槽的路面.
Pitters gauge 皮塔斯块规.
pit'ting ['pitiŋ] *n*. ①(金属)点(状)蚀,麻点状(溃疡状,局部)腐蚀,剥蚀,点状疏松 ②小孔,凹痕,纹凹(式),形成坑洞,蚀ründ,锈痕(复数) ③(焊接)烧熔边缘 ④(耐火材料的)软化,腐蚀(坑). *pitting corrosion* 孔(坑)蚀. *pitting of contact* 接点烧坏. *pitting test* 点蚀试验.
Pitts'burgh ['pitsbə:g] *n*. (美国)匹兹堡(市).
pituitrin *n*. 垂体激素.
pit'y ['piti] *n*.; *v*. 可惜,遗憾. *The pity is that* … 可惜,遗憾的是.
PIV = ①peak inverse voltage 峰值反向电压,反峰压. ②positive infinitely variable PIV 型无级变速装置 ③post indicator valve 后指示器阀.
pivalate *n*. 特戊酸酯.
pivalolactone *n*. 特戊内酯.
pivaloyl *n*. 特戊酰.
piv'ot ['pivət] Ⅰ *n*. ①枢(轴),支点(枢),转(支,心)轴,(钻石)轴尖 ②旋转(摆动)下中心,回转运动 ③中枢,枢纽,要点,中心点 ④基准,主元(素). Ⅱ *a*. 在枢轴上转动的,枢轴的. Ⅲ *v*. ①(以枢为中心而)旋转 ②把…装(改,连,套)上,装枢轴于,使绕着枢轴转动,滚动 ③由…而定. *ball pivot* 球轴颈. *knuckle pivot* 关节枢轴. *pillow pivot* 球面中心支权. *pivot axis* 枢轴,摆支轴. *pivot bearing* 枢(轴)承,中心(轴尖)支架,立式止推轴承,支臼. *pivot bridge* 开合桥,旋开桥. *pivot element* 主元. *pivot end* 尖头(端),顶端. *pivot journal* 枢轴轴颈. *pivot pier* 开合桥支墩. *pivot point* 支(枢)点,中心点. *pivot point layout* 垂直定位法. *pivot span* 开合桥跨,旋开孔. *pivot transmitter* 枢轴式发射机. *pivoting bearing* 中心支承. *pivoting point* 支枢点,转动中心. *spring pivot* 弹簧支枢. ▲ *pivot about* 围绕…旋转,以…为轴旋转. *pivot on* (upon) *M* 以 M 为枢(轴)而转动,视 M 而定,以 M 为转移.
piv'otal ['pivətl] *a*. ①(作为)枢轴的 ②中枢的,非常重要的,关键性的. *pivotal battle* 决定性的一仗. *pivotal interval* 枢轴间隔. *pivotal line* 枢轴线. ~*ly ad*.
piv'oted *a*. 装在枢轴上的,回转的. *pivoted armature* 枢轴衔铁. *pivoted end column* 铰支柱. *pivoted gate* 转动式弧形闸门. *pivoted relay* 支点(旋转,枢轴)继电器. ▲ *be pivoted at* 支点位于. *be pivoted between* (in)把枢轴放在…之间,…上.
pivot-point *n*. 支点.

pix [piks] *n*. ①pic 的复数 ②焦油,沥青. *pix carrier* 图像载频(波). *pix detector* 视频检波器.
pix'tone *n*. 拾(集)石机.
PJ = ①peripheral jet 圆周喷射 ②picojoule 微微焦耳,即皮微秒-毫瓦(门电路的速度功耗乘积单位) ③plasma jet 等离子流 ④ private jack 内线弹簧开关,专用插座.
PJM =plasma jet machining 等离子射流加工.
pk = ①pack 包装,组件 ②peak 峰(值),最大值,最高点 ③peck 配克(英国容量单位,等于 9.0917L).
PK = private key 内线(专用)电键.
PK screw =Parker Kalon screw 金属薄板螺钉.
pkg = ①package 包(装),外壳,插(组)件 ②packaging 包装,装箱.
PKP = preknock pulse 爆震前的脉冲.
PL = ①parting line 分界(型),模线 ②party line 合用线,同线电话 ③pay load 有效负载,最大载重量,载货(客)重量 ④pilot lamp 信号(指示,度盘,领航)灯 ⑤pipeline 输油管,管道 ⑥plate 金属板,阳(屏)板)极,板极 ⑦plug 塞子,插(塞接)头,针形接点 ⑧production list 产品一览 ⑨program language 程序语言 ⑩proportional limit 比例极限.
pl = ①place 处所,位置 ②plate 金属板,阳极,板极,板极 ③plural 复数 ④pole 杆,杆长(合 5.5 码).
P&L = profit and loss 益损,盈亏.
= plate 板.
PLA = the People's Liberation Army (中国)人民解放军.
plac'ard ['plækɑ:d] *n*.; *vt*. 布(公)告,告(揭)示,挂图,招贴(宣传,广告)画,行李牌,张贴(布告于),(用布告)公布,替…做广告.
place [pleis] Ⅰ *n*. ①地方〔区,带,段,点,位〕,场所 ②区域,工作区,段 ③(适当)位置 ④空间(地),容积 ⑤距离 ⑥星位,(数)(数)位 ⑦次序,步骤 ⑧座〔席,职〕位,名次,余地 ⑨广场,商埠. *give first place to* …把…放在首位. *lower* …*into place* 把…降(往下放)到应有的位置. *be twisted into place* 拧进去. *fall into place* 放到应有的位置,得到解释(决). *find a place in* …应用到…中. *keep in a cool* (dry) *place* 在冷(干)处保存. *It is not his place to make final decisions* 他无权作出最后决定. *apparent* (true) *place* 视在(真实)位置,视(真)位. *binary place* 二进制数位(字符). *decimal place* 小数位. *fire place* 壁炉. *gapping place* 间隙. *mean place* 平均位置. *place brick* 半烧砖,未烧透的砖. *place coefficient* (设计机场跑道的)作用位置系数. *place of interest* 名胜(地). *to four decimal places* or *to four places of decimals* 到小数点后第四位(如 14.0718). *working place* 工作空间,工作区,操作位置. ▲ *all over the place* 到处,处处. *be no place for or* 没有…的余地,不是…来的地方. *from place to place* 到处,处处,各处(地). *give place to* 让位给,为…所取代(代替). *go places* 获得成功. *be in place* 在应有〔适当,位置〕的(安装)就位,安装(放置)好,在原位,(各)得其所,适(恰)当的,相称的. *hold*…*in place* 把…固定(保持)在应有的位置,固定就位. *put*…*in place* 把…放好. *in place of* 代替. *in the*

first place 首先,原先,本来,第一(点),于第一步。 *in the second* [*next*] *place* 第二,于第二步次,其次。*make place for* 给…腾出空位,让空于,让出。*be*,*被*…*所取代*。*out of place* 不在适当的地位,不得其所(的),不适当的,不合适的,不相称的,唐突的。*supply the place of* 代替。*take one's place* 代替,就位(座)。*take place* 发(生)下,举(进)行,出现。*take the place of* 代替,取代,充当。
II *vt.* ①放(安,配,装,设)置,接(装)入,安排,排列,整顿,灌(浇)浇(混凝土),浇注,铺砌(路面材料) ②定(场所,时间,次序,等级),发出(订单),售出(货物),存放(投资)③安插,任命,寄托(希望),托付④认出,想起 ⑤估计,评价。*place an order for machines with a factory* 向工厂预订[订购]机器。*place a problem on the agenda* 把问题提到议事日程上。*place concrete* 浇灌混凝土。*place M in layers* 分层铺(砌,放)M。*place…in orbit* 把…送上轨道,使…进入轨道。*place the proper interpretation on M* 对M加以适当解释。*placed material* 填料。*placed rockfill* 干砌块石。▲ *be well placed* (*to* + *inf*) 处于(做…的)良好地位,很有条件(做)。*place M as N* 任命M为N。*place emphasis on* 强调,重视,把重点放在。*place limits* (*a limit*) *to* 限(控)制。*place out of service* 从电路切断,(使)不工作。

placeabil'ity [pleisəˈbiliti] *n.* (混凝土的)可灌注性,和易性,工作度。
place-coefficient *n.* (设计机场跑道的)作用位置系数。
place-isomeric *a.* 位置同分异构物的。
place'ment ['pleismənt] *n.* ①方(部)位 ②位(布)置,布局[署],安排 ③堆放,填筑。*placement density* 铺筑时的密实度。*placement in layers* 分层填筑。*placement policy* [*rule*] 布局规则。
placen'ta [pləˈsentə] (*pl. placen'tas* 或 *placen'tae*) *n.* 胎盘,胎座。
placentalia *n.* 有胎盘(哺乳)类。
placentolysin *n.* 胎盘溶解素。
pla'cer ['pleisə] *n.* ①放置人,浇筑工人 ②投资者 ③放置器,敷设器,灌浆机 ④砂矿,砂积床,淘砂金处,砂金。*concrete placer* 混凝土浇注工,混凝土浇注[摊铺]机。*placer deposit* 砂积矿床。*placer gold* 砂金。
placet ['pleiset] [拉丁语]赞成(票)。*non placet* 不赞成(票)。
plac'id *a.* 平静的。~*ity n.* ~*ly ad.*
plafond [plaˈfɔ] [法语](有装饰的)天花板,天花板上的彩画[雕刻]。
plage [plɑːʒ] *n.* 海滨,谱滨[区],光斑,色球。
pla'giarism ['pleidʒjərizəm] *n.* 抄袭,剽窃(物),侵犯著作权。
pla'giarist *n.* 抄袭者[剽窃]者。
plagiaris'tic *a.* 抄袭[剽窃]的。
pla'giarize ['pleidʒjəraiz] *v.* 抄袭,剽窃,借用。
pla'giary ['pleidʒjəri] *n.* 抄袭[剽窃]物(者)。
plagioclase (**feldspar**) 斜长石。*plagioclase granite* 斜长花岗石。
plagiocli'max *n.* 偏途演替顶极。
plagiogeotropism *n.* 斜地性。
plagi(**o**)**he'dral** *a.* 偏面的。

plagiosere *n.* 偏途演替系列。
plagiotrop'ic *a.* 斜向的。
plagiotropism *n.* 斜向性。
plague [pleig] I *n.* 瘟疫,黑死病,灾害,天灾,祸患,麻烦事,讨厌的东西。II *vt.* ①使…染(瘟)疫,使遭灾祸 ②折磨,困扰,纠缠。*plague voltage* 被扰电压。▲ *be plagued with* 受…的纠缠[干扰,影响]。
pla'guy *a.*
plaice [pleis] *n.* 鲽。
plaid [plæd] *n.* 方格花纹。~*ed a.*
plain [plein] I *a.* ①简单(明,易,陋)的,单色[调,纯]的,(朴)素的,普通的,体型不良的,无钢筋的 ②平(坦,常)的,平(光)滑的 ③清楚的,明白的,坦率的 ④十足的,彻底的。II *ad.* (易),明白,清楚。III *n.* ①平原,平地 ②不带撇号之类角码的字母,字码或符号。*be in plain sight* [*view*] 清晰而看到,一览无遗。*plain arch* 粗拱。*plain asphalt* 纯地沥青。*plain bar* 光(面)钢筋,无节(纹)钢筋,扁钢。*plain bearing* 普通(滑动)轴承。*plain bumper* [*jolter*] 振实机,振动台。*plain butt-weld* (平边)对接。*plain cement* 清(纯)水泥。*plain concrete* 素[普通,无筋]混凝土。*plain conductor* 裸线。*plain cup wheel* 杯形砂轮。*plain cut-out* 保险丝,熔丝(断路器)。*plain cutter* 平铣刀,辊刀,圆柱铣刀。*plain cutter holder* 粗刀架。*plain deflector* 平面折流器。*plain denudation* 蚀原作用。*plain drill* 扁头凿子[钎子]。*plain end* (无螺纹的)光管端。*plain flange* 对接(平面法兰)。*plain girder* 板(实腹,光面)梁。*plain glass* 防护白玻璃。*plain gravity slide* 重力滑动。*plain ironcopper alloy* 纯铁铜合金。*plain metal* 普通金属,滑动轴承。*plain milling cutter* 圆柱平面铣刀。*plain milling machine* 普通铣床。*plain mitre joint* 斜接。*plain nut* 普通螺母。*plain snap gauge* 卡规,普通外径规。*plain spindle* 轻型主轴。*plain soil* 纯土。*plain square cut off ends* 端部切平齐。*plain stage* 平(工作)台,普通平物台。*plain stem* (螺栓或螺钉的)无螺纹主体。*plain stripper* 带漏板的造型机。*plain thermit* 铝热剂。*plain tile* 无棱瓦,平瓦。*plain triangle* 三角定规。*plain type* 简易式(型),普通之。*plain type breaker* 简单[普通]型断路器。*plain vice* 平口钳,简式老虎钳。*plain washer* 平垫圈。*plain work* (老甲的)石面,(把)石面斫平的(工作)。▲ *in plain words* [*terms*] 坦白[率]地说。~*ly ad.* ~*ness n.*
plain-carbon steel 碳素钢。
plain'clothes *a.* 穿便衣的。
plain-dressing *n.* 光面修整。
plain-end tube 平(管)端管子(非车丝管),光管。
plain-frame core box 框形芯盒。
plain-sawed *a.*；*n.* 平锯的,平锯木。
plain'spoken *a.* 坦率的,直言不讳的。
plain-thermit *n.* 粗铝热剂。
plait [plæt] I *n.* 辫(绳),褶。II *vt.* 编,织,折叠,打褶,卷起。*plait mill* 卷板机,卷料机。*plait point* 褶点,临界点(溶解温度)。
plaited *a.* 褶叠的,编成的。

plakalbu'min n. 片清蛋白,去六肽卵清蛋白.
plakin n. 血小板溶菌素,栓球素.
plan [plæn] I n. ①计〔规〕划,设计,方〔草〕案 ②平面〔布置,规划〕图,设计图,草〔简,示意,轮廓〕图,图样,式样 ③水平投影 ③图表,进程〔程序,时间〕表 ④方〔办,做〕法,策略. II (planned; plan'ning) v. ①设计,绘制…的平面图 ②〔订〕计划,规划〔策〕划,打算,布署. (according) to plan 照计划. body plan 机身平面图. draw up a plan 起草计划. exhibition hall plan 展览会场平面〔布置〕图. five-year plan 五年计划. flow plan 流程图,输送线路图. fulfil a plan 完成计划. general arrangement plan 总体总平面布置图. general plan 总图,总计划. instalment plan 分期付款销售方式. lay 〔form〕 a plan for 制订…的计划. outline plan 初步计划,提纲. perspective plan 透视图. plan of sewerage system 排水管道布置图. plan of site 总布置图. plan position indicator scope 平面位置(雷达)显示器. plan sheet 平面图(幅). plan view 平面图. rough plan 设计草图,初步计划. the best plan (to + inf.) (做…)的最好办法. the soundest plan 最可靠的办法. working plan 工作程序图,施工图. ▲ in a planned way 有计划地. plan for 打算,作…计划. plan on 打算,想要. plan out 布置,策〔筹〕划,布署,计划出,订出…的计划. plan to + inf 计划(做),谋划.
pla'nar ['pleinə] a. ①平面的,在(同一)平面内的,平的 ②【数】二维的,二度的. planar diode 平面型二极管. planar electrode tube 平板〔面〕电极管. planar element 平面元〔素〕. planar factor 晶面因数. planar orientation 沿面取向. planar solution 平面解. planar transistor 平面型〔面接触型〕晶体管.
plana'tion [plei'neiʃən] n. 均夷作用.
planch'et ['plæntʃit] n. 圆片〔垫,板〕,货币坯料. planchet casting 用预板铸造.
planc'ton n. 浮游生物.
plane [plein] I n. ①(水)平面,(表)面 ②投影 ③刨,镘(刀) ④飞机,翼,机翼 ⑤程度,水平,阶段,级 ⑥法国梧桐(树),悬铃木. II a. 平〔面,坦〕的,光学平的. III v. ①弄平(滑),使(整)平,刨(去,平,削)(away, down) ②飞航(行),翱翔,飞速前进,(贴水面)掠过(along),作下(down). angle plane 角刨. block plane 横木纹的刨. carpenter's jack 〔trying〕 plane 木工粗刨. central plane of a generator 【数】母线的腰面. circular plane 圆刨. cleavage plane 晶体的断裂面,解〔劈〕理面. compass plane 曲面刨. concave plane 凹底刨. converter plane 换流器表盘面. cut plane 或 cutting plane 切割平面. datum plane 基准面,水准基面,读数起始面 force plane 机刨,主平面. match plane 合算刨. meridian plane 子午面. plane antenna 平顶(平面形)天线. plane cathode 平板形阴极. plane curve 平面曲线. plane curve of class n n 班曲线. plane iron 刨刀(铁). plane it smooth 把它刨平. plane of crystal 晶体表面. plane of incidence 入射面. plane of reference 参考面,基础(平)面. plane pencil 平面束. plane plate 平板(仪,绘图器). plane positron indicator (PPI)平面示位图,平面位置〔环ään扫描〕显示器. plane radio 航空无线电台. plane roll 滚轧面. plane set-hammer 方锤. plane stock 刨床架. plane table 平板仪. plane table(平板绘图,测绘)仪. plane the way 把路弄平. planed edge 刨(成)边. planed joint 刨光接头. planed timber 光面木料. prime plane 卯西面. robot plane 无人驾驶飞机. slip plane 滑动面,滑移面. smooth(ing) plane 细刨. twin gliding plane 双(孪)晶滑移面. zone plane (晶)带(平)面.

plane-concave n.; a. 平凹(的).
plane-convex n.; a. 平凸(的).
plane-cylindrical a. 平面-柱面的.
plane'load ['pleinloud] n. 一飞机的人〔物〕,飞机负载量.
plane'ness ['pleinis] n. 平面度,平整度.
plane-of-weakness joint 弱面缝,槽〔假〕缝.
plane-parallel a. 平面平行的. plane-parallel capacitor 平行板电容器.
pla'ner ['pleinə] n. ①(龙门)刨床 ②(地面)整平机,刨路(煤)地,路刮 ③刨工. coal planer 刨煤机. double housing planer (双柱式)龙门刨床. edge planer 刨边机. gear planer 插齿机. hydraulic planer 液压刨床. open side planer 单柱式龙门刨床. pit planer 地坑刨床. planer center 刨床转度卡盘. planer drilling machine 龙门钻床. planer knife sharpener 磨刨机,木刨刀刃磨机. road planer 平路刨机.
planeside n.; a. (飞)机旁(的).
plane-spherical a. 平面-球面的.
plan'et ['plænit] n. ①【天】行星 ②行星齿轮. inferior 〔interior〕 planets 内行星(指水星和金星). major planets 大行星(大于地球的行星). minor planets 小行星. outer 〔superior〕 planets 外行星. planet gear 行星齿轮.
plane-table n. 平板仪. plane-table alidade 平板照准仪.
planeta'rium [plæni'tɛəriəm] n. ①天象仪,太阳系仪 ②天文馆,(天文馆中)放映天象的装备.
plan'etary ['plænitəri] a. ①行星(式)的,由于行星作用的 ②行星齿轮的 ③轨道的. planetary cage 行星传动装置箱. planetary gear train 行星(齿)轮系. planetary gear(ing)行星齿轮(传动系). planetary motion 行星运动. planetary transmission 行星变速器(齿轮传动).
planetes'imal [plæni'tesiməl] a.; n. 微(行星)(的).
plan'etoid ['plænitɔid] n. 小行星,类似行星的物体. ~al a.
planetokhod n. 星际飞行船.
plane-to-plane communication 飞机间通信.
plan'form ['plænfɔ:m] n. 平面图,机翼平面形状,外形,轮廓,(钢)的结构形状. wing planform 机翼平面形状.

plan'gency ['plændʒənsi] n. 隆隆作响,轰鸣,回响〔荡〕. **plan'gent** a.
plani- 〔词头〕平(面).
plan'iform ['plænifɔːm] a. 平面的.
planigraphy n. 层析 X 射线照相法〔摄影法〕,平面断层摄影法.
planimegraph n. (面积)比例线,缩图器.
planim'eter [plæ'nimitə] n. 面积仪〔计〕,测面仪,(平面)求积仪,积分器. *square root planimeter* 平方根面积仪.
planimet'ric(al) a. 平面测量的. *planimetric map* 平面图,无等高线地图. *planimetric position* 平面位置.
planim'etry [plæ'nimitri] n. 测面(积)学〔法〕,面积测量学,平面几何.
pla'ning ['pleiniŋ] n. ; a. ①刨(削,平,工),整〔修,弄〕平 ②【航】滑行 ③(pl.)刨屑. *angle* 〔*angular*〕*planing* 斜刨法. *planing horizontal surface* 水平刨削面. *planing machine* 刨床〔机〕. *vertical planing* 侧〔垂直〕刨法.
plan'ish ['plæniʃ] vt. 辊〔刨,磨,打,弄,辗〕平,(使)平,铲平隆起块,锤〔砑,抛,磨,轧〕光,精轧,使发光泽.
plan'ished a. 轧(辊)平的,抛光板之间压制的. *planished sheet* 精轧(平整),薄板.
plan'isher n. 打平〔平滑,精轧〕机座,光轧(精轧)孔型.
plan'isphere ['plænisfiə] n. 平面球形图,平面天体图,星座(门窗)平面,天球的平面映像.
plan'itron [plænitrɔn] n. 平面数字管.
plank [plæŋk] I n. ①(厚)木板,厚板(厚 5~15cm;宽>23cm),板(条),跳板 ②支持物,基础,政纲条目,政策要点. II v. ①铺(供)以厚板,在…上铺板 ②立即支付(down, out, up),放下(down). *plank drag* 木板路刮〔刨路器〕. *plank floor* 木底〔地〕板. *plank frame* (门窗)木框. *spring plank* 摇板.
plank'ing ['plæŋkiŋ] n. ①铺板(条) ②板材,地板,船壳板.
plank'ton ['plæŋktən] n. 浮游生物.
plankton-eating a. 食浮游生物的.
plan'less ['plænlis] a. 无计划〔方案〕的. 没有明确目标的. ~**ly** ad. ~**ness** n.
planned [plænd] I v. plan 的过去式和过去分词. II a. (按照,有)计划的,(事先)安排好的,部署好的,有组织(系统,秩序)的,在 *a planned way* 有计划地. *planned economy* 计划经济. *planned stop* 随意停机指令.
plan'ner ['plænə] n. 设计人(员),计划员,规划工作者,策划者.
PLANNET = planning network 设计〔计划〕网.
plan'ning ['plæniŋ] n. ①计划,规划,设计 ②分配〔布〕. *city planning* 城市规划. *overall planning* 全面规划,统筹兼顾. *planning programming and budgeting system* 计划规划和预算系统. *planning survey* (区域)规划调查. *production planning* 生产规划.
plano- 〔词头〕平(面),流动.
plano-con'cave [pleinou'kɔnkeiv] a. 一面平一面凹的,平凹的. *plano-concave lens* 平凹透镜.

plano-conform'ity n. 平行整合.
planoconic a. 平锥形的.
plano-con'vex [pleinou'kɔnveks] a. 一面平一面凸的,平凸的. *plano-convex lens* 平凸透镜.
plano-cylin'drical a. 平面圆柱的.
planogam'ete n. 游动孢子.
planog'raphy [plə'nɔgrəfi] n. 平面印刷,平印品.
planogrinder n. 龙门磨床.
planoid n. 超平面.
planom'eter [plə'nɔmitə] n. 测平仪〔器〕,平面规.
planomiller 或 **planomilling machine** 龙门(刨式)铣床.
plano-orbicular a. 一面平一面作球形的,平圆的.
planoparallel n. 平行平面板.
pla'nophyre ['pleinəfaiə] n. 层斑岩.
plano-polyhedral angle 棱顶多胞角.
planosol n. 湿草原土,粘磐土.
plan'ox ['plænɔks] =plane oxidation (process)平面氧化(工艺).
planozygote n. 游动合子.
plan'sifter n. 平面筛.
plant [plɑːnt] I n. ①(整套,机械,工厂)设备,装置 ②(电)站,厂,车间,厂矿,工场,室 ③性能指标 ④植〔作〕物,苗〔草〕木,树苗 ⑤侦察,骗局 ⑥埋置条件. II vt. ①栽(播)种,种植 ②插(置),竖,埋立〔置,设〕,灌输 ③设置〔立〕 ④刺,扎(in, on). *accumulator plant* 蓄电池室. *asphalt plant* 沥青拌合设备,沥青拌合厂. *central plant* 总动力厂. *chemical plant* 化学工厂,化工设备. *commercial plant* 工业设备. *Cottrell plant* 电收尘车间〔设备,室〕. *development plant* 研究设备. *dosing plant* 定(计)量器. *electrometal plant* 电冶工厂. *full-scale plant* 足尺寸设备(相对于小规模试制实验性设备说的). *gas-turbine power plant* 燃气涡轮动力装置. *heavy plant* 重工业厂. *hydrometallurgical plant* 水冶设备, 湿法冶金设备. *packaged plant* 小型(可移动)装置. *pilot plant* 见, pilot-plant. *plant bed* 苗床,秧地,铺土层. *plant bulk* 装置的(轮廓)尺寸. *plant capacity* 工厂设备能力,工厂生产量,设备〔电站〕容量. *plant conditions* 生产条件. *plant cover* 植被. *plant engineering* 设备安装使用工程,设备运转技术. *plant engineering department* 工厂设备科. *plant equipment* 固定设备. *plant factor* (发电)设备利用率(利用系数). *plant mix* 厂拌,厂拌混合料. *plant pit* 树(秧)穴. *plant test* 工业试验. *plant use factor* 厂用率. *plant without storage* 无库容的电站. *planted border* 绿化路边. *planted slope* 有被植的边坡. *portable screening plant* 轻便筛分成套设备. *power plant* 动力站〔厂〕,发电站〔厂〕,动力装置,电源设备,发动机. *pressure plant* 加压装置. *single capacity plant* 单容量调节对像. *spray plant* 喷雾器. *steam power plant* 蒸汽动力站,火力发电厂. *storage plant* 工厂贮藏室,仓库. *thermal power plant* 热电站. *trial plant* 试验厂. *unit plant* 单元设备. ▲ (*be*) *in plant* (植物)生长着,活着. *lose plant* 枯(死). *miss plant* (种子)不发芽.

plant'able ['plɑ:ntəbl] a. 可种植的,适于耕作的.
plantagin n. 车前因.
plan'tain n. 大蕉.
planta'tion [plæn'teifən] n. ①种〔栽〕植,植树造林,人造林 ②大农场,种植园〔场〕,庄园 ③(pl.)新开地 ④创设 ⑤灌输. rubber plantation 橡胶园.
plant'er ['plɑ:ntə] n. ①栽培〔种植〕者 ②种植器,播种机 ③安装人 ④下检波器装置.
Planté-type plate 普兰特式(蓄电池)极板,铅极板.
plan'tigrade a. ;n. 行(类)的,行动物.
plant'ing ['plɑ:ntiŋ] n. ①种植,植树造林,绿化 ②基(础)底(层). planting screen 绿篱. planting soil 种植土.
plant'mix n. 厂拌(混合料).
plant-mixed a. 工厂搅拌的.
plant-scale a. 大规模的,工业规模的. plant-scale equipment 生产〔工厂〕用设备.
plant-sociol'ogy n. 植物群落学.
pla'num (pl. pla'na) [拉丁语] n. 平面.
pla'nns [pleinəs] [拉丁语] a. 平(坦)的.
plaque [plɑ:k] n. ①(金属,陶瓷等制)(装饰用)板,盘,牌,匾, ②牌(点),嚼菌斑,齿垢.
plash [plæf] n.; v. 溅泼,(发)溅泼声 ②积水坑.
plasm =plasma.
plas'ma ['plæzmə] n. ①等子体(区,气体) ②血浆,原浆,原生质 ③[矿]深绿玉髓. air plasma torch 空气等离子吹管. multipacting plasma 利用次级电子机构组成的等离子体. plasma frequency reduction factor 等离子频率降低系数. plasma jet 等离子流. stripped plasma 完全电离的等离子体.
plas'magel n. 血浆凝胶.
plas'magene n. (细)胞质基因.
plas'magram n. 等离子体色谱图.
plas'maguide n. (充)等离子体波导管.
plasmalemma n. (原生)质膜.
plasmalogen n. 浆(缩醛)磷脂.
plasmapheresis n. 血浆除去法.
plasma-pump laser 等离子体泵浦光激射器.
plasmat'ic n. (血,原)浆状的,原生质的.
plas'matron ['plæzmətrɔn] n. ①等离子管,等离子流发生器 ②等离子(体)电弧焊机.
plas'mid n. 质粒.
plas'min n. 血纤维蛋白溶酶,胞浆素.
plasminogen n. 血纤维蛋白溶酶原,胞浆素原.
plasmobiont n. 原浆生物.
plasmochisis n. (细胞)原生质裂片,细胞浆(红血球)分裂.
plasmodesma (pl. plasmodesmata) n. 胞间连丝.
plasmodiocarp n. 不定形复胞囊,原体.
plasmo'dium n. 变形(合胞)体,原质团,疟原虫.
Plasmofalt n. 一种土壤稳定剂(废糖蜜和燃料油混合物).
plasmogamy n. 胞质配合(融合),质配.
plas'mogen n. 生物原浆.
plas'mograph n. 原体照相.
plas'moid ['plæzmoid] n. 等离子体粒团,等离子体状态(凝块),等离子簇.
plasmolemma n. 质膜.
plasmolemmasome n. 质膜内体.
plasmol'ysis n. 质壁分离.

plasmon(e) n. (细胞)质粒基因组,胞质团.
plasmoptysis n. 胞质逸出,原生质膨胀.
plasmorrhysis n. 红血球碎裂.
plas'mosin n. 原生质素.
plas'mosome n. 真核仁.
plas'tacele ['plæstəsi:l] n. 粉状乙酸纤维素.
plast'alloy n. 细晶粒低碳结构钢,(烧结永久磁铁用)铁合金粉末.
PLASTEC = plastics technical evaluation center 塑料(制品)技术鉴定中心.
plas'tein n. 类蛋白.
plastelast n. 塑弹性物,弹性塑料.
plas'ter ['plɑ:stə] I n. ①灰泥(粉),墁灰,墙粉,灰浆,涂层 ②熟(烧)石膏,硬膏 ③膏药,橡皮膏 ④重抹. II vt. ①粉刷(面),墁(抹,涂)层 ②粘贴,使泥贴,涂抹 ③用熟石膏处理. adhesive [sticking] plaster 橡皮膏. plaster board 灰泥板,灰泥纸粘板. Plaster brass 普拉斯特黄铜(铜80~90%,其余锌). plaster cast 石膏模型(铸币,夹). plaster casting 石膏型铸造(法). plaster concrete 石膏混凝土. plaster of paris 烧(熟)石膏. plaster stone (生)石膏. plaster tablet 石膏板. plastered brickwork 抹灰砖工(程).
plas'terer ['plɑ:stərə] n. 抹灰(粉刷)工,泥水匠.
plas'tering n. ①抹灰(泥水)工作,涂灰泥工,粉刷 ②灰泥面,石膏层,石膏制品 ③粘贴(胶带,膏药).
plaster-masses n. 硬膏块剂.
plas'tery ['plɑ:stəri] a. 灰泥状的.
plasthet'ics [plæs'θetiks] n. 合成树脂,塑胶制品.
plas'tic ['plæstik] I a. ①可(易)塑的,塑(范)性的,粘滞的,柔厚的 ②塑料(胶)的,合成树脂制品的,塑造(术)的,造(成),整)型的,整复的,人造的,人工合成的,不自然的,非真正的 ③有创造力的. II n. (常用pl.) ①塑料(胶),合成树脂,电木,可塑体 ②塑料制品,胶质物 ③塑胶学,整(成)形外科 ④深度错觉,图象的起伏畸变. aerated plastics 充气(泡沫,多孔)塑料. boron plastic 硼化塑料. cast plastic 铸塑树脂. closed [open] cell foamed plastics 闭[开]孔泡沫塑料. expanded [sponge] plastic 多孔(充气,泡沫)塑料. foam plastic 或 plastic foam 泡沫(多孔)塑料,塑料冰(过滤介质). metallized plastic 渗金属塑料. plastic adjustment 塑性(变形后的)平衡. plastic arts 造型艺术. plastic bronze 轴承(塑性)铅青铜(铜63.6~67.7%,铅26.6~30.1%,锡4~5.6%,镍0~1%,锌0~1%). plastic cement 塑胶,塑料粘结料. plastic condenser 塑料(介质)电容器. plastic conduit 硬质塑胶管. plastic deformation 塑(性)性变形. plastic design (材料力学)极限设计. plastic effect (相位失真)"浮雕"效应,立体(范)效应. plastic explosive 可塑炸药. plastic film condenser 塑料膜电容器. plastic flow of steel 钢的塑流(塑性流动). plastic lead 塑性铅(环氧树脂与铅粉末混合物,用于修补铸件缺陷). plastic metal 高锡含锑轴承青铜(锑约10%,锡约80%,其余铜). plastic moulding press 塑料制品成形(压力)机. plastic package 塑料封装. plastic packing 塑料(胶)填密. plastic read-only disc 【计】塑料

只读磁盘. *plastic work done* 塑性功. *plastic working* 塑性〔压力〕加工. *plastic yield(ing)* 塑性变形, 塑(性)流(动). *plastic yieldpoint* 塑(料)流点. *thermoplastic plastic* 热塑性塑料.

plas'ticate *vt.* 塑炼〔化〕, 增塑.

plastica'tion [ˌplæstiˈkeiʃən] *n.* 塑炼, 增塑, 增模, 塑化作用.

plas'ticator *n.* 塑炼机.

plastic-backed magnetic tape 塑料磁带.

plasticim'eter *n.* 塑度计.

plas'ticine [ˈplæstisiːn] *n.* (塑造模型用的)代用粘土, 蜡泥塑料, 造型材料, 型砂.

plasticise = plasticize. **plasticisation.** *n.*

plasticiser = plasticizer.

plastic'ity [plæsˈtisiti] *n.* ①塑〔范〕性, 可塑(度), 受范性, 适应〔柔〕性, 柔软性, 粘性 ②塑性(力)学, 受范体力学. *particle plasticity* 【冶】粉粒塑性. *plasticity coefficient* 塑性系数. *plasticity index* 塑(范)性指数.

plasticiza'tion [ˌplæstisaiˈzeiʃən] *n.* 增塑〔化〕(作用), 塑化(制).

plas'ticize [ˈplæstisaiz] *v.* 增塑〔范, 韧〕, (使)成为可塑, 塑炼. *internally plasticized* 内增塑的. *plasticizing agent* 塑化剂, 增塑剂. *plasticizing efficient* 可塑效率.

plas'ticizer [ˈplæstisaizə] *n.* 增塑〔范, 韧〕剂, 塑化剂, 柔韧剂.

plas'ticon *n.* 聚苯乙烯薄膜.

plasticostat'ics *n.* 塑性体静力学.

plas'tid *n.* (真核)质体, 成形粒.

plastidom(e) *n.* (植物细胞的)质体系.

plas'tify [ˈplæstifai] = plasticize. **plastifica'tion** *n.*

plas'tigauge *n.* (测量曲轴轴承和连杆轴承游隙用的)塑料线间隙规.

plas'tigel *n.* 塑性(增塑)凝胶, 施凡道夫体.

plas'tilock *n.* 用合成橡胶改性的酚醛树脂粘合剂.

plastim'eter *n.* 塑度(可塑)计.

plastim'etry *n.* 塑性(可塑度)测定法, 测塑法.

plastique' [plæsˈtiːk] *n.* 可塑炸弹.

plas'tisol [ˈplæstisɔl] *n.* 塑料(增塑)溶胶, 增糊(溶液), 塑料分散体. *vinyl plastisol* 乙烯塑料溶胶.

plastocene *n.* 油泥.

plastocyanin *n.* 质体蓝素, 质体青.

plastoelastic deformation 弹塑性变形.

plasto-elasticity *n.* 弹塑性力学, 塑弹性.

plastogamy *n.* 胞质融合〔配合〕.

plas'togel *n.* 塑性凝胶.

plas'togene *n.* 质体基因.

plas'tograph [ˈplæstougrɑːf] *n.* 塑性变形(曲线)图描记器, 塑性形变记录仪.

plasto-inelastic *a.* 塑性(范性)非弹性的.

plas'tom(e) *n.* 质体基因组.

plas'tomer *n.* 塑料, 塑性体.

plastom'eter [plæsˈtɔmitə] *n.* 塑性(度)计, 塑〔柔, 范〕性仪.

plastom'etry *n.* 塑性测定法.

plastoquinone *n.* 质体醌.

plat [plæt] Ⅰ *n.* ①地段(区, 皮), 地(段之)图, 平面图 ②编条. Ⅱ *vt.* ①编, 织, 打折 ②绘制…的地图.

PLAT = platinum 铂.

platability *n.* 可镀性.

plat'an(e) [ˈplætən] *n.* 悬铃木, 法国梧桐.

plat'band [ˈplætbænd] *n.* 平边, 长条地.

plate [pleit] Ⅰ *n.* ①(金属, 玻璃, 模, 均, 平)板, 片, 盘, (平)碟, 铭(标)牌, (金属)牌子 ②钢板(皮), 薄板, 中厚(钢)板(厚度6mm以上者), 板材(块, 坯) ③(电子管)阳(板)极, 蓄电池)极板, 电容器极 ④感光板, 底(胶)片, 照(图)片, (蒙页)插图, 图版, (铅, 印, 干)版 ⑤蒸馏塔)塔板 ⑥钢轨 ⑦平台, 横木板 ⑧(平)皿, 培养皿 ⑨碟形粉末 ⑩黑页岩, 板岩 ⑪噬菌体)基片. Ⅱ *vt.* ①(电)镀, 敷(涂覆)(以金属) ②给…装钢板, (以薄钢板)覆盖(装甲), 覆以金属板, 铺以板, 用板固定 ③打成薄板, 制成刻版(电铸版), 铺沉积. *adapter plate* 模具垫板. *apron plate* 围护板, 挡板. *back plate* 后板, 安装闸瓦的圆框, 背面板, 信号板, (挂在搗矿机后方的)后部混汞板. *back-up plate* 垫板. *baffle plate* 隔(挡, 遮护)板. *bearing plate* 垫(承压)板. *bed plate* 底板(层), 基座. *block breaker plate* 分配(破碎)板. *bottom mounting plate* 下工作台. *bridge steel plate* 锅炉钢板. *bubble-cap plate* 泡罩板. *cam plate* 凸轮盘. *catch plate* 收集盘. *clevis plate* (压铸模制机上的)加料室用插销. *clutch plate* 离合板(片), 离合器压片. *control plate* 控制板(盘, 台). *cover plate* 盖板(子), (荧光屏前面)防护玻璃. *deflector plate* 导向器(板), 折流板. *dial plate* 标度板(盘), 指针板, 号盘. *die plate* 冲模板, 拉丝板. *double plate bearing* 双面折片球轴承. *draw plate* 拉模板. *electric hot plate* 电炉. *face plate* 面板, 荧光屏, 花盘. *fish plate* 鱼尾板, 接合板. *floor plates* 铺(网纹, 波纹)板. *flush plate* 平贴盖板. *ground plate* 接地(导)板. *heavy plate* 厚钢板. *hot plate* 热板, 电炉. *housing rocker plate* (轧机)牌坊下横梁. *index plate* 刻度板(盘), 指针盘, 指示(说明)牌. *inlay clad plate* (单面或双面复层的)双金属板. *lapping plate* 研磨(精研)板. *masonry plate* 承梁块, 支承垫石. *matching plate* (导模中的)匹配铜片. *metal-on-glass plate* 敷金属玻璃板. *mild steel plate* 低碳钢板. *name plate* 名牌. *negative plate* 负极板, (照相)底片. *nozzle plate* 喷口盖板. *object plate* 检镜片. *O-ring wear plate seal* O型环耐磨油封. *physical plate* 不起反应的塔板. *pick-up plate* 检测(信号)板. *plate B plus supply* 板极电源. *plate baffle* (多层)障板. *plate bender* 弯板机. *plate bending rolls* 卷板机. *plate cap* 阳(板)极帽. *plate circuit* 阳(板)极电路. *plate clutch* 圆片离合器. *plate connector* 组合插座. *plate cut-off* 阳极截止. *plate dryer* 多层干燥器. *plate efficiency* (电子管)阳极效率, (泵的)板效率, 理论盘与作用盘的比值. *plate feeder* 圆盘给料器. *plate fin cooler* 散热片式冷却器. *plate follower* 阳极输出器. *plate gauge* 样板, 板规. *plate grid* 帘栅极, 阳栅, 第二栅板. *plate (heat) exchanger* 板式换热器. *plate mill* 钢板轧机, 钢板轧制厂. *plate nut* 带铆接凸缘螺母. *plate power unit* plat′eau 阳极电源装置. *plate rail* 板〔平〕轨. *plate shears*〔shearing machine〕剪板机. *plate squaring shear* 门式剪板机. *plate tank* 板极〔阳极振荡〕回路, 阳极槽版. *plate valve* 片状阀. *plate vibrator* 板式振动器, 振动板. *plate wheel* 碟形砂轮. *plate wire* 镀线. *plate with cadmium* 镉靶. *pulse-column plate* 脉冲塔板. *rating plate* 定额牌, 额定值名牌. *running plate* 地板. *run-off plate* 助焊板. *set thrust plate* 推力挡板. *shoping plate* 样板〔模〕, 模子, 规. *silicon plate* 硅质薄板, 硅钢片. *sleeper plate* 金属轨板. *sole plate* 垫底木〔板〕, *strip plate* 带〔轨〕坯. *stripper plate* 卸卷器, 导板. *tamping plate* 捣板 (制备电极用的) 成型板. *terminal plate* 接线板. *terne plate* 镀铅铅合金〔锡 20%, 铅 0.2%, 其余铅〕薄钢板. *thick gauge plate* 厚规片. *threaded plate* 锁螺片. *writing plate* 记录板.

plat′eau ['plætou] n. (pl. *plat′eaus* 或 *plat′eaux*) ①高原, 台〔高〕地, 海台, 海底高原 ②平稳状态, (停滞) 时期 ③曲线的平稳段 (平直部分), 坪 (辐射计数管计数率对电压的特性曲线的平直部分), 平顶, 台阶 ④大 (浅) 盘子. *Geiger plateau* 盖革坪 (盖革计数管计数率对电压的特性曲线的平直部分). *plateau characteristic* 坪特性. *plateau equation* 平稳方程. *plateau voltage* 台阶电压, 坪电压. *potential plateau* 势阱.

plat′eaux ['plætouz] *plateau* 的复数.
plate-circuit detector 板极检波器.
plate-coupled *a*. 板极耦合的.
plate-current *a*. 板流的.
pla′ted *a*. 电镀的, 镀…的, 覆以金属板的. *copper plated* 镀铜的. *nickel-plated* 镀 (了) 镍的. *plated beam* 叠板梁. *plated metal* 沉〔电〕积金属, 电镀金属, *plated wire store* 镀线存储器. *plated with brass* 镀 (以, 了) 黄铜的. *steel-plated* 覆以 (包了) 钢板的, 装甲的.
plate-decoupling element 板路元件.
plated-detection *n*.; *a*. 板极板检波 (的).
plated-through-hole 或 plated-thru-hole *n*. 镀通金属化孔.
plate-filament capacity 板丝 (间) 电容.
plate′ful ['pleitful] *n*. (一) 满盘.
plate-grid capacity 板栅 (间) 电容.
plate′holder *n*. 干〔硬〕片夹.
plate′layer *n*. (铁路) 铺路工.
plate′let ['pleitlit] *n*. 片晶, (悬浮体粒子) 薄层, 微型 (平) 板体, 血小板.
plate′like *a*. 层〔片, 板〕状的.
plate-modulated *a*. 阳 (板) 极调制的.
plat′en ['plætən] *n*. ①台板, 机床工作台, 焊机床面, 电极台板 ②〔模〕版 ①压力型板, 压片玻璃板, 印字原, (压印) 滚筒, (印刷机) 压印板, 印字压板, (打字机) 纸卷筒 ③〔砂带器的〕压磨板 ④滑块, 冲头 ⑤屏, 屏式 (的). *lower* 〔*upper*〕 *platen* 下 (上) 模板, 下 (上) 紧固板. *moving die platen* 移动模板. *moving platen* 移动压板. *platen superheater* 屏式过热器. *rear platen* 后压板.
platen-type *a*. 屏式的.

plat′inoid

plate-pulsed transmitter 板极脉冲调制发射机.
pla′ter ['pleitə] *n*. ①电 (喷) 镀工人, 金属板工, 钢板〔板金, 冷什〕工 ②镀复〔涂镀, 涂层〕装置. *Plater brass* 布拉特黄铜 (铜 80～90%, 锡 2%, 其余锌).
plate-resistance bridge 板阻电桥.
plate-steel case 钢板机壳.
plate-to-plate *a*. 板 (极) 间的.
plate-voltage indication 板压指示.
PLATF =platform.
plat′form ['plætfɔːm] I *n*. ①(平, 站, 月, 讲, 秤, 导航, 工作, 装卸) 台, 台 (脚手) 架, 座, 场, 圆 (转) 盘 ② (海洋钻井的) 栈桥, 炮床 ③地台会, 台地 ④政 (党) 纲, 宣言. II *a*. 平台式的. III *v*. ①把…放在台上, 为…设月台 ②铂重整. *built platform* 〔地〕堆积台地, 浪堆平台. *intelligence platform* (航天) 侦察台. *multi-gimbaled platform* 多平衡台. *platform balance* 〔*scale*〕磅 (台, 地) 秤. *platform bridge* 天桥. *platform car* 平板货车. *platform trailer* 平板拖车. *platform truck* 平板大卡车. *platform vibrator* 板式振动器, 振动板 (台). *platform weighing machine* 台秤, 台式称量机. *service platform* 工作台. *sloping platform* 斜槽.
plat′former *n*. 铂重整机器.
plat′forming *n*. 铂重整.
plat′ina ['plætinə] *n*. (粗, 天然) 铂, 白金 Pt. *Birmingham platina* 伯明翰白铜 (锌 75%, 铜 25%).
platinammine *n*. 铂氨化物.
platine *n*. (装饰用) 锌铜合金 (锌 57%, 其余铜).
pla′ting ['pleitiŋ] *n*. ①(电, 喷) 镀, 镀层 (包金) 木, 镀色〔涂〕敷, (电) 镀铜, 镀层 ②覆以 (外壳) 的金属板, 装甲, 制 (金属) 板, (全部) 船壳板, 包装皮 ③(制革, 造纸的) 熨平, 印纹, 砑相片. *basket plating* 篮式电镀. *chromium plating* 镀铬. *differential plating* 双面差厚镀锡. *gas plating* 气相扩散渗镀. *hot dip plating* 热浸涂镀. *plastic plating* (真空) 塑料金属喷镀. *plating action* 镀敷 (电镀) 作用. *plating balance* 电镀槽自动断流装置. *plating bath* (电) 镀浴, 电镀电解液, 电镀 (镀金) 槽. *silver plating* 镀银. *vapor plating* 汽化渗镀, 汽相扩散渗镀.
plating-out *n*. 电解法分液, 镀层分离 (析出).
platini- 〔构词成分〕铂, 白金.
platin′ic [plə'tinik] *a*. (四价) 铂的, 白金的. *platinic acid* 铂酸. *platinic chloride* 四氯化铂.
platinif′erous [ˌplæti'nifərəs] *a*. 含 (产) 铂的.
platiniridi′um [ˌplætinai'ridiəm] *n*. 铂铱矿, 铂铱齐 (铂与铱的自然合金).
plat′inite ['plætinait] *n*. 铁镍 (代) 钢合金, 代铂钢, 代赛〔铂〕白金 (含镍 40～50%的高镍合金钢).
platiniza′tion *n*. 镀铂.
plat′inize ['plætinaiz] *vt*. 披铂, 在…上镀铂, 使与铂化合. *platinized asbestos* (披) 铂石棉 (用作触媒). *platinized carbon electrode* 镀铂碳电极.
platino *n*. 金铂合金 (含铂 11%).
plat′inode ['plætinoud] *n*. 伏打电池的阴极.
plat′inoid ['plætinɔid] I *a*. 铂状的, 白金状的. II *n*. ①铂铜, 赛 (假) 白金 (铜 61%, 锌 24%, 镍 14%, 钨 1～2%), 镍铜锌电阻合金 ②镍铜锌合金电阻丝

③铂系合金. *platinoid solder* 镍铜锌焊料(铜47%, 锌42%, 镍11%). *platinoid wire* 铜镍锌合金丝.

platinoiridita n. 铂铱.

plat'inotron n. (雷达用)大功率微波管,铂管,高原管,磁控放大管〔稳频管〕.

plat'inotype ['plætinoutaip] n. 铂黑印片术,铂黑照片.

plat'inous ['plætinəs] a. 亚铂的,二价铂的. *platinous thorium cyanide* 氰亚铂酸钍(用于制荧光屏).

plat'inum ['plætinəm] n. 【化】铂 Pt,白金. *platinum black* 铂黑(黑,臭)(用于有机合成,作触媒). *platinum iridio* 铂铱耐蚀耐热合金(铱 5~30%,其余铂). *platinum metals* 铂系金属. *platinum sponge* 铂棉. *platinum thermometer* 铂丝温度计. *platinum wire* 铂丝,白金丝.

platinum-plated. a. 镀铂的.

plation n. 板极控制管.

plat'itude ['plætitjuːd] n. 陈词滥调,老生常谈. **platitu'dinous** a.

platometer = planimeter.

platoon' [pləˈtuːn] n. (步兵,工兵等的)排,小队,一群(人),警察队,车队,一组(东西). *firing platoon* 发射排.

platreating n. 芳香烃浓缩物加氢精制法.

plat'ten vt. ①弄平 ②制成平箔〔平板〕③蔽弯或蔽平钉头(使钉平).

plat'ter ['plætə] n. ①母板,小底板 ②唱片 ③大浅盘. ▲*on a platter* 现成的,不费力地.

platy a. 板〔片,扁平〕状的.

platy- [词头]扁平,阔,宽.

platyhelminthes n. 扁虫类.

platykurtic distribution 低峰态分布.

platykurtosis n. 低峰态,低阔峰.

platynite n. 硫硒铋铅矿.

plauenite n. 钾正长岩.

plausibil'ity [plɔːziˈbiliti] n. 似乎真实,似乎合理,似乎可听〔能〕,似是而非.

plau'sible [ˈplɔːzibl] a. 似乎真实〔合理,可能,可取〕的,似是而非的. **plau'sibly** ad.

play [plei] I v. ①玩,奏,扮,赛 ②行动,起作用 ③(机器部件自由地)运〔活,窜,游〕动,跳〔振〕波,开〔动〕④浮动,(风力)飘忽,扫除,扫瞄,吹拂 ⑤(连续、断续地)发(嗓,照)射(on, over, along),放(排)出,(唱片等)放音,播放 ⑥处置,使用,发挥. *A piston plays within a cylinder.* 活塞在气缸内(自由地)运动. *play a searchlight on the clouds* 〔along the road, over the sea〕用探照灯照射云层〔道路,海面〕. *See that direct heat does not play on it.* 当心别让它直接受热. *a record playing at a rate of* …转速为…的唱片. *long-playing record* 慢转(密纹)唱片. *playing area* 演奏区域. ▲*play a role in* 在…中起一定的作用. *play an important part in* 在…方面起重要的作用. *play back* 播放(录音带等),重演,演出〔数〕. *play down* 减〔贬〕低 …的重雙性. *play off M against N* 使 M 和 N 互相制约的,均〔抗〕衡. *play on*〔*upon*〕利用(弱点). *play on words* 玩弄文字. *play out* 用、演〕完,尖灭,放出(松)(绳索). *play tricks with* 乱用,骗弄,干扰.

play with 玩弄.
II n. ①游戏,竞赛,戏剧,剧本,赌博,(博奕)局 ②活动,作用,动〔工〕作 ③【机】(游,余,空间,缝,齿)隙,间距,窜动量 ④闪(浮,振)动,窜(游)动,变幻 ⑤往复行程〔运动〕. *armature play* 衔铁游隙. *back play* 间隙,游隙. *end play* 轴端余隙,轴向间隙,端隙. *free play* 空转,齿隙. *gauge play* 量规游隙,轨隙. *play movement* 接头间隙. *play of valve* 阀(活门)隙. *side play* 侧隙,横向间隙. *team play* 协(同)作(业). ▲*allow full play to* 使充分活动(发挥). *be in full play* 正开足马力,正在积极活动,正充分起作用. *bring*〔*call*〕*into play* 利(使)用,发挥(作用),开动,使活动,实行. *come into play* 开始起作用〔活动,运行〕. *give*〔*free*〕*play to* 让…自由活动. *give*〔*full*〕*play to* 发挥. *make good play* 顺利进行. *make play* 行动有效. *put into play* 使…运转,实行.

playa [ˈplɑːjə] n. 干盐湖.

play'able [ˈpleiəbl] a. 可(适宜于)演奏的,可播放〔放音〕的.

play'act v. 表演,装扮,假装.

play'actor n. 演员.

play'back [ˈpleibæk] n. ①反〔复,再,重〕演,演回,(磁带)返,再现 ②读数,读出(记录) ③放音〔像〕(设备),还音,播放,(回放)记录,放演. *frame-for-frame playback* 逐幅直接再现. *playback amplifier* 重放〔放音〕放大器. *playback button* 放音〔重放〕按钮. *playback head* 唱机头,放音磁头,复读〔读出,回放〕磁头,读头. *playback loudspeaker* 播音(室)扬声器.

play'bill n. 演出海报,演出节目单.

play'book n. 剧本.

play-by-play a. ①比赛实况解说的 ②详细叙述的,详尽的.

play'er [ˈpleiə] n. ①选手,比赛〔演奏〕者,演员,局中人,参赛者 ②唱机〔盘〕,留声机,自动演奏装置. *arecordplayer* 电唱机. *player piano* 自动(演奏)的钢琴. *wireless record player* 无线电唱机,无线电录音机.

play'ground [ˈpleigraund] n. 运动〔游戏〕场.

play'house n. 剧场.

play'ing [ˈpleiiŋ] n. 比赛,演奏. *playing field* 运动场.

play'land n. 运动场,游戏场.

play-over n. 直接播放(录音).

play'wright n. 剧作家.

play'writing n. 剧本创作.

plaz(z)a [ˈplɑːzə]〔西班牙语〕n. 广场,集市场所,大空地.

PLB = pullbutton 拉钮.

PLC = ①polycaprolactone (polymer) 聚己酸内酯(聚合物) ②power line carrier 输电(电力)线载波 ③power loading control 动力负载控制 ④products list circular (patents) 产品目录通报〔专利品〕⑤propellant loading control 燃料装填控制.

PLCM = propellant loading control monitor 燃料装填控制台.

PLCS = propellant loading control system 燃料装填控制系统.

PLCU = propellant loading control unit 燃料装填控

PLD = ①payload 有效负载〔载荷〕②phase locked detection 相位同步〔锁定〕检波 ③phase locked detector 同相〔相位锁定〕检波器.
plea [pli:] n. ①抗〔答〕辩,辩解,借口,口实. ②恳〔请〕求. a plea of defence 答辩. ▲ make a plea for 主张,请求(考虑),替…说话. on〔under〕the plea of 借口.
pleach [pli:tʃ] vt. 编(结).
plead [pli:d] (plead'ed 或 ple(a)d) v. ①辩护〔论,明〕,答〔抗〕辩,托辞,借口 ②恳〔祈〕求. ▲ plead against 反驳,劝人不要…. plead for 恳求,为…辩护. plead with 向…恳求.
plead'er ['pli:də] n. 辩护人.
pleas'ant ['pleznt] a. 愉快的,舒适的,合意的,有趣的. ~ly ad.
please [pli:z] v. ①(使)高兴,喜欢,中〔愿〕意,想要 ②请(你,问). as you please 随你便. if you please 请,对不起,(你)瞧(…意,…居然,…却). please turn over 请看背面,见反面,见下页. please yourself 请便.
pleased [pli:zd] a. 高兴的,喜欢的,满意的. ▲ be much pleased at 听到…很高兴. be pleased to + inf. 乐于. be pleased with 对…感到满意.
plea'sing ['pli:ziŋ] a. 令人喜爱的,使人愉快的(to),合意的. ~ly a.
pleas'ure ['pleʒə] n.; v. (使)高兴,(使)愉快,(使)快乐,喜爱,喜欢(in). pleasure traffic 游览交通. ▲ at pleasure 随意,任意. with pleasure 高兴地,愉快地.
pleat [pli:t] I n. 褶. II vt. 使打褶,编织. pleat skirt 纵向切槽的活塞裙,百褶裙.
plectridium n. 鼓槌孢子型.
pled [pled] v. plead 的过去式及过去分词.
pledge [pledʒ] I n. 誓约,保证,抵押(品). II vt. 发誓,保证,抵押,向…祝酒,为…干杯. ▲ be〔stand〕pledged to 对…作保证. give M in pledge 以 M 作抵押. pledge oneself to 保证.
plei'ade ['plaiəd] n. 同位素群.
plei(o)- 〔词头〕多.
pleionomer n. 均(同性)低聚物.
pleiotropism n. (基因)多效性.
pleiotropy n. 多效性.
Pleis'tocene ['plaistəsi:n] n.; a.【地】(第四纪前期)更新世(的),更新统(的).
pleistoseismic zone 【地】强震带.
ple'na ['pli:nə] n. plenum 的复数.
ple'narily ['pli:nərili] ad. 十〔充〕分,(完)全.
ple'nary ['pli:nəri] a. ①充分的,完全的,绝对的 ②全体出席的,有全权的. plenary powers 全权. plenary session〔meeting〕全体会议.
ple'nilune ['pli:nəlu:n] n. 满月.
plenipoten'tiary [plenipə'tenʃəri] n.; a. 全权代表,全权大使,有全权的. ambassador extraordinary and plenipotentiary 特命全权大使.
plen'ish ['pleniʃ] vt. 给(房屋)安装设备.
plen'itude ['plenitju:d] n. ①充分,完全 ②充足(实),丰富. plenitu'dinous a.

plen'teous ['plentjəs] a. 丰(富,硕)的,充足的. plenteous crops 丰收. plenteous year 丰年. ~ly ad.
plen'tiful ['plentiful] a. 大量的,丰富的,多的. ~ly ad. ~ness n.
plen'titude ['plentitju:d] =plenitude.
plen'ty ['plenti] I n. 丰富,丰饶,大量,许多. II a. 很多的,丰富的,充分的,足够的. III ad. 充分地,十分. ▲ plenty of 充分(裕)的,足够的,大量的.
ple'num ['pli:nəm] I (pl. ple'nums 或 ple'na) n. ①充实(满),空间充满物质(vacuum 之对) ②压力通风系统,强制通风(进气)增压,增压室,高压,(高压状态中的)封闭的空间 ③全体会议. II a. 增压的,压气的,流(涌)入的. plenum box 充气箱. plenum fan 送气风扇. plenum process 打气通风法. plenum system 压力通风系统. plenum ventilation 压力(打气)通风.
pleochro'ic [pliə'krouik] a. 多色的,多向色的.
pleoch'roism [pli'əkrouizəm] n. 多(向)色性,多〔复〕色(现象).
pleochromat'ic a. 多(向)色的.
pleochro'matism [pli(:)ə'kroumətizəm] n. 多色(现象),多向色性.
pleoergy n. 超过敏性.
pleomor'phic a. 多晶的,多形(态)的.
pleomor'phism [pli(:)ə'mɔ:fizəm] n. (同质)多晶形(现象),同质异形(现象),多形性.
pleomorphous a. 多形的.
ple'onasm ['pliənæzəm] n. 冗言,赘嗦话.
pleonas'tic [pli(:)ə'næstik] a. 冗长的,赘嗦的,重复的. ~ally ad.
plesiomor'phic a. 形态相似的.
plesiomorphism n. 形态相似.
plesiomorphous a. 形态相似的.
plesiosauria n. 鳍龙目.
plessite n. 合纹石,辉砷镍矿.
pleth'ora ['pleθərə] n. 过多,过剩. plethor'ic a.
plethysm n. 器官血量变化.
plethysmog'raphy n. 体积描记术.
pleuriilignosa n. 常雨木本群落.
pleu'rodont ['pluərədɔnt] a. 连骨牙.
pleuropneumo'nia n. 胸膜肺炎.
pleuston n. 浮表(水漂)生物,水漂植物.
plex'icoder ['pleksikoudə] n. 错综编码器.
plexidur 或 **plexiglas** 或 **plexigum** = plexiglass.
plex'iglass ['pleksiglɑ:s] n. 胶质(化学上不碎)玻璃,聚异丁烯酸树脂(制介电性有机玻璃),耐热[2-甲基丙烯酸]脂树脂[制有机玻璃.
pleyade n. 同位素群.
pliabil'ity [plaiə'biliti] n. 柔韧(顺,和,曲)性,受范性,可挠(变,锻)性,(可)塑性,能适应性. pliability test 弯曲(韧性)试验.
pli'able ['plaiəbl] a. 易弯(挠,揉)的,可弯(挠)的,柔韧(软,顺)的,易受影响的,能适应的. **pli'ably** ad.
pli'ancy ['plaiənsi] n. =pliability.
pli'ant ['plaiənt] a. =pliable.
pli'ca n. 壳翅.
plicacetin n. 折皱菌素.
pli'cate ['plaikit] 或 **pli'cated** ['plaikeitid] a. 有褶(皱)的,折扇状的,有沟的.
plica'tion [plai'keiʃən] n. (细)褶皱,皱纹.

plident system 优先进线式信号联动系统.

Pliensbachian n. (地质年代)普利恩斯巴启阶.

pli'ers ['plaiəz] n. 钳(子),夹(手,台)钳,扁嘴钳,老虎〔克丝〕钳. *a pair of pliers* 一把钳子. *cutting pliers* 剪(手)钳,扁嘴钳. *expanding pliers* 扩边钳. *flat nose(d) pliers* 平头(口)钳,鸭嘴钳. *globe pliers* 球嘴钳. *gripping pliers* 夹管钳. *pliers spot welding head* X 凫点焊钳. *round pliers* 夹圆钳. *saw setting pliers* 整锯钳. *slip-joint* 〔*combination*〕 *pliers* 鱼口钳,鲤鱼钳. *thin nose bent pliers* 歪头尖嘴钳. *thin nose pliers* 扁嘴(克丝)钳. *universal cutting pliers* 万能剪钳.

plight [plait] I n. ①境况,困境 ②誓约. II vt. 保证.

plim [plim] (*plimmed*; *plim'ming*) v. (使)膨胀(out).

plim'soll ['plimsəl] n. (pl.) (轻便)橡皮底帆布鞋. *Plimsoll line* 〔*mark*〕(船身)载重线标志,载货吃水线.

plink [pliŋk] v.; n. (发)丁当声,乱射.

plinth [plinθ] n. 底座,柱础,勒脚,踢脚线,接头套管. *plinth course* 墙基石. *plinth stone* 底石.

plin'thite v. 杂赤铁土.

plio- 〔词头〕多,更多.

plio Pleistocene 上更新世.

pli'obond n. 合成树脂结合剂(由酚醛树脂与合成橡胶组成).

Pli'ocene ['plaiəsi:n] n.; a.【地】上新世〔统〕的, *Pliocene period* 上新纪.

pli'ody'natron n. 负互导管(屏栅压高于阳压的四极管).

pli'ofilm ['plaiəfilm] n.(氢)氯化橡胶(软片,薄膜), 胶膜(容器).

pli'oform n. 普利形(塑料).

pliomorphism n. 多核白细胞.

pli'otron ['plaiətrɔn] n. 功率三极(电子)管,三极真空管,带有控制栅极的负阻四极管,空气过滤器.

PLL =phase-locked loop 锁相环路.

PLM = ①prelaunch monitor 发射前监控装置 ②pulse length modulation 脉冲长度调制.

PLO = ①phase locked oscillator 锁相〔相位同步〕振荡器 ②pipeline oil管道油.

plod [plɔd] v. ①沉重缓慢地走,艰苦地工作 ②模压.

plod'der ['plɔdə] n. 蜗压机,螺旋挤压机.

plod'ding ['plɔdiŋ] I n. 模压. II a. 沉重缓慢的. ~ly ad.

plomatron n. 栅控汞弧管.

plop [plɔp] n.; v.; ad. 扑通〔啪哒〕声,扑通〔啪哒〕一声(落下).

plot [plɔt] I n. ①地块,基址,(小)区,试验区,苗圃 ②(曲)线,(曲)线图,图表〔案,形,示〕,(地)区,标绘,曲线图 ③测绘板,曲线图,图表板 ④计案,计划 ⑤内容,情节,结构. *auto radar plot* 自动雷达标图. *ground plane plot* 水平距离显示. *loglog plot* 双对数座标图. *make a plot of M against N* 画出 M 对 N 的(关系)曲线. *plot pen* 描图笔. *plot plan* 地区(位置,坝址平面)图.

II (*plot'ted*; *plot'ting*) v. ①标绘〔出〕,绘制〔图〕,作图(表示),划曲线,设计,测定(点,线)的位置 ②区〔划〕分,区划 ③密谋,计〔策〕划,阴〔图〕谋. *plot M against N* 依据 N 标绘 M,画出 M 对 N 的(关系)曲线. *plot a ship's course on a chart* 把船的航线标绘在航海图上. *plot out one's time* 分配时间. *plot out on the chart* 在航海图上标明(船的位置).

PLOT =plotting.

plot-observer n. 测绘员.

plot'(o)mat n. 自动绘图机.

plot'ter ['plɔtə] n. ①标绘〔描〕绘器,绘迹器,座标自记器,图形显示器,记录仪,地震剖面仪 ②标图板,绘图机(器) ③标图(绘制)员 ④计划者,密谋者. *analog curve plotter* 模拟曲线描绘器,模拟制图器. *digital increment plotter* 数字增量绘图机. *navigation plotter* 航迹自绘仪. *phase contour plotter* 等相位线描绘器. *plotter unit* 雷达描图器.

plot'ting ['plɔtiŋ] n. ①测〔展〕绘,记录(曲线),绘制,标,作图,划曲线 ②标示航线,标定,在图上标出点 ③求读数,计算刻度. *electrolytic plotting tank method* 电解槽模拟测绘法. *plotting board* 曲线〔测绘,绘图,标图〕板,标航线盘,描绘盘. *plotting paper* 方格绘图纸,比例纸. *plotting scale* (绘图)比例尺. *pressure plotting* 压力分布测定,压力分布曲线图.

plough [plau] I n. ①犁,犁形器具,煤(雪)刨,犁,刨煤机,扫雪机,开沟器,平地(土)机 ②耕地,耕作 ③水(工沟〔槽〕起)平刨切书机 ④搅拌棒,刨板 ⑤ *the Plough*【天】北斗七星,大熊星座. (*best*) *plough steel wire* 铅淬火高强度钢丝. *coal plough* 刨煤机. *plouth bolt* 防松螺栓,皿头方颈螺栓. *plough groove* 沟槽. *put one's hand to the plough* 着手工作.

II v. ①犁,耕,挖(沟)槽,翻杓 ②(木工)开槽,刨(煤),用刨煤机采(煤),使起波纹 ③(努力,排开积雪,波浪,困难等)前进,费力穿过,费力读完,钻研,刻苦从事(through). *ploughed field*(已)耕地. ▲ *plough into* 干劲十足地投入. *plough the sand* 徒劳. *plough under* 使消失,压倒,埋葬掉. *plough up* 犁(掘)翻,翻耕.

ploughabil'ity n. 可耕性.

plough'share ['plauʃɛə] n. 犁铧(头,铲). *ploughshare section* 犁铧锅.

plow =plough. *plow steel* 锋钢.

plowshare =ploughshare.

ploy [plɔi] n. ①活动,职业,工作 ②手法.

PLPS =propellant loading and pressurization system 燃料装填与增压系统.

PLS = ①propellant loading sequencer 燃料装填程序装置 ②propellant loading system 燃料装填系统.

plt =pilot 驾驶〔领航〕员,试验性的,典型试验的.

PLTS =propellant loading and transfer system 燃料装填与输送系统.

PLTTY =private line teletypewriter service 专线(电传)打字电报机业务.

PLU = ①plutonium-238 钚 238 ②propellant loading and utilization 燃料装填与利用.

pluck [plʌk] v. ①采,摘,拔 ②拉,拽,扯 ③抢,夺(away, off), 抓住(at) 弹,拨 ⑤(冰川)拨削,冲

pluck'er

走,拔蚀.▲ **pluck down** 拖下,破坏,拆毁. **pluck off** 扯[撕]去. **pluck out** 拔出. **pluck up** 连根拔去,根绝,鼓起(勇气),振作精神.
Ⅰ n. ①(一)拉[拽],拔[扯]下的东西 ②勇气,胆量 ③(图画)鲜明,清晰.

pluck'er n. 拔取[摘取,采集]装置.

pluck'less a. 没有勇气[胆量]的.

pluck'y a. ①有勇气[胆量]的 ②(图画)鲜明的,清晰的. **pluck'ily** ad.

plug [plʌg] Ⅰ n. ①(孔,管,螺,泥,软木)塞,填料,栓,插入 ②【电】插头 ③【机】插头(俏,塞),针形接点 ③(给水,消防)栓,消防龙头 ④衬套,柱销(塞)⑤火花塞 ⑥芯杆[棒],考克芯,顶头,楔形块 ⑦底馅,炉瘤,死铁 ⑧岩塞. Ⅱ a. 柱形的,插入式的,带插头接点的. Ⅲ (plugged; plug'ging)v. ①塞[堵]住,填(塞,闭)塞(up)的插头 ②插入,插上插头(以连通电源)(in) ③反向(反接,反向,逆电流)制动 ④芯棒辗轧(管材)⑤枪击,拳打 ⑥反复宣扬,大肆宣传 ⑦[埋头]苦干(along, away at). *insert the plug in the socket* 把插头插入插座. *plug in the wireless set* 使收音机接通电源. *put in a plug for* 为…做广告[宣传]. *angle plug* 弯插头. *banana plug* 香蕉插头. *bottom plug* 底塞,底栓. *bowl drain plug* 油杯放油塞. *change-over plug* 转换[换向,转路]插头. *connector plug* 插头. *double-contact (two-pin, two-wire) plug* 二心塞子[插头]. *drain plug* 放油[水,气]塞. *filling plug* 注油[水]塞. *floating plug* 游动芯棒[顶头]. *force plug* 阳模,凸模,冲头. *lead plug* 铅塞子. *light-up plug* 点火塞,火花塞,点火电嘴. *manifold plug* 歧管塞. *matching plug* 耦合元件. *pipe plug* 管塞,丝堵. *plug adapter* 插塞,插塞式转接器. *plug board* 插塞板,插线盘,插接板. *plug cock* (有栓)旋塞. *plug connector* 插塞式连接器,插塞接头. *plug cord* 插头(软)线. *plug cut-out* 插塞式保险器. *plug drawing* 钢管定径拉拔法,短芯棒拔制. *plug ended trunk (line)* 端接插塞中继线. *plug gap* 火花塞的火花间隙. *plug gauge* 塞规. *plug in unit* 插件. *plug jet* 气动测头,气阀. *plug key* 插塞式开关. *plug lever* 电键. *plug lines* 芯棒划痕(冷拔管缺陷). *plug of clay* 【冶】泥塞. *plug pipe tap* 塞状管丝锥. *plug reamer* 塞形铰刀. *plug receptacle* [socket]插座. *plug roll process* 芯棒轧管法. *plug screw* 螺塞,塞子螺钉,堵头螺丝. *plug sizing* 塞规尺寸控制. *plug tap* 中丝锥,二锥[攻]. *plug valve* 旋(柱)塞活门. *plug welding* 电铆塞,塞焊. *plugged impression* 嵌[塞]上块. *plugged program* 插入程序. *plugging chart* 插接图. *plugging relay* 防逆[反]转继电器. *remote plug* 远距离转换开关. *screw plug* 螺旋塞. *taper(ed) plug* 锥形圆塞(塞规),圆锥形(插)塞. *test plug* 试验放泄塞,(电工)试验插头. *thread plug* 螺纹插塞(模件件上形成内螺纹,脱模时须倒扣). *twister plug* 翻钢套. *viewing plug* 观察孔.

plug' board ['plʌgbɔːd] n. 插线[插入]盘,配线盘,插线板,插塞式转接板,插件. *detachable plugboard* 可卸[可摘下]的插件. *plugboard chart* 插接图. *selection plagboard* 选号插头板.

plug'gable a. (可)插入的. *pluggable unit* 插件.

plugged-program machine 抽入程序计算机.

plug'ger ['plʌgə] n. ①填塞物,凿岩机 ②充填器 ③堵洞者,(产品)宣传者.

plugging n. ①堵塞 ②闭塞(用户线). *plugging-up line* 闭塞线.

plug-hole n. 塞孔.

plug-in ['plʌgɪn] Ⅰ n. 插座,插入. Ⅱ a. 插入式的,组合式的,带插头接点的,[更]换(式)的,插[换]上的,嵌入的,只要插进电插座就可运用的. *diode plug-in unit* 可换的二极管部分. *plug-in amplifier* 插入式放大器. *plug-in board* (card, circuit card) 插件. *plug-in bobbin* 插入式圆筒管. *plug-in coil* 插入式线圈,插换式线圈. *plug-in components* 插(换式元)件. *plug-in device* 插塞装置,插入式器件. *plug-in duct* 插入式配线导管. *plug-in frier* 电炒锅. *plug-in system* 插换制. *plug-in unit* 插(换)件,插入(部)件,插入单元.

plug-selector n. 塞绳式交换机.

plug-type a. 插头型[式]的.

plum [plʌm] Ⅰ n. ①李,梅 ②混凝土用毛石料块或大石子 ③精华,利益. Ⅱ ad. 充分,完全. *plum rains* 梅雨.

plumb [plʌm] Ⅰ n. ①铅(测),吊(锤),线锤,垂(吊)线 ②竖[垂]直. Ⅱ a. ①垂直的,铅(锤,笔)直的 ②公正(平),正确 ③完全,彻底 ④恰恰,正. Ⅲ v. ①用铅锤测量(水深),用铅锤检查垂直度 ②(使)垂直,铅直 ③给…安装铅管(细工,灌铅)(以增加重量),用[加]铅封 ⑤探测,查明,看穿(透),了解 ⑥到达(够)到…的底(部). *fall plumb down* 垂直落下. *off (out of) plumb* 不垂直[的]. *optical plumb* 光滤悬线. *plumb bob* 铅(测)锤,垂(铅)球. *plumb line* 铅垂线,垂直线,准绳. *plumb rule* 垂规,垂直尺.

plumbagine n. 石墨(粉).

plumbag'inous [plʌmˈbædʒɪnəs] a. (含)石墨的.

plumba'go [plʌmˈbeɪɡoʊ] n. 石墨,黑铅,笔铅.

plum'bate ['plʌmbeɪt] n. (高)铅酸盐(四价铅的).

plum'bean a. (正)铅的.

plum'beous ['plʌmbɪəs] a. (正,似,含)铅的,铅色的,重的.

plum'ber ['plʌmə] n. 白铁工,管(子)工,铅(管)工,从事铅,锌,锡等工作的工人. *plumber block* 轴心. *plumber white* 铜锌镍合金. *plumber's soil* [black] 管工黑油. *plumber's solder* 铅锡焊料.

plum'bery ['plʌməri] n. 管工车间,铅管工厂.

plum'bic ['plʌmbɪk] a. (含,高,四价)铅的.

plum'bicon ['plʌmbɪkən] n. 光导摄像管,氧化铅(光导)摄像管,铅靶管.

plumbif'erous [plʌmˈbɪfərəs] a. 含(产)铅的.

plumb'ing ['plʌmɪŋ] n. ①管子系统[工程,制造,敷设]②(自来水,下水)管道(装置,连接,系统)③堆管道阀门系统,管路(件)④卫生工程 ⑤燃料管道 ⑥液压系统管路,铅管,铅垂,垂准(管,作用,设备)⑦同轴连接. *plumbing arm* 垂臂. *plumbing fittings* 卫生设备. *radio-frequency plumbing* 高频波导管.

plum′bism ['plʌmbizm] n. 铅(中)毒.

plum′bite ['plʌmbait] a. (亚)铅酸盐(二价铅的). *magneto plumbite* 氧化铅铁淦氧磁体.

plumb′less a. 深不可测的.

plumb′line ['plʌmlain] I n. 铅垂线. II vt. ①用铅垂线测量,用铅垂线检查 ②用···的垂直度 ②探测,检查.

plumb′ness n. 垂直.

plumboniobite n. 铅铌铁矿.

plum′bous ['plʌmbəs] a. (亚,二价)铅的.

plumbsol n. 银锡软焊料(银锡合金中加少量的铅,熔点 220~250℃).

plum′bum ['plʌmbəm] (拉丁语) n. 【化】铅 Pb.

plume [plu:m] I n. ①羽毛,翎 ②羽(毛)状物,(水下原子爆炸时扬起的)羽状水柱 ③烟缕(柱,团)条,流,(火箭排出的)羽烟,火舌卷流 ④(日晷的)极线. *a plume of steam* 一缕水蒸气. *electric plume* 验电羽. *plume of bubbles* 气泡卷流. II v. 一缕缕喷出,(在…内)(使)形成羽毛状. *plume oneself on* …自夸,以…为荣.

plume′let n. 小羽毛.

plum′mer-block ['plʌmblɔk] n. 止推轴承.

plum′met ['plʌmit] I n. 铅(测,吊)锤,线铊,垂球,(铅)垂线 II vi. 垂直落下,骤然跌落,下降. *optical plummet* 光测垂锤. *plummet level* 定垂线尺.

plum′my ['plʌmi] a. 好的,理想的,有利的.

plu′mose ['plu:mous] a. 羽毛状的.

plump [plʌmp] I a. ①饱满的,鼓起的 ②直率的,直截了当的. II v. ①(使)鼓起(out, up) ②突然落下(down),突然进入(in),突然冲出(out) ③突降,膨胀. III n. ①(沉重地)落下,碰撞,猛冲 ②扑通声,冲撞声. IV ad. ①扑通一声,沉重地 ②突然,猛然 ③直率地. ~ly ad.

plum′per ['plʌmpə] n. ①猛跌,沉重落下 ②(鞣皮用)除酸剂,除酸工人.

Plumrite n. 普鲁姆里特黄铜(铜 85%,锌 15%).

plumule n. 胚芽,(昆虫的)香羽鳞,(鸟的)绒毛.

plun′der ['plʌndə] v.; n. 掠夺(物),抢(盗)劫,赃物.

plun′derable a. 易遭掠夺的.

plun′derage ['plʌndəridʒ] n. 掠夺,劫掠(品),盗窃.

plun′derer ['plʌndərə] n. 掠夺(抢劫)者.

plunge [plʌndʒ] v.; n. ①(使)伸(推,撞,倒,倾,投)入,浸渍(没),沉(浸,潜)入,陷(埋)入,钻入(into),插进(into) ②下(急)降,大坡度倾斜 ③倒转线,转线仪(船只)颠簸,(猛烈)冲击 ⑤跳入,游水,游泳池 ⑥倾(补,褶)角. *plunge cut(ting)*[feed]切入(式)磨削,横向进给磨削,全面进给切入切法,全面滚切. *plunge into a difficulty* 陷入困境. *plunge line* 波浪破碎线. ▲ *take the plunge* 冒险尝试,采取断然行动.

plun′ger ['plʌndʒə] n. ①柱(活)塞,活[圆]柱,插棒(杆),春栓,(弄通堵塞管道用的)捅子 ②滑阀,阀挺杆,(浸入水中的)浮子 ③【铸】钟罩,冲杆,撞头,(压射)冲头,阳模,压实器 ④(波导管)短路器,(线圈的)可动铁心,(电磁铁)插棒式铁心,馈针 ⑤擅针,铜 ⑥(潜)水人. *axial plunger type motor* 轴向柱塞液压马达. *cushion plunger* 缓冲柱塞,活塞缓冲器 *mo(u)ld plunger* 阳模. *plunger armature* 活塞衔铁. *plunger chip* 冲头. *plunger pump* 柱塞(滑阀,活塞)式泵. *plunger relay* 插棒式继电器 *plunger rod* 柱塞杆,冲头杆. *plunger type instrument* 铁芯吸引式测试仪器,插棒铁心式仪表. *press plunger* 压力机冲杆. *rotary axial plunger motor* 回转轴向柱塞液压马达. *shorting plunger* 短路塞. *spring-loaded plunger* 弹簧柱塞. *thrust plunger* 止推(口)销.

plun′ging I n. 倒转,切[插,进]入,压入法,钟罩法. II a. 跳进的,突然往下的,向前猛冲的.

plun-jet n. 气动柱塞(接触测量用气动测头). *reverse plun-jet* 回流式气动量塞.

plunk [plʌŋk] I vt.; n. ①砰地放下[落下,投掷] ②(发)扑通声,砰砰地响. II ad. ①砰地,扑通地 ②正,恰好. *plunk down* 突然落下,猛然放下. *with a plunk* 砰地一声.

plur =plural.

plu′ral ['pluərəl] n.; a. 复数(的),多于一个的,二个以上的. *plural gel* 复合凝胶.

plu′ralism ['pluərəlizəm] n. 复数,多种,兼职.

plural′ity ['pluə'ræliti] n. ①复数(性),多元 ②较大数 ③大多数,许多 ④兼职. *plurality of control(s)* 控制的复杂性,复杂控制. *plurality of register circuits* 复数记忆器线路.

plu′ralize ['pluərəlaiz] v. ①(使)成(为)复数(形式),以复数形式表示 ②兼职.

pluramelt n. 包(不锈钢)层钢板.

pluri- [词头]多.

pluriennial regulation 多年调节.

plurinu′clear a. 多核的.

pluripo′lar a. 多极的.

pluripo′tent a. 多能的.

pluripoten′tial a. 多能的.

plus [plʌs] I prep. 加,加上,外加. *Two plus five is seven*. (2+5=7)二加五等于七. II a. ①正的,阳性(电)的 ②(通常放在被修饰的词之后)略大(大,高)的,标准以上的,附加的,多余的. III n. ①正号,加号"+" ②正数,正量,正极 ③附加额[项] ④增益. *at a savings of $5 million plus* 节省了五百多万美金. *plus driver* 十字螺丝起子. *plus earth* 阳极接地. *plus effect* 正(好)效果. *plus grade* 上(升)坡. *plus involute* 正渐开线. *plus line* 正重叠,正遮盖. *plus material* (销)余量. *plus ion* 正离子. *plus lap* (阀的)正重叠,正遮盖. *plus material* (销)余量. *plus mesh* (颗粒)大于筛孔,正筛孔 *plus minus* 加减(符),正负. *plus screw* 十字槽头螺钉. *plus side* 加侧,正侧. *plus sign* 正[加]号,"+".

plus (拉丁语) *ne plus ultra* (可达到的)最远[高]点,极[顶]点,至高[上]的(of).

PLUS =precision loading and utilization system 精密装填与利用系统.

plush [plʌʃ] I n. (长)毛绒,丝绒. II a. 长毛绒(做)的,豪华的.

plush′y a. 长毛绒(似)的,豪华的.

plusiatic rock 含矿沉积物.

plus-minus n. 正,负,加减,调整. *plus-minus screw* 调整螺丝.

plu′archy =plutocracy.

Pluteus n. (地质年代)普鲁丘斯阶.

Plu′to ['plu:tou] n. 【天】冥王星.

plu′to ['plu:tou] n. ①放射性检查计 ②海上搜索救援飞机.

PLUTO =pipe line under the ocean 英吉利海峡输油

管，海底输油管.
plutoc′racy [plu:'tɔkrəsi] n. 富豪[财阀]统治(集团).
plu′tocrat ['plu:təkræt] n. 富豪, 财阀. ~ic a.
plutonate n. 钚酸盐.
plu′ton(e) n. 深成岩体.
pluto′nia n. 二氧化钚.
Pluto′nian 或 **Pluton′ic** a. 冥王星的.
pluton′ic [plu:'tɔnik] a. 深成(岩体)的, 深成的, 火成的. *plutonic earthquake* 深源地震. *plutonic rock* 深成岩.
plu′tonism ['plu:tənizm] n. ①火成论, 岩石火成说 ②钚辐射线伤害.
plu′tonite n. 深成岩.
pluto′nium ['plu:tounjəm] n. 钚 Pu. *plutonium bomb* 钚弹. *plutonium reactor* 钚反应堆, 生产钚的反应堆.
plutonom′ic [plu:tə'nɔmik] a. (政治)经济学的.
pluton′omist n. 政治经济学家.
pluton′omy [plu:'tɔnəmi] n. (政治)经济学.
plutonyl n. 双氧钚根, 钚酰.
plu′vial ['plu:vjəl] a. (多)雨的, 洪水[水]的, (由于)雨(水作用而)成的. *pluvial age* 洪积世. *pluvial erosion* 洪水侵蚀. *pluvial index* 雨量指数.
plu′vian a. 下(多)雨的.
plu′viogram n. 雨量图.
plu′viograph n. (自记)雨量计.
pluviom′eter [plu:vi'ɔmitə] n. 雨量器[计].
pluviometer-association n. 累计雨量器.
pluviomet′ric(al) a. 雨量的, 雨测的.
pluviom′etry n. 测雨法, 雨量测定(法), 降水量测量学.
plu′vioscope n. 雨量计.
plu′viose ['plu:vious] a. 雨量多的. **pluvios′ity** [plu:vi'ɔsiti] n.
plu′vious ['plu:vjəs] a. (多)雨的, 潮湿的.
PLWD =plywood 胶合板, 层[压]板.
ply [plai] Ⅰ n. ①层(片),(绳)股, 木村薄片, 板片,(几根铜)丝,(橡胶轮胎的)线网层 ②厚度, 折[合]叠, 叠加 ③倾向, 癖. Ⅱ v. (plied; ply′ing) ①使绞合 ②折, 弯 ③使交给 (with),(忙于)做用 ④(定期)来回, 往返(于)(between) ⑤通过. *a 6-ply belt* 一根六层皮带. *be composed of 3 plies of cloth* 由三层布叠成. *ply metal(s)* 双金属, 双金属复合板, 包层[复合]金属板. *ply separation* 分离层, 层析. *ply steel* 复合[覆层, 多层]钢. *three-ply rope* 三股的绳子. *three-ply wood* 三合板.
ply-bamboo ['plaibæmbu:] n. (多)层竹(板).
ply′cast 熔模亮型.
ply′er n. ①拉(拔)管台, 拔管[夹钳]小车 ②(pl.)钳子, 手[老虎]钳.
ply′glass ['plaiglɑ:s] n. 纤维夹层玻璃.
ply′ing n. 通过, 绞合, 折, 弯.
ply′max n. 镶铝装饰用胶合板.
ply′metal ['plaimetl] n. 包铝(的)层板, 涂金属层板, 夹金属胶合板, 双[包裹]金属.
Plym′outh ['plimoθ] n. 普利茅斯(英国港口).
ply′wood ['plaiwud] n. 胶合板, 层压(木)板, 夹[压, 粘]板.
PM =①parts memo 零件备忘录 ②passivated mesa 钝化台面式晶体管 ③per month 每月 ④permanent magnet 永久磁铁 ⑤phase modulation 相位调制, 调相 ⑥photomultiplier 光电倍增器, 光电倍增管 ⑦plate-modulated 阳极调制 ⑧post meridiem 下午, 午后 ⑨pounds perminute 磅/分钟 ⑩powdered-metal 粉末金属 ⑪powder-metallurgy 粉末冶金 ⑫preventive maintenance 预防维护 ⑬prime minister 总理, 首相 ⑭productive maintenance 生产维护 ⑮pulse modulation 脉冲调制 ⑯purpose-made 特制的 ⑰pyrometallurgical 高温冶金学的.
Pm =promethium 钷.
pm =①per minute 每分钟 ②picometer 微微米 ③ pounds per minute 磅/分钟.
pm =(拉丁语) *post meridiem* 下午, 午后.
p-m =permanent magnet 永久磁铁.
P/M =①past month 上月 ②powdered-metal 粉末金属 ③powder-metallurgy 粉末冶金 ④preventative maintenance 预防性维(检)修.
PMD =permanent-maget dynamic speaker 永磁电动式扬声器.
p-m erasing head 永磁消磁头.
P. M. peak (下班时车辆)晚高峰.
PMA =phenylmercuric acetate 赛力散, 乙酸苯汞.
PMAR =preliminary maintenance analysis report 初步维修分析报告.
PXBX =private manual branch exchange 专用人工小交换机.
PMC =phenylmercuric chloride 氯化苯汞.
PME 或 **pme** =photomagnetoelectric effect 光电磁效应.
PMEL =precision measurement equipment laboratory 精密测量设备实验室.
pmh =production per man-hour 每人每小时的产量.
PMH/M =productive man-hours per month 每月生产工时.
PMI =phenylmercuric iodide 碘化苯汞.
pmk =postmark 邮戳.
PMMA =polymethyl methacrylate 聚甲基丙烯酸甲酯, 有机玻璃.
PMOS =permanent manned orbital station 载人永久轨道站.
PMP =①program management planning 程序管理计划 ②pump 泵.
PMR =①Pacific missile range 太平洋导弹靶场 ②paramagnetic resonance 顺磁共[谱]振 ③per minute revolution 每分钟转数 ④propellant mass ratio 推进剂质量比 ⑤proton magnetic resonance 质子核磁共振.
PMS =①Polaris missile system 北极星导弹系统 ②probability of mission success 飞行(任务)成功的几率.
PMT =①passivated mesa transistor 钝化台面型晶体管 ②payment 支付.
PMTS =phenylmercuric-p-toluenesulfonanilide 富尼隆, 磺胺苯汞.
PMU =pressure measuring unit 测压力装置.
PMVR =prime mover 原动机.
PMWU =productive man work unit 农业劳动力单位.
PN =①performance number 特性[性能]数 ②plasticity number 可塑性指数 ③please note 请注意 ④

program notice 节目预告 ⑤ promissory note 本〔期〕票.
pn =promissory note 本〔期〕票.
P/N =part number 零〔部〕件号.
PN boundary (半导体的)PN 间界.
p-n junction (半导体中的) pn 结,pn 型. *p-n junction laser* p-n 结激光器.
Pn L =pneumatic pounds 气压磅数.
PNC process (for caprolactam) (己内酰胺)光亚硝化(合成)法.
PNdB 或 PNdb =perceived noise decibels 可觉噪声分贝.
pneudrau'lic [njuːˈdrɔːlik] a. =pneumatic hydraulic 气动液压的.
pneu'dyne n. 气动变向器.
pneu'lift [ˈnjuːlift] n. 气动升降机.
pneum =pneumatic.
pneu'mal a. 肺的.
pneuma-lock n. 气体夹〔锁〕紧.
pneumat'ic [njuːˈmætik] Ⅰ a. ①气〔风〕动的,气力〔风力,气压,气压〕的,由压缩空气推动〔操纵)的 ②(有)气的,(有)气体的,(可)充空气〔气体的,(装有)气胎的 ③气体(力学)的 ④呼吸的. Ⅱ n. 气胎,有气胎的车辆. *pneumatic brake* 气(力)闸,风闸,气压制动器. *pneumatic breakwater* 气张防波堤. *pneumatic cell* 空气〔气动〕式,铬〔电〕电池,气体探测管,气拌池. *pneumatic chipper* 气凿. *pneumatic (chipping) hammer* 风錾〔铲〕,气(力,压)锤. *pneumatic control* 压缩空气控制,气动控制. *pneumatic control valve* 气动控制阀. *pneumatic conveyer* 气〔风〕力输送机. *pneumatic cushion* 气枕〔垫〕. *pneumatic drill* 风(动)钻. *pneumatic finisher* 气力〔风〕修整器. *pneumatic grinder* 手提砂轮机. *pneumatic jack* 气力起重器,气压千斤顶. *pneumatic pier* 气压沉箱桥墩. *pneumatic pump* 气压〔压气,空气〕泵. *pneumatic rabbit hole* 风动传送装置孔道. *pneumatic relay* 气动替续〔继电〕器. *pneumatic shot blasting machine* 喷丸清理机. *pneumatic steel* 转炉钢. *pneumatic tool* 风动〔气压)工具. *pneumatic trough* 集气槽(反置,水封的). *pneumatic tube* 气压〔气力,气压)管,气输管,传送管,气压管. *pneumatic tyre* (充)气(轮)胎. *pneumatic valve* 气(动)阀,阻气阀. *pneumatic (vibratory) knockout* 气动(振动)落砂器.
pneumat'ically ad. 靠压缩空气,由空气. *pneumatically applied mortar* 喷(射砂)浆. *pneumatically placed concrete* 喷混凝土.
pneumat'ics [njuːˈmætiks] n. ①气动力学,气体力学 ②气动装置 ③轮胎.
pneu'matized a. 充气的,含有气腔的.
pneumat(o)- [(构词成分)空气,气动,呼吸.
pneumatogen'ic [njuːmətouˈdʒenik] a. 气成的.
pneumatogram n. 呼吸描记图.
pneumatol'ogy [njuːməˈtɔlədʒi] n. 气体力学,气体(治疗)学.
pneumatol'ysis [njuːməˈtɔlisis] n.【地】气化(作用),气成. pneumatolyt'ic a.
pneumatom'eter. 呼吸气量测定器.

pneumatom'etry n. 呼吸气量测定法.
pneu'matophore n. ①载气气体,浮〔氧)气)囊 ②出水通气根.
pneu'matosphere n. 电子(控制)气动.
pneumeractor n. 液体石油产品质量的记录仪.
pneum(o)- [(词头)空气,气动,呼吸.
pneu'mocin n. 肺炎克氏杆菌素.
pneumoconio'sis 或 pneumokonio'sis n. 肺尘(埃沉着)病.
pneu'mogram n. (宇航员用)肺呼吸运动记录图,呼吸描记图,充气照片.
pneumohydrau'lic [njuːməhaiˈdrɔːlik] a. 气动液压的,气动液压式的.
pneumohypox'ia [njuːməhaiˈpɔksiə] n. 肺部缺氧症.
pneumolysin n. 肺炎球菌溶血素(自溶酶).
pneumonectasis n. 肺气肿.
pneumo'nia [njuː(ː)ˈmounjə] n. 肺炎.
pneumon'ic [njuː(ː)ˈmɔnik] a. 肺(炎)的.
pneumon'ics n. 压气(射流自动)学.
pneumoni'tis n. (局部急性)肺炎.
pneumonoconio'sis 或 pneumonokonio'sis n. 肺尘(埃沉着)病.
pneu'monoultramicroscop'icsil'icovolca'noconio'sis n. 硅酸盐沉着病,矽肺病.
pneumosilico'sis n. 矽肺(病),硅肺.
pneumotho'rax n. 气胸.
pneumotox'in n. 肺炎球菌毒素.
pneumotrop'ic a. 亲肺的.
pneu'sis [ˈnjuːsis] n. 呼吸.
pneusom'eter [njuːˈsɔmitə] n. 肺活量计.
pneutron'ic [njuːˈtrɔnik] a. 电子气动的,电控气压的.
PNL =panel 配电板,仪表板.
PNM =pulse number modulation 脉冲数(脉冲密度)调制.
PNPN switch PNPN 开关.
PNR = ①primary navigation reference 导航基准 ②pulse nuclear radiation 脉冲核辐射.
PNS = peculiar and nonstandard items 特殊的与非标准的项目.
PO = ①Patent Office 专利局 ②plotting office 绘图室 ③po-larity 极性 ④pole 杆(长度单位,合 5 1/2 码) ⑤polyolefine 聚烯烃 ⑥post office 邮政局 ⑦postal order 邮政汇票 ⑧power oscillator 功率振荡器 ⑨power output 功率输出 ⑩project office 设计办公室 ⑪purchase order 定货(购)单,采购单.
Po =polonium 钋.
P/O =part of (…)的一部分.
PO bridge 或 PO box 箱式惠氏电桥.
poach [poutʃ] v. ①【化】漂洗 ②踩成泥浆,加水拌匀 ③偷猎,偷捕鱼,侵犯他人领域 ④把…戳入(into).
poach'er n. 偷猎(渔)者.
poaptor n. (纵向力)操纵装置(机构).
POB =post-office box 邮政信箱.
POC = ①particulate organic carbon 散式〔颗粒性,分散)有机碳 ②point of contact 接触点 ③port of call (沿途)停泊〔靠)港 ④program of cooperation 合作计划.
pock [pɔk] n.; vt. (使有)麻点,痘痕. *pock marks* 麻点,痘痕(不锈钢退火缺陷).

pock'et ['pɔkit] I n. ①(小,衣)袋,囊,匣,油兜,贮〔容〕器 ②(空)穴,槽,窝,腔,凹处 ③壳,罩,套 ④气阱〔穴,潭〕⑤矿穴〔囊〕,溶解窠,小矿藏 ⑥矿〔料〕仓,料罂,集料架,煤库,小船室 ⑦(孤立的)小块地区,死胡同。II a. ①袖珍的,小型的,可以放在衣袋里的 ②压缩的,紧凑的。III vt. ①把…装入袋内,包〔深〕藏,封入 ②压(大型)窝 ③忍受,压〔抑〕制 ④阻挠,搁置…使不通过 ⑤侵吞,盗用。*air pocket* 或 *pocket of air* 气阱〔穴,潭,坑,袋〕,【铸】气〔砂〕眼。*clearance pocket* 余隙。*cylinder head pocket* 气缸盖凹顶。*dirt pocket* 除尘室。*draw bar pocket* 拉杆匣。*oil pocket* 油槽。*pocket ammeter* 携带式安培计。*pocket book* 手册,袖珍本,笔记本,钱包。*pocket computer*(携带式)计算机。*pocket edition* 袖珍本〔版〕,小型版。*pocket feeder* 星形给料器,转叶式给料器。*pocket radio* 小型收音机〔无线电〕,携带式收音机,袖珍式无线电设备。*pocket tape* 钢皮卷尺。*resin pocket*(层压品或成材的)淤积树脂,树脂袋(模制件上的缺陷)。*scale pocket* 秤量筐。*sheet metal pocket* 金属片包片。*slag pocket* 渣坑,沉渣室。*be in pocket* 赚钱。*be out of pocket* 赔钱。*out of pocket expenses* 现金〔实际〕支付,实际的花费。

pock'etable ['pɔkitəbl] a. 衣袋里放得下的。
pock'etbook n. ①袖珍〔笔记〕本 ②钱包〔袋〕③财力,经济利益。
pock'et-hand'kerchief n. 手帕,小型物。*a pocket-handkerchief of land* 小块土地。
pocket-knife n. 小折刀。
pock'etscope n. 轻便〔小型〕示波器。
pocket-size a. 小型的,袖珍式。
pock'ety ['pɔkiti] a. ①矿脉瘤的,分布不匀的 ②囊形的。
pock'mark ['pɔkma:k] I n. 麻点,痘痕(不锈钢退火缺陷)。II vt. 使布满痘痕,使密密麻麻地布满。
pock'wood n. 愈疮木。
POCN = purchase order change notice 定货单更改通知
Pocono series(早石炭世)波克诺统
poculum n. 杯。
pod [pɔd] I n.(pl. *po'diums* 或 *po'dia*)①(豆)荚 ②容器,箱,(发动机,塔门)吊舱,(翼梢上的)发射架,短舱,(飞船)可分离的舱 ③钻头,螺旋钻的纵槽,有纵槽的螺旋钻,手摇钻的钻头承窝 ④导流壳,推进装置〔发射架〕⑤(兽的)卵囊,蚕茧。II vt. 结荚,装有吊舱。*jet pod* 伸出的喷气发动机吊舱。*pod bit* 有纵槽的钻头。*podded nacelle* 翼下发动机吊舱。*rocket pod*(翼尖或机身下的)火箭架。
POD = ①pay on delivery 货到付款 ②port 〔f debarkation 起运港口 ③post office department 邮政部门 ④purchase order deviation 定货单差错。
po'dium ['pəudiəm] (pl. *po'diums* 或 *po'dia*) n. ①墩座墙,列柱墩座,垫块 ②讲台,交通警指挥台 ③(动物)足 ④(植物)叶柄。
podocarprene n. 罗汉松烯。
podoid n. 心影。*podoid of a curve* 心影曲线。*podoid of a surface* 心影曲面。
podoidal transformation 心影变换。
podophyllotox'in n. 鬼臼素〔毒〕。

pod'sol 或 **pod'zol** ['pɔdzɔl] n. 灰壤,灰化土。~**ic.** a.
podsoliza'tion 或 **podzoliza'tion** [pɔdzɔlai'zeiʃən] n. 灰〔壤〕化作用。
pod'solize 或 **pod'zolize** ['pɔdzəlaiz] vt. 灰〔壤〕化。
POE = pressure〔pneumatically〕operated equipment 气动装置。
poecilit'ic [pisi'litik] a. 嵌晶状的。
poecilosmot'icity n. 变渗(透压)性。
poecilother'mia n. 变温性。
po'em ['pouim] n. 诗,韵文。
po'et ['pouit] n. 诗人。
poet'ic(al) [pou'etik(əl)] a. 诗(意,人)的,韵文的,理想化了的。~**ally** ad.
po'etise 或 **po'etize** v. 作诗,用诗表达。
po'etry ['pouitri] n. 诗(歌,集,意),作诗。
POGO = polar orbiting geophysical observatory 极地轨道地球物理观测台。
pog'onip ['pɔgənip] n. 冻雾。
pog'rom ['pɔgrəm] n.; vt. 大〔集体〕屠杀。
Pohai(Sea) n. 渤海。
POI = ①program of instruction 教学大纲,训练计划 ②purchase order item 定货单项目。
poid n. 形心(曲线),矫正弦线。
poidom'eter n. 重量计,巨重快测计,加料计。
poig'nancy ['pɔinənsi] n. ①辛辣,尖锐 ②强烈,深刻。
poig'nant ['pɔinənt] a. ①辛辣的,尖锐的 ②强烈的 ③恰当的,针对的。~**ly** ad.
poikilit'ic [pɔiki'litik] a. 嵌晶结构的,斑〔嵌晶〕状的。
poikiloblas'tic a. 变嵌晶状的。
poikilosmot'ic a. 变渗透压的。
poikilother'm n. 变温〔冷血〕动物。
poikilother'mic a. 不定温的。
poikilothermy n. 变温性,温度变化适应性。
point [pɔint] I n. ①点,小数点,标点 ②地点〔方〕,位置,部位,站,处所,中心 ③尖〔端,状物〕,针〔刀,笔〕尖,指针,末端,(路轨)岔〔辙〕尖,转辙器,(pl.)道岔 ④测(试)点,点测头,(插头)接触点,插座 ⑤(程,温,强)度 ⑥时刻,瞬时〔间〕⑦交点,要点〔事,论点,项,项,特点〔征〕⑧罗经方位,罗经点,两罗经点间的差度(=11 1/4 度)⑨岬〔嘴〕,峰顶,尖父,弓矛的顶端 ⑩目标,条款 ⑪意义,目的,用途(12分)(数),学分,(比赛)得分 ⑬(铅字大小的单位)磅(约合1/72英寸)。II v. ①指(向,出,明),面向,朝向,瞄〔对〕准,表明,暗示(to, at, towards) ②弄(削)尖,装上尖头,琢石 ③使尖锐,强调,加强 ④给…加标点,给…加小数点(off) ⑤嵌填,勾抹〔缝〕(up) ⑥(船)几乎迎风行驶。*three point five* 三点五,3.5。*fractional percentage points* (of M) 千分之几 (的 M)。*point to many examples out of practical experience* 从实际经验中举出许多例子。*The point is that …* 问题在于…。*There is no* 〔not much〕*point in doing that.* 那样做没有〔没有多大〕必要,那样做毫无〔没多大〕意义,做那种事没有〔没多大〕用处。*bending brittle point* 弯曲脆点〔脆性温度〕,抗冻性,耐寒力。*binary point* 〔计〕二进制小数点。*breaker point wrench* 电流开关扳手。*bubble point* 饱和压力点。*bulk loading point* 散物装载管道出口。*burble point* 临界迎角,失速点。*commanding*〔*dispatching*〕*point* 调

point — 度站. *congealing point* 冻结〔凝聚，硬化〕点. *constant pitching moment point* 气动力焦点. *critical point* 临界点，关键时刻. *crucial point* 严重关头，关键时刻. *Curie point* 居里点〔温度〕（当温度高于此点时，顺磁体的分子磁力即中止存在）. *cut-off point* 截止〔熄灭，断开〕点，关闭发动机的瞬时. *cutting point* 刀口，刃刀. *decimal point* （十进位）小数点. *diamond point* 金刚石笔，drill point 钻尖. *drop point* 划线点，滴点（温度）. *effective hitch point* 有效悬挂点，悬挂机构转动瞬心. *eutectic point* 共晶点，最低熔点，低共熔点. *external delivery point* （液压系统）外接抽出端（与分置式油缸相连）. *faced〔facing〕points* 对向转辙器. *firing point* 发射点. *full point* 句点. *fusion〔fusing〕point* 熔点. *half-power points* 半功率点. *hitch point* 悬挂〔牵引，联结〕点，悬挂装置下拉杆的联结铰链. *isoelectric point* 等电点. *key point* 关键. *knotty point* 难点. *locating point* （工件的）定位点. *making-breaking point* 接续点. *nodal point* 波节点 *no-slip point* 中性〔临界〕点. *off design point* 非设计状态. *one point single action press* 单点〔单曲拐〕单动压力机. *peritectic point* 包晶点. *pitch point* （齿轮啮合的）节点. *point angle* 顶〔钻尖，锥尖〕角. *point at infinity* 无穷远点. *point conic* 点素二次曲线. *point cycle* （自动机）穿孔频率，穿孔周期. *point design* 解决关键问题的设计（结构），符合规定要求的设计. *point diameter* （螺纹的）前端直径. *point dipole* 点偶极子. *point electrode* 尖端极，点电极. *point filament* 尖端灯丝. *point ga(u)ge* 测针，针形水位计，轴尖式量规，量棒. *point hardening* 局部淬火. *point locator* 探穴仪. *point micrometer* 点测微计，点测头千分尺. *point of attachment* 联结点，联结部位. *point of contact* 切〔接触〕点. *point of curve〔curvature〕* 曲线起点. *point of inflexion* 拐点，弯曲点. *point of no return* 无返〔临界〕点. *point of onset of fluidization* 流（态）化起点. *point of recalescence* 再辉点. *point of reference* 基〔参考，水准，控制〕点. *point of sight* 视〔瞄准〕点. *point of the compass* 罗经点，罗盘的主方位（共32个，相隔各11°15′）. *point of tongue* 尖轨端. *point of view* 观点，见解，着眼点. *point projection X-ray microscope* 点投影式 X 射线显微镜. *point spectrum* 点〔离散〕谱. *point transistor* 点式晶体管. *point triad* 拼三点小组. *point-wise discontinuous function* 概连续〔点态不连续〕函数. *quadruple point* 四相点. *relay point* 中继〔转播〕点. *set point* 试针，试验点. *singular point* 奇〔异〕点. *slip point* 道岔. *stylus point* 记录针. *test point* 试针，试验点. *the point at issue〔in question〕* 争论点，所讨论的问题. *three way point* 三通管. *tool point* 刀锋. *trailing points* 背向转辙器. *transfer point* 转运点. *transition point* 转（相）变点，临界点. *triple point* 三相〔态〕点. *turning point* 回〔拐〕点，转折〔换〕点. *twelve point socket wrench* 十二方套筒扳手. *two point* 二（接）点，双（接）点. *two point single action press* 双点单动压力机，双曲拐单动曲轴压力机. *yield point* 屈服点. ▲ *a case in point* 恰当的例证，适当的例子. *a point of no return* 航线始发点，无还点，只能前进不能后退的地点. *a point of safe return* 安全返航点. *at all points* 充分，完全，彻底，在各个方面. *at this point* 这里，此时〔处，刻〕. *be at the point of* 靠〔接近，将近…的时候，将要，正要. *be off the point* 不中要害. *(be) on the point of (doing)* 刚好要〔做〕. *be pointed away from M and toward N* (…的)方向是背向 M 而面向 N〔从 M 到 N〕. *be to the point* 中肯，扼要，正中要害，恰到好处. *beside the point* 离题，不中肯. *carry〔gain〕one's point* 达到目的，说服别人同意. *catch the point of* 抓住〔了解〕…要点. *come to the point* 到紧要关头，谈到要点，抓住关键，变尖（锐）. *cut to a point* 弄尖. *from point to point* 一项一项，逐点的，在各点. *get one's point* 抓住…话中的要害. *give point to* 给…增添力量〔论据〕，强调，着重. *in point* 适（恰）当的，切题的，问题的，当前的，所论及的. *in point of* 说到，就…而言，关于，在…这点. *in point of fact* 事实上，实际上. *in points of detail* 在某些细节上. *keep to the point* 扣住要点〔主题〕. *make a point* 得一分，证明论点正确，赢得赞同，达到目的，立论. *make a point of (doing) M* 决心〔坚持〕（做）M，认为（做）M 是必要的. *make a point that* …主张，强调，明确指出. *make it a point* 或 *make a point of* 必定. *miss the point* 抓不着要点. *not to put too fine a point on〔upon〕it* 坦率〔直截了〕地说，说实话. *off〔beside, away from〕the point* 不要紧的，不对题的，离题. *point at* 指着，指点，指示. *point M at N* 把 M 指〔对，瞄，冲〕着 N. *point by point* 逐一，逐点，详细. *point down* 尖头〔棱角〕朝下，（六角铜的）顶角直轧. *point for point* 一一，细细，正确地. *point in the same direction as M as M* 指（朝）着同一方向. *point out* 指出，指示. *point to* 指〔朝〕出，指向，针对. *point up* 朝向，冲〔上，强调，使突出，着重说明. *score a point* 得一分，获得利益，赢得赞同，达到目的. *see the point in (doing)* 懂得（做）的要点，看出（做）的好处. *serve one's point* 适应…的目的，满足…的需要. *stand on points* 拘泥于细节. *strain〔stretch〕a point* 超出（一般许可的原则）范围，变通处理，破例作让步，作牵强附会的说明，越权处理. *to the point* 中肯，扼要. *to the point of* 或 *to the point that* 或 *to the point where* 到（达）…的程度. *up to this point* 直到目前为止，在这一点，至此，迄今.

point-blank ['pɔint'blæŋk] *a.; ad.* ①近距离平射（的），在一条直线上 ②直截了当（的），坦率（的），断然.

point d'appui ['pwedæ'pwi:] （法语）交〔据，集合〕点，作战基地，战线据点.

point-device *a.; ad.* 非常精密（的），完全正确（的）.

point'-duty ['pɔintdjuːti] *n.* （交通警）值勤，站岗，交通指挥.

point'ed ['pɔintid] *a*. 尖(锐,角,顶,刻)的,直截了当的,有所指的,显然的,突出的. *pointed box* V 型箱,尖底箱. *pointed cone* 尖锥. *pointed end* 尖端〔头〕,顶端,波端. *pointed finish* 点凿面. *pointed hammer* 尖锤. *pointed peaky pulse* 尖顶脉冲. *pointed tip* 尖头电极. *pointed tool* 尖头工具.

point'er ['pɔintə] *n*. ①指针,指示器〔字,者,物〕,转辙器,地址计数器 ②启〔暗〕示,线索 ③(大熊星座中的)两颗指极星 ④瞄准手. *a pointer to the future* 对未来(有益)的启示. *bar pointer* 压尖机,夹头镦制机. *contact pointer* 接触指示器. *follow-up pointer* 随动指针. *hairline pointer* 瞄准器. *hand pointer* 手动压尖机. *pointer dial* 指针式计数盘. *pointer to*…指向…的指示字. *tube pointer* 管夹头镦制机.

point-focused *a*. 聚集成一点的.

point'ing ['pɔintiŋ] *n*.; *a*. ①指(示,点),瞄准,定〔指〕向,标定 ②削〔弄,磨,制,压,轧〕尖 ③标点 ④(砌砖)勾缝,嵌填(用材料). *inward pointing* 向里〔内〕指的,朝内(里)的. *pointing chisel* 点凿. *pointing error* 指向〔定向,瞄准,指示〕误差. *pointing knife* 制钉刀(弄尖). *pointing machine* 锻〔轧〕尖机. *pointing stuff* 勾缝料. *pointing tool* 倒棱工具. *pointing trowel* 勾缝刀. *push pointing* 强制压尖. *upward-pointing* 朝上的.

point'less ['pɔintlis] *a*. ①钝的,无尖头的 ②无意义〔目的,目标〕的,空洞的,不得要领的. *a pointless draw* (比赛)零比零. ~ *ly ad*. ~ *ness n*.

point-like *a*. 点状的.

point-load *n*. 点(集中)荷载,点电荷负载.

poin'tolite ['pɔintəlait] *n*. 点光源,钨丝弧光灯.

points [pɔints] *a*.; *n*. 配给(的). *put M on points* 对 M 实行配给.

point-shapedness *n*. 点状.

points'man ['pɔintsmən] *n*. 扳道工,扳闸〔转辙〕手,交通警察.

point-supported *a*. 定点支承的.

point-to-point *a*.; *n*. ①点至点的,逐点的 ②点位控制,定向无线电传送,干线无线电通信 ③定向的.

point'wise *a*.; *ad*. 逐点的. *pointwise discontinuous function* 点态不连续函数,概本连续函数.

point'y ['pɔinti] *a*. 非常尖的,有明显尖状突出部的.

pois = poisonous 有毒的.

poise [pɔiz] Ⅰ *n*. ①平(均)衡 ②砝码,秤锤,重量 ③泊(粘度单位,=1 达因-秒/厘米2) ④镇静,沉着. Ⅱ *v*. ①(使)均衡,保持(平)衡,平衡 ②犹豫不决 ③(使)作好准备. *counter poise* 平衡砝码. *poised stream* 河槽稳定的河流,稳定河道. ▲ *be poised to* + *inf*. 随时准备着行动.

POISE = photosynthetic oxygen-generator illuminated by solar energy 由太阳能照射的光合氧气发生器.

poiser *n*. 平(均)衡剂,平衡棒,氧化还原反应缓冲剂.

Poiseuille flow 泊萧流,层状粘滞流.

poi'son ['pɔizn] Ⅰ *n*. ①毒物,毒(物,剂,品,质) ②毒害(化) ③抑制剂,有害的中子吸收剂,反应堆残渣. Ⅱ *a*. 有毒的,加了毒的,放入毒物的. Ⅲ *v*. ①(使)中毒,毒害〔杀〕,放毒 ②沾污,弄坏 ③阻碍,抑制(催化剂等). *burnable poison* 可燃残渣,可燃吸收体. *mild poison* 轻度中毒,轻度吸附有害离子. *neutron poison* 中子吸收剂. *poison for catalyst* 催化毒,反接触剂. *poison gas* 毒气. *poison tower* 【化】除毒塔.

poi'soning ['pɔizniŋ] *n*. 中〔布,置〕毒,毒害,(阴极等)毒化. *lead-poisoning* 铅毒. *long-term poisoning* 长期中毒. *poisoning of cathode* 阴极毒化〔染污〕. *radiation poisoning* 辐射病.

poi'sonous ['pɔiznəs] *a*. 有毒〔害〕的,毒性的,恶毒的,讨厌的. *remaining poisonous influence* 余毒. ~ *ly ad*.

ploison-pen *n*. 恶意中伤的,匿名(写)的.

Poisson [pwɑː'sɔːŋ] *n*. 泊松. *Poisson accident process* 泊松事故随机程序. *Poisson distribution* 【数】泊松分布. *Poisson process* 点(泊松)过程. *Poisson ratio* 泊松比,横向变形系数.

poke [pouk] Ⅰ *n*.; *v*. ①戳,刺,捅,插 ②拨弄(火),添火,透炉,搅拌 ③把…指向〔推向,伸向〕. Ⅱ *n*. 袋,囊. *poke welding* 手动焊钳点焊. *poking bar* 拨火〔搞炉〕棒,通火钩. *poking hole* 搅拌孔.

po'ker ['poukə] *n*. ①搅拌(铁)杆 ②拨火棒,火钳(钩),通条,烙画用具 ③刺(中)者. *hook poker* 火钩. *poker bar* 钎(清理风口棒). *poker vibrator* 插入式(混凝土)振荡器.

po'k(e)y ['pouki] *a*. ①狭小的,简陋的,破旧的 ②不生动的.

po'king ['poukiŋ] *n*. 拨〔透〕火,透炉,棒捅〔触〕.

POL = ①petroleum oil and lubricants 油料,石油和润滑油 ②petroleum oil and lubrication 石油与润滑(作用) ③Polaris 北极星(导弹) ④polarity 极性,正〔反〕极 ⑤polarize 极化,偏振 ⑥polonium-210 钋 210 ⑦problem-oriented language 面向问题的语言.

Po'land ['poulənd] *n*. 波兰.

po'lar ['poulə] Ⅰ *a*. ①(磁,南,北)极的,(近)地极的,极轨道的 ②极性(化,生)的,【电】(蓄电)极的,极线的,极座标的 ③有两种相反性质(方向)的. Ⅱ *n*. 极线(图),极面,极性. *drag polar* 阻力曲线. *polar (chain) molecule* 有极(链)分子. *polar control* 极座标法控制. *polar coordinate* 极座标. *polar crystal* 极性晶体. *polar curve* 极座标曲线,(配)极(曲)线. *polar equation* 极(座标)方程(式). *polar front* 【气】极锋. *polar net* (金属结晶的立体)极座标投影法,极网(极)射(面)积仪. *polar planimeter* 定极求(面)积仪. *polar reciprocal* 极对演,配极. *polar tractrix* 螺形架牵线.

polari- 〔词头〕极.

polarim'eter [poulə'rimitə] *n*. 偏振计,偏光计,极化计,旋光计(仪). *stroboscope polarimeter* 频闪观测仪式偏振计.

polarimet'ric [poulæri'metrik] *a*. 测定偏振〔旋光,极化〕的.

polarim'etry [poulə'rimitri] *n*. 旋光测定(法),偏振测定(法),测极化(术),偏振面转动测量,用偏振光研究.

Polar'is [pou'læris] *n*. ①北极星 ②北极星(式导弹,

式核潜艇〕. *aurora polaris* 极光.

polar'iscope [pou'læriskoup] *n.* 偏振〔偏光、偏旋〕光镜,起偏振镜,偏振光器,光测偏振仪,偏光仪,旋光计. *plane polariscope* 平面偏振光镜. *polariscope tube* 偏振〔光〕镜管.

polariscopy *n.* 旋光镜检法.

polarise = polarize. **polarisa'tion** *n.*

polariser = polarizer.

polariton *n.* 极化〔电磁〕声子,偏振子.

polar'ity [pou'læriti] *n.* ①极(性,别,化),极性现象,偏光性,配极 ②正相反. *output polarity* 输出端〔信号〕极性. *polarity effect* 极化效应. *polarity indicator* 极性指示器. *polarity inverting amplifier* 倒相放大器. *polarity of picture signal* 视频〔图像〕信号极性. *polarity of transformer* 变压器绕线方向. *polarity splitter* 分极器,极性分离器.

polarity-reversing switch (信号,电流,电压)极性转换〔反转〕开关.

Polarium *n.* 钯金合金(钯10～40%,铂少量,其余金).

polarizabil'ity [pouləraizə'biliti] *n.* 极化性〔率,强〕度.

po'larizable ['pouləraizəbl] *a.* 可极化的.

polariza'tion [pouləraiˈzeiʃən] *n.* ①极化(强度,作用),两极分化 ②配极变换 ③偏振,光,置,化,偏振化作用 ④(印刷电路板)定位. *angle of polarization* 偏振角. *elliptic polarization* 椭圆偏振. *molecular polarization* 分子极化(作用). *polarization analyzer* 检偏振(光)镜,偏振光分析仪,极化分析器. *polarization cell* 极化电池. *polarization microscope* 偏光显微镜. *polarization photometer* 偏光光度计. *polarization switch* 变极点火开关,极化〔转换〕开关. *variable receiver polarization* 可变极化.

po'larize ['pouləraiz] *v.* (使)极化,(使)偏振(化),(使)两极分化. *polarizing angle* 起偏振角. *polarizing coil* 极化线圈. *polarizing filter* 极化滤波器. *polarizing operator* 配极算子. *polarizing prism* 起偏镜〔棱〕镜.

po'larized *a.* 极化的,偏振的. *polarized ammeter* 极化安培计. *polarized light* 极化光,偏振光. *polarized light analog* 偏振光模拟. *polarized return-to-zero recording* 极化归零记录. *polarized secondary clock* 有极〔极化〕子钟.

po'larizer ['pouləraizə] *n.* (起)偏振镜〔器〕,(起)偏光镜,极化镜〔器〕,起偏器〔镜〕,偏振滤片.

polarogram *n.* 极谱(图).

polar'ograph [pə'lærəgræf] *n.* 极谱(仪,记录器),旋光计,方形波偏振图.

polarograph'ic [pouləærə'græfik] *a.* 极谱(法)的. *polarographic analysis* 极谱〔化〕分析(法).

polarog'raphy [poulə'rɔgrəfi] *n.* 极谱(分析)法,极谱分析.

po'laroid ['pouləroid] *n.* (人造)偏振片,即显胶片〔胶卷〕,(人造)偏振板,起偏振片. *polaroid analyzer* (偏振片式)检偏振器,偏振〔极化〕分析器. *Polaroid camera* 波拉罗伊德(即显胶片)照相机(一种在拍照后立即可以冲洗的照相机). *polaroid polarizer* 偏振镜,人造起偏振镜,极化镜. *polaroid sector* 扇形偏振片.

po'laron ['pouləron] *n.* 极化粒子,偏振子.

polar'oscope *n.* 偏振光镜.

polarotaxis *n.* 趋偏光性.

polar-sensitive *a.* 极向灵敏的,对电流方向灵敏的,极化的.

polaxis *n.* 极轴.

pol'der ['pɔldə] *n.* 围圩,圩田,围垦的低地,围海造田.

pole [poul] Ⅰ *n.* ①(磁,电,地,天)极,极〔顶〕点,(相反的两个)极端之一 ②杆,竿,棒,桩,柱,杉篙 ③(集)电杆,花园测量杆,帐篷的支柱 ④(长度单位,=5.5码) ⑤齐腐高处直径为4～12英寸的树 ⑥【冶】插桐(作业),插青,(青木)还原(除气). Ⅱ *v.* ①(用杆)支撑,立杆,架线路,(用篙)撑(船) ②【冶】插桐〔青〕,(青木)还原(除气),(练锅)吹气. *aerial pole* 架空杆,天线杆. *celestial pole* 天(球)极. *center pole* 中央柱. *double-pole* 双极(开关,刀)的. *double pole single throw* 双刀单掷开关. *elevated pole* (上)天极. *gin pole* 起重棍杆. *girder pole* 格状棍杆. *green pole* 新鲜(砍伐的树树(铜火法精炼插树作业). *like pole* 同性磁极. *multi-order pole* 多阶极点. *n-fold pole* n 阶极点. *North Pole* 北极. *pole bracket* 悬管,撑架,支架. *pole changer* 换流〔极〕器,换〔转〕向开关. *pole changing motor* 变极电动机. *pole core* 磁极铁芯. *pole dolly* 辘车. *pole float* 长杆浮标,浮标灯. *pole indicator* 极性指示器. *pole line* 电杆线,架空电线. *pole of a circle* 圆的极点. *pole piece* 极靴(部),磁极片. *pole position* 有利的位置. *pole span* 杆挡〔距〕. *pole step* 上杆脚板〔钉〕. *pole strength* (磁)极强(度). *pole switch* 杆上〔极柱式,架空安装〕开关. *pole tester* 电杆试验器. *pole tough pitch* 火精铜插树精炼铜. *pole transformer* 架鲜式〔杆上安装〕变压器. *pole vault*〔jump〕撑竿跳. *pole with strut* 双撑杆. *positive pole* 正(阳)极. *test pole* 试线杆. ▲ *poles apart* 截然相反,南辕北辙. *up the pole* 处于困境,进退两难.

Pole [poul] *n.* 波兰人.

pole-arm *n.* 线担.

polectron *n.* 聚乙烯咔唑树脂.

poled *a.* 连接的,接入的,已接通的.

pole-face *n.* 极面(端).

pole-footing *n.* 杆根.

pole-hook *n.* 杆钩.

pole'less ['poulis] *a.* 无极的,无电杆的. *poleless transposition* 无(电)杆交叉.

polem'ic [pɔ'lemik] Ⅰ *n.* 争〔辩〕论,论战,攻击,驳斥. Ⅱ *a.* (爱)争论的.

polemical *a.* = polemic. ~**ly** *ad.*

polem'ic)ize *vi.* 争论,反驳.

pole-mounted *a.* 安装在电杆上的.

pole-piece, pole-shoe *n.* 极靴(部),磁极片.

pole-pitch *n.* 磁极距.

pole-star ['poulsta:] *n.* ①【天】北极星,极球 ②目标,指导原理〔则〕,有吸引力的中心.

polhode *n.* 本体极迹.

polianite *n.* 勋锰矿 MnO_2.

police [pə'liːs] I *n.* 警察(队,当局),治〔公〕安. II *vt.* ①维持治安,警备 ②统治,管辖,控制,监督执行 ③修正,(陀螺仪的)校正. *compass police* 罗盘〔磁性〕校正. *police post* 派出所. *police station* 警察(分)局. *policing method* 管理办法.

police'man [pə'liːsmən] *n.* ①警察 ②【化】锭帚.

policlin'ic [pɔli'klinik] *n.* 门诊部.

pol'icy ['pɔlisi] *n.* ①政策,策略,方针〔法〕②政治(形态) ③保险单,保险证卷,凭单. *a good policy* 一个好办法. *educational policy* 教育方针. *floating policy* 总保(险)单. *for reasons of policy* 出于策略上的原因. *foreign policy* 对外政策. *marine insurance policy* 海上保险单. *policy making* 政策的制定. *policy space* 策略空间. *the U. S. China policy* 美国的对华政策. *time policy* 定期保险单. *valued policy* 定值保险. *voyage policy* 航行保险单.

policy-maker *n.* 决策者,决策人物.

po'ling ['pəuliŋ] *n.* ①支撑 ②立杆,架线路 ③【冶】插树(青木)还原(除气),插青,利用木棒干馏气体进行搅动,(炼镉)吹气 ④调整电极,成极. *operation of poling* 插树作业,铜火法精炼还原阶段. *over poling* 过度还原,插树过度. *poling board* 电缆沟的壁板,撑板. *poling board method* (*of tunnelling*) 插板(开凿隧道)法. *poling down* 【冶】插树还原.

poliomyelit'ic *a.* 脊髓灰质炎的.

poliomyeli'tis *n.* 脊髓灰质炎,小儿麻痹症.

poliovi'rus *n.* 脊髓灰质炎病毒.

Po'lish ['pəuliʃ] I *a.* 波兰(人)的. II *n.* 波兰语. *Polish bond* 波兰式砌合.

pol'ish ['pɔliʃ] *v. ; n.* ①磨〔抛,擦,打〕光,研〔磨〕擦〔发〕亮,精加工,优美(化),光泽 ②抛光〔擦亮〕剂,擦光油〔物〕,磨料 ③擦光漆,真胶清漆,泡立水. *body polish* 车身擦光,车身抛光(剂). *dipping polish* 浸渍抛光. *dull polish* 磨砂. *metal polish* 金属抛光(剂),磨料. *polish resistant aggregate* 防滑〔抗磨光〕集料. *polished concrete pavement* 磨光的混凝土路面. *polished surface* 抛光面,精加工表面. *polished to a mirror finish* 镜面光泽. *press polish* 高度光泽. *press polished* 高度抛光的. *smooth polish* 细磨光. ▲ *give a good polish to* 把…好好擦一擦. *polish off* 很快结束,草草了事. *polish up* 完成,修饰,改良.

ol'isher *n.* ①抛光〔打磨〕工 ②抛光机〔剂〕,磨〔擦〕光器 ③(水处理)终端过滤器. *body polisher* 车身擦〔抛〕光工具.

ol'ishing *n.* 磨〔擦,打〕光,磨料. *chemical polishing* 化学抛光,化学光泽处理. *electrolytic polishing* 电解治光〔抛光〕. *polishing lathe* 抛〔擦,磨〕光机. *polishing pond* 洁净塘. *polishing wax* 擦车蜡.

olit'buro [pə'litbjuərou] *n.* ①政治局 ②决策机构.

olite [pə'lait] *a.* 有礼貌的.

ol'itic ['pɔlitik] *a.* 精明的,有策略的,审慎的,得当的.

olit'ical [pə'litikəl] *a.* 政治(上)的,政治学(上)的. *correct political point of view* 正确的政治观点. *political affairs* 政事. *political line* 政治路线. *political party* 政党. *political power* 政权.

polit'icalize [pə'litikəlaiz] *vt.* 使具有政治性,使带政治色彩. **politicaliza'tion** *n.*

polit'ically [pə'litikəli] *ad.* ①政治上 ②精明地. *become politically conscious* 有了政治觉悟.

politician [pɔli'tiʃən] *n.* ①政治家 ②政客.

polit'icize [pə'litisaiz] *v.* ①使具有政治性,从政治角度讨论 ②谈论政治. **politiciza'tion** *n.*

pol'itick *v.* 从事竞选〔拉选票〕等政治活动.

polit'ico *n.* 政客.

politico-economic(al) *a.* 政治经济的.

pol'itics ['pɔlitiks] *n.* ①政治(学,活动,生活,问题) ②政纲,策略,政治观点. *lunar politics* 空论,不切实际的问题. *play politics* 玩弄权术,耍阴谋诡计.

politure *n.* 抛光,光泽.

pol'ity ['pɔliti] *n.* ①政治形态,政体 ②政治〔国家〕组织.

polje *n.* 灰岩盆地,喀斯特地形区大洼地.

polka dot 圆点花纹.

polka-dot method (圆)点光栅法.

poll [pəul] I *n.* ①人(数),人头(税) ②选举投票,投票数(处,结果) ③民意测验 ④(锤的)宽平端 ⑤ [pl] 普通学位. II *v.* ①投票 ②【计】登记(挂号)通讯,转〔换〕态,终端设备定时询问,查询 ③(得到〔票数〕) ④对…进行民意测验 ⑤剪去〔截去〕…的毛〔发,角,顶部枝梢〕.

pol'lack ['pɔlək] (pl. *pol'lack*(*s*)) *n.* 绿鳕.

pol'lard *n.* 无顶〔截头〕树,去角动物.

pol'len ['pɔlin] *n.*【植】花粉.

pollen-antigen *n.* 花粉抗原.

pol'linate *vt.* 授粉(给).

pol'linator *n.* 授花粉器.

poll'ing *n.* 【计】登记,转〔换〕态过程,终端设备定时询问,叫站,轮询.

Pollopas *n.* 脲醛树脂.

poll'ster ['pəulstə] 或 **poll'taker** ['pəulteikə] *n.* 民意测验(调查)者.

pollucite *n.* 艳榴石.

pollu'tant [pə'ljuːtənt] I *n.* 污染物(质),污染剂,散布污染物质者. II *a.* 污染的. *industrial pollutants* 工业污染物质. *pollutant emission* 污染发散物. *pollutant substance* 污染物质. *toxic pollutants* 含毒性的污染物质.

pollute' [pə'luːt] *vt.* 弄脏,污染,沾污,败坏.

pollu'ted *a.* 被污染〔沾污〕的.

pollu'ter [pə'ljuːtə] *n.* 污染者,污染物质.

pollu'tion [pə'ljuːʃən] *n.* 污染,沾污,弄脏,腐败,公害,浑浊. *atmospheric pollution* 大气污染(浑浊).

pollu'tional *a.* 污染的.

pollution-free *a.* 无污染的.

pollutive *a.* 造成污染的.

pol'lux *n.* 艳榴石.

po'lo ['pəulou] *n.* 马球,水球.

polocyte *n.* 极细胞,极体.

polol'ogy *n.* 定极学,辐射到矩阵根点残数的确定.

polo'nium [pə'louniəm] *n.*【化】钋 Po.

Polros *n.* 聚合松香的一种(商品名).

poly ['pɔli] n. 多,聚,复. *poly cell approach* 多单元法,多元近似法. *poly domain* 多圆域. *poly light* 多灯丝灯泡. *poly water* 多聚水.

POLY =polyethylene 聚乙烯.

poly- [词头] n. 多,聚,重,复.

poly 4-methylpentene-1 聚 4-甲基戊烯-1.

polyacene n. 多并苯.

polyacetal n. 聚(缩)醛(树脂).

polyacetaldehyde n. 聚乙醛.

polyac'id Ⅰ n. 缩多酸,多元酸. Ⅱ a. 多酸的.

polyacrylamide n. 聚丙烯酰胺.

polyacrylate n. 聚丙烯酸酯.

polyacrylic resin 聚丙烯酸树脂.

polyacrylonitrile n. 聚丙烯腈.

polyad Ⅰ n. 多价物. Ⅱ a. 多价的.

polyaddition n. 加(成)聚(合)(作用).

poly-β-alanine n. 聚 β-氨基丙酸,耐纶-3,尼龙-3.

polyaldehydes n. 聚醛.

polyalkane n. 聚链烷.

polyalkene n. 聚链烯.

polyalkoxide n. 聚烷氧化物.

polyalkoxysilane n. 聚烷氧基硅烷.

polyalkylmethacrylate n. 聚甲基丙烯酸烷基酯.

polyallomer n. 聚异分体,聚异质同晶体.

polyamida'tion n. 聚酰胺化.

polyam'ide [pɔli'æmaid] n. 聚酰胺,尼龙. *polyamide resin* 聚酰胺树脂.

polyamide-imide n. 聚酰胺-酰亚胺.

polyamine n. 聚(酰)胺,多胺.

polyaminoester(s) n. 聚酰胺酯(类).

polyampholyte 或 **polyamphoteric electrolyte** 聚两性电解质.

polyan'dry n. 一雌多雄(配合),多雄.

poly(a)polymerase n. 多(聚)腺苷酸聚合酶.

polyaryl ether 聚芳基醚.

polyaryl sulfone 聚芳基砜.

polyarylate n. 多芳酯化合物.

polyase n. 多糖(聚合)酶.

polyatom'ic [pɔliə'tɔmik] a. ①多原子的,(有机)多元的 ②多碱的 ③多酸的. *polyatomic acid* 多元酸. *polyatomic alcohol* 多元醇. *polyatomic gas* 多原子气体. *polyatomic molecule* 多原子分子.

polyatron n. 多阳极计数(放电)管.

polyauxotroph n. 多重营养缺陷型.

pol'ybase n. 聚多碱,混合基. *polybase crude oil* 混合机石油.

polyba'sic [pɔli'beisik] a. ①多碱(价)的,多代的,多元的 ②多原子的(醇). *polybasic acid* 多(碱)价酸,多元酸.

polyba'site n. 硫锑银银矿.

polybenzimidazole n. 聚苯并咪唑.

polybenzothiozole n. 聚苯并噻唑.

polybenzoxadiazole n. 聚苯并噁二唑.

polybenzoxazole n. 聚苯并噁唑.

pol'yblend(s) n. 聚合(物)的混合物,共混聚合物,塑料橡胶混合物,高聚物共混体.

pol'ybond n. 聚硫橡胶粘合剂.

polybutadiene n. 聚丁二烯.

polybutene (oil) n. 聚丁烯(润滑油).

polybutylene n. =polybutene.

polycaprolactam n. 聚己(内)酰胺.

polycar'bonate n. 聚碳酸酯,多碳酸盐. *polycarbonate capacitor* 聚碳酸酯电容器.

polycen'ter(ed) a. 多(中)心的.

polycen'tric a. 多(中)心的,具有多着丝点的.

Polychaeta n. 多毛纲.

polychlor n. 聚氯.

polychlo'roprene [pɔli'klɔ(:)rəprin] n. 聚氯丁烯,氯丁橡胶. *polychloroprene rubber* 氯丁橡胶.

polychlorotrifluoroethylene n. 聚三氟氯乙烯.

polychres'tic [pɔli'krestik] a. 有多种用途〔意义〕的,多能的.

pol'ychroism ['pɔlikrouizm] n. 多色(现象),多向色性,各向异色散.

polychromasia n. 多染(色)性,多染(性)细胞增多.

polychro'mate [pɔli'kroumit] n. 多色物质.

polychromat'ic [pɔlikrə'mætik] a. 多色的.

polychromatism n. 多色性.

polychromator n. 多色仪.

pol'ychrome ['pɔlikroum] Ⅰ a. 多色(印刷)的,彩饰的. Ⅱ n. 多色(画),彩色(艺术品),彩像. Ⅲ vt. 彩饰. *polychrome television* 彩色电视.

polychromic a. 多色的.

pol'ychromy ['pɔlikroumi] n. 多色性,多色画法,彩饰法.

polycistron n. 多顺反子.

polycistronic messenger 多顺反子信使.

polycli'max n. 多极相(气候).

polyclin'ic [pɔli'klinik] n. 综合〔多科〕医院.

polycoag'ulant n. 凝聚剂.

polycom'plex n. 络聚剂.

polycomplexa'tion n. 络聚(作用).

polycom'pound n. 多组份化合物.

polycondensate n. 缩聚(产)物.

polycondensa'tion n. 缩聚(作用).

polyconic projection 多圆锥射影〔投影〕.

polycore cable 多心电缆.

polycrase 或 **polycrasite** n. 复稀金矿,锗铀钇矿石.

polycross n. 多系(多元)杂交.

polycrys'tal [pɔli'kristl] n. 多晶(体).

polycrys'talline [pɔli'kristəlain] a. 多(结)晶的,复晶的,多晶体的. *polycrystalline material* 多晶物质,多晶体.

polycrystallin'ity n. 多晶性,多晶结晶度.

pol'ycy n. 多旋回.

polycy'clic [pɔli'saiklik] a. 【化】多环的,多周的,多相的. *polycyclic compound* 多环化合物. *polycyclic group* 多循环群. *polycyclic hydrocarbon* 多环烃.

polycyclotrimeriza'tion n. 多环三聚(作用).

polycyl'inder n. 多柱面,多圆柱(体),多气缸.

polycyth(a)emia n. 红细胞增多症,放射性白血病.

polydichlorstyrene n. 聚二氯苯乙烯.

polydideuteroethylene n. 聚二氘乙烯.

polydiene n. 聚二烯.

polydirec'tional [pɔlidi'rekʃənl] a. 多(方)向(性)的. *polydirectional core loss* 多方向性铁损.

polydisperse a. 多分散(的),杂散的.

polydisper'sity [pɔlidis'pə:siti] n. 多分散性,聚合度

polydivinylbenzene n. 聚二乙烯基苯.
polydomain n. 【数】多畴.
polydynam'ic a. 多动态的.
polyedron n. 多面体.
polyelectrode n. 多电极.
polyelec'trolyte [ˌpɔliiˈlektroulait] n. 聚合〔高分子〕电解质.
polyelec'tron n. 多电子.
polyem'bryony n. 多胚性,多胚生殖〔现象〕.
polyenanthoamide n. 聚庚酰胺.
pol'yene ['pɔliːn] n. 多烯.
polyenerget'ic 或 polyer'gic a. 多能(量)的,非单色的. polyenergetic neutron radiation 多能量中子辐射.
polyenergid n. 多活质体.
polyenes n. 多烯类抗菌素.
polyen'ic a. 多烯的.
polyepihalohydrin n. 聚表卤代醇.
polyepoxide n. 聚环氧化物.
polyes'ter [ˌpɔliˈestə] n. 聚酯. polyester capacitor 聚酯电容器. polyester fibres 聚酯纤维. polyester film 聚酯软〔胶〕片. polyester resin 聚酯树脂.
polyes'teramide n. 聚酰胺酯.
pol'yesterifica'tion [ˌpɔliesterifiˈkeiʃən] n. 聚酯(化,作用).
polye'ther n. 聚(多)醚. polyether oil 聚醚(润滑)油.
polyeth'ylene [ˌpɔliˈeθiliin] n. 聚乙烯. branched polyethylene 支链聚乙烯. polyethylene glycol 聚乙二醇,聚乙二醚. polyethylene insulated cable 聚乙烯绝缘电缆. polyethylene oil 聚乙烯(润滑)油.
polyethylenediaminecel'lulose n. 聚乙二胺纤维素.
polyethyleneglycol n. 聚乙二醚.
polyfil'la [ˌpɔliˈfilə] n. 一种赛璐珞填缝料.
pol'yflon n. 聚四氟乙烯(合成)树脂.
polyfluor(in)ated a. 多氟化的.
polyfluoroacrylate n. 聚氟代丙烯酸酯.
polyfluoro(hydro)carbon n. 多氟烃.
pol'yfoam n. 泡沫塑料.
pol'yform v. 聚合脱氢.
polyformal'dehyde n. 聚甲醛.
polyfunc'tional [ˌpɔliˈfʌŋkʃənl] a. 多官〔功〕能(团)的,多机能的,多作用的,多函数的,多重(性)的. polyfunctional catalyst 多重性催化剂. polyfunctional exchanger 多功能团交换剂.
polyfunctional'ity n. 多官能度.
polyfur'nace n. 聚合炉.
polygalacturonase n. 多聚半乳糖醛酸酶.
polygalite n. 远志糖醇.
polyg'amous flower n. 单性与两性花共存.
polyg'amy n. 杂交式,多配性,一雄多雌.
polygas n. 聚合汽油.
pol'ygen n. 多种价元素.
polygene n. 多基因的.
polygen'esis n. 多元发生.
polygenet'ic a. 多元(发生)的,多源的,多种物质构成的.
polygeosyncline n. 复地槽.
pol'yglass' n. 苯乙烯玻璃〔塑料〕.

pol'yglot ['pɔliglɔt] I a. 数种语言(对照)的,通晓数种语言的(人). II n. 用多种〔国〕语言写成的书,多种文字对照的书. ~ous 或 ~tal 或 ~tic a.
polyglucosans n. 聚葡萄糖胶.
polyglyc'erine n. 甘油聚合物.
polyglycerol n. 聚甘油.
polyglycine n. 多聚甘氨酸.
polyglycol n. 聚(乙)二醇(一缩二乙二醇的商品名).
pol'ygon ['pɔligən] n. (平面)多边〔角〕形,封闭折线,(测量)导线,多面(棱)体,多边形土. closed vortex polygon 涡流多边形. funicular polygon 【力】索多边形. polygon lathe 多边形仿形车床,非圆仿形车床. polygon method 折线法. polygon milling attachment 多边形铣削附件. polygon mirror 多角镜(十二边光学角度器),光学多面体. pol'ygon of forces 力多边形. prism polygon 多角棱镜.
polyg'onal [pɔˈligənl] a. 多边〔角〕形的. polygonal angle 导线角. polygonal coil 多角形线圈. polygonal curve 多角曲线. polygonal function 折线〔多角形〕函数. polygonal ground 地面龟裂. polygonal line 折线. polygonal masonry 多角石(砌)圬工. polygonal topchord 多边形上弦杆. polygonal truss 折弦〔多边形〕桁架.
polygoneu'tic a. 多产的.
polygonic function 多角函数.
polygoniza'tion n. 多边形化,多边〔角〕化.
polygonom'etry n. 多角形几何学.
pol'ygram n. 多字母(组合),多能记录图.
pol'ygraph ['pɔligrɑːf] n. ①复写器 ②多路描记器,多道生理仪,多能气象〔记录〕仪,多种波动描记器,测谎器 ③论集,著作集 ④多产作家. ~y n.
polygraph'ic(al) a. 复写的.
polyg'yny n. (一雄)多雌配合.
polyhalide n. 多卤化物.
polyhead n. (噬菌体)聚合头部.
pol'yhedra ['pɔliˈhedrə] polyhedron 的复数.
pol'yhed'ral ['pɔliˈhedrəl] 或 polyhed'ric(al) [ˌpɔliˈhedrik(əl)] a. 多面(体,角)的. polyhedral angle 多面〔立体〕角. polyhedral function 多面体函数.
polyhedroid n. 多胞形.
polyhedroidral angle 多胞角.
polyhedrom'etry n. 多面测定法.
pol'yhed'ron ['pɔliˈhedrən] (pl. pol'yhed'ra 或 pol'yhed'rons) n. ①多面体 ②可剖分空间. one-sided polyhedron 单侧多面体. regular polyhedron 正则多面体. stacking fault polyhedra 堆垛层错多面体.
polyhis'tor [ˌpɔliˈhistɔː] n. 博学的人.
polyhomoe'ity n. 多均匀性.
polyhy'brid n. 多混合(电路,波导联接).
polyhy'drate n. 多水合物.
polyhydrazide n. 聚酰肼.
polyhy'dric a. 多羟(基)的. polyhydric alcohol 多元醇. polyhydric ether 聚羟基醚. polyhydric phenol 多元酚.
polyhydrone n. 多聚水$(H_2O)n$.
polyimidazopyrolone n. 聚咪唑并吡咯酮.

polyimide n. 聚酰亚胺.
pol'yion ['pɔliaiən] n. 聚(多)离子,高分子量离子.
pol'yiron n. 多晶形铁,树脂鞣基铁粉.
polyisobutene n. 聚异丁烯.
polyisobu'tylene n. 聚异丁[乙]烯. *polyisobutylene rubber* 聚异丁烯橡胶.
polyi'soprene [pɔli'aisəupri:n] n. 聚异戊二烯.
polylam'inate a. 多层的.
polylat'eral a. 多边[角]形的.
polylep'tic a. 多次复发的.
pol'ylight n. 多灯丝灯泡.
polylithia'tion n. 聚锂化(作用).
polylol n. 多元醇.
polylysogen n. 聚合溶原体.
pol'ymath ['pɔliməθ] = polyhistor.
pol'ymer ['pɔlimə] n. 聚合物[体],多[复]聚物. *condensation polymer* 缩(合)聚(合)物. *C-polymer* 缩聚物. *cross-linked polymer* 交联聚合物. *high polymer* 高(分子)聚(合)物. *low polymer* 低聚物. *polymer gasoline* 聚合汽油. *polymer-variable condenser* 有机(薄膜)可变电容器. *thermosetting polymer* 热固性聚合物.
polymer-analogue n. 聚合物系类.
pol'ymerase ['pɔliməreis] n. 聚合酶,多聚酶.
polymer-homologue n. 同系聚合物.
polymer'ic [pɔli'merik] a. 聚合(物)的. *polymeric based material* 聚合基材料. *polymeric 2-chlorobutadiene* 聚氯丁(二)烯,氯丁橡胶(=polychloroprene, neoprene).
polym'erid [pɔ'limərid] n. 聚合物[体].
polym'eride [pɔ'liməraid] n. =polymer.
polymerisate n. 聚合产物.
polymerise = polymerize. **polymerisa'tion** n.
polym'erism [pɔ'limərizm] n. 聚合(现象).
polymer-isomer n. 聚合物(同分)异构体.
polymer-isomeric a.
polymeriza'tion [pɔliməraiˈzeiʃən] n. 聚合(作用,反应). *bead [pearl] polymerization* 成珠聚合. *condensation polymerization* 缩聚合(作用). *ionic polymerization* 离子(引发)聚合. *mass polymerization* 本体聚合法,大块聚合法. *polymerization degree* 聚合度.
pol'ymerize ['pɔliməraiz] v. (使)聚合. *polymerized filter* 聚合物滤色器. *polymerized substance* 聚合物.
pol'ymerizer n. 聚合剂[器].
pol'ymerous a. 聚合状的.
polymetamor'phism n. 多相变质.
pol'ymeter ['pɔlimitə] n. ①复式物性计,多能测定计,多测计(联合量测二种以上物理性质所用的装置) ②(毛发,多能)湿度计,温湿表,多能气象仪.
polymethacrylate n. 聚甲基丙烯酸酯.
polymethacrylic acid 聚甲基丙烯酸.
polymethine n. 聚甲炔.
polymeth'ylene [pɔli'meθili:n] n. 聚甲烯[撑],环烷烃,聚亚甲基.
polymethylen'ic a. 聚甲烯的.
polymethylmethacrylate n. 聚甲基丙烯酸甲酯,有机玻璃.
polymicrobial a. 多种微生物的.
polymict n. 复矿碎屑岩.
polymignite n. 铌铈钛锆矿.
polymolec'ular [pɔlimou'lekjulə] a. 多分子的.
polymolecular'ity n. 多分子性,高分散性.
pol'ymorph ['pɔlimɔ:f] n. 多晶型物,(同质)多形物[体],多形核白细胞.
polymor'phic a. 多晶[型]的,多形(性,态)的,多种组合形式的.
polymor'phism [pɔli'mɔ:fizəm] n. (同质)多晶型(现象),多形(性)(现象),同素异构,同质异相,多形(变)态.
polymor'phous [pɔli'mɔ:fəs] a. 多晶型的,多形的.
polymorphy n. 多晶型现象.
polymyxin n. 多粘菌素.
polynary a. 多元的. *polynary system* 多元系.
Polyne'sia [pɔli'ni:zjə] n. 波利尼西亚(群岛). ~n a.
polyneuri'tis n. 多发性神经炎.
polynia = polynya.
pol'ynome n. 多项式.
polyno'mial [pɔli'noumjəl] n. ; a. 多项式(的). *confluent interpolation polynomial* 汇合内插多项式. *polynomial computer* 多项式计算机. *polynomial expression* 多项式. *polynomial ideal* 多项式理想. *polynomial in several elements* 多元多项式. *second order polynomial* 二阶多项式.
polyno'sic [pɔli'nousik] n. 高湿模量粘胶纤维.
polynu'clear [pɔli'nju:kliə] a. 多核[环]的.
polynu'cleate a. 多核的.
polynucleotidase n. 多核苷酸酶.
polynucleotide n. 多(聚)核苷酸.
polyn'ya [pɔ'liniə] n. 冰隙[穴],海面未结冰处,冰前沼.
polyol n. 多元醇.
polyolefin(e) n. 聚烯烃. *polyolefins* 聚烯烃类. *polyolefine resin* 聚烯烃树脂.
polyol(s) 或 **polylol** n. 多元醇.
polyoma n. 多瘤(病毒).
polyon'ymous [pɔli'ɔniməs] a. 多名的,有好几个名称的.
polyo'pia n. 视物显多症,多(幻)视症.
polyorganosiloxane n. 聚硅氧烷.
polyose n. 多糖类.
polyoxamide n. 聚乙二酰胺.
polyoxins n. 多氧菌素.
polyoxy n. 聚氧.
polyoxybutylene n. 聚氧化丁烯.
polyoxymethylene n. 聚氧化甲撑,聚甲醛.
pol'yp ['pɔlip] n. 珊瑚虫,水螅体,息肉.
polypedon n. 土壤群体,集合土体.
polypentanamer n. 聚戊烯(橡胶).
polypep'tide [pɔli'peptaid] 多肽,缩多氨酸.
polyperox'ide [pɔlipə(:)'rɔksaid] n. 聚过氧化物.
polyphagous a. 多食性的.
polyphagy n. 多主寄生性,多噬性.
pol'yphase ['pɔlifeiz] a. ; n. 多相(的). *polyphase alternator* 多相(交流)发电机. *polyphase circuit* 多

相电路. *polyphase converter* 多相换流机. *polyphase induction motor* 多相感应电动机.
polyphasecurrent n. 多相电流.
polyphe′nol [ˌpɔliˈfiːnɔl] n. 多酚.
polyphenylene n. 聚苯撑. *polyphenylene ethyl* 聚出二甲苯,聚乙基苯,聚对苯撑二甲苯. *polyphenylene oxide* 聚苯撑氧. *polyphenylene sulphide* 聚苯撑硫.
polyphenylether n. 聚苯醚.
pol′yphone [ˈpɔlifoun] n. 多音字母〔符号〕,百音盒.
polyphon′ic 或 **polyph′onous** a. ①多音的,有几多声音的,有多种发音的 ②复调的,对位(法)的
polyph′ony n. 多音,对位法,复旋律性.
polyphosphate n. 聚磷酸盐〔酯〕.
polyphyletic a. 多元的,多源的.
polyphy′letist [pɔliˈfailetist] n. 多元论者.
polypla′nar [ˌpɔliˈpleinə] a. 多晶平面〔工艺〕.
pol′yplane [ˈpɔliplein] n. 多翼飞机.
pol′yplant n. 聚合装置.
polyplex′er n. 天线互换器,天线收发转换开关.
pol′yploid n. 多倍体.
polyploidy n. 多倍性〔态〕.
polypolar′ity n. 多极性.
polypor′ous a. 多孔的.
polypro′pylene [ˌpɔliˈproupiliːn] n. 聚丙烯. *polypropylene condenser* 聚丙烯电容器.
polyprotonic acid 多元酸.
polyptych′ial n. 多〔复〕层的.
polypyrazine n. 聚吡嗪.
polyquinoxaline n. 聚喹噁啉.
polyrad′ical n. 聚合基.
polyribosome n. 多核(糖核)蛋白体,多核糖体.
polyrod antenna 介质天线(聚苯乙烯棒状辐射元).
polysaccharidase n.
polysac′charide [ˌpɔliˈsækəraid] 或 **polysac′charose** [ˌpɔliˈsækərəus] n. 多糖,(高)聚糖.
pol′ysalt n. 聚(合)盐.
polysaprobic a. 重污水的,多污水腐生的.
polysemantic dictionary 多义词词典.
polyse′mous [ˌpɔliˈsiːməs] a. 多义的,有多种解释的.
pol′ysemy [ˈpɔlisimi] n. 多义性,一词多义,有多种解释.
pol′yset n. 聚酯树脂(商品名).
pol′ysheath n. (噬菌体)聚合尾鞘.
polysil′icate n. 多硅酸盐.
polysil′icon [ˌpɔliˈsilikən] n. 多晶硅.
polysil′icone n. 有机硅聚合物.
polysiloxane, n. 聚硅氧烷.
polysilsesquioxane n. 聚倍半硅氧烷.
pol′ysleeve n. 多路的,多信道的.
pol′yslip n. 复滑移,几乎平面滑移.
polyslot winding 多槽绕组.
pol′ysoap n. 高分子表面活性剂.
pol′ysome n. 多核(糖核)蛋白体,多核糖体.
pol′yspast n. 滑车组,多滑车.
pol′yspeed n. 多种速度的,均匀调节速度的.
polyspermy n. 精入卵.
polysphyg′mograph n. 多导脉波描记器.
polystenobaric a. 狭强压性的.
polystenobath a. 狭深水性的.
polystenohaline I n. 狭多盐生物. II a. 狭多盐的.
polyster n. 聚酯.
pol′ystyle [ˈpɔlistail] I n. 多柱式(建筑). II a. 多柱的.
polysty′rene [ˌpɔliˈstaiəriːn] n. 聚苯乙烯(高频绝缘材料). *polystyrene film capacitor* 聚苯乙烯(薄膜)电容器.
polystyrene-sulfonic acid type cationite 聚苯乙烯磺酸型阳离子交换剂,磺化聚苯乙烯阳离子交换树脂.
polystyrol n. 聚苯乙烯(高频绝缘材料).
polysul′fide 或 **polysul′phide** [ˌpɔliˈsʌlfaid] n. 聚硫化物,多硫化合物. *polysulfide rubber* 聚硫〔化〕橡胶. *sodium polysulfide* 多硫化钠.
polysul′fone 或 **polysul′phone** n. 聚砜.
pol′ysyllab′ic [ˌpɔlisiˈlæbik] a. 多音节的. ~ally ad.
pol′ysyllable [ˈpɔlisiləbl] n. 多音节词.
polysyn′thesis 或 **polysyn′thetism** n. 多数〔高级,多词素〕综合. **polysynthet′ic** a.
polytech′nic [ˌpɔliˈteknik] I a. 各〔多〕种工艺的,多种科技的. II n. 综合性工艺学校,工业学校〔大学〕. *polytechnic college* 工业大学. *polytechnic exhibition* 工艺展览会. *polytechnic school* 工艺〔科技〕学校.
polytech′nical a. =polytechnic.
polytene I n. 聚乙烯(纤维),多线染色体. II a. 多线的.
polyterpene n. 多萜(烯).
polytetrafluoroethylene n. 聚四氟乙烯. *polytetrafluoroethylene capacitor* 聚四氟乙烯电容器.
pol′ythene [ˈpɔliθiːn] n. 聚乙烯(高频电缆绝缘材料).
pol′ytherm n. 暖狭温动物,暖狭温群.
polyther′mal a. 多种燃料的. *polythermal carrier* 多种燃料货船.
polythioester n. 聚硫酯.
polythioether n. 聚硫醚.
polythionate n. 连多硫酸盐 M_2SO_6.
polythiourea n. 聚硫脲.
polytocous a. 多产的,年年生果实的,多胎分娩多.
polytonal′ity n. 多调〔音〕性.
polytope n. 多面体,广阔分空间,多胞形.
polytopic a. 多处发生的.
polytrichate 或 **polytrichous** a. 多鞭毛的.
polytrifluorochloroethylene n. 聚三氟氯乙烯.
polytrifluoromonochloroethylene n. 聚三氟一氯乙烯.
pol′ytrope n. 多变〔元〕性,多变过程〔曲线〕. *polytrope efficiency* 多变效率. *polytrope index* 多变〔体积压缩〕指数.
polytrophic a. 广〔杂,多〕食性的.
polytrop′ic(al) [ˌpɔliˈtrɔpik(əl)] a. 多变〔方〕的. *polytropic exponent* 多变指数. *polytropic gas* 多方气体.
polytropism n. (同质)多晶(型)(现象).
pol′ytropy [ˈpɔlitrɔpi] n. 多变现象,多变性.
poly-tungstate n. 多钨酸盐.
pol′ytype n. 多型.
polytypic n. 多型体的.
pol′yunit n. 叠合装置.
polyurea fiber 聚脲纤维.
polyurethane n. 聚氨基甲酸(乙)酯,聚氨酯,聚亚胺

polyu′ria 酯. *polyurethane resin* 聚氨基甲酸(乙)酯树脂.
polyu′ria n. 多尿(症).
polyva′lence n. 多价.
polyva′lent [pɔli′veilənt] I a. 多价的. II n. 多价(染色)体.
polyvi′nyl [pɔli′vainil] n.; a. 聚乙烯(化合物)(的, 基). *polyvinyl acetal* 聚乙烯醇缩(乙)醛. *polyvinyl acetate* 聚乙酸乙烯酯. *polyvinyl alcohol* 聚乙烯醇. *polyvinyl butyral* 聚乙烯醇缩丁醛. *polyvinyl carbazole resin* 聚乙烯咔唑树脂. *polyvinyl chloride* 聚氯乙烯. *polyvinyl fluoride* 聚乙烯氟. *polyvinyl formal* 聚乙烯醇缩甲醛. *polyvinyl formal wire* 聚乙烯绝缘线. *polyvinyl formate* 聚甲酸乙烯酯. *polyvinyl resin* 聚乙烯(基类)树脂.
polyvinylene n. 聚乙烯撑, 聚次亚乙烯.
polyvinylether n. 聚乙烯醚.
polyvinylidene n. 聚乙烯二烯. *polyvinylidene chloride* 聚偏二氯乙烯. *polyvinylidene fluoride* 聚偏氟乙烯.
polyvinylpyrrolidone n. 聚乙烯吡咯烷酮.
pol′ywater n. 聚合(多元, 反常)水.
polyyne n. 聚炔烃.
Polyzo′a n. 苔藓虫纲.
pom [pɔm] I n. 砰的一声. II (*pommed*; *pom′ming*) vi. 发碎砰声.
pomade [-] n.; v. (用)润发脂(擦).
pome [pouɪn] n. 梨(仁)果.
pom′egranate n. 石榴.
pom′elin n. 柑桔球蛋白.
pom′elo [′pɔmilou] n. 柚, 文旦.
pomeron n. 【物】坡密子.
Pomet n. (极靴用)烧结纯铁, 纯铁粉烧结材料.
POMI = preliminary operating and maintenance instructions 预备操作与维修(维护)说明书.
pomiferin n. 橙桑黄酮.
pom′mel [′pʌml] I n. 球端, 圆头, 球饰, (铸压, 压出)柱塞, (马鞍)前柄. II (*pom′mel(l)ed*; *pom′mel(l)ing*) vt. 打, 击.
pomol′ogy [pou′mɔlədʒi] n. 果树(栽培)学.
pomp [pɔmp] n. 壮观, 壮丽, 浮华, 夸耀(示).
pom′pier [′pɔmpjə] n.; a. 救火梯, 救火(队)员(用的).
pom′pom [′pɔmpɔm] n. 大型(多管高射机)关炮.
pompos′ity [pɔm′pɔsiti] n. 浮夸, 自大, 摆架子.
pom′pous [′pɔmpəs] a. ①豪华的, 壮丽的, 盛大的 ②浮夸的, 自负的. ~ly ad.
POMS = panel on operational meteorological satellites 军用气象卫星上的控制板(仪表板).
′pon [pɔn] *prep.* = upon.
pon′ceau [pɔnsou] n. 深(朱, 丽春)红, 鲜红色(酸性朱)(染料), 丽春花.
poncelet n. 百千克米, 百公斤米. *Poncelet wheel* 下射曲叶水轮.
Pond. = *pondere* 按重量.
pond [pɔnd] I n. 池(沼), 塘, 蓄水池, 水库. II v. 堵水成池(back, up). *cooling pond* 冷却池. *pond area* 淹没地区. *retention pond* 澄清池. *spray pond* 喷淋(水)池. *storage pond* 贮藏池, 澄清槽.

pon′dage [′pɔndidʒ] n. (池沼, 水库)蓄水(量), 调节容量. *pondage factor* 调节系数. *pondage reservoir* 调节池(蓄水)池.
pon′der [′pɔndə] v. ①(仔细)考虑, 沉思(on, over) ②衡(估)量.
ponderabil′ity [pɔndərə′biliti] n. (重量)可称性, 有重量的, 有质性.
pon′derable [′pɔndərəbl] I a. ①可衡(估)量的, 能估计的 ②(重量)可称的, 有重量的. II n. (pl.) 可考虑的情况, 可估量的事物, 有重量的东西.
pon′deral a. 重量的.
pon′derance [′pɔndərəns] 或 **pon′derancy** [′pɔndərənsi] n. ①重量 ②重要, 严重.
pondera′tion n. 衡(估)量, 沉思.
pon′derator n. 有重量可称性.
ponder(o)motive force 有质动力. *electromagnetic ponder(o)motive force* 电磁有质动力.
ponderos′ity n. 可称性, 有重量性, 有质性.
pon′derous [′pɔndərəs] a. 笨(沉)重的, 冗长的.
pond′fish n. 池塘鱼.
pond′ing n. 积水(库), 拦坝, (挖池)蓄水, 坑洼, 人工池塘. *ponding method of curing* (混凝土)围水养护法.
pongee′ [pɔn′dʒi:] n.; a. 柞丝绸(的), 茧绸(的).
ponor n. 落水洞.
pons n. 脑桥.
Pontian stage (上新世)蓬蒂阶.
Pon′tic [′pɔntik] a. (关于)黑海的.
pontil n. (取熔融玻璃用的)铁杆.
pon′tium n. 深海群蕃.
pontlevis [pɔnt′levis] (法语) n. 吊桥.
pon′ton [′pɔntən] n. = pontoon.
pontoneer′ 或 **pontonier** [pɔntə′niə] n. 架设浮桥的人(工兵).
pontoon′ [pɔn′tu:n] I n. ①趸船, 起重机船 ②浮桥(船) ③浮筒(囊) ④潜水钟(箱), 沉箱 ⑤浮码头. II vt. 架浮桥于, 用浮桥渡河. *floating pontoon* 浮船(筒, 坞). *pontoon bridge* 浮桥. *pontoon crane* 水上起重机. *pontoon roof* 浮顶. *pontoon swing bridge* 开合浮桥, 旋浮桥. *wing tip pontoon* 翼梢浮筒.
po′ny [′pouni] I n. 矮种(小)马, 小型轧机中间机座. II a. 小(型)的, 矮的. *pony engine* 小火车头. *pony girder* 矮大梁. *pony roll* 筒子, 卷线管, 盘卷, 卷轴. *pony roll cutter* 切盘纸机. *pony rougher* 第二架粗轧机. *pony roughing pass* 初轧机. *pony truck* 小型转向架, 小车. *pony truss* 矮桁架. *pony wheel* 小轮, (裘生)的导轮.
pony-size a. 小型的, 小尺寸的.
POO = post-office order 邮政汇票.
pood [pu:d] n. 普特(苏联重量单位, =16.38kg).
pool [pu:l] I n. ①(水, 熔, 热溶, 游泳)池, (池)潭, 坑, 槽, 浴, 水道, 季节性水流 ②放置处, (储集)场, (基因, 代谢)库, 信道组 ③石油(天然气)层, 油田地带, 地段, (油气)藏(田) ④联合(企), 组合, 合伙 ⑤集中备用的物资令, 备用物资贮存处. II v. ①续簇, 联营, 合伙, 共享 ②集中控制 ③把...汇集起来 ④从(洼干时)开(楼眼), 挖眼 ⑤在...中形成潭(塘). *buffer pool* 【计】缓冲存储(器)组合, 数据存储区组合. *car pool* 几个人合乘一辆车. *data pool* 数据库

〔源〕. free core pools 【计】可用的主存储区. gold pool 黄金总库. grid pool tube 栅控汞弧整流管. lead pool 铅液池. molten pool 熔穴. pool car 合用(小)汽车. pool cathode 汞弧阴极,电弧放电液体阴极. pool conveyer 环形输送机. pool furnace 床炉,反射炉. pool level 壅水位. pool melt(ing) 浴熔. pool of mercury 水银槽. pool parking 合乘汽车停车处. pool the experiences 交流经验. pool the interests 合作. pool (together) efforts 通力合作. pooled sample 有意选择的事例. pooled variance 合并方差.

pool-cathode rectifier 汞弧(阴极)整流器.

poop [pu:p] I n. ①船尾(楼) ②情报材料,消息,〔有关的〕事实 busy 尖锐脉冲 ③喇叭声,啪啪声,炮声. II v. ①冲打(船尾) ②(使)疲乏,(使)筋疲力尽(out) ③发啪啪声. poop sheet (官方)书面声明,材料汇编.

poor [puə] a. ①贫穷的 ②贫瘠〔乏〕的,缺少的 ③粗〔低,拙〕劣的,不良〔好〕的,差的,劣质的 ④弱的,稀〔微〕薄的. poor concrete 贫〔少灰〕混凝土. poor conductor 不良导体. poor focus 不良聚焦. poor geometry 几何学的不良条件. poor growth 生长缓慢,发育不良 poor hand 生手. poor mixture 稀〔劣质〕混合物(气,油)混合物的. poor visibility 不良能见度(2000~4000m). poor work-manship 工程质量低劣,手艺低劣.

poor-compactibility n. 低成型性.

poor'ish ['puəriʃ] a. 不大好的,不大充分的.

poor'ly ['puəli] ad. 贫乏〔穷〕地,拙劣地,无结果地. poorly known 人们不熟悉〔知道〕的. poorly lighted 光线很暗的. poorly off 贫困的. think poorly of 认为…不好,不以为…好,低估.

poor'ness ['puənis] n. ①贫乏,不足(of) ②粗〔低〕劣.

pop [pɔp] I n.①(popped; pop'ping) v. ①发出(爆,拍,砰)声 ②爆裂声,爆〔鸣叫〕声 ②突然行动(出现,发生,提出) ③发射,弹射 ④间歇振荡 ⑤【计】上托,上推 ⑥【爆】〔咚咚〕响声,爆音〔点〕,回火逆燃,枪声,砰的一声 ⑦汽水 ⑧流行〔普及〕艺术. II ad. 突然,出其不意地,砰地(一声). IV a. 新潮的,通俗的,流行的,大众的. pop a question 突然提出质问. pop culture 流行〔普及〕文化. pop gate 雨淋式浇口,管状内〔笔形〕浇口. pop safety valve 紧急安全阀. pop valve 突放阀. ▲ pop down 突然放下. pop in 突然进入. pop off 匆匆而去,忽然离开〔不见〕. pop out 突然灭掉,突然伸〔跳〕出.

POP = printing-out paper (利用光照直接影印的)印相纸.

pop = population 人口〔数〕,总〔全〕体.

pop'corn n. 爆玉米花. popcorn polymer 端〔ω-〕米花状聚合物.

pop-cult n. 流行〔普及〕文化的.

POPI = post office position indicator 邮局位置指示器.

pop'lar ['pɔplə] n. 白杨(树),(白)杨木.

pop'lin ['pɔplin] n. 府绸,毛葛.

pop-off n. ①出气口,溢流冒口 ②(烘烤时)爆脱的搪瓷块. pop-off flask 可折〔可开,装配,铰链〕式砂箱.

POPOP = 1, 4-bis-[-2-(5-phenyloxazolyl)]-benzene 1,4-二[2-(5-苯基腭唑基)]苯.

pop'outs ['pɔpauts] n. 坑穴,气孔,火山口式陷坑.

pop'pet ['pɔpit] n. ①(提升阀的)提动头 ②(车床的)随转尾座(架) ③提动〔升〕阀,管〔圆盘〕阀,菌状活门〔气门〕④装轴台 ⑤托〔垫,支〕架. pilot poppet (液压)控制提升阀. poppet valve 提升〔动〕阀.

poppet-head n. (车床的)随转尾座.

pop'ping ['pɔpiŋ] I n. ①爆音〔裂〕,汽船声(收音机障碍),突然鸣叫(噪出,进入) ②间歇振荡. II a. ①凸出的 ②间歇的,阵发性的.

pop'ple [pɔpl] v.; n. ①流(波动,沉浮,忽沉忽浮,起泡沫 ②(沸水)起泡翻滚,汹涌.

pop'py ['pɔpi] n. ①芙蓉红,深红色 ②罂粟(花).

pop'ular ['pɔpjulə] a. ①大〔民〕众的,通俗的,民有的,一般的,普及〔广〕的,流行的 ②通用的 ③受欢迎的,有声望的. n. 通俗书报. popular books 通俗读物. popular edition 普及版[本]. popular electron microscope 普及型电子显微镜. popular science 大众科学. popular science readings 科普读物. ▲ be popular with 受…欢迎.

popular'ity [pɔpju'læriti] n. 通俗性,大众性,流行,普及,声望. win [enjoy] popularity 受欢迎.

pop'ularize ['pɔpjuləraiz] v. 使通俗化,推广,普及 ▲通俗化 popularization n.

pop'ularizer n. 普及〔推广〕者,普及〔通俗〕读物.

pop'ularly ['pɔpjuləli] ad. 一般,普遍地,通俗地.

pop'ulate ['pɔpjuleit] v. ①居住于,使人口聚居于,殖民于 ②繁殖,增加〔殖〕,(使)粒子数增加 ③填充,提供. be populated to 人口(粒子数)增加到. densely populated area 人口稠密区. populated area 居住区. populated country 居民地区.

popula'tion [pɔpju'leiʃən] n. ①人口(数),(全体)居民,集团 ②【数】(对像)总体,全体〔域〕③数目,总数,个数,存栏数,多数,(能级)布居,密度 ④集居〔占有,填满,粒子〕数 ⑤群,组,族,种(聚居)群,星族. parent population 【统计】母体. population explosion [boom] 人口骤增. population inversion 粒子数[集居数,占有数]反转. population mean 总体平均值. population of level 能级个数,能级填满数. population of parameters 参数群〔组,解〕. sampling population 抽样多数. total valence population 价电子总数. track population 径迹数.

pop'ulous ['pɔpjuləs] a. 人口稠密的,挤满的. ~ly ad.

pop'-up n. 弹跳[弹起]装置,发射,上托,暗冒口. pop-up indicator 机械指示器. silo pop-up 由地下井发射.

POR = purchase order request 定货[购]单要求.

Porapak n. 聚苯乙烯泡色谱固定相.

Porasil n. 多孔硅胶珠.

porc = porcelain.

porce'lain ['pɔ:slin] I n. 瓷(料,器,制品),陶瓷. II a. ①瓷(制)的 ②精美的 ③脆的,易碎的. dry-process porcelain 干制瓷料. high-frequency porcelain 高频(用)瓷料. porcelain bushing 瓷套管.

porcelain clay 瓷土,高岭土. *porcelain enamel* 搪瓷. *porcelain glaze* 瓷釉. *porcelain insulator* 陶瓷绝缘子,瓷绝缘体. *suspension porcelain* 瓷质悬挂隔电子.

porcelain-clad type circuit breaker 瓷绝缘子式断流器.

porce'lainous 或 **porcel(l)a'neous** 或 **porcel(l)an'ic** 或 **porcel'(l)anous** *a.* 瓷(器)的,像瓷的,瓷样的.

porch [pɔːtʃ] *n.* ①门〔走,游〕廊,门斤,入口处,大门内停车处 ②边(缘),(脉冲)边沿,黑电平肩. *back porch of pedestal* 同步脉冲后面的熄灭脉冲边沿. *back-back porch* (电视同步信号)后ض区,水平同步信号后延时间. *front porch* 前沿.

porched *a.* 有门廊的.

pore [pɔː] Ⅰ *n.* 细,毛,微,气,管]孔,孔[间]隙,缝. Ⅱ *v.* ①注(凝)视(over) ②钻研,熟读(over) ③深入思考,熟虑(on,upon,at) ④因凝视过度而使…疲劳(out). *communicating pore* 连通孔. *interlocking pore* 连通(互联)孔. *pore pressure* 孔隙(水)压力. *pore pressure gauge* 孔隙水压力计. *pore ratio pressure curve* 压缩曲线(孔隙比与压力关系曲线). *pore space* 孔(隙). *pore water* 孔隙水.

pore-creating *n.* 造孔.

pored *a.* 有孔的.

pore'filling *n.* 填孔.

pore-forming material 造孔剂.

pore-solids ratio 孔隙(固体)比.

porfiromycin *n.* 甲胺丝裂霉素.

Porif'era *n.* 多孔动物门(海绵动物).

poriferasterol *n.* 多孔甾醇.

po'riform *a.* 毛孔状的.

po'riness *n.* 多孔性,孔隙率,疏松性.

po'rism ['pɔːrizm] *n.* (希腊几何)系,系论,不定命题定理.

poristic system of circles 圆的内接外切系.

pork [pɔːk] *n.* 猪肉.

por'odine *n.* 胶状岩.

por'odite ['pɔːrədait] *n.* 变质碎屑喷出岩类.

poromaster process 微孔塑料薄膜制造法.

poroplas'tic [pɔːrou'plæstik] *a.* 多孔而可塑的,多孔塑性(体)的.

porosim'eter *n.* 孔率计[度,仪,性]计.

porosint *n.* 多孔材料.

poros'ity [pɔː'rɔsiti] *n.* ①多孔性 ②孔隙率〔度,性〕,孔率度,孔积率,气孔率,(疏)松度,缩松 ③孔(隙,密集)气,松孔,砂眼 ④多孔部分 ⑤多孔能让入的东西. *accessible porosity* 外通孔. *active porosity* 有效孔隙. *effective porosity* 有效空隙率. *general [total] porosity* 总孔隙度. *green porosity* 生〔湿〕孔隙度. *isotropic porosity* 无向孔隙. *porosity apparatus* 孔率仪. *porosity ratio* 孔隙比. *porosity test* 吸潮试验. *porosity tester* 孔率检验器,气孔度测验仪. *primary porosity* 原生孔隙.

po'rous ['pɔːrəs] *a.* ①多孔的,疏松的,似海绵状的,有(气)孔的 ②能渗透的,可透水的 ③素烧(瓷)的,疏松的素烧体. *porous cell* [pot]素烧瓶. *porous ceramics* 多孔性陶瓷. *porous plate* 多孔板,素烧板. *porous stone* 透水[多孔]石. *porous wall* 多

孔壁. ~**ly** *ad.*

porous-concrete pipe 多孔混凝土管.

porous-free *a.* 无孔的.

porousmetal *n.* 多孔金属.

porousness =porosity.

porphin(**e**) *n.* 卟吩.

porphobilinogen *n.* 胆色素原,3-丙酸基-4-乙酸基-5-氨甲基吡咯.

porphyre *n.* 斑岩.

por'phyrin(**e**) ['pɔːfirin] *n.* 【化】卟啉.

porphyrin-ferrochelatase *n.* 卟啉亚铁螯合酶.

porphyrinogen *n.* 卟啉原,还原卟啉.

porphyrinuria *n.* 卟啉尿.

por'phyrite ['pɔːfirait] *n.* 玢岩.

porphyrit'ic [pɔːfi'ritik] *a.* 斑(状,岩)的. *porphyritic crystal* 斑晶.

porphyroblas'tic [pɔːfirou'blæstik] *a.* 斑状变晶的.

porphyropsin *n.* 视紫(质),视赤质,杆紫素.

por'phyry ['pɔːfiri] *n.* 斑岩. *porphyry copper* 斑岩铜矿.

por'poise ['pɔːpəs] *n.*;*v.* ①海豚 ②前后振动,波动. *porpoising of aircraft* 飞机的前后震动.

PORR =purchase order revision request 定货单修改要求.

porrect' [pɔ'rekt] Ⅰ *a.* 伸出的,平伸的,延长的. Ⅱ *vt.* 伸出.

port [pɔːt] Ⅰ *n.* 港(口,埠,湾),航空站,总站 ②汽[水]门,(出,入,喷,端,浇料)口,孔,窗,空[排]气口 ③舱门(口),舱窗,货口,射击孔,通道,端对 4（船）左舷,(飞机)左侧. Ⅱ *v.* ①入港,停泊于 ②转(舵)向左. *access port* 入孔. *admission port* 进气口. *air port* 飞机场,航空站,空气出口,气门,风口. *all port block* 中立关闭(阀),全部油口关闭. *all port(s) open* 中立开口(阀)(滑阀在中立位置上,全部通路相通),全部油口打开. *cap end port* 盖端排油口. *checker port* 【改】蓄热室出口. *clear a port* 出港. *drain port* 泄口. *exhaust port* 排气口,排出孔. *flushing port* 冲洗孔. *ice-free port* 不冻港. *make* 〔*enter*〕 *port* 入港. *Pitot port* (皮托管)总压口,皮氏管口. *Port Arthur* 旅顺(我们叫Lushun). *port authority office* 港务局. *port of arrival* 到达港. *port of call* (沿途)停靠(寄航)港. *port of debarkation* [*destination*] 到达港,目的港. *port of delivery* 卸〔交〕货港. *port of departure* 出发港. *port of discharge* [*unloading*] 卸货港. *port of distress* 避难港. *port of embarkation* 发[启]航港. *port of entry* 进口港. *port of loading* 发运港,装运口岸. *port of registry* 船籍港. *port of sailing* 启航地. *port of shipment* 装货港. *port office* 港务局. *Port Xingang* [*Hsinkang*] (塘沽)新港. *P port block* 中立(阀)的压力口关闭(滑阀在中立位置上,油泵压油口与油缸为浮置状态). *pressure port* 压气入口,泄压口. *reach port* 靠港. *relief port* 放气口. *scavenge port* 换气口,清除口. *tank port block* 油箱口关闭. *three port slide valve* 三通滑阀. *touch at a port* 靠港. *transit port* 中转港. *viewing port* 窥视口,观测〔察〕孔. *warmwater*

port 不冻港. ▲ *in port* 在港内,停泊.
Port =portable.
portabil'ity [pɔːtə'biliti] *n.* 轻便(性),可携带(性),能移动(性).【计】(可)移植(性).
por'table ['pɔːtəbl] Ⅰ *a.* 手提(式)的,轻便(型)的,可携带(搬运,移动)的,移动的(便携的,野外的. Ⅱ *n.* ①手提打字机,手提式收音〔电视〕机 ②活动房屋. *portable bridge* 轻便桥,携带式电桥. *portable data medium* 〔便携式数据记录媒体. *portable derrick* 轻便〔活动)井架. *portable lighter* 行〔轻便〕灯. *portable plant* 移动式设备. *portable railway* 轻便铁道. *portable resistance welder* 移动式接触焊机. *portable screen* 活动屏幕〔滤筛〕. *portable testing set* 〔test instrument〕携带〔便携)式测试仪器. *portable unit* 便携装置.
por'tage ['pɔːtidʒ] *n.* ①搬运(物)运输 ②运费 ③货物 ④水陆联运. *v.* 水陆联运.
Portage beds (晚泥盆世)波尔塔季层.
por'tal ['pɔːtl] *n.* 入口,正〔桥,隧道,洞〕门,排〔流〕入口孔,门静脉,(入)门,门架. *portal bracing* 桥门〔入口联(结系),桥门撑架. *portal clearance* 桥门〔入口,隧道口〕净空. *portal frame* 桥〔龙〕门架. *portal jib crane* 龙门吊车.
portal-frame structure 门架(式)结构.
portal-type frame 龙门架.
por'tative ['pɔːtətiv] *a.* ①轻便的,可搬运的,可携带的,可以拆下来的 ②有力搬运的,用作支撑的. *portative force* 起重力.
Port-au-Prince [pɔːtou'prins] *n.* 太子港(海地首都).
portcul'(l)is [pɔːt'kʌlis] Ⅰ *n.*【建】吊门. Ⅱ *vt.* 给…装吊门,用吊门关闭.
porte cochere 〔法语〕*n.* 车辆(出入)门道,上下车的停车处.
por'ted *a.* ①装有汽门〔喷口,排气口〕的 ②用汽〔活〕门关闭的.
portend' [pɔː'tend] *vt.* 预示,是…的预兆,警告.
por'tent ['pɔːtent] *n.* ①预〔征,凶〕兆,警告 ②奇事,怪物.
porten'tous [pɔː'tentəs] *a.* 预〔凶〕兆的,怪异的,奇特的. ~**ly** *ad.*
por'ter ['pɔːtə] *n.* ①看门人 ②搬运工人,列车员,清洁工 ③搬运(轮式)车 ④颇特啤酒,黑〔阿)列)啤酒. *implement porter* 自动〔自走式〕底盘,通用机架.
por'terage *n.* 搬运费(行李,业).
port'fire ['pɔːtfaiə] *n.* 点火装置,导火筒,引火具.
portfo'lio [pɔːt'fouljou] *n.* ①(皮制)公事包,文件(画片,纸)夹 ②部长〔大臣)职 ③携带业务量有价证券卷 ④(艺术)代表作选. *minister without portfolio* 不管部长(大臣).
port'hole ['pɔːthoul] *n.* (观察,射击,窥视,墙,气)孔,(炮)眼,装货,舱,门口,(舷)窗,孔道,隙.
por'tico ['pɔːtikou] *n.* (有圆柱的)门廊,柱.回廊.
por'tio ['pɔːʃio] *n.* (pl. *portiones*)〔拉丁语〕部(分).
por'tion ['pɔːʃən] Ⅰ *n.* ①部分,区划〔段〕②(一)份〔股,批,部分〕. Ⅱ *vt.* ①分配,将…分成(几)分 (out) ②把(一分…)分给 (to). *a large portion of the products* 大部分产品. *boiler portion* (精馏塔的)加热蒸发部分. *bulbous portion* (温度计的)测温包. *change-over portion* 过渡段〔区〕. *distribute in equal portions* 按份儿平均分配. *incremental portion* (曲线)上升部分. *sloping portion* (曲线)下降部分. *the great portion of …* 的大部分. *wave-packet portion* 正弦信号群. *weighed portion* 准确标出的剂量,试量.
portion-wise addition 分批添加.
Port'land ['pɔːtlənd] *n.* 波特兰(美国港口). *Portland blast-furnace cement* 矿渣硅酸盐水泥,波特兰矿渣水泥. *Port-land cement* 普通〔硅酸盐,波特兰)水泥. *Portland stone* (建筑用)一种黄白色石灰石,波特兰石.
port'landite *n.* 羟钙石.
Port Louis [pɔːt'luː(ː)i(s)] 路易港(毛里求斯首都).
portman'teau [pɔːt'mæntou] Ⅰ (pl. *portman'teaus* 或 *portman'teaux*) *n.* 旅行皮包〔箱〕. Ⅱ *a.* 多用途的,多性质的.
Port Moresby [pɔːt'mɔːzbi] 莫尔斯比港(巴布亚新几内亚首都).
Porto [pɔːtou] *n.* 波尔图(葡萄牙港口).
Port-of-Spain ['pɔːtəv'spein] *n.* 西班牙港(特立尼达和多巴哥首都).
Porto-Novo ['pɔːtou'nouvou] *n.* 波多诺伏(达荷美首都).
Porto Rican =Puerto Rican.
Porto Rico =Puerto Rico.
por'trait ['pɔːtrit] *n.* ①肖〔画,雕)像,照片,半身像 ②生动的描写 ③形式,相似.
por'traiture ['pɔːtritʃə] *n.* ①肖〔画)像,照相 ②生动的描写(绘).
portray' [pɔː'trei] *vt.* 描绘(写,述),(刻)画,扮演.
portray'al [pɔː'treiəl] *n.* 描绘(写),画(印)像.
por'tress ['pɔːtris] *n.* ①女看门人 ②女搬运工人,女列车员,女清洁工.
Port Said [pɔːt'said] 塞得港(埃及港口).
port'side *n.* 左边的,惯用左手的.
Portsmouth ['pɔːtsməθ] *n.* ①朴次茅斯(英国港口) ②朴次茅斯(美国港口).
Port Sudan [pɔːt'suː(ː)'dɑːn] 苏丹港(苏丹港口).
Port Swettenham ['pɔːt'swetnəm] 巴生港(马来西亚港口).
Por'tugal ['pɔːtjugəl] *n.* ; *a.* 葡萄牙(的).
Portuguese' [pɔːtju'giːz] *a.* ; *n.* 葡萄牙的,葡萄牙人(的),葡萄牙语.
POS = ①point of sale 出售点 ②pole (mounted) oil switch 电杆(柱上)油开关 ③positive 正的,阳的,阳极(的) ④pressure operated switch 气动继电器,气动开关.
pose [pouz] Ⅰ *n.* ①姿势(态) ②装作势,伪装. Ⅱ *v.* ①装作…姿态,伪装成(as),把…摆好姿态〔摆正位置〕②提出(问题),造(形)成 ③盘问,难住 ④摆样子)厌. *pose a condition* 提出条件. *pose a question* 提出问题,质问. *pose a threat* 〔an obstacle〕*to* 成为…的威胁〔障碍〕. *pose limitations on* 使…受到限制. *put on a pose of* 装出…面貌〔样)子.
Posei'don [pɔ'saidən] *n.* 海神(式导弹).
Posen =Poznan.
po'ser ['pouzə] *n.* ①难〔怪〕题 ②装腔作势的人,伪

装者.
poseur [pou'zə:] 〔法语〕 n. 装腔作势的人, 伪装者.
posh [pɔʃ] a. 豪华的. ~ly ad.
pos'igrade ['pɔzigreid] n. 推动〔加速〕(火箭)的.
posiode n. 正温度系数热敏电阻.
posion n. 阴离子, 阳向离子.
posistor n. 正温度系数热敏电阻(器).
pos'it ['pɔzit] vt. ①安〔布〕置, 安排 ②断〔假〕定.
posit = ①position ②positive.
positex n. 阳(酸)性橡浆, 阳(酸)性乳胶.
posit'ion [pə'ziʃən] I n. ①位置, 方〔星〕位, 场所, 地点, 配置, 布局 ②状态, 形(姿)势, 境地, 情况 ③(发射)阵地 ④座席台, 地位, 职位〔务〕⑤立场, 见解, 态度, 看法 ⑥(矢量)作用线, 负载线. I vt. ①把…放在适当位置, 安配, 布设 ②规〔决, 测〕定…的位置, 定位, 装定, 位置控制. *advance* [*forward*] *position* 前沿阵地. *fix a ship's position in the sea* 测定船在海上的位置, *in a favourable position* 处于有利地位. *level position* 水平位置〔状态〕. *make position* 闭合位置. *mean position* 平均位置. *null* [*zero*] *position* 零位. *off position* 断路〔切断〕位置. *off-normal position* 不正常位置. *on position* 工作〔闭合, 接通〕位置. *open position* 开启位置,【电】断开位置, (晶格)空胞. *position buoy* 雾灯, 指示浮标. *position busy relay* 坐席用占线继电器. *position clock* 座席钟, 长途台计时钟. *position finder* 测位器〔仪〕. *position finding* 定(测)位. *position fixing* 定位(置). *position gauge* 检位规. *position head* 势(位)头, 位置水头, 潜水头, 蓄差. *position isomer* 【化】位置异构物. *position light* (飞机)航行灯, 锚位灯, 位置灯光. *position meter* 通话计次(时)器. "*position of strength*" "实力地位". *position pulse* 定位脉冲. *position sampler* 脉位采样器. *position selector valve* 位置选择阀, 方向控制阀, 换向阀. *position system* (远距离测定)定位系统. *position type telemeter* 位置式遥测计. *positioned weld* 暂(定位)焊. *positioned welding* 用胎具焊接. *reference position* 起始〔参考〕位置. *roll position* 滚动角. *single position hob* 蜗形滚刀. *sublunar* [*subsolar, substellar*] *position* 月(日, 星)下位置. ▲ *be in a position to* +inf. 处在可以(做…)的地位, 能够. *get* [*go*] *into position* 进入阵地. *in position* 在适当(应有)位置. *out of position* 不在适当〔应有〕位置. (*put* …) *in a false position* (使…)处于被误解〔违反原则行事〕的地位.

posit'ional [pə'ziʃənəl] a. 位置(上)的, 地位的, 位置电码. *positional code* 位置电码. *positional error* (因)位置(不同而产生的)误差. *positional notation* 位置表示法〔记数法〕, 按位记数法. ~ly ad.
posit'ioner [pə'ziʃənə] n. ①定位器, 定位装置, 位置控制器, 远程位置调节器 ②(控制阀的)反馈装置, 反馈放大器 ③(焊接用)转动换位器, 转胎 ④胎〔夹〕具 ⑤操纵机〔工件转台〕. *magnetic positioner* 磁力垛板机. *mold positioner* 压模定位器. *valve positioner* 阀位(置)控制器.

position-filar micrometer 位丝测微计.
posit'ioning [pə'ziʃəniŋ] n. ①定〔调〕位, 位置控制〔调整〕②转〔换〕位 ③配〔布〕置 ④固位装置. *pass positioning* 孔型配置. *positioning for size* 按大小排位. *positioning motor* 位置控制电动机. *positioning of beam* 射束(位置)调准.
position-isomeric a. 位置异构的.
position-sensitive a. 对位置灵敏的.
positiva'tion n. 正(值)化.
pos'itive ['pɔzitiv] I a. ①正的, 阳(性, 极, 电)的, (荷)正电的 ②确定的〔实, 信〕的, 可靠的 ③积极的, 建设性的, 肯定的, 绝对的 ④刚性的(连接), 强制(传动)的 ⑤【相】正片的, 正像的 ⑥规定的 ⑦实际(存〔在〕的 ⑧完全的, 纯粹的 ⑨(测激源)同性的, 趋性的. II n. ①(照相)正片, 正像 ②正数 ③正量, 正数, 正压 ④阳极(板) ⑤实在, 确实. *bring all positive factors into play* 调动一切积极因素. *positive after image* 正余〔残〕像. *positive blower* 旋转(压)鼓风机. *positive carrier* 正电荷载流子, 正(调制)载波, 空穴. *positive clamping* 正向箝位. *positive column* 阳极(辅助)塔. *positive contributions* 积极的贡献. *positive cooling* 补助冷却. *positive crystal* 正晶体. *positive definite* 正定的, 定正的. *positive definiteness covariance* 正定协方差. *positive delivery of oil* 油类的压力输送. *positive discharge* 脉动流出. *positive displacement compressor* 变容压缩机. *positive displacement grout pump* 排液灌浆泵. *positive displacement pump* 排液(变容)泵. *positive draft* 人工(压力, 正压)通风. *positive feed* 强制(机械)进料. *positive feeder* 正馈(电)线. *positive help* 有益的帮助. *positive hole* 空穴. *positive honing* 刚性加压珩磨, 强制珩磨. *positive ion mobility* 阳离子迁移率. *positive logic* 正逻辑. *positive motion* 确动, 强制运动. *positive movement* (海面对陆地)相对向上移动. *positive number* 正数. *positive photoresist* 正性胶, 正性光致抗蚀剂. *positive pole* 正(阳)极. *positive prime* 自然回水, 离心吸入. *positive print* (白底的)蓝图, 正像复印品. *positive proof* 确证. *positive rake* 正前角, 前倾度. *positive reactance* 感抗. *positive reaction* 正(阳性)反应, 正反力. *positive receiving* 正像(正信号)接收. *positive replica* 复制阳模. *positive reply* 肯定的答复. *positive sense* 正指向. *positive sign* 正号. *positive spinel* 正尖晶石. *positive ventilating* 压力(强制)通风. *positive wire* 正极引(导)线. *separation positives* 分色片. *state in a positive way* 正面阐述. ▲ *be positive about* [*of*] 信信〔知〕, 断定, 对…极有把握.
positive-displacement meter 正压移动计.
positive-going a. 正向, 正向变化的.
pos'itively ad. 确定, 确实地, 必定, 断然, 绝对地,【数】正. *positively biased* (置)正偏〔压〕的. *positively definite matrix* 正定(矩)阵. *positively oriented curve* 正定向曲线.
positive-working photoresist 正性感光胶.

pos'itivism ['pɔzətivizm] *n.* ①实证论,实证主义 ②自信,独断.

positiv'ity [ˌpɔzi'tiviti] *n.* ①确实(信),积极性 ②正性.

pos'itor ['pɔzitə] *n.* 复位器.

pos'itron ['pɔzitrɔn] *n.* 正(阳,反)电子,电子的反粒子,正子. *positron emission* 正电子放射.

positron-electron scattering 正负(阳阴)电子散射.

positro'nium [pɔzi'trouniəm] *n.* 正(阳)电子素,电子偶素.

posn = ①position ②positioner.

posol'ogy [pou'sɔlədʒi] *n.* 剂量学.

POSS = prototype optical surveillance system 标准光学监视系统.

poss = possession.

posse ['pɔsi] 〔拉丁语〕*n.* ①武装队,一队(群) ②可能性. *in posse* 可能地.

possess' [pə'zes] *vt.* ①具有,(使)拥(占)有 (of, with) ②支配,控(抑)制. ▲ *be possessed of* (拥,占,具,握)有. *possess oneself of* 持有,据有,获(取)得.

posses'sion [pə'zeʃən] *n.* ①所有(物,权),财产 ②占(拥)有 ③ (pl.) 领(属,殖民)地. ▲ *come into one's posses-sion of* 到手. *come into possession of* 获得. *get* 〔*take*〕 *possession of* 拿到,占有. *in possession* (物)被据有,(人)据有. *in possession of* 占有. *in the possession of* (为)…所(占)有的.

posses'sive [pə'zesiv] *a.* 所有(权)的,占有的. 〜*ly ad.*

posses'sor [pə'zesə] *n.* 所(占,持)有人.

posses'sory [pə'zesəri] *a.* 占有的,所有(者)的.

possibil'ity [pɔsi'biliti] *n.* ①可能(性),或然(性) ②(常用 pl.)可能(发生)的事,希望. *bare possibility* 万一的事情. *equally likely possibility* 同概率(公算)的可能性. *great possibilities in the experiment* 实验成功的可能性很大. *have wonderful possibilities* 有无限的前途. *possibilities for improvement* 改进的可能性,可改进之处. *possibility of trouble* 事故(障碍,故障)率. *There is no possibility of* 不可能…,没有…的可能性. ▲ *be within the bounds* 〔*range*〕 *of possibility* 是可能的,在可能范围内. *by any possibility* 也许,有可能. *by some possibility* 或(也)许. *open up possibilities for* 为…提供(了)可能性,开辟…的可能性.

pos'sible ['pɔsibl] Ⅰ *a.* ①可能(发生,存在,做到,到,有)的,潜在的,或然的 ②合理的,可允许的,过得去的,可以接受的. Ⅱ *n.* ①可能(性),潜在性 ②全力 ③可能的人,可能出现的事物 ④候补人,生力军 ⑤ (pl.) 必需品. *a possible answer to a problem* 对一个问题的过得去的回答. *It is possible, but not probable.* 那是可能的,但是大概不会实现的. *It is probable, not only possible.* 那是大概会实现的,不只是可能的. *possible error* 可能误差. *the highest possible speed* 或 *the highest speed possible* 可能的最高速度,尽可能高的速度. ▲ *as* … *as possible* 尽量,尽可能. *at early a stage as possible* 在尽可能早的阶段. *in as convenient a way as possible* 尽量方便地,用尽可能方便的办法. (*be*) *possible of* 可能…的. *do one's possible* 全力以赴,竭尽所能. *everything possible must be done to* +*inf*. 必须尽一切可能(做…). *if possible* 如果可能的话. *whenever possible* 在一切可能的时候,每当有可能(就). *wherever possible* 在一切可能的地方,只要可能(就).

pos'sibly ['pɔsəbli] *ad.* ①可能(地),合理地 ②也许,或许 ③(否定句,疑问句)无论如何(也不),不管怎样(也不),万万(不会) ④尽可能.

post [poust] Ⅰ *n.* ①(支,标,煤矿)柱,(标)杆,桩,墩,支撑 ②接线柱,(接线)端子 ③岗(职)地,地位,位置,职务 ④营区,哨地,哨所,站,所,台 ⑤邮政(件,简,箱,局),邮车,驿马. *advance post* 前(进)哨. *binding post* 接线〔连接〕柱,缚杆. *command post* 指挥所. *control post* 操纵室(台),控制台. *distance post* 路程标. *end post* 端柱,端压杆. *frontier guard post* 边防哨所. *king post* 桥梁式〔桁架,(装载机)的转臂支柱,主柱. *marker* 〔*marking*〕 *post* (电缆焊接处指示用)标记杆. *observation post* 观测站. *post alloy diffusion transistor* 柱状合金扩散基极管. *post amplifier* 后置放大器. *post annealing* (焊缝的)焊后退火. *post bracket* 角(交叉)柱托架. *post crane* 转柱式起重机. *post cure* 二次硬(熟,硫)化. *post factor* 后因子. *post factum* 事后. *post fence* 柱式护栏,护桩. *post forming* 热后〔二次〕成型. *post hole borer* 〔*digger*〕匙形取土器,挖柱洞器. *post insulator* 装脚〔柱型〕绝缘子. *post office* 邮局. *post office bridge* 邮局式电桥. *post processor* 后信息处理机. *post stone* 石后. *post testing* 事后试验. *queen post* 双竖拉杆桁架. *radar post* 雷达站(哨). *radio post* 无线电台. *screw post* 螺旋(千斤顶)柱. *sighting post* 视标. *sign post* 路标. *stop post* 停止柱. *swivelling tool post* 回旋刀架. *terminal post* 线头接栓. *the People's Post* 人民邮政. *tool post* 刀架(座). *tuned post* 调谐梢子. ▲ *at one's post* 在岗位上. *be on the wrong* 〔*right*〕 *side of the post* 干得不对(对). *hold a post at* 在…任职. *stick to one's post* 坚守岗位. Ⅱ *vt.* ①贴(张,招)贴,揭(告)示,公布,告知 ②布哨,指派 ③邮(投)寄 ④誊帐,记入,过(到)总)帐. *keep him posted* 不断供给他消息,和他通气. *posted loading* (桥梁)标明载重量. *posting machine* 邮政机. *Post no bills!*（此处）禁止招贴. ▲ *be* (*well*) *posted up in* 对…(很)了解,(很)熟悉. *post off* 〔*over*〕赶紧出发.

post [poust] 〔拉丁语〕 *ad.* 在后. *ex post facto* 事后,溯及既往地. *post factum* 事后. *post meridiem* 午后(的),下午. *post mortem* 死后(的),【计】解剖. *post mortem routine*【计】解剖程序.

post- (-)词头①后(置),在…以后,继,次 ②邮(政).

post(-)absorp'tion *n.* 后吸收,吸收完毕(状态).

post-accelerating electrode *n.* (阴极射线管)后加速电极.

post-acceleration Ⅰ *n.* (电子束)偏转后加速,后段加

速. Ⅰ a. 加速后的.
postadapta'tion n. 事后〔新环境〕适应.
post'age ['poustidʒ] n. 邮费〔资〕. *inland postage, eight fen* 国内邮资八分. *postage due* 欠资〔信件〕. *postage free* 免付邮资,邮费付讫. *postage paid* 邮资付讫. *postage stamp* 邮票.
post'al ['poustl] a. 邮政〔务,局〕的. *postal card* 明信片. *postal course* 函授课程. *postal matters* 邮件. *postal order* 邮政汇票. *postal rates* 邮费. *postal savings* 邮政储金. *postal section* 军用处.
postalbu'min n. 后白〔后清〕蛋白.
post-and-block fence 柱板围墙.
post-and-lintel n. 连梁柱.
post-and-paling n. 木栅栏.
post-and-panel structure 立柱镶板式结构.
post-annealing n. 焊〔氧割〕后的退火.
post'atom'ic ['pousto'tɔmik] a. 原子能发现之后的,第一颗原子弹爆炸之后的.
postattack ['pousto'tæk] a. 攻击后的.
postbaking n. 后烘干,后熔烘.
postbel'lum [poust'beləm] a. 战后的.
post'bus' ['poustbu:st] a. 关机后的,主动段以后的,被动段的.
post-box n. 信箱,邮筒.
post-buckling behaviour 后期压曲特性.
post'card ['poustka:d] n. 明信片. *postcard questionnaire* 明信片征求意见,通讯质询.
post-chlorina'tion n. 后加氯处理.
postcli'max n. 后顶极群落,后演替顶极,后极相.
post-combus'tion n. 后燃.
post-conden'ser n. 后冷凝〔凝缩〕器.
post-construction treatment 工后处理.
post-cracking n. 次生裂缝,后发开裂.
post-curing n. 后熟〔熟,硫〕化,辅助硬化.
post'date' ['poust'deit] vt.; n. ①填迟〔预填,事后〕日期,把日期填得迟几天 ②接在…后面.
postdeflec'tion n. 偏转后聚焦. *post deflection acceleration* (电子束)偏转后加速.
postdeposit'ional a. 沉积(作用)后的.
postdetec'tion [poustdi'tekʃən] a. 后〔置〕检波,检波〔验〕后的. *postdetection integration* 检定〔检波〕后积分.
post-detec'tor [poustdi'tektə] a. 后置检波(器)的. Ⅱ n. 后置检波器. *postdetector filtration* 检波后滤波〔除〕.
postdicrotic a. 重波重〔搏〕后的.
postdistillation bitumen 馏余沥青.
post'dose n. 辐照后,已辐照.
post-earthquake n. 余震.
post-edit n. 算后〔工〕编辑.
post-edition n. 【计】最后校定.
post-editor n. 后编.
post-elastic behavior 弹性后效.
postembryon'ic a. 胚后的.
postem'phasis n. 后〔去、减〕加重.
post-emulsification penetrant 乳化性渗透液.
post-equaliza'tion n. (频应)复元,后均衡校正.
post'er ['poustə] n. 广告〔宣传〕画,招贴,告示,海报,

标语,贴传单的人,送信〔招贴〕人. *poster paper* 广告〔招贴〕纸.
poste restante ['poust'restɑ:nt] 〔法语〕留局待领邮件,待领邮件业务.
poste'rior ['poustiəriə] Ⅰ a. 后部的. Ⅱ n. 后面的,较迟的〔在…后的〕,其次的,经验的. *posterior probability* 后验概率. *posterior to the year 1949* 一九四九年以后的. ~**ly** ad.
posteriori 见 *a posteriori*.
posterior'ity [pɔstiəri'ɔriti] n. (时间,次序,位置)后,后天性.
poster'ity [pɔs'teriti] n. 后代,后世.
postern ['poustə:n] Ⅰ n. 便〔后,边〕门,暗道,退路. Ⅱ a. ①后〔边,便〕门的 ②位于后面的,在旁边的 ③较少的,次等的 ④暗中的,私自的.
poster-work n. 广告画.
postexpose v. 后曝光.
post-exposure n. 后曝光,闪光.
post'face ['poustfis] n. 刊后语.
post'fac'tor ['poustfæktə] n. 后因子.
postfix Ⅰ ['poustfiks] n. 后级,词尾. Ⅱ [poust'fiks] vt. 加词尾于. *postfix notation* 后级表示(法).
postflagellate n. 后生鞭毛类.
post-flight a. 飞行后的.
postform' ['poust'fɔ:m] vt. 把(加工后的薄板材料)再制成一定的形状.
post'-free' ['poust'fri:] a. 免(付)邮费的,邮费在内的,邮资付讫的.
postgla'cial ['poust'gleisjəl] a. 冰(川)期后的. *postglacial deposits* 冰后期沉积. *postglacial period* 冰川期后,冰后期.
post'grad'uate ['poust'grædjuit] Ⅰ n. 研究〔进修〕生. Ⅱ a. 大学毕业后(继续研究)的,(大学)研究院的,进修的. *postgraduate course* 研究科. *postgraduate research institute* 研究院.
posthaste ['poust'heist] ad. 急速,火速〔急〕,尽可能快速地.
postheat'ing ['poust'hi:tiŋ] n. (随)后(加)热,焊后加热.
post'humous ['pɔstjuməs] a. 死后(出版)的. *posthumous works* 遗著. ~**ly** ad.
posthydrol'ysis n. 后水解.
postiche [pɔs'ti:ʃ] 〔法语〕a.; n. ①伪造的,假(冒)的 ②多余的〔添加物〕.
pos'til [postil] n. 注解,边注.
postim'pulse a. 脉冲后的.
postindus'trial a. 信息化的,脱工业化的.
postindus'trialism n. 信息化,脱工业化.
postindus'trialite n. 信息化[脱工业化]社会的人.
postinjec'tion n. 引入〔入轨〕后,补充喷射.
post-installa'tion n. 安装〔装配〕后的. *post-installation review* 安装后检测,运行考核.
postirradia'tion n. 已辐照,辐照后.
post-labo(u)r a. 产〔分娩〕后的.
post-larva n. 后期仔鱼(幼体).
post'-libera'tion ['poustlibə'reiʃən] a. 解放后的.
post'mark ['poustmɑ:k] Ⅰ n. 邮(政日)戳. Ⅱ vt. 给…盖上邮戳.
post-maximum n. 峰后时间.
post'merid'ian ['poustmə'ridiən] a.; n. 午后(发生)

postmitot'ic a. 分裂期后的.
post'mor'tem ['poust'mɔːtəm] a.; n. ①死(尸)后的 ②事后的(调查分析,剖析) ③解剖(的),算后检查的. *postmortem analysis of* 对……事后的分析. *postmortem dump* 【计】停机后输出(内存内容),【计】算后打印. *postmortem routine* 算后转储.【计】算后检查法. *postmortem program* 【计】算后检查程序.
postmultiplica'tion ['poustmʌltipli'keiʃən] n. (自)右乘.
postna'tal a. (出)生后(的).
post-nova n. 爆后新星.
post'-office ['poustɔfis] n. 邮局. *post-office box* 邮政信箱. *post-office order* 邮政汇票. *post-office red* 介于深红橙与暗红棕之间的一种颜色. *post-office stamp* 邮政日戳.
postoptimality problems 优化后问题.
postoptokinet'ic a. 视动(反应)后的.
postoral a. 口后的.
post-ozona'tion n. 臭氧作用后.
post-paid a. 邮资已付的,连邮资在内的.
postpar'tum [poust'pɑːtəm] a. 产后的.
Post-Pliocene n. 晚上新世.
postpo'nable a. 可以延缓的.
postpone' [poust'poun] vt. ①(使)延期(迟)(到),推迟(到),搁置(到)(until, till, to),延期(…时间)(for) ②视为次要,放在次位(to).
postpone'ment n. 延期, 搁置. *ten-day postponement* 延期十天.
postposit'ion ['poustpə'ziʃən] n. 后置(位),放在后头. ~al 或 postpos'itive a.
postpran'dial [poust'prændiəl] a. 饭后的.
post-processing n. 加工后【处理】,错序处理, 后部工艺.
post'script ['pousskript] n. ①(信末的)附言,又及,再者 ②(书刊)附录,跋,结束语.
postselec'tion n. 后选择.
postselec'tor n. 有拨号盘的电话机.
post-spawning a. 产卵后的.
poststressed a. 后加应力的,后张的. *poststressed concrete* 后张法预应力混凝土.
post-stressing n. 后加应力,后张.
postsynap'tic a. 突触后的,后联会的.
posttecton'ic a. 构造后的,造山(期)后的.
post-tensioned a. 后加张力的, 后加拉力的. *post-tensioned concrete* 后张法预应力混凝土. *post-tensioned slab* 后张(预应力混凝土)板,后加拉力板.
post-tensioning n. 后加(张力, 拉力)的.
posttest v.; n. 事后试验, 期末测验.
posttetan'ic a. 强直后的.
post-time n. 邮件收发(递送),截止,截止时间.
post-treatment n. 后(继续)处理.
pos'tulate Ⅰ ['pɔstjuleit] v. ①假定(设),主张 ②要求 ③以……为前提(出发点). *postulate for certain conditions* 要求某些条件.
Ⅱ ['pɔstjulit] n. ①假定(设),假定法则,公设(理),设定 ②先决(必要)条件,基本原理(要求). *additive postulate* 加法(附加)假设. *lattice postulate* 点阵假设. *postulate of induction* 归纳法公设.
postula'tion [pɔstju'leiʃən] n. 假定(公式),公设,要求. *postulation formula* 假定设公式. ~al a.
pos'ture ['pɔstʃə] n. 姿势(态),体态,态度,形势. Ⅰ v. (使)采取某种姿势(态).
posturog'raphy n. 姿势描记术.
post'war' ['poust'wɔː] Ⅰ a. 战后的. Ⅱ ad. 在战后.
post-write a. 【计】写后的. *post-write disturbed pulse* 写后干扰脉冲.
postzone n. 后带.
pot [pɔt] Ⅰ n. ①罐(状物),容器,器皿,筒,壶,盆,钵,瓶 ②盒,箱,槽 ③坩埚 ④(深,熔)锅,釜 ⑤电位计,分压器 ⑥奖杯(品),大铅(款项). Ⅰ (pot'ted; pot'ting) v. ①把…装在罐(筒,…)里,装(罐,入),罐藏(封) ②删节,摘录 ③抓住,捕获,射击. *dash pot* 缓冲筒. *ingot pot* 送锭车的锭座(翻斗). *lift pot* 升液斗,提升罐. *liquating pot* 熔析锅(炉). *loading coil pot* 加感线圈箱. *measuring pot* 量杯. *melting pot* 熔(化)锅,熔化罐,坩埚. *photo pot* 光穴. *pot annealing* 【冶】罐退(焖)火,装箱(密闭)退火. *pot arch* 加温炉. *pot bearing* 锅状支承. *pot clay* 陶土. *pot core* 壶(罐)形铁心. *pot crusher* 罐式压碎机. *pot furnace* 罐炉,地坑(坩埚)炉. *pot galvanizing* 热镀锌. *pot gas* 烧硫炉气体. *pot head* 终端接套管,配电箱. *pot head tail* 交接箱(电缆)引入口,配线盒进线孔. *pot hole* 坑洞,【地】壶(水,涡)穴,地窖. *pot insulator* 罐形绝缘子. *pot joint* 滑块式万向节. *pot lead* 石墨. *pot life*(胶粘剂)适用期,存罐时间. *pot melting furnace* 炉熔罐. *pot metal* 低级黄铜,(含锌锡的)铜铅合金,有色玻璃. *pot metal glass* 有(全)色玻璃. *pot mill* 球形磨,罐磨机,(瓷罐)球磨机. *pot motor* 一种高转速电动机(9000r/min). *pot plant* 盆栽植物. *pot steel* 坩埚钢. *pot still* 罐(式蒸)馏器. *pot transfer glass* 在坩埚中冷却的光学玻璃. *pot valve* 罐阀. *reactor pot* 反应堆槽. *re-dipping pot* 二次镀锡箱. *safety pot* 安全白. *separate pot* 装料用的储室. *spelter pot* 锌熔液箱. *stationary ingot tilting pot* 固定式翻锭机. *transfer pot* 铸压模制的加料室. *vitrified pot* (陶)瓷坩埚. *vortex pot* 涡斗. ▲*go to pot* 没落,被毁灭. *The pot calls the kettle black.* 锅媲罐黑,半斤八两,责人严而律己宽.

POT = potential 电位(势).
pot = ①potential 电位(势) ②potentiometer 电位计,分压器.
po'table ['poutəbl] Ⅰ a. (可,适于)饮用的. Ⅱ n. (pl.) 饮料.
potam'ic [pou'tæmik] a. 河川(流)的,江河的.
potamobenthos n. 河底生物.
potamol'ogy [pɔtə'mɔlədʒi] n. 河流(川)学.
potamom'eter [pɔtə'mɔmitə] n. 水力计.
potamoplank'ton n. 河流浮游生物.
pot'ash ['pɔtæʃ] n. 钾(草)碱,碳酸钾,氢氧化钾,钾碱火硝. *caustic potash* 苛性钾碱,氢氧化钾. *potash bulb* 钾碱球管(仪). *potash feldspar* 钾长石. *potash*

fertilizer 钾肥.

potass =potassium.

potas'samide n. 氨基钾(KNH_2).

potas'sium [pə'tæsjəm] n. 【化】钾 K. *potassium acid carbonate* 酸式碳酸钾. *potassium alum*（铝）钾矾,明矾. *potassium bichromate* [*dichromate*] 重铬酸钾. *potassium bromide* 溴化钾. *potassium carbonate* 碳酸钾. *potassium chlorate* 氯酸钾. *potassium chloride* 氯化钾. *potassium chloroplatinate* 氯铂酸钾. *potassium cyanide* 氰化钾. *potassium dihydrogen phosphate* 磷酸二氢钾. *potassium ferricyanide* 铁氰化钾. *potassium hydroxide* 氢氧化钾,苛性钾. *potassium nitrate* 硝酸钾,（火）硝. *potassium oxalate* 草酸钾,乙二酸钾. *potassium permanganate* 高锰酸钾. *potassium phosphate* 磷酸钾. *potassium silicate* 硅酸钾. *potassium sodium tartrate* 酒石酸钠钾.

pota'to [pə'teitou] (pl. *pota'toes*) n. 马铃薯,土豆,甘薯. *a hot potato* 棘手的问题. *potato masher* 木柄手榴弹,产生无线电干扰的天线,干扰information的天线. *potato starch* 马铃薯淀粉. *sweet potato* 甘（白,红）薯.

poteclinom'eter n. 连续井斜仪.

po'tence ['poutəns] 或 **po'tency** ['poutənsi] n. ①权势,力 ②效力,能,验,应,说服力 ③潜能〔力〕,能力. *potency of a set* 集的势.

po'tent ['poutənt] a. （强）有力的,有势力的,有效（力,验）的,有说服力的,烈性的. *potent reasons* 使人信服的理由. *potent rival* 劲敌. ~ly ad.

po'tentate ['poutənteit] n. 当权者,统治者.

poten'tia n. 力,能力.

poten'tial [pə'tenʃəl] Ⅰa. ①潜在的,可能的 ②势（差）的,位（差）的,电位的,无旋的,有势的. Ⅱn. ①潜力〔能〕,（动力）资源,蕴藏量,潜在产量 ②势（能）,位（差）,电势（位,压）③位（势）函数. *accelerating potential* 加速电压〔位〕. *advanced potential* 前进位函数. *barrier potential* 势〔位〕垒. *built-in potential* 内建势. *carbon potential* 渗碳气体的渗碳能力. *chemical [partial] potential* 化学势. *complex potential* 复位函数,复电位. *correcting potential* 校正电位. *earth potential* 地电势〔位〕. *electrodynamic potential* 电动势. *extinction potential* 熄〔消〕电离电势. *field potential* 场势. *floating emitter potential* 浮置发射极电位. *gravitational potential* 引〔重〕力势〔位〕. *industrial potential* 工业潜力. *periodic potential* 周期势. *potential coil* 分〔电〕压线圈. *potential crack* 可能潜在的开裂（缝）. *potential difference* （电）势〔位〕差. *potential divider* 分压器. *potential drop* 电压〔电位〕降,势〔位〕降. *potential due to source* 点源势. *potential energy* 势〔位〕能,潜〔伏〕力. *potential field* 势〔位〕场. *potential flow* 位流. *potential gum* （石油）原〔潜〕在胶. *potential head* 势〔位〕头,位能压差,潜〔位置〕水头. *potential infinity* 潜无穷. *potential motion* 有势运动. *potential rate of evaporation* 可能蒸发率. *potential source* （电）势源,电压源. *potential transformer* 测量（仪表）用变压器. *potential trough* 【物】势坑〔阱〕. *potential well* 势〔位〕阱. *redox potential* 氧化还原电位. *reference potential* 参考〔基准〕电位. *spark potential* 击穿电压. *stopping potential* 截〔遏〕止电势〔位〕. *thermodynamic potential* 热力势〔位〕. *threshold potential* 阈电压. *velocity potential* 速度势〔位〕. *Wentzel potential* 温侧势. *Yukawa potential* 汤川（秀树）势. *zero potential* 零电压. ▲*tap the potential of* 挖掘…的潜力.

potential-divider network 分压网络.

potential'ity [pətenʃi'æliti] n. 可能性,（矢量场的）有势性,无旋性,潜势,潜（在的可）能性,（pl.）潜力.

poten'tialize [pə'tenʃəlaiz] vt. 使成为势〔位〕能,使成为潜在的. **potentializa'tion** n.

poten'tially ad. 可能地,大概地,潜伏地. *potentially pumping soil* 混凝土扬压下〕能抽啊的土.

potentialoscope n. 电势（存贮）管,记忆示波管.

poten'tiate [pə'tenʃieit] v. 加强,使更有效力,有提高效力的作用.

potentia'tion n. 势差现象.

potentiom'eter [pətenʃi'əmitə] n. ①电位（差,滴定）计,电位器,电势计,补偿电位计 ②分压器. *automatic potentiometer* 自动电势计,自动电位滴定计. *bearing potentiometer* 角分压器. *copacitance potentiometer* 电容电位器,电容分压器. *coefficient-setting potentiometer* 系数设置电势计. *dielectric potentiometer* 介质分压器. *digital potentiometer* 数字式电位计（器）. *electronic-relay potentiometer* 电子继电器的电势计. *follow-up potentiometer* 反馈〔回授〕电势计,随动〔伺服〕系统电势计. *galvanometer contact potentiometer* 检流计式接触电势计. *graded potentiometer* 非线性电势计. *grid potentiometer* 栅极分压器. *interpolating potentiometer* 内插式电势计. *minimum range potentiometer* 小距离用分压器. *multiplepoint recording potentiometer* 多点记录式电势计. *multiplier potentiometer* 乘法器电势计. *null potentiometer* 零值电势计. *photoelectrically balanced slide-wire potentiometer* 光电平衡滑线式电势计. *pickup potentiometer* 测量传感器电位计. *potentiometer chain* 分压链,电位计电路. *potentiometer control* 电位器控制. *potentiometer function generator* 电位计函数发生器. *potentiometer method* 电位差计法. *potentiometer oil* 电势差计油. *potentiometer pyrometer* 热电温度计,高温电位差计. *potentiometer resistance* 分压电位〔计〕式变阻器. *potentiometer titration* 电势滴定. *precision potentiometer* 精密电位差计,精密补偿器. *self-balancing potentiometer* 自平衡电势计〔分压器〕. *servo potentiometer* 伺服电势计. *simple potentiometer* 线性电势计. *tapered potentiometer* 非线性电势计. *tapped potentiometer* 带有抽头的电势计.

potentiomet′ric *a.* 电势〔位〕(测定)的. *potentiometric amplifier* 电势〔位〕放大器. *potentiometric analysis* 电势〔位〕分析. *potentiometric determination* 电势测定(法). *potentiometric differential titration* 电势差示滴定(法). *potentiometric method* 电势滴定法. *potentiometric microanalysis* 电势差法微量分析.

potentiom′etry *n.* 电势测定〔分析〕法,电位测定〔分析〕法.

poten′tiostat [pə'tenʃiəstæt] *n.* 恒(电)势器,恒电位电解器,稳压器,电势恒定器,电压稳定器,潜态电位测量计. ~ic *a.*

potentize *v.* 增强,强化.

pot′ful *n.* 一壶(罐,钵,锅).

pot′head *n.* (电缆)终端套管.

poth′er ['poðə] *n.* ①骚动,喧闹 ②弥漫的烟雾(尘土).

pot′hole *n.* ①【地】壶〔水,锅,瓯〕穴,地壶 ②凹处,坑洼,积水穴,车印.

potin *n.* 铜锌锡合金.

po′tio *n.* (拉丁语)饮剂.

po′tion *n.* 一服药水(剂),饮剂.

pot-life *n.* (胶粘剂)适用期,(燃料的)罐贮寿命.

pot′line *n.* 电解槽系列. *potline current* (电解槽)系列电流.

potom′eter *n.* 蒸腾计,散发仪.

potpourri [pou'puəri] *n.* ①混合香料,杂烩 ②混合物 ③杂录(集).

pot′room *n.* 电解车间.

Potsdam ['pɔtsdæm] *n.* 波茨坦. *Potsdam formation* (晚寒武世)波茨坦组.

potsherd *n.* 陶瓷碎片.

pot′shot *n.* (近距离)射击,(肆意)抨击.

pot′stone *n.* 不纯皂石.

pot′ted ['pɔtid] Ⅰ *v.* pot 的过去式及过去分词. Ⅱ *a.* 罐装(封)的,封装的,防水包装的,有坑洞的. *potted assemblies* 封装组件. *potted capacitor* 封闭式电容器. *potted coil* 屏蔽〔密封〕线圈. *potted surface* 有坑洞的路面.

pot′ter ['pɔtə] Ⅰ *n.* 陶工 ②罐头制造人. *potter's work*〔ware〕Ⅱ *v.* 磨蹭(at,in),闲逛(about,around),混(日子),浪费(时间)(away).

pot′tery ['pɔtəri] *n.* 陶器(制造术),制陶器(厂),陶瓷厂. *pottery clay* 陶土.

pot′ting ['pɔtin] *n.* ①制陶 ②装(罐,壶,缸,瓶),封装,罐藏〔封〕,缸封,埋装,浇灌 ③(路面)形成坑洞. *potting compound* (封装电气、电子零件以防潮、防振的)封装〔灌注〕化合物.

pot′ty ['pɔti] *a.* 琐碎的,不重要的,微不足道的,容易的.

pot-type reactor 罐式反应堆.

pouch [pautʃ] Ⅰ *n.* 盒,袋,囊. Ⅱ *v.* 把…放入袋中,(使)成袋状.

pouched 或 **pouch′y** *a.* 有袋的,袋形的.

poudrette [pu:'dret] *n.* 混合肥料.

Poulsen arc 浦耳生电弧. *Poulsen arc converter* 浦生电弧振荡器(达 100kHz 数级).

poul′try ['poultri] *n.* 家禽,鸡鸭(等). *poultry breeding* 家禽饲养. *poultry science* 家〔养〕禽学.

pounce [pauns] Ⅰ *n.* (撒在楼板模板上以印出图案的)印花粉,吸墨粉,去油粉. Ⅱ *vt.* ①用印花粉印出,用擦粉把…擦光,散发墨朝丁…上 ②猛扑,攻击(on, upon).

pound [paund] Ⅰ *n.* ①磅(略作 lb.,=0.4536kg=453.6g) ②(英)镑(英币单位,略作 £或 L,=100便士,1971 年 2 月 15 日以前=20 先令=240 便士) ③重击(声). *apothecaries' pound* 药衡磅(药品重量单位,略作 lb. ap.=0.373kg). *Egyptian*〔*Turkish*〕 *pound* 埃及〔土耳其〕磅. *foot pound* 英尺磅. *pound brush* 普通平刷. *pound sterling* 英镑. *troy pound* 金衡磅(金银重量单位,略作 lb. t.,=0.373kg). ▲*a pound of flesh* 合法但极不合理的. *in the pound* 每镑. *pay twenty shillings in the pound* 全数付清. *pound for pound* 均等地.

Ⅱ *vt.* ①连续重击(at,on) ②(捣,击,打)碎 ③沉重地行走(行驶,飞行,沿…移动),隆隆地行驶 ④捣固,夯实 ⑤(不断重复)灌输 ⑥(持续)苦干(away at). *pounding of traffic* 交通拥塞. *pounding of valve seat* 阀座砰击. *pounding of vehicles* 车辆拥塞(颠簸). *pounding out of lubricant* 润滑油(自润滑点)挤出. ▲*pound out* 连续猛击而产生,蔽出.

pound′age ['paundidʒ] *n.* ①按磅的收费数 ②按镑的收税额 ③磅数,以磅计算的重量 ④(企业总收益中)工资所占百分比.

pound′al ['paundəl] *n.* (英尺-磅-秒制的力的单位)磅达.(=0.138255N).

pound′er ['paundə] *n.* ①一磅重(以磅计的东西) ②杵,捣具,连续猛击(碾打)的人〔物〕,捣春者 ③鞭状天线. *a three-pounder* 一件三磅重的东西,一件值三镑的东西.

pour [pɔ:] *v.* ; *n.* ①倾(注,泻),倒(出),灌,淋,泼 ②浇(筑),浇(注,浇,灌),铸,铸包,一次浇注(入模)的量,(混凝土)浇筑块 ③(不断)流(涌,泻,溢,射,放)出(out),喷射,源源输送,传布 ④(下)倾盆大雨. *It is pouring*. 在下倾盆大雨. *pour a large sum of money into a project* 把大笔资金投入一项工程. *back pouring* 补浇注. *gravity pouring* 重力灌注,敷涂射线管荧光屏. *pour cent mille* 反应性单位(=10⁻⁵). *pour cold* 低温浇注. *pour concrete* 浇注混凝土. *pour point* 流(动)点,倾(倒)点,浇注点,固化〔凝固〕点. *pour (point) test* 倾(流)点试验,倾倒试验. *pour steel* 浇注钢水. *poured asphalt* 摊铺〔浇注〕地沥青. *pour(ed) into centrifugal machine* 离心浇注法. *poured short* 未浇满,浇不足. *pouring basin* 外浇口,浇注杯,转包. *pouring box* 浇注箱,冒口保温箱. *pouring can* 灌输槽,灌缝器. *pouring hall* 浇注(铸锭)车间. *pouring house* 铸造浇注场. *pouring jacket* 套箱. *pouring joint* 灌注缝. *pouring weight* 压铁,重块. ▲*pour cold water on* 对…泼冷水. *pour oil on the fire*〔*the flame(s)*〕火上加油. *pour oil upon troubled waters* 排解,调停. *pour onto* 涌到…上,大量地到到…上. *pouring rain* 倾盆大雨.

pour′able *a.* 可浇注的,可灌入的.

poured-in-place concrete 就地浇筑〔灌注〕的混凝土.

pour′er ['pɔ:rə] *n.* 浇注工.

pouring-in *n.* 浇〔注〕入.

pourparler [puəpɑ:lei] 〔法语〕 *n.* (常用 pl.)预备性谈判,谈判前磋商,非正式讨论.

pour-welding *n.* 熔焊〔补〕.

pou sto [pau'stou] 〔希腊语〕立足点,根据地.

pout [paut] *v.*; *n.* 撅嘴〔起〕,鼓起.

poval *n.* 聚乙烯醇.

pov'erty ['pɔvəti] *n.* ①贫穷困,瘠②缺〔贫〕乏,不足 (of, in). **poverty-stricken** *a.*

POW =prisoner of war 战俘.

pow'der ['paudə] Ⅰ *n.* ①粉[末,料,剂],浮石粉②火[炸]药,推动[爆炸]力. Ⅱ *v.* ①研粉[末],磨碎,磨成粉,(使)变成粉末,粉化②撒[散,擦]粉于. *alumdum powder* 人造金刚砂粉,刚挹石粉. *Ancor iron powder* 海绵铁粉(商品名). *black powder* 黑火药. *bleaching powder* 漂白粉. *detonating* [*priming*] *powder* 起爆火药. *double-base powder* (硝化甘油与硝化纤维)双基火药. *fluidized powder* 流化粉末. *moulding powder* 塑胶[料]粉. *powder and shot* 子弹,军用品. *powder blue* 氧化钴,紫藤颜料粉,浅蓝色. *powder camera* 粉末(衍射)照相机. *powder cart* 弹药车. *powder chamber* (炮弹中)药室. *powder charge* 弹射筒,火药柱. *powder compacting* 粉末压制. *powder consolidation* 粉末固结. *powder cutting* 氧熔剂切割. *powder diagram* 粉末照相,粉末图. *powder diffraction* 粉末衍射. *powder emery* 金刚砂. *powder factory* 火药制造厂. *powder keg* (金属制)小型(炸)药箱,易爆炸的东西. *powder magazine* 火药库. *powder metal press* 粉末制品成形压力机. *powder metallurgy* 粉末冶金(学). *powder monkey* 负责装填(精于使用)炸药的爆破工人. *powder photography* 粉末照相术. *powder rocket* 固体燃料火箭. *powder rolling process* 粉末轧制法. *powder strip* 金属粉末轧制带材. *powder washing* 氧熔剂表面清理. *powder weld process* (将金属粉末与焊药粉混合烧焊的)粉末焊接法. *red lead powder* 红铅粉. *soldering powder* (粉状)钎剂. *ultrafine powder* 超细粉末. *union-melt powder* 合熔焊粉. *welding powder* (粉状)焊剂. ▲*keep one's powder dry* 准备万一,作好准备. *smell of powder* 火药味,实战经验.

powder-blower *n.* 吹粉器.

powder-dredger *n.* 撒粉器.

pow'dered *a.* (弄成)粉末(状)的,研成粉末的. *powdered charcoal* 木炭粉. *powdered crystal method* 粉末晶体法. *powdered ferrite* 粉状铁氧体. *powdered iron coil* 铁粉心线圈. *powdered lubricant* 润滑粉,粉质润滑材料. *powdered pumice* 浮石粉.

pow'dering ['paudəriŋ] *n.* 洒(敷)粉,洒炭黑,分型粉,粉碎[化].

powderless etching 无(侧面)防蚀粉蚀刻法.

pow'der-like *a.* 粉状的.

pow'dery ['paudəri] *a.* 粉(末,状)的,易成粉末的,满是粉的.

powdiron *n.* 多孔铁(0～10％铜,余量铁).

powellite *n.* 钼钨钙矿.

pow'er ['pauə] Ⅰ *n.* ①(动,电,能)力,电[能]源,可[有]用能②势(权,威,兵,体,精)力,机[才]能,本领,权限,(授权)证书③功率[效],效率,力[能,容]量,生产率,(电子透镜的)光强,(透镜)放大率,放大倍数,率,厚度④【数】乘方,幂,基数⑤级,权⑥动机⑦强[大]国⑧许多,大量. Ⅱ *v.* ①给…以动力,(用动力)驱[拖,带,发]动,装以发动机② 【电】升幂(to). *the fifth power of N* N 的五次方[幂] (N^5). *2 is 10 to the power of 0.301.* 二是十的0.301次方 ($2=10^{0.301}$). *absorbing power* 吸收本领. *active power* 有效(有功)功率. *adhesive power* 内聚[附着]力. *available power* 可用功率,有效动力,匹配负载功率. *binding power* 结合力. *B-power* 阳[屏]极电源,B电源. *brake horse power* 制动(实在,刹车马力. *braking power* 制动力(功率). *calorific power* 发热量,热[卡]值,产热率,热量功率. *candle power* 烛光. *carrier power* 载波功率. *chemical power* 化学能. *crank-type power unit* 曲柄执行部件. *direct power* 直幂. *dissolving power* 溶解力. *floating power* 浮力,减震弹簧架. *focal power* 焦度,倒焦距. *furnish power* 发电,供电. *hydraulic power* 水力,液力传动,液压动力(功率). *indicated horse power* 指示马力. *magnifying power* 放大倍数. *main power* 电源. *motive power* 原动力. *power at the drawbar* (拖拉机)牵引功率. *power at the power takeoff* 动力输出轴功率. *power auger* 机动(动力)钻机,机钻. *power board* 配电板,交换板. *power bracket* 功率的范围. *power brake* 机力制动(器),机动闸. *power cable* 输电线,电力[强电流]电缆. *power canal development* 渠道引水式电站. *power circuit* 电源电路,电力网. *power clutch* 机动(机力)操纵)离合器. *power detection* 功率[强信号]检波. *power distribution unit* 配电部件[装置]. *power drill* 机力钻床. *power driven* 机动的. *power driver* 机动打桩机. *power drum* 动力卷筒,卷取机,卷料机. *power dump* 切断电源,切断功率供给. *power efficiency* 效(功)率,出力效率. *power end* 电力端. *power extractor* 动力分离[摇蜜]机. *power float* 机动镘板. *power flow* 功率(能流)通量. *power formula* 乘方公式. *power frequency* 市电[电源,工业]频率. *power generating machine* 动力机械. *power glide* (希波雷汽车自动变速机的)平稳圆滑的动力传动装置. *power gun* 动力(注)油枪. *power hoe* 机力锄. *power house* 动力间[房,厂],发电厂. *power jet* 主射口,动力喷嘴. *power lathe* 普通(机动)车床. *power level* 权级,功率级,功率电平. *power line* 输电[电源,电力]线. *power line voltage* 电源电压. *power meter* 瓦特表,功率计. *power NOR* 大功率"或非"电路. *power of a point with respect to a circle* 点对圆的(功)势. *power of a test* 检定的功效. *power pack* 动力单元,电源组. *power panel* 电源板,配电盘. *power per pound* 每磅功率(指引擎单位重量的功率). *power plant* 动力(发电)厂,动力设备(装置). *power point* 电源(墙边)插座. *power pole* 电

杆,电力柱. *power relay* 电力〔功率〕继电器. *power saw* 电〔动力,机动〕锯. *power selsyn* 功率〔电力〕自动同步机. *power series* 幂级数. *power set* 动力装置,幂集. *power shovel* (单斗)挖土机,机〔动力〕铲. *power spectrum* 功率谱,能谱. *power spinning* 强力旋压. *power station* 发电厂(站),发电站. *power steering* (汽车的)动力转向装置,液压转向装置,自动〔动力〕转向. *power stroke* 动力〔作功,工作〕冲程. *power supply* 供电,动力供应,电源. *power supply unit* 动力供应设备〔单元〕,电源部分,电源机. *power swing phenomenon* 指针振〔摆〕摆现象. *power switch* 电源开关. *power take-off* (卡车,拖拉机上带动绞盘,泵等的)动力输出装置. *power tamper* 机械〔动力〕夯. *power termination* (终端)功率负载,吸收头. *power tester* 功率测试器,功率计,瓦特表. *power transformer* 电源〔电力〕变压器,功率变换器. *power transistor* 晶体功率管,功率晶体管. *power transmission line*,电力传输线〔输送〕,动力传送. *power unit* 动力单元〔设备,组,厂,部件,头,电源设备(部分),供电设备,功率〔能量〕单位,发电机组,机械装置,执行机构〔部件〕. *power valve* 增力阀. *power-weight ratio* 功率-重量比. *power wheel drive* 动力驱动. *power yield* 功率产额. *powers of ten* 十的倍率. *rated power* 额定〔设计〕功率. *reactive power* 无效功率. *rotatory power* 旋光本领. *service power* 服役功率(电站内部所需能量). *stand-by power* 后备〔备用〕功率,预备电源. *thermoelectric power* 温差电势,热电功率. *throwing power* 电镀能力. *total emissive power* 全辐射能量. *turbojet power* 涡轮喷气动力装置,涡轮喷气发动机推力. *unit power* 一次方〔幂〕. *wasted power* 耗散功率. *wattless power* 无功功率. ▲*a power of* 许多的. *beyond〔out of〕one's power* 能力所不及,力量达不到. *give someone full powers* 授与全权. *have power over* 能支配,对…有控制权. *in full power* 全力(以赴). *in power* 当权,执政. *make power* 产生动力,发电. *power down* 减低(宇宙飞船的)动力消耗. *power up* 增加(宇宙飞船的)动力消耗. *raise M to the n-th power* 令M自乘n次,取M的n次方(M^n).

power-ac′tuated [pauə′æktjueitid] a. 用机械传动的,机动的.
pow′er-boat [′pauəbout] n. 汽艇〔船〕.
power-brake n. 机动闸,机力制动(器).
power-consuming a. 消耗动力〔功率〕的,耗电的.
power-driven a. 动力〔用机械〕传动的,机〔电〕动,动力〔发动机,动力输出轴〕驱动的.
pow′ered [′pauəd] a. 装有发动机的,有动力装置的,(产生)动力的,机(ト,主)动的,供电的,用动力推动的,机力操纵的,补充〔被供给〕能量的. *gasoline-powered* 汽油发动的. *high-powered* 大功率的. *lower-powered* 功率较小的. *motor-powered* 发动机作动力的,装有发动机的. *nuclear-powered* 核动力的,装有核发动机的. *powered phase* 主动段.
power-flow distribution 能流分布.

powerforming n. 功率(强化)重整.
pow′erful [′pauəful] a. ①强大的,强有力的,有势〔权〕力的 ②有效的 ③人功率的,(透镜)大倍数的. ~ly ad.
pow′er-house [′pauəhaus] n. 动力室,发电厂〔站〕,电站建筑物,(影响的)源泉.
pow′ering n. 动力〔马力〕估计.
power-law a. 按幂函数规律的,幂定律的. *power-law decay* 幂函数式衰减.
pow′erless [′pauəlis] a. 无力〔能,效,权,依靠〕的. *be powerless to* +inf. 无力(做…). ~ly ad.
power-lift v. 动力提升(起落).
power-lifter n. 动力提升机构〔起落装置〕.
power-line n. 输电线,电源〔力〕线.
power-making a. 产生动力的,发电的.
pow′erman [′pauəmən] n. 发电机专业人员.
power-off [′pauə-ɔf] n.; a. (发动机)停车,关油门,切断电源的. *power-off relay* 电源变换继电器,停电时转换继电器.
power-on [′pauə-ɔn] n. 开油门的,接通电源的.
power-operated a. 自动的,机〔电〕动的,机械传动的,动力〔汽动的,机力)操纵的,具有补助能源的.
power-output n. 功率输出.
pow′erplant [′pauəplɑːnt] n. 动力装置,发电机,动力〔发电机,厂. *photonic rocket powerplant* 光子火箭动力装置,光子火箭发动机.
power-producing a. 生产动力〔能量〕的.
power-spectral n. 动力〔功率〕谱的.
power-station [′pauə-steifən] n. 发电站.
power-switching circuit 功率转接电路.
power-take-off n. 分出功率,动力输出〔轴〕,动力输出轴驱动装置.
power-train n. 动力系.
power-transfer relay 电力传输继电器,故障继电器.
pow′wow n.; v. 会议,商议.
pox n. 痘.
poxvirus n. 痘病痘毒.
Poynting vector 能流密度矢量,玻印亭矢量.
Poznan [′pouznæn] n. 波兹南.
pozz(u)olan(a) [pɔts(u)ə′lɑːn(ə)] n. ①(白糖)火山灰 ②=*pozzolan cement* 火山灰水泥,硅酸盐水泥与火山灰水泥的混合物.
pozz(u)olanic [pɔtsə′lɑːnik] a. 火山灰(质)的,凝硬性的. *pozzolanic action* (水泥)的凝硬作用,火山灰(质)作用. *pozzolanic lime* 水硬(火山灰质)石灰.
PP = ①parcel post 邮包,包裹邮递 ②partial pressure 分压 ③parts per…(几)分之几 ④peak power 峰值功率 ⑤peak-to-peak 正负峰间值,由极大到极小(值)的 ⑥pilotless plane 无人驾驶飞机,飞航式导弹 ⑦pinpoint 精确的方位点,定点,精确决定位置 ⑧plastic product 塑料产品 ⑨polypropylene 聚丙烯 ⑩posted price 标价 ⑪postpaid 邮费付讫的 ⑫power plant 发电站,动力厂,动力设备 ⑬prepaid 预先付讫的 ⑭pressure-proof 耐压的 ⑮producer's price 生产价格 ⑯public property 公共财产 ⑰punctum proximum 近点 ⑱purchased parts 购置的零件 ⑲purchasing power 购买力 ⑳push-pull 推挽(式)的,差动的.

pp = ①pages ②per paragraph 每节 ③per piece 每件,每个 ④per procurationem 由…所代表 ⑤photographic plate 照相底片,胶片 ⑥postage paid 邮费付讫 ⑦proteinopolysaccharide 多糖蛋白.

P-P 或 p-p = ①peak to peak 或 peak to-peak(正负)峰间值,由极大到极小 ②push-pull 推挽(式)的,差动的.

p & p = ①packaging and preservation 包装与保存 ②plans and programs 计划与程序 ③pressurization and propellant 增压与燃料.

pp gas 丙烷与丙烯混合气体.

PPA = preliminary pile assembly 实验性反应堆.

PPB = ①parts per billion 十亿分之(几),十亿分率 ②parts provisioning breakdown 零件供应中断 ③programmed patch board 程序接线板.

ppb = parts per billion 十亿分之(几),十亿分率,千兆分之几.

PPBS = planning programming and budgeting system 计算规划和预算系统.

PPC = ①paper partition chromatography 纸分配色谱法 ②picture postcard 美术明信片 ③program planning and control 程序设计与控制 ④propellant pressurization control 燃料增压控制.

PPCC = People's Political Consultative Conference 人民政治协商会议.

ppcf = pounds per cubic foot 磅/立方英尺.

PPD = program planning directives 程序设计指示.

ppd = ①postpaid 邮资付讫的 ②prepaid 预先付讫的.

PPDL = point-to-point data link 定点数据传输线.

PPE = prototype production for evaluation 供鉴定用原型产品.

ppf = pounds per foot 磅/英尺.

PPFF = priority program flip-flop 优先程序触发器.

PPG = polypropylene glycol 聚丙烯乙二醇.

ppg = pounds per gallon 磅/加仑.

PPH = ①parts per hundred 百分之几 ②pounds per hour 磅/时 ③pulses per hour 脉冲/时.

pph = pamphlet 小册子.

p-phenylurea 对本基脲.

PPH/LB = pounds per hour per pound 磅/时/磅.

PPHM = parts per hundred million 亿分之几 (10^{-8}).

PPI = ①pictorial position indicator (radar)(雷达)图像位置显示器 ②plan position indicator(雷达)平面位置显示〔环视扫描〕显示器,平面位置(雷达)指示器 ③present position indicator 目前位置指示器.

PPLO = pleuropneumonia-like organism 类胸膜肺炎微生物.

PPM = ①parts per million 百万分之(几),百万分率 ②periodic permanent magnet 周期性永久磁铁 ③pictures per minute 图像/分钟 ④ pounds per minute 磅/分钟 ⑤production planning meeting 生产计划会议 ⑥pulse phase modulation 脉(冲)相(位)调制 ⑦pulse-position modulation 脉(冲)位(置)调制 ⑧pulses per minute 脉冲/分钟.

ppm = ①parts per million 百万分之(几),百万分率 ②pieces per minute 件/分钟 ③pounds per minute 磅/分钟.

ppo = polyphenylene oxide 聚苯撑氧.

p&pp = pull and push pipe 推拉板.

PPPEE = pulsed pinch plasma electromagnetic engine 脉冲箍缩等离子体电磁发动机.

PPPPI = photographic projection plan position indicator 照相投影平面位置显示器.

PPR = production parts release 生产零件公开(出售).

ppro(c) = per procurationem 派代表,代表〔理〕.

P-Product (第一类)时序积,德森时序积.

pps = ①periods per second 每秒钟的周期数 ②pictures per second 每秒图像/秒钟 ③polyphenylene sulphide 聚苯撑硫 ④post production service 生产后的维修 ⑤pounds per second 磅/秒 ⑥pulses per second 脉冲数/秒/秒/每秒的脉冲数.

PPT = preproduction test 生产前试验,试制试验.

ppt = ①parts per thousand 千分之几 ②parts per trillion 万亿分之几 ③precipitate 沉淀(物),凝结.

ppt. No. = precipitation number 沉淀值.

pptn = precipitation 沉淀(积),淀积,降水(雨)(量).

PPTP = preproduction test procedure 生产试试验的程序.

PQC = production quality control 产品质量控制〔管理〕.

PR = ①performance ratio 性能系数,特性比 ②photo request 摄影要求 ③photoreconnaissance 照相〔摄影〕侦察 ④planning reference 设计标准,设计参考资料 ⑤polarized relay 极化继电器 ⑥price 价格 ⑦production registry 生产性能登记 ⑧production release 产品公开(出售) ⑨productivity ratio 生产率 ⑩punctum remotum 远点 ⑪pure rubber 纯橡胶.

Pr = ①Prandtl number 普朗特数 ②praseodymium 镨(化学元素) ③prism 棱镜〔晶〕.

pr = ①pair 爬,对 ②power 功率,动力 ③preferred 优先的 ④present 现在的,在场的 ⑤price 价格 ⑥primary 初级的,第一次的,原始的 ⑦printed 印花的,晒印的,印刷的 ⑧propyl (normal)丙基(正).

P/R = photosynthesis/respiration ratio 光合/呼吸比.

PRA = ①production repair area 产品修理区 ②pulse relaxation amplifier 脉冲张弛放大器.

prac = practice.

practicabil'ity [præktikə'biliti] *n*. (切实)可行性,实用性〔物〕.

prac'ticable ['præktikəbl] *a*. ①可实行的,行得通的 ②实际的,切实可行的,能实际使用的,可适,实)用的 ③可通行的. ~ness *n*. **prac'ticably** *ad*.

prac'tical ['præktikəl] *a*. ①实际(践,地)的 ②实际上的,实在的,有用的,有实效的,实际可行的 ③事实上的,实际上的,实在的,实质上的 ④有实际经验的,注重实际〔践〕的. *a practical mind* 注重实际的头脑. *economically practical* 经济上切实可行的. *fighter with practical experience* 有实践经验的战士. *for (all) practical purposes* 实际上. *practical activities* 实践活动. *practical chemistry* 实用化学. *practical envelope demodulator* 实际包络线解调器. *practical proposal* 切实可行的建议. *practical question* 现实〔实际〕问题. *practical situation* 实际情况. *practical unit* 实用单位.

prac'ticalism *n*. 实用〔际〕主义.

practical'ity [prækti'kæliti] *n*. ①实践性,实际〔用〕性,实用主义 ②实物〔物〕.

prac'tically ['præktikəli] *ad*. ①实际〔质,用〕上,事实上 ②从实际出发,通过实践 ③几乎,简直,差不

多,可说是. *lead with practically no elasticity* 几乎没有弹性的铅. *practically impossible* 几乎不可能.

practically-minded a. 有实际〔践〕经验的.

prac′tice ['præktis] Ⅰ n. ①实践〔施,行〕,实地应用 ②实〔练,演〕习,实验操作,操作规程 ③常〔惯〕例,习惯(作法),(通常)作法 ④老〔熟〕练,策略,诡计 ⑤营〔开〕业,业务. Ⅱ v. =practise. *according to the international practice* 按照国际惯例. *firing practice* 实弹射击. *from practice to knowledge* 由实践到认识. *practice of agronomy* 农业技术. *regular practice* 习惯〔常规〕做法. *unite* 〔*integrate*〕 *theory with practice* 使理论和实践相结合. ▲*a matter of common practice* 普通常事. *accepted practice* 常例,习惯做法. *be good practice* 是切实可行的,实践证明是比较好的. *bring* 〔*carry, put*〕*in*〔*into*〕*practice* 实行〔施〕. *in conventional practice* 在通常情况下,按照惯例. *in practice* 实际上,在实际中;(中,在不断练习中,熟练的. *in practice if not in profession* 虽不明讲而实际如此. *it is common practice to +inf.* 通常的做法是. *it is good practice to +inf.* …是个好习惯. …是切实可行的. *make a practice of +ing* 老是,经常(进行),以…为惯用手段. *out of practice* 缺乏〔久不练习〕,荒疏. *Practice makes perfect.* 熟能生巧. *put in* 〔*into*〕 *practice* 实行〔施〕,把…付诸实践. *sharp practice* 不正当的手段. *with a little practice* 稍经一试(就),稍微实践〔练习〕,实地应用〕下.

practic′ian [præk'tiʃən] n. 有实际经验者,熟练者,开业者.

prac′tise ['præktis] v. ①实践〔施,行〕②(使)练习,训练,实习 ③养成(有)…的习惯,惯做 ④执行…事务. ▲*practise criticism and self-criticism* 进行批评与自我批评. *practise economy* 实行节约. ▲*practise in* 培养…,练习… *practise on* 〔*upon*〕 利用…的弱点,欺骗.

prac′tised ['præktist] a. 熟〔老〕练的,经验丰富的.

prac′tising a. 从事活动的,开业的.

practit′ioner [præk'tiʃənə] n. 专业人员,开业者. *medical practitioner* 开业医生,老手.

praesidium =presidium

praeterson′ics n. 高超声波学,特超声(学),极超短波晶体声学.

praezipitin n. 沉淀素.

pragmat′ic(al) [præg'mætik(əl)] a. ①重实效的,实际(的) ②实用主义的 ③独断的,自负的. ~**ally** ad. ~**alness** n.

pragmat′icism [præg'mætisizm] n. 实用主义.

pragmat′icist n. 实用主义者.

pragmat′ics [præg'mætiks] n. 语用学(研究语言符号与使用者关系的一种理论).

prag′matism ['prægmətizəm] n. ①实用主义 ②实验主义,实用的观点与方法 ③独断.

prag′matist n. 实用主义者.

pragmatis′tic [prægmə'tistik] a. 实用主义的.

prag′matize ['prægmətaiz] vt. 使实际〔现实〕化,合理地解释.

Prague [prɑ:g] 或 **Praha** ['prɑ:hɑ:] n. 布拉格(捷克斯洛伐克首都).

Praia ['praiɑ:] n. 普腊亚(佛得角群岛首府).

prai′rie ['prεəri] n. (大)草原,牧场,普列利群落. *prairie fire* 燎原烈火. *prairie soil* 湿草原土,北美高草草原土,普列利群落土壤. ▲*A single spark can start a prairie fire.* 星星之火,可以燎原.

prai′sable ['preizəbl] a. 值得称赞的,可嘉的. ~**ness** n. **praisably** ad.

praise [preiz] vt.; n. ①称赞,表扬,赞美,歌颂 ②吹捧. *give praise to* 或 *bestow praise on* 称赞,表扬. *in praise of* 为歌颂〔表扬〕. *win high praise* 受到高度赞扬.

praise′ful ['preizful] a. 赞不绝口的,赞扬的,歌颂的. ~**ness** n.

praise′worthy ['preizwə:ði] a. 值得称赞的,可嘉的.

pram Ⅰ [prɑ:m] n. 平底船. Ⅱ 婴儿车.

Pram′axwell ['præmækswel] n. 波拉麦克斯韦(磁束的实用单位).

Prandtl(-)body n. 普朗特体,弹塑性体.

prang [præŋ] vt.; n. ①投弹命中,轰炸 ②(使)飞机坠毁 ③撞,击.

prank [præŋk] n.; v. ①不正常的动作,(机器的)不规则转动 ②恶作剧 ③装饰,点缀.

prase [preiz] n. 葱绿玉髓,绿石英.

praseodymia n. 氧化镨 Pr₂O₃.

praseodym′ium [preizio'dimiəm] n. 【化】镨 Pr.

pratique [præti(:)k] 〔法语〕(发给已检疫船只的)无疫通行证.

Pratt truss 平行弦〔普朗特〕桁架.

prat′tle ['prætl] v.; n. 空谈,胡说,废话.

pravity n. 糜腐,故障.

praxiol′ogy n. 行为学.

prax′is ['præksis] (pl. *prax′es*) n. ①实践,(实,应)用,练习 ②实〔惯〕例,习惯,常规 ③行为,举止. ▲*come into praxis* 获得应用.

pray [prei] v. 恳求,请. ▲*pray M for N* 向 M 恳〔请〕求 N. *pray M to +inf.* 请求 M(做). *be past praying for* 不可救药,无可挽救.

prayer [prεə] n. ①祈求〔祷〕②恳求的事 ③(pl.)祝福〔愿〕.

PRBS =pseudorandom binary sequence 伪随机二进序列.

PRC = ①People's Republic of China 中华人民共和国 ②Planning Research Corporation 设计研究公司 ③point of reverse curvature 反曲线点 ④procedure review committee 程序检查委员会.

prc =part requirement card 零件规格卡片.

PRCP =power remote control panel 遥控配电盘.

pr ct =per cent 百分率.

PRD = ①personnel requirements data 人员要求资料 ②polytechnic research and development 综合性技术的研究和发展 ③program requirements data 规划要求资料.

prd = ①period 纪,周期 ②periodical 周期(性)的,期刊.

pre- 〔词头〕在…之前,先,初(步),预(先),前(置),在上. *pre-20th-century* 20世纪以前的.

preabsorp′tion n. 预吸收.

pre-accelera′tion n. 先〔预,前〕加速.

preaccel′erator n. 前加速器.

preaccen′tuator n. 预增强器,预加重器,预频率校正电路.

preach [pri:tʃ] vt.; n. 宣扬,鼓吹,说教. ▲*preach down* 贬损. *preach up* 吹捧,赞扬. ~ment n. ~y a.

preach'er n. 鼓吹[说教]者,传道士.

pre'acquaint' ['pri:ə'kweint] vt. 预先通知,预告. ~ance n.

pre'act' ['pri:ækt] v.; n. ①提前(进气),超前[越] ②提前(修正)量 ③预作用.

preadapta'tion n. 预先适应.

preadmis'sion n. 预进(气).

pre-aera'tion n. 预曝气.

preag(e)'ing n. 预老[陈]化,人工陈[老]化,预时效. *power preaging* 功率预陈化.

prealbu'min n. 前白[前清]蛋白.

prealloy(ing) n. 预合金.

pream'ble [pri(:)'æmbl] Ⅰ n. ①序[导]言,绪论,前文 ②序程序,始标,段首标记 ③预兆性事件. Ⅱ vi. 作序言[绪论]. ▲*without preamble* 不加引言当地,开门见山地.

pream'bulate [pri:'æmbjuleit] vi. 作序言[绪论].

PRE-AMP 或 **preamp** (pl. *preamps*) = preamplifier.

preamplifica'tion [pri:æmplifi'keiʃən] n. 前置(级)放大,提前[预先]放大.

pream'plifier [pri:'æmplifaiə] n. 前置[预先]放大器. *maser preamplifier* 脉泽前置放大器. *preamplifier stage* 前置放大级,预放级.

preanal'ysis n. 预分析,事前分析.

pre-anneal'ing n. 预[事先]退火,预熟练.

pre'announce' ['pri:ə'nauns] vt. 预告,事先宣布.

prean'odize v. 预阳极化.

pre'arrange' ['pri:ə'reindʒ] vt. 预先安排,预定. ~ment n.

pre'assem'ble ['pri:ə'sembl] v. 预装(配),预先安[组]装.

pre'assem'bly ['pri:ə'sembli] n. 预装配,预组装.

pre'assigned' ['pri:ə'saind] a. 预先指定的,预先分配〔派〕的.

pre'atom'ic ['pri:ə'təmik] a. 原子能[弹]使用之前的,利用原子能时代之前的.

pre'-au'gered ['pri:'ɔ:gəd] a. 预钻的.

pre'bake' v.; n. 预烘干[焙烘],预焙. *prebaked anode* 预焙阳极.

prebaratic chart n. 天气[气象要素]预报图.

pre'bat'tle ['pri:'bætl] a. 战斗[交战]前的.

pre'bend' ['pri:'bend] n.; a. 预(先)弯(的).

prebiological chemistry 生物(出现)前化学.

pre-blanking n. 【电视】预熄灭,预匿影.

pre'blend' ['pri:'blend] n.; n. 预拌,预先混合.

preboiler n. 预热锅炉.

prebook vt. 预订,预约.

preboring n. 初步钻探,初勘.

prebox n. 前置组件.

pre-break'down' [pri:'breikdaun] a. 击穿前的(电流),预击穿的.

pre-buckling n. 预弯曲,预翘曲.

prebuilt a. 预制[建]的.

prebunched a. 预聚束的.

pre-burning n. 预燃[烧],老化.

precalciferol n. 预[前]钙化醇.

precal'culated a. 预先计算好的.

pre'cam'ber ['pri:'kæmbə] n. 预拱度.

Precam'brian ['pri:'kæmbriən] n.; a. 前寒武纪(的).

pre'can'cer ['pri:'kænsə] n. 初癌,癌症前期.

pre'can'cerous ['pri:'kænsərəs] a. 癌症前期的,可能成癌症的,癌变前的.

precarburiza'tion n. 预先碳化[渗碳].

precarcinogen n. 前致癌物.

preca'rious [pri'kɛəriəs] a. ①不稳[安,确]定的,不安全的,危险的 ②可疑的,根据不充足的,靠不住的. ~ly ad. ~ness n.

pre'cast' [pri:'kɑ:st] vt.; a. 预浇铸(的),预制(的),厂制的,装配式的. *precast bridge* 装配式桥,预制构件桥. *precast (reinforced) concrete* 预制(钢筋)混凝土. *precast slab* 预制板. *precast unit* 预制构件.

precast-prestressed a. 预制预应力的.

precast-segmental a. 装配式预制的.

prec'ative 或 **prec'atory** a. 恳[请]求的.

precau'tion [pri'kɔ:ʃən] n.; vt. ①预防(措施,方法),保护(措施),防备[护] ②小心,谨慎,注意,警惕[戒],预先警告,使提防. ▲*by way of precaution* 为小心起见,作为预防. *take precautions* (to +inf.) 采取(预防)措施来(做). *take precautions against (fire)* (采取)预防(火灾)的(措施).

precau'tionary [pri'kɔ:ʃnəri] a. 预防的,警戒的,小心的. *precautionary measures* 预防措施.

prece'dable [pri(:)'si:dəbl] a. 可能先发生的,可能被超先的.

precede' [pri'si:d] v. ①(时间,位置,次序)居先[前],先于,领先(在…位于)…之前 ②(比…)优先(的)③放在…之前. *in the chapters that precede* 在前面各章中. *M is preceded by N* M 以前是 N,N 在 M 之前. *precede M with N* 在 M 前加上 N. *the words that precede* 前面所说的话,以上所述.

prece'dence [pri'si:dəns] 或 **precedency** n. ①(时间,位置,次序)领[在]先,优先(权,地位),在前 ②优越性. *precedence graph* 前趋图. *the order of precedence* 席[位]次. ▲*give precedence to* 承认…的优越性,把…放在前面. *take (have) (the) precedence of (over)* (地位)在…之上,优(先)于. *a question that takes precedence over the others* 比其它问题更重要[优先考虑]的一个问题.

precedent ['presidənt] n. 先(前)例,惯(例),条件. *have no precedent to go by* 没有先例可援. *set (create) a precedent for* 开…的先例,为…创先例. *without precedent in history* 史无前例的,空前的.

Ⅰ [pri'si:dənt] a. 在前[前面]的,领(先)先的,先行的. *a condition precentent* 先决条件. ~ly ad.

prec'edented ['presidəntid] a. 有先例的,有前例可援的.

prece'ding [pri'si:diŋ] a. 以(在)前的,(在)先的,前面的,上述的. *preceding stage* 前级. *the preceding chapter* 前(上)一章. *the preceding years* 前几年.

precelled a. 前细胞的.

pre'cen'sor [pri:'sensə] vt. 预先审查.

precen'sorship n. 预先检查.

pre′cept ['pri:sept] n. ①(技术)规则,方案 ②教训,警告,命令书 ③格式,格言.

precep′tion n. 教训,警告,警告. *preception time-reaction* 警告及反应时间.

precep′tor [pri'septə] n. 教〔导〕师,校长.

precepto′rial [pri:sep'tɔ:riəl] a. 教师(指导)的,导师的,校长的.

precess′ ['pri(:)'ses] vi. 进动,旋进,【天】按岁差向前运行. *precessing track* 【计】先期存储道.

preces′sion [pri'seʃən] n. ①进动,旋进,回旋前进,向前的运动(行) ②【天】岁差 ③先[前,进]行,领前. *annual precession* 周年岁差. *apparent precession* 视(自然)进动. *gyro(scopic) precession* 陀螺进动性. *precession of equinoxes* (分点)差异,岁差.

precessor n. 进动自旋(元)磁体.

prechamber [pri:'tʃeimbə] n. 预燃[热,真空,前置]室.

pre′charge′ v. ;n. 预先充电.

precheck′ ['pri:'tʃek] v. ;n. 预先检[校]验.

prechlorina′tion n. 预加氯气处理,预氯化.

precholecalciferol n. 预胆钙化醇.

prechoose vt. 预选.

pre-Chris′tian [pri:'kristjən] a. 公元前的. *pre-Christian era* 公元前.

pre′cinct ['pri:siŋkt] n. ①范围,(警,管)区,境界 ②(pl.)周围,附近. *within the city precincts* 在市区内.

prec′ious ['preʃəs] a. ; ad. ①贵重的,宝[珍]贵的 ②彻底的,完全的,非常,极 ③过分讲究的. *a precious deal* 非常,极. *cost a precious sight more than* 价格比…要高得多. *know precious little about* 对…知道得非常少. *make a precious mess of* 把…搞得一团糟. *precious alloy* 精密〔贵金属〕合金. *precious metals* 贵金属. *precious stones* 宝石. *take precious good care of* 非常细心地照看…. ~ly ad. ~ness n.

prec′ipice ['presipis] n. ①悬崖,绝[峭]壁 ②危机,危险的处境(形势),灾难的边缘.

precipitabil′ity [prisipitə'biliti] n. 沉淀性(度),临界沉淀点.

precip′itable [pri'sipitəbl] a. 可(能)沉淀的,可淀解的,析出的. *precipitable water* 可降(雨)水量.

precip′itance 或 **precip′itancy** n. 急躁,仓促.

precip′itant [pri'sipitənt] I n. 沉淀剂(物),脱溶物,脱溶(试剂),淀析剂. II a. ①头朝下的,很快落下的 ②突然的,猛冲的,急躁的,仓促的.

precip′itate I [pri'sipitit] n. ①沉淀(积)物,残渣,脱溶物,脱溶试药 ②凝结的水气,冷凝物(雨,露等). II a. ①头朝下的,猛然落下的,流得很快的,猛冲的 ②仓促的,急躁的,突然的. III [pri'sipitieit] v. ①(使)沉淀(出),淀析,析出,(使)降下,猛降,猛冲(雨,露等),(使)凝结,降水(雨) ②抛[扔]下,突然落下 ③促使,加速,使突然发生,使突然陷入(into). *colloidal flocculent precipitate* 胶态絮状沉淀. *thixotropic precipitate* 触变〔摇溶〕沉淀. *precipitated copper* 泥(沉淀)铜. *precipitated phase* 脱溶〔沉淀〕相. ~ly ad.

precip′itating a. 起沉淀作用的,导致沉淀的.

precipita′tion [prisipi'teiʃən] n. ①沉淀(相,反应,作用),沉积(物),沉淀,沉析,析出,分凝〔离,层,裂〕,脱溶〔作用〕②降水〔量〕,降雨〔出〕,雨量〔落下,降落,凝结 ③摔下,急躁,仓促,猛冲. *annual precipitation* 年降雨量. *carrier precipitation* 载体的沉淀. *fractional precipitation* 分级〔步〕沉淀. *precipitation cone* 沉淀〔置换〕圆锥. *precipitation gauge* 雨量筒〔计〕. *precipitation hardening* 沉淀〔弥散〕硬化. *precipitation naphtha* 沉淀石脑油(测定润滑油沉淀值的汽油溶剂). *precipitation particles* 析出〔沉淀〕粒子. *precipitation tank* 沉淀池. *preferential precipitation* 优先沉淀.

precipitation-hardening 沉淀〔时效,脱溶,扩散〕硬化.

precip′itator [pri'sipiteitə] n. ①沉淀器〔剂〕,沉淀器操作者 ②察〔收,吸,集,除〕尘器,(电)滤器 ③促使者〔物〕. *electric rodcurtain precipitator* 棒帘式电收尘器. *electrostatic precipitator* (静)电(过)滤器,静电沉淀器.

precip′itin n. 沉淀素.

precipitinogen n. 沉淀原.

precipitinoid n. 类沉淀素.

precipitom′eter n. 沉淀计.

precipitophore n. 沉淀载体.

precip′itous [pri'sipitəs] a. ①险峻的,陡峭的 ②突然的,急转直下的 ③急躁的,仓促的. ~ly ad.

precip′itum n. 沉降物,沉淀细菌.

pré′cis ['preisi:] 〔法语〕 I (pl. *pré′cis*) n. 摘(纲)要,大意,梗概. II vt. 做…的大纲,摘…的要点,写…的摘要.

precise′ [pri'sais] a. ①精密〔确〕的,准确的 ②明〔正〕确的 ③严谨的,拘泥(陈规)的. *precise casting by the lost wax process* 失蜡精密铸造〔件〕. *precise interruption* 中断. *precise level* 精密水准仪. *precise meaning* 确切的意义. *precise measurements* 精确的尺寸〔量度〕. *precise offset carrier* 准确补偿载波. *precise order* 严格的命令. ▲*at the precise moment* 正在[恰恰在]那个时刻. *to be precise* (插入语)确切地说.

precise′ly [pri'saisli] ad. ①精[准,正,明]确地,确切地 ②的确,确实如此 ③恰(正)好 ④拘谨地,拘泥[于陈规]地. *more precisely* (插入语)更确切地说. *precisely because* 就是因为…. *Precisely so.* 正是这样.

precise′ness n. 精〔准〕确,确切,拘泥.

precis′ion [pri'siʒən] I n. ①精密(度),准确度,确(性),精度,精细,正确 ②拘[严]谨. II a. 精确〔密〕的. *attainable precision* 可达精(确)度. *double precision* 二(以)倍精密度. *machining precision* 加工精度. *precision approach radar* 精测临场雷达. *precision casting* 精密〔熔模〕铸造〔件〕. *precision instrument* 精密仪表〔器〕. *precision prescribed* 要求精度. *precision waveform* 正确波形.

precision-machined a. 精密加工的.

pre′clean′er n. 预清机,粗选机,(空气)粗滤器.

pre′clean′ing n. 预清洗,预清洁.

precli′max n. 前演替顶砚.

preclisere n. 前演替系列.

preclosed operator 准闭算子.

preclude' [priˈkluːd] vt. ①预防,排[消,清]除,防止,杜绝 ②阻[妨]碍,使不可能. *preclude all doubts* 消除一切疑虑. ▲*preclude M from* +*ing* 使 M 不[做],妨碍 M(做).

preclu'sion [priˈkluːʒən] n. ①预防,排[消]除 ②防[阻]止,妨碍.

preclu'sive [priˈkluːsiv] a. ①预防(性)的(of),排除(性)的,消除(性)的 ②遮断的,妨碍(止)的.

pre'coat' v. ;n. 预涂(层),预敷(层),上底,打底子,底漆,(在过滤器表面涂敷的)滤料层. *precoat filter* 预涂助滤剂的过滤机. *precoated base* 预涂基层. *precoated sand* 复膜砂.

precoating n. 预浇面层,(油漆)上底,预涂层,底漆,熔模涂料.

preco'cious [priˈkouʃəs] a. 早熟[成]的. ~ ly ad. **precoc'ity** n.

precognit'ion [priːkəgˈniʃən] n. 预知(见),预先审查.

pre-collector n. 前级[预净]除尘器.

pre-column n. 预置柱.

precombus'tion [priːkəmˈbʌstʃən] n. 预燃,在前置燃烧室内燃烧. *precombustion chamber* 预燃室.

precomminu'tion n. 预粉碎.

pre-compac'tion n. 预压,初步压块.

precompi'ler n. 预编译程序. *precompiler program* 预编译程序.

pre'compose' [ˈpriːkəmˈpouz] vt. 预作.

precompressed a. 预压的.

precompres'sion [priːkəmˈpreʃən] n. 预(加)压(力),预先压缩.

precompres'sor n. 预压器,填装器.

precompu'ted [priːkəmˈpjuːtid] a. 预(先计)算的.

preconceive' [ˌpriːkənˈsiːv] vt. 预想,事先想好,事先作出(某种想法,意见). *preconceived ideas* 先入之见.

preconcentra'tion n. 预(先)富集,预精选[浓缩].

preconcep'tion [priːkənˈsepʃən] n. 预先之见,偏见.

pre'concert' [ˈpriːkənˈsəːt] vt. 预(先商)定,事先同意. *following preconcerted plans* 依照预定的计划.

precondensa'tion n. 预凝结.

pre'conden'ser n. 预冷凝器.

precondit'ion [ˈpriːkənˈdiʃən] I n. 前提,先决条件. II vt. 预(先)处理,预先安排好,把…准备好 ②使…先有思想准备.

precondit'ioner n. 预调节器.

precondit'ioning n. 预(先)处理,预老化(调制,调节).

preconduction current 预传导电流.

pre'conize [ˈpriːkənaiz] vt. 宣告,声明,公布,指名召唤. **preconiza'tion** n.

pre'considera'tion [ˈpriːkənsidəˈreiʃən] n. 预先考虑(察).

pre'consol'idate v. 预先[前期]固结. **preconsolida'tion** n.

preconstruction stage 施工前阶段.

precontamina'tion n. 初期沾污(染).

precontract [ˈpriːkənˈtrækt] v. [ˈpriːˈkɔntrækt] n. 预约(规定).

pre'control' v. ;n. 预先控制.

pre'cool' [ˈpriːˈkuːl] v. ;n. 预(先)冷(却),提前冷却.

pre'cool'ant n. 预冷剂.

pre'cool'er n. 预(先)冷(却)器,前置冷却器.

pre'corre'ction n. 预(先)校正. *gamma precorrection* γ(非线性)预先校正.

pre'corro'sion n. 预腐蚀.

precote n. 一种冷铺的黑色碎石及黑色石屑.

pre-cracked Charpy test 开裂前恰贝试验.

precrit'ical a. 临界前的,亚(近)临界的.

pre'cure' v. 预型化,预硫(固)化,早期养护,早熟化.

pre'cu'ring n. 预塑(硫,固)化,预固化.

precur'sive [priˈkəːsiv] a. =precursory.

precur'sor [priˈkəːsə] n. ①先驱(者,锋,导),前ం[革,驱] ②预报器,前[预]兆 ③初级粒子,前驱(趋)波,先驱物,先质,产物母体,前体,前身. *delayed-neutron precursors* 缓发中子的先驱物. *precursor compound* 原[起]始化合物.

precur'sory [priˈkəːsəri] a. ①先驱(锋,遣)的,前任[阵]的 ②预先兆的 ③开端的,初步的.

precut lumber 预开开木材.

predac'ity n. 肉(捕)食性.

pre'date' [priˈdeit] vt. ①把…的日期填早 ②居先,在日期上早(先)于 ③发生在…时之前.

preda'tion n. 捕食.

pred'ator n. 捕[猫]食者,食肉动物.

pred'atory [ˈpredətəri] a. 捕食性的,食肉的,掠夺(性,成性)的. **pred'atorily** ad.

pre'dawn' [priˈdɔːn] n. 天明前的.

predazzite n. 水滑结晶灰岩.

pre'decease' v. ;n. 先死,死在…之前.

pre'deces'sor [ˈpriːdiˈsesə] n. ①前任人(者,革,任) ②(被代替的)原有(事)物,前期物质,前驱物,原始粒子,先驱,以前有过的东西,前趋(驱). *predecessor block* 先趋符[块],前驱[先行]块. *predecessor set* 前趋集.

pre'decomposit'ion [ˈpriːdiːkɔmpəˈziʃən] n. 预分解.

pre'define' [ˈpriːdiˈfain] vt. 预先规(划)定. *predefined process* 预定处理(过程).

pre-deflec'tion n. 预偏转.

pre'degas'sing n. 预先除(脱)气.

pre'deposit'ion [ˈpriːdipəˈziʃən] n. 预淀积.

pre'design' vt. ;n. 初步(草图)设计,预谋(定).

predestina'rian n. ;a. 宿命论(者)的.

predes'tinate I vt. ①(命中)注定 ②预先确定. II a. ①宿命的,命定的 ②预定的.

predestina'tion [prideːstiˈneiʃən] n. 宿命论,命运,预定.

predes'tine [priˈdestin] vt. ①预先指[决]定 ②命中注定.

predetec'tion [priːdiˈtekʃən] a. 检波(验)前的.

predeter'minate [priːdiˈtəːminit] a. 预(先)定的.

predetermina'tion n. ①预测[定,算,计] ②【生物】前定(说).

pre'deter'mine [ˈpriːdiˈtəːmin] vt. ①预(先决)定(先)定 ②对…先规定方向,使先有一定倾向(偏见). *predetermined counter* 预置计数器. *predetermined formula* 式预定公式. *predetermined nucleation* 预成核作用. *predetermined orientation* 预先定向.

predetona'tion n. 预爆轰(震).

pre'dial [ˈpriːdiəl] I a. (附属于)土地的,田地的,乡

predicabil′ity [predikə′biliti] *n.* 可断定,可断定为…的属性.

pred′icable [′predikəbl] Ⅰ *a.* 可断定(为…的属性)的,可谓的. Ⅱ *n.* 可(被作为属性而)断定的事物,(同类事物的共同)属性,范畴.

predic′ament [pri′dikəmənt] *n.* ①困(险)境,境遇,状态 ②(可被论断的)事物,被断定的东西,种类,范畴. *be in an awkward predicament* 处于困境.

pred′icate Ⅰ [′predikit] *n.* ①谓语,谓[表]语的 ②宾词,本质,属性 ③【计】宾[谓]项(的). *predicate calculus* 谓词演算. Ⅱ [′predikeit] *vt.* ①断定,断言(为…的属性)(about, of) ②使有根据,(使)基于,由于(on, upon) ③宣告[布],声明 ④意味着,具有…的意义. *be predicated on the principles of* 以…的原则为基础.

predica′tion [predi′keiʃən] *n.* 断定,判断,推算,预测.

predic′ative [pri′dikətiv] *a.*; *n.* ①断言[定]的,论断性的 ②表(叙)述的,直谓的 ③表语的. *predicative set theory* 断言集论. ~ly *ad.*

pred′icatory [′predikətəri] *a.* 断定的,宣言的,说教(性)的.

predict′ [pri′dikt] *vt.* 预言[示,期,测,计,告,报]. *predicted-pulse-shape net work* 预测脉冲形状网络. *predicting filter* 预报过滤器.

predictabil′ity [pridiktə′biliti] *n.* 可预言[示,计,测,报]性.

predic′table [pri′diktəbl] *a.* 可预言[示,知,测,报]的.

predictand *n.* 【气象】预报量.

predic′tion [pri′dikʃən] *n.* ①预言[报,告,示,测,料],推算 ②前置量,超前. *lead prediction* 提前量测定. *prediction curve of wave propagation* 电波传播预测曲线. *prediction filter* 预测过滤器. *prediction of performance* 演绩预测,性能设据. *prediction of settlement* 沉降预计. *weather prediction* 天气预报.

predic′tive [pri′diktiv] *a.* 预言(性)的,预兆[先]的. *predictive crash sensor* 预测碰撞探测器.

predic′tor [pri′diktə] *n.* ①预言[报]者,预测[报]器 ②预测值,预报函数,预测公式(算子) ③射击指挥仪. *predictor circuit* 预测电路. *predictor formula* 预测(示)公式. *rocket impac-tpoint predictor* 火箭弹着点预测器.

prediffu′sion *n.* 预扩散.

pre′digest′ [′pri:di′dʒest] *vt.* **pre′diges′tion** [′pri:di′dʒestʃən] *n.* ①预先消化,使容易消化 ②简化,使易懂. *predigestion of data* 【计】数据的预先加工.

predilec′tion [pri:di′lekʃən] *n.* 偏爱(好),特别喜爱(for). *have a predilection for* 对…特别爱好.

pre′discharge′ *v.*; *n.* 预放电,预排气,预先卸载.

pre′dispose′ [pri:dis′pouz] *vt.* ①预先安排[处理] ②使…先倾向于,使偏爱,使易患(易接受)(to, to + *inf.*).

predisposi′tion [pri:dispə′ziʃən] *n.* 倾向(性),诱因,偏爱(好),素质.

pre′dissocia′tion *n.* 预离解(作用),预分离(分解).

pre′distilla′tion *n.* 预(初步)蒸馏.

predistor′ter [pridis′tɔ:tə] *n.* 前置补偿器,顶[修]止[矫正]电路.

predistor′tion *n.* 预矫正,预失真,频应预矫. *phase predistortion* 相位预矫. *predistortion circuit* 预失真电路.

pre′distribu′tion *n.* 初步分配,预先分布.

prednisolone *n.* 脱氢皮质(俗称),氢化泼尼松.

prednisone *n.* 脱氢可的松,强的松,泼尼松.

predom′inance [pri′dəminəns] *n.* ①优(卓)越,优势,支配 ②显著,突出.

predom′inant [pri′dəminənt] *a.* ①主要的,卓越的,突出的,最显著的,有力的,流行的,多数的 ②支配的,(对…)占优势的(over). *predominant direction* 优势(交通)方向. ~ly *ad.*

predom′inate Ⅰ [pri′dɔmineit] *v.* 统治,主导,居支配(地位),起主要[支配]作用,突出,占优势(over). *predominating constituent* 主要成分. Ⅱ [pri′dɔminit] = predominant. ~ly *ad.*

predom′inatingly *ad.* 为主,占优势地,突出地.

predomina′tion [pridəmi′neiʃən] = predominance.

predose *n.* 辐照[照射]前,前剂量.

predraining method 预先抽水法.

pre-drawing *n.* 预拉伸.

predrive *n.*; *v.* 预驱动(激励),前级激励.

pre-dry [′pri:′drai] *a.* 预(先)干燥(的).

pre-earthquake *n.* 前震.

Preece test 普里斯(钢丝)镀锌层的硫酸铜浸蚀试验,镀锌层厚度和均匀度测定试验.

pre-echo *n.* 前回声[波].

pre-edition *n.* 【计】预先编辑.

pre-editor *n.* 【计】预先编辑.

pre′ejec′tion *a.* 弹射前的.

pre′elect′ [′pri:i′lekt] *vt.* 预选.

pre′elec′tion [′pri:i′lekʃən] Ⅰ *a.* 选举前的. Ⅱ *n.* 预[优]先的选择,预选(定).

preem′ [pri:m] *n.* 初次上演.

pre-emergency *n.*; *a.* 备急(用)(的),辅助(的).

preem′inence [pri:′eminəns] *n.* 卓越,杰出,优胜地位.

preem′inent [pri:′eminənt] *a.* 优秀的,卓越的,显著的.

preem′inently *ad.* 卓越地,显著地,极度.

pre′em′phasis [′pri:′emfəsis] *n.* (频应)预矫,预矫正,预加重,预先加强,预增频.

preempt′ [pri:′empt] *vt.* 优先购买,先取(占).

preemp′tion [pri:′empʃən] *n.* 优先购买(权),抢先,先占,排挤.

preemp′tive [pri:′emptiv] *a.* 优先的,抢先的,先取的,优先购买(权)的,先发制人的. *preemptive priority* 抢先优先权.

pre′encase′ *vt.* 预先包裹(装)(在…中).

pre′engage′ [′pri:in′geidʒ] *v.* 预约,先得(占). ~ment *n.*

pre-engineered *a.* 使用预制部件建造的.

pre′equaliza′tion′ [′pri:ikwəlai′zeiʃən] *n.* (频应)预矫.

pre-equalizer *n.* 前置均衡器.

pre′estab′lish [pri:is′tæbliʃ] *vt.* 预先设立(制定).

pre′-es′timate [′pri:′estimeit] *vt.* [′pri:′estimit] *n.* 预测[算].

pre-etching n. 预先腐蚀.
pre'evac'uate v. 预抽，预排气. preevacuated chamber 预抽真空室. pre'evacua'tion n.
pre-evapora'tion n. 预蒸发（初(步)蒸发.
pre-evap'orator n. 预（初步)蒸发器.
pre-evolution test 简化初步评价法.
pre'exam'ine ['priːigˈzæmin] vt. 预先检查，预考[试]. pre'examina'tion n.
pre'exist' ['priːigˈzist] v. 先(存)在，先存，先于…而存在. preexisting imperfection 前在不完整性.
pre-exis'tent ['priːigˈzistənt] a. 先在(有)的.
pre-expan'der n. 预扩展器.
pre'expose' v. 预曝光.
pre'-expo'sure n. 预曝光.
pref = ①preface(d) ②preference ③preferred ④prefix.
pre'fab' ['priːˈfæb] I a. 预制(构)的. II n. 预制品，活动[预制]房屋.
pre'fab'ricate ['priːˈfæbrikeit] I vt. (工厂)预制，装配. II n. 预制品. high voltage prefabricated equipment 预制的高压电气设备. prefabricated house 活动〔预制〕房屋. prefabricated parts 预制构件.
pref'ace ['prefis] I n. 序(前，绪)言，引语，卷首语，开端. II v. ①作序，成为…的开端 ②开始，导致. in the preface to this book 在本书的序言中.
prefac'tor ['priːˈfæktə] n. 前因子.
pre-fade listening 预听，试听.
prefato'rial [prefəˈtɔːriəl] 或 pref'atory ['prefətəri] a. 序言的，引言的，位于前面的. prefatory arch to the main entrance 正门前的拱门.
prefer' [priːˈfəː] (preferred; prefer'ring) vt. ①(比较起来)更喜欢，还是以…为好，与其…宁可〔愿〕…，情愿 ②提出，建议，申请 ③把…提升到 (to)，推荐，介绍 ④优先偿付. ▲M is preferred 以M优先. M是用M. prefer M above all others 最喜欢M. prefer M to N 喜欢M胜过N，宁愿用M而不用N. prefer death to surrender 宁死不屈. prefer to +inf. (rather than +inf.) 宁愿〔喜欢〕做）…（而不喜欢〕…），情愿〔做〕…（而不愿…）. prefer to use M instead of using N 比较爱用M而不用N.
pref'erable ['prefərəbl] a. 优越的，更可取的，较好的. M appears preferable to N. 看来M比N更为可取. It is preferable to go. 最好是去. be preferable to 胜于，优于，比…更可取.
pref'erably ['prefərəbli] ad. 宁可〔愿)，最〔更〕好，优先地，更可取地.
pref'erence ['prefərəns] n. ①偏爱 (for)，特选，喜爱 ②优先(权)，优待，优惠，偏爱物 ③选择(权，机会). ▲give (no) preference to M（不）偏爱M, (不）优先选择M. have a preference for M 特别喜欢M, 认为M更好. have a preference of M to [over]N 喜爱M甚于喜爱N. in preference to 优先于M, (宁取…)而不取N, 比M好.
preference-temperature 适宜温度.
preferen'tial [prefəˈrenʃəl] I a. 优先的，特(优)惠的，择优的. II n. 优先权. preferential etching【冶】择优浸〔腐〕蚀. preferential floatation 优先浮选. preferential tariff 特惠税率. preferential treatment 优先处理，优待. ~ly ad.
prefer'ment [priːˈfəːmənt] n. ①提升，升级 ②有利可图的职位，肥缺 ③优先权 ④提出 ⑤酶前体，酶原.
preferred [priːˈfəːd] v. prefer 的过去式和过去分词. I a. 优先的，优先选用的，可取的，较佳的(从)优的，从(变)优的. preferred axis 从优轴. preferred coordinates 特定坐标(系). preferred direction 优先定向. preferred direction of magnetization 易磁化方向. preferred numbers 从优数，【电】标准数目(例如取大于5 ¹⁰√10 和10 ¹⁰√10 的级数). preferred orientation 择优位向，从(择)优取向(位向). preferred plan 最佳规划(方案). preferred value 优选值.
pre'fetch' v.【计】预取.
prefigura'tion [priːfigjuˈreiʃən] n. 预示(兆，想)，原型. prefig'urative a.
pre'fig'ure ['priːˈfigə] vt. 预示(兆，想，见，言)，通过形像预示.
pre'fill' v. 预装填，预先充满. prefill surge valve (预先)满油补偿阀，充液补偿阀. prefill valve (预)充液阀，灌油阀.
pre'fil'ter n. 预置前置)过滤器，前置滤光片.
prefire' [priːˈfaiə] v. 预(先烧)烧，预先点火(烘焙).
prefi'ring I n. 预先点火，预烧. II a. 点火(起动)前的.
prefix ['priːˈfiks] n. ①词头，字冠(首)，前缀，首标 ②前束，(电视)超前脉冲 ③文献编号前面的代号（一般用字母表示） ④人名前的尊称（如Mr., Dr., Sir等）. II ['priːˈfiks] vt. ①添以词头(前缀，标题) ②加在…前面，预先指定. prefix notation 无括号(接头词)表示法，无括号标序法，无括号标序记号.
prefix'ion [priːˈfikʃən] 或 pref'ixture [priːˈfikstʃə] n. ①用词头(前缀) ②序，绪言.
pre'flex' v.; n. 预弯，预加弯力. preflex beam 预弯梁.
preflight' [priːˈflait] a. 飞行(起飞)前的，为起飞作准备的.
preflush flow counter 预先冲洗流动计数管.
pre'flux'ing n. 预涂熔剂.
pre'fo'cus ['priːˈfoukəs] I (pre'fo'cus(s)ed; pre'foc'us(s)ing) vt. 预先集(调)焦，预(初)聚焦. II a. 置于集焦反光镜焦点处的. electrostatic prefocusing 静电预焦聚焦.
preform I [priːˈfɔːm] vt. 预制，预加成，预成(定)型，(塑坯)预塑，把…初步加工，预先形成(决定). II ['priːˈfɔːm] 塑坯预塑，初步加工的成品，预(成)型(坯)，预型体，锭料，锥形，盘料，压片. preform molding 塑坯模制法. preformed joint sealant 预制(塑)缝. preformed joint filler 预型式嵌缝板，预制填缝料. preformed wire rope 预成型钢索. preforming press 压片机，制锭机. slurry preforming 生料制锭.
pre'forma'tion n. 预先形成，先(预)成说.
pre'form'ative a.; n. 使预先形成的，前缀(的).
pre'form'er n. 预压机，制锭机. dual-pressure preformer 弹簧模预压机.
pre'frac'tionator n. 初步分馏塔.

pre′frame′ v. 预装配.
prefused eutectic 预熔共晶.
pre′gla′cial ['pri:'gleisjəl] a. 冰河期前的.
preg′nable ['pregnəbi] a. 可攻克的,易占领的,易受攻击的.
preg′nancy ['pregnənsi] n. 怀孕,充满,内容充实,富有意义.
pregnane n. 孕(甾)烷.
pregnanediol n. 孕(甾)二醇.
pregnanedione n. 孕(甾)二酮.
pregnanolone n. 孕(甾)烷醇酮.
preg′nant ['pregnənt] a. ①怀孕的,孕育着的 ②充满的,富有的,含蓄的,意义深长的 ③富于想象力的,有创造力的 ④富于成果的,丰产的. ~ly ad.
pregnene n. 孕(甾)烯.
pregneninolone n. 17-乙炔睾酮.
pregnenolone n. 孕(甾)烯醇酮.
pregroup modulation 前波群调制.
pre′-hard′ening n. 初凝,预硬化.
pre′heat′ ['pri:'hi:t] v. 预热,初炙[预先]加热. preheated forehearth 保温前炉. preheating of the mixture 混合料预热. preheating zone 预热带[区].
pre′heat′er ['pri:'hi:tə] n. 预热器[炉]. regenerative air preheater (蓄热式)空气预热器.
prehen′sile [pri'hensail] a. 能抓[握]住的.
prehen′sion [pri'henʃən] n. 抓[握]住,捕捉领会,理解.
pre′histor′ic ['pri:his'tɔrik] a. ①史前的 ②很久以前的,古老的,陈腐的. ~ally ad.
prehis′tory n. 史前期[史],史前背景.
pre′hu′man ['pri:'hju:mən] a. 人类以前的.
pre′hydra′tion n. 预先饱和水(化)的.
pre′hydrol′ysis n. 预加水分解.
preignite′ vt. 预[提前]点火.
preignit′ion ['pri:ig'niʃən] n. 预燃(作用),预[提前,过早]点火.
preim′age n. 逆(原)像.
preimpreg′nated a. 预浸渍的.
pre-incuba′tion n. 预保温.
preindu′cer n. 前诱导剂.
pre-informa′tion n. 预先获悉.
preinjec′tor n. 预注入器,前加速器.
preinstallation test 预装前试验.
pre-ioniza′tion n. 预[先]电离.
pre-ionized a. 预[先]电离的.
pre-irra′diated a. 先辐照的,预照射的.
pre-irradia′tion n. 辐照前,先[预]辐照.
pre′judge′ [pri:'dʒʌdʒ] vt. 预计[估,断],预先(过早)判断. pre′judg(e)′ment n.
pre′judica′tion ['pri:dʒu:di'keiʃən] n. 预先(草率地)判断.
prej′udice ['predʒudis] I n. ①偏[成]见,歧视 ②侵[伤,损]害,不利. ▲have prejudice against [in favour of] 对…有偏见[偏爱]. to the prejudice of 有损于,不利于. without prejudice 没偏见. without prejudice to 不使(合法权利)受到损害. II v. ①使…抱偏见 ②损害,不利于,使受到不利的影响. ▲prejudice him against [in favour of] …使他偏恨[偏爱]….

prej′udiced ['predʒudist] a. 有偏[成]见的,偏心的. prejudiced opinion 偏见.
prejudic′ial ['predʒu'diʃəl] a. 造成偏见[损害]的,对…不利的,有损于…的(to).
prekallikrein n. 前激肽释放酶,激肽释放酶原.
pre-knowledge n. 预先了解.
prelarva n. 前期仔鱼(幼体).
prelase v. 预[超前]激射.
prelaser I a. 激光照射前的. II n. 激光敏感剂.
prelaunch a. 发射前的.
pre-leaching n. 浸出之前,预浸出.
pre-leader pass 【轧】成品再前孔.
prelect′ [pri'lekt] vi. (在大学里)讲课,演讲. ~ion n.
pre′liba′tion ['pri:lai'beiʃən] n. 预[试]尝.
pre′libera′tion ['pri:libə'reiʃən] a. 解放前的.
prelim [pri'lim] = preliminary.
prelim′inarily [pri'liminərili] ad. 预先地.
prelim′inary [pri'liminəri] I a. ①初步[级,始]的 ②预备[先]的,序言(性)的,绪言的,开端的. II ad. 预先. III n. ①(pl.)准备工作[措施],初步行动,事先接触 ②预试[赛],淘汰赛 ③(常用 pl.)初步,前端 ④(pl.)正文前的书页[内容],序言,文前栏目 ⑤初期微震. preliminary ageing (橡胶)预先老化. preliminary agreement 协议. preliminary design 预先准备,原始[设]计. preliminary dimensions 预定尺寸. preliminary groundwork 创建工作. preliminary impulse 前发脉冲. preliminary investigation 初步调研. preliminary line 初测导线. preliminary measures 初步措施. preliminary remarks 前言,开场白. preliminary shock 首震,震首. preliminary sizing 粗筛选. preliminary sketch 草图. preliminary test 初步试验. ▲without preliminaries 直截了当的. preliminary to+ing 在(做…)之前,作为(做…)的准备.
pre-β-lipoprotein n. 前-β-脂蛋白.
pre-liquefier n. 初步液化器.
preload v.；n. ①预先加料,预装[入] ②预加(荷)载,预(初)(负)载 ③预压.
preload′ing n. 预先(初始)负载,预加(荷)载. preloading fill 预加载加载土.
prelu′bricated a. 预润滑的.
prel′ude ['prelju:d] I n. 序曲[幕,言],(软件)序部,前奏(兆),过程标题. II v. 成为…的序幕[序曲,前奏],预兆,开头. ▲as a prelude to +ing 作为(做…)的前奏[序曲,开头].
prelu′dial [pri'lju:dial] a. 序言(式)的,序幕(式)的,序曲(式)的,先导的.
prel′udize ['prelju:daiz] vi. 作[奏]序曲.
prelumirhodopsin n. 前激光视紫红(质).
prelu′sive [pri'lju:siv] a. prelu′sory [pri'lju:səri] a. 序曲[幕,言]的,前奏的,预兆的,先导的.
pre-magnetiza′tion n. 预磁化.
premature′ [premə'tjuə] I a. ①过早的,未[不]成熟的 ②早期的 ②早熟的. II n. 过早发生的事物,过早爆炸的炮弹. premature explosion 过早爆炸. prematu′rity n.
pre-maximum n. 初始极大值,极大前瞬.

premed'itate [pri'mediteit] v. 预谋,预先考虑(计划). **premedita'tion** n.
premelting n. 预熔.
prem'ier ['premjə] I n. 总理,首相. II a. 第一的,首位的,最早的,最前的.
première ['premiɛə] [法语] I n.; v. 首次放映(演出). II a. 突(杰)出的,首要的.
premise I ['premis] n. ①前提 ②(pl.)前言,根据 ③(pl.)房屋,房产 ④(pl.)上述各点(房屋). *business premises* 办公室,事务所. *going on this premise* 从这前提出发.
II [pri'maiz] v. (提出…)作为前提(条件),假定,先说,预述.
prem'iss ['premis] n. 前提.
pre'mium ['pri:mjəm] I n. ①奖(金,品,状,牌)②保险费,学费,佣金,额外费用,贴水,升水,溢价 ③高级,优质. II a. 特级的,质量改进的. *insurance premium* 保险费. *overtime premium* 加班费. *premium engine(motor)oil* 高级车用机(汽)油. *premium fuel* 优质燃料. *premium gasoline* 高级汽油. *premium-priced fuel* 高价燃料. *premium rate* 保险费率. *rate of premium* 升水率. *at a premium* 非常需要(宝贵),很受重视,超过票面(一般)价值. *premium for* 为…而发的奖金. *put(place) a premium on* 鼓励,鼓(奖)励,重视.
premium-grade a. 高级的.
pre'mix' I v. 预先混(拌)合,预混(拌). II n. 预(先混合好的)混(拌)合各料. *premix mo(u)lding* 预混模制. *premixed aggregate* 预拌集料.
pre'mix'er n. 预先混合器.
pre'modifica'tion n. 【计】预先修改.
pre'modula'tion n. 预调制.
premonition [pri:mə'niʃən] n. 预感(兆),预(先)的警(预)告,前兆.
premon'itor [pri'mənitə] n. 预兆,征象,预先警告者.
premon'itory [pri'mənitəri] a. 预(先)兆的,预(先)警(预)告的.
premo(u)ld I v. 预型(铸),预(先模)制. II n. (塑)料片,药片,锭剂.
premo(u)ld'ed a. 预先模制的,预塑(铸,制)的. *premoulded pile* 预制桩.
premultiplica'tion [pri:mʌltipli'keiʃən] n. 自左乘.
premunit'ion [pri:mju'niʃn] n. 预防措施(接种),传染(病)免疫.
prenderol (=2,2-diethyl-1,3-propanediol, DEP) 甫任德醇, 2,2-二乙基-1,3-丙二醇, DEP.
prenex normal form 【数】前束范式.
pre-nova n. (pl. pre-novae) 爆前新星.
pren'tice ['prentis] n. 学徒. *prentice hand* 生手.
prenytransferase n. 异戊烯转移酶.
preoc'cupancy [pri'ɔkjupənsi] n. 先占(取),全神贯注.
preoccupa'tion [priɔkju'peiʃən] n. ①全神贯注,出神 ②使人全神贯注的事物,急务 ③先占(取),预先,偏成)见. *preoccupation with* 专心于.
preoc'cupied [pri'ɔkjupaid] a. 全神贯注的,被占住的. *be preoccupied with thoughts of* 一心想着….
preoc'cupy [pri'ɔkjupai] vt. ①预占,先取 ②使全神

贯注,使专心于,吸引住.
preoil'er n. 预先加油器,预润滑器.
pre-oil'ing [pri:'ɔiliŋ] n. 预先润滑(加油).
pre'op'erative ['pri:'ɔpərətiv] a. 操作前的,外科手术预定位控制.
pre'ordain' ['pri:ɔ:'dein] vt. 预先注定(规)定.
Pre-Ordovician n. 奥陶纪前的.
pre-oscilla'tion n. 预振荡. *preoscillation current* 起振(前)电流.
pre-oval n. 粗轧椭圆孔型.
pre'oxida'tion n. 预氧化.
pre-oxygena'tion n. 预先呼吸氧.
prep [prep] I n. ①预备功课,家庭作业,预习(自修)(时间)②预备学校,预科(学生). II a. 预备的. III (prepped), prep'ping) v. 预(准)备,进行预备训练,进预备学校.
PREP 或 **prep** = ① preparation ② prepare ③ prepared 制(准)备的 ④ preposition 前置词.
pre'pack'(age) ['pri:'pæk(idʒ)] n.; v. 预先包装(装填). *prepack(ag)ed concrete* 预填(压)骨料混凝土.
prepaging n. 【计】预约式页面调度.
pre'paid' ['pri:'peid] a. (邮资,运费等)预(先)付(讫)的. *freight prepaid* 运费预付. *telegram with reply prepaid* 复电费已预付的电报.
prepakt concrete 预填(压)骨料混凝土.
prepa'rable a. 可准(筹)备的,可(配)制的,可作出的.
prep'arate a. 准备好了的,现成的,作好的,预制的.
prepara'tion [prepə'reiʃən] n. ①预(准)备,筹备,调制,预先加工,处(整)理,配制 ②(pl.)准备工作(措施) ③(配,预)制剂,剂型,配制品,标本,试液 ④装配加工,坡口加工. *edge preparation* 边缘表面加工(坡口加工). *preparation of greases* 润滑脂的制备. *preparation of land* 土地平整. *preparation of programs* 程序设计. *preparation of specimen* 制造样品. *preparations for war* 战备. *sample preparation* 试样准备,试料制备. *size preparation* 【冶】粒度准备. *surface preparation* 表面预加工. *zone of preparation* (高炉)预热带. ▲*be in preparation* 在准备中. *in preparation for* 为…作准备,为了准备,以备. *make preparations against* 为对付(防止)…作准备. *make preparations for* 作(为)…的准备一为了…作准备.
prepar'ative [pri'pærətiv] I a. 初步的,预(准,制)备(性)的. ~**ly** ad. II n. 预(准,筹)备.
prepara'tor n. 选矿机.
prepar'atory [pri'pærətəri] I a. 准(预,筹)备的,初步的,准备上需要的. II n. (大学)预科. III ad. 作为准备,为先前. *preparatory measures* 初步的措施. *preparatory pass* 成品再前孔. *preparatory steps* 准备步骤(措施). *preparatory training* 初步(准备)训练. *preparatory treatment* 预处理,预先加工. ▲*preparatory to* 作为…之准备,在…之前.
prepare' [pri'pɛə] v. ①准(预,筹)备,为…作准备,训练,配(装)备 ②制(配)(计划,团案等),作出,配(调)制,拌(精)制,制备(造). *prepare for struggle* 准备斗争. *prepare for the worst* 准备万一,从坏处打算. *prepare to undertake a task*

为承担某任务而作准备. ▲*prepare M for* [to + *inf.*] 使M对…作好(思想)准备,为…而制订M. *prepare readers for understanding this* 使读者为理解这而作好准备.

prepared' [pri'pɛəd] *a.* ① 有准备的,准备好的 ② 特别处理过的,精制的. *be well prepared for* [to + *inf.*] 对…有充分准备. *prepared edge* (*for forms other than square*) 坡口加工面. *prepared foundation* 填筑好的路基. *prepared tar* 精制(的)焦油. ▲*be prepared for* [to + *inf.*] (已)准备好的,有能力而且愿意(做…).

prepa'redness [pri'pɛədinis] *n.* 准备(状态),有(已,作好)准备. *Preparedness averts peril.* 有备无患. *preparedness subcommittee* 战备小组委员会. *strengthen preparedness against war* 加强战备.

prepa'rer *n.* 调制机.

pre'pay' [pri:'pei] (*pre'paid*) *vt.* 预(先)付.

pre'pay'able *a.* 可预付的.

pre'pay'ment *n.* 预付(款). *prepayment watthour meter* 预付电度计.

prepay-set *n.* 投币式公用电话机.

prepd = prepared.

prepense' [pri'pens] *a.* 预先考虑过的,故意的.

preplace' [pri:'pleis] *vt.* 预置.

preplaced-aggregate concrete 预填骨料混凝土.

preplan' [pri:'plæn] (*preplanned'*; *preplan'ning*) *v.* 规划,预先计划. *preplanned search* 预先计划搜索.

preplas'ticizer *n.* 预增塑剂.

pre'plas'ticizing *n.* 预塑化.

prepn = preparation.

prepo'larized *a.* 预极化的.

pre'pol'ymer *n.* 预(前)聚(合)物,预聚合物.

prepolymeriza'tion *n.* 预聚合.

prepon'derance [pri'pondərəns] 或 **prepon'derancy** *n.* (胜)过,较(偏)重,(重量、数量、力量)优势(越). *have the preponderance over M* 比M重,比M占优势.

prepon'derant [pri'pondərənt] *a.* (重量、数量、力量上)占优势的,较(偏)重的,压倒的(over). *a preponderant portion of* (绝)大部分的. *concentrate preponderant forces* 集中优势兵力.

prepon'derate [pri'pondəreit] *v.* 超(胜,大,重)过,过(偏)重,占优势,压倒. *preponderate in number* 数量上占优势. *reasons that preponderate over other considerations* 优先考虑的理由.

preposit'ion [prepə'ziʃən] *n.* ; *vt.* ① 前置词,介词 ② 前面的位置,(把…)放在前面,预先放好.

preposit'ional [prepə'ziʃənl] *a.* 前置词的,介词的.

prepos'itive [pri'pozitiv] Ⅰ *a.* 前置(缀)的. Ⅱ *n.* 前置的词.

prepossess' [pri:pə'zes] *vt.* ① 预先影响,灌输,使先具有,使充满 ② 使…先有好感,使偏爱 ③ 使先有反感,使有偏见(against). ▲*be prepossessed by M* 从 M 先获得好感. *be prepossessed with* 充满. *prepossess M with N* 使 M 先具有 N.

prepos'sessing *a.* 令人喜爱的,给人好感的,吸引人的.

prepos'session [pri:pə'zeʃən] *n.* ① 预先形成的印象, 先入之见 ② 全神贯注,着迷,偏爱,偏见.

prepos'terous [pri'postərəs] *a.* (十分)荒谬的,颠倒的,反常的,不合理的,愚蠢的. ~**ly** *ad.*

prepo'tency [pri'poutənsi] *n.* 优越的力量,优势.

prepo'tent *a.*

prepoten'tial *n.* 前电位.

prep'py 或 **prep'pie** ['prepi] *n.* (大学)预科生.

pre'pran'dial *a.* 餐前的.

pre'pref'erence [pri:'prefərəns] *a.* 最优先的.

pre-preg *n.* 预浸处理,聚酯胶片,半固化片.

pre'press'ing *n.* ① 预压 ② (pl.) 预压坯块.

pre-pressing-die-float 预压浮沉(弹簧)模.

preprint *vt.* 预印. *n.* 预先印好的,预印本,未定稿版.

pre'-proc'ess *vt.* 预(先)加工,预处理.

pre'-proc'essing *a.* ; *n.* 加工(处理)前的,预加工.

pre'proc'essor *n.* 预加工(处理)器.

preproduc'tion [pri:prə'dʌkʃən] Ⅰ *n.* 试制,试(小批)生产. Ⅱ *a.* 生产前的,生产前试验的. *preproduction missile* 试验(试制,投入生产前)的导弹. *preproduction-type test* 生产前试验.

pre-profiling *n.* 初成型,预压型.

pre'pro'gram *vt.* 预编程序.

preprophage *n.* 原噬菌体原.

preprophase *n.* 早前期.

prepulse *n.* 前脉冲.

prepul'sing *n.* 预(先行)脉冲,发出超前脉冲.

prepump *n.* 前级(预抽)泵.

pre-punch *vt.* 预先穿(打)孔.

pre'pur'ging *n.* 洗炉(光亮退火等热处理时清除炉内气体).

prequalify *v.* 预先具有资格(条件).

prequenching *n.* 预淬火.

pre'reac'ted *a.* 预加反应的.

preread disturb pulse 读前干扰脉冲.

pre'record' [pri:ri'kɔ:d] *vt.* 预先录下(制).

pre'redu'cing ['pri:ri'dju:siŋ] 或 **pre'reduc'tion** ['pri:ri'dʌkʃən] *n.* 预先还原.

pre'relativis'tic *a.* 在相对论之前的.

pre-relativ'ity *n.* 相对论前(时期).

pre'release' ['pri:ri'li:s] *n.* (电影)预映,预先发行,(蒸汽机)提前排气.

pre'req'uisite ['pri:'rekwizit] Ⅰ *a.* 必须预先具备的,先决条件的,必(首)要的(to). Ⅱ *n.* 先决(必要)条件,前提(to, for).

pre'roast' *v.* 预(先)(初步)焙烧.

prerog'ative [pri'rogətiv] Ⅰ *n.* ① 特权 ② 特性(点),显著的优点. Ⅱ *a.* (有)特权的.

prerota'tion *n.* 预旋(转). *prerotation vane* 导流(向)片,预旋叶片.

Pres = president.

pres = ① present ② president ③ pressure.

presage Ⅰ ['presidʒ] Ⅱ ['pri'seidʒ] *v.* 预知(示)(兆),预言,预先警告,(成为)前兆.

presbyacusia *n.* 老年性聋.

pres'byope ['prezbioup] *n.* 远视者,老花(眼)者.

presbyo'pia ['prezbi'oupiə] *n.* 远视眼,老视,老花眼.

presbyop'ic *a.*

pre'sca'ling *n.* 预引比例因子.

pre'school' ['pri:'sku:l] Ⅰ *a.* 学龄前的. Ⅱ *n.* 幼儿

pre'school'er n. 学龄前儿童.

pres'cience ['presiəns] n. 预知,先见.

pres'cient ['presiənt] a. 预知的,有先见之明的. ~ly ad.

pre'scientif'ic ['pri:saiən'tifik] a. 近代科学出现以前的,科学方法应用前的.

prescind' [pri'sind] v. 孤立地考虑,不加考虑,使…集中而顾不上考虑其它(from).

pre'score v. 先录录音.

prescribe' [pris'kraib] v. ①规定,命令,指示〔令,挥〕②开〔药方〕,吩咐,医嘱. *complete the prescribed form* 填好规定的表格.

prescript Ⅰ ['pri:skript] n. Ⅱ [pris'kript] a. 命〔法〕令〔的〕,规定〔的〕,指示的.

prescrip'tion [pris'kripʃən] n. ①命令,法规〔则〕,方案,规定,说明,吩咐 ②质量要求,惯例,传统 ③处〔药〕方. *prescription balance* 药剂天平.

prescrip'tive [pris'kriptiv] a. 规定的,指示的,命令的,约定俗成的,惯例的.

presedimenta'tion n. 预先沉淀,预沉降.

pre'-seis'mic a. (地)震前的.

preselect' [pri:si'lekt] vt. 预选,选择,预(先决)定,既定.

preselec'tion [pri:si'lekʃən] n. 预选〔定〕,预选送,预先〔初始〕选择性,前置选择〔法〕. *partly double preselection* 部分双重预选.

preselec'tive [pri:si'lektiv] a. 预选式的.

preselec'tor [pri:si'lektə] n. 预选器〔机,装置〕,前置选择器,高频预选滤波器. *preselector control* 预定位控制,预选器控制. *preselector valve* 预选阀.

pres'ence ['prezns] n. ①出席〔现〕,到〔到〕场 ②〔存〕在,存在的人〔物〕,有,面〔眼〕前的人〔物〕 ③态〔眼〕度,仪表. *presence bit* 【计】存在位,内存指示位. *presence chamber* 接见厅. *Your presence is requested.* 请你出席. ▲*in the presence of* 在有 M 的场〔现〕的下,在 M 面前. *presence of mind* 镇静,沉着. *without the presence of* 没有,不存在.

present Ⅰ ['preznt] a. ①到〔场的,出席〔现〕的,存在〔出现〕于…中的(in) ②现〔当〕今的,目前的,现存的 ③本,此,该. *Even at low pressures there are still large numbers of molecules present.* 即使在低气压时,仍有大量分子出现. *present company* 出席者,在场人. *present section* 本节. *present wit* 急〔机〕智. *present worth* 现值. *The nucleus contains a total positive charge that is equal to the number of protons present.* 原子核中包含的正电荷的总数和存在于该原子核中的质子数相等. *the present author (writer)* 本(文)作者. *the present volume* 本书. *those here present* 在座各位. *under the present conditions* 在目前情况下. ▲*at (the) present (time)* 目前,现今. *be present to* 出现在…面前. *be present to the mind* 放在心里,不忘记. *have M present with N* 使 M 同 N 并存,把 M 和 N 弄到一起. *in the present case* 在这事件中,此际,当下,这情形.

Ⅱ n. ①现在,目前 ②礼物,赠品. ▲*at present* 现在,目前,眼下. *make (give) a present of M to N* 把 M 作为礼物送给 N. (*up*)*to the present* 至〔迄〕今,到目前为止.

Ⅲ [pri'zent] vt. ①给〔交,提,送,发,显,演〕出,提供〔示〕,呈现,显示,表示〔出〕出,是 ②带来,引起,产生,造成,导引,导向 ③赠送,赠〔授〕与,献 ④介绍,引见.*present a great puzzle* 是一大〔疑〕难题. *present (no) difficulties* (不)会造成〔带来〕困难. *We are presented with a situation where*…我们(会)面临〔碰到〕这样一种情况,即…. ▲*present M at* 用 M 瞄准 N. *present itself* 出〔呈,浮〕现. *present oneself* 出席〔现〕,到场. *present M to N* 把 M 送〔介绍〕给 N,把 M 朝〔向,对〕着 N,向 N 暴露〔显示〕出 M. *present M with N* 把 N 赠给 M,给 M 带来 N,向 M 提供〔出〕N.

presen'table [pri'zentəbl] a. ①拿得出〔去〕的,像样的,值得挑剔的,见得了人的 ②可介绍〔推荐〕的,适于赠送的. **presentabil'ity** n. **presen'tably** ad.

presenta'tion [prezən'teiʃən] n. ①提〔演〕出,表〔指,展〕示,呈〔表〕现,存在 ②外观,形式 ③图〔影,显〕像,显示,上演,放映,描绘,扫描,对影像的印像 ④呈文,报告书,文献,赠品〔送〕 ⑤赠〔授〕与,给予,引见,出席,代表. *aural-null presentation* 有声无波显示. *aural presentation* 有声显示. *develop (plan) a presentation* 拟定一份意见书. *for ease of presentation* 为了便于说明〔介绍〕. *give a systematic presentation of*…对…作系统的说明. *payment against presentation of shipping documents* 凭单付款. *presentation copy* 赠送本. *presentation of credentials* 国书的呈递. *presentation of a plan* 计划的提出. *presentation on a screen* 荧光屏上的图像,荧光屏显示.

presenta'tional [prezən'teiʃənəl] a. ①直觉的,表象的,观念的 ②上演的,演出的.

presen'tative [pri'zentətiv] a. 起呈现作用的,抽象的.

pres'ent-day ['prezntdei] a. 现代〔今,在〕的.

presentee' [prezən'ti:] n. 被推荐者,被接见者,受礼物者.

presen'ter [pri'zentə] n. 推荐〔提出,赠送〕者.

presen'tient [pri'senʃient] a. 预感的(of).

presen'timent [pri'zentimənt] n. 预感.

presen'tive a. 直接表示的.

pres'ently ['prezntli] ad. ①不久,即刻,一会儿 ②目前,现在 ③必然地. *the best method presently known* 目前所知的最好方法.

present'ment [pri'zentmənt] n. ①陈〔叙〕述,描写,画 ②呈现,展示,提出,演出.

preser'vable [pri'zə:vəbl] a. 可保存〔藏,管,护〕的,可维〔保〕持的.

preserva'tion [prezə:'veiʃən] n. 保存〔持,护,管,藏〕,储藏,堆放〔存〕,维持〔护〕,防腐,预防. *hydraulic preservation oil* 液压防护〔锈〕油.

preser'vative [pri'zə:vətiv] n. 保存〔藏〕的,有保存力的,预防的,防腐的. n. 保存〔防怪〕剂,防腐剂〔料〕,保护剂〔物〕,预防法〔药〕. *engine preservative* 发动

preser′vatize

机防锈油. *preservative agent* 〔substance〕防腐剂. *preservative* (*engine*) *oil* 防护(机器)油. *wood preservative* 木材防腐剂.

preser′vatize [pri′zə:vətaiz] *vt.* 给…加防腐剂,用防腐法.

preser′vatory [pri′zə:vətəri] *a.* 保存的. *n.* 保藏器,储藏所.

preserve′ [pri′zə:v] **I** *vt.* ①保存〔藏,管,护,持〕,防护〔腐〕,维持〔护〕 ②禁猎. **II** *n.* ①(常用 pl.)保藏物,罐头,蜜饯,果酱 ②禁猎地,禁区,鱼塘,饲养场 ③护目〔防风〕镜,遮光〔太阳,避尘〕眼镜. *preserve area* 禁猎〔伐〕区. *preserve forests* 保护森林. *preserve order* 维持秩序. *preserved plywood* 防腐胶合板.

preser′ver [pri′zə:və] *n.* ①保护〔管〕人,保存者,保护物 ②(制)贮藏食品者.

preset′ [pri′set] **I** (*preset*; *preset′ting*) *vt.* **I** *a.* ①预(先装) 〔预汽〕调整〔定,做,初〕调,预〔②安装程序〔步骤,准备工序〕,按预定〔图表〕轧制,给定〔预定〕的,半固定的,给定〔自律式〕程序的 ③初〔预〕凝〔结〕. *automatic preset* 自动程序控制. *preset adjustment* 预调准〔整〕,预置调整. *preset capacitor* 预调〔微调,半可变〕电容器. *preset control* 程序〔预调〕控制,预置调整. *preset* (*decimal*) *counter* 预置(十进制)计数器. *preset device* 自动导航仪,预置机构. *preset digit layout* 预先给定的数位格式. *preset guidance system* 预置〔给定程序,自律式程序〕制导系统. *preset mechanism* 程序机构. *preset parameter* 预置〔预置〕参数. *preset regulation* 预选装置调节,预调.

preset-time counting 在给定时间间隔内的计数.
pre-setting period 预凝〔结〕时期.
pre′shaping [′pri:ʃeipiŋ] *n.* 预先成形,预(先)形成.
preshaving 剃前. *preshaving cutter* 剃前(齿轮)刀具. *preshaving hob* 剃前滚刀.
presheaf *n.* 【数】预层.
pre′-shear′ing [′pri:′ʃiəriŋ] *n.* 预剪.
preshoot *n.* 倾斜,下垂,前〔预〕冲,前置尖头信号.
pre′shrunk′ *a.* 已预缩的,落水后不会再缩的.
preside′ [pri′zaid] *vi.* 主持〔管〕,负责(安排),指挥,担任主席(over, at). *be presided over by* N 由 N 主持. *preside at* 〔*over*〕 *a meeting* 主持会议.
pres′idency [′prezidənsi] *n.* ①总统〔部长,会长,董事长,总经理,院长,校长,社长,主席〕的职位 ②上述各职位的任期.
pres′ident [′prezidənt] *n.* ①(美,法,德,印等国)总统 ②(美大学)校长,(英大学)院长 ③(协会,团体等)会长,社长,(会议)主席 ④(公司,银行)行长,总裁,董事长,总经理 ⑤大臣,长官,总督. ~*ial a.*
presi′der *n.* (会议)主席,主持者.
presi′ding [pri′zaidiŋ] *a.* 主持会议的,首(主)席的.
presid′ium [pri′sidiəm] *n.* 常务委员会,主席团.
Pre-Silurian *a.* 志留纪前的.
Pre-Sinian *a.* 震旦纪前的.
presin′ter [′pri:′sintə] *v.* 预(先)烧结,初步烧结〔熔结〕,压结前烧结.
pre-slotting *n.* 预开槽.
pre′soak′ *v.*; *n.* 预浸.

pre-spark *n.* 预火花.
pre′split′ting *n.* 预裂,预裂法(岩石开挖的方法).
prespore *n.* 前孢子.
pre-springing *n.* (焊件的)预弯.
press [pres] *n.*; *v.* ①压(制,缩,紧,榨,平,印,碎),冲压(制),模压,打包 ②按,摁,压,挤,推,叟 ③承〔受〕压,压迫(倒) ④压(力,锻,制,缩,榨)机,压床,冲床,模制机,叠压板,压榨机,打包机 ⑤印刷(所,品,机,厂,业,术),出版(物,社,界),报刊,新闻 ⑥紧压〔迫〕,紧压,报刊评论 ⑧使贴紧,紧握〔抱,迫〕⑦催,逼,紧〔强〕迫 ⑧坚持(贯彻),坚决进行 ⑨拥挤,密集,繁忙,人群 ⑩柜,(柜)橱 ⑪夹具. *press the button* 按电钮,开始采取决定性行动. *press the trigger* 扣扳机. *press a demand* 坚持要求. *give M a light press with* **M** 轻轻压〔按,扳〕一下. *Dies press sheet metal into final shape.* 冲模把金属板料冲压成形. *be pressed for time* 时间紧迫. *Time presses.* 时间紧迫. *air press* 气动压力机. *angle moulding press* 角冲模压机,有垂直及水平柱塞的铸压机. *arbor press* 杠杆式冲床,手扳压机,小型手动制片机. *asbestos press* (钢丝镀锌擦净用)石棉(擦拭)夹. *baling press* 打包机. (*bench*) *drill press* (台式)钻床. *bending press* 压弯机. *Bussman-Simetag press* 上下双动水压机. *cam press* 凸轮压. *coning press*(车轮轮辐)弯曲定径压力机,定径压床机. *die press* 泡沫塑料片材切割机. *dishing press* 车轮轮辐压弯机. *double action press* 双动式冲床. *Dynapak press* 高能束压机. *Fastraverse* (*platen*) *press* 快动双效水压机. *filter press* 压滤器(机). *fly* (*screw*) *press* 螺旋压机. *gag press* 压力矫正机. *gap* (*overhanging*) *press* 悬臂〔**C** 形〕冲床. *glue press* (木工)胶夹. *horn press* 筒形件卷边接合偏心冲床. *hydraulic press* 水〔液〕压机. *liquid press* 液(油,水)压机. *lubricating press* 润滑油压入器,压油器. 油泵〔压〕. *molding press* 模压机,压型机. *oil filter press* 压力滤油器. *open-back inclinable press* 前后送料的可倾式冲床. *O-press* **O** 形成型机. *platen press* 印压机. *press bond* 压力接合,压潜连接. *press box* (*gallery*) 新闻记者席. *press communique* 新闻公报. *press conference* 记者招待化. *press control* 按钮控制器,按钮站. *press cure* 加压硫化,压榨处治. *press cuttings* 〔*clippings*〕剪报. *press finishing* 压光,滚光. *press fit* 压(入)配合. *press fit diode* 压装(压入配合)二极管. *press for mould extrusion* 铸型落砂冲锤机. *press forging* 压力锻造. *press mandrel* 压进心轴. *press proof* 清样,机样. *press pump* 压力(榨)泵. *press release* 通讯稿,新闻稿. *press roll* 压滚(子),加压轮,压辊. *press telegram* 新闻电(报). *press type resistance welder* 顶压式接触焊机. *punch press* 冲床,冲压机,穿孔器,片材造型机. *ram press* 冲压机. *roller press* 辊筒压力机,轧制〔压〕机. *steeping press* 浸泡机. *straightening press* 矫正(压直,平直,照准)机. *Sweetland press* 斯威特兰叶状压滤机. *triple-action press* 三动冲

床. tyre press 轮胎[擫]压机. underdrive press 下部驱动式冲床. ▲at press time 在发稿时,到发稿时为止. come [go, be sent] to press [被]付印. (be) in the press 正在印刷,印刷中. (be) off the press 已印好,已发行. be pressed for 困于,短少,缺乏,刚刚够. give M a (light) press (轻)按[压]M一下. make [fight] one's way through the press 挤过人丛. press M against N 用 M 紧压[贴]住 N. press back 推回去,击退. press for 紧急[迫切]要求,催促. press M for [to +inf.] 敦促[通]M(做). press forward [ahead] 推[突]进,向前挤. press on [forward] with 加紧[劲](干),决心继续. press on [upon] 推进,挤向前,向前发展,逼入. press住,迫使接受,把…强加于. press M to N 把 M 紧贴在 N 上. send to press 付印. the press of business [work] 事务[工作]繁忙.

PRESS = ① pressure ② pressurization ③ pressurizing.

PRESS CTL = pressurization control panel 增压调节台.

PRESS DIST = pressurization distribution panel 增压分配控制台.

PRESS prf = pressure proof 耐压的.

press'board ['presbɔːd] n. 压(制)板,纸板,绝缘用合成纤维板.

press-button n. 按[电]钮.

press-clipping 或 **press-cutting** n. 剪报(资料).

pressductor n. 压力传感器.

pressed a. 加(了)压(力)的,压缩[制]的,模[冲,挤]压的. pressed air 压缩空气. pressed concrete 压制混凝土. pressed machine brick 机压砖. pressed permalloy powder 压制坡莫合金粉. pressed sampler 压入式取土器. pressed steel 压制钢. pressed thread 滚丝. pressed work 压力加工.

pressed-base seal 冲压平底密封[封接].

pressed-core cable 压心电缆.

pressel n. 悬挂式电铃按钮.

press'er n. ①压机,压模,打包[工 ②压榨机,加压[压实,压紧]器,承压滚筒. land presser 镇压器. presser foot 压足.

press-fit n. 压(人)配合.

press-forging n. 压锻.

press-in n. 压入.

press'ing ['presiŋ] I n. ①压(制,榨,滤,干),冲[挤,加]压,压模,榨(油),熨平 ②冲压件,模压制品 ③(同一批压制的)唱片,版样(录音). II a. 紧急[迫]的,迫[压]切的,再三要求的. die pressing 片材造型,(板材)模压. green pressing 生[压]坯. pressing bend method 压力弯曲方法. pressing in 压进. pressing paper 粗面滤纸. The matter is pressing. 事情紧迫. Time is pressing. 时间很紧. ~ly ad.

pressiom'eter [presi'ɔmitə] n. 压力计.

press'man ['presmən] n. ①模压工②印刷工人③新闻工作者.

press'mark n. (图书馆藏书上印的)书架号.

pressom'eter [pre'sɔmitə] n. 压力测量计.

press'or ['presə] a. 加[增]压的,增高血压的,刺激的.

presso(re)cep'tor n. 压力感受器.

press'ostat n. 恒[稳]压器. differential pressostat 差动恒压器.

presspahn n. 纸板,压板,(木浆)压制板.

press-photographer n. 摄影记者.

press'room n. 印刷间,记者室.

press-talk system 按键通话方式,按讲制(电话).

presstite n. 普列斯脱塑料.

pres'sure ['preʃə] I n. ①压力,压强 ②电压 ③(大)气压力,压缩,压迫,按,榨 ④强制,强迫,急迫,艰难. II vt. ①对…施加压力,加压于 ②增压,密封,(用加压蒸密器)蒸煮 ③迫使. ambient pressure 周围[外界]气压,外界[周围介质,环境]压力. axial pressure 轴向推力. back pressure 反压(力),吸入压力,背[回]压. back pressure-relief port 减压孔,回压力解除孔道. blow-off pressure 吹除压力. compressor delivery pressure 压缩机出口压力. cutting pressure 切削压力. differential pressure 分[差]压,压差,压力降. disruptive pressure 击穿电压. downstream pressure 阀后压力. draught pressure 轧制(压)力,压缩力. gauge pressure 表压,计示(测量)压力. jolt pressure 有效振实,振实力. journal pressure 轴颈压力. kinetic pressure 动压力. knife pressure (剪切机)剪刀的剪切压力. level pressure 定[恒]压. manifold pressure 歧管压力,导管压力,排出管道的压力. nominal pressure 标称[定]压力. normal pressure (正)常压(力)(760 毫米水柱压力),正(法向)压力. osmotic pressure 渗透压力,浓差压. Pitot pressure 皮托[氏]管压力,总压力. pressure aquifer 承压含水层. pressure atomizing burner 压力喷雾燃烧室. pressure back (航摄仪的)压平板. pressure bar 夹紧[压力]棒. pressure boiler 蒸压器,密蒸器. pressure build-up 压力增大. pressure cabin 增压舱,气密座舱. pressure capsule 压力传感器. pressure cell 压(力)敏(感)元件,压力室(盒),压应力计. pressure cooker 高压锅,加压蒸(汽)煮器. pressure cooling 加压(流)冷却. pressure core barrel 保压取心筒. pressure die-casting 压力铸造,压铸件. pressure exerted by masses 惯性压力. pressure feed 压力进给(给料),加力[高压]供给,加压装料,压力喷洒. pressure filter 压力过滤器,压滤器. pressure gas 压缩气体. pressure gauge 压力表[计],压强计,气(膛)压计,压力传感器. pressure (gauge) pick-up 压力感受器. pressure gun 黄油枪. pressure head 压(水)位差,(泵的)扬程,测压计的头部,规管,气弹[蜡]口,发气(压力)冒口,压力盖. pressure hole 测压孔. pressure hose 耐压[高压]软管. pressure hull 耐压壳体. pressure hydrophone 压强型[声压式]水听器. pressure level 声压级. pressure manometer 压力计[表],差示[差动式]压力计. pressure medium 液压介质. pressure meter 压力计. pressure period 受压期间.

pressure piping 耐压管线,压送管道,压缩空气管道,增压导管. *pressure port* 压力孔[腔],压气入口,泄压门. *pressure pump* 压力[气]泵,增压泵. *pressure regulator* 调[减]压器,压力[强]调节器,电压调整[节]器. *pressure release surface* 释压面,软表面. *pressure seal* 加压密封. *pressure suit* (高空飞行用)增压[压力]衣. *pressure surface* 压力[受压],加压,作用面,(螺旋桨的)推进面. *pressure switch* 压力开关[继电器,感受器]. *pressure tank* 压力(油)槽,高压[压力]箱. *pressure tap* 测压孔,压力计接口,取压分接管. *pressure tar* 裂化焦油,压裂焦油[焦油沥青. *pressure thermit welding* 加压铸焊. *pressure treatment* (木材防腐)压力处理,压力蒸炼. *pressure tube* 测压管,(耐)压力(橡皮)管. *pressure turbine* 反击式水轮机,高压涡轮机. *pressure unit* 压强型器件,扬声器半球形振膜,增压装置;压强单位. *pressure valve* 压力[增压]阀. *pressure vessel* 压力容器,锅炉. *pressure welding* 加压[压力]焊,压接. *ram pressure* 速压头,全压力,冲压. *subatmospheric pressure* 负表压,亚大气压力. *supply pressure* 电源电压. *tyre pressure* 轮胎气压. *upstream pressure* 阀前压力. ▲ *bring pressure to bear on [upon]* 对…施加压力. *under (the) pressure of* 在…的压力下. *work at high pressure* 紧张的工作,使劲干.

pressure-and-vacuum release valve (油罐的)呼吸阀.
pressure-controlled *a.* 压力控制的.
pressure-cook *v.* 用加压蒸煮器蒸煮.
pressure-cooker *n.* 加压蒸(汽速)煮器,高压锅.
pressure-creosoted *a.* 加压浸油.
pressure-feed *a.* 压力输送(进给,给料,喷洒]的,加压装料的,高压供给的.
pressure-gradient transducer 压差换能器.
pres'suregraph *n.* 气压自记器,压力自记仪,压力曲线图.
pressure-grouted *a.* 压力灌浆的.
pressure-operated *a.* 气动的,压力操纵的.
pressure-plotting *n.* (绘制)压力分布图. *pressure-plotting model* 测分布压力的模型.
pressure-resistant *a.* 承受住(一定)压力的.
pressure-sensing *a.* 压力传感[感受,指示]的.
pressure-sensitive element 压力敏元件.
pressure-sensitive pat (压力量测器)压力灵敏块.
pressure-sizing *n.* 【冶】精压.
pressure-staged *a.* 压力级的(汽轮机).
pressure-tight *a.* 加压下不渗透的,受压不漏气的,(压力)密闭的,气密的,耐压的,能承压的,密封的.
pressuretightness *n.* 压(密)闭性,不渗透性.
pressure-type capacitor 充氮[压强式]电容器.
pressure-vessel *n.* 压力容器.
pressuriza'tion [preʃəraiˈzeiʃən] *n.* ①增[升,加]压 ②压紧,气密,(高压)密闭 ③压力输送,挤压. *chemical pressurization* 化学蓄压器压送(燃料).
pres'surize [ˈpreʃəraiz] *v.* ①(使)增[升]压,对…加压(力),产生压力 ②(加压)密封 ③使压入[缩],使耐压. *pressurized accelerator* 高压壳内的加速器. *pressurized air* 压缩空气. *pressurized cabin* 增压舱,气密座舱. *pressurized capsule* 增压舱. *pressurized compartment* 密封舱,加压室. *pressurized reservoir* 外部加压式储油器,密闭式储油器. *pressurized still* 受压蒸馏釜. *pressurized water distributor* 压水喷水机. *pressurizing cable* 充气[气密]电缆. *pressurizing window* (电缆)密封封口,气密口.
pres'surizer [ˈpreʃəraizə] *n.* ①加(增,稳)压器,增压[保持压力]装置 ②体积补偿器.
prestage' [prisˈteidʒ] *n.* ①前置级 ②(火箭)初步点火.
pre'start'ing *a.* 起动前的. *prestarting inspection* 起动前检查.
prestige [presˈtiːʒ] *n.* 威信,声望[誉]. *international prestige* 国际声誉.
prestigious [presˈtidʒəs] *a.* 有威信的,有声望的,受尊敬的.
pres'to [ˈprestou] *ad.; a.* ①(赶)快,立刻,转眼间 ②快的,变戏法似的. *presto chango* 快[剧]变,迅速的变化.
PRESTO = program reporting and evaluation system for total operations 全部操作的程序报告和鉴定系统.
Pres'ton [ˈprestən] *n.* 普雷斯顿(英国港口).
prestone *n.* 一种低凝固点液体乙二醇防[抗]冻剂.
pre'store' *v.* 【计】预存(储). *prestored query* 预存询问.
pre'strain' *n.* 预(加)应变(负载),预加载.
pre'stress' [ˈpriːˈstres] *vt.; n.* 预加应力于,(施加)预应力,预拉伸. *prestress forming* 预模压加热蠕变成型. *prestressed concrete* 预应力混凝土. *prestressing force* 预应力. *prestressing with bond* 有传力法预加应力(有握裹力的预加应力). *prestressing with subsequent bond* 复传力法预加应力(加压力后使钢筋粘着的预加应力). *prestressing without bond* 外传力法预加应力(无握裹力的预加应力).
prestressed *a.* 预受力的,预应力的,预拉伸的.
pre'stretch'ing *n.* 预先拉伸.
pre-sub(script) *n.* 左下标.
presu'mable [priˈzjuːməbl] *a.* 可假定[推测]的,可能的.
presu'mably [priˈzjuːməbli] *ad.* 推测起来,大概,估计可能.
presume' [priˈzjuːm] *v.* ①假定[设],推测,设想,认以推定,以为,(姑且)认为 ②胆敢,擅自,冒昧 ③指望,把希望寄托在,利[滥]用(on, upon).
presumed [priˈzjuːmd] *a.* 假定的,推测的.
presu'medly *ad.* 据推测,大概.
presu'ming [priˈzjuːmiŋ] *a.* 自以为是的,放肆的. ~ly *ad.*
presump'tion [priˈzʌmpʃən] *n.* ①推测[论],假定,设想 ②(作出推论的)根据,理由,证据 ③可能性,或然率 ④自以为是,冒昧.
presump'tive [priˈzʌmptiv] *a.* ①(基于)推测的,(可据以)推定的 ②假定的,预期的,设想的. *presumptive address* 预定[基本,假定,基准]地址. ~ly *ad.*
presump'tuous [priˈzʌmptjuəs] *a.* 自以为是的,放肆的,冒昧的. ~ly *ad.*

pre-superheater n. 预过热器,第一级蒸汽过热器.
presuperheating n. (蒸汽的)预过热.
pre-super(script) n. 左上标.
presuppose [ˌpriːsəˈpouz] vt. ①预先假定,推测,预想(料) ②得先有… 为必要条件是,先决条件是,先须有,包含着,含有(意).
presupposit'ion [ˌpriːsəpəˈzɪʃən] n. 预先(…的事),预先假定(的事),预料,推测,先决条件,前提,含示.
presynap'tic a. 【生物】前联合的.
pretectum n. 前顶盖.
pretence' [priˈtens] n. ①假装,虚伪 ②托辞,借口 ③自命(吹,称) ④(无事实根据的)要求,虚假的理由,目的,企图. *false pretences* 欺诈(手段). *have [make] no pretence to bening learned* 不以有学问自居. ▲*make a pretence of* 假装,装做. *on [under] the pretence of [that]* 以…为借口,托辞,假托.
pretend' [priˈtend] v. ①假(佯)装,假托,借口 ②自认为,自命(封,命),妄想(求)(to),想要,欲,将(t + inf.).
pretension I [priˈtenʃən] n. ①预拉(伸,力),预张(紧),预应力,预加载 ②要求,主张,权利,自负(命),借口,口实. ▲*have no pretensions to* 无权主张(要求),说不上是. *make no pretensions to* 不自以为(有),不自诩(夸). II [ˈpriːˈtenʃən] vt. 预加拉(张)力于,预拉伸,预张(紧),先张. *pretensioned concrete* 先张法(预应力)混凝土. *pretensioned pipe* 先张管道,预张法预应力混凝土管道. *pretensioning prestressed concrete* 先张法预应力混凝土.
preten'tious [priˈtenʃəs] a. ①自命不凡的,自负的,狂妄的 ②用力的,使劲的,需要技巧的 ③做作的. ~ly ad.
preter- [词头] 过,超.
preterhu'man [ˌpriːtəˈhjuːmən] a. 超人的,异乎常人的.
preteri'tion [ˌpretəˈrɪʃən] 或 **pretermis'sion** [ˌpriːtə(ː)ˈmɪʃən] n. 省〔忽〕略,不提,遗漏,置之不顾.
preter'minal a. 终端前的.
pretermit' [ˌpriːtəˈmɪt] (**pretermit'ted**; **pretermit'ting**) vt. ①省〔忽〕略,遗漏,对…置之不顾 ②中止(断).
preternat'ural [ˌpriːtəˈnætʃərəl] a. 超自然的,异常的,不可思议的. ~ly ad.
pretersen'sual [ˌpriːtəˈsensjuəl] a. 感觉不到的.
pretest I [ˈpriːtest] n. II [ˈpriːˈtest] v. 事先试验,预先检验. a. 试验前的. *pretest treatment* 试验前处理〔准备〕.
pretext I [ˈpriːtekst] n. II [ˈpriːˈtekst] vt. 借口,假托,托词. ▲*find a pretext for* 为…找借口. *make a pretext for* 以借口来解释. *on some pretext or other* 用某种借口. *on [under, upon] the pretext of* 以…为借口.
pretimed controller 预定周期交通信号控制机.
pre'tone [ˈpriːtoun] n. 重读音节前的音节〔元音〕.
Pretoria [priˈtɔːriə] n. 比勒陀利亚(南非〔阿札尼亚〕首府).
pre-TR n. 前置收-发开关.
pre'transla'tor n. 预译器.
pre-travel n. 预行程.

pre'treat [ˈpriːtriːt] vt. ①粗〔初步〕加工 ②预先处理,预清理.
pre'treat'ment [ˈpriːˈtriːtmənt] n. 预〔前〕处理,粗〔初步〕加工,预清理. *reducing pretreatment* 预还原处理.
pretrigger n. 预触发(极).
prettify [ˈprɪtɪfaɪ] vt. 修〔装〕饰,美化.
prettily [ˈprɪtɪli] ad. 漂亮,可爱地.
pretty [ˈprɪti] I a. ①漂亮的 ②相当的,很多的 ③十分恰当的 ④巧妙的. II ad. 相当,颇,还. *a pretty sum of money* 相当大一笔钱. *in a very pretty bit of trickery* 一种很巧妙的手段. *in a pretty state of affairs* 情况〔处境〕不妙. *pretty certain* 相当可靠,相当有把握. *pretty easy* 相当容易. *pretty example* 很恰当的例子. *pretty much* 非常,大大,几乎(全部). *pretty soon* 不久,很快. *pretty well* 相当的,相当好. *sit pretty* 处于极有利的地位.
prev = previous(ly).
prevail' [priˈveil] vi. ①流〔盛,通〕行,普及〔遍〕,占优势,经常发生 ②胜(过),战胜,压倒,克服(over, against),成功,奏效 ③说服(on, upon, with). *Silence prevailed.* 一片静寂.
prevail'ing [priˈveilɪŋ] a. 流〔盛,通〕行的,普通的,最著的,主要的,占优势的. *prevailing wheel load* 经常车轮荷载. *prevailing wind* 【气象】盛行风,主风.
prev'alence [ˈprevələns] n. 流〔盛〕行,普遍,优势. *prevalence-duration-intensity index* 优势-持续-强度指数.
prev'alent [ˈprevələnt] a. 普遍的,一般的,广泛的,流〔盛〕行的,优势的.
prevar'icate [priˈværɪkeit] vi. 搪塞,推诿,撒谎. **prevarica'tion** n.
preve'nient [priˈviːnjənt] a. ①以〔在〕前的,领先的 ②预期的(of) ③预防的,妨碍的(of).
prevent' [priˈvent] v. ①防〔制〕止,预防 ②阻止〔挡〕,妨〔阻〕碍,使…避免〔不致〕(from). *rust preventing* 防锈. ▲*prevent M (from) + ing* 使M不(致)(避免),防止M(做). *prevent the tap (from) overheating* 防止丝锥过热.
preventabil'ity [priventəˈbiliti] n. 可预防性,可制止性.
preven'table [priˈventəbl] a. 可防〔阻〕止的,可预防的.
preven'tative [priˈventətiv] I a. 预防(性)的,防止的. II n. 预防法〔物,措施,手段〕. *preventative maintenance* 防护性维护,定期修理. *preventative resistance* 防护电阻.
preven'ter [priˈventə] n. ①阻止〔预防,防护〕器,防护设备〔装置〕,备用件,器〔局〕,警告装置 ②预防法 ③辅助〔保险〕索. *interference preventer* 防干扰装置. *leak preventer* 防漏剂. *rust preventer* 防锈剂.
preven'tion [priˈvenʃən] n. 预防(法),防止〔护〕,阻止,妨碍. *accident prevention* 或 *prevention of accidents* 安全技术〔制度〕,故障〔事故〕预防. *collision prevention* 预防〔防止〕撞击. *corrosion prevention* 耐腐蚀,防锈. *prevention forest for drying dam-*

age 干害防护林.

preven'tive [pri'ventiv] I *a*. 预防的,阻〔防〕止的. II *n*. 预防〔药,物,法,措施〕. *leak preventive* 防漏剂. *preventive device* 保护设备. *preventive maintenance* 预防性维修〔检修,维护,保养〕. *preventive measure* 防护〔预防〕措施. *rust preventive* 防锈剂〔油〕.

pre'view' ['pri:vju:] *n*.; *vt*. 预检〔观,见,展,映,演习〕,试映,(电影)预告片. *preview monitor* 预检监视器. *preview switching* 预(先)检(查)接通.

pre'vious ['pri:vjəs] I *a*. ①(早,预)先的,(以)前的,前頁(位)的,上述的,初步的 ②过早〔急〕的. II *ad*. 在前〔先〕. *make full investigations previous to reaching a conclusion* 先充分调查再下结论. *mentioned on a previous occasion* 以前所提到的. *previous carry*【计】(从)前位进位的. *previous consolidation* 先期固结. *previous line prediction* 前扫描线预测,(扫描)前行预测. *previous pass* 前轧〔孔〕道次,前一孔型〔道次〕. *previous value prediction* 前值预测. ▲*previous to* 在…以前〔之先〕.

pre'viously ['pri:vjəsli] *ad*. 以前,预先.

previse' [pri'vaiz] *vt*. 预见〔知〕,预先警告〔通知〕.

prevision [pri'viʒən] *n*.; *vt*. 预见〔知,测〕. ~al *a*.

pre'vue' ['pri:vju:] *n*. (电影)预告片.

prevulcanized latex 预硫化胶乳.

pre'-war' ['pri:'wɔ:] *a*.; *ad*. 战前的,在战前.

pre'wash'ing *n*. 预洗涤.

pre'weld' *n*. 焊接前,烧焊前.

pre'wet' *v*. 预先润湿,预温.

pre'whirl' *n*. 预旋. *prewhirl vane* 预旋叶片.

prewired program *n*.【计】保留程序.

prewired storage unit 预先穿线的存储单元.

prewood *n*. 浸脂人造木材.

prey [prei] I *n*. 捕获(物),牺牲品. II *vt*. ①掠夺,劫掠,诈取 ②折磨,损害 (on, upon). *be* 〔*fall*〕 *a prey to* 成为…的牺牲品.

prezone *n*. 前区.

PRF = pulse recurrence frequency 或 pulse-repetition frequency 脉冲重复频率.

PRG = purge clear 清除,净化.

PRG PNL = purge panel 清除操纵台.

PRI = plasticity retention index 塑性保持指数.

pri = ①primary 初级的,原(始)的 ②private 专用的,私人的.

priais *n*. = priles.

price [prais] I *n*. ①价格〔钱〕②代〔造〕价 ③价值. II *vt*. ①给…定〔估〕价,给…标(明)价(目) ②问…的价格. *administrated price* 垄断价格. *appraised price* 估价. *ceiling price* 最高价. *cost price* 成本〔费,价〕. *current price* 时价,现行价格. *factory price* 出厂价格. *famine prices* 缺货市价. *fixed* 〔*set*〕*price* 固定价格. *floor* 〔*bottom*〕*price* 最低价,底价. *foreign price* 昂〔高〕价. *market price* 市场价格. *net price* 净(实)价. *official gold price* 黄金官价. *price current* 市价表. *price index* 物价指数. *price list* 〔*catalogue*〕价目表〔单〕, 物〔定〕价表. *price memory*【计】价格存储器. *price of money* 贷款利率. *price oneself* 〔*one's goods*〕 *out of the market* (厂商)定价过高(漫天要价)以致减少(没有)销路. *price tag* 价格牌(标签). *priced bill* 单价表. *reduced price* 折扣价格. *retail price* 零售价. *selling price* 售价. *unit price* 单价. *wholesale price* 批发价. ▲*above* 〔*beyond, without*〕 *price* 极其贵重的,无价的. *at a price* 以很大代价. *at any price* 无论花多少代价,无论如何. *at the price of* 以…代价,拼着. *make a price* 开〔讨,定〕价. *of great prcie* 十分宝贵的,价值很高的. *pay a high price for* 为…付出很高代价. *set a price on* 〔*upon*〕定…的价格. *set high* 〔*little, no*〕*price on* (不够,不)重视.

price-cut *a*. 减价的.

price'less ['praislis] *a*. ①无价的,极贵重的,无法估价的 ②极有趣的,极滑稽的.

price-proportion *n*. 价格比值,单价比.

price-tag *vt*. 标价.

pri'cey *a*. 价格高的,昂贵的.

prick [prik] I *v*. ①扎(穿),刺(穿),戳(穿),穿(孔) ②刺痛〔激〕③(用小点,小记号)标出,挑选出,选拔 (off, out) ④缝合. II *n*. 尖物,刺. *prick punch* 冲心〔圆头〕錾,针孔冲,中心冲头. *prick punch mark* 定中心点. *pricking pin* 刺针. ▲*kick against the pricks* 以卵击石,螳臂挡车. *prick near* 与…不相上下. *prick up* 打底(子),漆底子. *pricking up* 抹灰底层,括糙层.

prick'er ['prikə] *n*. 冲(锥)子,(刺孔)针,(造型)气眼〔通气〕针,(电缆试线用)触针,砂钉,(轴或板上凸出的)抓钉.

prick'le [prikl] *v*.; *n*. (使)引起刺痛,刺痛. **prick'ly**

pride [praid] I *n*. ①自尊(心),自豪 ②骄傲,自满 ③全盛(期),高点. ▲*false pride* 妄自尊大. *pride goes before a fall* 骄者必败. *pride of place* 头等重要的地位. *proper* 〔*honest*〕 *pride* 自尊心. *take* (*a*) *pride in* 对…感到自豪.

II *v*. *pride oneself on* 〔*upon*〕以…自豪,得意于.

Pridolian *n*. (欧)(志留系)普利多尔统(英国称为当统).

priles *n*. (叠轧时的)三型板.

prill [pril] I *n*. 金属(小)球,金属颗粒. II *a*. 散装的. II *vt*. 使(固体)变成颗粒,使(粒状,晶体状材料)变成流体. *prilling tower* 造粒塔.

prim [prim] *a*. 整洁的,拘谨的,呆板的.

prim = ①primary ②primitive.

prima ['pri:mə] (意大利语) *a*. 第一的,主要的.

prim'acord *n*. (用季戊四醇四硝酸酯做的一种)导火索(导火速 7000m/s),起爆软线. *primacord fuse* 引爆索·导火线.

pri'macy ['praiməsi] *n*. 第一(位),首位,首要.

pri'madet ['praimədet] *n*. (包括起爆药线与雷管的)起爆体.

primaeval = primeval.

prima facie ['praimə'feiʃi(:)] (拉丁语) ①初看时,乍看起来,据初次印像 ②据初次印象是 ③真〔确〕实的,有效的,显而易见的,表〔字〕面上的,名义上的. *prima facie case* 表面上证据确凿的案件. *prima facie evidence* 初步证据,表面上确凿的证据.

pri'mage ['praimidʒ] n. ①汽锅水分诱出量, 随气排出的水分量, (蒸汽、云雾的)含水量 ②(货主给船主、租船人的)运费贴补, 小额酬金.

pri'mal ['praiməl] a. ①最初的, 原始的 ②主[首]要的, 根本的. primal dual algorithm 原有[原始]对偶算法. primal system 原来系列.

pri'marily ['praimərili] ad. ①首先, 起[最]初, 原[本]来 ②主要是, 基本上, 首[主]要地.

pri'mary ['praiməri] I a. ①最初的, 根本的, 原(始, 发, 有, 来)的, 初级, 步, 次, 期, 生)的, 本来的 ②基本[层]的, 主[首]要的 ③第一位[级, 次, 手]的, 一次的 ④[地]原生的 ⑤[化]伯(的), 连上一个碳原子的, 一代的(无机盐). II n. ①(次序, 质量)居首位的事物, 主要事物, 第一阶段 ②[电]初级)线圈, 一次绕组 ③原核子, 原始[初始, 基本]粒子, 次[原]发 ④原色(感), 基色 ⑤(阳谱)原子 ⑥[天]主星, 本(一等)行星 ⑦初等式(项)星 ⑧(政党的)预[初]选. a matter of primary importance 头等重要的事情. negative primaries 带负电荷的基本粒子. primary accounts 主要账目. primary alcohol 伯醇. primary algebra 准素代数. primary amine 伯胺. primary beam 主梁. primary calcium phosphate 一代磷酸钙. primary canal-distributer 干渠. primary capacitance 初级绕组电容. primary carbide 一次碳化物. primary carbon atom 伯碳原子. primary cell 原[一次]电池. primary cementite 原[初]生渗碳体. primary circuit 原[一次, 初级]电路. primary clarifier 初步沉淀池. primary coat 底[首]涂层. primary coil 原[初级, 一次]线圈. primary colours 基[原]色(指红、黄、蓝三色). primary condenser 一次冷凝器. primary control element 初级检测元件, 灵敏[受感, 初级]元件. primary cooling system 一次冷却系统. primary cutout 高压[初级]断路器. primary detecting element 初级检验元件. primary element 原电池, 测量机构, 主[初级, 基本, 感受]元件. primary forest 原始森林. primary function 基[原]函数. primary graphite 初生[结集]石墨. primary highway 主要公路, 干线. primary impedance 原边[方]阻抗, 原[初级]线圈阻抗. primary instrument 一次[初级]测量仪表. primary iteration 初始[基本, 主]迭代. primary magnesium 原生镁. primary minerals 原生(未氧化的). primary moment 主弯矩, 首力矩. primary oil 初级油, 原[煤]油. primary pipe [冶]原生缩管. primary pump 初始[原边, 一次, 起动]注油泵. primary relief(抢片钻的)钻尖后角. primary relief system 一次回路泄压(释压, 卸压)系统. primary road 干路. primary school 小学(校). primary seal 主密封, 初级阀封[封闭, 密封]. primary sensitive element 主灵敏元件. primary shaft (主动, 初动)轴. primary side 原边, 初级(侧), 初级端. primary standard 基本标准, 原(始)标准器. primary steel 通用钢(重熔钢除外). primary storage [计]主存储器. primary substation 一次变电所(发电厂送出的高压最初变电所), 升压变电站. primary tar 原焦油(沥青). primary test board 主[基本]测试台. primary throttle valve 主[初次]节流阀. primary triangulation 一级三角测量. primary valence 主价. primary voltage 原[初级]电压. primary (P) wave 初波, P波, 地震纵波, 初相. primary winding 原(一次, 初级)绕组.

pri'mate I ['praimit] n. 大主教. II ['praimeit] n. 灵长目(动物).

prime [praim] I a. ①最初的, 原始(有)的, 初步的, 基[根]本的 ②主要的, 第一的 ③最好的, 第一流的, 上等的 ④[数]素(数)的. II n. ①最初[初期] ②青春, 黎明, 全盛时期 ③精华, 最好部分 ④(pl.)(钢板)一级(优等)品, [轧]优质(一级)坯 ⑤[数]素, 质(素)数, 质(素)因数, 第一阶 ⑥(字码右上角的)撇号"'"(如A'), 带撇号的字母了[星]号了, 主重]音, 同度. III ad. 彼好地. IV v. ①使准备好, 使完成准备工作, 把…准备好(如加油, 加水)以便使用(发动, 起动), (注入水, 油)使…起动, 起动加注, 让(蒸汽机水雾与压入汽缸的蒸汽混合, (起动前)向泵内注水, (气化器浮子室)注油, 蒸汽准备好(沥青路面)浇透层油, 涂头道油漆(在…上)涂底漆(包层), 给…打底于 ②灌注, 装填, 为…装雷管(装药), 发火 ③事先给…指导, 事先(为…)提供情报 ④标以撇号"'" ⑥质量变好. prime a pump 给泵灌水使泵起动. prime the pump 采取措施促使其发展. cold-rolled primes 优质冷轧坯. life's prime want[need]生活的第一(基本)需要. a prime 钛合金 a 淬火组织, 钛合金从 β 固溶体急冷产生的不稳定组织. prime amplifier 主[预, 前置]放大器. prime coat 底[首]涂层, 结合层, 沥青透层. prime cost 主要(原始, 生产)成本, 原价, 进货价格. prime couple 质(素)数偶. prime direction 起始方向. prime element [数]质元素. prime energy 原始能. prime field 素域. prime focus 主[牛顿]焦点. prime lacquer 上底漆. prime material 首涂(打底, 透层)材料, 底漆. prime meridian 本初(主要)子午线(圈)(指格林尼治子午线(圈)). prime minister 内阁总理, 首相. prime mover 原动机(力), 牵引机(车), 发动机. prime number 素[质]数. prime pump 起动(注油)泵. prime rate 最优惠利率, 头等贷款利率. prime reason 基本理由. prime time 电(视)台的黄金时间. prime variables 带索导的变量. prime vertical(天球)东西圈, 卯酉圈. prime steam 湿蒸汽. prime white oil 上等白色煤油. primed charge 起爆炸药(包). primed surface 浇过透层的路面. relative prime 互质(素). ▲(be) of prime importance (是)最重要的. be primed with the latest news 掌握最新消息. prime M with N 供给M以N, 把N注(灌)入M内, 给M涂N打底, 事先为M提供N.

Primene IM-T 三烷基甲胺萃取剂, 液体阴离子交换剂.

pri'mer ['praimə] n. ①初给器, 起动注油器 ②第一层, (防锈用)首[底]层, 底涂)涂料, 底(层油)漆, 底剂, 首涂[底)涂料, 浇透层用结合料 ③发火机(器), 起爆器, 始爆管(帽), 雷管, (弹药)底火, 火帽, 导火线, 引子(物), 引爆药包, 点火剂(以火被(继发管中保证安全触发的辅助电极) ⑤初级读物, 入门(书), 初步 ⑥装火药者. asphalt primer (地)沥青透层, 路面头道〔液体〕沥青, 沥青底漆. *delay primer* 迟发起爆药包. *engine primer* 发动机起动〔注油〕器〔起动油泵〕. *etching primer* 腐蚀性涂料. *hand primer* 手打油杆. *oil primer* 油性底层爆漆, 油质底漆. *percussion primer* 碰炸起爆药包, 击发式底火. *primer cartridge* 起爆炸药筒. *primer charge* 点火药. *primer coating* 涂底剂. *primer jus* 上等脂. *primer line* 起动油路漆. *primer pump* 起动注油漆. *wash primer* (金属表面) 蚀洗用涂料. *wash primer process* 涂料蚀洗处理.

prime-time *a.* 黄金时间的.

prime'val ['prai'mi:vəl] *a.* 太古(代)的, 远古的, 古老的, 原始的. *primeval forest* 原始森林, 原生林. ~ly *ad.*

primeverin *n.* 櫻草甙.

primeverose *n.* 櫻草糖.

pri'ming ['praimiŋ] *n.* ①(涂)底漆, (打)底子, 涂油, 浇涂层 ②装雷管(火药), 起爆, 发(点)火, 激(触)发 ③起爆(引火)药, 点火药(剂) ④起动(注油, 注水), 加注, 引动, (锅炉, 蒸馏釜) 汽水并发(共腾) ⑤蒸溅, 飞沫,蒸汽带水 ⑥栅偏压 ⑦电荷储存管中将储存累充放电到一个适于写入的电位, 靶的制备 ⑧(事先) 提供消息(情报) *priming by vacuum* 真空起动(泵). *priming can* 注油器. *priming charge* 雷管〔起爆〕药包. (水泵) 灌入的水. *priming colour* (有色的) 底层油漆. *priming cup* 起爆〔起动注油〕旋塞. *priming level* 虹吸(起动)水位. *priming lever* 起动注水(油) 操作杆. *priming line* 灌注管路. *priming oil* 透层油. *priming pump* 引液泵.

prim'itive ['primitiv] Ⅰ *a.* ①原始的, 初级的, 老式的, 远古的, 早期的 ②原来的, 开始的, 基本的, 本来的, 非原生的, 自然的 ③简单〔陋〕的, 粗糙的, 不发达的, 朴素的. Ⅱ *n.* ①原(始)人, 原始(事物)②原色 ③【数】本原, 原始, 原函数 ④【计】原语, 基(单)元, 基本数据. *primitive cell* (原, 基) 胞, 素单位晶胞. *primitive colour* 基本色 (指光谱颜色). *primitive communes* 原始公社. *primitive element* (本原) 元素, 素元. *primitive equation* 原始〔本原〕方程. *primitive forest* 原生林. *primitive matrix* 素〔矩〕阵. *primitive n-th root of unity 1* 的 n 次原根. *primitive road* 天然〔未改善的〕土路. *primitive soil* 生荒地, 未开垦的土地.

prim'ly ['primli] *ad.* 呆板地.

pri'mo ['praimou] *ad.*; *a.* 〔拉丁语〕第一 (的), 首先的.

primogen'itor [praimou'dʒenitə] *n.* 祖先, 始祖.

primor'dial [prai'mɔːdjəl] *a.* (从) 原始的, 原(初)生的, 最初的, 基本的. *primordial matter* 原生物质. *primordial nuclide* 原始核素.

primor'dium [prai'mɔːdiəm] (pl. *primor'dia*) *n.* 〔拉丁语〕原始基.

prim'rose ['primrouz] Ⅰ *n.* 櫻草. Ⅱ *a.* 浅黄色的.

pri'mus ['praiməs] *n.* 一种燃烧汽化油的炉子.

prin = ①principal ②principle.

prince [prins] *n.* ①王子, 亲王 ②君主, (诸) 侯, (公, 侯, 伯…) 爵 ③巨头, 大王. *Prince's alloy* 锡锑合金 (锡 84.75%, 锑 15.25%).

prince'ly *a.* ①王子(似)的, 王侯(般)的 ②豪华的, 奢侈的.

prin'ceps ['prinseps] 〔拉丁语〕 *a.* 第一的, 最初的.

prin'cess [prin'ses] *n.* 公主, 王妃, 亲王〔公爵, 侯爵〕夫人.

prin'cipal ['prinsəpəl] Ⅰ *a.* ①主 (首) 要的, 领头的, 基本的 ②最重要的, 第一的 ③负责人的, 首长的 ④资本的. Ⅱ *n.* ①首(会, 社, 校)长, 负责人 ②各部门首脑, 长官 ③委托人, 本人 ④(主要) 屋架, 主构〔材, 梁〕⑤资本, 本金, 基本财产 ⑥主题 ⑦独奏(唱)者 ⑧主犯. *principal aspect of a contradiction* 矛盾的主要方面. *principal axis* 主轴 (线). *principal axis of compliance* 柔性主轴. *principal edition* 正本. *principal focus* 主焦点. *principal line* 主要路线, 干线. *principal office* 总社〔店, 部〕. *principal of optimality* 最优原理. *principal persons concerned* 有关的主要人员. *principal plane* 物像平面, 主割面, 主平面. *principal points* 要〔主, 基〕点. *principal stress* 主应力. *principal wave* 主〔基〕波.

prin'cipally ['prinsəpəli] *ad.* 主要, 大抵, 大体上.

prin'cipate ['prinsipit] *n.* 最高权力.

princip'ia [prin'sipiə] *n.* principium 的复数.

princip'ium [prin'sipiəm] (pl. *princip'ia*) *n.* 原理, 原则, 基础, 初步.

prin'ciple ['prinsəpl] *n.* ①原理(则), 定理, (规, 定) 律, 法则, 方法 ②主义, 本质(原), 源泉, 组成部分 ③【化】(要) 素 ④本性, 天然的性能 (倾向), 天赋的才能 ⑤主 (道) 义, 根本方针, 信念. *action principle* 〔物〕作用量原理. *matter* (question) *of principle* 原则性问题. *moral principle* 道义. (*Pauli's*) *exclusion principle* (泡利) 不相容原理, 泡利原理. *principle layout* 总布置图. *principle of least work* 最小功原理. *principle of operation* 工作〔操作〕原理. *principle of superposition* 叠加原理. *principle of the maximum* 极大值原理. *principle use* 主要用途. *uncertainty principle* 测不准原理, 不定性原理. *These two instruments work on the same principle*. 这两种仪器的工作原理相同. ▲*in principle* 原则〔基本, 大体〕上, 一般地, 就原理〔则〕说的. *of principle* 原则性的. *on principle* 根据〔按照〕原则. *on the principle of* 根据…原理〔则〕, 按照…原则.

prin'cipled ['prinsəpld] *a.* 原则 (性) 的, 有原则的. *persist in a principled stand* 坚持原则立场.

print [print] Ⅰ *v.* ①印(制, 花, 染) 录, (打, 盖) 印, 把…付印〔用手而表达〕②晒图〔片〕③用印刷体写(字) ④刊行(载), 出版 ⑤复制(电影拷贝). *by a seal* 盖印, 打印记. *printed character* 印刷字母〔符号〕. *printed circuit* 印制电路. *printed* (*circuit*) *board* 印制电路底板, 印刷电路板. *printed goods* 印花布. *printed letter entropy* 活字的平均信息量, 活字熵. *printed matter* 印刷品. *printed parts* 印制元件. *printed substrate* 印制〔刷〕线路板. *print on the mind* (*memory*) 记在心上. *This negative prints well*. 这张底片印出来很好. ▲*print from M on N* 用 M 印到 N 上. *print*

printabil′ity

off 晒出(相片),复制. **print out** 印出,晒出(相片),复制,用字机打印出,印刷[打印]输出.
Ⅱ *n*. ①印刷(品,体,术,业),出版物,复写 ②相[照,正]片,晒图,图片,插图,版画,印花布 ③印迹[痕],痕迹,指纹,印像 ④印模[章],印刷器,印刷体字母 ⑤印模制物,打着印痕的东西 ⑥版本,印次 ⑦芯头,型芯座. *appear* [*come out*] *in print* 印出来. *blue print* 蓝图. *core print* 型心座. *direct colour print* 着色印刷. *electronic print* 印刷电路. *end print* 终端印刷. *foot print* 脚印,足迹. *in large print* 用大号字体印. *negative print* 负片. *photographic print* 影印. *positive print* 正像,正片. *print COM* [*command*] 打印指令. *print effect* (录音)复制效应,转印效应. *print hammer* 打字锤. *print hand* 用印刷体写的字,手写印刷体字. *print motor* 印刷电路构成的微电机,印刷马达. *print subroutine* 打印子程序. "*print suppression*" 【计】"印刷封锁"指令. *put an article into print* 把一篇文章付印. *top print* 型心记号. *uneven print* 排列不齐的印刷. ▲*in cold print* 用铅字印刷,(喻)不能再更动. *in print* 已出版,在销行,(书)还能买到的,书店有售的. *out of print* (书)绝版的,已售完的. *put into print* 付印,出版.

printabil′ity *n*. 适印性.

print′able *a*. 可印刷[刊印]的,印得出的,适于出版的.

print-drier *n*. 晒印干燥器.

print′er *n*. ①印刷机,打印输出机,(数据)打印机,电传打字机,印模,打字机[器],印字机构[装置] ②印相机,晒图[片]机 ③印染[染]工,排字工 ④印刷商. *counter-wheel printer* 有数字轮的印刷装置. *data printer* 数据记录器. *facsimile* [*fassimilli*] *printer* 传真机. *flash photo printer* 闪光摄影印刷机. *line printer* 行式印刷装置,行录制器. *matrix printer* 版型印刷机,multibar printer* 多杆印刷[打印]机. *offline printer* 离线(脱机)印刷装置. *online printer* 在线(联机)印刷装置. *output printer* 输出印刷装置. *page printer* 页式印刷机,纸页式印字电报机. *printer's ink* (印刷)油墨,印刷品. *printer's mark* (版权页上)出版商商标. *strip printer* 带材表面涂层印花机. *telegraph printer* 字电报机. *wire printer* 型板[线点阵]印刷机.

print′ergram *n*. 印字电报.

print′ery ['printəri] *n*. 印刷所.

print′ing ['printiŋ] *n*. ①印刷(术,业),印字[相,像,片,花],打印(输出),复印(制),晒印[图] ②(书)一次印数 ③(pl.)供印刷用纸 ④印刷字体. *blue printing* 晒蓝图. *decimal printing* 十进位符号印刷. *heading printing* 标题印刷. *line printing* 行向印. *phosphor printing* 用印刷法涂荧光质. *printing calculator* 打印计算机. *printing house* 印刷厂. *printing ink* (印刷)油墨. *printing machine* [*press*] (电动)印刷机. *printing multiplier punch* 印用复穿孔机. *printing office* 印刷所. *printing telegraphy* 电传打字电报. *three-coloured printing* 三色版印刷(术). *wafer-contact printing* 干线接触印刷.

printing(-)out *n*. 印片[像,刷],复印(在像纸,输出纸上). *printing-out tape* 印(刷输)出带,打印输出带.

print-member *n*. 印刷构件,打印机组成部份.

printom′eter *n*. 折印计,复印的仪器读数装置.

print′out *n*. 印出,用打印机印出,打印输出,用打印方式表示的计算机计算结果. *dynamic printout* 动态打印输出.

print-seller *n*. 图片[版画]商.

print′shop *n*. 图片印版画)店,印刷所.

print′works *n*. 印染厂.

prionotron *n*. 调速(电子)管.

pri′or ['praiə] Ⅰ *a*. ①(在)前的,(在)前的,前[上]一个,先前的,居先的 ②优先的,更重要的 ③先验的, Ⅱ *ad*. 在前,居先(to). *have a prior claim to*… 有优先权. *prior approval* 事先核准. *prior criterion* 优先准则. *prior probability* 【数】先验[预先]概率. *prior processing* 初次[预先]加工. *prior structure* 原组织. *prior to* 在…以前,早于,优先于. *subject to prior approval* 须经预先核准.

priori (拉丁语)*a priori* ['eiprai'rai] *a*.; *ad*. ①先验(的),既定的,不根据经验(的),事前(的) ②由原因推出结果的,演绎的,推测的,直觉的. *a priori vs. a posteriori probabilities* 事先对事后[先验对后验]概率.

priorite *n*. 钇易解石.

prior′itize [prai′ɔritaiz] *vt*. 按重点排列,按优先序排列.

prior′ity [prai′ɔriti] *n*. ①(在)先,(在)前,前面 ②优先(权),数,级,项目,次序,控制,配给),重点,优先考虑的事 ③次序,轻重缓急. *a first* [*top*] *priority* 应受到最优先考虑的事物. *current priority indicator* 正在执行的优先程序指示器. *priority construction* 首还[期]建筑. *priority route* 优先放行线. *priority switch* 【计】优先次序开关. *priority value* 优先显示度(交通标示设计质量指标之一). *priority valve* 压力(控制)顺序(动作)阀,定压阀. ▲*according to priority* 按顺序,依次. *assign a priority* 确定轻重缓急. *enjoy priority in*…方面享有优先权. *give* (*first*) *priority to* 给…以(最)优先权,(最)优先考虑. *have priority over* 优先于. *reorder the priority* 重新安排应优先考虑的事项. *take priority of* 比…居先,得…的优先权.

priority-rating *n*. 优先检定[等级].

prise [praiz] *vt*.; *n*. 撬(开,动) (off, out, up),撬棍,杠杆(作用).

prisere *n*. 正常演替系列.

prism ['prizəm] *n*. ①棱镜[晶],三棱镜[形,体] ②【数】棱[角]柱(体),塔 ③光谱,(pl.)光谱的七色 ④折光物体. *achromatic prism* 消色差棱镜. *angle prism* (测)角棱镜. *cross prisms* 正交棱镜. *hexagonal prism* 六角棱柱体. *index prism* 指数棱镜. *penta* (*gonal*) *prism* 五角棱镜. *polarizing prism* 起偏振棱镜. *prism glass* 棱镜玻璃. *prism spectrograph* 棱镜光谱仪. *prism spectrometer* 棱镜分光仪[计]. *prism square* 直角棱镜. *separating prism* 分像棱镜. *waveguide prism* 波导管棱镜.

PRISM = program reliability information system

for management 为管理用的程序可靠性信息系统. 管理计划可靠性情报系统.

prismat'ic [priz'mætik] *a.* ①棱柱(形)的,棱晶(形)的,(三)棱形的,角柱的,棱镜的 ②棱镜分析的,分光③斜方(晶系)的 ④等截面的 ⑤虹色的,五光十色的,耀眼的. *prismatic astrolabe*【天】棱镜测高仪. *prismatic bar* 等截面杆. *prismatic binoculars* 棱镜双目望远镜. *prismatic blade* 直叶片. *prismatic colours* 光谱的七色. *prismatic compact* 棱柱形坯块. *prismatic compass* (测量用)棱镜罗盘. *prismatic crystal* 斜方晶. *prismatic glass* 车线(窗)玻璃. *prismatic layer* 棱柱层(状). *prismatic light* 三棱玻璃罩. *prismatic powder* 棱形火药. *prismatic spectrum* 棱镜光谱. *prismatic structure* 柱状结构. *prismatic surface* 棱柱曲面. ~ally *ad.*

prismatine *n.* 柱晶石.

pris'matoid *n.*【数】旁面三角台,角〔梯形〕体.

prismatom'eter *n.* 测棱镜折射角计.

pris'moid [prizmɔid] *n.* 平截头棱锥体,棱柱体.

prismoi'dal *a.* 似棱形的,拟柱的. *prismoidal formula* 拟柱[似棱体]公式.

prismom'eter *n.* 测棱镜折射角计.

pris'my [ˈprizəmi] *a.* ①棱柱(镜)的 ②虹色的,五光十色的.

pris'on [ˈprizn] *n.* 监狱(禁),拘留所. ▲ *be in prison* 在狱中. *be taken to prison* 被关入狱.

pris'oner [ˈprizənə] *n.* ①囚犯,俘虏,拘留犯 ②固定(定位,锁紧)装置. *prisoner of war* 战俘.

pris'sy [ˈprisi] *a.* 谨小慎微的,刻板的.

pristane *n.* 姥鲛烷.

pris'tine [pristain] *a.* ①太古的,原始(状态)的,早期的,原来的 ②质(纯)朴的. ~ly *ad.*

priv = private 私人的,专用的.

priv. X. = private exchange 专用小交换机,用户交换机.

pri'vacy [ˈpraivəsi] *n.* ①隐避(退) ②秘密,保密(性) ③私用室. *privacy system* 保密(通信)制. ▲ *in strict privacy* 完全秘密的.

pri'vate [ˈpraivit] *a.* ①私人[人有,营,立,用]的,亲自的,个人的,(专)用的,非公用的 ②非公开的,秘密〔保〕密的,隐蔽的,幽僻的 ③民间的,无官职的. *private bank* 补助〔试用用〕触排(线弧),选择器的 C 线弧. *private door* 便门. *private memory*【计】专用存储器. *private ownership* 私有制. *private secretary* 私人秘书. *private sewer* 内部污水管. *private soldier* (列)兵. *private study* 自学. *private view* 预展. *private wiper* (自动交换机)C(第三)接弄,测试电刷. *private wire* 专用线,测试线,塞套引线. ▲ *in private* 秘密地. *private and confidential* 机密.

pri'vately *ad.* 私下,秘密地.

priva'tion [praiˈveiʃən] *n.* 丧失,缺乏,不便,穷困,艰辛.

priv'ative [ˈprivətiv] *a.* ①剥夺的,缺乏(表示没有)…性质的 ②否定的,反义的.

priv'ilege [ˈprivilidʒ] I *n.* 特权,优惠,特殊的荣幸. II *vt.* 特许,给与特权,特许操作.

priv'ileged *a.* 有特权的,特许(别)的,优先〔惠〕的. *privileged direction* 优美方位〔向〕. *privileged state* 特惠(许)状态. *privileged stratum* 特权阶层.

priv'ily [ˈprivili] *ad.* 私下,秘密地.

priv'ity [ˈpriviti] *n.* 默契,私下知悉,参与秘密(to).

priv'y [ˈprivi] I *a.* 个人的,私人的,秘密的,隐蔽的,暗中参与的(to). II *n.* 厕所,有利害关系的人.

prix [pri:] *n.* (单复数相同)〔法语〕奖(品),价格.

prize [praiz] I *n.* ①奖(赏,品,金) ②捕获(战利)品,横财 ③杠杆,撬棍 ④捕捉物. II *a.* 得奖的,作为奖品的. III *vt.* ①珍视(藏),评(估)价 ②捕获 ③撬(开,动),撑起,推动(open, up, off, out). *be awarded a prize for* 为了…而获奖. *Nobel Prize (for M)* 诺贝尔(M)奖金. ▲ *gain* 〔*carry off, take, win*〕 *a prize* 得奖. *make prize of* 缉捕,捕获(船货等). *play one's prize* 谋私利.

prize'man *n.* 得奖人.

prize'winner *n.* 获奖人.

PRL = parts requirement list 零〔部〕件规格一览,需用零件表.

PRLP = planetary rocket launcher platform 行星火箭发射台.

PRLX = parallax 视差.

prmld = premo(u)lded 预塑〔铸,制〕的.

prn = *pro re nata* 〔拉〕必要时,临机〔时〕的.

pro [prou] I *n.* 赞助〔者,票,意见〕,正面. *the pros and cons* 正反面,优缺点,利弊,正反两面的〔赞成和反对的〕理由,赞成者和反对者,赞成和反对的票数. II *ad.* 正面地. ▲ *pro and con* 从正反两方面,赞成和反对.

pro [prou] 〔拉丁语〕 *prep.* 为了,按照. *pro forma* 形式上,估计的,假定的. *pro forma invoice* 估价单,(发货通知用)预付发票. *pro hac vice* 只这一回,仅为这种情形. *pro rata* 按比例,成比例的. *pro re nata* 临机(的),临机(的). *pro tanto* 只此,至此,到这程度〔范围〕. *pro tempore* 暂时〔的〕,临时(的),当时的.

pro = ①procuration ②professional.

pro- 〔词头〕①(向,在)前,前进 ②代(替,理),副 ③亲,支持,赞成 ④按照 ⑤代理.

proaccelerin *n.* 促凝血球蛋白原.

pro-actinium *n.* 镤.

proactinomycin *n.* 原放线菌素.

proal *a.* 向前运动的.

pro-and-con *v.* 辩论.

proantigen *n.* 前抗原.

prob = ①probable 或然的 ②probably 大概 ③problem 问题.

probabilis'tic [ˌprɔbəbiˈlistik] *a.* 盖然论的,概率(统计)的,随机的. *probabilistic automata* 随机自动机. *probabilistic logic* 概率逻辑. *probabilistic machine* 随机元件计算机,概率机. *probabilistic method* 概率(统计)方法. *probabilistic model* 概略的模式.

probabil'ity [ˌprɔbəˈbiliti] *n.* ①概(几,JL,机,或然)率,公算 ②可能(性),(或)盖(然)性 ③像真,或有的事,可能发生的事情〔结果〕. *conditional probability* 【计】条件概率. *general probability* 总概率. *malfunction probability* 【控】误动作概率. *occupation probability* 填满概率. *pre-word error probability* 【计】单字〔每个字母代码〕的误差概率. *prob-

ability after effect 后效概率. *probability a posteriori* 后验概率. *probability correlation* 概率相关. *probability current* 概[几]率流量. *probability of ionization* 电离概率. *probability paper* 概率(坐标)纸. *probability proportional sampling* 概率比例抽样法. ▲*in all probability* 大概, 多半, 十之八九, 最可能. *The probability is that* 很可能是, 大概, 想必. *There is every probability of* 〔*that* …〕多半会, 多半有. *There is no* 〔*little, not much*〕*probability of* 〔*that* …〕不[很少, 不大]像会.

probability-preserving transformation 同概率变换.

prob'able ['prɔbəbl] Ⅰ *a*. ①概[几]率的, 可几的, 或然的, 公算的, 近真的 ②可能的, 很可能发生〔证实〕的, 大概的, 像真实的, 似确有的 ③假定〔设〕的. Ⅱ *n*. 像要[可能]发生的事, 有希望(…)的人. *equally probable* 等概率的, 等可几的. *It is possible but not probable*. 这是可能的, 但是靠不住(不是很可能). *most probable* 最可几的. *probable cost* 大约的费用. *probable error* (大)概(误)差, 可几[或然, 近真]误差, 公算, 近真误差. *probable strength* 似真大概强度. *probable velocity* 概率速度, 可几[或然]速度.

prob'ably ['prɔbəbli] *ad*. 多半(会, 是), 很可能, 大概, 或许.

probar'bital [prə'bɑːbitəl] *n*. 异丙巴比妥.

probasidium *n*. 原担子.

proba'tion [prə'beiʃən] *n*. ①检验, 验证, 鉴定 ②试行, 试用(期), 见习(期), 预备期 ③察看. ▲*on probation* 作为试用(见习), 察看. ~**al** 或 ~**ary** *a*.

proba'tioner [prə'beiʃənə] *n*. 试用人员, 见习生.

pro'bative ['proubətiv] 或 **pro'batory** ['proubətəri] *a*. 检(试)验的, 鉴定的, 证明的, 提供证据的.

probe [proub] Ⅰ *vt*. ①(刺)探, 探测(究, 点, 索), 清〔检〕查, (用探针针、探测器)探查, (彻底)调查(into), 示踪. Ⅱ *n*. ①探针[头], 测头, 试探器[具, 物], 探测(示)器, 探测剂 ②传感(变送)器 ③探针[针] ④取样器 ⑤(试)探(电)极, 探空火箭, 测高仪 ⑥(波导或同轴电缆的)能量引出装置, 能量输出机构 ⑦试样, 矿样, 模型 ⑧附件, 附加器 ⑨(深入)调查(索), 彻底调查(into) ⑩试验仪 ⑪(飞机)空中加油管. *acoustic probe* 声探针, 声感应头. *capacity probe* 电容探针. *combined Pitot-static probe* 总静压探测管. *crystal probe* 晶体探头. *electric probe* 试探电极. *hotwire probe* 热线风速仪. *ion probe* 离子探针. *pick-up probe* 接收探示器. *Pitot probe* 皮托(氏)管, 总压力测量管. *probe boring* 试钻(探). *probe diffraction* 探针绕射. *probe interference* 测针的干扰. *probe material* 示踪物质. *probe method* 探针(测试)法. *probe tube* 取样管. *probe type vacuum tube voltmeter* 探针式电子管电压表. *probe unit* 测试装置, 检测器, 测头. *rake probe* 梳状探头. *static probe* 静压力管. *temperature probe* 温度传感器. *valve probe* 电子管探示器.

probenazole *n*. 噁菌灵.

pro'ber ['proubə] *n*. ①探查者 ②探测(示)器.

pro'bing ['proubiŋ] *n*. 试探, 摸索, 探查[查, 示], 检验[查]调查, 测深, 坑探.

probionta *n*. 原生物.

prob'it ['prɔbit] *n*. 概率[几率]单位, 根据常态频率分配平均数的偏差计算统计单位.

pro'bity ['proubiti] *n*. 正直, 诚实.

prob'lem ['prɔbləm] Ⅰ *n*. 问(课), 习(课)习题, 难题, 题目, 疑问. Ⅱ *a*. 成为问题, 难对付的. *a major problem with M* 在(处理, 对待)M方面的一个主要问题. *be not without problems* 不是没有问题的. *key problems* 关键问题. *present no problem* 不会引起困难. *problem file* 〔*folder*〕 【计】题目文件. *problem job* 疑难工程. *problem mode* 解题状态(方式). *problem status* 解题状态, 算态. *solve the problem of* 解决…问题. ▲*sleep on* 〔*upon, over*〕*a problem* 把问题留到第二天解决. *the problem child(ren)(of M)* (在M方面的)不好解决的难题, (在M上)难对付的问题.

problemat'ic(al) [prɔblə'mætik(əl)] *a*. ①有(成)问题的, 有疑问的, 疑难的, 不能看出(预知)的, (悬而)未决的, 未定的 ②或(盖)然性的. ~**ally** *ad*.

problem-board *n*. 【计】解题插接板.

problem-oriented language 【计】面向问〔算〕题的语言.

prob'lemsome *a*. 成问题的.

probolog *n*. (检验热交换器管路缺陷的)电测定器.

proboscid'ea *n*. 长鼻目〔类〕.

proc = ①procedure 手续, 程[顺]序 ②proceedings 会刊, 学报, 记录 ③程[工]序, 程[工]序, 工艺, 加工, 处理 ④processor 处理机(器) ⑤procure (努力)获得, 取得.

procaine-base *n*. 普鲁卡因碱.

procarboxypeptidase *n*. 羧肽酶原.

procaryote *n*. 原核生物.

procaryotic *a*. 原核生物的.

proce'dural [prə'siːdʒərəl] *a*. 程序上(性)的. *reject on procedural grounds* 根据程序上的理由予以拒绝.

proce'dure [prə'siːdʒə] *n*. ①程[工, 顺]序, 流程, 技术, 操作, 办法 ②程序, 工艺规程 ③(生产)过程, 作业, 【计】(单用)过程 ③方法, 措施, 行动, 处置 ④传统的做法, (外交, 军队等的)礼仪, 礼节. *drive-in procedure* 驱入步骤. *hot procedure* 热加工工艺. *layup procedure* 增强塑料敷层方法. *least-squares procedure* 最小二乘法. *normal procedure* 常规. *operational procedure* 运行(操作)程序. *procedure body* 【计】过程体. *procedure declaration* 【计】过程说明. *procedure heading* 【计】过程导引(标题, 首部). *procedure identifier* 【计】程序识(鉴)别器, 过程标识(志)符. *procedure in production* 生产过程. *procedure statement* 【计】过程语句. *safety procedure* 安全规程. *set-up procedure* 配程序(步骤). *start-up procedure* 起动程序. *step-test procedure* 逐步测试方法. *trial-and-error*〔*cut and try*〕*procedure* 尝试法, (逐步)试凑法.

procedure-oriented language 面向处理过程(方法)的语言.

proceed Ⅰ [prə'siːd] *vi*. ①进[继续]行, 继续做下去 ②开始, 着手 ③发生〔出〕 ④起(控)诉(against). Ⅱ **pro'-ceeds** *n*. (pl.) 收入, 所得, 结果.

proceed'ing

▲**proceed from** 发自,出于,由…产生,从…出发. **proceed on [upon]** 照[根据]…进行. **proceed to** 进而,着手,去到. **proceed to** +*inf.* 着手[做], 继续,转到. **proceed with** 继续[重新]进行下去,从…下手[开始].

proceed'ing [prə'si:diŋ] *n*. ①程序,进程,进行,行事[动],做法,处置,方法 ②(pl.)科研报告集,记录汇编,会刊,学报,(会议)记录 ③事项,项目,议程. *legal proceeding* 法律程序. *proceedings at the meeting* 会议享项. *proceeding measurement* 顺序测量. *Proceedings of the Automobile Division* (机械工程师协会)汽车分会会志(英国一期刊名).

procentriole *n*. 原中心粒.

pro'cess ['prouses] **Ⅰ** *n*. ①过(进,流,行,历)程,工[程序]序,步骤,手续,作用 ②工艺(学)过程,技术,方法,[制]法,反应,操作,作业 ③照相制版术,照相版图片,三原色印刷 ④诉论,(法律)手续,传票 ⑤(生物)机体的突起,隆起,突. **Ⅱ** *vt*. ①加工,处理,生产,初步分类,分[办]理,形成 ②使必历某一专门过程 ③用照相版影印 ④对…起诉,(要求)对…发出传票. **Ⅲ** *a*. ①经过特殊加工的,(用人工合成法)处理过的 ②照相版的,三原色版的 ③有幻觉效应的. *alkali(ne) process* (钢板)碱渍电镀锡法. *basic process* 基本制法. (炼钢的)碱性法. *batch (-like)process* 间歇操作,周期性过程,材料分批加工. *C process* 杰·克洛宁壳型铸造法. *cementation process* 渗碳法. *commercial scale process* 大规模生产. *continuous process* 连续过程,大版作业. *converter process* 转炉(炼钢)法. *cracking process* 裂化(热裂)法. *cut-and-try process* 逐次[连续]接近法,累次近似法. *D process* 迪氏壳型铸造法. *digital process* 不连续过程. *directed fibre preform process* 直喷毛坯法,纤维坯料法. *dynamisator process* 通(交流)电去除氧化皮法. *E process* 热自硬造型法. *endoergic process* 吸能[热]过程. *EPIC process* 氧化物隔离法(Motorola 公司制造多相单块集成电路的一种方法). *exoergic process* 放能[热]过程. *extrusion process* 压铸程序,挤压法,挤压过程. *F process* 热芯盒造型法. *finite process* 有穷过程. *flat film process* (薄膜)压平成膜法. *form grinding process* 成型磨法. *fusing process of intermediate* 熔焊法. *Guerin process* 橡胶凹模成形. *industrial process* 生产过程. *Mannesmann process* 曼式轧管法. *Marco process* 增强塑料大型制品真空注入树脂模制法. *N process* 硅铁水玻璃快干造型法. *non-knocking process* 无爆过程. *offset process* 胶印法. *oxygen-free process* 无氧过程. *parkerizing process* 磷化处理. *polytropic process* 多变过程. *process amplifier* 处理(形成)放大器. *process annealing* 低温(中间,工序间)退火,临界温度下退火. *process automation* 工序(加工)自动化,(生产)过程自动化. *process chart* 工艺流程图,工序(工作过程)图. *process control* (生产)过程控制,连续调整,(工艺)程序控制. *process controller* 工艺过程控制装置. *process data* 分理数据,对数据迅速检查分析. *process engraving* 三色版. *process gas* 生产气体,生产(工业)废气. *process industries* 制造(加工)工业. *process line* 生产(过程)流水线,工作顺序. *process metallurgy* 工艺及冶学,冶金法. *process of chopping* 切断法. *process of heterodyning* 外差法. *process plant* 制炼厂. *process printing* 彩色套印. *process pump* 运行(中)泵. *process redundancy* 加工余量(多余度). *process sheet* 工艺过程卡. *process shot* 凶装镜头. *process shrinkage* 母模收缩余量,过程收缩. *process simulator* 程序模拟器. *process technique* 程序加工技术,过程可调变量,过程选型. *process wire* (待热处理和继续拉拔的)中间(半成品)钢丝,非银亮钢丝(线材). *processed effluent* 处理(加工后)流出物. *processed gas* 加工(精制)过的气体,脱硫气体. *processed stone sand* 加工后所得的碎石砂. *random process* 随机过程. *scaling-down process* 分频过程. *stochastic process* 随机过程. *supporting process* 辅助过程. *switching process* 转换[整流]过程,线(电)路侧换(换态)过程,开关过程. *technological process* 工艺(规)程,制造(生产)过程. *tubular process* 管轴成型法. *Umklapp process* 倒逆[转]过程. *unit process* 单元操作. *zone-void process* 区熔空段法. ▲*be in process of* (在)进行中. *cascade the process* 用逐次迫近法进行计算. *in the process of* 在…过程中. *in the process of time* 随着时间的推移,经过一段时间,逐渐地.

processabil'ity *n*. 加工(成型,操作,制备)性能.

pro'cessing ['prousesiŋ] *n*. ①(数据)处理,加工 ②整理,调整,变换,配合 ③制造,配制,操作,作业,选型 ④工艺(生产方法)设计,工艺过程,机组作业线上精整带料(过程). *batch processing* 成批处理,间歇加工. *information processing* 信息(加工)处理,情报整理. *in-line processing* 在线处理. *integrated data processing* 综合数据处理. *laser processing* 激光加工. *metallothermic processing* 金属热还原处理. *off-line [on-line] data processing* 脱机(联机)数据处理,间接(直接)数据处理. *processing alloy* 待熔合金. *processing amplifier* 程序(整形,信号)处理放大器. *processing of data* 资料整理,数据处理. *processing plant* 石油加工厂,炼制厂. *processing sheets* 精整过之薄板. *processing unit* 【计】运算器,处理部件,【化工】加工设备. *pyrochemical processing* 高温化学处理.

proces'sion [prə'sefən] *n*.; *v*. ①行列,队伍,列队行进 ②一(长)行,一(长)排. *in procession* 排成队.

proces'sional *a*. 行列的,队伍的,列队行进的.

proces'sionary *a*. 列队前进的.

pro'cessor ['prousesə] *n*. ①加工者,加工机械,制作机,自动显影机 ②加工(处理)程序,信息处理(加工)机,(信息)处理系统(部件),设施,情报)分理机. *central processor* 中央处理装置. *data processor* 数据处理机. *file processor* 外存储器信息处理机. *language processor* 语言加工程序. *pickle line processor* 连续酸洗(作业)线上的精除鳞(破鳞)机.

triple processor 连续酸洗（作业）线上的三次弯曲式除鳞（破鳞）机.

procès-verbal ['prɔseivei'ba:l] [法语] 官方（会议）记录.

procetane n. 柴油的添加剂.

prochiral a. 前手性的（的）.

Prochordata n. 原索动物门.

prochro'mosome n. 前染色体.

pro'chronism ['proukrənizm] n. 日期填早, 把事实误记在实际发生日期之前.

proclaim' [prə'kleim] vt. ①宣（公）布, 宣告, 声明, ②表明, 显露〔示〕.

proclama'tion [prɔklə'meiʃən] n. ①宣（公）布, 声明②公（布）告, 宣言, issue〔make〕 *a proclamation* 发表公告〔声明〕. *proclamation of martial law* 宣布戒严. **proclam'atory** a.

procli'max n. 亚极相.

procliv'ity [prə'kliviti] n. 癖性, 倾向 (to towards, for). *have no proclivity for* +ing 不喜欢（做）.

procollagen n. （酸）溶胶原（蛋白）, 原骨胶原.

procon'sul [prou'kɔnsəl] n. 殖民地总督.

pro-consul [prou'kɔnsəl] n. 代理领事.

proconvertin n. （血清凝血酶原）转变加速因子前体, 原转变素.

procras'tinate [prou'kræstineit] vt. 拖延, 耽搁, 因循. **procrastina'tion** n.

pro'creant ['proukriənt] a. 生殖的, 产生的.

pro'create ['proukrieit] v. 生殖, 产生. **procrea'tion** n. **procrea'tive** a.

procryp'tic [prou'kriptik] a. 有保护色的.

procs = ①proceedings 会刊, 学报, 记录 ②processor 处理机, 处理器.

proc'tor ['prɔktə] n. 代理人. *Proctor cylinder* 葡氏击实筒. *Proctor method* 葡氏压实法. *Proctor needle* 葡氏密实度测定针, 葡氏压实锤.

procu'rable [prə'kjuərəbl] a. 可以得到的, 可获得的.

procu'ral [prə'kjuərəl] n. 获〔取〕得, 弄到.

procu'rance [prə'kjuərəns] n. ①获〔取〕得, 实现, 达成 ②代理.

procura'tion [prɔkjuə'reiʃən] n. ①获〔取〕得 ②代理（权）（对代理人的）委任. *per procuration* 委任代理.

proc'urator ['prɔkjuəreitə] n. 代理人, 检察官. ~**ial** a.

proc'uratory ['prɔkjuərətəri] n. （对代理人的）委任. *letters of procuratory* 委任状.

procure' [prə'kjuə] vt. ①取〔获〕得, 弄到, 物色, 采购 ②实现, 达成, 完成. *procure an agreement* 达成协议. *procure a theory* 形成〔建立〕理论.

procure'ment [prə'kjuəmənt] n. 取〔获〕得, 征〔收, 采〕购, 斡旋, 促〔达〕成.

prod [prɔd] Ⅰ v. (**prod'ded**; **prod'ding**) 刺, 戳, 刺激, 激发. Ⅱ n. ①刺, 戳 ②锥（子）, 竹签 ③（装info管用）药包端穿孔员杆 ④热〔温差〕电偶, *prod (magnetizing) method*（磁粉探伤的）双头通电磁化法, 圆棒电极磁性探伤法.

PROD 或 **prod** = ①produced 生产〔产〕的②product 产的, 乘积 ③production 生产, 产品.

prod'igal ['prɔdigəl] Ⅰ a. ①非常浪费的, 挥霍〔奢侈〕的 ②不吝惜的 (of) ③（物产）丰富的, 大量的. Ⅱ n. 浪费者. *play the prodigal* 挥霍. ~**ly** ad.

prodigal'ity [prɔdi'gæliti] n. ①浪费, 挥霍 ②不吝惜 ③丰富, 富饶, 大量. *the prodigality of the sea* 水产丰富的海洋.

prod'igalize ['prɔdigəlaiz] vt. 浪费, 挥霍.

prodigiosin n. 灵菌红素, 灵杆菌素.

prodig'ious [prə'didʒəs] a. ①巨〔庞〕大的 ②异常的, 惊人的. *a prodigious amount of work* 大量工作. *prodigious view* 奇异的景像. ~**ly** ad.

prod'igy ['prɔdidʒi] n. 奇迹〔观〕, 奇事〔物〕.

pro'drome ['proudroum] (pl. **prodro'mata** 或 **pro'dromes**) n. ①序论, 作为导论的书 (to) ②前驱症状. **prod'romal** 或 **prodrom'ic** a.

produce Ⅰ [prə'dju:s] v. ①生产, 制造, 作, 结（出果实）②引起, 产生, 招〔导〕致 ③【数】使（线）延〔引〕长, 使（面）扩展 ④提〔呈〕示, 出〔显〕示, 展现 ⑤出版, 制（片）, 放映, 演出, 创作. Ⅱ ['prɔdju:s]. 产品〔物, 额, 量〕, 制〔作〕品, 成〔结〕果. *an oil well that no longer produces* 不再出油的油井. *produce a side of a triangle* 延长三角形的一边. *produce electricity* 发电. *produce evidence* 提出证据. *produce lathes* 制造车床. *produce petroleum* 生产石油. *produce the greatest economy* 最经济, 导致最大的节约. *produced crude oil* 采出〔开采到的〕原油. *producing depth* 生产层深度, （石油）床层的深度, 生产水平. *producing horizon* 生产〔产油〕层.

produ'cer [prə'dju:sə] n. ①发生器, （煤气）发生炉, 产生器, 制造机, ②振荡器, 发电机 ③生产〔产油〕井 ④生产（制造）者, 厂, 产地 ⑤演出者, 制片〔监制〕人, 导演, 舞台监督 ⑥产菌. *alumina producer* 氧化铝厂. *differential pressure producer* 差压激励器. *gas producer* 煤气发生炉（器）. *neutron producer* 中子源. *power producer* 动力源. *producer gas* 发生炉气体（煤气）. *producer gas engine* (发生) 炉煤气（活塞）机. *producer gas plant* 煤气厂. *producer goods* 生产物质〔工具, 原料〕. *producers stock* 原料, 商品.

producer-city n. 生产城市.

producibil'ity [prədju:sə'biliti] n. 可生产〔制造〕的, 可提〔演〕出, 可延长(性). *producibility index log* 生产率指数测井曲线.

produ'cible [prə'dju:səbl] a. 可生产〔制造〕的, 可上演的, 可提出的, 可延长的.

prod'uct ['prɔdəkt] n. ①产（生成）物, 产〔制, 成, 作〕品 ②出产, 制造, 创作 ③【数】（乘）积,（张量的）外积 ④结〔成〕果 ⑤分量, 成分. *after product* 后（副, 二次）产物. *bar mill products* 型钢轧机的钢材品种. *between product* 中间产〔品〕. *cross product* 矢〔向〕量积, 叉积. *dot product* 标〔数〕量积, 点积. *end product* 最终〔后〕产物. *energy product* 能量积. *final product* 成品〔最终产物〕. *finished product* 成品. *flat products* 扁平轧材〔带材, 板材, 箔材〕. *gross product* 总产量. *hard metal product* 硬质合金制品. *high grade product* 高品位产品. *inner product* 内〔标〕积. *intermediate* [semifinished] *product* 半成品, 中间产品. *melter product* 金属半

成品. *modulation product* 调制产物. *packing of products* 产品包装. *partial product* 部分积,部分产品. *product accumulator* 【计】乘积累加器. *product detector* 乘积检波器. *product generator* 【计】乘积发生器. *product moment* 积矩. *product of sets* 集的交. *product register* 【计】乘积寄存器. *product sign* 乘号. *return product* 返销,废品. *scalar product* 数(性)积,纯量积. *secondary product* 次级〔二次〕产物. *side product* 副产品. *spoiled product* 废品. *straight product* 纯产品. *subquality product* 不合格产品,次级品. *substandard product* 等外品. *sum product* 和积. *through product* 筛下物. *triple product* 三重积.

productanal'ysis n. 产品分析.
produc'tible a. 可生产的.
produc'tile a. 可延〔伸〕长的,延长性的.
produc'tion [prə'dʌkʃən] n. ①生产,制造,开采,发〔产〕生,生〔形,造〕成,引起,提供〔出〕 ②制作,摄制,演出 ③产〔制,作〕品,生成物,成果 ④〔生产量,生产能力,生产率,开采量 ⑤【数】延长(线),生成〔产生〕式 ⑥拿出,提供. *annual*〔*yearly*〕*production* 年产量. *batch production* 成批〔分批,间歇〕生产. *commercial* (*scale*) *production* 大规模生产. *current*〔*flow line*〕*production* 流水生产〔作业〕. *excess production* 超额生产. *full*〔*mass serial*〕*production* 成批生产. *full-scale production* 全规模生产. *gross production* 总生产量. *high production press* 高生产率压力机. *large lot production* 大量生产. *mass production* 大量〔批〕生产. *means of production* 生产资料. *pair production* 粒子〔电子-正电子〕偶生成,对生成. *pilot production* 试制. *produvtion bottleneck* 生产过程中的涌塞〔瓶颈〕现象. *production capacity* 生产量,生产能力. *production cost* 生产成本. *production foundry* 大量生产的铸工车间. *production in pure condition* 净态生产. *production line*〔*chain*〕生产〔流水,装配〕线,流水作业. *production machine* 专用机床. *production of particles* 粒子的产生. *production quota* 生产指标. *production run* 生产过程,流水生产,生产性运行. *production run equipment* 流水线生产设备. *production scale cell* 大型〔生产用〕电解槽. *production team* 生产队. *production time* 生产〔运算〕时间,(有效)工作时间. *production water supply* 生产用水. *quantity production* 大量生产. *relations of production* 生产关系. *scheduled production* 计划产量. *short-run production* 小量〔短期〕生产. *small scale production* 小量生产. *small serial production* 小批生产. *war production* 军工生产. ▲*go*〔*be put*〕*into production* 投产,开始生产. ~*al a*.

production-grade n. 工业〔生产〕的品位.
production-scale a. 大〔生产〕规模的.
produc'tive [prə'dʌktiv] a. ①(能)生产的,生产性的,有生产力的 ②富饶的,多产的,有成果的 ③(可能)产生…的,出产…的,会导致…的(of). *productive capacity* 生产率,生产能力. *productive forces* 生产力. *productive head* 发电水头. *productive labour* 生产劳动. *productive output* 生产量. ~*ly ad*.

produc'tiveness n. 生产率,多产.
productiv'ity [prɔdʌk'tiviti] n. ①生产率〔量,(能)力〕,效率 ②多产(性). *heat productivity* 发热量. *increase*〔*raise*〕*productivity* 提高生产率,增加产量. *labour productivity* 劳动生产率. *specific productivity* 单位生产率. *the three-shift productivity of machines* 机器的三班生产(能)力.

prod'uctized a. 按产品分类的.
proelastase n. 弹性蛋白酶原.
pro'em ['prouem] n. 序,前〔绪〕言,开场白,开端. ~*ial a*.
proembryon'ic a. 原胚的,胚前的.
proen'zyme n. 酶原.
pro-eutect'ic [prouju'tektik] n.; a. 先共晶(的). *pro-eutectic cementite* 先共晶渗碳体.
pro-eutec'toid [prouju'tektɔid] n. 先共析体. *pro-eutectoid cementite* 先共析渗碳体. *pro-eutectoid ferrite* 先共析渗碳体.
Prof 或 **prof** =professor.
PROFAC =propulsive fluid accumulator system 流体推进剂积聚系统.
profer'ment n. 生酶素,酶原.
profess' [prə'fes] v. ①(明白)表示,声称,讲〔申〕明,表白〔态〕,承认 ②自称,冒充,假装 ③以…为职业,讲授,当(…)教授.
professed [prə'fest] a. ①公开表示〔声称〕的 ②自称的,假装的 ③专业〔门〕的. ~*ly ad*.
profes'sion [prə'feʃən] n. ①职业,专业(尤指从事脑力劳动或受过专门训练的) ②同业〔行〕 ③表白,宣布,声明. *be a M by profession* 以 M 为业. *exercise the profession of* 从事…职业. *make it a profession to* +*inf*. 以(做)为业.
profes'sional [prə'feʃənl] I a. 职业(性,上)的,业务的,专业〔门〕的. II n. 专业人员,内行,以某种职业为生的人. *professional component* 专用元件. *professional instrument* 工厂制(电子)仪器. *professional paper* 专题报告,专门论文. *professional proficiency* 业务能力. *professional skill* 专门技术.
profes'sionalize [prə'feʃənəlaiz] v. (使)职业化,(使)专业化.
profes'sionless a. 没有专业或未受过专门训练的.
profes'sor [prə'fesə] n. 教授. *assistant professor* 助教授(低于副教授,高于讲师). *associate professor* 副教授. (*full*) *professor* (正)教授. *professor emeritus* 名誉(退休的)教授. *professor of French* 法文教授. *visiting professor* 客座教授.
professo'riate [prɔfe'sɔ:riit] n. (全体)教授,教授职位.
profes'sorship n. 教授(职位).
prof'fer ['prɔfə] vt.; n. 提供〔出〕,贡献,建议.
profibr(in)olysin n. 血纤维蛋白溶酶原.
profic'iency [prə'fiʃənsi] n. 熟练,精通(in). *attain*

proficʹient 1314 progestin

[develop] high technical proficiency in… 在…方面达到高度的技术熟练水平. proficiency at following a given method (在)运用某一方法(方面)的熟练程度.

proficʹient [prəˈfiʃənt] I a. 熟练的，精通的(at, in). II n. 能手，专家(in). ~ly ad.

proʹfile [ˈproufail] I n. ①轮廓，外形〔观〕，(纵)断〔剖〕,切面〔面〕,侧〔立〕面〔图〕,分布(图)〔叶,翼,炉)型,齿形〔部〕,型面,测线,(高炉)内型曲线 ②型材〔型〕,靠模，仿形，侧面型,【建】皮数杆,标杆. II vt. ①画描，显出)…的轮廓〔图〕，画…的侧面(纵断面)图 ②靠模加工,仿形切削,给…铣出轮廓 ③做成型材. active profile 有效齿廓. balanced profile (填方挖方)平衡纵断面. cast profile 铸制型材. cross-sectional profile 横断面图. density profile 密度分布型〔剖面图〕. die profile 拉模孔型. diffusion profile 扩散曲线. energy profile 能级图. flight profile 飞行轨迹. grade profile 坡度纵剖面. high-level profile 高标高断面. horizontal profile 水平(断)面. involute profile 渐开线齿形. profile angle 齿形角. profile board 侧板,模板. profile cutter 成形〔定形〕刀具. profile drag 形(翼)面阻力,轮廓阻力,型图. profile error 齿形误差. profile facing 仿形〔靠模〕端面车削. profile flow 翼型绕流. profile gasket 〔washer〕异型垫圈. profile gauge 样(曲线)板,轮廓量板. profile grade 纵(断)面)坡度. profile grinder 轮廓〔光学曲线〕磨床. profile in elevation 注有标高的纵断面图,立剖图. profile iron 型钢〔铁〕. profile level(l)ing 纵断面水准测量. profile machine 仿形机床,靠模铣床. profile meter 表面光洁度〔轮廓〕仪. profile milling (凸轮式)靠模铣削,轮廓仿形铣削. profile modeling 靠模,仿形. profile of fillet weld 角焊缝断面形状. profile of teeth 齿形〔廓〕. profile paper 纵断面图(格)纸. profile shaft (特)型轴. profile shell 压型辊. profile shifted gear 交变〔变位〕齿轮. profile shooting (沿)地震测线勘探(法),(沿)地震剖面勘探. profile steel 型钢. profile tangent 纵向〔竖曲线)切线. profile tracer 靠模〔轮廓〕仿形. profiled bar 异形钢材. profiled iron 型钢〔铁〕. profiled sheet iron 成型薄钢板. resistivity profile 电阻率分布. stratigraphic(al) profile 地层纵断面. velocity profile 速度分布图.

proʹfiler [ˈproufailə] n. 制锻靠模铣床,靠模〔仿形〕工具机,靠模铣床.

proʹfiling n. 压(造)型,型材,仿形切削〔加工〕,成〔整〕形,靠模加工,剖面测定(法). profiling attachment 靠模〔仿形〕附件. profiling bar 靠模〔仿形〕杆. profiling roll 压型辊.

profilʹogram [prouˈfiləɡræm] n. (平整度)断面图.

profilʹograph [prouˈfiləɡrɑːf] 或 **profilomʹeter** [proufiˈlɔmitə] n. 轮廓曲线(测定)仪,表面光度(粗糙)仪,地形测定器,(表面光洁度)轮廓仪,机械面糙(度)(测)仪,(测平整度用)自记纵断面测绘器,验平仪,显微光波干涉仪.

profilʹoscope n. 拉模孔光洁度光学检查仪,纵断面观测镜.

profʹit [ˈprɔfit] I n. ①利〔得〕益,益〔用,好〕处 ②(常用 pl.)利润(率),赢(红)利,赢余. II v. ①有利〔益〕(于) ②获益,利用 (by, from), clear [net] profit 净利,纯利润. gross profit(s) 总利润,毛利. profit margin 利润率. profit sharing 分红制(资本家对雇员的欺骗手法). ▲at a profit 有利可图,赚钱. make a profit (on) (在…上)赚钱〔赚钱〕. make oneʹs profit of 利用,得益于. show a profit 赚钱,有利可图. to oneʹs profit 或 with profit 有益.

profʹitable [ˈprɔfitəbl] a. 有利(可图)的,有用的,有益的. profitable haul 经济运距. profʹitably ad.

profiteer [ˌprɔfiˈtiə] I n. 投机商,奸商. II vi. 牟取暴利,从事投机活动.

profʹitless [ˈprɔfitlis] a. 无利〔益,用〕的,不合算的,无利可图的. ～ly ad.

profʹitwise 在利润方面,赢利〔赚钱〕地.

proflavin(e) n. 二氨基吖啶.

profʹligacy [ˈprɔfliɡəsi] n. 恣意挥霍,极度浪费.

profʹligate [ˈprɔfliɡit] a.

profluvium n. 【拉语】溢(流)出.

profondomʹeter n. 深部导物计,异物定位器.

pro forʹma 或 **proforʹma** [prouˈfɔːmə] a.; ad. 形式上的, proforma invoice 形式发票.

profound [prəˈfaund] I a. ①意味深长的,意义深远的,深奥的,奥妙的 ②渊博的 ③深厚〔刻,深)的,极度的. II n. 深渊(海)深处. profound theory 深奥的理论. profound understanding 深刻的理解. ～ness n.

profoundʹly [prəˈfaundli] ad. 深深〔奥)地,奥妙地. apologize profoundly 深表道歉. be profoundly moved 深受感动.

profundal I n. (湖,海)深底. II a. 湖底的,深海底的.

profunʹdis [proˈfʌndis] (拉丁语) de profundis 从深处.

profunʹdity [prəˈfʌnditi] n. ①深(度,渊,处),深奥〔刻,厚〕②(常用 pl.)深奥的事物,深刻的思想,意义深刻的话.

profundus a. 【拉语】深的.

profuse [prəˈfjuːs] a. ①非常丰富的,充沛的,大量的,极(过)多的. ②十分慷慨的,挥霍的,浪费的(in, of). a profuse variety of minerals 多种多样的矿藏. ～ly ad. ～ness n.

profuʹsion [prəˈfjuːʒən] n. ①充沛,丰富,大量,过多 ②浪费,挥霍,奢侈. a profusion of 很多的,大量的. in profusion 丰富地,大量地,过多地.

PROG =prognostication 预示(测,兆).

progametanʹgium n. 原配子囊.

progamete n. 原配子.

progenʹitor [prouˈdʒenitə] n. ①祖先,前身,起源,先驱,【数】前趋,前驱,原本(书),正本 ②原(始)股.

progʹeny [ˈprɔdʒini] n. ①子孙,后代〔裔〕,子代②结(成)果 ③次级粒子. penetrating progeny 次级穿透〔贯穿〕粒子.

progesʹterone n. 黄体酮,孕(甾)酮.

progestin n. 黄体制剂,孕(甾)酮,孕激素(类).

proges'togen *n.* 孕激素类.

progno'ses [prəg'nousi:z] *n.* prognosis 的复数.

progno'sis [prəg'nousis] (pl. **progno'ses**) *n.* 预知〔测,报〕,〔医〕预后,病状预断.

prognos'tic [prɔg'nɔstik] *a.*; *n.* 预测〔报〕(的),预兆〔示,知〕(的)(of),预后(的),前兆(的).

prognos'ticate [prəg'nɔstikeit] *vt.* 预言〔示,测,兆〕.

prognostica'tion [prɔgnɔsti'keiʃən] *n.* 预言〔测,测〕,前兆,征候. *prognostication algorithm* 〔algorism〕预测算法.

prognos'ticator *n.* 预言〔测〕者.

pro'grade ['prou'greid] *a.* 与其他天体共同方向运行〔旋转〕的.

pro'gram ['prougræm] I *n.* ①【计】程序,步骤②程序〔次序,时间,进度〕表,图表 ③计〔规〕划,纲领,提〔大〕纲,方案 ④节目(单),说明书. II (*pro'gram(m)ed*; *pro'gram-(m)ing*) *v.* 【计】①(为…)编制〔拟定程序〕(给…)拟定程序〔次序,计划〕,使按程序工作,作次序表 ②设计,规划,制定大纲 ④为…安排节目,把…排入节目. *assembly program*【计】汇编〔综合,安装,装配〕程序. *bootstrap program*【计】辅助程序. *diagnostic program* 诊断〔查〕程序. *linear program* 线性规划,线性程序设计. *master program*【计】主程序〔规划〕. *maximum program* 最高纲领. *production program* 生产计划〔程序〕. *program board* 程序控制台〔盘〕. *program check run*【计】程序校验操作. *program circuit* 节目〔广播〕电路. *program control*【计】程序控制. *program counter*【计】程序计数器. *program disassembler*【计】程序拆编器. *program elements*【计】程序单元. *program evaluation and review technique* 计划评审法,统筹方法,程序鉴定技术. *program library*【计】程序库. *program loop*【计】程序周期,程序循环. *program music* 标题音乐. *program register*【计】程序寄存器. *program sensitive malfunction*【计】特定程序错误. *program step*【计】程序步〔长〕. *program timer* 计划调节器. *program(m)ed control* 程序控制. *program(m)ed guidance system* 程序制导系统. *program(m)ed instruction* 循序渐进的教学(法). *rolling program* 轧制图表〔程序〕. *running program* 操作〔运转〕程序. *source program* 源程序. *teaching program* 教学大纲. *tracing program*【计】追踪〔跟踪〕程序. *utility program*【计】实用〔应用〕程序.

program-controlled *a.* 程序控制的.

program-exit hub【计】程序输出插孔.

programing = programming.

pro'gram-interrupt *n.* 程序中断.

programmable integrated control equipment 积分程序控制设备.

programmable read-only memory 程序可控只读存储器,可编程序的只读存储器.

programmat'ic [prougrə'mætik] *a.* ①纲领性的,有纲领的 ②计划性的,有计划的 ③标题音乐的.

programme = program.

programme-controlled *a.* 程序控制的.

pro'grammer ['prougræmə] *n.* ①程序设计器,程序装置〔机构〕②程序设计〔编制〕员,订计划者,排节目者,节目报告员. *automatic programmer* 自动程序设计器.

pro'gram(m)ing ['prougræmiŋ] *n.*; *a.* ①【计】编〔制〕程(的),大纲〔的〕②程序设计〔编制,控制,编程(的),设计进度安排 ③广播节目. *dynamic programming* 动态规划. *linear programming* 线性规划. *programming check*【计】(用)程序检验〔校核〕. *programming controller* 程序〔自动顺序〕控制器. *programming device* 程序编制机. *programming language*【计】程序设计语言. *programming program*【计】编程序的程序. *programming system* 程序设计系统. *system programming* 系统程序设计.

program-output hub【计】程序输出插孔.

program-sensitive fault 特定程序故障.

program-suppress hub【计】程序插孔.

progress I ['prougres] *n.* I [prə'gres] *vi.* 前进,进步〔展,程,度,行〕,改进,发展〔达〕. *progress chart* 进度〔图〕表. *progress control* 进度〔改进〕控制. *progress estimate* 进度估计. *progress of material wear* 材料磨损过程. *progress report* 进展报告〔记录〕. *progress schedule* 进度时间表. ▲*extend progress in* 在…方面取得进展. *in progress* (正在)进行中. *make progress* 进步,前〔改〕进,进行. *progress toward* 向…前进. *report progress* 报告到当时为止的进展情况.

progres'sion [prə'greʃən] *n.* ①加〔增,渐〕进,进行〔展,发展,上升,运动〔连〕续,一系列 ③【数】级数(列)④绵波,波段(推进式信号联动系统中前后道口绿灯出现的时间间距). *arithmetic-(al) progression* 算术〔等差〕级数. *geometric(al) progression* 几何〔等比〕级数. *stall progression* 失速区的扩大. ▲*in progression* 连续,相继.

progres'sional [prə'greʃənl] *a.* ①(向)前进的,进步的,连续的 ②【数】级数的.

progres'sist [prə'gresist] *n.* ①进步分子,革新主义者,进步论者 ②改良主义者.

progres'sive [prə'gresiv] I *a.* ①前〔先,改,上〕进的,进步的,发展的 ②顺序的,递增的,逐渐的,渐〔累〕进的,进行性的,进化的. II *n.* ①进步分子〔人士〕,革新主义者 ②改良主义者. *progressive aging* 连续加热时效. *progressive austempering* 分级等温淬火. *progressive average* 〔mean〕累加平均. *progressive block method* 分段多层焊. *progressive derivative*【数】右导数〔微商〕. *progressive die* 顺序冲模,连续冲裁模,跳步模. *progressive drier* 逐步干燥器. *progressive error* 累进〔积〕误差,齿距〔行程〕差. *progressive failure* 逐渐损〔破〕坏,进展性破坏. *progressive gear* 无级变速箱. *progressive quenching* 分级〔顺序〕淬火. *progressive ratio* 速比. *progressive sliding gear* 分级滑动齿轮. *progressive trial* 逐步加载试验. *progressive type transmission* 级进式传动. *progressive wave* 行波,前进波. *progressive wave winding* 行波(式)绕组,波(式)绕法.

progres'sively [prə'gresivli] *ad.* 前进(地),渐进地,

prohib'it [prə'hibit] vt. 禁(防,阻)止. *prohibited articles* [goods]违禁品. *prohibited flight area* 禁止飞行区域. *Smoking strictly prohibited.* 严禁吸烟. ▲*prohibit M from* +*ing* 禁止M(做).

prohibi'tion [proui'biʃən] n. 禁止(令),禁酒.

prohib'itive [prə'hibitiv] 或 **prohib'itory** [prə'hibitəri] a. 禁止(性)的,起阻止作用的,抑制的,(价格)过高的.

proin'sulin n. 胰岛素原.

proj =project.

project I ['prɔdʒekt] n. ①计(规)划,设计,方案 ②工程,(科研)项目,题目,对象,建设(筑) ③草图 ④企业,事业 ⑤突状物. *Aircraft Nuclear Propulsion Project* (美国)核航空发动机研究机构. *atomic project* 原子工业计划,原子工业建设工作. *engineering project* 工程(项目). *major project* 重点工程(项目). *project engineer* (设计)主管工程师. *project meter* 投影式比长计. *research project*(s) 研究项目. *water-conservancy project* 水利工程.
Ⅱ [prə'dʒekt] v. ①投(射,抛)出,投射(掷),发[喷]射 ②伸[突],凸(出)③设计[想],计(规,筹)划,打算,预计 ④投影,画(出),作投影[图] ⑤表明…的特点,使…的特点呈现,使…具体[形象]化. *project a dam* 设计水坝. *project a vertical line from point M upward to N* 从 M 点向上到 N 画一条垂线. *projected area* 投影面积. *projected concrete* 喷(射)混凝土. *projected costs* 预定造价,计划成本. *projected cut-off* 投射截止点. *projected route* 预定路线. *project* (3ft.) *beyond (the wall)* 伸[突]出(墙外(3英尺)). *project from* 从…伸[突,凸]出. *project into* 投入…中,*project on* 投射到…上. *project over* 伸出到…上(方). *project up (through)* (穿过…顶)向上伸(冒)出.

projected-scale n. 投影标尺.

projectile I ['prɔdʒiktail] n. ①抛(弹)射体,(射,导,炮,气)弹,射体,火箭[箭弹] ②袭击(入射)粒子. Ⅱ a. [prə'dʒektail] ①(以力)射出的,(可)投(抛,发)出的,射弹的,供抛掷用的,推进的. *atomic projectile* 原子炮弹,轰击原子粒子. *cosmic projectile* 宇宙射线粒子. *jet projectile* 喷气火箭弹. *projectile motion* 抛体[射弹]运动. *projectile sampler* 冲击式取样器. *rocket projectile* 喷气火箭,火箭弹. *signal projectile* 信号弹.

projec'ting [prə'dʒektiŋ] I n. 设计,显[演]示,放映,计划,投(射)影. Ⅱ a. 凸(突,伸)出的,投(影)射的. *projecting conduit* 凸埋式管道. *projecting line* 投(影)射线. *projecting scaffold* 挑出脚手架.

projec'tion [prə'dʒekʃən] n. ①投(发)射物,抛(射),射(投)出,掷,喷射 ②凸(突,伸)出(部分),凸块[凸起],拱顶体,吊砂 ③投影[图],(射)影,影像 ④计(规)划,设计 ⑤预(推)测,估计 ⑥具体化. *axonometric projection* 轴测投影. *conformal projection* 保形射影法,保角投影. *isometric*(*al*) *projection* 等角投影. *orthogonal projection* 正(交)投影. *perspective projection* 透视投影. *projection cod* 吊[压]砂. *projection compass* 投影式罗盘. *projection CRT* 投影管,投射式阴极射线管(显像管). *projection grinder* 光学曲线磨床. *projection interferometer* 映[投]射干涉仪. *projection lamp* (电影)放映灯(泡),投射灯. *projection lantern* 幻灯,映画器. *projection of image projection printer* 投影印刷(晒相)器. *projection receiver* 影式电视接收机. *projection screen* 银幕,投影屏. *projection welder* 凸焊机. *projection welding* 凸出焊接,多点凸焊. *upright projection* 垂直剖面图,侧视图,垂直投影. ~*al* a.

projec'tionist [prə'dʒekʃənist] n. ①地图(投影图)绘制者 ②电影放映员,电视播放员.

projection-type a. 投影式的.

projec'tive [prə'dʒektiv] a. ①投射(影)的,射影的,发射的 ②凸(突)出的. *projective geometry* 投影(射影)几何(学). *projective power of the mind* 想像力. *projective subspace* 射影子空间. ~*ly* ad.

projectiv'ity [prɔdʒek'tiviti] n. 射影共位(变换),投影. *anti-projectivity* 反射影变换. *elliptic projectivity* 椭性射影变换.

projectom'eter n. 投影式比较测长仪.

projec'tor [prə'dʒektə] n. ①放映机,投影机[器,仪,装置],映画器,幻灯 ②探照灯,聚光灯,前[头]灯,【题】辐照(灯)光源 ③发射装置,投(发,喷,射)弹[喷射]器 ④设计者,计划人,发起人 ⑤(制图)投射器. *ceiling projector* 测云高度射光器. *contour projector* 轮廓投影仪. *fast pull-down projector* 影片快速运动的放映机. *flame projector* 喷火器,火焰喷射器. *gamma-ray projector* γ射线(照相)器. *large-screen television projector* 大屏幕电视接收机. *microfilm projector* 显微胶片放映机. *optidress projector scope* 光学修正投影显示器. *panoramic projector* 透视投影器,X 光检查装置. *projector scope* 投影显示仪. *rocket projector* 火箭发射装置. *slide projector* 滑动式投影仪,幻灯机. *supersound projector* 大功率扬声器.

projec'toscope [prə'dʒektəskoup] n. 投影器.

projec'ture n. 凸(突)出部分.

projet ['prɔʒei] (法语) n. 草案,计划,设计.

prokaryota n. 原核细胞.

prokaryote n. 原核生物.

prokaryot'ic a. 原核生物的.

prokinin n. 激肽原.

proknock n. 促爆[助爆震](剂).

prolac'tin n. 催乳激素.

prolam'ine n. 醇溶谷蛋白.

pro'lan n. 绒毛膜促性腺激素.

pro'late ['prouleit] a. ①伸(延)长的,扁长的,(椭圆绕自身长轴旋转而形成的)长球状的 ②扩大(展)的. *prolate cycloid* 长辐旋轮线. *prolate ellipsoid* 长球(橄榄状),长椭圆面. *prolate spheroid* 长球(面). *prolate tractrix* 长曳物线.

prole [proul] n. 无产者.

prolegom'enon [proule'gɔminən] (pl. *prolegom'*

prolep′sis [prou'lepsis] (pl. **prolep′ses**) n. 预期〔叙述〕. **prolep′tic** a.

proletaire [prouli'tɛə] 〔法语〕n. 无产者.

proleta′rian [proule'tɛəriən] I a. 无产阶级的. II n. 无产者. *proletarian internationalism* 无产阶级国际主义.

proleta′rianize [proule'tɛəriənaiz] vt. 使无产阶级化. **proletarianiza′tion** n.

proleta′riat(e) [proule'tɛəriət] n. 无产阶级. *the dictatorship of the proletariat* 无产阶级专政.

prolidase n. 氨酰basic脯氨酸(二肽)酶,脯氨肽酶.

prolif′erate [prou'lifəreit] v. 增〔繁〕殖,繁衍,增生〔加,多〕,(使)激增,(使)扩散,迅速扩大.

prolifera′tion n. *nuclear proliferation* 核扩散. **prolif′erative** a.

prolif′erous [prou'lifərəs] a. 增殖〔生〕的,分芽繁殖的,蔓延的.

prolif′ic [prə'lifik] a. ①多产〔育〕的,繁殖的,多…的 (of) ②丰富的,富饶的(in) ③(in,of) ③引起…的 (of,in). *prolific inventor* 有很多发明创造的发明家. ~ally ad.

proligerous a. 含卵〔产〕的,繁殖的.

prolinase n. 脯氨酰氨基酸(二肽)酶,脯氨肽酶.

pro′line ['proulin] n. 脯〔氨,圆〕氨酸.

prolintane n. 吡咯烷基,苯基戊烷盐酸盐.

prolipase n. 脂酶原,前脂酶.

Prolite n. 钨钴钛系硬质合金(钴 3～15%,碳化钛 3～15%).

pro′lix ['prouliks] a. 冗长的,啰嗦的. ~ity n.

proloc′utor [prou'lɔkjutə] n. 代〔发〕言人.

pro′log(ue) ['proulɔg] n. 序言,开场白(to),开端. II vt. 成了…的开场,为…写序言.

pro′log(u)ize vi. 作序言,作开场白.

prolong′ [prə'lɔŋ] n. (年,期)引伸,拉长,外延,拖延. II n. 冷凝管,(蒸馏炼锌)延伸器. *be automatically prolonged* 自动延长. *be prolonged accordingly* [in a similar manner]依此法期延. *prolong the period of validity* 延长有效期.

prolong′able a. 可延迟的,拖〔延〕长的,可拖延的.

prolon′gate [prə'lɔŋgeit] vt. 延〔拉〕长,拖延.

prolonga′tion [proulɔŋ'geiʃən] n. 延长(部分),延〔展〕期,拓展,拉〔伸〕长,引伸. *prolongation of a bill* 汇票展期. *prolongation of analytic function* 解析函数的拓展.

prolonged a. 持续很久的,长(时)期的,长时间的. *prolonged agitation* 持续搅动,延时搅拌. *prolonged erosion test* 长期耐蚀试验. *prolonged heating* 长期加热. *prolonged struggle* 长期斗争.

ProLT = procurement lead time 订购至获取间的时间,采购所需的时间.

prolu′sion [prə'lju:ʒən] n. 序言〔幕〕,绪论,预演〔习〕. **prolu′sory** a.

prolu′vial n. 洪积(沉积物).

prolyl- 〔词头〕脯氨酰(基).

PROM = programmable read-only memory 可编程序的只读存储器,程序可控只读存储器.

Promal n. 特殊高强度铸铁.

promegaloblast n. 原巨红细胞.

promenade′ [prɔmi'nɑ:d] n.; v. 散步(场所),游行,骑马,开车(兜风),堪阅人踏. *promenade deck* (客轮的)上层甲板. *promenade tile* 铺面缸砖.

promeristem n. 原分生组织.

pro-metacenter n. (浮体的)前定倾中心.

pro′metal ['proumet] n. 一种耐高温铸铁.

prometaphase n. 前中期.

promethazine n. 异丙嗪.

prome′thium [prə'mi:θiəm] n. 【化】钷 Pm. *promethium alloy* 含铝 7:3 黄铜(铜 67%,锌 30%,铝 3%).

prominal n. 甲基苯巴比妥,普罗米那.

prom′inence ['prɔminəns] 或 **prom′inency** ['prɔminənsi] n. ①凸〔凸〕起,凸出(物),起伏度 ②突〔杰〕出,卓越,显著,著名,重要 ③日珥. ▲*come into prominence* 显露头角,变得重要,占主导,流行. *give prominence to the key points* 突出重点.

prom′inent ['prɔminənt] a. ①突起的,凸出的 ②杰〔突〕出的,卓越的,显著的,著名的 ③重要的,著名的. *prominent figure* 知名人物. ~ly ad. *be prominently featured* 以显著地位刊登.

promiscu′ity [prɔmis'kju:iti] n. 混杂〔乱,淆〕,杂乱,无差别,不加选择.

promis′cuous [prə'miskjuəs] a. 混杂的,杂乱的,乱七八糟的,不加选择〔区别〕的,偶然的. ~ly ad.

prom′ise ['prɔmis] I n. ①诺言,约定,允诺,契约,答应,字据 ②(有)希望,(有)前途. *be full of promise* 大有希望. *claim your promise* 要求你履行诺言. *hold some promise of success* 有希望获得成功. *make* [*give, keep, carry out, break*] *a promise* 作出〔许下,信守,履行,违背〕诺言. *show promise* 有前途,出息.
II v. ①答应,允诺,约定,订约 ②有(…)希望,有前途,有…的可能,预示 ③断定,保证. *promise oneself* 指望(获得),决心,确信,期待. *promise well* 大有前途〔希望〕.

promisee′ [prɔmi'si:] n. 受约人.

prom′iser ['prɔmisə] n. 立约者,订约者,开发期票的人.

prom′ising ['prɔmisiŋ] a. 有希望的〔前途,出息的〕,期望的,远景的. *promising deposit* 有开采价值的矿藏. ~ly ad.

promisor = promiser.

prom′issory ['prɔmisəri] a. 约定的,约定支付的,表示允诺的. *promissory note* 期〔本〕票.

prom′nard ['prɔmnɑ:d] n. 散步路.

pro′mo ['proumou] I a. 宣传的,广告的. II n. 宣传性的声明〔影片,录音,短文,表演〕.

prom′ontary ['prɔməntəri] n. 山峡.

prom′ontoried a. 有〔形成〕海角的,有岬的.

promontorium 〔拉丁语〕n. 岬.

prom′ontory ['prɔməntəri] n. ①岬,海角 ②峭壁,悬崖.

promote′ [prə'mout] vt. ①促〔增〕进,发扬,加速,激励,鼓动 ②发起,创立,提倡,支持,设法通过 ③宣传,推销 ④提升. *promote good relationships with*… 发展同…的良好关系. *promote growth* 促进生长. *promote physical culture* 发展体育运动.

promo'ter [prəˈmoutə] n. ①发起人,创办人,筹备者,促进者 ②助[促]催化剂,促进剂,助触媒,助聚剂 ③激发器,加速器,启动子. catalytic promoter 催化促进剂. ignition promoter 点火激发器. promoter gene 启动基因. turbulence promoter 加扰器,湍流增进器.

promo'tion [prəˈmouʃən] n. ①促[增]进,发扬,助长 ②发起,创立 ③宣传,推销 ④提升,提[晋]级. promotion worker 推销员. ~al 或 promo'tive [prəˈmoutiv] a. promotional stage 倡仪阶段.

promotor =promoter.

prompt [prɔmpt] Ⅰ a. ①立即行动的,敏捷的,迅速的,即时[刻]的,瞬时的,瞬[迅]发的,果断的 ②当场交付的. Ⅱ ad. 准时地,正. Ⅲ vt. ①促使,推[鼓],煽[激]动,怂恿,激励 ②引[激]起 ③提醒[示]. Ⅳ n. ①催促,提醒菜单 ②付款期限[协定]. at six o'clock prompt 六时正. be prompt in responding (to respond) 立即响应. prompt cash payment 即期付现. prompt critical (由于中子引起的)即发临界. prompt day 交割日. prompt decision 迅速的决定. prompt delivery 即(期)交(货). prompt gammas 瞬发[迅发;瞬时]γ线. prompt neutron 瞬[迅]发中子. prompt note 期货金额及交割日期通知单. prompt payment 立即付款. prompt reply 迅速的答复. prompt tempering 直接回火. prompting query 迅速[瞬发]询问. under the promptings of 在…的激励下.

promp'titude [ˈprɔmptitjuːd] n. 敏捷,迅速,果断. with the utmost promptitude 极其敏捷[迅速]地.

prompt'ly [ˈprɔmptli] ad. 敏捷地,迅速地.

prom'ulgate [ˈprɔməlgeit] vt. 公[颁]布,宣布,传[散]播. promulga'tion n.

prom'ulgator n. 颁[公]布者,传播者.

promycelium n. 先菌丝.

pron = ①pronoun 代(名)词 ②pronounced 显著的,断然的 ③pronunciation 发音.

pronase n. 链霉蛋白酶.

pro'nate [ˈprouneit] v. 使(手掌,前肢)转向下[内],(使)俯[伏]. prona'tion n.

prone [proun] a. ①有…倾向的,易于…的 (to) ②俯伏的,面向下的,陡的. be prone to error 易出错误. prone bombing 俯冲轰炸. prone pressure method 俯伏人工呼吸法. ~ly ad.

pronethalol n. β-萘乙醇(基)异丙胺.

prong [prɔŋ] n. ①叉(的一)股,音叉的股,叉尖[头],齿尖,齿叶根 ②尖头(物),叉,耙,(电子)管脚,(轮叶的)叉形棒,叉形叶片,叉形物,支架 ③(核乳胶星裂)星支,支(条)数 ④射线(径迹). Ⅱ vt. 刺,戳,耙开,掘翻,挖掘. contact prongs 接触端. electrode prong 电板(夹)支架,电极把手架. slit prong 裂缝插脚.

pronged a. 有(带齿的)齿形的.

pronormoblast n. 原红细胞.

pro'noun [ˈprounaun] n. 代词.

pronounce' [prəˈnauns] v. ①发音,发(注)…的音 ②断言[定],表示(意见),讲述,作判断 ③宣告[称,布,判].

pronounce'able a. 可发音的,读得出的.

pronounced [prəˈnaunst] a. ①明确[显,白]的,显著的,断[决]然的 ②发出音的,讲出来的. ~ly ad.

pronounce'ment [prəˈnaunsmənt] n. ①宣[公]告,声明 ②表示,见解,看法.

pronoun'cing a. (有关)发音的,注音的.

pronu'cleus n. 原[前]核.

pronuncia'tion [prəˌnʌnsiˈeiʃən] n. 发音(法),读法. ~al a.

proof [pruːf] Ⅰ n. ①证明(实),证据(物,词),物[论]证 ②试(检,考,测)验,验算[证] ③【数】证(法) ④试管 ⑤(印刷)校样[稿],样张,初晒 ⑥(铠甲)不穿透性,耐穿性,坚固性,耐力 ⑦(酒类)强度标准,标准酒精度. Ⅱ a ①试验过的,合乎标准[规定]的,性能达到要求的,有保证的 ②防[耐,隔,抗,反]…的,不漏[透,入]…的,不能穿过的,不受…有耐力的,坚固的,可防止的,能抵挡的 (against) ③验证[检验]用的,校样的. Ⅲ vt. ①检[试]验,校模铸件(校验压铸模尺寸) ②印,把…印成校样件,校对 ③使…不被穿透,使…有耐力,使…耐久,使能防水,使不透(水…) ④上[涂]胶. be proof against sound 是隔音的. duty-paid proof 完税凭证. gas-proof 不漏[透]气的. oil-proof 防(耐,不透)油的. over proof 超标准的,过浓的. proof box 保险箱. proof fabric 胶布. proof gold (合金用)标准金,纯金. proof list 验证表,检验目录,校对表. proof load 检验荷(负)载,试验载荷,保证负载. proof mass 检测质量. proof plane 验电板. proof sample 试样,品. proof sheet 校样. proof spirit 规定(定强)酒精,标准强度的酒精. proof stick 试验棒,探测针. proof strength 弹限(保证)强度. proof stress 容许(试验)应力,屈服点,弹性极限应力,实用弹性极限应力. proof test 检验,试验,试用试验. proof theory 证明论,元数学. proofed cloth 胶(防水)布. proofed sleeve 浸胶软管. radarproof 反(防)雷达的. shock proof 防震的. sound proof 隔音的. under proof 不合格(标准)的. be above (below) proof 合乎(不合)标准. be capable of proof 可经验证,能被证明. be full proof that 充分证明,是…的充分证据. give proof of 证明,提供…的证据. have proof of shot 子弹打不穿. in proof of 作为…的证据,以证明. proof positive of M 关于 M 的确实证据. put (bring) M to the proof 检(考,试)验 M. read the proof (进行)校对. require proof(s) of 需要有关…的证据. stand the proof 经住考验. The proof of the pudding is in the eating. 【谚语】布丁好坏,一尝便知;空谈不如实验.

proofing n. ①证明,试验(法),验音 ②使不透(漏)上(刮)胶,浸漬 ③防护(器,剂) ④(pl.)胶布. moisture proofing 防湿(潮). ray proofing 防辐射.

proofless a. 无证据的.

proof'mark n. 验花印记.

proof-plane n. 验电板.

proof'read vt. 校对(读).

proof'reader n. 校对员.

proof'room n. 校对室.

proof-staff n. 金属直规.

proof'test vt. 检[校]验.

prop [prɔp] Ⅰ n. ①支撑[持]物,支柱[撑],临时支

PROP或prop

柱,架,撑脚[材],顶杠 ②螺旋桨 ③支持者,后盾,靠山。Ⅰ (propped; prop'ping) vt. 支持[撑],维持,撑住,用支柱加固(up). breaking prop 复式支架. pit prop 坑道支柱. prop a ladder against a wall 把梯子靠着墙. prop stay 支柱. propped beam 加撑梁. propped cantilever beam 有支(承)悬臂梁.

PROP 或 prop = ①propellant (火箭)推进剂,喷气燃料 ②propelled (被)推进的 ③propeller 推进器,螺旋桨 ④properly 适当地,正确地 ⑤property 性能,特性,所有(物,权),道具 ⑥proposed 提出的,计划的 ⑦proposition【数】命题,讨论题,建议,主张 ⑧propulsion 推进,推力,动力学.

PROP VLV = propellant valve 推进剂阀.

propaedeu'tic(al) [proupi'dju:tik(əl)] a. 初步[预备](教育)的,基本的.

propaedeu'tics [proupi'dju:tiks] n. 预备知识,基本原理(训练).

propagand' [propə'gænd] vt. 宣传.

propagan'da [propə'gændə] n. 宣传(手段,方法,机构,组织,运动),传播. carry on active propaganda 大力宣传.

propagan'dism [propə'gændizm] n. 宣传(法,制度).

propagan'dist n. 宣传员. ~ic a.

propagan'dize [propə'gændaiz] v. ①宣传,传播 ②(对…)进行宣传.

prop'agate ['propageit] v. propaga'tion n. ①传播[导,送,染],宣传,扩[弥]散,推广,扩张[展],普(波)及,分布 ②繁殖,增殖[生,长],培殖,培养,蔓延. dendrite propagation 枝状生长. discharge propagation 放电传播(扩展). fracture propagation 裂口扩展. hop propagation 电离层连续反射传播,跳跃传播. multimode propagation 复式传播,(波导管中)多波型[模式]传播. non-standard propagation 反常(无线电)波传播. optical propagation 光(学可见距离内的)传播. propagation energy (裂纹)扩展能量. propagation of error 误差(的)传播. wave propagation 波动(波)的传播.

prop'agative a. 传播(导)的,繁殖的.

prop'agator n. ①传播者[设备],宣传员 ②(费因曼)传播函数,分布函数. one-particle propagator 单粒子分布[传播]函数.

propag'ulum [propə'pægjuləm] n. 植物繁殖体.

propanal n. 丙醛.

pro'pane ['proupein] n. 丙烷. propane-acid process 丙烷-酸法(用丙烷和酸的润滑油精制). propane burner 丙烷加热器. propane refrigeration unit 丙烷冷冻设备.

propanol ['proupənol] n. 丙醇.

pro'panone ['proupənoun] n. 丙酮.

propantheline n. 普鲁本辛.

proparaclase n. 横(推)断层.

proparagyl n. 炔丙基,丙炔.

prop'copter n. 直升机,用空气螺旋垂直起飞的无翼飞行器.

propeinime n. 前贝母素 $C_{24}H_{40}O_3$.

propel' [prə'pel] (propelled; propel'ling) vt. 推进(动),驱策,鼓励. mechanically propelled vehicles 机(械推)动(的)车辆. propelling effort [power] 推进力. propelling nozzle 推力[进]喷管,尾喷管. propelling pencil 活动铅笔. propelling screw 螺旋推进器. ▲propel M into 把 M 推进[发]射到.

propel'lant 或 propel'lent [prə'pelənt] Ⅰ n. (火箭)推进剂,喷气(发动机)燃料,火箭燃料,发射火药,发射剂,(气雾剂的)挥发性物,发生剂,推动(剂),推动(进)者. Ⅰ a. 推(进)的,(有)推动(力)的. bi-propellant 双质[双组份]推进剂. gas propellant 气体火箭发动机燃料. homogeneous propellant 均质火箭火药,单质推进剂. missile propellant 火箭燃料. solid propellant rocket 固体燃料火箭(发动机). unrestricted propellant 无铠装火药柱.

propell'er 或 propell'or [prə'pelə] n. ①螺旋桨,推进器,(桨,风机的)工作轮 ②(混料机的)推进叶板 ③螺桨船 ④推进者. aerial propeller 飞机螺桨. contra propeller 导叶. jet propeller 喷气带动的螺桨. propeller current meter 旋桨式流速仪. propeller fan 螺旋(桨)式通风机. propeller jet 螺桨发动机. propeller mixer 螺旋桨式混合器. propeller pump 螺旋泵. propeller shaft 传动轴,螺桨轴. propeller turbine 螺桨式涡轮,轴流定桨式水轮机. right propeller 右旋螺桨.

propeller-turbine engine 涡轮螺桨发动机.

pro'penal n. 丙烯醛.

pro'pene n. 丙烯.

pro'penol n. 丙烯醇.

propen'sity [prə'pensiti] n. 倾向,习性,嗜好(to, toward; to +inf.; for +ing).

propenyl- [词头] 丙烯基.

prop'er ['propə] Ⅰ a. ①适(宜,正,妥,相)当的,适合的,恰(本,当)的 ②特(专,固)有的,独特的,专属(为,供,讲)的(to) ③本(特)征的,真(正)的,原(来)的,自己的,本色的 ④(放在所修饰的名词之后)真正(的)狭义的. Ⅰ a. 推(进)的,(有)推动(力)的. bi-propellant 双质[双组份]推进剂. gas propellant 气体火箭发动机燃料. homogeneous propellant 均质火箭火药,单质推进剂. missile propellant 火箭燃料. solid propellant rocket 固体燃料火箭(发动机). unrestricted propellant 无铠装火药柱. the amplifier proper 放大器本身. the proper tool for the job 做这工作的合适工具. the literature proper to this subject 专为这个题目所列的参考书刊. architecture proper 狭义建筑学. proper circle 真圆,常态圆. proper conduction 固有电导. proper energy 原能. proper fraction 真分数. proper function 本(特)征函数,常义(正常)函数. proper integral 正常(常义)积分. proper length 真(静)长度. proper mass 静[固有]质量. proper motion 真[自然]运动,【天】自行. proper name 固有名字,专(有)名词. proper semiconductor 固有[本征]半导体. proper solution 【数】正常解. proper value 本(特)征值,固有值. Shanghai proper 上海市区. the dictionary proper 词典正文. ▲as you think proper 你认为怎么适宜[当]就…. at a [the] proper time 在适当的时候. in the proper sense of the word 按这词的本来意义. proper for the occasion 合时宜.

properdin n. 备解素,血清灭菌蛋白.

prop'erly ['propəli] ad. ①适[相]当地,正确[当]地,当然 ②专属地,真正地 ③严格地 ④(…得)适当,正

常地,好好地 ⑤完完全全,彻底地,大大地,非常. *properly discontinuous* 纯不连续. *properly include* 真包含. *properly posed* 适定的. *properly speaking* 严格说来.

prop'ertied ['prɔpətid] *a.* 有产的.

prop'erty ['prɔpəti] *n.* ①性质〔能〕,特〔本〕性,特点〔征〕,参数 ②所有(物,权),地,财产 ③器材,物品,道具. *aerodynamic properties* 空气动力特性〔数据〕. *bulk property* 整体特性,大块性质. *cutting property* 切削性质,可切削性. *directional properties* 各向异性. *excess property* 超有量. *intrinsic properties* 本征特性,固有性质. *machining property* 加工性. *mechanical property* 机械性能〔特性〕. *memory property* 【计】存储能力〔性能〕. *property line* 用地线,建筑红线,地界〔红〕线. *property man* 〔master〕道具〔煤矿装备〕管理员.

property-line *n.* 地界(线).

Properzi process 普罗佩兹液态拉丝〔铝线连续铸造轧制〕法.

prophage *n.* 原〔前〕噬菌体.

pro'phase ['proufeiz] *n.* 前(初,早)期.

proph'ecy ['prɔfisi] *n.* 预言〔告〕.

proph'esy ['prɔfisai] *v.* 预言〔示〕(of).

proph'et ['prɔfit] *n.* 预言者〔家〕,预报者.

prophet'ic(al) [prə'fetik (əl)] *a.* 预言〔示〕的 (of). *sign prophetic of* 预示…的征象. ~**ally** *ad.*

prophylac'tic [prɔfi'læktik] *a.*; *n.* 预防(性)的,预防法〔剂,药,器〕.

prophylax'is (pl. **prophylax'es**) *n.* 预防(法),防病.

propig'ment *n.* 色素原.

pro'pine ['proupain] *n.* 丙炔.

propin'quity [prə'piŋkwiti] *n.* 接〔邻〕近,近〔类〕似 (of).

propionaldehyde *n.* 丙醛.

propionamide *n.* 丙酰胺.

propionamido- 〔词头〕丙酰胺基.

propionanilide *n.* 丙酰替苯胺.

pro'pionate *n.* 丙酸盐〔酯,根〕.

propione *n.* 二乙基甲酮.

propionibacterium *n.* 丙酸杆菌属.

propionic acid 丙酸.

propionitrile *n.* 丙腈.

propionyl- 〔词头〕丙酰(基).

propionylcholine *n.* 丙酰胆碱.

propit'ious [prə'piʃəs] *a.* 顺〔有〕利的,适合为的(for, to). *conditions propitious to the development of* 有利于…发展的条件. *propitious winds* 顺风. ~**ly** *ad.* ~**ness** *n.*

prop'jet ['prɔpdʒet] *n.* 涡轮螺(旋)桨(喷气)发动机.

proplasm *n.* (造,模,铸)型.

proplastid *n.* 前〔原〕质体.

Proplatina 或 **Propla'tium** *n.* 镍铋银(装饰用)合金.

propolis *n.* 蜂胶.

propone' [prə'poun] *vt.* 提〔建〕议,提出,陈述.

propo'nent [prə'pounənt] I *n.* 提〔建〕议者,支持者,辩护者. II *a.* 建议的,支持的,辩护的.

propor'tion [prə'pɔ:ʃən] I *n.* ①比(例,率) ②均〔平〕衡,匀〔相〕称 ③配合,调和 ④部分,份儿 ⑤ (pl.)大小(长,宽,厚),容〔面〕积,尺寸. *the proportion of four to one* 四与一之比. *the proportion of births to the population* 人口出生率. *a small proportion of cars* (全部车辆中的)一小部分车辆. *a building of grand proportions* 宏大的建筑物. *direct* 〔*inverse*〕 *proportion* 正〔反〕比例. *due proportion* 调合,相称. *geometric proportion* 几何比. *proportion by addition* 合比. *proportion by inversion* 反比. *proportion by subtraction* 分比. *proportion of resin present* 树脂含量. *simple* 〔*compound*〕 *proportion* 单〔复〕比例. *stoichiometric proportion* 化学计算比例. ▲*in proportion* 按比例. *in proportion as* 按…的比例,依…的程度而定. *in proportion to* 与…成(正)比例,与…相比〔称〕,比起…来,在…中所占的比例. *in strict proportion with* 严格按照…的比例〔大小〕(而…). *in the proportion of* 按…的比例. *in the right proportion* 成适当的比例. *out of proportion to* 不成比例,与…不相称. *to the proportion M* 按 M 的比例. *proportion the expenses to the receipts* 量入为出.

II *vt.* ①使成比例,使相称〔相调和〕(to), (使)均衡 ②(按比例定量)配合,配料,分摊〔配〕. *proportion M to N* 使 M 同 N 相称〔相调和,一致〕,按 N 来定 M. *proportion the expenses to the receipts* 量入为出.

propor'tionable [prə'pɔ:ʃənəbl] *a.* 成比例的,相称〔当〕的,可均衡的. **proportionably** *ad.*

propor'tional [prə'pɔ:ʃənl] I *a.* (成正)比例的,平〔均〕衡的,(与…)相称的,调和的(to). II *n.* 【数】比例量〔数,项〕. *mean proportional* 比例中项. *proportional control* 比例控制〔操纵,调节〕,线性控制. *proportional counter* 正比〔比例〕计数器. *proportional detector* 正比探测器. *proportional divider* 比例规. *proportional error* 相对(比例)误差(率),比例误差(率). *proportional-plus-derivative controller* 比例加微商控制器. *proportional position action type servo-motor* 比例位置式伺服电动机. *proportional sampling* 比例抽样法. *third proportional* 比例第三项,三数比例末项. ▲*be (directly) proportional to* 与…成正比(例). *be inversely proportional to* 与…成反比(例).

proportional'ity [prəpɔ:ʃə'næliti] *n.* 比例(性),比值,均衡(性),相称. *proportionality constant* 比例常数(恒量),常系数. *proportionality factor* 比例因数. *proportionality law* 比例定律.

propor'tionally [prə'pɔ:ʃnəli] *ad.* 按比例,配合着,相应地,比较地.

propor'tionate I [prə'pɔ:ʃɔnit] *a.* (与…成)比例的,(与…)相称的,均衡的,适当的(to). II [prə'pɔ:ʃəneit] *vt.* 使相称〔成比例〕,相当,均衡,适应).

propor'tioned *a.* 成比例的,相称的. *well proportioned* 很匀称的.

propor'tioner [prə'pɔ:ʃənə] *n.* 比例调节器,比例装置,定量器,输送量调节装置,配合加料(漏)斗,(定量)给料器,剂量器. *flow proportioner* 流量〔燃料

propor'tioning [prə'pɔːʃəniŋ] n. 使成比例,确定(几何)尺寸,选择参数,调合,(按比例定量)配composition,配料〔量〕,定量. *proportioning by (arbitrary) assignment* 经验配合法. *proportioning by grading charts* 按级配图〔级配曲线〕配料. *proportioning by volume* 容积配合(法),体积比. *proportioning meter* 配料计. *proportioning of concrete* 混凝土配合比. *proportioning plant* 投配器,比量投料器,(比例定量)配料设备,配合厂. *proportioning pump* 配量(定量,比例配合)泵.

propor'tionment [prə'pɔːʃənmənt] n. 比例,按比例划分,定量配制,均衡,相称,调和(to).

propo'sal [prə'pouzəl] n. ①提出,申请 ②建〔提〕议,计划 ③投标. *a counter proposal* 反建议〔提案〕,修正案. *a proposal concerning …* 关于…的建议. *make* 〔*offer*〕 *proposals for* 〔*of*〕 提出…的建议. *present a proposal to* 向…提出建议. *sealed proposals* (密封)投标. *the magnitude of a proposal* 某建议的分量. *the proposal to* +*inf*. (做…)的提议.

propose' [prə'pouz] v. ①提〔建〕议,提出,申请〔作出〕计划,打算 ②提〔命〕名,推荐. *be proposed as a candidate for* 被推荐为…的候选人. *propose a toast to* 提议为…干杯. *propose making* 〔*to make*〕 *a change* 建议修改一下. *proposed alignment* 拟用〔假定〕路线. *proposed flowsheet* 建议采用的流程. *proposed grade* 推荐〔拟用〕坡度. *proposed model* 推荐〔拟用,计划〕型号.

propo'ser n. 提议〔出〕者.

proposi'tion [ˌprɔpə'ziʃən] n. ①提〔建〕议,主张,计划,陈述 ②命〔主〕题,定理,断定 ③事情,问题,目的,家伙. *atomic proposition* 原子命题. *equivalent propositions* 等值命题. *major* 〔*minor*〕 *proposition* 大〔小〕命题. *paying proposition* 合算的企业. *tough proposition* 难对付的家伙.

proposi'tional a. 命题的. *propositional calculus* 命题演算. *propositional logic* 命题逻辑.

propound' [prə'paund] vt. 提出(问题,计划)供考虑〔讨论〕,提〔建〕议.

propound'er n. 提〔建〕议者.

propr = proprietor

propria 〔拉丁语〕 *in propria persona* 亲自.

propri'etary [prə'praiətəri] Ⅰ a. ①专利(有,卖)的,有专利权的,独占的 ②所有(人)的,业主的,有(财)产的. Ⅱ n. 所有(权),所有人,业主,专卖药. *proprietary articles* 专利品,专卖品. *proprietary company* 控股〔独占〕公司. *proprietary name* 专利商标名.

propri'etor [prə'praiətə] n. 所有人,业主.

proprieto'rial [prəˌpraiə'tɔːriəl] a. 所有(权)的.

propri'etorship n. 所有(权).

propri'ety [prə'praiəti] n. 适(恰,得,正,妥)当,适宜,得体,礼貌,(pl.)礼仪(节). *diplomatic proprieties* 外交礼节. *question* 〔*doubt*〕 *the propriety of* 怀疑…是否适当.

propriocep'tion n. 本体感受.

propriocep'tor [ˌprouprio'septə] n. 内〔本〕体感受器.

proprio motu ['prouprioumoutu] 〔拉丁语〕自动,自愿.

propul'sion [prə'pʌlʃən] n. ①(向前)推〔驱〕,运动,推进(力),动力,进动 ②发动机,推进器,动力装置. *jet propulsion* 喷气推进,喷气发动机. *propulsion system* 推进系统. *reaction propulsion* 反力推进,反作用力推进. *rocket propulsion* 火箭推进,火箭发动机.

propul'sive [prə'pʌlsiv] a. (有)推进(力)的. *propulsive agent* 推进剂. *propulsive duct* 喷气发动机. *propulsive force* 推(进)力. *propulsive gas* 气体推进. *propulsive jet* 推进射流,喷气发动机.

propul'sor [prə'pʌlsə] n. 喷气式〔火箭〕发动机,推进器. *liquid propulsor* 液体火箭发动机. *solid propulsor* 固体燃料火箭发动机.

pro'pyl ['proupil] n. 丙基. *n-propyl* 正丙基. *propyl alcohol* 丙醇. *sec-propyl* 异丙基.

pro'pylene ['proupiliːn] n. 丙烯,丙代乙撑,丙邻撑.

pro'pyne ['proupain] n. 丙炔.

PROR = parts requisition and order request 零件请购与定货申请书.

prorata and **pro rata** [prou'reitə] a.; ad. 按比例(分配)的,成比例.

prorate' [prə'reit] vt. 按比例分配,摊派,分摊. **pro-ra'tion** n.

proreduplica'tion n. 前期复制(增组).

prorennin n. 凝乳酶原.

proroga'tion [ˌprouərə'geiʃən] n. 闭(休)会.

prorogue [prə'roug] v. (使)闭(休)会,使延期.

prorsal ad. 向前,前向.

prorsal ad. 向前的.

pros- 〔词头〕(向)前,在前面,向(…方面),(靠)近,加之.

prosa'ic [prou'zeiik] a. ①平凡的 ②如实的.

prosce'nium [prou'siːniəm] (pl. *proscenia*) n. ①舞台前部(装置) ②前部,最显著地位.

proscillaridin n. 前海葱苷.

proscillaridine n. 次海葱武.

proscribe' [prous'kraib] vt. ①不予法律保护,剥夺公权,放逐 ②排斥,禁止.

proscrip'tion n. proscrip'tive a.

prose [prouz] Ⅰ n. ①散文,叙述文 ②平凡,单调乏味的话. Ⅱ a. (用)散文(写)的,如实的. Ⅲ v. 写散文,平铺直叙地写.

pros'ecute ['prɔsikjuːt] v. ①彻底进行,实〔执〕〔履〕行 ②从事,经营 ③起诉,检举,依法进行. *prosecute a claim* 依法提出要求权. *prosecute an investigation* 彻底进行调查. *Trespassers will be prosecuted.* 闯入莫入,违者依法处理. **prosecution** n.

pros'ecutor n. 原告,起诉〔检举〕人. *public prosecutor* 检察官〔厅〕.

pro'sily ['prouzili] ad. 平铺直叙地,乏味地.

prosit ['prousit] 〔拉丁语〕int. 祝健康！祝成功！

prosize n. 大豆蛋白松香胶料.

Prosobranchia n. 前鳃亚纲.

prosorus n. 原孢子堆.

prospect Ⅰ ['prɔspekt] n. ①景色〔像〕,风景,视野,

prospec'tive 境界 ②展〔指,期,希,眺〕望,预期,预兆,可能性,前景〔程,途〕,远景 ③勘察〔测,探〕,有希望〔正在开采〕的矿区,矿石样品(中的矿物量) ④可能的主顾 ⑤林荫路. Ⅱ [prəs'pekt] v. ①勘探〔察,测〕,探〔调〕查,找矿(for) ②(矿产量)有(开采)前途,有希望. *airborne prospecting* 航空普查. *geological prospecting* 地质勘探. *geophysical prospecting* 地球物理勘探,地球物理探测法. *prospect hole* 探孔〔井〕,试坑. *prospecting counter* 电测计数管. *prospecting drill* 探钻. *prospecting instrument* 探测仪器. *prospecting shaft* 探察〔试钻〕井. *radioactivity prospecting* 放射性物质勘测. *weather prospects* 天气展望〔预兆〕. *The mine prospects ill*〔*well*〕. 这矿没有〔大有〕开采前途. ▲*in*〔*within*〕*prospect*(*of*)有(…)希望,(…)在望,可期待. *open up …prospects*(*for*…)(为…)开辟…的前景.

prospec'tive [prəs'pektiv] a. 预期(见,料)的,有望的,盼望中的,未来的,远景的,未来的. *prospective glass* 小型轻便望远镜. *prospective oil* (远景)石油储量. *prospective ore* 可采矿. *prospective sites* 勘探(有希望的)坝址. *prospective traffic volume* 远景交通量.

prospec'tor [prəs'pektə] n. 勘探员,探矿者. 《*Prospector*》(探测器)(一种采用印刷电路、微型元件的盖革计数器).

prospec'tus [prəs'pektəs] n. ①计划(任务)书,说明(意见,发起)书 ②内容介绍,简介,提要,大纲.

pros'per ['prɔspə] v. (使)繁荣,(使)昌盛,(使)成功. *Our great motherland is prospering with each passing day.* 我们伟大的祖国蒸蒸日上.

prosper'ity [prɔs'periti] n. 繁荣,昌盛,兴旺,成功,幸运.

pros'perous ['prɔspərəs] a. ①繁荣的,昌盛的,成功的 ②顺〔有〕利的,幸运〔福〕的,良好的. *bring … to a prosperous issue* 使…获得成功. *prosperous wind* 顺风. ~ly ad.

prosporangium n. 原孢子囊.

pros-position n. (萘环的)平位(2,7位).

prostaglan'din n. 前列腺素.

prosthecas n. 菌柄.

pros'thesis ['prɔsθisis] n. ①弥补(术),修复术,修补物,假体(肢,器官) ②取代,置换.

prosthet'ic [prɔs'θetik] a. ①弥补性的,取代(置换)的 ②非蛋白基的. *prosthetic group* 辅(弥补)基,非蛋白基.

prosthet'ics n. 【医】装补(修复)学,假肢器官(学).

prostigmin(e) n. 新斯的明.

prostrate Ⅰ ['prɔstreit] a. ①俯(平)卧的,匍匐的,倒在地上的 ②拜倒的,屈服的,疲惫的,沮丧的. Ⅱ [prɔs'treit] vt. 使俯伏,使俯卧,弄倒,使屈服,使疲惫. *prostra'tion* n.

pro'style ['proustail] a.; n. 柱廊(式的,式建筑).

PROT = protractor 量角器,分度规.

prot = protected 有防护的.

prot-〔词头〕第一,首要,原始.

protachysterol n. 前速甾醇.

protactinides n. 镤化物.

protactin'ium [proutæk'tiniəm] n. 【化】镤 Pa.

protagon n. 初磷脂;脑组织素.

protag'onist [prou'tægənist] n. ①主角,主人公 ②领导(提倡)者,积极参加者.

Protal process (为使铝件表面生成不溶性表层,喷上含碱性氟化物的钛、铬盐溶液的)铝表面防腐蚀化学处理法.

protaminase n. 鱼精蛋白酶,胺肽酶.

pro'tamine n. 鱼精蛋白.

pro'tan ['proutæn] n. 红色色盲者.

protandrous a. 雄性(蕊)先熟的.

pro'tanope n. 对红色识别力弱者,红色盲者.

protano'pia [proutə'noupiə] n. 第一原色盲,红色盲.

prote〔词头〕(法语)蛋白质.

prote'an [prou'tiːən] a. 变化多端的,变幻莫测的,千变万化的,易变的,多方面的. *protean stone* 石膏(制人造)石.

pro'tease ['proutieis] n. 蛋白酶.

protect' [prə'tekt] vt. ①保(防)护,防止(御),警戒,保存 ②关税保护,准备(期票等的)支付金 ③在…上装防护(保险)装置. *protect relay* 保护继电器. *protected cap* 防护(安全)帽. *protected group* 被护基. *protected switch* 盒装开关. *protected trade* 保护贸易. *protecting clamper* 防护箝位电路. *protecting wall* 胸(防护,挡土)墙. ▲*protect M against N* 保护 M 以抗(以防,免遭)N. *protect M from N* 保护 M 免于(受)N. *To be protected from cold.*(包装箱上用语)怕冷. *To be protected from heat.*(包装箱上用语)怕热.

protec'tant [prə'tektənt] n. 防护剂.

protec'tion [prə'tekʃən] n. ①保(防)护,掩护,预防,防止(护)的,警戒 ②保护装置〔设备,措施,防护物〕 ③护照,通行证 ④保护贸易制度. *for the protection of personnel from gamma rays* 为了保护工作人员不受 γ 射线(的伤害起见). *cathode protection* 阴极防护(防蚀). *corrosion protection* 防腐. *distance protection* 远距离保护. *environmental protection* 环境保护,外界影响防护. *labor protection* 劳(动)保(护). *lightning protection* 避雷(电). *occupational radiation protection* 职业性辐射防护. *overload protection* 过载保护,防止过载. *over-range protection* (仪表)过量程保护. *protection course* 保护层. *protection fence* 护篱〔栏〕. *protection from the wind* 防风设施. *protection of game* 禁猎(野生动物). *protection relay system by carrier* 载波保护中继制. *protection valve* 安全阀. *rear axle protection* 后轴护板. *various protections against cold.* 各种防寒设备(装置,措施). ▲*under the protection of* 在…的保护下,受…保护.

protec'tionism n. 保护(贸易)制.

protec'tive [prə'tektiv] Ⅰ a. 保(护)性)的,防护的,防护的,保安的,安全的,屏蔽的,保护贸易的. Ⅱ n. 保护物(剂),油绸. *protective agent* 防护剂,抗氧化剂. *protective circuit breaker* 保护断路器. *protective clothing* 防护(毒)衣. *protective coating* 保护(涂)层. *protective cover* 覆盖层,涂料,护面. *pro-*

tective earthing 【电】保护接地. *protective reactor* 保护抵流圈. *protective resistance* 保安(保护用)电阻. *protective screen* 防护屏,掩护幕,保护屏蔽. *protective spats for welding* 【焊】护脚. *protective system* 保安系统,保护(关税)制. *protective tariff* 保护(性)关税. *protective value* (润滑脂的)防护能力. ~ly *ad.*

protec'tor [prə'tektə] *n.* ①保护(人,器)器〔架〕(防)护装置,护板(罩),保护层〔质,物〕②防腐剂③保险丝④避雷器⑤外胎胎面⑥保护人,防御者. *cathodic protector* 阴极防腐剂. *lightning protector* 避雷器. *receiver protector* 接收机保护装置. *wire netting protector* 线网护罩.

proteid(e) *n.* 蛋白质.
pro'tein [prouti:n] *n.* 蛋白质. ~aceous 或 ~ic 或 ~ous *a.*
pro'teinase *n.* 蛋白酶.
pro'teinoid *n.* 类蛋白(质).
proteinu'ria *n.* 蛋白尿.
pro tem = *pro tempore*.
pro tempore ['prou'tempəri] 〔拉丁语〕暂〔临〕时,目前,当时的.
protend' [prou'tend] *v.* (使)伸出〔展,延〕.
proten'sive [prou'tensiv] *a.* 伸长的,延长(时间)的,持续时间不长的.
proteo- 〔词头〕〔法语〕蛋白质.
proteoglycan *n.* (含)蛋白多糖.
proteolipid *n.* (含)蛋白脂质.
proteol'ysis *n.* 蛋白水解作用. **proteolyt'ic** *a.*
pro'teose *n.* 蛋白间质,胨.
proterokont *n.* 原生鞭毛.
Proterozo'ic [prɔtərə'zouik] *n.*; *a.* 原生代(的),原生岩石(的).
protest I ['proutest] *n.* ①抗(异)议,反对 ②(坚决)主张,声明 ③拒绝证书,异(抗)议书. II [prə'test] *v.* ①坚决声明(主张,表示),坚持,断言 ②(向...提)抗议,反对 ③拒付(票据). *a protest cheque* 空头支票. *make* [*lodge,enter*] *a protest against* 对...提出抗议. *protest a decision* 反对一项决定. ▲*under protest* 抗议着,持异议地,不得已地,极不乐意地. ~a'tion [proutes'teiʃən] *n.*
protes'tingly [prə'testiŋli] *ad.* 抗议地,不服地.
pro'teus ['proutju:s] *n.* 变形杆菌属.
prothal'lus (pl. **prothal'li**) *n.* 原叶体.
prothenchyma (of wood) (木材)厚壁细胞.
prothrombin *n.* 凝血酶元,凝血酶原,前凝血酶.
prothrombinase *n.* 凝血酶原酶,促凝血球蛋白,凝血因子 V.
prothromboplastin *n.* 凝血酶激酶原.
protide *n.* 蛋白族化合物.
protist *n.* 原生(单细胞)生物.
Protista *n.* 原生(单细胞)生物.
protistol'ogy [prouti'stɔlədʒi] *n.* 原生(单细胞)生物学.
pro'tium ['proutjəm] *n.* 【化】氕 H¹(氢的同位素,原子量为1的氢).
proto- 〔词头〕表示"第一,首要,(最)初,原(始),主,低(价)".
protoactin'ium [proutæk'tiniəm] *n.* 【化】镤 Pa.
proto(a)etioporphyrin *n.* 原本叶啉.
protoanemonin *n.* 原银莲花素,原白头翁素.
proto-arc'tic *n.* 原北极.
protoat'mosphere *n.* 原始大气(层),初始大气.
protobasidium *n.* 原担子.
protobiol'ogy *n.* 原生物学.
protobiont *n.* 原(始)生物.
protobios *n.* 噬菌体(旧称).
protocerobrum *n.* 原脑.
protochlor'ide *n.* 低氯化物,氯化亚....
protochlor'ophyll *n.* 原叶绿素.
protochlorophyllide *n.* 原叶绿脂.
protoclase *n.* 原生解理.
protoclastic texture 或 **protoclastic structure** 原生碎屑结构.
pro'tocol ['proutəkɔl] I *n.* ①议定书,协议,约定,(条约)草案,草约,会谈记录,会谈备忘录 ②礼仪,外交礼节. II (*pro'tocol(l)ed*; *pro'tocol(l)ing*) *v.* 拟定(颁布,把...写入)议定书,拟草案,打草稿. *final protocol* 最后议定书. *Protocol (Department)* 礼宾司.
protocollagen *n.* 本胶原(蛋白).
protocrocin *n.* 原藏花素.
protoferriheme *n.* 高铁血红素.
protogal'axy *n.* 原星系.
protogen *n.* 硫辛酸.
protogen(et)ic *a.* 原生的,生质子的.
protogenous *a.* 原生的.
protogynous *a.* 雌蕊先熟的,雌性器官先发育或成熟的.
protoheme *n.* 血红素.
protohis'tory [proutə'histəri] *n.* 史前时期,原史学,史前人类学. **protohistor'ic** *a.*
protokaryon *n.* 初核.
protolignin *n.* 原(本)木素.
protol'ysis *n.* (叶绿素)光解反应.
protomagmat'ic *a.* 原始岩浆的.
protomer *n.* 原体,膜色胞.
protomito'sis *n.* 原有丝分裂.
protomor'phic *a.* 原形态的.
protomyxa *n.* 粘菌虫类.
pro'ton ['prouton] *n.* 质子,气核,氢核. *negative proton* 反(阴,负)质子. *proton capture* 质子俘获. *proton microscope* 质子显微镜. *proton-proton force* 质子间力. *proton-proton scattering* 质子互致散射. *proton synchrotron* 质子同步加速器. *recoil proton* 反冲质子.
protona'tion *n.* 质子化(作用).
proton-bombarded *a.* 用质子轰击的.
protone'ma *n.* (藻类)原丝体.
proton'ic [prou'tɔnik] *a.* 质子的,始基的.
pro'tonize *v.* 质子化.
proton-magic *a.* 质子幻数的.
pro'tonogram *n.* 质子衍射图.
protonol'ysis *n.* 质子分解.
proton-recoil counter 反冲质子计数管.
pro'tonsphere ['proutənsfiə] *n.* 质子层.
protopec'tin *n.* 原果胶质.
protopectinase *n.* 原果胶酶.
protoperithecium *n.* 原菌丝体,子囊壳原.

protopetro′leum n. 原(生)石油,原油.
protophage n. 原噬菌体.
protophase n. 前期.
protophilic a. 亲质子的.
protophyte(s) n. 原生植物.
protopine n. 前鸦片碱.
protoplanet n. 原行星.
pro′toplasm ['proutəplæzəm] n. 原生(形)质,原浆,细胞质. ~ic a.
protoplas′mic a. 原生质的.
pro′toplast ['proutəplæst] n. 原物(型),原人,原生质体.
protoporphyrin n. 原卟啉.
protoprism n. 原棱镜.
protopyr′amid n. 原棱锥,初级棱锥体.
protore n. 矿胎,胚胎矿.
protosalt n. 低价金属盐.
protosat′ellite n. 原卫星.
protosoil n. 原生土.
protospore n. 原(第一代,产菌丝)孢子.
protostar n. 原恒星.
protostellar a. 原恒星的.
protosulphide n. 硫化亚···,低硫化物.
Prototheria n. 单孔目.
prototoxoid n. 强素和类毒素.
prototroph n. 原养型,原(营)养型微生物,矿质寄生物.
prototrophy n. 质子移变(作用).
prototropy n. 原(营)养型.
pro′totype ['proutətaip] I n. ①原型(器,体) ,样机(品,板) ,足模模型,原模,原型机,设计原型,试制型式,模式堆 ②典型,范例,标准,模本. II a. 实验性的. *prototype aeroplane* 样机. *prototype reactor* 原型(模式)反应堆. *prototype structure* 原始(网络)结构,原型结构. *similarity between model and prototype* 模型和原型二者的相似性. **pro′totypal** 或 **prototyp′ic(al)** a.
protovi′rus n. 原始病毒.
protoxide n. 氧化亚物,低(价)氧化物.
protozo′a n. 原生动物(门).
protozo′(a)ea n. 前(期)水蚤幼虫(十足目甲壳动物幼体).
protozo′an n. 原生动物.
protozool′ogy n. 原生动物学.
protozygote n. 原合子.
protract [prə'trækt] vt. ①拖延,拖[延]长(时间) ②突(伸)出 ③(用量角器或比例尺)制图,描绘,画在图上,绘平面图,绘制. *protrac′tion* n.
protrac′ted a. 延长的,拖延的,长时间的. *protracted argument* 长时间的辩论. *protracted irradiation* 持久照射,持续辐照. *protracted struggle* 长期的斗争. *protracted test* 疲劳(持续)试验. *protracted warfare* 持久战. ~ly ad.
protrac′tile [prə'træktail] a. 可伸长的,可外伸的.
protrac′tor [prə'træktə] n. ①量(分)角器,分度规(器,仪) ,角(分)规,半圆规②延长(拖延)者. *angle protractor* 量(分)角规. *bevel(ed) protractor* 斜(量)角规,活动量角器. *bubble protractor* 气泡式分度规. *optical bevel protractor* 光学斜角规. *protractor screen* 测角投影屏. *protractor tool guide* (车刀磨床的)车刀定角导板,磨刀斜角导板. *sine protractor* 正弦尺,正弦量角器(规). *steel protractor* 钢制量角器. *universal bevel protractor* 万能活动量角器,组合角尺.
protrude′ [prə'tru:d] v. (使)伸(突,凸)出(from) ,推出,耸出. *protruded packing* 多孔(有突出物的)填料.
protru′sile [prə'tru:sail] a. 可伸(突,推)出的.
protru′sion [prə'tru:ʒən] n. 伸(突,凸,推)出,[推,挤]进,突(隆)起(物,部) ,凸出物. **protru′sive** a.
protu′berance [prə'tju:bərəns] n. ①突起,突出(部,物) ,隆起(部,物) ②凸(高)度③瘤,节疱,疙瘩 ④【天】日珥. *cancerous protuberance* 癌肿. *protuberance cutter* (齿轮)剃前刀具.
protu′berant [prə'tju:bərənt] a. 隆起的,突(凸)出的,显著的,引人注意的.
pro′tyle ['proutail] n. (假想的)不可分原质.
proud [praud] a. ①骄傲的,妄自尊大的 ②自豪的(of) ③(有)自尊(心)的 ④辉煌的,壮丽的 ⑤涨水的,泛滥的 ⑥高(凸)出于···之上的(of) ,凸出来的. ▲*be proud of* M 以 M 感到自豪,以 M 为荣,比(高)出于 M 之上. ~ly ad.
proustite n. 硫砷(淡红)银矿.
Prov = province.
prov = ①provincial ②provisional.
provable ['pru:vəbl] a. 可证明(实)的,试验得出的,可查验的. ~ness n. **provably** ad.
prove [pru:v] v. (*proved, proved* 或 *proven*) ①证明,证实 ②证明是,(结果)表明是,原来是,竟是,显得成,成为(to be) ③检(试,考)验,验算(证) ④勘(钻)探,探明(up) ⑤【数】(证)明 ⑥试印,把···印成校样. *It proved (to be) true.* 这果然是真的. *Leaks can sometimes prove difficult to cure.* 漏洞有时是不易解决的. *Such devices have proved themselves (to be) aids to our work.* 这些设备证明是有助于我们工作的. *proving frame* 应力(环)架,试验架. *proving ground* 器材试验场,检验场. *proving ring* 测(应力)环. ▲*prove out* 证明是合适的,证明是令人满意的. *prove up* 具备···条件,探明. *prove up to the hilt* 充分证明.
proven. 被证实的,证据确凿的.
prov′enance ['provinəns] n. 起(根)源,出(产)处. *of doubtful provenance* 出处不明的. *the provenance of the minerals* 矿源.
prover ['pru:və] n. 证人(据) ,试验者(物) ,校准仪.
prov′erb ['prove(:)b] I n. ①谚语,格言,常言,俗语 ②话(笑)柄. II vt. 使成为话柄. *as the proverb goes [runs, says]* 常言道,俗语说. *pass into a proverb* 成(传)为话柄. *to a proverb* 众所周知,到尽人皆知的地步.
prover′bial [prə'və:bjəl] a. 众所周知的,尽人皆知的,谚语的,格言式的.
prover′bially ad. 如谚语所说,俗话说得好,众所周知地,广泛地.
provide′ [prə'vaid] v. ①提供,供应(给) ,备(设)置,装(准)备(with) ,形(构,造)成,达到,维(保)持,规

provided(that) conj. 只要,如果,假如,倘若,以…为条件.

prov'idence ['prɔvidəns] n. ①远见,深谋远虑,慎重,节约 ②天意.

prov'ident ['prɔvidənt] a. ①有远见的,深谋远虑的 ②节约的. ~ly ad.

providen'tial [ˌprɔvi'denʃəl] a. ①幸运的,凑巧的 ②天意的. ~ly ad.

provi'der [prə'vaidə] n. 供应者.

provi'ding [prə'vaidiŋ] conj. =provided.

prov'ince ['prɔvins] n. ①省,州,(pl.)地方,外省,(全国)各地 ②领域,部门,(活动,职权)范围. *oceanic province* 大(海)洋区. *petroleum provinces* 石油产区. ▲*be outside* [*within*] *one's province* 在…的职权[研究]范围之外[内].

provin'cial [prə'vinʃəl] Ⅰ a. 省(州)的,省(州)的(性),狭隘的. Ⅱ n. 地方居民,兴趣狭窄的人. ~ly ad.

provin'cialism [prə'vinʃəlizm] n. ①地区性,地方特色 ②偏狭,狭窄.

provi'rus n. 前病毒,病毒原.

provi'sion [prə'viʒən] Ⅰ n. ①预准,防,储备,(预防)措施,保证[障] ②供给[应],补充[给] ③设备,装置,构造 ④规定,条款 ⑤(pl.)粮食,食物,口粮,给养. Ⅱ vt. 供应粮食(必需品). *draining provisions* (燃料)泄出装置,放出设备. *express provision* 明文规定. *general provisions* 总则. *provisions of the agreement* 协议条款. ▲*make provision against* 预(心理)准备,预防,防备. *make provision for* 为…作好准备,采取措施. *with provision for* 考虑到. *with this provision* 在这种条件下.

provi'sional [prə'viʒənl] a. 暂(假)定的,暂(临时)(性)的. *provisional agreement* 临时协议. *provisional cell* 暂设晶胞. *provisional contract* 临时契约. *provisional estimate* 概(估)算,暂估价. *provisional invoice* 临时收(发)票. *provisional method* 暂定方法. *provisional order* 紧急命令. ~ly ad.

provisional'ity [prəˌviʒə'næliti] n. 临(暂)时性.

provi'sionary [prə'viʒənəri] a. =provisional.

provis'ionment n. 粮食供应.

provi'so [prə'vaizou] n. (pl. *provi'so*(*e*)*s*) 附文,但书,(附带)条件,限制性条款. *make it a proviso that*… 以…为(附带)条件. *proviso clause* 保留(限制性)条款. *subject to this proviso* 附有此一条件. *with proviso* 附有条件的. *with the proviso that*… 以…为条件,但须…

provi'sory [prə'vaizəri] a. ①有附文的,附有条件的 ②临时的,暂时性的,暂定的,除外的. *provisory clause* 附文,附带条款.

provi'tamin n. 维生素原.

provoca'tion [ˌprɔvə'keiʃən] n. 挑衅(拨),激怒,惹起,刺激(起),诱(激)发 ②令人气愤的事,挑衅行为. *give provocation* 激怒. *military provocation* 军事挑衅.

provoca'tive [prə'vɔkətiv] Ⅰ a. ①挑衅(拨)的,刺激(性)的,激发的,引起…的(*of*) ②引起争论(议论,兴趣)的. Ⅱ n. 刺激物.

provoke' [prə'vouk] vt. ①引(激,惹,挑)起,诱发,驱使,迫使 ②对…挑衅,挑拨,煽动,激怒,刺激.

provo'king [prə'voukiŋ] a. 令人气愤的,气人的. ~ly ad.

prov'ost ['prɔvəst] n. ①院长,教务长 ②负责官员.

prow [prau] n. 船头(首),(飞行器,反冲设施)头部,突出的前端.

prow'ess ['prauis] n. 杰出的才能(技巧),技术,本领,威力,英勇. *technical prowess* 专门技术.

prowl [praul] v.; n. 徘徊,潜行. *prowl car* 警备车. ▲*on the prowl* 徘徊,潜行.

prox =proximo.

prox'icon ['prɔksikən] n. 近距聚焦摄像管.

prox'imal ['prɔksiməl] a. ①最接近的,(时间、空间、次序上)次一个的,近侧的 ②邻近的,近侧(端)的,基部的. ~ly ad.

prox'imate ['prɔksimit] a. ①最接近的,贴近(紧)的,近似的,前后紧接的 ②即将到来(发生)的. *proximate analysis* 近似(实用,工业)分析,组(构)份分析. *proximate cause* 近因. *proximate composition* 近似组成. *proximate possibility* 即将实现的可能性.

prox'imately ad. 近似地.

proxima'tion n. 迫近.

proxim'eter [prɔk'simitə] n. 【航】着陆高度表.

proxim'ity [prɔk'simiti] n. ①接(贴,邻,附,临)近 ②近似 ③近程,接近度,距离. *heating by proximity effect* 邻近效应加热. *proximity fuse* 近发(变时,无线电)引信,近炸信管. *proximity log* 邻近侧向测井. *proximity of zero order* 零阶逼近. *proximity space* 邻近空间. *proximity warning indicator* 防撞报警显示器. ▲*by sheer proximity* 纯然由于挨近. *in close proximity to* 在极接近于…之处,非常接近于. 紧紧靠着. *in the proximity of* 在…附近.

proximity-fused a. 备有近炸引信的,装有近炸[无线电]引信的,装有近炸信管的.

prox'imo ['prɔksimou] (拉丁语)a. 下月的. *on the 5th prox.* 下月五日.

prox'y ['prɔksi] n. 代理(权,人),代表(人,权),代替物,委托书. be [stand] proxy for 担任…的代理人,代表…. vote by proxy 由代表投票.

proxylin apparatus n. 生氧防毒器.

pro'zone n. 前带.

prozymogen n. 前酶,原酶原.

PRP = plutonium recycle program 钚燃料再循环工作程序.

PRPL = procurement repair parts list 采购备件清单.

PRR = ①planning release record ②publications revision request 出版物修订申请书 ③pulse repetition [recurrence] rate 脉冲重复率.

prs = pairs 偶,对.

PRT = ①printer 印刷机 ②program reference table 程序参考[引用,基准]表 ③publications requirement tables 出版物规定表格 ④pulse repetition time 脉冲重复时间.

PRTR = plutonium recycle test reactor 钚燃料再循环研究用反应堆.

PRU = pneumatic regulation unit 气动调节设备[装置].

pru'dence ['pru:dəns] n. ①谨慎,慎重,小心,深谋远虑 ②节俭.

pru'dent ['pru:dənt] a. ①谨慎的,慎重的,细小心的,深谋远虑的 ②精明的 ③节俭的. be modest and prudent 谦虚谨慎的. ~ly ad.

pruden'tial [pru:'denʃəl] Ⅰ a. ①谨慎的,慎重的,深谋远虑的 ②(备)咨询的. Ⅱ n. (pl.)应慎重考虑的事,重要的考虑. prudential committee 咨询委员会. prudential policy 稳妥的政策,万全之计.

prulaurasin n. 桂樱甙,dl-扁桃腈葡糖甙.

prunasin n. 野黑樱甙,d-扁桃腈葡糖甙.

prune [pru:n] Ⅰ v. ①切断(分路),切[截]边,修剪 ②删除(节,改),砍去,削去(减). Ⅱ n. ①梅脯 ②深紫红色 ③傻瓜. pruning shear 剪枝刀.

pruning-saw n. 修枝手锯.

pruri'tus n. (皮肤)瘙痒(症).

Prus'sia ['prʌʃə] n. 普鲁士.

Prus'sian ['prʌʃən] n.; a. 普鲁士(人,式)的. Prussian blue 普鲁士蓝,贡蓝.

prus'siate ['prʌʃiit] n. (亚铁,铁)氰化物,氢氰酸盐.

prus'sic ['prʌsik] a. (从)普鲁士蓝(得来)的. prussic acid 氢氰酸,氰化氢(剧毒物).

PRV = ①peak reverse voltage (半导体)峰值反向电压 ②pressure reducing valve 减压阀.

PRVD = procurement request for vendor data 要求购卖售主资料.

PRW = percent rated wattage 额定瓦特百分之(…).

PRX = pressure regulation exhaust 压力调节排气(装置,口).

pry [prai] Ⅰ v. ①窥视[探],盯着看,探问[听,索],追究(into) ②撬(动,起),挖,用尽方法使脱离. Ⅱ n. 杠杆,撬棍,起货钩 ②杠杆作用 ③窥探,打听 ④探究者. pry bar 杠杆,撬棍. prying force outward 向外撬的力. ▲pry about 到处窥探,东张西望. pry M apart 把 M 撬开. pry into 窥探[探],探问. pry M loose [open, up] 把 M 撬松[开,起]. pry out 探出.

Pry = primary 最初的,一次的,原始的.

przhevalskite n. (变)水磷钙铅矿.

PS = ①passenger steamer 客轮 ②pferdestarke [德语]马力(指公制马力, 合 0.986hp 或 735.5W) ③planning study 计[规]划研究 ④point of switch 转换点,转辙器尖 ⑤polarized sounder 极化音响器 ⑥polystyrene 聚苯乙烯 ⑦postscript 或 post scriptum [拉丁语]附言[录],又及 ⑧power supply 电源辅力源 ⑨pressure switch 压力开关 ⑩prestress 预(加)应力 ⑪process specifications 操作说明书 ⑫product standards 产品标准 ⑬productive sharing 产品分配 ⑭propellant supply 推进剂供应 ⑮pseudoscalar 赝标量(的) ⑯pull switch 拉力开关.

ps = ①per sample 每种试样 ②per second 每秒(钟) ③picosecond ($\mu\mu s$) 皮秒 ④pieces (零)件,片,块 ⑤postscript 附言,又及 ⑥pseudo 伪,假,冒牌 ⑦pseudonym 假(笔)名.

P/S = periods per second 赫芝,周/秒.

PSAC = President's Scientific Advisory Council 总统的科学咨询委员会.

psam'mite n. 砂屑岩. psammit'ic a.

psammiv'orous a. 食沙的(动物).

psammohont n. 沙栖生物.

psammon n. 沙栖生物.

psammophyte n. 沙生植物.

psammosere n. 沙生演替系列.

PSAR = pressure [pneumatic] system automatic regulator 压力[气动]系统自动调节器.

PSC = ①parallel-to-serial converter 并联-串联变换器,并行-串行变换器 ②phase sensitive converter 相(位灵)敏变换器 ③pressure system control 压力系统控制 ④prestressed concrete 预应力混凝土.

PSCN = process sheet change notice 工艺过程卡更改通知.

P-scope n. P 型(平面位置)显示器.

PSD = phase sensitive detection 相位灵敏探测(系统).

PSDU = power switching distribution unit 功率转换分配装置,电源转换配电器.

PSE = project support equipment 工程辅助设备.

psec = picosecond 微秒, 10^{-12} 秒.

psephite n. 砾(质,屑)岩.

psephit'ic a. 砾状的. psephitic structure 砾屑(状)结构.

pseud = pseudonym.

pseu'do ['psju:dou] a. 假的,伪的,冒充的,像是而实际并非真…的. pseudo crossing 赝交叉.

pseud(o)- [词头]假,伪,赝,拟,准,似.

pseudoac'id n. 伪酸.

pseudoadiabat'ic [a] a. 伪[假]绝热的.

pseudoallelism n. 拟等位性.

pseudo-alloy n. 假合金.

pseudoalum n. 伪明矾.

pseudo-analytic function 伪解析函数.

pseudoantag'onism n. 伪对立.

pseudoaquat'ic a. 湿地仅似水生的.

pseudo-asymmet'ric a. 假不对称的.

pseudo-atom n. 赝(么)原子.

pseudo-automorphic function. 伪自守函数.

pseudoauxin n. 伪植物激素.

pseudobal'ance n. (电桥的)伪平衡.

pseudobi'nary a. 伪二元的.
pseudocapillitium n. 假孢丝.
pseudocar'burizing n. 假渗碳处理.
pseudocatal'ysis n. 伪催化.
pseudo-catenary n. 伪(准)悬链线.
pseudocatenoid n. 伪悬链曲面.
pseudocavita'tion n. 伪空穴.
pseudochitin n. 假(甲)壳质.
pseudo-circle n. 伪圆.
pseudo(-)cirrus n. 伪卷云.
pseudoclea'vage n. 伪劈理.
pseu'do-code n. 伪(代)码,翻译(象征)码.
pseudocolloid n. 伪胶体.
pseudocombina'tion n. 虚组合,(数理统计)虚处理.
pseudo-complement n. 伪余.
pseudo-complex manifold 伪复流形.
pseudoconcave n.; a. 伪凹(的). *pseudoconcave function* 伪凹函数.
pseudo-conformal mapping 伪保角映射.
pseudoconjuga'tion n. 假接口.
pseudocontinuum n. 伪连续区.
pseudo-convergent n. 伪(准)收敛.
pseudoconvex n.; a. 伪凸(的).
pseudocrit'ical n. 准临界的.
pseudocrys'tal n. 赝晶体.
pseudocrys'talline a. 赝晶的.
pseudo-cycloid n. 伪(准)旋轮线.
pseudo-cycloidal n. 伪(准)旋轮类曲线.
pseudo-damping n. 伪阻尼.
pseudodefini'tion n. 伪定义.
pseudo-democrat'ic a. 假民主的.
pseudo-device' n. 伪装置(设备).
pseudodielec'tric n. 赝电介质,a. 假电介的.
pseudo-dipole n. 似(赝)偶极子.
pseudodisloca'tion n. 伪位错.
pseudo-earth'quake n. 假地震.
pseudo-effect' n. 伪效应.
pseudoellip'tic a. 伪(准,似)椭圆的.
pseudoequilib'rium n. 伪平衡.
pseudoeutec'tic n.; a. 赝共晶(体).
pseudo-fading n. 伪衰落.
pseudo-fibre space 伪纤维空间.
pseudo-first-order n. 准一级.
pseudo-fre'quency n. 伪频率.
pseudofront n. 假锋,假波前.
pseudogamy n. 假配合,假受精,伪偶子.
pseudogel n. 假凝胶.
pseudo-geomet'ric(al) a. 准几何的.
pseudog'ley n. 假潜育土.
pseudoglobulin n. 拟球蛋白.
pseudograph n. 伪书,冒名作品.
pseudogravitational force 赝引力.
pseudohalgen n. 拟卤素.
pseudohalide n. 拟卤化物.
pseudohermaphroditism n. 半阴阳,假雌雄同体现象,假两性畸形.
pseudohomolycorine n. 假高石蒜碱.
pseudo-hyperbolic orbit 准(赝)双曲线轨道.
pseudo-hyperelliptic integral 伪超椭圆积分.
pseudoim'age n. 假像.

pseudo-instruction n. 伪(虚拟)指令.
pseudointegra'tion 假积分法.
pseudoisomerism n. 伪同质异能性.
pseudokarst n. 假喀斯特.
pseudokeratin n. 拟角蛋白.
pseudolan'guage 伪语言.
pseudo-lens n. 幻视透镜.
pseudo-linear 假(伪)线性的.
pseudolysogemy n. 假溶原性.
pseudo-manifold n. 伪流形,伪簇.
pseudomem'brane n. 伪膜.
pseu'domer n. 伪异构体.
pseudomerism n. 假(同分)异构(现象),伪异构性.
pseudo-metric space n. 伪(准)度量空间.
Pseudomonas n. 假单胞(带形,极毛杆)菌属.
pseudo-monocrystal n. 假单晶.
pseudomonotropy n. 【化】假(伪)单变性.
pseu'domorph ['psju:domɔ:f] n.; a. ①假象,伪形,赝形体 ②假(同)晶. —ic 或 —ous a. *pseudomorphic cubic form* 假立方晶形.
pseudomorphism n. 假像,假同晶(现象),赝形性.
pseudomorphosis n. 伪同晶.
pseudomorphy n. 假像,假同晶.
pseudomycelium n. 假菌丝体.
pseudomycete n. 伪真菌,假霉菌.
pseudonorm n. 伪模.
pseudo-normal n. 伪(准法线.
pseu'donym ['psju:dənim] n. 假(笔)名. *write under the pseudonym of* 用...笔名写作.
pseudonym'ity n. 使用假(笔)名,签有假(笔)名,pseudonymous a.
pseudo-object-language n. 伪对象语言.
pseudo-offline a. 伪离(脱线的(脱机的.
pseudo-op(era'tion) n. 伪(虚拟)操作,伪指令,伪运算. *pseudo-operation code* 伪操作码.
pseudo-order n. 伪指令.
pseudo-parallel a. 伪平行的.
pseudoparaphyses n. 拟侧丝,小(不育)担子.
pseu'doplas'tic n. 伪珠光体.
pseudoperidium n. 拟包被.
pseudo-pe'riod n. 赝(伪,准,假,衰减振荡的)周期. —ic a.
pseu'dopho'toesthe'sia n. 光幻觉.
pseudoplank'ton n. 假浮游生物.
pseu'doplas'tic n. 假塑性体. *pseudoplastic fluid* 假塑性(性)流体.
pseu'do-plastic'ity n. 假塑性,非"宾哈"塑性.
pseudopodiospore n. 伪足孢子.
pseudopodium n. 伪(假,变形)足.
pseudopoten'tial n. 伪势.
pseudoprimeval condition 模拟原始条件.
pseu'do-pro'gram n. 伪程序.
pseudopsy n. 光幻视(觉).
pseudopu'pil n. 伪瞳.
pseudopurpurin n. 假红紫素.
pseudoquadrupole n. 伪四极.
pseudoracemate n. 假外消旋物.
pseu'doran'dom n.; a. 伪(赝,虚拟)随机(的). *pseudorandom code* 赝(伪)随机编码,伪码. *pseudo*

random number 伪随机数.
pseudoreduc′tion *n.* 假减数.
pseudo-regular function 伪正则函数.
pseudo-salt *n.* 假盐.
pseu′dosca′lar ['psju:dəskeilə] *n.* 假〔伪,赝〕标量,伪〔拟,准〕纯量. *pseudoscalar meson* 赝标介子.
pseudo-scale 假〔伪〕标量.
pseu′dosci′ence ['psju:dou'saiəns] *n.* 假科学. **pseu′-doscientif′ic** *a.*
pseu′doscope ['psju:dəskoup] *n.* 幻视镜.
pseudoscop′ic *a.* 幻视的,反视立体的. *pseudoscopic image* 反视立体像. *pseudoscopic vision* 反立体视觉.
pseu′doscopy *n.* 幻视术.
pseudo-seed *n.* 赝籽晶.
pseudo-sentence *n.* 伪(语)句.
pseudoseptate *a.* 伪隔膜的.
pseudoseptum *n.* 伪隔膜.
pseudo-shock *n.* 伪冲激波.
pseu′dosimilar ['psju:dousimilə] *a.* 假〔伪〕相似的.
pseudosolid body 假固体.
pseu′dosolu′tion *n.* 伪〔胶体〕溶液.
pseu′dosound *n.* 伪声.
pseudo-sphere *n.* 伪球面〔体〕,挠物线的回转面.
pseudo-spherical *a.* 伪球〔形,面〕的.
pseudo-spi′ral *n.* 伪〔准〕螺线.
pseudo-spore *n.* 假孢子.
pseudostatic SP 假静自然电位.
pseu′dosta′tionary *a.* 假稳的,伪稳态的,准稳定的,伪定常的.
pseudo-steel *n.* 假钢,烧结钢.
pseudo-stereophony *n.* 赝立体声.
pseudo-stress *n.* 伪应力.
pseudosym′metry *n.* 假〔赝〕对称.
pseudo-tangent line 伪〔准〕切线.
pseudo-tangent plane 伪〔准〕切面.
pseudotem′perature *n.* 伪温度.
pseudoten′sor *n.* 伪张量.
pseudotermina′tion *n.* 伪终止反应.
pseudo-thermostat′ic *a.* 伪(准)恒温的.
pseudo-thermostat′ics *n.* 伪(平衡态)热力学.
pseu′dotime *n.* 伪时间.
pseudotopotaxis *n.* 伪趋激性.
pseudo-tractrix *n.* 伪〔准〕挠物线.
pseu′dotranson′ic *a.* 伪〔准〕跨音速的.
pseudotu′mor *n.* 假肿瘤.
pseudo-twin *n.* 伪孪晶,赝双晶.
pseudo-unitary *a.* 伪酉正的.
pseudouridine *n.* 假尿〔嘧啶核〕苷.
pseudovacuole *n.* 伪空泡.
pseu′do-valua′tion *n.* 伪赋值.
pseudo-variable *n.* 伪变量.
pseu′dovec′tor *n.* 假〔伪,赝,准〕矢量,赝向量,轴矢量.
pseudovirion *n.* 假病毒(粒子),拟〔假〕病毒子.
pseu′doviscos′ity ['psju:dəvis'kɔsiti] *n.* 伪粘度,非"牛顿"粘度,人工〔人为〕粘性.
pseu′dowax *n.* 假石蜡.
pseudo-witch *n.* 伪〔准〕箕舌线.
pseudo-yeast *n.* 拟酵母.

pseudozo(a)ea *n.* (虾蛄)伪蚤状幼虫.
pseudo-zoogloea *n.* 拟菌胶团.
PSF = payload-structure-fuel (weight ratio)有效负荷、结构和燃料的重量比.
psf = pounds per square foot 磅/平方英尺,每平方英尺上的磅数.
PSFE = polyzonal spiral fuel element 螺旋肋多区释热元件.
PSG = pulse signal generator 脉冲信号发生器.
psi [psai] *n.* (希腊字母)ψ,Ψ.
PSI = ①Pacific Semiconductors, Inc.太平洋半导体公司(美) ②pressurized sphere injector 加压球体喷射器 ③product support instruction 产品供应说明书.
psi = pounds per square inch 磅/英寸^2,每平方英寸磅数(lpsi = 0.068大气压力 = 0.070kg/cm^2)
psia = ①pounds per square inch absolute 绝对压强(磅/英寸^2) ②pounds per square inch of area 磅/平方英寸面积.
psicofuranine *n.* 狭霉素 C,阿洛酮糖腺苷.
psicose *n.* 阿洛酮糖.
psid = pounds per square inch differential 压差(磅/英寸^2).
psi-function *n.* 双 γ 函数,ψ函数.
psig = pounds per square inch gauge 表压(计示压强,剩余压强)(磅/英寸^2).
psilocin *n.* 二甲-4-羟色胺.
psilocy′bin *n.* 二甲-4-羟色胺磷酸.
psilom′elane *n.* 硬锰矿.
Psilophytales *n.* 裸蕨目.
psilopside *n.* 裸蕨类植物.
psittaciforme *n.* 鹦鹉.
psittaco′sis *n.* 鹦鹉热.
PSK = phase-shift keying 相移〔移相〕键控(法).
p-skeleton of a complex 复形的 p 维骨架.
PSL = ①personnel skill levels(全体)人员技术水平 ②primary standard laboratory 原始标准实验室.
PSM = ①product support manual 产品供应手册 ②pulse slope modulation 脉冲斜度调制.
PSMR = pneumatic (pressure) system manifold (manual) regulator 气动〔压力〕系统歧管〔手动〕调节器.
PSN = phase shift network 相移网络.
Psocids *n.* 茶柱虫科.
psophom′eter [psə'fɔmitə] *n.* 噪声(电压)测量仪,噪声〔压〕计,杂音表,测听器. **psophomet′ric** *a.* *psophometric voltage* 估量噪声电压.噪声电压计. *psophometric weights* 噪声评价系数.
psoraline *n.* 补骨脂灵 $C_8H_{10}O_2N_4$.
psorosis *n.* 鳞皮病.
PSP = ①prestart panel 起动前操纵台 ②pseudostatic SP 假静自然电位.
PSP&E = product support planning and estimating 产品供应计划与估算.
PSPL = priced spare parts list 标价的备件单.
PSPM = pulse symmetrical phase modulation 脉冲对称相位调制.
PSPP = proposed system package plan 拟议的系统一揽子计划,拟议的系统包装计划,建议系统组装计划.
PS(PS) = pseudoscalar meson theory with pseu-

doscalar coupling 赝标耦合赝标介子理论.
PS(PV) = pseudoscalar meson theory with pseudovector coupling 赝矢耦合赝标介子理论.
PSR = ①pad safety report 发射台安全报告 ②pressure 压力 ③productive store requisition 生产备用品调拨单 ④program study request 程序研究申请.
PSRM = pressurization systems regulator manifold 增压系统调速器歧管.
PSS = ①planning summary sheets 计划一览表 ②pneumatic supply subsystem 压缩空气供应支系统 ③postscripts 再者，又及，附言〔录〕④power supply subsystem 电源子系统.
PST = Pacific standard time 太平洋标准时间.
PSTC = product support task control 产品支援检查.
PSTP = propulsion system test procedure 推进系统试验程序.
PSU = pressure status unit.
PSV = portable sensor verifier 手提式传感验孔器.
PSWr 或 pswr = power standing-wave ratio 功率驻波比，功率驻波系数.
PSY = per square yard 每平方码.
psych [saik] v. ①猜透…的动机，智胜 ②考虑出，想出 ③使作好精神准备(oneself) ④吓唬，吓坏(out) ⑤刺激，使兴奋(up).
psych = ①psychical ②psychology.
psych- 〔词头〕精神，心理.
psychago'gia n. 心理教育.
psychagog'ic a. 心理教育的.
psy'chagogy ['saikəgoudʒi] n. 心理教育.
psychedel'ic [saikə'delik] a. 荧光的, 引起幻觉的, 颜色鲜艳的.
psychi'atry [sai'kaiətri] n. 精神病治疗法, 精神病学.
psy'chic(al) ['saikik(əl)] a. 精神的, 心灵的.
psy'chics ['saikiks] n. 心理学.
psycho- 〔词头〕精神，心理.
psycho-acou'stic a. 心理声学的, 与心理声学有关的. *psychoacoustic criteria* 音质的评价标准.
psychoacou'stics n. 心理声学.
Psychoda n. 毛蠓属.
Psychodidae n. 毛蠓科.
psychoelec'trical a. 心理电的.
psychogalvanic phenomenon 心理电流现象.
psychogalvanom'eter [psaikəgælvə'nəmitə] n. 心理电流反应检测器, 精神电流计.
psychokinesis n. 精神致动学.
psycholinguis'tics n. 心理语言学.
psycholog'ical [saikə'lɔdʒikəl] a. 心理(上,学)的, 精神的. *psychological attributes color sensation* 心理的彩色三属性. **—ly** ad.
psychol'ogist [sai'kɔlədʒist] n. 心理学家. *robot psychologist* 心理学研究自动机, 心理机.
psychol'ogize [sai'kɔlədʒaiz] v. 用心理学(观点)解释〔分析, 研究〕.
psychol'ogy [sai'kɔlədʒi] n. 心理(学, 状态).
psychomet'rics [saikou'metriks] 或 **psychom'etry** [sai'kɔmitri] n. 心理测验(学).
psychoneuro'sis [saikounjuə'rousis] n. 精神(性)神经病.
psychoneurot'ic [saikounjuə'rɔtik] a. ; n. 患精神(性)神经病的(人).

psychopath'ic [saikou'pæθik] a. ; n. 精神变态的〔者〕. *psychopathic hospital* 精神病院.
psychop'athy [sai'kɔpəθi] 或 **psycho'sis** [sai'kousis] n. 精神病, 精神变态.
psychophys'ics n. 心理物理学.
psychophysiolog'ical [saikəfiziə'lɔdʒikəl] a. 精神生理的.
psychophysiol'ogy n. 心理生理学.
psychopictor'ics n. 心理图学.
psy'chosine n. (神经)鞘氨醇半乳糖苷.
psy'chosomat'ic ['saikousou'mætik] a. 身心的, 心身的.
psy'chosphere n. 精神世界, 心理环境.
psychotech'nics n. 应用心理学.
psychotechnol'ogy [saikoutek'nɔlədʒi] n. 心理技术学.
psychot'ic [sai'kɔtik] a. ; n. 精神病的(患者).
psychotrine n. 吐根微碱.
psychotrop'ic [saikou'trɔpik] a. 治疗精神病的.
psychrolu'sia [saikrə'lusiə] n. 冷水浴.
psychrom'eter [sai'krɔmitə] n. (干湿球)湿度计, 蒸发式湿度表, 定湿计, 干湿计. *recording psychrometer* 记录〔自记〕式湿度计. *ventilation psychrometer* 通风(风扇)式湿度计.
psychromet'ric a. 湿度计的. *psychrometric chart* 空气湿度图. *psychrometric difference* 干湿球差.
psychrom'etry n. 湿度测定法, 测湿学, 湿空气动力学, 湿度测量.
psy'chrophile n. 嗜冷性细菌, 低温〔嗜冷性〕微生物.
psychrophil'ic a. 嗜冷的.
psy'war ['saiwɔː] n. 心理战.
PT = ①paper tape 纸带 ②part transfer 部〔零〕件传递 ③phototube 光电管 ④Plastic Tooling Arts Laboratory, Inc. 塑料加工技术实验公司 ⑤pneumatic tube 压缩空气(输送)管, 气压输物管 ⑥point of tangency 切点 ⑦potential transformer 变压器 ⑧power transformer 电源〔力〕变压器 ⑨pressure test 压力试验 ⑩primary target 主要目标 ⑪progress ticket 进度表 ⑫proof test 验收(复核)试验 ⑬provisioning team 预备队 ⑭pulse time 脉冲时间 ⑮pulse timer 脉冲定时器 ⑯pulse train 脉冲序列, 脉冲群.
Pt = platinum 铂.
pt = ①part 部(分), 篇, 零件 ②payment 付款(数) ③pint 品脱(液量单位) ④point 点 ⑤port 港 ⑥portable 可携带的, 轻便的, 可移动的 ⑦potential transformer 变压器.
P&T = ①personnel and training 人员与训练 ②posts and timbers 柱子与支架.
PT boat = patrol torpedo boat 鱼雷快艇.
PT macro = paper tape macro 纸带宏指令.
PTC = ①pitch trim compensator 俯仰配平补偿器, 音调配合调, 螺旋桨桨距〕调整补偿器 ②pneumatic test console 气动试验控制台 ③positive temperature coefficient 正温度系数 ④propellant tanking console 推进剂装箱控制台 ⑤Propeller Technical Committee 螺桨技术委员会.
PTC thermistor = positive temperature coefficient thermistor 正温度系数热敏电阻.
PTE = portable test equipment 手提式测试装置.

Pte = private 私人的，专用的.

PTEQ = pressure and thermal equilibrium 压热平衡.

pteridine n. 蝶啶.

pterid′ophyta n. 蕨类植物.

pteridyl- 〔词头〕蝶啶基.

pterin n. 蝶呤.

pterobilin n. 蝶蓝素.

pteroic acid 蝶酸.

pteropod ooze 翼足类软泥.

pteropsida n. 真蕨型植物.

pter′osaur n. 翼〔飞〕龙.

Pterosaurian n.；a. 翼手龙(的).

pterostilbene n. 蝶芪, 紫檀芪.

pteroyl- 〔词头〕蝶酰(基).

p-terphenyl n. (对)联三苯.

Pterygota n. 有翅亚纲.

PTFE 或 **ptfe** = polytetrafluoroethylene 聚四氟乙烯.

P-th power norm P 次幂范数.

PTI = Precision Technology, Inc. 精密加工工艺公司.

PTM = ①phase time modulation 相时调制, 调相时 ②Polaris tactical missile 北极星战术导弹 ③proof test model 校验模型 ④pulse time modulation 脉时调制.

PTO 或 **pto** = ①please turn over 见反面, 见下页 ②power takeoff 和 powertake-off 动力起飞, 动力输出端〔轴〕③project type organization.

pto coupling 动力输出轴联轴节.

pto power 动力输出轴功率.

pto-driven 或 **pto driven** a. 动力输出轴驱动的.

pto′main(e) n. 肉毒胺, 稞毒(碱). *ptomain(e) poisoning* 食物中毒.

p-to-p = peak-to-peak 从最大值到最小值, (正负)峰间值.

ptosed a. 下垂的.

pto′sis ['tousis] n. 下垂.

pto′tic a. 下垂的.

PTP = ①point-to-point 由点到点, 逐点, 峰值间的 ②production test plan 产品测试计划 ③p-terphenyl (对)联三苯.

PTPS = propellant transfer and pressurization system 推进剂输送与增压系统.

PTR = ①photo tape reader 光带读出器 ②pool test reactor 游泳池式试验性反应堆.

PTS = ①pneumatic test sequencer 气动测试程序装置 ②pneumatic test set 气动测试设备 ③predetermined time system 预定时间系统, 预测时间法 ④propellant transfer system 推进剂输送系统.

pts = ①parts 部分, 零件 ②pints 品脱(液量单位) ③points 点.

PTSS = photon target scoring system 光子靶计算系统.

PTU = parallel transmission unit 平行传输设备.

PTV = ①penetration test vehicle 穿透(突防)试验飞行器 ②Polaris test vehicle 北极星试验导弹 ③propulsion test vehicle 推进(发动机)试验飞行器.

pty′alin n. 唾液淀粉酶.

p-type a. P 型, P 型导电的, 缺陷电导的. *P-type gallium arsenide* P-型砷化镓.

PU = ①polyurethane 聚氨(基甲酸)酯 ②porosity unit 孔隙度单位(1%的孔隙度) ③propellant utilization 燃料输送调节 ④propulsion unit 推进装置 ⑤pump unit 抽运设备, 泵组.

Pu = plutonium 钚.

pu = ①pickup 拾音(器) ②power unit 电源部件, 动力单元, 功率单位, 油机发电机.

PUAC = propellant utilization acoustical checkout 燃料输送调节声波检查法.

PUB = publication.

pub = ①public ②publication ③published ④publisher.

pubes′cent a. 青春期的, 覆有软毛的.

pub′lic ['pʌblik] Ⅰ a. ①公(共, 用, 有, 立)的, 公开的 ②政府的, 全〔各〕国(家)的, 社会的, 普通的 ③知名的, 突出的 ④大学的 ⑤物质性的, 可感知的.

Ⅱ n. 公〔民, 大, 群〕众, 社会, …界. *a matter of public knowledge* 人人皆知的事. *public address* 公众演说, 扩音器. *public address set* 〔system〕扩音装置〔系统〕, 有线广播. *public bid opening* 公开开标. *public debt* 公债. *public document* 政府文件, 公文. *public domain* 不受版权〔专利权〕限制, 公有财产. *public figure* 知名人士. *public hall* (大)会堂. *public opinion* 舆论, 民意. *public ownership* 公有制, 国有. *public relations* 新闻发布, 对外联络. *public safety* 公共〔大众〕安全. *public sale* 拍卖. *public service* 公用事业, 公职. *public space* 公共场所. *public supply mains* 城市供应〔给水〕管网. *public use* 公共〔公用〕事业. *public utility* 公用事业. *public works* 公共〔市政〕工程, 公共建筑. *be in the public domain* 没有版权〔专利权〕. *give to the public* 出版, 印行. *in public* 公开(然)地, 当众. *make a secret public* 揭露秘密. *make M public* 公布〔发表〕M. *reduce the cost of M to the public* 把 M 的价格降低到民用的价格. *the general public = the public at large* 公众.

public-address system 扩音装置〔系统〕, 有线广播系统.

publica′tion [pʌbli'keiʃən] n. ①发表〔布, 行〕, 公布 ②出版(物), 刊物. *list of new publications* 新书〔刊〕目录. *original publication* 原文版.

pub′licist ['pʌblisist] n. 国际法专家, 时事评论员, 广告〔宣传〕员.

public′ity [pʌb'lisiti] n. 公开(性), 出〔著〕名, (公众的)注意, 宣传(材料), 广告, 推广. *publicity agent* 广告〔宣传〕员. *publicity drive* 宣传〔广告〕运动. *publicity stunt* 宣传伎俩. ▲*give publicity to* 宣传, 公开〔布〕. *in the full blaze of publicity* 在众目睽睽之下. *in the publicity of the street* 在街道上大家都看得见的情况下.

pub′licize ['pʌblisaiz] vt. 宣扬〔传〕, 公布, 发表, 为…做广告.

pub′licly ['pʌblikli] ad. ①公然, 当众, 公开地, 明显地, 众所周知地 ②由公众(名义), 由政府.

pub′lish ['pʌbliʃ] v. ①公(宣, 发)布, 发表〔行〕, 公布, 发行 ②出版, 发〔刊〕行. *publishing house* 出版社.

pub′lishable a. 可发表的, 适于出版的.

pub′lisher ['pʌbliʃə] n. 出版者〔商, 公司〕, 发行人,

发表者.
puce [pjuːs] *n.*; *a.* 紫褐色(的).
puchel *n.* 怀鳖合物(一种可把钚从人体内取出的合成物).
puchiin *n.* 拳荠英[素].
puck [pʌk] *n.* (橡胶)圆盘,冰球. *brake puck* 制动圆盘.
puck'er ['pʌkə] Ⅰ *v.* 折叠,(使)起皱,(使)缩拢,皱起(up). Ⅱ *n.* 皱纹[褶]. ▲*in a pucker* 激动,慌张,烦恼.
puck'ering ['pʌkəriŋ] *n.* 皱纹[褶],深压延伸壁部的波形.
puck'le *n.* 一种锯齿波振荡电路.
pud'ding ['pudiŋ] *n.* 布丁(状物),船尾碰垫. *pudding granite* 球粒花岗岩. *pudding stone* [rock] 圆砾岩,蛮石. ▲*Let the proof be in the pudding.* 让实践来证明优劣. *The proof of the pudding is in the eating.* 布丁好坏,一尝便知;空谈不如实践.
pud'dingy ['pudiŋi] *a.* 像布丁的,愚笨的.
pud'dle ['pʌdl] Ⅰ *n.* ①泥水坑,小塘 ②[冶] 熔炼部分,直浇口窝,熔潭 ③胶泥[土](3:1的粘土和水捣制成的用以止水的塑性土). *puddle ball* 搅炼铁块,搅拌铁球. *puddle clay* 粘土胶泥. *puddle dike* 有胶土填心的堤坝. *puddle furnace* 搅炼炉,炼铁炉. *puddle iron* 熟[锻]铁. *puddle jumper* 小火车,小汽艇,轻型越野汽车,小型低空侦察机. *puddle mixer* 搅拌(混纱)机. *puddle molten iron* 炼铁液. *puddle (rolling) mill* 熟铁轧机. *puddle welding bead* Ⅱ *v.* ①搅(混,拌)拌(成泥浆,糊状) ②用胶泥填塞,涂以胶泥,捣密 ③[冶]搅炼,搅捣 ④搅浑,弄脏. *puddled clay* 捣实粘土. *puddled iron* 搅炼(熟,锻)铁. *puddled steel* 熟铁,搅炼铁.
puddle-ball *n.* 搅炼铁块,搅拌铁球.
pud'dler ['pʌdlə] *n.* ①搅炼炉[棒],炼铁炉 ②捣夯(密)机,捣实器 ③搅拌泥浆者,搅炼者.
pud'dling ['pʌdliŋ] *n.* ①捣[涂]泥浆,(捣)成浆(状),搅拌粘土,捣密[实] ②[冶]搅炼(作用),搅炼熟铁(法) ③洗涤粘土质矿石. *dry puddling* 干法搅炼. *puddling furnace* 搅炼炉.
pud'dly ['pʌdli] *a.* (多)泥沱的,多水坑的,混浊的.
pudge [pʌdʒ] *n.* 短而粗的东西.
pud'gy ['pʌdʒi] *a.* 短而粗的.
PUDT = propellant utilization data translator 燃料输送调节数据传送器.
PUE = propellant utilization exerciser 燃料输送调节装置.
Puerto Rican ['pwɛətouˈriːkən] *a.*; *n.* 波多黎各的,波多黎各人(的).
Puerto Rico ['pwɛətouˈriːkou] *n.* 波多黎各.
puff [pʌf] *n.* ①(噗的一)喷[吹],一阵,一股(气,烟),喷气声,爆音 ②吹嘘,宣传广告 ③隆起的小块 ④鸭绒被. Ⅰ *v.* ①(一阵阵地)喷(吹)(出),吹[冒]气,喷烟(away, out),喷咄,从…喷出(up from, up out of) ②吹(充)气,(使)膨胀(out),膨突(大),疏松,隆(起)起(up) ③爆开(燃,发,鸣,裂) ④吹嘘,为…作广告 ⑤打奖 ⑥气喘嘘嘘地说. *a puff of steam* 一股蒸汽. *puffed compact* 气胀压坯. *puffs from an engine* 机车喷出的烟. *puffs of smoke* 喷出的一团团烟雾.

puff'ball *n.* 尘[马勃]菌.
puf'fer ['pʌfə] *n.* ①吹气(喷烟)的东西 ②小绞车,小型发动机 ③吹捧者.
puf'fery *n.* 吹捧(性广告),鼓吹.
puf'fin *n.* 海鹦,海雾,善知鸟.
puff-puff *n.* 喷气(噗噗)声.
PUFFS = passive underwater fire control feasibility study 被动式水下发射控制的可行性[可能性,现实性]研究.
pug [pʌg] Ⅰ *n.* ①泥料,粘土,窑泥,可塑[填塞,揉捏的,隔音]土,断层泥 ②揉捏机,捣[窑]泥机,拌[捏]土机 ③煤和粘结剂的搅拌箱 ④小火车头. Ⅱ *(pugged; pugging) v.* ①(制砖瓦)揉[揉]捏(粘土),捏和,拌 ②用粘土堵塞,盗[填]隔音土[层]. *pug mill* 或 *pug mixer* 见 pugmill. *pug mixture* 捏和物. *pugged clay* 窑泥.
pug'ging ['pʌgiŋ] *n.* ①(制砖瓦)揉捏粘土 ②隔音层,(粘土,砂浆,木屑等)隔音材料.
pug'mill *n.* 捏[搅,拌]土机,捏和[搅拌]机,叶片式洗矿[混料]机.
puke [pjuːk] *n.*; *vi.* 呕吐,令人作呕的东西.
Pula ['puːlɑː] *n.* 普拉(南斯拉夫港口).
pulcom *n.* 小型晶体管式测微指示表.
pulegene *n.* 蒲勒烯.
pulegenone *n.* 蒲勒烯酮.
pulegol *n.* 长叶薄荷醇.
pulegone *n.* 长叶薄荷酮.
pulenehe *n.* 普楞烯.
pull [pul] *v.*; *n.* ①(用)拉(伸),拖,牵,拔(掉),摘,抽(出) ②牵(曳)引,吸引,援引,获得,吸引力 ③拉拖,曳,牵引力,张力,吸引力 ④控制[裂]引,扯住[下,开动],撕走,磨走,磨损 ⑤撕下(从,使动),行驶 ⑦费力的前进 ⑧草(校)样 ⑨号召罢工 ⑩(隧洞)一次爆破进尺 ⑪犯(罪),犯…的过错. *drawbar pull* 拉杆拉力. *effective pull* 有效拉力. *pull back bar* 拉杆. *pull box* 引(分,拉)线盒,引(拉)线箱. *pull date* 自易坏食物的处理日期,退货日期. *pull dow* 结跑,缩穴. *pull effect* (频率)牵引效应. *pull grader* 拖式平地机. *pull socket* 插头,抽拉插座,拉线灯口. *pull switch* 拉线开关(电门). *pull tap* (俗)拔出断丝锥四爪工具. *pull tension gauge* 张力计,拉力计. *pull test* 拉伸[力]试验. *pull wire* 拉(牵引)线. ▲*pull about* 扯…,拖来拖去,乱拖. *pull apart* 拉开(开),撕开,批评,找出…错处. *pull at* 用力拉,拖曳,吸,吮. *pull away* 脱出,离开. *pull back* 拉回,缩收,返回. *pull down* 往下拉,拉下(低)[降低],弄坏,推(拆)毁,推翻,(制革)软化. *pull for* 帮助. *pull in* 拉进,进站,到(靠)岸,引入,牵引,接通,节省,缩减,紧缩(开支). *pull off* 脱(衣,帽等),扯[摘]下,拖出,努力实现,获得成功. *pull on* 穿,戴,电,(继续)拉 动(牵,驶,脱)出,分开[出],拉长[平],使失(不同)步. *pull out fuse* 插入式保险丝. *pull out type fracture* 剥落破坏. *pull over* 拉倒,推翻,驾驶,套上,把…拉过来,(轧钢)拨送,通过. *pull round* 复元,恢复. *pull through* (使)渡过(危险,难关等),克服困难,复元. *pull together* 协作合作,协力,聚拢. *pull to pieces* [bits] 把…撕成碎片,把…攻击得一钱不值. *pull up* 向上拉,拔(拉)起,拉住,停[阻]止,使停

pull-back n. 阻力,逆195,撒(拉)回.
pull-behind n. 牵引式.
pull'boat n. (平底)拖船.
pull-down Ⅰ n. ①下拉,拉开 ②拖桨柄,拖陷 ③拉晶 ④轴压力,钻进力. Ⅱ a. 可拆(掉)的. *pull-down current* 反偏电流.
pull'er ['pulə] n. ①拔〔拉〕具,拉〔拔〕出器,拆卸器〔工具〕,拔桩〔板〕机,拉单晶机 ②拉〔拔〕者,制革工人 ③吸引人之物. *gear puller* 齿轮拆卸[拉]器. *hub puller* 轮毂拆卸器. *puller set* 一套拉出器,一套成组拆卸器. *wheel puller* 卸(拆)轮器.
pull'ey ['puli] Ⅰ n. ①滑轮〔车〕,辘轳 ②皮〔引〕带轮,(带式运输机的)托辊,滚筒. Ⅱ vt. 用滑车举起推动,装滑车. *brake pulley* 闸轮. *click pulley* 棘轮. *compound pulley* 复式滑车. *cone pulley* 锥轮,宝塔(皮带)轮,塔轮. *counter pulley* 中间皮带轮. *dead pulley* 游滑轮. *differential pulley* 差动滑轮〔车〕. *driven* 〔follow-up〕 *pulley* 从动轮. *driving pulley* 主动(驱动)轮. *expanding pulley* 伸缩轮. *fixed* 〔fast〕 *pulley* 定(滑)轮. *flange pulley* 凸缘轮. *guide pulley* 导(向)辊〔轮〕,惰轮. *head pulley* 主动皮带轮,(升运器的)上滚轮. *jockey pulley* 张力辊,张力惰轮,导轮. *movable pulley* 动(滑)轮. *pulley block* 滑轮〔车〕组,手拉吊挂. *pulley magnet* 磁制(选矿). *pulley motor* 电机皮带轮. *pulley separator* (选矿)磁轮. *pullley sheave* 滑车(轮)轮. *pulley tackle* 辘轳. *pulley tap* 皮带轮螺丝攻. *solid belt pullley* 整体皮带轮. *speed pulley* 变速滑车〔皮带轮〕. *winding pulley* 绕线滑轮.
pull-in n. ①拉(引),接,投入,接通 ②同步引入,拉入〔牵入〕同步,频率牵引. *pull-in method* 频率牵引法. *pull-in range* 牵引〔同步,捕捉〕范围. *pull-in torque* 牵入转矩.
pull-in-and-slide window (可滑的)驾驶舱或车厢的边窗.
pull'ing ['pulin] n. ①拉,拔,拖,牵引 ②拉晶技术,拉(拖),牵(引)力 (张)力 ③(振荡器)频率牵引 ④同步 ⑤(非波纹扫描引起的)图像的伸长部分,影像失真 ⑥放出. *crystal pulling* 拉晶法. *frequency pulling* 频率牵引. *pulling down* 拉缩,(带翼缘断面轧件的)劈头. *pulling figure* (频率)牵引数,牵引特性,电调变值,部分展宽图形. *pulling force* 〔power〕拉力,牵(引)力. *pulling into step* 拉入同步. *pulling in tune* 强制同调谐. *pulling jack* 拉力千斤顶. *pulling machine* 拔管(桩)机. *pulling power* 拉力,牵引力. *pulling resistance* (桩的)抗拔力. *pulling scraper* 拉铲. *pulling technique* 拉单晶技术. *pulling test* 拉拔锤,张拉试验. *pulling type* 拖拽型〔式〕.
pulling-down of bank 边坡切削.
Pull'man n. 普尔门式火车卧车(客车).
pull'-out n. ①撤离〔军〕 ②折叠的大张插页,书刊中可取出的附录(件) ③(飞机)进场起重新飞起. *pull-out (bond) test* 拔拉结合试验,抗拔力试验. *pull-out fuse* 插入式保险丝. *pull-out guard* (冲床用)挺杆推出式安全装置. *pull-out resistance* 拔拉阻力. *pull-out specimen* 抗拔力试验用试件. *pull-out spot* 路侧停车坪. *pull-out type test* 拔拉结合试验,抗拔力试验. *pull-out torque* 失步(出出)转矩.
pull-over n. 递回,拨送器,套衫. a. 套(领)的. *pull-over mill* 递回式轧机.
pull'rake n. 指轮(牵引式)搂草机.
pull-rod n. 拉杆(棒).
pull'shovel n. 反(索,拉)铲.
pull-through winding 穿入绕组.
pull-type a. 牵引式的,拖挂型(式)的.
pullulanase n. 支链淀粉酶.
pull-up n. ①拉起动作,急升动作,吸引 ②张力 ③停止,(层压版)脱层 ④正偏 ⑤停车处,休息所. *pull-up circuit* 工作(上牵,负载)电路. *pull-up from level flight* 急跃升. *pull-up time* (继电器)吸动(动作,牵引)时间.
pulmo- (词头)肺.
pulmom'eter [pʌl'mɒmitə] n. 肺(容)计.
pul'monary ['pʌlmənəri] a. 肺(状)的. *pulmonary disease* 肺病.
Pulmonata n. 有肺目.
pulmon'ic [pʌl'mɒnik] a. 肺(炎)的,肺(状)的.
pulmoni'tis n. 肺炎.
pul'motor ['pʌlmoutə] n. 人工呼吸器.
pulp [pʌlp] n. ①纸(木,矿,砂,泥)浆,浆(料,液),纸粕,矿泥 ②果肉(浆),(牙)髓. Ⅱ v. ①制(变,使)成浆,浆化 ②除浆,使化为纸浆,除去…的果肉(软物质). *pulp kneader* = pulping engine 碎浆机. *pulp mill digester* 蒸煮锅. *pulping machine* 研磨(捣碎)机.
pulp-assay n. 矿粒试金,矿浆(粉)分析.
pul'per n. 搅碎(浆粕,碎浆)机.
pul'pify ['pʌlpifai] v. 打成浆,使化为纸浆,使软烂,使柔软.
pul'piness n. 浆状,稀烂,柔软性.
pulp'ing n. 制(碎)浆,蒸煮.
pul'pit ['pulpit] n. ①控制台(室),操纵室(台) ②讲坛.
pulp'wood n. 纸浆原材.
pulque ['pulki] n. (墨西哥)龙舌兰酒.
PULS = propellant utilization loading system 燃料输送调节装填系统.
pul'safeeder n. 脉动电源,脉动供料机.
pul'sar ['pʌlsɑː] n. 【天】脉冲星.
pul'satance [pʌl'seɪtəns] n. 角频率.
pulsate' [pʌl'seit] Ⅰ v. 脉(搏,冲),波,振,颤,抖,激动. Ⅱ a. 脉动(冲)的.
pul'satile [pʌl'seitail] Ⅰ a. 脉(搏,跳)动的,打击的. Ⅰ n. 打击乐器.
pul'sating a., n. ①脉动(的),脉冲的 ②片断的 ③一片片的. *pulsating air intake* 脉动进气孔. *pulsating flow gas turbine* 脉动式燃气轮机. *pulsating light* 脉动光. *pulsating load* 脉动负载,脉冲荷载. *pulsating voltage* 脉动电压.
pulsa'tion [pʌl'seiʃən] n. ①脉(波,跳,振,颤)动,冲(程),(差)拍,一次的跳动 ②间断(法) ③(交流电

pul′sative [ˈpʌlseitiv] *a.* 脉[跳]动的.

pulsa′tor [pʌlˈseitə] *n.* ①蒸气双缸泵 ②液压拉伸压缩疲劳试验机 ③无瓣空气喷出器,采金刚石用的一种工具 ④脉动跳汰机,振动筛ɾ机].Ⅲ *a.* 一片片的. *action pulse* 动作电量,触发[动作]脉冲. *air pulse (gauge)* 脉冲式气动量仪. *blanking* [*blackout*] *pulse* 消隐[熄灭,封闭,阻塞]脉冲. *carry pulse* 进位脉冲. *chopped pulse* 断续[短]脉冲,切断脉冲. *clock pulse* 节拍[定时,时钟,同步]脉冲. *driving pulse* 触发[起动,控制]脉冲. *error pulse* 误差信号脉冲. *gating* [*gate*] *pulse* [阐]门脉冲,栅[选通]脉冲,控制信号通过的脉冲. *half-line pulse* 半行脉冲. *half-write pulse* 【计】半写(入)脉冲. *high-power pulse* 强脉冲. *line flyback pulses* 行回扫脉冲. *lock-out pulse* 封锁步脉冲. *one pulse time* (单)一脉冲时间. *pile-up pulse* 累积脉冲. *pulse chopper* 脉冲斩波[断续]器. *pulse code* 脉冲[代,电]码. *pulse duration* 脉冲持续时间,脉冲宽度. *pulse duration ratio* (脉冲)占空系数,脉宽周期比. *pulse duty factor* 脉冲占空因数,脉冲占空比. *pulse extraction column* 脉动抽提柱. *pulse frequency* 脉冲频率. *pulse gate* 脉冲门,门[选通]脉冲. *pulse height* 脉冲幅度[高度]. *pulse jet* 脉动式空气喷气发动机. *pulse packet* 脉冲群(体,系列),(雷达的)脉冲合角区. *pulse radar* 脉冲雷达. *pulse rate* 脉冲重复频率,脉搏率[数]. *pulse shaper* 脉冲形成[整形]器,脉冲形成[整形]电路. *pulse valve* 脉冲阀. *recurrent pulses* 周期(性)脉冲. *reference pulse* 基准[标志,参考]脉冲. *reset pulse* 【计】复位[清除]脉冲. *scaled pulse* 定标脉冲. *stop pulse* 停止[关闭]脉冲. *tripping pulse* 起动[触发]脉冲,解扣脉冲. *unscaled pulse* 未定标脉冲. ▲*pulse on* 启动.

pulse-amplitude modulation 脉冲幅度[振幅]调制.
pulse-chase *v.*; *n.* 脉冲追踪(术).
pulse-clock *n.* 脉搏描记器·脉波计.
pulse-column *n.* [冶]脉冲塔.
pulsecutting *n.* 脉冲削减.
pulsed *a.* 脉冲[振,动]的,在脉冲工作状态中的,脉冲调制的,受脉冲作用的,脉冲发送的,脉冲中的. *pulsed attenuator* 脉冲衰减器. *pulsed laser beam* 脉冲激光光束. *pulsed sound* 断续声.
pulse-decay time 脉冲后沿持续时间.
pulsed-envelope principle 脉冲包络原理.
pulsed-off signal generator 脉冲断路[切断式]信号发生器.
pulse′duct [ˈpʌlsdʌkt] *n.* 冲压管,脉动[冲]式(空气喷气发动机.
pulse-height analyser 脉冲振幅[高度]分析器.
pulse-inserting circuit 脉冲引入电路.
pulse′jet [ˈpʌlsdʒet] *n.* 脉动式(空气)喷气发动机. *ducted pulse jet* 脉动式[导管式]空气喷气发动机.
pulse′mod′ulated [ˈpʌlsˈmɔdjuleitid] *a.* 脉冲调制的.
pulse-monitored *a.* 有脉冲信号的.
pulse-narrowing system 脉冲压缩系统.
pulse-on [ˈpʌlsɔn] *n.* 启动,开启.
pul′ser [ˈpʌlsə] *n.* 脉冲发生[送]器,脉冲装置,脉冲源. *coil pulser* 非线性线圈脉冲发生器. *pulser timer* 脉冲定时器.
pulse-stretching *n.* 脉冲展宽.
pulse-timing marker oscillator 脉冲时标振荡器.
pulsewidth *n.* 脉冲宽度,脉冲持续时间.
pulsim′eter [pʌlˈsimitə] *n.* 脉冲计,脉力[搏]计.
pul′sing [ˈpʌlsiŋ] *n.* ①脉冲发生[发送,调制] ②脉波,搏)动. *magnetic pulsing* 反复磁化. *pulsing circuit* 脉冲电路.
pul′sion [ˈpʌlʃən] *n.* 推进.
pul′sive [ˈpʌlsiv] *a.* 推进的.
pul′sojet [ˈpʌlsədʒet] *n.* =pulsejet.
pulsom′eter [pʌlˈsɔmitə] *n.* ①蒸气双缸泵[吸水机] ②气压[真空]唧筒,气压扬[抽]水机 ③自动运输机 ④脉搏[率]计,(有特殊计时刻度面的)脉搏表. *pulsometer pump* 蒸气抽水机[吸水泵].
pul′verable [ˈpʌlvərəbl] =pulverizable.
pulveres′cent *a.* 粉状的.
pulverise =pulverize. **pulverisa′tion** *n.*
pulveriser =pulverizer.
pul′verizable [ˈpʌlvərizəbl] *a.* 可以粉化的,能研碎的.
pulveriza′tion [ˌpʌlvərɑiˈzeiʃən] *n.* ①磨[粉,研]碎,研末[磨],弄成粉末,粉化 ②雾化,喷雾 ③金属喷镀.
pul′verizator [ˈpʌlvərɑizeitə] *n.* 粉碎器.
pul′verize [ˈpʌlvərɑiz] *v.* ①磨碎,研末[磨],磨成粉状,粉化,(使)变成粉末[状] ②粉[切,割]碎,彻底摧毁 ③吵碎,雾化,喷雾 ④硫酸,粉土. *pulverized coal* 粉煤,煤粉[末]. *pulverized lime* 石灰粉,粉状石灰. *pulverizing mixer* 粉碎[松土]拌和机.
pul′verizer [ˈpʌlvərɑizə] *n.* ①粉碎机,磨碎[煤]机,研[磨]碎器,碎土[镇压]器 ②雾化器,喷射器,喷雾机[器],喷嘴 ③磨[粉]碎者. *jet pulverizer* 喷射磨机. *roll mill pulverizer* 辊式磨粉机. *steam-jet pulverizer* 喷汽式粉磨机.
pul′verous [ˈpʌlvərəs] *a.* ①粉末(状)的,粉状的 ②满是粉[灰尘]的.
pulver′ulence *n.* 粉末状态.
pulver′ulent [pʌlˈverulənt] *a.* ①粉(状,样)的,碎成粉末的 ②满是粉(灰尘)的 ③脆的,易碎的.
pulveryte *n.* 细粒沉积岩.
pul′vimix *n.*; *v.* 粉碎[松土]拌和,经粉碎拌和的混合料.
pul′vimixer *n.* 松土[打松]拌和机.
pulvinate [ˈpʌlvineit] *a.* 垫[枕]状的.

pulvis *n.* 〔拉丁语〕粉〔散〕剂.
pumeconcrete *n.* 浮石混凝土.
pumicate I *n.* 浮〔轻〕石. II *vt.* 用浮石磨(光).
pum'ice ['pʌmis] I *n.* 浮〔轻,漂〕石,浮〔泡沫〕岩. II *vt.* 用浮石磨(光,擦),用轻石擦(净). *pumice (stone) concrete* 浮石混凝土.
pumic'eous [pju:'mifəs] *a.* 浮石的,(象)浮石的,轻石质的.
pumice-slag brick 浮石渣砖.
pumicestone *n.* =pumice.
pum'icite ['pʌmisait] *n.* ①=pumice ②火山尘埃.
pum'mel ['pʌml] *n.* 球端,圆头.
pump [pʌmp] I *n.* 泵,抽(水,气)机,唧筒,打气筒 ②抽吸,一抽〔吸〕③盘〔探〕问. II *v.* ①(用泵)抽〔吸,水,油,运〕,(用泵)压高〔增压,泼送,排灌〕,操作抽机 ②(用气筒)打〔抽〕气,(注入 ③泵激〔源,激励(发)④摆〔振〕动,上下往复运动,急剧起伏,猛升猛降,使(剧烈)喘息 ⑤盘问. *pump N for information* 或 *pump information out of N* 从N处探出消息. *pump a well dry* 把井抽干. *pump water from a well* 从井里抽水. *pump air into a tyre* 把气打入轮胎. *pump up a tyre* 把轮胎打足气. *air pump* 空〔排,抽〕气泵,抽气机,空气压缩机,打气筒. *backing pump* 预抽真空泵. *balance vane pump* 平衡叶片(油)泵,双作用卸荷式叶片(油)泵. *barrel pump* 桶槽(式喷雾). *booster pump* 增压〔辅助〕泵. *built-on* (built-together) *pump* 连合紧装式泵. *canned pump* 密封泵. *chain pump* 链(式)泵,链斗式提水器. *compression pump* 压缩机,压气机(泵). *conduction pump* 传导泵,直流电磁泵. *Crawford pump* 克劳福德水银蒸气及扩散喷嘴扩散泵. *diaphragm pump* 隔膜〔隔板〕式泵,隔膜式抽水机. *differential pump* 差压(动)泵. *discharge pump* 排出〔水,气〕泵. *drainage pump* 排水〔泄〕泵. *dredge pump* 挖泥泵,吸泥机,泥浆泵. *drum pump* 回转式泵. *dump pump*(排,回)油泵,抽吸泵. *duplex pump* 双缸〔筒〕泵,双联泵. *eccentric pump* 偏心(轮式)泵. *electromagnetic pump*(液体金属用)电磁泵. *express pump* 高速泵. *Faraday pump* 法拉第金属用法拉第)直流电磁泵. *force(d)* 〔forcing〕 *pump* 压力(水)泵. *force lift pump* 增压泵. *fore pump* 预抽(真)空泵,初步抽气泵. *gear (rotary) pump* 齿轮(式)泵. *G.E.C. three-stage glass pump* 通用电气公司型三级玻璃水银扩散泵. *hand pump* 手(压,摇)泵,手(动)抽(水)机. *Hyvac pump* 高真空泵. *induction pump* 感应(交流电磁)泵. *jet pump* 引射泵,喷射(式水)泵,射流泵. *Kinney pump* 金尼型机械真空泵. *lift pump* 提升(抽汲,吸取,输送)泵,升液(汲)泵,油泵,液压起落器. *make-up pump* 供(给)水泵,补充泵. *membrane pump* 隔膜(式)泵. *metal fractionary pump* 金属分馏真空泵. *metering pump* 定(限,计)量泵. *motor pump* 马达泵,机(电)动泵. *off-gas pump* 排气泵. *oil pump*(滑,送)油泵,油扩散泵,油蒸气真空泵. *orbitron pump* 轨跑式(钛)泵. *plunger pump* 柱塞〔圆柱式〕泵. *pneumatic pump* 气压〔空气〕泵. *positive-displacement pump* 正排泵. *press pump* 压力(榨)泵. *pressure pump* 压力〔气〕泵,增压泵. *prime(r)* 〔priming〕 *pump* 起动注液泵. *pump box* 泵房,唧筒的活塞筒. *pump brake* 唧筒的把手,液压制动器. *pump circuit* 激励〔抽运,泵源)电路. *pump delivery* 〔displacement〕泵的出〔排〕水量,抽水量. *pump dredge* 吸扬式挖泥船. *pump dredger* 抽〔汲)泥机,泥浆泵. *pump frequency* 泵激(激励)频率. *pump governor* 泵调节器. *pump handle* 泵的把手. *pump lift* 泵的扬程. *pump line* 泵管,抽气管道,泵传输线. *pump output* 抽水量. *pump room* 水泵房. *pump storage groups* 抽水蓄能机组. *pump turbine* 水泵-水轮机,可逆式水轮机. *pump unit* 抽水机成套装置. *pump work* 泵站,水泵工程. *pumped vacuum system* 抽(动态)真空系统. *reflux pump* 回流泵(抽回流液用). *rotary pump* 回(旋)转泵,转轮泵,转子泵. *roughing pump* 低真空泵. *sand pump* 抽〔抽〕砂泵,砂浆泵. *scavenging pump* 回油(换气)泵. *self-priming pump* 自起动泵. *service pump* 辅助〔备)泵. *simplex double acting pump* 单缸式复动泵. *simplex-duplex pump* 单效双泵. *solid pump* 固体物料抽吸泵,固体吹散泵. *submerged oil pump* 浸没式油泵. *suction pump* 空吸泵〔抽〕,抽气〔水〕机〔泵〕,吸收式泵. *triplex pump* 三汽缸式泵. *tyre pump* 轮胎打气泵. *underflow pump* 浓浆泵. *vane pump* 叶片〔活叶)式泵. *vapour pump* 蒸汽泵. *variable displacement pump* 变容式泵,可调流量泵,变(排)量泵. *Waran's pump* 瓦兰水银扩散泵. *water ejector pump* 喷水抽气泵 (一种机械真空泵). *waveguide pump* 波导管增压(器). *wear pump* 耐磨(吸料)泵. *wobble pump* 手摇泵. ▲*fetch a pump* 给泵灌水使产生吸力以开始抽水. *prime the pump* 采取措施促使…发展. *pump down* 抽气(空),降压. *pump M from N into P* 把M从N抽送到P中去. *pump into* 注(打)入,灌注. *pump off* 抽出(走). *pump M onto N* 把M喷(射,吹)到N上. *pump out* 抽空(气,出,走),排出. *pump up* 泵送,喷送. *pump upon* 倾洼.

pumpabil'ity *n.* ①可(泵)泵性,可泵抽性,泵唧(送)性 ②泵的抽送能力,输送(抽送,供给,唧)量.
pum'pable *a.* 可唧的.
pum'page ['pʌmpidʒ] *n.* 泵的抽运量(工作能力),抽运(空)能力,泵(抽)水量,抽送. *pumpage cost* 抽水费用.
pump'back *n.* 回抽,反流.
pump'crete *n.* 泵浇(送)混凝土. *pumpcrete machine* 混凝土泵.
pump'down *n.* 抽气(空),降压.
pumped-storage aggregate 或 **pumped-storage set** 抽水蓄能机组.
pum'per ['pʌmpə] *n.* ①抽水机,装有水泵的消防车 ②要用泵才能抽出油来的油井 ③有抽吸现象的混凝土板 ④司泵员,抽水机工人,用泵的人.
pumper-decanter *n.* 泵送倾注洗涤器.
pump-frequency *n.* 泵频,激励频率.

pump'house n. 泵房,抽水站.

pum'ping [ˈpʌmpiŋ] n. ①抽吸〔运,动,送,水,气,空〕,泵唧〔送,激〕,压出,吸取,唧取〔泥〕,充〔排,打〕气,泵作用 ②脉动〔冲〕,激励 ③截〔戳〕补(用棒搅破浇口表面以利补缩),捣打. *magnetic pumping* 磁抽运(等离子体的能). *oil pumping* 油的泵送,抽油. *optical pumping* 光泵激,光抽运,光学泵作用,光学泵唧取,光学泵抽动. *pumping circuit* 激励〔抽运〕电路. *pumping draft* 抽〔吸〕水量. *pumping frequency* 激励频率. *pumping head* 水泵水头. *pumping hole* 泵〔抽气,通气〕口. *pumping light* 抽运光,激光. *pumping limit* 抽吸极限. *pumping out* 抽〔排,汲〕出,排气,抽空. *pumping plant* 〔station〕泵站,抽水〔气〕站,抽气装置. *pumping set* 抽气泵组. *pumping signal* 抽运〔泵〕信号,参数激励频率信号. *pumping threshold* 抽运阈值.

pump'kin [ˈpʌmpkin] n. ①南瓜 ②大亨,重要人物. *pumpkin-seed oil* 南瓜子油.

pumpless mercury-arc rectifier 无泵式汞弧整流器.

pump-out n. 抽空〔气,出,返〕,排出,汲出.

pump-turbine n. 水泵-水轮机.

pump-unit n. 涡轮泵组,泵装置.

pun [pʌn] I v. (*punned*; *pun'ning*) ①打,捣,舂,夯 ②把⋯捣结实,用夯把⋯打实(up) ③用双关语(说). II n. 双关语.

pun = puncheon 大桶(容量 72 至 120 加仑).

puna [ˈpu:nɑ:] 〔西班牙语〕n. 高山病,呼吸困难.

punch [pʌntʃ] I n. ①打眼器,穿〔冲孔器,冲〔穿〕孔机,三柱凿孔机,冲孔机,冲压机 ③剪票铁,打印器,压〔起〕钉器,钉铳 ④(凸模)冲头,阳〔凹〕模冲子,钉孔冲,冲杆,铁锤子,锤子 ⑤冲孔的孔,切口 ⑥短而粗的东西 ⑦精〔活,效〕力,力量,(拳)一击 ⑧果汁混合饮料. II v. ①穿〔冲,打,轧〕孔,冲压,加工,模冲 ②(用钉铳)打进〔起出〕,(用凹模冲头)冲印,(用票钱)剪〔打〕票,(用棒)捣击 ③(用角)猛击,用力按〔击〕. *calculating punch* 计算穿孔机. *center hole punch* 中导孔钢针. *center punch* 中心冲孔,冲心錾. *compacting punch* 压坯〔成型〕冲头. *curling punch* 卷边阳模〔冲头〕. *draw punch* 压延凸模,拉伸冲头. *edge-punched card* 边(穿)孔卡片,边穿孔卡. *ejector punch* 出坯杆. *gang punch* 多孔穿孔机,排冲压机. *press punch slide* 锻压冲头滑块. *punch (and) shear* 冲(裁)剪(断)〔断用机〕,冲孔,冲孔剪割机. *punch block* (凿孔机)针架. *punch boring* 冲击钻孔. *punch card transcriber*【计】穿孔卡转录器. *punch mark* 原〔起标〕点,打〔冲〕标记. *punch-pliers* 轧孔钳. *punch press* 冲床,冲孔机. *punch rivet holes* 冲铆钉孔. *punch through* 穿通,击穿(现象),晶体管发射极或集电极的空间电荷区向基极区侵入的现象. *punch typewriter* 打字穿孔机. *punch(ed) card* 穿孔〔凿,孔资料〕卡,穿孔卡片. *punched card reader*【计】穿孔卡输入机. *punched tape* 穿孔(纸)带,凿孔纸条. *rivet punch* 铆钉冲头. *sharp point punch* 尖冲头. *sizing punch* 精压冲杆,精冲模冲. *summary punch*【总】(计)穿孔器. *synchromating punch* 同步配合穿孔机. *tape punch* 纸带穿孔. *X punch*【计】11 行穿孔. *Y punch*【计】12 行穿孔(IBM 计算机的穿孔卡,其中行的孔在卡片顶端附近). ▲*punch out* 穿孔输出.

punch-card n. 穿孔卡,卡片穿(冲)孔.

punch-dressed masonry 凿面圬工.

pun'cheon [ˈpʌntʃən] n. ①短〔架,支,立〕柱,短木料,(圆木料对剖成的)半圆木料 ②打印器,冲孔机,锥 ③(一面琢光的)石板,石砻 ④(容量 72～120 加仑的)大桶.

punch'er [ˈpʌntʃə] n. ①穿(孔),穿孔机,穿(打,冲,凿)孔器,冲床,打印器 ②打眼器,冲压工,钻工,模铸工 ③报务员,无线电值班员,穿孔机操作员,驾驶员. *coal puncher* 冲击式凿煤机. *totalizing (key) puncher*【计】总穿孔机. *tuyere puncher* (转炉)风嘴清孔机.

punch'ing [ˈpʌntʃiŋ] n. ①穿(孔)〔錾〕,凿孔,冲孔〔压,剪〕,铣孔〔眼〕②打印 ③模压〔锻〕,冲,锻,捣打 ④【冶】清理〔打通〕风口 ⑤(pl.)冲(孔)屑. *key punching*【计】键控穿孔. *punching machine* 冲床,冲压机,轧切机,穿(打)孔机. *punching powder* 显印粉末. *punching shear* 冲剪(力).

punch-through n. (晶体管内的)穿通(现象),击穿现象. *punch-through effect* 穿通(穿)效应. *punch-through diode* 穿通(现象)二极管.

punc'ta [ˈpʌŋktə] punctum 的复数.

punc'tate(d) [ˈpʌŋktit(id)] a. 点〔细孔〕状的,有斑点的.【地】有参斑的,施于〔加在,缩小成〕一点的.

puncta'tion [pʌŋkˈteiʃən] n.

punctil'io [pʌŋkˈtiliou] n. (拘泥)细节. *stand upon punctilios* 过于拘泥细节.

punctil'ious [pʌŋkˈtiliəs] a. 拘泥细节的,谨小慎微的. ~ly ad.

punc'tual [ˈpʌŋktjuəl] a. ①准时的,(严)守时(刻)的,正点的,按(不误)期的 ②正(精)确的 ③点状的,(数)点的. ~ly ad.

punctual'ity [pʌŋktjuˈæliti] n. 准时,正点,按期.

punc'tuate [ˈpʌŋktjueit] v. ①加标点(于) ②强调,加强 ③(不时)打断(发言等).

punctua'tion [pʌŋktjuˈeiʃən] n. 标点(法),点标点,全部标点符号,句读. *punctuation marks* 标点符号.

punc'tuative a. (作为)标点的.

punc'tulate [ˈpʌŋktʃəleit] a. 有细孔〔斑点,凹痕〕的.

punc'tum [ˈpʌŋktəm] (pl. *punc'ta*) n. (斑)点,尖.

punc'turable [ˈpʌŋktʃərəbl] a. 可刺(戳)穿的.

punc'ture [ˈpʌŋktʃə] n.;v. ①刺(扎,戳)破,刺孔,戳〔穿,(车胎)漏〕泄〔气〕②(电,绝缘)击穿,打穿 ③刺孔,(取消,销),穿刺术,缩印,穿孔,裂口,小孔〔洞〕④爆破,放炮 ⑤揭穿,使无用. *cable puncture* 电缆击穿. *puncture core* (冒口)通气芯. *puncture test* 刺(孔)〔电〕试验,电(击)穿试验,耐(电)压〔绝缘性〕试验. *puncture tester* 耐(电)压试验器. *puncture voltage* 击穿(电)电压. *punctured codes* 收缩码. *punctured element* 穿孔元件. *punctured plane* 有孔平面.

puncture-proof tyre 自(动)封(口)轮胎.

pun'dit [ˈpʌndit] n. 权威(性评论者).

pun'gency [ˈpʌndʒənsi] n. 刺激性,辛辣,尖刻.

pungenin n. 松针式,二羟苯乙酮葡萄糖式.

pun'gent ['pʌndʒənt] *a.* ①刺激(性)的,刺鼻的,辛辣的 ②尖锐[刻]的. ~**ly** *ad.*

pu'nily ['pju:nili] *ad.* 软弱无力地,不足道地,次要地. **pu'niness** *n.*

pun'ish ['pʌniʃ] *v.* ①(处,惩)罚 ②痛击,严厉对付,损害[伤],使疲劳 ③大量消耗,耗尽.

pun'ishable ['pʌniʃəbl] *a.* 该罚的.

pun'ishing ['pʌniʃiŋ] *a.* 处(惩)罚的,猛(剧)烈的,辛苦的,使疲劳的. *punishing blasts of heat* 剧烈的热喷气. *punishing stress* 疲劳破坏应力,疲劳强度.

pun'ishment ['pʌniʃmənt] 或 **punition** [pju:'niʃən] *n.* (处,惩,刑)罚,痛击,损害[伤],大负荷. *inflict (a) punishment on a criminal* 惩处罪犯. *take punishment* 受重[损]伤. *take the punishment of* 承担…的磨损.

pu'nitive ['pju:nitiv] 或 **pu'nitory** ['pju:nitəri] *a.* 给予惩罚的,惩罚(性)的,刑罚的. ~**ly** *ad.*

punk [pʌŋk] Ⅰ *n.* 废物(话),朽木. Ⅱ *a.* 无用的,低劣的,不好的,腐朽的.

pun'kin ['pʌŋkin] =pumpkin.

pun'ner ['pʌnə] *n.* 夯(具),手夯,碛.

pun'ning ['pʌniŋ] *n.* 打夯,夯实.

pun'ningly *ad.* 一语双关地.

punt [pʌnt] *n.* ①平底船 ②铁杆. *punt glass* 对焦[调焦]玻璃.

puntee ['pʌnti] 或 **pun'ty** ['pʌnti] *n.* (取熔融玻璃用的)铁杆.

pu'ny ['pju:ni] *a.* (*pu'nier, pu'niest*) ①微弱的(弱),小小的,软弱无力的 ②不足道的,次要的.

pup [pʌp] *n.* ①低功率干扰发射机 ②标准耐火砖 ③小狗. *pup jack* 小型塞孔.

pu'pa ['pju:pə] (pl. *pu'pae* 或 *pu'pas*) *n.* 蛹.

pu'pil ['pju:pl] *n.* ①(小)学生,门生 ②瞳孔,光瞳(孔),出射光. *emergent*(entrance) *pupil* 出(入)射光. *pupil distance* 眼瞳距离,眼瞳距.

pu'pil(l)age ['pju:pilidʒ] *n.* 学生(未成年)时期,幼年时代.

pu'pil(l)ary ['pju:piləri] *a.* ①(小)学生的 ②瞳孔的,光瞳的.

pupillogram *n.* 瞳孔散缩图.

pupillog'raphy *n.* 瞳孔测绘术.

pupillomotor *a.* 瞳孔运动的.

pupilom'eter *n.* 测瞳仪.

pupilom'etry *n.* 测瞳术.

pupin coil 加感线圈.

pupinize *v.* **pupiniza'tion** *n.* (线圈)加感,加负荷(载).

pup'pet ['pʌpit] *n.* 木偶,傀儡. *puppet head tail stock* 随转尾座. *puppet play*(show)木偶戏. *puppet regime* 伪政权. *puppet valve* 提升阀,随转阀.

pup'petoon ['pʌpitu:n] *n.* (电影)木偶片.

pup'petry *n.* 木偶,傀儡.

PUR =purifier.

Purbeck beds (晚侏罗世)波倍克层.

pur'blind ['pə:blaind] Ⅰ *a.* 半瞎(盲)的,迟钝的,愚笨的. Ⅱ *v.* 使成半瞎. ~**ly** *ad.*

pur'chasable ['pə:tʃəsəbl] *a.* 可买(到)的,买得到的,可收买的.

pur'chase ['pə:tʃəs] Ⅰ *n.* ①(购)买,购置(获)得(物) ②(复)滑车,滑轮(组),绞盘,绳索 ③起重(杠杆,扛力)装置,杠杆作用,机械利益,杠杆率,(杠杆的)支点 ④价格(值),收益,年收 ⑤紧握(抓,束,缚),缚力,固着力. Ⅱ *vt.* ①购买(置),采(订)购 ②赢(换,获,取)得 ③(用滑车,杠杆,起重装置)吊举(举起,移动). *make a purchase* 买东西,采购. *get* [*secure*] *a purchase on N* 紧抓住N. *purchase an anchor* 起锚. *purchased on a volume basis* 按体积采购. *purchased on a weight basis* 按重量采购. *authority to purchase* 委托购买证. *purchase block* 起重滑车. *purchase contract* 购货合同. *purchase money* 买(定,代)价. *purchase tackle* 滑车,滑轮组. *purchasing power* 购买力.

pur'chaser ['pə:tʃəsə] *n.* 购买(采购)人,买方(主).

pure [pjuə] Ⅰ *a.* ①(纯,净,粹)的,不掺杂的,无杂质的,单纯的,洁净的 ②无限(错)的,完美的 ③完全的,全然的,十足的 ④纯理论的,抽象的. Ⅱ *vt.* 纯净,净化,提纯. Ⅲ *ad.* 非常,彻底地. *a pure waste of time* 十足的浪费时间. *It was a pure accident.* 这完全是意外事故. *chemically pure* 化学纯的. *commercially pure* 工(商)业纯的. *isotopically pure* 同位素纯的. *pure bend* (单)纯弯(曲). *pure chemistry* 理论化学. *pure generator* 产生程序的程序. *pure lines* 线系. *pure procedure* 纯过程. *pure tone* 纯音,正弦波音. *pure science* 纯(粹)科学. *pure shear* (单)纯剪(力),纯剪切. *pure stress* (单)纯向应力. *pure undamped wave* 未调制的等幅波,纯等幅波,纯非衰减波. *pure water dip test* 浸纯水试验. *pure wave* 纯(正弦)波. *radioactively pure* 放射性纯的. *radiochemically pure* 放射化学纯的. *spectroscopically pure* 光谱纯的. *technical pure* 工业纯. ▲*pure and simple* 完完全全的,十足的.

pure'bred ['pjuəbred] *a.* 纯(良)种的. *n.* 纯种家畜(禽).

pure'ly ['pjuəli] *ad.* ①纯粹地,单纯地,清洁地 ②纯净地,彻底地 ③仅仅地. *purely accidental* 完全偶然的. *purely by accident* 完全出于偶然. *purely random process* 纯随机过程. ▲*purely and simply* 十分单纯地,完全全全地,不折不扣地.

pure'ness ['pjuənis] *n.* ①纯净(粹,洁),清洁 ②纯度.

pur'fle [pə:fl] *n.*; *vt.* 镶边,边缘饰,装饰,美化.

purga'tion [pə:'geiʃən] *n.* 净化,清洗. **pur'gative** *a.*

purge [pə:dʒ] *v.* Ⅰ *n.* ①清洗,去污,消除,排除,放出,(使)清除,清(吹)洗,驱气 ②洗涤(净),冲净,肃清 ③(使)净(纯)化,提纯,精炼 ④泻药. *purge M from N* 把M从N中清除出去. *purge metal of dross* 除金属浮渣. *purge away dross from metal* 清除金属中的浮渣. *purge water by distillation* 用蒸馏法使水纯化. *purge a circuit with nitrogen* 用氮吹(清)洗管(路). *air purge*(空)气(清)洗. *argon purge* 氩气吹洗. *gas purge* 气体清洗. *purge pipe* 排气管. *purge valve* 清洗(放泄)阀. *vacuum purge* 真空驱气.

pur'ger *n.* 净化(清洗,吹洗)器,清洗(纯化)装置.

pur'ging ['pə:dʒiŋ] *n.* ①清洗(除),吹洗,净化,洗炉 ②换气,排气.

purifica'tion [pjuərifi'keiʃən] *n.* ①净化(法,作用),纯化(法,作用),纯〔洁〕化,清洗,洗净〔涤〕②提纯(作用),精制〔炼〕. *batch purification* 分批净化〔提纯〕,间歇式净化. *preliminary purification* 初步净化〔提纯〕. *primary purification* 初〔一〕次净化. *purification by chromatography* 色谱提纯. *purification by liquid extraction* 萃取提纯. *purification of gas* 气体纯化. **pu'rificatory** *a.*

purificatus *a.* 〔拉丁语〕精制的,纯净的.

pu'rifier ['pjuərifaiə] *n.* ①清洗装置〔设备〕,清洗器,净化器,滤清器,提纯〔精炼〕器 ②精制〔提纯〕者,清洁者. *micromist purifier* 微珠净化器. *sync signal purifier* 同步信号滤清器〔净化器〕.

pu'rify ['pjuərifai] *vt.* ①使纯净,清洗,使清洁,净〔纯〕化,扫除,除去 ②提纯,精制〔炼〕. *purified signal* 静噪〔提纯〕信号. *purified steel* 精炼钢. *purifying agent* 提纯器〔剂,纯化剂,净化器,纯化剂. *purifying column* 净化塔. ▲ *purify M from* 〔*of*〕 *N* 把 M 中的 N 除去,提纯 M 去掉 N,使 M 纯化 N.

pu'rine ['pjuərin] *n.* 嘌呤,尿(杂)环,四氮杂茚.

purinethol *n.* 巯基嘌呤.

purinom'eter *n.* 嘌呤测定器.

pu'rity ['pjuəriti] *n.* ①纯净〔粹,正,色〕,光洁度,洁净,纯化 ②纯度,品位 ③分压和总压之比. *apparent purity* 视〔表观〕纯度. *colo(u)r* 〔*excitation*〕 *purity* 彩色纯度. *metal-grade purity* 金属品位级纯度. *purity circuit* 彩色纯度信号电路,色纯(调节)电路. *purity coil* 色纯度调整〔控制〕线圈. *purity factor* 纯系数. *purity magnet* 色纯度调节磁铁,纯化磁铁. *purity quotient* 纯度商.

Purkinje effect 普尔钦效应(对可见光色谱的视觉灵敏度).

purl [pə:l] *n.*; *v.* ①(使)翻〔颠〕倒 ②潺潺地流〔响〕潺潺声,漩涡 ③流苏,边饰,金银绦边,金银丝 ④用反〔倒〕针编织.

purl'er *n.* 倒〔坠〕落.

pur'lieu [pə:lju:] *n.* ①森林边缘 ②(pl.) 近郊,外围 ③(pl.) 范围,界限,环境 ④贫民区.

pur'lin(e) ['pə:lin] *n.* 〔建〕檩(条),(平行)桁条. *purlin brace* 檩(条)撑.

purl'ing *n.* 下洗流,涓流,流灌,洒水.

puromycin *n.* 嘌呤霉素.

puron *n.* 高纯度铁,普伦.

purone *n.* 嘌酮,四氮化尿酸.

pur'ple ['pə:pl] I *n.*; *a.* ①紫(红)色(的),紫色染料 ②华而不实的,词藻华丽的. II *v.* 染〔变〕成紫色. *purple black* 紫黑色. *purple brown* 紫棕色. *purple plague* 紫斑〔疫,痕〕. *royal purple* 蓝紫色.

pur'plish ['pə:pliʃ] 或 **pur'ply** ['pə:pli] *a.* 略带紫色的.

purplish-black 紫黑质,紫黑色.

pur'port ['pə:pət] I *n.* ①(涵)义,要旨〔点〕,大意. II *vt.* ①意味着,大意是 ②表〔写,说〕明 ③声称〔言〕,号称 ④意欲〔图〕.

pur'pose ['pə:pəs] I *n.* ①目的,意〔企〕图,意向,宗旨,决心 ②用途,(实)用场〔合〕,效果〔用〕,作用,意义 ③论题,行动. II *vt.* 想,企图〔做〕,打算〔做〕,决意〔做〕,决心要 (to+*inf.*, +*ing*, that). *all purpose* 通用的,万能的,general purpose 通用的. *purpose made* 特制的. *special purpose* 专用的. ▲ *answer* 〔*serve*〕 *the purpose* 符合目的,合〔管〕用,(能)解决问题. *answer* (to) *the purpose of* 符合…目的,足以代替…之用. *attain* 〔*bring about*, *accomplish*, *carry*〕 *one's purpose* 达到目的. *for* (*all*) *practical purposes* 从实用(的观点)来看,在实际应用上,实际〔用〕上. *for most purposes* 对大多数(实)用场(合),在很多(实际)场合. *for our present purposes* 对于目前实际应用来说,目前. *for purposes* 〔*the purpose*〕 *of* 为了(…起见),以便,来…,对…来说. *for the purpose at hand* 对目前实际应用来说,目前. *on* 〔*in*, *of*, *set*〕 *purpose* 故意地,蓄意,为了. *serve no purpose* 没有用,不能解决问题. *serve the purpose of* (可)用作〔充当〕,适用于. *to all intents and purposes* 无论从哪一点看,实际〔质〕上,事实上. *to good purpose* 有成效地,成效很大地. *to little* 〔*some*〕 *purpose* 有很少〔一些〕结果〔效果,意义〕. *to no purpose* 徒然,白白地,毫无意义〔效果〕地,不中用. *to the purpose* 得要领,中肯的,中用的,合适的. *with the purpose of* 以…为目的.

pur'poseful ['pə:pəsful] *a.* ①有目的〔意义〕的,著〔故〕意的 ②果断的,有决心的. ~**ly** *ad.*

pur'posefulness ['pə:pəsfulnis] *n.* 目的性.

pur'poseless ['pə:pəslis] *a.* 无目的〔意义〕,决心的. ~**ly** *ad.* ~**ness** *n.*

pur'posely ['pə:pəsli] *ad.* 故意,特意〔地〕.

pur'pose-made *a.* 特制的,按特殊订货而制造的.

pur'posive ['pə:pəsiv] *a.* ①有目的(性)的,为一定目的服务的 ②果〔决〕断的,有决心的. ~**ly** *ad.* ~**ness** *n.*

purpu'real *n.* 红紫色的.

purpurin *n.* 紫红素,三羟(基)蒽醌.

purpurogallin *n.* 红棓酚.

purpurogenone *n.* 红紫精酮.

purr [pə:] *n.*; *v.* ①(发出)低沉的震颤〔颤动)声 ②高兴地表示.

pur sang [pjuə'sɑ̃:ŋ] 〔法语〕纯粹,彻头彻尾,不折不扣,真正.

purse [pə:s] I *n.* 钱(小)包,资金,款项,一笔钱,金钱,财力,国库 II *vt.* 缩拢,起皱(up). *public purse* 国库. *purse seine* (用两只船拖曳的)大型围网. *purse strings* 金钱,财力.

pur'ser ['pə:sə] *n.* 轮船,班机的事务长.

pursu'able [pə'sju(:)əbl] *a.* 可追赶〔踪,求〕的,可实行〔从事〕的,可继续进行的.

pursu'ance [pə'sjuəns] *n.* ①实(执)行,从事,(继续)进行 ②追赶〔踪,求〕. ▲ *in pursuance of* 依,按,为实(执)行,在执行…中.

pursu'ant [pə'sjuənt] *a.*; *ad.* ①按照(的),遵循(的),依据的 (to) ②追赶〔踪,求〕的. *pursuant to the rules* 按照规则(的).

pursu'antly *ad.* 从而,因此.

pursue' [pə'sju:] *vt.* ①追赶〔踪,捕,击〕,追〔跟〕随,追(寻)求 ②(继续)做,从事,进(实,推)行,采取,贯彻(应用) ③照…而行,沿…而进. *pursue this prin-*

pursu'er [pə'sjuːə] *n.* ①追赶〔踪〕者 ②从事者,研究者.

pursuit' [pə'sjuːt] *n.* ①追赶〔踪,击〕,追随 ②追随〔寻求〕③从事,实行,工作,事务、研究,职业 ④歼击机. *daily pursuits* 日常事务. *mercantile* [*commercial*] *pursuits* 商业. *pursuit game* 追逐对策. *scientific pursuit* 科学研究. ▲*come in pursuit* 追踪而来. *lead pursuit* 沿道踪曲线接近. *in pursuit of* 为了求得〔追求,追击〕.

pur'sy ['pəːsi] *a.* 缩缩的,皱起的.

pu'rulence ['pjuərulǝns] 或 **pu'rulency** *n.* 脓(性,液),化脓. **pu'rulent** *a.* 脓的.

purvey' [pəː'vei] *v.* 承办,供应(饮食等).

purvey'ance [pəː'veiǝns] *n.* (承办,供应)饮食,供应的食物.

purvey'or [pəː'veiǝ] *n.* 供应者,给养员.

pur'view ['pəːvjuː] *n.* ①权限,范围 ②眼〔视〕界 ③条款部分.

pus [pʌs] *n.* 脓(液).

PUSE = propellant utilization system exerciser 燃料输送调节系统装置.

push [puʃ] *v.*; *n.* ①推,压,按,刺,戳 ②推进〔动,行,销〕,促进(使),引人注意,扩展〔通过,过〕冲(击,出),打〔撞〕击 ④推〔压〕力,力求取得,努力(争取)(for) ⑤(使)伸(突)出,(使)延伸,扩(伸)展,增加,扩大 ⑥急迫,紧急关头,危机 ⑦按钮. *push a door open* 把门推开. *give the door a push* 或 *give a push at the door* 把门推一下. *push a claim* 坚持要求. *push one's wares* 推销货物. *push the production of* 增加…的生产. *push a matter through* 办完一件事. *bell push* 电铃按钮. *push bench* 顶管机,推拔钢管机. *push bolt* 推进螺栓,床凸. *push brace* 推撑,(桁架)压杆. *push button* 按钮(开关,操作),指揿开关,电钮,自动复位(开关)按钮,控制按钮. *push car* (铁路)运料车,居间车,手推车. *push contact* 按钮开关,按压按钮触点. *push cycle* 自行车. *push fit* 推入配合. *push pull tape* 卷片. *push section car* 手推平车. *push* (*type*) *broach* 压(推)刀. *push type* (*motor*) *grader* 推式(自动)平地机. ▲*at a push* 不得已时,没有(别的)办法时,紧急时. *at a push of* (*a button*) 一按〔揿〕(电钮). *at one push* 一推,一口气,一下子. *be in the push* 熟悉情况,知情. *be pushed for* 为…所迫,在…上有困难. *bring to the push* 使陷绝境. *come to the push* 到紧急关头,在形势危急之际. *make a push* (*to* + *inf.*)努把力,加把劲(做). *push against* 推压(顶),按压. *push ahead with the work* (努力)进行. *push along* [*forward*] 继续下去,把…推向前,推进. *push around* 把…推来推去,摆布,烦扰,欺侮,向…作威作福 [*away*] 推开,推除. *push down* 向下压〔推〕,推下. *push in* 推进(去),(船)向岸靠近. *push off* 离去,启程,撑开(船)，推(倒,下),使偏离. *push on* 推动,推(前)进,进攻,

冲,努力向前,继续进行(with). *push one's way* 挤出一条路,挤过去. *push out* 排〔突,长,拉〕出,伸展. *push over* 推倒. *push through* (使)穿(通)过,穿(通)到;促(完)成,长出(叶子). *push M* + *inf*. 推动(催逼)M(做…). *push up* 向上推〔冲〕,增加. *push upwards* 将…向上推.

push'able *a.* 可以推的,推得动的.

push-and-pull *n.* 推挽式.

push'-bicycle 或 **push'-bike** *n.* 自行车.

push-bottom oiler 按底〔薄膜〕润滑器.

push'-button ['puʃbʌtn] Ⅰ *n.* 按〔电〕钮. Ⅱ *a.* 按钮(式)的,按钮控制(操纵)的,远距离操纵的,遥控的. *carrier-break push-button* 载波切断按钮. *compute push-button* 计算按钮. *push-button switch* 按钮开关(机键). *push-button tuner* 按钮调谐装置.

push'cart *n.* 手推车.

push-cut shaper 推切式牛头刨.

push-down *n.* ①下推,推下 ②叠加,叠式〔后进先出〕存储器. *push-down storage* [*store*]叠式〔后进先出〕存储器.

pushed [puʃt] *a.* (黑色路面)推挤现象的.

push'er ['puʃə] *n.* ①推进机(器),推动机 ②推杆〔板〕,挺杆 ③推销〔销,出〕机,推床 ④推进式飞机,后推机车 ⑤推(动,销)者. *air-cylinder pusher* 气动推料机. *car pusher* 推车机. *coil pusher* 带卷推出器,卸卷机. *ingot pusher* 钢锭推出杆. *pusher bar* 推杆,压料销. *pusher feed* 推推式送料. *pusher grade* (铁路编组站用)辅助坡度. *pusher machine* 推焦(装)车. *pusher mechanism* 推料机构装置. *pusher pump* 压气泵. *pusher tractor* 推式拖拉机,后推机. *ram-type pusher* 杆式推钢机. *squaring pusher* (板形材剪切时用的)对正挡板(推板). *stock pusher* 装炉推料机.

push'er-type *a.* 推送(料)式的,(强)压式的.

push'filler *n.* 回填机,填土机.

push'ful *a.* 有进取心的,有冲劲的.

push'ing ['puʃiŋ] Ⅰ *n.* (材料)推挤. Ⅱ *a.* 推(进)的,有进取心的. *pushing device* 推钢机,推床. *pushing figure* (磁控管工作状态改变所引起的)推频值,频推(出)系数. *pushing off the slag* 挡〔拦〕渣.

push'loading *n.* 推式装载. *pushloading scraper* 推式铲运机. *pushloading tractor* 推式拖拉机.

push-off *n.* 推出机. *push-off moulding machine* 带顶杆的造型机.

push-out *n.* 推〔排〕出. *push-out bar* 推钢机的推杆. *push-out collet* [*chuck*]外推夹套.

push'over ['puʃouvə] *n.* ①易如反掌的事 ②弱敌 ③推出器,推杆 ④(子弹,火箭)沿弹道水平方向的位移 ⑤ = pushdown.

push'pin *n.* ①高顶图画钉 ②微不足道的东西.

push-pull *a.* 推挽(式)的,推拉. *push-pull amplification* 推挽放大. *push-pull circuit* 推挽(式)电路. *push-pull driver* 推挽激励器. *push-pull R. F. amplifier* 推挽式射频放大器. *push-pull transformer* 推挽变压器.

push′rake n. 推集机.
push-stem power unit 直进式执行机构〔部件〕.
push-to-talk operation 按钮操纵的传话操作.
push-to-type operation 按钮启动打印操作, 按钮操纵的电报操作.
push′-type a. 推进式的, 前悬挂式的.
push′-up n. ①上推 ②坌〔落〕砂 ③砂眼, 型穴, 结疤. *push-up list* 【计】先进先出表. *push-up queue* 上推队列. *push-up storage* 上推存储器, 先进先出存储器.
pus′syfoot ['pusifut] vi.; n. 抱骑墙态度的(人), 不表态, 观望(者).
pus′tule ['pastju:l] n. 小〔脓〕疱, 色点.
put [put] Ⅰ (put, put; put′ting) v. ①放, 置, 摆, 搁, 装, 连接〔结〕, 加…于, 把…用于〔献于, 给予〕 ②移〔放〕动, 使接近, 推, 投, 掷, 发射 ③使穿进〔过〕, 使渡(过), (使,向…)航行, 出发, 走, 匆忙离开 ; (河水等)流 ④做(些)动, 处理, 结束 ⑤使从事〔从事, 受到〕, (追, 促)使, 令 ⑥提出〔交, 议〕, 表达〔示〕, 翻译 ⑦写上, 记下, 标明(上), 附〔添〕加 ⑧估计〔价, 量〕, 评价, 认为 ⑨投资, 课税. Ⅱ n. ①推, 掷, 扔 ②在一定期限以一定价格交售一定数量商品的选择权. 卖方退约. Ⅲ a. 固定的, (固定)不动的. *put a handle on a file* 给锉装个把. *put the hammer into the tool box* 把锤子放入工具箱. *put a nail into a board* 把钉子钉进板里. *put its screw-lid in place* 把它的螺旋盖子拧好. *put the hands of the clock back* 把钟的针向后拨. *put an article into English* 把文章译成英文. *put a question to N* 或 *put N a question* 向N提出一个问题. *put a matter before a committee* 把事情提交委员会〔讨论〕. *The recording head puts new sounds onto the tape.* 录音磁头把声音录在磁带上. *put a tick against a name* 在名字上打上记号. *put one′s signature to a contract* 在合同上签名. *put a satellite into orbit* 把人造卫星射入轨道. *put the blame on others* 把罪责推给别人. *put on the zinc coating* 镀〔包〕上锌〔层〕. *put on the brakes (of a car)* 施(车)闸, 刹车. *put N to processing the data* 指定N处理数据. *put M equal to N* 令M等于N. *put the program into action* 实行这计划. *put the machine back into service* (重新)把这机器交付〔回〕使用. *put a machine in motion* 开动机器. *put the proper interpretation on a clause in the agreement* 对协定条款作出正确的解释. *put the capacity of the generator at 300,000kW*. 估计这部发电机的发电量为三十万千瓦. *put one′s mind to a problem* 开始思考问题. *put it this (another) way* 这样〔换个样〕说. *put it right* 把它收拾〔修理, 改正〕好. *keep it put* 使它固定不动. *put statement* 【计】送出〔放置〕语句. ▲*be hard put to it (to +inf*.) 陷入困境, 很难〔没法, 难以〕(做). *put about* (使)改变方向, (使)向后转, 散布, 宣称, 使为难〔烦恼〕. *put across* 横贯, (渡)过, 做(成)功, 欺骗, 有效地表达. *put an end to* 完〔终〕了, 了结. *put apart* 留开, 拨出. *put aside* 挪〔撇〕开, 把…放在一边, 搁置, 放弃, 排除, 储蓄, 储存〔备用〕. *put at* 把…置于〔宁存〕, 估量作. *put away* 储放〔存〕(备用), 把…收好, 拿开, 排斥, 送走, 处理掉. *put back* 把…放送, 推, 拨回(原处), 返回, 向后移, 倒退, 返航, 阻止〔碍〕. *put by* 把…放在旁边, 搁置, 回避, 忽视, 放弃, 储存…备用. *put down* 放(下), 下, 拒绝, 镇磨, 储藏, 储存(降), 削减, 节省, 制止, 批评, 平定, 镇压, 扑灭, 推论, 把…归因于(to), 估计(at, as); 认为, (as, for). *put down one′s foot* 坚决反对. *put faith in* 相信, 信任. *put forth* 伸(长, 放, 拿, 使, 用, 发, 展)出, 发挥; 出版, 发表, 颁布; 起航. *put forward* 提出〔倡〕, 建议, 设〔拿〕出, 推荐; 促进; 拨快, 把…向前拨. *put in* 把…放进, 插进, 引, 加, 装, 输, 进, 驶入, 进港, 停泊, 接通, 衔接, 启〔开〕动, 提出〔供, 交〕, 实行, 做, 花费, 度过(时间), 申请(与); 任命. *put in circuit* 接入电路. *put in a claim for* 提出…要求. *put in action* 实行〔施〕, 开动. *put in force* 实行〔施〕. *put in hand* 着〔动〕手进行. *put in mind of* 提醒, 使想起. *put in orders for* 订购. *put in possession of* 给与, 供给. *put in series* 串联接入. *put into* 把…放进, 放, 插, 输, 注, 流, 驶入, 使进入, 翻译成. *put into effect* 〔action, practice, play〕 实施〔行〕, 使生效, 执行, 把…付诸实施. *put into execution* 〔举行〕, 完成. *put into operation* 实行〔施〕, 开动, 投入运行〔运转, 生产〕. *put into production* 把…投入生产. *put into service* 交付使用, 投入运行, 启〔运〕用. *put in on* 夸大(张), 要高价. *put it over* 欺骗 (on); 获得成功〔推广〕. *put it to* 提出这一点请…考虑, 得到N的下属N会同意. *put off* 拿〔移〕开, 推诿, 搪塞, 推迟, 拖延, 延期, 设法使…等待, 劝阻, 阻碍〔止〕 (from), 脱〔去〕掉, 放弃, 用欺骗手段卖掉, 启动, 出航. *put on* 把…放在…上, 装〔安, 接, 安〕安, 戴〕上, 增〔添〕加, 施加于, 开〔推, 煽〕动, 使运转, 拨快, 推进〔移, 给〕; 拉〔扯〕紧, 显示, 演(装)出, 假装, 伪称布, *put on stream* 投入生产, 开动. *put on the blast* 开风, 开动鼓风. *put on trial* 进行试验. *put…on to* 使…注意. *put out* 拿〔放, 摆, 长, 伸, 逐, 解〕出, 发(挥), 使, 贷, 殷出, 熄灭, 关掉(电), 遮断(电), 停止(机, 电), 消除, 阻碍, 使脱节, 冒犯, 使为难, 投资, 生产, 出产, 发布, 出版, 表〔示〕, 完成. *put out of account* 不注意, 不考虑. *put out of action* 〔service〕 使停止工作, 损坏不能用, 失灵. *put out of circuit* 从线路中断开, 使断路. *put over* 把…放在…之上, (引)渡过, 驶到对面, 使转向, 使(圆满地)成功〔完成〕, 被接受, 被理解, 受欢迎; 推迟, 搁延, 延期. *put right* 收拾, 拿〔治〕好, 修理, 纠〔改〕正. *put the other way round* 反过来说. *put through* 穿过〔通过〕, 贯彻, 实现, 完成, 做成, 使经受〔从事〕, (电话)接通. *put…to +inf.* 使…. *put to earth* 接地. *put to (good) use* (充分)利用. *put to it* 使使, 为难. *put to rights* 整理〔顿〕. *put to sea* 开船, 离港; 出海. *put together* 把…放在一起, 组装, 装配, 拼拢, 集拢, 使构成整体, 汇合, 编辑; 把…加起来〔合计〕; 综合考虑. *put under* 把…于下. *put up* 树, 架, 搭, 升, 举, 扯, 送起, 建造, 提供〔出, 高, 名〕, 进行〔出〕, 展示, 展出, 张贴, 公布, 收(贮〔藏〕), 打包, 包装, 把…装罐, 贮藏〔配制, 涨价〕(密预谋). *put upon* 欺骗, 使成为牺牲品. *put N up*

pu'tative ['pju:tətiv] a. ①假定(存在)的,推想的 ②推定的,被公认的,(一般)被认为是…的,被称为…的,~ly ad.

put'-down n. ①平定 ②降落 ③贬低.

pute [pju:t] a. 单纯的. *pure (and) pute* 纯粹的,十足的,不折不扣的.

putidaredoxin n. 假单孢氧还蛋白.

put'lock ['putlɔk] 或 **put'log** ['putlɔg] n. 脚手架跳板横木(楞). *putlog holes* 墙上脚手架孔.

put'-off n. 推迟,搪塞.

put'-on Ⅰ n. 假装,欺骗,模仿作品. Ⅱ a. 假装的.

putrefa'cient [pju:tri'feiʃənt] = putrefactive.

putrefac'tion [pju:tri'fækʃən] n. 腐败(物,作用),腐败(化).

putrefac'tive [pju:tri'fæktiv] a. (容易)腐败(烂,朽)的,致腐的.

pu'trefy ['pju:trifai] v. (使)腐败(烂,化),(使)发霉,(使)化脓,(使)堕落.

putres'cence [pju:'tresns] n. 腐烂(败,化)(作用),正在腐烂的东西,堕落. *putres'cent* a.

putrescibil'ity n. 腐败性.

putres'cible [pju:'tresibl] a. 会腐败的,容易腐烂的. n. 会腐败的东西.

putrescine n. 腐[丁二]胺.

pu'trid ['pju:trid] a. ①腐烂(败,朽)的 ②极讨厌的,坏透的 ③堕落的. *putrid fever* 斑疹伤寒. *putrid mud* 腐殖泥. *turn putrid* 烂掉.

putrid'ity [pju:'triditi] n. 腐烂(的东西),霉,腐败(物),堕落.

put'ter Ⅰ ['putə] n. ①置放者,推动(提出)…的人 ②运煤工,推车工. Ⅱ ['pʌtə] v. ①闲荡,偷懒 ②混(时间),浪费(away).

put'tier n. 使用油灰者.

put'ty ['pʌti] Ⅰ n. 油灰(状粘性材料),封泥,腻子(玻璃、五金用)擦粉. Ⅱ vt. 用油灰填塞(up),用油灰接合(粘牢),涂油(灰). *glass putty* 窗用油灰, (磨玻璃或金属的)擦粉,铅粉,宝石磨粉. *glaziers' putty* 镶玻璃(填塞孔缝)用油灰. *plasterers' putty* 粉刷用外层细料. *putty joint* 油灰缝. *putty knife* 油灰刀. *putty oil* 油灰油. *putty powder* (擦玻璃、金属用)油灰粉,去污粉. (二)氧化锡(擦粉).

puttyless a. 无油灰的. *puttyless glazing* 无灰装玻璃.

putty-powder n. 油灰粉(二氧化锡粉).

PUVLV = propellant utilization valve 燃料输送调节阀.

puy [pwi] (法语) n. 死火山维.

puz'zle ['pʌzl] n.; v. ①难题,谜 ②(使)迷(困)惑,不解,使为难,(把…)难住 ③冥思苦想地进行,思索而得,苦思(出). *a Chinese puzzle* 七巧板,九连环,复杂难懂的事物. *be in a puzzle about the matter* 对这事困惑不解. ▲*puzzle (one's way) through* 下一番苦功夫解决. *puzzle oneself (one's brains) about (over, +inf.)* 为…而深思苦想(大伤脑筋). *puzzle out* 苦思而解决,思索而得. *puzzle over* 苦思.

puz'zledom n. 为难,困境.

puz'zlement n. 迷(困)惑,苦思.

puz'zler ['pʌzlə] n. 难题,使人为难的人(物).

puz'zling ['pʌzliŋ] a. 使为难的,费解的,令人迷惑的,莫明其妙的,摸不透的,弄不懂的. ~ly ad.

puzzolane 或 **puzz(u)olana** n. 白榴火山灰. *puzzolana cement* 火山灰水泥.

PV = ①peak voltage 峰(值电)压,最大电压 ②pseudovector 赝(伪,假)矢量.

P-V diagram = pressure-volume diagram P-V 图(压力-比容图).

PVA = ① polyvinyl acetate 聚乙酸乙烯酯 ② polyvinyl alcohol 聚乙烯醇.

PVale = polyvinyl alcohol 聚乙烯醇.

PVB = polyvinyl butyral 聚乙烯醇缩丁醛.

PVC = ①polyvinyl chloride 聚乙烯 ②polyvinyl corer 聚乙烯取芯器 ③potential volume change 潜体积变化(土体积变化的潜能).

PVDC = ① polyvinyl dichloride 聚二氯乙烯 ② polyvinylidene chloride 聚偏(二)乙烯.

PVdF = polyvinylidene fluoride 聚偏二氟乙烯.

PVF = ①polyvinyl fluoride 聚氟乙烯 ②polyvinyl formal 聚乙烯醇缩甲醛.

PV filter 全色滤光片.

PVME = polyvinyl methyl ether 聚乙烯基·甲基醚.

PVNT = ①prevent(ing) 或 prevention 预防,防止 ②preventive 预防的,预防措施.

PVP = polyvinyl pyrrolidone 聚乙烯吡咯烷酮.

PVR = precision voltage reference 精确电压基准.

PVT = ①pressure-volume-temperature 压力,体积,温度 ②private 私有的,个人的.

Pvt = private 列兵,二等兵.

PW = ①packed weight 装入(填充)量 ②per week 每周 ③per word 每字 ④pivoted window (枢轴式)摇窗 ⑤present worth 现在价值 ⑥primary winding 原(一次)线圈 ⑦prisoner(s) of war 战俘 ⑧pulse width 脉冲宽度.

P-wave n. P 型(地震)波,P(纵,初至)波.

PWB = ①power water boiler 动力沸腾(水)反应堆 ②printed wiring board 印制电路(线路)版.

PWI = proximity warning indicator 防撞报警显示(指示)器,(避碰)预警指示器.

P-wire = private wire 测试(专用)线,"C"线,塞套引线.

PWM = pulse-width modulation 脉冲宽度调制.

PWR = ①power 功率,电源,动力 ②pressurized water reactor 加压水(冷却)反应堆.

pwr = power 功率,电源,动力.

PWR AMP(L) = power amplifier 功率放大器.

PWR DIST-TLR = power distribution trailer 配电拖车.

PWR MON = power monitor 功率监视器.

PWR PLT = power plant 动力装置,发电站,动力厂.

PWR SUP 或 **PWR sup** = power supply 电源.

PWS = private wire system 专用(测试)线系统.

pwt = pennyweight 英钱(英国金衡单位=1/20 盎斯=1.5552g)

PX = ①please exchange 请交换 ②private exchange 专用(用户)交换机.

py(a)e'mia n. 脓毒血症,脓毒症.

pycnidiospore n. 器孢子.

pycnid'ium n. 分生孢子器.

pycnium n. (锈菌)性孢子器.
pycnom'eter [pik'nəmitə] n. 比重瓶〔管,计〕,比色计.
pycnosclerotium n. 器菌核,菌核层.
pygm(a)e'an [pig'mi:ən] a. 微少〔薄〕的,无足轻重的.
pygmaein n. 矮柏木素.
pyg'my ['pigmi] I a. 微〔矮〕小的,些微的,小规模的,微型的,无足轻重的. II n. 微不足道的东西. *pygmy current meter* 微型流速仪.
pygriom'eter n. 比重计.
pyknom'eter =pycnometer.
pykno'sis n. (细胞)致密〔变〕化,固缩.
pyknot'ic a. 固缩的,致密的.
pyller n. 塔门,标搭.
py'lon ['pailən] n. ①塔门,(机场)标搭,定向塔,(高压输电线的)桥[铁]塔,塔状物,塔架,梯形门框②柱台,支架,悬臂,标杆 ③定向起重机 ④(机身下的)吊架. *pylon antenna* 铁塔天线,圆筒隙缝天线. *pylon bent* 塔架. *pylon tower* 耐张力铁塔,桥塔.
Pylumin process 铝合金涂漆前铬酸浸渍处理法.
pyocin n. 绿脓杆菌素.
pyocyanase n. 绿脓菌酶.
pyocyanin(e) n. 绿脓(菌)素,绿脓(菌)青素.
pyocyanolysin n. 绿脓杆菌溶血素.
pyocyte n. 脓血球.
pyod n. 热(电)偶,温差电偶.
pyofluorescein n. 绿脓菌荧光素.
pyogen'esis n. 化〔生〕脓.
pyohe'mia n. 脓毒〔血〕症.
Pyongyang ['pjɔŋ'jæŋ] n. 平壤(朝鲜民主主义人民共和国首都).
pyoxanthose n. 脓黄素.
PYR =pyrometer 高温计.
P-Y-R =pitch-yaw-roll 俯仰-侧滑-横滚,俯仰-偏航与滚动.
pyr- 〔词头〕火(成),热,焦(性).
PyrAcc =pyrotechnic powered accumulator 信号弹供电蓄电池.
pyr'amid ['pirəmid] I n. ①金字塔 ②棱〔角〕锥(体,状、物),锥体,四面体. II v. ①(使)成角锥(尖塔)形,(使)聚成一堆 ②(为获利而)使用(经营,连续投机)③(使)节节增加,步步升级. *double pyramid* 对顶棱锥. *pyramid arguments upon a hypothesis* 给假设涂上许多论据. *pyramid carry* 【计】锥形进位. *pyramid circuit* 锥形电路. *pyramid construction* 金字塔式建筑. *pyramid cut* 角锥式钻眼,锥形掏槽. *pyramid matrix* 锥形矩阵. *pyramid method* 角锥形法. *pyramid of good flow* 无扰动菱形试验区. *pyramid surface* 棱锥面. *pyramid temperature tester* 测温角锥,*regular pyramid* 正棱锥体,正棱镜. *triangle pyramid* 三角锥. *truncated pyramid* 斜截头角锥,截棱锥.
pyram'idal [pi'ræmidl] 或 **pyramid'ic(al)** a. 金字塔(形)的,棱〔角〕锥(体,状,形)的,尖塔(状)的,巨大的. *pyramidal cut* 角锥式钻眼. *pyramidal error of prism* 棱镜的尖塔差.
pyramine n. 嘧胺,2-甲-4-氨基-5-羟甲基嘧啶.
py'ran n. 吡喃,氧〔杂〕芑.

pyrandione n. 【农药】吡喃二酮.
pyranoglu'cose n. 吡喃葡糖.
pyranohexose n. 吡喃己糖.
pyranol n. 不烂油(一种代用品绝缘油).
pyranom'eter [pirə'nɔmitə] n. 日(辐)射强度计,(平面)总日射表.
pyranom'etry n. 全日射强度测量.
pyranopen'tose n. 吡喃戊糖.
pyranose n. 吡喃糖.
pyranoside n. 吡喃糖式.
pyranthrene n. 皮蒽 $C_{30}H_{16}$.
pyranthrone n. 皮蒽酮(染料),阴丹士林金黄 G.
pyranyla'tion n. 吡喃基化.
pyrargyrite n. 深红〔硫锑〕银矿.
Pyrasteel n. 铬镍耐蚀耐热钢(铬 25～27%,镍 12～14%,碳 0.1～0.35%,少量铜、铜、硒).
pyrazine n. 吡嗪,对二氮杂苯.
β-pyrazol-l-ylalanine n. β-吡唑丙氨酸.
pyrazolone method 吡唑啉酮法(测 NH_3)
pyrazomycin n. 吡唑霉素.
pyrec'tic a. 致(发)热的,热性的.
py'rene ['paiəreks] n. 【化】芘,嵌二萘 $C_{16}H_{10}$.
Pyrenees' [pirə'ni:z] n. 比利牛斯山脉.
pyrenoid n. 淀粉核.
pyrenol n. 芘酚(百里酚等的混合物).
Pyrenomycetes n. 核菌类.
pyrenyl n. 芘基 $C_{16}H_9$-.
pyre'thrin n. 除虫菊酯.
pyrethrolone n. 除虫菊醇酮.
pyre'thrum n. 除虫菊.
pyret'ic [pai'retik] a. (引起)发烧的.
pyretogen n. 热原,致热物.
pyretogen'ic a. 致热的,引起发热的.
py'rex ['paiəreks] n. 硼硅酸(耐热)玻璃,(派热克斯)耐热〔硬质〕玻璃.
pyrex'ia [pai'reksiə] n. 发热. **pyrex'ic** [pai'reksik] a.
pyrexial a. 发热的.
pyrexin n. 致热因子.
pyrgeom'eter n. 地面(大气)辐射强度计.
pyrheliom'eter [paiəhi:li'ɔmitə] n. (直接)日射(强度)计,日温计,太阳热量计. *compensation pyrheliometer* 补偿式日温计. *water-flow pyrheliometer* 注水式直接日射强度表.
pyrheliom'etry n. 直接日射强度测量学.
pyridazinone n. 哒嗪酮.
pyridazone n. 哒酮.
pyr'idin(e) ['piridin] n. 【化】吡啶,氮〔杂〕苯 C_5H_5N. *pyridine base* 吡啶〔杂〕苯碱类.
pyridinium n. 【化】吡啶鎓,吡啶(盐). 5,6-(N)-**pyridino-**1,9-benzanthrone 5,6-(N)-吡啶并-1,9-苯并蒽酮.
pyridone n. 吡啶酮,羟基吡啶.
pyridoxal n. 吡哆醛,维生素 B_6.
pyridoxamine n. 吡多胺,维生素 B_6.
pyridox'in(e) [piri'dɔksin] n. 吡哆醇〔素〕,维生素 B_6.
pyridoxol n. 吡哆醇.
pyridylaldehyde n. 吡啶甲醛.

pyridylium n. 吡啶鎓,吡啶阳离子.
pyr′iform a. 梨形的.
pyrim′idine [pai′rimidi(:)n] n. 【化】嘧啶,间二氮苯.
pyrin n. 脓素.
py′rite [′paiərait] n. 黄铁矿,(天然)二硫化铁(FeS₂), (pl.)硫化铁矿类. *copper pyrites* 含铜黄铁矿,黄铜矿.
pyrithiamine n. 吡啶(代噻唑)硫胺素,抗硫胺素.
pyrit′ic [pai′ritik] 和 **py′ritous** [′pairitəs] a. 黄铁矿的. *pyritic process* 自热熔炼法(炼铜).
pyritohe′dron n. 【矿】五角十二面体(黄铁矿中常见的晶体型).
py′ro [′paiərou] =pyrogallol.
pyro- [构词成分] ①火(成),热 ②焦(性).
PYRO = pyrotechnics 烟火(制造)技术,烟火信号(弹).
pyroac′id n. 焦(性)酸(在无机酸中指:一水缩二某酸).
pyrobitumen n. 焦(性)沥青. *pyrobitu′minous* a.
pyrocarbon n. 高温炭,高温石墨.
Pyrocast n. (派罗卡斯特)耐热铁铬合金(铬 22～30%,其余铁).
pyrocatechase n. 邻苯二酚酶.
pyrocat′echol n. 焦儿茶酚,邻苯二酚.
pyrocel′lulose n. 焦[高氮硝化]纤维素 *pyrocellulose powder* 焦[高氮硝化]纤维火药.
pyrocer′am [paiə′serəm] n. 耐高温陶瓷粘合剂,耐热[耐高温]玻璃,高温陶瓷.
pyrochem′istry [paiərou′kemistri] n. 高温化学.
pyrochlor(e) n. 烧[焦]绿石.
pyroclas′tic [paiərou′klæstik] n.; a. 火成[山]碎屑物(的).
pyrocondensa′tion n. 热缩(作用).
pyroconductiv′ity n. 高温导电性,热传导性(率).
Pyrodig′it n. 一种数字显示高度指示器.
pyrodynam′ics [paiərouDai′næmiks] n. 爆发动力学.
pyroelec′tric [paiəroui′lektrik] Ⅰ a. 热电的. Ⅱ n. 热电物质. *pyroelectric crystal* 热电晶体. *pyroelectric effect* 热电效应.
pyroelectric′ity [paiərouilek′trisiti] n. 热电(学,现象).
pyroelec′trics [paiəroui′lektriks] n. 热电体.
pyroferrite n. 热电铁氧体.
pyrogal′lic ac′id 焦性没食子酸,焦萘酸[酚].
pyrogal′lol [paiərə′gælɔl] n. 焦翠酚,连[邻]苯三酚(一种强还原剂),焦性没食子酸.
py′rogen n. 热原,致热质,发热物质.
pyrogenet′ic a. 热发生的.
pyrogen-free a. 无热原的.
pyrogen′ic [paiərə′dʒenik] a. ①火成的 ②焦化的 ③发[生]热的,由热引起的,热解[性]的. *pyrogenic deposit* 岩浆矿床,火成矿床. *pyrogenic distillation* 高温蒸馏,干馏. *pyrogenic process* 【冶】火法. *pyrogenic rock* 火成岩.
pyrog′enous [paiə′rɔdʒənəs] a. 火成的,高热所产生的,由热引起的,致热的,干馏的,高温蒸馏的. *pyrogenous wax* 火成蜡.
py′rogram n. 裂解色谱图.

py′rograph [′paiərəgrɑ:f] n. 裂解色谱,热谱,烙[烫]画.
pyrographite n. 焦(性)石墨.
pyrog′raphy [paiə′rɔgrəfi] n. 裂解色谱法,热谱法,烙[烫]画(法,术),烙出的画,裂解色层.
pyroheliom′eter n. 太阳热量计.
pyrohydrol′ysis n. 高温[热]水解(作用).
pyro-hydro-metallurgical a. 水冶火冶联合的.
py′roil n. 一种润滑油多效能添加剂.
pyrolig′neous [paiərou′ligniəs] a. 干馏木材而得的,焦木的. *pyroligneous acid* 木乙酸,焦木酸. *pyroligneous alcohol* 焦木酒精.
py′rolite n. 玄武橄榄岩.
py′rolith n. 火成岩.
pyrol′ogy [pai′rɔlədʒi] n. 热工学.
pyrolu′site n. 软锰矿 MnO₂.
pyrolyse =pyrolyze.
pyrol′ysis [pai′rɔlisis] n. 热解(作用),高温[加热]分解. *binder pyrolysis* 高温粘合,热解连接.
pyrolyt′ic n. 热解的,高温分解的. *pyrolytic carbon film resistor* 热解碳膜电阻器. *pyrolytic graphite* 热解石墨. *pyrolytic polymer* 热裂物.
pyrolyt′ic-chromatog′raphy 裂解色谱法.
pyrolyzate n. 热解物,干馏物.
py′rolyze [′paiərəlaiz] vt. 热(分)解. *pyrolyzed polymer* 热裂合物.
py′rolyzer n. 热解器.
pyromagnet′ic a. 热磁的. *pyromagnetic substance* 热磁物质.
pyromag′netism n. 热磁性,热致内(禀)磁性,高温磁学.
Py′romax n. 派罗马克斯电热丝合金(铝 8～12%,铬 25～35%,钛<3%,其余铁).
pyromellitoni′trile n. 苯均四腈.
py′rometallur′gical a. 火法(高温)冶金的,火(热)冶的. *cyclonic pyrometallurgical process* 旋涡熔炼法.
pyrometal′lurgy [paiəroume′tælədʒi] n. 火法(高温)冶金(学),热冶学(术,法),火冶学(术,法).
pyrometamor′phism n. 高热[热力,高温]变质(作用),高温变相.
pyrometasomatism n. 热力交代作用.
pyrom′eter [paiə′rɔmitə] n. 高温计[表]. *air pyrometer* 空气高温计. *color (colorimetric) pyrometer* 比色高温计. *disappearing-filament optical pyrometer* 光丝高温计,隐丝式光测高温计. *hand pyrometer* 手提式高温计. *lens pyrometer* 透镜高温计. *millivoltmeter pyrometer* 毫伏计式高温计. *photometriccube optical pyrometer* 带有光度块的光测高温计. *pneumatic pyrometer* 气动高温计. *potentiometric optical pyrometer* 电位计式光测高温计. *pyrometer couple* 高温计热电偶. *pyrometer fire end* 高温计(热电偶)热端. *pyrometer sighting tube* 高温计窥视管. *pyrometer tube* 高温计保护管. *rayotube pyrometer* 全辐射高温计. *resistance pyrometer* 电阻高温计. *roll surface pyrometer* 轧辊表面温度检测仪. *suction pyrometer* 空吸式(真空

高温计. *surface pyrometer* 表面高温计. *thermocouple pyrometer* 热电偶高温计. *thermoelectric pyrometer* 热电高温计.

pyromet′ric *a.* 高温测量的,高温计的. *pyrometric cone* (示温)熔锥,测温〔塞格〕锥,高温三角锥. *pyrometric gage* 高温规. *pyrometric scale* 高温表,高温计刻度.

pyrom′etry [paiə'rəmitri] *n.* (测)高温学〔法,术〕,高温测定学〔术,法〕. *photographic pyrometry* 摄影高温测定法.

Pyrom′ic *n.* 一种镍铬耐热合金(镍80%,铬20%).

pyromor′phite *n.* 磷氯铅矿,火成晶石,火成结晶.

pyromor′phous *a.* 火(成结)晶的.

py′rone *n.* 吡喃酮 $C_5H_4O_2$.

pyroniobate *n.* 焦铌酸盐.

py′ronone *n.* 皮让酮.

py′rope *n.* 镁铝榴石(红榴石).

pyrophanite *n.* 红钛锰矿.

py′rophore *n.* (擦燃的)引火物.

pyrophor′ic *a.* (可)自燃的,引(起)火的,生火花的. *pyrophoric alloy* 发(引)火合金,打火石(合金).

pyrophoric′ity *n.* 自燃性.

pyrophorus *n.* 引火物,自燃物.

pyrophosphatase *n.* 焦磷酸酶.

pyrophos′phate *n.* 焦磷酸盐(酯).

py′rophos′phite *n.* 焦亚磷酸盐(酯).

pyrophosphor′ic ac′id 焦磷酸.

pyrophosphorol′ysis *n.* 焦磷酸解作用.

pyrophosphorylase *n.* 焦磷酸化酶.

pyrophyl′lite *n.* 叶蜡石.

pyropis′site *n.* 蜡煤.

py′ropro′cessing *n.* 高温冶金处理(加工,回收).

pyroreac′tion *n.* 高温反应.

pyro-refining *n.* 火法精炼.

pyros *n.* 一种耐热镍合金(镍82%,铬7%,钨5%,锰3%,铁3%).

pyroscan *n.* 一种红外线探测器.

py′roscope *n.* 测高温器,辐射热度计,测温熔锥,高温计.

py′roshale *n.* 焦页岩,可燃性油母页岩.

py′rosol *n.* 熔(高温)溶胶.

py′rosphere *n.* 火界,熔界.

py′rostat *n.* 高温保持〔调节,恒温〕器,恒温槽〔器〕.

py′rosul′fate *n.* 焦硫酸盐.

pyrosyn′thesis *n.* 高温合成.

py′rotech′nic(al) ['paiərou'teknik(əl)] *a.* 烟火(一般,信号,制造)的,信号弹的,令人眼花缭乱的. *pyrotechnic cartridge* 信号弹. *pyrotechnic pistol* 信号枪. *pyrotechnic projector* 信号发射器,信号枪. *pyrotechnic reaction* 烟火反应.

py′rotech′nics ['paiərou'tekniks] *n.* ①烟火(制造术,使用法),(烟火)信号弹 ②炫耀.

py′rotechny ['paiərouteknı] *n.* 烟火制造术(使用法),烟火的施放.

Py′rotenax *n.* 一种高韧性、不燃、耐高温的矿物绝缘(低压)电缆.

pyrot′ic Ⅰ *a.* 腐蚀的,苛性的. Ⅱ *n.* 腐蚀剂.

pyrotitra′tion *n.* 热滴定(法). *pyrotitration analysis* 热滴定分析.

pyrotox′in *n.* 热毒素(一种能使动物发热的菌毒).

py′rotron *n.* 磁镜热核装置,高温器(一种高温等离子体发生装置).

py′roxene ['pairoksi:n] *n.* 【矿】辉石.

pyrox′enite *n.* 辉岩.

pyrox′ylin(e) [pai'roksilin] *n.* 低氮硝(化)纤维素,火棉,可溶硝棉,焦木素. *pyroxyline lacquer* 硝(火)棉漆,焦木素漆.

pyrozolyl *n.* 吡唑基,邻二氮茂基.

pyrradio *n.* 高温射电.

pyr′rhite *n.* 【矿】烧绿石.

pyr′rholite *n.* 钙块云母.

pyr′rhotine *n.* 磁黄铁矿.

pyr′rhotite *n.* 磁黄铁矿.

pyrrole′ *n.* 吡咯,氮(杂)茂.

pyrrolidine *n.* 吡咯烷,四氢化吡咯.

pyrrolidone *n.* 吡咯烷酮.

pyrrolidyl *n.* 吡咯烷基,氮(杂)环戊基.

pyrrolizidine *n.* 吡咯双烷类. *pyrrolizidine alkaloids* 吡咯双烷类生物碱.

pyrron detector 黄铁矿检波器.

pyrrones *n.* 吡酮类.

Pyrrophyta *n.* 甲藻门.

Pyruma *n.* 一种耐火粘土水泥.

pyruvaldehyde *n.* 丙酮醛.

pyruvate *n.* 丙酮酸盐(酯).

pyruvic acid 丙酮酸.

pyruvonitrile *n.* 丙酮腈.

pyruvoyl *n.* 丙酮酰.

pyrylium *n.* 吡(喃)䓬.

Pythagore′an table (乘法)九九表.

Pythagore′an theorem 或 **Pythagore′an proposition** 或 **Pythagoras's theorem** 勾股定理.

pyth′mic *a.* 湖底的.

pythogen′esis *n.* 腐败(化,生).

pythogen′ic *a.* 腐化(败)的.

py′thon *n.* 蚺蛇,无毒的大蟒.

pythonic acid 蟒蛇胆酸.

pyx [piks] Ⅰ *vt.* 检查硬币的重量和纯度. Ⅱ *n.* 硬币样品箱.

pz = pieze 皮兹(压力、应力的单位,合 1000Pa 或 1000N/m²).

PZT = piezoelectric transition 压电跃变.

Q q

Q¹ = ①quantity y 数量 ②quantity of heat 热量 ③quart 夸脱(=1/4 加仑) ④quarter 四分之一，一刻钟，季度 ⑤quarterly 季刊，季度的 ⑥quarto 四开(本) ⑦question 问题.

Q² = quality factor 品质〔质量〕因数, Q 值. *coil Q* 线圈质量因数. *external Q* 有负载时的品质因数, 有负载的 Q 值, 外 Q 值. Hi-Q 高品质因数. *loaded Q* 有负载时的品质因数. *tank circuit Q* 谐振电路质量因数, 槽路品质因数.

q = ①quantity per unit time 单位时间定额 ②quartiles 四分位数 ③quasi 即 ④quenching 淬火 ⑤query 询问 ⑥quintal 公担 ⑦quire 一刀(纸) ⑧quotient 商.

Q aerial 带四分之一波长匹配线的偶极子天线.

Q alloy 镍铬合金(铬15～19%, 镍66～68%, 其余铁).

Q and A = questions and answers 问与答.

Q factor = quality factor 品质〔质量〕因数.

Q matching 四分之一波长匹配, Q 匹配.

Q signal 彩色电视中的一路色信号, Q 信号.

Q temper 自身回火淬火.

Q terminals Q 信号输出端.

Q tube 平定管, 杂音镇伏管, Q (电子)管.

QA = ①quadrant angle 象限角 ②quality assurance 质量保证 ③quickacting 快速的, 快动作的, 速动的.

QAAS = quality assurance acceptance standards 质量保证验收标准.

QAD = quick attach-detach 快速连接-分开, 可快速安装拆卸的.

QAE = quaternary aminoethyl (季)铵乙基.

QAL = quality assurance laboratory 质量保证实验室.

QAM = quadrature amplitude modulation 正交调幅.

QAP = quality assurance planning 质量保证计划.

q-ary polynomial q 进(制)多项式.

Qatar [ˈkɑːtə] n. 卡塔尔.

QATP = quality assurance technical publications 质量保证技术出版物.

QATS = quality assurance and test services 质量保证与测试业务.

QAVC 或 **qavc** = quiet automatic volume control 无噪声的自动音量控制.

qb = quick break 速断, 高速断路器.

Q-ball 球状压力感受器.

Q-band = Q-band frequency Q 频带, Q 波段.

Q-branch n. 【光】Q 支, 零支.

QC = quality control 质量控制〔管理〕.

QCD = Quality Control Division 质量检查科〔处〕.

QCF = quality control form (card tabulation). 质量控制卡片(卡片).

QCM = quality control manual 质量控制手册.

qcm = square centimeter 平方厘米.

QCO = ①quality control officer 质量控制人员 ②quality control organization 质量控制组织〔管理机构〕.

Q-communication n. Q (转换)开关.

q-con'jugate n. q 共轭元.

Q-control n. Q 控制器, Q 开关.

Q-correc'tion n. 北极星高度补偿角, Q 补偿角.

QCR = quality control representative 质量控制代表.

QCS = ①quality control standard 质量控制标准 ②quality control system 质量控制系统.

QD = ①quadrant depression 俯〔倾〕角 ②quick disconnect 迅速断开, 快速分离.

QDA = quotient-difference algorithm 商-差算法.

QDISC = quick disconnect 迅速断开, 快速分离.

Q-disk n. A 带, Q 盘, 各向折光率不等的横纹肌带〔盘〕.

QDRI = qualitative development requirements information 关于品质〔质量〕改进要求的资料.

QE = quadrant elevation 仰〔高低〕角.

qe = quod est〔拉丁语〕这就是.

QEC = quick engine change 发动机快速更换.

QED = quod erat demonstrandum〔拉丁语〕证〔明〕完(毕).

QEF = quod erat faciendum〔拉丁语〕这就是所要做的.

QEI = quod erat inveniendum〔拉丁语〕这就是所要找〔求〕的.

Q-enzyme n. 淀粉分支酶.

QF = ①quality factor 品质因数 ②quick-firer 速射枪(炮) ③quick-firing 速射的.

Q-factor n. Q〔品质〕因数.

Q-feel n. 速度〔动力〕感觉 ($q = \frac{1}{2}\rho v^2$).

Q-fever n. Q 热(立克次氏体病).

QGB = searchlight sonar 探照灯声纳.

ql = ①quantum libet (药剂)随意量 ②quintal 公担.

QLTY = quality 质量, 品质.

QM = quartermaster 军需主任〔军官〕, (海军)舵手.

qm = metric quintal 米制公担(=100kg).

Q-match'ing n. 四分之一波长匹配, Q 匹配.

Q-me'ter n. 优值(品质因数)计, Q 表.

Q-modulation n. Q 调制, 调 Q.

qn = question 问题.

qnty = quantity 数量, 额.

q-number n. q 数.

QOD = quick-opening device 快速断路〔开启〕装置.

Qomolangma Feng 珠穆朗玛峰 (原称 Mount Jolmo Lungma).

QOR = qualitative operational requirement 合格的操作〔运算〕要求.

QP = quiet plasma 静等离子区.

qp = *quantum placet* (药剂)随意量.

QPC = quarter-pound charge 四分之一磅装料.

QPD = quantized probability design 量化概率设计.

QPL = ①qualified parts list（合格）零件一览表，零件目录 ②qualified products list（合格）产品一览表，商品目录.

qpl = *quantum placet*（药剂）随意量.

QPP 或 *qpp* = *quiescent push-pull* 静推挽（放大器）.

q-process n. q 过程.

Q-Qy = question(or query)问题（或询问）.

qr = ①quarter 四分之一，一刻钟，季度 ②quire 一刀（纸）.

QRC = quick reaction capability 快速反应能力.

QRCD = qualitative reliability consumption data 品质可靠性消耗数据.

QRM = ①artificial interference to transmission (or reception)传输（接收）时的人为干扰 ②static, noise, disturbance 天电，噪声，干扰.

QRS = natural interference to transmission (or reception)传输（接收）的天然干扰.

qs = quarter section 四分之一（一波长线段），约四分之一平方英里之地（160 英亩）.

qs = *quantum sufficit*（拉丁语）（药剂）适量，足量.

Q-section n. 四分之一波长线段.

QSG = quasi-stellar galaxy 类星星系.

QSO = quasi-stellar object 类星体.

Q-spoiled a. Q 突变的.

Q-spoiling n. Q 突变.

QSS = quasi-stellar(radio)source 类星射电源.

Q-switch n. 光量开关，Q 开关.

Q-switching n. Q（光量）开关的使用，调 Q（生产巨脉调激光用），Q 突变技术，Q 开关. *Q-switching technique* Q 开关技术.

QT = ①quadruple formex 四轨录音放音磁带 ②qualification test 质量鉴定试验，合格试验（考试） ③quarry-tile 缸砖，机阀地砖 ④quiet 静. *on the QT* 私下地，秘密地.

qt = ①quantity 数量 ②quart 夸脱(=1/4 加仑) ③quarter 四分之一，一刻钟，季(度) ④quiet 静. *on the qt* 私下地，秘密地.

QTB = quarry-tile base 方砖基座.

Q'ter = quarter 四分之一，一刻钟，季度.

QTF = quarry-tile floor 方砖地板.

qto = quarto 四开（本）.

QTP = qualification test procedure〔program〕质量鉴定试验程序，合格试验程序.

QTR = ①quarry-tile room 方砖房间 ②quarter(s) ③quarterly 季度的，按季，季刊.

QTS = qualification test specification 质量鉴定试验规范.

qty = quantity 数量.

QTZ = quartz 石英.

qu = ①quart 夸脱(=1/4 加仑) ②quarter 四分之一，一刻钟，季度 ③quarterly 季度的，按季，季刊 ④query 询问 ⑤question 问题.

qua [kwei]〔拉丁语〕*conj*. 以…的资格，作为.

qua = ①qualitative 质(化的，性质上的，定性的 ②quality 质量，品质，特性.

quack [kwæk] **I** n. ①庸医，骗子，冒充内行的人 ②嘈杂声. **II** a. 骗子的，冒充内行的，空头的，胡吹的. **III** v. ①胡吹，吹嘘，卖（假药） ②大声呻屑. *quack doctor* 庸医，江湖郎中. *quack politician* 胡吹的政客.

quack'ery [ˈkwækəri] n. 骗子行为〔手段〕,骗术，自我吹嘘.

quack-grass digger 剪草机.

quack'ish [ˈkwækiʃ] a. 骗人的，胡吹的，（像）庸医的.

quack'salver [ˈkwæksælvə] n. 骗子，庸医.

quad [kwɔd] **I** n.; a. ①四边形，方形 ②象限，象限〔四分〕仪，扇形体，扇体齿轮 ③四倍〔重〕的，由四部分组成的 ④四心线组〔电缆〕,四心导线 ⑤嵌〔铅〕块，空铅 ⑥四合院. **I** vt. (*quad'ded; quad'ding*) 用空铅填. *quad(ded) cable*（扭绞）四心〔线〕电缆. *quad cabled in quadpair formation* 㤭星绞，双星形扭绞. *quad pair cable* 扭绞八心电缆. *quad ring* 方形密封环（断面稍成 X 状). *quad word* 四倍长字.

QUAD 或 **quad** = ① quadrangle ② quadrant ③ quadrilateral ④ quadruplet ⑤ quadruplex ⑥ quadruplicate.

quad. s. = quadruplex system 四路多工〔传输〕制.

quad'ded a. 四线的.

quadr-〔词头〕四，平方，二次.

quad'ra n. 勒脚.

quad'rable [ˈkwɔdrəbl] a. 可用等价平方表现的，可用有限代数项表示的，可乘的.

quad'raline n. 四声道线.

quadran'gle [kwɔˈdræŋgl] n.; a. ①四边〔角〕形（的），方形（的） ②四方院子，四合院，围着四方院子的建筑物 ③（美国）标准地形图上的一方格（南北 17 英里,东西 11~15 英里). *steering axle quadrangle*（汽车的）前轴方形转向架.

quadran'gular [kwɔˈdræŋgjulə] **I** a. 四角〔形）的，方形的. **II** n. 四棱柱.

quadran'gularly ad. 成四边形，成四角.

quad'rant [ˈkwɔdrənt] n.【数】象限 ②四分之一圆周，九十度弧，四分之一圆，四分体 ③象限〔四分〕仪 ④扇形体〔板，座，齿轮，指示架〕,鱼鳞板. *bubble quadrant* 带气泡水准的测角仪. *meridian quadrant* 子午线四分度. *quadrant angle* 象限角. *quadrant antenna* 正方形天线. *quadrant elevation* 仰角，水平射角. *quadrant iron* 方钢. *quadrant of truncated cone* 桥台锥坡，四分之一截头锥体. *quadrent reflector* 四分之一圆形反射器，90°圆弧反射器. *radio navigation quadrant* 无线电导航区. *radio range quadrant* 无线电测距导航区. *regulator quadrant* 调整器扇形齿轮. *throttle quadrant* 油门操纵杆扇形.

quadran'tal [kwɔˈdræntl] a. 象限的，四分体的，扇形的，鱼鳞板的. *quadrantal angles* 象限角. *quadrantal component of error* 象限误差成分. *quadrantal diagram* 象限图. *quadrantal triangle* 象限球面〔弧〕三角形.

quadrapho'nic [kwɔdrəˈfounik] a. 四声道立体声的，四轨录音放音的.

quadrapho'nics [kwɔdrəˈfouniks] n. 四声道立体声，四轨录音放音.

quad'raplex ca'ble 四心〔线〕电缆.

quadrason'ics n. 四声道立体声.

quad'rat [ˈkwɔdræt] n.【印】填空白的嵌条，铅〔嵌〕块，空铅.

quadrate I [ˈkwɔdrit] a.; n. ①（正，长）方形（的，

物)②平方(的),二次(的) ③方钢,方嵌体,平方区. Ⅱ ['kwɔdreit] v. ①(使)适合(一致)(with, to) ②(使)成正方形,(把圆)作成等积正方形,四等份 ③平方,二次. *quadrate algebra* 方代数.

quadrat-free number 无平方因子数.

quadrat'ic [kwɔ'drætik] Ⅰ a. ①二次的,平方的,象限的 ②(正)方形的,四方的. Ⅱ n. 二次方程式,二次项,(pl.)二次方程式论. *quadratic component* 二次方项,二次方分量,矩形成份. *quadratic damping* 平方阻尼. *quadratic detection* 平方律检波. *quadratic equation* 二次方程式. *quadratic form* 二次(齐)式,二次型. *quadratic free number* 无平方因子数. *quadratic integrability* 平方可积性. *quadratic mean deviation* 均方(偏)差. *quadratic sum* 平方和. *quadratic surface* 二次曲面. *quadratic system* 正方晶系.▲*a quadratic with x x* 的二次方程式.

quadrat'ically in'tegrable func'tion 平方可积函数.

quadratrix n. 割圆曲线.

quad'ratron n. 热阴极四极管.

quad'rature ['kwɔdrətʃə] n. ①求面积,求积分 ②平方面积 ③转像差,90°直角相移,90°相位差 ④正交 ⑤【天】方照,(上,下)弦. *phase quadrature* 相位差90°,90°相位差. *quadrature axis reactance* 交轴电抗. *quadrature component* 正交分量,转像差成分,相位差 90°的分量,90°相移分量. *quadrature crosstalk* 直角〔正交,90°相移〕调制串音. *quadrature detector* 积分〔正交〕检波器. *quadrature formula* 求积公式. *quadrature modulation* 直角相位调制,90°移相式调制,正交调制. *quadrature of a conic* 二次曲线的面积. *quadrature of the circle* 圆求方〔求圆仪〕问题(作与圆等面积的正方形). *quadrature spectrum* 转像〔交轴,正交〕谱. *quadrature tube* 直角〔电抗〕管. *quadrature voltage* 正交电压. *time quadrature* 90°时间相移〔相位差〕.▲(be) *in quadrature with M* 与 M 在相位上相差 1/4 周期〔90°〕.

quad'rature-lag'ging n. 后移〔滞后〕90°.

quadrava'lence [kwɔdrə'veiləns] 或 **quadrava'lency** n. 四价.

quadrava'lent [kwɔdrə'veilənt] a. 四价的.

quad'rel n. 方块石,方砖.

quadren'nial [kwɔ'dreniəl] a.; n. ①连续四年的(时间) ②每四年一次的(事件) ③第四周年(纪念). ~ly ad.

quadren'nium [kwɔ'dreniəm] (pl. quadren'niums 或 quadren'nia) n. 四年的时间.

quadri- [词头]四,平方,二次.

quad'ric [kwɔdrik] a.; n. 二次的,二次型,二次曲〔锥〕面(的). *quadric crank mechanism* 四〔摆曲曲柄〕连杆机构. *quadric cylinder* 二次柱面. *quadric of deformation* 形变二次式. *quadric surface* 二次曲面.

quadricenten'nial n.; a. 第四百周年(纪念)(的).

quadriceps n. 四头肌.

quadricor'relator n. 自动调(节)相(位)线路,自动正交相位控制电路.

quadricova'lent a. 四配价的.

quadrielec'tron n. 四电子(组合).

quad'rifid ['kwɔdrifid] a. 分成四部分的.

quadrilat'eral [kwɔdri'lætərəl] a.; n. 四边(角)的,四边〔角〕形的,(物),四方面的.

quadrilin'ear form 四线性形式,四线性形式(齐式).

quadrilin'gual ['kwɔdri'liŋgwəl] a. 用四种语言(写成)的.

quadrille' ['kwɔdril] a. 有正(长)方形标记的.

quadril'lion [kwɔ'driljən] n. (英、德)1×10²⁴,(美、法)1×10¹⁵.

quadril'lionth n. (英、德)10⁻²⁴,(美、法)10⁻¹⁵.

quadrimolec'ular a. 四分子的.

quadrino'mial [kwɔdri'noumiəl] a.; n. 四项的,四项式(的).

quadripar'tite [kwɔdri'pɑːtait] a. 四分的,由四部分〔四方,四人〕组成的,分成四部分的,(由)四方〔国〕(参加,联合)的.

quad'riphase sys'tem 四相制.

quad'riplanar plane coor'dinates 四点面(素)坐标.

quad'riplanar point coordinates 四面点(素)坐标.

quad'riplane n. 四翼飞机.

quadripo'lar a. 四极(端)的.

quad'ripole n. 四端网络(电路),四极(子),双偶极. *X-quadripole* 桥型〔斜格形,X 型〕四端网络.

quadripol'ymer n. 四元共聚物.

quad'ripuntal a. 穿四孔的.

quadriquaternion n. 四级四元数.

quadrisyllab'ic a. 四音节(词)的.

quadrisyl'lable n. 四音节(词).

quadriva'lence [kwɔdri'veiləns] 或 **quadriva'lency** n. 【化】四价. *quadriva'lent* a.

quad'rode ['kwɔdroud] n. 四极管.

quadru- [词头]四.

quadrum'vir [kwɔ'drʌmvə] n. 四人小组的一个成员.

quadrum'virate [kwɔ'drʌmvərit] n. 四人小组.

quad'ruped ['kwɔdruped] Ⅰ n. 四足兽,(防波堤用)四叉形锥钢筋混凝土管. Ⅱ a. (有)四足的. ~al a.

quad'ruple ['kwɔdrupl] Ⅰ a. ①四倍(于…)的 (of, to),四重〔路,联,工〕的 ②由四部分组成的,四方〔国〕(联合)的. Ⅱ ad. 四倍地. Ⅲ n. 四倍(量,式,频,器). Ⅳ v. 四倍(于),使增加三倍,增加三倍. 12 *is the quadruple of* 3. 十二是三的四倍. *quadruple address* 四地址. *quadruple* (*course*) *surface treatment* 四层(式)表面处治. *quadruple distributor* 四路博多(电报)机分配器. *quadruple formex* 四轨录音磁带. *quadruple lattice* 四重格. *quadruple orthogonal* 四重正交. *quadruple system* 四路传输系统.

quad'rupler n. 四倍(频,压)器,四倍乘数,乘 4 装置. *quadrupler power supply* 四倍电压整流器.

quad'ruplet ['kwɔdruplit] n. 四件一套的(东西),四联体,四胎.

quad'ruplex ['kwɔdrupleks] Ⅰ a. ①四线(重)的 ②四(路)多工的,(同一线路中)四重线号的. Ⅱ n. 四路多工线路,四显性组合,四式. *quadruplex telegraph* 四路多工电报.

quadru'plicate Ⅰ [kwɔ'druːplikit] a. ①四倍(重)的,

quadruplica′tion [kwɔdrupli′keiʃən] n. （放大到）四倍的，乘以四，增加三倍,反复四次，一式四份.

quad′rupling n. 四倍.

quad′ruply [ˈkwɔdrupli] ad. 四倍〔重〕地. *quadruply orthogonal* 四重正交. *quadruply primitive* 四基的.

quad′rupole n.；a. 四极(的,场,子). *quadrupole moment* 四极矩. *quadrupole interaction* 四极相互作用.

quag =quagmire.

quag′gy [ˈkwægi] a. 沼泽地的，泥泞的.

quag′mire [ˈkwægmaiə] n. ①沼泽〔地〕，泥沼〔坑〕，泥泞地 ②绝〔困〕境,(进退不得的)困难局面.

quai =quay.

quaint [kweint] a. ①离奇的,古怪的,奇妙的 ②(工艺,设计)精巧的,精雅的. ~ly ad. ~nelss n.

quake [kweik] vi. ① 震〔摇,晃,颤,动,摇晃,战栗,发〕颤〕抖 ②地震. *quaking bog* 颤〔跳动〕沼. *quaking concrete* 塑性〔坍落度大的〕混凝土. ▲ *quake with* 〔for〕因…而〔发〕抖. **qua′kingly** ad.

quake′-proof a. 耐(地)震的.

qua′ker [ˈkweikə] n. 震动的东西.

qua′ky [ˈkweiki] a. (易)震动的，颤动〔抖〕的.

QUAL = qualification.

qual = ①qualitative ② quality.

qua′le [ˈkweili] (pl. *qua′lia*) n. 可感知的特性〔性质,性状〕.

qualifica′tion [kwɔlifiˈkeiʃən] n. ①资〔规〕格,条件,技能,熟练程度 (for) ②鉴〔评〕定,判定,合格〔性,证明,证书〕,资格证明书,学位,执照 ③限制〕条件,限定 ④称〔认〕作. *data qualification* 数据限制〔条件〕. *political qualification for* ⋯ 的政治条件. *qualification of M as N* 把 M 认为〔称作,断定〕是 N. *qualification test* (质量)鉴定试验,合格试验〔检查,考试〕. ▲ *be hedged with qualifications* 受种种条件限制. *with certain qualifications* 附带某些条件的,有某些保留地. *without qualification* 无条件地,无限制地,没有严格的限制条件.

qual′ificatory [ˈkwɔlifikətəri] a. ①资格上的,使合格的 ②限制性的,带有条件的.

qual′ified [ˈkwɔlifaid] a. ①有资格的,经过鉴定的,(鉴定)合格的,胜任的,适合〔当〕的 ②受〔有〕限制的,有保留地,限定的. *give only qualified approval* 仅仅有保留的赞同. *properly qualified conclusions* 留有适当余地的结论. *qualified steel* 经检查合格的钢材. ▲ *be qualified for* 〔as〕有…的资格,适于担任…. *be qualified to* +inf. 〔for +ing〕有资格〔能力做〕,适于〔能胜任〕(做). *in a qualified sense* 有点,有些,在有限的意义上.

qual′ify v. ①使具有资格(for),给与〔取得〕资格,考核,使合格,证明合格 ②限制 ③减轻,渗淡 ④看作(as).

qualim′eter n. X 射线(穿透)硬度仪,X 射线硬度测量仪.

qual′itative [ˈkwɔlitətiv] a. 性质上的,质(量上)的,品质的,定性的,合格的.

qualitatively ad. 从质量方面看,定性地.

qual′ity [ˈkwɔliti] n. ①(性,品,特)质,质量(性能),属性,特性 ②音色〔质量,品〕,色品〔彩,调〕,(色泽的)鲜明(性) ③纯度,精度(级) ④品位〔级,种〕,等级,规格 ⑤优质,高级 ⑥值,参数〔量〕 ⑦身份,地位 ⑧才能,本领 ⑨专业〔纯学术〕书报. Ⅰ a. 优质的,高级的. *a change in quality* 质变. *a fine quality of M* 优级的 M. *a good quality stop watch* 一块高质量的停錶. *ablatice insulating quality* 隔热性,烧蚀绝热性. *aerodynamic quality* 升阻比,空气动力性能(特性). *certificate of quality* 品质证明书. *commercial quality* 商品质量. *cutting quality* 切削能力. *drawing quality* 深冲〔拉〕制〕性. *flying quality* 飞行性能. *isotopic quality* 同位素纯(度). *lasting quality* 耐久性. *machining quality* 可加工性,切削性. *military quality* 军事素质. *nuclear quality* 核性质,核纯(度). *poor flow quality* 流动性不良. *products of quality* 优质产品. *quality assurance* 质量保证. *quality concrete* 高级〔优质〕混凝土. *quality control* 质量控制. *quality factor* 品质〔质量〕因数. *quality of fit* 配合等级. *quality of iron* 铁的质量〔等级〕. *quality of life* 基本生活条件. *quality of reproduction* 保真度,重现质量. *quality of sounds* 音品. *quality of tolerance* 公差等级. *quality specification* 质量标准,质量说明书,技术〔品质〕规格. *rerolling quality* 热轧半成品,初轧〔方,板〕坯. *steam quality* 蒸汽参数. *tooling quality* 切削性能. ▲ *be superior in quality* 质量好. *have quality* 质量好. *have the defects of one's qualities* 有随着优点而来的缺点. *in various qualities* 各种品种的,各种各样的. *of good* 〔*poot*〕 *quality* 上〔劣〕等的,优〔劣〕质的.

qualm [kwɔːm] n. ①(一阵)晕眩 ②疑虑〔惧〕,不安,恶心.

qualmish [ˈkwɔːmiʃ] a. 恶心的,引起呕吐的,于心不安的.

quan =quantitative analysis 定量分析.

quan′dary [ˈkwɔndəri] n. ①迷惑,为难 ②困境,难题. ▲ *be in a quandary (about, as to)* (对…感到)左右为难.

quand même [kamɛm] 〔法语〕即使(如此),然而,无论如何.

quant n. (局)量子.

quant = ①quantitative 定量的 ②quantitatively 定量地,数量上.

quan′ta [ˈkwɔntə] quantum 的复数.

quan′tal a. 局量子的.

quantam′eter n. (电气法)光量子能量测定器.

quantasome n. 光能转化体,量子体.

quan′tic [ˈkwɔntik] n. 代数形〔齐〕次式,齐次多项式.

quantifica′tion [kwɔntifiˈkeiʃən] n. 定量,量化,以数量表示.

quan′tifier n. 量词,计量器,配量斗.

quan′tify [ˈkwɔntifai] vt. 确定〔表示〕…的数量,用数量表示,使定量,表示分量,量化. *quantified sys-*

tem analysis 定量系统分析.

quan'tile n. 分位点〔数〕.

Quan'timet n. 定量电视显微镜.

quan'tise =quantize. **quantisa'tion** n.

quan'tiser =quantizer.

quan'titate ['kwɔntiteit] vt. 测定〔估计〕…的数量,用数量表示〔说明〕,测〔定〕量. **quantita'tion** n.

quan'titative ['kwɔntitətiv] a. （数）量的,定量的,分量上的. *quantitative analysis* 定量分析. *quantitative attribute* 量品质的属性,品质的观察. *quantitative change* 量变. *quantitative forecast* 数值〔定量〕预报. ~**ly** ad.

quan'tity ['kwɔntiti] n. ①（数,分,定）量,（定）额,数（目）,值,参数,程度,大小 ②(pl.)大量〔宗,批〕. *a great* [large] *quantity* 大量,许多. *a small quantity of* 小〔少〕量的. *final quantity* 最终量,答案,答数. *flow quantity* 流量. *generalized quantity* 广义量（值）,输出信号. *known quantity* 已知量. *mass-sensitive quantity* 质量灵敏值,随质量而变的值. *minute quantity* 微（瘢,极少）量,不显著的量. *monotonic quantity* 单调函数. *quantity diagram* 积量〔土积〕图. *quantity estimate sheet* 工作量估计表. *quantity in the exponent* 指数函数. *quantity of heat* 热量. *quantity of information* 信息量. *quantity of precipitation* [rainfall] 降水量,雨量. *quantity of radiant energy* 辐射能量,辐射能通量. *quantity of radiation* 辐射量. *quantity production* 大量〔连续〕生产. *quantity sheet* 工程数量〔工作量〕表,土方表. *quantity to be hauled* 运输量. *root-mean-square quantity* 均方根量,均方根值. *scalar quantity* 纯〔标,无向〕量. *simple-harmonic quantity* 简谐量. *traceqquantity* 微（痕）量,指示〔量〕. *vector quantity* 矢〔向〕量. ▲*a negligible quantity* 可忽略的量（的因素）,无足轻重的东西. *a quantity of* 或 *quantities of* 大量〔一批,宗〕,一些. *an unknown quantity* 未知量,难以预测的事,尚待决定〔证实〕的事. *in unmerical quantities* 定量地（的）. *in quaantities of M* 以 M 个为一批. *in quntity* 或 *in* (large, enormous) *quantities* 大量〔批〕地.

quantiva'lence [kwɔnti'veiləns] 或 **quantiva'lency** n. 化合〔原子〕价.

quantiva'lent a. 多〔化合）价的,化合价的.

quantiza'tion [kwɔnti'zeiʃən] n. （量）化,分层,把连续量转换为数字,数字数化,数字化,变量分区（法）,取离散值〔量〕化（作用）②脉冲调制,脉冲发送的选择. *binary quantization* 二进制数字化. *quantization distortion* 定量〔量化〕失真. *quantization of amplitude* 振幅量化,脉冲调制. *quantization of energy* 能（量）的量子化,能量分层. *signal quantization* 信号量化.

quan'tize ['kwɔntaiz] v. ①量化,分层,数字转换,把连续量转换为数字,取离散值 ②（使）量子化. *amplitude quantizing* 振幅量化,幅度分层. *quantized field theory* 量子场论. *quantized signal* 量化信号. *quantizing frequency modulation* 量化〔分层〕调频.

quan'tizer ['kwɔntaizə] n. 数字转换器,编码器,量化（分层）器,量子化装置,量子化（变换）器,脉冲调制器,脉冲装置. *binary quantizer* 二进位数字转换器. *logarithmic voltage quantizer* 对数电压量化器.

quantom'eter ['kwɔntɔmitə] n. ①光量计,辐射强度测量计,光子计数机（器）,剂量计 ②光谱分析仪,红外光电光栅摄谱仪 ③冲击电流计,测电量器,光电直读仪.

quantorecor'der n. 光量计,辐射强度测量计,光子计数器.

quantosome n. 量子换能体.

quan'tum ['kwɔntəm] (pl. *quan'ta*) n. ①量子〔定）量,数（量）,（定,份）额,份 ③和,总数〔量,计〕④时限,（分时系统用）时程 ⑤量子产量. *Each person receives his proper quantum*. 每人得到他的一份. *light quantum* 光（量）子. *quantum chemistry* 量子化学. *quantum field* 量子场. *quantum libet* [placet] (药剂) 随意量. *quantum of action* 作用量子. *quantum of rainfall* 总降雨量. *quantum satis* 适〔足〕量. *quantum sufficit* (药剂) 适量,足量. *quantum theory* 量子论. *quantum vis* 适量. *quantum yield* 量子产额.

quantum-mechan'ical a. 量子力学的.

quan'tum-mechan'ics n. 量子力学.

quantum-op'tical gen'erator 光量子振荡器.

quantum-statis'tical a. 量子统计的.

quaquaver'sal a.; n. 穹状（圆顶,隆起,结构）,由中心向四方扩散的. *quaquaversal fold* 穹褶皱.

quar'antine ['kwɔrəntin] n.; vt. ①对…进行检疫,检疫（期,处,所,站）,检疫停船,防疫隔离 ②隔离,（使）孤立. *the quarantine service* 检疫隔离工作. ▲*be in quarantine* 隔离. *be out of quarantine* 解除检疫.

quark [kwɔːk] n. 夸克（理论上设想的三种不带整电荷的更基本的粒子通称）.

quar'rel ['kwɔrəl] Ⅰ (*quar'rel*(*l*)*ed; quar'rel*(*l*)*ing*) vi. ①争,争吵（论）,吵架. Ⅱ n. 方〔菱〕瓦,菱板,方头的东西〔工具〕. *quarrel with* 和…争论〔吵〕.

quar'relsome a. 好争吵的.

quarrier ['kwɔriə] n. 采石工(人).

quar'ry ['kwɔri] Ⅰ n. ①采石场,石矿,石山 ②方〔菱〕形砖〔瓦,石,玻璃片〕,方,小方面砖 ③水泉 ④猎物 ⑤追求的目标 Ⅱ v. ①采（石）,钻〔挖〕掘,（露天）开采,凿石 ②发掘,极力搜索,努力寻找. *quarry bed* 天然石层. *quarry dust* 石粉〔屑〕. *quarry face of stone* 凿〔粗〕厚开石面. *quarry faced* 粗（毛）面的. *quarry floor* 料场底. *quarry refuse* [waste] (采)石场弃石〔碎块,废料〕. *quarry* (run) *rock* [stone] 粗〔毛〕石. *quarry sap* (建筑)石料的天然含水量. *quarry tile* 缸砖. ▲*quarry out* 挖出.

quar'ry-faced a. (石料)粗面的,毛面的.

quar'rying n. 采石(工程). *quarrying machine* 采石机.

quar'ryman n. 采石工(人).

quar'ry-pitched a. 粗琢〔凿〕的.

quar'ry-tile n. 方(缸)砖的.

quart [kwɔːt] n. 夸(脱)(容量单位, =1/4 加仑 =

1.14L), 一夸脱的容器. ▲ put a quart into a pintpot 做不可能(做到)的事.

quart- [词头] 四.

quarta'tion [kwɔ:'teiʃən] n. ①(硝酸)析银法 ②四分(取样)法.

quar'ter ['kwɔ:tə] I n. ①四分之一,四等份,四开 ②(一)刻钟 ③季(度) ④一学期,按季度付的款项 ⑤方位(角),象限,(罗盘上)四个主要点中的一点,罗盘上32点中任何两点间的四分之一 ⑥寻,元,英里,英担,路宽 ⑦方面(向),来源,出处 ⑧地区(域),市(街)区,区域,路肩(pl.)住处,宿舍,营房,寓所,岗位 ⑧(零件的)相互垂直 ⑨船(舷)后部 ⑩〔天〕弦,月球公转的1/4 ⑪(硬币名)(美、加拿大)25分 ⑫夸脱(英制侧量单位,等于8蒲式耳) I a. 不到一半的,远不完全的,极不完善的. II vt. ①把…分为四(等,部)分,四开,四分之 ②使互相垂直(成直角)③驻扎于. a mile and a quarter 一又四分之一英里. a quarter of a million miles 25万英里. at a quarter past [after] two 在二点一刻. close quarter situation 最小安全距离. close quarters 狭窄(有限)的居住空间. divide … into quarters 把…四等分. four quarters 整砖. have the news from a good quarter 消息得自可靠来源. industrial quarter 工业区. It is (a) quarter to [before] six. 现在是六点差一刻. quarter bend 直角弯管(头). quarter bond 一顺一丁砌砖法. quarter hard temper sheet 半软回火薄钢板. quarter hour 一刻钟. quarter light (车的)边窗. quarter octagon steel 八角钢. quarter pitch: 4坡度,四分之一高跨比(高1:跨4). quarter point loading 四分之一跨度(荷载). quarter section 四开断(截)面,四分之一波长线段. quarter size 四分之一缩尺. quarter turn belt 直角挂轮皮带,直角回转带,半交(叉)皮带. quarter wave line 四分之一波长线. quarter wave plate 四分之一波(晶)片. residential quarter 住宅区. starboard quarter 右弦舷. the moon at the first quarter 上弦月, the moon in its last quarter 下弦月. The moon is in her quarter. 月亮在弦线,弦月. the quarters concerned 有关方面. three quarters 六分头(四分之三砖). three quarters of a meter 3/4米. ▲ (a) quarter (of) 1/4的,…的1/4. at close quarters 迫(逼)近,(非常)接近(地). first [last] quarter (月的)上[下]弦. from all quarters 或 from every quarter 从四面八方. in all quarters 或 in every quarter 到处,各地. in some quarters 在某些领域(方面). not a quarter (as) good as 远不及. not a quarter so [as] good as 远不及.

quar'terage ['kwɔ:təridʒ] n. ①按季收付款项,季度工资,季度税 ②季付住所(住宿).

quar'ter-back v. 对…发号施令,操纵.

quar'ter-bell n. 每一刻钟报时的钟铃.

quar'terbound a. (书)皮脊装帧的.

quar'ter-deck n. 后甲板.

quar'tered a. 四开的,四开木材.

quarter-hard annealing 低硬度退火.

quar'tering I n. ①四分(法,取样),四等分,四开,方桁 ②供给住宿. II a. 成直角的,从船后侧向吹来的. quartering attack 从机尾发击. quartering machine 曲柄轴钻孔机.

quar'ter-jack n. 钟内每一刻钟报时的装置.

quar'terly ['kwɔ:təli] I a. (按)季度的,每季的,四分之一的. II ad. ①一季一次,每季,按季地 ②四分之一. III n. 季刊.

quar'termaster n. ①军需军官(主任) ②舵手(工)(海军).

quar'term ['kwɔ:tən] n. 四等份,四分之一,四分之一品脱.

quar'ternary a. 四元的,四进制的,四级的,第四纪的. quarternary alloy 四元合金. quarternary form 四元形式,四元型. quarternary quantic 四次式. quarternarysteel 三元合金钢(除碳以外含两种合金元素).

quar'ter-phase a. 二(两)相的,双相的.

quarter-plane n. 四分之一平面.

quar'terplate n. 3½ 英寸×4½ 英寸大的照相感光片(照的照片).

quar'ter-power point 四分之一功率点.

quar'ter-reduced cell 四分之一约化胞.

quar'ter-saw vt. (把圆木)四开,纵向锯成四块.

quar'ter-sawed a.; n. 四开的,木材).

quar'ter-wave a. 四分之一波长(状)的. quarterwave limit 四分之一波限.

quar'ter-wave'length plate 四分之一波长板(片).

quar'terwind n. (从)船尾(吹来)的风.

quartet(te)' ['kwɔ:'tet] n. 四人(一组,四份(等)体,四位字节,四件一副(套),四人小组 ②四重线,四重峰,四重奏(唱) ③四核子(基).

quar'tic ['kwɔ:tik] n. 四次(的)四次(曲)线(的). quartic curve 四次曲线. quartic equation 四次方程. space quartic 四次挠线.

quar'tile ['kwɔ:til] n.; n. ①四分点(的)(统计学中频率分布距一端为3/4,另一端为1/4的点),四分位(数) ②〔天〕方照(的),夹(的),两个天体赤径差九十度(的). quartile deviation 四分(位偏)差. quartile diameter 四分直径.

quar'to ['kwɔ:tou] n.; a. 四开(的,本).

quartz [kwɔ:ts] n. 石英,水晶. candle quartz 石英灯,汞气结晶灯. doped quartz 掺杂金属的合成石英. fused quartz 熔凝石英(水晶). piezoelectric quartz 压电石英(晶体). quartz clock 石英晶体钟. quartz crystal (石英)晶体. quartz crystal controlled FM receiver (石英)晶体控制调频接收机. quartz flour (powder)石英粉. quartz oscillator 石英晶体振荡器. quartz plate 石英(水晶)片. quartz plate holder (石英)晶体片支架,晶体盒. quartz sand 白(硅,石英)沙. quartz ware 石英制品.

quartzarenite n. 火成石英岩.

quartzdiorite n. 石英闪长岩.

quartz'-fibre n. 石英(水晶)丝,石英纤维.

quartzif'erous [kwɔ:'tsifərəs] a. 由石英形成的,含石英的,石英质的.

quartz'ite ['kwɔ:tsait] n. 石英岩(砂),硅岩. quartzite brick 硅砖,石英砖. quartzite sandstone 石英质砂岩.

quartz-lamp n. 石英灯.
quartz′lite glass 透紫外线玻璃.
quartz′ose 或 **quartz′ous** a. 石英质的.
quartz-porphyry n. 石英斑岩.
quartz′y a. 石英(质)的,水晶的.
Quarzal n. 铝基轴承合金(铜5%,镍0~1%,铁0~1%,钛0~0.5%,其余铝).
QUAS = *quantum amplification by stimulated emission of radiation* 量子放大器.
qua′sar ['kweiza:] n. 类星射电源,类星体.
quash [kwɔʃ] vt. ①取〔撤〕消,废除,使〔宣告〕无效 ②镇压.
qua′si ['kwɑ:zi(:) 或 'kweisai] conj. ①即,就是,恰〔宛〕如 ②似,准,拟,伪,半. *quasi c. w.* 准连续波. *quasi conductor* 半导体. *quasi Fermi level* 准费米能级.
quasi-〔词头〕似,准,类,拟,半,伪.
quasi-adiabat′ic a. 准绝热的.
qua′si-analyt′ic func′tion 拟〔准〕解析函数.
qua′si-asymptote n. 拟渐近线. *qua′si-asymptot′ical* a.
quasi-atomic model 准原子模型.
qua′sibarotrop′ic a. 准正压的.
qua′si-bound a. 准束缚的. *quasi-bound electron* 准束缚电子.
qua′si-chem′ical a. 准化学的.
qua′si-class′ical a. 准经典的.
qua′si-coin′cidence n. 准符合.
qua′gi-com′plex man′ifold 拟〔准〕复流形.
qua′sicon′cave func′tion 拟凹函数.
qua′si-conduc′tor n. 准〔半〕导体.
qua′si-confor′mal map′ping 拟保角映像〔射〕.
qua′si-conjuga′tion n. 超〔似〕共轭效应.
qua′si-conjunc′tion n. 拟合取式.
qua′si-conjunc′tive equal′ity matrix 拟合取等值母式.
qua′si-contin′uous a.; n. 准连续(的).
qua′si-contin′uum n. 准连续集〔区〕. *quasi-continuum of level* 准连续能级.
qua′sicontrac′tion sem′i-group 拟收缩半群.
qua′si-coor′dinates n. 准坐标.
qua′si-crys′tal n. 准晶体.
qua′si-crys′talline a. 准晶体的.
qua′si-cyc′lic code 准循环码.
qua′si-cylin′drical a. 拟柱形的.
qua′sidielec′tric a. 准介电的.
qua′si-diffu′sion n. 准扩散的.
qua′si-discontinu′ity n. 准不连续性.
qua′si-disjunc′tion n. 拟折取式.
qua′si-divi′sor n. 拟〔亚〕因子.
qua′sielas′tic a. 准〔似〕弹性的. *quasielastic scattering* 准〔似〕弹性散射.
qua′si-elec′tric field 准电场.
qua′si-ellip′tic a. 拟〔准〕椭圆的.
qua′si-emul′sifier n. 准乳化剂.
qua′si-en′ergy gap 准能级距离(半导体),准能隙,准禁带.
qua′si-e′qual a. 拟相等的.
qua′si-equal′ity n. 拟等值.

qua′si-equilib′rium n. 准平衡.
qua′si-ergod′ic a. 拟〔准〕遍历(性)的,准各态历经的.
qua′si-eutec′tic a.; n. 伪共晶的〔体〕.
quasi-Fermi level 准费米能级.
quasi-field n. 拟域〔体〕.
quasi-flow v.; n. 准〔半〕流动.
qua′si-full n. 拟完全的.
qua′si-fundamen′tal mode 准基波型.
quasigeoid n. 准大地水平面,似大地水准面.
qua′si-grav′ity n. 准〔人造〕重力.
qua′si-group n. 拟〔亚〕群.
qua′si-harmon′ic a. 准谐的.
qua′si-heteroge′neous a. 准非均匀的.
qua′si-histor′ical a. 带有历史性质的.
qua′si-holograph′ic a. 准全息的.
qua′si-homoge′neous a. 拟均匀的.
qua′si-instruc′tion n. 准〔拟〕指令.
qua′si-in′sulator n. 准绝缘体〔子〕.
qua′si-in′verse n. 拟逆(的).
qua′si-isother′mal n. 准等温的.
qua′si-isotrop′ic a.; n. 准各向同性(的).
quasi-isotropy n. 类无向性.
qua′si-lat′in squares 拟拉丁方.
qua′si-lim′ited a. 拟受限的.
qua′si-lin′ear a. 拟线性的.
qua′silineariza′tion n. 拟线性化.
qua′si-liq′uid n. 似〔半〕液体.
qua′si-lo′cal ring 拟局部环.
qua′si-max′imum value 准最大值.
quasi-mode n. 准模.
quasimodo n. 小靶悬浮器.
qua′simol′ecule n. 准分子.
qua′simomen′tum n. 准动量,晶体动量.
qua′si-monochromat′ic a. 准单色的.
qua′si-monomolec′ular n. 准单分子的.
qua′si-monopo′lar a. 假单极的.
qua′si-neutral′ity n. 准中性.
qua′si-nilpo′tent el′ement 拟幂零元.
qua′si-norm n. 拟范数.
qua′si-nor′mal n. 拟正规.
quasi-normalized a. 准归一化的.
qua′si-offic′ial a. 半官方的.
qua′si-op′tical a. 准光(学)的,似光学性(的). *quasi-optical wave* 准光波.
qua′si-op′tics n. 准光学.
qua′si-or′dering n. 拟序.
qua′si-orthog′onal a. 拟正交的.
qua′si-orthotrop′ic a. 准正交各向异性的.
qua′si-par′ticle n. 准〔似〕粒子.
qua′si-per′fect code 准完备码.
qua′si-period′ic a. 拟〔准〕周期的.
qua′si-periodic′ity n. 拟〔准〕周期.
qua′si-per′manent a. 准〔似〕永久的. *quasipermanent deformation* 似永久形变.
quasi-prenex conjunctive kernel normal form functions 拟前束合取核范式函数.
qua′si-probabil′ity n. 拟几率.
qua′si-pub′lic a. 私营公用事业的.
quasi-racemate n. 似外消旋物,准外消旋体.

qus'si-rad'ical ring 拟根环.
qua'si-ran'dom n; a. 拟随机(的).
qua'si-reg'ular a. 拟正则的.
qua'si-regular'ity n. 拟正则性.
qua'si-satura'tion n. 准饱和.
qua'si-sim'ple wave 拟简波.
quasi-single side-band transmission system 准单边带传输(发送)制.
qua'si-sol'id a. 准固态的.
qua'si-sov'ereign a. 半独立的,半主权的.
qua'si-stabil'ity n. 准稳定性,似(拟)稳态.
qua'si-sta'ble a. 似(拟)稳定的,准稳态的.
qua'si-stat'ic a. (准)静定的,准静态的,准静力的.
qua'sistationar'ity n. 准稳性.
qua'si-sta'tionary a. (似)(半)稳定的,拟稳(定)的,似稳态的,准静(止)的准稳(定)的. *quasi-stationary analysis* 准平稳分析. *quasi-stationary current* 准(似)稳电流. *quasi-stationary state* 拟正常态,拟定态,拟稳状态.
qua'si-stead'y a. 准(恒,恒)定的,拟(准)定常的.
quasi-steady-state n. 似稳状态.
qua'sistel'lar a. 类星的. *quasistellar (radio) sources* 类星射电源.
qua'si-suffic'iency n. 拟充分性.
quasi-symmetry n. 准对称.
qua'si-synchroniza'tion n. 准同步(法).
qua'si-syn'chronous a. 准同步的.
qua'si-syn'tax n. 拟语法.
qua'siten'sor n. 准张量.
qua'si-tun'nel effect' 准隧道效应.
qua'si-u'niform a. 准(均)匀的,拟一致的.
qua'si-unmixed' a. 拟纯粹的.
qua'siva'riable n. 准变数.
qua'si-vis'cous flow 似黏滞(性)流.
quasi-wave n. 准波.
quassa'tion [kwæ'seiʃn] n. 震荡,压(破)碎.
quassia ['kwɒʃə] n. 苦木属(药),啤酒苦味剂.
quater- 〔词头〕四分之一,四等分.
quaterdenary a. 十四进制的.
quat'erfoil = quatrefoil.
quaterisa'tion n. 季铵化反应.
quaterniza'tion n. 季胺化作用.
quater'nary [kwɒ'tənəri] a.; n. ①四(四价,成份)(的) ②四个一组,四部组成的,第四的 ③四进(位)制(的),四变数的 ④连上四个碳原子的 ⑤第四纪(的),季的. *quaternary alloy* 四元合金. *quaternary amine* 季胺盐. *quaternary ammonium* 季胺. *quaternary compound* 四元化合物. *quaternary fission* 四分(小)裂变(分裂). *Quaternary period* 第四纪. *Quaternary System* 第四系.
quater'nion [kwɒ'tənjən] n. 四(个),四元数,四个一组(的东西), (pl.)四元法. *quaternion field* 四元数体. *quaternion function* 四元数函数.
quaternion'ic a. 四元的.
quater'nity [kwɒ'tə:niti] n. 四(个一组),有四个.
quat'refoil ['kætrəfɔil] n. ①四叶饰〔式,形〕②四花瓣的花朵,四叶片的叶子. *quatrefoil crossing* 四叶式(道路)交叉.

qua'ver ['kweivə] v.; n. (声音)颤抖,震颤(动),颤声(音),八分音符. ~ing 或 ~ous 或 ~y a. ~ingly ad.
quay [ki:] n. (横)码头,停泊所,堤岸,壁岸. *quay for small craft* 驳岸. *quay shed* 前方仓库. ▲ *ex quay* 码头交货.
quay'age ['ki:idʒ] n. 码头费(税,面积),码头的空货位.
quay'side n. 码头区,码头旁边,靠近码头的地方.
quay'wall n. 岸墙[壁],岸壁型码头.
quea'sy ['kwi:zi] a. ①令人眩晕(作呕)的,想呕吐的 ②谨小慎微的,顾虑重重的,敏感的 ③不稳的,动荡不定的. **quea'sily** ad.
Quebec [kwi'bek] n. 魁北克(加拿大港市、省名).
quebrachine n. 白雀碱.
quebrachite n. 白雀醇.
quebrachitol n. 白雀醇,白坚木醇,肌醇甲醚.
quebracho n. 坚木,破斧木.
quebrachomine n. 白雀明.
queen [kwi:n] n. 女王,王后, (pl.)大石板. *body queen post* 车身内柱. *Queen Bee* (Gull)靶主,遥控无人驾驶飞(靶)机. *Queen Duck* 无线电操纵的靶舰(游艇). *Queen metal* 锡锑焊料. *queen post* 双柱架,桁架副柱. *queen post truss* 双柱桁架.
queen-post n. 双柱架. *queen-post truss* 双柱桁架.
queen'-size a. 大号的,仅次于特大号的.
queer [kwiə] I a.; ad. ①奇怪(异步,妙)(的),不平常的 ②可疑(的) ③不舒服的,眩晕(的) ④对…着了迷的 (for, on, about) ⑤假的,伪的,无价值的. II vt. ①破坏,把…弄糟 ②使处于不利地位,使觉得奇怪. ~ly ad.
queer'ish a. 有点奇怪[可疑]的.
quell [kwel] vt. ①镇压,②消除,减轻.
quellung n. 荚膜膨胀试验.
quench [kwentʃ] v.; n. ①(使)熄灭,猝熄(灭),急冷,冷熄(却),熄弧,断开 ②把…淬火(硬),使淬硬,淬(骤)火,②冷,冷去,熄化 ③抑制,退止,阻尼,减震(弱),弱化. *cold quench* 水冷(冷介质)淬火. *harden quench* 淬硬. *quench a fire* 灭火. *quench a lamp* 熄灯. *quench aging* 淬火(后自然)时效. *quench alloy steel* 淬硬合金钢. *quench chamber* 骤冷室. *quench circuit* 猝灭(熄)阻电路. *quench coil* (扩散泵的)速(猝)冷盘管. *quench hardening* 急冷硬化,淬(火)硬(化). *quench hot* 高温淬火. *quench/ping ratio* 淬抑比(声纳信号). *quench pulse* 消熄,置零》脉冲. *quench steel* 淬火钢. *quench time* (接触焊)间歇时间. *quenched and tempered steel* 调质钢. *quenched frequency* 歇振频率. *quenched gap* 猝熄火花隙. *quenched orbital moment* 猝熄轨道矩. *quenched steel* 淬硬钢. *S quench* 索托体淬火. *water quench* 水淬(火). ▲ *quench from* 在…(温度)下淬火.
quench'able ['kwentʃəbl] a. 可熄灭的,可冷却的,可抑止的,弄得熄[冷]的.
quench'er ['kwentʃə] n. ①淬火器(具),淬火工 ②猝[熄]灭器,猝熄物,③猝灭[淬火加入]剂 ④消音[减振,阻尼]器 ⑤冷却池[器],急(骤)冷器,熔渣骤冷装置 ⑥抑制者[物].

quench′ hardening n. 淬(火)硬(化), 急冷硬化.

quench′ing n. ①熄灭, 猝熄[灭, 却], 断开 ②淬火[炼], 淬[骤]冷, 冷却, 浸渍, 硬化 ③抑制, 遏止, 消稳, 阻尼, 减振, 钝化. *air quenching* 空(气)冷(却淬火). *asynchronous quenching* 弃步(非同步)抑(强)制. *cryogenic quenching* 冷冷处理. *direct quenching* 直接淬火. *isothermal quenching* 等温淬火. *liquid quenching* 液体淬火处理. *oil quenching* 油淬火. *quenching bath* 淬化〔火〕浴. *quenching circuit* 猝熄〔灭弧, 火花抑制, 消火花〕电路. *quenching crack* 淬裂裂痕. *quenching degree* 急〔猝〕冷度, 淬透性. *quenching frequency* 猝熄(振荡)频率, (超再生接收机中)辅助频率, 改歇频率. *quenching medium* 淬火〔骤冷〕剂. *quenching pulse* 熄灭〔消隐〕脉冲. *slack quenching* 断续淬火. *spark quenching* 火花猝熄. *thermo quenching* 热浴淬火. *through quenching* 淬透. ▲*apply quenching to M* 把 M 淬火.

quen′ching-fre′quency oscilla′tion 猝歇振荡.

quen′ching-in of defects 缺陷的淬入.

quench′less a. 不(可)熄(灭)的, 难弄熄的, 不(可)冷却的, 弄不冷的.

quench′-mod′ulated ra′dio-fre′quency 歇振调制射频.

quenchom′eter n. 冷却速度试验器.

quercetagenin n. 6-羟槲皮酚, 六羟黄酮.

quercetagetin n. 栎草亭 $C_{15}H_{10}O_8$.

quer′cetin n. 橡黄素, 槲皮素.

quer′cetone n. 栎酮.

quercimetin n. 栎素.

quer′citol n. 栎醇, 环己五醇.

quer′citrin n. 橡皮苷.

Quer′cus [ˈkwəːkəs] n. 槲属, 栎属.

que′rist [ˈkwiərist] n. 询〔质〕问者.

quern [kwəːn] n. (小型)手推磨.

quern′stone n. 磨石.

que′ry [ˈkwiəri] n.; v. ①询〔质〕问, 请问, 疑问(号), 询问, 问题 ②对…表示怀疑, 加疑问号.

QUES 或 **ques** =question.

quest [kwest] n.; vi. ①探索, 寻找, 搜寻, 追〔探〕求 ②调查. ▲*in quest of M* 为〔寻〕求 M. *quest about* 寻找. *quest for* 探求, 寻找. *quest out* 找出.

ques′tion [ˈkwestʃən] I n. ①问〔议〕题, 疑〔询, 质〕问 ②可能性, 机会. II vt. ①怀疑, 讯〔质〕问 ②探〔研〕究, 分析 ③争论. *ask a question* 询问. *put a question to M* 向 M 提出问题. *questioning attitude* 研究〔探索, 思考〕的态度. ▲*an open question* 未解决(容许争论)的问题. *be beside* 〔foreign to〕 *the question* 和本题无关, 离题. *be in question* 成为问题, 正在讨论中. *be only a question of time* 只不过是迟早而已. *(be) open* 〔subject〕 *to question* 还有讨论的余地, 还值得怀疑. *(be) out of question* 毫无疑问, 不成问题. *(be) out of the question* 毫无可能, 绝对做不到, 不值得考虑, 不足道的. *be some question of* 对…有些讨论〔疑问〕的. *beg the question* 以尚未解决的问题(用未经证明的假定)作为论据, 以命题论证命题, 回避讨论的实质, 武断. *beyond (all) question* 的确, 毫无疑问, 一定, 当然. *call M in* 〔into〕 *question* 对 M 表示疑问〔怀疑〕, 要求 M 的证据. *come into question* (被)讨论, 变成现实问题, 成(为讨论)的问题, 变得具有实际意义. *go into the question* 研究这个问题. *in question* 上述的(那个), 该, 所讨论(考虑, 研究, 述, 谈到)的. *it cannot be questioned but (that)* 毫无疑问…, 是确实的. *make no question of* 〔but that〕 (对…毫)不怀疑, 承认. *past question* 的确, 毫无疑问, 当然. *put a question to* 向…提(出)问题. *put the question* 付表决. *question about* 〔as to〕 有关…的问题, *questions at* 〔in〕 *issue* 悬案, 争执问题. *raise a question* 提出问题. *sleep on* 〔upon, over〕 *a question* 把问题留到第二天解决. *That is not the question.* 问题不在这里, 那是另外一个问题, 那是另外一回事, 那不是我们讨论的问题. *That is the question.* 问题就在这里. *the point in question* (所)讨论的问题, 争论点. *(the) previous question* 先决问题. *the question is* 问题是. *The question is far from being settled.* 问题远没有解决. *the question resolves itself into* 问题归结为. *there is no question* …是没有疑问的, …是毫无疑问的, …是不可能的, …是未经提出讨论过的. *there is no question (but) that* …是毫无疑问的, …是毫无疑义的. *to the question* 针对所讨论的题目, 对题. *without question of the* 确, 毫无疑问, 一定, 当然.

ques′tionable [ˈkwestʃənəbl] a. 可疑的, 有疑问的, 有问题的, 不可靠的, 引起争论的. **ques′tionably** ad.

ques′tionary [ˈkwestʃənəri] I a. 询〔疑〕问的. II n. 征求意见表, 调查表.

ques′tioner n. 询问者.

ques′tioningly ad. 询问地, 怀疑地, 诧异地.

ques′tionless a.; ad. 无疑的〔地〕, 的确.

question-mark 或 **question-stop** n. 疑问号.

question(n)aire [ˌkwestʃəˈnɛə] 〔法语〕 n. (调查情况用的)一组问题, 征求意见表, 调查表. *questionnaire method* (研究工作中的)置疑法. *questionnaire post card* 调查用明信片.

queue [kjuː] I *(queue(e)ing)* v. II n. ①行〔排〕队〕列 ②排(成长)队, 排队〔依次〕等候(up), 长队, 等候的车〔人〕列. *device queue* 设备排队. *dispatcher queue* 发送〔调度〕排队. *form a queue* 排成长队, 形成一行. *jump the queue* 不按次序排队, 插队, 获得优厚待遇. *message queue* 信息排队. *queue arrangement* 停车站台设备. *queue of interrupt* 中断排队. *queue on* 排上队. *queue up for M* 排队等候 M. *queued access* 排队(先进先出)存取. *queuing theory* 排队论. *stand in a queue* 排队等候.

quiar′tic surd 四次不尽根.

quib′ble [ˈkwibl] n.; v. ①遁辞, 避免正面〔直接〕答复 ②推托, 诡辩 ③吹毛求疵, 找碴子 ④(用)双关语.

quib′bling a.; n. 诡辩, 吹毛求疵(的), 找碴子.

quibinary code 五-二(进制)码, (用7位二进制数(5位加2位)表示十进制数).

quick [kwik] I a.; ad. ①快(速)(的), 迅速(的), 短时间的 ②敏捷的, 灵敏的, 活(跃)的, 流动的 ③即

可兑现的(支票) ④旺盛的,锐角的,尖锐的,急剧的. Ⅱ n. ①要点,本质,核心 ②匆匆做成的事. Ⅲ v. =quicken. quick access 快速存取. quick action 急速作用[动作]. quick action side tool 快(速挫)动刀架. quick action valve 快[速]动阀. quick cement 快凝水泥. quick change chuck 速换夹头. quick change tool holder [rest] 快换刀架. quick clay 过敏性黏土,不稳黏土. quick drying enamel 磁釉. quick effect 快速效应,反向回声现象,电离层回波效应. quick ground 流沙土. quick lime 生石灰. quick look method 快速解析法. quick match 速燃导火索. quick mind 敏慧. quick profit 暴利. quick response excitation system 快激励方式. quick sand 流沙. quick setting 快凝(结),快凝. quick silver 水银,汞. quick soil 浮[暖]土. quick stoppage 骤止. quick switch 快动开关. quick taper 快速拔梢. quick triaxial test 三轴快试. quick triple valve 快动三通阀. quick turn 急转弯. quick wits 机智. quicker method 捷算法. ▲(as) quick as thought [lightning] 极快的,一闪而过地,一眨眼功夫,刹那间,风驰电掣般. be quick about [at] (one's work) [工作]敏捷,(工作)迅速. be quick in (action) (行动)敏捷. be quick in [on] the uptake 理解很快. be quick of apprehension 理解力强. be quick of sight 眼快,眼睛尖的. be quick to+inf. 易于(做). be quick to learn 学得快,一学就会. in quick succession 紧接着. quick hand at …方面的快手. to the quick 真正,彻头彻尾,道地,触及要害[痛处].

quick'-act'ing a. 快速,快作用[动作]的,高速的,速动的,灵敏的.
quick'-break switch 速断开关.
quick'change a. (可)快速调换的,(快)速变(换)的.
quick'-charging a. 快速充电的.
quick'-consol'idated test 快固结(剪力)试验.
quick'cu'ring a. 快速硫(熟)化的.
quick'cut'ting n. 高速切削.
quick'-detach'able a. 可迅速拆卸的,易拆卸的.
quick'eared' n. 听觉灵敏的.
quick'en ['kwikən] v. ①加快(速),使(变)快 ②使(曲线)更弯,使(斜坡)更陡 ③混采 ④刺激,鼓舞,使(变)活泼,使恢复.
quick'ening ['kwikniŋ] Ⅰ n. 混汞. Ⅱ a. 加快的,(使)活跃的.
quick'eyed n. 眼睛尖的.
quick'fire 或 quick'firing a. 速射的.
quick'fire n. 速射枪(炮).
quick'freeze ['kwikfri:z] (quick'froze, quick'-frozen) Ⅰ vt. Ⅱ n. (使)速冻,快冻,快冷.
quick'-hard'ening n.; a. 快(硬)化(的).
quick'ie ['kwiki] n.; a. ①草草完成的(物品),仓促制成的(物品),劣等(影)片 ②快的,迅速的,简短的.
quick'lime n. [kwiklaim] n. 生石灰,氧化钙.
quick'lunch n. 快餐.
quick'ly ad. 快,迅速地. quickly taking cement 快[早]凝水泥.
quick'ness n. ①快,迅速,敏捷 ②速度.
quick'-op'erating a. 速动的,快动的,快动作的,迅速操作的. quick-operating relay 快(速)动继电器.
quick'-replace'able a. 快速更换的,易换的.
quick'-response' a. 快作用的,高[快]速的,反应快的,灵敏的,小惯性的,快速响应的. quickresponse transducer 小惯性传感器.
quick'-return' n.; a. 急回(的).
quick'sand ['kwiksænd] n. 流沙(区),动托(捉摸)不定的事物,易使人上当的东西.
quick'-set'ting 快凝(的).
quick'-sight'ed a. 眼快的,眼睛尖的.
quick'silver ['kwiksilvə] Ⅰ n. ①汞,水银 Hg ②汞锡合金. Ⅱ vt. 涂水银(于). Ⅲ a. 水银似的,易变的. quicksilver cradle 混汞摇床.
quick'-apeed n 快[高]速.
quick-stick test 快粘试验.
quick-taking cement 快凝水泥.
Quicktran n. ①快速翻译语言(以 FORTRAN 为基础,发展成为对话形式的语言) ②(全部大写)快速翻译程序.
quick'-wit'ted ['kwikwitid] a. 机智[敏]的.
quid [kwid] n. (单复数相同)(英,一)镑.
quid'dity ['kwiditi] n. ①本(实)质 ②通辞,诡辩 ③怪念头.
quid pro quo ['kwidprou'kwou] (拉丁语)①赔偿,补偿(交换,代替,相等)物,报酬 ②报复 ③弄错,张冠李戴.
quiesce' vi. 静(止),寂静,不动.
quies'cence [kwai'esns] 或 quies'cency n. 静止状态,沉寂,不动,静(寂,止),静止期.
quiescent' [kwai'esnt] a. 静(止,息)的,不动的,沉寂[默]的. quiescent carrier 抑止载波. quiescent current 静态[无信号,无载]电流. quiescent load 静[固定]荷载,恒载,(本)底(荷)载. quiescent operation 静态工作[运用],无信号工作. quiescent plasma 静等离子体. quiescent point 静(态工作)点,哑点. quiescent push-pull circuit 小屏流(低板流,省电)的推挽电路. quiescent settling (土粒在水中)静止沉降[淀]. quiescent time 静止期,休(停)止时间. quiescent value 静态(空载)值.
quies'cently ad. 静止的.
qui'et ['kwaiət] Ⅰ a. n. ①(寂,平,安,宁,镇)静的,静态,静止的,不动的,平稳的,无扰动,磁静的,无变化的 ②安定正的,轻声的 ③内心的,秘密的 ④(颜色)素的 ⑤非正式的 ⑥无炎的. Ⅱ ad. 平静地. Ⅲ v.t (使)变(平,安)静,(使)变稳定,(使)安[镇]定. quiet arc 静弧. quiet AVC 或 quiet automatic volume control 静噪自动音量控制. quiet circuit 无噪声电路. quiet day (地磁)平静日. quiet pouring 平静(稳)浇铸. quiet run 无声运转. quiet steel 全镇静钢,全脱氧钢. quiet tuning 无噪调谐. ▲at quiet 静止中. in quiet 安静地. in the quiet of night 夜深人静时. keep…quiet 对…保持秘密,使…保持安静. on the quiet 秘密地,私下地,偷偷地. quiet down 变得平稳,稳定(平静)下来.
qui'eten ['kwaiətn] v. =quiet.
qui'eter ['kwaiətə] n. 内燃机的消音装置.
qui'etly ad. 静[宁]地.
qui'etness ['kwaiətnis] n. 平静,寂(静,镇)静,素净,安定.

qui′etude [ˈkwaiitju:d] *n.* 寂〔平〕静,沉着.

quie′tus [kwaiˈi:təs] *n.* ①静止状态 ②(债务)偿清,解除 ③平息,制止,死.

quill [kwil] I *n.* ①主〔钻,线,套管,空心〕轴,活动套筒,衬套 ②小镗杆 ③滚针 ④导火线 ⑤羽毛管. I *vt.* 卷在线轴上,卷片. *drive the quill* 写字. *quill-driver* 作家,新闻记者,抄写员. *quill type milling head* 套管轴式〔长套筒状〕铣头.

quilt [kwilt] I *n.* (一床)被子,棉被. I *vt.* ①缝被子,绗缝,缝纫 ②用垫料填塞.

Quimby pump 双螺杆泵.

quin [kwin] =quintuplet.

quin- 〔词头〕五.

qui′acrine *n.* 阿的平,奎吖因.

quin′aform *n.* 奎仰仿.

quinaphthol *n.* 奎苯酚.

qui′nary [ˈkwainəri] *a.; n.* ①五(个,元,倍)的,第五位的 ②五进制〔位〕的 ③五个一套〔组〕的. *quinary alloy* 五元合金. *quinary steel* 四元合金钢(除碳以外含三种合金元素).

quinaseptol *n.* 奎色霜.

quinazoline *n.* 喹唑啉.

quincente′nary [kwinsenˈti:nəri] *n.; a.* 第五百周年(的).

quincun′cial [kwinˈkʌnʃəl] 或 **quincun′-xial** [kwinˈkʌnksiəl] *a.* 五点形的,梅花式的. *quincuncial piles* 梅花桩. ~ly *ad.*

quin′cunx [ˈkwinkʌŋks] *n.* 五点形,(五点排列成)梅花式〔形〕.

quindenary *a.* 十五进制的.

Quine′s method 奎因法(一种简化开关函数的方法).

quin′hydrone *n.* 醌(氢)醌,对苯醌合对苯二酚.

quinide *n.* 奎尼内酯.

quinine′ [kwiˈni:n] *n.* 奎宁,金鸡纳碱〔霜〕.

quinisoamyline *n.* 奎异戊灵.

quinizarin *n.* 二羟基-蒽醌.

quinocarbonium 醌碳鎓.

quin′oid *n.* 醌型〔式〕.

quin′oline *n.* 喹啉,氮(杂)萘.

quinolin′ic ac′id 喹啉酸.

quinolinol *n.* 喹啉醇 C_9H_7NO.

quinolizine *n.* 喹嗪.

quinondiimine *n.* 醌二亚胺.

quinone′ [kwiˈnoun] *n.* 〔化〕(苯)醌.

quinoticine *n.* 奎诺剔素.

quinotidine *n.* 奎诺剔定.

quinotine *n.* 奎诺剔.

quinovose *n.* 异鼠李糖,6-脱氧葡糖.

quinoxalophenazine *n.* 奎封啉并吩嗪.

quinoxyl *n.* 奎诺昔尔.

quinpropyline *n.* 奎丙灵.

quinquage′nary [kwiŋkwəˈdʒi:nəri] *a.; n.* 五十周年纪念,五十岁的(人).

quinquan′gular [kwiŋˈkwæŋgjulə] *a.* 五角(形)的,五边形的.

quinque-〔词头〕五,五分之….

quinquen′niad [kwiŋˈkweniæd] =quinquennium.

quinquen′nial [kwiŋˈkweniəl] *a.; n.* 持续五年的(事),每五年一次的(事). ~ly *ad.*

quinquen′nium [kwiŋˈkweniəm] (pl. *quinquen′niums* 或 *quinquen′nia*) *n.* 五年的时间.

quinquepar′tite [kwiŋkwiˈpa:tait] *a.* 由五部分组成的,分为五部分的.

quinqueva′lence [kwiŋkwiˈveiləns] 或 **quinqueva′-lency** *n.* 五价.

quinqueva′lent 或 **quinquiva′lent** [kwiŋkwiˈveiləns] *a.* 五价的.

quinquiphenyl *a.* 对联五苯.

quinssopropyline *n.* 奎异丙灵.

quin′sy *n.* 扁桃腺发炎,扁桃体周脓肿,咽门炎.

quint [kwint] *n.* ①五件一套 ②五度(音).

quin′tal [ˈkwintl] *n.* ①公担(重量单位=100千克) ②英制重量单位(英国为112磅,美国为100磅).

quintenyl *n.* 戊基.

quintes′sence [kwinˈtesns] *n.* ①精髓〔华〕,典型〔范〕 ②实体,本(实)质 ③浓的粹取液,粹粹. **quintessen′tial** [kwintiˈsenʃəl] *a.*

quintet(te)′ [kwinˈtet] *n.* ①五件一套,五个一组 ②五人小组 ②五重线〔峰,态〕 ③五重奏〔唱〕.

quin′tic [ˈkwintik] *a.; n.* 五次(的). *quintic curve* 五次曲线. *quintic equation* 五次方程.

quin′tile *n.* 两个天体相差70°五分之一圆的情况.

quintil′lion [kwinˈtiljən] *n.* (英,德)1×10^{30},(美,法)1×10^{18}.

quintozene *n.* 五氯硝基苯.

quin′tuple [ˈkwintjupl] I *a.* 五(倍,重,路)的. I *n.* 五倍的数〔量〕. III *v.* 使成五倍,乘以五,增加四倍. *quintuple space* 五维〔度〕空间.

quin′tupler *n.* 五倍(倍频,倍压)器,乘五装置,五倍乘数.

quin′tuplet [ˈkwintjuplit] *n.* 五个〔件〕一套,五人一组,五重态,五联音,五重谱线.

quintu′plicate [kwinˈtju:plikit] I *a.* ①五倍〔重〕的 ②一式五份的,第五(份)的. I *n.* ①五倍的数〔量〕 ② 一 式 五 份 的(一 份),第 五 份. II [kwinˈtju:plikeit] *vt.* ①把…作成一式五份 ②使成五倍,乘以五,增加四倍.

quintuplica′tion [kwintju:pliˈkeiʃən]*n.* (使成)五倍,一式五份.

quin′tupling *n.* (成)五倍.

quinuclidine *n.* 奎宁环.

quinuclidone *n.* 奎宁酮.

quip [kwip] *n.* ①讽刺,嘲弄 ②遁辞 ③怪事.

quire [kwaiə] *n.* 一刀(纸),(待装订的)对折的纸叠. *in quires* 未装订成册的,按刀数.

quirk [kwə:k] I *n.* ①诡辩,遁辞,口实,讽刺辞 ②花体字 ③深槽,沟,凹部,火道 ④突然弯〔扭〕曲 ⑤三角形的东西,菱形窗玻璃. I *vt.* ①嘲弄 ② (使)弯〔扭〕曲,使有深槽.

quirk′y *a.* 狡诈的,离奇的,古怪的.

quis′le [ˈkwizl] *vt.* 卖国,做卖国贼.

quis′ling [ˈkwizliŋ] *n.* 卖国贼,内奸,通敌分子. ~ism *n.*

quisqueite *n.* 钒镍沥青矿,硫沥青.

quit [kwit] I *v.* (*quit* (*ted*); *quit′ting*) ①停止,放弃,留下 ②离开〔去〕,退〔撤〕出 ③偿还〔清〕,尽 (义务) ④解(免)除. I *a.* 被释放的,自由的,免除〔清除;摆脱〕…的. III *n.* 离开,退出,退〔辞〕职. *quit hold of* 撒手放开. *quit office* 退职. *quit work*

停止工作.▲be (get) quit of M 摆脱了 M,免除 M. be quit of the trouble 摆脱了麻烦. quit hold of 放开(掉),解除. quit score with M 和 M 结清账目.

quit'claim ['kwitkleim] Ⅰ n. 放弃要求(权),转让契约. Ⅱ vt. 放弃(转让)对…的合法权利.

quite [kwait] ad. ①完全,十分,简直,非常,很 ②相当,颇,或多或少 ③的确,真正,实在. quite a complicated project 十分复杂的工程. quite a long time 相当长的时间. quite an advance in accuracy 精度上一个很大的进步. It's not quite proper. 这有点不妥当. This is almost, but not quite, correct. 这差不多是对的,但还不完全对. VE will never fall quite to zero. VE 绝不会完全降低到零.▲not quite+a.[+ad.] 不完全,有点不,不大…. quite a few (little, good deal of) 相当多,不少,许多. quite a lot (of) 非常多(的). quite a number of 相当多的,许多. quite another (other) 完全不同的,另外一回事. It's quite another thing. 或 That's quite another story. 那完全是另外一回事. quite as much 同样(多). quite so (right) 正是如此,的确是这样,很对. quite some 非常多. quite the contrary 绝不相同,恰恰相反. quite the same as 与…完全相同. quite the thing 被认为是正确的东西,流行,时新. quite too (+a.) 非常….

Quito ['ki:tou] n. 基多(厄瓜多尔首都).

quits [kwits] a. 对等的,两讫的,两相抵销的,两不相欠(谁也不欠谁),不分胜负的.

quit'tance ['kwitəns] n. ①免除(债) ②领收,收据,付款,缴纳,计算,复原 ③酬报,赔偿,补偿,报复.

quit'ter ['kwitə] n. 半途而废的人,懦夫.

quitting-time n. 下班时间.

quiv'er¹ ['kwivə] Ⅰ v.; n. (使)(声,光,翼等)颤抖,摇动,(使)微震,震颤,颤声,一闪. Ⅱ n. ①箭袋 ②大群 ③(能装一套东西的)容器. ▲have an arrow (a shaft) left in one's quiver 还有办法. quiver with M 因 M 而颤抖. ~ing a.

quiv'erful n. 大量,许多(of).

quixot'ic(al) [kwik'sɔtik(əl)] a. 唐·吉诃德式的,幻(空)想的. ~ally ad.

quiz [kwiz] Ⅰ (pl. quiz'zes) n. ①(一般知识)测验,提问,难题,一串问题,猜谜(问答)节目 ②挖苦,嘲弄. Ⅱ (quizzed; quiz'zing) vt. ①挖苦,嘲弄 ②考问,出难题.

quiz'zical ['kwizikəl] a. ①可笑的 ②嘲弄的 ③好奇的,疑惑的. ~ly ad.

qunty =quantity per unit pack.

quoad hoc ['kwɔuəd'hɔk] [拉丁语] ①关于这一点,单就这一点来说,在这一点上,就此而论 ②到这为止,到此程度(范围).

quod [kwɔd] n.; vt. 监(牢)狱,把…关进监狱.

quod [kwɔd] [拉丁语] pron. 这. quod erat demonstrandum 这就是要证明的,证讫 □. quod erat faciendum 这就是要做的,做完. quod erat inveniendum 这就是要找的,找完. quod est 这就是. quod vide 参看(该条),见(该项).

quoin [kɔin] Ⅰ n. ①楔子,楔形石,楔形支持物 ②突(屋)角,隅石(块) ③角落. Ⅱ vt. ①用楔子支持,打楔子固定(夹紧) ②给…装嵌隅石块. quoin culvert 闸隅涵洞. quoin stone 隅(限)石.

quoin'ing n. (接合墙壁或平面的)外角构件.

quoit [kɔit] Ⅰ n. (金属,铁,橡皮,绳)圈. Ⅱ vt. 扔,抛.

quon'set ['kwɔnsit] n. 活动房屋(屋顶呈半圆形,瓦楞铁预制构件搭成).

quo'rum ['kwɔ:rəm] n. 法定人数. have (form, procure, lack) a quorum 有(形成,达到,不足)法定人数.

quot = ①quotation ②quoted.

quo'ta ['kwoutə] n. ①份额,(分担)部分,份数 ②定(限,比,分配)额,定量. exchange quota system 外汇限额制度. import (export) quota 输入(出)限额. output quota 产品定额. overfulfil the quota 超过定额,超额完成. the quota system 定额分配制. The quota has already been filled. 定(限)额已满.

quotabil'ity [kwoutə'biliti] n. 有引证价值.

quo'table ['kwoutəbl] a. 可以引用(证)的,有引证价值的,值得援引的.

quota'tion [kwou'teiʃən] n. ①引证(用,文),引(用)语(句) ②语录 ③(商业)行市,定价,行情,报价 ④行情表,估价单,报价表(单) ⑤(印刷上填空白用的)嵌(铅)块. exchange rate quotations 外汇牌价. market quotation on…的报价(市价). quotation for building a workshop 建造一所车间的估价(单). quotation in mm (尺寸)用毫米表示. quotation mark 引号(" "). quotation of prices 报价(单). quo'tative a.

quote [kwout] Ⅰ v. ①引用(证,述),援引(例证),提供(例证),标(列)出 ②开(估,报)价,提出(价格). Ⅱ n. ①引(证)文,引语 ②(pl.)引号. ▲be quoted as 被指出(引述). He is quoted as saying (as having said) that 有人引述他的话说. be quoted at M…的价是 M. be quoted for 指的是,是对于……来讲. Boiling points are usually quoted for standard atmospheric pressure. 平常说沸点,指的是在标准大气压下的沸点. be quoted from 引自. quoter (from) 引用(…的话).

quo'ter ['kwoutə] n. 引用(证)的人.

quote'worthy ['kwoutwə:ði] a. 有引用(证)价值的,值得引用(证)的.

quoth [kwouθ] vt. 说(过).

quotid'ian [kwɔ'tidiən] a. 每日(天)的,平凡的,普通的.

quo'tient ['kwouʃənt] n. ①【数】商(数),率,系数 ②份额,应分得的部分. differential quotient 微商,导数. load inflation quotient 荷裁压气比,荷裁轮胎压力系数. partial quotient 偏微商,偏导数. quotient convergence factor 比值收敛因子. quotient field 商域(体). quotient of difference 增量比.

quotient-difference algorithm (或 **Q. D. A**) 商-差算法.

quoti'ety [kwou'taiiti] n. 率;系数.

Quo Vadis ['kwou'veidis] [拉丁语] ①向何处去 ②朝什么方向发展,发展方向.

QUP =quantity per unit pack 每包(组,套,单元,件)的数量

qv =〔拉丁语〕*quod vide* 参看(该条),见(该项).

Q-value *n.* ①品质因数,优值,Q 值 ②核反应能量(值) ③等于 10^{18} 英(制)热(量)单位(即 252×10^{18} 卡路里的热量).

qy = query 询问.

R r

R = ①acoustic resistance 声阻 ②(degree)Rankine 兰金(温)度数,兰金温标 ③(degree) Réaumur 列氏(温)度数 ④radical 根(号,式,数) ⑤radius 半径 ⑥railway 铁路 ⑦range 范围,区域,量(航)程,波段 ⑧rapid return 快速返回 ⑨ratio 比(率),系数 ⑩reaction 反应(馈),反作用(力) ⑪read 读(出) ⑫receiver 接收机,收音机 ⑬recipe 处方 ⑭recovery 复原,回收 ⑮reliability 可靠性 ⑯republic (an)共和国(的) ⑰research 研究 ⑱resistance 电阻 ⑲Reynold's number 雷诺数 ⑳right 右(的),正确的 ㉑ring 环(状物,形电路) ㉒riser 起飞装置 ㉓river 河 ㉔rod 棒,标尺,(钻)杆 ㉕Roentgen 伦(琴)(放射能的单位) ㉖roll 滚筒,辊 ㉗r(o)uble 卢布 ㉘rough cut 粗切削,(锉)的粗纹 ㉙royal 英国的,(英国)皇家的 ㉚rubber 橡皮 ㉛rupee 卢比.

r = ①compression ratio 压缩比 ②railroad 铁路 ③range 范围,区域,量(航)程,波段 ④rare 稀(薄,有,少)的 ⑤road 路 ⑥Roentgen 伦(琴) ⑦rubber 橡皮 ⑧rupee 卢比.

R and D = research and development 研究与发展,研制与试验.

R bit 倒圆成形车刀,R 成形车刀.

R gauge 圆弧规,R 规.

R & RR system = range and range rate system 距离和距离变化率测量系统.

R scope R 型显示器(扫描扩展并有精密的定时设备).

RA = ①raised 上升的,高出的,凸起的,增加的 ②random access 无规(随机)存取 ③range-azimuth (corrector)距离-方位(校正器) ④rayon 人造丝,人造纤维 ⑤Regular Army(美国)正规陆军 ⑥regular army 常备(正规)军 ⑦reliability analysis 可靠性分析 ⑧repair assignment 修理任务 ⑨right ascension 赤经 ⑩rocket aerial 火箭天线.

Ra = radium 镭.

ra = radioactive 放射性的.

R/A = radius of action 作用(活动)半径.

Rabat [rɑˈbɑːt] *n.* 拉巴特(摩洛哥首都).

rab'bet [ˈræbit] I *n.* ①(插,塞)孔,(插)座 ②榫头(接),槽口(接),槽口(凹,凸)缝,槽(凹,边)缘,边口(凹凸)缝 ③缺(切,陷),凹部,槽口 ④刨口,槽刨. II *v.* ①开槽口 ②嵌接(合),榫接,槽(舌)接合. *rabbet joint* 槽舌(半榫,半吞,企口)接合.

rab'bit [ˈræbit] *n.* ①兔 ②视频再现 ③样品容器(放入反应堆使样品受中子照射成放射性的容器). *rabbit antenna* 〔loop〕兔耳形天线. *rabbit channel* 样品容器〔辐射压风〕孔道. *rabbit ears* (电视机的)兔耳形室内天线.

rabbittite *n.* 水菱镁钙石,针钙镁铀矿.

rab'ble [ˈræbl] I *n.* (长柄,搅拌)耙,搅料棒,搅拌棍,熔烧炉的机械搅拌器,拨火(混合)棒. II *vt.* 搅拌,用搅动器(棍)搅动. *rabble blade* (多膛熔烧炉)耙齿.

rab'bler *n.* ①铲子,刮刀 ②〔冶〕搅拌器〔棒〕③加煤工,司炉.

ra'bies [ˈreibiːz] *n.* 狂犬病,疯咬病.

Rabitz construction 拉比兹构造(钢丝网建筑).

RAC = ①radar approach control 雷达进场控制,雷达临场指挥 ②ram air cushion 锤头(柱塞)气垫 ③Research Analysis Corporation 研究分析公司 ④Royal Armoured Corps 英国装甲部队.

race [reis] I *n.* ①(速度上的)竞(比)赛,竞争(态),赛跑(马,船) ②路(航)线,轨(航,叶,沟,水,跑)道,航速,运行,路径(行,航,历)程 ③急(气,激)流,快速水(桨)滑流 ④环,圈轨,轮槽 ⑤(滚动轴承的)座圈,夹圈,轴承圈(ring),(滚珠)滚道(圈),(滚珠轴承)套(圈)(机)梭道,走梭板 ⑥途径,方法,特性 ⑦种(民,家)族,(种)类,界,属,品种. II *v.* ①(和…)比速度,(和…)竞赛,(在速度上)试图超过 ②(使)疾驰,(使)全速行进 ③使空转,(因阻力或负荷减少而)猛(急)转. *armament race* 军备竞赛. *ball race* 滚珠座圈,(滚珠)滚道(圈),轴承圈(ring). *inner race* (轴承)内座圈,内环(滚道). *outer race* (滚动轴承)外座圈,外环(滚道). *propeller race* 螺旋桨滑流. *race cam* 竞赛汽车阀门用特殊凸轮(凸轮升程高,开阀急速,开阀时间长). *race condition* 〔计〕竞态条件. *race rotation* 空转. *race way* 见 *raceway* (*way*) *grinder* 轴承(环)滚道磨床. *rat race* 激烈的竞争. *roller race* 滚柱轴承环. *straight race* 全力以赴的竞赛. *Don't race the engine.* 不要让发动机(快速)空转. ▲*race against* 和…赛跑,争取在…之前完成任务. *race against time* 争取时间,和时间赛跑.

RACE = ①random access computer equipment 随机存取计算机设备 ②rapid automatic checkout equipment 快速自动检查设备.

race'course *n.* 跑道,水道. *racecourse bend* 导向弯管.

racemase *n.* 消旋酶.

racemate *n.* 消旋(化合)物.

raceme [reiˈsiːm] *n.* 【化】(外)消旋体〔物〕,总状花序.

race'mic [rəˈsiːmik] *a.* (外)消旋的. *racemic acid* (外)消旋(酒石)酸. *racemic compound* (外)消旋化合物. *racemic modification* (外)消旋(变)体.

racemiza'tion *n.* (外)消旋(作用).

rac'emize [ˈræsimaiz] *vt.* (外)消旋.

racemomucor *n.* 总状毛霉.
rac'emose *a.* 总状分枝的,串状花序〔排列〕的.
racemulose *a.* 小簇状的,(如)小总状花序的,串状排列的.
RACEP =random access and correlation of extended performance 扩展性能的随机存取与相关.
ra'cer [ˈreisə] *n.* ①竞赛用的车〔艇,马,飞机等〕②参加(速度)比赛者 ③火炮转台 ④轴承环.
RACES =Radio Amateur Civil Emergency Service 业余无线电爱好者国内应急通信业务.
race'track *n.* ①(比赛用)跑道 ②(共振加速器中)粒子轨道.
race'way *n.* ①(输)水道,水管,导水路,电缆管道,轨道 ②(鼓风炉风嘴处焦炭的)燃烧空窝 ③(轴承,滚珠)座圈.
rachet =ratchet.
rachion *n.* 湖岸线.
ra'chis (pl. *ra'chises*, *ra'chides*) *n.* 脊柱,分脊,主〔羽,叶,花序〕轴.
rachi'tis *n.* 佝偻〔软骨〕病.
ra'cial [ˈreiʃəl] *a.* 种族的.
ra'cialism *n.* 种族主义.
ra'cialist *n.* 种族主义者.
R-acid =2-naphthol-3,6-disulfonic acid R-酸,2-萘酚-3,6-二磺酸.
ra'cing [ˈreisiŋ] *n.* ①赛跑,竞赛 ②发动机超速,(发动机无负荷)空转 ③控制不稳,紊乱(控制). *engine racing* 发动机的高速空转. *racing track* 汽车竞赛路.
ra'cism [ˈreisizm] *n.* 种族主义〔歧视〕.
ra'cist *n.*; *a.* 种族主义者〔的〕,种族歧视的。
rack [ræk] Ⅰ *n.* ①齿条〔板,杆,轨,棒〕,牙条,导〔滑〕轨 ②架,支〔框,机,网,底,台,吊,三角,搁物,挂物,行李,炸弹〕架,(检车)台,机柜,格栅,(支)柱 ③冷床 ④固定洗矿盘 ⑤嘎哒声,震响 ⑥破坏,毁灭. Ⅱ *vt.* ①把…放在架子上,装架,在架上制作〔处理〕②推压,压榨,撕裂,折磨,剥削 ③转〔移,震〕动,洗矿 ④变形,倾斜 ⑤(圬工)阶梯形砌接. *assembly rack* 装配架. *cable rack* 电缆架. *chain transfer rack* 链式齿条冷床. *charging rack* 装料台架. *connecting rack* 配线架. *control rack* 操纵仪表架,控制盘〔板〕,(仪表)控制台. *gear rack* 齿〔牙〕条. *helical rack* 或 *rack with helical tooth* 螺旋齿条. *hot rack* 热钢材冷却台架,冷床. *inspection rack*(汽车)检修台. *launching rack* 发射导轨,导轨式发射装置. *lifting rack* 提升齿条,爬梯. *mounting rack* 工作台,支柱,安装架,(底)架. *pinion rack* 齿臂〔板〕. *power steering rack* 动力操向齿条机构,转向加力器齿条. *rack and pinion* 齿轮齿条副,齿条-小齿轮,齿条齿轮传动. *rack and pinion adjustment* 粗调装置. *rack and pinion jack* 齿条齿轮千斤顶. *rack driving planer* 齿条传动刨床. *rack earth* 机架〔壳〕接地. *rack gear* 齿条传动. *rack rail* 齿轨. *rack railway* 〔railroad〕齿轨铁道. *rack wheel* 齿(车)轮. *rack work* 齿条加工. *sector rack* 扇形齿板. *service rack* 洗车台. *stake rack* 栅栏. *supporting rack* 支持〔承〕架. *tool rack* 工具架. *underwing rack* 翼下发射导轨. ▲*be on the rack* 受酷刑,极度焦虑. *go to rack and ruin*〔manger〕被破坏〔毁灭〕. *in a high rack* 居高位. *off the rack*(衣服)现成做好的. *rack one's brains* 绞脑汁. *rack up* 击败〔倒〕.
rack'-and-pin'ion *n.* 齿轮齿条副,齿轮齿条传动装置. *rack-and-pinion railway* 齿轨铁道.
rack'et [ˈrækit] *n.*; *vi.* ①喧嚷,吵闹,纷乱 ②敲诈,骗局.
racketeer' [rækiˈtiə] *n.*; *v.* 诈骗(者),敲诈勒索(者).
rack'ety [ˈrækiti] *a.* ①喧嚷的,吵闹的 ②摇晃的,不牢固的,不可靠的.
rack'ing [ˈrækiŋ] *n.* ①推压动作,挤压(运动) ②(墙的)阶梯形砌接,企口〔阴阳榫〕接缝 ③去渣,洗矿. *racking course* 斜砌砖层. *racking load* 振动荷载.
rack-mounted *a.* 安装在机架上的.
rack'work *n.* ①齿条(加工) ②调位装置 ③对光〔调焦〕旋钮.
ra'con = ①radar beacon 雷达信标,雷达应答器,雷达响应指标 ②radio beacon 无线电信标.
racrr =range and altitude corrector 距离高度校正器.
ractinomycin-A *n.* 正霉素 A.
ra'cy [ˈreisi] *a.* 有力的,活泼的,有风味的,芬芳的,新鲜的.
rad = ①radian ②radical ③radiation absorbed dose ④radio ⑤radiogram ⑥radiooperator ⑦radius ⑧radix.
rad [ræd] *n.* (=radiation absorption dose 或 roentgen-absorbed dose)拉德(吸收辐射剂量单位,=每一克组织吸收 100 尔格能量).
RAD = ①radiator ②radio ③rapid access data 快速存取数据 ④rapid access device 快速存取装置 ⑤research and development 研究与发展.
Rad Int =radio intelligence 无线电侦察.
Rad Sta =radio station 无线电台.
RADA = ①radioactive 放射性的 ②random access discrete address 无规存取分立地址,随机存取离散地址.
radameter *n.* 防撞雷达装置,警戒雷达.
ra'dar [ˈreidɑː] *n.* (=radio detecting and ranging)雷达(站,台,设备,探测术),无线电探向和测距,无线电探测(器),无线电定位(器,装置). *automatic-range-only radar* 自动无线电测距器,自动测距雷达. *beam transmitter radar* 定向瞄准〔波束发射〕雷达. *early warning radar* 预警〔远程警戒,远距离搜索〕雷达. *flight path radar* 飞行弹道雷达,方位雷达. *hand radar* 轻便〔携带式〕雷达. *radar chain* 雷达网,雷达防线. *radar horizon* 雷达作用〔直视〕距离,雷达地平线. *radar indicated face* 雷达显示表面,雷达荧光屏. *radar meter* 雷达表,雷达测速计. *radar pencil beam* 雷达锐方向性射束,雷达铅笔状射束. *radar performance figure* 雷达效率,雷达质量〔性能〕指标. *radar range finder* 雷达测距器. *radar screen* 雷达荧光屏. *sound radar* 声波定位〔测距〕器,声纳. *track-while-scan radar* 跟踪搜索雷达.
ra'dar-direc'ted *a.* 雷达操纵的.
radargram'metry *n.* 雷达测量学.

ra'dar-ho'mer n. (有)雷达自动引导头(的导弹),雷达自动瞄准头.

radarkymog'raphy n. 雷达计波摄影.

ra'darman n. 雷达(操纵)员.

ra'darmap n. 雷达地图.

ra'darproof a. 防(反)雷达的.

ra'darscope n. 雷达显示(示波)器,雷达屏.

RADAT =radiosonde observation data 雷达(无线电探空仪)观测资料.

RADCM =radar countermeasures 反雷达(措施),雷达对抗,雷达干扰措施.

RADDEF =radiological defense 放射性防护,辐射防护.

rad'dle ['rædl] Ⅰ n. ①代(红)赭石 ②圆木,树桠 ③灌木,篱笆. Ⅱ v. ①用红赭色涂 ②编,交织.

rad'dled a. 坏掉的,用旧的,糊涂的.

radechon n. 一种具有障碍的信息存储管(雷得康管).

Radenthein method 一种高温碳素还原制锲法.

RADEX = radiological〔radiation〕 exclusion area 放射禁区.

radexray n. X 射线雷达.

RADFAC =radiating test facility 辐(放)射试验设备.

RADI =radiographic inspection X 射线检验,射线照相检查.

radiabil'ity [reidiə'biliti] n. X 射线透过性.

ra'diable a. 可加以透(可检)的.

ra'diac ['reidiæk] n. (=radioactivity detection,-identification and computation) 剂量探测〔放射性检测〕仪器,辐射计,核子放射侦察,放射性探测及指示和计算.

radiacmeter n. 剂量计,核辐射测定器.

ra'diagraph ['reidiəgra:f] n. 活动焰切机.

ra'dial ['reidiəl] Ⅰ a. ①径向的,(沿)半径的,【天】沿视线(方向)的,视向的,辐射(式)的,辐射(状)的,轴向的,星形的,弧矢的,光〔辐射〕的 ③桡骨(侧)的. Ⅱ n. ①径(辐)向,光(辐)射线 ②辐射部,垂直于圆弧部分的杆(臂) ③桡骨神经(动脉). *radial arm* 旋臂. *radial arm bearing* 横力臂支承. *radial bearing* 径向(向心辐射式)轴承. *radial brick* 扇形砖. *radial check gate* 弧形节制闸门. *radial crushing strength* 径向破碎强度. *radial cutter* 侧面铣刀. *radial deflection type cathode ray tube* 极坐标(径向偏转式)阴极射线管. *radial drill* 〔drilling machine〕摇(旋)臂钻床. *radial engine* 星形(辐射)式,径向配置活塞的发动机. *radial flow* 轴向流,径流. *radial flow compressor* 径向(离心)式压缩机. *radial flow resnatron* 径向通量分束波超高功率四极管. *radial navigation* 径向(放射状)导航法. *radial packing* 〔seal〕轴封,径向密封. *radial play* 径隙. *radial pole piece* 径(辐)向极靴. *radial profile* 径向(辐射状)剖面. *radial road(s)* 辐射式道路(系统). *radial slot* 沿径槽. *radial turbine* 径流式涡轮机. *radial velocity* 径向速度,【天】视线(向)速度. *radial winding* 辐射式绕组(法).

ra'dial-ax'ial flow tur'bine 混流式水轮机.

ra'dial-beam tube 径向偏转电子射线管.

ra'dial-deflec'ting elec'trode 径向偏转电极.

ra'dial-flow n. 辐向流动. *radial-flow turbine* 辐流涡轮机.

ra'dial-in'let a. 径向进口的.

ra'dial-in'ward a. 向心式的.

radializa'tion n. 辐(放)射.

ra'dialized a. 辐射状的,放射的.

radial-time-base display 径向时基显示器.

ra'dian ['reidjən] (缩写为 rad) n. 弧度(角),弳(2π 弧度=360°;1 弧度=57°.29578;1 弧度=0.01745 弧度). *radian frequency* 角频率,弧度频率(2πf). *radian measure* 弧度(法).

ra'diance ['reidjəns]或 **ra'diancy** ['reidjənsi] n. ①发光(度),光亮度,光辉 ②辐射(率,性能,密度,亮度),面辐射强度(常用单位:瓦/单位立体角/米2) ③深橙红色 ④容光焕发.

ra'diant ['reidjənt] Ⅰ a. ①辐(放,发)射的,放热的,发出辐射的 ②发光的,光芒四射的,照耀的,灿烂的,容光焕发的. Ⅱ n. ①(光(热,辐射)源,发光(热)的物体,辐射器,辐射物(质),光点(体),(流星)辐射点 ②(电炉,煤气炉)白炽部分. *radiant emittance* 辐射率(度,通量密度). *radiant energy* 辐射能. *radiant heat* 辐射热. *radiant heat of anode* 阳极(板极)耗散热能. *radiant rays* 辐射线. *radiant tube annealing* 辐射加热式退火. *shower radiant* 流星雨辐射点,陨星雨源.

ra'diate ['reidieit] Ⅰ v. ①发射(光线,电磁波),放射(热量),发光(热),辐射(辐射式)的,辐射 ②射出,(光)发出,辐射状发出,从中心向各方伸展出 ③照明(亮),传〔广〕播,播送. Ⅱ a. 有射线的,射出的,辐射状的. Ⅲ n. 放射对称动物. *radiated element* 射元件,辐射单元. *radiated energy* 辐射能. *radiated structure* 放射状组织. *radiating circuit* 辐射(天线)电路. *radiating* 〔radiated〕 *flange* 散热片,散热凸缘. *radiating power* 〔capacity〕 辐射本领.

radia'tion [reidi'eiʃən] n. ①发射(光,热,散),放(辐)射,照射(作用) ②放射线(物),辐射线(能,热) ③散热器 ④辐射状排列,由辐射 ⑤射线疗法. *auroral radiation* 极光. *beamed radiation* 定向辐射. *calorific* 〔thermal〕 *radiation* 或 *radiation of heat* 热辐射. *cosmic radiation* 宇宙辐射. *electromagnetic radiation* 电磁辐射. *head-on radiation* 正(迎)面辐射. *low-energy* 〔soft〕 *radiation* 软性射线(辐射). *nuclear radiation* 核辐射. *radiation curing* 放射硬化. *radiation damage* 辐射(辐照)损伤(余伤). *radiation element* 放射性元素,辐射元件. *radiation flux* 辐射通量. *radiation height* (天线)的有效高度,辐射高度. *radiation pattern* 天线辐射(方向)图,天线方向性图. *radiation sickness* 辐射病,射线中毒. *radiofrequency radiation* 射频辐射. *shock wave radiation* 激波延伸. *ultraviolet radiation* 紫外线.

radia'tion-cooled tube 气冷管.

radia'tion-coun'ter tube 辐射(线)计数管.

radia'tionless a. 非辐射的.

radia'tionmeter n. 伦琴(辐射)计,X 射线计.

radia'tion-proof a. 防辐射的.

radia'tion-resis'tant a. 对辐射作用稳定的,抗辐射的.

ra'diative ['reidieitiv] a. 放(辐)射的,发射(光,热)

radiativ'ity n. 辐[放]射性,发射率[性].
radiative flux 辐射通量.

ra'diator ['reidieitə] n. ①辐射体[器,片,源],放射体,放射器,放[发]射器 ②散热器[片],暖气片[管,装置],取暖电炉[煤油炉],冷却器,(汽车等)水箱 ③发射天线,振子,振荡器. active radiator 有源辐射器. full radiator 黑[全辐射]体. half-wave radiator 半波辐射器,半波振子. nose radiator 机头散热器. perfect radiator 理想[黑体]辐射体. radiator chaplet [铸](单面平的)螺旋型[天线式,盘香式]芯撑. radiator of sound 声源,声辐射器,扬声器.

radiator-fan n. 散热片.

rad'ical ['rædikəl] I a. ①根[基]本的,主[重]要的 ②[数]根的,[化]基的,原子团的 ③激进的,过激的. II n. ①根部,基础,基本原理 ②[数]根号[式,号],[化]基,原子团,官能团. acid radical 酸根[基]. alkyl radical 烷(烃)基. anion radical 阴离子团. make radical changes 作根本[彻底]的改变. neutral radical 中性基. radical axis [数] 根[等幂]轴. radical center 根[等幂]心. radical expression 根式. radical of an algebra 代数的根(基). radical polymerization 游离[自由]基[引发]聚合(反应). radical principle 基本原理. radical sign 根号. radical transfer 自由基转移. radical weight 基团量. titanate radical 钛酸根.

rad'ically ad. 根本上,完全,主要地.

rad'icand ['rædikænd] n. [数]被开方数.

rad'icate ['rædikeit] v. ①[数]开方 ②使生根,确立.

radica'tion [rædi'keiʃən] n. [数]开方.

ra'dices ['reidisi:z] radix 的复数.

radiciform a. 根状(形)的.

radicivorous a. 食根的.

rad'icle ['rædikl] n. ①[化] 根,基,原子团 ②胚[珠,小]根,官能团.

radicolous a. 生在根部的.

radicular a. 根的.

radiferous a. 含镭的.

ra'dii ['reidiai] n. radius 的复数.

ra'dio ['reidiou] I n. ①无线电,射电 ②无线电话[报],无线电传送[通信,广播] ③无线电广播,收音机 ④无线电(广播)台,无线电广播事业. II v. ①用无线电发送[发射,传送,广播],向…发无线电报(话) ②用X射线拍照. III a. 射高频的,射电的,中波(每秒超过15,000)周率以上的,无线电报的,收音机的. heard over [on, upon] the radio 从无线电广播中听到. listen (in) to the radio 收听无线电广播. receive a radio 收到一份无线电报. send a message by radio 拍发无线电报. talk [speak] over the radio 作广播讲话,由无线电进行广播. tune in to Radio Beijing 把收音机调到北京电台. turn [switch] off [on] the radio 关[开]收音机. crystal radio 矿石收音机,检波式无线电接收机. radio active series 放射系(列). radio astronomy 射电天文学. radio beacon 无线电指向标,无线电航空信标. radio bomb 无线电引信炸弹. radio carbon 放射性碳,碳同位素. radio chemistry 放射性化学. radio circuit 高频电路. radio compass station 无线电方位信标台. radio copying telegraph 无线电传真电报. radio detector equipment 雷达设备. radio direction finder 无线电测向器[定向仪]. radio examination 射线检验. radio fade-out 电波消失,无线电信号衰落. radio field intensity 射频场强(度),电磁波场强. radio fix 无线电定位. radio forecast 无线电波传播情况预报. radio frequency 射电频率,无线电频率(约$10^4 \sim 3 \times 10^{12}$赫). radio frequency gluing 高频胶合. radio frequency pattern 交变脉冲图形. radio heater 高[频]加热器. radio horizon 无线电地平线,电波水平线. radio isotope 放射性同位素. radio knife 高频手术刀. radio locator 无线电探测器,雷达站. radio loop 环形天线. radio marker 无线电信标(指点标). radio picture [photo-transmission, facsimile] 无线电传真. radio pincher (修理)无线电(用)钳子,扁嘴钳. radio procedure 无线电通信工作程序. radio range 信,radiorange. radio search system 搜索雷达站. radio set 收音机,无线电收发报机,无线电台. radio silence 无线电静寂,停止发报时期. radio spectrum 射频谱. radio television set 电视机. radio therapy 超短波治疗器. radio tower 无线电铁塔,广播塔. radio tube 真空(电子)管. radio wire 绞合天线. sun-powered [solar-powered] radio 太阳能供电的无线电设备. twoway radio 无线电收发设备,双向无线电台. wired radio 有线载波通信. ▲radio M to N 用无线电把 M 传[发]给 N.

radio- [词头] 放[辐]射,无线电,X 射线,光线.

ra'dioacous'tic a. 无线电(广播)声学的. radioacoustic position finding 声响定位,无线电声测位.

ra'dioacoust'ics n. 射电(无线电)声学.

ra'dioactin'ium n. 射锕,放射性锕 RdAc(钍的同位素,Th^{227}).

radioac'tion [reidio'ækʃn] n. 放(辐)射性,放射现象.

ra'dioac'tivate v. 使带放射性,放射性化.

ra'dioac'tivated a. 辐射激[活]化的.

ra'dioactiva'tion n. 辐射激[活]化,放射性活化.

ra'dioac'tive ['reidiou'æktiv] a. 放射性的,放射引起的. radioactive background 放射性本底. radioactive decay 放射性衰变. radioactive detector 放射性检测器. radioactive drug 放射性制剂. radioactive dust 放射性尘埃. radioactive element 放射(性)元素. radioactive fallout 放射性微粒回降. radioactive heat 放射性蜕变热. radioactive logging equipment 放射钻孔测井设备. radioactive ray series 放射线系. radioactive series 放射系. radioactive tracer 同位素[放射性]示踪物,放射显迹物.

ra'dioactiv'ity ['reidiouæk'tiviti] n. 放射性,放射现象(能力),放射学. neutron-induced radioactivity 中子感生的放射现象. radioactivity log 放射性测井(曲线). radioactivity meter for liquids 液体放射性检验器. radioactivity [radioactive] standard 放射性标准(源).

radioaerosol n. 放射性气溶胶.

radioaltim'eter n. 射[无线]电测高计.

ra'dioam'plifier ['reidiouˌæmplifaiə] n. 高频放大器.

ra'dioanal'ysis n. 放射性分析.

radioassay' n. 放射性测量[鉴定，分析].

ra'dioastron'omer 射电天文学家.

radioastron'omy n. 射电天文(学).

ra'dioautocontrol' 无线电自动控制[操纵].

ra'dioau'togram ['reidiou'ɔːtəɡræm] n. 放射自显影照相，无线电传真.

ra'dioau'tograph ['reidiou'ɔːtəɡrɑːf] I n. 放射自显影照相，自动射线照相，无线电传真，放射[同位素]显迹图. II vt. 给…拍摄放射自显影照相. ~ic a.

ra'dioautog'raphy [ˌreidiouɔː'tɔɡrəfi] n. ①放射(自)显影术，自动射线照相术 ②无线电传真术.

ra'dio-autopi'lot n. 无线电自动驾驶.

radiobea'con n. 无线电信标[指向台].

ra'dio-beam transmitting 定向无线电发送.

ra'diobear'ing n. 无线电定向[方位].

radiobiochem'istry n. 放射生物化学.

ra'diobiol'ogy n. 放(辐)射生物学.

ra'diobroad'cast ['reidiou'brɔːdkɑːst] I (ra'diobroad'cast 或 ra'diobroad'casted) vt. 用无线电广播. II n. 无线电广播(节目).

ra'diobuoy n. 无线电浮标.

radiocancerogen'esis n. 放射性癌形成，放射致癌.

ra'diocar'bon n. 放射性碳. radiocarbon tracer 放射性碳示踪物.

ra'diocar'diogram n. 放射(能)心电图.

ra'diocardiog'raphy n. 放射心电图测定，心脏放射描记术[法]，心放射图.

ra'diocast ['reidiouˌkɑːst] vt. 用无线电广播.

ra'diocast'er n. 无线电广播(工作)者.

ra'dioceram'ic ['reidiousi'ræmik] n. 高频瓷.

radiocesium n. 放射性铯.

radiochemical nuclide 放射化学(分离出的)核素.

ra'diochem'istry ['reidiou'kemistri] n. 放射化学.

radiochemolumines'cence n. 辐射化学发光.

ra'diochromat'ogram n. 辐射色层[分离]谱.

ra'diochromatog'raphy n. 辐射色层[分离]法，辐射色谱学，放射[性]色谱法[学].

radiochrom'eter n. X射线硬度测定仪[测量计]，X射线穿透计.

radiocirculog'raphy n. 放射(血)循环描记术.

ra'dioco'balt n. 放射性钴.

radiocoll'oid n. 放射性胶质[体].

ra'dio-communica'tion n. 无线电通信.

ra'diocom'pass n. 无线电罗盘.

ra'diocontamina'tion n. 放射性沾污[污染].

ra'dio-controlled' a. 无线电操纵[控制]的.

radiodermatitics n. 放射性皮炎.

ra'dio-detec'tion 无线电探测.

ra'diodetec'tor ['reidioudi'tektə] n. 无线电探测器，雷达，检波器.

ra'diodiagno'sis n. X光[放射性]诊断.

ra'dioech'o n. 无线电回波，无线电反射信号.

radioeclipse' n. 射电食.

radioecol'ogy n. 放射生态学.

ra'dioed a. 无线电传送的.

ra'dioelectron'ics n. 无线电电子学.

ra'dioel'ement n. 放射性元素.

ra'dioengineer'ing 无线电工程[技术].

ra'dio-equipped' a. 无线电装备的，装有无线电的.

ra'dioexamina'tion n. 伦琴射线透视法，放射性[射线]检验(法).

ra'diofacsim'ile n. 无线电传真.

ra'diofica'tion n. 电化，装设无线电.

ra'dio-fluores'cence n. 辐射[射电]荧光.

ra'dio-free a. 不产生无线电干扰的.

ra'diofre'quency n. 射[高]频，高周波，无线电频率(约 $10^4 \sim 3 \times 10^{12}$ 赫). radiofrequency amplifier 射频[高频]放大器. radiofrequency heating 射频[感应]加热. radiofrequency power supply 射频高压电源. radiofrequency transformer 射频(高频)变压器，射频变量器.

radiogal'axy n. 射电星系.

ra'diogen ['reidiodʒen] n. 放射物(质).

ra'diogen'ic a. 放射所致(产生)的，放射原的，致辐射的. radiogenic heat 辐射热.

radiogeodesy n. 无线电大地测量(学)，无线电测地学.

radiogoniograph n. 无线电定向计.

ra'diogoniom'eter ['reidiouɡouni'ɔmitə] n. 无线电测向计(仪)，无线电方位计，无线电测角[探向]器，无线电定向台. **ra'diogoniomet'rica**.

ra'diogoniom'etry n. 无线电测[定]向术，无线电方位测定法.

ra'diogram ['reidiouɡræm] n. ①无线电信息，无线电报 ②X(射)线照片，射线照相(片) ③收音电唱两用机，无线电唱机.

ra'diogram'ophone n. 收音电唱两用机.

ra'diograph ['reidiouɡrɑːf] I n. (X，伦琴)射线照相，(X，伦琴)射线照片，放射照片，射线底片，X射线图. II vt. 拍…的射线照片.

ra'diograph'ic ['reidiou'ɡræfik] a. (X)射线照相的. radiographic contrast X射线底片对比度. radiographic test X射线检查.

radiographic-testing 放射照相试验.

radiog'raphy [reidi'ɔɡrəfi] n. (X)射线照相(术)，辐射(X光)照相术，放射照相学(术). neutron radiography 中子探伤(器)，中子射线照相(术).

ra'diohaz'ard n. 射线伤害(危险，危害).

ra'dioheat'ing n. 射频加热.

radiohe'liogram n. 射电helio图.

radiohe'liograph n. 射电日像仪.

radiohistog'raphy n. 放射组织自显术.

ra'diohm n. (一种高阻线)雷电欧. radiohm alloy 一种铁铬铝电阻合金(铬 12～13%，铝 4～5%，其余铁).

radiohy'giene n. 放射卫生学.

radioimmunoassay (RIA) n. 放射(性)免疫测定(法).

radioimmunol'ogy n. 放射免疫(法).

radioin'dicator n. 示踪原子，同位素(放射性)指示剂.

radiointerfe'rence n. 无线电干扰.

radiointerferom'eter n. 射电(天文)干涉仪.

radioi'odinated a. 放射性碘标记的.

radio-isophot n. 射电等辐透，射电(射源)等照度.

ra'dioi'sotope ['reidiou'aisətoup] n. 放射性同位素. radioisotope transmission gauge(测厚度，密度，液

面等的)放射性同位素透过测量计. ra′dioisotopic a

radiokymog′raphy n. X射线动态摄影术,X线记照相[描记]术.

ra′diola′bel ['reidiou'leibl] (ra′diola′bel(l)ed) v. 放射性同位素示踪[标记].

radiola′belling n. 放射性标记.

Radiolaria n. 放射虫纲[类].

radiolarian a. 放射虫类的. radiolarian ooze 放射虫软泥.

ra′diolead n. 镭D,铅-210(Pb^{210}),(放)射(性)铅.

radiole′sion [reidio'li:ʒn] n. 放射性损害.

radiolocate′ v. 无线电定位.

ra′dioloca′tion ['reidiouləu'keiʃən] n. 雷达学,无线电定位(学). colour radiolocation 彩色显示(的)无线电定位.

ra′dioloca′tor n. 雷达(站),无线电定位器.

radiolo′gia n. 放射学.

ra′diolog′ic(al) a. 放射(性,学)的,(应用)辐射(学)的.

ra′diol′ogist n. 放射学家.

ra′diol′ogy n. 放射(学,应用)辐射学,X射线学.

radiolu′cent a. (伦琴)射线可(部分或全部)透过的,透射的,辐射[射线]透明的,X射线阻碍(的). n. 透射的伦琴射线. radiolu′cence 或 radiolu′cency n.

ra′diolumines′cence n. 辐射发[致]光,射线发光(现象),放射性物体放射的光.

radiol′ysis (pl. radiol′yses) n. 辐射〔射照,放射性〕分解,射〔辐〕解作用.

radiolyt′ic a. 辐射分解的. radiolytic damage 辐射分解损伤,辐射分解.

ra′dıoman (pl. ra′diomen) n. 无线电人员[技师,报务员,话务员,值机员].

ra′diomask′ing n. 无线电伪装.

radiomaximograph n. 大气(天电)干扰场强仪.

ra′diomet′al n. 无线电高导磁性合金,无线电磁金属(铁镍合金,镍铁各50%),射电金属.

ra′diometallog′raphy n. 辐射金相(射,电)学.

ra′diometall′urgy n. 辐射冶金学[术].

ra′diome′teorogram n. 无线电气象记录[图解].

ra′diome′teorograph n. 无线电探空仪[测风仪,气象仪,气象记录器],无线电高空测候器.

ra′diometeorol′ogy n. 无线电气象学.

ra′diom′eter n. 辐射计(仪),射线探测仪. radiometer gauge 辐射真空计.

ra′diomet′ric a. 辐射测[度]量的,辐射度的. radiometric analysis 辐射度分析.

ra′diom′etry n. 辐射测量术[学],辐射度(量)学,放射分析法[度量学],辐射测量.

radiomicrobiol′ogy n. 辐射微生物学.

ra′diomicrom′eter n. 辐射微热计,放射热力测微计,显微[测微]辐射计,无线电测微计.

ra′diomimet′ic a. 辐射模拟的(引起与辐照相同作用的),类辐照的.

ra′diomovies n. 电视电影.

radiomutant n. 辐射突变体.

radiomuta′tion n. 辐射(致)变异.

ra′dion ['reidion] n. (放)射(线)粒.

ra′dionaviga′tion n. 无线电导航.

radionecrosis n. 辐射致坏死.

radion′ics [reidi'ɒniks] n. 射电[无线电]电子学,电子管[无线电]工程.

radionu′clide n. 放射性核素(原子核).

radio-opac′ity n. 辐射不透明度,射线(X线)不透性.

ra′diop n. 无线电人员(话务员).

radiopac′ity n. 辐射不透明度[性].

ra′diopaque ['reidioupeik] a. 辐射不透明的,射线透不过的.

radiopa′rency [reidiou'pɛərənsi] n. X线(射线)可透性.

radiopa′rent [reidiou'pɛərənt] a. X线(射线)可透的.

ra′diophare n. 雷达探照灯,无线电指示台,船樯通信电台,(海上)无线电信标.

radiopharmaceu′ticals n. 防辐射药物.

ra′diophone ['reidioufoun] n.; v. 无线电(发,收)话(机).

ra′dio-pho′nograph n. 收音电唱两用机.

ra′dioph′ony n. 无线电话学[术].

radiophos′phorus n. 放射(性)磷.

ra′diopho′to n.; vt. 无线电传真(照片).

ra′diopho′tograph n. 无线电传真(照片).

ra′diophotog′raphy n. 无线电传真术,X线照相术.

ra′diophotolumines′cence n. 辐射光致发光. radiophotoluminescence dosimetry 辐射光致发光剂量测定法.

ra′diophotostimula′tion n. 辐射光致发光.

ra′diophototeleg′raphy n. 无线电传真电报(学).

radiophys′ics n. 无线电物理学.

ra′diopi′lot n. 无线电测风气球.

radiopolarog′raphy n. 无线电极谱法.

ra′dioprotec′tion n. 辐射防护.

radioprotec′tive a. 辐射防护的.

ra′dioprotec′tor n. 辐射防护剂[装置].

radioprotec′torant n. 辐射防护剂.

ra′diopu′rity n. 核纯度,放射性纯.

ra′dioqui′et n. 不产生无线电干扰的.

ra′diorace. 辐射亚种.

ra′diorange n. 无线电轨,无线电测向仪,射电轨,无线电(航向)信标,等信号区无线电信标 ②无线电测得的距离. radio-range receiver 无线电测距接收机.

radioreac′tion n. 放射反应.

ra′dio-recei′ver n. 无线电接收(收讯)机.

ra′dio-relay′ sys′tem 无线电中继线.

ra′dioresis′tance n. 辐射阻抗(抗性),[耐]射性,耐辐照性.

ra′dioresis′tant a. 辐射阻抗的,抗放射性的.

ra′diores′onance method 射线共振法.

radiorespon′sive a. 对放射有反应的,放射有效的.

radioruthenium n. 放射性钌,钌核.

radioscintig′raphy n. 放射性闪烁摄影法.

ra′dioscope ['reidiəskoup] n. 放射镜,剂量测定用验电器,X射线检试法(透视屏),放射镜.

radios′copy n. X射线(透视)检验法,射线检查法.

radioselec′tion n. 辐射选种.

ra′diosen′sitive a. 辐照[射]灵敏的,对射线敏感的.

ra′diosensitiv′ity n. 放射敏感[灵敏]度[性].

radiosensitiza′tion n. 辐射敏化,因辐射作用而敏化.

ra′dioset n. 收音机,无线电接收机,无线电设备.

ra′dioshielded a. 射频屏蔽的,防高频[不受射频]感应

ra′dioshielding n. 射频〔无线电〕屏蔽,高频〔感应〕屏蔽.
ra′dio-signal n. 无线电信号.
radio-sondage n. 无线电探空〔测〕.
ra′diosonde ['reidiousɔnd] n. ①无线电高空测候〔探测〕器,无线电探空〔测风〕仪,气象气球 ②无线电测距器.
radio-sonic (buoy) 无线电水声浮标.
ra′diosource n. 【天】射电源.
radio-spectrograph n. 射电频谱仪.
ra′diospectrog′raphy n. 无线电频谱学.
radio-spectrom′eter n. 无线电分光计,无线电波分光镜.
ra′diospectros′copy 放射〔辐射〕光谱学,无线电频谱学,电磁能全景接收技术.
ra′dio-spec′trum n. 射电频谱.
ra′dio-star n. 无线电星,电波星,射电(恒)星.
ra′diostat n. 中放晶体滤波式超外差接收机.
ra′dio-sta′tion n. 无线电台.
radiosteriliza′tion n. 辐射消毒.
radiostimula′tion n. 辐射刺激〔作用〕.
ra′diostron′tium n. 放射性锶.
ra′dio-survey′ing n. 无线电勘测.
radiosusceptibil′ity n. 辐射敏感性〔易感性〕.
radiosyn′thesis n. 放射〔辐射〕合成.
ra′diotech′nics n. 无线电技术.
ra′dio-teleecontrol′ n. 无线电遥控.
ra′diotel′egram n. 无线电报.
ra′diotel′egraph ['reidiou'teligra:f] Ⅰ n. 无线电报(机,术). Ⅱ v. 用无线电报机发〔讯〕.
ra′diotelegraph′ic a. 无线电报的.
ra′diotel′egraphy n. 无线电报术.
ra′diotel′emetering n.; a. 无线电遥测(的).
ra′diotelemet′ric a. 无线电遥测的.
ra′diotelem′etry n. 无线电遥测学〔术〕,生物遥测学.
ra′diotel′ephone ['reidiou'telifoun] Ⅰ n. 无线电(发,收)话(机). Ⅱ v. 用无线电电话发〔讯〕.
ra′diotelephon′ic a. 无线电话的.
ra′diotelephˊony n. 无线电话(学,术).
radiotel′escope n. (无线)电望远镜.
ra′diotel′etype ['reidiou'telitaip] 或 ra′dioteletypewriter ['reidiouteli'taipraitə] n. 无线电电传打字(电报)机,无线电电传打字电报设备.
ra′diotelevis′ion n. 电视播送.
ra′diotelevi′sor n. 电视接收机,无线(电)电视机.
ra′diother n. 放射指示剂(即 radioactive indicator).
ra′diotherapeu′tics 或 ra′diother′apy n. 射线〔放射〕疗法.
radiother′apy n. 放射治疗〔疗法〕.
ra′diotherm′ics n. 高频加热技术.
ra′diother′molumines′cence n. 辐射热致发光,射线热发光(现象).
ra′diothermy n. 高频电疗法,热射线疗法,射频加热术,短波透热法.
radiothor n. 放射性指示剂.
ra′diothor′ium n. (放)射(性)钍,RdTh(钍的同位素Th^{228}).
ra′diotick n. 时间的无线电信号.
ra′diotol′erance n. 辐射容限〔容量〕,耐辐照度.
ra′diotopog′raphy n. 放射性分布图测定法.
ra′diotoxic′ity n. 辐射〔放射〕毒性,辐射中毒.
ra′diotoxicol′ogy n. 放射毒理学.
ra′diotra′cer n. 放射指示剂〔物〕,放射(性)示踪物〔剂,元素〕.
ra′diotransmis′sion n. 无线电波传播,无线电发射〔传输〕.
ra′dio-transmit′ting n. 无线电发射.
ra′diotranspar′ent a. X 线可透的,透 X 线的.
ra′diotron n. 三极电子管,真空管.
radiotrop′ic a. 放射影响的.
ra′dio-ura′nium n. (放)射轴.
ra′diovision ['reidiou'viʒən] n. (无线)电视,无线电传真.
ra′diovisor ['reidiouvaizə] n. ①电视接收机,电视接收机中的显像器(旧称) ②光电继电器装置 ③光电监视器.
ra′diowar′ning n. 无线电报警.
radiowindow n. (地球大气层的)无线电窗.
rad′ist ['rædist] n. (=radio distance)空中目标速度测量装置,无线电导航系统,无线电测距.
ra′dium ['reidjəm] n. 镭 Ra. radium emanation 射气. radium therapy 〔放射〕疗法. radium A 镭A (钋-218, Po^{218}). radium B 镭B (铅-214, Pb^{214}). radium C 镭C (铋-214, Bi^{214}) radium C′ 镭C′ (钋-214, Po^{214}). radium C″ 镭C″ (铊-210, Tl^{210}). radium D 镭D (铅-210, Pb^{210}). radium E 镭E (铋-210, Bi^{210}). radium F 镭F (钋-210, Po^{210}), radium G 镭G (铅-206, Pb^{206}).
ra′dius ['reidjəs] Ⅰ (pl. ra′dii) n. ①半径(距离,范围),(活动)范围,界限 ②(条),辐(径向)射线,辐射光线,辐射状部分,放射状 ③倒圆 ④桡骨. Ⅱ vt. 使〔切〕成圆角. action radius 活动〔作用,有效破坏〕半径,作用〔有效〕距离,(天线)吸收表面. equivalent sectional radius 等效截面半径. pitch radius 节径,节圆半径,分度准半径. radius angle 圆心角. radius at bend 曲线〔弯道〕半径. radius attachment 圆角磨削装置,刀尖圆弧半径磨削装置. radius gauge 圆角〔R,半径〕规. radius link 摇〔联〕杆,滑板. radius of curvature 曲率〔变〕半径,圆角半径. radius of gyration 转动〔回转,惯性〕半径. radius rod 半径杆,(固定汽车前后车轴位置用的)推杆. radius segment (tool) 圆角切刀. radius tip 球面电极头. radius vector 向量径,辐向)矢径,动〔向〕径,矢径. wind tunnel radius 风洞试验段半径. within a radius of 3 miles 在周围三英里以内. within the radius of one′s capacity 在……力所能及的范围内.
ra′diused a. ①辐射(式)的 ②切成圆角〔弧〕的.
ra′dix ['reidiks] (pl. ra′dices 或 ra′dixes) n. ①【数】根值数,记数根,基(数),(计算机)底(数)②语根,词根 ③根本,根源. nonclassical radix 计算机的特殊底数,非经典基数. radix complement 【计】(基数)补码. radix notation 〔scale〕根值〔基数〕记数法,底表示法,基数(表示)法. radix point 小数点. radix sorting 基数分类. radix two computer 二进制计算机.
radix-minus-one complement 【计】反码.

RADL = ①radial ②radiological.
RADLSAFE =radiological safety 防辐射安全措施.
RADLSO =radiological safety officer 防辐射安全工作人员.
rad′lux n. 辐分(用)勒克司(发光度单位).
RADLWAR =radiological warfare 放射性战争.
radn =radian 弧度.
RADN =radiation.
RADN PRESS =radiation pressure 辐射压力.
ra′dom(e) ['reidoum] n. (=radar dome)(钟,屏蔽,整流)罩,(雷达)天线罩,(微波)天线屏蔽器. *missile radome* 导弹自动瞄准头整流罩. *pointed radome* 雷达天线尖形整流罩.
ra′don ['reidɔn] n. 【化】氡 Rn(射气同位素, Em^{222}),镭射气. *radon daughter* 氡衍生物. *radon emanation technique* 氡射气技术.
RADOP =radar doppler (missile tracking system) 雷达多普勒(导弹跟踪系统).
RADOPR = radio operator 无线电操作人员〔报务员〕.
RADOT = real time automatic digital optical tracker 实时自动化数字光学跟踪系统,实时自动数字光(学)跟踪器.
rad′phot n. 射辐透(照度单位),拉德辐透(=10^4勒克斯).
rad/s =radian per second 弧度/秒.
radstilb n. 拉德(辐射)照暨.
ra′dux ['reidʌks] n. 计数制的底〔基〕数,远距离双曲线低频导航系统.
RADWAR =radiological warfare 放射性战争.
RAE = Royal Aeronautical Establishment(英国)皇家航空研究中心.
RAF =Royal Air Force(英国)皇家空军.
rafaelite n. 钒地沥青,斜发钒铅矿.
raff [ræf] n. ①大量〔批〕,许多 ②废料〔物〕,垃圾,碎屑.
Raf′final n. 一种高纯度铝(含铝99.99%以上).
raf′finase n. 棉子糖酶.
raf′finate ['ræfineit] n. (润滑油等熔剂精制提炼的)提余液,残液〔油〕,萃取〔提〕液.
raf′finose n. 蜜三糖,棉子糖.
raf′fle ['ræfl] Ⅰ n. 废物,绳索杂物. Ⅱ n.;v. 抽彩.
RAFISBEQO code 表示无线电话通话质量的一种符号.
raft [rɑ:ft] Ⅰ n. ①筏,木排〔筏〕,筏形基础,排基 ②浮箱 ③一大堆,大量 ④垫〔底,座〕板,垫层. Ⅱ a. 筏式的. Ⅲ v. (用)筏(子)运,把...扎成筏子. *concrete raft* 混凝土筏基. *raft bridge* 筏(浮)桥. *raft foundation* 筏(形)基(础). *raft log* 木筏.
raft′er ['rɑ:ftə] Ⅰ n. ①椽子,桷 ②撑木排的人,木材筏运工. Ⅱ v. 装椽子于. *angle rafter* 角椽. *rafter harbour* 木筏港. *rafter set* 屋架.
raft′ing n. 合金,熔合物. *rafting canal* 木排运河.
rag [ræg] Ⅰ n. ①毛刺,飞边,轧辊纹线 ②条〔磨〕石,石板瓦,硬质(石灰)岩 ③毛边,擦,擦拭材料 ④无价值的东西. Ⅱ (ragged; rag′ging) v. ①除去毛刺 ②压〔滚〕花,(轧辊)刻纹〔槽〕 ③粗加工 ④划伤 ⑤恶作剧. *rag bolt* 地(脚)螺栓. *rag mix* 碎布胶料. *rag nail* 棘(折)钉,棘螺栓. *rag paper* 以破布为原料造的(优质)纸. *rag stone* 硬〔玄武〕石. *rag wheel* 磨(链,布,抛光)轮. *rag work* 石板砌台. *rags calender* 〔橡〕碎布胶料压延机.
rage [reidʒ] Ⅰ n. ①猛〔烈,剧,狂〕暴,汹涌 ②大怒 ③流〔风〕行. Ⅱ vi. ①发怒,(风)狂吹,(浪)汹涌 ②盛〔风〕行,猖獗. *Pollution rages in some countries.* 在一些国家中污染的问题非常严重. ▲(be)(all) the rage(很)风(流)行,风行一时.
rag′ged ['rægid] a. ①高低不平的,参差不齐的 ②粗糙的,破碎的,锯齿形的,破裂成块状的,没有作妥的 ③不规则的,不协调的,紊乱的. *ragged edge*(曲折的,参差不齐的)边缘,最外边. *ragged marks*(因轧辊刻痕和堆焊在轧件上造成的)辊印. *ragged roll* 刻痕或堆焊轧辊.
rag′ging ['rægiŋ] n. ①压〔滚〕花,(轧辊)刻纹〔槽〕 ②(摇筛选矿)重粒料铺层,(重锤)击碎(矿石) ③【电视】行的不规则性. *ragging roll* 有槽轧辊.
rag′gle n. (固定屋面用)墙上槽口,承水(石)槽.
rag′lan 或 **rag′lin** n. 平顶搁楞.
rag′let n. (用以固定瓦的)墙上凹槽,拔水槽.
rag′stone n. 硬石,粗砂岩.
Rahmen n. 〔德语〕①框(架结构) ②环形天线.
RAI =read analog input 读模拟量输入,模拟量读入.
raid [reid] n.;v. ①(突然)袭击,侵入 ②搜查〔捕〕 ③非法盗用,抢劫. *air raid* 空袭. *time saturated raid* 集中袭击.
raid′er n. 袭击机,侵入者.
rail [reil] Ⅰ n. ①轨道,条,迹,钢〔铁,导〕轨,铁路,(pl.)铁道网 ②栏杆,围〔护〕栏,栏木,导条,横木,杆,梁,档,移动板. Ⅱ v. ①铺铁轨 ②由铁路运输 ③装栏杆〔横档〕,设围栏,用栏杆隔开(off) ④(电子射线管荧光屏上)栅栏干扰 ⑤挑剔,抱怨. *body rail* 车身架. *chair*(bull-headed)*rail* 双头钢轨. *check rail* 护轨. *cod rail* 齿(板)轨. *cog rail* 钝齿轨. *ex rail* 铁路旁交货. *free on rail* 火车交货价格. *gangway rail* 栏杆. *guard rail* 护轨,护栏. *Hull and water terminal* 水陆联运站. *rail base*〔chair,foot〕轨底〔座〕. *rail bond* 轨缝(电气连接(电气轨道为减少连接电阻而用焊接连接的导体接头). *rail car* 有轨车. *rail chair*(铁路)轨座. *rail fastening* 轨条扣件. *rail head* 见 railhead. *rail impedance* 轨道接头阻抗. *rail joint bar* 连接钢轨用鱼尾板. *rail plate*(主轴箱)滑动导轨. *rail post* 栏柱. *rail press* 压轨机. *rail saw* 切轨锯. *rail transit* 有轨运输. *rail tyre* 钢丝轮胎. *rail voltage* 干线电压. *rail winch* 起轨绞车. *rails tie plate* 垫板. *rocket rail* 火箭发射轨. *sight rail* 挖沟槽时的龙门板. *switch rail* 转辙轨. *zero-length rail* 零长〔超短型〕导轨. ▲*by rail* 乘火车,由铁路. *get*〔*go*〕*off the rails* 出〔越〕轨的. *off the rails* 出〔越〕轨的),混乱的,无法控制的. *on the rails* 在正常道上的,顺利进行着.
rail′age ['reilidʒ] n. 铁路运输〔费〕.
rail′-borne a. 用导轨支承的,在轨道上开行的.
rail′car n. (单节)机动有轨车.
rail′-clamp n. 轨夹座台.
rail′-guard n. (铁路机车的)排障器.
rail′head n. ①铁路端〔终,起〕点,建造中的铁路已经

rail'ing 到达的最远点 ②轨头〔顶〕③垂直〔横梁,刨床〕刀架.

rail'ing ['reiliŋ] *n*. ①栏栅(用材料),栏杆,围栏,扶手 ②电子射线管荧光屏上栅形干扰 ③铁路装运.

rail'less line *n*. 公路,无轨道路.

rail'man *n*. 铁路职工,码头工人.

rail'motor *a*. 铁路公路联运的.

rail'road ['reilroud] I *n*. ①铁路〔道〕,有轨车道,铁路系统〔公司〕,铁路部门〔设备〕,铁轨装置. II *v*. 用铁路运输,给…筑铁路. *highspeed railroad* 高速铁路,地面高速试验用轨道设备. *railroad bridge* 铁路桥梁. *railroad car* 有轨电车,火车车厢. *railroad spike* 铁路道钉. *railroad switch* 道岔.

rail'way ['reilwei] *n*. 铁道(部门),铁路(公司〔设施,系统〕,(轻便)轨道. *aerial railway* 架空铁道. *railway axle*〔冶〕铁路车轴坯. *railway level-crossing* 铁路平交道口. *railway sacks* 粗麻袋. *railway wheel tyre* 车轮轮箍.

rail'way-yard *n*. 调车场.

rain [rein] I *n*. ①雨(水,天),下雨, (pl.)阵雨,季节雨,(大西洋)多雨地带,雨季 ②电子流. II *v*. 降〔下〕雨,(雨水般)淌下,(使)雨点般落下,倾注. *It's raining.* 下雨了. *It rains in.* 漏雨了. *Take care not to let these goods be rained on.* 当心别让这些货物淋到雨. *design rain* 人工降雨. *rain belt* 雨区. *rain check* 延期. *rain echo* 雨回波. *rain gauge* 雨量计器〕. *rain glass* 气压表. *rain gun irrigation* 射流喷灌,雨枪灌溉. *rain of* 一阵…雨,一连串的. *rain of electrons* 电子流〔簇〕. *rain return* (导航用语)雨反射. *rain spell* (连绵)雨期. ▲*rain cats and dogs* 或 *rain pitchforks* 下倾盆大雨. *rain influence on* 给…很大影响. *rain or shine* 不论晴雨,无论如何. *rain out* 因下雨阻碍〔取消,中断〕,雨冲洗,清除(指雨从大气中清除尘埃等). *right as rain* 丝毫不错,十分正确.

rain'bow ['reinbou] *n*. ①虹(霓),彩虹 ②五颜六色的排列,各种事物的表现 ③幻想. *a rainbow of opinions* 各种各样的意见. *primary rainbow* 主虹. *rainbow arch* 虹拱. *rainbow pattern* 彩色带〔条〕信号图,彩虹信号图. *secondary rainbow* 霓. ▲*all the colo(u)rs of the rainbow* 五颜六色.

rain'cloth *n*. 防雨布.

rain'coat *n*. 雨衣.

rain'drop *n*. 雨点(滴). *a single raindrop* 一滴雨点. *raindrop spectrograph* 雨滴谱仪.

rain-echo intensity 雨滴反射信号强度.

rain'er *n*. 喷灌(人工降雨)装置.

rain'fall ['reinfɔ:l] *n*. 降水(雨),一场雨. *rainfall mass curve* 雨量积曲线,降雨积线. *rainfall runoff* 暴(降)雨径流,地面径流.

rain'forest *n*. 雨林. *rainforest climate* 雨林气候.

rain'gauge *n*. 雨量器〔计〕. *raingauge shield* 雨量器防护罩.

rain'graph *n*. 雨量图.

rain'gun *n*. 远射程喷灌器(人工降雨器).

rain'-gutter *n*. 檐沟.

rain'hat *n*. 雨帽.

rain'iness *n*. 雨量强度,多雨.

rain'-leader *n*. 水落管.

rain'less *a*. 无雨的.

rain'maker *n*. ①喷灌设备,人工降雨设备 ②参加人工降雨的气象(航空)工作人员.

rain'making *n*. 人工降雨.

rain'-out *n*. ①(雨水)冲洗,清除(指雨从大气中清除尘埃等) ②(因雨)阻碍〔中断〕③放射性(物降的)沉降.

rain'print *n*. 雨痕,雨点坑.

rain'proof ['reinpru:f] I *a*. 防〔水透〕雨的. II *n*. 雨衣〔披〕. III *vt*. 使能防雨.

rain'-shield in'sulator 防雨隔电子(绝缘子).

rain'spout *n*. ①水落管,排水口 ②海龙卷.

rain'storm *n*. 暴(风)雨,雨暴.

rain'tight *a*. 防〔不漏〕雨的.

rain'wash *n*. ①雨〔水〕蚀,雨水的冲刷,地表径流(雨水),被雨水冲走的东西.

rain'water *n*. 雨(软)水.

rain'wear *n*. 雨衣〔披,裤〕.

rain'worm *n*. 蚓蜊.

rain'y ['reini] *a*. 下〔多,含,带〕雨的. *rainy day* 雨天,困难的日子. *rainy region* 多雨地区.

raise [reiz] *vt.*; *n*. ①举〔抬,升,竖,顶,扬,激〕起 ②提高,提升,增加〔高〕,建立 ②产〔发〕生,引起,形成,提〔发〕出〔申叙,发动〕(展),改善 ③起拱,使陡起,高〔隆〕起处 ④〔矿〕天井,上升巷道,上山,在(下面上的)掘进 ⑤〔数〕使自乘〔的数,看得见(水平线上的事物)⑦和…建立无线电联系 ⑧解除,放弃,使终止 ⑨种植,饲养,养育 ⑩〔纺〕起(拉,刮)绒,起毛. *raise a loan* 借款. *raise an embargo* 解除禁运. *raise a question for discussion* 提出问题供讨论. *raise doubts* 引起怀疑. *raise the output of production* 增加产量. *raise the river stage* 使水位升高. *raised arch* 矢起拱. *raised bench* 上升阶. *raised bog* 高地沼泽. *raised control tower* 交通指挥塔. *raised crossing* 高起的道口(交叉道). *raised curve* (路)超高的曲线. *raised face flange* 突面法兰. *raised finish* 起(拉)绒整理. *raised grain* 浮起纹理. *raised panel* 鼓起镶板. *raised piece* 槛. *raised skylight* 隆起天窗. *raised type* 阳文铅字,凸字. *raising machine* [gig] 起(拉)绒机. *raising of indices* 〔数〕上〔升〕标. *raising of water level* 壅高水位. *steam raising* 蒸汽(气化)蒸发. ▲*make a raise of* 收〔筹〕到,弄到. *raise to a power* 自乘. *raise to the power M* 自乘到 M 次乘. *raise to third power* 立方. *raise up* 举出,升起.

rai'ser ['reizə] *n*. ①抬〔举,凸〕起器,提升器,上升管〔烟道〕②挖掘机〔器〕③浮起物,〔纺〕(经纬线)浮点 ④举〔升〕起者,提出者. *track raiser* 扛轨器.

raison d'être ['reizɔ:ndeitr] (法语)存在的理由(目的).

raisonné [rezone] (法语) *a*. 分类(合理,按系统)排列的. *catalogue raisonné* 分类目录.

Rajchman plate 【计】雷奇曼存储板.

rake [reik] I *n*. ①倾斜,倾(斜),坡度,倾(斜)角,(刀具的)前倾面 ②〔矿〕倾伏,斜脉 ③(炉,钉货,长柄,灰皿)耙,(拨)火钩,搅拌棒. II *v*. ①耙(

ra'ker 1365 ramp

平,动)②搜〔探〕索(among, in, into) ③扫视〔射〕,俯瞰(across, over) ④(使)倾斜 ⑤刮刮,撇〔扒〕去(off). high rake cutter 大前角铣刀. negative rake 负倾〔前〕角. Rake alloy 雷克铜镍合金(镍 10%,锌 1%,锰 1%,其余铜). rake angle 前〔齿〕倾〔斜〕角,刀刃前角 对角〔斜纹〕接合. rake mixer 耙式混合器. rake probe 梳状测针. rake ratio 【船】倾级比,斜率. raked joint 清缝. raking bend 对角砌合,斜纹接合. raking off the slag 撇〔出〕渣. raking out of joints 刮清接缝,清理灰缝. raking pile 斜桩. side rake(刀具)横向前角,横截前角. top rake 纵坡度(角),纵倾角(角). wing tip rake 翼梢倾度. ▲rake among [in] M 在M中搜集材料. rake (through, over) M for N 从M里搜集 N. rake out 耙出,搜集. rake up 搜集,激起,重新提起.

ra'ker ['reikə] n. ①撑脚〔杆〕,支柱,斜撑 ②火耙 ③耙路机. fire raker 火耙.

raking-out joint 挖出缝.

ra'kish ['reikiʃ] a. ①外形灵巧的,看上去速度快的 ②扬扬自得的. ~ly ad.

ral =right and left 左右.

ral'ly ['ræli] v.; n. ①(重新)聚集,重整,集中〔合〕 ②团结 ③振作,恢复 ④(群众性)大会,集会 ⑤(市场)价格止跌 ⑥嘲笑. celebration rally 庆祝大会. rally one's courage 鼓起勇气. rally one's energy 振作精神.

RAlt =range light 靶场照明.

ram [ræm] I n. ①公羊,【天】公羊(星)座 ②夯(锤),撞头(锤),锤〔冲〕头,锤体,沙脊(桩,捣)锤 ③(压力机)压头,速度头,压实部,(压力机,水压机)活塞,(压力泵)④顶,撞,撞〔打〕,(炉用)推钢机,推出机 ⑤(牛头刨)滑枕,滑块压头,夯具 ⑥作动筒,动力油缸,升降机,压力扬水器 ⑦(发动机进气)冲压管 ⑧船的总长度,(船首水线下的)冲角. II (rammed; ram'ming) vt. ①夯(实,紧,入),锤击,(冲)压,撞(击,入),打(桩),捣,猛撞〔击〕②充填,装(弹药),塞入 ③迅速移动 ④灌输,迫使接受. air ram 空气压机. charging ram 装料推杆. cold press ram 冷压冲杆. compressed air ram 压缩空气冲压机. dump ram 倾卸〔翻斗〕油缸. hydraulic ram 液压油缸,液压作动器,液力压头,水(力)冲压机,水压扬汲机,水锤泵,水力夯锤,液压捣击机. lift (-ing) ram 提升(起落)油缸. mechanical pusher ram 机械推料机. one-way ram 单作用油缸. press ram 压力机冲头,压头 ⑥作动. push back ram 回推活塞,开模顶出柱塞. ram adjuster(牛头刨)滑枕调节器,滑枕调节栓. rm air turbine 冲压空气涡轮. ram compressor 冲式压缩机. ram cylinder 水压机汽缸,(压力机)压力油缸. ram engine 打桩机. ram head 冲头,撞杆头,冲枕刀架. ram jet 见 ramjet. ram lift 柱塞升程,撞头. ram piston 压力机活塞. ram pressure 速压头,全压力,冲压压头. ram ratio(气体的动态压缩)冲压比. ram recovery 冲压恢复. ram speed(压力机)滑块速度. ram speed range selector 滑枕调速器. ram stroke(压力机)滑块行〔冲〕程. ram turret lathe 滑板式转塔六角车床. rammed bottom 捣筑炉底,无缝炉底,捣固(电解)槽底. rammed concrete 夯(捣)实混凝土. rammed lining 捣筑炉衬. steam ram 汽动锤体〔撞头〕,汽动(活塞式)推钢机. ▲ram down (home) 夯实,把桩打到止点. ram off 落〔掉〕的. ram up 预填.

RAM =random access memory 随机存取存储器.

ram 或 r&m 或 r and m =①repair and maintenance 修理和维护 ②reports and memoranda 工作报告及备忘录.

ram-air 冲压空气. ram-air turbine 冲击涡轮.

ramal a. (分)支的.

Raman-inactive a. 喇曼不出线的,在组合散射谱中不活跃的.

ra'mark ['reimaːk] n. (=radar marker)雷达信标,(连续(经常)发射脉冲的)雷达指点(向)标. ramark beacon 连续发射脉冲式雷达信标.

ram'away n. 落〔掉〕的.

ram'bling ['ræmbliŋ] a. 凌乱的,不连贯的,杂乱无章的.

Ramb's noise silencer 长波式静噪电路.

ramellose a. 小枝的.

ramet n. ①碳化钽(合金),金属陶瓷〔硬质合金〕(8～13%镍或铬作黏结剂)②无性繁殖植株.

Ramey circuit 一种磁芯逻辑电路,拉米逻辑电路.

ram'ie 或 ram'ee ['ræmi] n. 苎(青)麻.

ramiferous a. 分枝的.

ramifica'tion [ræmifi'keiʃən] n. ①支叉分布,分支〔叉〕,②分歧 ③支流(脉,线),区分,门类,细节 ③衍生物,结果. ramification field 【数】分歧域. ramification order 【数】分歧阶.

ram'ify ['ræmifai] v. (使)分支〔歧,叉,派,成网眼〕. Railways are ramified over the country. 铁路线分布全国. ramified system 树枝式(水管)网.

ramis = receive, assemble, maintain, inspect, and store 接收,装配,维护,检查与存贮.

ram'jet ['ræmdʒet] n. 冲压式(空气)喷气发动机,装有冲压式喷气发动机的飞行器. ramjet engine 冲压式(空气)喷气发动机.

rammabil'ity n. 可压(实)实性.

ram'mer ['ræmə] n. 夯(具,锤),撞锤〔杆〕,锤体,砂冲,夯实机,(空)气锤,风冲子,风镐,气动活塞. rammer board 压桩板. rammer compactor 夯实(土)机. sand rammer 风锤,风冲子,捣砂机,气动砂箱〔砂冲子〕.

ram'ming ①锤(撞,冲)击,落锻,打夯,夯(捣)实,抛(砂)打结炉底. ②速度头. butt ramming 对头击,对捣. ramming arm 捣砂机横臂. ramming board 压桩板. ramming head (抛砂机)抛头,抛(丸)器. ramming machine 锤击(打夯)机,推焦车. ramming of the sand 捣实型砂. ramming speed 抛砂〔打夯,捣实〕速度.

ram'off n. 落〔掉〕砂.

ramolles'cence n. 【化】软化作用.

ramolles'cent a. 软化的.

ramose' [rə'mous] a. 分〔有,生,多〕枝的. ~ly ad.

ramp [ræmp] I n. ①斜面〔道,坡〕,(弯曲,连接)坡道,滑道〔路,轨〕,倾斜装置,(冷焦用)焦台,匝〔板〕

ram'pactor 道,斜台,滑行台 ②停机坪,发射架,(发射),(发射)斜轨,发射装置 ③装料(滑)台 ④凸轮滑边 ⑤台阶,客机梯子,梯升,(登陆艇的)艇首翼门 ⑥弯子,楼梯扶手的弯曲部分 ⑦【地】逆(对冲,对衡)断层 ⑧接线夹,接线端钮,鳄鱼夹 ⑨斜升,倾斜,(成)直线上升,等变率 ⑩敲诈,索取高价。Ⅰ v. ①使有斜面(坡),修整(成)斜坡 ②倾斜 ③跃立,暴跳,猛袭(扑) ④草木)蔓生(延). mobile ramp 移动式发射装置,活动式发射斜轨. off (bound) ramp 出境坡道,驶出坡(匝)道. on (bound) ramp 入境坡道,驶入坡(匝)道. ramp bridge 引(坡道)桥. ramp generator【电】斜波(信号)发生器. ramped approach 斜坡进口道. rerailing ramp 复轨器. slope ramp 斜坡道,引道,接线. sloping ramp 装料斜台,储存台. spiral ramp 螺旋形自动分选滑料装置. terminated ramp (某一值的)有限直线上升.

ram'pactor n. 跳街夯.

rampage n.; vi. 袭击,乱冲,横冲直撞.

ram'pant ['ræmpənt] a. ①蔓延的 ②猛烈的 ③具有一个比一个高的拱座(桥台)的. rampant arch 陡拱. ~ly ad.

ram'part Ⅰ n. 防禦(保护)物,壁垒,防禦土墙. Ⅱ v. (用垒)防护.

ramp-function n. 斜坡函数.

ram'piston n. 压力机活塞.

ramp'way n. (汽车运输船车辆甲板的)斜道.

ram'rod Ⅰ n. 推弹杆,(枪的)通条,(前腔枪的)装药棒,捣棒,洗杆. Ⅱ a. 笔直不弯的,生硬的.

RAMS = repair, assembly, and maintenance shop 修理,装配与保养车间.

ram'sayite n. 褐锰铱钛矿.

ram'shackle ['ræmʃækl] a. (像)要倒塌的,摇摇不定的,东倒西歪的,摇摇欲坠的,草率建成的,衰弱的,腐败的.

ram'ulose 或 ram'ulous a. 多小枝的.

ram'ulus (pl. ram'uli) n. 副枝,小分支.

ram'-up n. 预填.

ra'mus (pl. ra'mi) n. (含)枝,支.

Ramzin boiler 拉姆辛直流锅炉.

ran [ræn] run 的过去式.

rance n.; v. 支柱(撑),闩(住).

ranch [rɑːntʃ] Ⅰ n. 大牧(农)场,专业性牧(农)场. Ⅱ v. 经营牧(农)场,在牧(农)场工作. ranch wag(g)on 旅行(汽)车,客货两用车.

ranch'er n. 大牧(农)场主(管理人,大牧(农)场工人.

ranche'ro n. ①大牧(农)场主 ②大牧(农)场工人.

ranchette ['ræntʃet] n. 小型农(牧)场.

ran'cho ['rɑːntʃəʊ] n. 大牧(农)场.

ran'cid ['rænsid] a. 酵(了)的,败坏的,恶臭的. rancid oil 酵(了)了的油. ran'cidness n.

rancid'ity n. 酵,臭(腐)败(作用,性).

rand [rænd] n. ①边,缘,卡篱 ②滑阀(阀柱塞)的台肩,凸缘.

ran'danite n. 硅藻土.

ran'dom ['rændəm] Ⅰ a. ①随便的,随(任)意(选择)的,偶然的【数】【计】随机的,无规(则)的 ③不规则的,不一律的,无秩序的,无一定目的的,非常态的,乱砌的,(杂)乱的. Ⅱ ad. 胡乱地,随便地. Ⅲ n. 偶然的行动(过程),随机抽样. random access 随机存取,无规存取. random arrangement 概率配置法,无规(随机). random bond 乱砌体. random colour 杂乱(任意)色. random course【建】乱砌. random crack 不规则裂缝. random device 随机策略. random digits 随机数位(数字). random error 随机偶然,不规则)误差. random fluctuation 不定变幅,偶然变化,随机变动(起伏),无规则起伏(涨落). random forcing function 随机扰动(强制)函数. random geometry 任意(不规则)几何状态. random length 长度不齐,乱尺,不定尺. random line 试测线. random noise 随机(乱,无规)则)噪音,(自动控制)无规则分急剧变化. random number 随机数. random occurrence 随机事件. random order 任意顺序,随机位(顺序). random orientation 无规(机)取向,无位向性. random pattern 无规则晶体点阵,无规图样. random process 随机过程(处理). random quantity 偶然(随机)自变量. random riprap 乱石(抛石)工程. random rubble fill 乱石堆筑. random sample 随机样本(采样),随意抽取的样品. random sampling 抽样,随机取样. random sampling performance test 生产性能随机(抽样)测定. random scanning 散乱(省略随行)扫描. random solid solution 无序固溶体. random variable 随机(无规)变量(变数). random walk 随机(游动,无规)行走. ▲at random (意)乱(地),随便,任意,没有规律地,无目的(标)地,无定向的. in a random way 无(不)规则的. shoot at random 无的放矢,胡乱射击.

random-coding bound 随机编码限.

random-error-correcting convolutional code 随机误差校正卷积码.

random-geometry technique (高密度装配的)不规则形状技术.

random-incidence sensitivity 杂乱入射灵敏度.

ran'domize 或 ran'domise ['rændəmaiz] vt. ①形成不规则分布,使混乱 ②使无规(则)化,使随机化,使不规则化. randomized blocks method 随机区组设计. randomized policy【数】随机策略. randomization 或 randomisa'tion n.

ran'domizer n. 随机函数(随机性)发生器.

ran'domly ad. ①任意(随便)地,无规律地 ②偶然地【数】随机地.

ran'domness n. 随机(无序,无规,偶然,不规则)性,无序度.

random-perturbation optimization 随机扰动最优化.

random-sample vt. 随机抽样检查.

ran'dom-walk n. 随机游(行),无规行走.

Randox (diallyl-2-chloroacetamide) 二烯丙基-2-氯乙酰胺.

Raney('s) alloy 拉内镍铝合金(镍30%).

Raney nickel 催化剂镍,拉内镍. Raney nickel catalyst 由含30%镍的镍铝合金喷得的镍催化剂.

rang [ræŋ] ring 的过去式.

range [reindʒ] Ⅰ v. ①排列,整理,平行,使并列,使…排成行,列成一行 ②(距离)调整,把…对准目标,试射,定向,测距,射程为 ③(把…)分(归)类,使系统化,编(列)入,分等,评定 ④延伸(绵)入,达到,(在一定范围内,在两极限间)变动(化),分布,沿…巡航 ⑤游历,徘徊,跋涉,涉及,(动物)栖息,(植物)生长,分布. ▲be ranged against 站在反对…方面. range all the way from M to N 其范围从 M 起一直到 N 为止. range between M and N 或 range from M (up, down) to N (…的幅度,…的范围,包括)从 M (开始)(一直)到 N (为止,不等),在 M 与 N 之间变化(升降),分布在从 M 到 N 的范围内,从 M 延伸到 N 范围伸展到,进到…范围. range M on N 把 M 对〔瞄〕准 N. range out 定位. range over 分布在…范围内,在…范围内(变化),涉及…范围. range over a wide field 涉及范围很广. range oneself with 〔on the side of〕 M 拥护 M,站在 M 的立场上. range up to M 在 M 和 M 以下的范围内. range with 与 M 并行〔并列〕. Ⅱ n. ①〔研究,作用,变化,有效,函数,值)的范围,幅度,度盘标度,(分布,放牧,地,猎)区,涉及的科学门类,(知识)领域,(值域,区域,区间),【统计】全距 ②量〔限〕变程,波(阶)段,波〔变〕幅,音域,(量,梯)级,极(界)限,极差,程度 ③射行,路,航,越〔程〕,(作用,飞越)距离,长度,(相互)作用半径,空间,位置,方向,(时间)间隔,(生存)期间,步,序,〔系〕排)列,排炮,成,批,套,连续,连绵 ④球面,〔段〕靶场,射击场 ⑦山脉 ⑧炉灶 ⑨一种(类) ⑩徘徊,漫游. actual range 实际射程,实际投弹距离. A-N radio range A-N分区的无线电信标〔无线电导航设备〕. annual range of temperature (全)年的温度较差,全年气温变化幅度. alpha range α粒子的射程. arithmetical range 算术〔等差〕级数. ballistic range 弹道靶场. counter range 计数管区段. critical range 临界范围. daily range 逐日差程. dual range 双波〔频〕段,双距离. dynamic range 动态范围,动力学研究范围. effective range 有效范围〔距离,射程〕,刻度的工作部分. elastic range 弹性范围. electric range 电灶. energy range 能量范围,能量区. extreme range 最远距离,最大射程〔远度〕. extrinsic range 杂质导电区. feed range 进给长度,进给量,进距. final range 有限〔最终)射程. freak range 不稳定的可闻区(接收区). frequency range 频〔波)段,频带,频率范围. full-scale range 全刻度范围,满刻度,仪器量程. fuze range 引信调节距离. gas range 煤气灶. global range 远距离,洲际(非常大的)距离. high range 大比例,大刻度,高灵敏度量程. instrument range 仪表量程. integrating range 积分区间. kitchen range 炉灶. lift range (悬挂装置的)升程. linear range 直线射程. lock-in range 同步范围. low range 低倍率(级),低量程,低档. measurement [measuring] range 测试范围,量程. medium range 中距离,中程. missile range 火箭〔导弹〕的靶场,导弹射程,火箭导弹(射)程距离. mountain range 山脉. multitrack range 多路〔多信道〕无线电信标. operating range 作用〔工作〕范围,作用〔有效,实际)范围,运行〔工作)区. optical range 光学,光学范围. performance range 性能范围. power range 功率(运行)区段. pressure range 压力范围. projectile range 炮兵靶场,射击场. radar range 雷达测距(导航,信标,有效距离,作用距离). radio range 无线电导航〔导航信标,定向台〕,无线电测(得的距(离)),射电(无线电)轨,等信号区无线电信标. range ability (被调量的)幅度变化范围,量程范围,幅度,航程,飞行距离. range beacon 测距(导航)无线电信标. range constraint【数】区域约束. range control 范围〔距离)调整,靶场〔距离〕控制. range conversion 量程变换,换档. range energy curve 射程能量曲线. range expander 量程扩展器. range finding 测距(工作). range gate 距离(波)门,测距门,测距选通(脉冲),射程波阀. range leg 无线电测距射束. range line 边界,国境,国境方向,测距(标志),瞄准,距离沟线,延线. range marker 距离标识器,距离刻度指示器,距离标志,距离校准脉冲. range masonry 成〔段〕层圬工. range notch 距离选择器标尺. range of a transformation 变换的量程. range of conics 二次曲线列. range of exposures 曝露(光)范围,辐照时间,曝光时间(间隔). range of mountains 群山,山脉. range of oscillation 摆幅. range of points【数】点列. range of power levels 功率间隔(范围). range of products 产品种,品种. range of quadrics 二次曲面列. range of sensitivity 灵敏度范围,灵敏度. range of stress 应力幅度(限程). range of telescope 望远镜视场. range of tide 海差,潮位变幅. range of vision 视野(界). range of Whitworth thread cut 英制(惠氏)螺纹螺距范围. range only radar 雷达测距计. range oil 炉灶用油. range over dry [wet] ground 干燥(潮湿)土壤上的作用距离. range pole [rod] 花(标)杆. range radar 测距雷达. range rate 临(接)近速度. range resolution 距离分辨率(能力),距离鉴别力. range rings (环视显示器屏蔽上的)距离(刻度)圈(环),距离(刻度)比例尺. range scale 距离(量程)刻度,距离(刻)度盘. range selector 距离转换(选档)开关,波段开关,波段盘转换器,量程选择器. range short (炮弹)中途落下. range switch 范围(量程)选择开关,波段(频段,比例,距离转换,换档)开关. range table 射表. range tie 方向测距. range tube 距离显示管,测距管. range unit 测距装置. range work 成(整)层圬工. scale range 刻度范围. slant range (倾)斜距(离). solidification range 凝固温度范围. spectral range 光谱限. thermal range 热(中子)区. tonal range 音频频段,色调梯度. ultra-long-range 超远程的. useful range 有效测定范围,实用范围. variable range 可变(调节)范围. very-long-range 超远程的. wide range 宽波段,大(宽)量程,高射程. within range 范围(射程)内. ▲a long range of 一长列(行). a whole range of 一大堆(批),各种各样的,许许多多的. a wide range of 大量(片)的,各色各样的,一整套. at a range of M M 的范围(射程). at close range 接近地,在很近的范围(区域,空间)里. at long range 远距离. at short range (从)近距离. (be) beyond [out of] range 在范围(射程)之外. be in the range of 在…范围之内. (be) in range 在范围

rangeabil'ity

〔射程〕以内.(be) in…range 处于…范围内,处于…〔量〕级.(be) out of range 在范围〔射程〕之外.(be) outside one's range 在…研究范围〔射程〕之外.(be) within range 在范围〔射程〕之内. beyond the range of 在…范围〔射程〕之外,超出…能及的范围. in range with 和…并列. in the range of 在…范围〔射程〕内,(在)…能及的范围内. in the range M to N 在 M 到 N 之间〔范围内〕. in the short to long ranges 从近程到远程,从短波段到长波段. in whole ranges 品种〔规格〕齐全地,成龙配套地. out of one's range 能力达不到的,在知识范围以外,不能的. over a range of 在…范围内. over a suitable range 在一个适当的范围内. over a wide range of 在很宽的…范围内. within the range of 在范围〔范畴,射程〕内,…能力达得到的,…所能的.

rangeabil'ity n. (被调量的)幅度变化范围,可调范围.

range'finder n. 测距仪〔器,计〕,测远仪.

range-gate generator 距离选通脉冲发生器.

range-height display 距离高度显示器,高度表.

range'land n. 牧地〔场〕,草场〔原〕.

range-marker circuit 距(离)标(志)电路.

range-measuring a. 测距的.

range-normalized a. 距离归一化〔标准化〕的.

ra'nger ['reindʒə] n. ①测距仪 ②板桩横档 ③别动队员,巡逻骑兵 ④森林管理员,护林人. sound ranger 声波〔音响〕测距仪.

range'setting n. 射程表尺数.

range'-sweep n. 距离扫描.

range'table n. 射程表.

range'taker n. 测距员.

range'-to-go n. 到目标的距离.

range'-tracking a. 距离跟踪的.

range-viewfinder n. (联合)测距检录仪,测距探视仪.

ra'ngey ['reindʒi] a. 长脚的,广阔的,有回旋余地的.

ra'nging ['reindʒiŋ] n. ①测距〔程〕,射程测定,定向〔线〕,试射,距离调整〔修正〕②广泛搜索. echo ranging 回声〔波〕测距(法). manual ranging 手定射程. radar ranging 雷达测距. ranging computer 测距计算机. ranging circuit 测距电路. ranging fire 测距射击,试射. ranging point 试射点. ranging unit 测距计,测距部分. sound ranging (声波)测距.

Rangoon [ræŋ'guːn] n. 仰光(缅甸首都).

rangy [ræŋk] = rangey.

rank [ræŋk] I n. ①排,(序,行,横)列,(顺,次,秩)序,层号,(矩阵的)秩,(张量的)阶 ②等级,阶层,位置,地位,军衔,(pl.)队伍,军队,士兵. II v. ①排列,把…列成横列 ②把…分等〔类〕,评定,【数】秩评定 ③位〔列〕于,列为,等级(级)别高于,占最高级 ④列队(前进). III a. ①繁茂的,太肥(沃)的,多杂草的 ②臭气难闻的,极坏〔难看〕的,彻底的,极端的,十足的. column rank 【数】列秩. determinant rank 行列式秩. rank correlation 等级相关,秩相关. rank of switches 选择器组. ranked data 分级资料〔数据〕. row rank 行秩. ▲be in the first rank 是第一流的. close (the) ranks 紧密团结,使行列紧凑. give first rank to 把…放在第一位.

rank above 高于. rank among 列为,列于…之中. rank first 〔second, third〕in 〔on〕在…方面居第一〔二,三〕位,参上列第一〔二,三〕. rank M as N 把 M 评为 N. rank next to 仅次于. rank with 同…并列,列于…之中. take rank of 在…之上. take rank with 〔among〕和…并列. the rank and file 普通成员〔士兵〕们,老百姓们,广大的….

rank-and-filer n. 普通士兵〔成员〕,一般人员.

Ran'kine n. 兰金. Rankine cycle 兰金循环. Rankine (temperature) scale 兰金温标(用华氏度数表示的绝对温标),绝对华氏温标,兰金温度计.

rank'ing I n. 顺序,作〔排〕列,等级,【数】秩评定,分类,分级. II a. 地位高的,高级的,首位的,第一流的. ranking officer 最高级军官.

ranquilite n. 多水硅钙铀矿.

ran'sack ['rænsæk] vt. ①彻底搜索,仔细检查(for) ②抢〔洗〕劫,掠夺. be ransacked of 遭到…的掠夺〔抢劫〕.

ran'som ['rænsəm] n.; v. 赎(出,金),敲诈,勒索.

Ranunculaceae n. 毛茛科.

raob n. ①radiometeorograph observation 无线电气象探测,无线电探空仪观测 ②radiosonde observation 无线电探空观测.

RAP n. ①rapid 快,急速 ②read alphanumerically paper tape 读字母数字纸带 ③resource allocation processor 资源分配处理机.

rap [ræp] I (rapped; rap'ping) v. I n. ①轻敲(声),敲击(声),急拍(声) ②无价值的东西,极少的一点点 ③交谈,理解 ④夺取〔去〕,拼凑,收罗 ⑤(包缠管道用的)绝缘体,潮湿绝缘体 ⑥(模样)鼓动,敲打,扩砂. rap session 座谈会. rapping bar 〔iron〕起模棒,松模杆. rapping the pattern (针钉入模)起模. wire rapping mechanism (电吸尘器)金属丝捶打机构. ▲not care 〔give〕a rap 毫不在乎. not worth a rap 毫无价值.

rapanone n. 酸藤子醌.

rapcon n. radar approach control center 雷达临场指挥中心,雷达引导(进场)控制装置.

rape [reip] n. 芸苔,(欧洲)油菜. rape (seed) oil 菜(子)油(用于润滑,制的热处理,食用).

ra'phia ['reifiə] n. 酒椰,酒椰纤维.

rap'id ['ræpid] I a. ①快(速)的,(迅,高,急)速的,(湍)急的 ②陡(峭)的 ③简要的. II n. (pl.)急流,奔流. 湍〔急,险〕滩. rapid action valve 速动阀. rapid cement 快凝水泥. rapid current 〔flow〕急〔湍〕流. rapid fire 速射. rapid indexing 快速分度(法). rapid paper 快速(印像)纸. rapid rate of curvature 急剧的曲率变化. rapid rectilinear lens 快速直线(消晕)透镜. rapid setting 快凝〔结,裂〕. rapid steel 风(高速)钢. rapid storage 〔store〕快速存储器. rapid tool steel 高速(工具)钢,风钢. rapid transit (地铁、空铁或城区)高速交通. rapid tunnelling 隧道快速开挖.

rap'id-ac'cess a. 【计】快速存取. rapid-access loop 快速循环取数区.

rap'id-cu'ring a. 快凝的.

rap'id-dry'ing a. 快干的.

rap′id-fire′ 或 rap′id-fi′ring a. 速射的.
rap′id-har′dening a. 快硬的.
rapid′ity [rə'piditi] n. ①快,迅(急,快)速,急剧 ②速度〔率〕,快速性 ③陡,险峻.
rapid-scan v. 快扫描.
rap′id-set′ting a. 快凝〔结,裂〕的.
ra′pier n. 轻剑. a rapier thrust 机智灵敏的对答〔反驳〕.
rap′ine ['ræpain] n. 抢劫,劫掠.
raplot n. (从荧光屏上任何一点可测定其他任一点的相对距离与方位)等点绘图法.
RAPP = registered air parcel post 航空挂号邮包.
rap′page n. 起模胀砂.
rap′per n. 松模工具(敲模棒或震动子),振动器,(取样用的)轻敲锤.
rap′ping n. 松动(模样),扩砂,轻击修光.
rapport′ [ræ'pɔ:] n. 关系,联系,一致,和谐,协调. en rapport 〔法语〕与…一致〔融洽〕. be in rapport with (与…)关系密切. man-machine rapport 人-机关系.
rapporteur n. 〔法语〕指定为委员会(或大会)起草报告的人.
rapprochement [ræ'prɔʃmɑ̃:] 〔法语〕n. ①友好关系的建立 ②恢复友好接见,和解(with).
Rap-rig n. 〔建〕一种能快速架设的轻便(惊)脚手架.
rapt [ræpt] a. 全神贯注的. be rapt in one's work 专心工作.
rap′ture n. 着迷,全神贯注,狂喜.
RAR = ①radio acoustic ranging 无线电声(波)测距 ②repair as required 按需要修理.
rara avis 〔拉丁语〕罕见的人〔物〕,不寻常的人〔物〕.
rare [rɛə] Ⅰ a. ①稀(少,有,薄,疏)的,罕见(少)的 ②杰出的,珍贵的,珍重的 ③半生不熟的. Ⅱ ad. 非常,很,罕有〔不常〕地. rare air 稀薄空气. rare book 珍本书. rare earths 稀土族,稀土元素,稀土. rare gas 稀有(惰性,稀薄)气体. rare metal 稀有金属. rare mixture 贫混合料,稀有混合物. rare short 局部短路. ▲in rare cases 或 on rare occasions 少,不常,偶尔,难得.
rare-book n. 稀土的. Ⅱ. (pl.)稀土族. rare-earth chelate compound 稀土螯形化合物. rare-earth doped solid 稀土掺杂固态.
rare-earths-cobalt n. 稀土-钴合金.
rarefac′tion n. 稀少(薄,化,释),纯净,稀疏(作用),疏散(状态) ②膨胀度. ~al 或 rarefac′tive a.
rarefica′tion n. 稀薄(疏,化),真空化,真空度.
ra′refied ['rɛərifaid] a. ①变稀少(薄,化),的,被抽空的,变纯净的 ②极高的 ③只限于小圈子内的(少数人).
ra′refy ['rɛərifai] v. (使)变稀少(薄,化),使疏散,(使)变纯净,抽(真)空,造成真空,排气,使纯化,使精炼.
rare′ly ['rɛəli] ad. ①很少,难得,不常,罕见〔有〕地 ②珍贵地 ③非常. only very rarely do we find that. . . 我们很少(难得)碰到….
rare′ness n. 稀薄〔疏〕,罕有.
rare′ripe ['rɛəraip] a. ; n. 早(成)熟的(果,菜).
rariconstant n. 寡变数.

ra′ring ['rɛəriŋ] a. 急切〔热情〕的 be raring to go 一心要去.
ra′rity ['rɛəriti] n. ①稀薄〔疏〕②稀有〔罕〕,净出 ③珍品〔贵〕,罕见的事物.
RARR = range and range rate 距离和距离〔航程和航程〕变化率.
RAS = ①rectified air speed 修正空速(修正了位置及仪表误差的指示空速) ②report audit summary 报告审查摘要 ③Royal Aeronautical Society (英国)皇家航空学会.
ras′cal ['rɑ:skəl] n. 流氓,无赖. ~ly ad.
rascal′ity n. 流氓(卑鄙)行为.
Raschig rings 或 Rasching tubes 拉希格(填充瓷)圈(开口圆筒形圈,其直径和长相等).
raschite n. 一种硝铵炸药.
rascle n. 灰岩参差蚀面.
rase vt. = raze.
raser n. 雷泽,电波激射器,电波受激发射放大器,射频量子放大器.
rash [ræʃ] Ⅰ a. ①急躁的,轻率的,草率从事的,太匆忙的 ②过早的,未成熟的. ~ly ad. ~ness n. Ⅱ n. ①(皮)疹 ②一下子大量出现的事物.
rash′er n. 薄片.
ra′sion ['reiʒn] n. 锉刮,锉磨.
rasp [rɑ:sp] Ⅰ n. ①粗(木)锉 ②锉磨声,很粗的刺耳声. Ⅱ v. ①(用粗锉刀)锉,粗刮,摩擦 ②挫伤,刺激 ③发刺耳声. rasping machine 磨光机. second cut flat wood rasp 中扁木锉. ▲rasp away 〔off〕锉掉.
rasp-cut file 木锉.
ras′per ['rɑ:spə] n. ①锉刀〔机〕②用锉的人.
ras′ping ['rɑ:spiŋ] Ⅰ a. 锉磨声的,粗声的. Ⅱ n. (pl.)锉屑.
ras′pite n. 斜钨铅矿.
rassenkreis n. 族圈,亚种圈.
ras′ter ['ræstə] n. ①光栅,扫描(光)栅 ②网板,屏面. blank raster 没有回描〔未调制〕的光栅,纯净光栅. raster generator 光栅发生器.
ras′terelement n. 光栅单元.
rasura 〔拉丁语〕n. 碎片,锉屑.
ra′sure ['reiʒə] = erasure.
rat [ræt] Ⅰ n. ①(老)鼠 ②表面凸起,多肉(铸造缺陷) ③叛徒,密探. Ⅱ (rat′ted; rat′ting) vi. 叛变,变节. rat race circuit 环形波导电桥. rat tail 鼠尾(形),〔铸〕脉纹,夹砂,老鼠尾(缺陷),连接线条〔束〕(天线水平部分与引下线的连接线). ▲smell a rat 觉得可疑.
RAT = ①ram air turbine 冲击涡轮 ②ratio 比(率) ③rocket-assisted torpedo 火箭发射式鱼雷,火箭推进鱼雷 ④rocket-launched antisubmarine torpedo 火箭发射式反潜鱼雷.
RaT = receiver and transmitter 送受话器,收发报〔信〕机.
ra′table = rateable.
ra′tably = rateably.
ra′tal ['reitl] n. 纳税额.
RATAN = radar and television aid to navigation 用于导航的雷达和电视辅助设备,雷达和电视(辅助)导航设备.
rat′chel ['rɑ:tʃəl] n. 大石块,砾石,毛石.
ratch′et ['rætʃit] 或 ratch [rætʃ] Ⅰ n. ①棘轮(机构,钻),闸〔匚〕轮,单向齿轮,齿杆,齿弧 ②棘齿,

(棘)爪. II vt. ①啮合 ②安装棘轮机构于,制成棘齿(形),刻锯齿 ③【核】(燃料和释热元件外壳之间的)松脱. ratchet and pawl 棘轮与掣爪,棘轮机构. ratchet (bit) brace 棘轮摇钻,手摇500钻机,扳钻. ratchet clutch 棘爪离合器. ratchet coupling 爪形联轴节,逆f筒,棘轮联结器,棘轮套. ratchet drill 手扳钻,棘轮摇(扳)钻. ratchet gear 棘轮装置. ratchet lever jack 蜗轮蜗杆千斤顶,轮杠千斤顶. ratchet wheel 棘轮,制动棘轮. ribbon feed ratchet 色带输送棘轮.

ratch′et-dri′ver n. 棘轮传动装置.
ratch′et-feed n. 定棘进给(进刀).
rat′cheting n. ①啮合 ②联轴节,离合器 ③棘轮效应.
rate [reit] I n. ①(比)率,比(值,例) ②速率(度),频率 ③(钟或快慢的)差率,变化率,率 ④强度(消耗)量 ⑤等(级),级,程度,标准,定额(值),正常值 ⑥价格(值),行情 ⑦捐(关)税,地方税 ⑧价格,估价,(pl.)定价,价目表 ⑨情况,样子. II v. ①(对…)评定(价),对…估价,估计,判断,计算 ②认为,看作 ③(被)视,看成,评级,定…的等级,分类 ④…的运费(保险费) ⑤定税率,征地方税 ⑤测量,确定,衡量 ⑥(被)列入(等级),有价值,值得,应予以. be rated among the best of its kind (被认为)在同类型中是最好的. be sold at a high [low] rate 以高[低]价出售. rate above its real value 对…估价过高. rate an achievement high 高度评价一项成就. value... at a low rate 低估. rate high in one's estimation 得到…很高的评价. rate special attention 值得特别注意. acceptable degradation [malfunction] rate 容许恶化速率,工作可靠性判据. accuracy rate 精确度. Bank Rate 国家银行利率. charging rate 充电时间(常数),充电率. colour-frame rate 彩色帧频. constant rate 恒速. current rate 电(气)流强度. discharge rate 排出(率,量),放电率. drift rate 偏移率(度),漂移率. emission rate 放射率. error rate 误差率. exchange rate 汇价. extraction rate 提收(实收)率,提取(浸提)率. failure rate 故障率,平均寿命. field rate 场频. flat rate 包价,按期付费,普通费. fuel rate 燃料消耗率. full rate 全价,全费率. heat transfer rate 传热速率,比热流. high rate 高速,高效率. leak(age) rate 漏失(气,损)率. mass rate 质量流率. metal removal rate 切削率. (of the) first rate 头等的,第一流的. operating rate 工作速率. piece rate 计件工资. power rate 电力(电)费率,电价. production [output] rate 生产率,产量. productivity rate 生产率. rate act 比(速)率作用,微分动作. rate control 按被调量的变化率调节,按一次导数调速,速率[微商,微分]控制. rate equation 变化率方程. rate generator 比率发电机. rate grown junction 速率生长结. rate gyroscope 速率陀螺仪,阻尼[二自由度,微分]陀螺仪. rate limitation 速度限制. rate making 定运价,运费率. rate meter 定率(测速)率计,计数率测量计. rate multiplier 比率乘数. rate network 比率网络. rate of cooling 冷却速率. rate of curves 曲线斜率. rate of decay 衰减(落)速率,衰变率,风化(分解,腐烂)率. rate of doing work 功率. rate of finished products 成品率. rate of flow [discharge] 流量(速,率),流通(动)率. rate of (foreign) exchange (外汇)兑换率. rate of information throughput 信息传送速度,信息吞吐率. rate of interest 或 interest rate 利率. rate of percolation 渗速. rate of purity 纯度. rate (of) replacement 更新率. rate of rise 曲线上升斜率,增长(速)率. rate of runoff 径流率(模数). rate of scanning 扫描频率. rate of traffic flow 交通强度;行车密度. rate of travel 移动(飞行)速率,发送(飞行)速度,相对流动速度,相对位移量. rate of wear 磨损(耗)率,磨耗速度(程度). rate of work 工作强度,功率. rate process 累进法. rate response 微商作用,(仪器)惯性,速率(导数)响应. rate time 微分(比率)时间. reduction rate 减速(传动)比,转速比. repetition rate of the exponential 指数律振荡周期. space rate 空间(直线)速度. warble rate 调频深度. water rate 耗水率,水消费率. ▲ at a good rate 以相当的速度. at a great rate 以高速度,迅速地,飞快地,大大地,非常地. at an easy rate 非常容易地,毫不费力地,廉价地. at any rate 在任何情形下,无论如何,卑竟,至少,总之. at that [this] rate 如果那[这]样,那[这]样的话,照那[这]种情形. at the [a] rate of 按…的比率,以…速度(按…进度. (be) rated at 额定(的). by no rate 决没有. rate as 列入. rate M at N 将 M 测定为 N. M rate of change 或 rate of change in [of] M 对 M(坐标)的导数,M 的变化率. space rate of change 对空间坐标的导数,随方向而变化的速率. time rate of change 对时间的导数,时间变化率. rate of change of M with N M 对 N 的导数. rate of change of lift coefficient with pitching velocity 升力系数对俯仰角速度的导数. rate with 受…好评. the M rate of N N 相对于 M 的比率.

rate′able [′reitəbl] a. 可估(评)价的,按比例的,该纳(应征)税的. **rate′ably** ad.
Rateau turbine 复式压力叶轮机,拉特透平.
ra′ted [′reitid] a. ①额(标,规,评)定的,标称的,定额的 ②计算的,设计的 ③装定的 ④票面的(总值的),man-rated 可供人用的. rated capacity 额定量额定功率(电容),定额率(产量),标定容量,设计效率. rated conditions 额定工况. rated flow 额定流量. rated horsepower 额定马力. rated load 额定负荷(载). rated output 额定输出,额定(计算)功率,计算生产率,标准产量. rated power 额定功率. rated revolution 额定转数. space-rated 适于在空间应用的.
rate-grown a. 变速生长的. rate-grown junction 变速生长结. rate-grown transistor 变速生长晶体管,生长层晶体管.
rate-integrating gyro 速率积分陀螺.
rate′meter [′reitmiːtə] n. ①定率[速,度]计,计数率计,测速计 ②(辐射)强度计(测量仪).

rate-of-turn record 转速记录器.
ra'ter ['reitə] n. ①估价人,定等级人 ②…等级的东西. *be a first-rater* 是第一流的,是头等的.
rate-recognition circuit 扫描频率测定电路.
rate-sen'sitive a. 对速度(变化)灵敏的,感受速度的.
rath'er ['rɑːðə] ad. ①宁愿,宁可,(与其…)倒不如,(与其…)毋宁,与其说…不如说…. *depend on temperature rather than pressure* 与其说取决于压力,不如说取决于温度(取决于温度而不是压力). *Pull on the wrench rather than push.* 宁可拉扳手不要推扳手.
② 相当地,颇为,多少有些,有几分,精微. *It is rather hot today.* 今天相当地热. *I rather think so.* 我颇认为如此. *Sound waves travel through fresh water at about* 1410 m/sec, *that is rather more than four times faster than through air* (331.4 m/sec). 声波在淡水中的传播速度大约是 1410 m/s,这是在空气中的传播速度(331.4 m/s)的四倍还要多一些.
③〔在句首,或作插入语,它前面通常是个否定句〕相反地,反而〔之〕,倒不如(说),宁可(说). *A shipping and receiving department should not be considered an added operation. Rather, it should be integrated into the processing function.* 收料发货部门的工作不应该被认为是附加的工序,相反,它应组并到生产业务中去.
④ (说得)更确切〔确实,合理,恰当〕些,更正确地说. *It began very late last night, or rather in the early hours this morning.* 它是昨天深夜,或者说得更确切些是今天凌晨开始的. ▲*not, seldom, hardly, …*) *but rather* … (不,很少,几乎不,…)而是,而宁可. *had*〔*would*〕*rather* 宁可,宁愿. *had* (*much*) *rather M than N* 宁可 M 也不 N,与 N 倒不如 M. *or rather* (说得)更确切些, *rather than* 而不. *M rather than N* 或 *rather M than N* 宁可 M 也不 N,与是(说)N 不如(说)M,是而不是是 M rather than M otherwise 不是别的而是 M. *rather too M* 稍嫌〔微〕M 了一点,稍 M 了些. *M the rather because N* 或 *M the rather that N* N 所以才更 M. *would* (*much*) *rather M than N* 宁可 M 也不 N,与其 N 倒不如 M.
rath'erish ['rɑːðəriʃ] ad. 颇,相当,有点儿,有几分.
rat'icide n. 杀〔灭〕鼠药.
ratifica'tion [ˌrætifi'keiʃən] n. 批准,承认,认可. *exchange instruments of ratification* 互换批准书.
rat'ifier n. 批准者.
rat'ify ['rætifai] vt. 批准,承认,认可.
ra'ting ['reitiŋ] n. ①额定[标称,规定]值,额定(定)功率,额定性能[能力,载量,容量],负荷[生产]率,(广播或电视节目)收看[听]率,工作状态[能力],量程[测量范围]极值 ②分等[类,准,配],等级,级别,军阶 ③参数[量],特性,规格,程度 ④测[定,检,平价]值,比率,评价[定,级] ⑤价值,税率,工资[运费]率. *accuracy rating* 额定准(精)确度. *continuous rating* 持续运转额定值,持续功率. *load rating* 设计负载. *maximum rating* 最大[极限]值,最大功率[推力,定额,状态]. *merit rating* 质量评定. *octane rating* 辛烷值. *ply rating of tire* 轮胎层数. *rating of bridge* 桥梁鉴定[叙级]. *rating of machine* 机器的定额. *rating plate* 定额牌,标[铭]牌. *rating schedule* 检定程序表. *transmission performance rating* 额定传输性能. *vacuum tube ratings* 电子管的额定值. *voltage rating* 额定[标称]电压.
ra'tio ['reiʃiou] Ⅰ n. ①比(率,例,值),传动[转动]比 ②(变换)系数,关系. Ⅱ vt. 求出比值,除,使…成比例,以比率表示,按比例放大. *abundance ratio* (同位素)相对丰度,丰度比(率). *calcination ratio* 煅烧比,煅烧产出率. *charge-weight ratio* 充填系数,燃料重量与发动机重量比. *coke ratio* 焦比. *collected-current ratio* 次级发射有效系数. *common ratio* 公比. *contrast* [*high-light-to-low-light*] *ratio* 对比度系数,反差比. *control ratio* 板栅电压比,(充气管)控制系数,(闸流管)控压比,(电子管)调节电压与被调电压之比. *cutting ratio* 切屑厚度比. *density ratio* 相对密度. *distribution ratio* 分配系数,分配比. *duty ratio* 平均功率和最大功率之比,占空系数. *fineness ratio* 粒(细)度比,横弦比,长宽(细)比. *front-to-back ratio* 前后比,(定向天线)方向性比. *ion-ratio* 离子(比). *large reactance-resistance ratio* 高电抗电阻比,高 Q 值. *L/D ratio* 长度与直径之比,长径比. *mark-to-space ratio* 传号脉冲与空号脉冲之比. *mass ratio* 质量比,相对质量. *mixture ratio* (组分)混合比,配料[合]比,燃料成份比,燃料混合比例系数. *molar* [*mole*] *ratio* 克分子比,克分子浓度. *peak-to-average ratio* 最大值与平均值之比(电视)帧的纵横比. *picture ratio* (电视)帧的纵横比. *pulse-time ratio* 占空系数[因数]. *ratio arm* 比例边,比率[例]臂. *ratio calculator* 比例计算器. *ratio control* 关系调节,比例调节[控制]. *ratio detector* 比[率]检波器. 比例鉴频器. *ratio estimate* 【统计】比推定量. *ratio gear* 变速轮. *ratio meter* 比率[值]表,电流比率计. *ratio of forging reduction* 锻比. *ratio of gear* 齿轮速比. *ratio of greater* [*less*] *inequality* 优[劣]比. *ratio of lay* (钢丝绳的)捻比系数. *ratio of mixture* 配合比,混合料成份,混合气比例. *ratio of reinforcement* 或 *steel ratio* 配筋(含钢)率,钢筋比(率). *ratio of rolling reduction*【轧】压缩比. *ratio of slenderness* 长细比. *ratio of slope* 边坡斜度[系数],坡度. *ratio of specific heat* 绝热指数,比热比,热容比(C_p/C_v). *ratio of the circumference of a circle to its diameter* 圆周率. *ratio of transformation* 变压[变换]系数,变压[变换]比. *ratio print* 比率[投影]晒印. *ratio recorder* 比记录器. *ratio test* 变压比试验,比率检验法,检比法. *reduction ratio* 还原[减速,传动,减缩]比. *signal to noise ratio* 信号噪声比. *slenderness ratio* 长细比,柔性系数. *strength-*(*to-*)*weight ratio* 强度重量比. *tapping ratio* 总圈数与抽头圈数比.

turns ratio 匝数比. *turns step down ratio* 匝数降压比. *utilization ratio* 利用率. *water ratio* 水汽〔灰〕比, 含水率, 冷却水与排气量之比. *wet/dry tenacity ratio* 〔塑料〕干湿状态时的强度比, 湿/干韧度比. *wide pulsation ratio* 脉动节拍扩大比. ▲ *(be) in constant ratio* 之比为常数, 之比固定不变. *(be) in the ratio* M : N (是, 成)M 与 N 之比, 比率为 M : N. *(be) in the same ratio* 比值相等. *direct [inverse] ratio* 正〔反〕比. *the ratio between M and N* M 和 N 的比(率), M 与 N 之比. *the ratio (of) M to N* M(与)N 之比; M : N, M/N.

ratio-arm box (电桥)比(例)臂箱.
ratioc'inate [ˌrætiˈɔsineit] *vi.* (用三段论法)推论, 推理. **ratioci na'tion** *n.* ratioc'inative *a.*
ratiom'eter [reifiˈɔmitə] *n.* 比率表, 比值计, 电流比(率)计.
rat'ion [ˈræʃən] *n.; vt.* ①定量(分配, 供应), 定额, 配给(量), (一)份 ②(pl.)给养, 口粮, 粮食, 食物. *an iron [emergency] ration* 浓缩食物, 军用干粮. *on short ration* 配给量不足. ▲ *put on rations* 对⋯实行配给供应制.
rat'ional [ˈræʃənl] I *a.* ①合〔有〕理的, 合法的〔有〕理性的, 推理的, 理智的, 有辨别力的, (纯)理论的 ③有理解能力的, 头脑清楚的 ④〔数〕有理(数)的. II *n.* 有理数. *rational design* 合理设计. *rational expression* 有理式. *rational formula* 有理化公式, 有理式, 示构〔性〕式. *rational interpolating function* 有理插值函数. *rational mechanics* 理论力学. *rational number* 有理数.
rationale [ˌræʃəˈnɑːli] *n.* ①(基本)原理, 理论(基础), 基本理由 ②原理〔理论〕的阐述, 合理的解释, 合乎逻辑的论据.
rational'ity [ˌræʃəˈnæliti] *n.* 合〔有〕理性, 理由, (pl.)合理的意见. *domain of rationality* 有理性域.
rat'ionalizable *a.* (可)有理化的.
rat'ionalize 或 **rat'ionalise** [ˈræʃənəlaiz] *vt.* 使合理(化), 使有理化 ②合理地说明(处理), 以科学知识解释, 合理化改革 ③〔数〕使消根, 使成为有理数的 ④文过饰非, 寻找藉口. ▲ *rationalize away* 据理说明〔解释〕. **rationaliza'tion. rationalisa'tion** *n.* **rationalization proposal** 合理化建议.
rat'ionally [ˈræʃənəli] *ad.* 理性上, 合理地. *rationally related* 有理相关.
rat'ioning [ˈræʃəniŋ] *n.* 定量配给(on).
ra'tio-test *n.* 比率检验法.
ra'tio-voltage *n.* 电压比, 比例电压.
ra'to [ˈreitou] *n.* (= rocket-assisted-take-off)火箭助推起飞, 起飞辅助火箭.
ratran *n.* 三雷达台接收系统.
RATT = radioteletype (writer)无线电传打字(电报)机.
rat-tail *n.* 鼠尾, 连接线条(线束), 天线水平部分与下引线的连接线. *rat-tail file* 圆(鼠尾)锉.
rattan' [rəˈtæn] *n.* 藤(条, 杖). *rattan rope* 藤索.
ratt'le [ˈrætl] ①发卡搭(咯啦, 爆炸)声, 发硬物震动声, 卡搭〔咯啦〕作响, 拍击 ②使迅速移动, 振〔颤〕动 ③扰乱, 使慌乱 ④使觉醒〔振作〕. II *n.* ①爆炸〔咯啦〕声, 硬物震动声 ②响(亮程)度 ③急响器.
ratt'ler *n.* ①磨耗试验机, 磨损试验筒, 磨石机, (清理滚桶的)转磨桶 ②货运列车, 有轨电车 ③烛煤, 劣质气煤 ④响尾蛇 ⑤猛烈雷暴, 倾盆大雨 ⑥格格响(响当当)的东西. *anti-shoe rattler* 闸瓦(减振)减音器. *anti-rattler* 减〔消〕音器. *rattler loss* 磨耗试验量. *rattler test* 磨耗〔砖〕试验.
ratt'lesnake *n.* 响尾蛇.
ratt'letrap *n.; a.* 破旧得格格作响的(东西), 破旧的, 旧车辆, 零碎东西.
ratt'ling I *a.* ①非常快的, 轻快的 ②非常好的, 第一流的 ③咔哒响的. II *ad.* 很, 极, 非常. III *n.* 咔啦〔咯啦〕声, 拍击. *be equipped with rattling outfits* 配备有非常好的成套工具. *rattling big distance* 极远极远.
raun'chy [ˈrɔːntʃi] *n.* 不够标准的, 破旧的, 秽亵的.
rau'vite *n.* 红(水)钒钙铀矿.
rav'age [ˈrævidʒ] *v.; n.* 蹂躏, 劫掠, (使)荒废, 毁(破)坏, (pl.)劫掠〔破坏〕后的残迹. *ravages of war* 战争的创伤.
rave [reiv] *v.; n.* ①呼啸(前进), 咆哮 ②(pl.)运货车四周的栏板(围栏).
rav'el [ˈrævəl] I (*rav'el(l)ed; rav'el(l)ing*) *v.* ①解开, 拆散〔开〕, 绽开, 松散〔碎〕, 剥落 (out) ②弄清, 弄明白, 解释, 消除, 得到解决 (out) ③拆(散抽)纱, 整经结, 使纠缠, 使混乱, 使错综复杂. *ravelled spot* (路面混合料)君散处. II *n.* 纠缠〔错综复杂〕的东西.
rav'el(l)er *n.* ①使变得复杂者 ②拆散〔解开〕者.
ravel(l)ing(s) *n.* 乱纱, 散开(的纱), (路面)君散, 解开, 拆开, 纠缠, 剥落.
raven I [ˈreivən] *n.* 墨(乌)黑的. *n.* 乌鸦 ②测距测速与导航, 飞机反雷达. II [ˈrævən] *v.* 抢劫, 吞食.
rav'ener *n.* 强盗.
rav'enous *a.* 贪婪的, 渴望的, ~ly *ad.*
rav'in [ˈrævin] *n.* 掠夺, 抢劫, 掠夺物, 捕获物.
ravine [rəˈviːn] *n.* (峡, 深, 皱, 细)谷, 沟壑, 山涧. *ravine stream* 溪(涧)流.
rav'ish [ˈrævɪʃ] *vt.* 夺去, 使陶醉. ~ment *n.*
rav'ishing *a.* 引人入胜的, 令人陶醉的. ~ly *ad.*
raw [rɔː] *a.* ①生的, 原(状, 始)料)的 ②未处理〔加工, 制炼, 精炼)的 ③ (粗, 制, 暴, 脆) 的 ④未硫化〔硬〕的, 无经验的, 未经训练的 ⑤不掺水的, 未稀释的, 纯的 ⑥阴(湿)冷的, 湿寒 ⑦擦破皮的(伤口). *raw castings* 粗铸件. *raw catalyst* 新(未还原)催化剂. *raw condition* 原状, 未加工状态. *raw copper* 粗铜, 泡铜. *raw cotton* 原棉. *raw data* 原始数据〔资料〕, 素材. *raw deal* 不公平的待遇. *raw edge* 裂(毛)边, 未切过的边. *raw grinding* 初(粗)磨. *raw hand* 新手. *raw hydrocarbons* 原状碳氢化合物. *raw judgement* 不成熟的判断. *raw material* 原料. *raw metal* 粗金属, 生金属材料. *raw mill* 生料磨(机). *raw oil* 原料(粗制)油, 未精制的油料. *raw ore* 原矿石. *raw recruit* 新兵, 新来者. *raw sewage* 原(未处理)污水. *raw shale* 生(硬)页岩. *raw ship* 新服役的舰只. *raw silk* 生丝. *raw*

spirit 无水酒精. *raw steel* 粗〔原〕钢,未清理钢. *raw umber* 富镁标土. *raw water* 生水,未经处理〔净化〕的水. ▲*in the raw* 处于自然状态,不完善的,裸裎的. *touch...on the raw* 触到…的痛处. ~ly *ad.*

Rawalpindi [rɑːvəlˈpindi] *n.* 拉瓦尔品第(巴基斯坦城市).

raw'hide [ˈrɔːhaid] *n.*; *v.* 生(牛)皮(的),皮条〔索〕,生皮(制)的.

ra'win [ˈreiwin] *n.* (=radio wind sounding)无线电(高空)测风仪,利用雷达测定风速和风向,雷达气球.

ra'winsonde [ˈreiwinsɔnd] *n.* 无线电高空测风仪.

raw'-mate'rial *a.* 原(材)料的.

raw'ness [ˈrɔːnis] *n.* 生(制)的,生硬,粗.

raw-steel *n.* 粗〔原〕钢.

RAX =①remote access computing system 遥控〔远距离存取〕计算系统 ②rural automatic exchange 农村〔郊区〕自动电话交换机.

ray [rei] Ⅰ *n.* ①光(声)线,光迹,(放,辐)射线 ②【数】半直线,半径 ③辐射状的直线,(图中)表示光的线 ④微量,丝毫 ⑤光辉,一线(光芒) ⑥(木材)射髓 ⑦鳐〔鳎〕鱼. Ⅱ *v.* 放(辐,照)射,辐照,射〔显〕出,向周围放送,闪现. *cathode rays* 阴极射线. *cosmic rays* 宇宙射线. *death ray* 死光. *delta rays* δ射线, δ〔反冲〕粒子. *electric ray* 电子束,电磁波. *gamma ray* γ(丙种)射线,γ射线. *grenz rays* (伦琴射线)的边界辐射,减速带电粒子射线. *H rays* 氢离子束,氢核射线. *hard X rays* 高透力的 X 射线. *infrared* [ultrared] *ray*(s) 红外线. *light ray* 光线. *pencil of rays* 射线束. *ray acoustics* 几何声学. *ray axis* 光(线)轴. *ray filter* 滤光镜. *ray of wood*(木材)的射髓. *ray pattern* 声径图. *ray tracing* 射〔声〕线描迹〔跟踪〕,光线跟踪,电子轨迹描绘. *ray velocity* 射线速度,光(波)速. *ray* (*velocity*) *surface* 光(线)速(度)面. *space ray* 空间射线,空间波. *vita ray* 维他射线. *X* 〔*Roentgen*〕*rays* 伦琴射线,X 射线.

Ray'-bond *n.* 合成橡胶-酚醛或环氧树脂黏合剂(商品名).

RAYDAC =Raytheon Digital Automatic Computer 雷声(公司)自动数字计算机.

ray'dist *n.* (研究传输现象用)(电磁波)相位比较仪,周相比较仪.

ray-fungus *n.* 放射状真菌,放射菌.

Rayhead *n.* 瑞海箔煤气红外线加热器.

rayl *n.* 雷(耳)(1 牛顿/米² 声压能产生 1 米/秒的质点速度的声阻抗率,声阻[抗]率的值).

Rayleigh *n.* ①雷利(人名) ②极光和夜天光的发光强度的单位(=10⁶ 光量子/厘米²). *Rayleigh balance* 一种安培秤. *Rayleigh cycle* 雷利周期〔循环〕. *Rayleigh disc* (测定质点振速的)雷利声盘. *Rayleigh wave* 表面波,雷利波. *Rayleigh-Ritz method* 雷利-利兹法(一种分析板体和其它复杂结构的方法).

ray'less *a.* 无光线的,黑暗的.

ray'mark *n.* 雷达指向标.

Rayo *n.* 雷约镍铬合金(镍 85%,铬 15%).

ra'yon [ˈreiɔn] *n.* ①(纤维素)人造丝,人造〔黏腔〕纤维,嫘萦,人(造)丝织物 ②一种雷达干扰发射机. *rayon fabric* 嫘萦(人丝)织物. *rayon staple fiber* 嫘萦短纤维. *rayon warp size* 嫘萦浆纱料. *rayon yarn* 嫘萦(人造)丝.

ra'yonnant [ˈreiənənt] *a.* 辐射式的,用四射的光线表现的.

ra'yotube *n.* (测量运行中轧件温度的)光电高温计.

ray'-proof *a.* 防射线〔辐射〕的.

Ray'theon tube 雷通管,全波整流管.

ray tracing *n.* 射(光,声)线跟踪,射〔声〕线描迹.

ray(-) trajectory *n.* 光线,光迹,射线路径〔路程,轨道〕.

raze [reiz] *vt.* ①铲平,把…夷为平地(to the ground),拆毁,毁灭 ②刮〔削〕,抹〔去〕(out),消除(印象).

razon *n.* (VB-3)导弹,无线电控制炮弹.

ra'zor [ˈreizə] Ⅰ *n.* 剃刀. Ⅱ *vt.* 剃,刮. *safety razor* 保安剃刀. ▲*be on a razor's edge* 在锋口上,在危急关头.

ra'zor-edge *n.* 剃刀的锋口,危急关头,尖削的山脊,鲜明的分界线.

RB =①radar beacon 雷达信标〔应答器〕②reentry body 重返(再入)大气层的物体 ③renegotiation board 重新谈判委员会 ④return-to-bias 归偏,回到偏压,归零制 ⑤rocket branch 火箭部门 ⑥roller bearing 滚柱轴承 ⑦rubber base 橡皮基座,橡皮底(垫).

R/B =radio beacon 无线电信标.

Rb =①rubidium 铷 ②以 B 度表示的洛氏硬度.

RBA =rescue breathing apparatus 救急氧气设备.

R-band *n.* R 波段,R(频)带.

R-bay =ringer bay 振铃器架.

$r_{bb'}$ =extrinsic base resistance 非本征基极电阻.

RBC =red blood cell 红血球,红(血)细胞.

RBDP =rocket booster development program 火箭助推器研制规划.

RBE =①relative biological effectiveness 相对生物有效性,相对于生物学效应 ②remote batch entry 远程按批〔成批,批量〕输入,遥控成批输入,远距离程序组输入.

RBGS =radiobeacon guidance system 无线电信标制导系统.

Rbls =roubles 或 rubles 卢布(苏联货币单位).

RBn =radiobeacon 无线电信标.

R-boat (德国的)快速扫雷艇.

RBP =rocket branch panel 火箭分队操纵台.

R-branch *n.* R 分支,R 系,R 支.

RBS =①radar beacon system 雷达信标系统 ②radar bomb scoring 雷达标定弹着点 ③random barrage system 随机阻塞系统 ④recoverable booster system 可回收的助推系统.

RBV =return beam vidicon 返束视像管.

RC =①radio compass 无线电罗盘 ②radio components 无线电零〔部,元〕件 ③rate of change 变化率 ④reaction coupled 电抗耦合的 ⑤reaction coupling 电抗耦合 ⑥recirculatory (air)再循环的(空气) ⑦record change 记录修改 ⑧Red Cross 红十字会 ⑨regional center 区域中心 ⑩reinforced concrete 钢筋混凝土 ⑪relay computer 继电器式计算机,中继

计算机 ⑫remote control 遥控 ⑬research centre 研究中心 ⑭resistance-capacitance（电）阻（电）容 ⑮resistive-capacitive 阻容的 ⑯resistor-capacitor（电）阻（电）容 ⑰ringing circuit 振铃电路 ⑱rotary converter 旋转换流机 ⑲rubber-covered 橡皮绝缘〔覆盖〕的, 外包橡皮的.

Rc ＝①relay computer 继电器式计算机 ②以 C 分度表示的洛氏硬度.

R-C ＝resistance-capacitance 或 resistor-capacitance（电）阻（电）容.

R&C ＝receiving & classification 接收与分类.

RC circuit 阻容电路.

R-C network 阻容网络.

RC set 阻容箱, 阻容网络.

RCA ＝Radio Corporation of America 美国无线电公司.

RCAC ＝RCA Communications Inc. 美国无线电通信公司.

RCAF ＝Royal Canadian Air Force 加拿大（皇家）空军.

RCAT ＝radio-controlled aerial target 无线电操纵的飞靶.

RCB ＝①radar-controlled barrage 利用雷达指挥的拦阻射击 ②radiation control board 辐射控制盘.

rcb ＝rubber-covered braided 橡皮绝缘包（织）线.

rcbwp ＝rubber-covered braided, weather-proof 橡皮绝缘的编包风雨线.

RCC ＝①Radiochemical Centre 放射化学（研究）中心 ②recovery control center 恢复〔回收〕控制中心 ③resistance capacity coupling 阻容耦合 ④rough combustion cutoff 不稳定燃烧停止, 振荡燃烧中止.

$r_{cc'}$ ＝extrinsic collector resistance 非本征集电极电阻.

RC-coupled amplifier 阻容耦合放大器.

RCCP ＝reinforced concrete culvert pipe 钢筋混凝土涵管.

RCCPLD ＝resistance-capacitance coupled 阻容耦合的.

RCCS ＝rate command control system 速率指令控制系统.

rcdb ＝rubber-covered double braided 橡皮绝缘的双层编包线.

RCDTL ＝resistor-capacitor diode transistor logic 阻-容二极管晶体管逻辑.

RCE ＝①rapid changing environment 迅速变化的环境 ②reliability control engineering 可靠性控制工程 ③remote-control equipment 遥控装置.

RCEEA ＝Radio Communication and Electronic Engineering Association（英国）无线电通信和电子工程协会.

RCG ＝①radio command guidance 无线电指令制导 ②radioactivity concentration guide 放射性浓度标准〔指南〕 ③receiving 接收, 收受 ④reverberation control of gain 增益混响控制.

RCh ＝reader check 读出校验.

RCHG ＝reduced charge 减装药（弹）.

RCI ＝range communications instructions 靶场联络指令.

RCIL ＝reliability critical item list 有关可靠性的关键项目表, 可靠性临界项目表.

RCL ＝radio command linkage 无线电指挥系统.

RCM ＝①radar countermeasures 反雷达措施, 雷达对抗 ②radiocountermeasures 无线电干扰（措施）, 无线电对抗 ③receipt of classified material 保密资料的收据.

RCN ＝Royal Canadian Navy 加拿大皇家海军.

Rcn & Surv ＝reconnaissance and survey 勘查和测量.

RCO ＝rendezvous compatibility orbit 适于会合的轨道.

RCP ＝①radar chart projector 雷达（搜索）图投影器 ②reinforced concrete pipe 钢筋混凝土管 ③reliability critical problem 可靠性临界问题.

rcpt ＝receipt 收到〔讫, 据〕.

RCR ＝①radio control relay 无线电控制继电器 ②reverse current relay 逆流继电器.

rcrd ＝record 记录.

RCRL ＝reliability critical ranking list 可靠性临界序列表.

RCS ＝①radar cross-section 雷达（目标反向散射）截面, 雷达有效反射面 ②rate command system 速度控制系统 ③reaction control system 反应控制系统 ④reliable〔reliability〕 corrective action summary 可靠性校正一览 ⑤reloadable control storage 可写控制存储器 ⑥remote control system 遥控系统 ⑦reversing colour sequence 彩色信号反向顺序, 反向彩色信号序列, 彩色发送顺序, 逆序.

RCSI ＝receipt for or of classified security information 保密情报（用）的收据.

Rct ＝recruit 新兵〔手〕.

RCTL ＝①resistance-capacitance transistor logic 阻-容晶体管逻辑 ②resistance-capacitor coupled transistor logic 阻-容耦合晶体管逻辑 ③resistor-capacitor-transistor logic 阻-容晶体管逻辑 ④resistor-coupled transistor logic 电阻耦合晶体管逻辑.

RCTO ＝Red Cross technical orders 红十字会专门定货.

RCTT ＝Regional Centre for Technology Transfer（区域）技术转让中心.

RCU ＝relay control unit 继电器控制设备.

rcvr ＝receiver 接收器〔机〕, 收信机, 输入元件.

rcwp ＝rubber-covered, weather-proof 橡皮绝缘防风雨线.

rcwv ＝rated continuous working voltage 额定连续工作电压.

RD ＝①read 读, 读出（数据） ②readiness date 准备（完毕）日期, 待命日期 ③refer to drawer 请询问出票人, 请与出票人接洽 ④road 公路 ⑤rocketdyne ⑥rod（拉, 推, 连, 钻）杆, 标尺 ⑦roof drain 屋顶排水管 ⑧round 圆的.

Rd ＝red 红（色, 的）.

rd ＝①road（公, 道）路 ②rood 路得（美国面积单位, 等于 0.25 英亩）③round 圆的 ④rutherford 卢瑟福（放射性强度的单位, ＝每分钟 10^6 次衰变）.

R/D ＝①rate of descent（垂直）下降速度 ②refer to drawer 请询问出票人, 请与出票人接洽.

R&D ＝research and development 研究与发展, 研制与试验.

RdAc ＝radioactinium 射锕.

RDAR ＝reliability design analysis report 可靠性设计分析报告.

RDB ＝Research and Development Board（美国）研究发展局.

RDCF =restricted data cover folder 保密〔内部〕资料文件夹.
RDE =receptor-destroying enzyme 受体破坏酶.
RDF =①radio direction finder 无线电测向器〔定向仪〕②radio direction finding 无线电探〔测〕向〔器〕③radio dis-tance finder 无线电测距仪.
RdHd =round head 圆头.
RDI =read digital input 读数字输入, 数字量读入.
RDM =recording demand meter（自动）记录占用计数计.
RDP =ration distributing point 定量供应分配点.
RDR =①radar 雷达 ②radar/reliability diagnostic report 雷达/可靠性诊断报告.
RDRXMTR =radar transmitter 雷达发射机.
RDS/M =rounds per minute 每分钟转数, 转/分.
RDT&E =Research and Development, Test and Evaluation 研究与发展, 测试和鉴定〔估算〕.
RdTh =radiothorium 射钍.
RdTl =radiothallium 射铊.
RDW =rural distribution wire 农村配电线.
RDX =trimethylene-trinitramine 三甲撑三硝基胺.
RDY =ready 准备好的, 现成的.
RDZ =cyclonite 旋风炸药, 三次甲基三硝基胺（烈性是 TNT 炸药的一倍半）.
RE =①rack head 接地（机）壳, 接地罩, "地" ②radiation effects 辐射作用 ③radio exposure 放射性照射（量） ④rare earths 稀土元素.
Re =①rack earth 接地机壳, 接地罩, "地" ② Reynolds number 雷诺数 ③rhenium 铼（化学元素）④rubber engineering（vendor identification）橡胶工程（卖主鉴定）.
re [ri:] *prep.* 〔拉丁语〕关于. *in re* 关于, 说到. *re infecta* 未完成.
re =①reference 参考（资料, 文献）, 基准, 坐标 ② roentgene-quivalent 伦琴当量 ③rupee 卢比.
re- 〔词头〕再, 重（新）, 相互, 反（对）, 反复, 非, 后, 回, 离开.
REA =rural electrification administration 农村电气化管理（局）.
reabsorb' *vt.* 重吸收, 再吸附〔收〕.
re'absorp'tion ['ri:əb'sɔ:pʃən] *n.* 重〔反〕吸收, 再吸附〔收〕.
REAC =①reaction ②reactive ③reactor ④Reeves electronic analog computer 穿孔电子模拟计算机.
reach [ri:tʃ] Ⅰ *v.* 到达, 达〔伸, 触, 够, 延, 传〕到, 架, 搭, 抓〕到, 获得 ②扩展〔到〕, 延伸, 蔓延, 伸出〔长〕 ③影响, 对…起作用 ④伸（手）, 交（递）给. *reach the conclusion* 得到〔出〕结论. *reach the goal* 达到目的. *reach the job*（达）到工地. *Planks reach from the ground to the truck.* 跳板从地面搭到卡车上. *reach into the reactor core* 伸进堆芯. *reach the case* 适用于这种情况. *reach an identity of views* 取得一致看法. ▲*as far as the eye can reach* 就眼力所（能）及, 极目, 远及地平线. *be reached by*（*railway*）可通（火车）. *reach after* 〔*at, out*〕努力想达〔得〕到的, 追求, 伸手去够〔取, 抓〕. *reach as far as M* 一直延伸到 M. *reach bottom* 到底, 查明, 打听出来. *reach M for* 向 N 把 M 拿〔递〕给 N. *reach out* 伸出（手）. *reach*（*out*）（*one's hand*）*for* 伸手取〔拿〕. Ⅱ *n.* ①可达到的距离, 所能及的

限度, 有效（活动, 作用, 工作）半径, (有效, 作用, 影响, 势力）范围, 运用限距, 作用区, 臂长,（起重机）外伸幅度, 射程, 极度, 区〔领〕域 ②（江, 河）区, 河段, 水道, 流域, 海角, 岬 ③棒, 拉（活塞）杆, 车子的前后轴联结杆 ④伸出, 延伸 ⑤一次努力〔航程〕, 一段旅程, 计划. *reach of crane* 起重机臂工作半径〔伸出长度〕. *reach of river*〔*stream*〕河区, 河流流程, 河流上段, 河的上下游. *short reach plug* 短螺纹火花塞. *side reach* 侧向伸出长度. ▲*above*〔*beyond, out of*〕*one's reach* 或 *above*〔*beyond, out of*〕*the reach of*…力所不及〔力所不能达到〕, 超出…的〔有效, 作用, 影响〕范围. *get M by a long reach* 尽力伸手取 M. *have a wide reach* 范围宽广. *lower*〔*upper*〕*reaches of M* 和的下〔上〕游. *within easy reach of* 在…容易达到的地方, 在…附近, 离…很近. *within one's reach* 或 *within the reach of* 在…够得着的地方, 为…力所能及〔所能达到〕（的范围内）. *within reach* 可以达〔得, 办〕到, 够得着的, 力所能及的.
reachabil'ity *n.* 能达到性.
reach'less *a.* 不能达（及）到的.
reach'-me-down ['ri:tʃmidaun] *n.*; *a.* 现成的（衣服）, 用旧的, 千篇一律的, 旧事物.
reach'-through *n.* 透过, 穿通.
reacquired *a.* 再获得的.
react' [ri'ækt] *v.* ①起反〔感〕应, 应答, 起（反）作用, 反抗（攻）, 有影响 ②回复原状 ③重作〔做, 演〕, 再做〔演〕. *react acid* 呈酸性反应. *reacting force* 反（作用）力, 反应力. *reacting steel* 再结晶钢. *reacting wall* 后座〔支顶〕墙. ▲*react against* 反对〔抗〕. *react chemically with* 与…起化学反应. *react on*〔*upon*〕反作用于, 对…起反〔应, 作用〕, 对…有效果, 对…起反应. *react to*〔*with*〕对…起反应, 和…起反应〔作用〕.
reac'tance [ri'æktəns] *n.* ①电抗（器）, 无功（有感）电阻, 力抗 ②反应性. *acoustic reactance* 声抗. *capacity*〔*capacitive, condensive*〕*reactance*（电）容（电）抗. *component reactance* 电抗分量. *elastic reactance* 弹性反作用力. *inductive reactance* 感抗. *magnetic reactance* 磁抗. *mechanical reactance* 机械反作用力, 力抗, 力阻抗的虚部. *net reactance* 净〔纯〕电抗. *parasitic reactance* 寄生电抗. *reactance amplifier* 电抗耦合放大器. *reactance coil* 扼流圈, 电抗线圈. *reactance coupling* 电抗耦合. *reactance factor* 电抗（无效, 无功率）因数. *reactance modulation system* 直接（电抗）调制方式. *reactance multi-ports* 电抗多口网络, 电抗多端对偶网络.
reac'tance-groun'ded *a.* 电抗接地的.
reac'tant [ri'æktənt] *n.* ①成分, 组成〔份〕②试剂, 反应物（体, 剂）. *grafting reactant*【化】接枝反应物.
reac'tatron *n.* 一种晶体二极管低噪声微波放大器.
reac'tion [ri'ækʃən] *n.* ①反应, 反作用〔力）, 反力, 阻力, 逆反应 ②反作用〔力）, 反应, 阻力, 约束〔反作用〕力 ③恢复原状 ④（天线）反〔向〕辐射 ⑤〔正〕反馈, 回授 ⑥反动（势力）, 极端保守. *aerodynamic reaction* 气动力（反）作用. *chain reaction* 连锁反应. *double reaction* 双重反应〔反馈〕. *freezing in reaction* 凝入反应. *fusion reaction* 聚合反应. *positive reaction* 阳

性反应,正反作用(力). *reaction blade* 反动式叶片. *reaction cement* 活性黏结剂. *reaction coil* 反馈〔电抗,反作用〕线圈,【化】反应旋管. *reaction component* 无功〔电抗〕部分,虚部. *reaction condenser* 回授〔反馈,再生〕电容器. *reaction coupling* 反馈〔耦合〕. *reaction debris* 反应屑. *reaction engine* 反作用式〔喷气式〕发动机. *reaction gear* 反动齿轮. *reaction getter* 吸收〔反馈〕式吸气剂,反应型收气器. *reaction motor* 反作用式发动机、喷气〔火箭〕发动机;反动式〔反作用〕电动机. *reaction of supports* 支点反力. *reaction rate due to neutron* 中子核反应率. *reaction ring* (油泵的)定子;反作用环,止推环. *reaction thrust* 反推力. *reaction torque* 反抗转矩. *reaction turbine* 反力〔击,应,作用〕式涡轮. *reaction type wheel* 反击式〔反作用式〕水轮机. *reaction wavemeter* 吸收〔反馈〕式波长计. *reaction wheel* 反击式叶轮,反动轮. *redox reaction* 氧化还原反应. *rocket reaction* 火箭(发动机)推力,反作用力.▲*reaction of M on N* M对N的作用. *reaction of M to N* M对N的反应.

reac'tionary [ri(:)'ækʃnəri] I a. ①反应的,反作用的 ②反动的,倒退的,保守的. II n. 反动分子,反动派.

reac'tionism n. 极端保守主义,反动主义.

reac'tionist I a. 反动的. II n. 反动分子.

reac'tionless a. 无反应的,惯〔惰〕性的.

reac'tionlessness n. 【化】化学惰性,反应(上的)惰性,反应缓慢性.

reac'tion-propelled' a. 反作用推进的.

reac'tion-type a. 反馈式,反作用式.

reac'tivate [ri(:)'æktiveit] v. ①使恢复活动,(使)复活,(使)再活化,复原〔能〕,(使)重新具有放射性 ②重激活,再生,重新使用. *reactiva'tion* n.

reac'tivator n. 再生〔反应〕器.

reac'tive [ri'æktiv] a. ①(易,可起)反应的,反动(冲,作用)的,往复的,倒退的,反遗的 ②电抗(性)的,无功(效)的 ③【化】反应性的,活性的. *reactive circuit* 电抗〔反馈〕电路. *reactive coil* 扼流圈,电抗圈. *reactive component* 无功部分〔分量〕虚部. *reactive dye* 活性染料. *reactive force* 反作用力. *reactive hydrogen* 活性〔泼〕氢. *reactive load* 无功〔电抗性〕负载. *reactive metal* 活性金属. *reactive pigment* 活性颜料. *reactive power* 无功〔无效〕功率. *reactive resistance* 电抗. ~ly ad.

reac'tive-cur'rent n. 无功电流.

reac'tiveness n. 反应性,【化】活动性.

reactiv'ity [riæk'tiviti] n. ①反应(性,率,度,能力),活动〔作用〕性,活化性〔度〕 ②再生性,电抗性. *excess reactivity* 剩余反应性,过剩反应性. *monomer reactivity* 单体(聚合)活性. *monomer reactivity ratio* 单体竞聚率,reac-tivity ratio 反应(竞聚)率.

reac'tor [ri'æktə] n. ①【化】反应器,反应物,反应子,链式(核)反应堆 ②电抗器,电抗〔扼流,反馈〕线圈,电焊阻流圈,制圈 ③引起(经受)反应作用的人〔物〕,(对外来物质)呈阳性反应的人〔动物〕. *air reactor* 空(气)心电〔抗〕圈. *atomic reactor* 原子反应堆. *batch reactor* 周期性作用反应堆. *breeder reactor* 增殖反应堆. *continuous reduction reactor* 连续还原器. *current limiting reactor* 限流电抗器. *feeder reactor* 馈(电)线扼流器. *nuclear reactor* 核反应堆. *reactor code* 反应堆计算程序. *reactor fuse* 反应堆中的可熔性镶入物. *reactor metallurgy* 反应堆材料冶金学. *reactor period meter* 反应堆周期(量)计. *series reactor* 串联电感器. *variable reactor* 可变电抗器. *variable-flux reactor* 可变中子通量反应堆.

reac'tor-conver'ter n. 反应堆转换器.

reac'tor-down n. 反应堆功率下降.

reac'tor-grade a. 核纯的,适用于反应堆的.

reac'tor-irra'diated a. 受反应堆中被辐照的.

reac'tor-irra'diator n. 反应堆辐照器.

reac'tor-produced' a. 反应堆中制备的.

reac'tor-start mo'tor 电抗线圈式起动电动机.

reac'tor-up n. 反应堆功率增长.

reacyla'tion n. 再酰化作用.

read I [ri:d] (*read* [red], *read* [red]) v. ①读,读出(读数),读回,念,看,阅(读),学习,研究 ②辨认,察觉,看懂,解释,懂,识别,(数据)判读 ③(内容)写的是,读作,(仪表显示)读数是,标明,(在雷达场上)定出(我方飞机的位置). *The ammeter reads zero.* 这安培表读数是零. *The load can be read off the scale.* 荷载可从刻度标上读出. *The full text reads as follows:* 全文如下. ▲*read back* 重复,复述,读回. *read down to* (从曲线沿横坐标编)往下读. *read M for N* (勘误表用)用M代替N,把N改为M. *read in* 【计】写入,记录. *read M into N* 把M硬塞进对N的理解中去. *read of* 读知,阅悉. *read off* 读出,从…读取. *read out* 读出,宣读. *read over* 读完. *read through* 读遍,读完. *read to oneself* 默读. *read up* 专攻(某科目),攻读.

II [ri:d] n.; [red] a. ①读 ②读出(的),读(的) ③(阅)读得多的,博览的. *read amplifier* 读出放大器. *read detector* 读出检测器. *read driver* 读(数)驱(策)动器. *read half-pulse* 半读〔半选〕脉冲. *read number* 读出数. *read-only memory* 只读〔固定,永久性〕存储器. *read rate* 读速度,读出率. *read routine* 读数程序. *read station* 读数装置,读出站,阅读站. *read winding* 读数绕组. ▲*be well* 〔*little*〕 *read in* 精(通)…通.

readabil'ity [ri:də'biliti] n. ①可读度(性),明确性,读出(测读)能力 ②清晰(程)度,清楚 ③易读性,易读程度.

read'able ['ri:dəbl] a. 易读的,清楚的,明白的,写得有趣的,值得一读的.

readapta'tion n. 重适应,再匹配〔配合〕.

read'-around' ra'tio 读数比.

readatron n. 印刷数据读出和变换装置.

read'back sig'nal 读回信号.

re'address' ['ri:ə'dres] vt. 改写〔更改〕(收信人的)地址(姓名). ▲*readdress oneself to* 重新着手〔致力〕.

read'er ['ri:də] n. ①读者,校对人,评阅者,审稿人,读数员,抄表员,讲师 ②读本,教科书 ③【计】读出器,读数器〔镜〕,读出装置〔机构〕,指示器,阅读机,输入机,阅读释序. *character reader* 字母〔符号〕读出器. *photoelectric (tape) reader* 光电(穿孔带)读出器. *printing reader* 印刷读出器. *publisher's reader* 出版物审查人. *(punch) card reader* (穿孔)卡片读出〔阅读〕器. *reader's marks* 校对符号. *tape reader* (磁或穿孔)带读出器. *zero reader* 零位读出器.

reader-printer *n.* 阅读复印两用机.

read′ership [ˈriːdəʃip] *n.* ①读者(们,数) ②reader 的职务,身份.

read′er-ty′per [ˈriːdəˈtaipə] *n.* 读数打印装置.

readily [ˈredili] *ad.* ①容易地,不费力,快,迅速 ②欣然,乐意地,不勉强,无疑地.

read′-in′ [ˈriːdin] *n.* 【计】记录,写入,读入(信息).

readiness [ˈredinis] *n.* 准备(妥),备用〔准备〕状态 ②容易,迅速,敏捷 ③欣然,愿意. *maintain combat readiness* 保持战备状态. *operational readiness* 战备状态. *readiness for action* 待机状态. *readiness review* (安装完)启用前检验. ▲*in readiness for* 为…准备好. *have everything in readiness for* 为…准备好一切. *Readiness is all.* 有备无患. *show readiness to*+*inf.* 表示愿意(做). *with readiness* 欣然地,快.

read′ing [ˈriːdiŋ] I *n.* ①读(数据),读出,判读 ②(示值,仪表)读数,(仪表)指示(数),示值〔度〕,量测记录 ③读书,阅读 ④读物,文体,注释,学识 ⑤解释看法. II *a.* 阅读的. *accurate reading* (刻度)准确读数. *automatic reading* 自动读数. *balance reading* 天平示数. *destructive reading* 抹去信息读数,破坏读数. *final reading* 末读数. *full-scale reading* 最大读数,量程. *halftone reading* 半色调显示. *initial reading* 初读数. *meter reading* 仪器〔计数器〕读数,仪表读法. *null readings* 平衡〔零点〕法. *observed reading* 观测值. *off-scale reading* (刻度间)读数. *photo reading* 像片判读. *preliminary reading* 初步读数. *radio-frequency reading* 用高频扫描快速读出. *reading book* 读本. *reading brush*【计】读数〔孔〕刷. *reading by reflection* 反射式读数. *reading desk* 斜面书桌. *reading device* 读数〔示〕装置,刻度盘. *reading glass* 读数放大镜. *reading head* 读(数)头. *reading lamp* 台灯. *reading microscope* 读数显微镜. 显微读数仪. *reading scan* 读出〔显示〕扫描. *reading station* 阅读站,输入站. *register reading* 寄存〔计数〕器读数. *remote reading* 遥控(遥测)读数,远距离显示〔读数〕读数. *rod reading* 标尺读数. *scale reading* 刻度盘读数. *sound reading* 音响收报,收听. *telemetry reading* 遥测计的读数,遥测记录. *the reading public* 广大读者. *visible reading* 视觉读数. *zero reading* 起点读数,零读数.

read′ing-room *n.* 阅览室.

re′adjust′ [ˈriː(ː)əˈdʒʌst] *vt.* ①更〔校,修〕正,校准,重(微)调 ②再整理,(再)调整(调节,调准,整理),重做 ③重安装. *readjust current* 重调电流. ~**ment** *n.* *readjustment of zero* 重新调零.

re′admit′ [ˈriːədˈmit] *vt.* 重新接纳. **re′admis′sion** *n.*

read-mostly memory 【计】主读存储器.

read-only memory 【计】只读〔固定,永久性〕存储器.

read′out′ [ˈredi I *a.* ①读出(数据,信息),(仪)表示值读数 ②读出器,数字显示装置,【轧】轧制带材厚度指示仪 ③【计】结果传送,测量结果输出值 ④选择信息. II *vi.* *alphanumeric readout* 字母数字读出. *cyclical readout* 周期读出. *destructive readout* 抹去〔破坏〕信息读出. *digital readout* 数字读出,穿孔卡测量结果输出值. *discrete readout device* 分立式读出装置. *intermediate readout* 中间读出. *sum readout* 和数读出(传送),读出和数. *readout unit* 读出装置.

readout-tube *n.* 读出管.

read-punch unit 卡片输入穿孔机.

read-write head 读写〔入〕头.

ready [ˈredi] I *a.* ①有准备的,准备好的,现成的,现有的 ②易于…的,简〔轻〕便的 ③迅速的,立即的 I *vt.* 使准备好,就绪,预备. II *n.* (射击)准备姿势,现款. (*be*) *being readied for shipment* 正在准备装运. (*be*) *packed ready* 已预先包装好. *ready coating* 简易浇面,快速罩面. *ready condition* 可算条件. *ready made* 现成的,预制的,预先准备好的. *ready mixed paint* 调和漆. *ready money*(*cash*) 现款. *ready reckoner* 计算便笺,简便计算表. *ready state* 待用(准备就绪)状态. ▲(*be*)*ready at* 善于. (*be*) *ready at* 〔*to*〕*hand* 在手边. (*be*) *ready for be used* (用于),随时可以. (*be*) *ready for orders* 整装待命. (*be*) *ready to* +*inf.* 准备好(做),随时可以(做),乐于(做),易于(做),即将(做). *get ready for* 〔*to*+*inf.*〕(使)做好…的准备,(使)准备好. *make ready for* 〔*to*+*inf.*〕准备好(做). *Ready all!* 各就各位! *ready up* 即付,用现金支付. *the readiest way to do it* 这件事的最简便的做法.

Ready Flo 一种银焊料(银56%,铜22%,锌17%,锡5%).

ready-made *a.* ①预制的,预先准备的,现成的,做〔制〕好的 ②非独创的,陈腐的.

ready-mixed *a.* 预拌的,搅拌好的,搀〔混〕合好的. *ready-mixed paint* 调和漆.

ready-storage of missiles 待发导弹库,战备状态导弹库.

ready-to-wear *a.* (衣服)现成的.

ready-witted *a.* 灵敏的,机智的.

re′aera′tion *n.* 还原,复氧,通风,再充〔曝〕气.

reaf′ference *n.* 自传入感觉.

re′affirm′ [ˈriːəˈfəːm] *vt.* 重申,再肯定(证实). *reaffirm one's stand* 重申立场.

re′affor′est *vt.* 重新植林(于),重新造林,在…再造林.
 ~**a′tion** *n.*

rea′gent [riˈ(ː)ˈeidʒənt] *n.* 试剂〔药〕,药剂,反应物〔力〕. *chemical reagent* 化学试剂. *deoxidation reagent* 脱氧剂. *electrophilic reagent* 亲电子试剂. *etching reagent* 浸〔腐〕蚀剂. *flocculating reagent*

reaggrega'tion — **REAPT**

絮凝剂. *fluidizing reagent* 流化剂. *leaching reagent* 浸出剂. *nickel reagent* 镍试剂,试镍剂. *organophosphorus reagent* 有机磷试剂. *reagent bottle* 试剂瓶. *reagent for nickel* 试镍剂. *reagent grade* 试剂等级. *reagent method of water-softening* 化学软水法. *reducing reagent* 还原剂. *synthetic reagent* 合成试剂.

reaggrega'tion n. 重团聚.

reagin n. 反应素,反应抗体.

re'a'ging n. 反复老化,再老化.

real [riəl] Ⅰ a. (现)实的,真(实,正)的,实际(在,数,值,型)的,客观的有效的. Ⅱ ad. 真(正),实在. Ⅲ n. 实在的东西,现实,【数】实数. *real axis* 实(数)轴. *real com-ponent* 有功分量〔部分〕,同相分量,实数量,实数部分. *real constant* 有效常数,实常数. *real crystal* 全晶(含铅晶)玻璃. *real estate* 不动产,房地产. *real gas* 实在(真实)气体. *real image* 实像. *real line* 实线. *real load* 有效负载. *real money* 现金,硬币. *real number* 实数. *real object* 实物. *real part* 实(数)部(分),实数. *real power* 有效功率. *real root* 实根. *real stuff [thing]* 上等(原装)货,真货. *real time* 实时. *real time machine* (真)实时(间)计算机,快速计算机. *real time operation* 实时工作(运算),快速(实时)操作. *real variable* 实变数(量),自由变项(词). *real variable function* 实变函数. *the real* 实在(物),现实. ▲*for real* 真的,实在的,很,非常. *real gone* 极度地,彻底地.

real'gar [ri'ælgə] n. 雄黄,二硫化二砷,鸡冠石.

rea'lia [ri'eiliə] (*realis* 的复数) n. ①直观教具,实物教学 ②实际事物,实在.

re'align' [riə'lain] v. ①改线,重新定线(位,中心),整治(河道) ②(使)重新排列(组合,整顿),改组. ~ment n.

realisa'tion = realization.

re'alise = realize.

re'alism ['riəlizəm] n. 现实主义,真实(性,感). *for the sake of realism* 考虑到各种实际情况,为了更符合实际.

re'alist n.; a. 现实主义者(的).

realist'ic [riə'listik] a. 现实(主义)的,逼真的,实际的. *realistic testing specimen* 仿真试样. ~ally ad.

real'ity [ri'æliti] n. 真实(性),现实(性),实际(真,性),真象,事实. *objective reality* 客观现实. *reality condition* 【物】现实性条件. *bring...back to reality* 使…面对现实. *make M a reality* 实现 M. *the realities of the day* 当前的现实. ▲*be (become) alienated from reality* 脱离现实. *in reality* 实际(事实)上. *with (startling) reality* 维妙维肖,逼真地.

realizabil'ity n. 现(真)实性,可实现性.

re'alizable ['riəlaizəbl] a. 可实现(行)的,可认识的,可切实感到的.

realiza'tion [riəlai'zeiʃən] n. ①实现(行),实感,现实化,完成 ②认识,了解,领会,觉察. *mechanical realization* 机械构造.

re'alize ['riəlaiz] v. ①实现(行),完成,获得 ②认识(意识)到,体会,认清,了解 ③写实,如实表现. *Our ultimate aim is to realize communism.* 我们的最终目的是实现共产主义. *It has been realized that...*已经意识(认识)到…. *It must be realized that...*必须了解….

real'-life' a. 真实的,非想像的,实际(生活中)的,实际使用过程中的.

real'ly ['riəli] ad. 真实(正)地,确实地,实在,真的,果然. *really and truly* 真正地.

realm [relm] n. ①区(领)域,范围,界,类,(部)门 ②王国,领土. *independent realm* 独立王国. *realm of nature* 自然界. *realm of superstructure* 上层建筑领域. ▲*place M in the realm of N* 把 M 列入 N 范围(领域)之内. *within the realm of possibility* 有可能性的,属于可能的范围.

real'-time' a. 实时的,快速的,立即. *real-time input-output* 【计】实时输入输出. *real-time interferometry* 实时干涉量度学.

real-valued a. 实值的.

ream [ri:m] Ⅰ n. ①(一)令(纸张计数单位,=480~500张) ②(pl.) 大量的纸或著述) ③生奶油. Ⅱ vt. ①(用铰刀)铰(锥)孔,扩大…的口径,扩大…的孔,修整…的孔(out) ②铰除(瑕点等)(out) ③折边(弹壳等的)边 ④榨取(出)(汁液). *align reaming* (用组合铰刀)铰后同心孔. *line reaming* 同轴铰孔,配合深管件同时扩孔. *ream a rivet hole* 铰锥锥(钉)孔. *ream weight* (纸)令重,(木,砖)垛重. *reaming bit* 铰孔钻(锥). *reverse taper ream* 倒锥形钻头.

ream'er [ri:mə] Ⅰ n. ①铰刀(刃),镗钻,扩维,扩孔钻(器),整孔钻(刃)压榨器. Ⅱ v. 扩大…的孔,铰(扩)孔. *align reamer* 长铰刀. *angular reamer* 斜角铰刀. *reamer bolt* 铰(镶嵌)螺栓,密(轻迫)配合螺栓. *reamer cutter* 铰铣刀. *seat reamer* 阀座修整铰刀.

ream'plify [ri:'æmplifai] v. 再(重复)放大.

rean'imate [ri:'ænimeit] vt. ①使复活(苏) ②鼓舞,激励.

reannal' vt. 重(再)退火.

reap [ri:p] v. ①收割(获) ②获得,得(遭)到. *reap profits through (from)* 从…获得利润. ▲*reap as (what) one has sown* 自食其果. *reap the fruits of one's action* 自作自受. *reap where one has not sown* 不劳而获.

reap'er n. 收割者,收割机. *sail (selfrake) reaper* 摇臂收割机. *side-delivery reaper* 侧向铺放收割机.

reap'ing-hook n. 镰刀.

reap'ing-machine n. 收割机.

re'appear' ['ri:ə'piə] vi. 再(出)现,重现,再(重)发. ~ance n.

re'appoint' ['ri:ə'pɔint] vt. 重新任命,重新约(指)定. ~ment n.

re'appor'tion ['ri:ə'pɔ:ʃən] vt. 重新分配.

re'apprai'sal ['ri:ə'preizəl] n. 重新估价(计),重新评价(鉴定).

REAPT = reappoint.

rear [riə] I n. ①后部〔方，面〕，尾部 ②背面〔后〕. II a. 后〔方，面，部）的，背〔后，而〕的 III v. ①竖〔举〕立，高耸 ②建〔树〕立 ③培养，养育 ④饲养，养殖. *rear arch* 背拱. *rear cord* 内部〔背面〕塞រិំ. *rear dump truck* 〔*wagon*〕后(部)卸(料)式货车. *rear end plate* 后(端)盖板. *rear engine* 后置发动机，带动泵的发动机. *rear face* 背面. *rear lamp* 〔*light*〕(汽车)后灯，尾灯. *rear link set* 后方通信连络台. *rear projection* 背面投影，背景反映. *rear screed* 后夯〔样〕板. *rear sight* (枪的)表尺. *rear view* 后视图. *rearing stage* 培育期，生长期. ▲*at the rear of* 或 *in (the) rear of* 在…的后面〔后部，背后〕. *close* 〔*bring up*〕*the rear* 殿后. *rear up* 暴跳.

rear'-end n.; a. 后(尾)部(的).
rear'loader n. 后装载机.
re'arm' ['ri:'ɑ:m] v. 重新武装〔装备〕，重整军备，供以新式武器. ～ament n.
rear'most a. 最后(面)的.
rear'mount'ed a. 后悬挂(式)的，后置的
re'arrange' ['ri:ə'reindʒ] v. 重新整理〔安排，布置，排列，排序，分类)，重配置，调整，整顿.
re'arrange'ment ['ri:ə'reindʒmənt] n. ①重新整理〔编排，安排，布置，配置，排列，编组)，重排〔列〕②调整〔配置)，移〔转)移项，反演，变〔换)位，分子重排作用. *input rearrangement* 输入重新排列.
rear-unloading vehicle 后卸汽车.
rear'view mir'ror 反照〔后视〕镜.
rear'ward ['riəwəd] I a.; ad. 在后面〔部，方)(的)，向后面(部，方)(的)，在末尾的. II n. 后方〔部，面〕. ▲*in* 〔*at*〕 *the rearward* 在后部〔方〕内. *in* 〔*on, to*〕 *the rearward of* 在…的后方〔面〕.
rear'ward-facing a. 后向的，安置在尾部的，顺气流安装的.
rear'wards ['riəwədz] ad. 向〔在〕后方.
REASM ＝reassemble 重新装配〔聚集.
rea'son ['rizn] I n. ①理由，原因，缘故 ②道〔情)理，常识，明智，理性〔智〕. ▲*as reason was* 根据情理. *by reason of* 因为，由于，为了，凭着. *by reason (that)* 因为，由于. *for many reasons* 由于种种理由. *for no other reason than* 〔*but*〕只是〔仅仅)因为. *for reasons given (above)* 据此，依据上述原因. *for reasons of* 因为，由于. *for the reason that* 因为，由于. *for this* 〔*that*〕*reason* 为此，由于这个原因，因此. *give reasons for* ＋*ing* 说明…的理由. *have good reason to say that* 很可以说，有充分根据说. *have reason for* 〔*to* ＋*inf.*〕有必须…的理由，有理由去〔做)，(做…)是当然的. *in* (*all*) *reason* 按理，当然，在道理上，(合情)合理. *it stands to reason (that)* 显而易见的…当然的是，显然，…是合乎情理的. *out of all reason* 无理的，不可理喻的. *see no reason (why)* 不明白为什么，看不出任何…的理由. *stand to reason* 合乎道理，毫无疑义，显然. *that* 〔*this*〕 *is the reason why* 这就是为什么…〔的原因). *the reason for* ＋*ing* 〔*is that*〕(做，用，有)…的理由 (在于). *the reason (why)... is that* (为什么)…的理由是. *there is no reason for M to* ＋*inf.* M(做…)是没有理由的. *with out reason* 没有道理，不合乎情理. *without rhyme or reason* 无缘无故，毫无道理，莫名其妙. II v. ①推理〔论，究)，论证，断定，探讨，思考 ②说服，解释 ③讨〔辩)论. *set forth facts and reason things out* 摆事实讲道理. ▲*reason about* 推出(…的道理). *reason M out of N* 说服 M 使放弃 N. *reason out* 推(论)出，通过推理作出.

rea'sonable ['ri:znəbl] a. ①合理的，有(道)理的，讲道理的 ②适(相)当的，比较好的 ③(售价)公道的. *be sold at a reasonable price* 〔*rate*〕售价公道. *reasonable image* 比较好的图像. *reasonable size* 适当的尺寸. *reasonable value* 合理值.
rea'sonableness n. 合理性. ▲*with reasonableness* 妥善〔合理)地.
rea'sonably ['ri:znəbli] ad. ①合理地，适当地 ②相当地. *reasonably compact* 相当紧凑.
rea'soning ['ri:zəniŋ] I n. ①推理〔论，导〕(的方法)，讲理 ②理论，论证，论证据. II a. 理性的，推理的. *reasoning from analogy* 类比推理. *This reasoning is altogether sound.* 这一论证是完全站得住脚的.
rea'sonless ['ri:znlis] a. ①没有道理的，不合情理的 ②不讲理的，不可理喻的 ③无理性的. *reasonless arguments* 强辩.
re'assem'ble ['ri:ə'sembl] v. ①重新装配，再次安装 ②再会合，重新聚集〔集合〕③重编. **re'assem'bly** n.
re'assert' ['ri:ə'sə:t] vt. 再主张〔申明，断言，宣称，坚持). ～ion n.
re'assess' ['ri:ə'ses] vt. 对…再估〔评〕价，再鉴定，再征收. ～ment n.
re'assign' ['ri:ə'sain] vt. 再交给〔分配，分派，委派，指定)，重新指定，重赋值.
re'assign'ment n. 再分配〔委派，指定)，再赋值.
re'-assort' vt. 再分(类).
re'assume' ['ri:ə'sjum] vt. 再假定〔设，想)，再担任〔接受，采)取). **re'assump'tion** n.
re'assu'rance n. 再确认，再保证.
re'assure' ['ri:ə'ʃuə] vt. ①再向…保证，再对…进行保险 ②使放心.
re'attach'ment n. 重附着，复盘术.
Reaumur ['reiəmjuə] n.; a. 列氏温度计(的). *Reaumur degree* 列氏(温度)度数. *Reaumur scale* 列氏温标(R)(水的冰点为0°R，沸点为80°R).
Reaumur alloy 一种锑铁合金(锑70%，铁30%).
reau'stenitize v. 重新奥氏体化.
REBA ＝relativistic electron beam accelerator 大功率〔相对论性)电子束加速器.
rebab'bit vt. 重浇巴氏(轴承)合金.
REBAR ＝reinforcing bar 〔*rod*〕钢筋(条).
re'bate[1] ['ri:beit] I n. 减少，折〔回)扣. II vt. ①减少，削弱，使变钝 ②打折扣，给予回扣. *a 5% rebate for immediate payment* 如立即付款可打九五折. *freight rebate* 运费回扣.
reb'ate[2] ['ræbit] ＝rabbet.
reb'atron ['rebətrən] n. (＝relativistic electron bunching accelerator)大功率电子聚束器，高能电子聚束(加速)器. *S-band rebatron* 10厘米波段的大功

率电子聚束器.

Rebec′ca [ri′bekə] *n.* 无线电应答式导航系统,雷别卡[能提供距离和方位的导航系统,飞机雷达,飞机询问应答器].

Rebecca-Eureka 无线电应答式导航系统,雷别卡-尤列卡.

rebed′ (*rebed′ded*; *rebed′ding*) *v.* 分垄,破垄[修理时]浇注轴承.

rebel Ⅰ [ri′bel] (*rebelled′*; *rebel′ling*) *vi.* 造反,反抗(against),反感. Ⅱ [′rebəl] *n.* 造反[反抗]者, *a.* 造反(者)的,反叛(者)的.

rebel′lion [ri′beljən] *n.* ①造反,反抗 ②叛乱.

rebel′lious [ri′beljəs] *a.* ①造反的,反抗的 ②难对付的,难治的. ~**ly** *ad.*

rebind [ri′baind] (*rebound′*, *rebound*) *vt.* 重捆(绑),重新装订[包扎],改装.

re′birth′ [′ri:′bə:θ] *n.* 再[新]生,复活[兴],更新.

re′blade′ *v.* (用平地机)重复整型,重新作成横断面,重装[修复]叶片.

re′blend′ing *n.* 再[重]混合,重复拌和,再拌和.

re′boil′ [′ri:′boil] *v.* 再沸腾,再煮.

re′boil′er *n.* 重沸[热]器,再沸腾器,再煮器(锅)再蒸馏锅,加热再生器. *reboiler coil* 〔*section*〕再煮旋管.

rebonding of moulding sand 新化[重加粘结剂]型砂,型砂翻制.

re′bore′ *v.* 重镗(孔,内径),再镗,重钻[磨].

re′bo′rer *n.* 重镗孔钻. *connecting rod bearing reborer* 连杆孔修钻机.

re′born′ [′ri:′bɔ:n] *a.* 再[新]生的,更新的.

re′bounce′ *n.* 回跳冲击,反击,反弹冲击.

re′bound′[1] [′ri:′baund] *vt.* rebind 的过去式和过去分词.

rebound[2] [ri′baund] *vi.*; *n.* (使)回[跳,返]回,回跳[跃,弹,屈,缩,击,冲击],回跳高度,后坐力,跳开,碰回. *rebound clip* 回跳夹. *rebound elasticity* 回弹[回弹]性. *rebound hardness* 肖氏硬度. *rebound of pile* 桩的回跳. *rebound strain* 回弹[弹性]应变. *rebound test* 回跃[回弹]试验.

re′breathe′ *v.* 再(呼)吸.

re′brick′ *v.* (内衬的)改砌,重砌.

rebroadcast [′ri:′brɔ:dkɑ:st] Ⅰ (*rebroadcast*(*ed*)) *v.* 转(重)播,重发 Ⅱ *n.* 转(重)播(的节目). *re-broadcasting station* 转播台,中继广播电台.

rebuff′ [ri′bʌf] *n.*; *vt.* (断然)拒绝,漠视,挫败,击退,阻碍. *suffer*〔*meet with*〕*a rebuff from* 遭到…的拒绝.

re′build′ [′ri:′bild] (*re′built′*, *re′built′*) *v.* ①再[重,改]建,重(新)装(配),修复,翻修,(汽车等)大修 ②(大大)改变,改造. *rebuilt truck* 经过大修重新装配的卡车.

rebuke′ [ri′bju:k] *vt.*; *n.* ①指责,非难 ②阻碍,制止.

reburn *v.* 再燃(烧),重新点燃.

rebust(**ing**) 分垄,破垄.

rebut′ [ri′bʌt] (*rebut′ted*; *rebut′ting*) *v.* 辩[驳]反,驳回,击退 ②揭露,戳穿. ~**ment** *n.*

rebutt′able *a.* 可辩(反)驳的,可驳回的.

rebutt′al *n.* ①辩[反]驳,驳回[斥] ②反(驳)的证(据).

rebutt′er *n.* 辩驳[揭露]者,反驳的论点.

rec =①receipt 收到[讫,据] ②receiver 接收(受)机,收音机,受话器 ③recipe 处方 ④reciprocal 倒数 ⑤record(ing) 记录 ⑥recorded 已记录[录音]的 ⑦recorder 自动记录器,记录装置,收报机,录音机 ⑧recreation 娱乐.

recalcifica′tion [ri:kælsifi′keiʃn] *n.* 再钙化.

recal′citrate [ri′kælsitreit] *vi.* 不服从,抗拒. **recal′citrance** *n.* **recal′citrant** *a.*

re′cal′culate [′ri:′kælkjuleit] *vt.* 再〔重新〕计算,再核算,再[重新]估计,换算. **re′calcula′tion** [′ri:′ælkju′leiʃən] *n.*

re′calesce′ [′ri:kə′les] *vi.* 〔冶〕再[复]辉,再炽热.

re′cales′cence *n.* 再辉,复辉,再炽热. *recalescence curve* 再辉曲线. *recalescence point* 再(复)辉点.

re′cal′ibrate [′ri:′kælibreit] *vt.* 再[新,二次]校准,重[复]校,重新刻度,再分度,重率定,再检定,重检.

recalibra′tion *n.* *recalibration screw* 重新校准螺钉.

re′calk′ing *n.* (=recaulking)重凿缝.

recall′ [ri′kɔ:l] *v.*; *n.* ①叫[召,挽]撤,收[回,恢复,复活,回收,撤销,取消 ②重复呼输,二次呼叫 ③回想,(使)回忆,(使)想起 ④检索率,再调用. *recall a decision* 取消决定. *recall an order* 撤销记货单. *recall one's word* 收回前言. *flashing recall* 闪烁信号灯式二次呼叫. *recall the sufferings and think about the happiness* 忆苦思甜. ▲*beyond* [*past*] *recall* 记不起的,不能撤销(挽回)的. *It will be recalled that...* 我们记得. *recall M to one's mind* 回忆[想起]M.

recall′able *a.* 记得起来的,可撤销[召回]的.

re′cam′ber [′ri:′kæmbə] *vt.* 使…重新翘起.

recant′ [ri′kænt] *v.* 放弃(主张),撤销,改变,公开认错, **recanta′tion** *n.*

recap Ⅰ [′ri:kæp] =recapitulate 或 recapitulation. Ⅰ [ri:′kæp 或 ri:kæp] (*recapped*; *recap′ping*) *vt.* 翻新[旧轮胎的]胎面,重修面层,翻修路面. Ⅱ *n.* 胎面翻新的轮胎.

recapit′ulate [ri:kə′pitjuleit] *v.* 扼要重述,概括,摘要(说明),重复. **recapitula′tion** *n.* **recapit′ulative** 或 **recapit′ulatory** *a.*

recapp′er *n.* 轮胎翻新器.

re′cap′ture [′ri:′kæptʃə] *v.*; *n.* ①取[夺,收]回(物),收(恢)复,重俘获 ②再经历.

recarbona′tion *n.* 再碳酸化.

recar′bonize *v.* 再渗碳,再碳化.

recarbura′tion 或 **recarburiza′tion** *n.* (二次)增碳(作用),增碳处理,再渗碳,再碳化.

recar′burizer *n.* (再)增碳剂,渗碳剂.

re′case′ *v.* 重装封面,重新装箱.

re′cast′ [′ri:′kɑ:st] Ⅰ (*re′cast′*, *re′cast′*) *vt.* Ⅰ *n.* ①再[重新]铸造,重(浇)铸,改铸 ②重[另]算 ③重[改]做,改写[订],经重铸(做)的事物.

re′cat′alog(**ue**) *n.* 重新编目.

recaulk′ [′ri:′kɔ:k] *v.* 重捻(凿)缝.

rec′ce 或 **rec′cy** [′reki] 或 **rec′co** [′rekou] (=reconnaissance) 侦察,搜索.

recd 或 **rec′d** =received 接收的,允许的,公认的,标准的.

recede′ [ri′si:d] *vi.* ①退回,后退,退缩 ②向后倾斜 ③收(撤)回,撤销(from) ④降低,跌(低)落,缩减

〔小〕,袭怀,贬值,失去重要性. recede from a bargain 撤销买卖合同. recede in importance 重要性减小. recede into the background 不再突出〔重要〕.
receded disk impeller 离心式叶轮. receding difference 【数】后退差分. receding metal 缩金属. receding wave 后退波.

receipt' [ri'si:t] I n. ①收到〔据,条〕,回执②领受,接受〔收〕③(pl.) 收入,收到之物. II vt. 签收〔据〕,给(开…的)收据,在…上注明"收讫"〔"付清"〕. blank receipt 空白收据. deposit receipt 存单. fee for acknowledgment of receipt 回执费. receipt of telegram 电报收据. temporary receipt 临时收据. warehouse receipt 仓库收据. I beg to acknowledge (the) receipt of your letter. 来函已收到. receipt a bill 在账单上签字〔盖章〕,表明账款已收讫. write out and sign a receipt 开收据并在上面签名. ▲be in receipt of 已收到. on 〔upon〕(the) receipt of … 一〔俟〕收到… 〔就立即〕.

recei'vable [ri'si:vəbl] I a. ①可收到的,应收的 ② 可信的,可接受的 ③待付款的. II n. (pl.) 应收票据〔款项〕. bills receivable 应收票据.

receive' [ri'si:v] v. ①收〔得,受〕到,领收〔受〕,接到〔受,收,见,待〕,会见 ②容纳,安放〔装〕,装载,支持,负担 ③承〔遭〕受,挡〔顶〕住. receive foreign guests 接待外宾. receive the weight of 承受…的重量. Received from 〔of〕 M the sum of 500 yuan. (收据用语) 今从 M 处收到伍佰元整. be received into 被接受加入.

recei'ved [ri'si:vd] a. ①被接收的,被容纳的 ②公认的,被普遍接受的,平凡的,标准的. received power 接收功率. received pulse 接收脉冲. received signal 接收信号. received version 标准译本. received view 普遍的看法,公认的观点. universally received 公认的.

recei'ver [ri'si:və] n. ①接收机,接收部分〔装置,端〕,收音〔信〕机 ②(电话) 听筒,耳机,受话器 ③输入元件 ④接收〔卡〕器,收集器,容器,烧瓶 ⑤储气室〔筒〕,贮存器,集汽包,储藏罐,机槽,槽车 ⑥鼓风炉的前床 ⑦接受者;收件〔款,受〕人,领受人,接待人. air receiver 空气储气器,储气室〔罐,筒〕. beat 〔heterodyne〕 receiver 外差式接收机. colour receiver 彩色电视接收机. crystal receiver 晶体矿石收音机. emergency cut-off receiver 事故感受器. homing receiver 自动寻的系统接收机. link receiver 方向接收机. moving iron receiver 电磁式受话器. n-th power-law receiver 显像管有 n 次幂调制特性的电视接收机. oil receiver 储润滑油器,储油器. people's receiver 普及式收音机. permanent magnet receiver 永磁受话器. public address receiver 有线广播接收机. radio receiver 无线电接收机,收音机. receiver cupola 带前炉的冲天炉. receiver gases (从石油加工设备直接得到的)超阶段气体. receiver of ultrasonics (探伤器的) 超声波的受波器. receiver pipe 接受管,油罐. receiver recorder 二级记录器. reference receiv-

er 基准接收机. restore receiver 挂机. right-hand receiver 接收圆形极化波信号的接收机. search receiver 搜索检波器〔接收机〕. television receiver 电视(接收)机. three-circuit receiver 三调谐电路接受机. universal 〔all-mains〕 receiver 通用〔交直流两用〕接收机. voice transmitter-receiver 收发话机. warning receiver 报警接收机.

receiver-amplifier unit 接收-放大器组.
receiver-control unit 接收器控制台.
receiver-transmitter n. 收发报机,收发两用机,送受话器.

recei'ving [ri'si:viŋ] a.; n. 接收(的). receiving antenna 〔aerial〕 接收天线. receiving condenser 接收电容器. receiving cup 传力杆罐套. receiving gauge 轮口廓量规. receiving hopper 受料斗. receiving ladle 贮铁包. receiving line 【海】深度记录线. receiving perforator 接收穿孔机,复蓄机. receiving set (广播,电视) 接收机,收音〔信〕机. receiving station 接收电台,接收站,收信站〔台〕. receiving substation 降压变电站. receiving table 车床工作台. receiving terminal 接受端〔站〕. receiving transducer of ultrasonics (探伤器的) 超声波的受波器.

re'cency [ri:snsi] n. 新(近),最近.
recen'sion [ri'senʃən] n. 修订(本,版),校订(本),校正本.
re'cent ['ri:snt] a. 新(近)的,最近〔新〕的,近来的,近〔现〕代的. in recent times 在近代. recent fill 新填土. recent news 最近的消息. recent period 现代.
Recent a. 【地质】全新世的.
recenter v. 回到中心位置.
re'cently ['ri:sntli] ad. 近来,最〔新〕近. ▲as recently as … ago 就在(距今)…以前. more recently 新近,更近一些. until recently 直到最近.
recen'tralize [ri'sentrəlaiz] v. ①再(次) 集中 ②恢复到中心位置,导弹返回控制波束中心. re'centraliza'tion n.
recentrifuge v. 再次离心.
recep'tacle [ri'septəkl] n. ①容〔贮〕器,贮〔收〕器,贮槽〔池,罐〕 ②插座〔孔〕,塞孔,容座 ③贮藏所,仓库 ④花托〔床〕,囊托. female receptacle 插孔板,插座. plug receptacle 插座. receptacle plug 插头.
receptacular a. 接受的,收容的.
recep'tance n. 敏感性,响应.
receptarius n. 调剂员.
recept'ible [ri'septəbl] a. 能(被) 接收的. receptibil'ity n.
recep'tion [ri'sepʃən] n. ①接收 ②接受〔纳,待,见〕,欢迎 ③感受,知觉 ④招待〔欢迎〕会. meet with a warm reception 受到热情接待〔欢迎〕. Reception of the television programmes is excellent here. 这里电视节目接收情况极为良好. beat reception 差频(拍) 接收法. control reception 验收. diplex reception 两信件传制接收法,同向双工接收. double reception 双信〔工〕接收(法). favourable reception 好评. homodyne reception 零拍〔差〕接收. Na-

tional Day reception 国庆招待会. personal reception 个人接听. reception basin 蓄水池. reception desk 接待处. reception room 〔chamber〕接待〔会客〕室. reception test 验收试验. reciprocal reception 答谢酒会. telemetering reception 无线电遥测资料的接收.

recep'tive [ri'septiv] a. 接〔感〕受的,(有)接收(力)的,易于接收的,容纳的. receptive hypha 受精丝. ~ly. ad.

receptiv'ity n. [risep'tiviti] n. ①感受性〔率〕,吸收率〔能力〕,可接收度,接〔吸〕收性能 ②容积. electrostatic receptivity 静电感受性.

receptolysin n. 感受器溶解素.

recep'tor [ri'septə] n. 接收器,接(感)受器,受(纳)体. receptor of radiation 辐射探测器.

receptor-coder n. 感觉编码器.

recepto'ric a. 富于感受性,容易感受的.

recess' [ri'ses] n.; v. ①凹〔切〕口,凹座,凹穴,凹入(处),凹进(部分),内凹,壁凹〔龛〕,(凹,沟,环,退刀)槽,(幽)深处,洼地,深孔 ②做成凹状,开(凹)槽,切(内)槽 ③置于凹处,隐藏,退隐 ④休息〔假,会〕. circular recess 圆形槽. recess angle (齿轮的)断远角. recessed arch 叠内拱. recessed (filter press) plate 安框滤板. recessed joint 凹〔方槽〕缝. recessed loop aerial 隐藏式环形天线. recessed vee joint 尖槽缝. recessing tool 611角车刀,起槽(切口)刀. ▲at recess 在休息时间. take a recess 休息.

reces'sion [ri'seʃən] n. ①退回〔行,缩,离〕,后退,海退 ②(经济)衰退,(价格)暴跌 ③凹处 ④(领土)归还. economic recession 经济衰退. recession cone 〔数〕回收锥. recession curve 退水(潮汐)曲线.

reces'sional [ri'seʃənəl] a. 后退的,退出的. recessional moraine 【地】后退(冰)碛,消(退)缩碛.

reces'sionary a. 经济衰退的.

reces'sive [ri'sesiv] a. ①倒退的,退缩的,逆行的 ②【生】隐性的,劣势的. ~ly ad.

recessiv'ity n. 隐性,劣势.

re'chan'nel ['ri:'tʃænl] ['ri:'chan'nel (l)ed; re'chan'nel-(l)ing] vt. 使改道,为…重新开拓途径,改变…的用途.

recharge' [ri:'tʃɑːdʒ] vt.; n. ①再装(填,载,料,量),补充(量) ②再(重新,附加,二次,补充,反向)充电,电荷交换〔反转〕,【堆】更换释热元件 ③回灌〔地下水〕,注水. re-charge current 再充电电流. recharge of ground water 地下水补给.

recharge'able a. 可再充电的,收费的.

rechar'ger n. 再装填器. oxygen recharger 充氧器.

recheck' v. 再核对〔检查,检验,查对〕,再〔重新,重复〕检查. recheck level 再等检查油位.

recherché [rəʃeəʃei] 〔法语〕a. ①精心设计的,精选的,珍贵的 ②太研究的.

rechip'per n. 复切(木片)机,精削(复研)机.

rechlorina'tion n. 再氯化(作用).

rechuck'ing n. (对称件)半模造型(法).

Recidal n. 一种易切削高强度铝合金(铜 4%,铁 1.5%,镁 0.6%,镍 < 0.25%,硅 0.7%,钛 0.2%,锌 < 0.2%,锰 < 0.1%,锡 < 0.1%,铅加镉 0.6 − 0.14%,其余铝).

recin n. 蓖麻毒素.

recip = ①reciprocal ②reciprocate 或 reciprocating 或 reciprocation.

re'cipe ['resipi] n. ①处(配,药)方,制法 ②方法,诀窍.

re'ci'pher 译成密码,密(码)文件.

recip'ience [ri'sipiəns] 或 recip'iency n. 接受,容纳.

recip'ient [ri'sipiənt] I ① n. 容器,接受器,信息收器,(空气泵的)挤压筒,(真空泵的)工作室 ②接收(受)者,领(受,取)人,收货(信)件人 ③受(血)者. II a. (能)接受的,容纳的. recipient country 受援国. 110 volts will not kill unless the recipient is thoroughly wet. 除非触电者全身湿透,110V 是不会电死人的.

recip'rocal [ri'siprəkəl] I a. ①相(交)互的,互惠的 ②互(彼)易的,互换的,可逆的,往复的 ③【数】倒数的,反商的 ④倒的,(彼此相)反的,相对的,对向的,(相互)对应的,(相互相反)的,相互补足的. II n. ①互相起作用(有相互关系)的事物 ②【数】反商,倒(反)数 ③互逆,倒(互)易,互反. reciprocal algebra 反代数. reciprocal axis 倒易轴. reciprocal banquet 答谢宴会. reciprocal basis 对偶(互逆)基. reciprocal circuit 可逆(倒易)电路. reciprocal compressor 往复式压气机. reciprocal cone 配极锥面. reciprocal correspondence 反对应. reciprocal cross-section 截面值倒数. reciprocal deflection 互等变位. reciprocal difference 倒(数)差分. reciprocal dyadic 倒并向量. reciprocal eigenvalue 逆本征特值. reciprocal figure 倒易图形. reciprocal leveling 往复〔对向〕水准测量. reciprocal observation 对向观测. reciprocal of ohm 姆欧,欧姆的倒数. reciprocal of oil mobility 油类流动性的倒数. reciprocal proportion 〔ratio, relationship〕反比(例). reciprocal reaction 往复〔可逆〕反应. reciprocal series 反级数. reciprocal sight 对向照准. reciprocal sonde 【电阻率测井】(供电电极互换)互换电极系. reciprocal tap volume 摇(振)实密度. reciprocal theory 可逆(易)定理,倒易理论. reciprocal trade agreement 互惠贸易协定. reciprocal transducer 倒(互)易换能器. reciprocal transformation 相互转化,反向变换. reciprocal value 倒数值. sensibility reciprocal 灵敏度倒数. weight reciprocal 权倒数.

reciprocal-energy theorem 能量互易定理.

recip'rocally [ri'siprəkəli] ad. 互相〔反〕地,互易地.

reciprocal-space n. 倒易空间.

recip'rocant n. 微分不变式.

recip'rocate [ri'siprəkeit] v. ①(使)往复(运动),前后转动,上下移动,互换(位置),来回,交替 ②互给,报答.

recip'rocating n.; a. ①往复(的,式),来回的,交替〔互〕的,互换的 ②后转动,上下移动 ③摆动的 ④往复式发动机. reciprocating engine 往复(活塞)式发动机. reciprocating pump 往复(活塞)泵.

reciproca'tion [risiprə'keiʃən] n. 往复运动,来回,交给(换),报答.

recip'rocator n. ①往复运动机件(装置),抖动器 ②报

reciproc'ity n. ①相互关系,交互〔相互〕作用 ②相互〔类〕性,互易〔性〕,互反〔换〕性,可逆性,倒易,反比 ③交换〔流〕,互利〔惠〕. *reciprocity calibration* 互易校正〔定标〕. *reciprocity range*【海洋物理】互易颇程.

recirc =recirculate.

recir'culate [ri:'sə:kjuleit] v. ①再〔重复,封闭,回路〕循环,再流转,回〔逆环〕流 ②信息重记,信息重复循环. *recirculating ratio* 循环比〔系数〕. *recirculating store*【计】循环存储器. **recirculation** n.

recir'culator n. 再循环系统管路,再循环管〔器〕.

recis'ion [ri'siʒən] n. 解约,取消,作废,削减,稀释. *recision diffusion* 废弃扩散.

reci'tal [ri'saitl] n. ①朗诵,详〔陈〕述,列举 ②独唱〔奏〕会.

recite' [ri'sait] v. 朗〔背〕诵,讲〔叙,陈,详〕述,列举. **recita'tion** [resi'teiʃən] n. **rec'itative** a.

reck [rek] v. ①顾虑 ②〔和…〕有关系,相干 ③注意,对…关心.

reck'less ['reklis] a. ①不注意的,粗心大意的,轻率的 ②不顾后果的,不顾一切的,冒险的. *be reckless of the consequences* 不顾后果. *be reckless of expenditure* 乱花钱.

reck'on ['rekən] v. ①〔计〕数,计〔核〕算,算出〔入〕,合〔总,估〕计 ②推算,(由天文测的船只位置的推算,估计,推〔判〕断,断定,(料)想 ③算〔看〕作,当作,认为 ④指望,依赖. *reckon the problem* (as) *important* 认为这问题重要. ▲*reckon M as* (for, to be) *N* 把 M 看作〔当作,认为是〕N. *reckon for* 准备,估计. *reckon M in* 把 M 计算〔考虑〕在内. *reckon on* 〔*upon*〕指〔期〕望,凭籍,依靠. *reckon up* 计算,合计,评定〔价〕. *reckon with* 慎重处理〔考虑〕,认真对待,认为不可避免.

reck'oner n. ①计算员〔者〕,薄模板记数垛放工 ②计算表〔器〕,计数器,计算手册 ③〔钢〕管壁减薄车机.

reck'oning n. ①计〔核〕算,估计,设计,结算,判断 ②推测航行法,(用观测天象等方法进行)船位推算,定位法 ③算账,账单. *dead reckoning* (无法观测天象时,只根据测程器,罗盘等)推测〔算〕航行法,推测〔算〕航行法,航迹推算法. ▲(*be*) *out in one's reckoning* 计算〔估计〕错误.

reclad' [ri:'klæd] reclothe 的过去式和过去分词. I (*reclad'*, *reclad'ding*) vt. ①在…上再包上一层金属 ②在砖、石上再做上一层贴面 ③再次装入外壳中.

reclaim' [ri'kleim] v. ①回收,再生,重新使用,恢〔修〕复复原,重炼,精制 ②(旧料)复炼机,填补 ③开垦〔拓〕,填筑,翻造,革新,改良〔造〕,驯养 ④驯化矫正. *reclaimed asphaltic mixture* 复拌沥青混合料. *reclaimed rubber* 再生〔橡〕胶,翻造〔新〕〔收复〕橡胶. *reclaiming by gravity* 澄清法回收〔精制〕.

reclaim'able a. 可回收的,可改造的,可开垦的.

reclaim'er n. ①回收设备〔装置,程序〕,再生装置〔设备〕,用〔单元收集程序〕②〔旧料〕复炼机,填补 ③〔装走存料用的〕贮存场装载输送机 ④再生胶厂 ⑤脱硫剂.

reclama'tion [reklə'meiʃən] n. ①〔废料〕回收〔用〕,再生,再次处分,修整〔废品〕,改造,翻造 ②回收,恢复,要求归还 ③开垦〔拓〕,垦殖,(土壤)改良,填筑 ④驯化.

réclame [rei'klɑ:m] n.〔法语〕公众的欢迎,沽名钓誉(的手段).

reclamp' [ri:'klæmp] vt. 再夹(住).

reclassifica'tion n. 再〔重新〕分类,再次分级.

recline' v. (使)向后靠,斜倚,依赖,(依)靠,信赖(on, upon).

reclock'ing 重复计时.

reclose' [ri:'klouz] vt. 重新接通〔闭合〕,重新合上〔闸〕,重闭. *reclosing relay* 重接〔合上,自复,重闭〕继电器. *reclosing time* 再闭路时间.

reclo'ser [ri:'klouzə] n. 自动开关〔装置〕,自动重合闸,自动重接器,自动反复充电装置,复合〔重复合闸,自动接入〕继电器. *circuit recloser* 电路自动重合闸.

reclo'sure n. 再次〔自动〕接入.

re'clothe' [ri:'klouð] (*reclothed* 或 *reclad'*) vt. 使再穿〔包,覆盖〕上,使换衣服.

recmd =recommend(ation)建议,推荐.

RECMECH = recoil mechanism 反冲机构,后坐装置.

RECMF = Radio and Electronic Component Manufacturers Federation 无线电和电子元件制造商协会〔制造商联合会〕.

Reco n. 一种铝镍钴铁磁合金,雷科磁性合金.

re'coal' [ri:'koul] vt. 再供给煤,重新添煤.

re'coat' [ri:'kout] vt. (用油漆等)再涂,再〔重新〕蒸.

recoct' vt. 再次烹煮. **recoc'tion** n.

recog = recognition.

rec'ognisable = recognizable.

rec'ognise = recognize.

recogni'tion [rekəg'niʃən] n. ①认出〔识〕,识别(出),辨〔鉴〕别,判明 ②公认(度),承认,重视,赏识,表彰 ③认可. *character recognition* 文字〔数字,符号〕识别. *field recognition* 场的区分〔测定〕. *recognition award* 优秀奖. *recognition differential* 分辨〔识别〕力差. *receive* 〔*meet with*〕 *universal recognition* 受到普遍重视. ▲*beyond* 〔*out of*〕 *recognition* 不能辨认,认不出来. *in recognition of*(由于)承认…而.

rec'ognizable ['rekəgnaizəbl] a. 可认识〔出〕的,可辨认〔看出〕的,可承〔公〕认的. **recognizabil'ity** n.

recog'nizance [ri'kɔgnizəns] n. 保证书〔金〕,具结,抵押金.

rec'ognize ['rekəgnaiz] v. ①认出〔识〕,辨别,判明,分辨 ②承〔公〕认,认可 ③考虑〔认识〕到 ④具结.

rec'ognizer n. 识别器〔机〕,测定器〔装置〕,识别程序〔算法〕.

recoil' [ri'kɔil] v.; n. ①反冲〔跳,撞,弹,弹〔跳〕回,反力向动 ②〔产生〕反作用,〔产生〕反冲力,〔产生〕后坐〔力,距离〕,倒退 ③(弹性)碰撞 ④反冲原〔粒〕子 ⑤气〔身〕绕 ⑥退缩〔畏避〕而. *forward recoils* 向前散射反冲核. *light recoil oil* 轻反冲油,反冲系统用轻质油. *recoil electron* 反冲电子. *recoil shift* 反冲位移. ▲*recoil from* + *ing* 对(做…)畏缩不前.

recoil-atom n. 反冲原子.

recoil-electron n. 反冲电子.

recoil'er n. 卷绕机,重卷机.

recoil′less [ri'kɔilis] *a.* 无后坐力的. *recoilless gun* 无后坐力炮.
recoil′-operated *a.* 用后退力来动作的(枪炮).
recoil′-proton counter 反冲质子计数管.
recoil-wave *n.* 反冲[回位]波.
recollect Ⅰ ['ri:kə'lekt] *v.* ①再[重新]集合 ②振作,镇定. Ⅱ [rekə'lekt] *v.* 记[想]起,回忆.
recollection Ⅰ [rekə'lekʃən] *n.* ①回忆[想],记忆力 ②(pl.)回忆录,往事. Ⅱ ['ri:kə'lekʃən] *n.* 重新集合.
re′col′o(u)r ['ri:'kʌlə] *vt.* 给…重新着色.
recombinant *n.* 重组体,重组细胞.
re′combina′tion ['ri:kɔmbi'neiʃən] *n.* 复合,合成,还原,恢复,再化[结]合,重组,重新[结,联]合. *electron-ion recombination* 电子-离子复合. *recombination coefficient* 复合系数. *recombination rate* 复合率. *surface recombination* 表面复合.
re′combine′ ['ri:kəm'bain] *vt.* 重新结[组,联]合,复合.
re′combi′ner ['ri:kəm'bainə] *n.* 复合器[剂],设备,仪器),接触器. *recombiner condenser* 复合电容[冷凝]器.
re′commence′ ['ri:kə'mens] *v.* (使)重新开始,(使)再开始,回头再做.
recommend′ [rekə'mend] *vt.* ①推荐[举],介绍 ②建议,劝告 ③委托,托(付) ④使成为可取. *Their proposal has quite a few points to recommend it*, 他们的建议有好些可取之处. ▲*recommend M to* +*inf.* 建议[推荐,劝]M(做).
recommend′able *a.* 可(值得)推荐的,得当的.
recommenda′tion [rekəmen'deiʃən] *n.* ①建议,劝告,推荐[举],介绍(信) ②可取之处 ③建筑及维护规则,推荐技术标准. ▲*recommendation(s) for* 关于…的推荐(值). *speak in recommendation of M* 介绍[推荐]M. *The recommendation is made that…* 建议,值得推荐的是,最好是.
re′commit′ ['ri:kə'mit] *vt.* ①再委托,重新提出 ②重[再]犯.
recompact *v.* 再压制[密,紧].
re-compac′tion *n.* 再压制[密,紧]. *hot re-compaction* 热再(重]压.
rec′ompense ['rekəmpens] *vt.*; *n.* ①回报,报酬[答],酬金 ②赔[补]偿.
recompil′ity *n.* 【计】重新编译性.
re′compose′ ['ri:kəm'pouz] *vt.* ①重新组合[安排],改组[作) ②再[重]组[构]成 ③使恢复镇定. **re′composit′ion** ['ri:kəmpə'ziʃn] *n.*
recompoun′ding *n.* (橡胶)再次配合.
recompress′ ['ri:kəm'pres] *v.* 再(次)压(缩),空气压力增加[大,压力再次增大. **re′compres′sion** ['ri:kəm'preʃən] *n.* *normal-shock recompression* 正激波再压缩.
recomputa′tion *n.* 重新计[估]算.
recon′ ['ri:kən] *n.* ①(=reconnaissance)侦察,搜索,勘察,探测 ②重组子,交换子. *recon satellite* 侦察卫星. *unmanned recon plane* 无人驾驶侦察机.
rec′oncilable ['rekənsailəbl] *a.* ①可以调和的,可以取得一致的,可调解(停)的 ②同伦的.
rec′oncile ['rekənsail] *vt.* ①使一致(符合),使相协调 ②调解(停,和),使和解 ③使听从于,使甘心于.

▲(*be*) *reconciled to* M 或 *reconcile oneself to* M 甘心于(听从于)M. *reconcile M with N* 使M 和N一致(相谐调).
reconcilia′tion [rekənsili'eiʃən] *n.* 调和①,和解〔谐〕,一致,甘服. *reconciliation of inventory*(工艺)产品[物料]平衡,产品的变动. **reconcil′iatory** *a.*
re′condensa′tion *n.* 再冷凝,再凝聚.
rec′ondite *a.* 深奥的,隐秘的. ～**ly** *ad.*
re′condi′tion ['ri:kən'diʃən] *vt.* ①修理[复,整,补],检[翻,整]修 ②重建[整,调节],车本,重工[轧辊),修磨(拉丝模线), 再处理,重复激活 ③更新,回收,恢复复原,改革〔装],正常化.
recondit′ionable *a.* 可修理[复)的,可检修的.
recondit′ioner *n.* 调整机. *card reconditioner* 卡片调整机.
re′configura′tion ['ri:kənfigju'reiʃən] *n.* 【计】①再(重新)组合,重新配置 ②改变外形,结构变形[换].
reconfig′ure *vt.* 重新配置[组合].
re′confirm′ ['ri:kən'fə:m] *vt.* 再证实(确认),再订妥.
recon′naissance ['ri:kɔnisəns] *n.* ①侦察,搜索 ②勘测[查,察],踏(草]勘,普查,草(采,察)样,选线[点],调查研究 ③侦察队(车). *pilotless reconnaissance plane* 无人驾驶侦察飞机. *radar reconnaissance* 雷达侦察. *reconnaissance map* 勘地地图,草测〔勘)原图. *reconnaissance satellite* 侦察卫星. *reconnaissance soil map* 土壤概图. *signal reconnaissance* 通讯器材侦察.
reconnec′tion *n.* 重接.
reconnoi′ter 或 **reconnoi′tre** [rekə'nɔitə] *v.* ①踏[查]勘,勘测[查] ②侦察,搜索.
reconnoi′terer 或 **reconnoi′trer** *n.* 侦察[踏勘]者.
re′consid′er ['ri:kən'sidə] *v.* 重新考虑(审议),再审(议). ～**a′tion** *n.*
re′consol′idate [ri:kən'sɔlideit] *v.* ①重新巩固[加强,整顿],再固结[压实)②(使)重新合并[联合,统一]. **re′consolida′tion** *n.*
re′con′stitute ['ri:'kɔnstitju:t] *vt.* ①重新构[组]成,重新制定[设立],重建,复制. *reconstituted oil*【菲料】再制造油. **re′constitu′tion** *n.*
re′construct′ ['ri:kəns'trʌkt] *v.* ①重[再,改]建造,翻修,复兴,改建,按原样修复 ②重新产生[形成,再现,重显. *reconstructed stone* 人造石.
re′construc′tion ['ri:kəns'trʌkʃən] *n.* ①重[再,再]建,翻修,复兴,改造,改建物 ②(影像等)再现,重显. *image reconstruction* 图像再现[重显].
re′conver′sion ['ri:kən'və:ʃən] *n.* ①恢复原状,复旧[原] ②再转变 ③(战时到平时的)恢复(期),恢复平时生产.
re′convert′ ['ri:kən'və:t] *v.* ①使恢复原状,复旧[员] ②(使)再转变 ③(使)从战时恢复平时生产.
recool′ *v.* 再(二次,循环,闭回路)冷却. *recooling tower* 二次冷却塔.
recool′er *n.* 重(二次)冷却器.
re′-coordina′tion *n.* (交通信号)连动的再开动.
record Ⅰ [ri'kɔ:d] *v.*; Ⅱ ['rekɔ:d] *n.* ①记录[载],自(动)记(录],登记,录音[声] ②(仪表)显[指,表]示,标[显]出 ③资料,数据,记录曲线[数据]档案. 履

〔经〕历 ④唱片,记录带,录了音的磁带 ⑤从未达到过的最高〔低〕记录. a. 创记录的. make a record of a received signal 记录下收到的信号. keep a continuous record of the course and the distance 连续记录航向和距离. Recording of such kind is by pen trace on chart paper moved at a speed to give a time scale. 这种记录是用笔尖在以一定的行速卷动从而给出一定的时间标度的记录纸带上描迹. break production records 打破生产纪录. hold the world's record 保持世界纪录. set a new world record (in) 刷新…的世界纪录. surpass the record year in steel production 超过(历史上)钢产量最高的一年. ancient records and relics 古代文物. cable record book 电缆说明书〔登记卡〕. disk record 声象,唱片录音. histogram record 直方〔频率分布〕图记录. historical records 历史记载. long-playing record (慢转)密纹唱片. original records 原始记录. oscilloscope record 波形〔示波〕记录,示波器记录. out-of-service record 故障记录. record autochanger 自动换片机. record breaker 打破纪录者. record changer 换片装置,(电唱机)自动换片装置. record circuit 记录电路. record holder 纪录保持者. record of events 大事记. record of performance 生产性能测定,成绩测定. record player 唱机. record receiver 记录接受器. reference record 参考记录,【计】程序编制信息记录. stock record 库存记录. time record 时间刻度. ▲ as a matter of record 根据已得的资料,有案可查. beat [break, cut] the[a] record (for) 打破(…)纪录[前例]. go on record 被记录下来,公开表明见解. keep to the record 不扯到题外. off the record 不(可以)公开(的),不得引用,不得发表,非正式的. on record 有记录的,登记过的,纪录上,公开发表[宣布]的,有史以来的. travel out of the record 扯到题外,离开议题.

record'able a. 可记录的,可(适于)录音的.
record'ance n. 记录,登记.
recorda'tion n. 记录[载],登记.
record'er [ri'kɔ:də] n. ①(自动)记录器(仪器,装置),录音[像]机,印码电报机,收报机 ②记录员,记录员(者). course recorder 航程自记器,步测仪,计距器,距离记录器. electrical phonograph recorder 电录音机. multi-channel recorder 多路记录器. multipoint recorder 多点记录器. pen-and-ink recorder 自动记录器(笔记)[自记]. potentiometer recorder 描笔式记录器,记录式电位计. quick-acting recorder 灵敏[速记,小惯性]记录器. recorder house 记录(仪表)室. recorder well 观测井,自记仪器测井,平水井. (strain gauge) scanner recorder (应变计式)扫描记录器. strip chart recorder 条带录音机. tape recorder 磁带录音机. vacuum recorder 自记式真空计. wire recorder 钢丝录音机. X-Y recorder (记录两个变量之间的关系的)X-Y 坐标记录仪.

record'ing [ri'kɔ:diŋ] n. ①(自动)记录,绘制,录音[声,像] ②唱片,录音的磁带[胶片],录音节目 ③(生物电流的)引出. make a recording 录音. electrographic recording 电图记录,示波. holographic recording 全息照相记录. nonreturn recording 数字间无间隔记录. recording card 图表〔自动控制〕卡片. recording chart 自动记录图,自记纸. recording disc 录音盘,唱片,记录磁盘. recording film 录音胶片. recording head 录音头,记录头. recording level 录声级,记录(输出)电平. recording meter 记录器(仪),自记仪表,自记计数器. recording monometer 压力自计. recording potentiometer 自记(记录式)电位计. recording pressure gauge 自记压力表. recording pyrheliometer 自记太阳热量计. recording room 录音〔录像,资料〕室. recording stylus 记录笔〔针〕,录音针. recording thermometer 自记温度计. return recording 数字间有间隔的记录. sound recording 录音. wire recording 钢丝录音.

record'ist n. (影片)录音员.
recount Ⅰ [ri'kaunt] vt. 详细叙述,描述,列举. Ⅱ ['ri:kaunt] vt. ; n. 重(再)数,重(新)计(算).
recoup' [ri'ku:p] vt. 扣除,赔(补)偿,偿还. ～ment n.
recourse' [ri'kɔ:s] n. ①依赖(靠),求助,救助(援) ②追索(权) ③求助的对象. ▲have recourse to 依靠,用求助于. without recourse 无权追索. without recourse to 不依靠.
recov =recover.
recover Ⅰ [ri'kʌvə] v. ①恢(修)复,恢复原状,重新(废料),分离,萃取 ③补偿(救),挽回,弥补,赔偿 ④重新安置,重新找到. Ⅱ ['ri:'kʌvə] vt. 再(重新)盖,重新装盖,改装封面. recovered carbon 回收活性炭. ▲recover M from N 从 N 回收 M.
recoverabil'ity n. 可恢复(修复,复原)性,可恢性.
recov'erable a. ①可恢复(修复,复原,补偿)的 ②可回收的,可找回(重获)的,多次有效的. ～ness n.
recov'erer n. 回收器.
recov'ery [ri'kʌvəri] n. ①恢复,复(还)原,回复(升),重得,补偿,矫正,退出螺旋 ②收回,回收,再生,更新,(废物)利用 ③回缩(收),回弛,再生〔利用〕 ④开采 ⑤恢复所用的时间,恢复期 ⑥(=recovery of an element)合金过渡系数,收获率[量],【矿】采收率,回收率,出材率(冷轧后的)消除应力退火. acid recovery 酸回收. aperiodic recovery 非周期回复. data recovery 信息的整理,记录数据回. diode recovery time synchroscope 二极管开关特性描绘器. elastic recovery 弹性复原. energy recovery 能量恢复. over-all recovery 总回收率. ram recovery 冲压恢复. recovery capability 恢复能力. recovery diode matrix 再生式二极管矩阵. recovery of instruments 仪器回. recovery pegs [测]参考标桩. recovery processing 回收[重新,恢复]处理,恢复[回收]加工. recovery rate 再生[回收]速度,回收率,(辐射损伤后的)复元速度. recovery

ratio 回收率,岩心采取率. *recovery temperature* 回复的温度. *recovery time* 恢复[还原,再生,再现]时间,过渡过程持续时间,回复稳定状态的时间,回扫期. *recovery value* 复원价值. *recovery vehicle* 救险[救济]车. *recovery voltage* 恢复[复原]电压. *solvent recovery* 溶媒回收. *step recovery* 阶跃恢复.

recovery(-)creep n. 回复蠕变,蠕变松弛.
RECP = receptacle 插座[孔],容器.
recp = ①reciprocal 相互的,往复的,(相)反的,倒数,反商 ②reciprocating 往复,互换.
RECPT = ①receptacle 插座[孔],容器. ②reception 接收[受,待].
Recr = receiver 接收机,收音机,受话器.
re'crack'ing n. 【化】再裂化.
recreate I ['ri:krieit] vt. ①再[改]造,还原,重做 ②再[重新]创造 II ['rekrieit] v. (使)得到休养,保养,消遣,娱乐.
recrea'tion [rekri'eiʃən] n. ①改造,重做,重[新]创造 ②休[保]养,娱乐,游览. *recreation room* 休息[文娱]室. ~al a.
rec'reative a. 适合于休养的,消遣的.
recrn = recreation.
recruit [ri'kru:t] I v. ①补充,招收[募]，征求 ②(使)恢复[健康],使复原. II n. 新兵[手,成员],补给品. *recruiting system* 征兵制.
recruit'ment n. ①补充,招收[募],充实,增添[添加]量,②新兵征召,新成员的吸收 ③恢复[健康],复原.
recrush'er n. (二)次[破]碎机.
recrystal(liza'tion) n. 重[再]结晶(作用). *zone recrystallization* 区域结炼,区域再结晶.
recrys'tallize v. 再[重]结晶.
RECSTA = receiving station 接收台[站],收信台[站].
Rect = rectificatus.
rect = ①receipt 收[据,讫] ②rectangle 矩[长方]形 ③rectangular 直角的,矩形的 ④rectified 已整流的,校正的.
rect P = rectangular pulse 矩形脉冲.
rec'tangle ['rektæŋgl] n. (长)方形,矩形,直角. ~d a.
rectang'ular [rek'tæŋjulə] a. ①矩[长方]形的 ②(成)直角的,成 90°的,正交的,方格式的. *rectangular array* 矩[长方]阵列,矩形数组. *rectangular axis* 直交轴. *rectangular coordinates* 直角坐标. *rectangular cross flow* 垂直交叉流. *rectangular equation* 直角坐标方程. *rectangular hyperbola* 等轴[直角]双曲线. *rectangular hysteresis loop* 矩形磁滞回线. *rectangular ingot* 扁锭. *rectangular mesh* 长方网格. *rectangular prism* 直角棱镜,矩形棱柱. *rectangular surveying* 经纬测量. *rectangular timber* 方木(材),锯材. ~ity n. ~ly ad.
rect(i)- [词头] ①直,正 ②整形.
rec'tiblock n. 整流片.
rectifiabil'ity n. 可矫(正)性.
rec'tifiable ['rektifaiəbl] a. ①可矫[修,纠]正的,可调整的,【化】可精馏的,【电】可整流的 ②【数】可求长的,有长度的,可用直线测度的. *rectifiable*

curve 可求长的曲线,有长曲线.
rec'tificate ['rektifikeit] v. 【电】整流,检波,【化】精馏,【数】求长.
rectifica'tion [rektifi'keiʃən] n. ①调整,校[修,纠]矫,改[正,造],展[开]开,改直,改正,改直,改造,整顿[风]②【电】整流,矫频,检波,解调制 ③【化】精[蒸]馏,逆流蒸馏,精制,净化,清除 ④【数】求长(法). *contact rectification* 接触精馏[整流]. *errors needing rectification* 需纠正的错误. *grid rectification* 栅极检波. *one-half period rectification* 半波整流. *rectification column* [tower] 精馏塔. *rectification movement* 整风运动. *rectification of river* 河道整治. *simple rectification* 板极检波. *square-law rectification* 平方律检波.
rectificatus 〔拉丁语〕a. 精馏[制]的,矫正的,调整的.
rec'tifier ['rektifaiə] n. ①整流器[管],检波器[管],(高频)解调器,精馏器[柱,段],精馏塔上部 ②纠正仪[机],改照机,矫正器 ③纠正[调整]的人,改正者. *aluminium rectifier* 铝(电解)整流器. *barrier-film* [barrier-layer] *rectifier* 障膜[阻挡层]整流器. *bridge rectifier* 桥式全波整流器. *contact rectifier* 接触[干片]整流器. *dry rectifier* 干[金属]整流器. *heavy-duty rectifier* 强力[大功率]整流管. *ignition rectifier* 点火[引燃]管. *phase-sensitive rectifier* 相敏检波整流器. *pool-cathode rectifier* 汞弧(阴极)整流器. *rectifier doubler* 整流倍压器. *rectifier filter* 整流(平滑)滤波器. *rectifier instrument* 有整流器的仪表. *rectifier type instrument* 整流器式电表. *rectifier welding set* 整流焊机. *Rectigon rectifier* 一种钨氩管整流器. *sheet rectifier* (带支持辊的)薄板矫直机. *silicon controlled rectifier* 硅可控(可控硅)整流器,可控硅(SCR). *singlewag* (half-wave) *rectifier* 半波整流器. *uncontrolled* (unregulated) *rectifier* 非稳压整流器. *vapour rectifier* 汞弧整流器,蒸汽精馏器.
rec'tiformer n. 整流变压器.
rec'tify ['rektifai] vt. ①校[修,纠,矫,订,改]正,整,整顿 ②【电】整流,检波 ③【化】精[蒸]馏,清除,净化,精制,提纯 ④【数】(曲线)求长. *cold rectifying* 冷轧. *rectified feedback* 整流反馈. *rectified pattern* [焊] 直流(DC)探伤图形. *rectified recording* 整流收信. *rectifying developable* 【数】从可展曲面. *rectifying device* 整流(检波)装置. *rectifying phenomena* 整流现象. *rectifying plane* 【数】从切(平)面. *rectifying still* 精馏釜. *rectifying surface* 【数】伸长曲面. *rectify the trouble* 排除故障.
rectilin'eal 或 **rectilin'ear** [rekti'liniə] I a. 直线(性,运动,组成)的,用直线围着的,无畸变的. II n. 矩箝筋. *rectilinear asymptote* 渐近直线. *rectilinear generators* 【数】直纹母线. *rectilinear motion* 直线运动. *rectilinear potentiometer* 线性变化电位器. *rectilinear scale* 直尺.
rectilinear'ity n. 直线性.
rec'tiplex n. 多路载波通讯设备.

rectisorp′tion n. 整流吸收.

rec′tistack n. 整流堆.

rec′titude [ˈrektitjuːd] n. ①正直,严正 ②正确 ③（笔）直.

rec′to [ˈrektou] n. 纸张的正面,书籍的右页〔单数页〕(verso之对).

rectoblique plotter 方向改正器.

rectom′eter n. 精细计.

rec′tor [ˈrektə] n. ①氧化铜整流器 ②教区长,校长,负责人.

rec′tron n. 电子管整流器.

recum′bency [riˈkʌmbənsi] n. ①躺着 ②依靠〔赖〕.

recum′bent a. 躺着的,斜靠[卧]的. *recumbent fold*【地】伏(卧)褶皱,倒转褶皱的.

recuperabil′ity [rikjuːpərəˈbiliti] n. 恢复力,可回收性.

recu′perable [riˈkjuːpərəbl] a. 可复原的,可恢复的,可回收的,可回流换热的.

recu′perate [riˈkjuːpəreit] vt. ①恢复,回复,(使)复原 ②再生,回收,获得 ③蓄热,余热利用.

recupera′tion [rikjuːpəˈreiʃən] n. ①恢复,复原,复得,补办 ②再生,回收,重得 ③同流换〔节〕热(法),回流换热(法),换热(作用),蓄热,继续收热(法),余热利用,再生利用法. *recuperation fan* 热回收风机.

recu′perative [riˈkjuːpərətiv] a. ①（帮助）恢复的,(帮助)复原的,还原的 ②有保热装置的,同流换热的,复热的,再生的. *recuperative burner*〔furnace, oven〕同流换热炉. *recuperative gas turbine* 间壁回热式燃气轮机. *recuperative heat exchanger* 同流[间壁式]换热器. *recuperative pot furnace*（同流）换热玻璃熔炉. *recuperative power* 恢复能力. *recuperative system* 同流换〔节〕热法,同流换热系统.

recu′perator [riˈkjuːpəreitə] n. ①同流〔隔道,间壁式〕换热器,回流换热室,蓄热器 ②回收装置,废油再生器 ③(炮的)复进机. *metallic air recuperator* 金属的空气换热器. *recuperator tube* 热交换器.

recur′ [riˈkəː] (*recurred′*; *recur′ring*) vi.; *recurr′ence* [riˈkʌrəns] n. ①复发,再发生,(疾病)复发,再熟化 ②【数】回归,循环 ③回想〔到〕,重新提起（浮现）. *recurrence formula* 递归[归复]公式. *recurrence frequency* 脉冲重复频率. *recurrence interval* 脉冲周期,重复间隔,重现期. *recurrence rate* 重复[频]率. *recurrence relations* 递归[推递]关系. *recurring decimal* 循环小数. *recurring period* 小数的循环节. *recurring series* 循环级数. ▲*recur to* 重新提起[浮现],依赖,借助于.

recurr′ent [riˈkʌrənt] a. ①复[再]现的,有周期（性发生）的,经常（发生）的,复[再]的 ②【数】递归的,循环的,回归的. *recurrent code* 连环[重复,链形]码. *recurrent determinant* 循环行列式. *recurrent interval* 重复[脉冲]间隔. *recurrent laps* 折叠叠[钢锭缺陷]. *recurrent motion* 回归运动. *recurrent mutation* 频发突变. *recurrent network* 重复[再现]网络,链形线路. *recurrent reciprocal selection* 相互〔正反〕反复选择. *recurrent snow and ice* 反复冻融的冰雪.

rocurr′ently ad. 循环地,周期复始地.

recur′sion [riˈkəːʃən] n.【数】递归(式),递推,循环. *recursion formula* 递推[归,循环]公式. *recursion subroutine* 递归子程序.

recur′sive a. 递归的,回归的,循环的. *recursive function* 递归函数. *recursive subroutine*【计】递归子例(行)程(序).
~**ly** ad. *recursively defined variable*【计】递归定义变量.

recur′siveness n. 递归性.

recur′vate [riˈkəːvit] a. 反向〔曲〕的,向后弯的.

recurva′tion n. 反(向)弯(曲).

recur′vature n. 反后弯,(风)转向.

recurve′ [riˈkəːv] v. ①(使)向后弯曲,(使)反弯 ②(风,水)折回,转向.

rec′usancy [ˈrekjuzənsi] n. 不服权威〔规章〕. **rec′usant** a.

recut′ vt. 再挖,复切.

RECY =recovery 复原,回收.

re′cy′cle [ˈriːˈsaikl] v.; n. ①(使)再(重复),反复循环,回收,再造,重复利用,再利用 ②重新计时 ③压延. *inside-out*〔*reverse*〕*recycle* 反压延. *recycle fraction* 循环馏份. *recycle cooler* 循环冷却器. *recycle stock* 再循环物料. *recycle valve* 再循环阀. *recycled catholyte* 返回〔循环〕阴极液. *recycling trays* 再循环盘,有反冲力的多孔盘.

RED =①*reducer* 减压〔速〕器,减压阀,渐缩管,还原剂 ②*reduction* 减少（小),缩减,简化.

red [red] I (*red′der, red′dest*) a. ①红(色)的,赤(热)的,烧热的 ②(象征革命,共产主义)红的 ③(磁石)指北(极)的. II n. ①红(色),红色颜料,红染料, (pl.)红粉,红牌黄底 ②赤字,亏损 ③磁铁北极. *black*〔*dull*〕*red mind* 暗红色. *dark red* 暗红色,赭色的. *deep red* 深红. *glowing red* 红热. *iron red* 铁红,红色氧化铁. *Pompey red* 铁红. *Post Office red* 介于暗红棕色与深橙红色之间的颜色. *red alert* 紧急警报. *red ball* 快运货车,(铁)快(列)车. *red brass* 锡锌合金,红(色黄)铜(低锌). *red carpet* 红地毯,隆重的欢迎（接待). *red cent* 一分钱. *red check* 红液渗透探伤法. *Red Cross* 红十字(会). *Red Fox* 一种银色耐热钢. *Red Guard* 红卫兵. *red heat* 赤热(状态),炽热. *red ink* 红墨水,赤字,亏本. *red lead* 铅(红,光明)丹,四氧化三铅. *red light* 红灯,危险信号. *red metal* 红色黄铜（含铜>80%). *red oil* 红油,甘油,二油酸酯,油酸,十八烯酸. *red oxide* 铁丹. *red prussiate* 赤血盐,铁氰化物. *red sandalwood* 紫檀. *Red Sea* 红海. *red shift* 红(向)移(动),红色(光辐)偏移. *red shortness* 热脆(性). *red short steel* 热脆钢. *red slag* 熔结的铁渣. *red tape* 官样文章,烦琐的公事程序. *red thyme oil* 红百里油. ▲(*be*) *in the red* 亏损,负债. *get out of the red* 不亏亏空. *go into red ink* 亏空. *not worth a red cent* 一文不值. *see red* 发怒,冒火. *see the red light* 觉察危险逼近.

redact′ [riˈdækt] vt. 编辑〔纂,写,校〕,拟〔修〕订.

redac′tion [riˈdækʃən] n. 编辑(的),修订(本),校

redac′tor n. 编辑〔写〕者,拟订者.
redar = red detection and ranging 红(外)光测距仪,里达.
Redax n. N-nitrosodiphenylamine (N-亚硝基二苯胺)的商品名.
red-blind a. 红色色盲的.
red-blooded a. 充满活力的,情节丰富的.
red-brittleness n. 热脆性.
red-brown n. 棕红色.
red-carpet a. 铺红地毯的,隆重的.
redd [red] vt. 整理〔顿〕,清理.
red′den ['redn] v. (使)变红.
red′der a. red 的比较级.
red′dest a. red 的最高级.
red′dish ['rediʃ] a. 带红色的,微〔淡〕红的.
red′dle ['redl] I n. 红土,代赭石,土状赤铁矿. II v. 用代赭石擦.
redeck′ v. 修复〔翻修〕路面,重修平屋顶.
re′dec′orate ['ri:'dekəreit] v. 重新装饰〔油漆〕.
re′decus′sate v. 再交叉(成 X 形).
redeem′ [ri'di:m] v. ①(收,赎)回,恢〔修〕复,偿还,还清,补救,弥补,履行. redeeming point [feature] 可弥补缺点的地方,可取之处,长处.
redeem′able a. 可补救〔赎回,补偿〕的,能改过的.
redeem′er n. 偿还者,补救者,履行者. (the) Redeemer【宗教】救世主.
redefine′ vt. 重新规定(定义). redefinit′ion n.
redemp′tion [ri'dempʃən] n. 恢复,偿还,抵销,弥补,挽〔买,赎〕回,改善,修复,实践. the year of redemption[...],耶稣纪元(公元)…年. beyond [past, without] redemption 无恢复希望的,不可补救的,不可挽回的. ~al 或 redemp′tive a.
re′deploy′ ['ri:di'plɔi] v. 调遣〔配〕,重新部署. ~ment n.
redepos′it v. 再沉积. redeposited loess 次生〔再积〕黄土.
re′deposit′ion n. 再〔二次〕沉积.
re′describe′ vt. 再描述,重新描述.
re′design′ ['ri:di'zain] v. ; n. 再〔重新〕设计,重算〔建〕.
redetermina′tion n. 新定义,新的测定.
redeter′mine vt. 重新加以测定,决定.
redevel′op v. ①再发展〔开发,加强,发现〕②改建,复兴 ③再〔重,二次〕显影,再冲洗. ~ment n.
red′-fish n. 鲑鱼.
Redford alloy 一种铅锡青铜(铜 85.7%,锡 10%,铅 2.5%,锌 1.8%).
red-green blindness 红绿色盲.
red-handed a. ①双手沾满鲜血的 ②现行犯的,正在犯罪的 ③血淋淋的.
red-hot ['red'hɔt] a. ①赤〔灼,炽,火,白〕热的 ②猛〔热〕烈的,极端的 ③最新〔近〕的 ④十分激动的. red-hot news 最新消息.
red-hunting n. 迫害共产党人的,迫害进步分子的.
re′did′ ['ri:'did] redo 的过去式.
redifferentia′tion [ridifərənʃi'eiʃn] n. 再分化.
re′diffu′sion ['ri:di'fju:ʒn] n. (无线电,电视节目接收后)播放,转播,电视放映,有线广播. rediffusion on wire 有线广播. rediffusion station 广播台,广播〔转播〕站.
re′dilu′tion n. 再稀释.
redin′tegrate [re'dintigreit] vt. 使恢复完整,使再完整〔完善,结合〕,使重新,重建,重整,复原. redintegra′tion n.
redir (pl. redair) n. 雨后储水区,短期潮.
re′direct′ ['ri:di'rekt] vt. ①更改…上的姓名地址,改址 ②使改方向,使改道. ~ion n.
re′discov′er vt. 再(重新)发现. re′discov′ery n.
re′disper′sion n. 再弥散,重分散.
re′dissolu′tion n. 再〔复〕溶.
re′dissolve′ v. 再〔重复〕溶解.
re′distill′ vt. 重〔再,重复〕蒸馏. redistilled calcium 精制〔再蒸馏的〕钙. ~a′tion n.
re′distrib′ute ['ri:dis'tribju:t] vt. re′distribu′tion n. 重〔新〕分配,再分配. secondary electron redistribution 二次电子的重新分配. shading redistribution 浓淡的重新分配. momentum redistribution 动量再分布.
re′dis′trict ['ri:'distrikt] vt. 把…重新划区.
re′divide′ ['ri:di'vaid] v. 再〔重新〕分配〔划分〕,再区分. re′divis′ion n.
redix n. 环氧类树脂.
red′-let′ter a. 用红字标明的,可纪念的,大喜的.
REDNT = redundant 过多的,多余的.
Redo n. 雷度(乙烯树脂涂胶织物,商名).
re′do′ ['ri:'du:] (re′did, re′done) vt. 再〔重,补〕做,重整理,再翻新,改写,重演,重新装饰.
red′olent ['redoulent] a. ①芬芳的 ②有…气味〔息〕的 ③使人联〔回〕想起…的(of). red′olence n. red′olently ad.
redone ['ri:'dʌn] redo 的过去分词.
redouble [ri'dʌbl] v. ①(再)加倍,加强,倍〔激〕增,增添 ②重复,再说〔做〕③重折〔叠〕,【纺】复 ④反响. The noise doubled and redoubled. 噪声越来越大. ▲redouble one′s effort 加倍努力.
redoubt′ [ri'daut] n. 防守的阵地,防护性障碍点,安全的退避处,据点.
redoubt′able a. ①可怕的,厉害的 ②著名的,杰出的.
redound′ [ri'daund] vi. ①增加,促进,有助于(to) ②回报,返回到(upon).
red-out n. 【航空】红视(特技飞行时,头痛和视野变红的现象).
REDOX = reductant-oxidant 氧化还原剂.
redox n. = reduction-oxidation 氧化还原(作用). redox potential 氧化还原电势. redox process 氧化还原(滴定)法. redox reaction 氧化还原反应. redox system 氧化还原(引发)系统.
redox-hypothesis n. 氧化还原假说.
redoxogram n. 氧化还原图.
redoxostat n. 氧(化)还(原)电位稳定器.
redoxreac′tion n. 氧化还原反应.
redox(y)potential n. 氧化还原电位.
red′-pen′cil vt. 检查,删除,改(修)正.
redraw′ vt. ①再拉,再〔多次拉拔,重拉伸,再〔多级,阶梯市〕拉深 ②回火 ③重新画〔拔〕出 ④【纺】倒筒,再络. reverse redrawing 反拉深,反压延.
Redray n. 一种镍铬合金(铬 15%,镍 85%).

redress' [ri'dres] vt.; n. ①矫〔纠,修,改〕正,调〔修〕整,重车,(纠葛)重赔,赔〔补〕偿,补救 ②重新裹〔穿〕上,重新整整〔理〕③使再平衡. *redress damage* 赔偿损失. *redressed current* 已整流电流. *redressing of setts* 重新修整小方石铺面. *seek redress* 要求赔偿,寻求补救的办法,革除恶习.

redress'ment n. 矫〔修〕正,调〔修〕整,重象整形.

re'drive' v. 重打(桩),重钻进.

red-sensitive a. 红敏的. *red-sensitive cell* 红敏光电管.

redsg = redesignate 重新选派

red-short a. 热〔红〕脆的. ~ness n. 热脆性.

red'-tape' n. 〈烦琐和拖拉的〉公文程序,官样文章.
red-tape operation 【计】程序修改,辅助操作,红带运算.

red'-ta'pism n. 文牍主义,官僚作风.

red'top ['redtɔp] n. 小糠草,牧草.

reduce [ri'dju:s] v. ①减少〔小,低,轻,速,压〕,缩减〔小,短〕,降低〔职〕,(使)衰退,降服,攻陷 ②压缩〔延〕,轧制,(横断面)减缩,减径〔速〕,缩径〔口〕③【数】简〔约〕化,约掉〔简〕,归纳〔并,约〕,通分,还原,折合〔算〕,换算,转换,对比 ④【化】(使)还原(脱氧),炼炼,(从原油中)蒸去轻质油,把(油漆)调稀,冲淡 ⑤把(底片)减薄,减低强度,使变弱,化为 ⑥处整理(数据),译解,分析(类) ⑦(弄)碎 ⑧(细胞)减数分裂,(脱臼,骨折)复位〔原〕. *reduce a fraction* 约分. *reduce all the questions to one* 把所有问题归纳成一个. *reduce an equation* (约)解方程式. *reduce level of water* 降落水位. *reduce water by electrolysis* 将水电解. *reduced admittance* 归一〔正规〕化导纳. *reduced bath* 还原性浴. *reduced capacity* 减低(输出)容量. *reduced channel* 简约信道. *reduced equation* 简化〔约简,对比〕方程(式). *reduced factor* 对比〔折合〕因子. *reduced fuel oil* (重质)渣油,锅炉燃料. *reduced head* 折算水头. *reduced latitude* 化归纬度. *reduced length* 折合〔换算,简化〕长度. *reduced oil〔crude〕* 残(渣顶)油. *reduced optical length* 折合光程. *reduced osmotic pressure* 比浓渗透压. *reduced output* 降额〔简化〕输出. *reduced parameter* 折算〔简化〕参数. *reduced pass* 〔纺〕减缩穿法. *reduced pressure* 对比压,减压. *reduced product* 归纳积. *reduced quantity* 约化〔折合〕量. *reduced sampling inspection* 缩减〔分层〕抽样检查. *reduced scale* 缩减尺. *reduced space* 约化〔诱导〕空间. *reduced speed signal* 减速信号. *reduced state* 约化态. *reduced stone* 碎石. *reduced tee* 异径三通管. *reduced temperature* 折算(对海面的)温度,对比温度. *reduced viscosity* 比浓〔对比〕粘度. *reduced volume* 对比体积. *reduced zone scheme* 还原区域图. ▲*at a reduced price* 减〔廉〕价. *(be) reduced to* 还原(分为),简化〔划分〕为. *on a reduced scale* 小规模地. *reduce M by N* 把 M 降低〔减少〕N. *reduce M by a factor of 5* 把 M 减少到原来的 1/5〔减少 4/5〕. *reduce M by a factor of 1%* 把 M 减少到 0.01M〔到原来的 0.01〕. *reduce M by two-thirds* 把 M 减少到 1/3,把 M 减少 2/3. *reduce M by N times* 把 M 减少到 N 分之一,把 M 除以 N. *reduce oneself into M* 陷入 M 的地步. *reduce M to N* 把 M 减少到〔(简)化为,归纳为,归并为〕N,使 M 处于 N 状态,把 M 化〔变〕为 N,把 M 分解为 N,把 M 折合为 N. *reduce M to(a kind of)* order 把 M (大体上)分类,(大体上)整理. *reduce M to practice* 将 M 付诸实施.

redu'cer [ri'dju:sə] n. ①(减)压器(阀),减速器,减振器〔机〕②渐缩管,变径口过渡了管,异径〔变径,减径,转接,渐缩〕接头,大小头 ③扼流圈,节流器 ④【化】还原剂,塔),退粘剂,脱挥发油或轻馏份的设备 ⑤简化器,变换器,切屑器 ⑥〔摄〕减薄剂(液) ⑦粗纺机,纤条机. *combined reducer* 混合减弱剂. *conic reducer* 锥形齿轮减速器. *data reducer* 数据变换器. *gear reducer* 传动箱,减速齿轮. *integration noise reducer* 减小(雷达)干扰积分装置. *pipe reducer* 渐缩管. *pressure reducer* 减压阀. *reducer casing* 减速箱. *self-flow reducer* 自流式节流活门. *shock reducer* 减振器,缓冲器(装置). *union reducer* 渐缩接头管.

reducibil'ity [ridju:sə'biliti] n. (可)还原性,还原能力,【数】可约性. *reducibility of a transformation* 【数】变换的可约性.

redu'cible [ri'dju:səbl] n. 可缩减〔小〕的,可减小〔少〕的,【数】可约的,可简化〔还原〕的,可复位的.

redu'cibleness n. 可还原性.

redu'cing [ri'dju:siŋ] n.; a. ①减少〔低,缩,轻(的),缩小(的),降低,下降(量) ②压缩,缩径〔口〕减轻③还原(的),简化(的),折合(的) ④消退 ⑤脱轻质油. *cold reducing* 冷轧. *hot reducing* 热压延,热轧. *pressure reducing* 减压. *reducing agent* 还原剂. *reducing atmosphere* 还原气氛(炉气,空间),还原性大气. *reducing coupling* 异径联轴节,缩小管接. *reducing cross* 异径十字头. *reducing die* 拉(丝)模. *reducing elbow* 异径弯头. *reducing flame* 还原焰. *reducing flange* 异径法兰. *reducing furnace* 还原炉. *reducing gas* 还原性气体. *reducing gear* 减速器,减速轮. *reducing machine* 磨碎机. *reducing of crude oil* 石油直馏,从石油蒸出透明产品. *reducing pipe* 渐缩管. *reducing power* 消色力,还原能力. *reducing press* 缩口用压力机. *reducing socket* 异径管节,缩径套节,大小头. *reducing still*(轻质油)蒸馏锅. *reducing tee* 缩径丁字管节,渐缩三通管. *reducing transformer* 降压变压器,降压器. *reducing valve* 减压阀. *stretch reducing*(钢管的)张力缩径.

reduc'tant [ri'dʌktənt] n.(燃料的)成分,试剂,还原剂.

reduc'tase n. 还原酶.

reductibil'ity n. 还原性,还原能力.

reduc'tio ad absur'dum〔拉丁语〕【逻辑】间接证明法,归谬法(为了证明某一命题之真而证明其反对之为谬的方法).

reduc'tion [ri'dʌkʃən] n. ①减少〔小,低,速,压,弱〕,缩减〔小,短〕,降低〔级〕,衰减 ②压〔收〕缩,缩径〔压延,改铸,缩小〕,缩(口)成形(了),弄〔磨〕,粉碎 ③【数】(简)化,约(化,简),通分,理想化 ④(数据)整〔处理,换算,折合,归〔约,纳,并〕,变〔转〕

换,变形〔化〕,订正 ⑤【化】还原(法,作用),增电子作用,复原,提炼 ⑥【摄】减薄,【医】复位术,(细胞)减数分裂. cold reduction of tubes 管子冷减径. cold rolling reduction 冷轧压缩(量),冷轧压下(量). data reduction 数据简化(变换,缩减,整理),信息简缩变换. field reduction 场衰减. free-air reduction 正常大气归算. heavy reduction【轧】大压下量. height reductions【测】高程归算. matrix reduction 矩阵简化. percent reduction 减缩率. performance reduction 性能换算. reduction ascending [descending] 向上〔下〕折算. reduction by [with] carbon 用碳还原. reduction cell 电解(还原)槽. reduction compasses 比例规. reduction factor 减缩(折减)系数,降低因数,变换因〔系〕数. reduction formula 换算〔约化〕公式. reduction gear 减速装置〔齿轮〕. reduction gear ratio 减速(传动)比. reduction of a fraction 约分. reduction of area 断(面)缩(减)率,断面收缩. reduction of fractions to a common denominator 通分(母). reduction of operation 运算换算. reduction of ore 矿石还原(法). reduction of porosity 孔隙度降低,降低孔隙度. reduction per area (轧件通过轧辊的每道次压下量. reduction period 还原期. reduction ratio 缩小比例,减速比. reduction of centre 归心计算. reduction to sea level 海平面口订正,换算为海平面值. reduction type semiconductor 还原型半导体. reduction valve 减压阀. reduction zone 还原带. result reduction 结果处理. size reduction 粉碎,磨细. sizing reduction (管材定径时的)减径(量). sodium reduction 或 reduction by sodium 钠热〔用钠〕还原. successive reduction 逐次简化. temperature reduction 温度降低. ▲at a reduction of 10 percent 打九折. make a reduction 打折扣. reduction for (dis-tance) (距离)换算. reduction in... (在…方面)减少. reduction in area 面积缩减(收缩),面缩率. reduction to 化成,简化为,折合成〔为〕.

reduc'tionism n. 简化(法),简化还原论.
reduc'tionist n. 简化还原论者.
reduction-oxidation index 氧化还原指数.
reduc'tive [ri'dʌktiv] I a. 减少〔小〕的,缩小〔减〕的,还原的,化成的,抽象〔还原〕艺术的. II n. 还原剂,脱氧剂. reductive agent 还原剂,脱氧剂.
reduc'tone n. 还原酮,二羟丙烯醛. reductones 还原酮类. Reductone 液态次硫酸钠的商标名称.
reduc'tor [ri'dʌktə] n. ①减速(压)器 ②还原剂〔器〕,复位器 ③缩放仪 ④变〔异〕径管 ⑤电压表(伏特计)刻加电阻.
Redulith n. 一种含锂合金.
redun'dance [ri'dʌndəns] 或 **redun'dancy** [ri'dʌndənsi] n. 多余(性)的,累的东西(位数),剩余度,冗余(码,度,位,项,技术),过多〔剩〕信息,重复(能力),重叠(文献检索),超静定量,静不定. cyclic redundancy check【计】循环冗余码校验. redundancy bit 冗余位. redundancy check 过剩信息〔冗余(位数)〕校验. relative redundancy 相对多余度.
redun'dant [ri'dʌndənt] I a. 多(冗,赘)余的,多量的,累赘的,冗长的,重复的,众多的,超静定的,静不定的. II n. 信息(通报)的多余部分,剩余,备份. redundant bit 冗余位. redundant check 冗余检验. redundant circuit 备用〔冗余〕电路. redundant frame 超静定框架. redundant member 多余杆件,多余的支撑杆,冗余杆. redundant number 冗余数. redundant structure 超静定〔静不定〕结构. redundant symbol 冗余符号. ~ly ad.
redu'plicate [ri'dju:plikeit] I vt. 重复(叠),反复,使加倍,增组,再复制. II a. 重复的,双重的,加倍的,【植】外向镊合状的. **reduplica'tion** n. **redu'plicative** a.
redus'ter n. 再除尘器.
Redux n. 一种树脂黏结剂(用苯酚甲醛溶液和粉状聚乙烯树脂作结合剂).
reduzate n. 还原沉积物.
red'wood n. 红杉,红木,桔楠,欧洲赤松.
Redwood-second n. 雷德伍德秒.
re'dye ['ri:'dai] vt. 再(复)染.
r'ee = extrinsic emitter resistance 非本征发射极电阻.
re'ech'o [ri:'ekou] v.; n. 再(发)回声,再回响,(回声)反射,反响,回声的回响,使(回声)传回.
reed [ri:d] I n. ①(弹)簧(片),舌(笛)簧,舌(簧,薄)片,平(扁)弹簧,簧(管)乐器,(小簧)舌,舌形部,衔铁 ②导动磁形簧 ③钢针表面夹杂有非金属而引起的缺陷,苇管状裂痕 ④【纺】(钢)筘 ⑤(爆破)导火线 ⑥芦苇,麦秆,茅草 ⑦不可靠的人(物). II vt. 在...上装簧片,【纺】穿筘. reed brass 簧片黄铜(铜69%,锌30%,锌1%). reed(-type) comparator 扭簧(振簧式)比较仪. reed frequency 簧片振动频率. reed indicator 簧振指示器,振簧式频率计. reed instrument 簧(管)乐器. reed of buzzer 蜂鸣器簧片. reed pipe 牧笛,簧管. reed pulp 苇浆. reed relay 舌簧(簧片)继电器. reed switch 舌簧接点(管,元件),簧片开关. reed valve 针(簧片)阀. reed wax 针芽蜡. ▲a broken reed 靠不住的人〔东西〕.
reed'ed ['ri:did] a. 有沟的,有凹槽的.
re'-ed'ify ['ri:'edifai] vt. 重建,恢复.
re'-ed'it ['ri:'edit] vt. 再版,修订.
re'ed'ucate ['ri:'edju:keit] v. 再教育,再训练. **re'educa'tion** n. **re'ed'ucative** a.
reed'y ['ri:di] a. ①芦苇似(多,丛生)的,细长的,脆弱的 ②似笛声的,尖声的 ③【纺】筘痕(多)的. **reediness** n.
reef [ri:f] n. ①(暗)礁,岸外堤危险的障碍 ②矿脉 ③【海】缩帆. ▲take in a reef 缩帆,小心进行,紧缩费用.
reef'er n. ['ri:fə] ①冰箱,冷藏室(车,船) ②缩帆计,平凸》结,对8结 ③方形短祖克.
reek [ri:k] I n. ①烟,雾,湿气,水蒸气〔味〕,强烈的气味. I v. ①用烟薰,用焦油薰涂(钢铸模表面) ②冒烟,冒水蒸气,散发,发出(气息,强烈臭气).
reek'y ['ri:ki] a. 冒烟的,冒水蒸气的,烟雾迷漫的,散发臭气的.
reel [ri:l] I n. ①卷(线)轴,线轴,卷(线)筒,绞(绞,电缆,磁带,纸带,影片)盘,绕线筒〔架,管〕②卷丝机

reelabil'ity   1391   **refer'**

〔车〕,卷取机,绞车 ③带卷,钢筋 ④滚〔转〕,鼓〔筒,鼓〔滑〕轮,拨禾〔搂草,捡拾〕器,工字架,转子,圆筒〔丝管〕筛 ⑤卷尺 ⑥(电线)一盘,(影片,磁带,纸带等)一盘,一本 ⑦旋转,摇晃 ⑧摇纺机,纱〔丝〕框,丝籰. Ⅰ v. ①卷〔取,起,线,带〕材),缠(绕,线),绕(丝,线,上)(in,up) ②(从卷轴上)放出(out),抽出(off) ③滚压,自动轧管机)均卷,(圆钢)矫直,(顶管机组)松棒,(使)旋转,(使)晕眩 ④摇晃,颠簸,震颤 ⑤滔滔不绝地讲,流畅地写(off) ⑥缠〔络〕丝,摇纱(线). antenna reel 天线卷〔绞〕盘. asbestos reel 石棉卷筒. cable reel 电缆盘,电缆卷筒. check-wire reel 尺度索卷绕轮. delivery reel 松卷机. feed (uncoiling, unwind) reel 开〔拆〕卷机,进料卷取机. reel cart 绕车. reel number 或 Reel No 卷号. reel oven 转炉. reel suspension 卷装(悬挂法). reeling machine (管材)均整机,整径机,滚轧机,旋进式轧机,卷执机,摇纺〔络丝,缫丝〕机. spider reel 十字〔多脚架〕形卷轴机. tension reel 张力卷筒. wire reel 线轴,绕线盘,卷线架(机).

reelabil'ity n. 可绕性.

reel'able a. 可卷〔绕〕的.

re'elect' ['ri:i'lekt] vt. 再〔改〕选. ~ion n.

re-electrol'ysis n. 二(再)次电解.

reel'er n. 卷取(开卷,拆卷,矫直)机,(轧管用)均整机.

reel'ingly ad. 旋转地,眩晕地,摇晃地.

Reel-Pipe n. "卷管"(一种用于液体、气体和半固体的铠装聚乙烯软管的商品名).

re'-emis'sion n. 次级〔二次〕辐射,再〔重〕放射,再〔二次〕发射.

re'-emit' v. 重发〔放,辐〕射. re-emitted radiation 重发辐射.

re'ena'ble ['ri:i'neibl] vt. 使再能.

re'enact' ['ri:i'nækt] vt. 重新制定,再次扮演. ~ment n.

re'en'ergize vt. 使…又通上电流,重激励(供能).

re'-enforce' ['ri:in'fo:s] v.; n. ①重新实施,再施行 ②增(支)援,加强(部队),增力(强). ~ment n.

re'-engage' v. 重新啮合(接入),再啮合,重新连接.

re'en'gine vt. 更换…的发动机.

re-engineer'ing n. 重设建,再设计.

re-enrich'ment n. 再浓缩.

re'en'ter ['ri:'entə] v. ①再进(入),重新进入,重返大气层 ②再〔重新〕加入,再(重新)登记 ③凹入(进) ④次级射入(粒子由于散射而进入计数器).

re'enterabil'ity n. 可重入性.

re'en'terable a. 可重入的.

re'en'trancy n. 重入. degree of reentrancy 重入次数(程度).

re'en'trant ['ri:'entrənt] a.; n. 再〔重〕进入的,(可)重入的,再返的,凹(角,入,腔),再入,重新入口,重新进入状态. multiply reentrant 复入. reentrant angle 凹角. reentrant oscillator 凹状空腔振荡器. reentrant subroutine 可重入子程序. reentrant type frequency meter 凹腔〔半同轴〕频率计. reentrant winding 凹绕,环)绕组.

re'en'try ['ri:'entri] n. ①再进〔入〕,重〔返〕回,回返,重返大气层,重新入场 ②再记入(登记). red-hot reentry 赤热重返大气层. reentry body 再入体〔舱〕,重返大气层的物体.

re'-equip' vt. 重新装备.

re'estab'lish ['ri:is'tæbliʃ] vt. 重〔另〕建,恢〔回〕复,复兴,重新设立〔创办〕,另行安置. ~ment n.

re'-esterifica'tion n. 再酯化(反应).

re'-evac'uate v. 再抽空(汲出,排出). re'-evacua'tion n.

re'eval'uate v. 重新估价.

re'-evapora'tion n. 再(次)蒸发,再汽化.

reeve [ri:v] (rove 或 reeved) vt. (绳索)穿(过,入),把…缚住. ▲ reeve…in (on, to) 穿(绳)入孔结串. reeve (rope) through 穿(绳)入孔.

re'exam'ine ['ri:ig'zæmin] vt. 复试〔查〕,再调〔检,审〕查,重考. re'examina'tion n.

re'exchange' n. ①再交换,重新交易 ②赔偿要求,赔偿额.

re'-expan'sion n. 再(二次)扩,重复)膨胀.

reexport Ⅰ ['ri:eks'po:t] vt. 再输出,(把进口货物)再出口,装回出之. Ⅱ ['ri:'ekspo:t] n. 再输出(出口),转口,再出口(输出)的商品. ~a'tion n.

re-extract vt. 再(反,重复)萃取,反洗. ~ion n.

REF = range error function 射程〔距离,测量〕误差函数.

ref [ref] n.; (reffed; ref'fing) v. = referee.

ref = ①reference ②referred ③refining ④reformation 改革〔良〕,革新 ⑤refrigeration 冷藏〔冻〕⑥refrigerator 冰箱,冷冻机,冷藏库 ⑦refunding 归〔偿〕还.

re'fab'ricate vt. 再〔重复〕制备. re'fabrica'tion n.

re'face' ['ri:'feis] vt. ①重修表面〔外观〕②光〔磨〕面,(阀面)重磨 ③更换摩擦片. valve refacing 修光阀面,磨〔光〕阀面.

refa'cer n. 光面器,表面修整器. valve refacer 阀面磨光机.

re'fash'ion ['ri:'fæʃən] vt. ①再(重)作,重制 ②改变〔造),给…以新形式. ~ment n.

refd =refund 付还,偿还.

refect' vt. 使恢复.

refec'tion n. ①恢复,消遣 ②小吃,茶点.

refec'tious a. 恢复的.

refer' ['rifə:] (referred; refer'ring) v. ①把…归类〔属〕,因于,认为…属于,认为…起源于(涉,提)及,提到,指(的是),有关 ③送〔提,呈〕交,交给,交〔托〕付,委托 ④参考〔照,看〕,引证,查阅,访问(存储器),用户访问 ⑤指点〔示,向〕,叫…求助于 ⑥折合. ▲ be referred to 涉及(到),关系到,有关,归因于;被委托向…接洽,已(被)提交…处理〔讨论);用…(来)表示,被归入…类. (be) referred to as 叫做,称(之)为,被认为〔看作〕是;用…来指代. by M (we) refer to N 所谓 M(我们)指的是 N,用 M 表示 N. hereafter referred to as simply M 以下简称 M. refer oneself to 依赖,求助于. refer to sth do, 提〔谈及〕到,指的(就)是,(被)称为,(是,系)指,表示,参考(照,看,阅,引证(用),借助;适用于;访问. refer M to N认为 M 是(由于)N 引起的,把 M 归(功,因)于 N;认为 M 起源于 N,叫(引导,指引)M 参考〔参看,查阅,调查,注意,找)N;把 M 提交〔交付,委托)N(处理〔讨论);把 M 归入 N 类,认为 M 属于 N 类;用 N 来表示 M. refer to M about N 参考〔查阅)M 关于 N (的问题,的部分). refer to M as N 把 M

refer'able 称作 N，把 M 当作 N（来谈）. *refer M to N for P* 叫〔建议，引导〕M 去查阅〔参考〕N 以便看到〔找到〕P. *referred to* 相对于.

refer'able [ri'fəːrəb] *a.* ①可归〔起〕因于…的，可归入…的，与…有关的 ②可交付的 ③可参考〔看〕的 ④可涉及的. ▲ *(be) referable to* 是由于…而引起，可归因于，与…有关.

referee' [refə'riː] Ⅰ *n.* ①受托人，公断人，评判人，仲裁人，裁判员，审稿员，稿件审查委员 ②（受法委托的）鉴定人，审查人. Ⅱ *v.* （为…）担任裁判〔仲裁，鉴定〕，审稿，稿件评审. *referee method test*（测定变压器油中气体含量的）仲裁法试验. *referee test*（石油产品的）仲裁试验.

ref'erence ['refrəns] Ⅰ *n.* ①参考〔照〕，查阅〔询〕，咨询，询问，访问 ②基准〔点〕，标准〔点〕，依据，坐标，标记 ③读数起点，起始位置〔条件〕④参考文献〔资料，书目，符号，电源〕，推荐书，鉴定书，说明书，附〔旁〕注，引证〔项〕，出处 ⑤送交，交付，委托〔委证明〔介绍〕（书），证明〔介绍〕人 ⑦谈到，提〔涉，论〕及，引用，关系〔呼〕⑧职权〔审查范围〕. Ⅰ *a.* 参考的，基准的，标准的. Ⅱ *v.* ①定位，核对位置 ②给…加参考符号〔书目〕,注明资料来源. *book of reference* 参考位书，手册. *celestial reference* 天文定向物，天体定位基体. *cross reference* 前后〔相互〕参照，交叉〔相互〕关系. *frame of reference* 或 *reference frame* 参考系（统，坐标），坐标系（统），读数〔计算〕系统. *frequency of reference* 基准〔标准，参考〕频率. *grid reference* 坐标〔格〕. *long-term reference* 长周期运动分量. *navigation by earth references* 地球基准导航. *reference address* 基本〔转换〕地址. *reference area* 基准（面），起始面，参考面（积），计算〔比较〕面积，度量的面积. *reference axis* 或 *axis of reference* 参考轴（线），读数〔坐标，相关，依据，计算〕轴. *reference black level* 黑色信号基准〔参考〕电平，基准黑电平. *reference block* 标准〔试〕块，标准参考试块，标定参考块. *reference book* 参考书〔工具〕书，手册. *reference count* 检验〔参考〕读数，参考〔基准，引用〕计数. *reference datum* 参考〔假定〕基面. *reference diode* 恒压〔参考〕二极管. *reference disc* 校对盘，标准圆盘量规. *reference frequency* 基准〔参考〕频率. *reference gauge* 校对〔量〕规，检验〔标准〕量规，考证规，校对计十，标准真空规，临时〔参考〕量规. *reference input* 标准输入，基准〔参考〕输入. *reference language*〔计〕参考语言. *reference level* 参考水准面，假定水准基点，假定水位，基准〔标准〕参考电平，参照级. *reference library* 资料室，图书参考室. *reference line*（测量）参考〔标〕线，参考轴，对比，零位，起源线. *reference mark*（测量）参考标点〔记〕,基准〔标〕点，起点读数，参考刻度，零点，参看〔参照〕符号，基准标志，假定水平基点. *reference material* 参考材料. *reference number* 或 *Reference No.* 参考号数. *reference oil* 参考油. *reference order* 转接〔控制，参考〕指令. *reference phase plane* 基准〔参考〕面. *reference point*（测量）参考〔基准，控制〕点，起〔原〕点，衡量的标准. *reference record* 参考〔编辑〕记录. *reference rod*（参考）标杆，测杆.

reference standard 参考标准，标准〔衡器〕. *reference stimuli* 原刺激. *reference surface* 基（准）面. *reference system* 参照〔参考，坐标〕系. *reference temperature* 基准〔参考，起始〕温度. *reference test block* 标准试样件. *reference test rod*〔bar〕测试杆. *reference time* 标准〔基准〕时间. *reference to storage* 访问存储器. *reference transit station* 经纬仪参考测站，中继测站. *symbolic reference* 符号引用. *terminal reference* 接线端标记. *terms of reference* 职权〔委托的范围，地面方位物. *timing reference* 时间基准〔控制〕标记. *vertical reference* 垂直角的基准线. *voltage reference* 参考〔基准〕电压. *zero-error reference* 零误差基准线. *zero-time reference* 计时起点，零时参考点. ▲ *(be) available for reference*（随时）可以供〔参考〕的. *by reference to M* 参考〔照，看〕M，查一查 M. *for reference to* 论及，指（的是）. *give a reference to M* 提供 M 以供〔以资〕参考. *give references* 注明出处. *have reference to M* 和 M 有关，涉及 M. *in reference to* 关于，根据，与…有关, 关系到. *keep to the terms of reference* 不越出职权〔调查，审查〕范围. *make reference to* 提到，涉〔提〕及，参考，加附注〔提供参考文献〕以介绍. *no reference to* 不涉及，没有提到，*of reference* 参考的，基准的. *reference is made to* 提到，涉及，指的是，加附注〔提供参考文献〕以介绍. *reference to* 查阅，参考. *use M as a reference point for judging N* 以 M 为标准来衡量 N. *with reference to* 参考〔照，阅〕，关于，(相) 对于，以…为基础；在…方面. *with reference to the context* 根据上下文. *without reference to* 不管，不论，与…无关；非经与…商讨（就不能），不向一查询（就不能）.

reference-junction compensation 温差电偶的冷端补偿.

referen'dum (pl. **referen'da** 或 **referen'dums**) *n.* 〔拉丁语〕*ad referendum* 还要斟酌，尚须考虑. *ad referendum contract* 暂定合同，草约.

ref'erent ['refərənt] *n.* （涉及的）对像，讨论目标，被谈到的事物.

referen'tial [refə'renʃəl] *a.* 参考〔用〕的，作为参考的，有〔成为〕参考资料的，咨询的，对…有关系的 (to). ~ly *ad.*

re'ferment' *v.* 再度发酵.

refer'ral [ri'fəːrəl] *n.* ①职业分派，被分派职务的人 ②治疗安排，安排的对象.

referred' [ri'fəːd] refer 的过去式和过去分词.

refer'rible [ri'fəːribl]=referable.

refery test（=referee test）(石油产品的)仲裁试验.

refig'ure [ri'figə] *v.* 重新描绘〔塑造，表示，计算），恢复形状.

re'fill' ['riː'fil] Ⅰ *v.* 再装〔填，注〕满，再充填，注入在铸型中补浇金属，回填，还补，填补. Ⅱ *n.* 新补充物，再装品，替换物，再供给的东西.

re'fill'er *n.* 注入〔加油〕装置，注水器.

refilt'ered oil 再度过滤的油（用过滤法）回收油.

refi'nable crude 可精炼的原油.

re'finance' ['riːfai'næns] *vt.* 再供给…资金，重新为

refind′ vt. 重新[再次]找到.

refine′ [ri′fain] v. ①精制[炼], 提炼[纯], 精[清]选, 加工, 净[纯]化, 变纯粹[匀料, 加细 ②清扫[除, 理, 洗], 澄清 ③改进[善] ④推敲, 琢磨. *refine oil* 炼油. *zone refine* 区域[区]熔, 带熔精炼. ▲*refine away*〔*out*〕提去杂质. *refine on*〔*upon*〕琢磨, 推敲, 改进, 精益求精.

refined′ [ri′faind] a. ①精制[炼]的, 净化的 ②精细[确]的, 严密的 ③过于讲究的. *refined asphalt* 精制的沥青. *refined calculation* 精确的计算. *refined gold* 纯金. *refined iron* 精炼生铁. *refined lead*（炼）铅. *refined metal* 精炼金属. *refined net* 加细网, 加密网格, 细网格. *refined oil* 精制[炼]油. *refined pig iron* 精炼生铁. *refined soda ash* 精苏打灰, 纯酸钠.~ly ad.

refine′ment [ri′fainmənt] n. ①精制[炼, 细], (精)加工, 改善[进, 良], 改进[纯], 净化, 净净 ②清扫[除, 洗] ③明确表达 ④精馏（的地方, 的产品）, (网络)加细, 细化, (加工)精巧的程度, 改进的地方, 经过改进的装置[设计] ⑤改善. *aerodynamic refinement* 空气动力(特性)的改善. *introduce refinements into a machine* 对机器作精心的改进.

refi′ner [ri′fainə] n. ①精炼[制, 研]机, 精炼炉, 提炼器, (打)浆机, (玻璃器）澄清带 ②精制[炼]者. *zone refiner* 区域精炼炉[区域提纯器.

refi′nery [ri′fainəri] n. 精炼[制]厂, 提炼厂, 炼油（镍）厂. *oil refinery* 炼油厂. *refinery coke* 石油焦. *refinery control* 炼油厂的生产控制. *refinery loading rack* 炼油厂起重机. *refinery procedure* 提炼程序, 精制规程. *refinery process units* 炼油厂工艺装配. *refinery products* 石油加工产品.

refi′ning n. ①精炼[制](法), 提炼, 蒸馏, 解散, 去除, 排[取]出 ②改善(进) ③匀料[浆]. *air refining* 吹炼. *electric refining of iron* 钢的电炉精炼法. *fire refining* 火法精炼. *parallel refining* 并联（法电解）精炼. *refining cell* 精炼槽. *refining earth* 精制用白土. *refining equipment* 精炼[炼油]设备. *refining furnace* 精炼炉. *refining mill* 精研机. *refining period* 精炼期. *refining solvent* (选择性)精制溶剂. *refining steel* 精炼钢. *refining with adsorbents* 吸附精制, 用白土精制石油产品. *zone refining* 区域提炼.

re′fin′ish [′ri:′finiʃ] vt. 返工修光, 整修…的表面.

refire′ [ri′faiə] v. 重着火[击穿].

refit′ [′ri:′fit]Ⅰ (*re′fit′ted; re′fit′ting*) v.; Ⅰ n. 改装, 整修, 重新装配, 修理[缮].~ment n.

REFL =①reference line 基准〔参考, 零位〕线 ②reflectance ③reflector.

refl =①reflection ②reflective ③reflex ④reflexive.

reflate′ [ri′fleit] v. (使)通货再膨胀. **refla′tion** n.

reflect′ [ri′flekt] v. ①反射[映, 照, 光, 响], 映出(形象), 折[弹]回 ②有影响, 有关系 ③思考, 反复[出]诉, 指摘, 怀疑(on, upon). *reflected binary* 反射二进制. *reflected button* (交通标线用)反光[射]路钮. *reflected code* 循环[反射]码. *reflected current* 反射电流. *reflected load*【射流】反映负载.

reflected resistance 反映[射]电阻. *reflected shock front* 冲击波的反射波面. *reflected value* 折算[介入, 反射]值. *reflecting antenna* 反射[无源]天线. *reflecting layer* 反射层, 镜面涂层. *reflecting power* 反射能力[本领, 能量, 比], 反光能力. *reflecting telescope* 反射望远镜. ▲*reflect back on* 回顾. *reflect on*〔*upon*〕考虑, 周密思考, 回想, 深思(熟虑); 给…带来, 招致, 使…博得, 影射, 暗含着…的意思, 对…有不良影响. *without reflecting on the consequences* 不顾后果.

Reflectal n. 锻造铝合金（镁 0.3～1％, 其余铝).

reflec′tance [ri′flektəns] n. 反射(比, 率, 度, 能力, 系数). *background reflectance* 背景反差. *directional reflectance* 定向反射. *luminous reflectance* 光的反射能力.

reflec′tible [ri′flektəbl] a. 可反射的, 可映出的.

reflec′tion 或 **reflex′ion** [ri′flekʃən] n. ①反[映, 照, 光, 响], 映像, 倒影 ②反射波[光, 热, 响, 作用], 反映物 ③折射[转], 偏转 ④考虑, 思考, 忖思, 反省 ⑤想法, 见解 ⑥指责. *back reflection* 背射法. *direct reflection* 定向[镜面]反射. *ground reflection* 陆地回波, 地面反射. *reflection coefficient* 振幅反射率, 反射系数. *reflection crack* 对应(反)射裂缝. *reflection error* 反射误差. *reflection method* 反射[映]法. *reflection reducing coating* 增透膜, 防反射膜. *reflection sounding* 回声[反射]探测. *reflexion twin* 反射孪晶. ▲*cast a reflection upon* 指责, 批评. *on*〔*upon*〕*reflection* 经再三考虑(之后).

reflec′tional a. 反射[照](引起)的, 反映的.

reflec′tionless a. 不[无]反射的.

reflec′tive [ri′flektiv] a. ①反射[映]的 ②思考的, 沉思的, 反省的. *reflective power* 反射能力. *reflective viewing screen* 反射式银幕[观看屏, 荧光屏].~ly ad.

reflectiv′ity [riflek′tiviti] n. 反射(比, 率, 性, 能力, 本领, 系数, 因数), 饱和反射率. *light reflectivity* 光反射性. *radar reflectivity* 雷达反射率, 反射电磁波能力. *reflectivity versus loss coefficient* 反射比对损耗系数的依赖关系.

reflec′togauge n. (金属片)厚度测量器, 超声波探伤仪.

reflec′togram n. 反射(波形)图, 探伤器波形图, (超声波检查的)探伤图形, 回波(记录)图.

reflectom′eter n. 反射计(仪), 反射系数计, 反光白度计.

reflectom′etry n. 反射测量术.

reflec′tor [ri′flektə] n. ①反射器[物, 体, 面, 镜, 层, 板, 板], 反光罩[镜, 板] ②反射望远镜 ③中子反射器 ④反映者. *confusing reflector* 扰乱反射体(器), 假目标. *corner reflector* 角形反射体, 角形天线. *feed reflector*【无】有源反射器. *mattress reflector* 天线反射屏, 多层反射器. *open-work*〔*grating*〕*reflector* 栅状反射器. *reflector antenna* 反射器[天线反射体]天线. *reflector lamp* 反光灯. *reflector stud* 反光钉. *secondary emitting reflector* 二次放射反射极. *transparent reflector* 透明反光

reflec′torize 或 **reflec′torise** [ri′flektəraiz] vt. ①反射,反光处理;加工…使能反射光线 ②在…上装反射器[镜]. *reflectorized paint* 反光漆,反光涂料. **reflectoriza′tion** 或 **reflectorisa′tion** n.

reflec′toscope [ri′flektəskoup] n. 超声波探伤[检测]仪,反射测试仪,反射系数测量[试]仪,反射镜. *virtual plan-position reflectoscope* 消视差平面位置显示器.

reflet [rə′flei] 〔法语〕 n. (表面)光泽[彩],反射[映].

reflex Ⅰ [′ri:fleks] n. ①反射(光,热,作用,现象),反映(光,照) ②映像,倒影,复制品 ③复写(式),回复,来复式收音[接收]机 ④习惯性思维[行为]方式. a. ①反射的,折转[回]的,反向的 ②来复的 ③【数】优角的. Ⅱ [ri′fleks] vt. ①把…折转[回] ②使经历反射过程. *reflex angle* 优角(大于180°小于360°). *reflex baffle* 〔enclosure〕反音匣,倒相式扬声器匣. *reflex camera* 反射式照相机. *reflex circuit* 回复[来复式]电路. *reflex condenser* 回流冷凝器. *reflex detector* 反射[来复式,负反馈板板]检波器. *reflex klystron* 反射速调管. *reflex prism* 反射三棱镜. *reflex receiver* 来复式收音[接收]机.

reflexed′ a. 反折的,下弯的.

reflex′ible [ri′fleksəbl] a. 可反射的,可折转的.

reflex′io n. 反射(作用),反折.

reflex′ion = reflection.

reflex′ive [ri′fleksiv] a. ①反射(性)的,折转[回]的,自反的. *reflexive order* 转移指令. *reflexive relation* 自反关系. *reflexive space* 自反空间. ~ly ad.

reflexiv′ity n. 自反性,反射性. *reflexivity of an equivalence relation* 等价关系[系数]的自反性.

reflex′less a. 无反射[映,照]的.

reflex′ly ad. 反射地,回折地.

re′float [′ri:flout] v. (使)再浮起,打捞. ~a′tion n.

refloor′ v. 重新铺面,重铺楼板.

reflow′ v.; n. 回[逆,反]流,退潮.

reflow′ing n. ①回[逆,反]流,退潮 ②(镀锡薄钢板为获得光亮表面的)软熔. *thermal reflowing* (电镀锡薄锡板镀锡层的)软熔发亮处理.

ref′luence [′refluəns] 或 **ref′luency** [′refluənsi] n. 倒[逆,回]流,退潮. **ref′luent** [′refluənt] a.

re′flux [′ri:flʌks] n. ①回[逆,反],回潮,退潮②分馏(回流)加热 ③回流(凝结,冷凝)液,反射波流,回流量. *infinite reflux* 无限回流,全回流. *reflux coil* 回流蛇管. *reflux condenser* 〔exchanger〕回流冷凝器. *reflux divider* (分馏塔上)采取回流液样品的设备. *reflux pump* 回流泵. *reflux ratio* 回流系数,回流比. *reflux valve* 回流阀. ▲(*be*) *in a state of flux and reflux* 处于潮涨潮落[不断消长,盛衰]的状态.

re′fo′cus v. 再聚焦.

refoot′ vt. 给…换底〔脚〕.

refor′est vt. (采伐后)重新造林,更新造林. ~a′tion n.

reform′ [ri′fɔ:m] v.; n. ①改革[造,进,正,良,善,编,过],革新[除] ②换算,变换,转化,还原,矫正 ③重(再)做,重新组[形]成,整形 ④【石油】重整. *reform outdated and irrational rules and regulations* 改革旧的不合理的规章制度. *reform in teaching methods* 教学法的改革. *reform of farm-tools* 农具改革. *reformed gasoline* 重整汽油. *reformed rubber* 改造橡胶. *reforming Perco process* 贝柯催化重整脱硫过程,贝柯(催化)重整法.

reform′able a. 可改革[良,造]的,可革除的.

reformate n. (汽油)重整产品.

reforma′tion [rifɔ:′meifən] n. ①改革[良,善,过],革(自)新 ②重新组[形]成.

refor′mative a. 起改革[革新,改良]作用的.

reform′er n. ①改革(良)者 ②重整炉,重整装置,烃蒸汽转化装置,裂化粗汽油炉,增加汽油辛烷值的炉.

reform′ulate vt. 再[重新]阐述.

REFR = refractory 难熔的,耐火的,耐火材料.

refrachor n. (化合物的物理常数)等折比容.

refract′ [ri′frækt] vt. ①使折射[波],使屈(曲)折 ②测定…的折射度,对…验光. *refracted ray* 折射(光)线. *refracting power* 折光[屈折]力. *refracting prisms* 折射棱镜.

refract′able a. 可折射的,折射性的.

refrac′tion [ri′frækʃən] n. ①折射(作用,度),折光(差,度),屈折 ②(对眼睛的)折射度测定. *angle of refraction* 折射角. *astronomical refraction* 大气折射,蒙气差. *differential refraction* 较差(大气)折射,折射微差. *index of refraction* 折射率. *mean refraction* 平均大气差. *refraction error* 折射误差. *refraction of sound* 声音折射. ~al a.

refrac′tionist [ri′frækʃənist] n. 验光师.

refrac′tive [ri′fræktiv] a. 折射的,屈光[折]的,有折射力的. *refractive index* 〔*exponent*〕折射率,折光指数.

refrac′tiveness n. 折射性.

refractiv′ity n. 折射率(性),折射能力[本领,系数].

Refractoloy n. 一种镍基耐热合金(碳 0.03%,锰 0.7%,硅 0.65%,铬 17.9%,镍 37%,钴 20%,钼 3.03%,铁 2.99%,铝 0.25%,铁19%).

refractom′eter [ri:fræk′tɔmitə] n. 折射计[仪],屈光度计,折光仪. *differential refractometer* 差动式(差作用)折射计.

refractomet′ric a. 折射计的.

refractom′etry n. 量(测)折射术,折射法.

refrac′tor [ri′fræktə] n. 折射器,折射透镜,折射式(透镜式)望远镜.

refrac′torily ad. 难熔,耐火,难对付.

refrac′toriness n. ①耐熔性[度],耐火性[度],耐热性[度] ②不应性,难治,失效. *refractoriness under load* 荷重软化温度,荷重耐火度.

refrac′tory [ri′fræktəri] Ⅰ a. ①耐熔(火,热,酸,蚀)的,防火的,高熔点的,难熔的,不易处理的(矿石) ②难控制的,难治的,顽固性的,倔强的. Ⅱ n. ①耐火材料(陶瓷,砖),耐熔质 ②难驾驭的人(物). *aluminous refractory* 高铝耐火材料. *cast refractory* 浇铸(整体)耐火材料. *grog refractory* 熟料(耐火材料). *refractory brick* 耐火砖. *refractory gold* 顽金,不易于混汞法回收的自然金. *refractory liner* 耐火材料衬垫. *refractory lining mixture* 衬结

炉衬的混合物,耐火搪材料. *refractory metal* 高熔点[耐火,耐熔]金属. *refractory oxide* 难熔[耐火]氧化物. *refractory stock* 抗热[难裂化]原料油. *refractory to cracking* 难裂化的.

refractory-faced *a.* 有耐火衬的.

refractory-lined *a.* 耐火材料衬的.

refrac'toscope *n.* 折射检验器,光率仪.

re'frame ['riː'freim] *vt.* ①再构造[组织],重新制订 ②给…装上新框架.

refrangibil'ity [rifrændʒi'biliti] *n.* (可)折射性[度,率,本领],屈光性,屈折性[度].

refran'gible [ri'frændʒibl] *a.* 可折射的,屈折(性)的.
~ness *n.*

Refrasil *n.* 浸酚醛树脂玻璃布,一类由白色透明纤维(含二氧化硅达99%)制成的耐高温材料的商标名.

refrax *n.* 碳化硅耐火材料,金刚沙砖.

REFRD = refrigerated.

refreeze' *v.* 再[重新]结冰,重新冻结,再(致)冷.

refresh' [ri'freʃ] = **refresh'en** [ri'freʃən] *v.* ①使其新[新鲜] ②(使)更[复]新,刷,复]新,再生,恢复,小[重,翻]修 ③使得到补充,补充[装上]供应品 ④使精力恢复,使精神焕发[振作]. *refresh a fire* 添燃料使火更旺. *refresh a storage battery* 将蓄电池充电. *refresh one's memory* 使…重新想起.

refresh'able *a.* 可复新的,可复制新的.

refresh'er [ri'freʃə] *n.* ①复习(课程,的),补习(材料,的),最新动态介绍(的) ②使人清新[恢复精神,恢复记忆]的事物. *refresher course* 复习[进修]课程,最新动态介绍课.

refresh'ing *a.* 爽快的,凉爽的,使人精神振作的,使人喜欢的. ~ly *ad.*

refresh'ment [ri'freʃmənt] *n.* ①(精力,精神)恢复,爽快,休息 ②点心,饮料 ③更新,翻修. *provide [serve] refreshments* 供应点心与饮料. *refreshment room* 茶点室,小吃部.

Refrex *n.* (用作冷藏车加炽燃料的)一种醇混合物的商品名.

refrex *n.* 碳化硅耐火材料.

REFRG = ①refrigerate ②refrigeration ③refrigerator.

refrig'erant [ri'fridʒərənt] Ⅰ *n.* 冷队[致冷,冷却,清凉]剂,冷冻[冷却]介质,致冷物,冷却液[物],退热药. Ⅱ *a.* 致冷,冷却,解热,退热的. *refrigerant latitudes* 寒带地区.

refrig'erate [ri'fridʒəreit] *v.* 致(使,制)冷,冷冻[冷却,藏],解热. *refrigerated body* 冷藏车身. *refrigerated goods* 冷藏货. *refrigerated van* 冷藏车. *refrigerating capacity* 冷却能力,冷冻量. *refrigerating plant* 冷冻厂,致冷设备.

refrigera'tion [rifridʒə'reiʃən] *n.* 致冷(作用,学),冷[冷冻,致冷,冷却]却,制冷,冷,冷冻法. *refrigeration truck* 冷藏车.

refrig'erator [ri'fridʒəreitə] *n.* 致冷器[机,装置],冷气机,冷冻器[机],(电)冰箱,冷柜,冷藏室[箱,库],降温器. *refrigerator car* 冷藏车.

refrig'eratory [ri'fridʒərətəri] Ⅰ *a.* 致冷的,冷却的,消热的. Ⅱ *n.* 冷却器,冰箱.

refrin'gence [ro'frindʒens] 或 **refrin'gency** *n.* 折射(率差,本领),折光率.

refrin'gent *a.* 折射的,屈光[折]的.

re'fu'el ['riː'fjuəl] (*re'fu'el(l)ed; re'fu'el(l)ing*) *v.* 给…加燃料,(中途)加油,(反应堆)燃料更[替]换. *inflight refuelling* 在空中加注燃料. *refuelling flight* 空中加油飞行. *refuelling station* 加油站.

ref'uge ['refjuːdʒ] Ⅰ *n.* ①避难,庇护 ②安全地带,保护区,隐蔽处,安全岛,避车台[区]权宜之计. Ⅱ *v.* 躲避,庇护. ▲*seek refuge from* 躲避. *take refuge in* 躲在…里.

refugee' [refju(ː)'dʒiː] Ⅰ *n.* 避难[流亡]者,难民. Ⅱ *vi.* 避难.

refu'gium *n.* 避难所,隐匿处.

reful'gence [ri'fʌldʒəns] *n.* 光辉,灿烂. **reful'gent** *a.*

refund [riː'fʌnd] *v.*; ['riː'fʌnd] *n.* 偿[归]还(给,额),付还.

refund'able *a.* 可偿[归]还的.

re'fur'bish ['riː'fəːbiʃ] *vt.* 重新磨光[擦亮],(再)刷新,整修,革新,改善.

re'fur'nish ['riː'fəːniʃ] *vt.* 再供给,重新装备.

refu'sable ['ri'fjuːzəbl] *a.* 可拒绝的.

refu'sal [ri'fjuːzəl] *n.* ①拒[谢]绝,不承认 ②优先(取舍,购买)权,优先取舍的机会 ③(桩的)止点. *refusal of pile* 桩的止点[抗沉]. *refusal point* 桩的止点. *refusal to start* 不能起动,起动不了. ▲*have the refusal of* 对…有优先(取舍,购买)权. *refusal to + inf.* 拒绝[不能](做).

refuse Ⅰ [ri'fjuːz] *v.* ①拒绝,不肯做[接受] ②不愿[重新]熔化. Ⅱ ['refjuːs] *n.* 废物品,料,渣,毛,铸件,渣(滓),残渣,碎块[屑],岩屑,矸石,垃圾. *a.* 无用的,不合格的,报废的,废弃的. *refuse destructor furnace* 毁渣炉. *refuse dump* 垃圾堆. *refuse one's consent* 不同意. *refuse oil* 废[不合格]油. *refuse wood* 废木料. *The motor refused to start.* 马达开不动. *tin ore refuse* 废锡矿. *tin refuse* 废锡. ▲*refuse to + inf.* 拒绝[不愿](做),不能,…不了.

refu'sion [ri'fjuːʒən] *n.* 再[重]熔,重新熔化.

ref'utable ['refjutəbl] *a.* 可驳(斥,倒)的.

refu'tal [ri'fjuːtəl] *n.* 驳斥,反驳.

refute' [ri'fjuːt] *vt.* 驳斥[倒],反驳. *be refuted down to the last point* 被驳得体无完肤. *refute an argument* 驳斥一种论点. *refute an opponent* 驳倒对方. **refuta'tion** *n.*

reg = ①regiment【军】团 ②region(地)区,层,领域,范围 ③register 登记,注册[记录器,记录器,寄存器,调盒装置 ④registered(已)登记的,(已)注册的 ⑤regular 有规则(律)的,正式(规)的,定期的 ⑥regulate 管理,控制,调整[节],校准 ⑦regulation 规则 ⑧regulator 调节器[剂].

reg *n.* 砾(质沙)漠.

regain' [ri'gein] *vt.* ①收[取]回,回收,恢[收]复,复得,增加 ②回到,返回,重新占有,回潮. *regain top speed* 回复最高速率. ▲*regain one's footing* 恢复身体的平衡,重新站起来.

REGAL = range and elevation guidance for approach and landing 进场和着陆的距离仰角导航.

Regal n. 一类用于橡胶、涂料、塑料工业的油炉碳黑的商品名.

re'gal ['ri:gəl] a. 国王的,豪华的.

regale [ri'geil] v. ; n. 盛情招待,款待,盛宴.

regap' (**regapped'**; **regap'ping**) vt. 重新调整火花塞电极之间的间隙(距离).

regard' [ri'gɑ:d] vt. ; n. ①考虑,注意(之点),注〔凝〕视,关心 ②看〔对〕待,尊重〔敬〕,(pl.)问候,致意 ③关系,与…有关 ④理由,动机 ⑤方面,特点. *plane of regard* 注视平面. *point of regard* 注视点. ▲*as regards* 关于,至于(谈到),在…方面,就…来说. *be regarded as* 被认为是. *do not regard the question* 与这个问题无关. *have (a) regard for* 重视,尊重. *have no regard for* 不重视,不尊重. *have (pay) regard to* 顾及,考虑,重视,注意. *in regard to (of)* 关于,论〔提〕及,(相)对于,按照,就…而论,在…方面. *in this (that) regard* 在这〔那〕方面,关于这〔那〕一点. *regard M as N* 把 M 看作是(认为是)N. *regard... with favour* 赞成,对…有偏爱. *regare... with suspicion* 怀疑. *take regard to* 注意到. *with best (kind) regards* 此致敬礼,谨致同候. *with due regard for (to)* 给…以适当的考虑,适当地考虑到. *with regard to* = in regard to. *without regard to (for)* 不考虑〔涉及〕,与…无关.

regard'ful [ri'gɑ:dful] a. ①留心的,注意的,关心的(*of*) ②表示尊敬的(*for*). ~ly ad.

regard'ing [ri'gɑ:diŋ] prep. 关于,有关.

regard'less [ri'gɑ:dlis] Ⅰ a. 不注意的,不关心的,不留心的,不重视的,不考虑的,不顾的. Ⅱ ad. 不顾一切地,不管怎样地,无论如何. ▲*regardless of* 不管〔顾,拘〕,不注意,不关心,无论,与…无关.

Regel metal 瑞格耳锡锑铜轴承合金(锡 83.3%,锑 11%,铜 5.7%).

re'gelate ['ri:dʒileit] v. 再冻〔凝〕,复冻,重新凝结.

regela'tion [ri:dʒi'leiʃən] n. 复冰(现象),再冻,重新凝结.

REGEN ①regeneration ②regenerative.

regen'erable a. 可再生的,可恢复的.

regen'eracy [ri'dʒenərəsi] n. 新〔再〕生,更新〔生〕.

regen'erant Ⅰ n. 再生剂〔物〕,回收物. Ⅱ a. 交流换热的,蓄热的.

regen'erate Ⅰ [ri'dʒenəreit] v. ①(使)再〔新〕生,更新〔生,制〕,还原,(使)复兴〔原来性质〕,返回 ②回收,(使)回路,使〔正〕反馈,使回授,蓄热 ③革新,改革〔造〕,变换. Ⅱ [ri'dʒenərit] a. 再〔新〕生的,更新〔生〕的,革〔刷〕新的,改造的. *regenerated cell* 再生电池. *regenerated rubber* 再生〔翻新〕橡胶. *regenerating circuit* 再生电路. *regenerating column* 再生〔回收〕塔. *regenerating furnace* 再生炉,交流换热炉. *workshop for regenerating waste oil* 废油再生车间.

regenera'tion [ridʒənə'reiʃən] n. ①再生(现象),再生制动,再加工,更新〔生〕,革新,改造〔良〕,脱硫 ②恢〔回〕复,还原 ③回〔收〕热,交流换热〔法〕,蓄热(作用) ④正反馈〔回授〕(放大). *burst regeneration* 短促信号的恢复. *critical regeneration* 临界反馈〔正回授,再生〕. *double regeneration* 两次再生. *pulse regeneration* 脉冲再生〔恢复〕. *regeneration through one's own efforts* 自力更生. *regeneration water* 渗流,入渗水. *tube regeneration* 电子管再生.

regen'erative [ri'dʒenəreitiv] a. ①再〔新〕生的,更新〔生〕的,恢复的 ②回热(式)的,蓄热的,交流换热的 ③(正)反馈的,回授的. *regenerative chamber* 蓄热室,再生内胎. *regenerative connection* 再生〔正反馈〕连接. *regenerative feed-back* 正〔再生〕反馈. *regenerative flue* 蓄热烟道. *regenerative furnace* 回热炉. *regenerative heat exchanger* 再生式换热器. *regenerative heating* 回热加热. *regenerative loop* 再生〔反馈〕电路,正回授电路. *regenerative method* 复演法. *regenerative operating amplifier* 再生式(回授式)运算放大器. *regenerative power substation* 功率再生变电站. *regenerative receiver* 再生接收机. *regenerative system* 交流换热制.

regen'erator [ri'dʒenəreitə] n. ①回〔预〕热器,回热炉 ②蓄热器(室),交流(再生)换热器 ③再生(发)器,还原器,再生电路 ④再生者,改革者. *crossflow regenerator* 横流回热器. *digital regenerator* 数字再生器. *regenerator chamber* 蓄热室. *regenerator effectiveness* 回热度.

regen'esis n. 再生,再生,更新.

Regge cut 雷其割线.

reggeiza'tion n. 雷其化.

reggeon n. 雷其子.

regia (拉丁语) *aqua regia* 王水(通常为三份 HCl 与一份 HNO$_3$ 的混合物).

regime [rei'ʒi:m] or **reg'imen** ['redʒimen] n. ①制度,体系(权,制),政治系统,统治(方式),社会组织,社会(生活)制度 ②(régime,工情,河况,状态,水情,自然现象的特征,季节变化特征 ③方式,方法 ④领域,范围 ⑤规范. *heat treatment regime* 热处理规范. *IC regime* 集成电路方式. *regime channel* 稳定〔缓变平衡〕河槽,不平衡的渠道. *regime of river regime*. *regime theory* 准衡理论. *scientific regime* 科学领域. *superaerodynamic regime* 稀薄气动力状态,超音速空气动力状态,高 M 数范围.

reg'iment ['redʒimənt] Ⅰ n. ①【军】团,联队 ②(pl.)大群,大量,多数. Ⅱ vt. 编制(组),(严密)组织,系统化. ▲*al a*.

regimenta'tion [redʒimen'teiʃən] Ⅰ n. 编制〔组,队〕,(严密)组织,严格管制,集中统一〔管理〕.

re'gio (拉丁语) (pl. **re'giones**) n. 区,部(位).

re'gion ['ri:dʒən] n. ①区(域),地方(区,带),(大气,海水)层,部位 ②(境)界,领域,区间,间隔,范围,左〔邻〕近. *angular region* 角范围,角度空间,角区. *closed region* 闭〔全〕域. *core region of jet* 射流中心. *depletion region* 耗尽层,空乏区. *D-region* D(电离)层. *filamentary region* (位错)的线状通道. *forbidden region* 禁区. *isothermal region* 等温〔区〕. *key-on region* 通过区. *key-out region* 阻挡区. *mass region* 质量范围. *microwave region* 微波波段. *region of no pressure* 零压区. *region of rationality* 有理区域(数域). *region of transmis-*

re′gional ... **sion** 透射区. *softening region* 软化〔增密〕区. *the upper*〔*middle, lower*〕*region of the sea* 海水的上〔中,下〕层. *threshold region* 临阈区域. *transmission region* 传输范围〔频带〕. ▲*in the region of* 在…的左右〔近〕,…左右.

re′gional [′riːdʒənl] Ⅰ *a*. ①地方(性)的,区域性的,局部的,部的 ②整个地区的,全地区的 ③(美)地区交易所. *regional channel* 区域波道〔通道〕. *regional coding* 局部编码. *regional planning* 区域〔全地区〕规划. *regional strain* 地方品系. *regional strike* 区域走向.

regionalisa′tion *n*. 区域化.
re′gionalism *n*. 区域划分,地方习惯〔制度〕,地域性.
regional′ity *n*. 区域性.
re′gionalize [′riːdʒənəlaɪz] *vt*. 把…分成地区〔行政区〕,把…按地区安排,使地区化. **regionaliza′tion** *n*.
re′gionspecif′ic *a*. 部位专属的,专位的.

reg′ister [′redʒɪstə] Ⅰ *n*. ①记录(表,员),登记(簿,表,员),注册(簿,员),名单(簿),簿记中的项目,书单式目录,索引,术语,战斗标记 ②(自动)记录器,计数(计量,登记)装置,加法器,寄存器,记忆装置,信号机,自动记录的数 ③通风〔调温〕装置,调气〔节〕器,节气门 ④对齐,定位,对正〔准,心〕,调正〔套,配〕准,重合 ⑤音域. Ⅱ *v*. 登记,注册,挂号,交…托运,记住 ②(自动)记录,(仪表)指示,显示出 ③记数,存储(探测,测量,试射) ⑤对齐,套〔配〕准. *register a sharp rise* 有大幅度猛增. *register... on a railway* 把…交铁路托运. *addend register* 加数(第一被加数)寄存器. *adding-storage register* 求和〔加法〕存储计数器. *air register* (锅炉)配风(空气调节)器. *all-trunks-busy register* 中继线全忙计状态. *B register* 变址(数)寄存器. *buffer register* 缓冲寄存器. *cash register* 现金出纳机,电计算装置. *close register* 精确配准. *counting register* 计数(寄存)器. *impulse register* 脉冲寄存器. *knife*〔*sickle*〕*register* 刀片对中心. *Lloyd's Register* 劳埃德船舶年鉴. *M register* 被乘数寄存器. *nozzle register* 喷口控制器. *optical register* 光学配准. *pressure register* 压力自记仪. *programme register* 程序寄存器. *register button* 计数〔记录〕按钮. *register calipers* 指示卡规. *register ratio* 机械传动比〔齿轮比,速度比〕. *register rotation* 寄存器循环移位. *registered length*【船】登记长度,【计】寄存器中存储的数位数. *registered luggage* 托运的行李. *registered mail*〔*letter*〕挂号信. *registered ton* (-*nage*) (船只)登记吨(位). *registered trademark*〔*brand*〕注册商标. *registering apparatus* 计数器,寄存器,自动记录器. *registering balloon* 探测气球. *S register* 存储寄存器. *timing register* 自动计时器,定时记录〔寄存〕器. ▲(*be*) *in register* 对得齐, 配准. (*be*) *out of register* 对得不齐,没有配准. *register as* 表现为,显示出.

reg′istrable *a*. ①可登记(注册)的,可挂号的 ②可对齐〔套准〕的.
reg′istrant *n*. ①管理登记(注册,挂号)工作人员,登

量,注册员 ②被登记〔注册〕者.
registrar′ [ˌredʒɪs′trɑː] *n*. 管理登记(注册)工作人员,登记员,负责登记,证明股票的人.
registra′tion [ˌredʒɪs′treɪʃən] *n*. ①登记(证),注册(证),计算,登记簿中的项目 ②(仪表)读数,示值, (自动)记录 ③配对,套准,(图像)重合,对正〔齐〕,定位. *image registration* 影像重合〔配准〕. *multiple registration* 复式记录. *optical registration* 光学配准. *registration fee* 登记〔挂号〕费. *registration number* 登记号码. *zone and overtime registration* 按区域和时间记录.
registrogram *n*. 记录图.
reg′istry [′redʒɪstrɪ] *n*. ①登记(处),注册(处),挂号(处) ②记录 ③配准(电视图像) ④船舶的国籍. *registry of ship* 船舶(国籍及其他有关项目的)登记.
règle (法语) *de règle* [dəreɡl] 习惯的,适当的. *en règle* [ɑːreɡl] 按步就班,照规则,正式.
reg′let *n*.【建】平嵌线.
reg′low′ing *n*. 再辉,再炽热.
regmagen′esis *n*. 断裂作用.
reg′nant [′reɡnənt] *a*. 占优势的,支配的,流行的.
reg′olith [′reɡəlɪθ] *n*. 表〔浮〕土,土被,风化〔表岩〕层.
re′gorge′ [′riː′ɡɔːdʒ] *v*. ①吐(出),涌回 ②(使)倒流.
regosol *n*. 岩成土(松散母质).
regrada′tion *n*. ①倒后,衰退 ②更新,复原作用.
regra′ding *n*. 重叠坡度,重分类.
regrate′ *vt*. 囤积,(惟拍物价而)倒卖.
regress [′riːɡres] *n*.; [rɪ′ɡres] *vi*. *regres′sion* [rɪ′ɡreʃən] *n*. 退回(步,化),倒(后)退,逆行,【天】退行,回〔复〕归,回应,【地】海退,复退,退(减,微). *mean square regression* 均方回归〔回应〕. *regression coefficient* 回归系数. *regression curve* 回归曲线.
regressand *n*. 回归方程式的从属变量.
regress′ive [rɪ′ɡresɪv] *a*. 回〔复〕归的,倒(消)退的,海退的,退步〔化,行〕的,逆向的. *regressive coefficient* 回归系数. *regressive definition* 回归定义. *regressive derivative* 右导数,右微商. *regressive erosion* 逆(流)向冲刷. *regressive interpolation* 回归插值(法). ~*ly ad*. *regressiv′ity n*.
regres′sor *n*. 回归方程中的自变量.
regret [rɪ′ɡret] *v*.; *n*. 遗憾,抱歉,懊悔,后悔,哀悼,(*pl*.)歉意. ▲*express regret at*〔*for, over*〕对…表示遗憾. ~*ful a*. ~*fully ad*.
regrett′able *a*. 令人遗憾的,可惜的,不幸的. *regrettable fact* 憾事. *regret′tably ad*. *regrettably small amount* 少得可怜的数量.
regrind′ (*reground′*, *reground′*) *v*. 重新〔次〕磨研,磨合〔配〕,重磨削. *regrind bit* 重磨钻头.
regrind′ing *n*. ①再次研磨,重碎 ②回收物料,二次粉碎物料,粉碎物料.
regroo′ver *n*. 再次刻纹机,重新挖(压)槽的工具. *tyre regroover* 轮胎压槽器.
reground′ *a*. 重新研磨的.
re′group′ [′riː′ɡruːp] *vt*. 重新组〔化,聚〕合,重新编制〔聚集〕,改变…的部署.
regrowth′ [′riːɡrəʊθ] *n*. 再生〔增〕长.

regula falsi 试位法. *regula falsi iteration* 试位迭代法.

regulae 或 **regula** n. 【建】方嵌条.

reg'ular ['regjulə] I a. ①(有)规则的,有规律的 ②正规的,常规的,正(平)常的,标准的,通用的,普通的,习惯的 ③经常的,通常(时)的,固定的,不变的,照例的,一般[定,贯,律]的 ④端正的,【数】正则的,等边[角,面]的,对称的,全纯[形]的 ⑤正式的,合格的,合乎法规的 ⑥整齐的,有系统的,彻底的 ⑦常备军的. II n. 正规兵,固定职工,老顾客,长工. III ad. ①规则地,经常地 ②十分,非常. *have the machines overhauled at regular intervals* 定期检修机器. *keep regular hours* 按时作息. *regular air service* 定期班机. *regular army* 常备[正规]军. *regular bond* 普通[正规]砌合. *regular checking* 定期检查. *regular coast* 平直海岸. *regular connector* 通用连接器. *regular crystal* 正方晶. *regular element* 【数】正则元素. *regular engine oil* 正规的车用机油(用于适度条件下). *regular expression* 正则表达式. *regular falsi method* 试位法. *regular function* 正则[解析,正常]函数. *regular furnace run* 炉况正常,炉子正常运行,正常熔炼过程. *regular hexahedron* 正六面体. *regular lay* 正捻,同向捻,正捻. *regular meeting* 例会. *regular overhauling* 正期[彻底]检修. *regular polygon* 正多边形. *regular reflection* 单向[规则,镜面,正常]反射. *regular selector* 普通[通用]选择器. *regular service conditions* 使用常规[正规]的工作[运转]条件. *regular shackle block* 带卸扣[钩环]滑车. *regular size* 正规[标准]尺寸. *regular system* 等轴晶系. *regular thumb screw* 对称翼形螺钉. *regular twist* [纺]反手捻法, Z捻.

regular'ity [regju'læriti] n. ①规律(性),秩序,一致性,规则(性),可调性,连续性,不变(性) ②整齐(度),匀称,调和 ③正规[常],经(惯)常,定期. *regularity of yarn* 纱线的均匀度.

reg'ularize ['regjuləraiz] vt. ①调整,整理 ②规则化,正则化,使有规则[秩序],使合法化. **regulariza'tion** n.

reg'ularly ad. ①有规则[规律]地,整齐地,使规律化,使组织化 ②正式地,经常地 ③规则地,定期地.

regularobufagin n. 正规蟾蜍精.

regularobufotox'in n. 正规蟾蜍毒.

reg'ulate ['regjuleit] vt. ①调整[节,准,正],校[对]准,整平[形],稳[规]定 ②管理[制],限[控]制 ③使整齐[有条理]. *regulate the heat* 调节热量. *regulate the speed* 调整速度. *regulated power supply* 稳压电源. *regulated rectifier* 稳压整流器. *regulating apparatus* 调整装置,调节器. *regulating cell* 调节电池. *regulating course* 整平层. *regulating dam* 分流[水]坝. *regulating rod* 微调整杆. *regulating valve* 调节阀. *regulating wheel* (无心磨床的)导轮,调整轮.

regula'tion [regju'leiʃən] I n. ①调整[节](率),校准,控[节]制,稳定,管理 ②导向,减压 ②规则[章,定,程],章程,条例,细则 ③调整率. II a. 规定的,正式[规,常]的,普通的. *automatic regulation* 自动调[控]节. *cathode regulation* 阴极稳压. *contrary to regulations* 违反规定. *exchange control regulations* 外汇管理法令. *maintenance regulations* 技术保养细则[维护规程]. *of the regulation size* 普通大小(尺寸)的. *period regulation* 周期调节. *regulation light* 号灯. *regulation of affairs* 事务管理. *regulation of river* 河道治理. *regulation of voltage phase* 电压相位调整. *regulation waste* 【水】调节损失. *rules and regulations* 规章制度. *safety regulations* 安全规程. *series regulation* (电源的)串联调整率. *technical regulations* 技术规程[规范,条件],说明书,细则. *trade regulations* 贸易条例. *voltage regulation* 电压调节,稳压.

regula'tion-resis'tance n. 调节电阻,电位器,分压器,变阻器.

reg'ulative a. 调整(节)的,管理的.

reg'ulator ['regjuleitə] n. ①(自动)调节器[闸,装置],调整器[子],调速器,变阻器 ②稳压器,稳(减)压器 ③控制器,节制闸 ④校[调]准器 ⑤标准钟,标准计时仪 ⑥调节[整]用器,校准[整]器,校准,管理者的 ⑦调变生物,调节基因. *carbonpile regulator* 炭堆稳压器. *current regulator* 电流调节器,稳流器. *electrohydraulic regulator* 电动液压调节器. *feed regulator* 供给调整器,加料控制器. *hydraulic pressure regulator* 液压调节器,稳压器. *pilot actuated regulator* 间接作用[辅助能源]调节器. *pressure regulator* 压力(电压)调节器,减压安全阀. *regulator gene regulator* [控制]基因. *regulator subunit* 调节亚单位. *regulator tube* 稳压(流)管. *single stage regulator* 单级调节器(减压表). *voltage regulator* 稳[调]压器,电压调节器. *window regulator* 车窗开闭调节器.

reg'ulatory a. ①管理的,制定规章的,(受)规章(限制)的 ②调整(节)的.

reg'ulex n. 电机调节器,磁饱和放大器.

reg'uli ['regjulai] n. regulus 的复数. *reguli falsi* 虚位法,试位.

reg'uline I a. 熔块(状)的. II n. 平滑黏附的电解淀积. *reguline metal* 块状金属.

regulon n. 调节子,调节序.

reg'ulus ['regjuləs] (**reg'uluses** 或 **reg'uli**) n. ①金属渣,熔[锑,金属]块,不纯金属,镱 ②锑铅合金 ③硫化复盐, *antimony regulus* 熔锑,精炼[金属]锑. *copper matte regulus* 铜锍,冰铜. *dingot regulus* 直铸锭块. *hafnium regulus* 铪块. *regulus antimony* 锑块,金属锑. *regulus metal* 铅锑合金(锑6-25%,其余铅). *regulus mirror* 镜锑,锑镜. *regulus of antimony* 锑块. *regulus of lines* 二次线列.

re'gun'ning n. ①再射击 ②再喷射,重(多次)喷浆.

regur'gitant a. 回流的,反流的.

re'gurgita'tion n. 反胃,吐出,反(逆,回)流.

REHAB = rehabilitate.

rehabil'itate [rihə'biliteit] vt. ①修(恢,复)复,复原,修理,重(改)建,改善,更新 ②整顿(补充),休整 ③恢复…的地位(权利)等. **re'habilita'tion** n.

rehala'tion [rihə'leiʃn] n. 再(呼)吸.

re'han'dle ['ri:'hændl] vt. 再[重新]处理,重(改)铸,

改造，重新整顿，回修，再[二次]搬运. *handle facilities*转载设备.

rehard'en [ri:ha:dn] v. 再硬化.

re'hash' ['ri:hæʃ] I vt. 以新形式处理旧材料，改作，再处理，再散列，改头换面地重复，炒冷饭. II n. 旧料改新，旧料做的东西，改写品，故事新编.

rehead'er n. 二次成形凸缘件微锻机.

rehearse' [ri'hə:s] vt. 排演[练]，练[演]习，详[复]述. **rehears'al** n.

re'heat' ['ri:'hi:t] I vt. 再[加]热，对…重新加热，重热，二次加热，中间过热[再热，加热]，(指发动机)加力. II n. 复[加]燃室，加力燃烧室. *friction reheat* 摩擦再热. *reheat combustion chamber* 再燃烧室. *reheat stop valve* 回热停止阀. *reheating cycle* 再热循环.

reheat'er n. ①再[加，回]预热器，灯丝加热器，再[重]热炉，中间过[再]热器 ②(金属等)重新加热工.

reheat-type a. 再加再热式的.

rehi'ring n. 重新雇工.

rehmanin n. 地黄宁.

re'hous'ing n. 旧房翻新.

re'hybridiza'tion n. 再次杂化.

rehydra'tion n. 再水化[合](作用).

Reichert-Meissl value 赖氏特-迈斯耳值(N/10 KOH 溶液数).

Reich's bronze 一种铝青铜(铜85.2%，铁7.5%，铝7%，铅0.2%，锰0.6%).

re'ify ['ri:ifai] vt. 使(概念)具体化. **reifica'tion** n.

reign [rein] n.; vi. ①统治(时期)，朝代 ②领域，界 ③占优势，盛行. *the reign of law in nature* 自然界中法则的支配.

reignite' [ri:ig'nait] v. **reigni'tion** [ri:ig'niʃən] n. 逆弧，二次点燃[起动，电离]，反点火，后[二次，补充]放电. *reignition voltage* 再引弧电压.

reimb = reimburse.

re'imburse' ['ri:im'bə:s] vt. 偿[付，赔]还，偿付，赔(补)偿. *reimburse M for a loss* 赔偿 M 损失. *reimbursing agent* 偿付银行. ~ment n. *claim reimbursement* 索汇. *telegraphic transfer reimbursement* 电汇偿付.

re'imburs'ible a. 可偿[付，还]的，可赔(补)偿的. *cost reimbursible* 可偿还的费用.

reimplanta'tion n. 复植法.

reimport I ['ri:im'po:t] vt. (出口原料经加工后)再输入，再进口. II [ri:'impɔt] n. 再输入(的商品)，再进口. ~a'tion n.

re'impose' ['ri:im'pouz] vt. 再增加，重新征收.

rein [rein] n.; vt. ①驾驭，控[箝]制，支配，统治，止住，放慢(in, up) ②[建]拱底石 ③(一种黏度单位)黏阻(相当于1/68950泊) ④手辔，把手⑤缰绳 ▲ *draw rein* 停止，慢下来，放弃努力，节省费用. *drop the reins of go-vernment* 下台，不再执政. *give the reins to* 或 *give rein to* 充分发挥，对…放任. *hold the reins of government* 执政. *rein in on the brink of a precipice* 悬崖勒马. *take the reins* 掌握，支配. *throw the reins to* 对…听之任之.

re'incorpora'tion n. 重掺入.

reindeer ['reindiə] n. 驯鹿.

re'in'dex ['ri:'indeks] v.; n. 变标[改变]符号，符号变换.

reineckate n. 雷纳克酸盐.

REINF = reinforce.

REINFD = reinforced.

reinfec'tion n. 再感[传]染.

REINFG = reinforcing.

REINFM = reinforcement.

reinforce' [ri:in'fɔ:s] I vt. ①加强[劲，固]，强化，给…加(钢)筋，提高刚度 ②增援[添，授]，补充[足，强]. II vi. 得到增援. III n. 增强[加]物，增强材料，枪炮后膛较厚部分. *reinforce strip* 补强胶条，钢圈外包布. *reinforcing agent* 增强剂. *reinforcing bar* 护沙洲，钢筋. *reinforcing post* 辅助支柱. *reinforcing rib* 加强肋. *reinforcing steel* 钢筋. *reinforcing wire* 加劲钢丝[铁丝，钢弦].

reinforced a. (被)加[增强](了)的，加固的，加(钢)筋的. *aluminium cable steel reinforced* 钢芯铝绞线. *reinforced bar* (螺纹)钢筋. *reinforced butt weld* 补强的对接焊缝. *reinforced concrete* 钢筋混凝土. *reinforced earth* 加筋土，加筋土护坡[挡土墙]. *reinforced glass* 钢化玻璃. *reinforced joint* 加筋[强]接缝. *reinforced plastics* 强化[增强]塑料(一般指用玻璃纤维，也指用硼或硅酸铝加强的塑料). *reinforced steel bar round* 混凝土圆钢筋. *reinforced stock* 加强筒. *reinforced tyre* 加强外胎. *reinforced wheel* 加强[补强]砂轮(中层部分加入经特殊处理的高强度纤维，用于铸件表面粗加工及去毛刺).

reinforce'ment [ri:in'fɔ:smənt] n. ①加强(法)，强化(焊缝) ②增加，增强，补强，增援，支援，打炉 ②增强[件]，物[部]分，强化物[件]，装甲，衬板，钢[配]筋，构(支)架，芯骨沙鸻，护炉设备. *cross member reinforcement* 横梁加强板. *distributing reinforcement* 分布钢筋. *fabric reinforcement* 织物加强网. *fibre glass reinforcement* 玻璃纤维增强. *filler reinforcement* 填充剂增强. *hooped reinforcement* (环状)箍筋. *longitudinal reinforcement* 纵列钢筋，纵加强筋. *one-way reinforcement* 单层钢筋，单向布筋. *reinforcement concrete* 钢筋混凝土. *reinforcement density* 配筋密度(以 kg/m2计). *reinforcement method* [数]增量法. *reinforcement of ramp* 道路接坡加固. *space reinforcement* 三向筋. *wiremesh reinforcement* 网状钢筋，钢筋网.

reinforc'er n. 增强[强化]剂，激励物，增强材料，加固件，加固物.

reinfu'sion [ri:in'fju:ʒn] n. 再输入(注).

reinite n. 方钨铁矿.

reinjec'tion n. 再注入[喷入]，回收[送].

re'ink' ['ri:'iŋk] vt. 重新蘸取墨水[油墨]于，重加墨水于.

reinocula'tion n. 重新孕育，复[再]接种.

REINS = radar-equipped inertial navigation system 装有雷达的惯性导航系统.

re'insert' vt. 重新插入，重新引入. *reinserted subcarrier* 还原[重新引入的]副载波.

re'inser'tion n. 再次插入，恢复，直流成分恢复，直流

re'inspec'tion n. 再检验[查验,视察,考察,检阅],复查。

re'instate' vt. 复原,恢[修复],使正常,使恢复原状[位]。～ment n.

re'insu'rance ['ri:in'ʃuərəns] n. 再保险(分保)。

re'insure' ['ri:in'ʃuə] vt. 再保险。～保险。

re'in'tegrate vt. 使重新完整[统一,结合],恢复,重建。re'-integra'tion n.

re'inter'pret vt. 重新解释,给…以不同的解释。～a'tion n.

re'invest' ['ri:in'vest] vt. ①再[重新]投资于 ②重新赋[授]于 ③再圈攻。

re'investiga'tion n. 重新调查[研究]。

re'invoca'tion n. 复能(作用),再活化(作用)。

re'irradia'tion n. 再复照射,再复照。

re'is'sue ['ri:'isju:] vt. ; n. 再[重新]发行,重排[印,刊],新版本,再版;再公告专利(原专利经过修改重新申请后再公布的)。

reit'erate ['ri:'itəreit] vt. 重申[作,复],反复地做[说]。reitera'tion n.

reit'erative ['ri:'itərətiv] a. 反复的。*reiterative method* 反复逼近法。

Reith's alloy 锡锑铅青铜,一种轴承合金(铜75%,锡11%,锑5%,铅9%)。

reject I ['ri:dʒekt] vt. ①拒绝[收],退掉,刷除,除去,排斥[出,除,掉],吐出,令[抛,丢,放,抛出,拒弃,滤去 ②抑制,干扰,阻[障]碍,衰减 ③驳回,否决[认],抵制。II ['ri:dʒekt] n. 被拒绝物,下脚料,次品,不合格(产)品,等外[淘汰,不合规格]材,废品[料,物物],筛余粗料,尾矿,遭拒绝者。*document reject rate* 文件拒读率。*reject bin* 废品仓。*reject chute* 废[弃]料槽。*reject pile* 废品堆积架,废品堆积机。*reject pocket* [计]废弃卡片袋。*rejected heat* 排出的热。*rejected material* 废品[料]。

rejectamen'ta [ˌridʒektə'mentə] [拉丁语] n. 垃圾,废物,排泄物,漂浮物。

rejec'tion [ri'dʒekʃən] n. ①拒绝[收],排斥[除],拒斥,剔除,舍[抛,丢,弃]弃,令[抛,丢,放,抛出,拒弃] ②抑制,阻[截]止,闭塞[锁],干扰,障[阻]碍,衰减,(板金件)变薄量 ③驳回,否决,抵制。*automatic rejection* 自动洗去。*common mode rejection ratio* 共态抑制比,共态减弱系数。*heat rejection* 热损失[耗损]。*image rejection* 像[镜]频干扰抑制。*interference rejection* 抗干扰度,抗扰性,反干扰能力,干扰抑制。*rejection amplifier* 带除[阻]放大器。*rejection capability* 抑制性,排除能力。*rejection filter* 拒波[带阻,带除]滤波器。*rejection gate* [计] "或非"门,禁门。*rejection image* 衰落(抑制,排除)图像。*rejection iris* 抑制窗孔。*rejection of accompanying sound* 伴音拒斥。*rejection of load* 甩负荷。*rejection region* 否定[拒斥]区域,弃除域。*rejection technique* 舍选法。*rejection trap* 拒波器[陷波器]。*rejec'tive* a.

reject'or [ri'dʒektə] n. 带阻[除]滤波器,拒[除]波器,阻[抗]陷波器②抑制[拒收]器③混[杂]音分离器④掺杂物排除[分离]器⑤拒绝者,否决者。*image rejector* 图像抑制器。*rejector circuit* 拒收

[除波]电路,带阻[除]滤波器电路。*rejector unit* 拒波部件,带除[阻]滤波器。*tramp iron rejector* 【农机】铁质夹杂物排除器,金属夹杂物分离器。

rejector-acceptor circuit 拒-迎电路,拒斥-接受电路。

re'jig' ['ri:dʒig] (*re'jigged'* ; *re'jig'ging*) vt. 重新装备。

re'jig'ger ['ri:'dʒigə] vt. 重新安排,更改。

rejoice [ri'dʒɔis] v. 高兴,欢庆,庆祝。▲*rejoice at* [over] 为…而感到高兴[欢欣,欢舞]。

rejoic'ingly ad. 欢欣鼓舞地。

rejoin' [ri'dʒɔin] v. 再参加[加入],(使)重新结合[联接,拼接],聚合,再接合,重聚。II [ri'dʒɔin] v. 回[应]答,答复。

rejoin'der n. 答辩,回答,反驳。

rejoint' v. 再填缝,重接。

reju'venate [ri'dʒu:vineit] v. (使)复原[壮,苏],(使)再生,(使)更[翻]新,(使黏胶)激化,(使)恢复[活力],使回春,使更生。rejuvena'tion n.

reju'venator n. (电子管等)复活器,再生器。

rejuvenes'cence n. 复壮(现象),复原[苏],再生,回春,活力的恢复。

reju'venize = rejuvenate.

re'kin'dle ['ri:'kindl] v. 重新燃起[烧],重点火,重新激[引]起。

REL = ①rate of energy loss 能量损耗率 ②relay 继电器 ③release 释放(装置),解除 ④reliability memorandum 可靠性一览表 ⑤relief 地势,解除,释放,换页,去载,无输出,援救 ⑥relief valve 减压[溢流]阀 ⑦reluctance 磁阻。

rel n. 雷耳(磁阻单位,等于1安培匝/磁力线)。

rel =①relative to 对于…来说,相对于…的,和…有关的②relative(ly)相对(的),比较(的)。

rel to = relative to 对于…来说。

re'laid' ['ri:'leid] relay 的过去式和过去分词。

relap'sable a. 可复发的。

relapse' [ri'læps] n. ; vi. ①(旧病)复发,再发,复旧,故态复萌 ②恶化,堕落,退步,沉陷。*relapsing fever* 【医】回归热。

relatch'ing ['ri:'lætʃiŋ] n. (脱钩安全器等的)再接合。

relate' [ri'leit] v. ①使联系(起来),使发生关系,关联,说明了[显示出]…的关系 ②有关(系),涉及 ③叙[阐]述,讲。▲(*be*) *related to* 与…有关(系)。(*be*) *related to M by N* 与 M 的关系为 N,M 与 N 有 N 的关系。*relate M to* [*with*] *N* 使 M 与 N 有关[相联系,相结合],建立 M 与 N 的关系式。*relate to* 与…有关[相联系,对…而言],论及。*relate with* 符合。*relating to* 关于…的,有关…的。

rela'ted a. ①有[相]关的,有联系的,同类的,相近的 ②叙[讲]述的。*related angle* 相关角。*related functions* 相关函数。▲*related to* 与…有关系的,与…相关的。

rela'tion [ri'leiʃən] n. ①关系(式,曲线),联系,比(率,例关系),方程(式),定律 ②讲,(叙)述,报告 ③亲戚。*adiabatic relation* 绝热比,绝热关系。*conservation relations* 守恒定律。*consistency relation* 一致(相容)性条件。*equivalence relation* 等价关系。*functional relation* 函数关系。*identical relation* 恒[全]等式。*normal shock relation* 正激波方程。*pressure-density relation* 压力与密度的关系。re-

currence relation 递推关系. *relation curve* 相关(关系)曲线. *response colour relation* 色感度. *telephone relation* 电话连络(通话). *thermodynamic relation* 热力方程. *trade relation* 贸易关系. ▲(be) out of (all) relation to 和…完全不符〔毫无关系〕,和…极不相称. bear [have] a relation to 与…有关(系)〔类似〕. bear no relation to 和…(毫)无关(系),完全不符,和…极不相称. have relation to [with]和…有关(系). in relation to 关于,至于,相对于,对于…来说,与…有关(成比例). in relation to one another 彼此〔相互〕之间. make relation to 提及,谈到. the relation of M to N M 对 N 之比. with no relation to 与…无关. with relation to 关于,至于,提及,在…方面.

rela'tional [ri'leiʃən] *a.* 有(比例)关系的,关系式的,关系曲线的. *relational expression* 关系〔相关,比例〕式. *relational operator* 关系算子.

rela'tionship [ri'leiʃənʃip] *n.* ①(相互,衣变系列)关系,关联,关系式〔特性〕曲线,关系式,联系,共同性 ②合图 ③媒质,周围介质 ④家〔亲〕属关系. *closed loop relationship* 闭回路的关系式. ▲bear (a) relationship to [with]和…有关〔类似〕. have a direct relationship to 和…成正比. in close relationship with 与…有密切关(联)系.

relativa'tion *n.* 相对化.

rel'ative ['relətiv] Ⅰ *a.* 相对〔应,关〕的,比较的,(成)比例的,有关的,有联系的,关联的. Ⅱ *n.* ①有关的东西,相对物 ②亲属〔戚〕. *relative acceleration* 相对加速度. *relative atomic weight* 相对原子量. *relative blo-wing rate* 相对风量,单位炉膛面积鼓风强度. *relative brightness* 相对亮度,明澄度. *relative contrast* 百分对比度,相对对比率. *relative efficiency* 相对效率. *relative error* 相对〔比较〕误差. *relative luminous efficiency* 相对发光效率. *relative magnet* 比较磁铁. *relative magnetic susceptibility* 比(相对)磁化率. *relative merits* 优缺点. *relative method* 比较法. *relative pressure* 相对压力. *relative price* 比价. *relative scale* 相对尺度(大小,标度). *relative tilt*【航测】相片对假定平面(不一定是水平面)的相对倾斜. ▲(be) low relative to 相对于…较小. (be) relative to 关于,相对于,较之,针对,以…为(基)准,和…成比例,与…相比,与…有关. the relative sizes of… 尺寸(之间)的比例〔关系〕,相对的大小.

rel'atively ['relətivli] *ad.* 相对〔相关,比较,成比例〕地,关系上. *in a relatively all-sided way* 比较全面地. *relatively complemented* 互补. *relatively prime*【数】互素. ▲*relatively to* 相对于.

rel'ativism *n.* 相对性(论,主义).

rel'ativist *n.* 相对论者.

relativis'tic *a.* 相对论(性)的. *relativistic correction* 相对论性改正. *relativistic electrodynamics* 相对论电动力学. *relativistic mass* 相对论性质量. ~ally *ad.*

relativ'ity [relə'tiviti] *n.* 相对(论,性),相关(性),比较性,互助,相互依存. *general* [*special*] *relativity* 广义〔狭义〕相对论. *relativity shift* 相对论上的移动. *theory of relativity* 相对论.

relativiza'tion *n.* 相对性〔化〕. *relativization of quantifiers*【数】量词的相对化.

rel'ativize *vt.* ①把…作为相对物处理〔描述〕②用相对论的术语描述,用相对论原理阐明.

rela'tor *n.* 叙(讲)述者,原告.

rela'tum (pl. *rela'ta*) *n.*【数】被关系者.

relave *n.* 硝石矿的沥水.

relax' [ri'læks] *v.* ①(使)松〔张〕弛,废弛,(使)放松〔宽〕②缓和,减轻,削〔减短,缩短〕③衰竭,衰减,拖缓 ④(使)松懈,休息,使轻松. *relax one's attention* 放松注意力,懈怠. *relax requirements* 放松〔宽〕要求.

relaxa'tion [ri:læk'seiʃən] *n.* ①松弛(法,作用),张弛,放松,舒张,缓和 ②削弱,减轻,缩短,消除应力,卸载 ③拖豫(缓),衰减 ④扫描 ⑤休息. *relaxation circuit* 张弛电路. *relaxation method* 张弛〔松弛,迭弛(渐近)〕法,逐次迭代〕法. *relaxation spectra* 驰豫光谱. *relaxation strain* 弛豫应变. *relaxation time* 张弛〔弛豫,松弛,阻尼〕时间. *structural relaxation* 结构松弛. *ultrasonic relaxation* 超声松弛. ~al *a.*

relaxed' [ri'lækst] *a.* 松懈的,放松的,不严格〔密〕的,随意的. *relaxed restrictions on* 对…放宽限制. ~ly *ad.*

relaxin *n.* (耻骨)松弛激素,松弛肽.

relaxom'eter *n.* 应力松弛仪.

relax'or *n.* 张弛振荡器. *beam relaxor* 锯齿波发生器.

relay Ⅰ ['ri:'lei] (*relaid*, *relaid*) *vt.* 再〔重新〕铺(设,轨),再〔重新〕放〔置〕,再〔重新〕葬〔填〕. Ⅱ ['ri:'lei] (*relayed*, *relayed*) *v.* ①中继,转播〔送〕,转〔替〕换,接替,交接,更代,接力,替换,传输,分程传递,传达 ②用继电器控制,(继电器)防护 ③(使)接替,给…换班. Ⅲ ['rilei] *n.* ①【电】继电器,【机】继动器,【自】替续器,中继站,中继卫星 ②转播的节目),中继,替续,分程逸选,传达,转运,接力赛跑) ③备用品,备用机组,补充物资 ④调班,替班(人,者). *active-power relay* 有功率电继电器. *air relay* 气压(式)继电器,气动替续器,气动(自动)转换,气压继动,空气传递,电触式气动量仪. *astatic relay* 摆动继电器,重锤晃动式汞管继电器. *auto relay* 帮电继电器. *box-sounding relay* 音响继电器. *capacity relay* 电容(式)继电器. *carrier-current relaying* 载波〔中继〕通信. *chain relay* 连锁〔串动)继电器. *differential relay* 差动继电器. *directional power relay* 定向功率继电器. *directional relay* 定向(极化)继电器. *electromagnetic type relay* 电磁式继电器,继电表. *failure warning relay* 故障警告继电器. *frequency relay* 频率(谐振)继电器. *function relay* 函数继电器. *gas relay* 气体〔瓦斯〕闸流管,气相继电器. *graded time-lag relay* 可调整的延时继电器. *hydraulic relay* 液压替续器. *integrating relay* 积算继电器. *inverse definite relay* 反比时限继电器. *inverse power relay* 反比功率继电器. *lock-on relay* 同步继电器. *marginal relay* 定限〔边缘〕继电器. *maxi-*

relayable rails

mum relay 过载继电器. memory relay 存储式继电器. metering relay 记录[计数]继电器. moving coil relay 磁电[动圈]继电器. multi-position relay 多位置继电器. neutral relay 无极[非极性,中和]继电器. non-metering relay 计数器切断继电器. pilot relay 控制[引示,辅助]继电器. pneumatic relay 气动继电器. primary relay 一次[初级]继电器. product relay 乘积继电器. radar relay 雷达中继站. re-closing relay 重闭[重接,中速,自复]继电器. relay broadcasting 转播. relay cylinder 传送[继动]油缸. relay governor 继动调节器. relay interlocking 继电联动装置. relay lens 中继[旋转]透镜《信率变换时物方焦距不变的光学系统中的物镜》. relay network system 继电器网络系统,中继电路制. relay piston 从动[继动,自动转换]活塞《使继动阀动作的活塞》. relay point 中继[转播]站,中继点. relay pump stations《管路中的》替续[中继]泵站. relay receiver 中继[接力,转播用]接收机. relay selsyn 中继[接力,转播]自动同步机. relay transmitter 中继[接力,转播]发射机. relay valve 继动阀. relaying current [voltage] transformer 继电器用变流[变压]器. release relay 复旧[话终]继电器. relief relay 辅助[交替]继电器. repeater relay 转发[中继,中继接替]继电器. reset relay 复位[恢复《原始状态》的]继电器. sequential relay 顺序动作继电器. shutdown relay 断路[切断]继电器. slave relay 随动继电器. solenoid relay 螺(线)管继电器. stepping relay 步进式继电器. thermal relay 热(式,动,敏)继电器,温差电偶继电器. transistor relay 晶体管式继电器. tumble-jet relay 控制喷管射流的继电器,(喷气控制系统)转动喷管控制继电器. undercurrent relay 欠电流继电器. zero gain relay 零增益继电器. ▲relay M from N 从 N 转播 M.

relayable rails 重新铺用的钢轨,废[旧]轨.

relay-operated a. 继电器[继动机]操作的. relay-operated accumulator 继电器(式)累加器.

relay-set n. 继电器组,继电器装置.

re-leach v. 再浸出.

release ['ri:lis] vt.; n. ①释放(出,证),解开[放],解[免]除,敕[豁]免,放[松]开,开合[通],发射,抛下,投弹 ②脱扣[钩,缓,手],交付[工],分离,断开[路],解[卸]压 ③放[吐,析,逸]出 ④发行[布,表](出)版,刊(物),透露,发布的消息,公布的材料 R 声明,发行的书[影片],弃权(证) ⑤释放器,释放装置[机构,设置],脱扣[解脱]器,脱扣[钩]装置,松脱(安全)装置 ⑥断路器,开关,排气装置. obtain (a) release from an obligation 得到同意不再承担义务. release a news item 发表一个消息. release the mould 压模放气. release the productive forces 解放生产力. release the installed equipment for maintenance tryout and for acceptance 把安装好了的设备交付试运转和验收. automatic release 自动释放器,自动开锁器. bimetal release 双金属开关[断路]器. breakaway release 断开式(安全)装置. clutch release sleeve 离合器分离轴承

reliabil'ity

套筒. energy release 能量释出. friction release 摩擦式松脱(安全)器. Xinhua News Agency Release 新华社每日电讯. news release 新闻稿. overload release 超载松脱(安全)器. over-voltage release 过压释放. press releases 新闻公报. quick release 快速断路. release agent 脱模剂. release catch 释放[脱扣]爪. release clutch 解脱离合器. release cock 放气活门[旋塞]. release current 释放[复原]电流. release lever 放松杆,离合器压盘分离杆. release line 放泄管路,从管式炉到分馏塔或反应器的管路. release link 放位栓件. release of work hardening 消除加工硬化. release order 释放指令. release point (排气的)排泄点,释放点,投掷[弹]点,《导弹离开运载工具的》脱离点. release receptacle 闸的)放松位置. release relay 释放[复旧,话终]继电器. release signal 复原[释放]信号. release trunk (自动电话)C线. release works 泄水建筑物. releasing agent 防黏[脱模,分型]剂. releasing gear 释放装置. releasing of electrons 电子逸出[放射]. roll release 脱辊. spring release 弹簧(式)脱开装置. swingback (safety) release (工作部件的)摆回式安全器. 4th quarter release 第四季度《季刊》. under-voltage release 欠压释放. ▲release M to N for P 把 M 交付 N 以便(进行) P. release M from 使 M 不(必,再),免除 M 的….

relea'ser n. 排除器,释放[排气]装置,释放者.

rel'egate ['religeit] vt. ①驱(放)逐,使降级(位) ②归类,归属(于) ③委托,转移,把…移交给. be relegated to a secondary position 被降到次要地位. be relegated to the garbage can of history 被抛进历史的垃圾箱. ▲relegate M to N 把 M 归入 N 类,把 M 委托[移交]给 N. relegation n.

relent' [ri'lent] vi. 变缓(温)和,减弱,缓慢下来.

relent'less a. ①无情的,严酷的 ②坚韧的,不屈不挠的. ~ly ad.

re'let'ling ['ri:'let] (re'let'; re'let'ting) vt. 再出租[转]租.

rel'evance ['relivəns] 或 **rel'evancy** ['relivənsi] n. 关联[系],适当[用],中肯. have relevance to 和…有关. relevance ratio 相关比.

rel'evant ['relivənt] a. ①有关的,相关的,关联的,适(恰)当的,中肯的,切合的,贴近[进]切的 ②成比例的,相应的. relevant pressure 相应压力. relevant testimony 有关的证据. ▲(be) relevant to [with] 和…有关的,与…有关系的,适合于. ~ly ad.

re'lev'elling n. 重复水准测量.

reliabil'ity [rilaiə'biliti] n. (使用,运行,工作)可靠性,安全[确实,确定,准确]性,(安全)率,强度. built-in reliability 内插(内装)可靠性. commercial reliability 民用设备的可靠性. reliability by duplication 用双重元件保证可靠性. reliability coefficient 可靠性系数. reliability design 可靠性设计. reliability figures of merit 可靠性灵敏值. reliability service 可靠运行. reliability trials 强度(可靠性)试验,(汽车等)长距离耐久试验.

reli'able [ri'laiəbl] *a.* (工作)可靠的, 可信赖的, (使用)安全的, 牢固的, 确实的. *It is reported on reliable authority that...* 据可靠方面消息. *reliable tube* 高可靠(电子)管. **reli'ably** *ad.*

reli'ance [ri'laiəns] *n.* 信赖(任), 依靠, 信心. ▲*feel* (*have, place*) *reliance on* (*upon, in*)依(信赖, 依靠, 相信. *in reliance on* 信任…(而). *put reliance on* (*in*)信赖. *reliance on* 对…的信赖.

reli'ant [ri'laiənt] *a.* ①依靠的, 信赖的 ②依靠自己的, 自力更生的.

rel'ic Ⅰ *n.* 遗物(迹,体), 纪念物, 残(蚀)余物, 残留物, 残片, 残遗构, 残遗群落, 废墟. Ⅱ *a.* 残余(留)的, 蚀余的.

rel'ict *n.* 残余(物), 残余种. *relict structure* 残余构造.

relic'tion *n.* 海退, 陆进.

relief' [ri'li:f] Ⅰ *n.* ①减轻(荷), 缓减, 卸荷(货)(卸去)载, 降压, 下降, 解(消, 免)除, 调剂, 溢流 ②释放, 放泄, 保险, 松弛, 间(让)隙, 退则量 ③无输出 ④援救, 救济, 辅助 ⑤换班(者), 接替(者), 换防, 接防部队 ⑥浮雕(品, 花纹), 凹凸, 凸纹, 【数】模曲面 ⑦(轮廓)鲜明, 生动, 显著, 对照(比) (*against*) ⑧地形(貌, 势), (地势)起伏, 地形模型 ⑨(刀具的)后角, 背面. Ⅱ *a.* ①凸起的, 起伏的 ②立体的 ③防护的, 救济的, 安全的. *die relief* 拉模的出口, 喇叭口. *end relief* 主后角. *oil relief valve* 溢流阀, 油压安全阀. *pressure relief* 降(减)压. *relief bridge* 排涝(泄洪)桥. *relief cable* 更替(辅助)电缆. *relief cock* 安全(放泄, 排气)旋塞. *relief culvert* 辅助边沟泄水涵洞. *relief cylinder* 保险(安全, 辅助)汽缸. *relief fitting* 溢流塞, (压力过增时保护油封装的)*relief gases* 吹(废, 排)出气. *relief holder* 均衡储气器. *relief hole* 放水孔, 辅助炮眼, 辅助穴. *relief lever* 卸荷手柄, 放泄阀等的释放操作手柄. *relief lines* 切刀刀痕. *relief map* = *relief-map*. *relief pipe* 放水(排气, 减压)管. *relief piston* 阻气(放气, 调压, 辅助)活塞. *relief port* 放气口. *relief pressure valve* 减压(安全)阀. *relief printing* 凸版印刷. *relief road* 间道, 分担交通的道路, 辅助道路. *relief sewer* 救济溢集, 溢流排水管. *relief sprue* 冒渣口, 集渣冒口, 补助浇口, 除渣减压冒口. *relief telescope* 体视望远镜. *relief television* 立体电视. *relief tube* (飞机上的设备)便溺管. *relief valve* 保险(安全, 溢流, 减压, (油罐)呼吸)阀. *relief well* 减压井. *side relief* (刀具)副后角. *spew relief* 上下模间的间隙, 溢持空腔. *stress relief* 应力消除. *working relief* 工作后角, 切削过程中的后角. ▲*bring* (*throw*) *into relief* 使鲜明(显著). *in relief* 鲜明(显著)地, 如浮雕一般. *stand out in* (*bold, sharp, strong*) *relief* (*against*) 鲜明地, (藉…衬托)极为明显(显著), (与…)成强烈的对照.

relief'-map *n.* 模型(立体)地图, 地形图.

reli'er *n.* 信赖(依靠)他, 依赖人者.

relie'vable [ri'li:vəbl] *a.* ①可减轻的, 可解除的 ②可救济(援救)的 ③可使显著(突出, 鲜明)的, 可刻成浮雕的.

relieve' [ri'li:v] *v.* ①减轻(压), 卸载, 解除(开), 放气, 缓和, 降低(压), 下降 ②分离, 脱开, 释放, 摆脱 ③摄散, 救济 ④替(调)换, 换班 ⑤衬托, 使显著, (使)成浮雕. *relieving arch* 辅助(载重)拱. *relieving cutter* 后角铣刀. *relieving lathe* [*machine*] 铲齿(背车)车床. *relieving timbers* 辅助及撑, 辅助支柱. *stress relieving* 应力消除热处理. ▲*relieve M against N* 藉 N 的衬托使 M 显得格外分明(更清晰地显出). *relieve M from* (*of*) *N* 使M解除(免于, 不受)N, 减(消)除 M 的 N. *be relieved of one's duties* 被解职.

relie'ver *v.* ①减压装置, 解脱器 ②辅助炮眼 ③接替者, 救济者.

relie'vo [ri'li:vou] *n.* 浮雕(品).

re-light *vt.* 重新点火(燃), 再次(重复)起动.

relig'ion [ri'lidʒən] *n.* 宗教. **relig'ious** *a.*

re'line ['ri:'lain] *vt.* ①(更)换衬(垫), 更换衬套(衬片), 填料, 重新换衬, 检修炉衬, 重砌内衬, 重浇轴瓦 ②重新划线.

re'liner *n.* 换衬器. *brake reliner* 闸衬(片)更换机.

re'link *v.* 重新连接(接线).

relin'quish [ri'liŋkwiʃ] *vt.* 放弃(松), 撤回, 停止, 松手放开; 让与, 把…交给 (*to*). ▲*relinquish M to N* 把 M 让(交)给 N. ~*ment n.*

reliq'uiae [ri'likwii:] *n.* 遗迹(物,著), 化石.

rel'ish *n.* 滋(风,意)味, 含意, 吸引力, 调味(品).

re'live [ri:'liv] *v.* ①再生, 复活 ②重温, 再体验.

reln = relation.

re'load ['ri:'loud] *vt.* 重新加载(感), 再(重新)装(填, 载, 货, 弹), 再装入, 再放电, 换腔涵. *reloading curve* 重新加载曲线.

reloadable control storage 【计】可写控制存储器.

reload'able *a.* 可再装的, 浮动的.

RELOC = ①relocate ②relocated ③relocation.

re'locatabil'ity *n.* (可)再定位, 浮动.

re'loca'table *a.* 可再定位的, 浮动的. *relocatable emulator* 可再定位的仿效器. *relocatable loader* 可再定位装配程序, 浮动装入程序. *relocatable module* 可再定位的模块, 浮动(程序)模块. *relocatable program libraries* 可再定位程序库. 浮动程序库.

re'locate' [ri:lou'keit] *vt.* ①重新定…的位置, 重新定位(线), 重新配(安)置 ②改线, 转移, 移位, 变换, 浮(调)动. *relocated address* 【计】置换地址.

reloca'tion ['ri:lou'keiʃən] *n.* ①重新安(配)置, 重定(改变)位置, 再定位, 易位, 浮动 ②重新定线, 改线, 转移, 变换. *memory relocation* 存储器(单元)的重新分配. *relocation bit* 重新分配位, 再定位. *relocation dictionary* 重新配位表. *relocation of road* 道路改线, 重定路线.

REL-R = reliability report 可靠性报告.

relu'cent *a.* 光辉的, 明亮的.

reluct' *vi.* ①作抗争 (*against*), 反抗, 反对 (*at*) ②不同(厌)意的.

reluc'tance [ri'lʌktəns] 或 **reluc'tancy** [ri'lʌktənsi] *n.* ①磁阻, 阻抗 ②不愿, 抗拒(对), 挣扎. *apparent reluctance* 视在(表观)磁阻. *specific reluctance* 磁阻率. *variable reluctance pickup* 可变磁阻拾音器. ▲*feel no reluctance in* + *ing* 毫不勉强地(做). *with reluctance* 不情愿地, 勉强地. *with-*

reluc′tant *a.* ①不愿的,勉强的 ②难得到的,难处理的 ③反抗(对)的,抵抗的. ▲ be reluctant to +*inf*. 不愿(做). ~ly *ad.*

reluctiv′ity [rilʌk′tiviti] *n.* 磁阻率,磁阻系数. *magnetic reluctivity* 磁阻率.

re′lume [′ri:′lju:m] 或 **re′lu′mine** [′ri:′lju:min] *vt.* 重新点燃,使重新照(明)亮.

relus′tering *n.* ; *a.* 恢复光泽的.

rely′ [ri′lai] *vt.* 依赖(靠),信任(赖),对……有信心. *rely on one's own efforts*〔strength〕自力更生. ▲ *to be relied upon* 可信(赖)的. *rely on* 〔*upon*〕依拿,信赖,相信,取决于. *rely upon it* 的确如此,一定,必定,错不了. *rely upon it that* 相信.

Rely alloy 一种锡锑系轴承合金.

REM = ①rem ②removable 可移动的,可拆装的,可除去的 ③remove 移动,迁移,除去,拆去.

rem [rem] [拉丁语] *ad* rem 得要领,中肯,适宜.

rem *n.* (=roentgen equivalent man)雷姆,人体伦琴当量. *rem unit* 雷姆单位,相对的生物效应剂量单位.

remachine [′ri:mə′ʃi:n] *v.* 再〔重新〕(机械)加工.

re′mag′netize *v.* 再〔重新〕交变,反复磁化,重新起磁. *re′-magnetiza′tion n.*

remain′ [ri′mein] *vi.* ①剩余,遗〔保,逗,停〕留,留下,搁置 ②仍然(是),保持(…状态),继续(是,处于) ③尚须,还要 ④生存,存在于,留待,等〔留下来〕归于,(终)属于(with). *A certain lack of clarity remained.* 仍然不太清楚. *A lot remains to be done.* 还有许多事情要做. *If you take 2 from 5,3 remains.* 5减2留3. *remain a matter of (machining)*仍然是今(加工)的问题. *remain applicable* 仍旧适用. *remain behind* 留下. *remain constant (仍然)*保持不变. *remain in constant proportion to M* 仍然与 M 保持一定的比例关系. *remain in operation* 继续运转. *remain stationary* 保持固定(不动,不变). *remain the same distance from M* 与 M 的距离保持不变. *remain unchanged* 保持不变. *I remain yours truly* 〔*respectfully*〕 敬上(信末署名前客套语). *It remains to* +*inf*. 剩(留)下的是(做),留待,有待于,尚须,还需. *It remains to be proved that*… 尚待证明. *It remains to say a few words.* 还要说一说:还要说几句. *Let it remain as it is.* (那就)听其自然吧. *Nothing remains but to* +*inf*. 此外只要(做)就行了,只需(做). *remain with* 属(归)于.

remain′der [ri′meində] Ⅰ *n.* ①剩余(物,部分,定理),余数(物,部分),残品(渣) ②【数】余(项):余额(部,料) ③存货,减价出售的处理品,存书,滞销书 ④(pl.)遗址,遗物,废墟. Ⅱ *a.* (剩)余的. Ⅲ *v.* 廉价出售. *remainder function* 余数函数. *remainder in asymptotic series* 渐近级数的余项. *remainder of a series* 级数的余部. *remainder of exhaust gases* 排气余气,排气余热. *remainder term* 余项. *remainder theorem* 剩余〔余数〕定理. *Take 3 from 5 and the remainder is 2.* 五减三,余数是二.

remains′ [ri′meinz] *n.* (pl.) ①残余,剩下的东西,余物(额) ③遗物(迹,址,著,稿,体),废墟 ④化石. *the remains of strength* 余力.

re′make′ [′ri:′meik] Ⅰ (*re′made′, re′made′*) *vt.* ; Ⅰ *n.* ①重做(嘱),改造(作),重〔补〕拍,翻新,修改 ②电影,重新摄嘱的影片. *remake a plan* 修订计划. *remake nature* 改造自然.

remalloy *n.* 莱姆〔磁性〕合金,铁钴钼合金〔磁钢〕(钴12%,钼17%,其余铁).

re′man′ [′ri:′mæn] (*re′manned′*; *re′man′ning*) *vt.* 给…重新配备人员.

rem′anence [′remənəns] 或 **rem′anency** [′remənənsi] *n.* ①顽磁,剩磁(感应强度),(饱和)剩余磁感应(强度),剩余内(禀)磁感应强度〔磁化强度〕,剩余磁通密度 ②后效(现象). *magnetic remanence* 顽磁.

rem′anent [′remənənt] *a.* 剩(残)余的,残留的. *remanent magnetism* 剩磁. *remanent strain* 残余应变.

remark′ [ri′ma:k] *v.* ; *n.* ①注意到,注视,观〔觉〕察 ②表示,陈述,评〔议〕论,说(明) ③评〔言〕语,意见 ④ (pl.) 备考(注),附注,摘要,要点,论点. ▲ *as remarked above* (*earlier*)如上述所说. *general remarks* 总论. *I should like to remark that* 我认为. *it is often remarked that* 常常提到. *make a remark upon* 就…表示意见,谈〔评〕论. *make no remark* 不加评论. *make remarks* 陈述,提意见. *pass a remark (about)* 表示意见,说到. *pass without remark* 置之不论,不置可否. *remark on* 〔*upon*〕 或 *pass remarks about* 〔*at*〕议〔谈〕论. *the remarks column* 备考〔注〕栏.

remark′able [ri′ma:kəbl] *a.* 值得注意的,显著的,惊人的,不平常的. *make remarkable achievements* 取得显著成就. ▲ *a remarkable bit of* 相当多的.

remark′ably *ad.* 显著地,非常.

REMAS = radiation effects machine analysis system 辐射效应计算机分析系统.

re′match′ [′ri:′mætʃ] *v.* 再匹配,复〔重〕赛. *continuous rematching* 连续再匹配.

REME = Royal Electrical And Mechanical Engineers (英国)皇家电气及机械工程师学会.

reme′diable *a.* 可挽回〔校正,纠正,补救,补偿〕的,可治好的. *reme′diably ad.*

reme′dial [ri′mi:djəl] *a.* 治疗(上用)的,补救的,校〔纠〕正的,改进的,诚维的. *remedial instruction* 辅导. *remedial maintenance* 出错〔补救〕维修,修复维护. *remedial measures* 补救办法. ~ly *ad.*

rem′ediless *a.* 治不好的,不能挽回〔校正,纠正,修补〕的. ~ly *ad.*

rem′edy [′remidi] *n.* ; *vt.* ①补救,修理,补(缝),校〔纠〕正,改善 ②治疗(法),医治,药品 ③赔(补)偿. *remedy a leak* 修补漏缝. *remedy allowance* 公差. *remedy the trouble* 排除故障. *sovereign remedy* 特效药. ▲ *be past* 〔*beyond*〕 *remedy* 无法补救. *The remedy is worse than the disease.* 这种办法无异于饮鸩止渴. *there is no remedy but* 除…外别无(补救)办法.

re′melt′ [′ri:′melt] *vt.* ; *n.* 再〔复,重新〕熔化,再融

re′melt′er n. 再熔炉〔器〕.

化〔解〕,回熔(法),冶炼. *fast remelt* 快速再熔. *remelt junction* 回〔再〕熔结. *remelt with additions* 掺杂再熔法(区域熔炼). *remelted alloy* 再熔(化的)合金. *remelting hardness* 熔融硬度. *remelting technology* 再熔工艺.

re′melt′er n. 再熔炉〔器〕.

remem′ber [ri′membə] v. ①想起,记得〔住,忆〕,回忆 ②记录,提到 ③【计】存储 ④问候〔好〕,致谢,代…致意. ▲*remember me to* 请代问…问好.

remem′berable a. 可记得〔住,起〕的,可纪念的.

remem′brance [ri′membrəns] n. ①记忆(力),回忆,存储 ②备忘录,纪念(品), (pl.)问候,致意. *bear* 〔*keep*〕... *in remembrance* 把…记在心怀,记着. *call to remembrance* 想起〔回忆〕起. *Give my kind remembrance to* 请代向…问好. *have in remembrance* 记得. *have no remembrance of* 记不得. *in remembrance of* 为纪念,回忆. *put in remembrance* 使想起.

remem′brancer n. 提示者,纪念品.

remesh v. 重〔再〕啮合.

remil′itarize vt. 使重新武装. *remilitariza′tion* n.

remind′ [ri′maind] vt. 使想〔记〕起,提醒. ▲*remind M of* 使 M 想起 N.

remind′er [ri′maində] n. ①暗〔提〕示,提醒者〔物〕,提示函件,提请注意的备件 ③录忘手册,催单 ④纪念品,*remainder tray* 意见箱. ▲*as a reminder* 提示一下. *as a reminder that* 以提醒,以暗示.

remind′ful a. ①留意的,注意的 ②令人回想的,提醒人的(*of*).

reminisce′ [remi′nis] v. 回〔追〕忆,提醒 (*of*).

reminis′cence [remi′nisns] n. 回忆, (pl.)回忆录,提醒物,痕迹. ▲*There is a reminiscence of M in N.* N 使人联想到 M.

reminis′cent a. 回忆〔暗示〕的. ▲*(be) reminiscent of* 使人想起. ~*ly* ad.

remiss′ [ri′mis] a. 疏忽的,粗心的,松懈的,没尽职的,不负责任的,迟缓的,慢怠的,无精打采的,无力的. ▲*feel remiss about* 由于…而感到(自己)是疏忽了. ~*ly* ad.

remis′sion [ri′miʃən] n. ①缓和,减轻〔退〕,松弛 ②免除,减免〔赦〕免 ③汇款.

remiss′ness [ri′misnis] n. 疏忽,不负责任.

remit′ [ri′mit] I (*remit′ted*; *remit′ting*) v. ①减轻,缓和,松弛,免除,减免 ②延期,推迟 (*to, till*) ③(使)恢复原状〔原位〕 ④送出,传送,移交,指示,汇款 II n. 交交议的事件,呈交上当局解决的事项. ▲*remit M to N* 把 M 送呈〔移交〕N.

remitt′al = remission.

remitt′ance n. 汇款〔额〕. *beneficiary of remittance* 汇款收款人.

remittee′ [rimi′ti:] n. 收款人.

remitt′ence [ri′mitns] n. 缓解,弛张.

remit′tent a. ①忽轻忽重的,间歇性的 ②缓解的,弛张的.

remitt′er n. 汇款人.

remix v. 再混合重拌和,复拌.

remix′er n. 复拌机.

rem′nant [′remnənt] n.; a. ①剩余(的,物),残余 ②残〔痕〕迹,残余,遗留(物),余烬 ③零料 ④残存者. *anode remnant* 残阳极.

re′mod′el [′ri:mɔdl] (*re′mod′el*(*l*)*ed*; *re′mod′el*(*l*)*ing*) vt. 重新塑造,重新规划,改型〔造,建,作,装,编〕,重作〔建,装〕.

remodula′tion n. 再〔重复,二次〕调制.

remoistenable adhesive 再湿性黏合剂.

remold = remould.

remolten a. 再度熔化的.

remon′strate v. ①抗议〔辩〕②规劝,告诫.

rem′ora n. ①(吸附在船底的一种鱼)䲟 ②妨碍,障碍物.

remote′ [ri′mout] I a. ①遥〔远,控〕的,远〔距离〕的 ②间接的,外界的 ③很少的,细微〔小〕的,少许的,极少的模糊的,偏僻〕远的,冷淡的,很久的,久远的. II n. 现场转播节目,实况广播〔摄像〕. *in the remote future* 在遥远的将来. *remote batch entry*【计】远程成批输入. *remote batch processing*【计】远程成批输出. *remote causes* 远因. *remote control* 遥控,远距离控制. *remote cut-off* 遥截止(电压),遥控开关. *remote effects* 间接影响. *remote gauging of tanks* 油罐的远距离高测量. *remote indicator* 遥示器,远距离指示器. *remote location* 偏僻地区,边区. *remote measurement by carrier system* 载波制遥测. *remote monitoring* 遥测,远距监视. *remote pick-up* 电视实况摄像,远距离拾波〔电视摄像〕. *remote possibility* 极小的可能性. *remote ram* 外〔分置〕式油缸. *remote sensing* 远距离读出,远距离传感,遥感. *remote signal* 被电台〔远距离,遥控〕信号,遥控〔远距〕信号. *remote television transmission* 远程电视传输. *remote terminals support* 远程终端辅助设备. ~*ly* ad. ~*ness* n.

remote′-control(**led**)′ *a*. 遥控的,远距离控制〔操纵〕的. *remote-control rack* 远距离控制起重机.

remote′-da′ta in′dicator 数据遥示器.

remote′-in′dicating *a*. (遥测指)示的.

remote′-op′erated *a*. 遥控的.

remo′tion n. = removal.

re′mo(**u**)**ld′** [′ri:′mould] *vt*. 改铸〔造,型,塑〕,重铸〕,扰动. *remould one's world outlook* 改造世界观. *remoulded strength*【土力学】重塑〔扰动〕试件强度. *remoulding index* 扰动〔重塑〕指数.

re′mo(**u**)**ldabil′ity** [′ri:mouldə′biliti] n. (可)重塑性,可重〔改〕铸的,成塑性.

remo(**u**)**ldable** *a*. 可重塑的,可改铸的,可重新塑造的.

remount′ [ri′maunt] *vt*. ①再上,重登 ②重新安装 ③回溯〔到〕(*to*).

remous *n*. 螺旋桨后的洗流,涡流,上升或下降气流,颠簸气流.

removabil′ity [rimu:və′biliti] *n*. 可移动〔拆,卸〕性,可除去性. *removability of slag* 脱渣性.

remov′able [ri′mu:vəbl] *a*. ①可移〔动,位(更)换〕的,可拆〔御,装〕的,可取下的,可〔除〕去的,可〔活〕动的. *removable bottom* 活底,可〔活〕动炉底. *removable electrode* 可移〔活动〕电极. *removable flask moulding* 无箱〔脱箱〕造型. *removable lifting handle* 活箱箱把. *removable rim* 可拆轮辋. *re-*

movable singularity 【数】可去奇点. *removable snow fencing* 移动式防雪栏. *removable support* 可回收的支架.

removal [ri'mu:vəl] *n.* ①移动〔开,置,积〕,挪〔迁,转,偏〕移,错位 ②除〔移,拆,卸,消〕去,排〔脱,驱,清〕除,切除〔除〕,放〔逸,排〕出,分离 ③撤换,调动,免除 ④(pl.)木材年(度采)伐量. *ash removal* 清〔除〕灰. *boundary layer removal* 边界层的消除. *dust removal* 除尘. *extraneous heat removal* 外部热交换. *metal removal rate*〔*factor*〕金属切削率. *moisture removal* 除去水分,脱水. *power removal* 动力除去. *primary copper removal* 初步熔析除铜. *removal by burning* 烧除〔掉〕. *removal by filtration* 滤除〔掉〕. *removal by suction* 抽除,吸除. *removal of dominance* 优势迁移. *removal of electron layer* 电子逸出(偏移). *removal of oxygen* 脱〔除〕氧. *removal of shuttering* 拆模. *removal of successive layers* 逐次取层法. *scale removal* 清除氧化皮,除鳞. *sulfur removal* 脱〔除〕硫. *trouble removal* 故障排除,事故处理.

remove [ri'mu:v] Ⅰ *v.* ①移动〔置〕,迁移,调动,撤开,运去 ②拆卸〔去〕,分解,分〔脱〕离 ③除〔消〕去,消除,取消,排除 ④去,清理〔除〕,切削,切断〔掉,继,搬〕掉. Ⅰ *n.* ①移动,迁移 ②距离,间隔 ③程度,阶段. *remove burrs* 清理毛刺. *remove control panel* 移开式控制盘. *remove flaw* 清除缺陷. *remove heat* 去除热量,放〔散〕热. *remove redundant operation* 消除多余运算. *removing shaft* 风井. ▲*remove M from N* 从 N 中提取〔取出,除去,消去〕M.

remover [ri'mu:və] *n.* ①拆卸工具,排除装置,清除去除,拔取,移去,脱离器 ②去…剂,洗漆剂,脱〔染〕膜剂,(渗透检验的)洗净液 ③搬运工人,搬移者. *noise remover* 反干扰机,噪声抑止器. *paint remover* 去涂料剂,去漆剂,去漆〔去涂料〕工具. *rust remover* 除锈剂. *stud remover* 双头螺栓拧出器. *valve remover* 卸阀器. *varnish remover* 除漆剂(器),沉淀色料去除剂.

remunera'tion *n.* 报酬,酬劳,薪水,赔偿.
remu'nerative *a.* 有报酬的,有利(益)的.
ren [ren] (pl. *renes*) *n.* 肾.
renaissance [ri'neisəns] *n.* 再〔新〕生,复兴.
renaissant [ri'neisənt] *a.* (文艺)复兴的,复苏的.
re'name' ['ri:'neim] *vt.* 改〔更〕名,给…再〔重新〕命名.
renardite *n.* 黄〔多水〕磷铅铀矿.
renatura'tion *n.* 复性,恢复,再生作用.
rena'tured *a.* 复原的.
rencon'tre [ren'kɔntə] *n.* =rencounter.
rencoun'ter [ren'kauntə] *n.* ; *v.* 遭遇战,(与…)冲突,交战,论战,偶遇.
rend [rend] (*rent, rent*) *v.* 分〔割,撕〕裂,劈〔裂〕开,使分离,扯〔破,碎,去〕,夺去,剥夺. *rend in two* 分裂为二.
ren'der ['rendə] Ⅰ *vt.* ①提出〔供〕,给予,纳付,呈递,移交,汇报,交付,汇报 ②重发,再生 ③表现〔达,演〕,(使)反映〔应,响〕,描绘 ④翻译,复制 ⑤执行,行使,进行 ⑤给…初涂,打底,粉刷 ⑥提炼〔出〕,熬〔取〕 ⑦使…变得 ⑧放弃,让与,归还,报答,报复,献出. Ⅰ *n.* ①抹灰,打底,粉刷,初涂 ②缴纳. *render a bill* 开账单. *render a report to* 向…提出报告,向…汇报. *render one's life for the cause of communism* 为共产主义事业献出自己的生命. *render support to the oppressed nations* 支持被压迫民族. *render thanks* 答谢. *render alkaline* 碱化. *render and set* 打底和结砖,两层抹灰. *render, float and set* 打底,中层和罩面(三层涂抹).
▲(*be*) *rendered* +*a.*〔*n.*〕变成. *render M* + *a.* 使 M 变成〔成为〕. *render an account of* 说明. *render back* 归还. *render down* 炼〔熬〕成〔出〕. *render M into N* 把 M 译成 N. *render up* 让〔放弃〕给.

ren'dering ['rendəriŋ] *n.* ①翻译 ②初涂,打底,抹灰,粉刷 ③透视〔示意〕图,复制图 ④(脂肪)提炼与加工 ⑤表演,演奏. *rendering coat* (粉刷)底涂,抹灰底涂层.

renderset *n.* 二层抹灰.

rendezvous ['rɔndivu:] (pl. *rendezvous* ['rɔndivu:z]) *vi.* ; *n.* ①相遇,约会,集合于,集结,聚集 ②(空间,航天)会合(点),交会,使在指定地点会合. *radar rendezvous* 利用雷达(轨道)会合. *rendezvous guidance* 会合制导. *visual rendezvous* 目视(轨道)会合.

rendi'tion [ren'difən] *n.* ①重发〔显〕,再生〔现〕,复制 ②生产额 ③解释,翻译,演出 ④给予,让出,放弃. *contrast rendition* 对比度再现.

rendu ['rɔndu:] *n.* (渲染了的)建筑(学)设计图,已渲染的设计.

ren'egade *n.* ; *a.* ; *vi.* 叛徒,背叛(的),变节(的).

re'nego'tiate ['ri:ni'gouʃieit] *vt.* 重新谈判〔协商〕. **re'negotia'tion** *n.*

renew' [ri'nju:] *v.* ①(使)更新〔换〕,(使)复原,恢复 ②重新开始,继续 ③重建〔订,做,复,申〕,补充 ④翻新〔修〕,更〔再〕新,再补〔复〕,加强〔久〕 ⑤展期. *renew a contract* 使合同展期. *renew a tire* 把轮胎翻新. *renew the water in the tank* 把水箱再灌满水. *renewed fault* 复活断层. *renewing of lubricant* 润滑剂的更换. *with renewed efforts* 以新的努力.

renew'able [ri'nju(:)əbl] *a.* ①可更新〔代替,再生,回收,恢复〕的,可再次使用的 ②可继续的,可重复的,可重新开始的 ③可更换的,可更新供给的 ④可展期的. *renewable fuse* (可)再用(的)保险丝. *renewable parts* 更新部件.

renew'al [ri'nju(:)əl] *n.* ①更新〔换〕,换新,复原〔活,重新〕开始,继续,重做〔建,复,申〕 ④展期,续期 ⑤(pl.)备(份零)件. *renewal function* 更新函数. *renewal of air* 换气. *renewal of insurance* 续保(险). *renewal of oil* 换油,更换润滑油. *renewal of pavement* 路面翻新大修.

renierite *n.* 硫(砷)铜(铁锌)锗矿.
ren'iform *a.* 肾(脏)形的,腰子状的.
Renik's metal 雷尼克镍基合金(含镍 94%).
re'nin ['ri:nin] *n.* 血管紧张肾原酶,高血压蛋白原酶.
reni'tency *n.* 抵抗(性),顽强(性).
reni'tent *a.* 抵抗压力的,顽强的.

Renminbi [ˈrenˈminbi:] 〔汉语〕 n. 人民币（略作 RMB）. Chinese Renminbi (Yuan) 中国人民币（元）.

Renmin Ribao [ˈrenˈminˈribau] 〔汉语〕 n. 人民日报.

ren'nin [ˈrenin] n. 凝乳酶.

re'nom'inate vt. 重新提名,提名…连任. **re'nomina'tion** n.

renormalizabil'ity n. 可重正化性.

re'nor'malizable a. 可重正化的,可再归一化的.

re'normaliza'tion [ˈriːnɔːməlaiˈzeiʃən] n. 重正化,再归一化. mass renormalization 质量重正化. *renormalization technique* 重正化技术.

renounce' [riˈnauns] vt. 放〔抛〕弃,拒〔断〕绝,否认〔定〕. ~ment n.

ren'ovate [ˈrenouveit] vt. 更〔革,刷,翻〕新,恢复,改造〔建,进,善〕,重建,修理〔复〕,整修,再〔重〕制. *renovated tyre* 翻新轮胎. **renova'tion** n.

renova'tionist n. 革新派.

ren'ovator n. ①更新器,更新机具 ②革新者,修复者.

renown' [riˈnaun] n.; vt. (使有)名望〔声誉〕. *of (great, high) renown* 有名,有声望.

renowned' a. 有〔著,闻〕名的. *be renowned for* 因…而著名,以…著称.

rent [rent] I v. ①rend的过去式和过去分词 ②租用 ③出租. II n. ①裂缝〔口,隙〕,断口,缝隙,破裂〔处〕,分裂 ②租〔金,费〕,出租的资产. III a. 撕〔分〕裂的. ▲ *for rent* 出租的. *rent at* 〔for〕租金〔为〕. *rent M from N* 向 N 租 M. *rent (out) M to N* 把 M 租给 N.

rent-a-cab n. 出租的士.

rent-a-car n. 出租汽车.

rent'al [ˈrentl] I n. 租费〔赁〕,出租. II a. ①租用的 ②出租的. *rental charge* 租费. *rental system* 租赁制,租赁系统.

ren'talism n. 租赁制度.

rent'er n. ①租赁人 ②出租人.

renuclea'tion n. 核植入.

re'num'ber [ˈriːˈnʌmbə] vt. 再〔重〕数,再编〔改编〕…的号码.

renuncia'tion [rinʌnsiˈeiʃən] n. 放〔抛〕弃,弃权(通知),否认,断〔拒〕绝. **renun'ciative** or **renun'ciatory** a.

renvoi [renˈvwa:] n. 驱逐出境.

Renyx n. 雷尼克斯压铸铝合金(镍 4%,铜 4%,硅 0.5%,其余铝).

REO =rush engineering order 紧急工程定货.

re'-occupa'tion n. 重新占用〔有〕,重新定居.

re'oc'cupy [ˈriːˈɔkjupai] vt. ①重(再)占用,再住,再占领 ②使再从事.

reo-electric method 电拟模型试验法.

re'oil' vt. 重浇〔泼〕油,重〔再〕搽,重润滑.

reom'eter =rheometer.

reo'pen [ˈriːˈoupən] v. ①重〔再〕开,再断开 ②再开始,重新(进行). *reopen a discussion* 再行讨论.

reo'pener n. 重新协商的条款.

reop'erate v. 再操作,重新修理,重新运转.

reop'erative a. 翻新的,重新运转的.

reor'der [ˈriːˈɔːdə] I v. ①重(新安)排,(按序)排列,排序,改组 ②再订购(同类货品),再定货. II n. (同一订购者对同一货品的)再订购(单).

reorg =reorganization.

re'or'ganize vt. 改组〔编,组〕,整理〔顿〕,重排. **reor'ganiza'tion** n.

re'orienta'tion [ˈriːɔːrienˈteiʃən] n. 重(新)取向,重新定向,重定方向〔方位,方针〕.

reovirion n. 新病毒颗粒.

reovirus n. 呼肠孤病毒.

reox'idize v. 再〔重〕氧化. **reoxida'tion** n.

reoxygena'tion n. 重新充氧作用.

REP =①range probable error 距离公算误差,射程〔测距〕概率误差 ②repaired ③repair(ing) ④repeat ⑤repeater ⑥representative 代表性的,典型的,样品,代表.

Rep =①Republic 共和国 ②Republican 共和国的.

rep =①repair 修理 ②repeat 重复〔播〕 ③report 报告〔道〕,记录,汇报 ④report 传讯的,报导〔告〕的 ⑤reporter 报告人,记者,通讯员 ⑥representative 代表性的,典型的,样品,代表 ⑦roentgen equivalent physical 物体伦琴当量(电离辐射剂量)

rep n. (粗绽粗捻与细丝细绽相间织成的)梭纹平布.

re'pack' [ˈriːˈpæk] v. 改装,重新包装,重装配,换填料,换盘根,拆修(轴承). *repack with grease* 填充〔改装〕润滑脂.

repack'age vt. 重新装配,重(新)包装.

repaid' repay的过去式和过去分词.

repaint I [ˌriːˈpeint] vt. 重新搽(漆),重画. II [ˈriːpeint] n. 重涂漆(的东西),重画(的部分).

repair' [riˈpɛə] I v.; n. ①修理,修补,整,调,检修,恢复 ②改(订,编,校,矫)正,补救〔偿〕,弥补,赔偿 ③使用〔运期的情况,条件状况,(pl.)修理工程〔工作〕④备用零件. II vi. (经常,大帮儿)去,聚集,集合. *annual repair* 全年需修量. *big* 〔capital, heavy, major〕 *repair* 大修. *current repair* 小修,现场修理. *first-aid repair* 抢修,紧急修理. *operating repairs* 日常维护检修. *repair clerk desk* 障碍报告〔服务〕台,修理服务台. *repair parts* 修理部分,配件,备用零件. *repair piece* 配〔备〕件,备份,备用零件. *repair sheets* 修补胶. *repair welding* 补焊. *running repair* 临时修理,小修. *spot repair* 现场修理. *temporary repair* 小修,临时修理. *Repairs done while you wait.* 修理来件立等可取. *The shop is closed during repairs.* 修理时暂停营业. *"Care and maintenance" is preferable to "repair and overhaul".* 精心养护比修理和大修要可取一些. ▲ (be) *in bad repair* 或 (be, get) *out of repair* 失修,损坏,需要〔没有〕修理. (be) *in good repair* 或 *in a good state of repair* 修好,维修良好,一点毛病也没有. (be) *under repair*(s) 在修理中,正在修理的. *need (putting into) repair* 需要维修.

repair'able a. ①可修(理,补)的 ②可补救〔偿〕的,可弥补的,可纠正的,可恢复的,待修的.

repair'man n. 修理〔修配〕,装配,安装)工.

repand a. 【植】(边缘)残波状的,波形的.

reparametriza'tion n. 再参量化.

repara'tion [repəˈreiʃən] n. ①修理〔复,缮〕,维〔整〕修 工程 ②弥补,补救〔偿〕,恢复, (pl.) 赔款〔偿〕. **repar'ative** a.

repartee' [ˌrepɑːˈtiː] n.; v. 巧妙的回答〔反驳〕.

re'parti'tion [ˌriːpɑːˈtiʃən] n.; vt. (再,重新)分配,(重新)划分〔瓜分〕,区分,再分配.

repass' v. (使)再经〔通,穿〕过,重新通过.

repast' n.; vi. 饮食,餐;设宴,就餐(时间)

re'paste' v. 再涂.

re'patch' v. 修补(炉衬).

repa'tency [riːˈpeitənsi] n. 再开放,再通.

repat'riate I v. (把…)遣返回国. II n. 被遣返回国者. **re'patria'tion** n.

re'pave' v. 重铺路面.

repay' [riˈpei] (**repaid'**, **repaid'**) v. 付〔偿〕还,补偿,报答〔复〕,对…会报以良好效果. **repay the additional trouble** 虽添麻烦,但得到的好处却更大.

repay'able a. 可偿还的,应偿付的.

repay'ment n. 偿还,报答〔复〕,偿付的款项〔物品〕. **repayment of principal** 还本. **repayment period** 偿还期.

repeal' [riˈpiːl] vt.; n. 撤〔取〕消,废除,作废.

repeat [riˈpiːt] v.; n. ①重复〔做,发,说,演,播〕,再做,反复出现,循环,代替 ②复制〔测,述〕,拷贝 ③转播〔发〕,中继 ④背〔诵〕 ⑤围盘轧制,(用围盘)将轧件从一孔型(机座)转送到另一孔型(机座),(用导卫板)在机座间串送轧件 ⑥再订同类货(单). **repeat circuit** 转发(中继)电路. **repeat counter** 重复计数器. **repeat feed** 重复(分级)进给. **History will not repeat itself.** 历史决不会重演. **The last two figures repeat.** 最后两个数码〔字〕相同.

repeatabil'ity n. 可重复性,反复性,再现〔复现,复检,可重演〕性,复测正确度〔不变性〕. **repeatability error** 重复性误差.

repeat'able a. 可重复(现)的. **repeatable results** 有验性的结果.

repeat-back n. 指令应答发射机,回复信号发送装置.

repeat'ed [riˈpiːtid] a. ①反复〔重复〕的,多样〔重〕的,复变的,屡次的 ②[轧] 围盘轧制的. **double repeated** [轧] 双圈盘轧制的. **repeated bend test** 弯曲疲劳试验. **repeated frequency** 重复频率,倾频. **repeated impact test** 冲击疲劳试验. **repeated integral** 叠〔累,重,反复〕积分. **repeated limits** 累极限. **repeated load** 重复载荷. **repeated midpoint formula** 合成的中矩形公式,中矩形法则. **repeated root** 重〔叠〕根. **repeated stress** 交变(重复)应力.

repeat'edly ad. 重〔反〕复地,再三再四地.

repeat'er [riˈpiːtə] n. ①重〔转〕发器,转接器,中继器〔机,台,站,线路〕,转换〔重发〕线圈,(替换)增音器,传输装置,再电机,1:1变压器 ②(轧)(制)围盘,活套轧机的机座 ③连发(手,步)枪,转轮枪 ④循环小数 ⑤复示器. **breakout repeater** [轧] 上甩套的围盘. **carrier repeater** 载波增音器 [机]. **data repeater** 数据重发器,数据信号放大器. **flat repeater** [轧] 扁钢围盘. **impulse repeater** 脉冲转发机. **incoming repeater** 来向增音机. **mechanical repeater** 自动同步接收机. [轧] 围盘. **plan-position repeater** 外接平面位置显示器. **repeater board** 增音机架[台],中继机台. **repeater gyro-compass** 回转罗盘(电经)复示器,分罗经. **repeater section** 中继(增音,帮电)段. **repeater scope** 附加(加接)显示器,中继指示器. **repeater system** 重发系统. **selector repeater** 选择器增音机. **square repeater** 方形孔型用围盘. **strip repeater** 窄带材用围盘. **synchro repeater**(自动)同步重发器.

repeater-transmitter n. 中继发射机,转发机.

repeat'ing [riˈpiːtiŋ] n.; a. ①重复,循环 ②转播〔发〕,中继,接力,(增音)放大 ③连发 ④[轧] 用围盘轧制. **repeating amplifier** 增音放大器. **repeating coil** 转电(转换,中继)线圈. **repeating decimal** 循环小数. **repeating installation** 中继〔帮电〕装置. **repeating point** 重复调谐点. **repeating relay** 转发继电器. **repeating rifle** 转轮〔连发〕枪. **repeating theodolite** 复测经纬仪. **repeating watch** 打簧表.

repeat-rolling n. 反复(围盘)轧制.

repel' [riˈpel] (**repelled'**; **repel'ling**) v. ①击退,拒绝接收,抵制 ②推开〔斥〕,弹回 ③防,抗,驱除,repel the lubricant 排拒润滑剂. **repelling board** 挡板. **repelling force** 推斥力.

repel'lence 或 **repel'lency** n. 抵抗〔相斥,排斥〕性.

repel'lent 或 **repell'ant** I a. 排斥〔相斥〕的,驱除(散)的,消肿的,防水的,弹回的. II n. 排斥〔排拒,反拨力〕,防水布,防护剂,拒斥剂,驱除〔消肿〕药.

repell'er [riˈpelə] n. 反射(推斥)板)板,反射器,离子反射板,弹回装置,栏〔导流〕板. **repeller mode** 反射极振荡模.

repent I [riˈpent] v. 悔悟,后悔(of). II [ˈriːpənt] a. 匍匐生根的,爬行的.

repetiza'tion n. 再胶符.

repercola'tion n. 再渗滤(作用).

repercus'sion n. ①反击〔光,射,冲〕,回声,弹回 ②相互作用,(pl.)反应〔响〕,影响 ③消退(法),消肿(法,作用),反击触诊.

repercus'sive I a. 反应〔响,射〕的,消肿的. II n. 消肿药.

reper'forator n. 复凿孔机,自动纸带穿孔机.

rep'ertoire [ˈrepətwɑː] n. ①(全部,保留)剧目,放映〔上演,演奏,演奏,全部)节目 ②(完整的)清单,(电脑)指令表 ③全部技能,所有组成部分. **code repertoire** [计] 指令表. **repertoire of computer** 计算机指令系统.

rep'ertory [ˈrepətəri] n. ①仓库,库存,贮藏物 ②积贮,搜集 ③全部剧〔节〕目,上演节目 ④指令表,指令系统. **code repertory** [计] 指令表.

re'peruse' [ˌriːpəˈruːz] vt. 重新仔细阅读.

repetatur [拉丁语] n. 重复,再配.

repetend' [ˌrepiˈtend] n. (小数的)循环节.

repeti'tion [ˌrepiˈtiʃən] n. ①重〔反〕复,再现〔显,演,发生〕,循环 ②副本,拷贝,复制品,模仿物 ③背诵. **image repetition** 图像重现. **repetition interval** 重复周期〔间隔〕,脉冲周期. **repetition instruction** 重复指令. **repetition method** 复测〔反覆〕法. **repetition rate** 重复率,(脉冲)重复频率.

repeti'tional 或 **repetit'ionary** a. 重〔反〕复的.

repetition-rate divider 重复(频率)分频器.

repet'itive [riˈpetitiv] a. 重复的. **repetitive error** 重复误差. **repetitive loading** 反复(重复)荷载. **repetitive stress** 重[反]复应力. **repetitive (type) com-

repet′itiveness *n*. 重复性[率].

rephosphora′tion [ri:fɔsfə'reiʃən] *n*. 回磷,磷含量回升.

rephos′phorise 或 **rephos′phorize** *v*. 回[复]磷.

rephosphorisa′tion 或 **rephosphoriza′tion** *n*.

repl=①replace ②replaced ③replacement.

replace′ [ri:'pleis] *vt*. ①替[置,代,调,更,交]换,代替,取代,淘汰,补充 ②把…放回[原位,原处],复原[位,置],移位,置于[新位置] ③归[送,赔]还. ▲*M replace N as P* M接替N充当P. *replace M by* [*with*] *N* 用N来替换[代替]M.

replaceabil′ity *n*. 替换性.

replace′able [ri:'pleisəbl] *a*. 可更[代,置,替,调,互,交]换的,可取代的,可拆的,可放回原处的,可置换的,交换式的. *replaceable cutter teeth* 可换式[取土]钻头切刀.

replace′ment [ri:'pleismənt] *n*. ①替[置,代,调,轮,交,更]换,换装,重建,更新,取代,代替,交替[代]作用 ②放[回]回[位,原]归还,位移,移[换,交,位]入 ③替换[补充]人员 ④替换件[物],代替物. *replacement parts* 备件,替换零件. *replacement pavement* 重铺路面. *replacement policy*【计】置换规则. ▲*replacement of M by* [*with*] *N* 用N来代替[替换]M.

repla′cer *n*. 换装[拆装]器;装卡[取],嵌入]工具.

replan′ [ri:'plæn] (*replanned; replanning*) *v*. 再计划,重新计划.

replant′ *vt*. (在…上)补植,改种,重新栽培.

repla′ting *n*. 金属堆焊[焊补].

replay [ri:'plei] *vt*.; [ri:'plei] *n*. 重赛,再播[放].

replen′ish [ri:'pleniʃ] *vt*. (再)添满[足],(再)装满[足],(再)填满,倒填 ②补充(给,足),加强,再充电,存量补充. *replenish period* 灌注[补给]期. ▲*replenish M with N* 用N装[添]满M.

replen′isher *n*. ①补充器,充电器,补充者[物] ②显像机. ③保持净电荷电表指针电位的感应起电机.

replen′ishment [ri:'pleniʃmənt] *n*. ①再[补[装]]满,(再)补给[充],充实[满,填],供给②容量.

replete′ [ri:'pli:t] Ⅰ *a*. 充[装,填]满的,充实的,充足供应的,补够了的,饱和[满]的(with). Ⅱ *v*. 无线电转播.

reple′tion [ri:'pli:ʃən] *n*. 装[充]满,饱和[充]满,充足[满]. ▲*to repletion* 满满,充分.

rep′lica ['replikə] *n*. ①复制品[物],复印[型],重摹,摹写品,拷贝②复制光栅[试样] ③仿形. *negative replica* 复制阴模. *positive replica* 复制阳模. *replica grating* 复制衍射光栅. ▲*a replica of M* 同M一模一样的.

replicabil′ity *n*. (可)复制性.

rep′licable *a*. 可复制的,可反复实验的.

replicase *n*. 复制酶.

rep′licate Ⅰ ['replikeit] *vt*. ①重复[现],复制②弯[回],折转,反叠. Ⅱ ['replikit] *a*. 复制的,折[弯]回的,折转的,反叠的. *n*. 同样的样品,重复(同样)的实验(过程). *replicate determination* 平行测定.

replica′tion [repli'keiʃən] *n*. ①重复[现],复制(品,过程),拷贝,仿作②反复的实验,折转,弯回,反响③回声④回答,答辩.

replica′tor *n*. 复制器,复制基因.

rep′licon *n*. 复制子.

repli′er *n*. 回答[答复]者.

replot′ (*replot′ted; replot′ting*) *v*. 重画(曲线),重制(图表),重划分,重调谐,改[重]建.

reply′ [ri'plai] *v*. Ⅰ 回[应]答,答复[辩],论战 ②反[回]响. *reply pulse* 回答脉冲. *the letter under reply* 本函所复的来信. ▲*in reply* (*to*) 作为(对…的)答复[回答],为了答复. *make no reply* 不作答复. *make reply* 回答. *reply for* 代表…回答. *reply paid* 回电费已付. *wire a reply* 拍发电.

re′point′ ['ri:'pɔint] *vt*. ①重嵌灰缝,重勾缝②锻伸(补焊)(锋尖).

re′polariza′tion *n*. 复[重新]极化.

repol′ish *v*. 再磨[抛]光.

re′pop′ulate *vt*. 使人重新住入,使新居民住入,种群恢复,重组鱼群.

re′popula′tion *n*. 重新布居(住入).

report′ [ri'pɔ:t] *vt*.; *n*. ①报告[导,到],通告[知,公]表,通[汇]报,(正式)记录 ②发表,通讯,采访,传[转]达,传说[闻],发送情报 ③报告,意见[报告,判决,申请书] ④揭发,检举 ⑤枪炮声,爆炸(裂)声. *annual report* 年度报告. *be reported in press* 在报上登载. *laboratory report* 实验报告,化验结果. *monthly report* 月报. *newspaper* [*press*] *reports* 报纸上的报导. *observation report* 观测报告,监测记录. *report bullion bar* 标宝金银锭. *report file*【计】报告外存储器. *report of a burst tire* 轮胎爆裂声. *surveyor's report* 鉴定证明书. *technical inspection report* 技术检验报告(议定书). *test report* 试验报告. ▲*it is reported that* 据说[称]. 据报导[传闻]. *make a report* (作)报告. *report for duty* [*work*] 上班. *report has it that* 据报说. *report* (*in*) *to*…向…报到. *The report goes* 据(传)说. *report* (*oneself*) *at the proper time* 按时报到. *report on* [*upon*] 就…问题报出报告,关于…的报告.

reportage′ [repɔ:'tɑ:ʒ] *n*. ①新闻报导,报导(工作)②通讯(报告)文学. *do reportage on* 报导.

report′edly *ad*. 据(传)说,据报道,据传闻.

report′er [ri'pɔ:tə] *n*. ①报告[汇报]人 ②(采访)记者,通讯[报告]员,新闻广播员 ③指示器,指针. *aircraft position reporter* 飞机位置指示器.

reporto′rial *a*. 记者的,报告[导]的,报告文学的.

repose′ [ri'pəuz] *v*.; *n*. ①静(休]止,安静,休[安]息②寄托,信赖,依靠③蕴藏④座落,建立在,基于,置,放. *angle of repose* 休止(安息,静止)角. *repose period* 静止期. ▲*repose* (*M*) *in N* (把M)寄托在N上,信赖N. *repose on* 在(置于)…上,座落在,建立于,基于. *repose M on N* 把M靠在N上.

repose′ful *a*. 安[平,宁]静的. ~*ly ad*.

repos′it [ri'pɔzit] *vt*. ①贮存[藏],保存(in) ②送返回(原处),放回原处.

reposi′tion [ri:pə'ziʃən] Ⅰ *n*. ①贮存[藏],复原(位],回原处. Ⅱ *vt*. 改变…的位置.

repos′itory *n*. ①贮藏室,仓库,容器 ②博物馆,陈列室 ③资源丰富地区.

re'possess' [ˌriːpəˈzes] vt. 重新获得,(使)重新占有.
re'pour' n. 重灌,再浇.
repousse [rəˈpuːseɪ](法语) I a. (锤成的,压成的)凸纹形的. II n. 凸纹(面).
re'pow'er vt. 给…重新匹配动力.
repp n. (=rep)棱纹平布.
repr =reproduction 复制品,再生产.
re'precipita'tion n. 再沉淀.
reprehend [ˌrepriˈhend] vt. 严责;指摘;申斥. **reprehen'sion** n.
reprehens'ible a. 应受严责[指摘]的.
represent I [ˌrepriˈzent] v. ①代表[理],表示[现],显示,象征,体现 ②相当于,意味着,是,有 ③描绘[述],说明,阐[叙]述,(强烈)指出,声[宣]称,主张 ④提供[出] ⑤演出,扮演,模拟 ⑥提出异[抗]议. II [ˌriːpriˈzent] vt. 再提出,再赠送.
A lightning bolt may represent hundreds of millions of volts. 一个闪电可以有几亿伏的电压. *Rivers represent a very large source of power.* 河川是很大的能源. *represent dynamically* 动力模拟. *This represents a typical problem.* 这是一个典型性的问题. *X represents the unknown.* X 表示未知数. ▲ *be represented* 有代表出场[席],参加. *represent … to oneself* 想像出.
represent'able a. 能加以描绘[述]的,能被代表[表现]的.
representa'tion [ˌreprɪzenˈteɪʃən] n. ①表[体,再]现,表示(法) ②显示,重量,图像,【数】表像,映射 ③表达式 ④代表,代理(人) ⑤模型[拟],艺术作品 ⑥说明,建议,主张,描述[写,画],(pl.)陈述,请求,正式抗议 ⑦演出,上演,扮演. *binary-coded decimal representation* 二进位编码的十进制表示法. *block representation* 方块图表示法. *coded representation* 代码. *diplomatic representation* 外交代表. *equivalent representation* 等价表示[表现]. *graphic representation* 图解[曲线]表示(法). *hardware representation* 硬件表示法. *matrix representation* 矩阵计算[表示]. *node representation*【核】以数部分表示实际装置的整体,这几部分集中于装置的全部参数. *perspective representation*(圆形扫描荧光屏上的)远示图,透视表示法. *the right of legal representation* 法定代理权. *thread representation* 螺纹标准图表. ▲ *make representation to* 向…抗议.

represent'ative [ˌrepriˈzentətɪv] I a. 表示[现]的,(有)代表(性)的,象征的,典型的,代理的. II n. 代表,代理(人),典型,标本,样品,【数】表示式. *legal representative* 法定代理人. *people's representative* 人民代表. *representative basin* 典型[代表性]流域. *representative circulating time*(计算机的)典型的工作周期. *representative module* 表示模. *representative sample* 示范[典型]试件. *representative value* 代表[典型]值. *representative scale* 惯用比例尺. *representative section* 代表性剖面. ▲ *be representative of*(足以)代表,表示,代表[能够反映出]…的特征. ~ly ad.

repress' [rɪˈpres] vt. ①再压(缩),补充加压,重[镇]压 ②抑制,约束,制止. *repress oil* 再生压油. *repressed brick* 加压砖.
repres'sion [rɪˈpreʃən] n. 镇压,制止,压抑,抑制,阻遏(作用).
repres'sive [rɪˈpresɪv] a. 镇压的,压抑的,抑制的,阻遏的.
repres'sor n. 阻遏[抑制]物,压抑剂,抑制子.
repressuring gasoline 加压[加工烷]汽油. *repressuring of gasoline* (添加丁烷)增加汽油蒸汽压.
reprieve [rɪˈpriːv] vt. 暂缓(缓,仃),缓期执行.
re'print [ˈriːˈprɪnt] vt.; n. ①再版,翻[重]印,转载 ②再版本,翻印品,翻版 ③单行本,抽印材料.
reprise I n. 租[税]金 ②再活动,再发生,重新开始. II [rɪˈpriːz] vt. ①重奏 ②赔偿.
repris'tinate [rɪˈprɪstɪneɪt] vt. 使恢复原状.
reproach [rɪˈprəʊtʃ] vt.; n. ①责备,指责,非难 ②(使)丢脸,有损…的名誉,不名誉. ▲ *above [beyond, without] reproach* 无可指责,无瑕疵的. *reproach M for [with] N* 责备[指责]M(不该)N.
reproach'ful a. 责备的,谴责的,应当受责备的,可耻的. ~ly ad.
reproach'ingly ad. 责备地,谴责地,应受责备地,可耻地.
re'pro'cess [ˈriːˈprəʊses] vt. ①(再)加工,再[后,重新]处理,精制,改造 ②使再生,(核燃料)回收. *fuel reprocessing* (核)燃料的回收.
reprod n. (=receiver protective device)接收机保护装置,天线转换开关.
reproduce' [ˌriːprəˈdjuːs] v. ①(进行)再生(产) ②复[仿,再]制,重作,模拟,再造[现],重发[还,产]生,播,演,录[收]像 ③转载,翻印[版],复印[写] ④还原 ⑤繁殖,生殖. *The original reproduces clearly in a photocopy.* 原本翻印得很清晰. *We proceed to reproduce here briefly two examples.* 以下概要重述(原著中的)两个例子. *reproduce to scale* 按比例复制. *reproduced model moulding* 实物造型. *reproduced image* 收像,(重)显[图]像. *reproducing amplifier* 再生[放音]放大器. *reproducing punch* (电报的,卡片的)复穿孔机. *reproducing stylus* 放声针,唱针.
reproduce'able a. 可再生产的,能复制[印,现]的,可重复的,具有重现性的,能再现的.
reprodu'cer [ˌriːprəˈdjuːsə] n. ①再生器,再[重]现器,再现装置[设备],累加信息重现装置,再生程序 ②复制器[机] ③复穿(孔)机 ④扬声[扩音]器 ⑤还原者. *mechanical reproducer* (电唱头)拾音器. *picture reproducer* 图像再现装置. *sound reproducer* 扬声器,唱头.
reproducibil'ity n. 可再现[再演,复演,复现]性,复验[复现],重验[性],可再制性,再生生性[率],再生产[复制]能力,增难率,还原性. *long-term reproducibility* 长期现再生性. *machining reproducibility* 加工再现复复[重]性. *reproducibility of tests* 试验结果的再验性.
reprodu'cible =reproduceable. **reprodu'cibly** ad.
reproduc'tion [ˌriːprəˈdʌkʃən] n. ①复[仿,再]制(品),复写,翻印[版],仿造[形],重生(物),再生(过程),加工 ②复[复,重]现,重发[复,显,演,放],

reproduc′tive 复演,还原,繁〔生〕殖. *data reproduction* 数据重现,数据复制. *expanded reproduction* 扩大再生产. *noisy reproduction* 受干扰的图像再现,(声)的干扰重现. *reproduction factor* 重现〔再生〕因数. *reproduction in colour* 彩色再现,颜色重显. *scale reproduction* 按比例复制. *sound reproduction* 声音再放.

reproduc′tive *a.* 再生〔现〕的,复制〔现〕的,再生产的,多产的,繁〔生〕殖.

re′pro′gram [′ri:′prougræm] *vt.* 改编,改编〔改变,重编〕程序,程序重调.

reprograph′ic *a.* 电子翻印(术)的.

reprog′raphy *n.* 电子翻印(术).

reproof′ *n.* 谴责,责备.

repropell′ent *v.* 添加推进剂.

reproportiona′tion *n.* 逆歧化反应.

reprove [ri′pru:v] *vt.* 责备,谴责,指摘,不赞成. **repro′val** *n.*; **reprov′ingly** *ad.*

re′provis′ion [′ri:prə′viʒən] *vt.* 再给…食品,再补充粮食给.

REPSHIP =report of shipment 装载报告.

rept =report 报告(书),记录.

reptantia *n.* 爬行虾蟹类.

reptilase *n.* 蛇毒凝血酶.

rep′tile [′reptail] *n.*; *a.* ①爬虫(类)的,爬行(动物)②卑鄙〔劣〕的(人).

Reptil′ia [rep′tiliə] *n.* 爬行(动物)纲,(pl.)爬虫类.

repub′lic [ri′pʌblik] *n.* 共和国. *the People's Republic of China* 中华人民共和国.

repub′lican *a.* 共和国的.

re′publica′tion *n.* 再版(本),翻印,再印刷〔发行,发表〕,重新发表〔公布〕.

repub′lish [′ri:′pʌbliʃ] *vt.* 再版,翻印,再印刷,再发行,重新发表〔公布〕.

repu′diate [ri′pjudieit] *v.* ①抛〔遗〕弃,与…断绝关系 ②否认…的权威〔效力〕,否定,拒绝接受〔偿付,履行〕. *repudiate an obligation* 拒绝履行义务.

repudia′tion [ripju:di′eiʃən] *n.* 抛弃,否认〔定〕,拒绝偿还债务.

repu′diator *n.* 否认者,拒绝支付者.

repug′nance [ri′pʌgnəns] 或 **repug′nancy** [ri′pʌgnənsi] *n.* ①不一致(之处),不相容,矛盾〔抵触(between, of, to, with)②厌恶,极为反感(to, against). *repugnance of statements* 说法的不一致(之处).

repug′nant [ri′pʌgnənt] *a.* ①不一致的,不相容的〔不可混的,矛盾的(to, between) ②对抗性的,相反的,敌对的(with) ③令人厌恶〔反感〕的(to). *actions repugnant to one's words* 言行不一.

repulp′ 再(二次)浆化,再调成矿浆. *repulp filter* 再压(石鲜)滤器.

repulp′er *n.* 再浆化槽,再调浆器.

repulse′ [ri′pʌls] *vt.*; *n.* ①(严厉)拒绝,排〔驳〕斥 ②打〔击〕退,挫败 ③厌〔憎〕恶. *repulse excitation* 推斥〔碰撞,冲击〕激励.

repul′sion [ri′pʌlʃən] *n.* ①(严厉)拒绝,排〔拒,驳〕斥,(排)斥力,推力,击退 ②反感,厌恶. *feel repulsion for* 对…有反感. *magnetic repulsion* 磁(排)斥力,磁推斥. *mutual repulsion* 相互排斥. *repulsion motor* 推斥电动机. *statistical repulsion* 统计斥力.

repul′sive [ri′pʌlsiv] *a.* ①(排,推)斥的,斥力的 ②严厉拒绝的 ③使人反感〔厌恶〕的,讨厌的. *repulsive force*(推)斥力. *repulsive potential* 推斥势. ~**ly** *ad.* ~**ness** *n.*

repul′verize *v.* 再〔重新〕粉碎.

repurifica′tion *n.* 再净(纯)化.

repu′rifier *n.* 再(提)纯器.

rep′utable *a.* ①有名的,声誉好的 ②规范的. **rep′utably** *ad.*

reputa′tion [repju(:)′teiʃən] *n.* 名声〔誉〕,声望,信誉. ▲*have a reputation for* 或 *have the reputation of* 因…而著名的,以…闻名. *of good* (*great, high*) *reputation* 有名的,有信〔声〕誉的.

repute′ [ri′pjut] I *n.* 名声〔誉〕,声望〔誉〕,信用. II *v.* 认为,称为. ▲*of repute* (有)名的,著名的. *be reputed* (为有名),著名的.

repu′ted [ri′pjutid] *a.* 有名的,声誉好的,号称被称为,据说是的. *the well reputed* 素负盛誉的. ▲*be reputed* (*as, to be*) 被认为是,被称为当作). *be reputed for* 以…著称. ~**ly** *ad.*

req =①request ②require ③requirement.

reqd =required.

reqn =requisition.

reqt =requirement.

request′ [ri′kwest] *n.*; *vt.* ①请〔要〕求,申请(书) ②需要 ③要求的事情,点播〔节目〕. *multiple requesting* 多重要(请求). *request for autograph* 要(请求)签字(名). *request for information* 要求提供资料(情况). *request stacking* 【计】请求处理,(向队列)请求加工. *request stop* 随意停机. *request repeat system* 反馈〔请再送〕式. *shipment request* 装运申请书. *Visitors are requested not to touch the exhibits.* 观众请勿触摸展品. ▲*as requested* 按照要求. *at one's request* 或 *at the request of* 应…的要求〔请求〕. *be in* (*great*) *request* (非常)需要. *be mailed on request* 承索即寄. *by request* 按照需要,应邀,如嘱. *make* (*a*) *request for* 请求,恳请. *make a request for instructions* 请示. *on* (*upon*) *request* 函索〔承索〕(即寄),于请求时,应邀(请). *request M from N* 向N要求M.

request-send circuit 【计】请求发送线路.

require′ [ri′kwaiə] *v.* ①要求,申请 ②需要 ③命令 ④订货. *The emergency requires that it should be done.* 情况紧急,非这样做不可. ▲*It requires that he* …*的必要. *require M to* +*inf*. 要求〔需要〕M(做). *require of M N* 需要 M(使,作出) N,对 M 和 N 的要求.

required. *a.* 要求的,规定的,需要的.

require′ment [ri′kwaiəmənt] *n.* ①需要(物,量),必需品 ②要求,必要性,(必要的,技术)条件,规格. *detail requirements* 详细规格,详细技术要求. *heat requirement* 热需求量. *labour requirement* 劳动定员. *man-hour requirement* 工时需要,单位产量所需的工时. *military requirements* 军需. *power requirement* 电源要求,需用功率. *production re-*

req'uisite *quirement* 生产要求. *requirements vector* 要求矢量. ▲*fulfil quality requirements* 达到质量要求,符合规格. *meet the requirements of* 满足〔符合〕…的需要,适应. *pass the requirements* 符合规格,合格.

req'uisite ['rekwizit] Ⅰ *a.* 必(需)要的,必不可少的. Ⅱ *n.* 必需品,必要条件,要素. ▲*requisite for* 为…所必需(要)的,…的必需品.

requisit'ion [rekwi'ziʃən] Ⅰ *n.* ①(正式)要求〔请求〕,申请(书,单),通知〔调拨,请购〕单 ②需要,使用,征用 ③必要条件. Ⅱ *vt.* 要求,索取,征用. *material requisition* 领料单. *requisition for money* 拨款要求,请款单. ▲*be in 〔under〕 requisition* 有需要,被使用着. *bring 〔call, place〕 into requisition* 或 *lay under requisition* 或 *put in requisition* 征收〔用〕. *make a requisition on M for N* 向 M 征用 N.

requi'tal [ri'kwait] *n.* 报答,报复,补偿. ▲*in requital of 〔for〕* 作为对…的报答.

requite' [ri'kwait] *vt.* 报答,酬谢,报复. ▲*requite M for N* 或 *requite N with M* 报答〔答谢〕M 的 N, 以 M 报 N.

RER =radar effects reactor 雷达效果反应堆 ②radiation effects reactor 辐射作用研究反应堆,辐射效应反应堆 ③rerun 车运转.

rera'diate ['ri:'eidieit] *v.* 再〔重,逆,反向〕辐射,转播. **reradia'tion** *n.* *reradiation error* 再辐射误差. *reradiation factor* 再辐射系数.

rera'diative *a.* 可再〔重,逆,反向〕辐射的.

rerail'er *n.* 复轨器.

re'ran' rerun 的过去式.

re'read' ['ri:'ri:d] (*reread* ['ri:'red], *reread*) *vt.* 再〔重新〕读. *read and reread* 一读再读,多读几遍.

rere-arch ['riə'ɑːtʃ] *n.*【建】背拱(=rear arch).

re'-record' ['ri:ri'kɔ:d] *vt.* 再(重)录音,转录,再现录音,(复灌),(电影)配音. *rerecorded disc* 复〔灌〕制唱片.

re'reduced' *a.* 再还原的.

re'(-)refine' *v.* 再精炼. *rerefined oil* 再生润滑油.

re'reg'ister *v.* 再对〔配,套〕准,再对齐〔位〕,再定位,重复对准. *reregistered emitter*【计】(再)对位射极. **re'regis-tra'tion** *n.* *reregistration step*【计】重复对准步序.

re'ring' *n.; v.* ①重发振铃信号,再呼叫 ②更换活塞环.

re'roll' *v.* 再轧,二次轧制,重〔再〕绕,卷胶卷. *rerolled rail* (可以)重新再轧的钢轨,废轨. *rerolled steel* 半成品钢.

re'roll'able *a.* (可以)重新再轧的.

re'route' *n.; v.* (道路)改线,重定路线,绕行. *rerouting for slow vehicles* 加设慢车专用路线. *rerouting of river* 河流改道.

rerum ['riərəm]〔拉丁语〕*de rerum natura* 就事物本质而论.

rerun Ⅰ ['ri:'rʌn] (*re'ran'*; *re'run'*; *re'run'ning*) *v.* Ⅱ ['ri:rʌn] *n.* ①(使)再开动,(使)重新开动〔运转〕,重新〔复〕运行 ②重算〔重新操作〕程序 ③再处理〔蒸馏,试验〕,重馏 ④再度上映(的影片,电视片). *contact rerun* (油和白土)接触再蒸馏. *rerun bottoms* 再蒸馏后的残油. *rerun routine* 重算〔重新操作〕程序. *rerun yield* 再蒸馏产率. *rerunning still* 再蒸馏锅. *rerunning unit* (石油产品)再蒸馏设备.

RES =resistor 电阻(器).

res =①research 研究,探讨,调查 ②reserve 储备,储藏量,后备军 ③reservoir 水库,蓄水池,贮(液)器,容器 ④resistance 电阻 ⑤resistant 耐久的 ⑥resistor 电阻(器) ⑦restricted 受限制的,内部(文件).

res [ri:z]〔拉丁语〕*n.* 物件,特殊事件,财产.

re'sail' ['ri:'seil] *vi.* 再航行,回航.

re'sale' ['ri:'seil] *n.* 再(转)卖.

re'sam'ple *v.* 重新〔重复〕取样.

resanding *n.* (过滤池)补砂.

re'sat'urate *v.* 再饱和. **re'satura'tion** *n.*

re'saw' ['ri:'sɔ:] Ⅰ *vt.* 再锯. Ⅱ *n.* (把经过原木锯的木材再锯成一定规格的木材用的)解锯.

resazurin *n.* 刃天青.

RESC =rescind(ing), rescinded 取消,撤回.

resca'ling *n.* 尺度改变,改比例.

resca'rify [ri:'skɛərifai] *v.* 再翻挖.

rescatt'er *v.* 重〔再〕散射.

resched'ule [ri:'ʃedju:l] *vt.* 重新排定〔安排〕(…日程).

rescind' [ri'sind] *v.* 废〔解〕除,取〔撤〕消,撤回. **rescis'sion** [ri'siʒən] *n.* **rescis'sory** [ri'sisəri] *a.*

rescreen' *vt.* 再(二次)筛分,再重新过筛.

re'script ['ri:skript] *n.* ①(官方)命令(法令,声明) ②重写(的东西),再写,抄件.

res'cue ['reskju:] *vt.; n.* 援(营,挽)救,救济,救出,劫回. *rescue clause* 救援条款. *rescue party* 援救队. ▲*come 〔go〕 to the rescue* (来,去)援〔营〕救. *rescue M from (danger)* 营救 M 脱离(危险).

res'cuer *n.* 援(营)救者.

reseal' *v.* 重新填缝,再浇封层. *resealing of joint* 重新填缝,接缝的重封.

research' [ri'sə:tʃ] *v.; n.* ①(科学,学术)研究 ②调〔检,勘〕查,探索〔测,讨,究〕,追究,分析. *advanced research* 远景〔探索性〕研究. *basic research* 理论〔科学,基本〕研究. *engineering research* 工程学术研究. *geological research* 地质勘测. *high-altitude research* 高空研究. *operational research* 作战〔战斗经验〕研究,运用研究. *operations research* 运筹学. *sense research* (读数,测向等的)双值性判定. *system research* 系统研究. ▲*a research after 〔for, into〕*…的调查. *be engaged in research work* 从事研究工作. *conduct research into* 或 *do 〔make〕 research on* 进行…的(科学)研究. *research into 〔for, on, with〕* (对…进行)研究.

research'er 或 **research'ist** *n.* 研究(人)员,研究工作者,调查者.

research-on-research *n.* 科学管理〔指导〕.

re'seat' ['ri:'si:t] *vt.* ①换一座(底)部,修整(座部,阀座),研磨 ②给…装新座 ③重新就坐,便复位.

reseat'er *n.* 阀座,修整器,阀座修整工具.

reseau [rei'zou] (*pl. reseaux*)〔法语〕①栅网,网状组织,台站网,站点,点阵,【天】网格 ②(彩色照相机的)滤屏,光(衍射)栅 ③线(电,管)路,网络.

resect' *vt.* ①切除 ②【测量】(后方)交会.

resec'table *a.* 可[能]切除的.
resec'tion *n.* ①后方交会(法),反切法,截点法 ②交叉,截断 ③切除(术). *resection in space* 空间后方交会.
resedimenta'tion *n.* 重沉降.
resell' (*resold, resold*) *vt.* 再[转]卖.
resem'blance [ri'zembləns] *n.* ①类似(处),相似(性,点,物,程度),相(像) ②外表[观],外形特征. ▲*bear* [*have*] *a resemblance to* 与…相似,很像. *resemblance of M with N* 与 N 相类似(处). *resemblance to* 与…相似之处.
resem'ble [ri'zembl] *vt.* 类[相]似,像,仿造,比拟[较]. ▲*resemble M in N* 在 N 方面类似 M.
resene *n.* 树脂素,氧化[碱不溶]树脂.
resent' [ri'zent] *vt.* 对…不满,对…产生反感,怨恨. **~ful** *a.* **~ment** *n.*
rese'quent *a.* 再顺的. *resequent stream* [*river*] [地] 再顺河. *resequent valley* 再顺谷.
RESER =①re-entry system evaluation radar 重返[再入]系统鉴定雷达 ②reserve(d).
reserpine *n.* [药] 利血平.
reserva'tion [rezə'veiʃən] *n.* ①保留[存],储[蓄]备用 ②限制,条件 ③预定[约] ④隐藏[蔽处] ⑤保留[专用,禁猎]地,自然保护区. *airspace reservation* 空中禁区. *reservation clause* 保留条款. ▲*make reservations* 预定. *with reservations* 有保留地. *without reservation* 直率[坦白,无保留,无保留]地.
reserve' [ri'zə:v] *I* *vt.* ①隐藏,保留[存],储备[藏] ②预定[订,约,备],留给[出],注定 ③推[延]迟,改期. *II* *n.* ①储备(物,金),储藏物,备品,储备(藏)量,贮量,保存(物),裕[准]备,备用,准备(公积)金, (pl.) 各项准备 ②保留,限制(度) ③防染物,防被剂 ④(pl.) 后备军,后备役 ⑤保留[专用,禁猎]地,保护区 ⑥代替品 ⑦未透露的消息,秘密. *III* *a.* 备用[份]的,预[储,后]备的,多余的,保留的,限止的. *All rights (are) reserved.* 版权所有. *Seek common ground on major questions while reserving differences on minor ones.* 求大同,存小异. *alkali reserve* 碱储量. *erection reserves* 安装裕量. *gold reserve* 黄金储备. *phase reserve* 相位余量. *reserve bank* 储备银行. *reserve cable* 备份电缆. *reserve duty* 预备役. *reserve fund* 公积[准]金. *reserve grand champion* 亚军,次优秀奖获得者. *reserve parts* 配件. *reserve power station* 备用[辅助]发电站. *reserve price* 最低价格. *reserve storage* 储备仓库. *under reserve* 保留追偿权. *war reserves* 军需储备品. *workable reserves* 可采储量. ▲*be reserved for* 专留作…,留着…之用. *in reserve* 留下来的,预备的. *keep* [*have*] *in reserve* 留作预备. *reserve M for N* 把 M 留给 N,储备 M 供 N 之用. *with* (*some*) *reserve* 有保留地,仔细地. *without engagement and under reserve* 不承担义务并保留条件. *without reserve* 无保留地,直言不讳地,无条件地.
reserved' [ri'zə:vd] *a.* ①保留的,限制的 ②预订[留]的,留作专用的 ③缄默的,冷淡的. *reserved road* 专用[保留]道路. *reserved word* [计] 预定[保留]字.

res'ervoir ['rezəvwɑ:] *I* *n.* ①水库,蓄水池 ②蓄(油,气,力,能,…)器,蓄气筒,(油,水)箱 ③储(存)器,储罐,钢瓶,槽,容器,盛铁罐,倾转式前炉 ④储(集,油,气)层,贮液囊,储藏胆,[化工]主 ⑤储藏,蓄积. *II* *vt.* 储藏,蓄积. *die reservoir* 机头储料处. *external reservoir* (鼓风炉)前床. *heat reservoir* 储热器,热库. *pressure reservoir* 压力[储气]罐. *reservoir bed* 蓄[储]水层. *reservoir capacitor* 储存[充电]电容器. *reservoir cupola* (化铁炉的) 前床. *reservoir element* 油池式折皱滤清元件. *reservoir ladle* 铁水混合包. *reservoir power plant* 蓄水式水电站. *tape reservoir* 磁(纸)带缓冲器.
re'set' ['ri:'set] (*re'set'*, *re'set'*; *re'set'ting*) *vt.*; *n.* ①重新安[安,放,置],再[重新]①重新(调节),重新接入[起动,装定,装配,编辑],重调[设,定,排,放,配,值,锁,嵌,置,磨],②复原[重合,回,归],复原装置,回[还原]到原来位置,回[到零]位,置"0",零位,置位,回程,输出回授 ③转换[接],换向[位],微调,翻转,清除 ④制动手柄 ⑤重栽[植],重新扦插之物,重种的植物. *automatic reset* 自动复位[重调],积分调节. *cycle reset* 循环复位,循环计数器复位. *divided reset* 分别重定,分别重调. *reset and add* [计] 清加. *reset and subtract* [计] 清减. *reset attachment* 再调附件,复位装置. *reset button* 复原[清除,重复]起动按钮. *reset condition* 原始[复原]状态,清除条件. *reset error* 回[位]误差. *reset operation* 积分作用[运算],重调动作. *reset pulse* 复位[清除,置"0"]脉冲. *reset rate* 恢复系数,复位率,置零[复位]速度. *reset switch* 转换[复位]开关. *reset time* 复位[重调,转换,回程,积分]时间. *reset-to-n* 复位到 n,预置 n. *resetting cam* 回动凸轮. *resetting key* 置"0"[复位]开关. *resetting of zero* 零复位,调回到零位.
resett'able *a.* 可重放[复原,重调,…]的,可复位的,可清除的. **resettabil'ity** *n.*
re'set'tle *v.* 重沉淀[降,积].
RESFLD =residual field 剩(余)磁(场).
re'shape ['ri:'ʃeip] *v.* ①改造,重新整型[修整],恢复原型,再成型,再压 ②重订的新方针.
re'sha'per *n.* 整形器.
reshar'pen *vt.* 再[重新]磨快,再磨锐,重新变锋利.
reshear' *n.* (钢板)重剪机,精剪机.
re'sheet' ['ri:'ʃi:t] *v.* 重新铺设,重覆(盖)以… (*with*).
reship' ['ri:'ʃip] (*reshipped*; *reship'ping*) *vt.* ①把…再装上船,重装装运 ②把…转装到其他船上.
reshipment *n.* 转运,转载,再上船,重新装运(的货物).
re'shuf'fle ['ri:'ʃʌfl] *vt.*; *n.* 重配置[安排],改组,转变,掺换.
resid' [ri'zid] *n.* 残[渣]油.
réside' [ri'zaid] *vi.* ①居住,居留,存在 ②驻留,保存 ③归[属]于. ▲*reside at* 住在. *reside in* 住在,存在于.
res'idence ['rezidəns] *n.* ①居住,常驻,驻扎 ②住宅[所,处,居] ③滞[停]留,停[逗]留,留 ④住期 ⑤从事学术研究工作的一段时期. *half residence time* 半留时间. *residence quarter* 住宅[居住]区.

res'idency n. 高级训练(阶段).

▲in residence 驻在(工地)的,住在任所,住校的.

res'ident ['rezidənt] I a. 居住的,(弹性体)驻地的. II n. ①居民 ②驻外外交代表 ③住院医生 ④留鸟,留兽. *resident aliens* 外侨. *resident engineer* (驻)工地工程师,驻段工程师. *resident supervisor* 〔计〕驻留〔常驻〕管理程序. *resident time* 停留时间. **▲be resident at** 住在…的. **be resident in** 住在,归属〔存在〕于…的.

residen'tial [rezi'denʃəl] a. 住宅的,居住的. *residential area* 〔quarter〕住宅〔居住〕区. *residential construction* 住宅建设.

resid'ua [ri'zidjuə] residuum 的复数.

resid'ual [ri'zidjuəl] I a. ①剩(余)的,残(余,留)的 ②【数】残留数的 ③有后效的. II n. ①残〔剩〕余,残留 ②【数】残〔剩〕余数〔差〕,余数〔差〕,差,差数,余项 ③【地】残丘 ④残余(产)物,残积物,残〔渣〕,余〔滤〕渣,(合金中)残留元素 ④后遗症. *residual attenuation* 净〔总,剩余〕衰减. *residual error* 残差,剩余〔残留〕误差,漏检故障. *residual excitation* 剩磁激励,残余激发. *residual field method* (磁粉探伤的)剩磁法. *residual fraction* 尾〔残余〕馏份. *residual hardness* 残余硬度. *residual heat* 残〔余〕热. *residual image* 残留图像,余像. *residual induction* 剩余磁感应. *residual magnetism* 剩〔残〕磁(性,值). *residual mass curve* 〔水利〕距平累积曲线,差积曲线. *residual phenomena* 残留现象. *residual pressure* 剩余压力,负表压. *residual products* 副产品,残余产物,残油. *residual strain* 残余应变. *residual value* 余值. *stationary residual* (时间级数的)固定余项.

resid'uary [ri'zidjuəri] I a. 残〔剩〕余的,残留的. II n. 残〔剩〕余,【数】偏差.

res'idue ['rezidju:] n. ①剩余(物),残余(物) ②渣(滓),残留物,滤(石,炉)渣,残油,废料,沉淀(积)物 ③【数】残〔余〕数,余式〔项〕,(余)基. *filter residue* 滤渣. *lubricant residue* (钢板上的)润滑油渍. *non residue* 【数】非剩余. *process residues* 工艺残渣〔废料〕. *residue modulus nine* 模九剩余,以9为模数的余数. *residue of the power* 〔数〕幂剩余. *residue theorem* 剩余〔余式,残数〕定理. *white residue* 【冶】硅渣. **▲for the residue** 至于其余,说到其他.

resid'uum (pl. **resid'ua**) n. ①剩余(残留)物,风化壳 ②残余(产)物,残(滤)渣,渣滓,残(渣)油,沉淀 ③【数】残差〔数〕,留(余)数,误差 ④社会底层(渣滓).

resig = resignation.

resign I [ri'zain] v. ①放弃,让出,退出 ②把…交托给 ③听任,服〔屈〕从. II ['ri:'sain] v. 再签署〔字〕(于),重新签字(盖印). *resign all hope* 放弃一切希望. *resign from* 辞去. *resign M to* [into] N 把 M 交托给 N. *resign oneself to* 听任〔从〕,服从,甘心于,甘心接受. *resign to* 屈从于.

resigna'tion [rezig'neiʃən] n. ①放弃,辞职(书),辞呈 ②屈〔听,顺〕从. *resignation of a right* 弃权. *with resignation* 无可奈何地.

resigned a. ①已放弃的,已辞去的 ②屈〔顺〕从的.

resile' [ri'zail] vi. ①跳(弹,折,撤)回,(弹性体)回弹,回复原来位置 ②能恢复原状,有弹(浮)力等力.

resil'ience [ri'ziliəns] 或 **resil'iency** [ri'ziliənsi] n. ①(弹)回,回弹(撞性,能,力) ②回(弹撞)能,弹(性)能,变形能〔功〕 ③弹(斥,恢复)力 ④弹性变形 ⑤冲击(值,韧性). *elastic resilience* 弹性回能. *resilience design procedure* (柔性路面)回弹设计方法.

resil'ient [ri'ziliənt] a. 有弹性的,有回弹力的,弹跳〔回〕的,能恢复原状〔原来位置〕的. *resilient connector* 弹性接头,挠曲性联轴节. *resilient coupling* 弹性连接,弹性联轴节. *resilient floor* 弹性地板.

resilin n. 节枝弹性蛋白.

resiliom'eter n. 回弹仪〔计〕.

resillage n. 网状裂纹.

Resilon n. 一种沥青基材料(的商品名)(用于化工设备,在150°F 以内抗酸抗碱).

resin ['rezin] I n. 树脂〔胶〕,松香〔脂〕,树脂状沉淀物,树脂制品. II vt. 涂树脂的,用树脂加工处理. *acrylic resin* 丙烯酸(类)树脂,玻璃状可塑物. *anion (exchange) resin* 阴离子交换树脂. *base exchange resin* 碱性离子交换树脂. *cast* 〔foundry〕 *resin* 铸制树脂. *casting* 〔potting〕 *resin* 充填料,铸模树脂. *condensation resin* 缩合树脂. *contact resin* 接触型树脂. *cured resin* 熟化的树脂. *grinding resin* 研磨型树脂. *liquid resin* 液体离子交换树脂. *nopressure resin* 常压树脂. *oil modified resin* 油改性树脂. *one-stage resin* 一步(的酚醛)树脂,一次加热树脂. *one-step resin* 一步加热树脂,一步(酚醛)树脂. *paste resin* 糊状树脂. *resin belt* 树脂结合剂砂带. *resin bond wheel* 树脂结合剂砂轮. *resin core solder* 松脂芯软钎料. *resin emulsion* 树脂乳液. *resin over glue* 砂纸砂布结合剂(的)(上层为树脂,下层为胶的). *resin over resin* 砂布砂纸结合剂(的)(上下层均为树脂). *resin plaster* 树脂(铅覆)膏(药). *resin pocket* 树脂聚,(层压品夹层内的)树脂沉积. *resin solvency of spirits* 汽油溶解树脂质的本领. *resin spirit* 树脂精. *resin streak* (层压品表面的)树脂条痕. *self-extinguishing resin* 自熄树脂. *straight resin* 纯树脂. *unground resin* 未磨碎树脂. *white resin* 白树脂,松香.

resi'na (拉丁语) n. 树脂,松香〔脂〕.

res'ina'ceous a. 树脂性的.

res'inate ['rezineit] I n. 树(松)脂酸盐. II vt. 用树脂浸透. *sodium resinate* 树脂酸钠.

resina'tion n. 树脂整理,用树脂浸透.

resin-bed n. 离子交换树脂层.

resin-column n. 树脂交换柱.

resin-core solder n. 松脂芯软钎料.

resinder n. (树脂结合剂)砂带磨光机.

resinene n. 中性树脂.

resineon n. (医用防腐)树脂油.

resin-free a. 不含树脂的.

resinif'erous [rezi'nifərəs] a. 产树脂的,含有树脂的,含脂的.

resinifica'tion n. 树脂化(作用),树脂凝结成型,用树脂处理,石油产品中树脂质的形成.

res'inify ['rezinfai] v. ①使树脂化,变成树脂,成为树脂状物质 ②用树脂处理,涂树脂,涂胶,浸[涂]焦油.

resin-in-pulp n. ①矿浆树脂(离子)交换(法) ②利用离子交换树脂直接从浆液中提取铀的过程. *resin-in-pulp extraction* 树脂(在)矿浆(内交换)提取.

res'inize vt. 用树脂处理,涂树脂.

resin-ligand n. 树脂配合体. *resin-ligand activity* 树脂配合体活度.

resinog'raphy n. 树脂(塑料)(表面)显微照相(术),显微树脂学. **resinograph'ic** a.

resinoic acids 树脂皂酸.

res'inoid ['rezinɔid] I n. 热固(性)树脂,(已)熟(化)树脂,热固性粘合剂,树脂型物,熟树脂. II a. 树脂状的,像树脂的. *resinoid bond* 树脂结合[粘结]剂,树脂胶合. *resinoid wheel* (人造)树脂粘结的砂轮.

resinol n. 松香油,树脂[焦油]醇,石油的干馏代用品.

resinol'ic acid (= resin acid) 树脂酸.

res'inotannol n. 树脂单宁醇,会显单宁反应的树脂酯类的有色醇.

res'inous ['rezinəs] a. ①(像,含,涂)树脂的,树胶的,树脂质(状,系,样)的,从树脂中获得的,涂胶的 ②负[阴]电性的. *resinous plasticizer* 树脂(型)增塑剂. *resinous varnish* 树脂系涂料.

res'inousness n. 树脂度[性].

resinox n. 酚-甲醛树脂(塑料).

resint'er n.; v. 再烧结,压制品的烧结.

res'iny a. 树脂的.

resiode n. 变容二极管.

resis = resistance.

Resisco n. 一种铜铝合金(铜 90.5～91%,铝 7～7.5%,镍 2%,锰 0～0.1%).

resist' [ri'zist] I v. ①(抵,反,对,阻)抗,耐(得住),承受(住) ②阻挡[碍],抵制,反对,违背. II n. ①保护层(剂) ②抗蚀[防腐]剂,(印染用防染剂. *resist aggression* 抵抗侵略. *resist compression* 抗压. *resist heat* 耐热. *resist pattern* (光致)抗蚀图(形). *resist permalloy* 高电阻坡莫合金,强磁性铁镍合金. *resisted cotton* 免疫棉花. ▲*cannot resist* +*ing* 耐(抗,忍)不住. *resist*+*ing* 阻碍(做),拒不(做).

Resista n. 一种铁基铜合金(铜 0.2%,磷 0.2%,其余铁).

Resistac n. 一种耐蚀耐热铜铝合金(铜 88%,铝 10%,铁 2%).

Resistal n. ①一种铝青铜(铜 88～90%,铝 9～10%,锰 1～2%) ②耐蚀硅质.

resis'tance [ri'zistəns] n. ①抗[制]反对[抗]①[迎,气,动]阻力,阻尼,(抵)抗力,抗[耐]-性[I] (有效,有劲)电阻 ③电阻器(件,装置) ④安定性稳定性;impedance 阻抗,reactance 电抗) ④安定性稳定性. *resistance to M* 对 M 的阻力[抗力,电阻],抗 M 力[性,度,强度],耐 M 性(度),防 M 性. *Where there is oppression*, *there is resistance*. 哪里有压迫,哪里就有反抗. *acoustic resistance* 声阻. *bath resistance* 电解质[电镀液]电阻. *body resistance* 机身[物体]阻力. *fatigue resistance* 抗疲劳性[强]度. *flame resistance* 耐火性. *flow resistance* 流动(电流)阻力,(稳态)流阻. *inductive resistance* 感抗. *magnetic resistance* 磁阻. *measuring resistance* 标准电阻,测量用电阻. *mutual resistance* 互电阻,互阻. *oil resistance* 抗油性,耐油性,对油的稳定性(抵抗作用). *passive resistance* 无源电阻,消极抵抗. *resistance brazing* 接触(电阻加热)钎焊. *resistance bulb* 测氢电阻器. *resistance cutting* [焊] 电阻加热切割. *resistance dynamometer* 测阻力仪. *resistance hybrid* 电阻桥接岔路. *resistance in the dark* 暗电阻. *resistance lamp* 电阻灯(用以限制电路中电流的). *resistance load* 电阻负载,有效负载. *resistance moment* 抵抗力矩. *resistance of materials* 材料力学. *resistance time* 抗毒[抵抗]时间. *resistance to case* 对机壳电阻. *resistance to cold* 抗(耐)寒力. *resistance to deformation* 抵抗变形,变形抗力,金属(轧件)对轧辊的单位压力. *resistance to displacement* 位移阻力. *resistance to fouling* 抗侵蚀性,防污染性. *resistance to impact* 冲击阻力,抗冲击(力). *resistance to pressure* 耐压抗(力). *resistance to sparking* 击穿电阻,抗火花性能. *resistance to wear* 或 *wear resistance* 耐磨性. *resistance welding* 接触(电阻)焊. *resistance welding time* (接触焊的)通电时间. *resistance winding* 欧姆线圈,线绕电阻. *resistance wire strain gauge* 电阻丝应变仪. *shock resistance* 抗震性(力),耐震. *spalling resistance* 耐激冷激热性,耐热震性. *specific resistance* 电阻率,比(单位电阻),电阻(阻力)系数. *step resistance* 分档电阻. *thermal resistance* 热(电)阻. *thermal shock resistance* 或 *resistance to thermal shocks* 耐热震性,耐热冲击性,抗热急变性,耐激冷激热性. *weather resistance* 耐老化,耐风雨侵蚀能力. *zigzag resistance* 曲折状电阻. ▲*make* [*offer*, *put up*] *resistance to* [*against*] 抵抗. *line of least resistance* 阻力最小的方向,最容易的方法,最省力的途径.

resistance-capacity coupled 阻容耦合的.

resistance-grounded a. 通过电阻接地的.

resistance-heated furnace 电阻加热炉.

resistance-reciprocal n. 电阻倒数.

resistance-stabilized oscillator 电阻稳频振荡器.

resis'tant [ri'zistənt] I a. ①(有)抵抗(力)的,抗拒的,反抗的,耐久的,坚固[实]的,顽强的,稳[安]定的 ②抗…的,耐…的. II n. 抵抗[反对]者,防腐[染]剂,抗药性. *corrosion resistant material* 防(耐)腐蚀材料. *fire resistant* 耐火. *resistant metal* 耐蚀金属. *resistant to oxidation* 抗氧化. *resistant to tarnishing* 抗锈蚀.

resis'tent a. = resistant.

resis'ter = resistor.

resistibil'ity n. 抵抗力,抵抗得住.

resis'tible a. 抵抗得住的,可抵抗[制]的,可反对的.

resistin n. ①一种锰铜电阻合金 ②抵抗素.

resis'ting *a.* 稳定的、坚固的、耐久的. *acid resisting* 抗酸性(的). *corrosion resisting* 抗腐蚀性(的). *resisting force* 抗力, 阻力. *resisting moment* 阻(抵抗力)矩. *resisting power to disease* 抗病力.

resis'tive [ri'zistiv] *a.* 抵抗(性)的, 有抵抗力的, 有阻力的, 电阻(性)的. *fire resistive material* 耐火材料. *resistive component* 【电】有功部分, 实部. *resistive matrix network* 电阻[无源]矩阵网络, 无源换算电路.

resistive-hearth furnace 炉床电阻炉.
resistive-loop coupler 环阻耦合器.

resistiv'ity [ri:zis'tiviti] *n.* ①抵抗力[性], 安定性, 稳定性 ②比(电)阻, 电阻率[系数]. *anode paste resistivity* 阳极糊比电阻. *bulk resistivity* 体电阻率. *heat resistivity* 耐热性. *mass [specific] resistivity* 比电阻, 电阻率. *resistivity against water* 耐水性. *resistivity contour* 等电阻线. *resistivity curve* 阻力damping曲线. *resistivity log* 电阻率测井.

resist'less *a.* 不可抵抗[抗拒], 避免的, 无抵抗力的. ~ly *ad.*

resisto *n.* 一种镍铁铬(电阻线)合金(镍69%, 铁19%, 铬10%, 硅1%, 铅0.4%, 锰0.5%).

resis'tojet *n.* 电阻加热离式发动机, 电阻引擎.
resistomycin *n.* 拒霉素.

resist'or [ri'zistə] *n.* 电阻(器), 阻滞器. *decade resistor* 十进电阻箱. *non-ohmic resistor* 非线性[非欧姆]电阻. *peaking resistor* 峰化电阻器, 直线性电阻(器). *resistor transistor logic* 电阻晶体管逻辑. *smoothly variable resistor* 平滑可变电阻. *thermal resistor* 热敏电阻(器). *thyrite resistor* 碳化硅非线性电阻(器).

resistor-pin *n.* 电阻-针电极.

resis'tron *n.* 光阻摄像管.

resit Ⅰ *n.* 丙阶[不溶]酚醛树脂. Ⅱ *vt.* (笔试)补考.

resite Ⅰ *n.* = resit. Ⅱ *vt.* 放于一新地方.

resitol 或 **resolite** *n.* 乙阶[半溶]酚醛树脂, B阶段半溶酚醛胶脂.

resiweld *n.* 环氧树脂类粘合剂.

re'size *vt.* 改变尺寸.

re'si'zing *n.* 尺寸再生, 恢复到应有尺寸.

re'smelt' *vt.* 再熔[炼], 重新熔化(冶炼).

re'smooth' *v.* 再受磨, 重新齐光.

res'natron *n.* 分米波超高功率四极管, 谐腔四极管. *axial flow resnatron* 轴向通量分米波超高功率四极管.

res'ojet *n.* 脉动式喷气发动机.

resol 或 **resole resin** *n.* 甲阶(可溶, 早阶段)酚醛树脂.

resold resell *n.* 出过去式和过去分词.

re'sole' *vt.* 给(鞋)换底.

re'solidifica'tion *n.* 再固化(作用), 重复凝固(作用).

re'solubiliza'tion *n.* 再溶解(作用).

resol'uble [ri'zɔljubl] *a.* ①可溶[分解]的(into) ②可分解的 ③可复活的.

res'olute ['rezəlju:t] Ⅰ *a.* 坚决[定]的, 果断的, 不屈不挠的. Ⅱ *n.* ①分力, (矢量的)分量 ②坚定[果敢]的人. Ⅲ *vi.* 作出[通过]决议. *Be resolute, fear no sacrifice and surmount every difficulty to win victory.* 下定决心, 不怕牺牲, 排除万难, 去争取胜利. *be true in word and resolute in deed* 言必信, 行必果. ~ly *ad.* ~ness *n.*

resolu'tion [rezə'lju:ʃən] *n.* ①坚决[定], 决心[定], 决议(案), 果断, 不屈不挠 ②分解(法, 度, 力), 溶解(法, 度, 力), 分裂, 消释[析], 离析, 拆卸[开] ③分解(决, 答), 题解 ④重新[反复]溶解, 再溶 ⑤变化[形], 转变[化](into) ⑥分辨(率, 度, 能力, 本领), 鉴别(力) ⑦消除[退, 散]. *control resolution* 控制分辨力[分解能力]. *controlled resolution* 可控分辨能力. *energy resolution* 能量分辨[能力]. *force resolution* 力的分解. *high [fine] resolution* 高鉴别(能)力, 高分辨率, 高分解能力, 高清晰度. *horizontal resolution* 水平分辨[析像]能力, 行分辨能力, 水平清晰度. *lack of resolution* 清晰度欠佳, 析像力不足, 鉴别力损耗. *resolution chart* 析像率清晰度测试卡, 分辨力图表. *resolution error* 分解[辨]误差, 解算误差. *resolution into factors* 因数[式]分解. *resolution line* 析像线. *resolution of polar to cartesian* 极坐标-直角坐标转换[换算]. *resolution power* 分辨能力[本领, 率], 析像能力, 分辨力. *resolution ratio* 析像系数, 图像分辨率, 分辨[析]率. *resolution requirement in the primary image* 三基色析像力, 三基色解像度, 基色图像分辨力要求. ▲*make [come to, form, take] a resolution to +inf.* 下决心(做), 下定(做)的决心. *resolution in M M (的)* 分辨能力. *pass [carry, adopt] a resolution for [against, on, in favour of]* 通过一项支持[反对, 关于, 赞成]…提案. *resolution (of M) into N (M)* 分(解)为N. *show great resolution* 表示极大的决心.

res'olutive *a.* 使分(溶)解的, 解除的, 消散性的.

resolvabil'ity *n.* 可分(溶)解性, 可解析[决]性, 可分离性.

resolv'able [ri'zɔlvəbl] *a.* 可分(溶)解的, 可解析[决]的, 可分解的, 解决得了的.

resolve' [ri'zɔlv] Ⅰ *v.* ①决心[意, 议] ②(使)分解, (使)溶解体, 分开, 分裂, 拆开, 消除, 消散 ③分解, 鉴别, 判定, 析[解]像. Ⅱ *n.* 决心(议), 坚决[定]. *resolve a contradiction* 解决矛盾. *resolve a picture into dots* 把图形解成像素. *resolve all doubts* 消除一切疑问. *resolve the lines of a spectrum* 分辨光谱的谱线. *resolve upon amendment* 决心改正. *resolving device* 分解设备. *resolving index of electron diffraction* 电子衍射分辨指数. *resolving power* 分辨(能力, 率)本领, 分解力, 析[解]像能力. ▲*make a resolve to +inf.* 决心要(做). *of resolve* 坚决的, 刚毅的. *N. resolve (M) into N (的 M)* 分解(归结, 转化)为N.

resolved' Ⅰ *a.* (有)决心的, 坚决[定]的. Ⅱ *v.* resolve 的过去式和过去分词. *resolved echo* 清晰的回波. *resolved resonance* 已分辨的共振. ▲(*be*) *resolved to +inf.* 决心(做).

resol'vent [ri'zɔlvənt] Ⅰ *a.* 有溶解力的, 使溶解(使)分解的, 消散的. Ⅱ *n.* ①分解物, 溶剂[媒], 消散剂 ②解决办法 ③【数】预解(式). *resolvent*

resolv′er [ri'zɔlvə] n. ①分解〔分相,解析,解数,解算〕器,求解仪,解析〔解算〕装置 ②溶剂〔媒〕. *magslip resolver* 无触点同步机的解算装置〔解算器〕. *synchro resolver* 同步分析器.

reso-meter n. 谐振频率计.

res′onance ['rezənəns] n. ①共振〔点,态,子,现象〕,谐振,共鸣 ②轮调 ③中介〔现象〕④反响 ⑤回声. *atomic resonance* 原子共振. *current resonance* 电流〔并联〕谐振. *fission resonance* 裂变反应共振. *mechanical cathode resonance* 阴极的机械谐〔共〕振. *resolved resonance* 已判定的共振. *resonance absorption integral* 共振吸收积分. *resonance-activation cross-section* 共振激活截面. *resonance-escape factor* 逃脱共振俘获因数. *resonance level* 共〔谐〕振级,共振能级〔电平〕. *resonance-level spacing* 共〔谐〕振能级间距. *resonance potential* 共振电势〔位〕. *resonance transformer* 谐振变压器. *space resonance* 分布谐振. *voltage resonance* 电压〔串联〕谐振. ▲*in resonance with* 与...相谐调.

res′onant ['rezənənt] a. ①共〔谐〕振的,共鸣的 ②有回声的,回〔反〕响的 ③洪亮的. *resonant foil* 共振箔. *resonant resistance* 谐振电阻. *resonant transfer* 共振转移〔跃迁〕. *resonant transformation* 共〔谐〕振变换. *resonant transformer* 谐振〔调谐〕变压器. ~ly ad.

resonant-iris switch 谐振膜转换开关.

res′onate ['rezəneit] v. ①(使)谐〔共〕振,(使)共鸣 ②回响,反响 ③调谐.

res′onator ['rezəneitə] n. 谐振〔共振,共鸣〕器,共〔谐〕振腔. *cavity resonator* 空腔谐振器,容积共振. *sounder resonator* 音响器共鸣器.

resonator-tron n. 谐振电子管,谐腔四极管,分米波超高功率四极管.

resonon n. 费米共振.

resonoscope n. 共〔谐〕振示波器.

resorb′ [ri'sɔːb] v. ①再〔重新〕吸收,再〔重新〕吸入 ②消耗〔溶〕.

resor′bent n. 吸收剂.

resor′ber n. 吸收器〔体,剂〕.

resor′cin(e) 或 **resorcinol** n. 间苯〔苯间〕二酚,雷琐辛〔酚〕.

resordinol n. 间甲酚.

resorp′tion [ri'sɔːpʃən] n. 再〔重新〕吸收,反复吸收,吸回〔作用〕,吸液〔作用〕,消溶〔散〕,【地】熔蚀.

resorptiv′ity n. 吸回能力〔本领〕,再吸收〔能力〕,再吸入〔本领〕.

resort Ⅰ [ri'zɔːt] vi.; n 求助,依靠,凭藉,诉诸,采取 ②手段,凭藉的方法,所求助的对象 ③聚〔去的地方〕,娱乐场〔所〕,〔游览〕胜地. Ⅱ ['ri'sɔːt] vt. 使再分开,把...再分类. ▲*have resort to M* 用〔诉诸,求灵于〕M. *in the* (*as a*) *last resort* (当一切均失败后)作为最后的手段,不得已,最后. *resort to* 藉助于〔某人,利〕用,诉诸,常去. *resort to all kinds of methods* 采取一切办法. *without resort to* 不靠.

resound Ⅰ [ri'zaund] v. ①(使)回响,充满声音(with),鸣响,(使)回荡,反响(with) ②传播〔颂,遍〕,赞扬,驰名. Ⅱ ['ri'saund] v. (使)再发声〔音〕.

resound′ing a. ①共鸣(声)的,共振的,反响的,有回声的 ②极响〔洪〕亮的 ③强有力的,强烈的. *resounding blow* 沉重的打击. *resounding defeats* 惨败. *resounding victory* 巨大的胜利. ~ly ad.

resource′ [ri'sɔːs] n. ①资〔来〕源,原料,物〔财〕力,储藏 ②手段,方〔办〕法,对策,机智〔谋〕③物资,设备. *hidden resources* 地下资源. *mineral resources* 矿物资源. *natural resources* 自然资源. *renewable resources* 再生资源. *resource status modification* 【计】资源状态改变,设备状态的更改. *treasure manpower and material resources* 爱护人力物力. ▲*as a last resource* 作为最后手段(一着). *at the end of one′s resources* 山穷水尽,无计可施. *be lost without resource* 无可挽回地失败〔完蛋〕了. *the only resource* 唯一手段.

resource′ful a. ①资源〔人力,物力〕丰富的 ②机智的. ~ly ad.

resp = ①respectively ②response.

re′space′ v. 重间隔,重新隔阳月.

respect′ [ris'pekt] n.; vt. ①关系〔联〕,方面,(着眼)点 ②考虑,重视,关心,注意,尊敬〔重〕,遵守,照顾,(pl.)敬意,问候. *respect an agreement* 遵守协议. ▲*as respects* 关于,关于...的(淡到),在...方面. *give* (*pay, send*) *one′s respects to* 向...致意〔问候〕. *have* (*show*) *respect for* 尊重,照顾,考虑,关心. *in all respects* 或 *in every* (*each*) *respect* 在各个方面〔都〕,无论从那一点来看〔都〕. *in no respect*(*s*) 无论在那一方面都不,决(完全)不. *in respect of* (*to*)关于,...而论,相对于. *in respect that* 就...而论,因为,考虑到,既然. *in some respects* 在某些方面,有点. *in this respect* 在这方面,在这点上. *pay respect to* 考虑,关心. *with respect to* 关于,就...而论,(相)对(于),根据. *with respect to one another* 彼此之间相对. *without respect to* 〔*of*〕不顾〔管〕.

respectabil′ity n. 可尊敬的(人或物),体面.

respec′table a. ①可敬的,值得尊重〔敬〕的 ②体面的,像样的 ③相当(好,大)的.过得去的,不错的,不少的,可观的. *respectable amount* 可观的数量. *respec′tably ad.*

respect′ed a. 尊敬的.

respec′ter n. 尊重者. *be no respecter of persons* 对任何人一律看待(不管其财富和社会地位如何).

respect′ful a. 恭敬的,尊重人的. *be respectful of* 尊重. *be respectful to* 尊敬. ~ly ad. *Respectfully yours* 或 *Yours respectfully* (信末客套语)...敬上.

respect′ing [ris'pektiŋ] prep. 关〔由,鉴)于,说到. *respecting these facts* 由于这些事实. *problems respecting N* 关于N的问题.

respec′tive [ris'pektiv] a. 各自(个)的,个(分)别的,相应的,有关的.

respec′tively [ris'pektivli] ad. 分别(地,为),各自地,分别地,依次各(为),相应各(为).

res′pirable a. 能(可以,适于)呼吸的.

respira'tion n. 呼吸. *artificial respiration* 人工呼吸. *respiration valve* 呼吸阀.

res'pirator ['respireitə] n. (滤毒,滤尘)呼吸器,呼吸保护器,防毒面罩,呼吸(运动)器,口罩,滤毒罐. *box* [*canister*] *respirator* 防毒面具. *oxygen respirator* 给氧呼吸器.

res'piratory a. 呼吸(作用)的.

respire' [ris'paiə] v. ①呼吸(出),发出(气味) ②苏日气.

respirom'eter n. 呼吸(运动)器,呼吸测定计[补充器],透气性测定器.

respirom'etry n. 呼吸测量法.

respiropho'nogram n. 呼吸音图.

res'pite ['respit] n.; vt. 暂缓(止,停),缓解,展延,延期,休息时间,暂时休息.

resplend'ence 或 **resplend'ency** n. 灿烂,光辉,辉煌.

resplend'ent a. 灿烂的,光辉的,辉煌的. *be resplendent with* 闪耀着…的光辉.

repli'cing n. 重编接. *cable replicing* 电缆重编接.

respond' [ris'pɔnd] Ⅰ v. ①回(应)答,起反应,响[感,答] ②符(配)合,相适应 ③承担责任. Ⅱ n. 壁联,用作拱支座的墩式壁柱. *respond in damages* 承担赔偿费用. ▲*respond to* 与…相对应(相符合),与…复,对…起反应(产生感应),受…的指挥[调度,控制]. *respond with* 报以…,以…表示回答.

respond'ence 或 **respond'ency** [ris'pɔndəns] n. ①相应,适(符)合,一致 ②作答,响[反]应.

respond'ent [ris'pɔndənt] Ⅰ a. 回答的,有反应的(to). Ⅱ n. 回答[响]者,答辩人.

responden'tia [respɔn'denʃiə] n. (在一部分货物安全运到时才偿还的)船货抵押借款.

respond'er [ris'pɔndə] n. ①应答器[机],响应机[器],回答器,响应数[字] ②回[响]应者. *interrogator-responder* 问答机[器]. *responder link* 应答信道[线路].

response' [ris'pɔns] n. ①应答,反应,回答,应答,综合(动) ②响[反]应(曲线),响应度,特性[过程(变化)]曲线,频率特性,灵敏(敏感)度,感应性,感应,扰动. *accelerometer response* 加速度计灵敏度. *aperiodic response* 非周期响应. *control response* 操纵反应. *convergent response* 收敛响应. *fast response* 快反应(作用),快(速)动. *floating response* 漂浮响应. *frequency response* 频率特性,频率响应;干扰运动特性,瞬变过程特性. *image (frequency) response* 镜像(频)响应,象频响应. *normal response* 法向反作用力. *oscillatory response* 振动性响应. *peak response* 最大灵敏度. *pitch attitude angle response* 俯仰姿态角响应. *rate response* 微商作用,速率响应,导数响应. *relative response* 相对响应,相对灵敏度. *response curve* 响应(应答,通带)曲线,灵敏度特性曲线,频率(特性)曲线. *response excursion on radar displays* 雷达显示特性,雷达影像特性曲线. *response paid* 回电费已付(R.P.). *response pulse* 回应脉冲. *response time* 响应(感应,阻尼,作用,动作,回答,应答)时间. *response to unit impulse* (系统对)单位脉冲的响应. *spurious response* 无线电干扰,噪声,假信号. *step response* 瞬态(过渡)特性,阶跃响应. *system transient output response* 系统瞬时输出频率特性,扰动运动. *unit-impulse response* 瞬态特征,单位脉冲响应. ▲*in response to* (为)响应,响应(随)…(而),根据.

respons'er [ris'pɔnsə] n. 响应器,应答机,雷达应答器,询问机应答器(接收部分).

responsibil'ity [risponsi'biliti] n. ①责任(心),职责[务],义[任]务,负担 ②响应性(度),反应性 ③可靠性,可信赖性,偿付能力. *peak responsibility* 峰值负载责任范围. *responsibility range* 职责(业务)范围. ▲*assume* [*take*] *the responsibility for* (*of* +*ing*) 负(起)…的责任,接受. *at the responsibility of* 由…负责. *bear responsibility for* …负有责任. *lacking in responsibility* 责任心不强的. *on one's own responsibility* 自(作)主(张)地,自己负责. *take full responsibility for* 对…负完全责任,对…完全负责. *take the responsibility upon oneself* 负责. *undertake fresh responsibilities* 担负起新的任务.

respon'sible [ris'pɔnsəbl] a. ①(应)负责的,(有)责任的. ②可靠的,可信赖的,认真负责的,责任重大的. ▲*be responsible for* (对)…负责,担负,是(造成)…的(主要)原因,决定着,造成,导致,引起. *be responsible in M* 在 M 上负有责任. *hold oneself responsible to the people* 向人民负责. *make oneself responsible for* 负(…的责任). **respon'sibly** ad.

respon'sive [ris'pɔnsiv] a. 应答的,(表示)回答的,响应的,共鸣的,易起反(感)应的,敏感(灵敏)的. ▲(*be*) *responsive to* 对…敏感(起反应).

respon'siveness 或 **responsiv'ity** n. 响应性(度,率),灵敏度,反应性,反应能力,动作速度.

respon'sor =responser.

resquared a. 【轧】方正度要求高的.

resquaring n. 【轧】(按规定尺寸和精度)剪切钢板,钢板的精确剪切,加工成方形.

ressort [re'sɔ:] 〔法语〕 *dernier ressort* 最后手段.

REST =①radar electronic scan technique 雷达电子扫描技术 ②restrict ③restricted ④restrictions ⑤restrictor.

rest [rest] Ⅰ n. ①休息(闲),静(停,休)止,安静,睡(休)眠(止),支(托,支,撑,扶)架,中心架,(支,托)(支)座,托,垫,支柱(点),支持物,挡块 ③休息(住宿)处 ④其余(的人),其他,剩余部分,余渣,残留物,团 ⑤盈余,储备金. Ⅱ v. ①(使)休息,停顿(止),静止(寂) ②(使,被)支撑(在),(使)搁在,放(安)置在,把…寄托在,(使)停留在,躺,靠 ③依然(是),保持. *Our policy should rest on the basis of self-reliance*. 我们的政策要放在自力更生的基点上. *arm rest* 臂靠,扶手. *center rest* 中心架. *follow rest* 移动中心架,随刀架. *follower rest* 随刀架. *foot rest* 脚架,搁脚,脚踏板. *journal rest* 轴颈支承. *rest centre* 疗养中心. *rest energy* 静(止)能(量). *rest evaporator* 残部蒸发器. *rest home* 疗养院(所). *rest mass* 静质量. *rest pier* 支墩.

rest room 休息室. *resting frequency* (频率调制时)中频. *resting phase* [stage] 休止[静止,恢复]期. *resting time* "静寂"时间. *seamen's rest* 海员之家. *slide* [sliding] *rest* 滑座,滑动刀架. *table rest* 工作台(支)座. *tooth rest* (磨工具用)支齿点. *tripod rest* 三脚架. *work rest* 工件支架,中心架. *The matter cannot rest here*. 事情不能以此为止. ▲*above the rest* 其中,尤其,特别. *among the rest* (亦在)其中. *and (all) the rest (of it)* (以及)其他一切,以及其他等等. *(as) for the rest* (至于)其余,至于其他. *at rest* 静止(状态的),休息,已解决. *come to rest* 静止(下来),停止移动. *lay to rest* 埋葬,消除. *rest M against* [on] N 把M搁[架]在N上. *rest in* 相信,相信,信赖. *rest on* [*upon*] 倚靠[赖],相信,建立在…上,(以…为)根据. *rest one's argument on facts* 以事实作为论据. *rest with* 由,靠[于]由…担负,依赖于. *rest a rest* 休息一下. *the rest* 其余(的人,的东西),剩余部分.

restabiliza'tion *n.* 再(重新)稳定.

restand'ardize *vt.* 使再合标准.

restart' [ri:'stɑ:t] *v.* 再起动,重新起动[发动,开始],恢复运行. *restart point* 【计】(程序的)再起动点,重入点. *restarting a weld* [焊] 再引弧.

restart'able *a.* 可重新起动的.

re·state' [,ri:'steit] *vt.* 重申,再声明,重新陈述. ~**ment** *n.*

rest-atom *n.* 反冲原子.

res'taurant ['restərənt] *n.* 餐厅,饭馆[店].

rest'ful *a.* 平(安,宁)静的. ~**ly** *ad.*

restim *n.* 网状内皮系统刺激剂.

restimula'tion *n.* 变调,失调.

rest'itute *v.* **restitu'tion** *n.* ①恢复,回复(原位),复[还]原,取代,解调 ②偿[归]还,赔偿. *restitution coefficient* (桩的)回弹系数,弹力恢复系统. *start-stop restitution* 起止式解调.

rest'ive *a.* 难于控制的,不安静[定]的,难驾驭的.

rest'less ['restlis] *a.* 没有休息(停歇)的,不安(定)的,不稳的,无[不]静止的,永不宁静的,不平静的. ~**ly** *ad.* ~**ness** *n.*

rest(-)mass *n.* 静止质量.

re'stock ['ri:'stɔk] *vt.* ①再储存[补充] ②(使)重新进货,使备新货 ③再放养(鱼群),再行钓.

resto'rable [ris'tɔ:rəbl] *a.* 可恢复[复原,归还]的. **restorabil'ity** *n.*

restora'tion [,restə'reiʃən] *n.* ①恢[回]复(原状),复[位,兴],复膜 ②修理[补,建,缮],修复(物),重建(物),翻修,整理,重新更新(器)还,去氧,回[收]还 ④归还. *Closed during restorations*. 修理期间暂不开放. *DC restoration* 直流成分的恢复. *restoration voltage* 恢复电压.

restor'ative *a.; n.* ①复原的,恢复健康的,滋补的 ②营养食品,补药.

restore' [ris'tɔ:] *vt.* ①(使)恢[回]复(原),(使)复原 ②修复[建,补,缮,理],重建,翻修 ③去氧,回复,把(电)再接通 ⑤拉[束]紧⑥提高,增加 ⑦还. *Charging restores the sulfuric acid*. 充电使硫酸还原. *Power can be restored immediately by reclosing the breakers*. 再合闸,电源就能立即重新接通. *restore circuit* 恢复电路. *restored acid* 回收的酸. *restored building* 重新翻修的建筑. *restored energy* 回收[恢复]能量. *restoring moment* 回收力矩. ▲*restore M to N* 使M恢复到N,把M还给N.

restore-pulse generator 时钟脉冲发生器.

resto'rer [ris'tɔ:rə] *n.* ①修建器 ②修补物,恢复器,恢复设备[电源],复位[还原]器. *D.C. restorer* 直流成分恢复器. *restorer diode* 恢复二极管.

restrain' [ris'trein] *vt.* 抑[遏,限,克,节]制,制[阻,禁,防,止],约束,束缚,包[克]制,箝制[固]. *restrain trade* 限制贸易. *restraining structure* 约束结构.

restrained *a.* 限制的,受约束的. *restrained beam* 约束梁. *restrained pile* 钳制桩.

restrain'er *n.* 限制器,阻尼器,抑制剂(摄影中用的溴化钾等),酸洗缓蚀剂.

restraint' [ris'treint] *n.* ①抑(遏,限,克,节)制,制[阻,禁]止,制约,束缚,包[克]制,箝制(力) ②限制(限动,阻尼,减震)器. *principal restraint* (加速度计)主反馈,主约束方式. *restraint modulus* 约束模量. *restraint welding* 约束下焊接. *viscous restraint* 粘性阻尼(减震)器.

restrict' [ris'trikt] *vt.* ①限制[定],约束,保密[制],制[禁]止. *restricting signal* 速度限制信号. ▲*be restricted by* [*in*] M M上受到限制. *be restricted to* M (只)限于M,被限制在M. *be restricted to + inf.* 只限于(做). *be restricted within* 限制在…范围内. *restrict oneself to* M 只限于M. *restrict M to N* 把M限于N(范围).

restrict'able *a.* 可限制的,可约束的.

restrict'ed *a.* (受)限制的,受约束的,拘束的,有限的,禁止的,保密的. *It has only a restricted application*. 它的适用范围有限. *restricted air space* 空中禁区. *restricted clearance* 限制净距[空]. *restricted data* 内部[保密]资料. *restricted game* 【数】约束[限制]对策. *restricted message* 密电. *restricted orifice surge tank* 阻力孔式调压塔. *restricted publication* 内部发行的出版物. *restricted residential district* 居住专用地区. *restricted speed signal* 警戒信号,速度限制信号. *restricted theory of relativity* 狭义相对论. *restricted waterway* 束狭的水道. ~**ly** *ad.*

restrict'ing *n.*; *a.* 限制(的),扼流(的),保护套,表面覆层,限燃层.

restric'tion [ris'trikʃən] *n.* ①限制[定,幅],节流,约束,制[节]止,阻挠,保密 ②油门,节流孔[板](扼[抗]流圈 ③噪扰,干扰(介质) ④流体阻力. *exchange restriction* 外汇限制. *flow restriction* 节流. *frequency restriction* 频率限制. *restriction area of industry* 工业专用地区. *restriction sign* 限制标志. *steric restrictions* 空间的障碍. ▲*impose* [*place*] *restrictions on* 对…实行限制. *restriction on* M 对[在]M的限制.

restric'tive [ris'triktiv] *a.* ①限制(性)的,约束(性)

restrict'or n. ①节气〔门,阀门〔板〕,节流阀〔板,门,器〕,掐〔节〕流圈,限流器 ②限制〔定位〕器. *integral restrictor* 积分开关,积分限制器〔节流阀〕.

restrike' [ris'traik] vt.; n. ①再触发,再点火 ②打击整形. *restrike of arc* 电弧再触发,再点火. *restriking voltage* 再点火〔再起弧电压〕.

restropin n. 网状内皮系统作用物质.

restruc'ture vt. 重新组织,调整,改组,再结构.

rest'strahlen ['reststrɑ:lən] n. 剩余射线. *far infrared reststrahlen spectrum* 远红外余辉带光谱. *reststrahlen band* 强反射率带,余辉带,剩余射线带.

reststrahlung plate 剩余辐射滤光板.

restud'y ['ri:'stʌdi] vt.; n. 重新研究〔估计〕,再学习. *restudies in one's professional field* 业务上的再学习.

re'stuff' ['ri:'stʌf] vt. 重新填充.

resubgrade v. 重筑路基.

resubject' vt. 使再受支配,使再置于…影响下,使再受到…影响作用.

resublime' v. 再升华. **resublima'tion** n.

resul'phurize 或 **resul'furize** vt. 再〔重新〕硫化,再〔重新〕用硫处理. **resulphuriza'tion** 或 **resulfuriza'tion** n.

result' [ri'zʌlt] Ⅰ n. ①结果,答数〔案〕 ②成果〔效,绩〕,效果 ③产物 ④决议〔定〕. *freak result* 反常结果(如偶然接收到极远〔短波〕电台的信号). *net result* 最终结果,净结果. *result function* 结果〔目标〕函数. ▲*as a result* 结果,因此,从而. *as a result of* 由(于)…的结果,通过,作为…的结果. *give no result* 没有结果〔成绩〕. *in (the) result* 结果〔局〕. *lead to no result* 得不出任何结果,是徒劳〔无益〕的. *obtain* 〔meet with, produce〕 *results* 产生结果,收效. *reconcile the results* 使结果相符. *with the result that* 结果就〔是〕,因而〔此〕,从而. *without result* 白白〔徒劳〕地,无效〔益〕地,毫无结果地. Ⅱ vi. 结果是,产〔发〕生于,起于,达到〔目的〕,(结果)形成〔得出〕,终归,致成. ▲*result from* 由…引起〔产生,造成〕,起因于,由于,等于,由…得到〔产生〕. *result in* 结果〔终〕引起〔产生〕,导致,终归,终于造成,归纳为结果是,结果形成,结果用…表示.

result'ant [ri'zʌltənt] Ⅰ a. ①合(成)的,组〔综〕合的,(计)的 ②(作为)结果(而产生)的,有结〔效〕果的,结局的,最后的,后果的. Ⅱ n. ①合(成)量,组〔综〕合,合成运动 ②结果 ③【化】(反应)产物,生〔合〕成物 ④【数】(联立方程式的)终结式,消元式,结式. *horizontal resultant* 水平合力. *resultant admittance* 总〔合成〕导纳. *resultant current* 合成电流,总电流. *resultant cutting pressure* 合成切削压力. *resultant error* 合成误差,总误差. *resultant fault* 综合障碍. *resultant force* 或 *resultant of forces* 合力,力的合力. *resultant gear ratio* 总齿轮比. *resultant law* 结合分布律. *resultant metal* 产品〔出〕金属. *resultant nucleus* 结局核. *resultant of reaction* 反应产物,反应生成物. *resultant stress* 合应力. *vectorial resultant* 矢量合成,合成矢量.

result'ful a. 有成果的,富有成效的.

result'ing [ri'zʌltiŋ] a. (由此)引起〔产生〕的,(最后)所得到的,合成(出来)的,结果的. *resulting force* 合力. *resulting moment* 合力矩. *resulting radiation temperature* 有效辐射温度.

result'less a. 无结果的,无成效的.

resu'mable a. 可恢复的,可重新开始的.

resume' [ri'zju:m] v. ①重新开始,(再)继续,恢复 ②取〔收〕回,再取得〔占有〕,重新占用 ③摘要叙述. *resume one's work* 再继续工作. *resume reading* 重新读下去. ▲*resume the thread of one's discourse* 言归正传.

résumé ['rezju(:)mei] 〔法语〕 n. 摘要,简历,梗概,大略.

re'sum'mon ['ri:'sʌmən] vt. 再召唤,重新召集.

resump'tion [ri'zʌmpʃən] n. ①恢复,(再)继续,再〔重新〕开始 ②再取回,收回,重新占用 ③摘要.

resump'tive [ri'zʌmptiv] a. ①概括的,扼要的 ②恢复的,再开始的,收回的. ~**ly** ad.

resup =resupply.

resuperheat' v.; n. 再〔重新〕过热,(中间)再热.

resuperheat'er n. 再(过)热器,中间再热器.

resu'pinate a. 形状颠倒的,扁平的,倒置的,仰向〔翻〕的.

resupina'tion [ri:sju:pi'neiʃn] n. 翻转,颠倒,仰卧状.

re'supply' vt.; n. 再供应,再补给.

resur'face ['ri:'sə:fis] v. ①重做面层,给…换装新面,重修表面,检修炉村,修整工具,重铺〔翻修〕路面,铺新路面 ②重新露出水面,重新露面. *resurfacing by addition* 加料翻修. *resurfacing material* 表面修材料.

resur'facer n. 表面修整器.

resur'gence n. 苏醒,复活,再生,恢复活动. **resur'gent** a. *resurgent water* 再生水,从外部流入岩层的水.

resurrect' [rezə'rekt] vt. 使复活,复器,使再现,使再受注意. **resurrec'tion** n.

resuscita'tion n. 恢复正常呼吸,回生,复活. *resuscitation gas* 回生气.

resuspen'sion n. 重悬浮.

resveratrol n. 白藜芦醇.

RESVR =reservoir 容器,水〔油〕箱.

resweat ['ri:'swet] v. 石蜡的再发汗.

resyn'chronize v. 再〔恢复〕同步. **resynchroniza'tion** n.

resyn'thesis n. 再合成.

resyn'thesize v. 再合成.

ret [ret] (ret'ted; ret'ting) vt. 浸渍,沤.

RET =①reliability evaluation test 可靠性鉴定试验 ②retard 延迟点火.

ret =①retain ②retainer ③retard ④retired ⑤return.

retail ['ri:teil 或 ri:'teil] Ⅰ n. 零售〔卖〕. Ⅱ a. 零售(商品)的. Ⅲ ad. 以零售方式. Ⅳ vt. ①零售〔卖〕 ②(到处)传播,转〔重〕述. *retail price* 零售

retail'er n. 零售商,传播人.

retail'oring n. 【铸】还原精炼.

retain' [ri'tein] vt. ①保持(不变,不动),保留[有],维[支]持 ②夹持,卡住,制动 ③记忆(住)④挡(土),拦(水),顶住,留住 ⑤雇用,雇(律师等). eliminate the false and retain the true 去伪存真. retain a fixed value 保持一固定值. retain these distinctions 记住这些区别. vessel to retain water 盛水的容器. dyke retaining the flood waters 拦洪堤. retained austenite 残留奥氏体. retained percentage (筛孔上)保留百分率,筛余百分率. retained strength 〔铸〕焦砂强度. retaining dam 挡(拦)水坝. retaining fee 律师费. retaining nut 固定螺母. retaining pawl 动爪,制动爪. retaining ring 扣卡,承托,固定〔环,挡〔护〕圈. retaining ring bar 扣环钢条,挡杆. retaining screen 阻滞筛. retaining valve 单向〔止回〕阀. retaining wall 挡土墙,拥壁. retaining works 拦水〔蓄水,挡土〕工程.

retain'able a. ①可保持〔留〕的 ②可记住的 ③可聘请〔雇用〕的.

retain'er [ri'teinə] n. ①护〔座,导〕圈,(滚动轴承)保持架,定位(座,环,套),夹持,挡〔护〕器,承器〔盘,座〕,导座 ②挡板,隔栅,抵住物,罩片,止动架〔装置〕③随从,雇员,走卒 ④保持〔留〕者 ⑤(律师等的)聘雇(费). bearing retainer 滚动轴承保持器〔架〕. electrode retainer 电极护套. feed retainer 隔料网. heat retainer 保热器. oil retainer 护油圈,润滑油保持环. plunger retainer【塑料】阳模环,阳模圈,阳模芯板. pump screen retainer 泵滤网护圈. retainer ring 固定〔夹持,卡〕环. spring retainer 弹簧承座(导座,座圈).

re'take' ['ri:'teik] I (re'took', re'ta'ken) vt. I n. ①再取,取〔夺〕回,克服 ②重录〔拍,摄〕,补拍〔摄〕.

re'ta'ken ['ri:'teikn] retake 的过去分词.

retal'iate v. ①报复,反〔还〕击,以牙还牙(upon, against) ②征收,报复性关税. **retalia'tion** n. **retal'iative** 或 **retal'iatory** a.

retamp v. 再夯实.

retard' [ri'tɑ:d] vt.; n. ①延〔推〕迟,放慢,(使)停滞,延缓,迟(阻)滞,推后 ②(发动机)点火滞后,延迟点火 ③妨〔阻〕碍,阻止 ④使减速,制动,抑制,慢化,缓凝. ignition retard 发火延迟. retarded action 延迟作用. retarded cement 缓凝水泥. retarded elasticity 推迟〔阻滞〕弹性. retarded force 减缓力. retarded motion 减速运动. retarded velocity 减速度. retarding basin 滞洪区,滞洪水库. retarding electrode 减速电极. retarding field 减速〔迟滞〕电场. retarding torque 制动力矩.
▲in retard 迟延,被妨碍. keep at retard 使迟延〔阻滞〕.

retar'dancy n. 阻〔滞〕...性,阻〔滞〕...能力. fire retardancy 阻燃性.

retar'dant a. 延缓〔止〕的,使延迟的. flame retardant textiles 阻燃织物.

retarda'tion [ri:tɑ:'deiʃən] n. 延〔推〕迟,延缓,迟〔阻,停〕滞 ②妨〔阻〕碍,阻止,抑制,障碍物 ③减速(度,作用),制动(度,作用),阻尼〔塞〕作用,缓凝(作用),④迟差,光程(相)差 ⑤推〔延〕迟退. magnetic retardation 磁滞. retardation basin 滞水池. retardation coil 抗〔扼〕流圈,迟滞线圈. retardation of phase 相位迟后. retardation spectra 推迟时间谱. retardation wedge 减速光楔〔模〕.

retard'ative [ri'tɑ:dətiv] 或 **retar'datory** [ri'tɑ:dətəri] a. 使延迟的,妨碍的,减速的.

retard'er [ri'tɑ:də] n. ①延迟(时)器,延迟〔隔离〕线圈 ②延迟〔阻滞,缓凝,阻聚,抑制〕剂 ③减速〔制动,阻尼〕器,缓凝剂 ④隔离扼流圈 ⑤挡台. car retarder 矿车减速器. draught retarder 通风减速板. retarder thinner 缓干溶剂,延迟干燥用稀释剂. stone retarder 石块分离器,除石块器.

retar'din n. 抑制素,抑化剂.

re'te ['ri:ti] (pl. re'tia) n. 【解剖】网,丛.

re'tell' ['ri:'tel] (retold, retold) vt. 再讲,重〔复〕述.

retem'per v. ①(加水)重塑,改变稠度 ②再次回火. retempering of concrete 搅匀混凝土加水改变稠度.

re'tene n. 惹烯,1-甲-7-异丙基菲 $C_{18}H_{18}$.

reten'tion [ri'tenʃən] n. ①保存〔留,管〕,保〔维〕持,阻挡,抑制,滞〔停留,停滞,阻滞,留置,隔绝〕②保持〔力〕,留着率,滞留量 ③(包装)牢固〔结实〕性 ④记忆(力),存储 ⑤保留物. retention analysis 【化】持着分析法. retention level 壅水水位. retention of activity 放射性抑制. retention of lubricity 润滑性能的保持. retention of snow 积雪. retention period 保存〔留〕(周)期. retention time control 停留时间控制.

reten'tive [ri'tentiv] a. ①(有)保持(力)的,保留的,记忆力强的 ②易潮湿的,保持湿度的. retentive material 硬磁性材料. retentive soil 能保持水份的土壤. ▲be retentive of M 能持有〔记得〕M 的. be retentive of details 能记住细节. be retentive of moisture 能保持湿度. ~ly ad. ~ness n. 真剩磁.

retentiv'ity [ri:ten'tiviti] n. 保持性〔力〕,滞留能力,缓和性,顽磁性,视剩〔顽〕磁,剩磁. magnetic retentivity 顽磁(感应强度).

re'test' ['ri:'test] n.; v. 再试验,重复测试〔试验〕.

rethink' ['ri:'θiŋk] (re'thought', re'thought') v. 再想,重新考虑,重复思考.

re'thread' vt. 把...重新穿〔引〕进.

re'tia ['ri:ʃiə] rete 的复数.

re'tial a. 网的.

re'tiary ['ri:ʃiəri] a. 网(状)的.

ret'icle = reticule.

retic'ular [ri'tikjulə] a. ①网眼的,网状(组织)的,标线的 ②错综复杂的. ~ly ad.

retic'ulate I [ri'tikjuleit] v. (使)成网状,(使)分成小方格. II a. 网状(物)的. **reticulated shell** 网状薄壳. **reticulate(d) structure** 网状结构.

reticula'tion [ritikju'leiʃən] n. 网状(物,结构,组织),网形(线).

ret'icule ['retikju:l] n. ①标(度)线,分度线,(光学)十字线,光(线)网,光栅,刻线,交叉线 ②标线片,分划板,调制盘,标准格. master reticule 掩模原版. reticule alignment 十字线[标度线]对准. reticule camera 制板[网线]照相机.

retic′ulin n. 网硬蛋白,网状菌素.

reticulocyte n. 网组红细胞.

retic′ulum n. 网,网状质.

re′tiform ['ri:tifɔ:m] a. 网状的,有交叉线的.

retight′en [ri'taitn] v. 重新固定[拉紧].

retim′ber vt. 重新支撑,修理木支架.

re′time′ vt. 重新调整…时间,重新定时.

ret′ina (pl. ret′inas, ret′inae) n. (视)网膜.

ret′inal Ⅰ a. (视)网膜的. Ⅱ n. 视网膜醛,维生素 A 醛,维生素 A_2, 瑚叮醛,视黄醛. retinal camera 视网膜照相机. retinal illumination 网膜照度.

retinaldehyde n. 视醛.

retine n. 视黄素,惹亭(据称系从尿中分离出的一种治癌物质),抑胞素.

retinene n. 视网膜素,维生素醛,视黄醛.

retinoblast n. 成视网膜细胞.

retinochrome n. 视网膜色素.

retino-geniculate fibre 视网膜-膝状体(神经)纤维.

retinol n. 松香油 $C_{32}H_{16}$;视黄醇,维生素 A 醇,维生素 A_1, 瑚叮醇.

ret′inoscope n. 眼膜曲率器,视网膜镜.

retinos′copy n. 视网膜镜检法,测眼膜术.

ret′inue n. 随员[从].

retinula n. 小网膜.

retinyl—[词头]视黄基.

retire′ [ri'taiə] v. ①退(下,却,去),撤退 ②退休[职,役] ③收回(成本),收回票据,付清 ④修复 ⑤弃置(设备或设施). retire backstage 退居幕后. retire from office [service] 退职[退役]. retire on a pension 领养老金退休. retire shipping documents 赎单. ▲retire from M to N 离开 M 回到 N.

retired′ a. 退休[职,役]的,歇业的. retired pay 退休[养老]金. Retired Reserve 第三类预备役. retired valley 幽谷.

retiree′ [ritaiə'ri:] n. 退休[职,役]者.

retire′ment n. ①退休[休,役],引退 ②收回(成本,通货等),修复 ③(主动)退却,撤退. partial retirement of shipping documents 零批赎单. retirement pay 退休[役]金. retirement period 收回期.

reti′ring a. 退休[职,役]的,退却的. retiring pension [allowance]退休[养老]金. retiring room 休息室,厕所.

RETL＝Rocket Engine Test Laboratory 火箭发动机测试实验室.

RETMA＝Radio, Electronics and Television Manufacturers Association 美国无线电,电子器件[设备],电视机制造商协会(现为 Electronic Industries Association 电子工业协会).

retng＝retraining 再训练.

retold′ retell 的式和过去分词.

re′took′ ['ri:tuk] retake 的过去式.

re′tool′ ['ri:tu:l] v. ①给(工厂,企业)以新装备,给…装备新机械工具,对机械进行改装[革新]以生产新产品 ②(为适应新形势而)重组.

retort′ [ri'tɔ:t] Ⅰ n. ①(蒸馏,曲颈)罐[器,瓶,甑],曲颈蒸馏器,干馏釜,(转,马弗)炉,容器,烧结器 ②反驳[击],报复. Ⅱ v. ①蒸[干,甑]馏,(在蒸馏器中加热)提纯 ②反驳,报复,还击 ③扭[曲]转 ④扭[曲] cold retort furnace 冷却式辐射加热蒸馏炉. distillation retort 蒸馏罐. furnace retort 炉室. gas retort 生气曲蒸馏甑. gas retort carbon 煤气甑碳. horizontal retort (水)平罐. retort carbon 甑炭,蒸馏炭,蒸馏罐碳精. retort furnace 蒸馏炉. retort gas 甑中产生的气体,蒸馏气体. retort producer 甑式发生炉. retort stoker 甑式加煤机. steel retort 钢蒸馏罐. vertical retort method 竖罐蒸馏法. zinc vertical retorting 竖罐炼锌. ▲retort against [on, upon] 反驳,扭[拧]转.

retor′tion [ri'tɔ:ʃən] n. ①扭[拧]转,扭回,反投[射] ②报复.

retouch′ [ri:'tʌtʃ] v.; n. 修饰[版,正],整饰,照片,绘画等的润色.

RETP＝reliability evaluation test procedure 可靠性鉴定试验程序.

RETR＝①retract ②retractable.

retrace′ [ri'treis] vt.; n. ①折回[返],返回[程],回转,退[返]行 ②[电视]回扫(线),回描[程],逆程 ③回忆[顾],再追溯[探查,描摹]. field retrace 扫描回程,场回描. retrace ratio 回描[逆程]率. sawtooth retrace 锯齿形信号回描. ▲retrace one's steps 顺原路返回,重做,走回头路,走老路. retrace one's steps to 回顾,回溯到.

retraceable set 可测集.

retract′ [ri'trækt] Ⅰ v. ①缩进[回,卷],收缩[回,起] ②拉回,移回[进] ③退[回]刀,回程 ④取消,撤[收]回. Ⅱ n. [拓扑学] 收缩核. deformation retracting 变形收缩. retracting backward 向后[顺气流]收起. retracting spring 回动[回位,释放,回程用]弹簧.

retrac′table [ri'træktəbl] a. ①能缩进的,能(收)缩式的,可收[伸]缩的,伸缩自由的 ②可取消的,可收回的. retractable missile hook 收缩式导弹挂钩. retractable wheel 收缩轮.

retractable-ingot melting 曳锭熔化.

retrac′ted a. 处于收起位置的,缩[收,退,撤]回去了的,取消了的.

retrac′tile [ri'træktail] a. 能收回[进]的,可退缩的,收缩的.

retractil′ity n. 伸缩[退缩,缩回]性,可缩进.

retrac′tion [ri'trækʃən] n. ①缩进[回],移回,回缩,收缩(力) ②[拓扑学] 保核收缩 ②撤回[销],取消,收回. retraction stresses 收缩应力.

retrac′tive a. (易)缩回的.

retrac′tor [ri'træktə] n. ①曳[取]锭器,抽筒器 ②回前言[声明]的人. geared retractor 曳[取]锭蜗杆. ingot retractor 曳[取]锭器.

retractozyme n. 血凝块收缩酶.

re′trad ad. 向后[地],向后方或背侧.

re′tral a. 在后面的,向后(面)的,倒退的. ~ly ad.

re′translate vt. 再[重,转]译,把…译成原文.

retransmis′sion n. 中继,转播[发], 重发.

retransmit′ [ri:trænz'mit] v. 中继,中继站发送,转播,重[转发]发,传输.

retransmitt′er [ri:trænz'mitə] n. 中继[转播]转发

retranspo'sing n. 重交义[易位], 再转置.

retrapp'ing n. 再捕获, 重俘获, 再陷.

reread I ['ri:'tred] vt. ①修补[翻新](轮胎);路面复拼 ②重踏[走]上. II ['ri:tred] n. ①补过的轮胎,翻新的旧轮胎,(旧胎的)新路面 ②路面复拼层,重复[路拌, 复拌]处治层.

retreat' [ri'tri:t] I v. 再处理[加工, 精制, 提纯], 重新处理, 重复处治, 再选 ②退却, 后退, (飞机翼梢)后斜, 向后倾,【地】海退 ③放弃, 作罢, 退出(from). II n. ①退却, 撤退 ②收容[休养]所.
▲*beat a retreat* 撤退, 放弃, 打退堂鼓.

retreat'ment [ri'tri:tmənt] v. 再处理[再加工, 精制, 提纯], 重新处理, 重复处治.

retree' n. 不好的纸, 稍有污损的纸.

retrench' [ri'trentʃ] v. ①减少, 紧缩, 节省[约], 裁减, 截断[去], 修削 ②删除[节], 省略. — **ment** n.

re'tri'al ['ri:'traiəl] n. ①再[重新]试验, 再[重新]实验 ②再[重]审.

retribu'tion n. 报酬[偿, 复].

retrie'vable [ri'tri:vəbl] a. 可恢复[取回, 挽救, 弥补]的, 可重新得到的.

retrie'val [ri'tri:vəl] n. ①(可)取[收, 挽]回, (可)恢复, (可)修补[正], (可)补偿, 可补救[可取得的]②【计】(数据, 信息)检索, (信息的)恢复, 复[还]原, 查(找), 寻找, 探索, 提取. *data retrieval* 数据检索. *information storage and retrieval* 信息存储与检索.
▲*beyond* [*past*] *retrieval* 不能补救[挽回, 恢复]地.

retrieve' [ri'tri:v] I v. ①收[挽, 取, 找]回, 保持, 恢复 ②更(改)正, 修正[补], 弥补[救], 补偿, 补救 ③【计】检索 ④追溯, 回忆. II n. = retrieval.
retrieve an error 纠正错误. ▲*beyond* [*past*] *retrieve* 不可[无法]恢复, 挽回. *retrieve M from N* 拯救 M 免于 N.

retriev'er n. 挽救者, 取回者, 重新得到者, 恢复器, 自动引下器. *retriever boat* 驾驶员救援船.

retrim' ['ri:'trim] (*retrimmed*) [*retrim'ming*] v. 再(过)平衡, 再配平, 再[重新]调整.

RETRO = ①retroactive ②retrorocket.

retro- [词头](向)后, 回(复), 倒退, 逆, 追溯.

retroact' [retrou'ækt] vi. ①倒行, 回[逆]动, 回转 ②再生, 反馈, 起反作用, 逆反应 ③追溯. **retroac'tion** n.

retroac'tive a. 倒[逆]行的, 回动的, 反作用的, 涉及以往的, 追溯既往的. *retroactive zoning* 重新划入的地区, 补划区.

retrocede' [retrou'si:d] v. ①后退, 退却 ②交[归]还, 恢复. **retroces'sion** n.

retrodiffused a. 反向[向后]扩散的.

retrodirec'tive a. 反向的.

retro-engine n. 制动发动机.

ret'rofire I vt. 发动(制动发动机). II vi. ; n. (制动发动机)点火发动.

ret'rofit I [ret'rofitted; ret'rofitting] v. I n. 改型(装, 制), 更新, (式样)翻新, 作翻新改进.

retroflec'tion n. = retroflexion.

ret'roflex(ed) a. 反曲的, 翻转的.

ret'roflex'ion [retrou'flekʃən] n. 反曲, 翻转, 折回, 回射.

ret'ro-fo'cus v. ; n. 焦点后移, 负焦距.

retrograda'tion n. ①后[倒]退, 退步, 逆行, 反向 ②退减(作用), 变栅③【地】海蚀变狭作用.

ret'rograde ['retrougreid] a. ; ad.' ; vi. ①后[倒](的), 向后(的), 逆行[转](的), 反向(的), 产生制动力的 ②次序颠倒(的), 反常规的 ③退步[减, 化](的), 反应过的, 衰(消)退(的), 恶化的 ④掠要地重述. *abrupt retrograde* 陡衰退减. *retrograde extraction* 反萃取. *retrograde motion* 逆行运动. *retrograde solubility* 倒(退缩性)溶解度. *retrograding wave* 反向(后退)波. ▲*in a retrograde order* 次序相反地, 颠倒地.

ret'rogress ['retrogres] vi. ①后(倒, 消, 衰)退 ②退(化, 缩) ③逆行, 反应逆, 逆(反)向运动. *retrogressing wave* 反向波. *retrogressing winding* 倒退绕组. **retrogres'sion** n.

retrogres'sive [retro'gresiv] a. 后(退)的, 逆行的, 退步[化]的. *retrogressive erosion*【地】向源[逆]行, 溯源[反]侵蚀. *retrogressive metamorphism* 退向变质(作用). *retrogressive wave* 逆行[退缩]波.

retroject' vt. ①向后抛, 掷回, 向后投射 ②回想[溯].

retro-launch'ing n. 向后发射.

retron n. 勒脱朗(γ 谱仪)(商品名).

retronecine n. 倒(千里光)裂碱.

ret'ropack n. 制动(减速)发动机, 制动装置.

retroposed a. 后移的.

retroreflect' v. 反光, 回射, 向后[折回, 往回]反射. *retroreflecting material* 定向反光材料.

retroreflect'or n. 反光镜, 反向反射器, 后向[折回]反射镜, 空心角隅棱镜, 定向反光钮.

ret'ro-rock'et n. 制动(减速)火箭.

retrorse' [ri'trɔ:s] a. 向后[下]弯的, 后翻的.

retrorsine n. 倒千里光碱.

retrosec'tion n. 纽形剖线.

ret'rospect n. ; v. ; a. 回顾(想)(的), 追溯(的), 追忆(的). *view 1949 in retrospect* 回顾 1949 年. — **ion** n. — **ive** a.

retro-type lens 负透镜.

ret'rover'sion n. ①倒退, 回顾 ②后倾, 翻转.

ret'rovert' vt. 使翻转, 使后倾.

retrude' vt. (牙齿)后移. **retru'sion** n.

re'try ['ri:'trai] vt. 再试(做), 覆(重)算.

rett'ing n. 浸渍(解), 沤(麻), 麻聚胶. *retting pit* 纤维浸解坑.

re'tube' v. (更)换管(子).

re'tune' v. 重调[谐], 再调整, 再整理.

return' [ri'tə:n] I v. ①返(折, 退, 放)回, 回行(转), 曲(转)折 ②(归, 送)返, 回答(复) ③反驳 ④反射, 回响 ⑤恢复, 复原(位), 归还, 偿, 退, 放还 ⑥回[退]答, 答复, (pl.) 报告(书), 汇[申]报, 统计表, 结果报告 ⑦恢复[复, 复原, 回收, 再(回)]用, 重重现的, 重回复的 ⑤反射(信号), 回波信号 ⑥输出量, 退还之物, (pl.) 回[炉]物, 回炉角 ⑦ (pl.) 利润(率), 报酬[答] ⑧ (pl.) 研究成果 ⑨(墙壁, 嵌线等) 转延侧面. III a. ①返回的, 回程的 ②反向的, 折回的 ③重现的, 回复[报]的, 报答的. *aircraft return* 飞机返回(回波). *an investment that returns good* *profits* 利润很大的投资. *be gone, never to return* 一去不复返. *carriage return*（电传打字机的）滑动架回位. *earth return* 地回路,接地回路〔回路〕. *end return* 端鞍焊,绕过拐角处的填角缝焊. *In case of non-delivery return to the sender.* 无法投递时,退回原处. *insulated return* 绝缘回线. *quick return* 快速回转〔回程〕. *return air* 回流空气,回风,回流. *return air course* 回风巷道. *return bend* 反向回转,U形,180°弯头,回转管 *return block* 回行滑轮. *return circuit* 回路. *return command* 返回〔复原〕指令. *return current* 返回电流,反流. *return curve* 回复曲线. *return electrolyte* 返回(使用的)电解液,废电解液. *return feeder* 回路馈线. *return from abroad* 从国外回来. *return from resource* 资源输出量. *return gear* 回行〔随动,限跟〕装置. *return half* (来回票的)回程票. *return home* 回家〔乡,国〕. *return line* (水,汽)管,回扫,返回线. *return line filter* (液压)回油(管)路过滤器. *return load* 回载. *return loss* 失配衰减,回程〔反射〕损失. *return main* 回水总管,回汽管. *return of dial* 拨号盘恢复原位. *return period* 重现〔回复,逆反〕期. *return pipe* (流,油,水,汽)管. *return pump* 抽空泵. *return riser* 回流立管. *return slag* 回炉渣. *return spring* 返动〔复〕弹簧. *return statement* 〔计〕返回语句. *return swing arm drip* 摆动溢流管. *return thanks* 答谢. *return ticket* 来回票. *return time* 回描〔程〕时间. *return to base* 返航,返回基地. *return to base computer* 返航用计算机. *return to duty* 返任,回到岗位. *return to zero* 归零. *return trace* 回描〔程〕,逆程,归迹. *return transfer function* 返回传送操作. *return trip* 回程. *return valve* 回流〔回水〕阀. *return visit* 回访. *return voyage* 回程. *return wave* 回〔反射〕波. *return water* 【地】回归水,【化】回水,白水. *scrap returns* 废品〔料,钢〕回收,回炉废料. *short ground return* 用短线接地. *single-duct return* 单回流道. *terrain return* 地回波.

▲*by return* (*post, of post*) 立即作复,请即回示,由原〔下一〕班邮程邮递带回. *in return* 作为回报,作(答)复,回过来,替换. *in return for* 作为...的交换〔替换〕,来替换. *make a return* 作报告〔汇报〕. *make return* 回答. *make return for* 报答. *point of no return* 航线临界点；无还点,只能进不能退的地步. *point of safe return* 安全返航点. *return blow for blow* 〔*like for like*〕以牙还牙. *To return* (*to one's muttons*) 回到本题,言归正传. *without return* 无利(润)地.

returnabil'ity [ritəːnəˈbiliti] *n.* 多次使用可能性,可回收〔返回〕性.

return'able *a.* 返回的,可回收〔回答〕的,允许退还的,可返回(再用)的,可重复〔多次〕利用的.

return-circuit rig 反向导流器.

returned' *a.* ①已归(来)的 ②回国的 ③退回的,回收的. *returned empties* 退回的空箱(瓶). *returned overseas Chinese* 归国华侨.

returnee' *n.* 回国的(军)人.

return'less *a.* 不回来的,回不来的,没有回答的,无报酬的,无法摆脱的.

return-to-bias recording 【计】复零(T)记录.

return-to-zero recording 复零〔归零的〕记录.

return-tube boiler 或 **return-flame boiler** 回焰锅炉.

Retz alloy 一种铅锡锑青铜(铜75%,铅10%,锡10%,锑5%).

reunient *a.* 再连合的.

re'u'nify [ˈriːˈjuːnifai] *vt.* 使重新统一〔团结〕. **re'u'nifica'tion** *n.*

Réunion [riːˈjuːnjən] *n.* (非洲)留尼旺(岛).

re'u'nion [riːˈjuːnjən] *n.* ①再结合〔连合,联合,会合,合并,统一〕,重聚〔会合〕,融合〔合〕,重接〔合〕,(断裂)复合,复连(合) ②重叠式(联合式)皮带运输机.

re'unite' [ˈriːjuːˈnait] *v.* (使)再结合〔联合,合并,统一,(使)重聚.

re'usabil'ity [riːjuːzəˈbiliti] *n.* 复用性,重新使用的可能性.

re'u'sable [ˈriːˈjuːzəbl] *a.* 可再次〔重复〕使用的,可重复利用的.

reuse Ⅰ [ˈriːˈjuːz] *vt.* Ⅱ [ˈriːˈjuːs] *n.* 重〔重新,复,再次〕使用,再用,重复利用. *reusing sample* 复用试样,再用试件.

Reuter(**s**) [ˈrɔitə(z)] 或 **Reuter's News Agency** (英国)路透(通讯)社.

reutiliza'tion *n.* 再用,回收利用.

rev [rev] Ⅰ *n.* (发动机)一次回转,旋转. *cruising revs* 飞行速度. Ⅱ (*revved; rev'ving*) *v.* 增加(发动机)转速(up),降低(发动机)转速(down).

REV =①*revised* 修正(订)的,改变的 ②*revision* 修正(订),改订,修订本.

rev =①*reverse* (d) 反(转,向)的,相反的,颠倒的,逆流的 ②*review* 评论,综述 ③*revise* 或 *revision* 修订(本,版),修(校)正 ④*revolution* 回转,旋转,转数.

revaccina'tion *n.* 再接种.

Revalon *n.* 一种铜锌合金(铜76%,锌22%,铝2%).

re'valoriza'tion *n.* 回通货膨胀引起的)重新估价.

reval'uate *vt.* 对...再〔重新〕估价,使升值. *be revaluated upward* 被增值. **revalua'tion** *n.* *revaluation of data* 数据换算.

reval'ue =*revaluate*.

re'valve' *v.* 更换电子管,更换阀门.

re'vamp' [ˈriːˈvæmp] *vt.* ①重修〔建〕,整修,修补〔理,改〕②把...翻新,改进 ③部分地再制〔再装备〕.

revanch'ism *n.* 复仇主义.

revaporiza'tion *n.* 再蒸发(汽化).

reva'porizer *n.* 再(二次)蒸发器.

revcur =*reverse current* 反向电流.

reveal' [riˈviːl] Ⅰ *vt.* 展现,显示〔露,出〕,揭示,揭透,暴,泄露,揭发. Ⅱ *n.* 外露,外抱,(窗框,门框的)半槽边,(外墙中门或窗之间的)窗侧,门侧. ▲*reveal itself* 自显,出现,表现出来. ~**ment** *n.*

reveal'able *a.* 可展现的,可揭露的.

reveal'er *n.* 展示者,揭露者.

revege'tate [riːˈvedʒiteit] *vi.* 重植被,再种植,再发育(长). **revegeta'tion** *n.*

rev'el [ˈrevəld] (*rev'elled; rev'elling*) *v.*; *n.* ①狂欢,联欢 ②非常喜爱,狂喜,沉迷,陶...而扬扬得意(in).

revela'tion [reviˈleiʃən] *n.* ①展现,显示〔露〕,揭

rev'elator 〔泄,暴〕露,打开,展开(式) ②(揭示的,透露的)新材料,经验,意想不到的事,新发现. ～al a.

rev'elator n. 展〔揭〕示者.

rev'elatory a. 展示〔揭露〕性的.

revendica'tion n. 收复失地(的正式要求).

revenge [ri'vendʒ] vt.; n. (替)报仇,报复,雪耻(机会). in 〔out of〕 revenge 报复性地. ～ful a.

rev'enue ['revinju] n. 收〔入〕,收益,进款,税收〔务〕,年〔总〕收入. defaud the revenue 漏〔逃〕税. Public Revenue 国库〔财政〕收入. revenue cuttter (海关)缉私船. revenue expenditure 〔charge〕营业〔收益〕支出.

rever'berant [ri'və:bərənt] a. 反射〔响〕的,(交)混(回)响的,回响〔荡〕的,洪亮的. ～ly ad.

rever'berate [ri'və:bəreit] I v. ①(使)反〔回〕响,(使)回荡,(交)混(回)响(光,热),反(焰)(热,焰)反回〔射,照,吹〕弹回〔跳,射〕击退④放…入反射炉处理. II a. 回响的,反射(焰)的. reverberating echo 混响回波. reverberating furnace 反射〔回〕炉.

reverbera'tion [rivə:bə'reiʃən] n. ①反射,回响(荡),(交)混(回)响,回声,响应 ②反射(焰),反射物〔光,热〕③在反射炉中的处理. optimum reverberation 最佳交混回响. reverberation chamber 混响〔反射〕室. reverberation time meter 混响时间测量计.

reverberation-suppression filter 混响抑制滤波器.

rever'berative a. 反射(性)的,反响(性)的,(交)混(回)响的.

rever'berator [ri'və:bəreitə] n. 反射器(灯,镜,炉),反焰炉.

rever'beratory [ri'və:bərətəri] I a. 回〔反〕响的,交混回响的,反射(炉)的,反焰的. II n. 反射〔返〕炉. reverberatory calciner 反射煅烧炉. reverberatory furnace 反射〔焰〕炉. reverberatory matte 反射炉锍,反射炉冰铜.

reverberom'eter n. (交)混(回)响计,混响时间测量计.

revere' [ri'viə] I vt. 尊敬. II n. 翻领〔边〕.

rev'erence n.; vt. 尊敬〔重〕. command 〔attain〕 reverence 博得〔受到〕尊敬. hold M in reverence 尊敬 M. pay reverence to M 向 M 致敬. regard M with reverence 敬重 M. show reverence for 对…表示尊敬.

rev'erend a. 可〔应受〕尊敬的.

rev'erent 或 **reveren'tial** a. 恭敬的,虔诚的. ～ly ad.

rev'erie n. 幻〔梦,妄〕想. ▲(be) lost in reverie 陷入幻想中. fall into (a) reverie 一心空想.

revers n. 〔法语〕翻领〔边〕.

rever'sal [ri'və:səl] n. ①颠倒,相反 ②反〔换,变〕向,反接,改变符号〔方向〕,转变〔换〕,变换〔更,号〕,极性变换〔反向〕,反转程 ⑤重复信号 ⑥推翻,撤销,废弃. cause a reversal of the state of affairs 把形势扭转过来. reverse the reversal of history 把颠倒的历史颠倒过来. boundary layer reversal 边界层内逆流. phase reversal 反(倒)相,相位改变180°. reversal condition 逆转条件. reversal development 反演,反转现象. reversal of a spectral line (光)谱线的自蚀. reversal of current 电流反向,反流. reversal of diode 二极管反接. reversal of magnetism 磁性反转. reversal of phase 倒相. reversal of polarization 极性变换〔反向〕. reversal of stress 应力交变〔反向〕. reversal of stroke 反冲程. reversal valve 逆〔换向〕阀. reversal zone 负变位灵敏度区,反转区. sign reversal (正、负号)的符号变更.

reverse' [ri'və:s] v.; n.; a.; ad. ①颠倒的〔的〕,相反〔向〕的 ②(使)颠倒,改变方向,反向〔的〕,(使)回动,回〔逆〕流的,逆流〔的〕,回程逆,转,换向〔的〕,交换〔的〕,改变〔的〕,可逆〔的〕,变换极性 ④回动装置〔齿轮〕,反演〔机构〕⑤背〔反〕面(的)⑥镜对称的,对称的,与正面相反(的),取〔撤〕消的,反对的 ⑧挫折、败北. feedreverse 反向传送,可逆传送机构. forced reversing 强迫换向,自动换向. power reverse 动力反向. reverse action 逆反应. reverse angle-shot 侧角倒摄镜头. reverse a policy 完全改变政策. reverse a procedure 颠倒程序. reverse bend 【冶】反向弯曲. reverse bias 反(向)偏压〔偏置〕. reverse blocked admittance 反阻挡导纳. reverse caster (汽车前车轮转向节销的)负倾斜,逆倾斜,主销后倾. reverse compatibility (彩色电视机把黑白图像再现黑白图像的)逆兼容性. reverse current 反向电流. reverse drive 回程,逆行程,换向传动. reverse feedback 负反馈. reverse gear 倒档,反向〔倒车〕齿轮,逆转〔回动〕装置. reverse lay 反捻. reverse one's attitude 完全改变态度. reverse osmosis process 反渗透法. reverse plunjet 回流式气动量塞. reverse process 【计】负像工艺. reverse repeater 【冶】反围盘. reverse running 回程,返测. reverse stop 回动止杆,倒车保险器. reverse temperature 反转温度. reverse transformation 相反的转化. reversing amplifier 倒相放大器. reversing arrangement 换〔反〕向装置. reversing cogging mill 可逆(式)初轧机. reversing correspondence 【数】反序对应. reversing dog 回动分块〔轧头〕. reversing gear 回动〔反向〕齿轮,回动装置,换向逆转,回行机构. reversing index 反转标牌. reversing lever 反向杆,回动杆. reversing loop 迂回环线,转向匝道. reversing mechanism 回动〔反向〕机构. reversing plug 〔switch〕换〔反〕向开关. reversing prism 反像棱镜. reversing process 逆过程. reversing turbine 可逆转式涡轮机,〔船〕倒车涡轮机,后退(用)涡轮. reversing valve 换向〔可逆,回动〕阀. sign reversing 符号交换,反号. ▲in reverse 相反,反之,反过来,朝相反方向,挂倒档,倒车〔开〕. in (the) reverse 相反地,方向相反地. on the reverse (汽车)倒开着. quite the reverse 或 the very reverse 正相反. reverse oneself about 〔over〕 M 完全改变 M 的看法. the reverse is true 反之亦然,情况又反过来了. the reverse side of the coin 事物的相反〔另

一)面,硬币的背面. ~ly ad.
reverse-biased a. 反(向)偏(置)的.
reverse-coupling directional coupler 反相激励定向耦合器.
reverse-current relay 逆流继电器.
reversed' [ri'və:st] a. 颠倒的,反向的,相反的,撤回的. *reversed fault* 逆断层. "*Reversed Head*" *method* "掉头(开挖)"法. *reversed king post girder* 反向单柱梁. *reversed line* 自蚀(光谱)线. *reversed polarity* 反(异)极性,反接,反相. *reversed stress* 交变(逆向)应力. *reversed tickler* 负反馈绕圈. ~ly ad.
reverse-directional element 倒相单向元件.
reversed-loop winding 逆行叠绕组.
reverse-flow n. 逆(回)流.
reverse-leakage current 反向漏电流.
revers'er [ri'və:sə] n. ①换(反)向器,转换(反)向设备,换向开关,转换开关 ②逆转(反向)机构,倒动(行)机构,倒速装置 ③翻钢机. *phase reverser* 倒(反)相器.
reversibil'ity [rivə:si'biliti] n. 可逆(性),反向可能性,反转性,倒转本领(可能性),可转换性,两面可用(性),反演性,可回(逆)塑性,可取(撒)消性. *reversibility of path* 路径可逆性. *thermal reversibility* 热能可逆性.
rever'sible [ri'və:səbl] a. 可逆(倒)的,双向的,回行的,可反转(颠倒,翻转,换向,转换,调换,取消)的,正反两面可用的. *reversible booster* 可逆增压机. *reversible cycle* 可逆循环. *reversible engine* 可逆机. *reversible film* 可逆膜片,反转影片(薄膜). *reversible grease* 可逆(稠度可还原的)润滑脂. *reversible level* 回转可水准管,活镜式,可翻转的酒精(水准仪),可逆水准,可逆电平. *reversible pattern plate*【铸】可逆模板,可换型板. *reversible permeability* 可逆性导磁率. *reversible process of magnetization* 或 *reversible magnetic process* 可逆磁化过程. *reversible rotation* 可逆转动. *reversible temperature indicating pigment* 可逆性示温颜料. *reversible transducer* 可逆换能(变换)器. **rever'sibly** ad.
rever'sion [ri'və:ʃən] n. ①颠倒,转换,反转(向),倒逆(转换),回转,返回 ②复原(归,员,位,恢)复突变(现象),退回 ③(硫化)返原 ④返祖(隔代)遗传. *reversion of a series* 级数的反演. *reversion of gas* 气体烃的转(变)化. *reversion of kerosene* 煤油的储存变质. *reversion test* 变质试验(用过氧化铅检查煤油颜色稳定性). ~al a.
rever'so n. (书的)左页.
rever'sor n. =reverser.
revert' [ri'və:t] Ⅰ v. ①回复,(恢)复原(状)(to) ②使颠倒(回转),逆转 ③回头讲,回想 ④返原(回到前状). Ⅱ n. 返料,回炉物料. *revert statement*【计】回复语句. *revert to the original state* 回复原状.
rever'tant n. 回复突变体.
rever'tex n. 浓缩橡浆,蒸浓胶乳.
rever'tible 或 **revert'ive** = reversible. *revertive call* (同线用户间)相互呼叫. *revertive control* 反控制.
revery = reverie.
re'vest' ['ri:'vest] vt. ①使恢复原状(位) ②重新投资.
revet' [ri'vet] (*revet(t)ed; revet(t)ing*) vt. (用砖石)护(墙,堤,坡,岸),砌(面),铺面.
revet'ment n. 护岸工程,护墙(坡),铺(砌)面,挡土墙.
revibra'tion n. 再振动,重复振动.
review' [ri'vju:] v. n. ①(再)检查,(再)考察,查看,重(审)查,观察,检(审,校)阅 ②评论(文章,杂志),评论性刊物,述评,综述,写评论(for) ③复(温)习,回顾. *book review* 书评. *Beijing Review*《北京周报》. *review board* 检(审)查委员会. *review order* 检阅队形,全副装备. *review the past* 回顾过去. *weekly review* 评论周报. ▲*a review of* 考察,研究,看看. *be reviewed favourably* 得到好评. *in* [*under*] *review* 在检查(审阅)中. *in this review* 在本书(评论)中. *pass in review* (使)行进接受检阅,(被)检查,(被)回顾. *review M for N* 为N写M的评论.
review'able a. 可(应)检查的,可评论的,可回顾的.
review'al n. 书评,评论,复查.
review'er n. 评论者,书评作者,报刊评论员.
revi'sal [ri'vaizəl] n. 订[修,校]正,修订(改). *first* [*second*] *revisal* 初(二)校.
revise' [ri'vaiz] v. Ⅰ vt. 校阅,改订,订(修,校,改)正,改变,对…重新分类. Ⅱ n. 再(二)校样,修订(正). *revise a contract* 修改合同. *revised and enlarged* 增订的. *revised edition* 修订版.
revi'ser n. 订(正,改)者,校对者.
revis'ion [ri'viʒən] n. 修订(本,版),修正(改),校订(正),复审. *revision test* 重(重复)试验. ~ary a.
revis'ionism [ri'viʒənizm] n. 修正主义.
revis'ionist [ri'viʒənist] n.;a. 修正主义者(的).
revis'it vt.; n. ①再访问(参观) ②重游,回到.
revi'sor = reviser.
revi'sory [ri'vaizəri] a. 修订(正)的,改正的,校订(对)的.
revistin n. 反转录酶素.
revi'talize vt. 使新生,复活,使恢复元气. **revitaliza'tion** n.
revi'vable [ri'vaivəbl] a. 可恢复的,可再生的,可复活的.
revi'val [ri'vaivəl] n. ①复苏(兴),恢复 ②再生 ③再流行,重新出版(上演).
revive' [ri'vaiv] v. ①(使)复活(兴),苏醒,更新 ②更新生,恢复,(使)复原,还原成金属 ③(使)吹(流)行,(使)再生效 ④回想起. *revived fault* 复活断层.
revivifica'tion [ri(:)vivifi'keiʃən] n. (活性)恢复,复活(作用),再生. *revivification of solution* 溶液的再生,溶液活性的复原.
reviv'ifier [ri(:)'vivifaiə] n. 复活剂,再生器,交流换热器,叶片式松砂机.
reviv'ify v. (活性)恢复,复活,(使)再生.
revivis'cence [revi'visns] n. 复活,再生,恢复. **vivisc'ent** a.
rev'ocable ['revəkəbl] a. 可撤销(回)的,可废除的.

revoca′tion [revə'keiʃən] n. 撤回[销],废[解]除,取消. **rev′ocatory** a.

revoke′ [ri'vouk] v.; n. ①撤回[销],废[解]除,取消 ②回想,召回. ▲*beyond revoke* 不能撤销[废除]的.

revolt′ [ri'voult] v.; n. ①反抗(against),造反,起义 ②反叛 ③厌恶,反感. *rise in revolt* 起来反抗,举行起义.

rev′olute ['revəljuːt] v. ①旋转,转动 ②闹革命. Ⅱ a. ①旋转的,转动的 ②外卷的,后旋的.

revolu′tion [revə'ljuːʃən] n. ①转(动,圈),旋[回]转(运动),公[转]转,(沿轨道)运行 ②转数 ③循环,周期 ④【数】回转体 ⑤革命,(剧烈的)大变革,(彻底的)大改革. *Revolutions are the locomotives of history.* 革命是历史的火车头. *biplanar revolution* 双平面回转. *engine revolutions* 发动机转数. *industrial revolution* 产[工]业革命. *revolution counter* 转速表,转数计[表]. *revolution mark* 工件上刀具所引起的切削痕迹,刀痕,走刀痕迹. *revolution meter* 转数计. *revolution of polar to Cartesian* 极坐标-直角坐标变换. *revolutions per minute* 每分钟转数. *revolutions per second* 每秒转数. *surface of revolution* 回转曲面. *technical revolution* 技术革命. ▲*make revolution* 闹革命. *make M revolution(s)(round N)(绕 N)(公)转 M 圈. *start [raise] a revolution* 闹革命. *work a revolution in M* 在 M 上引起革命.

revolu′tionary [revə'ljuːʃnəri] Ⅰ a. ①[绕,旋]转的,革命的. Ⅱ n. 革命者,革命党人.

revolu′tionise = revolutionize.

revolu′tionist n.; a. 革命者,革命党人(的).

revolu′tionize [revə'ljuːʃnaiz] vt. 使革命化,使…发生巨大变化,引起革命,彻底改革,变革,革新. **revolutioniza′tion** n.

revolve′ [ri'vɔlv] v. ①(使)旋[绕]转,公[回,周,运]转,转动,运行 ②循环,周期[间断]地出现 ③再三考虑,思索,反复研究 ④绕转(on). *Seasons revolve.* 季节周期性地更替. *The earth revolves both round [about] the sun and on its own axis.* 地球既公转又自转. *revolved section* 旋转断面. ▲*revolve around [round, about]* 围[绕] M 旋[公]转,围绕着 M 盘算. *revolve on M* 绕 M(轴)旋[自]转.

revol′ver [ri'vɔlvə] n. ①旋器器,旋转式装置,(物镜)转换器 ②转轮,滚筒 ③快速访问通道,快速循环取数区 ⑤左轮手枪. *condenser revolver* 聚光器转换器. *engraving disc revolver* 轮形旋刻刀. *revolver (track)* 【计】快速访问道,快速循环取数区.

revol′ving [ri'vɔlviŋ] a. 旋转式的,周期性的,循环的,转动的,回转的. *revolving arm [paddle] mixer* 叶片式混砂机. *revolving chair* 转椅. *revolving door* 旋转门. *revolving drum* (回)转筒,转鼓. *revolving fund* 周转(资)金. *revolving nosepiece* (显微镜的)换镜旋座[转盘]. *revolving ring* 油环,环. *revolving screen* 回转筛,[回转,筒]筛. *revolving shaft* 回转轴. *revolving wheel* 回转砂轮.

revs = revolutions 转数.

revs per min = revolutions per minute 每分钟转数,转/分.

revul′sion n. ①收回,(突然)抽回 ②突变 ③反感(against).

rew = reward.

reward′ [ri'wɔːd] Ⅰ n. ①报酬[答],酬[赏]金,奖励 ②效益,结果,好处. Ⅱ vt. 报答,奖赏,酬劳[谢]. ▲*be rewarded by* 获得(成功). *be rewarded with* 获得(结果). *in reward for* 为以[回]酬答.

reward′ing a. 有能酬[益]的,值得做的.

reward′less a. 无报酬的,徒劳的.

rewasher ['riː'wɔʃə] n. 再洗机.

rewater Ⅰ vt. 再洗. Ⅱ n. 纸浆残水.

re′weigh′ ['riː'wei] vt. 再[重新]称量.

re′weld′ ['riː'weld] v. 重[又]修补焊.

re′wet′ v. 再[回]湿润.

rewind ['riː'waind] (**rewound**) Ⅰ vt. 再上[开](发条),重绕[卷],反绕,再把…卷紧,倒(磁)带[片]. Ⅱ n. 倒(电影)片器,倒片装置,反绕装置. *rewind statement* 【计】反绕语句. *rewind time* 反绕[绕带]时间.

rewinder ['riː'waində] n. 重[复]绕机,卷取机,反轴机,(纸张)复卷,胶卷的(倒卷器)机,再卷机.

re′wire′ ['riː'waiə] vt. 重新布(接)线.

reword ['riː'wɔːd] vt. 重说[复],改说,改变…的措辞.

rework′ [riː'wɔːk] v.; n. 再制,再处理,再(二次)加工,返工,修改. *reworking of spent catalyst* 废催化剂的再生[再次加工].

rewound ['riː'waund] rewind 的过去式和过去分词.

REWR = read and write 读和写.

re′write′ ['riː'rait] Ⅰ (*re′wrote′*, *re′writ′ten*) vt. ①再[重,改]写,再记入,重新记录,【计】再生 ②书面答复. Ⅱ n. 改写稿,改[重]写的作品[文. *rewrite operation* 【计】重写操作.

rex n. 控制导弹的脉冲系统.

Rex alloy 一种钨钴铬合金(含铬 1.5%).

Rex steel 一种耐热耐蚀高合金钢.

Reykjavik ['reikjəvik] n. 雷克雅未克(冰岛首都).

reyn n. 雷恩(英制动力黏度单位,用于润滑方面,相当于 1/68950 泊).

Reynolds alloys 一类压铸铝合金.

Reynolds number 雷诺数.

re-zeroing n. 回放[重调]到零.

Rezistal n. 一种镍铬钢.

RF = ①radial flow 径(向)流 ②radio frequency 射频,无线电频率 ③range finder (光学)测距仪,测远仪 ④rapidfire 速射的 ⑤read frequency 读频率 ⑥rectifier 整流器,精馏器 ⑦releasing factor 释放因子.

Rf = ①rutherfordium 【化】钅卢(第 104 号元素) ②比移值,散离率.

rf = radio frequency 射频,无线电频率.

RF dielectric heating 电介质射频加热.

rf energy 射频能量.

RF excited ion laser 射频激励离子激光器.

RFA = radio frequency amplifier 射(高)频放大器.

RFB = rectified feedback 整流反馈.

RFC = ①radio-frequency chart 射频图,无线电频率表 ②radio-frequency choke 射频扼流圈 ③radio frequency current 射频电流.

rfcal = return for calibration 退回校准.
RFCI = radar fire control instrument 射击指挥雷达,雷达射击指挥仪〔控制仪表〕.
RFCO = ①radio facilities control officer 无线电装置操纵人员 ②radio-frequency checkout 射频检验〔调整〕.
RFCS = radio frequency carrier shift 射频载波源移.
RFDT = reliability failure diagnostic team 可靠性试验失败诊断小组.
RFF = reset flip-flop 复位触发器.
RFG = rate and free gyro 二自由度与三自由度陀螺仪.
RFI = ①radio frequency interference 射频干扰 ②read frequency input 读频率输入.
RFI-immune *a.* 不受射频干扰的.
RFIT = radio-frequency interference test 射频干扰测试.
rfl = refuel(ing) 加燃料.
RFM = reactive factor meter 无功功率因数计.
RFNA = red fuming nitric acid 红色发烟硝酸.
rfs = regardless of feature size 不管零〔部〕件大小如何,不管特征〔定型〕尺寸如何.
RFT = radio-frequency transformer 射频变压器.
RFW = reserve feed water 备用给水.
RG = ①radio guidance 无线电制导 ②range 距离,波段,射〔航,量〕程,区域,范围 ③rate gyro 阻尼〔微分,角速度,二自由度〕陀螺仪 ④reticulated grating 格栅 ⑤reverse grade 反向坡度.
rg = range 距离,波段,射〔航,量〕程,区域,范围.
R/G = relay group 继电器组.
RGD = ①refiner ground pulp 精制磨木浆. ②Regular Geophysical Days 定期地球物理日.
rgn = region 区〔域〕,范围,领域.
RgR = regulating rheostat 调节变阻器.
RGS = radio guidance system 无线电制导系统.
RGSAT = radio guidance surveillance and automatic tracking 无线电制导监视与自动追踪.
RH = ①radiation homing 辐射导航 ②relative humidity 相对湿度 ③rheostat 变阻器〔箱〕 ④right-hand 右手,右方,右侧 ⑤righthanded 右转〔,边〕的 ⑥Rockwell hardness 洛氏硬度 ⑦round head 圆(形)头(部).
Rh = rhodium 铑.
rH 氧化还原值.
RH CTL = right-hand controls 右座〔侧〕操纵.
RH DR = right-hand drive 右座〔侧〕驾驶,右驭.
rhab′dite *n.* 杆状体,叶突.
rhab′doid *a.* 棒状的,杆状的.
rhab′dom(e) *n.* 感杆束,(复眼的)视轴.
rhabdomere *n.* (复眼的)感(光)杆.
rhaegmageny *n.* 扭裂运动.
Rhae′tian *n.* (晚三叠世晚期)瑞提阶.
rhaetizite *n.* 蓝晶石.
rham′nose *n.* 鼠李糖.
rham′noside *n.* 鼠李糖式.
rhamphoid cusp 【数】乙种尖点.
rhapontigenin *n.* 丹叶大黄素,祁卢配质.
RHB = radar homing beacon 雷达归航信标.
RHC = ①range-height converter 距离-高度变换器 ②Rockwell hardness Cscale 洛氏硬度 C 级.
rhe [riː] *n.* 流值(流度的绝对单位,动力粘度单位厘泊 centipoise 的倒数,有时也指厘泡 centistoke 的倒数).
RHE = reliablility human engineering 可靠性机械设备利用学.
rhegmaglyph *n.* 气印,鱼鳞坑,烧蚀坑.
rheidity *n.* 【地】流动性.
rhein *n.* 大黄酸.
rhenate *n.* 铼酸盐.
rhenides *n.* 铼系元素.
Rhe′nish [′riːniʃ] *a.* 莱茵河(流域)的.
rhenite *n.* 亚铼酸盐.
rhe′nium [′riːniəm] *n.* 铼 Re.
rhe′nium-bearing *a.* 含铼的.
rhenopalites *n.* 细晶岩类.
RHEO = rheostat 变阻器,电阻箱.
rhe′obase *n.* 基电流,强度基.
rhe′ocasting *n.* 流变铸造(无〔压〕铸).
rhe′ochor *n.* (克分子)等粘比容.
rhe′ochor *n.* 滑线变阻器.
rheodestruc′tion *n.* 流变破坏.
rheodichroism *n.* 流变二色性.
rheodynam′ics *n.* 流变动力学.
rheoenceph′alograph *n.* 脑血流描记仪.
rheogoniom′eter *n.* 流变性测定仪,流变测角计.
rheogoniom′etry *n.* 流变性测定法.
rhe′ogram *n.* 流变图.
rhe′ograph *n.* 流变记录器.
rheolog′ic(al) *a.* 流变(学)的.
rheol′ogist *n.* 流变学家.
rheol′ogy *n.* 流变学,液〔河〕流学. *rheology of suspensions* 悬浮体流变学.
rheomalaxis *n.* 失稠性,流动致软性.
rheom′eter [riː′ɔmitə] *n.* 电流计,(血)流速(度)计,流变仪,粘质流速计.
rheom′etry *n.* 流变测定法〔测量术〕.
rheomi′crophone *n.* 微音器.
rheomorphism *n.* 深流作用.
rheonome *n.* 电流强度变换器,电流调节器,神经反应测定器.
rheopec′tic *a.* 震凝(动)性,抗流变的,触变的.
rheopex′ic *a.* 震(流)凝的,抗流变的,触变性的.
rheopexy *n.* 触变(性),震凝(性,现象),抗流变性,流凝性,减流性.
rhe′ophore [′riːəfɔː] *n.* 电极.
rheophyte *n.* 河生植物.
rheoplankton *n.* 流水浮游生物.
rhe′oscope [′riːəskoup] *n.* 验电器,(电流)检验器.
rheospectrom′eter *n.* 流谱计.
rhe′o(s)tan [′riːə(s)tən] *n.* 变阻合金,高电阻铜合金(铜 84%,锰 12%,锌 4%)或铜 52%,镍 25%,锌 18%,铁 5%),高电阻丝.
rhe′ostat [′riːəstæt] *n.* 变阻器〔箱〕,电阻箱,可变电阻(器). *carbon rheostat* 碳质变阻器. *field rheostat* 磁场〔励磁〕变阻器. *shunt rheostat* 分路变阻器.
rheostat′ic *a.* 变阻(器)式的,电阻的.
rheostriction *n.* 流变压缩,夹紧〔紧缩,箍缩〕效应.
rhe′otan = rheostan.
rheotax′ial *a.* 液相外延的,液相生长的.
rheotax′ic *a.* 趋流的,液相外延的.

rheotax'is n. 趋流性,液相外延性.
rhe'otome ['ri:ətoum] n. (周期)断流器,(电流)断续器,中断电流器.
rhe'otron ['ri:ətrɔn] n. 电子[电磁]感应加速器,电子回旋加速器,通用流变仪.
rhe'otrope ['ri:ətroup] n. 电流转换开关,电流变向器.
rheotrop'ic a. 向流(流动方向)性的.
rheot'ropism n. (大)向流性.
rheovisco-elastometer n. 流变粘弹计.
rheoviscom'eter n. 流变粘度计.
rhet'oric ['retərik] n. ①修辞学,辩术,花言巧语 ②言语,讲话.
rhetor'ical [ri'tɔrikəl] a. 修辞(学)的,浮泛的,口头的. ~ly ad.
rheum [ru:m] n. ①感冒,鼻炎,风湿痛 ②稀粘液 ③大黄(属).
rheumat'ic [ru:'mætik] Ⅰ a. (引起,患)风湿病的,由风湿病引起的. Ⅱ n. 风湿病患者, (pl.) 风湿病. *rheumatic elevator* 开起来摇摇晃晃的电梯. *rheumatic fever* 风湿病.
rheu'matism [ru:mətizəm] n. 风湿病(症).
rheu'matoid ['ru:mətɔid] a. (患)风湿病(关节炎)的.
rheu'my ['ru:mi] a. ①(多)稀粘液的 ②(空气)潮湿的,阴冷的 ③易引起感冒(风湿病)的.
rhex'is n. (染色体)碎裂.
rhexistasy n. 破坏平衡.
RHI =①range-height indicator 距离-高度显示器 ②relative humidity indicator 相对湿度显示器.
rhi'nal ['rainl] n. 鼻的. *rhinal cavity* 鼻腔.
Rhine [rain] n. 莱茵河.
rhine'metal n. 铜锡合金.
rhine'stone n. 一种水晶,仿制的金刚钻.
rhini'tis n. 鼻炎.
rhi'no ['rainou] n. ①钱,现金 ②犀牛.
rhinoc'eros [rai'nɔsərəs] n. (pl. *rhinoc'eros(es)* 或 *rhinoc'eri*) n. 犀牛.
rhi'noscope ['rainəskoup] n. 鼻(窥)镜.
rhinos'copy [rai'nɔskəpi] n. 鼻(窥)镜检查(法).
rhinovi'rus n. 鼻病毒.
rhizines n. 错接菌丝.
rhizo'bia n. 根瘤菌.
rhizobiocin n. 根瘤菌素.
rhizocaline n. 促成根素.
rhizoid Ⅰ a. 根状的. Ⅱ n. 假根.
rhizome n. 根(状)茎.
rhizomorph n. 菌索,根状体.
rhizomycelium n. 根状菌丝体.
rhizopin n. 根霉促进素.
rhizoplane n. 根际,根圈.
Rhizopoda n. 根足(亚纲,虫类).
rhizopo'dium n. 根足.
Rhi'zopus n. 酒曲菌属.
rhi'zosphere n. 根际.
RHJ = rubber hose jacket 橡皮管套(罩).
RHM = roentgen per hour at one meter 拉姆;伦琴/小时米(距离辐射源一米处每小时的伦琴数).
RHN = Rockwell hardness number 洛氏硬度(数).
rho [rou] 希腊字母 P,ρ;ρ介子(=rho meson),ρ单位(离子剂量单位).

rho'damine n. 若丹明,玫瑰精,盐基桃红,碱性蕊香红. *rhodamine-B dye* 若丹明-B 染料,蓝光碱性蕊香红.
rhodan ammonium 硫氰化铵.
rho'danate n. 硫(代)氰酸盐.
rhodan-compound n. 硫氰酸化合物.
rhodanese n. 硫氰酸酶.
rho'danide n. 硫氰酸盐,硫氰化物.
rho'danise v. 镀铑(于银表面).
rhodate n. 铑酸盐.
Rhode Island [roud'ailənd] (美国)罗得艾兰(州),罗得岛.
rhodenin n. 万年青宁.
Rhode'sia [rou'di:zjə] n. 罗得西亚(现称 Zimbabwe 津巴布韦).
rhodethanil n. 硫氰苯胺.
rhodexin A 万年青素 A.
Rhodia n. 罗达(耐纶 66 型聚酰胺纤维的商品名).
rho'dic a. (含)铑的,高价铑的.
rhodirite n. 硼绝铷矿.
rho'dium ['roudiəm] n. 【化】铑 Rh. *rhodium gold* 含铑天然金(铑<43%).
rhodochro'site n. 菱锰矿.
rhodomycetin n. 紫红菌素.
rhodomycin n. 紫红霉素.
rho'donite n. 蔷薇辉石.
Rhodophyceae n. 红藻科.
Rhodophyta n. 红藻门.
rhodopseudomonacin n. 红极毛杆菌素.
rhodop'sin n. (视网膜上的)视紫质.
rhodopurpurin n. 紫菌红素(丙).
rhodoquinone n. 深红醌.
rhodotorula n. 红酵母.
rhodotox'in n. 珍红毒.
rho'dous a. (含)铑的,低价铑的.
rhodovibrin n. 紫菌红醇.
rhodoviolasin n. 紫菌红藍.
rhodoxanthin n. 紫杉紫素.
rhomb [rɔm] n. (偏)菱形,斜方形[晶],斜方六面体.
rhomb(en)-porphyry n. 菱长斑岩.
rhom'bi ['rɔmbai] rhombus 的复数.
rhom'bic ['rɔmbik] a.; n. ①菱形(的),斜方形的,斜方晶体的 ②有菱形底(剖面)的 ③正交(晶)的. *rhombic antenna* 菱形天线. *rhombic knurling* 菱纹滚花刀. *rhombic quartz* 长石. *rhombic system* 正交(斜方)晶系.
rhomb(o)- (词头)菱形.
rhombododecahed'ron n. 菱形十二面体.
rhombohed'ral a. 菱形的,菱形(六面)体的,三角晶(系)的.
rhombohed'ron (pl. *rhombohed'rons* 或 *rhombohed'ra*) n. 菱形(六面)体,菱面体.
rhom'boid n. 偏(长)菱形,长斜方形,平行四边形. ~al a.
rhom'bus ['rɔmbəs] (pl. *rhom'buses* 或 *rhom'bi*) n. 菱形.
rhometal n. 镍铁合金,镍铬硅铁磁合金(镍 36~45%,铬 2~5%,硅 2~3%,其余铁).
rhooki n. 成熟紫胶.
Rhopalocera n. 锤角亚目.

Rhota′nium n. 一种钯金合金(钯10～40％,其余金).

rho′-the′ta [′rou′θi:tə] n. 距离-角度导航,测距和测角的导航计算机. *rho-theta system* 极坐标导航系统.

RHR =reheater 再(加)热器.

rhr =roughness height rating.

r/hr =roentgens per hour 伦琴/小时.

RHS =right hand side 右方,(等式的)右边.

rhu′barb n. 大黄.

rhumb [rʌm] n. ①罗盘方位,罗经点(=10°15′) ②罗盘方位单位 ③(=rhumb line)航程(航向,等方位,等角)线. *rhumb card* 罗经卡.

rhum′batron n. 空腔谐振(共振)器,坏状共振器. *soft rhumbatron* 软性空腔,谐振放电器.

Rhus n. 漆树属. *Rhus lacquer* 漆树漆. *Rhus vernicifiua* 漆树.

rhyme [raim] Ⅰ n. 韵. Ⅱ v. 押韵. ▲*neither rhyme nor reason* 一无可取. *without rhyme or reason* 莫名其妙,无缘无故,毫无道理.

Rhynchocephalia n. 喙头目.

rhy′olite n. 流纹岩.

rhyotaxit′ic a. 流纹状的.

rhysim′eter n. (流体)流速(测定)计.

rhythm [′riðəm] n. ①节奏,韵(节)律 ②律动,周期性(变动),有规律的重复发生(循环运动) ③调和,协调,均匀.

rhyth′mic(al) [′riðmik(əl)] a. ①间歇的,有节奏的,节律的,律动的,韵律的 ②调和的,协调的 *rhythmic corrugations* 周期性(规律性)搓板(现象). ~ally ad.

rhyth′mless a. 无节奏的,无律动的,不匀称的.

rhythmogen′esis n. 节律发生.

RI =①radio inertia 无线电惯性 ②radio inertial guidance system 无线电惯性制导系统 ③radioisotope 或 radioactive isotope 放射性同位素 ④radioisotope indicator 放射性同位素指示器(剂) ⑤receiving inspection 验收,接受检查 ⑥reflective insulation 反射绝缘 ⑦report of investigation 研究报告,调查报告 ⑧Rhode Island(美国)罗得艾兰(州),罗得岛 ⑨rubber insulation 橡皮绝缘.

ri =refractive index 折射率,折光指数.

ria [′ri:ɑ:] n. [地] 溺河,沉溺河. *Rias coast* 沉降不整齐河海岸.

RIAS =Research Institute for Advanced Studies 高级研究所,先进学科研究所.

rib [rib] Ⅰ n. ①肋(条,材,骨),棱 ②拱肋〔棱〕,加强〔劲)肋,加厚〔强〕部,翼肋,(拱桥)横〔弯〕梁,伞骨 ③(活塞黏圈槽之间的)凸缘 ④矿(煤,岩)壁,中柱 ⑤【纺】棱纹,凸条,罗纹 ⑥叶〔翅)脉. Ⅱ (*ribbed; ribbing*) vt. 加肋于,装肋材(肋状物)于,用肋材(肋状物)围住(加固). *cooling rib* 冷却肋,散热片. *reinforced rib* 加强肋. *rib arch* 肋拱,扇形拱. *rib flange* 肋凸缘. *rib floor slab* 肋构楼板. *rib lath* [mesh] 肋条钢丝网. *rib of column* 柱肋. *rib of piston* 活塞肋. *rib snubber* (爆破)外圈掏槽炮. *rib stiffener* 加劲肋. *rib vaulting* 扇形肋穹顶,有肋拱顶. *stiffening rib* 加强肋. *wheel rib* 轮辐(肋).

RIB =ribbed.

RIBA =Royal Institute of British Architects 英国皇家建筑师学会.

rib′and n. (装饰用)缎〔丝〕带. *riband stone* 条纹砂岩.

rib′band Ⅰ n. ①木桁 ②支材 ③防滑材,滑道支板. Ⅱ vt. 用木桁固定.

ribbed [ribd] a. (带)肋的,带筋的,起棱的,呈肋状的,用肋材(肋状物)支撑的. *ribbed arch* 肋〔弓形〕拱,有肋(式)拱(顶). *ribbed bar* 竹节钢(筋),带筋钢条. *ribbed cylinder* 肋片式汽缸. *ribbed flat* 带筋扁钢. *ribbed floor* 肋构楼面. *ribbed frame* 有肋框架. *ribbed funnel* 縫沟漏斗. *ribbed glass* (起)肋玻璃,柳条玻璃. *ribbed joint* 肋接. *ribbed roller* 肋辊. *ribbed slab* 肋(构线)板. *ribbed tube* 肋管,肋筒. *ribbed vault* 有肋的〔扇形〕拱顶.

rib′bing n. ①加肋,用肋加固,肋状排列 ②肋条,肋材构架 ③【纺】棱纹,凸条 ④叶(翅)脉 ⑤散热片.

rib′bon [′ribən] Ⅰ n. ①(缎,丝)带,堆垛层错带,状物,带状构造,带状电缆 ②打字带,色(墨)带 ③(长,狭,板)条,条板,木材 ④钢卷尺,发条 ⑤带碎. Ⅱ v. ①饰以带状线条,成带状 ②撕成长条(碎片). *fault ribbon* 层错带. *ink ribbon* 色带,印字带. *red ribbon* 红(白)带. *ribbon brake* 带状制动器,带式闸. *ribbon building* [*development*](由市区到郊区)沿僕道发展的一系列建筑. *ribbon coil* 带绕线圈. *ribbon conductor* 扁(带)状导线. *ribbon conveyor* 带式(螺旋)运输机. *ribbon-cutting ceremony* 剪彩仪式. *ribbon element* 螺旋状圆筒形多孔质滤清元件(把特殊用纸经树脂浸渍后,切成小片条,卷成螺旋状圆筒形). *ribbon gauge* 带状感应变片(头). *ribbon iron* 红(白,条)钢. *ribbon microphone* 铝(金属)带式话筒,带簧(式)受声器. *ribbon mixer* 螺旋叶片式搅拌机,螺条混合器. *ribbon polymer* 条带聚合体. *ribbon powder* 带状火药. *ribbon steel* 窄带材,打包条钢. *ribbon tape* 卷(匝)尺,窄带材,窄板材. *single dendritic ribbon* 单根枝晶带,枝状晶带.

ribbon-marker n. 缎带书签.

ribitol n. 核糖醇.

rib′met n. 膨体混凝土.

ribodesose n. 脱氧核糖.

ribofla′vin n. 核(乳)黄素,维生素 B_2.

ribofuranose n. 呋喃核糖.

ribonu′clease n. 核糖核酸酶.

ribo(nucleo)side n. 核(糖核)苷.

ribo(nucleo)tidase n. 核(糖核)苷酸酶.

ribo(nucleo)tide n. 核(糖核)苷酸.

ribopyranose n. 吡喃核糖.

ri′bose n. 核糖.

ribosidoadenine n. 腺(嘌呤核)苷.

ribosomal RNA 核糖体白体 RNA,核糖体 RNA.

ri′bosome n. 核(糖核)蛋白体,核糖体.

ribostamycin n. 核糖霉素.

ribosyl- (词头)核糖基.

ribosyla′tion n. 核糖苷化(作用).

ribosylzeatin n. 玉米素核苷,核糖基玉米素.

ribothymidine n. 胸腺嘧啶核糖核苷.

ribotide n. 核(糖核)苷酸.

ribovi′rus n. 核糖核酸病毒.

rib-tread tyre 肋(条形花)纹轮胎.

ribulose n. 核酮糖,阿奇糖.
RIC =①representative in charge 总代表 ②Royal Institute of Chemistry (British)英国皇家化学学会.
rice [rais] n. ①稻(偶),(大)米,饭 ②米级无烟煤. *Rice circuit* 栅板中和电路,莱斯电路. *rice microphone* 一种炭精话筒. *rice paper* 宣纸,卷烟纸,米纸,(通脱木的木髓压制成的)通草纸. *rice polishings* 糠.

rich [ritʃ] I a. ①富(裕,丽)的,丰富的,多产的 ②浓(厚)的,稠的,(近乎)纯的,优质的,高品位的,高浓度的,肥的,强烈的,富油的,可燃成分高的,极易起动的 ③珍(昂)贵的,贵重的 ④有意义的,丰富多彩的,富有成果的. II n. ①富油(混合比),浓(混合比),富化 ②(pl.)财[丰]富,宝库. *auto* [automatic] *rich* 自动富浓(的混合比),(燃烧混合比例). *full rich* 全浓(混合比),全富油(混合比). *rich alloy* 富(母,中间)合金. *rich clay* 富(肥,重)粘土. *rich coal* 肥煤,沥青煤. *rich gold metal* 金色黄铜(锌10%,铜90%). *rich harvest* 丰收. *rich lime* 富(肥)石灰. *rich low brass* (装)饰用高锌黄铜(铜82～87%,其余锌). *rich mixture* 富油混合气,油脂混合物,富(多灰,多油)混合料,富燃料和空气混合物. *rich practical experiences* 丰富的实践经验. ▲(be) *rich in M* 富有 M 的,M丰富的,含 M 很大[多,丰富]的.

rich-bound a. 装帧精美的.
rich'en ['ritʃən] vt. 使(更)富,使更浓,使(混合燃料)可燃成份更高.
richetite n. 水板铅铀矿.
rich-glittering a. 金碧辉煌的.
rich'ly ['ritʃli] ad. 富饶(浓)地,丰富地,浓厚地,昂贵地 ②(与deserve连用)完全地,彻底地,充分地.
rich'ness ['ritʃnis] n. 丰富,富饶[裕](度],昂贵性.
Richter scale 里希特等级.
ricin n. 蓖麻蛋白.
ricinine n. 蓖麻碱.
rick I n. 一垛干草,一堆木料. II vt. 把…堆成垛.
rickardite n. 碲铜矿.
rick'ets ['rikits] n. 佝偻[软骨]病.
Rickett'sia n. 立克次氏体.
rickettsio'sis n. 立克次氏体病.
rick'ety ['rikiti] a. ①(似,患)佝偻病的 ②连接处不牢的,摇摇晃晃的,东倒西歪的.
ric'ochet ['rikəʃet] n.; v. 跳飞〔弹,射〕,回跳〔弹〕,漂擦,掠水而飞. *angle of ricochet* 反跳角. *ricochet fire* 跳弹射击.
ric'tus ['riktəs] n. ①裂(口),开口状 ②呵欠.
rid [rid] (*rid* 或 *rid'ded*; *rid'ding*) vt. ①使摆脱,使除[免]去,去掉 ②迅速了结,扫清,收拾. ▲*be* [*get*] *rid of* [*from*] 或 *rid oneself of* 除去,摆脱,去掉,丢掉,排,免,除. *rid M of N* 使 M 免除[摆脱]N. *rid up* 清理〔除〕.
RID =radio intelligence division 无线电情报处.
ri'dable 或 **ride'able** a. 可骑的,可乘的,可通行的.
rid'dance n. 摆脱,清除(from).
rid'den I ride 的过去分词. II a. 〔常用以构成复合词〕受…支配[压迫]的. *crisisridden* 充满危机的.

rid'dle ['ridl] I n. ①谜,莫名其妙的事物,难以捉摸的人物 ②(粗,盐,粉,煤)筛,筛网(面,板). I vt. ①猜(谜)②检(细)查看,鉴定,探究 ③(过)筛,筛落,分级,清选 ④驳(难)倒,批判,非难,把…打得满是窟窿 ⑤充满于,弥漫于. *riddle drum* 转筒筛,筒筛.
rid'dled a. 散乱的,不清楚的.
rid'dler n. 振动筛〔摆动〕筛.
rid'dlings n. 筛[石]屑,筛出[漏落]物,粗筛余料,由炉箅漏下的小量煤,细粒.
ride [raid] (*rode*, *rid'den*) I v. ①乘(车,波),骑(马),坐(车),载,骑,行〔驱〕驶,航行,控制,沿(曲线)飞行〔运动〕②(悬,漂)浮,浮动,停 ③安放[搭在,放在,重叠在(…上)④照旧进行. II n. ①乘坐(车,等),行 ②(林中)马道 ③乘波[驾束]飞行,沿曲线运动. *a very rough ride* 车辆行驶颠簸得非常厉害. *ride the beam* 驾束,沿波束飞行,波束制导. *The hovercraft rides a little way above the water on a cushion of air.* 气垫船借助气垫在稍离开水面一点的高度上行驶. *The wheel rides on the axle.* 轮子在轴上移动. *over ride* 超控,超程. *over ride control* 过调节控制. *ride circuit* 环国旅行. *ride gain control* 增益控制. *ride meter* = rideograph. ▲*be ridden by* 受…控制(驱使,折磨). *ride at anchor* 停泊. *ride for a fall* 卤莽行事. *ride high* 极成功,非常顺利. *ride off* 离开. *ride off* 乘 (车,船),搭〔跨,悬浮,支撑〕在…上(而动). *ride on* 上飞行,〔靠〕…行驶,随…而定,依靠. *ride on air* 腾空行驶. *ride on the wind* 〔*waves*〕乘风〔破浪〕前进. *ride out* 经受住,渡过. *ride out a storm* 安然度过风暴,平安度过困难. *ride over* 骑在…头上,压制. *ride over M on N* 藉助 N 在 M 上行驶. *ride the crest of a wave* 处于最得意的阶段. *ride up and down* 上下浮动.
rideabil'ity n. 行驶性能,可行驶性. *rideability of pavement* 路面的行驶质量.
ride'able a. 可以行驶〔乘行〕的.
rideau' [ri'dou] n. 土丘〔阜〕,长阜(特指人工堆成,用以保护营帐者).
rideograph n. (测量路面行驶质量的)测振仪,平整度测定仪.
ri'der ['raidə] n. ①骑手,乘车的人 ②游码 ③制导器 ④驾束式(波束导引)的,乘波导弹 ⑤【数】系,应用问题 ⑥【机】架在上面的部分,放在另一部分上在那除开的部分 ⑦附文,附加条款〔评论〕⑧(支撑)斜撑,(加固船体的)盖顶木料〔板板〕. *beam-rider guidance* 波束〔驾束〕制导. *floor rider* 肋板加强材. *rider roll* 浮动滚子.
ri'dership n. 乘客量.
RI-detector n. (=refractive index detector)(差示)折光检查器.
ridge [ridʒ] I n. ①(山,海)脊,(山,海分水)岭,山脉 ②螺身(,埂)纹 ③背,(波)峰,刃,边缘,隆起,隆起物(部,线)梳状物 ④带钢单向皱纹 ⑤(电解槽)槽形结壳 ⑥高压脊 ⑦垄,堤,田畦. II v. 装(垄)或做成脊状,成脊状延伸,起皱(纹). *ridge beam* 栋梁. *ridge line* 〔*route*〕分水(岭)线,山脊线. *ridge of wave* 波峰. *ridge piece* 〔*roll*〕栋木. *ridge pole* = ridge-pole. *ridge reamer* 切除磨损的汽缸端部凸起

ridge-pole | 1432 | right

用铰刀. *ridge(d) roof* 人字[有脊]屋顶. *spiral ridge-pole* 螺纹.

ridge-pole *n.* 栋梁[木], 屋脊梁.

rid′gy ['ridʒi] *a.* 有脊的, 隆起的.

rid′icule ['ridikju:l] *n.; vt.* ①嘲笑[弄], 奚落 ②笑柄, 荒谬. ▲*bring into ridicule* 或 *hold up... to ridicule* 或 *pour ridicule on...*. 嘲笑[奚落]....

ridic′ulous [ri'dikjuləs] *a.* 荒谬[可笑]的, 不合理的. ~ly *ad.* ~ness *n.*

ri′ding ['raidiŋ] I *n.* ①乘车[行,波], 骑马, 行驶, 马道 ②曲线运动, 波束引导[导引], 制导, 追踪 ③安放, 叠置. II *a.* 骑马(用)的, 乘车的. *optical beam riding* 光波束引导. *radar beam riding* (按)雷达波束引导. *riding check* 随车观察(车速及行车情况). *riding lee tide* 风流一致中锚泊. *riding position* 安放位置. *riding grade* 路面行车质量等级. *riding public* 公共车辆的乘客. *riding qualities* 路面行车质量. *riding weather tide* 风流相反中锚泊.

riebeckite *n.* 钠闪石.

rie′del ['ri:dəl] *n.* 冈间地, (河间)埂丘.

Rieke diagram (表示超高频振荡特性的一种极坐标图)雷克图.

rieselikonoscop *n.* 移像式光电稳 定摄像管.

RIF =①radar identification set 雷达识别装置 ②resistance-introducing factor 抗性诱导因子.

rifamp(ic)in *n.* 利福平.

rifamycin *n.* 利福霉素.

rife [raif] *a.* ①流(盛)行的, 普遍的 ②充满的, 众多(with).

Riffel steel 钨工具钢(碳 1.2~1.4%, 铬 5~8%, 钒 0~1.0%, 钨 0~0.5%).

rif′fle ['rifl] I *n.* ①(采集金矿用)格条, 摇床, 格槽 缩矿器, (取样用)分格缩分斗 ②(板带材侧缘的)链纹 ③急流, 浅滩 ④微波. II *v.* ①轧辊刻纹, 凿沟, 压花, 刻痕 ②用金刚砂水磨 ③(用拇指)很快地翻(…的边)(through) ④流过(浅滩), 使发涟漪. *pit riffle* 流矿槽格条. *riffle board* 去轻馏份用的容器, (管路上的)缓冲器. *riffle sampler* 分(格取)样器. *riffled plate*[*sheet*]花[网纹]钢板. *table riffle* 摇床(淘汰盘)格条. ▲*make the riffle* 成功, 达到目的. 胜利.

rif′fler *n.* 沉砂槽, 条板, 除砂战.

rif′fling *n.* 压花, 滚被, 凿沟, 轧辊刻纹, 起槽, 用金刚砂水磨, 用沉砂槽溜砂纯选.

RIFI =radio interference field intensity 射频[无线电]干扰场强.

ri′fle ['raifl] I *n.* 步枪, 来复枪 ②来复线, 膛线, 作胶线. II *vt.* ①在(管)中刻出螺旋形凹线, 车(膛)内制来复线, 用步枪射击 ②抢劫, 掠夺. *rifle brush* 螺旋形钢丝刷子. *rifle ground*[*range*]步枪射击场. *rifled pipe*[*tube*]内螺丝管, 带肋肪管, 有膛线的管.

ri′fleman *n.* 步兵.

ri′fler *n.* 波纹锉, 牙轮钻头.

ri′fle-range *n.* 步枪射程.

ri′flery *n.* 步枪射击.

ri′flescope *n.* 步枪上的望远镜瞄准具.

ri′fleshot *n.* 步枪射程(射手, 子弹).

rift [rift] I *n.* ①裂缝[口, 隙], 空隙, (岩石的)劈裂性 ②断裂, 断层线, 地面断层露头, 长狭谷, 浅滩 ③分裂, 不和. II *v.* ①劈[裂]开, 分(破, 断)裂 ②穿透, 渗入. *rift valley* 地堑, 裂谷. ▲*a little rift within the lute* 会影响整体的裂痕, 最初的分歧.

RIFT =①reactor in flight test system 飞行试验系统中用的反应堆 ②reactor-in-flight test (美国)飞行中反应堆试验.

rig [rig] I (*rigged; rig′ging*) *vt.* ①装(配, 备, 填), 安装(out, up), 悬挂, 吊, 调整, 水平测量 ②临时拼凑[赶造], 草草做成[搭起](up) ③(用欺骗手段)操纵, 控制. II *n.* ①(试验)台, 钻(井)机, 打井机, 钻架[塔, 车], 装备 ②索具, 支索, 帆缆, 钻具 ③服装 ④(pl.)运输工具[器材] ⑤欺诈, 骗局. *experimental rig* 试验设备[装置]. *lifting rig* 起重设备, 提升装置. *oil-drilling rig* 打(油)井机. *test rig* 试验台. *turn-down rig* 翻料装置. *turn-over rig* 翻面装置, 翻板机.

RIG =radio inertial guidance 无线电惯性制导.

Ri′ga ['ri:gə] *n.* 里加(苏联港口).

riges′cence [ri'dʒesns] *n.* 僵化, 生硬, 刻板(化).

riges′cent *a.*

riges′ity *n.* 糙度.

Rigg motor 里格式右向柱塞液压马达.

rig′ger ['rigə] *n.* ①(索具, 机身)装配工, 置景工 ②束带滑车.

rig′ging ['rigiŋ] *n.* ①装配[填], 安装, 灯光预置, 悬挂, 吊, 调整, 水平测量, 绳[索]具安装 ②支杆传动, (传动)装置 ③起重)设备, 组装模板, 装配带. *brake rigging* 制动装置, 车闸. *model rigging* 模型装配. *rigging screw* 夹索螺旋夹具, 松紧螺旋扣, 装配螺旋. *running rigging* 动索, 活动索具. *standing rigging* 静索, 固定索具.

right [rait] I *a.; ad.* ①正确(的), 对(的), 精确的 ②正当(的), 正直, 正当, 公理, 公正的[地], 合宜[适]的, 适当, 妥当(的) ③真正(的), 如实(的)正[的](的) ④正(面), 垂直(的), 一笔, 径直(的), 直接(的) ⑤有(面, 角, 版, 派)(的), 向右, 在右边 ⑦正好, 恰恰, 就, 立刻, 完全, 彻底, 非常, 十分, 许多, 对 ②正义, 公理 ③权(利), 法权, 优惠权 ④右(边, 面, 方, 翼) ⑤(pl.)实况, 真相. III *v.* ①扶(弄)直, 使(改, 纠, 矫, 扶)正, 补偿, 使恢复平稳[定稳] ②整理(顿). *do the right thing at the right time* 在适当的时候做适当的事情. *get it the right side up* 使它正面朝上. *give a right account of* 如实地叙述. *make things right* 把事情搞得井井有条. *put the watch right* 把这块表校准. *All came right in the end.* 结果一切顺利. *know right well* 很懂得, 知道得很清楚. *put it right in the middle* 把它放在正中间. *turn right around* 转一(整)圈. *go straight ahead* 在前面. *right well* 非常好. *mineral rights* (矿藏)开采权. *right and left-hand core* 左右对称泥芯. *right-angle tee* 直角三通, 直角T形接头. *right ascension* 【天】赤经. *right boring* 精镗. *right (circular) cone* 直立圆锥. *right conoid* 正劈锥曲面. *right elevation* 右视图. *right hand adder* 右移(低位)加法器. *right hyperbola* 正双曲线. *right justify* 靠右对齐. *right* lay 右捻〔扭,搓,撚〕. *right left bearing indicator (RLBI)* 左右偏倚指示器. *right left signal* 左右方向制导信号. *right line* 直线. *right multiplication* 右乘法. *right of flights beyond* 【航空】以远权. *right part list* 【计】右部表. *right sailing* 正东〔南,西,北〕向航行. *right scale integrated vircuit (RSI)* 正规模集成电路. *right section* 右截面. *right shift* 【计】右移,(向)右移〔进〕位. *right triangle* 直角三角形,勾股形. *righting moment* 恢复〔稳定〕力矩. ▲ *all right* 对,行,好,实现. *do(him)right* 公平对待(他). *at (on, to) one's right hand* 在…右方. *at right angles with* [to] 和…垂直〔正交,成直角〕. *bring to rights* 恢复原状,改正. *by [in] right of* 依…,以…的权限,由于,凭借. *by right(s)* 正当地,当然,按理说. *claim a right to* 要求对…的权利. *come right* 改正,变好,实现. *do(him)right* 公平对待(他). *get... right* [彻底]搞清楚,…使…恢复正常. *get [make] right* 改好了,弄好,恢复正常. *go right on* 一直前进[继续],向前突进. *have a [no] right to* [to + inf., of + ing] [无]权…,应该[不应该]…. *in the right* 有理,正当. *in the right way* 正当地,用有效地. *keep to the right* (行人)靠右行. *of right* 按绝对权利,按照法律,正当地,当然,按理说. *on the right side of fifty* 50 岁以下. *put one's right hand to the work* 认真〔尽力〕做事. *put right* = *set right*. *put to rights* = *set to rights*. *right along* 不停[断]地,继续地,一路. *right and left* 向左向右[从]左右,两边,两方的,向[从]四面八方,到处. *right away* [off, now] 立刻,马上. *right down* 一直向下,彻底,明明白白地. *right here* 即刻,这儿,就在这,正是这里. *right home* (打枪)打到正点,到底,到(尽)头. *right itself* 恢复常态,(重新)持平. *right now* 现在立刻,正是现在. *right off* 即刻,全然. *right of priority* 优先权. *right of way* 道用用地,通行权. *right on* 对极了,百分之百正确. *right oneself* (人或船)恢复平稳,辩明,表白. *right opposite* 正对面,正相反. *right or wrong* 无论怎样,一定. *right out* 全然,彻底. *right over (the way)* 在(马路的)正对过,正对面. *right round* 全程地. *right side up* 正面朝上. *right straight* 即刻. *right there* 就在那. *right through* 从头到尾,彻底,一直是,直接通过. *right to* 全程地. *right up and down* 直率认真的,【海】风平浪静. *set right* 使…恢复正常,整理[顿],改亭,拨,矫,订]正,纠正…的错误. *set to rights right* 使…有秩序,整[顿],改[纠]正. *the right way* 正路(一), 正[适]当的方法. *the right of the case [story]* 事情的真相. *to the right* 向右,在右面.

right'-about ['raitəbaut] I n. 相反[反对]方向,向后转,[改]变. II a.; ad. 向后转的). III v. (使)向后转.

right-about-face n.; vi. 向后转,根本转变.

right-angle(d) a. (成,有)直角的,正交的. *right-angle edge connector* 直角印制板插头.

right-down a.; ad. 彻底,真正[的],十足[分].

right'eous ['raitʃəs] a. 正直[义,当]的,当然的. ~ly ad. ~ness n.

right'ful ['raitful] a. 正当[义,直]的,合法[适]的,恰当的,当然的. ~ly ad.

right'-hand ['raithænd] a. ①右手[方,边]的 ②顺时针方向的,向右旋转的 ③得力的. *right-hand adder* 右侧数加法器. *right-hand cutter* 右旋铣刀,右[正]手刀. *right-hand derivative* 右微商(导数). *right-hand drive* (汽车等) 右座驾驶,右御式. *right-hand lay* 右转扭绞,顺时针方向扭绞,右捻. *right-hand member* 右端. *right-hand thread* 右转[旋]螺纹. *right-hand tool* 右前车刀,正手刀,右切刀.

right'-hand'ed ['rait'hændid] a.; ad. ①(用)右手的,用右手 ②(向)右旋(转)的,顺时针方向的. *right-handed system* 右旋[手]系. ~ness n.

right-handwise ad. 顺时针方向,右旋地.

right'ing ['raitiŋ] n. 复原,改修[正,正位. *righting couple* 正位力矩. *righting moment* 回复[改正]力矩.

right'ism ['raitizm] n. 右派纲领[言论,观点].

right'ist ['raitist] n.; a. 右派(倾)分子(的),保守分子(的).

right-lay rope 右旋[捻]钢丝绳.

right'ly ['raitli] ad. 正[适]当,正确,当然.

right-minded a. 正直的,诚实的,见解正确的.

right'ness ['raitnis] n. 正确[直,当],恰当,诚实.

right'-of-way' n. 通行[优先行驶]权,公用道路.

right-to-work a. 劳动权利的.

right'ward(s) ad.; a. 向右(的),在右边(的).

right-whale n. 露脊鲸.

rig'id ['ridʒid] I a. ①刚性(硬,接)的,坚硬[固]的,硬式的(如有构架的整体航空器),不易弯的 ②刚接的,固定(联接)的 ③严格[厉,密]的. II n. 劲[刚],硬度,稳定性. *rigid adherence to rules* 严守规则. *rigid body* 刚体. *rigid charging machine* 固定装料机. *rigid control* 刚性控制. *rigid coupling* 刚接,刚性[固定]联轴节,刚性连接,固定耦合. *rigid fixing* 刚性固定. *rigid frame* 刚性(构)架,刚架(构). *rigid honing* 强制珩磨. *rigid magnet* 硬[刚]性磁铁. *rigid material* 刚性材料. *rigid metal conduit* 硬金属管. *rigid metal girder* 刚度大的金属大梁. *rigid mill* 强力铣床. *rigid plastic* 硬质塑料. *rigid printed circuit* 硬性印制电路. *rigid pvc* 硬聚氯乙烯. *rigid structure* 刚性(架)结构. *rigid tower* 刚性[固定铁]塔. *rigid waveguide* 刚性波导管.

rigid-frame n. 刚(性)架,刚[无弹]性车架.

rigid'ify [ri'dʒidifai] v. 固定,(使)硬化.

rigid'ity [ri'dʒiditi] n. ①刚性(率),刚[劲]度,硬度[性],稳定[固,定轴]性 ②强硬,刚直,严格[密),硬化[硬]. *flexural rigidity* 弯曲[抗弯]刚度,弯曲硬度[硬]. *magnetic rigidity* 磁硬度. *rigidity agent* 硬化剂. *rigidity modulus* 刚性模量. *rigidity of trajectory* 弹道的刚性. *torsional rigidity* 抗扭[扭转]刚度.

rig'idize vt. 硬化,刚性化,加固.

rigid-jointed a. 刚节的,刚性连接的.

rig'idly ad. 刚性地.

rig'marole ['rigmərəul] n. 冗长的废话,烦琐的仪式

rig'or =rigour. *rigor mortis* 强直,死属.
rig'orous ['rigərəs] *a.* 严格[密,酷,峻,重]的,精确〔密]的,酷烈的. *rigorous adjustment* 严密平差.
rig'our ['rigə] *n.* 严格[密,重,峻,厉],精确〔密],酷〔烈],艰苦.
RIGS =radio inertial guidance system 无线电惯性制导系统.
rig-testing *n.* 试验台上试验.
rigueur' [ri'gə] 〔法语〕 *de rigueur* 不可缺少的.
Rijeka *n.* 里耶卡(南斯拉夫港口).
rill [ril] 或 **ril'let** ['rilit] *n.* 小河〔沟,溪〕. *rill erosion* 细沟冲蚀,毛沟侵蚀.
rill(e) [ril] *n.* (月面)沟.
rilsan *n.* 耐纶11型聚酰胺纤维,丽纶.
rim [rim] Ⅰ *n.* ①边〔缘,沿,界〕,(凸)缘,框,界 ②轮缘(辋,圈,箍) ③胎环 ④齿圈环 ⑤垫环,支〔垫]圈,垫垒 ⑥组合式支承辊的辊套 ⑥海(水)面. Ⅱ (*rimmed, rimming*) *v.* ①给…装边,装轮圈〔辋〕于 ②形成边状,显出边缘. *built-up rim* 组合轮辋. *collar rim* 轮圈,轮缘. *drop center rim* 凹槽轮辋. *lug rim* 带抓地板轮圈. *rim bearing* 轮缘座,车承. *rim brake* 轮圈刹车,轮缘作用制动器. *rim drive* 边沿传动,轮缘驱动. *rim lock* 弹簧锁. *rim of a cup* 杯口. *rim of gear* 或 *gear rim* 齿轮辋,齿轮冠. *rim ray* 沿边光线. *rim section* 汽车轮圈. *rim speed* 轮缘〔辋]速度. *rim zone* (沸腾钢的)边缘带. *rimmed(rimming) steel* 沸腾钢. *rimming action*[冶]沸腾作用,沸腾反应. *rim(ming) light* 轮廓光. *tyre rim* 胎轮钢圈,胎环. *water tank rim* 水柜边缘.
RIM =receiving inspection and maintenance 验收与维护.
ri'ma ['raimə] (pl. *ri'mae*) *n.* 裂〔缝],细长之口.
ri'mal *a.* 裂〔缝〕的.
rime [raim] *v.*; *n.* ①冰〔白]霜,霜凇,(飞机上)毛冰,不透明冰晶 ②结冰〔晶,霜〕,使盖上霜.
RIME =radio inertial monitoring equipment 无线电惯性监控设备.
rimer =reamer.
rim'hole *n.* 皮下气泡(缺陷).
rimocidine *n.* 龟裂霉素.
ri'mose *a.* 有裂〔罅]隙的,皱〔龟〕裂的.
rim'pull *n.* 轮缘拉力.
ri'my ['raimi] *a.* 蒙着一片白霜的.
rind [raind] Ⅰ *n.* ①外观〔表〕,表〔外]面 ②(外,硬)壳,硬层,(外,树,果)皮. Ⅱ *vt.* 削[剥]皮. *back rinding*(加工合成橡胶"O"型垫圈,"V"型垫圈时,在分型线处产生的扯裂现象.
ring [riŋ] Ⅰ *n.* ①圆,圆(套,原子]环,(圆]圈,核,环形物,环〔圆,网]状,【数】环 ②环(形电)路 ③计算环,环形存储(器) ④箍(圈),卡[灯]箍,涨〔轮]圈 ⑤〔纺]钢领 ⑤环形填料 ⑥拉机的环形沟状磨损,〔纺]环纹,条痕 ⑦集团 ⑧铃,铃〔钟]电,打叫,按铃,打电话. Ⅱ *v.* ①环(圈,卷]绕,包围(round, about, in),(把…)圈起来,成环形 ②(用笔)圈出 ③盘旋上升. Ⅲ (*rang, rung*) *v.* ①按(铃),鸣(铃),响,鸣(音),鸣响,鸣叫,呼叫 ②回响,响彻 ③跳动,瞬变,响时扰动 ④(冲击激励产生的)减幅振荡. *backing ring* 垫环,环垫. *backup ring* 密封支撑环. *balance* [*balancing*] *ring* 平冲圈. *binary ring* 二进位计数环. *brake ring* 制动器接合盘. *cam ring* 凸轮环,(叶片泵的)定子. *cambridge ring* 楔〔Ⅴ]形环. *circular distributor ring* 环形整流子,集电环. *collector ring* 集电环. *complete near-ring*【数】完全拟环. *control ring* 控制环,环形操纵枢纽. *cup ring* 胎圈,皮碗. *die ring* 模环,机头环. *dislocation ring* 位错环. *draw ring* 拉(牵引]环. *elastic ring* 弹性(垫)圈,弹簧垫圈. *filler ring* 倒角(圆)环. *keyless ringing* 无键振铃,插塞式自动振铃,自动呼叫. *line-scan ringing* 行扫描抖动. *oil ring* 用(抛)油环,(轴承的)护油圈,活塞环. *O-ring* O形环,密封圈〔环〕. *pinion rings* 压装齿圈〔轮〕,齿轮冠. *piston ring* 活塞环〔圈〕. *pressure ring* 耐压〔压缩]环. *pulse ringing* 脉冲瞬变. *range rings*(环形扫描显示器荧光屏上的)距离刻度圈. *ring arch* 环拱. *ring beam* 环梁. *ring bolt* 带环螺栓. *ring cathode* 环状阴极. *ring counter* 环形计数器,环状电路计算装置. *ring course* 拱顶层. *ring current* 环形连接法电流,环流,回路电流. *ring data structure* 环形数据结构. *ring die* 带环状孔的塑模. *ring duct* 环形导管〔输送管〕. *ring effect* 振铃效应,冲击激励效应. *ring flange* 法兰盘,环状凸缘. *ring forging* 圆筒件〔环件]锻造. *ring gate* 环门,环形闸门(控制环). *ring gear* 内啮合齿轮,环圆,冕状[环形]齿轮. *ring groove* 环槽. *ring header* 集电环,整流子,环状集流器. *ring hearth* 感应炉槽. *ring kiln* 转窑. *ring lock* 环(暗码]锁. *ring lubrication* 油环润滑法. *ring main* 环形干线(管路). *ring modulator* 金属(环形]调制器. *ring nut* 环形(圆圈)螺母. *ring of light* 光环. *ring piston* 筒形〔环形]活塞. *ring road* 环(形]道路,环城公路. *ring sign* 警铃标志. *ring stone* 拱面石,拱圈环. *ring stress* 拱圈(圆周]应力. *ring tension* 周边张力. *ring test*(管材)环形试验. *ring twister* 环锭捻丝机. *ring voltage* 环形连接法线电压,Δ连接法线电压. *ringing appeal* 热烈的呼吁. *ringing circuit* 振铃信号,冲击激励电路. *ringing declaration* 坚决的声明. *ringing test* 振铃检验. *ringing voice* 响亮的声音. *rubber ring* 橡皮垫圈,橡皮环. *seal ring* 密封环. *stand ring* 座环. *T ring* T形密封环. *turbulence ring* 紊流器. *verge ring* 罗盘顶转环,钟摆轮. *vertical flash ring* 垂直环形的飞边. *vortex ring* 环形涡流,涡轮(环). *X ring* X形密封环.
ring'bolt *n.* 环端螺栓.
ring'down signaling 低频监察信号.
ringed [riŋd] *a.* 带〔有]环的,用圈标出的,成圈状的,轮状的,被包围的.
rin'gent ['rindʒənt] *a.* 开口的,张开的.
ring'er ['riŋə] *n.* ①(电)铃,振铃器,信号器 ②按铃者,敲钟者 ③酷似某物的东西. *ringer oscillator* 振铃信号振荡器,铃流发生器.
Ringer's solution 林格氏溶液.

ring′let ['riŋlit] n. 小环[圈].
ring-of-ten circuit 十进制环形电路.
ringoid n. 广环.
ring-oiling n. 油环润滑.
ring-out n. 呼出振铃.
ring-oven n. 环形炉.
ring-shaped a. 环形的.
ring′stone n. 砌拱用的楔形砖或块材,拱石,拱楔块.
ring′way n. 环形道[公路],环形电[火]车路.
ring′-worm n. 癣,癣菌病.
rink [riŋk] Ⅰ n. (室内)溜[滑]冰场,冰球场[队]. Ⅱ vi. 溜[滑]冰.
rink′er n. 溜冰者.
rinsabil′ity n. 可洗涤性,可漂[清]洗性.
rin′sable a. 可漂洗的.
rinse [rins] vt.;n. 漂[轻,清,淋,涮,冲]洗,漂清,漂冲洗]掉,洗净 (away, out),激(口).
rin′ser n. 冲洗器,清洗装置.
rin′sing n. ①(常用复数)(漂清冲洗用)清水 ②漂清,冲(漂),刷,水]洗 ③(常用复数)残渣,剩余物. *acid rinsing* 酸水洗涤.
RINT =radio intelligence 无线电侦察.
Rio de Janeiro ['ri(ː)ou də dʒeˈniərou] n. 里约热内卢(巴西西部,巴西州名).
riom′eter n. 电离层吸收测定器,无线电暴探测计.
ri′ot ['raiət] n.; v. 骚扰[动],轰动的演出. ~ous a.
rip [rip] Ⅰ (ripped; rip′ping) v. ①撕[扯](开,裂,掉),割[劈,锯,切,掘,凿,拆,挖](开,掉),剥(去,落,离),切(away, off, up) ②冲开,暴露 ③(车,船)疾开[冲],突进 ④猛攻,押击(into). Ⅱ n. ①扯裂,裂口[缝,痕],绽线,破绽 ②洗涤(清管)器,刮板[刀],粗大锯 ③巨澜. *die ripping* 擦损拉模的磨光,拉模的重磨. *rip cord* 开伞索,气囊拉索. *rip currents* 退潮流. *rip eight tons of coal from the face every minute* 从工作面每分钟开采八吨煤. *rip panel headlines*. *rip rooter* 犁土机. *rip saw* 粗木锯. *rip the rock* 剥离岩石. *ripping chisel* 细长凿(刀),笋剔去屑凿. *rip(ping) saw* =rip-saw. ▲*Let her* [it] *rip*. 让它去(指车、船、机器,不限制其速度).
RIP =resin-in-pulp 矿浆中树脂交换.
ripa′rian [raiˈpɛəriən] Ⅰ n. 河边[岸]的,水边的,湖滨的. Ⅱ n. ①岸使用权,河滨权利 ②河岸所有者[居住者]. *riparian rights* 岸线(使用)权. *riparian work* 治水工程.
ripe [raip] a. ①(成)熟的,(准备)完成的,准备好的 ②老练的,熟练的. *ripe experience* 成熟的经验. ▲*be ripe for* (已)成熟可以…,正适于…,…的时机已成熟. *of ripe age* 年高经验的,成熟的. *opportunity ripe to be seized* 可利用的好机会.
ri′pen ['raipən] v. (使…)成[变]熟,熟化(成),催熟. *ripening index* 熟成指数. *ripening (of cotton)* (棉纤维)成熟.
ri′pener n. 催熟剂.
ripe′ness ['raipnis] n. 成熟,完成.
ri′pening n. 成熟,熟化[成],时效.
rippabil′ity n. (岩石的)可凿性,可剥蚀性.
rip′per ['ripə] n. ①松土(耙路)机 ②粗齿锯 ③平巷掘进机 ④拆缝线用具,拆屋顶用具 ⑤撕裂者,折缝线者,粗齿锯操作者. *ripper die* 修边冲模.
rip′ple ['ripl] Ⅰ n. ①(波,鳞)纹,(纹)度,皱褶,细浪,微(涟,刻)波,涟涡,表面张力波,磁化强度分布(起伏) ②波(脉)动,交流声,(交流)哼声,漂攏声 ③波纹(尖)(声). Ⅱ v. (使)起波纹(微波),把…弄成波浪形,使波(飘)动. *carry ripple* 进位脉动. *peak-to-peak ripple* 峰间波纹电压. *power-supply ripple* 电源脉动. *pulse ripple* 脉(冲)波动. *ripple contain factor* 波纹(动)因数,波纹率. *ripple current* 波纹(弱脉动)电流. *ripple factor* 波纹系数,脉动系数,涟波因数. *ripple filter* 平滑(波纹)滤波器,脉动滤除器. *ripple finish* 皱纹(面)漆,皱纹面饰. *ripple machine*(皮革)起皱机. *ripple marks* 波浪(痕),麻点(轻合金轧材的矫直缺陷). *ripple through carry* 行波传送进位. *rippled surface* 波皱面.
rip′rap ['ripræp] Ⅰ n. 抛[堆,乱]石,防冲乱石(筑成的堤坝,筑成的地基). Ⅱ (rip′rapped; rip′rapping) vt. 在…上堆防冲乱石[用防冲乱石加固(支撑). *cyclopean riprap* 巨石乱石堆. *riprap protection (of slope)* 抛石(乱石)护坡.
RIPS =radioactive isotope power supply 放射性同位素电源.
rip′saw n. 粗齿锯,粗木锯.
RIR =①reliability investigation request 可靠性调查(的)请求(表) ②research and isotope reactor 研究和制备同位素的反应堆.
RIS =report of damage or improper shipment 损坏或装货不当的报告.
Risafomone code (无线电话吸听度的)里萨福孟代码.
RISE =research in supersonic environment 超声环境的研究.
rise [raiz] Ⅰ (rose, ris′en) v. ①上[提]升,升(提,起,价)高 ②(上升,扬)起 ③(上)涨,增长[加,强,大] ③起(直立),站起,起床 ④高出(起,耸) ⑤浮起(现),现出 ⑥发源于 (from),起因于(from) ⑦(供的)净空(矢高)为 ⑧闭(休)会 ⑨起而应付,能应付 (to) ⑩起义,起来反抗.
Ⅱ n. ①上升(额),升(提)高,增长(加),涨水(量) ②出现,浮起,再生 ③(拱的)矢高,拱矢 ④(楼梯)级高 ⑤高地,上行,斜坡,隆起 ⑥上沿,竖板 ⑦纵坐标差. *The Chinese people have risen to their feet.* 中国人民站起来了. *The east is red, the sun rises.* 东方红,太阳升. *The river rose.* 河水上涨. *The barometer is rising.* 气压计水银柱在上升. *The tower rises 95 feet.* 这塔高 95 英尺. *The resistance of a semiconductor decreases with a rise in temperature.* 半导体的电阻随温度的增高而减少. *The arch bridge rises 200 feet above the river.* 这拱桥净空 200 英尺. *The inclined plane rises very gradually.* 这斜面的坡度上升得非常缓慢. *cam rise* 凸轮升度(升程). *capillary rise* 毛细上升. *rise per tooth* 齿升量(每齿走刀量). *rise time* 上升时间. *rise to span ratio* 高跨比. *shock wave rise* 激波出现. *steep rise* 陡前沿,急剧增长. *temperature rise* 温

ris'en ... (度)升(高). *transistor rise time synchroscope* 晶体管过渡特性示波器. ▲*a rise in*... …的增加〔升高〕. *give rise to* 引起,产生,导致,得出,使发生. *on the rise* 在涨〔增加〕. *rise to a bait* 入圈套,上当. *take its rise in* 发源于,始于. *rise from* 由…引起. *rise in the mind* 涌上心头. *rise up* (在…中)上升.

ris'en ['rizn] I v. rise 的过去分词. II a. 已上升的,升起的.

ri'ser ['raizə] n. ①提升〔提举〕器,升降器〔机〕,上升〔提升,起飞〕装置 ②立(式)管(道),竖井,上升管,排水管柱,升井 ③【铸】(补缩)冒口 ④气门 ⑤溢水口 ⑥(整流子)竖片 ⑥(梯级的)竖板,起步板 ⑦(铝电解)立母线. *blind riser* (铸件的)暗冒口. *lead riser* 引线头. *ring riser* 环模板. *riser bus* 立柱母线. *riser cable* 吊索. *riser pad*〔*contact*〕缩颈泥芯,冒口,贴边,易割冒口圈. *riser pipe* 立管. *riser runner* 出气冒口. *riser shaft* 升井. *riser tube* 提升〔升液〕管. *riser vent* 透气孔,出气口. *seat riser* 座位升降器. *stair riser* 楼梯起步板. *vertical riser* 直升装置.

riser-gating n. 撇渣暗冒口浇注系统.
riser-head n. 冒口.
risering n. 冒口设计.
rise-span ratio 高跨比.
rise-time n. 上升(兴起)时间. *rise-time jitter* 上升时间跳动.
rise-to-span ratio 高跨比.

ri'sing ['raizin] I a. ①上升(涨)的,增长(加大)的 ②渐高的,向上斜的 ③紧张的,正在发展的. II n. ①上升(涨),增长 ②高地,突出部分 ③起立〔床〕④起义,造反 ⑤瓶盖. III *prep.* ①将近…(岁) ②…以上,超过. *exponential rising* 按指数律增长. *rising*(*inclined, rampant*)*arch* (起拱线非水平的)破拱,跳拱. *rising characteristic* 增长〔升起,上升特性. *rising ground* 丘,高地. *rising ingot* 数顶钢锭. *rising pipe* 出水〔压力〕管. *rising pouring* 【铸】底注. *rising scaffolding bridge* 悔桥,临时鹰架桥. *rising shaft* 竖井. *rising transient* 上升瞬态. *the rising generation* 年轻的一代. ▲(*be*)*rising*... *years* 将近…岁. *rising*(*of*)...*tons* 超过…吨, …吨以上(的).

rising-sun magnetron 橘(旭日,升日)型磁控管,复腔磁控管.

risk [risk] I n. ①危(冒)险,风险,危机 ②【保险业用语】…的危险,危险(频)率,风险(额) ②保险对象,被保险人(物),投保者 ③危险人物(分子). II v. 冒…的危险,使遭受危险,冒险使. *air risks* 空运险. *explosive risk* 爆炸危险. *fire risk* 火险,易着火性. *ice risk* 冰险. *nuclear risk* 核危险性. *risk function* 风〔危〕险函数. *risk of breakage* 破碎险. *risk of leakage* 渗漏险. ▲*at all risks* 或 *at any risk* 或 *whatever the risk* 无论冒什么危险,不顾一切,一定,无论如何. *at one's own risk* (损失)自己负责. *at risk* 处于危险之中,危机四伏的. *at the risk of*(*one's life*)冒着(生命)危险. *run*〔*take*〕*a risk* 冒(一次)风险. *run*〔*take*〕*the risk of* + *ing* 有冒险…的危险.

risk'y ['riski] a. 危险的,冒险的,大胆的. **risk'ily** ad.

risoerite n. 钛褐钇铌矿.
RIST = radioisotopic sand tracing. (system)放射性同位素沙示踪系统.
ristocetin n. 瑞斯托菌素.
RIT = ①rate of information through-put 信息周转〔吞吐〕率,信息传输速度 ②rework instruction tag 修改(再加工)说明标签.
rite [rait] n. 仪式,习俗,惯例.
RITE = rapid information technique for evaluation.
ritz [rits] n. 夸示,炫耀. *put on the ritz* 炫耀豪华.
Ritz method 里兹法(用最小能量计算结构方法).
rit'zy ['ritsi] a. 非常豪华的,炫耀的.
RIUFS = refractive index unit full scale 满刻度折光率单位.
RIV = rivet 铆(钉).
Riv = river 河流.
rivage n. 岸,滨.
ri'val ['raivəl] I n. ①对手,竞争者 ②匹敌者,可与之相比的东西. II a. 竞争的,对抗的. III *(ri'val(l)ed; ri'val(l)ing) v.* ①(同…)竞争〔对抗〕②…相匹敌,比得上. *Plastics have become rivals of many metals.* 塑料已经可与多种金属相匹敌. ▲(*be*)*without a rival* 无(与匹)敌,举世无双. *rival in*... …(上)的对手.
ri'valry ['raivəlri] 或 **ri'valship** n. 竞争(赛),对抗. *enter into rivalry with* 和…开始竞赛,和…作竞争. *friendly rivalry* 友谊竞赛.
rive [raiv] I (*rived*, *rived* 或 *riven*) v. 扯(分,破裂,劈(裂),撕)开,拆断,扭(扯)去(*away*, *from*, *off*). II n. 裂缝(片),碎片,缝隙.
rivelling n. 条纹.
riv'er ['rivə] n. ①河,江,川,水道 ②巨流. *river basin planning* 流域规划. *river bed* 河床(底). *river engineering* 河(道)工(程),治河工程,河工学. *river gauge* 水标(尺). *river head* 河源. *river stage* 河水位. *river valley* 河谷.
riverain I a. 河流(边)的. II n. 近河区.
riv'erbasin n. (江河)流域.
riv'erbed n. 河床(底).
riv'erhead n. 河源.
riverine a. 河流的,河边的,河岸上的.
riv'erside n.; a. 河边(岸,滨)(的). *riverside slope* 外坡,河岸坡.
riv'erward(s) a.; ad. 向河(方向).
riv'et ['rivit] I n. 铆(钉,帽,缝,纹)钉. II vt. ①(用铆钉)铆接(合,固定(结),钉铆钉)…使成铆钉头(以铆紧) ③集中(注意)(*on, upon*),吸引. *chain riveting* 链形铆接. *close riveting* 密铆. *cold-driven rivet* 冷铆钉. *countersunk rivet* 埋头铆钉. *double riveted* 双排铆的. *facing rivet* 覆面铆钉. *rivet buster* 铆钉裁断器,铆钉铲. *rivet cutting blow-pipe* 铆钉割矩. *rivet girder* 铆接(铆合)大梁,铆接桁架. *rivet head* 铆钉头. *rivet holder* 抵座,铆钉托,顶把,铆钉顶模. *rivet hole* 铆钉孔. *rivet in double shear* 双剪力铆钉. *rivet in tension* 拉力铆钉.

钉. *rivet lap joint* 铆钉搭接. *rivet pitch* 铆钉间距. *rivet spacing* 铆钉间距. *riveted bond* 〔connection〕铆(钉)接(合),铆钉连接〔联结〕. *riveted joint* 铆(钉)接(合). *riveted member* 铆接杆件. *riveted pipe* 铆接(合)管. *set-head rivet* 平头〔镦头〕铆钉. *tack rivet* 平头〔临时,定位〕铆钉.

riv'et(t)er n. ①铆工 ②铆钉枪(机),(压)铆机,铆钉接器,成卷带材端头铆接装置. *jam riveter* 窄处铆机. *pneumatic riveter* 气动铆机,铆钉枪.

riv'et(t)ing n. 铆(接法),铆接. *butt rivetting* 对头铆接. *chain rivetting* 链型(并列)铆接. *cold rivetting* 冷铆. *cross rivetting* 交叉(互)铆接. *double (row) rivetting* 双排铆接. *rivetting press* 压(力)铆(接)机.

riv'ulet ['rivjulit] n. 小河,溪流.

Riyadh' [ri:'jɑ:d] n. 利雅得(沙特阿拉伯首都).

RJ =①ramjet 冲压式喷气发动机 ②road junction 道路枢纽(交叉),公路交叉〔连接〕点.

RJE =remote job entry 远程作业输〔录〕入.

RKR =rocker 摇轴〔杆,臂〕,摇移器,振动器.

RKT =rocket 火箭.

rkt lchr =rocket launcher 火箭发射装置.

RL =①radio location 无线电定位 ②rail 轨(条) ③research library 研究用图书室 ④resistance-inductance (circuit)电阻-电感(线路) ⑤roof ladder 人字梯.

Rl =roll 卷,筒.

R/L =radio location 无线电定位.

RLB =①reliablility 可靠性 ②reliable 可靠的.

RLBI =right left bearing indicator 左右方位(角)指示器.

RLD =rolled 辊(辗)压的,轧制的.

RLF =relief 地形,地势起伏,降压,卸载.

RLG =railing 栏杆,扶手,栅栏,围栏.

RLOS =radio line-of-sight 无线电瞄准线.

rltv =relative 相对的,比较的,成比例的.

RLU =relay logic unit 继电器逻辑元件(装置).

RLWY =railway 铁路.

RLY =relay 继电器,继动器;转播;中继.

rly =railway 铁路.

RM =①range marks 距离标记记号 ②raw material 原(材)料 ③reconnaissance missile 侦察导弹 ④room 室,间,厂房;空间,余地 ⑤routine maintenance 例行维修,常规保养 ⑥Royal Marines(英国)皇家陆战队.

rm =reverse motion 反向〔返回〕运动.

RMA =Radio Manufacturers' Association 无线电制造商协会.

RMB =Renminbi 人民币.

RMDI =radio magnetic deviation indicator 无线电磁偏差显示器.

r-meter =roentgenometer 伦琴(辐射)计,X 射线计.

RMF =reactivity measurement facility 反应性测量装置.

RMI =①radio magnetic indicator 无线电磁(方位)指示器 ②reliability management information 可靠性管理信息 ③reliability maturity index.

RML =radar microwave link 雷达微波中继装置.

RMM =read-mostly memory 主读存储器.

rmm =roentgen per minute at one metre 距辐射源一米处每分钟的伦琴数(剂量).

RMN =residue modulus nine 以 9 为模的余数,模九剩余.

RMOC = recommended maintenance operations chart 推荐的维修作业图,建议维修工作图.

RMOS = refractory metal-oxide-semiconductor 耐热金属氧化物半导体.

RMR =①reactor for metallurgical research 冶金研究用反应堆 ②reflector moderated reactor 反射层慢化反应堆 ③relative molar response 相对克分子响应值.

RMS =①Railway Mail Service 铁道邮政 ②release to material sales 放松对材料出售的限制 ③remote select 遥控选择 ④root-mean-square 或 (square) root(of) mean square 均方根(值),有效值,均方的 ⑤ Royal Mail Service 英国邮政 ⑥ Royal Mail Steamer 英国邮船.

rms = root-mean-square 均方根(值),有效值,均方的.

rms error 均方根误差.

RMT =read magnetic tape 读出磁带.

RMTE =remote 远距离的,遥远(控)的.

RMV =①remove 除〔消,取,拆〕去,移动〔置,去〕 ②respiratory minute volume 每分种通气量.

RMVBL =removable 可更换的,可拆卸的,活动的.

RMVD =removed 除〔消,取,拆移〕的.

RMVG =removing 除〔消,取,拆〕移〔去〕.

RMVL =removal 移动;排除,排去.

RN =①radio navigation 无线电导航 ②rejection notice 拒绝通知 ③revision notice 修改(的)通知 ④Reynolds number 雷诺数 ⑤Royal Navy(英国)皇家海军.

Rn =radon 氡(即 niton, Nt).

rn =registered number 登录号.

RNA =ribonucleic acid 核糖核酸.

RNase =ribonuclease 核糖核酸(酶).

RNG =①radio range 无线电测距 ②range 量〔射〕程,波段,距离,范围,领域.

RNG COMP =range computer 距离计算装置.

rngt =renegotiate 重新谈判〔协商〕.

rnwy =runway 跑道.

RO =①radar operator 雷达操作人员 ②range operations 靶场作业 ③range only 雷达测距器(机),测距仪,只测距离或④receive only 只收设备,只接收的(终端),接收专用 ⑤reference object 方位物,参考〔基准〕目标 ⑥ reverse osmosis 反渗透(作用) ⑦ringer oscillator 铃流发生器,振铃信号发生器,环形振荡器 ⑧rough opening 粗(末)加工的开口.

road [roud] n. ①(道)路,公路,铁路,行车道 ②〔路〕程 ③办〔方法,手段,途径 ④(开)锚地,停泊场,水上作业场. *arterial road* 干线(道). *metal road* 碎石路(面). "no road"不通行,非通行道路. *outer road* 港外锚地. *overhead road* 高架道路. *prestressed road* 预应力(混凝土)路. *road adherence* 〔adhesion〕路面与轮胎的黏着力. *road base* 路面主(底)层,路面承重层,(道路)基层. *road bed* 路床(基),路基(表)面,路槽底(面). *road clearance* 道路净空,路面与车身之间的空隙,(车身)离地隙. *road closed sign* "此路不通"标志. *road conditions*

道路行车条件. *road furrow* 车辙. *road hone* 土路整平器. *road house* 路边饮食店, 路边旅馆. *road machine* 筑路机械. *road making* 筑路. *road metal* 筑路碎石, 道碴. *road of bridge* 桥面. *road racing* 公路赛(车). *road roller* 压路机, 路碾. *road sense* 行车判断能力, 安全行车本领. *road show* 街头演出, 预先(特别)放映. *road speed* 道路车速, 行驶速度. *road spring* 车用弹簧. *road surfacer* 铺路机. *road test* (对车辆)试车, 对(车辆)进行试车. *road train* 大型载重汽车, 大型运牛车. *road wheel* (汽车)车轮. *road wheel contact* 轮胎与路面的接触面. ▲*break a road* 排除困难前进. *by road* 走〔由〕公路, 乘汽车. *go* 〔*take*〕 *the wrong road* 走错了路. *on the road* 在旅途中. *out of the common road of* 远离, 逸出…的常规. *royal road to…* 的捷径, 康庄大道. *rules of the road* 交通规则. *take the road* 出发, 起程. *take the … road* 走…道路. *take the road of* 占先, 居…之上. *take to the road* 出发, 动身; 初学驾驶汽车. *the rule of the road* 交通规则.

roadabil'ity [roudə'biliti] *n*. ①(车辆)行车稳定性和适应性, 行车舒适性, 操纵灵便性. ②可运输性.

road'bed *n*. ①路基(表)面, 路床, 路槽底(面) ②行车道. *roadbed shoulder* 路肩.

road'block ['roudblɔk] Ⅰ *n*. 路障, 问题, 困难, 难处, 难关, 障碍. Ⅱ *vt*. 阻〔妨〕碍, 在…设置路障. *engineering road-blocks* 工程难题.

road'builder *n*. 筑路机, 筑路工作者.

road'building *n*. 筑路, 道路建筑物, 道路施工.

road'less *a*. 无路(可通)的.

road'man *n*. 修〔筑〕路工人.

road'marking *n*. 路面〔道路〕划线, 道路标线.

road'-metal ['roudmetl] *n*. 筑路碎石.

road'-mix Ⅰ *n*. 路拌(混合料), 路拌法建筑的路面. Ⅱ *a*. 路拌的.

road'mixer *n*. 筑路拌料机.

road'packer *n*. 夯路机, 道路夯击机.

road'rail *n*. 公路铁路两用的.

road'(-)side ['roudsaid] *n*. ; *a*. 路旁, 路边(的), 路旁地带, 路肩. *roadside breakdown* 汽车抛锚故障. ▲*by* 〔*on*〕 *the roadside* 在路旁.

roads'man *n*. (筑)路工(人).

road'stead *n*. 停泊场, 碇泊区, 抛锚处, (开敞)锚地, 泊地.

road'ster *n*. 双门篷车, (活顶)跑车, 双门敞篷轿车.

road'stone *n*. 筑路石料.

road'-train *n*. 一连车队.

road'(-)way ['roudwei] *n*. 车行道, 路面, 桥面, 道路, (铁路)路线. *road-way capacity* 道路(通行)能力. *roadway light* 路面灯.

roak *n*. 翻裂(轧钢的气泡), 表面缺陷.

roam [roum] *v*. ; *n*. 漫游〔步〕 (*about*), 游历. *roaming electron* 漫游电子.

roan *n*. 装订书面的软羊皮.

roar [rɔː] *n*. ; *v*. 吼, 咆哮, 怒号, 轰鸣, 沸腾. ▲*roar down* 咆哮〔轰鸣〕而下, 使轰鸣. *roar out* 高声叫.

roar'ing ['rɔːriŋ] *n*. ; *a*. 咆哮的, 喧哗的, 风暴(的), 轰鸣的, 沸腾(的). *roaring flame* 烈焰. *a roaring night* 暴风雨之夜. *roaring forties* (南、北纬40°～50°)强西风带.

roast [roust] *v*. ; *n*. 焙(烧, 砂), 烘, 烤, 炙, 炼, 煅烧 ②(烤得)(使)变热〔烫〕 ③焙烧生成物. *autogenous* 〔*self*〕 *roasting* 自热焙烧. *blast roasting* 鼓风焙烧. *dead roast* 死〔烧〕烧, 完全焙烧. *green roasting* 初步(不完全, 半)焙烧. *roasting in air* 氧化焙烧. *salt roasting* 加盐(食盐氯化)焙烧. *sweet roast* 死烧, 全脱硫焙烧.

roast'er ['roustə] *n*. 烘烤器(机), 焙烧炉, 炉栅(笼), blind roaster 套炉, 马弗(焙烧)炉. *roaster hearth* 焙烧炉膛.

roast-reaction *n*. 焙燃反应.

rob [rɔb] *v*. ①抢劫, 非法剥夺, 夺取, 使丧失 ②消(损)耗. ▲*rob M of N* 使M失去N, 从M夺去N. *rob Peter to pay Paul* 拆东墙, 补西墙; 挖肉补疮.

rob'ber *n*. 强盗, 盗贼.

rob'bery *n*. ①抢劫(案), 盗取 ②河流袭夺.

Rob'ertson test 罗伯逊脆断试验.

ro'blitz ['roublits] *n*. 无人驾驶轰炸机的闪电轰炸.

robomb = robot bomb (自动控制的)飞弹, 空对地飞弹.

Robon glass 一种防热玻璃.

ro'bot ['roubɔt] Ⅰ *n*. ①机器人, (通用)机械手 ②自动机, 自动装置〔仪器〕 ③自动交通信号, 自动控制飞行器, 遥控设备, 遥控机械装置. Ⅱ *a*. 自动操纵〔驾驶〕的, 遥控的. *radio robot* 无线电遥控设备, 无线电自动控制机. *robot airplane* 无人驾驶飞机. *robot bomb* 自动操纵的飞弹. *robot bomber* 遥控〔无人驾驶〕轰炸机. *robot brain* 自动计算机. *robot buoy* 无人〔无线电操纵〕浮标. *robot pilot* (飞机的)自动驾驶仪. *robot station* 自动输送站.

robot'ics *n*. 机器人学, 机器人技术, 机器人的应用, 遥控学.

ro'botize ['roubətaiz] *vt*. 使自动化; 给…装备机器人. *robotiza'tion n*.

robotol'ogy *n*. =robotics.

robotomor'phic *a*. 模拟机器人的.

robust' [rə'bʌst] *a*. ①坚固〔定〕的, 耐用的, 硬的, 刚的 ②加工硬化的, 较粗的, 健全的, 强〔苗〕壮的, 结实的. ～*ly ad*.

robust'ness *n*. 强度, 坚固〔耐久〕性.

roc [rɔk] *n*. 无线电制导的电视瞄准导弹.

Rocan copper 含砷铜板, 高强度耐蚀铜板(砷0.5%, 其余铜).

roccellic acid 石蕊酸, 2-甲基-3-十二烷基琥珀酸.

Rochelle' salt [rou'ʃel sɔːlt] 四水(合)酒石酸钾钠(压电晶体), 罗谢尔盐.

rock [rɔk] Ⅰ *n*. ①岩(石, 块), (大)石(块), 多石土 ②磐石, 柱石, 基石 ③(pl.)暗礁, 灾难, 危险 ④钻石 ⑤尾矿 ⑥保护物 ⑦崩溃的东西, 空气的局部扰动. Ⅱ *v*. ①摇(动, 摆), 振〔摆, 波)动 ②(处于)不稳定状态. *barren* 〔*waste*〕 *rock* 废〔脉〕石. *basic rock* 碱(性)岩. *igneous rock* 火成岩, 岩浆岩. *metamorphic rock* 变质岩. *mother* 〔*native, parent*〕 *rock* 基岩. *rock aboutement* 石桥台. *rock asphalt* 岩(天)然地沥青, 石沥青. *rock ballast* 石渣, 道渣. *rock* bed 岩床. rock bit 凿岩钻〔钎〕头. rock bolts shore 岩石锚杆支撑. rock candy 冰糖. rock cliff 悬崖. rock core 岩心. rock crystal 水晶,石英. rock drill 钻〔凿〕岩机,开石钻,钻岩设备,冲击钻机. rock facies 岩相. rock gas 天然〔煤〕气. rock in place 原生岩石,本生岩,岩盘〔基〕. rock leather 一种石棉. rock metal (水中)白色碳酸钙沉淀物. rock oil 石油. rock plant 采石工场〔设备〕. rock tar 原〔生〕石油,石焦油. rock toe 块石坝趾. rock wool 石棉〔毛〕,玻璃纤维. rocking trough 摇〔振动〕槽. ▲as firm as (a) rock 如 like a rock 坚如磐石,安如泰山. at rock bottom 根本上. (go, run, strike, be driven, be thrown) on 〔upon〕 the rocks 触礁,毁灭,遭难,破产. lift a rock only to drop it on one's own toes 搬起石头打自己的脚. rock bottom 底,最低点. see rocks ahead 看到前途有危险. split on a rock 遭遇意外危险〔灾难〕.

rock'air ['rɔkɛə] n. (从飞机发射的)高空探测火箭.
rock-asphalt n. 岩〔天然〕沥青.
rock'bolt n. 岩栓.
rock'-boring a. 钻岩的,岩石钻孔的.
rock'bottom n.; a. ①岩底 ②最低的〔点〕,最低限度 ③底细,真相.
rock'-bound a. 被岩石包围的,多岩的.
rock'er ['rɔkə] n. ①摇轮〔杆,臂,座,椅〕,摇移〔摆〕器,振动器〔机〕,振荡器,洗矿盆,金摇动槽 ②套钩,铰链 ③(薄板轧制中的)镰刀弯. brush rocker 电刷摇移器,移动刷架. exhaust rocker 排气摇杆. rocker arm 摇臂(杆,拐),住复杆,摇杆机构. rocker arm ways 摇臂导轨. rocker bar 摇杆,天平杆. rocker bearing 摇(伸缩支)座. rocker conveyer 悬链式输送机. rocker piece 浮动块. top line rocker (悬挂装置的)上拉杆绞接车.
rocker-arm resistance welding machine 摇臂式接触焊机.
rocker-bar furnace 摇杆推料炉,步入式加热炉.
rocker-bar heating furnace 摇杆推料加热炉.
rocker-type cooling bed 摆动齿条式冷床.
rock'ery n. ①假山(庭园),石园 ②粗面石工.
rock'et ['rɔkit] Ⅰ n. ①火箭,火箭发动机 ②火箭弹,火箭式投射器,由火箭推进的飞船,(火箭推进的)导弹 ③信号弹. Ⅱ v. ①用火箭运载〔射击〕②发射火箭 ③乘火箭旅行 ④(如火箭般)飞速上升. all-solid propellant rocket 纯固体推进剂火箭. atomic rocket 原子推进〔弹头〕火箭. controlled 〔guided〕 rocket 受控火箭,导弹. free-flight rocket 自由飞行火箭. hybrid rocket 固-液体推进剂混合火箭发动机. ion rocket 离子(发动机)火箭. non-recoverable 〔one-shot, expendable〕 rocket 一次使用的火箭. nuclear (energy, fuel) rocket 核(能)火箭,核燃料火箭. rocket base 火箭(试验)基地. rocket bomb 火箭(助推炸)弹. rocket jet 火箭喷口,火箭(喷)射流. rocket launcher 火箭发射装置. rocket range 火箭射场(试验区). rocket ship 装备火箭舰船. rocket sonde 火箭测候器. seeking rocket 自动引导〔寻的〕火箭. super rocket 超型火箭. window rocket 撒布金属反射体的火箭.
rocket-boosted a. (用)火箭(作)助推(器)的,火箭加速的.
rocket-borne a. 弹上的,火箭运载的.
rocketdrome n. 火箭发射场.
rock'eted a. 藉火箭起动〔飞〕的,火箭助推的,利用火箭运载的.
rocketeer ['rɔki'tiə] 和 **rock'eter** ['rɔkitə] n. 火箭发射〔操纵〕专业技术人员,火箭专家,火箭设计者.
rock'etor =rocketeer.
rocket-powered a. 装有火箭发动机的,火箭推进的.
rocket-propelled a. 用火箭发动机推动的,火箭推进的.
rock'etry ['rɔkitri] n. 火箭(学,技术,实验).
rock-faced a. 粗〔琢〕石面的.
rock-fall n. 岩崩〔滑〕.
rock-fill n. 填〔堆〕石. rockfill dam 堆石坝.
rock-forming elements 造岩元素.
rock-hewn n. 凿岩而成的.
Rock'ies ['rɔkiz] =Rocky Mountains.
rock'ing ['rɔkiŋ] n.; a. ①空气局部扰动,摆动,船只纵摆 ②纵向(横)颠簸 ②旋转式调谐控制 ③摇〔摆〕动的,来回摇摆的. rocking chair 摇椅. rocking furnace 回转可倾〔正反向〕摇炉,摇滚式炉. rocking vibration (分子)前后俯仰振动,分子的平面横向变形振动.
rocking-chair induction furnace 可倾式感应炉.
rock-magma n. 岩浆.
rockogenin n. 岩配质,5a,22a-螺烷-3β,12e 二醇.
rockoon ['rɔ'ku:n] n. (气球携带高空发射的)高空探测火箭,火箭(探空)气球.
rock(-)over n. 翻转. rock-over core making machine (手摇)翻转式造芯机. rockover moulding machine 转台(取模)式造型机. rock-over pattern draw machine 翻转式起模机.
rock-salt n. 岩盐,石盐.
rock'shaft n. (内燃机的)摇臂轴,(提升)杠杆轴.
rock-steady structure 稳密结构.
rock'sy ['rɔksi] n. 地质学家.
Rock'well apparatus 洛氏硬度计.
Rock'well hardness 洛氏硬度.
rock'wool n. 石棉,玻璃纤维.
rock'y ['rɔki] a. ①岩石的,多(岩)石的,杂有石块的 ②磐石般的,坚如岩石的,磐石的 ③摆动的,不稳的,摇晃晃的 ④多障碍的,困难的. rocky desert 戈壁. rocky ledge 岩架,岩礁,矿脉. rocky soil 坚石(类)土. rocky subsoil 岩质底土.
Rocky Mountain Spotted fever 洛矶山斑疹热.
Rocky Mountains 落矶山脉.
rod [rɔd] Ⅰ n. ①(拉,推,连,杠)杆,棒(状物),(视网膜的)杆(柱)状体,视杆细胞,杆圆,(枝,柳)条 ②测杆,标尺,水准尺 ③圆棒〔杆,材〕,棒材(钢),(盘条)圆钢,(7.5毫米)线材,钢筋 ④钻杆,(钻磨)钻〔杆〕⑤避雷针 ⑥竿(长度单位 = 5.5 码 = 5.0292m),平方竿 (= 30¼平方码) ⑦(左轮)手枪,枪势,暴政,惩罚. Ⅱ (rod'ded; rod'ding) vt. 用棒捣实,用通条捅,铁钎清扫. anode rod 阳极棒. boning rod (测量用)测平板. bank rod 触排棒. calculating rod 计算尺. carbon rod 碳棒(条),碳电极. carrying rod 包

rod'ding 1440 **roll**

扎.防腐带(电枢的)扎线,(发电机转子的)护环. *clutchrelease rod* 离合器脱开拉杆. *coil rod* 盘条. *control rod* 控制杆,操纵(传动)杆. *core rod* 心棒,型心轴. *discharging rod* 放电棒,避雷针. *drive rod* 传(驱)动杆. *filler rod* 焊条,嵌条. *flat rod* (因辊链加大造成的)超公差线材. *green rod* 热轧盘条. *guide rod* 导(向)杆. *hanger rod* 吊(物)杆,悬杆. *lightning rod* 避雷针. *piston rod* 活塞杆. *radius rod* 半径杆,旋臂. *roll balance rod* 长型换辊套筒. *roll bore* 杆式钻. *rod bundle* 盘条,圆钢捆. *rod coil* 线材卷,盘条. *rod crack* 纵裂纹. *rod feeding* 截断(戳穿冒口表面以利排渣). *rod gap* 棒状放电器,同轴电极间火花距. *rod iron* 元铁. *rod jaw* 叉杆. *rod memory* 磁棒[棒式]存储器. *rod mill* 杆式破碎(研磨)机,棒磨机. *rod reading* 标尺读数. *rod sounding* 杆(土壤)探测. *rod spacing* 钢筋间距. *rodded volume* 捣实体积. *sag rod* 防(下弦拉杆)下垂的吊杆. *screw rod* 螺杆. *spike rod* 道钉型钢. *steel rod* 钢条. *steering rod* 转向杆,操纵杆. *tie rod* 连(拉)杆,拉紧杆. *tungsten rod* 钨条[棒]. *welding rod* 焊条.

rod'ding n. 用棒捣实,铁钎清扫,机械清扫筒子,管道通条,插钎. *rodding of cores* 【铸】芯骨.
rode [roud] *ride* 的过去式.
ro'dent ['roudənt] a.; n. 侵蚀性的,啮齿(类)动物的,啮(咬)的.
Rodentia n. 啮齿目.
roden'ticide n. 杀鼠剂,灭鼠药.
rodent-proof a. 防鼠的.
rod-float n. 浮杆(标).
rod-rolling mill 线材轧机.
rod-shaped a. 杆状的.
roent'gen ['rɔntjən] n. ①伦琴(剂量单位,在一毫升空气中生成正负电荷各为一静电单位的X射线或γ射线的剂量) ②X(伦琴)射线. *roentgen rays* X(伦琴)射线. *equivalent roentgen* 伦琴当量. *roentgen tube* 伦琴(X射线)管.
roentgendefectoscopy n. X射线(伦琴射线)探伤法.
roentgen-equivalent n. 伦琴当量.
roentgenkymog'raphy n. X射线动态摄影术.
roentgenofluores'cence n. X射线发光.
roentgenogram [rɔnt'genəgræm] 或 **roentgen'ograph** [rɔnt'genəgrɑːf] n. 伦琴射线照相,X光(X射线)照相片. *roentgenograph'ic* a.
roentgenog'raphy n. X射线照相术,伦琴射线照相(法).
roentgenol'ogy n. X射线学(伦琴射线),放射学.
roentgenolumines'cence n. X射线发光.
roentgenom'eter n. 伦琴射线计,X射线辐射(强度)计,(测量X射线强度的)离子计.
roentgen'oscope n. 伦琴射线(X射线)透视机,X光机.
roentgenos'copy n. 伦琴射线(X射线)透视法.
roentgenother'apy n. X射线疗法.
Rogor n. (农药)乐杀.
rogue [roug] Ⅰ n. 流氓,无赖. Ⅱ vt. 诈骗,弄虚,除去(生长不良之植物). **ro'guish** a.

ro'guery ['rougəri] n. 流氓(无赖)行为,诈骗.
ro'guing n. 选株.
Rohn mill 罗恩多辊薄板轧机.
roil [rɔil] v. 搅浑,动荡. ～y a.
roke n. 【铸】深口(一种表面裂纹).
rolandom'eter n. 大脑皮质沟测定器.
role [roul] n. ①角色 ②任务,作用,功用. *role indicator* 作用指示符. ▲*fill the role of* 担当…的任务. *play an important role in*…在…中起重要作用,在…中扮演重要角色. *play the role of* 起…的作用.
roll [roul] Ⅰ v. ①滚(动,轧,压),转动,(使)滚动而动,运行 ②推(车),(车厢)溜放,(乘车)行驶,用车载运 ③卷(捻,起),裹,辗 ④辗(平,薄),压,轧(制,平,薄,光),辊压,压延(平,扁,薄),碾压 ⑤翻滚 ⑥(机)横(面)侧(倾),侧倾 ⑦(起),点,摇(左右)摆摆(晃),横摆,颤簸 ⑦摆动,开始行动(动作),⑧发展,进展 ⑨发隆隆声,轰鸣, Ⅱ n. ①滚动,打[翻],横[滚 ②轧制 ③(轧)辊,(滚)轮,滚筒(轴,珠,子),辊(子),辊轴(压路,滚筒之机,(pl.)轧机 ④卷(筒,轴,形物),(柱头的)滚涡形 ⑤卷起,薄板卷,绕线物 ⑥摇晃,波动,起伏,隆起,背斜,倾斜角,坡角 ⑦飞机沿纵轴的旋转,摄影机或像片坐标体系沿X轴的旋转 ⑦名册,目录,公文,案卷,档案 ⑧隆隆声,轰响声. *The wheel of history keeps rolling on.* 历史的车轮滚滚向前. *Planets roll on [in] their courses.* 行星在轨道上运行. *The steel ingots rolled out in plates.* 钢锭轧成了钢板. *The chimney rolled up smoke.* 烟囱冒起团团浓烟. *back roll* 支承(轧)辊. *backing roll* 支承辊,供布(纸)辊. *back-up roll* 支承辊. *bending and straightening rolls* 弯直两用轧机. *bottom roll* 下轧辊(轧光机上的)带钢压紧辊. *carpet roll* 火药卷. *cold roll* 冷轧(辊),冷轧辊. *cross roll* 斜辊. *double roll* 双滚筒. *drive roll* 主动辊,输纸轮. *feed rolls* 机架辊,进给(料)辊. *finishing roll* 终轧辊,精轧(辊). *full roll* 轻度凸面轧辊. *getting-down [break down] roll* 开坯机座轧辊. *grain roll* 麻口细晶粒合金铸铁轧辊. *idle roll* 空转辊,跨(惰)轮,从动(轧)辊,随转辊. *lowering roll* (造纸用)降辊. *maximum rate roll* 最大速率侧滚. *nip rolls* 压料(咬送,夹料)辊. *reducing rolls* 开坯轧辊. *roll angle* 滚动(倾斜,侧滚,倾侧)角. *roll back routine* 重新运行程序. *roll bar* 辊杆. *roll booster* (使火箭绕纵轴回转的)助推器,(绕纵轴滚动助力器,(绕纵轴)回转加速器. *roll by guide* 藉导板进行轧制. *roll by hand* 人工喂送轧制. *roll curb* 进口(滚式)缘石,进口侧石. *roll doubles* 或 *roll in pairs* 两张(薄板)叠轧. *roll film* (照相用)胶卷. *roll formed shape* 冷弯型钢. *roll forming* (冷弯型钢的)辊轧成形. *roll gang* 输送辊道. *roll grinder* 卷带式磨光机(抛光机),轧辊磨床. *roll jaw crusher* 滚爪式碎石机. *roll joint* 滚轧接合. *roll machine* 滚轧机. *roll mill* 轧钢机. *roll on-off* (集装箱货轮)滚式装卸. *roll on return pass* 返回轧制. *roll-over draw machine* 翻转式起模机. *roll scale* 氧化皮,鳞皮. *roll spot welding* 滚点焊.

roll stand 工作机座,轧机架. *roll table* 辊道. *roll welding* 热辊压焊接. *rolling edge* 飞边,耳子,轧制边. *rolling shapes* 钢材品种. *rolls of parliament* 国会档案. *tongue roll* (组成闭口孔型的)凸榫上轧辊. *tread roll* 车轮凸缘和踏面的辗轧辊. *web roll* 车轮辐板辗轧辊,斜辊. *work roll neck bearing* 工作轧辊辊颈轴承. ▲*a roll of* 一卷. *be rolling in…* 被…围起,富于…,沉溺于…,在…之中(打滚). *roll around* (时间)流逝,重临,循环. *roll M around N* 把 M 卷(盘绕)到 N 上. *roll back* 重新运行在…流逝,重卷,反轧,退却,击退. *roll by* (时间)流逝. *roll down* 轧制,压缩. *roll down* 沿…滚下来(往下溜饭). *roll in* 卷入,纷至沓来,涌来(蜂拥)而来. *roll in pack form* 叠板轧制. *roll into* (使)卷进,(使)卷成. *roll into one* 合成一体,(合而)成为一个. *roll off* 滑离,轧去,(管坯)辊轧. *roll on* (时间)流逝,进行,前进,(浪)滚滚而来,穿轧. *roll on edge* 立轧,轧边. *roll M on N* 把 M 放在 N 上滚动. *roll out* 辊平,拉出(长),延伸,辗开,轧去,卷出,扩口,边身,离开,使送出. *roll over* 翻转(倒在…上,倾翻,翻(转砂)箱,在…上滚动. *roll…smooth* 把…压(辗)平(光). *roll…solid* 把…压实. *roll to death* 重轧(压),死轧. *roll up* 卷起(来),堆积,聚集,缩(团)进,缠绕,折叠,(烟)袅袅上升,逐渐增加,积累成. *roll M up N* 把 M 沿着 N 往上滚.

rollabil'ity n. 可轧制性(金属轧制变形的能力).

roll-back n. 退回重来,重新运行,重绕,后翻,反转,滚回.

rolled [rould] a. 碾压过的,压实的,辗制的,轧制的,轧制的,辊轧(成)的. *as-rolled condition* 轧制状态. *packrolled* 叠轧的. *rolled angle* 角钢. *rolled asphalt* 碾压式地沥青(即沥青混凝土). *rolled bar iron* 轧制条钢(型钢). *rolled base* 压实基层. *rolled condenser* 卷绕电容器. *rolled curb* 进口(滚式)波形路缘石,进门圆石. *rolled dry* 干辗. *rolled flaw* 轧制鳞纹(缺陷). *rolled gold* 金箔. *rolled hardening* 压延淬火. *rolled iron* 钢材,轧制钢. *rolled section* (steel) 轧制型材,(挂)型钢(材). *rolled steel* 辊轧钢材(材),钢材. *rolled tube* 滚制(压)管,轧制管.

rolled-in-scrap n. 废钢轧人.

roll'er ['roulə] n. 辊子(柱,筒,球,轴,轮),滚动的东西,卷轴,棉卷,纱布卷 ①辊(子)，轧辊 ②辗压(碾,压延)辊,(管坯)辊轧,(绞)滚,(滑)轮,滑车,舵轮 ③轧(喂)钢工,压延工,轧制工作者. *belt roller* 带轮,滑车,运输机滚轴. *bottom roller* 下滚轮. *centring roller* 对中(定心)辊. *contact roller* (镀膜前带铜)辊. *draw roller* 喂料(引入)辊. *heated roller* 加热滚筒,火辊. *paper roller* 记录纸卷筒. *roller bearing* 滚柱(滚针)轴承,滚轮轴承,滚子轴承座,滚座. *roller bed* [conveyer] 辊道. *roller bend test* 滚柱弯曲试验. *roller box* 轮箱(架). *roller bridge* 用滚轮的活动桥. *roller cage* (轴承的)滚柱保持架,滚轮机座. *roller coat* 辊(滚)涂. *roller compaction* 碾压. *roller conveyer* 辊道,辊式运输机. *roller cutter* for pipe 滑轮剖管器. *roller dies* 辊轮拉丝模. *roller electrode* 滚轴电极. *roller end* 辊端,可移动端,端部带滚柱的. *roller fading* 摆动衰替. *roller gate* 圆辊(定轮)闸门. *roller guide* 滚针(滚柱)导卫,导轮. *roller man* 轧工,压路机驾驶员. *roller mill* 滚压机,压延机,混砂机(辗). *supporting roller* 托轮,支承辊. *table roller* 辊道. *take-off rollers* 拉料辊. *tape roller* 拉纸轮. *tappet roller* (汽门)挺杆滚柱,挺杆滚柱.

roll'er-hearth n. 辊道炉床,滚道炉膛. *roller-hearth furnace* 辊道炉膛加热炉,辊底式炉.

roll'erman n. 轧钢工,压路机驾驶员.

roll'gang n. 输送辊道.

roll'housing n. 轧机机架.

roll-in n. 转入,返回. *roll-in and roll-out* 转入转出.

roll'ing ['rouliŋ] I n. ①滚动(轧,压),辗压,轧制(平),压光(延,平,扁,碎),旋转(转) ②侧摇(滚,斜) ③翻(颠)滚,横摇,摇摆,垂直面倾斜 ④起伏,颠簸,电视显象上下滚动 ⑤轰鸣,隆隆声 II a. ①滚(压)的,碾压的,辊轧的,(可)滚(转动)的,滚轨的,旋转的 ②起伏的,汽车绕纵面水平轴的左右倾侧的 ③周而复始的(隆隆的,轰鸣的,隆隆的. *dead rolling* 重压轧制. *finish rolling* 精轧,打光压实. *hard rolling* 滚压硬化. *non-linear rolling* 非线性滚动. *powder rolling* 粉末轧制成型. *rolling beam apparatus* 旋转杆(动态)仪. *rolling bridge* 滚动式活动桥,滚动开合桥. *rolling circle* 滚圆,(齿轮的)基圆. *rolling country* 丘陵区(地). *rolling curve* 滚线. *rolling-dam* 滚筒式溢流坝,滚轴闸沟. *rolling gate* 滚筒形闸门,*rolling land* 丘陵地. *rolling mill* 轧钢厂,轧机(滚轧,辗轧,压延)机. *rolling of soil* 土壤压实. *rolling on* 穿轧. *rolling press* 压平压力机,滚动印刷机. *rolling slab* 扁钢坯. *rolling strike* 持续的罢工. *rolling topography* 起伏(丘陵)地形. *rotary rolling* 滚压扩管,滚压轧制. *sandwich rolling* 双金属及多层板材轧制,夹心(包层)轧制. *temper rolling* (板,带材的)平整. *tongue and groove rolling* 闭口孔型轧制.

roll'ing-stock ['rouliŋstɔk] n. ①(铁道)车辆,轨上运输工具 ②轧制材料.

roll'ing-up n. 卷起. *vortex plane rolling-up* 涡面卷起.

roll'-off ['rouləf] n. 辗轧,轧去,滑离,下(翼)降,衰减,跌落,圆滑,机翼自动倾斜. *roll-off-frequency* (录音的)向上转移频率,滚降频率.

roll-on a. 滚涂的,车货齐运的.

roll-out n. ①辊平,拉出(长),延伸,轧去,卷边,扩口 ②【计】(主存储器)转出,(辅助存储器)转人 ③新产品的首次公开展览,飞机的首次公开展览 ④(飞机)滑行.

roll-over n. (滚动)翻转,倾翻,翻(转砂)箱,转台;图像跳动. *roll-over moulding machine* 翻台式造型机.

roll'pass n. 轧辊型缝.

roll-pick up n. (轧件上的)辊印,轧痕.

roll'way ['roulwei] n. 滚路(使重物自己滚行的倾斜

ROM =read only memory 只读〔固定〕存储器.
rom =rough order of magnitude 近似的数量级.
rom *n*. 罗姆(米·千克·秒制电导率单位).
Ro′man ['roumən] Ⅰ *n*. ①罗马人 ②罗马字(体)，罗马字铅字. Ⅱ *a*. ①罗马(人)的 ②罗马字(体)的，罗马数字的，正体的. *Roman alphabet* 罗马拉丁字母. *Roman arch* 半圆拱. *Roman balance* (beam, steelyard)秤. *Roman brass* 罗马含锡黄铜(锡 1%). *Roman bronze* 改良型锡青铜(铜 58~60%，锰 0~2%，铁 1%，铝 1.1%，其余锡)，罗马青铜(铜 90%，锡 10%). *Roman candle chlorination furnace* 透明石英管氯化炉. *Roman candle method* 透明石英管氯化法. *Roman cement* 天然〔罗马〕水泥. *Roman letters*(type)罗马体铅字，正体字. *Roman notation* 罗马记数法. *Roman numbers* 罗马数字. *Roman vitriol* 硫酸铜.
romance′ [rə'mæns] Ⅰ *n*. 传奇(文学)，浪漫文学，(虚构的)冒险故事. Ⅱ *vi*. 渲染，溲大，虚构.
Romanesque′ [roumə'nesk] *a*.; *n*. 罗马式的(建筑).
Roma′nia [rou'meinjə] *n*. 罗马尼亚.
Roma′nian [rou'meinjən] *a*.; *n*. 罗马尼亚的，罗马尼亚人(的).
Roma′nium *n*. 罗曼铝基合金(镍 1.7%，铜 0.25%，钨 0.17%，锑 0.25%，铝 0.15%，其余铝).
ro′manize ['roumənaiz] *v*. 用罗马字体书写〔印刷〕. **romaniza′tion** *n*.
roman′tic [rə'mæntik] *a*. 传奇(式)的，浪漫的，耽于幻想的，不切实际的，虚构的，荒诞的，溲大的. *romantic report* 溲大的报导. *romantic scheme* 不现实的计划.
roman′ticism *n*. 浪漫主义.
Rome [roum] *n*. 罗马(意大利首都).
ro-meson *n*. ρ介子.
Rom′(m)any ['roməni] *n*.; *a*. 吉普赛人(的).
RON =remain over night (保留)过夜.
Ronchigram *n*. 伦奇图.
rondelle *n*. 丸. *nickel rondelle* 镍丸.
rond′ure ['rɔndjuə] *n*. 圆形(物)，优美的弧度.
Ro′neo ['rouniou] Ⅰ *n*. 复写机. Ⅱ *vt*. (用复写机)复写.
ron′galite ['rɔŋgəlait] *n*. 雕白粉，甲醛次硫酸钠，甲醛与次硫酸钠的加成物.
röntgen =roentgen.
rood [ru:d] *n*. ①十字架 ②路得(英国面积单位=1/4英亩).
roof [ru:f] Ⅰ *n*. ①(屋，室，车，机，炉，棚)顶，顶(盖，板，拱，棚)，屋面 ②担任空中掩护的飞机 ③绝对上升限度. Ⅱ *vt*. ①给…盖(屋)顶，覆盖 ②保护，遮蔽. *arch roof* 拱(形)顶. *roof covering* 屋面，瓦面. *span*(*couple*) *roof* 双披屋顶. *suspended*(-*arch type*) *roof* 吊式炉顶. *the roof of the world* 世界屋脊.
roof′age ['ru:fidʒ] *n*. 盖屋顶的材料.
roofed [ru:ft] *a*. 有(屋)顶的.
roof′ing ['ru:fiŋ] *n*. ①盖屋顶(材料)，屋面〔盖〕瓦，屋面材料 ②覆盖，保护 ③卷材. *asphalt roofing* (地)沥青屋面(料). *roll roofing* 卷铺屋面材料. *roofing iron* 屋面薄钢板. *roofing malthoid* 屋面油毡. *roofing paper* 屋顶油纸. *treated roofing* 浸渍过的屋面材料.
roof′less ['ru:flis] *a*. 没有屋顶的.
Roofloy *n*. 耐蚀铝合金(锡 0.25%，镁 0.02%，铋 0.02%，其余铝).
roof′top *a*. 屋脊状的，脊顶的.
roof′-topping *n*. (通量)拉平，(通量分布曲线)顶部的削平.
roof′tree ['ru:ftri:] *n*. 栋(屋脊)梁，屋顶.
roof′work ['ru:fwə:k] *n*. 屋顶工作.
rook [ruk] *vt*. 诈取，敲诈.
rook′ery ['rukəri] *n*. ①破旧的住房，贫民窟 ②(同类事物的)集中处. *storm rookeries* 风暴中心(地带).
room [rum] *n*. ①(房间)，室，(车)间，舱 ②余地，位置 ③空间，地位(方，点)，余地，机会. *battery room* 蓄电池室. *casting room* 铸造车间，铸造间. *cell room* 电解车间，电解厂房. *central dispatching room* 中心调度(信号)室. *chip room* (工具的)去屑槽. *control room* 控制(仪表，操作，调度)室. *high-pressure water pump room* 高压水泵站(房). *live*〔*reverberant*〕*room* (交)混(回)响室，回声室. *plating room* 电镀间. *room antenna* 天线. *room neck* 碉室口，进入碉室的巷道. *strong room* (防火防盗)保险库，防空遁弹室. *switch room* 机键室. *take up little room* 占地很少. *tank room* 电解(车)间. ▲*allow room for* 给…留出地方. *give room* 退让，让出地位〔机会〕. *in one's room* 或在 *the room of* 代替，代…而. *leave room for* 给…留有地位. *make room for* 为…(让位置)，让出地位〔位置〕，腾出…的地方. *There's room for*(*improvement*) (尚)有(改进)的余地. *no room to turn in* 没有活动的余地，地方很窄.
room-dry *n*. 室(内风)干.
roomette [ru(:)'met] *n*. 小房间.
room′ful ['rumful] *n*. 满房间，一屋子(的人).
room′ily ['ru:mili] *ad*. 广阔地，宽敞地.
room′iness ['ru:minis] *n*. 宽敞(广).
room-scattered *n*. 从房间墙壁散射的.
room-temperature *n*. 室温. *room-temperature setting adhesive* 室温固化黏合剂.
room′y ['ru(:)mi] *a*. 宽敞(大)的.
roost′er ['ru:stə] *n*. 敌我识别器，飞机问答机.
root [ru:t] Ⅰ *n*. ①(块)根，根(地下)茎，叶根，字根，齿根，螺纹根，(焊缝，迭摺断层的)根部，底部 ②棒头 ③【数】根(数，值，式)，方根 ④根子(基)，本质，必需的部分 ⑤根来，起源，祖先 ⑥(和弦的)基础音. Ⅱ *v*. ①(使)生根，(使)扎根，(使)固定(着)，加固〔强〕 ②【数】开〔求〕根，开(平)方(根) ③翻，搜，寻找(about)，搜出，发现(out). *be identical at root* 在根本上是一致的. *dig out the roots of* … 挖掘…的根子. *get at*〔*to*〕 *the roots of things* 追究事物真相，寻根究底. *automatic square rooting* 自动开平方. *cubic*(*cube*, *third*) *root* 立方根. *extraneous root* 客根. *multiple root* 重根. *root angle* 齿根角，伞齿底角. *root ball* 根茎孢球. *root bend test* 反

面弯曲试验. *root cause* 根本原因. *root crack* 焊缝根部裂纹. *root diameter* 齿[牙]根直径,外螺纹内径,内螺纹外径. *root edge* 焊缝根部边缘. *root face* 钝边,焊缝根部断面积,钝边面积,角根面. *root mean square deviation* 均方根(误)差. *root of thread* 螺纹牙底. *root opening* 根部间隙. *root pass* [run] 根部焊道. *root radius* 缺口半径,(焊缝坡口底部的)圆角半径,(螺纹或齿根的)谷底圆角半径. *root segment* 【计】基本段,(程序的)常驻段. *root zone* 根系层. *rooting mixture* 补强混合物. *social roots* 社会根源. *square* [*second*] *root* 平方根,二次方. ▲*at* (*the*) *root* 根本上.*be at the root of* 是…的根本[基础]. *cut at roots of* 齐根砍断. *get at* [*go to*] *the root of* 追究…的根底[真相]. *inverse square root* 平方根的倒数,$-\frac{1}{2}$次方. *pull* [*pluck*] *up--by the roots* 连根拔除,根除. *root and branch* 彻底地,全部地,完全,一古脑儿. *root in* 根源在于,来源于. *root*…*in* 使…的根固定于,安装…于. *root up* [*out*,*away*]除根,铲除. *take* [*strike*] *root* 生根[扎],根,固定[着],确立. *to the root*(*s*) 充分,根本.

root′age ['ruːtidʒ] *n*. ①生根,固定[着] ②根部 ③根[来]源.
root′dozer *n*. 除根机.
root′ed ['ruːtid] *a*. 生了根的,根深蒂固的.
root′er *n*. 拔根器,除根机,(筑路用)翻土机,挖土机. *road rooter* 犁路机. *rooter plough* 掘根犁.
root′le ['ruːtl] *vi*. 挖掘,翻,搜,寻觅.
root′let *n*. 细根,支根.
root-lo′cus [ruːt'loukəs] *n*. 根(轨)迹.
root-mean-square *n*.; *a*. 均方根(的),平方根值,有效值. *root-mean-square error* 均方根[有效值]误差.
Roots blower *n*. 罗茨(螺旋式)鼓风机.
Roots pump 罗茨(机械增压)泵.
root-squaring method 平方根法.
root′stalk *n*. 根状茎,地下茎.
root′stock *n*. 根(状)茎,块根,根[起]源.
root′y *a*. 多根的,似根的.
root-zone *n*. 山根带.
ROP 或 **rop** =①record of production 生产纪录 ②run-of-paper (由编辑)随意决定登载位置的.
ROPC =rate of pitch change 栅距变化率.
rope [roup] Ⅰ *n*. ①绳(索),索,钢索,(钢)丝)绳,缆,线 ②一串 ③(干扰雷达用的)长反射器. ④(pl.)内情,规则,做法. Ⅱ *v*. ①(用索)捆,缚,绑,缠,绕,拉,拖,系住 ②拧成(状),系上绳子串起来. *anchor rope* 锚索(链). *carrying rope* 吊重绳. *copper rope* 铜丝绳. *crane rope* 起重吊车索. *grab rope* 蒿索. *Hercules wire rope* "大力神"多股钢丝绳. *rope capping metal* 缆索封头用合金. *rope disturbance* 长反射器干扰. *rope drive* [*transmission*] 钢索传动. *rope pulley* [*sheave*] 绳索轮. *rope* [*core-rope*] *storage* 磁芯线存储器. *rope suspension bridge* 悬索桥. *rope wire* (制)钢丝绳用(的)钢丝. *untuned rope* 非调谐的长反射器. *wire rope* 钢丝绳,金属线绳. *Z-lay wire rope* 右捻钢丝缆. ▲*a rope of* 一串. *be at* [*come to*] *the end of one's rope* 智穷力尽,穷途末路. *know*[*learn*, *show*,···]*the ropes* 熟悉[懂得,告知,告以]内幕[秘法,窍门,规则].

rope′dancer 或 **rope′walker** *n*. (钢)索演员.
rope′dancing 或 **rope′walking** *n*. 走(钢)索.
rope′way *n*. (运输用)架空索道,钢丝绳道.
ropheocytosis *n*. 细微激饮作用.
ro′piness *n*. 成丝性,粘性,胶粘,粘丝状.
ro′py ['roupi] *a*. 成丝的,粘性的,可拉长成丝的,像绳子的. *ropy lava* 绳状熔岩.
ROR =range-only radar 测距雷达,雷达测距仪.
ror′qual ['rɔːkwəl] *n*. 鳁鲸.
ROS =①range operation station 靶场作业站,靶区操作站 ②read-only-storage 只读存储器,固定存储器.
ro′sace ['rouzeis] *n*. 圆花窗(饰),圆浮雕.
Rosa′ceae *n*. 蔷薇科.
rosa′ceous [rou'zeiʃəs] *a*. 蔷薇花形的,玫瑰色的.
rosan′ilin(e) *n*. 玫瑰苯胺(色素).
roscoelite *n*. 钒云母.
rose [rouz] Ⅰ rise 的过去式. Ⅱ *n*. ①玫瑰(花,红),粉红色 ②接(灯)线盒(罗盘的)罗盘的)③喷雾器(莲蓬式)喷嘴,(吸水管末端的)滤器,洒水器 ④圆花窗. Ⅲ *a*. 玫瑰花[色]的. Ⅵ *vt*. 使成玫瑰色. *compass rose* 罗盘的刻度盘. *connection rose* 电话机接线盒. *direction roses* 流向图. *rose A* 玫瑰红刚玉,铬刚玉. *Rose alloy* 洛斯合金(一种低温可熔合金). *rose bit* 梅花钻. *rose curve* 【数】玫瑰线. *rose cutter* 圆单齿. *rose engine* 用于车曲线花样的车床附件. *Rose metal* 铅铋锡易熔合金(铅 28%,锡 22%,铋 50%). *wind rose* 风(向)图.
ro′seate *a*. 玫瑰(粉红)色的,愉快的,幸福的,乐观的.
rose-bengal *n*. 孟加拉红,玫瑰红,四氧四碘荧光素.
ROSEBUD *n*. 一种与敌我识别系统联用的机载雷达信标.
rose-coloured *a*. 玫瑰红色的.
Rosein *n*. 罗新镍基合金(镍 40%,铝 30%,锡 20%,银 10%).
rose′mary *n*. 迷迭香.
rosenbuschite *n*. 锆针钠钙石.
rosette′ [rou'zet] *n*. ①插座,(天花板)接(灯)线盒,组合天花板电线匣 ②玫瑰花形(物). 蔷薇花饰,圆花饰(窗) ③套筒 ④罩盆 ⑤蔷薇状共晶组织 ⑥三向(澳)应变片,应变组合片 ⑦丛(簇)生,染色质纽. *rosette fracture* 星[花]状断口. *rosette gauge* (玫瑰瓣状)应变片丛. *rosette graphite* 菊花状石墨. *rosette plate* 插座式电板. *strain rosette* 应变花.
rose′wood *n*. 蔷薇木,花梨木.
ros′in ['rɔzin] Ⅰ *n*. 树脂,松香(脂),无油(精制,透明)松香. Ⅱ *vt*. 用树脂[擦],涂以松香. *rosin flux* 焊剂. *rosin resin* 松香(基)树脂.
ro′siness ['rouzinis] *n*. 玫瑰色(状).
rosinyl *n*. 松香基.
rosslyn metal 不锈钢-铜-不锈钢复合板,包铜薄钢板.
ros′ter ['rɔstə] Ⅰ *n*. 名单(录,簿),逐项登记表,花名册. Ⅱ *vt*. 列入名单内.

Ros'tock ['rɔstɔk] *n.* 罗斯托克(德意志民主共和国港口).

Ros'tov ['rɔstɔv] *n.* 罗斯托夫(苏联港口).

ros'trum ['rɔstrəm] (pl. **ros'trums** 或 **ros'tra**) *n.* ①嘴,喙,船嘴[首],嘴状突起物 ②演讲台,(讲)坛 ③活动门窗. *the Tien An Men rostrum* 天安门城楼.

ro'sy ['rouzi] *a.* ①玫瑰色的,粉红色的 ②有希望的,光明的,美好的.

rot [rɔt] *v.; n.* ①(使)腐[烂,朽,蚀,败],枯,朽,烂,风化 ②蜕(裂)变,分解(作用) ③弄糟 ④腐烂[朽]的东西,根腐病 ⑤蠢事,荒唐. *electric rot* 电腐蚀. *green rot* 绿蚀(在渗碳气氛中在高温下由于形成碳化铬接着在含金晶界处发生选择性氧化而造成的一种破坏性很强的腐蚀作用). *rotted rock* 风化岩石,岩屑.

rot = ①rotary ②rotate ③rotating ④rotation ⑤rotator.

rot(a)- 〔词头〕(旋)转.

rotable loop 旋转环形天线.

RotAct = rotary actuator 旋转激励器.

rotamer *n.* 旋转挂构体.

ro'tameter ['routəmi:tə] *n.* ①转子式测(流)速仪,转子流量(速)计,旋转式(浮标式)流量计 ②(线)曲率测量器,曲线测长计 ③血流测定器. *balanced-pressure rotameter* 压力补偿式转子流量计.

Rota-miller *n.* 圆柱铣刀铣外圆(工件不动).

Ro-Tap *n.* 罗太普筛分机.

rotaprint *n.* 轮转机印的印刷品.

ro'tary ['routəri] Ⅰ *a.* ①旋转(式),转动的,回转(式)的,翻转的,轮转(印刷)的 ②圆形的 ③循环的,轮流的 Ⅱ *n.* ①旋转运行的机器,旋转式钻井机,转缸式发动机,轮转(印刷)机 ②(道路)环行[转盘式]交叉. *rotary beam antenna* 射束旋转天线. *rotary condenser* 调相机,旋转电容器. *rotary current* 多相电流. *rotary cutter* 转刀,旋转切割机. *rotary drum* 滚筒,转鼓. *rotary engine* 转缸式发动机. *rotary fan* 扇风机. *rotary fettling table* 带转台清沙机. *rotary gear shaving cutter* 盘形剃齿刀. *rotary hand drill* 手摇钻. *rotary hoe* 松土耕耘机. *rotary inertia* 转动惯量. *rotary joint* 旋转连接(接头,关节,铰链),联轴. *rotary kiln* (烧水泥用)回转窑. *rotary line switch* 旋转式寻线机. *rotary mixer* 滚筒搅拌机,滚筒混合机. *rotary motion* 旋转运动. *rotary off-normal spring* 旋转离位弹簧. *rotary pawl guide* 回转爪导杆(导架). *rotary pocket feeder* 星轮式给料器. *rotary pump* 回转(转轮,转缸)式)泵. *rotary screen* 筒筛,转筛. *rotary switch board* 旋转制(式)交换机. *rotary teeth* 回[旋]转齿. *rotary throttle* 转子式节气门,回转节流阀. *rotary traffic* 环形交通. *rotary transformer* 回转(可转动)变压器,电动发电机. *rotary type* 回转型,旋转式,盘形(剃齿刀),轮齿型(刀具). *rotary valve* 球形(旋转)阀. *rotary voltmeter* 高压静电伏特计. *rotary waveguide variable attenuator* 波导(的)旋转可变衰减器.

rotary-inversion *n.* 旋转,倒转.

rotary-wing aircraft 旋翼式飞机.

ro'tascope ['routəskoup] *n.* (高速)转动机(械)观察仪.

rota'table [rou'teitəbl] *a.* 可旋转(转动)的,可循环(轮流)的. *n.* 旋转机(部)件.

rotate' [rou'teit] *v.* ①(使)旋转,(使)转动,(使)回转,(使)翻转 ②(使)循环,(使)轮流,轮(替)换 ③(使)改变,(使)变换. *The earth rotates around the sun.* 地球绕太阳旋转. *The differential rotates as a unit.* 差速器作为一个整体而旋转. *The point on [upon] which a lever rotates is called the fulcrum.* 杠杆支在其上转动的这个点称作支点. *rotating beam* (天线的)回转射束. *rotating broom* 旋转式路帚. *rotating disk method* 转盘雾化法. *rotating drum method* 滚筒法. *rotating electron* 自旋电子. *rotating feed* (波导管)旋转馈电,旋转传输线. *rotating joint* 旋转连接器,联轴节. *rotating loop* 环形旋转天线. *rotating mixer* 转筒[鼓]式拌和机. *rotating speed* 转速. *rotating transformer* 旋转变压器.

rotating-field *n.* 旋转磁场.

rotating-iron *n.* 旋转衔铁.

rotating-loop transmitter 旋转(环形)天线发射机.

rota'tion [rou'teiʃən] *n.* ①旋(自,回)转,转动 ②转的一圈 ③循环,轮流(作),交替 ④旋(光)度,旋光(度,性,体) ⑤涡流(度),旋涡 ⑥轮种(法),换茬. *angle of rotation* 旋转(转动)角. *angular rotation* 角位移. *counter-clockwise rotation* 反时针转动,左旋. *full rotation of a selector* 选择器的全程旋转. *left-handed rotation* 左向旋转. *magnetic rotation* 磁旋,磁致旋光. *mean rotation* 平均旋度. *molar rotation* 克分子旋光(度). *mold rotation* 回转模. *optical rotation* 旋光性(度),偏振光偏振面的转动. *partial rotation of a balanced wheel* 摆轮的摆动. *race rotation* 空转,(螺旋桨的)滑(射)流旋转. *register rotation* 寄存器循环移位. *reverse rotation* 反(回旋)转,倒转. *rotation axis* 转动轴(线),旋转轴(线). *rotation diad* 二重转动轴. *rotation energy* 转动能. *rotation mixer* 行星摆轮混砂机. *rotation of antisymmetrical tensor* 反对称张量的旋度. *rotations per minute* 每分钟转数. *specific rotation* 旋光率. *steady rotation* 稳定转动,等角速度转动. ▲*be set in rotation* 使…转动,旋转. *in [by] rotation* 轮流地. *make a part of a rotation* 转几分之一圈.

rota'tional [rou'teiʃənl] 或 **ro'tative** ['routeitiv] *a.* ①旋转的,转动的 ②循环的,轮流的. *rotational hysteresis* 循环磁滞. *rotational inertia* 转动惯量. *rotational position sensing* 旋转定位读出. *rotational symmetry* 轴对称. *rotational viscosimeter* 转动粘(滞)度计. *rotative moment* 回转力矩. *rotative velocity* 转速.

rotational-level *n.* 转动能级.

rota'tor [rou'teitə] *n.* ①转动体,旋转器(体,机),转动装置 ②【电】转子 ③旋转反射炉. *loop rotator*

环形天线旋转器. rigid rotator 刚性转动体.

ro'tatory ['routətəri] I a. ①(使)回[转]转的，(使)转动的，轮转的 ②(使)循环的，(使)轮流的 ③旋光的. II n. (道路)环形交叉. rotatory dispersion 旋光色散. rotatory power 旋光本领.

Rotatruder n. 旋转输送机.

rotaversion n. 反顺转变(作用).

rote [rout] n. ①死记硬背 ②机械的方法，老一套. 生搬硬套. ▲**by rote** 机械地.

ROTE =range optical tracking equipment 靶场光学示踪设备.

ro'tenone n. 鱼藤酮.

ROTI 或 **Roti** = recording optical tracking instrument (拍摄导弹飞行用)记录式光学跟踪仪，光学跟踪记录仪, "罗蒂"照相机.

ro'tifer ['routifə] n. 轮虫(类).

ro'to ['routou] =rotogravure.

ro'toblast n. 转筒喷砂，喷丸.

ro'toblasting n. 喷丸(除鳞).

ro'tochute n. 减低降速螺旋桨，高空降落伞.

ro'tocleaner n. 滚筒式清选器.

rotoclone collector 旋风收尘器.

ro'todyne n. 有翼翼的飞行器.

ro'toforming n. 旋转成型法.

ro'tograph ['routəgra:f] n. (手稿、文件等通过反像梭镜直接拍在感光纸上的)无反光黑白照片，旋印照片.

rotogravure' [,routəgrə'vjuə] n. 轮转凹版印刷术[品], (轮转凹版印刷的)报刊插图板.

rotoil sand mixer 立式回转混砂机.

rotoinver'sion n. 旋转反演.

rotometer n. 旋转流量计.

ro'ton ['routən] n. 旋子(一种粒子).

Rotopark car parking system 循环吊运式(停)车库.

ro'tophore n. 旋光中心，旋光基.

ro'toplug n. 转套.

ro'tor ['routə] n. ①转子，电枢 ②转动体，旋转部(分), 回[旋]转体 ③转向 ④叶轮，叶轮，旋翼 ⑤飞机等的水平旋翼，空气螺旋桨 ④旋度 ⑤滚筒 (刀), 转筒[轮], 击送[工作]轮, 分火头. *distributor rotor* 配电器转子. *lead rotor* (鼓风炉冰炼钟转) 旋搅拌器. *main rotor* (直升机)主旋翼. *rigid rotor* 整体转筒. *rotor blade* 转子叶片，动叶，(转)旋叶(片), (直升机)旋翼叶片. *rotor core* 转子铁芯. *rotor loss* 转子损耗. *rotor of condenser* 可变电容器的动(转)片. *rotor plate* 旋转板，动(转)片. *short-circuited rotor* 短路的转子. *tail rotor* 方向螺旋桨. *wind tunnel rotor* 风洞的风扇.

ro'torcraft ['routəkra:ft] n. 旋翼飞行器，旋翼机.

ro'torforming n. 离心造型.

roto-sifter n. 回转筛.

ro'totiller ['routətilə] n. 转轴式松土机.

rototrol n. 旋转式自励自动调整器，自励(电机)放大器.

ro'totrowel ['routətrəuəl] n. 旋转式镘浆机.

ro'tovate ['routəveit] v. 翻松、松土. rotava'tion n.

ro'tovator ['routəveitə] n. 转轴式耕土拌和机，耕土机.

rot'-proof a. 防腐的.

rot'proofness n. 耐腐性.

rot'ten ['rɔtn] a. ①腐烂的(朽的) ②风化的，崩裂的，易碎的，不坚固的，不牢的，脆的 ③劣等的，无用的 ④讨厌的. *go rotten* 腐败. ~**ly** ad.

rot'tenness n. 脆性，易腐性，腐烂. 霉烂.

rot'ten-stone n. 擦亮石，磨石.

rot'tenwood n. 腐木，朽木.

Rot'terdam ['rɔtədæm] n. 鹿特丹(荷兰港口).

rotund' [rou'tʌnd] a. ①圆形的 ②(声音)洪亮的 ③华丽的，浮夸的. ~**ly** ad.

rotun'da [rou'tʌndə] n. 圆亭(厅), (有圆顶的)圆形建筑物，圆形(中央)大厅.

rotun'dity [rou'tʌnditi] n. ①圆(形物), 球形 ②洪亮 ③华丽，浮夸.

roturbo n. 透平(涡轮)泵.

rouble ['ru:bl] n. 卢布(苏联币名).

Rou'en ['ru:aŋ] n. 鲁昂(法国港口).

rouge [ru:ʒ] I n. 红(铁)粉，过氧化铁粉，铁丹，三氧化二铁. II v. 搽红粉，变[弄]红. *polishing rouge* 抛光铁丹.

rough [rʌf] I a.; ad. ①粗(糙)(的), 毛(糙)的, (凹凸)不平(的), 不光的 ②粗制的，粗(未)加工的，未修整的, 粗[草]陋的 ③大致[约](的), 粗略的，大约[略]的，近似的，草率的，初步的 ④粗(狂)暴的，暴风雨的，剧烈的，颠簸的 ⑤笨重的，需要体力的 ⑥艰巨的. II n. 粗(糙)的, 粗[不平]的状态), 未加工物, 粗制[品], 毛坯 ③天然(物), 砺石, 度矿 ③凹凸不平的地面, 粗糙的东西 ④梗塞, 茶样子(图) ⑤艰难. III v. ①粗制、粗(选), 粗(荒)加工, 制…的毛坯(out), 粗轧(down) ②草拟，画轮廓，打草稿，写提纲(in, out), 草草做成 ③弄成不平, (使)变粗糙, 弄粗糙 ④粗分离(out) ⑤粗暴对待(up). *pony roughing* 粗轧机座上轧制. *rough adjustment* 粗调. *rough and fine tap changer* 疏密(抽头)变换器. *rough approximation* 粗略近似值. *rough ashlar* 毛方石，粗琢方石，粗方石块. *rough assignment* 艰巨的任务. *rough coat* (灰浆, 油漆)底层. *rough coating* 粗灰泥(表面), 毛坯. 打底子. *rough combustion* 不稳定燃烧. *rough country* 丘陵地带. *rough dentation* 犬牙交错. *rough draft* 草[略], 示意图, 草稿. *rough exercises* 剧烈运动. *rough figure* 粗略数值. *rough file* 粗齿锉. *rough finish* 粗面，粗加工, 粗糙. *rough ground* 不平地; 粗糙的. *rough guess* 约略估计. *rough life* 艰苦的生活. *rough plan* 初步计划, 草图. *rough reading* 粗略读数. *rough riding surface* 粗糙的路面. *rough rule* 规章草案, 准则草案. *rough rule* 粗略近似法. *rough sledding* 难以实行的，难办到的. *rough surfaced* 表面粗糙的. *rough turn* (*condition*) 粗加工(状态). *rough voyage* 历尽风浪的航程. *rough waters* 汹涌的海面. *rough weather* 恶劣气候，狂风暴雨的天气. *rough weight* 毛重. *rough work* [*labour*] 粗活, 力气活. *roughing mill* 粗(初)轧机, 开坯机. *roughing roll* 粗轧辊.

rough'age ['rʌfidʒ] n. 粗材料, 粗糙食物.

rough-and-ready a. 粗糙但尚能用的, (估计)大致不差不多的.

rough'-and-tum'ble ['rʌfən'tʌmbl] I a. 无秩序的,

乱七八糟的,不规则的. Ⅱ n. 混战,杂乱无章的一片.
rough(-)cast vt. ; n. ; a. ①粗舍,打底(子),(打底子用的)粗灰泥,用粗灰泥打底的(表面) ②粗制[作],粗略作成,草拟,(制…)毛坯.
rough-cut file 粗齿锉.
rough'en ['rʌfn] v. (使)变粗糙,使不平滑,凿[琢]毛,弄成崎岖不平. *roughened sett road surface* 琢毛块石路面. *roughening by picking* 拉毛,琢毛.
rough'ening n. 糙化(现象),弄糙法. *electrochemical roughening* 电化学弄糙法.
rough'er n. 粗轧机座(轧钢工),粗[初]选机. *four-high rougher* 四辊式粗轧机座.
rough-finished a. 粗加工[修整]的,草率完成的.
rough'(-)hew ['rʌfhju:] vt. ①粗凿[制,切,削,劈],凿[砍]坏…的毛坯 ②草草作成,草拟.
rough-hewn a. 粗凿成的,毛坯的.
rough'ing n. 粗加工,粗选[轧]. *roughing roller* 糙面滚筒,糙面压路机.
roughing-cut n. 粗切削,粗加工.
rough'ly ['rʌfli] ad. ①粗(糙)地,暴[粗]地,不平地,不客气,草率地 ②约略地,大致上,近似,大约 ③一般[大致]说来. ▲ *roughly estimated* 照概算. *roughly speaking* 约略地说,大体上讲.
roughly-squared stone 粗方石.
rough'meter n. 粗糙(平整)度测定仪.
rough'ness ['rʌfnis] n. ①粗(糙)度,粗糙性,不平(整)度 ②凹凸不平,粗糙部分(表面),崎岖 ③约略,近似,草率. *roughness coefficient* 粗糙系数. *roughness curve* 光洁度曲线. *roughness of surface* 表面粗糙度.
roughometer n. 不平整度(测定)仪,粗糙度仪,表面光度仪,轮廓仪.
rough-surfaced a. 表面粗糙的,毛面的.
rough-turned a. 粗车削的,粗加工的.
rough-wrought a. 经初步加工的,潦草做成的.
roulette' [ru(:)'let] Ⅰ n. ①滚花刀(具),压花刀具 ②【数】转迹线,(一般)旋轮线 ③刻压连续点子(骑缝孔)的滚轮. Ⅱ vt. ①滚花,压花 ②在…上滚压连续点子(骑缝孔).
round [raund] Ⅰ n. ; a. ①圆(形)的,圆柱形的,半圆的,弧状的,弧形的,球状的 ②圆(形物),圆形物,圆片,环,圆拱,倒圆角,圆形嵌线 ③圆钢筋,扶梯级桯,横档, (pl.)(各种直径的)圆材 ④环形路,圆周运动,巡回(路线),巡视 ⑤绕(一圈)的,一周的,来回的,往返的,回旋的 ⑥(一)圈[团,大的],完全的,不分的(数字的),(炮,子)弹,导弹,炮弹组 ⑩率直的,直言不讳的. *a round dozen* 整整一打,十二. *a round sum* (amount) 很大一笔款子,整数. *a round ton* 整整一吨. *a round trip* 周游,往返一次,来回(一上一下的)路(行)程. *ballistic round* 弹道式导弹. *complete round* 全弹,整发弹,整圈. *fillet and round* 内圆角与外圆角. *guided round* 导弹. *production round* 成批生产的导弹. *round angle* 周角. *round bar* [roud, rion]圆条(杆,钢,铁). *round conductor* 圆形导体,圆截面导体. *round guess* 大致不错的猜测. *round horizon* 完整地平线,全穹隆布景. *round house* 船尾小室. *round number(s)* (取)整数. *round of holes* 一组炮眼. *round sleeker* 修圆剪刀. *round surface reflector* 弯曲面反射体. *round trip echoes* (雷达)多次反射回波. *round trip flight* 往返飞行. *round trip trajectory* 能返回基地的飞行轨迹. *rounds of ladder* 梯级,梯子的,横档. *rounds per shift* 每班掘进循环,每班的炮眼组数. *surface-conditioned rounds* 经表面修整[车削]的圆棒. *the daily round* 日常例行工作,日常事务,每天走的路线. *the earth in its daily round* 自转中的地球. *the whole round of knowledge* 整个的知识范围. *three rounds of ball cartridge* 三发实弹. *tube rounds* 管坯. ▲ *connect a round for firing* 接通发射火箭的控制电路. *energize the round* 接通弹上设备的电源. *go the round(s)* (of) 传遍,巡视[回,逻]. *make* (go) *one's rounds* (例行)巡视[回,逻],按户投递. *in round numbers* [figures] (舍异драм零数)用(十、百、千等)整数表示(估算),以约数表示,大概(算起来),大致不错,约略,总而言之. *in the round* 圆雕的,刻划鲜明(深刻)的,全面地. *out of round* 不(很)圆,失圆. *reject a round* 把不合要求的发射炮从发射架上拆下来. *roll a round into position on the rack* 把火箭装到发射架的滑轨上. *take a round* 走一转,散步.
Ⅰ v. ①弄(变,磨,倒)圆,使成圆而光,弯成圆圈 ②环绕(…而行),环行,拐(弯),绕过,兜圈,旋(回)转③使转到相反方向 ④完成,使圆满结束,使完全[美] ④进展到,发展出,进入(into) ⑤把…四舍五入,舍入成整数 ⑥拉(绳),牵(索)(in). *round the angles* 磨光梭角. *round a corner* 拐弯(角),转弯. *round the world* 环绕世界. 3.14159 *rounded to four decimals becomes* 3.1416. 3.14159 四舍五入到四位小数变成 3.1416. *rounded aggregate* 圆角集料,无棱角的集料. *rounded figure* 整数. *rounded material* 圆形材料. *rounded nose* [end] 圆形头. *rounding material* 舍入(化整,修整)误差. *rounding tool* 修圆角工具. ▲ *round down* 把…四舍五入. *round off* [out] 弄圆,使成圆形,导角,修整,完成,使圆结束,舍入,四舍五入,舍去(整数),化成整数. *round it off to the nearest whole number* 把它化整到最接近的整数. *round up* 聚拢,把…集合起来,围捕,弄成圆球,使数目恰恰好,把…四舍五入,综述,摘要.
Ⅱ prep. ; ad. ①环(绕)(过),拐(过),围(绕)着,围绕地 ②(一)周围,在(…附近)四面八方,在(…)各处,向(…)四周,往各处 ③循环地,回转地,迂回地,周而复始地,(在时间上)从头到尾地 ⑤逐一,挨次 ⑥朝反方向,转过来 ⑦到[在]某地点. *The moon moves round the earth.* 月球绕着地球转. *extend round* 向四面延伸. *run round* 兜圈子跑. ▲ *all round* 四周围,四面(八方),到(各)处,到各方面,全面,彻底. *all round…* (在)…的四周围,在…各处. *all the year round* 全年中. *come round* (从某处)转来,(风)转向,改变意见,轮到. *get round* 回(逃)避,克服,传开来. *go round* 旋转,转动,绕过,走遍. *go a long way round* 绕道走,走远道. *go round the corner* 拐弯,拐过(房)角.

look round 四面看，环顾；参观；察看，慎重考虑；到处寻找(for). **3 meters round** 周长〔围〕三米. **right round** 就在(…)周围，就在(…)附近，整整一圈地，完全朝着相反方向. **round about** 大约，在(…)周围〔附近〕，(在…)四面八方，各方面，向相反方向，迂回地，(在…)周围〔附近〕. **round and round** 不断〔一圈一圈地〕旋转，环形运行. **round the clock** 或 **the clock round** 连续一昼夜〔一整天〕. **round the day** 一整天. **round the world** 环绕(一周). **taking it all round** 从各方面来考虑，全面地来看. **the other way round** 绕另一条路，(正好)相反地，反过来，用正好相反的方法. **the (whole) year round** 一年到头头地. **turn round** 转过〔头，身〕来，改变意见.

round′about ['raundəbaut] Ⅰ a. ①绕(远)道的，间接的，迂回的．②圆滚滚的，胖的. Ⅱ n. 远路，迂回路线，环形〔转盘式〕交叉，道路交叉处的环形路，环道，兜圈子的话〔文章，…〕. **roundabout crossing** 环形交叉(口)，转盘式交叉(口).

round-arm a.; ad. 挥臂到齐肩高度(的).

round-down n. 松放(滑车)，降低(悬挂的滑车).

rounded ['raundid] a. ①圆形的，圆拱的 ②完整〔美〕的，全面的. **rounded analysis** 全面的分析. **rounded figure** 约整数. **rounded system** 完整的体系.

roun′del ['raundl] n. 圆形物，圆粒〔牌，玻璃〕，圆,【建】串珠花边饰. **tantalum roundel** 钽粒.

roundhead buttress dam 大头〔圆头〕支墩坝，大头坝.

round′house n. 调车房，圆形机车车库，后甲板舱室.

round′ish ['raundiʃ] a. 稍圆的，带圆形的.

round′let ['raundlit] n. 小圆，小的圆形物.

round′ly ['raundli] ad. ①成圆形，圆圆地，充分地，完全地 ②努力地，认真负责地，活跃地，直率地，严厉地. ▲**go roundly to work** 热心从事工作.

round′ness ['raundnis] n. ①(正)圆度，圆〔球〕形，球度 ②完整，圆满 ③无零数.

round-nose n. 圆头(端).

round′-off ['raundɔf] n. ①舍入(成整数)，舍去零数，化成整数，四舍五入 ②修整. **round-off accumulator** 舍入误差累加器. **round-off number** 舍入数. **round-off order** 舍入指令.

round′out ['raundaut] n. (着陆前)飞机拉平，使飞机平稳降落的动作.

round′-robin Ⅰ a. 循环的，依次的. Ⅱ n. 轮转，循环法，一系列，一阵. **round-robin scheduling** 循环式安排，循环〔轮式〕调度.

rounds′man ['raundzmən] n. 巡夜人，商业推销员.

round′-table a. 圆桌的，协商的.

round′-the-clock a. 连续24小时的，昼夜的，连续不停的.

round′-the-world a. 环球的.

round′-trip a. 来回旅程的，往返的，双程的，环行，一个行程，一个起下车份.

round up n. 集拢 ②综述，摘要.

round′worm n. 蛔虫，任何圆体不分节的虫(如蛲虫，钩虫等).

rouse [rauz] v. 唤醒，奋起(up)，激起 ③搅动.

rous′ing ['rauziŋ] a. ①使人觉醒的，令人振奋的 ②活跃的，兴旺的 ③异常奋的，惊人的.

Rousseau diagram (计算光通量的)卢梭图.

roust [raust] v. ①赶出，驱逐(out) ②唤醒，鼓舞(up) ③勤奋地工作.

roust′about ['raustəbaut]或 **roust′er** ['raustə] n. ①码头工人，甲板水手 ②非[半]熟练工.

rout [raut] Ⅰ vt. ①挖，刻 ②挖〔掘〕出(out) ③翻，搜，寻 ④唤起，赶出，驱逐(out) ⑤击溃，打败. Ⅱ n. ①溃败〔退〕②混乱，骚动.

route [ruːt] Ⅰ n. ①路(程)，线，由，航线，通路，航〔轨迹〕②报务〔话务〕信道 ③道路，方法. Ⅱ vt. ①(确)定(路)线，给…定路线，划定航线，放线，迂回 ②按规定路线发送 ③安排…的程序 ④发送(指令)，指导，通信，演算，通路〔由〕选定 ⑤特开铣. **air route** 航空线，气管路. **electrolytic route** 电解法. **ion-exchange route** 离子交换法. **normal** (**primary, first**) **route** 正常路由. **reduction route** 还原法. **route inspection** 线路(常规)检查，路由检查. **route locking** 路由闭塞. **route of pipe line** 管路. **route planning** 路由选择(计划)，路线(航路)计划. **route stand-by** 后备线路方式，后备路由. **route the goods through Shanghai** 经上海发送货物. **solvent extraction route** 溶剂萃取法. **supply routes** 供应线. **the Eighth Route Army** 八路军. **traffic route** 通信业务的流向. **train route** 火车路线. ▲**en route** 在途中，途中(to, for). **route to** 通向…的道路，(解决)…的方法. **route to**…**to**…把…送到…. **take one's route** (**to**) (向…)进行，去. **through route** 过境道路，直达路线.

route-proving flight 新航线的试飞.

routine [ruːˈtiːn] Ⅰ n. ①(子)程序，例行程序，(例行)手续，常规，惯例 ②日常(例行)工作，例行公事，过程，工作状态. Ⅱ a. ①日(经)常的，常规的，例行的 ②定期的. **break the routine** 打破常规. **follow the (old) routine** 墨守成规. **auditing routine** 检查例行程序. **minimum access routine** (最)快存取程序，存取时间最小的程序. **readdressing routine** 改变地址程序. **routine inspection** 例行(常规)检查，定期维修. **routine library** 【计】程序库. **routine maintenance** 例行(经常性)维修，日常维护. **routine method** 成法，常规. **routine storage** 【计】指令存储区. **routine test** 例行试验，定期试验，程序检验. **routine work** 日常工作，常规作业，大量生产的)专用加工工作，程序(控制)站. **service routine** 使用(服务，辅助)程序.

routineer [ˌruːtiˈniə] n. ①按程序操作者，墨守成规者，事务主义者.

routing n. ①发送(指令) ②程序安排 ③特形铣 ④选定(确定，放线)，确定路线，路径选择，航线(通信线路)选定 ⑤航线，线路，路程，轨迹，运输路线 ⑥流水作业程序的决定. **routing process** 程序，工序，工艺规程.

routinism n. 墨守成规，事务主义.

routinize [ruːˈtiːnaiz] vt. 程序化，使惯例化，使成常规，使习惯于常规. **routiniza′tion** n.

rovalising n. 金属磷酸膜被覆法.

rove [rouv] Ⅰ v. ①游，巡(徘)回，漂泊 ②穿过孔段，将钢丝绳穿入滑轮中 ③把…纺成粗纱. Ⅱ n. 粗纱. ▲**rove over** 遨游，漂泊.

ro′ver ['rouvə] n. ①流浪者，遨游者 ②海盗.

ro′ving ['rouviŋ] Ⅰ a. ①游(流)动的，巡回的，不固

定的,无任所的 ②流浪的. II n. ①漫游,流浪 ②粗纱. *loaded roving* 浸渍树脂的粗纱. *roving artillery* 流动炮. *roving maintenance man* 巡回检修工. *roving vehicle* 渡运飞行器.

row [rou] I n. ①(一)行,(一)排,(一)列,(一)条,行列,序列,横行 ②(矩阵)行,[晶]点行,天线阵(列) ③街,路,街道,地区 ④划船(程). II vt. ①使成行(排)(up) ②划(船,运,行),荡桨. *a row of buildings* 一排建筑物. *blade row* 叶栅. *diplomatic row* 使馆区. *double row* 双列. *row binary* 横式二进码,行(式)二进制数. *row drive wire* 行(列)驱动线. *row house* 成排房屋中的一幢. *row of contacts* 接点排,触排. *row of piles* 排桩,板桩. *row of racks* 机架列. *a hard* (long) *row to hoe* 困难的工作,难办的事,巨大的任务. *in a row* 成一排,成一长行,连续,一连串. *in rows* 排列着,成散射.

row-binary card 横(行)式二进制卡片.
Rowe-and-Zielinski expression 罗-寿令斯基关于混凝土较张破力表达式.
row'ing n. 行化,划船.
rowlock ['rɔlək] n. ①桨架(叉) ②顺砌的砖,竖砌砖. *rowlock course* (炉床)边墙.
row-major order 主行顺序.
roxite n. 罗塞特(电木塑料).
roy'al ['rɔiəl] a. ①王(室)的,女王的 ②(英国)皇家的 ③极大的,盛大的,豪华的 ④深艳的,鲜亮的 ⑤容易的,不易发生化学变化的. *royal road to...* 的捷径,康庄大道. *There is no royal road to science.* 在科学上是没有平坦的大路可走的. *royal chuck* 钢球式消隙夹头. *of royal dimensions* 尺寸(面积)极大的. *Royal Institute of British Architects* (简写 RIBA)英国建筑师学会. *the Royal Society* 英国皇家学会.
roy'alty ['rɔiəlti] n. ①王位 ②版税,专利税,税, (矿区)使用费.
Royer sand mixer (and aerator) 带式松砂机.
RP = ①radiophotography 无线电传真(摄影) ②release point 投掷(弹)点,脱离(释放)点 ③resistance plate 电阻板 ④resolving power 分辨(析)像/能力,分辨率 ⑤response paid 回电费已付 ⑥rocket projectile 火箭弹 ⑦rocket propellant 火箭燃料,火箭推进剂.
RPC 或 **rpc** = remote-position control 位置遥控,遥控台.
RPCC = Reactor Physics Constant Center 反应堆物理常数中心.
RPD = ①radar planning device 雷达训练(计划)装置 ②rapid 快的,迅速的.
RPF = radio position finding 无线电测位.
rpi = ①revolutions per inch 每英寸走刀(主轴)转数 ②rows per inch 每排(行)数.
RPM = reliability performance measure 可靠性性能测定(量).
rpm = revolutions per minute 转数/分,每分钟转数.
rpo = rush purchase order 紧急定货单.
r-process = rapid process 快过程.
RPRS = random-pulse radar system 随机脉冲雷达系统.

RPS = range positioning system 距离(靶区)定位系统.
RPs = rocket projectiles 火箭弹.
rps = revolutions per second 转数/秒,每秒钟转数.
Rpt = report 报告.
rpt = ①repeat 重复(演,播),反复 ②report 报告,汇报,报导.
rptn = repetition 重复,反复.
RQC = receiving quality control 接受质量控制.
R&QC = reliability and quality control 可靠性与质量控制.
RQR = ①require 或 requiring 要求 ②required 要求的,规定的,需要的 ③requirement(s) 要求,规格,必要条件,需要物.
RQS = ready, qualified for standby 准备好并证明做备用品是合格的.
RR = ①Radio Receptor Co., Inc. 无线电接收器制造公司 ②railroad 铁路 ③rapid rectilinear 快速直线性的 ④receiving report 接收报告 ⑤redundancy reduction 多余度降低,多(冗)余信息减少 ⑥retro-rocket 制动(减速)火箭 ⑦reverse relay 逆流(反向)电器 ⑧roll roofing 卷片屋顶材料.
R/R = remove and replace 拆卸与置换.
Rr = rear 后方(面,部).
RRA = specific acoustic resistance 声阻率.
RRG = roll reference gyro (导弹)滚动传感陀螺.
RRI = range rate indicator 距变率指示器.
RRL = radio research laboratory 无线电研究实验室.
r RNA 核蛋白体 RNA.
RRS = Radiation Research Society (美国)辐射研究学会.
RS = ①radio station 无线电台 ②relay selector 继电器式选择器 ③returning spring 复原(回位)弹簧 ④reverse signal 反转(向)信号 ⑤right side 右侧 ⑥ringing set 振铃机,振铃装置 ⑦rotary switch 旋转开关(机键) ⑧Royal Society (英国)皇家学会.
rs = reentry system 重返大气层装置.
R/S = range safety 靶场安全(设备).
R&S = range and safety 靶场与安全(设备).
R-S flip flop = reset-set flip flop 置"0"置"1"触发器,复位置位触发器.
RSB = range safety beacon 靶场安全信标.
RSBS = radar safety beacon system 雷达安全信标系统.
RSC = restart capability 重新起动能力.
rsch = research 研究.
RSCS = ①range safety command system 靶场安全指挥系统 ②rate stabilization control system 速率稳定控制系统.
RSD = rolling steel door 钢制转门.
RSG = ①rate signal generator 比(速)率信号(与速度成比例的信号)发生器 ②reassign 重新分配(指定).
R-shower n. R 簇射,电蒸发介子簇射.
RSI = ①radar scope interpretation 雷达显示器判定(读) ②right scale integrated circuit 适当规模集成电路.
rsn = reason 原因,理由.
rsp = ①rate sensing package 速率传感组件 ②read specially paper tape 专读纸带 ③roll stabilization platform 滚动稳定平台.

RSPL = recommended spare parts list 推荐的备件单.

RSR =①range safety report 靶场安全报告 ②request for scientific research 科学研究的申请.

RSS =①ribbed smoked sheet 篾纹烟胶 ②(square) root (of the) sum square 平方和的平方根.

RST =①recommend special tools 推荐专用工具 ②reinforcing steel 钢筋.

RSVP =〔法语〕Repondez s'il vous plait 请答复.

RSVP =①reservoir 容器,油〔水〕箱 ②resolver 解算装置,分解器.

R-sweep n. R形扫描.

RT =①radio and television 无线电(与)电视 ②radioisotope tracer 放射性同位素指示剂,放射性(同位素)示踪物 ③radiotelegraphy 无线电报(术) ④radiotelephone 或 radio-telephony 无线电话(术) ⑤range timing 测距计时 ⑥rate 速率(度),(比)率,等级 ⑦reaction time 反应时间 ⑧receiver-transmitter 接收机-发射机,收发报机,送受话器 ⑨relative temperature 相对温度 ⑩rocket target 火箭靶(标) ⑪room temperature 室温 ⑫rotary transformer 电动发电机,旋转变量〔压〕器 ⑬rotary transmitter 回〔旋〕转发射机.

rt =right 右(边)的,直角的,正确的.

R/T =①receiver-transmitter 接收机发射机,收发报机,送受话器 ②rotary transformer 电动发电机,旋转变量〔压〕器 ③rotary transmitter 回〔旋〕转发射机 ④radiotelegraphy 无线电报(术) ⑤radiotelephony 无线电话(术).

RT BCN =rate beacon 速率信标.

RT GYRO =rate-gyro 角速度〔二自由度,阻尼,微分〕陀螺仪.

R-T switch 收-发转换开关.

RTB =radial time-base 径向时基.

RTC =①ratchet 棘爪,棘轮机构 ②Rocket Technical Committee (Aerospace Industries Association) 火箭技术委员会(航空空间工业协会).

RTCA =Radio Technical Commission for Aeronautics 航空无线电技术委员会.

RTCI =radar tactical control instrument 战术雷达(控制仪),雷达战术指挥仪.

RTCM =Radio Technical Commission for Maritime Services 航海〔海运事业〕无线电技术委员会.

rtcm =roentgens-total-at-one-centimetre 距离辐射源一厘米处总的伦琴剂量.

RTD =①reliability technical directive 可靠性技术指令 ②resistance temperature detector 电阻温度计 ③resistive thermal detectors 电阻式热探测器.

RTE =①regenerative turboprop engine 再生式涡轮螺旋桨发动机 ②reliability test evaluation 可靠性试验鉴定.

RTF =rubber-tile floor 橡皮砖地板.

R-Theta repeater 方位-距离指示器.

RTIR =reliability and trend indicator reports 可靠性与倾向指示器记录.

RTL =①reinforced tile lintel 加筋的砖过梁 ②resistor-transistor logic 电阻晶体管逻辑(电路).

RTM =running time meter 运转计时器,运转时间表.

RTN =return 返回(路线,管道),回程.

RTO =①railway transportation office 铁路运输办事处 ②real-time operation 实时工作〔运算〕,快速〔实时〕操作 ③reliability test outline 可靠性试验提纲.

Rto =ratio 比(率).

RTOS =real-time operating system 实时操作系统.

RTP =real-time position 实时位置.

RTPan =ringer test panel 振铃器测试盘.

RTR =①radio teletype receiver 无线电电传打字电报接收机 ②reliability test requirements 可靠性试验要求.

RTr =rotary transformmer 电动发电机,旋转变量〔压〕器.

Rtr =radio transmitter 无线电发射机.

RTS =research test site 研究试验(现)场.

RT/S =refrigeration technician/specialist 致冷技术/专家.

RTT =①radio teletype transmitter 无线电电传打字电报发射机 ②radioteletype 无线电电传打字电报机〔电报设备〕.

RTV =①reentry test vehicle 重返〔再入〕大气层试验飞行器 ②research test vehicle 研究试验飞行器 ③returned to vendor 退回售主 ④rocket test vehicle 火箭试验飞行器 ⑤room temperature vulcanized 室温硫化的,常温硫化的.

Ru =ruthenium 钌.

rub [rʌb] I (rubbed; rub′bing) v. ①摩擦,擦(净,亮,光,伤) ②磨损〔耗,碎〕,研磨 ③涂(沫). Ⅱ n. ①(摩)擦 ②擦伤处,磨损处 ③困〔阻〕难,难处,疑难处,障〔阻〕碍,要点 ④磨〔砥〕石 ⑤蚂蟥. *The journal rubs against the bearing surface.* 轴颈在轴承面上摩擦. *rub rail* (汽车等防擦坏的)防擦挡条. *rubbed concrete* 磨面混凝土. *rubbed surface* 摩擦〔磨光,光滑〕面. *rubbing contact* 摩擦触点. *rubbing effect* 摩擦作用. *rubbing paste* 抛光膏〔浆〕. *rubbing varnish* 耐磨清漆. ▲*rub against* 摩擦,擦到. *rub M against N* 用M摩擦N,在N上擦〔涂,沫〕上N. *rub M* 上〔上(摩)擦〕 *M*. *rub along* 挨〔蹭〕过去. *rub M along N* 用M擦N. *rub away* 擦〔拧〕掉,磨去,消除. *rub M bright* 把M擦亮. *rub down* 用力擦磨〔擦干净〕,把…擦亮,使磨平〔小,损〕. *rub…in* [into] 用力擦使…渗入,反复讲,说服. *rub off* 擦净〔去,掉〕,磨去,消除. *rub M off on* (to) 在 M 上擦〔涂〕上 N. *rub on* 〔through〕 挨〔蹭〕过去. *rub M over N* 用M擦N,在N上擦M. *rub out* 擦掉,磨去. *rub up* 擦亮〔平〕,把…磨光滑,温〔复〕习,重温,抨〔调,揉〕平,想起.

RUB =rubber.

rub′ber [′rʌbə] I n. ①橡皮,橡胶(状物,制品),生胶,硫化胶,合成橡皮,橡皮筋 ②摩擦器〔物〕,摩擦的工具,擦具,砥石,磨(刀)石,粗锉,磨光器,(橡皮)擦子,砂皮,(机器上)助助摩擦转动的装置 ③摩擦者〔体〕④(pl.) 橡皮套鞋,汽车起胶 ⑤蚂蟥,麻烦,困难. Ⅱ a. 橡皮(制)的,橡胶的. Ⅲ vt. 覆〔包〕以橡皮,给…涂上橡皮. *flexible rubber* 可伸缩橡皮管. *gun ribber* 天然橡胶. *asphalt rubber* 橡胶(地)沥青. *rubber bandage* 防潮胶带,橡皮绷带. *rubber belt* (*ing*) 橡皮带,胶带. *rubber bond* 橡胶黏结料. *rubber buffer* 橡皮缓冲器. *rubber cement* 橡胶胶水,橡皮胶合剂. *rubber gate stick* (模板上)

rubber-covered a. 包橡皮的.
rubber-insulated a. 橡胶绝缘的.
rub′berize ['rʌbəraiz] vt. 给…贴[上,涂](橡)胶,用橡胶液处理[浸渍]. *rubberized fabric* 橡胶布.
rubber-lined a. 橡皮衬里的,衬[包]胶的.
rubberneck-bus n. 游览车.
rubber-sealed a. 有橡胶衬垫的,橡胶垫密封的.
rubber-stamp Ⅰ vt. 不经审查就批准,官样文章地通过,在他人示意下批准. Ⅱ a. 经[作出]官样文章式批准的.
rubber-tyred a. 轮胎式的.
rub′bery ['rʌbəri] a. 似橡胶的. *rubbery flow zone* 橡胶流动区.
rub′bish ['rʌbiʃ] n. ①碎屑[块],岩屑,垃圾,夹杂物 ②下脚料 ③废物[话]. *be thrown on to the rubbish heap of history* 被扔进历史的垃圾堆. *This book is all rubbish.* 这本书全是一派胡言乱语. ▲*talk rubbish* 胡说八道.
rub′bishing ['rʌbiʃiŋ] 或 **rub′bishy** ['rʌbiʃi] a. ①垃圾的,废物的 ②无价值的,微不足道的.
rub′ble ['rʌbl] n. ①毛[乱,粗]石,碎[料]石,石碴,石砾 ②碎砖,破瓦. *regular coursed rubble* 整层砌的毛石. *rubble concrete* 毛[蛮]石混凝土. *square rubble* 方块毛石. *rubbly* a.
rub′blework n. 毛石工(程),乱石工(程).
rub′bly ['rʌbli] a. 毛[粗,乱]石的,碎石状的,瓦砾状的.
RUBD =rubberized 涂橡胶的,用橡胶液浸渍.
Rube Gold′berg ['ru:b'gouldbə:g] a. 用复杂方法做简单事情的,杀鸡用牛刀的,小题大作的.
rubeanate n. 红氨酸盐.
rubel′la n. (病毒性)风疹.
rubel′lite n. 红电气石,红碧玺.
Ruben cell 卢本〔一种小型水银〕电池.
ruberoid n. (盖屋顶用的)一种油毛毡.
Rubia′ceae n. 茜草科.
Ru′bicon ['ru:bikən] n. ①卢比孔河 ②界限[线]. *cross [pass] the Rubicon* 采取断然行动,决定冒重大危险.
rubid′ium [ru(:)'bidiəm] n. 【化】铷 Rb.
rubidomycin n. 红比霉素.
rubig′inous [ru(:)'bidʒinəs] a. 锈色的,赤褐色的.
rubi′go [ru:'baigou] n. 过氧化铁,铁丹,铁锈,锈斑病.
rubing grain 铬刚玉,玉红(鲜红色)磨料.
rubixanthin n. 玉红黄质.
ruble =rouble.
rubomycin n. 变红菌素.
rub-out signal (指示)错误(的)信号.
ru′bric ['ru:brik] Ⅰ n. ①红字,(红)标题 ②成规[例] ③(编辑的)按语. Ⅱ a. 用红字写[刻]的,印红字的. *rubric day* 节日. ~al a. ~ally ad.
ru′bricus ['ru:brikəs] n. 红字标题,用特种字体印的标题.

rubulac =rebuilt lac 再生紫胶.
ru′by ['ru:bi] Ⅰ n.; a. ①红宝石(制品,钟温轴承),红玉 ②红宝石(色)的,鲜红色的,颜色像红宝石的东西. Ⅱ vt. 把…染成红宝石色,使带有红宝石色. *ruby glass* 宝石红玻璃,玉红玻璃. *ruby laser* 红宝石激光器. *ruby mica* 针[棕]铁矿,红宝石云母. *selenium ruby glass* 硒红(宝石)玻璃.
ruck [rʌk] Ⅰ n. ①皱,褶 ②一堆(东西),一群(人) ③乱七八糟,碎屑,废物 ④一般事物,普通人. Ⅱ v. 弄(起,变)皱,使起皱,折叠(up).
ruck′le ['rʌkl] Ⅰ n. 皱,褶. Ⅱ v. 弄(起,变)皱,折叠(up).
ruck′sack ['ruksæk] n. 帆布背包.
RUD =rudder.
rudaceous a. 砾状的,砾质的.
rud′der ['rʌdə] n. ①(方向)舵 ②指针,指导原则 ③舵手,领导. *internal rudder* 内舵. *rudder control* 方向舵操纵,航线控制. *yaw rudder* 方向[偏航]舵.
rud′derless a. 无舵的,没有领导的.
rud′devator ['rʌdəveitə] n. 方向升降舵,V形尾翼(起方向舵与升降舵作用).
rud′dle Ⅰ n. ①红土,代赭石(一种水赤铁矿) ②赭色. Ⅱ vt. 给…涂赭色,使(发)红.
rud′dy ['rʌdi] Ⅰ a. 红的,(浅)红色的,壮健的. Ⅱ v. 弄红,变红,使变红色.
rude [ru:d] a. ①原(始)的,天然的 ②(加工)粗糙的,未加工的,粗削的,简陋的,拙劣的 ③粗(大)略的,不精确的 ④崎岖的,粗暴的,猛烈的,刺耳的. *rude cotton* 原棉. *rude drawing* 草图. *rude estimate* 大致的估计. *rude ore* 原矿. *rude times* 原始时代. *rude version* 粗略的译文. ~ly ad. ~ness n.
ru′diment ['ru:dimənt] n. (pl.) ①基础,基本知识,初步,入门,原[始]基,雏形,萌芽,退化(残遗,痕迹)器官,遗迹.
rudimen′tal [ru:di'mentl] 或 **rudimen′tary** [ru:di'mentəri] a. 基本(础)的,初步的,原始(状,基)的,起码的,根本的,未成熟的,发育不全的,未发育(迹)的,残遗的,已退化的.
rudyte n. 砾质(状)岩.
rue [ru:] n.; v. 懊(后)悔,悔恨. ~ful a.
ruff [rʌf] n. 轴环.
ruf′fian ['rʌfjən] n.; a. ①流氓,暴徒 ②残暴的. *ruffian code* 目投弹系统.
ruf′fle ['rʌfl] v. ①弄(变)皱,变得表面不平 ②褶边,皱纹.
ru′fous ['ru:fəs] a. 赤褐色的.
rug [rʌg] n. ①(粗,地,车,厚毛)毯 ②反雷达干扰发射机(200~250MHz). ▲*sweep … under the rug* 掩盖(缺点,错误).
ru′gae n. 壳层.
rug′ged ['rʌgid] a. ①(凹凸)不平的,粗(糙)的,有棱角的,多岩石的,崎岖的 ②结实的,粗(健)壮的,有硬的,坚固的,坚固的(指精构物),加强的,笨重的,稳定的 ③(气候)恶劣的,严酷[格]的,狂风暴雨的. *rugged catalyst* 稳定催化剂,具有机械强度的催化剂. ~ly ad. ~ness n.
rug′gedise 或 **rug′gedize** ['rʌgədaiz] v. 加强(固),使坚固,使耐用,增加耐磨和可靠性,使粗糙. *ruggedized tube* 耐震(性)管,坚固电子管. **ruggedisa′tion** 或 **ruggediza′tion** n.

rug′gedness n. 强〔硬,粗糙,不平〕度,坚固性〔度〕,耐久性,稳定性,皱纹,崎岖. *mechanical ruggedness* 机械坚固耐用性.

rugose [′ru:gous] 或 **ru′gous** [′ru:gəs] a. 多皱(纹)的. ~**ly** ad.

rugos′ity [ru:′gɔsiti] n. 皱,皱曲〔纹,层,波〕,凹凸不平,粗糙度,不规则. *rugosity coefficient* 粗糙〔糙率〕系数.

Ruhmkorff coil 鲁门阔夫感应圈.

Ruhr [ruə] n. 鲁尔(区,河).

ru′in [′ru:in] I n. ①毁〔陷〕灭,毁〔破,损〕坏,崩溃,倾覆,瓦解 ②倒塌的建筑物,(pl.)废墟,旧址,遗迹 ③毁灭(破坏)的原因. II v. 使〔变成〕毁,破〔毁〕坏,摧毁,残破,(使)变成废墟. *The complete ruin of imperialism is inevitable.* 帝国主义的彻底灭亡是不可避免的. ▲*be* [*lie*] *in ruins* 变成废墟. *be the ruin of* 成为…毁灭的原因. *bring ruin upon oneself* 自取灭亡. *bring…to ruin* 使失败〔毁〕灭. *come* [*go*] *to ruin* 毁灭〔坏〕,崩溃. *fall into ruin* 坍圮.

ru′inate [′ru(:)ineit] a. =ruined.

ruina′tion [rui′neiʃən] n. 毁灭(坏)(的原因).

ru′ined [′ru(:)ind] a. 毁坏了的,倒塌的,破灭〔产〕的.

ru′inous [′ru(:)inəs] a. ①毁灭性的,灾难性的 ②倒塌的,废墟的. ~**ly** ad. ~**ness** n.

rule [ru:l] I n. ①规〔法,定〕则,(规,定)律 ②准则,标准 ③章程,规章,法(常)规,惯〔通,法〕例 ④直〔刀口,样〕尺,(界,直,缩)尺,比例尺,(样板)平尺,画线板,划线尺,破折号 ⑤统治(期),管理,控制,支配 ⑦【数】法(则). *area rule* 面积律,面积定则. *caliper rule* 卡尺. *chain rule for differentiation* 链锁微分法. *circular* (*disc*) *slide rule* 计算盘. *convex rule* 凸面卷尺. *copy rule* 仿形(法)尺. *dotted rule* 点线. *electronic slide rule* 台式电子计算机. *em rule* 长破折号. *empirical rule* 经验定则. *en rule* 短破折号. *foot rule* 英尺. *hard and fast rule* 固定[严格]的,不许变动的规章或制度的标准. *hook rule* 钩尺〔规〕. *lever rule* 杠杆定律. *optimal decision rule* 最佳决定律. *product rule* (公算)乘法规则. *rough rule* 粗略近似法. *rule curve* 操作规则图表. *rule depth gage* 深度规. *rule for casting out the nines* 去九法. *rule of sign* 正负号规则. *rule of three* 比例的运算法则. *rule of thumb* 言或 *rule-of-thumb method* 经验法则[方法],(常)经验[目力]估计,测测法,大约估计,精确的计算,手工业方式. *rules of the road* 交通(行驶)规则. *safety rules* 保安条例. *similarity rule* 相似律. *slide rule* 计算尺,对数尺. *the rule and the exception* 普遍规律(现象)与例外. *thumb rule* 安培右手定则. *wave rule* 曲线. ▲*as a* (*general*) *rule* 通常,一般(地说),大概,照例(地). *by rule* 按(照)规定. *by rule and line* 坚守成规地,刻板地. *by rule and line* 准确地,精密地. *lay down the rule that* 规定. *make a rule of + ing* 或 *make it a rule to + inf.* 通常(做某事),有(做某事)的习惯.

II v. ①统治,支配,管理,规定,控制 ②(用尺)在…上划(直线,平行线),划线于,画界〔线〕,以线分隔,把…排成直线 ③保持某一水平 ④裁定(决). *a sheet of paper ruled with rectangular coordinates* 一张画有直角坐标的纸. *ruled counting plate* 分格计数板. *ruled surface* 直纹曲面. ▲*be ruled by* 被…所支配(影响),受…所控制. *rule against* 否决. *rule…off* (用尺)划一线把…隔开. *rule out* (用直线)划去,拒绝(考虑),消除,排斥(除),取消. *rule over* 支配,统治.

Rule brass 一种铅黄铜(铜62.5%,锌35%,铅2.5%).

ru′ler [′ru:lə] n. ①(直,规)尺,直规,划线板 ②统治〔管理〕者.

ru′ling [′ru:liŋ] I n. ①(用尺)划线,格线,刻度,(用尺)量度,划出的线,(光栅)划线技术 ②统治,支配,管理 ③裁决(定). II a. 统治的,支配的,主要〔当下〕的,流行的. *ruling class* 统治阶级. *ruling grade* (*gradient*) 限制〔控制〕度,最大坡度,最大纵坡. *ruling of a ruled surface* 直纹面的母线. *ruling pen* 直线〔鸭嘴〕笔. *ruling point* 据(控制)点. *ruling price* 时(市)价.

rul′ley [′rʌli] n. 四轮卡车.

rum [rʌm] I a. ①离奇的,惊人的 ②难对付的,危险的,抽劣的. II n. 朗姆酒,甘蔗酒,糖酒. ~**ly** ad.

Ruma′nia [ru(:)′meinjə] =Romania.

Ruma′nian [ru(:)′meinjən] =Romanian.

rum′ble [′rʌmbl] v.. n. ①(发)隆隆声,振荡燃烧声响,使隆隆响,隆隆作响 ②吵嚷,噪声,转盘噪声 ③磨耗,滚(筒)磨[在滚筒(里)清理(混合),转筒清砂,在磨箱里磨光 ④振动(共振) ⑤低频不稳定燃烧 ⑥(=rumble seat)汽车背后的座位,马车背后的座位(或放行李处) ⑦彻底了解,察觉. *The train rumbled past.* 列车隆隆驶过. *rumble filter* 滤声器,转盘噪声滤波器. *rumble stripe surface* 齿纹铺面. *rumbling barrel* 转磨(清理)滚筒. ▲*rumble on* 隆隆前进.

rum′bler n. 清理滚筒.

rum′ble-tum′ble n. ①马车背后的座位 ②行驶时发隆声的载重车辆.

ru′minant [′ru:minənt] a.; n. 反复思考的,沉思的,反刍(动物)的,反刍类(动物).

ru′minate [′ru:mineit] v. ①沉思默想,反覆思考 (over, about, of, on) ②反刍,再嚼. **rumina′tion** [ru:mi′neiʃən] n. **ru′minative** [′ru:minətiv] a.

rum′mage [′rʌmidʒ] n.; v. ①(彻底)搜查,(仔细)检查,翻找 (about) ②搜(查)出 (up, out) ③搜出的物件,杂物(堆).

rum′mager n. 搜(检)查者.

ru′mo(u)r [′ru:mə] n.; vt. 谣言(传),传闻(说). *It is rumo(u)red that…* 谣传,听说. *Rumo(u)r has it that* 或 *There is a rumo(u)r that* 据谣传. *spike a rumo(u)r* 辟谣. *start a rumo(u)r* 造谣.

ru′mo(u)rmonger n. 造谣者.

ru′mo(u)rmongering n. 造谣.

rump [rʌmp] n. 臀(部),尾部.

rum′pus n. 喧哗,吵闹.

run [rʌn] I (ran, run; run′ning) v. II n. ①跑,运行,经营 ②运转(动,载,算,用,送),驾(行)驶,开(驱,转,拨)动,操纵,控制,看管,管理,操作,工作,办 ③通(穿,经,掠)过,通(达)到,延伸,伸展 (沿…)布置,蔓延,扩大,传播,流传,连〔延,继〕续,(合同等)继续有效 ④流[活,滑滚,移]动,进[实,执,开,航,飞,滑]行,滑走,流量 ⑤奔忙,赶,追,逃,冲撞,碰,刺,戳,插[界]⑥穿[引],引导,连接 ⑦流,渗[开],(倒)注,熔化,(熔)铸,倾,滴,淌,提炼,跑[一批]产品,脱线[针] ⑧平均[大体]是,变(成,得),说[写]的,是,涉及 ⑧试车,(一系列)试验(机器进行的一次)运转, 运转,运行, 运行, ⑨路[航]线,(一段)长度[距离,路程],(每)单位长,差,多次举的层数,(测微器)行差,取通 ⑪趋[形]势,倾[趋,动]向,走[动]势 ⑫(斜,水平)盘,管道[线]导[水]管,坑道,偏斜矿体 ⑬(普通)类型,普通(一批)产品,类,种 ⑭(连续)刊登,刊印 ⑮围场,牧场,运动场,自由活动处. Ⅲ a. ①溶(液,融)化的,(浇,模)铸的 ②刚上岸的,新来的 ③提取的,抽出的 ④被走私[偷运]的. a run of projects 一连串的项目. a straight run of pipe 一段直管. a 30cm×10½cm beam of 132kg/m rum 一根横截面为 30×10½ cm,每米长重132kg的梁. complete a computer run 完成(计算机的)一次运算. run a curve 作特性曲线. run a program on a computer 用计算机解程序. run a level 测平,水准测量. run a line (道路)定线,放线,打线,敷设管路. run an experiment 作试验. run home 瞄准[引向]目标. run oil 提炼石油. run the battery down 使蓄电池完全放电. run the machine 开动[操纵]这台机器. the school run factories. 校办各工厂. New processes, tools, and equipment require trial runs. 新的工艺过程、工具和设备都需要试运转. The engine runs perfectly well. 这台机器运转十分良好. The molten metal was run into a mould. 已熔的金属被倒进模内. The resolution runs as follows: 决议如下下. So the story run. 据说(事情)是这样的. The building runs almost due East-West with a wing, North-South. 这房子差不多是沿正东正西向布置,有一翼是南北走向的. Coolant temperatures run about 540°F leaving the reactor, and 500°F entering it. 冷却剂温度,反应堆时大约是540°F,进入时约500°F. back run 反转,逆行,返航,背面[底焊]焊缝. bench run 试验台试验. blank run 空转. blow run 鼓风掺气(过程). cable run 电缆敷设,电缆敷设路线,索道线路. calender run 压延,压光[制、延]. calibrating run 校准运转(试验),检验螺丝头,校接近(目标). cathode run 阴极沉积过程. combination purification-reduction run 净化还原联合操作. commercial run 工业生产(过程,方法). continuous run (机器)连续工作(状态),长时间负载状态. control run 操纵线路,操纵行程. dross run 撇渣. dry run 不加注操作,干操作,没有实液的,演习,发射前准备工作,无检测精反应堆的试验. duct run 电缆管道、管道流程(行程). engine run (up) 发动机试车. frequency run 频率特性试验. fuel-system run 燃料系统试验. furnace run 加热处理,结焙. general run of things 一般情况(趋势). green run 初次试车. heat run (发动机)热试车,发热试验. hot run 热(放射性的)循环. hot run table 热金属辊道. idle run 空(慢,跨)转. long run 长期运转. mine run 原矿. per foot run 每英尺长. period run 周期测量试验. production run 生产过程. run board (汽车)踏脚板,(机车两侧的)平台. run book 运行资料,题目文件,备用程序. run curve 运转曲线. run goods 走私货物. run in depth 地下径流. run of a furnace 开炉,熔炉过程. run of flight 飞行(距离). run of micrometer 测微器行差. run off curve 流量(累计)曲线. sealing run 焊缝. short run production 小量(短期)生产. stretching run 拉伸程序(过程),延伸,伸展. test run 试验运行,试车(机器)试运转,实验程序(规范). trial run 试验运行(航),试车,试运转. typical run 典型试验. underwater run (导弹)弹道的水下部分,水下行程. ▲a run of 一连串的,一串[段,群]. at a run 跑步. be out of the common run 不平常,不普通,不同凡响. by the run 突(忽)然. cut and run 奔逃,连忙逃走,突然离去. get the run of 熟悉,掌握. give...the run of...允许...能随意使用.... have a good run 非常流行,销路很好. in the long run 从长远的观点来看,最终(后)究,毕竟,结果,归根到底. in the short run 在短期内,从短期看来,暂时. It's all in the day's run. 应看作正常[普通]的事. keep the run of 与...保持接触,经常了解. ...与...并驾齐驱,不落后于. let (him) have (his) run 放任(他)自由地去做. no run left 气力用完. on a large production run 在大生产过程中. on the run 在跑着时,逃跑,忙碌,奔走(波). run a chance of +ing 有...的可能. run across 横(跑)过,碰见,偶然遇到. run afoul of 与...相撞(碰触),与...冲突(追求,逐,随). run against (偶然)碰见,撞上,违反,不利于,不合乎. run aground 搁浅. run ahead of 赶[超]过. run along 离开,离开,走开. run at 向...扑去,袭击,以...速度运行. run away 逃,超越,飞逸,走穿,不顺利,失去控制,出毛病. run away with 轻易带走[接受]. run away with it 高兴地办妥. run back 回回,上测到(to). run back over 回想(顾). run backward 反(倒)转. run before 胜过,预料. run before the wind 顺风行驶. run behind 跑在...的后头,落后于. run by (时间)逝去,跑过. run by the name of 以...名字见知于世. run close 竭尽全力,迫紧,与...几乎相等(to). run counter 违反,与...背道而驰(to),倒转. run down 变弱,逐渐变坏,用乏(尽,完,渐)停,慢下来,减少(工作),减低价值信,查找,对追究...的根源,追踪,匆匆看一下,过目,浏览,沿...而行,(车...)上跑下,下,碰上,诬骂,与...几乎相当(to). run dry 干涸,变干瘪. run for 去向,为...奔走,竞赛(选). run foul of 撞上. run free 自由活动. run from 以...为动力而运作,从...流出. run hard [追]上,迫紧. run high 高涨,箭涌. run hot 逐渐变热,(高炉)热行(润滑油缺少而)发热状态下运转,急进,走访(to),同意(with),使新机器用得顺利,对...试车,试转,跑[磨]合,插(补)入,使不间断[不分段]. run into 跑(蹼,撞,注,流)入,使...陷于...,合并,撞(碰)上,偶然碰见,倾向. run low 缺

run off (使)逃跑,逃 窜,溢流,漏,放,排,放,写,印,打[印]出;...流掉 [(白)放出];出轨,离题,进行(试验),把...进行 到底. **run on** 继[连,继,继续,不分段,不换行(时间) 流逝;涉[触]及,搁浅,象(能源,动力)开动. **run out** 跑[流,伸,突]出,伸向,溢流,偏转,抽出(绳), 把(线)放出去,离开,消退,缺[竭]乏,耗尽,完,停 [终]止,结束,期满. **run out of** 用光,缺乏,从...跑 [流]出. **run out of control** 失去控制. **run over** (跑)过去(望),越过,超过,蔓延,匆匆行事[看过, 读过],浏览,过目,覆盖,概述,从...上翻[掠,绕]过, 包括(连续的各值), **run rampant** 横行,猖狂. **run risks** 冒险. **run short** 缺乏,不足,快用完. **run through** 扎穿,贯通,贯穿,穿(通过,赶(完), 匆匆处理[看过],串联在一起,浪费,耗尽,划掉,删除, 通及,发行. **run to** 跑(通)到,达(到),伸(发)展到, 化为,倾[趋]向于;陷于,赶去,有能力做[应付],(经 费)足够使. **run together** 混合. **run up** 向上跑, (匆匆)建起,升起,(往上)伸出上涨,抬高,增加,迅 速成长(积累),加速运转,(数)达…,加剧(一行数 字),起帐[动],试车,使高速转动,(布)缩水. **run up against** (意外)遇到,撞着. **run up to** 跑到, (数目)达到,总是想着. **run upon** 遇到,撞 上,触(礁),总是想着. **run wild** 失去控制,蔓延. **take a run to (the city)** 到(城里)去一趟. **with a run** 突(然)地.

run'about [ˈrʌnəbaut] Ⅰ n. ①轻便小汽车[汽艇], 轻便货车,小型飞机 ②流浪者. Ⅱ a. 流浪的,徘徊 的. **runabout crane** 活动型(轻便式)起重机.

run'around [ˈrʌnəraund] n. ①藉口,闪避,拖延 ②藐视,冷待.

run'away [ˈrʌnəwei] n.; a. ①逃跑(者);逃走,逃 逸,飞跑,飞车,超速 ②失(去)控(制),超出控制范围,(反应堆功率或反应性失控)失控上升,起超 ③事故,破坏,击穿,剧变 ④脱离控制的,(物价)飞涨的, 易起急剧变化的 ⑤决定性的. **runaway speed** 失去控制的速率,飞逸[过](速)速度,飞逸转速.

run'back n. 回路,反流,回转.

run'dle [ˈrʌndl] n. 梯级,绞盘头.

run'down [ˈrʌndaun] Ⅰ a. ①累[疲]乏了的,(钟等)停了的,衰弱的 ②失修的,坍倒的,破烂的. Ⅱ n. ①减少,变弱,衰退,消耗,缩[裁]减,裁员 ②简要的总结,分列项目的报告 ③扫描周期(周一闪) ④撞坏[沉] ⑤滑行,停止,渐停,慢停准 ⑥流出(量). **rundown mill** 中间机座. **rundown time** 滑行(停转)时间,从跟踪至捕获的时间.

rung [rʌŋ] Ⅰ ring 的过去式和过去分词. Ⅱ n. 梯级,车辐,(椅子的)横档,一级.

run-home n. 瞄准目标.

run'-in [ˈrʌnin] n. ①试车[转];跑[磨]合运转 ②飞机向目标的飞行 ③【印刷】插入[补加]部分 ④流入,注入 ⑤争论,口角.

run-in-table n. 【轧】输入辊道.

run-length n. 扫描宽度.

run'let [ˈrʌnlit] n. 溪,小河,细流.

runnabil'ity n. 流动性.

run'nel [ˈrʌnl] n. 溪,小河,(水)沟.

run'ner [ˈrʌnə] n. ①转[动,滚,奔]子[件],转动, 从动,工作[始]轮,(涡轮)转轮,游动绞辘,轴套的 磨石,上磨盘 ②滑轮(木,道,圈),(汽车)轨动[槽,滑 行]架,滑行装置,导板,(移动重物的)承轴 ③【冶】 (内,横)浇口,浇道,流道沟,浇道结块 ④狭长地毯 ⑤操作者,通信[传]员,收款,接待[员,火 车司机,跑的人 ⑥走私人(船) ⑦蔓,长匍茎,纤副 枝. **crane runner** 吊车司机. **edge runner** 碾碎机, 轮碾机,轮碾式混料机. **engine runner** 司机. **helical runner** (水车)螺旋叶轮. **pump runner** 泵的工作 轮. **runner angle** 承辊角钢. **runner box** 浇口箱,冒口保温箱,浇道分叉盒. **runner cone** 泄水锥. **runner crown** 上冠. **runner overflow** 浇口溢流. **runner pipe** 浇道. **runner riser** 直接冒口. **runner seal ring** 转轮密封环. **runner wheel** 辊轮. **slag runner** 流渣沟,渣流道.

run'ner-up [ˈrʌnəʌp] n. 第二名,亚军.

run'ning [ˈrʌniŋ] Ⅰ a. ①跑的,流(动)的,运行 着的,正在工作的,使用中的 ②供电的,输能的 ③连 续的,接连的,持久的 ④草写的 ⑤例行的,现在的 ⑥ 直线的 ⑦流行(转,动)的,转[流,开,移]动,(转子)旋转,行驶,(发动机)试验,(颜料的)渗移 ②工[操]作,进行,控制 ③作用,行程 ④配制,(pl.) 馏分. **a running fire of questions** 一连串的问题. **back running** 倒车,倒退,反转,逆行,封底焊,底焊. **continuous running** 连续运转(生产). **counterclockwise running** 反时针转动. **discontinuous running** 断续(周期性)生产,不连续(不均匀,不平稳)运转. **first runnings** 初开始馏份(物). **four days running** 接连四天. **free running** 自由振荡,空转. **reverse running** 回程. **running ability** 营运性能,运行能力. **running account** 流水账,交互计算. **running accumulator** 后进先出存储器. **running away** 超速,飞车. **running block** 传动滑车. **running board** (汽车两旁)踏脚板. **running castings** 浇注(铸型). **running characteristics of an electrode** 焊条使用特性. **running commentary** [comments] 实况转播. **running cost** (设备)运转费,营业费用, 使用费,行车费,运行成本[费用],维护费. **running current** 工作电流,正常工作电流. **running curve simulator** 运转曲线模拟计算器. **running efficiency** 有效作用系数,机械效率. **running empty** 空转. **running experience** 开车经验. **running fit** 转(动)配合,转合座. **running free** 不加荷载的运转,空转,(帆船)顺风. **running gear** 传动装置,传动齿轮, 行车机件,(汽车)行走系统(车架、底盘弹簧、前后车轴、车轮的总称). **running ground** (soil) 流动土. **running hand** 草书,连写字体. **running headline** [hend, title] (书的)每页出现的(简略)标题,栏外标题. **running idle** 空(跨)转. **running knot** (套绳) 活结,圈套绳结. **running load** 运行[工作]负载,活动负载[载荷]. **running maintenance** [repair] 巡回小修,日常[经常性]修理. **running measure** 纵长量度. **running meter** 延米,纵长米. **running mould** 模饰样板. **running program** [操作运算]程序. **running quality** 流动性. **running rabbit** 在 A 型显示器上跑动的干扰信号,窜动干扰信号. **running repair** 巡回小修,日常[经常性]修理. **running rope** 动绳 [索]. **running sand** 流沙. **running stock** 经常[流动]库存(品),有限期库存品. **running subscript** 游

run'ning-in 动下标. *running surface* 波状表面,(道路的)车行道表面,路面,(铁道的)轮轨接触面. *running time* 运转[工作,动作]时间,行车时间[时刻],(实际)行驶时间,【计】执行[程序]时间. *running trap* U形存水弯. *running variable* 游动变量. *running voltage* 工作电压. *running water* 流动的水,自来水. *the running month* 本月. ▲*make [take up] the running* 开头,带头.

run'ning-in n. ①试车,试运转,跑合运转,磨合 ②配研. *running-in machine* 试[跑合]运转装置,配研装置.

running-out n. 惯性运动.

run-of-bank gravel 原岸[未阶]砾石,河岸石堆.

run'(-)off ['rʌnɔːf] n. ①径流(量),流量 ②流[溢]出,流失,流泻,排水,泄漏 ③流放(放出)口 ④出水口,(行程末端的)越程,(曲线)缓和长度 ⑤决赛. *direct runoff* 地表径流. *runoff area* 泄水面积,径流面积. *runoff in depth* 径流深. *runoff plat* 径流实验站的径流场. *runoff plot* 径流区域. *runoff volume* 径流总量[体积].

run-off-tab n. 引板.

run-of-mill = run-of-the-mill.

run-of-mine coal 原煤.

run-of-mine (ore) n. 原矿.

run-of-paper n. 由编辑人随意决定登载位置的.

run-of-river (type power) plant 径流式水电站(不调节河水的流量,河水直接流入发电站进行发电).

run-of-the-mill a. (质量)一般的,不突出的.

run-of-the-mine a. ①不按规格(质量)分等级的,粗制的 ②(质量)一般的,不突出的.

run-on n. ①连[持]续 ②(不移行而)接排的材料. *run-on time* 运转[连续]时间.

run(-)out n. ①伸(突,流,溢)出,突破 ②消退,缺乏,用尽 ③偏转[斜,差],偏心率,尖削度 ④(径向)振摆,径向跳动,直径摆动,摆动度 ⑤滑动[行],空转辊道上运动,摆动 ⑥【铸】(砂型)漏失,(跑钢,漏箭,漏炉,炉),(跑水后)金属冻块 ⑧空刀,退刀纹,螺纹尾部,片尾 ⑦逃开,避开. *run-out conveyor* 【轧】外送运输机. *run-out of thread* 退刀纹,螺纹尾部. *run-out table* 【轧】输出辊道.

run'(-)over Ⅰ a. (排印材料)超过篇幅的. Ⅱ n. 覆盖,超过,超额的排印材料,(报刊等文章的)转页部分.

run'-through n. 浏览,概要.

run'time n. 运行时间. *runtime storage allocation* 【计】运行存储分配.

run-to-completion n. 从运行到完成的工作方式.

run'-up n. ①起轮试车,飞机发动机试验 ②上坡,涨价 ③迅速增大,加快(速)升速,起动,点火,开足马力 ④序幕,前夜. *run-up time* 起动时间.

run'way ['rʌnwei] n. ①(机场)跑道,通道 ②悬索道,吊车道[梁],滑道(槽,座),导轨,架空铁道的轨梁 ③河床(道,槽) ④(窄猎车的)滑沟. *active runway* 现用跑道. *crane runway* 起重机走道. *runway girder* 行车大梁. *runway grooving* (机场)道面浅槽(防降雨时滑移危险).

rup'ture ['rʌptʃə] n.; v. ①破[折]裂,(脆性,构造)断裂,开,拉[遮,开],断[开]口,破裂[损],脆片曲,绝缘击穿 ②敌对,交战,断绝(关系). *rupture disk* 安全(隔)膜,破裂盘(用于高压安全阀). *rupture strength* 破(断)裂强度. *rupture test* 破坏(断)裂,持久试验. *ruptured zone* 龟(破)裂区,石层风化带. *rupturing capacity* 遮断容量(功率).

ru'ral ['ruərəl] a. 乡(农)村的,农业的,城外的,郊区的. *rural distribution cable* (塑料绝缘心线与钢线合绞起来的)电信用电缆. *rural distribution wire* 郊区(乡村)电线,电力(乡村)配电线.

rural'ity [ruə'ræliti] n. 农村(特征,性质).

rur'ban ['rəːbən] a. (住)在从事农业的居住区的.

Rus =①Russia ②Russian.

ruse [ruːz] n. 诡计,计策.

ru'sé ['ruːzei] [法语] a. 诡计多端的,狡猾的.

Ruselite n. 耐蚀压铸铝合金(铜94%,铜4%,铝+铬2%).

rush [rʌʃ] Ⅰ v.; n. ①(猛,急)冲,奔,急(速)冲(动),迅速运动,飞驶,(向前)猛进,突进(增),突然袭击,急送,蓦推 ②冲(突)出,蔽打 ③赶紧(做),匆匆(做),仓促(做) (to, into) ④闪(涌)现,突然出现,跳出(out),(突然产生的)一大批 ⑤繁忙,迫切需要,抢购,向... 索高价 ⑥(pl.)(未经剪辑的)电影样片 ⑦无价值的东西, (pl.)琐事[屑]. Ⅱ a. ①急需的,紧急的,急速的,猛冲的,猛进的,赶紧完成的 ②繁忙的,争先恐后的,蜂拥而来的. *The water rushes through the slots.* 水通过槽缝冲出来. *The river rushes past.* 河流奔腾而过. *Avalanches rushed down.* 崩塌的冰雪倾泻下来. *rush to conclusions* 匆匆下结论. *rush into print* 匆匆付印(出版,发表). *rush one's work* 赶做工作. *a rush of work* 一阵匆忙的工作. *current rush* 电流骤增. *rush candle* 微光. *rush current* (击电)流. *rush hour(s)* 高峰(繁忙,最紧张,上下班,交通拥挤)时间. *rush of the current* 激流的奔腾. *rush order* 紧急定货. *rush season* 忙(旺)季. *rush work* 突击工程(作). ▲*not care a rush* 毫不在乎. *not worth a rush* 毫无价值. *rush around* 到处乱闯,四处乱冲. *rush at* 向... 冲过去. *rush in* 冲(跑,流,吸)进. *rush into extremes* 走(趋)极端. *rush ... off one's feet* 迫使 ... (无时间思索而)仓促行动. *rush on [upon]* 袭击. *rush through (one's work)* 抢着把工作做. *with a rush* 猛地,冲着,急遽,哄地一下子.

Russ [rʌs] Ⅰ n. (pl. Russ 或 Russes) 俄国人(语) Ⅰ a. 俄国(人,语,式)的.

russellite n. 钨铋矿.

Russell's angle 球体平均光度角.

rus'set ['rʌsit] n.; a. 黄(赤)褐色(的).

rus'sety ['rʌsiti] a. 带黄(赤)褐色的.

Rus'sia ['rʌʃə] n. 俄罗斯,俄国.

Rus'sian ['rʌʃən] Ⅰ n. 俄罗斯的,俄国的,俄罗斯人(的),俄国(人)的,俄语. Ⅱ a. 俄国(人,语,式)的.

rust [rʌst] Ⅰ n. ①(铁)锈,锈腐,锈斑,(铁锈,铁锈色 ②发锈,衰退,停滞,荒废 ③锈菌,锈病. Ⅱ v. (使)锈,生锈,锈蚀,氧化,成铁锈色,变(弄)钝. *copper rust* 铜锈. 及 铁(会生)锈. *rust growth test* (防)长锈试验. *rust preventer* 防锈剂. *rust removal* 除锈. ▲*gather rust* 生锈. *get [rub] the rust off* 把锈弄掉. *keep from rust* 使不生锈.

rust-free a. 不[无]锈的.
rus'tic ['rʌstik] a. 粗面(石工)的, 粗琢[制]的, 乡间的, 乡村风味的, 朴实(素)的.
rus'ticate ['rʌstikeit] v. ①下乡, 把…送到农村去 ② 粗琢(蚀)了的, 陈旧的, 过时的, 落伍的, (学识等)荒疏的, 变生疏的. rusticated dressing 粗琢面. rusticated joint 粗琢〔明显〕缝.
rustic'ity [rʌs'tisiti] n. 乡村特点, 乡村式, 乡村风味, 朴实(素), 粗糙.
rus'tily ['rʌstili] ad. 生着锈.
rus'tiness ['rʌstinis] n. 生锈, 锈蚀, 荒疏, 过时.
rust-inhibiting 或 rust-inhibitive a. 防锈的.
rus'tle ['rʌsl] v.; n. ①(使)沙沙作响, 沙沙声 ②使劲干, 急速动.
rust'less ['rʌstlis] a. 不[无]锈的. rustless steel 不锈钢.
rus'tling ['rʌsliŋ] n.; a. (发)沙沙声(的).
rust-preventative n. 防锈剂.
rust-preventing a. 防锈的.
rust-proof 或 rust-resisting a. 防[抗]不锈的, 耐腐蚀的. rust-resisting paint 防锈漆.
rus'ty ['rʌsti] a. ①(生,多)锈的, 铁锈色的, 褪了色的, 腐蚀了的 ②变退色的, 陈旧的, 过时的, 落伍的, (学识等)荒疏的, 变生疏的 ③(肉类等)腐烂发臭的, (植物)患锈病的. rusty spot 锈斑.
rut [rʌt] I n. ①车辙, 辙沟, 轮(轨)距, 压痕, 凹槽(坑), 沟 ②常规, 惯例, 老规矩, 老一套. II (rutted, rutting) vt. 在…形成车辙, 在…挖沟. rutted road 有车辙道路. ▲get into a rut 陷入老框框, 开始墨守成规. lift…out of the rut 使…摆脱常规(旧习惯). move in a rut 照惯例(老一套)行事.
rutaecarpin n. 吴(莱)萸次碱.
ruth [ru:θ] n. ①同情, 悲哀 ②(R-)人名. ruth excavator 多斗式挖掘机.
ruthenate n. 钌酸盐.
ruthe'nium [ru:'θi:niəm] n. 【化】钌 Ru. ruthenium oxide resistance 氧化钌电阻.
ruthenous a. 亚钌的, 二价钌的.
ruth'erford ['rʌðəfəd] n. 卢(瑟福)(放射性强度单位, 每秒 10⁶ 次衰变).
rutherfordine n. 菱铀矿.
rutherfordium n. 【化】𬭊 Rf.
ruth'less ['ru:θlis] a. 无情的, 残忍的, 冷酷的. ~ly ad. ~ness n.
ru'tilant ['ru:tilənt] a. 发红色火光的.

ru'tile ['ru:ti:l] n. 金红石. *rutile type electrode* 钛型焊条.
rutin n. 芸香甙, 芦丁.
rut'ty ['rʌti] a. 有(多)车辙的.
RV =①reentry vehicle 重返[再入]大气层飞行器 ② relief valve 安全[保险]活门, 减压阀.
R/V =①rear view (背)后(的)视(野), 背(后)视图 ②reentry vehicle (nose-cone)重返[再入]大气层飞行器(前锥体) ③relief valve 安全[保险]活门, 减压阀.
RVA =reactive volt-ampere meter 无功伏安计.
RVBR =riveting bar 铆接拉杆.
RVFX =rivet fixture 铆接夹具.
RVP 或 Rvp =Reid vapo(u)r pressure 列氏蒸汽压力.
RVPA =rivet pattern 铆钉的排列形式.
RVS =①reentry vehicle (nose-cone) simulator 重返[再入]大气层飞行器(前锥体)模拟器 ②reentry vehicle system 重返(再入)大气层飞行器系统.
RVSSC =reverse self check 反向自校验.
RVSZ =riveting squeezer 压铆机.
RVTP =reliability verification test program 可靠性检验程序.
RVU =relief valve unit 保险[安全]活门装置, 减压阀装置.
RVX =reentry vehicle, experimental 实验性重返大气层飞行器.
RW =①radiation weapon 辐射武器 ②radio logical warfare 辐射战争 ③raw water 未经净化的水 ④R-wire 或 Ring-wire 塞环线, "b"线, 第二线.
R/W =right of way 通行[优先行驶]权.
Rwan'da [ru:'ɑ:ndə] n. 卢旺达.
RWC =rainwater conductor 雨水管.
RWG =reliability working group 可靠性试验工作组.
RWK =rework 再制, 再(二次)加工.
RWS =reaction wheel systems 反作用轮系统.
RWY =runway 跑道, 悬索道, 滑道(槽).
Rx ['ɑ:r'eks] n. 药方, 解决方案.
Ry 或 R/Y =railway(s)铁路.
RYALM =relay alarm 继电器报警装置.
rydberg n. 里德伯(光谱, 能量, 频率单位).
rye [rai] n. 黑(裸)麦. *rye bread* 黑面包.
RZ =return-to-zero 归零点[制].
RZ-powder n. 喷雾法铁粉.

S s

S [es] n. S形.
S =①salvageable 可抢救的, 可打捞的 ②Saturday 星期六 ③scalar 标量(的) ④scuttle 煤斗, 小型升降口 ⑤second 秒, 第二的 ⑥secondary 次级的 ⑦secret 秘密 ⑧September 九月 ⑨sign 符号 ⑩silicate 硅酸盐 ⑪silk 丝(包的) ⑫simply 无仪器装置的(火箭) ⑬single 单, 一个 ⑭skid 滑轨(道, 撬) ⑮slope 斜度 [率] ⑯soft 软的 ⑰ solid 固体 ⑱south (pole)南(极) ⑲spect rometer (光,频)谱仪, 分光计 ⑳speed 速度 ㉑spoilers in nozzle 喷管内阻流板 ㉒stability 稳定性 ㉓stoke 斯托克(粘度单位) ㉔stress 应力, 内力 ㉕stroke 行[冲]程 ㉖sulphur 硫 ㉗Sunday 星期日 ㉘ surface area 表面积 ㉙surfaceness 表面粗糙[光洁]度 ㉚switch 开关 ㉛synchronoscope 同步示

波〔指示〕器,脉冲示波器.

s =①second 秒,第二的 ②shilling 先令 ③singular 单数的.

S″ =Saybolt seconds 赛氏(粘度)秒数.

24S 24S 超硬铝合金.

25S 25S 高强度铝合金.

75S 75S 超硬铝合金(镁 2.1～2.9%,铜 1.2～2%,锌 5.1～6.1%,铬 0.18～0.4%,硅＜0.5%,铁＜0.7%,锰＜0.3%,钛＜0.2%,其余铝).

S Afr =①South Africa 南非洲 ②South African 南非洲的,南非洲人.

S Am =South America 南美洲.

S by E =south by east 南偏东.

S by W =south by west 南偏西.

s dev =standard deviation 标准偏移〔误差〕.

S lat =South latitude 南纬.

S ROD =stove rod 炉条.

S TPR =short taper 短锥体.

S wave =secondary wave 次[S]波,地震横波,次相.

S1S =surfaced or dressed one side 一面磨光〔修整〕或加工过的.

S1S1E =surfaced or dressed one side and one edge 一面和一棱磨光〔修整〕或加工过的.

S2S =surfaced or dressed two sides 两面磨光〔修整〕或加工过的.

S4S =surfaced or dressed four sides 四面磨光〔修整〕或加工过的.

S-6 = atmospheric structure satellite 大气层构造研究卫星.

SA =①sectional area 截面积,横断面面积 ②self-acting 自动的 ③semi-automatic 半自动的 ④shock attenuation 减震 ⑤signal attenuation 信号衰减 ⑥small arms 轻武器 ⑦South Africa 南非 ⑧South America 南美 ⑨spectrum analysis 光〔频〕谱分析 ⑩spectrum analyzer 光〔频〕谱分析仪 ⑪spin axis 旋转轴,自旋轴 ⑫sustained acceleration 持续加速(度).

Sa =①samarium 钐 ②Saturday 星期六.

sa =①[拉丁语] *sine anno* 无日期 ②single amplitude 单(振)幅.

S/A =①service action 维修,服务 ②status and alert 情况与警报 ③storage area 仓库面积,贮存区 ④subassembly 局部装配,子组装,组(合)件,机组,分总成.

SAA =①service action analysis 维修活动分析 ②(the)Standards Association of Australia 澳大利亚标准学会.

Saar [sɑː] n. ①萨尔河 ②(德意志联邦共和国)萨尔(州). *the Saar Basin* 萨尔煤矿区.

Saarland n. (德意志联邦共和国)萨尔(州).

SAB =①Scientific Advisory Board 〔美〕科学咨询委员会 ②solid assembly building 刚性装配体.

Sabathecycle n. 等容等压混合加热循环,萨巴蒂循环.

Sab'bath ['sæbəθ] n. 〔宗教〕安息日.

sabbat'ic(al) [sə'bætik(əl)] a. (似)安息日的. *sabbatical year* (美国给与大学教授的特殊待遇)休假年.

saber =sabre.

sabicu n. (古巴出产的)一种质地坚硬的贵重木材.

sab'in(e) ['sæbin] n. 赛(宾)(声吸收单位).

sabinene n. 桧萜.

sabinol n. 桧萜醇.

sa'ble n.; a. ①黑貂(皮,皮制的) ②黑的,深褐色的.

SABMIS = seaborne anti-ballistic missile intercept system 舰载反弹道导弹截击系统.

sab'ot ['sæbou] n. ①木鞋 ②弹(舱)底板 ③锉刀垫木 ④镗杆,衬套 ⑤炮弹壳充 ⑥桩靴.

sab'otage ['sæbətɑːʒ] n.; v. (阴谋)破坏,捣乱(on),破坏活动,怠工.

saboteur' [sæbə'təː] n. 怠工者,破坏分子.

sa'bre ['seibə] n. 军(马,指挥)刀.

SABU =semiautomatic backup (automatic checkout and readiness equipment) 半自动备用设备(自动调整与准备装置).

sabugalite n. 铝(钙)铀云母(比重 3.2,硬度 2.5).

sabulite n. 一种极强烈的炸药(炸力约为普通炸药的三倍).

sabulous a. 含(多)沙的,沙质的.

SAC =①single address code 单地址码 ②sprayed acoustical ceiling 喷涂的隔音天花板 ③Strategic Air Command (美国)战略空军司令部.

sac [sæk] n. ①(动)囊,袋 ②凹(袋状)湾 ③上衣.

SAC rating =surface area center rating 横断面淬透性(测定法).

SACA =service action change analysis 维修变动分析.

saccade n. 跳跃.

sac'cate a. 囊状的,有囊的.

saccharamide n. 糖二酰胺.

sac'charase n. 蔗糖酶.

sacchar'ic a. (含)糖的,糖质的.

saccharidase n. 糖酶.

sac'charide ['sækəraid] n. 糖化物,糖类,糖酸盐.

sacchariff'erous a. 含(产)糖的.

saccharifica'tion n. 糖化(作用).

sacchar'ify [sə'kærifai] v. (使)糖化,制成糖.

saccharim'eter n. (砂糖,旋光)检糖计,(偏振光)糖量计,糖液比重计,糖度表.

saccharim'etry n. 测糖方法,糖量测定法.

sac'charin n. 糖精,邻磺酰苯酰亚胺.

sac'charine I ['sækərain] a. 糖(质)的,似糖的,极甜的. II ['sækərin] n. =saccharin.

saccharin'ity n. 甜(蜜),含糖量.

saccharinol n. 糖精.

saccharogenic power 糖化力.

sac'charoid a. 纹理像砂糖的. n. 粒状物,砂糖状物.

saccharom'eter =saccharimeter.

Saccharomyces cerivisiae 酒酵母.

saccharomycetes n. 酵母菌.

saccharo(no)lactone n. 葡糖二酸单内脂.

saccharophilous a. 嗜糖的.

saccharopine n. 酵母氨酸,E-N(L-戊二酸基-乙)-L-赖氨酸.

sac'charose ['sækərous] n. 蔗糖.

saccherol n. =saccharin(e).

sac'culus n. 小囊,球囊.

sa'chem n. 大亨,巨头.

Sach's method 一种残余应力测定法.

sack [sæk] I n. ①(麻,纸)袋,包,麻袋,罩,套 ②一袋,一包 ③劫掠. II vt. ①装[灌]袋 ②劫掠. *sack filler* 包装机. *sack of cement* 或 sacked

sack'cloth

[sacking] cement 袋装水泥.
sack'cloth n. 麻[粗平]袋布.
sack'er n. 装袋器.
sack'ful ['sækful] n. 满袋,(一)袋.
sack'ing n. ①粗麻布,袋布 ②装袋,袋装的 ③劫掠.
sa'cred ['seikrid] a. ①神圣的 ②献给…的,专供…用的(to). fund sacred to … 的专用款. monument sacred to the memory of martyrs 烈士纪念碑. sacred place of revolution 革命圣地. sacred promise 郑重的诺言.
sac'rifice ['sækrifais] Ⅰ n. 牺牲(品),损失. ▲at a sacrifice in 减少,减去. at a sacrifice of N 牺牲 N,有损于 N. at the sacrifice of N 而[才]. fall a sacrifice to 成为…的牺牲(品). make sacrifices to …牺牲.
Ⅱ v. 牺牲,抛[放]弃,献出. ▲sacrifice M for [to] N 为 N 牺牲 M,牺牲 M 而换得 N.
sacrific'ial a. 牺牲的,献身的. sacrificial anode 牺牲阳极. sacrificial corrosion 牺牲(阳极)腐蚀,阳极保护腐蚀,防蚀锌板腐蚀. sacrificial object 牺牲[殉葬]品. ~ly ad.
sacromycin n. 甲氧基友霉素.
sac'rosanct a. 极神圣的,不可侵犯的. ~ity n.
sad [sæd] a. ①(颜色)深暗的,黯淡的 ②悲伤[惨]的,忧愁的. ~ly ad.
SAD = ①saddle 鞍,座,滑板,管托,凹谷 ②service action drawing 维修图 ③simple, average, or difficult 简单的、一般的或困难的 ④SPALT (special projects alteration) addendum data 特殊项目更改部分的补充资料.
sad'den ['sædn] v. ①使黯淡 ②(使)悲伤.
sad'dening n. ①(加深,黯淡处理,煤染(后)固着处理 ②再加热 ③小变形锻造[压力加工],小压下量轧制,轻轧.
sad'dle ['sædl] Ⅰ n. ①马鞍,鞍(子,座,部,形物),鞍状构造,鞍形填充帽,轴[叉]座 ②座(子,板,架),[阀门的]底座,[门支]座,凹[锅炉]座,台盘,滑动底架,转向架,鞍形(件,鞍),踏板,垫板,大抱板 ③管(底)托,支管架,托梁,起重小车,圆桄木 ④(谐振曲线的)凹谷[点],鞍点. Ⅱ vt. ①装鞍(于) ②强加(于),使肩负,加(重负等)于 (on, upon). (with). Berl saddles 马鞍形填料. boiler saddle 锅炉托架[支座]. coil storage saddle 鞍形卷座. conduit saddle 管托(管子夹头). cutter saddle 刀架. cylinder saddle 鞍形汽缸座. saddle backed girder 鞍背形大梁[桁架]. saddle bar 撑棍. saddle cam (滑)凸轮,鞍架凸轮. saddle clamp 床鞍夹紧,大刀架夹紧. saddle clip 撑棍,扎钉. saddle coil 鞍形[卷边偏转]线圈. saddle deflecting yoke 鞍形[卷边]偏转(线圈)系统. saddle function 鞍式函数. saddle joint 鞍(形,架)接合,咬口接头. saddle key 鞍形键,空键. saddle point 鞍点. saddle stroke 床大刀架[刀架]行程. spring saddle 弹簧鞍座. work saddle 工作台滑板[板]. ▲be in the saddle 骑着马,执政,担任职务,掌权. be saddled with 负担着,陷入(经济危机等). cast out of the saddle 免职. get into the saddle 就职.
sad'dle-back Ⅰ n. 鞍背,鞍状峰,鞍形屋顶[山脊]

safe'ty

的. Ⅱ a. 鞍形的.
sad'dle-backed n. 鞍状的,鞍背形的.
sad'dle(-)point n. 鞍点.
saddle-reef n. 鞍状矿脉.
sad'dletree n. 鞍架.
SADT = super alloy diffused base transistor 超合金型扩散基极晶体管.
SAE = Society of Automotive Engineers (美国)汽车工程师学会.
SAF = ①safety 安全(措施),保险(装置) ②Strategic Air Force (美国)战略空军.
safari [sə'fɑ:ri] n. (徒步)旅行.
safe [seif] Ⅰ a. 安全的,可靠的,稳定的,保险[安]的,无损的,有把握的. Ⅱ n. 保险柜[箱],冷藏柜. fail safe 故障(自动)保险(的),个别部件发生故障时性能不变仍能可靠[不间断]工作(的),防止故障,失效保护. The new machine came safe. 新机器已安全运到. inherently safe 自动调节的,自身安全的. safe carrying capacity 安全载流量,容许负荷量. safe edge heart 带均边心形平慢刀. safe in operation 安全操作,安全. safe load 安全(容许)负载,安全荷载[载重]. safe range of stress 应力安全范围,疲劳极限. safe stress 安全(容许)应力. safe working pressure 容许工作压力. ▲be safe against + ing 不会…之害,防止,不会(产生…). be safe from 无遭受…之患,没有受(到)…的危险. be safe to + inf. 必定(一定)(做成). from a safe quarter 安全的方面(消息). (to be) on the safe side (为了)万无一失,安全的,谨慎的,不冒险的,(妥加准备以防万一.
safe-conduct ['seif'kɒndʌkt] n. 通行证.
safe-deposit Ⅰ n. 保险仓库,保管库. Ⅱ a. (提供)保管的,保藏的.
safe'guard Ⅰ vt. 保[维]护,捍卫,防护[止](against). Ⅱ n. ①防护装置[设备,设施],安全装置[措施],保护装置,安全板,保险器,保护物,护栏 ②卫兵,通行证,护照 ③保证条款. a safeguard against 防止…的装置[措施]. safeguarding duties 保护关税.
safe-keeping n. (妥善)保护(管). safe-keeping fee 保管费.
safe-light n. (暗室冲晒用)安全灯.
safe'ly ad. 安全地,确实地.
saferite n. 两面磨光嵌网玻璃.
safe'ty ['seifti] Ⅰ n. ①安全(性,措施),保险(安,护),稳定,可靠性 ②安全(保险)器,安全(装置,安全设备,防护器材. Ⅱ vt. 保护,防护,使保险. safety allowance 安全补偿[宽限]. safety and industrial gloves 保护[工作]手套. safety arch 分载拱. safety belt 安全(保险)带. safety bolt (catch)保险(机). safety brake 安全制动器,保险(安全)闸. safety clearance 安全间隙. safety curtain 防火幕. safety cut volar 玻璃布(纤维)补强切断砂轮. safety cut-off 保安(安全)开关. safety cut-out 保安器,熔丝断路器,安全断流(电)器,可熔保险丝. safety dog 安全轧头[保险挡块]. safety factor [coefficient]安全系[因]数,保险系数. safety feature 安全装置. safety film 安全(不燃性)胶[软]

片. **safety fuse** 安全熔断器,保险丝,熔丝,保险信管,安全引信(管),安全导火线. **safety glass** 安全〔保护,不碎〕玻璃. **safety goggles** 护目镜. **safety guard** 保险板,护栏. **safety in production** 安全生产. **safety load** 安全负载(荷载),容许负载. **safety measures** 安全措施. **safety nut** 安全〔保险〕螺母. **safety operating area** 安全工作区. **safety pin** (安全)别针,安全销,保险针. **safety plug** 熔丝塞子,安全插头. **safety switch** 保险〔安全〕开关. **safety tread** 防滑踏步. **safety trip** 安全释放机构. ▲(be) in safety 安全(地). with safety 安全地.

safety-check vt. 安全检查.

saf'fron [ ] n. 藏红(花),番红花. **saffron bronze** (碱性)钨酸盐藏红色颜料.

safranal n. 藏红花.

saf'ranine n. 沙黄,藏红花,番红(精).

saf'role n. 黄樟脑,黄樟(油)素.

sag [sæg] I (sagged; sag'ging) v. ①下垂,弯曲,凹下,弯下来,倾斜 ②凹陷,陷下,沉降,下沉 ③下跌〔降〕,渐落,萧条 ④塌箱. II n. ①垂〔挠,弛〕度,下垂,垂度〔挠〕,挠〔凹,弛,松〕垂,弯下〔挠〕度 ③(搪瓷制品表面)凹陷(缺陷),瓷层波纹. **sagging moment** 下垂力矩,正弯矩.

saga'cious [sə'geiʃəs] a. ①精(聪)明的,有远见的 ②明智的. ~ly ad. **sagac'ity** n.

sage [seidʒ] I a. ①贤(明)明的,审慎的,明智的 ②一本正经的. II n. ①哲(贤)人 ②年高望重的人 ③鼠尾草(属植物),蒿属植物. **sage green** 灰绿色. **sage oil** 鼠尾草油,洋苏叶油.

SAGE =①semiautomatic ground environment 半自动地面防空装置(系统),赛其防空系统 ②surveillance air ground environment 防空警戒地面指挥系统.

sag'gar 或 **sag'ger** I n. ①(陶瓷工业用)烧箱(盒),退火罐,坩埚 ②耐火粘土. II vt. 用烧箱烘. **sagger clay** 泥箱〔烧箱〕土,火泥.

sag'ging [sægiŋ] n. ①下垂(沉,陷),垂curve,弯下,垂〔挠〕度 ③(搪瓷制品表面)凹陷(缺陷),瓷层波纹. **sagging moment** 下垂力矩,正弯矩.

sagit'ta [sə'dʒitə] n. ①【数】矢,弯矢 ②【天】矢星座(北天之一小星座) ③箭齿 ④石拱的锁石 ⑤挠曲〔下垂〕的指针. **sagitta of arc** 弧矢.

sag'ittal ['sædʒitl] a. 矢(状)的,箭头的,径向的,赤道的. **sagittal image surface** 弧矢像面.

sag'pipe n. 倒虹管.

Sahara [sə'hɑ:rə] n. ①(非洲)撒哈拉(沙漠) ②荒野.

SAHARA = synthetic aperture high altitude radar 综合孔径高空雷达.

Saha'ran 或 **Saha'rian** 或 **Sahar'ic** a. ①撒哈拉沙漠的 ②不毛的.

said [sed] I say 的过去式及过去分词. II a. 上述的,该. the said person 上述人. the said points 上述各点. ▲it is said that … 据说,一般认为.

Saida ['sɑ:idə] n. 赛伊达(黎巴嫩港口).

Saigon' [sai'gɔn] n. 西贡(胡志明市旧称).

sail [seil] I n. ①帆,篷,(风车)翼 ②(pl. sail)帆船,船只,飞船…艘 ③滑翔机 ④航行(距离),航程,航行力. **fission product sail** 核裂变产物(推动)帆. **radioisotope sail** 放射性同位素(推动)帆. **sail arm** 风车转动风车翼板的轴. **solar sail** 太阳帆,太阳反射器. ▲**be under sail** 在航行中. **get under sail** 开船,启程. **make sail** 加帆急驶,开船,启程. **more sail than ballast** 重外表而不重实质. **set sail** 出航,启航,开船. **set for** 驶往. **shorten [take in] sail** 减帆,收敛,抑制野心. **take the wind out of one's sail** [the sails of](用先发制人手段)出其不意击败.
II v. ①航行(于,越过),扬帆行驶 ②开航,开船,驾驶 ③(禽类)翱翔,坦地飞行,翱翔. ▲**sail away** (船)开走,飞走,挥发. **sail close [near] to the wind** 切风(几乎逆风)行驶. **sail in [into]** 努力而有信心地开始从事,攻击,斥责. **sail into the wind** 顶风(逆风)行驶. **sail out** 开船. **sail over** 突出. **sail (right) before the wind** 顺风航行,一帆顺.

sail'boat n. 帆船.

sailcloth ['seilklɔ(:)θ] n. 帆布.

sailflight 或 **sailflying** n. 滑翔飞行.

sailing ['seiliŋ] I n. ①航行,航海(术) ②开船(航) ③随波驾驶 ④滑翔. II a. 扬帆的,航行的. **list of sailings** 船期表. **plain [smooth] sailing** 一帆风顺,顺利的进展,容易的事情. **sailing boat [ship]** 帆船. **sailing chart** 海图. **sailing order** 开航通知,出航命令.

sail'or ['seilə] n. 海员,水手,水兵.

sail'orly a. 能干的,伶俐的.

sail'plane ['seilplein] n. 滑翔机.

SAIM = system analysis and integration model 系统分析与综合模型.

saint [seint] n. "圣人". **Saint John** 圣约翰(加拿大港口).

SAINT =①satellite inspection and interception 卫星监视与拦截 ②satellite interceptor 卫星拦截器.

saint-venant body 圣维南物体(一种理想物体,它在屈服力下产生塑性的流动).

sake [seik] n. 缘故,原因,关系,目的,理由. ▲**for any sake** 无论如何. **for form's sake** 形式上. **for one's (own) sake** 为了…缘故,起见,而). **for (the) sake of** 为…起见,由于…缘故,为的是,以便. **without sake** 无缘无故.

Sakhalin [sækə'li:n] n. 萨哈林岛(即库页岛).

sal [sæl] n. ①(=salt)【化】盐 ②(=salt)硅铝质(带),硅铝地层 ③(年,月)薪,工资. **sal alembred [alembroth]** 氯化汞胺. **sal ammoniac** 氯化铵,硇砂. **Sal log** (利用皮氏管测速、测距的)水压(沙尔)计程仪,流压测程仪. **sal mirabile** 芒硝. **sal soda** 苏打,十水(合)碳酸钠. **sal volatile** 碳酸铵,挥发盐.

SAL =①service action log 维修记录 ②symbolic assembly language 符号汇编语言.

S. A. L = secundum artis leges 按技术规律.

sa'lable ['seiləbl] a. 畅销的,销路好的,可出售的,可找到买主的. **salability** n.

sal'ad ['sæləd] n. 生(凉拌)菜,色拉.

sal'amander ['sæləmændə] n. ①(高炉)炉底结块

〔瘤〕②耐火保险箱,烤炉,焙烧炉,烤盘〔板〕,能耐高热的东西 ③蟋蟀.
sal′(-)ammo′niac ['sælə'mouniæk] *n.* 氯化铵,卤砂.
sal′aried *a.* 领〔支〕薪水的. *high-salaried stratum* 高薪阶层.
sal′ary ['sæləri] I *n.* (年,月)薪,工资. II *vt.* 发工资,给薪金.
salband *n.* 【地】近图岩脉.
sale [seil] *n.* ①卖(出),出〔销〕售,推销 ②销(数,路,售额) ③廉售,拍卖. *command* 〔*have*, *meet with*〕 *a ready* 〔*good*〕 *sale* 畅销. *for sale* 待售,出售的. *not for sale* 非卖品,不出售的. *offer for sale* 供销,供出售. *on sale* 出售的. *on sale or return* 售出或退还. *sale by bulk* 成批出售. *sale for* 〔*on*〕 *account* 赊卖. *sale for cash* 现卖. *sale on credit* 赊卖. *sale price* 廉价. *sales contract* 售货合同. *sales department* 门市〔营业〕部. *sales engineer* 商业〔推销〕工程师. *sales manager* 营业主任. *sales tax* 营业税.
SALE =simple algebraic language for engineers 工程师用简明代数语言.
sale′able ['seiləbl] =salable.
saleite 或 **saléeite** *n.* 镁磷铀云母.
salengalite *n.* 磷铝铀矿.
sales′man ['seilzmən] (pl. **sales′men**) *n.* 营业〔售货〕员,推销员.
sales′manship *n.* 推销术,外交手腕.
sales′woman ['seilzwumən] (pl. **sales′women**) *n.* 女售货〔营业〕员.
Salge metal 一种锌基轴承合金(锡10%,磷1%,铜4%,其余锌).
Salica′ceae *n.* (pl.)杨柳科.
sal′icin *n.* 水杨甙.
sal′icyl *n.* 水杨基,邻羟苄基.
salicyl-anilide *n.* 水杨酰替苯胺.
salic′ylate *n.* 水杨酸盐〔酯〕.
salicylic acid 水杨酸.
salicyluric acid 水杨尿酸,水杨酰甘氨酸.
sa′lience ['seiljəns] 或 **sa′liency** ['seiljənsi] *n.* ①凸出,突起(部) ②特征〔点,色〕 ③凸〔显〕极性 ④跳跃.
sa′lient ['seiljənt] I *a.* ①凸(突)出的,凸〔突〕起的 ②显著的,卓越的,优质的 ③喷射的,涌出的. II *n.* ①凸角,突出部,【地】扇形地背斜轴. *salient features* 特征〔点〕. *salient point* 折点,凸〔突,显〕点,特征,要点,突出之处. *salient pole* 凸极,显〔磁〕极. *salient pole type rotor* 凸〔显〕极式转子.
Salien′tia *n.* 新两栖总目.
salient-pole *n.* ; *a.* 凸〔显〕极(式). *salient-pole synchronous-induction motor* 凸极(绕组)式同步-感应电动机.
salif′erous [sə'lifərəs] *a.* 含〔生,产〕盐的,有盐分的,盐渍化的.
sal′ifiable *a.* (能变)成盐的.
sal′ify ['sælifai] *vt.* (使)成盐,盐化,使含有盐分,使与盐化合. **salifica′tion** *n.*
saligenin *n.* 水杨醇.
salimeter =salinometer.
salim′etry *n.* 盐分析法.

sali′na *n.* 盐碱滩,盐田〔场〕,盐水蒸发槽.
salina′tion *n.* 用盐〔盐水〕处理,(盐)腌,盐渍〔碱〕化.
saline I ['seilain] *a.* 含盐的,盐(性,质,化)的,用碱金属形成的. II [sə'lain] *n.* 盐水〔皮,沼,井,田,泉〕,盐碱滩,盐栈,制盐工场. *saline concentration* 含盐度. *saline matter* 盐分.
sa′lineness *n.* 含盐度.
salinif′erous *a.* 含盐的.
salinim′eter *n.* 盐量计.
salin′ity [sə'liniti] *n.* 盐(浓)度,咸度,含盐量,盐分.
saliniza′tion *n.* 盐渍〔碱〕化.
salinograph *n.* 盐量图.
salinom′eter ['sæli'nomitə] *n.* 盐量计,含盐量测定计,盐液密度计,盐(液比)重计,盐浓度计,盐(度)表,(电导)调湿器.
sa′linous *a.* 盐的,咸的.
sal′inous *a.* 含盐的,咸的.
saliter *n.* 硝石,钠硝,硝酸钠.
sali′va [sə'laivə] *n.* 唾液,口水.
sal′ivary ['sælivəri] *a.* 唾液的,分泌的.
sal′ivate ['seliveit] *v.* 分泌唾液,(使)流涎.
saliva′tion *n.* 唾液(分泌),流涎,多涎;水银中毒.
salizyle acid 水杨酸.
salle [saːl] *n.* 〔法语〕大厅,室.
salle-à-manger 〔法语〕 *n.* 餐室,咖啡室.
salle-d'attente 〔法语〕 *n.* 候室.
sal′ly ['sæli] I *n.* ①突出部,钝角 ②突围,出击,反攻 ③俏皮话. II *vi.* ①冲击〔出〕,出击(off, out) ②动身,出发(forth, out).
sally-port *n.* 暗门,冲出口,太平门.
salmiac *n.* 氯化铵.
salmin(e) *n.* 鲑精蛋白.
sal′mon ['sæmən] *n.* ; *a.* 赭色,橙红色(的),鲑鱼. *salmon brick* 未烧透砖.
salmonel′la *n.* 沙门氏菌. *salmonella typhimurium* 鼠伤寒沙门氏菌.
salmonella-shigella agar (s. s. agar) 沙门-志贺氏琼脂培养基.
salmonellosis *n.* 沙门氏菌病.
salmonides *n.* 鲑亚目.
salom′eter *n.* 盐(液比)重计,盐液浓〔密〕度计.
salom′etry *n.* 盐量测定.
salon ['sælɔːŋ] 〔法语〕 *n.* ①大会客室,大厅,交谊室,沙龙 ②美术展览馆,画廊.
saloon[1] [sə'luːn] *n.* ①(大,客)厅,(交谊,管)室,沙龙,酒吧间 ②餐车,轿车. *billiard saloon* 弹子房. *dining saloon* (轮船)餐厅. *saloon bar* 酒吧间. *saloon car*(*coach*) (火车的)客厅式车厢,轿车.
saloon[2] =satellite balloon 卫星气球,辅助气球.
salopian series (中志留世)萨洛普统.
salpingec′tomy *n.* 输卵管切除.
sal′pinx ['sælpiŋks] *n.* (pl. *sal′pinges*)(输卵)管,欧氏管.
salse [sæls] *n.* 泥火山.
salsolidine *n.* 猪毛菜定,绿尾草定.
SALT =Strategic Arms Limitation Talks 限制战略武器会谈.
salt [soːlt] I *n.* ①盐(类),食盐,咸度 ②要素,刺激,趣味 ③有经验的水手. II *a.* (含)盐的,有盐分的,咸的,盐渍的,尖酸的. III *vt.* 撒〔加以〕盐,用盐(混

salta′tion 合物）处理, 盐渍[析], 虚报. *common salt* 食盐,氯化钠. *complex salt* 络[复]盐. *double salt* 复盐. *fixing salt* 定像剂. *green salt* 绿盐,四氟化铀. *inert salt* (安全炸药用)惰性盐. *salt bath* 盐浴[炉], 盐槽. *salt cake* 盐饼,芒硝. *salt clay* 盐土. *salt elimination* 除盐. *salt lime* 石膏,硫酸钙. *salt of vitriol* 矾盐,硫酸锌. *salt screen* 荧光(增感)屏. *salt soda* 或 *soda salt* 碳酸钠,苏打. *salt spray test* 盐(水喷)雾(腐蚀)试验,撒盐试验. *salt tolerance* 耐盐性. *salting out evaporator* 析盐(结晶)蒸发器. *spirit* (*of*) *salt* 盐酸. *white* (*table*) *salt* 精(食)盐. ▲*salt in* 盐(助)溶. *salt out* 盐析,加盐分离. *salt up* 沉出盐粒. *take* (*a statement*) *with a grain of salt* 对(叙述)抱怀疑[保留]态度.

salta′tion *n.* 跳跃(动)，(沉积)颗粒跳移,突(然)变(动),菌落局变,河底滚沙,沙暴.

salt′bush *n.* 含盐灌木.

salt′-cake *n.* 芒硝.

salt′ed *a.* 用盐处理的,盐渍的,有经验的,老练的.

sal′tern *n.* 盐场,碱土.

salt-extrac′ted *a.* 盐萃取的.

salt-field *n.* 盐田.

salt-free *a.* 无盐的.

salt-glazed *a.* (上)盐釉的. *salt-glazed brick* 瓷砖.

salt′ing-out *n.* 盐析,加盐分离.

salt′ish *a.* 微咸的,有盐味的.

salt′marsh *n.* 盐碱滩,盐沼.

salt-mixture *n.* 混合盐.

salt′ness *n.* 含盐度,咸性.

salt′peter 或 **salt′petre** ['sɔ:ltpi:tə] *n.* 硝酸钾,硝石,钾硝.

salt-remov′al *a.* 脱盐的.

salt-roast′ing *n.* 加盐焙烧,食盐氯化焙烧.

salt-secreting gland 盐腺.

salt-tolerant *a.* 耐盐性的.

sal′tus ['sæltəs] *n.* 急变,急跳,〖哲〗飞跃. *saltus of discontinuity* 〖数〗不连续度,不连续振幅.

salt′water *a.* 咸(盐)水的,栖住咸水中的,海洋的.

salt′works *n.* (制)盐场,盐厂.

salt′y ['sɔ:lti] *a.* ①(含)盐的,咸(味)的,盐渍的 ②有经验的,老练的.

salu′brious [sə'lu:briəs] *a.* 有益于健康的,有利的.~ly *ad.*

salu′brity [sə'lu:briti] *n.* 有益于健康,合乎卫生.

SALUT = sea, air, land, and underwater targets 海上、空中、陆上与水下目标.

salutaridine *n.* 7-氧二氢蒂巴因.

saluta′rium [sælju:'tɛəriəm] *n.* 疗养地.

sal′utary ['sæljutəri] *a.* 有益(于健康)的,(合乎)卫生的.

saluta′tion [sælju:'teiʃən] *n.* 问候,欢迎,祝贺,致意,(信件)称呼.

sal′utatory *a.* 致意的,表示欢迎的.

salute′ [sə'lu:t] *n.*; *v.* ①行(敬)礼,致敬(意),敬意 ②(鸣)礼炮. *extend* [*convey*] *a warm salute to* …致以热烈的敬礼. *Salute to the heroic Chinese People's Liberation Army!* 向英雄的中国人民解放军致敬!

SALV = salvage.

Salv = Salvador.

sal′vable ['sælvəbl] *a.* 可挽[抢]救的.

Sal′vador ['sælvədɔ:] *n.* 萨尔瓦多.

Salvadoran *a.*; *n.* 萨尔瓦多的,萨尔瓦多人(的).

sal′vage ['sælvidʒ] *n.*; *vt.* ①救捞[助,难,济],抢救,(海上)打捞 ②(工程)抢修,补救(作用) ③(废物)利用 ④废弃品(处理),废物处理,(可利用的)废料,待废器材 ⑤救难费 ⑥分段合成. *salvage charges* 海上打捞费. *salvage company* 海难救援〔沉船打捞〕公司. *salvage corps* 救火〔消防〕队. *salvage department* 废料〔利用车〕间. *salvage of casting* 铸件修补. *salvage point* 废品收集处. *salvage shop* 修理工厂,三废综合利用工厂. *salvage sump* (炼油厂下水道的)废油捕集器. *salvage value* 折余值. *salvaged pipe* 旧管子.

sal′vageable *a.* 可抢救的,可打捞的.

sal′vaging *n.* 废物利用〔处理〕,打捞船舶,抢修工程.

salvarsan *n.* 洒尔佛散〔胂凡纳明〕,六〇六.

salva′tion [sæl'veiʃən] *n.* 救济(物),救助(物,者,手段),挽救.

salve Ⅰ [sælv] *vt.* 抢救〔修〕,打捞. Ⅱ [sɑ:v] *n.* 油膏剂,药膏,软(油)膏,安慰. Ⅲ [sɑ:v] *vt.* 消除,克服,减轻,缓和,掩饰.

salve′like *a.* 药膏状的.

salvelin *n.* 鳟鳟蛋白,湖鳟精蛋白.

sal′ver [sælvə] *n.* (金属,托)盘.

salvinianin *n.* 鼠尾戟,一串红花蓁戟.

sal′vo′ ['sælvou] *n.* ①齐投〔射,发〕,齐声欢呼 ②保留条款,口实,遁辞. *There was a salvo of applause.* 响起了一阵掌声. ▲*salvo the said rights.* 不损害上述权利地.

sal′vor ['sælvə] *n.* 救难者〔船〕,救援〔打捞〕船.

salvo-switch *n.* (炸弹)齐投〔齐发〕开关.

sal′vy *a.* 药膏状的.

sam [sæm] *v.* 均湿,受潮,陈化. *samming machine* 均湿机.

SAM = ①special air mission 特殊飞行任务 ②surface-to-air missile 从(水)面对空导弹.

sam′ara ['sæmərə] *n.* 翅(翼)果.

sama′ria [sə'mɛəriə] *n.* 氧化钐.

sama′ric *a.*; *n.* (三价)钐(的). *samaric chloride* 氯化钐.

sama′rium [sə'mɛəriəm] *n.* 〖化〗钐 Sm.

samarous *a.*; *n.* (亚,二价)钐的,亚钐化物. *samarous chloride* 二氯化钐.

samar′skite *n.* 铌钇矿.

sambunigrin *n.* 接骨黑苷,黑接骨木苷,苯乙腈葡糖苷.

same [seim] Ⅰ *a.* ①同样(一)的,相同(等)的,一样的 ②上述的,该,所谓 ③原(来)的. Ⅱ *pron.* 同样的事(人),上述事物,同上. Ⅲ *ad.* 同样地. *same frequency broadcasting* 同频广播. *same phase* 同相(位). ▲*about the same* 几乎相同,没这个差别. *all* (*just*) *the same* 虽然〔尽管〕如此(却)仍然,照样,还是,完全一样,并无差别. *amount* (*come*) *to the same thing* (结果,意义)一样,并无差异. *at the same time* 同时,当时,而(且)又,然而. *be* (*just*) *the same to* 对…完全一样〔无关紧要〕. *be* the same for〔with〕对…(是)一样(的). in the same way同样地. in the same way as〔that〕如同〔就像〕…一样. much the same (as…)(与…)差不多相同. not quite the same 稍有不同,并不完全一样. one and the same 同一个,相同. (the) same 同样(多)的,相等的,(大小)相同的,上述的,该,同样(的道理),上述情况. the same applies to 或 the same is true of 上述情况也适用于,对…也一样,…的情况也如此. the same as 同样(地). (the) same (…) as (if) 和〔如同〕…一样(的),与…相同(的…). the same that 和…相同,与…一样的. the very same 就是那一个,完全相同的,所谓(的). this〔that, these, those〕same 该,前述

SAME =Society of American Military Engineers 美国军事工程师学会.

samel brick 粗制〔半烧〕砖.

same'ness n. 同一〔样〕,一致(性),单调,千篇一律.

samiresite n. 铅铌钛铀矿.

sam'ite n. 碳化硅,金刚砂.

samizdat n. 地下出版(社,物).

samm =sam.

Samo'a [sə'mouə] n. 萨摩亚群岛.

samogenin n. 酒皂配质.

samonin n. 酒模宁.

SAMOS =①satellite and missile observation system 人造卫星和导弹观测系统 ②satellite antimissile observation system 卫星反导弹观察系统.

SAMP =①sample ②sampling.

sam'pan ['sæmpæn] n. 舢板.

SAMPE = science of advanced materials and process engineering 高级材料与加工工程科学.

sam'ple ['sɑːmpl] Ⅰ n. ①样品〔本,件〕,以(货)样,试件(料) ②标本,模型,实例 ③取〔抽,采〕样,(在某一时间所取的,规定)信号瞬时值,不连续值,(时分多路通信中的),取连续变量的离散值 ⑤(pl.) (锌蒸馏罐取出的)锌车. Ⅱ vt. ①(从…)抽(取,采)样,(试验,试验…的样品),抽查,试用,尝试 ②脉冲调制,变为脉冲信号 ③取连续变量的离散值,不连续值的选择,连续选择. batch control sample 批量控制采样. gross sample 大样. head sample 原矿试样. sample activity 试件放射性. sample boring 取样钻探. sample car 陈列(样品)车. sample certainty 抽样确定性. sample circuit 抽样〔取样,量化〕电路,幅度-脉冲变换电路. sample covariance 样本协方差. sample distribution 采样〔取样,样品,样本〕分布. sample mean 样本〔取样〕平均(值). sample median 样本中位数. sample of signal 信号样本〔抽样〕. sample program 抽样程序. sample quartiles 样本四分位数. sample room 样品(陈列)室. sample size 【统计】样本址. sample size code letter 样本量字码. sample size letter 试样尺寸码. sample space 样本(采样)空间. sample splitter 试样劈裂器. sample survey 抽样检验〔查〕. sample time aperture 抽样时间截口. sample variance 采样〔取样,样品)离散,样本方差. sample (work) piece 样件. thief sample 粉末〔液体〕试样. ▲give a free sample of 免费赠送…样

品. take samples from 从…中取〔抽〕样. up to sample 与样品相符.

sam'pled a. 抽〔取〕样的.

sampled-data n. 抽样数据. sampled-data control system 抽(取)样数据控制系统.

sample-in count 抽(取)样件的测量.

sample-out count 本底测量,设备内无试样的测量.

sam'pler ['sɑːmplə] n. ①样板,规(具),模型 ②(电子)取(采,选)样器(抽样装置),取土器,精选器,快速(抽样)转换器,脉冲调制器,在规定瞬间获得信号断续值的设备 ③样品检查员,取样工. air sampler 空气取样器. echo sampler 回波取样器. pulsating sampler 脉动采样器. water sampler (海)水取样器.

sam'pling n.; a. ①抽〔取,选,采〕样(的),抽样检验(法)②脉冲调制,变为脉冲信号,振幅脉冲变换 ③(三色电视信号结合或分离)的连续选择 ④应答,询问. double sampling 二次质量检验. sampling action 脉冲作用,选(抽,取)样. sampling circuit 抽样〔量化,幅度-脉冲变换〕电路. sampling detector (交通情报)取样传感器. sampling gate 取样门〔口〕. sampling frequency 取样(量化)频率,(脉冲调制)发送频率. sampling head 取样(抽样)头. sampling inspection 抽样检查. sampling normal distribution 抽样正态分布. sampling oscilloscope 抽(采,取)样示波器(用于测视100Mc上下的高速波形). sampling pulse 抽样(取样,选通)脉冲. single sampling 一次检查(指试验). time sampling 时间量化,脉冲调制.

sam'ploscope n. 取〔抽〕样示波器.

Sam'son ['sæmsn] 或 **Samp'son** n. 大力士.

Samson ('s)-post n. (船)吊杆柱,起重柱.

SAN = ①sanitary 卫生的,清洁的,保健的 ②Space Age News 航天时代新闻 ③shipping accumulation numbers 装船(发货)累积数(量).

San'a 或 **Sanaa** [sɑː'nɑː] n. 萨那(阿拉伯也门共和国首都).

San Antonio [sæn ən'touniou] n. 圣安东尼奥(智利港口).

San Clemente [sæn kli'menti] (美国)圣克利门蒂(岛).

sanato'rium [sænə'tɔːriəm] (pl. sanato'ria) n. 疗养院(所,站),休养地.

san'atory 或 **san'ative** a. 有助健康的,有疗效的,治疗的,医治的.

sanatron n. 窄脉冲多谐振荡管(器)(一种线性定时波型振荡管,在接到一同步脉冲后就产生一尖短的脉冲波).

sanborn map 一种显示土地价格的地图(城区道路选线时间),一种显示城市市区房屋建筑物及其层数和建筑类型的地图.

sanc'tify ['sæŋktifai] vt. (使)神圣化. sanctifica'tion n.

sanc'tion ['sæŋkʃən] n.; vt. 批(核)准,许可,承认. legal sanction 法律制裁. ▲give sanction to 批准,认可. take(apply) sanctions against 制裁.

sanc'tuary ['sæŋktjuəri] n. (宗教的)圣(教)堂,教会,寺院,庇护〔逃难,隐匿〕所,禁猎区,鸟兽保护区.

sanc'tum ['sæŋktəm] n. "圣地",密室,书房.

sand [sænd] Ⅰ n. ①沙,(型,模,矿)砂 ②粗矿石,尾

矿 ③(pl.)沙地〔漠,滩〕. Ⅱ vt. 撒〔铺,填,喷,搀〕砂,喷砂清理,用砂(纸)擦〔打磨,打光〕,砂磨. close sand 密级配砂,密实砂. fine sand 细砂. fire sand 防火砂. monazite sand 独居石. normal sand 标准砂. open sand 开级配砂. sand asphalt 地沥青砂. sand bedding sand(的垫)层. sand blast 喷砂(器). sand blister 砂泡[瘤],轮胎起泡. sand bond 型砂强度. sand buckle [scab]结疤,疙瘩. sand carpeting 铺砂. sand casing (井点冲沉时的)沉砂套管. sand casting 砂型铸造. sand control 型砂质调整,砂子管理,治沙,沙漠控制. sand core (型)芯. sand crusher 研砂机. sand cut 冲砂. sand cutter 移动式(联合)混砂机,碎(松)砂机. sand cutting 松砂(工作). sand cutting-over 砂的(人工)拌砂. sand equivalent 含沙当量. sand erosion 砂冲蚀. sand finish 砂饰面,用砂修整. sand grip [ledge]持砂条,(砂箱内壁)凸条. sand heap analogy 沙堆法. sand hole [mark]砂眼,砂孔. sand inclusion 夹砂. sand jack 砂箱千斤顶. sand jet [blast]喷砂(机,器). sand mat (垫)层. sand maturing 型砂熟化[调匀]. sand mill [muller]混砂机. sand paper (金刚)砂纸(纸)磨. sand quarry 采砂场. sand roll (铸成)软面轧辊. sand sink 砂沉法. sand skin 砂皮,结块的焦砂. sand strength 造型材料强度,型砂强度. sand strip 挡砂条. sand test 型砂试验. sand valve 撒砂阀. sand washer 洗砂机,洗砂设备,含泥量试验仪,砂的沉淀分析仪. strong sand 强粘力砂,肥砂. top sand 粗砂. washed sand 精选砂,精砂. ▲(be) built on (the) sand 凭空建造的,不牢(稳)固的. numberless as the sand(s) 多如恒河沙数(的),无数的. number [plough the] sands 白费力气,徒劳. sand up 铺(填)砂.

san'dal ['sændl] n. ①凉(草)鞋 ②檀香木.
san'dalled a. 穿凉(草)鞋的.
san'dal-wood ['sændlwud] n. 檀香木,宽果苦槛蓝. sandalwood oil 檀香油.
san'darac(h) n. 山达脂,柏脂,香松树胶.
sand-asphalt 地沥青.
sand'bag ['sændbæg] n. 砂袋.
sand-basin n. 沉(滤)砂池.
sand-bearing test n. (测定管子承重能力的)砂承试验.
Sandberg process 碳钢局部索氏体化处理.
sand-blast(ing) vt. [n. 喷砂(法,处理),砂吹,砂磨.
sand-blasting method 喷砂清理法.
sand-blower n. 喷砂器.
sand-box n. 砂箱,(翻砂用)砂型.
sand-break n. 防沙林.
sand-cast 砂型铸造(的).
sand'cloth n. (金刚)砂布.
sand-drift n. 流沙,砂丘.
sand'ed a. 撒(铺,多)沙的,沙地的. sanded brick 沙(制)砖.
sand'er n. 撒(喷)砂器,喷砂装置,打磨器,砂轮磨光机. belt sander 砂带磨光机,砂带磨床. disk sander (粘砂)圆盘磨光机. drum sander 辊式磨光机. os-cillating sander 摆式(往复式)砂带磨床.
sand-finished brick 砂面砖.
sand-flag n. 层状砂岩.
sand-flood n. 砂丘(瀑).
sand-gauge n. 量沙箱.
sand-glass n. 计时沙漏.
sand-grading n. 砂粒级分.
Sandhoff's disease 山霍夫氏病,氨基己糖试 A-B 酶缺乏症.
sand'hog n. 隧道工程等的工人.
sand'hopper n. 砂蚤.
San Diego [sæn di'eigou] 圣地亚哥(美国港口).
sand'iness n. 砂质(色),多沙,流沙,不稳状态.
sand'ing n. 铺(撒,喷,清)砂,砂纸打磨(光),砂磨. sanding agent 研(打)磨剂. sanding gear 铺(喷)砂器. sanding sealer 掺砂涂料,掺打磨剂涂料. sanding shoe 砂瓦.
sand'ing-up n. 填(铺)砂.
sand'ish a. 砂(质)的.
sandiver n. 玻璃沫.
sand-lime brick 灰砂砖,石灰砂粒砖.
sand'line n. (顿钻用)捞砂绳,鼠尾(铸造缺陷)(=rattail).
sand'paper ['sændpeipə] Ⅰ n. (金刚)砂纸. Ⅱ vt. 用砂纸打(磨)光. sandpaper surfacing (做成)粗糙面层,粗糙路面的砂皮状路面.
sand'pit n. 沙坑,采砂场.
sand-pump n. 扬砂泵.
sand'rammer n. 抛砂机型砂捣击锤.
sand-shell-moulding n. 砂型铸造.
sand'slinger n. 【铸】抛砂机.
sand-spraying n. 撒(喷)砂(的).
sand-stemming n. (炸药之间的)砂夹层.
sand'stone n. 砂石(岩). filter sandstone 透水砂岩[石].
sand-storm n. 沙暴,大风沙.
sand-sucker n. (吸砂质土用)吸沙(泥)机.
sand-up v. 填(铺)砂.
sand'wich ['sændwidʒ] Ⅰ n. ①夹心(式,结构,部件),夹层,层叠,混凝土固防水层,分层(多层,层,层状,蜂窝夹层)结构 ②复合(夹层)板 ③夹心面包 ④三明治. Ⅱ a. 层状(夹合,夹层,多层)的. Ⅲ vt. 夹在当中,插(夹)入,在两件之间(夹)入. metal sandwich 金属填料夹层结构. sandwich arrangement 交错重叠布置,层叠布置. sandwich coat 夹心涂层. sandwich digit 中间(数)位,中间数字. sandwich frame 双构架. sandwich girder 夹合架. sandwich plate 夹层板. sandwich rolling 异种金属薄板叠轧法. sandwich type element 多层元件(晶体管). sandwich winding 叠层(分层,交错多层)绕组. sandwich wire antenna 叠层线天线. ▲sandwich M between 把 M 夹在…中间.
sandwiched-in a. 夹在两层之间的,夹心的.
sand'wiching n. 夹心,夹层(乳胶),夹层铺料(材)料.
sand'wichlike a. 夹心状的. sandwichlike compact 夹心状坯块.
san'dy ['sændi] a. 砂(质,色)的,含(多)沙的,流沙似的,不稳固的.
sandy-size n. 像砂粒大小的尺寸.

sane [sein] a. ①神志〔头脑〕清楚的,精神正常的,健全的,稳健的 ②"明智"的 ③合情合理的. ~ly ad.
san′forizing n. (织物)机械防缩处理.
San Francisco [sæn frən′siskou] 旧金山,圣弗兰西斯科(美国港口).
sang [sæŋ] sing 的过去式.
sng-froid ['sɑ:ŋ′frwɑ:] 〔法语〕n. 冷静,从容,镇定.
sanguic′olous [sæŋ′gwikələs] a. 住血的(生活在血中的).
san′guinary ['sæŋgwinəri] a. 血腥的,残暴的. **san′guinarily** ad.
san′guine [′sæŋgwin] I a. ①有希望的,乐观的,有信心的 ②〔渗硫〕成性的,〔含〕血的 ③嗜血成性的. II n. 血红色,红粉笔. *be sanguine of* 抱着…的希望.
sanguin′eous a. ①血(红色)的,多血的,血腥的 ②有希望(信心)的.
sanguisorbin n. 地榆英.
sanguivorous a. 食血的,吸血的(昆虫).
sanidine n. 透长石,玻璃长石.
san′ify [′sænifai] vt. 使合卫生,改善的环境卫生.
san′ipractic 保健医学.
sanita′rian a. 公共卫生(学)的,保健的.
sanita′rium [sæni′tɛəriəm] n. 疗养院〔所〕.
san′itary [′sænitəri] a. (环境)卫生的,保健的,清洁的.〔有抽水设备的〕公共厕所. *sanitary engineering* 卫生工程(学). *sanitary fill* 垃圾堆积〔场〕. *sanitary fittings* [installation, provision] 卫生设备〔装置〕. *sanitary science* 环境〔公共〕卫生学. *sanitary sewage* 生活〔厕所〕污水. *sanitary sewer* 污水管〔道〕.
sanita′tion [sæni′teiʃən] n. (环境)卫生,卫生(设备),下水道设备.
san′itize [′sænitaiz] vt. 使清洁,给…消毒,除去…中的有害成分,除去不良印象,给予…良好的外观.
san′itizer n. 卫生消毒剂.
san′ity [′sæniti] n. 神志清楚,精神健全.
San José [sɑːn hou′sei] n. 圣约瑟(哥斯达黎加首都).
San Juan [sæn ′hwɑːn] n. 圣胡安(波多黎各首都).
sank [sæŋk] sink 的过去式.
San Marino [sæn mə′riːnou] n. ①圣马力诺 ②圣马力诺(圣马力诺首都).
sans [sænz] 〔法语〕prep. 无,没有,缺乏. *sans doute* 无疑地,一定. *sans fa on* [gene] 坦率地,无拘束地. *sans pareil* 无比,无敌. *sans phrase* 直截了当. *sans souci* 漫不经心.
Sans = Sanskrit 梵文〔语〕.
San Salvador [sæn ′sælvədɔː] n. 圣萨尔瓦多(萨尔瓦多首都).
San′scrit 或 **San′skrit** [′sænskrit] n. 梵文〔语〕.
sanshoamide n. 山椒酰胺.
sanshool n. 山椒醇.
sanshotoxin n. 山椒毒.
San′skrit n. 梵文,梵语.
Santa Claus [′sæntə ′klɔːz] n. 圣诞老人.
Santa Isabel [sæntə ′izəbel] 圣伊萨贝尔(赤道几内亚首都,Malabo 马拉博的旧称).
san′talene n. 檀香烯.
san′talin(e) n. 紫檀(色)素.

san′tene n. 檀烯.
Santia′go [sænti′ɑːgou] n. ①圣地亚哥(智利首都) ②圣地亚哥(古巴港市).
santodex n. 粘度指数改进剂.
San′to Domin′go [′sæntou do′miŋgou] n. 圣多明各(多米尼加首都).
Santolube n. 润滑油的一种添加剂.
santomerse n. 润湿剂,烷化芳基磺酸盐.
santonian n. (晚白垩世)桑托阶.
san′tonin n. 山道年.
Santopour n. 降低矿物油凝固点的一种添加剂,散陶普尔.
san′torin n. 一种天然火山灰.
san′torine n. 杂伊利石.
San′tos [′sɑːntuːs] n. 桑多斯(巴西港口).
sanvista n. 一种电子色盲治疗仪.
São Tomé [sɑːu to′me] 圣多美(圣多美和普林西比首都).
São Tomé and Principe [sɑːu to′meənd ′prinsipə] 圣多美和普林西比.
sap [sæp] I n. ①树液〔浆,汁〕②(树皮下的)白木质,边材 ③〔渗碳钢〕软心,渗碳钢棒的中心未渗碳部分 ④风化岩石 ⑤坑〔地道〕道 ⑥元气,精力. II (sapped; sap′ping) v. ①(逐渐)削弱(浸蚀,损坏),基蚀 ②下陷 ③除去树液 ④挖掘(坑道),挖(倒). *sap wood* 液(边)材,白木质.
SAP = ①semi-armour-piercing 半穿甲的 ②sintered aluminum powder 烧结铝粉.
SAP method 烧结铝粉制件法.
SAPC = suspended acoustical plaster ceiling 隔音灰泥吊顶.
SAPCHE = semiautomatic program checkout equipment 半自动程序检验装置.
sa′pient [′seipjənt] a. ;n. 有智慧的,早期人类,史前人.
sapiphore n. 味团.
SAPL = service action parts list 维修零〔部〕件一览表.
sap′ling [′sæpliŋ] n. ①树苗,小树 ②年轻人.
sapo n. (pl. sapones) 〔拉丁语〕肥皂,皂.
sapodil′la n. 大常青树,人心果.
sapogenin n. 皂角甙配基,皂草配质.
sapon = saponification.
sapona′ceous [sæpə′neiʃəs] a. 似皂的,肥皂质的.
saponated a. 用皂处理的,与皂混合的,皂化的. *saponated petroleum* 皂化石油.
saponif. = saponification.
saponifiable a. 可皂化的.
saponifica′tion [səpɔnifi′keiʃən] n. 皂化(作用).
saponification-number n. 皂化值.
sapon′ifier n. 皂化剂.
sapon′ify [sə′pɔnifai] vt. 皂化,化成肥皂. *saponified emulsifier* 皂化乳化剂.
sap′onin n. 皂草〔角〕甙.
sap′onite n. 皂石.
sapotox′in n. 皂角毒式.
sapparite n. 蓝晶石.
sap′per [′sæpə] n. 坑道工兵,挖掘者〔器〕.
sap′phire [′sæfaiə] n. ;a. 蓝宝石(色的),青玉(色的),蔚蓝色(的). *sapphire substrate* 蓝宝石衬底.
sap′phirine [′sæfirain] a. 像蓝宝石的,像青玉的,青

Sapporo [sə'pɔːrou] n. 札幌(日本港口).
sap'py ['sæpi] a. ①多汁液的, 多(似)白木质的 ②精力充沛的 ③糊涂的. *sappy structure* 【冶】细粒组织.
sapr(a)emia n. 腐血症, 脓毒中毒.
saprobe n. 腐生菌.
saprobia n. 污水生物.
saprobic a. 腐生的, 污水生的.
saprobiont n. 腐生物, 污水生物.
saprobiotic a. 污水生物的, 污水生的.
saprocol n. 灰质腐泥.
saprogen n. 腐生物, 生腐菌.
saprogen'ic a. 生腐的, 腐化的.
sap'rolite n. 腐泥土.
saprolith n. 残余土.
sapropel n. 腐(殖)泥, 腐泥煤.
saprophage n. 腐蚀.
saproph'agous a. 食腐的, 食腐动物的.
saprophile a. ; n. 腐生的, 适腐的, 腐殖质植物.
saprophilous a. 腐生的, 适腐的.
sap'rophyte(s) n. 腐生菌, 死物寄生菌.
saprophyt'ic a. 腐生的.
saprophytism n. 腐生(现象), 腐生生活, 腐物寄生.
saproplankton n. 污水浮游生物.
saprotroph'ic a. 腐生营养的.
saprozoic a. ; n. 腐生的(动物), 食腐的(动物).
saprozoite n. 腐生物.
sap'wood n. 白木质, 边材, 液材.
SAR = ①search and air rescue 搜索和空中营救 ②starting air receiver 起动蓄(空)气筒.
SARAH 或 Sarah = search and rescue and homing 搜索、营救和归航(无线电信标), 急救无线电指向标.
saran n. 萨冉树脂, 莎纶(聚偏氯乙烯纤维或其共聚物纤维的统称).
sarbe ['sɑːbi] = search and rescue beacon equipment 搜索和营救信标设备.
SARC = standard aircraft radio case 标准航空无线电装置.
sar'casm ['sɑːkæzəm] n. 讽刺, 嘲笑, 挖苦. sarcastic a. sarcastically ad.
sarcine n. 次黄嘌呤, 次黄质.
sarcinene n. 叠菌黄质, 八叠球菌素.
Sarcodina n. 肉足(虫)纲.
sarcoidosis n. 结节病.
sarcolemma n. 肌(纤)维膜, 肉膜.
sarco'ma n. 肉瘤.
sarcomere n. 肌小节, 肌原纤维节.
sarcomycin n. 肉瘤霉素.
sarcophaga n. 食肉动物.
sarcoplasm n. 肌浆.
sar'cosine n. 肌氨酸, N-甲基甘氨酸.
sar'cotome ['sɑːkotoum] n. 弹簧刀.
sarcotubule n. 肌小管.
sardine n. 沙丁鱼属.
sardine' [sɑːˈdiːn] I n. 沙丁鱼, 鳁鱼. II vt. 挤塞. ▲packed like sardines 拥挤不堪, 挤得水泄不通.
sardine-fit a. 拥挤不堪的.
sardon'ic [sɑːˈdɔnik] a. 讥刺的, 讥笑的, 挖苦的. ~ally ad.

SARED = Swedish Agency for Research Cooperation with Developing Countries 瑞典同发展中国家进行研究合作的机构.
sark [sɑːk] n. 衬垫物, 衬衣.
sark'ing n. 衬垫材料.
sarkomycin n. 抗瘤霉素.
sarmen'tose n. 箭毒羊角拗糖.
sar'os n. 萨罗斯周期.
sarsaponin n. 萨洒皂甙.
sarsasapogenin n. 萨洒皂草配质 $C_{27}H_{44}O_3$.
sar'sen n. 砂岩漂砾.
SARTAC = search radar device 搜索雷达装置.
sartorite n. 脆硫砷铅矿.
SARUS = search and rescue using satellites 用卫星搜索和营救.
SAS = ①Scandinavian Airlines System 斯堪的纳维亚航空公司 ②stability augmentation system 加稳定性系统, 增稳系统.
Sasebo ['sɑːsəbou] n. 佐世保(日本港口).
sash [sæʃ] I n. ①框(格), 窗框(扇), 亮子 ②窗框钢, 钢窗料. II v. 装上框格(窗框). *aluminium sash* 铝框格, 铝窗框. *sash bar* 棂子, 窗框条, 钢窗料. *sash brace* (排架)横撑. *sash operator* 框格升降器.
sash(-)window n. 上下拉动的窗子.
SASS = strategic alert sound system 战略警报系统.
sas'safras ['sæsəfræs] n. 黄樟、擦树(木).
sasse n. 水闸.
sastrugi n. 波状砂层, 沙(雪)波.
sat [sæt] sit 的过去式及过去分词.
SAT = ①saturate 饱和 ②system acceptance tests 系统检收试验.
Sat = Saturday 星期六.
Sa'tan ['seitən] n. 【基督教】撒旦, 魔鬼.
SATC = suspended, acoustical tile ceiling 隔音砖吊顶, 悬臂吸声砖天花板.
satch'el ['sætʃəl] n. 小帆布袋, 图囊, 书包.
Satco alloy (萨特科)铅基轴承合金(美:锡百分之1.0, 钙0.5, 汞0.25, 铅0.05, 镁0.04, 铜0.04, 锑0.04, 余为铅; 英:锑0.5～2.0, 铜0.3～1, 汞0.1～0.5, 铝0.02～1, 镁0.05～1, 钾0.02～0.06, 锂0.02～0.06, 余为铅).
SATCOM = satellite communications 卫星通讯.
SATCOMA = Satellite Communications Agency 卫星通信局.
satd = saturated 饱和的.
sate [seit] vt. = satiate. ▲*be sated with* 吃饱, 饱享. *sate oneself with* 满足.
SATE = semiautomatic test equipment 半自动测试装置.
sat'ellite ['sætəlait] I n. ①(人造)卫星 ②伴生矿物, (据谱术上的)伴线 ③追随者, 随从, 附属物 ④(染色体)随体, 陪胞虫 ⑤卫星区, 郊区. II a. 附属的, 辅助的, 伴(随)的, 卫星的. *artificial [man-made] satellite* 人造卫星. *earth satellite* (人造)地球卫星. *grating satellite* (摄谱术上)光栅"伴线". *satellite band* 卫星频带(波段). *satellite computer* 辅助[外围]卫星计算机. *satellite equipment* 卫星装置, 设于中心发射台周围的接力装置. *satellite ex-*

change 电话专局. *satellite ground station* 人造卫星地面站. *satellite line* 卫(伴)线. *satellite peak* 伴峰. *stellite road test* 环道试验. *satellite sataration* 小型接力电台, 小型中继台, 卫星电台, 星际站. *satellite transmitter* 辅助〔转播,补点,卫星〕发射机. *vehicle satellite* 运载卫星.

satellit′ic *a.* 卫星的.

sat′elloid *n.* 准卫星, 飞船式卫星, 带动力装置的人造卫星, 卫星体, 不能长久作轨道运行的或半人造卫星式有人驾驶的太空船, 载人飞行器.

sa′tiable ['seiʃiəbl] *a.* 可使满足的.

sa′tiate ['seiʃieit] *vt.* 使吃饱, 使满足.

satia′tion *n.* 满足, 饱满.

sat′in ['sætin] Ⅰ *n.* ; *a.* 缎子(做的,似的). Ⅱ *vt.* 加(上缎子的)光泽, 使成缎状整理, 轧光. *satin finish* 无光(毛面)光洁度. *satin finishing* 擦亮, 抛光. *satin gloss*(*black*) 灯黑. *satin paper* 蜡光纸. *satin white* 缎光白, 白色颜料. *satin wood* 椴木.

SATIN = satellite inspection (system) 卫星检查(系统).

sat′ire ['sætaiə] *n.* (一个)讽刺(on, upon), 讽刺作品.

satir′ic(**al**) [sə′tirik(əl)] *a.* 讽刺的. ~**ally** *ad.*

sat′irize ['sætəraiz] *vt.* 讽刺.

SATIS = satisfactory

satisfac′tion [sætis′fækʃən] *n.* ①满足(意) ②补偿, 偿还. *express one's satisfaction at* 〔*with*〕对…表示满意. *find satisfaction in* 对…感到满意. *give satisfaction to* 使…满意〔足〕. *in satisfaction for* 补偿, 偿还. *make satisfaction for* 补偿. *to the satisfaction of* 使…满意地, (做得)使…满意. *with satisfaction* 满意地.

satisfac′torily *ad.* (令人)满意地.

satisfac′tory [sætis′fæktəri] *a.* (令人)满意的, 满足的, 圆满的, (良)好的. *satisfactory course* 好办法. ▲*be anything but satisfactory* 决不能令人满意. *be satisfactory for* 令人满意地用于, 适宜于. *be satisfactory to* 满足于…的, 使…满意的.

sat′isfy ['sætisfai] *vt.* ①满足于…的, 使…满意(信, 确信), 向…证实, 说服, 消除(疑虑), 解决(困难), 偿还, 答应(要求), 履行(义务) ②使饱和 ③符合, 达到(目标, 目的, 要求). *satisfied compound* 饱和化合物. ▲*be satisfied for* 适宜于, 对…是适用(宜)的. *be satisfied of* [*that*] 已确知, 确信, 深知. *be satisfied with* 对…表示满意, 满足于. *satisfy oneself of* [*that*] 查〔证, 问〕, 把…搞清楚〔弄明白〕, 使自己确信, 自信.

satn = saturation 饱和.

SATO = self-aligned thick-oxide (technique) 自对准厚氧化物层(技术).

SATRAC = satellite automatic terminal rendezvous and coupling 卫星自动端部会合与连接.

SATS = small airfield for tactical support 战术支援小型机场.

SATUR = saturate 饱和.

saturabil′ity *n.* 饱和能力, 饱和度.

sat′urable ['sætʃurəbl] *a.* 可饱和的; 可浸透的. *saturable core* 饱和铁芯. *saturable magnetic circuit* 饱和磁路. *saturable reactor* 饱和(铁芯)扼流圈, 饱和电抗器, 饱和式磁力仪.

sat′urant ['sætʃurənt] Ⅰ *n.* 饱和〔浸渍〕剂, 饱和物. Ⅱ *a.* (使)饱和的, 浸透的.

sat′urate Ⅰ ['sætʃəreit] *vt.* 使饱和〔浸透〕. *saturated colour* 彩色, 鲜纯色. *saturated set* 浸润集合. *saturated solution* 饱和溶液. *saturated steam*〔*vapour*〕饱和蒸汽. *saturated steel* 共析钢. *saturating signal* 饱和(最大,极限)信号. ▲*be saturated with* (充分)浸透了, 处于…饱和状态, 充满着, 精通. *saturate oneself in* 埋头于…中, 埋头研究. *saturate M with N* 用 N 浸溃 M, 使 M 中的 N 达到饱和. Ⅱ ['sætʃərit] *a.* 饱和的, 浸透的. *n.* (pl.) 饱和物. *saturate signal* 最大〔饱和〕信号.

satura′tion [sætʃə′reiʃən] *n.* (色)饱和(度, 状态), 浸透(润), 磁性饱和, (色度学的)彩(影)度; 【流】因子函数; 足量供应. *saturation control* 饱和度控制. *saturation level* 饱和度, 饱和电平(饱平). *saturation magnetization* 饱和磁化(强度), 磁饱和. *saturation vapour* 饱和蒸汽.

sat′urator *n.* 饱和剂器.

Sat′urday ['sætədi] *n.* 星期六.

saturex *n.* 饱和器.

saturite *n.* 【地】饱和溶液沉积物.

Sat′urn ['sætən] *n.* 土星.

satur′nic *a.* 中了铅毒的.

sat′urnine *a.* 铅(中)毒的.

sat′urnism *n.* 铅中毒.

satur′nium *n.* 镤 (= protactinium).

sauce [sɔːs] *n.* (辣)酱油, 作料, 调味品.

sauce-boat *n.* (船形)酱油碟.

sauce′pan *n.* (长柄金属)蒸〔煮〕锅, 釜.

saucer *n.* 茶托, 〔垫, 茶〕盘, 磷, *saucer bosh* (高炉)炉腰. *saucer spring* 盘状弹簧.

saucerman *n.* 星球人, 外太空人.

sauconite *n.* 硅铝锌铅石, 锌蒙脱石, 羟锌矿.

Saudi Arabia ['saudi ə′reibjə] *n.* 沙特阿拉伯.

Saudi Arabian *n.* ; *a.* 沙特阿拉伯的, 沙特阿拉伯人的.

sau′erkraut *n.* 腌菜, 酸菜, 泡白菜.

Saul's formula (混凝土成熟度的)索尔公式.

Sau′ria *n.* (pl.) 蜥蜴目〔类〕.

Sauris′chia *n.* 蜥臀目.

saurolophus *n.* 龙栉龙.

Sauropsida *n.* 蜥形类(包括爬行类和鸟类).

Sauropterygia *n.* 鳍龙目.

sau′sage ['sɔsidʒ] *n.* 香〔腊〕肠. *sausage antenna* 圆柱形天线, 笼形天线.

saussuritiza′tion *n.* 槽化作用.

sav′age ['sævidʒ] Ⅰ *a.* 野蛮的. Ⅱ *n.* 野人. ~**ly** *ad.* ~**ness** *n.*

savan′na(**h**) [sə′vænə] *n.* 热带稀树草原, (热带)大草原.

Savathe cycle 双燃〔定容定压〕循环.

save [seiv] Ⅰ *v.* ; *n.* ①(援,营)救, 救助 ②节省〔减〕, 省〔免〕去, 避免 ③储蓄, 贮〔保〕存. Ⅱ *prep.* 除了…(以外). *save file* 副本文件. *save instruction* 保存指令. *save the situation* 挽回局面, 化险为

be saved … 省得, 免于. (be) time saving 省时间. save and except 除了…(以外). save M from N 救(保护)M 免于 N. save of 节省. save on 节省(约). save that 除…外. save up 储窖, 贮存.

save-all n. ①节省器, 节约装置, 白水回收装置 ②防溅器, 挡雾罩 ③承油碟 ④安全网 ⑤工装, 围裙.

sa'ver n. ①救助者, 救星 ②节约〔回收〕器, 节〔气〕器, 节约装置.

sa'ving I a. ①补救的, 救助的, 足以弥补的 ②节约的, 储蓄的, 保留〔存〕的, 无损失的, 除外的. II n. 救助, 保存〔留〕, 节省〔约〕. (pl.)储蓄〔金〕, 存款, 节省额; (纤维)滤屑. III prep. 除…以外, 免得. savings deposit 储蓄存款. space saving 节省空间的. time saving 省时间.

savings-bank n. 储蓄银行.

sa'viou(u)r ['seivjə] n. 救助者, 救星, (基督教)"救世主".

sa'vour ['seivə] I n. 味(道), 滋(风, 气)味. II vi. 具有…味道〔性质, 意味〕, 带…气(of). III vt. 尝(味).

sa'vo(u)ry ['seivəri] a. 滋味好的, 有香味的, 咸的.

saw [sɔː] I see 的过去式. II n. ①锯(子, 床, 机), 锯齿状器 ②格言, 谚语. III (sawed; sawed 或 sawn) v. 锯(开, 成), 用(拉)锯. back saw 背锯. diamond impregnated circular saw 嵌金刚石的圆锯. double cut-off saw 双输圆盘锯床. fine saw 细锯. gang saw 排锯. gig saw 带锯床. hack saw 弓锯. head [log] saw 原木[圆材]锯. "ID" saw 内径锯. jig saw 窄锯条机锯. saw blade saw. saw boards out of a log 把大木材锯成木板. saw bow 锯架[框]. saw doctor 磨[锉]锯机. saw dust [powder] 锯屑. saw head 锯树头. saw kerf 斧锯等的劈痕[截口]. saw set(ting) 整锯器, 锯齿修整器. saw tooth drive 锯齿波激励. saw tooth generator 锯齿波发生器. saw wrest 锯齿修整器. saw yard 锯木厂. sawed fision of stone 锯成石块. sawed joint 锯缝. sawed sample 锯切试样. scroll saw 丝锯. ▲saw down 锯倒. saw down the middle 从中间锯开. saw M in two 把 M 一锯为二(两段). saw M into N 把 M 锯成 N 形. saw off 锯断[短]. saw the air 挥动手臂, 指手划脚. saw up 锯断[碎].

sawara cedar 日本花柏.

saw-cut n. 锯痕[口].

saw-dust n. 锯屑[末]. 木屑. ▲let the sawdust out of 剥去〔揭穿〕…的画皮.

sawed-off a. 锯〔截〕断的.

saw-fly n. 锯蝇.

saw-horse n. 锯木架.

saw'ing ['sɔːiŋ] n. 锯(工, 法). flat sawing 平锯法.

saw'log n. 锯木.

saw-mill n. 锯木厂, 制材厂, (大型)锯机.

sawn [sɔːn] saw 的过去分词. sawn timber 据(成木)材.

sawn-off a. 锯〔截〕断的.

saw-notch n. 锯痕.

saw'tooth ['sɔːtuːθ] n.; a. 锯齿(形)的; 锯齿形脉冲

(信号). saw-tooth joint 锯齿(状)接合.

saw'yer ['sɔːjə] n. 锯木工人, 锯木者.

sax'atile a. 与岩石有关的, 长于岩间的.

saxicoline 或 **saxicolous** a. 居于〔长于〕(岩)间的.

saxin n. 糖精.

saxol(ine) n. 液体石蜡油.

Sax'on ['sæksn] n.; a. 撒克逊人(的).

Saxonia metal 一种锌合金(锡 5%, 铜 6%, 铅 3%, 铝 2%, 其余锌).

sax'onite n. 方辉橄榄岩.

sax'ophone ['sæksəfoun] n. 顶馈直线性天线(列).

say [sei] I v. (said, said) ①说, 讲, 表明, 显〔指〕示 ②假定, 估计, 大约, 比方说, 姑且说. II n. 话, 发言权. a resistance of say 1000 ohms 一个比方说 1000Ω 的电阻. have a [no, not much] say in the matter 对这个问题有〔没有, 不大有〕发言权. ▲as much as to say 等于是说. be said to + inf. 据说, 被说成, 被认为. have good reason to say that … 很可以说, 有充分根据说. have heard say that … 曾听说. I should say 我想, 我认为, 大概, 也许. it is hard to say 难以断言, 很难说. it is hardly too much to say 可以毫不夸张地说, 说…也不过分. (it) is needless to say (这样)说…不用说. it is not too much to say (这样)说…并不过分, 可以说. it is safe to say 有把握的说, 不妨说. it is said that … 据说, 一般认为. may well say that … 很可以说, 有充分根据说. no sooner said than done 说办就办, 马上就办. not to say 虽然说不上, 即使不说. oddly to say 说也奇怪. people say that … 听说, 据说, 一般认为. say it were true 倘若是真, 假定属实. say over (again) 再说, 反复说. say something of 谈论之, 评. so to say (插入语)可以这么说, 可谓, 好比. strange to say (插入语)说来也怪. that is to say (插入语)就是(说), …(亦)即. they, say that … 据说, 听说, 一般认为. to say nothing of (插入语)更不用说. to say the least (of it) (插入语)至少可以这样说. when all is said and done 结果, 到底, 归根结蒂. which is to say (插入语)也就是(说), (亦)即.

Saybolt centistoke 赛波特粘度单位(厘泡).

Saybolt-Furoi viscosimeter 赛氏厚油粘(滞)度计.

saying ['seiiŋ] n. 说, 话, 言(论), 名言, 谚语. saying and doing 言行. ▲as the saying is [goes] 俗话说, 常言道, 所谓. it goes without saying that … 不言而喻, 显然. there is no saying 很难说, 无法预料, 说不上. this is (only) another way of saying that … 换个说法就是, 换句话说.

SB = ①service bulletin 检修报告 ②side-band 边(频)带 ③simultaneous broadcasting 联播, 同时广播 ④single braid 单编包线, 单层编织 ⑤solid body 固体 ⑥soot blower 烟灰吹除机, 吹灰器 ⑦sound bearing 声音方位, 音源方位, 音响定向 ⑧splash block 防溅挡板 ⑨station break 电台间断 ⑩stuffing box 填(料)函, 填料箱, 密封垫 ⑪switch board 开关板, 交换机, 配电盘.

sb = stilb 熙提(表面亮度单位, 等于 1 新烛光/厘米^2).

Sb = antimony (stibium)锑.

S/B =secondary break down 二次击穿.
SBA =standard beam approach 标准波束(引导)进场.
SBAC =Society of British Aircraft Constructors 英国飞机制造商协会.
S-band =S-band frequency S 波段频率(5.77~19.35cm).
SBC =standard buried collector 标准埋层集(电)极(集成电路).
SBD =Schottky barrier diode 金属半导体二极管,肖特基势垒二极管.
SbE =south by east 南偏东.
sbf =surface burst fuze 地(水)面起爆引信.
SBFET =Schottky barrier field effect transistor 肖特基势垒场效应晶体管.
SBM =submersible 可潜(浸)没的,潜水器,深潜器.
SBR =①selective beacon radar 选择信标雷达,选择性雷达信标台 ②styrene butadiene rubber 丁苯橡胶.
SBS =standby status 准备状态.
sbs =subsonic 亚声速的.
SBT =surface barrier transistor 表面势垒晶体管.
SBTC =Sino-British Trade Council 英中贸易协会.
SbW =south by west 南偏西.
SC =①scale 刻度(盘),标度,比例尺,标尺 ②scavenge 清(吹)除,换气 ③screw 螺钉(杆),螺旋 ④self check 自检验 ⑤sequence 程(顺)序 ⑥shift counter 移位计数器 ⑦short circuit 短路 ⑧signal conditioning 信号调节 ⑨silicon control 可控硅,硅控 ⑩silk-covered 丝包的 ⑪single conductor 单(股)导线 ⑫single contact 单接(触)点 ⑬slowcuring cutback [liquid] asphalt 慢凝稀释[液体(地)沥青 ⑭smooth contour 光[平]滑的外形,平滑周线 ⑮South Carolina (美国)南卡罗来纳(州) ⑯specification control 规范[技术要求]控制 ⑰spot check 抽查,疵点检验 ⑱standard condition 标准条件[情况] ⑲standard conductivity 标准电导率 ⑳steel casting 钢铸件 ㉑storage capacity 存储量,存储能力 ㉒super-imposed current 重叠电流 ㉓supervisor's console 监督台 ㉔supplemental contract 补充合同 ㉕supply corps 后勤(供应)部队.
Sc =①scandium 钪 ②Scotch 苏格兰的,苏格兰人(的).
sc. =①scale 刻度(盘),标度,比例尺,标尺 ②science 科学 ③*scilicet* [拉丁语]即,就是 ④screw 螺钉,螺旋.
S/C =①service ceiling 使用升限 ②short circuit 短路 ③spacecraft 宇宙飞船,航天器 ④subcarrier 副载波(的) ⑤subcontract 转包合同 ⑥supercharged 增压式的 ⑦supercharger 增压器 ⑧surcharge 过载,过充电,附加负载,过载,总误差(试金).
Sc B =Bachelor of Science 理学士.
Sc D =Doctor of Science 理学博士.
Sc H =scleroscope hardness 回跳[肖氏]硬度.
SCA =①Servo Corporation of America 美国伺服系统公司 ②sudden cosmic absorption 突然的宇宙吸收.
scab [skæb] Ⅰ n. ①疤,瑕,疵,痂,瘢痂病,疥癣,眼孔,铸瘤,铸件表面粘砂 ②拼接板 ③凸块. Ⅱ v. 结疤,拼接,铸瘤冲刷,凿平石料.
scabbed a. 有疤的,拼接的. *scabbed casting* 糙铸.
scab'bing n. 成疤,(表面处治)局部露骨.
scab'ble ['skæbl] vt. 粗琢. *scabbled dressing* 粗琢面.
scab'bling n. 粗琢(石)工作,石片[屑]. *scabbling hammer* 粗琢锤.
scab'land ['skæblənd] n. 崎岖地,劣地.
scab'rous a. ①粗糙的,不平滑的 ②困难的,多障碍的 ③有鳞的.
scacchite n. 钙镁橄榄石,氯锰矿.
scaf'fold ['skæfəld] Ⅰ n. ①脚手(架),鹰架,架子,交手,(看)台,陈列[展览]台 ②棚架. Ⅱ vt. 搭脚手架,搭架,搭交手,用脚手架支持. *flying* [needle] *scaffold* 挑出的脚手架. *scaffold board* 脚手板. *scaffold pipe* 脚手管.
scaf'folding n. ①脚手架,鹰架,交手,架子 ②搭脚手架(用的材料),挂料,挂料,挂料,挂棚.
scagliola n. 仿云石,人造大理石.
scalabil'ity n. 可量测性.
sca'lable a. 可称的,可攀登的.
sca'lage n. ①缩减(降低)比率 ②估量,衡量.
sca'lar ['skeilə] n.; a. ①纯量(的),数量(的),无向量(的),标量(的) ②梯状的,分等级的 ③【计】常系数装置. *scalar irradiance* 标辐照度. *scalar multiplication* 纯量[点]乘法,标乘. *scalar potential* 纯量[电]位,标势,无向量位. *scalar product* 纯量积,点(内)积,标(量)积,无向积,数(性)积. *scalar sum* 数和. *scalar triple product* 成标三重积,纯量三重积. *variant scalar* 变量标量.
scalar-density n. 标密(度).
scalar'iform [skə'læriform] a. 梯状的,阶状的.
scala'ry a. 如梯的,有阶段的.
scald [skɔld] n.; vt. 烫(out),烫伤,用沸水[蒸汽]烫,用沸水[蒸汽]清洗.
scale [skeil] Ⅰ n. ①刻度(盘,表),标(度,准),尺(分)度,分划,(刻)度盘,度数,温标 ②(比例,测,缩,缩度)尺,秤(天平)(pl.)平台,天平(金) ③规模,比例,大小,程度,率,量,等,阶级 ⑤记数法,进(位)制,换算 ⑥音阶,乐律 ⑦鳞(片,皮,屑,状物),(氧化)层,皮,轧钢屑,铁渣,铁壳,锅垢,水垢[锈],附着物,废料. *alumina scale* 氧化铝结疤. *automatic scale command* 自动定标指令. *batch scale* 分批称量秤,秤量秤,计量运送秤. *bench scale* 台秤,实验室规模. *bevel scale* 歪角曲尺,斜角规. *calculating* [sliding, computing] *scale* 计算尺. *centre zero scale* 双向(中零)刻度. *color scale* 火色温度标. *commercial scale* 工业规模. *deflection scale* 偏转(量角器)刻度. *differential scale* 带有差动控制系统的天平. *distance scale* 线性比例尺. *drafting scale* 制图尺. *end* [beginning] *of scale* 标度终端[起点]. *full scale* (以下,满)全尺寸,满标. *full scale construction* 全面施工. *full scale model* 实尺模型. *full scale reading* 最大读数. *just scale* 或 *scale of just temperament* 自然音阶. *mill scale* 轧屑. *natural scale* 自然(固有)比例尺,自然比例尺,实物大小. *oil scale* 油表. *pilot plant scale* 试验[中间]厂规模. *platform*

scale 地磅. *roll scale* 轧制铁磷. *scale board* 胶合板. *scale breaker* 锅垢〔氧化皮〕清除器,除鳞机. *scale car* 称重车. *scale deposit* 水垢. *scale effect* 比例影响,刻〔标〕度效应. *scale eyepiece* 带标目镜. *scale factor* 标度〔尺度〕因子,定标〔换标〕因数,比例〔换算〕系数. *scale interval* 刻度间隔,刻〔分〕度值. *scale mark* 分刻度,刻度线,标线,分划标记. *scale model* 比例为 1/10 的模型. 0.1-scale model 比例为 1/10 的模型. *scale of point(s)* 鉴定标准,评分标准. *scale of seismic intensity* 地震强度计〔烈度表〕,地震强度分级. *scale of ten circuit* 十分标,二进制换算电路器. *scale of two* 二分标,二进标. *scale out* 超过尺寸范围. *scale pan* 秤盘,天平盘. *scale parameter* 尺度参数,标度参量. *scale pattern* 铁鳞痕. *scale pit* 轧屑回收池,铁鳞坑. *scale projector* 标度放大器,标度投影器. *scale ring* 分〔刻〕度环. *scale spacing* 刻度间距〔幅度,宽度〕. *scale unit* 换算电路〔线〕,换算器,分频器,频率倍减器,标〔刻,比例〕度单位. *scale wax* 粗石蜡,结晶石蜡. *set-back scale* 零调整刻度盘. *set-up scale* 无零码,无零位刻度盘,装配〔黑白图像〕标尺. *splash scale* 弹着偏差分划. *spring scales* 弹簧秤. *technical scale* 工业规模. *the decimal scale* 十进制. *time scale* 时标,时间比例计划. *track scale* 称量台. *vast scale* 大比例的. *weigh scale* 秤. *wind scale* 风级. ▲*a pair of scales* 一架天平〔磅秤〕. *at the other end of the scale* 另一方面,相反. *hang in the scale* 未作决定. *large scale* 大尺度〔规模〕的,宏观的. *on a … scale* 在…规模下,就…规模(来说),以一尺度. *on a large scale* 大规模地. *on a small scale* 小规模地. *on the 〔a〕 scale of M to N* 按 M 比 N 的比例. *scale of M to N* M 代表 N 的比例尺,M 比 N 的缩尺. *to a scale* 按一定比例. *to one tenth to twentieth scale* 按 1/10～1/20 的比例尺. *to scale* 按比例〔尺〕. *to the same scale* 按同一比例〔尺〕. *to the 〔in〕 scale of M to 〔for〕 N* 按 M 比 N 的比例. *turn the scale(s)* 改变形势,改变力量对比,起决定性作用. *turn the scale at (…pounds)* 重(…磅). *turn the scale in one's favo(u)r side* 使…上风,改变力量对比使有利于.

II *vt.* ①用缩尺〔按比例〕制图,约略估计〔计算〕,电子法计算电脉冲 ②换算,调节,排列,改变 ③按比例放大或缩小,定标 ③重(多少),秤,度量 ④(用梯子)攀登,成梯形,逐渐变高 ⑤剥落,起鳞,起〔氧化〕皮 ⑥去锈〔垢,鳞〕剥,剥,片落. ▲*scale away* 〔*off*〕(把…)剥,片落. *scale down* (把…)按比例缩小〔减少〕,递减. *scale in* 〔标尺〕,分频. *scale off* 由…定比例,剥落〔离〕,鳞〔片〕落,切〔刻〕下. *scale up* (把…)按比例增加〔加大,扩大〕,增加,增大比例.

scale-adjusted *a.* 按比例调正的.
scale-board *n.* 胶合板,(玻璃柜镜子等的)背板.
scale' breaker *n.* 破〔除〕鳞机.
scalecide *n.* 杀介壳虫剂.
scaled *a.* 成比例的,有刻度的,鳞片状的有鳞片的.
scaled-down *n.* 按比例缩小,递减,分频.

scale' handling *n.* 清除氧化皮,清除水垢.
scale' like *a.* 鳞状的.
sca'lene ['skeili:n] *n.*；*a.* 不规则〔不等边〕三角形(的),偏三角的,斜角肌的.
scalenohedron *n.* 偏三角面体.
scale-off *n.* 鳞落,片落,剥落.
scale-of-two *n.*；*a.* 二进位(法)的,二进位标标,二进位的双稳计数元件系统,二分标的. *scale-of-two ctrcuit* 二分标电路. *scale-of-two counter* 二分标计数管,二分标度计数装置.
scaleover *n.* 过刻度.
scale-paper *n.* 坐标纸,方格纸.
scale' plate *n.* 标(刻)度盘,标尺,刻度板〔盘〕,标度盘.
sca'ler ['skeilə] *n.* ①定标器,定标装置〔装备,冲〕计数〔算〕器 ②频率倍减器 ③换算器,换算装置〔电路〕 ④水垢净化器,去锅垢器,除〔铁〕鳞器,去壳器,刮〔削〕刀 ⑤秤,检尺,检尺尺具. *binary scaler* 二进位换算电路,二元计数器. *decade scaler* 十进位换算电路,十进或刻度. *decatron scaler* 十进管计数〔定标〕器. *impulse scaler* 脉冲计数器. *tube scaler* 电子管脉冲计数器,刷智器.
scaler-printer *n.* 印刷换算装置,带印刷装置〔带打印机〕的定标器,记录脉冲的计数器,定标器打印机,定标印刷机.
scale-up *n.* 按比例扩大〔增加〕,递增.
sca'liness *n.* 起鳞程度.
sca'ling ['skeilin] *n.* ①定标 ②(电脉冲)计数,电子法计算电脉冲 ③起〔生成〕氧化皮,起鳞,脱层,分层(缺陷),剥落 ④生成水锈,生锈垢,结垢 ⑤除垢〔铁〕鳞〕,剥蚀,除铁鳞,除 ⑥定比例,(按)比例描绘,换算,比例(率). *scaling circuit* 计数〔定标〕电路. *scaling factor* 比例因数,换算系数〔因子〕,计数递减率. *scaling hammer* 锅锈锤. *scaling loss* 烧损. *scaling method* 比例〔换〕法. *scaling system* 计算〔设计〕图,比例换算系统. *scaling unit* 换算电路,换算线路单元,分频器.
scaling-down *n.* 按比例缩小,分频.
scaling-up *n.* 按比例放〔加〕大.
scall *n.* 松岩.
scallop ['skɔləp] I *n.* ①(pl.)(轧制表面的)粗糙度,扇形凹凸,(刻)凹痕(毛边),竖缘毛边现象 ②耳子,花槽,〔冶〕裙状花边 ③(pl.)扇贝,贝壳(形),扇形. II *v.* 弄〔切〕成扇形.
scalloped *a.* 裙状花边的,折痕的.
SCALO =scanning local oscillator 扫描本机振荡器.
scalp [skælp] I *n.* ①头皮,头壳,秃山顶 ②胜利品. ▲*have the scalp of* 打败〔打倒〕. *take one's scalp* 打败,报仇.
II *vt.* ①剥去表层,刮〔剥〕光,刮平〔垫平〕(道路),修整 ②拔顶. ▲*Scalp off* 脱屑.
scal'per ['skælpə] *n.* 筛机,护筛粗网,(外科)解剖刀.
scal'ping *n.* ①去表面层,剥皮,刮〔剥〕光,修整 ②筛出粗块,(pl.)石〔筛〕屑. *dies scalping* 精整中裁. *scalping screen* 去皮筛,粗筛,头道筛.
sca'ly *a.* 鳞状的.
SCAMP =single channel monopulse processor 单路〔单信道〕单脉冲信息处理机.
scan [skæn] I (*scanned*; *scan'ning*) *v.* ①细看,(仔细)检查〔研究〕,校验,浏览 ②扫描〔掠〕③搜索,观〔检〕测 ④全景摄影,展开 ⑤记录 ⑥铰〔钻,扩

Ⅰ n. 扫描. automatic scan 自动扫描. compensated scan 展开式扫描. conical scan 圆锥形扫掠，圆锥形扫描. long scan 慢扫描. radar scan 雷达扫描. scan flyback interval 扫描回程时间. sector scan 扇形扫描.

SCAN = ① self-contained automatic navigation (system) 自主式自动导航(系统) ② system for collection and analysis of near-collision reports 搜集和分析接近碰撞的报告的系统.

scan'atron ['skænətrɔn] n. 扫描管.

scan'dal ['skændl] Ⅰ n. ①丑事[闻] ②反感,公愤 ③流言,蜚语. Ⅱ vt. 使反感.

scan'dalous a. 可耻的,引起反感(公愤)的.

Scandina'via [skændi'neivjə] n. 斯堪的纳维亚.

Scandina'vian a.; n. 斯堪的纳维亚的(人),北欧的(人).

scan'dium ['skændiəm] n. 【化】钪 Sc.

scan'ister n. (集成半导体)扫描器.

scanned-laser n. 扫描激光器.

scan'ner ['skænə] n. ①扫描器[仪,装置,设备,机构,程序],扫掠器,扫掠机构[天线] ②析像器 ③多点测量仪,巡回检测装置,探伤器,光电继电器,调查[节]器 ④探索者,审视者. aircraft scanner 飞机天线旋转机构. disk scanner 析像圆盘. drum scanner 鼓形(圆筒)分像器,扫描设备. ether scanner (带有阴极射线管的)全景搜索接收机,侦察接收机,雷达侦察仪. film scanner 电视电影机. indicating scanner 连续检查许多参数的指示仪表. isotope scanner 同位素扫描器,闪烁仪. photo-electric scanner 光电扫描仪. radar scanner 雷达扫描装置,雷达搜索天线. scintillation scanner 闪烁扫描器. signal scanner 信号扫描器.

scan'ning ['skæniŋ] n.; a. (放射性)扫描(的),扫掠(的),搜索(目标,的),观测,全景摄影,展开. close scanning 细密扫描. fine scanning 高质量扫描,多行扫描(电子束极小,行数极多). ion-beam scanning (用)离子束扫描. plate scanning 照相底片上粒子径迹的寻找. scanning device 扫描器[仪,设备]. scanning distortion of video signal 扫描引起的图像畸变(失真). scanning electron microscope 扫描电子显微镜. scanning lens 扫描(扫掠,测量)瞄准)透镜. scanning line 扫描线,标定(或)测定隧道裂缝用的,分解(析像)行. scanning line length 行长,扫描线长度. scanning monitor 扫描控制(监控)器. scanning speed 扫描速度(率). scanning spot 扫描光点. scanning yoke 偏转系统,扫描线圈(矩形铁芯).

scan'path n. 扫视途径.

scan-round n. 循环(圆形)扫描.

SCANS = scheduling control automation by network systems 或 scheduling and control by automated network system 网络系统自动程序控制,用自动化网络系统进行调度和控制.

scan'sion n. 析像,图像分辨.

scant [skænt] Ⅰ a. 不足(够)的,缺乏的,欠缺的. Ⅱ n. 次材(不够规格尺寸的成材或半成材). Ⅲ vt. 使不足,减少,限制.

scan'tling n. ①一点点,少量 ②样(标)品,略图,样品

[本]草图,小块木[石]料 ③材料尺寸.

scan'ty ['skænti] a. 不够(多,大)的,缺乏的,狭隘(小)的. scantily ad.

scape [skeip] n. 柱身.

SCAPE = self-contained atmospheric protective ensemble 自载的大气保护组合装置,自给式整套防大气服.

scape'goat ['skeipgout] n. 替罪羊. be made scapegoat for 成为…的替罪羊.

Scaphopoda n. 掘足纲,掘足类软体动物.

scar [ska:] Ⅰ n. ①(裂,凸,凹)痕,(钢锭)疤疤,痕迹 ②孤(露)岩,断崖, ③(pl.)(化铁炉中)冻结物. vapo(u)r scar 凝汽尾迹. Ⅱ v. 留伤痕[痕],结疤(over).

SCAR = ①Scientific Commission on Antarctic Research 南极研究科学委员会 ②subcaliber aircraft rocket 机载小口径火箭.

scarabee n. 【数】蜣螂线.

scarce [skɛəs] a. ①缺乏的,不足的 ②稀少(有)的,罕见的,难得的. scarce book 珍本. scarce metal 稀有金属.

scarce'ly ['skɛəsli] ad. ①几乎(简直)没有,简直(一定,几乎)不,一点不 ②稀罕地,不(太)地,不充分地 ③仅仅,刚刚,还不到 ④勉(勉)强(强),好容易(才) ⑤决不. ▲be scarcely possible 几乎不可能. scarcely any 几乎(简直)没有(什么),几乎…也不. scarcely M before [when] N 刚一 M 就 N. scarcely M but … 不…的 M 几乎没有. scarcely ever 极难得,几乎从不,偶然,极少. scarcely less 简直相等(一样).

scarce'ment n. 壁阶,梯层.

scarcity ['skɛəsiti] n. 缺乏,不(充)足,稀少,荒歉,供不应求.

scare [skɛə] v.; n. 惊(吓,恐,慌),恐慌(怖),吃惊.

scarf [ska:f] Ⅰ (scarfs 或 scarves) n. ①围(领,头)巾,领带,披肩 ②嵌接(片,处),榫接,(斜接)槽,割(切),斜接 ③(鱼)斜口,斜面(口),鱼端,四线,鱼缝. scarf connection 榫锁连接. scarf joint 嵌接,斜口接合,楔面(斜接)接头. scarf planer 斜口倒床. scarf weld(ing) 斜面焊接. Ⅱ vt. ①嵌接(配),榫接,交合 ②修整,清理,修切边缘,气刨,烧剥,表面缺陷的火焰清理.

scar'fer n. ①嵌接头(片) ②钢坯烧剥器,火焰清理机 ③铲疤工.

scar'fing ['ska:fiŋ] n. ①嵌接 ②割[切]口 ③表面缺陷清除,烧剥,火焰清理,气刨(浇冒口),气刨 ④scarfing dock 烧剥室. scarfing half and half 半嵌接. surface scarfing 表面烧剥,火焰表面清理.

scarf'weld n. 嵌焊,斜面焊.

scarifica'tion [skɛərifi'keiʃən] n. 翻松(挖,路),松土,耙路,粉碎.

sca'rifier ['skɛərifaiə] n. 松土机,翻(耙)路机. scarifier attachment (可装卸的)松土(翻路)设备. scarifier plough 松土犁,翻路犁.

sca'rify ['skɛərifai] vt. ①翻松(挖,路),松土,耙路 ②在…上划痕.

sca'rifying Ⅰ a. 可怕的. Ⅱ n. 划破,翻松.

scar'let ['ska:lit] n.; a. 深(鲜,猩,绯)红.

scarp n.; vt. (使形成)陡坡,悬崖,马头丘.

scar'plet n. 滑坡,小崖.

sca'ry a. 可怕的,使惊恐的.

SCAT =①security control of air traffic 空中交通安全控制 ②speed control approach-takeoff 速度控制进场起飞.

SCATER =plan for the security control of air traffic and electromagnetic radiations during an air defense emergency 防空紧急情况下空中交通和电磁辐射的安全控制计划.

sca'thing ['skeiðiŋ] a. ①伤害的,破坏的 ②严厉的,苛刻的. ~ly ad.

scatol(e) n. 粪臭素,甲基吲哚.

scat'ter ['skætə] v.; n. ①散布[播,开,逸,射],漫射,散射传播 ②分[扩,耗,消,疏,驱,离,容,色]散,溃溃 ③撒. mean-square-angle scatter 均方角散射. scatter band 散射频带,(重复量测的)散射区,分布带. scatter reloading pattern 交替式再装载(换料)图形. scatter trap 散射阱. ▲scatter about 散布. Scatter away from 从…散开. scatter M over N 把M撒在N上(分布在N范围内). scatter to the winds 浪费. scatter M with N 把N撒在M上.

scat'terance n. 散布[射].

scat'tered a. 散[漫]射的,分[疏,弥,扩]散的,浸染[散]的,散发的,分裂的,分裂的. scattered covering 散布覆盖. scattered light 散射光. scattered reflection 漫[扩]射反射. scattered set 【数】无核集.

scat'terer n. 扩散器,散射体(物质).

scat'tergram n. 散布曲线,相关曲线.

scat'tering Ⅰ n. 散射[布],漫射,扩[分,耗,消]散. Ⅱ a. 散射[开]的,漫射的,扩[分]散的. coherent scattering 相干(参,关)散射. scattering-in 内部散射.

SCAV =①scavenge ②scavenger.

scav'enge ['skævindʒ] v. ①打扫,清除[洗],吹[扫]除,扫洗,净[纯]化,精炼,除垢 ②换[扫]气,回油 ③从(废物)中提取有用物质,利用废物. scavenge oil废油. scavenge pipe (内燃机)回油管. scavenge port 换气口. scavenging air 除垢空气,换气. scavenging blower 清除鼓风机. scavenging pump 换气[扫气,回油,清洗,清除,抽出,扫线用]泵. scavenging with gas fuel 气体燃料清除.

scav'enger n. ①清道(清洁)工 ②消除[净化,脱氧,除气]剂,电荷捕捉剂,精练加入剂 ③清除机(具),换气管 ④选地 ⑤基接受体,与根快速作用的物质 ⑥食腐肉的动物. oil scavenger 回油器. oil scavenger pump 回油泵. scavenger fan 换气(风)扇. scavenger pipe 排出管. scavenger pump 换气(清洗,回油,扫线用)泵.

SCC =①satellite control center 卫星控制中心 ②security control center 安全控制中心 ③sequence control counter 顺序控制计数器 ④single cotton covered 单(层)纱包的.

SCC wire 单(层)纱包线.

scc =standard cubic centimeter 标准立方厘米.

SCCN =subcontract change notice 转包合同更改通知.

SCD =①screen door 屏蔽门 ②specification control drawing 技术要求控制图纸,规格控制图.

Scd =scheduled 预[排]定的,按时间表规定的.

SCDC =source code and data collection 源代码和源数据搜集.

S&CDU =switch and cable distribution unit 开关和配线盘.

SCE =①saturated calomel electrode 饱和甘汞电极 ②schedule compliance evaluation 进度表符合程度鉴定 ③single cotton covered enamel wire 单纱包漆包线.

SCE wire 单纱包漆包线.

SCEL =signal corps engineering lab 信号(通信)兵工程实验室.

SCEM =schematic 图解的,简图.

scenario [si'nɑːriou] (意大利语) n. (pl. scenari 或 scenarios) ①剧情(概要),电影剧本[脚本] ②方案 ③情况.

scene [siːn] n. ①布(风,情)景,景色(致,像),实况 ②场面,舞台面,一场(幕),一个镜头 ③事件,史实 ④出事地点,现场. ▲appear [come, enter] on the scene 出现(在舞台上),登场. behind the scenes 内幕,秘密地,暗中,幕后(活动)的. on the scene 在出事地点,当场.

Scenedesmus n. 栅列藻属.

sce'nery ['siːnəri] n. 布[背,风,全]景,景色[致,物,象],风光.

sce'nic ['siːnik] a. ①布[背,风,情]景的,天然景色的 ②舞台的,戏剧性的. scenic lighting 舞台照明. scenic spot 风景区. ~ally ad.

sce'nioscope ['siːniəskoup] n. 景像管,超光电(摄)像管. scenioscope machine 布景机(利用放映机和幻灯机配合的电视摄像装置).

scenography n. 透视图法.

scent [sent] Ⅰ n. ①香气,气味 ②线索,嗅觉. Ⅱ vt. 嗅(出),闻出,察觉(out);使(空气)变香. scent test 嗅试法. ▲(be) off the scent 或 on a wrong [false] scent 在错误方向探索,不大有成功可能. have a scent for politics 有政治嗅觉. on the scent of 追寻(获得)…线索.

scent'less a. 无气[香]味的.

scentom'eter n. 气味计.

s-centre =s-中心,位置中心.

SCEPS =selfcontained environmental protective suits 齐备的环境防护衣.

scep'tic ['skeptik] n. 怀疑派,怀疑论者.

scep'tical a. 怀疑的(about, of).

scep'ticism n. 怀疑(论,主义,态度).

scep'tre ['septə] n. 王位,笏. sceptre brass 王笏黄铜(铜 61.7～64.5%,锌 33～35.9%,铝 1%,铁 1～1.5%,铅 0～0.07%,锰 0～0.45%).

sceptron n. 声频滤波器,频(谱)比(较)识别器,谱线比较式图像识别器.

SCF =①satellite control facility 卫星操纵(控制)设备 ②single catastrophic failure 单独灾难性破坏 ③standard cubic foot 标准立方英尺(或 scf).

SCFM =subcarrier frequency modulation 副载波调频.

scfm =standard cubic feet per minute 每分钟标准立方英尺数.

scfs =standard cubic feet per second 每秒钟标准立方英尺数.

SCGP =self-contained guidance package 机(弹)内

制导设备,自主式制导装置.
SCH =socket head 插座头.
sch =School 学校,学派.
Sch. No. =schedule number 表示管壁厚度系列(耐压力)的号码.
s-chamber =sandwich chamber 夹层槽;s槽.
schamotte n. 耐火粘土.
scharnier n. 卧〔再〕铰.
sched =schedule 目录,进度〔时间〕表.
sched'ule ['ʃedju:l, 'skedju:l] Ⅰ n. ①目录,细目,(图,一览)表,时间〔计划,进度,调度〕表,清〔明细〕单 ②进程〔度〕,日程,预定计划 ③程序,规范,方案,大纲,工艺过程,制度 ④状态,方式. *a time schedule* (工作)时间表. *design schedule* 设计计划〔进度〕表. *master schedule* 主要作业表,标准工艺过程. *pass schedule* 孔型系统〔安排,设计图表〕,轧制规范〔方案,计划,程序表〕,道次程序. *schedule control* 预定输出控制〔调节〕,进度控制,工程管理. *schedule drawing* 工程〔计划〕图. *schedule number* 表示管壁厚度系列(耐压力)的号码(缩written Sch. No.). *schedule of construction* 施工进度表,建筑一览表. *schedule of payment* 付款清单. *schedule of quantities* 数量清单. *schedule of terms and conditions* 或 *tariff schedule* 收费率表. *schedule speed* 表定(记入一览表的)速度. *schedule weight* 额定重.▲ (*according*) *to schedule* 按计划. *ahead of schedule* 提前(地). *on schedule* 按(预定)计划,按照时间表,准时.
Ⅱ vt. ①排定,预定,计划,安排,调度 ②编制目录,编制时间表,记入一览表,制表. *schedule a time for discussion* 安排一个讨论时间. *schedule engineering time* 排定的工程时间. *schedule time* 预定时间. *scheduled completion date* 计划完工日期. ▲ *ahead of scheduled time* (较规定时间)提前(多久). *be scheduled to* +inf. 预定(做某事). *schedule M into production* 把M列入生产计划.
sched'uler n. ①程序机(专用于生产上的一种计算机) ②调度器,调度仪〔部件〕 ③生产计划员. *scheduler program* 调度程序.
sched'uling n. ①安排,(编)制(时间,进度)表,编制计划 ②工序,程序 ③调度,安排,计(规)划. *back scheduling* 【计】倒排,反向安排. *dynamic scheduling* 动态调度. *scheduling system* 调度〔程序〕系统.
scheelite n. 白钨矿,重石.
Scheimpflug condition 辛普发拉格条件(在直接投影体系中物体透镜、像平面必须是共线的,才能得出清晰的焦点).
SCHEM =schematic.
sche'ma ['ski:mə] (pl. *sche'mata*) n. 大纲,概要,大意,摘要,略图,图解(式),规划.
schemata ['ski:mətə] n. schema 的复数.
schemat'ic [ski(:)'mætik] Ⅰ a. 图解(式)的,示意的,概略的,简要的,计划性的. Ⅱ n. ①略(简)图,结构图,原理图. *schematic drawing* 〔*diagram*〕 (略,示意,结构)图,原理图. *schematic storage map* 存贮分配图式.
schemat'ically ad. 用示意图,用图解法,示意地,大略地.

sche'matize ['ski:mətaiz] vt. 把…系统(计划)化,用一定程式表达,按计划行事,照公式安排. **schematiza'tion** n.
schematograph n. 视野轮廓测定器.
scheme [ski:m] Ⅰ n. ①(略,composed 示意,平面,线路,设计)图,流程,表(解)式,型(模式),计划,设计,安排,配(布)置,配〔位〕置,体制,系统 ③电(线)路 ④大纲,摘要,概略. Ⅱ v. ①(编制)计划,设计 ②策划,阴谋. *allocation scheme* 配线图. *colo(u)r scheme* 配色(色别)法,色调. *flow scheme* (工艺)流程图,操作程序图. *kinematic scheme* 传动系统图,运动系统. *scheme arch* 平弧拱. *scheme of things* 物质的概念,事物的规律. *switching scheme* 中继计划,汇接方案,交换方式. *transfer scheme* 转移方案,转移电路,读出和记录电路. *wiring scheme* 或 *scheme of wiring* (电气)安装图,接(布)线图. *working scheme* 工作计划.
sche'mer n. ①计(划)划者 ②阴谋者.
sche'ming a. 计划的,多诡计的.
scheteligite n. 水钛铌钇锑矿.
SCHG =①supercharge 增压 ②supercharger 增压器.
schiller n. 闪光,斑辉石等之青绿色光泽.
schilleriza'tion n. 呈虹色,放光彩,闪光(化).
schism ['sizəm] n. 分裂. ~**atic** a.
schist [ʃist] n. 片(麻)岩,页(板)岩,结晶片岩. ~**ic** a.
schis'tose 或 **schis'tous** a. 片岩(质,状)的,片(层,页)状的. *schistose structure* 层状结构(组织),片状构造.
schistos'ity n. 片理,片岩性.
Schistosoma n. 裂体吸虫属,血吸虫属.
schistosomi'asis n. 血吸虫病,分体吸虫病.
schistosomicide n. 杀血吸虫药.
schizo- (词头)裂(开),分裂.
schizocar'pic a. 裂果的.
schizogen'esis n. 裂生(作用),裂殖(分裂)生殖.
schizogenet'ic a. 裂殖(分裂)生殖的.
schizogone 或 **schizogonium** n. 多核变形体.
schizog'ony n. 裂殖(分裂)生殖(原生动物).
schiz'olite n. 斜猛针钠钙石,二分脉岩.
schizomycete' n. 裂殖菌.
schizomycetot'rophy n. 细菌营养,细菌内寄生.
schi'zont n. 裂殖体,增裂(分裂)原虫.
schizophre'nia [skitsou'fri:njə] n. 精神分裂症. **schizophren'ic** a.
schizophy'ceae n. 裂殖藻类.
schiz'ophyte n. 分裂菌(分裂)植物.
schizozoite n. 裂殖(目)孢子,分裂性孢子,裂体性孢芽.
schlicht function 单叶函数.
schliere n. 纹影,异离体,流层.
schlie'ren ['ʃli:rən] n. 条纹(照相),暗影照相,纹影法(仪) n. 纹影,异离体. *schlieren mirror* 纹影镜. *schlieren of transition* 转换点(线)纹影.
schnap(p)s n. 荷兰杜松子酒,马铃薯烧酒.
schneidenton n. 边棱音.
schnor'kel ['ʃnɔ:kl] n. 潜水呼吸管,潜水罩,(潜艇)

柴油机通气管工作装置.
Schockley diode PnPn〔四层,肖克莱〕二极管.
schoepite n. 柱铀矿.
schohartite n. 重晶石.
schol′ar ['skɔlə] n. ①学者 ②学生.
schol′arly a. 学究气的,学者派头的.
schol′arship n. ①学问(识,术) ②奖学金.
scholas′tic [skə'læstik] a. ①学校的,教育的 ②烦琐哲学的.
scholas′ticism n. ①烦琐哲学 ②墨守成规.
school [sku:l] Ⅰ n. ①学校,学院,学系,研究所 ②学,流)派,(机械等的)型 ③学会,学科 ④锻炼,训练 ⑤学业,功课 ⑥全校学生 ⑦学位考试科目,大学毕业考试 ⑧(鱼)群,队. *graduate school* 研究院. *school age* 学龄. *school hours* 授课时间. *school term* 学期. *school year* 学年. ▲*after school* 下课后,课余. *at school* 在学校〔上学,求学〕. *be dismissed* 〔*expelled*〕*from school* 被开除学籍. *big school* 大讲堂. *go to school* 上学,受教于,学,模仿. *in school* 在上学. *go to school to* 跟…学习,受教于,学,模仿. *in school* 在上学. *in the schools* 正在受考,正在考学位考试. *schools of thought* 几派意见,几种观点,几个学派.
Ⅱ vt. ①锻炼,训练,熏陶 ②教(育,授,导). vi. (鱼)群集. ▲*school M in N* 在 N 方面训练 M.
school(-)book Ⅰ n. 教科书,教材,课本. Ⅱ a. 教科书式的,过于简略的.
school(-)day n. 上课日,(pl.)学生时代.
school-fellow n. 同学,校友.
school′ing n. (学校)教育,训练.
school′master n. 男教员(尤指中学),老师,(中、小学)校长.
school′mate n. 同学,校友.
school′mistress n. 女教员(指中小学),(中、小学)女校长.
school′room n. 教室,课堂.
school′time n. 上课时间,学生时代.
schooner n. (二桅,三桅)纵帆船.
Schoop process (用压缩空气)斯库普法喷镀(金属),金属喷敷.
schorl [ʃɔ:l] n. 黑电气石. *schorl blanc* 白榴石.
schorlomite n. 钛榴石.
schorl-rock n. 石英黑电气岩.
short n. ①回〔环〕线 ②短线.
Schottky effect 散粒〔肖特基〕效应.
Schottky emitter type transistor 肖特基发射极型晶体管.
Schrage motor 施拉吉电动机,三相并励换向电动机.
schroeckingerite n. 板菱铀矿.
Schromberg alloy (施罗莫伯格)锌基合金.
schubweg n. 移动距离.
Schuermann furnace 或 **Schuermann cupola** (肖尔曼式)热风冲天炉.
Schulz alloy (舒尔茨)锌基轴承合金(锌 91%,铜 6%,铝 3%).
schwingmetall n. 施温橡胶-钢板粘合工艺.
SCI =①San Clemente Island 圣克里门蒂岛 ②ship control and interception (RADAR)瞄准和截击舰艇(雷达) ③Society of Chemical Industry (英国)化学工业协会 ④special cast iron 特殊铸铁.
sci. =①science 科学 ②scientific 科学(上)的.

sciadopitene n. 金松烯 $C_{20}H_{32}$.
sciagraph n. 投影图,房屋纵断面图.
sciag′raphy [sai'ægrəfi] n. X光照相术,投影法,房屋纵断面图.
SCIC =semiconductor integrated circuit 半导体集成电路.
sci′ence ['saiəns] n. ①科学,学科 ②自然科学,理科 ③技巧 ④科学研究,理论知识. *natural science* 自然科学. *nuclear science* 核子学. *science fictioneer* 〔*fictionist*〕科学幻想小说作家.
science-oriented a. 根据科学研究成果形成的.
scien′tial a. (有)知识的.
scientif′ic [saiən'tifik] a. 科学(上)的,学术(上)的,应用科学的,有(用,需要)技术的,有系统的. *scientific effort* 科研工作. *scientific name* 学名. *scientific payoffs* 科研成果. *scientific research* 科学研究. *scientific symposium* 科学讨论会.
scientif′ically ad. 科学〔学术〕上,科学地.
sci′entist ['saiəntist] n. 科学家.
scil =scilicet [拉丁语] 即,就是.
scillabiose n. 绵枣儿二糖,鼠李糖葡糖甙,海葱二糖.
scillaren n. 海葱素.
scillarenin n. 海葱元,前胡精.
scillaridin n. 海葱甙配基,海葱定.
scilliroside n. 海葱糖甙.
scim =standard cubic inches per minute 每分钟标准立方英寸数.
scinticounting =scintillation counting ①闪烁计数 ②用闪烁的方法测量放射性.
scin′tigram n. 闪烁曲线,(用)闪烁(计数器自动记录的曲线)图,扫描图.
scintigraphy n. 闪烁扫描术,闪烁照相术,闪烁图术,闪烁法.
scintil′la [sin'tilə] n. ①闪烁 ②火花(星),形迹 ③(少)量,一点点 ④微分子. *not a scintilla of* 一点…也没有,没有一点(点).
scin′tillant n. 闪烁体.
scintillascope n. 闪烁计.
scin′tillate ['sintileit] vi. 闪烁,发火花(闪光).
scintilla′tion [sinti'leiʃən] n. ①闪烁(现象),闪光,(电)火花 ②起伏,(调制造成的)载频(变化)③在雷达屏幕上目标急速移动. *decay time of scintillation* 调制〔引起的〕载频衰变时间,起伏衰落时间. *scintillation counter* 闪烁计数器(管). *scintillation fading* 调制〔引起的〕载频衰落,起伏衰落. *scintillation screen* 闪烁屏.
scin′tillator n. 闪烁器(仪,体,剂),闪烁计数器中的液体、晶体或气体. *plastic scintillator* 塑料〔胶〕闪烁体.
scintillom′eter n. 闪烁计,闪烁计数器.
scintilloscope n. 闪烁(观察)镜,闪烁仪.
scintilogger n. 闪烁测井计数管.
scintipan n. 一种包装在塑料套内的干燥混合物,溶解后可制闪烁溶液.
scintiphotogram n. 闪烁照相.
scintiphotog′raphy n. 闪烁照相术.
scin′tiscan n. ; v. 闪烁扫描,闪烁图.
scin′tiscanner n. 闪烁扫描器.
scin′tiscanning n. 闪烁扫描,闪烁图术.

sci'on [‵saiən] n. ①后裔,子孙 ②(树)接穗,插扞.

scis'sion [‵siʒən] n. 切(割,剪)断,裂(口)开,剪裂,裂变,分离. *chain scission* 断链(作用). *neck scission* (原子核裂变的)颈裂.

scis'sor [‵sizə] vt. 剪(断,下)(off, out, up). *scissor truss* 剪式桁架.

scis'sor-cut n. 剪纸.

scis'soring n. 剪(切),(pl.)剪下来的东西,剪存的资料.

scis'sors [‵sizəz] n. 剪刀,剪子,(起落架的)剪形装置. *a pair of scissors* 一把剪刀. *electricians' scissors* 电工剪. *scissors bonder* 剪刀结合器. *scissors junction* 锐角交叉. *scissors truss* 剪刀〔剪式〕桁架. *torque scissors* 扭刻臂.

SCL = space charge-limited (triode) 空间电荷限制(三极管)

scl = subcontract letter 转包合同函件.

SCLER = sclerosclope.

scle'ra n. 巩膜.

scleren'chyma n.【植】厚壁组织,【动】石核组织.

sclerin n. 核盘菌素.

sclerit'ic a. 硬的,硬化的,变甲片的,膜炎的.

sclero-〔词头〕

sclerom'eter n. (回跳,肖式,划痕)硬度计,测硬器.

Scleron n. (司克龙)铝基合金.

sclerophyll n. 硬叶.

scleropro'tein n. 硬蛋白.

sclerosal a. 硬的,硬化的.

scleroscope n. (回跳,肖式)硬度计,验(测)硬器. *scleroscope hardness* 回跳硬度.

scleroscop'ic a. 硬度计的,测硬器的. *scleroscopic hardness* 回跳硬度.

sclerose v. 变硬,(使)硬化.

sclero'sis [skliə′rousis] n. (pl. *sclero'ses*) 硬化.

scle'rosphere n. 硬脂圈,硬球层.

scle'rotin n. 壳蛋白,骨质.

sclerot(i)oid a. 菌核状的,似菌核的.

sclero'tium (pl. *sclero'tia*) n. 菌核,硬化体.

SCLWR = scientific computing laboratory work request 科学计算实验室工作要求.

Sc. M. = Master of Science 科(理)学硕士.

SCN = ①self-contained navigation 自律〔独立,自主〕导航 ②sensitive command network 灵敏指挥网路 ③specification change notice 规范更改通知 ④standards change notice 标准更改通知 ⑤subcontractor specification change notice 转包者(商)规范(格)更改通知.

SCNA = sudden cosmic noise absorption 突然宇宙(射电)噪声吸收.

SCO = ①set time counter 置位时间计数器 ②subcarrier oscillator 副载波振荡器.

scobs [skɔbz] n. 锯屑〔末〕,刨花,锉屑.

scoff [skɔf] vi. ; n. 嘲弄(笑)(at).

scold [skould] v. 训斥,责备,指责.

scolecospore n. 线形孢子.

scollop = scallop.

S-colong n. 光滑菌苔.

scom'brine n. 鲭精蛋白.

scom'bron(e) n. 鲭组蛋白.

scone [skɔn] n. 锭剂.

scoop [sku:p] I n. ①构(子),勺,戽斗,铲(斗),收获器,汤匙形曼刀(砂型用) ②掏,穴,口,凹处 ③(一)舀,(一)铲 ④特稿(讯),特快消息,独家新闻,抢先得到的暴利. *air*(*inlet*) *scoop* 进气口,风斗. *scoop dredge* [*dredger*] 构式(斗式)挖泥机. *scoop feeder* 构(戽斗)式进料器,翻斗加料器,进料斗. *scoop light* 构状聚光灯. *scoop shovel* 铲式挖土机,构铲. *scoop with fluid drive* 液压传动斗. *ventilator scoop* 通风斗. *wind scoop* 招风斗. ▲*at a*〔*one*〕*scoop* 或 *in*〔*with*〕*one scoop* 一舀〔铲,次〕就,一下子(就).

II vt. ①舀(取),挖(空),掘,淘,铲(起),汲取,用构取出,用构斗挖取,用铲挖成 ②抢先获得. ▲*scoop in* 舀进. *scoop out* 挖,掏,舀(挖出,用构斗取出). *scoop up* 舀(打,汲,挖)上来,铲(挖,掘)起.

scoop-channel n. 斗式水槽.

scoop'er n. ①(翻)斗式升运机 ②构子〔斗〕.

scoop'fish n. 在航(中)的采样厂.

scoop'ful n. 一满构〔厂〕.

scoop-wheel n. 疏浚轮,扬水轮.

scoot'er [‵sku:tə] n. 小型摩托车,窄式开沟铲,喷水炮,注射器.

scop(e) = ①microscope 显微镜 ②oscilloscope 示波器.

SCOPE = Scientific Committee on Problems of the Environment 环境问题科学委员会.

scope [skoup] n. ①(精域,专业)范围,领域,余地,广(视)界,见识,视野,目标,【数】精(工)区域,工作域,作用域 ②场所,机会,出口 ③显示(指示,示波)器,阴极(电子)射线管,观测设备,观测望远镜. *A scope* A 型(距离)显示器(水平时间基线代表距离,回波信号成凸起小峰). *alignment scope* 调准用示波器. *area-rule scope*【计】面积律精域. *B scope* B 型显示(记录)器(横坐标表示方位,纵座标表示距离,目标信号为亮点). *C scope* C 型方位仰角显示器(纵座标代表仰角,横坐标代表方位角,亮点为目标,不能指示距离). *colour video scope* 彩色映像示波器. *D scope* D-型显示器(A,B 型综合显示法,横坐标代表方位角,纵坐标代表仰角). *scope F* 型显示器(纵座标表示仰角误差,横坐标表示方位角误差). *fibre scope* 纤维式观测器. *G scope* G 型显示器(与 C 型显示器相似,但没有距离). *H scope* H 型(分叉点)显示器. *ignition scope* (检查汽车点火系统故障用)点火检查示波器. *K scope* K 型(移位距离)显示器. *L scope* L 型显示器,双向距离显示器(水平时间基线的两侧,纵坐标表示距离,横坐标表示信号强度). *M scope* M 型显示器(A 型显示器的一种变型,用距离信号沿水平时间基线移动使与目标信号偏移的水平位置一致,以测定目标距离). *memory scope* 存储式〔长余辉〕同步示波器. *N scope* N 型显示器(K 及 M 型的联合型). *PPI scope* 平面位置显示器. *R-scope* R 型显示器(扫描扩展并有精密定时设备). *radar scope* 雷达屏,雷达显示器(示波器). *raster scope* 光栅式阴极(电子)射线管. *scope and range* 范围. *scope of name*【计】名字作用域. *snooper* *scope* 夜视器,夜间探测器. *synchro scope* 同步指示[测试]仪,同步示波器,(汽车的)点火整步器. ▲ *beyond* [*outside*] *the scope of* 超出[不属于]…范围,…力所不及. *come within the scope of* 归入…范围[领域]之内. *give scope to* 给…发挥的机会. *have full* [*free, large*] *scope* 有充分的余地,能充分发挥能力. *of wide scope* 广泛的,(范围)广大的. *within the scope of* 在…范围内,在…能及的地方.

scophony television (system) 史柯凤电视系统〔装置〕,电视光-机械系统.

scop′ic *a.* 视觉的,广泛的.

scopiform *a.* 帚形.

scopol′amine *n.* 莨菪胺〔碱〕.

scopoletin *n.* 7-羟-6-甲氧香豆素,莨菪亭.

scopoline *n.* 莨菪灵.

scopom′eter *n.* 视测浊度计.

scopom′etry *n.* 视测浊度测定法.

SCOR =Scientific Committee on Oceanic Research 海洋研究科学委员会.

scorch [skɔːtʃ] I *vt.* ①烧(烤)焦,灼伤 ②焦化,(橡胶)过早硫化. *vi.* ①焦,枯萎 ②开足马力,高速行驶,飞跑. *scorched rubber* 早期硫化橡胶. II *n.* ①烧焦,焦痕 ②过早硫化 ③高速行驶的(时间).

scorch′er *n.* ①极热的东西 ②大热天 ③高速行驶的驾驶员.

scorch′ing *n.* ①疾驰 ②过早硫化,弄焦,焙[煅]烧,烧结,(触点)炭化 ③横晶,穿晶,自动换电极. *a.* 极热的,灼人(热)的,烧焦似的,强烈的.

score [skɔː] I *n.* ①刻,伤,划,截,(凹,线)痕,裂缝,不平滑 ②计算 ③划线器 ④划线用两脚规 ⑤理由(记录),分数,点数,成绩,记分,比数,记号,标记(牌) ⑥账目,欠款 ⑦理由,根据,缘故 ⑦总乐谱 ⑧二十,(pl.)二多,大量 ⑨成功,幸运,投倒. *score cutter* 截纸机. *three score and ten* 七十。 *win by a score of 3 to 2* 以 3:2 获胜。 ▲ *by scores* 不少,很〔许〕多. *in scores* 很多,大批. *keep* (*the*) *score of* (数),把…按下记下来. *level the score* 打平,得分相等. *make a good score* 成绩好. *on a new score* 重新. *on* + a. *score* 因为,在…点上. *on more scores than one* 为不种种理由. *on that score* 因此,因那个理由,在那一点上. *on the same score* 同样理由. *on the score of* 因为,由于,为了,鉴于. *scores of* (好)几十〔种,个〕,许多. *score* (s) *of times* 几十次,屡次.

II *v.* ①斫划,擦伤,划痕,刻〔斫〕痕 ②划线,记号 ③计算,计…的数,记录〔截〕,得胜,较优越 ④取得(获得)(成功,胜利) ⑤给…评分,评价,记〔得〕分 ⑥作曲,写乐谱. *score mark* 刻痕. *scored surface* 划痕(粗糙)表面. *scored tile* 有槽空心砖. ▲ *score hits* 命(击)中. *score off* 打败,驳倒. *score out* (用线)划掉,删去. *score over* 打(击)败. *score under* M 在 M 下划线. *score up* 记录,记下来.

SCORE =①satellite computer-operated readiness equipment 卫星上计算机操纵的准备装置 ②signal communications by orbiting relay equipment 利用轨道转接设备的信号通信,轨道接力信号通信设备.

sco′ria [ˈskɔːriə] (pl. sco′riae) *n.* 熔〔矿,炉,铁,浮,金属,熔析,铅析,火山岩〕渣. *lead scoria* 铅析渣. ~*ceous* *a.*

sco′riated *a.* 成熔渣的.

scorifica′tion [ˌskɔːrifiˈkeiʃən] *n.* 烧熔(试金法),烧融,渣化法,铅析(金银)法.

sco′rifier [ˈskɔːrifaiə] *n.* 渣化皿,试金坩埚.

scoriform *a.* 熔渣形的,渣状的.

sco′rify [ˈskɔːrifai] *vt.* 用烧熔(试金法)析出,析取,煅烧,煅烧(矿石)试样,造渣,烧熔成渣.

sco′ring *n.* ①得(评)分 ②胜利,成功,划线(器具),划[擦,磨,研]痕 ③灭谱,音乐录音. *scoring test* 划[斫]痕试验,刻度硬度试验.

scorn [skɔːn] *n.* ; *v.* 藐〔蔑〕视. *think scorn of* 藐视,瞧不起. ~*ful* *a.* ~*fully* *ad.*

scor′pion [ˈskɔːpjən] *n.* 蝎子.

Scorpionidea *n.* 蝎目.

Scot [skɔt] *n.* 苏格兰人.

scotch [skɔtʃ] I *n.* ①刻痕,擦伤,切口 ②制动棒,车轮的止转棒. II *vt.* ①加刻痕于,轻切,浅刻 ②压(粉),镇压,扑灭,遏止 ③制止(车轮)滚动. *scotch block* 止车楔,制动块. *scotch club cleaner* 弧形底脚修型笔. *scotch light* 反射光线. *scotch tape* (粘贴用)透明胶带. *scotch yoke* 止转棒轭,挡车轭,停车器轭.

Scotch [skɔtʃ] *a.* ; *n.* 苏格兰的,苏格兰人(的).

scotch′lite *n.* 一种反射玻璃材料(用于道路反射标志).

Scotch′man *n.* 苏格兰人.

scot-free [ˈskɔtˈfriː] *a.* ①未受伤的,安全的 ②不受处罚的,免税的. *go* [*get off*] *scot-free* 逍遥法外.

Scot′land [ˈskɔtlənd] *n.* 苏格兰. *Scotland Yard* 伦敦警察厅.

scot′ograph [ˈskɔtəugrɑːf] *n.* X 射线照片.

scotog′raphy *n.* X 射线照相,暗室摄影(法).

scotom′eter *n.* 视测浊度计,目盲计.

scotonon *n.* 暗钟.

scotophor *n.* 暗迹粉,暗光磷光体(荧光粉)(存储示波器的阴极射线管的荧光屏所用的一种在电子束击下变暗的物质,加热时可以还原,通常为氯化钾).

scotop′ic [skəˈtɔpik] *a.* 微光的,暗视的. *scotopic eye* 适暗(暗视)眼. *scotopic vision* 微光视觉,暗视觉,夜视.

scotopsin *n.* 暗视蛋白.

Scots [skɔts] *a.* ; *n.* 苏格兰的,苏格兰人,苏格兰英语.

Scotsman =Scotchman.

Scott cement 透明石膏水泥(生石灰加 5% 石膏).

Scott connection (把三相电变为二相电的)斯柯特接线法.

Scot′tish [ˈskɔtiʃ] *a.* ; *n.* 苏格兰的,苏格兰人〔英〕语.

scottsonizing *n.* 不锈钢表面硬化法(商品名).

scoulerine *n.* 金黄紫堇碱.

scoun′drel [ˈskaundrəl] *n.* 恶棍,无赖,流氓. ~*ly* *a.*

scour [ˈskauə] I *v.* ①擦(亮,光,净,洗,掉,伤),洗(刷,涤,净,去),冲洗(刷),酸洗,打磨,溶解,去壳,冲刷 ②硫炒 ③侵,蚀,【冶】渣侵蚀 ④(急速)搜索(寻),巡逻 ⑤飞快地跑过. ▲ *scour about for* 或 *scour after* 搜索,追寻. *scour along* 搜索,跑过. *scour away*[*off, out*] 擦掉〔净,去〕. *scour M for N* 在 M 中搜索 N. *scour M of*

N 清除掉 M 上的. N. scour M to find 在 M 处搜寻[寻找],奔走于 M 处寻找…. Ⅱ n. ①[摩擦],去锈 ②冲洗,冲刷[作用],疏浚 ③[边,岸]侵蚀. scour prevention 防冲[设备]. scour speed 冲刷速度.

scou'rage n. 洗企水,洗刷液.

scou'rer n. 洗刷器具,去[剥]壳机,打光机.

scourge [skə:dʒ] Ⅰ n. 惩罚,灾难,祸患. Ⅱ vt. 折磨,使痛苦,严惩.

scout [skaut] Ⅰ n. 侦察兵(员,机,船),侦察,斥候,探测(员)] 探测者(人员),搜索,巡逻,海鸟,海场,善知岛. scout sheet listing 调查[查勘]记录. Ⅱ v. ①(仔细)观察,侦察,探测,研究,搜寻,寻找(out, up) ②排斥,拒绝,嘲笑. ▲scout about [around, round] [for M] 到处搜索(M),往各处寻找(M).

scout'plane ['skautplein] n. 侦察机.

scow n. 平底船,方驳.

scowl [skaul] n.; vi. 皱眉头,怒容,(天气)变坏,阴沉起来.

SCP = ① semichemical pulp 半化学浆 ② ship control panel 船用控制盘 ③ single cell protein 单细胞蛋白(质) ④ spherical candlepower 球面烛光.

SCR = ① semiconductor controlled rectifier 半导体控制整流器 ② signal corps radio and radar 通信兵团无线电及雷达装置设备 ③ silicon controlled rectifier 可控硅整流器 ④ solar corpuscular radiation 太阳的微粒辐射.

scrab'bled a. 粗面的指厉工].

scram [skræm] n.; vt. 急停[离](紧急,自动)刹车,故障(紧急)停车,快速断开[解列,停堆],迅速停止[关闭]反应堆. scram rod 安全[事故]棒.

scram'ble ['skræmbl] v.; n. ①(向上)爬,攀(about, up) ②抢,争夺[取](for),(命令截击机组)紧急起飞 ③搜索,拼命扰(after),匆促凑成(up) ④扰频,倒频,改变频率值(通话)不被窃听,【计】量化,编码 ⑤ 倒频,混乱,混乱. scramble time 零星[量化,编码]时间. ▲in a scramble 急忙,赶忙. scramble along [on] 爬向前,勉强对付过去. scramble through 设法勉强通过.

scram'bler ['skræmblə] n. (脉冲)量化器,编码器,扰频[倒频]器,振动器,保密器. speech scrambler 语言保密器.

scrap [skræp] Ⅰ n. ①碎片[屑,铁],切[铁,屑] 片,断片,小块的剪报,文章摘录,少许,点滴,小片[块],切[料]头,头,边角料 ②废品[料],碎铁,金属,铁,铜,铅,液],废铸件,残渣[余],回炉料. Ⅱ a. 碎[片,屑] 的,废(弃)的,报废的,片断的,剩余的. Ⅲ (scrapped; scrap'ping) vt. 废弃[置],报废,炸[折]碎,使成碎屑. bought scrap 外购废料[钢]. copper scrap 废(杂)铜. process scrap 生产废料. scrap baller (balling press) 废铁块压力机. scrap build 设备改装,改新. scrap cutter 废料切断装置. scrap iron 废[烂,碎铁],铁屑. scrap press 废料压块压力机. scrap returns 废钢回收,回炉废料,废钢. ▲a scrap of (sth.). a scrap of paper 碎纸头,一纸空文,一张废纸. not a scrap (of) 一点也没有.

scrap-book n. 剪贴簿.

scrape [skreip] Ⅰ v. 刮(削,研,落,成,坏),刮(去),擦(过,伤,去),摩擦,挖(出,空). ▲scrape against [past] 擦过. scrape along 擦…而过,勉强通过. scrape away [off] 刮[擦,剥]掉. scrape down 弄平. scrape out 刮[擦]去,控空[出]. scrape through 好容易完成. scrape up [together] 凑集. Ⅱ n. 刮[痕,屑],擦(伤,去),刮,削[摩擦]声,困境. ▲be in a scrape 正在为难[困难中]. get into a scrape 陷于困境,弄糟.

scra'per ['skreipə] n. ①刮刀[具,板],刮削器,刮削工具,刮研机 ②刮除[土,泥]机,刮泥[铲]板,铲土机,电机 ③橡皮擦. cable drag scraper 缆索拖铲. carbon scraper (汽缸)积碳刮除器,油烟刮除器,刮烟机. drag [dragline] scraper 拖铲. hauling scraper 拖曳刮土机. mark scraper 划线器. pulling scraper 拉铲. road scraper 平(刮)路机,铲运机. sand scraper 混砂刮板,刮砂板. scraper blade 铲运机铲刀,刮刀. scraper conveyor 刮板(式)运输机. scraper loader 刮板式装填器,耙米运载机. scraper pan 铲斗,刮土斗. scraper ring 刮油环,刮油胀圈. tractor scraper 拖拉机式铲运机. wheel scraper (表面粘的)用铲板,轮式铲运[刮土]机.

scrap-heap ['skræphi:p] n. 废物[料]堆,渣子堆. fit for the scrap-heap 毫无用处,该废弃的. go to the scrapheap 变成废物,被废弃.

scra'ping ['skreipiŋ] n. 刮(研),擦,挖,耙三,刮削(加工). scraping apparatus 铲刮机械,刮管器. scraping belt (刮板运输机的)链板. scraping cutter 刮刀. scraping iron 刮铲器,刮研产生的铁屑. scraping ring 刮油环,刮油胀圈. scraping transporter 刮板式运输机.

scrap'less a. ①无刮削的,无碎片的 ②无渣的 ③无废料排弃.

scrap'page n. 废物(材),报废(率).

scrap'py ['skræpi] a. 碎料的,零碎的,剩余的.

scratch [skrætʃ] Ⅰ v. ①抓(破,伤),刮(伤,痕),擦(伤),刻(画),划(痕,记号) ②刻划[线]标[记号] ③乱涂,潦草地写,涂掉,过期,勾[划]去 (off, out, through) ④积攒,凑拢 (up). ▲Scratch the surface in +ing 肤浅地(做),在(做)…方面只是接触到一点皮毛. scratch the surface (of M) 接触到(M的)皮毛,没有深入讨论(M).

Ⅱ n. ①刻[划]痕,绘痕 ②刮[擦]痕,擦伤,划一下 ③压条印 ④乱写[涂] ⑤(放唱片时)针头噪声,表面噪声. Ⅲ a. 偶然的,凑合的. scratch board 刮板. scratch brush 钢丝刷,金属丝的刷子. scratch coat (灰涂)打底. scratch file 划[划]线[标线]档. scratch filter 唱针沙音滤除器,(唱机)沙音抑制器. scratch hardness 刻(划)痕硬度,擦硬度. scratch lathe 擦光机,磨光旋床. scratch noise 唱针噪声(沙音). scratch oil test 油蚀性的试验. scratch pad memory 便笺式(高速暂存)存储器. scratch recorder 划线式记录器. scratch start 起弧,点弧. scratch template 钉刮样板. scratch test 划痕(硬度)试验.

scratchabil'ity [ˌskrætʃəˈbiliti] n. 易刻性,刻痕度,柔软度.

scratch-hardness n. 划痕硬度.

scratch'(-)pad [ˈskrætʃpæd] n. ①便条〔笺〕②便笺式〔临时〕存储器.

scratch'y a. 潦草的,拙劣的,发刮擦声的.

scrawl [skrɔ:l] v.; n. 乱涂〔写〕,瞎画,潦草书写〔笔迹〕.

scraw'ny [ˈskrɔ:ni] a. 骨瘦如柴的,皮包骨的.

scream [skri:m] Ⅰ v. ①发啸〔尖叫〕声(out)②呜呜地响②振荡〔动〕. Ⅱ n. ①啸〔尖叫〕声②非常可笑的事.

scream'ing a. 非常可笑的.

scree n. 山麓碎石,岩屑堆.

screech [skri:tʃ] v.; n. ①发(粗哑而刺耳的)尖叫声,呼啸②(火箭以及涡轮发动机中发生的)振荡燃烧. screeching halt 急刹车.

screed [skri:d] Ⅰ n. ①(瓦工用的)样板,整平板,(定墙上灰泥厚薄的)准条,尺,匀泥尺,找平层,砂浆层,抹灰的冲筋②裂片③冗长的书信〔议论〕. screed board vibrator 样板式震动器,震动样板. Ⅱ vt. ①用样板刮平,用整平板压实整平②裂开③喋喋不休. screed(ing) board 样板.

screen [skri:n] Ⅰ n. ①屏,幕,帘②荧光〔投影〕屏,屏护,遮,网线,隔板,屏蔽,烟幕③幕〔子,网,分机〕,粗眼幕,(滤)网,网屏,纱窗〔门〕,百页窗〔箱〕④屏栅(极),帘栅极,保护栅,光栅,盘〔筛〕,筛,网,点阵⑦滤光镜〔器〕,过滤器,滤膜⑧(交通)流向线交织图. air-in screen 进气滤. earth (ground) screen 地网,接地屏蔽. electronic screen 电子显示器荧光屏. fast screen 短余辉荧光屏. finder screen 检像镜投影屏. fluorescent screen 荧光屏. gauze screen 整流网. heat screen 绝热体〔屏〕. intensifying screen 加强膜. lamp screen 灯罩. lens screen 光阑. low-persistence screen 短暂余辉屏. mesh screen 筛. radiator screen 散热器护栅. screen analysis 筛分(试验). screen boost coil 帘栅极升压线圈. screen burning 荧光屏烧蚀,离子(辉)点,游离点. screen bypass 屏栅极旁路电容器. screen constant 屏蔽常数. screen glass 投影屏玻璃. screen grid power tube 屏栅功率管,四极功率放大管. screen illumination ratio 屏蔽照度比. screen intensity 荧光屏亮度. screen mesh 筛眼〔孔,号〕. screen opening 筛孔〔眼〕. screen pipe 筛滤管. screen plate 过滤板. screen play 电影剧本. screen printing 网板〔丝幕〕印刷. screen process 假背景(电视)摄影,背景放映,银幕合成. screen residue 筛余〔渣〕. screen sheet 投影片. screen size gradation 银幕配. screen size television 投影〔大屏幕〕电视. screen tailings 筛余〔屑〕. screen test 筛选〔分〕试验,(电影演员)试镜. screen tube 捕渣管,屏蔽电子管. screen voltage 屏栅极电压. screen window 纱窗. silk screen method 丝网漏印法. sizing screen 分级筛. wall screen 银〔壁〕幕. welding screen 电焊遮光罩. woven wire screen 织丝筛. ▲make a screen version of 将⋯拍成电影. show (throw) on the screen 放映. under the screen of night 在夜幕的掩护下. Ⅱ v. ①遮〔挡,蔽,护〕,保〔掩〕护,屏蔽,隐蔽,隔离〔开〕,防波②放映③筛(选,分),过滤④审〔调〕查,甄〔鉴〕别⑤以烟幕蒙蔽⑥适于拍摄电影. ▲be screened from 不受⋯的影响,免于⋯的威胁. screen M from N 把M与N隔开. screen into bits 筛成碎块. screen off 筛除〔去〕,遮去. screen out 筛分〔出,去〕.

screen'age n. 屏蔽,影像.

screened a. 部分封闭的,部分屏蔽的,过筛的,筛出的.

screen'er n. 筛,筛分机,筛分工.

screen'erator n. 筛砂松砂机.

screen-grid n. 屏栅极.

screen'ing n. ①遮〔掩〕蔽,遮护,隔离②屏蔽③筛(分,选),过筛④防波⑤(pl.)筛屑,筛余(下)物,筛下细煤⑥荧光屏检查. electric screening 电(场)屏蔽. screening box 屏蔽箱〔盒〕. screening constant 屏蔽常数. screening machine 筛机. screening material 筛分材料. screening plant 筛分设备〔工场〕,筛石厂. screening surface 筛子有效面积. silk screening 丝网遮蔽法.

screen'-play [ˈskri:nplei] n. 电影剧本.

screen-reflector n. 金属网反射器.

screen-throughs n. 筛屑.

screw [skru:] Ⅰ n. ①螺旋(杆),丝,杆,孔,纹)丝杆,起重器,千斤顶,螺旋桨(体,装置,输送机)②(一)拧,旋(转)③叶片(测流计的或叶轮的). automatic screw machine 自动切丝机. button head cap screw 圆头螺钉. cap screw 有头螺钉. cooling screw 螺旋冷却器. cup head wood screw 圆头木螺钉. differential screw 差动装置螺钉〔钮〕. eye screw 环首螺钉. feed screw 螺旋进料机,进料(给)螺杆. female screw 阴螺纹,内螺纹. flat head screw 平头螺钉. foot screw 地脚螺钉. grub screw 无头螺钉. hand screw press 手转压力机. housing (pressure) screw 压下螺钉. jack screw 千斤顶螺杆. lead screw 导(螺)杆,推动螺杆,丝杠. log (coach) screw 方头木螺钉. male screw 阳螺旋,柱螺纹. plain screw 平(普通)螺钉. screw action (钢丝绳的)捻股作用. screw antenna 螺旋形天线. screw auger 钻(木工用)麻花钻,螺旋钻. screw base 螺钉座,螺丝灯座,螺旋管底. screw block 螺旋顶高器,千斤顶. screw bolt 螺栓. screw cap 螺(旋)帽,螺旋盖,螺丝灯头. screw chasing machine 螺纹切削机,制螺旋机. screw cutting lathe 车床. screw cutting 〔切〕螺纹. screw diad 〔triad, tetrad, hexad〕二〔三,四,六〕重螺旋轴. screw die 螺丝(钢)板. screw dislocation 螺型位错. screw driver 螺丝起子,螺丝刀,改锥,旋凿. screw extractor 断螺钉取出器. screw extruder 螺旋挤压〔压出〕机. screw flange 栓接〔螺旋连接〕法兰. screw gearing 螺旋齿轮传动装置. screw machine 制螺钉机. screw nail 螺钉. screw nut 螺母. screw plate 板牙. screw plug screw 接线柱. screw shell 螺旋套筒,灯头的

口. *screw socket* 螺口插[灯]座. *screw spike* 螺旋道钉,螺丝[木螺]钉. *screw steel* 螺丝[纹]钢. *screw stem* 螺杆. *screw stock* 丝锥扳手,板牙架. *screw tap* 螺丝攻,丝锥,圆口龙头. *screw thread* 螺纹. *screw wedge* 杆螺调整楔. *screw wire* 螺口用钢丝. *step screw* 止杆螺钉. *stop screw* 止动螺钉. *wheel screw* 手铰锁紧螺钉. *worm* [endless] *screw* 蜗杆. *zero adjusting screw* 零装置螺钉,仪器调零钮. ▲(*have*) *a screw loose* [口]毛病[故障]. *give* (*a nut*) *a good screw* 拧紧(螺母). *give it another screw* 再把它拧一下. *put the screw on* 或 *apply the screw to* 对…施加压力. Ⅰ *vt.* ①拧(紧),旋,旋紧螺钉,(用螺钉)拧紧[住]②攻丝,用螺丝攻③压榨,榨取④扭(拧)⑤急忙离开. *screwed joint* 螺纹接合,螺(纹套)管接头,螺栓接头. *screwed pipe* 螺(纹)管. *screwed sleeve* 螺纹套管. *screwed socket* 螺丝承窝. ▲*screw down* 拧紧,用螺钉拧住[固定],压[旋]下. *screw in* 拧进去,把…拧入. *screw its way through* 靠螺旋桨的旋转穿过…前进. *screw off* 起(下)螺(丝),旋下[出]. *screw out* 拧出[下],旋出. *screw M out of N* 自 N 中把 M 挤[榨]出. *screw up* 拧紧,卷成螺旋形,鼓起(勇气),弄糟.

screw-base *n.* 螺钉脚[座].
screw-cap *n.* 螺旋帽[盖],螺丝钉头,螺口灯头.
screw-decanter *n.* 螺旋,倾析器.
screwdown *n.* (螺旋)压下机构,用螺丝拧紧. *screwdown control* 压下控制.
screw'driver *n.* (螺丝)起子,改锥,旋凿. *screwdriver with voltage tester* 试电笔.
screw-eye *n.* 螺丝[旋]眼.
screw-gear *n.* 螺旋[齿]轮,螺轮联动装置.
screw'head *n.* 螺钉头.
screw-in *a.* 拧入(式)的,旋入的,拧进去的.
screw-jack *n.* 螺旋千斤顶,螺丝千斤顶.
screw-joint coupling 螺纹套帽接头.
screw-pitch *n.* 螺距[节].
screw-plug fuse 旋入式保险丝.
screw-press *n.* 螺旋压(榨)机.
screw-propeller *n.* 螺旋桨.
screw-socket *n.* 螺口插[灯]座.
screw-thread *n.* 螺纹.
screw-topped *a.* (瓶等)有螺旋盖的.
screw-wrench *n.* 螺旋[活络]扳手.
screw'y *a.* 螺旋形的.
scrib'ble ['skribl] *v.*; *n.* 涂[乱]写,潦草书写.
scribbling-block 拍纸簿,便条本.
scribe [skraib] Ⅰ *v.* ①缮写②(用划线器)划线(于),划痕,划(割,片)③(木工)雕合,合缝. *scribing and breaking* 划断法. *scribing block* 划针盘. *scribing calipers* 内外卡钳. *scribing tool* 划线器. ▲*scribe up M into N* 把 M 划线(划片)分成 N. Ⅱ *n.* ①抄写者,文牍,书记②(作家,记者)③划线器.
scri'ber ['skraibə] *n.* 划(线)针,划线器(具),划片器(具). *offset scriber* 弯头划(线)针. *point scriber* 尖划线针. *scriber point* 划线(用)侧块(块规附件).

script [skript] *n.* ①正[原]本,剧本(原稿),电影脚本,广播稿②笔迹,手书(迹)的,手写体,书写的字母、数字、符号等③(试验的)答案.
scripton *n.* 转录子.
scrip'tural *a.* 根据"圣经"的.
scrip'ture ['skriptʃə] *n.* "圣经",经典,经文. *Holy Scripture*(*s*) (基督教)圣经.
SCRN =screen 屏蔽,帘栅板,荧光屏,幕.
scroll [skroul] Ⅰ *n.* ①卷(轴,形物),书卷②涡(形)管,涡卷(杆,旋),涡绕形,旋涡花样,涡形道,蜗壳,离心泵(或风机)的蜗室. Ⅱ *vt.* 打草稿,用旋涡花样装饰,卷成卷轴形. *scroll chuck* (平面螺旋式自动定心)三爪卡盘,三爪自动定心卡盘. *scroll directrix* 【数】涡卷准线. *scroll shear* 涡形剪床,涡形管剪切机.
scroll-saw *n.* 线锯,云形细锯.
scroll-wheel *n.* 涡(形齿)轮.
scroll-work *n.* 涡旋(形)饰.
Scrophularia'ceae *n.* 玄参科.
scrub [skrʌb] Ⅰ *v.* 擦(洗,净),洗(涤,刷,气),清洗(涤,气),气体洗涤. Ⅱ *n.* ①擦(洗),磨②灌木(丛),丛林.
scrubbed *a.* 洗(纯)净的,精制(炼)的. *scrubbed finish* (混凝土表面用稀盐酸)擦光处理.
scrub'ber ['skrʌbə] *n.* ①擦洗(涤)器,擦光,清洁器,(湿式)除尘器,涤(净,除)气器,洗气(装置),洗涤(涤气)塔,洗涤器②(湿式)煤气洗涤器③拖板刷,擦布④旧砂湿法再生装置,旧砂再生机⑤擦洗者,清洁工. *air* [*aircleaner*] *scrubber* 空气洗涤器,涤气器. *cyclone scrubber* 旋风洗涤(涤气,集尘)器. *off gas scrubber* 放空排气洗涤器. *pneumatic scrubber* 气动洗涤器,空气洗涤塔. *sand scrubber* 洗砂机,旧砂洗涤器. *scrubber tank* 洗气罐. *sulfur scrubber* 脱硫塔. *water scrubber* 水洗塔. *wet gas scrubber* 湿法气体洗涤器.
scrub'bing ['skrʌbiŋ] *n.* ①(气体)洗涤,洗净,洗去,擦洗,洗气,涤气,除气,(化学分离)(气体),(气体在洗气器内)除尘,净化②刷去,擦掉,摩擦.
scrub(*bing*)-**brush** *n.* (擦洗用)硬毛刷.
scrub'by *a.* 树丛繁茂的,杂木丛生的;肮脏的,破旧的.
scruff *n.* 浮[炉,锡]渣,(镀锡槽内形成的)氧化锡,铅铁合金的机械性混合物;颈背.
scruffy plate 锡污(镀锡薄)板.
scru'ple ['skru:pl] *n.*; *v.* ①(由于道德上的原因而感到的)犹豫,迟疑,顾忌[虑]②极微之量,吩(药剂衡量单位=20 喱=1.295978g). ▲*do not stick at scruples* 不犹豫(迟疑). *have scruples about* 对…有所顾忌,踌躇. *make no scruple of* 毫不迟疑地. *stand on scruple* 顾忌,顾虑重重. *without scruple* 毫无顾忌,坦然.
scru'pulous ['skru:pjuləs] *a.* ①谨慎(小心)的②认真(细心)的,正确(彻底)的. ▲*be scrupulous about* 对…很认真(细心),小心. *pay scrupulous attention to* 细心注意. *with scrupulous precision* 以一丝不苟的精确性. ~*ly ad.*
scru'table ['skru:təbl] *a.* 可辨认的,能被理解的.
scruta'tor [skru:'teitə] *n.* 观察者,检查者.
scru'tinise 或 **scru'tinize** ['skru:tinaiz] *v.* 仔细检查[研究],考(审)查,核对,细看[读],推敲,追究. *scru'*

scru'tiny ['skru:tini] *n.* 细看,仔细检查,详尽的研究,推敲. ▲**make a scrutiny into** 详细[彻底]检查[研究]. *not bear scrutiny* 有可疑的地方. *subject to scrutiny* 使受详细检查.

SCS =①secret control station 秘密控制站(台) ②secret cover sheet 暗盖板 ③silicon controlled switch 硅控开关 ④simultaneous color system 同时发生彩色系统 ⑤space command station 空间指挥台,航天指令站 ⑥stabilization and control system 稳定和控制系统.

SCSH =structural carbon steel hard 结构用硬碳(素)钢.

SCSM =structural carbon steel medium 结构用中碳(素)钢.

SCSS =structural carbon steel soft 结构用软碳(素)钢.

SCT =①structural clay tile 自承重空心砖 ②surface charge transistor 表面电荷晶体管.

SCTR =scooter 小型摩托车.

SCTY =security 安全(性),可靠(性),保密(措施).

SCU =①secondary control unit 辅助控制装置 ②static checkout unit 静态检验装置 ③storage control unit 存储控制器.

SCUBA =self-contained underwater breathing apparatus (自藏式)潜水呼吸用具. *scuba zone* 器具潜水区.

scud [skʌd] Ⅰ *n.* ①(煤层内)黄铁矿 ②疾(飞)走 ③飞(雨)云,急(阵)雨,飞沫. Ⅱ *v.* ①飞跑[过],疾飞,飞驶,乘风前进 ②刮雨. *scudding knife* 切纸刀.

scuff [skʌf] Ⅰ *n.* ①拖着脚步走,(鞋)磨损 ②(齿轮)咬接,划伤,(表面)产生塑性变形. ▲*scuff up* 擦蚀(表面).

scuf'fing *n.* (带卷边部的)折缘变形,(齿轮)咬接(现象),划痕[伤],擦伤.

scull [skʌl] Ⅰ *n.* ①短桨,橹,小划艇 ②【冶】结壳,渣壳,包结瘤,底结. Ⅱ *v.* 划[摇]船.

sculps 或 **sculp'sit** 或 **sculpse'runt** [拉丁语]雕刻者,(某某)雕.

sculp'tor ['skʌlptə] *n.* 雕刻[塑]家.

sculp'tress ['skʌlptris] *n.* 女雕刻[塑]家.

sculp'ture ['skʌlptʃə] Ⅰ *n.* ①雕刻(术,品),雕塑(品) ②刻蚀,浸蚀[风化]的痕迹. Ⅱ *v.* 雕[刻,塑] ②刻蚀,浸蚀,风化. **sculp'tural** *a.*

scum [skʌm] Ⅰ *n.* 泡沫,浮渣[垢,膜],铁渣,渣滓,碎屑,水垢,清炉渣块,菌膜. *scum cock* 排沫旋塞. *scum riser* 浮渣冒口. *scum rubber* 泡沫橡胶. Ⅱ *v.* (scummed; scum'ming) ①(除)去浮渣[泡沫],撇油(off) ②起泡沫,形成泡沫[浮渣],吐渣(窑业制品干燥后表面析出白色盐类而失去光泽) ③迅速的掠过 ④表面生长.

scum'ble ['skʌmbl] *vt.; n.* 涂暗色,涂不透明色,(薄涂)涂料.

scum'mer *n.* 撇[除]渣叉,除渣器.

scum'ming *n.* ①撇渣 ②(*pl.*)浮渣 ③吐渣(窑业制品干燥后表面析出白色盐类而失去光泽)吐渣.

scum'my ['skʌmi] *a.* 泡沫[渣滓]的,似[有]浮渣的,浮渣(状)的,卑俗的.

scum-off *n.* 除[排]浮渣.

scup =scupper.

scup'per ['skʌpə] *n.* (甲板)排水口[孔,管],溢流口. Ⅱ *vt.* 使(船)沉没.

scurf [skə:f] Ⅰ *n.* 表皮屑,糠秕. Ⅱ *vt.* ①刮[擦,拭]除(皮屑等) ②(像是)蒙上(皮屑).

scur'ry ['skʌri] *vi.; n.* ①快跑,疾走,奔忙 ②飞散,弥漫,一阵[团](of).

scur'vy ['skə:vi] Ⅰ *n.* 坏血病. Ⅱ *a.* 卑鄙的. **scur'vily** *ad.*

scutch [skʌtʃ] Ⅰ *n.* 石工[圬工]小锤,刨锤,刨锛(砌砖工具). Ⅱ *v.* 【纺】清(棉),打(麻),开(布)幅.

scutch'er *n.* 打麻[清棉,开幅]机.

scut'tle ['skʌtl] Ⅰ *n.* ①煤斗,筐 ②天[气,舷]窗,小舱口. Ⅱ *v.* ①凿沉,使(船)沉没,全部放弃 ②奔跑,逃奔,赶急[忙](away).

SCV = sub-clutter visibility 目标在地物干扰中的可见度,次干扰能见度.

SCW = standard copper wire 标准铜线.

SCWR = supercritical water reactor 超临界水慢化反应堆.

scyelite *n.* 闪云橄榄岩.

scyllitol *n.* 鲨肌醇.

scymnol *n.* 鲨胆甾醇,鲨胆固醇.

scy'phoid *a.* 杯状的.

Scyphomedusae *n.* (*pl.*)水母类,钵水母纲.

scyphozo'a *n.* (*pl.*)钵水母纲,真水母类.

scythe [saið] Ⅰ *n.* 长柄大镰刀,草地割草机. Ⅱ *v.* 用(大)镰刀割.

SD =①self-destroying 自毁的 ②shop drawing 制作[生产,加工]图,工场用图 ③shower drain 暴雨排水管 ④soft drawn 软拉[拔] ⑤space diversity 空间分集 ⑥spark discharger 火花放电器 ⑦special duty 特殊任务 ⑧structural detail 结构细部.

sd = *sine die* [拉丁语]无日期,无限期.

SD system = station dialling system 电台拨号系统.

SDAP = systems development and analysis program 系统发展与分析规划[程序].

SD BL = sand blast 喷砂(器).

SDC =①secondary distribution center 辅助分配[配电]中心 ②special devices center (美国海军)特种设备中心.

SDCE = Society of Die Casting Engineers (美国)压铸工程师学会.

SDG = siding 挡板,披叠板,(铁道)侧线.

SDI =①selective dissemination of information 信息选择传布,定题资料选报,情报选择散发 ②*sludge density index* 污泥密度指数.

SDL = surplus distribution list 剩余物资分配清单.

SDP =①signal data processor 信号资料[数据]处理机 ②Single diode-pentode 单二极-五极管.

SDR =①Sodium-D₂O Reactor 钠冷重水反应堆 ②system development requirement 系统发展要求.

SDS =①sodium dodecylsulphate 十二烷基硫酸钠 ②Space Defense System 空间防御系统.

SDT = single diode-triode 单二极-三极管.

SDU = signal distribution unit 信号分配装置.

SE =①secondary emission 次级(二次)发[辐]射 ②service equipment 维修设备 ③single end 单端 ④sound effect 音响效果 ⑤southeast 东南 ⑥space exploration 空间探索[研究] ⑦special equipment 专用[特种]设备 ⑧standard error 标准误差[机误] ⑨subcritical experiment 低于临界状态下的试验 ⑩sustainer engine 主发动机 ⑪system engineering 系

统工程(设计).

Se =selenium 硒.

sea [si:] I n. ①海(洋,水,面) ②海面动态〔状况〕,(海面)风浪,(波)浪,涛. II a. 海(上,岸,滨,产)的,航海的,近海的. *resistive sea* (硅靶)电阻海. *sea arch* 海蚀桥. *sea beach placer* 海滩砂矿. *sea cliff* 海(边)崖. *sea clutter* 海面杂乱回波,海面(反射)干扰. *sea compass* 航海罗盘. *sea earth* 海底电缆接地. *sea echo* 海面回波,海面反射信号. *sea floor relief* 海底地形. *sea freight* 海上运输. *sea level* 海平面. *sea level elevation*〔*height*〕海拔高度. *sea power* 海军力量,制海权. *sea return* 海面反射信号. *sea trials* 海上试航. *sea wall* 海塘〔堤〕,防波堤. *sea wax* 海蜡. *sea worm* 蛀木虫. ▲*above (the) sea(-level)* 海拔. *arm of the sea* 海湾. *a sea of* 大量的. *at full sea* 满潮,在高潮上,绝顶,极端. *at sea* 在海上,在航海途中,不知怎样才好,茫然不知所措. *beyond* [*across, over*] *(the) sea(s)* 在(到)海外. *by the sea* 在海边. *empty (itself) into the sea* 流注入海. *go (down) to the sea* 到海边去. *head the sea* 迎浪行驶 *high* [*heavy, rough*] *sea* 怒涛,巨浪. *keep the sea* (船)在海中,在继续航行中. *on the sea* 在海上,坐着船,临海,在海边. *out at sea* 航行中. *put (out) to sea* 离港,出海. *Sea forces* 海军. *stand to sea* 离陆驶向海中. *take the sea* 乘(口)船,下水. *the high seas* 大(公)海,远洋. *the closed sea* 领海.

SEA =①Southeast Asia 东南亚 ②special effect(s) amplifier 特殊效果放大器 ③sudden enhancement of atmospherics 大气干扰突然加强,天电突增.

sea =standard electronic assembly 标准电子组件.

sea-anchor n. 垂锚,风暴用浮锚.

sea'bank n. 防波堤,海岸.

sea'base ['si:beis] n. 海上基地.

sea'based a. 舰上的,舰载的.

sea-bed n. 海床.

sea bee n. 海军工具,一种小型水陆两用飞机.

sea-board n. 海岸(线),沿海地区.

sea-book n. 航海图.

sea-borne ['si:bɔ:n] a. 海(船)运的,海上漂浮的,来自海上的.

sea-breeze n. (吹向陆地的)海(清劲)风.

SEAC =standard electronic automatic computer 标准电子自动计算机.

sea-captain n. 船(副)长,海军上校.

sea-coal n. 海运煤.

SEACOM =South-East Asia Commonwealth Cable 东南亚国家(海底)电缆.

sea'dragon n. 海龙.

sea'drome ['si:droum] n. 海面机场,水面飞行场.

sea'faring a. 航海的,水手的.

sea-floor exploration by explosives 爆破海底勘测.

sea-going a. 航海的,海上〔远洋〕航行的. *sea-going tug* 海上拖轮.

sea-haul 或 **sea(-)lift** n. 海上运输.

sea-keeping a. 经得起海上风浪的.

seal [si:l] I n. ①封(口,闭,蜡,铅),条,层,印),铅(熔,蜡)封,焊缝,火漆 ②密封(垫,剂,装置),绝缘(装置),气(油)密,垫圈(料),隔离层,闸(板) ③印记,记号,图章,捺印,封缄 ④保证,批准,表示 ⑤海豹. *air seal* 气密,防气闭. *bellows seal* 膜盒密封. *copperglass seal* 铜-玻璃密封,铜和玻璃焊封. *crimp seal* 锯齿形焊缝. *dip seal* 液封. *gas seal* 气密〔封〕. *glass-to-metal vacuum seal* 玻璃与金属的真空连接(封接)和焊. *lead seal* 输入端封接,铅封. *official seal* 公章. *oil seal* 油封. *seal edge* 封口. *seal gum* 密封(用橡)胶. *seal maker* 密封件制造厂. *seal water valve* 封水阀. *seal weld* 致密(密封)焊缝. *wobble seal* 摇动压实. ▲*affix* [*stamp, put, set*] *one's seal to* 在……上盖印,保证,批准. *break* [*take off*] *the seal* 开(启)封. *put a* [*the*] *seal on* [*upon*] 或 *put under seal* 封,加封蜡〔铅〕于.

II vt. ①(密)封,密闭,焊接〔闭,合〕,封(口,蜡,铅),焊封〔接,入),低温焊,软焊料钎焊,绝缘,隔离,填实,堵塞,使不透水 ②盖印子,盖章 ③保证,决定. ▲*seal in* 焊〔熔〕接,密封,焊死,封入. *seal M into N* 把 M 封入 N 里. *seal off* 密封,封闭〔固〕,把……关上,封高,脱(拆,开)焊,烫开. *seal on* 接上. *seal M to N* 使 M 和 N 隔绝,不让 M 通过 M. *seal up* 密封,封固. *seal M with N* 把 M 用 N 焊接(密封). *sign and seal* 在……上签字盖章.

SEAL =sea, air, and land sea 海,空,陆.

sea-lab n. 海底实验室.

Sealalloy n. 西尔艾洛伊铋合金.

seal'ant ['si:lənt] n. 密封〔闭〕品,填缝〔封面,渗补,腻〕料,密封层. *tape sealant* 粘封带.

sealed [si:ld] a. 密〔焊〕封的,封接〔闭,住)的,气密的. *glass sealed* 焊入玻璃的. *sealed cap* 密封帽〔盖〕. *sealed cooling* 闭式(密封)冷却法. *sealed joint* 封闭〔填实〕缝. *sealed letter* 封口信件.

sealed-cabin n. (密闭)座舱.

sealed-in n. 焊封〔入〕的,焊死的.

sealed-off a. 封离〔下〕的,开〔脱〕焊的,烫开的. *sealed-off vacuum system* 封离不抽气的真空系统.

seal'er n. 封闭〔密)封器,保护层,渗补(封缝,填缝)料. *lacquer sealer* 漆封剂.

sea-level ['si:'levl] n. 海(平)面. *500 metres above (the) sea-level* 海拔500m.

seal'ing n. ①(密,焊)封〔焊〕接,封闭〔口,缝〕 ②堵塞(漏),填(饱)缝,压实填料,填充物 ③(用热固性树脂)补焊件的漏洞,浸补. *sealing box* 密封箱,电缆终端套管. *sealing cement* 密封油膏〔粘结剂,蜡). *sealing compound* 封口(补胎)胶,密封油膏,油灰,腻子,密封填料〔物),封缝混合物. *sealing end* 电缆封端,焊接端. *sealing gland* 封封压盖. *sealing lip* 密封唇,带唇边的密封件. *sealing machine* 封焊〔熔接,封口,焊)机. *sealing material* 密封〔封缝,封面)材料,密封料,压实填料,填充料. *sealing ring* 密封环. *sealing run* 封底焊. *sealing wax* 封(口)蜡,火漆. *sealing wire* 焊接(封装用)线,密封(封入)引线.

sealing-in n. 焊〔封)接.

sealing-off n. 脱〔拆)焊.

sealing-on n. 焊上.
sealing-wax n. 火漆.
seal′plate n. 密封板.
Sealvar n. 一种铁镍钴合金(用于硬质玻璃及陶瓷的气密封接).
seam [si:m] Ⅰ n. ①(接,焊,凸)缝,接缝〔口,接合(处,缝,缝,面)②发裂(纹),裂隙,疤(伤,接,切,裂)痕,皱(水)纹,节理 ③玻璃制品表面留下的弯缝飞边,(玻璃的)磨边 ④(夹,薄,矿,煤)层 ⑤轻度冷隔. Ⅱ vt. 接缝,接合(缝,合连 ②卷边接合(缝),用弯边法使两个板料连接 ③留有疤痕. vi. 生裂缝,裂开口. *boundary layer seam* 附面层表面. *edge seam* 边缘线状裂纹. *seamed pipe* 有缝管. *seam tube* 有缝管. *seam welder* 线焊机. *seam welding* 线焊(接),缝(滚)焊. *series seam welding* 单面多极滚焊.
sea′mail n. 海邮.
sea′man ['si:mən] (pl. **sea′men**) n. 海员,水手〔兵〕.
sea′manship ['si:mənʃip] n. 航海术.
sea-mark ['si:mɑ:k] n. 航海标志.
seam′er n. 封口缝à机.
seam′ing ['si:miŋ] n. 接缝〔合〕,缝合〔拢〕,卷边接合〔缝〕. *double seaming* 双锁边. *single seaming* 单层卷边接合.
seam′less ['si:mlis] a. 无缝的,压制的,竖压(拉)的. *seamless bloom* 无缝钢管坯. *seamless floor* 无缝地面. *seamless hollow ball bearing* 无缝空心球轴承. *seamless sleeve* 旁热式氧化物阴极套管,无缝套管. *seamless (steel) pipe [tube]* 无缝(钢)管.
sea-mount n. 海底山.
seam′stress ['semstris] n. 缝纫女工.
seam′y ['si:mi] a. 有(接,裂)缝的,有疤(伤)痕的. *the seamy side* 里面,黑阴暗面.
sea′peak n. 海底峰.
sea′plane ['si:plein] n. 水上飞机. *float seaplane* 浮筒式水上飞机.
sea-plant n. 海洋植物.
sea′port ['si:pɔ:t] n. 海港.
sea′quake n. 海啸,海震.
sear [siə] Ⅰ vt. 烧〔烙〕…的表皮,烧,灼,烫〔烧〕焦,使干枯〔枯萎〕. Ⅱ n. ①烙印,烧灼的痕迹 ②(枪炮)扣机,击发阻铁. Ⅲ a. 枯萎的,枯干的.
search [sə:tʃ] v.; n. ①搜(行)索,勘探,搜(寻)调,普检〔查,探测(查,矿)测试,研〔究,寻找,寻优掠.【计】检索,觅数②进〔深〕,入③扫描,扫掠. *binary search* 【计】对半检索. *search coil* 探察(探测,测试,指示器)线圈. *search cycle* 检索周期. *search gas* 示踪(指示)气体. *search key* 检索关键字. *search light* 探照灯. *search receiver* 搜收机. *search system* 搜索系统(设备). *surface search* 海面搜索. ▲*in search of* (为了)寻求,试图发现. *make a search after [for]* 寻找,搜求. *search after [for]* (对…的)寻找,探索,调查,追求. *search into* 调查,研究. *search out* 搜(探,查,找)出,寻找,找到.
search′er ['sə:tʃə] n. ①搜索〔寻觅,寻检,探测)器 ②塞尺,间隙规 ③搜寻(调查)者,(海关,船舶)检查员.
search′ing ['sə:tʃiŋ] a.; n. ①搜索(查)(的),探(搜)查 ②透彻的,彻底的,严密(格)的. *searching current* 探察电流. *searching method* 搜波法.
search′light ['sə:tʃlait] n. Ⅰ v. 探照灯. Ⅰ v. 探照,照射,探照灯搜索,雷达搜索(导航). ▲*turn the searchlight of M on N* 以 M 的眼光来观察 N.
sear′ing Ⅰ n. 修型. Ⅱ a. 灼(炽)热的. *searing heat* 灼热.
searing-iron n. 烙铁.
sea′scape ['si:skeip] n. 海(上)景(观).
sea′shells n. (pl.) 海洋贝类.
sea′shore ['si:ʃɔ:] n. 海滨〔岸,滩). *seashore industrial reservations* 临海工业地带.
sea′sick ['si:sik] a. 晕船的.
sea′sickness n. 晕船.
sea′side ['si:said] n.; a. 海滨(边)(的). *seaside resort* 海滨浴场.
seaside-orientated a. 沿海的,与海滨有关的.
sea′son ['si:zn] Ⅰ n. ①季(节),时节(令)②好时期(机会),旺季,流行期,时效 ③一时,暂时,短时间 ④(木材)风干 ⑤月(季)票. Ⅱ v. ①使适用(适应)②风干(木材),晾秆,变干,(自然)干燥,气候处理,陈化,老化,贮放 ③(皮革)涂光. *season cracking* 风干裂缝,应力腐蚀裂纹,季裂. *season(ed) timber[wood]* 风干木材,晾干木. *the busy season* 旺季. *the off [dead] season* 淡季. ▲*at all seasons* 一年四季,一年到头. *for a season* 一时,短时间. *in due season* 在适当的时候. *in good season* 恰好,恰合时宜,及时. *in season* 应时的,当令的,恰合时宜的. *in season and out of season* 始终,不断,老是,一年到头,不拘任何时间. *out of season* 过时(的),不当令的,失去时机.
sea′sonable ['si:zənəbl] a. ①应时的,及时的,合时宜②合适的,适当的.
sea′sonably ad. (正)合时宜,恰(正)好.
sea′sonal ['si:zənl] a. 季节性(的),随季节而变化的. *seasonal change [variation]* 季节性变化. *seasonal load* 季节性负荷.
sea′sonally ad. 季节性地. *seasonally frozen ground* 季节性冰冻地带.
sea′soning ['si:zəniŋ] n. ①(风,晾)干,干燥(法,处理),(木材)自然干燥,风化,晾坯〔处理),自然时效,陈(老,时)化 ③调质,调味(品)④贮放 ⑤(皮革)涂光 ⑥(磁控管)不稳定性. *air seasoning* 通风干燥(法). *artificial seasoning* 人工干燥(法)(退火). *natural seasoning* 自然干燥(法). *smoke seasoning* 熏干. *steam seasoning* 蒸气干燥(法). *water seasoning* 水浸法.
sea′sonless a. ①无季节性变化的 ②未干燥的.
sea′son-tick′et ['si:zn'tikit] n. 月票,定期车票.
seat [si:t] Ⅰ n. ①座(位,椅,子),基(底),支座(面),支撑(配合)面,阀(门)座,滑阀孔,管孔,台板,垫铁 ②位置,部位,场所,所在地,中心,震源,焦点. Ⅱ vt. 使坐下(固定),安置(牢)①…的座(底)部. *collapsible seat* (可)折(座)椅. *ejection seat* 弹射座椅. *key seat* 键槽,电键座. *plug seat* 插座. *seat angle*

座角钢. *seat beam* (桥)座梁. *seat cover* 座罩〔套〕. *seat cushion* 〔pad〕座垫. *seat of settlement* 沉降影响范围. *seat radio* 车厢(内装设的)收音机. *seat reservation system* 【计】预定座位系统,订票系统. *seat rock* 底层岩石. *seat spring* 座弹簧. *seated gas generator* 固定式燃气发生器. *spindle seat* 心轴座.

sea'tainer n. 船用集装箱.

sea-tangle 或 **sea-tent** n. 海带,昆布.

seat'er ['si:tə] n. 座机,有(多少个)座位的飞机〔汽车〕. *single* 〔*two*〕 *seater* 单〔双〕座飞机. *valve seater* 阀座修整刀具,阀座(加工)刀具.

seat'ing ['si:tiŋ] n. ①(底,支,插)座,支架,基(础)、座位 ②装置,设备. *key seating* 键槽. *seating capacity* (车辆)座位定额〔容量〕. *seating load* 固定荷载. *seating room* (供设置)座位(的空间). *seating valve* 座阀.

SEATO =Southeast Asia Treaty Organization 东南亚条约组织.

Seat'tle ['si:ætl] n. 西雅图(美国港口).

sea'wall n. 海墙,护岸.

sea'ward ['si:wəd] Ⅰ a.; ad. 向〔朝〕海的. Ⅱ n. 海那一边.

sea'wards ['si:wədz] ad. 向〔朝〕海.

sea'water ['si:wɔ:tə] n. 海水. *seawater batteries* 海水(活化)电池. *seawater bronze* 耐蚀青铜(镍32.5%,锡16%,锌5.5%,铬1%,其余铜).

sea-way n. 【海】航路,(海上)航行,怒涛,中〔大〕浪.

sea'weed n. 海藻(草).

sea'worthiness ['si:wə:ðinis] n. 适航能力,适航性,耐波性.

sea'worthy ['si:wə:θi] a. 适(于)航(海)的,经得起风浪的.

SEB =Source Evaluation Board 来源鉴定委员会.

sebacate n. 癸二酸盐〔酯〕. *dibutyl sebacate* 癸二酸二丁酯.

seba'ceous a. 脂肪的.

sebacic acid 癸二酸,皮脂酸.

SEbE 或 **SE by E** =south east by east 东南偏东.

SEbS 或 **SE by S** =south east by south 东南偏南.

se'bum ['si:bəm] n. 皮脂,脂肪.

sec a. ①不甜的,淡的 ②干的.

SEC =①second 秒,第二的,次的,副的 ②secondary 第二的,副的,次(级)的;次级绕组 ③secondary electron conduction target vidicon 次级电子导电(靶)摄像管 ④secretary 秘书 ⑤section 区域,部门,截面 ⑥security 安全(性),可靠(性),保密(措施) ⑦simple electronic computer 简易电子计算机 ⑧space environmental chamber 空间环境容器 ⑨squad-on error correction 中队(飞行队)误差校正.

sec =①secant 正割 ②second 秒,第二的,次的,副的 ③(拉丁语)*secundum* 依照,根据.

sec ar =sectional area (横)截面积.

secalin n. 裸麦醇溶蛋白.

SECAM =(法语) séquentiel à mémoire 顺序与存储.

se'cant ['si:kənt] Ⅰ n. 正割,割线. Ⅱ a. 割〔切〕的,交叉的,剖〔切〕为二的,两断的. *secant curve* 正割曲线. *secant modulus* 割线系数,正割模. *secant plane* 切断平面.

sec'ateurs ['sekətə:z] n. 修整〔树〕剪.

secede' [si'si:d] vi. 退出,脱离(联盟,组织等) (from). **seces'sion** n.

SE-cellulose =sulfoethyl cellulose 磺乙基纤维素.

secern' [si'sə:n] v. ①区分,鉴别 ②分开〔离,泌〕.

seclude' [si'klu:d] vt. 隔绝〔离〕,分离,闭塞. *seclude oneself from the world* 与世隔绝. **seclu'sion** n.

seco n. 闭联.

SECO =①sequential coding 连续〔顺序,时序〕编码 ②sequential control 顺〔时〕序控制 ③sustainer engine cutoff 主发动机停车.

secohm n. 秒欧(姆)(电感的旧单位,=1亨利).

secohmmeter n. 电感表.

secoisolarciresinol n. 开环异落叶松树脂酚.

sec'ond ['sekənd] Ⅰ a. ①第二的,二次的等的,其它的,另〔又〕一个 ②(级)别的,副的,从属的,辅助的,额外的. Ⅱ n. ①(角度,时间)秒,片刻 ②第二(人,名),另一人(物) ③(某月)二日 ④(pl.)次(等)货,二级品,等外品,废品 ⑤助手. Ⅲ a d. 第二(地),次要地. Ⅳ vt. 协助,支持,赞成. *Every second counts*. 分秒必争. *a second pair* 另一对〔副〕. *a second time* 再一次. *per second* 每秒. *second approximation* 二次近似. *second component* 【数】后件. *second derivative control* 按二次导数调节,按加速度调节. *second detector* 第二检波器. *second generation* 第二代,改进型. *second land* (活塞)第二(次环)槽脊. *second level of packaging* 二级包装. *second member* 【数】右端 *second moment* 二次(阶)矩. *second parts* 半旧零件. *second power* 二次幂,平方. *second rolling* 第二次辗压,次压. *second speed* 二档速率. *second* (*speed*) *gear* 二档(速率,齿轮),第二速(啮合)齿轮. *seconds pendulum* 秒摆. ▲*come second* 占第二位. *every second day* 每隔一天. *for the second time* 第二次. (*have*) *second thoughts* 改变考虑,重新考虑. *in a second* 立刻,瞬时,转瞬间. *in the second place* 第二(点),其次. *on every second line* 每隔一行. (*play*) *second fiddle* (*to*) 做(…的)副手,居于次要地位. *second floor* 〔*storey*〕(英)三楼,(美)二楼. *second to none* 第一,独一无二,不比任何人(东西)差.

sec'ondary ['sekəndəri] Ⅰ a. ①第二(性,级,期,阶段)的,二代的,再生(用)的,【数】二次(方)的 ②(要、级,卷,生)的副的,另的,仲的,中等的(学校),辅助的,从属的,补充的,继发性的. Ⅱ n. ①助手,代理人 ②(副)(线)回路,次级回线(圈,绕组) ③二次(中间)产品,中间产物 ④第二级 ⑤伴星 ⑥副低气压. *centre-tapped secondary* 中心抽头次级线圈. *secondary action* 继发作用. *secondary air* 二次风,次级空气. *secondary alcohol* 仲醇. *secondary allergen* 继发变(态反)应素. *secondary alloy* 再熔(化)的合金. *secondary aluminium* 再生铝. *secondary amine* 仲胺. *secondary axis* 副轴(线). *secondary cable* 高压线. *secondary cell* 副(二次,可充电的)

电池,次级(反应)电池,蓄电池. *secondary clock* 子钟. *secondary color* 次〔混合,调和〕色. *secondary compression* 次压密. *secondary computer* 辅助计算机,副(计算)机. *secondary constraints* 【数】次要约束. *secondary copper* 再生铜. *secondary current* 次级〔二次〕电流. *secondary earth* 次级〔二次线圈〕接地. *secondary emission* 次级发〔放〕射. 二次(电子)发射. *secondary focal point* 次焦点. *secondary glider* 低级滑翔机. *secondary graphite* 次生石墨. *secondary immune response* 再次免疫响应. *secondary iteration* 【数】副〔第二〕迭代. *secondary member* 副构件. *secondary metal* 再生〔重铸〕金属. *secondary migration* (石油)二次运移. *secondary pipe* 【轧】二次缩孔. *secondary product* 副(次级)产品,二次产物. *secondary radar* 二次雷达. *secondary rainbow* 霓. *secondary railway* (铁路)支线. *secondary recovery* 二次开〔回〕采. *secondary relief* (刀具)副后〔隙〕面. *secondary stator* (油泵的)副边定子. *secondary storage* 次(外,辅)助存储器. *secondary stress* 次(级)应力,次级胁强,副应力. *secondary structure* 二级结构. *secondary tint* 次色调. *secondary trunk road* 次要干线. *secondary wave* 次波,S波,地震横波,次相.▲*be of secondary importance* 不太重要.

sec'ond-best' ['sekənd'best] Ⅰ *a.* 次(好)的,仅次于最好的,居第二位的.Ⅱ *n.* 次货,居第二位者.

sec'ond-class ['sekənd'-'kla:s] Ⅰ *a.* 二等〔级,流〕的.Ⅱ *ad.* 按第二等.

second-hand ['sekənd-'hænd] Ⅰ *a.* ①第二手的,间接的 ②用过的,旧的.Ⅱ *ad.* 从第二手,间接地.Ⅲ *n.* 秒针,旧货.▲*at second-hand* 用旧货,间接,辗转.

second-harmonic *n.* 第二谐波.

second-level *a.* 二级的,第二层的. *second-level addressing* 【计】二级定址. *second-level predicate* 第二层次谓词.

sec'ondly ['sekəndli] *ad.* 第二(次),其次.

second-mark ['sekənd'ma:k] 秒号(″). 1°5′10″. 1度5分10秒.

second-moment criterion 二阶矩准则.

second-order *a.* 二级的,二阶的.

second-rate Ⅰ *a.* 二(次)等的,第二流的,较次的.Ⅱ *n.* 二等货,二级品.

second-sighted *a.* 有预见的.

second-strike *a.* (武器)第二次打击的.

SECOR =①sequential collation of range 距离连续校正 ②sequential correlation 顺序关联,时序相关.

se'crecy ['si:krisi] *n.* 秘密,保密,隐蔽.▲*in* 〔*with*〕 *secrecy* 秘密地,暗中. *with great* 〔*the utmost*〕 *secrecy* 极秘密地.

se'cret ['si:krit] Ⅰ *a.* ①秘(机)密的,隐蔽〔藏〕的,暗(藏)的 ②神秘的,奥妙的,不可思议的.Ⅱ *n.* ①秘(机)密(事),秘诀,奥妙 ②(pl.) 神秘,奇迹. *a dead secret* 还未泄露的秘密. *an open secret* 公开的秘密. *secret agent* 特务. *secret communication* 保密通信. *secret gutter* 暗沟. *secret joint* 暗接. *secret nailing* 暗钉. *top secret* 绝密.▲*be in the secret* 知道〔参与〕秘密. *in secret* 秘密地. *keep a* 〔*the*〕 *secret* 保守秘密. *keep M a secret from N* 不把M告诉N,把M对N保密. *let M into the secret* 告诉M秘密,对M传授秘诀. *let out a secret* 泄露秘密. *make a* 〔*no*〕 *secret of* 把(不把)…保守秘密.

secre'ta [si'kri:tə] *n.* (pl.) 分泌物.

secretagogue *n.* 促分泌素〔剂〕.

secretan *n.* 一种铝青铜(铜90~95%,铝5~9%,镁1.5%,磷0.5%).

secreta'rial [sekrə'tɛəriəl] *a.* 秘书(工作)的,书记的,部长的,大臣的.

secreta'riat(e) [sekrə'tɛəriət] *n.* ①秘书〔书记〕处 ②秘书〔书记〕(的职务),部长〔大臣〕(的职务).

sec'retary ['sekrətri] *n.* ①秘书,书记 ②部长,大臣 ③(协会)干事 ④草书体大铅字. *the first secretary of the Party committee* 党委第一书记. *first* 〔*second*〕 *secretary* 一等〔二等〕秘书. *general secretary* 总书记. *(private) secretary (to M)* (M的)私人秘书. *secretary general* 秘书长. *secretary of state* (英)国务大臣,(美)国务卿. *under-secretary* 次长,副部长.

secrete' [si'kri:t] *vt.* ①(隐)藏,隐匿 ②分泌.

secre'tin *n.* 肠促胰液素,分泌素.

secretinase *n.* 肠促胰液肽酶,分泌素解能〔钝化〕酶.

secre'tion *n.* 分泌(作用),分泌物.

secre'tive [si'kri:tiv] *a.* ①遮遮掩掩的 ②(促进)分泌的.

se'cretly ['si:kritli] *ad.* 秘密〔隐蔽〕地.

secretogogue *n.* 催分泌素,促分泌剂.

secretomotor *a.* (促)分泌神经.

secre'tory *a.* 分泌的.

SECS = space environmental control system 空间〔航天〕环境控制系统.

secs = ①seconds 秒 ②sections 部分,段,区域.

sect [sekt] *n.* 宗派. ~*arian* *n.*

sect = section 部分,截面,段,区域.

secta'rianism [sek'tɛəriənizm] *n.* 宗派主义.

sec'tile ['sektail] *a.* 可切(分,割)的,可剖开的,可剖成片的,分段的.

sectil'ity *n.*

sectilom'eter *n.* 切剖计.

sec'tion ['sekʃən] Ⅰ *n.* ①截(断,剖,切)面(图),剖视,截口(线,点) ②切断(开,割),分段(割,开),节,区,组)③环(链,四端网络)节;接线,单元 ④断(切)片,(金相研究用)磨片 ⑤零(部)件,部分,片段,课段,舱,(火箭)段 ⑥(pl.)型材(铁,钢)轧材 ⑥(章)节,段(落),项,区(域,间,划),部门,工(地)段,处,科,组,课,课 ⑦刀子,(切割器的)动刀片.Ⅱ *vt.* 拆,截,割,切断〔割,开),区分 ②作截面图,取剖面图,做薄片. *angle section* 角材,角形断面. *bar section* 型材. *body section* 基本部分,机(床)身. *built-up section* 组合结构〔截面〕. *bulb (angle) section* 圆形角材. *channel section* 槽(形)条. *conic section* 二次〔圆锥〕曲线,(割)锥线. *die section* 拼合模块. *finished section* 最终(成品)断面,成品. *free section* 可拆部分. *heavy section* 大型型钢,大型材. *in-*

strument section (测量)仪器部舱. *light(er) section* 小型型钢. *principal section* 主割面. *rolled sections* 异型钢材. *section box* 电缆交接箱,分电箱. *section construction* 预制构件拼装结构,预制部分(集合)构造. *section lamp* 指示灯. *section modulus* 剖面系数(模量). *section of line* 线段. *section paper* 方格纸. *section steel* 型钢. *section switch* 分段(区域)开关. *steel sections* 钢型. *tee〔T〕 section T*型材,T形截面. ▲*build in sections* 分部制造(最后装配). *convey in sections* 拆开搬运. *section out* 分(标)出,分配,使…和…分开. *Section through M*（通过）M(处)的剖(截、断)面(图).

sec'tional *a.* ①部(区)分的,部门的 ②区(级、段)的,区域的,局部的,地方性的 ③截(断)面的,剖视的 ④组合的,并合的,合成的. *sectional boiler* 分节锅炉. *sectional construction* 预制构件拼装结构,预制部分(集合)构造. *sectional core* 【铸】拼合(粘合)型芯. *sectional die* 组合(镶块)模. *sectional drive* 分段分节,多电机驱动,剖面传动. *sectional flask* 【铸】分格砂箱. *sectional iron* 型铁. *sectional mould* 拼合型,镶合砂型. *sectional sensitivity* 铸件壁厚的敏感度. *sectional switch* 分段开关. *sectional view* 断(剖)面图,剖视图,截视形.

sec'tionalize *vt.* ①分段(节,地,区) ②使地方主义化. **sectionaliza'tion** *n.*

sec'tionally *ad.* 分段(区)地.

section-iron *n.* 型钢,型铁.

sec'tionman *n.* (道路)区段工长.

sec'tion-mark *n.* 节号(§).

section-paper *n.* 方格纸.

sectom'eter *n.* 轮胎压力分布仪.

sec'tor ['sektə] Ⅰ *n.* ①扇形(面、体、物、片、区、轮、齿轮、齿板)、齿弧、圆三角形 ②区(段、域)、地区、方面、象限、部(门、分)、组 ③两脚规,量角器,函数尺 ④象限仪,四分仪 ⑤凹口,切口. Ⅴ *v.* 扇形扫描. *cold sector* 冷区. *equisignal sector* 等信号区. *sector conductor* 扇形(引出)导线,扇形心线(导体),两脚规式. *sector display* 扇形显示(扫描),扇形扫描(显示器). *sector gate* 扇形闸门. *sector scanning* 扇形(扇区,区域)扫描,扇形(扇区)扫描. *sector shaft* 扇形齿轮轴,扇形板轴. *tooth(ed) sector* 扇形齿轮(板).

secto'rial [sek'tɔːriəl] *a.* (似)扇形的,瓣状的(动物牙齿)裂的,分段的,(适于)切割的. *n.*【动】裂牙(齿).

sector-instrument *n.* 扇形仪表(装置).

sectoriza'tion *n.* (划)分(为扇形)区.

sectrix curve 【数】等分角线.

sectrom'eter *n.* 真空管滴定计.

sec'ular ['sekjulə] *a.* ①现(尘)世的,非宗教的 ②长期的,久期的,一世纪一次的,百年一度的,长年生的,永久的,缓慢的. *secular aberration*【天】长期光行差. *secular affairs* 俗事. *secular change* 缓慢(经年,长年)变化. *secular drift* 缓慢漂移,长期偏移. *secular equation* 特征(久期)方程(式). *secular stability* 长期稳定性. *secular term*【数】长期项.

secular variation 时效(长期)变化,老化.

secunda oil 页岩太阳油.

secun'do [si'kʌndou] *ad.* (拉丁语)其次,第二.

secun'dum [si'kʌndəm] *prep.* (拉丁语)按照,根据. *secundum artem* 技术(人工)地,科学地,巧妙地. *secundum legem* 根据法律. *secundum naturam* 自然(天然)地. *secundum quid* 从某一方面,有一般(绝对)地,有限(制)地. *secundum usum* 根据惯例.

secure' [si'kjuə] Ⅰ *a.* 安全的,安定的,牢(稳)固的,可靠的,保险的,(确)有把握的,确实的,必定的. ▲*be secure against 〔from〕* 没有(遭受)…的危险. *be secure of* 对…有把握,确信. *feel secure about〔as to〕* 对…(觉得)放心(不要紧). Ⅱ *vt.* ①使安全(安稳),保证(障,险),防护 ②关(扣,关,卡)紧,紧固(固),固定 ③得到,获得,吸引,把…拿到手. ▲*secure M against N* 保护M不受(以免)N. *secure M from N* 保护M不受N,从N得到M. *secure one's end (object)* 达到目的. *secure M to N* 把M固定在N上. ~**ly** *ad.*

securitron *n.* 电子防护系统.

secu'rity [si'kjuəriti] *n.* ①安全,可靠,稳固 ②保护(障),防护(御),保密(措施),警戒 ③保证(物),担保(物),(pl.)证券,债券. *security glass* 安全(防弹)玻璃. *security valve* 安全阀. *the Security Council* (联合国)安全理事会. ▲*go 〔enter into, give〕 security (for)* 为…作保. *in security* 安全地. *in security for* 作为…的担保(保证).

SEC WND = secondary winding 副(次级)绕组.

secy = secretary 秘书.

sedan' [si'dæn] *n.* 轿车(子),单舱汽艇. *convertible sedan* 活顶轿车.

sedate' [si'deit] *a.* 镇静的,庄重的. ~**ly** *ad.* ~**ness** *n.*

seda'tion [si'deiʃn] *n.* 镇静(作用).

sed'ative ['sedətiv] *a.*; *n.* 镇静(剂).

sed'entary ['sedəntəri] *a.* 坐着做的,固定不动的,残积的. *sedentary product* 残积物,风化产物. *sedentary soil* 原生(地)土.

sedge *n.* 芦苇. *sedge peat* 草状植物,泥炭.

sed'iment ['sedimənt] *n.* ①沉积(物),沉淀(物),泥沙 ②渣滓,残(沉)渣,水垢,淀积. *sediment bowl* 沉淀池(器),澄清池. *sediment discharge* 泥沙流量,沉积(物)流量. *sediment trap* 沉淀物捕集器,沉积阱.

sedimen'tal 或 **sedimen'tary** *a.* 沉积(淀、降)的,(含有)沉淀物的,由沉形成的,冲积的,水成的. *sedimentary deposit* 沉积层,成层沉积,沉积矿床. *sedimentary rock* 沉积(水成)岩.

sed'imentate ['sedəmənteit] *v.* 沉积(淀、降).

sedimenta'tion *n.* 沉积(物,法,学,作用),沉淀,淀(澱)积,泥沙堆积,敷覆.

sedimentator *n.* 沉淀器,离心器.

sedimentin *n.* 促红血球沉降物质.

sediment-laden stream 多沙河流,夹沙流.

sedimento-eustatism 沉积海面变动.

sedimentol'ogy *n.* 沉积学.

sedimentom'eter *n.* 红血球沉降速度测定器.

sedimentom′etry n. 沉淀学[法].
sedit′ion [si'diʃən] n. 煽动,捣乱.
sedit′ious [si'diʃəs] a. 煽动(性)的.
sedoheptose 或 **sedoheptulose** n. 景天庚酮糖.
sedovite n. 钨钼铀矿.
sedulene n. 瑟杜烯.
sedu′lity [si'dju:liti] n. 勤奋. **sed′ulous** a.
sedulone n. 瑟杜酮.
see [si:] (saw, seen) v. ①看,视,见,观察 ②看出,了解,明白 ③查看,检查,看看,留神,注意,照顾 ④经历,遭遇,经[承]受 ⑤参观,访问,送(别). We saw the car cross [crossing] the bridge. 我们看见汽车过桥[正在过桥]. The car was seen to cross [was seen crossing] the bridge. 有人看见这辆汽车过桥[正在过桥]. We saw the rocket launched. 我们见发射火箭(的情景). I looked but saw nothing. 我瞧了,但没看见什么. ▲as seen 看来. as seen 显然,正如所看到的那样. as seen by 从…来看. as will be readily seen 不难看出. has seen its best days (它)现在不行了. not see the use [good, advantage] of +ing 不明白做…的益处[好处,利益]. see about … 注意,留神,查考. see after 照料. at a glance 一看就明白. see fit [good] to +inf. 觉得…是适宜的. see for oneself 亲自求证,亲眼去看. see if 审查,看看是否. see into 细心检查,领会,彻底理解. see into the matter 调查[处理,理解]事情. see it 了解,理会,明白. see much [nothing, something] of 常常[不,偶尔]碰见. see (him) off 送别(他),给(他)一个…way (clear) to +inf[+ing] 设法(有意,打算)(做…). see over 查视,仔细看一遍. see service 有战斗经验,老练,用久[破,坏]了. see stars [头部被撞]眼冒金星. see the last of 做完,看最后见,赶走. see the light (of the day) 出世[生];公开,公诸于世;领悟,明白,得到正确的观念;刊行. see the sights 游览,观光. see the time when 遭遇 . see through 看穿,通过…看,把…做完,支持(某人)到底. see to 注意,留心,照料. see to it that 设法使,努力使,保证. See well and good 觉得好,认为不要紧. see whether 审查,看看是否. you see [说话中…一定明白,你必须现在告诉你. seeing that …鉴于,考虑到,因为.
Seebeck effect 塞贝克(温差电动势)效应.
seed [si:d] Ⅰ n. ①种子,晶种[体],籽源(治疗肿瘤用的小型密封放射源) ②颗粒,晶粒 ③火种,火[发火]源,点火区,点火元件,强化燃料组件 ④接种针 ⑤卵球,萌芽,根源 ⑥子孙,后代. lightly dropped seed 轻掺杂籽晶. radiation seed 镭管,辐射盒. seed blast 喷射清理机. seed core 强化堆芯 (带强化燃料组件的堆芯). seed crystal 晶种,籽晶. seed drill 条播机. seed recovery 点火材料回收. seed temperature 籽晶温度.
Ⅱ vi. 结[生]子,成熟. vt. ①播种,加[放入]晶种,引晶,接种 ②去…核,除去…种子 ③活化. cloud seeding 播云. seeded strip 绿化[植草]带. seeding machine 播种[植]机. seeding polymerization 接

种聚合(作用). ▲seed out (结)晶[析]出.
seed′bed ['si:dbed] n. 种子田,苗床.
seed-blanket n. (反应堆)点火区-再生区.
seed′er n. 播种机,播种者.
seed′holder n. 籽晶夹持器,籽晶夹头.
seed′ing n. ①播[接]种,植草,孕育 ②加[放入]晶种,引晶(技术) ③强化,点火. random seeding 随机引晶,多晶籽晶引(单晶)技术.
seeding-machine n. 播种机.
seed′ling ['si:dliŋ] Ⅰ n. 秧(幼,树,籽)苗. Ⅱ a. 从种子栽培[繁殖]的,原始状态的. seedling nursery 苗圃.
seed-out n. (结)晶[析]出.
seed′time n. 播种期.
seed′y a. 多(籽)子的,多核的,结籽的,成熟的;(玻璃)多气泡的,不舒服的.
see′hear n. 视听器.
see′ing ['si:iŋ] Ⅰ v. see的现在分词. Ⅱ n. 视力,观看,像质量,像清晰度,能见度,明晰度. far seeing plan 远景规划. Seeing is believing. 百闻不如一见. Ⅲ prep.; conj. 因为,由于(…的缘故),(有)鉴于(that).
seek [si:k] (sought, sought) v. (寻)找,探寻[索],调[查]探访,搜索[查],寻的,定位,调[勘]查,(试)试图,企图[谋]找,谋而去. seek advice 征求意见,请教. ▲be not far to seek 不难找到,在近旁,在旁边,很明白[显]. little sought after 不大需要. much sought after 很需要. seek after [for] 寻[探,追求,试图获得. seek out 寻找,找到,找[搜,探测]出,发现. seek to +inf. 设法[力图,试图](做某事). to seek the truth from facts 实事求是.
Seekay wax 西凯蜡(123℃开始软化,140℃会产生毒气,用于不需镀金属的地方).
seek′er ['si:kə] n. ①搜索者,探寻者 ②自导导弹,自动导引(的)头部,自动寻的弹头,寻的制导头,自动引导头坐标仪,寻的制导系统,自动引导系统. heat [infrared] seeker 红外线自导导弹. target seeker 自导导弹,自动寻的的弹头.
seek′ing n. 寻找,寻的,自动导引,自动瞄准.
seem [si:m] vi. 好象(是),仿佛(是),似乎(是). Things far off seem (to be) small. 远处的东西看上去要小(些). ▲it seems as if 仿佛像是. it seems certain that 看来一定是…. it seems [would seem, should seem]that 看来,似乎,好象,据说. it seems to M that 在M看来(以为),据M看. seem to be 似乎[好像,仿佛]是. seem to+inf. 似乎,看来. there seem to be 似乎[好象]有. there seem to be some cases 似乎有时.
seem′ing Ⅰ a. 表面[形式,外观]上的,似乎[仿佛]的. Ⅱ n. 外观[表],表面.
seem′ingly ad. 表面[外观]上,看上去.
seem′ly ['si:mli] a. 适宜的合,恰当的. **seem′liness** n.
seen [si:n] v. see的过去分词.
seep [si:p] Ⅰ vi. 渗漏出,渗漏[滤]. ▲seep in 渗入. Ⅱ n. 水陆两用吉普车.
seep′age ['si:pidʒ] n. 渗漏[透,流,溢,液],过滤,渗出(量,现象),油苗. seepage flow 渗流. seepage

seep'y ['si:pi] *a.* 漏水〔油、气〕的,透水的.

seer'sucker ['siəsʌkə] *n.* 泡泡纱.

see'saw' ['si:'sɔ:] I *n.* ①跷跷板,杠杆 ②上下〔前后,往复〕运动 ③交替,起伏,涨落,变动. II *a.* 上下〔前后,往复〕动的,交互的,杠杆式的. III *vi.* ①(一)上(一)下运动,②交替,起伏,涨落. *see-saw amplifier* 反相〔跷跷板〕大器. *seesaw circuit* 跷跷板放大电路,反相放大电路(一种增益的稳定度很高的负回授放大电路). *seesa motion* 上下〔往复〕运动.

seethe [si:ð] *v.* 沸腾,(煮)滚,煮沸,起泡,骚动.

seething *a.* 沸腾的,剧烈的.

see-through I *a.* 透明的,可以看到内部的,透视的,极薄的. II *n.* 透明的服装. **see-through clarity** 透明度.

SEG = segment.

Segas process 从渣油制造高热量气体的过程.

Seger cone 塞格(示温锥)锥,塞氏测温〔热〕熔锥.

seggar *n.* 火泥,火泥箱,退火罐.

seg'ment ['segmənt] I *n.* ①(分割的)部分,(切,断)片 ②(线,链,程序,数据)段,(字,秒节,块 ③弓形(体块),扇形(体,齿轮),弧区 ④圆〔环〕缺 ⑤整流子〔换向器〕块,组片,表面子,闭区间 ⑦(高压造型机)触头. II *v.* 分裂〔割,段〕,切断. *C segment* 半圆弓形体. *die segment* 拼合模块. *faulted segment* 层错断片. *segment bearing* 多片瓦轴承,轴瓦块轴承. *segment data* 分段数据. *segment die* 组合〔可拆〕模. *segment gear* 或 *toothed segment* 扇形齿轮. *segment mica* 整流子用云母片. *segment number* 区段号. *segment of a sphere* 或 *spherical segment* 球截体,球形段. *segment program* 程序段. *segment table* 【计】段表. *segment tool* 圆角切刀. *segment voltage* 换向器片间电压. *segmented distributor* 分段分配器. *segmented rod laser* 分节棒激光器. *segmented steel-wheel roller* 分割式钢轮压路机(或碾).

segmen'tal 或 **seg'mentary** *a.* ①部分的,扇〔弓,弧〕形的,圆〔球〕缺的,②段〔节〕的,分割〔节〕的,片断的,零碎的,辅助的. *segmental arc* 弧段. *segmental data* 零碎的辅助材料. *segmental die* 组合〔可拆〕模. *segmental truss* 弓形桁架.

segmenta'tion [segmən'teiʃən] *n.* ①分裂〔割,段,节〕,断裂,切断〔割〕,隔绝,区段,部分,节设法 ②整流子片 ③【计】段式,程序分段.

segmer *n.* 链段.

segregabil'ity *n.* (混凝土把颗粒的)分离能力,离析性.

seg'regate ['segrigeit] I *v.* ①分离〔开,隔,解,层,流〕,隔离〔开,断),分门别类 ②分凝,凝育,偏析,熔析,偏集. II *a.* 孤立的,单独的. ▲*segregate M from N* 把 M 同 N 分开,分开 MN.

segrega'tion *n.* ①分离〔开,层,隔,解〕,隔离〔熔,偏析,离解,反乳化,偏集,偏析区. *gravitational* 〔*gravity*〕*segregation* 重力分离〔偏析〕. *ingot segregation* (浇)锭分凝. *momentum segregation* 动量分离法.

seg'regative ['segrigeitiv] *a.* ①分〔隔〕离的,分凝的,离析的 ②爱分裂的.

seg'regator ['segrigeitə] *n.* 分离〔隔,类,配,凝〕器.

seg'resome *n.* 离解颗粒.

seibt rectifier 低压真空管全波整流器.

SEIC = solar energy information center 太阳能资料中心.

seiche [seiʃ] *n.* 湖面(内海水面)波动,湖震,假潮,静震.

seif-dune *n.* 纵形沙丘,赛夫河丘.

seifert solder 一种锡锌铅软焊料(锡 73%,锌 21%,铅 5%).

seignette salt 酒石酸钾钠,塞格涅特盐.

sei'sm ['saizəm] *n.* 地震.

sei'smal ['saizməl] 或 **sei'smic(al)** ['saizmik(əl)] *a.* 地震(所引起)的,与地震有关的. *seismic activity* 地震活动. *seismic equipment* 测(地)震设备. *seismic focus* 〔*centre*, *origin*〕(地)震源. *seismic method* 地震探矿法. *seismic program* 地震勘测计划. *seismic sea waves* 地震海啸. *seismic technique* 地震探测技术.

seismic-acoustic *a.* (地)震声(学)的.

seismic'ity *n.* 地震在某一地区之频度、强度或分布,地震活动性〔度〕.

seismicrophone *n.* 地震话筒,地震微音器.

sei'smism ['saizmizm] *n.* 地震现象.

seismo- [词义]地震.

seismo-acoustics *n.* 地震声学.

seismocar'diogram *n.* 心震图.

seismocardiog'raphy *n.* 心震描记法.

seismogen'esis *n.* 地震成因.

seismogen'ic *a.* 地震的.

sei'smogram ['saizməgræm] *n.* 地震波曲线(记录),地震(记录)图,地震波图.

sei'smograph ['saizməgra:f] *n.* 地震仪. **seismograph'ic(al)** *a.* 地震仪的. *seismographic observatory* 地震观测站.

seismog'raphy [saiz'mɔgrəfi] *n.* 地震(仪器)学,地震测验法,地震仪使用法.

seismol = seismology.

seismolog *n.* (附有摄影设备的)测震仪.

seimolog'ic(al) [saizmə'lɔdʒik(əl)] *a.* 地震学(上)的.

seismol'ogist *n.* 地震工作者,地震学家.

seismol'ogy [saiz'mɔlədʒi] *n.* 地震学.

seismom'eter [saiz'mɔmitə] *n.* 地震仪(计),地震检波器.

seismom'etry [saiz'mɔmitri] *n.* 测(地)震术,地震测量(术),测震学.

seismonasty *n.* 感震性.

sei'smos *n.* 地震,震动.

sei'smoscope ['saizməskoup] *n.* 地震波显示仪,地震测验仪,验(地震,地震示波(记录)仪.

seismostation *n.* 地震台.

seismotecton'ics *n.* 地震构造,地震大地构造学.

seize [si:z] *v.* ①抓(住,取),捉(住),拿〔夺〕(取),抢(劫)②(机器等)卡(住,咬)住,扯紧,擦伤,磨损,粘附〔结〕③绑扎,捆缚 ④了解 ⑤利用(机会). *seizing end* (钢丝绳)捆头. *seizing of mould* 模型卡紧〔开不了了. ▲*be* 〔*stand*〕*seized of* 占〔拥〕有,知道.

seize *M* by *N* 抓住 M 的 N. *seize hold of* 抓住,占领. *seize on* [upon] 抓,占有,扣押,没收,查封,利用. *seize up* 抓,捆上,绑住,(机器过热,摩擦力太大)轧住,卡住,滞塞,失灵,停止转动.

seizure ['siːʒə] *n*. ①捉[卡,塞,咬,胶]住,滞塞,咬缸 ②夺取,捕获[捉],捕获物,查封 ③(病)发作,擦伤.

SEJ =sliding expansion joint 滑动胀接接头.

Sejourne formula 塞氏公式(用于设计桥台翼墙平均厚度).

sekisamin *n*. 瑟奇萨明.

sekisanine *n*. 瑟奇萨宁 $C_{34}H_{34}O_9N_2$.

sekisanolin *n*. 瑟奇萨脑灵.

SEL =①select(ed) ②selections ③selective ④selector ⑤Signal Engineering Laboratories 信号工程实验室.

selachyl alcohol 鲨油醇.

SELCAL =selective calling (system)选择呼叫(装置,系统).

sel'dom ['seldəm] *ad*. 不常,很少,难得. ▲*it is seldom worth while* +ing 不太值得. *not seldom* 往往,时常. *seldom if ever* (极)难得,绝无仅有. *seldom or never* 或 *very seldom* 极难得,简直不.

select' [si'lekt] I *vt*. 选(择,出,用),挑(精)选. *select and reject* 取舍. ▲*be selected as* 被选为. *be selected from* (*among*) 是从…中挑选出来的. *select M to be* 把 M 选作(选定为)N.
Ⅱ *a*. 挑(精)选的,极好的. Ⅲ *n*. 精选品. *select line* 选线器. *select order* 选择命令. *select switch* 选线器,选择(选路)开关.

selectable sideband reception 选择边带接收.

select'ance [si'lektəns] *n*. 选择度(性),选择系数.

select'ed [si'lektid] *a*. 精选的,挑选出来的. *full selected current* 全选电流. *selected filling layer* 选择的填置层. *selected ordinate method* 选择波长法. *selected 纵标法*(一种图解分析法). *selected works* 选集.

selec'tion [si'lekʃən] *n*. ①选择(出,样),选择物,挑选,精选(物) ②提取,分离,滤波,淘汰,分类 ③(自动电话)拨号,选址,访问 ④选种(育),育种. *automatic line selection* 自动选行. *faulty selection* 脉冲失真,不正确的选择. *magnetic selection* 磁选. *selection check* 【计】选择校验. *selection core matrix* 选择磁心矩阵.

selec'tive [si'lektiv] *a*. ①选择(性)的,有选择力的,挑选的,淘汰的 ②局部的(部分)的,分别的,优先的,析〔放〕出的. *selective adsorption* 优先〔选择〕吸附. *selective beacon radar* 选择(波束)信标雷达. *selective bottom-up* 自底向上选择. *selective crude* 选择(特定的)原油 *selective entropy* 选择的平均信息量,选择熵. *selective evaporation* 分精(馏). *selective filter* 选择性滤波器(滤光器). *selective flotation* (优)优先浮选. *selective gate* 选通电路(脉冲). *selective getter* 选择性吸气剂. *selective hardening* 选择(局部)硬化,局部淬火. *selective headstock* 变速箱,床头箱. *selective hydrolysis* 优先水解. *selective interference* 窄带干扰,选择性干扰. *selective oxidation* 分别氧化. *selective sampling* 选择抽样,重要抽样. *selective sequence calculator* 选择程序计算机. *selective sliding gear* 滑动变速齿轮,滑移配速齿轮. *selective test* 选择性试验. *selective thinning* (树木的)适当稀疏,树丛剪修. *selective top-down* 自顶向下选择,顺选.

selectiv'ity [silek'tiviti] *n*. 选择,精选,选择性〔率,能力,本领〕,专一性.

selectoforming *n*. 选择重整.

selec'tor [si'lektə] *n*. ①选择(数)器,寻线器 ②波段(转换)开关,调谐旋钮 ③挑选(选)者. *final (connector) selector* 终接器. *hand selector* 选择开关. *polarity selector* 脉冲极性选择器. *selector switch* 波段(选择,选路)开关,选线器.

selector-repeater *n*. ①区别机 ②分区断续器 ③增音选择器.

selec'tric *n*. 电动打字机(商品名).

selec'trode *n*. 选择电极.

selec'tron [si'lektrən] *n*. ①选数管 ②不饱和聚酯树脂(商品名).

Selek'tron *n*. 一种锻造镁合金(锌2~3%,镉1~4%,钙0~2%,其余镁).

sel'enate *n*. 硒酸盐(酯). *selenate radical* 硒酸根.

sele'nic [si'liːnik] *a*. 硒(,得自正,四价,六价)硒的,硒质的. *selenic photoelectric cell* 硒(质)光电管.

sel'enide *n*. 硒化物,硒盐,硒醚.

sele'nious *a*. 亚(二价,四价)硒的.

sel'enite *n*. ①亚硒酸盐 ②透(明)石膏.

sele'nium [si'liːniəm] *n*. 【化】硒 Se. *selenium cell* 硒(质)光电管,硒(质)(光)电池. *selenium rectifier* 硒整流器.

seleno- (词头)月亮;硒.

selenocen'tric *a*. 以月球为中心的,月心的.

selenocystathionine *n*. 丙氨酸丁氨酸硒醚,月光硒醚.

selenocystine *n*. 硒代胱氨酸.

selenodesy *n*. 月面测量(学).

selenodet'ic *a*. 月面测量的.

selenograph *n*. 月面图.

selenographer *n*. 月理学者.

selenograph'ic *a*. 月面学的.

seleog'raphy *n*. 月(球地)理学,月面学.

selenol *n*. 硒醇.

selenol'ogy *n*. 月球学.

selenomethionine *n*. 硒蛋氨酸.

seleno'nium *n*. 锸 SeH_3.

selenothermy *n*. 月热.

sele'nous *a*. =selenious.

seletron *n*. 硒整流器.

self [self] I (pl. *selves*) *n*. 自己,本身,自身. Ⅱ *a*. ①自(己,生,动)的 ②同一(性质,类型,材料,颜色)的,纯净的. Ⅲ *v*. 同种繁殖. *his own* (*very*) *self* 他本人. *pay to self* 向票据人本人支付. *self antigen* 自体抗原. *self bias* 自(给)偏(压). *self biased off* 自身偏压截止. *self capacity* 本身,固有电容,自容量. *self color* 自然色,本色,一色. *self excitation* 自励(激). *self inductance* 自感.

SELF CL =self-closing 自闭(合)的,自接通的.

SELF PROP = self-propelled 自动(推进)的,自行〔航〕的.

self'-absorp'tion n. 自蚀,自吸收,内吸收,自我专注.
self'-accelera'tion n. 自加速.
self'-act'ing a. 自动(式)的,自作用的,直接的,自调的. *self-acting boring machine* 自动镗床. *self-acting feed* 自动进给.
self'-ac'tion n. 自动(作),自作用.
self'-activa'tion n. 自(内襄)激活,自活化.
self'-ac'tor n. 自动机.
self'-actualiza'tion n. 自我认识.
self'-ac'tualize vi. 自我认识.
self'-ac'tuated a. 自行的,自激的,自作用的,直接的.
self'-adapt'ing 或 **self'-adap'tive** a. 自适应的.
self'-address'ed (envelope) 事先写好姓名地址的(回信信封).
self'-adhe'rent a. 本身粘着的.
self'-adhe'sive a. 自粘(着)的,自行附着的.
self'-adjoint' a. 自伴的,自共轭的. *self-adjoint matrix* 厄密〔自伴〕矩阵. *self-adjoint operator* 自伴算子.
self'-adjust'able a. (可)自(动)调(节,整)的. *self-adjustable drill chuck* 自调式钻头卡.
self'-adjust'ment n. 自动调整〔节〕的,自调准,适配控制.
self'-admit'tance n. 自(动)导纳.
self'-align' v.; n. 自(动)调整〔照准〕(的),自(定)位的. ~ment n.
self-alkglation n. 自烷基化(作用).
self'-anchored a. 自锚式.
self'-anneal'ing n. 自(身)退火.
self-assembly n. 自组装.
self-association n. 自缔合.
self-baking n. 自熔.
self'-bal'ancing a. 自动平衡〔补偿〕的.
self'-bi'as v.; n. 自动偏移,自偏流〔置,量〕,自(给)偏(压). *self-biased off* 自动偏压截止.
self'-bind'er n. 自动装订机.
self'-block'ing n. 自动闭锁〔闭锁,中断,封闭,阻塞〕,自闭塞.
self'-blow'ing n. 自吹的.
self'-bra'king a. 自动制动〔停止〕的.
self'-bra'zing n. 自焊.
self'-break'over n. 自转折.
self'-burst'ing n. 自爆的.
self'-calibra'tion n. 自校准.
self'-can'celling n.; a. 自动抵消的.
self'-capac'itance 或 **self'-capac'ity** n. 自身〔本身,固有〕电容.
self'-cat'alyzed a. 自催化的.
self'-cen'tered a. 静止的,不动的,不受外力〔外界〕影响的,自给自足的.
self'-cen'tering n. 自动定心,以自己为中心,自位轮.
self-charge n. 自具电荷.
self'-check'ing n. 自(动)检(验),自校验,自检定〔查〕.
self'-clean'ing n. 自(动)清(洗),自(行)净(化),自动卸料.
self-clocking n. 自(动)计时,自同步.
self'-clo'sing n. 自闭(合),自接通.

self-cloudiness n. 自具浊度.
self-coagulation n. 自凝聚.
self-collision n. 自碰撞,同类粒子的碰撞.
self'-col'o(u)red ['self'kʌləd] a. 单〔纯,原,天然〕色的.
self-combustible a. (会)自燃的.
self'-combus'tion n. 自燃.
self'-com'pensating a. 自(动)补偿的.
self'-complemen'tary 或 **self'-com'plementing** a. 自(互)补的. *self-complementary counter* 自补计数器.
self'-con'cept n. 自观.
self'-condensa'tion n. 自冷凝,自缩合作用.
self'-con'gruent a. 自相一致的,自同的,自叠合的.
self'-con'jugate a. 【数】自(共)轭的,自配极的,正规的,不变的. *self-conjugate subgroup* 正规〔不变,自共轭〕子群.
self'-con'scious ['self'kɔnʃəs] a. ①自觉的,自我意识的 ②怕愧的.
self'-consist'ency n. 自洽〔治〕性.
self'-consist'ent a. 自给〔洽,持,整〕的,独立的,自调和(相符,相容)的,自动匹配〔配合〕的,不(自相)矛盾的,首尾(前后,自相)一致的,一贯的.
self'-consu'ming n.; a. 自耗(的).
self'-con'tact n. 自力接触.
self-contained a. ①自持〔律,主,变,给,含,治〕的,独立的,独户的 ②整装(在底板上)的,装备在一个容器〔壳体〕里的,机内的,自备〔载〕的 ③设备齐全的,齐备的,不需要辅助设备的,配套的 ④自圆其说的. *self-contained battery* 固定自备,机内电池.
self'-contrac'tion n. 自收缩.
self'-contradic'tion n. 自相〔前后〕矛盾. *self-contradic'tory* a.
self'-control' n. 自动控制〔操纵,调整〕.
self-convection n. 自对流.
self-conveyor feed 螺旋加料机.
self-cooled a. 自冷(式)的.
self-cooling n. 自(然,行)冷(却).
self'-correct'ing a. 自动调整的,自(动)校〔改〕(正)的.
self'-correc'tion n. 自动校正,自(动)改正.
self-correlation n. 自相关.
self'-correspond'ing a. 自对应的.
self'-corro'sion n. 自腐蚀.
self-cost n. 成本.
self-coupling n. 自动联接(器).
self'-crit'icism n. 自我批评.
self-damping n. 自阻尼.
self-dealing n. 内部交易.
self-decomposition n. 自(发)分解.
self-defocusing n. 自散焦(过程).
self'-demagnetiza'tion n. 自(动)去磁,自消磁,自行〔自然〕退磁(作用).
self'-de'marcating code 【计】自分界码.
self-destruct vi. 自我毁灭;消失,失踪.
self'-diffu'sion n. 自行〔固有的扩散,自弥漫.
self-discharge n.; v. 自卸,自动卸载,自身〔局部〕放电.
self-dowelling n. 自动榫合.
self-draining n.; a. 自排水,自疏水(的).
self'-drive' v.; n. 自动(推进,步进),自己起动.

self'-driv'en a. 自动(推进)的,自励的.
self-drying a. 自干的.
self'-du'al a. 自对偶.
self'-dump'ing a. 自动倾卸[卸车,卸载].
self-duplication n. 自体复制.
self'-elec'trode n. 自发射电极,自电极(在分光镜中由进行分析的材料构成的电极).
self-emission n. 自发射,固有发射.
self'-emp'tying n. 自动卸载[卸车]. *self-emptying borer* 自动出屑钻.
self-energized a. 自激的,自供能量的.
self'-en'ergizing Ⅰ n. 自激励,带自备能源,自身供给能量,自给供电. Ⅱ a. 自激的,自励的,自供能的. *self-energizing brake* 自行加力制动器.
self-energy n. 内(禀)能(量),本征[固有,本身]能量,自具能(量).
self-enhancement n. 自增强.
self'-equili'brating a. 自平衡.
self'-erect'ing 自动[行]装配.
self-evaporation n. 自蒸发.
self'-ev'ident a. 自明的,不言而喻的.
self-exchange n. 自交换.
self'-excita'tion n. 自激(发,励),自励(磁).
self'-excited a. 自励磁的,自激的.
self'-exci'ter n. 自励发电机.
self'-exciting a. 自励的,自激的.
self-expansion n. 自膨胀.
self'-explan'atory a. 自身说明问题的,显然的.
self-extinguishing a. 自动灭火;自熄性.
self'-faced a. 天然表面的,未修整[琢]的.
self-feed v. 自(动输)给,自(行)馈(送),自动供料[进给].
self'-feed'back n. 自(动)反馈[回授],内反馈[回授],固有反馈.
self'-feed'er n. 自给器,自动加[进]料器,自动给料机.
self-fertile a. 自育的,自体受精的.
self-fertilisation n. 【植】自株传粉,【动】自体受精.
self'-fill'er n. 自动充注装置.
self'-filtering n. 自滤,内部过滤.
self'-flash'ing n. 自闪光,自动充填.
self-flocculation n. 自絮凝(作用).
self'-flux'ing n. 自(助)熔.
self-focusing n. 自聚焦(过程).
self-force n. 自(作用)力,本身力.
self'-forget'ful a. 忘我的,无私的.
self'-frac'tionating n. 自(行)分馏. *self-fractionating pump* 自行分馏泵,净化泵.
self'-fu'sible a. 自熔的.
self'-ga'ting n. 自穿透,自选通.
self'-gla'zing n. 自动上釉[硑光].
self'-growing n.; a. 自生长(的).
self'-guid'ed a. 自动导航的,自(动引)导的,自动导向的,自(寻的)制导的,自动瞄准的,用自备仪器操纵的,用自备纵仪器导引的.
self'-guiding n. 自制导,自导波(现象).
self'-hard'ening n. 自(动)硬(化)的,(空)气硬(化). *self-hardening steel* 自(气)硬钢,空气硬化钢,风钢.

self'-heal'ing a. 自(恢)复(性能)的,自(行)修复的,自愈合的,自行净化的.
self-heating n. 自动(发)加热,自热(式).
self'-het'erodyne n. 自差,自拍.
self-hold 自锁,自保(持),自动夹紧.
self-homing n. 自动归航.
self'-hood n. ①个性,人格 ②自我中心,自私.
self'-hunt'ing n. 自动寻找.
self'-igni'ting n. 自燃,自(动)点火,自发火.
self-ignition n. 自(发)点火.
self'-impe'dance n. 自(固有)阻抗.
self'-impor'tant a. 妄自尊大的.
self'-impo'sed a. 自己加(于自己)的.
self'-improve'ment n. 自我改进.
self'-in'dexing n. 自动分度[定位].
self'-in'dicating n. 自指示.
self-induced a. 自感(应)的.
self'-induct'ance n. 自(身电)感(量).
self'-induc'tion n. 自感(应). self'-induc'tive a.
self'-induc'tor n. 自感线圈,自感(应)器.
self'-inflam'mable a. (可)自燃的.
self'-infla'ting n. 自行充气.
self'-inhibi'tion n. 自抑制.
self'-injec'tion n. 自喷射,自注入,自己进入轨道.
self'-instruct'ed a. 自动的. *self-instructed carry* 自动进位.
self'-insu'rance n. 自保(险).
self-interaction n. 自(身相)互作用[反应].
self'-in'terest n. 自身利益,自私自利.
self'-interrupt'er n. 自动断续器.
self-intersection n. 自交叉.
self-ionization n. 自身电离.
self'-irradia'tion n. 自辐照.
selfish ['selfiʃ] a. 自私(自利)的,利已的. ~ly ad. ~ness n.
self-killing n. 自镇静(钢液自然脱氧).
self-knowledge n. 自知,自知之明.
self'less ['selflis] a. 无私的,忘我的.
self'-lev'eling n. 自动找(校,调)平.
self-lift n. 自动提升[起落]器.
self-light n. 自具光,自发光.
self-limiting chain 自限[自慢化]链式反应.
self'-liq'uidating a. 自偿的,能迅速生利的.
self-load v. 自动装载[料,弹]. *self-loading target* 自动装填靶.
self-lock v.; n. 自(动)锁(定,合),自同步,自动制动. *self-locking nut* 自锁螺母.
self-love n. 自负[私,爱].
self'-lu'bricate v. 自(动)润(滑).
self'-lu'bricator n. 自动润滑器.
self-luminescent a. 自发光的.
self'-lu'minous a. 自发光的.
self-made a. 自制的,自己搞出来的,白手起家的.
self'-magnet'ic a. 自(固)磁的.
self-magnetism n. 自具[固有]磁性.
self'-maintain'ing a. 自持的.
self'-mir'rored nucleus n. 自镜核.
self'-mo'bile a. 自动的.
self-mode-locking n. 自锁模,模同步.
self'-modula'tion n. 自(动)调(制).

self′-mov′ing *a.* 自动[推进]的.
self-mutual inductance 自互感.
self′-naviga′tion *n.* 自动导航,自导.
self′-neutraliza′tion *n.* 自中和.
self-noise *n.* 内[自]噪声.
self′-oil′ing *n.* 自动加油.
self-operated controller 直接作用[无功率放大]控制器.
self-optimization *n.* 自动最佳化.
self′-op′timizing *a.* 最佳自动的,自动最佳的.
self′-organiza′tion *n.* 自组织.
self′-o′rientating *a.* 自动定向[位]的,自动取向的,自调位的.
self′-orthog′onal *a.* 自成正交. *self-orthogonal block code* 自正交块码,自正交分组码. *self-orthogonal convolutional code* 【信息论】自正交卷码.
self′-oscilla′tion *n.* 自[激,生]振荡.
self′-os′cillator *n.* 自激振荡器.
self′-os′cillatory *a.* 自[激]振荡的,等幅振荡的.
self′-oscula′tion *n.* 自密切,自接触.
self-passivation *n.* 自钝化.
self′-perpet′uate *v.* 自保持,自生自存. *self-perpetuating cycle* 永动[能量]循环.
self-poise *n.* ①自动平衡 ②镇定.
self′-po′lar *a.* 自配极的. *self-polar tetrahedron* 自配极[自共轭]四面形.
self′-poten′tial *n.* 自[位]势,自[然电]位,本征位势.
self-power *n.* 自具固有功率.
self′-pow′ered *a.* 自动[推进]的,独立驱动的,自行的,带自备能源的,自供能的,自己供电的.
self-preservation *n.* 自保.
self′-pri′ming *n.* 起动时不用灌水的(水泵),自动起动注油的,自动充满的,自吸(入)的,自注的.
self′-pro′gramming *n.* 自动编制程序,自动程序设计,程序自动化.
self′-prop′agating *a.* 自动传播[传输,扩展]的.
self′-propel′led *a.* 自动[推进]的,自行[运]的,自走(式)的.
self′-propor′tioning *a.* 自动投配的.
self-protecting *a.* 耐过电压的,有过电压保护的.
self-protection *n.* 自[行]保护.
self′-protec′tive *a.* 自[保护(式)]的.
self-pulsing *n.* 自脉冲(作用).
self-purging *n.* 自清,自动净化.
self-purification *n.* 自净化.
self′-quench′ing *n.* 自淬[息,灭],浓缩淬熄,自(熄)灭,自动抑制,自淬(火).
self′-ques′tioning *n.* 反省.
self-radiation *n.* 自[固有]辐射.
self′-react′ance *n.* 自身[本身,固有,自感应]电抗.
self-reading *a.* 易读的,自读的.
self′-recip′rocal *a.* 自反的.
self′-record′er *n.* 自(动)记(录)器.
self-recording *n.; a.* 自(动)记(录)的.
self′-recov′ery *n.* 自动恢复[回位,返回,还原],自均衡.
self-rectifica′tion *n.* 自整流[检波].
self′-redu′cing *n.* 自动归算的.
self′-reduc′tion *n.* 自动还原.
self′-reg′Isterlng *a.* 自(动)记(录)的.
self′-regula′tion *n.* 自动调整[准],自(动,找)调节,自平衡.
self-relative address 【计】自相对地址.
self′-release′ *v.* 自动松放. *self-releasing slag* 自动脱落熔渣.
self′-reli′ance *n.* 自力更生,依靠自己.
self′-renew′al resources 自更新资源.
self-repair *n.* 自恢复,自复原.
self-replication *n.* 自复制.
self′-repul′sion *n.* 自[相]斥.
self′-reset′ 自动复原[重调式]的,自复零[位]式.
self′-resist′ance *n.* 自身[固有]电阻.
self-restoration *n.* 自更新.
self′-restor′ing *a.* 自(行恢)复的.
self′-rever′sal *n.* 自可逆性,自可复性,自倒转,自吸收,自蚀(光谱).
self′-right′ing *n.* 自动复位[复原]的.
self′-roast′ing *n.* 自[热]焙(烧).
self-rotation *n.* 固有转动.
self-rule *n.* 自治.
self′-run′ning *n.* 自动[行]起动的,自运行的,不同步的.
self′-sac′rificing *a.* 自我牺牲的,舍己为人的.
self′same *a.* 完全相同的,同一的.
self′-sat′isfied *a.* 自满[负]的.
self-saturation *n.* 自饱和.
self-scattering *n.* 自散射.
self′-seal′ing *n.* 自(动)密封[封接]的,自(动,身)封闭的,自封作用.
self′-seed′ing *n.* 自给籽晶.
self-serve station 自动加油站.
self′-ser′vice *n.; a.* 顾客自理(的),无人售货(的).
self′-set′ting *a.* 自凝[固]的.
self′-shad′owing *n.* 自屏蔽.
self′-sharp′ening *n.* 自动磨锐.
self-shield(ing) *n.* 自屏蔽.
self-shifting transmission (汽车)自动变速[换档].
self′-sim′ilar *a.* 自相似的. *self-similar solution* 自相似解,自型解.
self-skimming *n.* 自动除渣.
self′-solid′ifying *n.* 自反[凝]固.
self-stabilization *n.* 自稳定(性),自调特性.
self-start *n.; v.* 自(动,行)起动[启动].
self′-start′er *n.* ①自(动)起动器[机],机械起动器 ②工作主动的人.
self-steepening *n.* 自变陡(过程).
self′-steer′ing *n.; a.* 自动转向,自动驾驶(的),自操纵的.
self′-stick′ing coefficient 固有粘附系数.
self′-stiff′ness *n.* ①固有刚度 ②自反[逆]电容.
self′-suffic′ient *a.* ①自给自足的 ②过于自信的,傲慢的.
self′-support′ing *a.* 自豪(重)的,自架的,自(己)支持的,自保持的,自行夹持的,自立式的,自撑式的,独立的,自给的.
self′-sustained′ *a.* 自激的,自持的,自给的,自驱动的.
self′-sustain′ing *a.* 自续的,自(保)持的,自承的,自支撑的,自己支持的,自生的,独[自]立的.
self′-syn′chronizing *n.* 自动同步,自(动)整步.

self-tangency n. 自接触.
self'-tap'ping n. 自(行)攻(丝)的. *self-tapping screw* 自攻(丝)螺钉.
self-taught a. 自学(修)的. n. 自修读本.
self'-tem'pering n. 自身回火.
self-tightening n. 自动密封,自紧,自封作用.
self'-ti'mer n. 自动记秒表,自定时器,(照像机)自拍装置.
self'-ti'ming n. 自动同步[计时,定时].
self-torque n. 自转矩.
self'-trap'ping n. 自陷,自(行)捕获,自吸收,自聚焦.
self'-trig'gering n. 自发火[引发,触发]的.
self-turbidity n. 自具浊度.
self'-ty'ing n. 自动期扎[打结].
self'-ventila'tion n. 自行通风,自冷.
self'-ver'ifying n. 自动检验,自身检查.
self-whistle n. 自鸣声.
self'-wind'ing n. 自卷(绕)的,自动上发条的.
selinane n. 蛇床烷.
selinene n. 芹子烯.
selinenol n. 蛇床烯醇,瑟只烯醇,榜油醇.
sell [sel] (*sold*, *sold*) v. ①卖,销售 ②说服,宣传,推荐. *selling climax* 成交高潮. ▲*be sold on* 热中于. *sell by retail* 零售. *sell (by) wholesale* 批发. *sell off* 廉售,卖完,出清,处理(存货). *sell out* 卖光,出卖,背叛. *sell up* 拍卖,变卖. *sell well* 畅销,销路广.
sell'er ['selə] ①卖主,卖方,供货方 ②行销货. ▲*best seller* 畅销(品). *ex seller's godown* 卖方仓库交货价格.
sell'-off n. 处理存货.
sell'out n. 售完,客满.
SELN =selection 选择,分类.
SELR =selector 选择器,波段开关.
SELS =selsyn.
sel'syn ['selsin] n. 自动同步(机),自整角机,自动同步传感器. *fine selsyn* 精调自动同步机. *receiving selsyn* 自动同步接收机. *selsyn train* 自动同步传动(装置). *transmitting selsyn* 自动同步发送器.
SELSYN =self-synchronous 自动同步.
sel'trap n. (利用半导体二级管反向特性的)半导体二极管变阻器.
sel'vage 或 **sel'vedge** ['selvidʒ] n. ①布(织)边 ②【地】断层泥 ③边缘,待切去的边 ④锁孔板.
SEM =①satellite-to-earth missile 卫星对地导弹 ② sweep [scanning] electron microscope 扫描式电子显微镜.
sem =semicolon 分号(;).
semanteme n. 语(意,涵)义,语(义)素.
seman'tic(al) a. (关于)语义(学)的. *semantic information* 语义信息. *semantic paradox* 【数】语义悖论.
seman'tics n. ①语义学 ②语义哲学.
sem'aphore ['seməfɔ:] Ⅰ n. (臂板,动臂)信号(机,杆),信号标(灯,装置),旗号,旗语信号(通信法)],信号量. *semaphore signal* 横杆[塔上,杆上]信号. Ⅱ v. 打信号(通知),用信号机通知.
sem'blance ['sembləns] n. ①类 [相] 似 ②外观(表,形),样子 ③假装,伪装. *semblance of leak* 虚(假)漏(孔). ▲*have no semblance of* 一点也不像. *in semblance* 外貌(表)是. *under the semblance of M* 在 M 的外衣下,装着 M 的样子. *without even the semblance of M* 连像 M 的地方也没有.
semeiol'ogy [si:mai'ɔlədʒi] n. ①符号学 ②症状学.
se'men ['si:men] (pl. *semina* 或 *se'mens*) n. 精液,(植物)种子.
Semendur n. 一种钴铁簧片合金(铁50%,钴50%).
semes'ter [si'mestə] n. 一学期,半(学)年,六个月期.
semi =semitrailer (二轮)半拖车,挂车,双轮(半自动)拖车.
semi- [词头](一)半,部分,不完全.
semi-acetal n. 半缩醛.
semi-acidic a. 半酸性的.
sem'iac'tive a. 半活动的,半活性的.
semialdehyde n. 半醛.
semi-amplitude n. 半振幅.
semiangle of beam convergence 射束半收敛角,波束半会聚角,电子束会聚角.
sem'ian'nual ['semi'ænjuəl] a. (每)半年的,一年两次的. ~ly *ad*.
sem'i-an'thracite n. 半无烟煤.
semi-apochromat n. 近复消色差透镜.
sem'i-apochromat'ic a. 近复消色差的.
semi-aquatic a. 半水生的.
sem'i-arch n. 半拱.
sem'i-ar'id a. 半干旱(干燥)的.
semiartificial a. 半人造的.
sem'i-asphal'tic a. 半(地)沥青的.
semi-auto =semi-automatic.
sem'iautomat'ic a. 半自动(化)的.
semiautonomous a. 半自主性的.
sem'iax'is n. 半轴,后轴. *major semi-axis* 长半轴. *minor semi-axis* 短半轴.
semi-axle n. 半轴.
sem'i-bal'ance n. 半平衡.
semi-balloon tyre 半低压轮胎.
semi-batch process 半分批法.
sem'i-bilin'ear a. 半双线性的.
sem'i-bitu'minous a. 半沥青的. *semibituminous coal* 半烟煤.
sem'i-boil'ing a. 半煮的.
semibreadth n. 半宽度.
semibridge a. 半桥的.
sem'i-can'tilever n. 半悬臂.
sem'icar'bazide n. 氨基脲.
sem'icar'bazone n. 缩氨基脲;半卡巴腙.
semi-chilled roll 半激冷轧辊.
sem'icircle n. 半圆.
sem'icir'cular a. 半圆(形)的.
sem'icircum'ference n. 半圆周.
sem'iclas'sical a. 半经典的.
semi-closed a. 半闭(合)(式)的.
sem'i-clo'sure n. 半闭(合).
sem'i-coax'ial a. 半同轴(式)的.
semicoke n.; v. 半焦(炭),半焦化(作用),低温炼焦.
sem'icol'loid n. 半胶体.
sem'icolon n. 分号(;).
sem'icommer'cial a. 半商业性的,试销的,半工厂化

的. *semicommercial unit* 半工厂化设备.
sem'icon n. 半导体.
semi-concealed fencing 半露式拦沙障.
sem'iconduc'ting a. 半导电的,半导体的,半导(体)性的. *semiconducting glass* 半导体玻璃.
sem'iconduc'tion n. 半导,半导电(性).
sem'iconduc'tive a. 半导电的,半导体的.
sem'iconductiv'ity n. 半导(体)性(率).
sem'iconduc'tor n. 半导体. *compensated semiconductor* 补偿〔互补,抵偿〕半导体. *d-band semiconductor* d-带半导体. *degenerate semiconductor* 简并半导体. *direct-gap semiconductor* 直接带隙半导体. *element semiconductor* 单质〔元素〕半导体. *extrinsic semiconductor* 非本征半导体,(含)杂质半导体. *Group Ⅲ-Ⅴ compound semiconductor* Ⅲ-Ⅴ 族化合物半导体. *impurity semiconductor* (含)杂质半导体. *intrinsic semiconductor* 纯〔本征〕半导体. *nondegenerate semiconductor* 非简并半导体. *N-type semiconductor* N 型半导体. *semiconductor barium titanate* 钛酸钡半导体. *semiconductor device* 半导体器〔元〕件. *semiconductor injection laser* 半导体注入式激光器. *semiconductor maser* 半导体微波激射器. *ternary semiconductor* 三元化合物半导体.
semiconfined water 半承压水.
sem'i-continu'ity n. 半连续性.
sem'icontin'uous a. 半连续(式)的.
sem'icontin'uum n. 半连续统.
sem'i-convec'tion a. 半对流型的.
sem'i-conver'gent a. 半收敛的.
sem'i-crys'tal n. 半水晶,半晶体.
sem'icrys'talline n.;a. 半晶质〔状〕(的),半结晶(的).
sem'i-cu'bical a. 半三次〔立方的〕.
semi-cured a. 半硫化了的.
sem'icyc'lic a. 半环的.
sem'icyl'inder n. 半柱面.
semidarkness n. 半暗.
sem'i-def'inite a. 半定的.
sem'i-deox'idized a. 半脱氧的.
sem'idiam'eter n. 半径.
sem'i-diaph'anous a. 半透明的.
sem'idie'sel engine 半柴油(发动)机,半柴油引擎,烧球式柴油机.
semi-diode n. 半导体二极管.
sem'idirect' a. 半直接的,部分直接的.
sem'i-direc'tional a. 半定向的.
sem'i-distrib'uted a. 半分布的.
sem'i-diur'nal a. 半天内做完的,一天两次的. *semidiurnal variations* (宇宙射线强度的)半昼夜变化.
sem'idome n. 半圆屋顶.
sem'idom'inance n. 半显性.
semi-double strength (表示窗玻璃厚度)2.8 ～ 3.0mm 厚度的玻璃.
semi-drop center rim 半凹槽轮辋.
sem'idry a. 半干(性)的.

semi-dull a. 近无光的,近暗的,半钝的.
sem'i-eb'onite n. 半硬橡胶.
sem'ielas'tic a. 半弹性的.
sem'ielectron'ic a. 半电子(式)的.
sem'iellipse' n. 半椭圆.
sem'iellip'soid n. 半椭圆体.
semiellipsoidal a. 半椭球的,半椭圆体〔形〕的.
sem'iellip'tic a. 半椭圆(式)的. *semielliptic spring* 半椭圆(钢板)弹簧.
sem'iempir'ical a. 半经验的,半实验性质的. *semiempirical relationship* 半经验公式.
sem'i-enclosed' a. 半封闭(式)的,防(偶然)接触的,防护的.
sem'iexci'ting a. 半激磁(式)的.
semi-exclusive pedestrian-vehicle phase 行人-行车半专用信号显示.
sem'i-expend'able a. 半消耗的,(主要)部分可以回收的,主要部分多次应用的.
semi-explicit a. 半显式的.
sem'ifin'ished a. 半制(成)的,半光制的,半成(品)的. *semifinished goods* 半成品. *semifinished metal* 半成品轧材〔金属〕.
sem'i-fin'ishing n. 半精加工.
sem'ifire'proof a. 半耐火的.
semifixed a. 半暂时〔固定〕的.
semi-flash a. 【化】半闪蒸的.
semi-flat band method (橡胶工业)半带法.
sem'iflex'ible a. 半柔性的.
sem'ifloat'ing a. 半浮式的,半浮动(车轴). *semifloating axle* 半浮动(式)轴.
semifluid a. 半流(质,体,态)的,半液体的,半流动性的.
sem'i-fo'cusing 半聚焦.
sem'ifrac'tionating a. 半〔部分〕分馏的.
semi-fused a. 半熔的.
semigelatin n. 半凝胶(炸药).
semi-girder n. 悬臂梁.
semigloss a. 半光泽(亮)的,近有光的.
sem'i-gran'ular a. 半颗粒状态.
sem'i-graph'ic(al) a. 半图解的. *semigraphic panel* 半图式(控制)面板.
sem'i-grav'el n. 半砾石的.
semi-gravity type abutment 半重力式桥台.
semi-group n. 半群〔组〕,缔合广群,缔合系统,独异点.
semi-grouting n. 半灌浆的.
semi-hand a. 半手工的.
semihumid a. 半潮湿〔湿润〕的.
semihyaline a. 半透明的.
semi-hydraulic lime n. 半水硬石灰.
sem'ihydrogena'tion n. 半氢化作用.
sem'i-ide'al a. 半理想的.
sem'i-immersed' a. 半沉半浮的.
sem'i-indirect' a. 半间接的.
sem'i-indus'trial a. 半工业的.
sem'i-in'finite a. 半无限〔无穷〕的.
sem'i-in'sulating a. 半绝缘的.
sem'i-in'sulator n. 半绝缘体〔子〕.
sem'i-in'tegral a. 半悬挂式的,半整体的.
semi-interquartile range 【数】半内四分(位数间)距.
sem'i-inva'riant n. 半不变式〔量〕,累积量.

sem'i-inverse' method 【数】半逆法,凑合法.
sem'i-ion'ic a. 半离子化的,半极性的.
sem'i-it'erative a. 半迭代的.
semi-jig boring 半075标镗剂.
semikilled a. 半镇静(钢)的,半脱氧(钢)的.
semi-leptonic decay 半轻子衰变.
semilethal a.; n. 半致死的,(pl.)半致死因子.
sem'i-lin'ear a. 半线性的.
sem'iliq'uid a.; a. 半液体的,半流态的.
semilog(arithmic) a. 半对数的.
semi-lubricant n. 半润滑剂.
sem'ilu'nar a. 新(半)月形的,月牙形的.
sem'imachine' vt. 部分机械加工.
sem'ima'jor axes 【数】半长轴.
sem'i-manufac'ture(s) n. 半成品.
sem'i-manufac'tured a. 半制成的.
semi-mat a. 半暗淡的.
sem'i-ma'trix n. 半矩阵.
semimean axes 【数】半中轴.
sem'i-mech'anized a. 半机械化的.
sem'i-merid'ian n. 半子午圈.
sem'i-metacyc'lic a. 半亚循环的.
sem'imet'al n. 半金属(元素),类金属.
sem'imetal'lic a. 半金属的,金属材料和其它非金属材料各半的.
sem'imi'cro a. 半微量的. semimicro calorimeter 半微热量计(量热器).
sem'imicroanal'ysis n. 半微量分析.
semi-microform n. 半缩微复制品.
sem'i-min'imum condition 【数】半极小条件.
semiminor axes 【数】半短轴.
semimirror nuclei 【物】半镜核.
sem'i-mo'bile a. 半机动(移动)式的.
sem'i-mod'ular a. 半模的.
semi-molded a. 半模制的.
sem'i-mol'ten a. 半熔的.
semi-monergolic n. 单单组份(喷气)燃料.
sem'i-mon'ocoque n. 半硬壳式(结构,机身).
sem'i-monolith'ic a. 半整体的.
sem'i-month'ly Ⅰ a.; ad. (每)半月(的),一月两次(的). Ⅱ n. 半月刊.
semi-motor n. 往复旋转液压油缸.
semi-mounted a. 半悬挂式的.
semi-muffle furnace 半套炉,半马弗炉.
semina n. semen 的复数.
sem'inal ['si:minl] a. ①种子的,生殖的,精液的 ②基本的,有创造能力的.
sem'inar ['semina:] n. ①会议,研究[讨论],报告,专业座谈)会 ②研究(实习)班 ③(共同)研究,课堂讨论,演习. design seminar 设计研究室. seminar-in-depth 深入讨论会.
sem'inary ['seminəri] n. ①高等中学,(神)学院,研究班 ②温床,发源地.
seminase n. 甘露糖酶,半酶(琼脂中的一种酶).
semi-natural a. 半自(天)然的.
semi-norm n. 【数】半模,拟(半)范数.
sem'i-nor'mal a. 半当量的,半正规的.
seminose n. 甘露糖.
semiochemical n. 化学信息的.
semiochemicals n. 化学信息素.

semiofficial a. 半官方的.
semiology n. =semeiology.
sem'i-opaque' a. 半透明的.
sem'i-o'pen(ed) a. 半开(式)的,节流式的,(阀)的中立半开.
sem'i-or'bit n. 半轨道.
sem'i-or'der set 【数】半有序集.
sem'i-orthog'onal a. 半正交的.
sem'ioscilla'tion n. 半(周期)振荡.
semiosis n. 半状态(过程).
semiot'ic [semi'ɔtik] n. 符号学,符号语言学.
semioutdoor a. 半露天的,半户外的.
semipancratic a. 半泛放大率的,半可随意调节的(例如显微镜的可调目镜).
sem'iparabol'ic a. 半抛物线的.
semiparasite n. 半寄生物.
semiparasitic a. 半寄生的.
semipaste paint 半厚油漆.
sem'i-perim'eter n. 半周长.
sem'ipe'riod n. 半周期.
sem'iper'manent a. 半永久性的.
sem'ipermeabil'ity n. 半渗透性.
sem'i-per'meable a. 半(渗)透(性)的.
sem'i-perpendic'ular a. 半(不全)正交的.
sem'ipersist'ent a. 半持久性的.
semi-phenomenological a. 半唯象的.
semi-plant n. = a. 试验装置,中间试验[试销产品]工厂(的). semiplant scale equipment 中间试验[试销产品]工厂生产用设备.
sem'i-plas'tic a. 半塑性的.
sem'ipneumat'ic tyre 大气压(半充气)轮胎.
sem'ipo'lar a. 半极(化)的,半极性的.
sem'i-po'rous a. 半多孔的,少许空隙的.
sem'ipor'table a. 半固定的,半移动式的,半轻便(式)的.
sem'ipor'tal crane 单脚(高架)起重机.
sem'ipotentiom'eter n. 半电势(位)计.
semi-precision measuring tool 半精密量测工具.
sem'i-pri'mal al'gebra 半素代数.
sem'i-pri'mary a. 【数】半准质[素]的.
sem'i-pri'vate circuit 准专用线路.
sem'iprod'uct n. 半制(产,成)品.
sem'i-produc'tion n. 半(中间,间歇)生产.
semi-prone a. 半随(斜)的.
sem'i-protect'ed a. 半保护(型)的.
sem'iquan'titative a. 半定量的.
semi-quarterly n. 半季刊.
semiquinone n. 半醌.
sem'i-ran'dom a. 半随机的.
semi-range n. 【统】半幅.
sem'i-redu'cing a. 半还原的.
sem'i-refined' a. 半精制的.
semi-reflector n. 半反射器.
semi-regular transformation 【数】半正则变换.
sem'iremote' a. 半远距离(控制)的,半遥(控,远)的.
sem'i-revolu'tion n. 半周,半(旋)转.
sem'irig'id a. 半刚性的,半硬式的.
sem'irim'ming steel 半镇静钢.
sem'i-ro'tary pump 半回转泵.
sem'is = semi-finished products 半成品,中间产品.

semisaprophyte(s) n. 半腐生植物.
sem'ishroud'ed a. 半开的,半闭的,半掩的,半覆盖的.
sem'i-sim'ple a. 半单(纯)的,半简单的.
semi-simplicial complex 【数】半单复形.
sem'i-sin'tered a. 半烧结的,微粘结的.
semiskilled a. 半熟练的.
sem'isol'id n.; a. 半固(体,态).
semisoluble a. 微溶的.
sem'ispan n. 半翼展.
semispecies n. 半种化种.
sem'isphere n. 半球.
sem'i-stabil'ity n. 半稳定.
sem'i-sta'ble a. 半稳(定)的.
sem'i-stain'less a. 半不锈的.
sem'istall n. 半失速(失苹),(气流)局部分离〔滞止〕,部分分离〔滞止〕.
sem'isteel n.; a. 半钢(质)的,高级(钢性,低炭,类钢,高强度)铸铁(的).
semistor n. 正温度系数热敏电阻.
semi-streamlined a. 半流线型的.
sem'isubmers'ible rigs 半潜式钻机.
semi-supine a. 半仰卧的.
sem'i-symmet'ric a. 半对称的.
sem'isynthet'ic a. 【化】半合成的.
sem'itight a. 半密封的,半不渗透的.
Semitone n. 半音,半音休止,半色调,中间色调.
sem'itraf'fic-ac'tuated a. 半交通控制的.
semitrailer n. (二轮)半拖车,双轮(半自动)拖车,半挂车.
semi-transfer n. 半自动(化).
semi-transless a. 半无变压器式(初级作高压整流用、次级作灯丝加热用的一种电视机用变压器).
sem'i-translu'cent a. 半透明的.
sem'itranspar'ent a. 半透明(透射)的,半暗的.
sem'i-trans'verse axis 【数】半横轴.
sem'itrian'gular form 【数】半三角型.
sem'itrop'ic(al) a. 亚(副)热带的.
semi-truss n. 半构架.
sem'itu'bular a. 半管形的.
semi-tunnel n. 半隧道.
sem'i-univer'sal radial drill 半万能摇臂钻床.
sem'iva'lance 或 **sem'iva'lancy** n. 【化】半价.
sem'iva'lent a. 半(正常)价的.
sem'iva'riable a. 半可变化的.
sem'iver'tical angle 半对顶角.
sem'ivit'reous a. 半玻璃化的,半呈玻璃态的,半透明的.
sem'i-vol'atile covering 【焊】气渣型合保护药皮.
semi-wall n. 半墙,(镁电解槽)隔板.
semiwater gas 半水煤气(介于水煤气与风煤气之间).
sem'iwave n. 半波.
sem'iweek'ly a.; ad. 每半周(的),一周两次(的). n. 半周刊.
sem'iwork(s) n. 中间试验(试销厂品)工厂,半工业.
sempervirent a. 常绿的.
sen [sen] n. ①钱(日本辅币名,＝1/100 日圆) ②仙(印尼辅币名).
SEN ＝sensor 传感器,传感元件,探测设备.
Sen 或 **sen** ＝①senate 参议院 ②senator 参议员 ③senior 年长的.
senaite n. 铅锰钛铁矿.
senarmon'tite n. 方锑矿.
se'nary ['si:nəri] a. 六的,六为一组的,六进制的.
sen'ate ['senit] n. ①参议院,上院 ②(大学)评议会 ③立法机构(程序).
sen'ator ['senətə] n. 参议员,上议员,(大学)评议员.
senato'rial [senə'tɔ:riəl] a. 参议院〔员〕的,上议院〔员〕的,(大学)评议会的.
send [send] (sent, sent) v. ①送,寄,投,掷,射,派(遣) ②发送(射),传送(递) ③(促)使,使变为,使处于. *sending key* 键控发射机,发送电键. *sending station* 发射(讯)台,发送站,发送电台. ▲*send along* 急(忙)送(往),派遣,沿…发射,使进行. *send away* 派遣,发送,赶(逐)出,送到远处. *send down* 使下降,降低,把…往下送到,沿…发送,开除. *send flying* 使…飞散. *send for* 派人去啊(拿),找(请)来. *send forth* 发(放,送,长)出. *send in* 送,拿(提)出,呈报. *send M ＋ing* 把(促使)M(做). *send M into N* 把 M 传送(散发)到 N. *send off* 寄(发,送)出,送行,解雇. *send on* 转(预,随)后)送. *send out* 发(放射,散发,长)出,送(射),回〔寄〕,发送〔射〕,送〔发〕,发射. *send round* 发送,派遣,传阅. *send through* 通知. *send to press* 付印. *send up* 提高〔出〕,使上升,传〔呈〕递,发出. *send word* 通知,转告.
Sendai ['sendai] n. 仙台(日本港口).
Sendait metal 一种电石渣还原精炼的高级强韧铸铁.
Sendalloy n. 一种硬质合金((钨十铝)5～80％,钼2～80％,钴5～50％).
send'er ['sendə] n. ①送递装置,传送器 ②发射(送波)器,发送端(器) ③(键控)发射(报,信,送)机,(电话)记发机,记录器(④(天线)引向器 ⑤(电报)电键 ⑥发送器(寄信,送货)人. *sender unit* (信号)发送装置,发信器.
send-off ['send'ɔ:f] n. 欢送,送行.
send-only service 【计】只发送服务站.
send'out n. 发出,送出.
send-request circuit 【计】请求发送线路.
Sendust n. 铝碳铁粉,铁硅铝磁合金(铝5％,硅10％,其余铁).
Sendzimir mill 森氏极薄钢板多辊轧机.
Sendzimir process 森氏带钢氯化浸渍镀锌法.
Sen'egal n. 森尼加(树)脂,迅志树脂.
Senegal ['seni'gɔ:l] n. 塞内加尔.
senes'cence n. 衰〔变〕老,老年.
senes'cent a. 衰〔变〕老的.
sengierite n. 钒铜铀矿.
se'nile ['si:nail] a. 老年的,衰老的. **senil'ity** [si'niliti] n.
se'nior ['si:njə] Ⅰ a. ①年长的,前辈的,资格老的 ②(同姓、同名人之中的)老(的),大(的)(略作 Sen. 或 Sr.) ③上级的,上高的,四年级的,毕业班的. Ⅱ n. 年长者,前辈,上级,高年级(大学四年级)生,毕业班学生. *M is five years senior to N*. M 比 N 大五岁. *senior vice president* 第一副总经理. *the senior member* 工龄最长的成员. *the senior partner* (合股公司)的大股东. *the senior service* [英]海军(与陆军相对而言).
senior'ity n. ①年长,前辈,上级 ②工龄,老资格,资历 ③高位数,辛别数(量子数).
SENL ＝standard equipment nomenclature list 标准

设备术语表.

Senonian series (晚白垩世)森诺统.

Senperm n. 森泊姆恒导磁率合金(硅 10.54%,镍 16.19%,其余铁).

sensa'tion [sen'seiʃən] n. ①〔感,知〕觉,印象 ②感〔激,ىمك〕动,引起轰动的事物. *sensation level* 感觉〔响度〕级. *sensation of the first magnitude* 最引起轰动的事件. *sensation unit* 听觉感觉〔1〕单位(decibel 分贝的原始称呼). *three day's sensation* 一时的轰动,昙花一现的声名. ▲*create* 〔*cause, make*〕*a sensation* 引起轰动,引起人们的注意,使感动.

sensa'tional a. 感〔知〕觉的,轰动的(一时)的,耸人听闻的,非〔异〕常的.

sense [sens] n.; vt. 感觉〔官,受,到,知〕,知觉,觉得 ②了解,明白 ③【计】读出,检测,断定,(偏航)显示,指示〔估计〕方向〔指,趋,探〕向,(矢量的)向指,探向的性质 ⑤意义〔味,思〕,见解,辨别〔判断〕力,常识 ②观念,意识,理性. *a sense of scale* 比例度. *CW* (clock-wise) *sense* 顺时针方向. *positive sense of circular polarization* 正向圆极化. *sense amplifier* 读出放大器. *sense antenna* 辨向(测定真方向的辅助)天线. *sense finder* 辨向器,正负向测定器,单值(无线电)测向器. *sense finding* 测向,指向探测. *sense line* 读出线,传感线(路),液压控制管路,方向导管. *sense of absolute pitch* 绝对音感. *sense of current* 电流方向. *sense of duty* 责任感. *sense of line* 线的指向. *sense of orientation* 定向,指向. *sense of rotation* 旋转方向. *sense signal* 单向(值)性(彩色指示)信号,探向读出信号. ▲*come to one's senses* 恢复知觉〔理性〕. *common sense* 常识〔情〕. *in a broad sense* 在广义上,就广义来说. *in a narrow sense* 在狭义上. *in a* 〔*one*〕*sense* 在某种意义上. *in all senses* 或 *in every* 〔*any*〕*sense* 在任何一点上〔情况下〕,在各种意义上. *in no sense* 决不是. *in the same sense* (*as*)(和…)在同样意义上. *in the sense of* 〔*that*〕在…意义上. *in the strict sense* 精确〔严格〕地说. *make no sense* 没有意义,讲不通. *make sense* 有意义〔道理〕,讲得通. *make sense of* 了解的意义,懂得. *take the sense of* 查明…的意向. *there is some* 〔*no*〕*sense in +ing* (…)是有(没有)意义〔道理〕的.

sense-digit line 【计】位读出线.

sense'less ['senslis] a. ①无知〔感〕觉的,无意识的 ②无意义的,不懂的,愚蠢的. *fall senseless* 不省人事,失去知觉. ～*ly ad.* ～*ness n.*

sense-preserving a. 保向的.

sense-reversing a. 反向的.

sensibiligen n. 过敏原.

sensibilin n. 原发过敏产物.

sensibilisator n. 敏化剂.

sensibilisin n. 过敏素.

sensibil'ity [sensi'biliti] n. ①感觉〔性,度,能力〕,感受性,情感 ②灵敏(精确,可感)度 ③敏感性〔度〕,感光度〔性〕.

sensibiliza'tion n. 敏化〔增感〕(作用).

sen'sibilizer n. 敏化剂.

sen'sible ['sensəbl] a. ①可感觉的,明显的,敏感的 ②切合实际的,合理的,明智的,通情达理的. *sensible heat* 显热. *sensible plan* 切合实际的计划. *There is no sensible difference*. 没有什么显著的区别. ▲(*be*) *sensible of* 感觉到,知道. **sen'sibly** *ad.*

sen'sicon n. 光导〔氧化铝〕摄象管,铅靶管.

sensillom'eter n. 感光计.

sen'simotor a. =sensorimotor.

sen'sing ['sensiŋ] n.; a. ①感觉 ②【计】读出 ③方向指示,偏航指〔显〕示,测向,信号感觉(传感) ⑤敏感的. *mark sensing* 符号读出, *remote sensing* 遥测. *sensing circuit* 【计】读出电路,感测〔传感,敏感〕电路. *sensing head* 传感元件,传感〔灵敏,敏感,读出〕头,测量规管. *sensing unit* 〔*element*〕传感器,敏感元件.

sensistor n. 硅正温度系数热敏(电)阻.

sen'sitive ['sensitiv] I a. 能感受的,敏感的,灵敏的,易感光(感应)的,感光性的,高度机密的. II n. 对…敏感的物质(材料). *electron sensitive* 电子轰击敏感(的). *light sensitive* 光敏的,感光的. *pressure sensitives* 压敏材料. *pressure sensitive adhesive* 压合胶粘剂. *program sensitive error* 特定程序错误. *red sensitive* 能感受红色(光)的. *sensitive bench drill* 高速手压台钻. *sensitive element* 〔*member*〕敏感元件,传感器. *sensitive paper* 感光〔晒图〕纸. *sensitive to heat* 热敏(材料). *sensitive volume* 灵敏区,灵敏体积. *thermally sensitive* 对温度(变化)灵敏的. ▲(*be*) *sensitive to* 〔*about*〕对…敏感,易感受…,…敏的. ～*ly ad.* ～*ness n.*

sensitiv'ity [sensi'tiviti] n. 灵敏(度,性),敏感(度,性)(与…的),感光性〔度〕,响应(度),(光敏的)感速. *photoelectric sensitivity* 光电灵敏度. *sensitivity calibration* 灵敏度校准. *sensitivity drift* 灵敏度漂移. *sensitivity level* 响应级. *sensitivity to light* 光(灵)敏度. *sensitivity volume* 灵敏区.

sen'sitize ['sensitaiz] *vt.* ①使敏感,(使易于)感光,给与感光力,敏(活),强化,激活 ②促敏〔爆〕. *sensitized fluorescence* 敏化荧光(现象). *sensitized paper* 感光(敏化)纸. *sensitized photocell* 敏化光电管. **sensitiza'tion** *n.*

sen'sitizer ['sensitaizə] n. 敏化〔激活,增感〕剂,敏化〔致敏〕物,激敏剂,抗体.

sensitogram n. 感光图.

sensitom'eter [sensi'tɔmitə] n. 感光计,曝光表.

sensitomet'ric a. 感〔曝〕光度(测定)的.

sensitom'etry n. 感光(量)度,感光度测定学(术),曝光度,光敏学.

sen'somotor a. =sensorimotor.

sen'sor ['sensə] n. ①传感器,感受器,读出器,传感,灵敏,接受元件,敏感装置 ②〔感觉发送〕器,探测设备,探头 ③仿形器. *measuring sensor* 测量元件. *neutron sensor* 中子探测器. *sensor amplifier* 读出(传感)放大器.

sen'sorimo'tor a. 感觉运动的.

senso'rium (pl. *senso'ria*) n. 感觉中枢.

sen'sory ['sensəri] *a.* 感(知)觉的,灵敏(度)的,传感器的,灵敏元件的.

sen'suous ['sensjuəs] *a.* ①感官方面的,感觉上的 ②激发美感的.

sent [sent] send 的过去式及过去分词.

sen'tence ['sentəns] *n.* ; *vt.* ①句(子),语句,命题 ②判决,宣判. *serve a sentence* 服刑. ▲*be sentenced to (death)* 被判处(死刑).

senten'tial [sen'tenʃəl] *a.* (语)句的,命题的. *sentential calculus* 【逻辑】命题[语句]演算. *sentential combination* 复合命题. *sentential form* 句型.

sen'tience ['senʃəns] *n.* 感(知)觉能力,感觉.

sen'tient ['senʃənt] *a.* 有感(知)觉的,能感觉的.

sen'timent ['sentimənt] *n.* ①感情,情绪,情操 ②意见,感想. *explain the sentiments of M on N* 解释 M 对(关于)N 的意见. *express one's sentiment* 表示意见. *general sentiment* 一般意见,舆论. *sentimen'tal a.*

sen'tinel ['sentinl] I *n.* ①哨兵,卫兵,步哨,看守 ②(表示某段信息开始或终了的)标记,标志 ③传送(发送,发讯,发射)器,识别指示器. I *vt.* 放哨,守卫,警戒. ▲*stand sentinel over* 守卫,放哨.

sen'tron *n.* 防阴极反加热式磁控管,防阴极回表式磁控管(短波电子管).

sen'try ['sentri] *n.* 卫(哨)兵,步哨. *sentry go* 步哨线.

sentry-box *n.* 岗亭.

sentry-go *n.* 步哨线,步哨勤务. ▲*be on sentry-go* 放步哨.

seoo 〔法语〕*sauf erreur ou omission* 错误遗漏不在此限.

Seoul [soul] *n.* 汉城.

SEP =①separator ②standard engineering practice 标准工程惯例.

Sep =September 九月.

sep =separate.

SEP & A =special equipment parts and assemblies section 专用设备部件和组件部分.

SEpA =Science Education programme for Africa. 非洲科学教育规划.

se'pal ['si:pəl] *n.* 【植】萼片.

separabil'ity [sepərə'biliti] *n.* 可分(离)性,可分辨性,划分(分离)性.

sep'arable ['sepərəbl] *a.* 可分[离,开]的,分得开的,可拆(式)的,能区(划)分的(from, into, between). *separable algebras* 可分代数. *separable attachment plug* (可拆)连接插头. *separable closure* 【数】可分闭包. *separable coupling* 可拆式联轴节. *separable topological space* 可分拓扑空间. **separably** *ad.*

Separan 2610 聚丙烯腈絮凝剂.

sep'arant *n.* 隔离子.

sep'arate I ['sepəreit] *v.* ①(使)分离[裂,隔,开,散,选,运],隔开[离],切[割]断,脱离,区[分,识]别,分类分离[隔,开,立]的 ②个别的,单独的,独立的,不相连的,区域的. *n.* 单行本,抽印本. *separate curb* 分式路缘. *separate excitation* 他励,分(他)激励. *separate heater valve* 旁热式真空管. *separate heterodyne* 他激(分)激,独立本机振荡[]外差法. *separate lubrication* 局部(独立,点)润滑. *separate water supply system* 分区给水系统. *separating funnel* 分液漏斗. *separating prism* 分像棱镜. *separating screen* 选去筛. *separating sewer* 分流污水管. *separating valve* 隔离阀. *separating wall* 挡板,隔墙(板). *the separate equations* 各个公式. ▲*(be) separate from* N 和 N 分离[开]的. *by separate mail* 另邮. *keep M separate from* N 把 M 和 N 分开,不要把 M 和 N 混在一起. *separate (M) from N*(把M)从N分离出来,从N中析出(M),(使)M和N分开,(使)M脱离N. *separate (M) into N*(把M)分(离,解)成N. *separate off* 分(离)开. *separate out* 分(离)出,析出.

sep'arated *a.* ①分开[离]的,可[隔]离的 ②另外的,独立的. *separated exciting* 他(分)激(磁)式. *separated kernel* 可分核.

sep'arately *ad.* 分别(各别,独立)地,(借助)外力地. *separately excited* 分激的,他励的. *separately instructed carry* 外控(外激式)进位. *separately ventilated type* 外力通风式.

separa'tion [sepə'reiʃən] *n.* ①分离[裂,隔,开,散,选,配,流],变量分离,脱[剥]落 ②释[析]出,离(分)析,分馏,离[游]析,(识别)分类 ③浓集(缩) ④分离区,隔体 ⑤间隔[距],(槽)间距,空隙,(导线间,横线)电压 ⑥分度,中断 ⑦分散 ⑧(核)劈裂,剧裂 ⑨幅度差. *angular separation* 角距,二个方向之间的角度. *anode-cathode separation* 阴阳极间距离. *coal separation* 选煤. *magnetic separation* 磁力分选,磁力选矿. *peak separation* 波峰间隔. *satellite separation* 卫星(与运载火箭)分离. *screen separation* 筛分. *separation coal* 精选煤. *separation column* 分馏塔,分离柱. *separation coupling* 可拆联轴节. *separation effect* 分离效应,分离作用. *separation of aerofoil* 机翼间距. *separation of fragments* 碎片飞散. *separation of isotopes* 同位素分离 *separation of roots* 【数】隔根法. *separation standards* 间隔标准(飞机相互间的最小距离). *timing separation* 按时间区分. *wavelength separation* 波长区分.

sep'arative *a.* 分离(作用)的.

separatog'raphy *n.* 无色化合物的吸附分离.

sep'arator ['sepəreitə] *n.* ①分离[分隔,分液,脱水,离析,捕集,选,筛]器,清选机,分选(选级)机,除尘器(脱脂机,分离装置 ②隔离物,隔板,分离片,网筛,垫圈 ③轴承座 ④分隔符 ⑤(道路上)分隔带,分车设备 ⑥脱模剂. *air separator* 吹(气分)离器,空气分离器,吹气分选机. *coolant separator* 冷却液清净器,冷却液铁屑分离器. *dust separator* 除尘器. *electric separator* 电分离器. *horizontal separator* 水平同步脉冲分离器. *magnetic separator* 磁选机. *mass separator* 质量[同位素]分离器. *oil separator* 分油器,滑油分离器. *phase separator* 分相器. *pulse separator* 脉冲分离装置. *separator conveyer* 筛分运输机. *separator tube* 缓冲管.

sep′aratory [′sepərətɔri] *a.* 分离(用)的,使分离的. *separatory funnel* 分液漏斗.

sep′aratrix *n.* 分离号,分界线(面),相平面上的闭合曲线,被限制的稳定范围.

sephadex *n.* 葡聚糖凝胶(交联葡聚糖的商品名).

sepharose *n.* 琼脂糖的商品名.

se′pia [′si:pjə] (*pl. se′pias* 或 *se′piae*) *n.* 乌贼墨汁,深褐色.

sepiapterin *n.* 墨蝶呤.

se′piolite *n.* 海泡石.

sepn = separation.

SEPP = single-ended push-pull 单端推挽.

SEPPC = single ended push-pull circuit 单端推挽电路.

sepro′bia *n.* 污水生物.

sep′sis *n.* 脓毒症,败血症.

Sept = September 九月.

sept-, septa-, septem-, septi- [词头]七.

sep′ta *n.* septum 的复数.

sep′tal *a.* 中(间)隔的,膜膈的.

sep′tangle [′septæŋgl] *n.* 七角形. **septan′gular** *a.*

sep′tanose *n.* (氧)七环糖.

septa′rium *n.* 龟背石,裂心结核,核桃心结核.

sep′tate *a.* 分隔的,有隔壁(膜)的. *septate mode* 旁模.

septava′lence 或 **septava′lency** *n.* 七价.

septava′lent *a.* 七价的.

Septem′ber [səp′tembə] *n.* 九月.

septe′nary [sep′ti:nəri] 或 **septinary** Ⅰ *a.* 七(个,进制)的,(第,经过)七年的. Ⅱ *n.* 七(个),七个一套,七年间.

septendec′imal *a.* 十七进制的.

septet(te) [sep′tet] *n.* 七重线[奏,唱,态,峰],七个(人)一组.

sep′tic [′septik] Ⅰ *a.* 腐败(性)的,浓毒性的,败血病的. Ⅱ *n.* 腐败物(剂). *septic conditions* 腐化[化粪]条件. *septic poisoning* 败血症. *septic tank* 化粪池.

septice′mia *n.* 败血病(症).

septic′ity *n.* 腐败(性).

sep′tiform *a.* 隔膜状的,七倍的.

septilat′eral [septi′lætərəl] *a.* 有七边的,七边(形)的.

septil′lion [sep′tiljən] *n.* [英]百万的七乘方,10⁴²,[法,美]千的八乘方,10²⁴.

sep′timal *a.* 七的.

septiva′lence 或 **septiva′lency** *n.* 七价.

septiva′lent *a.* 七价的.

sep′tum [′septəm] (*pl. septa*) *a.* 隔膜[壁,墙,板],屏蔽(板)板,内偏转板,中(间)隔,切隔板.

sep′tuple [′septjupl] Ⅰ *a.* 七倍[重,维,度]的. Ⅱ *v.* (变成)七倍. *septuple space* 七维空间.

septup′let [sep′tʌplit] *n.* 七重态.

septuploid *n.* 七倍体.

SEQ = ①sequel ②sequence ③sequencer ④sequencing.

seq(q.) = [拉丁语]*sequentes* 或 *sequentia* 后面的,下述的.

se′quel [′si:kwəl] *n.* ①[后]结果,结局,继[续]续②续集[篇],下篇 ③后遗症,后发病,遗患. *a sequel to M* M 的续集(篇). ▲*in the sequel* 结局[果],到后来,(在)后面.

seque′lae [si′kwi:lə] ([拉丁语](*pl. seque′lae*) *n.* 后遗症,后发病,遗患,结果.

sequenator *n.* 顺序分析仪.

se′quence [′si:kwəns] Ⅰ *n.* ①[顺,次,层,波,程,时,工]序[序]系,数,阶序,排列,指令序列 ②系,族,类,链区 ③继[接]续,关联,演进,连产 ④结果 ⑤局],后],语文,段落,片断,插曲 ⑤将信息项目排成顺序的机器 ⑥轮换,代替. Ⅱ *vt.* 排(列)顺序,定序,程序设计,使程序化. *backstep sequence* 分段退焊次序. *block sequence* 分段多层焊,叠置次序. *decay sequence* 衰变序列,放射系. *fuel sequence* 推进剂组分输送程序. *missile operational sequence* 导弹飞行阶段. *negative sequence* 逆序. *operational sequence of operation* 工序,操作(运行)程序(步骤). *orderly sequence* 有条不紊. *pass sequence* 焊道程序. *positive sequence* 顺序,正序. *power transmission sequence* 传送线,送电线路,传动机构的动力传动系统. *pre-set sequence* 给(预)定程序. *pressure sequence valve* 压力(控制)顺序(动作)阀,定压阀. *sequence control tape* 时间程序,程序带. *sequence controlled computer* 程控计算机. *sequence of number* 或 *number sequence* 数(的序)列,数序. *sequence space* 序列空间. *sequence switch* 程序开关,序轮机. *sequenced signals* [计] 有时序的信号. *sequencing by merging* [计] 合并排序. *sequencing computation* 顺序计算. *the sequence of events* 事情的先后次序. *time sequencing* 时间顺序. ▲*a causal* [*physical*] *sequence* 因果关系. *in a definite sequence* 一定的次(顺)序. *in an irregular sequence* 不规则地. *in regular sequence* 按次序,有条不紊地. *in sequence* 顺序,挨次,逐一. *in sequence of date* 按照日期的先后.

se′quencer *n.* 程(顺)序装置,序列发生器,定序器.

se′quent Ⅰ *a.* 继续(起)的,连续的,相随的,结果的. Ⅱ *n.* 结果,相继发生的事,[数]相继式.

sequen′tes [si′kwentiz] 或 **sequen′tia** [si′kwenʃiə] *n.* [拉丁语] *et sequentes* 或 *et sequentia* 以及以下等等.

sequen′tial [si′kwenʃəl] *a.* ①连(继)续的,相继的,结果的,顺[按,时,序]次序的 ②序贯[列]的. *sequential access memory* 按序存取存储器. *sequential circuit* 序贯[次序,顺序,时序]电路. *sequential construction* 序列施工法. *sequential decoding* 序贯解码(器),序贯序列,逐次)译码. *sequential encoding* 序贯构码. *sequential method* 顺序逐近法. *sequential sampling* [数] 序贯抽样. *sequential search* [数] 序贯寻[搜索]法,序贯选法,[计] 顺序检索. *sequential switching* 按序转接. *sequential unconstrained minimization technique* [数] 序贯无约束极小化方法(SUMT).

sequen′tially *ad.* 顺序地,序贯地. *sequentially compact* 列紧的.

sques′ter *v.* ①使隔绝,使分离 ②扣押,没收,查封 ③

seques′trant *n.* 多价螯合剂.
seques′trate [siˈkwestreit] *vt.* 扣押,查封,没收;多价螯合.
sequestra′tion *n.* 隐蔽作用,多价螯合作用.
sequoia [siˈkwɔiə] *n.* 美洲杉,红杉(属)大梯桦.
SER =①series 级数,串联,系列,(一)套 ②support equipment requirements 辅助设备要求.
SER NO =series number 编号,序列号,(顺)序数,串联数.
se′ra [ˈsiərə] serum 的复数.
sérac′ *n.* 【地】冰(峰)塔,冰雪柱,塔形冰块,冰流.
seral *a.* 演替系列的.
sera′tion *n.* 交错群落.
serch *n.* 木材体积单位(等于0.71m³).
serclimat *n.* 演替系列顶极(植物)群落.
sere *a.* ; *n.* 干枯的,枯萎的,演替系列.
serein *n.* 晴空雨,白昼雨.
serendip′ity *n.* 偶然发现珍宝的运气,易遇奇ცc的运气.
serene′ [siˈriːn] I *a.* 晴朗的,平(宁)静的,从容的. II *n.* 晴空,(水面)平静. ~**ly** *ad.* **seren′ity** *n.*
serf [səːf] *n.* 农奴.
serf′dom [ˈsəːfdəm] *n.* 农奴制,奴役.
serge [səːdʒ] *n.* 哔叽.
sergeant [ˈsaːdʒənt] *n.* ①中士,军士 ②警(巡)官.
Sergestes *n.* 樱虾属.
se′rial [ˈsiəriəl] I *a.* ①连续的,顺次(序)的,序列的 ②串联的,排成(一)系列的,【计】串行的 ③连载的,按期出版的,陆续刊行的,分期连载的,成套,系列,期刊,连载小说,连续性的广播或电视等. *serial and rotation numbers*【邮电用语】次数. *serial batch system*【计】串行成批处理系统. *serial bond* 定期公债. *serial mean* 序(系)列平均(值). *serial number* (顺)序数,编(序列)号,系列(序)号,串联(行)数. *serial operation* 串行操作,串联工作. *serial out* 串行输出. *serial processing system*【计】串行处理系统. *serial production* 批量(成批)生产. *serial register* 串行(串接)寄存器. *serial scheduling*【计】串行调度. *serial taps* 成套丝锥,成套螺丝攻. *serial task* 顺序任务. *serial time sharing system*【计】串行分时任务. *serial variance* 系列离散,序列方差.
serial-gram *n.* 连续(系列)图象.
se′rialise 或 **se′rialize** *vt.* 使连续,连载,串行化. **serializa′tion** *n.*
se′rially *ad.* 逐次,连续(载)地,串行(联)地. *serially reusable routine*【计】可连续重用例行程序.
serialograph *n.* X 线连续摄影(照相器,系列(X 线)照相装置.
se′riate *a.* ; *vt.* 顺次排列(的),连续(的),系列化. **seria′tion** *n.* *seriation method* 配列方法.
seria′tim [siəriˈeitim] (拉丁语) *ad.* 逐一(条)地,连续地,按顺序地.
sericin(e) *n.* 丝胶(质,蛋白).
sericite *n.* 绢云母.
ser′iculture [ˈserikʌltʃə] *n.* 养蚕.
se′ries [ˈsiəriːz] I (*pl.* **se′ries**) *n.* ①连续(贯,载) ②串联(接),【计】串行 ③系(组)、线(谱)系,(次)序,(序)列,族,苯,型,【地】统,(岩系的)段 ④组,套,串,系列 ⑤级(序)数,数列 ⑥丛书(刊),(第…)辑. II *a.* 成批的,串联(行,接)的. *actinide* [*actinium*] *series* 钢系(族). *digestion series*[冶] 溶出系列(系列). *electromotive series* 电化序,电动势序. *galvanic series chart* 电势序表. *method by series* 系统(系列)观测法. *polymer series* 高聚物组系. *power series* 幂级数. *series (and) parallel* 或 *series and parallel series* 串并联,混联. *series arc welding* 串联(间接作用)弧焊. *series connection* 串联(接). *series development* 级数展开,展成级数. *series drive* 组合传动. *series dynamo* 串励(激)发电机. *series expansion* 级数展开. *series machine* 串行计算机. *series motor* 串励(联,激)电动机. *series of commutator subgroups* 换位子群列. *series of curves* 一组曲线,曲线族. *series of test* 试验顺序. *series of viscosimeter tips* 粘度计不同直径毛细管组. *series peaking* 串联建峰(峰化),高频部分的串联补偿. *series pipe still* 管组蒸馏釜. *series production* 成批(批量)生产. *series welding* 系列焊,单边多电极焊接. *series winding* 串联(激)绕组. *time series* 时间序列. ▲*a series of* 一系列(连串)的. *in series* 串联(行)地,连续地. *in series with* 与…串联(相连). *series No* 档案号.
series-and-shunt tees 串并联三通(T 形接头).
series-feed oscillator 串联馈电振荡器.
series-mounting *n.* 串接方法(安装).
series-opposing *n.* (线圈等的)反向串联,串接反向.
series-parallel *n.* 混联,串并联.
serieux (法语) *au grand serieux* 极其认真地.
serim′eter *n.* 验纶计,生丝强伸力试验器.
ser′ine *n.* 丝氨酸.
se′riograph [ˈsiəriograːf] *n.* 连续照相器,系列照相装置.
seriog′raphy [siəriˈɔgrəfi] *n.* 连续照相术,系列照相术.
serioparallel *a.* 串并联(行)的,混联的.
se′rious [ˈsiəriəs] *a.* ①严肃(格)的,认真的 ②严重的,重要(大)的. *make a serious attempt* 认真试一试. ▲*more serious* (插入语)更为严重的是. ~**ly** *ad.* ~**ness** *n.* ▲*in all seriousness* 认认真真,严正地.
SERL =Service Electronics Research Laboratory 检修用电子仪器研究实验室,(英军)三军电子研究所.
ser′mon [ˈsəːmən] *n.* 说教,布道. ~**ize** *v.*
serodiagno′sis *n.* 血清学诊断.
seroglycoid *n.* 血清糖蛋白.
serolog′ic(al) *a.* 血清学的.
serol′ogy [siəˈrɔlədʒi] *n.* 血清学.
seromucoid *n.* ; *a.* 血清粘蛋白;浆液粘液性的.
seronine *n.* 血清素.
sero′sa *n.* 浆膜,绒(毛)膜.
serother′apy *n.* 血清疗法.
seroto′nin (5-HT) 5-羟色胺.
serotonin-N-acetyltransferase *n.* 5-羟色胺-N-乙酰转移酶.
serotoxin *n.* 血清毒素.

serotype n. 血清型.
se′rous ['siərəs] a. 浆液(状,性)的,血清的.
ser′pent ['sə:pənt] n. ①(大,巨)蛇 ②阴险狡猾的人. *serpent-type* 蛇型的.
ser′pentine ['sə:pəntain] Ⅰ a. 蛇状的,似蛇的,螺旋形的,盘旋的,蜿蜒的,弯弯曲曲的. Ⅱ n. ①蛇纹石〔岩〕②蛇形线,S形曲线 ③蛇形管,螺旋管,盘管 ④蛇根碱,利血平. Ⅲ vt. 盘〔回〕旋,蜿蜒地流动,蛇行. *furnaced serpentine* 焙烧蛇纹石. *serpentine pipe* 蜿蜒管,螺旋管,盘管.
serpentiniza′tion n. 蛇纹岩化(作用).
serpen′tuate v. 盘旋,蛇行.
serpen′tuator n. 蛇形〔蜿蜒〕管.
ser′pex n. 塞佩克斯碱性耐火材料.
serpiginous [sə:'pidʒinəs] a. ①蔓行的,此处愈彼处患的 ②波形的.
SERR =serrate.
serrasoid n. 锯齿波(调制). ~al a.
serrate Ⅰ ['serit] a. (锯)齿(形,状)的,细齿的,齿形(边)的. n. 飞机上的反截击雷达设备,机载瞄准体. Ⅱ ['sereit] vt. 使成锯齿(波)形. *serrated nut* 细齿形螺母. *serrated profile* 锯齿形(纵)断面. *serrated pulse* 开槽〔顶部有切口的〕帧同步脉冲,槽〔缺口〕脉冲. *serrated vertical synchronizing signal* 交错垂直场锯齿波同步信号.
serra′tion [se'reiʃən] n. 锯齿(形,形突起,构造),细齿(连接),细花键连接,齿面. *serration broach* 锯齿花键拉刀. *serration gauge* 花键察量规. *serration hub* 锯(细)齿滚刀. *serration shaft* 三角形齿花键轴,锯齿形花键轴.
ser′ried a. (行列)密集的,排紧的.
serr′ulate(d) a. 有细锯齿(边)的.
SERT =space electronic rocket test 空间电子火箭试验.
serule n. 微小演替.
se′rum ['siərəm] (pl. **se′ra** 或 **se′rums**) n. 浆液,血清,血浆.
serv =service.
ser′vant ['sə:vənt] n. ①仆人,雇工 ②公务员,雇员 ③奴仆 ④(有用的)工具. *civil servant* 文官. *public servant* 公仆. *servant brake* 伺服(随动)闸. *Your obedient* [humble] *servant* (公函结尾写于签名前的客套话)谨启.
SERVCLG =service ceiling 使用升限.
serve [sə:v] v. ①(为…)服务 ②供〔役〕,供应〔给〕,分支,送交 ③符合,适合(用,宜)于,(合,有,可代)用,起…作用 ④对待(付) ⑤经历,度过 ⑥配备. ▲*as occasion serves* (有一有适当时机(就),一有机会(就). *serve* (for)用作,作为,担任,充当,起…的作用,供作…之用. *serve as a substitute* (用以)代替. *serve oneself of* 利用. *serve one's turn* [*need*] 有(合,够)用. *serve out* 配(发)给,盛,装,报复. *serve … purpose* 可用来达到…目的,有…用途. *serve round* 挨次分派,摆在…前. *serve the purpose of* (可)用作(充当). *serve to* +inf. (可)用来(做某事),足以(做某事),起…作用,作用是使. *serve two ends* 达到两个目的. *serve up* 安排,预备. *serve M with N* 把N给M.

ser′ver n. ①服务员 ②盘,盆.
ser′vice ['sə:vis] Ⅰ n. ; vt. ①服(勤,业,军,公)务,工作 ②运行〔转〕,使用,操作,看管,管理 ③维(检,保)修,保养,维护,服役 ④(公共)设施,辅助装置 ⑤部,处,局,机构〔关〕,部门 ⑥工作期限,寿命 ⑦作用,机能,贡献,帮助 ⑧(煤气,自来水)供给,加注,供(上)水(管) ⑨军种,服役 ⑩ (pl.) 牲畜 ⑪用户(线) ⑫缠索(料) ⑫送达,发联 ⑬配件. Ⅱ a. 辅助(服务性)的,备(使)用的,武装部队的. *brake service* 脚踏闸. *colour service generator* 彩色电视机测试信号发生器. *contact servicing* 直接操作(维护),联络业务. *field service* 野战(外)勤务. *general services* 公用设施. *hard service* 重〔超〕负荷工作(状态),不良使用. *high-temperature service* 高温设备(装置),高温作业. *house service wire* (s) 进户线. *laboratory services* 实验室辅助管线,实验室业务(维修). *line service* 线路保养. *quick service* 快修. *remote servicing* 远距离操作(维护). *service area* 服务区域,有效作用区,广播〔播送〕区,可收听区域,供应区,有效范围. *service brake* 常用闸,(汽车的脚踏闸,脚刹车. *service bridge* 专用桥,工作(便)桥,工作走道. *service cable* 供电(用户)电缆. *service conductor* (*wire*) 引入线. *service counter* 服务台. *service data* 维护〔运行,使用〕数据,业务资料. *service diagram* 行车表,服务线路图. *service door* 工作出入门,工作者进出的门. *service equipment* 辅助设备,修理工具. *service failure* 使用中破坏. *service head* 电线管端盖. *service horse-power* 使用马力. *service interruption* 停电,线路不通,业务中断. *service life* 使用寿命,工作寿命,使用期限. *service main* 支(干)线,分(干)线,给水总管. *service manual* 维护〔修〕手册. *service module* 服务舱. *service pipe* 给水管,(从干管分支出的)入户管. *service platform* 工作台. *service power* 厂用电力. *service road* 服务性(沿街面)道路,辅助道路,副路,便道. *service rifle* 军用步枪. *service school* 军事学校. *service shop* 维修车间. *service sleeve* 维修用套管. *service station* 服务(加油,修理)站,设备润滑站,设备维修站. *service tank* 常用油箱. *service tee* T形接合. *service telegram* 公电. *service test* 性能(使用,运行,运转,动态)试验. *service tunnel* 工作隧洞,辅助隧道,副隧道. *service valve* 辅助(工作)阀. *service voltage* 供给电压. *service water* 工业(工厂,杂)用水. *service wear* 使用性磨耗. *servicing centre* [*depot*] 服务中心,维修,加油(站. *servicing manual* 修整手册. *servicing time* 维护(预检,发射)准备时间. *the public services* 公用事业,各机关,政府各部门. *three point service* 三点加油(充氧). *trouble-free service* 安全工作. *three services* 三军. *trip service* 普通检修. *weather service* 气象队,测候机关. ▲(*be*) *at one's service* 随(供)用,由…安排,为…服务,听候…吩咐. (*be*) *in service* (在)使用(中),在(实际)使用时,付诸使用,在

职〔服役〕.(be) of (no) service (to) (对…)有〔没有〕用,有〔无〕助于,有〔没有〕用处〔帮助〕. call on the services of 动员〔号召〕…服役,请…帮忙. go into service 投入使用,服现役. put 〔place〕 in 〔into〕 service 把…交付使用. render a service 贡献,尽力. have seen service 有(作战)经验,用久(旧,坏)了. take out of service 停止使用.

serviceabil'ity n. ①使用(能力,供给)能力,使用(中)的可靠性〔舒适程度〕 ②操作性能,功能 ③耐〔适,可〕用性 ④可维修性,维护保养方便性. *serviceability ratio* 可服务时间比,可用时间比.

ser'viceable a. 合〔适,耐,中,有用〕的,便于使用的,适于工作的,便利的. *serviceable life* 使用〔服务〕年限,使用寿命. **ser'viceably** ad.

ser'viceman (pl. *ser'vicemen*) n. ①技工〔师〕,修理工,维修人员,机械师,技术服务人员 ②军人,武装人员.

ser'vice-pipe n. (从干管分支出的)入户管.

ser'vicer n. 燃料加注车,(导弹发射)服务车,【计】服务程序. *air servicer* 充气车.

ser'vice-rack n. 检修〔洗车〕台.

ser'vice-wire n. (从干线分支出的)入户线,用户进户线.

ser'vile ['sə:vail] a. (似)奴隶的,屈从的,隶属的. ~ly ad. **servil'ity** n.

ser'ving n. ①服务,伺候,技术维持 ②被复物 ③一份食物〔饮料〕. *serving jute* 黄麻被复(电缆). *serving of cable* 电缆外皮.

ser'vitude ['sə:vitju:d] n. 苦〔奴,劳〕役.

ser'vo ['sə:vou] I n. ①伺服机构,伺服(电动)机,伺服〔动力,助力〕传动装置 ②随动〔跟踪,伺服〕系统,随动装置,随动,(自动驾驶仪的附件)舵机. Ⅱ a. 伺服的,随动的,补助的. Ⅲ vt. 补偿,修正(out). *electronic servo* 电子随动〔伺服〕系统. *height servo* 高度伺服机械. *hydraulic servo* 液压伺服机构. *on-off servo* 继电器随动〔伺服〕系统. *servo action* 随动作用. *servo actuator* 伺服执行机构,伺服操作器. *servo analog computer* 伺服模拟计算机. *servo board* 伺服机构试验台. *servo brake* 伺服制动(器),伺服闸. *servo channel* 伺服信号电路,伺服装置管道. *servo drive* 伺服(系统)传动(装置). *servo loop* 伺服回路〔系统〕. *servo manipulator* 伺服〔电子控制〕机械手. *servo mechanism* 伺服机构,伺服机械,随动〔伺服〕系统. *servo motor* 伺服电动机,伺服马达,(机车的)随动电动机. *servo operation circuit* 伺服运算电路. *servo parameters* 伺服系统参数. *servo relief valve* 伺服安全阀. *servo system* 伺服〔随动〕系统. *servo tab* 伺服调整片. *servo typer* 电动打字机,伺服印字〔打字〕机. *servo valve* 伺服(机构)阀.

SERVO =servo mechanism.

servo- 〔构词成分〕伺服,随动,助力.

servo-ac'tuated a. 伺服的,随〔从〕动的.

servo-ac'tuator n. 伺服拖动装置,伺服执行机构.

ser'voamp 或 **servoamplifier** n. 伺服〔随动〕放大器.

servo-an'alizer 或 **servoan'alyzer** n. 伺服分析器.

servo-an'alog n. 伺服模拟.

servo-brake n. 伺服制动器,继电〔随动,接力〕闸,伺服刹车.

servo-compu'ting a. 伺服运算的.

servoconnec'tion n. 伺服连接.

servocontrol' v. ; n. 伺服控制(系统),继电控制(系统),伺服机构(补偿器,调整片). *servocontrolled rod* 伺服机构控制棒.

ser'vodrive v. ; n. 伺服〔随动〕传动(装置,系统),伺服拖〔驱〕动(装置).

ser'vodriven a. 伺服传动(拖动)的.

ser'vodyne ['sə:voudain] n. 伺服系统的动力传动(装置).

servoel'ement n. 伺服元件.

servo-flaps n. 随动〔辅助〕襟翼.

servo-gear ['sə:vou'giə] n. 伺服〔助力〕机构.

servointegrator n. 伺服积分器.

servo-link n. 伺服〔助力〕传动装置,伺服〔动力〕系统.

servo-loop n. 伺服回路〔系统〕.

servo-lubrica'tion n. 中央润滑.

servomag'net n. 伺服电磁铁.

servomanip'ulator n. 伺服机械手.

servomanom'eter n. 伺服压力计.

servomech'anism n. 伺服机构〔机械,机件,设备〕,伺服(传动)系统,随动系统,跟踪(装置)系统,跟踪器(控制),辅助〔助力,继电〕机构. *digital servomechanism* 数字伺服机构.

ser'vomo'tor n. 伺服电动机(传动装置),辅助电动机,伺服机构的能源.

ser'vomul'tiplier n. 伺服(伺服)乘法器.

servo-pis'ton n. 伺服活塞.

servo-positioning n. 伺服定位.

servopotentiom'eter n. 伺服〔随动〕电位计,伺服电势计,伺服分压器.

ser'vopump n. 伺服泵.

servo-record'er n. 伺服记录器.

servo-rud'der n. 伺服〔随动〕舵.

servoscribe v. 伺服扫描.

servosim'ulator n. 伺服模拟机,伺服模拟机构.

servo-stabiliza'tion n. 伺服稳定.

ser'vosys'tem n. 伺服〔随动,从动,辅助〕系统,伺服机构,跟踪(装置)系统. *zero-velocity-error servosystem* 零位速度误差伺服系统,速度(控制)伺服系统.

ser'votab n. 伺服补偿机,伺服调整片.

ser'vou'nit n. 伺服〔随动,助力〕系统,伺服机械,伺服单位.

servo-valve n. 伺服(机构)阀,伺服操纵阀,继动阀.

seryl- 〔词头〕丝氨酰(基).

SES =①space environment simulator 空间环境模拟装置,航天环境模拟器 ②surface effect ship 表面效应船,气垫船 ③surface effect strip 趋肤效应带.

SESA =①Signal Equipment Support Agency 信号装置器材技术供应机构 ②Society for Experimental Stress Analysis 实验应力分析学会.

ses'ame ['sesəmi] n. 芝麻. *open sesame* 秘诀,关键.

ses'amoid a. 芝麻形状的.

SESCO =secure submarine communications 潜艇保密通讯.

SESER = source of electrons in a selected energy range 选定能量范围的电子源.

SESL = self-erecting space laboratory 自动装配的空间实验室.

sesqui- 〔词头〕一个半,一倍半,一又二分之一.

sesquibenihene n. 倍半贝尼烯.

sesquibenihidiol n. 倍半贝尼黑二醇.

sesquibenihiol n. 倍半贝尼黑醇.

sesqui-bi′plane n. 翼半式飞机(上翼大于下翼一倍).

sesquicentenn′ial n.; a. 一百五十年纪念(的).

sesquichamene n. 倍半沙烯.

sesquichlo′ride n. 倍半氯化物,三氧化二….

sesquigoyol n. 倍半告衣膠.

sesquiox′ide n. 倍半氧化物,三氧化二…. *nickle sesquioxide* 三氧化二镍.

sesqui-plane n. 翼半式飞机.

sesquip′licate a. 二分之三次方的,立方之平方根的.

sesquisalt n. 倍半盐.

sesquisil′icate n. 二三硅酸盐,倍半硅酸盐.

sesquisul′fide n. 倍半硫化物,三硫化二….

sesquiterpene n. 倍半萜(烯).

ses′sile [′sesail] a. 无柄的,无蒂的,固着的,不能自由走动的.

ses′sion [′seʃən] n. ①(一届)会议,开会,会期 ②学期,上课时间 ③(从事项活动的)一段时间 【计】 (分时系统)时间,对话(期),预约(使用终端)时间. *the First Plenary Session of the Thirteenth Central Committee of the Communist Party of China* 中国共产党第十三届中央委员会第一次全体会议. *Some crowded schools have double sessions.* 有些学生众多的学校每天分两部上课. *recording session* 录音时间. ▲*between sessions* 休会期间. *in session* 在开会,在上课,在开庭.

ses′sional a. 开会的,会议的,开(法)庭的.

ses′ton n. 悬浮物体.

set [set] I (set; setting) v. ①放(置,布,设)置,摆,铺,砌,竖,靠,贴,挂,镶,栽,种 ②安放(排,插),建(树,设)立,架设,排(铅字),盖(印),结果(籽) ③调整(值,节),校(调,对,拨,准,配合,拨)正 ④安置(装),固(设)置,定位 ⑤指价(决,规,选)定,令,出(题),讲(价)出的 使得,促使,开始,着手,从事,出发,专心于,倾(着)向,(风)吹,(潮)流,放(火) ⑦凝固(结,聚,集),形成,塑化,弄硬,(地基)下沉,沉陷(落),(日落 ⑧【计】置位,置"1",建立连接. *A train sets its brakes while crossing a bridge.* 火车过桥时(要)施闸. *set a distance* 定距离. *set a saw* 拨锯路(锯锐并调好锯齿). *set and strip* 装卸. *set him a task* 给他一个任务. *set him to solve the problem*：让他解决这个问题. *set the alarm for 5：30* 把(闹钟的)闹针定到五点半钟. *set the machinery going* 使机器运转. *set the matter right* 把这事弄好. *The concrete has set.* 这混凝土已凝固. ▲(*be*) *all set* 准备就绪. (*be*) *hard set* (正在)非常为难. (*be*) (*well*) *set up with* 得到…的(充分)供应. *set a goal of* +*ing* 制订(做…的)目标. *set a limit to* 限制,缩减. *set an example* 作为模范〔典型〕. *set about* 着手,开始,攻击,散布. *set abroad* 散布,推广,发表. *set afloat* 着手,下水. *set against* 把…同…比较〔对照〕,使平衡〔反对〕. *set apart* 分开,留下(备用). *set aside* 放在一边,略去,撤回,取消,放弃,忽

视,拒绝. *set at* 定在,袭击. *set back* 阻碍〔止〕,使挫折,拨回(指针),(房屋)收(缩,退)进,退后〔离〕. *set before* 摆在…前面,陈述. *set by* 放在一边,收起,珍重. *set down* 放(卸,记)下,制定,确立,认为〔看作〕是 (as, for),认为是由于,归于 (to). *set fire to* 点燃. *set forth* 摆出,陈列(述),显(表)示,规定,宣布,出发,装饰. *set forward* 提出,声明,促进,出发,前进. *set free* 释放,放出. *set going* 〔agoing〕开〔启〕动. *set hard* 凝固,结硬. *set in* 开始,来到,进来,(使)向岸,流行,定,停当,插入,遭上. *set in* 〔*into*〕 *motion* 开〔启〕动,使运转. *set in order* 调整,整理,检修. *set level* 放平. *set little* 〔*light*〕 *by* 轻视. *set loose* 解开,释放. *set much* 〔*great, little, no*〕 *store by M* 非常〔极,不太,简直不)重视 M. *set off* 出发,动身,发〔燃)放,使爆发,放(射),划分,隔开,断流,关闭,放出(供…用),扫除,抵销,平衡,显示,表扬,衬托,装饰. *set on* 决(专)心,着手,动身,确定,定位,安置,调节,煽动,攻(迎)击. *set on center* 安放…与中心看平. *set on fire* 使燃烧. *set one′s hand to* 抓. *set one′s teeth* 咬紧牙关,下决心. *set oneself to* +*inf*. 决心,着手. *set out* 出发,动手,开始,打算,退期,摆〔提〕出,表示,陈述,测定,定(放)放,植物,排放,排松(铅字)、排版,散植. *set over* 移(递)交,让渡,置于…之上,派…管理. *set plumb* 挂直. *set right* 矫正. *set solid* 结硬. *set store* 〔*much*〕 *by M* 尊重 M. *set the pace* 定步调,树立榜样. *set the seal on* 盖印于,批准. *set to* 认真干起来,大搞起来,(使)着手,移至,调整到,定到. *set to zero* 调回零,对准, 置. *set up* 竖〔建,创〕立,确〔规,制,固〕定,安装〔排〕,拉紧〔索具〕,排(铅字)；装〔准,预〕备,筹划,供给形〔造)成,产生,引起,(使)振奋；教练,锻炼；提出〔倡,议〕,揭示；调整〔到额定值〕. *set up against* 和…对抗. *set up for* 自称是. *set upon* = set on. *set upside down* 弄颠倒.
II n. ①(一)套(副,组,部),排,批,帮〔盆,局〕②装置,设备,机组,仪器〔表〕,用(器)具,布景,支架,座,台,站 ③接收机,成套的扳手〔冲头〕 ④方向,倾,流,向位,(发)趋向,姿〔形〕势,形状,构造,体〔款〕式,型 ⑤凝固〔结〕,硬化,残留〔永久,残余〕变形,变余,形变,沉陷,(日)落 ⑥【数】集(组,统,流形类,总体 ⑦校准,定位,固定 ⑧锯齿外钳(倾角) ⑨挑〔放〕苗,树株,(树结)果实,球茎,(锯)洞穴. III a. ①固〔既,设,规,指,坚〕定的,不动的,凝固的 ②(安)装好的,做成的,正式的 ③坚决不变的,固执的. *air set* 空气中凝固,常温凝固〔自硬〕,自然硬化. *all-electric set* 交流收音机,市电接收机. *all-mains set* 可适用各种电压的收音机. *back set* 制动装置,锁挡,后(倒)退；回水. *battery supply set* 电池供电设备. *biorthogonal sets of functions* 双正交函数集. *bridging set* 并联电话机,分机. *by-pass set* 旁路接续器. *clock set* 时钟校准. *coincidence set* 符合计数线路. *cold set* 冷作用具,冷(温)凝固,常温自硬. *command set* 指挥台. *compacting tool set* 压制模具. *complete orthogonal set* 完全正交系. *compression set* 压缩永久变形. *console set* 落地式收音机. *contact set* 触点组. *crystal set* 晶体检波接收机,矿石收音机. *crystal test set* 晶体测试设备. *D. C. tube electric set* 直

流电子管收音机. **data set** 数据组,数据装置,调制-解调器. **desk (telephone) set** 桌(上电话)机. **detector set** 矿石收音机,检测装置. **die set** 成套〔滑式〕冲模,模组. **die stock set** 全套板牙架. **dolley set** 〔铆接用〕钉模. **electric set** 市电〔交流〕收音机. **electronic altimeter set** 电子式高度计. **emergency set** 救急用电台,备用台,备用〔应急〕装置. **extension set** 分机. **facing set** 平面刮刀. **flat set copper** 韧铜. **fourwire termination minimal set** 四线二线变换设备(如混合线圈等). **full set** 全套. **gain set** 增〔扩〕音机. **gear set** 齿轮组. **generating set** 发电机,发电设备. **head set** 头戴受话器,耳机,听筒. **hot set** 热锻用具,热凝固器. **hybrid set** 混合线圈,四、二线变换装置. **hysteresis set** 滞后变形. **infinite set** 无穷〔限,尽〕集. **key set** 电键,按(钮电)键. **Loran set** 劳兰〔远距离无线电〕导航设备. **mine detecting set** 探雷设备,探雷器. **minimal set** 【数】极小集. **operational test set** 工作状态〔不停机〕测试设备. **order set** 【计】指令组. **pay station set** 公用电话机. **permanent set** 永久变形〔延伸〕. **planetary gear set** 行星齿轮组. **power set** 发电机组,动力装置. **proper set** 【数】正常集. **R. C. set** (电)阻(电)容网络,阻容网络. **radio set** 收音机,无线电台,无线电设备. **relay set** 继电器组. **rivet(ing) set** 铆接用具,铆接型杆. **routine test set** 定期测试器. **sand set** 一碾(子)砂,一次碾压的砂. **saw set** 整锯器. **saw set pliers** 整锯钳. **set analyser** 接收机试验仪. **set bolt** 固定〔定位〕螺栓. **set collar** 定位〔固定〕轴环,隔圈,碾〔顶〕梁. **set copper** 凹铜,饱和铜. **set enable** 【计】可置位. **set feeler** 定位〔调整〕触点. **set function** 集(合)函数. **set gauge** 定位规. **set hammer** 击平〔堵塞〕锤,压印锤. **set inhibit** 【计】禁止置位. **set key** 柱塞栓键,定位键. **set light** 照明设备〔装置〕. **set noise** 无线电接收机固有噪声,机内噪声. **set of cement** 水泥凝固. **set of curves** 曲线族,一组曲线. **set of equations** 方程组〔系〕,联立方程式. **set of joints** 〔地〕节理组. **set of points** 点集. **set of posts** 接线柱组. **set of pumps** 泵组(抽气装置). **set of rolls** 〔轧〕全(成)套轧辊. **set of sieves** 一套筛子. **set of spare parts** 成套备件. **set of spare units** 成套备用零件,设子牙. **set operation** 集(合)运算. **set piece** 定位块,调整块. **set piston** 调整活塞. **set point** 设定点〔值〕,已知〔给定〕值,凝固点. **set pulse** 置位脉冲. **set ram** 定位尺,定位螺钉. **set screw** 定位〔固定,止动,调整〕螺钉,制动螺丝. **set square** 三角板. **set tap** 手用丝锥. **set tester** 试验器组. **set theory** 【数】集(合)论. **set thrust plate** 推力挡板. **set time** 凝固时间. **set time counter** 置位时间计数器. **set transformation** 【数】集变换. **snap set** 铆头模. **swage set** 锯路. **temporary set** 弹性〔瞬时〕变形. **test set** 试验装置,测试设备. **tool ejector set lever** 工具推顶器安装手柄. ▲**at the set time** 在规定时间. **be set in one's ways** 顽固不化. **in sets of (five)** (每五件)组成一套. **make a dead set at** 努力争取,猛烈攻击. **of 〔on, upon〕set purpose** 故意. **set forms of** 死板的. **supply in full sets of** 成套地供应. **with set teeth** 咬着牙关.

SET = ①service evaluation telemetry 运转〔维护〕鉴定遥测技术 ②setting ③settling ④solar energy thermionic 太阳能热离子的.

se'ta ['siːtə] (pl. **se'tae**) n. 刚〔刺,棘〕毛,鬃.

seta'ceous a. 刚毛状的,有刚毛的.

set'back n. ①挫折,延迟〔滞〕阻碍,停止 ②退步,向后运动,逆转(流) ③【建】收(退)缩〔进 ④电刷回棱角 ⑤将指针按回 ⑥螺旋桨后倾,螺旋桨面翘. **setback line** (建筑)收进线.

SE&TD =systems engineering and technical direction 系统工程及技术指导.

set'-down n. ①申斥,拒绝 ②(火车等的)一段,搭乘 ③着地(陆),触地.

set'-fair I a. 晴定了的. II n. 慢平的灰泥面.

set'hammer n. 扁锤.

set'-in I a. 装〔嵌〕入的. II n. ①嵌〔插〕入物 ②雨雪等的)来临.

set'-maker n. 接收〔收音)机制造者.

set'-off' n. ①扣除,抵销 ②装饰,陪衬物(to) ③凸起部,凸缘,肩.

set-on n. 确定,定位,安置,调节.

set-out' n. ①开始,出发,准〔预〕备 ②陈列,摆.

set'over n. 超过位置,偏〔倾斜〕位置. **setover method** 跨偏法,纵〔偏〕置法. **setover screw** 偏斜螺钉.

SETP =systems engineering test program 系统工程试验程序.

SETR =service engineering trouble report 维修工程故障报告.

set-reset pulse 置位复位脉冲.

set'screw n. 定位〔固定,止动,调整〕螺钉,制动螺丝.

set'-square n. 三角板,斜角规.

sett n. 小方石,拳〔块〕石. **sett feeder** 〔jointer〕填缝器(用于石块路).

settee' [se'tiː] n. 长靠椅,中、小型沙发椅.

set'ter ['setə] n. 〔从事于set(包括各词义)的人或物〕①安置者,安装员,调整工,嵌缝者,教唆者 ②猎犬,定位器,定位〔调节〕器,给定装置. **course setter** 定程器. **manual setter** 手摇装置,手摇装订器,手动调谐. **plate setter** 〔分度盘〕固定器. **setter forth** 发行者,说明者. **setter off** 装饰物品. **setter on** 煽动者. **setter out** 出版者. **setter up** 创立者. **stud setter** 双头螺栓拧入〔出〕器. **tool setter** 刀具调整工.

set'ting ['setiŋ] n. 定位〔固定,止动,调整,装配 ②调整〔节〕,设〔调,装,固,决,变〕定,定位,机位(机械部件等的工作位置),合并③制钉,嵌镶者,教唆者 ④凝结〔固〕,永久变形,收缩,硬化,下沉〔落〕,沉降〔淀〕,沉淀〔下落地平线〕时间 ⑤【计】置位,置'1' ⑥(安置或固定用)框,架,支底,座,基础 ⑦(旋钮等的)调整位置,(继电器的规定位置 ⑧开〔启,启动 ⑨镀嵌(物),砌砖,炉灌,排字,锥锯条,配〔谱〕油,背〔布,衬〕景环境,(潮水、风等的)方向. **air setting** 空气凝固(法). **altimeter setting** 测高计调整,高度表定位〔装定〕. **circle setting** 度盘定位. **control index setting** (被调量)给定值的设置〔调整〕,控制指数调整. **die**

-setting press 模具装配压力机. finger setting 销定位. manual setting 手调(整). power setting 动力调整[调定]. process control setting 工艺过程调节的参数设置,程序控制调整. setting accelerator 促凝剂. setting accuracy 定位[调整,对准,瞄准]精度. setting chamber 沉淀室. setting dies 可调[冲]模. setting down (锻造)剎. setting gauge 定位(量)规,校正(量)规. setting mark 定位符号[分度线]. setting of ground 地基沉陷[沉降,下沉],地面沉降. setting off 断流,关闭. setting plan 装配平面图. setting point 凝结[固]点,调整点. setting pressure 设[给]定压力. setting pulse 调整脉冲,置'1'脉冲. setting range 调整[置位]范围. setting rate 凝结率. setting screw 定位[对准]螺旋. setting tank 沉淀[砂]池. setting time (混凝土)凝结[固]时间,调整[置位,安装,建立]时间. setting value 设[给]定值. throttle setting 节流阀调定. time setting 时间装定. tool setting diagram 刀具安装图. tool setting gauge 调刀千分表,对刀仪. trip setting 事故保护定值器. valve setting 阀的装配[调整,配置,配研],配磨. zero setting (仪表)零位调整,置零,调到零点.

set'ting-off n. 断流,关闭.

set'ting-out n. ①测定,定[放]线,放样 ②出发 ③(动物胶)压水法.

set'ting-up n. ①装[配]置,安装,装固 ②固[调]定,调整,准备(好),建立 ③凝结[固],硬化. setting-up piece 固定垫片. setting-up procedure 调整顺序.

set'tle' ['setl] v. ①沉[顿]下,整(料)理,调度[整,停] ②(使)固定[坚固,坚实],稳(安)定,回复复 ③(使)沉淀[陷,降,积],压紧,使(路等)干硬,澄清,筛分 ④下降,降落,下沉[陷] ⑤解决,决定,结束 ⑥结算,支付,付清,清算 ⑦定居,(使)受胎,怀孕. ▲settle down 沉淀[陷,下],安定下来,(逐渐)稳定(下来). settle down to 稳定到,安定下来,安下心来去(做),开始(做). settle for 满足于. settle on [upon] 决心,停,选择,落在……上. settle out 沉淀出来,沉积,稳定(下来),降(落)下来. settle up 决定,解决,付清,了结. settle with 同……讲定,与……清算,与……付[结]账,了结,收拾.

set'tle² n. 高背长靠椅.

set'tled a. ①固(一,稳)定的,坚固的,不变的,永久的 ②晴朗的,持续[结]清的 ④沉降[积]的 ⑤定居的,有居民的,已受胎的. settled sludge 沉积淤泥.

set'tlement ['setlmənt] n. ①解决,固确,决[定]②沉陷(物),沉降[落,积,渣],降低,澄清,下沉[陷] ③住宅区,聚落 ④居留地,租界,殖民地 ⑤付清,结[清]算. international settlements 国际结算. settlement coefficient [factor] 沉陷[降]系数. settlement of ground 地基沉陷[降].

set'tler n. ①沉淀[沉降,澄清,滤清,分离,分级]器,沉降[积]槽,前槽[床] ②移民,殖民者. cyclone settler 旋流收尘分离器.

set'tling n. ①沉降[积,降](物),筛分,下沉,沉下 ②稳[沉]定,恢复,还原 ③解决,决定,和解. bulk settling 整体沉降. settling matter 沉降[积]物. settling tank 沉淀[砂]池,澄清箱. settling time 建立

[置位,稳定,沉淀,还原]时间.

set-to n. 争论,拳赛,殴斗.

set'-up ['setʌp] n. ①装[布,配]置,创[安,建]立,竖起,装配,组[安]装,(仪器架仪)位置 ②装[设,准]备,收集,配[组]合,调[调整]整 ③计[谋]划,方案,(工作过程)安排,(问题等)编排,提出,供给,准备,构成,构造(型式) ④组织,机构,体制 ⑤计算机运算电路的构成,预先电平升降(电视图像黑色电平与灭黑冲电平之差) ⑥总体(观测)布置. control set-up 控制[调节]装置. direct-shadow set-up 阴影仪,阴影法[直接阴影]显相装置. equation set-up 排方程式,方程建立,排方程组. experimental set-up 实验装置,布置实验. floating decimal set-up 【计】"浮点"十进位[制]装置. set-up diagram (计算系统)准备(工作框)图,装配[配置]图. set-up instrument 无零点[刻度不是从零点开始]的仪表. set-up procedure 【计】准备过程[程序]. set-up scale 无零位刻度盘,无零位标度. set up time 安装时间,准备[扫描,建立]时间. the right methods and setups (机工)正确的(操作)方法和(布置)方案. the setup for professional work 业务班子.

set-up-scale instrument 或 set-up-zero instrument 无零点[刻度不是从零点开始]的仪表.

sev'en ['sevn] n.; a. 七(个). seven test 【数】七验法. ▲at sixes and sevens 乱七八糟,不和. seven seas 世界七大海洋,全球. seventy times seven 许多(无数)次,许许多多.

sev'enfold a.; ad. 七倍的,七重的.

seven-place logarithms 七位对数.

seventeen' ['sevn'ti:n] n.; a. 十七(个).

seventeenth' n.; a. 第十七,(某月)十七日,十七分之一.

sev'enth n.; a. 第七,(某月)七日,七分之一. ~ly ad.

sev'entieth ['sevntiiθ] n.; a. 第七十,七十分之一.

sev'enty ['sevnti] n.; a. 七十(个). in the seventies 在七十年代.

seven-unit code 七单位制电码.

sev'er ['sevə] v. ①(切,割)断,分(开,隔,离,裂),隔离 ②断绝,终止. sever oneself from 退(会),脱离,和……分离. sev'erance n.

sev'erable a. 可割断[分开]的.

sev'eral ['sevrəl] a.; n. ①若干,几[数]个,一些 ②个别的,各自的,不同的. several complex variables 多复变数. several tenths of a volt 十分之几伏,零点几伏. several times 好几次,屡次. two several items 两个不同的项目. ▲each [every] several 各(个)的. each several part 各部分. in several 分别地,各个地.

sev'eralfold ad.; a. 几倍,有几部分[方面]的.

sev'erally ad. 个别[单独,分别]地.

sev'erance n. 切[割],斩[断],分开[离],隔离,断绝,区别,不同.

severe' [si'viə] a. ①严(厉,肃,格,重,峻,密)的,剧(猛,激)烈的,急剧的 ②艰(困)难的,繁重的,恶劣的 ③紧凑的 ④纯朴的. severe heating (急)剧[加]热. severe radiation belt 强辐射带. severe service conditions 困难运行条件. severe stress 危险应力.

sev′erite n. 埃洛石.
sever′ity [si′veriti] n. ①严(格,厉,肃,密,谨,重,酷),猛〔激〕烈,刚〔强,硬〕度,苛刻度(加工程度),严重性〔度〕,严酷程度 ③纯洁,朴素. *severity of quench* 急冷度. *stall severity* 失速的严重程度.
Sevron ring 塞夫隆〔夹布层山形〕填密环.
sew[sou] (*sewed, sewn* 或 *sewed*) v. 缝(纫,补,上,合),(塑料)熔合,装订. *sew in* 进缝. *sew on* 缝上. *sew up* 缝合〔拢〕,垄断,独占,解决,决定.
sew²[sju:] (*sewed, sewed; sewing*) v. ①(从…)排〔泄〕水 ②流出,漏泄 ③(船)搁浅.
SEW = ①sewage ②sewer ③sewing.
sew′age [′sju:idʒ] n. ①污〔废〕水,污物 ②下水道(系统). *sewage disposal* 〔*treatment*〕污〔废〕水处理. *sewage gas*(垃圾)沼气. *sewage purification* 污水净化(处理). *sewage tank* 化粪池,污水(沉淀)池.
sewage-disposal n. 污水处理法.
sewage-farm n. 污水处理场〔灌溉田〕.
sew′er Ⅰ [′sju:ə] n. ①污水〔排水〕管,下水道,阴〔暗,地,排水〕沟 ②刚〔硬,硬〕沟 ③敷设下水道,修暗沟,(用下水道)排污水. *sanitary sewer* 下水道. *sewer catch basin* 沉泥〔污泥,截泥〕井. *sewer line* 污水管道〔线〕. *sewer manhole* 下水道检查井〔进入孔〕,污水窨井,污水管检查井. *sewer pipe* 污水管,沟管. *sewer septicity* 沟渠腐化力. Ⅱ [′souə] n. ①缝纫工人 ②缝具.
sew′erage [′sjuəridʒ] n. ①污水〔排水,下水〕工程,排水(沟渠)系统,排水设施,下水道(设备,系统),沟渠 ②污水(处理). *sewerage dredger* (敷设污水管用)挖槽机.
sew′ing [′souiŋ] n. ①缝(纫,合) ②(塑料)熔合 ③缝制物 ④锁(串)线订(书). *electronic sewing* (塑料)高频加热焊合.
sewing-machine n. 缝纫机,锁线订书机.
sewing-press n. (书的)锁线装订机.
sewn[soun] sew¹ 的过去分词.
sex[seks] n. 性(别). *the male* 〔*female*〕*sex* 男〔女〕性. *both sexes* 男女. *sex pilus* 性纤毛.
SEx = sub exciter 副激〔励〕磁机.
sex- 或 sexa- 或 sexi- 〔词头〕.
sexadec′imal a. 十六进(位)制的. n. 十六分之一. *sexadecimal digit* 十六进制数位. *sexadecimal number system* 十六进制.
sexadentate n.【化】六配位体.
sexages′imal Ⅰ a. 六十(进制,为底)的,与(数字)六十有关的. Ⅱ n. 以六十(或 60ⁿ)为分母的分数. *sexagesimal circle* 六十分制盘. *sexagesimal fraction*〔*number*〕以六十的乘方为分母的分数 (如 $\frac{1}{60}, \frac{1}{60^2}, \frac{1}{60^3}$ 等等).
sex′amer n. 六聚物,六节聚合物.
sex′angle n. 六角形.
sexan′gular a. 六角(形)的.
sexava′lence 或 sexava′lency n. 六价. sexava′lent a.
sexcente′nary Ⅰ a. 六百(年)的. Ⅱ n. 六百周年(纪)a.
sex-chromosome n. 性染色体.
sexen′nial a. 持续六年的,每六年一次的.
sexidec′imal a. 十六进制的.
sexil′lion [seks′iljən] = sextillion.
sexiva′lence 或 sexiva′lency n. 六价. sexiva′lent a.
sex′less [sekslis] a. 中〔无〕性的. *sexless flange* 标准法兰.
sex-linkage n. 性连锁.
sex′tan a. 六日周期的,每六日复发〔发生〕一次的.
sex′tant [′sekstənt] n. ①(反射镜)六分仪 ②圆的六分之一,60°角. *gyro sextant* 陀螺六分仪. *micrometer sextant* 测微六分仪.
sextet(te) [seks′tet] n. 六重线〔奏,唱,峰,态〕.
sex′tic a. ; n. 六次(的),六次(曲)线.
sex′tile n. 六十度角的差别.
sextill′ion [seks′tiljən] n. (英,德)百万的六乘方,10^{36} ②(法,美)千的七乘方,10^{21}.
sex′to n. 六开本(的书),六开纸.
sex′todec′imo n. 十六开本,十六开的纸.
sex′tuple [′sekstjupl] Ⅰ a. 六倍(重,维,度,部分)的. Ⅱ n. 六倍的量. Ⅲ v. (使)成六倍. *sextuple space* 六维(度)空间.
sextuple-effect a.【化】六效的. *sextuple-effect evaporation* 六效蒸发.
sex′tuplet n. 六个一组,六连音.
sex′ual a. 性(别)的,有性的,两性之间的.
sexual′ity n. 有性,性(征),性能力,性感(欲).
Seychelles[sei′felz] n. (非洲)塞舌尔(群岛).
Seymourite n. 一种耐蚀铜镍锌合金(铜 64%,镍 18%,锌 18%).
SF = ①San Francisco 旧金山 ②scale factor 比例系数〔常〕数 ③science fiction 科学(幻想)小说 ④seafood 海味 ⑤selffeeding 自激,自馈,自动给(供)料的 ⑥semifinished 半(精)加工的 ⑦shearing force 剪切力 ⑧signal flare 信号弹 ⑨signal frequency 信号频率 ⑩single feeder 单馈电线 ⑪sound and flash 声音和闪光 ⑫spot face 局部平整面,(刮)孔平面 ⑬ standard form 标准形〔型〕式,范式 ⑭standard frequency 标准频率 ⑮supersonic frequency 超音频 ⑯supply fan 送风机.
sf = square foot 平方英尺.
sf = 〔拉丁语〕*sub finem* 在末尾.
s-f = signal frequency 信号频率.
SFAR = sound fixing and ranging 声(波)定位与测距.
SFB = structural feedback 结构反馈.
SFC = ①ship fire control 舰艇炮火控制 ②special facilities contract 专用设备合同 ③special fuel consumption 特种燃料消耗量 ④specific fuel consumption 单位燃料消耗量,燃料消耗率,燃料比耗 ⑤static fire controller 固定〔静止〕的射击指挥器,静态点火控制器.
SFC clutch = stationary field coil clutch 恒定场线圈型离合器.
SFCW = search for critical weakness 寻找关键性弱点.
SFD = ①single frequency dialling 单频拨号 ②sud-

den frequency deviations 突然频率偏移.
SFE =①simulated flight environment test 模拟飞行环境试验(高空操作振动试验) ②Society of Fire Engineers 消防工程师协会.
SFEL =standard facility equipment list 标准设施设备单(表).
sfer'ic n. 【气】天电,远程雷电,大气干扰.
sfer'ics n. ①【气】天电(学),大气干扰,天气测定法 ②电子探测雷电器,天电定向仪. *sferics network* 天电观测网.
sfer'ix n. 【气】低频天电.
SFF =set flip-flop 置位(安装)触发器.
sfgd =safeguard 防护装置,安全设备.
SFI =space flight instrumentation 空间飞行用仪表.
sfield n. 【数】体,除环.
SFM =①space frequency modulation 空间频率调制 ②surface feet per minute 圆周(表面线)速度 英尺/分.
SFM clutch =stationary field magnetic clutch 恒定场磁性离合器.
sfpm =surface feet per minute 圆周(表面线)速度 英尺/分.
SFPRF =semifireproof 半耐(防)火的.
SFR =submarine fleet roactor 潜艇队用反应堆.
sfR =safe range 安全距离(范围).
SFRS =search for random success 【数】随机结果的查找(检索).
SFSCT =smooth-face structural clay tile 自承重光面空心砖.
SFT =supplement flight test 补充飞行试验.
SFTL =sonic fatigue test laboratory 声音疲劳试验实验室.
SFTR =shipfitter 舰船装配(安装)工.
SFXD =semifixed 半固定的.
SG =①screen grid 帘栅板 ②screw gauge 螺纹(旋)规 ③sheet gauge 板料样规 ④signal generator (标准)信号发生器,测试振荡器 ⑤single groove 单槽 ⑥spark gap 火花隙 ⑦specific gravity 比重 ⑧standard gauge 标准轨距 ⑨standing group 常设小组 ⑩super group 超群 ⑪strain gauge 应变仪 ⑫structural glass 大块玻璃.
sg =specific gravity 比重.
sgd =signed 签了字的,盖了章的.
SGDI =swaging die 型锻模,(锯齿)挤扁模.
SGE =severable government equipment 可分离的控制装置.
SGG =sustainer gas generator 主发动机气体发生器.
sgl =single 单独(一)的.
SGM =①ship-to-ground (guided) missile 舰对地导弹 ②suppressor-grid modulated 抑制栅调制的.
SGR =sodium graphite reactor 钠石墨反应堆,石墨慢化钠冷却反应堆.
SGRD =signal ground 信号地接地.
SGSFU =salt-glazed structural facing units 上盐釉的结构盖面砌块.
SGSP =single groove, single petticoat (insulators) 单槽,单外裙(绝缘子).
SGSUB =self-glazed structural unit base 自砑光(上釉)的结构单元底座.
SGW =security guard window 安全防护窗.
SH =①scleroscope hardness 回跳硬度 ②shackle 钩环,绝缘器 ③sheet 薄钢板,图(表),张(页).
sh =①sheet 薄钢板,图(表),张(页) ②shilling(s)先令.
SH ABS =shock absorber 减振(阻尼,缓冲)器.
sh tn 或 **sh ton** =short ton 短吨(=907千克或2000磅).
SHA =sidereal hour angle 恒星时角.
shab'by ['ʃæbi] a. ①破旧(烂)的,失修的 ②低劣的,菲薄的,卑鄙的. **shab'bily** ad. **shab'biness** n.
shack [ʃæk] n. 棚房,窝棚,木造小房.
shack'le ['ʃækl] Ⅰ n. ①钩环(链,键),扣环,挂销,(带销)U 形钩(吊环),铁扣,锁扣,钢丝绳夹头,卡子 ②镣铐,枷锁,束缚,羁绊,障碍(物) ③束槽,套管 ④绝缘器(子). Ⅱ vt. ①上镣铐 ②钩链于,束缚,妨(阻)碍 ③用钩链连接 ④装绝缘器. *anchor shackle* 锚环. *break through the shackles of habit* 打破习惯的束缚. *shackle bolt* 钩环螺栓. *shackle insulator* 茶托隔电子. *shackle pin* 钩环销. *spring shackle* 弹簧钩环(挂钩),(钢板)弹簧吊耳.
shad [ʃæd] n. 鲥鱼.
shad'dock ['ʃædək] n. 柚子,文旦.
shade [ʃeid] Ⅰ n. ①阴影(处,部分),(阴)暗,暗(荫)影 ②影线,阴影处,挡风(尘)物,(遮光,灯)罩,太阳(眼)镜,遮热板,护板,屏,盖,帽,天棚,帘,灯伞,伞状物 ④(色彩)浓淡,明暗,深浅,色调(阴) ⑤(意义的)细微差别,变体 ⑥少量,稍微. *heavy shade* 饱和色. *pale shade* 弱色. *rich shade* 强色. *shades and shadow* 投影画. *shade holder* 灯罩座,灯罩夹,笠座,伞状物支持器. *shade line* 遮线,阴影线. *shades of gray* 灰度梯度,灰色深浅度. *shade shed* 凉棚. *shade tree* 成荫树木,行道树. ▲*a shade* 少许,一点点. *a shade below* 稍微低于. *a shade better* 稍好些. *delicate shades of meaning* 意义的细微差别. *fall into the shade* 不复令人注意,黯然失色. *in the shade* 在阴处,在阴影部分. *the shadow of a shade* 幻影. *throw* (cast, put) *into the shade* 使黯然失色(相形见绌). *under the shade of* 在…的荫蔽下. *without light and shade* 没有明暗的,单调的.
Ⅱ v. ①遮(光,蔽),荫蔽,覆盖,装罩(天棚) ②使(阴)暗,发暗 ③画影线,画断面线,作细线,描影,涂色于,着色 ④(使)(色彩,意见,意义)逐渐变化. *shaded area* 阴影面积(区域,地区). *shaded pole* 屏蔽磁极,罩极. *shaded transducer* 束控换能器.
shade-guide n. 色标.
sha'dily ad. 多荫地,阴暗地,隐蔽地,可疑地.
sha'diness n. 荫影系数.
sha'ding ['ʃeidiŋ] n. ①荫(遮,掩,屏)蔽,遮挡,覆盖层,(摄像管的图像亮度不均匀)成荫,阴影,发暗 ②描影法,晕渲法,明暗(度),浓淡(品质等)细微差别,(带头的)递降 ③(射线(摄像)管寄生信号的)电信号补偿 ④寄生信号,黑点 ⑤射线. *average shading* 平均浓淡(明暗)信号. *corner shading* 角遮光. *horizontal shading* 行黑点补偿信号. *shading adjustment* (电视)噪声电平调整,黑点(寄生信号(补偿))调整,黑斑补偿. *shading amplifier* "黑点"(寄生信号)放大器. *shading circuit* (电视摄像管寄生信号的)补偿电路. *shading coil* 校正线圈,罩极圈,短路环. *shading coil type* 校正(遮蔽)线圈式,罩极

shading-pole 磁极屏蔽,短路环.

shading correcting [correction] signal 黑点补偿[黑斑校正],图像背景校正[校准]信号. **shading correction** 黑点校正,图像斑点调整. **shading generator**(显像管中的)黑点补偿信号发生器. **shading of arrays** 阵的束控. **shading signal** 摄像管[电视发射管]寄生信号,黑点补偿信号.

shading-pole n. 磁极屏蔽,短路环.

shad'ow ['ʃædou] I n. ①(阴,荫,暗)影,影子[像] ②暗处,阴暗,黑暗[处] ③阴暗照片 ④(雷达,电波传播)静区,盲区 ⑤剪影,(微)影,微量,少许,一点点 ⑥(pl.)苗头,预兆,尾迹. II v. ①遮[暗,蔽,盖],荫[掩,屏]蔽,伪装,保护 ②投影,画阴影 ③无形影相随 ④成为…的前兆,预[暗]示. *acoustical [sound] shadow* 声影. *radar shadow* 雷达盲区. *shadow angle* 影锥角,(调谐指示器中)阴影角. *shadow box* 玻璃盖匣. *shadow cone* 影锥. *shadow effect* 阴影[荫蔽,屏蔽]效应. *shadow factor* 阴影系数,阴影率(在球面上传播与在平面上传播的电场强度之比). *shadow factory* 伪装的军事工厂,(战时)可改为军需生产的工厂. *shadow graph* 投影画,阴影图,描影,逆光摄影,阴影照相, X 光摄影. *shadow mask* (多影)孔板,障板,(彩色显像管)阴罩[障板],遮光板,遮蔽屏. *shadow mask color CRT* 荫罩式[障板式]彩色显像管. *shadow photometer* 比影光度计. *shadow scattering* 阴(核)影散射. *shadow system* 阴影仪. *shock wave shadow* 激波(后涡)痕,激波阴影照片. *sound shadow* 声影,静区. *spark shadow* 电花影图. ▲*a shadow of* 一点点. *cast shadows* 投影,预兆. *catch at shadows* 或 *run after a shadow* 白费气力,徒劳,捕风捉影. *in the shadow* 在阴[暗]处. *in [under] the shadow of* 在…附近,在…荫蔽[保护]之下. *within the shadow of* 在…的阴影内(的旁边). *without [beyond] a shadow of doubt* 毫无怀疑地.

shad'owfactor n. 阴影系数,阴影率,影被因素.

shad'owgraph ['ʃædougrɑːf] n. ①X 光摄影(照片), X 射线照片, X 射线透射相 ②逆光投影,阴影照相 ③描影,(阴)影图,暗流[影像]图,阴影法 ④放映检查仪器 ⑤皮影戏,照子戏.

shad'owing 遮[荫]蔽,阴影(形成),变暗,荫[受]屏[作用],伪装. *control rod shadowing* 控制棒的荫[受]屏作用. *shadowing of crossing traffic* 交叉车辆的安全避车.

shad'owless 或 **shad'owproof** a. 无阴影的.

shad'owy ['ʃædoui] a. ①有影的,多荫的,阴影的 ②模糊的,朦胧的 ③预兆性的,虚幻的.

sha'dy ['ʃeidi] a. ①遮(成),多荫的,背阴的,多影的,朦胧的 ②(形迹)可疑的,成问题的. *shady side* 黑[阴]暗面,背阴的一边,下坡路. ▲*keep shady* 不声不响)避免引人注意,隐藏.

shaft [ʃɑːft] I n. ①(心,接,传动,旋转)轴(竖,立,矿,升降,通风)井,道,烟囱(身) ③柱(筒)身,(高炉,冲天炉)炉身,塔尖 ④(箭,矛,旗)杆,箭,矛,(长)柄,把,捆,尾端,旋钮 ⑤车杠,辕 ⑥光线,闪光 ⑦树干,茎. II v. 装以轴(柄)的,传动,射出光束,欺骗,利用. *armature shaft* 电枢(衔铁)轴. *cardan shaft* 万向轴. *crank shaft* 曲(柄)轴. *differential shaft* 差动轴. *driven shaft* 被(从)动轴. *driving shaft* 主(驱)动轴. *flexible shaft* 软(可弯,挠性)轴. *furnace shaft* 炉身,炉体. *line [main] shaft* (总)中间,天)轴,主传动轴. *pilot shaft* 导井. *power shaft* 传动(动力)轴. *pressure shaft* 压力井. *quill shaft* 套筒(挠性)轴. *shaft bearing* 轴承. *shaft cable* 竖坑(矿井)缆. *shaft casing* 轴(承)壳,炉身外壳. *shaft coupling* 联轴节. *shaft current* 轴承电流(流过轴颈和轴瓦之间的有害涡流),辐(向)电流. *shaft furnace* 竖(鼓风)炉. *shaft generator* 轴(传动)发电机. *shaft governor* 轴向(作用)调速器,轴速调节器. *shaft hammer* 杠杆锤. *shaft horsepower* 轴输出功率,轴马力. *shaft installing sleeve* (密封用)轴套. *shaft kiln* 竖(式)窑. *shaft of rivet* 铆钉体,铆钉轴身. *shaft position digitizer* 轴角模数转换器. *shaft seal* 轴(密)封. *shaft sinking* 打(竖)井,沉井. *shaft well* 竖井. *spline shaft* 槽齿(花键)轴. *telescopic shaft* 套管(伸缩)轴. ▲*a shaft of light* 一束光线. *get the shaft* 受骗. *give the shaft* 欺骗. *have a shaft left in one's quiver* 还有办法[本钱]. *sink [put down] a shaft* 挖竖井,打直井.

shaft'ing n. 轴系[材]. *shafting oil* 轴(传动)油.

shaft'less a. 无轴的.

shaft-to-digital 转轴-数字转换.

shag [ʃæg] I n. ①粗毛,长绒(呢) ②蓬乱的一丛(簇) I n. = shaggy. II (shagged; shag'ging) v. ①(使)蓬松(杂乱,粗糙) ②追,赶,紧跟于后.

shag'gy ['ʃægi] a. ①起毛的,(毛发)粗浓的 ②粗糙的,凹凸不平的 ③蓬乱(松)的,毛烘烘的. **shag'gily** ad. **shag'giness** n.

shagreen' n. 粗面皮革,鲨革,充皮(书面)布.

shaitan n. 尘暴.

sha'kable a. 可摇(震)动的,可动摇的.

shake [ʃeik] I (shook, sha'ken) v. ①摇(动,振),振(动,荡),抖动 ②使震惊(动摇),减损(少),挫折. I n. ①摇(振,摆)动,动摇,振荡 ②震惊(颤),颤抖 ③裂变(口),劈开(口),(木材的)环裂 ④(片,瞬)刹那 ⑤(pl.)地震 ⑥百分之一微秒(时间). *cross shake* 横向振(摆)动. *end shake* 纵向振(摆)动. *shake culture* 【冶】振荡培养. ▲*a fair shake* 公平交易(交涉). *be no great shakes* 不是重大[了不起的事(东西,人). *give M a (good) shake* 使劲地摇 M,猛地摇 M. *in (half) a shake* 或 *in two shakes* 马上,立即,忽然,一刹那,一下子. *shake down* 摇落,摇下来,勒索,缩减,衰减振动;安顿,适应新环境,安下心来,(运行)试验. *shake hands* 握手. *shake it up* 赶快. *shake off* 抖(掉)去,抛弃,摆脱,推[拆]开. *shake on to* 承认,答应. *shake oneself together* 振作起来. *shake out* 打(摊,展)开,抖搂. *shake to compact* 摇紧. *shake up* 摇提(荡,匀,浑,屉)),搅(摇,搅,搅,整顿,激励. *shake up M with N* 把 M 同 N 摇混.

shake'down' ['ʃeikdaun] I n. ①试用,(新工艺的)试验(工作),(新设备的)试运转,强制破坏,调整,改进 ②安定(现象),稳定,安顿,地铺,临时床铺 ③勒索,敲许. II a. 试运转的,试航的,临时(试验)性的,震

shake′less *a.* 不振动的, 稳定的.

sha′ken [′ʃeikən] I *v.* shake 的过去分词. II *n.* 破损缺页, 装订不合规格的出版物.

shake′out *n.* ①抖〔打,展〕开,抖掉〔出〕②摇动〔分,出〕,筛选,离心分离 ③落砂,打箱,出砂. *shakeout equipment* 落砂设备. *shakeout machine* 落砂机,摇动机(测定石油中沉淀物与水分含量的离心机).

shake′proof *a.* 防〔耐,抗〕振的.

sha′ker *n.* 摇动〔振荡,振打〕筛,搅拌〔器,振动〔试验〕机,〔摇动,振荡〕筛,振子,抖动机构. *shaker conveyer* 摇动输送机.

shake′up [′ʃeikʌp] *n.* ①振〔摇〕动 ②整顿,激励,大改革.

sha′king [′ʃeikiŋ] *n.*; *a.* 摇〔动,振〕,振动〔荡〕,摆〔震,抖,摇,颠,松〕动,摇摆,手摇式. *shaking screen* 〔sieve〕振〔动〕筛,振荡筛. *shaking table* 振动台.

sha′king-up *n.* 摇〔振〕动.

sha′ky [′ʃeiki] *a.* ①摇〔振〕动的,不稳的,摇〔摇〕晃〔晃〕的,衰弱的 ②有裂口〔纹,缝〕的,不安全〔可靠,确实〕的. *sha′kily ad.*; *sha′kiness n.*

shale [ʃeil] *n.*〔油〕页岩,板岩. *oil shale* 或 *shale rock* 油(母)页岩,可燃性页岩. *shale oil* 页岩油.

shall [ʃæl](过去式 should) *v. aux.*(否定式 *shall not* 或 *shan't*) I ①将(要),会 ②应该,必须. *We shall be installing the equipment this day month.* 下个月的今天我们(将)在这里安装这套设备. *Mains voltage heating cables shall be adequately insulated and installed in compliance with the relevant Regulations.* 供电电压的电热线应按照有关条例恰当地绝缘和装设. *The error of a wattmeter at full full-scale shall not vary by more than 0.25% of full scale for Precision, or 0.75% for Industrial, instruments when the power factor is varied between unity and 0.5 lagging.* 当功率因数变化在 1～0.5 滞后之间时,瓦特计在满标度的二分之一处的误差变化不应大于满标度的 0.25%(对精密仪表)或 0.75%(对工业仪表).

II〔shall 和 will 的主要区别〕用在第一人称 shall 表示单纯的未来,will 兼表示意愿、决心、约束等;用在第二、第三人称则相反, shall 兼表说话人(作者)的意志、意愿,will 表示单纯的未来, *I shall go.* 我将去. *I will go.* 我愿(一定)去. *You shall go.* 你(一定)得去. *You will go.* 你会去. *It shall be done well.* (我)定能把它做好.

shal′low [′ʃælou] I *a.* 浅(薄)的,薄〔层〕的,表面的. II *n.*(常用 *pl.*)浅水(处),浅滩,浅层. III *v.* 使(变)浅. *shallow beam* 浅梁,矮梁. *shallow body of water* 浅水体. *shallow cut* 浅切割,浅挖方. *shallow dive* 小角度俯冲. *shallow donor* 浅施主. *shallow-draft vessels* 浅水船,吃水浅的船只. *shallow fill* 低填土. *shallow-hardening steel* 低淬透性钢,浅层硬钢. *shallow ionization chamber*【物】浅电离室. *shallow layer of soil* 表土层. *shallow lift (of concrete)* (混凝土的)薄层剥落. *shallow (dummy) pass*【轧】空轧〔立轧送样孔〕

型,空轧道次. *shallow-pocket free settling classifier*【矿】浅筐型自由沉降分级机.

sha′ly *a.*(含)页岩的,页岩状的.

sham [ʃæm] *n.* ①伪物,赝品,膺品,虚伪,假冒 ②假装者,骗子 ③纸皮,人造皮革. II *a.* 假的,虚伪的,劣等的. *sham feeding* 伪饲. III (shammed; shamming) *v.* 假装.

sham′bles [′ʃæmblz] *n.* ①混乱,一团糟,废墟 ②屠宰场,肉市场.

sham′bling [′ʃæmbliŋ] *a.* 拖沓的,呆滞的.

shame [ʃeim] I *n.* 羞耻(愧),惭愧,耻辱. II *vt.* 使羞愧. ▲*cry shame on* (*upon*) 责备.

shame′ful [′ʃeimful] *a.* 可耻的.

shame′less [′ʃeimlis] *a.* 无耻的.

shamm′er *n.* 假冒者,骗子.

sham′my [′ʃæmi] *n.* 麂皮,油鞣革.

sham′oy [′ʃæmɔi] *n.* 麂皮.

shampoo [ʃæm′pu:] I *n.* 洗头,洗发(剂,粉). II *vt.* 洗(头,发).

Shanghai [ʃæŋ′hai] *n.* 上海.

shank [ʃæŋk] *n.* ①胫,小腿,腿部,胫骨,(昆虫的)胫节 ②(刀,手)柄,末梢,尾端,后部,根部,(轮)辐,(锚)钉,螺栓,车钩,锚,碇,柱等的)体(干,身,颈),(锚)杆,插旦,把手,螺钉的无螺纹部分,轴耳,编辑尾,抬包(架) ③镜身,镜筒 ④支柱(架),开沟犁. *rivet shank* 铆钉体. *shank angle* 刀柄角,(刀具的)弯曲角. *shank ladle* 手转铁水桶(包),手浇包. *shank of bolt* 螺栓体. *shank type fraise* 带柄铣刀. *straight shank* 直柄. *taper(ed) shank* 锥形(渐缩)体,锥柄.

Shansi [′ʃæn′si:] *n.* 山西(省).

shan′t 或 **sha′n't** [ʃɑ:nt] =shall not.

shan′ty [′ʃænti] *n.* (临时,简陋)小屋.

shanty-town *n.* 贫民窟,陋屋〔棚户〕区.

shapabil′ity *n.* 随模成形性.

sha′pable *a.* =shapeable.

SHAPE =Supreme Headquarters, Allied Powers in Europe (NATO)(北大西洋公约组织)欧洲盟军最高司令部.

shape [ʃeip] I *n.* ①形(状,式,态,像),轮廓,定形,模(造)型,型(式),样子,种类,类型,波形,体现,具体化 ② (*pl.*) 型材,铁,钢材,模制塑胶 ③情况,状态,变化过程 ④特征. *the plate has a hole the shape and size of the work.* 板上有一个形状和大小都与工件相同的孔. *complicated shape* 复杂形状,(*pl.*)复杂型件. *equilibrium shape* 平衡形式(分布,配置). *extruded shapes* 压出的型材. *fabricated shapes* 加工型材. *first shapes* 预轧材. *merchant shapes* 商品钢材. *picture shape* 图像形状,图像大小(帧的宽与高之比). *shape casting* 成形铸造. *shape constant* 梁常数. *shape cutting* 仿形切割. *shape mill* 成组轧钢机. *shape of pass* 孔型断面轮廓. *shape steel* 型钢. *streamline shape* 流线型. *zone shape* 熔区形状. ▲*be in* (*a*) *bad shape* 处于混乱〔乱〕状态. *cut … to shape* 切成一定形状. *get … into shape* 把…弄成一定形状,整顿. *get out of shape* 变形,走样. *give shape to* 使…成形,修整,实现. *hold … in shape* 使…具有适应

的[保持应有的]形状. *in any shape or form* 以任何形式[种类]. *in good shape* 完整无损,情况好. *in no shape* 决不,无论如何不,完全不. *in shape* 在形式[外形]上,样子. *in the shape of* …形状,通过…方式,作为. *keep … in shape* 使…保持原形(不走样). *make M in the shape of N* 把 M 做成 N 形. *put … in [into] shape* 使…成形,整理,使…具体化. *take shape* 成[现]形,实现,形成,具体化,有显著发展. *take the shape of* 呈[现]…(形)状,成…形状. *work into shape* 加工成形.

Ⅱ v. ①[加工,修整,刨削]成形[型],做模型,塑造,定[整]形,形[构,组]成,使具有某种形状,定出标准横断面 ②计划,想出,使适合,实现,发展. *shaped bar* 异形小尺寸的异形钢材, *shaped earth road* 整形土路. *shaped orifice* 定型孔口. *shaped piece* 定型配件. *shaped pressure squeeze board* 异形压实板. *shaped steel* 型钢,异形钢材. *wedge shaped* 楔形的. ▲*be shaped like* 形状(做得)像. *shape M + a.* 把 M 做[制造,设计,加工]成…形状. *shape the boat very long* 把这船做得很长. *shape M from N* 用 M(材料)做成 N 形. *shape M into N* 把 M 加工[做,铸,塑造]成 N 形,使 M 成为 N 形状. *shape the destiny of* 决定…的命运. *shape up* [out] M among N 在 N 中…起相同作用. *share (one's) views (and opinions)* 看法相同,赞同…意见. *share out*(平均)分配,均分. *share (out) M among N* 在 N 中…起相同作用. *share up*(把…)分完. *share with M in N* 或 *share N with M* 与 M 分担 N,与 M 共用[共享]N,与 M 均分…分享N.

shape'able [ˈʃeipəbl] a. ①可成形[型]的,可塑造的 ②样子好的.
shape-factor n. 形状[成形,波形]系数,形状[波形]因数.
shape'less a. ①无形状的,不定形的 ②不象样的,不匀称的.
shape'ly [ˈʃeipli] a. 样子好的,匀称的,定形的,有条理的. shape'liness n.
sha'pen [ˈʃeipən] a. 作成[给以]一定的形状的.
sha'per [ˈʃeipə] n. ①成形机(器),整形器(件)[模锻]锤 ②牛头刨床 ③脉冲形成电路,成形[整形]电路 ④造型[塑造]者. *gear shaper* 插[刨]齿机. *hydraulic shaper* 液压式牛头刨. *pulse shaper* 脉冲形成器,脉冲成形电路[装置]. *rice shaper* 水田犁铧. *shaper chuck* 牛头刨的虎钳. *trigger shaper* 触发脉冲形成电路. *versatile pulse shaper* 通用脉冲形成器.
sha'ping n. ①形[组]成,组织 ②造[范]型,成[整]形,整平,做出横断面(形状) ③修制,刨削,压力加工 ④. 成形的,塑造的. *gear shaping* 插齿. *pulse shaping* 脉冲形成. *shaping circuit* 成[整]形电路. *shaping machine* 牛头刨床,成形机. *shaping mill* 成型[冷弯]机. *shaping plate* 样板. *shaping the grain* 药柱成形,火药块成形. *shaping unit* 【轧】整形器,信号形成单元. *shaping without stock removal* 无屑[非切削]成形.
shard n. 碎片,薄殻壳.
share [ʃεə] Ⅰ n. ①份儿[额],部(一)分,(pl.)股分[票] ②共[复]用,共享 ③参与,贡献 ④犁头,铧,刃,锄铲,开沟器. *channel share* 槽形犁铧[挖掘铲]. *opening share* 开沟器. *rice shaper* 水田犁铧. *share channel* 共[复]用信道. *share electrons* 共价[享]电子. *share operating system* 【计】共用操

作系统. ▲*bear [take] one's share of* 负[承]担一部分…. *do one's share of the work* 做自己的那分工作. *go shares with M in N* 跟 M 均分[平等分担,合伙经营]N. *have one's share of* 有自己的一份儿. *have [take] a share in* 参加[与],分担. *lion's share* 最大的一份. *on shares* 分摊盈亏. *one's fair share* (某人)应得[应负担]的一份. *take share (and share) alike* 平均分享(担).

Ⅱ v. 均[平]分,分配[摊,享,担,派],共用[有,享,负,价],共同遵守,参加[加]. *shared experiences* 交流经验. *shared channel* 共用[复用,同频]信道. *shared control unit* 共用控制器. *shared device* 共用设备. *shared file system* 共用文件(存储器)系统. *shared frequency station* 同频广播电台. *shared routine* 共用例(行)程(序),共用程序. *shared subchannel* 共用分[子]通道. *shared source multiprocessing* 【计】共用资源多道处理. ▲*be shared between* 共用于,由…起相同作用. *share (one's) views (and opinions)* 看法相同,赞同…意见. *share out*(平均)分配,均分. *share (out) M among N* 在 N 中…起相同作用. *share up*(把…)分完. *share with M in N* 或 *share N with M* 与 M 分担 N,与 M 共用[共享]N,与 M 均分…分享N.

share'holder n. 股票持有人,股东.
sha'rer [ˈʃεərə] n. 分配[派]者,共享[用,分]者,关系人(in, of).
shark [ʃɑːk] Ⅰ n. ①鲨鱼,鲨鱼灰色 ②骗子. Ⅱ vt. 骗(取),敲诈,勒索(up). *shark skin* 鲛[鲨]皮布,鲨皮布(一种高级人造丝布).
shark'skin n. 鲨鱼皮(指表面畸形).
sharp [ʃɑːp] Ⅰ a. ①锐(利)的,尖(锐,刻)的,锋利,快)的,成锐[尖]角的 ②急(剧,速,转)的,陡的,剧[剧烈]的强(有力)的,突然的 ③灵敏的,敏锐[捷]的,准确的 ④[轮廓,边缘]明显[清晰]的,鲜[分]明的,明确的 ⑤机警的,精明的,狡滑的. Ⅱ ad. ①急剧[速]地,突然地 ②准时地,正(时刻) ③锐利地,机警地. *at 7 o'clock sharp* 七时正. *sharp angle* 锐角. *sharp bend* 急弯,锐弯(管;接头). *sharp corner* 急弯,小半径转角,锐角. *sharp curve* 锐[小半径]曲线,急弯. *sharp cut-off* 锐截止. *sharp doil method* 二极管电容充电磁值电压测量法,电压峰值测量法. *sharp edge* 锐利的刃口,刃形,清晰边缘,锐边,陡沿. *sharp filter* 锐截止滤波器. *sharp focus(sing)* 锐[强,准,严格]聚焦. *sharp knife* 快刀. *sharp melting point* 明确熔点. *sharp peak* 顶[锐,最高]峰,顶点. *sharp pencil* 活芯铅笔. *sharp pointed* (非常)尖锐的,削尖的. *sharp pounding* 剧烈震动. *sharp radius curve* 小半径曲线. *sharp sand* 多角砂,尖砂,(无粘土的)纯砂粒. *sharp V screw* 锐角[非截顶三角]螺纹. *sharp turn* [路]急(转)弯. *sharp work* 快速作业,紧张的工作. ▲*be in sharp contrast with* 与…成鲜明对比. *be sharp at* 擅长,精于. *turn sharp to the left* 突然向左转弯,急向左转.
sharp-edged a. 锋利的,锐缘的,刃形的.
sharp'en [ˈʃɑːpən] v. ①削(尖),使尖锐,磨尖[快,

sharp'ener n. ①削刀[具],磨床[具,石],磨快[磨削,磨刀]器,砂轮机,磨刃装置 ②锐[锋]化器,锐[锋]化电路 ③磨削者. *cutter sharpener* 刀具磨床. *hob sharpener* 滚刀磨床. *pencil sharpener* 铅笔刀. *trigger sharpener* 触发脉冲锐化电路,触发(器)峰化器.

sharp'er [ˈʃɑːpə] Ⅰ n. ①磨(削)刀具 ②骗子. Ⅱ a. sharp的比较级.

sharp'pite n. 多水磷铀矿.

sharp'line n. 尖锐(谱)线.

sharp'ly [ˈʃɑːpli] ad. ①急剧(转)地,锐利地 ②清晰地,明显 ③敏捷地,迅速地. *sharply tuned* 锐(微,细)调的.

sharp'ness [ˈʃɑːpnis] n. ①锐度[利],锋利[切入]性,尖锐 ②清晰度,明显,鲜明 ③调谐锐度,鲜锐度. *sharpness in depth* 景深,纵深清晰度. *sharpness of definition* 分辨锐度,可辨清晰度. *sharpness of tuning* 调谐锐度.

sharp-pointed a. 削尖的,尖锐[端]的.

sharp-set a. ①使边缘锋利的 ②渴望的(upon, after) ③饥饿的.

sharp'shooter n. 神枪手,狙击手.

sharp-sighted a. 眼快的,机智的.

sharp-tongued a. (说话)尖刻的.

sharp-toothed a.

sharp-witted a. 机智的,灵敏的.

shat'ter [ˈʃætə] Ⅰ v. ①打(破,击,炸,剥)碎,打(爆)破,破开[坏],震(破,坏)①粉)裂 ②(坏,溃)散,疏松,散落 ③损伤[害,毁],破(毁)灭. Ⅱ n. ①破[碎,裂]片,岩屑,废石 ②粉碎,破损,震裂,散落. *shatter cracks* 【冶】(由白点引起的)发裂. *shatter index* 震裂(粉碎)系数. *shatter test* (焦炭)硬度坠落试验. *shattering effect* (爆破时的)破碎效应.

shatter-index n. 震裂系数. *shatter-index test* 震裂(坠落)试验,(焦炭)强度(粉碎率)试验.

shatter-proof a. 抗[耐,防]震的. *shatter-proof glass* 不碎[耐震]玻璃.

shave [ʃeiv] v., n. ①剃(齿),刮(平,面),削,刨,修整,擦[掠,挨]过 ②(切成)薄片 ③辛免,侥幸逃过. ▲*be* [*have*] *a close shave* 死里逃生,幸免于难. *by a (close, narrow) shave* 差一点点,险些(儿),几乎. *shave off* 刮[削,刨]掉.

shave-hook n. 铅锉,镰刀钩.

sha'ven [ˈʃeivn] v. shave的过去分词.

sha'ver n. ①电动剃刀,刨刀 ②(毛刷)刮刀,切除器. *edge shaver* 刨边机.

sha'ving [ˈʃeiviŋ] n. ①剃(齿),刮(削,面),削(剃)(面)法 ②修边(整)③(pl.)刮(切)屑,刨花,薄片. *brake shaving* 强制剃齿. *conventional shaving* 普通(纵向)剃齿. *rack shaving* 齿条刀剃齿. *shaving arbor* 剃齿心轴. *shaving dies* 切(修)边模,精整冲裁模. *shaving hob* 蜗轮剃齿刀. *shaving horse* 刨工台. *tangential shaving* 切线剃齿. *underpass shaving* 横切剃齿.

Shaw hardness n. 肖氏硬度.

Shaw process 肖氏造型(精密铸造)法.

SHCRT =short circuit 短路(接).

SHD =shroud 屏(蔽),幕,遮板,罩.

she [ʃiː] Ⅰ pron. (*her, her*;(pl.) *they, them, their*) ①她 ②(代替country, earth, moon, ship, train等)它,她. Ⅱ n.;a. 女(的),雌的.

SHE =signal handling equipment 信号处理设备.

sheaf [ʃiːf] Ⅰ n. (pl. *sheaves*)(一)束,(一)捆,(一)把,(一)扎. Ⅱ v. 束,(打)捆. *sheaf of plane* 平面束.

shear [ʃiə] Ⅰ (*sheared* 或 *shore, shorn* 或 *sheared*) v. 剪(切,断),切(断),(收)割,修剪. *sheared edge* 剪断的毛边(飞边,边料),剪切边. *sheared plates* 切边钢板. ▲*(be) shorn of* 完全失去,被剥夺. *shear through* 剪,切削. Ⅰ n. ①剪(切,断,移,力),切(变,力),剪(应)变,剪切变形 ②(pl.)大剪刀,剪(切)刀,剪机 ③(pl.)起重三脚架,人字起重架 ④剪下的东西. *a pair of shears* 一把大剪刀,剪(断)机. *bar shears* 小型钢材剪断机. *cropping shears* 切线剪. *end shears*【轧钢】切头机. *shear bolt* 保险螺栓. *shear box* 剪力匣. *shear crack* 剪切裂缝. *shear diagram* 剪力图. *shear elasticity* 剪切弹性模量. *shear force* 剪(切力)力,剪力. *shear fracture percentage*【焊】塑性断口百分率. *shear legs* 动臂(人字)起重架. *shear lip* 切变裂痕,剪切唇. *shear modulus* 抗剪弹性模量,切变模量. *shear motor* 剪切机电动机. *shear pin* 安全销. *shear plate* 切边的中厚板. *shear reinforcement* 抗剪钢筋. *shear spinning* 剪力(变薄)旋压. *shear steel* 见 shear-steel. *shear strength* 抗剪强度. *shear test* 剪切(抗剪)试验. *shear viscosity coefficient* 切变粘滞系数. *shear wall* 抗剪力墙. *square shears* 龙门剪床.

shear-bow n.【轧】板材剪切时的弓起.

shear'er n. ①剪切机 ②滚齿刨编机,直立槽截煤机.

shear'graph n. 剪应力记录器(仪).

shear'ing n. 剪切(断). *shearing field* 剪切场. *shearing interferometer* 错位干涉仪. *shearing strain* 切(剪切)应变,剪力变形. *shearing strength* 抗切(剪)强度,剪切强度. *shearing stress* 剪应力,(剪)切应力.

shear-steel n. 刃(地)钢,刀具钢,高速切削钢.

shear-susceptible a. 受剪敏感的,易被剪切的.

shear'water n. 海鸟式破冰护膜.

shear'welder n. 剪切-焊接机组.

sheath [ʃiːθ] Ⅰ n. ①鞘(子),(护,甲)套,(外)壳,(壳)层 ②铠[包]装,屏蔽,缠线,铅包[皮],复[屏]皮,(外层)覆盖(物)③(外)蒙皮,包膜,(外)外套,膜,涂料 ④(预应力混凝土的)钢筋鞘管,(放置钢索的包铜套管[管道]⑤阳极,正电极,电子管的(板[屏]极 ⑥离子鞘,空间电荷层. Ⅱ v. =sheathe. *arctic sheath* 防寒护膜. *current sheath* 电流包层. *ion sheath* 离子鞘. *sheath eddy current loss* 铠(包)皮涡流损耗. *sheath electron* 壳层电子. *sheath loss* 包皮损耗(电缆铅耗). *sheath replica* 外膜,包络复制品,蒙皮模制器. *sheath wire* 铠装线,金属护皮电缆.

sheathe [ʃiːð] vt. ①插入鞘子(里)②套(上),装以护

sheathed cable 铠装电缆. **sheathed wire** 铠装线，金属护皮电缆. **sheathing wire** 铠装线，被覆(用)线.

shea'thing ['ʃi:ðiŋ] n. ①(包)鞘，包端，复梢 ②铠装，(加)护(外)壳 ③壳层，外(保护)壳，包皮，(甲)套，覆盖(被覆)层，外膜 ④覆(盖)板，墁(拼)，夹，衬板. **lead sheathing** 铅包. **sheathing paper** 柏油[绝热]纸，衬纸，(屋顶用)油毛毡.

sheave [ʃi:v] Ⅰ n. ①滑(槽，细，绞缆)轮，(三角)皮带轮 ②滑车，滚子，导辊，牵引[凸轮]轮. Ⅱ vt. 捆，束. **cable sheave** 电缆绞轮. **solid eccentric sheave** 实体偏心轮. **sheave block** 滑车组. **sheave pulley** 滑车(滑轮). **V sheave** 三角皮带轮.

sheaves n. sheaf 和 sheave 的复数.

shed [ʃed] Ⅰ (shed, shed; shedding) v. ①流(出，下)，泻(下) ②(脱)落，脱出，摆脱 ③卸掉(载，料) ④放(射)，散发 ⑤放(抛)弃，拐掉. **shedding mechanism** 卸载装置，卸料机构. ▲**shed light on [upon]** 照亮，阐明，把…弄明白. **shed the blood of** 弄伤，杀死. Ⅱ n. ①棚，小(披)屋，库(房)，车(机)库，车间，工作[修配]间，(堆)栈 ②绝缘子裙部，隔电子[绝缘子]外裙 ③单披[屋顶] ④飘(伊) (核子截面单位，=10^{-24}靶恩). **converter shed** 转炉厂. **mixing shed** 混合室. **portable shed** 可移棚厂. **running shed** 车辆保养厂. **shed line** 分水[界]线. **transit shed** 临时堆栈[仓库].

shed'der ['ʃedə] n. 顶器器，卸件装置，推料[拨料，抛料]机，抽出机，喷射器.

sheel n. 壳，套 ②铲.

sheelite n. 白钨矿.

sheen n.; a.; vi. (发出)光采(辉)，光泽.

sheen'y a. 有光泽的，闪耀的.

sheep [ʃi:p] n. (绵)羊，羊皮. **sheep silver** 云母.

sheep-foot roller 羊蹄(路碾，压路机)，羊足碾.

sheep-foot tamper 羊脚捣路机.

sheep'skin ['ʃi:pskin] n. (绵)羊皮，羊皮纸.

sheer [ʃiə] Ⅰ a. ①全然的，纯(粹，净)的 ②没有掺杂的，绝对的，真正的 ②极薄的，透明的 ③峻[陡]峭的，垂直的，无斜坡的. Ⅱ ad. 全然，绝对地，完全[笔直]地. Ⅲ n. ①透明薄纱 ②舷弧，脊弧，偏航[荡]，转向 ③(pl.)人字起重架. Ⅳ v. (使)偏航(荡)，(使)转向，避开(off, away). **a sheer waste of time** 白白浪费时间. **by sheer chance** 完全出于偶然的. **by sheer force** 全靠力量(外力). **sheer impossibility** 绝对不可能的(事). **sheer legs** 起重(吊机)臂，起重机挺杆. **sheer nonsense** 毫无意义，荒谬透顶. **sheer weight** 净重. **the sheer quantity of** 数量极大的. **The rock rises sheer from the water.** 岩石矗立水面. ▲**sheer off [away]** 逸出，迴回，转向.

sheet [ʃi:t] Ⅰ n. ①(一)张，(一，大，叶，薄)片，层，面 ②板 ②板(材)，钢板，钢皮，片材 ③表(报)，图表(资料)，图纸，数据记录纸，电路图，单(据)，报纸，小册子 ④罩布，床单 ⑤平面束，【数】面的叶，二维脉 ⑥缆绳，帆脚索 ⑦【地】岩床. Ⅱ vt. 覆盖，铺(设)，展(伸)开，扩展，压片. **burden sheet** 【冶】配料表. **camera sheet** 摄像机调整表. **checkered sheet** 划格片(板)材，网纹钢板. **computation sheet** 计算表格. **control sheet** 坐标控制图，控制层. **corrugated sheet** 波纹板(片)，尽装钢板. **cost sheet** 成本单. **data sheet** 数据表. **dial sheet** 度盘表. **dull finish sheet** 毛面钢板. **dynamo sheet** 电机用钢片. **electrical sheet iron** 电工用铁片. **extruded sheet** 压出片[板]材. **fibre sheet** 纤维纸板，隔电纸. **flow sheet** (工艺)流程图，操作程序图. **inspection sheet** 检验单. **intrinsic sheet** 本征层. **log sheet** 记录(事)表. **milled sheet** 轧制板. **operation sheet** 使用[施工]说明书，试验规程. **packing sheet** 垫片，防油纸. **prime sheet** 优质薄(钢)板. **rooflight sheet** 屋顶透明板. **set-up sheet** 装配图表. **sheet asbestos** 石棉片(板). **sheet bar** 【轧】薄板坯，板料. **sheet bar mill** 薄板坯轧机. **sheet billet** 薄板坯. **sheet blowing** 薄膜吹制. **sheet capacitance** 箔电容. **sheet conductance** 薄层电导，面电导. **sheet flood** 洪(漫，表，片，层)流. **sheet gasket** 密封垫圈(片)，填密片. **sheet gauge** 薄板厚度，厚薄规，板(片)规. **sheet glass** 片(平板)玻璃，玻璃片(板). **sheet ice** 浮冰，面冰. **sheet iron** 薄板坯，铁皮(片)(板)，钢皮. **sheet iron provided with injection** 网纹钢板. **sheet iron tube** 薄钢(焊接)管. **sheet joint** 页状节理. **sheet lead** 铅皮. **sheet line** 图纸中线. **sheet metal** 薄(钢)板，金属板(皮，片). **sheet metal chaplet** 箱式泥芯撑. **sheet metal free from oxides** (=pickled sheet)酸洗薄钢板，无氧化皮薄板，轧机. **sheet nickel** 电解镍板. **sheet No 1 of 4 sheets** (图纸)第一张，共四张. **sheet of a hyperboloid** 【数】双曲面的叶. **sheet of surface** 【数】曲面的叶. **sheet paper** 硬纸板. **sheet pile** 板桩. **sheet piling** 打桩板. **sheet resistance** 薄膜(层)电阻，表面电阻. **sheet roll** 薄板轧辊. **sheet stamping** 薄板冲压. **sheet structure** 片状结构. **sheet tin** 马口铁皮. **sheeted lorry** 有篷布遮盖的运料车. **smoke(d) sheet** 烟片(橡胶). **stress sheet** 应力图. **vitreous enameling sheet** 玻璃搪瓷用薄板. **white finished sheet** 酸洗薄板. ▲**a blank sheet** 一张空白纸. **a sheet of** 一张(片). **sheet out** 成片.

sheet-anchor n. 备用大锚，紧急时赖以获得安全的事物，最后的依靠(手段).

sheet'er n. 压片机.

sheet-holder n. 纸夹，(薄)板定位销. **spring sheet-holder** 弹簧定位销.

sheet'ing n. 薄片(膜)，帐篷，挡(极，护堤，护墙)板，板栅，板工. **sheeting cofferdam** 板桩围堰. **sheeting dryer** 网板式干燥器. **sheeting of dam** 或 **sheeting planks** 护堤板. **sheeting pile** 板桩.

sheet'like a. 像薄片一样的.

sheet'metal n. 金属片，钢皮. **sheetmetal work** 冷作工.

sheet-pile n. 板桩.

sheet's formula 希氏公式(一种设计混凝土路面厚度的古典公式).

Sheffer stroke gate 【计】"与非"门.
Shef′field [′ʃefi:ld] n. 设菲尔德(英国城市). *Sheffield plate* 镀(包)银铜板.
sheik(h) [ʃeik] n. (阿拉伯)酋(族)长.
sheikh′dom n. 酋长国.
Sheikhdom of Bahrain 巴林酋长国.
shekanin n. 射干英 $C_{16}H_{16}O_8$.
shelf [ʃelf] I (pl. *shelves*) n. ①架(子),搁板(容量),格,棚 ②(沙)洲,暗礁 ③【矿】(平)层,锡砂矿基岩,突出的扁平岩石 ④【地】大陆架,陆棚. II v. 放上架子. *continental shelf* 大陆架. *key shelf* 电键盘&,键座. *shelf ageing* 搁置老化. *shelf angle* 座角钢. *shelf corrosion* 搁置腐蚀. *shelf life* 见shelflife. *shelf location* 架上安装. *shelf test* 搁置试验. *tool shelf* 工具盘. ▲*off the shelf* 现成的(服役),流行的,的复活. *on the shelf* 搁置一旁的,闲置的,废弃的,退役的. *put* (*lay, cast*) *on the shelf* 搁在架子上,束之高阁,废弃.
shelf-life n. 搁置寿命,贮藏寿命(期限),闲置时间,适用期,储存期限.
shell [ʃel] I n. ①壳(体,层),外(薄,管,套,炉,槽,弹,地,甲,果,贝)壳,荚 ②套(管),管壳(套),层,(护)层 ③外框(科装,套,形,表,身) ④(炮)弹,轴瓦,轮廓,梗概 ⑤铠装 ⑥毛管,坯料,挤压制品,深拉深制品,(坯,村的)表面皮 ⑥(多级火箭的)级 ⑦(炮)弹,爆破筒 ⑧(汽)锅身,圆筒,简身,体 ⑨电转版,覆板 ⑩缄默,冷淡. II v. ①去壳,(壳)脱(剥)落 ②用壳包 ③炮击. *basic shell* 基本壳层. ▲*get under shell* 获得掩蔽. *take shelter (from)* 躲避. *under the shelter of* 在…的庇护下,被…保护者.
shell′ *casing* 壳型铸件. *shell construction* 壳体(薄壳)结构,壳体建筑. *shell cutter* 套式铣刀. *shell drill* 套式扩孔钻. *shelled concrete pile* 包壳混凝土桩. *shell end milling cutter* 或 *shell end mill* 空心端铣刀. *shell hole* 弹孔,弹坑. *shell moulding* 壳型造型. *shell of roll* 【橡胶】轮缘. *shell pile* 带壳桩. *shell reamer* 套(式)铰刀,空心铰刀. *shell roof* 薄壳屋顶. *shell side*(换热器)管际空间. *shell thermocouple* 壳式热电偶. *shell* (*type*) *baffle* 迷宫式(同心环形)障板. *twin shell mixer* 双筒混合机. *vacant shell* 或 *shell with a vacancy* 有空位的电子层.
she′ll =she will; she shall.
shellac′ [ʃə′læk] I n. ①虫胶(漆,片),虫胶漆片(清漆),紫胶轻(片),片(紫)胶,天然树脂,充(假)漆 ②虫胶制剂. II (*shellacked; shellack′ing*) vt. ①涂以充(假)漆,以虫胶处理 ②殴打,彻底打垮. *shellac bond* 虫胶粘结剂. *shellac disc* (唱片)蜡盘. *shellac varnish* 虫胶清漆,胶漆. *shellac wheel* 虫胶粘结剂砂轮. *white shellac* 白虫胶片.
shellacester n. 虫胶酯.
shell′er n. 去皮口,脱粒机.
shell′-fire n. 炮袭(火).
shell′fish n. 贝,甲壳类,水生有壳类动物.
shell′fishing n. 贝养殖.
shell-growth n. 贝生长.
shell′ moulding n. 壳型造型.

shell-mound n. 贝冢.
shell-proof a. 防弹的.
shell-still n. 简单的蒸馏釜. *shell-still battery* 釜电池.
shell-structure n. 壳体(壳层,薄壳)结构.
shell-type a. (铁)壳式,外铁型,密闭式.
shell′-work n. 贝壳工艺品.
shell′y a. 贝壳状的,含贝壳的,(有,多,像)壳的. *shelly ground* 贝壳土.
shel′ter [′ʃeltə] I n. ①掩蔽(所,部),保(庇)护,保护(隐避)场地,掩护物,掩体,工(风)棚,屏障 ②仓房,栏. *air-raid shelter* 防空掩蔽所. *instrument shelter* 仪表百页箱. *shelter belt* 防护(林)带. *shelter trench* 散兵壕. ▲*get under shelter* 获得掩蔽. *take shelter (from)* 躲避. *under the shelter of* 在…的庇护下,被…保护者.
II v. 掩(遮)蔽,保(庇,防)护,躲避(避) ②储藏. ▲*sheltered refuge* (街上的)有棚站台. ▲*shelter from* 躲(避). *shelter M from N* 保护M免受N. *shelter oneself* 掩护自己,为自己辩护.
shelter-based a. 放在掩体内的(导弹).
shel′terbelt n. 防风林,防护林带,有保持水土作用的森林,屏蔽带.
shelve [ʃelv] I vt. ①置于架上,搁置,储放 ②无限制延期 ③辞退,解雇. II vi. (慢慢)倾斜.
shelves [ʃelvz] n. shelf 的复数. *shelves and shoals* 暗礁与浅滩.
shelv′ing I n. ①斜坡,倾斜(度) ②一组搁板,搁板材料. II a. 有坡度的,倾斜的.
Shensi [′ʃen′si:] n. 陕西(省).
Shenyang [′ʃenjaŋ] n. 沈阳.
shep′herd [′ʃepəd] I n. 牧羊人,(基督教)牧师. II vt. 领(指,引)导,带领,盯梢. *shepherd test* 高碳(素)工具钢的淬火性试验.
Sheppard process (在含有甘醇或甘油的硫酸溶液中进行的)铝阳极氧化处理法.
sher′ardise 或 **sher′ardize** [′ʃerədaiz] vt. 粉(末)镀(锌),粉末锌浸,喷镀(锌),锌粉热镀,固体(扩散)渗锌. *sherardizing galvanizing* 粉末镀锌.
sher′iff [′ʃerif] n. 郡长,(市,县的)行政司法长官.
sherry n. 雪利酒,(西班牙等地所产的)葡萄酒.
sherwood oil 石油醚.
she′s =she is; she has.
SHF =①shunt field 分激磁场 ②super high frequency 超高频(3～30GHz).
ShI =sheet iron 薄铁板.
shield [ʃi:ld] I n. ①盾(构,形物),钢(防)盾 ②(防护)屏,挡板(板),(护)罩,挡板)障,遮体护生,挡风,挡泥,遮流,遮光(板) ③铠装(壳),套 ④(保护)物,装置),庇护,防护,防御 ⑤有焊药的(焊条) II vt. 【地】地盾,【矿】掩护支架. *argon shield* 氩气保护(覆盖)层. *base shield* 管座屏蔽. *blast shield* 防爆屏蔽,防爆炸屏. *bulk shield* 整体屏蔽. *dust shield* 防尘罩. *electrostatic shield* 静电屏蔽. *end shield* 末端屏蔽,端罩. *face shield* (电焊)面罩. *flame shield* 防火焰防护层,耐火墙. *gas shield* 气体保护(焊),气屏蔽. *hand shield* (焊)手持护目罩. *heat shield* 隔热屏,防热层. *magnetic shield* 磁屏

shield-driven tunneling

（蔽）. *radiation shield* （辐射）防护屏. *shield bearing* 防尘轴承. *shield cable* 屏蔽电缆. *shield grid* 帘栅极,屏蔽栅（极）. *shield law* 保护法. *storage shield* 储存样品的屏蔽容器. *thermal shield* 热屏. *water shield* 水屏,水防护屏. *wind shield* 风挡. ▲*the other side of the shield* 盾的反面,问题的另一面. Ⅱ *v.* 防（保,掩）护,屏蔽,隔离,铠装,防波,起保护作用. ▲*shield M from N* 保护 M 不受 N（的影响,的伤害）,使 M 免于 N, 使 M 与 N 隔绝, 用屏障把 M 与 N 隔开.

shield-driven tunneling 用盾构掘进法开挖隧道.

shield'ed ['ʃiːldid] *a.* 有屏蔽的, 铠装的, 防护的, 隔离的, 气体保护的. *shielded arc welding* 有保护电弧焊. *shielded bridge welding* 有保护电弧焊. *shielded bridge* 屏蔽式电桥. *shielded thermocouple* 有隔离层的温差电偶.

shield'ing Ⅰ *n.* 防护（层,屏）, 屏蔽, 遮挡, 隔离, （保护）罩, 防波（装置）. Ⅱ *a.* 屏蔽的, 防护的. *bulk shielding* 整体屏蔽. *engine shielding* 发动机屏蔽. *grid shielding* 栅极屏蔽. *magnetic shielding* 磁屏蔽. *nuclear shielding* 核辐射屏蔽. *shielding case* 屏蔽壳（箱,罩）, 保护（隔离）罩. *shielding gas atmosphere* 保护性气氛. *shielding wire mesh* （隔离）线. *thermal shielding* 热屏, 热防护层. *water shielding* 水屏蔽, 水防护层.

shift [ʃift] Ⅰ *v.* ①（变,转,轮,替,调）换,（改,转）变,变速,换档〔班〕②（作）移动,移相,移（变,换,进）位,位（漂,偏,转）移 ③推御（托）,想种种办法. *phase shifting* 相移,相位失真. *shifted structure* 错列结构. *shifting counter* 移位计数器. *shifting gear* 变速, 换（调）档, 变速排. *shifting lever ball* 变速杆球端. *shifting operator*【计】移位算子. *shifting sand* 流砂. *shifting spanner* 活动扳手, 活板子. *shifting wind* 变向风. *shifting about* 四处移动,使变位置. *shift down*（换档）减速. *shift for oneself* 自力更生, 自行设法. *shift gears* 变速, 调档, 改变方式〔办法,速度〕. *shift off* 拖延, 推御, 回避, 移掉, 避开. ▲*shift M on* 〔on to,upon〕*N* 把 M 推〔卸〕给 N. *shift one's ground* 改变论据〔立场〕. *shift out* 移出. *shift up*（换档）加速.

Ⅱ *n.* ①移（动）, 位（漂, 平, 频, 偏, 转）移, 偏芯, 错置 ②移（能,进）, 变位 ③变动（更,换,化）, 更换, 变速器 ④（换, 轮）班〔计〕 ⑤班次 ⑥方法, 手段, 权宜之计 ⑥推卸 ⑦平移断层, 移（变）距 ⑧按下（打字机等的）字型变换键. *a shift of crops* 庄稼的轮作. *back shift*【矿】一个工作日内的）第二（交接）班. *column shift unit*【计】移列部件,移列器. *Doppler shift* 多普勒频移. *eight-hour shift* 八小时一班（制）. *gear shift* 变速, 调档. *line shift* 线位移. *morning shift*（工作）早班. *red shift* 红向移动. *reverse gear shift* 倒车档. *shift bar* 换档杆, 开关柄. *shift circuit* 移相（位）电路. *shift engineer* 值班工程师. *shift fork* 拨叉. *shift key*（打字机）字型变换按键. *shift left* 左移〔进〕位. *shift lever* 变速杆, 变速手柄. *shift order*【计】移位指令. *shift plunger* 移动插塞. *shift register* 移位寄存器. *shift right* 右移〔进〕位. *X-shift* 水平偏移,X 轴偏移. *zero shift* 零点漂〔位〕移. ▲*be on the day*〔*night*〕*shift* 值日〔夜〕班. *for a shift* 凑合〔将就〕地, 为眼前打算. *go on*〔*off*〕*shift* 上〔下〕班. *make shift* 设法, 尽量想办法, 凑合, 对付. *one's*〔*the*〕*last shift* 最后的手段. *work in three shifts* 分三班工作.

shift'able *a.* 可拆〔替〕换的.

shift-density *n.* 移列密度.

shift'er *n.* ①移换〔切换, 移位〕装置, 移位器, 转换机构, 开关 ②移（换,倒）相器（变速）拨叉, 调档杆 ④（印字电报机）换行器 ⑤搬移者, 辅助工, 领班, 回避论点者. *clutch shifter* 离合器拨叉, 离合器操纵器. *colour shifter*（闪烁体中）色移补充物, 改变闪烁体发光波长的附加物. *gear shifter* 或 *shifter lever*〔*rod*〕齿轮拨叉, 变速杆. *head shifter* 磁头移行器. *phase shifter* 移相器. *pulse shifter* 脉冲定相装置. *shifter fork* 拨叉. *shifter hub* 拨叉凹凸. *soil shifter* 推土机.

shifting-down *n.*（换档）减速.

shifting-site *n.* 活动现场.

shifting-up *n.*（换档）加速.

shift'less *a.* 没有办法的, 无能（力）的, 懒惰的.

shift-register *n.* 移位寄存器.

shift'y *a.* 变化多端的, 不稳定的.

Shigella *n.* 志贺氏（杆）菌属.

shigellosis *n.* 志贺氏杆菌痢疾, 志贺氏菌病.

shikimitoxin *n.* 莽草毒.

Shikoku [ʃi'kouku:] *n.*（日本）四国（岛）.

shill'ing ['ʃiliŋ] *n.* 先令（英汇币制单位,= 1/20 镑 = 12便士; 1971年2月15日取消）. *Tanzania shilling* 坦桑尼亚先令.

shil'ly-shal'ly ['ʃili'ʃæli] *vi.* ; *n.* ; *a.* ; *ad.* 犹豫不决, 浪费时间, 游手好闲.

shim [ʃim] Ⅰ *n.* ①（楔形）填隙片,（薄）垫片, 隔片, 夹铁〔片〕, 衬里, ②补偿（粗调）棒. Ⅱ（*shimmed, shim'-ming*）*vt.* ①（用）填隙（片塞）, 用垫片调整, 垫上垫片, 垫片 ②（磁场的）调整（节）. *bearing shim* 轴承垫片. *chemical shim* 化学补偿（控制）剂. *shimming plate* 填隙板.

Shimer process 氧化浴中快速渗碳法.

shim'mer *v.* ; *n.* 发（闪）光, 闪烁, 微光. ~*y a.*

shim'my ['ʃimi] Ⅰ *n.* 摇摆, 跳（摆）动, 摆振（动）. Ⅱ *vi.*（汽车）摆动, 横向滑动, 不正常地振动. *shimmy damper* 减摆器, 转向轮减振装置, 摆振阻尼器.

Shimonoseki [ʃimono'seki] *n.* 下关（日本港口）.

shin [ʃin] *n.* 胫（骨）. *v.* 攀, 爬.

shindle = *shingle.*

shine [ʃain] Ⅰ（*shone, shone*）*vi.* ①发光〔亮〕, 放（反）光, 照〔闪〕耀 ②卓越, 出众. *vt.* 使发光〔光亮〕. Ⅱ（*shined, shined*）*vt.* 擦（抛）光, 擦亮. ▲*shine*（*M*）*on*〔*onto*〕把〔用 M〕照（射）到 N 上. *shine*（*M*）*through N*（把 M 光线）透过 N. Ⅲ *n.* ①光亮〔泽,辉,采〕,光辉,日光（日晒）,擦,擦光. *gamma shine* 由上部来的散射γ照射. *sky shine* 来自上面的散射照射. ▲*put a good shine on* 把…擦得晶亮. *rain or shine* 不论晴雨. *take the shine*

shi′ner ['ʃainə] n. ①发光物[体] ②(pl.)金钱.

shin′gle ['ʃiŋgl] I n. ①木瓦,盖板[片],屋顶[墙面]板 ②挤压[渣],压挤[缩] ③镦锻,锻铁. *shingled construction* 木瓦结构,套筒式. *shingling hammer* 锻(铁)锤. *shingling rolls* 挤渣轧辊.

shin′gler n. 镦锻(锻铁)机,挤压压力机.

shi′ning ['ʃainiŋ] a. ①发光的,照[闪]耀的 ②卓越的,杰出的.

shi′ny ['ʃaini] a. ①发光的,有光泽的,亮晶的 ②擦亮的,磨光[损]的 ③晴(朗)的.

shionon n. 紫菀酮 $C_{34}H_{56}O$.

ship [ʃip] I n. ①船(舶),舰(艇) ②飞行器,(宇宙)飞船,(巨型,重型)飞机 ③全体船员. II (shipped;ship′ping) v. ①装船,海运,航运 ②装货,发货,发运(产品) ③(以火车,陆路)运输[送] ④乘(上)船. *a free ship* 中立国船只. *clear a ship* 卸货. *ex ship* 船上交货,从船上卸下的,不收船费. *gauge a ship* 量船的吃水. *on board* [*in*] *ship* 在船上. *ship berth* 船台,停船处. *ship borer* [*worm*] 蛀木虫. *ship* (*building*) *plate* 船用(造船)钢板. *ship log* 航海日志. *ship's repairs and maintenance facilities* 修船设施. *space ship* 宇宙飞船. *net shipped weight* 装船净重. *shipped weight* 装船重量. ▲*ship off* 送往,遣送. *take ship* 搭船.

ship′based a. 舰载的,以舰为基地的.

ship′board n. 船(上),舷侧. *on shipboard* 在船上. *shipboard-type* 舰用型的,船用式的.

ship′borne a. 船载(运)的.

ship′breaker n. 收购和拆卸废船的承包人.

ship′broker n. 经营船舶买卖(租赁,保险)的代理人,船舶掮客.

ship′builder n. 造船工人(技师),造船厂(商).

ship′building n. 造船(业,学). a. 造船(用)的.

ship′fitter n. 舰艇(飞行器)装配工,造船与料工(划线工).

ship′lap n.; vt. 搭叠,鱼鳞板. *shiplap joint* 搭接. *shiplap sheet piling* 搭叠板桩.

ship′line n. 航运公司.

ship′load n. 船的载货量,船货,大量.

ship′man n. ①船长,水手 ②(海船等的)船员.

ship′master n. (商船等的)船长.

ship′ment ['ʃipmənt] n. 装船(货),装运(的货物),(一批)载货. *a shipment request* 装运申请书. *delay in shipment* 延误装船. *port of shipment* 装船(起运)的港. *received for shipment bills of lading* 备运提单.

ship′-owner n. 船主[东].

ship′pable a. 可装运的,便于船运的.

shipped a. (用)船运(输)的. *shipped par* 装(…部)起的.

shipped-in a. 运入[来]的.

shipped-on a. 从外地运来的.

ship′pen 或 **ship′pon** n. 牛棚.

ship′per ['ʃipə] n. ①发货人,托运人,货主 ②运送装置,(装运货物的)容器 ③(装运的)货物.

ship′ping ['ʃipiŋ] n. ①海(航,船)运,航业[行] ②(运输)船舶,船舶总吨数 ③发货. *China Ocean Shipping Agency* 中国外轮代理公司. *China Ocean Shipping Company* 中国远洋运输公司. *general list* [*specification*] *of shipping documents* 发货单据总清单. *line shipping* 定期航运. *shipping bill* 船货清单,舱单. *shipping clause* 装船条款. *shipping date* 装船日期. *shipping list* 发货清单,装箱单. *shipping mark* 发货标记,唛头. *shipping note* 装船通知(S/N). *shipping office* 运输事务所. *shipping order* 装货(通知)单(S.O.). *shipping ore* 一级(供冶炼用)矿(石). *shipping parcels* 小件货物. *shipping space* 舱位. *shipping tag* 发货标签. *shipping terminal* 海洋转运站,港口油库. *shipping ton* 装载吨,船的总吨数. *shipping traffic control signal station* (困难水道)航行信号站. *shipping weight* 运输重量,出运重量(S/W 或 S.W.).

ship′ping-a′gent n. 货运代理商,水路运输业者,船主在港口的代理人.

shipping-bill n. 船货清单,舱单.

ship′plane n. 舰上飞机.

ship′shape a.; ad. 整齐(的),井井有条长的,船体形的,流线形的.

ship′side n. 码头.

ship-to-shore radio 海对陆电台.

ship′way n. ①船台,下水台,航道.

ship′worm n. 蛀木虫.

ship′wreck v.; n. ①(船只)失事,毁灭,失败,挫折 ②遇难船.

ship′wright n. 船体装配工.

ship′yard n. 造(修)船厂,船坞. *shipyard machine tool* 造船机械.

shire n. (英国行政区划)郡.

shirk [ʃəːk] v. 逃(回)避.

shir(**r**) [ʃəː] I n. 宽紧[橡皮]线,宽紧织物. II (shirred; shir′ring) vt. ①使成抽褶 ②焙(去壳蛋).

shirt [ʃəːt] n. 衬衫[衣],高炉炉衬.

shish-kebab n. 串笼多晶结构,羊肉串.

shist n. 片(麻)岩.

shive [ʃiv] I n. ①碎片,(阔口瓶的)薄塞,(削,小)片,下脚屑,亚麻皮. II v. 切,截.

shiv′er ['ʃivə] I v. ①颤动,发抖 ②(打,砸,敲)碎,碎裂. II n. ①冷颤 ②碎块(片),破片 ③页岩,板状岩. ▲*break* [*burst*] *into shivers* 粉碎. *give M the shivers* 使 M 不寒而栗,令 M 毛骨悚然.

shiv′ery ['ʃivəri] a. ①颤抖的,寒冷的 ②易碎的,脆弱的.

Shizuoka n. 静冈(日本港市).

SHL =shell 外壳,炮弹.

SHLD =①shield 屏蔽,防护 ②shoulder 肩部,台[轴]肩,挂耳.

S&H lt =signal and homing light 信号和归航灯.

SHM =①ship's heading marker 舰船航向指示标物 ②simple harmonic motion 简谐运动.

SHN =shown 所(显)示的,所指出的.

shoal [ʃoul] I n. ①浅滩,沙洲 ②暗阻碍物,隐伏(潜在)的危机 ③鱼群,大量(群),许多. II a. 浅(水). III v. ①成群,群聚 ②(使)变浅. ▲*in shoals* 许多,

shoal'y ['ʃouli] a. 多浅滩〔浅滩，险阻〕的.

shock [ʃɔk] I. n. ①冲击〔撞〕，碰撞，打〔突〕击 ②震〔动，荡，扰，惊〕，振动，地震 ③电击〔震〕，休克，中风 ④（压缩，压力）激波，激波前沿，冲击〔突跃〕波，冲击波波阵面，浪涌 ⑤弹回[回，反]跳 ⑥爆音[破] ⑦（禾束）簇[堆，垛]，乱蓬蓬的一堆. *after shock* 余震. *break shock* 电路切断时的电压冲击，断路冲击. *electric shock* 电击[震]. *shock absorber* [reducer, eliminator] 减震[避震，缓冲]器. *shock absorption* 减震，缓冲. *shock attenuation device* 减震装置. *shock brigade* 突击工作班. *shock chamber* [激]冲击室. *shock chilling* 骤[激]冷. *shock concrete* （震动台）振捣混凝土. *shock front* 激波波阵面，激冲击波波前. *shock load* 冲击[突加]荷载. *shock mitigation* 缓冲. *shock polarization* 激震极化. *shock resistance* 抗冲击能力，抗冲强度. *shock ring* 减震环. *shock sensitivity* 冲击灵敏度. *shock strength* 抗冲强度. *shock test* 冲击[震击]试验. *shock tube* [激]冲击管，激动[管]. *shock wave* （震）激波，冲击波，震波. *shocked flow* 激波气流. *shocked plasma* 受冲等离子体. *temperature shock* 热震，温度骤变[急冲]. *thermal shock* 热冲击，热震，急冷急热性，温度骤降. II. v. ①（使）震动[震惊，激动] ②冲[打，电]击，推[冲]撞 ③（禾束）打[码]堆[垛]. III. a. 蓬乱的，浓密的.

shock-absorber n. 减震[缓冲，震动吸收]器. *shock-absorber oil* 消震油.

shock-absorbing a. 减震的.

shock-cooled 骤[激]冷的.

shock-excite v. 激激，冲击激励. *shock-excited oscillator* 震激振荡器. **shock-excitation** n.

shock-expansion method 激波膨胀法.

shock-free a. 无冲击的，无激波的.

shock'ing a. 令人震惊的，极坏的. II. ad. 极其.

shock'ingly ad. 恶劣地，极端地.

shock'less a. 无冲击的，无激动的. *shockless jolting machine* 【铸】无冲击震实(式)造型机，阻尼震实造型机.

shock-mounted a. 减震的，有减震装置的，装弹簧的.

shock-preheated a. 用激波预热的.

shock'proof a. 耐〔防，抗〕震的，耐电击的. *shockproof mounting* 耐震台座.

shock-resistant a. 抗震的，抗冲击的.

shock-sensitive a. 对冲击震动灵敏的，不耐冲击的，不耐震的，怕震的.

shock-sink n. 冲击逸除.

shock-stall v.; n. 激波分离〔失速，失举〕，滞止激波.

shock-wave n. （震）激波，冲击波.

shod [ʃɔd] I *shoe* 的过去式和过去分词. II. a. 穿着鞋的，装有轮胎[蹄铁，金属箍头]的，装鞍的.

shod'dy ['ʃɔdi] I. n. ①【纺】长毛呢，软再生毛 ②次[膺]品，再生布，（不易撇掉的）稀渣. II. a. ①弹毛的 ②劣质的，冒充的.

shoe [ʃuː] I. n. 鞋（形物），鞋，履[梁]履，桩靴，履（形物），马掌，蹄铁，履帚片，金属箍 ②闸瓦，制动器，滑轨[瓦，履]，导向板，【电】极靴 ④轮（外）胎 ⑤端（头），管（接）头，尾撑，防磨〔滑〕装置 ⑥底板，弯曲（上下）模板 ⑦开沟器 ⑧（导弹）发射〔起动〕斜槽，发射导轨 ⑨（pl.）地位，境遇. II. （*shod, shod*） vt. ①给…穿上鞋，装鞋 ②在尖头上装金属箍头，配以鞋（履）状物. *anti-icer shoes* 防冰带. *brake shoe* 制动[刹车]块. *cable shoe* 电缆终端(套管). *cross head shoe* 十字滑块. *die shoe* 模瓦. *feed shoe* 加料base板. *front shoe* 【塑料】前固定板，喷嘴板. *inner shoe* 内支承块，内托板. *launching shoe* （导弹）发射(斜)槽. *rest shoe* 中心架顶头，爪块. *shoe brake* 闸瓦[蹄式]制动器. *shoe of pile* 桩靴. *shoe of the launcher* 发射装置的滑板. *shoe plate* 蹄片，闸瓦，支撑板，底(座)板，龙骨端包板. *slide shoe* 滑瓦. *supporting shoe* 支撑块. *zero-length shoe* （导弹）支撑[点挂]式发射槽，零长发射槽. ▲*know* [*feel*] *where the shoe pinches* (由经验)知道困难[症结]所在. *be* [*stand*] *in another's shoes* 处于别人的地位[位置，处境]. *That's another pair of shoes*. 那完全是另外一个问题.

shoe-button cell 鞋扣形电池.

shoebutton tube 橡实管，小型电子管.

shoe'lace ['ʃuːleis] n. 鞋带.

shoe'string ['ʃuːstriŋ] n. ①鞋带 ②电线 ③少额资本.

shone [ʃɔn] v. *shine* 的过去式和过去分词.

shonkinite n. 等色岩.

shoofly ['ʃuːflai] n. 临时道路，迂回路线.

shook [ʃuk] I. v. ①*shake* 的过去式 ②把（板料等）装起起来. II. n. ①装制木桶（箱，盒）的一套现成板料 ②禾束堆.

shook-up a. 激动的，不安的.

shoot [ʃuːt] I. （*shot, shot*） v. ①射（击，出），发（放，照）射，放炮，发出，闪发(光)，打 ②射[注]射[注，打]中 ③突[伸]出，出芽，突入 ④穿〔飞，掠〕过，迅速越过 ⑤落［冲下，喷（涌）出 ⑥（快速）倾倒，摄影 ⑦爆破[炸] II. n. ①发(照)射，射击 ②爆炸，闪光 ③拍摄，摄影 ④滑道〔槽〕,(凹)槽，沟，管，滑动[承受]面 ⑤急速动作，奔泻流出，推力，崩落，刺激 ⑥（发）芽，(抽，嫩)枝 ⑦垃圾场 ⑧富矿体. *shoot a bolt* 关上插销. *shoot questions* 提出一连串的问题. *the whole shoot* 一切，全部. *cuttings shoot* 切(口)屑槽. *shoot to pan'to* 把岩石爆破得很细从而到土机可把岩石运走. *shooting flow* 射流，急流. *shooting in* [*for*] *line* 【火箭】方向试射. *shooting in* [*for*] *range* 【火箭】距离试射. *shooting method* 【数】打靶法. *shooting off-over* 全部摄影(包括舞台装置界限以外). *shooting script* 【电视】拍摄手稿，摄影台本，分镜头剧本. *shooting star* 【天】流星. *shooting valve* 喷射阀. *trouble shooting*(故障)检修，排除检查，查明故障，故障分析[鉴定]，找出错误. ▲*shoot across* 掠过. *shoot ahead* 飞速向前. *shoot at* [*for*] 向…射击，设法达到，力求. *shoot away* 不停地射击，打光子弹. *shoot by* 从旁射(飞，掠)过. *shoot down* 击落[毙，伤]，杀灭，驳倒. *shoot for* 追求，力争. *shoot forth* 射出，抽芽. *shoot off* 射出，击落[毙]，打掉，信口开河. *shoot one's bolt* 尽力而为. *shoot out*（发，放）射出，冒出，（突然）伸出，击灭，用武力解决.

shoot′er ['ʃu:tə] *n.* ①射击者,射手,爆破手 ②(手)枪. *core shooter* 射芯机.

shoot-out *n.* (电炉)起弧.

shop [ʃɔp] Ⅰ *n.* ①商店 ②车间,工场(厂,段) ③职业,本行,工作 ④工作室,机构 ⑤工艺(学,室). Ⅱ *a.* 在工厂进行的. Ⅲ (shopped; shop′ping) *v.* ①选购 ②交付检修 ③到处寻找(around) ④拘禁. *back shop* 大修厂,修理车间. *job shop* 加工车间. *laboratory shop* 试制车间. *machine shop* 机加工车间,机械制造厂,机工车间. *mobile repair shop* 活动修理站. *shop card* 车间工作卡片. *shop condition* 车间(生产)条件. *shop drawing* 装配(工作,施工,生产)图. *shop front* 铺面. *shop instructions* 工厂(车间)守则,出厂说明书. *shop order* 工作单. *shop rivet* 厂合铆钉. *shop riveting* 厂铆. *shop test* 工厂(厂内)试验. *shop truck* 修理车. ▲*all over the* (散вой)店在各处,零(杂)乱. *set up shop* 开始营业. *shut up shop* 停止工作(营业). *talk shop* 三句不离本行.

shop-fab′ricated *a.* 车间(工厂)预制的.

shop-hours *n.* 营业时间.

shopmade *a.* 定做的.

shop′man ['ʃɔpmən] *n.* 店员,售货员.

shop′order ['ʃɔpˌɔ:də] *n.* (工厂)工作单,工厂定单.

shop′per ['ʃɔpə] *n.* 购货者,顾客.

shop′ping *n.* 购物. *shopping centre* 商业中心,(围绕大停车场的)市郊商店区. *shopping hours* 商店营业时间. ▲*go* (*do, be out*) *shopping* (去)买东西. *have some shopping to do* 要去买点东西.

shop-welded *a.* 工厂(车间)焊接的.

shop-window *n.* 橱窗.

shop′work *n.* 车间工作.

shop′worn *n.* 在商店里陈列得旧了的,陈旧的.

shoran =short-range navigation (system)近程(双曲线无线电)导航(系统),肖兰导航(定位)系统,肖兰近航仪.

shore [ʃɔ:] Ⅰ *n.* ①(海)岸,(海,湖)滨,海滩,涨潮线与落潮线之间的地带 ②(支,撑,顶)柱. Ⅱ *vt.* ①(用支柱)支撑(撑住)(up) ②shear 的过去式. *shore end cable* 岸边(浅水)电缆. *shore line* 海岸线. *shore pier* 岸堆. *shore protection* 护岸. *shore span*(桥梁)近岸跨. *shore wind*(海)岸风. ▲*go on shore* 上岸,上陆. *in shore* 近岸,近海滨. *off shore* 离岸的,在岸上,在海滨上. *put on shore* 起(货)上岸. *within these shores* 这个国家内.

Shore A hardness 肖氏 A 级硬度.

shore-based radar 海岸雷达.

shore-bridge *n.* 栈桥.

shored-up *a.* (用支柱)撑住的.

Shore-hardness 回跳(肖氏)硬度. *Shore-hardness tester* 回跳(肖氏)硬度计.

shore′land *n.* 沿岸地区.

shore′line ['ʃɔ:lain] *n.* 海岸线.

shore-to-ship communication 陆对海(海岸对船舶)通讯.

shore′ward ['ʃɔ:wəd] Ⅰ *ad.* 向(朝)岸. Ⅱ *a.* 岸方面的. *shoreward thrust of ice* 向岸冰压力.

sho′ring ['ʃɔ:riŋ] *n.* ①支(撑)住,支持,支(临时,加固)撑,支柱 ②支柱工. *shoring of foundation* 基础支撑. *side shoring* 边撑.

shorinophon *n.* 机械录音机.

shorl *n.* 黑电(气)石. *shorl rock* 黑电(气)石岩.

shorn [ʃɔ:n] Ⅰ *v.* shear 的过去分词. Ⅱ *a.* 被剪过的,被夺(拿)去的.

short [ʃɔ:t] Ⅰ *a.* ①短(暂,期)的,(低)矮的,简短的,浅陋的 ②少(缺)的,少(不够)的,有欠缺的,少量的,欠压(制)的 ③脆的,易碎的. Ⅱ *ad.* ①突(短)然 ②不足(地),缺乏(地),达不到目标 ③简短(单,略)地. Ⅲ *n.* ①简略,不足 ②短路(接),漏电 ③【塑料】压制不足,欠压 ④(pl.) 短路,短头,短尺品,废料,细麸子 ⑤短(影)片,短讯,简报,短音符 ⑥空头(户),(pl.)短期债务. Ⅳ *vt.* 缩减,使短路(out). *a short mile* (*hour*) 不到一英里(一小时). *an electron short* 缺一个电子. *a short way off* 不远. *cold short* 冷脆. *dead short* 完全短路. *hot short* 热脆. *short annealing* 快速退火. *short bar* 短路棒. *short bort* 劣等金刚石. *short circuit* 短路(接),捷路(接). *short circuiter* 短路器. *short cut* 捷径,近路. *short damping* 快速蒸震. *short delivery* (数量不足)短交(货). *short division* 【数】捷(短)除法. *short duration failure* 短暂失效,短期故障. *short feedback admittance* 短路反馈导纳. *short fiber grease* 短纤维润滑脂. *short grain* 短(细)粒. *short ground* 脆性岩层. *short ground return* 短线接地. *short haul* 短运距,短途运输,短期. *short iron* 脆(性)铁. *short memory radiation detector* 短记忆辐射探测器. *short oil* 短油,记忆力差的油. *short oil varnish* 短(少)油漆. *short output capacitance* 短路跨(电)容. *short pair twist* 短对绞(线). *short range* 短程(期)的,【数】短量程次. *short range forecast* 短期预报. *short range order* 短程序(SRO). *short run* 小量(短期)生产,【铸】浇不足. *short shipment* 装载不足. *short shot*(电影,电视)中景,中摄,放低速摄,【铸】喷发不足. *short sight* 近视. *short stopping agent*【塑料】速止剂. *short term* 短期. *short time test* 快速试验,短时试验(测试). *short ton* 美吨,短吨(=2000磅). *short trip* 短程乘车出行,短程旅行. *short valve* 短阀. *short weight* (货物)缺(斤)量. *shorted emitter* 短路发射极. *shorted out* 已短路的. ▲*(be) little short of* 几乎是,近于,简直是. *(be) nothing short of* 简直是,完全是. *(be) short for*(是)⋯的缩写(简体). *(be) short of* 缺少,不到,离⋯不远,不够⋯(标准). *bring up short* 突然停住(住). *come* [*fall*] *short* 没有达到,未能满足,缺乏,不足. *cut short*(突然)停止,阻止,打(中)断,截短,缩减,简化. *everything short of* 除⋯以外一切都,只差. *fall short* (*of*) 不足,缺乏,

达不到，不符合，未能满足. *for short* 为简略起见，简称，缩写. *go short* (*of*) 自己不能有，缺乏. *in short* 简言之，简单地说，总之. *in short order* 迅速地. *in the short run* 在短期内，不久，很快. *make a long story short* 扼要地讲. *make short work of* 迅速了结〔处理〕. *pull up short* 突然停住〔下〕. *run short of* (快) 用完了，不够用，缺乏. *short for…* …的简称〔缩写，简略形式〕. *short M through N* 通过 N 使 M 短路. *Short of* 除了，撇开，除…以外，只要没有，不只不要，缺乏，达不到，(差…) 未达到. *Short on* 短于，弱于. *short out* 使短路〔中止〕，缩减. *stop short* 突然中止〔中断〕. *stop short of* 未到达，不到…便停住. *the long and the short of it* 总而言之. *the short and* (*the*) *long* 要旨，概略. *to be short* 〔插入语〕简单地说.

short-access【计】快速存取.
short′age ['ʃɔːtɪdʒ] *n*. ①缺少〔乏，额〕，不足（额）②缺点〔陷〕. *a shortage of 50 tons* 缺少 50 吨. *dollar shortage* 美元荒. *when manpower and material shortages ease* 当人力和材料缺乏的情况缓和时. ▲ *cover*〔*fill up, make good, meet*〕*the shortage* (*of*) 弥补〔…的〕不足.
short-brittle *n*. 热脆.
short-cavity dye laser 短腔染料激光器.
short-circuit *n.*; *v.* ①短路，短〔捷〕接，漏电 ②简化，缩短（程序）③阻碍.
short-circuiter *n*. 短路器.
shortcom′ing *n*. 缺点〔陷，少，乏〕，不足.
short-count *n*. (交通量) 短时计数.
short-cut ['ʃɔːtkʌt] Ⅰ *n*. 近路，捷径. Ⅱ *v*. 简化. *short-cut calculation* 简化〔便〕计算. *short-cut method* 简化〔简捷〕法.
short-decayed *a*. 短寿命的，短衰期的 (放射性元素).
short-delay detonator 毫秒（微差）雷管.
short′-dura′tion *a*. 短时的.
short′en ['ʃɔːtn] Ⅰ *v*. 缩短〔小〕，弄〔变〕短，减少〔小，低〕，(使) 不足，(使) 脆. Ⅱ *n*. 缩短. *shorten the heat* 缩短冶炼〔加热〕时间. *shortening coefficient* 缩短系数. *shortening condenser* 缩电容器.
shorter-lived *a*. 较短寿命的.
short′fall *n*. 缺少，不足，欠缺，亏空.
short-fired *a*. (陶瓷器) 火候不足的，熔烧不够的.
short-flaming *a*. 短焰的.
short-grained *a*. 小颗粒的.
short′hand Ⅰ *n*. 速记（法），简写（形式）. Ⅱ *a*. (用) 速记（法）的，以速记写下的. *shorthand for…* …的简化〔简写，速记〕. *shorthand notation* 简化符号，略写.
short′hand′ed ['ʃɔːtˈhændɪd] *a*. 人手不足的.
short-haul *a*. 短途（程，距）的.
short-irradiated *a*. 经过短时间照射的.
short-lag phosphor 短余辉荧光粉（磷光体）.
short-landed *a*. (货物) 卸下后发现短少的，短卸的.
short-leaf pine 短叶松.
short-life *n*.; *a*. 短寿命（的），短使用期限的.
short-liv′ed *a*. 短命（的），暂时的，持续不久的，昙花一现的，不耐用的，易损坏的.
short′ly *ad*. 不久，立刻，简单〔短，慢〕地，简言之，唐突地. ▲ *Shortly after* 在…之后不久. *shortly before* 在…之前不久. *to put it shortly* 简单地说.
short-neck(**ed**) *a*. 短颈的.
short′ness *n*. ①短，低，矮 ②不足，缺少〔乏〕③简〔略，单〕④（易）脆性，松脆 ⑤【塑料】压制不足，欠制. *cold shortness* 冷（常温）脆性. *hot shortness* 热脆性. *red shortness* 红（热）脆性.
short-paid *a*. 欠资的.
short-period *a*. 短周期的，短寿命的.
short′-range *a*. 短距离的，近（短）程的，短期的，【数】短量程次. *short-range order* 短（近）程序.
short′run′ *n.*; *a*. 短期（的，运转），浇不足，少量〔短期〕生产.
shorts [ʃɔːts] *n*. 短流称.
short′-ship′ped *a*. (货物) 已报出口但未装船（或重行起岸）的，退关的. *short-shipped goods* 短装货.
short-sighted *a*. 近视的，目光短浅的.
short-stage 短流程.
short′-stop *n*. 短暂停（止显）影（处理）.
short′-term ['ʃɔːttəːm] *a*. 短期（时）的.
short-time duty 短暂运行，短时负载，短时间使用，短时工作状态.
short-time test 快速（短时）试验，短时测试.
short′-wave ['ʃɔːtweɪv] *vt.*; *n*. 用短波放送，短波（无线电发射机）.
shot [ʃɔt] Ⅰ *n*. ①发（注，射，射）击，开枪，放炮，轰击，瞄准，起动，投放，(火箭) 飞行，枪〔炮〕声 ②(子，炮，霰，实心)…弹，(铁，钢，硬)粒，(铁，钢，铅)粒，小（钢）球，(金属内的)固体杂质 ③冲击，爆炸(破) ④射程，范围 ⑤射（枪，炮）手，射孔，炮眼 ⑥拍摄，摄影（距离），展景，镜头张 ⑦注（射）料量，物料量 ⑧尝试，猜（推）测. Ⅱ *shoot* 的过去式和过去分词. Ⅲ (*shot*′*ted*; *shot*′*ting*) *vt*. ①装弹，装铅砂进去摇洗 ②(金属溶液)粒化，(用喷射法) 制粒，制铁丸 ③(磁影检验) 通电 ④用铁锤吊着沉下. Ⅳ *a*. ①（丸）粒状的 ②点焊的 ③（布等）彩色闪变的，闪色的，杂色的 ④用坏的，破旧的，失败的. *Every shot told*. 百发百中. *fire three shots* 放三枪. *boron shot* 硼粒砂. *camera shot* 摄影，取镜头. *cast steel shot* 表面喷射加工（用）铁丸. *copper shot* 铜珠（粒）. *group shot* 群摄，全摄. *high hat shot* 仰拍（摄影），自低处向高处拍摄. *high shot* 高摄，从高处摄取的景. *multiple shot* 多点并列射. *shot and grit shot* 铁丸与铁砂. *shot backing* 硬丸衬垫. *shot bit* 冲击钻. *shot blast cabinet* 喷砂间，喷丸室. *shot blasting* 吹（金属）粒，喷（抛）丸（清理）. *shot cleaning* 钢丸清理. *shot copper* 铜粒. *shot core drill* 冲击取心钻，冷淬钢珠研磨取心钻. *shot cycle* 压射周期. *shot cylinder* 压射缸. *shot effect* 散粒（弹）效应. *shot firing* 放炮，引爆. *shot gate* 铁丸通道. *shot hole* 爆破井（孔），射孔. *shot iron* 铁（豆）粒. *shot material* 爆破石料. *shot metal* 霰弹原料. *shot noise* 散粒（效应）噪声，爆炸（炮井）噪声. *shot peening* 喷射硬化. *shot rock* 爆破岩石，爆碎石料. *shot tank* 粒化槽. *shotted fused alloy* 粒化合金. *single shot computer* 一次运算计算机. *steel shot* (喷丸处理用)钢料，钢球. ▲ *a close shot* 近景. *a good* [*bad*] *shot* 好（不好）的枪手，猜对（错），搞对（错）. *a long shot* (电视，电影) 远景，远（距离）摄（影），大胆

的企图〔猜测〕,不大会成功的尝试,试为困难之事. *as a shot* 当做猜测,看〔起〕来. *at a shot* 一枪就. *be a shot at* 是针对…说的. *big shot* 名人,大人物. *dead shot* 神枪手. *get* 〔*take*〕*a shot at*(对…)射击,推测. *have* 〔*take*〕*a shot at* 〔*for*〕尝试,推测,试试看,(对…)射击. *like a shot* 立刻,毫不迟疑地,高速地,象子弹一样快. *make a shot* (*at*)(对…)射击,推测. *not by a long shot* 绝对没有希望的,不行的,远没有,决不. *not worth powder and shot* 不值得费力. *out of shot* 在射程之外. *take a shot of* 给…拍照〔摄影〕. *within shot* 在射程之内.

shot-blast *v.*; *n.* 喷丸清〔处〕理.

shot-clean *v.* 喷丸清〔处〕理.

shot′crete *n.* 喷浆〔射〕混凝土. *shotcrete machine* 喷浆机,水泥砂浆喷射机.

shotdrill method 钢珠〔冲击〕钻探法.

shot-firer *n.* 装药放炮〔点火,引爆〕工人.

shot′gun *n.* 猎枪.

shot′hole *n.* 爆破孔,弹孔〔痕〕,炸孔.

shot-peening *n.* 喷丸加工〔处理〕,(冷加工件表面)锤击〔喷丸,弹射增韧法.

shot′pin *n.* 止〔制动〕销.

shot′ting *n.* 细流法制造铁丸,(用)金属(熔液直接)粒化(制粉法).

shot-welding *n.* 点焊.

should 〔ʃud〕(shall 的过去式) *v. aux.* (否定式 should not,缩作 shouldn′t) ①〔表示义务,责任,建议,命令,可能,推测等〕应当〔该,理应,照道理可以,会,该,要. *A heavy cut should not be taken with a cold abrasive wheel, but the wheel should be allowed to warm up slowly*. 不应当用冷的砂轮进行强力打磨,而要让这砂轮慢慢变热. *The law of chance says you should get 50 heads and 50 tails in 100 tosses of a coin*. 机会率指出,掷 100 次硬币时,理应有 50 次是正面(朝上),50 次是反面(朝上).
②〔表示假设时,可以用 If…should 的从句,也可以用 should〕倘若,如果,万一,竟然,即使. *Should it*(=If it should)*rain tomorrow, they would not go*. 倘若明天下雨,他们就不去了. *Should the second fuse also blow, a third is then automatically connected in the circuit*. 万一第二个保险丝也烧断了,第三个就会自动接到电路中去. *Sometimes required data do not even exist, or should they exist, they may be of questionable accuracy*. 有时,所需的数据甚至是不存在的,或者,即使有,其精确度也可能不可靠.
③〔用于表示必要,惊奇,遗憾等从句中应该,居然,竟会. *It is strange that you should think so*. 你竟然这样想,真是奇怪. *Why should you do that?* 你干吗要做那个? *How should I know?* 我怎么会知道呢?
④倒是,大概. *I should think you are mistaken*. 我倒是以为你错了.
⑤〔表示过去的将来,用于间接引语〕*You said that you should go*. (=You said, "I shall go.")你说过你会去的.

shoulder 〔′ʃouldə〕Ⅰ *n.* 肩〔膀部,角状物〕,台〔轴,楔,突,路〕肩,(肩形)凸出部,挂耳,【焊】根面,钝边,胎缘,炉腹. Ⅱ *vt.* 揹,扛,挑〔托,担负〕承担. *heavy shoulder* 厚胎缘. *shear shoulder* 浆杯附根. *shoulder eyebolt* 轴眼有眼〔带肩吊环〕螺栓. *shoulder grader* 路肩用平地机,平肩机. *shoulder shot* 过肩镜头. *shoulder to square up* 钻孔平孔底. *shoulder tool* 割肩刀具. *tyre shoulder* 胎肩(缘). *wheel shoulder* 轮肩. ▲*give*〔*show, turn*〕*the cold shoulder to* 排斥. *have broad shoulders* 能担负重大责任. *have on one′s shoulders* 承担着(责任). *put*〔*set*〕*one′s shoulder to the wheel* 努力工作,尽力完成任务. *rub shoulders with* 和…接触,并肩协力. *shoulder one′s responsibilities* 负起(自己的)责任. *shoulder to shoulder* 肩并肩,密集着,齐心协力. *straight from the shoulder* 很准(的),直截了当,一针见血. *stand head and shoulders above* 远高于,远胜于.

shouldered *a.* 带肩的. *shouldered test specimen* 窄肩试件.

shoulder-high *a.*; *ad.* 齐肩高(的).

shoulder-mounted *a.* 肩挂式.

shouldn′t 〔′ʃudnt〕=should not.

shout 〔ʃaut〕*n.*; *v.* 呼喊,喊叫,叫声,嚷,大声说. *the last shout* 最新式样,最时髦的东西. *within shouting distance* 在大声叫喊时听得见的地方,在…附近. ▲*shout for*(大声)召唤. *shout out* 大声嚷,叫喊.

shove 〔ʃʌv〕Ⅰ *v.* ①推(动,进,开,出,料),猛推,撞〔冲,打〕击 ②贮放,乱塞 ③挤浆(砌砖)④涌流,冰的推移,冰移动,【地】走向滑移 ⑤强投. *shoving method of bricklaying* 挤浆砌砖法. ▲*shove along* 推着走. *shove in* 推进. *shove off*〔*out*〕把…推开,离开,动身,出发. *shove on* 推着……往前走. *shove past him*……往前走.
Ⅱ *n.* 推(出,开),(一)推. *shove joint* (*in brickwork*)(砌砖)挤接,挤浆缝.

shovel 〔′ʃʌvl〕Ⅰ *n.* ①铲(状物),(铁)锹,电铲,约(子),刷 ②(单斗)挖土机③一铲的量. Ⅱ *v.* (shovel-(l)ed, shovel(l)ing) *v.* (用铲)铲,挖,(用杓子)舀,翻动. *convertible shovel* 两用铲,正反铲挖土机. *crawler shovel* 履带式挖土机. *dredger*〔*dredging*〕*shovel* 单斗挖泥机. *electric shovel* 电动挖土机,电力铲. *face*〔*forward*〕*shovel* 正铲挖土机. *power shovel*(单斗)挖土机,机铲. *pull-shovel* 拉铲,索铲. *shovel access* 挖土机工作半径. *shovel bit* 铲头(车)刀. *shovel bucket*(*dipper*)挖土机铲斗. *shovel crawler* 履带式单斗挖土机. *shovel dredger* 单斗挖土机. *shovel loader* 装载机. *shovel reach* 挖土机工作半径. *shovel truck* 挖土机汽车,汽车推掘机. *shovelling machine* 挖土机. *traction shovel* 牵引式挖土机,牵引铲.

shov′elful *n.* 满铲,一铲(锹)的量. *a shovelful of* 一满铲….

shov′el(l)er *n.* 翻扬物,挖土机驾驶员.

shov′elman *n.* 挖土机驾驶员.

shov′el-nose tool 宽头刀.

shov′el-run *n.* 铲程. *a.* 铲取的.

shovel-trench-hoe unit *n.* 反铲挖土机.

shovel-type loader 斗式自动装载机.
show [ʃou] I (showed, shown 或 showed) v.
①展〔显,表〕示,显〔展〕露,指〔出,表现,陈列,放映,出面〔现,席〕②证〔说,证〕明③〔带〕领,陪,向导. Please show me the drawings. 请把图纸给我看看. Please show the drawings to all of us. 请把图纸给我们大家看看. He showed us over the works. 他陪我们参观了这工厂. This shows the new machine to have many advantages over the old one. 这表明这新机器比起那台旧的来有许多优点. ▲as shown 如所示. as shown above 如上所述. be shown to be 被证明是. show in 陪进. show interest in 对…表示关心. show itself 呈现,露头. show (no) signs of (没)有…的迹象. show off 夸示,炫耀,渲染. show one's hand 〔cards, colours〕摊牌,公开表明. show out 送出. show over〔round〕带领…参观一遍. show up〔暴,揭〕露,显出,表〔出现,出席.
II n. ①展〔显,夸,表〕示②展览〔会,物,品〕,表演,节目③说〔证〕明④外观,景〔印,画〕像,表面⑤机会,业务,事情. a picture show 一场电影. air show 飞机展览会,空中表演. oil〔gas〕show 石油〔天然气〕苗. radio show 无线电展览会. show bill 招贴,广告. show card 广告牌. show place 名胜,供参观的场所,展出地. show room 陈列〔展览〕室. show type 展览型. show window 橱窗. the motor show 汽车展览会.
▲by (a) show of hands 举手(表决). have a〔the〕show of 好象. in open show 公然. in show 外观上(的),表面上. make a good show 好看. make a show of 夸示,表现. on show 被陈列着,展览中. put up a good show 干得很漂亮. run〔boss〕the show 主持,操纵. show of reason 似乎有理.
show-bill n. 招贴,广告,海报.
show-card n. 广告牌,广告〔新书推广〕卡片,货样纸板.
show'-case ['ʃou-keis] I n. 陈列橱〔柜,箱〕,橱窗. II vt. 使显出优点.
showdomycin n. 焦土霉素.
show'-down ['ʃoudaun] n. 摊牌,公布,暴露,危机.
shower¹ ['ʃouə] n. ①指示器②出示〔显示,展出〕者,表演者.
shower² ['ʃauə] I n. ①(阵)雨,(一)阵,(弹)雨,大量降下的东西②(宇宙线的粒子)簇射,(电子)流,通量③淋浴,喷射器,莲蓬头④骤雨〔发〕,突现,阵风状出现. II v. ①下阵雨,使湿透,浇灌,浇水,淋浴②大量地给与,阵雨般地降落. be caught in a shower 遇到一阵雨. Letters come in showers. 信件象雪片似地飞来. air shower 空气〔大气〕簇射. Auger shower 俄歇簇射. cascade shower 级联簇射. electronic shower 电子簇射. energetic shower 高能簇射. hard shower 硬〔穿透〕簇射. labile shower 晶簇. shower cooler 喷淋冷却器. shower cooling 淋水冷却. shower gate 雨淋式浇口. shower particle 簇射粒子. shower roasting 飘悬〔闪速〕焙烧. shower unit 簇射长度单位.

show'er-bath ['ʃauə-baːθ] n. ①淋浴(装置,室),莲蓬头②混浴.
show'ery ['ʃauəri] a. 多阵雨的(天气),阵雨(般)的. showery rain 阵雨.
show-how n. (技术,工序)示范.
show'ily ['ʃouili] ad. 炫耀地,过分华丽地.
show'ing ['ʃouiŋ] n. ①表现,陈述②外观,外表,迹象③显示,展览,陈列.
shown [ʃoun] show 的过去分词.
show'piece n. 展览品,陈列展览的样品.
showplace n. 供参观的场所〔建筑物〕,展出地.
show-ring n. 展览会场,评比会场.
show'room ['ʃou'ruːm] n. 陈列〔展览〕室.
show'-up n. 暴露,揭发.
show'-win'dow ['ʃou'windou] n. 橱窗,陈列〔展览〕窗.
show'y ['ʃoui] a. 炫耀的,显眼的.
shoyu 〔日语〕n. 酱油.
SHP 或 shp =shaft horsepower 轴马力〔功率〕.
shpmt 或 shpt =shipment 装货(量),载货,装船(运).
SHR =sensible heat ratio 显热比.
shr =share(s)部分,份儿.
shrank [ʃræŋk] shrink 的过去式.
SHRAP =shrapnel.
shrap'nel ['ʃræpnl] n. ①榴霰弹,子母弹②炮弹碎片,弹片.
shred [ʃred] I n. ①碎〔裂,细,切〕片,碎条〔屑〕,细条,(pl.)乳胶碎条②一点点,微(少)量. ▲not a shred of M 一点点 M 都没有,毫无(一点) M. tear …to〔into〕shreds 把…扯得粉碎,把…驳得体无完肤. II 〔shred'-ded; shred'ding〕vt. 扯〔切,撕,破〕碎,切细. shredded rubber 橡胶屑.
shred'der n. 撕〔切〕碎机,纤维梳散机.
shred'ding n. (机械)裂解,粉碎(作用),研末(作用),纤化.
shrewd [ʃruːd] a. ①精明的,明智的②厉害的,狡猾的③严酷的,剧烈的,凛冽的. ~ly ad. ~ness n.
shriek [ʃriːk] v. ; n. 尖叫,尖(叫)声,叫喊.
shrike [ʃraik] n. 百舌鸟.
shrill [ʃril] I a. (声音)尖锐的,刺耳的. II v. 发出尖锐刺耳的声音. III n. 尖声. ~ly ad. ~ness n.
shrimp [ʃrimp] n. ; v. (小河)虾,虾制品;捕小虾. shrimp pink 深(暗)红色.
shrine [ʃrain] n. ①庙,殿堂②发祥〔源〕地,圣地.
shrink [ʃriŋk] I (shrank 或 shrunk; shrunk 或 shrunken) v.; I n. ①(使)收缩〔皱缩,紧缩,萎缩〕,收缩〔皱缩,减缩,缩减〕量,压缩,退缩,畏缩②热装〔套,压〕(冷缩). non shrink cement 抗缩水泥. shrink bob 补缩腔(包). shrink fit 压匹〔冷缩〕配合,热装〔套〕,烧嵌. shrink head 补缩头,冒口. shrink hole 缩孔. shrink range 过盈量. shrink ring 收缩环. shrink stress 收缩应力. shrinking transformations 收缩变换. ▲shrink away 消失,退缩. shrink back 缩回去,退缩,害怕. shrink from +ing 怕〔羞缩,害怕〕做,畏缩着不敢(做),由于…而退缩. shrink on 热装〔套,压〕(冷缩)到…上,烧嵌,红套,乘热胀时把…套上,(先热胀后骤冷使)紧紧箍在…上. shrink to nothing 渐渐缩小到没有. shrink up 蜷拢,缩做一团.

shrink'able *a.* 可（会）收缩的.
shrink'age ['ʃriŋkidʒ] *n.* 收缩（性，量，率），压〔皱，干〕缩，缩减〔短，误，孔〕，减少，下沉〔陷〕. *after shrinkage* (成型)后收缩. *shrinkage allowance* 收缩容许量，预留收缩长度（公差）. *shrinkage apparatus* 缩性试验器. *shrinkage bar* 收缩钢筋. *shrinkage cavity* 缩孔. *shrinkage crack* (热)裂，收缩裂缝. *shrinkage depression* 表面浇注型缩孔，缩洼. *shrinkage film* 软片伸缩. *shrinkage fit* 红套，热压〔冷缩〕配合. *shrinkage hole* 收缩孔. *shrinkage joint* (收)缩缝. *shrinkage limit* 缩(性界)限. *shrinkage of a casting* 铸体的冷缩. *shrinkage of film* 软片缩皱. *shrinkage of volume* 体积收缩，体缩. *shrinkage porosity* 松心. *shrinkage strain* 收缩应变，收缩变形. *thermal shrinkage* 热收缩，烧结收缩.
shrink'er ['ʃriŋkə] *n.* (补缩)冒口，收缩机.
shrinking-on 红套，热压〔冷缩〕配合，热(装)配合.
shrink-mixing of concrete 混凝土缩拌.
shrink-off *n.* 收缩.
shrink'proof *a.* 防缩的，不收缩的.
shriv'el ['ʃrivl] (*shriv'el(l)ed*; *shriv'el(l)ing*) *v.* ①皱〔萎，卷〕缩，缩拢，枯萎(up) ②(使)束手无策，(使)变得无用，(使)失效.
shroud [ʃraud] I *n.* ①屏(蔽)(板)，(帐)幕，遮(覆)盖，侧板〔护，罩)，罩盖，管套，套筒，壳，围带，（涡轮机叶片的）履环 ③篷罩 ④(降落伞)吊伞索. II *vt.* 遮盖，掩蔽，笼罩. *canvas shroud* 帆布罩. *dirt shroud* 防尘罩. *exhaust shroud* 排气管套. *preheat shroud* 预温罩. *shroud ring* 包罩，雍(覆)环. *turbine shroud* 涡轮壳体. *shrouded impeller* 闭式叶轮.
shrtg =shortage 不足, 缺少.
shrub [ʃrʌb] *n.* 灌木.
shrub'bery *n.* 灌木丛〔林〕.
shrub'by *a.* 多灌木的, 灌木丛生的.
shrug [ʃrʌg] *v.*; *n.* ①耸(肩)，一耸 ②轻视，贬低，不予理睬(off).
shrunk [ʃrʌŋk] shrink 的过去式和过去分词. *shrunk dolomite* 硬烧白云石. *shrunk fit* 烧嵌的，热(压)配合，热压合座. *shrunk ring* 烧嵌环, 热压轮圈.
shrunk-and-peened flange 皱卷凸缘.
shrunk-and-rolled flange 皱卷凸缘.
shrunk'en ['ʃrʌŋkən] I shrink 的过去分词. II *a.* 缩拢(小)的, 皱(缩)的. *shrunken raster* 皱缩光栅.
shrunk-in *n.*; *a.* 压入〔装〕(式).
shrunk-on sleeve 热配合筒〔烧嵌)套管.
shs =sheet steel 薄钢板.
SHT =sheet 张, 板, 薄(钢)板, 图表.
shtg =shortage 不足, 缺少.
SHTHG =sheathing 包套, 外壳.
SHTR =shutter 光栏, 节气门, 断路器.
shuck I *n.* 外皮, 壳, 无价值的东西. II *v.* 剥壳(皮). *not worth shucks* 毫无价值.
shuck'er *n.* 剥壳器〔机〕, 剥皮机.
shud'der *n.* 发抖, 战栗, 打颤. ~**ingly** *ad.*
shuf'fle ['ʃʌfl] *v.*; *n.* ①(慢吞吞)拖着脚走(along), 慢慢(逐渐)移动(变动), 把…移来移去 ②混合, 弄乱, 改组, 搅乱, 乱堆, 一团 ③搪塞, 支吾, 推诿, 混混, 随便搞. *shuffle box* 换气箱. ▲*shuffle off* 逃避, 推诿. *shuffle through* 敷衍.
shuf'fling *n.* 【数】重排, 重列.
shun [ʃʌn] *vt.* 躲避, 避免.
shun'pike *n.* (避免超级公路拥挤的)支路.
shunt [ʃʌnt] I *v.* ①(装, 加)分路, 使…(形)成分路, 装分路器于, 分支, 使…(旁路)分流, 分路传送, 使…并联, 并接, 短路 ②调车, 调度(列车勤物), 使…转机(辙), 往〔侧线, 侧)转, 回避, 闪(躲, 避)开, 丢弃, 除去 ③推给别人 ④搁浅, 搁置. ▲*shunt off* 把…调到勿轨(支线)上.
II *n.* ①分路(器), 分流(器), 旁(支)路路, 旁(岔)道, 并联, 并励, 分接, 岔线 ②转辙器 ③调机(车). *ammeter shunt* 电流表(安培计)分流器. *short shunt* 短分路(并联, 分流器). *shunt arc lamp* 分流调节线圈弧光灯. *shunt box* 换气箱. *shunt chopper* 并联分流器路. *shunt circuit* 分路〔并联〕电路. *shunt coil* 分流〔并绕〕线圈. *shunt compensation* 并联补偿. *shunt dynamo* 并励发电机. *shunt excitation* 并励(电)路. *shunt feedback* 并联反馈. *shunt field relay* 磁分路式(并激场电路的)电路器. *shunt filter* 支管(并联)过滤器. *shunt motor* 并励(并绕, 并激)电动机. *shunt peaking* 并联(高频)波峰, 并接式高频补偿, 用并联法使频率特性在高频部分升高, 分流电路升高法. *shunt peaking circuit* 并联波峰(并联式高频补偿)电路, 有并联振荡电路的校正电路. *shunt resistance* 分流〔分路, 并联〕电阻. *shunt running* 旁路运转, 漂移, 漂移. *shunt trap* 并联陷波电路. *shunt valve* 分水龙头. *shunt winding* 并联〔并激, 分路〕绕组. *slider shunt* 滑动分流器. *threaded shunt* 螺纹槽分路. *universal shunt* 通用分流器.
shunt'ed *a.* 分路(流)的, 并联的. *shunted condenser* 并联分路(旁路)电容器.
shunt'er ['ʃʌntə] *n.* ①调车员, 扳道员, 转辙手 ②转轨器, 调车机车(车头).
shunt-feed *n.* 并(联)馈(电).
shunt'ing *n.* 分路(支, 流, 接), 并联, 转轨. *shunting condenser* 并联(分路, 旁路)电容器. *shunting sign* 分路(叉路)信号. *shunting signal* 分路(转辙)信号. *shunting station* 调度站.
shunt-wound *a.* 并联(激, 绕)的.
shut [ʃʌt] I (*shut*, *shut*) *v.* 关(闭, 上, 拢), 闭(塞, 锁), 锁(闭, 锁), 限(制)闭, 折〔合〕迭, 折叠, 夹住. II *n.* ①关闭的时间), 闭锁(塞), 停止, 完结 ②光栅 ③挡板, 冷塞 ④焊缝. *cold shut* (铸体的)不连续面, (铸件上的)冷疤. *shut height* 闭合高度(压力机底座与滑块的间距). ▲*shut down* (使)关(闭, 拢), (使)封闭(使)停工(机, 车, 止, 堆), (使)停止运转, 熄火, 降到(on, upon). *shut forth* 把…关在里面, 围(遮)住, 封井. *shut M in N* 把 M 夹在 N 中. *shut off* 关(切)闭(断), 切(回路), 断路(流), 截流, 妨碍, 停止, 排除, 遣走, 挡在外面, 脱离. *shut off cock* 切断旋塞. *shut out* 把…关在外面, 遮住, 遮得看不见. *shut the door upon* 绝对不许…进(出), 完全不把…当作问题, 根本不理睬.

shut'down

shut the door upon negotiations 关上谈判的大门，拒绝谈判. *shut to* 关住〔上〕，紧闭. *shut one's eyes to the facts* 不看事实. *shut together* 接〔钎〕合. *shut up* 关，闭，密封，妥〔保〕藏；住口.

shut'down n. ①关闭，断路〔开〕，停工〔车，机，堆，炉〕，发动机熄火，停止（运转），抑制 ②非工作周期. *shutdown (reactivity) margin* 停堆(反应性)深度〔余度〕. *shutdown relay* 断路继电器. *shutdown rod* 安全〔事故〕棒. *shutdown signal* 关闭〔停车，停机〕信号.

shut'-in a. 被关在屋里的，被包围在当中的.

shut'off n. ①关闭[阻]，闭锁，覆盖，切断，隔离，拉开，停止 ②关闭阀[器]，闭止器. *shutoff valve* 截流〔断流，关闭〕阀.

shut'out n. 闭厂，停业.

shut'ter ['ʃʌtə] I n. ①百叶窗，挡(空气)板，鱼鳞板，盖 ②快门，光阐[阀，栅，栏]，阐 ③色（曝光）盘 ④节气门[节流，操纵]门，(薄片式）卷帘式铁门，风门片，闸门[板] ⑤断续器[断路，开闭，遮光]器，开关，阐 ⑥（防触电用）保状开关. I ~vt. 装上〔关闭〕百页窗，装上〔关闭〕快门. *air-intake valve shutter* 进气活门片. *beam shutter* 射束光闸. *camera shutter* 照相机快门. *crystal shutter* 晶体检波器保护器. *lens shutter* 中心〔镜间〕快门，透镜光阐，快门. *neutron shutter* 中子束断续器. *oil cooler shutter* 滑油冷却器开关. *pendulum shutter* 摆动闸门. *radiation shutter* 辐射防护闸，防护屏. *radiator shutter* 散热器风门片. *rotating shutter* 回转断续器，转动阀门. *water shutter* 水（闸）门，水封（阀），水隔器. ▲*put up the shutters* 关上百叶窗，关上快门，关店，停业. *take down the shutters* 打开百叶窗，打开快门.

shut'tering n. 模板〔壳〕，壳子板. *shuttering boards* 模板的木板.

shut'tle ['ʃʌtl] I n. ①梭(子)，滑阀，水闸(门）②(短程)来回的列车，短程穿梭运输（线，工具），振荡输送机，航天飞机，(星际)往返飞船，宇航(机)，渡运飞行器，空间渡船 ③往复(运前后)移动，宇航殷来回 ④气压〔液压，水力传送（装置）⑤样品容器 ⑥磁带高速运转仪. I a. 往复式的，往返的，穿梭式的. I v. (穿梭般的)往复〔来回，前后)运动，梭动，穿梭. *lunar shuttle* 往返地-月间的飞船. *nuclear shuttle* 核动力航天飞机. *pneumatic shuttle* 气压传送（装置），风箱. *shuttle armature* 梭形电枢. *shuttle car* 短距运行车辆，往复来回梭车. *shuttle chuck* 梭动(多位)夹头. *shuttle conveyer* 梭式〔穿梭）运输机，梭动输送机. *shuttle service* 往复行车，穿梭交通，短距离的区间车，梭车. *shuttle valve* 往复[梭动]阀.

shuttle-block oil pump 有导板的旋转喷油泵.

shut'tlecock ['ʃʌtlkɔk] n. 羽毛球；争论之点.

shut'tlecraft ['ʃʌtlkrɑːft] n. 航天飞机〔渡船〕，宇航〔空间]渡船.

shuttle-type feed 梭动式进料.

shut'tling n. 往复运动〔行车〕，梭动.

shv =〔拉丁语] *sub hoc verbo* 在该字下.

shy [ʃai] I (*shier* 或 *shyer*; *shiest* 或 *shyest*) a. ①害羞的，小心的 ②胆小的，慢缩的(*of*) ③隐蔽的，费解的 ④防触电用的，不足的. ▲*be shy at a shadow* 杯弓蛇影. *be shy of* 〔*on*]缺少，不足. *be shy of* + *ing* 尽量少(做)，不敢(做). *look shy at* 〔*on*]怀疑. *make M shy of* + *ing* 使 M 不敢(做).
Ⅱ v. ①退避，畏缩 ②投，掷. ▲*shy M at N* 对着 N 掷 M. *shy away* [*off*]避[离]开. *shy away from* 畏避，逃避.

SI =①salinity indicator 含盐量[盐浓度]指示器 ②shipping instruction 装货说明(书) ③sneak in 渐显，淡入 ④specific impulse 比冲量 ⑤Système International d'Unites 国际单位制，公制.

Si =silicon 硅.

S&I =surveillance and inspection 监视与检查.

SI unit =standard international unit 标准国际单位制.

SIA =spares identification authorization 备用品鉴定〔识别）核准.

sial n. 硅铝带，硅铝地层.

sialic a. 硅铝质的.

sialidase n. 唾液酸酶.

sialma n. 硅铝镁带[层].

sialolithiasis n. 涎石形成(产生).

SIAM = Society for Industrial and Applied Mathematics 工业及应用数学学会.

siamese n. (管道)二重连接的.

SIB =①scheduling information bulletin 定期情报汇编[报告] ②solid integration building 刚性组合体.

sib a. I n. 血缘(亲，族)的，近亲的，亲属，同胞，氏族.

Sibe'ria [sai'biəriə] n. 西伯利亚. ~n. a.

Siberian crab 小甜子.

sib'ilant I n. 咝[啦]音，带咝音的字(母，根). II a. 作咝咝声的.

Sibley alloy 铝锌合金(铝 67%，锌 33%).

sib'ling n. 同胞，一氏族的成员.

SIBS =stellar inertial bombing system 天文[恒星]惯性轰炸系统.

sic [sik] 〔拉丁语〕原文如此.

SIC =①Security Intelligence Corps 安全情报部队 ②semiconductor integrated circuit 半导体集成电路 ③silicon integrated circuit 硅集成电路 ④specific inductive capacity 介电常数，电容率.

Sical n. 硅铝合金(硅 50～55%，铝 22～29%，钛 2～4%，钙 1%，碳<0.2%，锰<0.2%，其余铁).

SICBM =small ICBM 小型洲际弹道导弹.

sicca'tion n. 干燥(作用).

sic'cative ['sikətiv] I a. 干(燥，性，器)的，收湿的. II n. 干料，催干剂.

sic'city n. 干燥.

siccocolous 抗干旱的，旱生植物.

siccolabile a. 不耐干燥的.

siccostabile a. 耐干燥的.

sichromal n. 耐热铝钢，罐管用铝钢.

Sicil'ian [si'siljən] n; a. 西西里(岛)的，西西里人(的).

Sic'ily ['sisili] n. 西西里(岛).

sick [sik] I a. ①(有，患)病的，身体不舒服的，厌恶的，恶心的 ②需要修理的，有毛病的 ③(铸铁等）脆的，疲软的. II n. (the sick)病人，患者. *sick tin* 病锡，α-锡. ▲*be sick (and tired) of* 或 *be sick to death of* 倦于，厌恶，对…不耐烦. *fall* 〔*get*] *sick* 生病. *feel* 〔*turn*] *sick* 恶心，要呕吐.

sick'en ['sikn] v. ①(使…)生病,出毛病 ②作呕(at) ③厌倦〔恶〕(of).
sick'ening a. 使人厌恶的. ~ly ad.
sick'er n. 安全的,可靠的.
sick'le ['sikl] n. 镰刀,切割器. sickle pump 镰式〔叶轮,活翼式〕泵.
sick'-leave n. 病假(工资).
sick'lecrit n. 镰刀血球〔镰刀形红细胞〕容量计.
sickleshaped arch 镰刀形拱,新月形拱.
sick'-list n. 病员名单.
sick'ly ['sikli] a. ①多病的,病态的 ②令人作呕的 ③有碍健康的.
sick'ness ['siknis] n. (疾,患)病,恶心,呕吐. air sickness 晕机. irradiation [radiation] sickness 放射线病. sea sickness 晕船.
sicon n. 硅靶视像管.
Sicroma n. 硅钼弹簧钢(碳 0.15%,锰 0.15%,硅 1.5~1.65%,钼 0.45~0.65%).
Sicromal n. 铝铬硅耐热钢(碳<0.2%,硅 1~3%,铬 6~20%,铝 1~3%). Sicromal steel 铝铬硅耐酸钢(铬<24%,铝<3.5%,硅 1%,钼少量).
SID = sudden ionospheric disturbance 突然性电离层扰动.
SIDA = Swedish International Development Authority 瑞典国际开发局.
sidac n. 硅对称二端开关元件,双向开关元件,交流用硅二极管.
side [said] Ⅰ n. ①边,(方)面,侧(面),舷侧,旁(边)②壁,端,翼,边缘,坡,岸,(一)方 ③腿部钢材. Ⅱ a. ①旁(边)的,侧(面)(向)的,边(沿)的 ②次(要)的,从属的,附带的,枝节的. Ⅲ v. ①同意,支持,赞助,站在…的一边(with) ②收拾,捆扎 ③给…装上侧面,刨平…的侧面. back [reverse] side 反面. cold side (锭,坯的)冷面. extrapolated side 外推计算端. feed side 进〔喂〕料端. flesh side (皮带的)肉面. four point straight side single action press 四点直柱单动曲柄压力机. front side 正面. go side 通过端. hair side (皮带的)毛面. hot side 高电位侧,热端. open side type 单柱式,侧敞开式. open side(d) planer 单柱〔臂〕刨床,单臂龙门刨. side arm 侧臂,前架. side band = sideband. side beam 副波束,旁土. side borrow 路旁借土. side car 摩托车的跨斗,边车,跨斗式摩托借土. side circuit 侧电路,实线线路〔电路〕. side cut 侧面切削〔采掘〕,切边. side discharging [dump] car 侧面卸车. side door 侧〔边〕门,侧壁. side dump [tip]侧卸〔式〕side dump [tip] truck 侧倾式(自动卸)货车. side dumper 侧卸卡车. side effect 副作用,副〔旁〕效应,边界效应. side elevation 侧视〔面〕图. side emission 旁(杂散)放射. side friction 横〔侧〕向摩擦力. side gate 旁侧控制板,(铸)阶梯浇口. side gear 半轴齿轮,侧面齿轮(在差动机构中与伞齿轮的侧面相啮合的齿轮). side guide 侧导板. side hill 山坡〔边〕. side knock 横向冲击,活塞松动. side ladder 舷梯. side light [lamp] (左红右绿)舷灯,边灯,边窗. side line 侧(横)线,便道,副业,兼职. side member (车架的)纵梁,(机车的)大〔纵〕梁.

side milling cutter 侧面刃铣刀,三面刃槽铣刀,偏铣刀. **side opposite an angle** 角的对边. **side pavement [walk]** 人行道. **side pincushion** 左右枕形失真〔畸变〕. **side play** 侧隙,侧向间隙,轴端间隙. **side ram** 补助推杆. **side relief** (刀具)副后角. **side rod** 边钉,动轮连杆. **side shears** 切边机. **side span** 边(孔)跨. **side steering** (汽车)变向机构. **side title** 说明字幕,幻灯字幕. **side tube** 支〔枝,侧〕管. **side view** 侧视〔面〕图,侧视,侧影,侧面形状. **side weld** 边焊. **side wind** 侧风. ▲(be) on the safe side 稳当,安全,可靠,万无一失. blind side 弱〔缺〕点. by the side of 在…的旁边〔附近〕,和…在一起比较. from all sides 或 from every side 从各方面到处,四面八方. from side to side 左右〔来回〕(摇摆),从一侧到另一侧,翻来复去的. lay M on its side on N 把 M 侧着放在 N 上. on all sides 或 on every side 四面八方,在各方面,到处. on one side 在一旁〔边〕. on the high [low] side 稍高〔低〕,偏高〔低〕. on the other side 在对面. on the side 加之,另外. on the small side 略小,较小. on this side of 在…的这一边,未到〔某时日〕. place [put] on [to] one side 放到一边,蔑视,不理会. right side up 正面朝上. side by side 稳当,安全,可靠,万无一失. side by side with 与…并排〔并行,同时〕. side to side 左右地. the right side 正面. to be on the safe side 为保险起见. this side of 在…以前〔下〕,不超过. to one side 到一边〔侧〕. turn from side to side 左右转弯. weak side 弱〔缺〕点.

side-aisle n. 侧道.
side-attached a. 侧悬挂(式)的.
side'band ['saidbænd] n. 边(频,能)带,旁带.
side-bar a. 兼任的,非主要的. side-bar job 兼职,零星工作.
side-blown a. 侧吹的. side-blown converter 侧吹转炉.
side-by-side a.; ad. 并排(着)的,并列同.
side-car n. 边车,(摩托车的)跨斗,跨斗式摩托车,(艇的)侧短舵.
side-chain n. 侧链.
si'ded a. 有边〔面〕的,(构成复合词)有…边〔面〕的. many-sided 多方面的. one-sided 片面的,单方面的. five-sided figure 五边形.
side-discharging 侧向卸料.
side'dozer n. 侧铲推土机.
side-dump n. 侧〔旁〕卸车.
side-effect n. 副作用,旁〔副〕效应,边界效应.
side-elevation n. 侧视〔面〕图.
side-entry combustion chamber 侧面进气燃烧室.
side-face n.; ad. 侧面(地).
side-fed a. 侧部加料的.
side-friction n. 横〔侧〕向摩擦(力).
side'glance n. 斜〔侧〕视,暗示.
side'hill Ⅰ n. 山坡〔边,侧〕,半填挖. Ⅱ a. (适宜于)山坡上〔的〕.
side'lap n. 旁向重叠.
side'light ['saidlait] n. ①侧光,边窗,舞台口的耳光 ②(左,舷)灯,侧面照明 ③侧面消息,间接说明,偶然启示.

side′line ['saɪdlaɪn] n. ①侧[横]线,侧道 ②副业,兼职③(pl.)边界线,边缘区域 ④旁观者的看法,局外人的观点. sideline occupation 副业. sidelines of science 科学的边缘区域,边缘科学.

side′ling a.; ad. 斜的[着],倾斜的,斜向一边(的).

side′lining n. 边沟内衬.

side′long a.; ad. 横(的),斜(的),侧面(的),间接(的). sidelong ground 山边,斜地.

side-looking a. 旁视的.

side′lurch n.; v. 侧倾.

side-mounted a. 侧悬挂的,装在侧面的.

side′note n. 旁注.

side-parking n. 路旁停车.

side′piece n. 边件,侧部.

side-plates n. (压辊)侧板.

sidera′tion n. 闪电状发病,电击,电灼疗法.

side-reaction n. 副作用,次要的影响.

side′real [saɪ'dɪərɪəl] a. (恒)星的,星座的. sidereal clock 恒星(时)钟. sidereal day 恒星日(23时56分4.09秒). sidereal hour 恒星时(59分50.17秒). sidereal month 恒星月(27日7时43分11.5秒). sidereal variation 恒星日变化. sidereal year 恒星年(365日6时9分8.97秒).

side-reflected a. 带侧面反射层的.

si′derite ['saɪdəraɪt] n. 陨铁,铁陨星,菱铁矿,蓝石英.

sidero- [词头] 铁,钢,星.

siderog′raphy n. 钢板雕刻(复制)术.

sid′erolite n. 石铁陨星,铁陨石.

siderol′ogy n. 冶铁学.

sideromagnet′ic a. 顺磁的.

siderophil′ a. 嗜铁的(体).

siderophilin n. 运铁递蛋白.

sidero′sis n. 铁质沉着,肺铁末沉着病,铁(尘)肺,血铁过多,高铁血.

siderosphere n. 铁圈,重圈.

siderostat n. 定星镜.

siderous a. 含铁的.

siderphilin n. 铁铁蛋白.

side′seat n. 边座.

side-shaft n. 边[副,侧]轴.

side-show n. 枝节问题,小[附带]事件.

side′slip ['saɪdslɪp] n.; vi. 侧(向)滑(移),滑向一边,沿横轴方向运动.

side′span n. 边孔.

side′spin n. 侧旋.

side′step v. 闪[逃,回]避(责任,困难). II n. 侧[横]步,(侧面的)台阶,梯级.

side-stroke n. 侧[旁]击,侧泳,附带行动.

side′sway n. 侧倾.

side′swipe vt.; n. 沿边擦过,擦(边)撞(击).

side-tip(ping) n. 侧卸. side-tip car 或 side-tipping dump car 侧卸车. side-tip truck 侧卸式(自动卸)货车.

side-tone n. 侧[旁]音.

side-to-side vibrations 左右振动.

side′track I n. ①侧线(路),旁轨,备用[迂回]路线 ②次要地位. II vt. 把…转入侧线,转移…的目标,避(岔)开,脱离正轨,使降到次要地位.

side′view n. 侧视[面]图,侧面形状.

side′walk n. 人行道,侧[边]道. elevated sidewalk 高架人行道.

side′wall n. 侧壁[墙],侧水冷壁,井壁,轮胎侧壁.

side′ward(s) a.; ad. 侧面(的),向旁边(的),从旁的.

side′wash n. 侧洗流,侧(向)冲(刷).

side′way n.; a.; ad. 小路(径),道路用地范围内的人行道,旁(的),横(向)的,斜(向)的,斜向一边(的),侧向的,沿边(的),向(从)旁边. sideway force coefficient 侧[横]向力系数. sideway skid resistance 侧[横]向抗滑力. sideways sum【计】数位叠加和.

side′wind I n. 侧风,侧气流,间接的影响(手段,方法). II a. 间接的,不正当的.

side′winder n. 一种小的响尾蛇,(S-)响尾蛇飞弹.

side′wise ['saɪdwaɪz] =sideways.

side′wise-scattered a. 侧向散射的.

Sidicon n. 硅靶视像管.

si′ding ['saɪdɪŋ] n. ①侧[副],支,岔,专用)线,旁轨,(索道)滑轨 ②板壁,挡板,披叠板 ③(船材的)边宽. siding machine 边缘整机.

Si′don ['saɪdn] n. 西顿(黎巴嫩港口).

SIE =Society of Industrial Engineers 工业工程师学会.

siege [siːdʒ] n.; vt. ①包围,围攻(城) ②炉底(床). state of siege 戒严状态. ▲lay siege to 包围,围攻.

Siegenian n. (下泥盆统)西根阶.

siemens n. ①西门子(公制电导单位,等于欧姆的倒数),姆欧,S ②(S-)西门子(厂家). Siemens alloy (西门子)锌基轴承合金(锌48%,镉47%,锑5%). Siemens steel(西门子)平炉钢.

Siemens-Martin furnace 平炉.

Siemens-Martin process 平炉法.

Siemens-Martin steel 平炉钢.

sien′na ['sɪenə] n. (富铁)黄土(颜料),赭土(颜料),赭色.

sierozem n. 灰漠钙土.

sie′rra ['sɪərə] n. 山脉,锯齿(峰峦起伏的)山(脊),岭.

Sierra ['sɪərə] n. 通讯中用以代表字母S的词.

Sierra Leone ['sɪərəli'oun] n. 塞拉利昂.

Sieurin process 制海绵铁法.

sieve [sɪv] I n. (细,格,分子)筛,筛子(网,面,板,滤网). II vt. 筛分,过滤. minus sieve 筛下. rotating sieve 回转筛. sieve diaphragm 隔膜. sieve mesh(opening) 筛眼(孔). sieve method 筛法,逐步淘汰法. sieve number 筛号. sieve ratio 筛分比. sieve re′sidue 筛(余)渣. sieve shaker 摇筛机,振动筛. sieve size 筛眼孔径. sieve sorbent 筛状吸附剂,分子筛. sieve sorption pump 分子筛吸附泵. sieve test 筛分试验,筛析. sieving machine 筛分机.

sieve-plate n. 筛板.

sieve-tray n. 筛盘(板).

SIF =sound intermediate frequency 中音频.

sifbronze n. 西夫青铜,钎焊青铜焊料(60%铜,0.25%硅余量,锌,熔点850℃).

SIFCS = Sideband Intermediate-Frequency Communications System 边(频)带中频通讯系统.

SIFR = simulated instrument flight rules 模拟仪表飞行规则.

sift [sift] *vt.* ①筛(分,下来),过滤〔筛〕,落下,通过(through, into) ②挑〔拣,精〕选,淘汰 ③精(详)查,详细审查. *sifted sand* 过筛砂. *sifting screen* 细分筛. ▲*sift* (*out*) *M from N* 把 M 从 N 中筛出去,从 N 中抽出 M 来.

sift'er ['siftə] *n.* ①筛子〔机〕,筛分器〔机〕,细〔罗网〕筛 ②筛筛的人,筛分工 ③详细审查者.

sift'ings *n.* 筛屑,筛〔滤〕过的东西,筛〔滤〕下来的杂质.

SIFX = simulated installation fixture 模拟装配夹具.

Sig 或 **sig** = ①signal 信号 ②signature 签〔署〕名.

SIG COND NET = signal conditioning network 信号调节网.

sig gnd = signal ground 信号地线.

sig str = signal strength 信号强度.

SIGC = Signal Corps 通讯兵.

sigh [sai] *v.* ; *n.* 叹息〔气〕,渴望,怀念(for),(风)呼啸. ~**ingly** *ad.*

sight [sait] Ⅰ *n.* ①视力〔觉,线〕②眼界,视野〔界,域,距〕③测视〔角,点〕④风〔光,情〕景,景象,壮〔奇〕观 ⑤见解,意见,看法 ⑥瞄准〔镜,线,具〕,观测〔察〕(孔,器). Ⅱ *vt.* ①观测〔看〕,测视,看见,瞄〔照〕准 ②调整瞄准器,以瞄准器装于. Ⅲ *a.* ①即席的,事先无准备的 ②单凭〔要求〕当场认识〔演奏〕的. *见票即付的*. *azimuth sight* 方位仪,方向瞄准具. *bore sight* 校靶镜,校(炮)膛瞄准具. *bore sighting* 校靶,枪(炮)膛瞄准. *course setting sight* 航向指示器. *drift sight* 偏流计,偏流测视器. *eye sight* 视力,窥视孔. *front sight* 前准星. *gun-bomb-rocket sight* 枪炮-炸弹-火箭瞄准具. *lead sight* 前瞄,预(先)瞄(准). *mirror landing sight* 着陆灯光设备. *payment at sight* 见票即付. *payment···days after sight* 见票后···日付款. *plus sight* 后视界. *radar sight* 雷达瞄准器. *sight alidade* 视准仪. *sight board* 瞄板. *sight draft* (bill)即期汇票,见票即付. *sight feed* 可视进料,可视给油,开式供油,供油指示器. *sight for sag* 垂度仪. *sight gauge* 观测计. *sight glass* 观察〔窥视〕孔,观察玻璃. *sight hole* 〔port〕窥视〔检查,瞄准,人〕孔. *sight letter of credit* 即期信用证. *sight line* 瞄准线,瞄准线,视线. *sight obstruction* 碍视物,视线阻碍物. *sight oil gauge* 外观〔目测〕油表. *sight vane* 瞄板,照〔准〕标. *sighting board* 瞄板,测视板. *sighting device* 瞄准设备. *sighting distance* 瞄准距离. *sighting error* 瞄准误差. *sighting mark* 照准标. *sighting of licence clause* 出示许可证条款. *sighting shot* 试射(弹). *sighting target* 瞄板,照(准)标. *sighting wire* 照准丝. *tachometer sight* 转速计算尺. *telescopic sight* 伸缩式〔望远镜式〕瞄准器. ▲*a* (*long*) *sight better* 比···好得多,远胜. *a sight of* 非常多的,大量. *at first sight* 一见就,初〔乍〕看起来. *at sight* 一见(就),立即〔刻〕,不加准备地. *at* (*the*) *sight of* 见到···时,一见(就). *be in* 〔*within*〕*sight* 看得见,在视线范围内,在望,就会实现. *be within sight of each other* 彼此可以望见. *be* (*lost*) *out of sight* 看不见,从视场内跑掉. *catch* 〔*have*, *get*〕(*a*) *sight of* 发现,看出. *come in* 〔*into*〕*sight* 出现. *come in sight of* 看见了,···出现在眼前. *get a sight of* 看看. *get* 〔*go*〕*out of sight* 看不见了. *in one's* (*own*) *sight* 照···眼光看来,由···来看. *in* 〔*within*〕*sight* 被见到. *in* 〔*within*〕*sight of* (在)看得见···(的地方). *in the sight of* 由···来看. *lose one's sight* 失明,成瞎子. *lose sight of* 看不见···了,忽略,忘记. *not by a long sight* 差得远,远不如,绝(根本)不. *on sight* 凭眼力,一见(就),一眼(便看出),立即. *out of sight* (在)看不见(的地方);(标准)高得达不到. *out of sight of* 在不能看见···的地方,看不见···. *out of sight out of mind* 远处的亲戚不如近处的邻居,见得远处事,不予理会. *put out of sight* 藏起来,对···不予理会. *sight unseen* (购货时)事先未先看货,未经察看〔查验〕. *take a sight at* 观测,瞄准. *take a sight of* 看. *take sights on* 观测. *within sight of* (在)看得见···(的地方).

sight'ed *a.* ···视(力)的. *near-sighted* 近视的. *far-sighted* 远视的.

sight'glass *n.* 观察〔窥视〕孔.

sight-hole *n.* 观察〔检查,窥视,人〕孔,(光学)瞄准器.

sight'less ['saitlis] *a.* 无视力的,盲的,看不见的. ~**ly** *ad.*

sight'ly ['saitli] *a.* ; *ad.* 悦目(的),漂亮的,美丽的.

sight-read *v.* 事先无准备地读(演奏).

sight-rule *n.* 照准仪.

sight'see ['saitsi:] *vt.* 游览,观光.

sight'seer *n.* 游览者,观光者,游客.

sight'worthy *a.* 值得看的.

siglure *n.* 地中海果蝇引诱剂,诱虫环.

sig'ma ['sigmə] *n.* (希腊字母)Σ,σ. *sigma hyperon* Σ超子.

sigma = shield-inert-gas-metal-arc. *sigma welding* 惰性气体保护金属(电)板弧焊,西格马焊接.

sigma-meson *n.* Σ介子(星体形成的介子).

sig'mate ['sigmeit] Ⅰ *a.* Σ〔S〕形的. Ⅱ *vt.* 加 Σ〔S〕于.

sig'matron *n.* 西格马加速器(回旋和电子感应加速器串联运行以产生兆伏的 X 射线).

sigma-zero *n.* 0℃下的海水密度.

sig'moid ['sigmoid] *a.* ; *n.* S 形(的),C 形的,反曲(的). *sigmoid curve* S 形曲线. ~**al** *a.*

sign [sain] Ⅰ *n.* ①(记,符,正负)号,手势 ②迹象,征兆〔候〕,病征,痕迹 ③标〔志,记,牌〕,牌子,签. *call sign* (电台)呼号. *contrary sign* (相)异号. *finishing sign* 播送终了标志,传送终了信号. *power to sign* 或 *signing authority* 签字权. *reverse sign* 变(加减)号指令. *separative sign* 代码组分隔符号. *sign board* 标志牌,道路标志,招牌. *sign digit* 符号位,代数符号. *sign of equality* 或 *equal sign* 等号. *sign of evolution* 根号. *sign of integration* 积分号. *sign of rotation* 旋转方向. *sign post* 标杆,路标. *sign pulse* 符号脉冲. *sign register* 符号寄存器. *signs of failure* 破损迹象. ▲*in sign of* 作为···的记号〔表示〕. *signs of the times* 时代的征候. *there are signs of* 有···的征兆〔迹象〕.

Ⅱ v. 签字(于),加符号(于),加记号,用标志表示,订[契约]. *signed number* 有正负号数. ▲*sign away* 签字放弃. *sign in* 签到,签收,记录…的到达时间. *sign off* 广播结束,停播,发动机关闭,停止活动. *sign on* 广播开始,在…上签字. *sign on the dotted line* 接受既成事实,在虚线上签字. *sign M to N* 在 N 上签 M. *sign up* 签约参加工作,签约承担义务(for).

sig′na ['signə] signum 的复数.

sign′able a. 可[应]签名的.

sig′nal ['signəl] Ⅰ n. ①信号(机,器),指令,符号,标[记]志,征象,预兆 ②原因,动机,导火线(for). Ⅱ a. ①信号[用]的 ②显著的,非常的,大大的. Ⅲ (sig′nal(l)ed;sig′nal(l)ing) v. ①发[打,用]信号(给,通知,报告),(向…)发[反射,传输]信号,发码,通讯,信号化 ②成为预兆. *blanking signal* 消隐信号[脉冲]. *call signal* 呼叫[识别]信号. *carry clear signal* 【计】进位清除信号. *crosstalk signal* 串话信号. *cutoff signal* 停车[关闭,断流]信号. *disconnect(ing) signal* 话终[拆线,关机,切断]信号. *distress signal* 遇险信号. *drive (driving) signal* 驱动[策动,控制]信号. *five-minute signal* 发射前的五分钟准备信号. *fixed signal* 固定信号. *gate signal* 门[选通]信号. *intelligence signal* 情报数据信号. *line signal* 呼叫[振铃]信号. *pump signal* 泵频信号,参数激励频率信号. *push-pull signal* 推挽信号. *reference signal* 参考[标准]信号. *signal alarm* 警报[音]器. *signal box* 信号箱[室,房,所,塔]. *signal code* 信号代码,信号[电]码. *signal distortion* 信号[符号,电码]失真,信号畸变. *signal generator* 信号发生器,信号机,测试振荡器. *signal grid* 控制[信号]栅(极),调制电极,调栅(极). *signal impulse* 信号脉冲,信号冲量. *signal indicator* 信号指示器. *signal level* 信号电平. *signal plate* 信号板. *signal reshaping* 信号[脉冲]整形. *signal resistance* 信号(源)电阻. *signal tracer* 信号式线路故障寻找器,信号跟踪器. *signal transmission level* 信号发送级. *signalled crossing* 有信号管理的交叉口. *step input signal* 阶跃输入信号. *step-function signal* 阶跃函数信号. *telltale signal* 告警信号. *Y signal* Y[亮度]信号(由 30%红,59%绿,11%蓝信号组成).

Sig′nal bronze 铜锡合金(铜 98.5%,锡 1.5%).

sig′nal-amplifier n. 信号放大器.

signal-averager n. 信号平均器.

signaler n. =signaller.

signal-hace 信号引入.

sig′nalise 或 **sig′nalize** ['signəlaiz] vt. ①用信号通知,(向…)发信号,设置交通信号灯于,信号化 ②使显著,特别指示,(突出地)表明. *signalized intersection* 有交通信号的交叉(口). **signalisa′tion** 或 **signaliza′tion**.

sig′nal(l)er ['signələ] n. ①信号装置 ②旗子手,通信兵.

sig′nalling ['signəliŋ] n. ①(发)信号,信号传输[反射],通信,信号化 ②信号设备[装置,系统]. *electrical signalling* 电信号机. *signalling alarm equipment* 信号报警设备. *signalling condenser* 发码电容器. *tonic train signalling* 音频信号(设备).

sig′nally ['signəli] ad. 显著地[大大]地,非常.

sig′nalman n. 信号员,信号手,通信兵,司号员.

signal-receiving electrode 信号输入电极.

signal-to-noise ratio 信(号)噪(声)比.

sig′nalyzer n. 信号(分析)器,电路调整和故障寻找用综合试验器.

sig′natory ['signətəri] Ⅰ n. 签字人,签署者,缔[签]约国. Ⅱ a. 签过字的,署名的,签署[约]的.

sig′nature ['signətʃə] n. ①签[署]名,盖章 ②特征(波形,图形),谱锐 ③(正负)符号差 ④标[记]号,图像 ⑤(广播节目的)信号调[曲],【音乐】调号 ⑥(装帧)折标,书帖,帖码 ⑦【医】用法签,药效形象. *joint signature* 合签. *signature of matrix* (矩)阵的正负符号差. ▲*add* [*put*] *one's signature to* 在…上签名(盖章),签名于.

sign′board ['sainbɔːd] Ⅰ n. 标志牌. Ⅱ v. 设置标志牌.

sign-control flip-flop 符号控制触发器.

signed-minor n. 余因子,代数余项.

sig′net ['signit] Ⅰ n. 图[私]章,印记. Ⅱ vt. 盖章于.

signif′icance [sig'nifikəns] n. ①意[含]义 ②重要(性),重大,(统计)显著性 ③有效位[数]. (*be*) *of* (*great*) *significance* 重大[要]的. (*be*) *of no* [*little*] *significance* 不重要[的],无关紧要的. *historical significance* 历史意义. *significance level* 显著水平.

signif′icant [sig'nifikənt] a. ①有(特殊)意义的,意味[口]深长的,有影响的 ②重要[大]的,显著的,优势的,值得注意的 ③有效的 ④非偶然的. *significant figure* [*digit*] 有效(数)位,有效数(字). ▲(*be*) *significant of* 表示[明]…的.

signif′icantly ad. ①较大地,大大地,非常 ②(有)重要(意义)地,有影响[意义]地.

significa′tion [signifi'keiʃən] n. 词义,正确意义,意思,含义 ②表示[明],正式通知 ③重要,重大.

signif′icative [sig'nifikətiv] a. ①有意义的[味]深长的,表示的. ▲*significative of* 有…意义的,表示[明]…的. ②提供推定证据的.

sig′nifier n. 表示者,记号.

sig′nify ['signifai] v. ①表示[明],意味(着),预示 ②有意义[关系]的,起作用,有重要意义,有重大影响 ③符号化. *do not signify* 没有什么关系. *signify little* [*much*] (*to*) (对…)不大重要[很重要],没有什么关系[有重大关系].

sign-in n. 签名运动.

signless integral 正[无符号]整数.

sign-posting n. 树立标志.

sig′num ['signəm] (pl. *sig′na*) n. 正负号函数.

SIGS =Stellar Inertial Guidance System 天体惯性制导系统.

sikimin n. 日本八角烯 $C_{10}H_{16}$.

Sik′kim ['sikim] n. 锡金.

SIL =International Society of Limology 国际潮沼学会.

Sil Ten steel 高强度钢(碳 0.4%,锰 0.7～0.9%,硅 0.2～0.3%).

sila'ceous *a.* 含硅的.
sil'afont *n.* 硅铝合金(硅 9～13%,锰 0.3～0.6%,镁 0.2～0.4%,其余铝).
si'lage *n.* 青贮饲料,饲料青贮法.
Silal *n.* 含硅耐热铸铁(硅 5～10%,碳 1.6～2.8%,其余铁). *Sital V* 硅铝 V 合金(镁 1.25%,硅 0.5%,锰 0.8%,钴 0.3%).
Silanca *n.* 锑银合金(银 92～94.5%,锑 4～6%,铜 1～3%,锌≤2.5%).
silane *n.* 硅烷.
silanized *a.* 硅烷化过的.
silanizing *n.* 硅烷(化).
silanol *n.* (甲)硅(烷)醇.
Silas'tic [si'læstik] *n.* 硅橡胶(密封物).
silastomer *n.* 硅塑料.
Silcaz *n.* 硅钙铁合金(硅 35～40%,钙 10%,钛 10%,铝 7%,锌 4%,其余铁).
silchrome steel 硅铬耐热钢(碳 0.3～0.45%,铬 9.0～13.0%,硅 1.5～3.0%,锰 0.3～0.6%).
silcrete *n.* 硅结砾岩.
Silcurdur *n.* 耐蚀硅铜合金(硅 2.2%,铬 0.5～0.7%,其余铜).
Silel cast iron 硅铸铁(硅 5～6%).
si'lence ['sailəns] **I** *n.* 静(寂),无声,抑制,沉默,肃静②湮没,忘却,未提到,无音信,无联系. **II** *vt.* ①使…静(寂)(沉默),静化②使停止,禁止,抑制,扼止. *radio silence* 雷达静音,雷达静息时间. *radio silence* 无线电寂静时间. *silence cabinet* 隔音室. *silence signal* 停机信号. *silence test* 消音试验. *silencing of noise* 消声(音). ▲*keep silence* 保持沉默. *listen in silence* 静静地听. *pass into silence* 湮没在无声无息之中. *put…to silence* 驳得…哑口无言,驳倒.
si'lencer ['sailənsə] *n.* 消声(消音,静声)器. *exhaust silencer* 排气消声(消音)器. *noise silencer* 噪声抑制器,消音器,减(静)噪器.
silencer-filter *n.* 消声滤气.
si'lent ['sailənt] **I** *a.* ①(寂)静的,无(噪)声的,沉默的(不发音的,信号c[音信]不通的)②没有记载的,提不到的 ③无症状的. **II** *n.* (pl.)无声影片. *silent arc* 无声电弧. *silent chain drive* 无声链传动. *silent cop* "无声警察",十字路口指挥交通的机械装置. *silent discharge* 无声放电. *silent feed* 无声进给[刀]. *silent gear* 无声(塑料)齿轮. *silent point* 静点,无感点,零拍点. *silent running* 无噪声转动,无声运行. *silent service* 海军,潜艇部队. *silent stock tube* 静声管. *silent switch* 静噪开关. *History is silent on* [about] *the subject.* 历史上没有记载这件事. ▲*Be silent!* 肃静! *keep silent* 保持肃静. *keep*[*remain*]*silent about*… 对…始终保持缄默.
si'lently *ad.* 静静地,沉默地,寂然.
sile'sian *n.* (菲)西来斯阶.
silex *n.* 燧石,石英,硅石,二氧化硅. *silex glass* 石英玻璃.
Silfbronze *n.* 含硅镍 4-6 黄铜(焊料)铜 59%,锌 37.5～38.5%,锡 0.5～2.5%,镍 0～1.75%,铅 0～1%,铁<0.8%).
Silfos *n.* 铜银合金(铜 80%,银 15%,磷 5%,用于银焊料).

Silfram *n.* 铬镍铁耐热合金(铜 30%,镍 1.0%,其余铁).
Silfrax *n.* 碳化硅高级耐火材料.
silhouette' [silu'et] **I** *n.* 轮廓,侧面影像,剪影,剪影,影子,黑像. *silhouette effect* 背景[廓影]效应. *silhouette picture* 廓影. ▲*in* [*on*] *silhouette* 像影子[剪影]一样的,仅现轮廓的,呈轮廓状,成黑色轮廓像.
II *vt.* 呈现出…的轮廓,映出影子(on, against),使出现黑色影像.
silic- [词头]硅.
sil'ica ['silikə] *n.* 硅石(土),二氧化硅,石英. *fused silica* 石英玻璃,熔凝硅石. *silica brick* 硅砖. *silica cement* 硅石(火山灰)水泥. *silica gel*(氧化)硅胶. *silica glass* 石英玻璃. *silica modulus* 硅氧系数.
silicagel *n.* (氧化)硅胶,硅冻.
silicane *n.* (甲)硅烷.
silicasol *n.* 硅溶胶.
sil'icate **I** *n.* 硅酸盐(酯). **II** *v.* 硅化,和硅酸化合. *silicate cotton* [*wool*] 矿棉. *silicate flux* 硅酸盐焊剂,水玻璃熔剂. *silicated macadam* 硅化碎石(路).
silica(tiza)'tion *n.* 硅化(作用).
silic'eous *a.* 含硅的,硅质(酸)的. *siliceous earth* 藻土. *siliceous lime* 含硅(硅酸)石灰. *siliceous sand* 硅质砂.
silichrome steel 硅铬钢.
silic'ic [si'lisik] *a.* 硅(酸,石)的. *silicic acid* 硅酸.
sil'icide ['silisaid] *n.* 硅化物.
silicifica'tion *n.* 硅化(作用).
sil'icify [si'lisifai] *v.* (使)硅化,化成硅酸.
silic'ious [si'liʃəs] *a.* 含硅的,硅质(酸)的. *silicious sand stone* 玻璃砂.
silic'ium [si'lijiəm] *n.* 【化】硅 Si. *silicium steel* 硅钢.
silico- [词头]硅.
silicochloroform *n.* 三氯甲硅烷.
silicochromium *n.* 硅铬(合金).
silicoethane *n.* 乙硅烷.
silicoferrite *n.* 硅铁固溶体.
silicoflagellate *n.* 硅鞭藻,硅鞭毛虫.
silico-fluoride *n.* 硅氟化物,氟硅化物.
silicoformer *n.* 硅变压整流器.
silicoide *n.* 硅原矿物.
Silicol process (硅与氢氧化钠反应)制氢法.
silicomangan *n.* 硅锰合金. *silicomangan steel* 硅锰钢.
silicomanganese *n.* 硅锰(中间)合金,锰硅铁(主要由锰、硅、碳组成的合金).
silicomethane *n.* 甲硅烷.
silicomolybdate *n.* 钼硅酸盐.
sil'icon ['silikən] *n.* 【化】硅 Si. *monocrystalline silicon* 单晶硅. *silicon acid* 硅酸. *silicon carbide* 金刚砂,碳化硅. *silicon controlled multi-purpose machine tool* 可控硅多用机床. *siliconcontrolled rectifier* 硅(可)控整流器,可控硅. *silicon diode* (晶体)二极管. *silicon dioxide* 二氧化硅. *silicon earth* 硅(质)土. *silicon liner* 硅砖,耐火材料[衬

垫〕. silicon npn mesa transistor 硅 npn 台面型晶体管. silicon on sapphire 硅-蓝宝石技术,蓝宝石上外延硅. silicon steel sheet 〔plate〕硅钢片. silicon symmetrical switch 硅对称开关,双向可控硅.

silicon-bonded a. 填有硅有机物的(绝缘材料).
silicon-carbide n. 碳化硅.
silicon-copper n. 硅铜合金(硅 10~30%).
sil'icone ['silikoun] n. (聚)硅酮,硅(有机)树脂,硅有机化合物,聚硅氧. silicone hose 聚烃硅氧塑料软管. silicone oil 硅(氧,酮)油. silicone resin 硅酮〔氧〕树脂. silicone rubber 硅(氧,酮)橡胶. silicone tip(集成电路)硅接〔触〕点.
silicone-bonded a. 带硅有机物填充剂的(绝缘材料).
siliconeisen n. 低硅铁合金(硅 5~15%).
Siliconit n. 硅碳棒,西利科尼特电阻体.
sil'iconize 或 **sil'iconise** ['silikənaiz] vt. 硅化(处理),(扩散)渗硅. siliconized plate 硅钢片.
silico'sis [sili'kousis] n. 矽肺病,矽肺,石末沉着病. silicosis control 预防矽肺病.
silico(-)spiegel n. 硅镜铁,硅锰铁合金.
silicothermic method 硅热还原法.
silicula 或 **silicle** n. 短角(果),短壳(荚).
silifica'tion n. 硅化作用.
siliqua, silique n. 长角(果),长壳(荚).
silistor n. (半导体)可变电阻器.
sil'it ['silit] n. 碳化硅〔硅碳化合物〕(电阻材料),碳硅电阻材料.
silk [silk] Ⅰ n. ①(生,绢,人造)丝,丝线,丝绸,绸缎,丝织品,丝状物,(植物的)穗丝 ②降落伞 ③(英)皇室律师,高级律师. Ⅱ a. 丝制的,绸缎的,丝状的. acetate silk 乙酸纤维素丝. air silk(光测仪器的)空心丝. art〔artificial fibre〕silk 人造丝. oil silk 油绸,防水布. silk paper 薄纸. silk screen (printing) method 或 silk screening 丝网印刷(电路)法.
silk-covered wire 丝包线.
sil'ken ['silkən] a. ①柔软光滑的,柔和光泽的 ②丝制的,绸制的,丝一样的.
sil'kiness ['silkinis] n. 丝状,柔〔光〕滑.
silklay n. 细粉塑性高级耐火粘土.
silk'man n. 丝织品制造(出售)者.
silk-screen process 丝网印刷(电路)法.
silk-tree n. 合欢(树).
silk'y ['silki] a. ①(似)丝的,丝一般的,丝制〔状,光〕的,柔软的,光〔平〕滑的,亮的 ②温和〔柔和〕的 ③〔植〕覆有丝状细毛的. silky fracture 丝光断口.
silkily ad.
sill [sil] n. ①基石〔底,块〕,(门)槛,窗台(板),(底框)梁,窗口 ②岩床〔层〕,潜坝,海底山脊,海槛 ③(坑道)底面,底梁,平巷底. floor sill 冲力坎,底基. front end sill (车底框的)前部端梁. sill bar 基杆. sill beam 槛梁. sill elevation 基石标高.
Silliman bronze 铝铁青铜(铜 86.5%,铝 9.5%,铁 4%).
sillimanite n. 硅线石.
sil'ly ['sili] Ⅰ a. 愚蠢的,笨的,糊涂的. Ⅱ n. 傻子.
silmanal n. 银锰铝特种磁性合金(银 87%,锰 8.5%,铝 4.5%).

silmelec n. 硅铝耐蚀合金(硅 1%,镁 0.6%,锰 0.6%,其余铝).
silmet n. 板〔带〕状镍银.
silmo n. 硅铝特殊钢(碳<0.15%,硅 0.5~2%,钼 0.45~0.65%,锰 0.5%,其余铁).
si'lo ['sailou] (pl. silos) ①筒(粮,贮)仓,地下〔粮林〕室,地下仓库,地窖,储煤坑〔沟〕②(竖,发射)井,(钢筋混凝土制的设有发射装置的)导弹地下仓库 ③放散核水泥的大楼,地坑. launching silo 地下发射装置,发射井. silo cell 单间筒仓,地下室.
sil-o-cel brick 一种硅砖的商品名.
sil-o-cel C_{12} 一种硅藻土耐火砖.
silo-launched a. 从井下发射的.
silomate n. 对-氯苯-(2,3-二甲基丁醇)基-N,N 二甲胺.
siloxane n. 硅氧烷.
siloxen n. 硅氧烯.
siloxicon n. 氧碳化硅,硅碳耐火材料.
SILS =silver solder 银焊料.
silt [silt] Ⅰ n.; a. ①淤泥〔沙〕(的),泥沙(的),泥滓(的)②滑泥,泥浆,泥糊 ③粉土(的),粉砂(的)(的),煤粉,残渣. silt arrester 拦砂坝. silt carrying capacity 或 silt charge 含(携)沙量,含(携)泥量. silt size 粉土粒径. silt stable channel 不冲不淤的渠道.
Ⅱ v. 淤积,(使)淤塞(up).
silta'tion n. 淤积,淤塞.
silt-covered a. 淤泥盖覆的.
silt'filled a. 塞满淤泥的,填有滑泥的.
silt'ing n. 泥沙堆积,淤积,沉积,泥泞,沉泥.
silt'ing-up n. 淤积,淤塞.
silt'-laden a. 塞满淤泥的.
silt-seam n. 粉土〔淤泥〕层.
silt'stone n. 泥岩〔粉砂岩.
silt'y ['silti] a. 粉(土)质的,(粉)粒的,淤泥的. silty sand 粉(质)砂(土).
silu'min [si'lju:min] n. 铝硅合金,铝硅明合金,高硅铝合金(硅 11~14%,铝 86~89%). copper silumin (含)铜硅铝明合金,含铜硬铝 12.5%,铜 0.8%,锰 0.4%,其余铝).
silundum n. 硅碳刚石.
Silu'rian a. 志留纪〔系)的.
sil'va ['silvə] n. 森林区,(一地区,国家的)全部森林树木,林木志.
sil'van ['silvən] a. 森林的,树木多的,乡〔农〕村的.
silvat'ic a. 森林的.
silvax n. 锆硅铁中间合金(锆 35~40%,钛 10%,钒 10%,硅 6%,硼 0.5%,其余铁).
Silvel n. 锰黄铜(锰 7~12%,锌 12~16%,镍 0~6.5%,铅 0.5%,铁 2%,铜 0.2%,其余铜).
sil'ver ['silvə] Ⅰ n. ①〔化〕银 Ag ②银色(器,盐,币),银制物. Ⅱ a. ①银(制,质,色,白,声)的,似〔含,产,镀)银的 ②次好的,第二流的. Ⅲ vt. 镀〔涂〕(包)银,涂锡汞合金,涂硝酸银,用硝酸银使感光,使成银白色. Ⅳ vi. 变成银白色. cat's silver 银云母. fine〔pure〕silver 纯银. German silver(锌)白铜,锌镍铜合金. nickel silver 镍银,白铜. quick silver 水银,汞. silver bath 银盐溶液槽. silver birch 银桦(木). silver bromide 溴化银. silver foil〔leaf〕银箔. silver grey 银灰色. silver halide

film 卤化银薄膜. *silver migration* 银迁移. *silver phosphate glass* 磷酸银玻璃. *silver plate* 银器, 镀银器皿. *silver plating* 镀银. *silver ply steel* 一种不锈复合钢. *silver point* 银的熔点(960.8℃). *silver print* 银盐感光照片. *silver screen* 银幕, 电影〔界〕. *silver solder* 银焊料. *silver standard* 银本位. *silver steel* 银亮〔钢〕钢. *silver tungsten* 银钨合金(钨80%, 银20%). *silver voltameter* 银解电量计. *silvered condenser* 镀银电容器. *silvered glass* 镀银玻璃. *sterling silver* 英国货币银合金.

silver-activated *a.* 被银激活的.
silver-bearing *a.* 含银的.
silver-cadmium oxide 银-氧化镉制品, 银-氧化镉复合物.
silver-clad *a.* 包银的.
sil′vered *a.* 镀银的.
silver-faced *a.* 镀银的.
silver-graphite *n.* 银-石墨制品, 银-石墨复合物.
Silverine *n.* 铜镍铜耐蚀合金(铜 72~80%, 镍 16~17%, 锌 1~8%, 锡 1~3%, 钴 1~2%, 铁 1~1.5%).
sil′veriness ['silvərinis] *n.* 像银, 银光〔白, 色, 声〕.
sil′vering *n.* ①镀银, 包银, 一层镀〔包〕上的白银 ②用硝酸银使感光的白银光泽.
silver-jacketed wire 镀银导线.
sil′verly ['silvəli] *ad.* 像银一样地.
silver-molybdenum *n.* 银钼合金.
sil′vern ['silvən] *a.* 银〔制, 色〕的, 似银的, 第二位的.
silver-nickel *n.* 银镍合金.
Silveroid *n.* 镍银, 铜镍银白色合金(铜 54%, 镍 45%, 锰 1%; 作装饰品或食具用时: 铜 48%, 镍 26%, 锌 25%, 铝 1%).
silver-oxide-cesium photocathode 银-氧-铯光电阴极.
sil′ver-plate Ⅰ *n.* 银板〔极〕. Ⅱ *vt.* 镀银于.
sil′ver-plating *n.* 镀银.
silverstat regulator 接触式调节器.
silver-tipped *a.* 点银的.
sil′vertoun *n.* 电缆故障寻找器. *silvertoun testing set* 地下电缆故障测定设备.
silver-tungsten *n.* 银钨合金. *silver-tungsten carbide* 银-碳化钨制品.
sil′verware *n.* 银器, 银制品.
sil′very ['silvəri] *a.* 银一般的, 似银的, 银色的, 银制的, 镀〔包〕银的. *silvery pig iron* 高硅铣铁, 高炉硅铁.
sil′vical *a.* 造林学的.
sil′viculture *n.* 造林(学). *silvicul′tural* *a.*
Silvore *n.* 铜镍耐蚀合金(铜 62%, 镍 18.5%, 锌 19.2%, 铅 0.3%).
silyla′tion *n.* 硅烷化.
silzin 硅黄铜(铜 75~85%, 锌 10~20%, 硅 4.5~5.5%).
SIM =①similar ②simulated 模拟的 ③simulation 模拟.
sim lab =simulation laboratory 模拟实验室.
sima. *n.* 硅镁(地)层, 硅镁带, 硅镁圈. *sima sphere* 硅镁带〔圈〕.
SIMAC =sonic instrument measurement and control 声学仪器的测量与控制.

Simanal *n.* 硅锰铝铁基合金(硅 20%, 锰 20%, 铝 20%, 其余铁).
simazine *n.* 西玛三嗪, 2-氯-4,6-(双乙氨基)-3-三嗪.
Simex *n.* 联合法抽提.
Simgal *n.* 硅镁铝合金(硅 0.5%, 镁 0.5%, 其余铝).
SIMICOR(E) =simultaneous multiple image correlation 同时多重图像相互作用时, 联立多帧图像相关性.
sim′ilar ['similə] Ⅰ *a.* 相似〔同〕的, 类似的, 同样的. Ⅱ *n.* 类〔似〕物. *similar decimals* 同位小数. *similar permutation* 同班〔相似〕排列. *similar poles* 同名极. *similar quadrics* 相似二次曲面. *similar surds* 同类不尽根, 同类根式. *similar terms* 同类项. *similar triangles* 相似三角形. ▲*(be) similar to* 与…相似, 类似(于), 象. *(in) a similar way to* 与…相似的方式. *somewhat similar to* 有点像, 有点类似于.
similar′ity [simi'læriti] *n.* 相似(性), 类似, 同样, 相象, (pl.)类似点〔物〕, 相似之点, 共性. *similarity transformation* 相似变换.
sim′ilarly *ad.* 同样〔类似〕地. *similarly ordered* 相似有序的. ▲*be similarly situated* 处境(情况)相似.
sim′ile ['simili] *n.* 直(明)喻 *simile (printing) paper* 模造纸.
simil′itude [si'militju:d] *n.* ①相似(性), 类似(物), 对应物, 副本, 复制品 ②像, 同样, 同比, 模拟 ③外表, 形象外貌 ④比喻. *law of similitude* 同比律, 相似定律. *principle of similitude* 相似原理. *similitude method* 相似(特性)法. ▲*in similitudes* (引)用比喻. *in the similitude of* 与…相似, 模仿着.
Similor. *n.* 含锡黄铜.
SIML =similar.
sim′mer ['simə] *v.; n.* 慢慢煮(沸), 徐沸, 煨爆. ▲*at a* [*on the*] *simmer* 在文火上慢慢煮沸, 快要沸腾, 处于将沸未沸〔将爆发而尚未爆发的〕状态. *bring*…*to a simmer* 使…煮沸. *simmer down* 煮浓, 被总括起来, 平静下来, 缓和. *It all simmers down to a matter of* 归根结蒂是…问题.
Simmer gasket 翻唇〔轴密封〕垫圈.
Simmer ring 轴密封环, 翻唇垫圈.
simoniz *n.* 汽车蜡.
sim′mon-pure′ *a.* ①真正的, 货真价实的 ②伪装纯真的.
sim′oon *n.* 西蒙风(阿拉伯地方的干热风).
SIMPLAC =simple automatic electronic computer 简易自动电子计算机.
sim′ple ['simpl] Ⅰ *a.* ①简(单, 明, 易)的, 单〔纯〕的, 单纯(粹)的, 率直的, 完全的 ②朴素的, 容易的, 普通的 ③仅仅的 ④(结构)单一的, 非复合的, 因素单纯的 ⑤初级的, 原始的 ⑥不折不扣的, 绝对的, 无条件的. Ⅱ *n.* 单纯的东西, 单一成分, (化)基, 单味药, 草药. *simple beam* 简支梁, 单波束, 单靶射束. *simple bending* 纯挠〔弯〕. *simple carburetor* 简单汽化器. *simple curve* 单〔圆〕曲线. *simple equation* (一元) 一次方程式. *simple fraction* (单) 分数. *simple function* 单官能, 简单〔单叶(析)〕函数. *simple harmonic* 简谐的. *simple interaction* 二因子交互影响. *simple machine* 简单机械. *simple metal* 纯金属. *simple number* 基数. *simple*

pendulum 单摆. *simple pointer* 单指针. *simple pole* 单(一阶)极点. *simple sliding friction* 纯滑动摩擦. *simple span* 简支跨. *simple steel* 普通钢. *simple structure* 静定(简单)结构. *simple tone* 纯(单)音. *simple truss* 简支桁架. ▲*pure and simple* 绝对的,完全的,纯然的,地地道道的,不折不扣的. *simple impossibility* 简直不可能. *simple to + inf.* 容易(做). *The simple fact is that* 事情无非就是.

simple-alternative detection 简单双择检测.
simple-harmonic *a.* 简谐的. *simple-harmonic law* 正弦定律.
simple-looking *a.* 貌似(看起来)很简单的.
simple-supported *a.* 简支的.
sim′plex ['simpleks] Ⅰ (pl. *sim′plexes* 或 *sim′plices*) *n.* ①单(纯)形,单纯,单体 ②单缸 ③【讯】单工,单向通信. Ⅱ *a.* 单(一,纯,形,工)的,简化的. *simplex burner* 单路燃烧喷嘴. *simplex double acting pump* 单缸式复动泵. *simplex method* 单纯形法. *simplex motor* 同步感应电动机,单工电动机. *simplex system* 单工(通信)制. *simplex telegraph* 单工电报. *simplex winding* 简化(单式,单排)绕组.
simpli′cial *a.* 单纯(形)的. *simplicial mapping* 单形(纯)映射.
simplic′iter [sim'plisitə] (拉丁语) *ad.* 绝对地,完全地,普通地,无限地.
simplic′ity [sim'plisiti] *n.* 简单(性),简易(明),单纯(朴),天真,轻便,朴素,简朴. ▲*for simplicity* 为简便(单)起见.
simplifica′tion *n.* 简化,约化,理想化,(工业标准)简单化.
sim′plifier *n.* 简化物.
sim′plify ['simplifai] *vt.* 简化,化(精)简,单一(纯)化,使单纯,使易懂(做). *simplified flyover roundabout* 简化双桥式环形立交(环道上建两座上跨桥的简式立体交叉). *simplified GCA* 简易地控降落. *simplified pattern* 简易模. *simplified solution* 简化解,近似解. *simplify working process* 简化工序. *simplifica′tion* *n.*
sim′plism *n.* 过分简单化,片面看问题. **simplis′tic** *a.*
sim′ply ['simpli] *ad.* ①简单(朴素)地,朴素地,直率地 ②仅仅,只不过 ③简直,真正(是),的确,就是 ④完全地,绝对地. *This is simply a question of procedure.* 这只(不过)是个手续(程序)问题. *simply closed* 简单闭合的. *simply connected* 单连通的. *simply constructed* 构造简单的. *simply isomorphic group* 同构群. *simply ordered* 全序的. *simply parallel* 不全平行的,半平行的. *simply periodic function* 单周期函数. *simply ridiculous* 简直荒谬. *simply supported* 简(单)支(承)的. ▲ *more simply*(插入语)更简单点说,说得再简单些.
simply-supported *a.* 简(单)支(承)的.
Simpson mill 辊轮式混砂机.
Simpson's rule 辛普生(抛物线总计)法则.
SIMR = simulator.
simul *ad.* 【处方】一道,一齐,同时.

simula′crum [simju'leikrəm] (pl. *simula′cra* 或 *simula′crums*) *n.* ①像,(幻)影 ②模拟物,假的东西.
sim′ulant ['simjulənt] Ⅰ *a.* 伪(假)装的,模拟的. Ⅱ *n.* 模拟装置. *colouration simulant of surroundings* 保护色(环境).
sim′ulate ['simjuleit] *vt.* **simula′tion** [simju'leiʃən] *n.* ①模拟(仿,仿造)真) ②制作模型,模型化,模型(拟)试验,模拟分析 ③伪(假)装,冒充. *analog simulation* 相似模拟,类比模拟. *electronic simulation* 电子模拟. *partial (physical) simulation* 实体模拟. *servo-simulation* 模拟伺服机构. *simulated data* 模拟(仿真)数据. *simulated environment* 模拟环境. *simulated space conditions* 模拟空间环境条件. *simulating (simulation) chamber* 模拟室(容器). *simulating (simulation) test* 模拟试验.
sim′ulative *a.* 模拟的. *simulative generator* 模拟振荡(发生)器. *simulative network* 模拟电(网)络.
sim′ulator ['simjuleitə] *n.* ①模拟器,模拟装置(设备,电路,程序),模拟(电子)计算机,模型(设备),仿真器 ②模仿者. *electronic simulator* 电子模拟装置. *flight simulator* 飞行模拟机,飞行(条件)模拟装置. *reactor simulator* 反应堆(电子)模拟装置. *simulator stand* 模拟试验台. *three-axis simulator* 三度空间模拟器.
SIMULATOR = reentry vehicle electrical simulator panel 重返大气层飞行器电模拟控制台合.
sim′ulcast ['siməlkɑːst] Ⅰ *v.* (*sim′ulcast*, *sim′ulcast*); Ⅱ *n.* 电视和无线电同时联播,(电视和无线电)同(时联)播(节目).
simultane′ity [siməltə'niːiti] *n.* 同时(性,发生,存在). *simultaneity factor* 同时系数,同时率.
simulta′neous [siməl'teinjəs] *a.* ①同时(存在,发生,做出)的,一齐的,同步的 ②联立(方程)(的),合并的. *simultaneous carry* 同时(并行)进位. *simultaneous colour television* 同时传送制彩色电视. *simultaneous congruence* 联立全等. *simultaneous distribution* 连合分布. *simultaneous equations* 联立方程式. *simultaneous input-output* 同时输入输出. *simultaneous interpretations* 同声翻译. *simultaneous observation* 同时观测. *simultaneous search* (优选法)并行探索. *simultaneous system* 同步系统,同时制,同时方式. *simultaneous transmission* 同时传输(送). ▲*be simultaneous with* 与…同时发生(做出). ~*ly ad.* ~*ness n.*
sin [sin] *n.*; *vi* 罪(孽,恶),犯罪.
SIN = security information network 警戒情报网.
SIN 或 **sin** = sine 正弦.
SINAD = signal to noise and distortion ratio 信号对噪声和失真比.
Si′nai ['sainiai] *n.* 西奈(半岛). ~*tic a.*
sinaite *n.* 正长岩.
sinalbin *n.* 白芥子(硫)甙,芥子白.
Sinanthropus pekinensis 北京猿人.
sinapine *n.* 芥子(酸胆)碱(酯).
sinaxar (= β-hydroxy-phenylethyl-carbamate) β-羟基-苯乙基-氨基甲酸酯.

since [sins] I *prep.* 从…以来,自从…以后. II *conj.* ①自…以来[以后] ②既然,因为,鉴于,由于. III *ad.* ①后来,此后,之后 ②以前. ▲*ever since* 从那时起(一直到现在),自那时以来,此后一直,(自)从…以来. *long since* 很久以前(早就),久[早]已. *many years since* 多年以前. *not long since* 近来,就在不久以前. *since then* 从那时起,以后,后来.

sincere' [sin'siə] *a.* ①真实[诚]的,诚挚[实,恳]的,老老实实的 ②纯粹[净]的,不掺假的,不混杂的 (of). *It is my sincere belief that* 我深信. ~ly *ad.* ▲*Yours sincerely* (信的结尾的客套语)谨启,您的忠诚的.

sincer'ity [sin'seriti] *n.* 真实[诚,挚],诚挚[实],纯粹.

sine [sain] *n.* 正弦. *inverse sine* 反正弦. *natural sine* 正弦真数. *sine bar* 正弦曲线板,正弦规. *sine integral* 正弦积分. *sine wave* 正弦波. *versed sine* 正矢.

sine ['saini] (拉丁语) *prep.* 无. *sine die* 无限期地,无确定日期地. *sine qua non* 必需资格,必要条件,必需的东西.

sine-cosine potentiometer 正弦余弦电位计.

si'necure ['sainikjuə] *n.* 挂名职务,闲差事.

sine-function *n.* 正弦函数.

sine-junction gate 【计】禁止门.

sinemu'rian *n.* (侏罗纪)西耐摩尔阶.

sine-shaped *a.* 正弦曲线的,正弦(波)形的.

sinesoid *n.* 正弦曲线.

sin'ew ['sinju:] I *n.* ①腱, (pl.)肌肉 ②体[精,气]力 ③(pl.)主要支柱,砥柱,资源. II *vt.* 支持,加强. *sinews of war* 军费,军备.

sine-wave 正弦波.

sin'ewy *a.* 强有力的,坚韧的,结实的.

sin'ful *a.* 有罪(过)的,邪恶的. ~ly *ad.* ~ness *n.*

sing [siŋ] I (*sang, sung*) *v.* ①(歌,演)唱,歌颂(of) ②作响,发蜂鸣[嗡嗡,营营,叮玲]声,鸣叫,啸扰. II *n.* 歌唱会,叮玲声. ▲*Sing another song* 改变调子[论调],方针,态度.

sing. = ①single ②singular ③singulorum 各.

Singapore' [siŋɡə'pɔ:] *n.* 新加坡.

sing-around 声循环.

singe [sindʒ] I (*sin'ged; sin'geing*) *v.* II *n.* 烤焦,烧焦[去],损伤. *singeing machine* 点火机,烧毛机.

sing'er ['siŋə] *n.* 歌手,歌唱家.

sing'ing ['siŋiŋ] *n.* ①唱歌 ②蜂鸣[音],振[自]鸣,鸣音,啸扰[声], *audio singing* 振鸣,啸声. *end-to-end singing* 端间[全程]振鸣. *singing arc* 歌弧. *singing flame* 歌焰. *singing margin* 振鸣稳定度, (自)振鸣边际. *singing of repeater* 增音器蜂音. *singing point* 振鸣点. *singing spark* 歌弧,发声火花. *singing stability* 振音[振鸣,振铃]稳定度.

sin'gle ['siŋɡl] I *a.* 单(一,个,独,地,人,次,工,程,侧,层,级,位,元,项)的,唯一的,个别的,一次的,纯粹的,简单的. II *n.* 一个,单(独)的,单程票, (pl.)单张(轧制的)煤. III *vt.* 挑选(出),选中,拣选[出]. *in a single day* 就一天. *examine each single piece* 逐件一一检查. *not make one single conces-*

sion 不作任何一点让步. *single address code* 单地址码. *single alundum* 单晶刚玉. *single amplifier* 单端[级]放大器. *single arm anvil* 丁字砧. *single block* 单轮滑车. *single channel* 单波[信,频,道,渠]道,单路. *single crystal* 单晶(体). *single drainage* 单向排水. *single flute drill* 单槽(半月,枪孔,深孔)钻,炮身钻床. *single gate FET* 单栅(极)场效应晶体管. *single groove* 单面坡口,单槽. *single line* 单线[行,路]. *single mount* 单托,单架,单个安装. *single offset* 一级起步时差. *single pass* 单向[程,通路,扫描],一次通过,一圈,直流的. *single planetary mill* 单重行星轧机. *single point* 单(高)点. *single (point) load* 集中荷载. *single precision* 单(字长)精度. *single prime ideal* 单素理想. *single program operation* 单一(道)程序操作. *single rivet* 单铆钉. *single seal* 单层式封层. *single shot multivibrator* 单稳[冲]多谐振器,单周期多谐振荡器. *single shrouded wheel* 半闭式叶轮. *single sideband communication* 单边带通信. *single standard* 单(一)的标准. *single stranded DNA* 单链 DNA. *single strength* 表示窗玻璃的厚度, 1.8 ～ 2.0 mm 厚的窗玻璃. *single ticket* 单程票. *single track* 单(声)迹, (铁路)单轨. ▲*in any single case* 在任何个别情况下. *single out* 挑选(出),选中,拣选[出].

single- 〔构词成分〕单.

single-acting *a.* 单作用的,单动的.

single-action *n.* 单效,单动,单作用.

single-axle-load 单轴荷载.

single-band *a.* 单频带的,一个波段的.

single-batch extraction 单级分批萃取.

single-break *n.* ; *a.* 单独中断,一次断裂的.

single-cell *n.* 单室电解槽.

single-channel *a.* 单(波,信信,管)道的,单路的.

single-circuit *n.* 单线路.

single-clad board 单面(敷箔,印制电路)板.

single-column pence coding 每列单孔编码.

single-contact *a.* 单触点的. *single-contact extraction* 单级接触萃取.

single-cord *n.* 单线塞绳.

single-cutting drill 单刃钻.

single-cylinder *a.* 单(汽)缸的.

single-deck *a.* 单层(板)的.

single-ended *a.* 单端的,不对称的. *single-ended list* 单终点(连接)表.

single-flow *a.* 单(直)流的.

single-handed *a.* ; *ad.* ①单独(的),独力(的),单枪匹马(的) ②只用一只手的.

single-harmonic distortion 单谐波畸变.

single-inductor *n.* 单(电感)线圈.

single-inlet *a.* 单吸的.

single-J-groove *n.* 丁形槽.

single-layer *n.* 单层.

single-lens *a.* 单透镜的,单目镜的.

single-level address 【计】一级(直接)地址.

single-minded *a.* 真诚的,一心一意的,专心致志的.

single-mode *n.* 单模.

sin'gleness n. 单[专]一，单个.
single-party line 同线电话线.
single-pass a. 单(行)程的，单遍[道，通]的，直流的(锅炉)，单流的，一次通过.
single-peaked a. 单峰(值)的.
single-phase a. 单相的.
single-pole a. 单极的. *single-pole single-throw* 单刀单掷.
single-purpose a. 专用的.
single-range a. 单波段的，单量程的.
single-riveted a. 单行铆接的.
single-row a. 单行的，单列.
single-seater n. 单座汽车(飞机).
single-sided a. 单面的. *single-sided board* 单面(敷箔,印制电路)板. *single-sided pattern plate* 单面型板.
single-size a. 均一尺寸的,均匀颗粒的.
single-slope a. 一面倾斜的,单斜度的.
single-space v. 单行打字(印刷).
single-stage a. 单级的.
sin'glet ['siŋglit] n. 单纯[独, 一, 态, 峰](单(谱)线, 单电子键,零自旋(核)ąą级).
single-thread a. 单头螺纹的.
single-throw a. 单掷的, 单(曲)拐的.
single-track a. 单轨的,单声道的,单(声)迹的.
single-unit n. 单一机组,单机的.
single-valued a. 单值的.
single-valved a. 单活门的.
single-Vee groove V 形坡口.
sin'glings n. 初馏物.
sin'gly ['siŋgli] ad. 单独地,各自[别]地,独自地,逐一地,直截了当地. *singly periodic* 单周期的.
sin'gular ['siŋgjulə] I a. ①奇(异,特,数)的,异常的,非凡的 ②单一,数)的,单独的 ③持异议的. II. 单数(式). *singular cell* 连续胞腔, 奇(异)胞腔. *singular cycle* 连续循环. *singular element* 奇(异)元素, 退化[降秩]元素. *singular homology theory* 连续(下)同调论. *singular integral* 奇(异)解,奇(异)积分. *singular line* 奇(异)直线. *singular matrix* 奇异(矩)阵,退化[降秩](矩)阵. *singular number* 单数. *singular point* 奇(异)点. *singular process* 奇异(特别(工艺))过程,特殊手续. *singular shape function* 单一形状函数. *singular solution* 奇(异)解,特殊溶液. ▲*all and singular* 一切都完全部,全体,一律,皆. *singular to say* [插入语]说也奇怪.
sin'gularise 或 **sin'gularize** ['siŋgjuləraiz] vt. ①使特殊(奇异) ②把...视为单数.
singular'ity [siŋgju'læriti] n. ①特(殊)性,奇异,异常,特别 ②奇(异)点,奇点 ③奇异的东西,奇事 ④单独一,单个. *singularity at infinity* 无穷远处奇(异)点. *singularity of a curve* 曲线的奇(异)性.
sin'gularly ['siŋgjuləli] ad. 非凡地,特殊地,奇异地,奇(异)地.
SINH =hyperbolic sine 双曲正弦.
Sinian Period 震旦纪.
sinigrin n. 黑芥子硫式酸钾,芥子黑(钾盐)，黑芥子甙.
Sinimax n. 铁镍磁软合金(镍 43%,硅 3%,其余铁).

sinine n. 新宁.
sin'ister ['sinistə] a. ①险的,凶恶的 ②不幸的,导致灾难的 ③左边的. *sinister design* 阴谋. ~**ly** ad. ~**ness** n.
sin'istrad ad.; a. 左向,向左,从右向左的.
sin'istral a. 左首[旋]的,用左手的.
sinistrodex'tral a. 从左向右移动(展开)的.
sinistrogyra'tion n. 左旋.
sinistrogy'ric a. 左旋的,逆时针旋转的.
sinistrorse a. 左侧[旋,转]的.
sinistrotor'sion [sinistro'tɔ:ʃn] n. 左旋.
sin'istrous ['sinistrəs] a. 笨拙的,不流利的,不吉利的.
sink [siŋk] I (*sank* 或 *sunk*; *sunk(en)*) v. ①(使)沉没(下沉,下陷,落),下沉(陷,落)②降(下,低),减少(弱),(坡)斜下去,消失 ③挖,掘,凿,铺,埋 ④打(通)隧道,埋(集),深入(印),渗透(入),浸透,吸收 ⑤丧失,浪费[挥霍]掉. *sink a shaft* 挖竖井. ▲*sink (down) into* 陷进,沉(陷)到…里,沉入,渗进. *sink in* 沉在…里. *sink into oblivion* 湮没无闻,被忘掉. *sink money in [into]* 投资于. *sink or swim* 成或败,不尽全力竭要失败,无论如何,不论好坏. *sink out of sight* 沉没不见. *sink to the bottom* 沉到底(下).
II n. ①潭,穴,沼,孔,陷落 ②(尾)闾,汇(点),收点 ③(阴)水沟,(污水,洗涤)槽,渠,溜,溢流口器,水斗,漏[吸]水池,泄水口,凹坑,吸收皿,漏水池,落水洞,溶涤盆 ④(耗尽层)沟 ⑤(中子)吸收剂 ⑥变换[交换,换能,转受,转发]器,散热器 ⑦(粒子在大气中的)自然排列. *air sink* 气穴. *cold [cooled] sink* 冷穴. *counter sink* 埋头[锥口]孔,埋头(锥口)钻. *data sink* 数据(传输)接收器. *energy sink* 能汇. *heat sink* 散热片,散热(吸热)装置,受热器,冷源,热源[库,汇,沉],冷却器,吸热设备. *neutron sink* 中子汇,中子吸收剂. *sink head* (补缩)冒口. *sink hole* 污水井,阴沟口,渗坑,落水洞. *sink material* (浮选中的)重料,沉料. *sink of an oscillator* 振荡器的"陷落". *three dimensional sink* 三维(度)汇点.
sink'able a. 会沉的,会降低的.
sink'age n. 沉(陷),(平行,舷内中)下沉,下沉深度,沉没的东西,章头天天(比一般天头宽). *sinkage of valve* 阀陷.
sink-efficiency n. 汇聚[下沉,散热器]效率.
sink'er ['siŋkə] n. ①冲锤,钻孔器 ②沉锤(块),测深锤 ③消能(受油)器 ④掘井用凿岩机,下向凿岩机,挖井工人 ⑤排水孔 ⑥下向扩展. *die sinker* 刻模机,刻模铣床. *die sinker file* 模具锉刀,刻模锉. *sinker drill* 冲钻,钻孔器.
sink'head n. 补缩冒口.
sink'hole n. 收缩孔,污水井,阴沟口,渗[污水,灰岩]坑,落水洞,陷阱.
sink'ing ['siŋkiŋ] n. ①下沉[陷],沉没[下,落,降],淹没,沉(凹,低)陷,(下)试掘,凿井,斜口 ②孔,凹处 ③冷拔,无芯棒[无顶头]拔制,减径拔管 ④投资. *counter sinking of the rivet holes* 钻铆孔斜口. *die sinking* 钢模. *sinking curve* 下沉曲线. *sinking of bore hole* 钻孔,凿井. *sinking of pile by water jet* 水冲沉桩法. *sinking pump* 潜水泵,凿井用泵,浸没泵. *sinking support* 柔性支架. *sinking well* 沉井.

sin'less *a.* 无罪〔辜〕的. ~**ly** *ad.* ~**ness** *n.*
sin'ner ['sinə] *n.* 罪人.
Sino- 〔词头〕中(国).
Sino-American *a.* 中美(的).
sino-carotid *a.* 颈动脉窦的.
Sino-Japanese *a.* 中日(的).
Sinol'ogist 或 **Sin'ologue** *n.* 汉学家,研究中国问题专家.
Sinol'ogy *n.* 汉学,中国问题研究.
sinomenine *n.* 汉防己碱,汉防己己素,青藤碱.
sinopal *n.* 一种合成岩石.
sinople *n.* 铁水铅英石,铁石英.
sinor = phasor 或 complexor.
sinpfemo code 或 **sinpo code** 通讯指标指示电码.
SINS = ①ship inertial navigation system 船舰惯性导航系统 ②submarine inertial navigation system 潜艇惯性导航系统.
sin'ter ['sintə] Ⅰ *n.* ①烧结,热压结(法),粉末冶金 ②矿〔熔〕渣,多孔状浮土,烧结物,〔烧〕结块 ③〔矿泉中沉淀的结晶岩石〕泉华 ④〔铁的〕锈皮,氧化铁皮 ⑤灰〔烬〕. Ⅱ *vt.* 烧〔熔,粘〕结(成块),热压结成块〔渣〕,生成氧化铁皮,生成溶渣,粉末冶金. *advanced sintering* 再〔高温〕烧结. *batch (type) sintering* 分批〔间歇〕烧结. *first sintering* 预〔一次〕烧结. *sinter corundum* = sintercorundum. *sintering furnace* 烧结炉. *sintering metal* 烧结金属,金属陶瓷. *sintering point* 烧结点,软化点,软化温度. *sintering temperature* 烧结温度. *soft sinter* 松烧结块〔质量不好的烧结块〕. *updraft* 〔up-draught〕 *sintering* 鼓风烧结.
sintercorund (um) *n.* 矾土陶瓷,烧结金刚砂〔刚玉〕.
sin'tered *a.* 烧〔熔,粘〕结的,热压结的. *sintered aggregate* 烧结集料(的集料). *sintered blade* 粉末冶金(的)叶片. *sintered glass* 烧结〔多孔〕玻璃. *sintered oxide* 烧结氧化物. *sintered powder metal* 烧结〔热压结〕粉末金属.
sintered-carbide *n.* 硬质合金,烧结碳化物.
sintered-metal *n.* 烧结金属,金属陶瓷.
Sintex *n.* 陶瓷刀具,烧结铝化铝车刀.
sinthet'ics *n.* 见 synthetics.
Sintox *n.* 陶瓷车刀,烧结氧化铝车刀.
Sintropac *n.* 铜铜粉,铁铜混合粉末(RZ 铁粉与 1.5%电解铜粉的混合粉末).
sin'uate Ⅰ ['sinjuit] *a.* 波状的,起伏的. Ⅱ ['sinjueit] *vi.* 成波状,弯曲. ~**ly** *ad.* **sinua'tion** *n.*
sinuos'ity [sinju'ositi] *n.* 曲折,弯曲(处,度),蜿蜒,起伏,错综复杂.
sin'uous ['sinjuəs] *a.* ①弯曲的,曲折的,波形〔状〕的,正弦波的 ②蜿蜒的,起伏的 ③错综复杂的. ~**ly** *ad.* ~**ness** *n.*
si'nus ['sainəs] (pl. **si'nus** 或 **si'nuses**) *n.* ①正弦 ②〔海〕湾 ③穴,凹处〔地〕.
si'nusoid ['sainəsɔid] *n.* 正弦波式,曲线,电压,信号,脉搏).
sinusoid'al [sainə'sɔidəl] *a.* 正弦(波,式,形,曲线)的. *sinusoidal distribution* 正弦曲线分布. *sinusoidal vibration* 正弦振动. *sinusoidal wave* 正弦波. ~**ly** *ad.*

siomycin *n.* 盐霉素.
sip [sip] *n.*; *v.* (一点一点地)〔啜〕,(一)吸.
SIP = ①satellite inspection program 卫星观察〔检查〕程序 ②schedule into production 列入生产计划 ③standard inspection procedure(s) 标准检验程序 ④symbolic input program 符号输入程序.
sipeimol *n.* 西贝母醇 $C_{27}H_{45}O_3N$.
sipeimone *n.* 西贝母酮 $C_{27}H_{41}O_3N$.
si'phon ['saifən] Ⅰ *n.* 虹吸,虹吸管,虹吸器,弯管,存水弯. Ⅱ *v.* 虹吸.通过虹吸(管),用虹吸管抽上来(off, out),用虹吸输送管. *jet siphon* 引射虹吸器. *oil siphon* 油虹吸管,油曲润滑,芯吸润滑器. *siphon gauge* 〔barometer〕虹吸气压计. *siphon pipe* 〔tube〕虹吸管. *siphon recorder* = siphon-recorder. *water siphon* 虹吸.
si'phonage ['saifənidʒ] *n.* 虹吸能力〔作用〕.
si'phonal *a.* 虹吸管(状)的.
siphonaptera *n.* 蚤目.
siphonate *n.* 有虹吸(管)的,管状的,有吸管的.
siphonaxanthin *n.* 管藻黄质.
siphonein *n.* 管藻素.
siphon'ic [sai'fɔnik] *a.* 虹吸(作用)的,虹吸管(状)的.
si'phonophore *n.* 管水母类动物.
siphonopoda *n.* 管足类.
siphon-recorder *n.* ①波纹(收报)机 ②虹吸(式)记录器,虹吸墨迹波纹机.
Siphunculata *n.* 虱目.
siphunculate *a.* 有连室细管的.
Siporex *n.* 用砂、水泥和某种催化剂在高压蒸气下硬化的轻质绝缘材料.
SIPRE = snow, ice and permafrost research establishment 冰雪及永冻层研究所.
SIPT = simulating part simulation 部件模拟部件.
Sipunculoidea *n.* 星虫科.
sipylite *n.* 褐钇铌矿.
sir [sə(:)] *n.* ①先生,阁下 ②(Sir)爵士.
SIR = simple term record 单项记录.
si'ren ['saiərin] *n.* (警报)汽笛,警笛,警报〔报警〕器,多孔发声器,测音器. *air siren* 气笛. *motor siren* 马达报警器,电笛,电动警笛. *siren disk* 验音盘.
sirenia *n.* 海牛目.
sire'nian *n.* 海牛(类).
sirenin *n.* 雌诱素.
siriasis *n.* ①日射病,中暑 ②日光浴.
siriom'eter *n.* 【天】秒差距.
siris tree 大叶合欢(树).
Sir'ius ['siriəs] *n.* ①镍铬钴耐热耐蚀合金(钢)(碳 0.25%,镍 16%,铬 17%,钨 3%,钴 12%,钒 2%,其余铁) ②天狼星 ③意大利实验同步卫星.
siroc'co [si'rɔkəu] *n.* 热〔湿〕风,西罗科风. *sirocco fan* 多叶片风扇,多叶片通风机.
SIRS = satellite infra-red spectrometer 卫星红外分光计.
Sirufer (core) 羰基铁压粉铁芯,细铁粉磁芯.
sir'up ['sirəp] *n.* 浆糊〔膏〕,(糖)浆,糖汁.
SIS = ①satellite intercept system 卫星拦截系统 ②silicon on insulating substrate 绝缘基板上外延硅.

sisal n. 剑麻,波罗麻.
sisalkraft paper 西沙尔牛皮纸.
Sisha Islands n. 西沙群岛.
si-steel n. 硅钢.
sis'ter ['sistə] Ⅰ n. 姐妹,护士(长). Ⅱ a. 姐妹的,成对的,同型(级)的. *sister block* 双滑轮(车). *sister hook(s)* 和合(安全,双抱,姐妹)钩. *sister metal* 姐妹金属. *sister ships* (按同一设计图纸建造的)姐妹舰(艇). *ward sister* 病室护士长. ~ly a. 姐妹(般)的.
sit [sit] (sat, sat) v. ①坐,位于,座落 ②安装,安放(置),摆放 ③搁置(不用). ▲*sit back* 不采取行动,坐待. *sit down* 坐下,降落. *sit for an examination* 参加考试. *sit in* 处在,座落;参加;出席(on);代理. *sit loose* 不在意,忽视. *sit on* [upon] 开会研究[讨论],调查,审理. *sit out* 对…袖手旁观. *sit tight* 坚持自己的主张,耐心等待. *sit up* (又)坐起来,奋起.*sit up and take notice* [note of] 突然发觉,注意(怀疑)起来. *sit up for* 通宵等待. *sit well on* 很适合,很配.
sit =situation 位置,情况.
sit-down n. 坐下,坐的地方.
site [sait] Ⅰ n. ①地点,位置,场所(部,地)位,站,座,场所,地址,生境 ②工地,现场,(地)段,部分,地区(基),场(阵)地 ③(晶)格点,格点(位),(原子)点阵场 ④面积 ⑤遗址. Ⅱ vt. 选择,使…坐落在,定位置,决定建设地点,定线[点]. *construction site* 工地. *disposal site* 埋藏处. *firing* [launch] *site* 发射场,发射阵地. *hard site* 硬场. *interstitial site* 结点间,节间. *lattice site* 晶格位置,晶格内位置. *nuclear test site* 核试验场. *oil site* 润滑点,润滑部位. *permanent site* 固定发射架[发射装置]. *pulse site* 脉冲发生点. *site engineer* 工地工程师. *site error* 仪表定位置误差,地物地貌引起的(方位)误差. *site investigation* 现场调查,工地勘测,就地踏勘. *site of work* 工地. *site pile* 就地灌注桩. *site plan* 地盘图,(总)平面(布置)图,总设计图,总计划. *site test* 现场试验. *vacant electron site* 未填满电子能级,电子空穴. *vacant lattice site* 晶格内空穴,未满晶格结点.
site-type 位型.
site-welded a. 现场焊接的.
si'ting ['saitiŋ] n. 建设地点的决定,(道路等)定线,定位,配置,位置.
sitostane n. 谷甾烷.
sitos'terin 或 **sitos'terol** n. 谷甾醇,麦芽固醇.
sitotox'in n. 谷(食)物毒素.
sitotoxismus n. 食供[食物]中毒.
sitotropism n. 向食性.
SITP =system [subsystem] integration test plan 系统[子系统]综合检验计划.
sit'ting ['sitiŋ] Ⅰ sit 的现在分词. Ⅱ n. 坐,就座,(一次)会议,会期,连续从事某一工作的时间. Ⅲ a. ①坐着(做)的,就座的 ②在任期内的 ③易击中的. *sitting duck* 易被击中的目标. *sitting room* 起居室. *sitting target* 易打中的靶子. ▲*at a* [one] *sitting* 一口气,一次.
sitting-room n. 起居室.

situ [拉丁语] 地点,位置,场所. *situ strength* 实测强度,现场强度. ▲*in situ* 原地,就地,在原处,在(施工)现场,在原位置.
sit'uate ['sitjueit] Ⅰ vt. 设置,定位,使位于…. Ⅱ a. [古] =situated.
sit'uated ['sitjueitid] a. 位于…的,座落在…的,处于…境地[状态]的. ▲*be situated in* [at, on] 坐落在位于.
situa'tion [sitju'eiʃən] n. ①位置,地点,场所 ②形势,状态,处境,境遇,情况,环境,局面 ③职[座]位 ④立场. *international situation* 国际形势. *situation board* (空中)情况标绘板. ▲*save the situation* 挽回局势,解救危局. ~al a.
si'tus ['saitəs] [拉丁语] n. 位置,地点,部位. *situs inversus* (内脏)易侧畸形. *situs of ownership* 所有权.
Sivicon n. 硅靶视像管.
six [siks] n.; a. ①六(个)(的),六个一组 ②六汽缸(发动机,汽车). *six digit system* 六位制. ▲*at sixes and sevens* 乱七八糟,七零八落,杂乱地. *six of one and half a dozen of the other* 半斤八两,差不多. *six to one* 六对一,相差悬殊.
six-by n. 六轮大卡车.
six-by-four n. 有四个驱动轮的(六轮)卡车.
six-by-six n. 有六个驱动轮的(六轮)卡车.
six-dimensional a. 六维的,六度的.
six'fold ['siksfould] a.; ad. 六倍(的),六重(的),六次覆盖(的). *sixfold axis* 六重轴.
six-mask epitaxial process 六次掩蔽外延工艺.
six'penny a. 六便士的,廉价的,不值钱的,(钉子)两英寸长的.
six-phase a. 六相的.
six-ply tyre 六层轮胎.
six-score n.; a. 一百二十.
six-sided a. 六边的.
six'teen' ['siks'ti:n] n.; a. ①十六(个)(的),十六个一组 ②十六汽缸.
sixteen'mo n. 十六开本,十六开的纸.
six'teenth' ['siks'ti:nθ] n.; a. 第十六(的),(某月)十六日,十六分之一(的).
six-terminal network 六端网络.
sixth [siksθ] n.; a. 第六(的),(某月)六日,六分之一(的),六(音)度. *five sixths* 六分之五.
sixth'ly ad. 第六(号).
six'tieth ['sikstiiθ] n.; a. 第六十(的),六十分之一(的).
six'ty ['siksti] n.; a. 六十(个)(的). *in the sixties* 在六十年代. *like sixty* 飞快地,十分有力地.
sixty-fourmo n. 64 开本,64 开的纸.
six-vector n. 六维(度)向量,(六维)矢量,二秩反对称张量.
six-zone-pass n. 六次区域熔融.
sizabil'ity n. 施胶性能.
si'zable ['saizəbl] a. (相当)大的,广大的,颇大的,大小相当的. *sizable area* 广大区域[面积]. *sizable lump* 适当块状,适度的块. ~ness n. si'zably ad.
size [saiz] Ⅰ n. ①大小,量值,尺寸(码),体积,度量,号(数,码),型,规模 ②晶粒大小,粒度 ③胶(水,料),浆糊. Ⅱ vt. ①量[定,测]尺寸,测定大小,估计大小 ②依大小排列[分类],(按尺寸)分类,依一定尺

sizeable

寸制造,筛分,分数〔粒,级〕③精压〔加工〕,压平,校准〔正〕④(管材,轧管)定径 ⑤上胶〔浆〕,涂胶水〔浆糊〕,填料. be one-third the size of M 大小〔尺寸〕是 M 的 1/3. That's about the size of it. 其真相大致如此,大体就是这么回事. automatic size control 自动定尺寸,自动尺寸控制,尺寸自动检验. average pore size 平均孔径. breaking size 破碎块度. commercial size 工业规模. finished size 成品〔最终〕尺寸. full size 实际尺寸,全尺寸. grain size 晶粒大小,(晶)粒度. grit size 磨料粒度. intended size 公称〔额定,给定〕尺寸. medium-sized 中等大小的,中型〔号〕的. nominal size 公称〔标称〕尺寸. over size 过大. overall size 外形〔轮廓〕尺寸,总尺寸. pulse size 脉冲振幅. screen size 筛号. size air shower 大气流的总粒子数,大气流簇射. size coarse aggregate 规格的粗集料. size distribution 粒径分布. size grading 粒径级配,颗粒分级. size of a fillet weld 角焊缝的尺寸. size of a sample 样本的大小(容量). size of jaw 扎口开度. size of memory 存储(器容)量. size of mesh 筛孔尺寸,筛眼号数. size reduction 磨细,轧〔粉〕碎,捣〔捣〕碎,破小. size test 筛分析. sized gypsum (一定细度的)磨细石膏灰泥. under size 负公差尺寸,过小,尺寸不足;筛下产品;减小的尺寸. under size reamer 下限尺寸绞刀. wire size 线号. ▲all sizes of 各种尺寸的. (be) of a 〔equal〕 size 一样大小,尺码相同. be of all sizes 各种各样的大小. be of some size 相当大. be the same size as 和……一样大小. cut down to size 降低……的重要性,还……的原来面目. half the size of 尺寸为……的一半. hold size 保持尺寸,不走样,不变形. keep…down to size 把……限制在一定规模内. life size 和实物一样大小(的模型). much of a size 差不多大小. size down 渐次弄小,由大逐渐到小地排列. size up 测量〔估计〕大小,量出尺寸,评价〔定,论〕,鉴定,过筛,筛分. take the size of 量……的尺寸. M the size of N N 那么(一样)大小的 M. M times the size of N 比 N 大 M 倍. to size 到与应有〔规定〕的尺寸(大小)的.

sizeable =sizable.

sizemat'ic 工具定位自动定寸(内圆磨的控制砂轮位置的尺寸自动控制). sizematic internal grinder 自动定寸内圆磨床.

si'zer ['saizə] n. ①筛子,分粒〔选,级〕机,大小分档拣理器 ②上胶〔填料〕器.

size-stick n. (确定刮板回转直径用的)刻度杆,刮板定位杆.

size-up n. 估量,估计.

si'zing ['saiziŋ] n. ①量(定,测)尺寸,尺寸定位,定大小 ②(轧管)定径 ③筛分,分级(粒),粒度分析,确定粒级组成 ④精压〔加工〕,压平,校准〔正〕,校〔整〕形 ⑤造维参数 ⑥上胶〔浆〕,填〔胶〕料. automatic sizing 自动测量. end sizing 顶端直径调整,端径校准. sizing broach 准则拉刀. sizing control 尺寸〔大小〕控制. sizing die 精整模. sizing gauge 尺寸控制量规. sizing press 精整压力机. sizing procedure 【冶】精压操作程序. sizing screen (筛分用)筛子.

si'zy ['saizi] a. 胶粘〔质〕的,胶水(般)的,浆糊(般)的.

siz'z(le) ['siz(l)] vi.; n. (发)咝咝声,嘶嘶响.

SJ =slip joint 滑动接头〔联接〕.

sj grenite n. 水镁铁石,磷铜铁矿.

SK =①sales kit 样品箱 ②(德语) Segerkegel 塞格(示温熔)锥,塞氏(示温熔)锥 ③service kit 维修工具箱 ④sink dressing 洗涤,转发器,散热器 ⑤sketch 草图.

sk =sack 袋,囊,包.

skarn n. 矽卡岩.

skate [skeit] Ⅰ n. ①(溜)冰鞋,滑鞋,滑(溜)冰座,滑轨,滑动装置 ②鳐鱼,鳐鱼. Ⅱ vi. 溜冰. figure skating 花样滑冰. ▲skate over 滑(掠)过,对……一笔(一语)带过;谨慎而约略提及(困难,难题);善于克服(处理)(困难).

ska'ter n. 滑(溜)冰者.

skating(-)rink n. 溜冰场.

skat'ole n. 粪臭类,甲基吲哚.

skatoxyl n. 羟甲基吲哚.

skd =skilled (技术)熟练的.

sked [sked] Ⅰ (sked'ded; sked'ding) vt.; Ⅰ n. =schedule (vt.; n.).

skeg n. ①艇鳍 ②船尾柱底材 ③(固定船尾部的)L形木材.

skein [skein] Ⅰ n. ①一绞(的线),一束 ②(木纱轮轴颈的)套箍 ③一团鹅 Ⅰ v. 把……绞成绞.

SKEL =①skeletal ②skeleton.

skel'etal ['skelitəl] a. 骨架〔干〕的,轮廓的. skeletal query 〔式〕提纲式询问.

skeletiza'tion n. 骨形成.

skel'eton ['skelitn] n.; a. ①骨架〔干,」)的,架子,构架)的,残骸 ②轮廓,梗概,草图,略图,纲要(的),计划(的) ③基干的 ④透式的,格栅的. skeleton construction 骨架构造. skeleton diagram 单线〔概略,轮廓,构架,原理,方块,简)图. skeleton drawing (layout) 草(简),原理,结构,轮廓)图. skeleton form 线圈架. skeleton frame 骨架〔钢骨)构架,框架,架子. skeleton key 万能钥匙. skeleton method 简要法. skeleton sketch 轮廓草图,构架图. skeleton staff (crew) 基干人员. skeleton structure 骨〔框)架结构. skeleton symbol (结构)简条.

skel'etonise 或 skel'etonize ['skelitənaiz] v. ①做骨架 ②记梗概(要点,大要),绘草图,节(缩)略,把……节略成概要 ③(使)大量损减,……的(人员)编制.

skeller v. 拾曲(变形).

skelp n. 制管钢板,制管熟铁板,焊(接)管坯,焊管铁条.

skelp'er n. 焊接管拉制机.

skene arch 圆弧拱(相对角小于 180°),浅拱,矮拱.

skep'tic(al) ['skeptik(əl)] n.; a. 怀疑(的),不相信(的). ▲be skeptic(al) of 怀疑,不相信.

skep'ticism n. 怀疑(主义,态度).

sker'ry n. (岩)礁岛,低小岛.

sketch [sketʃ] Ⅰ n. ①草图(简,略,示意)图,位置略图,草稿,素描,特写 ②图样设计,设计图 ③概(要),梗概,大意,纲领. Ⅰ v. ①画草(简,略,示意)图,素描,速写 ②(在毛坯上)画加工线 ③草图,记概要. diagrammatic sketch 示意图. free hand sketch 徒手画. plan sketch 草(简,计划,平面,设计)图.

sketch'y *a.* ①草图的,大体的,粗略的 ②肤浅的,不完全的

skew [skju:] Ⅰ *a.* ①斜(交)的,歪的,扭(曲)的,弯曲的,不交轴的 ②不[非]对称的 ③误用的,不正. Ⅱ *n.* ①斜交 ②偏斜,歪斜(失真),歪扭,扭曲,变形,不齐(量),轨迹不正,数据或编码等的倾斜 ③斜砌石 ④歪轮. Ⅲ *v.* ①(使)斜,歪(斜),弯曲,歪斜,扭动 ②时滞 ③歪曲,曲解. *angle of skew* 斜砌石角度. *skew angle* 歪扭角,斜交角. *skew antenna* 斜向辐射天线. *skew bevel gear* [wheel] 斜伞齿轮. *skew curve* 斜[挠]曲线,空间[不对称]曲线. *skew determinant* 斜对称行列式. *skew factor* 斜扭[歪]系数,反称因数. *skew gear* 歪[斜,交错轮,双曲面]齿轮. *skew involution* (in space) 双轴对合. *skew matrices* 斜对称[矩]阵. *skew quadrilateral* 挠四边形. *skew ray* 不交轴光线. *skew roller table* 斜辊道工作台. *skew rolling mill* 斜轧机. *skew ruled surface* 不可展直纹(由)面. *skew span* 斜跨度,斜跨结构. *skew table* 斜座石. *skew tee* 斜叉三通(T形套节). *skewed crossing* 斜交叉. *skewed slot* 斜槽[沟]. ▲*on the skew* 歪斜地.

skew'back *n.* (斜拱)拱基,拱脚[基],底座,拱基石,后偏度,(螺)桨叶侧斜角.

skew'er *n.* 叉状物.

skew-Hermitian *a.* 反厄密的.

skew'ing *n.* ①斜,歪扭,弯曲 ②偏移[置] ③时(间)滞(后),相位差.

skew'ness *n.* ①歪斜[偏斜](度),偏斜现象,奇点斜度,反称性,非对称性,不对称现象 ②(歪斜)失真,畸变,分布不匀. *skewness index* (速率分布曲线)切线斜率.

skew-symmetric *a.* 斜(对)称的,反(号)对称的,交错的.

skew-wire line 绞线线路.

Skhl steel 镍铬铜低合金钢(铬 0.4~0.8%,镍 0.3~0.7%,铜 0.3~0.5%,其余铁、碳).

ski [ski:] Ⅰ (*pl. ski* 或 *skis*) *n.* 滑雪[履,鞋],雪橇. Ⅱ *vi.* 滑雪,坐雪橇. *ski boot* 滑雪靴. *ski pole* [stick] 滑雪杖. *ski run* 滑雪坡[道].

ski'agram 或 **ski'agraph** *n.* X[伦琴]射线照片,X光照片,X射线图.

skiag'raphy *n.* X射线照相学.

skiameter *n.* X射线强度计,X射线量测定器.

skiascope *n.* X射线放射率计.

skiascopy *n.* X射线透视术,测眼膜术,眼球折射测定术.

ski'atron ['skaiətron] *n.* 记录暗迹的阴极射线管,暗迹(示波)管,黑影管.

skid [skid] *n.;* Ⅱ (skid'ded; skid'ding) *v.* ①滑动(溜),打滑(空转),溜掉,(侧向)滑移,(刹车下)滑行(滑道(轨),滑落)摞,导轨(板),滑板,滑行架〔器〕 ②(使地面容易溜动的)滑动垫木,〔枕〕木、堆…于垫木(平台)上 ③运物小架(车),拖送(移送)机 ⑤刹车(块),闸瓦,制动瓦,制轮器,用刹车制动,使减速 ⑥制件缺陷 ⑦(走)下坡路,急剧下降. *electrode skid* 电极滑移. *skid force* (横向)滑移力. *skid girder* 制动架. *skid mount* 固定滑履. *skid pad* 试车场. *skid pipe* 滑道管. *skid platform* 载重手推车. *skid prevention* 防滑. *skid rail* (加热炉内的)滑道. *skid table* 滑台. *skidding accident* 滑撞事故. *skidding distance* 滑行距离. *skidding of the wheel* 轮滑. *skidding tyre* 光面(不防滑)轮胎. *track skid* 履带滑动架. ▲*skid off* 滑离,从…滑出去,滑到…之外去.

Skiddawian stage (早奥陶世)斯奇道阶.

skid-fin *n.* 附(机)翼,翼上垂直面. *skid-fin antenna* 机翼[附翼,翅形]天线.

skid-free *a.* 防[抗]滑的.

skid-mounted *a.* 装于滑动底板上的.

skid-proof *a.* 防[抗]滑的.

skid-resistance *n.* 抗滑,抗滑(阻)力.

skid-resistant 或 **skid-resisting** *a.* 防[抗]滑的.

skid-test *n.* 滑面试验.

ski'er *n.* 滑雪者.

skiff *n.* 尖船首方船尾平底小快艇.

ski'ing *n.* 滑雪(术,运动).

skill [skil] *n.* ①技巧(能,艺],(特殊)技术 ②熟练(工人). *a task that calls for skill* 要求有熟练技巧的工作. *the outgoing flow of skill* 技术熟练工人的外流. ▲*have no skill in* 不会. *have skill in* 有…技能. *skill at* [in] …的技能. *with skill* 非常熟练[高明](地).

skilled *a.* (技术)熟练的,有经验的,有[需要]技术的. *skilled labour* 熟练劳动. *skilled work* 技术性[需要技能的]工作. ▲(*be*) *skilled at* [in] 精通[擅长]…的.

skil'let *n.* 长柄(平底,有支脚)小锅,熔锅. *skillet cast steel* 坩埚铸钢.

skil(l)'ful ['skilful] *a.* ①有技巧的,灵巧的,巧妙的,熟练的 ②(制作)精巧的. ▲*be skilful at* [in] +*ing* 善于[(长)做]. *be skilful with* 善于使用. ~*ly ad.* ~*ness n.*

skim [skim] Ⅰ (skimmed; skimming) *v.;* Ⅰ *n.* ①(从液体表面)撇(取,去),撇清[蒸](浮)渣,扒[挡]去渣,去渣撇沫,脱[去]脂 ②成渣(沫),渣滓 ③蒸去轻油,(自石油中)分馏出(汽油和煤油),从…中提取精华 ④铲削,刮削 ⑤(轻轮)撞[滑]过(表面) ⑥浏览,略读 ⑦使盖上一层薄膜[盖层,结上的]薄膜盖层. Ⅱ *a.* 表面一层被撇去的. *skim bob* 集渣暗冒口,撇渣凸块. *skim coat* 表层. *skim core* 撇渣(闸门)泥芯,浇口过滤片. *skim ladle* 撇捞勺里的渣,从铸勺撇渣. *skim stock* 敷涂涂层混合物. *skim(med) milk* 脱脂乳. *skimming baffle* 分离挡板. *skimming dish* 摩托(竞赛)快艇;撇沫器. *skimming door* 撇渣门. *skimming machine* 离心机,撇渣机. *skimming wear* 刮削(滑动)薄膜. ▲*skim off* 撇取[去]. *skim over* 浏览,掠过. *skim through* 略读,快读. *skim up* 把…磨[削]去.

skim-grading *n.* 刮整表面.

skim'mer *n.* ①撇渣[撇沫,撇油,分液]器,扒[挡]渣楷,挡渣芯,撇渣勺[砖],(泡沫)分离器 ②铲器器,推土[刮路]机 ③掠行艇. *hydro skimmer* 气

skimmianine n. 茵芋碱.

skim'ming [skimp] I v. ①撇〔扒,除,挡〕渣,(pl.)浮渣 ②泡沫分离(法)③铲〔刮〕削. *skimming coat* 石灰膏涂层.

skimobile n. 履带式雪上汽车.

skimp [skimp] I v. ①少给,克扣,缩减 ②(跳汰)选矿 ③马马虎虎地做. II a. 少的,不足的.

skim'py a. ①缺乏的,不足的,克扣的 ②马虎的. **skim'pily** ad.

skin [skin] I n. (表,外,蒙,兽,毛)皮,皮肤〔革〕,表面〔层〕,薄膜,(外,机,船)壳,外板,转皮,表皮〔覆盖〕层,(趋肤效应中的)导电外层. I v. ①剥〔脱,去,削〕皮,剥落 ②(用皮)覆盖. *double skin* 双层(蒙)皮. *oil skin* 油布,防水布. *protective skin* 保护膜. *skin coat* 表层,(外)面层. *skin effect*=skin-effect. *skin friction*=skin-friction. *skin game* 骗局. *skin hole*(钢锭)表皮气泡. *skin miller*(飞机制造用)表皮铣床,表皮光轧机. *skin pass*=skin-pass. *skin pass mill*[roll]或 *skin mill* 表皮光轧机(冷轧). *skin potential* 皮肤电位. *skin tracking* 雷达(无源,目标反射信号)跟踪. *structural skin* 承力蒙皮. ▲*skin off* 去皮的. *skin on* 带皮的. *There are many ways to skin a cat.* 有的是办法;办法不止一种.

skin'current n. 趋肤电流.

skin-deep a. 表面的,肤浅的.

skin-effect n. 趋肤〔集肤〕效应.

skin-friction n. 表面〔皮〕摩擦,(机,船)壳(与空气等)的摩擦力.

skinned a. 具有…皮(肤)的,有蒙皮的.

skin'ner n. ①刮〔去〕皮工具 ②皮革商,剥皮工人 ③骗子.

Skinner engine 单流排阀式蒸汽机,斯金纳蒸汽机.

skin'ny ['skini] a. ①皮(状,质)的,膜状的,皮包骨的,消瘦的 ②(体积)小的,(数量)少的,(质量)低劣的,缺乏意义的.

skin-pass n. ①外层通路 ②表皮光(冷)轧,调质轧制. *skin-pass station* 外层通路变电站.

skin-tight a. 紧身的.

skin-to-skin ad. 紧贴地,贴邻地.

skiodrome n. 波面图.

skiophilous a. 喜荫的.

skiophyte n. 避阳植物,嫌阳植物.

skip [skip] I v. (skipped; skip'ping) v.; II n. ①跳(过,跃,读,行)②遗〔省,读〕漏,漏过,省〔忽〕略,略去(over),漏看〔忽略〕的东西【机】跳火 ④【计】跳跃(进位),空(白)指令 ⑤(急速,偶然地)转移(地方),忽漠夜[或,匆忙(悄悄)离去,作短期旅行 ⑥(很快地)转换(题目)⑦桶,(箕,料)斗,【计】跳跃进位. *skip band* 空白带,越程〔短波〕波段. *skip block welding* 分段多层跳焊. *skip bucket* 翻斗,倾卸斗. *skip car* 翻斗(倒卸),上料斗,倾卸小车. *skip charger* 倾卸(翻斗提升)加料机. *skip charging* 翻斗装料. *skip distance* 越程,跨度,跳跃距离,死区,盲区. *skip dress*(砂轮的)间隔修整. *skip fading* 跳跃衰减. *skip field*【计】空白指令部分. *skip hoist* 倒卸式起重机,吊具提升机,大吊桶. *skip instruction*【计】空白(空(操作)),跳越,条件转移)指令. *skip loader* 箕(翻)斗式装载机,翻转装料斗. *skip loading chute* 翻斗装料槽. *skip mixer* 翻斗混合器. *skip motion* 跳动. *skip road* 支路,分道. *skip stop insert bar* 跳跃杆. *skip weigher*(装料时用的)翻斗秤. *skip welding* 跳焊. *skip zone*(跳)越区,静区. *skipping trajectory* 跳跃轨迹. *space skip key* 跳格键. ▲*skip from M to N* 从M行跳到N行,从M改行为N.

skip-graded a. 间断级配的.

skip'hoist n. 吊具提升机,大吊桶.

ski-plane n. 雪上飞机.

skip'out n. 跳过,反跳,弹回.

skip'per ['skipo] n. ①舰长,机长,正驾驶员 ②跳跃者. *skipper arm* 挖土机斗柄.

skip'pingly ['skipiŋli] ad. 跳着(过,跃地),漏(省)去,省略地.

skirl [skə:l] n.; vi. 尖锐响声,旋动,回旋(物).

skir'mish ['skə:miʃ] n.; vi. ①小(规模)战斗,小争论,小冲突 ②侦察,搜索. *skirmish (ing) line* 散兵线.

skirt [skə:t] I n. ①裙(子,板),活塞裙(活塞)边,活塞导向部分,隔电子(绝缘子)外裙,火箭的裙部,罩(部)②边,缘,侧,边缘,端,环(形外围物),套筒,活动烟罩 ③(pl.)郊外(区). I v. ①位于(…的)边缘,和…接界 ②给…装边,给…装护护罩 ③围〔环〕绕,沿着…的边缘而行,通(绕)过…的边缘(around, along) ④回避,避开. *after (tail) skirt* 后裙. *exit skirt* 出口扩张部. *one-quarter wave skirt* 四分之一波长变量管(跨接线). *piston skirt* 活塞裙,活塞侧缘. *skirt dipole antenna*(四分之一波长)套筒偶极天线. *skirt relief* 裙部凹槽. *skirt selectivity* 边缘选择性,靠边频率提高的选择性. *solid skirt piston* 导缘实心活塞.

skirt'board n. 侧护板,侧壁.

skirt'ed a. 有缘的,带裙的. *skirted fender*(汽车轮)挡泥板.

skirt'ing ['skə:tiŋ] n. ①踢脚板,壁脚板,护墙板 ②边缘.

skirtron n. 宽频带速调管.

skit [skit] n. 若干,一群,(pl.)许多(of).

ski'tron ['skaitrɔn] n. (记录)暗迹(的阴极射线)管,暗迹示波管,黑影(阴影)管.

skit'ter v. (使)掠过水面.

skive [skaiv] v. 切(成薄)片,刮,削,磨.

Skleron n. 铝基合金(锌12%,铜3%,锰0.6%,硅0.5%,铁0.4%,锂0.1%,其余铝).

sklodowskite n. 硅镁铀矿.

skot n. 斯科特,sk(发光单位=10^{-3}阿熙提或 $10^{-3}/\pi$ 尼特).

skotopelagile n. 极深海处.

skotoplankton n. 深水(暗层)浮游生物.

skototaxis n. 背光性.

skr =Sanskrit 梵文,梵语.

skt =①Sanskrit 梵文,梵语 ②socket 塞孔,管座(脚),孔.

skull [skʌl] n. ①头(脑,盖骨),脑壳(袋)②溶渣硬

skull-melting furnace 渣壳熔炼炉,熔渣炉.
skull crusher 落锤破碎机. skull melting 渣壳熔炼,熔渣. skull session 非正式的学术讨论.
skull-melting furnace 渣壳熔炼炉,熔渣炉.
sky [skai] I (pl. skies) n. ①天(空) ②(pl.)天气,气候. II a. 天(空)的,空中的,空运的. III (skied 或 skyed) v. 挂在高处,高涨,猛涨. sky parking 多层停车场. sky screen＝skyscreen. sky truck＝skytruck. skywave＝skywave. ▲out of a clear sky 出乎意外地,突然. The sky is the limit. 没有限制. to the sky 过分地,无保留地. under the open sky 在户外[野外],露天.
sky'-blue' ['skai'blu:] a.; n. 天蓝色(的),蔚蓝(的).
sky'borne a. 空运的,空降的,机载的.
sky'bus n. 航空班机.
sky'cap n. 机场行李搬运员.
sky'diving n. 尽量延缓张伞的跳伞运动.
Skydrol n. (防护及润滑用)特种液压工作油.
sky'-high' ['skai'hai] a.; ad. 极高(的),高入云霄(的),昂贵的.
sky'hook n. 探空气球,通信气象观测用高达370m的天线.
sky'jack vt. 空中劫持(飞机).
sky'lab＝sky laboratory 空间试验室,天空[太空]实验室.
sky'less a. 看不见天的,为云所遮蔽的,多云的.
sky'light ['skailait] n. 天窗,天棚照明.
sky'line ['skailain] n. 地平线,(以天空为背景的)轮廓(线).
sky'-liner n. 空运班机,客机.
sky'man n. 飞行员,飞机驾驶员,伞兵.
sky'master ['skaima:stə] n. 巨型客机.
SKYNET 或 skynet n. 天网(卫星).
sky'ograph ['skaiəgræf] n. 空摄地图.
sky-pilot n. 飞行(驾驶)员.
sky'-port n. (屋顶)直升飞机机场.
sky'raider n. 空中袭击者*(战斗机).
sky'rocket ['skairɔkit] I n. 烟火,高空探测火箭. II v. (使)上升,弹射,飞涨,猛涨,使急增,失去自制.
sky'scrape vi. 建造摩天楼.
sky'scraper ['skaiskreipə] n. 摩天楼,高层建筑物,非常高的烟囱.
sky'screen n. 空网(一种用来观测导弹弹道横偏差的光学仪器).
sky'shine ['skaiʃain] n. 天空(回散)照射,天空辐射,天光.
sky'sweeper n. 雷达瞄准的高射炮,(装有雷达瞄准设备的)75mm口径的高射炮.
sky'trooper n. 伞兵.
sky'truck n. (大型)运输机.
sky'walk n. 人行旱[天]桥.
sky'ward(s) ['skaiwəd(z)] a.; ad. 向天空(的),向天的.
sky'-wave n. 天(空电)波. sky-wave trouble 天波干扰.
sky'way n. ①航(空线)路 ②高架公路.
SL ＝①lens spectrometer 透镜分光计 ②safe locker 保险箱 ③sand loaded 装砂的 ④sea level 海平面 ⑤ search light 探照灯 ⑥side load 边(缘荷)载 ⑦signal lamp 信号灯 ⑧slate 石板 ⑨拟用人员名单 ⑨slide 滑块,导板 ⑩soft landing 软着陆 ⑪sound locator 声音测位器,声定位器,声波测距仪 ⑫spool 线圈,线圈架 ⑬square-law 平方律 ⑭stock list 库存[存档]清单 ⑮stowage and launch 装载和发射 ⑯straight-line 直线 ⑰supervisory lamp 监视灯 ⑱support line 供应线.

S-L ＝sound locator 声音测位器,声波定位器[测距仪].

S/L ＝①space laboratory 空间[航天]实验室 ②streamline(d) 流线型(的).

slab [slæb] I n. ①(平,厚,石,背)板,板皮[料],原木䅴皮(厚切)片,(厚,铁)块,板钢,板岩 ②(大,初轧)板坯,扁(钢)坯,钢坯,大理石配电板 ④混凝土路面 ⑤【计】长字节 ⑥药柱 ⑦(板)胶块,板状橡胶. II (slab-bed, slab'bing) vt. 铺石板,切片,作(成)厚片,去掉(木材的)背片,厚厚地涂. control slab 控制板. cover slab 盖板. fibrous slab 纤维板. flat slab 无梁楼盖,平板. ingot slab 扁钢锭. post-tensioned slab 后张(预应力混凝土)板,后加应力板. precast slab 预制板. reinforced concrete slab 钢筋混凝土板. slab and edging pass 平竖轧道. slab and girder 平板梁楼面. slab coil 盘形[蛛网形]线圈. slab copper (扁)铜锭. slab glass 厚块(板状)光学玻璃. slab heating 扁(钢)坯加热,板坯加热. slab ingot 扁锭. slab keel 龙骨补强板. slab milling 平面铣. slab oil 胶块油,白色矿物油. slab pass 板坯(框形)孔型. slab paving 石板(用板)铺砌. slab rubber 胶块,板状橡胶. slab shear blade 扁(钢)坯剪切机刀片. slab synchro 扁形同步机. slab winding 盘形绕组,(电容性线圈). slab zinc 锌坯,(扁)锌锭. slabbed construction 平板构造. slab(bing) mill 扁(钢坯)轧机,板坯轧机,平面铣刀. slabbing (mill) roll 扁坯轧辊. slabbing pass 扁(钢)坯轧辊孔型. two-way concrete slab 双向钢筋混凝土板. woodwool (building) slab 木丝板.

slab'ber n. 切块机,扁钢坯轧机.
slabber-edger n. 轧边扁坯轧机.
slab'by a. 粘稠的,板,层)状的.
slab-sided a. 侧面平坦的.
slab'stone n. 石板,片石.
SLAC ＝Stanford Linear Accelerator Center 斯坦福直线[线性]加速器.

slack [slæk] I a. ①松(弛,动)的,疏松的,(缓)慢的,迟(滞)的,弱的,马马虎虎的,萧条(不景气)的 ②沸化[消化,熟化]的(石灰),风化的 ③温的,微温的,未干透的 ④滥[透]水的 ⑤煤屑的. II ad. 松弛[缓慢]地,无力地,不充分地. III n. ①松地(部分),备用部分 ②(空,间)隙 ③下垂,垂挠度 ④轨幅,轨间距离 ⑤风化[消化](石灰) ⑥熄火 ⑦静止不动,停止流动 ⑧淡季,萧条期,休息时间 ⑨煤屑[末,渣],渣屑 ⑩(pl.)工装(裤). annealing slack 退火不完全. joint slack 联轴器,连接接合子,连接空隙. slack ad juster 松紧调整器. slack fired 欠火的,欠锻的. slack hours 低销时间. slack in the manhole 人孔中的备用电缆. slack lime 消石灰. slack quench 或 slack quen-ching 断续淬火,(晶粒)细化热处理,调

slack'en

质. *slack side* 皮带松边,皮带从动边. *slack size* 薄薄上胶. *slack water* 滞〔死〕水,平潮. *slack wax* 疏松石蜡. Ⅳ v. ①松弛〔动〕,放松,下垂,减弱〔少,速〕,〔放〕慢,缓和,降低(速度)②停止,熄火 ②沸〔消,熟〕化(石灰)③马虎从事,松垮地做. ▲*slack off* 放松,松(开)变〔放〕慢,减速. *slack up* 变〔放〕慢,慢下来,减速.

slack'en ['slækn] v. (放,变〔打〕松,松开,变〔放〕慢,减速〔缓,少〕,变,消,弱,停滞,松劲〔懈〕. *We must not slacken our vigilance against the enemy*. 我们决不可放松对敌人的警惕性. ▲*slacken away*〔off〕(把…)松开,松掉,拉松. *slacken one's effort* 松劲.

slack'er ['slækə] n. 敷衍塞责的人,逃避责任的人.

slack'ing n. 破碎,风化作用. *slacking clay* 风化泥.

slack'line n. 松弛的绳索. *slackline scraper*〔*cableway excavator*〕拖铲挖土机.

slack'ly ['slækli] ad. 松弛地,宽松地,缓慢地,无力地.

slack'ness ['slæknis] n. 松弛(性,度),缓慢,无力.

slack'tip n. 崩坍.

slag [slæg] Ⅰ n. (矿,熔,炉)炭,夹,堆,火山)渣,渣孔,轧屑,火山灰岩. *copper slag* 炼铜炉渣. *first-run slag* 初渣,头渣. *lean slag* 贫渣. *long slag*(炼锡)酸性渣. *slag action* 渣化(侵蚀)作用. *slag build up* 炉瘤,结渣(壳). *slag calculation* 配渣计算. *slag cement* 矿(钢)渣水泥. *slag conditioning* 渣成分的调整. *slag dam* 挡渣的凸起物. *slag eye* 渣孔. *slag formation* (制)渣(史). *slag hammer* (焊接用)除渣锤. *slag hole* 渣眼(孔),出渣口. *slag pocket* (平炉)沉渣室. *slag receiver* 熔(盛)渣罐. *slag tap* 出渣,液态排渣. *slag wool*＝slag-wool.

Ⅱ (*slagged*; *slag'ging*) v. ①渣化,结(成,造)渣②排(放,除,倒,化)渣③渣蚀. *front slagging* 炉前出渣. *slagging* (*combustion*) *chamber* 排渣式燃烧室. *slagging medium* 助容剂,熔剂. *slagging screen* 捕渣筛. ▲*slag off* 排〔除〕渣,结(造)渣.

slag-bearing a. 含矿〔熔〕渣的.

slag-bonding n. 渣结.

slag'ceram n. 矿渣〔炉渣〕陶瓷.

slag-formation 或 **slag-forming** n. 成〔结〕渣,造渣. *slag-formation period* (转炉)造碱氧化期.

slaggabil'ity [slægə'biliti] n. 造渣能力〔性能〕.

slag'ger n. 放渣工.

slag'gy ['slægi] a. (矿)渣的,矿,熔,炉,火山)渣(般)的,渣状的.

slag'-heap n. 熔渣堆.

slag'mac n. (冷铺柏油拌矿渣混合料)黑色矿渣碎石.

slag-making n. 造渣.

slag-metal level 渣钢线.

slag' off n. ①排〔除〕渣②结(造)渣.

slag-out n. 出渣,除渣.

slag-wool n. (矿,熔)渣棉,(炉)渣绒.

slag-working n. 造渣.

slake [sleik] v. ①消除,灭(火),减弱(火焰)熄焦,松,停,缓和,使缓慢 ②沸化〔消化,熟化,消和〕(石灰),水〔潮〕化,水化,渗水. *slaked lime* 消〔消〕石灰.

slake'less a. 无法消除的,无法熄灭的.

sla'ker n. 消和器,消石灰器.

sla'king n. 熟〔消〕化,潮解. *slaking clay* 水解粘土. *slaking value* 水化值.

slalom focusing 滑雪式聚焦.

slam [slæm] Ⅰ (*slammed*; *slam'ming*) v. ①使劲砰地关上(to),砰地放下(down)②猛〔撞〕击,向…猛烈发射. Ⅱ n. ①砰的声音②满贯. *grand slam* 优胜法,全胜〔盯〕,大成功,大打击(桥牌)赢十三副牌. *little*〔*small*〕*slam* 小优胜法:(桥牌)赢十二副牌. ▲*slam the door* 关门,摈弃,拒绝讨论〔考虑〕.

SLAM ＝①strategic low altitude missile 低空战略导弹 ②supersonic low altitude missile 低空超音速导弹

slam-bang a.; ad. 砰地一声,猛烈(的),轻率(的).

slan'der ['slɑːndə] n.; v. 诽谤,诬蔑,造谣中伤. ~*ous* a.

slan'derer n. 诽谤者,造谣中伤者.

slang [slæŋ] Ⅰ n. ①俚语②行话,(专门)术语. ~*y* a.

slant [slɑːnt] Ⅰ v. (使)倾斜,弄(变)斜,斜下切(),斜面培养,歪向. Ⅱ n. ①倾斜(度),斜面(向,坡),斜切部(面),斜线(号)之倾向(性),观点,意见,斜面③偏见,歪曲. Ⅲ a. (倾)斜的,歪的. *a new slant on M* 对 M 的新看法. *slant course line* 斜航线. *slant culture* 斜面培养. *slant distance* 斜距. *slant evaporation* 在一定角度下蒸涂,斜置蒸镀. *slant range* 斜距. *slanted screen* 斜〔立〕筛. *slanted strut* 斜撑. ▲*at a slant* 斜着,成(倾)斜的. *be set at a slant* (被)安装,放置)成倾斜的. *be built on a slant* 筑(造,修)成倾斜的. *on a*〔*the*〕*slant* 倾斜着〔地〕. *slant*(*from M*) *to N* 从(M)向 N 倾斜. *slant M toward N* 使 M 有 N 的倾向,使 M 倾向于 N.

SLANT ＝ simulator landing attachment for night training 夜间训练用模拟着陆装置.

slantendicular 或 **slantin**(**g**)**dicular** a. 有点倾斜的.

slant'ing ['slɑːntiŋ] a. (倾)斜的,歪(斜)的. *slanting set valve* 斜置凡尔,~头.

slant-range n. 斜距. *slant-range voice communication* 斜距音频通信系统.

slant'ways ad. 倾〔歪〕斜地.

slant'wise a., ad. (倾,歪)斜(的).

slap [slæp] Ⅰ (*slapped*; *slap'ping*) vt. 拍(打),(用手掌)拍,猛地关(门),涂(刷). Ⅱ n. ①巴掌,一拍 ②活塞敲击(声),(机器中的)异音,(机器)敲动(声). Ⅲ ad. ①猛地,冷不防,突(猛)然 ②直(接地),一直地,充分地. *piston slap* 活塞敲击声. *slap M on N* 把 M 拍在 N 上. *slapped cement* 粗涂水泥. ▲*slap down* 拍的一声放下;粗暴地禁止,镇压,压制. *slap together* 拼凑,草率地建造.

slap'-bang a.; ad. ＝slap-dash.

slap'-dash Ⅰ a., ad. 猛烈,历害(的),突〔猛〕然,粗心(的),草率(的),乱(来)的. Ⅱ n. ①不留心,马虎,疏忽 ②粗制滥造的东西. Ⅲ vt. 乱(七八糟地)做(涂),瞎搞;草拟.

slap'ping a. 非常快的,极好的,巨大的.

slap'-up a. 第一等(流)的,最新式的,极好的.

SLAR =①side-looking airborne radar 旁视机载雷达 ②slant range 斜距.

slash [slæʃ] v.; n. ①深〔乱〕砍,砍切,砍〔刀〕痕,切〔割〕伤,长缝 ②螺纹滚〔旋〕压 ③(大幅度)削减,大大减少〔降低〕④湿地,多沼泽地,林中空地,林区废料 ⑤严厉批评(at).

slash-and-burn n. 砍烧耕作法.

slash'ing I n. 螺纹滚〔旋〕压(法). II a. 猛砍〔烈〕的,严厉的,尖锐的,巨大的.

slat [slæt] I n. ①(平)板条,(木,金属)条板,狭〔窄〕条,横木 ②石板〔片〕,粘板岩 ③【空】(前缘)缝翼. slat (type) conveyer 翻板条板式,平板〔式〕输送机. II (slatted; slatting) vt. 用条板制造,给…装条板,铺条板.

slate [sleit] I n. ①石板(瓦),石片,板石〔岩〕②内定用人名单,拟用人员名单 ③镜头号码牌. II a. 石板色的,蓝灰色的. enamelled slate 上了漆的板,上珐琅的板. II vt. ①用石板瓦盖,铺(盖)以石板 ②提名 ③预拟,指定,打算,推测 ④严厉批评.

SLATE = small lightweight alitude transmission equipment 轻小型高度数据发送装置.

slath'er [ˈslæðə] I n. 大量. II vt. ①大量地用,大肆挥霍 ②厚厚地涂.

sla'ting n. ①(用)石板瓦(盖屋顶),铺石板 ②严厉批评.

sla'ty [ˈsleiti] a. 石板(状,质,色)的,板石〔状〕的,板岩(质)的,淡黑色的.

slaugh'ter [ˈslɔːtə] n.; vt. ①屠杀,杀戮 ②屠宰.

slaugh'ter-house n. 屠宰场.

Slav [slɑːv] n.; a. 斯拉夫人(的),斯拉夫民族的.

slave [sleiv] I n. ①奴隶,苦工 ②从动装置,次要设备. II a. 从属的,从动的,随动的,受控制的,次要的,副的. hydraulic slave cylinder 液压随动油缸. radar slave 雷达辅助设备. slave cylinder 从动〔辅助,随属〕油缸. slave flip-flop 他激多谐振荡器,从动双稳态触发器. slave kit 全套辅助工具. slave receiver 子〔分〕接收机. slave station 从属〔被控〕台,副〔分〕台,副〔从〕站. slave sweep 从动〔随〕扫线,等待式〔扫描〕. slave unit 从属装置,伺服马达〔装置〕,从动部件. slave valve 液压自控换向阀,用导阀控制的换向阀,随动阀. ▲be a slave to〔of〕做(了)…的奴隶. II vi. ①努力〔拼命〕工作,(牛马似地)做苦工 ②跟踪,跟(随)动.

slave-robot n. 机器人.

sla'very n. 奴隶身分,奴隶制度,苦役,奴隶般的劳动.

sla'ving n. 辅助设备,从属(作用),跟踪.

sla'vish a. 奴隶(般)的,盲从的,缺乏独创性的.

slay [slei] I n. 心子,铁心,伸放外倾角,倾斜. II (slew, slain) vt. 杀死,谋杀.

S-lay 左挖.

slay'er [ˈsleiə] n. 杀人者,凶手.

SLBM =①satellite-launched ballistic missile 人造卫星发射的弹道导弹 ②sea-launched ballistic missile 海上发射的弹道导弹 ③submarine-launched ballistic missile 潜艇发射的弹道导弹.

SLC =①searchlight control 探照灯控制 ②straight line capacitor 直线电容器〔(condenser)(电)容量〕③正比电容器,(直)线性(电)容电容器.

SLC condenser =straight line capacity condenser 见 SLC②.

SLD =①shift left double 双倍左移(位) ②shipping list of drawings 图纸的装箱单 ③sliding door(横向滑动的)(推)拉门,滑门 ④slow down 减速 ⑤solenoid 螺线管,圆筒形线圈 ⑥square-law detection 平方律检波.

sld =solid 固体.

SLE =subscriber's line equipment 用户线路设备.

sleak v. 冲淡,稀释,溶化.

slea'zy [ˈsliːzi] a. ①质地薄的,质量差的 ②未整修的,邋遢的.

sled [sled] I n. ①(小)雪橇,滑板〔轨,橇〕②拖运器,拖网 ③空气动力学. II (sledded; sledding) v. 用雪橇运(送),乘雪橇走. rocket (-propelled test) sled 火箭车. sled drag 橇式刮器. test sled 试验滑槽,试验滑橇. ▲hard sledding 费劲.

sledge [sledʒ] I n. ①(雪)橇,滑板〔橇,车〕②(手用)大(铁)锤. II v. ①用雪橇运(送),乘雪橇走 ②(用大铁锤)锻,锤制. sledge car 雪橇汽车,机动雪橇. sledge hammer =sledgehammer. sledged stone 锤劈(制)石.

sledgehammer [ˈsledʒhæmə] I n. (手用)大(铁)锤,锻工用大锤. II v. 用大锤敲打,锻击,锻炼. III a. 用大锤敲打的,猛烈的,重大的,致命的.

sled'plane [ˈsledplein] n. 雪上飞机,雪橇起落架飞机.

sleek [sliːk] I a. ①光滑的,柔滑的,有光泽的,整洁的 ②圆滑的,圆通的,漂亮的. II v. ①弄滑,使光滑,修圆〔光〕滑,磨动 ②使柔软发光 ③掩饰〔盖〕(over). III n. (修光滑的)曲形光镘刀,修型镘刀. ~ly ad.

sleek'er n. 磨光器,异型镘刀,角光子.

sleek'y [ˈsliːki] a. 光(柔)滑的.

sleep [sliːp] I n. 睡(眠),静(止,寂) ②一夜,一天的旅程. sleep(ing) car 或 sleeping carriage 卧车. II (slept, slept) v. 睡(眠,觉,着),可睡,可供住宿.

sleep'er [ˈsliːpə] n. ①枕木,轨〔钢〕枕,机座垫,小搁栅,地龙 ②卧车(铺),闷车. sleeper beam 枕梁. sleeper joist 小搁栅,轨枕梁. sleeper pass 钢轨孔型. sleeper slab (接缝下)垫板. sleeper wall 地龙墙.

sleeping-sickness n. 昏睡病,昏睡性脑炎,刚果锥虫病.

sleep'less a. 不眠的,警觉的,无休止的.

sleep'-producing a. 安眠的,催眠的.

sleep'y [ˈsliːpi] a. 困〔倦〕的,静寂的,不活跃的. **sleep'ily** ad. **sleep'iness** n.

sleet [sliːt] I n. 雨(夹)雪,冻雨 ①(冰)雹,霰 ②(冰,雪,雨)雾,冰珠〔冻,雪〕. II v. 下雷雨,降霰,下雹. sleet and ice 冰凌,冰棱. sleet load 冰雪负荷.

sleet-proof a. 防雹的,耐冰凌的.

sleet'y [ˈsliːti] a. 雨雪的,雹的.

sleeve [sliːv] I n. ①袖子 ②套(筒,管,轴,环,垫),空心轴,袖衬(套) ③体壳,外(套)盒 ④囊壳(套),插塞套 ⑤管接头 ⑥风向袋 ⑦(压铸)压射室. II v. 装套(管,筒),连接套管. air sleeve 风向袋. clutch sleeve thrust bearing 离合器分离轴推轴承. coil sleeve (感应式传感器的)绕组套管. drill sleeve (钻头)变径套,钻套. sleeve antenna (装在)同轴(管中

的)偶极天线,套管天线. *sleeve bearing* 套筒轴承. *sleeve dipole element* 同轴电缆内置偶极振子,套筒偶极振子元. *sleeve gasket* 套(筒形)垫(圈),密封套. *sleeve joint* (套筒接头,(套)筒接(合),袖接. *sleeve loading* 电缆接头加感. *sleeve nut* 套筒螺母. *sleeve port* 筒(口). *sleeve pump* 套筒活塞泵. *sleeve seal* 套筒密封. *sleeve valve* 套(筒)阀,滑阀,筒式阀. *sleeved injection tube* 有套筒的压注筒. *tyre sleeve* 轮胎(鞋)套.

sleeving ['sli:viŋ] *n.* 套管,编织层〔物〕. *sleeving valve* 套阀,筒式阀.

sleigh [slei] Ⅰ *n.* 雪橇(车),(炮)滑板. Ⅱ *v.* 用橇运送,乘雪橇.

sleight [slait] ①技巧,手法,花招 ②熟练,灵巧. ▲*sleight of hand* 戏法,手法,花招,诡计. *perform sleight of hand* 耍花招. *turn out to be a clumsy sleight of hand* 手法不高明,弄巧成拙.

slen'der ['slendə] *a.* ①细(长)的,狭的,窄的 ②薄弱的,单薄的 ③稀(微)少的,微小的,不足的. *slender column* 细长柱. *slender proportion* 〔*ratio*〕长细比,细长比,柔性系数. ~*ly ad.*

slen'derness *n.* 细长(度). *slenderness ratio* 长细比.

slept [slept] sleep 的过去式和过去分词.

sleuth(-hound) ['slu:θ(-'haund)] *n.* 警犬,侦探.

slew [slu:] Ⅰ *v.* ①旋(回,扭)转,转向〔动〕(around, round) ②摆动,滑震 ③slay 的过去式. Ⅱ *n.* ①旋(回)转 ②旋转后的位置 ③沼地,泥沼 ④许多,大量. *paper slew* 〔计〕超行距走纸. *slewing crane* 回转〔旋臂〕式起重机,车吊机. *slewing range* 〔步进电机的〕变速范围. *slewing rate* 转换速率,追赶速度. ▲*a slew of* 或 *slews of* 许多,大量的.

slew'er g. 回转装置,回转〔旋臂〕式起重机. *rail slewer* 移轨器.

SLF = ①sender link frame 发射机,接线架 ②straight line-frequency 直线频率式.

SLF condenser = straight-line-frequency condenser 频(率)值(度)正比电容器,直线频率式电容器.

SLG = secondary lattice group (交换机)二次〔次级〕网络〔点阵〕群.

slice [slais] Ⅰ *n.* ①(薄,切)片,一片,块 ②(一)份,部分 ③幅(割面),削波 ④泥〔瓦,车〕刀,(长柄火)铲,炉钎 ⑤堰,板. *a slice of* 一片(块,部分). *computer on slice* 单片组件式计算机. *master slice* 母片,主控〔多用〕薄片. *slice circuit* 限幅〔削波制〕电路. *slice level* 限制电平. *slice of silicon* 硅片.
Ⅱ *v.* ①切(成薄)片,切去(一部分),切分开,修整煤层 ②限幅〔制〕,削波 ③用大铲铲,铲刀 ④薄层切片. ▲*slice off* 切去(下). *slice M off N* 把M从N削去,从N削减M. *slice up* 把…切片.

slice-bar *n.* ①炉钎,拨火杆.

sli'cer ['slaisə] *n.* ①切片〔割〕机,切片刀,分割器 ②双向(心)限幅器,限制器,脉冲限制级 ③泥(瓦)刀. *slicer circuit* 限幅〔限制〕电路. *mechanical slicer* 刨床.

Slichter's method 地下水流速度测定法.

sli'cing *n.* ①限幅〔制〕②切断,切片.

slick [slik] Ⅰ *a.* ①(光,平)滑的 ②巧妙的,熟练的,灵巧的 ③完全的,单纯的 ④老一套的,无独创性的 ⑤良好的,第一流的. Ⅱ *ad.* ①滑溜地,熟练地,灵活地 ②直接(地),笔直,恰好. Ⅲ *v.* 使光滑〔滑动〕,整洁,弄整齐. Ⅳ *n.* ①平滑面 ②平滑器,刮刀,修光工具,(铸造用)刮子,修坯镘刀,穿眼凿 ③(有一层油膜的)平滑的水面,海面,水面浮油. *go slick* 运转灵活自如. *oil slick* 油膜. *run slick into* 迎头〔正面〕撞在…上. *slick condition* 滑溜状态. *slick joint* 滑动接头. ~*ly ad.* ~*ness n.*

slick'enside *n.* ①(断面)擦痕,擦痕〔光〕面 ②滑面,镜面,由摩擦而成之岩石光滑面 ③镜砂.

slick'er ['slikə] *n.* ①刮刀,修光工具 ②(铸造用)刮子,磨光器,异型镘刀 ③叠板刮路机 ④(油布)雨衣.

Slicker solder 铅锡软焊料(铅66%,其余铅).

slid [slid] slide 的过去式和过去分词.

slidabrading *n.* 擦光.

slidac *n.* 滑线电阻调压器.

slid'den ['slidn] slide 的过去分词.

slide [slaid] Ⅰ (*slid*, *slid* 或 *slidden*) *v.* ①(使)滑(动,过),走,入,拐),(使)滑(进)②(把…)(轻轻)放进 ③(流)逝. ▲*let thing slide* 听其自然. *slide away* 偷偷跑掉,溜掉. *slide into* 溜进…内,(不知不觉)陷入. *slide M into N* 把M轻轻放到〔偷偷放进〕N里. *slide off* (从…)滑落〔跌〕〔下去〕. *slide over* (在…上,使…在…上)滑动(过,移),略过,回避,略微涉及就过去了. *slide over a matter* 〔delicate subject〕对棘手问题不对付过去.
Ⅱ *n.* ①滑(动,溜)面 ②滑动装置(触头,部分),滑板(块,尺,标,座,阀,销,轨,盖),导轨,滑道(坡,梯),(滑)槽 ③闸门〔孔板〕,导挡,插板 ④计算尺 ⑤投影〔显微〕镜(载)片,素物载璃片,载玻(物)片,滑动片,(透射)幻灯片 ⑥滑坡,山崩,断层. *air slide* 空气活塞,气动滑阀. *air slide conveyor* 气滑式(风送式)输送机. *back sight slide* 反测滑座. *cross slide* 横刀架,横向滑板. *dark slide* 遮光滑板. *diamond slide* 金刚石滑板,棱形滑板. *end tool slide* 尾部刀具(端部刀具)滑板,纵刀架. *governor slide* 调节器滑阀. *intermediate slide* 中(间)刀架. *plain V slide* V形导槽. *slide bar* 滑杆. *slide block* 滑块. *slide bridge* 滑线电桥. *slide carriage* 滑座,溜板,滑动炮架. *slide control* 滑动调整器,滑动调节. *slide fastener* 拉链. *slide gauge* 〔*caliper*〕滑尺,(游标)卡尺. *slide gear* 滑动齿轮. *slide glass* 玻璃片,(玻璃)载片,滑动玻璃片,幻灯片. *slide micrometer* 滑动(标)千分尺,载玻片测微尺. *slide multiplier* 滑臂式乘法器. *slide prevention* 防止滑落. *slide projector* 幻灯放映机,透射式幻灯. *slide rule* 滑尺,无游标卡尺,计算尺. *slide switch* 拨(滑动)开关,滑动片〔滑动移位〕接触开关. *slide transformer* 滑线(调感,滑动式)变压器. *slide valve* 滑阀. *slide viewer* 幻灯片观察镜. *slide wire* 滑(触电阻)线. *slide wire bridge* 滑线(桥)电桥.

slide-back voltmeter 偏压补偿式电压表(伏特计).

slide-bar *n.* 滑(导)杆.

slide-in chassis 【计】抽屉式部件.

sli'der ['slaidə] *n.* ①滑动器,滑子(块,板,座),导板,

slide-rule ②(可变电阻器的)滑(动)触头, 滑(动)触点 ③滑尺, 游标, 游框 ④(便于携带的)小油壶. *slider of zip fastener* 拉链滑扣.

slide-rule *n.* 计算尺. *slide-rule dial* 游标刻度. *slide-rule nomogram* 计算尺型列线图.

slide-valve *n.* 滑阀.

slide'way *n.* 滑路, 滑斜面.

sli'ding ['slaidiŋ] *n.*; *a.* ①滑动(过, 走, 移, 下)(的), 活动的, 可动的, 可(相互)移动的 ②可调整的, (根据具体情况而)变化的. *sliding angle* 摩擦角. *sliding bearing* 滑动轴承. *sliding blade* 滑(动)片. *sliding bottom* 滑(动底)座. *sliding box feeder* 箱型〔移箱式〕给料器. *sliding caliper* 卡尺. *sliding damper* 活栓. *sliding door* (横向滑动的)拉门, 滑门. *sliding fit* 滑动配合. *sliding form (work)* 滑模模壳. *sliding friction* 滑动摩擦. *sliding gauge* 游尺. *sliding gear* 滑动(移)齿轮. *sliding guide* 导轨, 滑动导承. *sliding in cut* 切壁道〔挖方〕滑坡. *sliding index* 标标. *sliding joint* 滑动缝, 滑动接合. *sliding motion* 滑动. *sliding resistor* 滑线(臂)电阻. *sliding scale* 计算尺, 滑尺, 游标, 递减率, 比例相应增减制. *sliding seat* 活(滑)座, 活动座位. *sliding shaft* 滑动轴. *sliding socket joint* 滑动套筒接合. *sliding test* 滑动试验. *sliding tripod* 伸缩三角架. *sliding vane* 滑(动翼)片.

sliding-filament model 滑丝模型.

slight [slait] Ⅰ *a.* ①轻(微)的, 很(微)小的, 少量的, 不严重的 ②小的, 纤细的, 瘦的, 脆(弱)的. Ⅱ *n.*; *vt.* 轻〔藐〕视, 轻忽, 忽略(不计)(on, upon). *slight error* 小错误, 微小的错误. ▲*not in the slightest* 一点不, 一点没有. *pay … slight attention* 不大注意〔尊重〕. *put a slight upon* 藐视. *There is not the slightest M.* 一点 M 也没有. *without the slightest difficulty* 毫无困难地.

slight'ing *a.* 轻蔑的, 不尊重的.

slight'ish *a.* 相当小的, 相当小的, 有点脆弱的.

slight'ly *ad.* 轻微地, 稍微, 有一点, 脆弱地.

slim [slim] *a.* ①细(长, 小)的 ②微弱(小)的, 稀少的, 不充足的 ③低劣的, 代价低的.

SLIM = standards laboratory information manual (研究)标准(的)实验室资料(情报)手册.

slime [slaim] Ⅰ *n.* ①(烂, 淤, 污, 粘, 软, 矿, 煤)泥, 泥渣, (电解)阳极泥, 粘质物, 粘液〔土〕 ②(地)沥青 ③淀〔残〕渣 ④微粒. Ⅱ *v.* ①(用粘泥)涂, 变粘滑 ②把(矿石)研磨成矿泥, 细粒化. *anode slime* 阳极泥. *slime peat* 泥沼. *slime pit* 产沥青的矿井. *slime pump* 泥浆泵. *white slime* 白泥, 硅渣.

slime-fungi *n.* 粘液〔土〕菌.

sli'mer *n.* 细粒摇床, 细粒碎机.

slime-separation *n.* 脱泥, 泥浆分离.

slimicide *n.* 杀粘菌剂, 抗石灰化剂, 防泥渣剂.

sli'miness *n.* 稀泥程度.

sli'ming *n.* 泥浆化, 细粒化. *all sliming* 全泥浆化, 全微粒化(<200筛目).

slim'line *n.* 细(长)管, 细线. *slimline type* 细长型.

slim'mish *a.* ①有点细长的 ②相当微小〔稀少〕的, 不很充分的.

slim'ness ['slimnis] *n.* 细(长).

slim(p)sy *a.* 脆弱的, 不结实的, 不耐穿的.

sli'my ['slaimi] *a.* 粘性(土, 液)的, 泥浆状的, 糊状的, 泥泞的, 多泥的.

sling [sliŋ] Ⅰ *n.* ①吊环(索, 绳, 链, 具), 悬带, 链钩, 吊重装置, 电缆 Γ 形吊片 ②抛掷装置, 抛掷器. *chain sling* 链绳, 链带. *sling cart* = slingcart. *sling dogs* 吊钩. *sling stay* 悬吊牵条.
Ⅱ (slung, slung) *v.* ①吊(起), 悬 ②(用力)投, 掷, 抛(射, 砂). *slinging eye* 吊索眼.

sling'cart *n.* 吊搬〔吊装〕车, 车轴上有吊链的运货车.

sling-dog *n.* (钩索两头的)吊钩.

sling'er ['sliŋə] *n.* ①吊环〔索〕, 管道的吊架 ②抛掷器, 抛掷装置, 抛抽〔挡泥〕环, 甩油环 ③抛砂机, 包装工, 投掷者. *blower slinger screen* 增压分液环滤网. *gantry slinger* 行车式抛沙机. *mud slinger* 除泥泵. *oil slinger* 抛油圈, 甩油环. *sand slinger* 抛砂机. *slinger head* 抛砂头.

slink [sliŋk] (**slunk, slunk**) *v.* 潜逃, 溜走(away, off, out, by).

slip [slip] Ⅰ *v.*; *n.* ①滑(动, 移, 行, 脱, 过, 入, 流, 倒), 溜(过, 走), 逃逸 ②滑阀性, 打(侧)滑, 空转, 松开(脱), 松 ③(滑差)率, 滑率, 滑动量, 偏差 ④[电]转数(速)下降, 转差(率), 滑差 ⑤(泵的)减少率, 降低率 ⑥(电视)图像的走样, 走样 ⑦错〔放, 跳〕过, (遗)漏, 漏失, 错误, 疏忽, 损失, 意外事故, 不幸事件 ⑧(短的)期间, 插入, 塞放(入), 插涂光片 ⑨小片, 纸(便, 片, 窄, 板)条, 附笺, 票签 ⑩泥釉, 釉浆, 滑泥, [冶] 坐料, 造〔铸〕型涂料 ⑫套, 罩, 卡瓦 ⑬船台, 滑道〔船〕, 两码头间的水区 ⑭节理, 断层, 山崩. Ⅱ *a.* 滑动(移)的, 可拆御的, 活络的. *a slip of the pen* 笔误. *a slip of the tongue* 说错, 失言, 口误. *The ship is still on the slips.* 该船仍在修造中. *There's many a slip between [betwixt] the cup and the lip.* 事情往往功亏一篑; 凡事难保十拿九稳. *slip into idealism* 滑到唯心论方面去. *let an opportunity slip* 错过机会. *A mistake has slipped in.* 不知不觉中出了差错. *Time slips by [past].* 时间不知不觉过去了. *slip a lock* 开锁. *As the door closes the catch slips into place.* 门关上时弹簧销就扣上了. *A piston slips in and out of the cylinder.* 活塞在汽缸中作往复运动. *call slip* 领料〔请拨〕单. *casting slip* 浇铸浆, 铸型涂料. *clutch slip* 离合器打滑. *inventory count slip* 盘存点料单. *issue slip* 发料单. *order slip* 订货单. *plastic slip* 塑性滑移. *slip angle* 滑动角. *slip at the anchorages* (预应力混凝土工程中)两端锚头的滑动. *slip band [line]* 滑移带〔线〕. *slip bolt* 伸缩螺栓, (门)插销. *slip cast(ing)* 粉浆浇注, 流铸, 注浆成型. *slip coating* 涂(上)泥釉. *slip crack* 滑动裂. *slip factor* 滑差系数. *slip fit* 滑动配合. *slip flask* 脱箱, 顶提式〔锥度, 滑〕砂箱. *slip flow* 滑流, 滑移〔流〕流. *slip form paving* (混凝土路面)滑模施工(法). *slip frequency* 转差频〔率〕. *slip gauge* 等规. *slip glaze* 泥釉. *slip hook* 滑脱环, 活钩. *slip jacket* (无箱造型时套在砂型外面的)型套. *slip joint* 滑动接头〔接合〕, 伸缩结合, 伸缩式连接. *slip*

slip′case　　　　　　　　　　　　　　　　　　　　1540　　　　　　　　　　　　　　　　　　　　slope

kiln 烘硬窑. *slip meter* 转(滑)差计. *slip multiple* 顺序连接. *slip of paper* 纸片. *slip of the memory* 忘记. *slip plane* 滑移(滑动,侧向)面. *slip ratio* 滑差系数,滑移比率. *slip recovery*【电机】空转回收. *slip resistance* 滑动电阻[阻力]. *slip ring* 集(汇)流环,汇电环,(滑动)环. *slip sheet* 薄衬纸. *slip test* 泵的负载特性试验. *slip ware* 挂浆[施釉]制品. *track slip* 滑转,打滑. *turn-in slip* 缴库单. ▲*give …the slip* 或 *give the slip to* 躲开了,逃掉. *make a slip* 失误,犯小错误. *slip away* [off] 溜走,滑掉. *slip from one's memory* [mind] 一时…遗忘,记不起来. *slip* (M) *in* [into] *N* (把 M)塞进 N. *slip into* 滑到…方面去. *slip off* (从…)滑出[脱,下]来. *slip out* 滑脱. *slip over* 在…上打滑(滑动). *slip through* (out of)从…中滑脱[掉],滑过. *slip up* 跌倒,犯错误,失败,出差错(in).

slip′case n. 书套.
slip-casting n. ①粉浆浇铸,泥釉铸塑技术 ②(pl.)粉浆浇铸制件[生坯].
slip′cover n. 布的套套,家具(沙发)套.
slip′form n. 滑模(施工,成型).
slip-in bearing 镶套(滑动)轴承.
slip-joint pliers 鲤鱼钳.
slip′knot n. 活结.
slip-on a. 滑(活,移)动的.
slip′page [′slipidʒ] n. ①滑动(量),滑移(量),滑转(入,脱),滑程,打滑,错动,侧滑,插入 ②下降 ③动力传递损耗,转差(率). *plane slippage* (在晶格中的)滑移.
slip′per [′slipə] n. 滑动部分,滑块(板,座,履,履),滑触头 ②导标 ③制动块,闸瓦 ④(pl.)拖鞋. *plastic slippers* 塑料拖鞋. *slipper dip* 流动浸渍.
slip′pered a. 穿拖鞋的.
slip′periness n. 滑溜.
slip′pery [′slipəri] a. ①滑(溜)的,(表面)光滑的 ②需小心对待的(问题)③狡猾的,不可靠的,不稳(固)的. *be on slippery ground* 在不可靠的基础上.
slip′-perily ad.
slip′ping [′slipiŋ] n.; a. ①滑动(移,行,走,脱,下),空转,打(侧)滑,滑动光镜 ②图像垂直偏移失真 ③转差率 ④延期 ⑤渐渐松弛的. *slipping drive* 滑动传动(装置). *slipping of brake* 闸的(刹车)滑动. *slipping of clutch* 离合器滑动. *slipping stream* 平滑(片状)流.
slip′py a. ①光滑的,滑溜的 ②快速的 ③狡猾的,不可靠的. *Be slippy about it!* 快一点做! *Look slippy!* 赶快!
slip-sheet vt. 用薄衬纸夹衬.
slip′shod [′slipʃɔd] a. 粗枝大叶的,随便的,潦草的,不整洁的.
slip′-stick n. ①滑动(面)粘附现象 ②计算尺.
slip′stream n. 切向流,滑流,(螺旋桨或喷气发动机形成的)脉流.
sliptest cohesiometer 滑动试验粘度仪.
slip′up n. 失败,错误,疏忽,不幸事故.
slip′way n. (船坞)滑台,滑路(道),船台.
slit [slit] I n. ①狭长切口,(狭,长,细,切,裂)缝(隙,孔),(细长的)裂(口),孔,口,槽,下水坡道 ②(窄

剖面 ③光阑 ④切屑. *adjustable slit* 可调(狭)缝. *collimating slit* 准直缝. *double slit* 双(狭)缝. *exit slit* 出射(狭)缝. *extraction slit*(源)输出口. *eye slit* 观察缝. *slit antenna* 缝馈偶极子天线,缝隙天线. *slit cathode* 分瓣[裂缝口]阴极. *slit domain* 裂纹域. *slit edge* 缝缘. *slit gauge* 狭缝规. *slit of light* 光带 [隙]. *slit source* 缝隙光源,缝隙(信号)源. *slit system* 缝隙系统. *slit width* 狭缝[缝隙]宽度.
Ⅱ (slit, slit; slit′ting) vt. 切[割,截,撕]开,扯裂,截断,纵[割,裂]切,剖切[开],切成长条,开沟. *slitted wall* 长条窄空墙.

slith′er [′sliðə] v. (使)不稳地滑动,(使)稳定地滑行.
slith′ery a. (光)滑的,滑动(溜)的,滑行似的.
slit′less a. 无缝的.
slit-skirt piston 裙部开口式活塞,裙部开口的活塞.
slit′ter [′slitə] n. 纵断器,纵切(剪)机,切条(带,纸)机,切刀. *pull type slitter* 拉力型纵剪切机. *roll slitter* 辊式钢板切断机,辊式剪机(辊上装有剪盘). *slitter edge* (剪切钢板)废边.
slit′ting n. 切口[缝],纵切(裂),开缝,切成长条. *slitting saw* 开槽锯. *slitting shears* 纵切剪机.
slit′ting-up n. 全切开. *slitting-up method* 全切开方法.
sliv′er [′slivə] Ⅰ n. ①裂[薄,碎,细]片,长条,碎屑,分(卸)裂物 ②裂缝 ③(未完全烧尽的火药)渣粒 ④(轧制缺陷)毛刺. Ⅱ v. 变(成细片,成碎片),切成长条[薄片],分裂,裂开,纵切[裂]. "*sliver*" *fill* 狭[长]条式填土.
SLLF = supplementary line-link frame 辅助线路塞绳架(纵模制),辅助线-链架.
sloat [slout] n. 舞台布景开降机.
slob n. ①(烂)泥,泥泞地,浅滩 ②夹杂(泥)雪的浮冰.
slob′ber [′slɔbə] v., n. 垂涎,(流)口水,用唾沫弄湿.
slog [slɔɡ] Ⅰ (*slogged*; *slog′ging*) v.; Ⅰ n. ①击,锤打 ②顽强地行进(on) ③辛勤地顽强地工作(away),苦干. *slogging chisel* 截(钉)凿. *slogging hammer* 平锤.
slo′gan [′slouɡən] n. 口号,标语.
sloganeer n.; vi. 拟口号的(人).
slo′ganize vt. 拟口号(作为…的标语)式表达.
slog′ger n. 猛击者,顽强地工作的人.
SLOMAR = space logistics, maintenance, and rescue 空间后勤,维修和营救.
sloop [slup] n. 小型护卫舰,辅助炮舰,单桅纵帆船.
slop [slɔp] Ⅰ (*slopped*; *slop′ping*) v. ①(使)溢出,溅(出),泼出(over, out) ②溅污,弄脏 ③超出界限,越出范围(over). Ⅰ n. ①(pl.)污(脏)水,蒸馏废液,泥浆,半融雪 ②(pl.)流体食物 ③废油,不合格的石油产品 ④残溢出的液体,倾泼的水 ⑤(污)水坑,弄脏了的地方 ⑥(pl.)现成衣服,罩衣,工作服,寝具. *slop cut* 废馏份,不合格的馏份. *slop line* 废流,不合(格产品)的管线. *slop wax* 粗蜡,原料(未经过滤的)石蜡.
slope [sloup] Ⅰ n. ①倾斜(角),倾斜面,斜向,(斜)之力 ②斜坡,坡道,山坡 ②斜度(率),(梯)陡度,度[比],角度(变),斯层补角,褶皱翼 ③斜井 ④跨导 ⑤经济衰退. Ⅱ v. (使)倾斜,(使)成斜坡(面,角,

(使)有斜度,放在倾斜位置.*be sloped transversely each way from the center line* 从中心线向两侧倾斜.*The ground slopes down to the sea.* 地势向海面倾斜.*down slope time* 电流衰减时间.*glide slope* 下滑斜度,下滑航迹,滑翔道.*hydraulic slope* 水力坡降;水力比降.*inverse slope* 反坡.*ratio of slope* 坡率,边坡斜度[系数].*slope amplification* 斜率放大.*slope angle*(边)角;倾斜角.*slope circle* 坡圆.*slope control* 电流升降调节,陡度[斜度,斜率]调整.*slope distance* 斜距.*slope function* 斜率[坡度]函数.*slope of repose* 休止角.*slope potentiometer* 跨骑调整电位器.*slope protection* 边坡加固;护岸.*slope ramp* 坡道斜面,引道,接坡.*slope wall* 护坡墙.*sloped curb* 斜坡式路缘石.*temperature slope* 温度梯度.*uniform slope* 均匀坡度.▲*a slope of 1 in 5* 坡度 1:5(竖:斜).*a slope of 1 on 5*坡度 1:5(竖:横).*a slope of 1 in 5*(竖:竖).*a slope up*(*down*)向上(下)的倾斜.*build…on a slight slope* 把…铺(筑)成缓坡.*rise in* (*at*) *a slope* 徐徐上升.*slope down*(成向)下的斜坡.*slope off* (*away*) *toward*…向…(方向)倾斜.*slope up*(成向)上的(斜)坡.*there is a slope on* 有一个斜坡.

slope-deflection equation 坡度挠度方程.
slope-deflection method 角变位移法.
slope-intercept form 斜截式.
slo'per n. 铲[整]坡机.
slope'way n. 坡道.
slo'ping ['sloupiŋ] n.; a. 倾斜(的),倾斜,成斜坡的.*sloping curb* 斜式(路)缘石,斜口侧石.*sloping desk* 倾斜面板,倾斜台.*sloping difference table* 斜坡式差分表.
slop-over n. 溢(溅)出;黑霜(信号幅度增加时,黑部分产生过深现象).
slop'piness n. 潮湿,泥泞,散漫.
slop'py ['slɔpi] a. ①淋[弄,溅]湿的,湿透的,水多的;潮湿的 ②泥污[泞]的,水坑多的 ③液体的,流质的,稀薄的 ④草率的,粗心大意的,不整齐的,不系统的,散漫的.*sloppy condition* 稀薄状态.*sloppy heat* 冷熔.*slop'pily ad.*
SLOR = successive line overrelaxation 逐次行超松弛.
slosh [slɔʃ] I n. ①(液面)晃动 ②烂[软]泥,泥泞,雪水 ③溅泼声.II v. ①打,击,溅 ②(液面)晃动,(为洗净)把…放在液体中摇[晃]动,激荡,发出泼溅(液体晃动)声 ③漏出.▲*slosh about* 在泥泞中挣扎[溅跚].*slosh on* 乱涂,瞎干.
slot [slɔt] I n. ①裂,翼,狭,狭缝,(缝)隙,槽(沟),狭(孔,裂,缝,切)口,长(方形)孔,槽形地带 ②口,条板,小片 ③直通口 ④狭窄的通道(地位) ⑤(在组织,名单,程序中的)位置,地位 ⑥足迹,踪迹.II (*slot'ted*; *slot'ting*) vt. ①开槽(口),切槽,使…出现裂缝 ②【计】打孔 ③立铣,插削,铣;凹 ④跟踪.*armature slot* 电枢槽.*dovetail slot* 燕尾槽.*drift slot* 出销槽.*foil slot* 箔缝.*guide slot* 导(向)槽,定向槽,导缝.*key slot* 键槽.*piston ring slot* 活塞环槽,涨圈槽.*slot antenna* 槽(隙)缝天线.*slot array* 隙缝[槽形]天线阵.*slot atomizer* 缝隙

式喷油嘴.*slot dipole* 槽隙偶极子.*slot effect*(伺服电机)齿槽效应.*slot frequency* 信道间插入频率.*slot gate* 长缝浇口.*slot leakage* 隙缝泄漏,槽壁间漏磁.*slot machine*(投币式)自动售货机.*slot magnetron* 槽缝(开槽式)磁控管.*slot piece* 有槽拼模块.*slot pitch* 槽距.*slot pulsation* 槽隙脉动.*slot signalling* 复码信号器.*slot welding* 槽焊.*square slot bush* 带方槽的衬块.*T slot piston* 带 T 形槽活塞.*time slot* 时隙,时间分隔法.

SLOT = slotted.
slot-drill vt. 铣(槽).
sloth [slouθ] n. 懒惰,偷懒.~*ful* a.
slot-machine ['slɔtməʃiːn] n. (投硬币式)自动售货机.
slot'ted a. 有槽(沟,裂痕)的,开缝的,切槽的.*slotted blade* 开缝叶片.*slotted bridge* 裂缝[开槽]电桥.*slotted head screw* 槽头螺钉.*slotted hole* 长圆孔,槽孔.*slotted line* 开槽测试线.*slotted nozzle* 开槽喷管.*slotted nut* 有[开]槽螺母.*slotted* (*moulding box*) *pin*(砂箱)方榫式定位销,开槽[开缝,接合]销.*slotted waveguide* 开槽波导管.
slot'ter ['slɔtə] n. 插[铡]床,立刨(床).*vertical slotter* 插床.
slot'ting ['slɔtiŋ] n. 立刨,插削,开槽,【计】(在穿孔卡片上)打孔.*slotting attachment* 插削装置,铣槽装置.*slotting end mill* 键槽(立)铣刀.(*vertical*) *slotting machine* 插[铡,立刨]床.
slouch [slautʃ] v.; n. ①低[下]垂 ②没精打彩,懒散.
slough I [slau] n. ①泥坑[沼],沼泽(地),泥沼静水体,死水区 ②可抛弃的东西.II [slʌf] n.; v. ①碎落,滑刷,坍方 ②废[抛]弃,脱落,蜕掉,漏掉,删除 (*off*).*sloughing in earth cut* 路堑边坡滑塌[坍方].▲*slough over* 认为…无关紧要[无足轻重],轻视.
sloughy a. 泥泞(沼)的,沼泽地的.
sloven ['slʌvn] I n. (工作)马马虎虎的人.II a. 未开垦[发]的.
slov'enly a.; ad. 马虎(的),潦草(的),漫不经心的.
slow [slou] I a. ①慢(速,下)的,缓慢的,低速的 ②落后于(时代)的 ③(镜头)孔径小的,曝光慢的.II ad. 慢(慢地),低速地,懒散地,迟々的.III v. 放(弄,变)慢,减速,慢化,同化,滞后.*in slow motion*(电影)慢动作的,高速拍摄的.*slow cement* 慢凝水泥.*slow down to stall* 失速前的减速.*slow filter* 慢滤器.*slow jet*(化油器的)慢速喷嘴,低速(用)喷口.*slow line*(道路)慢车道.*slow match* 缓燃引信.*slow motion* 微动,慢动(作),慢动作工业电视.*slow motion camera* = slow-motion camera.*slow motion film* 慢镜头电影.*slow motion screw* 微动螺丝.*slow neutron* 慢(低速)中子.*slow rate of curvature* 缓和的曲率变化率.*slow running jet* 慢车(低速)喷嘴.*slow sign* 慢行标志.*slow slaking lime* 缓消(慢化)石灰.*slow storage* 慢速存储器.*slow traffic* 慢行(低速)交通.*slower down* 减速剂.*The clock is five min-

utes slow. 这钟慢五分钟. ▲**be slow at** 不善于. **be slowin** +*ing* 很慢才能(做某事). **slow in action** 行动缓慢. **be slow to** +*inf.* 不是轻易(一下子) (做某事). **be slowed down to** 把速度降低到. **slow and steady** [sure]慢而稳,稳扎稳打. **slow down** [up] (使)慢下来,(使)放慢,减(低)速(度),延迟(慢). **slow on** 慢(晚)于…的. *Washington is several hours slow on London.* 华盛顿时间比伦敦时间晚几个小时.

slow-acting *a.* 慢转的,低速的,缓动[行]的,作用迟缓的.

slow-burning *a.* 慢(缓)燃的,耐火的. *slow-burning wire* 慢燃线,耐火绝缘线.

slow-curing *a.* 慢凝的.

slow′down [*n.* 减速(退)],慢化,延迟[慢]衰退,怠工.

slower-down *n.* 减速剂.

slow′footed *a.* 速度慢的,进展缓慢的.

slow′going *a.* 无所作为的,劲头不足的.

slow′ing (-**down**) *n.* 慢化,减速.

slow′ly ['slouli] *ad.* 慢(慢),缓慢地,渐渐. *slowly taking cement* 慢凝水泥.

slow-motion camera *n.* (拍慢镜头的,放映慢动作的)慢速[慢动作]摄影机.

slow-motion film 或 **slow-motion picture** (放映慢动作的)快速度摄影机拍摄的影片.

slow-moving *a.* 低速的,慢行的,滞销的.

slow′ness *n.* 缓慢,迟钝.

slow-response *a.* 慢作用[响应]的.

slow-setting *a.* 慢凝(的),慢裂(的).

slow-speed *a.* 低速的,慢转动,缓行的.

slow-start *n.* 缓慢启动.

slow-taking cement 缓凝水泥.

slow-up *n.* 减速,慢化,延迟[慢].

slow-witted *a.* 迟钝的.

SLP =sea-level pressure 海面压力,海平面气压.

SLR =①single-lens reflex 单镜头反射(式) ②solar 太阳的.

SLR PRLX =solar parallax 太阳视差.

SLS =①set location stack 设定位置组号,设定(存储)单元组号 ②set location stack and branch 位置组号设定与转移,设定(存储)单元组号与转移 ③side lobe suppression 旁瓣抑制 ④side-looking sonar 侧视声呐 ⑤specific living space 规定的生活空间 ⑥speed limiting switch 限速开关.

SLST =sea level static thrust 在海平面上的静力力.

SLT =solid logic technology 固态逻辑技术.

slt =①searchlight 探照灯 ②skylight 天窗,反射灯光.

SLTF =silo launch test facility 井下发射试验装置.

SLTR =service life test report 使用寿命试验报告.

slub′ber *vt.* 草率地做,使有污点.

sludge [slʌdʒ] Ⅰ *n.* ①(污,淤)粘,软,油,煤,矿,钻)泥,泥浆(残,残,熔,浮,烟)渣,(油旋底)酸渣,碱渣,泥(矿)浆 ②污水,(泥状,氧化)沉积物 ③金属屑 ④冰花,雪水. Ⅱ *v.* (生)成(残)渣,形成沉泥,泥浆化,挖淤泥. *green sludge*(铀矿石处理过程沉渣的)绿色矿泥. *oil sludge*(润滑)油泥,油淤. *sludge asphalt* 酸渣沥青. *sludge ladle* 渣包,盛渣桶. *sludge pipe* 污泥管.

sludge′less *a.* 无渣的.

sludge-proof *a.* 防渣的.

sludg′ing ['slʌdʒiŋ] *n.* ①油泥 ②成渣,泥浆化 ③挖泥(从坩埚底)掏沉积物 ④塞泥,淤泥,沉泥.

sludg′y *a.* 泥泞的,有淤泥的,淤泥多的,如污泥的.

slue [sluː] *v.* ; *n.* ①旋(回,扭)转,转向,摆动 ②沼地,泥沼 ③大量,许多.

slug [slʌg] Ⅰ *n.* ①棒,(板)条,锭,(金属,坤)块,金属片状毛坯 ②铁(型)芯,芯子,弹丸 ③导管,波导调配柱 ④部分,组 ⑤滑轮 ⑥锻屑,(压铸)余料,冲下的废料浆, (pl.) 未燃烧的燃料,未蒸发的燃料液滴 ⑦半熔烧矿石 ⑧排料孔 ⑨缓动物,缓动铜环(铜套) ⑩(用以开动自动售货机的)代硬币的金属圆片 ⑪铅字条,嵌片 ⑫斯(勒格)[英尺-磅秒制质量单位=32.2磅] ⑬质谱仪分辨力单位 ⑭蛞蝓,缓行动物. Ⅱ *v.* (**slugged**; **slugging**) ①慢(缓)动,慢转,迟滞,栓 ②插嵌片于 ③蛮击 ④苦干,顽强地工作(away); *armature end slug* 衔铁端缓动阻环. *double slug tuner* 双插芯式调谐器. *fuel slug* 燃料块. *hollow slug* 空心块. *lead slug* 铅弹(块). *quarter-wave slug* 四分之一波长短线. *slug flow* (汽)团状流动. *slug matching* (四分之一)短线匹配法. *slug tuner* 铁心调谐器. *slug type* 烧垃. *uranum slug* 铀棒(块).

SLUG = superconducting low-inductance undulating galvanometer 超导低感波动电流计.

slug-foot 或 **slug-ft** (pl. **slug-feet**) *n.* 斯-英尺.

slug′gard *n.* ; *a.* 懒汉,懒惰的.

slug′gish ['slʌgiʃ] *a.* ①惰[懒]性的,懒惰的 ②粘[停]滞的,(反应)缓慢的,流动性低的 ③不活泼的,不活动的,不易化合的 ④小(低)灵敏度的 ⑤萧条的. *sluggish metal*(低于浇注温度的)冷金属液. ~ly *ad.*

slug′gishness *n.* 惰[懒]性,小[低]灵敏度,缓慢度,停滞,迟钝.

slug-killer *n.* 杀蛞蝓剂.

sluice [sluːs] Ⅰ *n.* ①水闸(门),闸门阀 ②沟,闸沟(口),(调节水位的)溢水道,排水道(沟),下(污)水管 ③(流放水材等用)斜(人)水槽,溜槽,洗矿槽 ④(从闸门拦住的)蓄水,堰水,(从闸门流出的)泄水 ⑤口,根本,源泉. *sluice gate*=sluicegate. *sluice line* 冲泥管(道). *sluice pipe* 冲泥管. *sluice valve* = sluicevalve.
Ⅱ *v.* ①冲(淘)洗,洗涤(净),放水(于) ②流出,奔流(泻),倾泻,灌涌(out),流放(木材) ③开(水)闸放水(排泄),用水力法掘土 ④(管形)水封 ⑤溜槽提金. *sluiced rockfill*(用高压水枪)冲实堆石(体).

sluice′gate ['sluːsgeit] *n.* 水闸(门),(活)闸门,冲刷闸门.

sluice′valve *n.* (滑动)闸门,闸(门)阀,水闸(门),滑板阀.

sluice′way *n.* 排(泄)水道,人工水闸渠道,冲沙道,洗矿槽,冲渣(沟)水沟,闸门.

sluicy *a.* 奔泻的.

slum [slʌm] *n.* ①润滑油油渣,淤(淀)渣 ②陋巷,破房,贫民区 ③页岩矿. ~ my *a.*

slum′ber ['slʌmbə] *v.* ; *n.* 睡眠,微睡,(用睡眠)消磨(时间)(away).

slum′b(**e**)**rous** *a.* ①瞌睡的,催眠的 ②寂静的. ~ly *ad.*

slump [slʌmp] *n.* ; *vi.* ①坍落度,坍塌(度),塌落,(猛然)落(掉)下,陷下(入) ②滑动(移),滑动沉陷

③暴跌,衰退,萧条 ④失败,挫折. *slump cone*〔混凝土〕坍落度筒. *slump constant* 坍落度,坍落常数. *slump (consistency) test* 坍落度试验,坍塌试验. ▲*slump (down) into* 掉〔陷〕入.

slumpabil'ity *n*. (油脂的)粘稠性,(油脂的)流动惰性.

slung [slʌŋ] I sling 的过去式和过去分词. II *a*. 悬吊的,吊起的,挂着的.

slung-span *n*. 悬跨.

slunk [slʌŋk] slink 的过去式和过去分词.

slur [sləː] I (*slurred*; *slur'ring*) *vt*. ①忽略〔视〕,略过,轻视,诬蔑(over) ②复印,(使)印得模糊不清 ③上涂料,粘合(型芯). II *n*. ①污点 ②诬蔑 ③印刷模糊,字迹重复.

slur'ring *n*. 上涂料,灌浆,型芯粘合法,滑辗(印刷故障).

slur'ry ['sləːri] I *n*. ①稀(泥,砂)浆,水泥浆,淤〔灰,矿〕浆,矿浆,矿煤,煤泥 ②悬浮体〔液〕③残〔淤〕渣 ④膏剂,软膏 ⑤(型范)粘合液,粉浆釉,釉浆 ⑦生料,(由白云石、汤青组成的)填充材料. *show slurry* 淤泥现象. *slurry casting* 粉浆浇注,泥浆浇注(法). *slurry concrete* 稀泥凝土. *slurry explosive* 塑胶〔浆状,粘合型〕炸药. *slurry fuel* 悬浊状〔浆液状〕燃料. *slurry pump* 泥〔排〕浆泵. *slurry seal coat* 灰浆〔泥浆〕封层. *water slurry* 水悬浮物. II *v*. ①使变成泥浆 ②涂,沾污. *slurried catalyst* 与原料混合的催化剂.

slush [slʌʃ] I *n*. ①软〔稀,浓,煤,雪〕泥,(融雪)泥浆,污〔雪〕水,积雪,沉积物 ②油灰,白铅石灰 ③水泥砂浆 ④抗蚀润滑脂,滑油 ⑤废油,脂膏. II *v*. ①灌泥浆于,嵌油灰于,用水泥砂浆补上 ②用泥浆,给…加润滑脂,涂敷糊料 ③减水(作用),抗〔腐〕蚀,抗湿 ④溅湿〔污〕⑤发溅泼声. *slush casting* 空心〔薄壳〕铸件,空壳〔空心件〕铸造. *slush metal* 软〔易熔〕合金. *slush pump* 泥浆泵. *slushing grease* 抗蚀润滑脂.

slush'y ['slʌʃi] *a*. ①泥浆(般的),(冰、雪)半融的,似雪水的 ②油灰的 ③无价值的.

SLV =①satellite launching vehicle 卫星运载(发射)火箭 ②sleeve 套筒,轴套 ③soft landing vehicle 软着陆飞行器.

SLW =straight-line-wavelength 直线波长(式),与波长标度成正比的.

SLW condenser = straight line wavelength condenser 波长标度正比电容器.

sly [slai] *a*. ①狡猾的 ②秘密的,暗中的. ▲*on [upon] the sly* 秘密地,偷偷摸摸地. ~**ly** *ad*. ~**ness** *n*.

SM =①sheet metal 金属薄板 ②*Scientiae Magister* 理科〔科学〕硕士 ③security manual 安全手册 ④security monitor 安全监控器 ⑤select magnet 选择磁铁 ⑥selector marker 选择指示器,选择指尖标 ⑦service module 服务〔辅助〕舱 ⑧servomotor 伺服电动机 ⑨shop manual 工厂〔车间〕手册 ⑩Siemens Martin 平炉 ⑪Simpson's multipliers 辛普森乘数 ⑫simulated missile 模拟导弹 ⑬single manager 独家经理 ⑭small 小(型)的 ⑮space medicine 空间医学 ⑯standard memoranda 标准备忘录 ⑰standards manual 标准〔规格〕手册 ⑱starting motor 起动电动机 ⑲statute mile 法定英里 ⑳strategic missile(地对地)战略导弹 ㉑submarine minelayer 布雷潜水艇 ㉒synchronous motor 同步电动机 ㉓system measurement 系统测量.

Sm =samarium 钐.

s-m =signal meter 信号指示器.

S/M =surface-to-mass ratio 表面-质量比.

S&M = sequencer and monitor 程序装置和监控装置.

SM quality =Siemens Martin quality 平炉(生产的)质量.

SMAC = space maintenance analysis center 空间维护分析中心.

SMACH =sounding machine 探测机,测深〔高〕机.

smack [smæk] I *n*. ①(气,滋)味 ②一点点,少许 ③劈拍〔拍击〕声. II *vi*. (带有…气(味),有点像 (of). III *vt*. 拍(打,击),使象拍作响. IV *ad*. ①直向,正好,不偏不倚 ②使劲地,急剧地,猛地,啪地一声. ▲*get a smack in the eye* 遭受挫折,感到失望. *go* [*run*] *smack into* 直〔正正,猛然〕撞在…上〔撞进…里〕. *have a smack at* 试做,去尝试.

smalite *n*. 高岭石.

small [smɔːl] I *a*. 小(型,规模,功率)的,细小的,少的,窄的. II *n*. ①细小部分,小东西 ②少量 ③腰部,狭小部分 ④(pl.)细粉,小块料,(钢材标准尺寸以下的)细件,细小物体,细〔粉,矿,煤〕末,微粒. III *ad*. ①细细地,小地,微弱地,轻轻地 ②小型地,小规模地. *small calorie* 小卡. *small flow* 微量流动. *small light* 小(功率)灯. *small pit organ* 小窝器(鱼中的电感受器). *small project* 小规模(工程)计划,小型(工程)计划. *small proportion of* 小部分. *small (section rolling) mill* 小型轧机. *small signal* 微弱信号,小信号. *small test* 小型试验. *small tool* 小型工具. *smaller shipper* 小转运〔运输〕商. *smallest common multiple* 最小公倍数. *smallest limit* 下级限. ▲*by small and small* 慢慢地,一点一点地. *in a small way* 适度地,小规模地. *in small numbers* 少(量). *in (the) small* 小规模,小型的,局部的. *it is small wonder that*… 并不足〔奇〕怪. *of no small consequence* 重大地. *on the small side* 比较小,略小. *the small hours* 半夜一两点钟,深更半夜. *M times smaller* M 分之一.

small-angle *a*. 小(低)角的.

small-arms *n*. 轻武器.

small'-beer' *a*. 微不足道的,无价值的.

small'-bore *a*. 小口径的,小流通截面.

small-business *a*. 小营业额的.

small-circle (of a sphere) 小圆(球面的).

small'-fry *a*. 次要的,不重要的.

small'ish *a*. 略有(点)小的.

small-lot manufacture 小规模制造〔生产〕.

small'ness *n*. (微)小,微小度〔性〕,小规模,些微.

small'pox ['smɔːlpɔks] *n*. 天花.

small'-scale' *a*. 小型的,小尺寸的,小规模的,小比例尺的.

small-screen *a*. 电视(上)的.

small-signal *n*. 微弱信号,小信号.

small-size computer 小型计算机.

small'-time' *a*. 不重要的,无足轻重的,不出色的,次等的.

small'ware n. 小商品.

smalt [smɔːlt] n. 大青(色), (钴、钾碱、硅石制成的)蓝玻璃.

smaltite n. 砷钴矿.

smaragdite n. 绿闪石.

smart [smɑːt] Ⅰ a. ①鲜明的,漂亮的,整洁的,新式的,时髦的 ②灵活(敏,巧)的,聪明的,有创造力的 ③剧烈的,厉害的 ④相当的,可观的. Ⅰ ad. = smartly, *a smart distance* 相当长的距离. *a smart few* 相当多的. *a smart price* 挺贵的价格. *be smart in* 精于,…方面很精明. *smart bomb* 灵敏的终端设备. ▲*right smart* 极大(的),许许多多(的). Ⅱ vi. ①(感到)剧痛,刺痛,痛心 ②*smart for M* 因 M 而吃苦头. *smart under M* 因 M 而感到痛心(伤心). *smart with M* 被 M 弄得很痛.

SMART =①satellite maintenance and repair technique 卫星维护和修理技术 ②space maintenance and repair technique 空间维护和修理技术.

smart-alec(k) a.; n. 自作聪明的(人).

smart'en [ˈsmɑːtn] v. (使)变漂亮[整洁,灵活,轻快],变强壮.

smart'ie 或 **smart'y** n. 自作聪明的人.

smart'ly [ˈsmɑːtli] ad. ①剧烈地,厉害地 ②灵活(巧)地,轻快地,能干地 ③整齐地,精确地 ④漂亮地,时髦地 ⑤大大地.

smash [smæʃ] Ⅰ v.; n. ①打[压,碰,破,粉]碎,打破,打败 ②猛[碰]撞,重[裂]击,击破[溃],推毁,扑灭 ③使发生裂变 ④破产,崩溃 ⑤破产者,失败者,垮掉,*atom smashing* 用粒子轰击原子核,原子核分裂[击破]. *smash a record* 打破记录. ▲*go* [*come*] *to smash* 垮台,毁灭,破碎. *smash into* 猛[烈]撞(击)…上上,猛撞进…里. *smash up* 打碎,砸坏[碎],毁坏,瓦解,破产,分裂. *smash up a monopoly* 打破垄断.

Ⅱ ad. 碰撞[破碎]地. ▲*go* [*run*] *smash into* (轰隆一声)与…迎头相撞.

Ⅲ a. 出色的. *smash success* 极大的成功. ▲*a smash hit* 极为成功的事物.

smash'er [ˈsmæʃə] n. ①猛烈(沉重)的打击,挥跟头, 崩溃 ②特大的东西. *atom smasher* 核粒子加速器, 原子击破器. ▲*come a smasher* 摔跟头,受到重大的挫折.

smash'ing [ˈsmæʃiŋ] a. ①惨(沉)重的,粉碎性的 ②猛烈的.最(极)好的,巨大的,非常了不起的.

smash'up [ˈsmæʃʌp] n. ①破[粉]碎,瓦解,破产,崩溃,灾难 ②猛撞,撞车事故.

S-matrix n. 散射矩阵,S 矩阵.

smat'ter [ˈsmætə] v.; n. 一知半解(地谈论),肤浅的知识,肤浅地研究,瞎讲. *smatter in* 对…一知半解.

smat'tering [ˈsmætəriŋ] n. 一知半解,肤浅(片断)的知识 ②少数,少量. *have a smattering of* 懂得一点点.

smaze [smeiz] n. 烟霾(雾).

smbl = semimobile 半机(移)动式的.

SMC = sheet moulding compound 片料吹(气型)膜化合物,板模制化合物.

SMDL = spares master data log 备件主要数据记录.

smear [smiə] Ⅰ v. ①涂(抹,色,污),抹(光,敷,平,上),敷,搭 ②弄脏(污),抹掉,使…轮廓不清,弄得尽是… ③阴滂,浸润 ④塑炼 ⑤击破 ⑥诽谤. *resolution smearing* 分辨能力不够而造成的模糊. *resonance smearing* 共振模糊. ▲*be smeared* 弄得模糊不清. *smear M on* [*onto*] N 把 M 抹在 N 上. *smear out* 涂抹(满). *smear M with* N 把 N 涂到 M 上.
Ⅱ n. ①涂抹[色],油渍,污点[斑],(电视)拖影[尾],曳尾,滑过"(摄影机对地面的相对位移) ②涂片 ③诽谤,污蔑. *black smear* 黑色拖影[污斑]. *sample smear* 试样涂污. *smear camera* 扫描摄影机[照相机]. *smear density* 有效密度(将芯块和芯块与包壳间隙一起计算在内的燃料平均密度).

smeared a. 模糊的,不清的.

smeared-out a. 涂污(满,抹)的. *smeared-out boundary* 模糊不清区域.

smear'y [ˈsmiəri] a. ①弄脏的,涂污的 ②粘的,易产生污渍的. **smear'iness** n.

smec'tic [ˈsmektik] a. ①使清洁的,净化的,纯净的 ②近晶(型)的,脂状的,碟状结构的(液晶). *smectic phase* 层列相.

smectite n. 蒙脱石,(去油垢的)绿土.

smeech n. 燃烧的气味,浓烟.

smegmatite n. 皂石.

smell [smel] Ⅰ (smelt, smelt 或 smelled, smelled) vt. 嗅(到),闻(出),探(查)出,发(察)觉. vi. 有嗅觉,嗅,闻,发出(…)气味,发出臭气. ▲*a smell a rat* 怀疑起来,怀疑其中有鬼. *smell about* [*round*] 到处打听消息[寻找资料]. *smell at* 闻闻,嗅嗅. *smell of* 有…气味. *smell out* 闻[嗅,觉,探查]出来. *smell trouble* 察觉有麻烦. *smell up* 使充满臭气. Ⅱ n. 嗅觉,气味,香,臭,难闻的气味. ▲*a smell of* 一股…气味. *make smell* 发出气味. *take* [*have*] *a smell at* [*of*] 把…闻闻看,嗅一嗅. *What a smell*! 真难闻!

smell'er n. 发出臭气的东西.

smell'less a. 无气味的.

smell'y [ˈsmeli] a. 有臭味的,发出臭气的.

smelt [smelt] Ⅰ smell 的过去式和过去分词. Ⅱ vt. 熔(化,精)炼,熔炼. *flash smelting* 闪速熔炼. *green concentrate smelting* 生精矿熔炼(炼铜). *smelting charge* 炉料. *smelting hearth* 炉床.

smelt'er [ˈsmeltə] n. ①熔[冶炼]工(人),冶炼者.

smelt'ery [ˈsmeltəri] n. 冶炼[熔炼,冶金]厂.

smelt'ing v. (反应)熔炼,熔化.

smelting-furnace n. 冶炼[熔化]炉.

SMG 或 **smg** = submachine gun 冲锋枪,轻型(半)自动枪.

SMI = ①standard measuring instruments 标准量测仪器 ②statute mile 法定英里.

smid'ge(o)n 或 **smid'gin** [ˈsmidʒin] n. 少量,一点点.

smilagenin n. 菝葜配质.

smile [smail] vi. n. 微笑,冷笑. vt. 以微笑表示. ▲*smile at* 朝…微笑,讥笑,无视,一笑置之. *smile away* 一笑置之. *smile on* [*upon*] 向…微笑.

smi'ling a. 微笑的,(风景)明媚的.

smilonin n. 菝葜宁.

SMIO = spares multiple item order 备件的多项定货

(单).
smirch [smə:tʃ] Ⅰ vt. 沾污,弄脏。Ⅱ n. 污点[项,迹],瑕疵。
smist [smist] n. 烟雾。
smite [smait] Ⅰ (*smote*; *smitten* 或 *smote*) v. ①打,重[震,袭]击 ②击败 ③破坏,毁灭(with) ④折磨,侵袭。Ⅱ n. ①重击,打 ②尝试。*The sound smites upon the ear*. 声音震耳。
smith [smiθ] Ⅰ n. 锻冶,铁工,铁匠,金属品工人。Ⅱ v. 锻冶。*black* [*iron*] *smith* 锻工,铁匠。*copper smith* 铜作工人。*Smith alloy* 史密斯高温电热线合金。*smith anvil* 锻砧,铁工砧。*Smith triaxial method* 史密斯三轴法(试验沥青混凝土团)。*tin smith* 白铁工。
smithereens ['smiðə'ri:nz] 或 **smithers** ['smiðəz] n. 碎片[屑]。*break into smithereens* 变得粉碎。*smash ... to* [*into*] *smithereens* 把...打得粉碎。
smith'ery ['smiθəri] n. 锻冶(车)间,锻工厂,锻工工作[作业],铁匠活。
smithsonite n. 菱锌矿。
smith' welding n. 锻焊。
smith'y ['smiθi] n. ①锻工(车)间 ②锻工,铁匠。*smithy coal* 锻冶煤。
smit'ten ['smitn] smite 的过去分词。
SMK = smoke 烟(尘,雾)。
SMK GEN = smoke generator 烟(雾)发生器。
SMKLS = smokeless 无烟的。
SMLS = seamless 无缝的。
SMO = stabilized master oscillator 稳定主控振荡器。
smock [smɔk] Ⅰ n. 工作服,罩衫。Ⅱ vt. 给...穿上工作服[罩衫]。
smog [smɔg] n. 烟雾,浓雾。
smog-free a. 无烟雾的。
smog-sensitive a. 对烟雾敏感的。
smokatron n. 烟雾式加速器,电子环加速器。
smoke [smouk] Ⅰ n. ①(煤)烟,烟尘,(烟雾)雾,(水蒸)汽 ②明显的证据,确证 ③无实体[无意义,昙花一现]的东西 ④香[雪茄]烟 ⑤速度。Ⅱ v. ①冒[发]烟,冒(水蒸)汽,弥漫,烧起 ②抽[吸]烟,(烟)熏,以烟驱逐 ③飞速前进。*frost smoke* 霜烟。*sea smoke* 海雾。*smoke ball* [*bomb*] 烟幕弹,发烟弹。*smoke black* 烟黑,烟炱[黑]。*smoke deposition* 烟灰沉积。*smoke flue* 烟道[囱]。*smoke glass* 烟[灰色]玻璃。*smoke helmet* (救火用)防毒面具。*smoke jumper* 空降森林灭火员。*smoke period* (转炉冶炼第三期)棕黄色薄雾时。*smoke* [*smoking*] *room* 吸烟室。*smoke screen* 烟幕。*smoke stack cap* 烟囱帽。*smoked sheet* 烟片(橡胶),烟干生橡胶板。▲ *end* (*up*) *in smoke* 烟消云散,一无结果,化为乌有,不成功。*from* (*the*) *smoke into* (*the*) *smother* 越来越糟。*go up in smoke* 被烧光,无结果,化为乌有,未留下实在或有价值之物。*like smoke* 无阻碍地,迅速地,轻易地。*smoke out* 熏出[死],查[逐]出,使...公诸于世。*There is no smoke without fire*. 无风不起浪。
smoke' bomb n. 烟幕弹,发烟炸弹。
smoke' box n. (汽锅的)烟室[箱]。
smoke' cloud n. 烟云,烟雾。

smoke' consumer 完全燃烧装置。
smoke' curtain n. 烟幕。
smoke-injury n. 烟害。
smoke-laden a. 含煤烟的,充满煤烟的。
smoke' less a. 无烟的。~ly ad.
smoke' making a. (会)产生烟的。
smoke' meter n. 烟尘(测量)计,烟雾指示器,测烟仪。
smoke' projector n. 烟幕放射器。
smo' ker ['smoukə] n. 吸烟者,吸烟室(车)间,熏蒸(烟)器,冒烟的东西,施放烟幕的船只(飞机)。
smokescope n. 烟尘密[浓]度测定器,检烟镜。
smoke' screen n 烟幕。
smoke' stack n. (大)烟囱[道]。
smoke' stone n. 烟晶。
smo' kiness n. 发烟性。
smo' king ['smoukiŋ] Ⅰ n.; a. 冒烟[汽](的),烟熏(的),吸烟(用的)。Ⅱ ad. 冒着蒸汽。*No smoking*! 禁止吸烟! *smoking room* 吸烟室。
smokom' eter n. 烟雾度计,烟尘计。
smo' ky ['smouki] a. 发[冒,多,有烟的,烟雾弥漫的,熏黑的,如烟的,烟色的。*smoky quartz* 烟晶。
smo' kily ad.
smolder = smoulder.
smooch n.; vt. 污迹,弄脏。
smooth [smu:ð] Ⅰ a.; ad. ①光[平,圆]滑(的),平(坦,静,稳)的 ②纯净的,流畅(的) ③适当的,调匀的 ④适当的,极好的。*smooth combustion* 平稳燃烧。*smooth curve* 滑顺[平滑]曲线。*smooth cut* 油光(锉),细纹(锉)。*smooth dowel* 光面铁条榫。*smooth finish* 光面加工,光面修整。*smooth line* 平滑[均匀分布参数]线路。*smooth motion* 平稳运动。*smooth nozzle* 平口喷嘴。*smooth plate* 平钢板。*smooth running* 平稳运转。*smooth to the touch* 摸起来平滑的。▲ (*be*) *in smooth water* 通过难关,风平浪静。*make smooth* 弄平滑,除去障碍。*reach* [*get to*] *smooth water* 冲破难关。*roll* ... *smooth* 把...压平[光]。*run smooth* 进行顺利,顺利进展。*The way is now smooth*. 路修平了,困难扫除了。
Ⅱ v. ①(使)变平滑,(使)变光滑[使顺利,(使)变平静,(使)镇静 ②(使)变缓和 ③把...弄平,(精加工)逸[垫,整,校]平,磨平,锉[擦]光,研磨,修匀[正],平滑 ③滤除[清,波],清除 ④平整(地面)。*smooth away* (*over*)使容易,排除,解决(困难)。*smooth down* 弄平,使(变)平静,消除。*smooth out* 弄平,消除。*smooth the way* (*for*)(为...)铺平道路[排除障碍],使容易(做),便于。
Ⅲ n. ①平滑部分,平地,草坪 ②修光(磨平)的工具,锉。
smooth' bore Ⅰ a. 滑膛的。Ⅱ n. 滑膛炮(炮)。
smooth' en ['smu:ðən] v. = smooth.
smooth' er ['smu:ðə] n. ①整平(修光)工具,整平器,异型墁刀 ②校平(稳定)器 ③平(刮)路机,路面整平机 ④平滑(滤波器 ⑤ (pl.)滑粉,加至润滑剂内的微粒固体润滑物(石墨,石粉等) ⑥整平工人 ⑦角光子。
smooth-faced a. 面光滑的。
smooth' ing n. ①滤除[清,波] ②精加工,粉[慢]光 ③平滑[化],光滑,平稳化,平整,校[修]平 ⑤【数】修匀。*smoothing board* 粉光板,镘板,平滑台。*smoothing choke* (*coil*) 平滑扼流线圈。

smoothing condenser 平流电容器,平滑(滤波)电容器. *smoothing formula* 修匀公式. *smoothing hammer* 平锤. *smoothing iron* 熨斗, 烙铁, 铁镘板. *smoothing plane* (木工) 细刨. *smoothing rolls* 钢板精轧辊.

smooth'ly *ad.* 光(平)滑地, 平稳地, 流畅地. *a well-knit, smoothly functioning unit* 一个配合默契、工作利落的班子.

smooth'ness *n.* 平滑(平整, 平稳)度, 光滑(洁)(度), 流利.

smooth'riding *a.* (可以)平稳行车的.

smooth'running 平稳运转.

smooth'-tread *a.* 无(平)纹的(胎面).

smooth'wheel *a.* 光(平)轮古式.

smote [smout] *smite* 的过去式.

smother ['smʌðə] Ⅰ *v.* ①(使…)窒息(透不过气来), (把…)闷死 ②闷住(火微微燃烧), 闷熄, 熄[灭]火, 无焰燃烧 ③覆盖, 掩蔽, 隐蔽, 压住, 被包住. Ⅱ *n.* ①窒息(状态), 压止, 被抑制状态 ②烟雾(尘), 浓烟(雾,尘), 水(蒸)气 ③杂乱无章. ▲*smother up* 蒙混过去, 掩盖, 含糊了结, 不了了之. *smother M with N* 用 N 把 M 闷住(闷熄, 覆盖).

smothery *a.* 令人窒息的, 闷的.

smoulder ['smouldə] Ⅰ *vi.* 发烟(无焰, 缓慢, 不完全)燃烧, 熏烧, 阴(徐)燃, 闷火(烧), 冒烟. Ⅱ *n.* 文火, 无焰火, 闷烧, (冒)烟.

smouldering *a.*; *n.* 闷烧, 阴燃(无焰, 不完全)燃烧, 低温炼焦(干馏).

SMP = servo meter panel 伺服仪表操纵台.

SMR = ①standard Malaysian rubber 标准马来西亚橡胶 ②status monitoring routine 状态监控程序.

SM&R = source maintenance and recoverability 电源维护和可再生性.

SMS = ① semiconductor-metal-semiconductor (transistor) 半导体-金属-半导体(晶体管) ②ship motion simulator 船只运动模拟器 ③silico-manganese steel 硅锰钢 ④soft machinery steel 软机械(结构)钢 ⑤synchronous meteorological satellite 同步气象卫星.

SMSO = subcontract material sales order 转订合同材料售贷单.

SM-steel *n.* 平炉钢.

SMT = ①somatotrop(h)in 生长激素 ②subminiature tube 超小型电子管.

smudge [smʌdʒ] Ⅰ *n.* ①污点(迹)②(影像)斑点(痕), 斑点, 黑点, 模糊不清的一堆 ③浓(黑)烟. *smudge coal* 天然焦炭. Ⅱ *v.* ①弄(变)脏, 涂(变, 玷)污, 形成污迹 ②涂去, 使模糊 ③烟熏, 使产生浓烟 ④闪光.

smud'gy ['smʌdʒi] *a.* ①弄脏(玷污)了的 ②模糊不清的 ③烟雾弥漫的.

smug [smʌg] *a.* ①自满的, 沾沾自喜的, 自鸣得意的 ②整洁的. *smug calculations* 如意算盘. ▲*get smug about* 变得对…沾沾自喜.～ly *ad.*

smug'gle ['smʌgl] *v.* 走私, 偷(私)运, 夹(偷)带(into, out of).

smug'gler *n.* 走私分子, 走私贩.

smut [smʌt] Ⅰ *n.* ①污物(点, 迹, 斑, 处) ②煤烟(尘), (一点)煤烟, 片状炭黑, 积垢 ③劣(质)煤 ④酸洗残渣, (酸洗过度而附在钢铁表面的)粉状物 ⑤黑穗(粉)病. Ⅱ *v.* (smut'ted; smut'ting) ν. (被煤烟等)弄(变)脏, 弄(变)黑, 污染.

smutch [smʌtʃ] Ⅰ *vt.* 弄脏. Ⅱ *n.* 污点(迹, 物), 煤臭, 尘垢.～y *a.*

smut'ty *a.* 烟污的, 多污物的, 被煤烟弄黑的.

SMW = strategic missile wing 战略导弹联队.

Smyrna *n.* 士麦那(土耳其港口).

SN = ①secundum naturam 自(天)然地 ②serial number 串联数, 编(序列, 顺序)号 ③shipping note 装船(货)通知单, 装运说明(书) ④signal-to-noise ratio 信号-噪声比, 信噪比 ⑤sine of the amplitude 振幅的正弦.

Sn = ①sanitary 卫生(上)的 ②stannum 锡.

sn = (拉丁语) ①*sine nomine* 无名的 ②*secundum naturam* 照自然次序.

S/N = ①serial number 序列号 ②shipping note 装船(货)通知单 ③signal-to-noise ratio 信号-噪声比, 信噪比.

S-N chart = stress-number of cycles chart 应力-循环次数表.

sn code = signal needle code 莫尔斯电码.

SN diagram = stress-number of cycles diagram 应力循环次数图.

snack [snæk] *n.* 小吃, 快餐. *snack bar* 〔counter〕快餐柜(部), 小吃店.

snafu *a.*; *n.*; *vt.* 混乱(的), 无秩序(的), 一团糟(的).

snag [snæg] Ⅰ *n.* 暗礁, 隐患, 枝节, 树桩, 水中隐树, 沉木(树), (隐藏的, 潜伏的)意外困难(障碍) ② (snagged; snagging) *vt.* ①清除困难(障碍) ②清铲, 清除损伤的毛病, 浇口等) ③清除根体 ③粗加工, 粗[扩]磨, 琢磨 ④绊住, 阻碍, 使触礁. *run into snags* 碰钉子. *strike* [hit, come upon] *a snag* 遇障碍, 遇意外困难.

snail [sneil] *n.* 蜗牛, 蜗牛(腹足)类软体动物, 蜗形轮, (耳)蜗. *at a snail's pace* 慢吞吞地, 缓慢地. *the doctrine of trailing behind at a snail's pace* 爬行主义. *snail wheel* 蜗形轮.

snake [sneik] Ⅰ *n.* ①蛇 ②(发亮的)斑点, 钢块玻璃 ③清除管道污垢用铁丝, 拉线钢带. *a.* 蛇形的. *a snake in the grass* 潜伏的危险(敌人), 隐患. *snake bend* 蛇形弯头. *snake hole* 蛇穴形孔, 蛇穴式炮眼. *snake mark* 蛇形斑点(痕迹). Ⅱ *vt.* ①曳(拉, 拖)出(来) ②蛇(形飞)行, 蛇行浮动, 蜿蜒〔迂回〕前进 ③(飞机飞行时)横向振荡 ④(平板玻璃制造过程中)纵向破裂, (轧制平板玻璃时)板幅变动.

snakeholing method 蛇穴(爆破)法.

snake'like *a.* 像蛇的, 蛇形的.

sna'ke(e)y ['sneiki] *a.* 蛇形的, 弯弯曲曲的, 恶毒的, 阴险的.

SNA&ME = Society of Naval Architects and Marine Engineers(美)舰船设计师和造船工程师协会.

snap [snæp] Ⅰ (*snapped*; *snap'ping*) *v.* ①猛地(地)咬住, 抓住(at), 攫获, 争购(up) ②(突然, 啪地)折断, 卡(拉)断 ③(碎裂, 爆裂)开 ④落下, 投(down) ⑤排(放, 流)出(down, out) ⑤搭销(on) ⑥(用快镜)快拍(摄影)(off) ⑦劈拍地(硬地, 格兰地)响 ⑧扣动…的扳机, 急促 ⑨急忙. Ⅱ *n.* ①猛咬 ②(突然)啪的折断)劈啪声 ③紧压, 揿钮(接头), 按(钩)扣, 夹子, 弹性(凸)膜片 ⑤铆头锤, 窝模 ⑥小平台 ⑦快拍(照) ⑧急变, 天气突变, 速动

⑨容易的工作[问题] ⑩少量,一点儿. Ⅲ a. ①急速[突然]的 ②揿扣[钉]的,可咯嗒一声扣住的 ③圆头的 ④极容易的. Ⅳ ad. 咯地一下子,突然. *The door snapped to.* 门啪地一声关上了. *The lock snapped shut.* 锁咯嗒一声锁上了. *air snap* 气动卡规. *bearing race snap* 轴承固定环. *dial snap gauge* 千分表卡规. *rivet(ing) snap* 铆钉模. *snap action* =snap-action. *snap back* = snap-back. *snap coupling* 快速联轴节,自动联结器. *snap die* 铆头压型. *snap fastener* 揿钮,按扣. *snap flask* 装配[可拆,铰链]式砂箱,活砂箱. *snap flask band* 套箱. *snap gauge* [外]卡规. *snap hammer* 铆钉锤,圆边冲平锤. *snap hand jet* 带柄外径气动量规,带柄气动卡规. *snap head bolt [rivet]* 圆头螺栓[铆钉]. *snap hook [link]* [索、链的]弹簧扣. *snap jet* 气动测头[量规]. *snap off diode* 急变[阶断]二极管. *snap ring* 开口环,弹性挡环,扣环. *snap shot* 快[摄]照片,快相[拍]. *snap switch* 瞬动[快动,弹簧]开关. *snap terminal* 弹簧夹,揿钮接头. *snap valve* 速动阀. *snapped rivet* 圆头铆钉. *spring snap ring* [弹簧]开口环. ▲*in a snap* 立即,马上. *snap at the chance* 抓住好机会. *snap M off* 把 M 突然折断,给 M 拍快照.

SNAP =①space nuclear auxiliary power 空间核辅助能源,航天核辅助动力 ②subsystem for nuclear auxiliary power [航天]核辅助动力子系统 ③systems for nuclear auxiliary power 核辅助能[电]源系统,核辅助电力系统.

snap-action *n.*; *a.* 咔[闪]动作(的),速动(的),快速,迅速的,瞬间[时]作用.

snap'-back *a.* 快反向,急速[变]返回.

snap-bolt *n.* 自动门闩.

snap-close *a.* 锁扣,卡锁.

snap-down *n.* 排[跌,流]出.

snapflask mould 脱箱造型.

snap-in cover 快速压紧盖.

snap-lever *a.* 弹簧盖的.

snaplock *n.* 弹簧锁.

snap-on *a.* 搭锁的,可咯嗒一声盖住的.

snap'out *n.* 排[放,流]出.

snapped *a.* 圆头的. *snapped rivet* 圆头铆钉.

snap'per ['snæpə] *n.* ①揿钮,按扣,瞬动咬合器 ②抓(式采)泥器,抓(式取)样器 ③拍快照者.

snap'ping ['snæpiŋ] *ad.* 显著地,非常地,强烈地.

snap'pish *a.* 急躁的.

snap'py *a.* ①快的,有力的,干脆的,直截了当的 ②咔嚓的③发劈啪声的. **snappily** *ad.*

snap'ring *n.* 开口环.

snap'shoot *vt.* 快镜拍摄.

snap'shot ['snæpʃɔt] Ⅰ *n.* ①急[乱]射 ②快照 ③一晃眼 ④【计】抽点打印. Ⅱ *v.* 快镜拍摄,抢拍快照. *snapshot dump* 【计】抽点打印. *snapshot program* 【计】抽(点打)印程序. ▲*take a snapshot of* 给…拍快照.

snap'-top *a.* 有弹簧盖头的.

snap'-up *a.* 锁键[卡锁]调节式.

snare [snɛə] Ⅰ *n.* 圈套,罗网,陷阱. Ⅱ *v.* (用圈套)捕捉,陷害. *fall into a snare* 落入圈套[陷阱].

snarl [snɑːl] Ⅰ *v.* ①咆哮 ②弄[缠]乱,为难 ③(在金属薄片上)打出浮雕花纹. *snarl a once simple problem* 把一个原来很简单的问题弄得复杂不堪. *snarled skein* 杂乱的工作.
Ⅱ *n.* 缠结,纠缠,混乱. *a snarl of facts* 一堆混乱的事实罗列,一堆漫无头绪的事实. *snarl test* 线材反复缠绕试验.

snatch [snætʃ] *v.*; *n.* ①抢去,抓住,攫取 (at) ②(趁机)搞到,迅速获得 ③小(破)片 ④片刻,片断,一阵子 (of). *snatch at an offer* 立即接受建议. *snatch at the chance (of)* 抓住(…)机会. *snatch block* 紧线[绳]滑轮,开口[凹口]滑车. ▲*by [in] snatches* 断断续续地.

snatchy ['snætʃi] *a.* 断断续续的,不连贯的. **snatchily** *ad.*

SNB= sudden burst of solar radio noise 太阳射电干扰突变脉冲,太阳射电噪声突发脉冲.

SNBRN = Sanborn recorder A₁雷达员训练设备记录装置.

SND =①selected natural diamond 精选天然金刚石 ②sound 声音,音色.

SND/PLG =sandwich plug(s) 夹层插头.

sneak [sniːk] Ⅰ *v.* ①潜行(入),偷偷地走[做] ②隐藏[藏] ③填石缝. Ⅱ *n.* 潜行. *a.* 暗中进行的,突如其来的,寄生的. *sneak attack* 突然袭击. *sneak in* 渐显,渗入. *sneak landing* 偷袭登陆. *sneak out* 渐隐,淡出. *sneak (out) current* 潜行[寄生]电流. *sneak path* 潜通路. ▲*on the sneak* 偷偷地,秘密地. *sneak out of* 偷偷地逃避.

sneak'ing 或 **sneak'y** *a.* 偷偷摸摸的,鬼鬼祟祟的.

sneak-off *n.* 潜出.

sneak-on *n.* 潜入.

sneak-raid *n.* 偷袭(袭炸).

snecked *a.* 用乱石砌筑的. *snecked rubble* 杂乱毛石.

sneer [sniə] *vi.*; *n.* 嘲笑,讥笑,蔑视. ~ing a. ~ingly *ad.*

sneeze [sniːz] *n.*; *vi.* (打)喷嚏. ▲*be not to be sneezed at* 不可轻视,相当不错,尚过得去,值得考虑.

snell *a.* 厉害的,锐利的,刺骨的.

Snell's law 斯涅耳折射定律.

snib [snib] Ⅰ *n.* 闩,插销,门[窗]钩. Ⅱ (*snibbed*; *snib'bing*) *vt.* 闩(门),插上插销.

snick[1] [snik] Ⅰ *n.* 刻痕. Ⅱ *vt.* 刻细痕,稍稍割开.

snick[2] [snik] *n.*; *v.* =click.

snide [snaid] *a.* ①假的,伪造的 ②低劣的 ③不诚实的 ④伪钞币,假珠宝.

sniff [snif] *v.*; *n.* ①(用鼻子)吸 (up),吸气,呼吸 ②嗅(出),觉察出 (up),闻 (at) ③蔑视 (at). *Take a sniff at everything and distinguish the good from the bad.* 对于任何东西都要用鼻子嗅一嗅,鉴别其好坏.

snif'fer ['snifə] *n.* ①检漏头,(真空)检漏器,吸气[压强]探针,取样器 ②自动投掷雷达(站). *sniffer probe* 吸气[取样]探针. *sniffer tube* 吸气[取样]管.

snift *v.* 吸入(空气),吸气,取样. *snift probe* 取样[吸

snift'er n. 自动充气器.

气〕探针. **snift(ing) valve** 吸气〔排气,取样〕阀.

snip [snip] Ⅰ (**snipped**; **snip'ping**) v. 剪(断,片,去)①(off). Ⅱ n. ①剪切小片[小块]②(剪下的)片断③一份,(一)剪④(pl.)剪(刀),铁丝[平头]剪,铁子. **bench snips** 台剪. **bulldog snips** 手柄带指环的剪刀. **circular snips** 圆剪. **combination snips** 带回联杆的剪刀. **curved blades snips** 弯刃剪. **go snips** 均分. **hawkbill snips** 曲刃剪. **straight snips** 平剪,直剪.

snipe [snaip] v. 狙〔伏〕击,远〔暗〕射(at),诽谤.

sni'per ['snaipə] n. 狙击手.

sni'perscope n. (利用红外线的)夜间瞄准镜,红外线(步枪)瞄准镜.

snip'pers n. 手钳,剪切机.

snip'pet ['snipit] n. (切下的)小片,小部分,(pl.)片断,摘录.

snip'pety a. 由片断组成的,零碎的.

snip'ping n. 下剪的小片.

SNL =①standard nomenclature list 标准术语表,标准名词册 ②stock not listed 单内未列入的存货.

snob [snɔb] n. 势利小人.

snob'bery ['snɔbəri] n. 势利,(pl.)势利言行. **snobbish** a. **snobbishness** n.

Sno-Cat ['snoukæt] n. (供雪地行驶的)履带式车辆.

snooker vt. 挫败,阻挠,把…置于困境.

snoop [snu:p] vi.; n. 窥探,探听(at)②飞机起落时监听〔飞机上识别电台的机场接收机〕的响声.

snoop'er ['snu:pə] n. ①探听〔窥探〕者②装有雷达的(侦察)飞机. **snooper scope** =snooperscope.

snoop'erscope ['snu:pəskoup] n. (利用红外线原理的)夜望镜,夜视器②夜间探测器〔暗视器〕. **snooperscope spectrometer** 红外线潜望器分光计;暗视器分光计.

snoot [snu:t] Ⅰ n. ①鼻,脸②喷嘴〔口〕,小孔〔弹翼〕前缘④限制(光束的)光阑. Ⅱ vt. 瞧不起,讥笑.

snooze [snu:z] vi.; n. 打盹,小睡,消磨(时间).

snore [snɔ:] vi. n. 打鼾,鼾声,通气孔.

snor'kel ['snɔ:kəl] n. (潜艇)通气管,(救火车上的)液压起重机. vi. 用通气管潜航.

snort [snɔ:t] v.; n. ①鼻息②放汽〔风〕,吸入,(发)喷汽声,(潜艇)通气管.

snort'er ['snɔ:tə] n. 极大〔不寻常〕的东西,强〔暴〕风. *This problem is a real snorter.* 这问题真是棘手.

snot [snɔt] n. 鼻涕.

snot'ter n. 钢铸件中的夹杂物,(黄白色)氧化铈夹杂物,鼻涕状夹杂.

snout [snaut] n. 口(鼻部),(喷)嘴,喷口,进口锥体,船首〔八〕头部.

snow [snou] Ⅰ n. ①雪②下雪,积雪③雪状物,(电视,雷达屏幕图像上出现的)雪花效应,雪花干〔噪〕扰. *a heavy fall of snow* 下大雪. *roads deep in snow* 积雪很深的道路. **snow blower** 吹雪机,螺桨式除雪机. **snow clearer** 铲雪车. **snow fed river** 融雪补给的河流. **snow gauge** 雪量(测雪)计,量雪器,雪地. **snow level** (雪花)噪声电平,噪声地. **snow limit [line]** 雪线. **snow slide [slip]** 雪崩. **snow storm** 雪暴,暴风雪,"雪花"干扰. **snow sweeper** 扫雪机. **snow tire** 雪地用汽车轮胎.

Ⅱ v. 下(降)雪,被雪封住,用雪覆盖,雪一般地下,大量来到,似雪片下来. ▲**be snowed in** [up, over]被大雪封住(阻住). **be snowed under** 埋在雪里,被压倒.

snow'ball ['snoubɔ:l] Ⅰ n. 雪球. Ⅱ v. 滚雪球,(像雪球似地)迅速增长,蓬勃发展. **snowballing process** 滚雪球式(急剧扩大)过程.

snow'berg n. 雪山,覆冰山.

snow'blind a. 雪盲的. ~**ness** n. 雪盲(症).

snow'bound ['snoubaund] a. 被雪封[围,困]住的.

snow'breaker n. 除雪机.

snowbroth n. 融雪,雪水.

snow'capped ['snoukæpt] 或 **snow'clad** 或 **snow'covered** a. 盖着雪的,为雪所覆盖的.

snow'drift ['snoudrift] n. 吹雪,(被风收集的)雪堆. **snowdrift control** 防止雪堆的措施. **snowdrift site** 堆雪场,吹集的雪堆.

snow'fall ['snoufɔ:l] n. 降雪(量),下雪.

snow'flake ['snoufleik] n. 雪花[片],(pl.)【冶】白点,发爆;投掷反射带的导弹,反射带投掷弹.

snow'(-)gauge n. 量雪器,雪样收集器.

snow'mobile ['snoumɔbi:l] n. 摩托雪橇,履带式雪上汽车.

snow'pack n. (以融雪水供溉漑、发电用的)积雪场.

snow'plough 或 **snow'plow** n. 雪犁,扫(犁)雪机.

snow'scape n. 雪景.

snow'-shovel n. 雪铲.

snow'slide 或 **snow'slip** n. 雪崩.

snow'storm ['snoustɔ:m] n. ①雪暴,暴风雪②屏幕图像出现的雪花干扰.

snow'-white ['snou'hwait] a. 雪白的.

snow'y ['snoui] a. (下,多,盖,积)雪的,雪白的.

SNPR =screen print 网板(丝幕)印刷.

SNR =signal-to-noise ratio 信(号)-噪(声)比.

SNSE =Society of Nuclear Scientists and Engineers 核能科学家和工程师学会.

snsl =stock number sequence list 存货编号顺序单.

SNSR/S =sensor(s)传感器,敏感元件.

snub [snʌb] Ⅰ (**snubbed**; **snub'bing**) vt.; Ⅱ n. ①斥责,冷落,息慢②突然制止(使停住)③冲击吸收,缓冲. ▲**snugly**. ~**ness** n.

snub'ber ['snʌbə] n. ①缓冲〔减振,阻尼〕器,减声〔消声〕器,锚链制止器②掏槽眼③拒绝〔斥责〕者.

snuff [snʌf] Ⅰ n. ①烛〔灯〕花②鼻烟. ▲**up to snuff** 精明的,不易受骗的,正常的,符合标准的,有效力的,方位的.

Ⅱ vt. 剪烛花[灯花]②嗅,闻,吸. ▲**snuff out** 熄(消)灭,弄塌,打断,使消失.

snuf'fle ['snʌfl] v.; n. 嗅,闻,用鼻呼吸,鼻音②放风.

snug [snʌɡ] Ⅰ a. ①整洁[齐]的,温暖舒适的,不受风寒侵袭的,(小而)安排适当的,少而足够的,紧贴(合身)的②隐藏的,隐蔽的③适于航海的,建造(保养)良好的. ad. =snugly. ~**ness** n.

Ⅱ (**snugged**; **snug'ging**) v. ①使整洁,使(温暖)舒适②使作好防风暴袭击的准备(down)③隐藏.

Ⅲ n. 承座,(前)凸部. **snug fit** 密配合. ▲**as snug as a bug in a rug** 非常舒适.

snug'gery n. 温暖舒适的地方.

snug'ly ['snʌgli] *ad.* ①整洁地,温暖舒适地 ②尚可地 ③适于航海.

SNW =strategic nuclear weapon 战略核武器.

so [sou] *ad.*; *pron.*; *conj.* ①如此,这么,这样,那么,那样. *Is it so?* 是这样吗? *How so?* 怎么会那样呢? *It is practical to do so.* 这样做是实际的. *By so doing, incidents are avoided altogether.* 这样做就完全避免了出事故. *F is (not) so great a force.* F 是这么大(不怎么大)的一个力. *Copper is not so hard as iron is.* 铜不像铁那么硬. *This machine does not run so smoothly as that one.* 这部机器并不像那部运转得那么平稳. *Extra high-pressure conductors shall be so placed or protected as adequately to prevent danger.* 超高压线应安放或保护得足以防止出事. ②同样(也),也. *M is negative and so is N.* M 是负的,N 也是. *M increases slowly, and so does N.* M 慢慢增大,N 也如此. *As X is to Y, so Y is to Z.* Y 与 Z 的关系正如 X 与 Y 的关系一样. *Just as with lengths and weights, so also do we need a standard of time.* 正象对长度和重量(要有个标准)一样,我们同样也需要一个时间标准. *It is recommended to drive a new car before you put it into use.* 新车在正式使用前最好先试开一下,对新机器也如此. ③大约,左右,诸如此类. *in an hour or so* 在大约一小时内. *10, 25, 100 and so on* 10, 25, 100,等等. ④非常,很,极,的确,确实. ⑤因此,于是,那么,所以. *Such tubes are fragile, so use them carefully.* 这种管子易碎,因此用起来要当心. *Finish this so (that) you can start the next.* 把这个做完,好开始下一个.

▲**and so** 因此,从而,同样(也). **and so on [forth]** 等等,依此类推. **(and) so with** 对…也是一样. **as…, so…** 正如…一样,…也. **be (it) ever so…** 虽然(它)是如此. **ever so** 非常,很. **except in so far as = except insofar as** 除非,除去. **go so far as to + inf.** 甚至. **if so** 如果是这样的话. **in doing so 或 in so doing** 这样做时,这样一来,在这种情况下. **in so far as** 就…来说,至于;在…范围内,到…的程度;因为,由于. **in so far as possible** 尽可能地. **in so much as = insomuch as** 由于,因为,既然. **in so much that = insomuch that** 到…的程度以致,因此. **just so** 正是如此. **not so N as M 或 not so N as M** 不像 N 那样 M. **not so…as all that** 不那么,不很. **not so much M as N** 与其说是 M 不如说是 N. **not so much as** 甚至于不. **not so much M as N** 与其说是 M 不如说是 N. **or so(一公斤)上下,大约. *quite so* 正是如此,的确是这样,很对. **so and so 某某,如此这般. **so and so only** 只有这样(才). **so as** 为是,倘若,条件是,为的是,使得. **so … as to + inf.** 如此之…以致,到…的程度,…得(足)以. **so as to + inf.** 以便,以致,为的是,结果是.就是那样吧,听其如此. **so called** 所谓的,通常所说的. **so far** 迄今,至此,到目前为止,就此范围[程度]说来. **so far as** 远至,到…为止,…而论,据. **(so far) as concerns** 就…而论,至于. **so far as … goes** 就…而论. **so far from** 决不是,绝非,非但不. **So long!** 再见! **so long as** 只要. **so many** 那么多(的),若干. **so much** 这么多(的),就是这么些,到这程度. **so much for** (关于)…就到此为止,…就是这些. **so much so that** 到这程度以致. **so much the better** (那就)更好(了). **so much the worse** 更坏. **so soon as** …就,刚…便. **so so** 也过得去,不过如此,马马虎虎,普普通通. **so that** 为了,为的是,以便,因此,结果是. **so that = so …that** 如此…以致(以使),如此,…以致. **so then** 所以,原来如此. **so to speak [say]** (插入语)可(以)说(是),可谓,如同,好比,打个譬喻说. **without so much as + ing** 甚至于不.

SO = ①sales order 销售定单 ②shipping order 装货(通知)单 ③shop order 工厂定单 ④slow operating 缓慢运转,缓动 ⑤sneak out 渐隐,淡出 ⑥special order 特殊[专门]定制,特别定货[命令] ⑦stop order 停机指令 ⑧sub-office 分局[所],分(理)处 ⑨supply officer 供应人员 ⑩system override 系统过载,系统超越控制,系统人工代用装置.

SO = ①south 南(方) ②southern 南(方).

S-O = shut off 关闭,切断.

SO cable 三角断面电缆.

SO VLV = shut-off valve 截流[止]阀.

SOA = ①speed of advance 前进速率[度] ②state-of-the-art 工艺现状[水平].

soak [souk] *v.*; *n.* ①浸(水,液,饱,透),泡,(浸)渍,弄湿 ②吸收(入),掺入 ③保温时间,徐热,加热,均热,烘热 ④对…进行长时间热处理,热泡,暖浸 ⑤设备的环境适应(例如温度,湿度等) ⑥裂化. *cold soak* 设备的低温适应. *soak current* 吸收[透取]电流. *"soak" test* "饱和"试验(机械设备等总装后交货前进行调试,老化试验等详细的性能测试). *soaking downpour* 滂沱大雨. *soaking out* 对(金属)进行长时间热处理,长时间暖机. *soaking period* (试样的)浸(饱)水期. *soaking pit* [furnace] 均热炉. ▲**soak in** 吸(渗)入,(电容器)电荷渐增. **soak into** 渗[浸]进. **soak oneself in** 埋头研究. **soak out** 浸掉[出],漏电,剩余放电. **soak through** 渗透. **soak up** (全部)吸收.

soak'age ['soukidʒ] *n.* ①浸(渍,透,量),浸湿(性),浸透(量),吸入量 ②电容器的静电荷[充电量] ③均热.

soak'away *n.* 渗滤坑.

soak'er ['soukə] *n.* ①大雨 ②加热炉 ③浸洗机 ④浸渍剂[者] ⑤(石油)裂化反应室.

soaking-in *n.* 吸(渗)入,电荷透入,电容器充电,电容器电荷渐增.

soaking-out *n.* 浸掉[出],漏泄,漏电,剩余放电.

so'-and-so ['souəndsou] *n.*; *ad.* 某某,如此这般;讨厌的家伙.

soap [soup] Ⅰ *n.* 肥皂,脂肪酸盐. *soft soap* 软(钾)皂. *soap bubble leak detection* 皂泡检漏. *soap emulsion* 皂质乳液. *soaps* 四分之一砖.
Ⅱ *vt.* (用肥)皂洗,擦上肥皂(down).

SOAP = symbolic optimal [optimum] assembly [assemble] program(ming) 符号(的)最优汇编程序.

soap'-bubble *n.* 肥皂泡.

soap-filled *a.* 灌皂的.

soap′film *n.* 皂膜,薄膜. *soapfilm analog* 皂膜模〔比〕拟,薄膜比拟.

soap′flakes *n.* (肥)皂片.

soap′less *a.* 无肥皂的;肮脏的,未洗的.

soap′stone [′soupstoun] *n.* 皂石,滑石.

soap′suds [′soupsʌdz] *n.* (起肥皂泡的)肥皂水,肥皂水上的泡沫. *soapsuds method* 皂液法.

soap′-treated *a.* 用肥皂处理过的.

soap′y [′soupi] *a.* 像肥皂样的,肥皂质的,涂有肥皂的,滑腻的. *soapy feeling* 腻滑感. **soap′ily** *ad.*

soar [sɔː] *vi.* ①翱翔,滑翔,高飞,飞到 ②急〔猛,骤〕增,高涨 ③耸立,屹立 ④高飞范围,高涨程度,耸立高度. ▲*soar to* 急增到;高飞到.

soar′er [′sɔərə] *n.* (高空)滑翔机.

soar′ing [′sɔːriŋ] *n.*, *a.* 翱翔〔飞的〕(的),高耸的,翻然欲飞的;高涨的. *soaring flight* 高空(滑翔)飞行. *soaring revolutionary drive* 冲天的革命干劲. ~**ly** *ad.*

SOAV =solenoid operated air valve 电磁〔螺线管〕操纵空气阀.

sob [sɔb] *v.*; *n.* 呜咽. ~**bingly** *ad.*

SOB =space orbital bomber 空间(航天)轨道轰炸机.

so′ber [′soubə] Ⅰ *a.* ①适度的,合理的,严肃的,认真的,冷静的 ②不夸大的,不歪曲的 ③朴素的. Ⅱ *v.* (使)变严肃(认真)的,(使)冷静(down),(使)变清醒(up, off). *sober colours* 素色. *sober truth* 没有夸大的事实真相. ▲*be in sober earnest* 非常严肃认真的. *in one's sober senses* 冷静〔沉着〕地. *in sober fact* 事实上. ~**ly** *ad.*

so′berize *vt.* 使冷静,使严肃.

sobrerol *n.* 水合藁脑.

sobri′ety [sou′braiəti] *n.* 严肃,认真,冷静,清醒.

SOC =①socket 塞孔,管底〔脚,座〕②start of conversion 转换(反转)起始.

Soc =society 协会.

so-called [′souˈkɔːld] *a.* 所谓的,通常所说的.

soc′cer [′sɔkə] *n.* 英式足球.

SOCF =spacecraft operations and checkout facility 宇宙[飞船]操作和检验设施.

so′ciable *a.* 爱交际的,社交性的.

so′cial [′souʃəl] *a.* ①社会(上,性)的,群居的 ②好交际的,社交的,联谊的,有礼貌的. *social being* 社会存在. *social practice* 社会实践. *social service* 社会公益服务(资本主义社会掩盖其剥削本质的一种所谓慈善事业).

social-chauvinism *n.* 社会沙文主义.

social-fascism *n.* 社会法西斯主义.

social-imperialism *n.* 社会帝国主义.

so′cialism [′souʃəlizm] *n.* 社会主义.

so′cialist [′souʃəlist] Ⅰ *n.* 社会主义者. Ⅱ *a.* 社会主义的.

socialis′tic *a.* 社会主义(者)的.

socialist-minded *a.* 有社会主义觉悟的.

so′cialize [′souʃəlaiz] *vt.* 使社会(主义)化,使公有,使变为公共管理,使适合社会需要. *socialized medicine* 公费医疗制. **socializa′tion** *n.*

socia′tion *n.* 基群丛,小社会.

socies′tion *n.* 演替系列组成.

soci′etal [sə′saiətəl] *a.* 社会的.

soci′ety [sə′saiəti] *n.* ①社会(团体) ②交际,交往,社交界 ③协[学]会,学术团体,公司,会,社 ④生物群集,群落,畜群. *communist society* 共产主义社会. *Physical Society* 物理学会. *Red Cross Society of China* 中国红十字会.

so′cioeconom′ic *a.* 社会经济(学)的.

sociolog′ic(al) [ˌsousiə′lɔdʒik(l)] *a.* 社会学的,社会问题的.

sociol′ogy [ˌsousi′ɔlədʒi] *n.* 社会学.

so′ciopolit′ical *a.* 社会政治的.

sock [sɔk] Ⅰ *n.* ①软的保护套 ②短袜 ③打〔猛〕击,猛撞,力量. Ⅱ *vt.* 打〔猛〕击,抛掷. Ⅲ *a.* 有力的,非常成功的. Ⅳ *ad.* 沉重地,正(着地),不偏不倚地. *plastic sock* 塑料防护软管. *wind sock* 风向袋. ▲*sock in* 关闭…不许飞机起落,阻止…飞行.

sock′et [′sɔkit] Ⅰ *n.* ①(插,管,灯,止推)座,插(灯)口 ②承窝(口),槽,臼,窝(插,轴)孔,穴 ③(管)套〔匣〕,穿线环. Ⅱ *vt.* 插(入),套(接),给…配插座〔承窝〕,把…装入插座〔承窝〕. *ball socket* 球窝. *bayonet socket* 卡口插座. *cushion socket* 弹簧插座. *deep socket wrench* 长套管型套筒扳手. *drill socket* (钻头)变径套,钻套. *magnal socket* 十一管座. *octal socket* 八脚管座. *plug socket* 塞孔,插座,闸口. *rod socket* 杆插销,棒插座. *screw socket* 螺口插座(灯座). *socket adapter* 灯座(管座)接合器,插座转接器. *socket and spigot joint* 窝接,插承〔筒〕接合. *socket bend* 管节〔接〕弯头. *socket cup* 浇瓢,浇注勺. *socket joint* 窝接, *socket head cap screw* 内六角螺钉. *socket joint* 球窝接合. *socket of jack* 塞孔环,塞孔套管. *socket of the sweeping table*【铸】车板架轴座. *socket pipe* 套接〔承口〕管,套管. *socket power* 插座〔电源,(通过插销)外接电源的. *socket ring* 插〔套〕环. *socket scoop* 长柄浇注勺. *socket screw* 凹头〔承窝〕螺钉. *socket spanner* [wrench] 套筒扳手. *tube socket* 管座. *universal socket* 万向节座.

soc′le [′sɔkl] *n.* ①管底,(管,座)②座(石),支架,台脚. *column socle* 柱基座.

SOCOM =solar communications system 太阳(美国研究火箭)通讯系统.

SOCP =satellite orbital control plan 卫星轨道控制计划.

SOCR =special operational contract requirements 特殊业务合同要求.

sod [sɔd] *n.* ①草地(皮,泥) ②故乡,本国. Ⅱ (**sod′ded**; **sod′ding**) *vt.* 铺草皮于,覆以草泥. *sod swale* 草地. *sod revetment* 草皮铺面(护披). ▲*the old sod* 故乡,本国.

SOD =sell-off date 处理存货日期.

Sod =sodium 钠.

so′da [′soudə] *n.* ①苏打,(纯,钠)碱,碳酸钠,碳酸氢钠,小苏打 ②氢氧化钠 ③氧化钠 ④化合物中的钠 ⑤汽水,苏打水. *caustic soda* 苛性钠,氢氧化钠,烧碱. *free soda* 游离碱. *soda ash* 苏打灰〔灰〕,纯碱〔粉〕,纯碱,无水碳酸钠,无水苏打. *soda glass* 钠玻璃. *soda lime glass* 钠钙玻璃. *soda niter* 钠硝石〔即智利硝石〕. *soda water* 苏打〔碳酸钠〕水溶液,汽水. *washing soda* 晶〔洗濯〕碱.

soda-ash =soda ash.
soda-baryta glass 钠钡玻璃.
soda-catapleiite n. 多钠锆石.
soda-lime ['soudəlaim] n. 碱石灰.
sodalite n. 方钠石.
sodalumite n. 钠明矾.
sodalye n. 氢氧化钠,苛性钠.
sodamide n. 氨基〔化〕钠.
sodar n. (用声波研究大气的仪器)声雷达.
soda'tion n. 碳酸钠去垢(法).
sod'den ['sɔdn] Ⅰ a. 水浸〔渍〕的,浸润〔透〕的. Ⅱ vt. 浸(透),泡,弄湿. ~ly ad. ~ness n.
sod'dy ['sɔdi] a. (覆以)草皮的.
sodd(y)ite n. 硅铀矿.
Soderberg cell 连续自焙阳极电解槽.
sodion n. 钠离子.
so'dium ['soudjəm] n. 【化】钠 Na. *sodium bicarbonate* 碳酸氢钠,小苏打,(水玻璃砂过吹后的)白霜. *sodium carbonate* 碳酸钠,纯碱. *sodium chloride* 氯化钠,食盐. *sodium hydroxide* 氢氧化钠,苛性钠,烧碱. *sodium silicate* 硅酸钠,水玻璃. *sodium sulphate* 硫酸钠,芒硝 (Na₂SO₄).
sodium-ionized a. 钠离子化的.
sodium-potassium exchange pump 钠钾交换泵.
sodium-silicate cement 硅酸钠〔水玻璃〕胶结料.
sodium-soap grease 钠皂(基)润滑脂.
sodium-vapo(u)r lamp 〔light〕钠光灯,钠(蒸)气灯.
soedomycin n. 添田霉素.
soev'er [sou'evə] ad. ①无论 ②任何,不论何种. *have no rest soever* 毫无休息.
so'fa ['soufə] n. (长)沙发. *sofa bed* 坐卧两用沙发.
SOFAR 或 **sofar** == sounding finding [fixing] and ranging (声波水下远距离定位的海岸测音设备)声发,水中测音器,声波测位和测距.
sof'fit ['sɔfit] n. (拱)腹,下端,(楼梯,柱上楣的)下部,背面,拱内面. *soffit level* 拱腹标高. *soffit of girder* 梁腹. *soffit scaffolding* 砌拱支架,拱腹架.
So'fia ['soufiə] n. 索非亚(保加利亚首都).
soft [sɔft] Ⅰ a. ①(柔)软的,硬度低的,软性〔式,水〕的,塑〔挠〕性的,含酒精的 ②柔温和的,平静的,适度的,(表面)光滑的,坡度小的 ③(轮廓)模糊的 ④(金属等的)半流动状态的 ⑤纸币的 ⑥(导弹发射场等)无掩蔽易受攻击的,不防原子的. Ⅱ n. 柔软的东西,柔软部分. Ⅲ ad. 柔软,柔和,平静地. *soft breakdown* 软性击穿〔破坏〕. *soft breeze* 和风. *soft burning* 轻烧. *soft clamp* 掐压软化,柔性电平箝位. *soft coal* 烟煤. *soft cook* 蒸煮不足. *soft currency* 软通货,软币. *soft fire* 文火. *soft glass* 软玻璃. *soft goods* 纺织品. *soft grit* (金属表面喷射加工用)软质颗粒(如稻皮,核桃壳等). *soft iron* 软铁,熟铁. *soft jaw chuck* 钳〔软钢〕卡爪卡盘. *soft landing* 软着陆. *soft metal* 软金属,轴承用减摩合金. *soft money* 纸币. *soft packing* 柔软填料,柔软填密件. *soft science* 软性科学. *soft shower* 软簇射,软流. *soft slope* 平坦的斜坡. *soft soap* 软(钾)肥皂,半液体皂. *soft solder* 软焊料. *soft solder flux* 软(助)焊剂. *soft spot* 模糊光点,松软地点;弱点,软弱不振的企业. *soft steel* 软(低碳)钢. *soft temper* 软化回火. *soft tube* 柔软性(电子)管. *soft water* 软水. *soft wind* 和风. *soft work* [job]轻松的工作. *soft x-ray* 软(性)X射线.

soft-drawn a. 软拔〔拉,抽〕的.
soft'en ['sɔfn] v. ①软化,使〔弄,变〕软,使〔变〕弱,缓和,减轻,使〔变〕柔和,使〔变〕安稳 ②真空 恶化,漏气 ③低温处理,退火,(粗铅除砷等)精炼. *black softened* 初(黑)退火的. ▲*soften up*(借炮击,轰炸)使(敌人)软化,削弱…的抵抗能力.
soft'ener n. 软化剂〔炉〕,(硬水)软化器,增塑剂,垫木,垫衬.
soft'ening n. 软化,变软,减弱,塑性化,增塑. *softening of water* 硬水软化. *softening point* 软化点.
soft'ish a. (柔)软的,有点软的,有点柔和的.
soft-land v. (使)软着陆.
soft-lander n. 软着陆装置.
soft'ly ad. 柔软地,轻轻〔静静〕地. *softly cemented* 轻微结合的.
soft'ness ['sɔftnis] n. ①柔软(度,性),软化度 ②柔和,软(柔)弱 ③真空恶化程度,漏气度. *dead softness* 极软. *softness number* 软化度. *softness value* 软化值(度).
soft-sized paper 吸水纸.
soft-solder n. 软(助)焊剂.
soft'tin n. 软易熔料.
soft'ware ['sɔftwɛə] n. ①设计计算方法,方案②【计】软件,软设备,程序(系统,设备),程序设计方法,程序编排手段 ③语言设备.
soft'wood ['sɔftwud] n. 软(木)材,针叶树.
SOG =same output gate 同一输出门.
sogasoid n. 固气溶胶.
SOGESTA =Research and Training Centre of the Italian National Hydrocarbons Agency 意大利石油烃机构研究和训练中心.
sog'gy ['sɔgi] a. ①潮湿的,湿(润,透)的,浸水的 ②未烘透的.
sogicon n. 注入式半导体振荡器.
soi-disant [swadizɑ̃] (法语) a. 自称〔命〕的,所谓的,冒充的.
soil [sɔil] Ⅰ n. ①土(壤,地,质),地面,温床 ②国土,国家 ③脏东西,污物〔秽〕,点,现 ④粪水,肥料. Ⅱ v. 弄脏(污),变脏(污),污染. *on foreign soil* 在外国. *one's native* 〔parent〕 *soil* 故乡,祖国. *soil amendment* 土壤改良(剂). *soil auger* 螺旋取土钻. *soil bearing capacity* 土壤承载能力. *soil blister* 土(冻)胀. *soil concrete* 掺土混凝土. *soil mechanics* 土(壤)力学. *soil mortar* 泥灰(砂)浆. *soil pattern* [sample, specimen]土样. *soil science* 土壤学. *soil slip* 滑坡,坍方. *water and soil conservation* 水土保持. *water loss and soil erosion* 水土流失.
soil'age n. 弄脏,肮脏,污秽.
soil-aggregate n. 集料(碎石,骨料)土.
soil-asphalt n. 地沥青土.

soil-bitumen n. 沥青(稳定)土.
soil-bound a. 土结的.
soil-cement n. 水泥(稳定)土.
soil-erosion n. 水土流失,土蚀.
soil-flow n. 泥流.
soil-footing contact 土基接触面.
soil-lime n. 石灰土.
soil-lime-pozzolan n. 火山灰石灰土.
soil-pipe n. 污水管,粪管.
soil-stripping shovel (矿山)表土层剥离铲.
soil-survey map 土质调查图.
sojourn ['sɔdʒən] vi.; n. 旅居,逗留(with, in, at). *so journ time*(气体分子在表面)停留时间.
SOJUSDORNll 全苏道路科学研究院.
sol [sɔl] n. 溶(液)胶,溶液,胶体悬浮液. *sol particles* 溶胶粒子.
SOL =①solar 太阳的 ②solenoid 螺线管,电磁(圆筒形)线圈.
sol =①soluble 可溶的,溶解的 ②solution 溶液.
sola draft 单张汇票.
sol'ace ['sɔləs] n.; v. 安慰,慰藉.
solanain n. 茄蛋白酶.
solanidin(e) n. 茄定.
solanine n. 茄碱,龙葵碱.
solanocapsidine n. 茄辣椒定.
sola'num n. 茄,〔S-〕茄属.
solaode n. 太阳(能)电池.
so'lar ['soulə] a. 太阳的,日光的. *solar activity* 太阳活动(性). *solar battery* 〔*cell*〕太阳(能)电池. *solar corpuscular* 太阳微粒. *solar distillation process* 太阳热蒸馏法. *solar eclipse* 日蚀. *solar evaporation* 曝晒蒸发. *solar furnace* 太阳能炉. *solar generator* 太阳能发电机. *solar oil* 太阳(日光,索拉)油. *solar panel* 太阳电池板. *solar spectrum* 太阳光谱. *solar spot* 太阳黑点,日蚀,太阳聚光灯. *solar spot light* 太阳聚光灯. *solar stream* 太阳微粒流. *solar system* 太阳系. *solar telephone* 太阳能电话. *solar terms* 节气. *solar tide* 日〔太阳〕潮.
solarim'eter n. 日射(总量)表,太阳能测量计.
sola'rium [sou'lεəriəm] (pl. *solaria*) n. 日光浴室.
solariza'tion [souləraɪ'zeɪʃn] n. ①(日,阳晒)作用②曝光过久,曝光过度作用,强曝抑制作用,反转〔负感〕作用,负感现象 ③光致变色淀粉减少作用.
so'larize ['souləraɪz] v. (曝)晒,使经受日晒作用,曝光过久(造成负感,以致损坏).
sola'tion n. 溶胶形式,凝胶-溶胶转化,溶胶化(作用),胶溶(作用).
sold [sould] sell 的过去式和过去分词.
solder ['sɔ(:)dl] I n. ①(低温)焊料〔剂,锡,药〕,钎料 ②结合物,联接因素. Ⅱ vt. (低温)焊〔接,固〕,软(焊)接,锡(焊)接,结(合)在(in),焊接封口(up). *brazing solder* 黄铜钎料. *dip soldering* 浸(入)焊(接). *hard solder* 硬钎(焊)料. *hard soldering* 硬钎焊. *resincored solder* 松香心焊锡条. *silver solder* 银钎料. *solder glass* 焊接用玻璃. *soldered joint* 焊接(缝). *soldering and sealing* 封焊(电缆), *soldering copper* (紫铜)烙铁. *soldering flux* 焊剂〔料〕,钎剂.

soldering iron 焊〔烙〕铁. *soldering lamp* 焊〔喷〕灯. *soldering paste* (钎焊)焊剂,焊药〔膏〕. *soldering point* 焊点(封). *soldering seal* 焊封. *soldering terminal* 焊片,接线柱. *tin solder* 锡钎料.
solderabil'ity n. (锡焊)可焊性.
solder-ball n. 焊球.
solderer n. 焊工.
soldering-block n. 焊板.
soldering-pan n. 焊锡,焊盘.
solderless a. 无焊料〔剂〕的. *solderless joint* 扭接,机械(无焊,不焊)连接.
soldier ['souldʒə] I n. ①(士)兵,军人,战士,军事家 ②竖柱,装配支柱,模板支撑 ③ (pl.)立砌砖 ④柴片,加固砂钷用木片. Ⅱ v. ①当兵,从军 ②尽职 ③偷懒,磨洋工. *old soldier* 老兵,老手,老资格. *soldier beam* 立柱. *soldier course* 立砌砖层,排砖立砌. *worker and peasant soldiers* 工农子弟兵.
soldiery ['souldʒəri] n. 军人,军队,军事训练(科学).
sole [soul] I n. 底(部,基,面,板),堤(沟,脚,鞋)底,基底,垫板,基地,底梁,闸门,门槛,齿台板. Ⅱ a. 单(一,独)的,唯一的,独占的,仅有的,本身的,专用的. Ⅲ vt. 给…配〔换〕底. *sole agent* 独家代理(商). *sole bar* 底杠. *sole plate* =soleplate. *sole reason* 唯一的理由. *sole timber* 垫木. *sole weight* 自重. *tubular sole* 底部圆梁. ▲*have the sole responsibility of* 单独负…的责任. *have the sole right of selling* 有独家经售…的权利. *on one's own sole responsibility* 全由…个人负责.
sole'ly ad. 独自,单独,只,完全. *solely responsible* 单独负责的. ▲*solely because* 〔*on account*〕 *of* 完全为了〔因为〕,只是因为…的缘故.
sol'emn ['sɔləm] a. ①庄严的,严肃〔重〕的 ②隆重的,仪〔正〕式的,摆架子的 ③暗黑色的. *solemn statement* 庄严的声明. *give a solemn warning to the revisionists* 给修正主义者一个严重警告. ～ly ad. ～ness n.
solem'nity n. 庄严,严肃,隆重.
sol'emnize ['sɔləmnaɪz] vt. 隆重庆祝〔纪念〕. *solemniza'tion* n.
solenocyte n. 管细胞,火焰细胞.
so'lenoid ['soulinɔid] n. 螺线管,网络管,圆柱形,管(电磁,螺线管)线圈. *firing solenoid* 电打火(发射)机. *propeller feathering solenoid* (螺旋桨)顺桨螺线管. *rocket arming solenoid* 火箭备射(解除保险)线圈. *solenoid coil* 螺线管,圆筒形线圈. *solenoid controlled* 〔*operated*〕 *valve* 螺线〔电磁〕控制阀. *solenoid relay* 螺管式继电器. *solenoid valve* 电磁阀,电磁活门.
solenoi'dal a. 螺线(管)的,圆筒形线圈的,无散度的. *solenoidal field* 螺线磁场,无散度场. *solenoidal lens* 螺线管(螺旋形)透镜. *solenoidal vector* 无散矢(量).
solenoidal'ity n. 无源性,无散性.
solenoid-operated 电磁操纵〔控制〕的. *solenoid-operated closing mechanism* 电磁(螺线管)闭合装置.

sole′plate n. (基础)底板,地脚板,底[支]架,钢轨垫板.

solfatara n. 硫坑,硫磺矿,(喷)硫气孔,硫磺喷气孔,硫磺温泉.

solic′it [sə′lisit] v. (恳,请,要,乞,征)求(for, to+inf.). solicit a ride 路上请求搭车. solicit assistance 请求协助. solicit for subscriptions 征求订户. The situation solicits the closest attention. 这情况须密切予以注意. ▲solicit M for N 向 M 要求 N. solicit M from [of] N 向 N 征求 M. solicitation n.

solic′itor [sə′lisitə] n. ①律师 ②掮客,钻营者.

solic′itous [sə′lisitəs] a. 渴望的,担心的. ▲be solicitous about M 挂念[焦虑]M. be solicitous for M 关心 M. be solicitous of [to +inf.] 渴望,一心想. ~ly ad.

solic′itude [sə′lisitju:d] n. 担心,焦虑,渴望.

sol′id [′sɔlid] Ⅰ a. ①固体[态]的,硬的 ②实心的,紧密[密实]的,致密的,整体(个)的 ③坚[结,凝]固的,坚定的 ④纯粹的,(全部)同质的,(全部)一致的 ⑤连续的,无间断的 ⑥三维的,立(方)体的. Ⅱ n. 固体[态],立体,实心[体],固体燃料[材料,物质], (pl.)固体粒子[聚时], 干燥物质,实地(指全部布满油墨的印刷部分). Ⅲ ad. 全体一致地,无异议地,全部地. a solid foot 一立方英尺. roll…solid 把…辗实. solid analytical geometry 立体解析几何. solid angle 立体[空间]角. solid arguments 有充分根据的论点. solid base 坚实基层. solid bearing 整体轴承. solid block 整矿[煤]柱,支柱,基线三角架. solid body 固体. solid borer 钻头. solid boring 钻孔. solid boring bar 深孔钻杆. solid boring head 深孔钻刀具. solid borne sound [noise] 固体载[传,噪]声. solid bushing 简单固结式套管. solid carbon 实心碳棒. solid colour 单色. solid crankshaft 实心曲轴. solid dies 整体板牙,整体模. solid diffusion 固相扩散. solid drawn tube 无缝管. solid drill 整体钻头. solid end mill 整体立铣刀. solid ferrite (固体)铁渗氮. solid filling 填实. solid fog 浓雾. solid gold 赤金. solid ground 密实土,硬地. solid injection 无气喷射. solid isotherm 固面等温线. solid jaw 整体卡爪. solid line 实线. solid logic technology 固态逻辑技术. solid lubricant 润滑脂,黄油,固体润滑剂. solid mass qw. solid measure 体积. solid of revolution 旋(回)转体. solid phase 固相. solid plate 定型底板,固定板. solid pole 整块[实心]磁极. solid (propellant) engine 固体(推进剂,燃料)火箭发动机. solid resistor 固体[实心,合成]电阻器. solid rock 坚石[岩],原地岩. solid shaft 实心轴. solid skirt piston 侧缘不切槽活塞. solid solution 固溶体. solid state 固态. solid (state) circuit 固体[态]电路. solid state maser 固体脉泽,固态激波激射器,固态量子放大器. solid support 可靠的支持. solid tire 实心轮胎. solid (type) cable 胶质浸渍的纸绝缘电缆,实心电缆. solid unit 固体器件[装置]. solid volume 实体积 (=材料重/比重×水单位重). solid wire 实(心)线,单(股)线. ▲be on solid ground 站在稳固的基础上. be [go] solid for 全体一致赞成[支持]. wait for a solid hour 足足等了一个小时.

solid-amorphous a. 固态-纯无定形的,固态-完全非晶体.

solidarism n. 团结一致.

solidar′ity [sɔli′dæriti] n. 团结(一致),共同[连带]责任,休戚相关.

sol′idarize [′sɔlidəraiz] vi. 团结一致.

sol′idary [′sɔlidəri] a. 团结一致的,休戚相关的.

solid-borne vibration 固体载振动.

solid-crystalline a. 固态晶体(状)的.

solid-drawn a. 整体拉伸[出]的.

solid-fired gas turbine 用固体燃料的燃气轮机.

sol′idi [′sɔlidai] solidus 的复数.

solidif =solidification.

solid′ifiable [sə′lidifaiəbl] a. ①能凝固的,能[可]固化的,可变硬的,可充实的 ②可团结一致的.

solidifica′tion [sɔlidifi′keiʃən] n. 凝固(作用),固(体)化(作用),变浓,浓缩,结晶. solidification point 凝固点.

solid′ified a. 固(体)化的,固结的,凝固的,结晶的,变硬的. solidified moisture film 固化水膜.

solid′ify [sə′lidifai] v. ①(使)固(体)凝[结],(使)硬(结)化,(使)变硬,(使)固结,(使)浓缩 ②(使)变坚固,(使)团结 ③(使)充实,巩固. solidifying point 凝固点. ▲solidify out 凝固[结晶](出来). solidify out into 凝固[结晶](出来)成为.

solid′ity [sə′liditi] n. ①固态,固体(性),完整[连续]性,紧实性,坚硬[实]度,实[硬,强]度,螺旋桨叶片充填系数 ②坚固(性),紧密,充实 ③体(容)积 ④可靠. solidity ratio 硬(密实)度比,(混凝土)实积比.

solid-line curve 实线(连续)曲线.

solid-liquid interface 固液分界面.

sol′idness n. 硬度(性).

solidog′raphy n. 实体(放射线)摄影法.

sol′idoid n. 固体.

solid-plastic a. 固塑性的.

solid-rock n. 坚石,基岩.

solid-state a. 固态(物理学)的[体],硬的. solid-state circuit 固体电路. solid-state laser 固态激光器. solid-state technique 固体电路技术.

sol′idus [′sɔlidəs] (pl. **sol′idi**) n. ①固线,固态线,固相线,固液相曲线(平行线),凝固线,熔融线 ②斜(线分隔符)号"/". solidus isoconcentration curve 固相等浓度曲线. solidus temperature 固线温度. three solidus five 五分之三,3/5.

solid-walled structure 承重墙结构.

solid-web n. 实体腹板.

solifluc′tion n. (融冻,解冻)泥流,土溜,泥流[融冻]作用.

soligenous a. 泥泞的,地水所造成的.

solil′oquy [sə′liləkwi] n. 自言自语,独白.

soling n. (道路)石质基础,敷筑石质基层.

solion n. 索利翁,溶液离子放大器.

soliquoid′ n. 悬浮体.

solitaire′ [sɔli′tɛə] n. 独粒钻石.

sol′itary [′sɔlitəri] a. ①单个[一]的,唯一的,独一无

二的,个别的,孤立的,分离的 ②荒凉的,偏僻的. solitarywave 孤波. **solitarily** ad.
soliton n. 孤立子,凝子.
sol'itude ['sɔlitjud] n. ①单独,与外界隔绝 ②荒僻〔人迹罕到〕之处.▲**in solitude** 单独地.
SOLLAR =soft lunar landing and return 月球上软着陆和返回.
sol-lunar 〔拉丁语〕 a. 日月的.
soln =solution 溶液.
so'lo ['soulou] n.; a.; ad.; vi. ①单独(的,地),独奏〔唱〕(的) ②单飞. fly (a) solo 或 solo flight 单飞. play a solo 独奏. solo circuit 单独对讲电路.
solodiza'tion n. 碱化.
solodyne n. 只用一组电池组工作的接收机(线路),不用B电池的接收机.
so'loist n. 独奏〔唱〕者;单飞者.
Solomon Islands 所罗门群岛.
solonetz n. 碱土.
solphone n. 碱.
SOLRAD =solar radiation 太阳辐射.
sol'stice ['sɔlstis] n. (冬,夏)至,(二)至点,至日. summer solstice 夏至. winter solstice 冬至.
solstit'ial [sɔls'tiʃəl] a. (夏,冬)至的.
solubilisation =solubilization.
solubilise =solubilize.
solubil'ity [sɔlju'biliti] n. ①溶(解)度,溶(解)性,可溶性 ②可解〔决,释〕性. mutual solubility 互溶性. solid solubility 固溶性(度). solubility curve 溶(曲)线. solubility gap 溶度间隔.▲**solubility in M** 在M中的溶解度.
solubiliza'tion [sɔljubilai'zeiʃən] n. 溶液化,增溶(化),(增溶)溶解. photo solubilization 光增溶溶解.
sol'ubilize ['sɔljubilaiz] v. 溶液化,增溶(化),(增溶)溶解. solubilizing agent 增溶剂.
sol'ubilizer n. 增溶剂.
sol'uble ['sɔljubl] a. ①可溶(解)的,能溶(解)的,可乳化的 ②可解的,可以解决〔释〕的. soluble chemicals 可溶性化学药品. soluble glass 溶性玻璃. soluble matter 可溶性物质. soluble oil 油乳胶,调水油,溶性油. soluble type (半透明)乳化系. soluble type grinding fluid (半透明)乳化水溶性磨削液.▲**soluble in M** 可溶于M的. soluble in oil 溶于油中的,用油溶解的.
solubleness =solubility.
solum 〔拉丁语〕 (pl. sola) n. (土)地,土层,风化层,最下部,底.
Soluminium n. 铝钎料(锡55%,锌33%,铝11%,铜1%).
solu'nar [sə'lju:nə] a. 日月共同作用所引起的.
solupyridine n. 搔卢吡啶.
so'lus ['souləs] 〔拉丁语〕 a. 单独的,独自的.
sol'ute ['sɔlju:t] n. (被)溶质,溶解物. solute atom 溶质原子.
solutio 〔拉丁语〕 n. 溶液.
solu'tion [sə'lu:ʃən] n. ①溶液(体) ,溶解(作用,状态),分解(离,开) ②【数】(答,释)解法(式),解决(办法) ③乳化液,橡胶浆,胶水 ④瓦解,中断,消散. Ⅱ vt. 加(涂)溶液于,用橡胶水粘结. aqueous solution 水溶液. battery solution 电池溶液. fixing solution 定影液. general solution 通解. head solution 浸出前溶液. non-trivial solution 非平凡解. normal solution 正解,当量〔规度〕溶液. particular (special) solution 特解. plant solution 生产〔工厂〕溶液. pregnant solution 母液,含金属的溶液. process solution 工作〔生产〕溶液. rubber solution 橡胶胶水. saline solution 盐水溶液. selective solution 优先溶液. solution heat treatment 固溶热处理. solution in closed form 闭式解. solution method of growth 溶液生长法. solution of equations 方程组的解. solution of triangle 三角形计算〔解法〕. trial-and-error solution 尝试解法,试凑解法.▲**in solution** 在溶解状态中;在不断变化中,动摇不定. solution of 〔for, to〕M 解决M的方法,M的解,M的答案. solution of M in N M溶解于N中.
solutize vt. 使加速溶解.
solutizer n. (硫醇)溶解加速剂.
solutrope n. 向溶混合物.
solvabil'ity [sɔlvə'biliti] n. ①可解性,可解释〔决,答〕 ②溶解能力,可溶性,溶解度,溶液化度.
sol'vable ['sɔlvəbl] a. 可解〔答,释,决〕的,能解决的,能溶解的. solvable by radical 用根式可解.
sol'vate ['sɔlveit] Ⅰ n. 溶剂(化物),溶合物. Ⅱ v. (使)成溶剂化物.
solva'tion n. 溶剂化,溶剂化(作用),溶合作用.
solvatochromy n. 溶液化显色.
solvay liquor 制碱(碳酸钠)废液,索尔维法度液(含有氯化钙).
solve [sɔlv] vt. ①解(决,答,释),求解 ②溶解 ③清偿(债务). solve a difficulty 解决困难. solve an equation 解一个方程式. solving kernel 解答核. solving process 解法.▲**solve M for N** 解M求N. solve for 解,求出.
sol'vency ['sɔlvənsi] n. ①溶解质 ②溶解能力〔本领〕 ③偿付能力.
sol'vend n. 可溶物(质).
sol'vent ['sɔlvənt] Ⅰ a. ①(有)溶解(力)的,溶化的,溶剂的 ②有偿付能力的. Ⅱ n. 溶剂〔媒〕,(色谱)展开剂,(固溶体中)基本组份. (问题的)解决办法. extractive solvent 萃取溶剂. scintillator solvent 闪烁体溶剂. solvent action 溶解作用. solvent analysis 溶剂分析. solvent distillate 溶剂蒸馏液. solvent extraction 溶剂萃〔提〕取(法). solvent fluids 溶液. solvent naphtha 轻汽油溶剂,溶剂油.▲**solvent for〔of〕M** 溶解M的溶剂.
solvent-extracted a. 用溶剂萃取的.
solvent-free a. 无溶剂(的).
solvent-hating a. 疏液的.
solvent-in-pulp apparatus 矿浆溶剂萃取设备.
solvent-in-pulp extraction 矿浆溶剂萃取法.
sol'ver ['sɔlvə] n. 解算器〔机,装置〕,求解仪,解决者. analog equation solver 模拟方程解算器. polynomial equation solver 代数方程解算〔求解〕装置. root solver 求根器.
Solvesso n. 芳烃油溶剂.

solvol′ysis n. 溶剂分解(作用),液解(作用),媒解(作用)。
solvolyte n. 溶剂化物,溶剂分解(作用)产物。
solvolyze =solvolysis.
solvus n. 溶(解度曲)线,(状态图上)固溶祖线。
so′ma (pl. **so′mata**) n. (躯)体,体干[质],体细胞〔体组〕。
so′macule ['soumǝkju:l] n. 原浆小粒〔体〕,原微粒(一种假想单位)。
Somali [sou'ma:li] n.; a. 索马里的,索马里人(的)。
Somalia [sou'ma:liǝ] n. 索马里。
so′mascope ['soumǝskoup] n. 【医】超声波检查仪。
somat′ic a. (身,躯)体的,体壁的,体细胞的。
somatoid n. 【物】具粒结构。
somatomedin n. 促生长因子。
somatostatin n. 生长激素释放(的),抑制因子。
somatotroph′ic a. 促生长的。
somatotrop(h)in n. 生长激素。
somat′otype n. 体型〔式〕。
som′ber and **som′bre** ['sɔmbǝ] a. 昏暗的,黑(暗)的,暗淡的,浅黑的,阴沉的。~**ly** ad. ~**ness** n.
some [sʌm] a.; pron.; ad ① ~(某,有)些,几个,若干 ②某(一,个),有(某) ③大约,大概 ④想当,颇,很,几分,稍微,(一)点儿. *in some books* 在一些书中. *in some book (or other)* 在有一本书中. *in some of these books* 在这些书当中的某几本中. *some days ago* 几天前. *some day* (总)有一天,改日一日,改日. *some other day* 改日. *some water* 一些水. *some 40 tons in weight* 约40吨重. *some mile (hour) or so* 一英里〔一小时〕左右. *in some place in Honan* 在河南(省)某地. *Are there any nails left? ——Yes, there are some. ——No, there are hardly any.* 还剩得有钉子吗? ——有几个. ——差不多没了. *We saw some ship at some distance.* 我们看见很远的地方有条船. ▲*after some time* 不久之后. *and then some* 而且还远不止此,至少. *at some length* 很详尽. *for some time* 暂时,一些时候,有一段时间. *in some degree* 多少,几分. *in some way or other* 设法,想法子. *some few*〔*little*〕少许,一点,少数,几个. *some more* 再…一些. *some one*〔*or a*〕,某人. *Some … or other* 某…. *some time* 相当长的时间,一些时候,改日,有朝一日. *Some time ago* 前些日子,前些时候. *some time or other* 迟早,早晚.
some′body ['sʌmbǝdi] n. ①某人,有人 ②重要人物. *somebody else* 别人. *somebody or other* 不知是哪一个,总有一个人.
some′day [sʌmdei] ad. 总有一天,有朝一日。
some′how ['sʌmhau] ad. ①以某种方法〔方法,手段〕,设法 ②由于某种(未弄清)的原因,不知为什么,莫明其妙地. *somehow or other* 设法,不知为什么。
someiyoshine n. 日本樱花。
some′one ['sʌmwʌn] pron. 有人,某人。
some′place ['sʌmpleis] ad. =somewhere.
somersault ['sʌmǝsɔ:lt] 或 **somerset** ['sʌmǝsit] n.; vi. (翻)筋斗,一百八十度的转变。
some′thing ['sʌmθiŋ] n.; ad. 某事,物,…什么之类的 ② 几分,多少,有点,有些 ③ 很,非常 ④ 重要(事,物,人). *have something to do* 有些事要做. *There is something new in that.* 这里面有点新东西. *There is something in that.* 这里面有点道理. *There is something not very plain in that.* 这里面有点什么不很清楚的东西. *There is something wrong with this machine.* 这台机器什么地方出了毛病. *This is a grinding machine or something.* 这是一台磨床之类的. *It is something like a milling machine.* 它有点像台铣床. *It weighs something like 15 kg.* 它重约15kg. *We caught the three something train.* 我们赶上了三点多的那趟火车. *He is something of a carpenter.* 他会点木工. *Something is better than nothing.* 有比没有好. ▲*have something to do with* 与…有些关系. *make something of* 利用,从…搞出点什么,使更有用〔完善〕,把…说得非常重要. (M)*or something* (M)或者什么,(M)之类. *something else* 另一个东西(一回事). *something like* 有点像,大约,极好的. *something more* 此外,加之,也. *something of* (有)几分,多少(有点),在某种意义〔程度〕上. *something of the kind* 类似于此的,诸如此类. *something or other* 不知什么事.
some′thingth ['sʌmθiŋθ] a. 多,几. *in his sixty-somethingth year* 在他六十几岁时.
some′time ['sʌmtaim] Ⅰ ad. ①曾经,在某个时候 ②日后,他日,改日,有朝一日,将来. Ⅱ a. 从前的,前(任). *sometime or other* 迟早.
some′times ['sʌmtaimz] ad. 往往,不时地,有时,间或.
some′way(s) ['sʌmwei(z)] ad. ①设法,以某种方法〔式〕,想办法 ②不知什么缘故.
some′what ['sʌmhwɔt] pron.; ad. ①稍微,有点,多少,有几分 ②某事(物),重要东西〔人物〕. *somewhat different* 多少有点不同. *The machine has lost somewhat of its speed.* 这台机器的运转有点变慢了. ▲*if somewhat* 虽然有些. *somewhat more specifically*〔插入语〕更明确一些地说. *somewhat of* 稍微,有点,几分.
some′when ['sʌmhwen] ad. =sometime.
some′where ['sʌmhwɛǝ] ad.; n. 某处〔地〕,在〔到〕某处,什么地方. ▲*somewhere about* 在…附近,大约,在…(时间)前后.
some′whither ['sʌmhwiðǝ] ad. 到某处,在某地方,不知到什么地方.
somma n. 外轮山.
sommer n. 大(过)地)梁,基石.
somniferol n. 催眠醇.
somnif′erous a. 催眠的,麻醉的.
somnif′ic a. 催眠的.
somnocinematograph n. 睡眠运动描记(记录)器.
son [sʌn] n. ①儿子 ②(pl.)子孙,后裔 ③国民,居民 ④从事…的人.
SO′NAR 或 **so′nar** ['sounɑ:] = sound (operation) navigation (and) ranging ①声呐,水声测位仪,音响定位器,声波定位仪,声波导航(定位)和测距系统,声波[超声波]水下测深系统 ②鱼群探测器,潜艇探测器. *sonar pinger* 声呐脉冲发射器. *sonar pinger system* 声呐脉冲测距系统. *sonar thumper*

seismic system 声响键击地震系统.
so'narman ['sounɑːmən] *n.* 声呐兵.
SONCM = sonar countermeasures and deception 声呐干扰(和诱骗)(感)(设备).
sonde [sɒnd] *n.* ①探测器,探空仪,(高空)探测装置,探测气球 ②探头(针,棒) ③电报系 ④下井仪. *radar sonde* 雷达探测器(探空仪). *rocket sonde* 火箭测候器.
sondol *n.* 回声探测仪.
sone [soun] 宋,桑(响度单位,1000赫的纯音声压级在闻阈上40分贝时的响度). *sone scale* 响度标度.
sone-buoy *n.* 浮标.
song [sɒŋ] *n.* 歌(词,曲,声).
SONG = satellite for orientation, navigation and geodesy 定向、导航和大地测量卫星.
song'book *n.* 歌曲集,歌本.
song'ful *a.* 调子好听的,旋律优美的.
song'ster *n.* ①歌唱家,作曲家,诗人 ②歌曲集.
son'ic ['sɒnik] *a.* 声(音,波,速)的,声(音)速的,有声的. *sonic altimeter* 声测高度计. *sonic barrier* 声障(壁). *sonic bearing* 音响方位. *sonic boom* 声震. *sonic comparator* 声波比较仪比长仪. *sonic device* 声学仪器. *sonic echo sounder* 或 *sonic depth finder* 回声(式)测深仪. *sonic flowmeter* 音响式流量计. *sonic locator* (水)声定向器(定位器),声探测器. *sonic logging* 声波测井. *sonic mine* 音响水雷. *sonic propagation* 声的传播. *sonic test* 音响试验. *sonic throat* 声速喉部. *sonic wave* 声波.
sonica'tion *n.* 声处理.
son'icator *n.* 近距离声波定位器.
son'ics ['sɒniks] *n.* 声能学.
sonif'erous [sou'nifərəs] *a.* (发、有、传)声(音)的.
soniga(u)ge *n.* 超声波测厚仪(探测仪).
sonim = solid nonmetallic impurity (固体)非金属夹杂物,夹砂(砂).
son'iscope *n.* (测料强度或裂缝深度用的)脉冲式超声波探伤仪,声探测仪,音响仪.
sonne *n.* 桑尼(相位控制的区域无线电指标).
SONOAN = sonic noise analyzer 噪声分析器.
son'obuoy ['sɒnəbɔi] *n.* (发送探测信号的)声呐(音响,水声,测音)浮标. *radar sonobuoy* 雷达声呐(音响)浮标. *radio sonobuoy* 无线电声呐(音响)浮标.
sonochemilumines'cence *n.* 声化学发光.
son'odivers *n.* 潜水噪声(记录)仪.
sono-elasticity *n.* 声弹性力学.
son'ogram *n.* 声波图.
son'ograph = (visible speech) sound spectrograph (可见语言)声谱(显示)仪.
son'olator *n.* (可见语言)声谱显示仪.
sonolumines'cence *n.* 声致冷光,声发光.
sonom'eter [sou'nɒmitə] *n.* 单音听觉器,听力计,弦音计,振动式频率计.
son'oprobe *n.* 探声器,声波探测器,声波探查.
sonoptog'raphy *n.* 声光摄影术.
sonoradiobuoy *n.* (测水下杂声的反潜用)无线电声呐浮标,(无线电)水底噪声传输浮标.
sonoradiog'raphy *n.* 声波辐射摄影术,声射线摄影术.
sono'rant [sə'nɒːrənt] = resonant.

sonorif'ic [sɒnə'rifik] *a.* 发出声音的.
sonor'ity [sə'nɒriti] *n.* 宏亮度,响度.
sono'rous [sə'nɒːrəs] *a.* 宏(响)亮的,能发出宏亮声音的. ~**ness** *n.*
soon [suːn] *ad.* ①不久(以后),立刻,马上 ②早,快 ③宁愿,不如. ▲*as* (*so*) *soon as* ……一(就),刚……(便),如……一般早(快). *as soon as not* 更愿,再也乐意不过地. *as soon as possible* 尽快,越快越好. *at the soonest* 最早,最快. *no sooner than N*(刚)一 M 就 N. *soon after* 在……之后不久(就),以后不久. *soon afterward*(*s*)不久以后. *sooner or later* 迟早,早晚,终究,终有一日. *The sooner the better*. 越快越好,愈早愈好. *would* (*just*) *as soon M* (*as N*)(与其 N)宁愿 M;M 也好,N 也好. *would no sooner M than N* 宁可 M 也不愿 N,愿 M 而不愿 N,与其 N 倒不如 M.
soot [sut] I *n.* 烟炱(黑,灰,碳,垢),煤烟(灰),碳黑,积炭,油(黑)烟. II *vt.* 熏黑,积炭,煤烟弄黑. *soot blower* 吹灰器. *soot blowing equipment* 烟垢吹净装置. *soot carbon* 碳黑. *soot door* 清灰门.
soot-and-whitewash *n.* (无中间色调的)黑白图像.
soot'blower *n.* 吹灰器(装置).
soot'blowing *n.* 吹灰.
soot'fall *n.* 烟(灰)沉降(降落)(量).
soot'flake *n.* 积炭(烟灰)薄片.
soothe [suːð] *v.* 安慰,缓和,减轻(痛苦). **soothingly** *ad.*
soot'ing *n.* (电子管)熏黑.
soot'-laden *a.* 含烟炭(黑),被烟黑污染的.
soot'y ['suti] *a.* ①多(烟)灰的,烟(生)炱的,(生)烟炱的 ②被煤烟弄脏的,覆烟黑的,被烟炱覆盖的,积炭的 ③熏黑的,黑黝黝的,乌黑色的. **sootiness** *n.*
sop [sɒp] I *n.* ①赠贿(to) ②湿透的东西. II (*sopped*; *sop'ping*) *v.* ①泡,浸,(使)湿透,渗透 ②吸(水)(up) ③赠贿. ▲*sop up M with N* 用 N 吸 M.
SOP 或 **sop** = ①shop overload parts 车间超载部(零)件 ②standard (standing) operating procedure 标准操作(作业)程序,标准操作过程 ③station operating plan 测量点操作计划.
S-operator *n.* 散射[S]算符.
soph = sophomore.
soph'ism *n.* 诡辩(法),似是而非的论点.
soph'ist *n.* 诡辩者(家).
sophis'tic(al) [sə'fistik(əl)] *a.* 诡辩(法)的. *sophistic reasoning*(似是而非的)诡辩式推理. ~**ally** *ad.*
sophis'ticate [sə'fistikeit] *v.* ①改进,采用先进技术,使完善(复杂,精益求精) ②掺杂(混) ③诡辩,曲解,伪造,掺假,篡改.
sophis'ticated [sə'fistikeitid] *a.* ①(很)复杂的,牵涉各方面的,高级的,精致的,尖端的,需要专门操作技术的 ②成熟的,完善的,理想的,采用了先进技术的 ③掺杂(过)的,不纯的 ④老练的,非常有经验的. *sophisticated categories* 精细分类,需要专门操作技术的部分. *sophisticated weapons* 尖端武器. ~**ly** *ad.*
sophistica'tion [səfisti'keiʃən] *n.* ①复杂化,精致化,灵巧,改进,完善(化),采用先进技术 ②掺杂(物),混杂(信号) ③伪造,掺假,篡改,诡辩.

sophis′ticator n. 搀杂者,诡辩者.

soph′istry n. 诡辩(法). *imperialist brigand sophistry* 帝国主义强盗逻辑.

soph′omore [′sɔfəmɔ:] n. ①大[中]学二年级生 ②在企业[机关]中工作第二年的人. **sophomor′ic(al)** a.

sophorine n. 金雀花碱,槐碱.

sophorose n. 2-葡糖-β-葡糖甙,槐二糖.

sophoroside n. 槐糖甙.

soporif′ic a. I 催眠的. II n. 安眠药.

sop′ping a. ; ad. 湿的,浸透的,彻底地. *sopping wet* 湿透.

sop′py [′sɔpi] a. 湿透的,湿湿的,多雨的.

soprano [səˈprɑ:nou] n. ; a. 女高音(的),最高音(的).

SOR = ①specific operational requirement 特殊(规定)作战[操作]要求 ②successive over-relaxation (逐次)超松弛 ③system operational requirement 系统的作战[操作]要求.

sorb [sɔ:b] vt. 吸收[附,收]. *sorbed film* 吸附膜. *sorbed gas* 吸附气体. *sorbing agent* 吸附剂. *sorbing layer* 吸附层. *sorbing material* 吸附材料.

sor′bate [′sɔ:beit] n. 吸附[着]物;山梨酸酯. *sorbate layer* 吸附层.

sorbefacient a. ; n. (促进)吸收的(剂).

sor′bent n. 吸附[着,收]剂.

sorbic acid 山梨酸,己(邻隔)二烯酸.

sorbierite n. 山梨醇.

sorbitan n. 山梨聚糖.

sor′bite [′sɔ:bait] n. 索氏体.

sorbit′ic a. 索氏体的. *sorbitic pearlite* 索氏珠光体.

sor′bitol n. 山梨(糖)醇.

sor′bose n. 山梨糖.

sorb-pump n. 吸附泵.

SORC = sound ranging control 声(波)测距控制.

sor′did [′sɔ:did] a. ①肮脏的,污秽的,污色的 ②可怜的;悲惨的 ③卑鄙的,利欲熏心的 ④色彩暗淡的. ～ly ad. ～ness n.

sore [sɔ:] I a. ; ad. ①(疼,悲)痛的,恼火[不痛快]的 ②极端的,猛(剧)烈的,严重的. II n. 痛处,患处,溃疡,疮. ▲*be in sore need of* 非常需要. *be sore about* 对…觉得生气[恼火,不高兴]. ～ness n.

soredia vi. 粉芽.

Sorel alloy 索瑞尔锌合金(铜10%,铁10%,其余锌).

Sorel cement 索瑞尔(菱镁土,镁石)水泥.

Sorelmetal n. 索瑞尔高纯生铁(加拿大).

sore′ly ad. 严重[剧烈,猛烈]地,痛苦地,非常,很.

sor′ghum [′sɔ:gəm] n. 高粱,蜀黍.

sorigenin n. 鼠李式配基.

sorocarp n. 孢堆果.

sorp′tion [′sɔ:pʃən] n. 吸附[收,着](作用). *sorption agent* 吸附剂. *sorption capacity* 吸附能力,吸附容量. *sorption film* 吸附膜.

sorption-extraction n. 吸附[离子交换]提取.

sorp′tive a. 吸附(性)的,吸着性的. *sorptive material* 吸附[吸着]材料.

sor′rel n. ; a. 红褐色(的),栗色的.

sor′row [′sɔrou] n. ; vi. 伤心,悲哀[痛],遗憾. ▲*cause much sorrow to* 使…大为伤心. *convert sorrow into strength* 化悲痛为力量. *express one's sorrow for* [at]对…表示遗憾. *share the joys and sorrows of the masses* 与群众同甘苦. *sorrow at* [for, over]因…而感到伤心[悲哀]. ～ful a. ～fully ad.

sor′ry [′sɔri] a. ①遗憾的,遗憾的,抱歉的,对不起的 ②可悲的,拙劣的,无价值的. ▲*be sorry about* 对…后悔[感到难过]. (*be*) *sorry but* [that]对不起. *be sorry for* 对为,替[…感到难过[抱歉]. *be* (*very*) *sorry* 抱歉,对不起. *in a sorry plight* 处于可悲的境地. **sor′rily** ad. **sor′riness** n.

sort [sɔ:t] I n. 种(类),类(别),品(性)质,程度. *material of this sort* 或 *this sort of material* 这种材料. *block sort* 字组分类. *sort module* 分类程序模块. ▲*a sort of* 一种,可以说是[称之为]…(的东西),一种所谓[类似于]…的(东西), 一种…一样的东西. *after a sort* 在某种程度上,有几分,稍微,仿佛. *all sorts of* 一切种类的,各种各样的. (*be*) *out of sorts* 不齐全的. *in a sort* (*of*) (*way*)在某种程度上,有几分,稍微,仿佛. *in any sort* 以各种方法,无论如何. *in some sort* 稍微,多少. *of a sort* 或 *of sorts* 不怎么样的,同一类的,勉强称得上的,可以说是…的东西. *of all sorts* 一切种类的,各种各样的. *of every sort and kind* 各种各样的. *sort of* 有点,有些,有几分,稍微.
II v. ①分类[级,开,离],拣,选(矿),区分,整检[理] ②调(车),(列军编)组. *automatic sorting* 自动分类. *card sorting* (穿孔)卡片分类. *radix sorting* 基数分类. *sorting and merging* 分类合并,分选归并. *sorting grizzly* 选分(粒)(铁栅)筛. *sorting pulse* 选通[分类]脉冲. ▲*sort M into N* 把M分(类)为N. *sort M into sizes* 把M按大小分类. *sort out* 选[拣]出,把…分…[出]. *sort out M from N* 把M与N分开,拣出M而不要N,区别[分]M与N. *sort into M* 把M分类(编)成N,把M组编成N. *sort well* [*ill*] *with* 配得[不]上,与…相符[不相符].

SORT = specific operational requirements 特殊的操作[作战]要求.

sor′ta [′sɔ:tə] ad. 有几分.

sort′able [′sɔ:təbl] a. 可分类的,可整理的,合适的.

sor′ter [′sɔ:tə] n. ①分类器[机],分类(离)装置,分粒(级,选)器,拣选(分选,选择)机,选卡机,打孔卡排卡机 ②分发机 ③分析器 ④分拣员,分类者[工]. *atom sorter* 原子分离装置. *coincidence sorter* 符合脉冲选择器. *conveyer-belt sorter* 传送带分类器.

SORTI = ①satellite orbital track and intercept 卫星轨道跟踪和拦截 ②staroriented realtime tracking instrument 恒星定向实时跟踪仪器.

sort′ie [′sɔ:ti] n. ①出击(港),突(反)击 ②(出动)架次 ③(作战)飞行(任务). *flew 120 sorties in 20 groups* 出动了20批共120架次. *sortie rate* 架次率.

sor′tilege n. 抽签决定.

sortit′ion n. 抽签.

sor′us n. 孢子堆,孢子团.

SOS = ①safety observation station 安全观察站 ②

save our ship 国际通用的(船舶,飞机等)呼救信号, 无线电呼救信号,(口语)求救[救] ③set operand stack 设定运算数组 ④silicon-on-sapphire 硅-蓝宝石(技术),硅-蓝宝石集成电路,蓝宝石硅片 ⑤strategic orbital system 战略轨道系统 ⑥synchronous orbit satellite 同步轨道卫星.

SOSIC =silicon-on-sapphire integrated circuit 硅-蓝宝石集成电路,蓝宝石硅片集成电路.

SOSIE n. 索西(地震探测法).

so'-so ['sou sou] a.; ad.平常(的),一般(的),马马虎虎,普普通通,还过得去.

sosoloid n. 固溶体,固态溶液.

SOSS = strategic orbital system study 战略轨道系统的研究.

so'tol n. 百合烧酒.

sot'to vo'ce ['sotou'voutʃi] 〔意大利语〕低(轻)音地.

souffle ['su:fl] n. 杂音,吹气音.

sough [sau] n. (排水)沟,盲沟,飕飗声.

sought [sɔ:t] seek 的过去式及过去分词.

soul [soul] n. ①灵魂,精神 ②精髓,精华 ③中心人物 ④人.

soul-pain n. 精神性痛.

sound [saund] I n. ①声(音,学),音(响,调,色),语[音],噪声,录音 ②探针,探头,探测器 ③海峡,(海)湾. II v. ①发声,发出,(声,喊)叫 ②听起来,似乎 ③探测[深度],锤测,探空,测深[高空]的温度(气压,湿度),测深[高],试[触]探 ④通知,命令,宣告,传播. III a. ①健全的,正常的,完整[善,好]的,无缺点的,无瑕疵的 ②坚固(实)的,实心的,稳妥的,安全(可靠)的 ③彻底的,充分的 ④正确(当)的,合理的,有效的,有根据的. sound an alarm 发出警报,鸣起警钟. sound … (out) on [about] a question 试探…对一个问题的意见. sound the sea and take soundings 测海深. aeroplane sounding 飞机高空探测,飞机探空. hissing sound 咝声. pinging sound 咻声. sound absorber 吸音体. sound advice 正确的意见,忠告. sound amplifying system 扩音系统. sound analyzer 声谱分析器,声波频率分析器. sound arrester 隔音装置. sound barrier 音[声]障. sound board 共鸣[振]板. sound box 共鸣器(箱),吸声箱. sound bridge 声桥. sound camera 电影录音摄影机,光学录音机. sound carrier 声频[音频]载波,音频[声音]载波,载声体. sound casting 坚实[完好,无缩松,无瑕]铸件. sound cement 安定性水泥. sound deadening 消音. sound detector 伴音(信号)检波器,噪音检测器. sound effect 音[声]响效果,声效应. sound emission 声发射,放声. sound event 声源. sound gate 声道(门),还音继能,伴音拾音器. sound head 拾声头,录[拾,还]音头. sound ingot 优质锭. sound insulation 隔音(声),声绝缘. sound knot (木料)坚固节. sound locator 声波定位器. sound metal 优质(无缺陷的)金属. sound meter 声级计,噪音计,测声计. sound monitor 声监控器,伴音监听器. sound negative 有声底片. sound on vision 视频上的声频干扰. sound output 音频输出功率,声输出. sound part 合格部分. sound pick-up 拾音器,拾声头. sound pollution 噪音污染. sound positive 有声正片. sound probe 探音器,声探头. sound radar 声波定位(测)器,声波雷达. sound ray 声线. sound record disc 唱片. sound signal 声频(伴音音频,音响)信号. sound track 声迹(带,槽,道). sound wood 良木,坚硬木,好材. sounded bottom 测定的水深. sounded ground 测定的水深. undershock sound 弹道波. whistling sound 啸声. ▲ out of sound 在听不到…的地方. sound + a. (或+过去分词)似乎,听起来(像是). sound like 听起来好像. sound out 探测,试探. within sound of 在听得见…的地方.

sound-absorbing n. a. 吸(隔)声(的).

sound'board n. 共鸣(振)板.

sound-conducting n.; a. 传(扬)声(的).

sound-deadener n. 减声器.

sound-deadening a. 隔声的.

sound-energy n. 声能. sound-energy flux density 声能通量密度,声强(度).

sound'er ['saundə] n. ①发声(发生,音响)器,(发)(收)码器,收报[音]机,(回声,回声)测深仪,探深器,探针 ③发出声音的人 ④测深员. sounder key 声电键. sounder resonator 音响器共鸣箱,集音箱.

sound-film-recording n. 有声电影录音.

sound-hard a. 声学硬的.

sound'head n. 录音头,拾声头.

sound'ing ['saundiŋ] I n. ①音响,发声 ②探[声]测,测[钻]探,测深(度),水深测量,测高,探空 【医】探通术 ③(测得的)水的深度 ④(pl.)测探深所能达到的地方[近岸水域] ⑤试探听,调查,征求意见. II a. ①发声的,响亮的 ②夸大的. soil sounding 土层探测. sounding balloon 探测(空气球. sounding bob 测深锤(铅). sounding board 共鸣(振)板. sounding borer 触探钻(机),钻探机,探土桩. sounding device (测海洋深度)回声测深装置. sounding electrode 探测(电)极. sounding line 〔wire〕测深索. sounding machine 测深机,触探机. sounding of the atmosphere 大气(压力、温度、湿度)探测. sounding rocket 探空火箭. sounding rod 测深杆. strike soundings 测量水深.

sound'-insulating a. 隔声的.

sound'less ['saundlis] a. ①无声的,静的 ②深不可测的,无底的.

sound-level n. 声级. sound-level meter 声级计.

sound'locater 或 **sound'locator** n. 声波定位器,声波测距(探测)仪,声纳.

sound'ly ['saundli] ad. ①完善(全)地,无瑕地 ②坚固地 ③正确(当)地,确实地.

sound'-muffling a. 消(减)音的.

sound'ness ['saundnis] n. ①健康,健全 ②致密(性),安(固)定性,可靠性 ③完整(性),完好无损,无缺陷,无瑕病 ④完善,正当. soundness of cement 水泥安定性. soundness test 安(固)定性试验.

sound-on-film recorder 胶片录音机.

sound'proof ['saundpru:f] I a. 隔声的,不透声的,防声响的,防噪声的. II vt. 给…隔声.

sound-radar n. 声(雷)达.

sound-ranging n. 声波测距法,高空探测.

sound-reflection coefficient 声反射系数.

sound-shadow n. 声影,静区.
sound-soft a. 声学软的.
sound-transmission coefficient 声透射系数,透声系数.
sound-trap n. 声阱,声频信号陷波器.
soup [suːp] Ⅰ n. ①汤 ②燃料溶液,(照相)显影液,显像剂,硝化甘油 ③电 ④马力,加大了的力量〔效率〕,速度能力 ⑤浓雾,密云 ⑥基本化学元素的混合物,(化学变化产生的)废物,残渣 ⑦泡沫. *in the soup* 在困难中.
Ⅱ vt. 加强,加速,加大(发动机等)马力(up),提高…效率,调整燃料的混合比使达到最高速度(up).
soup on ['suːpɔn] 〔法语〕n. 少量,一点点(of). *not a soup on of* 一点没有.
souped-up a. 加大了马力的,提高了效率的.
soupery ['suːpəri] n. (美)餐厅,食堂.
soup'y ['suːpi] a. 像云一样的,雾浓的,阴云密布的.
sour ['sauə] Ⅰ a. ①(发,变)酸的 ②(汽油)含硫的 ③枯燥无味的. Ⅱ n. 酸性物质,酸味,苦杯. Ⅲ v. ①(使)变酸,变坏 ②用稀酸溶液处理. *sour oil* 酸性油,含硫轻油,未中和油.～ly ad. ～ness n.
source [sɔːs] n. ①(来,起)根,电,光,能,泉,本,水,动力,信号,高,子,放射,解释) (山来) 〔源〕,源头〔泉,极〕,原点,(喷)泉 ②原因,成因 ③出处,原始资料〔文件〕④辐射体〔器〕发生器. *aberrant source* 像差源,偏差源. *carrier source* 载波发生器. *dislocation source* 位错源. *electric light sources* 各种电光源. *historical sources* 史料. *house sources* 【核】源的保藏〔存〕. *informed sources* 消息灵通人士. *key source* 密码索引,电码本. *message* 〔*information*〕 *source* 信号〔息〕源. *negative source* (电源的)负极. *noise source* 噪声〔杂音〕源. *point source* 点光源,点能源,点辐射源. *positive source* (电源的)正极. *pumping source* 抽运源. *radioactive source* 放射源. *source bias effect* 源偏压效应. *source book* 原始资料(集). *source computer* 源(原始)计算机. *source container* 放射源储存,放射源储存器. *source data* 源数据. *source document* 【计】原始文件. *source follower circuit* 源输出电路,源极跟随电路. *source holder* 源夹持器. *source index* 资料索引. *source intensity* 点源强度. *source language* 〔被译,原始〕语言. *source multiplication* 中子源增殖. *source neutron* 源中子. *source nipple* 螺纹接口,短管接头. *source of error* 误差原因. *source pump station* 起点泵站. *source rate* 信源率,有效码. *source terminal* 源(极)引出线,源(极)端子. *tiving source* 定(计)时源. ▲ *from … source* 从…方面. *take its source at* 发源于,出自,起于. *trace to its source* 追根寻源.
source-and-drain junction 【计】源漏结.
source'book n. 参考资料.
source-destination code 【计】无操作码.
source-destination instruction 【计】无操作码指令.
source-drain characteristics 【计】源漏特性.
source-selector disk 选源盘.
sourdine [suə'diːn] n. 消音〔弱音,静噪〕器,噪声抑
制器.
souring n. 酸化,陶瓷土湿治(改善匀度与塑性).
souse [saus] Ⅰ vt.; n. 浸,泡,淹,使湿透,被浸透,插入水里,投入水中,泼水于…上. Ⅱ ad. 扑通一声.
south [sauθ] Ⅰ n. 南(方,部). Ⅱ a. 南(方,来)的,向南的. Ⅲ ad. 向南,从〔在〕南方. Ⅳ vi. 转向南方,向南走,【天】到达子午线. *South Carolina* (美国)南卡罗来纳(州). *South Dakota* (美国)南达科他(州). ▲ *be in the south of* 在…的南部. *be on the south of* 毗连…的南部. *be to the south of* 在…以南. *the South* 南部〔方〕.
south'bound a. 向南行〔驶〕的.
south'east ['sauθ'iːst] Ⅰ n. 东南(部). Ⅱ a. (在,向)东南的. Ⅲ ad. 向〔在,从〕东南.
southeast'er n. 东南大风〔风暴〕.
southeast'erly a. 向〔在〕东南(的),从东南吹来(的).
southeast'ern a. 在〔向,从〕东南方.
southeast'ward Ⅰ a.; ad. 向东南(的). Ⅱ n. 东南方,东南地区. ～s ad.
souther n. 南风,来自南方的风暴.
southerly ['sʌðəli] Ⅰ a.; ad. 向,在,〔向〕南方的,来自南方的. Ⅱ n. 南风.
southern ['sʌðən] Ⅰ a. (在)南(方,部)的,向〔朝〕南的. *southern lights* 南极光.
southernly = southerly.
southernmost ['sʌðənmoust] a. 最南端的,极南的.
southing ['sauðiŋ] n. ①南向(进),南(行)航(程),南北距 ②【天】子午线通过,南中(天),南向纬度差,南赤纬.
south-southeast n.; a. 东南南(的).
south-southwest n.; a. 西南南(的).
south'ward ['sauθwəd] Ⅰ a.; ad. 南方的,向南(的). Ⅱ n. 南方(地区),向南方向.
south'wards ['sauθwədz] ad. 向南(方).
south'west ['sauθ'west] Ⅰ n. 西南(部). Ⅱ a. (在,向,来自)西南的. Ⅲ ad. 向〔在,从〕西南.
southwest'er n. ①西南大风〔风暴〕②海员用的防水帽,油布长筒衣.
southwest'erly a. 向〔在〕西南(的),从西南吹来(的).
southwest'ern a. 在〔向,从〕西南的.
southwest'ward a.; ad. 向西南(的). n. 西南方向〔地区. ～s ad.
souvenir ['suːvəniə] n. 纪念品〔物〕.
sou'wester = southwester②.
souzan bentonite 多钙膨润土.
SOV = ①shut-off valve 截流〔止〕阀 ②solenoid operated valve 电磁控制阀.
Sov Un = (the) Soviet Union 苏联.
Sovafining n. 索伐精制(法).
sovaforming n. 索伐重整(法).
sov'ereign ['sɔvrin] Ⅰ a. ①统治的 ②有主权的,独立自主的 ③最高的,无上的 ④完全的,不折不扣的 ⑤极好的,有效的. Ⅱ n. 统治者,君主. *sovereign power* 主权,统治权,最高权力. *sovereign remedy* 特效药. *sovereign state* 主权国家. ▲ *in sovereign contempt of danger* 完全不顾危险险地.
sov'ereignty ['sɔvrənti] n. 主权(国家),统治权.
So'viet ['souviet] n.; a. 苏联(人,的),苏维埃(的).

sov'ran ['sɔvrən] =sovereign.
the Soviet Union 苏联.
sov'ran ['sɔvrən] n. =sovereign.
sow I [sau] n. ①沟〔积〕铁,(炉底)结块,(高炉)水沟,高炉铁水主流槽,大型浇池,大铸型,大锭块 ②母猪. II [sou] (sowed; sown 或 sowed) v. ①播(种),使密布 ②散布,传播,宣传. *sow channel* 铁水沟. *sow iron* 沟铁.▲*reap as [what] one has sown* 自食其果. *reap where one has not sown* 不劳而获.
sow'er ['souə] n. ①播种者,播种机 ②发起人 ③散布(传播,煽动)者.
sowing-machine n. 播种机.
sown [soun] sow 的过去分词.
Soxhlet extraction 索氏719特萃取.
Soxhlet's extractor 索式抽取器.
soy [sɔi] n. 大豆,酱油.
soy'a [sɔi] 或 **soy'bean** ['sɔi'bi:n] n. 大豆, 黄豆.
soybean oil 豆油.
SP = ①self-propelled 自(己)推进的 ②sequence programmer 程序装置 ③series parallel 复联,串并联 ④service publications 业务出版物 ⑤shear(ed) plate 切边的中厚板,抗剪加固板 ⑥single-phase 单相(的) ⑦single pole 或 single-pole 单极(的) ⑧single propellant 单(组)元推进剂 ⑨smokeless powder 无烟火药 ⑩smokeless propellant 无烟推进剂 ⑪solid propellant 固体推进剂 ⑫space 空间 ⑬space patrol 空间巡逻 ⑭spare parts 备(用零)件 ⑮spares planning 备件设计 ⑯spark 火花,闪光 ⑰speaker 扬声器 ⑱special paper 专门论文(文件)⑲special planning 特殊设计 ⑳special projects 专用工程(设计),特种计划 ㉑special publications 特种出版物,特种文献,特刊 ㉒special purpose 专用,特种用途 ㉓specific 特殊的,专门的,比(的)㉔spectroscopically pure 光谱纯 ㉕stable platform 稳定平台 ㉖standard pile 标准反应堆 ㉗standard pitch 标准绕距(螺距) ㉘standard practice 标准作法 ㉙standard pressure 标准气压,额定压力 ㉚standard procedure 标准程序(工序) ㉛standpipe 垂直管,立管 ㉜static pressure 静压力 ㉝sulfite pulp 亚硫酸盐纸浆 ㉞sulfopropyl 磺丙基 ㉟support publications 辅助出版物 ㊱sustainer pitch 主发动机俯仰.

sp = ①special 特别的,专门的 ②species (物)种 ③specific 比(率)的,单位的 ④specimen 样本(品) ⑤spiritus 酒精.
S & P =stake and platform 桩和台.
sp gr =specific gravity 比重.
sp ht =specific heat 比热.
sp ref =specific refraction 折射系数.
sp vol =specific volume 比容.
sp W =special weapons 特种武器.
spa [spa:] n. 矿泉,温泉.
SPA = ①standard practice amendment 标准作法修正 ②substitute part authorization 替换零件核准.
spa =sudden phase anomalies (空间波)相位的突变,突然相位异常.
SPACCS =space command and control system 空间指挥与控制系统.
space [speis] I n. ①(航天,宇宙)空间,太空,宇宙 ②间隔(隙,缝隙,狭缝,距离,区间,(空,刻度)格,开键 ③余(场)地,场所,位,(处,)区,(地)区,地点(方,位),位置,篇幅,面(体,容)积,座位,舱位 ④(一段)时间 ⑤腔. II v. ①留间隔,开,空格,留出空间 ②距离变动 ③(每隔一定间距进行)配(放)置. *air space* 气室(隙),空间. *air space cable* 空气绝缘电缆. *anode dark space* 阳极暗区. *back space* 返回,退格. *base space*【数】底空间. *between-row space* 行距. *blank space* 空白. *broad band space* 宽波段间隔. *cathode glow space* 阴极辉光区. *Crookes' dark space* 第二阳极暗区. *dead space*(射击)死角,盲(静)区. *die space* 型座,模腔(槽). *floor space* 使用(楼面)面积. *image space* 像空间. *inertial space* 惯性空间,惯性作用区. *mu space* μ(分子)空间. *outer space* 外层(宇宙)空间,太空. *space age* 太空时代. *space axes* 空间坐标轴. *space bar* 隔条. *space buff* 隔层抛光轮. *space capsule* 航天舱. *space charge* 空间电荷. *space code* 间隔(空间)码. *space column* 格架式(空腹式)柱. *space coupling* 空间(区)耦合. *space diagram* 空间(立体,位置,矢量)图. *space effort* 空间探测(活动),空间科学计划. *space electronics* 航天(空间,星际航行)电子学. *space factor* 空间(占空,线圈间隙,方向性)系数. *space frame* 空间(立体)构架. *space heater* 空间加热器. *space heating* 环流供暖. *space helmet* 宇宙飞行帽. *space key* 间隔(空格)键. *space lattice* 空间点阵(晶格). *space mark* 间隔符号. *space model* 空间(立体)模型. *space quartic* 四次挠线. *space rocket* 宇宙火箭. *space shuttle* 航天飞机. *space speak* 宇航术语. *space station* [platform] 宇宙空间站,航天(太空)站. *space suit* 宇航工学,宇宙飞行服. *space technology* 航天工艺学,宇宙工学. *space time* 时空,第四度空间. *space truss* 空间桁架. *space wave* 空间(电)波,天(空电)波. *space winding* 间隙(绕组,线圈). *stowage space* 装载(有效)空间. *tangential blade space* 叶片栅距. *tank space* 油箱舱.▲*a space of* (*a mile*)(一英里)的距离. *a space of* (5 *years*)(五年)的时间. *an open space* 空地(处). *be well spaced* 彼此相隔很远. *blank space* 空白. *dead space* 死角(区),有害间. *for a space* 在一段时间. *for the space of* (*two years*)(两年)间. *in space* 在空间. *put as much space as possible between* 尽量拉开…之间的距离. *put...in* [*into*] *space* 把…送进空间. *save space* 节省篇幅. *space…apart* 间隔为. *space M at N* 给 M 留 N 的间隔. *space out* 加大(宽)…的间隔,分隔,隔开. *space out M N*, *space out N at M* N 的间隔放置(排列)M. *take* (*up*) *space* 占地方. *vanish into space* 消失在空中.
space-age I a. 太空时代的. II vt. 使太空时代化.
space'borne ['speisbɔ:n] a. 空运的,宇宙飞行器上的,卫星(飞船)上的,在航天器上的,在(宇宙)空间中的,太空上的,在宇宙空间中上展开的. *spaceborne system* 空载(上)系统.
space'-charge n. 空间电荷.
space-charge-limited a. 被空间电荷限制的.
SPACECOM = space communication 航天通信(交

通),空间通讯.
space'-coupling n. 空间〔分布〕耦合.
space'craft ['speiskrɑːft] n. 宇宙〔航天〕飞船,空间飞行器.
space'crew n. 宇宙飞船乘务组.
spaced a. 彼此隔开的,彼此留有一定间隔的,有间距的. *closely spaced*(具有)小间距〔隔〕的. *spaced centres* 中(心)距. *spaced winding* 疏绕〔间绕〕绕组,间绕(绕法).
space-exchange operator 空间交换算子.
space'flight n. 宇宙飞行.
space'-group 空间群.
space'-indepen'dent a. 与空间无关的.
space'lab n. 宇宙〔空间〕实验室.
space'(-)like a. 似空间的,类空间的. *spacelike curve* 类空曲线. *spacelike interval* 类空间隔.
space'man ['speismən] n. (pl. *space'men*). 宇宙飞〔航〕行员,宇宙科学工作者,宇宙人.
space'-op'tics n. 宇宙光学.
space'-o'riented a. 适用于空间(条件)的.
space'port n. 航天〔空间〕站,火箭,导弹和卫星的试验发射中心.
spa'cer ['speisə] n. ①垫片〔圈,层〕,衬垫〔套〕,隔片〔板,套〕,隔离物〔层〕,嵌木,水泥垫块 ②定位架,定位〔定间〕装置,调整垫,调距离模板,调节垫铁,间隔确定装置,分隔器〔物〕,(打字机上一按即跳格的)间隔键 ③横柱,撑档 ④隔离基〔团〕,空间群 ⑤无级变速器 ⑥(电影)暗帧. *disk spacer* 圆隔板. *grid spacer* 定位格架. *hub spacer* 内隔圈. *pulse spacer* 脉冲间隔. *spacer bar* 定位钢筋. *spacer disk* 圆隔板. *spacer flange* 中间(过渡,对接)法兰. *spacer ring* 间隔圈. *spacer rod* 隔离棒. *water-cooled spacer* 水冷分隔器.
space'-rated a. 适用于空间的,适于在空间应用的.
space'-saving n. 节省空间(体积,篇幅)(的).
space'scan n. 空间描扫.
space'ship ['speiʃip] n. 航天飞船.
space'sick a. 宇航病的.
space-sta'bilized a. 空间稳定的.
space'suit n. 宇宙服,航天服.
space'talk n. 宇宙术语.
space'(-)time n. 时空(关系),空间-时间(关系),第四度空间.
space'walk n.; vi. 空间〔宇宙〕行走,太空漫步.
space'ward ad. 向空间〔中〕的.
space'wise 空间型的,空间坐标.
space'worthy a. 适宜宇航的.
spacey a. 空洞的,脱离实际的.
spa'cial ['speiʃəl] a.(有,占据,存在于,发生于)空间的,宇宙的,间隔的,场所的,篇幅的. *spacial distribution* 空间分布.
spa'cing ['speisiŋ] n. ①间距,调节)间隔,间距〔隙〕,定〔源,螺,齿,节,电极〕距,配〔布〕线〔口,号〕之间空,跨距 ②位置,布置,安排. *center-to-center spacing* 中心距. *fire-bar spacing* 炉条间隔. *inter-zone spacing*(区域熔炼)熔区间距. *lattice spacing* 栅格间距,点阵间距. *pulse spacing* 相邻脉冲前缘间距,脉冲间距. *spacing current* 间隔电流,空〔天〕信号)电流. *spacing screw* 空号螺丝. *spacing wave* 空号〔间隔,静止〕信号,补偿〔间隔,空号〕波 *volatile spacing agent* 挥发性孔剂.
spa'cious ['speiʃəs] a. 宽广〔敞〕的,广阔〔大〕的,空间多的. ~*ly* ad.
spa'ciousness n. 宽敞(度).
spa'cistor ['speisistə] n. 空间电荷〔晶体〕管,宽阀管(一种高频用半导体四极管).
SPADATS =space detection and tracking system 空间探测和跟踪系统.
SPADATSIMP =space detection and tracking system improved 改良的空间探测和跟踪系统.
spad'dle n. 长柄小铲.
spade [speid] I n. ①铲,(铁)锹,铣,(驻)锄 ②束射极. II vt. ①(用铲)掘〔土〕,用锹挖掘(up) ②在混凝土面上抹水泥砂浆. *spade bit* 铲形钻头. *spade drill* 扁(平)钻. *spade reamer* 双刃〔扁钻形〕铰刀. *spade tuning* 薄片调谐. *spade vibrator* 铲式振动器. ▲ *call a spade a spade* 直言不讳,老实讲.
spade'ful n. 一铲,一锹.
spa'der n. 铲具.
spade'-work n. 铲土〔挖土〕工作,艰苦的(基本)准备工作.
spadic'eous a. 浅褐色的,栗色的.
spa'dix n. (pl. *spadi'ces*)佛焰花序,肉穗花序.
SPADNS =sulfophenylazo-chromotropic acid 钍锆试剂,磺基苯萘偶氮变色酸.
spaghet'ti [spə'geti] n. ①漆布绝缘管,绝缘套管 ②空心粉条,通心面. *spaghetti tubing*(绝缘布制的)小型绝缘套管.
Spain [spein] n. 西班牙. *Port of Spain* 西班牙港(特立尼达和多巴哥的首都).
spal'der ['spɔːldə] n. 击碎(矿)石的工人.
spall [spɔːl] I v. ①削,(粗)研,割,(粗)研,打〔击〕碎(矿石),打碎 ②剥落,脱皮,散裂,裂开 ③分裂,蜕变,原子溅裂. II n. 碎〔屑〕片,片〔碎(矿)〕石,横捆栅(构架). *panel spalling test* 嵌板散裂试验,(对耐火砖)格子体散裂试验. *spalled joint* 碎裂缝, *spalling effect* 剥落作用. *spalling hammer* 碎石锤. *spalling resistance* 抗剥落力,耐热震性,耐热冲击性,耐激冷激热性. *spalling test* 散裂〔剥离〕试验. ▲ *spall off* 剥落,散裂.
spalla'tion [spɔː'leiʃən] n. ①剥落,散裂,打破〔碎〕 ②分裂,蜕变.
spallation-fission reaction 散裂裂变反应.
spallogen'ic a. 散裂生成的.
spalt a. 剥落的,碎裂的,劈开的.
SPALT =special projects alteration 特殊工程的更改(部分),特种计划修改.
span [spæn] I n. ①跨(度,距,长),径柱〔梁〕距,(仪表)量程间距,指针移动单位的间距,工作幅宽 ②指距,一拃宽(约28cm) ③满量程,全长,开度,(机翼)翼展,直升机旋翼的半径,(叶片,气流的)宽度,(电线杆间距)杆档,(引线,孔,桥墩)墩距,支点距 ④短距离 ⑤很小的(短时间)间隔,片刻,短时期 ⑦(一段)时间,期间 ⑧范围,波段 ⑨拉线,下线法,嵌线法(电机转子绕线的引线法). II spin的过去式. III (*spanned; span'ning*) *vt.* ①跨(越),横跨,(架)架设,架设,拉线 ②覆盖,笼住 ③跨度为 ④观测,估量,看到,以指距量 ⑤弥补 ⑥缚住,扎牢. *bridge of seven spans* 七孔桥. *life span*

Span 1562 spar'kle

(使用)寿命,生存时间. long span 长跨[档]. scale span(相邻)刻度单位的间隔. span dogs 木材抓起机. span of arch 拱跨. span of crane 起重机臂伸距. span of knowledge 知识面. span of management 管理的幅度. span roof 等斜屋顶. span saw 框锯. span wire 拉(张紧)线. within the extremely brief span 在很短的一瞬间.

Span n. 山梨糖醇酯类(商品名).

SPAN n. ①space communication network 空间通信网 ②space navigation(center)空间导航(中心).

SPANDAR =space range radar 空间测距雷达.

span'dex n. 一种高弹性合成纤维(含聚氨基甲酸乙酯85%以上的长链簇合体纤维).

span'drel ['spændrəl] 或 **span'dril** ['spændril] n. ①拱肩(墙),拱上ये(二者下层窗空间的墙. spandrel arch 拱肩拱. spandrel beam 外窗下墙的墙柜梁. spandrel column 拱肩柱. spandrel hanger 拱吊杆,拱肩吊钩. spandrel space 拱肩上空间.

spang [spæŋ] ad. 恰好,直接地,笔直地,猛然,完全.

span'gle ['spæŋgl] Ⅰ n. 镶金属小片,亮晶晶的金属[塑料]小片,(镀锌件上)锌(结晶)花. Ⅱ v.(使)闪烁,用发光的金属小片装饰.

Span'iard ['spænjəd] n. 西班牙人.

span'iel ['spænjəl] n. 无线电控制的导弹.

Span'ish ['spæniʃ] n.；a. 西班牙的,西班牙人的.

spank [spæŋk] vt.；n. ①拍击,鞭策…前进 ②疾驶(along).

spank'ing Ⅰ a. ①疾驰的,快的 ②劲吹的,强烈的 ③第一流的,极好的. Ⅱ ad. 显著地,突出地. spanking breeze 疾[劲]风. spanking new design 崭新的式样.

span'less ['spænlis] a. 不可测量的.

span'ner ['spænə] n. ①(螺帽)扳手[子,头,钳],扳紧器 ②(桥梁)的交叉支撑,横拉条. adjustable (monkey) spanner 活(动,络)扳手. box spanner 套筒扳手. English spanner 活(动,络)扳手. spanner for square nut 方形螺帽(套筒)扳手. S spanner S形双头死扳手.▲throw a spanner (into the works)(从中)捣乱,破坏一项计划.

span'-new a. 崭新的.

span'ning n. 跨越[度],拉线,【数】生成,长成.

span'wise ['spænwaiz] a.；ad. 翼展方向(的),展向的.

spar [spa:] Ⅰ n. ①晶石(闪光矿石) ②(翼,小)梁,桁(梁),椽杆,椽子,杉桶 ③圆木材 ④争论. Ⅱ (sparred; spar'ring) v. ①装梁(桁,椽)于 ②争论. adamantine spar 刚玉. auxiliary spar 副[辅助]梁. calcareous spar 冰洲石. fluor (Derbyshire) spar 萤石,氟石. heavy spar 重晶石. rear spar 后梁. satin spar 纤维石. spar miller 翼梁铣床. spar varnish 清光漆. zinc spar 菱锌矿.

SPAR = superprecision approach radar 超精密进场雷达.

sparagmite n. 破片砂岩.

spare [spɛə] Ⅰ a. ①多[剩]余的,备用[份]的,准备的,附加的 ②节省的,少量的,薄弱的,贫乏的.

Ⅱ n. (pl.)备(用零)件,备用部件[轮胎,设备,备用品]. spare channel 备用信道,备份线[通]路. spare hand 替班工人. space oil 备用油. spare parts [detail]备(用零)件,附[备份]件. spare space 空位. spare time 余暇,有空的时候. spare unit 备用设备[部件,材料]. spare wire 备用线.

Ⅲ v. ①节省[约],匀出,抽出(时间),分让,让给,舍弃,不用,用不着 ②不损[伤]害. an electron to spare 多余一个电子. not spare one's comments 无保留地提出意见. spare the explanation 不用多解释.▲(enough) and to spare 有得多,很多,大量,有余. have M to spare 有多余的 M. spare M for N 匀出[分让]M 给 N. spare no expense 不惜工本. spare no pains [efforts]不遗余力. time to spare 余暇.

spare'able a. 可省的,可让出的.

spare'ly ad. 少量[贫乏]地,节约地.

spare'time a. 业余的.

sparge v.；n. ①喷雾(于),喷射,喷洒,洒(湿),飞溅,(用压缩空气经过喷雾器)搅动(液体) ②鼓[起]泡,产生气泡. sparge pipe 喷水(液)管.

spar'ger n. ①分布器,喷雾[洒]器 ②配电器 ③【核】起泡[扩散]装置.

spa'ring ['spɛəriŋ] a. ①节约[省]的,有节制的 ②不足的,缺少[乏]的 ③吝啬的 ④防护的.▲be sparing of M 节约[缺乏,不要滥用]M. ~ly ad.

spark [spa:k] Ⅰ n. ①火花[星],电(火)花,(电)火,瞬态放电 ②(火花塞重的)控制放电装置 ③金刚钻[石],钻石 ④生气,活(精力方)一丝(分),一点点 ⑥"须","胡须"(日本水手的). spark (无,日有火谱).

Ⅱ vi. ①发[打]火花,发电花,飞火星,闪光 ②热烈赞同.

Ⅲ v. 激发,鼓舞,点火,引火. A single spark can start a prairie fire. 星星之火,可以燎原. automatic spark control 自动点火操纵装置. spark advance and retard 提前点火与延迟点火. spark arrestor 火花避雷器,灭火器,防止火花外射的装置. spark chamber 火花室,火花熄灭器. spark coil 电(火)花[火花,点火]线圈. spark counter 火花计数器[管]. spark gap 火(电)花隙,放电器,避雷器. spark lighter 点火器. spark micrometer 火花放电显微计. spark photograph 闪光照相. spark spectrum 电弧(火花)光谱. spark timer 电花计时器. spark(ing) plug 火花塞,电花插头. sparking point 发火点. sparking voltage 击穿(火)电(火花)烧电压,跳火电压.▲as the sparks fly upward 象自然规律那样确实无疑. have not a spark of 毫无(不),一点没有,一点不失. spark...off 导致,引起,为...的直接原因. spark out 停止火花,断火,无火花磨削,清磨. spark over (绝缘)击穿,火花跳越(放电),跳火,打火花.

spark'-coil n. 电(火)花(火花,点火)线圈.

spark'er n. 电(火)花发生器,电火花震源.

spark'-gap ['spa:kgæp] n. ①火花隙 ②火花放电器,避雷器. plain spark-gap 普通放电器,简单避雷器. timed spark-gap 多电极旋转放电器,定时(多弧等)辐波放电器. triggered spark-gap 触发火花隙.

spar'kle ['spa:kl] Ⅰ n. ①火花[星],闪光(耀,烁) ②

spark'ler n. 闪光的东西,钻石,烟火。

spark'less a. 无电〔火〕花的. *sparkless commutation* 无电〔火〕花换向〔整流〕.

spark'less-run 无火花运转。

spark'let ['spɑːklit] n. 小火花〔星〕,小闪光,小发光物,微量。

spark'ling a. ①发火花的,闪耀的 ②发泡的. *sparkling water* 汽水. ~ly ad.

spark-over n. ①火花放电,打火花,跳火〔花〕②绝缘〔火花〕击穿,飞弧. *spark-over voltage* 跳火电压.

spark'plug Ⅰ n. 火花塞。Ⅱ vt. 发动,激励。

sparks n. (船上)无线电报务员。

spark'wear n. (火花)烧毁〔耗〕.

spar'row ['spærou] n. 麻雀.

spar'ry ['spɑːri] a. (像,似,多)晶石的. *sparry iron* 菱铁矿.

sparse [spɑːs] a. 稀(疏,少)的. *sparse matrix* 稀疏〔矩〕阵. *see only sparse service* 间有应用. ~ly ad. ~ness n.

sparsely-populated a. 人口稀少的.

spar'sity ['spɑːsiti] n. 稀疏,稀少.

sparsomycin n. 稀疏霉素。

spartalite n. 红锌矿.

Spar'tan ['spɑːtən] a.; n. 斯巴达(式)的,斯巴达人.

spar'teine n. 鹰爪豆碱。

spa'score ['speiskɔː] n. 人造卫星位置显示屏。

spasm ['spæzəm] n. ①痉挛,抽筋 ②(地震等)一震,突然颤动的动作,(突发的)一阵. *a spasm of* 一阵…. ~od'ic a. ~od'ically ad.

spasmodic'ity n. 生长不定性.

spas'tolith n. 变形鲕状岩.

SPASUR 或 spa'sur ['speisə] = space surveillance (system) 空间〔宇宙〕监视系统.

spat [spæt] Ⅰ n. (鞋,轮)罩,机轮减阻罩,流线形罩 ②小争论 ③轻拍〔击〕,(溅落的)噼啪声. *wheel spat* (机)轮(减阻)罩. Ⅱ spit的过去式过去分词. Ⅲ (spat'-ted; spat'ting) v. 小争论,轻拍〔击〕,雨点般溅落(down).

SPAT = silicon precision alloy transistor 精密硅合金晶体管.

spatch'cock vt. 补入,插入(in, into).

spate [speit] n. ①(河水)猛涨,洪水 ②倾盆大雨,暴风雨 ③突然涌来,大量(来到),许多. *be in spate* (河水)猛涨.

spathe n. 大花苞,佛焰苞.

spath'ic 或 **spath'ose** a. (像)晶石的,薄层状的. *spathic iron* 菱铁矿.

spa'tial ['speiʃəl] a. (有,占据,存在于,固定在,发生于)空间的,立体的,(间)隙的,腔的,篇幅的. *spatial chemistry* 立体化学. *spatial distribution* 空间分布. *spatial filter* 空间滤光片〔滤波器〕. *spatial mode* 空间模. *spatial multiplexing* 空间多路法,空间多路复用〔传输〕. ~ly ad.

spatial'ity [speiʃiˈæliti] n. 空间性.

spatic a. (间)隙的,腔的.

spatiog'raphy n. 宇宙物理学.

spationau'tics n. 宇宙航行学.

spatiotemporal a. 时空的,空间时间的.

spat'ter ['spætə] v.; n. ①溅(出,射,污),飞〔喷〕溅,泼,洒 ②喷镀〔敷,洒,雾〕,滴落, (pl.) 溅出物 ③雾沫,飞沫 ④飞溅〔滴落,渐历〕声 ⑤毛刺,毛边 ⑥少量,点滴. *a spatter of* (rain, bullets). *grease spatter* 油迹. *spatter shield* 防溅挡板.

spat'ula ['spætjulə] n. 刮(抹,油漆)刀,刮铲〔勺〕,平勺,搅拌刀,铸型修理工具.

spat'ular a. (像)抹刀的.

spat'ulate 或 **spat'uliform** a. 抹刀〔刮勺,匙,铲〕形的,阔扁之薄片的,压舌片的.

spatula'tion [spætjuˈleiʃn] n. 调拌.

spawn [spɔːn] Ⅰ n. 卵,子,产物,菌丝,菌种〔丝〕砖. Ⅱ v. 大量生产,产卵,引起.

SPC = ①serial-to-parallel converter 混联〔串并联〕变换器 ②silverplated copper 镀银铜 ③South Pacific Commission 南太平洋委员会 ④specific fuel consumption 燃料比耗,燃料消耗率 ⑤supplemental planning card 补充设计图表 ⑥suspended plaster ceiling 灰泥吊顶.

spcb = single pole circuit breaker 单刀断路器.

SPCHGR = supercharger 增压器.

SPCS = supplementary propulsion control set 辅助〔备用〕的推进控制装置.

SPD = ①single-path doppler 单路多普勒 ②systems parameters document 系统参数资料.

spd = ①spare parts department 备件部门 ②speed 速度〔率〕,转数.

SPDL = spindle 心轴.

SPDT = single-pole double-throw 单刀双掷(的).

SPE = ①Society of Plastic Engineers 塑料工程师学会 ②special-purpose equipment 专用设备.

speak [spiːk] (spoke, spo'ken) v. 说,讲,谈话,发言,表达. *Do you speak English?* 你会讲英语吗? *He spoke too fast, no one knew what he said.* 他说得太快,谁也不知他讲了些什么. ▲*not to speak of* 更不用说,且不说. *nothing to speak of* 不值一说. *so to speak* (插入语)可以说,好比,如同. *speak about* 讲起,谈到. *speak against* 作不利于…的陈述. *speak at* 暗骂. *speak by the book* 正确讲,说话正确(有根据). *speak for* 为…说话(辩护); 表明,要求得到,订购. *speak for itself* 不言而喻. *speak for oneself* 为自己辩护,发表个人意见. *speak highly of* 赞赏,表扬. *speak ill (evil) of* 诽谤. *speak like a book* 咬文嚼字,用正式语句讲话. *speak of* 谈到,论及. *speak of M as N* 把M说成是N,把M称为N. *speak on* 讲演(某问题),继续讲. *speak out (up)* 照直说,大声讲. *speak to* 说到,提及,(针)对…说;讲…演讲(说话); 证明,责难(备). *speak to the question (point)* 说得对题. *speak together* 商量. *speak up* 极力辩护,明说,提高声音. *speak volumes* 很有意义,含义很深. *speak volumes for* 为…提供有力证据,充分说明,足以证明. *speak well for* 讲…好〔有效〕. *speak well of* 赞赏,表扬. *to speak of* 值得一提的. *It is nothing to speak of.* 那不值得一提.

speak'er ['spiːkə] n. ①发言者,广播员 ②扬声器,话筒 ③(Speaker)(英国下议院,美国众议院)议长. *cabinet speaker* 箱式扬声器. *hornless loud speak-*

er 无喇叭扬声器.

speaker-phone n. 扬声器电话，由电话线连接的(包括话筒和扬声器的)对讲装置.

speak'ing ['spi:kiŋ] Ⅰ n. 说(话),(演)讲. Ⅱ a. ①说话的,发言的,交谈的 ②能说明问题的,逼真的. *speaking trumpet* (传)话筒，喇叭筒，扩音器，喇叭状的助听器. *speaking tube* 通话管,传声筒,话筒. ▲*at the* [*this*] *present speaking* 现在,目前. *generally speaking* 〔插入语〕一般地说. *roughly speaking* 〔插入语〕大体上讲. *strictly speaking* 〔插入语〕严格地说. *technologically speaking* 〔插入语〕从技术(工艺)上来讲.

spear [spiə] Ⅰ n. ①矛,枪,铲尖,矛形尖,矛状体 ②正负电子对撞机. *spear pointer* 矛形(箭头,长枪形)指针. Ⅱ v. 用矛刺,戳洞.

spear'head ['spiəhed] Ⅰ n. 矛头,尖端,先(前)锋,先头部队. Ⅱ vt. 带头(领),站在…最前列,当…的先锋.

SPEC =South Pacific Bureau for Economic Cooperation 南太平洋经济合作局.

spec n. ①说明书,加工单 ②投机.

spec n. ①special 特殊的,专门的 ②specification 规格(范),说明书,材料表,一览表 ③specimen 样品 ④spectrum(频,光)谱.

spec'ial ['speʃəl] Ⅰ a. ①特别(殊,有,设,制)的,专门(用)的 ②临时的,格[例]外的,额外加的. Ⅱ n. ①专用部件,异形管 ②专车,临时列车 ③号外,特刊,特约稿,特写通讯 ④特使. *special administrative area* (行政)专区. *special agent* 特别代(经)理人,特务分子. *special alloy steel* 特种合金钢. *special attachment* 专门(用)附件. *special bronze* 特殊(无锡)青铜. *special carrier* 特种(专用)夹头. *special case* 特例,特殊情况. *special correspondent* 特派记者. *special edition* 特刊,号外. *special effect generator* (电视)特技信号发生器. *special entity* 特殊实体. *special hardware* 专用设备,特殊电路. *special jaw* 特殊(专用)卡爪. *special NOR*【计】专用"或非"电路. *special oil* 高级〔特种〕油. *special operator* 特殊算符. *special publications* 特殊出版物,特别报告书. *special purpose* 专用,特殊〔单一〕用途,特殊目的. *special rolled-steel bar* 异形钢. *special rubber* 专用橡胶. *special steel* 特殊〔合金〕钢. *special theory of relativity* 狭义相对论. *special troops* 特种部队. *special use area* (城市规化)特殊用地. *special wire rope* 特种钢丝绳. ▲*be worthy of special mention* 特别值得一提. *in special* 特别(的),特殊的,格外. *pay special attention to* 特别注意.

specialisa'tion =specialization.

spec'ialise =specialize.

spec'ialism n. 专门学科,专门化,(学科等)专长.

spec'ialist ['speʃəlist] n.; a. 专家(人),专题(业)的. *specialist firm* 专业厂商(公司). *specialist report* 专题报告.

specialis'tic [speʃə'listik] a. 专家的,专门学科的.

special'ity [speʃi'æliti] n. ①特性〔质,色〕②专长,专业(化),专门化,专门研究 ③特制品,特殊产品 ④(pl.)特点,细节. ▲*make a speciality of* 以…为

专长,专门研究.

spec'ialize ['speʃəlaiz] v. ①专门做,专门研究(in) ②(使)专业(门)化,特殊化,把…用于专门目的 ③限定(制)…的范围 ④特别指明,列举,逐条详述. *highly specialized* 高度专业(门)化的. *specialized agencies* 专门机构. *specialized knowledge* 专门(业)知识. **specializa'tion** n.

spec'ially ['speʃəli] ad. ①特别,异常,临时 ②特地,专门地,尤其.

special-memory n.【计】专用存储器.

spec'ialty ['speʃəlti] =speciality.

specia'tion n. 物种形成.

spe'cie ['spi:fi] n. 硬(铸)币. *in specie* 用硬币,以同一种类(形式). *specie payments* 或 *payment in specie* 硬币支付.

spe'cient n. 物种的个体.

spe'cies ['spi:fi:z] (pl. *spe'cies*) n. ①(物)种,种(类),形式,外形 ②核素,物质. *atomic* [*nuclear*] *species* 原子(核)类. *ionic species* 各种离子形式. *isotopic species* 同位素种类. *molecular species* 各种分子形式. *radioactive species* 放射性同位素. *secondary species* 次级产物. ▲*a species of* 一种. *many species of* 或 *of many species* 许多种. *the four species* 四则(加减乘除). *the (human) species* 人类. *The Origin of Species*《物种起源》.

specif =①specific ②specifically.

spec'ifiable ['spesifaiəbl] a. 能指定的,能详细说明的,能列举的.

specif'ic [spi'sifik] Ⅰ a. ①特殊(有,定,种,异)的,有特效的,专门的,专一性的,由特定病菌(或病毒)引起的 ②具体的,明确的 ③(计),比较的,单位的 ④比的. Ⅱ n. ①(pl.)详细说明书 ②特效药,特殊用途的东西 ③特性 ④细节. *specific acoustic impedance* 声阻抗率,单位面积声阻抗. *specific acoustic reactance* 声抗率. *specific acoustic resistance* 声阻率. *specific activity* 放射性比度. *specific address* 绝对地址. *specific aim* 明确的目标. *specific capacity* 比容量,比电容,功率系数. *specific character* 特性(点). *specific charge* 荷质比,比电荷. *specific coding* 绝对编码. *specific conductance* 电导率,传导系数. *specific consumption* 消耗率,比消费量. *specific density* 比密(度). *specific electric loading* 比(单位)比电负载. *specific energy consumption* 电能(能量)比耗,单位电能(能量)消耗. *specific fuel consumption* 燃料比耗,燃料消耗率. *specific gravity* (weight)比重. *specific gravity balance* 比重天秤,比重秤. *specific gravity bottle* 比重瓶. *specific heat* 比热. *specific heat at constant volume* 定体(积)比热,定容比热. *specific inductive capacity* 电容率,比电常数. *specific investment cost* 单位投资. *specific ionization* 电离比值,电离率,比电离(游离). *specific ionization loss* 电离(游离)损失比. *specific items* 特殊条款,具体项目. *specific magnetic rotation* 磁致旋光率. *specific magnetizing moment* 磁化强

specif'ical

度. *specific mass* 密度. *specific phase* 特定相. *specific polarization* 克分子极化率. *specific power* 比功率,功率系数. *specific pressure* 比压. *specific productive index* 单位产油[生产]率. *specific refraction* 折射度[率]. *specific refractivity* 折射率差度. *specific resistance* 电阻率,比[固有]电阻. *specific resistivity* 比抗化,比电阻,电阻率, 电阻系数. *specific response* 特殊响应. *specific rotation* [rotatory power] 旋光率. *specific sound energy flux* 声强(度). *specific speed* 比转,特有[有效]速度. *specific surface* 比面,表面系数. *specific test* 特效试验. *specific value* 比值. *specific volume* 比容,体积度. *specific yield* 单位给水量, 单位产量. ▲ *according to specific circumstances* 根据具体情况. *to be specific* [插入语]说得更明确些,具体地说.

specif'ical a. =specific.

specif'ically [spi'sifikəli] ad. ①明确[具体]地 ②特别[殊,定]地 ③逐一[各别]地,按特性,按(种)类. ▲ *more specifically* [插入语]更准确地说.

specifica'tion [spesifi'keifən] n. ①详细说明,详述, 逐一载明,分类,鉴定 ②(pl.)(尺寸)规格,规范 [程],特性(曲线),技术要求[条件,规格],[工序,设计,规格]说明书,计划书 ③明细一览,材料,登记表,目录,清单 ④用来料加工制成的新产品. *black-box terminal specification* 技术规格卡片箱. *B. S. specification* 英国标准规范. *design specification* 设计要求[任务书]. *general specification of shipping documents* 货运单据总清单. *operation specification* 操作规程. *production specifications* 生产技术条件. *specification subprogram* 区分[分类]子程序. *specifications of quality* 质量规范. *tentative specifications* 试验[暂行]规范. ▲ *meet the specification* 符合规格,满足技术要求. *Specification for* …的规格[范].

spec'ificator n. 标记[区分]符(号).

specific'ity [spesi'fisiti] n. 特性[征,效],特殊[异]性,专(一)性.

specif'icness [spi'sifiknis] n. 特异[殊]性.

spec'ifier n. 分类[区分]符.

spec'ify ['spesifai] vt. ①规[指,给,确]定,精确测定(尺寸),拟订技术条件 ②表示(…的规格),详细说明(…的规格),载明,详举,逐一登记,把…列入清单[说明书]). *The contract specifies steel sashes for the windows.* 合同规定用钢窗. *specified grading* 技术规范中指定(的)级配. *specified power* 规定的权限. *specified project* 按技术规范编制的计算或设计. *specified rate* 额定量. *specified (rated) load* (技术规范中)规定的荷载,计算[设计,额定,条件]荷载. *specified value* (某一)给定值. ▲ *as specified in* 按照说明. *specify by* 用…说明[表示]. *specify M for N* 规定M用于N. *unless otherwise specified* 除非另有规定[另行说明].

spec'imen ['spesimin] n. ①样品(本,材),试样[件,料,片],标本,抽样,实例 ②[口]怪事. *degenerate specimen* 简并样品. *notched specimen* 切口试样. *specimen chamber* 试件[样品]室. *specimen copy* 样本. *specimen holder* [样]品座,样品夹,试件夹[支]持器. *specimen machine* 样[模型]机. *specimen stage* 试件(微动)台. *standard specimen* 标准试样. *test specimen* 试样.

specios'ity [spi:ʃi'ɔsiti] n. ①外表美观,华而不实 ②似是而非,貌似有理. **spe'cious** ['spi:ʃəs] a. **spe'ciously** ad.

speck [spek] I n. ①(斑,污,缺)点,瑕疵 ②亮点,亮斑 ③微粒,小点,一点点. Ⅱ vt. 弄上[使有]斑点. *filler speck* 填料斑斑. ▲ *a speck in a vast ocean* 沧海一粟. *have not a speck of* 一点…也没有.

specked a. 有(斑,疵)点的,有微粒[瑕疵]的.

speck'le ['spekl] I n. (小)斑(点,纹). Ⅱ vt. 弄上[使有,加]斑点,点缀,玷污. *speckle pattern* 斑纹图样.

speck'led a. 有(小)斑点的.

speck'less a. 没有瑕疵[斑点]的.

specks [speks] n. 眼镜.

speck'stone n. 滑石.

SPECO =Steel Products Engineering Company 钢铁制品工程公司.

spec'pure =spectroscopically pure 光谱纯的.

specs [speks] n. ①眼镜 ②规格[范],说明[计划]书.

spec'tacle ['spektəkl] n. ①奇[壮]观,公开展示,展品 ②景像,场面,光景,状况,奇(状)观 ③(pl.)(双式)眼镜,护目镜 ④(铁路红绿信号机的)玻璃框 ⑤眼镜形,双环. *a pair of spectacles* 一副眼镜. *in spectacles* 戴眼镜的. *spectacle lenses* 柔性焦距透镜组,软焦点透镜组. *spectacle plate* 双孔板. *spectacle shaft bracket* 双环尾轴架. *spectacle type parametron* 眼镜式参数[量]器. ▲ *make a spectacle of oneself* 当场出丑,出洋相.

spec'tacled a. 戴眼镜的,双孔的.

spectac'ular [spek'tækjulə] Ⅰ a. ①展览(物)的,可公开展示的 ②壮观的,蔚为奇观的,惊人的,引人注意的 Ⅱ n. ①壮观,惊人的事 ②特别电视节目. ~ly ad.

spectacular'ity n. 壮观,惊人.

spec'tate ['spekteit] vi. 出席观看.

specta'tor [spek'teitə] n. 观众,旁观者.

spectinomycin n. 壮观霉素,放线壮观素.

spec'tra ['spektrə] spectrum 的复数.

spectracon n. 光谱摄像管.

spec'tral ['spektrəl] a. ①(光,频,分)谱的,谱线的, 单色的 ②鬼怪(似)的,幽灵的. *spectral analysis* 光(频)谱分析. *spectral arc breadth* 谱弧宽度. *spectral distribution* 光谱[频谱]分布. *spectral glass* 虹光玻璃. *spectral purity* 光谱纯度. *spectral radiant emittance* 光谱辐射率,光谱辐射通量密度. *spectral radiant power* 光谱辐射功率. *spectral range* 光(频)谱范围,光谱区(段). *spectral response* 光(频)谱响应,光谱灵敏度. *spectral sensitivity* 光谱(分光)灵敏度. ~ly ad. *spectrally pure* 光谱纯的.

spectral'ity n. 谱性.

spectrally-sensitive pyrometer 光谱灵敏高温计.

spec′tre 或 **spec′ter** ['spektə] n. 鬼怪,幽灵.
spec′tro- 〔词头〕光,频,波,能〕谱.
spectrobologram n. 光变阻测热图.
spec′trobolom′eter n. 分光变阻测热计.
spec′trochem′ical a. 光谱化学的.
spec′trochem′istry n. 光谱化学.
spec′trocolorim′etry n. 光谱色度学.
spec′trocompar′ator n. 光谱比较仪.
spectrofluorim′eter n. 荧光分光计,分光〔光谱〕荧光计.
spectrofluorim′etry n. 分光荧光法.
spectrofluorom′etry n. 光谱荧光测量(法).
spec′trogram ['spektrəgræm] n. (光,频)谱图,谱照片,光(照)片.
spec′trograph ['spektrougra:f] n. 摄谱仪,分光摄像仪,光谱(分析)仪. *double crystal spectrograph* 双晶摄谱仪. *grating spectrograph* 光栅摄谱仪. *mass spectrograph* 质谱仪. *optical spectrograph* 光学摄谱仪.
spectrograph′ic a. 摄谱仪的,光谱的. *spectrographic analysis* 光谱分析.
spectrog′raphy [spek'trɔgrəfi] n. 摄谱学〔术〕,摄谱仪〔分光摄像仪〕使用法及分析.
spectrohe′liogram n. 太阳单色光照片,日光分光谱图.
spec′trohe′liograph ['spektrou'hi:ljəgra:f] n. 太阳单色光谱摄影(机),日光(太阳)摄谱仪.
spec′trohe′liokinematograph n. 太阳单色光电影机.
spec′trohe′lioscope ['spektrou'hi:ljəskoup] n. 太阳单色光观测镜,日光双观镜.
spectrom′eter [spek'trɔmitə] n. 分光仪(计),(光,频,能)谱(分析)仪.摄谱仪. *double crystal spectrometer* 双晶体分光仪. *mass spectrometer* 质谱仪,质谱分析器. *optical spectrometer* 光谱仪. *pulsed NMR spectrometer* 脉冲核磁共振波谱仪. *sound spectrometer* 声频振谱计.
spectromet′ric [spektrə'metrik] a. 光(频)谱测定的,度谱的,能谱仪的,分光仪的.
spectrom′etry [spek'trɔmitri] n. 光〔频,能〕谱测定法,度(光)谱术,分光术,光谱学. *Gamma-ray spectrometry* γ射线光谱测定法. *mass spectrometry* 质谱测定法.
spec′tro-microscope n. 光谱显微镜.
spec′trophotoelec′tric a. 分光光电作用的.
spec′trophotom′eter ['spektroufə'tɔmitə] n. 分光〔光谱〕光度计,光谱仪.
spec′trophotomet′ric a. 分光光度(计)的.
spec′trophotom′etry n. 分光光度测定法,分光光度技术,分光光度学.
spec′tropholarim′eter n. 分光偏振计〔旋光计〕,光谱仪,旋光分析计.
spec′tropolarim′etry n. 旋光分光法〔学〕.
spec′troprojec′tor n. 光谱投影器.
spectropyrheliom′etry n. 太阳辐射谱学.
spec′tropyrom′etry n. 分光〔光谱〕高温计,高温光谱仪.
spectrora′dar n. 光谱雷达.
spec′troradiom′eter n. (分光)辐射仪,分光辐射计,光谱辐射(度)计.
spec′troradiom′etry n. 分光〔光谱〕辐射度学,光谱辐射测量(法).

spec′troscope ['spektrəskoup] n. 分光镜〔仪,器〕.
spectroscop′ic(al) [spektrəs'kɔpik(əl)] a. (用)分光镜的,与分光镜联合的,分光镜检查的,光谱(学)的. *spectroscopic splitting factor* 谱线裂距因数.
spetroscop′ically ad. 利用光谱方法,利用分光设备. *spectroscopically pure* 光谱纯的.
spec′troscopist n. 光谱学工作者.
spectros′copy [spek'trɔskəpi] n. (光,频,波,能)谱学,光学〔术〕,谱测量,分光镜检查. *mass spectroscopy* 质谱(学),质谱测定(法). *optical spectroscopy* 光谱学.
spectrosensitogram n. 光谱感光图.
spectrosensitom′eter n. 光谱感光计.
spectrosil n. 光谱纯石英,最纯的石英.
spec′trum ['spektrəm] n. (pl. *spec′tra*) n. ①(光,波,能,频)谱,(射频,无线电信号)频谱 ②领域,范围,系列,各种各样. *degrade the spectrum* 软化光谱. *depress the neutron spectrum* 软化中子谱. *arc spectrum* 弧光谱. *electromagnetic spectrum* 电磁波谱. *energy spectrum* 能谱. *frequency spectrum* 频谱. *light spectrum* 光谱,分光. *reactor spectrum* 反应堆中子谱,反应堆辐射能谱. *spectrum colour* (光)谱色. *spectrum distribution* 光(频)谱分布. *spectrum emission* 光谱放射率. *the whole spectrum of industry* 整个工业领域. *wave spectrum* 波谱.
spec′ula ['spekjulə] speculum 的复数.
spec′ular ['spekjulə] a. 镜(子,面,状,像)的,镜对称的,反转对称的,反射(镜)的,有金属光泽的,用窥器的,助视力的. *specular cast iron* 镜铁. *specular density* 定向反射光密(浓)度,频谱密度. *specular iron (ore)* 镜铁(矿). *specular layer* 镜面(反射)层. *specular reflection* 镜面〔定向,单向〕反射. *specular scattering* 镜面〔定向〕散射. *specular transmissiondensity* 镜透射密度.
specularite n. 镜铁矿.
spec′ulate ['spekjuleit] vi. ①思考〔索〕,推测(about, on, upon) ②(做)投机(买卖)(in).
specula′tion [spekju'leiʃən] n. ①思考〔索〕,推〔臆〕测 ②投机(事业,买卖),投机. ▲*engage in speculation* 从事投机,做投机生意. *lead to the speculation* 引起猜测. *much given to speculation* 想入非非.
spec′ulative ['spekjulətiv] a. ①思索的,推测的,(纯)理论的,抽象的 ②投机性的. ~**ly** ad. ~**ness** n.
spec′ulator n. ①投机者〔商〕②思索者,抽象的理论家.
spec′ulum ['spekjuləm] (pl. *spec′ula* 或 *spec′ulums*) n. ①(金属,反射,窥视)镜 ②镜齐,镜用合金,铜锡合金,镜(青)铜 ③窥器 ④【天】行星相互位置图表. *speculum iron* 镜铁. *speculum metal* 铜镜〔镜用合金,镜齐,镜(青)铜(铜70~65%,锡30~35%).
sped [sped] speed 的过去式及过去分词.
Sped′ex n. 德银(镍5~33%,铜50~70%,锌13~35%).
speech [spi:tʃ] n. ①谈(说,讲)话,演说,发言 ②言语,音调〔色〕,话音. *drummy* 〔*tinny*〕 *speech* 低〔高〕频音调. *speech amplifier* 语(声,音)频放大

speech′less 1567 **spend**

器. *speech anlysis* 话音〔语言〕分析. *speech current* 语言电流. *speech frequency* 语频,通话频率. *speech stretcher* 语言拉长器,对话速度减低装置. *speech volume indicator* 语言声量指示器. ▲*an opening* 〔*a closing*〕*speech* 开幕〔闭幕〕词. *deliver*〔*make*〕*a speech* 发表演说. *deliver*〔*make*〕*a speech on current affairs* 作关于当前形势的报告. *give speech to* 说出. *make an empty speech* 讲了一番空话. *set speech* 经过准备的演说.

speech′less ['spi:tʃlis] *a*. 不会说话的,说不出话的,无言的,非言语所能表达的,哑的. ~ly *ad*.

speech′maker *n*. 演讲人,发言者.

speech′-modula′tion *n*. 语音调制.

speed [spi:d] I *n*. ①速率〔度〕,迅速 ②转数〔速〕,旋转频率 ③感〔曝〕光速率,(乳胶的)感速. II (*sped* 或 *speed′ed*) *v*. ①使…加速,提高…的速度 ②调整…的速率,使定速运行 ③飞驰,急行 ④促进 ⑤发射. *final speed* 终〔高〕速度,末速. *first*〔*second, third, fourth*〕*speed* 头〔二、三、四〕档速率. *high speed steel* 高速钢,锋钢. *line speed* 线速率. *load speed* 工作速度. *mill*〔*rolling*〕*speed* 轧制速度. *nearsonic speed* 近声速. *point-to-point speed* 直线运动速度,平移速度,两点间速率. *rim*〔轮〕*speed* 圆周速度,速度适应能力. *speed belt* 变速皮带. *speed capacity* (车辆)疾驶能力,速率适应能力. *speed change gear* 变速轮〔装置〕. *speed code* 快速代码. *speed cone* 变速锥,塔轮,宝塔轮,塔轮. *speed controller*〔*regulator*〕调速器,速度调节器,速率控制装置. *speed counter* 速率计,转速表. *speed drilling machine* 高速钻床. *speed factor*【摄】增强因数. *speed gear* 高〔变〕速齿轮. *speed indicator* 示速器,速度表〔计〕. *speed lathe* 高速车床. *speed muller* 摆轮式〔高速〕混砂机. *speed multiplier* 倍速器. *speed of escape* 第二宇宙速度,逃逸速度. *speed of evacuation* 〔*exhaustion*〕抽〔气〕速〔度〕. *speed of formation* 形成〔发生〕速率. *speed of instrument* 仪表速率,仪表快速作用. *speed of pump* 泵〔抽〕速. *speed of response* 反应率,惯性,反应〔响应〕速度. *speed pulley* 变速皮带轮,变速塔轮. *speed recorder* 速度记录器,计速表. *speed reducer* 减速器. *speed scout* 高速侦察机. *speed type* 轻型,速力型. *speed zone* 速率限制区段. *top speed* 最大速度. *wind speed* 风速,迎面流速,飞行速度. *working speed* 作业〔工作〕速度. *zero air speed* 零空速. ▲*at a high speed* 以高速. *at a*〔*the*〕*speed of* 以…速度. *at full*〔*top*〕*speed* 全速地,开足马力. *at railway speed* 飞快地. *at speed* 高速(地),迅速地,以高速度. *gain speed* 加速. *make speed* 加快,赶路. *over speed* 超速. *put on full speed* 加快速度,开足马力. *speed along*〔*away*〕飞驰,急行. *speed down* (使)减速,沿…急驰. *speed up* (使)加…速度,增速,速度变化. *with a*〔*the*〕*speed of* 以…速度. *with all*〔*great*〕*speed* 迅速地.

speed′boat *n*. 高速汽艇,快艇.

speed′-down *n*. 减速.

speed′er ['spi:də] *n*. ①加〔增,调〕速器,增〔调,变〕速装置 ②快速(工作的,回转的)工具 ③变速滑车 ④乱开快车的司机.

speed′flash = speedlight.

speed′ily ['spi:dili] *ad*. 迅速地,赶快.

speed′iness *n*. 迅速.

speed′ing *n*.;*a*. 超速行驶(的),开足马力的.

speed′ing-up *n*. 增速,加快.

speed′light *n*. 闪光管,闪光放电管.

speed′muller *n*. 快速〔摆轮式〕混砂机.

speed′omax *n*. 电子自动电势计.

speedom′eter [spi(:)'dɔmitə] *n*. 速度〔率〕计,转速〔数〕计,测〔示〕速计,里程计〔表〕,路码表. *speedometer drive gear* 速度计主动齿轮.

speed′-read *vt*. 快速阅读.

speed′ster ['spi:dstə] *n*. 双座高速敞篷汽车,快船,违法超速驾驶者.

speed′-track = speedway.

speed(-)up *n*. 加〔增〕速,高速化〔提〔超〕,移,前,追赶,能率提〕.

speed′way ['spi:dwei] *n*. 高速公路〔车道〕,快车道,赛车跑道.

speed′y ['spi:di] *a*. 快(速)的,高〔迅〕速的,敏捷的,立即的.

SPEG = staff planning evaluation group 集体设计鉴定小组.

speiss [spais] *n*. (含镍钴的砷锑化物)黄渣,硬渣.

Spekker absorptiometer 粉末比表面测定仪,斯佩克吸收测定仪.

spel(a)ean *a*. 洞穴(状)的,穴居的.

spel(a)eol′ogy *n*. 洞穴学.

spell [spel] I *v*. (*spelt* 或 *spelled*) ①拼(音,作),读(出,作,写) ②表〔指〕示,是…的表现,有…的意义 ③招致,带来…(的结果) ④轮流〔班〕,替换 (at) ⑤短时间中断〔间隔〕⑥使入迷. ▲*spell backward* 倒拼,倒解,误解. *spell out* 详细〔清楚〕地说明,用拼音读出,阐明,(把单词)拼写出来,(一个字一个字)用心〔吃力〕读写,慢而费力地读懂,认真研究出,琢磨,研究;全部写出,不省略一个字. *spell over* 思考,考虑,慢而费力地读懂.
II *n*. ①轮班,轮值(时间),服务〔工作〕时间 ②(连续一段)时间,一阵 ③魅力,吸引力. *a cold spell* 一阵冷天气,一阵寒潮. ▲*by spells* 轮流,断断续续地. *for a spell* 暂时,一会儿. *get a spell with* 换班休息. *have*〔*take*〕*spells* (*at*)换〔接〕班,轮流(做). *keep*〔*take, have*〕*one's regular spell* 按时换班. *keep M under a spell* 使 M 听得出神.

spell′bind *vt*. 使入迷,迷住.

spell′bound ['spelbaund] *a*. 入迷的,出神的.

spell′erizing *n*. 破磷轧制.

spell′ing ['speliŋ] *n*. 拼音〔法〕,缀字(法).

spelt [spelt] *spell* 的过去式和过去分词.

spel′ter ['speltə] *n*. ①锌(棒,块),粗锌,商品锌(通常指 98～99% 粗锌锭),锌铜合金 ②锌铜焊料,(硬)钎料,焊料. *brazing spelter* 黄铜钎料. *spelter bronze* 青铜焊料(锌 45%,锡 3～5%,其余铜). *spelter coating* 锌涂料. *spelter solder* 锌铜焊料(铜 50～53%,铅<0.5%,其余锌).

spen′cer *n*. (羊毛)短上衣.

spen′cerite *n*. (单)斜磷锌矿,硅碳铁锰矿.

spend [spend] (*spent, spent*) *v*. ①花〔消,耗,浪〕费,消耗,度过(时间) ②耗尽,用完. *spend one's*

spend'able

blood and life for the cause of communism 献身于共产主义事业. ▲**spend itself** 耗尽,用完[尽]. ***spend M on N*** 花费 M 在 N 上,把 M 用在 N 上. ***spend time*** (***in***) +*ing* 把时间花(费)在[耽搁在](做)上.

spend'able a. 可花费的.

spend'er 或 **spend'-all** n. 浪费[挥霍]者.

spend'ing n. 经费,开销. *military spending* 军费.

spend'thrift ['spendθrift] n.; a. 挥霍者[的],浪费者[的].

spent [spent] Ⅰ spend 的过去式和过去分词. Ⅱ a. ①耗尽的,(核燃料)烧透的,用尽[完]的,用过的,余下的,废的,失去效力的 ②精疲力竭的. *spent bullet* 乏弹,失去冲力的子弹. *spent fuel* 已用过的燃料,废燃料. *spent gas* 废气. *spent liquor* 废液. *spent steam* 废汽. *spent tan* 鞣酸皮渣.

SPEQ =special equipment 专用设备.

spergenite n. 微壳岩屑.

sperm [spə:m] n. ①鲸蜡,鲸(脑)油 ②巨头[抹香]鲸 ③精子.

spermaceti (wax) n. 鲸蜡,鲸脑油.

spermagone n. 精子器,雌性器(锈菌类)性孢子器.

Spermaphyte n. 种子植物门.

spermatangium n. 精子囊.

spermatia n. 雄子,雄性原,雄精体.

sper'matid n. 精(子)细胞.

spermatin(**e**) n. 精素.

sperma'tium [spə:'meifiəm] n. (pl. *sperma'tia*) 雄子,雄性原,雄精体.

spermatiza'tion n. 受精作用.

spermatocyte n. 精母[原]细胞.

spermatogen'esis n. 精子发生.

spermatogonium n. 精原细胞,原精子.

sper'matoid a.; n. 精子形的,(雌原虫)精子状体.

spermat'ophore n. 精胞细胞,精胞囊,孢蒴.

Spermatophyta n. 种子植物门.

spermatozo'id n. 游动精子.

spermatozo'on n. 精子.

sper'midine n. 亚精胺,精脒.

sper'mine n. 精胺,精胺癸四胺.

spermogo'nium n. (锈菌)精子器,性孢子,雄性器.

spermol n. 鲸蜡原.

spermotox'in n. 精子毒素.

sperm-receptor n. 精子受体.

Sperry's metal 斯佩里铅基轴承合金(锡 35%,锑 15%,其余铅).

sperrylite n. 砷铂矿.

SPERT =special power excursion reactor tests 特殊功率漂移扼流圈测试.

spes [拉丁词]希望.

spessartite 或 **spessartine** n. 斜煌岩,锰铝榴矿.

spew [spju:] Ⅰ v. ①(呕)吐出 ②压[喷,涌,渗]出,压铸硫化,割尽毛刺. Ⅱ n. ①呕吐物,喷[渗]出物 ②毛刺,飞边,溢料. *spew frost* 冻胀,冰冻隆脹.

SPFC =site peculiar facility change 特殊设备现场更改.

SPFM =spinning form 旋转型.

SPG =spring 弹簧.

SPGG =①solid propellant gas generator 固体推进剂气体发生器 ②spin charge gas generator 旋转加料气体发生器.

SPGR 或 **spgr** =specific gravity 比重.

SPH =space heater 空间加热器.

sph =spherical lens 球面透镜.

sphaeroid a. 近球形的.

Sphaerotilus n. 球衣细菌属.

sphagnicolous a. 水藓属的,泥炭藓属的.

sphagniherbosa n. 泥炭藓草本群落.

sphag'num (pl. *sphag'na*) n. 水藓,水苔.

sphal'erite n. 闪锌矿.

Spheniscidae n. 企鹅属.

sphenisciformes n. 企鹅类动物.

sphenodon n. 喙头蜥,鳄蜥.

sphe'nogram n. 楔形文字. **sphenograph'ic** a.

sphe'noid ['sfi:noid] a. 楔形[状]的. n. 半面晶形,楔形晶体. ~**al** a.

Sphenophyllales n. 楔叶目.

sphenopsida n. 楔叶类植物.

spher- [词头]球,圆.

SPHER =spherical.

spherator n. 球状结构热核装置.

sphere [sfiə] Ⅰ n. ①球(体,形,面),球状体,球形油罐,天体(体),星(球),行星,地球仪,天体仪 ②天(空) ③范围,区[领]域,全立体角(=4π 球面弧度) ④地位,身分. Ⅱ v. 使成球形,把…放在球内,包围(住). *geometry of spheres* 球面几何学. *ideological sphere* 意识形态领域. *ozone sphere* 臭氧层. *sphere gap* 球间隙,球状放电器. *sphere of action* 作用范围. *sphere of influence* 影响[作用,势力]范围. *sphere pole* 球状电极. *storage sphere* 球形气瓶.

spher'ic(al) ['sferik(əl)] a. 球(面,形,状)的,圆的,天体的. *spherical aberration* 球(像)差. *spherical bearing* 球型支座,球面轴承. *spherical cam* 球面凸轮. *spherical face* 球面(荧光屏). *spherical guide* 滚珠导轨. *spherical harmonics* 球谐函数,球面谐波. *spherical joint* 球面接合[头]. *spherical mirror* 球面镜. *spherical roller bearing* 鼓形滚柱轴承. *spherical triangle* 弧[球面]三角形. *spherical valve* 球(形)阀. ~**ly** ad.

spherical-harmonic 球谐函数的.

spheric'ity [sfe'risiti] n. ①球状(体),成球形 ②(形)度,圆球度(表面积对体积的关系).

sphericize v. 球形化. *sphericized lattice cell* 球形化(的)晶胞.

spher'ics ['sferiks] n. ①球面几何[三角]学 ②远程雷电,天电(学),大气[天电]干扰 ③风暴电子探测器,电子气象预测.

spheriolite n. 菱磷铝岩.

sphero- [词头]球,圆.

spherochro'matism n. 色球差.

spheroclast n. 圆碎屑.

sphero(-)colloid n. 球形胶体.

sphero-conal harmonic 球锥(调和)函数,球锥调和.

sphero-conic n. 球面二次曲线.

spherocrystal n. 球晶.

sphero'-cyclic 球面圆点曲线.

sphero-cylindrical lens 球柱面透镜.

sphe'roid ['sfiəroid] Ⅰ n. 球(状,形)体,球状容器,回

spheroi'dal 转扁〔椭〕球(体),旋转椭球,椭圆旋转体. Ⅱ a.＝spheroidal.

spheroi'dal [sfiə'ldəl] 或 spheroi'dic [sfiə'rɔidik] a. (扁,椭)球体的,球状的. *spheroidal cementite* 球状渗碳体. *spheroidal coordinates* 球体坐标. *spheroidal (-graphite) cast iron* 球(状石)墨铸铁. *spheroidal harmonic* 球体(调和)函数,球体调和. *spheroidal state* 球腾态. ~ly ad.

spheroidal-mirror n. 椭球面反射镜.
spheroidene n. 球形(红极毛杆菌)烯.
spheroidic'ity [sfiərɔi'disiti] n. (扁,椭)球形.
spheroidite n. 球(粒)状渗碳体,粒状化.
spheroidiza'tion n. 球化(处理,现象,作用),延期热处理.
sphe'roidize ['sfiərɔidaiz] v. 球化(处理,退化),延期热处理.
sphe'rojoint n. 球接头.
spherom'eter [sfiə'rɔmitə] n. 球径仪,球面曲率计,球面仪,测球仪.
spherom'etry n. 球径测量术.
spheron n. 片状槽法炭黑(商品名).
sphe'roplast n. (原生质)球状体,原生质球.
sphero-quartic n. 球面四次曲线.
sphero(-)symmet'ric(al) a. 球对称.
spher'ular ['sferjulə] a. 小球(状)的,球似的.
spher'ulate ['sferjulit] a. 布满小球体的.
spher'ule ['sferju:l] n. 小球(体).
spher'ulite ['sferjulait] n. (晶体)球晶.
spherulit'ic [sferju'litik] a. 球(粒)状的,小球的. *spherulitic graphite* 球状石墨. *spherulitic texture* 球粒结构.
spherulitize vt. 使成球粒.
sphingol n. 〈神经〉鞘氨醇.
sphingolipid n. 〈神经〉鞘脂类.
sphingom'eter n. 光测挠度〔弯曲度〕计,曲度测量仪.
sphingomyelin n. 〈神经〉鞘磷脂.
sphingophosphatide n. 神经鞘脂.
sphin'gosine n. 〈神经〉鞘氨醇.
sphinx [sfiŋks] n. ①斯芬克斯(狮身人面象) ②神秘(不可思议)的人. *Sphinx's riddle* 怪谜,难题.
sphygmobol'ogram n. 脉压曲线.
sphygmobolom'eter n. 脉压计,脉能描记器.
sphygmobolom'etry n. 脉压测量.
sphyg'mogram n. 脉搏曲线(描记),脉搏记录图,脉波图.
sphyg'mograph ['sfigmɔgra:f] n. 脉波描记法〔器〕,脉波计,脉搏记录器.
sphygmograph'ic a. 脉搏描记器(记录)的.
sphygmog'raphy n. 脉搏描记法.
sphygmomanom'eter [sfigmoumə'nɔmitə] n. 脉(血)压计.
sphygmom'eter [sfig'mɔmitə] n. 脉波计,脉(搏)计.
sphyg'mophone n. 脉音听诊器.
sphyg'moscope n. 脉搏检视器.
sphyg'mus ['sfigməs] n. 脉搏.
SPI ＝ ①service publication instruction 业务出版物说明 ②site peculiar interference 现场特殊干扰 ③Society of the Plastics Industry (美国)塑料工业学会 ④specific productive index 单位产油〔生产〕率 ⑤standard practice instructions 标准作法〔实习〕说明书.

SPIA ＝ Solid Propellant Information Agency 固体推进剂情报局.
spic ＝ ships position interpolation computer 内插法测(量)船位计算机.
spic-and-span n. ＝spick-and-span.
spicate a. 穗状(排列)的.
spice [spais] Ⅰ n. ①香料〔味,气〕,调味品 ②趣味. Ⅱ vt. 加香料于,为…增加趣味.
spi'cery n. 香料〔气,味〕,调味品.
spiciform 或 spiculiform a. 穗状的.
spi'ciness n. ①芳香 ②辛辣.
spick'-and-span' ['spikand'spæn] a. 崭新的,干净整齐的.
spic'ular a. 针的,刺的.
spic'ule n. 针,刺,交合刺,针状体,小穗状花.
spic'ulum [拉丁语] (pl. spic'ula) n. 针,刺,交合刺.
spi'cy ['spaisi] a. ①芳香的 ②辛辣的.
spi'der ['spaidə] n. ①(蜘)蛛(状物) ②星形(轮,接头) ③十字(叉)〔架,轴,臂〕,叉 ④辐(式轴),(螺桨)辐射架,辐桨轮毂 ⑤机(支)架,(三,多)脚架,(喷嘴)多脚撑,扬声器支承圈,定心支片 ⑥针(状)状盘,星形齿轮架,带齿圈的轮毂. *commutator spider* 换向器辐. *differential spider* 差速器〔差动机构〕十字轴. *spider arm* 星形臂. *spider bonding* 辐射状焊网形连接. *spider coil* 蛛网形线圈. *spider die* 异型孔挤压模. *spider gear* 星形齿轮,差速轮. *spider line* 交叉瞄准线,叉丝. *spider vane* 辐射形叶片. *torque spider* 扭力辐.
spi'der-web n.；a. 蛛网(形的). *spider-web coil* 平扁蛛网形线圈. *spider-web reflector* 蛛网式天线反射器.
spiegel 或 spiegeleisen n. 镜(铁),低锰铁,铁锰合金. *triple spiegel* 三角柱镜.
spig'ot ['spigət] n.；v. ①插口 ②插销〔头〕,塞(子,栓),栓 ③阀门,龙头 ④套管,喇叭口,套筒连接(合),连接管接合,管凹凸槽接合 ⑤(跳出机)筛下物,下泄物. *bell and spigot joint* 套〔筒〕接合,插承接合,钟口接头. *engine spigot* 发动机塞. *spigot and socket joint* 窝接,(管端)插承〔套筒〕接合. *spigot and socket pipe* 窝接式接头管. *spigot bearing* 指向(小载荷,轻载(定位))轴承. *spigot end (of pipe)* (管子)插端,窝接口小端. *spigot joint* 窝接,插头,联接器,(管端)插承〔套筒,套管〕接合. *spigot ring* 接头箍圈.
spigot-density test 筛下物密度试验.
spike [spaik] Ⅰ n. ①(大,长,道)钉,尖端,销钉〔钉,棒〕,起模针,(可锻铸铁)尖冲石角,尖冲,(高)峰值,最大值,峰(脉冲小的尖峰(突尖头),尖峰〔尖头,测试〕信号 ②脉冲激光 ④尾撬(轮) ⑤进口扩压器的中央锥,进口总流淮 ⑥麻蛋针 ⑦(堆)强化(燃料组件),点火(燃料组件) ⑧掺料 ⑨增量,增敏 ⑩尖踪(物) ⑪噬菌体,刺突,棘(状花序),活性种 ⑫路面防滑凸齿. *antenna spike* 天线杆. *contact spike* (铝电解槽)导电棒,阳极棒. *displacement spike* 位移峰值,位移原子数的最大值. *hand spike* 杠杆. *lag spike* 螺丝钉. *landing spike* 着陆减震锥. *negative (positive) spike* 负〔正〕尖峰信号,负〔正〕

spiked

峰. *spike drawer* 〔puller〕扳钉钳,道钉撬. *spike fuel element* 强化用燃料元件. *spike harrow* 直齿耙,钉齿耙路机. *spike nail* 小〔道〕钉. *spike output* 峰值输出. *spike pulse* 窄〔尖〕脉冲. *spike rod* 道钉型钢. *spike tyre* 钉状轮胎. *thermal spike* 温度峰值.
Ⅱ *vt.* ①用(大)钉钉,打上钉子〔桩子〕,钉入 ②把头弄尖 ③强化(反应堆),添上新燃料(使反应堆强化) ④使形成峰值 ⑤阻止,抑制,使(计划)受挫折. ▲*spike one's guns* 破坏…的计划. *spike M to N* 把 M 钉到 N 上去. *spike up* 耙松,用耙翻起.

spiked *a.* 有〔带〕齿的.

spike'less *a.* 非尖锐的,非峰值的.

spike'let *n.* 小穗,小穗状花序.

spike-over shoot 上冲.

spi'king *n.* (平Ј)止炭,强化,加同位素指示剂,(反应堆)增添新燃料,尖头信号形成. *spiking period* 尖峰期间.

spi'ky 〔'spaiki〕*a.* 尖(头)的,有尖端的,锐利的,大钉似的,打了桩的,难对付的.

spile 〔spail〕Ⅰ *n.* ①小塞子,木塞,插管 ②木桩,支柱 ③(桶)的通气孔. Ⅱ *vt.* ①用塞子塞住,给…装塞子〔插管〕,用插管导出 ②用桩支柱.

spile'hole *n.* 小气孔.

spi'ling *n.* 木桩.

spilite *n.* 细碧岩.

spill 〔spil〕Ⅰ (*spilt, spilt* 或 *spilled, spilled*) ①(使)溢〔流,洒,溅〕出,溢溢,泄漏〔露,密〕,(信息)漏失散落,向外散射损失 ②翻倒,倾复跌落. Ⅱ *n.* ①溢〔流,倒,溅〕出(的物质,东西),洒落(的物质),骤降,跌落 ②溢出量,溢水口,溢流道 ③疱皮 ④小栓,小塞子,小金属棒,铞子. *liquid spill* 液(溢)体. *solid spill* 洒出的固体物质. *spill burner* 回油式喷油嘴. *spill sand conveyer* 卸砂输送机. *spill valve* 溢流阀. *spilling water* 溢水. ▲*spill M into N* 把 M 倒进 N 里. *spill out* 溢〔流,倒,撒,落〕出. *spill over* 溢〔泻〕出,(信息)漏失,泄漏放电,充满.

spill'age 〔'spilidʒ〕*n.* 溢出〔洒落,倒出,溅出〕(的物质),流失,泄漏〔量〕,漏损量,溢出量. *spillage of material* 材料损耗. *spillage solution* 漏〔溅〕出溶液.

spill'er *n.* 使溢〔溅〕出者.

spill'iness *n.* (钢丝表面缺陷)鳞片,毛刺,(钢坯缺陷)疱皮.

spill'-out 〔'spil'aut〕*n.* 溢流,倒出,溢出量.

spill'over 〔'spilouvə〕*n.* ①溢流,倒,泻出,溢流管 ②信息漏失,(雷达)溢出信号,溢出数字 ③泄漏放电,面放电 ④附带(伴随而来的结果)⑤外流人口. *spillover echo* 超折射(效应引起的)回波. *spillover valve* 溢流阀.

spill'water *n.* 溢水.

spill'way 〔'spilwei〕*n.* 溢流〔泄水〕道,溢水道〔口〕,溢流管. *conduit spillway* 溢洪道,溢水道. *spillway bridge* 溢洪坝顶桥. *spillway control device* 溢流(道)流量控制设备. *spillway gate* 溢洪〔水〕闸.

spill'weir dam 溢流〔洪〕坝.

spilosite *n.* 绿点板岩.

spilt 〔spilt〕*spill* 的过去式和过去分词.

spilth 〔spilθ〕*n.* 溢出(物),废物,垃圾.

spin 〔spin〕(*spun* 或 *span, spun; spin'ning*)
Ⅰ *v.* ①自旋〔转〕,(迅速)旋转,绕转,围旋,疾驰 ②螺旋,(飞机)旋回〔冲〕③旋压(成形),(冷压)赶形加工,离心铸造 ④卷边铆接 ⑤拉长,拔丝 ⑥纺(绩).
Ⅱ *n.* ①自〔螺〕旋,绕〔围,旋〕转 ②疾驰,飞跑. *Starter spins but does not turn engine.* 起动装置旋转但没有带动发动机. *spin records* 放唱片. *electron spin* 电子自旋. *metal spinning* 金属旋压法. *power spinning* 强力旋压. *roll spinning* 滚旋. *shear spinning* 变薄旋压. *spin counter* 转速计数器. *spin forming machine* 旋压成型机床. *spin lattice* 自旋点阵. *spin rate* 自旋速率,转速. *spin reference axis* 自转基准轴. *spin resonance* 自旋共振. *spin wave* 自旋(旋)波. *spin welding* 摩擦焊. *spinning electron* 自旋〔旋转〕电子. *spinning lathe* 旋压车床. *spinning machine* 离心(纺纱)机. *spinning process* 旋压过程. *spinning stability* 自旋稳定性. *spinning top* 陀螺. *spun glass* 玻璃丝. *tail spin* 尾旋. *wheel spin* 轮滑移. ▲*get into a spin* 进入螺旋. *get out of a spin* 由螺旋改出,摆脱螺旋状态. *line up the spins* 自旋定在一个方向上. *spin M into N* 把 M 拔(拉,纺)成 N. *spin off* (通过离心作用)抛出,丢开. *spin on* 绕…自〔围〕旋. *spin out* 拉〔伸〕长,持续,拖延,度过.

SPIN = space intercept 空间拦截.

spinacin *n.* (角)鲨素,咪唑并,吡啶甲酸.

spi'nal 〔'spainl〕*a.* 脊(椎)骨的. *spinal column* 脊(椎)骨,脊柱. *spinal cord* 脊髓.

spinasterol *n.* 菠菜甾醇.

spin'-coating *n.* 旋涂.

spin'-degen'eracy *n.* 自旋简并性(度).

spin-degenerate *a.* 自旋简并的,自旋退化的.

spin-depen'dent *a.* 与自旋有关的.

spin'dle 〔'spindl〕Ⅰ *n.* ①(心,主,指,轴)轴 ②锭子,纺锤(形,体),纺锭状细胞〔菌〕,(无细胞核分裂时)不染色纤维体③轴(柱,塞,蜗,导)杆,轴柄,纺锤形立柱 ④磁芯③轴(柱,塞,蜗,导)杆,轴柄,纺锤形立柱④磁芯⑤(桥)栏杆柱,(塞,蜗,导)杆,轴柄,纺锤形立柱 ④磁芯⑤(桥)栏杆柱,(塞,蜗,导)杆 ⑤汽车的转向节,牛角. Ⅱ *v.* 变细长,用纺锤形锉刺〔打眼开〕. Ⅲ *a.* 像锭子的. *boring spindle* (镗床的)镗杆. *cutter spindle* 铣刀轴〔杆〕,刀具轴. *driven spindle* 从动转轴. *four-spindle* 四轴的. *hollow spindle* 空心轴. *lathe spindle* 车床轴. *live spindle* 旋转心轴. *spindle alignment* 主轴对准(心). *spindle box* 主轴箱,(车床)床头连接箱. *spindle carrier* 轴支持装置,主轴托架. *spindle drum* (多轴自动车床的)主轴鼓轮. *spindle head* 主轴箱〔头〕,床头箱,(磨床)磨头. *spindle head stock* 床头箱,主轴箱. *spindle oil* 锭子油,轴(润滑)油. *spindle sleeve* 轴套. *spindle tuber* 纺锤块茎病. *spindle* 输出输纸带轮. *valve spindle* 阀轴. *wheel spindle* 轮轴.

spindle-cyclide *n.* 纺锤形圆纹曲面.

spin'dle-shaped *a.* 纺锤体的,梭形的. *spindle-shaped colony* 纺锤状菌落. *spindle-shaped solid* 纺锤形圆纹曲面(体).

spin'dly *a.* 细长的,纺锤形的.

spin'-drier *n.* 旋转式脱水机.

spine [spain] *n.* ①脊骨[柱] ②(书)背[脊] ③地面上隆起地带 ④火山栓,熔岩塔 ⑤中心,支持因素,勇气,精神. *spine beam* 脊骨梁,主梁.

spine'less ['spainlis] *a.* ①无脊骨的 ②没骨气的,优柔寡断的.

spinel(le) [spi'nel] *n.* 尖晶石. *spinel ceramics* 尖晶石陶瓷. *spinel type* 尖晶石型.

spin-flip scattering 自旋反向散射.

spin-flop transition 自旋转向转变.

spiniform *a.* 刺形的.

spin'-indepen'dent *a.* (与)自旋无关的.

spin-lattice *n.* 自旋晶格[点阵].

spin-magnon relaxation 自旋磁子弛豫.

spinnabil'ity *n.* 拉丝性.

spin'ner ['spinə] *n.* ①旋转(涂)器 ②(机头)整流罩,机头罩,螺旋桨桨毂,螺旋毂盖 ③快速回转工具 ④电动扳手 ⑤纺(床)工人,纺纱工(机). *sample spinner* 取样用的设备. *spinner gate*【铸】离心集渣包,螺旋涡渣包. *spinner gritter* [disk spreader]旋盘铺砂器. *spinner motor* 双转子电动机.

spinneret(te) [spinə'ret] *n.* (人造纤维)喷丝头[嘴],纺纱头.

spi'neron *n.* 旋转副襄.

spin'nery ['spinəri] *n.* 纱厂.

spin'ning-frame *n.* 细纱(精纺)机.

spin'ning-machine *n.* 纺纱(丝)机,离心机.

spin'ning-mill *n.* 纺纱厂.

spinodal *n.*; *a.* 旋节线,旋节的.

spinodale *n.* 亚稳均相极限线.

spin'off *n.* ①伴随(附带)的结果,副作用 ②有用的副产品 ③派生,衍生.

spin'or ['spinə] *n.* (自旋)量.

spin'-orbit *a.* 自旋-轨道的.

spinos'ity *n.* 难题,棘手的事;尖刻的话.

spin-other-orbit interaction 自旋和另外的轨道相互作用.

spi'nous *a.* 难弄的.

spin-phonon interaction 自旋-声子相互作用.

spin-pull growth 旋拉生长.

spin-spin *a.* 自旋-自旋的,自旋间的.

spin-stabilized *a.* 自旋稳定的.

spinthar'iscope *n.* (计算α射线等粒子数用的)闪烁镜.

spinulate *a.* (动物)遍生小刺的,具小刺的.

spin'ulose 或 **spin'ulous** *a.* 有小刺的,小刺状的.

spin'wave *n.* 自旋(旋转)波.

spi'ny ['spaini] *a.* 刺状的,困难重重的,麻烦的,棘手的.

spin'-zero 零自旋.

spi'racle ['spaiərəkl] *n.* (通)气孔,气门,(鲸类的)喷水孔.

spirac'ular *a.* (用作)通气孔的.

spi'ral ['spaiərəl] Ⅰ *a.* 螺旋(形)的,螺(旋)线的,平面螺线的,蜷线的,螺纹的,盘旋(上升)的. Ⅱ *n.* ①螺(旋)形,管,线,物,(螺)簧 ②游(灯)丝 ③盘旋(飞行,下降). Ⅲ (*spi'ral(l)ed*; *spi'ral(l)ing*) *v.* (使)成螺旋形,螺旋运动,急旋(上升,降落). *single spiral turbine* 单排量螺壳式透平. *spiral angle* (钢丝绳)捻角,螺旋角. *spiral bevel gear cutter* 螺旋伞齿轮铣刀. *spiral burr* 螺纹. *spiral cam* 螺旋[圆柱螺线]凸轮. *spiral casing* 蜗壳. *spiral coiled waveguide* 螺旋线[蜗旋]波导管. *spiral distortion* 各向异性[螺旋形]失真,S形[螺旋]畸变. *spiral drill* [borer] 螺旋钻. *spiral duct* 螺旋导管. *spiral flow* 弯道水流. *spiral four* 四心扭绞,简单星绞. *spiral gear* 斜[螺旋形]齿轮. *spiral head* 分度头. *spiral heater* 螺旋形加热器,螺旋形灯丝. *spiral loop* (可)调谐的(环)形天线,螺旋型环形天线. *spiral pipe* 螺盘管. *spiral point* 螺线极点. *spiral point drill pointer* 万能钻头刃磨机. *spiral pointed tap* 螺尖丝锥. *spiral quad* 扭绞四心电缆. *spiral spline broach* 螺旋花键拉刀. *spiral spring* 螺旋弹簧,蜷(盘)簧. *spiral taper pipe* 锥形螺盘管. *spiral taper reamer* 螺旋槽式锥铰刀. *spiral test* (金属的)流动性试验,(测流动性的)螺旋试验. *spiral turbine* 蜗壳式水轮机. *spiral winding* 螺线绕组[法]. *spiraled transition curve* 螺旋缓和曲线. *tooth spiral* 齿旋. *tungsten spiral* (灯的)钨丝. *vicious spiral* 恶性循环. *spiral wire resistor* 螺旋电阻(丝). ▲*spiral down* 盘旋下降,(使)螺旋形下降. *spiral up* 盘旋上升,(使)螺旋形上升.

spiral-four (type) cable 星绞四芯软电缆.

spiral'ity [spaiə'ræliti] *n.* 螺旋形(性),螺状.

spi'rally *ad.* 成螺旋形地,呈螺旋形地. *spirally reinforced* 用螺旋钢筋的,(螺)旋环扎筋的.

spiral (-wound) fission counter 螺旋缠绕裂变计数器.

spiramycin *n.* 螺旋霉素.

spiratron *n.* 径向聚束行波管,螺旋[旋实]管.

SPIRBM = solid propellant intermediate range ballistic missile 固体推进剂中程弹道导弹.

spire [spaiə] Ⅰ *n.* ①螺旋(线) ②尖(绝)顶,塔尖,锥形体 ③芽. Ⅱ *v.* ①螺旋形上升 ②耸立,突出,出芽 ③给…装尖,装尖塔.

spired *a.* ①螺旋形的 ②有塔尖的,成锥形的.

Spirek furnace 斯皮雷克粉承矿熔烧炉.

spiril'la *n.* 螺旋状细菌,螺菌.

spirillicidal *a.* 杀螺(旋状细)菌的.

spirillicide *n.* 杀螺(旋状细)菌剂.

spirillo'sis *n.* 螺(旋状细)菌病.

spirillotrop'ic *a.* 亲螺(旋状细)菌的.

spirilloxanthin *n.* 紫菌红醛,螺菌黄毒.

spir'it ['spirit] *n.* ①精神,灵魂,态度,趋势,潮流 ②酒精(溶液),醇,精别,醑剂,车用汽油. *the spirit of internationalism* 国际主义精神. *ammonia spirit* 氨水. *motor spirit* (车用)汽油. *spirit gauge* 酒精比重计. *spirit lamp* 酒精灯. *spirit level* (酒精)水准(平)仪,气泡水准(平)仪. *spirit varnish* 挥发(清)漆. *spirits of camphor* [turpentine] 樟脑(松节)油. *spirit(s) of salt* 氢氯酸,盐酸. *spirit(s) of wine* 酒精,乙醇,火酒. *white spirit* (用于油漆的)石油溶剂,白节油.

spir'ited [spiritid] *a.* 有精神的,生气勃勃的,猛烈的.

spir'it-lamp *n.* 酒精灯.

spir'it-lev'el *n.* (酒精)水准(平)仪,气泡水准(平)仪.

spir'it-sol'uble *a.* 能溶于酒精的.

spir'itual ['spiritjuəl] a. 精神上的，神的. ~ly ad.
spirituos'ity n. 含酒精(性).
spir'ituous a. (含)酒精的，醇的，酒成分高的.
spir'itus〔拉丁语〕(pl. spir'itus) n. 酒精，酊剂.
spirivalve a. (有)螺(状)壳的，螺状的.
spiro-〔词头〕呼吸，螺旋(状)，涡卷.
spirobacte'ria n. 螺рофил菌.
Spirobor'ate n. 螺硼酸酯.
spi'rochaeta n. 螺旋体属，波体属.
spiroch(a)ete n. 螺旋体[菌].
spirochetemia n. 螺旋体血症.
spircheto'sis n. 螺旋体病.
spi'rograph n. 呼吸描记器.
spirom'eter n. 肺活量计，煤气表校正仪. spiromet'ric a.
spirom'etry n. 肺活量测定法.
spiro(no)lactone n. 螺(甾)内酯，螺旋内酯固醇，安体舒通.
spi'rophore n. 人工呼吸器.
spiropyran(e) n. 螺吡喃.
spi'roscope n. 呼吸量测定器.
spirostan n. 螺甾烷.
spirt =spurt.
spi'ry ['spaiəri] a. ①螺旋状的，盘旋的 ②似尖塔的，梢尖的.
spit [spit] Ⅰ (spat, spat 或 spit, spit; spit'ting) v. ①吐(出)，(油)溅出，飞溅，发射(出)，爆出火花，发出火舌，用舌舔到作响 ②点燃(导火线) ③(雨，雪)微降 ④刺(穿)，戳(穿). ▲spit at 向…吐唾沫，藐视，侮辱，溅向. spit back 回溅，逆火. spit on [upon]轻蔑，侮辱，溅到…上. Ⅱ n. ①溅，吐，微雨，小雪 ②一铲(锹)的深度 ③酷似(一模)一样，极象 M. sand sand ④沙嘴，岬，海角. dig two spit(s) deep 挖两铲深. ▲ be the very (dead) spit of M 和 M 完全(一模)一样，极象 M. spit and polish (对装备的)洗刷及擦亮.
spitch'er vt. 击沉(敌人潜艇).
spite [spait] Ⅰ n. 恶意，恨. Ⅱ vt. 刁难，妨碍，恶意对待. ▲(in) spite of 不管(顾)，无视，尽管(…仍)，虽然.
spite'ful a. 怀恨的，恶意的.
spit'ting n. ①吐出，油的输出，喷溅(物)，溅射，分散 ②逆火 ③点燃导火线.
spit'tle ['spitl] n. 唾沫，痰.
spittoon' [spi'tu:n] n. 痰盂.
spiv'ot n. 尖轴.
SPKR 或 Spkr =speaker 扬声器，喇叭.
SPL = ①single propellant loading 只装载一种燃料 ②sound pressure level 声压级 ③spare parts list 备件单.
S-PL = single-party line 同线电话线.
splash [splæʃ] Ⅰ v. ①溅(湿，污，射，落)，飞[喷]溅，溅着(水，油，泥)前进〔转动〕，泼〔溅，污〕，喷(水，雾)，溅扩失败〔坠落〔撞到地面〕，击落，自爆，闪光 ③炫耀，夸示. Ⅱ n. ①(飞)溅(声)，哗啪〔拍溅，泼啦，噗通，爆裂〕声 ②溅沫〔斑〕，斑点，污迹 ③溅起的水〔水，油，泥〕 ④炫耀，夸示. shell splash 爆炸声. splash apron〔board〕挡泥〔溅〕板. splash baffle 防溅挡板. splash core 防铁水冲击泥芯块. splash dam 临时挡水坝. splash guard（切削液）挡板，防护板，挡泥板. splash lubrication 飞溅润滑(法)，溅喷润滑(法). splash system 溅油润滑系统. ▲be splash lubricated by 用…飞溅〔溅〕润滑. make a splash 引人注意，夸示. splash down 溅落. splash headline（显眼的）大字标题. splash into 溅入. splash M on〔over〕N 把 M 溅〔泼〕在 N 上. splash M with N 把 N 溅〔泼〕在 M 上. splash (one's way) through M 溅着(水等)通过 M. with a splash 噗通一声.
splash'back n. 防溅挡板.
splash'board n. 挡泥〔溅，水〕板.
splash'down n. 溅落.
splash'er ['splæʃə] n. ①防溅板，挡泥板，轮罩，轮箱 ②溅洒器，溅起水的人〔物〕. wheel splasher 轮罩.
splash'ings n. 喷溅物.
splash'-lu'bricate vt. 飞溅〔溅喷〕润滑.
splash'-proof a. 防溅〔水〕的. splash-proof enclosure 防溅外壳.
splash'-protec'tion a. 防(飞)溅的.
splashwater-proof a. 防溅(滴)的.
splash'y a. 易溅的，多污水的，溅浅(着溅)的.
splat [splæt] n. 椅背中部的纵板，薄片激冷金属. splat cooling 急冷.
splat'ter ['splætə] Ⅰ v. 溅起(水，油)，飞溅，溅散(泼)，哗啦哗啦地响. Ⅱ n. ①(邻信道，邻路)干扰 ②边带泼喇声 ③溅泼.
splay [splei] Ⅰ v. ①使(倾斜，弄斜，(使)成斜面，使(口张开，展宽)成八字(形)〔喇叭〕形，展宽. Ⅱ n. 斜面(度)，斜削，喇叭形. Ⅲ a. ①倾斜的 ②向外张开(展宽，成八字形)的 ③宽扁的 ④笨重的. splayed joint 斜缝，楔形接缝，斜角连缝. splayed spring（汽车底盘后两组弹簧纵向安装，前一组横向安装的）喇叭状配置弹簧.
spleen [spli:n] n. 脾(脏)，怒气. in a fit of spleen 怒气冲冲. vent one's spleen on 向…大发脾气.
splen'dent ['splendənt] a. 发亮的，有光泽的，辉煌的，显著的.
splen'did ['splendid] a. 辉煌的，灿烂的，壮[华]丽的，壮观的，有光彩的，显著的，杰出的，伟大的，极好的. ~ly ad. ~ness n.
splen'do(u)r ['splendə] n. 辉煌，光辉，壮丽(观)，杰出.
splenin n. 脾浸剂，脾素(动物脾脏制剂).
splenocyte n. 脾细胞.
splenotox'in n. 脾毒素.
splice [splais] Ⅰ vt. 拼(镶，叠)接，绞(交，捻，编)接，联〔连〕接，添(板)接(合)，拼〔加〕板接合，粘接. Ⅱ n. (拼，镶，叠，绞)接合，接片，拼接板〔物，处〕，绞接处，(绞)接头. cable box splice 电缆接盒〔联接箱〕. cable splice 电缆接头. splice bar 联接板，鱼尾板. splice bolt 接线螺栓. splice box 电缆接线盒. splice joint 拼合接头，鱼尾板接合. splice loading 电缆接头加载. splice pad 拼合衬垫. splice plate 拼〔镶〕接板. wire splice 接线. wrap-and-solder splice 缠果锡接. spliced pole 接合套管叠接(电)杆. splicing ear 连接端子. splicing pole 叠接(电)杆. splicing sleeve 连接套管.
spli'cer ['splaisə] n. ①接合(绞接，交接)器，(影片)接片机 ②(电缆)铅工.

spline [splain] I vt. ①把…刻出键槽 ②用花键[方栓]接合[连接,配合]. Ⅱ n. ①花键(轴),齿条,键槽(条),样(板)条,夹板,塞缝片,方栓,止转楔 ②齿槽 ③活动曲线规,云形规,曲线尺 ④【数】仿样,样条,(pl.)仿样[样条]函数. ball spline 滚珠花键. involute spline 渐开线花键. spline approximation 仿样[样条]逼近. spline fit 仿样[样条]拟合. spline function 仿样[样条]函数. spling joint 填实缝. spline shaft 多槽[有齿,花键]轴.

splint [splint] I n. ①薄板,夹板 ②裂片,薄木片,薄金属片. Ⅱ vt. 夹板固定,用夹板夹.

splin'ter ['splintə] I n. ①(破,碎,裂,尖,弹)片,碎片屑,刺 ②微小的东西,微不足道的事情. Ⅱ v. (裂)裂开,劈为(成)碎片,刺入(于)片,碎,刺,扯,裂,劈(裂)成碎片(off). bomb splinters 弹片. splinter deck 防破片甲板.

splin'terable a. 可碎[劈]裂的.

splin'terless a. 不会裂成碎片的.

splin'ter-proof a. 防弹(片)的,防破片的.

splin'tery ['splintəri] a. 易(碎)裂的,裂片(似)的,片裂的,多(碎)片的,碎裂的,锯齿状的,粗糙的.

Split [split] n. 斯普利特(南斯拉夫港市).

split [split] I (split, split; split'ting) v. (破,割,劈,剥,爆,撕)裂,分(裂,开,解,割,隔,离),裂开[解,化,变],劈(剖,折,开)了,蜕变. Ⅰ a. 裂开[解,口,缝]的,分裂[离,开,解,割]的,可拆的 ②剖(切,分)开的,拼(组)合的,拼合的 ③零碎的,分散的. Ⅲ n. ①分(劈,离,裂)开[口,隙,片,(裂)缝,直裂口 ②中(剖)分面 ③裂[薄]片 ④等信号区. split anode 双分裂阳极. split bearing 剖分开槽,对开,拼合)轴承. split bolt 对开螺栓. split burner (喷燃器的)裂口喷嘴. split cable 分股多心电缆. split chuck 弹簧卡盘. split compressor 二级压缩机. split conductor 多股绞线,多心线. split contact 双头接点. split cotter 开尾销. split die 组合(可拆)模,拼合板牙. split flow 分流. split focus 折中聚焦,折中(分裂)焦点. split gear 组合齿轮. split guide 剖分式导管. split hydrophone 分裂式水听器. split key 切断电键(按钮). split knob 带槽分裂式配线绝缘子. split lens 剖开[切]透镜. split nut 对开(拼合,开缝)螺母. split pair 劈分线对. split pattern 分体模,对分式模型. split pin 开尾[口]销. split plate pattern 双面模板. split projector 分裂式发射器. split pulley 拼合(皮带)轮. split rivet 开口铆钉. split saw 粗齿锯. split secondary 分节(有独立绕组,分裂)次级. split skirt 沟槽活裙摆. split spline crankshaft 键槽连接式曲轴. split stator condenser 分定片电容器. split type crank case 拼合式曲柄箱. split valve guide (纵向)剖分式阀导管. split winding 多头绕圈,多段(抽头)绕圈. ▲a split second 极短的时刻,一瞬间,一刹那. split across 分裂为二,对裂开. split apart into 分裂为,分裂成. split away 分离,裂开. split hairs 细琐区分,吹毛求疵,作过于细微的分析,分得太细. split (M) in [into] N (使 M)(分)裂成 N. split off (使)分裂(出来),(使)分离. split on [upon] a rock 搁浅,触礁,遭遇意外灾难. split open 裂(剖)开,爆裂. split out 分裂,(从核中)打出(粒子). split the difference 互相让步,取折中办法. split up (使)蜕变,(使)分(裂,开,离,解,频),裂开(解),分出岔道(支线). split up (M) into N (把 M)分(裂,割,离,解)成 N.

split-blip n. 双(裂)峰,双尖头,分散式,尖峰信号.

split'-brick n. 剖半砖.

split'-clamp crank'shaft 夹紧式曲轴.

split'-conduc'tor cable 分芯(股)电缆.

split'-feed control 分路馈给控制.

split'-flow n. 分流,分开(平行)流动.

split'-hair a. 极其精确的,过于琐细的.

split'head n. 钢管支撑中带有叉形端部的立柱.

split'-lens n. 剖开透镜.

split'level n. 错层式的.

split'-mag'netron ioniza'tion gauge 瓣形磁控电离真空计.

split'-off n. 分裂出去的东西.

split'-phase a. 分相的.

split'-ring a. 开(裂)环的.

split'-sec'ond a. (极)快速的,闪烁的,瞬时的 ②秒针的. split-second control 快速控制. split-second watch 双秒针停表.

split'-seg'ment die 组合(可拆)模.

split table n. 易(能)分裂的,能裂变的.

split'ter ['splitə] n. ①分裂器(机),劈裂机,分裂设备 ②分离(解,相,变,流,样)器 ③分离机,分裂分隔片,分隔片式过滤器,劈尖. beam splitter 束的分离设备. phase splitter 分相器. polarity splitter 倒相器. splitter shield (挖运泥土用)分叉盾构.

split'ting ['splitiŋ] I n. ①分裂[离,解,开,隔],剪(破,断)裂,离(裂)解,谱线劈裂 ②裂缝[开,距] ③蜕变 ④开裂. Ⅱ a. 飞也似的,极快的. isotopic splitting 同位素蜕变. lobe splitting 叶形分裂. resonance splitting 共振分裂. splitting chisel 开尾凿. splitting die 组合(可拆)模. splitting of levels 能级分裂(解). ▲at a splitting pace 飞也似地.

split'ting-out n. (从核中)打出(粒子),分出.

split'ting-up n. 分裂.

split'-train drive 拼合齿轮系驱动.

split'-tube a. 对开管口.

split'-up n. 分成(开),裂开.

splotch [splɔtʃ] 或 **splodge** [splɔdʒ] I n. 污点(渍,痕),斑点. Ⅱ vt. 使有斑点,使沾上污迹. splotches of rust 锈斑.

splotch'y ['splɔtʃi] a. 有斑点的,沾上污迹的.

splurge [splə:dʒ] n.; vi. ①夸示,炫耀,卖弄 ②挥霍 (on).

splut'ter ['splʌtə] =sputter.

SPM = ①scratch pad memory 便笺式(高速暂存)存储器 ②single planetary mill 单重行星轧机 ③standard procedure manual 标准程序手册.

SPMC =special machine 专用机器.

SPN =sponsor 发起人,保证人.

SPNR =spanner 扳手.

spo = ①solid-propellant operations 用固体推进剂推动 ②supplemental production order 产品补充定货单.

spoc =single point orbit calculator 单点轨道计算器.
spodic a. 灰化的.
spodogram n. 灰图.
spod'umene 或 **spod'umenite** 锂辉石.
spoil [spoil] I (**spoilt** 或 **spoiled**) v. ①损[破]坏、损害 ②分解,变坏,突变 ③弄坏,搞糟,糟蹋 ④抢劫,掠夺,偷窃. II n. ①抢劫,掠夺 ②掠夺品,赃物 ③弃土,废石料〔方〕,挖出的泥土和岩石 ④废品,次品. *spoil bank* 弃[土]堆.
spoil'age ['spoilidʒ] n. 损坏的(物品),损坏量,变坏,酸败,腐败,废品,浪费的东西,因损坏造成的损失.
spoil'er n. ①扰流器,因流板 ②汽车偏导器 ③掠夺者. *solenoid-operated spoiler* 或 *Wagner spoiler* 电螺管控制的扰流片,(电磁操纵的)振动系统的操纵盘.
spoil'ing n. 钢的碳化物分解变坏.
spoilt [spoilt] *spoil* 的过去式和过去分词.
spoke [spouk] I n. ①(轮)辐,辐条 ②(舵轮周围的)手[把]柄,刹车 ③梯级,扶梯棍. II *speak* 的过去式. III vt. ①装辐条 ②用刹车刹住 ③阻挡,妨碍 ④荧光屏上黑白扫描线混乱交替的干扰. *fairing spoke* 整流形辐条,整流支柱. *hollow spoke* 空心轮辐. *steel spoke wheel* 钢制辐轮. *wire spoke* 钢丝辐条,车条,线辐条. ▲*put a spoke in one's wheel* 阻碍,破坏…的计划.
spo'ken ['spoukən] I *speak* 的过去分词. II a. 口头的. *spoken title* 对白[对话]字幕.
spoke'shave n. 刨刀,辐刨刀.
spoke'sman ['spouksmən] n. 发[代]言人.
spoke'sperson n. 发言人,代言人,演绎者,辩护士.
spoliate vt. 抢劫,掠夺. **spolia'tion** n.
sponge [spʌndʒ] I n. ①海绵(状物,体结构,状擦皮擦子)(pl.) ②海绵皂(制造润滑脂用皂) ③泡沫材料,多孔塑[材]料 ④海绵金属,金属矮[海]绵 ⑤松松的金属. II vt. ①用海绵洗涤[擦拭,清除,湿润](down, out, off, away) ②用海绵吸(去)(up). *retort sponge* 蒸馏海绵体. *sponge glass* 多孔玻璃. *sponge iron* 海绵铁. *sponge plastics* 多孔[泡沫]塑料. *sponge platinum* 铂绒. *sponge titanium* 海绵钛. *sponge tree* 【植】金合欢. ▲*pass the sponge over* 涂掉,抹去. *throw* [*toss, chuck*] *up* [*in*] *the sponge* 承认失败,认输.
sponge'-glass n. 毛玻璃.
spon'giform a. 海绵状(组织)的.
spon'gin n. 海绵硬蛋白.
spon'giness ['spʌndʒinis] n. 海绵性[质,状],多孔[松]性.
spongosine n. 海绵核, 2-甲氧腺苷.
spon'gy ['spʌndʒi] a. 海绵样的,海绵构造的,多孔的,吸收性的,有吸水性的,松软的,富有弹性的. *spongy lead* 铅绒. *spongy platinum* 铂绒. *spongy soil* 松软[弹簧]土.
spon'son n. ①(明轮罩)舷台,船旁保护装置,船侧凸出部 ②(军舰,坦克)突出炮座 ③(水上飞机)翼梢浮筒.
spon'sor ['sponsə] I n. ①发起(倡议)人 ②保证人 ③资助(赞助)人. II v. 发起,主办,提倡 ②保证 ③资[赞]助. *sponsor all sorts of questions* 提出各种问题. *sponsored program* 商业广播(电视)节目,播送广告的节目. ~**ial** a.
spon'sorship ['sponsəʃip] n. 发起,主办,倡议,赞助. *under the sponsorship of* 由…发起[主办,倡议],在…赞[资]助之下.
spontane'ity [sponte'ni:iti] n. 自然,自生,自发(性).
sponta'neous [spon'teinjəs] a. 自发(动)的,特发的,自(然产)生的,天然的. *spontaneous annealing* 自身退火. *spontaneous combustion* 自燃. *spontaneous fission* 自发(核)裂变[分裂]. *spontaneous generation* 自然发生(说),无生源说. *spontaneous ignition temperature* 自发着火点,发火点. *spontaneous magnetization* 自发磁化(强度),自发磁化. *spontaneous polarization* 自发极化(强度),自然极化. ~**ly** ad. ~**ness** n.
spoof [spu:f] v.; n. 耿[诱,哄]骗.
spoof'er n. 诱骗设备.
spoof'ing n. 电子欺骗(诱使敌人在己方已不使用的频率上进行干扰,或传递假情报供敌人截收).
spook [spu:k] n. 鬼.
spook'y ['spu:ki] a. 鬼(似)的,怪异的.
spool [spu:l] I n. ①(线,卷,短管)轴,卷(线)筒[线]管,卷[磁带]盘 ②线圈(架,管),滑阀,阀柱 ③成卷的胶片,绕在卷轴上的材料[数量] ④双马绝缘管. II vt. ①缠绕,绕线圈,绕在卷轴上,将…从收轴上转下(off or out) ②【计】假脱机,并行联机外部操作. *The film is spooled for use.* 胶卷已卷入卷轴. *double spool turbojet* 双转子压气机〔双级压缩机〕(的)涡轮喷气发动机. *double spool turboprop* 双转子压气机〔双级压缩机〕的涡轮螺旋桨发动机. *film spool* 软片(卷)轴,盘片. *pipe spool* 短管. *sliding spool* 滑动柱塞,滑阀. *spool insulator* 线轴式绝缘子. *spool stand* 筒管架,卷线架. *spool turbojet* 简管式涡轮喷气发动机. *spool valve* 滑(柱式)阀. *valve spool* 阀(塞)槽. *winch spool* 绞筒. *spool off* (*cable*) 放(电缆).
spoon [spu:n] I n. ①匙(子,状物),(圆)勺,调羹 ②(取)样杆 ③修平刀,抛形刮刀,曲圆镘子 ④挖土机,泥铲 ⑤吊斗. II vt. ①用匙的舀[取出](out, up) ②使成匙形. *sample spoon* 取样匙. *spoon and square* 小境刀,(汤匙形一平面两用)秋叶. *spoon bit* 匙头钻. *spoon gauge* 管簧真空规. *spoon manometer* 管簧压力计. *spoon sample* 勺钻土样. *spoon slicker* 修型小勺. *spoon test* 手钩取样. *tyre* [*tire*] *spoon* 撬胎棒.
spoon'-bot'tom a. 匙底形的.
spoon'-fash'ion ad. (像叠圆奠似的)面对背地叠着.
spoon-fashioned a. 面对背地叠着的.
spoon'-fed a. ①受填鸭式教育的 ②(工业等)受特惠待遇的.
spoon'ful ['spu:nful] n. 一满匙(的量). *dessert spoonful* 中匙(8 ml). *table spoonful* 汤匙(15 ml). *tea spoonful* 茶匙(4 ml).
sporad'ic(al) [spə'rædik(əl)] a. ①散(在,见,现)的,分散的,不规则的,零星的,散发性的,突发的 ②不时(用,发生)的,偶尔(单个)发生的,偶面用的,时有时无的. *sporadic E layer* 分散 E 层,(散在的)E 电离层. *sporadic permafrost* 散现永冻层. *spo-*

radic reflection 散现〔不规则〕反射. ~**ally** *ad.*
sporadosiderite *n.* 偶现铁陨星,偶现陨铁.
sporangial *a.* 孢子囊的.
sporangiferous *a.* 带孢子囊的.
sporangiform *a.* 孢子囊形.
sporangiocarp *n.* 孢子囊果.
sporangiole 或 **sporangiolum** *n.* 小孢子囊.
sporangiophore *n.* 孢囊梗,孢子囊柄.
sporangiospore *n.* 孢(子)囊孢子.
sporan′gium (*pl.* **sporan′gia**) *n.* 孢子囊,孢蒴.
spora′tion *n.* 芽孢形成.
spore *n.*; *vi.* 孢子,芽孢,胚种,种子,生殖细胞;形成〔发育成〕芽孢. *spore bacteria* 有芽孢细菌.
spo′ricide *n.* 杀芽孢剂.
sporidiole *n.* 小孢子,原基子.
sporidium *n.* 担孢子,子孢子.
sporidochium *n.* 分生孢子座.
sporif′erous *a.* 产孢子的.
sporifica′tion *n.* 成孢子,孢子形成.
sporipar′ity *n.* 孢子生殖法.
sporiporous *a.* 产孢子的,产芽孢的.
spo′rocarp *n.* 孢子果,子实体.
spo′rocyst *n.* 孢子被,无性孢囊,胞蚴(吸虫幼体).
sporodochium *n.* 分生孢子座.
sporogen′esis *n.* 孢子发生〔形成〕.
sporog′enous *a.* 产孢子的. *sporogenous vitamin* 促芽孢维生素.
sporog′ony *n.* 孢子发生.
spo′roid *n.* 孢子全积,孢子形成.
spo′rophore *n.* 孢囊(子)柱,子实体孢梗.
spo′rophyte *n.* 孢子体.
spo′roplasm *n.* 孢子质.
sporotricho′sis *n.* 孢子丝菌病.
Sporozoa *n.* 孢子虫类(纲).
sporozo′ite *n.* 孢子虫(小体).
sport [spɔːt] Ⅰ *n.* ①(户外,体育)运动,游戏,娱乐 ② (*pl.*) 运动会 ③玩笑. Ⅱ *a.* (常用 **sports**)运动(用)的,适于户外运动的. Ⅲ *v.* ①游戏,玩耍,(作户外)运动 ②突变,变态,畸形 ③炫耀,夸示. *sport coupé* 双座跑车. *sport model* (*roadster*) 双座跑车. *sport shirt* 运动衫. *sports ground* (*field*) 运动场. *sports requisites* (*goods*) 体用用品. ▲**for** [**in**] **sport** 闹着玩的. **make sport of** 开…的玩笑,挖苦,嘲弄.
sport′ing ['spɔːtiŋ] *a.* 运动(用)的,像运动员的. *sporting goods* 体育用品. *the sporting world* 体育界.
sports′-car *n.* 跑车,(比)赛(汽)车,双座轻型汽车.
sports′dom *n.* 体育界.
sports′man ['spɔːtsmən] (*pl.* **sports′men**) *n.* 运动员.
sports′manlike *a.* 有运动员精神的,有体育道德的.
sports′manship *n.* 运动员精神,体育道德.
sports′woman ['spɔːtswumən] (*pl.* **sports′women**) *n.* 女运动员.
sport′y ['spɔːti] *a.* ①像运动员的,有体育道德的 ②花哨的,华而不实的. **sport′ily** *ad.* **sport′iness** *n.*
sporula′tion *n.* 芽孢形成.
SPOT = satellite positioning and tracking 人造卫星定位及跟踪.

spot [spɔt] Ⅰ *n.* ①(斑,圆,光,辉,亮,焊)点,污(垢,黑,缺)点,龟裂 ②地点,场所,位置,部位,处境,现(当)场 ③点滴,少量,少许 ④太阳黑子 ⑤聚光灯,管形白炽灯,管灯,条排形灯 ⑥(*pl.*) 现货. Ⅱ *v.* ①打点,弄上污(斑)点,沾(变)污,弄脏,定点(位),标出(点的位置),配置(在各点上),装设,把…放在(应有的,规定的)位置上 ③对准,找正,钻定(中)心孔,点焊 ④观察,确定,确定(准确位置,弹着点),识别(目标),使准确地击中目标,探测,(从空中)侦察敌军目标,发出(信号),观察)出 ⑤使处于聚光灯下,集中照射 ⑥装运,卸载,甩车 ⑦点缀. Ⅲ *a.* ①现场的 ②现货(付)的 ③局限于某些项目〔地点〕的 ④任选的,抽样的. *beam spot* 电子束光点. *blind spot* 盲点,死角. *calibrating spot* 校准标记(点). *dead spot* 死角(点,区),哑点,非灵敏区. *flying spot* 飞(光,扫描)点,浮动光点,扫描射线. *flying spot microscope* 飞点扫描电视显微镜,快速计数显象微镜. *flying spot store* 飞点扫描管(照相)存储器,飞点存储. *focal spot* 焦点(斑). *grease spots* 油渍. *high spot* 突出部分,特征,要(亮)点. *hot spot* 局部过热,过热点,阴极辉点,(反应堆高中子通量)强度点,放射性最强之处,(机体内)同位素积聚点,(易出事的)麻烦地点. *inert gas arc shielding* 惰性气体保护电弧运点. *ink spots* 墨水渍. *negative spot* 负的电荷点. *noise spot* 噪声引起的斑点,干扰点. *price on spot* 现货售价,现货价格. *scanning spot* 扫描点. *series spot welding* 单面(多极)点焊. *spot annealing* 局部退火. *spot bombing* 定点轰炸. *spot cash* 现金,现款. *spot check* 抽(样)检查,弹着点检查. *spot count* 某一点的交通量调查(或计数). *spot delivery* 当场交货. *spot diagram* 瞳线斑图. *spot elevation* 点高程. *spot goods* 现货. *spot heating* 局部加热. *spot jamming* 选择(定点,窄带,特定频率)干扰. *spot lamp* 聚光灯. *spot map* 点示图. *spot news* 最新消息. *spot patch* 零补. *spot plate* 滴试板. *spot price* 现金售价,现货价格. *spot priming* 填补. *spot repair* 现场修理. *spot size* 黑子(斑点)大小,光点直径,点尺寸. *spot softening phenomena* 真空管漏气放电现象. *spot speed* 点速,瞬间(光点扫描)速率. *spot survey* 局限性调查. *spot test* 局地试测,抽查,抽样;硝酸浸蚀试验法,点滴〔斑点〕试验. *spot transaction* 现货交易. *spot welding* 点焊(接). *spot wobbling* 光点(飞点,电子束)颤动. *stall spot* (气流)分离区,失速点. *sunk spot* 缩凹,沉陷处. *tender spot* 痛处. *travelling light spot* 移动光标. *weak spot* 弱点. ▲**a spot of** 一点,少量(许). **a few spots** 几滴(点). **in a spot** 在困境中. **in the spot** 不准确,离题. **on** [**upon**] **the spot** 在现场,当场,就地,当即 在困难中,在危险中;完全有应付能力;处于负责地位,处于必须行动的地位. **spot out** 从…除去斑(污)点.
spot′-check *v.* 抽(样)检查,抽样.
spot′-facer *n.* 孔钻.
spot′-homogen *n.* 铁板铅被覆.
spot′less ['spɔtlis] *a.* 无斑点(瑕疵,缺点)的,纯洁的,极其清洁的.
spot′light ['spɔtlait] Ⅰ *n.* ①聚光灯(照明圈),反光

spot'ted ['spɔtid] *a.* 有斑(污)点的,沾污的. *spotted slate* 斑点板岩. ~ness *n.*

spot'ter ['spɔtə] *n.* ①观察者,弹着(航空)观察员,(交通)指挥人,指定搬运装卸设备位置者 ②测位仪 ③定(中)心仪,侦察机,弹着观察机 ④搜索雷达,警戒雷达站 ⑤除污机 ⑦把货物放到指定地点的机器.

spot'tiness ['spɔtinis] *n.* 有(多)斑,斑点度,多污点,光斑效应.

spot'ting [spɔtiŋ] *n.* ①确定准确位置,测定点位,找正,确定目标,弹着观测 ②钻中心孔 ③配置,装设 ④识别 ⑤点样,点滴,斑(麻)点. *die spotting press* 修整冲模(用)压力机. *spotting press* 修整冲模压力机. *spotting spindle* 定位心轴.

spot'ting-in *n.* ①测定点位 ②钻定心孔 ③配刮(削)加工.

spot'ty ['spɔti] *a.* ①多(有)斑点的,有(尽是)污点的 ②不调和的,不规则的,(质量)不均一的. *spotty steel* 白点钢.

spot'weld *vt.*; *n.* 点焊(缝). *spotwelding point*(点)焊点.

spout [spaut] Ⅰ *v.* ①喷(出,射,水,注)涌(出,流)(out) ②(滔滔不绝地)讲,夸夸其谈. Ⅱ *n.* ①喷(出)口,(吐出,喂料)口,(喷)嘴,出铁口,波导(的)出口,(喷水,喷火)管,喷水孔,输送(液)管,水落管 ②斜〔架,溜,流(出),出铁〕槽 ③缝(隙),喷口,一种波导管天线 ④(喷出的)水柱,液流 ⑤喷出的(水),喷水 ⑥【气】龙卷. *spout pouring pot* 喷油罐. *tapping spout* 出液(渣,金属熔渣)槽.

spout'er *n.* 喷油井,管理流出槽的工人.

spout'less *a.* 无喷嘴的.

spp = ①solar photometry probe 太阳光度测定器,太阳光测探头 ②system package plan 系统组(合)件设计.

sppo = special project program order 特殊工程设计程序.

SPR = ①solid propellant rocket 固体推进剂火箭 ②spacer 垫片,垫圈 ③sprinkler 洒水器(车).

spr = specific resistance 电阻率,比电阻.

sprag [spræg] *n.* ①斜撑,支柱,拉条,助栓 ②挡圈(环),制轮木. *bottom sprag* 底部支撑. *face sprag* 工作面斜支柱.

sprain [sprein] *vt.*; *n.* 扭(转),扭伤.

sprang [spræŋ] spring 的过去式.

sprawl [sprɔ:l] *vi.*; *n.* ①(摊开四肢)躺卧 ②蔓生,蔓延,(不规则地)展(散)开,无计划计划中,扩展.

spray [sprei] Ⅰ *n.* ①浪(水)花,水(喷)沫,水溅沫,水生(沿)的(动)物 ②喷雾(器),喷射,喷散,溅散,喷雾(飞沫)状物 ③喷雾洒,喷射,雾化器②喷水降温器,喷雾液,(色谱)喷发显剂 ⑤小(树,花)枝,小枝状饰物. Ⅱ *v.* ①喷,洒,淋,涂,镀(,洗),(喷)溅 ②雾化,使起水花 ③宇宙簇射. *fuel spray* 燃料喷射,燃料喷雾(锥). *high-pressure spray* 高压喷油(雾). *oil spray* 油雾. *scent spray* 飞机全景雷达. *spray can* 喷雾器. *spray coating* 喷涂. *spray gun* (炼铁用)泥炮,料枪(喷(漆)枪,水泥 喷枪,金属喷镀器,喷浆器,射流枪,喷射(电子)枪. *spray gun process* 金属喷雾法. *spray jet* 喷雾法. *spray jet* 喷(酒)器,喷雾口. *spray lacquer* 喷漆. *spray lance* 喷枪,喷雾器. *spray lay-up* 喷涂铺层法. *spray nozzle* 喷(油,雾)嘴. *spray of electrons* 电子流. *spray quenching* 喷雾淬火. *spray plate* 隔沫板. *spray quenching* 喷雾淬火. *spray shield tube* 金属喷涂屏蔽的玻璃壳电子管. *sprayed cathode* 喷涂阴极. ▲*spray material in windrows* 把粒料堆成长堆. *spray M upon N* 把 M 喷于 N 上. *spray M with N* 用 N 喷射 M,给 M 喷 N. *spray M with a coating of N* 给 M 的表面喷一层 N.

sprayabil'ity *n.* 雾化性.

spray'board *n.* 防溅船舷.

spray'-cone *a.*; *n.* ①锥形的,扩散的 ②锥形喷雾法.

spray'er ['spreiə] *n.* 喷雾(酒,雾,器),喷雾器,喷射装置,喷雾(头),洒水车. *flame sprayer* 火焰喷射(器).

spray'ey *a.* 带(似,溅起)飞沫的,小枝状的.

spray'ing ['spreiiŋ] *n.* 喷射(酒,水,雾,涂,镀,洗),起雨晕. *spraying car* 洒水车. *spraying gun* 喷枪,喷射器. *spraying jet* 喷雾射流. *spraying plant* 喷雾设备,喷涂装置. *spraying process* 喷雾法,(金属)喷镀法.

spray'-on process 喷雾(涂)法.

spray'-paint *vt.* 喷漆.

spread [spred] (*spread, spread*) Ⅰ *v.* ①伸(展,张,打,延,渗,散)开,(伸)扩(,宽)展,展宽,拉长(伸)开,(混合料等)摊铺,扩大,敲平(铆钉头),膨胀,绵延 ②散(分,布,发),铺(平)敷,蔓延,发(分,扩)散,歧离,(统计)离散,散 ③涂(漆),敷,括〔上,涂〕胶,被覆 ④安排,整顿,准备 ⑤详细记录,详述. *spread a plate* 展宽金属板. *spread scientific knowledge* 传播科学知识.
Ⅱ *n.* ①伸(扩)开,展开,传播,扩散(大),散(分)布 ②(散射,特性曲线的分散)范围,(许,差)距,散布距离,弥散区,(在路上摊铺混合料时的)工作行程,脱节,翼展,宽度,横幅宽度 ③制造成本和实价间的差额 ④涂敷量 ⑤管道敷设工程,埋管工程,安装施工段. Ⅲ *a.* ①扩(广)大的,展开的,伸展的. *fuel spreading* 燃料扩散(微散). *helical spread-blade mixer* 螺旋双面切削. *inverse-square spreading* 辐射强度按平方反比定律衰减. *spread blade cutter* 双面刀盘(螺旋伞齿轮切削刀盘). *spread foundation* [footing]扩展基础[压脚]. *spread function* 扩展函数. *spread in energy* 能量离散(歧离). *spread in performance* 性能参差(不一). *spread in sizes* (脉冲)量的离散(歧离). *spread of bearings* 方位角摆动范围,方向角的展开. *spread of points* (在曲线图上)点的散布. *spread of the modulation energy* 调制能量分布. *spread of wheel* 轮距. *spread of wing* 翼展. ▲*spread apart* 伸展开. *spread out* 伸(打,张,铺,传播,伸展)开,分布,扩(张),伸长,发(扩)散. *spread out (M) before N* (把 M)展现在 N 的面(眼)前. *spread (M) over N* (使 M)传遍(散布,分布,延续,覆盖)于 N 上. *spread over areas* 大面积铺开(分布). *spread to* 传(移,蔓延)到,波(涉)及. *the wide spread between ... *之间

spread′er ['spredə] n. ①撒布器[机],推布器,撒料器[机],布铺器[机],摊铺器[机],播(抛)煤机,机械分配器,播散机[机],喷洒器[机],喷浆器[机],涂铺机 ②分离流,纱器,分流栅 ③扩张器 ④钻头修尖器 ⑤剖胶[上浆]机 ⑥十字形绝缘体,开隔体,天线馈线分离隔板 ⑦撑柱[杆,板,档],支杆,横杆,悬框 ⑧(模样上)反变形片(防止铸件挠曲),湿润剂 ⑨[路面材料]摊铺工人 ⑩扩散菌落. *screw spreader* 螺旋传送[分布]器. *spreader mark* 展痕(薄板表面人字形裂缝). *spring spreader* 弹簧扩张(拉长)器.

spread′erhead n. (报纸占两栏以上)大标题.

spreading n. 散[展,涂]布的,[扩]流]展,漫流,膨胀,展宽,涂[摊]铺,铺层,歪像整形. *spreading calender* 等速研光机. *spreading chest* 压延头. *spread(ing) lens* 发散透镜. *spreading of picture element* 像素的分布. *spreading of spray* 喷雾角.

spread-out n. (火焰)拉长,冒火,喷火.

SPRF = space propulsion research facility 空间推进研究设施.

sprig [sprig] Ⅰ n. 钉子,【铸】型钉,无[扁]头钉,小枝. Ⅱ vt. 打(扁)头钉,插钉子,插型钉,把无头钉钉入,饰以小枝. *sprigging operation* 绿化,种子(幼苗)栽植工艺.

sprills n. 【冶】柱状粉末.

spring [spriŋ] Ⅰ (sprang, sprung) v. ①跳(跃)弹出(回,动) ②出现,发(产)生,发源,涌出,突然提出(宣布) ③使发动,使煅,(使)爆炸,(使)炸裂,裂开 ④折断,扭(弯)曲 ⑤高耸(拱等)升起. Ⅱ n. ①春(天,季),大潮时期 ②[源,涌,水]泉,根源,由机 ③(弹)簧,发条,簧板[片],钢板弹力[性],跳跃,回跳[跳]上翘(轧辊)弹起度,辊跳 ④起拱点,拱脚 ⑤裂缝[口] ⑥倒缆. *spring a leak* 产生(突然出现)漏[裂]缝. *spring an arch* 砌成拱(形). *spring a mine* 使地雷爆炸. *The timbers are sprung.* 材料的接头部分松了. *The lid sprang to.* 盖子弹回来(砰地)盖上了. *Out of the sluice springs an inexhaustible supply of water.* 水从水闸中源源涌出. *air spring* 气垫. *armature tensioning springs* 舌簧,衔铁簧. *back contact spring* 静触簧,静接触[别]触簧. *back lash spring* 消隙弹簧. *back(-moving) spring* 回位(复原,回动)簧. *damping spring* 减震(阻尼)弹簧. *dead spring* 压下[失效]弹簧. *extension spring* 拉簧. *hair spring* 游丝,细簧. *hot spring* 温泉. *no spring detent* 无弹簧带爪式(换向阀)(滑阀动作终止后就停在该位置上),带定位装置式(换向阀). *pawl spring* 制动簧片. *plate spring* (钢)板(弹)簧,片簧. *spring block* 拱座. *spring chaplet* U 形铜丝芯撑. *spring control* 游丝[弹簧]控制,弹簧调整. *spring cotter* 开口[尾]销,弹簧制销. *spring dies* 可调扳牙. *spring equinox* 春分. *spring eye* 簧眼,钢板弹簧(翘孔)卷耳. *spring follower* 随动簧. *spring inversion* 雪面逆温. *spring leaf* 钢板弹簧主片[第一片]. *spring line* 起拱线. *spring lock* 弹簧锁. *spring (lock) washer* 弹簧垫圈. *spring motor* 发条驱动,发条传动装置. *spring of curve* 曲线起点. *spring steel* 弹簧钢. *spring tester* 弹簧弹力[疲劳]试验器. *spring tide* 大[春,朔]望,子午[潮. *spring washer* 弹簧垫圈. *spring wood* 春材. ▲*be sprung from* 或 *spring from* 从…家庭出身,出身于. *spring a surprise on sb.* …吃一惊. *spring back* 弹[跳]回(来,原处),回弹,弹性变形回复. *spring down* 弹[跳]下来. *spring forth [out]* 跳[冲,突,流]出. *spring from* (突)起源于…产生,来自. *spring off* 裂开. *spring on [upon]* 袭击,突然向…提出. *spring over* 跳过…. *spring to mind* 人们立刻想起…. *spring up* 长起,兴起,进发[产]生,出现,生长,兴起,发展[建立]起来.

spring-back n. 回跳[弹],弹回,弹性后效.

spring-balance n. 弹簧秤.

spring-beam n. 弹性梁,弹簧杆,系条.

spring-binder n. 弹簧活页夹.

spring′blade knife 弹簧折合刀.

spring′board n. 跳板;出发点(for, to).

spring-clean vt. 彻底打扫.

spring-cleaning n. 大扫除.

spring-driven a. 弹簧(发条)驱动的.

springe [sprindʒ] n.; v. (设)圈套,(设)陷阱.

spring′er ['spriŋə] n. 起拱石,拱脚[底]石,弹跳的东西.

spring-floated die 弹簧(浮动)模.

spring′head n. 弹簧头,源头,水源.

spring′iness n. ①有弹性,(有)弹性 ②多泉水,湿润.

spring′ing n. ①弹动,弹跳,①有弹性装置 ③起拱点. *springing block* 拱脚[底]石. *springing course* 起拱层. *springing height* 起拱高度. *springing line* 起拱线.

spring′less a. 无弹簧[性]的.

spring′let n. 小泉(河,溪).

spring′line n. 起拱线.

spring′load v. 弹簧承载[重],弹顶. *springloaded floating die* 弹簧模. *The spring springloads the valve in the closed position.* 弹簧弹顶阀门使处于闭合位置.

spring′mat′tress n. 弹簧垫子.

spring′set n. 簧片组.

spring-style n. [美]草图设计.

spring′tide n. 大潮,高潮,全盛期.

spring′time n. 春天[季];早期,全盛期.

spring′wood n. 早材,春材,春生木.

spring′y ['spriŋi] a. ①有弹性(力)的,似弹簧的 ②泉水多的,湿润的. **spring′ily** ad.

sprin′kle ['spriŋkl] Ⅰ v. 撒(布),洒(水),喷(水,釉,淋,雾,酒),下细雨. Ⅱ n. ①(小细)雨 ②少数(量),微量,一点点 ③洒器. ▲*sprinkle M on N* 把 M 撒(洒,喷)在 N 上. *sprinkle M with N* 把 N 撒(洒,喷)在 M 上,在 M 上撒些(洒,喷)N.

sprin′kler ['spriŋklə] n. 喷雾洒水器[器],喷壶,增湿器,喷灌机[器],喷洒装置,洒水器(车),洒水设备,人工降雨装置. *road [street] sprinkler* 洒水车. *sprinkler irrigation* 喷灌. *sprinkler pipe* 洒水管. *sprinkler system* 洒水灭火系统. *sprinkler wagon* 洒水车.

sprin′kling ['spriŋkliŋ] n. ①喷洒(雾,淋),撒布,洒水,书边喷色(装帧) ②一点点,少量,零星,点滴.

sprinkling bar 洒水管. *sprinkling basin* 喷水池. *sprinklingcar* 〔truck, wagon〕洒水车. *sprinkling machine* 人工降雨机,喷水器. ▲*a smart sprinkling* 很多,许多. *a sprinkling of* 一点点,少量.

sprint [sprint] *vi.*; *n.* 短(距离赛)跑,跑短跑,(用)全速疾跑,冲刺. *Sprint interceptor missile* "短跑"截击导弹.

sprint′er *n.* 短跑运动员.

SPRM =special reamer 专用铰刀,专用扩器.

s-process (=slow process) 慢过程.

sprock′et ['sprɔkit] *n.* ①链(星)轮,(链轮)扣链齿,带齿卷盘,输片齿轮 ②链轮铣刀. *clutch sprocket* 离合器链轮. *roller chain sprocket fraise* 滚子链轮铣刀. *silent chain sprocket hob* 无声链铣刀滚刀. *sprocket chain* 扣齿链,链轮环链. *sprocket gear* 〔wheel〕链轮. *sprocket hole* 中导孔,输送孔,(借助链轮输送的)扣齿孔,定位孔,片〔齿,导〕孔. *sprocket pulse* 计时〔定位,轮齿,读出同步〕脉冲. *sprocket silent chain* (扁环节)无声链. *sprocket*(*wheel*)*cutter* 链轮铣刀.

sprock′et-wheel *n.* 链轮.

sprout [spraut] *v.* ①萌〔发〕芽,生长 (up) ②(很快地)发展,产生. Ⅱ *n.* (秧,幼)苗,芽,年青人.

spruce [spru:s] *n.* 云杉(木),针枞,鱼鳞松. *spruce pine* 枞松.

sprue [spru:] Ⅰ *n.* ①熔渣 ②【冶】(直)浇口,(铸型的)注入口,铸〔注〕口,流〔浇〕道 ③口炎性腹泻. Ⅱ (*sprued*; *spruing*) *v.* 打浇口. *arm sprue cut taper* 口切断. *sprue base* 直浇口井,直浇口压痕. *sprue bush* 浇道套. *sprue cup* 漏斗型浇口杯. *sprue cutter* 浇口切断机,流道铣刀.

sprung [sprʌŋ] Ⅰ spring 的过去分词. Ⅱ *a.* 支在弹簧上的. *sprung arch* 挑拱. *sprung weight* 弹簧承受的重量.

spry [sprai] *a.* 活泼的,轻快的,敏捷的.

SPS =①spacecraft propulsion system 宇宙飞行器推进系统 ②special services 特殊业务 ③standard pipe size 标准管径 ④symbolic programming system 符号编码系统.

SPS =supersonic 超音速的.

SPSC =standard performance summary charts 标准性能简表.

SPSS =supplementary power supply set 附加电源装置.

SPST =single-pole single-throw 单刀单掷(开关).

SPT =①shortest processing time 最短的处理时间 ②support 支柱,(器材·技术)保证 ③symbolic program tape 符号程序带 ④under standard pressure and temperature 在标准气压和温度下(即 760 毛,0℃时).

SPTC =specific period of time contact 时间触点的特定周期.

SPU =self-propelled underwater missile 自推进的水下导弹.

spud [spʌd] Ⅰ *n.* (草)铲;剥皮刀 ②压〔夹〕板;定位桩,销钉;溢水接管,粗而短的东西. Ⅱ *vt.* 用铲除(草等). *spud vibrator* 插入式震动机(器).

SPUD =solar power unit demonstrator 太阳能电源〔动力〕装置示范(器).

spud′dy *a.* 粗而短的.

spue [spju:] =spew.

spumes′cence [spju'mesəns] *n.* 泡沫状(性).

spumes′cent *a.* 起泡沫的.

spu′mous ['spju:məs] 或 **spu′my** ['spju:mi] *a.* 有泡〔浮〕沫的,泡沫状的,尽是泡沫的,被泡沫笼盖的.

spun [spʌn] Ⅰ spin 的过去式和过去分词. Ⅱ *a.* 旋制的,拉长的,经纺丝的,离心铸造的. *spun bearing* 离心浇铸轴承. *spun casting* 离心浇铸. *spun concrete* 旋制混凝土. *spun glass* 玻璃纤维,玻璃丝. *spun pipe* 旋制管. *spun silk* 绢丝. *spun yarn* 细(精纺)纱,细油麻丝. *spun yarn packing* 麻纱垫.

spun′-in 离心浇铸. *spun-in casting* 离心浇铸法. *spun-in metal* 离心浇铸轴承(合金).

spunk [spʌŋk] *n.* ①勇气,胆量,生气 ②引火物,火绒 ③火星. *vi.* 被点燃.

spun′ky ['spʌŋki] *a.* 有勇气〔胆量〕的,生气勃勃的. *spunky debate* 激烈的辩论.

spur [spə:] Ⅰ *n.* ①马刺,刺激(物),刺戟 (指辐射引起的激发或电离粒子的小集团),促进(器) ②(瘿,径,矩阵,算符)迹,(粒子径迹的)电离中心,支(齿)轮,(正齿)齿 ③排出口〔管〕,孔 ⑤凸壁,支撑物,突出物(处),丁坝,堤岩,山嘴,山鼻子,陆架山,坡尖,横岭,支脉 ⑥专用线,(铁路)支线,地方铁路. Ⅱ *v.* ①刺激,激励,鼓励(舞),推动,督促 ②疾驰(on, forward). *nonslipping spur* 防滑块. *spur bevel gear* 正齿车. *spur dike* '坝],挑大坝. *spur friction wheel* 简形摩擦轮. *spur gear* 正齿轮,直齿圆柱齿轮. *spur of matrix* 矩阵的迹. *spur pile*〔*post*〕斜桩. *spur pinion* 正小齿轮. *spur road* 岔路. *spur stone* 护角石. *spur type* 直齿式. *spur wheel* 正齿轮. ▲**on**(**upon**)**the spur** 全速地,飞快地. *on the spur of the moment* 不加思索地,当场,马上,即席. *put* 〔*set*〕*spurs to* 激励,对…加以促〔催〕使. *spurs … into action* 鼓舞〔督促〕…去行动. *spur M on to N* 鼓励〔激励〕M 奔向 N 〔朝 N 前进〕.

SPUR =space power unit reactor 宇宙飞行电源装置用的反应堆,航天动力装置反应堆.

spur′ging *n.* 起泡沫〔疱〕,产生泡沫.

spurion *n.* 虚假粒子(虚幻的粒子).

spu′rious ['spjuəriəs] *a.* ①(虚)假的,伪(造)的,欺骗性的 ②乱真的,寄生的 ③不合逻辑的,谬误的. *spurious capacitance* 杂散〔寄生〕电容. *spurious count* 乱真计数. *spurious discharge* 乱真放电. *spurious line* 伪〔乱真〕线. *spurious oscillation* 乱真〔寄生〕振荡. *spurious power meter* 乱真(仿真)信号功率测量仪. *spurious radiation* 附加乱真,寄生(辐射). *spurious resolution* 伪分辨. *spurious response* (接收机)假信号响应(特性),噪声影响〔特性〕,无线电干扰. *spurious shading signal* 寄生黑斑补偿信号. *spurious signal* 乱真〔寄生〕信号. *spurious transmission* 附加发射,杂散传输. ~*ly ad*.

spu′rium *n.* 寄生射束.

spurling line 舵前支索跨接早索.

spurn [spə:n] *vt.*; *n.* 蔑视,摒弃,拒绝,不理睬 (at).

spurn'water n. 防浪板.
spur'-of-the-mo'ment a. 灵机一动的,不加思索的,即席的,当场的,立即的.
spurt [spəːt] v.; n. ①喷出(口),(突然)喷射,溅(涌,进)出(out, up),冲刺,溅散,闪(进,突,激)发 ②短促突然的爆发[激增] ③脉冲[动],冲量 ④短时间,一时.
spur'-wheel n. 正齿轮.
sput'nik ['sputnik] n. (苏联)人造地球卫星.
sput'ter ['spʌtə] v.; n. ①飞溅,溅射[散] ②阴极真空喷镀,阴极溅镀,(阴极)雾化,喷射[涂] ③溅蚀(离子对结构表面冲击引起的材料损耗),爆裂,崩解,(发出)劈劈啪啪声 ④(马达等)爆响着熄掉,停息(out). *cathode sputtering* 阴极溅射[喷镀]. *sputter coating* 溅涂,溅射镀膜. *sputter ion pump* 溅射离子泵. *sputtering equipment* [*unit*] 溅镀[射]设备. *sputtering yield* 溅镀[射]率.
sput'teringly ad. 飞溅地,劈啪作响地.
spu'tum (pl. *spu'ta*) n. 唾液,口水,痰.
SPVM = single-pulse voltmeter 单脉冲伏特计[电压表].
spy [spai] I n. 间谍,密探,特务. II v. ①探[查]出(out),发现,看见,观察,仔细察看,推测,调查(into) ②侦察,窥探,暗查,暗中监视(on, upon). *spy satellite* 间谍卫星.
spy'hole n. 窥视[窥测],探视,检查孔.
spy-in-the-sky n. 侦察[间谍]卫星.
SQ = ①square 平方(的),方形的 ②squelch 噪声抑制(电路),静噪(电路).
sq = ①square 平方(的),方形的 ②[拉丁语]*sequens* 后面的,下述的 ③[拉丁语]*sequentes* 或 *sequentia* 以下.
sq cm = square centimetre(s)平方厘米.
sq ft = square foot 平方英尺.
sq in = square inch 平方英寸.
sq km = square kilometre(s)平方公里.
sq m = square meter 平方米.
sq mi = square mile 平方英里,平方英里.
sq mm = square millimeter 平方毫米.
sq rd = square rod 矩形棒,方杆.
sq rt = square root 平方根.
sq yd = square yard 平方码.
SQC = ①standard quality control 标准质量控制 ②statistical quality control 统计质量控制.
SQF = square root-floating 平方根-浮点运算.
sqq = [拉丁语]*sequentes* 或 *sequentia* 以下.
squab'ble ['skwɔbl] v.; n. 争论[吵],搞乱(排好的铅字).
squad [skwɔd] n. 班,小组,小队. vt. 把...编成班[小组].
squad'ron ['skwɔdrən] I n. ①(飞行,航空,海军)中队,(分)舰队,(装甲兵,工兵,通信兵)连 ②团体,一组,一群 ③(编联)机组. II vt. 把...编成中队. *missile squadron* 导弹中队.
squag'ging n. 自锁,自动联锁.
squalane n. 角鲨烷,异三十烷,低凝点高级润滑油 $C_{30}H_{62}$.
squalene n. 鱼肝油烯,(角)鲨烯,三十碳六烯.
squal'id a. ①肮脏的 ②悲惨的,贫穷的,可怜的. ~**ity** n. ~**ly** ad.

squall [skwɔːl] n.; v. ①(刮)狂风,突风,疾[暴,飑]风,飑 ②麻烦事. *look out for squalls* 提防危险,防备困难.
squal'ly ['skwɔːli] a. 起风暴的,多风波的,强劲[烈]的,形势险恶的.
squal'or n. ①肮脏 ②悲惨,贫穷.
squama n. 鳞片,鳞状物.
squamata n. 有鳞目.
squamelliform a. 鳞片形的.
squa'mose 或 **squa'mous** a. 有[多,似,覆以]鳞的,鳞状的. ~**ly** ad.
squan'der ['skwɔndə] v.; n. ①浪费,挥霍,乱花(时间,金钱等) ②使分散,驱散,四散. ~**ingly** ad.
squarabil'ity n. 可平方性.
square [skweə] I n. ①正方形,方格[阵],四角形,矩形,方形物,材料 ②平方,二次幂,自乘 ③(直)角尺,(光学)直角器,(绘图)三角板,丁字尺,矩尺 ④(方形)广场,街区 ⑤(pl.)方钢 ⑥(方)板材面积单位,100 平方英尺. II a. ①(正)方(形)的,四方的,(有)直角的,正交的 ②平方的,二次方的 ③笔直的,平行的 ④适合的,正的,公平的,坚决的,干脆的 ⑤结清的,两讫的. III ad. 成直角地,垂直,成方形地,四方方方,笔直,对准,面对面地. *an inch-square* 一平方英寸. *five feet square* 5 英尺见方. *five square feets* 5 平方英尺. 25 *is the square of* 5. 25 是 5 的平方. *back square* (测量用)定线器. *beam square* 角尺. *bevel square* 斜角规. *combination square* 组合角尺. *dead square* 准正方形. *least square* (*method*) 最小二乘方(法). *magic square* 纵横图,幻方. *mean square* 均方. *normal square* 矩规. *root-mean square* 均方根. *set square* 三角板. *square bar* 方杆,方铁条. *square bend* 直角弯. *square coupling* 方头轴节. *square crossing* 十字形交叉. *square deal* 公平交易(待遇). *square engine* 等径程发动机(活塞行程等于汽缸内径的发动机). *square file* 方锉. *square fluctuation* 涨落[起伏]平方. *square free number* 无平方因子数. *square law* 平方律. *square law condenser* 平方标度电容器. *square loop ferrite* 矩形磁滞环铁氧体. *square matrix* 方阵,矩形矩阵. *square measure* (平方)面积(制). *square mesh* 方网孔. *square nut* 四(方)螺母. *square of opposition* 逻辑方阵. *square one* 起点,同等情况. *square pitch* 45° 屋面坡度. *square ram* 方形压头[擂杆,夯锤]. *square rod in mm*, 角铜. *square root* 方(二次)根. *square shear* 龙门剪床. *square staff* 角棱. *square steel* 方钢. *square (surface) measure* 面积. *square tap* 方形丝锥. *square thread* 方纹扣. *square turret* 矩形刀架. *square wave* [矩形]波. *square work* 方形工件. T *square* 丁字尺. *try [trial] square* 验方角尺. ▲*all square* 不相上下,势均力敌,一切准备妥当. (*be*) *out of square* 不成直角,歪斜,不一致,不正确,不规则的. (*be*) *square to [with]* 与...成直角,垂直于. *by the square* 恰好地,精确地. *fair and square* 公平的,光明正大的. *get...square* 整顿. *on the square* 成直角,公平(正直)(的)(的),以平等条件.

Ⅳ v. ①弄方[正],弄成直角,刳方,使垂直,使直[平],检验…的平直度,调正,使合,形成矩形面[脉冲] ②四股捻合,四扭编组 ③平[乘]方,自乘,求方,求…的面积 ④(使)符合(一致) ⑤清算,结清,付讫. *Four squared is sixteen.* 四自乘等于十六. *squared paper* 方格[坐标]纸. *squared sine wave* 正弦波平方. *squaring circuit* 平方[波整形,矩形波整形,矩形脉冲形成]电路. *squaring shear* 方形剪机. ▲*square away* 把…弄整齐[准备好]. *square off* 把…划分为方形[格]. *square M to N* 使 M 与 N 一致,使 M 符合 N. *square the circle* 圆求方[求圆积]问题,做不可能做到的事. *square up* 使成直角,相交;清算,结账. *square up to* 坚决克服. *square (M) with (N)*(使)M 与 N 相符(合),(使)M 与 N 一致. *with squared sides* 成直角[平行]边.

square-butt welding 无坡口对接焊.

square-corner switching waveform 矩形开关信号波形.

squared-off cascade 当量方块级联.

square-edged a. 方边的,边成 90°角的.

square-error 误差平方. *integral square-error method* 误差平方积分法.

square′head n. 方头,门边梁. *squarehead bolt* 方头螺栓.

square-integrable a. 平方可积的.

square′-law n. 平方律.

square′ly ['skwɛəli] ad. 成方形,方方正正地,笔直,对准,正面地.

square′ness n. 方(形),正方度(性),垂直度,公正,正直. *squareness ratio* 矩形比.

squarer ['skwɛərə] n. 方形器,【计】平方电路②矩形波形成器,矩形脉冲形成电路,方波脉冲发生器.

square-root-of-time fitting method 时间方根配算法.

square-topped pulse 平顶脉冲.

square-wave n. 方[矩形]波. *square-wave response* 矩形波响应.

squariance n. (离差)平方和.

squa′rish ['skwɛəriʃ] a. 似方形的,有点方的. ~ly ad.

squash [skwɔʃ] Ⅰ v. ①压碎[扁,烂,缩,挤,溃],碾碎[平] ②挤(进去)(in, into),镇压,压制 ③发溅泼声. Ⅱ n. ①拥挤 ②压碎声(易)压碎之物,扁坏 ④南瓜 ⑤鲜果汁. Ⅲ ad. 啪地.

squash′ing n. 压碎,挤,溃.

squash′y a. 易压碎[扁]的,又湿又软的. **squash′ily** ad.

squat [skwɔt] Ⅰ (*squat′ted*; *squat′ting*) v. ①蹲,坐,伏下(down) ②重心下移,(船高速航行时)尾部下坐 ③强占,霸占(upon). Ⅱ (*squat′ter*, *squat′test*) a. 蹲腓的,短而粗的,压扁的. *squat in-got* 短钢锭.

squat′ty a. 矮胖的,粗短的.

squawk [skwɔːk] n.; vi. ①嘎嘎声,尖叫,尖锐的,(无线电识别)告警. *squawk box*(供内部联系用的通讯系统)扩音器,扬声器,通话盒. *squawk sheet* 飞行员字于飞机在飞行时各种缺点的报告.

squeak [skwiːk] Ⅰ n. (短促的)尖叫声,(叫)啸声,嘎声. Ⅱ vi. 发出尖叫声[啸声,辗轧声]. *pip-squeak* 控制发射机的钟表机构.

squeak′y a. 发尖叫[辗轧]声的. **squeak′ily** ad.

squeal [skwiːl] v.; n. ①(发出)啸声[尖叫声,振鸣声] ②告密.

squeal′er n. 声响(指示)器,鸣声器.

squeal′ing ['skwiːliŋ] n. 啸声(尖叫,振鸣)声,号叫.

squee′gee ['skwiːdʒi] Ⅰ n. ①橡皮滚子,(橡皮)刮板,涂刷器,路刷 ②隔离油皮,夹层胶. Ⅱ vt. 用橡皮滚子辊深,用(橡皮)刮板擦[刮,压],补缝. *squeegee pump* 挤压泵.

squeezabil′ity n. 可压缩(实)性.

squeez′able ['skwiːzəbl] a. 易压缩(实,榨)的,可压缩的,可敲诈的. *squeezable waveguide* 软(可压缩)波导管.

squeeze [skwiːz] Ⅰ v. 挤(压,干),压(榨,缩,实,印,铆),塞(入),榨取,使缩减. Ⅱ n. ①压(榨,缩,实,印,铆)的,挤压,夹 ②压出物 ③弯曲机,压实造型机. *automatic jolt squeeze draw moulding machine* 自动起模震压式造型机. *blow squeeze moulding machine* 吹压式造型机. *jolt squeeze moulding machine* 震压造型机. *jolt squeeze pattern drawing machine* 起模式震压造型机. *jolt squeeze rollover pattern drawing machine* 翻转起模式震压造型机. *jolt squeeze rotalift moulding machine* 翻转式震压造型机. *jolt squeeze stripper machine* 漏模式震压造型机. *rotary squeeze* 回转锻造. *squeeze bottle* 挤压时即排出所装盛之物的塑胶瓶,塑料挤瓶. *squeeze motion*(机械手抓手的)抓取动作. *squeeze moulding machine* 压实(式)造型机. *squeeze play* 强迫,压力. *squeeze section* 容许改变临界尺寸的波导管,可压缩段. *squeeze track* 可压声道. *squeeze valve* 压实(阀. *squeezing dies* 挤压模,容器壁加强梗挤压成形模. ▲*at (upon) a squeeze* 临危,临急. *squeeze … dry* 把…挤[干. *squeeze M from N* 从 M 中挤出 N 来. *squeeze in* 挤入. *squeeze into* 挤入(进),压(塞)入. *squeeze into N (from P)* 把 M(从 P)挤到 N 里. *squeeze off* 挤[切]掉. *squeeze (one's way) through M* 从 M 中挤过去. *squeeze out* 挤[榨,压]出,榨取,排斥. *squeeze M out of N* 把 M 由 N 中挤出. *squeeze through* 挤(过去),压过.

squeez′er ['skwiːzə] n. ①(压)榨机,挤压机 ②压铆机 ③压亏机,弯板机 ④颚式破碎机 ⑤轧水机 ⑥榨者,敲诈者. *jolt ramming squeezer* 冲击机. *squeezer roll* 压液辊,轧水辊.

squeez′ing-screw n. 挤(滚)压螺丝.

squeg [skweg] (*squegged*; *squegging*) vi. 作非常不规则的振荡.

squeg′ging ['skwegiŋ] n. 断续[间歇]振荡器的振荡模式. *squegging oscillation* 断续[间歇]振荡器.

squelch [skweltʃ] Ⅰ vt. 压(扁,碎,制),镇压,制止,使终止[无声],静噪[音]. Ⅱ v. 发音喀拾喀声. Ⅲ n. ①抑噪拾喀声,静噪[音] ②喀噪[无噪声,噪声抑制]电路. *squelch circuit* 无噪声调谐电路,静噪声抑制电路. *squelch control* 静噪控制. *squelch switch* 静噪开关. *squelch system* 静噪装置[系统].

squib [skwib] Ⅰ n. ①爆竹,甩炮 ②(传,引)爆管,火

药棒,雷管,(电气)导火管,发火管,小型点火器,助〔起〕爆剂 ③(商品)标签 ④讽刺〔短文〕. *electric squib* 电爆管. *igniter squib* 点火管. II (*squibbed*; *squib'bing*) v. 投掷爆管〔爆竹〕,轰眼,扩孔底.

squid [skwid] n. 枪乌鲗,鱿鱼,乌贼 ②反潜艇多筒迫击炮.

SQUID = superconducting quantum interference device 超导量子干涉器件.

squig'gly a. 弯弯曲曲的,波纹形的.

squil'gee = squeegee.

squill vice C 形夹.

squinch [skwintʃ] n. 内〔突〕角拱.

squint [skwint] I n. ①斜视〔角〕,斜倾,(天线方向性)偏斜,两波束轴间夹角 ②倾向,趋势(to, towards) ③窥视窗,斜孔小窗 ④异型砖. II a. 斜视的. III v. ①斜视,偏移,偏离正确方向,越轨,斜出〔行〕②倾向于(towards) ③斜视,窥视(at) ④有间接关系〔意义〕.

squirm [skwə:m] v.; n. 蠕动,扭曲,绳索的一扭. ~y a.

squir'rel ['skwirəl] n. 松鼠. vt. 贮藏……以备后用. *squirrel cage* 鼠笼.

squir'rel-cage ['skwirəlkeidʒ] a. 鼠笼式的. *squirrel-cage rotor* 鼠笼式转子. *squirrel-cage winding* 鼠笼式绕组.

squirt [skwə:t] I v. 喷(出,射,湿,唧),迸出. II n. ①喷出(的液体,的粉末),细的喷流 ②喷〔注〕射器,水〔喷〕枪 ③喷气式飞机. *squirt gun* 喷射器,水枪.

squish [skwiʃ] v.; n. ①压碎〔破,扁〕②压〔挤〕进去. *squish velocity* (内燃机)上死点流速.

squish'y a. 湿软的,粘糊糊的.

squit'ter ['skwitə] n. (应答机中)断续〔间歇〕振荡器. *squitter pulse* 断续脉冲.

SR = ①safety recommendation 保安建议 ②saturable reactor 饱和扼流圈〔电抗器〕,助磁式电抗器 ③scanning radiometer 扫描辐射计 ④scientific research 科学研究 ⑤selective ringing 选择性振铃 ⑥self-rectifying 自整流 ⑦send-receive 发射-接收,发收 ⑧shipment request 装货申请,船运要求 ⑨situation report 情况报告 ⑩slip-ring 滑环 ⑪slow release 缓释 ⑫solid rocket 固体燃料火箭 ⑬sound ranging 声测距〔离〕⑭special regulations 特殊规则 ⑮special report 专门报告 ⑯specific resistance 比电阻,电阻率 ⑰split ring 开口环 ⑱standard repair 正常〔标准〕修理 ⑲stock replacement 备料置换 ⑳study requirement 学习要求 ㉑submarine reactor 潜水艇反应堆.

SR = degrees Schopper-Riegler (肖氏)打浆度.

Sr = ①Senior 年长的,上级的 ②strontium 锶.

sr = steradian 球面角度.

S/R = nge 倾斜距离,斜距.

SR bistable 置位复位双稳器件.

SR DES ENG = senior design engineer 正设计工程师.

SRAAM = short-range air-to-air missile 近程空对空导弹.

SRAM = short-range attack missile 近程攻击导弹.

SRBM = short-range ballistic missile 近程弹道导弹.

SRBP = synthetic resin bonded paper 合成树脂粘合纸.

SRC = standard requirement code 标准要求〔规格〕代码.

SRCH = search 探索,调查,检索.

SRD = ①secret restricted data 保密资料 ②shift right double 双倍右移 ③Spacecraft Research Division 宇宙飞船〔航天器〕研究部 ④step recovery diodes 阶跃恢复二极管.

SRDL = Signal Research Development Laboratory 信号研究开发实验室.

SRE = ①series relay 串联继电器 ②sodium reactor experiment 钠冷却实验性反应堆 ③surveillance radar element 监视雷达元件,环视雷达站 ④surveillance radar equipment 监视〔警戒〕雷达(设备).

S-register n. 存储寄存器.

SRF = semi-reinforcing furnace 半加固〔补强〕炉.

SRg = sound ranging 声测(距离).

Sri Lanka ['sri:læŋkə] n. 斯里兰卡.

SRL = scientific research laboratory 科学研究实验室.

SRM = standard repair manual 标准修理手册.

SRN = short range navigation 短程(精确)导航系统,近程导航(系统).

S-RNA 可溶性核糖核酸.

sros = special run operations sheet 专门试验操作图表.

SRP = ①scientific research proposal 科学研究建议 ②super-regenerative pulse radar 超再生脉冲雷达.

SRPM = single-reversal permanent magnet 单反向永久磁铁.

SRS = Scientific Research Society of America 美国科学研究学会.

SRT = system reaction time 系统反应时间.

SRU = ①self-recording unit 自动记录器 ②signal responder unit 信号应答器 ③steam raising unit 蒸发器.

SRV AMPL = servo amplifier 伺服放大器.

SRV IN = servo inlet 伺服输入.

SRV RET = servo return 伺服回路.

SRV VLV = servo valve 伺服阀.

SS = ①satellite system 卫星系统 ②scintillation spectrometer 闪烁谱仪〔分光计〕③set screw 固定〔定位〕螺钉 ④shear strength 抗剪强度 ⑤shipboard search 船舶上搜索,船侧搜索 ⑥side by side 并排〔列〕⑦signalling set 信号设备 ⑧single signal 单信号 single-signal 单信号(的) ⑨sliding scale 计算尺,滑动标尺,递减律 ⑩space station 空间〔航天〕站 ⑪space system 空间〔航天〕系统 ⑫spaceships 宇宙飞船 ⑬spin stabilizer 自旋稳定器 ⑭stabilization system 稳定系统 ⑮stainless steel 不锈钢 ⑯star shell 照明弹 ⑰steamship 轮船 ⑱subscriber's set 用户话机 ⑲superheated steam 过热蒸汽 ⑳switches 开关,选择器,转换器 ㉑switching selector 开关选择器.

ss = ①(拉丁语) *scilicet* 即,就是 ②sections 区域,部门；截面 ③semis 半 ④slow speed 低速(的) ⑤slow-setting emulsified asphalt 或 slow-setting (asphaltic) emulsion 慢凝乳化(地)沥青,慢凝(沥青)乳液.

s(s) = scalar meson theory with scalar coupling 标量耦合的标量介子理论.

S-S =steady state 稳(定)态.

S/S =①satellite/space system 卫星/空间系统 ②second stage 第二级 ③sign signature 签名 ④steamship 轮船.

S. S. agar =Salmonella-Shigella agar 沙门-志贺琼脂培养基.

SS cable =self-support cable 自撑式电缆.

SS Loran =sky-wave synchronized Loran 天波同步远程导航系统.

SS-903 合成聚乙烯油"SS-903"(润滑油抑制添加剂).

SS-906 合成聚乙烯油"SS-906"(润滑油添加剂).

SSAC =suspended sprayed acoustical ceiling 喷涂隔音吊顶.

SSB =①single side band 单边带 ②Space Science Board 空间(航天)科学局.

SSB CKT =single side band circuit 单边带电路.

SSB(N) =ship, submersible, ballistic (nuclear 或 nuclear-powered)(核动力)弹道导弹潜水艇.

SSC =①semi-steel casting 半钢铸件 ②single-silk covered 单(层)丝包的 ③site selection criteria 现场选择标准 ④stepping switch counter 步进开关计数器.

SSCC =spin scan cloud camera 自旋扫描摄云照相机.

SSD =subsoil drain 地下排水.

SSDC =signal source distribution center 信号源分配中心.

SSDR =subsystem development requirement 子系统发展要求.

SSE =①south-southeast 东南(偏)南 ②support system evaluation 辅助(支援)系统的鉴定,支承系统估计.

sse =①single-silk enamel 单丝漆包 ②south-southeast 东南(偏)南.

SSF =space simulation facility 空间模拟设备.

SSG =standard signal generator 标准信号发生器.

SSGN =ship, submersible, guided, nuclear (核动力)导弹潜艇,现为 SSB(N).

SSI =①sector scan indicator 扇形扫描显示器 ②small scale integration 小规模集成(电路) ③spares status inquiry 备件现状调查.

SSL =spent sulfite liquor 亚硫酸盐废液.

SSLV =standard space launch vehicle 标准天航运载火箭.

SSM =①ship-to-ship (guided) missile 舰对舰导弹 ②surface-to-surface missile 地对地(面对面)导弹.

ssn =specification serial number 规格序号.

SS-oil 合成聚乙烯油 SS.

SSPS =sunflower space power system 向日葵型空间电源系统.

SSR =①secondary surveillance radar 二次(辅助)监视(鉴望)雷达 ②static shift register 静态移位寄存器.

SSS =①silicon symmetrical switch 双向两端开关(元件),硅对称开关 ②small scientific satellite 小型科学卫星 ③specific soluble substance 特殊溶性物质(多糖半抗原).

SSSB =system source selection board 系统电源选择板.

SSSC =single-sideband suppressed-carrier 单边带受抑载波,单边带抑制载波法.

SSSR =selectable single-sideband reception 可选择的单边带接收.

SST =supersonic transport (aircraft)超音速运输机.

SSTA =support system task analysis 辅助系统工作分析.

SSTEP =support system test evaluation program 辅助系统测试鉴定程序.

SSTF =space simulation test facility 空间模拟试验装置.

SSTP =subsystem test procedure 子系统试验程序.

SSTU =seamless steel tubing 无缝钢管.

SSU =①semi-conductor storage unit 半导体存储器(存储部件) ②signal selector unit 信号选择装置.

S-submatrix n. 散射子矩阵,S 子矩阵.

SSV =ship-to-surface vessel 舰对海面舰搜索雷达.

SSW =south-southwest 西南(偏)南.

ST =①service tools 维修工具 ②single throw 或 single-throw 单掷,单拐曲轴 ③special tools 专用工具 ④standard temperature 标准气温(温度) ⑤star tracker 恒星跟踪仪 ⑥start 起动 ⑦static thrust 静推力 ⑧steam 蒸汽 ⑨store 存储(器) ⑩structure Tee T 形结构.

St =①Saint 圣 ②Saturday 星期六 ③Stanton number 斯坦顿数 ④starter 起动器 ⑤stet or stent 放置 ⑥stokes 沲(动力粘度单位) ⑦stone 英石(14磅) ⑧strait 海峡 ⑨street 街 ⑩strontium 锶.

st =①short ton 短吨(美吨=2000磅) ②stand-by 备用的,辅助的 ③start 起动 ④stone (英国重量单位) ⑤strong 强的(射线).

S/T =①search/track 搜索和跟踪 ②start tank 起动燃料箱.

st air =standard air 标准状态下的空气.

St. Denis [s dəni] 圣但尼(留尼汪首府).

St. George's [sənt 'dʒɔːdʒiz] 圣乔治(格林纳达首都).

St. Louis [sənt 'luis] (美国)圣路易斯市.

STA =①special temporary authority 特种临时管理机构 ②station 站,台.

sta =①station 站,台 ②stationary 固定的,稳态的.

stab [stæb] (**stabbed; stab'bing**) v. Ⅱ n. ①刺(穿,伤),戳,伤害,损(中)伤 ②把(砖墙)凿粗糙(以涂灰泥) ③企图,尝试,努力 ④(印刷所的)周(时)薪制. *stabbing salve* 管道配件润滑剂. ▲ *have* 〔*make*〕 *a stab at* 试一试,试做…,在…方面努力于.

STAB =①stabilization 或 stabilize 稳定 ②stabilized 稳定的 ③stabilizer 稳定器,安定面.

stab'ber ['stæbə] n. 锥,用来刺的工具,穿家针.

sta'bilator ['steibileitə] n. 安定面.

sta'bile ['steibil] a. 稳(安)定的.

stabilidyne (receiver) 高稳式接收机.

stabilim'eter =stabilometer.

sta'bilise =stabilize. **stabilisa'tion** n.

sta'biliser =stabilizer.

stabil'ity [stəˈbiliti] n. ①平衡(状态),稳定(性,度),稳固,安定(性),抗抗性,复原性(力) ②坚固(性),牢固(度),巩固,耐久性,耐(抗)…性,强(刚)度. *arrow stability* 弹道稳定性. *corrosion stability* 抗(耐)蚀性. *long-term stability* 长期稳定(性). *mechanical stability* 机械稳定性. *pyrolytic stability* 耐高温分解性,抗热损伤强度. *radiation stability* 耐辐照度. *radiation-damage stability* 耐辐照损伤性. *sta-*

stabilivolt (tube) n. 稳压管[器].

stabiliza'tion [steibilai'zeiʃən] n. 稳定(化,作用),致稳,保持稳定性,安定作用,锁定,稳定,稳定性. *stabilization by voltage feedback* 电压反馈稳定性. *stabilization pond* 稳定[酸化]池.

sta'bilizator ['steibilaizeitə] n. 稳定器[剂],稳压器.

sta'bilize ['steibilaiz] vt. ①(使)稳定,稳定化(处理),安定,减摆,使坚固 ②给…装稳定器 ③消除内应力(处理). *stabilized dolomite* 稳[憎水]白云石. *stabilized gasoline* 稳定[去丁烷]汽油. *stabilized voltage supply* 稳压电源. *stabilizing agent* 稳(安)定剂. *stabilizing baffle* (火焰)稳定器. *stabilizing power* 稳定能力.

sta'bilizer ['steibilaizə] n. 稳定器[剂,面,装置],固位器,安定器[面,剂],安全面,减摇装置,稳压器,平衡器,控制物,支脚[柱], arc stabilizer 稳弧装置,稳弧剂. *corona stabilizer* 电晕稳定器. *direct current stabilizer* 直流稳压器. *quartz frequency stabilizer* 石英稳(定)频(率)器.

stabilog'raphy n. 重心描记术.

stabilom'eter n. 稳定(度)仪,稳定性量测(记录)仪.

stabilotron n. 厘米波功率振荡管,高稳定波段振荡管(美国商标名,一种磁控管),稳频管.

stabilovolt (tube) n. 稳压管.

stabistor n. 限压半导体二极管.

sta'ble ['steibl] Ⅰ a. 稳定的,(仪器电源)恒定的,安[坚]定的,坚固的,不变的,非放射性的. Ⅱ n. (牛,马的)厩,马房. *stable diagram* [冶]稳定[状态]图,平衡图. *stable element* 稳定元素(元件,环节). *stable equilibrium* 稳[安]定平衡. *stable glass fiber* 标准玻璃纤维. *stable isotope* 稳定同位素. *stable structure* 稳定[坚固]的结构.

sta'bleness n. 稳定性.

sta'bly ['steibli] ad. 稳[坚]定地,坚[巩]固地.

staccato [stə'kɑ:tou] a.; ad.; n. 断续(的),不连贯(的)(方式,声音).

stachydrine n. 木苏碱,脯氨酸二甲内盐.

stachyose n. 水苏(四)糖.

stack [skæk] Ⅰ n. ①堆(积),堆,叠,堆积物,砌体,(书,枪)架,书库,包装箱 ②捆,束,束,组(套),套 ③叠式存储器,存储栈(数据) ④分层旋旋飞行 ⑤一堆(木材等计量单位,=108立方英尺),木材堆 ⑥大量,许多 ⑦烟囱(群),烟突(道),(高炉)炉身,堆,排气[通风]管 ⑧[化](冷却)塔,冷却塔内的立柱. Ⅱ vt. ①堆积(起,放,垛,满),重[层]叠,叠加(层),归垛 ②指示…作分层旋旋飞行. *beam stacking* 聚束. *chimney stack* 烟囱. *core stack* 磁心体. *exhaust stacking* 排气[抽风]管. *fuel stack* 燃料(芯块)叠堆. *furnace stack* 炉身. *graphite stack* (反应堆内)的石墨堆. *head stack* [计] 磁头组. *hot-dip tinning stack* 热镀锡装置. *job stack* 加工序列. *memory stack* 一组存储器,存储体. *operand stack register* 操作组号寄存器. *stack casing* 炉身外壳. *stack casting* 层[叠](箱)铸造. *stack damper* 烟道(气)闸. *stack yus* 烟气. *stack homing* 多件齐降. *stack layers* 堆积层. *stack mould* 叠箱铸模. *stack moulding* 双面型箱造型(法). *stack moulding machine* 叠箱造型机. *stack moulding wafer module* 叠片组件. *stack of fuel elements* 释热元件组件. *stack of stripped emulsion* 或 *pellicle stack* 乳胶室[块]. *stack pallet* (压力机上)送料车. *stack room* 书库. *stack tape* 组合磁带. *stacked antenna* 叠层天线. *stacked job processing* 成批[连续]题目处理. *stacked integrated circuit* 叠层集成电路. *stacked plate* 堆积式承载板. *stacked system* 叠层方式. *stacked type of array* 多层天线阵. *storage [store] stack* 一组存储器. *suction stack* 吸为塔. ▲ *a whole stack of* 许多,大量. *stack … in series* 串叠成组. *stack M into N* 把M堆(叠)码)成N. *stack … together* 把…堆叠起来. *stack up* 把…堆(叠)(起),层叠[总][加]起来;较量,比高低,比得过(against, with). *stacks of* 许多,大量.

stack'er ['stækə] n. ①堆积(码垛)机,堆垛器,货物升降机,接卡[储)机(栈) ②卡片框,②叠式存储器 ③可升降摄像机台,摄影机升降台 ④堆[垛]工. *card stacker* 叠卡片机.

stack'-funnel n. 烟囱口外装形通风设备.

stack'ing n. 堆积[集,垛,放,起],堆置[结],分[成]层,积堆干燥法. *stacking factor* (绕组)占空系数[因数],叠层系数,工作比. *stacking fault* (半导体)堆垛层错,层积缺陷. *stacking fault energy* 堆垛层错能量. *stacking mechanism* 整[叠]卡机构.

stack'ing-fault n. 堆垛层错,层积缺陷.

stack'up n. 层叠,堆积;分层盘旋飞行.

stack-yard n. 堆积场,堆谷场.

stactom'eter [stæk'tɔmitə] n. 滴重计.

stad'dle ['stædl] n. 支柱,框架,支撑物,基础.

sta'dia ['steidjə] Ⅰ n. ①视距(尺,仪,测量),准距 ② stadium 的复数. Ⅱ a. 视距测量(法)的. *stadia arc* 视距弧. *stadia computer* 视距计算器. *stadia constant* 视距常数. *stadia hair* (wires)视距丝(线). *stadia line* 视距线. *stadia method* 视距(测量)法,平板仪测量法. *stadia rod* 视距尺[水准]标尺. *stadia transit* 视距经纬仪.

stadim'eter n. 小型六分仪,手操测距仪.

stadiom'eter [steidi'ɔmitə] n. 测距仪.

sta'dium ['steidiəm] (pl. *sta'dia* 或 *sta'diums*) n. (周围有看台的)露天大型运动[体育]场.

STA-DYN UL SIM U =static-dynamic ullage simulation unit 静态动态气垫模拟装置.

Staeger test 油料氧化稳定性试验.

staff [stɑ:f] Ⅰ (pl. *staffs* 或 *staves*) n. ①杆,棒,棍,杖,标[旗]杆,(小)平衡架[杆],(钟表机构的)柄轴,平衡杆,柄,横档,支柱 ②(测量)标尺,测尺 ③(全体)工作人员,(全体)职员,全套(部,机构,成人员) ④纤维灰浆. Ⅱ vt. 雇[聘]用职员,为…配备职员[工作人员]. *cross staff* 十字仪,直角[照准]仪. *editorial staff* 编辑部. *general staff* 总参谋部. *leveling staff* 水准标尺. *operating staff* 维护[操作]人员. *staff car* 指挥车. *staff gauge* 水位尺[站](水)准标尺,水尺. *staff officer* 参谋. *staff reading*

staff'ing n. 配备职工,聘用[雇用]职员.

staff'man n. 标(司,检)尺员.

stage [steidʒ] Ⅰ n. ①级,阶,(阶)段,(时)期,相,层,程度,状态,步骤 ②(舞,镜,工作)台,(显微镜)载物台,站(构,台,脚手)架,(塔)板,梯,地点,站(段)板,(两站间)距离 ③平(浮)台,浮码头,泊船 ⑤水位(高度) ⑥构成接近真实的人为(试验)条件. Ⅱ a. 分期(段)的,多层(段)的. Ⅲ v. ①实施(现)过,举行,使… 展出 ②分级,分阶段,(分级)装置,(按级)分离,阶变 ③搬上舞台,上演,舞台处理,模拟. *accumulator stage* 累加器单元. *binary stage* 双[间]隔. *by-pass stage* 旁路级. *chroma amplifier stage*(彩色电视)彩色信号放大级. *dark stage* 暗拍摄棚[场]. *decade stage* 十进位格子. *extraction stage* 萃取级数. *flip-flop stage* 触发级. *historical stage* 历史舞台. *plastic stage* 塑性状态,应力应变曲线的塑性阶段. *stage breaking* 分段[逐级]破碎. *stage construction* 分期建筑,多层面构造. *stage director* 导演,舞台监督. *stage effect* 舞台效果. *stage gain* 级(级)增益. *stage heater* 抽气[分段]加热器,回热器. *stage imperfect* 不完全期,无性期. *stage micrometer* 台(式)测微计. *stage of river* 河流水位. *stage pump* 多级泵. *stage scene* 舞台布景. *stage turbine* 多级涡轮(透平). *three-stage rocket* 三级火箭. *two-stage* 双级的,二阶段的. *two stage pump* 双级泵,串联泵. ▲*at a later stage* 后来. *at some stage* 在某一阶段. *at this stage* 眼下,暂时. *by easy stages* 从容不迫地. *by stages* 分(阶)段地. *carry ... a stage further* 把…推进一步. *in stages* 分(多)级地,分阶段地. *in the early stage* 初期,在最初. *stage by stage* 一步一步地,逐级(步)的,分阶段地. *take the stage* 出现,登台.

stage-by-stage a. 一步一步的,逐级(步)的,分阶段的.

staged a. 成级的,分阶段的.

stage-discharge records 水位流量记录.

stage'-manage vt. 为…做舞台监督,对…进行幕后安排和指挥.

stage-scene n. 舞台布景.

stage-to-stage a. 级间的.

stage'wise a.; ad. 逐步的,分阶段的;有戏剧效果的,在舞台上.

stag'ger ['stægə] Ⅰ v. ①交错(排列),叉排,错列(开),叉置,间隔,空档 ②蹒跚,摆动,摆动,摇晃 ③回路失调 ④使震惊(吓一跳) ⑤(使)犹豫,(使)动摇. Ⅱ n. ①(交)错(排)列,梯形(梅花形)排列,交错(阶梯式,棋盘形)布置,交错装置,参差 ②错[斜]列,摆[跳]动,摆(动误)差,传真所记录的光点位置沿记录线的周期误差 ③回路失调 ④拐折 ⑤叶片的安装角,前伸角 ⑥翼,(机翼的)斜撑 ⑦企图,努力. Ⅲ v. 交错的,错开的. *stagger amplifier* 参差调谐放大器,宽带中频放大器. *stagger arrangement* 错列. *stagger joint* 错(列)接(缝),错接. *stagger light* 斜线灯. *stagger moving-target indicator* 交错对消式动目标显示器. *stagger tuning* 串联(参差)调谐.

stag'gered a. 交错的,错列的,叉排的,参差的,分级的,棋盘格的,格子花样的. *staggered air heater* 拐折空气加热器. *stagger(ed) circuit* 相互失谐级联电路,参差调谐电路,交错(调谐)电路. *stagger(ed) cycle* 交错(交叉)周期. *staggered electrode structure* 参差电极结构. *staggered gear* 交错齿轮. *staggered joint* 错(列)接(缝),错接. *staggered multiple rows of tubes* 错列多排管. *staggered rivet joint* 错列铆接. *staggered rolling train* 布棋式机座布置. *staggered scanning* 隔行扫描. *staggered section view* 阶梯状剖视图. *staggered triple* 三重参差调谐. *staggered tube* 拐折(交错)管排. *staggered wings* 斜翼翼,突出翼.

stag'ered-tooth a. 交错齿的.

stag'gerer ['stægərə] n. ①大(惊人)的事件,难事(题) ②犹豫的人.

stag'gering ['stægəriŋ] Ⅰ n. ①交错(排列,构象),摆动(调谐),参差调谐 ②(回路)失调,(谐振回路)失谐. Ⅱ a. ①交错的,参差的 ②摇摆(晃)的 ③惊人的,压倒的(多数). *staggering advantage* 参差(调谐)效果(利益). *staggering problem* 难题. ~ly ad.

stag'ger-peaked a. 参差(交错)峰化的.

stag'ger-tuned a. 参差(交错)调谐的.

stag'ger-wound coil 叠绕线圈.

sta'ging ['steidʒiŋ] n. ①脚手架,支丁,构(台,鹰工)架 ②举行,进行,上演,演出,配置,舞台处理 ③(级)分(法),(火箭各级的)分级,(宇宙飞船的燃料耗尽的火箭的)脱离,阶变 ④分段运输,中间集结 ⑤驿车业,驿行旅行 ⑥透平的级,涡轮叶片,叶片的安装,涡轮级工作过程的划分. *injector staging* 喷嘴的配置. *staging area* 中间整备区域,中间集结待运地域. *staging base*(飞机,舰船)中间停留(补给)基地,前进基地. *staging post* 补给中(继)站,结集(旅途中的停留)地点,任何主要(重要)的准备阶段.

stag'nancy ['stægnənsi] n. 停滞,不(流)动,萧条.

stag'nant ['stægnənt] a. ①滞(止,流)的,停滞的,不流动的,驻立的,立定的 ②不活泼的,呆钝的,不变的 ③污浊的 ④萧条的,不景气的. *stagnant air* 滞止气流. *stagnant catalyst* 固定催化剂. *stagnant film* 滞膜. *stagnant medium* 静止介质. *stagnant pool* 滞水(积水)池. *stagnant water* 死水,积滞水. ~ly ad.

stag'nate ['stægneit] v. (使)停(滞)滞,滞止(留)积,制动,(使)不流动,(使)不活动(泼),萧条.

stagna'tion [stæg'neiʃən] n. ①滞(止,流),停(静)滞,驻止,不流动,呆钝 ②滞(驻)点,临界(点). *stagnation density* 滞止密度. *stagnation enthalpy* 滞止气体的焓,总焓. *stagnation point* 静(驻,滞,停止,临界)点. *stagnation pressure* 滞止(静点,驻点,滞点)压力. *stagnation temperature* 滞止(滞流,临界)温度. *stagnation zone*(沙漠)沉积区.

stagnicolous a. 生于沼泽(泥水)中的,静水生的.

stagnophile n. 静水生物.

stagnopseudogley n. 滞止假潜育土.

stagonom'eter n. (表面张力)滴管计.

stagos'copy n. 液滴观测镜法.

staid [steid] a. 固定的,沉着的.

stain [stein] Ⅰ v. ①沾(染)污,弄脏 ②染(着)色,刷染 ③生锈,锈蚀 ④失去光泽,发暗. Ⅱ n. ①污染(斑),瑕疵,疵点,凹坑 ②锈,色斑 ③着色剂,染(色)

剂,涂[染]料. *oil stain* 油渍[污,斑]. *stain etch* 染色腐蚀.

stain'able *a.* 可染色的.

stained *a.* 染[褪]色的,有斑点[纹]的. *stained glass* 彩色[冰屑,彩画]玻璃. *stained with oil* 油污[斑]的.

stain'er ['steinə] *n.* ①着色工,染工②着色剂[液],色料.

stain'-fast *a.* 抗染色[色]的.

stain'ing *n.* 染色,着色,刷染法,污染,锈[点腐]蚀,浸蚀. *staining technique* (确定 pn 结的)染色法.

stain'less ['steinlis] I *a.* 不锈的,无斑的,无污点[瑕疵]的,不会染污的,纯洁的. II *n.* 不锈钢. *stainless clad steel* 不锈包钢. *stainless steel* 不锈钢. ~ly *ad.*

stair [stɛə] I *n.* ①梯,(一)级②(pl.)楼[扶,阶]梯③(pl.)浮码头,趸船. II (**stairs**) *ad.* 在[向]楼上. *stair head* 楼梯顶口. *stair landing* 楼梯平台. *stair rod* 楼梯毯棍. *stair step* [*tread*] 楼梯踏步. *the room up* [*down*] *stairs* 楼上[楼下]的房间. *winding stairs* 盘旋楼梯. ▲*a flight* [*pair*] *of stairs* 一架(一段)楼梯. *go* [*walk*] *up* [*down*] *stairs* 上[下]楼.

stair-carpet *n.* 铺在楼梯上的地毯.

stair'case ['stɛəkeis] *n.* 楼[阶]梯,梯子,楼梯间,阶梯现象. *staircase generator* 台阶形发生器. "*staircase*" *maser*"阶梯"激射器.

stair(-)step *a.* 步进的,阶梯形的. *n.* 楼梯踏步. *stairstep signal* 阶梯[梯级,步进,(分)级]信号.

stair'way *n.* 楼[阶]梯,梯子,楼梯间. *travelling stairway* 自动扶梯,移动梯.

stair'well *n.* 楼梯井[间].

staith(e) *n.* (煤的)装卸转运码头.

stake [steik] I *n.* 桩,标桩,定位木桩,(栅)柱(标,柱)杆,楔,截槽垫木,竖管②(桩,小铁,圆头)砧,底架③赌注,奖品[金]④利害关系. *furnace stake* 炉身. *rack stake* 桩柱杆. *stake boat* (航)标艇. *stake body* (四周有插孔可装桩柱的)平板车身. *stake driver* 打桩工[机]. *stake truck* 车身四周装有栅柱的卡车. ▲(*be*) *at stake* 成为为问题,在危险中,危若累卵,存亡攸关,是利害攸关的,决定…的得失,冒着失去…的危险. *be at stake in M* 视 M 的结果而定. *consider the immensity of the stake* 考虑到有重大利害关系. *have a stake in M* 跟 M 有利害关系,与 M 利害攸关,关心 M.

II *vt.* ①立(标)桩,加桩,打了桩,用桩撑住[以桩为界,立桩界[定]②(革,胶)拉软,刮软. *staking machine* 打桩机,拉软机. *staking pin* 测针[钎].*stake a line* 定(灰)线. *stake off* [*out*]标[划]线,定线,定桩(划分地区),标出. *stake M on N* 用 M 来担保 N,拿 M 来对 N 打赌. *stake up* [*in*] 用桩围住.

stake-line *n.* 用桩标出的测线.

stake-man *n.* 打桩[放桩,标桩]工.

stake-resistance *n.* 桩极电阻.

staking-out *n.* 放样,定线,立桩.

stalac'tic(al) [stə'læktik(əl)] *a.* 钟乳石(状)的. ~ally *ad.*

stalac'tiform *a.* 钟乳石状的.

stal'actite ['stæləktait] *n.* 钟乳石(状物).

stalactit'ic(al) = stalactic. ~ally *ad.*

stal'agmite ['stæləgmait] *n.* 石笋.

stalagmit'ic(al) [stæləg'mitik(əl)] *a.* 石笋(状)的,生满石笋的. ~ally *ad.*

stalagmom'eter [stæləg'mɔmitə] *n.* (表面张力)滴重计.

stalagnate *n.* (滴)石柱.

Stalanium *n.* 斯特拉尼姆镁铝合金(镁7%,锑0.5%,其余铝).

stale [steil] I *a.* ①陈(旧,腐)的,变坏了的②停滞的,不流的③疲惫不堪的④失时效的. II *v.* 用旧,用坏,(使)变陈旧,(使)失时效. III *n.* 把手,手柄. *stale lime* 陈石灰,已潮了的石灰. ~ly *ad.* ~ness *n.*

stale'mate' ['steil'meit] *n.*; *vt.* ①僵局,对峙②僵持,(使…)停顿,使成僵局,使相持不下.

stale'proof *a.* 不腐的.

stalk [stɔːk] *n.* 柱,杆,轴,(叶)柄,(花)梗,蒂,托,茎(状物),饰,高烟囱. *stalk pipe chaplet* 单面心撑.

stall [stɔːl] I *v.* ①失速,失举,脱流,气流分离②(速度不够)停车(停住,停止转动),发生故障,抛锚,陷入泥[雪]中③阻止,妨碍,拖延(时间),敷衍,不作明确答复④陈化. *stalled blade* 失速叶片的. *stalled traffic* 被阻(塞)的交通. *stalled vehicle* 停驶的车辆. *stalling speed* 失速速度. *stalling tactics* 拖延战术,缓兵之计. *stalling torque* 逆转转矩,颠复力矩. ▲*stall down landing* 失速降落. *stall for time* (不作明确答复以)拖延时间. *stall off* 失速起飞,拖过(时间).

II *n.* ①失速,失举,失去作用,(气流)分离,(气流)不平稳,跳动(叶片式空压机中的毛病)②小屋,小分隔间,汽车室,汽车停车处,(售货)摊,(陈列)台③矿砂堆(叶片式空压机中的毛病)②小屋,小分隔间,汽车室,汽车停车处,(售货)摊,(陈列)台③矿砂堆④室,熔烧室,酸式矿砂烙炉⑤泥窑⑥前排座位⑦手指护套⑧厩,马房. *complete stall* 气流完全分离,完全滞止. *mooring stall* 船台,浮台. *pronounced stall* 严重失速. *rotating stall* 旋转分离. *shock stall effect* 激波壅塞效应. *shower stall* 淋浴分隔间. *stall line* 失速线. *stall margin* 喘振边界. *stall point* 失速点. *stall roasting* 泥窑熔烧. *stall severity* 失速的严重程度.

stall'keeper *n.* 摊贩.

stallom'eter [stɔː'lɔmitə] *n.* 失速信号器,气流分离指示器.

stall'oy *n.* 硅钢(片),薄钢片.

stall'-proof *a.* 防失速的.

STALO 或 stalo =stable [stabilized] local oscillator 稳定本地振荡器.

stalpeth cable 钢、铝、聚乙烯组[复]合铠装电缆.

stal'wart ['stɔːlwət] *a.* 高大结实的,坚定的,不屈不挠的. *stalwart supporter* 坚定的支持者.

sta'men (pl. *sta'mens* 或 *stam'ina*) *n.* 雄蕊.

stam'ina ['stæminə] *n.* ①stamen 的复数②精力,持久力,耐力,抵抗力. *fighting stamina* 顽强的战斗力. *physical stamina* 好体力.

stam'inal ['stæminəl] *a.* (有)持久力的,(有)耐久力的.

stam'inate *a.* 有[生]雄蕊的,仅有雄蕊的.

stam′mer ['stæmə] v.; n. 口吃,结巴.

stamp [stæmp] I n. ①图章,印章,记,模,痕),标〔戳〕记,商标,邮票,印花 ②标记,特征,性质,记号,痕迹 ③压〔制〕,捣碎〔矿〕冲头,捣〔矿〕锤,(矿)锤〔深〕,砂冲子,捣碎〔击,矿〕机 ⑤模具,压型器,压砂〔压〕印机 ⑥(类)型,种,类. *Our stamp is the certificate of quality.* 我们的戳记是质量合格的证明. *atmospheric stamp* 气锤. *date stamp* 日期戳. *drop stamp* 落锤. *extrusion stamp* 风冲子,捣锤. *men of that stamp* 那种人. *post office stamp* 邮局日戳. *stamp asphalt.* 压制地沥青(混合料). *stamp breaking* [*crushing*] 捣碎. *stamp duty* [*tax*] 印花税. *stamp forging* 压(落,型)锻. *stamp mill* 捣矿机,捣碎机,捣磨〔矿〕机,轧碎机. *stamp of the maker* 制造者(厂)的印记. *stamp sand* 压碎砂,人造砂. *stamp stem* 捣杆. *stamp work* 模锻件. *time stamp* 记时打印机. ▲*bear the stamp of* 具有…的特征. *put to stamp* (交)付印(章).

II vt. ①盖(印,上),打(上,印记) ②压(印,花,前,碎),捣(碎,固,磨),锤击,冲压成形,落锻,模压(锻,冲),锻打 ③踏,踩(碎),跺(脚),扑灭,拒绝(阻) ④表明(示),标明 ⑤贴邮票〔印花〕. *stamped concrete* 捣固混凝土. ▲*stamp M* (*as*) *N* 表(说)明 M 是 N. *stamp down* 践踏,踩踏. *stamp M flat* 把 M 踏平(压扁). *stamp on* 拒绝,扑灭,(踩)跺灭. *stamp M on N* 把 M 盖(刻,打)在 N 上,在 N 上加 M. *stamp out* 捣灭,毁掉,粉碎,扑灭,切去,冲灭.

stampede′ [stæm'piːd] n.; v. 惊逃,奔窜,溃散.

stamp′er ['stæmpə] n. ①印,杆 ②压模,模子,录声片制造模 ③捣碎器(捣击,捣实,捣矿)机,冲击机,打印器)④模(冲)压工. *backed stamper* 复制模. *master stamper* 原模.

stamp′ing ['stæmpiŋ] n. ①冲压(件,力),冲压成形(包括压花,压印,浅拉深),模压(片),模冲(片),压花,铁芯片,打印 ②捣模,捣固,捣碎,矿石粉碎,冲击(法),冲击 ③(pl.)冲击制品,捣碎物,冲压废料 ④加封,盖印. *armature stamping* 冲制电枢片. *die stamping die* 捣砧,压(打印)模. *stamping form* (混凝土)捣实模板. *stamping machine* 捣碎(压,打印)机. *stamping mill* = stamp mill. *stamping of powder* 药粉末. *stamping press* 冲压(打印)机,模锻压力机. *stamping tool* 冲压工具. *transformer stamping* 冲制变压器片.

STAN = stanchion.

STANAG = standardization agreement 标准化协定.

stance [stæns] n. (立脚,站立)位置(姿态),姿态,态度.

stanch [stɑːntʃ] I vt. 制止(出血),停止,止住(血),使血流溢,使不漏水,密封. II a. ①密封的,气密的,不漏水的,不透气的 ②优质的,坚固的 ③坚定的,忠诚的.

stan′chion ['stɑːnʃən] I n. 柱子,支柱,标柱(桩),撑杆,栏杆. *stanchion sign* (可移动的)柱座标志. II vt. 用柱子支撑,给…装柱子.

stand [stænd] I (*stood, stood*) v. ①站,立,竖(放) ②位于,坐落,处于(状态),取(态度) ③保(坚持,维持(原状),继续有效 ④经(遭,忍)受,持(耐)久. *stand firm* [*fast*] 屹立不动,不让步. *stand still* 站着不动,停滞不前. *stand trial* 经受考验,受审讯. *stand the test of time* 经受时间的考验. *stand wear and tear* 耐磨损. *stand ready for anything* 做好一切准备. *Truth stands in opposition to falsehood.* 真理同谬误是对立的. *The thermometer stands at 30℃.* 温度计读数是摄氏 30 度. *The monthly average output stands at 9,000 tons.* 月平均产量九千吨. *The machine is standing idle.* 这机器正闲着. *Stand the ladder against the wall.* 把梯子靠墙放着. *The matter stands thus.* 事情(情况)就是这样. *I do not know how matters stand.* 我不知道情况怎样. *How does he stand on this question?* 他对这个问题抱什么态度? *The contract stands good for another year.* 这合同再继续有效一年. *The bus stands 90 people.* 这辆公共汽车可站立九十人. *P stands for pressure.* P 代表压力. *Don't stand on points.* 别拘泥细节. *Let the words stand.* 不要改动这些字. ▲*as it stands* (插入语)按现实情况(来说). *as matters* [*things*] *stand* 或 *as the case* [*matter*] *stands* 照目前情况来看. *how matters* [*things*] *stand* 现状,实际情况(中间),就是这样. *it stands to reason that* 理所当然的是,显然. *stand against* 抵(对)抗,耐得住,靠…(而)立. *stand a* (*good*) *chance* (很)有希望,有成功可能. *stand aside* 退避)开,不参加. *stand at bay* 进退两难. *stand back* 退后,靠后站,位于靠后一点的地方. *stand by* 站在一边,袖手旁观;待机,作好准备,准备行动,备用;支援,援助,和…站在一起;遵(信,固)守,(发报台)准备发送信号,(收报台)处于调谐状态. *stand clear* (*of, from*) 站(离)开,(同…)隔(分)开. *stand comparison with* 不亚于,比得上. *stand down* 暂时辞退,不在阵地值勤. *stand for* 代表(替),象征,意味着;容许,忍受;支持,拥护,主张. *stand good* 依然真实,继续有效. *stand in* 帮,加入,参加)代理(替)使花费. *stand in the way of* 妨(阻)碍. *stand in with* 同…分担(联合,勾结). *stand off* 远离,驶离岸边. *stand on* (*upon*) 站在…上,依赖(靠)坚持,拘泥;继续向同一方向航行. *stand on end* (竖)立(侧)着放. *stand one's ground* 坚持立场,坚守阵地,固执己见. *stand out* 突出,显著;对着…特别醒目(against);拒抗,坚持抵抗(到底),支撑住(离岸)驶去. *stand over* 渡过(延〔缓〕)期,缓付,留待解决;监督(视). *stand to* 遵(固)守,坚(支)持,继续做下去,准备行动. *stand to it that* 坚决主张,竭力认为. *stand to win* 一定赢. *stand up* (立)起,(使)竖立,向上升起;站得住脚,经久耐用,经得起磨损. *stand up for* 坚(支)持,维(拥)护. *stand up to* 经受(得住),经得起(磨损等),(耐)电压等)勇敢地面对,抵抗. *stand with* 坚持,和…一致.

II n. ①站(起)立,停止(顿),停(留)处,车辆之招呼站,停车时停放的车辆 ②立场,位置,地位(点) ③(置物)台,(支,机)架,座,基,支柱,撑角,三角架 ④台灯,试验台,看台 ⑤一套(组,副) ⑥250～300磅的重量 ⑦林(木),伐剩的幼树,根生树,植物群丛,植被. *axle stand* 车轴修理台,车轴座. *bearing stand* 轴承台. *calibration stand* 校准台〔器〕,支柱. *clamp stand* 固定支架. *cogging stand* 开坯机座. *drill stand* (安装)手摇钻台架,钻台,钻架. *gasoline stand* 加汽油站. *ga(u)ge stand* 表〔规〕座. *insulating stand* 绝缘架〔台〕. *pinion stand* 齿轮机座,齿轮(机)座. *planer and stand* 刨床及床架. *scouring stand* 不锈钢带抛光装置. *service〔working〕stand* 工作梯(架). *spare stand* 备用机座. *stand camera* 装在三脚架上的摄影机. *stand cap* 轧机机座盖,轧机机座横梁. *stand mat* 台式拧螺丝机. *stand off* 传输线固定器,拉线钉,(绝度螺纹)基准距. *stand oil* 熟油. *stand pipe* 竖〔储水〕管,水鹤. *take up stand*（钢丝绳机的）收线架. *wheel stand* 轮轴架. ▲*be at a stand* 停顿,徘徊,不知所措. *come 〔be brought〕to a stand* (陷于)停顿,弄僵. *make a stand* 站住(at),抵抗到底(against),断然主张(for). *take〔one's〕stand* 依据,主张,决定态度,固守. *take a stand against* 表示反对. *take a stand for* 表示赞成.

stand-alone *a*. (电脑外围)可独立应用的. *stand-alone utilities*【计】(不受操作系统控制)独立应用.

stan′dard ['stændəd] Ⅰ *n*. ①标准〔化,件,量具,衡器,尺度〕,基〔水〕准,规格〔范〕,准则,判据,本位,金银币中的纯金银与合金的法定比例 ②(测量)单位 ③(标准)样品,原器,标准器,模型 ④(直立)支柱,垂直水(煤气)管,灯台,电杆,机架,支架(座). Ⅱ *a*. ①标准〔本位〕的,模范的,符合规格的,一般(性)的 ②第一流的,权威的 ③落地(式)的,直立的,装有支柱的. *black-body standard* 绝对黑体标准. *electric standard* 电标准器. *gold standard* 金本位(制). *living standard* 或 *standard of living* 生活水平. *monetary standard* (金银币中)纯金银和合金的比例,法定成色〔纯分〕,纯度基准. *standard atmosphere*〔*atmospheric pressure*〕标准大气压. *standard cable* 标准电缆(作为测量通信线路衰耗的单位). *standard cell* 标准电池,镉电池. *standard deviation* 标准差〔偏〕差. *standard error* 标准误差. *standard floor model* 标准落地式. *standard ga(u)ge* 标准(量)规,标准计,标准轨距(＝1.435m). *standard I/O interface*【计】标准输入输出接口. *standard lamp*(支柱能伸缩的)标灯,柱灯. *standard model* 标准样品,样机,标准型式. *standard money* 本位币. *standard of perfection* 鉴定标准,评分标准,家禽品种标准图谱. *standard points〔switch〕*标准道岔. *standard rammer* 样器,夯样机. *standard scale* 基〔标〕准尺,标准刻〔尺〕度. *standard work on the subject* 该学科的权威著作. *standards on electrical insulating materials* 电气绝缘材料的规格. *tentative standard* 暂行标准. ▲*come up to the standard* 达到标准,合乎规格. *fix〔set up〕a standard* 定标准. *of (a) high standard* 水准高的. *up to standard* 合乎〔达到〕标准的,合格的.

standard-bearer *n*. 倡〔领〕导者,旗手.

standard-gauge *n*. 标准轨距,标准(量)规.

stan′dardise 或 **stan′dardize** ['stændədaiz] *vt*. ①标准(规格)化,使...合标准,统一标准,(使)统一 ②用标准检验化,标定,校准. *standardized products* 标准化产品. *standardizing box* 标准(化)负荷测定机. *standardizing order* 规格化指令. **standardisa′tion** 或 **standardiza′tion** [stændədai'zeiʃən] *n*.

stan′dard-sized *a*. 标准尺寸(大小)的.

stand′-by ['stændbai] *n*.; *a*. ①(备用)品,备用后备,储备,辅助,可代用的,待机的,备用设备 ②可靠的人〔物〕,可靠(主要)资源,援助者,支持者 ③准备,等待 ④数据信号,呼叫信号"准备发收报"、"等待收听"或"别拆断". *stand-by facility* 备用设备. *stand-by generating set* 备用发电机组. *stand-by heat* 热备用(状态). *stand-by plant* 备用机组〔工厂〕,辅助设备. *stand-by power plant*〔*station*〕备用发电站,辅助发电站.

stand-down *n*. 暂时停止活动,停工,撤退.

standee *n*. 站立的乘客(旅客).

stand′er ['stændə] *n*. 机架.

stand′er-by ['stændə] *n*. 旁观者.

stand′-in ['stændin] *n*. ①替换者,代替者,模拟(代用)物,冷试验代用品 ②有利的位置(地位).

stand′ing ['stændiŋ] Ⅰ *a*. ①直立的,站着的,停蓄〔止,滞〕的,不流〔流动〕的,不变(动)的,不在运转的 ②固定的,常设〔备,置〕的 ③持续的,长期(有效)的,持续,永久的 ④同时的. Ⅱ *n*. ①站立(处),起立 ②期间,持续 ③放置,位置,情况,状态 ④立场,地位,身份,名望 ⑤规定. *a member in full standing* 正式会员. *international standing* 国际地位. *standing area* 停机坪. *standing army* 常备军,现役部队. *standing charge* 固定费用. *standing committee* 常务(设)委员会. *standing crop*(生物的)定期产量. *standing current* 稳定电流,驻流. *standing factory* 停工的工厂. *standing machine* 开〔不在运转〕的机器. *standing operating procedure* 标准操作(作战)规定,标准做法. *standing order* 长期订单,*standing orders* 议事规则,标准作业规定. *standing rope* 不动绳. *standing water level* 静水位. *standing wave* 驻〔定〕波. *worker of 15 years' standing* 有15年工龄的工人. ▲*all standing* 一切都现成地. *of long standing* 长年〔久〕的,由来很久的. *Standing room only*! 只有站席!

stand′ish ['stændiʃ] *n*. 墨水台.

stand′(-)off′ ['stænd'ɔf] Ⅰ *a*. ①远离的,投射的 ②有支座的,有托脚的. Ⅱ *n*. ①远离,离岸驶去,避(挡)开 ②停止,闲散 ③平衡,抵销,中和,平局,不分胜负 ④冷淡 ⑤传输线固定器,拉线钉. *intrinsic stand-off ratio* 分压比. *stand-off capability* 远距离使用武器的能力. *stand-off distance* 投射距离. *stand-off error* 变(偏)位误差. *stand-off insulator* 支座绝缘子,托脚隔电子. *stand-off missile* 机空火箭弹.

standort *n*. 环境综合影响.

stand′out *n*.; *a*. ①杰出的人(事物),出色的,杰出的,著著的 ②不随大流者,坚持己见者 ③突出度.

stand′pat Ⅰ *a*. 保守的. Ⅱ *n*. ＝standpatter.

stand′patter n. 保守分子,顽固的反对变革的人.

stand′pipe n. (给水系统稳定水压用)圆筒形水塔,水鹤,储水管,立管〔竖,直,压力,上升〕管,(加热器的)疏水收集器,结水收集器.

stand′point ['stændpɔint] n. 立场,立足点,观〔论〕点. proletarian standpoint 无产阶级立场. standpoint of class struggle 阶级斗争观点.

stand′still n. 停〔静〕止,停顿,停滞不前,间歇,搁浅. be at a standstill 停顿着. come (be brought) to a standstill 停顿下来.

stand′-to n. 战斗准备.

stand′-up ['stændʌp] a. ①直立的,站着的 ②坦率正直的,不怕考验的.

stank [stæŋk] I stink 的过去式. II n. 坝,堰,池塘,(开矿用)密闭墙.

stann- (词头)锡.

stan′nane n. 锡烷.

stan′nary ['stænəri] n. 锡矿(区).

stan′nate n. 锡酸盐. stannate radical 锡酸根.

stan′nic [ˈstænik] a. (正,四价)锡的. stannic acid 锡酸. stannic oxide (二)氧化锡.

stan′nide n. 锡化物. niobium stannide 锡化铌.

stannif′erous a. 含锡的.

Stanniol n. 高锡阻蚀合金(铜 0.33～1%,铅 0.7～2.4%,其余锡).

stan′nite n. 亚锡酸盐,黄〔黝〕锡矿.

stan′nize vt. 渗(镀)锡.

stan′nous ['stænəs] a. (亚,二价,含)锡的. stannous chloride 氯化亚锡,二氯化锡. stannous oxide 氧化亚锡,一氧化锡.

stan′num [ˈstænəm] n. ①[拉丁语]锡,Sn ②斯坦纳姆高锡轴承合金.

STANVAC = Standard Vacuum Oil Company (美国)美孚真空石油公司.

staphylocoagulase n. 葡萄球菌凝固酶.

staphylococcemia n. 葡萄球菌(菌)血(症).

staphylococcin n. 葡萄球菌菌素.

Staphylococ′cus n. 葡萄球菌(属).

staphylococo′sis n. 葡萄球菌病.

staphyloderma n. 葡萄球菌性皮肤化脓.

staphylodermati′tis n. 葡萄球菌性皮炎.

staphylokinase n. 葡萄球菌激酶,链激酶.

staphylolysin n. 葡萄球菌溶血素.

sta′ple ['steipl] I n. ① 肘〔卡,U 形,钉书〕钉,钩〔锁〕,U形环,夹子,卡板 ②主题,要纲 ③主要成分 (主要)原料,原材料 ④主要(大宗)产品,销路稳定的商品,常用品,广泛采用的东西 ⑤重要市场,商业中心 ⑥米〔涤〕纶 ⑦(棉,毛,麻,化学)纤维,人造短纤维,棉〔麻,绒〕丝,纤维(平均)长度. II a. ①主要的 ②大量供应的,常产的,恒定的 ③经常需要的,经常用的 ④纺织纤维的. III vt. ①用 U 形钉,用钉书钉〕钉住〔固定,装定〕②(按纤维长短)分类〔级,拣〕. cotton of long staple 长绒棉,长纤维的棉花. staple commodities (主要)产品. staple fiber [fibre] 人造(短)纤维,人造(短)棉,切断纤维. staple for... 的原料. staple glass fibre 标准(常产,人造)玻璃纤维. staple goods 大路货. staple rayon 人造棉. staple vice 长腿(立式)虎钳,锻造用夹叉(卡钳). stapling machine 钉书机.

the chief staple of news 消息的主要来源. the staples of... 的主题,...的主要原料〔成分,产品,商品〕. wool of fine staple 优质羊毛.

sta′pler ['steiplə] n. ①小钉书机 ②批发商 ③纤维切断机.

stapp n. 斯旦波(＝1×g 的超重力).

star [staː] I n. ①星(球,形,迹,斑,云,座,系,号 ☆,*),恒星,星(形)体 ②星形物,星形接线 ③名人(家,演员) ④命运. II a. ①星的 ②名演员的 ③优越(秀)的. five-pointed star 五角星. fixed star 恒星. nuclear star (原子)核星裂. play star roles 当主角. Polar [North] star 北极星. see stars 眼冒金星,目眩,眼花 shooting [falling] star 流星. Star alloy 轴承合金(锑 17～19%,锡 9～10.5%,铜 1%,其余锡). star antimony 精制锑. star athlete 优秀运动员. star bowl 精锋烧杯. star box 星形联结电阻箱. star connection 星形(星芒,Y)接法,星状连接,Y形结线. star current 星(形)电流,Y 电流. star diplomat 出色的外交家. star drill 小孔钻. star gear 星形齿轮. star junction 星形接头. star knob 星形扳手. star man 初犯(如违反交通规则等). star metal 精(制)锑,星(纹)锑,锑金属锭. star navigation 天文(体)导航. star of day 太阳. star program 【计】(手编)无错程序. star quad (stranding) 星绞(四线组),星形四心线组组. star quad twist 星形四线组扭绞. star route 星形相交路线. star section 十字截面. star sensor 恒星传感器. star shell 星形弹. star statics 天体(对电)干扰. star system 银河系. star tracker 星跟踪式定位器. star voltage 星形接线相电压. star wheel motion 间歇(星形轮)运动. the Red Flag with Five Stars 五星红旗. the Stars and Stripes 星条旗,美国国旗.

II (starred) star′ring) v. ①加星号于,用星号标出(明),用星装饰 ②用星一般地闪烁 ③主演(in). starring sheet 检验单.

STAR ＝satellite telecommunication with automatic routing 自动导航(选路)卫星通信.

star′blind a. 半盲的,瞬眼的.

star′board ['staːbəd] I n.; a. 右(舷,侧,边)(的). II vt. 把(舵)转向右(边,舷).

starch [staːtʃ] I n. ①淀粉,浆(糊) ②古板,生硬,拘泥. II vt. 给...上浆,使古板(拘泥). starch gum 糊精,淀粉胶. starch iodide 淀粉碘化物,碘化淀粉. starch paste 浆糊. starch (test) paper 淀粉试纸. starched manner 拘泥(生硬)的态度. ▲take the starch out of 压服,使屈服.

star-chamber a. 秘密的,专断的.

starch′edly ad. 生硬(拘泥)地. starch′edness n.

starch′y ['staːtʃi] a. ①(似,含)淀粉的,浆糊(似)的 ②拘泥的,生硬的.

star-delta (connection) n. 星形-三角形(Y-Δ)(接法),星形三角接法.

star-domain n. 星形域.

star-drift n. 星流.

star-dust n. ①星团,宇宙尘 ②幻觉.

stare [stɛə] v.; n. 盯,凝视,目不转睛地看(at), ▲make… stare … 惊愕. stare … in the face 瞪眼看着,就在…眼前,迫在眉睫,显而易见,明明白白. stare out (颜色)太显眼. with… stare 以…眼光.

Starex n. 浮油松香(商品名).

star'fish n. 海星.

star'-fol'lower ['staːˌfɔləuə] n. (天文导航)星体跟踪装置.

star'gaze ['staːgeiz] vi. 凝视,空想,心不在焉.

star'gazer ['staːgeizə] n. 占星家,空想家.

sta'ring ['stɛəriŋ] Ⅰ a. ①凝视的,目不转睛地看的②太显眼的,耀眼的. Ⅱ ad. 完全. ~ly ad.

stark [staːk] Ⅰ a. ①(僵)硬的,严格的②完全的,彻底的,绝对的,真正的③十分明显的④荒凉的,凄凉的. Ⅱ ad. 完全,全然,简直. stark denial 完全否认. stark exposure 彻底的揭露. stark fact 极其明显的事实. ~ly ad.

Stark effect 斯塔克谱线磁裂效应.

star'less a. 无星的.

star'let ['staːlit] n. 小星(星).

star'light ['staːlait] Ⅰ n. 星光. Ⅱ a. 有星光的,星光灿烂的.

star'like a. 星形的,像星(那样明亮的).

star'ling n. 桥墩尖端,分水桩,环绕桥墩打的防护桩.

star'lit ['staːlit] a. 星的,有星光的,星光灿烂〔照耀〕的,像星星那样明亮的.

star'-naviga'tion [staːnævi'geiʃən] n. 天体导航.

star'quake n. 星震.

starred a. 星装饰的,用星号标明的②担任主角的. the Five-Star(red) Red Flag 五星红旗.

star'ring n. (纯锡表面)呈星状花纹.

star'ry ['staːri] a. 星(质,形)的,多星星的,星光照耀的,明亮的.

star'ry-eyed a. 幻想的,不切实际的,理想的,看法过于乐观的.

STARS =simplified three-axis reference system 简化三轴坐标基准系统.

star'-shaped a. 星形〔状〕的.

star'-shell n. 照明〔榴光〕弹.

star'-spangled a. ①镶有星星的,星光灿烂的②美国(公民)的. the Star-Spangled Banner 星条旗,美国国旗.

star-star (connection) n. 星形-星形〔Y-Y〕(连接,接线).

star-star-delta (connection) n. 星形星形三角〔Y-Y-Δ〕(连接,接法).

star-studded a. 星罗棋布的,布满星星的.

start [staːt] v.; n. ①开动,启(起),发,转动 ②(使)开始,着手,动身,出发(点),动身,起动,起点 ④引起,发生,提出 …供考虑〔讨论〕⑤(使)弯〔歪〕(使)松动,(使)脱落,脱页,(使)翘曲,松动部分,裂缝,漏隙 ⑥优势地位,有利条件 ⑦涌出,突然出现. start a bolt 拧螺钉. start (up) a car 发动汽车. start a fire 引〔点,生,发〕火,引起火灾. start a war 发动战争. start something 惹起麻烦. start trouble 引起麻烦〔困难〕. start working 开始〔着手〕工作. The engine won't start. 引擎发动不起来. A nail has started. 一颗钉子松动了. start at the seams 接缝处裂开. The collision started a seam. 碰撞使接缝张开. The planks have started. 厚板已(弯)翘了. The damp has started the limbers. 潮湿已使木料(弯)翘了. standing start 原地〔从静止状态〕起动. start bit 【计】起动位. start button 起动按钮. start drill 定位开中心钻. start I/O instruction 【计】起动输入输出指令. start pulse 起动〔触发〕脉冲. start signal 起始〔启动〕信号. ▲at starting 最初,开头,at (the) start of 在…的开头〔一开始的时候〕. at the (very) start (一)开始〔一,起,初. be started + ing 开始(做). by fits and starts 一阵一阵地,间歇地. from start to finish 自始至终. get a start in 着手,开始. get away to a slow start 开始(采用,推广)得很慢. get [have] the start of 比…居先〔占优势〕. in fits and starts 一阵一阵地,间断地,不连续地. just started 刚开始的. on first starting 刚起〔开〕动时. start (M) + ing (使 M)开始(做),引起. start after 尾追,开始追赶. start aside 跳在一旁,跳开. start at M and go up to N 从 M 开始(增加,上升)到 N 为止. start by + ing 打…开始,(一)开始就(做). start down 开始向下(运动). start for 动身往,往…出发. start from 从…动身〔出发),由…开始,起源于. start from (at, on) scratch 从零开始,从头做起,白手起家. start in 开始,动身. start off 出发,动身,起飞,引起. start off with 从…开始〔下手〕. start on 开〔创〕始,开端,着手. start out 出发,出发,着手进行. start out to +inf. 着手(企图,计划)(做). start right in with 直接从…着手. start (M) to +inf. (使 M)开始(做). start up 开〔起,拨)动,触发,发射,开始工作〔运转),突然出现〔产生),突然升起,向上运动. start with 从…着手〔开始). take a fresh start 重新开始. take M as the starting point of N 把 M 当作 N 的起点〔出发点). to start with 开始起来,从开始,〔插入语〕首先,第一(点).

startabil'ity n. 起动性.

start'er ['staːtə] n. ①(自动)起动机,发动机,起〔启〕动器,起动装置,点火(电)极②发射架,发射装置 ③引子,起子,酵母,曲引 ④发起(提出)者 ⑤调度员. motor starter (电动机)起动器. starter armature 起动机转子. starter breakdown voltage 点火极点火电压. starter button 起动(按)钮. starter cell 【冶】种板槽. starter clutch spring 起动机离合弹簧. starter control system 起动操纵系统. starter formulas 初始值公式. starter gear 起动齿轮(装置). starter pedal 起动踏板. starter switch 起动(机)开关. starter voltage 起动(机)(起动装置)电压. ▲as [for] a starter 首先.

starter-generator n. 发电机,起动机.

start'ing ['staːtiŋ] Ⅰ n. ①开〔端,工]出发 ②起开,发)动,试运行,投产③加速,加快. Ⅱ a. 起初的,原来〔始〕的. starting box (起动用)电阻箱,起动箱. starting compound 原料〔化合物. starting crank 起动曲柄,摇手柄. starting grade 起程坡度. starting grip voltage 起动〔着火〕栅压. starting hole (切菌)开始孔. starting material 原(材)料,(起)始(物)料. starting matte 底铳,底〔开炉〕冰铜.

starting motor 起动(发动)机,启动电动机. *starting point* 起(原)点,出发点. *starting position* 起始位置. *starting sheet cell*【冶】种板(始板,板)精. *starting signal* 开车信号. *starting switch* 起动开关. *starting torque* 起动转[扭]矩. *starting value* 开始值,初值.

start'ing-charge-only method (区域熔炼)纯始料法.

start'ing-ingot *n.* 始锭.

start'ing-point *n.* 起点,出发点.

star'tle ['stɑːtl] *v.; n.* (使)吃惊,(使)大吃一惊,(使)吓一跳. ▲*be startled at* [*by*, *to* + *inf.*] 被…吓了一跳(吃了一惊).

star'tling ['stɑːtliŋ] *a.* 惊人的,令人吃惊的.

start-of-text character 【计】正文起始符.

start-stop *a.* 开关(控制),启闭的,起停(止)的,间歇的,断续的. *start-stop multivibrator* 单稳(起止,延迟)多谐振荡器. *start-stop oscillator* 间歇(断续,起止)振荡器. *start-stop synchronism* 起止同步. *start-stop transmission*【计】起止传输.

start-up *n.* ①开(起,启)动,触发,开始工作,运转,起动程序 ②出发,放射,起飞 ③开办. *blind start-up* 不借助仪表起动. *cold start-up* 冷态起动. *start-up circuit* 起动电路.

starva'tion [stɑː'veiʃən] *n.* ①饥饿,饿死 ②缺乏(的现象),不足. *petrol starvation* 缺油现象. *starvation wages* 饥饿(不足温饱的)工资,低到不能维持生活的工资.

starve [stɑːv] *v.* ①(使)饥饿(饿死),挨饿 ②(使)缺乏(必需之物),(使)缺(油)而磨损(停车). *starved joint* (粘力差的)失效接缝. *starved portion of cast with insufficient metal* [铸] 疏松(缺陷). ▲*be starved and magnetic 缺油而磨损*[停止运转]. *be starved of* 缺乏,少,缺(油)而磨损[停止运转]. *starve for* 渴望,极需.

starve'ling ['stɑːvliŋ] Ⅰ *a.* ①饥(挨)饿的,营养不良的 ②缺油的,不足的,不能满足需要的. Ⅱ *n.* ①饥饿(营养不足)的人 ②缺油的机器.

stash [stæʃ] Ⅰ *v.* ①中断,停止 ②隐藏,贮存,留下来(以后用)(*away*). Ⅱ *n.* ①隐藏(贮存)处 ②隐藏(贮存)之物.

stasim'etry [stɑː'simitri] *n.* 稠度测量法.

sta'sis ['steisis] (pl. *sta'ses*) *n.* (力的)静态平衡,停滞,郁积.

stat = ①static(al)静(力,态,电)的 ②statics 静力学,静态,静电【天电】干扰 ③station 站,台 ④stationary 固定的,静止的 ⑤statistic(al)统计(上)的 ⑥statistics 统计(学) ⑦stator 定子 ⑧statuary 雕刻家,雕像(用)的 ⑨statue(s)像 ⑩statute 规则,章程.

stat *n.* 斯达,*st* (放射性强度单位,等于 3.64×10^{-7} 居里).

stat- [词头] 静(电)的.

statampere *n.* 静电制电流单位,静电安培.

statcoulomb *n.* 静电制电量单位,静电库伦.

state [steit] Ⅰ *n.* ①(状)态,形势,情形,条件,阶段,位置,情况 [形],性能,体质,水平 ②国家,政府 ③州 ④身分,资格,地位 ⑤尊严,豪华. Ⅱ *a.* 国家[有,营]的,州的,正式的,仪式的. *critical state* 临界状态. *crystalline state* 晶态. *degenerate state* 退化(简并)态. *equation of state* 状(物)态方程. *head of state* 国家元首. *higher state* 高(能状)态. *liquid state* 液态(相). *on-off state* 断续状态. *Secretary of State* (美)国务卿,(英)国务大臣. *Southern States*(美国)南方各州. *state diagram* 平衡(状态)图. *state documents* 公文. *state highway* 州路(道),省级公路. *state land* 公(有)地. *state of affairs*(实际)情况,状(事)态. *state of cyclic operation* 循环操作的工况. *state of the art(s)* 见 *state-of-the-art(s)*. *state path*【计】状态途径. *state relations* 国家关系. *state test* 国家鉴定. *Tamm state* 塔姆能态. *the State Department* 或 *the Department of State*(美国)国务院. *the United States of America* (美利坚合众)国. *upper state* 高能态. ▲(*be*) *in a bad state of repair* 需要大修. (*be*) *in a good state of repair* 修理得很好. *in a ··· state* 或 *in a state of* 处于…状态. *in state* 正式地,隆重地. *in such a state of affairs* 在这种情况下.

Ⅲ *vt.* ①指(听)出,表明,(用符号,用式子)表示 ②确(指,规)定,控制 ③叙(陈)述,说明(出),阐(声)明. ▲*as stated above* 或 *as previously stated* 如上所述. *at stated times* [*intervals*] 在一定时间(间隔),每隔一定的时间. *be stated for* 指的是,是针对…来讲的. *It is stated that* 据说,一般认为. *it was stated that* 据说,已经说过. *state M as N* 用 N 来表示 M. *stated differently* 换句话说. *unless otherwise stated* 除非另作说明.

sta'ted ['steitid] *a.* ①规[确]定,固,一定的,定期的 ②被宣称的 ③用符号[用代数式]表示的. *stated exceptions* 被宣称的例外. *stated meetings* 例会. ~*ly* *ad.*

stated-speed sign 限速标志.

state'less *a.* ①无国家的 ②无国籍的,无公民权的.

state'ly ['steitli] *a.* 庄严的,堂皇的,雄伟的. **state'liness** *n.*

state'ment ['steitmənt] *n.* ①陈(叙)述,声明(书),报告书,(账目)清单,财务报表 ②命题,(论)点,条件 ③【计】语句,信息. *issue a statement* 发表声明. *make a statement* 陈(叙)述. *expert's statement* 专家鉴定. *financial statement* 财务报告. *official statement* 正式声明. *statement label*【计】语句标号,语句记录单. *statement of accounts* 账单. *statement of expenses* 费用清单. *statement of problem* 问题的提法. *statement separator*【计】语句分隔符.

state-of-(the)-art(s) *n.; a.* ①技术(发展)水平,目前工艺水平,工艺状况(现状),科学发展动态 ②现代化的 ③已知设备的,非实验性的,非研究和发展阶段的. *state-of-the-art facility* 现代化设备.

state'-owned ['steitaund] *a.* 国营[有]的.

state'room ['steitru(ː)m] *n.* ①特等舱,特别包厢,特等房间 ②大厅.

state'-run *a.* 国营的.

state' side Ⅰ *a.* 美国国内的,大陆美国的. Ⅱ *ad.* 在美国国内.

state'sman ['steitsmən] *n.* 政治家,国务活动家.

state-specified standards 国家规定的标准.

state′wide I a. 全国范围的,全州的. II ad. 在全国范围内.

stat′ic ['stætik] I a. ①静(止,位,态,力,电,压)的,固定的,不动的,不活泼的,变化小的 ②天电的. II n. (静)(止状)态,静(电,力),天电 ② 天[静]电干扰. *signal static ratio* 信号电波强度与天电强度之比. *static balance* [*equilibrium*] 静(态,力)平衡. *static characteristic* 静态特性. *static check* 静态校验[检查]. *static control* 静态[定位]控制. *static direct reactance* 静态交轴电抗. *static draft* [*suction*] *head* 静吸出(口)水头. *static electricity* 静电(学). *static eliminator* 天电干扰消除[限制]器,静噪装置. *static energy* 静(位,势)能. *static head* 静水头[压],(静)落差. *static indentation test* 球印硬度试验. *static level* 大气干扰电级,天电干扰电平,静电级,天电级. *static line* 固定开伞索. *static load* 静荷[负]载,恒载. *static memory* [*storage*] 静态存储装置. *static MOS inverter* 静态金属氧化物半导体反相器.

stat′ical ['stætikəl] a. =static.

stat′ically ad. 静(力,态)地. *statically balanced* 静平衡的. *statically determinate* 静定的. *statically indeterminate* 静不定的,超静定的.

stat′ic-free a. 不(受)天电干扰的,不受大气干扰的.

stat′iciser 或 **stat′icizer** ['stætisaizə] n. 串-并行转换器,静化器,静态(化)装置.

stat′icon n. 光导电视摄影机,视像[像像]管.

static-plate manometer 膜片式静压计.

stat′ics [stætiks] n. 静力学,静(止状)态,天电[静电],大气干扰.

statim [拉丁语] 立即.

sta′tion [ˈsteiʃən] I n. ①(车,电,科学考察)站,操作台(盘),(电视)台,(广播,研究)所,厂 ②位置,工位[段],地点,场所,岗位,驻地,(军事)基地,停泊地 ③测点[站],【测】桩间标准距离(100或66英尺) ④姿势. II vt. 配备[置],安置,放,定位站,(使)就位,驻扎,派驻. A station 甲[A]台,原子发电站. *air station* 航空站,(飞)机场. *air-defense station* 防空站. "*cat and mouse*" *station* 航向和指挥电台. *central station* 总站[厂],中心电站. *cooling station* 冷却间[点]. *flash-and-ranging station* 声波测距站. *key station* 主(控)台,控制台[站]. *look-out station* 观察(监视)哨,观察(测)台. *metal-clad station* 金属铠装变电站. *monitoring station* 监听无线电台,监测台,侦察台. *naval station* 海军基地,军港. *net control station* 主控制台. *oiling station* 涂油装置. *power station* 发电(厂),动力站. *public station* 公用电话亭. *pumping station* 扬(抽)水站,泵站. *read station* 读数装置,读出台. *repeater* [*repeating*] *station* 增音站,转播站,中继站. *service station* 修理(加油,服务)站. *space station* 宇宙空间站. *state break* 电台间歇,联播结束信号,(广播,电视)节目与节目之间播放的呼号,宣布等. *station capacity* 发电站容量. *station drilling machine* 连续[程序]自动钻床. *station hall* 车站候车厅. *station house* 警察派出所,消防队,(火)车站. *station indicator*(铁路)行车时间表. *station line*【计】点[站]间线. *station load factor* 发电站负载系数. *station location marker* (电台)位置标识,台标. *station meter* 基准仪[尺],标准量具. *station plant factor* 发电站设备利用率. *station pointer* 示点器,三杆分度仪,三角分度规. *station points* (测量)三角点,测点. *station selector* 选台器. *station time* (生产中)合理停车时间,停留[固定]时间. 6 *station turn table* 六工位转台. *station wag(g)on* 卧式车身,瓦罐车,小型客车,旅行(客货两用)汽车. *switching station* 交换站. *television station* 电视台. *tie station* 转接台[局],通信(中心)站. *toll station* 长途电话局. *unattended power station* 无人管理电站. *water* (*supply*) *station* (给)水站. *writing station* 记录器,记录装置. ▲*take one′s station* 就岗位.

stationar′ity n. 固定性,平稳性. *stationarity indices* 不动(定)性指标.

sta′tionary ['steiʃnəri] I a. ①不动(变)的,静止的,固定的,静止(式)的 ②稳定(态)的,平稳的,定常的,驻[定][立]的,(逗,停)留的. II n. 固定物,(pl.) 驻礼. *stationary breaker contact* 固定触点,固定电器接触点. *stationary crane* 固定式起重机. *stationary engine* 固定式发动机. *stationary field* 恒定(稳定,驻波)场. *stationary flow* 稳态(定)流. *stationary hysteresis* 稳态滞后现象. *stationary motion* 常定运动. *stationary parasitism* 停留寄生. *stationary particle* 静(驻)粒子. *stationary radiant* 不动辐射点. *stationary random process* 平稳随机过程. *stationary state* 固定(止)状态,稳态. *stationary tank* 液态气体贮槽,贮液槽. *stationary temperature* 恒定的温度. *stationary wave* 驻波,定波. *sta′tionariness* n.

sta′tion-cal′endar n. 火车离站时刻指示牌.

sta′tioner ['steiʃnə] n. 文具(用品)商,出版商.

sta′tionery ['steiʃnəri] n. 文具(用品),信纸(常配有信封). *stationery and envelopes* 信纸信封.

sta′tion-master ['steiʃənmɑːstə] n. (火车)站长.

station-to-station a. 叫号的,(长途电话)叫号的,自一站至另一站,以电话843号费率地.

sta′tism n. 控制误差,中央集权下的经济统制.

sta′tist [steitist] n. 统计员,统计学家.

statis′tic [stə′tistik] I a. =statistical. II n. (典型的,样本)统计量,样本函数,统计表(统计资料)中的一项.

statis′tical [stə′tistikəl] a. 统计(上,学)的. *statistical data* 统计资料(数据). *statistical figures* 统计数字. *statistical mechanics* 统计力学. *statistical method* 平均法,统计法. *statistical parameter* 常轨数,统计参数. ~**ly** ad.

statisti′cian [stætis′tiʃən] n. 统计员,统计学家.

statistico-thermodynamic analysis 统计热力学分析.

statis′tics [stə′tistiks] n. 统计(学,法,表,数字,资料).

stat′itron ['stætitrɔn] n. 静电型高电压发生装置,静电加速(振荡,发生)器.

statmho n. 静姆欧.

stato-〔词头〕静(电),定.

stat′ocyst n. 平衡器.

stat′ohm n. 静电制电阻单位($=9\times 10^{11}$欧姆),静电欧姆.

statokinet′ic a. 平衡运动的.

stat′olith n. 耳石〔囊〕,听石,平衡石.

sta′tor ['steitə] n. 定子,固定子(不),(电容器)定片,静子〔片〕,导叶,(汽轮机)汽缸,机体. *cutter stator* 定刀片. *stator blade*〔*vane*〕静〔定子〕叶片. *stator core* 定子铁心. *turbine stator* 涡轮定子,涡轮导向器.

statorecep′tor n. 平衡感受器.

stat′oscope ['stætəskoup] n. 微动气压计,自计微气压计,变压计,(航空用)升降仪计,灵敏高度表,高差仪.

stat′osphere n. 中心体〔球〕.

stat′ospore n. 内生孢子,休眠孢子.

statu〔拉丁语〕*in statu quo* 照原状,照旧.

stat′uary ['stætjuəri] Ⅰ n. 雕塑艺术,雕刻〔塑〕家,雕〔塑〕像. Ⅱ a. 雕塑(用)的,雕像(用)的.

stat′ue ['stætju:] Ⅰ n. (雕,塑,铸)像. Ⅱ vt. 用雕〔塑〕像装饰.

statuesque′ ['stætju'esk] a. ①雕像一样的,塑像般的,不动的②庄严清晰(优美)的.

statuette′ ['stætju'et] n. 小雕〔塑〕像.

stat′units n. 厘米-克-秒〔CGS〕静电制单位.

stat′ural a. 身材的,身高的.

stat′ure ['stætʃə] n. ①身长(高,材)②(思想)境界,高度③才干,能力. *be of imposing stature* 身材魁梧. *be of mean stature* or *be short*〔*small*〕*in*〔*of*〕*stature* 身材矮小. *be six feet in stature* 身高六英尺. *heroes of full stature* 完美的英雄形象. *the lofty moral stature* 崇高的精神境界.

sta′tus ['steitəs] n. 情况,状况〔态〕,体质,本性,地位,资格,身分. *political status* 政治地位. *the status of affairs* 事态,形势. ▲*status nascendi*〔nascens〕初生态. *status*(*in*) *quo* (维持)现状. *status quo ante* 以前的状态,原状.

stat′utable ['stætjutəbl] a. 法定的,规定的,法规的.

stat′utably ['stætjutəbli] a. 按章程〔法律〕规定.

stat′ute ['stætju:t] n. ①法令〔规〕②章程〔则〕,条例. *statute mile* 法定英里(=5280英尺). *statutes at large* 一般法规,法令全书,全文法令全集.

stat′utebook ['stætju:tbuk] n. 法令汇编〔全书〕.

stat′utory ['stætjutəri] a. 法定的,规定的,法规的,(有关,依照)法令的. *statutory formula* 法定公式

stat′volt n. 静电制电位(势)单位(=299.796V),静电伏特.

staubosphere n.【气】尘圈,尘层.

Stauffer lubricator 牛油杯〔牛油杯〕润滑器.

staunch [stɔ:ntʃ] Ⅰ vt. ①制止(出血,…的流动),止血②使不漏水,密封③停止,止住. Ⅱ a. ①坚固的密封的,气密的,不漏水〔透气〕的②坚定〔强〕的,忠诚的. ~ly ad. ~ness n.

staurolite n. 十字石(一种硅酸铝铁矿).

stau′roscope ['stɔ:rəskoup] n. 十字镜(检查结晶的消光方位的偏光镜. 即测定光在晶体中偏振平面方向的仪器). **stauroscop′ic** a.

stave [steiv] Ⅰ n. ①狭〔侧,桶〕板,凹形长板,板〔棚〕条②(车)辐,棒,棍③梯级〔横木〕④五线谱,谱表. *stave construction*(芯盒)环状板条结构. *stave sheet* 储罐壁板〔竖立板〕. *stud stave* 标桩. *wood stave pipe* 水电站木引水管.

Ⅱ (*staved*, *staved* 或 *stove*, *stove*) v. ①装狭板〔梯级〕②凿(穿)孔(于),凿穿,敲破,猛冲③打(压)扁,压平(金属). ▲*stave in* 凿孔(于),凿穿,穿孔(破),打扁. *stave off* 避免,阻碍,阻止,挡开,拖延,延缓.

staves [steivz] **staff** 或 **stave** 的复数.

sta′ving ['steiviŋ] Ⅰ a. ①伟大的,巨大的②强的,牢固的. Ⅱ ad. 很,非常,格外,极端.

stay [stei] (*stayed*, *staid*) v. ①停〔逗〕留,保持(某位置,状态),停(中止,暂停,停机)②持续,持久(于),支撑,持,坚持(持,进行)③耐久④固定,粘着,使固性结合,依靠④支撑(承,柱),撑(拉,牵)条,卡箍螺丝,加劲⑤拉线(索,杆)⑥防(阻,制)止,抑制,延缓. *stay constant* 或 *stay the same* 保持不变. *stay shut* 继续关闭. *stay afloat* 继续浮在水面. *stay at a … level* 保持…的水平. *stay a minute* 停一下. *stay away from the meeting* 不到会. *make a long stay* 呆一段较长的时间. *put a stay upon … activity* 制止…的活动. *stay of execution* 缓期执行. *gusset stay* 角板撑条,结节撑. *mudguard stay* 挡泥板撑条. *stay alloy* 含铜钴压铸铝合金. *stay bar* 撑杆(支撑柱[拉杆]螺栓,锚栓. *stay hook* 撑(拉线)钩. *stay pipe* (支)撑管,支持管. *stay plate* 垫(座,撑,锚)板. *stay putt* 带定位装置式(换向阀)(滑阀动作终止后就停留在该位置上). *stay ring*(水轮机)座环. *stay rod* 撑(拉)线,终端杆,拉线桩. *stay rope* 锚(拉)索. *stay tap* 铰孔攻丝复合刀具. *stay thimble* 终端环. *stay vane* (水轮机)固定导叶片. *stay wire* 紧系线,浪风绳. *stayed girder* 支承(大)梁. *stayed pole* 拉线杆. *stayed tower* 拉线式铁塔. ▲*come*〔*be here*〕*to stay* 留下不走,扎下根来. *stay away* 外出,不来. *stay down* 不下来,不上升,不在外出. *stay on* 继续停留. *stay out* 在户外,呆到…的结束. *stay put* 装牢,停在原位,(留在)原位不动. *stay up* 支撑(持)住,仍旧很高,不睡觉. *stay with* 没有越出…(范围),围绕着…(来谈),与…并驾齐驱.

staybelite n. 氢化松香(商品名).

stay′-bolt n. 撑螺栓.

Stay′brite n. 镍铬耐蚀可锻钢.

stay′-down n. 不下来. *stay-down strike* 静坐(留在矿井下)罢工.

stay′er ['steiə] n. ①支持者,支撑物②逗留者③阻止物④有耐力的人.

stay′guy n. 拉线.

stay′-in strike 留厂(静坐)罢工.

stay′ing n. ①(拉)线②撑,加劲,固定,紧固③刚性结合(连接). *staying power* 持久力,耐久性. *staying qualities* 持久性,强度.

stay′-pole n. 撑杆.

STBD =starboard 右舷(舷).

STBY =standby 备用的,备用设备,待备状态.

STC =①satellite test center 卫星试验中心②sensitivity-time control 灵敏度时间控制 ③short time constant 短时间常数.

stc =steel casting 钢铸件.

stcp =starting compensator 起动(用)自耦变压器.

STD =①safety topic discussion 安全[保安]专题讨论 ②skin test dose 皮试剂量.

Std 或 **std** =standard 标准,规格.

STDBY =standby 备用的,备用设备,战备状态.

stdn =standardization 标准化.

STDS =standards laboratory 标准[规格]实验室.

STE =①special test equipment 专用测试设备 ②suitability test evaluation 适合[配,应]性试验的鉴定.

stead [sted] I n. ①代[替]，替代 ②有用,好处,用处,有帮助. II vt. 对…有用[有利,有帮助]. ▲in one's stead 代替…. in (the) stead of 代替,而不, 不…而 (= instead of). stand M in good stead 对 M 很有用[很有帮助].

stead'fast ['stedfɑːst] a. 固定的,坚定的,不变的,不动摇的. ▲be steadfast to 对…坚定不移. ~ly ad. ~ness n.

stead'ier n. 支架[座],底座.

stead'ily ['stedili] ad. ①稳[固]定地,平稳地 ②不断地,始终(如一地),总是,一直是. steadily convergent series 固级数.

stead'iness ['s.edinis] n. ①稳固[稳定,均匀,不变]性,稳定度 ②定常,平衡,始终如一 ③常定度.

stead'ing n. 小农场,农庄.农场的建筑物.

steadite n. 斯氏体,磷化物共晶体.

stead'y ['stedi] I a. ①稳定[固,恒]的,恒定的,坚固[定]的,牢靠的,扎实的 ②稳定的,平衡[稳]的,定常的,均匀的 ③固定的,不变的 ④持[连]续的,不间断的,始终如一的,经常的. II ad. ①稳固[定,恒]地 ②按原定方向,照直走,把定. III v. (使)稳固[定], (使)坚固. IV n. 固定中心架. make steady progress 稳步前进. steady acceleration 等加速度. steady flow 稳[恒]流,定[恒]流动,定型[恒态]流,稳定[定量]水流. steady gradient 连续坡度,均 坡. steady load 稳定负载,静荷载,不变载荷. steady resistance 镇流[稳流],平衡[限]电阻. steady rest 固定中心架. steady running 稳定转动. steady seepage 等量渗透. steady state 稳(定)态,稳定[恒]状态,(固)定[状]态,动力平衡. steady stress 静应力. steady work 扎实的工作. ▲steady M on N 把 M 固定在 N 上,使 M 扶住[把牢]N.

stead'y-flow a. 稳流的.

stead'y-going a. 稳定的,不变的,镇定的.

stead'y-state a. 稳[定]态的,稳定状态的. steady-state optimization 稳态最佳化. steady-state vibration 定常振动[颤振],稳态振动.

steal [stiːl] I (stole, sto'len) v. 偷(取,窃),盗窃,偷偷进行[偷偷做]. II n. 偷窃,不正常的政治交易. cycle stealing 【计】周期挪用. ▲steal away 溜掉. steal into 潜入.

steal'er n. 偷取者,【船】合并列板.

steal'ing n.; a. (有)偷窃行为(的),赃物.

stealth [stelθ] n. 偷偷,暗中,秘密. ▲by stealth 秘密地,暗中,偷偷地.

stealth'y ['stelθi] a. 偷偷的,暗中的,秘密的. **stealth'ily** ad.

steam [stiːm] I n. ①(蒸)汽,水(蒸)汽,雾,蒸汽压力 ②精力 ③轮船. II v. ①蒸(热,烘),通入蒸汽,汽蒸,冒蒸汽,转变为蒸汽 ②蒸汽加工,用汽加工[带动] ③用蒸汽动力开动,航行,行驶. live [open] steam 新[直接]蒸汽. process steam 工艺用汽,工业蒸气,制造蒸汽. saturated steam 饱和蒸汽. steam boiler (蒸汽)锅炉,汽锅. steam box 汽柜,蒸汽箱,汽蒸器. steam brake 蒸汽制动器,汽闸. steam chamber 蒸汽养护室,汽室. steam chest 汽柜. steam coal 蒸汽锅炉用煤. steam crane 蒸汽(汽力)起重机,蒸汽吊车. steam discharge pipe 排汽管. steam digger 蒸汽挖掘机,蒸汽单斗挖土机,汽力掘凿机. steam dome 汽室. steam engine 蒸汽机. steam fitter 汽管装配工. steam gauge 汽压表(计),蒸汽压力计. steam hammer 汽锤. steam heat 汽热. steam heater 蒸汽加热器,汽热机. steam jacket (蒸)汽套. steam jacketed 汽套的. steam navvy (shovel, digger)汽力掘凿机,蒸汽挖掘机,蒸汽单斗挖土机. steam plant 蒸汽动力装置,汽力厂. steam power 蒸汽动力. steam power plant 蒸汽动力装置,火力发电厂. steam pressure 汽压. steam rate 耗汽率. steam tight 汽密. steam turbine 汽轮机,蒸汽透平(机). steam under pressure 加压蒸汽. steam winch 蒸汽绞车,蒸汽起货机. steamed concrete 蒸汽养护的混凝土. superheated steam 过热蒸汽. ▲at full steam 放足蒸汽,开足马力,尽力(速). blow [let] off steam 放掉多余的蒸汽,花掉多余的精力. gather steam 积聚蒸汽,高涨. get up steam 升蒸汽,加热锅炉,加大(锅炉的)汽压,振作(精神),奋发. put on steam 拿出干劲,使劲,加油. steam away 冒气,蒸发,蒸出,(工作)做得快. steam in 驶入. steam off 驶出. steam out 吹汽,蒸汽吹出(清除). steam up 使有蒸汽,给…动力,使航行,航行中. under steam 借助蒸汽动力推动着,在航行中.

steam-accumulator n. 蓄汽器.

steamalloy n. 铜镍基合金.

steam'boat n. 轮船,汽船.

steam'boiler n. 蒸汽锅炉,汽锅. electric steamboiler 电热锅炉.

steam-bubbling n. 蒸汽加热搅拌.

steam-cured a. 蒸汽养护的.

steam-driven a. 蒸汽带动的,汽动的.

steam'er ['stiːmə] n. ①轮船,汽船,用蒸汽移动的设备 ②汽锅,锅炉,蒸汽发生器 ③汽蒸器,蒸煮器 ④蒸汽机车,蒸汽机.

steam-gas n. 过热蒸汽.

steam'-heat'ed a. (用)蒸汽加热[取暖]的.

steam'iness ['stiːminis] n. 汽状,多蒸汽,冒蒸汽.

steam'ing ['stiːmiŋ] n. 汽蒸,蒸烘[发],蒸汽处理,汽化. steaming apparatus 汽蒸仪器. steaming chamber 蒸汽室. steaming of wood 木材蒸干. steaming process 汽蒸法.

steam'-jack'et n. (蒸)汽套(管).

steam'-jack'eted a. 汽套的.

steam'-jet *vt.* (蒸)汽(喷)射.
steam-operated *a.* 汽动的.
steam'-ox'idized *a.* 气流氧化的.
steam'-power *n.* 蒸汽动力.
steam'roll *v.* ①用压路机碾压 ②用高压压倒,粉碎 ③以不可抗拒之势前进.
steam'roller Ⅰ *n.* ①蒸汽压路机 ②高压力量[手段]. Ⅱ *v.* =steamroll.
steam-sealed *a.* 蒸汽密封的.
steam'ship *n.* 轮船,汽船.
steam'tight *a.* 汽密的.
steam'tightness *n.* 汽密性.
steam-turbine-driven *a.* 汽轮机带动的.
steam'y ['sti:mi] *a.* 蒸汽(多,似)的,潮湿的,雾重的. **steam'ily** *ad.* **steam'iness** *n.*
steap'sin *n.* 胰脂酶.
stearaldehyde *n.* 硬脂醛,十八(烷)醛.
ste'arate ['stiəreit] *n.* 硬脂酸盐[酯]. *glyceryl stearate* 硬脂酸甘油酯. *sodium stearate* 硬脂酸钠.
stear'ic [sti'ærik] *a.* (似)硬脂的. *stearic acid* 硬脂酸,十八(碳)(烷)酸.
ste'arin(e) ['stiərin] *n.* 硬脂(精,酸),三硬脂酸,(三)硬脂酸甘油酯,甘油(三)硬脂酸酯. *stearine oil* 硬脂油. *stearine pitch* 油(硬)脂沥青.
stearinery *n.* 硬脂制造业.
stearodiolein *n.* 一硬二油酸甘油酯,甘油硬脂酸二油酸脂.
stearodipalmitin *n.* 一硬二棕榈酸甘油酯,甘油二棕榈酸硬脂酯.
stearop'tene *n.* 硬脂萜.
ste'atite ['stiətait] *n.* 冻石,(块)滑石. *steatite bobbin* 冻石[块滑石]线圈骨架. *steatite ceramics* 块滑石陶瓷. **steatit'-ic** *a.*
steatol'ysis *n.* 脂肪分解.
steatorrhe'a *n.* 脂肪痢,脂溢.
steato'sis *n.* 脂肪变性,皮脂腺病.
stechiomet'ric *a.* 化学计算的,化学数量[当量]的.
stechiom'etry *n.* 化学计算法[计量学].
stecom'eter *n.* 自动记录立体量测仪.
steel [sti:l] Ⅰ *n.* ①钢(铁,制品,块,筋)②(pl.)钢种[号]③炼钢工业. Ⅱ *a.* ①(钢)(制)的,钢铁业的 ②坚硬(强)的,钢铁般的,钢一样的. Ⅲ *vt.* ①使受锻炼 ②钢化,包上钢,用钢制刀口,用钢焊上 ③使⋯⋯象钢板,使坚硬. *alloy steel* 合金钢. *boiler steel* 锅炉钢板. *carbon steel* 碳(素)钢. *cast steel* 或 *steel casting* 铸钢. *crushed steels* 破碎的钢粉. *cutlery steel* 刀钢,刀具钢. *Ducol steel* 一种低锰钢. *extra-hard steel* 极硬钢. *fine steel* 优质钢. *flat steel* 扁钢. *glass-hard steel* 特硬钢. *H steel* 宽缘工字钢,H 形梁. *high* [*medium*, *low*] *carbon steel* 高(中,低)碳钢. *high speed steel* 高速钢. *low machinability steel* 难加工钢. *machine steel* 机件钢(作机器零件用的钢). *make steel* 炼钢. *mild steel* 软(低碳)钢. *refractory steel* 热强(耐热)钢. *steel area* 钢筋截面积. *steel baling strap* 打包铁皮. *steel ball indent* 钢球痕. *steel bender* 钢筋工,弯筋机[工具]. *steel blue* 钢青色. *steel brush* 钢丝刷. *steel cable* 钢丝绳. *steel clad wire rope* 包钢钢丝绳. *steel complex* 钢铁联合企业. *steel conduit* 布线钢管. *steel engraving* 钢板雕刻(术),钢板印刷(品). *steel fixer* 钢筋工. *steel foundry* 铸钢车间. *steel grade* 钢号. *steel grey* 青灰色. *steel grid* 钢筋网格. *steel industry* 钢铁工业. *steel mesh reinforcement* 网状钢筋. *steel mill* 炼钢厂,炼钢车间. *steel pig* 炼钢生铁. *steel scrap* 废钢. *steel shapes* [*sections*] 型钢. *steel tape* 钢卷尺,钢带. *steel wool* 钢丝绒. *tool steel* 工具钢. *turn out a heat of steel* 炼出一炉钢. ▲(*as*) *true as steel* 绝对可靠.
steel-and-reinforced concrete 钢结构和钢筋混凝土混合结构.
steel-backed *a.* 钢背的.
steel-band tape 钢卷尺.
steel-clad *a.* 装(铁)甲的,覆[包]钢的.
steel-cored *a.* 钢心的.
steel-framed *a.* 钢架的.
steel'ify [sti:lifai] *vt.* 使钢(制)化,炼(钢)成钢.
steel'iness *n.* 钢状,无情,钢铁般.
steel'ing *n.* 镀铁,钢化作用.
steel'making *n.* 炼钢.
Steel'met *n.* 铁系烧结机械零件合金.
steel-shod *a.* 装有钢鞋的,装有金属箍头的,底部包铁皮的.
steel-trap *a.* 极快的,直接的.
steel-wire *n.* 钢丝.
steel'work *n.* 钢制件[品],钢结构,钢架,钢铁工程, (pl.)炼钢厂.
steel'worker *n.* 钢铁(炼钢)工人.
steel'y ['sti:li] *a.* 钢(制,包)的,含(似)钢的,钢铁般的. *steely iron* 炼钢用铁.
steel'yard ['sti:lja:d] *a.* (吊,提,杆)秤.
steep [sti:p] Ⅰ *a.* ①陡(峭,斜)的,峻峭的,险阻的,急剧(升降)的 ②过分的,不合理的,难以接受[做到]的. Ⅱ *v.* ①浸(渍,湿,染),泡 ②包笼,笼罩,遍及,充满 ③(使)埋头(专心),精通. Ⅲ *n.* ①陡坡,悬崖,绝壁 ②大峻度 ③浸渍(液),泡. *steep curve* 锐[陡]曲线,急弯. *steep demand* 过高[不合理]的要求. *steep dive bombing* 垂直俯冲轰炸. *steep grade* [*gradient*, *incline*, *pitch*, *slope*] 陡坡. *steep pulse* 陡前沿脉冲. *steep rise* 陡峭前沿,急剧上升,激增. *steep slope channel* 急流槽. *steep wave front* 陡峭波阵面,陡坡前. *steepest ascent* 最速[陡]上升. *steepest descent* 最速[陡]下降. ▲*be steeped in* 或 *steep oneself in* 埋头于(研究),沉浸于,钻研. *steep M in N* 把 M 浸[渍]在 N 中.
steep'en ['sti:pən] *v.* (使)变陡峭,(使)变得更陡峭.
steep'er ['sti:pə] Ⅰ *n.* 浸渍器,浸渍者. Ⅱ *a.* 较陡的.
stee'ple ['sti:pl] *n.* 尖塔,尖顶.
stee'ple-crowned *a.* 尖塔形的.
stee'pled *a.* 尖塔形的,装有尖顶的.
stee'ple-head rivet 尖头钢钉.
stee'plejack *n.* 烟囱[尖塔]修建工人,高空作业工人.
stee'pletop *n.* 尖塔状顶部.
steep'lifting *n.* 垂直提升.
steep'ly *ad.* 陡峭地.
steep'ness *n.* ①陡(削)度,斜(坡)度,斜率 ②互导.

steep'y ['sti:pi] *a.* 陡峭的.

steer [stiə] Ⅰ *v.* ①驾驶, 操纵(向), 控制(方向), 掌舵, 向…行驶(进行), 沿…前进 ②指(引, 领)导, 导引, 入, 指(取)向, 调整. Ⅱ *n.* ①建议, 忠告 ②阉牛, 驾驶指令, 驾驶设备. *steered narrow beam system* 受控狭束系统. ▲*steer a steady course* 稳步前进. *steer by* 躲(避)过. *steer clear of* 机灵地脱离(远脱), 避(绕)开. *steer down*(下)降, (下)沉, 下潜. *steer(M) for N*(把M)开(驶)向N,(使M)转向N. *steer one's way* 决定路线. *steer past* 躲(避)开. *steer(M) to*(towards)*N*(把M)开(驶)向N,(使M)转向N. *steer up*(上)升,(上)浮.

steerabil'ity [stiərə'biliti] *n.* 可操纵(驾驶)性,可控(制)性.

steer'able ['stiərəbl] *a.* 可(易)驾驶的,可操作的,〔易操纵的,可控(制)的,可调(整)的,易改变位置的. *steerable balloon* 飞艇. *steerable landing gear* 操纵起落传动装置.

steer'age ['stiəridʒ] *n.* ①驾驶, 操纵, 掌舵, 领导 ②舵(的)效(力), 舵能 ③驾驶设备 ④统舱, 三等舱. *go with easy steerage* 容易操纵. *have an easy steerage* 舵很灵活.

steer'ageway ['stiəridʒwei] *n.* 舵(航)效速率(使舵生效的最低速度).

steer'ing ['stiəriŋ] *n.* ①驾驶, 操纵(方向), 校正航向, 控制, 掌(操)舵, 转向, 调整 ②指(引, 领)导. *cross steering* 横向装置. *differential steering* 差速转向. *diode steering*(晶体)二极管换向. *hydraulic steering* 液压传动控制. *pulse steering* 脉冲指引. *steering axle* 转向轴, 前轴. *steering column* 转向柱, 转向盘轴, 转向轴护管. *steering computer* 驾驶(操纵)用计算机. *steering gate*【计】导引门. *steering gear* 见 steering-gear. *steering head lock* 转向头保险. *steering indicator* 方向指示器. *steering order* 控制(驾驶)指令. *steering program* 导引(执行)程序. *steering routine* 导引(操纵)程序. *steering wheel* 见 steering-wheel. *steering worm* 转向蜗轮, 操纵蜗杆.

steering-engine *n.* 转向舵机.

steering-gear *n.* 转向装置(齿轮机构), 转向器, 操舵装置, 舵转向装置.

steering-hold *n.* 操纵(驾驶)姿势.

steering-wheel *n.* 舵轮, 转向(方向, 操纵)盘, 驾驶(操纵)轮.

steers'man ['stiəzmən] *n.* 舵手, 驾驶员.

steers'manship *n.* 操纵(驾驶)术.

steeve [sti:v] Ⅰ *n.* ①吊杆, 起重桅 ② 斜桁仰角 Ⅱ *v.* ①用起重桅装(货), 把…装入舱内 ②(使)(斜桅)倾斜.

stegno'sis *n.* 收缩, 狭(缩)窄.

stegnot'ic *a.* 缩窄的, 狭窄的, 收敛的.

steining *n.* 井内砌圈.

ste'le *n.* 石碑(柱), 中心柱, 建筑物或岩石上备刻字的平面.【植物】柱.

stel'lar ['stelə] *a.* ①星(球, 体, 似, 形, 光灿烂)的, 恒星的, 天体的 ②主要的, 显著的. *stellar*〔*solar*〕*camera* 太阳摄影机. *stellar interferometer* 测星〔星体〕干涉仪. *stellar parallax* 恒星视差. *stellar photometry* 星体光度学.

stel'larator *n.* 仿星器(八字环管形等离子流箍缩发生器).

stel'late(d) ['steleit(id)] *a.* 星形的, 放射形的. ~ly *ad.*

stel'lerin *n.* 狼毒式.

stel'liform ['stelifɔ:m] *a.* 星形的.

stel'lify ['stelifai] *vt.* 使成星状.

stel'lite ['stelait] *n.* 斯太立特硬质合金, 钨铬钴(硬质)合金(钴75~90%, 铬10~25%, 或带少量钨, 铁). *stellite carbon* 钨铬钴合金碳.

stel'loid *n.*【数】星散线.

stel'lular 或 **stel'lulate** *a.* 小星形的, 呈星形放射的, 布满星状物的.

stem [stem] Ⅰ *n.* ①杆, 棒, 柄, 把, 柱, 轴, (花)梗, 树干 ②(千分尺)套筒,(温度计等)枢柄,(表的)转柄 ③(管)茎, 排气管,(电)管心柱,(晶体管)管座〔脚〕, D形盒支座 ④短联结零件 ⑤堵塞物, 塞, 坝, 止住 ⑥船头(首), 船头(部, 材), 头部 ⑦家系, 族, 系统, 支脉, 母体, 词干. *anode stem* 选蟆靶茎. *button stem* 钮形茎柱. *calibrating stem* 校准杆. *ceramic stem* 陶瓷心柱. *glass stem* 玻璃心柱. *guide stem* 导杆(管). *Mach stem* 马赫效应, 激波前沿, 扰动面. *stem chaplet* 单面〔头〕芯撑. *stem checker* 管芯检验器. *stem control* 杆式控制. *stem correction* 汞柱改正. *stem guide* 导管. *stem lead* (晶体管)底座引线. *stem nucleus* 主链. *stem of stamp* 冲杆. *stem radiation* 靶径辐射. *stem seal*(活塞)杆密封, 芯柱密封. *stem section* 心柱(梁腹)断面. *valve stem* 阀杆, 气门杆. ▲*from stem to stern* 从(船)头到(船)尾, 到处, 全部, 全船, 完全. *stem first* 船头朝前(航行).
Ⅱ (*stemmed*; *stem'ming*) *v.* ①发生于, 起源于 ②(加以)遏制, 阻塞, 塞, 挡, 压(住, 紧), 填塞 ③逆(风)航行, 逆…而上, 抵(反)抗 ④装上杆(柄), 把). ▲*stem from* (*out of*) *the*—发生(产生, 引起)…, 发生是由于…引起的, 产生(起源, 归因于), 出身于. *an error stemming from miscalculation* 计算的错误.

stemmed *a.* 装有…柄的.

stem'mer *n.*【矿】炮棍, 塞药棒, 导火线留孔杆.

stem'ming *n.* 填(堵)塞(物), 炮眼封泥.

stem'ple ['stempl] *n.*【矿】(用作梯级的)井筒内横木, 巷道横梁, 嵌入梁.

stem-pressing *n.* 模压.

stem-winding *a.* 极好的, 极强的, 第一流的.

stench [stentʃ] Ⅰ *n.* 臭气, 恶臭. Ⅱ *v.* 放臭气, (使)发恶臭. *stench trap* 防臭瓣, 存水湾.

stench'ful *a.* 充满恶臭的.

stench'y *a.* 恶臭的.

sten'cil ['stensl] Ⅰ *n.* ①(镂花)模板, 型板, 模绘版, 漏字板, 空格样板,【计】漏印板 ②(用模版, 蜡纸印出的)文字, 花样, 图案, 标志 ③(油印)蜡纸. Ⅱ (*sten'cil(l)ed*; *sten'cil(l)ing*) *vt.* 用模版(蜡纸)印刷, 型版喷刷, 打印, 标志. *cut a stencil* 刻蜡纸, 打字于蜡纸上. *stencil bit*【计】(操作码中的)特征位. *stencil paper*〔*sheet*〕油印用蜡纸. *stencil pen*(刻蜡纸用的)铁笔.

sten′cil(l)er n. 用模板印刷〔型版喷刷〕者,刻蜡纸者.
sten′cil-like [′stensllaik] a. 模板型的.
sten′cilling n. ①型版喷刷,蜡纸印刷 ②型〔模绘,漏字〕版.
stencil-paper n. 油印用蜡纸.
stencil-plate n. (镂花)模板,型版.
Steno 或 **steno** [′stenou] = ① stenographer ② stenography.
stenoch′romy [ste′nɔkrəmi] n. 数色同时印刷术,彩色一次印刷法.
stenode radiostat (在中频放大器中装有晶体滤波器装置的)超外差收音机.
sten′ograph [′stenəgra:f] I n. (用)速记文字(写成的东西),速记(打字)机. II vt. 速记,用速记文字报道.
stenog′rapher [ste′nɔgrəfə] n. 速记员.
stenograph′ic(al) [stenə′græfik(əl)] a. 速记(法)的. ▲take stenographic notes of 把…速记下来.
stenog′raphist [ste′nɔgrəfist] n. 速记员.
stenog′raphy [ste′nɔgrəfi] n. 速记(法,术).
stenoha′line a.; n. 狭盐性的,狭盐性生物.
stenohalin′ity n. 狭盐性.
stenooxybiont n. 狭酸性生物.
steno(o)xybiot′ic a. 狭酸性的,狭酸的.
stenophagous a. 狭食性的.
stenophagy n. 狭食性.
stenoplastic′ity n. 狭塑性(狭适性应).
stenosa′tion n. 粘液纤维的加强抗张处理.
sten′otherm n. 狭温动物,狭温种.
stenother′mal 或 **stenother′mic** a.; n. 狭温性的,狭温动物.
stenothermophiles n. 嗜高温生物.
stenothermy n. 狭温性.
stenotop′ic a. 狭分布的(生物).
sten′otype [′stenətaip] I n. 按音速记的字母(组合),按音速记机. II vt. 按音速记.
sten′otypist [′stenətaipist] n. 按音速记机操纵者,按音速记员.
sten′otypy n. 按音速记术.
stent I n. 展伸,展幅. II a. 扩张的,伸长的,绷紧的.
sten′ter I n. 展幅机. II vt. 展伸,展幅. *stentering machine* 展幅(拉幅)机.
Sten′tor n. 喇叭(纤)虫属.
stento′rian [sten′tɔ:riən] a. 高声(音)的,声音(极)宏亮的.
stentorophon′ic [stentərə′fɔnik] a. 声音响亮的.
sten′torphone [′stentəfoun] n. 强力(大功率)扩声器.
step [step] I n. ①步(幅,长,调,伐,数,程,位),(跨,佗,步,差)距,间隔,(小档,(落,高)差,步伐)的高度,行程 ②(梯,等)级,(台,梯)阶,阶(梯)状,阶跃,跃(跳)变,踏级(,pl.)活梯,一段楼梯,一段梯级,地势起伏的阶地 ③方法,步骤,阶段,手段,措施 ④工序 ⑤轴承(瓦) ⑥同步性 ⑦桅座. II a. 分段(差)的,阶(跃,梯,步)式的,阶式的,逐步的,间断的,步进的. *a flight of 30 steps* 一个30级的楼梯. *automatic step adjustment* 自动步长(进)调整. *box step* 车磴. *breaking step* 失步,不同步. *crank pin step* 曲柄销轴瓦. *early steps toward* 早期采取的…步骤. *engine step* 车阶. *phase step* 相位跃变. *process step* 工序. *program step* 程序步,程序步及. *step annealing* 逐步冷却退火. *step attenuator* 步进(分级,阶梯)衰减器. *step back relay* 跳返(话路)继电器. *step bearing* 立(阶)式止推轴承. *step bolt* 半圆头方颈螺栓,踏板螺栓,上杆螺钉. *step brass* 轴瓦. *step brazing* 层次钎焊. *step button* (读数)步进(阶)按钮. *step change* 阶跃(步进)变化,单增量改变. *step control* 分步(级)控制. *step drill* 阶梯钻头. *step drilling* (深孔)分段钻削. *step fault* 阶状断层. *step feed* 分级(断续,间歇)进给,(三位仿形铣削的)周期进给. *step feed drill attachment* 分级(断续)进给钻削附件. *step flange* 阶式法兰. *step function* 阶(跃,梯)函数. *step gate* 阶梯(分层)浇口. *step gauge* 光步(阶)规,梯形隔距. *step generator* 阶梯信号发生器. *step graded* 间断(分层)的,阶梯状的. *step grate* 阶式炉篦. *step index* 步长指数. *step induction regulator* 感应电压调整器. *step joint* 齿(阶)式接合. *step junction* 突变(阶)式结. *step ladder* 梯凳. *step lens* 棱镜,分步透镜. *step mill cutter* 阶梯形端铣刀. *step multiplier* 步进(阶梯)式乘法器. *step potentiometer* 步进式电位器,阶式电位计. *step pulley* 塔轮. *step pulse* 阶跃(步进)脉冲. *step response* 瞬态过渡,阶跃()特性,阶跃响应. *step rocket* 多级火箭. *step seal* 阶式密封. *step size* 步长. *step sizing* 筛分尺寸. *step street* 踏步(阶梯)式(人行)街道. *step stress test* 步进(级增)应力试验. *step switch* 步进(分档)开关. *step transformer* (分级)升降压变压器. *step tube* 阶距式放电管,间距比式电子管. *step valve* 级(阶)式,层式)阀. *step voltage* 阶跃(跃迁)电压. *step wave* 阶梯波. *step wire* 台阶形线,(磨宝石轴承孔用)台阶形金属丝. *three step control* 三级控制. *unit step* 单位阶跃. ▲a (big, long) step toward(s) 朝…迈进一(大)步. *(a pair of) steps* 折梯. *be a step in the right direction* 朝正确方向迈出(前进)了一步. *be but (only) a step to* 离…近在咫尺. *be in step with* 与…同步(步调一致,相一致,相协调). *be out of step with* 与…不同步(步调不一致). *break (fall, get, pull) out of step with* 与…变得不同步,失步. *bring (pull) …into step* 使…同步(步调一致). *come (pull) into step* 达到同步(步调一致). *fall into step* (进入)同步. *follow in one′s steps* 步…的后尘,学习…的榜样. *go a step further* 再深入一步. *grade M in steps of N* 把 M 每隔 N 分一等级. *in small steps* 一小步一小步地,一点一点地. *in step* 同步,合拍. *in steps* 逐步地. *in steps of* 以…为一级. *keep (in) step with* 与…保持同步(步调一致),与…的(角)速度一致. *keep step* 保持同样的步伐(速度). *make a false step* 走错一步,失算(策). *make a long step towards* 朝…迈进一大步. *make a step forward* 前进一步. *out of step* 不同步,不合拍. *step and step* 步进式. *step by step* 逐步(渐),步进的(地,式),循序渐进,切切实实地.

step by step carry 按〔逐〕位进位. *step by step control*步进拴制〔法〕. *step by stop system* 步进系统. *step for step* 一步对一步地, 用同样步调调. *stay in step with* 与…相一致〔保持协调〕. *take a false step* 走错一步, 失算, 失策. *take a rash step* 急躁, 做错, 失策. *take a step forward* 前进一步. *take steps to + inf.* 设法〔采取措施〕〔做〕. *tread in the steps of* 或 *tread in one's steps* 仿效, 跟…的脚步走. *turn one's steps to* 〔*towards*〕转而做.

Ⅰ v. ①举步, 走, 跨 (步, 入), 踏 (上, 进), (用脚) 步测 (量) ②使成梯级 (状) ③逐步〔分段〕安排, 阶跃 ④通过透镜天线后波前的取• ▲*step across* 横穿. *step along* 走开, 动身离开. *step aside* 走到一旁, 避开, 让位置给别人, 离开本题; 走错路, 犯错. *step back* 后退一步, 跳过, 回想〔顾〕. *step down* 降低(电压), 降压, 下降, 减慢, 下台, 退出, 辞职. *step down to* 降到, 减少到. *step forward* 走向前, 走出, 接手进去, 插手, 干涉. *step into one's shoes* 接替…〔位置〕. *step off* 步测, 失策. *step on* 踩, 踏, (汽车) 加速. *step on the gas* 踩油门, 踏加速器以加速, 加快马力. *step out* 疾走, 步测, 失调〔步〕. *step over* 跨〔横穿〕过. *step to* 〔跃〕变到. *step up* 升高 (电压), 升压; 促进, 加强 (加到, 上升) 时; 趋 (接) 近. *step upstairs* 上楼梯.

STEP =①sequential television equipment programmer 连续〔顺序〕电视机程序装置②standard tape executive program 标准带执行程序.

step-and-repeat camera n. 步进重复照相机.

step'-by-step' a. 步进的, 逐步〔渐〕的, 按位的. *step-by-step decoding* 逐步解〔译〕码. *step-by-step integration* 逐步积分(法). *step-by-step method* 逐步 (逼近, 求解, 测量) 法, 步进法, 循序渐进法. *step-by-step process* 逐步求解过程. *step-by-step simulation* 步进模拟.

step'-cone n. 级轮, 宝塔轮.

step'-down Ⅰ a. 降低(电)压的, 降〔变〕低的, 使逐渐减少的. Ⅱ n. 逐渐缩小〔减少〕, (用变压器)降压, 降〔变〕低, 低落, 下车, 下台. *step-down transformer* 降压变压器.

step'-function n. 阶跃函数. *step-function signal* 阶跃信号.

Stepha'nian n. (上石纪)斯蒂芬世.

steph'anine n. 千金藤碱.

steph'anite n. 脆银矿.

Stephenson's alloy 斯梯芬森锡铜锌合金(锡 31%, 铜 19%, 锌 31%).

step'-in a. 伸腿穿入的(鞋等).

step-input n. 阶跃〔阶梯〕输入.

step'ladder n. 活梯, 梯凳.

step'length n. 步长.

step'less a. 无级〔段, 梯〕的, 均匀的, 连续的, 平滑的. *stepless control* 连续〔无级〕控制, 均匀调整. *stepless variable drive* 无级变速驱(传)动.

step'motor n. 步进电动机.

step'ney ['stepni] n. (汽车)备用轮〔胎〕, 备胎.

step'out n. 失调, 失步, 时差.

steppe [step] n. (大)草原.

stepped a. 有台阶〔阶梯〕的, 分梯〔节, 阶段〕的, 阶梯〔形, 式〕的, 成梯形的, 梯形状的, 跳变〔阶跃〕式的, 不连续的, 有(多)级的, 步进的. *stepped arch* 阶形拱. *stepped cam* 分级凸轮, 分级镶条. *stepped charging method* 分段充电法. *stepped curve* 阶形曲线. *stepped (cut) joint* 阶形切口对搭接头. *stepped foundation* 阶形基础, 阶式底座. *stepped taper tube* 逐节变直径管. *stepped wave guide* 阶梯式波导管. *stepped winding* 多头线圈, 抽头〔阶梯形〕绕阻.

stepped-up a. 加速的, 加强了的.

step'per n. 分档〔节〕器. *stepper motor* 步进电机.

step'ping ['stepiŋ] n. ①步进, 分级, 分段②通过透镜天线后波前的取半, 透镜天线相位前沿的平衡③指令①改变. *stepping accuracy* (控制电机)步距精度. *stepping angle* (控制电机)步距(角). *stepping counter* 分级储存器, 级进计数器. *stepping motor* 步进电机(马达). *stepping relay* 步进继电器. *stepping switch* 步进开关. *stepping technique* 步进法.

stepping-off of slab ends (路面)板缩(因垂直位移而形成的)台级.

step'ping-stone n. 踏脚石, 进身阶, 敲门砖, 达到目的的手段(*to*).

step-reaction n. 逐步反应.

STEPS =solar thermionic electric power system 太阳热离子电源〔力〕系统.

steps-teller n. 记步器.

step'stone n. 楼梯石级.

step'stress n. 步进〔级〕应力.

step-test procedure 逐步试验法.

step'toe n. 岩流竖趾丘.

step'-up Ⅰ a. 升压〔高〕的, 变高的, 促进的, 加强的. Ⅱ n. (体积, 数量) 逐渐增加. *step-up instrument* 无零点 (刻度不是从零点开始) 的仪表. *step-up ratio* (变压器)升压比. *step-up transformer* 升压(变压)器.

step-wedge n. 楔形梯级.

step'wise ['stepwaiz] a.; ad. 逐步(的), 逐渐(的), 分段(的), 阶式的. *stepwise computation* 逐级计算法. *stepwise continuous* 按步连续. *stepwise regression* 逐步回归.

stepwise-elution analysis 逐步洗提分析.

ster =①steradian ②sterilizer 消毒〔杀菌〕器.

ster'ad ['stæræd] 或 **stera'dian** [sti'reidiən] n. 立体弧度, 球面(角)度(立体角单位).

stera'diancy n. 球面发射强度.

ster'ance n. 立方角密度.

Sterba beam antenna 司梯尺定向天线.

stercobilin n. 粪(后)胆色素.

stercobilinogen n. 粪(后)胆色素原.

stercorin n. 粪甾醇.

sterculia'ceae n. 梧桐科.

ster(e,o)- 〔词头〕立〔固, 实〕体, 坚固.

stere [stiə] n. 立方米, m³.

ste'reo ['stiəriou] Ⅰ n. ①立〔实〕体②立体声(系统, 收音机), 立体音响设备(效果)③体视(术, 镜, 效应, 系统)④立体(体视)照片, 立体镜照相术⑤铅版(制版法)⑥陈规, 旧框框. Ⅱ a. ①立体(声)的②体视(镜)的③用铅版印的④老一套的, 已成陈规的. stereo amp(lifier) 立体(声)放大器. stereo camera 立体摄象〔影〕机. stereo circuit 立体电器. stereo effect 立体声效应. stereo microscope 体视〔立体〕显微镜. stereo receiver 立体声收音机. stereo separation 立体声区分. stereo tape 立体声录音带.

stereoacu'ity n. 体视敏度.

stereo-analogs n. (pl.) 立体类似物.

ste'reoau'tograph n. 体视绘图仪,自动立体测图仪.

ste'reobase n. 立体基线.

ste'reobate ['stiəriəbeit] n. 土台,基础,无柱底基.

stereobat'ic a.

ste'reo-block n. 立体块粒.

ste'reocam'era n. 立体摄像〔影〕机.

stereocar'tograph n. 立体测图仪.

ste'reochem'ical a. 立体化学的.

ste'reochem'ically ad. 用立体化学方法.

ste'reochem'istry ['stiəriou'kemistri] n. 立体化学.

stereo(-)cinematog'raphy n. 立体电影摄影术.

ste'reocompar'ator n. 体视〔立体〕比较仪,立体坐标测量仪.

stereocompila'tion n. 立体测图.

stereocopol'ymer n. 立体共聚物.

stereoeffect' n. 立体效应.

stereo-fluoroscope n. 立体荧光屏.

stereofluoros'copy n. 立体荧光法.

ste'reo-for'mula n. 立体化学式.

ste'reogoniom'eter n. 立体〔体视〕量角仪.

ste'reogram ['steriəgræm] n. ①实体〔立体,视觉〕图,极射(赤面投影)图 ②体(视)照片 ③统计学中的①立体频数 ④多边形.

stereograph ['stiəriəgra:f] I n. 立体平面图,立体平画片,实体镜画,双眼镜照相,立体〔体视〕照片. II vt. 摄制…的立体照片,准备〔照片〕供体视.

stereograph'ic(al) [stiəriə'græfik(əl)] a. 立体平画(法)的,立体照相的. stereographic net〔grid〕球极平面〔极射赤面〕投影网. stereographic projection 球极平面〔极射赤面〕投影,赤平立体〔极射赤面〕投影. stereographic ruler 球极平面〔极射赤面〕投影尺.

stereog'raphy [steri'ɔɡrəfi] n. 立体平画法,体视照片摄制术,立体摄影术.

stereo-inspec'tion n. 立体镜观测.

stereoi'somer [stiəriou'aisəmə] n. 立体异构体.

stereoisomer'ic a. 立体异构的.

stereoisomeride n. 立体异构体.

stereoisom'erism [stiəriouai'sɔmərizm] n. 立体异构(现象),几何(化学)异构现象.

stereol'ogy n. 体视学.

ste'reomer n. 立体异构体. **stereomer'ic** a.

stereomeride n. 立体异构体.

stereom'eter [stiəri'ɔmitə] n. ①体积计,比重计 ②立体(体积,视差)测量仪,立体测量针,视差测图镜.

stereomet'ric(al) a. 测体积的,立体(几何,测量)的. stereometric formula 立体式.

stereometrograph n. 立体测图仪.

stereom'etry [stiəri'ɔmitri] n. 测体积术〔学〕,体积测定,立体测量学,求积法,立体几何(学,测量),比重测定法.

stereomicrom'eter n. 立体测微器.

stereomi'croscope [stiəriou'maikrəskoup] n. 体视〔立体〕显微镜.

stereomicros'copy n. 立体显微术.

stereomod'el n. 立体模型.

ste'reomotor n. (用于控制系统的,有效惯性和步进角都较小的带永磁转子的电动机).

stereomuta'tion n. 立体(体积)改变.

stereoop'tics n. 立体光学.

stereo-orthopter n. 体视矫正器.

ste'reopair n. 立体(照片左右两镜头分摄的重叠)照片对.

stereophenom'enon n. 体视现象.

stereophone n. 立体声耳机.

stereophon'ic [stiəriou'fɔnik] a. 立体声的,立体音响的. stereo-phonic broadcast 立体(声)广播. stereophonic disc 立体声唱片. stereophonic sound system 立体声系统. stereophonic television 立体(声)电视.

stereoph'ony [stiəri'ɔfəni] n. 立体声,立体音响(效果).

stereophotogram'meter n. 立体照相测量仪.

stereophotogrammetric survey 立体摄影测量.

ste'reophotogram'metry n. 立体摄影〔照相〕测量(学,术).

stereopho'tograph n. 立体照片〔相〕.

ste'reophotog'raphy n. 立体摄影术,立体照相学〔术〕,立体照片摄制术,体视照相术.

stereophotom'eter n. 立体光度计.

stereophotomicrograph n. 立体显微照片.

stereophotomicrography n. 立体显微照相术.

ster'eophys'ics n. 立体物理学.

stereoplanegraph n. 精密立体测图仪,立体伸缩绘图仪.

ster'eoplotter ['steriəplɔtə] n. 立体绘图〔测图〕仪,立体影像绘制仪.

stereoplotting instrument 立体测图仪器.

ste'reo-power n. 体视本领.

stereoprojec'tion n. (投射双像以取得体视效应的)立体〔球面〕投影.

stereop'sis [stiəri'ɔpsis] n. 立体观测,体视.

stereop'ticon [stiəri'ɔptikən] n. 实体幻灯机,投影放大器.

stereop'tics [stiəri'ɔptiks] n. 立体摄影光学,体视光学.

stereo-radiography 立体放射线摄影术,立体射线照相.

stereoradios'copy n. 立体射线检查法.

stereo-range finder 体视测距仪.

ste'reoreg'ular a. 有规立构的.

stereoregular'ity n. 立构规整性.

stereo-regulation n. 立体调节.

ste'reorub'ber n. 有规立构橡胶.

ste'reoscope ['stiəriəskoup] n. 体视〔立体,实体〕镜,立体显微镜,双眼照相镜,立体照相机. stereoscope picture 体视〔立体〕照片.

stereoscop'ic(al) [stiəriə'skɔpik(əl)] a. 立体(镜)的,体视(镜)的. stereoscopic coverage 立体摄影面积. stereoscopic film 立体影片. stereoscopic microscope 体视〔立体〕显微镜. stereoscopic observation 立体像观察法. stereoscopic television 立体

stereos'copy 电视. *stereoscopic vision* 立体感,立体观察. ~ally ad.

stereos'copy n. 体视(学、术、法),立体观测.

ste'reoselec'tive a. 立体有择的. *stereoselective ring A* 甾择环 A. *stereoselective total synthesis* 立体有择全合成.

stereoselectiv'ity n. 立体选择性.

stereosim'plex n. 简单立体测图仪.

stereoskiag'raphy n. 体视[立体]X 光照相术.

stereoson'ic [stiəriou'sɔnik] a. 立体声的.

stereospecif'ic a. 立体有择的,立体定向的,立体规整的. *stereospecific polymer* 立体有择[立体定向]聚合物. *stereospecific synthesis* 立体有择合成.

stereospecific'ity n. (立体)定向性,立体规整性,立体特导(专一性).

ste'reosphere n. 【地】坚固界.

ste'reotape n. 立体声磁带[录音带].

stereotax'is n. 趋触性,趋实体性.

stereotelemeter n. 立体遥测仪.

stereotel'escope n. 体视[立体]望远镜.

stereotel'evision [stiəriou'teliviʒən] n. 立体电视.

stereotem'plet n. 立体模片.

stereotheodolite n. 体视经纬仪.

stereotome n. 立体图片.

stereot'omy [stiəri'ɔtəmi] n. 实体物切割术,切石法.

stereotope n. 立体地形仪.

stereotopochem'istry n. 立构局部化学.

stereotopograph n. 立体地形测图仪.

stereotopog'raphy n. 立体地形测量学.

stereotriangula'tion n. 空中三角测量.

stereot'ropism n. 向触性,向[亲]实体性.

ste'reotype ['stiəriətaip] I n. ①铅版(制造、制版法、印刷) ②定型,陈规,旧[老]框框. II a. ①铅板(印刷)的 ②老一套的[框框的],定型的,固定[反复使用]不变的. III vt. ①浇[制]铅版,刻版,用铅版印刷 ②使定型,使固定(不变),把…弄得一成不变 ③对…产生成见. *break through the stereotypes* 打破旧框框. *stereotype metal* 活字金,铅字合金.

ste'reotyped a. ①用铅版印的 ②老一套的 ③已成陈规的,固定不变的. *stereotyped command* 标准[成文、固定]指令. *stereotyped thinking* 老一套的想法.

ste'reotype-met'al n. (铅字用)铅,铅字合金,活字金(铅 82%,锑 15%,锡 3%).

ste'reotyper n. 铸版工人,浇铸铅版者.

stereovectograph n. 偏振立体图.

ste'reovision ['stiəriəviʒən] n. 立体[实体]视觉,立体观察.

stereo-visor n. 偏光镜,(看)立体(图象)的眼镜.

ster'ic ['sterik] a. 立体的,空间(排列)的,位的. *steric effect* 位阻效应. *steric factor* 位阻因素,空间位置因素. *steric hindrance* 位阻(现象),位致障碍. *steric retardation* 位滞(现象).

ster'ically ad. 空间(上). *sterically defined* 空间定位的,立体结构上已确定了的. *sterically hindered* (空间)位阻的.

ster'ide n. 甾族化合物;类固醇(化合物)

sterigma (pl. **sterigmata**) n. 小梗,担子柄.

sterigmate n. (pl.) 第二列(小梗),小梗上生的.

ster'ilamp ['sterilæmp] n. 灭菌灯.

ster'ile ['sterail] a. ①不能繁殖[结果]的,不育的,贫瘠的,不毛的,贫瘠的 ②无菌的,无微生物的,消过毒的 ③无结果的,无效(果)的 ④枯燥无味的,缺乏独创性的. *sterile chamber* 无菌容器,无菌室. *sterile soil* 生荒地. *sterile working* 无菌操作.

ster'ilise = sterilize. **sterilisa'tion** n.

ster'iliser = sterilizer.

steril'ity [ste'riliti] n. ①不能繁殖[结果]的,不孕[育]的,不育[实]性,不毛 ②无菌,消毒 ③无结果,无效.

steriliza'tion [sterilai'zeiʃən] n. 消毒,灭[杀]菌(作用),绝育. *sterilization dose* 杀菌[消毒]剂量.

ster'ilize ['sterilaiz] vt. ①使不毛(无生殖力),不能繁殖),使绝育 ②杀[灭]菌,把…消毒,使无菌 ③消除,摧毁 ④冻结,封存,使不起作用,使无结果.

ster'ilized ['sterilaizd] a. 无菌的,已灭菌的,消毒的.

ster'ilizer ['sterilaizə] n. 消毒器,灭菌器,消毒者.

sterin n. 硬脂酸精,甘油硬脂酸酯.

Ster'lin n. 斯特林铜镍锌合金(铜 68.5%,镍 17.9%,锌 12.8%,铅 0.8%).

ster'ling ['stə:liŋ] I a. ①英币[镑]的,用英币支付计算的 ②纯(粹)的,(金银)标准成分的,纯银制的 ③货真价实的,合最高标准的,真正的,可靠的,有价值的. II n. 英国货币,英镑;标准纯银;破冰设备,(桥梁的)冰挡. £20 *stg* [sterling] 二十英镑. *payable in sterling* 用英镑付款的. *sterling area* 英镑区. *sterling bloc* 英镑集团. *sterling prices* 以英币计算的价格. *sterling worth* 真(正的价)值. ▲*of sterling gold* 以标准成分的黄金制成的.

Sterling aluminium solder 斯特林黄锌铝合金焊料(锌 15%,铝 11%,铅 8%,铜 2.5%,锑 1.2%,锡 62.3%).

Sterling furnace 斯特林炼锌电弧炉.

Sterling metal 斯特林黄铜(铜 66%,锌 33%,铅 1%).

Sterling process 斯特林精炼铅法.

sterling silver (英国)货币银合金(银 92.5%,铜 7.5%).

Sterlite n. 斯特里特锌白铜(铜 53%,镍 25%,锌 20%,其余锰).

stern [stə:n] I a. ①严(格,肃,厉,峻)的,苛刻的 ②坚定的,坚决的,不动摇的. ▲*be stern in* 严格进行. *be stern to* [with] 对…严格[严厉].
II n. 船尾,尾部,后部. *stern tube* 轴管. ▲*by the stern* 后部吃水比前部深的. *from stem to stern* 从(船)头到(船)尾,完全. *sternfirst* [foremost] 船尾朝前(航行). ~ly ad.

stern'fore'most ad. 船尾向前地,笨拙地.

stern'most a. 最后方面的,在船尾最后部的.

stern'post n. (船)尾柱.

stern'way n. (船)后退,倒驶.

stern'y a. 粗粒的.

ster'oid ['steroid] n. 甾族[类]化合物,甾质,类固醇. *steroid nucleus* 甾核.

steroi'dal [ste'roidl] a. 甾族的.

ster'ol ['sterol] n. 固醇,甾醇.

sterone n. 甾酮,固酮.

Sterro metal 或 **Sterro alloy** 铜锌铁合金,含铁四六黄铜.

sterule n. 无菌液瓶.

stet [stet] I n. (校对符号)表示"不删","保留". I (*stet'ted*; *stet'ting*) vt. 对…加上表示"不删"[保留]的符号(英美常在被删的词下注上点线…

steth'ograph n. 胸动描记器.
steth'oscope ['steθəskoup] I n. 听诊器,金属探伤器. II vt. (用听诊器)检查. electronic industrial stethoscope 电子工业听诊器. electronic stethoscope 电子听诊器.
stethoscop'ic(al) a. (用)听诊器(听到)的. ~ally ad.
ste'vedorage n. 码头工人搬运费.
ste'vedore ['sti:vidɔ:] I n. 码头(装卸,搬运)工人. II v. 装货(上)船,从(船)上卸货,装卸(货物).
stew [stju:] I n. ①(电影)噪声 ②炖 ③热浴(室) ④混杂物. II v. 拉拔对时效硬化.
stew'ard ['stjuəd] I n. 管事者,乘(服)务员,招待员,伙食(财务)管理员,(团体,公会等的)会计员. II v. 做(…的)乘务员,管理.
stew'ardess n. 女乘(服)务员.
Stewart alloy 斯图尔特铸造铝合金.
STFNR =stiffener 加劲环.
stg =sterling 英币的,用英币支付(计算)的.
stge =storage 贮存,仓库.
STGG =staging 脚手架,(火箭各级)分离.
STGR =stringer 纵梁,楼梯斜梁.
STGT 或 STgt =secondary target 次要(补加)目标.
sth =something 某事,某物.
sthéne n. 斯才恩(米吨秒制力的基本单位,等于103牛顿,符号 sn).
sti =standard tool inventories 标准工具清单.
stiam'eter n. (水银)电解计量器.
stib- [词冠]锑.
stibate n. 锑酸盐.
stib'ial ['stibiəl] a. (正,五价)锑的.
stib'ialism ['stibiəlizm] n. 锑中毒.
stib'iate n. 锑酸盐.
stib'iated a. 含锑的.
stib'ic a. 锑的.
stib'iconite n. 黄锑矿.
stib'ide n. 锑化物.
stib'in(e) ['stibi(:)n] n. ①锑化(三)氢 ②(…)脒.
stibiopalladinite n. 锑钯矿.
stib'ious a. 含三价锑的.
stib'ium ['stibiəm] n. 【化】锑 Sb.
stib'nate n. 锑酸盐.
stib'nic a. 锑的.
stib'nide n. 锑化物.
stib'nite ['stibnait] n. 辉锑矿.
stib'nous a. 亚锑的.
stibon'ic ac'id 膦酸.
stibo'nium n. 锑(指有机五价锑化合物).
stick [stik] I n. ①棍,棒,杖,(杠,操纵,操作,驾驶,变速,换档,桅)杆,手柄(把),桁 ②(砂轮)修整棒 ③条状物,火药柱,圆柱 ④集束炸弹 ⑤排字架 ⑥粘(吸)附物,粘性,(图象)保留 ⑦(建筑物)一部分,一件(家具). abrasive stick 油石,磨条. diamond stick 金刚石油石(磨条). dip stick 油位杆,油面测量杆. gate stick 直浇口杆. hot stick 带电操作杆. joy stick 远距离驾驶杆,控制手柄. pitch stick 螺距调整杆. stick antenna 棒(√)形天线. stick bite 切断(槽)刀,割(插)刀. stick circuit 自保(持)电路. stick force 粘附力,杆力. stick perforator 金属棒凿孔机,锤击穿孔机. stick relay 保持(吸持,连锁)继电器. stick signal 保留信号. stick slip 爬行,蠕动. stick powder 筒装炸药(爆破工程用). ▲a stick of 一条(支,根,件,串). get hold of the wrong end of the stick (完全)误解,弄错. stick back (forward) 驾驶杆拉后(推前). stick of bombs (向一个目标)连续投弹,集束炸弹. the sticks 森林地带,乡间,郊区. (the) stick and (the) carrot 大棒与胡萝卜,软硬两手.
II (stuck, stuck) v. ①粘(住,着,附),附(胶,滞)住,附[固,着,胶粘,滞](吸,烧)附 ②附…固定在,安放置,钉住,联接,耦合,堵[阻]塞,卡住,使停止,陷入,不分离,伸(探)留,失效,刺,戳,扎,(插,钉)插(牢),竖,伸(出),突出,贯穿(入) ③晒(印)相(片). stick a stamp on a letter 在信上贴邮票. Stick no bills! 请勿张贴! The gears stuck. 齿轮卡住了. prevent the valve from being stuck 防止阀被阻塞. Something has stuck in the water pipe. 水管里有东西堵住了. stick to a post 坚守岗位. stick to one's word 遵守诺言. stick to the point 紧扣题点. ▲stick around 徘徊,停(逗)留. stick at 顾虑,迟疑,犹豫,坚持,继续(不间断)做. stick at nothing 什么也不顾虑. stick down 写上(下),放下,粘住. stick in 添注,加一笔,陷入,插(钉)入. stick in the mud 陷入泥中,进退维谷,不前进,很保守. stick M into N 把 M 插入 N 中. stick on 停留在,保持在…之上,粘(贴)上. stick out 伸(凸,突,冒)出,触目,显眼. stick out a mile 明明白白,一目了然. stick out for 坚决争取. stick M over N 把 M 粘[固定]在 N 上. stick to 粘到…上,附着,坚持,继续,于;死抱住,拘泥于. stick to (with) it 坚持. stick together 粘(吸)附[在一起. stick up 突出,直(竖)立. stick up for 为…辩护,维护,支持. stick up to 抗拒. stick with 不离开,被…牢记住.
stickabil'ity n. 粘着(粘稠,粘稠,附着,胶(粘))性.
stick-at-itiveness n. 坚韧不拔.
stick'er ['stikə] n. ①尖刀,尖物,【铸】凸面修型工具,多肉(铸造缺陷) ②粘着剂,(pl.)粘结板,粘结印痕(叠板之间的粘结痕) ③背面有粘胶的标签于口,(磁)带头反光标记,反光标记 ④张贴物,招贴,广告,告示,贴招贴的人 ⑤滞销品 ⑥难题,费解的事物. sticker break 粘结条痕(带铜热处理缺陷). sticker price 定价.
stick'iness ['stikinis] =stickability.
stick'ing ['stikiŋ] n. ①粘(滞,吸,烧)附(作用),粘(结,胶,粘),附着,焊合;阻塞,栅栏,结块,形成炉瘤;吸持,贴,胶(滞)附,卡住(死),卡锁 ②晒(印)相 ③(阴极射线管)荧光屏图像保留,烧附图像 ④趋稳定性 ⑤刺,戳. ash sticking 粘灰渣,结焦. sticking memory (阴极射线管)荧光屏图像保留现象. sticking of contacts 附着接点. sticking place 顶(住)点,进到不能再进的地方. sticking plaster 橡皮膏. sticking point 顶(点,谈)判症结. sticking potential 饱和(极限)电位. sticking probability 粘着(附)概率. valve sticking 阀卡住.
stick'le ['stikl] vi. ①坚持己见,强词夺理 ②犹豫.
stick'ler n. ①坚持己见的人 ②难题,费解的事物.
stick'um ['stikəm] n. 粘性物质.

stick'y ['stiki] *a.* ①粘(性,稠)的,胶粘的. *sticky bomb* 粘性炸弹. *sticky clay* 胶粘土. *sticky gauge* 粘滞真空规. *sticky limit* 粘限. *sticky point tester* 粘点试验仪. **stickily** *ad.*

stic'tion *n.* 静摩擦,静态阻力.

Stiefel process 史蒂费尔自动轧管法.

stiff [stif] *a.* ①刚(性)的,劲性的,(坚)硬的,非弹性的 ②不易弯曲的,不易移动的,不易流动的,不灵活的,生硬的,顽固的 ③强烈的,极度的,陡峭的,困难的,费劲的 ④(胶)粘的,稠的,密实的. *stiff brush* 硬刷. *stiff concrete* 硬稠〔干硬(性)〕混凝土. *stiff dowel bar* 劲性连接条. *stiff frame* 刚架. *stiff girder* 加劲梁. *stiff piston* 刚性活塞. *stiff reinforcement* 劲性钢筋. *stiff shaft* 刚性轴. *stiff slope* 陡坡. *stiff stability* 强稳定性. *stiff task* 费劲的工作. *stiffest consistency* 最干硬稠度,最小坍落度.

STIFF =stiffener.

stiff-arm *vt.*; *n.* 伸直手(把…)推开.

stif'fen ['stifn] *v.* ①加劲〔强,固〕,劲〔硬〕化,使(变)硬,使(变)强劲 ②增强,辅助 ③使(变)稠,使(变)浓厚,使(变)胶粘 ④使不易倾侧 ⑤变得劲. *stiffened arched girder* 加劲拱梁. *stiffened mat* (土堰)加强层. *stiffened suspension bridge* 加劲悬桥.

stiff'ener ['stifnə] *n.* ①加劲杆〔板,条,筋,角〕,刚性〔板,条〕,(加强)支肋,肋板 ②刚性元件〔构件〕 ③硬化〔增稠〕剂. *stiffener angle* 加劲角钢〔铁〕.

stiff'ening *n.* ①加劲功,加固作使硬,补加〔赋予〕刚性,刚性连接. *stiffening angle* 加劲角钢〔铁〕. *stiffening frame* 加劲框架. *stiffening girder* 加劲(大)梁. *stiffening of rope* 绳的劲性. *stiffening order* 货装载许可证. *stiffening plate* 加强〔铁〕板,加劲板. *stiffening rib* 加劲肋.

stiffleg derrick 刚腿转臂起重机.

stiff'ly *ad.* 刚性地,(坚,生)硬地.

stiff'ness ['stifnis] *n.* ①刚性〔度〕,劲性〔度〕,韧性,坚硬性,倔强性〔度〕,硬〔刚〕度,挺度 ②稠(浓)度,行程〔飞机空中停留〕途度 ③稳定性〔抗扰〕性,(控制系统)抗偏离能力 ④倒〔逆,反〕电容 ⑤崎陡. *arc stiffness* 电弧稳定性. *branch stiffness* 电路的反电容. *mutual stiffness* 互感电容. *self stiffness* 自逆电容. *stiffness constant* 劲度〔刚劲,挺性〕常数. *stiffness factor* 刚劲峭度,倔强因数.

sti'fle ['staifl] *v.* (使)窒息,闷(气,死,熄),扑火,镇压,抑制,隐蔽.

sti'fling *a.* 令人窒息的,气(沉)闷的. ~ly *ad.*

Stigeo-clonium *n.* 毛枝藻属.

stig'ma ['stigmə] (*pl.* **stig'mas** 或 **stig'mata**) *n.* ①气孔〔门〕,小孔,眼点 ②耻辱,瑕疵,斑点,特征 ③柱头.

stigmas'tanol *n.* 豆甾烷醇.

stigmas'tenol *n.* 豆甾烯醇.

stigmas'terol *n.* 豆甾醇.

stigmat'ic *a.* 单点的.

stigmatiform *n.* 胞点形.

stig'matism *n.* 消像散焦.

stig'matize ['stigmətaiz] *vt.* 诬蔑,污辱,描绘成(as).

stig'mator *n.* 消像散器.

stilb *n.* 熙提(表面亮度单位,=1 新烛光/厘米²).

stilbazo *n.* 二苯乙烯-4,4'-双(1-偶氮-3,4-二羟基苯)-2,2'-二磺酸盐;茋偶氮.

stilbene *n.* 茋,均二苯代乙烯,1,2-二苯乙烯. *stilbene phosphor* 茋磷光体.

stilbes'trol *n.* 己烯雌酚.

stilb'meter *n.* 光亮度计.

stile [stail] *n.* 窗(边)挺,门(边)挺,竖框,旋转栅栏,横路栅栏,梯座.

still [stil] Ⅰ *a.* ①静(止)的,不(流)动的,无声的,平(寂)静的 ②静物〔普通〕摄影的 ③没有活力的,不起泡的,不含气体的. Ⅱ *n.* ①(寂)静,静止(图像),不动,无声 ②静物〔普通〕画片,剧照,静物摄像,静物画,电视演播室布景 ③蒸馏(器,锅,釜,室)酿酒器 ④通气管,管心针,细探子. Ⅲ *v.* ①(使)静(停)止,使平静,使寂静 ②平〔稳〕定 ③蒸〔釜〕馏,蒸去. *ammonia still* 氨蒸馏器〔塔〕,氨气塔. *batch still* 分批间歇蒸馏釜. *cracked still* 裂化炉. *pipe still* 管式炉,管式蒸馏釜. *still camera* 静物摄影机. *still life* 静物(画). *still pot* 沉淀槽. *still tube* 蒸馏管. *still water* 静水. *stilling basin* (沟中的)消力池. *stilling chamber* 预燃(热)室,储存器,压力调节器,消涡〔速〕室. Ⅳ *ad.* ①还(有),仍(依)然 ②(十比较级)更,愈加 ③还〔且〕(用作连接词)(虽然)…还是,还是是要. *be still to come* 尚待到来. *still another* 又〔另〕一个. ▲*still farther* 走得更远,更进一步. *still in force* 仍旧生效. *still later* 再后,更晚一点. *still less* (表示否定)更少〔不〕,何况,更不用说. *still more* (表示肯定)更多〔加〕,况且,进一步来说.

still'age ['stilidʒ] *n.* ①釜馏物,釜(式蒸)馏 ②架,台,滑板输送器架.

still'birth *n.* 死产〔胎〕.

still-column *n.* 蒸馏柱.

still'pot *n.* 沉淀槽,蒸馏釜.

still-process *n.* 蒸馏过程.

Still'son wrench 活动〔可调管〕扳手,管子钳.

stilt [stilt] *n.* ①高跷 ②支撑物,支材〔柱〕③(装窖用)承坯架,高架,隔火垫片. *stilted arch* 高拱,上心拱.

stim'ulant ['stimjulənt] Ⅰ *a.* 刺激(性)的. Ⅱ *n.* 兴奋剂〔药〕,刺激物〔剂〕,酒.

stim'ulate ['stimjuleit] *vt.* 刺激,激发,兴奋,激〔鼓〕励,促进. *stimulate ••• to further efforts* 促进…进一步努力. *stimulate ••• to make greater efforts* 促进…作更大的努力. *stimulated emission* 受激〔感应〕发射. *stimulated radiation* 受激辐射.

stimula'tion [stimju'leiʃən] *n.* 刺激〔激励〕(作用),兴奋(作用),闪烁,荧光放射增强.

stim'ulative ['stimjulətiv] Ⅰ *a.* 刺激的,激励的,促进的. Ⅱ *n.* 刺激物(品),兴奋剂,促进剂.

stim'ulator ['stimjuleitə] *n.* 激励器〔者〕,激发〔刺激〕器,激活剂,刺激物.

stim'uli ['stimjulai] stimulus 的复数.

stim'ulin *n.* 刺激素,调理素.

stim'ulus ['stimjuləs] (*pl.* **stim'uli**) *n.* 刺激(物,源,类型),色刺激,激励〔源〕,激发剂,促进因素,

sting [stiŋ] I n. ①刺,(架)针 ②架杆,支架,探臂式支杆 ③苦[刺]痛,刺伤[痛],刺激(物),讽刺. I (stung, stung) v. 刺(伤,激,痛),激励. ▲be stung (for) 被骗[敲竹杠,索求过多].
stinger n. 飞机尾部机枪[机尾炮].
sting-out n. 炉内压力大于大气压力时,从炉的开口处[缝隙]喷出火焰[热气]的现象.
STINGS = stellar inertial guidance system 恒星[天文]惯性制导系统.
sting'y I ['stiŋi] a. 刺(骨)的. I ['stindʒi] a. ①吝啬的 ②缺乏的,不足的,极少的. sting'ily ad. sting'iness n.
stink [stiŋk] I (stank 或 stunk, stunk) v. 发臭[臭气]的,有臭味,讨厌透,坏透. I n. ①恶臭,臭气(味) ②(pl.)自然科学,化学. stink cupboard 通风橱. stink trap 防臭瓣.
stink'damp n. 矿井中产生的硫化氢.
stink'horn n. 臭角菌,鬼笔.
stink'ing I a. (有)恶臭的,臭(极)的,讨厌的. I ad. 极端地,十分;非常. ~ly ad.
stink'y n. 环视雷达站,全景雷达.
stint [stint] I v. ①限制,紧缩,节制 ②克扣,吝惜(of) ③分配任务给. I n. ①限制,吝惜,派定[定额,指定)的工作,定量,限额. ▲do one's daily stint 做每日指定的[定额]工作. without stint 不加限制地,不遗余力地.
stint'less a. 不停的,无限制的.
stip = stipend(iary).
stipe n. (菌)柄.
sti'pend ['staipend] n. 薪水(金),定期生活津贴.
stipen'diary [stai'pendʒəri] a.; n. 领薪金的(人).
stip'ple n.; v. 点刻(法),点画(法).
stip'ulate ['stipjuleit] v. ①规[限]定,订[记]明,作为条件来要求,保证 ②坚持. ▲it is stipulated that 按照规定. stipulate for 规定,约定,坚持以…作为(协议)的条件,把…作为条件来要求. stipulate for the settlement of balances in RMB 规定差额以人民币结算.
stipula'tion [stipju'leiʃən] n. ①规定,约定,订明 ②合同,契约 ③(约定)条件,(合同,契约)条款. ▲on the stipulation that 以…为条款,合同(协议)规定.
stip'ulative a. 规(约)定的. stipulative definition 约定定义.
stip'ulator n. 规(约,订)定者.
stip'ule n. 托叶.
stir [stə:] v.; n. ①(使)(移,微,颤)动)动荡 ②搅(拌,动),拨动,扰松 ③激起(励,活),鼓(煽)动,引起 ④(用泵)抽送,汲取 ⑤传布,流通(行),轰动. ▲create [make] a stir in 在…引起轰动. not stir a finger 一根手指头都不肯动,袖手旁观. stir up 搅拌(匀),引起,形成.
stir = subject to immediate reply 立即回答生效.
stir'about n. 骚乱.
stir'less a. 不动的,沉静的.
stirps [stə:ps] n. 家系,血统,后裔,种族,树桩,茎枝.

stir'rer ['stə:rə] n. ①搅拌(动)器,搅拌机,搅棒 ②搅拌者,煽动者. stirrer bar 搅拌棒(杆). stirrer shaft 搅拌器轴.
stir'ring ['stə:riŋ] I a. 激动人心的,动荡的,活跃的,热闹的. I n. ①搅拌(动,和),扰(摆)动 ②用泵抽送,汲取. electromagnetic stirring 电磁扰动. stirring apparatus 搅拌器. stirring arm 搅拌器臂. stirring coil 搅动(沸腾)盘管. stirring motion 湍(涡)流,紊流(旋涡)运动. stirring rod 搅棒. stirring screw conveyor 螺旋拌合输送机.
stirring-type mixer 搅拌式拌和机.
stirring-up a. 搅拌(翻料)的.
stir'rup ['stirəp] n. 镫(筋,索,形件,形卡子),箍筋,钢筋箍,加强杆,(轴)环,钳具,夹头,U形卡,(钢丝绳头桥式承窝的)U形(有眼)螺栓附件,水泥船的横向张骨. stirrup bolt 镫形夹螺栓. stirrup frame 框式架. stirrup pump 一种轻便的消防抽水机. stirrup repair clamp 镫形夹.
stirrup-piece n. 镫形支架.
stirrup-pump n. 手摇灭火泵.
stitch [stitʃ] I n. ①缝(法),一缝,一针,针脚 ②距离,路程,一段时间 ③一点,少许 ④刺(副)痛,突然疼痛. I v. ①缝(合,起),压合,装订,订线 ②绑结 ③滚压. stitch bonding (welding) 针脚式接合,自动点焊,跳焊. stitch brake lining 制动闸边皮. stitch rivet 绑合铆钉. ▲A stitch in time saves nine. 一针及时省九针,及时处理,事半功倍. put stitches in 缝入. stitch up 缝接(合,补),接合.
stitch-and-seam welding 断续焊缝.
stitch-bonded monolithic chip 滚压粘合单块片.
stitch'er n. 缝针,钉书机,齿形压辊,带材缝边机,压合滚.
stitch'ing ['stitʃiŋ] n. ①缝(纫,合),钉合法 ②绑结 ③压合,滚压(器) ④榫头,连菜头(俗名). cable stitching 电缆绑结. stitching force 缀合力. stitching oil 滚压油,缝纫机油.
stitch-up n. 缝补,接合.
stithy ['stiði] n. 锻工(冶)场,铁工厂,打铁铺,铁砧.
sti'ver ['staivə] n. 不值钱的东西,一点点. have not a stiver 一无所有. not care a stiver 毫不在乎. not worth a stiver 一文不值.
stivy a. 气闷的,塞满了的.
stk = stock 存货,备料.
STL = ①semi-threshold logic 半阈值逻辑(电路) ②Space Technology Laboratory 空间(航天)技术实验室 ③steel 钢 ④studio transmitter link 播音室[演播室]和发射机间的传输线.
STLR = semitrailer 半拖车.
STM = send test message 发送测试信息.
stn = ①stainless 不锈的 ②station 站 ③stone 磅(=14磅),石头,宝石.
STO = system test operator 系统试验操作者.
sto'a ['stouə] (pl. sto'as 或 sto'ae) n. 柱廊,拱廊.
stoadite n. 一种含钨钼镍的硬合金钢.
stochas'tic(al) [stə'kæstik(əl)] a. 随机的,机遇的,不确定的,有疑问而可猜测的,推测的,偶然的,概率性的. stochastic derivative 随机微商. stochastic process 随机过程. stochastic sampling 随机采样.

~ally ad.
stock [stɔk] I n. ①(树)干,砧木,岩株,基部,支撑,台,座,架,桩,(造)船台 ②托(盘,柄),茎,(钻)柄,把(手),㲷[锚,舵]杆 ③(原,material,备,存,贮,胶,坯,粗钢)料,器材,浆液,毛坯,轧件,螺旋纹板,存货,库[贮藏物],成品库 ④饰面砖 ⑤股分[票],公债,固定资本 ⑥估计,估计,⑦牲口(之)群 ⑧紫罗兰花. II a. ①现有[存]的,库存的,贮藏[备,用]的 ②普通的,标准的,一般使用的. III vt. ①储存[藏,备],交库,存放,堆积 ②供应,采购 ③装料 ④装机托. anchor stock 锚座,锚支. bench stock 消耗器材备分. bright stock 亮库存油. cable stock 绞盘. coal stock 煤场,煤库. coil stock 卷材,卷材. cylinder stock 汽缸油. die(s) stock 牙板(绞)手,板牙架,把手. feed stock 原材料. film stock 电影胶片,软片材料. forming without stock removal 非切削成形. gold stock 黄金储备.(joint)stock company 股份公司. litharge stock 一氧化铅混合料. loaded stock 填料. loading of stock 填充配合剂. pen stock 压力(引)水管,(有耐火内衬的与高炉送风管连接的)短铸铁送风管;闸门;救火龙头,消火栓. service stock 维修储用器材. shape stock 型材. silent stock 异形型钢. sheet stock 薄板品种. silent stock tube 塑料管. sliding head stock 滑动(车)床夹箱,滑动机头座. stock allowance 机械加工留量. stock arguments 老一套的论点. stock bin 料仓. stock book 存货簿. stock brick 普通砖. stock clerk 存货管理员. stock bridge damper 架空电线振动阻尼装置. stock core 长条(备用)泥芯. stock dump (heap, pile) 贮料堆. stock engine 座式发动机. stock farm (yard) 养殖场. stock food 饲料. stock gas 炉气. stock guide 板料导向块(装置). stock house 料仓,料房,库房. stock lifter (连续冲裁用) 板料升降器. stock lock 门外锁. stock oiler 座架加油装置. stock pile 贮料堆. stock rail (转辙器的)本轨. stock reel 棒料架. stock removing 切削. stock room 储藏室,仓库,商品展览室. stock size 标准尺寸,常备(货)的尺寸;库存量. stock stop 挡料器. stock support 带座(送料)支架. stock tank 储(油)罐. stock vice 台式虎钳. ▲ be out of stock 没有现货,缺货,卖光. have (keep) a large stock of information 学问渊博,见闻丰富. have a rich stock of information 有很丰富的资料. have (keep) … in stock 贮(存). in stock 备(持,现)有,现有,存货,储备. lock, stock and barrel 全部(体)的,一切,一古脑儿,统统,整个地,完全地. off the stocks (船)下水了的;已完成的,已发送的. on the stocks 在建造中,在准备(计划)中. put little stock in 不信任. stock in trade 存货,贮积(品). stock on hand 现存量. take no stock in 不相信,不信任. take stock in 相信,信任,看重,注意. take stock (of) 估量(计),观察,鉴定,判定…的价值,盘(清)点…的情形,清查.
stockable mixture 可存储的混合料.
stockade' [stɔ'keid] n. 栅(栏),(防波)围栅,桩打的防波堤. vt. 用栅栏围住.
stock-breeding n. 畜牧(业).

stock'car n. 常备的普通型式的小汽车,(作赛车用的)普通小汽车.
stock-core machine 【铸】挤芯机.
stock-cutter n. 切料机.
stock'er ['stɔkə] n. ①储料器,堆栈机,加煤机 ②(堆料场的)碎(装)料工. work stocker 储料器,工作储存器.
stock'-gang n. (可把木料一次锯成板材的)框锯.
stock'holder n. 股东.
Stock'holm ['stɔkhoum] n. 斯德哥尔摩(瑞典首都). Stockholm tar 松焦油.
stock'ing ['stɔkiŋ] n. ①堆积,累积,堆集,聚集,储存(藏),(坯料,成品)交库 ②库存成品轧材 ③装料 ④装柄 ⑤(长)袜. stocking cutter 柄式铣刀.
stock-in-trade n. ①存货 ②惯用手段.
stock'line n. 料线.
stock'list n. 存货(库存)单,存货目录.
stock'man n. 仓库(存货)管理员,牧场主,牧工.
stock'pile ['stɔkpail] n.; v. ①储存(备)(物质,武器),堆积 ②(重要物资,军用物资)积累 ③(煤,炭)堆积 ③资源,蕴藏量 ④原材物资(武器装备)的全国贮存量,科研资料的积累. build up a stockpile of strategic metals 贮存战略性金属物资. stockpile loading 堆装材料. stockpile manure 积肥.
stock'piling n. 装堆,存料,存货.
stock'-run material 堆场材料.
stock'saver n. 捕case器.
stock'-still a. 静止的,不动的.
stock'taking n. ①盘货,存货的盘点 ②估量.
stock'work n.【矿】网状脉.
stock'y ['stɔki] a. 短而粗的,矮胖的,结(坚)实的.
stock'yard n. 堆栈场,煤场,燃料库.
stod'gy a. ①塞满的,装得满满的 ②平凡的,乏味的 ③式样难看的.
stoff [stɔf] n. ①材料,物质 ②火箭燃料,火箭推进剂 ③冷却液,防冰液. C stoff C 火箭燃料(30%水合肼,57%甲醇,13%水). II n. 泡,斯托(动力粘度单位,1泡=1厘米²/秒,1英尺²/秒=929.0泡).
stoke'hold ['stoukhould] 或 stoke'hole ['stoukhoul] n. 锅炉舱,汽锅室,火舱,生火口.
sto'ker ['stoukə] n. 司炉(工人),(自动)加煤机,自动加添燃料的机器,(机动)炉排机,层燃(炉排)炉. stoker size coal 加煤机级煤.
stoker-type a. 推料式.
STOL = ①short takeoff and landing 短距起落(飞机) ②slow takeoff and landing 低速起落(飞机).
stolbol n. 偃顶病.
stole [stoul] steal 的过去式.

sto'len ['stoulən] steal 的过去分词.
sto'lon n. 匍匐枝(茎),生殖根,匍匐菌丝.
sto'lonate a. 有匍匐枝的,有匍匐菌丝的,自匍匐枝长出的.
stolzite n. 钨铅矿.
sto'ma (pl. **sto'mata** 或 **sto'mas**) n. 气[叶]孔,小孔,口.
stomach ['stʌmək] n. 胃,食欲. vt. ①消化 ②忍受,容忍.
stomach-ache n. 胃痛.
stomal a. 口的,小孔的,气孔的.
sto'mate a. 有小孔[气孔,叶]的.
stomat'ic [stə'mætik] a. 口的,嘴的.
stomati'tis n. 口炎,口腔发炎.
stomatoscope n. 口腔镜.
stomertron n. 太阳质子流模拟器.
stone [stoun] I n. ①(头,块,材料)石,碎石,宝(钻)石,结石 ②磨石(条),油石,砥石 ③测(标)桩,测量标面,界[里程,纪念]碑 ④冰雹 ⑤石(英国重量名,=14磅) ⑥核. II a. 窑(头,质,制)的. III vt. ①以石投向 ②铺以石头,砌以石块. ③碎石 ④磨削,用磨石磨快(光). blue stone 胆矾,蓝(宝)石(一种天然硫酸铜). grind(ing) stone(磨削用)砂轮,磨石. hand stone (带柄)手用油石. load stone 磁石. pulp stone 磨纸浆砂轮(块). Stone Age 石器时代. stone blue 灰蓝色. stone bolt 底脚螺钉. stone coal 无烟,块状无烟煤. stone dead wire 软铜丝,退火[镀锌]铜丝. stone mill 磨(碎,切)石机,石粉工场. stone rubbish 废矸石. stone screw 棘爪钉,地脚螺钉. Stone transmission bridge 抗流圈式馈电电路. stone wall 石壁,石墙,难以逾越的障碍. stone wheel 砂轮. ▲at a stone's throw 近在咫尺. cast the first stone 首先攻击(谴责). leave no stone unturned 想尽办法,千方百计. set stone out 将石块砌成倒阶梯形. stone's cast [throw] 短(一投石)的距离. throw [cast] stones (a stone) at 指摘,责难. within a stone's throw of [from] 在离…很近的地方.
stone'breaker n. 碎石机.
stone'breaking plant 碎石工厂(设备).
stone'-cast n. 短距离,一投石的距离.
stone'-cold' a. 完全冷了的,冷透的.
stone'cutter n. 石工,切石机.
stone'-dead a. 完全死了的.
stone'-faced a. 石(料砌)面的.
stone'-filled a. 填石的.
stone'fly n. 积翅虫,石蝇.
stone-guard n. 砂石防护网.
stone'man n. 装版工人,石匠,石工,石标.
stone'mason n. 石匠,石工.
sto'ner n. 碎石机.
stone-setter n. 砌石工.
stone'wall v. 筑[围以]石墙;阻碍(议事进行).
stone'ware ['stounwɛə] n. 石制品,粗陶瓷(器),缸子(瓮). stoneware duct 粗陶瓷管道.
stone'way n. 碎石路,石子路.
stone'work ['stounwə:k] n. 砌石(凿石,石方)工程,石细工,石圬工, (pl.) 石工厂.
stone'wort n. 轮藻,一种淡水藻.

sto'ney I n. 模造大理石. stoney gate 辊轴闸门. II a. =stony.
stonk n. 密集炮火,重炮猛轰.
stonk'er vt. 重打,智胜,挫败.
sto'ny ['stouni] a. 石(头,质)的,多(如石)的,铺石块的,(如石头一样)坚硬的,不动的,化石的.
stood [stud] stand 的过去式和过去分词.
Stoodite n. 斯图迪特(耐磨堆焊)焊条合金(铬33%,锰4.5%,硅2%,碳4%,其余铁).
Stoody n. 铬钨钴焊条合金.
stooge [stu:dʒ] I n. ①助手,配角,副驾驶员 ②傀儡,走狗,暗探,奸细. II vi. ①充当助手 ②充当走狗(傀儡)(for) ③无目的飞行(around).
stool [stu:l] n. ①凳子,小[台,踏脚]凳 ②内窗台 ③平[垫]板,模底板,潮芯托板,坩埚垫 ④托(座)架,锭盘. insulation stool 绝缘座. stool plate 见 stoolplate.
stool'ing n. 托芯(用托板).
stool'plate n. 垫板,接受台.
stoop [stu:p] v., n. ①弯腰(身),俯身 ②屈服(从),堕落,压倒 ③(入口处)门(户)阶,台阶,门廊,门前露台,无顶平台. stoop labour 弯腰的劳动,干弯腰活的劳动力. ▲stoop down to +inf. 弯腰(做). stoop oneself 弯腰. stoop over 伏(身)在…上.
stop [stɔp] I (stopped; stop'ping) v. I n. ①停(止,顿,机,车,驶,制动),刹车 ②站,停车[工]站,终(止,截)(中)断,断开,间歇(断) ③阻(堵,填)塞,嵌填,(把…)拦[堵]住,止住,止[阻止]挡,防[封]止 ④止住信号,止挡,标(句)点,加标点 ⑤制动子(销,螺钉),(锁)销,止(制动器,止动装置(螺旋),缓冲器,闸门 ⑥(管,门,门,门,门) ⑦停车站. III a. 停止的,制动的. stop a machine 使机器停止运转. The motor stopped. 电动机停止. stop a passage 堵塞通道. stop a bottle with a cork 用软木塞塞住瓶子. stop supplies 断绝供应. stop at no sacrifices 不惜一切牺牲. arresting stop 停止装置,锁器. automatic stop valve 自动断流(停止)阀. bus stop 公共汽车站. cartridge stop 卡盘挡,弹挡. drill stop 钻头定程停止器. dust stop 防尘阀. F stop(光圈)的F(指)数,光阑刻度标记值,= 焦距/透镜的有效直径点. field stop 场阑. front stop 前制动器,前挡. lens stop 透镜光阑. micrometer stop 千分尺定位器. moving stop 移动挡板. optional stop【计】条件停(指令). piston stop washer 活塞抵冲垫圈. positive stop 主动(完全)停止,限定(停止,固定)挡块. program stop【计】程序停止(指令). shock stop pin 减振销. solid stop 整体制动(挡料)器. spring stop 弹簧挡板,弹簧行程限制器. stop block 止轮楔. stop buffer 终(弹)性缓冲器. stop button 停(止,制动)按钮. stop calculation【计】停止计算. stop cock 停止旋塞,活塞,活栓,管闩. stop dog 碰停块,挡块. stop drill (带有凸肩可限制钻进深度的)钻头. stop drum 停鼓. stop gate 水闸门,速动闸门. stop lamp [light] 停车灯. stop lever 制动操作杆,定位杆. stop

stop-and-go signal 停止之后再行的信号.

nut 防松螺母. *stop pin* 止〔限〕动销,挡〔锁〕销. *stop plate* 止动片. *stop press* 报纸付印时加上的最新消息栏. *stop ring* 止动环. *stop roll* 碰停转筒. *stop rope* 擎索. *stop screw* 止动〔紧定〕螺钉. *stop signal* 停止〔停车,中止,停闭〕信号. *stop sleeve* 止动套筒. *stop street* 车辆进入直通干道前必须停车的街道. *stop switch* 停止信号灯用开关. *stop valve* 停流〔止动,停汽,节流〕阀. *stop watch* 停〔秒,跑〕表. *stopped condenser* 隔(直)流电容器. *stopped polymer* 断链聚合物. *stopped time* 停车时间. T *stop* (光圈的)T(指)数. ▲*bring* ··· *to a stop* 使···停下来. *come to a (dead, full) stop* (完全)停下来,(完全)停顿,结束,告一段落. *full stop* 句点. *grind to a stop* 嘎一声停下来. *make a stop* 停(留). *pull out all stops* 全力以赴,千方百计. *put a stop to* 使···停下来,终〔制〕止. *put in the stops* 加标点符号. *stop* + *ing* 停止(某动作). *stop talking* 停止说话. *stop sb.* + *ing* 阻止〔妨碍〕···做某事). *stop a gap* 填补空白,弥补缺陷. *stop at nothing* 什么也不顾,勇往直前. *stop down* 缩小···光圈. *stop for* 停下来(而做某事). *stop from* + *ing* 阻〔防止〕···(做). *stop off* [*over*] 填塞(补),逗留(去),中途(填实补砂块在砂型中的位置);中止,中途停留(下车). *stop out* 遮挡(风,光),扣除,(蚀刻时)覆盖···使不受腐蚀. *stop short* [*dead*] 突然中止(停止,停住,中断). *stop short of* 未达到,险些,差点儿. *stop the way* 阻止进行. *stop to* + *inf.* 停下来(而做某事). *stop to talk* 停下来谈话. *stop up* (被)塞(堵)住,封闭. *without stop* 不停地.

stop-and-go signal 停止之后再行的信号.
stop'band ['stɔpbænd] n. 抑止频带,阻〔禁〕带,不透明带. *stopband characteristics* 阻带特性.
stop'block n. 止轮楔,垫廓.
stop'cock ['stɔpkɔk] n. 管塞〔闭〕,(截止)旋塞,活栓,旋塞阀,龙头,柱塞.
stop-collar n. 限动环.
stop-controlled intersection 有停车管制的交叉口.
stop-cylinder press 自动停滚式印刷机.
stope [stoup] I n. 回采工作面,梯段形开采面;采场,矿房,废坑,(矿山)挖掘后的穴. II v. 回采,用梯段法开采.
stoper n. 回采工作者.
stop'gap I n. 权宜之计,塞洞口的东西,暂时代用品,临时代替物. I a. 暂时的. *stopgap measure* 权宜〔临时〕措施. *stopgap unit* 暂时装置,应急设备.
stop-go n. 应变经济(政策).
stop-lever n. 挡〔定位〕杆.
stop-light n. 停车灯,交通指示灯.
stop'log ['stɔplɔg] n. 叠梁闸门.
stop-nut n. 制动〔防松〕螺母.
stop-off n. ①中途停留〔分道〕②塞住,补砂,封泥,防护涂层. *stop-off core* 【铸】简化模型分型面的泥芯. *stop-off lacquer* 涂漆,漆封. *stop-off piece* 【铸】补砂块.
stop-out n. 出售证券.
stop'-over n. 中途停留(地).
stop'page ['stɔpidʒ] n. ①停止(器),停机,中(阻,截)止,截断,填〔闭,堵,阻〕塞,阻滞〔停〕,故障 ②停付,扣除〔额〕③停〔罢〕工.
stopped-flow (method) 停流(法).
stop'per ['stɔpə] I n. ①制动〔停止,制止,限制,抑制〕器,定程器,挡块〔板〕,轧头,锁档,阀,节气〔油〕门挡,闭锁装置,障碍物 ②塞子〔棒〕,插头,柱塞,泥塞头,凿口器 ③伸缩式凿岩机 ④回来〔凿后〕工⑤阻聚剂 ⑥停机地址. II vt. 塞(紧,住),盖. *adjustable stopper* 调整挡块. *back stopper* 后退定程挡块. *fix stopper* 固定挡块. *parasitic stopper* 寄生振荡抑制器. *pipe stopper* 管塞. *ray stopper* 辐射防护器. *stopper circuit* 带除滤波器. *stopper knot* 防止绳索穿过孔眼的结. *stopper ladle* 漏包,底注(柱塞)式浇包. *stopper mechanism* 限动机构. *stopper nozzle* 浇铸嘴. *stopper pin* 销,限动,止动〔销,塞〕. *stopper rod* 定程杆,注塞杆. *stopper screw* 止动〔紧定〕螺钉. *work stopper* 被测工件定位块. ▲*put a stopper on* 使停止,制止.
stop'ping ['stɔpiŋ] I n. ①停(中,制)止,制动(状态),抑制 ②填塞(料),阻塞,填充料,油漆木料前用以填塞裂缝的塑性材料,腻子,嵌填 ③风幛〔墙〕,隔墙 ④加标点. II a. 停止的,塞住的. *stopping capacitor* [*condenser*] 隔(直)流电容器. *stopping direct current* 阻直流. *stopping distance* 停〔刹〕车距离. *stopping off* 补砂(填实补砂块在砂型中的位置). *stopping potential* 遏止〔制动〕电势〔位〕. *stopping signal* 停止(机)信号. *stopping valve* 断〔节〕流阀,停汽阀.
stopping-off 补砂.
stop'ple ['stɔpl] I n. 塞,栓. II vt. 用塞塞住.
stop'-press a. 报纸付印时临时加入的,最新的,截至最近的.
stop'-valve n. 节〔断〕流阀,停汽阀.
stop'watch n. 停〔跑,秒〕表.
stop'way n. 停车(机)道.
stop'work n. ①防止钟表发条上得过紧的装置 ②停工,罢工.
stor = storage.
sto'rable ['stɔːrəbl] I a. 可储存的,可长期存放的,耐贮藏的. II n. 耐贮藏物品.
sto'rage ['stɔːridʒ] n. ①贮藏〔物,器,库,室,所,费,量〕,堆放,保存〔量〕,累积〔置〕,堆积〔置〕,入库,蓄电 ②【计】存储(器),记忆(装置) ③贮罐〔槽,(仓)库〕,贮藏库,堆栈,集器,容器,水箱. *condensate storage* 冷凝液收集槽. *dead storage* 死库容,储备仓库. *electronic image storage device* 电子录像设备. *energy storage* 能量积聚,储能. *file storage* 外存储器. *image storage device* 录像设备. *oil storage* 贮油池. *storage battery* 蓄电池(组). *storage capacity* 储藏〔蓄水〕量,库容,存(储器)量,存储能力. *storage cell* 蓄电池,存储单元. *storage compacting* (主)存储紧(密,致)化,存储精简. *storage cycle time* 存取〔储〕周期,最大期待时间. *storage dam* 蓄水坝. *storage dump* 存储器信息转储,(存储器内容)打印. *storage element* 蓄电池,存储元件(单元). *storage factor* 存储(储值)因数,(线圈,回路的)品质因数. *storage life* 保存期限,贮存寿命.

storage medium 存储(媒)体,信息存储体. *storage operation* 存储〔记忆〕操作. *storage tank* 贮槽〔箱〕,贮水池. *storage tube* 储存〔记忆,储像,贮能〕管. *storage yard* 储料场. ▲*in storage* 贮藏(的). *put* 〔*place*〕 ··· *in storage* 把···贮藏起来.

storagelagoon *n.* 蓄氧塘.

storascope *n.* 存储式〔长余辉〕同步示波器.

storatron *n.* 存储管.

store [stɔː] Ⅰ *n.*; *vt.* ①贮藏,储存,堆积,储备,保管,蓄电 ②【计】存储(器),存入,记忆(装置) ③累加(器),积聚,聚集,放入 ④供给〔应〕,装备,容纳,包含,备有 ⑤(pl.) 存储〔备用,补给,必需,原料〕品 ⑥库房,仓库,堆栈,贮藏所,(百货)商店 ⑦大量,许多,丰富. Ⅱ (或 *stores*) *a.* 贮藏〔存〕的,现成的. *clear store* 消除存储. *military stores* 军需品. *marine stores* 船舶用具. *multi-level store* 多级存储器. *non store type* 非存储式. *store access cycle* 存储器存取周期. *store and forward* 信息转接(系统). *store double precision* (二)倍精度存储. *stored charge* 存储电荷. *stored data* 存储数据. *stored energy* 储能,潜(在)的能,蓄积能. *stored program* 存储〔内存〕程序. *storing properties* 可贮藏性. ▲*a store of* 大量〔大量〕的,许多. (*be*) *in store* 〔存,现〕有. *ex store* 仓库交货. *have* 〔*keep*〕 ··· *in store* 贮存〔着〕,备有. *in store for* 必将发生,就要落到,着着着,贮藏着,等待着. *lay M in store for N* 把 M 储藏起来备 N 之用. *lay store by* 〔*on*〕重视. *out of store* 耗尽,售完. *set* (*great*) *store by* 重〔珍〕视. *set no* (*great*) *store by* 不重视,轻视. *store away* 〔*up*〕贮藏〔储存〕(起来). *store M with N*;以 N 供应 M,以 N 来充实 M. *stores of* 丰富〔大量〕的.

stored-program computer 存储程序计算机.

stored-up *a.* 储藏〔存〕的,潜在的.

store' front *n.* 商店(仓库)沿街正面,沿街大楼〔铺面〕.

store'house *n.* 仓〔宝〕库,堆〔货〕栈.

store'keeper *n.* 仓库(军需品)管理员.

store'keeping *n.* 仓库管理(维护).

store'room *n.* 贮藏室,物料间〔库〕,商品陈列室.

store'(s)man *n.* 仓库工人,仓库管理员.

store'wide *a.* (包括商店内)全部(大部分)商品的.

sto'rey ['stɔːri] *n.* (楼)层,层级,叠生. *the first storey* (英)二楼,(美)底层,一楼. *a building of 20 storeys* 20 层的建筑. *a one-storey* 〔*single-storey*〕 *house* 平房. *the upper storey* 楼上,头脑.

storeyed ['stɔːrid] *a.* (有···)层(楼)的. *a 20-storeyed building* 20 层建筑.

storey-post *n.* 楼层柱.

sto'ried ['stɔːrid] *a.* ①传说〔历史〕上有名的 ②有···(层)楼的. *storied house* 楼房. *a 20-storied building* 20 层建筑.

storiette' [stɔːri'et] *n.* 小〔短篇〕故事.

storm [stɔːm] Ⅰ *n.* ①暴(风)雨,暴风(雪),风(磁,尘,电,射电)暴,(十级)狂风(24.5～28.4 m/s) ②激动,骚动 ③爆发,发作. Ⅱ *v.* ①起风暴,刮大风,下暴雨(雪),下雹,咆哮 ②强攻,猛攻〔冲〕,闯入 (*into*). *auroral storm* 极光磁暴. *cyclonic storm* 气旋(性)风暴. *electric storm* 电暴. *ionospheric storm* 电离层风暴〔扰动〕. *magnetic storm* 磁暴. *radio storm* 射电(无线电)风暴. *storm curve* 暴雨曲线. *storm glass* 气候变化预测管. *storm lantern* 〔*lamp*〕汽灯,防风灯. *storm sewage* 雨水. *storm sewer* 雨水道〔管〕,雨水沟. *storm valve* 暴风雨汽门〔节汽阀〕,排水口止回阀. *storm window* 风雨双层窗,(垂直)层层窗. *violent storm* 暴风,十一级风 (28.5～32.6 m/s). ▲*a storm of* 一阵(暴风雨)(般的). *storm and stress* 大动荡,大变动. *storm in a teacup* 〔*puddle*〕 小风浪,大惊小怪,小题大做. *take M by storm* 攻占(袭取)M,使 M 大吃一惊(大为感动).

storm-beaten *a.* 被暴风雨损坏的,风吹雨打的,饱经风霜的.

storm-center 或 **storm-centre** *n.* 风暴中心,风暴眼;骚乱的中心.

storm-cloud *n.* 暴风云,动乱的预兆.

storm-collector *n.* 雨水沟渠,雨水管.

stor'mer *n.* 斯托末(宇宙射线单位).

storm-flow *n.* 暴雨流量.

storm'glass *n.* 气候变化预测管.

storm-guyed pole 耐风暴加固电杆.

storm'ily ['stɔːmili] *ad.* 激烈地,猛烈地.

storm'iness *n.* 风暴〔磁暴〕度.

storm-lantern 或 **stormlamp** *n.* 防风灯,汽灯.

stormograph *n.* 气压记录器.

storm'proof *a.* 防暴风雨的,耐风暴的.

storm-tossed *a.* 飘摇于风暴中的.

storm-water *n.* 雨水.

storm'y ['stɔːmi] *a.* 暴风雨(般)的,(多)风暴的,猛烈的,激烈的,粗暴的,暴躁的.

storm-zone *n.* 风暴带〔区〕.

sto'ry ['stɔːri] Ⅰ *n.* ①故事,小说,传说〔记〕 ②历史,经历,阅历,事迹 ③传闻,情况〔节〕 ④记事,报道,描〔叙〕述 ⑤层(楼). *a building ten stories high* 一幢十层的建筑. *the first story* 〔英〕二楼,〔美〕底层,一楼. *a one-story house* 平房. *But this is only half the story.* 但这还只是问题的一半. ▲*All tell the same story.* 大家异口同声. *As the story goes* 据(传)说. *But that is another story.* 但那是另外一个问题,但那是另一问题. *feature story* 特写. *get the story across to M* 使 M 了解事情的经过. *It is another story now.* 现在情况不同了. *tell its* 〔*one's*〕 *own story* 不言自喻,本身就很清楚. *tell the story* 说明(这个)问题,把情况讲清楚. *The story goes* 〔*runs*〕 *that* ··· 据说. *the whole story* 详情,一五一十,(事情)始末,根由. *to make a long story short* 总之,简单说来.

stosszahlansatz *n.* 分子混乱性假设.

stout [staut] Ⅰ *a.* ①粗大的,粗〔肥〕壮的,结实的,(牢,稳)固的,稳定的 ②坚决的,勇敢的,顽强的 ③猛〔激〕烈的 ④厚的. Ⅱ *n.* 烈性黑啤酒. ～*ly* *ad.* ～*ness* *n.*

stout'en ['stautn] *v.* (使)变坚定,(使)变牢固,(使)变结实.

stove [stouv] Ⅰ *n.* (火,electric,烘,热风)炉,窑,加热器,暖房,温室. Ⅱ *vt.* 烙烘,烘(烤)干,用炉加温. Ⅲ *stave* 的过去式和过去分词. *gas stove* 煤气炉. *hot-*

blast stove 热风炉. *oil stove* 油炉. *stove bolt* 小〔短,炉用〕螺栓. *stove finish* 烘干的油漆. *stove fuel* 火炉燃料油,家用重油. *stove tile* 面〔瓷,搪炉〕砖.
stove'house n. 温室.
stove'pipe ['stouvpaip] n. ①(火炉)烟囱管,火炉管,外伸的排气管 ②迫击炮 ③火箭壳体 ④冲压式发动机.
stow [stou] vt. ①(仔细而紧密地)装(载,填,箱),包装,充填 ②堆置〔垛,装〕,收〔贮,隐〕藏 ③理仓. ▲ *stow away* 收藏,堆置. *stow down* 装载〔入〕. *stow M into N* 把 M 装到〔藏在〕N 中.
STOW =stowage.
stow'age ['stouidʒ] n. ①装载(法),堆装(法),(暂时)储存,贮藏 ②堆装〔装载〕场,装载处品,贮藏物 ③装载〔贮存〕容积,装载〔货物〕处,贮藏处(舱) ④装载设备 ⑤装货〔堆存,仓库〕费. *small stowage* 填舱货物. *stowage charges* 理仓费.
stow-wood n. 楔木,垫木.
STP =①satellite tracking program 卫星跟踪程序 ②scientifically treated petroleum 科学处理的石油 ③standard temperature and pressure 标准温度和压力〔气压〕.
STR =①short time rating 短时应用定额 ②straight 直线,直的 ③strainer 滤器,筛,应变器,拉紧装置 ④strip 窄条,跑道,跑道面 ⑤stripping 拆卸,剥离 ⑥submarine thermal reactor 潜艇用热中子反应堆.
StR =starting rheostat 起动变阻器.
str =①steamer 汽船 ②strainer 滤器〔网〕,筛,应变器;拉紧装置 ③strait 海峡 ④strength 强度 ⑤string (s)绳,带,弦.
str st =structural steel 结构钢.
strad'dle ['strædl] I v. ①跨〔立,在…上〕,骑着,叉开两脚(站立,走路) ②骑墙,(对…抱)观望(态度),对…不表态 ③夹叉弹,夹叉射击,跨目标射击 ④支柱,(炮的)夹叉. I a. 跨式的. *straddle attachment* 跨装附件,跨装法. *straddle conveyor* 跨立式输送机. *straddle cutter* [mill] 跨式铣刀,双面铣刀. *straddle mill work* 跨铣加工. *straddle scaffold* 跨立式脚手架. *straddling compaction* 踏步式夯实.
strafe [straːf] vt.; n. (低空)扫射,轰〔猛〕炸,(炮)击,斥责,惩罚.
strafer n. 扫射机,强击机. *dive strafer* 俯冲扫射机.
strag'gle ['strægl] vi. ①分〔离〕散,散布,歧离,蜿蜒 ②零零落落,七零八落(along),断断续续,时时发生 ③落后,落伍,脱离.
strag'gling ['stræglɪŋ] I n. ①(统计)离散,分散,分布 ②歧离,误差. I a. ①离〔分〕散的,散布的,不集中的,稀疏的 ②混乱零乱的,无序的 ③断续的 ④落后的. *energy straggling* 能量离散〔歧离〕. *instrumental straggling* 仪器离散〔误差〕. *range straggling* 射程歧离. *straggling parameter* 离散参数,偏(误)差参数.
strag'gly a. 蔓延的,散布的,七零八落的.
straight [streɪt] I a. ①直(线,线,通)的,笔直的,水平的,正向的,连续的,规矩的,整齐的,汽缸直排式的 ②纯〔净,粹〕的,不掺杂的,正确〔直〕的,可靠的 ③光(面,滑)的. I n. 直(线),尺,直立. I ad. ①直(接)(地),一直(地),坦率地,正确〔直〕地 ②立刻,马上. *straight abutment* 无翼桥台. *straight advancing klystron* 直射〔直进〕式速调管,双腔速调管. *straight alcohol* 纯酒精〔乙醇〕. *straight angle* 平角. *straight arch* 平拱. *straight asphalt* 纯(地)沥青. *straight bed lathe* 普通床身式车床. *straight bevel gear* 直齿伞齿轮. *straight bevel gear cutter* 直齿伞齿轮刨刀. *straight binary* 标准二进制. *straight bridge* 直线桥. *straight cement* 纯〔不加掺料的〕水泥. *straight chain* 直链. *straight clear path* 开阔直线段. *straight cup wheel* 直角碗形砂轮(碗口成直角的碗形金刚石砂轮). *straight cut* 纵向切削. *straight cutter holder* 直角装刀式(单刀)刀杆. *straight drill* 直柄钻头. *straight dynamite* 纯炸药. *straight edge* 刀边〔三棱,四棱〕样板平尺,平尺,直尺,规板,直规〔缘,梭〕,刮砂板〔尺〕. *straight eight* 单排八气缸. *straight flute* 直槽. *straight gasoline* 直馏汽油. *straight goods* 真相,事实. *straight gun* 直进式电子枪. *straight horn* 直射式喇叭〔号〕. *straight jet* 单回路涡轮喷气发动机. *straight job* (无拖车的)载重汽车. *straight joint* [splice] 直线〔直缝,无分叉〕接头,无分支连接. *straight land* (拉刀的)锋后导线. *straight line* 直线(的),线性的. *straight line capacity condenser* (电容标(度))正比电容器,直线电容式可变电容器. *straight line frequency condenser* 频(率)标(度)正比电容器,直线频率(可变)电容器. *straight line pen* 直线画笔. *straight line wave length condenser* 波长标度正比电容器,直线波长式可变电容器. *straight pin* 圆柱销. *straight product device*, *straight pulsed device* 直管状脉冲器件. *straight receiver* 高放大式接收机,直接放大式接收机. *straight reciprocating motion* 直线往复运动. *straight roller bearing* 普通滚柱轴承. *straight run* 直馏(馏份,产品). *straight sequence of events* 事件的先后顺序. *straight side crank press* 双柱曲柄压力机. *straight system* 高(直)式放大. *straight tamper* 平夯. *straight tension rod* 直接受拉钢筋. *straight thawing* 一次融透. *straight time* 正式工作时间,规定工时. *straight tool* 直头〔外圆车刀〕,直锋刀具. *straight tuner* 直接放大式调谐器. *straight type* 非水溶性型(冷却润滑液). *straight* (*type*) *wheel* 盘轮,平形砂轮. ▲ *bend M out of the straight by N* 使 M 产生 N 的挠度. *come straight to the point* 直截了当〔开门见山〕地说. *get straight* 了解,搞通,弄(凊)对. *keep straight on* 继续直进,一直做下去. *make straight* 弄直,整顿. *make straight for* 或 *go straight to* 直接到…去. *on the straight* 笔直,老实地. *out of the straight* 歪〔弯〕着. *put … straight* 整理〔顿〕,把…放平直. *see straight* 看得清楚. *shoot* [hit] *straight* 瞄准打,准确地射中. *straight away* [off] 立刻,马上. *straight out* 坦白〔直率〕地. *straight up from* 从…(一)直(向)上. *straight up and down* 直上直下.
straight-across-cut n. (接头处)横〔正〕切.
straight-ahead skid 向前直滑.

straightarm mixer 直臂拌和机.
straight'away' Ⅰ a.; ad. ①笔直的,直线行进的 ②通俗易懂的 ③立刻(的),马上. Ⅱ n. 直线跑道,直线段.
straight-blade a. 直叶片的.
straight-compound cycle 平行双轴燃气轮机循环.
straight-cut gear 正[直]齿齿轮.
straight-cut operation 纵向切削操作.
straight'edge Ⅰ n. 直标,平尺,直缘[棱],规板. Ⅱ vt. 把…一边弄直,用直尺检验,用直尺刮平.
straight-eight n. 八汽缸直排式(汽车).
straight'en ['streitn] v. ①弄[变,展,整]平,弄[拉,展,整,矫]直[正] ②弄清楚[正确],纠正,整顿,清理. bar straightening roll 辊式棒料矫直机. straightening machine 矫直[正]机. ▲straighten out(把…)弄[拉]直,打开解决,整顿,清理,弄清,(使)改正,(使)好转. straighten up 改善,整理[顿]拉[变]直,坚[立]起来,改正,好转.
straight'ener ['streitnə] n. 矫直机,整流装置;初轧板坯齐边压力机;整流栅. coil straightener 卷材矫直机. straightener (stator) blade 整流静叶片.
straightener-print n. 修相器.
straight-flow a. 直流的.
straightfor'ward ['streit'fɔ:wəd] Ⅰ a. ①直截了当的,简单(明了)的 ②老实(做)的 ②直接的,明确的,坦率的,正直的,直爽的,肯定的 ③顺向的,直进的,流水作业的. Ⅱ ad. 直截了当地,坦率地. ~ly ad. ~ness n.
straightfor'wards ad. 直截了当地,坦率地.
straight-freezing n. 一次冻透.
straight-going a. 直行的.
straight-grained a. 直纹(理)的.
straight-halved joint 对合接合.
straight-in approach (飞机)直线进场.
straight-line a. 直线(性)的,直排式的,带式的. straight-line capacitor(电)容标(度)正比电容器,直线性可变电容器. straight-line coding 直线式编程序,无循环程序. straight-line-frequency capacitor〔condenser〕频(率)标(度)正比电容器,直线频率式电容器. straight-line wavelength condenser 波长标度正比电容器,直线波长式电容器.
straight'ness n. 直(线性),正[平]度度,正直(性),直爽.
straight-out a. 坦率的,彻底的.
straight-penetration method 直接贯入法.
straight-run a. 直馏的,直馏馏份[产品].
straight-side tyre 直线轮胎,直边式胎.
straight-through a. 直通(流)的.
straight'way Ⅰ ad. 立刻(即),直接. Ⅱ a. 直通的,畅通无阻的.
strain [strein] Ⅰ v. ①拉(绷)紧,拉长,压缩[变形],(使)紧张,(使)(发,产生)变形,(过度使用和)损坏,扭歪〔伤〕,弯曲 ②尽全力,努力,加力〔载,荷〕③曲解,歪曲 ④(粗,过)滤.
Ⅱ n. ①应变,变形,形[肋]变,张(应)力,延伸率,单位伸长 ②拉紧,紧张,过劳,过度使用,负担,载荷,荷量,严峻的考验 ③扭波汲 ④(铸件)张胀,毛(飞)刺 ⑤气质,倾向 ⑥菌株〔种〕,品系,种(系),系族,血统 ⑦语气,笔调,(pl.)乐曲,曲调,旋律. bearing strain 支承应变,承压应变. bending strain 挠〔弯〕应变. cold strain 冷变形. rate of strain 应变率. shear(ing) strain(受)剪应变,切应变,剪力变形. strain clamp 耐拉线夹. strain energy 应变能. strain forces 变形力. strain gauge 应变仪〔计〕,应变电阻(片). strain gauge load cell 应变片负载柱,应变仪负荷传感器. strain hardening 变形硬化. strain of flexure 挠(弯)曲应变. strain pacer 定速应变试验装置. strain plate 拉线板. strain reactance 杂散〔寄生〕电抗. strain relief 溢流〔出气〕口口. strain tower 耐拉锁塔. strained casting 带飞边的铸件. strained interpretation 牵强附会的解释. straining arch 扶拱. straining beam 跨腰梁,横〔系〕梁. straining chamber(粗)滤室. straining element 抑制元件. straining meter 应变仪〔计〕. straining sill 二重桁架腰梁. strains and stresses 应变和应力. tensile〔tension〕strain 拉伸应变. thermal strain 热应变. wire strain gauge 电阻丝应变仪. The rope broke under the strain. 绳子拉断了. ▲be on the strain 处于紧张〔受力〕状态. put strain on 对…加负担. strain after 努力争取. strain at 用全力(做),(用力)拉[扯,拖],对…过于注意,难以〔不肯〕接受. strain every nerve 竭尽全力(做),全力以赴. strain off M (from N) 或 strain M out of N 滤去N(的)M,把M从N里的M滤出. strain through 滤过,渗出.
strain-aged steel 应变时效钢.
strain-aging n. 应变时效.
strain'er ['streinə] n. ①(粗,过)滤器,滤网,滤净器 ②筛,筛(子)网,筛网泥芯 ③应变器 ④(拉杆机的)拉(张)紧器,拉紧装置〔螺栓〕,联结器,松紧螺旋扣. air strainer 滤气器. strainer core 滤网(芯)片,浇口滤片,撤滤芯.
strain'ga(u)ge Ⅰ n. 应变仪,应变〔电阻〕片. Ⅱ v. 应变测量.
strain-gauging n. 应变测量.
strain-hardening n. 加工〔应变,形变〕硬化.
strain'less a. 无应(形)变的,不吃力的.
strain(o)meter n. 应变计(仪),伸长〔张力〕计.
strain-pulse n. 应变脉冲.
strain-ratio n. 应变率.
strain-viewer n. 应变观察仪.
strait [streit] Ⅰ a. 狭(窄)的,窄(小)的,密合的,艰困[难的],窘迫的. Ⅱ n. ①海峡,地峡 ②窄(通)道,狭口 ③困难,难局,窘迫. strait flange 窄凸缘. ▲be in great straits 处境非常困难. fall into hopeless straits 陷入绝境. in straits for 缺乏.
strait'en ['streitn] vt. ①弄窄 ②限制,收缩. be straitened in time 时间紧迫. be straitened in room 缺乏余地,余地不足. ▲be in straitened circumstances 处于贫困之中. be straitened for 缺乏,苦于没有.
strake [streik] n. ①籥条,铁(轮)箍 ②侧(外,列)板,底板 ③溜槽 ④条纹 ⑤狭长草地. garboard strake 龙骨翼〔邻〕板. sheer strake 舷缘〔顶〕列板.
strand =stranded 绞合的,多股电缆心线.
strand [strænd] Ⅰ n. ①(绳,线的)股,股绳〔线,

钢〕,根(绳),缕,纱,串 ②绞合〔合股〕线,多芯绞线,绞合金属绳,金属铠索,钢铠绳,软钢绳,裸多心电缆,撚线,导线束 ③(一根)纤维,单纱 ④要素,成分 ⑤(沙,海)岸,海滩,(海,湖)滨,矶. *a rope of three strands* 三股(拧成)的绳子. *a strand of wire* 一根. *three strands of rope* 三根绳. *strand anneal* 分股退火,带(线)材退火. *strand cable* 绞合〔扭绞〕电缆,绞(吊)线. *strand core* 钢绳的钢绞线芯. *strand line* 浅浅线. *strand mill* 多辊型钢轧机. *strand of rolls* 粗轧机. *strand pig casting machine* 单放铸铁机. *strand wire* 多股(绞)线,绳索. *strand wire bond* 多股绞线连接,扎线. Ⅱ v. ①绞合,股绞 ②异断⋯(一多)股 ③触礁,搁浅 ④使处于困境,使摔队,使落后. *stranded caisson* 出水〔搁浅〕沉箱. *stranded conductor* 绞线. *stranded wire* (多股)绞合线,股绞金属线,钢绞线. *stranding roll* 条钢粗轧机. ▲*be stranded* 搁浅,停顿,进退两难,束手无策,一筹莫展.

strand-annealing n. 带(线)材退火,分股退火.

strand'er [n.] 绞(合)机,绳缆接绞机.

strange [streindʒ] *a.* ①奇(异,怪,特)的,稀奇的,不可思议的 ②陌生的,生疏的,不习惯的,没有经验的,外行的 ③不同的,其它的,他的 ④奇妙的,神秘的,来路不明的. *strange particle* 奇异粒子. ▲*be strange to M* 不(习)惯于 M,没有见过 M. *strange as it may sound* 听(说)起来也许奇怪. *strange to say* 说也奇怪. ~*ly ad.*

strange-looking *a.* 奇形怪状的,样子〔形状〕奇特的.

strange'ness n. 奇异性. *strangeness number* 奇异数.

stranger [ˈstreindʒə] Ⅰ n. ①陌生(异乡,外国)人,新来者 ②门外汉,外行,生手 ③第三者,非当事人. Ⅱ *a.* 外国人的. ▲(*be*) *a stranger to* 不知道,不懂得,不习惯于.

stran'gle [ˈstræŋgl] v. ①扼杀,绞(勒)死,(使)窒息 ②抑(压)制.

stran'glehold n. 束缚,压制.

stran'gler [ˈstræŋglə] n. ①扼杀(压制)者 ②(汽化器的)阻气(阻塞,节流)门.

stran'gling n. 抑制,节流.

stran'gulate [ˈstræŋgjuleit] v. ①勒(绞)死,扼杀 ②(使)窒息. **strangula'tion** n.

strap [stræp] Ⅰ n. ①皮,带,铁,金属,窄,板,滑车,衬圈)带,(狭,带,嵌,铁皮,板组连接)条,扁,素 ②(系,盖,搭,衬,套,窄)板,(垫,小吊)片,紧固〔固定)夹板,搭接片(磁控管的耦合青 ③母线,磁控管的同极连接片 ④捷联(接) ⑤(磁控管的)耦腔,耦合环. *anode strap* 阳极条. *backing strap* (条状)垫板. *brake strap* 刹车带,闸带. *butt strap* 对接(搭接. *connection strap* 连接条〔片〕. *double strap* 双均压环. *eccentric strap* 偏心环. *filler neck strap* 注口颈圈. *gin strap* 三脚起重机吊索. *ground strap* 接地母线,接地汇流条. *rod strap* 杆条. *strap brake* 带闸. *strap clamp* 带夹. *strap coil* 铜带线圈. *strap iron* 条〔扁〕钢. *strap joint* 盖板接头. *strap lap joint* 夹板接合. *strap ring* 耦合环. *strap wire* 带状电线. *terminal strap* 接头条. *tyre strap* 轮胎衬带.

Ⅱ (*strapped*; *strap'ping*) *vt.* ①(用带子)捆扎,束住,固定(up),搭接(on),捷联(down) ②(用带)围测(桶的周长以确定容量). *strapped joint* 盖板接头,夹板接合. *strapped magnetron* 耦腔式(均压环式)磁控管. *strapped multiresonator circuit* 带均压环的多谐(振荡)电路.

strap-brake n. 带闸.

strap-down n. 捷联. *strap-down inertial system* 捷联式惯性制导系统.

strap-on n. 搭接. *solid strap-on* 固体(燃料火箭)发动机组.

strap'per n. 包扎人(捆包)机.

strap'ping [ˈstræpiŋ] n. ①皮带材料,捆带条 ②多腔磁控管空腔间的导体耦合系统,无用振荡模的抑制 ③橡皮膏,胶布 ④贴着法,绑扎法 ⑤(用带)围测(桶的周长以确定容量). *echelon strapping* (磁腔管的)阶梯式绕带. *strapping of tank* 测量油罐每单位高度容量.

strass [stræs] n. 有光彩的铅质玻璃,(铅质玻璃制成的)假钻石,假金刚石.

strat = strategic 战略的.

strata [ˈstrɑːtə] stratum 的复数.

strat'agem [ˈstrætidʒəm] n. 计谋〔策〕,策略,诡计.

stra'tascope [ˈstreitəskoup] n. 岩层观察镜.

strate [streit] n. 地层.

strate'gic(al) [strəˈtiːdʒik(əl)] *a.* 战略的,战略上(用)的,要害的,关键的,对全局有重要意义的. *strategic materials* 战略物质. *strategic point* 据点,战略要害,交通要害点,交通信息收集点.

strate'gically [strəˈtiːdʒikəli] *ad.* (在)战略上,处在关键地方,颇策略地.

strate'gics [strəˈtiːdʒiks] n. 兵法,战略学.

strat'egist [ˈstrætidʒist] n. 战略家.

strat'egy [ˈstrætidʒi] n. ①战略,策〔谋〕略,对策,计谋 ②兵法,战略学. *strategy and tactics* 战略与战术.

stra'ti [ˈstreitai] stratus 的复数.

strati- (词头) 层.

stratic'ulate [strəˈtikjulit] *a.* (成)薄层的,分层的.

stratifica'tion [strætifiˈkeiʃən] n. ①(分)层(次,叠,叠,化,结),成(分)层(现象,作用),层叠形成,劈理,地区分工. *differential stratification* 微差层,差置叠层. *stratification sampling* 分层取样. *stratification within the layer* 副层理.

strat'ified [ˈstrætifaid] *a.* 有层次的,分层的,成层的,复层的,层化(状)的. *stratified mixture* 分层混合料,层状混合物. *stratified plastics* 层压塑料. *stratified rocks* 成层岩. *stratified sampling* 分层抽样. *stratified sand* 层夹砂. *stratified soil* 分层土.

strat'iform [ˈstrætifɔːm] *a.* 层状的,成层的.

strat'ify [ˈstrætifai] v. (使)成层,(使)分层,层叠(化,积),流层错动,成层加料. *stratifying of charge* 成层装料.

strat'igram [ˈstrætigræm] n. 断层(体)图照片,X射线断层图.

stratigraph'ic(al) [strætiˈgræfik(əl)] *a.* 地层(学)的. *stratigraph-ic(al) break* 层缺. *stratigraphic(al) geology* 地层学. ~*ally ad.*

stratig'raphy [strəˈtigrəfi] n. 地层学,地层图.

Stratit element 钽(钨)电阻加热元件.

stra'to ['streitou] =stratosphere 同温[平流]层.
strato- [词头](同温)层.
stratobios n. 底层生物.
strat'ochamber n. 同温层实验室,高空舱.
strat'o-cir'rus n. 层卷云.
strat'ocruiser ['stræoukru:zə] n. 高空客机,高空巡航机.
strat'ocu'mulus n. 层积云.
stratograph'ic a. 色层分离的,色谱的. *stratographic analysis* 色层(分离法)分析.
stratog'raphy n. 色层分离(法),色谱法.
strat'oliner ['strætoulainə] n. 同温层客机,高空客机.
stratom'eter n. 土壤硬度计.
straton n. 层子.
strat'opause ['strætopɔ:z] n. 同温层[平流层]上限,平流层顶.
strat'oplane ['strætouplein] n. 同温层飞机.
strat'osphere ['strætousfiə] n. ①同温[平流]层 ②最上层,最高档,最高部位 ③尖端学科领域. **stratospher'ic** a.
strat'ostat n. 平流层气球.
strat'ovision ['strætouvi:ʒən] n (通过飞行器)在同温层转播的电视,飞机转播电视,呈翼电视.
stratovolca'no n. 层状火山,成层火山.
stra'tum ['streitəm] (pl. **stra'ta**) n. (地,岩,矿,阶)层,薄片. *air strata* 空气层. *oilbearing stratum* 地下油层. *privileged stratum* 特权阶层.
stra'tus ['streitəs] (pl. **stra'ti**) n. 层云.
straw [strɔ:] I n. ①禾秆,稻草,麦秸,茎管,(塑料)细管 ②没有价值的东西,无意义的事情,琐事小事,一点点. II a. ①稻草(麦秆)(做)的 ②没价值的,无意义的 ③假想的. *straw mulch* 腐殖肥,厩肥. *straw pavement* 禾秆加强土路. ▲*a straw in the wind* 或 *the straws in the winds* 苗头. *catch* [clutch, grasp] *at a straw* 捞[抓住]一根稻草,依靠完全靠不住的东西. *man of straw* 稻草人,傀儡,假想敌. *not worth a straw* 毫无价值,一文不值. *the last straw* 使人终于不能承受的最后所增加的负担,导火线. *throw straws against the wind* 螳臂挡车,想做做不到的事情.
straw'berry ['strɔ:bəri] n. 草莓. *strawberry tree* 杨梅树.
straw'y ['strɔ:i] a. 稻草(做,形)的,麦秆(做,形)的.
straw-yellow 草(淡)黄色.
stray [strei] I a. ①迷路的 ②杂[散]的,分[扩]散的,散逸[射]的,离群的 ③偶然(见到,发生)的,偶有的. II n. ①(pl.)杂散[寄生](电容),天电[无线电]干扰,杂[天]电 ②(石油钻探中)偶然出现的间层,空层 III vi. 离开(本题,正道),离题,偏离,离群,走离,迷途[失]. *stray bullet* 流弹. *stray capacitance* 〔capacity〕寄生[杂散]电容. *stray current* 杂散(漏)电流. *stray electron* 杂散电子. *stray field* 漏磁场,杂散场. *stray inductance* 漏[杂散,寄生]电感. *stray light* 杂光,漫射[散射]光. *stray loss* 杂散损耗. *stray neutron* 杂散中子. *stray pick-up* 杂散干扰(噪声)拾取,杂散[寄生](器),干扰感应器. *stray resistance* 杂散电阻. *stray value* 偏离值. *stray wave* 杂散波. ▲*stray far from* 远离. *stray from* 离开,偏离.
stray-capacity n. 寄生[杂散]电容.
STRCH = stretch 伸长,拉伸,(脉冲)加[展]宽.
streak [stri:k] I n. ①条纹[痕,斑],纹理(图),异离体,色[纹]理,条,层,波,影,拖影 ②(玻璃表面上的线道)波筋 ③(岩,矿)脉,(一,矿)间,层,矿物痕[粉]色 ④割沟,侧沟 ⑤气味,一点儿 ⑥短时间,一阵,(一刹那) II v. ①加(以)条纹[线条,纹理]② 形成条纹 ②飞跑,疾驰. *a streak of* 有一点儿,一道(光线). *streak camera* 超高速扫描摄影机,条纹摄像机. *streak flaw* 条状裂痕. *streak line* 条丝纹. *streak photograph* 纹影照相. *streak reagent* 纹条剂. *streak reagents for chromatography* 色谱法条痕(谱带)形成剂. *streak test* 痕色试验. ▲*go like a streak* 飞跑. *have a streak of* 有一点儿,有一些气味. *like a streak of lightning* 似闪电般地,飞快地,风驰电掣地. *streak of lightning* 闪电. *streak of luck* 幸运.
streaked a. 成痕的,成条纹的.
streak'ing ['stri:kiŋ] n. ①(出)划条纹,斑纹 ②品质不均匀,(颜料的)渗散 ③图像拖尾,拖影 ④开[划]沟,划线分离.
streak'y ['stri:ki] a. 不均匀的,不平均的,不一样的,易变的,不可靠的. **streak'ily** ad.
stream [stri:m] I n.; v. ①(河,水,液,气,潮)流,束,流线[束],(小)河 ②流出(注,动),射[涌]出,倾,注 ③涌失,流(通)量 ④洗矿 ⑤潮流,流向[势],倾向 ⑥飘扬,招展. *a stream of events* 一连串的事件. *choked stream* 壅[阻]塞气流. *electron stream* 电子流(注). *energy stream* 能流,能通量. *flow in streams* (in a stream) 奔流. *side stream* 支[分,侧]流. *stream bed* 河床. *stream channel* 河道. *stream crossing* 水道交叉,渡口. *stream flow* 河流,流量. *stream function* 流线函数. *stream gold* 砂金. *stream hardening* 喷水淬火. *stream line* 流(通)量. *stream of ion* 离子束. *stream of traffic* 车流. *stream pattern* 流线谱. *stream piracy* (robbery)河流截夺. *stream time* 连续开工时间,工作周期. *sun streams* 太阳光线. ▲*against the stream* 逆流,反潮流. (*be) on stream* 在生产中,进行(投入)生产. *down (the) stream* 顺流,向下游. *go (swim) with the stream* 随大流. *in streams* 或 *in a stream* 连[陆]续,连续不断. *in the stream* 在河的中流. *stream back* 返(回)流. *the stream of times* 时势,时代潮流. *up (the) stream* 逆流,向上游. *with the stream* 顺流.
stream'er ['stri:mə] n. ①光柱,光[射]束,由电子雪崩产生的流光,电子流,射光,闪流,(放电的)流,等离子体流(流束),光幕,(pl.)北极光 ②飘(烟,潮)风带,烟云,蒸气(热气)雾,烟墓(气墓)线 ③旗,横幅,广告,通栏标题 ④空投设备,通信筒 ⑤浮筒[筒](海上)拖缆.
stream'let ['stri:mlit] n. 小溪,细流.
stream'line ['stri:mlain] I n.; a. 流线(型),层流的,汽流,流水线. II vt. ①把...制[设计]成流线型,使流线(型)化 ②把...连成一个整体,使产生(顺流. ③使...现代(合理)化,精简(机构),革新. *free streamlines* 自由(位势,无旋)流线. *streamline*

body 流线体,流线形(车)体[身]. *streamline diagram* 流线图. *streamline flow* 流线型流(动),畅流. *streamline form* [*shape*] 流线型.

stream'lined *a.* ①流线(型)的,层流的,顺流安装的,连成一个整体的 ②现代[合理]化的,精简了的. *streamlined car* 流线型汽车. *streamlined course* 速成班. *streamlined methods* 合理化方法[作业法].

stream'liner *n.* 流线型物,流线型火车.

stream-tin *n.* 砂锡,锡砂.

stream'wise *ad.* 沿流动方向,顺流.

stream'y ['stri:mi] *a.* 多溪流的,流水般的.

street [stri:t] **I** *n.* ①街道,马路,行车道 ②道,列,迹. **II** *a.* 街道[上]的. *arterial street* 城市干道,干线[主要]街道. *street cleaner* 扫路车,清道工人. *street elbow* 带内外螺纹的弯管接头,异径弯(头)管,长臂肘管. *street front* 屋前空地,街面. *street reducer* 单向联轴节的减速器. *street roller* 压路机,路碾. *street survey* 街道交通调查,市街运量观测. *vortex street*(*s*) 涡街,涡道,涡旋迹. ▲ *in the street* 在街上[屋外,户外]. *the man in the street* 平常人. *not in the same street as M* 难以和 M 相比,不如 M 那么好,很难及得上 M. *not the length of a street* 很远的距离,些微的差别.

street'car *n.* (市内有轨)电车;轨道地球物理观察卫星(因其形同电车,故名).

street-traffic *n.* 街道交通.

stremmatograph *n.* 道轨受压纵向应力自记仪.

strength [streŋθ] *n.* ①强度(极限),抗力,(韧)力,浓度 ②力(量,气),实(医)力,人数 ③严格性. *adhesion strength* 粘着[附]力. *bending strength* 抗弯[挠]强度. *compressive strength* 抗压强度. *dioptric strength* 焦度. *field strength* 场强. *green strength* 湿生,压坯,生坯]强度. *high temperature strength* 热稳(耐)热,高温强固]性. *position of strength* 实力地位. *shear* (*ing*) *strength* 抗剪[剪切]强度. *strength of cement* 水泥标号. *strength of materials* 材料力学[强度]. *strength rivet* 强力铆. *tensile strength* 抗拉强度. *transverse strength* 横向[挠]强度. *undisturbed strength* 原状(试件)强度,未扰动试件强度. *working strength* 强度[工作]强度. ▲(*be*) *below strength* 定额以下,不足. (*be*) *in* (*great*) *strength* 力量强大. *by main strength* 全靠力气. *effective strength* 实额,实际人数. *exert all one's strength to* + *inf.* 尽自己全力来(做). *fighting strength* 战斗力. *for strength* 以提高强度. *gain in strength* 强度增长. *in full strength* 全体(动员). *on* [*upon*] *the strength of* 靠…的力量,凭(借),依赖,由于. *strength for* 抗…强度. *under strength* 定额以下(的),规定兵额以下(的). *up to strength* 达到定额. *with main strength* 尽全力.

strength'en ['streŋθən] *v.* 加强[固],增(变)强,强[硬]化,巩固,使发大. *strengthened edge* 加固(了)的边缘.

strenuos'ity [strenju'ɔsiti] *n.* 费力,使劲,艰苦努力.

stren'uous ['strenjuəs] *a.* ①费力的,艰苦的,须全力以赴的 ②努力的,紧张的,使劲的,用尽全力的,热烈的,不屈不挠的. *strenuous vibration* 剧烈振动. ▲ *make strenuous efforts* 尽全力. ~ *ly ad.* ~ *ness n.*

strepogenin *n.* 促长素.

streptamine *n.* 链霉胺.

streptidine *n.* 链霉胍.

streptobiosamine *n.* 链霉二糖胺.

streptocin *n.* 链球菌素.

streptococceae *n.* 链球菌族.

streptococcicosis *n.* 链球菌病.

streptococ'cus (pl. *streptococ'ci*) *n.* 链球菌.

streptoderma *n.* 链球菌皮肤病.

streptodermati'tis *n.* 链球菌皮炎.

streptodornase *n.* 链道酶,链球菌 DNA 酶.

streptoki'nase *n.* 链激酶,溶纤维蛋白酶.

streptolydigin *n.* 利链菌素.

streptolysin *n.* 链球菌溶血素.

streptomyces *n.* 链霉(链丝菌)属.

streptomy'cin *n.* 链霉素.

Streptoneura *n.* 扭神经亚纲(腹足纲).

streptonigrin *n.* 链黑菌素.

strep'tose *n.* 链霉糖.

streptothri'cin *n.* 链丝菌素.

streptovaricin *n.* 曲张链霉素.

streptozotocin *n.* 链脲佐菌素.

stress [stres] **I** *n.* ①应力,压力,压迫,胁强,受力(状态,作用),应激(反应),逆接反应,紧张状态 ②强调,(着)重点,重要性. **I** *vt.* ①强调,着重 ②加(受)压力,压,使…(处于)受力(状态),使紧张,使激化. *Its importance can't be stressed too much.* 它的重要性无论怎样强调都不算过分. *inherent* [*initial*] *stress* 初[自重,无外荷时的]应力. *stress concentration* 应力集中. *stress peening* 加载状态[加拉 应力状态]喷丸强化. *stress relieving* 消除应力(的,处理),应力解除,稳定化(处理),低温退火. *stress-strain* 应力-应变. *stress to rupture* 断裂应力. *tensile* [*tension*] *stress* 拉(张)应力. *thermal stress* 热(温差)应力. *working stress* 实用[安全,工作,许用]应力. ▲ *lay* [*place, put*] *stress on* [*upon*] 强调,着重点在…,注意,把重点放在…上. *times of stress* 非常(紧急,繁忙)时期. *under stress* 在受力时(状态下). *under* [*driven by*] *stress of* 迫于…的,在…的逼迫下.

stress-at-break *n.* 断裂应力.

stress'coat *n.* (检验)应力(用)涂料.

stress-deviation *n.* 应力(偏)差.

stress-difference *n.* 应力差.

stress'er *n.* 应激子.

stress'ing *n.* 加力(荷,载),应力分布. *stressing tendon* 力筋,受应力钢筋腱.

stress'less *a.* 无应力的,没有重音的.

stressom'eter *n.* 应力(胁强)计.

stress-optic(**al**) *a.* 光弹性的.

stress-producing force 引起应力的外力.

stress-raiser *n.* 应力集中源.

stress-relief *a.* 消除应力的.

stress-relieved *a.* (热处理)消除了应力的,为消除应力热处理过的.

stress-relieving n. 消除应力,低温退火.

stretch [stretʃ] I v.; n. ①伸(展,长,出,张,延,缩),拉(直,长,伸,紧),扣紧 ②展开(毁),展(松,铺)开,展(加)宽,扩大张,展 ③铺设,延伸绵,展,长),连绵,继续 ④范围,限度 ⑤直尺(规),样板平尺 ⑥(一次)持续的时间,一段路程,一次航程,(一次通过的)距离,路段,河段 ⑦弹性. II a. 弹性的. *a long stretch of time* 一段长时间. *over a stretch of 5 months* 五个月期间. *pulse stretching* 脉冲拓宽. *stretch circuit* (脉冲)展宽电路. *stretch draw dies* 张拉成形模. *stretch draw forming* 张拉成形. *stretch draw press* 张拉成形压力机. *stretch flange* 伸展[拉伸]凸缘. *stretch planishing* 旋压成形[加工]. *stretch roll* 张力辊. *stretched fiber* 受拉纤维. *stretched plate* 拉伸板. *stretching apparatus (of base line)* (基线)拉尺器. *stretching band* 电子振动带. *stretching bed* (预应力)张拉台. *stretching course* 顺(砌)砖层. *stretching force* 张(拉)力. *stretching resistance* 抗拉(张)力. *stretching screw* 调整(拉)紧螺杆. *stretching stress* 拉伸应力. *stretching wire* 张(预应力混凝土用)钢丝. ▲*a stretch of* 一片(条)…的过度扩大(过分使用). *at a stretch* 一口气,不休息地,不中断地,不停地. *at full stretch* 尽全力,非常紧张地. *bring to the stretch* 尽力,紧张. *on (upon) the stretch* (处于)紧张状态. *stretch a point* 破例作出让步;作过度的延伸,作牵强附会的说明. *stretch down* 沿着,连绵在. *stretch M on N* 把 M 绷在 N 上. *stretch out* (把…)伸(展,长)开,伸出,拉长.

stretchabil'ity n. 拉伸性.

stretch'er ['stretʃə] n. ①伸展(伸张,延伸)器,扩大(展宽)器 ②矫(薄板)矫直机 ③顺(砌,流)砖,顺砌,露砌石(砖),条砖 ④规轨矩)杆 ⑤横木(档,条),联轉 ⑥担架. *pulse stretcher* 脉冲展宽器. *stretcher bond* 顺砖砌合. *stretcher forming* 拉伸成形法. *stretcher strain* 拉伸变形.

stretch-out n. (不增加工资而迫使工人)增加劳动强度的工业管理制度.

stretch'y ['stretʃi] a. 能伸长的,有弹性的. *stretchy nylon* 弹性尼龙.

strew [struː] (strewed, strewn 或 strewed) v. 撒,散播,铺,点缀. ▲*strew M with N* 在 M 上铺 N,把 N 撒在 M 上. *strew M over N* 把 N 撒在 M 上.

STRG =steering 驾驶,操纵,控制.

stri'a ['straiə] (pl. *stri'æ* 或 *stri'ae*) n. ①条纹(痕),裂纹,线条,擦痕②细沟,柱沟,细槽③壳纹,壳线间隙④(玻璃表面的线道)波筋⑤[晶]第二类滑移带.

stri'ae ['straiː] stria 的复数.

stri'ate I ['straieit] vt. 在…上加线条(线条,条痕,条纹,细沟). II ['straiit] a. 有条纹(线条,沟纹)的,成纹的. *striate gypsum* 纤维石膏. ~ly ad.

stria'ted ['straieitid] a. 有条纹(线条,细沟,沟痕)的,纹状的,成纹的. *striated column* 成(层)层塔. *striated effect* 成线效应.

stria'tion [strai'eiʃən] n. ①(擦)纹,(擦)痕,细沟(状)线条(状),形成条纹,条纹组织,纹状层 (劈)理 ②流束,光条(放电),(辉光放电产生的)辉纹,光亮纹 ③大气结构切面纹. *striation technique* 辉纹技术.

stri'ature ['straiətʃə] =striation.

strick'en ['strikən] I strike 的过去分词. II a. ①被打中的,负伤的,受灾(害)的,患病的 ②被刮得与量器边缘齐平的. *stricken hour* 整整的一小时. *stricken in years* 年老的,年迈力衰的. *stricken with* 被…所折磨的,患(…病).

strick'le ['strikl] I n. ①(铸)刮器模,刮(车)板,斗刮,铸型棍,砂铂,折角条 ②油石,磨石. II vt. 刮平(尺寸),磨光(饰). *strickle arm of the sweeping tackle* 车板架横臂. *strickle board* 造型刮板. *strickle moulding* 车板造型.

strick'ling n. 刮,刮板(车板)造型,车制(砂型).

strict [strikt] a. 严格(密,谨,厉)的,精确(密)的,紧密的,明确的. *strict root condition* 严格(的)根条件. *strict secrecy* 绝密. ▲*in the strict (est) sense (of the word)* 严格地(讲),严格说来.

stric'tion n. 收缩,紧缩,颈缩.

strict'ly ad. 严格地,精确地,绝对地,的确. ▲*strictly speaking* 严格地说,严格说来.

strict'ness n. 严格,精确,紧密.

stric'ture ['striktʃə] n. ①严厉批评,责难 ②束缚(物),限制(物) ③狭窄.

stric'tured a. 狭窄的.

strid'(den) ['strid(n)] stride 的过去分词.

stride [straid] (strode, strid 或 strid'den) I v. 迈步(过),跨过(across, over),阔步,大踏步走,进展. II n. ①(大)步,测步,步(调),一大步的距离(宽度),一跨(的宽度)②进展(步). *advance in (with) giant strides* 大踏步前进. *striding level* 跨水准(器). ▲*at (in) a stride* 一跨(就有多远). *hit (get into, strike) one's stride* 开始上轨道,使出干劲. *make great (rapid) strides* 大有进步,进步迅速. *take … in one's stride* 一跨就跳过,轻易解决…(困难),一下子就克服…(困难). *take … strides* 走…步. *with great (big, rapid) strides* 大踏步地,迅步地.

stri'dent ['straidnt] a. 轧轧响的,刺耳的. ~ly ad.

strid'ulate ['stridjuleit] vi. 轧轧作响,发出刺耳的声音. **strid'ulant** a. **stridula'tion** n.

stridulatory sound 粗锐的摩擦(噪)声.

strife [straif] n. 争吵,冲突,竞争,斗争. *be at strife* 不和. *civil strife* 内乱.

stri'ga ['straigə] n. 柱褥.

Strig'iformes n. 枭属,猫头鹰属.

strike [straik] I v. (struck, struck 或 stricken) v. II n. ①打,攻(中,击,袭,击),冲(撞,击),撞,擒,投,射(照,作用,打)到…上,碰(接触)到 ②透(穿)过,刺,穿,戳进,(使)深入 ③放电,触发(电弧),起弧,触击(大电流快速)与电键,电解沉积法 ④发现,找(碰)到到大电流,凑到 ⑤铸造,压制(出),锻打,打制(出) ⑥造成印像,吸引 …注意下拆除,剥平 ⑧勾(取)消 ⑨罢工 ⑩[地质]走向 ⑪勾缝,刮板,弹粉线. *strike a balance* 结账. *strike a bed* 发现矿(矿)层. *strike a bump* 突然遇到凸起的地方,颠簸一下. *strike a lead* 找到矿脉. *strike a match* 擦火柴. *strike copies* 复制. *strike oil* 发现油田,钻井发现石油. strike the hours(钟表)报时刻. Strike while the iron is hot. 趁热打铁. arc strike 引弧,弧光放电,电弧触效[闪击]. striking voltage of arc 起弧电压. struck capacity 平均容量. ▲strike a balance (between) (在…之间)取得平衡,找到解决矛盾的办法,权衡利弊. strike a happy combination of 幸而把…结合在一起,幸而既…又…. strike a note 给予一种特殊印象. strike against 碰[撞,敲],打于…上. strike aside 打[擎]开. strike at 打[袭]击,向…打击. strike down 打倒. strike home 打中要害,有效. strike in with 插入(一个…). strike into 突然(开始),打[刺]进,侵入. strike off 砍[删],除去,勾[取]消,拆模,刮[整]平,刮砂,印刷. strike out 打[敲]出,冲压成,想出[出,做成,产生,设计出,筹划,(突然)采取某行动,划掉,删去,展开. strike sparks (from) (从…上,在…上)打[溅]出火星[花]. strike the (proper) balance of M and N 在 M 和 N 之间得到(适当的)平衡. strike through 刺[戳,击]穿,透过,删去. strike up 开始,形成,在…上烤花,雕出,结(交). strike upon an idea 想起一个主意.

strike-off n. 整[刮]平.

strike-over n. (打字时)两个字母重叠.

stri′ker [′straikə] n. ①大铁锤,(钟,擂)锤,斗刮 ②撞针,冲击仪 ③罢工者.

stri′king [′straikiŋ] n. ①打击 ②拆除支架,刮平 ③触发(电弧),引弧,(电弧)放电④(共沉淀)分出(作用),(共沉淀)捕集(作用). Ⅰ a. ①显著的,明显的,触目的,惊人的 ②打[突,攻]击的 ③罢工的. striking board 样板,刮平板. striking contrast 显著的对比. striking current 起弧[击穿,着火]电流. striking off 勾缝,嵌缝,刮平. striking potential 着火[放电,起弧]电位,闪击电压.

striking-distance n. 攻击[放电,闪击]距离,火花间隙,射程.

stri′kingly ad. 显著[突出,惊人]地,引人注目地. stri′kingness n.

string [striŋ] Ⅰ n. ①(细)绳,带(子),线,(小)索,纤维 ②弦(线) ③(一)串[行,列,排,队]),串列,信息[字符]串,连接程序,连系,拉紧 ④钻具组 ⑤楼梯梁,束带层 ⑥ pl. 条件. a (piece of) string 一根绳(带). alphabetic string 字母串. string drive 弦丝传动. string electrometer 弦线式静电计. string filter 纹条滤器. string galvanometer 弦线电流[检流]计. string of tank cars 油槽车列,一列铁路油罐车. string oscillograph 弦线式示波器. string piece 纵梁,楼梯基. string pointer (仪表)弦挖指针. string polygon 索多边形. string potentiometer 弦线电位计. string proof test 纤维试验. string quote 行引号. ▲a second string to one′s bow 别的手段,第二种办法. a string of 一串[行,列,排,队]. harp on one string or harp on the same string 反复弹[写]同一题目,老调重弹. have two strings to one′s bow 准备两手,有第二种办法. pull (the) strings 在幕后操纵. the first string 第一种办法. (with) no strings attached 不附带条件. without strings. 无(附带)条件.

Ⅱ (strung, strung) v. ①装弦于,架线 ②用带[绳]捆扎,吊在绳上 ③把…串起来,排成一串[行,列] ④伸展,拉直 ⑤沿管线敷设管道. ▲be strung up 被拉紧,很紧张,准备努力. string out 成串地展开,排成一列,引伸. string together 串联在一起. string up 吊[挂]起.

string′board n. 楼梯斜梁侧板,楼基盖板.

string′course n. 束带层,层拱.

stringed [striŋd] a. 有弦的,用弦缚住的. stringed instrument 弦乐器.

strin′gency [′strindʒənsi] n. ①紧急,迫切,缺少 ②严格(性),严重,严厉 ③说服力 ④(检验的)强度. financial stringency 银根紧.

strin′gent [′strindʒənt] a. ①严格的,精确的,必须遵守的 ②(银根)紧的,紧急的,迫切的,严厉的,缺少的 ③有说服力的. stringent tolerance 严格[精确]容差. ～ly ad. ～ness n.

string′er [′striŋə] n. ①纵梁[桁,材],桁条,长桁,楼梯斜梁,楼梯基 ②纵向加强肋[杆,板,条,等],纵枕木,纵向轨枕 ③吊梁,架设装置 ④辐照孔道塞 ⑤断续高速层,脉道,细脉. stringer bead 窄焊道(焊条不横摆). stringer bracing 纵梁斜撑. stringer bridge 纵梁桥.

string′iness n. 纤维[拉丝]性,粘性.

string′ing n. 排成一串,放样.

string′less a. 无弦的.

string′piece n. 纵梁,楼梯基.

string-shadow instrument 弦线式仪表.

string′y [′striŋi] a. ①(像)线的,绳(似)的,带子的 ②纤维(质)的 ③粘性[稠]的,拉丝的.

stri′ogram n. 辉光图.

stri′olate [′straiəleit] a. 有小细槽的,有细条纹的.

strip [strip] Ⅰ (stripped; stripping) v. ①剥(去,光,离,落,裂,夺),除(取,核去,板),掠夺 ②拆卸[开,口],分解,脱[拆,漏,起]模,顶(出)型(壳) ③(齿轮齿面,螺纹)剥伤(落),(齿)折断,(螺纹)磨伤 ④汽(洗)提,解吸,萃取,去膜[胶],去色 ⑤拉线 ⑥露天开采(采掘,露的),剥(把)除表土,扇平(土层泥土). strip the gears 折断齿轮的齿,轮齿剥伤. strip with water 用水冲洗,水力剥离. stripped atom 裸原子,失(去外层)电子的原子. stripped emulsion 剥离乳胶. stripped neutron 剥离中子,(d, p) 反应的中子. stripped nucleus 裸核. stripped output 贫化产物产额[产量]. stripped plasma 完全(电离的)等离子体. stripped surface 清基面. ▲be stripped of 剥(去)掉. strip M from N 剥出 N 的 M. strip M of N 剥去 M 的 N. strip off 剥去(开,离),除掉.

Ⅱ n. ①(带(状)物,路带,(狭,窄,长,板)(狭长)片,狭长地带 ②棒,束,支板 ③带钢(材),簧片 ④(简易)跑道,简易机场 ⑤露天开采,搞矿机排矿沉淀槽 ⑥螺丝牙(齿轮齿面)剥伤 ⑦航旅摄卡,条幅式侦察照片. backing strip 背垫条,条状垫板. caulking strip 敛缝条. cold strip steel 冷轧带钢. control strip 控制棒. designation strip 名牌,牌子. film strip 摄影软片,电影软片. green strip 轧制(未经烧结的)粉带. guide strip 导轨,导向板(器). hot strip mill 带钢热轧机. IF [intermediate frequency] strip 中频放大级组,中频部分,中频放大级. metallized strip 敷金属带. peak strip 绕线式脉冲传感器. plug-in strip 插入片,闸刀(刀形)开关. power strip 电源

〔供电〕板，配电盘. *section strip* 异形带钢. *sheet strip* 带钢. *strip attenuator* 条带形衰减器. *strip bar* 窄扁钢. *strip breakage* 带材拉断. *strip breakdown* 板〔扁〕坯. *strip coating* 带式镀膜，可剥涂料. *strip conductor* 条状〔条形〕导体，塔接导片. *strip film* 可剥膜，剥离〔乳胶〕片. *strip handle* 起模手柄. *strip heater* 电热丝式加热器. *strip iron* 窄带钢. *strip lamp* 带状灯，灯管. *strip line* 带线状线，夹心线，电介质条状线，传送带. *strip log* 柱状录井图，柱状剖面图. *strip machine* 脱模机，抽绞机，拉筑机床，剥皮机，粗加工机床. *strip mill* 带钢轧机. *strip mine* 露天矿. *strip miner* 露天采矿〔剥离〕工人. *strip mining* 露天采矿. *strip pit* 露天采石场. *strip pulse* 行同步脉冲. *strip steel* 带钢，钢带. *strip tension* 带钢张力. *strip width* 条〔行〕宽. *tape strip* 磁〔记〕带脱углы. *taxi strip* 滑行道. *terminal strip* 接线条，端子板. *wear strip* 防磨条，防磨损板. ▲*a strip of* 一条. *a strip of paper*〔*cloth, board*〕纸〔布，板〕条.

strip-chart n. 带状图.

strip′coat＝strippable coating 可剥离〔离〕层，可剥性涂料.

stripe [straip] Ⅰ n. ①条〔子，纹〕，条纹布，镶条，色条②车道③种，类，性质，派. *stripe rust* 条锈病. *stripe test* 色条试验. *the Stars and Stripes*（美国）星条旗. *of various stripes* 形形色色的.
Ⅱ vt. 加〔划〕上条纹，…上划〔标〕线，使成条状，划分车道. *striping machine* 划线机.

striped [straipt] a. 有〔成〕条纹的，成棒的. *fine striped memory*〔*storage*〕【计】微带存储器.

strip′light n. 带形(光束)照明器，长条状灯.

strip′line n. 电介质条状线，微波带状线.

strip′mine n. 露天矿.

strip′mining n. 露天开采〔剥离，采矿〕.

strip′pable a. 可剥〔移，拆，取〕去的，可摘取的. *strippable coating* 可剥性涂料.

strip′pant n. 洗涤〔解吸〕剂.

strip′per ['stripə] n. ①〔冲孔〕模板 ②脱膜〔锭〕机，顶壳机，拆卸机〔器〕，出坯〔脱膜〕机器，分离装置 ③剥皮〔离〕器，去（绝缘）层器，（电解）剥片机，可变高压电极 ④卸料器 ⑤涂层〔膜〕消除剂，剥离〔洗掉〕剂，去除〔膜〕剂 ⑥汽提〔解吸〕塔，选提器，汽提〔分离〕段 ⑦刨煤机，剥离电铲 ⑧低产〔枯竭〕油井，（纹联中）贫化段，含化器 ⑨露天矿矿工. *fission-product stripper* 裂变产物分离装置. *fixed stripper* 固定模板. *ingot stripper* (钢锭)脱模机. *paint stripper* 洗涤剂. *refined oil stripper* 精制油的汽提塔. *spring stripper* 弹簧卸料板. *squeeze stripper moulding machine* 挤箱压实式造型机. *stripper cell* 种板槽，剥离室. *stripper crane* 脱模〔剥片〕吊车. *stripper machine* 脱模机，卸料机. *stripper pin* 起模顶杆，脱模销. *stripper plate* 〔脱〕模板，分馏柱塔板，挤压板. *stripper plate mould* 脱〔模〕板型模，丁字型模. *stripper punch* 脱模〔顶件〕冲头. *waste water stripper* 废水汽提塔. *wire stripper* 剥皮钳，剥去电线绝缘层机.

strip′ping ['stripiŋ] n. ①拆开〔卸〕，破裂，剥裂，贫化，断脱，除去 ②脱〔漏，起〕模，脱芯，顶壳 ③剥片〔离，开，落，裂，皮〕，去皮〔膜，胶，色〕④洗提〔涤〕，冲洗〔掉〕，溶出〔脱〕，(单体)汽提，解吸(产物) ⑤（pl.）轻油部分 ⑥露天开采. *air stripping* 空气清洗. *cable stripping* 剥去电缆编织层. *copper stripping electrolysis* 脱铜电解. *ingot stripping crane* 脱模吊车. *steam stripping* 汽提. *stripping crane* 脱模〔剥片〕吊车. *stripping film* 可剥膜，剥离（乳胶）片. *stripping machine* 脱模机，卸料器. *stripping of the site* 铲除场地表土. *stripping paper* 条盛纸. *stripping pattern* 漏模. *stripping pins* 推杆，顶箱杆. *stripping (power) shovel* 矿山表层剥离机. *stripping still* 汽提蒸馏器. *stripping test* 汽提〔去膜，去胶〕试验，溶除锌镀层镀着量测定.

strip-rolling n. 带材〔粉带〕轧制.

strip-suspension type 轴尖悬置〔支承〕式.

strip-type magnetron 耦腔磁控管.

stri′py ['straipi] a. 有条纹的，条状的. **stri′piness** n.

strive [straiv] (*strove* 或 *strived*; *striv′en* 或 *strived*) vi. 努力，争取 ②斗〔竞〕争，奋斗，反抗. *strive to remould one's world outlook* 努力改造世界观. ▲*strive after* 为…而奋斗，努力追求. *strive against* 和…作斗争. *strive for* 争取，为…而努力. *strive to* + *inf.* 争取〔力求，努力〕（做）. *strive with* 和…作斗争.

striv′en ['strivn] *strive* 的过去分词.

STRNR＝strainer 滤器，滤(网)，应变器，拉紧装置.

strobe [stroub] Ⅰ n. ①闸门，选通〔读取〕脉冲 ②频闪观测器〔仪〕③频闪放电管. Ⅱ v. 闸，选通，发出选通脉冲. *lock-following strobe* 跟踪选通脉冲. *strobe gate* 选通门. *strobe lamp* 闪光灯. *strobe light* 频闪灯光. *strobe pulse* 选通脉冲. *strobe switch* 门电路〔选通脉冲〕转换开关. *strobe unit* 选通装置. *strobing gate* 选通门. *strobing pulse* 选通脉冲. *walking strobe* 移动脉冲闸门，移动选通脉冲.

stro′beacon n.（在能见度差时便于飞机降落的）闪光灯标.

strobila′tion n. 横裂，节裂.

strobilus n. 链体（绿虫），孢叶球.

stro′bo ['stroubə] n. 闪光放电管，频闪观测器，频闪仪.

stro′boflash n.（频闪观测器的，闪光放电管的）闪光，频闪.

stro′boglow n. 带氛闸流管的频闪观测器.

stro′bolamp n. 旋光试验灯（检查汽车发动机点火时刻与自动点火装置工作用的设备）.

stro′bolume n. 高强度闪光灯.

stro′bolux n.（大型）频闪观测器，闪光仪.

strobophonom′eter n. 爆震测声计（测汽油在发动机中爆震时声音强度的仪器）.

strobores′onance n. 频闪共振.

stro′boscope ['stroubəskoup] n. ①频闪观测器〔仪〕，闪光（测频）仪，频闪仪，示速器 ②万花筒 ③转速很高〔频繁〕观测法. *stroboscope method* 频闪观测法，闪光测频法. *ultrasonic stroboscope* 超声波频闪观测器.

stroboscop′ic [stroubə'skɔpik] a. 频闪（观测）的.

strobos'copy

stroboscopic disc 频闪观测盘,示速器圆盘. *stroboscopic effect* 频闪效应. *stroboscopic method* 频闪观测法,闪光测频法.
strobos'copy n. 频闪观测法,闪光测频法.
stro'botac ['stroubətæk] n. 频闪(观测)转速计,频闪测速器.
stro'botach n. 频闪测速计.
strob'otron ['strəbɔtrɔn] n. 频闪放电管(有控制栅的冷阴极充气管). *strobotron circuit* (闸)门电路,选通(频闪测)电路.
strode [stroud] stride 的过去式.
stroke [strouk] I n. ①打(冲,撞)击,(一)击,(一)敲,闪击,雷击 ②冲程(量),行(动,升)程,升高,提升路线(高度),冲程(活塞冲程大于缸径). *on the forward stroke* 在前推动行(冲程)中. *power stroke* 动力(膨胀)冲程. *return stroke* (返)回(行)程. *square stroke* 等径冲程. *stroke capacity* 冲程容量. *stroke down* 下行程,下冲程. *stroke milling* 行切,直线刀曲面仿形铣(铣刀在一次走刀中,只有上下和纵或横一个方向的移动). *stroke of crane* 起重机的起重高度. *stroke of table* 工作台冲程. *stroke operation*【数】加横运算.【计】"与非"操作. *stroke volume* 冲程容积,心博量. *up stroke* 上行冲程. *working stroke* 工作(爆炸)冲程. ▲*at a (one) stroke* 一举(击,次),一(口)气. *fine stroke* 大成功,成绩极好. *with one stroke* 一举,一次(的努力).
stroke-bore ratio 冲程缸径比.
stroll [stroul] n.; v. 散步,漫步,遛达,流浪.
stro'ma n. 子座,基质,基座.
stromatin n. (红细胞)基质蛋白.
stromatolith n. 叠层.
stromatol'ysis n. 基质溶解.
strong [strɔŋ] a. ①强(烈,大,壮)的,坚(稳)固的,(强)有力的②浓(厚)的,肥(沃)的. *extra strong pipe* 特厚壁钢管,特强管,粗管. *strong acid* 强酸. *strong breeze* 强〔六级〕风. *strong clay* 肥粘土. *strong current* 强电流. *strong deflagration* 急燃. *strong focusing* 强聚焦. *strong gale* 烈〔九级〕风. *strong law of large numbers* 强大数定律,大数定律. *strong man* 大力士,实力派,铁腕人物. *strong room* 保险库. *strong steel* 高强度钢,强力钢. *strong topology* 强拓扑. ~ly ad.
strong-arm I a. 强暴的. II vt. 用暴力对付.
strong-box n. 保险箱.
strong'hold n. 要塞,据点,堡垒,大本营.
stron'tia ['strɔnʃiə] n. 氧化锶. *strontia hydrate (water)* 氢氧化锶.
stron'tian ['strɔnʃiən] n.【化】锶 Sr.
stron'tianite n. 菱锶矿.
stron'tium ['strɔnʃiəm] n.【化】锶 Sr.
strop [strɔp] n. (滑车的)环(带)索,滑车带.

strut

strophanthidin n. 羊角拗定,毒毛旋花式元[甘配基].
strophan'thin n. 毒毛旋花式,羊角拗肌.
strophanthobiose n. 羊角旋花二糖,羊角拗二糖.
strophantoside n. 羊角拗糖式,绿麻羊角拗式.
strophoid n. 环索线.
strophotron n. 多次反射振荡器.
strove [strouv] strive 的过去式.
struck [strʌk] I strike 的过去式和过去分词. I a. ①敲击了的,袭击了的,碰撞的,击穿了的,铸造的,压制的②因罢工而关闭的. *struck atom* 被击(冲击,反跳)原子. *struck capacity*(斗的,翻斗车的)平斗容量. *struck joint* 敲接,刮缝.
STRUCT 或 **struct**=structure.
struc'tite ['strʌktait] n. 混凝土快速修补剂.
struc'ton n. 结构子.
struc'tural ['strʌktʃərəl] a. 结构(上)的,构造(架成)的,建筑(上,物)的,组织(上)的. *structural formula* 结构式. *structural glass* 大块[建筑(用)]玻璃. *structural return loss* 匹配连接时的衰耗,结构回路损耗. *structural stability* 结构稳定性. *structural timber* 建筑用木料.
struc'turally ad. 结构(构造)上.
structural-stable a. 结构稳定的,具有稳结构的.
structural-unstable a. 结构不稳定的.
structural-viscous a. 化化(反常)粘度的,非牛顿的.
struc'ture ['strʌktʃə] I n. ①结构,【数】格结构,构造,构件,组织,纹理 ②设备,装置 ③建筑(构筑)物,房屋 ④构(桁)架,格,络. II v. 建立(筑),构筑[成],配置. *hard structure* 硬式(防原子)结构. *laminated structure* 层压[层状,胶合板]结构. *microscopic structure* 显微组织. *pine-tree structure* 枝晶结构. *shell structure* 薄壳(壳体)结构,充式建筑物. *structure nose* 构筑物的突出部分. *structured programming* 结构程序设计.
structure-dependent a. 结构敏感的,与结构有关的.
structure-insensitive a. 结构不敏感的,与结构无关的.
struc'tureless a. 无结构的,无定形的,不结晶的.
structure-sensitive a. 结构敏感的,与结构有关的.
structure-symbol n. 结构符号.
structuriza'tion n. 结构化.
struc'turized a. 有结构的,结构化的.
strug'gle ['strʌgl] vi.; n. 斗争,奋斗,努力. *class struggle* 阶级斗争. ▲*struggle against* 向…展开斗争,与…作斗争. *struggle for* 为…而斗争. *struggle on* 继续努力,竭力支持下去. *struggle to*+inf. 努力(做). *struggle with* 与…作斗争.
strum n. 腊模,吸入滤网. v. 乱弹[奏].
strung [strʌŋ] string 的过去式和过去分词.
strut [strʌt] I n. (支,短)柱,坚直构件支柱,支(压,斜,撑)杆,支(压,斜,对角,机,轨)撑,撑拉筋,撑条,抗压构件. II v. (用支柱)支持[支撑,撑住,加固],给…加撑杆. *angle strut* 角铁支柱,角材支柱. *bracing strut* 支柱,支(斜)杆,斜撑. *drag strut* 阻力支柱. *float strut* 浮筒支柱. *invar strut piston* 镶有恒范钢片的活塞,殷钢嵌片活塞. *shock (absorber, absorbing) strut* 减震柱. *strut antenna* 支杆天线,

strut-framed 飞机用垂直〔支柱式〕天线. *strut beam* 支梁. *strut bracing* 支撑, 压杆.

strut-framed *a.* 撑架的, 撑架式.

strut'ting *n.* 支撑(物), 加固. *strutting piece* 支撑件.

struverite *n.* 钛铌钽矿, 钽(铁)金红石.

Strux *n.* 一种高强度钢(碳 0.40～0.47%, 锰 0.75～1%, 硅 0.50～0.80%, 镍 0.60～0.90%, 铬 0.8～1.05%, 钼 0.45 ～ 0.60%, 钒 约 0.1%, 硼 0.0005%).

strych'nine *n.* 马钱子碱, 士的宁.

STS =special treatment steel 特殊处理钢, 特制钢.

STTL = Schottky transistor-transistor logic 肖特基晶体管-晶体管逻辑.

stu =student 学生, 研究生.

stub [stʌb] **I** *n.* ①树〔短〕桩, 残段〔干, 根, 端, 极〕, 断株, 剩余部分, 突出部 ②(粗)短(支)柱, 节, 柱〔桩〕墩 ③短管〔轴, 棒〕, 分线棒 ④(波导)短〔截〕线, 匹配短线, 截线, 线头, 抽头, 波导管短路器 ⑤短端, 管接头, 接管座, 连杆头, 截短的零件, 轴类零件的料头, 票〔存〕根. **II** *a.* 短(而粗)的, 短截的. **III** *vt.* ①连根挖〔拔〕, 清除树桩, 根〔清〕除(up) ②捻熄. *clean stub* 新(导电)桩. *coupling stub* 耦合短线. *ingot stub* 残锭, 锭头. *matching stub* 匹配短〔截〕线. *sleeve stub* 套管短柱. *stub arm* 短〔截〕线, 支路, 回线. *stub axle*(汽车)的转向节, 短轴, 丁字轴. *stub bar* 料头, 剩余的材料. *stub cable* 连接〔尾巴〕电缆. *stub card* 存根〔计数〕卡片. *stub end* 连杆端, 木料大头. *stub gear tooth* 短(齿轮)齿. *stub line*(接)线段, 短截线. *stub mortise* 短粗榫眼. *stub nail* 短而粗的铁钉. *stub pole* 短木柱. *stub screw machine reamer* 短型机用铰刀. *stub teeth* 短齿. *stub tenon* 短粗榫. *stub tuner* 短(路)线调谐器, 调谐短截线.

stubbed *a.* 多(似)树桩的, 短而粗的.

stub'ble ['stʌbl] *n.* 残株, 茬, 残梗状的东西.

stub'born ['stʌbən] *a.* ①顽固〔强〕的, 固执的 ②棘手的, 难对付处理的, 熔化的. ～ly *ad.* ～ness *n.*

stub'by ['stʌbi] *a.* 粗而短的, 用钝的. *stubby driver* 木柄木螺钉起子.

stub-line *n.* 短截线.

stub-mounted *a.* 短线〔管, 轴〕支撑的.

stub-supported *a.* 短线〔管, 轴〕支撑的.

stub'wing *n.* 短(机)翼.

stuc'co ['stʌkou] **I** *n.* (粉饰)灰泥, 抹灰用石膏, 灰墁, (拉)毛粉饰, 撒砂(熔模铸造). **II** *vt.* 涂灰泥, (用灰泥)粉饰, 刷饰.

stuc'cowork *n.* 拉毛粉刷工作.

stuck [stʌk] stick 的过去式和过去分词.

stuck'-up' *a.* 自高自大的, 傲慢的.

stud [stʌd] **I** *n.* ①双头〔端〕螺栓, 柱〔头, 状〕螺栓, 螺栓〔杆〕②大头钉, 产(有螺旋的)嵌钉 ③柱头, 柱销〔子〔钉〕, 钮扣〕销 ④(中介)短节, 端轴颈 ⑤(中)间柱, 接管座, 连杆头, 截短, 壁骨 ⑥芯棒, 门窗楣 ⑦房间净高度. **II** *vt.* ①装饰钉于, (用柱螺栓)连接, (用大头钉)保护 ②散(密)布, 点缀. *binder stud* 接合柱螺栓. *contact stud* 接触钉. *locating stud* 定位销. *shock absorbing stud* 减震支柱. *stud bolt* 双头螺栓. (嵌入, 地脚)螺栓, 柱(头)螺栓. *stud link chain* 日字环节链. *stud nut* 柱螺栓螺母. *stud (type) transistor* 柱式晶体三极管. *stud welding* 电栓焊. *stud wheel* 柱栓齿轮. ▲(*be*) *studded with* 散布着, 布满.

Studal *n.* 斯塔锻造铝基合金(铝 97.7%, 镁 1%, 锰 1.3%).

stud-bolt *n.* 双(柱)头螺栓.

stud'ding ['stʌdiŋ] *n.* ①灰板墙筋(材料), 间柱(材料) ②房间净高度.

stu'dent ['stju:dənt] *n.* ①(大)学生, 研究生 ②(专门学科)研究者, 学者. *student assistant* 实习生. *student engineer* 见习工程师. *student union*(大学)的学生活动中心.

studentiza'tion *n.* "学生"交换.

stud'ied ['stʌdid] **I** study 的过去式和过去分词. **II** *a.* ①有知识的 ②慎重的, 有计划的, 故(有)意的.

stu'dio ['stju:diou] *n.* ①电影制片厂, 摄影棚〔场, 室〕, 播音〔演播, 照相〕室 ②技术(工作)的作业〔实验〕室, 工作室. *live studio* 人为提高交混回响的播音室. *studio apartment* 一套小型公寓房间. *studio apparatus* 演奏机器, 演播室设备. *studio broadcast* 室内广播, 播音室(演播)直播. *studio camera* 摄影室用照相机, 演播室摄像机. *studio camera dolly* 演播室摄像机移动车. *studio control console* 演播室控制台, 播音室调音台.

studio-to-transmitter link 播音(演播)室和发射机间的传输线, 电视播-发传送线路.

stu'dious ['stju:djəs] *a.* ①好学的, 用功的, 专心的 ②谨慎的, 慎重的 ③有意的. ▲*be studious of* 专心, 努力, 非常想. *be studious to* +*inf.* 细心(一心)去(做). ～ly *ad.* ～ness *n.*

stud-link chain 日字环节链.

studtite *n.* 水丝铀矿.

stud'y ['stʌdi] *n.*; *v.* ①学习, 研究, 调查, 分析 ②考虑, 努力, 细想〔看〕③学科, 研究科〔项目, 论文. *A thorough study was conducted.* 进行透彻的研究. *development study* 创〔研〕制. *fundamental study* 基本性的调查(研究). *investigation and study* 调查研究. *study mission* 学习任务, 调查任务, 考察使命. *study plot* 试验田, 标准地. *wind tunnel study* 风洞研究. ▲*make a* (*special*) *study of*(专门)研究. *study for* 学习做, 为…学习. *study into* 调查(研). *study out* 制(拟)定, 阐明, 研究出, 设计, 计划. *study to* +*inf.* 努力(力图)(做). *study up* 调(考)查. *under study* 在研究中, 所研究的.

stuff [stʌf] **I** *n.* ①(材, 原, 资, 金, 填)料, 盘根, 素材, 物质, 东西 ②本(素)质, 品质, 要素 ③(毛织品, 呢绒)④填充料, 混合涂料 ⑤枪(炮)弹, 废物(话). **II** *vt.* 装(满), 灌注(with), 填入, 塞进(into), 塞(up), 填(充), 加填料. (*be*) *good* (*fine*) *stuff* 真好. (*be*) *poor stuff* 真差〔坏〕. *inch stuff* 一英寸厚的木板. *silk stuff* 丝织品. *Stuff and nonsense!* 胡说！废话！*stuff goods* 毛织品, 呢绒. *thick stuff* 厚(度四英寸以上)的木板. *What's this stuff?* 这是什么东西？

stuff'iness *n.* 窒息, 闷热, 不通气(风).

stuff'ing ['stʌfiŋ] *n.* 填〔塞〕物, 填塞料, 盘根, 填塞(物), 塞入, 填充(剂), 加脂. *metallic stuffing* 金属填料.

stuffing box 填(料)函,填料箱[盒],填密槽,密封垫. *stuffing box gland* 填料函压盖,填料盖,密封压盖,密封塞. ▲*knock*[*beat*] *the stuffing out of* 打掉…的傲气,驳倒.

stuff'y ['stʌfi] *a.* ①不通气[风]的,闷热的,窒息的 ②固步自封的,自以为是的. **stuff'ily** *ad.*

stull [stʌl] *n.* 【矿】横梁[撑],支柱.

stul'tify ['stʌltifai] *vt.* 使显得荒谬可笑,使无价值,使无效. **stultifica'tion** *n.*

stum'ble ['stʌmbl] I *vi.* ①绊(跌),摔倒 ②弄[搞]错,犯错误 ③偶然发现[碰到](on, upon, across) ④蹒跚而行(along) ⑤使困惑,使为难. II *n.* ①失败,差错,过失 ②绊倒. ▲*stumble over* 被…绊倒. *stumble through* 困难地通过.

stum'bling-block ['stʌmbliŋblɔk] *n.* 绊脚石,障碍(物)(to).

stu'mer 或 **stu'mour** ['stjuːmə] *n.* ①假票子,赝品 ②错误,大错.

stump [stʌmp] I *n.* ①树桩,短柱,柱[桩]墩 ②残余部分,残干[株,肢],断端. *stump puller* 除根[拔根]机. *wing stump* 短翼. ▲*up a stump* 为难,不知怎么办才好.
I *vt.* ①砍(伐,去树桩),除根(out, up) ②绊倒,难倒 ③妨碍,阻碍.

stump'age ['stʌmpidʒ] *n.* 立木(蓄积,价值,砍伐权),未砍倒的树木.

stump'er ['stʌmpə] *n.* ①除根机 ②难题,困难的工作.

stump'wood *n.* 根桩材,明子.

stump'y ['stʌmpi] *a.* 短而粗的,多树桩的.

stun [stʌn] (*stunned, stun'ning*) *vt.* ①打[击]晕 ②使震聋 ③使震惊,使目瞪口呆(不知所措).

stung [stʌŋ] sting 的过去式和过去分词.

stunk [stʌŋk] stink 的过去式和过去分词.

stun'ner ['stʌnə] *n.* 极好的东西,惊人的事,出色的人.

stun'ning ['stʌniŋ] *a.* ①使人晕倒的,震耳欲聋的 ②极好的. ~**ly** *ad.*

stunt [stʌnt] I *n.* ①特[绝]技(飞行),奇技,惊人表演 ②花招,手段[腕] ③停滞,矮化. II *vi.* 作特技飞行(惊人表演). III *vt.* 阻碍…生长[发展]. *a good stunt* 好主意. *pull off a stunt* 耍花招. *stunt box* (电传机的)阻打器,特技匣,幻术箱. *stunt of strength* 硬功夫.

stunt'edness *n.* 矮化,萎缩,枯谢.

stunt-head *n.* (浇灌混凝土的)堵头板.

Stupalith *n.* (火箭发动机材里用)陶瓷材料.

Stupalox *n.* (美国制的一种)陶瓷刀.

stupefa'cient I *a.* 麻醉性的,使不省人事的. II *n.* 麻醉剂.

stupefac'tion *n.* 麻木状态,昏迷. **stupefac'tive** *vi.*

stu'pefy ['stjuːpifai] *vi.* 使麻木[昏迷],使惊呆.

stupen'dous *a.* 巨(伟)大的,惊人的,了不起的. ~**ly** *ad.* ~**ness** *n.*

stu'pid ['stjuːpid] I *a.* 愚蠢的,笨的,糊涂的的. II *n.* 傻瓜. ~**ly** *ad.*

stupid'ity *n.* 愚蠢(的行为).

stu'por ['stjuːpə] *n.* 昏迷,麻木,不省人事. ~**ous** *a.*

stur'dily ['stəːdili] *ad.* 坚固地,结实地,坚定地.

stur'diness ['stəːdinis] *n.* 坚固[坚定,耐久]性,结实,强[健]壮,强度.

stur'dy ['stəːdi] *a.* 坚固[实,定,强]的,结实的,加强的,强力的.

sturin(e) *n.* 鲟精蛋白.

Sturm motor 斯特姆式叶片液压马达.

stut'ter ['stʌtə] *v.; n.* ①口吃,结结巴巴 ②似动非动,不均匀. ~**ingly** *ad.*

STV =①separation test vehicle 分离试验飞行器 ② structural test vehicle 结构试验飞行器或车辆 ③ supersonic test vehicle 超音速试验飞行器.

STW =saw tooth wave 锯齿波.

STWY =stairway 楼梯,阶梯.

STX =saxitoxin 岩贝毒素.

sty'lar ['stailə] *a.* 尖的,针状的.

style [stail] I *n.* ①风格,作风,格式,形式,式样,外表(风)②结构,(类)型,种类 ②字[文]体 ③时针 ④时髦,漂亮,豪华 ⑤电缆管丝,管心针,细探子,椎刺 ⑤花柱. II *vt.* ①称呼,命名 ②设计. *Chinese national style* 中国民族风格. *style of work* 工作作风. ▲*in all sizes and styles* (按)各种尺寸和种类(型式)大大小小各式各样的. *in style* 豪华,时髦. *in the style of* 仿…式(型). *out of style* 不时髦,不合时式. *the latest styles* 最新型,最新式样. *the*[*that*] *style of thing* 那样的事[说法,做法,事件].

style-book *n.* 样本,式样书.

sty'li ['stailai] *n.* stylus 的复数.

sty'liform ['stailifɔːm] *a.* 尖的,针[茎]状的.

sty'lish ['staili ʃ] *a.* 时髦(式,新)的,漂亮的,式样新颖的. ~**ly** *ad.* ~**ness** *n.*

sty'list ['stailist] *n.* (新式样)设计师.

stylis'tic(al) *a.* 风格(上)的. ~**ally** *ad.*

sty'lize ['stailaiz] *vt.* 仿效(…风格),因袭. **styliza'tion** *n.*

sty'lized *a.* 程式化的,因袭的,仿效的. *stylized font* 特殊字体.

sty'lo =stylograph.

stylo- (构词成分)尖(头)的.

sty'lobate ['stailəbeit] *n.* 柱座.

stylobol *n.* 偏顶痛.

sty'lograph ['stailəgrɑːf] *n.* 尖头[铁笔型]自来水笔.

stylograph'ic [stailə'græfik] *a.* 尖头铁笔(似)的,尖头铁笔书写[用]的.

sty'lolith ['stailəliθ] *n.* 石柱杆.

stylolit'ic struc'ture 缝合[柱状]构造.

stylom'eter *n.* 量柱斜度器,柱身收分测量器.

Stylopids *n.* 捻翅目.

stylospore *n.* 柄生孢子.

stylosporous *a.* 柄生孢子的.

sty'lus ['stailəs] (*pl. sty'li*) *n.* ①笔尖[头],尖端,铁[珠]笔,记录笔(尖),记录针,(唱,钢,描画)针 ②靠模指,触指 ③触针,测头. *curve following stylus* 描绘曲线(鸭嘴)笔尖. *diamond stylus* 金刚石触针. *recording stylus* 记录笔尖,记录[录音]针. *reproducing stylus* 放音针. *stylus force* 唱针作用力. *stylus holder* 触针座[架]. *stylus pin set*(置) *stylus pressure* 针压. *stylus printer* 触针印刷[打印]机,针阵印刷机.

sty'mie 或 **sty'my** ['staimi] I *a.* 困难地地. II *vt.* 使处于困难境地,阻[妨]碍.

styp'tic ['stiptik] I *a.* 止血的,收敛性的. II *n.* 止

styp'tical *a.* =styptic.

styptic'ity [stip'tisiti] *n.* 止血作用,收敛性.

Styragel *n.* 聚苯乙烯型交联共聚物(用作色谱固定相)(商品名).

sty'rax ['staiəræks] *n.* 苏合香脂,安息香.

styrem'ic *n.* 高耐热性苯乙烯树脂.

sty'rene ['staiəri:n] *n.* 苯乙烯,苯代乙撑,苯次乙基. *styrene alloy* 苯乙烯合金(树脂). *styrene plastics* 苯乙烯塑料.

sty'roflex ca'ble 聚苯乙烯软性绝缘电缆.

sty'rofoam *n.* 泡沫聚苯乙烯.

sty'rol ['stairəl] =styrene.

sty'rolene *n.* 肉桂塑料,苯代乙撑.

sty'ron ['stairən] 或 **sty'rone** ['stairoun] *n.* 苯乙烯树脂,肉桂醇,肉桂塑料(一种聚苯乙烯塑料).

sty'ryl 苯乙烯基.

SU =①set up 设立,建立,装置 ②subtract 减 ③supersonic 超音速的 ④surface-to-underwater 面[地,舰]对水下.

su =①sensation unit 灵敏度的单位,分贝(音量单位) ②servo unit 伺服机构 ③set up 设立,建立,装置 ④ single-unit truck 单车辆货车,无拖车的载重车 ⑤ strontium unit 锶单位 ⑥surface unit 表面积单位.

s/u =surface-to-underwater 面[地,舰]对水下.

suanpan ['swɑ:n'pɑ:n] *n.* (中国式)算盘.

sua'sion ['sweiʒən] *n.* 劝告,说服. **sua'sive** *a.* **sua'-sively** *ad.*

sub [sʌb] Ⅰ *n.* ①潜水艇 ②地道 ③部下,下属 ④代理人,补充人员 ⑤代用品,替代物 ⑥订阅[购],订户 ⑦胶层. Ⅱ *vt.* 涂胶层下. Ⅲ *a.* 附属的,次级的.

sub [sʌb] [拉丁语] *prep.* 在…之下,在…的过程中. ▲*sub finem* 参看本章末. *sub judice* 在审理中的,在考虑中的,尚未决定的. *sub rosa* 秘密地. *sub silentio* 私下,偷偷地. *sub specie aeternitatis* 本质地. *sub verbo*[voce] 在该字下,参看该字.

SUB =①submarine 潜水艇 ②subway 地下铁道.

sub =①subaltern 部下,下属 ②subject 题目,主题,学科 ③submarine 潜水艇 ④subscription 订阅 ⑤substitute 代理人,替代物,代用品 ⑥suburb 郊区,近郊 ⑦suburban 郊区的,近郊的 ⑧subway 地下铁道.

sub s =subscriber's set 用户话机.

sub- [词头]①(在)下(面),外(下),低,亚,子 ②副,辅助,局部,不足 ③再,分 ④(约)略,微.

sub-absor'ber *n.* 附属吸收器.

subac'etate *n.* 碱式乙酸盐.

sub'ac'id ['sʌb'æsid] *a.* 微酸性的,有点酸的. ~ly *ad.*

sub'acid'ity ['sʌbə'siditi] *n.* 弱(微)酸性.

subacoustic *a.* 亚声速的.

sub'acute' ['sʌbə'kju:t] *a.* 稍(微)尖的,亚急性的.

subad'ditive 次加性(的),增添加剂.

subadiabat'ic *a.* 亚绝热的,近于绝热的.

subadjoint surface 次伴随曲面.

sub-aera'tion *n.* 底吹(法).

sub-ae'rator *n.* 底吹机.

subae'rial ['sʌb'ɛəriəl] *n.* 地面上(发生)的,地表的,低空的,接近地面的,陆上的. ~ly *ad.*

sub'a'gency ['sʌb'eidʒənsi] *n.* 分代理处,分(经)销处,分事务处,分社.

sub'a'gent ['sʌb'eidʒənt] *n.* 副代销人,分经销人,次

sub'ag'gregate *n.* 子集.

sub'al'gebra *n.* 子代数.

subalimenta'tion *n.* 营养不足.

subalphabet *n.* 部分字母.

sub'altern ['sʌbəltən] Ⅰ *a.* 下的,次的,副的. Ⅱ *n.* 副官,部下.

sub'alter'nate ['sʌʌl'tə:nit] *a.* 下的,次的,副的,继续的.

sub'angle *n.* 分角,副角.

sub'an'gular *a.* 分角的,略带棱角的,半多角形(砂).

sub'ap'ical ['sʌb'æpikəl] *a.* 位于顶点下的,接近顶点的.

sub'aquat'ic ['sʌbə'kwætik] 或 **sub'a'queous** ['sʌb'eikwiəs] *a.* 水下(形成,发生)的,适于水下的,水底的,水中(用)的,半水生[水栖]的,潜水的. *subaqueous helmet* 潜水盔.

sub'arch *n.* 副拱,子拱.

subarc'tic *a.* 近(亚)北极的,极地带的,亚寒带的.

sub'a'rea ['sʌb'ɛəriə] *n.* 分区.

sub'-ar'id *a.* 半干(旱,燥)的,相当干燥的,微干燥的.

sub'-arm *n.* 辅助臂.

subarrangement *n.* 次级排列.

subarray *n.* 子台阵.

sub'assem'bly *n.* 部件[局部]装配工.

sub'assem'bler ['sʌbə'sembli] *n.* ①组(合)件,部件,子配件,单元(电路),机组,辅助装置,分总成 ②局部(分部,组件)装配. *control subassembly* 调节子配件. *fuel subass-embly* 燃料组件. *seed subassembly* 点火装置,种子配件. *subassembly wrapper* 元件盒.

subassembly-can *n.* (燃料)组件外壳,元件盒外壳.

SUBASSY =subassembly.

subas'tral [sʌb'æstrəl] *a.* 天下的,星下的,地上的.

sub'atmospher'ic ['sʌbætməs'ferik] *a.* 低于大气下(层)的,亚大气的. *subatmospheric pressure* 真空度,真空压力,次大气压(力),负压.

sub'at'om [sʌb'ætəm] *n.* 亚(次)原子(比原子更基本的构成原子的粒子).

sub'atom'ic ['sʌbə'tɔmik] *a.* 亚(次)原子的,原子内的,比原子更小的. *subatomic particle* 亚原子粒子. *subatomic reaction* 亚原子反应.

sub'atom'ics *n.* 亚(次)原子学.

subau'di [sʌ'bɔ:dai] *v.* 言外之意是.

subau'dible 或 **subau'dio** *a.* 次声(频)的,亚声频的,闻阈下的,可听频率以下的.

subaudit'ion [sʌbɔ:'diʃən] *n.* (领会到的)言外之意.

sub'av'erage ['sʌb'ævəridʒ] *a.* 低于一般水平的,低于平均值的.

sub'band *n.* 次能带,子谱[辅助]带,副带,分波段,部分波段.

sub'base' ['sʌb'beis] *n.* ①(底,副)基层,基底,土基,基础下卧层,底(盘)座 ②子基 ③辅助机场[基地]. *subbase course* 底基层,基础下卧层. *subbase drain* 基层排水.

sub'base'ment ['sʌb'beismənt] *n.* 基础地下层[室],基层[地下室]的下地下室,下层地下室.

sub'ba'sis *n.* 子基.

sub'bing ['sʌbiŋ] *n.* ①做代替者,做替工 ②地下灌溉 ③促使感光乳剂固着于片基的胶层.

sub-biosystem *n.* (次)子生物系统.

sub′bitu′minous coal（黑色，褐色）次烟煤
sub′-block n. 子块，小组信息，数字组，字（群）子部件．
sub′bottom n. 底基．
sub′-boun′dary ['sʌb'baundəri] n. 小晶粒间界，(晶)界，粒界网状组织．
sub′-box n. 小格子．
sub′branch' ['sʌbrɑ:ntʃ] n. 支行〔店〕，小〔子〕分支，子分路．vi. 分成小分支．
sub′bun′dle n.【数】子丛．
sub′cab′inet ['sʌb'kæbinit] n. 非正式顾问团，分线箱．
sub′cad′mium a. 亚〔次〕镉的．
sub′cal′iber 或 sub′cal′ibre I a. 口径较小的，小于规定口径的．II n. 次口径．
subchannel coal 次烛炭
subcapillary n. 次毛细间隙．
sub′carbonate n. 碱式碳酸盐
sub′car′rier n. 副〔辅助〕载波（频率），用以调制其它载波的载波，副载频．subcarrier wave 副载波．
sub′-catch′ment n. 支流集水区
sub′cat′egory n. 子范畴，副类，主题分类细目．
sub′cav′ity (gang) mould 死模子．
sub′cell n. 亚晶胞，子亚，子单元．
sub′cel′lar ['sʌb'selə] n. 地下室下的地下室，下层地下室，副地下室．a. 地下的．
sub′cel′lular n. 亚细胞的．
sub′cen′tral ['sʌb'sentrəl] a. 位于中心点下的，接近中心点的，子中心的．
subcentre 或 subcenter n. 子〔副，次〕中心，亚辐射中心，亚辐射点，主分支点．
sub′chan′nel n. 分流道，支子，辅助通道．
sub′chaser ['sʌbtʃeisə] n. 猎潜艇〔舰〕．
subchassis n. 副〔辅助〕底盘．
sub′chlo′ride n. 低(价)氯化物．subchloride of mercury 一氧化汞，氯化亚汞．
sub′chord n. 副弦．
sub′cir′cuit n. 支路，子（支电）路．
sub′cir′cular a. 接近〔近似于〕圆（形）的．
sub-civic center 副城市中心．
sub′class ['sʌbklɑ:s] I n. 小〔子，细〕类，亚纲，【数】子集(合)．II vt. 再细分类．
sub′cli′max n. 亚演替顶极．
sub′clin′ical a. 临床症状不显的，亚临床的，无症状的，轻症的．
sub′-cloud′ a. 云下的，低于云层的．
sub′code n. 子码．
sub′commis′sion ['sʌbkə'miʃən] n.（委员会所属的）分会．
sub′commis′sioner ['sʌbkə'miʃənə] n.（委员会所属的）分会〔小组〕委员．
sub′commit′tee ['sʌbkə'miti] n.（委员会下的）小组〔分组〕委员会，分部委员会，(委员会)分会，小组．
sub′commuta′tion n. 副换接．
sub′com′pact n. 超小型汽车．a. 超小型的．
sub′company n. 子〔分，辅助〕公司．
sub′complex n. 子复合形．
sub′compo′nent n. 亚〔低的〕分量．
sub′com′pound n. 亚〔低的〕化合物．
subconic(al) a. 接近〔近似于〕(圆)锥形的．
sub′con′scious ['sʌb'kɔnʃəs] n.; a. 下〔潜〕意识(的)．~ly ad. ~ness n.
sub′consis′tent n. 次相容的．
subconsole n. 辅助控制台．
sub′con′tinent n. 次大陆．~al a.
sub′con′tract ['sʌb'kɔntrækt] n.; v. ①转包〔分包〕合同，转订（分包）契约，(承做)转包工作，转包给第三者，转包工 ②局部缩小〔收缩〕．
sub′contrac′tor ['sʌbkən'træktə] n.（第）二(次)转包(的合同)，分承包工厂，转包人，转包合同户，小承包商，分包工，小包．
sub′-control' n. 副控制，辅助控制(器)．
sub′convex' ['sʌbkən'veks] a.（中间）微凸的，稍呈凸面的．
sub′cool′ ['sʌb'ku:l] vt. 使过(度)冷(却)，使低温〔局部〕冷却，加热不足，欠火(热)．
subcooler n. 过(再)冷却器．
sub′crit′ical ['sʌb'kritikəl] a. ①次〔亚，低于临界的，工作转速低于临界转速的 ②亚相变的. subcritical flow 缓(厂)流，亚临界流. subcritical temperature 低于临界温度的温度. subcritical treatment 亚相变〔亚临界〕处理．
sub′critical′ity n. 亚临界，亚〔次〕临界度．
sub′crop n. 微露．
sub′crust n. 次表面层，路面底层，位于表层〔地壳〕下的地层．
sub′crus′tal a. 地壳(表面层)下的，壳下的，深处的．
sub′crys′talline ['sʌb'kristəlain] a. 亚晶态的，部分结晶的，结晶不明显的，不完全结晶品质的．
sub′cul′ture ['sʌb'kʌltʃə] n. 再次培养，次代培养物，分培(物)．
sub′cul′turing n. 移植，接种．
sub′cuta′neous a. 皮下的．
sub′cycle n. 次旋回．
sub′cylin′drical ['sʌbsi'lindrikəl] a. 接近〔近似于〕圆柱形的．
sub-damage n. 亚损伤．
sub′-dealer n. 支〔分〕店．
sub′dean′ ['sʌb'di:n] n.（大学）副院长，副系主任，教务长．
sub′depot′ment n. 支部，分局．
sub′de′pot ['sʌb'depou] n. 附属〔辅助〕仓库．
sub′deter′minant n. 子行列式．
sub′diag′onal n. 副斜杆．
subdichromatism n. 亚二色性．
sub′differen′tiable a. 次可微分的．
sub′direct′ a. 次直的，几乎〔差不多〕直(接，射)的．
sub′dis′cipline ['sʌb'disiplin] n. 学科的分支．
subdispatcher n. 区域〔分〕调度员．
sub′distributiv′ity n. 从属分配性．
sub′divi′dable a. 可再分的．
sub′divide′ ['sʌbdi'vaid] v. 细分（区）分，再(划)分，重(叠)分，分小类．n. 副分水岭，分水岭．subdivided gap 分割间隙．subdivided truss 再分式桁架．▲subdivide into 再(细)分成．
sub′divis′ible ['sʌbdi'vizəbl] a. (可)再(细)分的．
sub′division ['sʌbdi'viʒən] n. ①再〔重〕分，细分(度)，剖分，分开(支)，细(再分)层，分部，分部(区)，支，小(细)类，细〔子〕目，亚门，(小)节. the subdivision of feet into inches 英尺再细分成英寸．
sub′domain' n. 子域，子畴，亚畴，子磁针件，部分波段．
sub′dom′inant I a. 亚优势的．II n. 亚优势种．

subdominule *n.* 小群落亚优势.
subdouble [sʌb'dʌbl] *a.* 1∶2的,二分之一的.
sub'drain *n.* 暗沟,地下排水管. *v.* 地下排水.
sub'drain'age *n.* 地下排水.
sub-drift *n.* 【采矿】分段平巷.
sub'drill *vt.* 先钻(把孔钻到一定大小以便用铰刀精加工).
subdu'al *n.* (被)征服[抑制],缓和.
subduce' [səb'dju:s] 或 **subduct'** [səb'dʌkt] *vt.* 除[拿]去,取回,扣除,减去,下转.
subduc'tion [sʌb'dʌkʃən] *n.* 除[拿]去,消灭[失],取回,扣除,减法,(地块)下降,俯冲,消亡(作用).
subdue' [səb'dju:] *vt.* ①放[弄,降]低(声音),减弱[轻],弄淡,使(光线)缓和[柔和] ②征服,抑制,根除 ③开辟[拓垦]. *subdue nature* 征服自然. *subdued light* 柔光.
subdu'ple [sʌb'dju:pl] *a.* 1∶2的,二分之一的.
sub'du'plicate ['sʌb'dju:plikit] *a.* 平方根的,解方根得出(表示)的.
sub-dwarf *n.* 亚矮星.
sub-edge connector 片状插座.
sub'ed'it ['sʌb'edit] *vt.* 充任(…的)副主编,整理…以便付印.
sub'ed'itor ['sʌb'editə] *n.* (副,助理)编辑,副主编.
sub-effective *a.* 次有效的.
sub'elec'tron *n.* 亚电子(比电子电荷更小的电荷假想单位).
sub'-element *n.* 子部分)元件.
sub'employed' *a.* 就业不足的.
sub'employ'ment *n.* 就业不足.
sub'ensemble *n.* 子集.
sub-entry *n.* 副标题.
sub'epitax'ial *a.* 亚外延的.
sube'qual [sʌb'i:kwəl] *a.* 几乎[差不多)相等的.
sub'-equato'rial ['sʌbekwə'tɔ:riəl] *a.* 亚赤道(带)的,接近赤道的.
su'ber *n.* 软木(榔),木栓(组织).
suberate *n.* 辛二酸,辛二酸盐(酯,根).
sub'erect' ['sʌbi'rekt] *a.* 接近垂直的,差不多直立的.
suber'ic [sju:'berik] *a.* 软木的,木栓的. *suberic acid* 辛二酸.
suberin(e) *n.* 软木脂.
suberisa'tion *n.* 栓化(作用).
su'berose 或 **su'berous** *a.* 软木质的,木栓状的.
suberosin *n.* 软木花椒素.
suberylarginine *n.* 辛二酰精氨酸.
subexcavated section 下挖断面.
sub'exchange' *n.* (电话)支局,分局.
sub'-exci'ter *n.* 副[辅助]励磁器.
sub'face *n.* 底面.
subfacies *n.* 亚相.
sub'fac'tor *n.* 子因子.
subfam'ily *n.* 亚科.
subfebrile *a.* 轻热的,微热的.
sub'feed'er *n.* 副馈(电)线,分支配电线.
subfield' [sʌb'fi:ld] *n.* 子域(体),子字段,亚场,分区,副学科. *subfield subcode* 子域子码.
sub'fired *a.* 潜燃发射的.
sub'flare *n.* (太阳的)次耀斑.
sub'floor *n.* 底层[下层]地板,桥面底层,毛地板[下层].

sub'floor'ing *n.* 下层地板(用的材料).
sub'fluoride *n.* 低氟化物,氟化低价物.
sub'flu'vial *a.* 水下[水底](产生,形成)的,河下[底]的.
sub'fore'man *n.* 副工长,副领工员.
sub'form *n.* 从属[派生]形式.
sub'founda'tion *n.* 基础底层,下层基础.
sub-fraction *n.* 子分式[数].
sub'-frame *n.* 副(车)架,引擎车架,发动机架,下支架,辅助构架,副帧.
sub'-freez'ing Ⅰ *n.* 初期冰冻,半冻结. Ⅱ *a.* 冰点以下的.
sub'fre'quency *n.* 分谐(波)频(率).
sub'frig'id zone 亚寒带.
sub'fringe 亚边纹.
sub'func'tion *n.* 子函数.
sub'fusc(ous) *a.* 带黑色的,黑黝黝的,暗淡的,单调的.
subge'nus *n.* 亚属.
sub'gla'cial ['sʌb'gleisjəl] *a.* 冰(川)下的,冰川底部的. *subglacial drainage* 冰下水系. *~ly ad.*
sub'glob'ular *a.* 接近似于球形的.
sub'grade ['sʌbgreid] Ⅰ *n.* 路基(面,标高),地基. Ⅱ *v.* 修筑[平整]路基.
sub'gra'der *n.* 路基(面)整平[修整]机.
sub'gra'dient *n.* 次陡[梯]度.
sub'-grain ['sʌbgrein] *n.* 亚(二次)晶粒,副结晶粒.
sub'gravity ['sʌbgræviti] *n.* 亚(次,低)重力,低于一个重力加速度的重力效应.
subgraywacke *n.* 亚青(亚灰)砂岩,亚灰瓦克岩.
sub'group ['sʌbgru:p] *n.* ①小组 ②亚层(类) ③(周期表)族,副族,【数】簇,子[分,亚]群. *subgroup A* 主[A]族. *subgroup B* 副[B]族.
sub'group'ing *n.* 小组.
sub'halide *n.* 低[价]卤化物.
subharmon'ic [sʌbhɑ:'mɔnik] *n.* 副[分,次,低]谐波,分谐波振动,次调前和,附音. *subharmonic phase-locked oscillator* 次谐波锁相振荡器.
sub-header *n.* 分[下]联箱.
sub'head(ing) *n.* 小[副]标题,细目.
su'he'dral *n.* 半(自)形的,没有完全被晶面包住的,仅有部分成晶面的.
sub'-hol'ogram *n.* 子全息图,亚(子)全息照片.
sub'hu'man *n.* 非人的,低于人类的.
sub'hu'mid *a.* 半湿的,半湿润区的,次湿气候的.
sub'hydrostat'ic *a.* 低流体静压.
subhymenium (pl. *subhymeia*) *n.* 子实体下层.
SUB-ICE =submerged ice cracking engine 水下破冰机.
subiculum 或 **subicle** *n.* 菌丝层.
sub-imago *n.* 亚成虫.
subin'dex *n.* 子指数.
sub'individ'ual *n.* 晶片.
subinfec'tion *n.* 轻感染,次感染.
sub'inspec'tor *n.* 副检查员.
sub'in'terval *n.* 【数】子区间,小音程.
subintradosal block 内拱砌块.
subintru'sion *n.* 次侵入.

subin′verse 【数】下逆.

sub′i′odide n. 低碘化物,碳化低价物.

sub′ir′rigate ['sʌb'irigeit] vt. 地下通过地下多孔管道)灌溉,地下渗灌. **sub′irriga′tion** n.

sub-item n. 子项目.

SUBJ 或 **subj** =subject.

subja′cent [sʌb'dʒeisənt] a. 直接在下面的,下层的. *subjacent support* 下面的支撑.

subject I ['sʌbdʒikt] n. ①题目,主(问)题,类别〔目〕②学科,科目〔讨论,研究,实验的)对象〔材料〕,主语 ③原因〔起因〕④受验者,受治疗者,解剖的尸体. *required subject* 必修科目. *subject contrast* 被摄(影)物对比(反差),对比度,景物反差. *subject matter* 主题,要点,内容,题〔素〕材. II a.; ad. ①从属的,服从的,受支配的 ②易遭(受)的 ③(以...为条件. ▲(be) subject to 服从,以...为条件,受...的支配;须经,必须得到;易遭(受),发生. (be) subject to prior approval 须经预先核准. (be) subject to question 还有讨论的余地,还值得怀疑. *digress from the subject* 离题,涉及枝节. *on the subject of* 关于,论述(及),涉及. *subject for (of)* 讨论,研究,实验)的题目〔对象,材料),...的原因. *subject to* 在...的条件下,假定,根据,取决于,只要. *subject to change without notice* 可随时更改,不另行通知. *subject to immediate reply* 立即回答生效.
III [səb'dʒekt] vt. 使从属,使服从,使遭受〔受,经历〕,提供,使接收,使受到,经〔承)受. ▲(be) subject M to N 使 M 承受〔遭受,服从〕N,把 M (经受,遭受,经历)N(处理),把 M 加 N,使 M 置于 N 之下(的影响下);把 M 送递〔提交〕N(处理,批准).

subjec′tion [səb'dʒekʃən] n. 征服,镇压,从属,服从,遭受. *be in a state of subjection* 处于被统治地位. *bring ... under subjection* 使...服从,制服...; *keep 〔hold〕 in subjection* 使处于被统治地位. *subjection to* 服从.

subjec′tive a. 主观(上)的,自觉的. n. 主观事物.

subjec′tively ad. 主观上地.

subjec′tivism n. 主观主义.

subjectiv′ity n. 主观(性,主义).

sub′join ['sʌb'dʒɔin] vt. (补)添,追(附)加,增补,补述(遗). *subjoin a postscript to a letter* 信末加附言.

sub-joint n. 副(辅助)接头.

sub′jugable a. 可征(制)服的.

sub′jugate ['sʌbdʒugeit] vt. 征服,使服从,镇压,压住,抑制. **subjuga′tion** n.

sub′jugator n. 征服者.

subjunc′tion n. 追加(物),增补,补遗. *subjunction gate* 【计】"禁止"门.

subjunc′tive [səb'dʒʌŋktiv] a. 连接的,假设的,虚拟的.

sub′-kiloton a. 低于千吨的,千吨以下的.

sublam′inar n. 次层流的.

sublamine n. 升胺,乙二胺合硫酸汞.

subland drill (多刃)阶梯钻头.

sub′late ['sʌbleit] vt. 否定〔认〕,消除.

subla′tion n. 消除.

sub′lat′tice n. 子(晶)格,业晶粒,业点阵.

sub′layer n. 下(底,次,内,子)层. *sublayer laminar* 次层流.

sub-launched n. 潜艇发射的.

sub′let ['sʌb'let] v.; n. 转包〔租〕,分包〔租〕. *sublet number* 〔No.〕副约号.

suble′thal [sʌb'li:θəl] a. 尚不致命的,不到致死量的,亚〔次)致死的. *sublethal dose* 不死(不致命)剂量.

sub′lev′el n. ①次(亚,支)(能)级,次层,副地位,旋转〔寻线〕终接机线弧层的一部分 ②【矿】分段,中间平巷,顺槽 ③水平下的,地面下的.

sublimabil′ity n. 升华性,升华能力.

subli′mable a. 可升华的.

sub′limate I ['sʌblimeit] v. ①(使)升华,凝华,精炼,提纯,纯(净)化 ②提高〔升〕,理想化. II ['sʌblimit] n.; a. ①升华(物)的 ②提炼(过)的,提纯(的),纯化(的),净化(的),精华(的) ③升汞.

sub′limated a. 升华的.

sublima′tion n. 升华(作用),凝华,精炼,提纯,纯化,蒸馏,分馏.

sub′limator n. 升华器.

sub′limatory I a. 升华用的. II n. 升华器.

sublime′ [sə'blaim] I v. ①(使)升华,蒸升,精炼,(使)纯化,提净,从蒸汽中沉淀 ②提高,理想化. *sublimed sulfur* 升华硫,硫华. *subliming pot* 升华皿. ▲*sublime off* 升华萃取.
II n. ①令人感到崇敬的事物,崇高,庄严②极〔顶〕点.
III a. ①崇高的,伟大的,庄严的,卓越的,惊人的,异常的 ②升华的. ~ly ad.

subli′mer n. 升华器.

sublim′inal n. 阈(限)下的,低于阈的.

sublim′ity [sə'blimiti] n. ①崇高(的事物),卓越,庄严 ②绝顶,极点.

sub′line n. 副(辅助)线.

sub′lin′ear n.; a. 亚(次)线性(的).

sub′list n. 子表,分表.

sub′lit′toral ['sʌb'litərəl] a. 次大陆架的,亚沿岸的,远岸浅海底的.

sub-load n. 部分负荷,不满负荷.

sub′loop n. 副(子)回路.

sub′lu′nar(y) ['sʌb'lu:nə(ri)] a. 月下的,地(球)上的,现世的.

sub′machine′gun ['sʌbmə'ʃi:ŋgʌn] 冲锋枪,轻型(半)自动枪.

sub′main n. 次干管,辅助干线.

sub′man′ifold n. 子流形,子簇.

sub′mar′ginal n. ①亚缘的,接近边缘的,限界以下的. *submarginal granular base material* 规格以下的底层颗粒料(多指不合规格,夹泥超量的).

sub′marine ['sʌbməri:n] I n. 潜水艇,海底生物. II a. 海〔水)底的,海中的,水(面)下的,(存在于)海面下的,海生的,适于海面下使用的,潜水的. III vt. 用潜艇袭击〔击沉〕. *atomic submarine* 原子潜艇,核潜艇. *nuclear (-powered) submarine* 核(动力)潜艇. *submarine cable* 水底〔海底〕电缆. *submarine cable code* 水线电码. *submarine cable telegraph system* 水线通信,水线电报制,水底电缆

电报(制). *submarine detection* 潜水艇探测. *submarine mine* 水雷. *submarine relief* 海底地形. *submarine rift* 海底断裂.
submarine-line n. 海底管线,海底线路.
sub'mariner n. 潜水员.
subma'trix [sʌb'meitriks] n. 子(矩)阵.
submax'imum n. 副峰,次极大〔最大〕.
submellite n. 钙黄长石.
sub'mem'ber n. 副构件.
submerge' [səb'mə:dʒ] v. 浸〔沉,淹,潜〕没,浸在〔置于〕水中,潜入,潜水. ▲*be submerged in* 浸〔放,没〕在…中,潜入…中.
submerged' [səb'mə:dʒd] a. 浸在〔置于〕水中的,在水底的,在海中的,海(水)面下的,沉〔浸,潜,淹,没〕没的,浸入的,暗的. *automatic submerged arc welding* 自动埋弧焊. *submerged antenna* 水下天线. *submerged arc weld(ing)* (简号SAW)水下电弧焊接. *submerged condenser* 潜管冷凝器. *submerged culvert* 壅水〔漫水〕涵洞. *submerged current* 潜流. *submerged earth* 漫水土层. *submerged isothermal current* 等温潜流. *submerged joint* 潜没接. *submerged lubrication* 浸入式润滑. *submerged plunger diecasting machine* 柱塞式浸注压铸机. *submerged reef* 暗礁. *submerged tank* 潜没〔水下,地下〕油罐. *submerged unit weight* 单位潜容重,水下容重. *submerged weir* 潜堰.
submerged-arc welding 埋〔潜〕弧焊.
submerged-orifice n. 潜液隔膜.
submerged-tube evaporator 潜管〔有装料管的〕蒸发器.
submer'gence [səb'mə:dʒəns] n. 浸〔淹,沉,潜〕没,没〔潜〕入水中,浸没深度,(泵的)潜水深度,雍水高度,泛滥.
submer'gible [sʌb'mə:dʒəbl] =submersible.
submerse' [sʌb'mə:s] Ⅰ v. 浸〔沉,淹〕没,浸在〔置于〕水中,潜水. Ⅱ a. 浸〔淹〕没的,浸在水中的,潜水的.
submers'ible [sʌb'mə:səbl] Ⅰ a. 可浸入〔潜入〕水中的,沉没的. Ⅱ n. 潜水艇. *submersible bridge* 漫水桥. *submersible machine* 水中用电机. *submersible motor* 可潜〔防水〕发动机. *submersible pump* 潜水泵. *submersible submarine* 潜水艇.
submer'sion =submergence.
submersion-proof a. 防水的,可潜水的.
submetacen'tric a. 亚中间着丝的.
submetal'lic ['sʌbmi'tælik] a. 半(不完全)金属的,类金属的.
sub'me'ter(ing) n. (供电,供煤气的)分表,辅助计量.
submicelle n. 迷胶束.
submicroearth'quake n. 亚微震.
sub'mi'crogram n. 亚(次)微克.
submicrometh'od n. 超微量法.
sub'mi'cron n. 亚微〔胶〕粒(米),亚微(细)粒. *submicron metal* 超微(细)金属粉末.
submicrosam'ple n. 超微量试样.
sub'microscop'ic ['sʌbmaikrə'skɔpik] a. 亚微观的,亚显微(结构)的,普通显微镜下看不出的.

sub'mi'crosecond n. 亚微秒.
submicrosomal a. 亚微粒体的.
submi'crowave n. 亚微波.
sub'mil'limeter 或 **sub'mil'limetre** n. 亚(次)毫米.
submilliwatt circuit 亚毫瓦(级)电路.
sub'min ['sʌbmin] n. 超小型摄影机.
submineering =subminiature engineering 超小型工程.
sub'min'iature ['sʌb'minjətʃə] n.; a. 超小型(元件)(的),极小零件(的).
sub'min'iaturise 或 **sub'min'iaturize** ['sʌb'minjətʃəraiz] vt. 使超小型化. **subminiaturisa'tion** 或 **subminiaturiza'tion** [sʌbminjətʃərai'zeiʃən] n.
submin'imal a. 亚极小的.
subminy timer 超小型记时计.
sub'mis'sile n. 子导弹.
submis'sion [səb'miʃən] n. ①屈服〔服从〕(于)(to),认错 ②谦逊 ③提交(供),建议 ④看法. ▲*My submission is that*…或 *In my submission* 据我的看法,我认为. **submis'sive** a.
submit' [səb'mit] v. ①(使)服从,屈服 ②提交(供,出),委托 ③建议,主张,认为,请求判断. ▲*be submitted for test* 交付试验(检验). *be submitted to* 送审,已提交,受(到)(作用). *I submit (that*…) 我认为. *submit M for test* 把 M 交付试验(检验). *submit oneself to* 甘(愿承)受,服从. *submit to* 服从,屈服于,忍受. *submit M to N* 向 N 提出 M. *submit to test* 提交试验.
submit'tal n. 提交(供).
SUB-MM =submillimeter (wave)亚毫米波.
sub'mod'el n. 亚模型.
submodula'tion n. 副调制.
sub'mod'ulator n. 副(辅助)调制器.
sub'mod'ule n. 子模,分模数.
sub'mol'ecule n. 亚分子,比分子更小的粒子.
submono layer 亚单原子(分子)层.
submonoid n. 子半群.
submon'tane a. 在山麓〔山脚下〕的.
submountain region 山脚,山麓.
sub'mul'tiple ['sʌb'mʌltipl] n. ①约量,约(因,分)数,亚(次)倍量,(小)部分,几分之一 ②分谐音.
sub'mul'tiplet n. 亚多重线.
sub'nan'osecond n. 次(亚)毫微秒.
subnate 亚成.
subnekton n. 下层自游生物.
sub'net'work n. 粒界网状组织,子网(络).
sub'ni'trate n. 碱式硝酸盐.
subnitron n. 放电管.
sub'nor'mal ['sʌb'nɔ:məl] Ⅰ a. ①正常(以下)的,普通以下的,低于正常〔正规,标准〕的,达不到标准的,常度以下的,低density异常的 ②用法线切断的. Ⅱ n. 次法线,次法距,亚正常,次常. *subnormal temperature* 亚(低于)正常的温度.
sub'nu'clear a. 亚(次,次)的,准原子核的,比核更为基本的.
sub'nutri'tion n. 营养不足.
sub'ocean'ic a. 洋(海)底的.
sub'oc'tuple ['sʌb'ɔktju(:)pl] a. 1:8的,八分之一的.
sub'of'fice n. 分办事处,支局,分局.

sub′oil′er n. 喷油翻土机.
sub′oil′ing n. (道路)土壤[翻土]喷油处理.
sub-opaque a. 近似不透明的.
sub′op′timal a. 亚最佳的,次优的,最适度以下的.
sub′optimiza′tion n. 次优化.
SUBOR =subordinate.
subor′bital [sʌb′ɔ:bitl] a. 不满轨道一整圈的,亚[副]轨道的.
sub′order n. 亚目.
subor′dinate I [sə′bɔ:dinit] a. ①辅(助)的,附[从]属的,次(要;级)的 ②下(级)的. ③部下[属]的,下级. *subordinate load* 附加[次要]荷载. ▲*be subordinate to* 从属于.
II [sə′bɔ:dineit] vt. ①把…放在次要地位,把列入次等,轻视 ②使…服从. ▲*subordinate M to N* 使M服从N. subordina′tion n. subor′dinative a.
suboutcrop n. 隐蔽露头.
sub′ox′ide [′sʌb′ɔksaid] n. 低(价)氧化物. *metal suboxide* 低价金属氧化物.
sub′pack′age [′sʌb′pækidʒ] n. 分装(包).
sub′-panel [′sʌbpænl] n. ①(副)面板,辅助(面)板 ②安装板(屏) ③底板(座).
sub′par a. 低于标准的.
sub′par′agraph n. 小段,小节,附属条款.
sub′particle n. 亚微粒子(颗粒).
sub′per′manent a. (部分)固定的,亚永久的.
sub′phos′phate n. 碱式磷酸盐.
sub′photospher′ic a. 亚光球层的.
subpicogram n. 微微克以下.
sub′pic′osecond n. 亚微微秒.
sub′pile a. 直接位于反应堆下的. *subpile room* (反应)堆底室.
sub′plan n. 辅助方案.
sub′plate n. 底(副)后,辅助,连接)板,板块D.
subp(o)e′na I n. 传票. II vt. 用传票传唤.
subpoint n. 下点,投影点.
sub′po′lar [′sʌb′poulə] a. 近(南,北)极的,副(亚,近)极地的.
sub′post n. 副(小)柱.
sub′power n. 非总(部分),亚)功率.
sub′press [′sʌbpres] n. 小压(力)机,中间工序冲床,半成品压力机.
sub′problem n. 小(子,部分,次要)问题.
subprofes′sional n. 专业人员助手.
subpro′gram(me) [səb′prougræm] n. 子(部分)程序(程序的一部分),分计划. *open subprogram* 开型(直接插入)子程序.
sub′projec′tive a. 次射(投)影的.
sub′-pulse n. 子(分)脉冲.
sub′punch v. 先冲,留量冲孔.
SUBQ =subsequent.
sub′quad′rate [′sʌb′kwɔdrit] a. 近正方形的,正方而带圆角的.
sub′quad′ruple [′sʌb′kwɔdrupl] a. 1:4的,四分之一的.
sub-quality products 不合格产品,次级品.
sub′quin′tuple [′sʌb′kwintjupl] a. 1:5的,五分之一的.
sub′rad′ical a. 根号下的.
sub′range n. 分波段,部分波段.
sub′recur′siveness n. 次递归性.

sub′reflec′tor n. 副(辅助)反射器.
sub′refrac′tion n. 标准下(亚标准)折射,副折射.
sub′region n. 分区,【数】小(子)区域,亚区,部分区域,子区间.
subrep′tion [səb′repʃən] n. 隐瞒真相,虚假事实. subreptit′ious a.
subres′onance n. 次(部分)共振.
subresul′tant n. 子结式.
sub′ring n. 子环,辅助环.
SUBROC =submarine rocket 潜艇火箭.
sub′rogate [′sʌbrəgeit] vt. 代替(理,位),取代. subroga′tion n.
subro′sion n. 潜蚀,地下淋溶.
sub′routine′ [′sʌbru:′ti:n] n. 【计】子程序,子例(行)程(序),亚(次)常规. *floating subroutine* 浮点子程序. *in-line [open] subroutine* 开型(直接插入)子程序. *library subroutine* 库存子程序. *output subroutine* 输出子程序. *static subroutine* 静态子程序. *subroutine analyzer* 子例(行)程(序)分析程序. *subroutine call* 子程序调用,子例(行)程(序)调用. *subroutine test* 检验程序.
sub′salt n. 低盐,次盐,碱式盐.
sub′sam′ple n. 子样品,副样.v. 二次抽样,取分样.
sub′sat′ellite [′sʌb′sætəlait] n. 由人造卫星带入轨道后放出的飞行器,子卫星.
sub-scale n. 副标,次生氧化皮. *sub′ scale mark* 副标度(线),子(辅助)刻度.
sub′-scan v. 副(辅助)扫描.
sub-science n. 科学分支.
subscribe′ [səb′skraib] v. ①签署(名),署名(to) ②预订(约)(for),订阅(购)(to) ③赞成,同意,捐助(献)(to).
subscri′ber [səb′skraibə] n. ①签署者 ②用户 ③预约(订阅,订)购)者,订户. *subscriber television* (TV) (计时)收费制电视. *subscriber′s group service* 同线电话. *subscri-ber′s line* 用户专用线.
subscri′ber-vision n. (计时)收费制电视.
sub′script [′sʌbskript] I n. ①下标,角注,注脚,脚码(号,标,注)(如 V_a, X_o 的 a, o),记号,标记 ②索引,指标. II a. 标在字母(符号)右下角的,写在字母右下方的. *declarator subscript* 说明符注脚(索引,指标). *subscript list* 下标表. *subscript position* 下标位置. *subscripted qualified name* 下标限制(定)名.
subscrip′tion [səb′skripʃən] n. ①(亲笔)签名(署),署名,有亲笔签名的文件 ②预约(订),订阅(购),订阅期刊份数 ③订(阅)费,预订费 ④调配法,下标(处方). *Please enter my subscription for one year to M.* 寄去M的一年订费,请检收. *flat rate subscription* 按时收费(电话). *subscription book* 预约出版书. *subscription television* 收费电视. subscrip′tive a.
subsea physiographic provinces 海底地形区,海底自然地理区.
sub′seal v. 基层处理,封底.
SUBSEC =subsection.
sub′sec′tion [′sʌb′sekʃən] n. ①细目(部),条款 ②分部(段),小节(段),分队,小小组.

subseismic case 次地震情况.
sub'-sem'igroup n. 子半群.
sub'sep'tuple ['sʌb'septjupl] a. 1∶7 的,七分之一的.
subseq = subsequent(ly).
sub'sequence ['sʌbsikwəns] 或 **sub'sequency** [sʌbsikwənsi] n. ①后来,其次,继之,随后发生的事情,结果 ②顺序,子(部分)序列. *subsequence counter* 子序列计数器.
sub'sequent ['sʌbsikwənt] a. 后来(发生)的,(其)次的,作为结果而发生的,接着发生的,连续的. *(be) subsequent on* [upon] 作为…的结果而发生,接着…发生. *(be) subsequent to* 在…之后(的).
sub'sequently ad. 其后,其次,接着.
subsere n. 次生演替系列.
sub'series ['sʌbsiəri:z] n. 子(部分)级数,子群列,次分类.
subserve' [səb'sə:v] vt. 帮(补)助,促进,对…有用(有帮助).
subser'vience [səb'sə:vjəns] 或 **subser'viency** [səb'sə:vjənsi] n. ①有帮助,有用 ②从属(辅助)性 ③奉承.
subser'vient [səb'sə:vjənt] a. ①辅助性的,只作为一种手段的(to),对…有帮助(有用)的(to) ②奉承的.
sub'set ['sʌbset] n. ①子集(合),子系统,子设备,附属设备 ②用户(电话)机. *character subset* 字符子集,符号子集. *local battery subset* 磁石式电话机.
sub'sex'tuple [sʌb'sekstjupl] a. 1∶6 的,六分之一的.
sub'shell n. 亚(壳)层,子(支,中间)壳层.
subsidabil'ity n. 湿陷性,下陷性.
subside' [səb'said] vi. ①下沉(陷),沉(没,陷,降,淀,下去),降落,凹陷,凹(洼)下去 ②平息(静),减退(少),退去 ③衰耗. **subsi'dence** 或 **subsi'dency** n.
subsi'der n. 沉降槽,沉淀池.
subsid'iary [səb'sidjəri] I a. 辅助的,副的,次要的,附属(加)的,补充(足)的(to). II n. ①辅助者〔物〕 ②子公司,附属机构 ③(pl.)文后栏目. *subsidiary cable* 辅助电缆. *subsidiary company* 子(分,附属)公司. *subsidiary dam* 副(二道)坝. *subsidiary equation* 辅助方程. *subsidiary occupation* 副业. *subsidiary road* 辅助路道,支路. *subsidiary station* 【测】补点,补站. *subsidiary stream* 支流. *subsidiary treaty* 军事援助协定. *subsidiary triangulation* 小三角测量.
subsidiza'tion [sʌbsidai'zeiʃən] n. 补助(金),津贴,奖金.
sub'sidize ['sʌbsidaiz] vt. 补(津)贴,给奖金,给补助金.
sub'sidy ['sʌbsidi] n. 补助(金),津贴,奖金. *export subsidy* 出口贴补. *subsidies for health public* 保健费.
sub'sieve n. ①亚筛,不能用筛子分级的 ②微粒,微粉. *subsieve size apparatus* 亚筛粒度分析仪.
subsieve-size n. 亚筛粒度.
sub'sil'icate n. 碱式硅酸盐(酯).
subsis = subsistence.
subsist' [səb'sist] vi. ①生存,维持生活 ②(继续)存在,可以理解,有效. vt. 供养. ▲ *subsist on* [upon]靠…维持生活.
subsis'tence [səb'sistəns] 或 **subsis'tency** [sʌbsistənsi] n. ①生存,存在 ②生计,口粮,给养,维持生活(之物),生活(维持)费,生活津贴.
subsis'tent [səb'sistənt] a. 存在的,实在的,现有的,固有的.
sub'soil ['sʌbsɔil] n. 下(亚)层土,底(心)土,亚土层,地基下层土,天然地基. II vt. 掘起…的底土. *subsoil exploration* 下层土勘探. *subsoil water* 地下水,潜水.
sub'so'lar ['sʌb'soulə] a. 在太阳正下面的,日下的,热带的,赤道的,南北回归线之间的. *subsolar point* 太阳直射点,日下点.
sub'sol'id a. 半固体的.
sub'sol'idus n. 亚固线,固线下.
subsoliflucˊtion n. 水下土溜(作用).
sub'son'ic ['sʌb'sɔnik] a. 亚音(速)的,次音速的,亚(次)声(速)的,亚音频的,比音波慢的,(以低于音速飞行的之)间限下的,次声的(频率低于 16Hz/s).
sub'space ['sʌbspeis] n. 子空间.
sub'span n. 子(部分)跨度.
sub'species n. 亚种.
subst = ①substantive(ly) 本质(的),实在的 ②substation 分站,支局,变电所,用户话机 ③substitute 代理人,代用品.
sub'stage I n. 分台,辅台,显微镜台,亚阶,亚期. II a. (显微镜)台下的. *substage condenser* 台下聚光器.
sub'stance ['sʌbstəns] n. ①(物,实,本)质,物(体)的(实体,物,实,体态)的 ②材料,物品,东西 ③内容,大意,要点〔领〕,梗概 ④(质地)牢固,坚实 ⑤(镀锡薄钢板的)单重. *antiknock substance* 抗爆剂. *foreign (impurity) substance* 杂质. *magnetic substance* 磁性材料. *material of marked substance* 极为坚实的材料. *question of substance* 实质性问题. *radioactive substance* 放射性物质. *sacrifice* [lose] *the substance for the shadow* 舍本逐末. *working substance* 工质. ▲ *in substance* 在(实)质上,基本(大体)上. *of little substance* 内容贫乏的.
sub'stand'ard ['sʌb'stændəd] I a. (付)标准,低于(法定)标准的,达不到标准的,低于标准规格的,低于定额的,次等的. II n. 低标准(定额),低等级标准,副(辅助,复制)标准(器).
substan'tial [səb'stænʃəl] I a. ①物质的,实(在)质的,实体的 ②真实(实)的,实际的,具体的 ③基本(大体)上的,大致的 ④质地好的,(构造)坚固的,坚实的 ⑤许多(量)的,相当大的,显著的 ⑥有内容的,有重大价值的. II n. (常用 pl.) ①实质性东西,重要的东西 ②重要部分,要领,大意. *be in substantial agreement* 基本上意见一致. *substantial difference* 相当大的差异. *substantial increase* 显著(大幅度)增长.
substantialisˊtic [səbstænʃəˊlistik] a. 实体的.
substantial'ity n. 实体,实质性,有内容,坚固.
substan'tially [səb'stænʃəli] ad. ①实质上,本质上,事实上,真实〔实在〕地,大体上 ②结实地,坚〔牢〕固地 ③充分〔显著〕地.
substan'tiate [səb'stænʃieit] vt. ①证明(实)(有根据),核实 ②使具体(实体)化. **substantia'tion** n. **substan'tiative** a.

substan'tiator n. 证(明)人.

sub'stantive ['sʌbstəntiv] I a. ①(真)实(存)在的,永存的,真实的 ②独立(存在)的,实质(体)的,本质的 ③相当(数量)的,大量的,巨额的 ④坚固的,耐久的 ⑤直接(染色)的. II n. 独立存在的实体.

substantiv'ity n. 直接性,实质性.

sub'state n. 亚(能)级,亚态.

sub'station ['sʌbsteɪʃən] n. ①变电所,(变电)分站〔支站,分所〕,副站,(电厂的)主配电装置,分(电)所,支局 ②分台,附属台 ③用户话机. *distribution substation* 配电分站. *electric substation* 变电所. *substation capacity* 变电所的容量〔负载量〕.

sub-stellar a. 星下的.

sub'step n. 子步.

substg = substituting.

substit'uent [sʌb'stɪtjuənt] n. 替代者,取代者,【化】取代基.

sub'stitute ['sʌbstɪtjuːt] I v. (以…)代替(用,理,入),取(替)代,调(置,替)换. n. 代用品,代替者,代理人,候补成员,取代衍生物,【矿】转接器. II a. 替代的,代用(入)的. *substitute material* 代用材料. ▲*M is substituted for N*. M代替了N. *substitute as* 代理. *substitute M for N* 或 *substitute N by* [*with*] *M* 用M代替(取代)N. *substitute from M for N* 根据M用某数来代替N. *substitute M instead of N* 用M代替N,不用N而代之以 M. *substitute M into N* 将M代入 N. *substitute* (*oneself*) *for* 代替. *use M as a substitute for N* 用M作为N的代用品.

substitu'tion [sʌbstɪ'tjuːʃən] n. 代替〔理,用〕,替〔变,调〕换,取〔代〕代,【数】代换〔接换,代入(法),排出. *adjacent substitution* 邻位取代. *substitution cipher* 代用密码(记号). *substitution impurity* 替代(置换)型杂质. *substitution method* 代换〔代替,置换,替代〕法. *substitution solid solution* 代换〔代替〕固溶体. ▲*substitution of M for N* M代替N. *upon* [*on*] *the substitution of M in N* 把M代入N之后.

substitu'tional 或 **sub'stitutive** a. 代用的,调换的,取〔替〕代的,补充的. *substitutional solid solution* 取代固溶体.

sub'stitutor n. 代用品,替手.

substoichiomet'ric a. 亚化学计算的,逊论量的.

substoichiom'etry n. 亚化学计量法.

sub'stope n. 分段工作面.

substoping n. 分段回采(采矿).

sub-store n. 辅助(小)仓库.

sub'storm n. 准风暴.

sub'story n. 较低层.

SUBSTR = substructure.

sub'strain n. 次代(菌)株,次代品系.

sub'stra'ta substratum 的复数.

sub'strate ['sʌbstreɪt] n. ①基片(体),衬(基)底,底物,装托物,(电镀)底金属,蒸发物凝集层,感光胶层 ②基〔地〕层 ③真晶格 ④基质,受媒质,培养基,被(酶作)用物,附加物,粘合对象. *foreign substrate* 异质衬底. *native substrate* 天然衬底. *substrate holder* 基片支持器,基片座. *substrate level phosphorylation* 底物水平磷酸化(作用). *substrate magazine* 基片暗箱. *substrate pnp transistor* 基片(衬底)pnp 晶体管.

sub-strate-mask n. 基片遮板〔挡光板〕.

sub-stratifica'tion n. 二次分层化.

substrat'osphere [sʌb'strætəusfɪə] n. 对流层顶,副平流层,亚同温层〔平流层〕.

sub'stratum ['sʌb'strɑːtəm] (pl. *sub'stra'ta*) ①下层(地层),衬底 ②基础,根基,根据 ③促使感光乳剂固着于片基的)胶层 ④基质,基(衬)底,基质(物),培养基.

substruc'tion [sʌb'strʌkʃən] 或 **sub'structure** ['sʌbstrʌktʃə] n. ①下部(底层,底部,基体)结构,下层(地下)建筑,基础工事,路基 ②基础,根基 ③亚(子)结构,亚组织.

sub-strut n. 副撑.

sub-subroutine n. 子子程序.

sub'sulfate n. 碱式硫酸盐.

subsume' [səb'sjuːm] vt. 包含(括),把…归(列)入(某一类),把…归类.

subsump'tion [sʌb'sʌmpʃən] n. ①包括(的内容),包含 ②类别,分类 ③小前提.

sub'sun n. 日光反射旋.

sub'surface ['sʌbsəːfɪs] I a. 地(面)下的,表(水,液,海)面下的,皮下的. II n. 下部下岩石(土壤),下层土面,地下界面,地下覆盖层,水面下水层. *subsurface exploration* 地下探查〔勘测〕. *subsurface flow* 地下水流,伏(潜)流. *subsurface pressure* 海面下某深度的压力. *subsurface water* 地下水,潜水.

sub'switch n. 分机键.

sub'syn'chronous ['sʌb'sɪŋkrənəs] a. 次(准)同步的.

SUBSYS = subsystem.

sub'system ['sʌbsɪstɪm] n. 子〔分,支,辅助,第二,次级〕系统,子(亚,次)系,子组,部件.

sub'tabula'tion n. 子(副)表的加密.

sub'tandem exchange' n. 副转接局.

sub'tan'gent ['sʌb'tændʒənt] n. 【数】次切线,次切距.

sub'task n. 程序子基(本单)元,子任务.

sub'tem'perate ['sʌb'tempərɪt] a. 次(亚)温带的.

subtend' [səb'tend] vt. 对着(向),(弦,边)对(弧,角). *the angle subtended by arc AB* AB弧所对的角. *The side AC subtends the angle ABC.* 斜边AC对着角∠ABC.

sub'tend'er ['sʌb'tendə] = submarine tender 潜艇供应船.

subtense' [səb'tens] I n. 【数】弦,(角的)对边. II a. 根据所对角度来测量的. *subtense bar* 横测尺. *subtense method*【测】视距法.

subter- (构词词头)在下,少于,次于,私下.

sub'terfuge ['sʌbtəfjuːdʒ] n. ①遁(托)词,口实 ②欺骗,诡计,狡猾手段. *by various subterfuges* 采用各种借口,耍尽各种花招.

sub'ter'minal ['sʌb'təːmɪnl] a. 接近端点的,次顶端的,近末端的,终端下的,几乎在末端的.

subternat'ural ['sʌbtə'nætʃərəl] a. 逊于天然的.

sub'terrane ['sʌbtəreɪn] n. 下层,地下室,洞穴.

subterra'nean [sʌbtə'reɪnjən] 或 **subterra'neous** [sʌbtə'reɪnjəs] a. 地下〔中〕的,隐藏〔蔽〕的,秘密

subthalamogram n. 丘脑底部图.

sub'ther'mal a. 次〔亚〕热的,热下的.

subthermocline n. 付温跃层.

sub'thresh'old ['sʌbˌθreʃhould] a. 阈下的,低于阈的,(剂量)低于最低限度的,不足以起到作用的. n. 亚阈(值).

sub'tie n. 副系杆.

subtilin n. 枯草菌素.

sub'tilis (拉丁语) n. 微小,细小.

subtilisin n. 枯草溶菌素,枯草杆菌蛋白酶.

sub'tilize ['sʌtilaiz] v. ①(使)稀薄,(使)趋于精细,使微妙化 ②详尽讨论,精细区分〔分析〕. **subtiliza'tion** n.

subtilysin n. 枯草溶菌素.

sub'title ['sʌbtaitl] Ⅰ n. 小标题,副(标)题,书刊副名,分目,小〔说明,补助〕字幕. Ⅱ vt. 给…加小(副)标题,给…配制说明字幕.

sub'tle ['sʌtl] a. ①微妙〔细〕的,(极)细微的,精细〔巧〕的,巧妙的 ②错综的,神秘不可思议的 ③稀薄的,淡泊的 ④敏感(锐)的,有辨别力的 ⑤难捉摸的,难形容的,难解的. **sub'tly** ad.

sub'tieness 或 **sub'tlety** n. 微(巧)妙,细微(的)区别,敏锐(感).

subto'pia n. 市郊.

sub'total ['sʌbtoutl] Ⅰ n.; v. 小计〔结〕,(求)部分和,中间总数. Ⅱ a. 几乎全部的,亚整体的.

subtract' [səb'trækt] v. 减(去),作减法计算,扣除,去掉. ▲*subtract M and N* 把 M 与 N 相减. *subtract (M) from N* 从 N 中减去 (M). *6 subtract'ed from 9 leaves 3* 9 减 6 得 3.

subtrac'tion [səb'trækʃən] n. 减去〔少,法〕,扣除. *subtraction circuit* 减法〔相减〕电路. ▲*subtraction of M from N* 从 N 减去 M.

subtrac'tor 或 **subtrac'ter** [səb'træktə] n. 减法器,减数.

subtrac'tive [səb'træktiv] a. (应)减去的,(有)负(号)的. *subtractive combination* 差995组合. *subtractive complementary colours* 相减合成补色. *subtractive (colour) mixture* 相减合成,减色法混合. *subtractive primaries* 相减(合成)基色,减色法三基色. *subtractive process* 除去杂物〔除去某种物质〕过程,精制(减法)过程,减色法.

sub'trahend ['sʌbtrəhend] n. 减数.

sub-transient reactance 次瞬态〔起始瞬态,辅助过渡〕电抗.

sub'translu'cent ['sʌbtrænz'lu:snt] a. 微透明的.

sub'transmis'sion n. 辅助变速箱.

sub'transpa'rent ['sʌbtræns'pɛərənt] a. 半透明的.

subtreas'ury [sʌb'treʒəri] n. 国库的分库.

sub'tree n. 子树.

subtriangular a. 近似三角形的.

sub'trip'le ['sʌb'tripl] a. 1:3 的,三分之一的.

sub'triplicate ['sʌb'triplikit] Ⅰ a. 立方根的,用立方根表示的. Ⅱ v. 开立方.

sub'trop'ic(al) a. 亚〔副〕热带的.

sub'trop'ics n. 亚〔副〕热带.

sub'-truss n. 支撑桁架,脚手架.

sub'type ['sʌbtaip] n. 分〔子,副,辅助〕型.

su'bulate ['sjuːbjulit] a. 锥形的,钻状的.

sub'unit n. 副,旅,分〔子,分〕组,亚基,子群,亚〔子〕单元,亚〔子〕子,次一级的单位.

sub'urb ['sʌbə:b] n. 市〔城,近〕郊,郊区〔外〕,(pl.) 边缘,近处. **sub'urban** a.

suburbaniza'tion n. 近郊化,郊区建造.

sub-value n. 次〔子〕值.

subven'tion [səb'venʃən] n. (政府的)补助金,保护金.

subver'sal [sʌb'və:səl] 或 **subver'sion** [sʌb'və:ʃən] n. (颠)破坏,颠复,搅翻,扰乱.

subver'sive [səb'və:siv] Ⅰ a. (有)破坏性的,颠复(性)的. Ⅱ n. 搞颠复阴谋的人.

subvert' vt. (暗中)破坏,颠复,推翻.

subver'tical Ⅰ a. 副竖杆. Ⅱ a. 接近〔差不多〕垂直的,陡的. **~ly** ad.

subvi'tal a. 生命力低下的.

sub'vit'reous ['sʌb'vitriəs] a. 光泽不如玻璃的,亚琉态的. *subvitreous luster* 半玻璃光泽.

subvolcanic a. 地下火山的.

sub'walk ['sʌbwɔːk] n. 人行隧道.

sub-warhead n. 子战斗部,子弹头.

sub'water a. 水下的.

sub'wave n. 部分波,次波,衰波.

sub'way ['sʌbwei] Ⅰ n. 地(下)道,地下铁道,地下(电缆)管道. Ⅱ vi. 乘地下铁道列车.

subze'ro [sʌb'ziərou] a. 零下(的),负的,适于零度下温度使用的,低凝固点的. *subzero oil* 低温润滑油. *subzero temperature* 负〔零下〕温度. *subzero treatment* (零度下)低温处理. *subzero working* 零下加工.

subzo'nal a. 带下的.

sub'zone n. 小(分)区,亚(地)区.

succeda'neous [sʌksi'deiniəs] a. 代用的,替代的,代替的.

succeda'neum [sʌksi'deiniəm] n. 代用品,替代物,代替者.

succe'dent [sək'si:dənt] a. 随后的,接着发生的.

succeed' [sək'si:d] Ⅰ vi. 成功,完成,顺利进行. Ⅱ v. 继续〔承〕,接续〔连,替〕,接…之后,接着…发生. *Day succeeds (to) day.* 日复一日. ▲*(be) succeeded by* 继之以. *succee in + ing*(某事)(获得)成功,成功地〔得以〕(做成某事),终于把〔使〕. *succeed one another* 一个一个地发生. *succeed (to) M* 接着〔接替〕M(发生,来到). *succeed (to) M as N* 继 M(之后)担任 N. *succeed with M* 用 M 作成功.

succeed'ing a. 接连的,随后〔以后,以下,下列〕的.

success' [sək'ses] n. 成功(就,果,绩),胜利. ▲*be a (great) success* 获得(很大)成功,是(非常)成功的. *for success* 为了获得成功. *have [meet with, turn out a] success* 获得成功. *make a success of* 把…做得很成功. *owe one's success to* (某人)的成功是由于(归功于). *with some success* 获得一定的成功,取得一些成绩. *with success* 成功地.

success'ful [sək'sesful] a. (获得)成功的,结果良好的,有成就的,成绩好的,及格的. ▲*be successful*

succession [sək'seʃən] *n.* 继续,连续(性,发生),顺序(性,进行),依次(性,进行),次序,逐次(性,进行),演替,继承(性),系列[统]. ▲*a succession of* 一个接一个的,一系列的. *in due succession* 按自然的次序. *in quick succession* 接二连三,陆陆续续. *in succession* 连续地,接连一地,～al *a*.

successive [sək'sesiv] *a.* 连续(贯)的,继续的,接连逐次[步,位]的,递(次)的,顺序的,循序渐进的. *successive courses* 邻接层. *successive differences* 递差,逐次差分,相继差值. *successive integration* 逐次积分. *successive terms* 逐[邻]项. *successive transformation* 递次变换,连续转变.

successively *ad.* 接连,陆续,依次.

successor [sək'sesə] *n.* ①继承人 ②后续(者,块,符),代替(者) ③接班人 ④后接事项,继承型号.

succimide *n.* 琥珀[丁二]酰亚胺.

succinamide *n.* 琥珀酰胺.

succinate *n.* 琥珀酸,丁二酸,琥珀酸盐〔酯,根〕.

succinct [sək'siŋkt] *a.* 简(明,洁)的,扼要的,紧身的. ～ly *ad.* ～ness *n.*

succindialdehyde *n.* 丁二醛($CH_2CHO)_2$.

succinic [sək'sinik] *a.* 琥珀(色,制)的. *succinic acid* 琥珀[丁二]酸.

succinimide *n.* 琥珀酰亚胺.

succinite ['sʌksinait] *n.* 琥珀(色),黄琥珀.

succino-dinitrile *n.* 琥珀腈,丁二腈.

succinoxidase *n.* 琥珀酸氧化酶.

succinoylation *n.* 琥珀-酰化.

succo(u)r ['sʌkə] *n.* ; *vt.* ①救济,援助 ②救急的东西,救助者.

succulent ['sʌkjulənt] *a.* 多汁的,多肉的,新鲜的,有趣的,引人入胜的. *n.* 肉质植物. ～ly *ad.*

succumb [sə'kʌm] *vi.* 屈服(于),败(于),输(给),死(于),毁(于)(to).

succursal *a.* 辅佐的,附属的.

succus [拉丁语](pl. *succi*) *n.* 汁,液.

succuss' *vt.* 振荡,猛摇.

such [sʌtʃ] *a.* ; *pron.* ①(像)这〔那样〕的,(像)这〔那〕种,如此(的) ②上述的(的,的事物),该. *such a good machine (as this)*(像这台)这样的一台好机器〔比较: *so good a machine (as this)*〕. *such large numbers (as this)*(像这个数字)这样一些大的数(目)字. *one [any, another] such valve* 一个〔任何一个,再〔另〕一个〕这样的阀门. *all [many, some, few, no] such tall buildings (as those)*一切〔许多,有些,很少,没有〕(像那些)那样的高大楼房. *Such is (not) the case with M*. M 的情况就(不)是这样. *Such are the results*. 结果就是如此〔如上所述〕. *For convenience we divide time in such a way that there are* 24 *hours in a day*, 60 *minutes in an hour*, *and* 60 *seconds in a minute*. 为了方便起见,我们是这样地划分时间,即一天有24小时,一小时有60分,一分有60秒. *as such* 本身,以这样的(人或物),照(像)这样,照此本身,就这一点而论,因此. *such and such* 如此这般,这样那样的,某某. *such as* 例如,比如,如同,像…那样的,像…之类(的). *such as it is* 不过如

此,如此而已,就是这样,虽然如此. *such as to* + *inf.* 达到…的程度,竟致,这样…以致(使). *such being the case* 事实(情况)既然如此. *such ... that* 这样的…以致(使).

such'-and-such ['sʌtʃənsʌtʃ] *a.* 如此这般的,这等的.

such'like ['sʌtʃlaik] *a.* (诸如)此类似的,这一类的,…之类的,类似的,同样的.

such'wise *ad.* 同(样),与此相同.

suck [sʌk] *v.* ; *n.* ①吸(人,进,收,力),抽吸 ②(收)缩(凹)进,表面浅洼型缩孔. *sucking tube* 吸筒(管). ▲*suck at* 吸,抽. *suck dry* 吸干. *suck in* 吸收(人),吸进(来),抽入. *suck into* 吸进(入). *suck off* 吸取,得到. *suck out* 抽(出). *suck M out of N* 把 M 从 N 中吸出去. *suck up* 吸收,吸取. *take a suck at* 吸一吸,吸一口.

suck'-back *n.* 反吸引入,倒吸,回抽.

suck'er ['sʌkə] *n.* 吸(入)管,吸盘(板,杯),进油(汽)管,吸入器,吸子(头),活塞;吸者.

suck'ering ['sʌkəriŋ] *a.* 吸枝(植物)的.

suck'ing ['sʌkiŋ] *n.* ; *a.* 吸(的)(的) ②未成熟的,没有经验的. *sucking and forcing pump* 吸抽加压泵,双动泵. *sucking tube* 吸筒.

su'crase *n.* 蔗糖酶.

Su'cre ['suːkrei] *n.* 苏克雷(玻利维亚首都).

su'crol *n.* 甜精.

su'crose ['sjuːkrous] *n.* 蔗(砂)糖.

sucrosic *a.* 蔗糖的.

sucrosuria *n.* 蔗糖尿.

SUCT =suction.

suc'tion ['sʌkʃən] *n.* ①吸(收,入,取,出,尽,引,去,上,气,水),空吸,抽吸(水,吸,入) ②吸(抽力),虹吸,抽(真)空度,负压 ③吸(水)管,吸口. *peak suction* 最大负压区,低压峰值. *suction casting* 真空铸造,(真空)吸铸. *suction cock* 吸舌,抽气(吸入口)旋塞. *suction fan* 吸风机,吸气风扇,排气通风机. *suction gauge* 吸力(真空)计. *suction head* 吸水头,吸升力,吸升高度,负压系吸入高. *suction lead* 抽吸导管. *suction mould* 抽吸(真空)成形,吸铸,真空铸造. *suction pipe* 吸(入,水,气)管,抽气管,空(虹)吸管. *suction pump* 空吸(抽气)泵,抽水机. *suction side* 真空面. *suction stroke* 吸入(气)冲程.

suction-cup *n.* 吸杯.

sucto'rial [sʌk'tɔːriəl] *a.* 吸(附)的.

Sudan' [suː(ː)'dɑːn] *n.* ; *a.* 苏丹(的).

Sudanese' [suːdə'niːz] *a.* ; *n.* 苏丹的,苏丹人(的).

sudato'rium [sjuːdə'tɔːriəm] *n.* 热气浴(室).

sudd [sʌd] *n.* 水面植物堆积,漂流植物.

sud'den ['sʌdn] I *a.* 突(忽)然的,急速的,瞬时的,骤(然,加)的,跳变(阶跃)式的,不连续的. II *n.* 突(忽)然(发生的事). *sudden death* 突然故障(口语,原指晶体管的突然失效). ▲*(all) of a sudden* 或 *on a [the] sudden* 突然(地),忽然,出乎意外地. *sud'denly ad. suddenly applied load* 骤加荷载. *sud'denness n.*

suds [sʌdz] *n.* (pl.)肥皂水,肥皂(水上的)泡(沫),(顽固)泡沫,粘稠介质中的空气泡. *suds lubrication* 肥皂水润滑.

sud'sy ['sʌdzi] *a.* 肥皂水(似)的,起泡的.

sue [sju:] *v.* ①控告〔诉〕,提出诉讼 ②〔提出〕请求. *sue at(the)law* 起诉. ▲*sue for* 请求,起诉要求. 控告…要求…. *sue out* 请求获得. *sue to* 请求(某人).

suède [sweid] *n.* (小山)羊皮,软羔皮.

Su'ez ['sju(:)iz] *n.* 苏伊士(埃及港市). *the Suez Canal* 苏伊士运河.

SUFF 或 suf(f) =①sufficient 充分〔够〕的 ②suffix 下标,词尾,后缀.

suf'fer ['sʌfə] *vt.* ①遭[经,蒙,忍]受,遭遇,经历 ②容忍[许], *vi.* 受损失[害],受苦[难]. *suffer (a) toss* 遭受损失. *suffer a great difference in speeds* 速率上有很大的差别. ▲*suffer from* 遭受,受〔害之〕苦,因…而蒙到损害;(具有〔缺点〕的). *suffer from a serious defect* 有一个严重的缺点.

suf'ferable ['sʌfərəbl] *a.* 可忍受的,可容许的. ~ness *n.* **suf'ferably** *ad.*

suf'ferance ['sʌfərəns] *n.* ①忍耐〔力〕,忍受 ②容许〔许〕. ▲*on* [*by, through*] *sufferance* 经容[默]许,经勉强同意.

suf'ferer ['sʌfərə] *n.* 受难[害]者.

suf'fering ['sʌfəriŋ] *n.*;*a.* 受〔遭〕难〔的〕,痛苦的,灾害,苦难.

suffice [sə'fais] *vi.* 足够,充分,有能力. *vt.* 满足(…的需要). *It will suffice to*+*inf.* 只要(做)就够了〔就可以了〕. *Smaller wing areas suffice.* 只要比较小的翼面积就够了. ▲*suffice as* 足够作为. *suffice for* 足够,足以满足. *Suffice it to say that* (只要)说…就够了. *suffice to*+*inf.* 足以.

suffi'ciency [sə'fiʃənsi] *n.* 充足〔分〕,满足,足够〔量〕,敷用,富裕,充分性,充分条件,(道路)适应性. ▲*a sufficiency of* 足够的,充足的.

sufficiency-rating *n.* 适应度鉴定.

suffi'cient [sə'fiʃənt] *a.* 充分〔足〕的,足够的. *sufficient coupling* 足[充分]耦合. *sufficient statistics* 充分统计量. ▲*be sufficient for* 足以满足. (*be*) *sufficient to*+*inf.* 足够〔以〕(做). *more than sufficient* 绰绰有余.

suffi'ciently *ad.* 充足地. ▲*sufficiently*+*a. to*+*inf.* …到足以(做),足(做)已足够…了了.

suf'fix ['sʌfiks] Ⅰ *n.* 下[尾]标,词(字)尾,后缀. Ⅱ *vt.* 添标,添词尾,附在后头. *suffix notation* 后缀表示法. ~al *a.*

suf'focate ['sʌfəkeit] *v.* ①(使)窒息,闷坏,(使)呼吸困难 ②闷熄,熄灭,灭火 ③妨碍…的发展,受阻,不发展.

suffoca'tion [sʌfə'keiʃən] *n.* 窒息(作用),憋死, **suf'focative** *a.*

suf'frage ['sʌfridʒ] *n.* 投票,(投票)赞成,选举权.

suffrutes'cent *a.* 半灌木状的.

suffuse [sə'fjuːz] *vt.* (液体,光,色)充[布,盖,涨]满,弥漫. ▲*be suffused with* 充[布,盖,涨]满着,弥漫. **suffu'sion** *n.* **suffu'sive** *a.*

sug =①suggested 提示的,提议的 ②suggestion 提议,提示.

su'gar ['ʃugə] *n.* (蔗)糖,糖类. *vt.* ①(撒)糖于,弄甜. *vi.* 糖化,结晶. *sugar palm*【植】桄榔. ▲*sugar the pill* 加上糖衣,缓和. *sugar over* [*up*] 粉饰,美化.

sugar-beet *n.* 甜菜.

su'garcane *n.* 甘蔗.

su'garcoat *vt.* 包糖衣于,使有吸引力.

sugar-free *a.* 无糖的.

su'gariness *n.* 含糖,甜性,糖含量.

su'garlike *a.* 类糖的,糖似的.

su'gar-loaf ['ʃugəlouf] *n.* 塔糖. *sugarloaf fashion* 宝塔塔形,圆锥形,楔形.

su'gary ['ʃugəri] *a.* 甜的,含〔像,砂〕糖的,糖质的.

suggest' [sə'dʒest] *vt.* ①建议,提出(议,供) ②暗示,提醒,启发③认为,使想起[联想] ④表示 ⑤想起,想出 ⑤假定…的可能. ▲*it is suggested that*…有人提议. *suggest itself* [*themselves*] (*to*) 呈现在…眼前,浮现在…的心中. *this suggests that* 这样我们就可以假定….

suggest'ed *a.* (所)提出的,假定的. *suggested design* 改进的设计.

suggest'ible *a.* 可暗示的,可提[建议]的.

sugges'tion [sə'dʒestʃən] *n.* ①暗示,示意,提醒,启发 ②建议[提议] ③微量,细微的迹像. *suggestions for improvement* 改进意见. ▲*make* [*offer*] *a suggestion* (*on*) (就…)提出建议.

sugges'tive [sə'dʒestiv] *a.* 暗示的,示意的,提醒的,(有)启发的,可作参考的.

Suhler-white copper 苏里锌白铜(镍 31.5%,锌 25.5%,铜 40.4%,铅 2.6%).

suici'dal [sjui'saidl] *a.* 自杀的,自取灭亡的.

su'icide ['sjuisaid] *n.*;*v.* 自杀,自取灭亡. *a.* 自杀(性)的.

suit [sjuːt] Ⅰ *n.* ①(一)套,(一)组,(一)副②请求,控告,诉讼③(外,飞行)衣,(一套)衣服,(飞行,潜水)服. *G-suit* 或 *anti-G suit* 抗超重飞行服. *pressurized suit* 气衣,增压服. ▲*a suit of* 一套[组]. *follow suit* 照样(做),仿效(别人). Ⅱ *v.* ①适合[宜,应],合适 ②相配〔称〕,配合,彼此协调(*to, with*). ▲*be* (*not*) *suited for*+*ing* [*to*+*inf.*] (不)配[(不)适于)(做). *be suited to*[*for*] 适合,宜于. *suit all tastes* 人人中意. *suit M* (*down*) *to the ground* 对 M 很适合. *suit the action to the word* 使言行一致. *suit M to N* 使 M 适合于 N,使 M 与 N 相配[相适应,相称].

suitabil'ity [sjuːtə'biliti] *n.* 适合[用,应](性),适配(性),相宜,相配. *operational suitability* 操作适用性,(武器系统)作战适用性. ▲*suitability of M for N* M 适合于 N(的性能).

suit'able ['sjuːtəbl] *a.* 适合[宜,当]的,相适应的,相配[合]的. *suitable phase switching* 适当相位接入. ▲(*be*) *suitable for*[*to*] 适(合,用)于. **suit'ably** *ad.* **suitableness** *n.* 适合,合宜.

suit'case ['sjuːtkeis] *n.* 手提皮箱.

suite [swiːt] *n.* ①(一)套,(一)组,(一)副 ②序列,数贯 ③(一套)家具,(一套)房间,(一批)随从人员. *a suite of racks* 一套机架.

sul'cate(**d**) ['sʌlkeit(id)] *a.* 有平行深槽[沟]的,(凹)槽的,有裂缝的.

sul'ci ['sʌlsai] **sulcus** 的复数.

sul′cus ['sʌlkəs] (pl. **sul′ci**) n. 槽, 沟, 凹, 裂缝.
sulf- 〔构词成分〕见 sulph-(例如 sulfate 见 sulphate; sulfur 见 sulphur; sulfide 见 sulphide, 等等).
sulfa- 〔词头〕磺胺.
sulfactin n. 硫活菌素, 硫放线菌素.
sulfadi′azine n. 磺胺嘧啶.
sulfaguanidine n. 磺胺脒.
sulfamate n. 氨基磺酸盐(或酯).
sulfamerazin(e) n. 磺胺甲基嘧啶.
sulfanes n. 硫烷.
sulfanil′amide n. 对氨基苯磺酰胺, 磺胺.
sulfatase n. 硫酸酯酶.
sulfate n. =sulphate.
sulfathi′azole n. 磺胺噻唑.
sulfatidase n. 硫酸(脑甙)脂酶.
sulfatide n. 硫酸(脑甙)脂, 脑硫脂.
sulfatocobalamin n. 硫酸钴胺素.
sulfenamide n. 亚磺酰胺.
sulfhemoglobin n. 硫血红蛋白.
sulfhydryl- 〔词头〕硫氢(基), 巯(基).
sulfhy′drylase n. 硫化氢解酶.
sulfida′tion n. 硫化作用.
sul′fide n. 硫化物.
sul′fimide n. 磺酸亚胺($NHSO_2$)$_3$.
sul′fimine n. (羟基)磺酸亚胺.
sulfina′tion n. 亚磺酸(作用).
sulfita′tion n. 亚硫酸处理, 亚硫酸化(作用).
sul′fite n. 亚硫酸盐(或酯).
sulfo- 〔词头〕见 sulpho-.
sulfocyanic acid 硫氰酸.
S-sulfocysteine n. 犀氨酸, S-磺酸半胱氨酸.
sulfoethylcellulose n. 磺乙基纤维素.
sulfofica′tion n. 硫化(作用).
sulfogalactosylceramide n. 硫酸半乳糖基酰基鞘氨醇.
sul′fogroup n. 磺基.
sul′folane n. 噻吩烷, 四氢噻吩, 丁抱砜, 砜茂烷.
sulfolipid(e) n. 硫酸(脑)脂, 脑硫脂.
sulfomethyla′tion n. 磺甲基化.
sulfomucin n. 硫粘蛋白.
sulfon′amide n. (氨苯)磺胺.
sulfonaphthaleins n. 磺酞类.
sul′fonate n.; v. 磺酸盐, 磺化.
sulfona′tion n. 磺化(作用).
sul′fone(s) n. 砜类.
sul′fonyl n. 磺(酸)酰.
sulfonylurea n. 磺酰脲类.
sulforhodamine n. 磺氰酸盐.
sulfox′ide n. 亚砜.
sulfoxonium n. 氧化锍.
sulfur n. =sulphur.
suifur-bearing a. 含硫的.
sulfuriza′tion n. 硫化作用.
sulfurylase n. 硫酸化酶.
sulk [sʌlk] vi.; n. 生气, 发脾气. **be in the sulks** 在生气, 在发脾气. **have (a fit of) the sulks** 生气, 发脾气.
sulk′y ['sʌlki] a. 生气的, 阴沉的. **sulk′ily** ad. **sulk′iness** n.
sull [sʌl] n. (钢丝表面的)氧化铁薄膜. v. (钢丝)黄化.
sul′lage ['sʌlidʒ] n. ①污水, 淤泥, 沉积软泥, 废物(料), 垃圾 ②渣滓, 熔渣.
sull-coating n. (钢丝便于拉拔加工的)氧化铁薄膜复层, 黄(锈)化处理.
sul′len ['sʌlən] a. ①不高兴的, 阴沉的 ②(声音)沉闷的, (色彩)不鲜明的 ③缓慢的. ~**ly** ad. ~**ness** n.
sulph- 或 **sulf-** 〔构词成分〕硫(代), 磺基. (例如 sulphate=sulfate 硫酸盐, sulphur=sulfur 硫黄, sulphide=sulfide 硫化物, 等等).
sul′pha ['sʌlfə] n. 磺胺, (pl.) 磺胺类药物.
sul′phamate ['sʌlfəmeit] n. 氨基磺酸盐(酯).
sul′phate ['sʌlfeit] Ⅰ n. 硫酸盐(酯). Ⅱ vt. 用硫酸(盐)处理, 使与硫酸(盐)化合, 使成硫酸盐. vi. 硫酸盐化. **ammonium sulphate** 硫酸铵. **crystal violet sulphate** 硫酸晶体紫. **lead sulphate** 硫酸铅. **sulphate activation** 硫酸盐激发(作用). **sulphate of copper** 硫酸铜, 胆矾. **sulphate of iron** 硫酸铁, 绿矾. **sulphate resistant [resisting] cement** 抗硫(酸)盐)水泥. **zinc sulphate** 硫酸锌.
sul′phate-free a. 无硫酸盐的.
sul′phate-resisting a. 抗硫酸盐的.
sul′phating n. 硫酸垢.
sulpha′tion [sʌl'feiʃən] n. 硫(酸盐)化(作用), 硫酸化.
sul′phatize ['sʌlfətaiz] vt. 使成硫酸盐, 硫酸(盐)化.
sul′phator n. 浓硫酸分解炉.
sul′phidal n. 胶状硫.
sulphida′tion n. 硫化作用.
sul′phide ['sʌlfaid] Ⅰ n. 硫化(物, …), 硫醚. Ⅱ v. 变成硫化物, 用硫化物处理. **cadmium sulphide** 硫化镉. **hydrogen sulphide** 硫化氢. **sulphide inclusion** 夹杂硫化物. **sulphide of mercury** 辰砂, 银朱. **zinc sulphide** 硫化锌.
sul′phide-rich a. 富硫的.
sulphidiza′tion 或 **sulphidisa′tion** n. 硫化(作用), 成[生]硫化物(作用).
sul′phidize vt. (使变成)硫化(物).
sulphion n. 硫离子.
sulphita′tion n. 亚硫酸化(作用), 亚硫酸处理.
sul′phite ['sʌlfait] Ⅰ n. 亚硫酸盐(酯). Ⅱ v. 亚硫酸(盐)化, 用亚硫酸(盐)处理. **sulphite liquor** 亚硫酸盐废液. **sulphite pulp** 亚硫酸盐纸浆.
sulpho- 〔词头〕硫(代), 磺基.
sul′phoac′id n. 磺酸, 硫代酸.
sulphoaluminate n. 硫(代)铝酸盐.
sulphocompound n. 含硫化合物.
sulphofica′tion n. 磺(酸)化作用.
sul′phon n. 唰.
sulphonam′ide n. 磺(酰)胺.
sul′phonate ['sʌlfəneit] Ⅰ n. 磺化(去垢剂), 磺酸盐(去垢剂). Ⅱ vt. 使磺化.
sul′phonated a. 磺化的.
sulphona′tion [sʌlfə'neiʃən] n. 磺化(作用).
sul′phonator n. 磺化器.
sul′phone n. 砜.
sulphon′ic acid 磺酸.
sul′phonyl n. 磺酰, 硫酰.

sulphoox'idant n. 硫氧化剂.
sul'phosalts n. 磺酸盐类.
sulphosol n. 硫胶溶胶.
sulphox'ide n. 亚砜.
sulphox'ylate n. 次硫酸盐.
sul'phur ['sʌlfə] I n. 【化】硫 S,硫黄. II a. 硫(黄,化)的. III vt. 用硫(黄)处理,用亚硫酸盐处理,硫化. *sulphur coal* 高硫煤. *sulphur crack* 硫(带)裂纹. *sulphur dioxide* 二氧化硫. *sulphur print* 硫印,硫黄检验(法). *sulphur removal* 脱硫. *sulphur steel* 高硫钢.
sul'phurate ['sʌlfjuəreit] I vt. 加硫,使硫化,用硫处理. II a. 加硫的.
sulphura'tion [sʌlfjuə'reiʃən] n. 硫化(作用).
sul'phur-bearing a. 含硫的.
sulphur-cake n. 硫块.
sulphu'reous [sʌl'fjuəriəs] a. 硫(黄)(色)的,含硫的.
sul'phuret ['sʌlfjuret] I vt. 使硫化,用硫黄处理. II ['sʌlfjurit] n. 硫化物,硫醚.
sul'phuretted a. 硫化的,含硫黄的. *sulphuretted hydrogen* 硫化氢.
sulphur-free a. 无[去]硫的.
sulphu'ric [sʌl'fjuərik] a. (正,含)硫的,(含)硫的. *sulphuric acid* 硫酸.
sul'phurise 或 **sul'phurize** ['sʌlfjuəraiz] vt. 使硫化,加硫,渗硫,用硫(化物)处理. *sulphurized asphalt* 硫化(地)沥青. **sulphuriza'tion** n.
sul'phurite n. 自然硫.
sul'phurous ['sʌlfərəs] a. 亚硫的,(含)硫(黄质)的,有燃烧硫黄的气味(颜色)的. *sulphurous acid* 亚硫酸.
sul'phury ['sʌlfəri] a. (似)硫(黄)的.
sulphuryl = sulphonyl.
sul'tones n. 磺酸内酯.
sul'triness n. 闷热.
sul'try ['sʌltri] a. 闷[郁]热的,狂暴的. **sul'trily** ad. **sul'-triness** n.
Sulzer alloy 苏尔泽锌基轴承合金(锡10%,铜4%,铅1~2%,其余锌).
SUM = surface-to-underwater missile "面对水下"导弹.
sum = summary 摘要,一览.
sum [sʌm] I n. ①(和)数,总(和,数,额),并(集) ②算术(问题),计算 ③概要[略],大要,要点 ④金额 ⑤顶点,极点. *moduli 2 sum* 模数为2的和数. *partial sum* 部分和. *sum aggregate* 并(和)集. *sum check digit* 和数校验位. *sum equation* 累加(和)方程. *sum formula* 求和公式. *sum of products* 积和. *sum of series* 级数的和(值). *sum of vectors* 矢量和. *sum out gate* 【计】和数输出门. *sum readout* 和〔总〕数读出. *sum theorem for dimension* 维数的加法定理. *sums of money* 几笔钱. *weighted sum* 加权和. ▲*a large* 〔*small*〕 *sum of* 巨〔小〕额的. *do* 〔*make, work*〕 *sums* 〔*a sum*〕 计算,做算术题. *find the sum* 求和. *in sum* 大体上,总之. *sum total* 总计〔数,额〕,合计. *the sum (and substance)* 概要. II v. ①合〔总,共〕计,加起来 ②概括,总结,摘要. *summing amplifier* 加法放大器. *summing circuit* 加法〔求和〕电路. *summing integrator* (先加后积分的装置)加法积分器. ▲*sum to* 〔*into*〕共计. *sum up* 总计〔结〕,概括,概述,把...归结(为). *sum M up as N* 把M概括〔结〕为N. *to sum up*〔插入语〕总起来说,总(而言)之,结束语.
sum-and-difference system 和差系统.
su'mac(h) n. 苏模(野葛)鞣料,漆树属,漆叶,黄栌.
Suma'tra [su(:)'ma:trə] n. 苏门答腊.
Sumet bronze 萨米特轴承青铜.
sum-frequency n. 和频.
sum'less ['sʌmlis] a. 无数的,不可数的.
su'mma ['su(:)mə] (pl. *su'mmae*) n. 总结(性论文).
summabil'ity n. 可(求)和性.
sum'mable ['sʌməbl] a. 可(求)和的. *summable function* 可和(积)函数. *summable series* 可和级数.
sum'mand ['sʌmənd] n. 被加数.
sum'marily ['sʌmərili] ad. ①概括地,简略地,扼要地 ②立刻,马上.
sum'marise 或 **sum'marize** ['sʌməraiz] v. ①相(叠)加,总〔合〕计 ②概括〔述〕,简述,总结,摘要. *summarized principle* 总(简)则. ▲*summarize M into N* 把M 总括为(概括成为)N. **summarisa'tion** 或 **summariza'tion** n.
sum'mary ['sʌməri] I a. ①简短〔略,明〕的,摘(扼)要的,概括的 ②总计的,累加的 ③当场的,立即的,即时的,速决的. II n. 摘(提)要,文摘,概括说明,概略,一览,大概,归纳,结束语. *summary card* 总计卡片. *summary counter* 累加计数器. *summary gang punch* 总计复穿孔机. *summary justice* 即决裁判. *summary methods* 速决的方法. *summary punch* 总计穿孔机. *summary punching* 总计穿孔. *summary sheet* 观察记录表. ▲*in summary* 总之,总起来说,小结,结束语.
sum'mating a. 累计(积)的,总和的. *summating meter* 累计计数器,总和计.
summa'tion [sʌ'meiʃən] n. ①(相加)求和(法),相加,累加,加法 ②总和〔计,数,结〕,合计. *partial summation* 部分求和,和差变换. *summation by parts* 分部求和(法). *summation check* 求和检验,总和校验,总和检查法,和数检验法. *summation curves* 累积曲线. *summation formula* 总(求)和公式. *summation metering* 累积计量(求和测量)法. *summation sign* 累加符号,连加号.
summa'tional a. 总和的,合计的.
sum'mator ['sʌmeitə] n. 加法器,加法装置,求和元件.
sum'mer ['sʌmə] I n. ①夏(天,季) ②加法〔总和〕器 ③大梁,檩条,楣,柱顶石,基石. II a. 夏季的. III vi. 过夏天,避暑. *brace summer* 支撑梁. *summer house* 凉亭,避暑别墅. *summer lighting* 闪电. *summer resort* 避暑地. *summer time* 夏令时间. *summer wood* 大(木)材,夏(季砍伐的木)材.

summerday n. 夏日,热日.

sum′mertide [′sʌmətaid] 或 **sum′mertime** [′sʌmətaim] n. 夏天,夏季.

sum′mery [′sʌməri] a. (适合)夏季的.

sum′ming [′sʌmiŋ] Ⅰ n. ①合计,总计 ②计算,算术 ③摘要. Ⅱ a. 加法的,总(和)的,求和的. *summing amplifier* 加法(求和)放大器. *summing integrator* 加法(总和)积分器.

sum′ming-up′ [′sʌmiŋ′ʌp] n. 总结,摘要,概述,总计.

sum′mit [′sʌmit] Ⅰ n. ①顶(上,点,峰),绝(山,峰)顶,极点(度) ②最高峰(点),凸处 ③峰值,最大值. Ⅱ a. 最高(级)的. *summit canal* 越岭运河(渠道). *summit curve* 顶(凸)曲线. *summit line* 山顶(山脊)线. *summit yard* 驼峰调车场. *talks at the summit* 最高级会谈.

sum′mitor n. 相加器.

sum′mitry [′sʌmitri] n. 最高级会议的举行.

summodulo-two n. 模2和数.

sum′mon [′sʌmən] Ⅰ vt. ①召集(唤,开),号召 ②鼓起,振作(up). Ⅱ n. (pl.)召唤,命令,传票.

sump [sʌmp] n. 贮(油,液)槽,集油槽(润滑)油槽,污物贮存器,(油,污物)沉淀,灰渣浆,化浆)池,油箱,曲柄箱,(聚水,集水,污水,排水)坑,排水沟,(水,油)储存器,盐田. *battery sump* 蓄电池液槽. *crankcase sump* 曲轴(箱)箱油槽. *dry sump* 干(滑油)槽. *dry sump lubrication* 压力循环式供油润滑法,干载式供油润滑法(在压力润滑中位于油泵,其中一个泵供油,另一个泵将箱底的积油返回贮油槽). *oil sump* (润滑)油(储)槽,集(吸)油池,油沉淀池. *sump pump* 油池(排除积水)泵. *sump test* (工件表面)印模试验法.

sump′ing n. 明排水,集水坑排水.

sum-product output 和积输出.

SUMT = sequential unconstrained minimization technique 序贯无约束极小化方法.

sum-up n. 总结.

sun [sʌn] Ⅰ n. ①太阳,日 ②日光,阳光 ③恒星 ④太阳灯. Ⅱ (**sunned**; **sun′ning**) v. 晒,曝,晾. *mean sun* (均)太阳(日). *sun and planet gear* 行星式(太阳系)齿轮. *sun blind* 百页窗. *Sun bronze* 铜钴铝合金,森氏青铜(铜50～60%,铜30～40%,铝10%). *sun crack* 晒裂. *sun dial* 日晷(泥块). *sun dial* 日晷(仪). *sun effect* 日光效应. *sun gear* 中心(恒星)齿轮. *sun glass* 有色(遮光)玻璃, (pl.)有色眼镜,太阳镜. *sun lamp* 日光(太阳)灯. *sun light* 日光,太阳光. *sun louver* [shield] 遮阳挡板. *Sun metal* 氯孟合金(表皮)层压金属板. *sun printing* 日光晒印. *sun shade* 遮阳(罩),天棚. *sun shield* 遮阳板. *sun spot* 太阳黑子,日斑. *Sun steel* (钢板压光后,经过乙烯薄膜处理的)压花钢板. *sun test* 日晒试验. *sun visor* 遮光板. *sunned oil* 润滑油. ▲*a place in the sun* 好的境遇,显要的地位. *against the sun* 和太阳的视运行相反,由右向左转. *from sun to sun* 从日出到日落. *in the sun* 在阳光下. *keep out of the sun* 放在阴处,不给太阳晒. *One's sun is set* …的全盛时期已经过去. *shoot* [*take*] *the sun* 测量太阳高度. *under the sun* 天下,在地上,世界上,到底,究竟. *with the sun* 和太阳的视运行方向相同,由左向右转,朝着顺时针方向.

SUN = Sundstrand-turbo.

Sun = Sunday 星期日.

Sun′alux glass 透紫外线玻璃.

sun′-and-plan′et [′sʌnənd′plænit] a. 行星式的. *sun-and-planet gear* 行星式齿轮. *sun-and-planet motion* 行星运动.

sun′baked [′sʌnbeikt] a. (太阳)晒干的.

sun′bath [′sʌnbɑːθ] n. 日光浴.

sun′bathe [′sʌnbeið] vi. 晒日光浴.

sun′beam [′sʌnbiːm] n. (一道)日光(阳光),日光束.

sun′blind [′sʌnblaind] n. 窗帘,百页窗帘,蓬窗.

sun′burn [′sʌnbəːn] Ⅰ (**sun′burnt** 或 **sun′burned**) vi. 晒黑[焦,佐]. Ⅱ n. 晒斑.

sun′compass n. 太阳罗盘.

sun′crack n. 晒裂.

Sund = Sunday 星期日.

Sun′day [′sʌndi] n. 星期日. *last Sunday* 或 *on Sunday last*(在)上一个星期日. *next Sunday*(在)下一个星期日. *Sunday count* 假日交通量统计.

sun′der [′sʌndə] v.; n. 分离[裂],离[裂]开,切断.

sun′dew n. 毛毡苔,茅膏菜(属).

sun′dial [′sʌndaiəl] n. 日晷(仪),日规.

sun′down [′sʌndaun] n. 日暮,日没.

sun′dried [′sʌndraid] a. (太阳)晒干的.

sun′dries [′sʌndriz] n. 杂件(物,事,费).

sun′dry [′sʌndri] a. 各式各样的,杂的,种种的. *sundry charges* 杂费. ▲*all and sundry* 所有的人,每人.

Sund′strand pump (由内齿轮泵和特殊轴向柱塞泵组合成的)组合泵.

sun′flower [′sʌnflauə] n. 向日葵,葵花.

sung [sʌŋ] sing 的过去式和过去分词.

sun-generated electric power 太阳能电源.

Sunghua River 松花江.

sun′glasses [′sʌnglɑːsiz] n. 墨镜,太阳(墨)镜,有色眼镜.

sunk [sʌŋk] Ⅰ sink 的过去式和过去分词. Ⅱ a. ①沉没(下)的,击沉的 ②水底(中)的,地中的 ③凹下去的,埋(沉)头的. *counter-sunk* 埋(沉)头的. *sunk basin* 集水井. *sunk (heat) rivet* 埋头铆钉. *sunk key* 埋[暗]键,暗销. *sunk road* 堑路,低堑道路. *sunk screw* 埋(沉)头螺钉(丝). *sunk shaft* [*well*] (*foundation*)沉井(基础).

sunk′en [′sʌŋkən] a. ①沉(没,下)的 ②水底(中)的,地中(下)的 ③凹下去的,埋(沉)头的. *sunken lane* 低堑车道. *sunken reef* [*rock*] 暗礁. *sunken road* 低堑道路.

sun′-lamp n. (紫外线)太阳灯,日光灯.

sun′less [′sʌnlis] a. 没有(晒不到)太阳的,不见天日的(黑暗的).

sun′light [′sʌnlait] n. 日(太阳)光,日照.

sun′lit [′sʌnlit] a. 给太阳照射(着)的,阳光普照(照射)的,日耀. *sunlit path* 日照通路.

sun′ny [′sʌni] a. 向阳的,阳光充足的,象太阳的.

sun′-parlo(u)r 或 **sun′-porch** n. 日光浴室(廊).

sun′-proof a. 耐晒的,不透日光的,防太阳的.

sun′-pump n.; vt. 日光泵,日光抽运.

sun'-ray ['sʌnrei] n. ①太阳光线 ②(pl.)紫外线.
sun'rise ['sʌnraiz] n. 日出(时),拂晓,黎明,曙光. sunrise and sunset azimuth 日出没方位角.▲at sunrise 日出时.
sun'room ['sʌnru(:)m] n. 日光浴室.
sun'seeker n. 向日仪(永远对准太阳的光电装置),太阳传感器[定向仪].
sun'set ['sʌnset] n. 日落(时),日没(时),傍晚,夕阳,西方.▲at sunset 日落时.
sun'shade ['sʌnʃeid] n. 遮阳,天棚,百叶窗,物镜[太阳]遮光罩.
sun'shine ['sʌnʃain] n. 晒,曝,日照,日[阳]光,晴天.太阳晒着的地方.
sun'shiny ['sʌnʃaini] a. 日光的,太阳照射的,向阳的,晴朗的.
sun'space n. 太(阳)空(间).
sun'spot ['sʌnspɔt] n. (太阳)黑子[黑斑],日斑.
sun'-stone ['sʌnstoun] n. 太阳石,太阳琥珀,猫睛[金缕,日长]石.
sun'stroke ['sʌnstrouk] n. 日射病,中暑.
sun'struck ['sʌnstrʌk] a. 中暑的,日射病的.
sun'tan ['sʌntæn] n. 晒黑.
sun'up ['sʌnʌp] n. 日出(时),黎明.
sun'ward(s) a. ; ad. 向太阳方向的[地].
sun'wise ['sʌnwaiz] ad. 沿太阳的视运行方向,由左向右转,以顺时针方向.
suo =service use operational.
sup [sʌp] I v. 吃晚饭(on, upon, off),啜,饮. II n. 少量(液体),(一)吸.
SUP =①solid urethane plastics 固体尿烷塑料 ②supply 电源,供[馈]电 ③suppressor grid of vacuum tube 真空管的抑制栅极.
sup =supply 或 supplies 电源,供[馈]电 ②support 支架.
Sup G =suppressor grid 抑制栅极.
supchg =supercharge 增压.
su'per ['sju:pə] I. a. ①特级[大]的,优等的,最高(级)的 ②超(过级)的,过(度,分)的 ③面积的,平方的. II ad. 非常,过分地. III n. 特等[特制]品,超外差(收音机). super charger 增压(充电)器. super coil 超外差线圈. super compression 超压缩. super converter 超外差变频器. Super Dylan 高密度聚乙烯. super dynode 超性能倍增(器电)阳. super emitron 超光电摄像管. super gain 超增益. super giant 超巨型,超巨星. super grinding 超精磨. super huge 特大型. super laser 高能激光器. super micrometer 超级显微镜. super optic 超级万能测长机. super power 特高[大]功率. super soft 超软性. super tanker 超级油船. super universal 超精密高精密小型焊机.
super- [词头]超,上,过,特.
super =superfine 极细的,特级的.
su'perable ['sju:pərəbl] a. 能克服的,可超越的. ~ness n. su'perably ad.
su'perabound' ['sju:pərə'baund] vi. 过多[剩],剩余,太多(in, with). superabun'dance [sju:pərə'bʌndəns] n. superabun'dant a.
su'peraccep'tor n. 超受主,超接受器.
su'peracid a. 酸过多的,过量酸的.

superacid'ity n. 过度酸性.
superacid'ulated a. 过酸化的.
superacidula'tion n. 过酸化作用.
superactinides n. 超锕系元素,第二锕系元素(第122-153号元素).
superactiv'ity n. 超活性.
superadd' ['sju:pər'æd] vt. 再加上[添上],添[外]加,附加地追.
su'peraddi'tion ['sju:pərə'diʃən] n. 再添[加],附加[添加]物.
superad'ditive a. ; n. 超加性(的).
superadditiv'ity n. 超加性.
superadiabat'ic a. 超绝热的.
superaerodynam'ics n. 稀薄气体[超高空,超高速]空气动力学,(自由)分子(流)空气动力学.
su'perageing n. ; a. 超老化的.
super-air-filter n. 高效空气滤净器.
su'peral'kali n. 苛性钠,氢氧化钠.
su'perallowed a. 超允许的.
su'peralloy n. 超耐热不锈钢(碳<0.1%,铬16%,铜1.0%,锰1.0%,锰0.4%,其余铁);超耐热高应力耐蚀高镍钴合金(含铝,铬,钼,钛,锆,氮化物,碳化钨,耐600～1000℃高温),(喷气发动机用)超耐热合金,高温合金,超(级)合金,高合金钢.
superaltitude n. 超高空.
superan'nuate [sju:pə'rænjueit] vt. (领养老金)年老退休.
superan'nuated a. ①年老退休的,领养老金的 ②过时的,过时的,废弃的,报废的.
superannua'tion n. ①(年老)退休(金) ②废弃,淘汰.
su'per-an'thracite n. 超级无烟煤.
superantiferromag'netism n. 超反铁磁性.
superaperiod'ic a. 超周期的.
su'pera'queous a. 水上的.
Super-ascoloy n. 超级奥氏体耐热不锈钢(碳<0.2%,铬17～20%,镍7～10%,其余铁).
su'peratmospher'ic pres'sure (正)表压,超大气压力.
superatom'ic bomb 氢弹,热核弹.
superau'dible a. 超声频的,超可闻的,在可闻限以上的.
superau'dio n. 超声频.
superb' [sju:'pə:b] a. ①壮丽的,华丽的,极大的 ②最上等的,极好的,无比的. ~ly ad. ~ness n.
superballon' n. 超压轮胎.
su'perbang n. 超重击声.
super-block plan 特殊街坊规划.
su'perbo'lide n. 巨火(超火)流星.
su'perbomb n. 氢弹,超级炸弹.
superbomb'er n. 超级轰炸机.
superbooster n. 超功率运载火箭.
su'perbright a. 超亮的.
super-broadening n. 超加宽.
supercal'ender [sju:pə'kælində] I n. 高度砑光机. II vt. 用高度砑光机加工.
supercal'endered [sju:pə'kælindəd] a. 特别光洁的.
supercapillary n. 超毛细现象.
supercap'ister n. 超阶跃变容二极管.
su'per-cap'ital n. 副柱头,拱基.
su'percar n. 超级汽车.
su'percarbon steel 超碳钢.
supercar'bonate n. 碳酸氢盐.
supercar'burize vt. 过度渗碳.

su'percargo n. (商船)押(监)运员.
su'percarrier n. ['sju:pəkæriə] n. 超级航空母舰.
supercavita'tion n. 超空化,超成穴.
su'per-cell n. 硅藻土助滤剂.
su'percement' n. 超级水泥.
supercen'trifuge n. 超速(高速)离心机.
su'per-chain n. 超链.
su'percharge ['sju:pɑ:dʒ] vt.; n. 增压(进气,充电,运行),增压输送,过重装载(负担). *supercharge load(ing)* 超(过)载. *supercharged dam* 溢流坝. *supercharged engine* 增压式发动机. *supercharged turboprop* 增压涡轮螺旋桨发动机.
su'percharger ['sju:pətʃɑ:dʒə] n. 增压器[机],增压,(预用型)压气机. *differential supercharger* 差动增压器. *piston supercharger* 活塞增压器. *supercharger engine* 增压发动机.
su'percharging n. 增压(作用,充电),预压缩. *supercharging boosting* 增压. *supercharging compressor* 增压压气机.
su'per-check n. 超级检验.
superchlorina'tion n. 过氯化作用,过剩氯处理.
su'perchopper n. 特快(超速)断路器.
supercil'ious [sju(:)pə'siliəs] a. 目空一切的,傲慢的. ~**ly** ad.
su'percircula'tion n. 超(补充)循环,超环流.
su'percit'y ['sju:pə'siti] n. 特大的城市,超级城市.
su'perclass n. 总纲,包括一纲以上的门,亚门.
super-clean a. 超净的.
su'percode n. 超码.
su'percoil n. 超外差线圈,超卷曲.
su'percold a. 过冷的.
supercolos'sal a. 极巨大的.
supercolumn'ar a. 重列柱的.
supercolumnia'tion n. 重列柱(建筑).
supercombat gasoline 超级战斗机用汽油,航空汽油.
supercommuta'tion n. 超换接,超转换.
su'per-compac'tor n. 超型压实机.
su'percom'plex n. 超复数.
su'percompressibil'ity n. 超压缩性.
su'percompres'sion n. 过度压缩.
su'percompres'sor n. (过度)压缩器.
supercomputer n. 巨型(电子)计算机.
superconduct'ing [sju:pəkən'dʌktiŋ] a. 超导(电,体)的. *superconducting bolometer* 超导体电阻测温计,超导辐射热测量计. *superconducting state* 超导态.
superconduc'tion n. 超导(性).
superconduct'ive [sju:pəkən'dʌktiv] a. 超导(电)的.
su'perconductiv'ity ['sju:pəkɔndʌk'tiviti] n. 超导(电)性,超传导性,超导率.
superconduc'tor [sju:pəkən'dʌktə] n. 超导(电)体.
su'perconsis'tent a. 超相容的.
supercontrac'tion n. 超收缩.
su'percontrol tube 可变互导管,变μ管,变跨导管.
superconver'gence n. 超收敛.
superconver'ter n. 超外差变频器.
su'percool ['sju:pə'ku:l] v. 过冷,使冷却到冰点以下(而不凝结).
su'percooled ['sju:pə'ku:ld] a. 过冷(却)的,冷却到冰点以下(而不凝结)的.

su'percool'ing n. 过(度)冷(却)(现象).
supercos'motron n. 超高能粒子加速器.
su'percountry n. 超级大国.
supercrevice n. 超裂缝.
supercrit'ical [sju:pə'kritikəl] a. 超临界的. *supercritical flow* 超临界气流,超临界流动,湍(急)流. *supercritical rotor* 超临界转子,工作转速高于临界转速的转子.
supercritical'ity n. 超临界状态,超临界性.
su'percrust n. 表(顶,上)层.
supercur'rent n. 超(导)电流.
su'perdense a. 极密集的,极紧密的.
superdiamagnet'ic a. 超抗磁的.
super-digits n. (光管技术)发光二极管.
superdimen'sioned a. 超尺寸的.
su'perdip n. 超倾磁力仪,超灵敏磁倾仪.
superdirec'tive anten'na 超锐定向天线,超方向天线.
su'per-disloca'tion n. 超位错.
superdo'nor n. 超施主.
su'perdu'per ['sjupə'dju:pə] a. 非常大的,了不起的,高超的,特super.
superduralumin'ium n. 超(强,硬)铝.
su'perduty a. 超级的,重载型的,(耐)高温的.
supereffic'ient a. 超高效的.
su'per-elastic'ity n. 超弹性.
superelec'tron n. 超导电子.
su'perel'evate vt. (做成)超高. *superelevate a curve* 设置曲线超高.
su'perel'evated ['sju:pə'relivetid] a. 超高的,升高的. *superelevated (and widened) curve* 超高(和加宽)的曲线.
superelevation ['sju:pəreli'veiʃən] n. 超高. *superelevation on curve* 曲线超高. *superelevation runoff* 超高转变率. *superelevation slope* 超高(横)坡度.
superelitist [su:pəei'li:tist] n. 超级杰出人才.
su'perem'inent ['sju:pə'reminənt] a. 非常卓越的,十分突出的,卓前未有的,耸立的. ~**ly** ad.
su'per-em'itron n. 超(移象)光电摄像管.
superen'ergy n. 超高能量.
supereroga'tion n. 职责以外的工作.
supererog'atory [sju:pəre'rɔɡətəri] a. ①职责以外的 ②多余的,不必要的.
superette' [sju:pə'ret] n. 小型自动售货商店,小型超级市场.
superex'cellent [sju:pər'eksələnt] a. 卓越的,最好的,顶好的,绝妙的.
su'perexchange' vt.; n.; a. 超交换(的).
su'perface n. 顶面.
super-fast-setting cement 超级快凝水泥.
superferromag'netism n. 超铁磁性.
su'perfiche n. 超微胶片(缩摄200页书的胶片).
superfic'ial [sju:(:)pə'fiʃəl] a. ①表面,皮(生)的,地面的,外部的 ②面积的,平方的 ③肤浅的,浅薄的. *superficial area* 表面积. *superficial cementation* 表面渗碳. *superficial charring* (木材)表面炭化(防腐法的一种). *superficial coat* 表层. *superficial density* 表面密度. *superficial expansion* 表面膨胀. *superficial layer* 表面层. *superficial Rock-*

superficial'ity n. 表面(性), 肤浅, 皮毛.

superfic'ially ad. 表面地, 表面上, 外部地.

superfic'ies [sjuˈfiʃiːz] n. ①表面, (表)面积 ②外表(观, 貌) ③【法】地上权.

su'perfilm [ˈsjuːpəfilm] n. 特制影片.

su'perfine [ˈsjuːpəfain] a. ①极(精)细的, 过分精细的, 最(超)细的(<10μ), 极精微的, 过分精细的 ②特级的, 最上等的.

su'perfines n. 超细粉末(<10μ).

su'perfinish vt. 超(级)精加工, 超级研磨.

su'perfin'isher n. 超精加工机床.

su'perflood n. 非常(特大)洪水.

su'perflu'ent a. 顶流熔岩, (动物)亚优势种.

superflu'id [sjuːpəˈfluː(ː)id] n.; a. 超流体(的), 超流动的.

superfluid'ity n. 超流态.

superflu'ity [sjuːpəˈfluː(ː)iti] n. ①多余, 太多, 过剩 ②剩余物(质), 多余之量, 不必要的东西.

superfluores'cence n. 超荧光.

super'fluous [sju(ː)ˈpəːfluəs] a. 过剩的, 多余的, 冗余的, 过多的, 不必要的. *It may be superfluous to say that*…说…也许是多余的(画蛇添足). ~**ly** *ad.* ~**ness** *n.*

superfoundation structure 基础以上建筑物.

superfraction(a'tion) n. 超精馏(作用).

superfre'quency n. 超(特)高频.

su'per-fu'el n. 超级燃料.

su'perfuse [ˈsjuːpəfjuːz] v. ①(使)过冷 ②溢(流)出.

superfu'sion [sjuːpəˈfjuːʒən] n. ①过冷 ②过熔 ③溢(流)出.

su'pergain [ˈsjuːpəgein] n. 超增益, (天线的)超方向性.

su'pergal'axy n. 总星系, 超银河系.

su'per-gas'oline n. (高抗爆性)汽油.

su'pergene a. 浅生(成)的, 下降的, 表生的. n. 超基因. *supergene water* 下降[循环]水.

su'pergi'ant a. 特大的, 超巨型的.

supergla'cial a. 冰面的. *superglacial moraine* 【地】表碛.

supergra'dient n. 超陡[梯]度.

supergranula'tion n. 超粒化, 超细粒的形成.

su'pergrid n. 特大功率电网, 超高压电网(27.5〜38万伏).

supergroundwood n. 超级磨木浆.

su'pergroup n. 超(大)群, 大组.

su'pergrown a. 超生长(型)的.

su'perhard [ˈsjuːpəhɑːd] a. 过硬(度, 性)的, 过硬的.

su'perhard'board n. 经过特殊处理的大密度硬板.

superhard'ness n. 超(级)硬度.

superheat I [sjuːpəˈhiːt] vt. 过(度加)热. II [ˈsjuːpəhiːt] n. ①过热(状态), 过热热量 ②(S-)钼基粉末电阻合金, 钼合金电阻丝(工作温度 1600〜1700℃). *superheated steam* [*vapour*] 过热蒸汽. *superheating surface* 过热面.

superheat'er [sjuːpəˈhiːtə] n. 过热器[炉, 装置], 过热器的级.

su'perheav'y a. 超重的, 超重元素的. n. 超重元素.

superhelix n. 超螺旋.

su'perhet' [ˈsjuːpəhet] 或 **su'perhet'erodyne** [ˈsjuːpəˈhetərədain] n.; a. 超外差(的), 超外差式(收音机, 接收机).

su'perhigh' [ˈsjuːpəˈhai] a. 超高的, 极高的. *superhigh frequency* 超高频(率)(3〜30 千兆赫). *superhigh pressure* 超高压.

su'perhigh'speed a. 超高速的.

superhigh'way [sjuːpəˈhaiwei] n. 超级[超高速]公路.

super-huge a. 特大型的.

superhu'man [sjuːpəˈhjuːmən] a. 超(乎常)人的.

su'per-icon'oscope n. 超(复式, 移像)光电摄像管.

su'perimpose' [ˈsjuːpərimˈpouz] vt. ①重叠, 叠合[置, 上, 加, 印] ②安装, 铺放, 配合 ③添[加]加的, …放(加)在…上面. *superimposed arches* 层叠拱. *superimposed current* 叠加电流. *superimposed fill* 加填土. *superimposed layer* 叠加层. *superimposed load* 超(过)载. ▲*superimpose M on [onto, upon]* N 把 M 叠在(放在, 加到)N 上.

superimposit'ion [sjuːpərimpəˈziʃən] 或 **superimpo'sure** n. ①重叠, 叠加[置, 合, 复], 被复, 符(重)合, 层理 ②添加[上, 附加], 放在上面.

superincum'bent [sjuːpərinˈkʌmbənt] a. ①复的, 盖(放, 加, 压, 安)置在上面的 ②(压力)自上而下的.

superindivid'ual n. 超单晶.

superinduce' [sjuːpərinˈdjuːs] vt. 再(添)加, 再发生(引起).

superinduc'tion [sjuːpərinˈdʌkʃən] n. 添(另, 外)加, 增加感应, 超感应, 超诱导.

superinfec'tion n. 超(再)感染, 重复(过度, 二重)染.

superin'fragen'erator n. 远在标准下[标准外]的振荡器.

superin'sulant n. 超绝缘(热)体.

superinsula'tion n. 超绝缘(热).

superin'tegrated n. 高密度集成的.

superintend' [sjuːpərinˈtend] v. **superinten'dence** n. 管理, 监督, 指挥, 支配, 主管. ▲*under the superintendence of* 在…的管理[监督, 指挥]之下.

superintend'ent [sjuːpərinˈtendənt] I n. ①管理(监督, 指挥)人(员), 首长 ②总段长, (车间)主任, 所长, 总工程师, 监造师 ③(部门, 机关, 企业)负责人, 主管人. II a. 管理, 监督, 指挥的. *furnace superintendent* 炉长.

superinvar' [sjuːpərinˈvɑː] n. 超级镍钴铁, 超级殷钢(镍 31.5〜32%, 钴 5%, 其余铁, 热膨胀系数近于 0).

superinverse' 上逆.

supe'rior [sju(ː)ˈpiəriə] I a. ①高级的, 上等的, 优(良, 秀, 等, 越)的 ②上[在]面, 部的, 在上的 ③较多的, 占优势的 ④比地球高太阳更远的, 在地球轨道以外的. II n. 上级, 占优势者, 优胜者, 长辈. *superior angle* 优角. *superior arc* 优弧. *superior limit* 上限. *superior numbers* 多数, 优势. *superior wave* 主(基)波. ▲(*be*) *superior in* 在…方面优越[占优势]. (*be*) *superior to* 胜过, 优于, 超过于, 比…好, 不为…所影响. (*be*) *superior to M in N* 在

superior'ity [sju(:)piəri'oriti] n. 优势〔等〕,优越〔性〕. air superiority 空中优势. ▲have superiority over 优于. superiority of M over〔to〕N M 对 N 的优越性, M 优于〔胜过〕N. superiority to〔of〕…之处.

superisocon 分流正〔移像式〕摄像管.

su'per-i'soperm n. 超级导磁钢合金(硅 33.3%,钴 8.0%,铁 49.9%,铜 8.0%,铝 0.2%,锰 0.5%).

superja'cent a. (盖,压)在上面的.

su'perjet ['sju:pədʒet] n. 超声速喷气机.

superlam'inar a. 超层流的.

superla'ser n. 高能激光(器).

super'lative [sju(:)'pəɪlətiv] I a. ①最高〔好〕的,无上〔比〕的 ②过度的,被夸大了的. II n. 最高级,最高的程度,极度,顶峰. ▲full of superlatives 夸张的. speak in superlatives 讲得过分夸张,把话讲绝.

su'perlattice n. 超〔结晶〕格子〔规则〕点阵,超点阵结构,有序化结构. superlattice type magnet 规则点阵型磁铁,超上阵型磁铁.

su'perleak v.; n. 超〔渗〕漏.

superlin'ear a. 超线性的,线以上的. superlinear branch 高次枝线.

superlinear'ity n. 超线性.

su'perli'ner n. 超级客轮〔机〕.

su'perload n. (临时)超载,附加荷载.

Superloy n. 超合金,超硬熔敷面用管型焊条(得到的熔敷面成分:铬 30%,钴 8%,钼 8%,钨 5%,碳 0.2%,钒 0.05%,余铁).

superlumines'cence n. 超发光.

superlumines'cent a. 超发光的.

superlu'nar(y) [sju:pə'lju:nə(ri)] a. 位于月亮之上的,月亮外的,超月球的,天(上,空)的.

Super-magaluma n. 超级铝镁合金(铝 94.35%,镁 5.5%,锰 0.15%).

supermal'loy [sju:pə'mæloi] n. 超透磁合金,镍铁钼超导磁合金(镍 79%,钼 5%,铁 15%,锰 0.5%,碳、硅、硫 0.5%).

su'permarket ['sju:pəmɑ:kit] n. 超级商〔市场,(大型)自动售货商店.

su'permart n. 超级市场.

supermat'ic a. 完全〔高度〕自动化的. supermatic drive 完全〔高度〕自动化传动.

super-mech'anized a. 用高度机械化方法(建造,修筑,制造)的.

supermemory gradient method 超存储梯度法,超记忆陡度法.

supermendur n. 铁钴钒(矩形磁滞回线用磁性)合金材料.

supermethyla'tion n. 超甲基化(作用).

supermi'croscope [sju:pə'maikrəskoup] n. 超级〔大功率〕电子显微镜.

supermin'iature a. 超小型的.

superminiaturiza'tion n. 超小型化.

supermol'ecule n. 胶束,微胞.

supermul'tiplet I a. 超多重的. II n. 超多重线,超多重态.

supermutagen n. 高效诱变剂.

superna'tant [sju:pə'neitənt] I a. (浮在)上层〔表面)的,漂浮的,浮起来的. II n. 上(层)清液,浮在表层的东西. supernatant layer 清液层. supernatant liquid (澄清了的)上层清液,清液层.

su'pernate n. 浮在表面(上层)的液体层.

supernat'ional [sju:pə'næʃənl] a. 由几个国家组成的.

supernat'ural [sju(:)pə'nætʃrəl] I a. 神秘的,奇异的,异常的,超自然的. II n. 超自然作用〔现象〕. ~ly ad.

supernegadine n. 一种超外差式接收机.

su'pernet' work n. 超级线路〔道路〕网.

Super-nickel n. 铜镍耐蚀合金(铜 70%,镍 30%).

Supernilvar n. 超尼尔瓦铁镍钴合金(镍 31%,钴 4~7%,其余铁).

super-nocticon 超电子倍增硅靶视像管.

su'per-noise n. 超外差接收机内变频管噪声.

su'pernor'mal ['sju:pə'nɔ:məl] a. ①超过正常的,超常(态)的 ②超过当量的,超规度的 ②异常的,在一般以上的.

su'perno'va (pl. su'perno'vae) n. 超新星.

supernu'cleus n. 超(重)核.

supernu'merary [sju:pə'nju:mərəri] I a. (定)额(以)外的,多余的. II n. 多余的人〔物〕,临时工(作人员).

su'pernutrit'ion n. 过量营养.

superoc'tane a. 超辛烷值的.

supero-inferior a. 上下的.

superom'eter n. (装在车上的)超高测量仪.

superor'bital a. 超轨道的.

su'perorder n. 超目.

su'peror'dinary ['sju:pə'rɔ:dinəri] a. 优良的,上等的,高级的,超正〔寻〕常的.

superor'ganism n. 超机体.

superor'thicon 〔移像〕正析像管,移像直像管.

superoscula'tion curve 超密切曲线.

superox'ide n. 过氧化物.

superox'idized a. 过度氧化的.

superox'ol n. 过氧化氢溶液(30%).

su'perpair n. 超对.

superparamag'netism n. 超顺磁性.

superpar'asite n. 重寄生物.

su'perperform'ance n. 很好〔超级)性能.

su'perperiod n. 超周期.

super-permalloy n. 超(缓)导磁合金,超(级)坡莫合金.

superphantom circuit 超幻像电路.

superphos'phate [sju:pə'fɔsfeit] n. 过磷酸钙,酸性磷酸盐.

su'perphys'ical [sju:pə'fizikəl] a. 超物质的,已知的物理学定律所不能解释的.

superplastic'ity n. 高度塑性,超塑性(高温时可展延成形而保留常温时的各种性能).

superpneumat'ic a. 超压的.

superpoliam'ide n. 高分子量多氨基化物.

superpolyes'ter n. 超聚酯.

superpol'ymer n. 超聚物.

superposabil'ity n. 可叠加性.

superpo'sable a. 可叠加〔重合)的.

su'perpose' ['sju:pə'pouz] vt. 把…放〔加,叠〕在上面,叠加(置,放,上,覆〕,重合〔叠〕(on, upon), 被覆,同时通报和通话. superposed circuit 叠加(重

叠〔电〕路.
superposit'ion [sjuːpəpəˈziʃən] n. 叠加〔置,放,覆,上〕,重叠〔合〕,被覆,放在上面. *superposition method* 叠置〔加〕法. *superposition of directive pattern* 方向图叠加. *superposition theorem* 叠加定理.
superpo'tency n. 特效.
superpo'tent a. 特效的.
superpoten'tial a. 过电压的,超电势的,超势.
su'perpower [ˈsjuːpəpauə] I n. ①高〔超〕功率,电力系统总功率〔总容量〕②超级大国 ③上幕. II a. 超〔高,强〕功率的,超大功率的,极强大的,强力的.
superprecipita'tion n. 超沉淀(作用).
superprecis'ion n. 极精密,高精确度.
su'perpressure [ˈsjuːpəpreʃə] n. 超〔高〕压〔力〕,超过大气压的气压,超(大气)压,剩余压力.
superprof'it [ˈsjuːpəˈprɔfit] n. 超额利润.
super-prompt a. 超瞬时的.
superpro'ton n. 超(高能)质子,超高能宇宙线粒子.
su'perquench v.; n. 超淬火. *superquench oil* 高级淬火油.
superra'diance n. 超发光,超辐射.
superra'diant a. 超辐射的.
superradia'tion n. 超辐射.
su'per-ra'diator n. 超辐射器.
super-rapid a. 超高速的.
su'per-reac'tion n. 超再生,超反应.
su'per-refi'ning n. 超精炼.
superrefrac'tion n. 超折射,无线电波的波导传播.
su'per-refrac'tory n. 超效耐熔质,超效耐火材料. a. 特耐火的.
superregen'erate vt.; n. 超再生(的).
superregenera'tion [ˌsjuːpəridʒenəˈreiʃən] n. 超再生. **superregen'erative** a.
superregen'erator n. 超再生振荡器.
superreg'ulated a. 极高稳定的,高精度调节的.
superreg'ulator n. 高灵敏〔精确〕度调节〔整〕器,超级调节器.
su'per-resolu'tion n. 超分辨.
su'perrich a. 过富的.
su'per-ring n. 超环.
su'perrocket n. 超级火箭.
su'per-saline a. 过咸的.
supersat'urate [sjuːpəˈsætʃəreit] vt. 使过饱和. *supersaturated solution* 过饱和溶液.
supersatura'tion n. 过饱和(现象).
su'perscope [ˈsjuːpəskoup] n. 超宽银幕.
su'perscribe [ˈsjuːpəˈskraib] vt. 在外面〔上面〕写上(姓名),把姓名地址写在(信封,包裹)上.
su'perscript [ˈsjuːpəskript] n.; a. 指数〔标〕,【数】上标,标在上面〔左上角,右上角)的(字,符号).
superscrip'tion [sjuː(ː)pəˈskripʃən] n. 题字,标题,题目,(信封上的)姓名地址,处方标记.
superse'cret [sjuːpəˈsiːkrit] a. 绝密的.
supersede' [sjuːpəˈsiːd] vt. 代〔接〕替,取〔替〕代,更换〔迭〕,置换,废除〔弃〕. ▲*be superseded by* [in favour of] 为...所取代. **superse'dure** n.
super-sens' [sjuːpəˈsens] **supersitive** [sjuːpəˈsensitiv] a. 超(高)灵敏度的,高敏感的,增加感光度的,过敏的.
supersensitiv'ity n. 过敏(性),超灵敏度,特高灵敏度.

supersen'sitizer n. 超增感剂.
superservice station 高级〔综合性〕服务站,高级修车加油站,通用技术保养站.
superses'sion [sjuːpəˈseʃən] n. ①代替,取代,接替 ②废弃.
supershield'ed a. 优质屏蔽的.
su'persign n. 【信息论】超视.
su'perskill n. 高超的技能.
supersocia'tion n. 超筛合.
su'perso'lar [ˈsjuːpəˈsoulə] a. 太阳上的.
supersol'id [sjuːpəˈsɔlid] n. 超立体,多次体.
supersolidifica'tion n. 过凝固(现象).
supersolubil'ity n. 超(过)溶度.
superson'ic [sjuː(ː)pəˈsɔnik] I a. 超声(波,频,速)的,超音(速,频)的. II n. 超声波〔频〕. *supersonic jet* 超声速射流,超音速喷气发动机. *supersonic sounding* 超声波测深法,超(声)探测(法).
superson'ics [sjuː(ː)pəˈsɔniks] n. 超声〔音〕速(空气动力学),超声波(学),超高频声学.
su'persound [ˈsjuːpəsaund] n. 超声〔音〕.
su'perspeed n.; a. 超高速(的).
superspi'ral n. 超螺旋.
supersta'bilizer n. 超稳定器〔剂〕.
superstainless a. 超级不锈的.
superstan'dard [sjuːpəˈstændəd] a. 超标准的.
su'perstate [ˈsjuːpəsteit] n. 超级大国.
supersta'tion n. 超(特大)功率电台,特大型发电厂.
su'persteel n. 超钢(一种高速钢).
superstit'ion [sjuːpəˈstiʃən] n. 迷信(行为). **superstit'ious** a.
superstoichiomet'ric a. 过当量的,超化学计量的.
Superston n. 耐蚀高强度铜合金(铝 8.5～10.5％,铁 4～6％,镍 4～6％,其余铜).
su'perstore n. 超级商场.
su'perstrain n. 超应变.
supersra'tum n. *superstratum* 的复数.
supersra'tum n. *superstratum* [ˈsjuːpəˈstreitəm] (pl. *superstra'ta*) n. 上(覆)层,覆盖层.
super-strength n.; a. 超强度(的).
superstruction n. 上部结构,上层建筑.
su'perstructure [ˈsjuːpəstrʌktʃə] n. ①上层〔上部,加强〕结构 ②上层建筑 ③超(等)结构. **superstruc'tural** a.
su'persub'marine n. 超级潜艇.
su'persubstan'tial a. 超物质的.
supersub'tle [sjuːpəˈsʌtl] a. 过分精细的.
supersul'phated a. 富硫酸盐的,过硫化的. *supersulphated cement* 高硫酸盐水泥.
su'persurface film 表外膜.
supersyn'chronous a. 超同步的. *supersynchronous motor* 超同步(定子旋转起动式同步)电动机.
super-system n. 超(系统的)系统.
su'pertank [ˈsjuːpəˈtæŋk] n. 巨型坦克.
su'pertank'er [ˈsjuːpəˈtæŋkə] n. 超级〔超大型〕油船,超级油槽车.
su'pertax n. 附加(累进所得)税.
superten'sion n. ①过(电)压,超高(电)压,超(额)电压 ②过应力,超限应变,张力过度 ③过度紧张.
superterra'nean [sjuːpətəˈreiniən] 或 **superterra'-**

superther'mal *a.* 超热的.
super-thick'ener *n.* 超浓缩机.
superthresh'old *n.* 超阈值.
superton'ic *a.* (音阶上的)第二音,上主音.
su'pertrain *n.* 超高速火车.
superturn'stile anten'na 多层绕杆式(电视)天线,超绕杆式(蝙蝠翼)天线,宽频带甚高频电视发射天线.
superuniver'sal shunt 超万能(多量程,超普用)分流器.
su'peru'niverse *n.* 超宇宙.
supervaca'neous [sju:pəvəˈkeiniəs] *a.* 多余的,不需要的.
su'pervarnish *n.* 超级(桐油)清漆.
superveloc'ity *n.* 超速度,超高速.
supervene' [ˌsju:pəˈvi:n] *vi.* 意外发生,伴随产生,附加,并发. **superven'tion** *n.*
su'pervise [ˈsju:pəvaiz] *v.* ①监督(视,控),检查(测),观察 ②管理,领导,指导,操纵,控制. *supervising architect* 监督建筑师. *supervising point* (交通)观察点. *supervis'ion* [sju:pəˈviʒən] *n.*
su'pervisor [ˈsju:pəvaizə] *n.* ①管理人(员),监督人(员),督察人员,检查(检验,监工)员,机(工)长,操纵工人,监时话事务 ②管理机,控制器,监控装置,核对收报机 ③【计】管理(监督)程序. *aircraft supervisor* 机长. *radiation supervisor* 剂量员. *supervisor call interrupt* 调(引)入管理程序中断. *supervisor mode* 监督程序方式,管理状态,管态. *supervisor's circuit* 话务监察电路. *vision control supervisor* 调像员,图像信号监控人员.
su'pervisory [ˈsju:pəvaizəri] *a.* 监督(视,控)的,管理的. *supervisory circuit* 监控电路. *supervisory engineering staff* 技术(工程)管理人员.
supervi'tal *a.* 生命力增高的.
supervolt'age *n.* 超高(电)压.
super-wide angle (aerial) camera 特宽角航摄机.
su'perwide band oscilloscope 超宽(频)带示波器.
suphtd = superheated 过热的.
suphtr = superheater 过热器.
su'pinate *v.* 仰卧,旋后(上下肢).
supine [sjuːˈpain] *a.* ①仰卧的 ②掌心朝上(外)的 ③因循的. ~**ly** *ad.* ~**ness** *n.*
Supiron *n.* 高硅耐酸铁(硅 13~16％).
SUPO = super power water boiler 大(超)功率沸腾式反应堆.
supp = supplement(ary).
supp bay = supply bay 电源架.
sup'per [ˈsʌpə] *n.* 晚饭(餐).
suppl = ①supplement ②supplemental 或 supplementary.
supplant' [səˈplɑːnt] *vt.* 代替,取代,替换,取而代之,排挤,挤掉.
supplant'ed *a.* 被排挤的,被挤掉的.
supplan'ter *n.* 代替(替换,取代)者.
sup'ple [ˈsʌpl] Ⅰ *a.* 柔软(顺)的,易弯曲的,灵活的. Ⅱ *v.* (使)变柔软,使柔顺. ~**ly** *ad.* ~**ness** *n.*
sup'plement Ⅰ [ˈsʌplimənt] *vt.* 补(充,足,加)的,增(求,补),添(追)加的. Ⅱ [ˈsʌplimənt] *n.* ①补(充,遗,编),增补(刊)②副刊,附录,添加物,补充物,补充饲料 ②【数】补角. *supplement of an arc* 补弧. ▲*be supplemented with* 补充以(有). *supplement to* M M 的附录(补遗).
supplemen'tal [ˌsʌpliˈmentl] 或 **supplemen'tary** [ˌsʌpliˈmentəri] *a.* ①补(充,助,足,加,遗)的,增补的,追(附)加的 ②补助的,副的 ③【数】补角的. *supplementary angle* 补角. *supplementary control* 辅助控制点. *supplementary instrument* 辅助(备用)仪器. *supplementary means* 辅助手段. *supplementary power* 补充供电. *supplementary spring* 保险钢板,副钢板,补助弹簧.
sup'pliant [ˈsʌpliənt] 或 **sup'plicant** [ˈsʌplikənt] *n.*; *a.* 恳(乞)求的,恳求者.
sup'plicate [ˈsʌplikeit] *v.* 恳(乞)求(for). **supplica'tion** *n.*
suppli'er [səˈplaiə] *n.* ①供给(供应,备办,补充)者 ②承订者,承制厂,供应厂商,(原料,商品)供应国.
supply' [səˈplai] *vt.*; *n.* ①供给(应,电,水,料),给水(料),传(输)送,进料,馈电 ②(电,水,热,能,供给)源,输电线 ③补充(给),弥(填)补(不足),满足(需要) ④供(给,应,电,热,…)量 ⑤(pl.) 供应品,供给品,口粮,给养,(储备)物资,消耗品,存货,贮藏量. *AC supply* 交流电源. *filament (power) supply* 灯丝电源. *military supplies* 军需物资. *nitrogen supply* 供氮. *plate supply* 阳(板)极电源. *power supply* 电(能)源,动力供应. *supplied population* 给水人口. *supply a deficiency* 弥补不足. *supply a need (demand)* 满足需要. *supply and demand* 供与求. *supply conduit* 进水(给水)管道. *supply depot* 补给仓库. *supply frequency* 电源频率. *supply heat* 供热. *supply line* 供应(管)线,给水管线,补给线,电源线,供(馈)电线路. *supply main* 供水(应)总管,电源干线. *supply meter* 电量计,用户电表,馈路电度表. *supply reel* (录音)供带(轮)盘,绕线车. *supply tank* 贮(液)槽,给水箱. *supply transformer* 电源变压器. *supply unit* 电源装置. *supply voltage* 电源电压. *voltage supply* 电压馈送. *water supply* 供水(量).
▲*a (large, good) supply of* 或 *large supplies of* 一(大)批的,许多,…的大量供应. *a supply of* 一定量的,一部分. *be supplied in* 备(具)有. *be supplied in sets* 成套供应的. *be supplied with* 由…装备成,(装)有. *The cutter is supplied with a tolerance on width of plus*.005 *in. and minus*.001 *in.* 这铣刀的宽度公差为+.005英寸和-.001英寸. *in short supply* 缺乏的,稀少的,供应不足. *supply M for N* 把 M 供给 N. *supply the place of* 代替,补…的缺. *supply M to N* 把 M 供给 N,往 N 里加 M. *supply M with N* 把 M 供给 M,给 M 提供 N. *(the) supply of M with N* 给 M 供应 N.
support' [səˈpɔːt] *vt.*; *n.* ①支持,支撑(承),承重(载),受,托(承),支(托,吊)住 ②(支,托,三脚)架,(支,底,垫,机)座,支柱,柱,点,集 ③立柱,支撑(承,持)物,支持器,夹,固定件,脚蹬 ③(器材·物质·技术)保证(障),支援(部队),后援,配套 ④维(保)持,援(带,

赞助,拥护 ⑤承载形,承载子,载体. support … in the vice 把…夹〔固定〕在台钳上. support an argument 为一论点提供证据. A just cause enjoys abundant support. 得道多助. a beam simply supported at each end 两端简支梁. antenna support 天线杆. foil support 箔夹子. pipe support 管座. reactor support 反应堆底座〔基础,支架〕. support bar 支杆. support moment 支承力矩. support people 辅助人员. support pressure 支点压〔反〕力. support reaction〔resistance〕支承反力. supported along〔on〕four sides 四边支承的. supported at circumference 圆周支承的. supported at edges 沿边支承的. supported flange 压紧〔固定〕法兰. supported joint 支承〔承托〕接头. supporting area 支承面积. supporting bead 支承垫圈. supporting capacity〔load, power, value〕承重〔载〕量,承载能力. supporting course 承重层. supporting dielectric 支持介质. supporting film 加〔短〕片. supporting mass〔多指〕堆体. supporting member 支承构件. support(ing) reaction〔resistance〕支承反力. supporting ring 支承〔轴承,卡〕环. supporting structure 支承〔下部结构,固定架. supporting stub 支撑短截线. supporting technology 基础技术,技术基础. supporting wire 支撑线,吊线. ▲give support to 支持〔援〕. in support〔供〕支援〔用〕的. in support of〔为了〕支持〔拥护〕,以支持〔帮助〕. lend support to 帮助. provide full support to 完全支持. stand without support 孤立无助〔援〕.

supportabil'ity n. 承载〔支承〕能力.

support'able [səˈpɔːtəbl] a. 能支承的,能支持住的,可忍受的,可支持的,可援助的,可拥护的.

support'er [səˈpɔːtə] n. ①支持〔援助,拥护〕者,支援人员,供〔给〕养者 ②支持体,支援物,支撑器具,托,支架 ③【化】载体 ④绷带.

support'ive a. 支持的.

support'less a. 没有支撑〔持〕的.

suppo'sable [səˈpəʊzəbl] a. 想像得到的,可假定的.

suppo'sably ad.

suppo'sal [səˈpəʊzəl] n. 想像,假定,推测.

suppose' [səˈpəʊz] v. ①假定〔设〕,推测〔定〕,认为〔定〕,想像,猜〔料〕想 ②必须有,必须以…为条件,意味着,包含. Suppose M equals N. 假定 M 等于 N. Suppose we try. 让我们试试看. ▲ be supposed to +inf. 被认为,应该〔必须〕〔做〕(否定式)不许,不应该. be supposed to be … 被认为是,应该是. Let it be supposed that … 假定. suppose M to +inf. 假设 M 做.

supposed' [səˈpəʊzd] a. 想像上的,假定的,推测的.

suppo'sedly [səˈpəʊzɪdlɪ] ad. 想来,想像上,大概,恐怕,按照推测的.

supposit'ion [sʌpəˈzɪʃən] n. 想象,推测,假定〔说〕,前提,(先决)条件. ▲on this supposition 或 on the supposition that … 假定〔设〕. ~al a. ~ally ad.

supposi(ti)tious a. ①假的,冒充的 ②假定的,想像的. ~ly ad. ~ness n.

suppos'itive [səˈpɒzɪtɪv] a. 假定的,想像的,推测的. ~ly ad.

suppress' [səˈpres] vt. ①镇压,压制〔缩〕,扑〔熄〕灭 ②抑〔扼〕制,遏〔制止,止〕住,勒令停刊,禁止(发行) ③排〔消〕除 ④删掉,隐藏〔蔽〕,封锁. suppress interference 排除干扰. suppress the truth 隐瞒事实. suppress zero 消零,去掉无用的零. suppressed carrier modulation 抑制载波调制. suppressed carrier transmission 抑制载波(式)传输〔发送〕. suppressed scale 压缩刻度〔度盘〕.

suppres'sant n. 抑制剂.

suppres'sed-zero a. 无零点的,刻度不是从零点开始的,抑零式(仪表).

suppres'ser =suppressor.

suppres'sible [səˈpresəbl] a. 可抑制〔消除,删减,禁止,排除〕的. suppressible boundary condition 可删减边界条件.

suppres'sion [səˈpreʃən] n. ①抑(压)制,校正抑止,制止,遏制〔抑〕,熄〔扑〕灭,镇压,闭塞 ②排〔消,删〕除 ③隐藏,封锁,禁止(打印,发行). arc suppression 抑弧. automatic noise suppression 噪声自动抑制. beam suppression 电子束截止. noise suppression 噪声抑制〔消除〕. print suppression 印刷封锁指令. suppression filter 抑制〔带除〕滤波器. suppression pulse 抑制脉冲. suppression resistance 抑制〔控制〕电阻. zero suppression 消零.

suppres'sive a.

suppres'sor [səˈpresə] n. 抑制〔抑止,阻尼,遏抑〕器,消除〔声〕器,抑制栅(极),校正抑制因子,抑制〔校正〕基因,遏抑物,抑制者. atmospherics suppressor 大气干扰抑制器. detonation suppressor 防爆剂. grid suppressor 栅极抑制电阻,栅极抑制器. harmonic suppressor 谐波抑制器. knock suppressor 抗爆剂. noise suppressor 噪声遏抑器,消声器. static suppressor 静电〔天电干扰〕抑制器. suppressor electrode 抑制(栅,电)极. suppressor grid 抑制栅(极). suppressor potential 抑制栅电位. suppressor pulse 抑制〔封闭〕脉冲. suppressor resistor 抑制干扰电阻.

suppres'sor-grid n. 抑制栅(极).

suppres'sor-mod'ulated am'plifier 抑制栅调制放大器.

suppura'tion n. 化脓.

SUPR =suppress.

supr =supreme 最高的,极度的,非常的,最主要的.

su'pra [ˈsjuːprə]〔拉丁语〕ad. 上述〔文〕,在上〔前〕.

supra-〔词头〕上,超(越),前.

supra-acoustic (frequency) 超声频.

supracer'lular a. 超细胞的.

supracolloi'dal a. 超胶体的.

su'praconduc'tion [ˈsjuːprəkənˈdʌkʃən] n. 超导. **su'praconduc'tive** a.

su'praconductiv'ity [ˈsjuːprəkəndʌkˈtɪvɪtɪ] n. 超导(电)性.

supraconductor n. 超导体.

suprafa'cial a. 同侧.

suprafluid n. 超流体的.

supralim'inal a. 阈上的.

supralit'toral a. 海岸上的.

su'pramolec'ular ['sju:prəmə'lekjulə] a. 超分子的, 由许多分子组成的.

Supramoly n. 二硫化钼(干润滑剂).

Supramor n. 锈普瑞莫电磁探伤液(钢铁皮下快速探伤用).

supraor'ganism n. 超机体.

su'praper'mafrost n. 永冻线之上的土层.

suprare'nin n. 肾上腺素.

su'prasphere n. 超球体.

suprasterol n. 过照甾醇, 超甾醇.

suprathresh'old n. ; a. 阈上的(的).

supravi'tal a. 超活体的.

suprem'acy [sju'preməsi] n. ①至高, 无上 ②主权, 最高(权力) ③霸权, 优势(over). *air supremacy* 制空权. *naval supremacy* 制海权.

supreme' [sju(:)'pri:m] a. ①最高(上,主要)的 ②极度(大)的,终极的,非常的,无上的. *supreme end* 极〔最终〕目的. *supreme moment* 最后的一刹那, 决定性时刻.

supremum n. 上确界, 上限.

SUPRN =suppression 抑制, 消除.

SUPRSTR =superstructure 上层结构.

supsd =superseded 被代替的, 废弃的.

SUPT 或 **Supt** =superintendent 管理人员,(部门)负责人.

SUPTG =supporting 支持的〔承〕的.

SUPV =supervisor 管理人〔机〕, 监督程序〔装置〕.

sur =①surcharged 超载的, 过热的 ②surface(表)面 ③surgery 外科(手术) ④surplus 过剩, 余量, 剩余的.

sur'base ['sə:beis] n. 柱基顶, 柱脚花线, 柱基座线脚, 腰板.

sur'based a. 扁(圆,平)的, 扁拱形的. *surbased arch* 扁拱(拱矢小于跨度的1/2). *surbased dome* 扁圆顶.

SURCAL =space surveillance system calibration 空间监视系统校准.

surcharge I ['sə:tʃɑ:dʒ] n. II [sə:'tʃɑ:dʒ] vt. ①超(过,叠)载, 附加荷载, 装载〔填〕过多, (使负担)过重, (过)度充电 ②(于…收取)附加费用, 附加税, 附加罚款 ③要〔索〕价过高, 高的索价, 敲竹杠. *import surcharge* 进口附加税. *surcharge load* 超〔过〕载. *surcharge storage capacity* 超高贮水量. *surcharged steam* 过热蒸汽.

surd [sə:d] I a. ①【数】不尽根的 ②无声(音)的. II n. 【数】①不尽根, 根式 ②无声音. *quadratic surd* 二次不尽根. *surd number* 不尽根数. *surd root* 不尽根.

sure [ʃuə] I a. ①确实(信)的, 可靠的, 有把握的 ②一定的, 必定〔然〕的, 无疑的 ③稳定的. II ad. ①的确, 一定, 当然. *as sure as death* 的确, 必定, 千真万确. *be sure and* 必定, 务必, 一定要. *be [feel] sure of* 肯定, 确〔深〕信. *be sure of oneself*(有)自信, 自恃 *be sure (that …)* 确信, 肯定; 必须〔务必〕(使), 保证. *be sure to+inf.* 必定(一定), 务必, 必然(做). *for sure* 确实, 毫无疑问地. *make sure of* 查明, 确信, 把…弄清楚. *make sure (that …)* 弄〔查〕明白, 注意, 确保, 保证. *sure enough* 确实, 的确, 果然, 无疑. *to be sure* 〔插入语〕固〔诚〕然, 的确, 为了弄确实起见.

sure'-enough' ['ʃuəri'nʌf] a. 真正的, 确实的.

sure'fire a. 可靠的, 一定会成功的.

sure'footed a. 稳当的, 不会出错的.

sure'ly ad. ①的确, 确实, 无疑, 必(一)定 ②当然, 谅必 ③踏踏实实地. *steadily and surely* 踏踏实实地.

sure'ty ['ʃuəti] n. ①确实 ②保证(人,金,物), 担保. *surety company* 保险公司. ▲*of a surety* 必然地, 肯定的, 的确. *stand surety for* 替…做保证人.

surf [sə:f] n. 碎(破)浪, 击岸波, 拍(击)岸浪, 激浪.

SURF =surface(表)面.

Surf(Wng) =surface (warning) 地面(警报).

sur'face ['sə:fis] I n. ①面,表(上,曲,液,水,海,地,路,桥,梁,边界,周界)面,自由水面(水位),面层 ②(表)面积 ③外表(观). II a. 表面(上)的,外观的,外表上的,地面上的,路面的,(航行)水面的. III v. ①使成平面 ②平(端)面切削,削面 ③表面磨削,磨平面 ④表面加工(处理,修整),镀面 ⑤装〔配,铺〕面 ⑥堆场 ⑦使升到(浮上)水面 ⑧表面化,暴露出来. *emission* [emissive, emitting] *surface* 放射面. *light-sensitive surface* 感光面. *machined surface* 加工面. *median surface* 中间〔界〕面. *metal bath surface* 金属液面. *mirror surface* 镜(反射)面. *photosensitive surface* 光敏面, 感光面. *plane surface* 平面. *storage surface* 存储面. *surface action* 集肤(表面)作用, 趋肤效应. *surface active agent* [chemical] 表面活性(化)剂. *surface analysis* 故障面〔故障范围〕分析. *surface area* 表〔曲面〕面积. *surface bar* 测平杆. *surface barrier* 表面势垒(位垒,阻挡层). *surface blemish* [defect] 表面缺陷. *surface blowhole* 表面气孔. *surface checking* 表面起网状裂纹, 表面龟裂. *surface coat* [course] 面层. *surface contour map* 等高线地形图, 地形测量图. *surface coordinates* 曲面坐标. *surface cut* 表面切削, 端面车削. *surface & dimension inspection* 表面和尺寸检查. *surface element* (曲)面元素, 面素, 面积元(素), 面积单元. *surface (energy) level* 表面能级. *surface fitting* 曲面拟合. *surface flaw* 表面发纹(缺陷). *surface hardening* 表面淬火(硬化). *surface hardening steel* 低淬透性钢, 浅淬硬钢. *surface heater* 热面器, 路面加热器. *surface indicator* 平面规, 表面找正器. *surface integral* 面积分. *surface mail* 平信. *surface milling* 辊(面)铣. *surface noise* (唱针)划纹噪声, (唱片上的)音纹噪声. *surface normal* 曲面法线. *surface of contact* 接触面. *surface of discontinuity* 不连续(曲)面, 突变面. *surface of second order* 二阶曲面, 织面. *surface of striction* 腰〔垂足脚〕曲面. *surface plate* 平台(板), 划线台. *surface play of metal* 金属液面运动现象(氧化膜引起的变化花纹). *surface rating* 表面光洁度等级. *surface relief* 地形(貌,势), 地面起伏. *surface ship* 水上船只. *surface speed* (磁鼓表

面的)线速度. *surface tension* 表面张力. *surface trapping* 表面俘获[吸收,抑制]. *surface type meter* 面板用仪表. *surface water* 地面[表]水. *surface wave* (表,地)面波,地表电波. *surface zonal harmonic* 球带调和. ▲*come to the surface* 显露出来,为人知. *look at the surface* 只看外表. *look below [beneath] the surface of things* 看到事物的里面[本质]. *on the surface* 表面[外观]上,外表是.

sur'face-ac'tive *a.* 表面活性的.
surface-effect-ship *n.* 气垫船.
surface-feeding *n.* 表层摄食的.
sur'face-force *n.* 地(水)面部队,水面舰艇.
sur'face-gauge *n.* 平面规,画(平面)针盘.
surface-inactive *a.* 表面不活泼的.
sur'face-man *n.* 护路工人,井上工人.
sur'facer *n.* ①平面刨床,表(路)面修整机 ②表面涂料(剂),腻子. *oil surfacer* 油整面涂料.
sur'face-to-air' *a.* 地(舰)对空的.
sur'face-to-sur'face *a.* 地对地的,面对面的.
sur'face-wise *ad.* 面和面(地),表面对表面(地).
surfacing *n.* ①(平)端[面]切削 ②表面磨削,磨平面 ③表面加工[处理,修整],路面表面修整,镀面 ④装(配)面 ⑤堆焊 ⑥铺面(材料),面层,路面. *hard surfacing* 表面淬火,硬质面层. *surfacing cut* 端面车削,表面切削. *surfacing feed* 横向进刀. *surfacing lathe* 落地式车床,端面车床. *surfacing material* 铺面(材)用. *surfacing power feed* 端面机动进给(刀). *surfacing welding electrode* 堆焊焊条. *surfacing welding rod* 堆焊填充丝(棒).
surfac'tant *n.* 表面活化(性)剂.
surf'board *n.* 冲浪板.
surf'eit Ⅰ *n.* 过量,过度(of). Ⅱ *v.* 过度(with).
surfic'ial *a.* 地面(表)的.
surf'ing *n.* 冲浪滑板(运动).
sur'fon *n.* 表面振荡能量量子.
surfuse' *vt.* 过冷. *surfused liquid* 过冷液. **surfu'sion** *n.*
sur'fy ['sə:fi] *a.* 浪花(似)的,有浪花的.
surg =①surgeon 外科医生 ②surgery 外科(手术) ③surgical 外科的.
surge [sə:dʒ] *v.*; *n.* ①波(脉,冲,震)动,(发动机,气压机)喘振,涌起,起伏,起大浪 ②浪(电)涌,前沿陡峭波,(电)冲击,急(突)变,骤增 ③液压系统内过渡性)压力波动 ④巨浪,波涛,激潮,碎(破,激)浪,风暴潮 ⑤饥饿,喷射日晕,物质喷射 ⑥(绳,缆)滑脱,放松 ⑦(车轮)空转打滑 ⑧急放,放长(绳,链). *base surge* 基浪,水下爆炸所形成的大浪. *pressure surge* 爆体(发),压力猛烈增加,压力波动. *spring surge* 弹簧颤动. *surge absorber* 电涌冲击波,过(电)压吸收器. *surge admittance* 特性(电涌涌涌)导纳. *surge arrester* 电涌(防止过载)放电器. *surge chamber* 调压室. *surge characteristic* 瞬态电涌,浪涌特性. *surge current* 电涌[浪涌]电流. *surge damper* 减震(缓)冲器. *surge diverter* 避雷针,电涌分流器. *surge generator* 冲击[浪涌]发生器. *surge hopper* 聚料斗. *surge impedance* 特性[浪涌]波阻抗. *surge line* 喘振线. *surge load* 激增负荷. *surge point* 起振点. *surge pressure* 冲击压力. *surge pump* 薄[脉]膜式泵. *surge resistance* 浪涌[防冲击]电阻. *surge tank* (水电站)调压塔,均(恒)压筒,浪涌调整筒,平衡(缓冲)罐,平衡箱,调压水槽. *surge valve* 补偿(间歇作用)阀. *surge voltage* 冲击[脉冲,浪涌]电压. *surging characteristic* 喘振特性,浪涌阻抗. *surging impe-dance* 波(特性,浪涌)阻抗. *surging lap* 反复折叠. *surging line* 喘振边界线,浪涌线. ▲*surge down* (波浪)伏,向下波动. *surge up* (波浪)起,向上波动.

surge'less *a.* 平稳的,平静的,无浪涌的.
sur'geon ['sə:dʒən] *n.* 外科医生,军医.
surge'-proof *a.* 防浪涌[电涌,喘振]的,非谐振的. *surge-proof transformer* 防电涌[非谐振]变压器.
sur'gery ['sə:dʒəri] *n.* ①外科(学,手术) ②手术室,诊(疗)所,外科医院. *surgery and medicine* 外科和内科.
sur'gical ['sə:dʒikəl] *a.* 外科(用)的,手术上的. *surgical operation* 外科手术.
sur'gically *ad.* 用外科上.
sur'gy ['sə:dʒi] *a.* 巨浪的,浪潮的,波涛汹涌的.
Surinam' [suəri'næm] *n.* 苏里南(在南美洲东北部).
surinamine *n.* N-甲基酪氨酸.
sur'ly ['sə:li] *a.* 粗暴的,阴沉的(天气).
surmi'sable [sə'maizəbl] *a.* 推测得出的,可推测(测)的.
surmise [sə:'maiz] *vt.* Ⅰ ['sə:maiz] *n.* 推测(断),估计,猜(臆)测.
surmount' [sə:'maunt] *vt.* ①克服(困难),越过(障碍),登上,打破 ②翼面,饰页,顶上(覆盖)有 (by with),安装有. *surmount every difficulty* 排除万难. *surmounted arch* 超半圆.
surmount'able *a.* 可以克服(超越,打破)的.
sur'name ['sə:neim] Ⅰ *n.* 姓,别(外,绰)号. Ⅱ *vt.* 给…起绰号.
surpalite *n.* 双光气.
surpass' [sə:'pɑ:s] *vt.* 优于,胜(超)过,超越. *surpass advanced world levels* 超过世界先进水平.
surpass'ing [sə:'pɑ:siŋ] *a.*; *ad.* 卓越的,优秀的,无比的,非常(的). *of a surpassing intricacy* 非常错综复杂. ~*ly ad.*
sur'plus ['sə:pləs] Ⅰ *n.* ①过剩,剩余(物,额),余量,盈余,余款,超过额 ②公积金 ③顺差. Ⅱ *a.* 剩(多)余的,过剩的. *balance of payments surplus* 国际收支顺差. *foreign trade surplus* 对外贸易顺差. *have a surplus of*…*for sale* 有剩余的…待售. *surplus factor* 剩余因子. *surplus material* 剩余材料. *surplus pressure* 剩余压力. *surplus stock* 多余原料. *surplus value* 剩余(价)值. *surplus valve* 溢流阀. *war surplus* 作战剩余物资.
sur'plusage ['sə:pləsidʒ] *n.* 过剩(物),剩余额,多余(无用)的东西.
surpri'sal [sə'praizəl] *n.* 惊奇,诧异.
surprise' [sə'praiz] Ⅰ *vt.* ①使吃惊(惊奇) ②(意外)撞见,当场捉住,奇袭. Ⅱ *n.* 惊奇,吃惊,突然

surpri'sedly 性,意外事.▲*be a surprise to* 出乎…意料之外. *be surprised at* [by, that, to +*inf.*] 对…感到吃惊[惊奇]. *by surprise* 冷不防,突然,出其不意, *in surprise* 惊奇地. *to one's (great) surprise* [插入语]使…十分惊奇,出乎…意料之外. ▲*to the surprise of* [插入语]令…(非常)吃惊的是.

surpri'sedly [sə'praizidli] *ad.* 惊奇的,诧异地.

surpri'sing [sə'praizing] *a.* 惊人的,意外的,意想不到的. ~**ly** *ad.*

surprize' = surprise.

surren'der [sə'rendə] *v.*; *n.* ①交出,放弃 ②投降. *exchange surrender certificate* 外汇转移证. *surrender documents* 交单. *surrender value* 保险单的退保值,退保金额.

surrep'titious [sʌrəp'tiʃəs] *a.* 偷偷摸摸的,暗中的,秘密的.~**ly** *ad.*

sur'rogate I ['sʌrəgit] *n.* ①代用品 ②代理人. II ['sʌrəgeit] *vt.* 使代理[替],指定…代理.

surro'sion *n.* 腐蚀增重(作用).

surround [sə'raund] *vt.* 围[环]绕,包围. II *n.* 包裹[外包]层,围绕物,周围场,比较场背景.▲*be surrounded with* [by] 被…围着,四周环绕着.

surround'ing [sə'raundiŋ] I *a.* 周围[围]的,环绕的. II *n.* (*pl.*) [周围]环境,外界,周围的事物[介质,情况]. *surrounding atmosphere* 四周的大气. *surrounding loop* 外层循环.

sur'tax ['sə:tæks] I *n.* 附加税. II *vt.* 对…征收附加税.

surv = ①surveillance ②survey(ing) ③surveyor ④survive.

survei'llance [sə:'veiləns] *n.* 监视[督],(对空)观察,管制. *air surveillance* 空中监视. *electronic surveillance* 电子监视[侦察]. *surveillance radar equipment* 监视[警戒]雷达(设备).▲(*be*) *under surveillance* 在监视下.

survei'llant [sə:'veilənt] *a.* 监视的. *n.* 监视者.

survey I [sə'vei] *vt.*; I ['sə:vei] *n.* ①调[检]查,观察,鉴定 ②测量[定,绘],观测,勘查[定],摄影 ③测量图,测量记录,被测量的地区 ④综述,评介,述评,介绍,总结,报告书 ⑤概括的研究,全面的观察. *aerial survey* 航(空)测量. *field survey* 野外测量,勘测. *level*(*ling*) *survey* 水准测量. *rough survey* 草测,初步勘测. *sample survey* 样品鉴定. *sampling survey* 抽样调查. *survey crew* 测量[勘测]人员. *survey instrument* 测量仪器,地质探测器. *survey report* 测量[查勘]报告. *wake survey* 尾(伴)流测量.▲*make a survey of* 测量,勘测,对…作全面的调查[观察].

surveyabil'ity *n.* 一目了然.

survey'able *a.* 可观测的,一目了然的.

survey'ing *n.* ①丈量[工作],测量(学,术),实用大地测量学 ②调[检]查 ③观测,概观. *surveying calculation* [*computation*] 测量计算. *surveying panel* [*plane table*] 测量平板仪,测量图板. *surveying rod* 测量[水准]标尺,测[标,花]杆. *surveying work* 测量工作,勘测.

survey'or [sə(:)'veiə] *n.* ①测量[勘测,测地]员 ②检查[调查]员,鉴定人 ③测量器. *surveyor's chain* 测链(长 66 英尺). *surveyor's level* 测量水准仪. *surveyor's report* 鉴定证明书. *surveyor's report on weight* 重量证明书. *surveyor's rod* 测量标尺,水准尺. *surveyor's table* 测量平板仪.

survivabil'ity *n.* 残存性,可救活性,生命力,幸存能力,耐久性.

survi'val [sə'vaivəl] I *n.* ①幸[生,残]存,存活(率),保全,救生,继续存在 ②幸[生]存者,存[成]活者,残余[存,留](物),遗物. II *a.* 活命的,保命的,安全的. *survival curve* 残存曲线. *survival of the fittest* 适者生存. *survival probability* 幸[生]存概率,残存概[几]率.

survive' [sə'vaiv] *v.* ①继续存在,残存,保持完好,还活着[存在],保存生命,幸存下来,…(还)得救 ②经受(得)住(…试验),支持得住 ③(中子)不被吸收 ④幸免于①比…长寿. *survive a shipwreck* 在沉船事件中幸免于难. *survive all perils* 经历千难万险仍无恙. *survive the storm* 在暴风雨中脱险. *survive 2300 volts* 触到 2300V 还得救了;经得住 2300V.

survi'vor [sə'vaivə] *n.* 残存[活](者,物),幸存者,脱险者,生还者,遗物. *survivor curve* 残存曲线.

survi'vorship *n.* 幸[残]存,未死….

SURVR = ①surveyor ②survivor.

SURWAC = surface water automatic computer 地表水自动计算机.

SUS = sustainer 主发动机.

SUSENG = sustainer engine 主发动机.

suscept'ance [sə'septəns] *n.* 电纳. *acoustic susceptance* 声纳. *susceptance loop* 电纳环.

suscept'er = susceptor.

susceptibil'ity [səsepti'biliti] *n.* ①敏感度[性],灵敏度,感受性[度],敏感性,感病性 ②磁化率,磁化系数,(电,介电)极化率. *dielectric susceptibility* 电介质极化率. *electric susceptibility* 电极化率. *magnetic susceptibility* 磁化率,磁化系数.▲*susceptibility to* M 对 M 的敏感度.

suscept'ible [sə'septəbl] *a.* 灵敏的,敏感的,易感的,易受影响的,(可)容许的.▲(*be*) *susceptible of* 容许[可以]有…能…的. (*be*) *susceptible to* 对…敏感,易受[于]…. (*be*) *susceptible to solution* 可以[易于]解决的. **suscept'ibly** *ad.*

suscept'ive [sə'septiv] *a.* (对…)敏感的,感受性的,灵敏的,易于(感)受到…的(*of*).

suscept'iveness [sə'septivnis] *n.* ①灵敏[感,感受]性,[敏感]度 ②磁化率 ③电极化率.

susceptiv'ity [sʌsəp'tiviti] *n.* 敏感性,灵敏度.

suscept'or *n.* 感受(接受,衬托)器,基座.

SUSH = set up sheet 配置图.

Susini *n.* 萨泰尼铝合金[锰 1~8%,铜 1.5~4.5%,锌 0.5~1.5%,其余铝].

SUSP = ①suspend ②suspension.

suspect' I [səs'pekt] *vt.* ①怀疑(有),猜疑,推测,估计,猜测[想] ②觉得,认为.▲*suspect N of +ing* 怀疑 N (做). II ['sʌspekt] *a.* 可疑的. *n.* 可疑分子,嫌疑犯.

suspect'able [səs'pektəbl] *a.* 可疑的.

suspect'ed [səs'pektid] *a.* 可疑的,拟似的. *be suspected of* 有…的嫌疑.

suspend' [səs'pend] v. ①悬(挂,垂),吊,挂,(使)悬浮,处于悬浮状态 ②暂停(执行),中(停)止 ③延缓,推迟,保留 ④停职,宣布破产. *air suspended* 空气悬浮的. *suspend publication* 暂时停刊. *suspend talks* 中止谈判. *suspended absorber* 空间吸声体,悬挂吸收器. *suspended animation* 假死,不省人事. *suspended catwalk* 悬挂脚手通道〔脚手架〕. *suspended ceiling* 吊顶. *suspended colloid* 悬浮胶体. *suspended deck* 悬析面. *suspended fender* 重力式防冲物,悬挂式防撞物. *suspended joint* 悬挂接头,悬式接头. *suspended load* 悬荷,吊载,悬浮物,悬移质(泥沙),浮沙,冲积层. *suspended matter* 悬浮物(质). *suspended railway* 高〔架〕架铁道. *suspended solids* 悬浮体. *suspended span*〔索桥〕跨,悬孔. *suspended stiffening truss* 悬式加劲桁架. *suspended truss* 悬式桁架. *suspended water* 悬着水,曝气(范围)的水. *suspending agent* 悬浮剂. *suspending liquid* 悬浮液. *vacuum suspended* 真空悬浮式. ▲(*be*) *suspended from* 自…悬挂下来,(被)停职. (*be*) *suspended in* 悬浮在…中. *suspend M from N* 把 M 挂在 N 上〔下面〕.

suspend'er [səs'pendə] n. 吊着的东西,吊杆,架,钩,丝,带,索,悬杆,架.

suspensate n. 悬浮质,悬移质.

suspense' [səs'pens] n. ①悬挂(吊,垂,浮) ②担心,焦虑 ③悬而未决 ④停止,暂时停止. ▲*keep M in suspense* 使 M 担心不知结果如何.

suspen'sible [səs'pensəbl] a. 可悬挂(浮)的,可挂的. **suspensibil'ity** n.

suspen'sion [səs'penʃən] n. ①悬(吊,挂,置,垂,浮,融),吊,挂,一面固定 ②停(止,顿)职,学),中止,暂停,悬而不决,延缓 ③悬(吊)架,悬挂装置,支承 ④悬浮物(体,液,法),悬胶液,(磁粉探伤的)浮浊液,悬浊液,游浆,悬浮〔置〕状态,悬融系 ⑤【数】同纬映像,双角锥. *air suspension* 气垫,空气悬浮. *basket suspension* 悬篮. *bifilar suspension* 双线悬置. *cardanic suspension* 万向接头〔悬架〕. *coarse suspension* 粗悬浮液. *dielectric suspension* 电介质悬浮. *fibre suspension* 微丝悬挂. *gimbal suspension* 万向接头,常平架. *overhead suspension* 悬吊. *point-and-cup suspension* 尖杆-杯座式悬挂. *semiconductive suspension* 半导体悬挂. *spring suspension* 弹簧悬置. *spring-strip suspension* 弹簧片悬置. *suspension bearing* 吊悬轴承. *suspension bridge* 悬〔索〕桥,吊桥. *suspension colloid* 悬(浮)胶(体). *suspension effect* 悬浮〔悬浊〕作用. *suspension girder* 悬〔吊〕架. *suspension insulator* 悬挂绝缘子. *suspension joint* 浮接,悬式接头. *suspension lights* 悬挂照明,吊灯. *suspension line* 悬挂〔架空,吊果〕线. *suspension loop* 吊环〔环〕. *suspension member* 〔rod〕吊杆〔索,材〕. *suspension of the dollar's conversion into gold* 美元停止兑换黄金. *suspension of work* 工程停顿,停工. *suspension percentage* 悬浊〔浊〕率. *suspension points* 〔*periods*〕省略号"…". *suspension sequence* 同纬映像序列. *suspension system* 悬挂系统,悬浮(体)系. *suspension theorems* 同纬映像定理. *suspension wire* 吊丝〔丝〕. *three point suspension* 三点悬置. *underslung suspension* 悬挂式安装法. *unifilar suspension* 单(线)悬(挂). *winch suspension* 绞盘悬置. *wind tunnel suspension* 风洞模型悬置.

suspen'sion-bridge n. 悬(索)吊,吊桥.
suspen'sion-rail'way n. 高架铁道.

suspen'sive [səs'pensiv] a. ①未决(定)的,悬而未决的,不定的 ②中止的,暂停的 ③可疑的,(使)不安的. ~*ly* ad.

suspen'soid [səs'pensɔid] n. 悬(溶)胶(体)的,悬(浮)胶(体).

suspen'sor n. 悬带,吊绷带;配囊帕,胚柄.

suspen'sory [səs'pensəri] I a. ①悬挂的,吊着的 ②搁置的,悬而不决的,暂停的,中止的. II n. 悬带.

suspic'ion [səs'piʃən] n. ①怀(猜,嫌)疑,疑心 ②一点儿. II v. 怀疑. ▲*a suspicion of* 一点(儿,点). *be above suspicion* 不被(无可)怀疑. *be looked upon with suspicion* 被人怀疑. *be under suspicion* 被(受)人怀疑,有嫌疑. *have a suspicion that* 怀疑. *on*〔*upon*〕*suspicion of* 因…的嫌疑. *with suspicion* 怀疑地. *without a suspicion of* 毫无….

suspic'ious [səs'piʃəs] a. (表示,引起)怀疑的,可疑的. ▲*be*〔*feel*〕*suspicious of*〔*about*〕对…感到可疑. ~*ly* ad. ~*ness* n.

sustain' [səs'tein] I vt. ①支撑〔承,持〕,承受得住 ②持〔继〕续,持久,维〔保〕持,供养. 使…生存下去 ③遭〔经,忍,蒙〕受,遭到 ④证实〔明〕,确〔赞〕认,准许. II n. 支〔保〕持. *self-sustaining* 自(保)持的. *sustaining collector voltage* 集电极保持电压. *sustaining power* 支持能力. *sustaining slope* 持续坡,顺流坡度. *sustaining wall* 扶墙.

sustained' a. (被)支持的,持续(不断)的,维持的,不衰减的,一样〔律〕的. *sustained current* 持续电流. *sustained grade* 持续坡度. *sustained load* 持续〔久〕荷载. *sustained radiation* 持续〔等幅波〕辐射. *sustained short circuit* 持续短路. *sustained stress* 持续应力. *sustained wave* 持续〔等幅〕波.

sustain'er n. ①主(级)发动机 ②支点(座,撑) ③(电视,广播)非营业性节目. *bi-fuel sustainer* 双元燃料主级发动机. *solid-propellant sustainer* 固体推进剂主发动机.

sus'tenance ['sʌstinəns] n. ①粮食,食物,营养 ②(维)持,持(耐)久 ③支撑物. *sustenance flight* 持久飞行.

sustena'tion [sʌsten'teifən] 或 **susten'tion** [səs'tenʃən] n. ①粮食,食物 ②维持(生活),支持(物).

susur'rate [sju'sɔːreit] vi. 发出沙沙的声音.

susurra'tion 或 **susur'rus** n. 沙沙声.

SUT =system under test 正在进行试验的系统.

sutruck n. 单轨货车,无拖车的载重车.

sut'tle ['sʌtl] n.; a. 净重(的). *suttle weight* 净重.

Sutton process 镁合金表面皮膜生成法.

su'tural ['sjuːtʃərəl] a. 缝合的,(位于,靠近)接缝

su'ture ['sjuːtʃə] I n. 缝(合,线),接缝,缝合线〔术〕. II vt. 缝(合,拢),连接.
Su'va ['suːvə] n. 苏瓦(斐济的首都).
suveneer' n. 一种(单面,双面)覆铜板.
suxamethorium n. 丁二酰(二)胆碱.
SV =①safety valve 安全活门,安全阀 ②security violation 危及安全,违犯安全规定 ③side valve 旁〔侧〕阀 ④single silk varnish 单丝漆克 ⑤sluice valve 闸水阀 ⑥sophisticated vocabulary 搀杂的词汇 ⑦space vehicle 空间飞行器,航天器 ⑧specific volume 比容 ⑨stop valve 断〔节〕流阀,停汽阀 ⑩surface vessel 水面舰艇.
sv =〔拉丁语〕sub verbo 在该字下,参看.
s. v. =spiritus vini 酒精,乙醇.
s/v =space vehicle 空间飞行器.
SVA =specific volume anomaly 比容异常.
SVBT =space vehicle booster test 宇宙飞行器助推器试验.
svc =①service ②serviced ③servicing.
sved'berg n. 斯旺伯格(单位).
SVI =sludge volume index 污泥容量指标.
SVO =servo 伺服机构,随动系统.
s. v. r. =spiritus vini rectificatus 精馏酒精.
SVS =①schedule visibility system 程序〔时刻,进度〕表可见性装置 ②space vehicle simulator 航天器模拟装置.
s. v. t. =spiritus vini tenuis 规定酒精.
SVTP =sound velocity, temperature and pressure 声速、温度和压强.
SW =①salt water 盐水 ②secondary winding 次级〔二次,副〕线圈 ③shipping weight 装运重量 ④shortwave (switch) 短波(开关) ⑤signal-wire 信号线,C 线 ⑥single wall 单层墙 ⑦southwest 西南 ⑧specific weight 比重 ⑨spot weld 点焊 ⑩S-wire S 线,塞套引线,C 线 ⑪switchband sound(relay) ⑫switch(ing)开关,接续,交换.
sw 或 s-w =①short-wave 短波 ②switch 开关.
s/w =①shipping weight 装运重量 ②short wave 短波 ③switch 开关.
SWA =single wire armoured 单股铠装线.
swab [swɔb] I v. 擦(净,洗)(down),抹(水). ▲ swab up 擦〔吸〕干. II n. ①拖把,墩布,擦帚,拭子,棉拭 ②〔铸工用〕刷〔敷〕水笔,(起模用)毛笔,造型用刷子. floor swab 起模用毛笔.
swab'ber n. 清扫工人,水手 ②装管工 ③拖把,墩布.
swabbing n. 擦水,(起模前)刷水,刷涂料.
swab'-man n. 管道清洁工.
SWAC =① spotweld accessory 点焊辅助设备 ② Standard Western Automatic Computer 西部标准自动计算机.
swag [swæg] n.; vi. ①摇动〔晃〕,倾侧 ②松垂,下沉〔垂,陷〕 ③摇〔摆,摇〕摆(晃) ④洼地,水潭 ⑤垂花饰.
swage [sweidʒ] I n. ①型锻(铁)下型砧,铁模(型),陷型模,(冲锻)锻模,冲模,锻子,钎子. II vt. ①(用型锻)锻造(细),(用型铁锻,锻细)型模,模锻 ②顶(锤,环)锻,旋(环)造,陷型模锻,冷锻〔挤〕,挤压,(局部)锻粗,甩. bottom swage 下陷型模,下凹型模. (rotary) swage machining 旋转(型)锻〔型〕

(rotary) swaging machine 旋(转)锻(打)机,环锻机. swage block 型块,型(铁)砧,花砧. swage die 型模. swage process 锻细,型锻,陷型模锻. swaged cable-end-fittings 型铁索端配件. top swage 上陷型模,上凹锻模.
swagelok n. (管子的)接套.
swa'ger ['sweidʒə] n. 锤锻(锻造,锻冶,旋锻,环锻机,锻细型锻机,陷型模锻机. ball swager 钢球挤光机,钢球挤头加工机. rotary swager 旋转模〔型〕锻机.
swag'ger ['swægə] vi.; n. 昂首阔步;狂妄自大,吹牛皮,吹嘘(about),恫吓,讹诈(out of).
Swahili [swɑːˈhiːli] n. 斯瓦希里人〔语〕.
swale [sweil] I v. 放火烧,烧焦,熔化,烧光〔化〕. II n. 低(注,沼)地,滩槽;牧场.
swale'like a. 类似沼地的.
swal'let [ˈswɔlit] n. 地下水.
swal'low ['swɔlou] I v. ①吞(下,没),并吞,咽 ②耗尽,用完,吸收,使消失 ③取消,抹煞 ④轻(易相)信 ⑤忍耐(受). II n. ①燕(子) ②吞(咽),一口 ③咽喉,喉咙 ④吸孔. ▲swallow one's teeth [words] 取消前言,食言. swallow the bait 上当,自投罗网. swallow up 吞没(掉),耗尽,用完,吸收,消失.
swall'owing-capacity n. (涡轮机的)临界流量.
swall'owtail n. 燕尾,燕(鸠)尾榫.
swall'ow-tailed a. 燕尾形的.
SWALM =switch alarm 转换报警信号.
SWAM [swæm] swim 的过去式.
SWAMI =standing-wave area monitor indicator 驻波区监控指示器.
swamp ['swɔmp] I n. 沼泽〔地〕,湿地,煤层薄水洼. II v. ①淹〔浸,沉,复〕没,浸在水中,陷入沼泽 ②堵塞 ③干扰,使脱离困难,使困窘〔吃苦头,不知所措〕. swamping resistance 扩(量)程电阻,稳定电阻. ▲ be swamped with 被…忙得一塌糊涂. swamp M with N 用 N 干扰 M,用 N 使 M 困惑〔不知所措〕.
swamped a. 泥沼状的,成为沼泽的,泥泞的.
swamp'land ['swɔmplænd] n. 沼泽地,(低)湿地.
swam'py ['swɔmpi] a. 沼泽的,低湿的.
swan [swɔn] n. 天鹅. black swan 黑天鹅,珍奇物. swan base 卡口接头(灯座),插口式灯头. swan neck bend 鹅颈弯(头). swan neck bracket 弯脚. swan-shot 大钻粒. swan socket 天鹅座,卡口管座,插入式插座. swan song 临终作品,绝笔.
swan'-neck I a. 鹅颈(形)的. II n. 鹅颈钩.
swans'down n. 天鹅绒.
swan-song n. 绝笔(诗人等的)最后作品,最后的言行.
swap [swɔp] v.; n. 交换(流),(做)交易,【计】换进(入)(in),换出(out),调换(程序). swap data 交换资料. swap experience 交流经验. swap table 交换表. swapping control 交换控制. ▲swap M for N 以 M 换 N.
sward [swɔːd] I n. 草皮(地,丛),草. II v. (给…)铺上草皮,植草.
swarf [swɔːf] n. (木,切,组铁)屑,钢板切边,刻纹丝. grindstone swarf 磨石屑. swarf tray 切屑盘.
swarm [swɔːm] I n. 群,蜂群. II v. ①群(云,丛

swarm′er 集,成群 ②充满. *swarm of particles* 粒子云[群]. *swarm theory* (液晶)攒动学说.▲*a swarm of* 一群. *swarm into* 涌进. *swarm with* 充满着. *swarms of* 一群群,一大堆.

swarm′er n. 游动细胞.

swarm′ing n.; v. 从集的(菌),迁徙现象,划痕,痕迹.

swart [swɔ:t] a. 有害的,恶毒的.

swarth′y ['swɔ:ði] n. 黝黑的,黑皮肤的.

swartzite n. 水菱钙镁铀矿.

swash [swɔʃ] n.; v. ①冲溅(激,洗),溅泼,泼散 ②晃动 ③奔流(声),冲激(泼水)声. *swash plate* 旋转斜盘,隔[挡]板.

swash′plate n. 旋转斜盘,隔[挡]板. *swashplate motor* 斜盘电机.

swat [swɔt] vt.; n. 重拍,猛击.

swath [swɔ:θ] n. ①一行(割下来的禾,草),(刈)一刈的面积 ②(足)迹. *a swath of ions* 离子带 [区].

swaihe [sweid] I vt. ①绑,裹,缠 ②包围,封住. II n. 带子,包装用品.

S-wave =Secondary Wave(地震的)S 波,横波,次级地震波.

sway [swei] v.; n. ①摇(摆,动,晃),摆(振)动,横摆 ②倾斜(学)歪,(使)偏向一边,偏重,转向 ③控制,影响,支配,权势. *sway bar* 摆稳定性杆. *sway bracing* 竖向支撑.▲*bear* (*hold*) *sway* 占统治地位. *under the sway of* 在…的支配下,受…的支配[控制].

Swaziland ['swɑ:zilænd] n. 斯威士兰.

SWB =short wheelbase 短轴距.

swbd =switchboard 配电盘,交换台.

SWbS 或 **SW by S** =southwest by south 西南偏南.

SWbW 或 **SW by W** =southwest by west 西南偏西.

SWC =①short-wave choke 短波扼流圈 ②silver white chip cutting 积屑瘤切削,刀瘤切削[切屑呈银白色] ③special weapons center 特种武器试验[研究]中心.

SWD =standing-wave detector 驻波检测[验]器.

swear [swɛə] (*swore* 或 *sware*, *sworn*) I v. ①宣[发,起]誓,强调 ②咒骂. II n. 誓言,咒骂.▲*be sworn in* (*to office*) 宣誓就职. *be sworn to secrecy* 誓守秘密. *swear an oath* 发(一个)誓,大骂. *swear at* 诅咒,骂,与…不协调. *swear black is white* 强辩,颠倒黑白. *swear by* [*before*] 对…发誓;信赖,深信. *swear for* 保证,担承. *swear* (*not*) *to* +*inf.* 发誓(做)[不做]. *swear* (*to*) 保证,断言,坚决肯定,强调地说.

sweat [swet] I n. ①(出,发)汗,流汗 ②湿气,水气,水珠,凝结水 ③(pl.)(石蜡发汗所得)汗油 ④钎焊,焊接 ⑤熔(化),热析 ⑥苦工,努力. *sweat box* 湿度箱. *sweat cooling* 蒸发(发汗)冷却. *sweat dross* 热析浮渣. *sweat furnace* 热析炉. *sweat iron* 淌铁. *sweat roll* 蒸汽滚筒.▲*be all of a sweat* 浑身是汗,…得一身大汗. (*be*) *in a sweat* 出一身汗,担一把汗,着急地,赶紧.
II (*sweat* 或 *sweated*) v. ①(使)出汗[发汗],渗出湿气,附上水汽 ②出汗,蒸散,结露水,凝水滴 ③(使)渗[排,发]出,渗漏,把湿气弄干 ④熔[钎]焊,焊接,表面薄层堆焊(on, in) ⑤熔(化,解),热析 (金属中易熔成分),烧析[蚀,熔] ⑤(使)努力工作[生产],费力地操作,在恶劣条件下从事繁重劳动 ⑥剥削,榨取. *sweated goods* 血汗产品. *sweated labour* 血汗劳动,工资低微的苦工. *sweating heat* 焊接热. *sweating room* 蒸汽室. *sweating soldering* 热熔焊接. *sweating system* 劳动榨取制度,血汗(劳动)制.▲*sweat away at* 努力从事,努力做. *sweat out* 发出汗来,热(烧)析,分沁偏析. *sweat over* 开始发汗.

sweat′back v. 热析,出汗.

sweat′bank n. 海绵挡汗带.

sweat′er ['swetə] n. ①发汗器,石蜡发汗室,热析炉 ②(厚)运动衫,毛衣,卫生衫. *sweater dross* 热析浮渣.

sweat′-out n. 热(烧)析,发出汗来.

sweat′y ['sweti] a. 多汗的,汗湿透的,吃力的. *sweatily ad.*

Swede [swi:d] n. 瑞典人.

Swe′den ['swi:dn] n. 瑞典. *Sweden mill* 瑞典二重式心棒轧管机.

swedge I n. ①型铁,铁模 ②弄直变形的管子[抽细管子直径]所用的工具. II vt. ①锻造(细),锤锻,型锻 ②使减小直径.

Swe′dish ['swi:diʃ] a.; n. 瑞典的,瑞典人(的). *Swedish method* (计算土坡稳定性的)分片计算法,瑞典法.

sweep I [swi:p] (*swept*, *swept*) v. I n. ①扫,扫描,扫(掠,频)扫雷(海,射,过),巡弋,搜索 ②扫[清]除,吹[刮,冲]走,消灭,排气[除],净化,吹到,刮囹(模),括(车)器的,(擦模)刮板,车板,疏浚,消灭,席卷,卷走 ③放(擦,滑,越)过,漫[溜]过①波及,连绵,延伸 ④(使…有)后掠,箭(后掠)形 ⑤弯曲(道,路,头,流,轨),转弯处,曲线,凸线幅形,摇杆,镰刀弯,风车叶轮 ⑥加速运动,推击,猛力移动,蓝眶[拉],推开 ⑦摆动,偏差 ⑧范围,区域,眼界,视野,眺望. *leading-edge sweep* 前缘后掠[度,角]. *sweep check* 扫频检验(测试),摇频测试. *sweep circuit* 扫描(扫回,拂描)电路. *sweep coil* 扫描(偏转)线圈. *sweep diffusion* 分离扩散(法). *sweep frequency modulation* 扫描调频. *sweep gate* 扫描脉冲. *sweep generator* 扫描[频,摆频]振荡器,扫描发生器. *sweep guard* (冲床用)推出式安全装置. *sweep hand* = sweep-second. *sweep hold-off* 扫描间歇. *sweep interval* 扫描周期. *sweep moulding* 刮模. *sweep Q meter* 扫描观测式 Q 表. *sweep templet* 造型刮板. *sweep unit* 扫描部分(装置). *swept frequency* 扫(掠)频(率),摆频.▲*beyond the sweep of* 在…达不到的地方,在…范围外. *make a clean sweep of* 扫(肃)清,(彻底)清除,全部去掉. *sweep across* 冲过. *sweep all before one* 所向无敌,得到彻底的成功. *sweep along* 冲走,掠[刮]过. *sweep away* 扫[清]除,肃清,驱散,冲溽,吹走,把…一扫而空. *sweep bac* (向)后掠. *sweep forward* 前掠. *sweep M from N* (全部)取代[代替]N 的 M,把 M 从 N 中扫掉. *sweep in* 刮入. *sweep off* 扫清[去],刮去,大量清除. *sweep out* 打扫,扫掉,越[过],将…一扫而去. *sweep the board* 获得一切可能的成功. *sweep the sea*(s) 扫雷,横渡海洋.

sweep'back ['swi:pbæk] *v.*; *n.* 使…成后掠,后掠〔角,形〕,后弯,箭形.

sweep-current generator 扫描电流发生器.

sweep-delay circuit 扫描延迟电路.

sweep'er *n.* ①扫除〔扫去,扫除)机,清管器,刷子,扫雷艇 ②扫描〔扫频,摆频〕振荡器,扫频仪. *road sweeper* 扫路机. *snow sweeper* 扫雪机.

sweep'for'ward ['swi:pˈfɔ:wəd] *v.*; *n.* (使)前掠.

sweep'hand =sweep-second.

sweep'ing ['swi:piŋ] I *a.* ①扫除〔清,扫)的 ②范围广大的,包括无遗的,总括的,全盘的,彻底的,势不可当的 ③连续的,呈曲线状的. II *n.* ①扫除〔描,掠,清〕② (pl.) (成堆)垃圾,扫集物,废料,金属屑 ③车板造型〔芯〕. *sweeping coil* 扫描〔偏转〕线圈. *sweeping curve* 曲率不大的曲线,大半径曲线. *sweeping electrode* 扫描电极,云室净化电极. *sweeping generalizations* 的归纳. *sweeping lines* 流线. *sweeping machine* 扫路车,扫街机. *sweeping molder's horse* 铁马〔刮板造型时用工具〕. *sweeping reforms* 彻底的改革. *sweeping tackle* 车板装. *sweeping up* 车制〔砂型〕. ~ly *ad.* ~ness *n.*

sweeping-out method 刮去法.

sweep-initiating pulse 扫描起动〔始〕脉冲.

sweep'mo(u)lding *n.* 刮模.

sweep-saw *n.* 弧〔线〕锯.

sweep'-sec'ond *n.* 长秒针,有长秒针的钟〔表〕.

sweep'-seine *n.* 围网.

sweep-stopping circuit 扫描停止电路.

sweep'-up *n.* 大扫除,吸上.

sweep-work *n.* 刮板〔车板〕造型.

sweet [swi:t] I *a.* ①甜的,(芳)香的 ②新鲜的,纯净的,温和的,悦耳的 ③脱〔低〕硫的,香化的〔石油〕,不酸的,未发酵的,不过量酸性〔腐蚀性〕物质的,无有害气体〔快〕的,灵活的,易驾驶的. II *n.* 甜食,乐趣, (pl.) 糖果,芳香. III *ad.* =sweetly. *sweet bay* 肉桂. *sweet briar*〔brier〕多花蔷薇. *sweet camber* 平坦路拱. *sweet gas* 无硫气. *sweet oil* 无硫油. *sweet osmanthus* 桂花树. *sweet roast* 死烧,全脱硫熔烧. *sweet water* 淡〔清,饮用〕水. ~ly *ad.*

sweet'en ['swi:tn] *v.* ①加糖,变〔使)甜,变香 ②(使)悦耳,爱和 ③使清洁,消毒,去臭 ④脱硫. ▲*sweeten off* 沥滤出来.

sweet'ener *n.* 脱硫〔香化〕设备,用试硫液精制石油的设备.

sweet'ness ['swi:tnis] *n.* 甜〔味,度〕,新鲜,温和.

sweet-smelling gasoline 香汽油.

swell [swel] I *v.* (*swelled, swollen* 或 *swelled*) *v.* I *n.* ①膨〔冻,肿,涨,滴,溶,鼓〕胀,肿大,隆大〔砂,箱〕②鼓〔隆起)出,表面外凸,凸出〔缘〕,(孔型,轧槽)的凸脊 ③增长〔加,厚,大,强〕, (上,高)涨,起浪,浪〔涛,潮〕, 波涛, 余涌. II *a.* 时髦的. *ground swell* 地〔的〕隆起. *swell factor* 膨胀系数. *swell measurement* 隆起测定. *swell of a mould* 地. *swell test* 膨胀试验. *swell wall* 膨胀曲壁. ▲*have*〔*suffer from*〕*swelled head* 自负,自夸. *swell out* 膨胀,鼓起.

swell the ranks of 加入,参加. *swell up* 膨胀,鼓起,增大.

swellabil'ity [swelə'biliti] *n.* 可膨胀〔隆起〕性.

swell'able *a.* 可膨胀的,可隆起的.

swell'er *n.* 膨胀剂,溶胀剂.

swell'ing ['sweliŋ] I *n.* 膨〔泡,涌,肿,溶,冻)胀,肿大,水桶(涨),胀纹〔节〕,隆起(部),凸起,增大,变粗,变厚. II *a.* 膨胀的,增大的,突〔隆)起的. *swelling agent* 泡胀剂. *swelling isotherm* 等温膨胀性. *swelling of the pattern* 模型膨胀.

swell'meter *n.* 膨胀计.

swell-shrink characteristics *n.* 胀缩性.

swel'ter ['sweltə] *v.*; *n.* (使)闷热, (使)中暑,酷热,热得发昏. ~ing *a.* ~ingly *ad.*

swemar generator 扫频与标志〔信号〕发生器.

swep *n.* (农药)灭草灵.

swept [swept] I sweep 的过去式和过去分词. II *a.* ①摆〔振〕动的 ②偏移的,倾斜的 ③扫〔压〕过的,后掠的. *air swept* 气吹式. *swept back* 后掠. *swept volume* (汽缸的)换气容量,工作容积.

swept'back ['sweptbæk] I *n.* 后掠〔翼〕. II *a.* 后掠的,后弯的. *sweptback vane* 后弯式叶片. *sweptback wing* 后掠翼.

swept'-band *a.* 可变波段.

swept'for'ward ['sweptˈfɔ:wəd] I *n.* 前掠〔翼〕. II *a.* 前掠的.

swept'-fre'quency *n.* 扫描频率.

swept'-off gas'es *n.* 吹除气体.

swept'wing ['sweptwiŋ] *n.* 后掠翼.

swerve [swə:v] *v.*; *n.* ①(使)弯〔歪,折〕(曲), (使)转弯, (突然)改变方向, 滑〔逸〕出(常轨),背离(from) ②偏向,偏差 ③屈折,折射. *swerve the car* 使汽车突然转向. *The road swerves to the left.* 道路向左转弯. ▲*swerve around* 突然转向〔改变方向〕,折曲,屈折,折射. *swerve away from* 离开,偏离. *swerve (M) from N* (使 M) 背离〔逸出〕N.

swerve'less *a.* 不转向的,坚定不移的.

SWFX = spotweld fixture 点焊接夹具.

SWG = ①standard wire gauge (英国)标准线规 ②steel wire gauge 钢丝线规.

SWGR = switchgear 开关设备.

SWI = standing wave indicator 驻波指示器.

swift [swift] I *a.*; *ad.* (飞)快(的),迅速〔速〕的,敏捷(的),立即(的),突然发生(的). II *n.* ①急流,湍流,线架 ②(褐)雨燕. *swift change* 突然的变化. *swift running water* 急流水,激流. ▲*as swift as thought* 立刻,马上,顷刻间. *be swift of*〔*with*〕 *M M* (方面)很快〔迅速〕. *be swift to* + *inf.* 易于(做),动不动就(做). ~ly *ad.* ~ness *n.*

swift'er ['swiftə] *n.* 绞盘加固索,下(低桅)前支索.

swill [swil] *vt.*; *n.* (冲)洗,洗涤〔刷〕(out),潲,倒出,洗脚饲料,剩饭残羹.

swim I (*swam, swum; swim'ming*) *v.* ①游(泳,过),横渡(across) ②浮(动),浮(泳,流),浮(动,行,走,去),摇晃,晕眩 ③(使)浸〔泡)在水中(in, on) ④充满,覆盖(with),充(盈)溢(with). II *n.* ①游泳 ②浮动 ③趋势,潮流. *swim pool* 游泳

池. ▲*be in the swim* 合潮流. *be out of the swim* 不合潮流. *sink or swim* 不论好歹,无论如何. *swim with the tide*〔*stream*〕顺着潮流,随大流.

swim'mer *n.* 游泳者,浮筒.

swim'ming ['swimiŋ] *n.*; *a.* 游泳(的),眩晕(的),充溢的. *swimming bath* (室内)游泳池. *swimming costume*〔*suit*〕游泳衣. *swimming pool* 游泳池.

swim'ming-belt *n.* (学游泳用)救生圈.

swim'mingly ['swimiŋli] *ad.* 容易地,顺利地. *Everything went swimmingly* 一切进行顺利.

swimming-pool reactor 游泳池〔水屏蔽口〕型反应堆.

swim'my ['swimi] *a.* 引起眩晕的,模糊的. **swim'mily** *ud.* **swim'miness** *n.*

swim'suit *n.* 游泳衣.

Swinburne circuit 斯温伯动圈式毫伏计温度补偿电路.

swin'dle ['swindl] *v.*; *n.* 诈〔骗〕取,骗局,骗人的东西. *peace talk swindle* 和谈骗局. *swindle M out of N* 或 *swindle N out of M* 骗取 M 的 N.

swind'ler ['swindlə] *n.* 骗子.

swind'lingly *ad.* 用诈骗手段.

swine [swain] *n.* 猪(罗).

swing [swiŋ] I (*swung, swung*) *v.* II *n.* ① 摇摆〔动〕,摆〔振〕摇,挥,变〔变动〕②(绕轴心,铰链等)旋〔回〕转,偏转,转向〔弯〕③漂移,偏向〔斜〕,倾向,动荡,(频率)不稳定,涨落,(信号强度)变动,周期性交替④摆〔振〕幅,摆度,旋角,指针最大摆动角,最大可转直径,车床床面上最大加工直径,最大运动范围⑤吊〔挂〕着,悬挂(from),吊运⑥扒抢〔掠〕,(摆动等)最大冲力⑦(成功地)处理,操纵,完成,获取,进行,开展. II *v.* (绕轴心)旋转的,悬挂的. *back swing* 回摆. *compass swinging* 罗盘调试. *step-change load swing* 负荷冲动. *swing bar* 吊杆,摇杆,回转杆. *swing bridge* 平旋〔旋开〕桥,平转桥. *swing crane* 旋臂〔旋枢〕起重机,回转式起重机. *swing frame grinder* 或 *swing grinder* 悬挂式砂轮机. *swing hammer crusher* (旋)锤(式)破碎机. *swing jack* 横式起重机. *swing jaw* (颚式破碎机的)动颚,活动颚板. *swing lever crane* 旋臂式起重机. *swing link* 摆杆. *swing over bed* (车床)床面上最大加工直径. *swing over carriage* (车床)在刀架上面最大加工直径. *swing plate* 摇〔振〕动平板. *swing room* 休息室,吸烟室. *swing shift* 中班(下午 4 时至半夜). *swing table* 转台,振实〔工作〕台. *swing table abrator* 抛丸清理转台,转台式抛丸清理机. *swing voltage* 激励〔摆动〕电压. *swinging boom* 起重机回转臂,吊车旋臂杆. *swinging choke* 变感抑流圈. *swinging circle* (挖土机等的)回转底盘. *swinging conveyer* 回转式运输机. *swing(ing) door* 转〔双动自止〕门. *swinging fork* (摩托车后轮的)摆动叉,可动叉. *swinging grinder* 悬挂式砂轮机. *swinging hopper* (悬)吊(式)斗. *swinging motion* 摇摆,振动. *swinging of signals* 信号不稳,信号强度变化. *swinging radius* (起重机臂)工作半径,伸出长度. *swinging screen*〔*sieve*〕摇筛,振动筛. *swinging valve* 平旋阀. *the swing of the pendulum* 钟摆的摆动,盛衰,消长,交替. ▲(*be*) *in full swing* 在积极〔全力〕进行,在轰轰烈烈开展,在紧张时刻,处于高潮中. *get into the swing of one's work* 或 *get into one's swing* 积极投入工作. *go with a swing* 流利,顺利进行. *let it have its swing* 听其自然,让它自由运动. *no room to swing a cat in* (范围)很小. *swing M against N* 挥动 M 对准 N 撞击. *swing around* 绕…旋转. *swing back and forth* 来回摆动. *swing beyond* 摆过(某一点). *swing from* 从…吊下来,吊在…下面. *swing into line* 转成一行. *swing in with* 入. *swing open* (门)打开. *swing round* 转身,掉头. *swing through equal angles on each side* 两边摆动夹角相等. *swing shut* (门)关上了. *swing to* (门)关上了;摆〔倾,转〕向. *swing M to N* 把 M 吊〔挂,转,摆动〕到 N 位置. *swing up* 吊运. *with the signal swing at zero* 当信号波动(幅度)为零时.

swing'by *n.* (利用中间行星或目的行星的重力场来改变轨迹的)借力式飞行路线.

swing(e)'ing ['swindʒiŋ] I *a.* 极大〔好〕的,大量的. II *ad.* 极大地,非常. *swingeing blow* 沉重的打击. *swingeing lie* 弥天大谎. *swingeing majority* 绝大多数.

swing'er ['swiŋə] *n.* 巨大的东西,庞然大物;弥天大谎;时髦人物;变调的唱片,唱片失真.

swing'ingly *ad.* ①旋转地,摆动地 ②极大地,非常.

swing-in-mirror *n.* 摆动反射镜.

SWINGR = sweep integrator 扫描积分仪.

swing-roof type 活动炉顶式.

swipe [swaip] *n.* (泵等的)柄,杆;猛击.

S-wire *n.* S 线,C 线,塞套引线.

swirl [swə:l] *v.*; *n.* ①漩涡〔流〕,涡〔紊〕流 ②打旋,涡旋(体),涡动(率),回漩 ③弯曲,盘〔围〕绕 ④飞雪,纷飞 ⑤混乱. *a swirl of events* 纷乱的事情. *stream swirl* 涡流. *swirl atomizer* 旋流式雾化器. *swirl chamber* 旋〔涡〕流室. *swirl combustion chamber* 涡流式燃烧室. *swirl injection* 有旋喷射. *swirl nozzle* 旋涡喷嘴. *swirl reducing baffle* 防旋流挡板. *swirl speed* 起涡速度. *swirling flow* 涡流. ▲*swirl away* 〔*off*〕(使)涡旋而去.

swirl'er ['swə:lə] *n.* 旋流器,离心式〔涡旋式〕喷嘴. *fuel swirler* 燃料离心式喷嘴. *oxidant swirler* 氧化剂离心式喷嘴.

swirl'-flame *n.* 旋涡火焰.

swirl'ing ['swə:liŋ] *n.* 旋涡,涡流.

swirl'meter *n.* 旋涡计.

swirl-nozzle *n.* 涡流喷嘴,旋流器.

swirl'y ['swə:li] *a.* 涡旋形的,缠绕的.

swish [swiʃ] *v.*; *n.*; *ad.* ①挥舞 ②(发出)嗖嗖〔沙沙,嚓嚓〕声,噪声 ③漂亮(的),时髦(的). *swish pan* 快速摇摄.

swish'y ['swiʃi] *a.* 发嘤嘤〔沙沙,嚓嚓〕声的.

Swiss [swis] *n.*; *a.* 瑞士的,瑞士人(的). *Swiss cheese* 一种多孔原的硬干酪;钮扣状部件(一种微型组件).

Swit = Switzerland.

switch [switʃ] I *n.* ①(转换,闭合)开关,电路闭合器,电闸〔门〕,电键 ②转换〔继电器〕,配电板,接触器,接线器[台] ③整流子 ④转辙[换向,转向]器,路闸,道岔,铁道侧线 ⑤分路 ⑥转移点. Ⅱ v. ①换向[接],转[改]变,交[变,切]换 ②转换[接,输,移],接通或关断,关闭电流,通(电流),拨动,扳开,配电,整流 ③(突然)摆动. *switch bar* 转换杆. *switch sides* 改变立场. *switch tactics* 变换策略. *switch the discussion to another topic* 换一个讨论题目. *air switch* 空气开关,空气断路器,电触式气动量仪. *automatic switch* 自动开关,自动转换(辙)器. *centralizing switch* (中央)开关. *click the switch off and on* 卡搭卡搭地把开关忽开忽关. *computer-reset-hold switch* 计算、回位、持恒三用开关. *EDM switch* 拨号脉冲直驱高速电机带动旋转开关的电话交换机. *knife(-blade-,break,-edge)switch* 闸刀开关. *line switch* 寻线机,线路开关. *master switch* 总(主)开关,主控寻线机. *pressure switch* 压力开关,压力继电器. *push-button switch* 按钮开关,按键式电键. *sequence switch* 程序开关,序轮机. *silent switch* 去(静)噪开关. *single pole double throw switch* 单刀双掷开关. *slant-range-altitude switch* 斜距高度转换开关. *stepping switch* 分级转换开关. *switch bar* 转换杆. *switch board* = switchboard. *switch box* (电)闸盒,转换器,转换开关盒(柜),配电箱;道岔箱. *switch branch* 分路(的)分岔. *switch cover* 开关电键罩. *switch desk* 控制(开关)台. *switch frame* 开关(机)架. *switch gear* = switchgear. *switch insertion* 手控(开关)插入. *switch jack* 机键塞口(插孔). *switch key* (转换)开关,电话电键. *switch level* 转辙(开关)杆. *switch plant* 开关设备,电力开关设备;墙上插座,插头. *switch plug* 插塞,插头. *switch rails* 铁道侧线. *switch steel sections* 道岔钢材. *switch tongue* 道岔尖轨. *switch tower* (铁路)信号塔. *switch unit* 转换开关(装置). *switch wheel* 机键轮. *switched networks* 交换网络. *three-way switch* 三向开关. *translator switch* 译码机开关. *underload switch* 轻(欠)载开关. *volume switch* 音量开关. *wave-band switch* 波段开关. ▲*asleep at the switch* 玩忽职守. *switch from M to N* 从 M 换到 N,把 M 换成 N,用 N 取代 M. *switch in* 合闸,接入(通). *switch into (circuit)* 接入(电路). *switch into conduction* 导通. *switch off* (*out*)关掉,断开,(使)断路,切(挂、遮)断,扳开(开). *switch off shock* 关闸(激)震. *switch on*,开合上电门,(使)接通(电流). *switch-on shock* 开闸(激)震. *switch over* (*from one to another*)(从某方面)转变(到另一方面),换路[向],转接,拨动. *switch through* 接转. *switch to* 转(换,变)到.

switch'able ['switʃəbl] *a.* 可变换的,可换向的,可用开关控制的.

switch-and-lock movement 转换锁闭器,转辙锁定器.

switch'back *n.* (山区的)之字形路线(铁路).

switch'board ['switʃbɔːd] *n.* ①配电盘(屏),电键(表)板,开关屏(盘,板),控制盘 ②(电话)交换机(台) ③换相(转换)器. *distribution switchboard* 配电盘. *PBX* (*private branch exchange*) *switchboard* 专用交换台,小交换机. *through* (*transfer*) *switchboard* 转接交换台.

switch'-disconnec'tor *n.* 负荷开关.

switch'er ['switʃə] *n.* ①转换开关,转辙器 ②调车机车 ③换景员.

switchette *n.* 小型开关.

switch'-fuse *n.* 开关保险丝,开关熔丝.

switch'gear ['switʃgiə] *n.* 开关装置[齿轮],开关[交换,变换]设备;控制和保护器;配电装置[设备,仪表],配电联动器,转辙联动装置.

switch'-hook *n.* 钩键.

switch'-house *n.* 配电装置,配电间.

switch'-in *n.* 接入(通).

switch'ing ['switʃiŋ] *n.* ①转[交,互],切]换,接续,接通(开关(操作),合上,关断,断开;接续;配电(系统) ③整流,换向. *camera switching* 电视摄像机转换,摄像机取镜头. *capacitance beam switching* 电容性射束转换. *digital message switching center* 数字信息交换中心. *electronic switching* 电子交换设备,电子式接线器,电子开关. *sequence of switching* 转换转换顺序. *sidelobe switching* (天线)旁瓣转换. *switching circuit* 开关(转换)电路. *switching function* 开关函数. *switching matrix* 开关[切换]矩阵. *switching mechanism* 转换[开闭]机构,转接机构. *switching network* 开关网络,转接电路,转接网络. *switching point* 开关[转接]点. *switching process* 转换[开关]过程,线路切换过程. *switching pulse* 控制[转换]脉冲. *switching pulse generator* 选通(开关,转换)脉冲发生器. *switching signal* 开关,转接,触发,切换]信号. *switching stage* 机键[转换]级. *switching time* 开关[转换]时间,(磁心的)翻转时间. *switching transient* 开关瞬态. *switching wave* 换接信号.

switch'ing-in *n.* 合闸,接通(入).

switch'ing-off *n.* 断开(路),关掉,开闸,掉阅. *switching-off transient* 断路时瞬变现象.

switch'ing-on *n.* 接通(入). *switching-on transient* 接通时瞬变现象.

switch'ing-over *n.* 换接,换向,变换,转接.

switch'man *n.* 扳道工人,转辙员.

switch'-off *n.* 停电,断电.

switch'over *n.* 大转变;换路(向),变换,转接,切换,拨动.

switch'room *n.* 机键室,配电室.

switch'signal *n.* 转换信号,扳辙器信号.

switch'-tube *n.* 开关管,电子管转换开关.

switch'yard *n.* (铁路)调车场,编组站,配电间(场),(电厂)室外配电变置.

swith'er ['swiðə] *vi.*; *n.* 怀疑,犹豫,动摇,惊慌.

Switz = Switzerland.

Swit'zer ['switsə] *n.* 瑞士人.

Swit'zerland ['switsələnd] *n.* 瑞士.

swiv'el ['swivl] Ⅰ *n.* ①转(节,轴承,接头,开关),旋臂(轴,体),转体(臂,座,盘)(链)的转节,(自由)转环,轮轴(棒),活节,铰接部 ②旋开(平旋)桥 ③回旋炮(枪). Ⅱ (*swiv'el(l)ed*;*swiv'el(l)ing*) *v.* 旋(回),环钩,在旋轴上转动,用活节连接,用铰链连接. **anchor** *swivel* 锚链旋转接头. **compound**[**double hinged**] *swivel* 复式转接. *full swivel* 全旋转. *swivel angle plate swivel* 转盘角板,倾转台. *swivel base* 转(动底)座,旋转支承基面. *swivel block* 转环滑车. *swivel bridge* (平)旋桥,平转[旋开]桥. *swivel joint* 转节,旋接[转头,铰链,有活节]接合. *swivel mount* 转座,旋台. *swivel plate* 转盘,旋转(分度)板. *swivel slide* 转盘. *swivel table* (旋)转台,回转工作台. *swivel vice* 旋转座老虎钳. *swivel wheel* 自位轮. *swiveling block* 转枕. *swiveling nozzle* 旋转喷管. *swineling pile driver* 旋转打桩机. *swiveling speed* 回转速度. *union swivel* 旋转联管节,活接头.

swivel-bearing *n.* 旋转轴承.
swiv′el-chain *n.* 转动链.
swiv′el-chair *n.* 转椅.
swiv′el-hook *n.* 转(动,环)钩.
swiv′el-table *n.* (旋)转台,回转工作台.
SWL =short-wave listener 短波听众.
SWMTEP = System-wide Medium-term Environment Programme 全系统的中期环境方案.
swob [swɔb] =swab.
swollen [ˈswoulən] I swell 的过去分词. II *a.* 膨胀的,鼓(肿)起的,涨水的,夸张的. *be swollen with arrogance* 气焰嚣张,趾高气扬.
swoon [swuːn] *vi.; n.* ①晕厥,昏倒 ②渐渐消失. ~**ingly** *ad.*
swoop [swuːp] *vi.; n.* 攫取,飞扑,扑下,猝然下降〔袭击〕(down on, down upon). ▲*at one (fell) swoop* 一下子,一举.
swoosh [swuʃ] *v.; n.* ①嗖的一声(发射) ②涡动,澎湃.
swop =swap.
sword [sɔːd] *n.* ①剑,(刺)刀,泥刀 ②武力,军权,战争,屠杀 ③(石砌墙)勾缝(用工具). *cross swords* 交锋,争论. *draw the sword* 开战. *sheathe the sword* 停战.
sword′fish *n.* 箭鱼,金枪鱼.
swore [swɔː] swear 的过去式.
sworn [swɔːn] swear 的过去分词.
swot [swɔt] *v.; n.* ①用功读书,死用功,努力攻读(at, up) ②吃力的工作 ③重拍,猛击.
SWP =safe working pressure 安全工作压力.
SWPA =spotweld pattern 点焊(焊点)分布图.
SWR =①standing wave ratio 驻波比 ②switch rails 铁道辙线.
S-wrench *n.* (双头)S 形扳手.
SWSG =security window screen and guard 安全窗屏蔽和保护装置.
Swtz =Switzerland.
swum [swʌm] swim 的过去分词.
swung [swʌŋ] swing 的过去式及过去分词. *swung dash* 代字号,省略号 "~".
SWV = swivel 转体,旋轮.
SX =①simplex 单工 ②solvent extraction 溶剂萃取.
SXU =simplex unit 单工机.
SY =①square yard 平方码 ②sustainer yaw 主发动机偏转.

sy =square yard 平方码.
sybaritic *a.* 奢侈享乐的.
SYC =sycamore.
SyC =synchronous condenser 同步调相(整相)机,同步电容器.
syc′amore [ˈsikəmɔː] *n.* (美国)梧桐,(埃及)榕,大槭[枫]树,三球悬铃木,小无花果树.
Sychlophone *n.* 旋调管(多信道调制用电子射线管)(商品名).
Syd′ney [ˈsidni] *n.* 悉尼(澳大利亚港口).
sy′enite *n.* 正长岩,黑花岗石. **syenit′ic** *a.*
SYGA =systems gauge.
Sylcum *n.* 赛尔卡铝合金(硅9%,铜7.3%,镍1.4%,锰0.5%,铁0.5%,其余铝).
syllaba′rium 或 **syl′labary** *n.* ①音节表,字音表 ②(日语)假名表,五十音表[记].
syl′labi [ˈsiləbai] syllabus 的复数.
syllab′ic [siˈlæbik] *a.* 音(字)节的. *syllabic articulation* (音)节清晰度.
syllab′icate 或 **syllab′ify** 或 **syl′labize** *vt.* 使分成音节. *syllabified code* 字节(代)码,音节(代)码.
syllabic′ity [siləˈbi(fi)cəˈtion n.* (构,分)成音节.
syl′lable [ˈsiləbl] I *n.* 字节,音节. II *vt.* 给…分音节,按音节发…的音. *syllable code* 字节(代)码.
syl′labled *a.* 有…音节的.
syl′labus [ˈsiləbəs] *n.* (pl. *syl′labi* 或 *syl′labuses*) *n.* (教学)大纲,摘要,要目,(课程)提纲,课程表,教案.
syl′logism [ˈsilədʒizm] *n.* 三段论(法)演绎推理,诡辩. *syllogis′tic*(al) *a. syllogis′tically ad.*
syl′logis [ˈsilədʒaiz] *v.* 用三段法推论.
syl′phon [ˈsilfɔn] *n.* 膜盒,涨缩盒,波纹筒,波纹(皱纹)管,气囊.
syl′va =silva.
syl′van =silvan ①自然碲.
syl′vanite *n.* 针碲金(银)矿.
sylvaros *n.* 高纯度浮油松香(商品名).
Sylvate *n.* 松香酸盐.
syl′vatron [ˈsilvətrɔn] *n.* 电光管.
syl′vestrene *n.* 枞萜.
syl′viculture =silviculture.
syl′vin(e) [ˈsilvin] 或 **syl′vite** [ˈsilvait] *n.* 钾盐,天然氯化钾.
syl′vite *n.* 钾盐.
SYM 或 **sym** =①symbol 记(符)号 ②symbolic 符号的,象征(性)的 ③symmetrical 对(均)称的 ④symmetry 对称(现象).
sym- (词头)共,同,合,连,联.
sym′bion(t) [ˈsimbaiɔn(t)] *n.* ①共生物(体),共生生物 ②【计】(与主程序同时存在的)共存程序. ~**ic** *a.*
symbio′sis [simbaiˈousis] *n.* (互利)共生(现象),协作(同),共栖. **symbiot′ic(al)** *a.* **symbiot′ically** *ad.*
sym′bol [ˈsimbəl] I *n.* 符(记,代)号,标记,码位,象征. II (*sym′bol(l)ed; sym′bol(l)ing*) *v.* =symbolize. *symbol of numeral* 数字符号. *symbol of operation* 运算符号. *symbol string* 符号串. *symbol table entry*【计】符号表项目. *two-symbol* 二进位的. ▲*symbol for M* M 的符号.
symbol′ic(al) [simˈbɔlik(əl)] *a.* (用,用作)符号的,

记号的,象征(性)的. *symbolic address* 符号〔浮动〕地址. *symbolic assembler* 符号汇编程序. *symbolic code* 符号(代)码,翻译程序. *symbolic deck* 符号(语言)卡片叠〔卡片组(合)〕. *symbolic diagram* 记号式液压回路原理图. *symbolic function* 符号函数. *symbolic logic* 符号逻辑. *symbolic power* 形式幂. ▲*be symbolic of* 是象征…. ~*ally ad.*

sym'bolise 或 **sym'bolize** ['simbəlaiz] *v.* ①用符号表示,是…的符号,使用符号②(作为…的)象征,代表. ▲*symbolize M as N* 用 N 表示〔代表〕M. **sybolisa'tion** 或 **syboliza'tion** *n.*

sym'bolism ['simbəlizm] *n.* 符号(化,表示,体系,的意义)记号(法),符号系统,象征主义.

symbol'ogy *n.* 象征学,象征表示,记号,符号代表〔表〕.

sym'center *n.* 对称中心.

sym'etron *n.* 多管环形放大器.

sym'mag *n.* 【计】对称磁元件.

symme'dian *n.* 似中线,逆平行中线. *symmedian point* 类似重心.

symmet'allism *n.* (金银合金铸币的)金银混合本位.

symmet'ric(al) [si'metrik(əl)] Ⅰ *a.* 对(匀)称的,平衡的,调和的. Ⅱ *n.* 对称(位),苯环的1,3,5位. *symmetrical difference gate*【计】"异"门. *symmetrical idler arm* 对称空转臂. *symmetricalnet(-work)* 对称(电)网络. *symmetrical section* 对称断面,对称段. ▲*(be) symmetrical about* 对称于. *be symmetrical about centre line* 是中心线是对称的,相对于中心线是对称的. ~*ly ad.*

sym'metrizable *a.* (可)对称(化)的.

symmetriza'tion [simitrai'zeiʃən] *n.* 对称化〔性〕.

sym'metrize ['simitraiz] *vt.* 使对〔匀〕称的,使平衡,对称化. *symmetrizing operator* 致对称算子.

sym'metrizer *n.* 对称化子.

sym'metroid *n.* 对称曲面.

sym'metry ['simitri] *n.* 对称(性,现象),匀称,调和. *axis of symmetry* 对称轴. *image symmetry* 影像对称. *mirror symmetry* 镜面对称. *symmetry operator* 对称性算子. *symmetry plane* 对称平面. *symmetry transformation* 对称变换.

sympathet'ic(al) [simpə'θetik(əl)] *a.* ①(表示)同情的,赞同的②共鸣的,共振的,感应的,和(应)谐的. *sympathetic cracking* 感应开裂. *sympathetic earthquakes* 和应地震. *sympathetic ink* 隐显墨水. *sympathetic resonance* 共鸣. *sympathetic vibration* 和(应)振(动),共鸣(振动),共振. ▲*be* [*feel*] *sympathetic to* [*towards*] 对…表示同情[持赞同态度,抱好感]. ~*ally ad.*

sym'pathin *n.* 交感神经素,去甲肾上腺素.

sym'pathize ['simpəθaiz] *v.* ①(表示)同情,同感(with)②共鸣,同感,一致,赞成(同)(with)③吊唁(with).

sym'pathizer *n.* 同情(赞同,支持)者.

sympathoinhib'itor *n.* 交感抑制剂.

sympathomimet'ic *a.* 类交感神经的.

sym'pathy ['simpəθi] *n.* ①同情(心),慰问②共鸣,共振③感应,引力④赞同,一致,同感. ▲*(be) in sympathy with* 赞同,同意,和…一致〔产生共鸣〕,随着. *(be) out of sympathy with* 不赞同〔成〕,不同意,和…不一致. *express sympathy for* [*with*] 问候,(对…表示)慰问. *feel sympathy for* (对…抱)同情. *have no sympathy for* 毫不同情. *have no sympathy with* 不赞同,不表同情. *have sympathy with* 对…抱同情. *out of sympathy with* 因同情〔而〕,不同情,对…没有同感. *with the sympathy of* 得到…赞同〔同情〕.

sympat'ric *a.* 分布区重叠的,交叉分布的,同地的.

symphon'ic [sim'fɔnik] *a.* 交响乐(式)的,谐音的,调和的. *revolutionary symphonic music* 革命交响音乐. ~*ally ad.*

sympho'nious [sim'founiəs] *a.* 谐音的,调和的. ~*ly ad.*

sym'phony ['simfəni] *n.* ①交响乐(团,队),交响音乐会②谐音,调和.

symphys'ial *n.* 联合的.

symphys'ic *a.* 联(融)合的.

sym'physis ['simfisis] (pl. *sym'physes*) *n.* 联合,合生.

Symphyta *n.* 广腰亚目(属膜翅目).

sympiesom'eter 或 **sympiezom'eter** *n.* 甘油气压表,弯管流体压力计.

sym'plasm *n.* 共质(共聚)体,合胞体.

symplec'tic *a.* 辛的,耦对的. *symplectic mapping* 辛〔耦对〕映射. *symplectic space* 辛〔耦对〕空间.

sym'plex *a.* 对称的.

sympo'dium *n.* 合轴,聚伞状,假单轴.

sym'port *n.* 同向转移.

sympo'sia [sim'pouziə] *symposium* 的复数.

sympo'siarch [sim'pouziɑ:k] *n.* 专题讨论会主席.

sympo'siast [sim'pouziæst] *n.* 专题讨论会发言者,专题论丛投稿者.

sympo'sium [sim'pouziəm] (pl. *sympo'sia* 或 *sympo'siums*) *n.* ①(专题,学术)讨论会,座谈会 ②(专题)论文〔讨论〕集,(专题)论丛 ③(正式宴会后的)酒会.

symp'tom ['simptəm] *n.* ①征〔朕〕兆,迹象 ②症状〔候〕.

symptomat'ic [simptə'mætik] *a.* ①(有)症状的,征兆〔候〕的(*of*),有代表性的,表明的. *be symptomatic of* 表明,反映出,是…的症状. ~*ally ad.*

symp'tomatize ['simptəmətaiz] 或 **symp'tomize** ['simptəmaiz] *vt.* 是…的症状,表明.

symptom-complex 或 **symptom-group** *n.* 综合症,征群,综合症状.

symp'tomless *a.* 无症状的,无征候的.

SYN =①synchronous 同步的 ②synthetic 合成的,人造的.

syn =①synchronizing 同步(的) ②synchronous 同步 ③synonym(ous)同义词(的).

syn- 〔词头〕同,共,与…顺式.

synaeresis =syneresis.

synalbu'min *n.* 抗胰岛素.

synaldoxime *n.* 顺式醛肟.

synapse' [sin'æps] *n.* 突触,联合,神经键.

synap'sis *n.* 联合,联会,突触,神经键.

synap'tene *n.* 偶线.

synaptolemma *n.* 突触膜.

synaptosome *n.* 突触体(粒).

Synasol n. 甲醇、乙醇、汽油等混合而成的溶剂.

sync [siŋk] n.; v. (使)同步. *sync circuit* 同步电路. *sync pulse* 同步脉冲. *sync section* 同步部分. *sync separator* 同步信号分离器. *sync separator circuit* 同步信号分离电路,同步脉冲分离电路. *sync signal* 同步信号. *sync source* 同步脉冲源. *sync stretch circuit* 同步脉冲展宽电路.

SYNC 或 **sync** = ①synchronism ②synchronization ③synchronize ④synchronizer ⑤synchronizing ⑥synchronous

syncarcinogen'esis n. 综合致癌作用.

syn'carp n. 合心皮果,聚花果.

syncatalyt'ic a. 共催化的.

sync-circuit n. 同步电路.

SYNCD = synchronized.

SYNCG = synchronizing.

synchisite n. 菱铈钙矿.

synchorol'ogy n. 群落分布学,植物时间分布史.

syn'chro [ˈsiŋkrou] I n. ①(自动)同步,同步传〔转〕动 ②(自动)同步机〔器〕,自整角机. II a. 同步的. *all synchro* 全(自动)同步机,全部同步的. *azimuth transmitting synchro* 方位角传送同步机. *control synchro* 同步发送机,控制同步机. *rotating synchro* 旋转式自动同步机. *synchro control* 同步控制. *synchro coupling* 同步耦合. *synchro cyclotron* 稳相加速器,同步回旋加速器. *synchro data* 自动同步数据. *synchro differential* 自整角差动机,差动自整角机. *synchro drive* 同步传动. *synchro generator* 同步发电机,自动同步发射机. *synchro light* 同步指示灯. *synchro reader* 同步读出器. *synchro receiver* 同步〔自整角〕接收机. *synchro resolver* 同步解算〔分析〕器. *synchro switch* 同步开关. *synchro system* 自动同步机系统. *synchro trace* 联动刻线镜.

synchro- n. 同步.

syn'chroclock n. 同步电〔时〕钟.

syn'chro-control a. 同步控制的.

syn'chrocy'clotron [ˈsiŋkrouˈsaiklətrɔn] n. 同步(电子)回旋加速器,稳相加速器.

syn'chrodrive n. 同步传动,自动同步(发送)机.

syn'chrodyne n. 同步机. *synchrodyne circuit* 同步电路. *synchrodyne detection* 同步检波.

syn'chro-fazotron n. 同步相位加速器.

syn'chroflash [ˈsiŋkrouflæʃ] a.; n. 采用闪光与快门同步装置的,同步闪光灯.

syn'chroguide n. 水平扫描同步控制电路.

syn'cholift n. 同步升船装置.

syn'chrolock n. 同步锁,水平偏转电路的自动频率控制电路,同步保存电路.

syn'chromagslip n. 自动同步机,无触点自动同步装置.

syn'chromesh [ˈsiŋkroumeʃ] n.; a. (齿轮)同步配〔啮〕合(的),同步齿轮组. *synchromesh gear* 同步齿轮. *synchromesh (type) transmission* 同步变速装置,同步配合变速器.

synchrom'eter n. 同步计,同步指示器,回旋共振能谱计,射频质谱计.

synchromi'crotron n. 同步电子回旋加速器.

syn'chromotor n. 同步电动机,自动同步机.

syn'chron n. 同步. *synchron motor type* 同步电动机型.

syn'chronal [ˈsiŋkrənəl] =synchronous.

syn'chrone n. (彗尾)等时线.

synchro'nia [siŋˈkrouniə] n. 同时性,同步现象,准时发生.

synchron'ic(al) [siŋˈkrɔnik(əl)] =synchronous.

syn'chronise =synchronize **synchronisa'tion**.

syn'chronism [ˈsiŋkrənizm] n. ①同步(性,化,现象),同时(性),同期(性),并发 ②(电影与电视)音画〔口型〕吻合,影像与发声同步. *frequency synchronism* 频率同步. *lock-in synchronism* 锁定同步. *phase synchronism* 相(位)同步. *start stop synchronism* 起止同步. *synchronism deviation* 同步偏差. ▲*in synchronism (with M)* (与M)同步协调. *run in synchronism* 同步运转.

synchronis'tic(al) [siŋkrəˈnistik(əl)] a. 同步的. ~ally ad.

synchroniza'tion [siŋkrənaiˈzeiʃən] n. 同步(化,作用),整步,同步录音,同时(性,作用),使时间一致,使成同时,声画合成. *frame (picture) synchronization* 帧同步. *horizontal synchronization* 行(扫描)同步,水平同步. *sweep synchronization* 扫描〔掠〕同步. *synchronization character* 同步字(头). *synchronization control* 同步控制. *synchronization factor* 同步因〔系〕数. *synchronization gain* 同步获得. *synchronization generator* 同步发电机.

syn'chronize [ˈsiŋkrənaiz] v. ①(使)同步〔整步〕,(使)同时发生,出现,进行〕(with),(使)同步(进行),(使作)等角运动 ②(使)同期录音,(电影,电视)使发声与画面动作完全吻合,(使)声画合成 ③把…安排在同一时候,使在时间上一致,把…并列对照 ④校准,对准(钟表),协调. *sychronize the scanning electron beam in the television receiver with that in the studio* 使电视接收机和电视演播室中的扫描电子射线完全同步. *non-synchronizing* 非同步的,异步的. *synchronized clamping* 同步波形〔箝位〕. *synchronizing at load* 负载同步. *synchronizing controls* 同步控制机构. *synchronizing delays* 同步时间阻滞. *synchronizing level* 同步信号电平. *synchronizing of image* 影〔图〕象同步. *synchronizing signal* 同步信号.

syn'chronized-sig'nal (control) 同步〔联动式〕信号(控制).

syn'chronizer [ˈsiŋkrənaizə] n. 同步(机〔器〕,同步装置〔设备〕,同步因素,整步器,(自动)协调器,同步指示仪〔示波器,测试器〕. *synchronizer gear* 同步齿轮. *synchronizer trigger* 同步触发器.

synchronograph n. 同步电报机.

syn'chronome n. 自动同步机.

syn'chronome n. 雪特钟(雪特设计的一种精密的天文同步摆种,母钟在地下室,同步的子钟在地面).

synchronom'eter n. 同步计,同步指示器.

synchronoscope =synchroscope.

syn'chronous [ˈsiŋkrənəs] a. (完全)同步的,同时(性,发生,进行,出现)的,同期的. *self synchronous* 自动同步的. *synchronous condenser* 同步调(进)相

机,同步电容器. *synchronous detector* 同步检定〔测,波〕器. *synchronous electronic sampler* 同步采样器. *synchronous electronic switch* 同步电子开关. *synchronous gate* 同步门电路,同步选择脉冲. *synchronous motor* 同步电动机. *synchronous spark-gap* 同步火花隙,同步火花放电器. *synchronous timer* 同位时间继电器,同步计时器. *synchronous vibration* 同步振动. ~ly *ad*.

synchronous-asynchronous motor 滑环式感应电动机(异步起动,同步运行).
synchrophasotron *n*. 同步稳相加速器.
syn'chroprinter ['siŋkrəprintə] *n*. 同步印刷机〔印码卷筒〕.
syn'chroscope ['siŋkrouskoup] *n*. 同步指示仪〔示波器,测试器〕,带等时扫描的示波仪. *diode recovery time synchroscope* 二极管开关特性描绘器.
synchro-shifter *n*. 带同步装置的转换机构.
synchro-spiral gearbox 同步斜齿轮变速箱.
synchro-switch *n*. 同步开关.
syn'chro-system *n*. (自动)同步(机)系统.
syn'chrotie *n*. 同步耦合(连接),"电轴".
syn'chrotimer [siŋkrətaimə] *n*. 同步记〔计〕时器.
syn'chrotrans *n*. 同步(控制)变压器,同步转换.
syn'chrotransmitter ['siŋkrətrænzmitə] *n*. 同步发送〔传感〕器.
syn'chrotron ['siŋkroutrɔn] *n*. 同步(回旋)加速器. *proton synchrotron* 质子同步加速器.
syn'chrotron-oscilla'tion fre'quency 同步加速器振荡频率.
synclas'tic [sin'klæstik] I *a*. (曲面)同方向的,各个方向都朝向一方弯曲的. II *n*. 顺裂septum面. *synclastic curvature* 同向曲率. *synclastic surface* 同向面.
syn'clator *n*. 同步振荡器.
syncli'nal [sin'klainl] *n*.; *a*. 向斜(的),互倾的. *synclinal axis* 向斜轴.
syn'cline ['siŋklain] *n*. 向斜(层),向斜褶皱.
synclino'rium [siŋkli'nouriəm] (pl. *synclino'ria*) *n*. 复向斜.
SYNCOM = synchronous communications (satellite) 同步通讯(卫星).
syn'copate ['siŋkəpeit] *vt*. 中略,省略中间的字母〔音节〕. *syncopa'tion* *n*.
syn'cope *n*. 中略,省略中间的字母〔音节〕.
sync'-pulse *n*. 同步脉冲.
SYNCR = synchronizer.
syn'cretize ['siŋkritaiz] *v*. 结合,调和.
syn'cromesh = synchromesh.
syn'cro-shear *n*. 同步切变.
syncrystalliza'tion *n*. 同时结晶.
SYNCS = synchronous.
sync'-stretching *n*. 同步(脉冲)展宽.
syncytium (pl. *syncytia*) *n*. 合体细胞,合胞体.
syndesine *n*. 联赖氨酸,羟赖氨醛酶.
syndet = synthetic detergent 合成洗涤剂.
syn'dic ['sindik] *n*. 公司经理,代理商,理事.
syn'dicate I *n*. ['sindikit] ①辛迪加,企业联合组织,企业组合,银行团 ②报业辛迪加,资料供应社 ③理事会,董事会. II *v*. ['sindikeit] ①组织〔联合成〕辛迪加,联合成为企业组合,由辛迪加承办,使处于联合管理下 ②由报业辛迪加同时供给在多种刊物发表.
syndica'tion [sindi'keiʃən] *n*. 辛迪加组织,组织辛迪加.
syn'dicator *n*. 组织〔经营,参加〕辛迪加者.
syndiotac'tic *a*. 间规〔立构)的,间同立构的. *syndiotactic polymer* 间规〔反式立构〕聚合物.
syndiotactic'ity *n*. 间同(立构)规正度.
syn'drome ['sindroum] *n*. ①综合症,并发(症),症候群 ②同时存在的事物,伴随式 ③出错,出故障 ④校正子 ⑤杰出的榜样. *radiation syndrome* 射线并发症. *This word possesses a syndrome of meanings*. 这个词具有多种意义. **syndrom'ic** *a*.
syndrome-threshold decoder 校正子阈解〔译〕码器,校正子门限解〔译〕码器.
syndynam'ics *n*. 植物群落演替.
syne [sain] I *ad*. (那时)以后,以前. II *conj*.; *prep*. 自从.
syneclise *n*. 台洼,台向斜.
synecol'ogy *n*. 群体〔群落)生态学.
synephrine *n*. 脱氧肾上腺素,辛内弗林.
syne'resis [si'niərəsis] *n*. (胶体)脱水收缩(作用),凝固. *syneresis of grease* 润滑脂的脱水收缩,润滑脂之分油,润滑脂的胶体稳定性.
synerget'ic [sinə'dʒetik] 或 **syner'gic** [si'nə:dʒik] *a*. 协〔合〕作的,协合最佳的,叠加的,协同的,最优脱氧〔逸]氧的.
syn'ergism ['sinədʒizm] *n*. ①(最佳)协合〔助)作用,协同(作用),合作,共生活,超益互助,相生现象,增效(作用) ②最优逸.
syn'ergist ['sinədʒist] *n*. 协合〔合作,增效,协萃〕剂,协合〔增强)器,协同器官.
synergis'tic *a*. 协〔复〕合的,叠加的,合作的,协同的. *synergistic curve* 协合〔效应)曲线. *synergistic enhancement* 协合增强(系数).
synergit'ic *a*. 协同性的.
syn'ergy ['sinə:dʒi] *n*. 最佳协合〔同)作用;最优逸〔脱)氧.
syn'esis ['sinisis] *n*. 意义正确但不合乎语法规则的句子.
syneuristor *n*. (人)造突触神经元.
syn'-form *n*. 顺式.
syn-fractiona'tion *n*. 顺式分馏.
syngameon *n*. 配子配合种(体).
syn'gamy *n*. 有性〔同配〕生殖,配子同型,配子配合,融合.
syngene'sis [sin'dʒenisis] *n*. 同生,共生,有性生殖,群落发生.
syngenet'ic *a*. 同〔共〕生的,共成〔存)的,有性生殖的.
syngen'ic *a*. 同基因的,同质的,先天的.
syngenote *n*. 合基因子.
syngeother'mal *a*. 等地温的.
syn'gony *n*. 晶系.
syn'graft *n*. 同种同基因移植.
syn'iphase *n*.; *a*. 同相(的). *syniphase excitation* 同相激励.
syn-isomerism *n*. 顺式(同分)异构.
synkarion *n*. 融合核.
synkaryon *n*. 合子核,结合核.
synkaryophyte *n*. 配核植物.

synkinemat'ic a. 同造山运动的,同生构造的.
synmorphol'ogy n. 植物群落形态学.
synnecro'sis n. 相互致死.
synnema a. 束丝.
syn'od [ˈsinəd] n. ①【天】会合 ②会议,讨论会.
synod'ic(al) [siˈnɔdik(əl)] a. ①(相,会)合的,交会作用的 ②会议的,讨论会的. *synodic month* 朔望. ~**ally** ad.
synoe'cious a. 两性混生同株的.
synol synthesis 辛诺合成,熔铁催化剂由合成气体制醇,烯,烷液体混合物.
syn'onym [ˈsinənim] n. 同义词〔语〕,(同物)异名,对译语;类似物. ~**ic** a.
synonym'ity [ˌsinəˈnimiti] n. 同(意)义,同义性〔项〕.
synon'ymous [siˈnɔniməs] a. 同(意)义的,同义语的(with). ▲*be synonymous with* M 和 M 同义, …的意义和 M 是一样的.
synon'ymy [siˈnɔnimi] n. 同义(词汇编).
synop =synopsis.
synop'ses synopsis 的复数.
synop'sis [siˈnɔpsis] (pl. *synop'ses*) n. ①提〔摘,记〕要,概略,大纲〔意〕,梗概 ②对照表,一览,说明书,天气〔图〕表格.
synop'size [ˈsinɔpsaiz] vt. 给…写提〔摘〕要.
synop'tic(al) [siˈnɔptik(əl)] a. ①大纲的,摘要的,大意的 ②天气(图)的,天气分析的. *synoptic chart* 天气图. *synoptic forecasting* 天气预报. ~**cally** ad.
synop'tics n. 天气学.
synorogen'esis n. 同造山运动.
synorogen'ica n. 同造山期的.
synpathin n. 抑制交感素.
synperiod'ic a. 同周期的.
synphylogeny n. 植物群落系统发生学.
synphysiol'ogy n. 群落生理学.
synpiontol'ogy n. 古植物群落学.
syn-position n. 顺位.
synprolan n. 促性腺激素,增莫因子.
synproportiona'tion n. 逆式歧化反应.
syns =synopsis.
SYNSCP =synchroscope.
synsporous a. 孢子交配的.
syntac'tic(al) [sinˈtæktik(əl)] a. ①合成的,综晶的 ②句〔语〕法(上)的,按句法规则的. n. 【数】错列组合论. *syntactic analyser* 语法分析程序. *syntactic category* 语法学. *syntactic class* 语法子分类. *syntactic entity* 语法实体. *syntactic foam* 复合泡沫塑料,由铸塑树脂(例如环氧树脂)和轻质填充物(例如泡沫酚醛树脂)做成的混合物.
syntac'tically ad. 造句上,句法上.
syntac'tics [sinˈtæktiks] n. 符号关系学.
syntagma n. 句段.
syn'tax [ˈsintæks] n. ①句〔语〕法,造句法 ②顺列论 ③体系. *syntax language* 语法语言.
syntax-directed compiler 面向语法的编译程序.
syntax-directed method 面向语法的方法.
syntaxis n. (地层)衔接,并接.
syntaxon'omy n. 植物群落分类学.
syntec'tic a.; n. 综晶〔体〕的,消瘦的. *syntectic reaction* 综晶反应. *syntectic system* 综晶系统.

syntecton'ic a. 同生的.
syntere'sis [ˌsintəˈrisis] n. 预防.
synteret'ic a. 预防的.
syntex'is [sinˈteksis] n. 同熔作用,消瘦.
syn'thal n. 合成橡胶.
synthalin n. 十烷双胍.
syn'thase n. 合酶.
synther'mal a. 同温(度)的,等温的.
syn'thescope [ˈsinθiskoup] n. 合成观测计.
syn'theses [ˈsinθisiːz] synthesis 的复数.
syn'thesis [ˈsinθisis] (pl. *syn'theses*) n. 合成〔法,作用〕,综合(物,法,性),结构综合,拼合. *synthesis of the object program* 结果程序的综合. *synthesis wave* 合成〔综合〕波.
syn'thesise 或 **syn'thesize** [ˈsinθisaiz] vt. ①(人工)合成(制造),用合成法合成 ②综合(处理),接合,拼接. ▲*sinthesize into* 合并成〔入〕.
syn'thesist n. 综合者,合成法使用者.
syn'thesizer n. 合成器,合成器,合成装置. *Fourier synthesizer* 傅里叶综合器. *synthesizer mixer* 合成混频器.
syn'thetase n. 合成酶.
synthet'ic [sinˈθetik] I a. ①合成的,人造的 ②综合(性)的,接合的 ③假想的,虚假的. II n. (化学)合成物,合成剂,合成纤维织物. *synthetic ammonia* 合成氨. *synthetic colour bar chart generator* 色带(图案)信号发生器. *synthetic enamel* 合成磁漆. *synthetic fiber*〔*fibre*〕合成纤维. *synthetic gasoline* 人造〔合成〕汽油. *synthetic isotope* 合成同位素. *synthetic leather* 人造革,合成皮革. *synthetic metal* 烧结金属. *synthetic piezoelectric crystal* 人造压电晶体. *synthetic proof* 综合证明. *synthetic resin* 合成〔人造〕树脂. *synthetic rubber* 人造〔合成〕橡胶. *synthetic steel* 合成钢. *synthetic study* 综合研究. *synthetic training device* 摹拟的训练器材.
synthet'ical [sinˈθetikəl] a. =synthetic. ~**ly** ad.
synthet'ical-ap'erture n. 综合孔径.
synthetic-bass principle (借助奇次谐波)人工低音重放原理.
synthet'ic-fi'bers 或 **synthet'ic-fi'bres** 合成纤维.
synthetic-pattern generator 复试验振荡器.
synthet'ics [sinˈθetiks] n. 合成品,合成物质〔纤维,制剂,药物),综合品种,综合系.
syn'thetize [ˈsinθitaiz] =synthesize.
syn'thin n. 合成元件,合成烃类.
syn'thol n. 合成燃料,合成醇.
syn'tholube n. 合成润滑油.
syn'thon [ˈsinθɔn] n. 合成纤维.
syntomycin n. 合霉素.
synton'ic(al) [sinˈtɔnik(əl)] a. 谐振的,共振的,调谐的. *syntonic circuit* 谐振电路. ~**ally** ad.
syntoniza'tion [ˌsintənaiˈzeiʃən] n. ①谐振〔共振〕法 ②同步〔期〕.
syn'tonize [ˈsintənaiz] vt. 使谐振〔共振〕,对…进行调谐. *syntonizing coil* 调谐线圈.
syn'tonizer [ˈsintənaizə] n. 谐振〔共振〕器.

syn'tonous ['sintənəs] *a.* 谐振〔共振,调谐〕的.
syn'tony ['sintəni] *n.* 谐〔共〕振,调谐.
syntractrix *n.* 广电物线.
syn'trophism *n.* 互营,共同生长.
syn'trophus ['sintrəfəs] *n.* 先天病,遗传病.
syn-type *n.* 顺式,顺〔基〕型,共型,合模式〔标本〕.
synu'sia *n.* 层片,同型同境群落,层群.
synu'sium *n.* 生态群.
Synvaren *n.* 酚醛树脂胶粘剂.
synzoospore *n.* 合生游动孢子.
syn'zyme *n.* 合成酶,人工促酶.
syph'ilis *n.* 梅毒.
sy'phon ['saifən] =siphon.
sy'phonage =siphonage.
sy'phon-recorder =siphon-recorder.
syr =syrup.
syren =siren.
Syria ['siriə] 叙利亚.
Syrian ['siriən] *a.*; *n.* 叙利亚的,叙利亚人(的).
syrin'gacin *n.* 丁香极毛杆菌素.
syringaldazine *n.* 丁香醛连氮.
syringaldehyde *n.* 丁香醛,4-羟-3,5-二甲氧苯甲醛.
syr'inge ['sirindʒ] I *n.* 注射〔油,水〕器,注射管,灌注器,喷射〔注,水,油〕器,带喷嘴消防龙头,洗涤器,唧筒. I *vt.* (用注射器)注射〔水,油〕,灌〔洗〕,冲洗,洗〔涤〕. *hydrometer syringe* 比重计(用)吸液器. *oil syringe* 油枪,注油器. *syringe hydrometer* 吸管式(虹吸〔液体〕)比重计.
syr'up ['sirəp] *n.* (糖,糊,膏)浆,糖汁,蜜糖.
sy'rupy *a.* 糖浆(状)的.
SYS(T) 或 **syst** =system.
sys'tem ['sistim] *n.* I ①系统,(体,层)系,组(织)网(络),电力网,管线 ②(整套)装置,设备 ③(方)式,(方)法 ④制(度),体制 ⑤次序,规律 ⑥分类(法) ⑦学派. *acid system* 酸法. *aerial system* 天线装置,天线阵. *alarm signal system* 事故〔应急,警报〕信号系统. *arithmetic system* 运算系统,算术系统. *arrangement without system* 不规则排列. *automatic block system* 自动闭〔闭〕锁装置. *automatic system* 自动装置,自动化系统. *balance system* 天平系统. *basic hole system* 基孔制. *basic shaft system* 基轴制. *Cartesian system* 笛卡尔坐标系. *cascade system* 串联系统. *communist system* 共产主义制度. *coupled system* 耦合系统,二〔多〕自由度系统. *cubic system* 立方(晶)系. *decimal system* 十进制. *dynamic transfer system* 动态传输系统,动力传输系统. *floating-point system* 【计】浮点系统. *following-up system* 随动〔限踪〕系统. *heating system* 加热系统. *human ocular system* 人的视觉器官. *hydrofoil system* 水翼. *ideological system* 思想体系. *image system* 映像系统,(风洞中的)假支架. *integrating system* 积分装置. *latched system* 密码系统. *LCR-system* 电感-电容-电阻振荡系统. *measuring* [*metering*] *system* 测量系统. *metric system* 米制. *parallel system* 并行(联)系统. *peripheral system* 绕(环)流. *phonovision system* 电视电话. *radio broadcasting system*
广播网. *radix system* 基数制. *railway system* 铁路网. *range system* 测距系统. *regular system* 等轴晶系. *scaling system* 计算图,设计图,定标系统. *second-order differential system* 二阶微分方程组. *selsyn system* 自动同步机. *solar system* 太阳系. *start-stop system* 起止〔启闭〕装置. *step-by-step automatic system* 步进自动制. *stereophonic sound system* 立体声系统. *STOL system* 短距起落系统. *switching system* 转接装置,开关系统. *system communication* 系统通讯. *system deviation* 系统(控制)偏差. *system ensemble* 综合系. *system error* 系统误差. *system initialization* 系统准备工作. *system interrogation* 系统询问. *system maker* 整机制造〔装配〕厂. *system measurement routine* 系统测量例(行)程(序). *system of coordinates* 坐标制〔系〕. *system of equations* 方程组. *system of forces* 力系. *system of government* 政体. *system of linear equations* 线性方程组. *system of nets* 网系〔组〕. *system of notation* 〔*numeration*〕记数法. *system of pipes* 管系. *system of rating* 定额制度. *system of solutions* 解组〔系〕. *system of units* 单位制〔系〕. *system sand* 回(旧,单一,老)砂. *system switching* 系统转换. *systems analysis* (利用计算机进行的)系统分析. *systems engineering* 〔总体〕工程. *telemechanic system* 遥控机械装置. *telemetering system* 遥测系统. *transfer system* 传递系统,传送(发送,转移)装置. *triaxial system* 三轴(压力试验)法. *vaned diffuser system* 导流片扩散系统. *VTOL system* 垂直起落系统. *wide-screen system* 宽屏幕电视系统. ▲ *with system* 有条有理地,有规则地,有秩序地.
systemat'ic(al) [sisti'mætik(əl)] *a.* ①(有)系统的,(有,成)体系的,有次序〔规则,组织〕的,整齐的 ②故意的,有计划的,非偶然的 ③惯常的 ④分类(上,学)的,散发的. *systematic distortion* 系统失真,基本畸变. *systematic error* 系统误差. *systematic investigation and study* 系统的调查研究. *systematic sampling* 系统抽样(法). ~ally *ad.*
systemat'ics [sisti'mætiks] *n.* 分类系统,分类学.
sys'tematize ['sistimətaiz] *vt.* ①(使)系统[列]化,体系化,组织化,使成体系,使有秩序,定次序 ②把…分类. **systematiza'tion** [sistimətai'zeiʃən] *n.*
systematol'ogy *n.* 系统(体系)论.
system'ic [sis'temik] *a.* 系统的,(影响)全身的,内吸的. *systemic bacteriology* 细菌分类学. *systemic distortion* 系统失真,基本畸变. *systemic error* 系统误差.
system'ics *n.* 系统化,分类学,内吸剂.
sys'temize ['sistimaiz] =systematize.
systemtheoret'ical *a.* 系统理论的.
systrophe *n.* 使叶绿素纹理集结成片的强光.
sys'tyle ['sistail] *a.* 两石间排柱式的,相邻二柱间净距等于柱直径的二倍的,柱间较狭的.
syzyget'ic [sizi'dʒetik] 或 **syzyg'ial** [si'zidʒiəl] *a.* 合冲的,对点的. *syzygetic curve* 合冲曲线.

syzygetic tetrad 合拼的拼四小组. *syzygetic triangle* 合冲三角形.

syz′ygy [′sizidʒi] (pl. *syz′ygies*) n. 【天】对点(合点及望点),合冲(线),朔望,衡.

szaboite n. 紫苏辉石.

T t

T [tiː] (pl. *T's* 或 *Ts*) n. ①T[丁]字形(物) ②三通管接头,T形接头 ③十八开本. *male T* 外螺纹三通管接头. *T square* 丁字尺. ▲*to a T* 丝毫不差地,恰恰好地,不折不扣地.

T = ①absolute temperature 绝对温度 ②single formex 单轨录音放音磁带 ③synthetic thermoplastic 合成热塑(性)塑料 ④Tee 三通管接头,T形接头 ⑤telemetering 无线电遥测 ⑥temperature 温度 ⑦tension 张力,拉力 ⑧tensor 张量(的) ⑨era 万亿,10^{12} ⑩throttle 节流(汽)阀 ⑪tight 过超量 ⑫ton 吨 ⑬tooth 或 teeth 齿 ⑭top 顶[上]部,最高[大]的 ⑮torque 转[扭]矩 ⑯total trim 总调整 ⑰transformer 变压(量)器 ⑱transmitter 送信器,发射机 ⑲Tuesday 星期二 ⑳twisting moment 扭矩.

t [tiː] (pl. *t's, ts*) n. ▲*cross one's t's* 划t字上的横线,一丝不苟,详述,讲清.

t = ①metric ton 公吨 ②ordinary temperature 常温,室温 ③tare 皮重,配衡体 ④target 靶,目(指)标 ⑤telephone 电话 ⑥temperature 温度 ⑦tempo 速度 ⑧tera 万亿,10^{12} ⑨test 试验,实验 ⑩thickness 厚度 ⑪time 时间,倍数,次 ⑫tome 卷,册 ⑬tooth thickness 齿厚 ⑭town 城镇 ⑮transit 运输,跃迁 越 ⑯transitive 传递的,过渡的 ⑰transport(ation) 运输,输送 ⑱triton 氚核 ⑲troy 金衡(制)(金、银、宝石的衡量).

T and G connection = tongue-and-groove connection 企口[舌槽]接合.

T and G joint = tongue-and-groove joint 企口接缝,舌槽接合.

T bay = terminal bay 通路架,终端架[盘].

TA = ①table of allowance 公(容)差表,修正量表 ②tangent angle 切角 ③tape advance 纸(磁)带超 ④前 target area 目标区域,靶区 ⑤technical assistance 技术援助 ⑥telegraphic address 电报挂号 ⑦test accessory 试验辅助设备.

Ta = tantalum 钽.

ta = test assignment 测试任务.

T&A = temperature and altitude 温度和高度.

TAA = Technical Assistance Administration 技术援助局.

taaffeite n. 铍镁晶石.

TAAM = testing air-to-air missile 试验性"空对空"导弹.

tab [tæb] I n. ①接头(片),薄片,链形物,供悬挂[手拉]用的小突出部 ②组件 ③窄带 ④(卡片)索查突舌,标记 ⑤(飞机)调整片,阻力板、小翼,翼片 ⑥附[记]录,帐目,号志. II *vt.* (*tabbed; tab′bing*) ①给…加上小突出部,装以薄片,(用锁具)固定 ②选出,指定 ③把…列表. *current connection tab* 导电接头. *end tab* 引弧[引出]板(点固在焊缝起端或末端件边缘上的工艺板). *flying tab* 飞行调整片. *getter tab* 消气剂托盘. *locating tab* 定位梢. *pick up the tab* 付帐,承担费用. *spring tab* 弹簧调整片. *tab assembly* 翼片安装[组合]. *tab test* 翼片[小板]试验. *trimming tab* 配平调整片,配平补翼. ▲*keep tabs* [a tab] *on* 记录,记…的帐,监视.

tab = ①table ②tablet ③tabloid ④tabulate ⑤tabulator.

tabaco′sis n. 烟尘肺,烟末沉着病.

tab′by [′tæbi] I n. ①粘土,砂和碎石混合料(即土质混凝土),灰砂,波纹绢 ②平纹. II *vt.* 使…起波纹,加上波纹. III *a.* 平纹的,起波纹的,有斑条的.

tab′byite n. 韧沥青.

Tabella′ria n. 平板藻属.

tabersonine n. 它波宁,水甘草碱.

tabetisol n. 不冻地.

ta′ble [′teibl] I n. ①桌子,(工作)台、架 ②平(石)板,平盘(面),(机器的)放料盘,(薄)片,牌子 ③表(格),图(项目)表,目录 ④高原,陆地[地]台、台(高)地,地球的,地块 ⑤【轧】辊道,(选矿)摇床 ⑥(地下水)面,(自由)水面,自由水位 ⑦餐食,伙食,肴馔 ⑧会议. II *v.* ①(把…)放在桌上 ②(木工)接接[合],榫接 ③把…制成表格,列表,造册 ④把…列入议事日程,提出(报告) ⑤搁置(议案). *antenna control table* 天线配电(控制)板. *approach table* 输入辊道. *back mill table* 轧机后辊道. *compile* (*draw up*) *a table* 制(造)表. *concentrating table* 精选床,淘汰盘. *conference table* 会议桌. *conveyor table* 运输机. *filter table* 平面过滤机. *flow table* 流水槽. *log* (*arithmic*) *table* 对数表. *periodic table* (元素)周期表. *prism table* 棱镜架[座]. *statistical table* 统计表. *table balance* 托盘天平. *table base* 工作台底座. *table companion microbes* 伴生微生物. *table feeder* 平板送(给)料机. *table joint* 嵌接. "*table look* (-) *up*" "一览表". *table of contents* 目录(次). *table planing machine* 龙门刨床. *table purpose food* 市面上的食品. *table shore* 低平海岸,平坦岸. *table tap* 台用插头(分接头). *table tennis* 乒乓球. *table tripod* (电影或电视摄机的)矮三角架. *table vibrator* 振动台,台式振动器. *table vice* (vise)台虎钳. *tabled fish plate* 凹凸接板,嵌接鱼尾板. *turn table* 转台(盘),回转台. *universal table* 万能工作台. *water table* 地下水位,潜水面. *wire tension table* 紧线台,绞车. ▲*lay on the table* 把…搁置下来(调查等). *lie on the* ta'bleau *table* 被搁置. *on* [*upon*] *the table* (摆)在桌(面)上,公开地,尽人皆知的,已成为公开讨论的事. *turn the table*(*s*) 扭转〔改变〕形势,转败为胜. *turn the tables on* [*upon*]对…转败为胜,从劣势转为优势,改变形势. *under the table* 秘密地,私下.

tab'leau ['tæblou] (pl. *tab'leaus* 或 *tab'leaux*)① (生动的,戏剧性)场面,局面 ②舞台造型 ③表. *tableau format* 表格结构,表的格式.

ta'blecloth n. 台[桌]布,桌布云.
ta'ble-cut a. (宝石)顶面切平的.
ta'ble-flap n. (折叠式桌面的)折板.
ta'ble-hinges n. 台铰.
ta'bleland n. 高原[地],台地,海台.
ta'ble-lookup instruc'tion 【计】查表指令.
ta'blemount n. 桌状山.
ta'blespoon n. 汤匙,大匙(16毫升),一汤匙容量.
ta'blespoonful n. 一汤匙容量.
tab'let ['tæblit] I n. ①(小)扁,药]片,片剂,小[压]块 ②小平板,图形输入板 ③牌 ④【建】笠石,顶层 ⑤便笺(拍纸,报告纸)簿. II (*tab'letted*; *tab'letting*) v. 把…压成片[块],制片[块]. *tablet*(*ting*) (*compressing, compression*) *machine* 和 *tablet*(*ting*) *press* 压片机,制药片机. *tablet*(*-arm*) *chair* (课堂用)扶手椅.
ta'ble-tennis n. 乒乓球(运动).
ta'bletop n. 桌面.
ta'ble-topped a. 顶上平的.
ta'ble-vice 或 ta'ble-vise n. 台虎钳.
tab'ling ['teiblin] n. ①(木工)嵌合[接] ②摇床[淘汰盘]选矿 ③制表,造册.
tab'lite ['tæblait] n. (钠)板石.
tab'loid ['tæbloid] I n. ①(小)药片,片剂 ②文摘,摘要 ③小报. II a. ①摘要的,简(短扼)要的 ②庸俗的,小报式的.
taboo [təˈbu:] a.; v. 禁止[忌]的;禁忌,禁止(用).
tab'o(u)ret ['tæbərit] n. 小凳子.
TABSTONE = target and background signal-to-noise evaluation 目标和背景信号噪声比的鉴定.
tab'ula ['tæbjulə] (pl. *tab'ulae*) 〔拉丁语〕 n. 牌,(书)板.
tab'ular ['tæbjulə] I a. ①平板(状)的,(扁)平的,薄层的,平坦的 ②台(状)的,桌状的 ③(图)表的,表格式的,表列的,列表的,按查检分计算的. II n. 表(格),表(列)值. *tabular computations* 表格计算. *tabular crystal* 片状晶体. *tabular data* 或 *data given in tabular form* 表列数据〔资料〕. *tabular difference* 表差. *tabular structure* 板状构造. *tabular surface* 平(坦)面. *tabular value* 表列值. ~ly ad.
tab'ulate ['tæbjuleit] I v. ①(把…)制成表,列(入)表(内),作表,用表格表示 ②使成平面[平板状] ③精简,概括,结算. II a. 平面的,(平)板状的,薄片构成的. *tabulated statistics* 把统计数字列表. *tabulated data* 表列数据. *tabulated quotation* 行情表. *tabulated value* 表列值. *tabulating machine* 制[列]表机.
tabula'tion [ˌtæbjuˈleiʃən] n. (制,造)列表,造册,结算. *tabulation of mixture* 混合料配合表. *tabulation of polynomials* 多项式数值的造表.
tab'ulator ['tæbjuleitə] n. ①制表机(仪),图表打字机,(打字机的)列表键 ②制表人[员].
T-abutment n. T形桥台.
TAC = ① tachometer 转速表 ② Tactical Air Command 战术空军司令部 ③ Technical Assistance Committee 技术援助委员会 ④ translator-assembler-compiler 翻译汇编译程序.
tac = tactical 战术的.
tac'amahac n. 塔柯胶.
TACAN 或 Tacan = tactical air navigation 战术空军导航系统,塔康无线电战术导航系统.
tach = tachometer.
tache n. ①斑(点),黑点,缺点,瑕疵 ②扣,钩,环.
tacheom'eter [tækiˈɔmitə] n. 准距仪,视距仪,测速仪,速度计.
tacheom'etry [tækiˈɔmitri] n. 视距学,视距测距术,测速测量法.
Ta'ching' [ˈtɑ:ˈtʃiŋ] n. 大庆. *Taching Oilfield* 大庆油田.
tachis'toscope n. 视速仪.
tacho- 〔词头〕速(度).
tacho-alternator n. 测速同步发电机.
tachodynamo = tachogenerator.
tach'ogen'erator ['tækəˈdʒenəreitə] n. 测(转)速发电机,转速表传感器.
tach'ogram n. 转速〔速度〕(记录)图.
tach'ograph ['tækəgrɑ:f] n. 自记速度〔转速〕计,转速记录仪,转速表,转速(记录)图,速记速图(器).
tachom'eter [tæˈkɔmitə] n. 转速表〔流速,速率,旋速,转数,速率计〕,转速[转数]计,记速[数]表,测速[旋杯式]流速仪,速度变换测计计,视距仪. *tachometer drive cable* 转速表(传动)软轴. *tachometer generator* 测速发电机,转数发生器. *tachometer signal* 测速信号.
tachomet'ric(al) a. 转速的. *tachometric(al) survey*(*ing*) 转速〔视距〕测量.
tachom'etry n. 转速〔视距〕测量〔定〕(法),流速测定法.
tach'omotor n. 测速电动机.
tach'oscope ['tækəskoup] n. (手提)转速计[表],有钟表机构的加法计算器.
tachy- 〔词头〕加(急)速.
tachycar'dia n. 心搏〔心动〕过速.
tachygen'esis n. 加速发生,简捷发生.
tach'ylite 或 tach'ylyte n. 玄武玻璃.
tachym'eter [tæˈkimitə] n. (快速测定距离、方位等用的)视距仪,速度计,绕件仪.
tachym'etry [tæˈkimitri] n. 视距法,准距快速测定术.
tachyon n. (理论上的)超光速粒子.
tachysei'smic a. 速测地震的.
tachysterol n. 速甾醇.
tac-invariant n. 互(互自,相)切不变式.
tac'it ['tæsit] a. ①缄默的 ②暗中的,不明说的,不言而喻的. *tacit agreement* 〔*understanding*〕默契. *tacit approval* 默认. *tacit consent* 默许.
tac'itron ['tæsitrɔn] n. 曝声闸流管.
tack [tæk] I n. ①(小,撒)钉,平头钉〔钎〕②粘性 ③航向,方针,行动步骤 ④方法,策略 ⑤附加条款 ⑥(船上用语)食物〔品〕⑦Z字形移动 ⑧点焊焊缝. II v. ①(用平头钉等)钉住,系〔绑〕住,拼接,定位(搭)焊,临时点焊,缝合(on) ②增〔附,添〕加 ③(突然)改变方针(政策,行动步骤) ④(使)抢风改变航向 ⑤Z字形地移动. *brass tacks* 要点,本题. *canvas tack* 帆布输送带钉卡箍. *tack board* (软木制)布告板. *tack claw* 平头钉拔除器,钉爪. *tack coat (of priming)* (沥青)粘层,粘结层. *tack driver* 平头钉(自动)敲打机. *tack hammer* 平头钉锤. *tack line* 粘结线. *tack weld(ing)* 平头焊接,定位[点固]焊. *tack(ing) rivet* (临时用)结合[定位,平头]铆钉. *thumb tack* 图钉. ▲ *be on the right* [*wrong*] *tack* 方针正确[错误]. *come* [*get*] *down to brass tacks* 讨论实质[重要]问题,谈要点,转入本题,认真开始. *tack about* 抢风转变航向. *try another tack* 改变方针.

tack′bolt n. 装配螺栓.
tack′er n. 定位搭焊工.
tack′-free a. 不刷落的,不粘手的.
tack′-hammer n. 平头钉锤.
tack′ifier n. 增粘(粘着,胶合)剂.
tack′iness [′tækinis] n. 粘性,胶粘性.
tack′ing n. 定位焊[铆],紧钉;变换航向.
tack′le [′tækl] Ⅰ n. ①(pl.)滑车(组),复滑车,滑轮组,辘轳,神仙葫芦 ②用(索)具,绳索,装置[器]械. Ⅱ v. ①用滑车固定,用滑车拉上来,绞辘,装滑车,装辘轳 ②抓(捕,捉)住 ③(着手)处理,从事,对付,解决. *a difficult problem* 对付难题. *tackle a task* 着手进行一项任务. *tackle the work* (着手)做工作. *a differential tackle* 差动滑车. *block and tackle* 和 *tackle and block* 滑轮[车]组. *hoisting tackle* 起重滑车,辘轳. *tackle block* 和 *tackle-block*. *tackle burton* 辘轳,复滑车. *top tackle* 吊挂卫板. ▲ *tackle M* (*about N*) (为 N)安(装)N 于 M 打交道.
tack′le-block n. 滑车(轮)组,起重滑车.
tack′le-fall n. 复滑车的通索.
tack′meter n. 粘性计.
tack-sharp a. 非常清晰的,轮廓分明的.
tack-tacky a. 粘的.
tack′-weld v. 点[平头,定位,点固]焊.
tack′y [′tæki] a. 发粘的,胶粘的,(胶,漆)未干的.
tack′y-dry n. 干后粘性.
tac-locus n. 互[互自]切点轨迹.
TACMAR 或 **tac MAR** =tactical multifunction array radar 战术多性能排列雷达,战术多功能天线阵雷达.
tac′node n. 互[互自]切点.
Taco′ma [tə′koumə] n. (美国)塔科马港.
tac′onite n. 铁燧岩,铁炭岩.
tac-point n. 互[互自]切点.
tact [tækt] n. ①触觉 ②机智,老练,圆滑 ③间歇(式)自动加工线,生产节拍机. *tact system* 流水作业(线). *tact timing* 生产节拍时间的计算,生产流程定时. ～ful a. ～fully ad.
tac′tic [′tæktik] Ⅰ a. ①有秩序的,触觉的 ②顺序的,排列的,规则的 ③有规结构的. Ⅱ n. 战术,策略. *tactic polymer* 有规(立构)聚合物,立体异构聚合物.
tac′tical [′tæktikəl] a. ①战术(上)的,作战的 ②策略(上)的,妙计的 ③立体规整的. *tactical defensive* 战术防御. *tactical diameter* 回转圆直径,战术旋回直径. *tactical exercise* 战术演习. *tactical radius* 战斗半径. *tactical range* 战斗航程. *tactical unit* 作战(空中支援)部队,战术单位. ～ly ad.

tacti′cian n. 战术家,兵法家,策略家.
tactic′ity n. 构形(立构)规正度,立构规整性,有规度.
tac′tics [′tæktiks] n. ①(用作单数)战术,兵法 ②策略,手法. *grand* [*major*] *tactics* 大兵团(作)战术.
tac′tile [′tæktail] a. (有)触觉的,能触知的. *tactile impression* 触感. *tactile sense* 触觉. **tactil′ity** [tæk′tiliti] n.
tactocatalyt′ic a. 胶聚催化的.
tac′toid n. 胶液(平行,局部)取向胶,类晶团聚体.
tactom′eter [tæk′tɔmitə] n. 触觉测验[量]器,触觉计.
tac′tophase n. 胶体聚结相.
tac′tosol n. 凝聚溶胶,溶胶团聚体.
tac′tron [′tæktrɔn] n. 冷阴极充气管.
tac′tual [′tæktjuəl] a. 触觉的. ～ly ad.
TAD =①target activation date ②target area designation 目标地域编号 ③technical acceptance date 技术验收日期.
tad =top assembly drawing 顶部装配图.
tael [teil] n. 两(衡量单位).
Tae′nia n. 绦虫属.
taeni′asis n. 绦虫病.
taeniform a. 绦虫状的,带状的.
tae′nite [′ti:nait] n. 镍纹石,天然铁镍合金(镍25%,其余铁).
TAF =Tactical Air Force 战术空军.
taf′farel 或 **taf′ferel** [′tæfərəl] 或 **taff′rail** [′tæfreil] n. 船尾上部,腕栏杆. *taffrail log* 拖曳式计程仪.
TAFG =two-axis free gyro 二自由度陀螺仪.
tafrogeny 或 **tafrogen′esis** n. 地裂运动.
tag [tæg] Ⅰ n. ①标签[志],签条,耳标 ②【计】标记,特征(位),标识符 ③卡片 ④(金属)薄片,垂下物,销钉,舌簧,簧片 ⑤电缆终端[接头] ⑥辅助信息(用作辅助信号的信息,地址). Ⅱ v. ①加标签于,装金属籤,附签条,附,添加 ②(用同位素)标记 ③紧[尾]随 ④连接,结合,使合并(together),把…并入(to,on,to). *connecting tag* 连接销. *contact tag* 接触金属籤,触针,接片. *dog tag* 识别标志. *garment tag* 外表特征. *isotopically tagged* 同位素示踪[标记]的. *parts tag* 零件标签. *shipping tag* 货运标签. *tag card* 特征卡片. *tag end* 终点,末尾[端](pl.)零星杂乱的东西. *tag marker* 特征打印机. *tag marking* 特征记号. *tagged atom* 示踪[标记]原子.
TAG =①technical assistance group 技术援助组 ②time arrive guarantee.
tag′atose n. 塔格糖.
tageton n. 万寿菊瑙.
tag′ger [′tægə] n. ①追随者,附加物 ②装籤的人,加标签的人 ③(pl.)极薄的铁皮. *tagger plate* 极薄(厚度在 0.18 mm 以下)镀锡薄钢板.
tag′ging n. ①(拉拔前管材端头的)锻尖,(棒材或钢丝端头的)轧尖,磨尖,(放射性同位素)标记,特征.
tag-line method 牵线法.
tagulaway n. 萨布香脂.
tai′ga n. 泰加群赛,寒温带针叶林.

tail [teil] I n. ①尾(状物),末尾部分,(曲线,曝辉体)尾部 ②(色谱)拖尾,后[底]部,较弱的部分 ③末端,结尾 ④尾翼[面],彗(星)尾,流星尾 ④(电子管)引线,尾丝 ⑤尾随脉冲,脉冲后的尖头信号,跟在主脉冲后的同一极性的窄脉冲 ⑥(pl.)尾矿[渣],砂,水],瓦当,(砖,瓦)外露[嵌入]部分 ⑦长队[列],随从 ⑧钱币背面. II v. ①位于…后部[末端] ②给…装尾,添连],搭,连],上,上标签[耳标],(把…)嵌入[使嵌住[搭牢],使尾部连接(on, on to) ③尾部操纵 ④尾随,紧跟,排在…后面,跟踪,监视(after, behind) ⑤排成队. III a. 尾(后)部的,后面来的. *butterfly tail* 蝶形[V型]尾部. *comet tail* 彗星尾状残渣. *concentrate cyanidation tails* 精矿氰化尾矿[残渣]. *exponential tail* 指数(曲线)尾. *high-energy tail* 高能端. *pig tail* 抽头,引线,引[输]出端. *tail bay* 下游闸段,最后节[开]间,尾水池. *tail beam* [joist,梁]尾梁,末端弔梁. *tail block* 末端滑车. *tail core print* 榫尾芯头. *tail cup* 尾罩[帽]. *tail dive* [drop]尾坠. *tail end* 末端[尾],结尾部,结束时期. *tail fin* 直尾翼,垂直安定面. *tail fraction* 尾馏份. *tail gate* 船闸下游的下门,尾门. *tail gate spreader (of truck)* (汽车)尾部挡板式石屑撒布器. *tail lamp*[light]尾(后)灯. *tail pipe* (排气)尾管,(泵)吸管. *tail plane* 横尾翼,水平安定面. *tail print* 芯头扩展到分型面的燕尾榫式芯头. *tail pulley* 导轮. *tail scale* 两钢板之间(或端部)的鳞片状氧化皮缺陷. *tail slide* [slip]尾部滑苔. *tail stock* 尾座,顶尖座,尾架. *tail trimmer* 短横梁. *tail wall* T形墙基凸部. *tail wind* 顺风. *tails of resonance* 共振翼. *tapered tail* 收敛尾部. *union tail* 连接尾管. ▲*tail away* [off]曳尾,渐变少,缩小.

tail'(-)board n. (装货车辆等的)尾板,后挡[拦,箱]板.

tail' cone ['teilkoun] n. 尾(部整流)锥,尾锥体.

tail-down a.; ad. 尾(部)(机尾)朝下(的).

tail'-end' I n. 尾[末]端,后[尾]部. II a. 最后的,终结的.

tail' fiber n. 尾丝.

tail' gate n. 尾板,后挡板,(机车等装备的)尾门[后门],船闸下游尾门.

tail' heaviness n. 后重心.

tail'-hood n. 尾盖.

tail-hook n. 尾钩.

tail'ing ['teiliŋ] n. ①波形拉长,延长失真的符号,衰减尾部,拖尾 ②尾部操纵,跟踪 ③(砖石墙内)嵌入部分,砖墙挑出物[石屑[渣],渣滓,压注制品尾剩饲料,蒸馏残物,蒸馏残余物. *fish tailing* (飞机的)摆尾. *mill tailings* 生产尾矿[残渣]. *screen tailings* 筛余物,筛屑.

tail'less a. 无尾(翼)的,没有机尾[尾部]的.

tail'off n. 尾推力中止,尾流.

tai'lor ['teilə] I n. 裁缝,缝纫成衣]工. II v. ①缝制,裁剪(装),修整[琢](造) ②加工,处理,制造(作). ▲*tailor … to …* 使…适合[满足]…(的要求,需要,条件等). *tailor … to fit …* 使…适合[满足]….

tai'lored a. 简(单)明(了)的,简洁的,特(定)制的.

tailor-made a. ①定做的,特制的,专用的 ②合适的,

恰到好处的.

tail-out period 收尾时期.

tail' over n. 筛渣,筛除物.

tail' piece n. 尾翼,尾管,(尾部)附属物,尾端件,接线头,半端梁,(书籍章节末尾的)补白图饰,章尾装饰.

tail' pipe n. 尾喷管,排气(尾)管,尾管,(泵)吸管.

tail' plane n. 水平安定面,(水平)尾翼.

tail' pond n. 尾水.

tail' race n. ①水电站尾水渠,退[泄,放]水渠 ②尾矿管(沟),排(矿)渣渠.

tail-sharpening inductor 后沿锐化线圈.

tail'-skid ['teilskid] n. 尾撬.

tail' spin n. ①尾(螺)旋,失去控制 ②混乱,困境. *plunge* [*send*] *… into a tailspin* 把…搞得一团糟.

tail'-stock ['teilstɔk] n. 尾架[座],(后)顶尖[针]座,滑轮活轴,托柄尾部.

tail' water n. 下游水,尾水(位),顺水,废水. *tailwater channel* 尾水渠.

tail' wind n. 尾[顺]风.

taint [teint] I v. 弄脏,污(沾)染,感(传)染,(使)腐败. II n. ①污点,污染,腐败,气味 ②一点点. *be tainted with prejudices* 受偏见的影响.

taint'less a. 无污染的.

Tainton method 高电流密度锌电解法.

Tai'ping ['taipiŋ] a. 太平天国的,太平军的.

Tai'wan' ['taiwa:n] n. 台湾(省).

taka-diastase n. 高峰淀粉酶.

take [teik] I (*took, ta'ken*) v. ①拿,取,抓(住),带(领),量(读)出,记[摘]录(下),描划,拍摄 ②采[利,使,占,分]用,用,采取,需用],(花)费 ③承担,接受,收(容),容纳,获(取)得,(订[购]购),(预)定 ④假定,推断,认[以]为,理解,领会,受欢迎 ⑤产生,引起 ⑥(齿轮)啮合 ⑦处理,对待,负(起)责任 ⑧学习 ⑨奏效,起作用 ⑨凝固[结],结冰,封冻 ⑩做(一次)动作,乘,坐 ⑪以…为例. *take a bus* 乘公共汽车. *take a rest* 休息一下. *take a short cut* 抄近路. *take an interest in* 对…发生兴趣. *take bearings* 定方位. *take off the slag* 出渣. *take steps* [*action*]采取步骤[行动]. *take five from nine* 九减五. *take the blame* 承担差错. *take (the) first place* 居首位,得第一. *take the socialist road* 走社会主义道路. *take these things back* [*in, on your back, to him, up, upstairs*]把这些东西拿回[这人进去,背在你背上,带给他,拾起来,拿上楼去]. *Steel foundries take in power at 11 kv.* 铸铁厂引入(的是)电压为11千伏的电力. *Take readings every ten minutes.* 每隔十分钟取一次读数. *Take 4000 observations in 8 hours.* 八小时内进行四千次观测. *Let us take a more detailed look at these examples.* 让我们来更详细地看看这些例子. *It takes a lot of doing.* 这要花很大气力. *It took us two days to take that machine to pieces.* 把那台机器完全拆开花了我们两天时间. *Naphtha takes out spots of oil.* 挥发油能去油渍. *Take the problems one by one.* 把问题逐个地研究[处理]. *It is its coating that takes the wear.* (是)它的表面涂层(来)承担磨损(的). *The melting point of ice is* taken as O degrees. 冰的溶点被定作(摄氏)零度. The current is taken to flow from positive to negative. 电流被认为是从正流到负. I take it you are wrong. 我以为你错了. It takes after a new pattern. 它是仿照某种新型式. This fashion does not take. 这式样不流行. ▲can [be able to] take it 能经受得住. take a critical view of 批判地看待. take a step 采取措施,准备,着手进行. take a turn (有)转变. take account of 考虑(到),注意(到),计及. take advantage of 利用,运用,趁..(便). take after 仿效,像,学..的样. take against 反对,不喜欢. take amiss 见怪. take apart (可)分 [拆]开,拆卸,剖析. take ... as ... 取...作为..,把...看作... take away 拿开[去],减去,消除,剥夺. take back 撤[收,取,拿]回,使回想. take care 当心. take care of 注意,看[照]管,维护,对付. take care to + inf. 一定,务必,注意. take charge 掌管,不再受控制. take charge of 担任,负责. take cold 感冒. take down 取[卸,扯]下[记]下,(能被)拆卸,拆毁,降低,压下. take effect 奏效,起作用,(被)实施[行]. take ... for 认为..以为..,(误)认为..,认作. take ... for example 以..为例. take for granted 认为..是理所当然[不成问题,一定会发生]. take harbour 避入港湾. take hold of 抓住,制服,利用. take in 收进,接[装]入,接[吸]收,接受,包括含有..,一眼(全)看到,注意到,观看了,了解,领会,考虑,卷起,缩小,订(购),欺骗. take into account [consideration] 考虑(到),注意(到),计及. take it (that) 认为,以为,相信. take measure of 测定. take measures 采取措施,设法. take note of 注意,留心. take notes 记笔记. take notice of 注意,留心. take occasion to + inf. 抓住机会,乘机. take off 拿开[去],带走,牵引,移送,去掉,剥去(皮),取消[下],免除,减去[弱],复制,仿造,起飞,(经济)飞跃,弹起,岔开,(从..)产生,(以..)作为出发点(from). take office 就职. take on 采取,承接,雇用,担任,雕(用),呈现(特征),流行. take on trust 因别人提供证明而相信. take one's leave 告辞. take out 取[搞]出,断开,除去,扣除,领(取)得,出发,起始. take...out of ... 从..中取出[除去]... take over 把..接过来,接收[管],代取,占优势,盛行起来. take pains 尽[努]力. take part in 参与,参加. take part with 与..合作,协助. take place 发生,举行. take shape 成[现]形,形成,表现. take steps to + inf. 采取措施,设法,着手进行. take a bearing 取[定]向,测角. take (the) advantage of 利用,运用. take the altitude 确定标高,定高度. take the initiative 发起,首创. take the place of 代替,取代. take the shape of 取(呈)..的形状. take the size of 量..的尺寸. take things light [lightly] 不在乎. take time 接(引)到,开始(从事),养成..的习惯,喜欢,走向. take to pieces 分解,拆开. take turns 轮流. take up 拾[取]起(来),吸收,溶解,占(去,据),费(时间),提出,承装,装载,承接,接纳[受],消除,继续,开始,从事,照顾,处理,学习,研究,付清,承兑,计,使牢固,拉(张,系,绷,扣)

紧,清除间隙,收缩,(天气)好转. take up with 采用,信奉,忍受,和..相交,对..发生兴趣,致力于. take upon [on] oneself 承担.

I n. ①取,拿 ②所取之量,捕获量,收入 ③已[待]拍摄之景,所取动的电影(电视)镜头 ④录音,一次录的音 ⑤反应. down take 下导气管,下降管,下降烟道.

take'away a. 外卖的,拿走的.

take'-down' ['teik'daun] a.; n. 拆卸,可拆卸的(部件),取[记]下,移去,扫尾. take-down time 拆卸[手工操作]时间.

take-hold pressure 维持[稳定前级]压强.

take-home (pay) (扣除损税等)实得的工资.

ta'ken ['teikən] take的过去分词. ▲taken all in all 总的来说,从全体上看来. taken altogether 从全体上看来,总之. taken broadly 广义地说. taken one with another 总的看来. taken together 总计.

take'-off' ['teik'ɔːf] n. ①取出[走],卸掉,移[除,离]去,移出,移送,牵引,分出 ②出发(点),起飞,发射 ③检波,伴音抑制 ④输出(轴),功率输出端 ⑤估计[量] ⑥放水沟 ⑦缺点,摹仿. cross wind take-off 侧风起飞. running take-off 滑跑起飞. speedometer take-off 里程[速度]表传动轴. take-off pipe 放水管. vacuum take-off 真空输出口.

take'-out n. 取出的东西[数量],自动取出装置,抽[露]头. a. 外卖的.

take'-over n. 接收[管,任,通],验收.

ta'ker ['teikə] n. 取者,接受者,捕获者,收账员,提取[取款]器.

take'-up' ['teik'ʌp] n. ①拉(引)紧,卷(片,带),缠绕 ②松紧[拉紧,张紧,提升,卷片,收线,卷取]装置 ③收缩,调整,吸水. take-up reel 接收(卷带,卷线)盘,取出卷轴. take up reel table 卷带(轮)盘. take-up spool 卷片口[带]轴.

ta'king ['teikiŋ] I n. ①取[获]得,取样[出] ②摄影,拍照 ③(pl.)所得,收入,利息,捕获(物). II a. ①动人的,吸引的 ②传染性的. taking angle 物镜视角. taking lens 取像透镜,拍摄镜头. taking of pattern 造型,制图. taking primaries 摄像三原[基]色. ▲taking all things together 整个说来,总起来说,总而言之,一般说来. taking one (thing) with another 总的看来,大概,平均计算. ~ly ad.

taking-off n. 除去,取下,升势,放线.

takktron n. 辉光放电高压整流器.

taktonite = tectonite.

tak'tron n. 冷阴极充气二极管.

TALBE 或 talbe = talk and listen beacon (equipment)(用甚高频连续波救援海上遇险飞机的无线电应答装置,同答信标(小型导航)设备.

Talbot n. 塔(耳波特)(MKS 制光能单位,=流明-秒).

Talbot's formula 塔耳波特公式(计算涵洞等出水口面积用).

talbotype n. 塔耳波特型.

talc [tælk] I n. 滑石(粉),(矽石用)云母. II (talc(k)ed, talc(k)ing) vt. 用滑石粉处理. talc powder 滑石[爽身]粉. tyre talc 胎粉.

tal'cite ['tælsait] n. 滑块石,变白云母.

talck'y ['tælki] 或 tal'cose ['tælkous] 或 tal'cous a.

(含)滑石的.

talcosis *n.* 滑石沉着病,滑石肺.

tal'cum ['tælkəm] *n.* 滑石. *talcum powder* 滑石粉.

tale [teil] *n.* ①故事,传说[闻] ②报告,记述 ③流言蜚语,谎言 ④数(量),总数,合计. ▲*a twice-told tale* 尽人皆知的事. *tell its own tale* 不言而喻,显而易见. *That tells a tale.* 这很说明问题. *Thereby hangs a tale.* 其中大有文章.

tal'ent ['tælənt] *n.* ①才[技]能,才干 ②有才能的人,人才.

tal'ented *a.* 有才能的,多才的.

tal'entless *a.* 无能的.

ta'li ['teilai] *talus* 的复数.

Talide *n.* 碳化钨硬质合金.

Ta'lian ['tɑ:ljen] *n.* 大连.

talik *n.* (多年冻土上的)融区.

tal'isman ['tælizmən] *n.* 护符,法宝. ~ic(al) *a.*

talk [tɔ:k] *v.*, *n.* ①说[谈,讲]话,商量,交谈, (pl.)会谈 ②(用信号等)通讯[话],对话 ③说,讲 ④演讲,报告,讲课 ⑤谣传 ⑥滑石. *cross talk* 串[合]话,串音耦合,交渠效应,交调失真. *talk back* 工作联络电话,对讲机(一种防止噪声的设备). *talk by radio signals* 用无线电信号通讯. *talk channel* 通话电路[信道]. *talk key* 通话电键. *talk over the telephone* 在电话里谈话. ▲*have a talk with* 和…谈话[商量]. *talk a matter over with*…同…商谈事情. *talk about* [*of, on*]谈论,论及. *talk all over* 彻底地[全面地]谈. *talk at* 影射. *talk away* 说着话消磨(时间),不断地谈. *talk back* 反驳,回嘴. *talk business*[*shop*]谈正经事[讲本行的话]. *talk (cold) turkey* 讨论基本问题,正正经经讨论. *talk* …*down* 把…说服,驳倒…,通过无线电通讯指挥…降落. *talk from the point* 离题,话越轨. *talk* …*into* ＋*ing* 说服…去(干…). *talk out* 尽量谈,谈到彻底消除(分歧). *talk* … *out of* …说得…放弃(停止). *talk over* 商量[议],讨论,说服. *talk with* …和…商谈. *talk round* 转弯抹角地讲,兜圈子谈. *talk to* 谈话,说服,申斥. *talk to oneself* 自言自语. *talk together* 商量,谈判. *talk up* 大声[胆]讲,明白地讲. *talk with* 与…交谈[讨论],试图说服.

talk'ative ['tɔ:kətiv] *a.* 爱讲话的,健谈的. ~ly *ad.* ~ness *n.*

talk-back circuit 联络[回话,内部对讲电话操作通讯]电路.

talk-down *n.* 通知[指导](飞机)降落.

talk'er ['tɔ:kə] *n.* ①谈话者,电话[扩音器]传令人员 ②有声电影,扬声器. *talker key* 通话电键.

talk'ie ['tɔ:ki] *n.* 有声电影[影片]. *walkie talkie* 步谈机.

talk'ing ['tɔ:kiŋ] *a.*; *n.* 讲话(的),(谈)说话(的),话,讨论. *talking book*(盲人用)书刊录音唱片. *talking film*[*picture*]有声电影. *talking machine* 唱机,留声机. *talking point* 话题,论据. *talking radio beacon* 音响无线电信标. *talking sign* 通话联络信号.

talk-listen button 通话按钮.

tall [tɔ:l] *a.* ①高(大)的 ②夸大的,过分的,难办的,难以相信的 ③非常的,格外的 ④巨大的. *a tall or-*

der 无理的要求,难办的事. *tall oil* ＝ *tallol*. *tall price* 高价. *tall slender column* 高细长柱.

tall'ish *a.* 稍高的.

tall'ness *n.* 高(度).

tallol *n.* 妥尔油.

tal'low ['tælou] Ⅰ *n.* 牛(油,动物)脂. Ⅱ *v.* 涂动物脂,使肥. *tallow candle* 蜡烛. *tallow compound* 调配牛油(固体润滑剂). *tallow rendering* 炼脂,脂肪熔炼. *tallow wet rendering* 湿炼油法.

tall'owy ['tæloui] *a.* 脂肪(质)的,油腻的,油脂色的.

tal'ly ['tæli] Ⅰ *n.* ①(竹,木,纸,金属)签,标签,耳标,筹(码),牌子,名牌,标记牌 ②手执计数器,计数板 ③(街和验合用的)符契,对契约两本条之一,验合用的凭据,复制品,副本 ④符(吻)合 ⑤运(计,结)算,总计,计(点)数,对账,现货 ⑥记数器,单位数,计算单位(打,二十,一百等)⑦合箱泥号,骑缝号. Ⅰ *v.* ①计(运,结)算,(计,点)数,清点 ②记录(记,分)③加标签[记]于,打号识别 ④(使)符(吻,适)合. *keep a daily tally of the water-level fluctuations* 记录每天水位变化情况. *buy goods by the tally* 按计数(或百数等)购买货物. *hand tally* (手摇)计数器. *tally circuit* 演播指挥用信号灯电路. *tally clicker*[*register*]计数器. *tally mark* 活块上的记号. *tally order* (作)总结指令,结算指令. *tally sheet* 计数单[纸],理货单. *tally system*[*trade*]赊卖. ▲*buy on*[*upon*] *tally* 赊购. *tally down* 减一. *tally up* 总结,加一;刻于签牌上,(使)符合. *tally with* 符合.

tal'lyman ['tælimən] *n.* 推销[点筹]员,记账[理货]员,管筹人.

Tallyrondo *n.* 棱圆度自查仪.

Talmi gold 镀金黄铜(铜 80～90%,锌 9～12%,锡(或金)0～1%).

talomethylose *n.* 塔罗甲基糖,6-脱氧塔罗糖.

tal'on ['tælən] *n.* ①(鹰)爪,爪状物,爪饰,爪形条纹 ②手(指)③(用钥匙顶住以推动锁栓的)螺栓肩.

Talos *n.* (美国)黄铜骑士舰对空导弹.

talose *n.* 塔罗糖.

ta'lus ['teiləs] (pl. *ta'li*) *n.* ①废料,山麓碎石[屑]堆,塌磊,山麓碎岩,悬崖下的崩塌岩堆,倒石堆,坝脚抛石,岩(屑)堆 ②【建】斜面. *talus cone* 岩锥. *talus glacier* 岩屑流. *talus slope* 岩堆坡.

talweg *n.* 河流深水线,溪谷,最深谷底线.

Talysurf *n.* 粗糙度自查仪,轮廓仪,表面光(粗)度仪.

TAM ＝ ①tactical air missile 战术航空导弹,战术航空火箭弹 ②technical ammunition.

Tam alloy 塔姆铁钛合金(钛 15～21%,其余铁).

TAMA ＝ technical assistance and manufacturing agreement 技术援助和制造协定.

tamaid *n.* 塔梅特.

Tamanori *n.* (商品名)粘合剂.

tam'arack ['tæməræk] *n.* (美洲)落叶松(木材).

tam'arisk *n.* 柽柳(一种耐旱植物或固砂植物).

Tamatave [tæmə'tɑ:v] *n.* 塔马塔夫(马尔加什港口).

tambourine' [tæmbə'ri:n] *n.* 铃(子)鼓.

tam'my ['tæmi] *n.* (格,布)筛,滤汁布.

tamp [tæmp] Ⅰ *vt.* ①夯实,捣固(实),填实(down),敲打 ②(用粘土等)填[捣]塞. Ⅰ *n.* 捣棒,夯(具). *tamped backfill* 夯实回填土. *tamped concrete* 捣

实混凝土. tamped finish 夯实整修面. ▲tamp in 揭〔堵〕起. tamp… into… 把…填〔揭〕进进…

tamp'er ['tæmpə] Ⅰ n. ①夯(具,锤,板),打夯机,碾,揭棒,砂杵,填塞〔装填,填筑〕工具 ②(中子)反射器〔剂〕,反射层 ③屏,护持器〔物〕 ④填〔揭〕实者,装炮工. Ⅰ v. ①夯实,揭固〔塞〕②干预〔扰〕,窜改,瞎搞(with) ③损害,削弱. sheep-foot tamper 羊脚揭路机. tie tamper 枕木揭固器.

tampicin n. 牵牛树脂.

Tampico [tæm'pi:kou] n. 坦皮科(墨西哥港口). Tampico brush 坦皮科抛光刷.

tamp'ing ['tæmpiŋ] n. 夯实,揭固〔实,筑,塞〕,装填,填塞(物,料),(填塞)水泥,压型,填压法. automatic tamping 自动压型. tamping bar 揭棒,夯桩,碾道棍. tamping drum 辗压滚筒. tamping hammer 揭锤. tamping iron 铁夯. tamping machine 打夯机,碾道机,成(压)型机. tamping plug (硬)炮泥. tamping roller 夯击式压路机. tamping stick 炮棍,装药棒.

tamp'ing-lev'elling fin'isher (混凝土)整平揭固机. tamp'ing-type roll'er 夯击式压路机.

tam'pion ['tæmpiən] n. 塞子,炮口塞.

tam'pon ['tæmpən] n. 塞(子).

tampon-holder n. 持塞器.

Tamtam n. 塔姆塔姆锡青铜(铜78%,锡22%).

tan [tæn] Ⅰ n. ①鞣料(渣,树皮),鞣酸皮(渣)②晒黑的皮肤 ③棕黄〔褐〕色(的). Ⅰ (tanned; tan'ning) v. ①鞣(制成)革,硝(皮)②晒红〔黑〕,晒成褐色 ③变柔软. tanned jute 精制黄麻. tanning matter 鞣料,丹宁物质.

tan [tæn] (汉语) n. 担(重量单位,＝50kg).

tan ＝①tandem ②tangent 正切,切线. tan δ 介质损耗角正切. tan δ meter 损耗角测试仪,介质损耗测量器.

Tanalith n. 一种木材防腐剂.

Tananarive [ta:na:na:'ri:v] n. 塔那那利佛(马尔加什首都).

tanball n. 球状鞣料渣.

tan'dem ['tændəm] Ⅰ a.; ad. 级联(的),串联,串(纵)列的,一前一后排列的,前后直排[排列]的,单轴的,直通联接,串级连接,串列布置,纵列式. Ⅰ n. ①两个[两个以上]前后排列同时使用(协调动作)的一组事物 ②双轴 ③串联压路机,双座自行车,串列马车,串翼型飞机. Chalk River tandem 巧克河串列静电加速器. cold tandem mill 连续冷轧机. mechanical tandem 自动串接. 3 stand tandem mill 三机座串列式轧机. tandem axle 串列轮轴,双轴. tandem board 汇接台. tandem boost 轴向(串联)助推器. tandem capacitor 双组定片(双定子)电容器. tandem center 中立旁通(在中立位置上,油缸口关闭,油泵卸荷,控制阀即可串联连接). tandem cylinder 串列式汽缸. tandem dies 复式(薄壁阶梯圆筒容器)拉深模. tandem knife switch 串刀刃开关. Tandem metal 坦德姆锡青铜(铜78%,锡22%). tandem mixer 联列式(混凝土)搅拌机,复式拌和机. tandem queques(车辆等)多行排列. tandem roller 串联式(双轮)压路机. tandem screed 串列样板. tandem selection 转接(中继,单项,纵列)选择. tandem sequence 串联多弧焊. tandem turbine 串级式(串联复式)透平机,串联式汽轮机. tandem wheels 串联(双轴)车轮,二车 two color tandem system 双色串列式(印刷)法. ▲in tandem 一前一后地,相互合作地,协力地. in tandem with 同…串联(一前一后排列),前后纵列),与…合作.

tandem-bowl scraper 串联斗铲运机.

tandem-drive n. 串联(双轴)驱动.

tandem-joined a. 成串配置的.

tandem-powered a. 串联发动机的.

tang [tæŋ] Ⅰ n. ①(刀、锉等插入柄中的部分)柄脚,柄舌,扁脚 ②特殊气味 ③(异味,烈性气味 ④强(浓)烈的气味,气息 ⑤特性,意味 ⑥哼的一声. Ⅰ v. ①在(刀、锉)上做柄脚 ②使具有气味 ③(使)发出哼的一声.

Tanga ['tæŋgə] n. 坦噶(坦桑尼亚港口).

tan'gency ['tændʒənsi] n. 相切,(在一点上)接触,接近,邻接.

tan'gensoid n. 正切曲线.

tan'gent ['tændʒənt] Ⅰ n. ①切线,正切 ②正切尺 ③直路(线),(铁路,道路的)直线区间. Ⅰ a. ①切线的,(相,正)切的 ②离题的,脱离原来途径的. arc tangent 反正切. loss tangent 损耗角正切(值). tangent circles 相切圆. tangent distance 切距. tangent galvanometer 正切电流计. tangent line 切线. tangent offset 切线支(垂)距. tangent plane 切面. tangent points of the curve 曲线起迄点. tangent remarks 离题的话. tangent runout 切线(超高)延伸段. tangent scale 正切尺. tangent screw 微调(微调)螺旋. ▲fly [go] off at a tangent 沿切线方向飞出,越出常轨,出人意外,突然改变原来途径. tangent to …的切线.

tangent-drop method 掠滴法.

tangent-even circuit 偶切围道.

tangen'tial [tæn'dʒenʃəl] a. ①切线(面)的,子午的,切(弦)向的,相(正)切的,沿切线的 ②离(开正题)的,扯得很远的 ③肤浅的,略为触及的. tangential acceleration 切线(向)加速度. tangential brush 切向配置电刷. tangential chaser 切向螺纹梳刀. tangential comment 离开本题的议论. tangential connection of curves 曲线的共切点连接. tangential equation 切线方程. tangential focus 正切焦点. tangential force 切向力. tangential path(曲线间的)直(共切)线段. tangential point of a cubic 三次曲线的切线割点. tangential screw 切向螺旋. tangential spoke 切线轮辐. tangential strain 切(向)应变. ▲tangential to …相切.

tangen'tially ad. 成切线.

tangent-odd circuit 奇切围道.

tangerine' [,tændʒə'ri:n] n. (红,柑)桔,桔红色.

tangeritin n. 柑桔黄酮,4,5,6,7,8-五甲氧黄酮.

tangibil'ity [,tændʒi'biliti] n. 可触知性,确实,明白.

tan'gible ['tændʒəbl] a. ①可触知的,有形的,现(真)实的 ②确实的,明确的. tangible benefit 可计利益. tangible proofs 明确的证据. tangible *results* 确实的成效. *tangible value* 有形价值. **tan'gibly** *ad.*

Tangier [tæn'dʒiə] *n.* 丹吉尔（摩洛哥港口）.

tan'gle ['tæŋgl] *v.* ; *n.* ①(使)纠结,(使)纠缠,弄乱 ②使复杂,使混乱 ③卷入争论,纷乱,纠纷. ▲*be in a tangle* 纠缠不清,陷入混乱之中. *tangle over* 对…发生争论. *tangle up* 缠在一起,包含.

tan'gled *a.* 纠缠的,紊乱的.

tan'glesome ['tæŋglsəm] *a.* 紊乱的,复杂的.

tan'gly *a.* 缠结的,紊乱的,混乱的,缠在一起的.

Tan'go ['tæŋgou] *n.* ①变压器(商品名) ②通讯中用以代表字母 t 的词.

tango(re)ceptor *n.* 触觉感受器.

tan'gram ['tæŋgrəm] *n.* 七巧板.

tangue *n.* 极细贝壳沉淀(积),浅湾贝壳沉积,浅弯钙质泥.

tanh = hyperbolic tangent 双曲正切.

tank [tæŋk]¹ *I* *n.* ①(液体,气体人,储藏)容器,(油,水,沉)罐,(油)罐,(电解,化成)槽,箱,(煤气)柜,(浮)筒,贮气箱 ②(贮水,游泳,船模试验)池,库 ③坦克 ④振荡回路,储能电路,槽路 ⑤(船的)液体舱. *I vt.* 把…储在槽[箱,罐,容器]内,把…放在槽[箱,罐,容器]内处理. *aerator tank* 充气槽,气柜. *air tank* 空气罐,贮气罐,压缩空气箱. *bag tank* 软(油)罐. *cable tank* 电缆舱(槽). *compensation tank* 补偿水箱,补偿振荡回路. *core tank* 活性区容器. *drop*(*pable*) *tank* 副(可弃)油箱,油枕. *expansion tank* 膨胀水箱,油枕. *gas tank* 气柜(箱),煤气(储气)箱. *gasoline tank* 汽油箱(桶). *heavy tank* 重型坦克. *melting tank* 熔化槽,熔炼装置外壳. *orifice tank* 量测孔腔. *plate tank* 阳极振荡回路. *receiving tank* 接收振荡回路,收集槽. *resonant tank* 谐振回路,空腔谐振器. *riveted tank* 铆合储罐,铆合箱. *settling tank* 沉淀池,澄清槽. *storage tank* 储(油)罐. *surge tank* 减震筒[箱],平衡箱,稳压罐,缓冲(调配,调浆)槽,调压井,液压气压储能箱,液压气压式缓冲器. *tank barge* 油驳船. *tank barrier* [*obstacle*] 防坦克障碍物. *tank block* 玻璃熔池耐火砖,箱[罐]座. *tank car* 油罐[槽]车,油槽汽车,(运,洒)水车. *tank circuit* 槽路,(共振,储能)电路,振荡回路. *tank cover* 罐盖,加油用盖. *tank cupola* 带前炉的冲天炉. *tank destroyer* 反坦克自行火炮. *tank engine* [*locomotive*]带水柜机车. *tank farm* 油罐场. *tank regulator* 油槽调整器. *tank sealant* (航空燃料箱自动开关盖)封闭层. *tank sender* 油池[液面(水准)]信号发送器. *tank sheet* 槽用钢板. *tank strainer* 水柜滤器. *tank table* 箱形台. *tank top* 【船】内底,浅舱上面. *tank track pin* 坦克履带销. *tank trailer* 油(水)槽拖车. *tank transformer* 油冷变压器. *tank truck* 自动喷油(洒)水车,油(水)槽汽车,运液体汽车. *tank unit* 油箱信号发送装置. *tank valve* 桶阀. *ultrasonic tank* 超声波(液体)延迟线. *vacuum tank* 真空箱[室,容器],整流器的外壳. ▲*tank up* (给…)灌满一油箱的油.

tank'age ['tæŋkidʒ] *n.* ①容积,(一箱,一柜的,储罐,储槽,油)箱容量 ②容器设备,燃料舱(箱) ③容器的沉积 ④槽(回)路电容 ⑤装槽(箱,柜),用槽(箱)贮藏(法),容器储存 ⑥装槽贮藏费 ⑦动物下脚肥料(或饲料), *integral fuel tankago* 整体燃料箱容量. *total tankage*（燃料箱）总容量.

tank'-car *n.* 油罐(槽)车,(运,酒)水车.

tanked *a.* 放在槽[箱,柜]内的,有油箱的.

tank'er ['tæŋkə] *n.* ①油船(轮),油槽船 ②空中加油飞机,运油飞机 ③加油车,油(水)槽汽车,水(罐,槽)车 ④油罐 ⑤沥青喷洒机 ⑥坦克手. *oil tanker* 运油船. *orbital tanker*（人造卫星式）轨道加油飞船（空中加注站). *tanker draft* 油船吃水（深度）.

tanker-aircraft *n.* (空中)加油飞船.

tank'erman. *n.* 油轮船员.

tankette [tæŋ'ket] *n.* 小坦克.

tank-house cell 电解槽.

tank'ies *n.* 油罐建造工人.

tankite 或 **tankelite** *n.* 变钙长石,磷钇矿.

tank'man ['tæŋkmən] *n.* ①坦克手 ②工业用罐槽管理工.

tankom'eter *n.* 油箱计.

tank'oscope *n.* (油罐)透视灯.

tank-shaped *a.* 槽形的.

tank'ship *n.* 油船.

tank-washer *n.* 洗槽(箱).

tan-liquor *n.* 鞣酸溶液.

tan'nable ['tænəbl] *a.* 可鞣制的.

tan'nage *n.* 坚膜,鞣革.

tan'nase *n.* 单宁(酸)酶,鞣酸酶.

tan'nate ['tænit] *n.* 鞣(丹宁)酸盐.

tan'ner ['tænə] *n.* 制革(硝皮,鞣皮)工人.

tan'nery ['tænəri] *n.* 制革(硝皮,鞣皮,鞣革)厂.

tan'nic ac'id 鞣(丹宁)酸.

tan'nin ['tænin] *n.* 鞣酸(类物),丹宁(酸).

tan'ning ['tæniŋ] *n.* 制革(法),鞣皮(法),鞣革.

tannom'eter *n.* 鞣液比重计.

tan'noy ['tænɔi] *n.* 本地(船上)广播网,声重放和扩大系统.

tanoak *n.* 美洲密花石栎.

tan-ooze 或 **tan-pickle** *n.* 鞣酸溶液.

tanshinol *n.* 丹参酚.

tanshinone *n.* 丹参酮.

Tantal [德语] *n.* 【化】钽 Ta. *Tantal bronze* = tantalum bronze. *Tantal condenser* 钽质电容器. *Tantal tool alloy* 钽镍铬合金工具钢.

tan'talate *n.* 钽酸盐. *lithium tantalate* 钽酸锂.

tantal'ic *a.* (含,正,五价)钽的.

tantalifluoride *a.* 氟钽酸盐. *potassium tantalifluoride* 氟钽酸钾,七氟络钽酸钾.

tantaline 或 **tan'talite** *n.* 钽铁矿.

tan'talous *a.* 亚(三价)钽的.

tan'talum ['tæntələm] *n.* 钽 Ta. *tantalum bronze* 钽铝青铜(铝 10%,铜 0.2%,钽 1.2%,其余铜). *tantalum carbide-titanium carbidecobalt alloy* 钽钛[TaC-TiC-Co]硬质合金. *tantalum emitter* 钽质发射体. *tantalum lamp* 钽丝电灯. *tantalum tool alloy* 钽镍铬合金工具钢.

tan'tamount ['tæntəmaunt] *a.* ①相等(于…)的,相当(于…)的 ②等值[价,效]的 ③同义的. ▲(*be*) *tantamount to* (相)等于,相当于.

tanta'ra [tæn'tɑːrə] *n.* 喇叭响声.

tanteuxenite n. 钽稀金矿.

tantile n. 分位值.

tantiron n. 高硅耐热耐酸铸铁(碳 0.75~1.25%, 硅 14~15%, 锰 2~2.5%, 磷 0.05~0.1%, 硫 0.05~0.15%).

tantiv'y [tæn'tivi] Ⅰ a.; ad. 快(的), 急速(的). Ⅱ n.; vi. 快跑, 匆忙奔跑.

tanto-niobate n. 钽铌酸盐.

tan'(-)yard n. 制革厂.

Tanzania [tænzə'niːə] n. 坦桑尼亚.

tap [tæp] Ⅰ n. ①塞子(自来水,煤气)旋塞,开关,龙头,排[放]出孔,溜子(桶)嘴,吸管 ③分接头 ④丝锥,(螺)丝攻, 刻纹器, 螺塞, 车内螺纹 ⑤(加工)规准 ⑥(鼓工刑)陷型模, 压[锤, 擂]头, 夯 ⑦抽液 ⑧电流输出, 引取电流 ⑨(在电话路上搭线)窃听 ⑩轻敲[打, 拍](声) ⑪酒吧间. Ⅱ (tapped; tap'ping) v. ①在…上开一个孔(导出液体), ②开孔, 去塞)使流出, 放[引]出(液,水), 由[从]中抽[钱, 割浆[胶], 汁[液] ②分[换]接(电流,自来水), 安接, 装嘴子, 堵塞, 塞住,接(线路)进行窃听 ③在…里攻出螺纹,绞螺纹 ④开辟[发], 发掘 ⑤要求 ⑥提倡 ⑦轻敲[打, 拍](at, on),用…轻敲,敲打出(out) ⑧选择,挑选,选拔. *air tap* 气嘴. *centre tap* 中接(头). *chip tap*, 中点引线. *drill tap* 钻孔攻丝复合刀具. *earth tap* 接地抽头. *gun tap* 螺尖丝锥(在普通丝锥切入部排屑槽上, 沿切削刃侧铣螺旋槽, 使之易于排屑). *hand tap* 手用螺丝攻. *hard tap* 出渣口凝结. *pipe tap (drill)* 管用(钻孔攻丝复合)丝锥. *pressure tap* 测压点[孔], 测压(接)嘴, 放压孔. *syphon lead tap* 虹吸放铅口. *slag tap* 出渣. *tap a blast furnace* 出铁. *tap a rubber tree* 采橡胶. *tap bolt* (带头)螺栓. *tap borer* 钻孔钻, 螺纹底孔钻, 开塞锥. *tap changer* 抽[分]接头切换开关, 抽头转接开关, 抽头变换器, 变压比调整装置. *tap chuck* 丝锥夹头. *tap die holder* 丝锥板子两用夹头. *tap drill* 螺孔钻, 螺纹底孔钻. *tap gun* (封出铁口用)泥炮. *tap handle* 丝锥扳手. *tap hole* 漏[塞, 螺, 分流]孔, 放液[出渣, 出铁]孔[口], 出钢口. *tap ladle* 盛铁[铁, 金属]桶, 钢包, 盛铁桶, 浇铸桶. *tap sand* 分型砂. *tap switch* 分接开关. *tap the natural resources* 开发资源. *tap the production potential* 发掘生产潜力. *tap the water main* 接通总水管. *tap volume* 摇[振]实体积. *tap water* 自来(饮用)水. *tap web* 腹心. *tap wrench* 丝锥扳手, 绞杠. *turn the tap on* [*off*] 或 *turn on* [*off*] *the tap* 打开[关上]龙头. *water tap* 水龙头. ▲*in*[*on*] *tap* 装有嘴子[龙头]的, 能倒出的, (随时)可用到的, 现成的, 就在手边的, 需要时就能得到的. *tap down* 抽头降压. *tap into* 接进. *tap off* 分接, 抽出, 分出, 开采(出).

TAP =①technical area planning 技术区域规划 ②technical assistance program 技术援助规[计]划.

TAP array =time-average-product array 时均积阵.

tapazol(e) n. 他巴唑, 甲巯咪唑.

tape [teip] Ⅰ n. ①皮(钢,卷,带,软)尺 ②(狭,纸,布)带,绦带,胶带(包)带,胶带布 ③纸带,磁带 ②(录)像)带, ④条, 电报收报纸(条) ⑤记录纸 ⑤终点线. Ⅱ v. ①装载带,用带系(绑,扎,缠上, 钉), 用狭带钉[装订] ②用胶带粘贴 ③用卷尺量 ④用磁带为…录

音, 录(音). *adhesive tape* 橡皮膏, 胶布带. *black friction tape* 黑胶布带, (黑)绝缘胶(布)带. *card to tape* 卡片到带的(转换). *cellulose* 〔*Scotch*〕 *tape* (透)明胶带, 纤维素带. *chain tape* 测量链 *end tape* 端贴尺. *gummed tape* 胶纸带. *insulating tape* 绝缘带. *master tape* 主(程序)带. *steel tape* 钢卷尺. *tape cartridge* 磁带盒, 穿孔带匣(夹). *tape code* (纸, 磁)带码. *tape deck* 磁带运转机械装置, (录音机的)走带机构, (磁带录音机)的放音装置. *tape facsimile* 带式摹写通信. *tape feed* (纸)带馈送, 磁(纸)带卷盘, 供(进)带. *tape gauge* 活动(传送式)水尺, 传送式水尺水位站. *tape guide* 磁(纸)带导轨(杆), 导带柱, 卷带波导管, 带导向装置. *tape machine* 自动收报机, 磁带录音机. *tape measure* 卷(皮, 带)尺. *tape memory* 磁带存储器. *tape player* 磁带录音机的放音装置. *tape printer* 纸条式(印字电报)收报机, 印字电报机, 带式打印机. *tape recorder* 磁带录音机. *tape recording* 磁带录音(像). *tape to card* 磁(纸)带到卡片的(转换). *teletype tape* 电传打字带. ▲*breast the tape* 冲过[抵达]终点. *carry away the tape* 获胜. *get taped* 量出来, 把…量好, 彻底了解…. *on tape* 用磁带(录音). *red tape* 官样文章, 繁冗拖拉的公事程序.

tape'drum n. 卷带鼓轮, 带鼓.

tape-line n. 卷(皮, 带)尺.

tape'man n. 【测】持尺员.

ta'per ['teipə] Ⅰ n. ①圆锥(形), 尖锥(形, 体), 斜(锥, 坡)度, (梯形)机翼锥度, 机翼根梢比, 拔锥率 ②退(拔)线(比)率, 锥梢, 护口管 ③逐渐缩减(减弱), 渐尖 ④电位器电阻分布特性 ⑤小蜡烛, 微光. Ⅰ a. ①锥形的, 圆锥状的, 渐尖的, 斜削的, 一头逐渐变细的 ②分等级的. Ⅲ v. ①弄尖, (使)逐渐变细 ②渐(减, 使)逐渐减少 ③斜(尖, 锥)削. *amplitude taper* 振幅锥度. *Brown* & *Sharpe taper* 布朗夏普锥度. *inside taper gauge* 内圆锥管螺纹牙高测量仪. *taper attachment* 锥度带槽尺, 车锥度专用刨件. *ta-per bit* 锥形绞刀. *taper boiler tap* 锥形炉用丝维(锥度为 1/16). *taper cone* 圆锥. *taper fit* 锥度配合. *taper flask* 可卸式(顶提式, 锥度)砂箱. *taper gauge* 锥度规. *taper glass* 锥度玻璃管. *taper hob* 锥形(切向(进给))滚刀. *taper key* 楔(斜, 锥形)键, 钩头楔键. *taper liner* 楔形垫, 斜垫. *taper mandrel* 锥度(带梢)心轴. *taper pin reamer* 锥销孔铰刀. *taper plate* 楔削板. *taper plate* 楔形板. 变断面(楔形)板材. *taper plate condenser* 递变式平板电容器. *taper shank* 锥形(渐缩)体, 锥(形)柄. *taper trowel* 刮(平墁)刀. *taper turning* 车锥体. *taper wire* 锥形线, 锥度金属丝(磨宝石轴承孔用). *tapering gutter* 端宽沟, 宽度渐变的沟. *wing taper* 翼斜削度.

▲*taper away* 〔*down*〕渐细(尖, 小, 少). *taper off* 使一头逐渐变细, (使)逐渐减少(停止), 衰减. *taper out* 灭尖.

tape-reading punch 读带穿孔机.

tape'-record vt. 用磁带为…录音.

tape'-recor'der n. 磁带录音机, 带式记录器.

ta′pered ['teipəd] *a.* 锥形[度]的,尖削的,楔形的,渐缩的,斜[倾]的,带梢度的. *tapered blade* 变截面叶片. *tapered chord* 不等[渐锥]弦. *tapered domain* 锥削畴. *tapered edge* 斜切边缘. *tapered file* 尖[斜面]锉. *tapered inlet* 喇叭形进口. *tapered joint* 锥形接头. *tapered pile* 锥形桩. *tapered point* 锥尖. *tapered roller bearing* 滚锥轴承,锥形滚柱轴承. *tapered slot* 斜沟. *tapered thimble* 锥形套管. *tapered thread* 锥形螺纹. *tapered waveguide* 锥形截面渐变,递变截面波导管.

ta′peringly ['teipəriŋli] *ad.* 逐渐缩减地,一头逐渐变细地.

tape′-stored *a.* 磁带存储的.

tap′estry ['tæpistri] I *n.* 花[挂]毯,织锦. II *vt.* 用挂毯[花毯]装饰.

tape′worm *n.* 绦虫.

tap′hole *n.* 放出[排放,放液,出铁,出渣]口,塞[漏]孔.

taphrogeny *n.* 地震[断裂]运动,张裂,地裂.

taphrogeosyncline *n.* 断裂地槽.

tapio′ca *n.* 木薯淀粉.

tapiolite *n.* 重钽铁矿.

tap′is ['tæpi:] *n.* 桌[地,挂]毯. ▲*on the tapis* 在审议[讨论]中.

tap-out bar 通铁棒,火棍.

tapped *a.* ①抽头的,分接[支,流]的,带分接头的,攻[套]了丝的. *tapped coil* 多[接]头线圈,抽头线圈. *tapped-coil oscillator* 带抽头线圈的振荡器,电感三端振荡器.

tapped-tuned circuit 抽头调谐电路.

tapped-winding *n.* 分组[多抽头]线圈.

tap′per ['tæpə] *n.* ①轻击锤,散屑锤,(电报机的)电键,簧具,音响器 ②轻敲者 ③攻丝机械. *tapper tap* 机用丝锥[螺丝攻],螺母丝锥.

tap′pet ['tæpit] *n.* 推杆,阀,凸轮的,平板推盖,校汽门螺杆,(凸轮)随行件. *hydraulic tappet* 液压挺杆. *tappet clearance* 挺杆间隙,(汽门)推杆间隙. *tappet drum* 凸轮鼓. *tappet plunger* 阀门提[挺]杆,推杆活柱. *tappet rod* 挺杆,提杆. *tappet spanner* 阀挺杆(专用)扳手.

tap′ping ['tæpiŋ] *n.* ①开[穿,钻,attacking,切]孔,泄放[水或气]等,导出流体,放液,出铁(钢),浇铸 ②攻丝,攻螺纹,车(螺)丝 ③【电】抽头,分支[路,流],支路 ④维绝缘带 ⑤(流)出口,(pl.)(从熔炉内)放出物 ⑥【化】割浆,采(割松)脂 ⑦轻敲(声). *hydraulic tapping* 液压系统导出孔. *mechanical tapping machine* 机械放渣设备,叩击器. *tapping attachment* 攻丝装置[夹头]. *tapping bar* 捅(出铁口)口杆,通铁棒,火棍,碳质棒. *tapping breast* 放流口冷却套,放流口冷却套. *tapping chuck* 丝锥夹头. *tapping drill* 螺孔[螺纹底孔]钻头. *tapping paste* 攻丝(糊状)润滑剂. *tapping sample* 放出[出钢,出铁]样. *tapping slag* 放[出钢]渣. *tapping sleeve* 螺旋套. *tapping temperature* 出炉[出钢,出铁,出渣]温度. *tapping unit* 多头[组合]攻丝机,攻丝动力头.

tap′root *n.* 主根,直根,重点,要点,基本.

tap-water *n.* 自来水.

tar [ta:] I *n.* 焦油(沥青),煤焦油,柏油,(煤)溚. II (**tarred; tar′ring**) *vt.* ①涂[浇]柏[焦]油(于),弄污 ②怂恿,煽动(on). III *a.* (涂有)柏[焦]油的. *acid tar* 酸渣柏油[焦油沥青]渣, *coke tar* 焦油, *heavy tar* 厚[重质]柏油,重质溚,重焦油沥青. *mineral tar* 矿质柏油,矿渣,风化石油. *tar oil* 煤馏[煤焦,溚]油. *tar works* 焦油沥青蒸馏厂. *tarred board* 柏[焦]油纸(板). *tarred felt* 油毛[柏油]毡. *tarred road* 柏油路.

▲*be tarred with the same brush* [*stick*] 都有同样的缺点,是一路货色,是一丘之貉.

TAR = technical action request 技术措施申请,技术动作要求.

TaR = transmitter and receiver 送受话器,收发报机.

TAR = terrain avoidance radar 防(止与地面碰)撞雷达,地形回避雷达.

taraxanthin *n.* 蒲公英黄质.

taraxasterol *n.* 蒲公英甾醇.

taraxerene *n.* 蒲公英(赛)烯.

tar′digrade ['ta:digreid] *a.* 行动缓慢的.

tar′dily ['ta:dili] *ad.* 缓慢[拖拉]地,迟.

tar′diness ['ta:dinis] *n.* 缓慢,拖拉,过时,迟.

tar′dive ['ta:div] *a.* 延迟的,迟发的,晚发性的.

tar-dressing machine 浇柏油机.

tar′dy ['ta:di] *a.* ①(缓)慢的,迟(到)的,晚的 ②延迟的,过时的 ③勉强的. *be an hour tardy* (*for*...) (做...)晚了一小时. *be tardy in one′s payments* 延迟付款. *make a tardy appearance* 迟到. *make tardy progress* 进展缓慢.

tare [tɛə] I *n.* ①皮重,(货物)包装[车身,容器]重量,(汽车等除去燃料、冷却水等的)空重 ②皮重的扣除 ③【化】配衡体 ④(pl.)不良成分,起阻碍作用的东西,稗子. II *v.* ①称(确定,标出)...的皮重,除皮(重) ②配衡 ③修正,校准. *average tare* 平均皮重. *particular* [*real*] *tare* 实际皮重. *tare and tret* 扣除皮重计算法. *tare radius* 配衡体半径. *tare weight* 皮(包装)重,空车重量. *tared flask* 配衡烧瓶,已称过容器皮重的烧瓶.

TARE = telemetry automatic reduction equipment 遥测自动转换装置,遥测数据自动处理设备.

tar′get ['ta:git] I *n.* ①靶(子,机),标的 ②目标,对象 ③指标 ④(测量用)视板[板],标板,冲击板 ⑤(铁路)圆板信号机[标] ⑥对阴极(X 射线管中的靶),对(中间)电极,屏极. II. ①瞄准,把...作为目标 ②采取攻取目标的措施. *be made a target for attack* 被当作攻击的目标,成为众矢之的. *be targeted for...* 指标订为... *cathode-beam target* 阴极(电子)束靶. *dielectric target* (存储管)介电质屏幕. *intended target* 指定目标. *isotopic target* 同位素靶. *jet-powered target* 喷气式靶机. *multiple*, *independently targeted reentry vehicle* 分导多弹头(重返大气层)导弹[运载工具]. *plate target* 板极[板极,屏极]靶. *production targets* 生产指标. *reach targeted levels* 达到指标水平. *set a target for production* 订生产指标. *target area* 目标(作业)区域,靶面积,目标面积,靶区. *target computer* 特定(目标)程

序计算机. *target date* 预定(开始的,结束的)日期. *target glass* 〈摄像管〉玻(璃)靶. *target image* 标线〔板〕像,目标物像,靶像. *target lamp* 灯塔,目标灯. *target language* 【计】目标语言,被译成的语言. *target metal* 靶极金属. *target practice* 打靶,射击练习. *target rod* 觇板水准尺,觇尺,标杆. *target seeker* 自动寻的武器〔装置,导弹,弹头〕. *target ship* 靶船. *target strength* 期望的强度. *target value* 目标显示度. ▲*be dead on the target* 正中〔正对着〕目标. *hit the target* 射中靶子〔标的〕,完成指标. *miss the target* 未射中靶子〔标的〕,未完成指标. *on target* 正确,对头.

tar'getable *a.* 可命中〔对准〕目标的. *multiple independently targetable warheads* 分导多弹头(导弹).

target-designator *n.* 目标指示器.

tar-grouted surfacing 灌柏油碎石路面〔面层〕.

tar'iff ['tærif] *I n.* ①税,关税(率,表),税率〔则〕②使用费,价格,资费(表),费(运价)率,台目〔计〕表. *I vt.* 对…征收关税,为…定税率,为…定收费标准. *freight tariff* 运费率表. *general tariff* 普通税则. *preferential tariff* 特惠(关)税率. *railway tariff* 铁路运费率. *tariff schedule* 收费率表.

ta'ring ['tɛəriŋ] *n.* 除皮重,配衡.

tar'mac 或 **tar-macadam** *n.* 铺地用沥青,柏油碎石(路),柏油路面材料.

tarn *n.* 冰斗〔山上小,冰成〕湖.

tar'nish ['tɑːniʃ] *I v.* ①(使)失去光泽,(使)变暗,(使)黯然〔表面〕失色 ②(使)生锈,沾污. *I n.* ①晦暗,无光泽 ②锈蚀,生锈,氧化膜,表面变色,(玻璃表面的)雾层 ③污点. *tarnish film* 锈〔氧化〕膜.

tarnish-resistant *a.* 光泽性的,耐变晦蚀的.

tarp 或 **tarpau'lin** ['tɑːˈpɔːlin] *n.* ①(柏油,焦油)帆布,(防水)油布,漆布,舱盖布 ②(油布)防水衣,(油布)雨帽 ③水手,船员. *tarpaulin paper* 防潮纸.

tar'ras ['tɑːrəs] = trass.

tar-road-mix surface 路拌柏油混合料路面〔面层〕.

tar'ry I ['tɑːri] *a.* 柏油(质,状)的,涂柏〔焦〕油的,似焦油的,焦油状的. I *n.* 煤胶物质. II ['tæri] *v.* ; *n.* ①逗(停)留,(长)住(at, in) ②等候〔待〕(for) ③耽搁,迟延. *tarry cut* 焦油馏份. *tarry valve* 调时〔定时〕阀.

TARS = three-axis reference system 三轴坐标〔参考〕系统.

tar'-sand *n.* 柏油砂(混合料).

tar'sia *n.* 镶(嵌,拼花)木(制品).

tar-sprayed *a.* 浇柏油的.

tar-spraying *n.* 喷洒柏油,柏油表面处治.

tart [tɑːt] *a.* 酸(涩)的,辛辣的,严厉的,尖刻的. ~ly *ad.*

tar'tar ['tɑːtə] *n.* 酒石(酸氢钾). *cream of tartar* (酸性)酒石,酒石酸氢钾.

tartar'ic [tɑːˈtærik] *a.* (含)酒石(酸)的.

tar'tarize ['tɑːtəraiz] *vt.* 使酒石化,用酒石处理. **tartariza'tion** [tɑːtəraiˈzeiʃən] *n.*

tar'tarous ['tɑːtərəs] *a.* 酒石(性)的,含〔像〕酒石的.

tar'trate ['tɑːtreit] *n.* 酒石酸盐(酯或根). *sodium-potassium tartrate* 酒石酸钠钾.

tar-treated *a.* 柏油处治的.

tartronate *n.* 羟基丙二酸(盐或酯),丙醇二酸(盐或酯).

tarvan = truck and rail van 载重汽车和铁路货车.

Tar'via *n.* 一种筑路用焦油沥青(专利商品).

Tarvialithic *n.* 一种冷铺焦油沥青混凝土混合料.

tarviated macadam 焦油沥青碎石(路).

TAS = ①teleprinter automatic switching 印字电报机自动换接,电传打印机自动转接〔换〕 ②three-axis stabilization 三轴稳定 ③true air speed 实际空速.

tas-de-charge 〔法语〕 *n.* 基石.

tascom'eter [tæsiˈɔmitə] *n.* 应力计.

TASI = time assignment speech interpolation 话音插空技术(利用语言间歇的电路时间交替分割多路通信制).

tasimeter *n.* 测湿度变化的电液压计.

task [tɑːsk] *I n.* ①任务,工作,作业,功课,事业,职务 ②艰苦(困难)的工作. *I vt.* ①派给…工作 ②使辛劳,使过于劳累,使做艰苦的工作. *fulfil a task* 完成一项任务. *set … a task* 派…做一项工作. *task equipment* 专用设备. *task force* 特别工作组,特别任务班子,特遣部队. *task suspension* 任务暂停.

task'master *n.* 工头,监工.

task'work *n.* 计件(包干)工作,件工.

tasmanite *n.* 含硫树脂;沸黄霞辉岩.

TASS 或 **Tass** = Telegrafnoye Agenstvo Sovetskovo Soyuza 塔斯社.

TaSS = tip and ring springs 塞尖和塞环簧片.

tas'sel ['tæsəl] *n.* ①缨,流苏饰 ②丝带 ③承草木.

taste [teist] *I n.* ①味(道,觉),滋味,风味 ②爱〔嗜〕好,兴趣,鉴别,欣赏,体验力 ③经(体)验,感,感受. *I v.* 尝(到),品尝,感到,体(经)验(of). ▲*a taste of* 一点点,少量. *have a taste for* 喜欢,爱好.

taste'ful *a.* 有鉴赏〔判断〕力的,雅致的. ~ly *ad.*

taste'less *a.* 没有味道〔趣味〕的,无鉴别力的,庸俗的.

tat [tæt] *n.* 轻(打)击. ▲*tit for tat* 针锋相对.

TAT 或 **tat** = ①technical approval 〔acceptance〕team 技术审定〔验收〕组 ②tuned-aperiodic-tuned 调谐-非调谐-调谐的(放大电路).

tatarian dogwood 红瑞木,红梗木.

Tato *n.* 日吨产量.

tattelite *n.* (防线圈击穿用)氢分流器.

tattoo' [təˈtuː] *n.* ; *v.* 得得地连续敲击.

tau [tɔː 或 tau] *n.* ①(希腊字母)T,τ ②T字形(物). *tau cross* T字形十字架.

taught [tɔːt] teach 的过去式及过去分词.

tau-meson τ介子.

taunt [tɔːnt] *I n.* ; *v.* 辱骂,嘲弄. *I a.* (桅杆)很高的.

taupe [toup] *n.* 灰褐色.

tau'rine ['tɔːrin] *n.* 牛磺酸,氨基乙磺酸,牛胆碱.

taurocholate *n.* 牛磺胆酸(盐或根).

taurocholic acid 牛磺胆酸.

taurocyamine *n.* 胱基牛磺酸.

tauryl- 〔词头〕 牛磺酰(基).

taut [tɔːt] *a.* ①拉〔绷〕紧的,紧张的 ②整齐的,严格的. ~ly *ad.*

taut'en ['tɔːtn] *v.* 拉〔绷〕紧.

tautline cableway 紧索缆道(专供运送用).

taut'ness n. 拉紧,紧固〔张紧〕度. *tautness meter* 伸长〔拉力〕计.
tauto-〔词头〕相同,同〔一〕样.
tau'tochrone ['tɔːtəkroun] n. 等时曲线,等时降落轨迹.
tautoch'ronism [tɔː'tɔkrənizm] n. 等时性. **tautoch'ronous** a.
tautolog'ical [tɔːtə'lɔdʒikəl] a. 重复的,赘述的. ~ly ad.
tautol'ogy [tɔː'tɔlədʒi] n. 反〔重〕复,赘述,重言,同语反复.
tau'tomer(ide) n. 互变〔异构〕体.
tautomer'ic a. 互变〔异构〕的.
tautom'erism [tɔː'tɔmərizm] n. 同质异构,互变〔构〕现象,动态〔稳变〕异构现象,互变异构性,互变变构(性).
tautomeriza'tion n. (结构)互变(作用).
tautoph'ony [tɔː'tɔfəni] n. 同音反复.
tautozo'nal a. 同晶带的.
taut-wire printing 紧丝印刷(法).
taut-wire traverse (测海上距离用)张绳.
taw [tɔː] v. 硝(生皮).
taw'er n. 盐硝皮工人,生鞣皮工人.
taw'ny ['tɔːni] n. 茶〔黄褐〕色的.
tax [tæks] Ⅰ n. (pl. *tax'es*) ①税(款,金) ②负担,压力,重负(on, upon). Ⅱ vt. ①对…征〔抽〕税 ②使负重担,使受压力,使…过劳 ③责备,谴责(with) ④讨〔要,开〕价. *additional tax* 附加税. *exchange tax* 外汇税. *export tax* 出口税. *free of tax* 免税. *import tax* 进口税. *income tax* 所得税. *indirect tax* 间接税. *levy a tax on* 对…征税. *progressive tax* 累进税. *tax surcharge* 附加税.
tax'able ['tæksəbl] a. 可征税的,应纳税的,有税的.
Taxa'ceae n. 紫杉科.
taxales n. 紫杉.
taxa'tion [tæk'seiʃən] n. ①征〔抽,租〕税 ②税收(款) ③估价征税. *be exempt from taxation* 免税. *be subject to taxation* 应纳税. *taxation bureau* 税务局.
tax-exempt 或 **tax-free** a. 免税的.
tax'i ['tæksi] Ⅰ n. 出租(小)汽车,营业轿车. Ⅱ v. (*taxi'd* 或 *taxied*; *tax'iing* 或 *tax'ying*) ①乘出租汽车 ②(飞机)在水〔地〕面滑行,使…滑行. *taxi flying* 滑走飞行. *taxi pattern* 飞机滑行路线图. *taxi stand* 出租汽车停车处. *taxi strip* 滑行跑道. *taxiing operation* 滑行(操作).
tax'icab ['tæksikæb] n. 出租汽车.
taxicatin n. 红豆杉试,紫杉试,3,5-二甲氧苯酚葡糖试.
taxifolin n. 紫杉叶素.
tax'imeter ['tæksimiːtə] n. (出租汽车自动)车费计,计价表,里程计,计程器.
taxine n. 紫杉碱.
tax'ing ['tæksiŋ] a. 繁重的,费力的,使疲劳的.
taxirank n. 出租汽车停车处.
tax'is n. ①构型规正性,立构规整性,趋性,向性 ②分〔归〕类 ③排列,次序.
tax'iway ['tæksiwei] n. 滑行道.
Taxodiaceae n. 杉科.

taxogen 主链物.
taxol'ogy [tæk'sɔlədʒi] n. 分类学.
taxomet'rics n. 数学分类学.
taxon n. 分类单位,分类群.
taxonom'ic [tæksə'nɔmik] a. 分类(学)的. ~ally ad.
taxon'omy [tæk'sɔnəmi] n. 分类学.
tax'payer n. 纳税人.
tax'ying ['tæksiiŋ] taxi 的现在分词.
Tay'lor n. 泰勒. *Taylor method* 泰勒〔把金属丝封入玻璃管在高温下〕拉(成细)丝法. *Taylor White process* 泰勒怀特特殊热处理法. *Taylor('s) series* 泰勒级数.
TAZARA = Tanzania-Zambia Railway 坦赞铁路.
tazettine n. 多花水仙碱.
TB = ①technical bulletin 技术公(通)报 ②tee-bend T形接头,三通 ③terminal board〔block〕接线板 ④test base 试验基地 ⑤tile base 砖底座 ⑥time-base 时基 ⑦torpedo boat 鱼雷(快)艇 ⑧training base 训练基地 ⑨trial balance 试算表 ⑩triple-braided 三股编包(线) ⑪troop basis ⑫tuberculosis (肺)结核.
Tb = terbium 铽.
T&B = top and bottom 顶和底.
TB IN = time base input 时基输入.
TB SEL = time base select 时基选择.
TBA = ①Television Broadcasters Association 电视广播协会 ②to be added 待加 ③true bearing adapter 真方位测定仪(适配器).
T-bar n. T形钢〔铁〕,丁字钢〔铁〕.
TB-cell = transmitter-blocker cell 发射机阻塞管.
TBD = ①to be declassified 待销密 ②to be determined 待定 ③to be done 待做,待完成.
TBDS = test base dispatch service 试验基地调度工作.
TBE = total binding energy (核的)总结合能.
T-beam n. T(形)梁,丁字梁 ②T形射束〔波束〕.
T-bend n. T形接头,三通管.
TbIG = terbium iron garnet 铽铁石榴石.
TBM = tactical ballistic missile 战术弹道导弹.
T-bolt n. T形〔丁字形〕螺栓.
TBP = ①tributyl-phosphate 磷酸三丁酯 ②true boiling point 真沸点,实沸点.
TBP-hexane 磷酸三丁脂-己烷溶剂, TBP-己烷溶剂.
TBP-kerosene 磷酸三丁脂-煤油熔剂, TBP-煤油溶剂.
TBP-thiocyanate process 磷酸三丁酯-硫代氰酸盐萃取法.
TBR = thorium breeder reactor 钍增殖反应堆.
T-branch pipe T形管,三通管.
T-bridge n. T形电桥.
TBS = talk between ships 船间通话.
tbs(p) = tablespoon(ful)—汤匙容量.
tbwp = triple-braided weather-proof 三股编包(耐)风雨线.
TC = ①technical circular 技术通报 ②Technical Committee (American Standards Association)(美国标准协会)技术委员会 ③temperature coefficient 温度系数 ④test conductor 试验指导人 ⑤thermocouple 热电偶 ⑥thrust chamber 推力室 ⑦time closing 延时闭合,时间结束 ⑧top center 上定〔死静〕点 ⑨top chord 上弦 ⑩tracking camera 跟踪摄

影机 ⑪ Transportation Corps 运输兵(部队) ⑫ transparent conductive 穿透〔透明〕传导的 ⑬ trim coil 微调线圈 ⑭ trip coil 解扣线圈 ⑮ type certificate 型式合格证,型号证明书.

Tc = ①critical temperature 临界温度 ②technetium 锝.

tc = critical temperature (above the ice point)临界温度(冰点以上).

T-c = T-circuit T 形网络.

T/C = thrust controller 推力调节器,推力自动稳定器.

TCA = ①telemetering control assembly 遥测控制装置 ②thrust-chamber assembly 推力室装置 ③Trans Canada Airlines 全加拿大航空公司,环加航空公司,横贯加拿大航线 ④tricarboxylic acid 三羧酸.

TCB = task control block (操作)任务控制部件,任务控制块.

T-CBA = transfluxer, constant board assembly.

TCBM = transcontinental ballistic missile 洲际弹道导弹.

TCBV = temperature coefficient of breakdown voltage 击穿电压温度系数.

TCC = ①tactical control computer 战术控制计算机 ②television control center 电视控制中心 ③test conductor console 测试导线控制台 ④test control center 试验控制〔指挥〕中心 ⑤Thiokol Chemical Corp. 索柔橡胶化学公司.

tcc 或 **tc/c** = ①triple-concentric cable 三心〔路〕同轴电缆 ②triple cotton-covered 三层纱包的.

TCCAN = tactical air navigation (system)战术空中导航设备.

tcd = tentative classification of defects 暂定的故障分类法.

TCD = ①task completion date 任务完成日期 ②thermal conductivity detector 热导检测器.

TCD$_{50}$ = ①median tissue culture dose 半数组织培养量 ②50% tissue culture cytopathologic dose 半数组织培养出细胞病变量.

TCE = total composite error 总综合误差.

T-cell *n*. T 细胞,胸腺产生细胞.

TCG = ①tooling coordination group 加工协调组 ②transponder control group 应答器〔转发器〕控制组 ③tune-controlled gain 调谐控制的增益.

TCH = temporary construction hole 临时性结构孔.

TCI = terrain clearance indicator 绝对高度指示器,离地高度计.

TCID$_{50}$ = 50% tissue culture infective dose 半数组织培养感染(剂)量.

TCK = ①track 轨道〔道〕,追踪 ②tracking 追踪.

TCL = ①transistor-coupled logic 晶体管耦合逻辑 ② trichlorethylene 三氯乙烯.

T-clamp *n*. 丁字形夹.

TCM = transfluxer constants matrix 多孔磁心常数(矩)阵.

TCO = test control officer 试验控制人员.

TCO relay = time cut-off relay 限时断路继电器.

T-connection = T 形连接〔接线〕.

TCP = ①task change proposal 任务更改计划 ②technical change proposal 技术更改计划 ③technical cost proposal 技术费用计划 ④temporary change procedure 暂时更改程序 ⑤thrust chamber pressure (火箭发动机)推力室压力 ⑥traffic control post 交通岗.

TCPS = thrust chamber pressure switch(火箭发动机)推力室压力开关.

TCR = ①tactical control radar 战术制导雷达 ②temperature coefficient of resistance 电阻温度系数 ③tool consignment record 工具交付记录 ④tracer 示踪物,曳光弹,故障检寻器,追踪程序.

T-crank *n*. T 形曲拐.

TCS = ①tanking control system 注油控制系统 ②telemetry and command system 遥测指挥系统 ③temporary change of station 台站临时更改.

TCSL = transistor current-steering logic 晶体管电流导引逻辑(电路).

TCST = trichlorosilanated tallow 三氯硅脂.

TCTL = transistor-coupled transistor logic 晶体管耦合晶体管逻辑.

TCTO = time compliance technical order 顺时限的技术命令.

TCU = ①tight close up 近特写镜头 ②topping control unit(火箭)补充加注控制设备.

TCV = temperature control valve 温度调节阀.

TCVS = thrust chamber valve switch(火箭发动机)推力室阀门开关.

TCXO = temperature compensated crystal oscillator 温度补偿晶体振荡器.

TD = ①tank destroyer 反坦克自行火炮 ②task description 任务说明书 ③technical demonstration 技术示范〔表演〕 ④technical directive 技术指令 ⑤technical director 技术指导 ⑥test directive 试验指令 ⑦time relay 时间延迟,定时继电器 ⑧top drawing 顶视图 ⑨tunnel diode 隧道二极管 ⑩turbine driver 涡轮机传动装置.

td = transient delay time 瞬态延迟时间.

TDA = ①toluene diamine 甲苯二胺 ②tunnel diode amplifier 隧道二极管放大器.

TDC = ①technical data center 技术资料中心 ②termination design change 终端(装置)设计改变,收尾设计更改 ③time data card 时间数据卡 ④top dead center 上死点.

TDCM = transistor-driven core memory 晶体管驱动磁心存储器.

TDCU = target data control unit 目标数据控制装置.

TDD = tool drawing deviation 仪器制图偏(误)差.

TDDL = time division data link 时间分隔数据(自动)传输器,时分数据(传输)链路.

TDDO = time delay drop-out (relay)延时脱扣〔下降〕(继电器).

TDF = trunk distribution frame 中继线配线架.

TDH = total dynamic head 总动压头.

tdic = target data input computer 目标数据输入计算机.

TDL = ①Target Development Laboratory 目标研究实验室 ②transistor diode logic 晶体管二极管逻辑(电路).

TDM = ①tandem 串联〔列〕的,前后排列 ②test data memorandum 试验数据单 ③time division multiplex 分时多路传输.

tdm = tandem 串联〔列〕的.

TDMS = telegraph distortion measuring set 电报失真测试仪.

TDN = target Doppler nullifier 目标多普勒效应消除

TDP = ① technical development plan 技术发展计划 ② tracking data processor 跟踪数据处理机.

TDR = ① test data report 试验数据报告 ② time delay relay 延时继电器 ③ time-domain reflector 时域反射仪.

TD/R = test disable/reset 试验作废/重设.

tds = tender deployment site 服务车调度场.

TDT = target designation transmitter 目标指示〔定〕发射机.

TDTL = transistor-diode-transistor logic 晶体管-二极管-晶体管逻辑（电路）.

TDY = temporary duty 临时任务〔勤务,负荷〕.

TE = ① tangent elevation 仰角（正切仰角）；高角 ② temperature element 温度元件 ③ tension equalizer (electrical) wave ④ tissue-equivalent 组织等效的 ⑤ tractive effort 牵引力,挽力 ⑥ trailing edge（翼,叶片的）后缘,（脉冲）下降边 ⑦ training equipment 训练设备 ⑧ transverse-electric（电磁波）横向电场.

Te = tellurium 碲.

te = test equipment 试验装置.

T & E = ① test and evaluation 测试和鉴定 ② time and events 时间和事件.

T & E REC = time and events recorder 时间和事件记录.

tea [ti:] Ⅰ n. 茶（树,叶,剂,点,会）,浸剂. Ⅱ v. 以茶招待,喝茶,吃茶点. *black tea* 红茶. *tea lead* 茶叶罐铅皮（锡2%,其余铅）.

TEA = task equipment analysis 专用设备分析.

teach [ti:tʃ] (*taught, taught*) v. 教〔授,导,育,练〕,讲授,使认识到. *teach oneself* 自学.

teachabil'ity [ti:tʃə'biliti] n. 适用于教学的性质,可教性.

teach'able ['ti:tʃəbl] a. 可〔易〕教的,适于教学的,便于讲授的. **teach'ably** ad.

teach'er ['ti:tʃə] n. ①教师〔员〕,老〔导〕师,先生 ②教练机. *teachers' college* 师范学院.

teach'-in n. 专题讨论（会），宜讲会,（对具体问题的）自由讨论.

teach'ing ['ti:tʃiŋ] Ⅰ n. ①教学（工作）,讲授,训练 ②(pl.)教导,学说,主义. Ⅱ a. 教学的. *teaching aid* 教具. *teaching machine*（装有电子计算机的）教学机〔器〕. *teaching material* 教材.

tea'cup ['ti:kʌp] n. 茶杯.

TEAE-cellulose = triethyl-aminoethylcellulose 三乙氨乙基纤维素.

teagle = tackle.

teak [ti:k] n. 柚木（树）,麻栗木〔树〕. *teak wood* 柚〔麻栗〕木.

tea'kettle ['ti:ketl] n. 茶水壶.

team [ti:m] Ⅰ n. ①（小,作业）组,班,（小,工作）队,畜〔驼〕队,群 ②全体作业人员 ③机组,联动机. Ⅰ a. 队的,组的,由一队人从事的. Ⅱ v. 组成队,联成〔阻成〕机组,协〔合〕作,包给承包人,驾车载运；备队运. *a production team* 生产队. *team design* 成套设计. *team spirit* 集体〔协作〕精神. *team work* = teamwork. *trial team* 试验〔试飞〕队. ▲*team up with* 与…协〔合〕作,共同,结合.

team'ster ['ti:mstə] n. 货〔卡〕车司机.

team'work ['ti:mwə:k] n. 协〔合〕作,协同〔联动〕动作,集体工作,配合. *teamwork key*（话务员）班组协作键.

team'worker n. 协作者.

tea'pot ['ti:pɔt] n. 茶壶. *teapot spout ladle* 茶壶式浇包.

tear¹ [tɛə] Ⅰ (*tore, torn*) v. Ⅱ n. ①撕〔开,破,掉,裂〕,扯〔开,破〕,刺〔戳,划,钩〕破,裂开,拔,猛拉 ②磨〔破损,用〔破坏,裂缝（纹）,撕裂处,扯破的洞 ③飞奔,狂奔,猛冲，磨耗〔损〕,消耗. *tear plate* 扁豆形花纹钢板. *tear resistance* 抗扯〔耐磨〕力,抗扯性,抗扯强度. *tear strip* 罐头〔信封〕开口条. *tear tape* 一头露在外面便于拉开货物包装的一条线. *tear test* 扯裂试验. *tool tear* 刀具折裂. *nylon fabrics that will not tear* 不易撕裂的尼龙织物. *This paper tears easily.* 这种纸一撕就破. ▲*pass by at a tear* 疾驰而过. *tear about* 东奔西窜. *tear at* 撕,强拉. *tear away* 撕裂,扯开,磨损. *tear down* 撕〔扯〕下,拆毁〔卸,除〕,逐条驳斥；诋毁；疾驰而下. *tear in* [to] *pieces* 把…撕〔成,碎（片）,扯碎. *tear in two* 把一撕〔拉〕成两半. *tear it* 使希望成泡影,打破计划,使不能继续下去. *tear M away from N* 从N夺走M,使M同N分离. *tear loose* 扯开,使离开,释放出. *tear off* 扯下,撕去,裂开,跑掉,匆匆做〔写〕成,获得. *tear one's way* 猛进. *tear out* 撕下,扯,拔〔拔〕出,图像撕裂. *tear up* 撕〔扯,（连根）拔〔起〕,扰乱.

tear² [tiə] n. ①（眼）泪 ②泪状物,滴,露. Ⅰ vi. 流泪. *tear bomb* [shell] 催泪弹. *tear gas* 催泪性毒气. *tears of resin* 树脂滴.

tear-and-wear n. 磨损〔耗〕,消耗. *tear-and-wear allowance* 容许磨耗,磨损容差.

tear'down n. 拆卸.

tear'-drop n. 泪珠.

tear'-fault n. 挨断层.

tear'ful ['tiəful] a. (使人)流泪的,含泪的. ~ly ad.

tear'ing ['tɛəriŋ] Ⅰ a. ①撕〔扯〕裂的 ②激〔猛,剧〕烈的,飞奔的 ③了不起的. Ⅰ n. 破裂,撕开,断裂,图像撕裂（图像行同步不准）. *tearing foil* 防爆膜. *tearing force* 撕力. *tearing pace* 飞奔,疾步. *tearing strain* 扯裂应变. *tearing strength* (抗)扯裂强度. *tearing success* 了不起的成就.

tear'-off ['tɛərɔ(:)f] n. 可按虚线撕下的纸片.

tear'out Ⅰ n. 撕断〔掏取〕力. Ⅰ v. 撕〔扯〕下.

tease [ti:z] vt. 梳理,使表面起毛.

teas'er ['ti:zə] n. ①(T-)受激辐射可调电子放大器 ②起绒机 ③难题,难处理的事情. *Teaser transformer*（二-三相互转换电路中的）副〔梯感式〕变压器.

tea'spoon ['ti:spu:n] n. 茶匙 (4 ml).

tea'spoonful n. 一茶匙〔汤匙〕.

teat [ti:t] n. (机械部件上的)小突起,凸缘,凸出部,接头,轴颈,枢轴.

tebelon n. 油酸异丁酯.

Te-Bo gauge 球面型双限塞规.

tech(n) = ① technical(ly) ② technician ③ technology.

techneti′des [tekni′taidis] n. 锝系元素.

techne′tium [tek′ni:ʃiəm] n. 【化】锝 Tc.

tech′netron ['tekni trən] n. 场调管,场效应高能晶体管.

technetron′ic [tekni′trɔnik] a. 电子技术化的,以使用电子技术来解决各种问题为特征的.

tech′nic ['teknik] I n. 技巧[术],工[技]艺,手法,操作(法) II a. =technical.

tech′nical ['teknikəl] I a. ①技术[能]的,工艺[业,程]的 ②专门[业]的,学术上的 ③用工业方式生产的(化工产品) ④根据法律的 ⑤由于投机,操纵市场引起的. II n. (pl.) 技术术语[细则,细节,零件]. *technical institute* 工业专科学校,工艺学院,技术研究院. *technical know-how* 技术知识. *technical matters* 技术问题,技术工艺. *technical regulation* [manual, specification] 技术规范. *technical terms* 专门[技术]名词,术语. *technical word* 术语.

technical′ity [tekni′kæliti] n. ①技术性,专门的[学术]性质,专业性质 ②技术细节,专门事项 ③术语,专门名词.

technicaliza′tion [teknikəlai′zeiʃən] n. 技术[专门]化.

tech′nically ['teknikəli] ad. 学术[技术]上,专门地,用术语.

technical-pure a. 工业纯的.

technic′ian [tek′niʃən] 或 **tech′nicist** n. 技术(人)员,技师[工],(技术)专家,专门人员.

technicology n. 技术学.

tech′nicolor ['teknikʌlə] I a. 天然色的,彩色的,五彩的. II n. ①彩色 ②彩色印片法,彩色电影[电视].

tech′nicolored a. 彩色的,色彩鲜艳的.

tech′nics n. ①术语,专有[技术]名词 ②工艺(学),技术学,专门技术,工程.

technique [tek′ni:k] n. ①技术[巧,艺],工程[艺],技能,手法,(工艺)方法(操作(法) ②技术设备[装备]. *advanced technique* 先进技术. *afterglow technique* 余辉技术. *backing space technique* 积累法. *breakthrough technique* 临界点法. *bump technique* (风刺)驼峰术. *cyclematching technique* 循环匹配[脉冲导航]技术. *experimental technique* 实验方法[技术]. *gas doping technique* 气相掺杂技术. *liquid-liquid technique* 液-液萃取技术. *printed-circuit technique* 印刷电路技术. *standard technique* 标准技术,标准法. *starting technique* 起动方法.

technoc′racy [tek′nɔkrəsi] n. 专家管理,技术统治.

tech′nocrat n. 专家管理论者.

techno-economic a. 技术经济的.

technol = ①technological ②technology.

technol′atry [tek′nɔlətri] n. 技术崇拜.

technolog′ic(al) [teknə′lɔdʒik(əl)] a. ①工艺(上,学)的 ②(科学)技术的,因工业技术发展而引起的. *technological process* 工艺过程.

technolog′ically ad. 工艺[技术]上,从工艺[技术]上说,就科学技术观点而论.

technol′ogist n. 工艺学家[者]的,工艺师,技术人员[专家],科技工作者,科学[工程]技术干部.

technol′ogize vt. 使技术化.

technol′ogy [tek′nɔlɔdʒi] n. ①工艺(学,规程),(工业,生产)技术,技术应用科学,制造学 ②术语(学,汇集),专门用语. *process technology* 生产工艺学,加工技术. *space technology* 宇宙飞行技术. *technology of metals* 金属工艺学.

technoma′nia n. 技术热.

technop′olis n. 技术化社会.

technopol′itan a. 技术化社会的.

technopol′itics n. 技术政治.

tech′nosphere n. 工业[工艺,技术]圈.

tech′nostructure ['teknoustrʌktʃə] n. 技术专家控制体制,技术[专家]阶层.

Teclu burner n. 双层转筒燃烧器.

tecnetron n. 电控管.

Tec-tip n. 共晶度测定仪(商品名).

tectofacies n. 构造相.

tec′togen(e) ['tektɔdʒi:n] n. 挠升区,深坳槽,深地槽,海渊.

tectogen′esis n. 构造(造山)运动.

Tectona n. 柚木属.

tecton′ic [tek′tɔnik] a. (地壳)构造(上)的,建筑的,工艺的. *tectonic earthquake* 构造地震. *tectonic plate* 地层,地壳极块. *tectonic stress* 大地构造应力,地壳应力.

tecton′ics [tek′tɔniks] n. ①筑造学,构造学,工艺学 ②大地构造学,构造地质学.

tec′tonism n. 构造作用.

tec′tonite 或 **taktonite** n. 构造岩,轧成杆状材料.

tectonoclas′tic a. 构造碎裂的.

tectonophys′ics n. 地壳构造物理学.

tecton′osphere n. 构造圈.

tecto′rial [tek′tɔ:riəl] a. 构成覆盖物的.

tector′ium n. 疏松层.

tectose′quent a. 反映构造的.

tec′tosphere n. 构造圈,构造层.

tec′tum n. 顶盖.

TEDAR = telemetered data reduction 遥测数据处理.

te′dious ['ti:djəs] a. ①冗长的,乏味的,令人厌烦的 ②慢的. ~ly ad. ~ness n.

te′dium ['ti:djəm] n. 冗长,单调,乏味.

tee [ti:] I n. ①(英语字母) T, t ② T(字),丁形(物,条,管),丁字接头,丁字铁[梁],丁字形(物),三通(管),直角桧臂 ③三线 ①三相开关. I v. 准备,安排 (up). *landing tee* (指示飞机着陆的) T字布. *"magic tee"* T形波导支路[岔路],幻T形. *reducing tee* 渐缩 T形管[头],异径丁字管节. *tee joint* T字接头,三通,丁字接合(焊接). *tee steel* T形[丁形]钢. *tee tube* T形[三岔]管. *wind tee* T形风向指示器. ▲*tee off* 分叉,开始,怒斥 (on). *to a tee* 恰好地,丝毫不差地.

TEE = test equipment engineering 试验设备工程学.

TEEAR = test equipment error analysis report 试验设备误差分析报告.

tee-beam n. ①T(形)梁,丁字梁 ②T形射[波]束.

tee-bend 或 **tee-joint** n. T形接头.

tee-branch 或 **tee-fitting** n. T形(三通)管.

tee-iron n. T(形)梁,丁字钢.

tee-junction n. 三通, T形接头(连接,交叉).

teem [ti:m] v. ①充盈,顶溅,补浇,点冒口,铸造,倾注,把…注入模具 ②倒出,把…倒空 ③大量地出现,涌现 ④充满,富于,有很多. *teem with blunders* 错误百出. ▲*teem with* 充满,富于,有很多.

teem′ing [′ti:miŋ] I n. 铸造(件),浇铸,顶注,补浇(冒口),点冒口. II a. 充满的,丰富的,多产的. *double teeming* 重(双)浇. *teeming furnace* 铸造(电)炉. *teeming ladle* 盛钢桶. *teeming speed* 铸速.

teen [ti:n] 或 **teen-age(d)** a. 青少年的,十三岁到十九岁的.

teen′-ager [′ti:neidʒə] 或 **teen′er** n. 青少年.

teens [ti:nz] n. (总称)青少年,十多岁.

teen′ster [′ti:nstə] n. =teen-ager.

teensy-weensy a. 极小的,细微的.

tee′ny [′ti:ni] I a. 极(微,细)小的. II n. 青少年.

tee′-off n. 分叉,分出分路.

tee-piece 或 **tee-pipe** n. T形接头,三通〔T形)管.

Teepol n. 阴离子去垢剂〔界面活性剂).

tee-profile n. T形型钢,丁字钢.

tee-root n. T形叶根.

tees [ti:z] n. (pl.) 丁字〔T形)钢.

tee′ter [′ti:tə] n.; v. 摇摆欲坠,摇摆不定,(玩)跷跷板.

teeter-totter n. 仿颠簸汽车测试台,跷跷板.

teeth [ti:θ] tooth 的复数.

teethe [ti:ð] vi. 出牙. *teething troubles* 事情开始时的暂时困难.

tee′totum′ [′ti:tou′tʌm] n. 手转陀螺. ▲*like a teetotum* 旋转着.

teevee n. 无线电传真,电视(机).

tef′lon [′teflɔn] n. 聚四氟乙烯(塑料,绝缘材料),特氟隆.

TEG 或 **teg**=top edge(s) gilt(书籍)顶端烫金.

Tego n. ①铅基轴承合金(锑15～18%,锡1～3%,铜1～2%,铅78～83%) ②酚醛树脂. *tego film* 酚醛树脂薄片胶.

Tegucigal′pa [tegu:si′gælpə] n. 特古西加尔巴(洪都拉斯首都).

teg′ular [′tegjulə] a. (似)瓦(一样排列)的. ~ly ad.

Teh(e)ran [tiə′ra:n] n. 德黑兰(伊朗首都).

teil n. 菩提树.

TEJ=transverse expansion joint 横向胀缩接合.

Teken (荷兰语) n. 雕刻,行,作记号.

tektite n. 熔融(玻陨)石,似璃岩,雷公墨.

TEL=①telephone ②telescope ③test equipment list 试验仪器清单 ④tetraethyl lead 四乙(基)铅 ⑤training equipment list 训练设备清单 ⑥transporter-erector-launcher 运输安装〔竖立)发射装置.

Tel=telephone.

tel=①telegram ②telegraph ③telephone ④television.

tel- (词头)=tele-.

telangiec′tasis n. 毛细血管扩张.

telau′togram [te′lɔ:təgræm] n. 传真电报.

telau′tograph [te′lɔ:təgræf] n. 传真电报(机).

telautog′raphy n. 传真电报学.

telautomat′ics n. 遥控力学〔机械学,自动技术〕,远距离控制.

Tel Aviv [telə′vi:v] n. 特拉维夫(以色列港口).

TELCON=telephone conversation 电话通话.

Telcoseal n. 泰尔科铁镍钴合金(铁54%,镍29%,钴17%).

Telcuman n. 泰尔(精密电气仪表用)铜镍锰合金(铜85%,锰12%,镍3%).

tel′e [′teli] n. 电视.

tele- (词头)①(远距离),遥(控),电视〔视,信),传真.

tele-action n. 遥控作用.

teleam′meter n. 遥测电流计〔安培表).

telear′chics [teli′a:kiks] n. 无线电操纵飞行术.

telearchie n. 遥控高射炮.

teleautomat′ics =telautomatics.

tel′ebar n. 棒料自动送进装置.

tel′ebit [′telɔbit] n. 二进制遥测系统.

telecam′era [teli′kæmərə] n. 电视摄像(影)机.

tel′ecar n. 收发报汽车,遥控车.

tel′ecast [′telika:st] I (*tel′ecast* 或 *tel′ecasted*) v. II n. (用)电视广播〔播送,传输),传输,电视节目.

tel′ecaster n. 电视公司,电视台,电视广播员.

tel′ecen′tric [teli′sentrik] a. 焦阑的,远心的. *telecentric iris* 焦阑. *telecentric stop* 焦阑,远心(光)阑. *telecentric system* 远心光路系统,焦阑系.

telechanson n. 电话音乐.

telechir′ics n. 遥控系统.

telechron n. 电视钟.

tel′ecine [′telisini] n. 电视(传送的)电影(机),电视电影演播室,电视电影传送装置.

telecinematog′raphy [′telisinimə′tɔgrəfi] n. 电视(传送)电影(术).

telecinobufagin n. 远华蟾蜍精.

teleclinom′eter n. (遥测)斜仪.

tel′ecobaltther′apy n. 放射性钴深部治疗.

tel′ecom [′telikɔm] n. 电信.

tel′ecommunica′tion [telikəmju(:)ni′keiʃən] n. (常用 pl.)电信(讯),无线电(长途,远距,远程)通讯,远程运输.

telecom′pass [teli′kʌmpəs] n. 远距离(无线电)罗盘.

tel′econ [′telikɔn] n. 电话会议,(用电传打字电报机进行的)电报会议,硅靶视像管.

telecon′ference [teli′kɔnfərəns] n. 电话〔电报,远距离通讯)会议.

tel′econnex′ion n. 远距离联系.

Teleconst n. 铜镍合金(铜30%,镍70%).

tel′econtrol′ [′telikən′troul] n.; v. 遥控,远距离控制(操纵).

telecop′ier n. 电传复写机.

tel′ecord [′telikɔ:d] n. 电话机上附加的记录器.

tel′ecoup′ler [′teli′kʌplə] n. 共用天线耦合器.

tel′ecourse [′telikɔ:s] n. 电视(传授的)课程.

telecrui′ser [teli′kru:zə] n. 流动电视台.

Telectal alloy n. 泰雷铝硅合金(硅13%,其余铝).

tel′ec′trograph n. 传真电报机.

telec′troscope [ti′lektrəskoup] n. 电报照相机.

telecurietherapy n. 远距高射线疗法.

TELEDAC=telemetric data converter 遥测数据变换器.

tel′ediagno′sis [′telidaiəɡ′nousis] n. (通过)电视(进行的)诊断,远距离诊断.

tel′ediffu′sion n. 无线电广播.

tel′efacsim′ile [′telifək′simili] n. (通过电话线传送讯号进行联系的)电话传真.

tel′efault [′telifɔ:lt] n. 故障检测电感线圈(用于测定电缆故障部位),电缆故障位置检测线圈.

tel′efax [′telifæks] n. 光传真,光波传讯法.

tel′efilm [′telifilm] n. 电视影片.

tel′eflex [′telifleks] n. 转套,软套管.

telefo′cus n. 远距聚焦.
telefork n. 叉式起重拖车.
teleg = ①telegram ②telegraph.
tel′egauge [′teligeidʒ] n. ①遥测仪,远距离遥控〔测量〕仪表 ②可伸缩的〔望远镜(筒)式〕内卡钳.
tel′egen′ic [′telidʒenik] a. 适于拍电视的,适于上电视镜头的. ~ally ad.
telegon n. 无接点交流自整角机,一种自动同步机.
tel′egoniom′eter [′teligouni′omitə] n. 方向〔遥测角〕计,无线电测向仪.
tel′egram [′teligræm] I n. 电报〔信〕. II (tel′egrammed;tel′egramming) v. 用电报发送,打电报(给). express telegram 急电. telegram in cipher 密码电报. telegram in plain language 明码电报. ▲by telegram 用电报. send a telegram 打电报.
tel′egraph [′teligra:f] I n. ①电报(学,术),电信 ②电报〔电信,信号,通信〕机,传令钟. II v. ①电报发送,打电报(给) ②电汇 ③流露. duplex telegraph 双工电报机. printing telegraph 印字电报(机). quadruple telegraph 四工电报机. telegraph a message to …或 telegraph…a message 打电报给…. telegraph cable 电报电缆. telegraph exchange 电报交换机,用户电报. telegraph line 电报线路. telegraph modulated wave 键调波. telegraph operator 报务员. telegraph pole 电杆,电线柱. telegraph receiver 收报机. telegraph repeater 电报转发〔中继〕器. telegraph speed 发报〔发信〕速度. telegraph stamp 电报费费收讫章. telegraph transmitter 电报发送机,发报机. The Daily Telegraph "每日电讯报". ▲by telegraph 用电报.
teleg′rapher [ti′legrəfə] n. 报务员.
tel′egraphese [′teligra:′fi:z] n. ; a. 电(报)文体(的).
telegraph′ic [′teli′græfik] a. ①电报〔信〕的,电送的,电报机的 ②电(报)文体的. telegraphic transfer (T/T)或 telegraphic money order 电汇. ~ally ad.
teleg′raphist n. 报务员,电信兵.
telegraph-modulated wave (等幅)电报波,键调波.
telegraphone n. 录音〔留声〕电报机.
telegraph′oscope n. 电报照相机.
teleg′raphy [ti′legrəfi] n. ①电报(学,术,法),通报,发电报〔信〕 ②电报机装置(术). facsimile〔picture〕 telegraphy 传真电报(术). submarine telegraphy 海底电缆电报(术).
tel′eguide vt. 遥导.
telein′dicator [teli′indikeitə] n. 远距离指示器.
tele-irradiation n. 远距离辐照.
telelec′troscope n. 电传照相仪.
tel′elec′ture [′teli′lektʃə] n. 电话扬声器;(用电话扬声器进行的)电话讲课〔演〕,电话教学.
telemanom′eter n. 遥测压力表.
telemechan′ics 或 **telemech′anism** n. 遥控力学,遥控机械学,遥动学.
telemechaniza′tion n. 远距离机械化.
telemedog′raphy n. 遥控诊疗术.
telemeteorograph n. 遥测气象计.
telemeteorog′raphy n. 遥测气象仪器学.

telemeteorom′etry n. 远距气象测定学,遥测气象仪器制造学.
tel′emeter [′telimi:tə] I n. ①遥测计〔仪,表,装置,发射器〕 ②测距〔远〕仪,测远计,光学测距仪. II v. 遥测,远距离测量,用遥测发射器传送.
tel′emetering [′telimi:təriŋ] n. 遥测(技术),远距离测量,沿无线电遥测线路传送信息. digital telemetering 数字遥测,数字式远距离测量. telemetering gear 无线电遥测装置.
telemet′ric [teli′metrik] a. 遥测的,远距离测量的.
telem′etry [ti′lemitri] n. 遥测技术〔装置,数据〕,生物遥测术,远距离测量术,测距术〔法〕. telemetry information 遥测信息.
tel′emi′croscope [′teli′maikrəskoup] n. 望远显微镜,遥测显微镜.
telemom′eter n. 遥测(式直读荷重)计.
telemonitor v. 遥控.
telemo′tion [teli′mouʃən] n. 无线电操纵.
tel′emotor [′telimoutə] n. ①遥控发(电)动机,遥控马达 ②动力遥控装置,遥控传动装置 ③油压操舵机〔器〕.
telenews′paper n. 传真报纸.
teleobjec′tive n. 望远物镜,遥测对象.
teleol′ogy n. 目的论.
teleon′omy n. 目的性.
teleop′erator n. 遥控操作器,遥控机器人,遥控机械.
teleop′tile n. 鸟羽.
teleorgan′ic a. 生命必需的.
tele(o)roentgenogram n. 远距 X 射线摄影.
tele(o)roentgenograph n. 远距 X 射线摄影机.
teleoroentgenther′apy n. 远距离 X 射线疗法.
Teleostei n. 真骨鱼总目.
Teleostomi n. 真骨类〔纲,亚纲〕.
tel′epaper [′telipeipə] n. 电视传真报纸〔文件〕.
teleparallelism n. 绝对平行度.
tel′ephase [′telifeiz] n. 末期.
telephic a. 恶性的.
tel′ephone [′telifoun] I n. 电话(机),受话器,电话耳机〔听筒〕. II v. 打电话(给) (to). hand-micro telephone 送受话器,手机. telephone book〔directory〕 电话簿,电话号码簿. telephone booth〔box〕(公用)电话间. telephone plant 电话设备. telephone receiver 收话器,听筒,电话耳机. telephone set 电话(单机)装置. telephone transmitter 送话器,话筒. wireless telephone 无线电话. ▲(be) on the telephone 正在打电话,装有电话. by telephone 用电话. call … on the telephone 给…打电话. talk on〔over〕the telephone 通电话.
telephon′ic [teli′fɔnik] a. 电话(机)的,用电话传送的. ~ally ad.
teleph′onist n. 话务员,电话接线员.
telepho′nograph [teli′founəgra:f] n. 电话录音机.
telephonom′eter n. 通话计时器.
telephonom′etry n. 电话测量术,通话时计.
teleph′ony [ti′lefəni] n. 电话(学,术),通话.
tel′epho′to n. 传真电报(发送)机,一种早期电视机.
tel′epho′to [′teli′foutou] I ; a. ①传真电报(机,的) ②远距照相(的),传真照片,摄远的 ③摄远〔远距照相〕镜头. telephoto camera 远距照相机. tele-

photo lens 摄远[远距相]镜头,摄远透镜.
tel'epho'tograph ['telifoutəgra:f] I n. 传真照片[照相,电报],远距照相镜头所摄照片. II v. 用传真电报发送,用远距照相镜头拍摄. ~ic a.
tel'ephotog'raphy ['telifə'tɔgrəfi] n. 传真电报(学,术),传真,电传照相术,远距摄影[照相](术). *wireless telephotography* 无线电传真.
telepho'tolens n. 远摄物镜,望远镜头,远距照相镜头.
telephotom'eter [telifou'tɔmitə] n. 远距光度计,遥测光度表.
telephotom'etry n. 光度遥测法.
tel'eplay ['tepilei] n. 电视广播剧.
tel'eplotter ['telipɔltə] n. 电传绘迹器.
tel'eporta'tion ['telipɔ:'teiʃən] n. 远距传物(物质转变为能再转变为物质).
tel'eprinter [teliprintə] n. 电传打印机,电传打字电报机.
tel'epro'cessing n. (遥)远处理,远程信息处理,远距程序控制,遥控加工. *teleprocessing system* 电传(信息)处理系统,远程信息[远距数据]处理系统.
tel'eprompter ['teliprɔmptə] n. (在电视演说者前逐行映出讲稿的)讲词提示器.
telepsychrom'eter n. 遥测干湿表.
tel'epunch n.; v. 遥控穿孔(机).
telequip'ment n. 遥控装置.
TELERAN 或 **tel'eran** ['teliræn] = television radar air navigation 电视雷达导航(仪,系统).
tel'erecord [telirikɔ:d] vt. 为…摄制电视片,电视录像[摄制,放映],遥测记录.
tel'erecorder n. 遥测自动记录仪.
telergone n. 信息激素.
teleroentgenotherapy n. 深部伦琴射线疗法.
telerun n.; v. 遥控.
telesat = telecommunications satellite 通信卫星,(加拿大政府发展中的)国内通讯卫星系统.
tel'escope ['teliskoup] I n. 望远镜,望远装置,光学仪器,套筒(式). II v. (使)套[嵌]进,撞嵌,(使)插进,(使)依次叠进,伸[叠]缩,使缩短,压紧. *binocular telescope* 双筒望远镜. *director telescope* 望远镜式瞄准器. *radio telescope* 射电(无线电)望远镜. *reflecting telescope* 反射式望远镜. *telescope direct* 正镜. *telescope joint* 套筒接合. *telescope reverse* 倒镜. *telescope tube* 伸缩套管,望远镜筒. *telescoping gauge* 可伸缩(望远镜筒式)内径规. *telescoping jack* 双重螺旋起重器.
tel'escope-feed a. 套筒式.
telescop'ic(al) [teli'skɔpik(əl)] a. ①望远镜(式)的,只能在望远镜中看见的 ②远视的 ③套筒(式)的,套管(叠)的,可伸缩的,可抽(拉)出的. *telescopic aerial* 可伸缩[套筒式]天线. *telescopic leg* (可)伸缩柱. *telescopic photometer* 天文光度计. *telescopic shock absorber* 筒式减震器. *telescopic sight* 望远镜瞄准具. *telescopic stars* 用望远镜才能看到的星. *telescopic system* 远焦(望远)装置. *telescopic tube* 伸缩套管. *telescopic word* 合成词.
telescop'ically ad. 套叠地,可伸缩地. *telescopically adjustable* 套管调节的.
telescopic'ity n. (望远镜形)锥形度.

telescop'iform [telis'kɔpifɔ:m] a. 望远镜形的,套叠式的,可伸缩的.
tel'escreen ['teliskri:n] n. 电视屏幕,荧光屏.
tel'escribe ['teliskraib] n. 电话录音机.
tel'escript ['teliskript] n. 电视广播稿,电视剧本.
tel'eseism 'telisaizəm] n. 远(地)震.
teleseismol'ogy n. 遥测地震学.
teleşeme n. 信号机.
tel'eset ['teliset] n. 电视接收机,电话机. *teleset line* 电话机[电视接收机]线路.
telesignalisa'tion 或 **telesignaliza'tion** n. 遥测[远距离]信号(化,设备).
tel'esong n. 电话音乐.
telespec'troscope n. 远距分光镜.
Tel'estar n. 电星,电星通信卫星.
teleste'reoscope [teli'stiəriəskoup] n. 双眼[体视,主体]望远镜.
telestim'ulator n. 遥控刺激器.
tel'eswitch ['teliswitʃ] n. 遥控开关,遥控键.
tele-symbionts n. 远距共存程序.
tel'esynd n. 远程同步遥控装置,遥测设备.
teletachom'eter [telitæ'kɔmitə] n. 遥测转速计(表).
tel'etalking n. 有声电影.
telether'mograph n. 遥测温度计.
telethermom'eter [teliθə'mɔmitə] n. 遥测[远距]温度计.
telether'moscope n. 遥测温度计.
tel'ethon ['teliθɔn] n. 长时间[马拉松式]电视广播节目.
tel'etorque n. 交流自整角机.
tel'etranscrip'tion ['telitræns'kripʃən] n. 显像管录像,电视屏幕记录片.
tel'etransmis'sion n. 远程(遥测)传送.
tel'etron [telitrɔn] n. 显像管,电视管,(电子)电视射线管.
tel'etube n. 电视显像管.
tel'etype ['telitaip] I n. ①电传打字(电报)机 ②电传打字电报 ③电传打字电报术. II v. 用电传打字电报机发送.
tel'etyper n. 电传打字电报员.
tel'etype'setter ['teli'taipsetə] n. 电传排[铸]字机,遥控排字机,电传排版.
tel'etype'writer n. 电传打字(电报)机.
tel'ety'pist n. 电传打字电报员.
teleutosorus n. 冬孢子堆.
teleutospore n. 冬孢子.
teleutosporiferous a. 带冬孢子的.
televari'ety n. 电视综合表演.
tel'eview ['telivju:] I v. (用电视机)收看,看电视. II n. 电视节目[传真].
tel'eviewer n. 电视观众,并下电视.
tel'evise ['telivaiz] vt. 电视播送,转播电视,(用电视机)放映,电视拍摄. *be televised live* 进行电视实况转播. *televised documentary* 电视纪录片. *televised speech* 电视讲演[话].
tel'evision ['teliviʒən] n. ①电视(学,术) ②电视(接收)机 ③电视广播事业. *appear on television* 在电视中出现. *close circuit television* 工业[闭路式]电视. *colour* [polychrome] *television* 彩色电视. *large-screen television* 大屏幕电视. *mobile televi-*

sion 流动电视车,可移动的电视设备. *monochrome* 〔*black-and-white*〕 *television* 黑白电视. *stereoscopic television* 立体电视. *television-set* 电视(接收)机. ~ary *a*.

televis'ionally [teli'viʒənəli] *ad*. 通过电视.
television-directed *a*. 用电视遥控的.
tel'evisionese *n*. 电视术语.
television-guided *a*. 电视制导的.
tel'evisor ['telivaizə] *n*. ①电视(接收,发射)机 ②电视广播员 ③使用电视接收〔发射〕机的人.
televis'ual [teli'vizjuəl] *a*. ①电视的 ②适于拍摄电视的,适于上电视镜头的.
televolt'meter *n*. 遥测电压表.
tel'evox ['telivɔks] *n*. 机械人,声控机器人.
telewattmeter *n*. 遥测瓦特计.
tel'ewriter *n*. 传真电报机,电传打字机.
tel'ex ['teleks] *n*. ①用户(直通,自动电传打字)电报 ②电报用户直通电路 ③专线电报机.
tel'fer = telpher.
tel'ferage = telpherage.
Telford base 大石块基层,泰尔福式基层.
telg = telegram 电报.
telharmo'nium [telhɑ:'mounjəm] *n*. 电传乐器.
te'liospore *n*. 冬孢子.
te'liostage *n*. (锈菌)冬孢子期,后期.
te'lium *n*. 冬孢子堆.
tell [tel] (*told*, *told*) *v*. ①讲(述),说,告诉,泄露〔密〕②嘱,咐,命令,教 ③(常和 can, could, be able to 连用)区(辨,识)别,分辨,看出,知道,决〔断〕定,担保 ④计算,数 ⑤命(正)中,奏效〔生〕效,发生影响. ▲*all told* 合计,总共(计). *Every shot told*. 百发百中. *tell about* 叙(讲)述. *tell apart* 识(辨)别,看出. *tell M from N* 把 M 同 N〔区别开来,将 M 区)别 M 和 N,分得出 M N. *tell of* 叙(讲)述. *tell off* 报数,分列(遣),分派(工作),申斥,责备. *tell on* 〔*upon*〕影响到,对…有效,告发. *there is no telling* 难以预料,不可能知道.
tel'lable ['teləbl] *a*. 可讲的,可告诉的,值得讲的.
Telledium *n*. 碲铅合金(碲<0.1%,其余铅).
tell'er ['telə] *n*. 讲话人,播音〔检察,出纳〕员,防空情报报告员. *frequency teller* 频率计. *moisture teller* 水份(快速)测定仪.
tel'ling ['teliŋ] I *a*. ①有效〔力〕的 ②显著的,生动的,说明问题的. II *n*. 讲述,知道,看出,辨别. *have no means of telling* 无法知道〔看出,辨别〕. *telling argument* 有力的论证. ~ly *ad*.
tell'ite *n*. 指示灯,印刷电路基板.
Telloy *n*. 细碲粉(末)(商品名).
tell'(-)tale ['tel-teil] I *n*. ①定位标识,舵位指示器,驾驶动作分析仪 ②表示机,记录装置,登记机 ③计数(计算)器,寄存器 ④信号装置,指示〔传信〕器,指示器,示警装置,(指示油罐充满程度的)警报器,警告基条标示(板) ⑤(在考勤车上记录职工上下班时间的)考勤钟 ⑥液面指示器,溢流管. II *a*. ①说明问题的,泄密的 ②警告性的,(机械装置)起警告作用的,监督的,起监督〔记录〕作用的 ③信号的. III *vt*. ①示警,监视 ②记录. *telltale board* 控制〔操作〕信号盘. *telltale device* 信号〔指示,登记〕装置,仪表. *tell-tale pipe* (溢水)显示管. *tell-tale signal* 信号. *tell-tale title* 说明字幕.

tellu'ral [te'ljuərəl] *a*. 地球(上)的.
tel'lurate ['teljureit] *n*. 碲酸盐(酯).
tel'luret ['teljurit] *n*. 碲化物.
tellu'rian [te'ljuəriən] I *a*. 地球(上)的. II *n*. 地球上的居住者.
tellu'ric *a*. ①地球的,大地的 ②(正)碲的. *telluric acid* 碲酸. *telluric current* 大地电流. *telluric line* 大气谱线.
tel'luride ['teljuraid] *n*. 碲化物.
tellu'rion [te'ljuəriən] *n*. 地球仪.
tellurite *n*. 黄碲矿,亚碲酸盐.
tellu'rium [te'ljuəriən] *n*. 【化】碲 Te.
tellurom'eter *n*. (导线,无线电,雷达,电波,脉冲)测距仪,精密测地仪.
tel'lurous ['teljuərəs] *a*. 亚碲的.
tel'lus *n*. ①地球 ②(Tellus)大地女神.
tel'ly ['teli] *n*. 电视(机). *telly viewing* 看电视.
Telnic bronze 特尔尼克耐蚀青铜(铜98.3%,镍1%,磷0.2%,碲0.5%).
telo-〔词头〕末,终,端.
telocen'tric *a*. (具)端着丝点的.
telocopolymeriza'tion *n*. 共调聚反应.
tel'ogen *n*. 调聚体,远控聚合反应的连锁反应链载体.
teloidine *n*. 特洛碱,三羟基莨烷.
tel'ojector *n*. 一种自动换片幻灯机.
telokinesis *n*. 末期动态.
tololecithal *a*. 端卵黄的.
tololemma *n*. 终膜.
tel'omer ['teləmə] *n*. 调聚物,终链〔终端调节〕剂.
telomere *n*. 端粒.
telomer'ic *a*. 调聚的.
telomeriza'tion [teləməraizeiʃən] *n*. 调(节)聚(合)反应.
Telop *n*. 一种自动反射式幻灯机.
tel'ophase *n*. (细胞分裂)末期,终期.
telophragma *n*. 中间盘.
toloreduplica'tion *n*. 末期复制.
telotaxis *n*. 趋激性.
tel'otype ['telətaip] *n*. ①电传打字电报机 ②(一份)电传打字稿.
tel'pher ['telfə] I *n*. ①高架〔架空〕索道(的),电动(架空单轨)缆车(的),天车(的). II *vt*. 用高架索车运输. *telpher conveyer* 缆车(缆索式,吊式)输送机. *telpher line* 高架索道.
tel'pherage ['telfəridʒ] *n*. 高架索道(架空电缆)运输(法).
Tel'star 或 **tel'star** ['telstɑ:] *n*. (美国政府发展的)通讯卫星(系统).
TEM = transverse electromagnetic [electric and magnetic] 横向电磁场(波).
TEM mode = transverse electromagnetic mode 横(向)电磁波(型),TEM 波.
temblor' ['temblɔ:] (*pl. temblor(e)s*) *n*. 地震.
tem'oin ['temɔin] *n*. 挖方土柱(标记挖方深度用).
temp = ①temperature 温度 ②tempered 回过火的 ③template 样(型)板 ④temporary 暂(临)时的.
temp = *tempore* (拉丁语)在…时代(间).
temp diff = temperature difference 温差.
temp grad = temperature gradient 温度陡度.
Tempaloy *n*. 耐蚀铜镍合金(铜89~96%,镍3~5%,

硅 0.8~1%,铝 0~0.47%).

tem'per ['tempə] *v.* ; *n.* ①回火,一种热处理,锻炼 ②回火[色],(钢的)硬度、强度、韧性的程度,(钢的)含碳量 ③调质[节,匀,质,剂],回性调质,揉和,搅和,揉和[粘土],加水混砂,使软化,变柔软 ④(使)缓和、减轻,适中 ⑤调[混]合物 ⑥【轧】平整 ⑦特征、倾向,趋势 ⑧性情,脾气. *oil tempered wire* 油回火钢丝. *temper brittleness* 回火脆性. *temper carbon* 二次石墨,回火碳. *temper drawing color* 回火色. *temper hardening* 回火[冷轧]硬化. *temper paints with oil* 调油彩. *temper rolling* 平整,硬化冷轧,表面光轧. *temper water* 砂子调节用水. *temper wine with water* 在酒里搀水. *tempered air* 调和[预热]空气. *tempered glass* 回火[强化]玻璃. *tempered oil* 调合油. *tempered steel* 回火[还原]钢,煅钢. *tempering oil* 回火油.

tem'perable ['tempərəbl] *a.* ①可回火的,可锻炼的 ②可调[揉]和的.

tem'perament ['tempərəmənt] *n.* ①调和[节,律],适中 ②性情,气质 ③变幻无常. ~**al** [tempərə'mentl] *a.*

tem'perate ['tempərit] *a.* ①有节制的 ②适中[度]的,适可而止的 ③温和的. *temperate climate* 温带气候. *temperate zone* 温带. ~**ly** *ad.* ~**ness** *n.*

tem'perature ['tempritʃə] *n.* 温度,体温. *ambient temperature* 环境[周围介质]温度,室温. *atmospheric temperature* 常温,大气温度. *bulk inlet temperature* (液体,载热体的)入口群体温度. *centigrade temperature* 摄氏温度. *Fahrenheit temperature* 华氏温度. *fusion temperature* 熔点,熔化[熔融,聚变]温度. *Kelvin temperature* 绝对[凯氏]温度. *kindling temperature* 着火点[温度]. *Martensite temperature* 马氏体温度. *static temperature* 静(态)温(度). *temperature alarm* 过热报警. *temperature conductivity* 导温率. *temperature differential* (温)度差. *temperature effect* 温度效应,温差作用. *temperature log* 井温[温度]测井. *temperature shock* 热震,温度休克[刺激]. *temperature tolerance* 耐热性. *temperature traverse* (沿着某条直线的)温度变化,温度分布. *transition temperature* 转变温度. *zero temperature* 零(点温)度.

▲*have* [run] *a temperature* 有热度,发烧. *take one's temperature* 量体温.

tem'perature-com'pensated *a.* 温度补偿的.

temperature-control chamber 恒温室,定温室.

tem'perature-depen'dent *a.* 与温度有关(的),随温度而变的. *temperature-dependent resistor* 热变电阻(器).

tem'perature-gra'dient *n.* 温度陡[梯]度.

tem'perature-indepen'dent *a.* 与温度无关的(的).

tem'perature-resis'tant *a.* 耐[抗]热的,热稳定的,温度不灵敏的.

tem'perature-sen'sing 或 **tem'perature-sen'sitive** *a.* 对温度变化灵敏的,热敏的,感温的. *temperature-sensitive paint* 示温漆,测温色笔.

tem'pered-hard'ness *n.* 回火硬度.

tem'pering ['tempəriŋ] *n.* ①回火,(型砂的)回性(外理),回韧 ②人工老[陈]化 ③混料[合],调和,(煤中)(略)加水(分). *lead tempering* 铅浴回火. *tempering coil* 调温蛇管. *tempering color* 回火色. *tempering drawing* 回火. *tempering furnace* 回火炉. *tempering mill* 硬化冷轧机,表面光轧机. *tempering sand* 回火[调质]砂. *tempering tank* 混合桶[槽].

Temperite *n.* (混凝土)氯化钙防冻剂. *Temperite alloy* 坦普莱特铅锡铋镉易熔合金.

tem'pest ['tempist] Ⅰ *n.* 风暴[恶劣]天气,大风暴,暴风雨[雪]. Ⅱ *vt.* 使骚动,动乱,使激动.

tem'pest-beaten *a.* 受暴风雨袭击的.

tem'pest-swept *a.* 被暴风雨席卷的.

tem'pest-tossed 或 **tem'pest-tost** *a.* 动荡不定的,颠簸飘摇的.

tempes'tuous [tem'pestjuəs] *a.* ①大风暴的,暴风雨[雪]的 ②剧烈的. ~**ly** *ad.*

tem'pi ['tempi:] tempo 的复数.

tempil *n.* 测温剂. *tempil alloy* 定熔点测温合金(系)(温度范围 55~1400℃,间差约 8℃). *tempil stick* 热色棒,测温色笔.

tempilac *n.* 坦皮赖克示温漆.

tempilstik *n.* 示温漆,温度指示漆.

tem'plate ['templit] Ⅰ *n.* ①样[模,型]板,模型[子],样[卡,量]规,刮尺,标准框 ②(切向推进磨的)导板 ③垫石[木],(墙中的)承梁短板 ④透明绘图纸,硫酸纸 ⑤名字(属性)单元. Ⅰ *v.* 放样. *angle template* 角规,角度板. *rail gage template* 轨距规. *template cutter* 模板切割器. *template moulding* 刮板造型. *template eyepiece* 轮廓目镜. *template process* 仿形铣齿法.

tem'ple ['templ] *n.* ①【纺】伸幅器,边撑 ②教堂,寺庙 ③场所 ④太阳穴.

tem'plet =template.

templin chuck (拉力试验用)楔形夹头.

Templug *n.* 测温塞(量测被旋入活塞的局部温度的硬化了的钢螺旋塞).

tem'po ['tempou] (pl. *tem'pos* 或 *tem'pi*)[意大利语] *n.* ①速度[率],节拍 ②进度,发展速度. *at higher tempo* 以更高的速度. *keep pace with the swift tempo of the day* 跟上时代的飞速步伐.

tempo =temporary.

tempolabile *a.* 瞬(时)间变的.

tem'poral ['tempərəl] Ⅰ *a.* ①瞬[瞬]时的,暂存的,短暂的 ②现世的,世间的,时间(上)的. Ⅱ *n.* (pl.)暂存(世间)的事物. *temporal coherence* 时间[瞬时]相干性. *temporal homogeneous* 时齐的.

temporal'ity [tempə'ræliti] *n.* 暂时[短暂]性.

tem'poralize *vt.* 把…放在时间上关系中(来确定).

tem'porarily ['tempərərili] *ad.* 暂(一,时)时.

tem'porariness *n.* 暂[临]时性.

tem'porary ['tempərəri] Ⅰ *a.* 暂时的,临时的,一时的,顷刻的. Ⅱ *n.* 临时工. *temporary bridge* 临时桥,便桥. *temporary location*【数】中间工作,暂时单元. *temporary maintenance expedients* 临时维修措施. *temporary memory* 暂存器,寄存器,暂时存储. *temporary needs* 暂时需要. *temporary*

pattern 单件或小量生产的模型. ***temporary receipt*** 临时收据. ***temporary seal for joint*** 接缝的临时填封,临时封接. ***temporary set*** 弹性形变. ***temporary storage*** 中间存储器,暂[寄]存器.

tem′porise 或 **tem′porize** ['tempəraiz] *vi.* ①因循,迎合潮流,见风使舵,投机 ②(为取得时间)拖延,应付 ③(与…)妥协(with). ***temporizing measures*** 临时办法,权宜措施. **temporisa′tion** 或 **temporiza′tion** *n.*

tem′porizingly *ad.* 因循地,拖延应付地.

tempos′copy *n.* 极快和精确过程显示.

tempt [tempt] *vt.* ①引诱,诱惑[导] ②吸引,使发生兴趣,说服,鼓动 ③考验,试探. ▲***be tempted off the straight path*** 被引入歧途. ***be tempted to***+***inf.*** 被诱惑去(做),总想(做). ***tempt*** … ***into***+***ing*** 引诱[导致,诱使,引起]…(做). ***tempt*** … ***to***+***inf.*** …想…做,诱使…(做).

temptabil′ity *n.* 诱惑性.

tempt′able *a.* 易被引诱的,可诱惑的.

tempta′tion [temp'teiʃən] *n.* 诱惑(物),引诱,试验,考验. ▲***fall into temptation*** 或 ***yield***〔***give way***〕***to temptation*** 受诱惑. ***lead***(***one***)***into temptation*** 使(人)受诱惑[迷]惑.

tempt′er ['temptə] *n.* ①诱惑者[物] ②魔鬼.

tempt′ing ['temptiŋ] *a.* 诱(惑)人的,吸引人的. ▲***It is tempting to***+***inf.*** 人们可能很想(做). ~**ly** *ad.*

tempus fugit 〔拉丁语〕光阴似箭.

ten [ten] *n.*; *a.* 十(的),十个(的),(pl.)十位(数). ***ten nine***(***s***)***'s*** 十个九. ***ten's complement*** 十的补码,十进制补码. ***ten's digit*** 十进制数(字). ***ten's place*** 十位. ▲***ten times as***(***easy***)(容易)十倍,(容易)ten. ***tens of thousands*** 数万,好几万. ***ten to one*** 十之八九,非常可能.

ten′able ['tenəbl] *a.* ①守得住的,(主张等)站得住(脚)的 ②可保任[住]的,支持(若干时间)的,可延续(若干时间)的,为期(若干时间)的(for). ~**ness** 或 **tenabil′ity** *n.*

tena′cious [ti'neiʃəs] *a.* ①强[坚]韧的 ②粘[韧性,滞]性的,粘着力强的,有附着力的 ③坚持的,固执的,顽强的 ④抓紧的,紧握的,不放松的. ***tenacious clay*** 粘土. ***tenacious grip*** 紧握. ***tenacious struggle*** 不屈不挠的斗争. ***tenacious wood*** 坚韧的木料. ▲***be tenacious in***+***ing*** 坚持,在…方面表现得不屈不挠. ***be tenacious of***…很强,不轻易改…

tenac′ity [ti'næsiti] *n.* ①坚韧,韧性[度],粘(韧)性 ②弹性,抗断强度 ③紧握,固执,坚持,顽强.

ten′ancy ['tenənsi] *n.* ①租用[赁,地,房)的,租期 ②占〔据〕有.

ten′ant ['tenənt] **I** *n.* 承租人,租户,租地〔房〕人,占用者,居住者. **I** *vt.* 租借〔用〕的,租(地)的,租赁.

tenantry *n.* 承租人,租赁.

tenaplate *n.* 涂胶铝箔.

ten-chord spiral 十弦螺旋曲线.

tend [tend] *v.* ①趋[倾,走]向,有…的倾向,(势必)会 ②力[企]图,达到 ③负[照]有,对…有帮助力 ④照管[看]的,招待,看[守]护,管理,饲养 ⑤留心,注意,守望. ▲***tend on***〔***upon***〕招待,照料. ***tend to*** 趋于,倾向于;留心. ***tend to***+***inf.*** ①(往往)会,(必然)能,使,势必,往往引起[引致] ②趋[倾]向的(做) ③力[企]图(做) ④有助于(做). ***tend towards*** 趋向于,有…的倾向. ***there tend to be*** 往往存在,往往会有.

tend′ance ['tendəns] *n.* 照料,看护,关心,注意.

tenden′cious =tendentious.

tend′ency ['tendənsi] *n.* 倾向,趋势[向],意向,旨趣. ▲***tendency to***…的倾向[趋势,可能性]. ***tendency for***…***to***+***inf.*** …(做)的倾向[可能性]. ***The tendency is for***…***to be***…趋势是使…成为…. ***The tendency is for***…***to***+***inf.*** 趋势是使…(做).

tenden′tious [ten'denʃəs] *a.* (讲话,文章等)有倾向性的. ~**ly** *ad.* ~**ness** *n.*

ten′der ['tendə] **I** *n.* ①照管[料]者,看管人 ②(铁路)煤水车,服务车,供应船[艇,物),补给船,小船,汽艇 ③招[投]标,承包,标件 ④提出,提供 ⑤请偿,偿付 ⑥货币,偿付的手段 ⑦在管中输送的部分油品. **I** *v.* ①(正式)提出,提供,申请 ②报价,偿还[付],照付,支付货币 ③投标〔for〕④使变柔软[脆弱]. **II** *a.* ①(柔)软的,嫩的,温和的,脆弱的,易损坏的 ②易倾斜的,稳定性小的 ③敏感的 ④棘手的,难对付的,微妙的 ⑤担心的,不轻易给予的(of). ***ballistic missile submarine tender*** 弹道导弹潜艇供应舰. ***call for tenders*** 招标. ***crash tender*** 机场救护车. ***fire tender*** 消防车. ***legal tender*** 合法货币,偿付时债权人必须接受的货币. ***make***〔***put up***〕***a tender for*** 投标承办. ***tender documents*** 交单. ***tender for the construction of*** 投标承建. ***tender one's advice*** 提出意见. ***tender tank*** 煤水车水箱. ***tender vessel*** 易倾船,高重心船. ***touch*** … ***on a tender spot*** 触及…的弱点,打中…的痛处.

tend′erer ['tendərə] *n.* 提供[出]者,投标人.

ten′derly ['tendəli] *ad.* 柔软地,温和地. **ten′derness** *n.*

ten′der-minded *a.* 空想的,脱离实际的.

ten′dogram *n.* 腱震图.

tendomucoid *n.* 腱粘蛋白.

ten′don ['tendən] *n.* ①腱,筋 ②预应力钢筋腱,钢筋束. ***tendon wire*** 力筋用钢丝.

ten′dril *n.* 卷须,蔓,卷须攀缘植物,似卷须状之物.

tenebres′cence [tenə'bresəns] *n.* 曙暮光,磷光熄灭[消失],变色荧光,光吸收.

tenebrif′ic [teni'brifik] *a.* 阴沉的,产生阴暗的,造成黑暗的.

ten′ebrous ['tenibrəs] *a.* ①黑暗的,阴沉的 ②难懂的. ~**ness** *n.*

Tenelon *n.* 高锰高氮不锈钢(碳<0.10%,铬18%,锰14.5%,氮0.40%).

ten′ement ['tenimənt] *n.* ①寓所,公寓,(公寓的)一套房间 ②租用房屋 ③地,地产. ***tenement building***〔***house***〕公寓.

tenemen′tal 或 **tenemen′tary** *a.* (供)出租的,地产的.

te′net ['ti:net] *n.* 信条,宗旨,原则,主义,教理[义].

ten′fold ['tenfould] *a.*; *ad.* 十倍(重)(的)(的).

tengerite 水菱钇石.

te′niacide *n.* 杀绦虫剂.

teni′asis *n.* 绦虫病.

Tenite *n.* 吞奈特(乙酸丁酸纤维素塑料).

Tenn =Tennessee.

ten'nantite n. 砷黝铜矿.

ten'ner ['tenə] n. 十美元〔十英镑〕纸币.

Tennessee' [tene'si:] n. (美国)田纳西(州).

ten'nis ['tenis] n. 网球. *tennis court* 网球场. *tennis shoes* 网球鞋.

ten'on ['tenən] Ⅰ n. (雄)榫(头),凸榫(钉),榫舌,笋. Ⅱ v. 在…上开榫,造榫,配榫,接笋,(用)榫接(合). *(double) tenoning machine* (双轴)开榫机. *tenon and mortise* 雌雄榫. *tenon joint(ing)* 榫接合. *tenon saw* 开榫锯,手(榫)锯.

ten'on-bar splice 棍板榫接法.

ten'oner n. 开榫(制榫)机,接榫者.

ten'on-making machine n. 开榫机.

tenonom'eter [tenə'nɔmitə] n. 眼压计.

ten'or ['tenə] n. ①要旨,大意,条理 ②动(趋)向 ③进(路)程 ④(矿石)品位,金属含量 ⑤誊本,精确的抄本,提单,汇票等的各联副本 ⑥(支票的)期限 ⑦男高音,次中音部. *even tenor* 单调,千篇一律.

ten'orite ['tenərait] n. 黑铜矿.

tenpenny nail 三英寸大钉.

TENS =tension.

tense [tens] Ⅰ a. 拉(绷)紧的,紧张的,有应力的. Ⅱ v. (使)拉紧,使紧张. Ⅲ n. (动词)时态. ▲*at prime tense* 最(起,当)初,起先,立即. ~ly ad. ~ness n.

tensibil'ity [tensi'biliti] n. 可伸长性.

ten'sible ['tensibl] a. 能拉长的,能伸展的. **ten'sibly** ad.

ten'sile ['tensail] a. ①拉(张)力的,受拉动的,抗拉(张)的,拉伸的 ②可伸长的,伸展的,可拉(伸)长的,紧张的. *tensile failure* 拉断. *tensile force* 拉(张)力. *tensile strain* 拉伸(抗拉)应变,张应变. *tensile strength* 抗拉(拉伸)强度. *tensile stress* 拉(张)应力,拉伸应力. *tensile test* 拉力(抗拉)试验.

Tensilite n. 登赛赖特耐蚀高强度铸造黄铜(锌29.5%,铝3%,锰2.5%,铁1%,其余铜).

tensil'ity n. 可拉伸性,可张性,延性.

tensim'eter [ten'simitə] n. (流体)压力计,(流体)压强计,(蒸气)压力计,饱和汽压计.

tensiom'eter [tensi'ɔmitə] n. 张(拉,牵)力计,伸长〔延伸〕计,引伸〔张力〕仪,(表面张力)滴重计,液体表面张力计,土(壤)湿度计. **tensiomet'ric** a.

tensiom'etry n. 张力测量术.

ten'sion ['tenʃən] Ⅰ n. ①张(拉,牵,引,应,压,弹,膨胀)力,应力状态 ②电(气)压,压强,蒸汽压 ③紧张(状态),绷(拉)紧情况 ④伸展,张开,拉伸. Ⅱ v. (使)紧张,拉伸,(加)张,扣紧. *adjust tension* 调节松紧. *electrolytic tension* 电解电势,电解液张力. *high tension* 高压. *high tension magneto* 高压永磁发电机,高压磁电机. *high tension steel* 高强度钢. *high tension switch* 高压开关. *interfacial tension* 面际张力,分界面上的表面张力. *international tension* 国际紧张局势. *membrane tension* 薄膜张力. *surface tension* 表面张力. *tension arm* (张,压)力臂. *tension bar* (拉力)杆. *tension diagonal* 拉(力)斜撑. *tension electric process* 电流直接加热淬火法. *tension fiber* 受拉纤维. *tension fracture* 拉断. *tension gear* 牵引(张紧)装置. *tension impulse* 电压脉冲. *tension joint* 受拉接合. *tension member* 受拉杆(构)件. *tension meter* 拉(张)力计. *tension reinforcement* 受(抗)拉钢筋. *tension rod* 拉(力)杆. *tension side* 皮带紧边(主动边). *tension spring* 拉(力)弹(簧),张簧,拉伸(弹)簧,牵(引)簧. *tension stress* 拉应力,张应力,拉伸应力. *tension weight* 拉重. *tension yield point* 受拉(力)屈服点. *vapour tension* (蒸)汽压. *tensioned wire* 张拉钢丝. ▲(*be*) *in tension* 受拉(伸),承受拉力. ~al a.

ten'sioner n. 张紧轮,张紧装置. *chain tensioner* 拉链器.

ten'sion-free a. 无拉(张)力的,无电压的.

ten'sity ['tensiti] n. 紧张(度).

ten'sive ['tensiv] a. (引起)拉(张)力的;紧张的.

tensodiffu'sion n. 张力扩散.

tensom'eter [ten'sɔmitə] n. =tensiomater.

tensom'etric a. 测张力的,测伸长的.

tensom'etry n. 张力测量术.

ten'sor ['tensə] n. 张量,磁张线,伸张器;张肌. *tensor calculus* 张量计算. *tensor of stress* 或 *stress tensor* 应力张量. *tensor permeability* 张量导磁率. ~ial a.

tensor-density n. 张量密度.

tensor-shear n. 张量切变.

ten-strike n. 大胜利,大成功.

ten-symbol a. 十进位的.

tent [tent] Ⅰ n. ①帐篷(状物),帐棚,天(帷)幕 ②寓所,住处 ③(户外用)活动暗室 ④塞条. Ⅱ v. ①搭(住)帐篷,用帐篷遮盖,宿营 ②以天幕覆盖 ③将消毒棉花或纱布塞入(伤口) ④注意,看护,照料,观察. *pitch a tent* 搭帐篷. *tent bed* 行军床,帐篷式卧床. *tent fly* 帐篷盖. *tent poling* 突然偏转(在声波测井中,由于周波跳跃或仪器的停顿而产生的曲线突然偏转).

TENT =tentative.

ten'tacle ['tentəkl] n. 触手(角),魔爪.

ten'tacled a. 有触手(角)的.

tentac'ular [ten'tækjulə] a. 触手(状)的.

tentac'uliform [ten'tækjulifɔːm] a. 触手状的.

tent'age ['tentidʒ] n. 帐篷,宿营装备.

tenta'tion [ten'teiʃən] n. 假设,试验,尝试. *tentation data* 试验(假设,预定)数据.

ten'tative ['tentətiv] Ⅰ a. ①试验(性)的,试探(性)的,假定的,推测的 ②临时的,暂行(定,时)的,试(验)用的,草案的,初步的. Ⅱ n. ①试(验),实验,推测 ②(pl.)试用(试验)标准,临时规定,试验性建议. *tentative sites* 比较坝址. *tentative specification* 暂(试)行(技术)规范. *tentative standard* 暂(试)行标准. ~ly ad. ~ness n.

tent'er ['tentə] Ⅰ n. ①张布架(钩),【纺】拉幅机(钩) ②(机器)看管人. Ⅱ vt. 把…绷在拉幅机上. *tentering machine* 拉幅机.

ten'terhook n. 拉幅(张布)钩. ▲*be on tenterhooks* 提心吊胆, 焦虑不安.

tenth [tenθ] ; a. ①第十(的) ②(…月)10日 ③十分之一(的),十等分(的). *a few tenths of a mV* 零点几毫伏. *tenth highest hourly volume* 一年间第十

tenth'ly ad. (在)第十.

tenthme'ter [tenθ'miːtə] n. 埃(指 angstrom 波长单位,$=10^{-10}$m).

tenth-normal a. 分规的,十分之一当量浓度的.

tenth-rate a. 最劣等的.

Tenual n. 特纽阿尔高强度铜铝合金(铜 9.2～10.8%,铁 1.0～1.5%,镁 0.15～0.35%,其余铝).

tenuigenin A 细胞膜人.

tenu'ity [te'njuiti] n. ①(纤)细,(稀)薄,(空气,流体等的)稀薄(度).(光,声)微弱 ②贫乏,空洞.

ten'uous ['tenjuəs] a. ①(纤)细的,(稀)薄的,薄(脆)弱的 ②精细的,微细(妙)的. ~ly ad. ~ness n.

ten'ure ['tenjuə] n. 不动产占有(权,期),(土地等的)保有条件,(租借)地,享有期间.使用(权,期),任期. during one's tenure of office 在任职期间.

tenu'rial a.

Tenzalloy n. 坦查洛依铝锌铸造合金(锌 8%,铜 0.8%,镁 0.4%,其余铝).

TEOS =tetraethyl orthosilicate 原硅酸四乙酯.

teosin'te n. 野生玉蜀黍,大刍草.

TEP =tissue-equivalent plastic 组织等效塑料.

tepefac'tion n. 微温,温热.

tep'efy ['tepifai] v. (使)变温热,使微温.

tep'etate ['tepiteit] n. 灰盖.

te'phigram ['tiːfigræm] n. 温熵图,T图.

teph'ra n. 火山喷发碎屑.

teph'rite n. 碱玄岩.

teph'roite n. 锰橄榄石.

tephros n. 火山灰沉积物.

tep'id ['tepid] a. 微温(温热)的,不冷不热的,平常的. have only a tepid interest in 对…兴趣不大. ~ity n. ~ly ad. ~ness n.

tepor [拉丁语] 微温.

ter [tə] [意大利语] ad. 三次(度). 10ter = 10 tertiary(第)十(位).T

TER 或 **ter** =①terrace 阳台,台(阶)地 ②terrazzo 水磨石 ③territory 领土(域),地区,范围 ④tertiary 第三的.

ter- [词头] 三(重,倍).

tera (=10^{12})太(拉).

tera- [词头] 太(拉),10^{12}.

teracid'ic a. 三价的.

teramor'phous a. 畸形的.

terat'ic a. 畸形的.

teratogen n. 致畸胎物,致畸原,(pl.)畸胎.

teratogen'esis n. 畸(胎)形生成.

teratogen'ic a. 引起畸形的.

teratogenic'ity n. 致畸态性.

teratoma n. 畸胎(态)瘤.

Ter'atron n. 亚麦米波振荡器.

ter'awatt n. 太瓦,10^{12} 瓦,10^9 千瓦.

TERB =terrazzo base 水磨石基础.

ter'bia n. 氧化铽.

ter'bium ['təːbiəm] n. 【化】铽 Tb.

terbromide n. 三溴化合物.

tercenten'ary 或 **tercenten'nial** a.; n. 三百年(纪念日)(的).

tercentesimal thermometric scale 近似绝对温标.

terchebin n. 诃子素.

terchlo'ride n. 三氯化合物.

tercile n. 【统计】百分位点.

Tercod n. 碳化硅耐火材料.

ter'denary a. 十三进制的.

ter'ebene ['terəbiːn] n. 萜,松节油精,芸香烯.

terebic acid 芸香酸.

ter'ebinth n. 松脂木,笃薅香树. oil of terebinth 松节油.

tere'do [tə'riːdou] (pl. tere'dos 或 teredines) n. 蛀船虫.

terephthalaldehyde n. 对酞醛,苯对二甲醛.

terephthalate n. 对酞酸盐,对苯二(甲)酸盐(酯).

terephthal(ic) acid 对苯二(甲)酸,对酞酸.

teresantalol n. 对檀香醇.

terex glass n. 一种理化用玻璃.

terfluoride n. 三氟化合物.

tergal a. 背的,背面的.

ter'giversate ['təːdʒivəːseit] vi. ①变节,背叛 ②完全改变意见 ③自相矛盾,搪塞. **tergiversa'tion** n.

terhalide n. 三卤化合物.

teri'odide n. 三碘化合物.

term [təːm] I n. ①期(限,间),限(学,任)期 ②(用)语,(专门)名词,措词 ③【数】项,条,【物】(状态(能量,光谱)项,能级,边界,限度,范围,界(限)限界石(标),终点(止) ④(谈判,合同)条件,条款,费用 ⑤(pl.)关系 ⑥胸像柱 ⑦足月(孕). I vt. 把…称为口叫做. cubic term 三次项. during one's term of office 在任职期间. failure terms 故障测定. letter of credit terms 信用证条款. major [middle, minor] term 大(中,小)项. technical terms 术语,技术(术)语(专门)名词. term hour 定时上课时(间). term of service 使用期限. term of validity 有效期间. term value 项值. terms of an agreement 协议条款. terms of reference 研究范围. terms of trade 进出口交换比率. the term of an insurance policy 保险契约有效期. transpose a term 移项. Terms cash. 须用现金支付. ▲be officially termed 被正式称作. bring…to terms 迫使…同意(接受,屈服). come to terms 达成协议. for a term of five years 期限五年. in any terms 无论如何都. in general terms 概括地说,一般地(说). in plain [simple] terms 简单说,简言之. in practical terms 实际上. in set terms 明确地. in terms of 依(根)据,按照,用…字眼(语句)来表示,利用,通过,关于,就…而论,在…方面(意义上)(上),从…观点来看;以…为单位,折合,换算. in terms of theory 在理论上. in the long term 从长远观点来看. make terms with 与…达成协议. not on [upon] any terms 决不. on easy terms 以宽厚的条件,以分期付款方式. on even terms with 和…不相上下. on one's own terms 根据自己的主张(条件,按照自己的定价. set a term to 对…加以限制,制止,给…定限期(限). set terms 定条件,固定词语. term by term 逐项地. terms of reference 受权调查范围. upon no terms 决不.

term = ①terminal 终端,端子 ②termination 结束,终

点,终端(装置,负载).

term j sw = terminal jack switch-board 长途电话交换机终端塞孔.

term. strips = terminal strips 端子板.

term-by-term a. 逐项的. *term-by-term combination* 并项. *term-by-term differe ntiation* 逐项微分(法). *term-by-term integration* 逐项积分(法).

terminabil′ity [tə:minə′biliti] n. 可终止性,有限期性.

ter′minable [′tə:minəbl] a. 可终[截]止的,有限期的. **ter′minably** ad.

terminad ad. 向末端.

ter′minal [′tə:minl] I a. ①末端的,终点(站)的,最终的【数】末项的,极限的 ②电极的,输出的 ③每(学)期的,定期的,定期的. I n. ①(终,末,输出)端,终[端]点,尾部,端饰,极限 ②端子[钮],接线柱,接头,接管头,引线,(接)线端,线夹[柱],套管,电极,终端设备,终端结下号 ③终点站,总站,航空集散地,卸货[特种]码头,转运基地,中转油库. *air terminal* 航空(集散,终点)站. *controller terminal* 控制器端子. *ignition terminal*(车的)点火(开关)接线头,点火端子. *lead terminal* 引线端子. *pole terminal* 电极靴. *receiving terminal* 接收端(方向). *terminal accuracy* 末(终)端引导精度. *terminal aides* 终端导航设备. *terminal area* [pad] 焊〔连接〕盘,接点. *terminal block* 接线板[盒]. *terminal bud*【植】顶芽. *terminal charges* 装卸费. *terminal check* 最后校验. *terminal face* 端面. *terminal feature* 尽头有前景色,(道路)尽头布置. *terminal laser level population* 端子激光能级粒子数. *terminal lug* 端子衔套,端耳套,接线片,电缆终端. *terminal organs* 首尾[两端]机构. *terminal pin* 尾销. *terminal point* 终点,接线点. *terminal station* 终点站. *terminal subscription* 定期订费. *terminal velocity* 落〔末〕速,极限[临界]速度. *terminal vertex* 悬挂点. *toll terminal* 长途终端局,长途电话局直通用户线. *top terminal* 高压电极.~ ly ad.

C-terminal C 末端,羧基末端.

N-terminal N 末端,氨基末端.

ter′minate [′tə:mineit] I v. ①终〔停〕,中止,结束,结〔收〕尾 ②限定,期满 ③端〔子连〕接,终接,接在端头〔点,上.I a. 有〔限〕的,有尽的,终止的. *terminate side of an angle* 角的终边. *terminated line* 有(负)载线.▲*be terminated with* 末端是. *terminate in* 终止.

ter′minating I n. 连(端)接,接通,终端〔止,结〕终端负载,线端扭结〔加负载〕,收信. I a. 有尽的. *terminating chain* 有终止的链. *terminating decimal* 有尽小数.

termina′tion [tə:mi′neiʃən] n. ①终止(局,作用),结束〔终〕,归结 ②界线〔装置,设备) ③端接(法) ③终点(站) ④界限,词尾. *chain termination* 链终止(作用). *mid-series termination* 半 T 端接法. *power termination* 功率收发端盖. *termination of contract* 合同〔契约〕满期.▲*bring… to a termination* 使…结束. *put a termination to…* 结束…. ~ al a.

termination-of-series error 级数收尾误差.

ter′minative [′tə:mineitiv] I a. 结尾〔束〕的,终了的,限定的. I n. 词尾. *contract terminative with the cessation of* 随着…结束即失效的合同. ~ ly ad.

ter′minator [′tə:mineitə] n. ①终端负载〔套管,连接器〕@限定者[物],终止者[物,剂],终止密码子,结束[终止,终结]符 ③【天】(月面)明暗界线,晨昏线. *chain terminator* 止链剂. *terminator program* 终止(终结)程序.

ter′mine [′tə:min] vt. ①限(定),定,立界限,终〔停〕止,完[了]结,结束,满期 ②决〔断,推,确,限,规〕定,决心〔意〕.

ter′mini [′tə:minai] n. terminus 的复数.

terminolog′ical [tə:minə′lɔdʒekəl] a. 术语的,专门名词的. ~ ly ad.

terminol′ogy [tə:mi′nɔlədʒi] n. 专门名词,术语,词汇,术语〔名词〕学. *scientific terminology* 科学术语.

ter′minus [′tə:minəs] (pl. *ter′mini*) n. ①终点(站),末端,界限[标,桩,柱],目标,极限 ②胸像线. *termini generales* 通称.▲*terminus a quo* [拉丁语]出发点,起点,开始期. *terminus ad quem* [拉丁语]目的〔标],结论,终止期.

ter′mite n. 白蚁.

Ter′mite [′tə:mait] n. 铅基轴承合金(铅 73.5～74%,铅 14.5%,锡 5.75%,铜 2.5～3%,镉 2%,砷 1%).

termiticole n. 栖白蚁寄动物.

termitiphile n. 喜白蚁动物.

termitophil n. 喜白蚁动物.

term′less a. 无穷的,无限的,无条件的,难于形容的.

term′ly [′tə:mli] a. ; ad. 定期(的).

termolec′ular a. 三分子的.

ter′mone n. 定性(别)素,藻类定性素(决定配子雌雄的物质).

term′wise a.; ad. 逐项(地). *termwise inxegration* 逐项积分.

tern [tə:n] n. ; a. 三个一套[一组)(的),三重(的),燕鸥.

ter′nary [′tə:nəri] a. n. 三个一套(,构成)的,三重元,变数,变量,进制)(的),第三的. *ternary alloy(s)* 三元合金. *ternary code* 三进(三单元)制代码. *ternary compound* 三元化合物. *ternary counter* 三进制计数器. *ternary cubic form* 三元三次型〔形式). *ternary electrolyte* 三元电解质. *ternary fission* 三分(核)裂变〔分裂). *ternary notation* 三进制记数法. *ternary scale* 三进记数法. *ternary set* 三分点集.

ter′nate [′tə:neit] a. 三个(一组)的,由三个(小叶)组成的,含有三个的,三个一组排列的,轮生的. ~ ly ad.

terne [tə:n] I vt. 镀锡(铅). I n. 铅锡合金,镀铅锡钢〔铁〕板. *terne alloy* 铅锡合金(锡 10～15%,锑 85～90%). *terne metal* 铅锡合金(铅 80～80.5%,锑 1.5～2%,锡 18%或锡 10～15%,锑 85～90%). *terne plate* 镀铅锡(合金)钢板. *terne plating* 镀以铅锡合金层.

terne′plate [′tə:npleit] n. 镀铅锡钢〔铁〕板(镀以 4:1 的铅锡合金).

terpadiene n. 萜二烯.
ter'pane ['təpein] n. 萜烷, 赞烷.
ter'pene ['təːpiːn] n. 萜烯,萜(烃),松节油.
ter'penoid n. 类萜(烯),萜类化合物.
terphenyl n. 萜烯基.
terphenyl n. 三联苯.
terpilenol n. 萜品醇.
ter'pin n. 萜品, 萜二醇.
ter'pinen(e) n. 萜品烯, 松油烯.
terpin'eol n. 萜品醇, 松油醇.
terpinolene n. 异松油烯.
terpol'ymer n. 三(元共)聚物.
terpolymeriza'tion n. 三聚作用.
terpyridyl n. 三联吡啶.
terr = territory 领土(域),范围.
ter'ra ['terə] [拉丁语] n. 土,(土)地,地球. *terra cariosa* 硅藻土. *terra cotta* = terra-cotta. *terra firma* 大(陆)地,稳固的地位. *terra incognita* 未知的土地[领域]. *terra nera* 黑土. *terra rossa* 红土. *terra verde* [verte] 绿土.
ter'race ['terəs] n. ①露[晒]平,阳台,地坛,台阶 ②阶(台)地,梯田(地) ③阶段 ④一排房屋,里弄. I vt. 筑成台(阶)地,做成台阶,修成梯田(地). *terrace die* 凸模. *terrace house* 街坊房屋. *terrace winding* 登坡盘绕. *terraced field* 梯田. *terraced roof* 平台屋顶. *terracing growth* 台阶式生长.
ter'ra-cot'ta ['terəˈkɔtə] [意大利语] n. ①琉璃瓦(陶)②空心(饰面)砖,陶砖(瓦) ③赤土(混合)陶器 ④赤褐色,赤土(色),赤陶.
ter'rain ['terein] n. ①地带(方,面,域)②地形(势)③地体(层),岩层(群) ④领域,范围,场所. *a difficult terrain for tanks* 不利于使用坦克的地形. *terrain clearance* 离地高度. *terrain clearance indicator* 绝对测距计. *terrain echo* 地面反射(回)波,地面回波. *terrain factor* 地形因数. *terrain profile recorder* (空中)纵断面记录器. *terrain radiation* 大地辐射. *the whole terrain of physics* 整个物理学领域.
terral levante [西班牙语] 偏东陆风.
terramy'cin n. 土霉素,土链丝菌素.
terra'neous [te'reiniəs] a. 陆生的.
ter'rapin n. 咸水龟,海龟类,龟鳖族.
terra'queous [teˈreikwiəs] a. (由)水陆(形成)的.
terratolite n. 密高岭土.
terrazzo [teˈrɑːtsou] [意大利语] n. 水磨石, 磨石子.
terrella n. (伯克莱)地球模型(研究极光用).
ter'rene ['teriːn] I a. 土(质)的,陆地的,地球的. II n. 地球(表),陆地.
terres'trial [tiˈrestriəl] I a. ①地球(上,范围内)的,世界的 ②陆地(上,地,生,植)的,大地的,由陆地上的 ③现世的. I n. 地球上的人,地球(上), (pl.)地上的动物, 陆生植物. *terrestrial aims* [interests]名利心. *terrestrial current* 地电流. *terrestrial ellipsoid* 地球椭圆体. *terrestrial facies* 陆相. *terrestrial globe* 地球仪. *terrestrial gravitation* 地球引力. *terrestrial heat* 地热. *terrestrial magnetism* 地磁(学). *terrestrial noise* 大气[地]噪声. *terrestrial observation* 地面上观察. *terrestrial refraction* 地面折射. *terrestrial telescope* 地上望远镜. *terrestrial transport* 陆上运输. *this* [the] *terrestrial globe* [ball, sphere] 地球. ~*ly ad.*
terrestro-lumbrolysin n. 地蚓蚓溶素.
ter'rible ['terəbl] I a. ①可怕的,剧烈的,过[极]度的,厉害的,了不起的 ②坏透的,很糟的. II ad. 非常,很,极. *terrible heat* 酷暑. *terrible job* 非常困难的事. *terrible responsibility* 极其重大的责任.
ter'ribly ad. 可怕地,厉害,很,极[端]地,非常地.
Tor'rier ['tɔriə] n. 小猎犬(美地对空导弹).
terrif'ic [təˈrifik] a. ①恐怖的,可怕的 ②过[极]度的,极大的,非常的 ③惊人[奇]的,了不起的. *at a terrific speed* 以极高的速度.
terrif'ically ad. 非常地, 极端地.
ter'rify ['terifai] vt. 恐吓,威胁,(使)惊吓,吓唬. ▲ *be terrified at* [with]…为…吓了一跳. *be terrified of* 对…感到惊恐.
ter'rifying I a. 极大[度]的,可怕的. II n. 拟势(微弱动物威吓敌方的姿势).
terrig'enous [teˈridʒinəs] a. 陆源[地,生]的.
terriherbosa n. 陆生草木群落,陆生草丛.
territo'rial [teriˈtɔːriəl] a. 领土的,土地的,地方(性)的,区域(性)的,地区的. *territorial air* [sky]领空. *territorial industry* 地方工业. *territorial integrity* 领土完整. *territorial sea* [water]领海. *territorial sovereignty* 领土主权. ~*ly ad.*
territorial'ity n. 陆地性,大陆性.
territo'rialize 或 **territo'rialise** [teriˈtɔːriəlaiz] vt. ①(通过侵略,扩张)使成为领土(的) ②按地区分配(组成). **territorializa'tion** 或 **territorialisa'tion** n.
ter'ritory ['teritəri] n. ①领土,土地,地区(盘,方),乡土 ②领域,范围. ▲ *take in too much territory* 走极端,说得过份,牵涉过多.
ter'ror ['terə] n. 恐怖(的原因,的事物),惊骇. *be a terror to* 使…恐俱. *have a terror of* 对…感到恐怖. *white terror* 白色恐怖.
terrorem [拉丁语] *in terrorem* 作为警告.
ter'rorism n. 恐怖主义(行为).
ter'rorize ['terəraiz] v. 恐吓,使恐怖,实行恐怖统治. **terroriza'tion** n.
ter'ror-stricken 或 **ter'ror-struck** a. 受了惊吓的,吓坏了的.
ter'ry ['teri] n. ①厚绒布 ②无线电[雷达自动]测高计.
terse [təːs] a. (文体, 说话) 简洁(练,明)的, 扼要的. ~*ly ad.*
tert- [词头] 特,叔,第三,三代.
tert-amyl n. 特戊基.
tert-butyl n. 特丁基.
ter'tian ['təːʃən] a. 间日的, 隔日(发作)的.
Tertiarium n. 特蒂锡铅焊料(锡 33.3%, 铅 77.7%).
ter'tiary ['təːʃəri] I a. 第三(性,级,期,位,介阶段)的,【地】第三纪(系)的,三重的【化】叔的,特的,三代的,连上三个碳原子的. I n. 第三纪(系),三级粒子,三次式. *tertiary air* 三次空气, 三次风. *tertiary alcohol* 叔醇. *tertiary amine* 叔[丙]胺. *tertiary cementite* 三次渗碳体. *tertiary circulation* 三级

ter'tio

〔局部〕环流. *tertiary coil* 第三(级)线圈. *tertiary creep* 三重蠕变. *tertiary crusher* 三级轧碎机〔碎石机〕. *tertiary mixture* 三元混合物.

ter'tio ['tə:ʃiou] 〔拉丁语〕 *ad.* 第三.

tertium non datur 排中.

tertium quid 〔拉丁语〕 *n.* (二物的)中间物,第三者.

terva'lence 或 **terva'lency** *n.* 三价. **terva'lent** *a.*

ter'ylen(e) ['terili:n] *n.* 涤纶,的确良,聚(对苯二甲酸乙二醇)酯纤维.

TES = telemetering evaluation station 遥测结果计算站.

tes'chenite ['teʃənait] *n.* 沸绿岩.

TESL = Test Equipment and Standards Laboratory 测试仪器和试验标准实验室.

tes'la ['teslə] *n.* 泰斯拉, T(MKS 制的磁通密度单位). *Tesla coil* 〔*transformer*〕泰斯拉(空心)变压器,泰斯拉线圈.

tes'sellar ['tesələ] *a.* (用)小(长)方形镶物(嵌成的).

tes'sellate ['tesileit] I *vt.* (把路面等)镶嵌成(棋盘花纹. II *a.* 镶嵌成花纹的,镶嵌细工的. *tessellated pavement* (棋盘形)嵌石〔镶嵌细工〕的铺面,嵌装图案的人行道.

tessella'tion [tesi'leiʃən] *n.* 嵌石装饰,棋盘形布置.

tes'sera ['tesərə] (*pl.* **tes'serae**) *n.* (小块大理石、玻璃、砖瓦等做成的)镶嵌物,嵌石铺面,镶装地砖. **tes'seral** *a.* 镶嵌物(似)的,等轴(晶系)的. *tesseral harmonics* 田形调和. *tesseral system* 等轴晶系.

test [test] *n.; v.* ①试(实)验,检(测)验,化验,考查,检定(查),测定 ②识别,研究 ③检验(判断)标准,准则 ④试验品,试验法,试验石,试金石 ⑤烤钵,灰皿,灰烙锅,提银盘 ⑥(在烤体中)精炼,测验结果(为),测验证明(出) ⑦受试(检,验) ⑧介(甲)壳,种皮. *acceptance test* 验收试验. *calibration test* 校准(试验),分(刻)度. *full scale test* 实物(真实条件,工业型,全尺寸)试验. *gravity test* 重力试验,比重测定. *in-situ test* 现场试验. *logic test* 逻辑试验. *notch test* 凹口冲击试验. *off-line test* 离线〔间接〕试验. *on-line test* 在线〔直接〕试验. *pilot-plant test* 半工业〔中间工厂〕试验. *proof test* 校验,验证(试验). *ratio test* 比值测定. *red*,*white and blue test* 红、白、蓝试验(伯胺、仲胺和叔胺的双硝酸试验). *running-in test* 空转试验. *small test* 小型测微仪〔计〕,小型试验. *spectroscopic test* 光谱分析. *test and measurement* 测试,量测. *test ban* 禁止核试验协定. *test board* 测试〔测量〕台,试验盘〔板〕. *test button* 试验用按钮,金属试样. *test by trial* 尝试. *test case* 检查事例. *test chain* 链式砝码(释砣). *test chart* 草图. *test circuit* 测试电路,扫描试验电路. *test coupon* 从铸件上切取下的试样,测试(附加)电路. *test cross* 测测交. *test cube* 立方试体. *test even* 偶次谐波测量. *test flight* 试飞. *test glass* 化验杯. *test hammer* 检垂用试锤,测试〔土壤现场(工地)试验. *test lead* 探试线,试验引入线,试验专线. *test odd* 奇次谐波测量. *test OK* 无故障,正常. *test paper* 试纸〔卷〕,测验题纸,供检定笔迹的文件. *test pattern* 测试图,测试卡,试验图像,测试图案,测试码模式. *test piece* 样品,试件(样),试验片. *test plant* 试验植物〔装置〕. *test plate — testplate*. *test plot* 初步方案图. *test section* 试验区段. *test tube* 试(验)管. *test type* 试验标型. *test types* 视力检定表,视力(试)标型. *test well* 试孔,勘探钻井. *test working* 试开〔车〕. ▲*a test for* ⋯的试验. *be tested against reality* 受客观实际检查. *give a test* 举(进)行测验. *put to the* 〔*a*〕*test* 试验(检查)一下,使受试(检,考)验. *stand* 〔*bear*, *pass*〕 *the test* 试验合(及)格,经受住考验. *test for* ⋯为(鉴定)⋯而(进行)试验(检验),测定⋯,做⋯试验. *under test* 在试验中.

test osc = test oscillator 测试(用)振荡器.

tes'ta ['testə] *n.* (*pl.* *tes'tae*)(种)皮,(种,介)壳.

test'able *a.* 可试验的.

testa'ceous [tes'teiʃəs] *a.* (有)介壳的;红〔黄〕褐色的陶器的.

test'ament *n.* ①遗嘱 ②(基督教)圣约书,《新约全书》. ~*ary a.*

test'-ban *n.* 禁止核试验的.

test'-bed *n.* 试验〔测试,试车〕台,试验床〔地〕,试验机用支架.

test-boring *n.; a.* 试探(的),钻探(的).

test-card *n.* 视力卡.

test-drill *vi.* 试掘.

test-drive *vt.* 作试验驾驶,试车.

testee' ['tes'ti:] *n.* 测验对像.

test'er ['testə] *n.* ①试验器〔机,计〕,检验〔查〕器,检验装置,测试(定,量)器,测试仪 ②(电路)检验器,万用表 ③探杆、探土钻 ④(试验的)对照物 ⑤试验者〔员〕,实验员,化验者. *automatic hardness tester* 自动硬度计. *brake tester* 制动试验台〔机〕. *carpet tester* 射频脉冲发生器. *compression tester* 压缩〔耐压〕试验机. *gear tester* 齿轮检查仪,齿轮试验机. *lens tester* 透镜检验仪. *midget tester* 小型万用表. *oil tester* 验油器,油料试验机. *pole tester* 电杆试验器. *servomechanism tester* 随动〔伺服〕系统测试仪. *thickness tester* 厚度计.

test-fire *vt.* 试(发)射.

test-fired *a.* 试发射的.

test-flown *a.* 经过飞行试验的.

test-fly *v.* 试飞,飞行试验.

tes'tify ['testifai] *vt.* 证明〔实〕,作证,表〔声〕明. ▲*testify about* 就⋯作证. *testify against*⋯ 作不利于⋯的证明. *testify on behalf of* ⋯ 替⋯作证. *testify to* 证实〔明〕.

testimo'nial [testi'mounjəl] I *n.* ①证明〔鉴定〕书,介绍信 ②奖状,纪念品. II *a.* 证明〔鉴定〕书的,表扬的.

testimo'nialise 或 **testimo'nialize** [testi'mounjəlaiz] *vt.* 给⋯证明〔鉴定〕书.

tes'timony ['testiməni] *n.* ①证据〔明〕②声明,陈(申)述 ③表示〔证〕. *testimony of witness* 人证. ▲*bear testimony to* 证明〔实〕,为⋯作证. *produce testimony to* 〔*of*〕 提出⋯的证据.

test'ing ['testiŋ] *n.* ①试(实)验,测(检)验,量测〔试〕,检(查),研究,试车,试验过程. II *a.* 试验的. *pressure testing* 加压〔密封〕试验. *testing range* 测试量程. *ultrasonic testing* 超声波探伤法,超声波测试.

tes′tis *n.* (pl. **tes′tes**) 睾丸.
test-launch *vt.* 试射.
test-market *vt.* 试推(一种新产品)上市.
test-object *n.* 试标,试物,视标.
testos′terone [tes′tɔstəroun] *n.* 睾(甾)酮,睾丸素.
test-plate *n.* (偏光显微镜用)检光板,(光学)样板,检验片.
test-reactor *n.* 试验用反应器.
test-tube baby *n.* 试管婴儿.
testu′dinal [tes′tju:dinl] *a.* (如龟的,龟甲形的.
testudinar′ious [testjuːdiˈnæriəs] *a.* 玳瑁色的.
testudinata *n.* 龟鳖目.
testu′dinate [tes′tju:dinit] *I a.* 龟的,龟甲状的,拱状的,龟甲形拱顶的. *II n.* 龟.
testudin′eous [testjuːˈdiniəs] *a.* 如龟甲的.
test-use *n.* 运用(生产)试验.
tes′ty [′testi] *a.* 性急的,易怒的.
TET =①test equipment team 测试设备组 ②test equipment tester 测试设备检验装置 ③test equipment tool 测试设备工具 ④tetrachloride 四氯化物.
tetan′ic [ti′tænik] *a.* 破伤风性的,强直性痉挛的.
tetanine *n.* 破伤风菌毒.
tetanolysin *n.* 破伤风菌,溶血素.
tetanospasmin *n.* 破伤风菌痉挛毒素.
tet′anus [′tetənəs] *n.* 破伤风,强直(收缩),强直性痉挛.
tet′any *n.* 痉挛,搐搦.
tetartano′pia *n.* 蓝黄色盲.
tetartine *n.* 钠长石.
tetartohe′dral *a.* 四分面的.
tetartohe′drism *n.* 四分面像性.
tetartohedry *n.* 四分面像.
tetartoid *n.* 四面体,五角十二面体.
tetartopyr′amid *n.* 四分锥.
tetartosymmetry *n.* 四分对称.
tet′chy [′tetfi] *a.* 过度敏感的.
tête-à-tête [法语] *I n.* 面(密)谈,私下谈话(会见). *II a.*; *ad.* 面对面(的),私下(的),秘密(的),暗中(的). **have a tête-à-tête with** 与…密谈.
tête de pont [法语] *n.* 桥头堡.
tethelin *n.* 生长激素,垂体前叶激素.
teth′er [′teðə] *I n.* ①系绳(链) ②界限,限度,范围. *II vt.* (用绳、链…)系,拴,束缚,限制(定)(计划的范围). **tethered balloon** 系留气球. ▲**at the end of one's tether** 用尽方法(力量,资源了),智穷力竭,山穷水尽,已成强弩之末. **beyond one's tether** 能力不够,力所不及在…权限之外.
Te′thys *n.* 古地中海,特提斯.
Tetmajer *n.* 蒂特迈杰硅青铜(铝 5~10%,硅 2.75%,铁少量,其余铜).
tet′mil [′tetmil] *n.* 十毫米.
tetr(a)-[词头]四(个).
tetra (base) paper 臭氧试纸.
tetraatom′ic *a.* 四原子的.
tetraba′sic *a.* 四碱价的,四元(代)的.
tetraborane *n.* 四硼烷.
tetraborate *n.* 四硼酸盐.
tetraboric acid 四硼酸.
tetrabro′mide *n.* 四溴化物.
tetrabrom(in)ated 或 **tetrabromizated** *a.* 四溴化的.

tetrabutyl *n.* 四丁基.
tetracalcium *n.* 四钙. **tetracalcium aluminoferrite** 铁铝酸四钙.
tetracarbonyl *n.* 四羰基化物.
tetracarboxylic acid 四羧酸.
tetracene *n.* 丁省,并四苯.
tetrachlorethylene *n.* 四氯乙烯.
tetrachlo′ride *n.* 四氯化物.
tetrachlor(in)ated 或 **tetrachlorizated** *a.* 四氯化的.
tetrachlorobisphenol *n.* 四氯双酚.
tetrachloroethylene *n.* 四氯乙烯.
tetrachloro-mercurate *n.* 四氯汞化物.
tetrachloro-methane *n.* 四氯甲烷.
tetrachloronitroethane *n.* 四氯硝基乙烷.
tetrachlorophenol *n.* 四氯酚.
tetrachlorosilane *n.* 四氯化硅,四氯甲硅烷.
tetrachlorothiophene *n.* 四氯噻吩.
tetrachoric *a.* 四项的.
tetrachromate *n.* 四铬酸盐.
tetrachromic acid 四铬酸.
tetrac′id *n.* 四酸.
tetracontane *n.* 四十(碳)烷.
tetracyanoethylene *n.* 四氰乙烯.
tetracyclic *a.* 四环(圆)的. **tetracyclic ring** 四核环.
tetracy′clin(e) *n.* 四环素.
tetracy′clone *n.* 四环酮.
tet′rad *n.* 四个(一组,一套),四位一体,四分体,【数】四元组,拼四小组,四重(度)轴,四位二进制,四分(元素),四次对称晶,四个脉冲组,四个符号,(pl.) 四联球菌,四分孢子. **~ic** *a.*
tetradecane *n.* (正)十四(碳)烷,十四(碳)(级)烷.
tetradecapeptide *n.* 十四肽.
tetradecene *n.* 十四(碳)烯.
tetradecyl *n.* 十四(烷)基.
tetrad′ymite *n.* 辉碲铋矿.
tetraether *n.* 四醚.
tetraethide *n.* 四乙基金属.
tetraethoxysilane 四乙氧(基)硅烷.
tetraeth′yl *n.* 四乙基. **germanium tetraethyl** 四乙锗. **tetraethyl lead** 四乙铅.
tetraeth′ylated *a.* 四乙基化的.
tetraeth′yllead *n.* 四乙铅.
tetraethylpyrophosphate *n.* 焦磷酸四乙酯;特普.
tetrafluoride *n.* 四氟化物.
tetrafluoroethylene *n.* 四氟乙烯.
tetrafluoromethane *n.* 四氟甲烷,四氟化碳.
tetragamma *n.* 四γ.
tetragenous *a.* 四联的,分裂为四的.
tet′ragon [′tetrəgən] *a.* 四角(边)形,四重轴,正(四)方晶系.
tetrag′onal [te′trægənl] *I a.* 正方的,四角(形)的,四边形的,四角的,四方(形,晶)的. *II n.* 正方(四角)晶系. **tetragonal structure** 四方晶结构. **tetragonal system** 正方晶系.
tetragonom′etry *n.* 四角学.
tetragontrioctahedron *n.* 正方三八面体.
tet′ragram *n.* 四个字母组成的词,四文字符号.
tetrahalide *n.* 四卤化物.
tet′rahed′ral [′tetrə′hedrəl] *a.* 有四面的,四面体的.

tetrahedral anvil 四面加压式砧模. *tetrahedral toolmaker's straight edge* 四棱尺. ~ly ad.
tet'rahed'rite ['tetrə'hedrait] n. 黝铜矿.
tetrahedroid 或 **tetrahedron** (pl. **tetrahedrons** 或 **tetrahedra**) n. 四面体[形].
tetrahedry n. 四分对称.
tetranexahedron n. 廿四面体.
tetrahy'drate n. 四水合物. *thorium nitrate tetrahydrate* 四水合硝酸钍.
tetrahy'dric a. 四氢化的.
tetrahydroaldosterone n. 四氢醛甾酮, 四氢醛固酮.
tetrahydrobiopterin n. 四氢生物喋呤.
tetrahydrocorticosterone n. 四氢皮质(甾)酮.
tetrahydrocortisol n. 四氢皮质(甾)醇.
tetrahydrocortisone n. 四氢可的松.
tetrahydronaphthalene n. 四氢化萘.
tetrahydropteridine n. 四氢喋啶.
tetrahydropyrane n. 四氢吡喃.
tetrahydrothiophene n. 四氢噻吩.
tetrahydrotoluene n. 四氢化甲苯.
tetrahydroxide n. 四羟(氢氧)化物. *tungsten tetrahydroxide* 四羟(氢氧)化钨.
tetrahymena n. 四膜虫.
tetraiodide n. 四碘化物. *germanium tetraiodide* 四碘化锗.
tetraiodoethylene n. 四碘乙烯.
tetraisoamyl n. 四异戊基.
tetraisopropoxide n. 四异丙醇盐.
tetrakis- 四个.
tetrakisoctahedron n. 正方三八面体.
tetralin n. 萘满, 四氢化萘.
tetral'ogy n. 四部曲.
tetramer n. 四聚物.
tetram'erous a. 四部分的, 四个一组的, 四重的.
tetramethrin n. 【农药】似虫聚, 胺菊酯.
tetramethyl n. 四甲基.
tetramethylenediamine n. T 二胺, 腐胺.
tetramethylsilane n. 四甲基硅(烷) Si(CH₃)₄.
tetramido- [词头] 四酰胺基.
tetramine n. 四胺.
tetramino- [词头] 四氢基.
tetrammine n. 四氨络合物.
tetramorphism n. 四晶(现象).
tetramor'phous a. 四(种不同的)晶形的.
tetranitrate n. 四硝酸酯.
tetranitromethane n. 四硝基甲烷.
tetranu'clear a. 四环(核)的.
tetraphene n. 丁苯.
tetraphenyl n. 四苯基.
tetraploid a.; n. 四倍的, 四倍体.
tetrapod n. (钢筋混凝土制)四角(脚)防波石, 四脚混凝土块, 四脚护堤块, 四对称圆锥钢筋混凝土管, 四脚(锥)体.
tetrapo'lar a. 四端(网络)的, 四极的.
tetrapolythionate n. 连四多硫酸盐.
tetrapropylene n. 四丙烯.
tetrasilane n. 丁硅烷.
tetrasodium pyrophosphate 四钠焦磷酸盐(一种分散剂).

tetrasporangium n. 四分孢子囊.
tet'raspore n. 四分孢子.
tet'rasporous a. 四分孢子的.
tetrastichous a. 四列的.
tetrasul'fide n. 四硫化物.
tetrasyllab'ic a. 四音节的.
tetrasyl'lable n. 四音节.
tetrathi'onate n. 连四硫酸盐.
tetrathronate n. 四硫化盐.
tetratolite n. 密高岭土.
tetratom'ic a. 四原子的.
tetrava'lence 或 **tetrava'lency** n. 四价. **tetrava'lent** a.
tetrazane n. 四氮烷.
tetrazene n. 四氮烯.
tetrazine n. 四嗪, 四氢杂苯.
tetrazoic a. 四孢子虫的.
tetrazole n. 四唑, 四氮杂茂.
tetren n. 四(亚)乙(基)五胺(= tetraethylene-pentamine).
tet'rode ['tetroud] n. 四极管.
tetrodotoxin n. 河豚毒(素).
tetronate n. 4-羟(基)乙酰乙酸内脂.
tetroon n. 等容气球.
tetrose n. 四糖.
tetrox'ide n. 四氧化物. *uranium tetroxide* 四氧化铀.
tet'ryl ['tetril] n. 2, 4, 6-三硝基苯(替)甲硝胺.
TEU =①telemetering equipment unit 遥测装置 ②transducer excitation unit 转换器激励装置.
TEW =tactical early warning 战术预先警报, 战术远程警戒.
TEW sys = tactical early-warning system 战术远程警戒系统.
tewel n. 烟道, 烟囱[孔], (风)洞.
tex n. 【纺】特, 号(数)(细度单位, 指纤维或纱线每1000米长度的克重).
Tex =①Tex(i)an ②Texas.
texalite n. 水镁石.
Tex'as ['teksəs] n. (美国)得克萨斯(州). *Texas tower* 得克萨斯(雷达)天线塔.
Tex'(i)an ['teks(j)ən] a.; n. (美国)得克萨斯州的, 得克萨斯州人(的).
tex'ibond n. 聚乙酸乙烯酯类粘合剂.
texogenin n. 沃肖配质.
texonin n. 沃肖宁.
tex'rope n. 三角皮带.
text [tekst] n. ①原[本, 正, 主]文, 文本, 版本 ②电(报)文 ③课本[文], 教科书, 讲义 ④(讨论)题目, 主题, *corrupt text* 同原文有出入的文本. *text hand* 粗体正楷.
text'book ['tekstbuk] n. 教科书, 课[教]本. *textbook example* 范例, 极好的例子.
text'bookish a. 教科书式的, 呆板乏味的.
tex'tile ['tekstail] I a. (适于)纺织的, 织成[物]的. II n. (纺)织品[物], 织物原料. *textile fabric* 纺织品, *textile fibres* 纺织纤维. *textile industry* 纺织工业.
textile-printing n. 织物印花.
tex'tolite ['tekstəlait] n. 层压胶布板, 织物酚醛塑胶, 夹布胶木.
tex'tual ['tekstjuəl] a. ①原[本, 正]文的 ②按原文

tex'tural *a.* 的，按照文字的，逐字(逐句)的，教科书的. *textual critic* 校勘者. *textual criticism* 校勘. *textual error* 原文的错误. *textual scan* 句子扫描.

tex'tural ['tekstjuərəl] *a.* 结构(组织)上的，构造的. *textural classification* 结构(组成)分类.

tex'ture ['tekstjə] *n.* ①结(织)构，组织，构造(成)，质地 ②晶体结构(组织) ③纹理，体素 ④织物(品)，网纹 ⑤本(实)质，特征，性格. I *vt.* 使具有某种结构(组织). *coarse grained texture* 粗晶结构(组织). *pearlitic texture* 珠光体组织. *texture camera* 织构照相机. *texture goniometer* 织构测角计.

tex'tured *a.* 构造成的，有织构的，有优先取向的，起纹理的. *textured coarse aggregate*（表面）粗纹理集料. *textured yarn* 膨松(结构，花色)纱.

tex'tureless *a.* 无明显结构的，无定形的.

TF =①task force 机动（特遣，特混）部队，(非军事性的)特别工作组 ②temporary fix 临时固定（调整）③thin film 薄膜 ④tile floor 铺砖地板（面）⑤time factor 时间因素 ⑥training facility 训练设施 ⑦training film 训练电影 ⑧true fault 实际误差，真实故障.

tf =transient fall time【电子学】瞬变下降时间.

T/Former =transformer 变压器.

TFA =①transfer function analyzer 转换（传递）函数分析器 ②trifluoroacetic acid 三氟乙酸.

tfc =traffic 交通(量)，运输，信息量.

TFCP =technical facility change procedure 技术设施更改手续.

TFCS =tool fabrication change sheet 工具制造更改单.

TFD =total frequency deviation 频率总偏移.

TFDP =thin film distribute parameter 薄膜分配参数.

TFE resin 四氟乙烯树脂.

TFFT =thin film field effect transistor 薄膜场效应晶体管.

TFHC =thin film hybrid circuit 薄膜混合电路.

T-flip-flop *n.* 反转触发器.

TFM =trifluoromethyl 三氟甲基.

TFR =trouble and failure report 故障事故报告.

T/FR =top of frame 框(骨，构)架顶部.

TFT =①thin-film technique 薄膜工艺（技术）②thin-film transistor 薄膜晶体管.

TFX =tactical fighter, experimental 试验型战术战斗机.

TG =①tachogenerator 测速发电机，转速计传感器 ②terminal guidance 末(段)制导 ③timing gauge 定时计 ④tracking and guidance 跟踪和制导 ⑤traffic guidance【航空】飞机降落引导，机场起落指挥，交通指挥.

tg =①tangent 正切 ②telegram 电报 ③telegraph 电报(机).

T/G =tracking and guidance 跟踪和制导.

TGA =thermogravimetric analysis 热(解)重量分析(法).

TGG =Tula gyrostabilized gravimeter 杜拉型陀螺稳定重力仪.

T-girder *n.* T形(大)梁，丁字(大)梁.

TGL =toggle 反复电路，肘节，套环.

TGLV =terminal guidance for lunar vehicle 月球火箭的末(段)制导.

tgm =telegram 电报.

TGP =tone generator panel 音频发生器〔音频发电机〕操纵台〔控制板〕.

T-grade separation T形立体交叉.

TGS =telemetry ground station 地面遥测站.

TGSE =①tactical ground support equipment 战术地面支援设备 ②test ground support equipment 试验辅助设备，地面试验支援设备.

TGSM =terminally guided sub-missile 终点（末段）制导子导弹.

TGT 或 tgt=target 目标，靶；对阴极.

TGTP =tuned-grid, tuned-plate 调栅调板（屏）.

TH =true heading 真(实)航向(飞行方向).

Th =①thorium 钍 ②throttle 节流阀,节汽阀 ③Thursday 星期四.

th =①telephone 电话 ②thermal 热的 ③threshold 阈，门限 ④tracking head 跟踪弹头.

T(H³) =tritium 氚.

T&H =temperature and humidity 温度和湿度.

-th〔后缀〕=①（构成抽象名词）例如：length 长(度)，growth 生长 ②（构成序数词）例如：fifth 第五，19th 第十九.

Thai ['tai] *n.*；*a.* 泰国(人)的，泰(国)人.

Thai'land ['tailænd] *n.* 泰国.

Thailander *n.* 泰国人.

thalamocor'tical *a.* 丘脑皮层的.

thalamogram *n.* 丘脑图.

Thalassal *n.* 一种铝合金（镁 2.25%，锰 2.5%，锑<0.2%，其余铝）.

thalasse'mia *n.* 地中海贫血(症).

thalas'sic [θəˈlæsik] *a.*（关于）海洋的，海底的，深海的，造海(作用)的，海洋化的.

thalassium *n.* 海水群落.

thalassoc'racy [ˌθæləˈsɒkrəsi] *n.* 制海权.

thalassogen'esis *n.* 造海作用.

thalassogenet'ic *a.* 造海(作用)的，海洋化的，海底的，深海的.

thalassogen'ic *a.* 造海运动(作用)的.

thalassog'raphy *n.* 海洋学.

thalassom'eter *n.* 验潮器.

thalassophile element 海生(亲海)元素.

thalassophilous *a.* 喜海的.

thalassophyte *n.* 海生植物，海藻.

thalassoplankton *n.* 海洋浮生物.

thalassoxene element 海外生成(的)元素.

thalattogen'ic *a.* 造海运动(作用)的.

thal'lic [ˈθælik] *a.*（正,含(正)，三价）铊的.

thal'lide *n.* 铊化物.

thal'lium [ˈθæliəm] *n.*【化】铊 Tl.

thal'loid *a.* 似叶状体的.

Thallophyte *n.* 藻菌(叶状，原植体)植物.

thallos'ic *a.* 含一价和三价铊的.

thal'lospore *n.* 原植体孢子，无梗孢子，菌丝孢子.

thal'lous [ˈθæləs] *a.* 亚(一价)铊的.

thal'lus *n.* 原植体，菌体.

thalofide cell 铊氧硫光电管.

thalweg *n.* 谷线，海(河，最深)谷线，(海谷)深泓线.

Thames [temz] *n.* 泰晤士河.

than [ðæn] *conj.*；*prep.* 比. *Iron is much more brittle than lead.* 铁比铅脆得多. *In machines less work is got out than (what) is put in.* 在机械里，输出的功小于输入的功. ▲*else than…* 除…之外(的). *elsewhere than…* 除…以外的别处. *hardly … than…* 刚(一)…就…. *little less than* 不下于，大致…与相等. *little more than* 只是，仅仅，比…只多一点. *more than* 多于，大于，超过，以上，比…更. *no less than* (有)那么多，和…一样，简直是，(在…方面)不亚于. *no more than* 才，仅仅，只是. *no* [*none*] *other than…* 之外没有别的，正[就]是，只是[有]. *no sooner* (…) *than…* 刚一(…)就…. *not less than* 不少于，至少. *nothing else than* 只仅仅是，完全的[是]. *other than …* 与…不同的，除…之外的，而不是. *otherwise than…* 与…不同，不像，除…之外. *rather than* 而不是，宁不. *rather M than N* 或 *would rather M than N* 或 *would sooner M than N* 宁可 M 而不愿 N，与其 N 倒不如 M. *scarcely … than* 刚一…就….

thanatocoenosis n. 生物尸积群.

than′atoid ['θænətɔid] a. 死一般的, 致命的.

thanatol′ogy [ˌθænə'tɔlədʒi] n. 死因[亡]学.

thanatophidia n. (pl.) 毒蛇.

T-handle n. T 形手柄, T 字把手.

thank [θæŋk] vt. ; n. (谢, 感)谢, 谢意(忱). *I will thank you to + inf.* 请你(做). *Thank you* 谢谢(你). ▲*thanks to* 由于，多亏. *Thank you for …* 感谢你的…

thank′ful ['θæŋkful] a. 感谢(激)的. ▲*be thankful that…* 非常高兴…，为…感到高兴. *be thankful to … for*(help)感谢…的(帮助). ~*ly* ad. ~*ness* n.

thank′less ['θæŋklis] a. 不(使人)感激的, 徒劳的. *thankless job* 吃力不讨好的工作. ~*ly* ad.

that [ðæt] Ⅰ (pl. those) a. ; pron. ①[那(个). *Who is that man?* 那个人是谁? *What are those?* 那些是什么? ②[代替前面提到的名词，以免重复，或代替前向内容] *A rotating wheel will be stopped by a torque such as that due to friction.* 旋转着的轮子可以被一个力矩(例如因摩擦而产生的力矩)所制止. *Properties of alloys are much better than those of pure metals.* 合金的性质比纯金属的(性质)好得多. *The moon is much closer to us than any other star. That is why it looks so big.* 月亮比其他任何星球离我们都近得多, 这就是为什么它看上去这么大. ③[作先行词, 同其后的关系代词如 which 等等相呼应. 其后的关系代词有时被省略] *Strength is that property of metals by virtue of which they can support weight.* 强度是金属借以承受重量的性质. *All those machines* (*which*) *we saw were self-made.* 我们看到的机器都是自制的. *Don't throw away all those* (*which are*) *unfit for use.* 别把那些不适用的东西都扔掉. ④[和 this "后者"相呼应]前者. *Iron and aluminum are both metals, but this is much lighter than that.* 铁和铝都是金属, 但后者(指铝)比前者(指铁)轻得多.

Ⅰ ad. 那样, 那么. *that far* 那样远. *that much* 那么多. *It is about that high*(= *as high as that*). 它大约有那么高.

Ⅱ rel. pron. [作关系代词时, 单数、复数不变, 都用 that] ①[引出限定性定语从句, that 相当于 which, whom 或 who, 有时被省略] *There is no one that does not know this.* 没有一个人不知道这点. *All bearings should be rejected that have any of the following damage marks.* 凡是有任何下列伤痕的轴承都不能要[都应退回]. *The woruld* (*that*) *we live in is made up of matter.* 我们生活于其中的世界是由物质构成的. *Is this the man* (*that*) *we were looking for?* 这是我们在找的那个人吗? *This is the fifth time* (*that*) *we have overhauled that boiler.* 这是我们第五次检修那台锅炉了. ②[用于 *it is* [*was*] *… that* (正是), *it was not until … that* (直到…才) 两类句型，起强调作用] *It was group two that overhauled the turbine yesterday.* 昨天检修这透平的是第二组. *It was a turbine that they overhauled yesterday.* 他们昨天检修的是一台透平. *It was yesterday that they overhauled the turbine.* 他们检修这透平是在昨天. *It was not until last night that they finished the job.* 直到昨天晚上他们才结束这工作. ③[在下列句型中, that 相当于 as]虽然, 竟然, 因为, 真是, 不愧. *Difficult that it was, the work was finished in time.* 虽然工作困难, 但还是按时完成了. *Good conductor that it is, copper is widely used in making wires.* 因为是良导体, 铜被广泛用来做电线.

Ⅳ conj. ①[引导各种名词性从句] *It is certain that all the valves are open.* 确实全部阀门都是开着的. *Be sure that all the valves are open.* 要弄确实全部阀门都是开着的. *We consider it necessary that we should repeat the test once more.* 我们认为有必要把这试验再重复一次. *Liquids are different from solids in that liquids have no definite shape.* 液体不同于固体之处在于液体没有确定的形状. ②[引导状语从句, 表示目的、原因、结果、程度等] *We shall write down these data* (*so* [*in order*]) *that we may not forget them.* 我们把这些数据抄下来, 以免忘记. *We are glad that we have succeeded in the experiment.* 我们很高兴(因为)实验成功了. *An atom is so small that we can not see it.* 原子是这样小, 以致我们看不见它. *Such was the force of the explosion that all the windows were broken.* 那次爆炸力很大, 所有的窗户都震破了.

▲*… and all that* 以及诸如此类，等等，之类. *and that* …而且(还). *at that* 而且, 何况, 加之; 但是, 然而, 要说起来, 虽然如此可还是; 就那[这]样të. *but that* 如果没有, 要不是, 若非. *for all that* 或 *in spite of that* 尽管(虽然)如此(然而仍旧). (*in order*) *that* 以便, 为了. *in that* 在于, 因为, 既然, 在这点上. *it is that…* 这是因为. *it was not until* [*till*] *… that …* 直到…才…, 在…以前还没有. *like that* 那样地. *not so … as all that* 不象设想的那么…. *not that* 并不是(因为). *not that … but that* 不是…而是…. *now that* 既然(已), 因为(已). *only that* 只是, 要不是. *seeing that* 鉴于,

thatch 因为，考虑到. *see to it that* …务必注意. *so that* …因此，结果. *so* … *that* … 如此(之)…以致于[以使]. *so that* … *may* … [*can*, *will*]为了，以便. *such* (…) *that* …这样的[，]以致于. *that being so* 因此，既然这样，由此看来. *That's it*! 对啦！正是如此. *that is* (*to say*) 讲的[换言之]也就是说，(亦)即. *that is the point*(问题)实质就在于此. *that is* (*the reason*) *why* 这就是为什么(…的原因). *That's right*! 对啦！*that is all that*; *that will do* 正好，正合适，行了. *upon that* 于是，于是马上. *with that* 于是，接着就，这样说着. *What A is to B that is C to D* = *As A is to B*, *so is C to D*, C 对于 D 就好比 A 对于 B.

thatch [θætʃ] Ⅰ n. 茅草(屋顶)，盖屋顶的材料. Ⅱ v. 用(茅草、稻草等)盖屋顶.

thaw [θɔː] Ⅰ v. ①(使)融化[解]，(使)解冻，熔化 ②使缓和，变得和缓. Ⅱ n. 融化[雪]，融雪天气，解冻(气候)，温暖气候. *A thaw has set in*. 暖流来了. *thaw point* 融(化)点. *thawed patch* 冰雪地上已融化的小块地面. *thawing index* 融化指数. ▲*thaw out*(使)融化[解].

thaw'less a. (永)不融化的.

thaw'y a. 融化[雪，霜]的.

THD = thread 螺纹.

thd = 2, 2, 6, 6-tetramethylheptadione-3, 5 (= dpm)2,2,6,6-四甲基庚二酮-3,5.

the [ði; ðə] Ⅰ (定冠词)通常不用指示意义，在某些场合可译成"这，那，该" 〔下〕表示某特定的或不言而喻的人或事物) *the sun* 太阳. *the eighties of the twentieth century* 二十世纪八十年代(1980－1989). *Li Ming the turner*(*not Li Ming the electrician*)(那位)车工李明(而不是电工李明)(比较: *Li Ming, a turner* 李明，一位车工). *the other*(二者中)另外的那个〔比较: *others* 他、其余几个、剩下的那些). *in the front of the building* 在这建筑物的前部〔比较: *in front of the building* 在这建筑物的前面〔前方某地〕]. *Hand me the hammer*. 递给我(那)锤子(递给我一把锤子). 〔比较: *Hand me a hammer*. 递把锤子给我(随便那把).〕 ②(泛指一类或概括地说)*the young* 年轻人. *the new* 新事物. *The tractor is a very useful machine*. 拖拉机是一种很有用的机械. Ⅰ ad. ①(加在形容词或副词的比较级前)更，越发，反而. *If you come now, so much the better*. 如果你现在就来，那更好. *That will make it all the worse*. 那反而会把它搞得更糟. ②(用于...the 句型中)愈...(就)愈...，越...(就)越... *The sooner, the better*. 愈早愈好. *The effect of the absorption is the more remote from the noise*. 离噪声越远，吸音效果就越大. ▲*all the more*(反而)更加. *so much the better*(*worse*)那就(那就)更好[坏].

The'a n. 山茶属.

T-head(ed) a. T 形头的.

theaflavin n. 茶黄素.

theanine n. 茶氨酸，N-2 基-r-谷氨酰胺.

thearubigin n. 茶玉红精.

theaspirone n. 茶香螺酮.

the'atre 或 **the'ater** ['θiətə] n. ①戏[剧]院，剧场 ②影院 ②舞台，活动场所，现场 ③阶梯[手术]教室，会场，讲堂，示范室 ④战区[场] ⑤戏剧，剧团.

theat'rical Ⅰ a. 戏院的，戏剧(性)的. Ⅱ n. (pl.) 戏剧演出，舞台表演艺术. ~ly ad.

theatrical'ity [θiætri'kæliti] n. 戏剧性.

theat'ricalize [θi'ætrikəlaiz] vt. 使…适合于演出，把…戏剧化.

theat'rics [θi'ætriks] n. 戏剧演出，舞台表演艺术，舞台效果.

theatrophone n. 电话戏剧.

thebaine n. 蒂巴因，鸦片碱.

thecal a. (似)子囊的.

thecaspore n. 囊孢子.

theft [θeft] n. 偷[窃]窃(行为).

the'in(e) ['θiːi(ː)n] n. 茶碱，咖啡因.

their [ðɛə] pron. (they 的所有格)他[这、它]们的.

theirs [ðɛəz] pron. (they 的物主代词)他[她，它]们的(东西).

them [ðem; 强 ðəm] pron. (they 的宾格)他[她，它]们.

themalon n. 二乙替丁噻吩胺.

themat'ic [θi'mætik] a. 题目的，主题的. ~ally ad.

theme [θiːm] n. 题目，主(论，课)题，论文.

themselves [ðəm'selvz] pron. ①(反身代词)(他们)自己，(他们)本身 ②(加强语气)(他们)亲自，自己. ▲*by themselves* 单独，独立地. *of themselves* 自动地，自然，自己.

then [ðen] Ⅰ ad. ; conj. ①那[当时]，到那时候 ②然后，其次，于是 ③而且，此外，再者，加之 ④[用于句首或句尾]因此，所以，因此，既然这样. ▲*and then some* 而且还远不止此，至少. *but then* 但是(另一方面). *even then* 甚至到那时(都)，甚至在这种情况下(都). (*every*) *now and then* 时(不时)(时)时. *now* … *then* … 有时…有时…. *now then*(引起注意)喂，留神. *then and not till then* 到那时才开始. *then and there* 或 *there and then* 当(时)[地]，当场. *well then* 那么. *Well then*? 后来怎样？*what then* 或 *then what*(下一步)怎么办. Ⅱ *n*. [在前置词之后]那时. ▲*before then* 那时以前. *by then* 到那时. *from then on* 从那时起以，从那时以后. *since then* 从那时以来. *till* 〔*until*〕*then* 到那时为止. Ⅲ a. 当时的.

thence [ðens] ad. ①从那里(起) ②从那时起，从那时以后 ③因此. ▲*It thence appears that…*由此看来(显然是). *Thence it follows that*… 所以这样…了.

thence'forth ['ðens'fɔːθ] 或 **thence'for'ward(s)** ad. 从那时(起)，从那时以后，其后.

thenoyl n. 噻吩甲酰.

thenyl n. 噻吩甲基.

thenylidene n. 噻吩甲叉.

THEO = theoretical.

theobro'mine n. 可可碱, 3, 7-二甲基黄嘌呤.

theocin n. 茶叶碱.

theod'olite [θi'ɔdəlait] n. (精密，光学)经纬仪. *theodolite with compass* 罗盘经纬仪. **theodolit'ic** a.

theogallin n. 3-邻-没食子酰奎尼酸.

theol'ogy n. 神学. **theolog'ical** a.

theophyl'line n. 茶碱, 1, 3-二甲基黄嘌呤.

the'orem ['θiərəm] n. 定理，原理[则]，命题，法则.

theoret'ic(al) -at'ic [θiərə'mætik] a.

theoret'ic(al) [θiə'retik(əl)] a. 理论(上)的,推理〔想〕的,假设(性)的,计算的. *theoretical mechanics* 理论力学. *theoretical yield* 理论产量. ~ally ad.

theoretic'ian [θiərə'tiʃən] n. 理论家.

theoret'ics [θiə'retiks] n. 理论.

theoria〈希腊语〉n. 理论.

the'orist ['θiərist] n. 理论家,空论家,空想者.

the'orize ['θiəraiz] vi. 建立理论,推理,理论化. *theorize about* 推理. **theoriza'tion** [θiərai'zeiʃən] n.

the'orizer n. 理论家.

the'ory ['θiəri] n. ①理论,原理,学说,…论 ②分析,推测 ③意见,见解,观念. *information theory* 信息论,通信理论. *integrate theory with practice* 理论联系实际. *least squares theory* 最小二乘方法. *theory of epigenesis* 发生论,渐成论,后成论. *theory of evolution* 进化论. *theory of games* 衡量利弊得失的理论,博奕论. *theory of knowledge* 认识论. *theory of machines* 机械原理. *theory of probability* 概率论. *wave theory* 波动说(学,理论). ▲*in theory* 在(从)理论上. *My theory is that …* 我的意见是.

the'ralite ['θiərəlait] n. 霞斜岩.

therapeu'tic(al) [θerə'pju:tik(əl)] a. 治疗(学)的,关于治病的. *therapeutic community* 治疗中心.

therapeu'tics n. 治疗学,疗法.

Therapsida n. 兽孔目.

ther'apy ['θerəpi] n. 疗法,治疗,电疗. *new acupuncture therapy* 新针疗法. *physical therapy* 理疗. *radio therapy* 放射疗法.

ther'blig(s) ['θə:blig] n. (动作研究中的)基本元素,(工艺操作中的)基本(分解)动作.

there [ðεə] Ⅰ ad. ①在(到,上,往)那里,在那一点上(与动词连用,表示"有"的意思). *There are two kinds of charges — positive and negative.* 有两种电荷——正电和负电. *There is a portion of energy lost.* 有一部分能量丧失了. *Without vapour there would be no clouds.* 没有蒸汽就不会有云. *There are cases where…* 有时. *there was*〔*were*〕…过去有,曾有. *there have been* …已经有(了). *there will be* 会有. *there can be* … 可能有. *there must be* …必然(一定)有. *there seems to be* … 似乎有. *there appear(s) to be* 似乎有…. *there has*〔*have*〕*to be* …必须有. *there continue(s) to be* … 仍然有. *there tend(s) to be* … 往往存在. *there has* 〔*have*〕*been developed* 已出现(发明,研制出)了 ③〔同 *appear, exist, remain, seem, stand* 等不及物动词连用〕 *there appear(s)* … 出现了. *there comes a time when* … 有这么一个时期…. *there correspond(s)* …相应地有. *there exist(s)* … 存在着. *there remain(s)* … 还剩下. *there stand(s)* … 有着. ▲*be all there* 很正常,很好,头脑清醒的,机智的. *get there* 达到目的,成功. *have been there*〔*before*〕曾到过那里,全都知道,直接了解,亲眼看到. *here and there* 到处,各处. *then and there* 当时当地,当场立即. *there and back* 来回,往复,往返. *there and then* 当地当时,当场立即. *there or thereabouts* (时间,数量)大约.

Ⅱ n. 那里,那个地方. ▲*from there* 从那里. *in there* 在那里面. *near there* 在那附近,靠近那里. *over there* 在那里(边). *under there* 在那下面. *up to there* 到那里为止.

there'about(s) ['ðεərəbaut(s)] ad. ①在那附近〔左右〕②大约(如此),上下,左右,前后. ▲*or thereabout* 大约,左右.

thereaf'ter [ðεər'ɑ:ftə] ad. 此后,其后,据此.

there-and-back a. 来回的,往复〔返〕的.

thereat' [ðεər'æt] ad. 在那,当地,当时,因此,由此,此后.

there'by' ['ðεə'bai] ad. 因此,所以,从而,从而,借此,在那附近,在那方面,在那一点上 ②大约,左右,上下. ▲*Thereby hangs a tale.* 其中大有文章.

therefor' [ðεə'fɔ:] ad. 因此,为此,为它,但.

there'fore ['ðεəfɔ:] ad. ; conj. 因此,为此,所以.

therefrom' [ðεə'frɔm] ad. 从那里,从那一点,从其中,从此.

therein' [ðεər'in] ad. 其中,在那里(时),在那地方,在那一点上.

thereinaf'ter [ðεərin'ɑ:ftə] ad. 以下,在下文(中),在下一部分中.

there'inbefore' ['ðεərinbi'fɔ:] ad. 以上,在上文中,在前一部分中.

therein'to [ðεər'intu] ad. 在那里面,往其中.

Ther'emin n. 铁耳明式电子乐器.

thereof' [ðεər'ɔf] ad. ①(把,将)它,它的,其 ②由此,从那里.

thereon' [ðεər'ɔn] ad. ①在其中,在其上,关于那,在那上面 ②紧接着,随即.

thereout' [ðεər'aut] ad. 从那里出.

there're ['ðεərə] = there are.

there's [ðεəz] = there is 或 there has.

thereto' [ðεə'tu:] ad. ①到那里,向该处 ②此外,其他.

thereun'der [ðεər'ʌndə] ad. 在其下.

thereun'to [ðεər'ʌntu:] ad. 到那里,往该处.

thereupon' [ðεərə'pɔn] ad. ①于是(立刻),随后,立即,因此,所以 ②在其上,在那上面,关于那.

therewith' [ðεə'wið] ad. ①以此,与此 ②于是,立刻,随即 ③同时,此外,又. *every person connected therewith* 与此有关的每一个人.

therewithal' [ðεəwi'ðɔ:l] ad. ①于是,因此 ②此外,加之,又,(与此同时),接着.

the'riac [ˈθiəriæk] n. ①(毒蛇咬伤后的)解毒药 ②百宝丹,万灵药.

Therlo n. 西罗铜铝锰合金(铜 85%,铝 2~5.5%,锰 9.5~13%).

therm [θə:m] n. ①色姆(煤气计算热量单位,合 10^5 Btu 或 1.055×10^8 焦耳)②(过去指)1)大卡; 2)小卡; 3)1000 大卡.

THERM = thermometer 温度计.

therm-(词头)热(电).

ther'mae ['θə:mi:] n. 〈拉丁语〉温泉(疗养院,浴场).

ther'mal ['θə:məl] Ⅰ a. 热(量,力)的,温(度,热,泉)的. Ⅰ n. 上升(暖)气流,热(气)泡,气泡. *thermal abrasion* 热蚀. *thermal barrier* 热障. *thermal col-*

umn 热〔梭〕柱. **thermal conductivity** 导热性,热导率. **thermal converter** 热(电偶式)变换器. **thermal cracking** 热裂化. **thermal cutoff (energy)** 热中子(谱)截止能. **thermal equator** 热(温度)赤道. **thermal gradient** 温度坡差,热(温度)陡度,热(电)梯度,热阶度. **thermal jet engine** 热力喷气发动机. **thermal machine** 热机. **thermal meter** 热(丝)式仪表. **thermal neutron** 热中子,热能中子. **thermal power station** 热电(动力)站,火力发电站. **thermal printer** 热敏式印字机. **thermal region** 温暖区. **thermal relay** 热动(温差,温度)继电器. **thermal spike** 温度峰值,(金属材料)放射线辐照硬化现象. **thermal spring** 温泉. **thermal stability** 耐热性〔度〕,热稳定性. **thermal stress** 热应力,温差应力,热应力激. **thermal switch** 热控(热动)开关. **thermal unit** 热量单位,卡(路里). **thermal value** 热值,发热量. **thermal zone** 高温带.

thermal-convection n. 热对流.

thermaliza'tion n. 热(能)化,热能谱的建立,慢化到热速度,中子的热能慢化.

ther'malize vt. 使热(能)化,使慢化到热能.

thermalloy n. 铁镍耐热耐蚀合金,镍铜合金(一种热磁合金).

ther'mally ['θəːməli] ad. 热(地,致),用热的方法. *thermally generated holes* 热生空穴. *thermally insulated* 绝热的.

thermal-radiating a. 热辐射的.

ther'mate ['θəːmeit] n. 由铝热剂和其它物质混合制成用于燃烧弹、榴弹的混合燃烧剂.

thermautostat n. 自动恒温箱.

ther'mel ['θəːmel] n. (装有热电偶的)热电温度计.

thermelom'eter [θəːmə'lɔmitə] n. 电热温度计.

therm-hygrostat n. 定湿定湿控制器.

ther'mic ['θəːmik] a. 热的,由于热而造成的. *thermic cumulus* 热积云.

thermie n. 兆卡.

thermifica'tion n. 热化.

thermindex n. 示温漆,示温涂料.

ther'mion ['θəːmiən] n. 热离子,热电子.

thermion'ic [θəːmi'ɔnik] a. 热离子的,热电子的,热发射的. *thermionic tube (valve)* 热离子管,热(阴极,发射)电子管,真空管.

thermion'ics [θəːmi'ɔniks] n. 热离子(热阴极电子)学.

thermisopleth n. 【气象】等变温线.

thermis'tor [θəːˈmistə] n. 热敏电阻,热变(电)阻器,负温度系数电阻器,热控器,热元件,热子,半导体温度计. *thermistor probe* 热敏探示器.

thermistor-bolometer detector 热敏电阻测辐射热仪.

ther'mit ['θəːmit] 或 **ther'mite** ['θəːmait] n. 铝热(高热,热熔)剂(铝粉与氧化铁混合物,用于焊接和制造燃烧弹),铝热焊接剂,铝热剂焊接法. *red thermit* 红色铝热剂. *thermit bomb* 铝热剂燃烧弹. *thermit iron* 铝热还原铁. *thermit joint* 铝热焊接缝. *thermit method (process)* 铝热焊法. *thermit steel* 铝热焊钢粉. *thermit welding* 铝热(铝热)焊.

Ther'mit ['θəːmit] n. 西密铅基轴承合金. *Thermit metal* 西密铅基重型轴承合金(锑 14～16%,锡 5～7%,铜 0.8～1.2%,镍 0.7～1.5%,砷 0.3～0.8%,镉 0.7～1.5%其余铅).

thermium n. 受热器,受热主.

THERMO ＝thermostat 恒温器.

thermo- 〔词头〕热(电),温.

thermoacoustics n. 热声学.

thermo-adsorption n. 热吸附作用.

thermo-aeroelastic'ity n. 热气动弹性力学.

thermo-alcoholometer n. 酒精温度计.

thermoam'meter [θəːmou'æmitə] n. (测量微电流用)热(温差)电偶安培计,热电流表(计),温差电流计.

thermoanalysis n. 热(学)分析.

thermoanalyt'ic(al) a. 热分析的.

thermo-anelasticity n. 热带弹性.

thermoanemom'eter n. 温差式风速仪,热温式风速计.

thermo-balance n. 高温天平,热解重量分析天平,热天平,热平衡.

thermobarom'eter [θəːmoubə'rɔmitə] n. ①(根据水的沸点测定高度的)温压表,温度气压计 ②(可用作温度计的)虹吸气压表.

thermobat'tery ['θəːmou'bætəri] n. 热电池组.

thermocapillarity n. 热毛细现象.

thermocatalyt'ic a. 热催化的.

thermochem'ical a. 热化学的.

thermochem'istry ['θəːmou'kemistri] n. 热化学,化学热力学.

thermochromat'ic effect 热色效应.

thermochro'mism n. 热色现象.

thermochrose n. 选吸热线(作用).

ther'mocline n. 温跃层,斜越层,温度突变层.

thermoclin'ic a. 斜越(层)的,温跃(层)的,斜越(层)的.

thermocoax n. 超细管式热电偶.

thermocolorim'eter n. 热比色计.

ther'mocolo(u)r ['θəːmoukʌlə] n. 热变(变)色,热敏油漆,热(测)温涂料,变色温度指示,色温标示,彩色温度标示.

thermocompres'sion n. 热压,热压法连接. *thermocompression system* 蒸汽加压制盐法.

thermocompres'sor n. 热压机.

thermoconductiv'ity n. 热传导率,导热性.

thermocon'tact n. 热接触.

thermoconvec'tive a. 热对流的.

thermo(-)converter n. 热(电)转换器.

ther'mocooling n. 温差环流冷却.

ther'mocouple ['θəːmoukʌpl] n. 热(温差)电偶. *booster thermocouple* 均衡热电偶. *differential thermocouple* 差动热电偶. *fast thermocouple* 小惯性热电偶. *Le Chatelier thermocouple* 铂-铂铑热电偶. *parallel-connected thermocouple(s)* 并联热电偶(装置).

thermo-couple-meter n. 热(温差)电偶仪表.

thermocrete n. 高炉熔渣.

thermocross n. 热叉线.

ther'mocurrent ['θəːmoukʌrənt] n. 热(温差)电流.

thermocushion n. 热垫层.

ther'mocut'out ['θəːmou'kʌtaut] n. 热保险装置,热断流器.

thermocyclogen'esis n. 热气旋生成.

thermode n. 热(电)极,点热源.

thermodenatura′tion n. 热变性作用.
ther′modetec′tor [ˈθəːmoudiˈtektə] n. 热〔温差电〕检波器,测温计,温差探测器.
thermodiffu′sion n. 热扩散.
thermoduct n. 温度逆增形成的大气层波导.
thermoduric a. 耐热的.
ther′modynam′ic(al) [ˈθəːmoudaiˈnæmik(əl)] a. 热力(学)的,热动的. thermodynamic potential 热位能,热力势,热力位. ~ally ad.
ther′modynam′ics [ˈθəːmoudaiˈnæmiks] n. 热力学.
thermoelastic′ity n. 热弹性(力学).
thermoelectret n. 热驻极(电介)体.
ther′moelec′tric(al) [ˈθəːmouiˈlektrik(əl)] a. 由温差产生电流的,热〔温差〕电的. thermoelectric cell 温差〔热电〕电池, thermoelectric couple 热〔温差〕电偶, thermoelectric current 热〔温差〕电流, thermoelectric thermometer 温差电偶温度计, thermoelectrical effect 热〔温差〕电效应. ~ally ad.
ther′moelectric′ity [ˈθəːmouilekˈtrisiti] n. 热电(学,现象),温差电(学).
ther′moelec′trode n. 热电电极.
ther′moelectromagnet′ic a. 热电磁的.
ther′mo(-)electrom′eter [ˈθəːmouilekˈtrɔmitə] n. 热电计.
thermoelec′tron [ˈθəːmouiˈlektrɔn] n. 热电子. ~ic a.
thermoelectrostat′ics n. 热静电学.
ther′moel′ement [ˈθəːmouˈelimənt] n. 热〔温差〕电偶,热〔温差〕电元件,热敏元件.
thermo-emf n. 热〔温差〕电(动)势.
thermofin n. 热隔层.
ther′mofis′sion [ˈθəːmouˈfiʃən] n. 热分裂.
thermofixa′tion n. 热固化.
ther′mofor n. 蓄热器,载热固体,流动床.
ther′moform v. 热成形〔型〕.
ther′mo-fuse n. 热熔丝.
thermogalvanic corrosion 热偶〔温差电流〕腐蚀.
thermogalvanom′eter [θəːmouˈ(温差)] 电偶电流计〔检流计〕,温差〔热电,热线〕检流计.
ther′mogauge n. 热压力计.
thermo(-)gen′erator n. 热偶〔温差〕发生器,热偶〔温差〕电池.
thermogen′esis [θəːmouˈdʒenisis] n. 热产生,生热(作用).
thermogenet′ic [θəːmouˈdʒinetik] a. 生热(作用)的.
thermogen′ic [θəːmouˈdʒenik] a. 生(产)热的.
ther′mogram [ˈθəːmougræm] n. 自记温度图表,热解曲线,温度自记曲线,温谱〔差热〕图,差示热分析图,温度记录图,温度过程线.
ther′mograph [ˈθəːmougrɑːf] n. 温度自记〔记录〕器,自记(式)温度计,温度过程线.
thermog′raphy n. 发热(温度)记录,温度(发热)记录法,热(学)分析,热场(红外线)照相术,热法复制术.
thermogravimet′ric a. 热解重量的. thermogravimetric analysis 热解重量分析法. thermogravimetric curve 温度-重量曲线(样品加热时重量的变化).
thermogravim′etry n. 热(解)重(量)分析法.
thermohaline circulation 温(度)盐(分)合成环流.
thermohard′ening n.; a. 热硬性,热硬化(的).

ther′mo-hydrom′eter [ˈθəːmouhaiˈdrɔmitə] n. 热〔温差〕比重计.
thermohy′grogram n. 温湿自记曲线,温湿(曲线)图.
thermohy′grograph n. (自记)温湿度计,温度湿度记录器.
ther′mohygrom′eter [ˈθəːmouhaiˈgrɔmitə] n. 温湿表.
thermoindicator paint 示热漆,变色漆.
thermoinduc′tion n. 热感应.
ther′mo-in′tegrator n. 土壤积热仪.
thermoion n. 热离子.
thermo-isodrome n. 等温差商数线.
thermoisogradient n. 等温梯度.
thermo-isohyp n. 实际温度等值线.
thermoisopleth n. 等温线,变温等值线.
ther′mojet [ˈθəːmoudʒet] n. 热喷射〔射流〕,炽热喷嘴,空气喷气发动机.
thermojunc′tion n. (热电偶)热接点,热电偶(接头),温差电偶(接头),热结(点).
thermokeratoplasty n. 热角膜成形术.
thermokinet′ics n. 热动力学.
thermola′bile [ˈθəːmouˈleibail] a. 不耐热的,感热的,受热(55°C以上)即分解〔破坏〕的.
thermolabil′ity n. 不耐热性,热失稳性,热不稳定性.
thermo-lag n. 热滞后.
ther′molite n. 红外辐射用大功率碳丝灯.
ther′molith n. 耐火水泥.
thermolize v. 表面热处理.
thermologging n. 温度测井.
thermol′ogy [θəːˈmɔlədʒi] n. 热学.
thermolumines′cence n. 热(致)发光,热释光. thermolumines′cent a.
thermolysin n. 嗜热菌蛋白酶.
thermol′ysis [θəːˈmɔlisis] n. 热(分)解(作用),热放散,散热(作用).
thermolyt′ic a. 热放散的,散热的,热(分)解的.
thermomagnet′ic [θəːmouˈmægˈnetik] a. 热磁(性,效应)的. thermomagnetic effect 热磁效应.
thermomag′netism n. 热磁现象,热磁性,热磁学.
thermomagnetiza′tion n. 热磁化.
thermo-mechan′ical a. 热机的. thermomechanical curve 温度-形变曲线.
thermomechan′ics n. 热力学,热变形学,热机械学.
ther′mometal n. 双(热)金属.
thermometal′lurgy n. 火法(高温)冶金.
thermometamor′phism n. 热同素异形(现象),热力变质.
thermom′eter [θəˈmɔmitə] n. 温度计,温度(体温,寒暑)表. centigrade (Celsius) thermometer 摄氏温度计(寒暑表). Fahrenheit thermometer 华氏温度计(寒暑表). Réaumur thermometer 列氏温度计(寒暑表).
thermometer-screen n. (温度表)百叶箱.
thermomet′ric(al) a. 温度计的,据温度计测得的,测温的. thermometric scale 温标.
thermomet′rograph n. 温度记录计,自记式温度计.
thermom′etry [θəːˈmɔmitri] n. 测温学〔法,技术〕,计温学〔术〕,温度测量(法),测温滴定.
thermomicros′copy n. 热显微术.
thermomod′ule [θəːmouˈmɔdjul] n. 热电微型组件.

thermo-molecular *a.* 热分子的.
thermo-motive *a.* 热动力的.
thermo-motor *n.* 热(发动)机.
thermomultiplicator *n.* 热(温度)倍加器,电流计的温度电堆.
thermonas'tic *a.* 感热性的.
thermonasty *n.* 感热(温)性.
thermonatrite *n.* 水碱,一水合碳酸钠.
thermo-needles *n.* 温差电偶针,针状温差电偶.
thermoneg'ative *a.* 吸热的.
thermoneu'tral *a.* 热中性的.
thermoneutral'ity *n.* 热中和性,热力中性,温度适中,温度平衡(状态).
ther'monu'clear [ˈθəːmouˈnjuːkliə] *a.* 热核的,聚变的. *thermonuclear reaction* 热核反应.
thermonucleon'ics *n.* 热核技术,热核子学.
thermoosmo'sis *n.* 热渗透(作用).
thermoox'idizing *n.* 热氧化.
ther'mopaint [ˈθəːmoupeint] *n.* 示(测)温涂料,测温漆,彩色温度标示漆.
ther'mopair *n.* 热电偶.
thermopause *n.* 热大气层顶部,热成层顶.
thermopenetra'tion *n.* (内科)透热法.
thermope'riodism *n.* 温变周期性,温周现象.
Thermoperm alloy 或 **thermopermalloy** 热叵姆合金,铁镍合金(镍30%,其余铁).
ther'mophile *n.* 嗜热生物.
thermophil'ic [θəːməˈfilik] *a.* 耐热(性)的,适(喜)高温的.
thermophilous *a.* 嗜热的,抗热的.
thermophily *n.* 嗜热性,适温性,喜温性.
ther'mophone [ˈθəːməfoun] *n.* ①热致发声器,热线式受话器 ②传声温度计.
ther'mophore [ˈθəːməfɔː] *n.* 载热(固)体,蓄热(保热)器,流动床.
thermophore'sis *n.* 热迁移.
thermophosphores'cence *n.* 热发磷光.
thermophotovoltaic *a.* 热光电的,热光伏打的.
thermophylac'tic *a.* 抗热的.
thermophys'ical *a.* 热物理(学)的.
thermophys'ics *n.* 热物理学.
thermophyte *n.* 耐热植物.
ther'mopile [ˈθəːmoupail] *n.* 热(温差)电堆,热(温差)电池,热电元件,热(温差)电偶. *thermopile stick* 测温色笔.
ther'moplast [ˈθəːmouplɑːst] *n.* 热塑(性)塑料,热塑(性)材料,热塑[热范]性.
ther'moplas'tic [ˈθəːmouˈplæstik] *n.* ; *a.* ①热塑(性)塑料[物质] ②热熔塑胶 ③热塑(性)的,热范的,加热软化的.
thermoplastic'ity [θəːmouplæsˈtisiti] *n.* 热塑性(理论,力学).
thermoplas'tics *n.* 热塑(性)塑料.
thermopol'ymer *n.* 热聚(合)物.
thermo-polymerization *n.* 热聚合作用.
thermopos'itive *a.* 放热的.
thermoprecip'itin *n.* 热沉淀素.
ther'moprobe *n.* 测温探针.
thermoquench'ing *n.* 热淬火.
thermo-radiography *n.* 热射线摄影术.
thermorecep'tor *n.* 热(温度)感受器,受热器.

thermo-reduc'tion *n.* 铝热(剂)法.
thermoreg'ulator [θəːmouˈregjuleitə] *n.* 调温(温度调节)器,温度控制器.
ther'morelay' [ˈθəːmouriˈlei] *n.* 热(温差电偶)继电器.
thermorem'anence *n.* 热顽磁.
thermoresil'ience *n.* 热回弹.
thermoresis'tance *n.* 抗热性.
thermoresis'tant *a.* 抗热的.
thermores'onance *n.* 热共振.
thermorhythm *n.* 温度节律.
ther'morun'away [ˈθəːmouˈrʌnəwei] *n.* (晶体管)热致击穿(破坏),热失控.
ther'mos [ˈθəːmɔs] *n.* 热水(保温)瓶. *thermos bottle* (*flask*) 热水(保温)瓶.
ther'moscope [ˈθəːməskoup] *n.* 验(测)温器,测温镜.
thermoscop'ic(al) *a.*
ther'moscreen *n.* 隔热屏.
thermosen'sitive *a.* 热敏的.
ther'moset [ˈθəːmɔset] Ⅰ *a.* 热固(性)的,热凝(成形)的,加热成型后即硬化的,热变定的. Ⅱ *n.* 热固(性),热凝,热变定法. *thermoset extrusion* 热挤塑法. *thermoset plastics* 热固塑料.
thermoset'ting [θəːmouˈsetiŋ] *a.* (可)热固[凝]的,可高温硬化的,加热成型后即硬化的. *thermosetting plastics* 热凝[热固性]塑料.
thermo-shield *n.* 热屏蔽.
thermosi'phon *n.* 热虹吸管,温差环流(冷却)系统. *thermosiphon circulation* 热对流循环法,热虹吸管环流法.
thermosistor *n.* 调温器.
ther'mosizing *n.* 热锤击尺寸整形.
thermosnap *n.* 热保护自动开关.
ther'mosol *n.* 热溶胶.
thermosonde *n.* 热感探测仪.
ther'mosphere [ˈθəːmousfiə] *n.* 热大气层,热电离层,热成层.
thermostabil'ity *n.* 耐热(性),热稳定性.
thermosta'ble *a.* 耐热的,耐高温的,热稳定的.
thermostasis *n.* 体温恒定.
ther'mostat [ˈθəːmɔstæt] *n.* ①恒温器[箱,容器],定(节)温器,温度自动调节器 ②根据温度自动启动的装置,热动开关. *thermostat blade* 温变断流计. *thermostat metal* 双金属. *thermostat varnish* 耐热(热稳定)漆.
thermostat'ic(al) [θəːmouˈstætik (əl)] *a.* 恒温(器)的,热静力学的. ~**ally** *ad.*
thermostat'ics [θəːməˈstætiks] *n.* 热静力学.
thermostere'sis *n.* 热耗损,热损失.
thermosteric anomaly *n.* 热容异常.
thermostric'tion *n.* 热致紧缩.
thermostromuhr *n.* 电热(血液)流量计.
ther'moswitch [ˈθəːmouswit] *n.* 热(敏)开关,热(电偶)继电器,温度调节器.
thermosyphon = thermosiphon.
thermotac'tic *a.* 趋温的,体温调节的.
ther'motank *n.* 恒温箱,调温柜.
ther'motape *n.* 热塑(记录)带.
thermotax'is [θəːmouˈtæksis] *n.* 趋热(温)性,向热性,体温调节. **thermotac'tic** 或 **thermotax'ic** *a.*

ther'motaxy n. 热排性,热排聚形.
thermotech'nical a. 热工的.
thermother'apy n. 温热疗法.
thermot'ics [θə'mɔtiks] n. 热学.
thermo-tol'erance n. 耐热性.
thermotol'erant a. 耐热的,热稳(定)的.
thermotonus n. 温度反应.
thermotopog'raphy n. 躯体温度,分布描记术.
thermotrans'port n. (动物)热输运,热(致)迁移.
thermotrop'ic a. 向温性的,正温的,热致的.
thermot'ropism n. 向热(温)性.
ther'motube n. 热管.
thermovac'uum n. 热真空.
ther'movern n. 散热口.
thermoviscoelastic'ity n. 热粘弹性.
thermoviscom'eter n. 热粘度计.
thermo-viscosim'eter n. 热粘度计.
thermoviscos'ity n. 热粘度.
ther'movolt'meter [ˌθəːmouˈvɔltmiːtə] n. 热线式伏特计,热电压计.
thermowattmeter n. 热瓦特计,温差电偶瓦特计.
ther'mowelded n. 熔[热焊]接.
ther'mowell n. 热电偶(温度计)套管,测温插套.
therophyte n. 一年生植物.
thesau'rus [θiˈsɔːrəs] ([拉丁语] (pl. thesau'ri 或 thesau'ruses) n. ①辞(字)典,百科全书,同 [近]义词词汇,汇编 ②(知识的)宝库,仓库,存储库.
these [ðiːz] this 的复数) a.; pron. 这些. ▲ in these (latter) days 近来. in these times 现今. one of these days 两三天内,总有一天.
the'ses n. thesis 的复数.
the'sis ['θiːsis] (pl. the'ses) n. ①命(主,论)课)题,论点 ②论文,作文 ③提纲.
the'ta ['θiːtə] n. (希腊字母)Θ,θ.
thetagram n. θ 图.
theta-meson n. θ 介子.
theta-pinch n. θ 箍缩效应,方位角箍缩.
theta-temperature n. θ 温度.
thetatron n. θ 箍缩装置.
thetin(e) n. 噻亭,噻基乙酸二甲内盐.
Thevenin's law 戴维南定律,等效发生器定律.
thevetin n. 黄夹竹桃忒.
thevetose n. 黄夹竹桃糖.
thews [θjuːz] n. (pl.)肌肉,体力.
thew'y ['θjuːi] a. 肌肉发达的,强壮有力的.
they [ðei] pron. (he, she, it 的复数)①他(她,它)们 ②人们.
they'd [ðeid] =①they had ②they would.
they'll [ðeil] =①they shall ②they will.
they're [ðeiə]=they are.
they've [ðeiv]=they have.
thf =tuned high frequency 高频调谐的.
THF =tetrahydrofuran 四氢呋喃.
thiadiazine n. 噻二嗪.
thiamidine n. 硫杂嘧啶.
thiaminase n. 硫胺素酶.
thi'amin(e) n. 硫胺(素),维生素 B_1.
thianaphthene n. 硫茚.
thia'tion n. 硫杂化.
thiatriazole n. 噻三唑.

thi'azine n. 噻嗪.
thi'azole n. 噻唑.
thiazolidine n. 噻唑烷,四氢噻唑.
thick [θik] I a. ①厚的,粗(体)的 ②深的,浓(厚)的,不透明的,半固体的,(粘)稠的 (浓,稠)密的,茂盛的,繁茂的,丰富的 ④(声音)(混)浊的,阴沉的,多雾的,不清楚的 ⑤亲密(切)的 ⑥理解力差的. II n. 厚度,最厚〔浓〕部分,茂密处,最激烈处,正当中. III ad. ①厚,浓,密,深,浊,不清晰地 ②强烈地 ③时常. a plank two inches thick 二英寸厚的板. fine thread 1/100 of an inch thick 粗[直径] 1/100 英寸的细丝. the thick of the forest 森林的最密处. the thick of winter 隆冬. thick cylinder 厚壁圆筒. thick darkness 漆黑. thick fog 浓雾. thick line 粗线. thick oil 浓油. thick plank 厚板. thick print 粗体字. thick set 丛林,密篱. thick silence 沉寂. thick type 粗体(铅)字. thick undergrowth 茂密灌木丛. thick wall 厚壁. ▲be thick with 充满[塞],弥漫着. in the thick of 在…的中心,在…的正当中,在…正起劲[最激烈]的时候. thick and fast 大量而急速地,频频,频繁地,密集地. through thick and thin 在任何情况下,不顾任何困难.
thick-and-thin a. 不顾任何困难的.
thick'en ['θikən] v. ①(使)变厚(粗,密,深,浊,暗,稠,模糊),使更厚(粗,密,深,浊,暗,稠),加厚[稠]的,增稠,稠化,加多(强,深,牢),繁茂 ②复杂化,变复杂.
thickened-edge n.;a.厚边边,厚边式的.
thick'ener n. 浓缩〔增稠,稠化〕器,增稠〔浓缩,稠化〕剂,浓缩机,稠化机,沉降槽.
thick'ening n. ①增厚(过程),稠化(过程),增厚(粗,密,浓),浓化(量),(按比重)分级 ②增稠(浓化)剂 ③被加厚[粗]的东西(部分).
thick'et ['θikit] n. 灌木丛(林),密集的东西,障. thermal thicket 热障.
thick-film n. 厚膜的. thick-film microelectronics 厚膜微电子学.
thick'ly ['θikli] ad. 厚,浓,密,深.
thick'ness ['θiknis] n. ①厚(度,薄)粗 ②密(度)浓(度),稠密(度),(浊的)粘度,粘性[稠] ③混浊,多雾[烟] ④最粗[厚,浓]部分 ⑤一层[部分]. half-value thickness 半值(半吸收,强度减半)厚度. length, width and thickness 长、宽、高. (one-) tenth-value thickness 1/10 厚度值,减弱一个数量级的厚度. thickness gauge 测厚度[厚度计,间隙]规. thickness of root face 钝边高度. thickness piece 厚薄(间隙)规,【冶】试厚泥块. thickness vibration 厚度振动. two thicknesses of cardboard 两层纸板.
thick'-set ['θik'set] I a. 稠密的,密植的,粗矮〔壮〕的,实的. II n. 丛林,结实的粗斜纹布.
thick-wall(ed) a. 厚壁的.
thief [θiːf] (pl. thieves) n. ①泥浆取样耳,取样管 ②(容易使蜡外流的蜡烛心的)结疤 ③小偷,窃贼. brass thief 黄铜粉取样器. oil thief 取油样器. thief hatch [hole] 泥浆取样盖,取样孔. thief sample 泥浆试样. thief sampling 泥浆取样.
thief-sampler n. 测水器.

Thiele tube 均热管.
thienone n. 噻吩酮.
thienopyridine n. 噻吩并吡啶.
thienyl n. 噻吩基.
thienylalanine n. 噻吩丙氨酸.
thieve [θi:v] v. 偷窃. **thie′very** n. **thie′vish** a.
thigh [θai] n. 大腿,股.
thigmonas′tic a. 感触性的.
thigmonasty n. 感触性.
thigmotac′tic a. 趋触性的.
thigmotax′is n. 趋触性.
thigmotrop′ic a. 向触性的.
thigmo′tropism n. 向触性.
thill [θil] n. (车)杠,辕(杆).
thim′ble [′θimbl] n. ①(活动)套筒(管,圈),衬套,指形短管,锥形管,壳筒,嵌(心,穿线)环,梨形圈,绕扎钢丝绳头用的椭圆形铁环,钢丝绳套环②测微套筒③联轴(离合)器,电缆接头④盲(封底)管道⑤头,端,(藏于指尖上的)顶针,顶针式电离室. *guide thimble* 导向套筒. *ion-chamber thimble* 电离室壳筒. *radiation thimble* 辐射(封底)孔道. *slide valve thimble* 滑阀套管. *stay thimble* 电杆上拉线的终端环. *steel thimble* 钢套管. *thimble chamber* 套管型电离箱. *thimble coupling* 套筒联轴节.
thim′bleful a. 极少量,些微,涓滴. *a thimbleful of* 极少量,一点儿.
Thim′bu [′θimbu:] n. 廷布(不丹首都).
thin [θin] I (thin′ner, thin′nest) a.; ad. ①薄(的),细的,瘦的,细弱的②稀(薄,少,疏)(的),淡(薄)的,微弱的③空洞的,没有内容的,不充实的④(照片,底片)衬度弱的,不够浓的. *thin air* 稀薄的空气. *thin argument* 难以使人信服的论据. *thin drizzle* 细毛毛雨. *thin excuse* 勉强的借口. *thin film* 薄膜,膜片. *thin fluidity* 稀液性. *thin lens* 薄透镜. *thin light* 微弱的光线. *thin oil* 稀油. *thin thread* 细线. ▲*as thin as a wafer* 极薄.
I (thinned; thin′ning) v. ①(使)变薄(稀,淡,细,疏)②削(磨)去,修磨. *chisel edge thinning* 修磨横刃. *thin down* 弄(变)细. *thin out* [off, away] 变薄(细,稀少),冲淡,稀释. *thin ...with ...* 用...冲淡...,用...使...稀化.
II n. (稀)薄处,细小,(金相之中)轻系列.
thin-down n. 变细(稀,弱).
thin-film a. 薄膜的. *thin-film integrated circuit* 薄膜集成电路. *thin-film rectifier* 薄膜整流器.
thing [θiŋ] n. ①东西,物(件),事物,家伙②事(情,件,态,业),情况,局面,环境,行为,成就,消息,(pl.)形势③题目,主题④细节,要点⑤行动,(努力的)目标⑥(the thing)大(要紧的)事,最合适的东西(样式)⑦(pl.)所有物,财产,用品(具),器具,文物. *check every little thing* 检查每一个细节. *have a lot of things to do* 有许多事要做. *important things to watch* 遵循的要点. *living things* 有生命的东西. *take things too seriously* 把事情(情况)看得太严重,太认真了. *Things are getting better.* 形势(情况)越来越好. ▲*a general* [*usual*] *thing* 惯例. *a near* [*close*] *thing* 险些发生的事,千钩一发. *above all things* 尤其(首先)是,最主要的是. (*all*) *other things being equal* 在所有其它条件(其它各点)都相同的情况下. *all things considered* 考虑到所有情况,全面地考虑. *among other things* 除了别的以外(还),(亦在)其中,包括. *and things* 等等,之类. *as things are* [*stand*] 按照目前情况,在目前形势下. *by* [*in*] *the nature of things* 在道理上,必然. *come* [*amount*] *to the same thing* 仍旧一样,结果相同. *for another thing* 二则,其次. (*for*) *one thing* 首先,一则,举个例来说,理由之一是. *for one thing ..., for another ...* 首先...,再者(其次)... *know* [*be up to*] *a thing or two* 很有经验,明白事理. *learn a thing or two* 学到一点东西. *let things slide* [*rip*] 让它去,听其自然. *make a good thing of* 从...中获得很大好处(很多利润). *no such thing* 哪里会,没有这样的事. *of all things* 首要,第一. *one of those things* 不可避免(无法挽回)的事. *pretty much the same thing* 差不多一样. *put things straight* 整顿局面. *sure thing* 确实(性),当然,一定. *take one thing with another* 考虑各种情况. (*the*) *first thing* (作为)第一件(要做)的事,最先,立刻. *the latest thing in ...* 的最新式样. *the thing is* (目前的)问题是,目前最要紧的是,(现在)要做的是. *the very thing* 正是那个. *thing of naught* [*nothing*] 不足道(无价值)的东西,无用之物.
thing′abob n. 新发明.
thing′amy 或 **thing′ummy** 或 **thing′amajig** 或 **thing′-umajig** 或 **thing′umbob** n. ①装置,(小)机件②某东西.
thing′-in-itself′ (pl. **things′-in-themselves′**) n. 自在之物.
thing′ness n. 物体属性(状态),客观现实.
thing′y a. 物(体,质)的,实际的.
think [θiŋk] I (thought, thought) v. ①思索,考虑,想出,起,要②以为,认为③判断,注意. I n. 想(法). II a. 思想(方面)的,供思考的. *He does not think much of that method.* 他不重视那个方法. *I think it (to be) probable.* 我认为这是很可能的. *It was thought of as impossible.* 那曾被认为是不可能的. *We think it wrong to do so.* 我们认为这样做是错的. *think columnist* 内幕新闻专栏作家. *think piece* 内幕新闻报道(评述). *think tank* [*factory*] 智囊班子(机构),智囊团. ▲*think about* 考虑,思索;回顾,想起. *think better of* 重新考虑(后决定不做);认为...不致于,对...有更高的评价. *think fit* [*good, proper*] *to* +*inf.* 认为(做)是适宜的,甘心(乐)(做). *think hard* 仔细想. *think highly of* 高度评价,看中. *think light* [*little*] *of* 认为...不很重要(价值不大),轻视. *think much of* 重视,夸奖. *think nothing of* +*ing* 不把...放在心里,轻视. *think of* 想到(念,像,一想,起,出),考虑,关心,认为. *think of ... as ...* 把...看做...,认为...为... *think of ... for* 考虑...为该(担任)... *think of* +*ing* 想(做). *think on* [*upon*] 考虑,思量. *think out* 想通(透,出),考虑周到,设计出,发现,解决. *think over* 仔细考虑,细想. *think through* 想透,周密思考,思考...直到得出结论(解决办法). *think ... to be* ...认(以)为...是...*think*

to oneself 心里想. *think twice* 踌躇, 重新考虑. *think up* 想通(出,起), 设计出, 发明. *think well of* 高度评价, 认为…很好. *think with* 和…意见相同.

think'able ['θiŋkəbl] *a.* 可想象的, 想象中可能的.
think'ably *ad.*
think'er ['θiŋkə] *n.* 思考者, 思想家.
think'ing ['θiŋkiŋ] I *n.* 思想〔考, 索〕, 想法, 见解. I *a.* 有思想力的, 思想的, 有理性的. *put one's thinking-cap on* 好好地思索. ▲*be of my way of thinking* 和我的想法一样. *to my thinking* 我以为, 据我看来, 按照我的想法.
thinking-machine *n.* (电子)计算机.
think'so ['θiŋksou] *n.* 单纯的意见, 未经证实的想法, 得不到证实的意见.
think-tanker *n.* 智囊团〔智囊机构〕成员.
thin'ly ['θinli] *ad.* 薄, 细, 稀, 疏, 少. *thinly fluid* 液状〔态,体〕的. *thinly populated country* 居民稀少地区.
thin'ner ['θinə] I *a.* thin 的比较级. II *n.* ①稀释〔冲淡〕剂, 稀释, 溶剂 ②冲淡, 剂化. *paint thinner* 涂料稀释剂.
thin'ness ['θinnis] *n.* 薄, 细, 疏, 稀少〔疏〕.
thin'ning *n.* 冲淡, 稀释, 变〔弄〕薄, 削〔磨〕去, 修薄, (钻头)横刃修磨.
thin'ning-down *n.* 变细〔稀, 弱〕.
thinning-out *a.* 【地质】尖灭.
thin'nish ['θiniʃ] *a.* 有点薄〔细, 稀, 疏〕的.
thin-section *a.* 薄壁的.
thin-shell *a.* 薄壳的.
thin-slab *a.* 薄板的.
thin-wall(ed) *a.* 薄壁的.
thin-window counter 薄窗膜计数管.
thi'o ['θaiou] *a.* (含)硫的. *thio acid* 硫代酸.
thio-〔词头〕硫代.
thioacetate *n.* 硫代乙酸盐〔酯〕.
thioacetone *n.* 丙硫酮.
thioacetyl *n.* 硫代乙酰.
thio-acid 硫代(氧)的)酸.
thioacyla'tion *n.* 硫代酰化作用.
thio-alcohol *n.* 硫醇.
thio-al'dehyde *n.* (乙)硫醛.
thioallophanate *n.* 硫脲基尿酸酯或盐.
thioantimonate *n.* 硫代(全硫)锑酸盐.
thioarsenate *n.* 硫代砷酸盐.
thioarsenite *n.* 硫代亚砷酸盐〔酯〕.
thioaurite *n.* 硫金酸盐.
thiobacilleae *n.* 硫杆菌族.
thiobacillus (pl. *thiobacilli*) *n.* 噬硫杆菌, 硫杆菌属. *thiobacillus ferrooxidans* 氧化铁硫杆菌.
thiobacte'ria *n.* 噬硫〔硫化〕细菌.
thiobenzaldehyde *n.* 苯甲硫醛.
thiobenzamide *n.* 硫代苯酰胺, 硫逐苯酰胺.
thi'ocal ['θaiəkæl] *n.* 聚硫橡胶.
thiocapsa *n.* 荚硫细菌属.
thiocarbam'ide *n.* 硫脲.
thiocar'bonate *n.* 硫代碳酸盐.
thiocar'bonyl *n.* (代)碳基, 硫碳基; 朱基.
thiochrome *n.* 色色素, 硫胺荧, 脱氢硫胺素.
thiochromene *n.* 硫色烯.

thiochromone *n.* 硫色酮.
thiocresol *n.* 甲苯硫酚.
thiocy'anate *n.* 硫氰酸盐, 硫(代)氰酸盐〔酯, 根〕. *ammonium thiocyanate* 硫氰酸铵.
thiocyana'tion *n.* 硫氰化作用.
thiocyanato- 或 **thiocyano-**〔词头〕氰氰(基).
thiocyanic acid 硫氰酸.
thiocy'ano *n.* 氰氰基, 硫(代)氰酸基.
thiocyanocarbons *n.* 硫氰(基)碳化合物.
thioester *n.* 硫酯.
thio-ether *n.* 硫醚.
thiofide *n.* 橡胶硫化促进剂.
thioformyl *n.* 硫醛基, 硫赶甲酰基.
thiogen'ic *a.* 产硫的.
thioglucosidase *n.* 葡糖硫苷酶.
thioglycol *n.* 硫甘醇; 2-羟基乙硫醇.
thioglycol(l)ic acid (巯)乙酸, 硫代乙醇酸.
thioketone *n.* (丙)硫酮.
thiokinase *n.* 硫激酶, 脂肪酸活化酶.
thiokol 或 **thiocol** *n.* 聚(乙)硫橡胶.
thi'ol ['θaioul] *n.* 硫醇(类), 硫巯.
thiolase *n.* 硫解酶.
thiolate *n.* 硫醇盐; 烃硫基金属; 硫赶酸盐.
thiolcarbamates *n.* 硫赶氨基甲酸酯类.
thiolhistidine *n.* 巯(基)组氨酸.
thiolignin *n.* 硫代木素.
thiolutine *n.* 硫藤黄菌素.
thiol'ysis *n.* 硫解(作用).
thiometon *n.* 甲基乙拌磷, 二甲硫吸磷.
thionaphthene *n.* 硫茚.
thiona'tion *n.* 硫化作用.
thioneine *n.* 巯基硫组氨酸三甲(基)内盐.
thi'onine *n.* 硫堇.
thi'onizer *n.* 硫离塔.
thiono-〔词头〕硫逐.
thi'onol *n.* 噻醇.
thi'onyl *n.* 亚硫酰.
thioox'idant *n.* 硫氧化剂.
thio-ozonides *n.* 硫代臭氧化物.
thioperox'ide *n.* 硫代过氧化物.
thiophane *n.* 四氢噻吩.
thi'ophen(e) *n.* 噻吩, 硫(杂)茂.
thiophenol *n.* 苯硫酚.
thiophenyl *n.* 苯硫基 PhS-.
thiophil *a.*; *n.* 嗜硫的, 适硫菌.
thiophilic *a.* 亲硫的.
thiophorase *n.* 辅酶 A 转移酶.
thiophos *n.* 硫福斯, 对硫磷 15A, 1705, E-705.
thiophosphate *n.* 硫代磷酸盐.
thiophosphoryl *n.* 硫代磷酰.
thiophosphoryla'tion *n.* 硫代磷酰化作用.
thiophthalide *n.* 硫酞.
thiophysa *n.* 泡硫细菌属.
thioplast *n.* 硫塑料.
thioploca *n.* 辫硫细菌属.
thiopropionate *n.* 硫代丙酸酯.
thioredoxin *n.* 硫氧还蛋白.
thiorsauite *n.* 钙长石.
thiospirillum *n.* 紫硫螺菌属.
thiostannate *n.* 硫代锡酸, 全硫锡酸, 三硫赶锡酸.

thiostrepton n. 硫链丝菌肽.
thiosuccimide n. 硫代琥珀酰亚胺.
thiosul'fate 或 thiosul'phate n. 硫代硫酸盐.
thiosul'finate n. 硫代亚磺酸酯.
thiotaurine n. 硫代牛磺酸.
thiothece n. 鞘硫细菌属.
thiothrix n. 丝硫细菌属.
thiou'racil n. 硫尿嘧啶,硫脲间氮苯.
thioure'a n. 硫脲. thiourea resin 硫脲(甲醛)树脂.
thioureido n. 硫脲基.
thioureylene n. 硫脲撑.
thiovanadate n. 硫代钒酸盐.
THIR = temperature-humidity infrared radiometer 温湿红外辐射仪.
third [θə:d] a.; n. ①第三(的,个),三分之一(的)(⋯月)3日 ③1/70秒 ④第三档,第二速率 ⑤第三音,三度音程. every third day 每隔两天. one third of a ton 三分之一吨. the three thirds system 三三制. third class 三级,三等(品,舱),三类邮件. third dimension 第三维(度). third engineer 二管轮,三轨(英国叫法,我国沿用);三管轮. third floor(美国用语)三楼,(英国用语)四楼. third force 第三种力量. third gear 第三档,三档传动. third hand tap 第三丝锥. third harmonic 三次谐波. third order aberration 第三级像差. third party 第三者〔方〕. third power 立方,三次幂. third rail 电动机车的电轨. third speed 三档〔第三〕速率. Third World 第三世界. third worlder 第三世界成员国. two thirds 三分之二.
third'-class [ˈθə:d-klɑ:s] I a. 三等〔级〕的,下等的. II ad. 按照三等.
third'ly [ˈθə:dli] ad. 第三.
third-order a. 第三级的,三阶的.
third'-rate a. 三等的,第三流的,低劣的,下等的.
third-world a. 第三世界的.
thirst [θə:st] n.; v. 渴(望),热望 (for after). ~ily ad. ~iness n.
thirs'ty [ˈθə:sti] a. ①渴(望)的 (for) ②干(燥,旱)的,有高度吸水性的.
thir'teen' [ˈθə:ˈti:n] a.; n. ①十三(的,个) ②十三点(钟),下午一点.
thir'teenth' [ˈθə:ˈti:nθ] a.; n. ①第十三(的,个),十三分之一(的) ②(⋯月)13日.
thir'tieth [ˈθə:tiiθ] a.; n. ①第三十(的,个),三十分之一(的) ②(⋯月)30日.
thir'ty [ˈθə:ti] a.; n. ①三十(的,个) ②(pl.)三十年代 ③(新闻通讯使用符号)完,终,结束. by the mid-thirties 在三十年代中期.
thirty-degree cut 30度切割.
thir'tyfold [ˈθə:tifould] a.; ad. 三十倍的,成三十倍.
thirty-twomo n. 三十二开(本).
this [ðis] I (pl. these) a.; pron. ①这(个,样) ②以下〔以上〕所述 ③今⋯,本⋯,这时,现在,某 ④和 that 相呼应)前者(见 that). Do it like this. 照这样做. The reason is this. 理由如下. this day week 上〔下〕周的今天. this month 本月. this morning 今晨. this⋯that⋯ 后者⋯前者⋯. this time 这次(一定).
I ad. 达到这样的程度,如此,这么. this far 这么远. this long 这么长.
▲at this 一看(听)到这个. before this 在这以前. by this 到这时,在这时以前. for all this 尽管这样. for this once 就这一次. it is this 这就是,即,是这样的. like this 像这样,这样的. on 〔upon〕 this 于是,这时候. put this and that together 把现有事实〔材料〕综合起来看. this and that 各种各样的,又是这个,又是那个. this being so 既然如此. this, that and 〔or〕 the other 一切〔种种〕东西,形形色色,诸如此类. to this day 到今天(还). with this 说完这个(就),这样说着(就).
this'ness [ˈðisnis] n. 现实性,"这一个"
this'tle [ˈθisl] n. 蓟(一种杂草). thistle board 轻质板,(纸面)石膏板.
thith'er [ˈðiðə] I ad. (向,到)那里. II a. 那边的,在远处的,更遥远的. the thither bank of the river 河对岸. ▲hither and thither 到处,向各处,忽此忽彼.
thith'erward(s) ad. =thither (ad.)
thixola'bile a. 易触变的,不耐触的.
thixotrom'eter n. 触变计,摇溶计.
thixotrope n. 触变胶.
thixotrop'ic [θiksəˈtrɔpik] a. 触变(性)的,具有触变作用的,摇溶的. thixotropic agent 触变溶解剂.
thixot'ropy [θikˈsɔtrəpi] n. 触变(性),摇溶(性,现象),搅溶性,振动液化.
thiyla'tion n. 引入含硫基.
THK = thick 厚.
thk = thickness 厚度.
tho 或 tho' [ðou] ad.; conj. = though.
tholeiite n. 拉班玄武岩. tholeiit'ic a.
tholobate n. 圆屋顶座.
Thomas chart 计算电线挠度和张力的图表,托马氏图(表).
Thomas slag 碱性转炉渣.
Thomas steel 碱性转炉钢.
Thomson meter 汤姆逊积算表,汤姆逊式仪表.
thong [θɔŋ] I n. 皮带,皮条. II v. 装皮带.
Thorex process 从辐照过的钍中取出铀 233 的工艺过程,托雷克斯过程.
tho'ria [ˈθɔ:riə] n. (二)氧化钍,钍土.
thoria-coated a. 敷钍的.
thoria-molybdenum n. 钼钍氧陶瓷金属.
thorianite n. 方钍石.
tho'riate [ˈθɔ:rieit] v. 镀〔敷〕钍,加氧化钍. thoriated tungsten 含钍,镀)钍钨.
tho'ride [ˈθɔ:raid] n. 钍化物.
tho'rite [ˈθɔ:rait] n. 钍石,硅酸钍矿.
tho'rium [ˈθɔ:riəm] n. 【化】钍 Th. thorium filament 敷钍灯丝. thorium oxide-molybdenum 钼钍氧金属陶瓷. thorium tungsten filament 敷钍钨灯丝.
thorn [θɔ:n] n. 刺,(荆)棘.
thorn'y [ˈθɔ:ni] a. ①多刺的,刺一般的 ②棘手的,多障碍〔困难〕的,引起争论的. thorny problem 难题.
thorogummite n. 钍脂铅钍矿.
tho'ron [ˈθɔ:rɔn] n. 钍昴,钍射气,钍试剂,钍 Tn(放射性钍射气"氡"的一种同位素 Em²²⁰).
thorotungstite n. 钍钨矿,钨钍矿.

thor'ough [ˈθʌrə] *a.*; *n.* ①彻底的,详尽的,透彻的,充[十]分的,完全的 ②根本的,绝对的 ③非常精密的,周到的,严密[格]的,细于的 ④通过墙身的顶侧. *thorough burning* 完全燃烧. *thorough repair* 大修. ▲*be thorough*(*in*…)(在…方面)做得认真[过细,毫不马虎].

thor'oughfare [ˈθʌfɛə] *n.* 大道[街],干道,街衢,通行. *No thoroughfare!* 禁止通行!

thor'oughgoing [ˈθʌrəgouiŋ] *a.* 彻底的,彻头彻尾的,完全的. *in a thoroughgoing way* 彻底地.

thor'oughly [ˈθʌrəli] *ad.* 充分地,彻底地.

thor'oughness [ˈθʌrənis] *n.* 彻底[完全,充分]性.

thorough-paced *a.* 彻底的,完全的.

thortveitite *n.* 钪钇石.

thoruranin *n.* 牡铀矿.

thoruraninite *n.* 牡铀矿.

those [ðouz] *a.*; *pron.* (that 的复数)那些.

thou [ðau] (pl. thou(s)) *n.* ①英毫(10⁻³ 英寸) ②一千(镑,美元).

thou =thousand 千(的,个的).

though [ðou] **I** *conj.* ①虽然,尽管,即使,纵然 ②可是,但是,仍然. **I** *ad.* 可是,但是,然而. ▲*as though* 好像,似的,似乎,仿佛…似的. *even though* 即使,虽然,尽管. *what though* 即使…有什么关系(呢).

thought [θɔːt] **I** *v.* think 的过去式和过去分词. **I** *n.* ①思想[维,潮],思想力 ②考虑,思考 ③意见[见,图,向],设想,主意 ④关怀[心],挂念,担心 ⑤(a thought) 稍许,一点点,少量. *a thought too long* 稍[太]长一点. ▲*after much* [*serious*] *thought* 经仔细考虑后. *as quick as thought* 立刻,马上,极快的. *at first thought* 乍一看[想],骤然看来. *at the* (*bare*) *thought of* 一想到[起]…就. (*be deep*) *in thought* 左思右想. *bestow a thought on* 或 *give a thought to* 对…想[考虑]一下. *beyond thought* 想象不到. *have no thought of* + *ing* 无…的意图. *have* (*some*) *thoughts of* + *ing* 有…的意图. *on second thought*(*s*) 进一步考虑后,经再三考虑. *take thought for* 对…担心,担忧,顾虑到. *with…thoughts* 具有…的想法. *two schools of thought* 两个意见,两种可能. *without a moment's thought* 不加考虑地,立刻,当场.

thought'ful [ˈθɔːtful] *a.* ①深思的,思索[考]的 ②有思想性的,富于思想的,有创见的 ③关心的,体贴的,考虑周到的. ~**ly** *ad.* ~**ness** *n.*

thought'less [ˈθɔːtlis] *a.* ①无思想的 ②缺少考虑的,轻率的,粗心大意的,迟钝的 ③自私的. ~**ly** *ad.* ~**ness** *n.*

thou'sand [ˈθauzənd] *n.*; *a.* ①(一)千 ②无数的,许多的,成千的 ③(pl.) 许许多多,无数 ④一千个一组. *a thousand times* 多好[屡]次. *a thousand times easier* (*than*) (比)容易千万倍. *some thousand* 一千左右的. *thousands of people* 成千成万的人们. *thousand's place* 千位. ▲*a thousand and one* 一千零一,无数个,无数的,许许多多的,各种各样的. *in a thousand and one ways* 千方百计地. *a thousand to one* 千对一,几乎绝对的. *by the thousand*(*s*) 或 *by thousands* 大量地,大批大批地,数以千计地. *count by thousands* 以千计算. *one in a thousand* 千中之一,难得的东西. *thousands upon thousands* 成千上万.

thou'sandfold [ˈθauzəndfould] *a.*; *ad.* (成)千倍(的),千重.

thou'sandth [ˈθauzənθ] *n.*; *a.* 第一千(的,个),千分之一(的),微小的. *a feeler gauge 1.5 thousandths of an inch thick* 厚度为千分之 1.5 英寸的测隙规.

THP =thrust horsepower 推进马力.

THR =thrust 推力.

thr =through 通过,穿过.

THR CHA =thrust chamber 火箭发动机推力室.

thrall [θrɔːl] *n.* 奴隶(状态),农奴,奴役,束缚. *in thrall* 受奴役,处于奴隶状态. *in thrall to* … 被…束缚住.

thral(**l**)**'dom** *n.* 奴隶身分,奴役,束缚. *hold* … *in thralldom* 使…受奴役,束缚.

thrash [θræʃ] *v.* ①猛烈摆动,颠簸,逆风前进,翻来复去 ②多次(反复)地做,推敲,探讨(*over*) ③打败,胜过 ④捣击,脱粒. *thrashing machine* 脱粒[打谷,捶击]机. ▲*thrash out* 经过仔细研究讨论解决,通过讨论获得[搞清].

thrash'er *n.* 脱粒[打谷,捶击,松脱]机,打谷者.

thraustics *n.* 脆性材料工艺学.

thread [θred] **I** *n.* ①线(状物),多股线,丝(扣,状体),细丝,纤维 ②线索,条理,情节 ③螺纹(齿,丝,线,距) ④微细的矿脉,细(矿)脉. *a length* [*piece*] *of thread* 一段[根]线. *a reel of thread* 一团[卷]线. *a thread of hope* 一线希望. *a thread of light* 细细的一条光线. *glass thread* 玻璃丝. *metric thread* 公制螺纹. *pass a thread through the eye of a needle* 把线穿过针眼. *thread caliper* 螺纹卡尺. *thread of channel* 主渲线(河面最大流速的联线). *thread of life* 生命(线),命脉. *thread of stream* 河流方向线. *thread pitch* 螺距. *thread standard* 螺纹标准. ▲*gather up the threads* 综合分别处理的问题[部分]. *hang by a thread* 危险,千钧一发,摇摇欲坠. *take* [*pick*] *up the threads* 接下去讲. *thread and thrum* 【纺】绳头线尾,好坏不分地.
I *vt.* ①穿线于,穿过,穿绳(板),通(过)(*through*),装胶片于 ②车(刻)螺纹,攻丝,雕刻 ③拧螺丝,上螺母. *thread a camera* 为照相机装胶片. *thread a film* 把胶片装入放映机,装妥影片. *thread nuts on to* 把螺母拧到…上. *thread one's way between* 从…之间穿过. *thread one's way through* 从…挤过. *threaded bolt* 螺(纹)栓. *threaded connection* 丝扣[螺纹]连接. *threaded file* 链接文件. *threaded list* 【数】穿插表,【计】索引表.

thread'bare [ˈθredbɛə] *a.* (衣服)磨薄的,破旧的.

thread'er *n.* 螺纹铣(磨)床,螺丝车(磨)床.

thread-grinder *n.* 螺纹磨床.

thread'iness [ˈθredinis] *n.* 像线,细,线(丝)状.

thread'ing [ˈθrediŋ] *n.* ①穿过(线,板,孔),插入,穿(喂)料 ②车(刻,旋压)螺纹,攻(套)丝,扣纹. *film threading* 装(插)(影)片.

thread'like *a.* 丝(线)状的,螺纹状的.

thread-shaped *a.* 线形的.

thread'worm n. 线虫,蛲虫.
thread'y ['θredi] a. 线(做)的,像线的,线样的,细的,无力的.
threat [θret] n.; v. ①威胁,恐吓 ②迹象,(坏)兆头.
threat'en ['θretn] v. ①威胁,恐(悒,怒)吓 ②有…的危险(迹象),像要,可能发生,似乎发生,预示…的来临,可能来临(to +inf.)
threat'ening a. 恐吓的,威胁的,险恶的,阴沉的.
three [θri:] a.; n. ①三(的,个) ②三个一组,一组〔一系列〕中的第三个 ③三者 ④三点钟. *three o'clock welding* 横向自动焊.
three-address n. a. 三地址.
three-body decay 三体衰变.
three-centered a. 三心的.
three-circuit a. 三(调谐)电路的. *three-circuit transformer* 三绕组变压器.
three-colo(u)r a. 三色的. *three-colo(u)r process* 三色版(法).
three-component a. 三分量的,三元的,三组分的,三冲量的,三部分组成的. *three-component alloy* 三合金.
three-cor'nered a. 三角的.
three-cup anemom'eter 三杯风速表.
three-cylinder a. 三缸的.
three-D 或 **three-dimen'sional** a. ①三维(度,元)的,立体的,体型的,空间的 ②有立体感的,真实的. *three-dimensional memory* 三度存储器. *three-dimensional photoelasticity* 三向光弹性(试验). *Three-D log* 三维测井.
three-elec'trode a. 三(电)极的.
three-el'ement a. 三元(件,素)的.
three'fold a.; ad. 三倍(于),增加二倍,三重的,(分成)三方面的,三重地. *threefold axis* 三重轴.
three-force n. 三维力.
three-grade system signal 三位制信号.
three-gun (tricolor tube) 三电子枪(彩色显像管).
three-halves power law 3/2次方定律.
three-input adder 全加(法)器,三输入加法器.
three-legged a. 三腿(脚)的.
three-level a. 三级(能)的. *three-level return system* 三级记录系统.
three-momentum n. 三维动量.
three-part alloy 三元合金.
three-phase a.; n. 三相(的,位).
three-piece a. 三件一套的.
three-ply I a. 三层(重)的,三股头的. I n. 三夹(层,合)板. *three-ply wood* 三夹(层,合)板.
three-pole a. 三级(式)的.
three-position a. 三位(置)的. *three-position switch* 三位转换开关.
threequarter(s) a.; n. 四分之三(的).
three-row a. 三行(排,列)的.
three'score' ['θri:'skɔ:] a.; n. 六十的.
threesider n. 三面形.
three-space a. 立体的,空间的.
three-square a. 三角(棱)的,截面成等边三角形的.
three-stage a. 三级的.
three-start screw 三头螺纹.
three-step a. 三级的.

three-term'inal a. 三(引出)端的.
three-throw a. 三通的(阀门),三弯的(曲轴). *three-throw crank* 三连曲柄.
three-tier a. 三层(行,列,排)的.
three-unit n. 三单位(电码).
three-vector n. 三维矢量.
three'-way a. 三路(通,向,用)的. *three-way connection* 三路管,三向连接. *three-way core* 三心塞砂. *three-way radio* 三用接收机.
three'-wheel'er n. 三轮小车(底盘,摩托车).
three'-wind'ing a. 三线圈(绕组)的.
three-wire a. 三线(针)的. *three-wire generator* 三线(相)发电机.
threo-di-isotac'tic 对(映)双全同立构.
threo-di-syndiotac'tic n. 对(映)双间同立构.
thre'onine n. 苏(羟丁)氨酸.
threonyl- (词头) 苏氨酰(基).
threo-polymer n. 对映聚合物.
thre'ose n. 苏(丁)糖.
thresh [θref] =thrash.
thresh'old ['θreʃhould] n. ①门槛(口),谷坎 ②阈(值),(门,界,极,阀门)限,门限(界限)值,定值 ③(最低)限度,界限,范围,边界,终点 ④临界值,点),分界(点) ⑤入口,开始(端),起始,初期. *photoelectric threshold* 光电阈,光电效应界限. *resolution threshold* 分辨阈. *threshold condition* 阈值条件. *threshold element* 阈值元件(素). *threshold frequency* 界限频率. *threshold legibility* 可读临界值. *threshold level* 临阈级,阈值(门限)电平. *threshold logic* 阈门逻辑. *threshold neutron* 阈能中子. *threshold odour* (给水)臭气浓度(限度). *threshold of hearing* 可听阈,最低可听值,闻阈,听觉阈,听觉界限. *threshold of nucleation* 成核临界温度. *threshold of sensitivity* 灵敏度阈(值),灵敏度界限. *threshold size* 临界尺寸. *threshold value* 阈值,界限值. *threshold velocity* 阈速度,起动流速. *threshold voltage* 阈(门限,临界)电压. ▲*at the threshold of* 在…的开始(初期),…就要开始的时候. *(be) on the threshold of* 刚开始…,就要,在…的开头(起点),处于初级阶段.
threw [θru:] throw 的过去式.
thrib'ble n. 三联管.
thrice [θrais] ad. ①三次,三倍(度)地,屡次,再三 ②十(二)分,非常,很.
thrift [θrift] n. ①节俭(省,约) ②繁茂 ③滨簪花. *thrift basin* 节水池. ~ily ad. ~iness n.
thrift'less ['θriftlis] a. ①不节俭(约)的,浪费的,挥霍的 ②无用的,无价值的. ~ly ad. ~ness n.
thrift'y ['θrifti] a. ①节俭(省,约)的 ②兴旺的,繁荣的.
thrill [θril] v.; n. (使)激动,使(人)兴奋,发抖,(使)震动(颤),(使)毛骨悚然,刺激性.
thrill'er(s) n. 引起激动(使人毛骨悚然)的人或物,惊险小说(或电影等).
thrill'ing ['θriliŋ] a. 令人激动的,震颤的,颤(抖)动的,惊心动魄的. ~ly ad.
thrive [θraiv] (throve, thriv'en) vi. 兴旺,繁荣,成功,茁壮成长,(植物)繁茂.

THRM =thermal 热的.

thro 或 **thro'** [θru:]=through.

throat [θrout] I n. ①(咽)喉(部),咽喉状部分,(孔)颈,颈部,喉咙(道),气管 ②弯(炉,钩)喉,束流喉部,焊(缝)喉(部),入(孔,喷,排矿)口,(点焊机)进深,前标,探距 ④(喷管)临界截面 ⑤(风洞)工作线试验)段,工作导槽(缝隙) ⑥(光学)计算工作. I v. 掘(沟),开槽(沟)于. *actual throat* 焊缝实际厚度. *effective throat* 有效喉道截面. *throat depth* [thickness] 焊缝厚度. *throat diameter* 喉部直径. (喷管)的临界截面直径. *throat liner* (尾水管)喉部衬砌. *throat of threading die* 螺丝钢板导口. *throat opening* [焊] 悬臂距离. *throat velocity* (喷管)喉部(临界截面)速度. ▲*thrust* { cram, force, push, ram } *down one's throat* 使…勉强接受(意见等).

throatable a. 可有喉部的,可调喉部的,喉部可变形的.
throat'ing n. 滴水槽[线].
throat'y [θrouti] a. ①(声音)沙的,嗓子哑的 ②喉音的,喉部发出的.
throb [θrɔb] I (throbbed; throb'bing) vi.; n. 跳〔跃〕,震,悸,搏)动.
thrombase n. 凝血酶.
thrombelastogram n. 血栓弹力图.
thrombelastog'raphy n. 血栓弹力描记术.
throm'bin n. 凝血酶.
thrombinogen n. 凝血酶原.
throm'bocyte n. 血小板.
thrombocytopenia n. 血小板减少(症).
thrombocytosis n. 血小板增多(症).
throm'bogen n. 凝血酶原.
thromboki'nase n. 凝血酶原激酶,活性司徒氏因子.
thromboplas'tin n. 促凝血酶,血激酶.
thromboplastinogen n. 抗血友病因子A,促凝血酶原激酶原.
thrombo'sis n. 血栓形成. **thrombot'ic** a.
thrombosthenin n. 血栓收缩蛋白.
thrombotonin (5-HT) n. 5-羟色胺.
thrombozyme n. 凝血酶原激酶.
throm'bus (pl. throm'bi) n. 血栓(块).
throne [θroun] n. 宝座,王位.
throng [θrɔŋ] I n. ①(人)群 ②事务紧迫 ③众多,群集,大量. I v. 挤满,群集,壅塞,拥挤.

THROT =throttle.

throt'tle [θrɔtl] I n. ①节流[气]阀,进口阀门,调速汽门,节流(汽)活门,风油,主气门,气管 ②节流(掘流)圈. I vt. ①节流(气),掘流,调节下(节流阀风门,油门),调节(进入发动机的)可燃混合物量,用(节流阀)调节,减压 ②使窒息,扼[压(节]杀,阻塞,扼杀. *full throttle* 全[大]油门,全开. *slide throttle* 滑阀. *throttle bush* 节流阀衬套. *throttle chamber* 节流室,混合室. *throttle control* 扼流[风门]控制. *throttle nozzle* 节流[阻尼]喷嘴. *throttle valve* 节流(节气,调压)阀,减压[速]阀,减压(速)器,风门. ▲*at full throttle* 或 *with the throttle full open* 或 *with the throttle against the stop* 开足马力(油门),以最高速度,全速地. *throttle down* 减慢,把(风门,油门)关小.

throt'tleable a. 油门可调的.
throt'tlehold n. 扼杀,压制.

throt'tling n. 节流(过程),扼流,节气,焦耳-汤姆逊(气体)膨胀.

through [θru:] I prep.; ad. ①通(穿,透)过,贯穿,直通,…过,…透,…完,…尽 ②从头到尾,自始至终,一直到,完全(成,毕),充分,彻底,全地,整个 ③由于,因为 ④经由,借,籍,以. *build up our country through diligence and frugality* 勤俭建国. *fly through the air* 在空中飞翔. (from) March through July 从三月一直到七月底. *in Tables 1 through 4* 从表一(一直)到表四. *mistakes made through carelessness* 由于粗心大意造成的错误. *move through 2cm* 移动2厘米. *pass through* 通(流,穿)过,过去了. *pierce through* 穿透,穿通. *raise the temperature of 1 gram of water through 1℃* 把一克水的温度升高1℃. *read through* 读完. *see through* 看破(穿). *thrust through* 刺(戳)穿. *travel through the water* 在水中航行. *wet through* 湿透. I n. (pl.) 筛余物,过筛物. I a. ①通过的,贯(对)穿的,穿透的,连续的 ②直达(通,接)的,过境的,可通行的 ③转接的 ④下承的 ⑤(电话)接通,通话完毕,打完. (direct) through line 直通线. *ringing through* 贯通振铃. *through beam* 下承(连续)梁. *through bolt* 双头(贯穿)螺栓. *through bridge* 下承桥. *through characteristic* 穿透(通过)特性. *through condenser* 穿心式电容器. *through coupling* 直接耦合(传动,联轴节). *through crack* (贯)穿裂(缝,纹),穿透裂纹,从上到下开裂. *through current* 直通电流. *through cut* 明挖,明(路)堑. *through fault* 槽状断层. *through feed* 贯穿进给(进刀),(无心磨床)纵向进给贯穿磨法. *through girder* 下承梁. *through hardening* 淬透. *through hole* 通孔,透眼(孔),(堆)贯穿孔道. *through hole plating* [coating] 通孔(孔内)镀敷. *through metal* 金属支架. *through movement* 过境(直达)交通. *through position* 转接台. *through quenching* 淬透. *through rate* 通过速率. *through reamer* 长铰刀. *through station* 通过(中间)站. *through stone* 系石. *through street* 直通街道,干道. *through ticket* 通(联)票. *through traffic* 过境(直达)交通,联运. *through train* 直达列车. *through transport by land and water* 水陆联运. *through truss* 穿过(下承)式桁架. *through tube* 贯穿孔道,贯穿管. *through welding* 焊透. ▲*all through* 自始至终,一直,从来说,*all through the day* 一整天. *be through* (with) 不再和…有关系,完成,做好,结束,完蛋. *get through* 结束,做完,通过,讲完. *get through with* 完成,去. *go through with* 做完,完成,持续到结束,贯彻. *through all* [the] *ages* 历来,长久以来,永远. *through and through* 完全,彻头彻尾,反复,穿透. *through the agency of* 借助于. *through the medium of* 借助于,通过,由,以…为媒介. *through to* 直到.

through-and-through coal 原煤.
through-flow n. 通(直)流. *throughflow turbine* 贯流式水轮机.
through-hardening n. 全部硬化,穿透淬火,淬透.

through-hole n. 通(金属化)孔,透眼[孔]. *through-hole refuelling*(推)贯通换料.

through-illumination n. 透射照明.

throughout' [θru:'aut] I prep. 贯穿,通,全,整,遍(及),终,在整个…期间[过程中]. II ad. ①一直,全部,完全,彻头彻尾,(自)始(至)终[各,处]. ② 到. *be painted red throughout* 全部漆成红色. *people throughout the world* 全世界人民. *throughout history* 在整个历史过程中. *throughout the country* (遍于)全国. *throughout the day* 终日,整天. *throughout the semiconductor industry* 在整个半导体工业中.

throughput' [θru:'put] n. ①生产量(率,能力),(物料)通过量,流[抽气]量,处理[蒸发]量,通过速度 ②【计】(输入输出信息)通过[吞吐]量,吞吐(通流)能力,解题能力 ③容许能,容许信息,*throughput capacity* 生产[流通]能力,出力. *throughput concentration*(物料)通过浓度. *throughput rate* 生产率,通过率,数据处理率,传到率. *throughput time* 【计】解题时间. *throughput weight* (物料)通过重量.

through-station n. 通过(中间)站.

through-traffic a.; n. 过境[直达,联运](的,交通).

through-transport n. 联运.

through-type a. 直通型.

through'way I a. 直通的. II n. 直通街道,快速(过境,直达)道路,公路干线,高速公路.

throve [θrouv] vi. thrive 的过去式.

throw [θrou] I (*threw, thrown*) v. ①扔,投(射,掷),抛(身) 发射[出],喷射,掷(出),掷(倒,下) ②转动,推动(手柄,杠杆),开关(离合器) ③拉坯 ④搓[捻]…成线 ⑤举行 ⑥施加(影响). II n. ①投,抛,掷 ②行(冲,射,跳)程, 投(掷的)距(离),小断距,偏心距离,偏移度,落差,摆幅(度) ③断层,断层(起跌)高度 ④(pl.)曲柄曲柄,曲拐(半径). *a ship thrown on the rocks* 一艘触礁的船. *aileron throw* 副翼摆幅. *crank throw* 曲柄行程. *double throw switch* 双投(掷)(开关). *throw a hint* 予以暗示. *throw a satellite into space* 把卫星射入空间. *throw light* 投射光线. *throw of eccentric* 偏心轮行程. *throw of faults* 断层投距. *throw of pump* 泵的冲程. *throw a shadow* 投影. *throw transporter* 震动运输机. *throwing power* 着电效率,电镀本领. *throwing wheel* 抛丸叶轮. *throm. solder* 脱焊,焊料飞散. ▲ *at a stone's throw* 一投之遥,在近处. *paper throw* 【计】超行距走纸. *throw a monkey wrench into the transmission* 干涉,妨碍,破坏. *throw a scare into* 威胁. *throw about* 撒(布),挥,摇,乱抛[扔],转向航行. *throw … at* …把…投(向)…. *throw away* 抛弃(掉),抛开,(白白)扔[丢]掉,浪费,失去,拒绝,废(临时用). *throw back* (后)退,反射,拉[折]回回,阻止,拒绝. *throw by* 抛(废)弃. *throw doubt on* 怀疑. *throw down* (使)沉淀,拆毁,推翻,打[摔]倒,扔[放]下. *throw down one's arms* 放下武器,投降,屈服. *throw down one's tools* 罢工. *throw down upon* …把…扔到…上. *throw dust in one's eyes* 蒙蔽,欺骗. *throw in* 接入[通],使(离合器)接合,使(齿轮)啮合,插[投,注]入,扔进[另]送. *throw in one's hand* 放弃尝试,承认无能为力. *throw … into* …把…投[加]入…,使…,换成…. *throw into shape* 整理. *throw light on [upon]* 阐明,有助于说明,使…明白,帮助…了解,把光射在…上. *throw off* 切断,断开,甩开,抛(丢)弃,甩掉,摆脱,设法除去,(放)射出,飞溅出,使形成偏差,使犯错误. *throw oneself down (on)* (横)躺(在…上面). *throw oneself into* 投身于,专心从事,开始积极做. *throw oneself on [upon]* 信任于,依靠(靠). *throw open* 推[打]开,取消限制. *throw open the door to* 使…可能,打开…的门路. *throw open to* 开放. *throw out* 投[发]出,扔,突,(释)放,放射[出],发(出)(光,热),放(光,热),切断,断开[回路],使(离合器)分离,使…弄错(产生误差,发生偏离),打乱,增建,使延伸[突出],加温,否决,暗示,显[提]示,说出. *throw out M from N* 从N放射出M. *throw out in [into]* 投进. *throw … out of …* 使…失去[离开]…. *throw … out of gear* 把…的齿轮脱开,使…陷于停顿,妨碍…的正常进行. *throw … out of order* 使…失调[出毛病,发生故障,产生混乱]. *throw over* 放(抛,丢)弃,转交,切换,换向. *throw together* 仓促集[编]成,集合. *throw up* 抛(推)上,举起,吐出,舍弃,辞去,匆匆建造,产生. *throw up one's arms* 举起双手,投降. *within a stone's throw* 近在咫尺,在…附近.

throw'away [θrouəwei] I n. ①废品[件,汽] ②临时用件的,一次就消耗的物品 ③不磨刃刀片,多刃刀片(方式) ④对空排放(蒸汽)排大气 ⑤广告传单. II a. 用完卷的,可随意处理的,偶然的,随便的.

throw'back n. 大倒退,转换,转回,声反馈.

throw'er [θrouə] n. 投掷(喷射)器,抛(甩)油环. *bomb thrower* 炸弹投掷器. *flame thrower* 火焰喷射器. *oil thrower* 抛(溅)油圈[环],油雾喷嘴. *thrower ring* 抛[甩]油圈.

throw'-in n. 接通(入),注入,包含.

throwing-away n. 丢弃.

thrown [θroun] I v. throw 的过去分词. II a. 捻[搓](成线)的. *thrown silk* 捻丝.

throw'-off [θrouɔ:f] n. ①开始,出发 ②切断,断路回,关闭. *throw-off carriage* (倾)卸(运)料车,卸…车. *throw-off practice* 实弹打靶.

throw'-out [θrouaut] n. ①劣品(货),次品(货) ②抛出(器),推出(器),抛开,断开,卸,卸出装置. *throwout collar* 推抹. *throwout spiral* (录声)盘尾纹,抛出纹,输出螺旋线,输出磁带.

throw-over n. ①转换[接],变(切)换 ②换向(速),变速. *throw-over switch* 投换开关.

throw'ster [θroustə] n. 拈丝工.

throw-weight n. 发射(投掷)重量.

thru [θru:] =through. *thru hole* 透眼(孔).

thrum [θrʌm] I n. ①纱(线)头,绳屑,碎屑 ②(pl.)粗乱纱 ③指[乱]弹,弹杆,拨弄 ④噪声. I v. ①把绳屑嵌入(帆布以防擦,堵漏) ②乱弹,弹弄,(用手指)轻敲(on). ▲ *thread and thrum* 好坏不分地.

thruput =throughput.

thrush n. 鹅口疮,真菌性口炎.

thrust [θrʌst] Ⅰ v.(thrust, thrust) ①推(入,进),冲(入),刺,插(入),戳,塞 ②延(挺)伸 ③把…强加于。*thrusting force* 推力,侧向压力。▲*thrust aside* 推(冲)开。*thrust in* 推(冲)入。*thrust out* 推(曳,挤),排出,发射。
Ⅱ n. ①推(压,牵引)力,推进力,侧向拉[压]力,压力,轴向(压)力,轴向负荷(推力) ②(猛)推,冲,插,碰撞 ③煤柱压裂 ④【地】(逆)断层 ⑤(言论)攻击,讥刺。*end thrust* 轴向推力。*reactive thrust* 反冲(反作用)力。*thrust bearing* 止推[推力]轴承,推力座。*thrust block* 止推(承)座,推栓,轨撑,推力撑座[轴承],推力块。*thrust borer* 冲击钻孔机。*thrust box* 止推轴承箱。*thrust motion* 推压运动。*thrust plane* 逆断层面。*thrust power* 推进功率。*thrust unit* 推进装置。*thrust wall* 顶推后座(墙)。*thrust washer* 止推垫圈。

thrust'-anemometer n. 推力风速表。
thrust'er 或 **thrust'or** n. 推进(助推,推力,推冲)器,顶推装置,推杆,起飞加速器,第一级火箭。
thruway =throughway。
THS =total heating surface 总受(加)热面。
thtr =theater 戏院。
thucholite n. 碳[沥青]铀钍矿。
thud [θʌd] n.; vi. (作)砰然声,(发出)重击声,砰的一声(落下),砰然的打击。
THUD = thorium-uranium-deuterium 钍-铀-氘系统。
THUD-ZPR = thorium-uranium deuterium-zero-power reactor 重水零功率钍-铀反应堆。
thujone n. 崖柏酮,崦酮。
Thu'le [ˈθjuːli] n. 遥远的地方(目标)。*ultima Thule* 天涯海角,最远点,最终目的,最大限度,最高程度。
thu'lia n. 氧化铥。
thu'lium [ˈθjuːliəm] n. 【化】铥 Tm, Tu.
thumb [θʌm] Ⅰ n. (大)拇指。Ⅰ vt. ①(用拇指)弄脏,①翻脏(查) ③(用拇指)摸,按,压 ③翘起拇指要求搭车。*thumb index* 书边标目。*thumb latch* (门窗)插销。*thumb nail* 拇指甲,略图,短文。*thumb nut* 蝶形螺母。*thumb pin* (tack) 图钉,撳钉。*thumb rule* 或 *rule of thumb* 经验法则[方法],凭感觉[判断力]的试验法,计算中的近似法。▲*as a rule of thumb* 根据经验。*by rule of thumb* 凭经验。*thumb through* 翻查。*turn up* (down) *the thumbs* 伸大拇指,表示同意(反对),点(摇)头。*under one's thumb* 受…支配(影响)。
thum'ber n. 制动器。
thumb'hole n. 供塞入拇指的孔。
thumb'index vt. 给…控制书边标目。
thumb'mark n. (书页上的)拇指印,手垢。
thumb'nail Ⅰ n. ①拇指甲 ②草(略)图,短文。Ⅱ a. 拇指甲大小的,小型的,简略的。*thumbnail sketch* 草[略]图。
thumb'screw n. 翼(螺)形螺钉,指旋螺丝,元宝螺母,螺旋压力机。
thumbs-down vt.; n. 责备,不赞成,禁止。
thumb'tack n. 图(撳)钉。
thumb-up n. 翘拇指。
thump [θʌmp] Ⅰ n. ①重击(声),捶(击),砰然声 ②(汽车)震动 ③键击(噪声),低沉噪声,(电话中)电报噪音。Ⅰ v. 重击,捶(击),砰然地击(on, at)。*thump filter* 电报干扰滤除器。

thump'er n. 摇击者(物),重击,庞然大物。
thump'ing [ˈθʌmpiŋ] Ⅰ a. 尺寸大的,极大的,非常的,极好的。Ⅰ ad. 极端,非常。*thumping majority* 极大多数。
thun'der [ˈθʌndə] Ⅰ n. 雷(声),隆隆声,轰响。Ⅰ v. 打雷,轰隆(响)。*thunder blows upon* 轰击。▲*steal a person's thunder* 窃取某人的发明而抢先利用。
thun'derbolt [ˈθʌndəboult] n. ①雷电(击),(晴天)霹雳,意外事件(打击) ②雷石,黄铁矿团块。
thun'der(-)clap [ˈθʌndəklæp] n. 雷声,(晴天)霹雳。
thun'dercloud [ˈθʌndəklaud] n. 雷雨(积雨,雷暴)云。
thun'derflies n. 雷蝇。
thunder-gust n. 伴有大风的雷暴雨。
thund'erhead n. 雷暴雨(雷雨)云钻。
thun'dering [ˈθʌndəriŋ] Ⅰ a. ①雷鸣(似)的 ②非常的,极大的(错误),异乎寻常的。Ⅰ n. 雷(声)。~*ly* ad.
thun'derous [ˈθʌndərəs] a. 雷(鸣)似的,轰隆轰隆的,多雷的。~*ly* ad.
thun'dershower n. 雷(暴,阵)雨。
thun'dersquall n. 雷飑。
thun'derstorm n. 雷暴(雨),大雷雨。
thun'derstroke n. 雷击。
thun'derstruck [ˈθʌndəstrʌk] a. 被雷击的,大吃一惊的。
thun'dery [ˈθʌndəri] a. 将要打雷似的,险恶的(天气)。*thundery front* 雷雨锋。*thundery sky* 险恶天气。
thunk n. 【计】形(式)实(在)转换程序。
Thur =Thursday 星期四。
thuricin n. 苏芸金菌素。
thurm n. 岩岬(角)。
Thurs =Thursday 星期四。
Thurs'day [ˈθəːzdi] n. 星期四,(pl.)每星期四。
Thurston alloy 瑟斯顿铸造锌(基)合金(锌80%,锡14%,铜6%)。
Thurston brass 瑟斯顿高锌黄铜(锡0.5%,铜55%,锌44.5%)。
Thurston metal 瑟斯顿锡基轴承合金(锑19%,铜10%,其余锡)。
thus [ðʌs] ad. ①如此,(像)这样,到如此程度,于是 ②这(那)么 ③因而(此),从而 ④例如。*The text runs thus.* 原文如此。▲*thus and thus* (so)如此如此,如这般这般。*thus far* 至此,迄今为止(这里)为止。*thus much* 只此,这些,就这么多,到这里为止。
thus'ly [ˈðʌsli] =thus。
thwack [θwæk] =whack。
thwart [θwɔːt] Ⅰ vt. ①阻挠(碍),使受挫折,反对,妨碍 ②横(穿)过。Ⅰ a. 横(断,过,向,放,着)的。Ⅰ ad.; prep. 横过(跨)。▲*be thwarted in* … …受到挫折(阻碍)。~*ly* ad.
thwart'wise a.; ad. 横着(的)。
thylakoid n. 类囊体。
thymidine (dT;T) n. 胸(腺嘧啶脱氧核)苷。
thy'min(e) [ˈθaimin] n. 胸腺碱,胸腺嘧啶。
thymocrescin n. 胸腺促生长素。
thymocyte n. 胸腺细胞。
thy'mol [ˈθaiməl] n. 百里(麝香草)酚。

thymolphthalexone n. 百里酚酞(氨羧)络合剂.
thymoquinone n. 百里香醌.
thymosin n. 胸腺素,胸腺浸膏.
thy'motor n. 闸流管电动机(由交流电源通过闸流管供电的直流电动机).
thy'mus n. 胸腺,(thymus)百里香属.
thynnin n. 鲔精蛋白.
thy'ratron ['θaiərtrɔn] n. 闸流管,充气三极管. *glow thyratron* 辉光闸流管. *thyratron servo* 闸流管伺服(随动)系统.
thyrector n. 可变电阻的硅二极管,半导体稳压管,可变电阻,非线性电阻.
thyreoidin n. 无碘甲状腺结晶.
thyriothecium n. 盾状囊壳.
thy'ristor ['θairistə] n. 硅可控整流器,可控栓,闸流(晶体)管,半导体开关元件,半导体整(闸)流管.
thy'rite ['θaiərait] n. 矽砾押特,压敏非线性电阻,(电阻值随着所加电压大小而变的)碳化硅陶瓷材料(一种非线性电阻).
thyrocalcitonin n. 降(血)钙素.
thy'rode n. 硅可控整流器,泰罗(计数器(计算机)用的一种电子管).
thyroglobulin n. 甲状腺球蛋白.
thy'roid ['θairɔid] n.; a. 甲状腺(的).
thyroidec'tomy n. 甲状腺切除.
thy'roidism n. 甲状腺剂中毒,甲状腺机能亢进.
thy'ronine n. 甲状腺氨酸.
thyrostat'ics n. 甲状腺抗抗剂.
thyrotoxicosis n. 甲状腺毒症.
thyrotrop(h)in n. 促甲状腺激素.
thyrox'in(e) n. 甲状腺素.
thysanoptera a. 总翅类.
thysanura n. 弹尾目,缨尾目.
Thysen-Emmel n. 埃米尔高级铸铁(碳 2.5～3.0%,硅 1.8～2.5%,锰 0.8～1.2%,磷 0.1～0.2%,硫 0.1～0.15%).
TI =①target identification 目标识别 ②target indicating 目标指示 ③technical interchange 技术交换〔流〕④temperature indicator 温度指示器 ⑤Texas Instruments,Inc 得克萨斯仪器公司.
Ti =Titanium 钛.
Tiara n. 五叶漆树.
TIB =technical information bulletin 技术情报简报.
tibur'tine [tai'bə:tiːn] n. 石灰华.
TIC =①target intercept computer 目标拦截计算机 ②technical information center 技术情报中心 ③temperature indicating controller 温度指示控制器 ④temperature of initial combustion 开始燃烧温度 ⑤transfer in channel 通道转换.
tick¹ [tik] I n. ①滴答声 ②片刻,刹那,滴答的一瞬间 ③(无线电)信号,(小)记号,(小点,勾号〈✓〉. *radio tick* 无线电报时信号. *time tick* 时间分段信号,报时信号.▲*to*〔*on*〕*the tick* 极为准时地. *at six on the tick* 六时正. I v. ①(钟表)滴答滴答(响),滴答滴答作记录(时间),(钟表般)持续活动 ②记〈以小点,标以(小)记号.▲*tick away*〔*off*〕*the time*(钟表)滴答滴答地表示时间的度过. *tick off* 打上小记号,用记号划出〔勾出〕,报出,列举,简单描述,证明是同一样东西;使愤怒. *tick out* 发出(信号). *tick over* (发动机)慢转,空转(并发出哒哒声), 急速运转.

tick² [tik] I n. ①被套,结实的条纹棉〔亚麻〕布 ②信用,赊欠. I v. 赊销〔购〕.▲*buy on tick* 或 *get tick* 赊购. *give tick* 赊销.
tick³ n. 蜱,壁〔扁〕虱.
tick'er ['tikə] n. ①自动收报机,股票行情自动收录器②(钟)摆,钟,表,滴答滴答响的东西 ③载波传声器 ④振动(荡)器,振(动)子 ⑤蜂音器 ⑥断续器,断续装置,飞轮断流器 ⑦(起止信号操纵的)纸带打印机. *stock ticker* 证券报价机. *ticker tape* 自动收报机用纸条,彩(色纸)带.
tick'et ['tikit] I n. ①(车)票,(入场)券 ②标签,签条 ③证明书,许可证,执照 ④电话交换记录单 ⑤适当〔正好〕的东西 ⑥计(规)划,方针. I vt. 加以标签,标明,为…购票. *Admission by ticket only.* 凭票入场. *book a ticket* 订票. *return*〔*round-trip*〕*ticket* 来回票. *single ticket* 单程票. *That's not quite the ticket.* 有点不合适,做得不很好. *That's the ticket* 那正合适. *ticket agency* 售票代理处. *ticket office* 售票处. *write one's own ticket* 自订计划,自行决定.
tick'ing n. 结实的条纹棉〔亚麻〕布,打时标. *ticking frequency* 时标频率.
tick'le ['tikl] v. ①使觉得痒 ②回授,反馈 ③使愉快〔高兴〕.
tick'ler ['tiklə] n. ①(板极,阳极)反馈〔回授,再生〕线圈 ②初始(给)器 ③(汽化器的)打油条 ④备忘录,记事本 ⑤难题〔问题〕,棘手的问题. *reversed tickler* 负回授(馈)线圈.
tick'ler-file ['tiklə'fail] n.; vt.(把…列入)事项日程备忘录.
tick'ling n. 自旋挠挥法.
tick'lish ['tiklij] a. ①怕痒的,难对付〔处理〕的 ②不稳定的,易变的.~ly ad.
tick-over n.(发动机)慢转,无负载运转,急速运转,空转(并发出哒哒声).
tick'tack' 或 **tic'tak'** 或 **tick'tick'** 或 **tick'tock'** 或 **tic'-toc'** n. 滴答回答(声).
Ticonal n. 蒂克纳尔镍铁铝磁合金(钛 0.01%,钴 24%,镍 14%,铝 8%,铜 3%,铁 50%). *new Ticonal magnet* 铁铬镍铝钴磁合金.
Ticonium n. 蒂克尼姆铸造齿合金(钴 32.5%,镍 31.4%,铬 27.5%,钼 6.0%,铁 1.6%,其余 1.8%).
TICOSS 时间压缩式单边带系统.
TID =①technical information division 技术情报司〔部〕②*ter in die*(拉丁语)(药物)每日三次.
tid =test instrumentation development 测试仪表的研制.
ti'dal ['taidl] a. 潮(汐)的,潮水(般)的,定时涨落的. *tidal current* 潮流. *tidal gate* 挡潮闸. *tidal harbour* 有潮港. *tidal power station* 潮水力发电站. *tidal river* 有潮河. *tidal wave* 潮汐波,潮涌,海啸,浪潮.~ly ad.
tidalmeter n. 测潮表.
tidal-range n. 潮(位)差,潮汐(变化)范围.
tid'bit ['tidbit] =titbit.
tid'dl(e)y ['tidli] a. 很小的,微不足道的.
tide [taid] I n. ①潮(汐,水,流),(pl.)涨落潮 ②涨落 ③趋势,倾向,时(形)势 ④时机(刻) ⑤变异. I v. 顺潮水行驶,潮水般奔流. *at the high tide of*

tide-generating force 在革命高潮中. *earth tide* (地) 地潮 (汐), 地潮, 固体潮. *spring* 〔*neap*〕 *tide* 大〔小〕潮. *The tide is in* 〔*out, down*〕. 现在是涨潮〔落潮〕. *the tide of history* 历史潮流. *tide bore* 海啸, 潮浪. *tide gauge* 潮标, 测潮标, 测潮计, 水标 (志) 尺, 验潮器. *tide lock* 潮闸. *tide station* 验潮〔潮汐测〕站. *tide table* 潮汐表. ▲*at high tide.* 满〔高〕潮. *catch the tide* 趁机. *ebb* 〔*low*〕 *tide* 退〔落〕潮. *flood* 〔*high*〕 *tide* 涨〔高〕潮. *go against the tide* 反潮流. *go with the tide* 跟着潮流走, 随大流. *on the tide* 涨潮时. *save the tide* 趁涨潮进出港口. *swim with the tide* 随大流, 随波逐流. *take fortune at the tide* 或 *take the tide at the flood* 趁机. *the tide turned to* 〔*against*〕… 形势对…有利〔不利〕. *tide over* 使顺利通过, 克服, (努力) 渡过. *work double tides* 昼夜工作.

tide-generating force 起〔引〕潮力.
tide′lands n. 受潮地区, 潮滩区.
tide′mark n. 潮标〔痕〕, 涨潮点.
tide-motor n. 潮汐发动机.
tide-plant n. 潮汐发电站.
tide-prediction n. 潮汐预报.
tide-staff n. 水尺标, 验潮杆.
tide′water n. 潮水, 涌水, 涨落水.
tide′way n. 潮流, 潮(水)河.
ti′dily ['taidili] ad. 整齐〔洁〕地.
ti′diness ['taidinis] n. 整齐〔洁〕.
ti′dings ['taidiŋz] n. (pl). 消息, 音信.
ti′dy ['taidi] I a. ①整齐〔洁〕的 ②相当好的, 相当大〔多〕的, 可观的. I vt. 使整齐〔洁〕, 整理〔顿〕, 收拾 (up). II n. 小垫布, 屑末, 杂物篮.
tie [tai] I n. ①带, 条, 线, 绳, 结, 扣, 领带 ②系材〔杆〕, 拉杆, 连结件〔子〕, 横拉撑, 枉架, 颈缩, 缝碰 ③枕木, 轨枕 ④连接(馈电)线 ⑤联〔关〕系, 连络, 束缚 ⑥系绳〔打结〕法 ⑦等数. *bevelled rectangular tie* 斜角轨枕. *cross tie* 枕木. *direct current tie* 直流馈电线. *frame cross tie* 底架横撑. *tie back* 揽绳. *tie bar* 系〔拉, 连〕杆, 连接铁条, 连盘沙洲. *tie coat* 粘结层. *tie down* 馈电〔连接〕线下垂. *tie down insulator* 悬垂形绝缘子. *tie member* 系件, 拉杆. *tie plate* 系〔垫, 固定〕板. *tie rod* 系〔拉〕杆, 轨距拉杆, (汽车) 转向横拉杆. *tie water* 结合水.

I v. (*tied*; *ty′ing*) ①系, 扎, 捆, 结, 绑, 缚, 拴 ②拉紧, 结合 (住), (使) 相连 ③约束, 束缚, 限制 ④通信 ⑤连接 (两个供电系统) ⑥把 (轨) 固定在枕木上, 给 (铁路线) 铺枕木. *tied arch* 弦系〔系杆〕拱. *tied* (*concrete*) *column* (混凝土) 系柱. *tied island* 陆连岛. *tied structure* 有杆件结构. ▲*be tied to time* 被时间限制者, 必须在一定时间内做好. *be tied up with*…和…有关系〔协作〕, 为…所牵制. *tie back to* 回过来联系到. *tie down* 栓系, 束缚, 箝制. *tie in* 捆扎成, 打结, (使) 结合成一整体, (使) 相配, 易于连接 (接通). *tie in with*…和…有关系. *tie in*…*with*…或 *tie*…*in with*…把…和…连接联系) 到一起. *tie off* 避免. *tie to* 依靠〔赖〕. *tie up* 绑系, 束紧, 包扎〔协作〕, 停泊〔状态〕, 停业, 断绝 (交通), 冻结, 停泊, 靠码头, (与…) 密切联系, 联合, 合伙; 使无空闲, 占用.

tie′back n. 牵索, (后) 拉条, 横梁, 梁架.
tie-bar n. 系〔拉, 连〕杆, 转向拉杆.
tie-beam n. 系梁, 水平拉杆.
tie-down n. 系紧, 栓系.
tie′hole n. 系缆眼.
tie′-in ['taiin] n.; a. 捆成束, 打结, 相配, 连〔郛〕接, 连测, 必须有搭卖品才出售的, 相配物.
tie′line ['tai lain] n. (直达) 通信 (耦合) 线路, 直达连接线, 连络 (转接) 线, 扎(拉, 连)线.
tie′piece n. 系梁梁, 条状模型加固片.
tie′(-)plate′ ['tai pleit] n. 系〔固定, 底〕板, (钢轨) 垫板.
tier [tiə] I n. ①(一) 层, (一) 排, (一) 行, (一) 列, (一) 盘 (钢丝绳) ②定向天线元件, 辐射体平面 ③捆扎 (捆束) 装置, 捆扎 (束) 器, 包扎工 ④等级. I vt. 堆积成层, 层层排列, 分层布置, 堆聚 (货), 堆叠 (up). *a tier of seats* 一排座位. *tier antenna* 分层天线. *tier building* 多层建筑 (房屋). *tiered burners* 分层的喷燃器. *tiers of terraced fields* 层层梯田.
tierceron n. 居间的拱肋.
TIES = transformation and information exchange system 传输和信息交换系统.
tie-sta′tion ['tai steiʃən] n. 汇接 (通信) 站.
tie-up n. ①用来捆扎的东西, 被捆扎的东西 ②停泊处 ③停顿 (业, 运), 停止活动 ④联系 (合).
TIF = ①technical information file 技术情报资料 (档案) ②telephone interference factor 电话干扰因数〔累〕.
TIFS = total in-flight simulator 总飞行模拟装置 (一种飞机设计工具).
TIG = tungsten-inert-gas (arc) welding 钨极惰性气体保护 (电弧) 焊.
ti′ger ['taigə] n. 虎. *paper tiger* 纸老虎.
tight [tait] I a. ①紧 (张, 密, 贴, 封, 迫, 固) 的, 绷 〔拉, 张, 装〕紧的, 不松动的, 紧 (牢) 固的, 结实的, 严〔致〕密的, 密集的, 死的 ②…密的, 密封的, 不透〔漏〕 (水, 气, 油) …的, 防…的, 不可穿透的, 透不过的 ③严厉〔格〕的 ④麻烦的, 棘手的, 困难的 ⑤整洁〔齐〕的, 安排得当的 ⑥供不应求的, 很紧累的. II ad. 紧 (紧地). II vt. 紧固〔密〕. *air tight* 密封〔闭〕的, 气密的, 不漏气的. *oil tight* 油封〔密〕的, 不漏〔透〕油的. *tight and loose pulleys* (固) 定轮与游轮. *tight coupling* 紧密耦合, 紧密结合. *tight fit* 紧〔静, 牢〕配合. *tight flask* (一般, 固定) 砂箱. *tight joint* 紧密接合. *tight rope* 绷紧的绳索. *tight seal* 密封. *tight shot* 定焦镜头, 紧凑拍摄. *tight squeeze* 困境. *tight turn* (道路) 急弯. *tight weld* 致密焊缝. ▲*be in a tight place* 〔*corner*, *spot*〕处境困难, 处于困境. *tight up* 整理, 收拾.

tight-binding approximation 紧束缚近似.
tight′-clamped′ ['tait klæmpt] a. 紧〔上下〕掐位的.
tight′en ['taitn] v. 上〔拉, 抽, 绷〕收, 扎, 束, 拧, 箍〕紧, (使) 变紧, 使紧密〔紧凑致〕些, 加密〔固定, 使密合不漏, 密 (封) 闭, 隔离. *tighten the ropes* 绷紧绳索. *tightened sampling inspection* 严格 (加严) 抽样检查. ▲*tighten up* 绷紧, 拧, 箍〕紧.
tight′ener ['taitnə] n. 紧缩〔收紧, 张紧〕器, 紧固物, 张紧工具, 张紧装置. *belt tightener* 紧带 (皮带张紧) 轮. *stay tightener* 紧固拉线的物体.

tight'ly ['taitli] *ad.* 紧(紧地,密地). *tightly keyed* 紧密锁结的.

tight'ness ['taitnis] *n.* 不可入性,不穿(渗)透性,不透过性,不透气(水)性,不漏,紧(严)密(性,度),致密(松紧)度,密封度(性),气密性,紧度(张),紧(坚)固(性). *lattice tightness* 晶(栅)格紧密度. *leak tightness* 密封(气密)性,密闭性.

tight'rope 或 **tight'wire** *n.* 绷索.

tiglyl- [词头] 甲基巴豆酰(基).

tigroid *n.* 虎斑物质.

tikitiki *n.* 米糠,米糠酒精提取液.

tik'ker = ticker.

Tikohodeev method 契可霍德也夫(借两光色温度标准测量中间光色温度的)方法.

tilde [tild] [西班牙语] *n.* 代字号,否定号"～".

tile [tail] I *n.* ①瓦(片),(炬形耐火)板,(瓷,花,饰面,耐火,空心)砖,(软木,橡胶制铺地面用)弹性砖片 ②贴砖,铺瓦,瓦面 ③(排水)瓦管(筒,沟). II *vt.* 给…盖(铺)瓦,给…贴(瓷)砖,装瓦管于. *asbestos tile* 石棉瓦. *plain tile* 平(无纹)瓦. *tile floor* 砖地. *tile masonry* 铺瓦砌工. *tile walk* 花砖人行道. *tiled roof* 瓦屋顶面.

ti'ler *n.* 砖瓦工,制砖瓦者,铺瓦工,贴砖工.

ti'lery *n.* ①(制)瓦厂 ②装饰砖瓦铺贴术.

tile'stone *n.* 石瓦(板).

tilia *n.* 椴树.

Tilia'ceae *n.* 椴树科.

ti'ling ['tailiŋ] *n.* ①盖瓦,铺瓦(工作),铺瓷砖,贴瓷②瓦(片,屋顶),瓷砖,砖面,砖瓦结构.

till [til] I *prep.*; *conj.* ①直到…为止 ②(用在否定式后)直到…才,在…以前. II *n.* ①抽屉(斗) ②冰碛(土),泥砾(漂积)土,漂砾粘土. III *v.* 耕(作,种). ▲*it was not till…that* (只是)到…才,在…以前还没有. *plow and till the soil* 耕地,创造条件. *till further notice* 在另行通知以前. *till then* (直到)那时. (*up*) *till now* 到现时为止.

till'able *a.* 可(适于)耕作的.

till'age *n.* 耕作,耕地,整地.

til'ler [tilə] I *n.* 舵柄(柄),(冲击钻)钻杆组转动手把,耕作机具,翻土机,耕作者,农民,发芽的树桩. II *vi.* 生芽,分蘖,萌蘖.

til'lite ['tilait] *n.* 冰碛岩.

tilorone *n.* 双二乙氨乙基芴酮.

tilt [tilt] I *v.* ①(使)倾(侧,卸,翻),斜置,(使)翘起,翻转 ②摇(摆,翘)动,上下晃动,(摄影机)俯仰运动 ③盖以篷,用帐篷遮盖 ④攻击. *tilting bearing* 斜垫(自位)轴承. *tilting cart* 翻斗(倾卸)车. *tilting furnace* 可倾(回转,倾注,倾侧)炉. *tilting ladle* 可倾桶,转包,带包嘴浇包. *tilting level* 微倾水准仪. *tilting moment* 倾复力矩. *tilting pass* 【轧】翻钢道次. *tilting position* 倾斜位置. *tilting reflector* 上下可动反射镜. *tilting seat* 折叠式(可调整靠背斜度的)座椅. *tilting table* 摆动(倾斜式)升降台. *tilt down* (使…)向下倾斜,摄影机俯摄. *tilt over* (使)倾翻(侧),推翻. *tilt up* (使…)向上倾斜,摄影机仰摄.

I *n.* 倾斜(面,位置),(位置)不正,偏斜,斜度(面,率,坡,顶),脉冲顶部斜度(倾),仰(倾,高低)角 ②倾侧 ③竞争,争论 ④车(帐)篷,遮阳,覆布,棚幕 ⑤跳动锤,落锤. *frame tilt* 帧倾斜. *tilt cylinder* 升降(倾倒用)油缸. *tilt hammer* 落(跳)锤. ▲(*at*) *full tilt* 全速地,开足速力. *give a tilt* 倾斜. *on the tilt* 倾斜着.

tilt'able *a.* 可倾斜的,倾动式的.

tilt'dozer ['tiltdouzə] *n.* 拖挂式筑路机械.

tilted *a.* 倾斜的,与…成角度的. *tilted block* 翘起地块,偏斜岩块. *tilted pad bearing* 自位式推力轴承,(斜垫能自动调整位置的)斜垫轴承.

tilt'er ['tiltə] *n.* 倾斜体,倾卸(翻)机,车用,翻转摇动,摇动装置,倾翻机构,摇臂台,(轧机的)摆动升降台,翻钢机,翻架. *ingot tilter* 翻锭机.

tilth [tilθ] *n.* 耕作(地,耘,层),耕作深度.

tilt'ing-type *n.* 可倾(倾卸,倾侧,回转)式.

tilt(**o**)**meter** *n.* 倾斜计,斜度计,倾斜(度测量)仪.

tilt'wing *n.* 倾斜翼,全动机翼.

TIM = time meter 计时器.

Timang *n.* 一种高锰钢(锰 15%).

tim'ber ['timbə] I *n.* 木(材,料),商品材,原木,肋材,(可作木材的)树木,森林. II *vt.* 用木材建造(支撑). *timber cart* 运木车. *timber component* 木构件. *timber crib* 木屋,木笼. *timber dog* 蚂蟥钉,扒钉. *timber line* 森林界线. *timber man* 支架(木材)工. *timber mill* 锯木厂. *timber sleeper* 枕木. *timber wood* (建筑)用材(直径三英寸以上). *timber work* 木工,木工作业. *timber yard* 贮木场.

tim'bered *a.* 木造的,装有木料的,建筑用材的,多树木的.

tim'berer 或 **tim'berman** *n.* 木材工人(商人).

tim'bering *n.* ①木材,结构材,木结构 ②木模(撑,结构),加固,支撑(架).

tim'berjack *n.* 伐木工.

tim'berland *n.* 森林,林地.

tim'berline *n.* 树木线.

tim'berwork *n.* 木工(作业),木结构.

tim'beryard *n.* 木材堆置场,木材堆置场.

tim'bre ['tæmbə] [法语] *n.* 音品(色,质).

time [taim] I *n.* ①时(间,刻,候,期),小时,瞬间,工作(占有,所需)时间 ②(现,现代)时代(式),势力,机会 ④ (Times)(用于报刊名称)时报 ⑤次,回,节拍 ⑥(pl.)倍. I *a.* 时间(方面)的,定(计)时的,定(分)时的,定时间的. II *vt.* ①(确,测)定时(间),计算(记录)时间(的)速率) ②配计时,调时 ③调节(校准,调整)时间 ④选择…的时间,安排…的时间,使…协调(控制) ⑤拨准(钟,表)的快慢,调整好…的速度 ⑥ *v.* 合拍一致,调和. *be pressed for time* 时间紧迫. *make up time* 补足工作时间. *save time* 省时间. *time a ship* 记录船舶行的时间. *The New York Times* (美国)纽约时报. *The Times* (英国)泰晤士报. *It's only a matter of time*. 那只是时间早晚而已. *digit time* 数字周期(时间). *down time* 中断(停工,停机,故障)时间. *exponential time* 指数时基(时间轴). *life time* 使用期限(寿命). *long response time* 慢反应时间. *machine time* 计算机时间. *off time* 断开(停歇)时间. *on time* 接通(持续)时间,工作时间. *pulse time* 脉冲时间. *time base* = time-base. *time bill* [draft] 定期汇票. *time bomb* 定时炸弹. *time book* 工作时间记

录. *time card* [sheet] 记时卡片,工作时间记录卡片,时间表. *time charter* 定期租船合同. *time clock* 时钟脉冲,计时钟. *time coordination* 时间上的协同. *time cut-out* 定时断路器,定时停车,用钟表来切断或断路. *time difference* 时差. *time differential* 对时间的微分. *time dilation* 相对时差,时间膨胀. *time exposure* (照相底片)超过半秒钟的曝光,长时间曝光(拍摄的照片). *time frame* 时帧,时间范围. *time fuse* 定时信线[引信,信管]曳火线. *time fuze* 定时引信. *time graph* 时距曲线. *time history* 时间经历,时间关系曲线. *time jitter* (脉冲重复频率不稳定所引起的)扫描线距离标记的移动,时间起伏[跳动]. *time lag* 时(间)滞(后),延时,时间上的间隔. *time law* 随时间改变的定律. *time limit* 期限,限期,时间极限. *time lines* 等时线. *time loan* [money] 定期贷款. *time lock* 定期锁,时间同步[锁定]. *time of relaxation* 张弛[弛豫]时间. *time pattern* 按时图案,时间(曲线)图. *time payment* 分期付款. *time purchase* 分期付款购买. *time quadrature* 90°时差, 90°时间相移, 90°相位差. *time quenching* 控制时间的淬火. *time rate of heat capacity* 单位时间的热容量. *time register* 记时器. *time release* 延时释放器,定时解锁器. *time scale* 时标,时间比例[量程]. *time schedule* 工作[施工]进度表,时间表,(行车)时刻表. *time schedule control* 程序控制. *time sharing* 分时,时间划分. *time signal* 报时[时间]信号. *time switch* 自动按时启闭的电动开关,定时开关. *time trial* 计时比赛. *time yield* 短期蠕变试验(72小时). *time zone* 时区. *zero time* 时间零点,起始瞬间. ▲*abreast of the times* 符合当代的,新式的,新新的. *after a time* 过了一段时间,过一段时间. *against time* 赶快,尽快地,分秒必争地,力争及时完成地,拖延时间地. *ahead of one's time*(s) 站在时代的前头. (2 hrs) *ahead of scheduled time*(比原定提前(两小时). *ahead of time* 提前地,在原定时间以前. *all in good time* 时机一到. *all the time* 全部时间,一直,自始至终,老是. *all time* 有史以来. *as time goes on* 随着时间的推移. *at a given time* 在某一时刻. *at a set time* 在预定的时间. *at a time*(每)一次(多少);同时,在某个时刻. *at all times* 不论什么时候,总是,一直,始终,经常. *at any time* 在任何一个时刻. *at any time* 无论何时,随时,任何时候. *at no time* 从来没有,决不,任何时候也(都不)(能). *at odd times* 偶而,有空的时候. *at one time* (过去)在一个时期,曾经,一度,同时. *at one time or another* 在这一或那一时间,总有一个时候. *at other times* 平时[常],在另一些场合中. *at some time or other* 有时. *at that time* 在那个时候,当时. *at the best of times* 在情况最好的时候. *at the same time* 同时, 当时,而(且)又,但还是. *at the same time*, *at the time*(that, of) 当(在)…的时候. *at this time* 当(其,那)时. *at this time of day* 直到这个时候(才),这么迟(才). *at times* 时时[常],间或,有时,不时. *before one's time* 提前,过早,出世前. *before the times* 在时代前头. *behind the times* 落在时代后头,过时的,落后的. (2 hrs) *behind* (one's) *time* 迟到[落后](2小时). *behind time* 迟,晚,拖延,在原定时间以后. *between times* 时时,有时候,偶尔. *by the time*(that, of) 到…的时候已经. *by this time* (在)这个时候(以前,已经),到此刻,到了此时. *come to time* 履行义务. *do not have time to* + *inf*. 来不及(做). *each* [*every*] *time*(that, when)每次,每当,每…一次,总是. *find time to* + *inf*. 有工夫(有空,找时间)(做). *for a long time* 早已,好久. *for a time* 暂且[时],一度,一些时候,一个时间,有一段时间. *for some time* (做了)一些时候,暂时. *for some time past* 过去一段时间. *for the first* [*second, last*] *time* 第一(第二,最后)一次,首先(第二次,最后). *for the time being* 目前,权且,暂(临,一,现)时. *for the time needed* 必要的一个时期,所需要的时期内. *for the time to come* 在将来. *from that time on* 从那(个)时(候)起. *from this time forward* [*on*] 从今以后. *from time to time* 时时,有时,不时地,经常(地),常常,往往. *gain time*(钟表)走得快(些),取得(拖延)时间. *go with the times* 随大流,赶时髦. *half the time* 一半时间;长时间地,常常,几乎总是,(几乎)经常. *have a bit better time of it* 情况稍微好一些. *have a good time of it* 高兴,愉快. *high time* 时机成熟的时候,(应)该…的时候. *in a short time* 不久,一会儿,少顷. *in bad times* 时间紧. *in course of time*(随着时间的推移)最后,终于,经过一定时间. *in double-quick time* 非常快. *in due course of time* 经过相当时候,及时. *in due time* 在适当的时候,及时地. *in good time* 按(及)时中,迅速地. *in*(*less than*) *no time* 立刻,很快地. *in one's time* 在…的时代,在…的一生中,当…在某处工作[学习]期间. *in the course of time*(随着时间的推移)最后,终于,经过一定时间. *in the mean time* 当其时,在那(过程)当中. *in the same time*(that)在(…)同一(相同)时间内. *in the times of* 在…的时代,…时期. *in these times* 当今. *in three days' time* 三天后,在三天内. *in time* 按时,准时,在恰好的时候,正合时,迟早,早晚,终于,将来,随后,过一定时间之后;合拍;随着时间的推移. *in time of need* 在紧急的时候,一旦有事时. *in time with* 和…合拍(同期). *in times to come* 在将来. *in … years time* 在…年后(内). *it is high time to* + *inf*. 正该(做某事)的时候. *it is time to* + *inf*. (现在)是(做某事)的时候了. *keep good* [*bad*] *time*(钟表)走得准[不准]. *keep time with* 同…合拍. *keep up with the times* 跟上时代. *last time* 上次. *lose no time* 及时,不失时机,抓紧时间. *lose no time in* + *ing* 赶紧[立刻],不失时机地(做). *lose time*(钟表)慢,拖延,延误,失去时机. *many* (*and many*) *a time* & *many times* 屡[多]次,几度,不止一次,常常,往往. *mean time* 平均时间,平均太阳时. *most of the time* 多半时间. *next time* 下次(当…的时候). *ninety-nine times out of a hundred* 或 *nine times out of ten* 几乎每次,十之八九. *of the time on* 当今[代]的,现在的. *on one's own time* 在业余[非工作]时间. *on short time* 开工时间不足,以部分时间开工. *on time* 按(准)时,于指定时间;以分期付款方式. *once upon a time* 从前. *one (two) at a time* 一次一个(两个). *one time* 一度,某时. *one time with another* 前后合起来,前后一共. *out of time* 太迟,不合拍的,不合拍的. *some time* 某时,一会儿. *some time or other* 终久,早晚,迟早,总有一天. *stand the test of time* 经历时间的考验. *straight time* 正规的工作时间. *take a long time* 费时间. *take time* 需要时日,费时间,花工夫. *the time of day* (钟表上)时刻. *the time will come when* 将来总有…的时候. *there are times when* 有时(候,常会). *this time* 这一次. *time about* 轮流,换班. *time after time and again* 好几次,反复(不断地),一再,一次又一次. *time enough* 还早,有充分时间,来得及. *time immemorial* 古远的时代. *Time is up.* 时间已到. *time of day* 时刻,情况,形势,事态. *time off* 【电信】话um断时间. *time on* 【电信】开始通话时间. *time out of mind* 古远的时代,很久以前. *time space or space time* 【数】时空,空时. *time … to …* 使…与…合拍,使…与…的时间相配合. *time to spare* 空余的时间,空闲. *times without [out of] number* 屡次,重复地,反复地,无数次地,数不清的. *to the end of time* 永远. *up to the time of* 截至…之时为止. *up to time* 准时.

time-antisymmetric a. 时间反对称的.

time'-base ['taim'beis] n. 时基,扫描(基线),扫掠,时间坐标,时轴,(按)时间(轴)偏转. *ratchet time-base* 延迟扫描,棘轮(滞后)时基. *time-base unit* 时基(扫描)装置.

time-characteristic n.

time-con'stant [taim'konstənt] n. 时间常数.

time'-consuming ['taimkənsju:miŋ] a. 费时(间)的,艰巨的,拖延时间的.

timed [taimd] a. 同步的,定(计)时的,时控的. *timed acceleration* 按时间调节的加速度. *timed pulse* 计时(同步)脉冲. *timed unit* 时控装置.

time'-depen'dent a. 与时间有关的,随时间变化的,含时稳定的,非稳定的. *time-dependent system* 时间相关系统.

time-domain n. 时域.

time'-fall n. 电动势随放电而降落.

time'-hono(u)red ['taimənəd] a. 由来已久的,历史悠久的.

time-independent a. (与)时间无关的,牢固的.

time-interval radiosonde 时距探空仪.

time'keeper ['taimki:pə] n. 计(记)时员,时计,钟表,精确计时装置(钟表机构).

time'keeping ['taimki:piŋ] n. (精确)计时,时间测量,测时.

time'-lag ['taimlæg] n.; v. 延时,落后,时滞(延).

time'-lapse ['taimlæps] n. 时间推移,慢速摄延拍用普通转速放映的.

time'less ['taimlis] a. ①不合时宜的,过早的,超时代的 ②无限的,无时间限制的,无日期的,长期有效的,不定时(期)的 ③永久(恒)的,无始无终的. ~ly ad. ~ness n.

time(-)like a. 类时的.

time'-limit ['taimlimit] n. 时限(的最后片刻),限期.

time'liness ['taimlinis] n. 及时,时间性,好时机.

time'ly ['taimli] a.; ad. 及时(的),适时(发生)的,正好的.

time-measurer n. 测时器.

time-of-day clock 日历钟(按日计现).

time-on-pad n. 发射台上停留时间.

time'-out ['taimaut] n. ①停工(窝工)时间,临时停工,时间已过 ②暂停.

time'-period ['taimpiəriəd] n. 时限,周期.

time'piece ['taimpi:s] n. 时计,钟,表.

time-preserving n.; a. 保持时间正确,时间上不延迟的.

time'-proof ['taimpru:f] a. 长寿命的,耐(经)久的,耐用的.

time-proportional a. 与时间成正比的,时间线性的.

ti'mer ['taimə] n. ①记(计)时员 ②记(计)秒表,跑表,时速表 ③(发火)定时器,限时器,定时装置,时间传送器,定时(延迟)继电器,自动定时仪·自动按时操作装置,同步器 ④延(迟)时调节器,断电器,时间继电 ⑤调节,传感,发送)器,程序装置(控制器,调节器) ⑤时间标记,延时单元. *cycle-repeat timer* 周期脉冲重复时间标记. *delay timer* 延时器. *reaction timer* 反应速度测量(测定)器. *speed timer* 速度调节(同步)器. *split-second timer* 精密秒表. *synchro timer* 同步定时器. *telechon timer* 计时开关. *timer distributor* 定时(装置兼)配电器,单人火花发生器. *timer timing pulse* 定时器(计时器)计数脉冲.

time-resolved a. 时间分辨的.

time-rise n. 电动势随充电而增长.

times [taimz] I n. (pl.) 倍,次数,回数. I prep. 乘. *M is N times larger than* [*greater than*, *as large as*, *as many as*, *as much as*] *R*. M为R的N倍,M比R大(多)(N-1)倍. *M is N times less* [*smaller*] *than R*. M为R的1/N. *M is N times less heavy than R*. M的重量为R的1/N. *M is N times R*. M等于N乘R,M等于R的N倍. *M has to be made N times larger or smaller*. M要用N去乘或除. *Work is equal to force times distance*. 功等于力乘距离. *times* 2 乘2,二倍. *three times the size of N* 等于N三倍大. *Three times two is* [*are*] *six*. 三(乘)二得六. *times sign* 乘号.

time'-saver n. 节省时间的事物(因素).

time'saving ['taimseiviŋ] a. (节)省时(间)的.

time'scale n. 时(刻度)标,时间量程.

time-series n. 时间序列.

time'(-)share ['taimʃɛə] vt. 分时,时间区分(划分,分割),给…划分时间.

time-shared a. 分时的,有时间划分的.

time-sharing n. 分时,时间划分.

time'-span ['taimspæn] n. 时间间隔.

time'table ['taimteibl] I n. 时间(刻)表,时间曲线,会议日程表,学术会议议程表. I v. 安排(活动)程序.

time'-tested a. 经过长期运转试验的,经受过时间考验的.

time-to-climb n. 爬升(高)时间.

time'-up ['taimʌp] n. 时间已到.

time'-varia'tion ['taimvɛəri'eiʃən] n. 随时间的变

化,时间函数.
time'-va'rying ['taim'vɛəriiŋ] a. (随)时(间)变(化)的.
time'-work ['taim-wə:k] n. 计时[日]工作.
time'worker n. 计时工作者.
time'worn a. 用旧了的,陈腐的,古老的.
time'-yield ['taimji:ld] n. 蠕(徐)变.
ti'ming ['taimiŋ] n. ①定[正,计,记,调,校,配]时,时间控制,按时调整,(按)时间分配,时间标记,时机的选择,安排[标记,测定工作]时间,调速,校准,同步计时 ②时(间,限),(周)期 ③同整,合[进]步 ④看[配]光. *fast timing* 涮短时间,快定[快计]时. *pulse timing* 脉冲同步(计时). *relay timing* 继电器动作[延时]时间. *timing capacitor* 时基电容,时标电容,定时电容器. *timing gear* 定时齿轮. *timing lamp* 调时[定时]标灯. *timing mark* 时(间)标(记). *timing pulse generator* 定时[时标]脉冲发生器. *timing relay* 定时[延时]继电器. *timing sampling* 时间量化,脉冲调幅,定时取样. *timing tape* 定时[刻]时,计时,校时]带. *timing track* 同步磁道,定时纹. *timing unit* 定时装置,计时器,定时继电器,程序装置[机构]. *timing voltage* 整步[同步,定时]电压.
Timken n. 铬镍钼耐热钢.
Timken 16-25-6 16-25-6 铬镍钼耐热钢(铬 16%,镍 25%,钼 6%,碳 0.08～0.1%,硼 0.1～0.6%).
Timken X 铬镍钼钴铁耐热合金(钴 30.7%,镍 28.6%,铬 16.8%,钼 10.5%,铁 11%,锰 1.4%,硅 0.75%).
TIMM = ①thermionic integrated micromodule 热电子集成电路微型组件 ②thermionic integrated micromodule circuits 热电子集中式微模电路.
tin [tin] I n. ①【化】锡 Sn ②马口铁,白铁(器),镀锡铁皮,锡板[箔] ③听桶,罐(头),白铁罐,锡器 ④受脂器. II a. (镀,含,像)锡的,锡制的,马口铁(皮制)的. (**tinned; tin'ning**) vt. ①镀锡(于),包锡 ②包以白铁皮 ③把…装成罐头,罐装. *tin bar* 锡块[条],白铁皮原板. *tin brass* 锡黄铜. *tin can* 锡罐,小型逐舰,潜艇,深水炸弹. *tin fish* 鱼雷. *tin liquor* 锡酸液. *tin pants* (石蜡处理过的)防水帆布裤. *tin plate* [sheet] 马口铁,白铁皮,镀锡钢[铁]皮. *tin snips* 铁皮剪. *tin solder* 锡焊料. ▲*in tins* 听装.
TIN = ①temporary instruction notice 临时指示通知 ②transaction identification number 办理事件识别号码.
tin'cal ['tiŋkəl] n. (原,粗)硼砂.
tin'clad n. 装甲舰.
tin'-coat v. 包锡,镀锡.
tinct [tiŋkt] I n. 色泽[调],染料. II a. 着(染)色的.
tinc'table a. 可染的.
tinc'tion ['tiŋkʃən] n. 着[染]色.
tincto'rial a. 着色的,染色的.
tinc'ture ['tiŋktʃə] I n. ①【药】酊(剂),药酒 ②色(彩),气味,特征,迹象 ③染(颜)料. II vt. ①给…着[染]色,浸染 ②使…带气味,使充满(with). *tincture of iodine* 碘酒[酊]. ▲*a tincture of* 或 *some tincture of* (带一点儿)…色,微量. *with a tincture of red* 带点儿红色.
tin'der ['tində] n. 火绒[种],引火物. ▲*burn like tinder* 猛烈燃烧.
tin'derbox n. ①(金属)火绒盒 ②高度燃烧性,易燃建筑物,易燃的地方.
tin'dery ['tindəri] a. 火绒似的,易燃(烧)的.
tine [tain] n. 叉,齿,尖端,(鹿)刀,柄.
tin'ea ['tiniə] n. 癣.
tin-ferrite core 宽温(铁氧体)磁芯.
tin'foil ['tinfɔil] n. 锡箔(纸).
ting [tiŋ] n.; v. 叮玲(铃声),使发叮玲声.
tinge [tindʒ] I n. 色彩[调,泽,度],轻微的色度,气味[息],意味,少许,微量. II a. 着[带]色的. II vt. 染色于,着色,(微,浅)彩[染,染以轻淡之色,使带气味,沾染,加以某种意味. ▲*a tinge of* 略带…(色,气味). *be tinged with* 略带…色,沾染了,染成.
tingibil'ity n. 可染性[色],着色性.
tin'gible a. 可染的,着色的.
tingitamine n. 氨基嘧啶丙氨酸.
tin'gle ['tiŋgl] v.; n. ①刺痛 ②激动,震颤 ③(砌砖用)线垫,堵漏垫,固定片.
Tinicosil n. 蒂尼科西尔镍黄铜.
Tinidur n. 蒂尼杜尔耐热合金(镍 30%,铬 15%,钛 1.7%,锰 0.8%,硅 0.5%,铝 0.2%,碳 0.15%,其余铁).
Tinite n. 蒂纳特锡基含铜轴承合金.
tinkal = tincal.
tink'er ['tiŋkə] I n. 修补(工),白铁工,粗补. II v. ①粗修,修补,熔补,拼凑,调整(up) ②做白铁工. ▲*tinker with* [*away at*] 给…拼凑一下.
tink'erly a. 粗笨的,拙劣的.
tin-lead plating 镀锡铅.
tin-lined a. 衬锡的.
tin'man n. 白铁工. *tinman solder* 铅锡焊料(锡 33.3%,铅 66.7%).
tinned [tind] a. ①镀[包]锡的,包马口铁的 ②罐装的. *tinned wire* 镀锌铁丝,铅皮线,铅丝.
tin'ner ['tinə] n. ①白铁工 ②锡矿矿工 ③罐头食品工人,罐头食品商.
tinni'tus ['ti'naitəs] n. 耳鸣(症).
tin'ny ['tini] a. ①(含,像,似,多,产)锡的 ②不耐久的 ③细薄的,空洞无内容的. **tin'nily** ad.
tinol n. 锡焊膏.
tin'plague n. 锡疫.
tin'plate I n. 马口铁,白铁皮,镀锡[锌]铁皮,锡钢皮. II vt. 在…上镀锡[包马口铁].
tin'pot a. 低劣的,微不足道的.
tin-rich a. 富锡的.
tin'sel ['tinsəl] I n. ①(金属)箔,金属丝(片) ②锡铅合金(6:4) ③(机上的)干扰发射材料 ④华而不实(的东西). ②金银线(箔)制的,华而不实的,虚饰的. II vt. (*tinse(l)ed; tinse(l)ing*) 用金箔装饰,散布金箔. *tinsel cord* 箔(蕊,软)线.
tin'smith ['tinsmiθ] n. 白铁工. *tinsmith solder* 锡铅软焊料(锡 77%,铅 34%).
tin'stone n. 锡石.
tint [tint] I n. ①色调[泽,彩,辉,度],着色,颜色的浓淡 ②浅[淡]色 ③不很明显的性质[特征],荫蔽. *heat tint* 回火色,氧化膜色. *in all tints of red* 用深

浅不一的红色. *tint screen* 色调荧光屏. Ⅱ *vt.* 染…色,(涂)色,微染,涂漆. *tinted concrete walk* 着色混凝土人行道. ▲*tint…with…* 给…染上(一点)…色.

tintage *n.* 染色,着,涂(色).

tintantalite *n.* 单斜锡钽锰矿,锡锰铁矿.

tint' er *n.* 着(染)色器,着(染)色者,(作衬底的)素色幻灯片.

tint(o)meter *n.* 色辉(调)计.

tint'y ['tinti] *a.* 色彩不调和的.

tin'ware *n.* 锡器,马口铁器皿.

tin'work *n.* 锡工,锡制品,(pl.)炼锡厂,锡工厂.

ti'ny ['taini] *a.* 微(细,极)小的,微型的,微量的,很少数. *tiny clutch* 超小型离合器. *tiny minority* 极少数.

tip [tip] Ⅰ *n.* ①尖(端,头,梢,物),(末,翼)梢,端(部,头),末端,终点 ②触点,接头,接尖(点),继电器接点,插塞尖端,电极头,磁头尖,极尖,管头 ③(焊炬,割炬的)喷嘴,焊嘴 ④(铁[铜]环,套[钢]箍,刀片 ⑤倾斜(卸),翻转,翻车机,翻筐 ⑥暗示,秘密消息,警〔忠,劝〕告,预测 ⑦垃圾〔弃置〕场 ⑧轻击(拍). *blade tip* 叶梢(尖). *cutting tip* 切削部分(刀片),(氧割器的)割尖. *feed tip* 喂针. *filter tip* (香烟)过滤嘴. *screw tip* 蜗杆梢. *side tip car* 侧倾车. *tip car* 〔*truck*, *lorry*〕自(动倾)卸卡车,翻斗(卡)车. *tip chute* 倾卸滑(斜)槽,底部间隙,底部间隙. *tip end* 尖端,小端. *tip holder* 喷嘴焊钳,焊条夹持器. *tip jack* 塞插孔,尖头(单孔)插座. *tip lorry* 〔*truck*〕自动倾卸车,翻斗卡车. *tip of nozzle* 喷管出口截面. *tip stalling* 翼尖失速. *tip turbine* 叶尖涡轮. *tip wire* 塞尖引线,T线. *tool tip* 刀刃尖,片. *torch tip* 吹管嘴,焊炬喷嘴. *transition tip* 换接电极叉. ▲*from tip to tip* 从这一头到那一头. *from tip to toe* 彻头彻尾,从头至尾,完全. *have at the tips of one's fingers* 手头就有 …,有 … 随时可供应用,精通. *to the tips of one's fingers* 彻底地,完全.

Ⅱ *v.* (**tipped**, **tip'ping**) ①使(倾)斜,倾斜,翻倒(转,卸),倒出(掉) ②装(包)尖头,镶尖(片),点尖,(栾叶)包梢,在…顶端装附加物,覆盖…的尖端(*with*),…的尖端,装上龙头 ③(用)轻拂,伤[刃] ④轻触(推,打),轻轻扣击,微震 ⑤暗示,忠告,向…泄露消息. *tipped bit* 硬质合金钻头. *tipped fill*(卸)填土. ▲*be tipped with* 用…点(焊到)尖(上). *Not to be tipped.* 勿倾倒. *tip … into a bank* 使…发生倾斜. *tip off* 倒出,预先通知消息,警告,暗示. *tip … on edge* 把…(的底部一侧垫高使其)倾斜. *tip out* 倒光,翻倒. *tip over* 倾倒,倾覆. *tip the scale at* 称量,重. *tip the scale*(*s*)砝码使天平倾斜,使发生变化,为决定因素. *tip up* 倾,歪,翻倒. *tip M with N* 用 N 给 M 点尖,用 N 装在 M 的尖(头)上.

TIP 或 **TiP** = Titanium pump 钛泵.

tip'-back *v.* 后倾的.

tip'cart *n.* 倾卸车,翻斗车.

tip-jet *n.* 叶端喷口.

tip'-off ['tipɔːf] *n.*; *v.* ①开〔拆,脱,卸〕焊,焊开,熔下,尖封,轻轻敲封 ②分接头,拆〔封〕离,翻倒 ③暗示,警告.

tip'per ['tipə] *n.* 自(动倾)卸车,翻斗车,倾卸装置,倾翻机构,翻车机,翻筐,翻车工,镶〔点〕尖装配工. *electric tool tipper* 电焊刀片机. *end tipper* 后倾自卸车. *front tipper* 前倾翻斗车,前翻式自卸车,朝前卸料手推车. *ingot tipper* 翻锭机.

tipper-hopper *n.* 翻斗.

tip'ple ['tipl] Ⅰ *n.* ①(烈)酒 ②翻车〔锭〕机,倾斜器,翻倾机构,自动倾卸装置,翻倒车卸货地点 ③倒(筛)煤场. Ⅱ *vt.* 饮(烈)酒.

tip'pler *n.* 翻车机,翻筐,自卸卡车,翻车工.

tip'py *a.* (易)倾斜的,摇摇晃晃的.

tip'-stall *v.* 梢部失速.

tip'toe' ['tiptou] Ⅰ *n.* 脚尖. Ⅱ *v.* 踮着脚. Ⅲ *a.* 小心翼翼的. ▲*on tiptoe* 踮着脚.

tip'top' ['tip'tɔp] Ⅰ *n.* 绝顶,最上,最高点. Ⅱ *a.*; *ad.* 第一流(的),(最上的),头等(的).

TIR = ①target illuminating radar 目标照射雷达(站) ②total indicator reading 指示器,总读数,指针读数.

tiradaet *n.* 粘合剂.

Tirana 或 **Tirane** [ti'rɑːnə] *n.* 地拉那(阿尔巴尼亚首都).

TIRB = technical instruction review board 技术规程审议委员会.

tire [taiə] Ⅰ *n.* = tyre. Ⅱ *v.* ①(使,觉得)疲倦〔劳〕,累 ②厌倦〔烦〕(*of* + *ing*). ▲*a tire out* 或 *tire to death* 使十分疲劳,使累得要死.

tire'-curing *a.* 硫化轮胎的.

tire'cut *n.* 轮胎割痕.

ti'red ['taiəd] *a.* ①疲劳的,累的,厌倦的 (*of*) ②破旧的. ▲*be tired from …* 做 … 累了. *be tired of +ing* 对(做)感到厌烦〔倦〕. *be tired out* 或 *be tired with +ing*(做某事)做累了. ~**ly** *ad.*

tire'less ['taiəlis] *a.* ①不(厌)倦的,不疲劳的 ②不停的,持久的,坚韧的. ~**ly** *ad.*

tire'some ['taiəsəm] *a.* 使人疲劳的,令人厌倦的,费力的,累人的,讨厌的.

ti'ring ['taiəriŋ] *a.* 引起疲劳的,使人疲倦的,麻烦的.

tiro = tyro.

tirocin'ium [taiəro'siniəm] (pl. *tirocin'ia*) *n.* 技艺入门,学徒期限(身份).

tiron *n.* 试钛灵,钛试剂.

T-iron *n.* T形铁(钢),丁字铁(钢).

TIROS 或 **Tiros** = television infrared observation satellite 电视红外线观测卫星.

Tirrill regulator 梯海尔电压调整器.

tirucallol *n.* 甘遂醇 $C_{30}H_{50}O$.

TIS = Technical Information Service 技术情报服务处.

'tis [tiz] = it is.

TISAB = total ionic strength adjustment buffer 总离子强度缓冲剂.

Tisco alloy 镍铬硅耐磨耐蚀铁合金(镍 1.0～1.5%,铬 28～32%,硅 2%,碳 2.5～3.0%,其余铁).

Tisco manganese steel 锰钢(锰 12%).

Tisco steel 高锰镍耐磨钢(锰 15%～40%).

Tisco Timang steel 锰镍耐磨钢(碳 0.6～0.8%,锰 13～15%,镍 3%,其余铁).

TISEO = target identification system electrooptical 光电目标识别系统.

Tissiers metal 一种锌铜合金(铜 97%, 锌 2%, 其余锡和砷).

tis'sue ['tisju:] n. ①(细胞)组织，体素 ②织物，薄[棉，纱]纸，薄绢[绸]，碳素印相纸 ③一连串，连篇. *carbon tissue* 碳素印相纸. *lens tissue* (擦)镜(头)纸. *tissue paper* 薄[棉，纱]纸. ▲*a tissue of* 一连串，一套，连篇.

tis'sular a. 【生物】组织的.

tit [tit] n. 轻打. *(give, pay) tit for tat* 针锋相对.

tit = title 标题，题目，书名.

Ti'tan [德语] n. 【化】钛 Ti.

Ti'tan [taitən] n. ①巨人[物]，大力士 ②大力神式导弹 ③土卫六. *Titan bronze* 一种耐蚀黄铜. *Titan crane* (自动)巨型起重机，台上旋回起重机，桁架桥式起重机.

Titanal n. 蒂坦铝合金(铜 12.2%, 硅 4.3%, 镁 0.8%, 铁 0.7%, 其余铝).

Titanaloy n. 蒂坦钛铜锌耐蚀合金.

ti'tanate ['taitəneit] n. 钛酸盐[酯]. *barium titanate* 钛酸钡(铁电材料).

tita'nia [tai'teiniə] n. 二氧化钛.

Titania n. 天王卫三.

titan'ic [tai'tænik] a. ①巨[伟]大的，力大无比的 ②(正，四价)钛的. *titanicacid* 钛酸.

titanif'erous a. 含钛的.

Titanit n. 蒂坦钛钨硬质合金(碳化钛+碳化钨, 少量碳化钼, 用钴作粘结剂).

ti'tanite n. 榍石.

tita'nium [tai'teiniəm] n. 【化】钛 Ti. *titanium condenser* 钛质电容器. *titanium getter pump* 钛泵.

titanium-beryllium n. 钛铍合金.

titanium-silicon n. 钛硅合金.

ti'tanize v. 镀钛，钛化.

Titanor metal 钛工具钢.

titan'ous a. 亚(三价)钛.

titanox n. 钛钡白.

tit'bit ['titbit] n. (少量)吸引人的东西(新闻)，珍品.

ti'ter ['taitə] n. ①滴定度[量；率]，滴度，效价，值 ②纤度 ③标准液 ④脂酸冻点(测定法) ⑤溶液校准时之差当量溶液校准时的差.

ti'tle [taitl] I n. ①标题，题目，书名，字幕，图标 ②名称，称号，职别，学位 ③权[利]，资格 ④锦标，冠军 ⑤(金的)成色. *new serial title* 新期刊目录. *side title* 说明[幻]字幕. *title match* 锦标赛. *title page* 扉[书名]页. *title slide* 字幕幻灯片.

II vt. 加标题(于)，命名，称呼，授予称号，配以字幕.

ti'tleholder n. 冠军，拥有称号者.

ti'tler n. 字幕编写员，字幕拍录装置.

ti'tling ['taitliŋ] n. 标题的烫印，烫印的标题.

ti'tlist n. 冠军保持者.

titone n. 钛钼钡白.

titrable = titratable.

ti'trand n. 被滴物.

ti'trant n. 滴定剂，滴定(用)标准液.

titratable a. 可滴定的.

ti'trate ['taitreit] I v. 滴定. II n. 被滴定液.

titra'tion [ti'treiʃən] n. 滴定(法).

titrator n. 滴定器(仪).

titre = titer.

titrim'eter [tai'trimitə] n. 滴定计.

titrimet'ric a. 滴定(分析)的.

titrim'etry n. 滴定(分析)法.

tit'tle ['titl] n. ①一点点，微量 ②小点，符号. ▲*not one jot or tittle* 没有一点，根本没有[丝毫]. *to a tittle* 准[正]确地，丝毫不差地.

tit'ular ['titjulə] a. ①有名无实的，名义上的 ②标题的 ③享有所有权的，有称号的.

Tizit n. 钨钛铬铈高合金高速钢，高速切削工具合金(钨 40～80%, 铁 3～40%, 钛 4～15%, 铬 3～5%, 铈 1～5%, 碳 2～4%).

TJ 或 Tj = turbojet 涡轮喷气发动机.

tjaele ['tʃeili] n. (永久)冻土，多年冻土，冻坡层.

TJC = trajectory chart 弹(轨)道图, 弹道曲线.

TJD 或 TjD = trajectory diagram 弹道曲线, 弹迹图.

TJP = turbojet propulsion 涡轮喷气推进.

tjuiamunite n. 水钒钙铀矿.

T-junction n. T 形接合[接头, 连接, 连接导].

TK steel TK 磁钢(钨 18%, 铬 12%, 钼 3～5%, 钒 > 0.5%, 其余铁).

TL = ①test link 测试线路 ②test load 试验[测试]荷载 ③thrust line 推力作用线 ④total load 总荷载.

T²L = TTL.

Tl = thallium 铊.

tl = truck load 货车载重量.

TLC = thin layer chromatography 薄层色谱法.

TLC-scanner n. 薄层色谱扫描仪.

TLE = trunk line equipment 转发器，中继线设备，干线设备.

TLG = tail landing gear 尾部起落架.

TLM = ①telemeter 遥测装置 ②telemetry 遥测(技术), 远距离量测.

TLm = tolerance limit median 平均容许极限量.

TLM CTL PNL = telemetry control panel 遥测控制板.

TLO = total loss only 【保险】仅全部损失, 全险(保险业用语).

tlr = trailer 拖车，拖曳物.

tltr = translator 转换器，译码器，翻译机，译员.

TLV = threshold limit value 阈限值.

TM = ①tactical missile 战术导弹 ②technical manual 技术手册 ③technical memorandum 技术备忘录 ④technician memorandum 技术人员备忘录 ⑤temperature meter 温度计 ⑥time modulation 时间调制 ⑦tonmiles 吨英里 ⑧trademark 商标 ⑨transverse magnetic 横向磁场(电磁波) ⑩true mean 真平均值 ⑪twisting moment 扭矩.

Tm = thulium 铥.

T&M = time and materials 工时和材料.

T&M PNL = triggering and monitoring panel 触发及监控台.

TM wave = transverse magnetic wave 横磁波, TM 波.

TMA = trimethylamine 三甲胺.

TMC = three-mode control 三模控制.

TMCA = Titanium Metals Corp. of America 美国钛金属公司.

TMD = telemetered data 遥测数据.

TME = temperature measuring equipment 测温装置.

TMES = tactical missile electrical simulator 战术导

TMG =tactical missile group 战术导弹群.

TMGS =terrestrial magnetic guidance system 地磁制导系统.

TML =tetramethyl-lead 四甲基铅.

TM-mode 横磁模,TM 模(波).

TMMT = thermo-magnetic-mechanical-treatment 热磁(及)机械处理.

tmn =transmission 传输(导),发射传动装置,变速箱.

TMS =①tetramethylsilane 四甲基硅(烷) ②transmission measuring set 传输测试器 ③transport monitor system 运输监控系统 ④type, model, and series 型号、模型和系列.

TMS in =transmission measuring set in 传输测试器输入.

TMT =①tetramethylthiuram disulphide 四甲基秋兰姆化二硫 ②thermomechanical-treatment 热机械处理, 形变热处理 ③transonic model tunnel 跨音速(模型)风洞.

TMTR =thermistor 热敏电阻.

tmtr =transmitter 发射机,发送器.

TMTS =tolylmercuric p-toluenesulfonanilide 磺胺甲苯汞.

TMU =tetramethyl-urea 四甲基脲.

TN 或 **tn** =①technical note 技术说明(扎记),技术备忘录 ②test number 检验数 ③ton 吨 ④trade name 商品名.

TND =turned.

T-network *n.* T 网络,T 段(滤波器).

tng =training 训练,练习.

TNR =trainer 教练员(机),训练器材,瞄准手.

TNS =tank nitrogen supply 贮罐氮气供应.

tn(s) =ton(s)吨.

TNT =trinitrotoluene 三硝基甲苯,梯恩梯.

tntv =tentative 试验性的,临时的,假定的.

TNW =tactical nuclear weapon 战术核武器.

to [tuː, tu, tə] I *prep.* ①〔表示方向,方位〕向, 朝,对,往. 20 km to Beijing 距北京 20km. *to its right* 在它右边. *point to zero* 指向零点. *turn to the left* 向左转. *from top to bottom* 从上到下 ②〔表示到达的范围,程度,限度,状态〕到,至,达. *accurate to 1 part in 10,000* 精确到万分之一. *ten minutes to eight* 八点差十分. *to a certain degree (extent)* 某种程度,在某种程度上. *to the utmost* 极度,尽力 ③〔表示对象〕对,(相)对于,给. *give … to …* 把 … 给 …. *useful to …* 对 … 有用. *be opposed to …* 同 … 相对立,反对 …. *the resistance of … to …* 对 … 的阻力. *the relation of … to …* 对 … 的关系 ④〔表示对比,对应,比较〕和 … 比较起来,比,每. *the ratio of 6 to 4* 六与四之比(6︰4). *120 pieces to the box* 每箱 120 件. *There are 100 centimeters to the meter.* 每一米有 100 厘米. *prefer … to …* 比较起来喜欢 … 而不喜欢 …. *be far superior to …* 比 … 好得多 ⑤〔表示所属,附着,适合〕按照,适当,属于, *draw … to scale* 按一定比例把 … 绘出来. *the key to the problem* 问题的关键. *the preface to the book* 本书的序言.

Ⅰ〔动词不定式的前置词符号(如 to attract 吸引,to be attracted 被吸引),动词不定式的主要用法如下〕

①〔用作主语,宾语,表语〕*To do is also to learn.* 干也是学习. *begin to read* 开始读 ②〔用作定语〕*a guide to follow* 应遵循的一个准则. *a motor to be repaired* 一台待修理的电动机 ③〔用作状语〕*They came (in order) to help us.* 他们来(是为了)帮助我们. *The velocity of light is too great to be measured by ordinary means.* 光速太高以致不能用普通的方法来量测. *The nucleus of the U-235 is easy to break.* 铀 235 的原子核容易打破 ④〔引出插入成分〕*To begin with* 首先.

Ⅲ *ad.* ①向前 ②关上,虚掩着 ③着手 ④在近旁. *to and fro* 往复地,来回地.

TO =①technical order 技术命令 ②Telegraph Office 电报局 ③Test Operation 试验操作 ④time opening 定时断开〔开启〕⑤turn over 翻过来,见反面 ⑥turnout 断开,关.

T-O wt =take-off weight 起飞重量.

toad [toud] *n.* 蟾蜍,癞蛤蟆.

toad'stone *n.* 玄武斑岩,蟾蜍岩.

toad'stool *n.* 毒蕈,毒蕈菇.

to-and-fro *a.* ; *n.* 往复(的),来回的,来来往往(的). *to-and-fro movement* 往复运动.

Toar'cian *n.* 【地】托阿尔西阶.

toast [toust] I *n.* ①烤面包(片) ②祝酒(词),干杯. I *v.* ①烘(热),烤,取暖 ②为 … 举杯祝酒,为 … 干杯.

toast'er *n.* ①烘炉,烤面包器 ②祝酒人.

tobac'co [tə'bækuː] *n.* 烟草(制品),烟叶,抽烟. *tobacco pipe* 烟斗.

to-be' [tə'biː] *a.* (常附在名词后构成复合词)未来的.

tobermorite *n.* 雪硅钙石.

Tobin brass 或 **Tobin bronze** 托宾(铜锌锡)青铜.

tobog'gan *n.* 手橇,*vi.* 乘橇滑下,急剧下降.

tobramy'cin *n.* 托普霉素.

To'bruk ['toubruk] *n.* 托布鲁克(利比亚港口).

TOC =①television operating center 电视操作中心 ②technical order compliance 技术命令依从, 技术指令的遵守 ③timing operations center 计时(操作)中心 ④top-blown oxygen converter 氧气顶吹转炉 ⑤total organic carbon 总有机碳含量,有机碳总量.

Tocco process 高频局部加热淬火法.

tocol *n.* 母育酚.

tocopheramine *n.* 生育胺.

tocoph'erol *n.* 生育酚,维生素 E.

tocopherylamine *n.* 生育胺.

toc'sin ['tɔksin] *n.* 警钟(报),警戒信号.

TOD =①time of delivery 交货时间,(电文)发送时间 ②total oxygen demand 总需氧量.

today' [tə'dei] *n.* ; *ad.* 今天〔日〕,现在〔今〕,现〔当〕代. *today's newspaper* 今天的报纸. *science of today* 现代科学.

toddite *n.* 铌钽铁铀矿.

tod'dle ['tɔdl] *vi.* (婴孩等)蹒跚,散步. *toddling step* 初步(措施).

to-do' [tə'duː] *n.* ①骚乱,吵〔喧〕闹,混杂.

todorokite *n.* 钡镁锰矿.

toe [tou] *n.* ①脚趾(状物),足尖,(脚,坡,坝)趾, (坡,柱,坝)脚 ②(炮眼,钻孔)底,下端 ③焊边,焊金

趾 ④(柄)尖,柄销,尖头 ⑤斜钉,穿钉 ⑥轴颈 ⑦车轮的前端,轮胎缘平 ⑧窄的齿端,凸angular,齿顶高。I v. ①装〔修补〕…的尖 ②斜敲(钉子),斜敲钉子使…固定 ③用足尖说,(轮子)斜向. toe basin 消力池. toe bearing 止推轴承. toe block 驾驶台地板,轨跟块. toe board 趾〔踏脚,搁脚〕板. toe circle 坡脚圆. toe contact 齿顶接触,(伞齿轮啮合的)小端顶接触. toe crack 焊趾裂纹,焊缝边缘裂纹. toe dog 小撑杆. toe index 转位,分度. toe nail 斜钉. toe piece 凸轮镶片. toe weld 趾部焊缝. toe(d) nail 钉钉. ▲from top to toe 从头到脚,完完全全. on one's toes 准备行动的. toe in 足尖朝内走路,(轮胎)前束. toe on 踏下. toe out 足尖朝外走路,(轮胎)外倾. toe the line〔mark, scratch〕准备起跑,服从命令.

TOE =top of edge.

toe'hold n. 不够的立足点,支点,克服困难的办法,初步的地位,微小的优势.

toe'-in ['touin] n. (轮胎)前束. toe-in gauge 测量(并调整)前轮前束装置,(汽车)前轮前束量规.

toe'ing n. (轮子)斜向.

toe'nail [' touneil] n.; vt. (打,钉)斜钉,用斜钉钉牢;脚趾甲.

toe'nailed 斜叉钉法(的).

toe'-out ['touaut] n. (汽车)的前轮负前束,反前束,(轮胎)后束.

TOff =terminating office 终端局,终端点〔站〕.

toff =transient "OFF" time 瞬间断开时间〔关闭时间〕.

tof'fee 或 tof'fy ['tɔfi] n. 乳脂糖.

toft [tɔft] n. 宅〔屋〕基,小丘.

tog n. 托(热阻单位) =4180 厘米2 秒℃/卡).

togeth'er [tə'geðə] ad. ①一同〔起〕,共同 ②同时 ③相互,彼此 ④连续,不断地. add together 相加. join together 彼此结合. tie…together 把…绑〔缚〕在一起. work together 一起工作. ▲all together 一起,同时,总共. belong together 合成整体. for hours〔weeks〕together 一连几小时〔星期〕. get together 聚集,集合,收集,积累,编辑,汇齐,取得一致意见. put two and two together 根据事实推断,推理. taken〔taking〕together 合起来看,一并考虑. together with 和…一起〔一同,合起来〕,连同,加之,及,同时,(同时)伴随着.

tog'gery ['tɔgəri] n. 衣服,服装(用品)商店.

tog'gle ['tɔgl] I n. 肘(节,铁,板),肘环套接,套环〔柄〕②套索钉〔桩〕杆 ③扭力臂,曲柄肘杆机构,偶拐 ④拉紧线〔钳 ⑤反复电路 ⑥触发器,乒乓开关. I vt. ①(用肘钉)系紧,拴牢 ②供以套环,备有肘节. brake toggle 制动凸轮,制动肘节. single toggle crusher 单肘板颚式破碎机. toggle bolt 环端螺栓. toggle circuit 触发器. toggle drawing press 肘杆式拉深压力机. toggle flip-flop (反转)触发器,T 型〔计数〕触发器. toggle joint 肘节,弯头接合,肘节连接. toggle plate 肘板,肘环套接板,推力板. toggle press (气压) 肘杆式冲床〔压床,压力机〕. toggle switch 搬扭〔肘节,又簧,双稳,乒乓〕开关,跳动式〔可拨扭头〕拨动式〔扳手开关.

tog'gle-action n. 肘杆(曲柄)动作.

tog'gle-locking a. 肘杆锁定的.

To'go [tougou] n. 多哥.

To'golese ['tougou'li:z] n.; a. 多哥的,多哥人(的).

togw =takeoff gross weight 起飞总重量.

toil [tɔil] I n. ①辛苦,劳累 ②苦工〔役,活〕,难事 ③(pl.)罗网,圈套,陷阱. I v. ①苦干,辛苦工作,辛劳地从事(at, on, through) ②使过分操劳 ③吃力〔费劲〕地完成. ▲toil and moil 辛辛苦苦地工作.

TOIL =①technical operation inspection log 技术操作检查记录 ②technical order inspection log 技术指令检验记录.

toile [twɑ:l]〔法语〕n. 帆〔细布〕布.

toil'er n. 辛勤工作的人,勤劳者,劳工.

toi'let ['tɔilit] I n. ①盥洗室,卫生间,厕所,浴室,便池,抽水马桶 ②梳妆. I vt. 梳妆,洗涤,上厕,上厕所. toilet bowl 抽水马桶. toilet paper 卫生纸,草纸. toilet set〔articles〕梳妆用具. toilet soap 香皂. toilet water 花露水.

toil'ful n. 辛〔劳〕苦的.

toil'less ['tɔilis] a. 不费力的,容易的.

toil'some ['tɔilsəm] a. 辛苦的,费力的,劳累的. ~ly ad.

toil'worn ['tɔilwɔ:n] a. 疲劳的,工作疲乏的,做累了的.

tokamak n. 托卡马克(一种环状大电流的箍缩等离子体实验装置).

to'ken ['toukən] I n. ①标记(识),象征,记号 ②特征,证明,纪念品 ③辅币,代价券. I a. 作为标记的,象征性的. token-size 小规模的. ▲as a token of 或 in token of 作为…的记号〔象征,证据,标记,纪念〕,为了表示,以表示. by (the same) token 或 by this token 同样〔理〕,由于同样原因,另外,还有,而且;其证据为,据此想来. by that token 照那样看来. more by token = by the same token 更加,越发.

To'kyo ['toukjou] n. 东京. Tokyo Bay 东京湾.

tol =①tolerable ②tolerance ③toluene 甲苯.

told [tould] tell 的过去式过去分词.

tol'erable ['tɔlərəbl] a. ①(可)容许的,可容忍的 ②相当好的,尚好的,过得去的. tolerable limit 容(许极)限.

tol'erably ad. 过得去地,还算不错地.

tol'erance ['tɔlərəns] n. ①公差,(许极)限,容(许间)隙,容(许偏)差,余裕度 ②允许附加量(限度,水平),耐剂量 ③容许(忍),(忍)耐力,耐性,耐受度(性). forepressure tolerance 前级耐压. frequency tolerance 频率容限. grinding tolerance 磨削裕度. manufacturing tolerance 制造公差〔裕度〕. margin tolerance 公差范围. optical tolerance 光学容限. precision tolerance 精确裕度. tolerance limit 容许(界,极)限,公差限度. tolerance on fit 配合公差. ▲hold a tolerance of M on N 把 N 的公差限制在 M. open tolerance by…把(原定)的公差放宽. produce to close tolerance 按照高精度公差来生产. within close tolerance 在高精度范围内,按(照)高精度公差.

tol'erant ['tɔlərənt] a. 能(忍)耐的,耐受的,宽大的,容许的,容忍的,有耐药力的. ▲be tolerant of 能耐…,能忍受〔容忍〕…. ~ly ad.

tol'erate ['tɔləreit] vt. 允(容,准)许,容认,承〔忍〕

tol′erator *n.* 杠杆钮式比长仪.

Tolimetron *n.* 电触式指示测微表.

toll [toul] Ⅰ *n.* ①(通行,捐,港,过境)税,(运,通行,渡河,服务,长途)税 ②长途(电话) ③付出,失去,代价,损失,牺牲 ④钟声. Ⅱ *v.* ①(向…)征收捐税,作为捐税征收 ②敲(钟),鸣钟. *a telegraphic toll* 电报费. *toll board* 长途(交换)台. *toll booth* 收费所. *toll bridge* 征税卡,收费桥. *toll cable* 长途电缆. *toll call* (收费的)长途电话. *toll line* 长途电话线. ▲*take toll of* 抽去…的一部分,加上负担,使遭受损失〔牺牲〕.

toll′bar =tollgate.

toll-cable *n.* 长途(通信)电缆.

toll′-free *a.* 免税的.

toll′gate *n.* 收费门,收(通行)税卡.

toll′house *n.* 征税所,收费处.

toll′man *n.* 收税人.

tollol′ [tɔl′ɔl] *a.* 还算好的,过得去的.

tol′uene [′tɔljuiːn] 或 **tol′uol** [′tɔljuɔl] *n.* 甲苯.

toluenesulfonamide *n.* 甲苯磺酰胺.

tolu′idide *n.* 酰替甲苯胺.

tolu′idine *n.* 甲苯胺.

toluiquinone *n.* 甲苯醌.

tolylfluanid *n.* 对甲抑菌灵.

tom [tɔm] *n.* 倾斜粗洗淘金槽.

Tom alloy 托姆铝合金(锌10%,铜1.5%,镁2%,锰0.5%,其余铝).

tomac =tombac.

tomahawk *n.; v.* 捻缝(锤).

tomatidine *n.* 蕃茄碱,蕃茄甙基部.

tomatine *n.* 蕃茄(碱)甙.

toma′to [tə′maːtou] *n.* 蕃茄,西红柿.

tomb [tuːm] Ⅰ *n.* 墓(碑),坟,死亡. Ⅱ *vt.* 埋葬,把…葬入坟墓.

tom′bac 或 **tom′bak** [′tɔmbæk] *n.* 顿巴〔德国〕黄铜,铜锌合金(铜80～90%,锌10～20%,锡0～1%).

Tombasil *n.* 顿巴耐磨硅黄铜(铜67～75%,锌21～31%,硅1.75～5%).

tom′bolo [′tɔmbəlou] *n.* 沙嘴岬,陆连岛,连岛沙洲.

tome [toum] *n.* 册,卷,大本书.

tomen′tose [tə′mentous] *a.* 羊毛状的,绵毛的,被毛的,密生柔毛的.

tom′fool′ [′tɔm′fuːl] Ⅰ *n.* 傻瓜,大笨蛋. Ⅱ *a.* 极愚的,非常笨的. Ⅲ *vi.* 做蠢事.

tom′my [′tɔmi] *n.* ①螺丝旋杆(棒),定位销钉,圆螺帽(T形套筒)扳手 ②实物工资制. *tommy bar* 挠棒,T形套筒扳手的旋转棒. *tommy gun* 冲锋枪. *tommy screw* 贯头螺丝(钉),虎钳丝杠.

tom′my-gun *vt.* 用冲锋枪打.

tom′ogram [′toumə ɡræm] *n.* 层析X射线照片,X线断层图.

tom′ograph *n.* 层析X射线摄影机.

tomog′raphy *n.* 层析X射线摄影(照相法),X线断层术.

tomor′row [tə′mɔrou] *n.; ad.* 明天(日),未来. *the day after tomorrow* 后天. *tomorrow week* 下星期一.

tomosyn′thesis *n.* 层析X射线相组合.

tompac =tombac.

tom′pion [′tɔmpjən] =tampion.

ton [tʌn] *n.* ①吨(long ton 或 gross ton 英(长,重,大)吨 =2240磅;short ton 美(短,轻,小)吨 =2000磅;metric ton 公吨 =1000公斤) ②商船登记(货averaging注册)的容积单位(=100立方英尺) ③船只装载单位,货物容积单位(freight ton,或 measurement ton 或 shipping ton,木材等 =40立方英尺,石料 =17立方英尺,焦炭 =28蒲式耳),船只的排水吨(displacement ton, =36立方英尺)(海水) ④粉状,粒状材料的容积单位(根据不同材料规定为不同容积的立方英尺数 ⑤冷冻(美国致冷能力的单位 =840卡秒) ⑥(pl.)许多,大量,沉重 ⑦每小时一百英里的速度. ▲*a ton of* 许多. *tons of* 许多,无数的,无限的.

ton [tɔ̃ŋ] [法语] *n.* 时式,流行. *in the ton* 在风行.

ton =transient "on" time 瞬时接通时间(开启时间).

TONAC =technical order notification and completion system 技术指令通知和执行系统.

to′nal [′toun] *a.* 音调(色,质)的,调性的,声音的,色调(容)的. *tonal distortion* 色调〔音调〕失真,灰度畸变. *tonal range* 色调梯度,灰度范围,音频频段. ~ly *ad.*

tonalite *n.* 英云闪长岩.

tonal′ity [tou′næliti] *n.* 音(色)调,音律,调性.

tone [toun] Ⅰ *n.* ①音(调,色,质),乐(单,纯)音,调子 ②语调(气),风格,趋势 ③(色,影)调,(光)度,明暗,网格 ④(正常的)弹性,伸缩性 ⑤全音(调) ⑥(市场)供销(价格)情况. Ⅱ *v.* ①调和(音),给…定调子(音调) ②(用)(匀)调),给…上(着)色,给…决定色调,颜色调和. *This wood has lost its tone.* 这块木材失去了弹性. *busy tone* 忙音. *fork tone* 音叉音. *hummer tone* 蜂音. *out of order tone* 障碍蜂音信号. *photograph in warm tones* 暖色调的照片. *red with a purplish tone* 带紫的红色. *stationary tone* 定常音. *summation tone* 和音. *tone arm* 唱臂,拾音器臂. *tone colour* 音色(品). *tone generator* 音频振荡器(发生器). *tone language* 声调语言. *tone localizer* 音调定位器,音频振幅比较式定位器. *tones of grey* 灰色色调,黑白亮度(半色调)等级. ▲*in a tone* 一致. *in tones of* 有深浅不同的…色的. *tone down* (使)缓和,减轻,(使)降低,(使)变柔和. *tone in with* 与…和谐(调和). *tone off* 色泽渐浅直至消失. *tone up* 提高,加(变,增)强,增益,给…以更高(强)的调子.

tonebres′cence *n.* 磷光熄灭.

tone-burst generator 单音脉冲发生器.

toned *a.* 具有…音质的,有声调的,(纸张)年久变色的.

tone′less [′tounlis] *a.* 无声无色的,单调的,沉闷的,缺乏音(色)调的. ~ly *ad.*

to′ner [′tounə] *n.* 调(增,验,上)色剂,色料,返光负载.

tonet′ic [tou′netik] *a.* 声调(语言)的,(表示)语调变化的. ~ally *ad.*

Ton′ga [′tɔŋɡə] *n.* (西太平洋)汤加.

tongs [tɔŋz] *n.* (pl.)(夹,大,瞥)钳,夹具(子),镊,(机械手的)抓手. *a pair of tongs* 一把钳子. *discharge tongs* 放电叉. *gripping tongs* 平口(鸭嘴)钳. *heating tongs* 加热钳. *lazy tongs* (自由活塞燃气发生器的)同步机械,(由若干铰接杆件构成的)惰钳. ▲*hammer and tongs* 全力以赴地,大刀阔斧

tongue [tʌŋ] I n. ①舌(头,饰,状物),火舌 ②雄〔公〕榫,榫舌,舌销,簧,扁尾,(舌形)结疤,翅皮 ③(铁路)尖轨,舌簧(片),衔铁,镶条,(木模)楔片 ④旋钮 ⑥(游标尺的)挡块,(天平,秤)的指针,高度定位⑦尺 ⑦牵引架 ⑧(冰)舌,岬,沙嘴 ⑨语言. II v. ①企口〔舌榫〕接合,(在…上)做舌榫 ②呈舌形突出 ③振动拍接 ④粘着. joint tongue 滑键,榫舌. switch tongue 辙(岔)尖,闸口开关铜片. tongue mitre 斜拼合. tongue scraper 舌板或铲运机,整平机.

ton'gue(d)-and-groove(d)' a.; n. 企口(接合)(的),舌榫(接合)(的),舌槽(的,榫),雌雄榫(接合)(的),密封的. tongue-and-groove pass (直轧)闭口孔型. tongued-and-grooved sheet pile 企口(接合的)板桩.

tonguing n. 舌动作(吹奏管乐器时调节音调),企口接合,舌榫接合.

ton'ic ['tɔnik] I a. ①音(声)调的,主(调)音的,抑扬 ②紧张的,强直的,硬的,补的. II n. ①主(调,律)音,基音 ②强壮剂,补剂.

tonic'ity [təˈnisiti] n. 音调,紧张(性),张力.

ton'icize v. 促进紧张.

tonight' [təˈnait] n.; ad. 今夜(晚).

to'nite ['tounait] n. (火棉湿浆和硝酸铆制)徒那特(烈性炸药).

tonn =tonnage.

ton'nage ['tʌnidʒ] n. ①登记吨(位),吨(位),(总)吨数,吨位 ②军舰排水量 ③每吨货的运费,船舶吨税 ④航运(采掘)总吨数,吨产量. The ship has a tonnage of 30,000. 这艘船载重三万吨. measurement tonnage 容积吨位. net tonnage 净吨位. register(ed) tonnage 登记吨位(数). tonnage dues 船舶吨税. tonnage oxygen 工业(用)氧. ▲**tonnages of** 很多吨,成吨.

tonne [tɔn] n. 米制吨,(公)吨(=1,000 kg).

ton'ner ['tʌnə] n. (载重)…吨的船,具有…吨容积的东西.

tonofibrilla n. 张力原纤维.

tonogram a. 张力(描记)图,音调图.

to'nograph n. 张力仪(音调)描记器,张力记录器.

tonom'eter [touˈɔmitə] n. ①音调计,音叉,准音器 ②张力(计),汽压,压力)计 ③血压计,眼压计.

tonomet'ric [tənəˈmetrik] a. 测量音调的,测量张力的.

tonom'etry [touˈnɔmitri] n. 音调测量学,张力测定法,眼压(压力)测量(法).

tonoplast n. 液泡膜,液泡形成体.

tonoscillograph n. 动脉及毛细血管压力计.

ton'oscope ['tɔnəskoup] n. 音波振动描记器,音高(调)镜,音调显示器,张力计.

tonotaxis n. 趋张力性.

ton'otron ['tɔnətrɔn] n. 雷达显示管.

tonpilz n. 串并联电路的小橡皮模块.

tonraum n. 音域,音宇,音调的复合体共振器.

tonsilli'tis n. 扁桃体炎.

to'nus n. 紧张(肌肉收缩程度).

to'ny ['touni] a. 豪华的.

too [tu:] ad. ①(位于句末或紧跟在被说明的词之后)也,又,此外,而且. He, too, has been to Beijing. 他也去过北京. He has been to Beijing too. 他还

去过北京. ②(+形容词或副词)太,过于. run too fast 跑得太快. The pole is too short by one yard. 这根杆长差一码. ③(=very)真是,非常,很. We are too happy. 我们真幸福. ▲**all too**+a. 或+ad. 太…. all too often 太经常. be one too many for 胜过,优于. can not [never]+inf. too +a. 或+ad. 怎么(做)决不会太…,无论怎样(做)都不算太…. cannot be too careful 要尽可能细心,越过细越好,无论怎样细心也不会过份. can not + inf. too …or … 不要太…. carry too far 过份,超出限度. none too + ad. 或+a. 一点也不. none too early 一点也不早. only (but) too 非常,很,极,真是太…. quite too 简直太. rather too +a. 稍嫌…一点,稍…了些. too +a. for +ing 太…不便于(做),对(做)来说是太…了. too little 不够. too +a 或+ad. to + inf. 太…不能(无法)(做),对(做)来说是太于…了. Atomic nuclei are too small to be seen. 原子核太小,看不见. too many by one (two) 多一个(两个). too much (hard)for 强过,对…来说太困难. too too 简直太.

took [tuk] v. take 的过去式.

tool [tu:l] I n. ①工具,器皿,量,刀,刃,机具,(车)刀 ②器械,仪器,设备,上井仪,井下测井仪 ③机床,工作母机 ④附件 ⑤方法,手段 ⑥爪牙,傀儡. II v. ①用工具加工(制造),使用工具,切削加工,用工具修整,压型 ②用工具,机床和仪器装备工厂 ③给…装备(配上)工具,机床和仪器 ④为新设计的汽车,或工具(机等)提供(装备)加工机械(up). carbide tool 硬质合金刀具(工具). aerodynamic tool 气动力方法. automatic programmed tools 程序自动化方法(手段). diamond tool 金刚石车刀,金刚石修整器. facing tool 端面车刀. grafting tool 锹,铲. knurling tool 压花滚轮. lathe (turning) tool 车刀. machine tool (金属加工)机床,工作母机,工具机. measuring tool (测)量(工)具. multiple-edged tool 多刃刀刃具. pipe tool 管加工工具,修管工具. piston ring tool 活塞环拆卸器,活塞环修整工具. pneumatic caulking tool 风动捻缝工具. point tool 凿(锤)头. slide tool 滑动镗(刀)工具,横向移动刀架. tool angle 刀尖角. tool bar 刀(镗)杆. tool grindery 磨刀(刃磨)间. tool head 刀架(夹). tool holder 刀把(夹),刀杆. tool kit 成套工具,工具箱. tool magazine 刀具仓. tool operation (利用)工具(进行)操作. tool post (rest)刀架(座). tool set 成套工具,工具箱. tool slide 刀架(刀具)滑台. truing (dressing) tool (砂轮)整修工具. vise tool (机械手的)钳夹抓手.

toolabil'ity n. (型砂的)修补性.

tool'able a. 可修型的,可修补的.

tool'bar n. 通用机架,工作部件悬架,刀(镗)杆.

tool'box n. 工具箱.

tool-carrying device 刀架.

tool-change n.; v. 换刀.

tool'er n. 石工用錾齿.

tool-facing masonry 琢面圬工.

toolframe n. 通用机架.

tool′holder [′tu:lhouldə] n. 刀夹〔把,杆〕,工具柄.
tool′holding n. 装刀具,刀具夹紧. *toolholding device* 刀夹具.
tool′house n. 工具房.
tool′ing [′tu:liŋ] n. ①工〔刀,刃〕具,仪器 ②用刀具〔切削〕加工 ③机床安装 ④凿石工艺. *tooling cost* 刀具加工〔模具制造〕成本. *tooling quality* 切削性.
tool′maker [′tu:lmeikə] n. ①工具〔刀具〕制造〔修理〕工,工具工人;制造、维修、校准机床的机工 ②工具〔刀具〕制造厂. *toolmaker's straight edge* 刃口平尺.
tool-making lathe n. 工具车床.
tool-point n. 刀锋.
tool′post [′tu:lpoust] n. 刀架〔座〕.
tool-relief mechanism 自动抬刀机构.
tool′-rest n. 刀架〔座〕.
tool′room [′tu:lrum] n. 工具室,工具车间.
tool′setter n. 刀具调整工.
tool′setting n. 刀具调整〔安装〕,调〔对〕刀.
tool-up n. 装备加工机械〔设备〕.
toot [tu:t] I n. 喇叭声,号角声. II vi. 按汽车喇叭,吹喇叭等.
tooth [tu:θ] I (pl. *teeth*) n. ①牙齿〔齿轮的〕牙,〔齿轮、刀、锯等的〕齿,齿状物,刃瓣 ②凸轮 ③〔机器、手工制品的〕粗糙面 ④齿形插口 ⑤尖头信号. II v. ①〔给…〕加〔装,刻,切,锉,铣〕齿,使成锯齿状,使表面粗糙 ②（使）啮〔咬〕合,齿〔轮〕连接 ③【建】待〔齿〕接. *double helical tooth* 人字齿. *tooth bucket* 带齿铲斗. *tooth (type) coupling* 齿式联轴节. *tooth marks* 走刀〔切削〕痕迹. *tooth rest*（工具磨床的）刀齿支片,支齿点. *tooth tip leakage* 齿尖〔气隙〕漏磁.
▲*be armed to the teeth* 武装到牙齿. *cut one's teeth on* 见习,开始〔一件新工作〕. *in the teeth* 当面,公然;直接反对,对面冲突. *in the teeth of* 不管〔顾〕,面对,冒着,对抗,抵挡…的全部力量. *mesh tooth to tooth* 齿对齿〔牙对牙〕啮合. *to the teeth* 当面,公然. *tooth and nail* 竭尽全力地.
tooth′-brush n. 牙刷.
toothed [tu:θt] a.（装,带,有）齿的,（锯）齿形的. *toothed chain* 有齿链. *toothed quadrant* 扇形齿板. *toothed (ring) connector*（有）齿结合环. *toothed ring dowel* 有齿环接. *toothed wheel* 齿轮. *toothed wheel shaper* 刨齿机.
tooth′er n. 齿接砖.
tooth′holder n. 齿座〔夹〕.
tooth′ing [′tu:θiŋ] n. 装（锉,磨）齿,锯齿状,齿（轮）连接,啮合,齿圈,【建】待齿接,留牙牙〔槎〕. *toothing of brick wall* 砖砌体牙齿待齿接插口.
tooth′less a. 没有〔牙〕齿的.
tooth′paste [′tu:θpeist] n. 牙膏.
tooth′pick [′tu:θpik] n. 牙签.
tooth′pow′der [′tu:θ′paudə] n. 牙粉.
too-too [′tu:tu:] a.; ad. 过分（的）.
top [tɔp] I n.〔上,部,端,面,层〕上,部,端,面,边,层〕,尖端,（车）头,车顶,（置）盖,楷,脉冲顶部,脉冲水平部分 ②极点〔度〕,顶点,最前面,最高（度,点,级）,首位,第一 ③陀螺（仪）④回转仪 ⑤（pl.）顶（最初）馏份,轻油 ⑥精华 ⑦开端〔（一）束,毛条,化纤条 ⑧天头,纸的正面 ⑨（pl.）茎叶,菜叶.

I a. 最（高,高级,大）的,主要的,上面〔部〕的,顶部的. *the top news* 头条新闻. *the top of the year* 年初. *The output has reached the all time top.* 产量达到历史上最高水平. *the submarine came to the top.* 潜水艇浮出水面. *bottle top* 瓶盖. *chimney top* 烟囱帽. *government tops* 政府高级官员. *spinning top* 陀螺. *table top* 桌面. *top batter* 最高点,顶峰〔点〕,凸顶,空前繁荣. *top bearing* 上盖〔顶盖〕轴承. *top boom* 上弦杆. *top bracing* 顶撑. *top brass* 要员. *top casting* 顶浇〔注〕,上铸. *top centre* 上静点. *top clearance of tooth* 齿顶〔径向〕间隙. *top coat* 面〔顶,外涂〕层,外套. *top column* 悬臂顶柱. *top digit* 最高位（数字）. *top drawer* 最高权威阶层. *top dressing* 表面处理,浇面,敷面（料）. *top flange* 上翼缘. *top floor* 顶层. *top gating* 顶浇. *top gear* 末档（齿轮）,高速（档,齿轮）. *top guide* 导头（帽）,前导床. *top hat* 顶帽,（天线的）顶帽,（沸腾钢锭的）凹顶现象. *top heavy* 头部〔顶部〕重的,顶重的. *top land* 活塞端环槽带. *top level* 最高水平〔水位〕,顶峰,（存储栈的）顶层,高级能. *top line jobs* 最重要的工作. *top load* 尖峰负荷,最大负载. *top maker* 一流〔权威〕制造厂,权威制作者. *top officials* 最高级官员. *top of the slag* 渣面. *top overhaul* 大修. *top priority* 绝对优先. *top rake* 前倾斜〔坡度〕（角）. *top road bridge* 上承（式公路）桥. *top sand* 粗砂. *top sciences* 尖端科学. *top secret* 绝（对秘）密. *top spit from quarries* 采石场粗废料. *top turbine* 前置涡轮机. *top view* 顶（附）视图. ▲*at the top of* 用最高（最大）的…. *at the top of…* 的顶端〔顶上〕. *at top speed* 用全速,以最高速度. *come out (at the) top* 名列前茅. *come to the top* 出现,杰出,卓越,得到成功. *from top to bottom* 从顶到底,从头至尾,从上到下,完完全全,全部. *from top to tail* 从头到尾,完全,全体,实质,绝对. *from top to toe* 从头到尾,完全. *go over the top* 采取最后手段〔断然步骤〕,超过限额〔指标〕. *in top (gear)* 以高速档,全速地. *on (the) top of* 加在…之上,在…的上面加…外（还）,加之,还有;在…后，紧接着. *on top to* 在上边,居首位,成功,领先,开足马力,以高速地,全速地. *one on top of another* 一层压一层,一个叠一个. *the top of the tide* 情况最好的时候,正当高潮时候. *(the) tops* 最好的,最受欢迎的.

II vt. ①盖上〔顶〕,给…加盖〔顶〕,装顶部 ②到（达）…的顶上 ③在…的顶点,居于…的最高位,（火筒）补充加注（燃料）③高超,越,胜过,高于 ④高（达,多少）⑤拉平,使平坦 ⑥截去顶端,去梢〔头〕⑦脱顶〔轻〕,拔顶,撒去浮质,初馏,用分馏法提炼,蒸去轻油. *production topped the highest level in history.* 生产超过历史上最高水平. *top with gum* 涂〔上〕胶. *topped crude* 拔顶原油. *topped crude oil* 脱轻〔脱顶〕原油. *topped petroleum* 脱顶〔脱顶〕石油（蒸去轻质油后的石油）. vi. 高耸,优秀,卓越,胜过.
▲*to top it all* 加之,更有甚者,更奇怪〔糟糕〕的是. *top off* 竣工,完成,结束,终止. *top out* 最高达,顶

点是,以…为顶点,结束,完成. *top the list* 占第一位,居首位,名列第一. *top up* 完成,结束,终止;装满,加足,充气(液),注水,加上,添油,加燃料. *top up a casting* 点铸,补铸.

TOP =top of potentiometer.

to'paz ['toupæz] n. 黄玉(矿),黄晶.

topazolite n. 黄榴石.

top-blowing n. 顶吹法.

top-blown a. 顶吹的.

top'coat n. 外涂〔保护〕层,面漆,面涂,大衣.

top'dog n. 居支配地位的,有最高权威的.

top'-down a. 自顶向下的,顺序的,组织、控制、管理严密的.

top-drawer a. 最高级别的,头等重要的.

tope [toup] n. (圆顶,印度)塔,林园.

Tope'ka n. 托彼卡(一种粒径 1/2 英寸以下的细粒沥青混凝土). *Topeka grading* 托波卡(式)级配.

T. oper. =toll operator 长途话务员.

top'flight ['tɔpflait] a. 第一流的,高级的,最高的,地位最好的.

top'ful(l) a. 满(到边)的.

top-gaining a. 最大增重的.

top-hamper n. 多余碍事的东西,高处的笨重物件.

tophan box 或 **tophan pot** 离心罐.

top-hat n. 顶环(天线的)顶帽. *top-hat shielding* 圆筒顶部封闭的防护层.

top'-heav'y ['tɔp'hevi] a. 上部过重的,头重脚轻的,不稳的,投资过多的.

to'phet [toufet] n. 托非特镍铬电阻合金,镍铬铁耐热合金(镍 35～80%,铬 15～20%,铁 0～46.5%).

top-hole' [tɔp'houl] I a. =topflight. II n. 出钢口.

to'piary ['toupiəri] a.; n. 修剪花草(灌木)的;灌木修剪法,剪枝装饰. *topiary work* 修树工作.

top'ic ['tɔpik] I n. 题〔论,主〕目,课〔论,主旨,话〕题,所研究的问题,概〔总〕论. I a. 【医】局部的. *topic book* 一套丛书中的一本.

top'ical ['tɔpikəl] I a. 〔论,主〕题的,题目的,总论的 ②当前有关的,有关时事问题的 ③某一地方的,【医】局部的. II n. 时事新闻片. ~ly ad.

top'less a. 无顶(盖,蓬)的.

top'-lev'el a. 最高级的.

toplighting n. 顶部照明.

top'limit ['tɔplimit] n. 上限.

top'line a. 头条新闻的.

top'liner n. 头条新闻中的事件〔人物〕.

top'man n. 地面上工作的矿工,地面上工作的建筑工人,操作拔顶蒸馏器的工人.

top'most a. 顶上的,最上(面)的,绝顶的.

top-mounted a. 上插的,装在顶部的.

top(-)notch' ['tɔn'tɔtʃ] I a. 最高质量的,第一流的. II n. 顶点.

to'po ['toupou] n. 地形.

topoan'gulator n. (地形)量角器.

topocentre n.

topocen'tric a. 以局部(观察者的)为中心的,地面点的.

topochem'ical a. 局部化学的.

topochem'istry n. 局部[地]化学.

topochronotherm n. 局部时间热感.

topoclimate n. 地形气候.

topogon lens 小孔径宽视场镜头,弯月形透镜.

topogram n. 内存储信息位置图示.

topog'rapher [tə'pɔgrəfə] n. 地志学者,地形测量员.

topograph'ic(al) [tɔpə'græfik(əl)] a. 地形(学,测量)的,地志的. *topographic condition* 地形状况〔条件〕. *topographic drawing* 〔map〕地形图. *topographic features* 地貌,地形情况. *topographic surveying* 地形测量. *topographic troops* 测绘部队. ~ally ad.

topog'raphy [tə'pɔgrəfi] n. ①地形(学,描述,测量),外〔构〕形,地势〔貌,志〕②分布状况 ③局部解剖(学),局部记载 ④(受体)图像.

topoinhibit'ion n. 局部抑制.

topolog'ic(al) [tɔpə'lɔdʒik(əl)] a. 拓扑(学)的,地志学的. ~ly ad.

topol'ogize v. 把…拓扑化,把…引入拓扑结构.

topol'ogy [tə'pɔlədʒi] n. 拓扑(学,结构),(集成电路元件)布局(技术),地志学.

top'onym ['tɔpənim] n. 地名.

topophototax'is n. 趋光源性.

topos'copy n. 局部检查.

topotac'tic reac'tion a. 局部规整反应.

topotax'is n. 趋激性.

topothermogram n. 局部温度自记曲线.

topotype n. 地区型.

top'per ['tɔpə] n. ①装〔去掉〕顶盖者 ②高档的东西,比以前同类产品更好的东西 ③拔顶〔蒸去轻馏分〕装置.

top'ping ['tɔpiŋ] I n. ①上部〔层,端〕,顶端,面层,前置 ②去梢〔顶,头〕,拔顶,脱轻,蒸去轻油 ③注满,充电〔气〕,补充加注,(对保温炉)加盖,加金属. II a. 最高〔优〕的,第一流的,极好的,高耸的,前置的. *topping off point* 加油站. *topping paint* 水线漆. *topping plant* 前置机组,初馏装置.

top'ping-up ['tɔpiŋʌp] n.; v. 充气,充液,注水,注满蒸馏水,上[加,添]油,加燃料,补充加注(补偿蒸发损失之液气).

top'ple ['tɔpl] v. 摇动,(使)摇摇欲坠,(使)倾覆,(使)倒塌〔下〕,推倒,颠覆(down, over).

top-qual'ity ['tɔp'kwɔliti] a. 最优质的.

top-rank'ing ['tɔp'ræŋkiŋ] a. 最高(等)级的.

top'-se'cret a. 绝密的.

top'set n. 顶积层. *topset bed* 顶积层.

top'side I n. ①最高级人员 ②顶边,干舷,水上舷侧. II ad. ①在甲板上 ②到顶,到面上,处于权威地位.

Top'sin n. 托布津(杀菌剂).

top'soil' ['tɔp'sɔil] I n. 表土(层),土壤上层,(上)层土,天然砂土,植物生长层. II v. ①用天然砂土筑路 ②去掉(测面)表土.

top'stone n. 顶(层)石.

top'sy(-)tur'vy ['tɔpsi'tə:vi] I a.; ad. 颠倒(的),混乱,乱七八糟(的), II n.; vt. (使)颠倒,(使)乱七八糟.

top'sy-tur'vydom n. 颠倒〔混乱〕状态.

top-trench n. 【铸】横浇口.

tor [tɔ:] n. 突岩.

TOR =①torque 转〔扭〕距 ②torus(圆)环.

tor'banite n. 块煤,图板藻煤,藻烛煤,苞芽油页岩.

tor'bernite n. 铜铀云母.

torch [tɔ:tʃ] I n. ①火炬〔舌,焰〕②焊〔气,焰,割〕炬〔嘴,冲〕灯,焊灯(枪),吹〔喷〕管,吹烙器,点火器,切割器 ③手电筒. II v. ①喷(出)火(焰),用气炬烧,

torch'light

用焊枪烧焊 ②喷灯烧去旧漆 ③屋板嵌灰泥. *electric torch* 手电筒. *electronic torch* 电子枪. *starting torch* 发射[点火,起动]火舌,起动吹管. *torch centring*（钢坯）用气焰割坯定心. *torch corona* 火焰求〔超高频放电〕电晕. *torch hardening* 火焰淬火. *torch head* 焰炬头,焊枪座,焊枪连接插头,焊枪嘴. *torch pipe* 喷射管,喷灯.

torch'light ['tɔːtʃlait] n. 火炬（光）.

tore [tɔː] I v. tear 的过去式. II n. 管环,环面. *tore of reflection* 反射环.

toreu'tic [tou'ruːtik] a. 金属浮雕的.

toreu'tics n. 金属浮雕工艺.

tor'i ['tɔːrai] n. torus 的复数.

tor'ic a. 复曲面的. *toric lens* 复曲面透镜. *toric surface* 复曲面.

torispher'ical a. 准球形的.

torment I ['tɔːment] n. 痛苦,苦恼. I [tɔː'ment] vt. ①使…痛苦,折磨 ②搅动〔起〕③曲解,歪曲. *tormented seas* 波涛汹涌的海洋.

tormen'ter 或 **tormen'tor** [tɔː'mentə] n. 使人痛苦的事物；回声防止幕.

torn [tɔːn] I tear 的过去分词. II a. 不平的（表面）,有划痕的.

torna'do [tɔː'neidou] n. 飓〔旋〕风,龙卷风,陆龙卷. *tornado echo* 龙卷回波. **tornad'ic** a.

torna'dotron n. 旋风管,微波-亚毫米波转换电子谐振器.

tornaria n. 柱头幼虫.

torn-up a. 磨损的,开裂的.

to'roid ['touərɔid] n. （圆,螺）环,环形线（圈）,环形铁心,复曲面,超环面,螺旋管,环形室,电子回旋加速器室.

toroi'dal [tou'rɔidl] I a. 环形〔状〕的,圆环面的,喇叭口形的,螺旋管形的,超环面的. II n. 圆环,(复)曲面. *toroidal cavity resonator* 环状空腔谐振器,环形谐振腔. *toroidal coordinates* 圆环坐标. *toroidal core* 环形铁芯,圆环柱芯. *toroidal swirl* 旋（回涡）流. *toroidal swirl chamber* 涡流〔旋流〕(式)燃烧室.

Toron'to [tə'rɔntou] n. 多伦多（加拿大港市）.

torpe'do [tɔː'piːdou] I (pl. *torpe'does*) n. ①鱼〔水〕雷 ②鱼雷形装置〔部件,汽车〕,鱼雷形分流梭③油井爆破药筒 ④(铁路用)信号雷管,捣炮. I v. ①用鱼雷进攻〔袭击,击沉,破坏〕,发射鱼雷,敷设水雷 ②破坏,废弃. *aerial torpedo* 空投鱼雷. *diving torpedo* 自潜鱼雷. *ground torpedo* 地雷. *torpedo a plan* 破坏计划. *torpedo artificer* 鱼雷机械兵. *torpedo boat* 鱼雷（快）艇. *torpedo body* 鱼雷式车身. *torpedo bomber* 鱼雷轰炸机. *torpedo director* 鱼雷定向器. *torpedo gravel* 尖砾石. *torpedo net* 防鱼雷网. *torpedo sand* 粗砂. *torpedo tube* 鱼雷发射管. *winged torpedo* 带翼鱼雷.

torpe'doman n. 鱼雷兵.

torpe'doplane n. 发射鱼雷的飞机.

tor'pex ['tɔːpeks] n. 铝末混合炸药.

tor'pid ['tɔːpid] a. 麻痹〔木〕的,迟钝的,不活动的,缓慢的. ~**ity** n. ~**ly** ad.

tor'pify ['tɔːpifai] vt. 使麻木,使失去知觉. **torporif'-**

ic [tɔːpə'rifik] a.

tor'por ['tɔːpə] n. 麻痹〔木〕,迟钝,不活泼.

torque [tɔːk] I n. ①转（动力）矩,(外加)力矩,扭（力）矩,扭转 ②偏振光面上的旋转效应 ③项圈. I v. 扭转,施以扭转力. *airscrew torque* 螺旋桨扭矩. *alternating current torque motor* 交流扭矩马达,交流扭矩电动机. *torque amplifier* 电力传动装置增强器,转矩放大器. *torque converter* （液力）变矩〔变扭〕器,扭矩变换器,扭矩变换器. *torque force* 扭力. *torque moment* 转〔扭〕矩. *torque motor* 转矩〔陀螺（仪）修正,罗盘校正〕电动机,扭矩马达. *torque reaction* 反转（力）矩,反作用扭矩. *torque rod* 扭转（回转,传动）杆,反扭（力）杆. *torque spanner* [wrench] 转矩〔扭力〕扳手. *torque tube* 万向轴管,扭力管. *torque type power meter* 扭力式〔转矩式〕功率计.

torquemeter [tɔːkmiːtə] n. 扭矩（测量）计〔器〕,扭力计,扭力测定仪,旋转扭力测量器.

torquer n. 转矩发送器,扭矩计,扭矩转置,加扭器,扭力马达.

torr [tɔː] n. 乇(真空〔压强〕单位,相当于1毫米水银柱的压强).

tor'refy ['tɔːrifai] vt. 熔焙,烤,烘. **torrefac'tion** [tɔrifækʃən] n.

tor'rent ['tɔrənt] I n. ①山洪,奔〔急,洪,激,射〕流,山溪, (pl.) 倾注 ②爆（迸）发,狂潮,连续不断. II a. ＝ torrential. *It rains in torrents.* 大雨倾盆. *mountain torrents* 山洪. *torrents of rain* 倾盆大雨,骤雨.

torren'tial [tɔ'renʃəl] a. 奔〔急,洪〕流的,猛烈的. *torrential flood* 山洪. *torrential flow* 湍〔激,射〕流. ~**ly** ad.

torreyol n. 香榧醇.

Torricel'lian tube 托里切利管.

tor'rid ['tɔrid] a. ①(烘,灼,炎,酷)热的,发出强烈热气的,晒焦的 ②热烈〔情〕的. *torrid zone* 热带.

torrify =torrefy.

tor'sal a. 挠（切,点)的. *torsal line (of a surface)* (曲面上的)挠点线.

torse [tɔːs] n. 【数】可展曲面,扭曲面,残缺〔未完成〕的东西.

tor'sel ['tɔːsl] n. ①承梁木,梁枕 ②漩涡花样.

torsim'eter n. 扭力计,转矩计.

torsiogram n. 扭振记录图,扭（转）振（动）图,扭矩图.

torsiograph n. 扭振（力）(自动)记录仪,扭振自记器,扭力计.

tor'sion ['tɔːʃən] n. ①扭（转,动,曲,力）,转〔扭〕矩②扭曲,挠率, (曲线)的第二曲率 ③盘旋,【地】蜷旋. *double torsion machine* 双列螺旋弹簧缠绕机. *geodesic torsion* 短程扭曲. *torsion balance* 扭（力）秤,扭力天平,扭力平衡. *torsion bar* 扭（力）杆,扭力轴. *torsion machine* 绕簧（弹簧）机. *torsion pendulum* 扭摆. *torsion rod spring* 扭杆弹簧. *torsion test* 抗扭〔扭转〕试验.

tor'sional ['tɔːʃənl] a. 扭(转)的,扭转力的. *torsional damper* 扭振减振〔阻尼〕器. *torsional dynamometer* 扭力（功率）计. *torsional moment* 扭（力）矩. *torsional pendulum* 扭摆. *torsional strength* 抗扭

torsion-free a. 无扭转的.
tor′sionless a. 无扭曲的, 无扭转的.
tor′sionmeter n. 扭力计, 扭矩计(仪).
tor′sionproof a. 防扭的.
torsion-resistant a. 抗扭的.
tor′so ['tɔ:sou] n. 躯干, 残缺(未完成)的东西.
tor′sor n. 非共面直线对.
tort [tɔ:t] n. 民事的侵权(侵害, 侵犯)行为.
tor′tile ['tɔ:tail] a. 扭转(弯)的, 卷的, 盘绕的.
tor′toise ['tɔ:təs] n. (乌, 海)龟, 缓慢(落后)的东西.
tor′toiseshell n.; a. (像)龟甲的.
tortuos′ity n. 弯曲(度), 扭度(曲), 迂回度, (沟路)曲折.
tor′tuous ['tɔ:tjuəs] a. ①曲折的, 扭(弯)曲的, 迂回的, 盘旋的, 不在一个平面内的 ②转弯抹角的, 居心叵测的. ~ly ad.
tor′ture ['tɔ:tʃə] n.; vt. ①使翘(弯)曲 ②歪曲, 曲解 ③折磨, 使痛苦.
torula n. (pl. **torulae**) 串状酵母菌属, 串菌属, 圆酸母属.
torularhodin n. 红酵母红素.
tor′uloid a. 酵母状的, 串状的.
tor′ulose a. 近球形的, 近念珠状的.
torulosis n. 球拟酵母病, 隐球菌病.
to′rus ['tɔ:rəs] (pl. **to′ri**) n. (圆, 椭圆, 锚)环面, 环形(室, 线圈, 圆纹面), (环形)铁心, 隆起, (柱)环, 纹孔塞, 纹孔托. *driven torus* (液动联轴节中的)从动环(具有吸能特性的防碰撞装置).
TOSBAC =TOSHIBA scientific and business automatic computer (日本) 东芝(公司出品的)科学及商用自动计算机.
tosecan n. 划针(盘), 划线垫.
tosim′eter n. 微压计.
toss [tɔs] v.; n. ①(使)动荡, (使)摇摆[荡], (使)颠簸, 搅乱 ②(使)猛烈倾倒, 猛举[起, 摔, 顿] ③(向上)抛, 投, 掷, 冲, 拋] ④匀淋(氧化). ▲*toss about* (使)颠簸[摇摆幌, 聚]. *toss aside* 扔弃, 搁置不顾. *toss off* 迅速处理(做好), 轻而易举完成(做好). *toss ... to* ... 把 ... 扔给 ... *toss up* 匆忙(一下子)做好.
tot [tɔt] I (**tot′ted, tot′ting**) v. 加, 总计. II n. 合计, 加(总)数, 加法运算. ▲*tot up* 把 ... 加起来, 合计. *tot up to* 总共, 合计.
tot chg wt =total charge weight.
to′tal ['toutl] I a. 全(体, 部)的, 总(计, 括, 体)的, 完全的, 绝对的, 彻底的. II n. 总(计)数, 额, 和), 合计, 全体. III ad. 统统, 完全. IV (**to′tal(l)ed; to′tal(l)ing**) v. 计算 ... 的总数, 总, 统, 共, 合计, 总数达, 达到的总数, 加起来, 共, 加到某处, 趋至. *grand total* 总计, 和. *sum total* 总数. *total all the expenditures* 计算全部支出. *total amount* 总额(量). *total curve* 累积曲线. *total cycle* 周期小计. *total differential* 全微分. *total flow* 流量. *total heat* 总热(量), 热函(数), 焓, 积分(变浓)热. *total industrial output value* 工业总产值. *total movement* 终位移. *total package procurement concept* 一揽子采购的概念. *total scatter* 全散射. *total strength* 总兵力. ▲*a total of* 总数为. *in total* 总计, 总起来.
to′talisator 或 **to′talizator** ['toutəlaizeitə] =totaliser 或 totalizer.
to′talise 或 **to′talize** ['toutəlaiz] vt. 加起来, 合计. *totalizing instrument* 求和仪. *totalizing machine* 加法(求和)计算机. *totalizing puncher* 总码穿孔机. *totalizing wattmeter* 累计功率计.
to′taliser 或 **to′talizer** ['toutəlaizə] n. 加法求和装置, 加法器, 加法(累积)计算器, 加法(总和)计算装置, 累加器. *time totalizer* 总时计.
total′ity [tou'tæliti] n. ①全体, 总数(额, 体), 完全 ②【天】全食(的时间).
to′talling n. 总和. *totalling meter* 计数综合器, 求积计数器.
to′tally ['toutəli] ad. 完全, 全(部), 统统, 都.
totally-enclosed type 全封闭式.
totarol n. 陶塔醇.
tote [tout] I v. ①(手)提, (背)负, 携带 ②运(输), 搬(运), 车运, 举起, 推, 拉, 牵引 ③加, 计算 ... 的总数, 合计. II n. ①负担, 装载, 装运物 ②运量, 运货 ③=totaliser. *tote box* 运输斗, 搬运箱. *tote pan* 托盘.
to′tem ['toutəm] n. 图腾, 物像, 标志. *totem pole* 图腾柱, 推拉输出电路. ~ic a.
to′ter n. 装载起重机, 运载装置.
t′oth′er ['tʌðə] 或 **toth′er** pron.; a. 另一个, 别的.
tot′idem ver′bis ['tɔtidem 'və:bis] 〔拉丁语〕原话〔正是〕如此.
to′tient n. 欧拉函数 Φ(n).
tot′ies quot′ies ['tɔtiɛ:z'kwɔtiɛ:z] 〔拉丁语〕每次〔回〕.
totipo′tency n. 全能性.
totipo′tent a. 全能(性)的.
totipoten′tial a. 全能的.
to′to 〔拉丁语〕▲*differ toto caelo* 有天壤之别. *in toto* 全(部, 然), 完全, 总计, 整个地. *toto caelo* 差距极大地, 正相反.
tot′ter ['tɔtə] vi.; n. 摇摆, 动摇, 摇摇欲坠. ~ing a. ~ingly ad. ~y a.
TOU =trace operate unit 追踪〔故障探测〕装置.
Toucas 塔卡斯铜镍(饰用)合金(铜 35.6%, 镍 28.6%, 其余为等量的铁、铝、锡、锌、锰).
touch [tʌtʃ] I v. ①(使)接触, 轻)触, 使)碰(及, 到), 撞), 摸(摸, (轻)按, 擦 ②【数】与 ... (相)切, 切触, 邻接 ③(触摩时)有 ... 感觉, 触(感)动 ④接近, 近乎, 达到, 相等, 及(比)得上 ⑤(简单)涉及, 涉及谈, 论及, 提(论)到, 关系到 ⑥对付, 修改, 解决(得了), 起作用于 ⑦影响到, 给与影响, 损(及), 伤(及). II n. ①(接, 一)触, (一)碰, 按, 摸, 【数】(相)切 ②触感(觉) ③试〔鉴)试金(石), (金银)验定纯度 ④接触磁化 ⑤痕迹, 微(画)量, 一点, 稍许 ⑥缺点〔陷〕 ⑦(键的)弹性(力) ⑧联系 ⑨特征, 性质, 格调, 风格. *Please don′t touch the exhibits*. 请勿触摸展品. *be soft to the touch* 摸起来很软. *finishing touch* 最后修整. *no touch* 不(无)接触, 无触点. *touch down point* 接地点. *touch many questions of mutual concern* 谈到许多双方关心的问题. *touch paper* (导火用)火硝纸. *touch system* 打字的指法. *touch the bell* 按电铃. *touch tone dialing* (电话)按钮选号. *typewriter with a stiff touch* 键子不灵活的打字机. ▲*a near touch* 侥幸脱险, 九死一生. *a touch of* 一点点, 少许, 微量. *as touching* 关于. *at a touch* 或 *at the touch of* (稍微) 一接触(立即), 一碰(就), 一按

touch'able … **toward(s)'**

(就). be in touch with…同…接触[有联系]. be out of touch with…不同…[与…脱离]接触, 不了解…情况, 和…失去联系. (be) touched with 带有…色彩. bring…into touch with…使…和…接触. bring…to the touch 检[试]验. get in (to) touch with…和…接触[联系]. in touch of …在…能达到的地方, 在…附近. in touch with…和…接触, in touch with…使…同…保持联系[接触], 使…了解. keep (in) touch with…和…保持[不断]联系[接触], 关心…. lose touch with…和…失去联系, 和…失去接触. put the finishing touches on [to]…对…完成最后的一部分工作, 对…进行精饰[最后的修饰]. put…to the touch 试[检]验. touch and go 一触即离; 一触即发的形势, 高度不安定性, 动荡, 危险状态. touch at (暂时)停泊, 靠岸, 接近. touch bottom 达到水底, 摸到了底, 坏到极点. touch down 降落, 着陆, 接地. touch elbows 紧接. touch in 增改, 添画, 修补, 摸到了底. touch off 草写, 添画, 勾划出发射, 开炮, 触发, 使炸裂, 发动, 引[激]起, 挂断(电话). touch on [upon](简单)论及, 说[谈,提,论]到, 涉及, 与…有关; 接近, 近于. touch success 终归成功. touch the typo 奏效, 解决问题, 得要领. touch…to…使…碰到. touch up 修整[饰], 完成. true as touch 的的确确, 一点也没错. within touch of 在…的附近, 在…能接触到之处.

touch'able a. 可触(知)的, 可被感动的.
touch'-and-go ['tʌtʃən'gou] I a. ①一触即离的, (从一点到另一点)快速移动的, 触地后又起飞的 ②危险的, 一触即发的, 动荡不定的 ③草率的, 没有把握的. I n. 触(坐)碰.
touch'-down n. 着地(陆), 触地.
touch'er ['tʌtʃə] n. 触摸者, 一触即发, 紧急. ▲as near as a toucher 几乎不差, 接近得很.
touch'ing ['tʌtʃiŋ] I prep. 关[至]于, 提到. II a. 使人感动的, 亲切的. III n. 触摸[觉], 开缝隙(内)浇口. ~ly ad.
touch'stone ['tʌtʃstoun] n. 试金石, (试验的)标准, 检验(标准).
touch-tone a. 按钮式的, 琴键式的. touch-tone telephones 拨号时按钮(而不是拨圆盘)的电话.
touch'-type v. (打字)按指法打字.
touch'y ['tʌtʃi] a. ①难办的, 棘手的 ②易燃的, 有爆炸性的 ③敏感的, 过敏的. **touch'ily** ad. **touch'iness** n.
tough [tʌf] a. ①(坚,强)韧的, 韧性的, 可延的, 有抵抗能力的, 粘(稠,着)的 ②刚性的, 结实的, 不易磨损的, 耐久的, 坚固可靠的, 耐劳的 ③困难的, 费力的, 难办的, 难对付的 ④激[猛]烈的, tough cathode 电解纯铜, 阳极铜. tough iron 韧铁. tough (pitch) copper 韧(火精)铜. tough wood 韧木.
tough'en ['tʌfn] v. (使)变坚韧, 使强韧化, (使)韧化, (使)变粘稠, (使)变强硬, (使)变困难. toughened polystyrene 韧化聚苯乙烯.
tough'ening n. 韧化(处理).
tough'ie 或 **tough'y** ['tʌfi] n. 恶棍; 难题, 劲敌.
tough'ness ['tʌfnis] n. (强)韧性, 韧度, 刚度[性], 耐久性, 粘稠性.
tour [tuə] n.; v. ①巡视, 旅行, 周游, 游览, 参观访问, 巡回 ②转动, 旋转, 钻探 ③交(值)班 ④转, 倒转,

转变(期). a tour round the world 环球旅行. make a tour 或 make tours 巡视, 历游, 旅行. operator's tour 操作员值班. tour of duty (轮值的)班. tour of observation 考察. touring car 游览车, 旅行汽车. (make) tours of inspection (检查)巡视.
tour'er n. 游览车(者), 旅行(飞)机.
tour'ism ['tuərizm] n. 游览, 观光, 旅游, 观光团体, 游客, 旅游. 观光[游]事业.
tour'ist I n. 旅游(行)者, 游览[观]者, 游客. II a. 旅游的, 观光的. tourist agency [bureau] 旅行社. tourist party 观光团.
tour'istry n. 游览, 旅行者. touristry attraction 旅游胜地. touristry car [coach] 游览车.
tour'isty a. 游览者(喜欢)的.
Tourlon circuit 土隆(相位控制)电路.
tour'malin(e) ['tuəməli(:)n] n. 电(气)石.
Tournaician stage (早召碳世早期)杜内阶.
tour'nament ['tuənəmənt] n. 锦标赛, 比(联)赛. friendship invitational tournament 友好邀请赛.
Tournay metal 图尔尼黄铜(铜 82.5%, 锌 17.5%).
tour'ney ['tuəni] n.; vi. 锦标赛, 比(联)赛, 参加比赛.
Tourun Leonard's metal 轴承用韧性锡青铜(锡 90%, 铜 10%).
tout [taut] I v. ①推销, 兜售, 吹捧 ②侦查, 探听有关…的消息. II n. 兜售者.
tout court' [tu:'ku:r] 〔法语〕极简单单的.
tout ensemble [tu:tan'sabl] 〔法语〕n. 整体, 概观, 总效果.
tout le monde [tu: lə mɒd] 〔法语〕全世界, 所有的人.
tow [tou] vt.; n. ①拖(曳,引,带,航), 曳(引), 拉, 牵引, 用绳拖曳 ②被拖拉的东西, 拖车(船), 拖索 ③(丝,纤维)束, (短)麻屑, 麻絮, 落纤, 亚麻短纤维. tow boat 拖船(驳). tow(ing) hook 拖钩. tow(ing) line [rope] 拖缆, 纤. tow(ing) net 拖拉. tow path 拉纤道, 纤路, 拖船路, 岸缘. tow sack 麻袋[包]. tow 8-top process 直接连成条法. towed artillery 车引炮(兵). towed blade grader 拖式平地机. towed vehicle 拖挂车. towing device 拖曳装置. towing vehicle 曳引(牵引)车, 曳引汽车. ▲in tow 拖[拉], 牵引着. take [have] in tow 拖航[引]; 指导, 照顾. take [have] a boat in tow 拖一艘船.
TOW = ① tube-launched optically-tracked wire-guided (anti-tank missile) 陶式(一种用纯管式发射器发射的光学跟踪有线制导)反坦克导弹 ② take-off weight 起飞全重.
towable a. 可被拖引的, 可拖拉的.
tow'age ['touidʒ] n. ①拖(曳,运), 拉, 牵引②牵引费, 拖船费.
to'wardly ['touədli] a.; ad. 有指望(的), 顺利发展的.
toward(s)' [tə'wɔːd(z)] I prep. ①朝(着, …的方向,), (走)向 ②对(于), 关于 ③将(接,靠)近, 约, 左右 ④为(了), 有助于, 可用于. II a. ①即将到来的, 在准备中的, 临近的 ②有利的. face toward the east 朝东. save money toward the repair of the equipment 节省款项供修理设备之用. step toward

the realization of one's aim 实现目标的步骤. *toward breeze* 顺风. *tuward six o'clock* 将近六点钟. ▲*go far toward* 大(大)有助于. *toward each other* 彼此相对地,互相面对面地.
tow′boat ['toubout] n. 拖船(轮,驳).
tow′el ['tauəl] n.; vt. 毛巾,抹布,擦手〔脸〕纸;用毛巾擦.
tow′el(l)ing ['tauəliŋ] n. 毛巾料,用毛巾擦.
tow′er ['tauə] I n. 塔(架,台),发射塔,塔式建筑,柱,(天线)杆,支架,瞄标. *charge hoist guide tower* 加料提升塔. *extraction tower* 萃取塔〔柱〕,提取塔. *tower crane〔hoist〕* 塔式起重机. *tower-down range* (发动机的)最小喷射量与最大喷射量之比. *tower span* 塔架间跨度,(有塔架的)吊桥的桥跨. *tower support* 塔架支座,高压电线支架. *tower wagon* 梯车. *vacuum tower* 真空蒸馏塔.
  II vi. 高耸,超过〔出〕,高于(above,over).
tow′ered a. 有塔的,高耸的.
tow′ering ['tauəriŋ] a. ①高耸(大)的,屹立的 ②堡状(云) ③强(激)烈的.
tow′ery ['tauəri] a. 有塔的,高(耸)的.
tow′line n. 拖〔牵引〕索,拖缆,曳引绳. *towline model* 拖曳线模型.
town [taun] n. (市,城)镇,(城,都)市,市区,商业中心. *town gas* 城市(家用)煤气. *town hall* 市政厅. *town house* (乡间另有别墅的人的)城区宅邸,(市内的)单边洋房. *town planning* 城镇规划. *town street* 市街,市内街道.
Townend ring 减阻整流罩,(发动机)唐纳得式整流罩.
town′ship n. 镇(区),区,六英里见方的地区(美公地测量单位).
towns′man ['taunzmən] n. 市(镇)民.
town′y a. 城里的,城市生活的.
T-O wt=take-off weight 起飞重量.
towveyor n. 输送器.
tox=toxic.
toxalbu′min n. 毒白蛋白.
toxe′mia n. 毒血(症).
tox′ic ['tɔksik] I a. (有,中)毒的,毒性的,毒物的. II n. 毒药[剂,物],毒性. ~al a.
tox′icant n. 毒[药,剂,素],有毒物. a. 有毒(性)的.
toxica′tion n. 中毒.
toxicide n. 解毒剂.
toxicidum n. 解毒药,消毒药.
toxic′ity n. 毒性(力,度). *toxicity of metal powder* 金属粉末毒性.
Toxicodendron n. 漆树科.
toxicogen′ic a. 产(生)毒(素)的.
toxicol′ogist n. 毒物学家,毒理学家.
toxicol′ogy [tɔksi'kɔlədʒi] n. 毒物学,毒理学.
toxico′sis n. 中毒.
toxicosozin n. 毒素拮抗蛋白.
toxigenic′ity n. 产毒(素)性.
tox′in ['tɔksin] n. 毒素(质).
toxine′mia n. 毒血症.
toxinfec′tion n. 毒性感染,毒素传染(病).
toxinferous a. 分泌毒素的.
toxinicide n. 抗毒素,解毒剂.
toxinogeny n. 产毒性.
toxisterol n. 毒甾醇.
toxoflavin n. 毒(性)黄素.
toxogen n. 毒(物)原.
toxogenin n. 毒媒表,毒原素,过敏素反应质.
toxohor′mone n. (癌)毒素.
tox′oid ['tɔksɔid] n. 类毒素.
toxoinfec′tion n. 毒性传染,毒性感染.
toxolysin n. 抗毒素,解毒素.
toxone n. 减弱毒素.
toxonoid n. 缓解毒素.
toxono′sis n. 中毒(性)病.
tox′ophore n. 毒性基团,毒簇,带毒体〔基〕.
toxophylaxin n. 毒素抵抗素.
toxoplasm n. 毒浆体.
toxosozin n. 毒素破坏素.
toy [tɔi] I n.; a. 玩具(似的). *toy box* 机舱. II vi. 玩弄,戏弄. ▲*toy with* 玩弄,不太认真地对待.
toyocamy′cin n. 丰加霉素.
TP=①temperature probe 温度传感器 ②test plan 试验[测试]计划 ③test pressure 试验[测试]压力 ④test procedure 试验方法,测试程序 ⑤tie plate 系〔垫,牵〕板 ⑥T-piece ⑦T-pipe ⑧training plan 训练计划 ⑨true position 实际位置 ⑩true profile 实际轮廓,真剖面.
T.P.=tailings pulp 尾渣浆.
Tp=turboprop 涡轮螺旋桨发动机.
tp=①three-phase 三相 ②three-ply 三层的 ③three-pole 或 triple-pole 三极的 ④two-pole 两极的 ⑤telephone.
T/P=test panel 试验(测试)板.
TPA=terephthalic acid 对苯二甲酸.
TPC=triple-paper covered 三层纸包的.
tpd=transient propagation delay (瞬态)传播延迟时间.
tpdt=triple-pole double throw 三刀双掷.
TPF=①theoretical point of fog ②trainer parts fabrication.
tph=tons per hour 吨/小时.
T-phase T 震相.
TPI 或 tpi=①target position indicator 目标位置指[显]示器 ②teeth perinch 每英寸齿数 ③threads per inch 每英寸螺纹数.
T-piece 或 T-pipe n. T 形接头,T 形管,丁字管节(连接),三通管.
TPN=triphosphopyridine-nucleotide 辅酶Ⅱ,三磷酸吡啶核苷酸.
TPND risks=theft, pilferage and non-delivery risks 盗窃和提货不着险(指被盗和提不到货而赔偿损失的保险).
tpo=telephoto 传真照片(电报).
TPPD=technical program planning document 技术程序计划文件.
TPR=①teleprinter 电传打字电报机 ②temperature profile record(er) 传播延迟记录(仪).
TPS=①tank pressure sensing 油箱压力传感 ②Technical Publishing Society 技术书刊出版协会 ③thermal protection system 防热系统,热防护系统 ④toughened polystyrene 韧化〔性〕聚苯乙烯 ⑤translunar propulsion stage 越过月球的推进级.
tpst=triple-pole single throw 三刀单掷.

TPTG 或 **tptg** =tuned plate, tuned grid(circuit)调板〔屏〕-调栅(电路).
TPX =poly 4-methylpentene-*1* 聚 4-甲基戊烯 1.
tq =circuit commutated turn off time 电路转换断开时间.
tqe =technical quality evaluation 技术质量鉴定.
TR =①technical report 技术报告 ②telegraph repeater 电报转发器〔机〕,电报帮电机 ③telephone repeater 电话帮音机〔中继器〕④temperature recorder 温度记录器 ⑤test report 试验报告 ⑥test requirement 试验要求 ⑦transformer rectifier 变压器-整流器 ⑧translating relay 帮电继电器,转发中继器 ⑨transmit-receive 收发(两用)⑩transmitter-receiver 收发两用机,送受话机,发射机-接收机 ⑪transportation request 运输申请 ⑫true range 真距离 ⑬trunk relay 中继(线继电)器.
tr =①tare 包装箱,包皮,皮重 ②ton of refrigeration【制冷】冷吨(现合 3.024 千卡/小时) ③tower 塔,柱 ④trace 径〔痕〕迹 ⑤transition 瞬变,过渡,变化 ⑥transactions ⑦translated ⑧translator ⑨transmitter 变送器,发射(信)机 ⑩transport(ation) ⑪transpose ⑫trustee.
T-R =① transmit-receive 收-发 ② transmitter-receiver 收-发,发射机-接收机,送受话机.
T-R box =transmit-receive box 天线收发转换器.
TR box cavity (雷达)收发开关空腔谐振器.
T-R cell =transmit-receive cell 天线收发转换开关,发射机阻塞管.
Tr. Co. =trust company 信托公司.
tr pt =transition point 转变点.
Tr R =trunk relay 中继(线继电)器.
T-R switch =transmit-receive switch 天线收发转换开关.
TR tube =transmit-receive tube 接收机保护放电管.
tra'beate(d) *a*. 梐式(结构)的. *trabeated construction* 梐式构造,柱顶横檐梁式构造.
trabea'tion [treibi'eiʃən] *n*. 柱顶横檐梁柱顶上部,横梁式结构,柱顶盘.
trabec'ula [trə'bekjulə] (*pl*. *trabec'ulae*) *n*. 分隔带,横隔片,小梁,小带(脾)小叶.
trabuk (alloy) *n*. 特拉布克锡镍合金(锡 84.5%,锑 5%,镍 5.5%).
TRAC =transit research and altitude control (satellite)(卫星)渡越研究和状态控制.
trace [treis] Ⅰ *n*. ①〔踪,痕,径,轨,遗〕迹,矿物痕色〔粉色〕,迹线,轨道,对角和,记录迹〔线〕②图形〔样〕,描绘图,(示踪器上的)扫描(行程),扫迹,描绘〔示踪〕③交点〔线〕,初始线 ④微〔痕〕量,少许 ⑤线索,结果 ⑥连测杆. Ⅱ *v*. ①追〔跟〕踪,寻踪,寻迹,指示 ②探测〔索,查〕(故障),追〔调,检〕查,查找,查定 ③描绘〔迹,图,线〕,(根据初始上不烯的图样)映描,透〔映,摹,复〕写,画出,绘制,划〔描〕曲线,扫描 ④自动记录 ⑤沿〔口〕测,沿着(路线)走. *barograph trace* 自记气压曲线. *beam trace* 束道,束径迹,电子束踪迹. *calibration trace* 校准曲线,校准曲线. *linear trace* 线性扫描. *oscillograph trace* 波形〔示波〕图(上的扫描),波形轨道. *power trace* 功率记录. *return trace* (射线)反行程,(光点)回程,回描. *sinusoidal trace* 正弦波,正弦曲线,正弦曲线上. *trace command* 跟踪指令. *trace diagram* 描(好了的)图. *trace element* 微〔痕〕量元素. *trace quantity* 迹量. *trace routine* 〔跟踪〕程序. *trace separation* 扫描线分离. *traces of impurities* 或 *trace impurity* 微量杂质. ▲*be traced to* 追踪〔究〕到,归因于,是…造成. *trace back* 回忆. *trace back* (…) *to*(…)(把…)追溯到. *trace out* 探寻踪〔轨〕迹,描〔计〕划,描〔划,标,映,探索〕出(…轨迹),划出〔图〕的痕迹,轨迹. 在透〔映〕写上,经过,穿过物质. *trace over* 映绘. *trace to* 上〔追〕溯到.

trac(E) =tracking and communication, extraterrestrial 地球外层空间跟踪与通信.
traceabil'ity *n*. 跟踪〔追踪,示踪〕能力,传递,追源,溯源.
trace'able *a*. ①可追(示)踪的,可探索〔查〕的,(被)研究的,可查出的,可寻的 ②可追溯的,可归因的,起源于…的 ③可〔摹写〕的. **trace'ably** *ad*.
trace'less *a*. 无(没留下)痕迹的. ~**ly** *ad*.
tra'cer ['treisə] *n*. ①追踪者,追踪装置〔程序〕,跟踪装置,随动装置 ②示踪器,剂,原子 ③标记原子,示踪器,同位素指示器,指示器 ④描绘〔记,迹〕器,测量〔描迹〕头,故障检寻器 ⑤描图器,描图装置,描绘工具,画线笔 ⑥仿形板〔器〕 ⑦曳光弹〔器,弹〕 ⑧描〔绘〕图员,摹写者;映图员 ⑨失物道寻人〔单〕. *curve tracer* 曲线描绘器,曲线记录器. *form tracer* 定形靠模. *isotopic tracer* 同位素指示剂〔示踪剂〕,示踪原子. *signal tracer* 信号故障检寻器,信号描绘器. *steam heating tracer* 蒸气伴随加热小管. *tracer analysis* 示踪分析. *tracer atoms* 示踪原子. *tracer bullet* [*shell*] 曳光弹. *tracer compound* 示踪剂〔含同位素指示剂的〕化合物. *tracer element* 示踪〔痕量〕元素,显迹原子,同位素指示剂. *tracer experiment* 示踪〔显迹〕实验. *tracer finger* 仿形器指针,量爪指,仿形触钢. *tracer head* 仿形头. *tracer needle* 触〔描形〕针. *tracer* (*spool*) *valve* 仿形滑阀,伺服阀.
tra'cer-free *a*. 无指示剂的,无示踪剂的,无示踪物的.
tra'cer-irra'diated *a*. 示踪物辐照的,受放射性指示剂照射的.
tra'cerlab *n*. 示踪物〔同位素指示剂〕实验室.
tra'cer-la'belling *n*. 同位素指示剂示踪.
tra'cery ['treisəri] *n*. 窗(花)格,窗〔通〕花.
tra'chea (*pl*. *tra'cheae*) *n*. 气管,导管,螺旋纹管.
tra'cheid *n*. (木材的)管胞.
trach(e)i'tis *n*. 气管炎.
trachelogenin *n*. 络石配质.
tracheloside *n*. 络石糖式.
tracheophyta *n*. 导管植物,维管植物.
trachoma *n*. 沙眼,颗粒性结膜炎.
trachybasalt *n*. 粗玄岩.
tra'chyte *n*. 粗面岩.
trachyt'ic [træ'kitik] *a*. 粗面的.
tra'cing ['treisiŋ] *n*.; *a*. ①示〔跟,追〕踪,显迹,故障探测,信号跟踪,线路图寻迹,追踪 ②扫描,透〔映,复,摹〕写,描绘,绘制,自动记录,校正描迹. *curve tracing* 曲线描绘〔描迹〕. *signal tracing* 用信号检寻线路故障. *tracing atom* 示踪原子. *tracing cloth* 描图绸,透明布. *tracing distortion* 描纹〔循迹〕失真,描纹〔示踪〕畸变. *tracing error* 随纹〔循迹,跟踪〕误差. *tracing machine* 描图机,电子轨迹

track 1717 trade

描绘器,跟踪机. tracing paper [sheet]描图[透明,誊写]纸. tracing point描迹针. tracing routine跟迹[跟踪,检验]程序,跟踪子程序.
track [træk] I n. ①(轨,径,痕,航,踪,足,声,磁)迹,粒子径迹,实际轨迹,航线在地面上的投影,路径,小道(装置),导轨,导向装置,(录音磁带的)音轨,磁路[道],线路,铁路线,航线 ③记录槽,记录带导道 ④跨(轨)距,(车轮)轮距,履(环)带,链板板,轮胎胎面(花纹层) ⑤跟踪目标 ⑥历(行)程,行动路线 ⑦(印制电路板的)印制线 ⑧跑道,径赛[田径]运动. Ⅰ v. ①循…走过,沿着…走[迹],沿轨道(旧辙)行驶,根据(线索)探索 ②随绘,绕圆 ③为…铺轨,保持跨距,跨距与轨距相符,(后轮)与前轮在同一轮迹上转动 ⑤通[走]过 ⑥在…上留下印迹. ball track(轴承)滚道. data track数据磁道. double track双轨机. guide track轴承环,滚珠导槽,导轨,轨道. magnetic track磁道. rolling track(回转窑)滚圈,领圈. single track单轨. sliding track滑动(导)面,滑轨. sound track声迹(道). track adhesion履带与地面(车轮与轨道)的附着力,磁迹附着. track ball pointer转球式(光标)指示器. track block履踪块. track chart航海路线图,空白海图,海图作业图纸. track crane轨道起重机. track gauge轨距(规). track homing跟踪寻的,(自动)跟踪导航. track-idler履带惰轮. track layer铺轨工人,铺轨机. track line架空轨道. track man铁道护路员,田径运动员. track of a bullet弹道. track of a typhoon台风的路径. track pan履带块. track pin履带销. track pitch磁道间距,道距离. track record行动记录. track rod系(轨配)杆. track scale秤量车. track spike道钉. track system(智智力)分类科制. track tie轨枕. track vehicle履带式车辆. track widths履带轨距,磁迹,径迹[宽]度. track winch机机,起绳绞车. ▲beaten track踏出来的路,常道[轨],惯例. clear the track扫清道路,开道. cover (up) one's tracks隐蔽无踪,隐藏自己的企图(计划). follow the track of…沿着…的足迹前进,追踪. have a one-track mind总是遵循着同一思路,把全部注意力放在一项同题上面. in one's tracks就那样,当时当地,当场,立即. in the track of仿照,仿…的例,学…的样,在…的中途,正在. jump [leave] the track出轨. keep track of留意,时常注意,始终监视,掌握…的线索,记录,记着,与…保持接触,跟上…的进程[发展]. lose track of忘记,不了解,跟上…失去接触,未能跟上…的进程[发展]. make tracks for追踪,朝…而去. off the track出轨,离题,离开目标,搞错的. on the track在轨道上,未离题,未失目标,对头的. on the track of追踪,得到…线索. track out(用雷达)导出.
trackable a. 可以[适于](被)跟踪的.
trackage n. 轨道(总称),铁路线(全长).
track'er n. 跟(追)踪系统,跟(追)踪器,跟踪仪,跟踪装置.
track-in-cleavage n. 切面中的径迹.
track'ing n. 跟踪,顺轨道或旧辙行使,踏成道路②探测,(实验)证明 ③漏电流径[漏电流路,放电径]的形成 ④统调 ⑤(按智力)分科教育.
track'layer n. 链轨[履带]式拖拉机,履带式车辆,铺轨机,铺轨工人.
track'less a. 无轨(路)的,非履带的.
track'man n. 铁道护路员.
track'-mounted a. 履带(链轨)(式)的.
track'slip n. (链轨,履带)的滑转,打滑.
track'-type trac'tor 履带式拖拉机.
track'walker n. 铁道巡视员,铁道护路员.
track'way n. 轨道.
track-while-scan (radar) n. 扫描跟踪[跟踪搜索](雷达).
tract [trækt] n. ①专论,论(短)文,小册子,传单 ②束,管,道,系统 ③一片(土地),广阔地面,地域(管区),区域 ④长时间. the optic tract视域,视(神经)束. tract of sand一片沙地.
tractabil'ity [trækta'biliti] n. 易处理性[加工,控制].
tract'able ['træktəbl] a. 易处理(加工,控制)的.
trac'tate ['trækteit] n. (专题论文,短文,小册子.
trac'tion ['trækʃən] n. ①牵(曳)引(力),拉长,拉伸,推力,拖拉(曳),应力,附着(摩擦)力,吸引力 ②公共运输事业. traction coefficient牵引系数. traction engine牵引机. traction shovel牵引式挖土机,牵引铲. traction wheel(机车的)主动轮. ~al a.
trac'tive ['træktiv] a. 拖的,牵引的. tractive effort牵引(效)力,牵引作用,挽力. tractive power牵引(能)力,牵引功率. tractive resistance牵引阻力.
tractom'eter n. 工况仪,测功计,工作测定表.
trac'tor ['træktə] n. 拖拉机,牵引车(机,式飞机),牵引器,导出矢量. agricultural [farm] tractor 农用拖拉机. all-purpose [multi-purpose] tractor万能拖拉机. open-frame tractor自动(自走式)底盘. roller tractor轮式拖拉机,拖拉机式压路机. tractor driver拖拉机手. tractor gate履带式闸门. tractor haulage拖拉机施运. tractor propeller牵引式螺旋桨. tractor shoe拖拉机履带片. tractor truck = tractor-truck. tractor wagon拖车. walking tractor手扶拖拉机.
trac'tor-borne 或 trac'tor-carried a. 拖拉机悬挂(式)的.
trac'tor-drawn 或 trac'tor-dragged 或 trac'tor-hauled 或 trac'tor-hitched a. (用)拖拉机牵引的,机引(式)的.
tractoriza'tion n. 拖拉机化.
trac'tor-op'erated a. 拖拉机操作的,机力的.
trac'tor-propelled a. 拖拉机动力输出轴驱动的.
trac'tor-sem'itrailer n. 牵引式半拖车.
trac'tor-truck n. 牵引车,拖车头.
trac'tory n. 曳物线.
trac'trix n. 曳物线,等切面曲线.
trade [treid] I n. ①贸(交)易,商业,生意,买卖 ②(职,行,手工)业,手工艺 ③顾客,主顾 ④英海军潜艇部队 ⑤(the trades)信风,贸易风 ⑥同业. Ⅱ v. ①从事贸易,经商(营) ②做交易,交(对)换 ③购物. Ⅲ a. 商业的,贸易的,某一行业的,工会的,公会的. China National Foreign Trade Transportation Corporation中国对外贸易运输总公司. China's trade with…中国对…贸易. foreign trade对外贸易. the news trade新闻界. trade acceptance商业承兑汇票. trade agreement国际贸易协定.

trade bill 商业汇票. *trade book* 普及版(的书). *trade circular* 传[回，报]单. *trade discount* 商业[批发]折扣. *trade edition* 普及版. *trade effluent* 工业污水. *trade mark* 商标，标志. *trade name* = tradename. *trade price* 批发价格. *trade show* (电影)试映，内部预演. *trade waste (sewage)* 工业废水. *trade wind* 【气】信(贸易)风. *trading estate* 计划工业区. ▲*be in the trade* 是个行家，是个内行人. *be in trade* 做买卖，开铺子，当零售商. *by trade* 职业是. *trade away* 卖掉. *trade M for N* 用 M 换取 N. *trade in* …经营…(业)，用(旧东西)折价(换新的). *trade in M for[on]N* 将 M 作价购买 N，用 M 折价换取 N. *trade in M with N* 与 N 进行 M 方面的贸易. *trade off* 交替使用[换位]，折衷选择，通过交换抛[卖]掉，换掉. *trade on[upon]* 占(自私的目的)的利用. *trade out* 出卖. *trade to* 到…进行贸易. *trade up*(劝…)买更高价的东西. *trade up*…*in*…使…得到…的训练，使…熟悉…. *trade*(…)*with*…同…贸易[交易]，同…对换(…).

trade'-in Ⅰ *n.* 折价(物). Ⅱ *a.* 折价的.

trade'(-)mark Ⅰ *n.* 商标，标志，品种. Ⅱ *vt.* 以…作为商标，给…标上商标，注册(商品)的商标.

trade'-name *n.* 商标名，商品名，商号，店名.

trade'-off *n.* ①折衷(办法，方案)，权衡，综合 ②换位 ③比较评定，选择其一，调整，协调，适应，一致 ④牺牲，放弃 ⑤(物物)交换，安排，交替，交易. *trade-off studies* 比较(折衷)研究.

tra'der ['treidə] *n.* 商人(船)，贸易者.

tradescan'tia *n.* 鸭跖草的一种.

trade'sman *n.* ①零售商(人)，商人 ②手工[技术]工人.

trade'speople *n.* 商人，商界.

TRADEX = ①target resolution and discrimination experiment [experimentation] (雷达的)目标分辨和识别试验 ②tracking radar, experimental (性)跟踪雷达.

TRADIC = transistor digital computer 晶体管数字计算机.

tradit'ion [trə'diʃən] *n.* ①传统，惯例 ②传说，古训. *by tradition* 根据传统(习惯). *Tradition says [runs] that…* 据(传)说. *true to tradition* 名不虚传.

tradit'ional 传统的，惯例的，传说的. *traditional Chinese medicine* 中药. *traditional Chinese style* 中国民族形式. *traditional friendship* 传统友谊. *traditional method* 传统方法，惯用方法. ~*ly ad.*

traditionalis'tic *a.* 因循守旧的.

tradit'ionary = traditional.

traduce' [trə'djuːs] *vt.* 诽谤，中伤，诋毁，违反. ~**ment** *n.*

tradu'cer *n.* 诽谤者.

traf'fic ['træfik] Ⅰ *n.* ①交通，通行，往来，交往[流]，交(易)易 ②运输，客运货运业务，运务 ③交通(运输)量(载，联络)，通讯(量，联络)，电讯，业(运)务，传达 ⑤信号，(传输)信息量. Ⅱ (*traf'ficked*; *traf'ficking*) *v.* ①开放交通，通行车辆 ②…交易，买卖，用…交易，做非法买卖，做肮脏交易. *bit traffic* 位传送，二进制信息通道. *closed to traffic* 禁止交通，禁止车辆通行. *heavily trafficked highway* 交通繁忙的公路. *radio traffic* 无线电通信(业务). *traffic ability* 可通行性. *traffic area* 通车地带，行车范围. *traffic cell* 交通流量单元. *traffic circle* [*circus*] 环形交叉(口)，环形交通枢纽. *traffic control* 交通管理[管制]. *traffic convergence* 车流汇合. *traffic engineering* 交通(运输)工程(学). *traffic isle* [*island*] 交通(安全)站. *traffic jam* 交通拥挤，交通阻塞. *traffic light* 交通管理电灯. *traffic noise* 交通噪声. *traffic pilot* 多路转换器. *traffic prohibited* 禁止交通，禁止通行. *traffic shed* 候车棚. *traffic sign* 交通标志. *traffic signal* 交通信号，交通管理电灯. ▲*be open to* [*for*] *traffic* 通车，开放. *direct* (*through*) *traffic* 联运，过境(直达)交通.

trafficable *a.* 可通过[行]的.

traf'fic-ac'tuated 车动的. *traffic-actuated controller* 车动控制器(一种管理交通信号的自动控制器). *traffic-actuated signal* 车动信号(由车动控制器管理的信号).

traf'ficator ['træfikeitə] *n.* (汽车的)方向(转向)指示器.

traffic-bound road 或 **traffic-compacted road** 交通紧张(拥挤)的道路.

traf'fic-free *a.* 没有汽车(来往，干扰)的，没有交通往来的，无通信的.

traf'fick *v.* 开放交通，通行车辆.

traf'ficked *a.* 行车的.

traf'ficless *a.* = traffic-free.

traf'ficway *n.* 道路，公路.

traf-o-line marker (交通)划线机.

tragacanth *n.* 黄蓍胶.

Tragantine = 可溶性淀粉(普通淀粉经化学处理而成，造型粘结剂).

trag'edy ['trædʒidi] *n.* 悲剧，惨事，灾难，不幸.

trag'ic(*al*) *a.* 悲剧的，悲惨的，不幸的.

trail [treil] Ⅰ *n.* ①(痕，踪，轨，尾，余，足)迹，线索 ②尾(部)，后缘，拖拽物 ③连[拖，摇，牵]引杆 ④一串，一系列 ⑤小径，踏成的小路，临时道路，曲翘小巴(山)，便道 ⑥(暴风雨)余波. Ⅱ *v.* ①拖(曳，带，着走)，曳，拉，牵 ②(用…作)足迹，尾随，跟在后面走，跟踪 ③落后(于)，(缓慢)飘[流]出，伸展开，蔓延 ④减弱，变小(*off*, *away*). *leave a trail of difficulty behind* 留下一系列困难. *the doctrine of trailing behind at a snail's pace* 爬行主义. *trail along after*…慢慢地跟在…后面走. *trail car* (挂)车. *trail net* 拖网. *trail of a meteor* 流星余迹. *trail road* 试用道路，临时通道，小路. *trail rope* 拖绳. *vapour trail* 雾化尾迹. ▲(*be*) *on the trail of* 跟踪追赶，紧追. *in trail* 成一列纵队地. *off the trail* 失去踪迹，出轨，离题.

T-rail *n.* T 形钢轨.

trail'-behind *a.* 牵引式的.

trail'blazer 或 **trail'breaker** *n.* 领路人，开拓者，开路先锋，路径导向.

trail'blazing *n.* 开拓，创办. *a.* 开路的，指导的.

trail'builder *n.* 拖挂式筑路机械.

trail'er ['treilə] Ⅰ *n.* ①拖(挂)车，拖曳的东西，拖曳者(物)，汽车拖着的活动住房 ②尾部，影片的末尾，电影预告片,(pl,)筒身片(一份资料复制成几束缩微胶片时,第一张称篇首片,其余均称篇身片)③震尾④爬地野草. II v.(可)用拖车运. cathode trailer(搬运)阴极拖车. platform trailer 平板拖车. trailer block 随附信息盘. trailer label 尾部标记. trailer nozzle 马蹄形喷嘴. trailer record 尾部〔总结〕记录,后续记录(资料).

trail'er-erector a. 安装〔竖直〕拖车.
trailer-hauling tractor (挂车的)牵引车.
trail'er-mounted a. 装在拖车上的.
trail'er-type a. 拖车〔牵引〕式的.
trail'ing I n. (电视图像中的)拖〔曳〕尾,(舵、螺旋桨的)自由转动,(显系铰臂的)旋冋. II a. 牵引(式)的,曳尾的,尾随的,后面的,被拖动的,从动的. trailing antenna 拖曳〔下垂〕天线. trailing contact 附加触点,辅助触点. trailing edge 边〔侧〕后沿,(脉冲)下降边,(叶片的)出气边,(机翼等的)后缘. trailing end 尾端. trailing section losses 出口边损失. trailing vortex 后缘涡流,尾涡. trailing wheel 从后轮. trailing wire 下垂天线.
train [trein] I n. ①火[列]车②(系,序,行,队,次)列,(顺,次)序,排,链,串,列不同装置串联起来的系统③(齿,传动)轮条,轧钢机列〔机组〕④连续(性),(连续)线路,导线线药⑤拖物,长靴,拖裙⑥挂有拖车的牵引车,辎重队,车队⑦随行人员⑧伴随而来的事物,后果. II v. ①训〔锻,教〕练,引养,培养,教育⑦对〔瞄〕准,指向③拖,拉,排成序列,导流④引诱,吸引(away)⑤乘火车旅行. box nailing roll train 钉[l]箱滚道. combustion train 燃烧导火线. express train 快车. gear train 齿轮条. mill train 轧道,轧机机组. mould train 模组. passenger(goods) train 客(货)车. powder train 火药导火线. pressure leaching train 高压浸出系统. pulse train 脉冲序列,脉冲群(链). selsyn train 自整角(自动同步的)传动装置. through(up,down) train 直达(上行,下行)车. tonic train(正弦调制)声列. train dispatcher 列车调度员. train of oscillations 振荡串. train of thoughts 〔ideas〕思路. train of …,一系列的主意(想法). train of wave 波列. train of wheels (齿)轮系. ▲ a train of 一(系)列,一(连)串,一排. a train of events 一连串的事件. by train 坐〔乘〕火车. follow in the train of … 随着…而发生. in (good) train 准备妥当(就绪). in the train of 接着,继…之后,随…而来. It brings many evils in its train. 这带来了许多祸患. take a train to 乘火车去. train it 坐火车去. train off 打歪,没打中. train… on (upon)把…瞄〔对〕准,指向. train up 训练,培养.
train'able a. 可训练〔锻炼〕的,可序列的.
trainee' n. 学员,受训练人.
train'er ['treinə] n. ①教(练)员,(受)训练人②瞄准手③教练机,教练设备,训练器材,电子培训设备,数字逻辑演算装置.
train'-ferry n. 列车轮渡,列车渡轮.
train'ing ['treiniŋ] n. 训(教)练,练习,培养,锻炼,阴极锻炼〔烧〕,整枝法. advanced training 高级训练. heating training 热锻. training college 师范学院. training device 训练设备. training dike 顺坝,导流堤. training school 师范〔职业〕学校. training ship 教练艇(船). training wall 导流墙〔壁、堤〕,顺坝. training work(s) 导治工程. ▲go into training 开始练习,开始练习.
train'shed n. 列车棚.
trait [trei 或 treit] n. ①特性〔征,点〕,品质,性格〔状〕②一笔(画,触). ▲a trait of 一点点,少许,微量.
trai'tor ['treitə] n. 叛徒,卖国贼.
trai'torism n. 卖国主义,叛变行为.
trai'torous a. 叛徒〔交〕的,卖国(贼)的. ~ly ad.
TRAJ = trajectory 弹道,轨迹.
trajec'tile [trə'dʒektil] n. 被抛射物.
trajec'tion n. 穿行,(在空间或介质间)通过.
trajec'tory ['trædʒiktəri] n. 弹道,(射线)轨道,流轨〔径〕道,【数】轨(迹)线,迹线,抛射线,路线〔径〕,航线. isogonal trajectory (磁偏)角轨线,等角曲线. peak trajectory 最高弹道顶,弹道最高点. stress trajectory 应力轨迹. wild trajectory 任意轨迹.
trajectory-controlled 弹(轨)道控制的.
tram [træm] I n. ①(有轨)电车(道),煤(矿,吊)车②轨道③(椭圆)量规,椭圆规,调整机器部件用规④正确位置,正确的调整⑤指针. II (trammed; tram'ming) v. ①用电(煤,吊)车运输,乘⑦开,调度⑧电车④用椭圆量规(调整),拘束,束缚,妨害. tram rail 运料车道轨,吊车索道,电车轨道. tram road 电车轨道. tram way (有轨)电车,电车道.
trama n. 菌管.
tram'car n. (有轨)电车,煤(矿)车.
tramegger n. 高阻(兆欧)摇,迈格表.
tram'line n. 有轨电车路线.
tram'mel ['træml] I n. ①(pl.)(椭圆)量规,长臂圆规,横木规,梁规,地规②指针,笔③(pl.)拘束,束缚,阻碍物. II (tram'mel(l)ed; tram'mel(l)ing)v. 用量规量(调整),拘束,束缚,妨害.
tramontana n. 特拉蒙塔那风(地中海沿岸的一种干冷北风).
tramp [træmp] I n. ①错配物(如精煤中的高比重物,废渣中的低比重物,筛上产品中的细粉,筛下产品中的超粒等)②(pl.)偶人物②(地球物理勘探的)假异常③(汽车在不平路面上的)颠簸,漂移④不定period货物(未知的货舱)⑤步行(者),跋涉⑥跨声. II v. 走,步行,徒步旅行,跋涉,不定期运输. Ocean tramp 远洋不定期货船. tramp iron 过程铁质,杂铁(陶瓷原料加工制造过程中由于机器磨擦损混入原料中的铁分),散杂铁(钢)块,煤中铁块. tramp ship(steamer)不定期货船.
tramp'er n. 夯实器,不〔非〕定期船.
tram'ple ['træmpl] v.;n. 践踏,踩躏(on, upon, over). trample all difficulties underfoot 压倒一切困难. trample out the fire 把火踏灭. Dont' trample on grass. 勿踏草地.
tram'polin(e) n. 蹦床.
tram'rail n. (矿车)轨道,索道.
tram'way n. ①电车(轨)道,有轨电车(路线)②吊车索道,矿车轨道. aerial tramway 架空索道,高架电车道.
tran'quil ['træŋkwil] a. (平,安)静的,平稳的,稳定

的. *tranquil flow* 缓(平,静,稳)流. **tranquil(l)'ity** *n*. ~ly *ad*.

tranquilliza'tion *n*. 静息,平稳化.

tran'quil(l)ize [ˈtræŋkwilaiz] *v*. (使)安(平)静,(使)镇定(静).

tran'quil(l)izer *n*. 镇静剂,安神药,增稳装置.

TRANS 或 **Trans** 或 **trans** = ① transactions 学报,会报,论文集 ② transfer 转换(移),传导,输送(装置) ⑤ transformer 变压(量)器 ④ transitive 传递的,过渡的 ⑤ translated 翻译的 ⑥ translation 翻译,译文(本) ⑦ translator 译员 ⑧ transmittance 透射比 ⑨ transportation 运输 ⑩ transpose 调(变)换,移项 ⑪ transverse 横向的. *current trans* 变流器,电流互感器.

trans- [词头] ① 横断(过),贯通 ② 超(越) ③ 转,变化,转移,【化】反式 ④ 在(到)…外,另一边.

TRANSAC 或 **Transac** = transistorized automatic computer 晶体管化自动计算机.

transacetala'tion *n*. 缩醛(链)转移作用.

transacetylase *n*. 转乙酰酶.

transacetyla'tion *n*. 转乙酰作用.

transact' [trænˈzækt] *v*. ① 办(处)理,执行 ② 谈判 ③ 在原则上让步,进行调和折衷. *transact business* 处理事务,做交易. *transact negotiations* 进行谈判.

transac'tion [trænˈzækʃən] *n*. ① 处(办)理,执行,交易;(具体)事物(项,件),业务(往来),(一笔)交易 ③ (pl.) 会(学)报,会刊,论文集,学术会议录,报导,记要,议事录. *be engaged in various transactions* 忙于种种交易. *cash transactions* 现金交易. *conclude a transaction* 达成交易. *forward exchange transactions* 外汇期货交易. *spot transactions* 现货交易. *transaction data* 事务数据. *transaction file* 细目(处理)文件,远行外存器.

transac'tor [trænˈzæktə] *n*. 询答装置,输入站.

transacyla'tion *n*. 转酰基作用.

transad *n*. 隔离种(同种或近缘种).

trans-addition *n*. 【化】反式加成(作用).

transadmit'tance [trænsədˈmitəns] *n*. (跨,互)导纳,跨(端导)导.

transaldimina'tion *n*. 转醛亚胺作用.

transaldolase *n*. 转二羟丙酮基酶,转醛醇酶.

transalkyla'tion *n*. 烷基交换作用,烷基转移(作用).

transamidase *n*. 转酰胺基酶.

transamida'tion *n*. 转酰胺基作用.

transamidinase *n*. 转脒基酶.

transaminase *n*. 转胺(基)酶.

transamina'tion *n*. 转氨(基)作用.

transan'nular *a*. 跨环的.

transastronom'ical *a*. 大于天文数字的(72^{250}).

transatlan'tic [trænzətˈlæntik] I *a*. ① 大西洋彼岸(那边)的,横渡大西洋的 ② 美国(洲)的. II *n*. 美国(洲)人,大西洋那边的人(或物),横渡大西洋的轮船.

transau'dient *a*. 传声的.

transbeam *n*. 横梁.

transbor'der *a*. 位于国(边)境外的,(位于国境)交界(处)的. *transborder bridge* 交(边)界桥.

transcarbamylase *n*. 转氨甲酰酶,氨甲酰基转移酶.

transceiv'er [trænˈsiːvə] *n*. 无线电收发(两用)机,收发报机. *card transceiver* 卡片读出穿孔器.

transceiving *n*. 无线电通讯.

transcel'lular *a*. 跨细胞的.

transcend' [trænˈsend] *v*. 超越(出,过),胜过,凌驾,贯通. *transcend description* 无法形容. *transcend one's comprehension* 超出…的理解能力.

transcend'ence [trænˈsendəns] 或 **transcend'ency** *n*. 超越(性),卓越.

transcen'dent I *a*. 卓越(超越)的,出类拔萃的. II *n*. 卓越的人(物).

transcenden'tal *a*. ① 超越(函数)的 ② 先验(论)的,直觉的,超出一般经验的,超自然的 ③ 卓越的,超常的 ④ 抽象的,含糊的,难解的,幻想的. *transcendental curve* 超越曲线. *transcendental function* 超越函数. ~ly *ad*.

transcenden'talism *n*. 先验论.

trans'code [ˈtrænskəud] *n*. (自动)译码(系统).

trans'coder *n*. 代(编)码转换机,译码器.

transcom'pound *n*. 反式化合物.

transcomputa'tional *a*. 超越计算的.

transconduct'ance [trænskənˈdʌktəns] *n*. 跨(电)导,内(静,栅屏,短路)跨导,跨导率,跨导比. 发射特性线的斜度,电导斜度,跨导特性曲线. *neutron transconductance* 中子跨导. *transconductance bridge* 跨导(互导)电桥.

transconfigura'tion *n*. 反式构型,反式结构.

trans'continen'tal [ˈtrænzkəntiˈnentəl] *a*. 横贯大陆的,在大陆另一头的.

trans-corpora'tion *n*. 跨国公司.

transcortin *n*. 皮质(激)素传递蛋白.

transcribe' [trænsˈkraib] *vt*. ① 抄(誉,转)写,抄出 ② 用打字机打出,打出…的复本 ③ (意)译,把…译成文字 ④ 录制,记录,写(录)下,把…改录成另一种形式 ⑤ 预(先)录(播)录音播送 ⑥ 转换,改编(作).

transcri'ber *n*. ① 抄录(抄写,读数,转录,(信息)转换)器,再现(重复,复制)装置 ② 抄写者. *card transcriber* 卡片转录器. *paper tape transcriber* 纸带转录器.

trans'cript [ˈtrænskript] *n*. ① 抄(副)本,笔记,笔记本,转录产物 ② 正式文本 ③ (逐年或逐学期)各科成绩及考试成绩;成绩单. *transcript card* 录制卡片. *Transcripts must be attached* 应附上成绩单.

trans'criptase *n*. 转录酶.

transcrip'tion [trænsˈkripʃən] *n*. ① 抄(记)录,誊(抄)写,录音(作用),录制,录音(广播),灌片 ② 抄(副本),摹本,用某种符号写成的东西 ③ (速记,记录等的)翻译,按速记稿在打字机上打出文字 ④ 转换,改编,乐曲的改作 ⑤ (广播用)唱片,磁带. *electrical transcription* 电气录制. *transcription factor* 转录因子. ~al 或 transcrip'tive *a*.

transcrip'ton *n*. 转录子.

transcrys'talline *a*. 穿(晶)粒(的),横(穿)晶的.

transcrystalliza'tion *n*. 横(穿)结晶(作用),交叉结晶,穿晶现象. *transcrystallization structure* 穿晶结构.

transcu'rium *a*. 超锔(元素)的.

transcur'rent [trænsˈkʌrənt] *a*. 横过(贯)的,横向延伸的,横向电流(流动)的.

trans-donor *n*. 反馈主.

transduce' [trænzˈdjuːs] *v*. 转换,换能,变频,传感.

变送.

transdu'cer [trænz'dju:sə] *n.* ①变〔转〕换器,测量〔量〕变换器,转换机构,换能〔流〕器,电功率转送器,变流〔频〕器 ②传感器,变〔传〕送器,发射器 ③传送〔传输,通讯,四端〕系统 ④（超声波的）振子,转导物 ⑤【计】转换〔转录〕程序. *linear transducer* 线性换能〔传〕器.

transduc'tant *n.* 转导子〔体〕.

transduc'tion *n.* 转导〔作用〕.

transduc'tor *n.* 饱和电抗器,磁放大器. *series transductor* 串联磁放大器.

transect' [træn'sekt] *vt.* 横切〔断〕,样条.

transec'tion [træn'sekʃən] *n.* 横切,横断面. *transection glacier* 分叉冰川.

trans-effect *n.* （络合物化学）反位效应.

transelec'tron *n.* 飞越电子.

trans-elimina'tion *n.* 反式消去,反式同分异构现象的消失.

trans-empirical *a.* 超经验的.

transesterifica'tion *n.* 转酯〔基〕作用.

transet *n.* 动圈式电子控制仪.

transfec'tant *n.* 转染体.

transfec'tion *n.* 转染,转变感染.通过病毒核酸的感染.

transfer Ⅰ ['trænsfə:] *n.* Ⅱ [træns'fə:] (*transferred; transfer'ring*) *v.* ① 转移〔换,录,印,写,接,业,体,传播〔物质〕,转移,变换,移动〔交,送,植,位〔迁〕移,转让,搬〔转运,运输,调任〔派〕,转让,传递〔导,送,输,动,热〕,运输,换车〔船〕③进位 ④改〔转〕变 ⑤翻译,（数据的）记录与读出,异体嫁接,转运设备,转向输送装置 ⑥连续自动〔化〕⑧汇线〔划〕,电汇,过户〔凭单〕⑨渡轮. *heat transfer* 传〔导〕热,热传导. *heat transfer by radiation* 辐射传热. *ion transfer* 离子迁移. *mail transfer (M/T)* 信汇. *mass transfer* 物质传递. *perfect transfer press* 全连续自动压力机. *rotary transfer* 多工位转台自动线,回转输送. *telegraphic transfer (T/T)* 电汇. *transfer bridge* 渡桥,交界桥. *transfer case* 分动箱〔器〕,变速箱. *transfer characteristic(s)* 转移〔传输,转换,发送,瞬态,光-信号,信号-光〕特性. *transfer check* 传送检验,转移校验. *transfer company* 转运公司. *transfer contact* 切换触点. *transfer efficiency* 〔焊〕合金过渡系数,转换效率. *transfer feed* 连续自动送料机. *transfer forming* 传递模塑法,连续自动送进成型. *transfer gantry* 龙门吊车. *transfer glass* 坩埚中熔融冷却后的光学玻璃块. *transfer header* 连续自动式凸缘件镦锻机. *transfer ink* 转写墨. *transfer key* 转接电键. *transfer linearity* 转移〔传输特性〕〔直〕线性. *transfer machine* 传递〔送〕机,自动〔生产〕线,传送装置,连续自动工作机床. *transfer mechanism* 自动输〔送〕机构〔机械装置〕,机械手. *transfer motion* 传动,移变动. *transfer valve* 输送阀. ▲*be transferred to* 被调到. *transfer (M) from N to R* （把 M）从 N 调到〔传递到〕,变成,转换成〕R. *transfer M into N* 把 M 转化成 N. *transfer M onto N* 把 M 复制到〔转换到〕N 上. *transfer M to N* 把 M 转换为〔转

移到〕N.

transfer'able *a.* ①可转移〔印〕的,可传送的,可搬运的 ②可转让的,可让与的,可变换的. **transferabil'ity** *n.*

transferase *n.* 转移酶.

transferee' *n.* 受让人.

trans'ference ['trænsfərəns] *n.* ①传递〔送,导〕,输送,输电,搬运,交付 ②转让〔迁移,转送〔让〕,让与,移〔调〕动,交〔转〕换.

transfer-mat'ic *n.* 自动线,自动传输（线）.

transferom'eter *n.* 传递函数仪.

transfer'or [træns'fo:rə] *n.* 转让〔让与〕人.

transferpump *n.* 输送泵.

transfer'rer [træns'fə:rə] *n.* 转移〔让,印〕者.

transferrin *n.* 铁传递蛋白,铁（离子）转运蛋白.

transfig'ure [træns'figə] *vt.* （使）变形,改变形状或容貌,美〔纯〕化,理想化. **transfigura'tion** [trænsfigjuə'reiʃən] *n.*

transfi'nite [træns'fainait] *a.* 无限的,超穷〔限〕的.

transfix' [træns'fiks] *vt.* 刺〔戳,贯〕穿,钉住,使不动. ~**ion** *n.*

transfluence *n.* 溢出（冰川越过岩块）.

transflux'or 或 **transflux'er** [træns'flʌksə] *n.* 多孔磁心,多孔磁心存储（转换）器.

transfocator *n.* 变焦距附加镜头.

transform Ⅰ [træns'fo:m] *v.* Ⅱ ['trænsfo:m] *n.* ①变换〔化,更,形,态,性,质,压〕,改〔转,蜕〕变,转换〔化,变,动,译〕,变形〔质,革〕,重排〔列,型〕②像函数,换算形式,变换式,反式,反式〔立体〕异构体. *transform nature* 改造自然. *transform the old educational system* 改革旧的教育制度. *transformed area* 换算面积. *transforming printer* （像片）纠正仪. *transforming valve* 减压阀. ▲*transform (M) from N into R* （把 M）从 N 变成 R.

transformabil'ity *n.* 可变换性.

transfor'mant *n.* 转化体.

transforma'tion [trænsfə'meiʃən] *n.* 变换〔化,形,态,质,性,压〕,转换〔变,化,型〕,改变〔造,革〕,重排〔作用〕,方程的改写,（摄影）纠正,换算,相变,（原子）核嬗〔变〕,蜕〔衰〕变. *allotropic transformation* 同质异形变化,同素异态转换. *beta transformation* β 蜕〔衰〕变,β 跃迁. *chemical transformation* 化学变化. *transformation function* 变换〔交换,司换〕函数. *transformation load* 变换〔临界〕荷载. ~*al a.*

transformation-induced plasticity 【冶】高强度及高延性.

transform'ative *a.* 有改革能力的,起改造作用的.

transformator *n.* 变换器,变压器.

transform'er [træns'fo:mə] *n.* 变压器,变换器,变量器,互感器,转换基因. *closed-core transformer* 闭（铁）磁路变压器. *current transformer* 变流器,电流互感器. *frequency transformer* 变频器,频率变换器. *high-frequency transformer* 高频变压器. *step-down transformer* 降压器. *step-up transformer* 升压器. *transformer amplifier* 变压器耦合放大器. *transformer array* 转换天线阵,变压器阵列. *transformer modulation* 变量器调制. *trans-*

former rate 变压系数. *transformer substation* 变电所(站). *variable transformer* 可调变压器.
transformer-coupled *a.* 变压器耦合的.
transform'erless *a.* 无变压器的.
transformiminase *n.* 亚氨甲基转移酶.
transformism *n.* 种族变化论, 种变说.
transformylase *n.* 转甲酰酶.
trans-fron'tal *a.* 穿锋的.
transfron'tier [træns'frʌntjə] *a.* 在国境外(做,生活)的.
transfuse' [træns'fju:z] *vt.* 倾(移)注, 灌输, 渗透(入,流), 转移, 输(出,血,液). *transfu'sion n. transfu'sive a.*
transgena'tion *n.* 突变.
transglucosidase *n.* 转葡糖苷酶.
transglucosylase *n.* 转葡糖基酶.
transglycosidase *n.* 转糖苷酶.
transglycosida'tion *n.* 转糖苷作用.
transglycosyla'tion *n.* 转糖基作用, 转糖苷作用.
transgran'ular *a.* 穿(横)晶的. *transgranular cracking* 横断晶粒开裂.
transgress' [træns'gres] *v.* 越过(界限,范围), 越界, 违背, 违反(规则), 违法.
transgres'sion [træns'greʃən] *n.* 【数】超度, 海侵, 海进, 逾越, 违犯, 违反. *transgression speed* 超速. *transgres'sive a.*
tranship =trans-ship. ～ment *n.*
transhydrogenase *n.* 转氢酶.
transhydroxymethylase *n.* 转羟甲基酶.
tran'sience ['trænzɪəns] 或 **tran'siency** ['trænzɪənsɪ] *n.* 暂时性, 暂(瞬)时, 短暂, 瞬变现象, 稍纵即逝.
tran'sient ['trænzɪənt] I *a.* 瞬(时,变,态)的, 暂时(的), 短暂(促)的, 非定常的, 不稳定的, 过渡的,【音】经过的, II *n.* 瞬(变状)态, 暂态, 瞬变(过程, 现象, 函数), 非稳定过程, 过渡, 状态, 特性, 变化, 变化), 不稳定状态, 瞬变[暂态]值, 暂时性的东西, 候鸟. *load transients* 负载瞬变过程. *time transients* 时间瞬态. *transient condition* 过渡工况, 瞬变条件. *transient current* 瞬变(态)电流, 过渡电流. *transient (heat) conduction* 不稳定导热. *transient load* 瞬(时)荷(载). *transient plasma* 瞬间(过渡性)不稳定(等离子体. *transient state* 瞬(暂)态, 过渡(非稳定)状态. *transient time* 瞬态(建立,过渡)时间.
trans'ient-free *a.* 稳定的, 无瞬变过程的.
transillumina'tion [trænzɪlju:mɪ'neɪʃən] *n.* 透射(法), 透穿照射, 穿透照明, 透射(光)照明, 燃烛法, 透明法.
tran'silog *n.* 晶体管逻辑电路.
tran'sim *n.* 船用卫星导航装置.
transimpe'dance *n.* 互(跨)阻抗, 互导(跨导)倒数.
transinforma'tion *n.* 传(传递,转移)信息.
trans-interchange *n.* 反位转移作用.
transi're [træn'zaɪərɪ] 〔拉丁语〕*n.* (海关发出的)货物准行单.
trans-isomer (ide) *n.* 反式(立体)异构体.
trans-isomerism *n.* 反式异构(现象).
transis'tance [træn'sɪstəns] *n.* 晶体管作用(效应), 跨阻抗作用.
transis'tor [træn'sɪstə] *n.* ①晶体(三极)管, 半导体

(三极)管 ②晶体管(半导体)收音机. *epitaxial mesa transistor* 外延台面晶体管. *junction transistor* 面结型晶体管. *optical transistor* 光敏晶体管. *transistor diode* 晶体三极管二极管, 晶体三极管-二极管. *transistor radio* [set] 晶体管[半导体]收音机.
transis'tor-driven *a.* 晶体管激励的.
transis'tored *a.* 晶体管(化, 装配成)的.
transis'torize 或 **transis'torise** [træn'zɪstəraɪz] *v.* (使)晶体管化, 装晶体管于. **transistoriza'tion** 或 **transistorisa'tion** *n.*
transis'torized *a.* 装有晶体管的, 用晶体管装成的, 晶体管化的, 半导体(三极管)化的.
transistor-like *a.* 类晶体管的.
transistor-transistor logic 晶体管-晶体管逻辑.
tran'sit ['trænsɪt] *n.; v.* ①(经)过, 通行, 飞(渡)越, 过(了)渡, 移动 ②运输(送,行), 转运(口,运, 运输, 车道), 运输线, 公共交通系统 ③转变(送,播,接), 变换, 跃迁 ④【天】中天, 凌日 ⑤中星, 经纬仪. *transit the canal* 通过这条运河. *transit of radio signals from the earth to the moon and back* 无线电信号从地球到月球再回到地球的往返. *air transit* 航空转运. *level transit* 水准经纬仪. *means of transit* 运输工具. *over-land transit* 陆上运输线. *transit circle* 子午仪(环). *transit company* 转运公司. *transit compass* 转镜(经纬)仪. *transit duty* [dues] (货物)通过税, 通行税. *transit goods* 转口货物. *transit instrument* 中星仪. *transit interest* 邮程利息. *transit lane* 过境交通专用车道. *transit line* 照准线, 经纬仪导线. *transit line* 照准仪, 经纬仪导线. *transit man* 测量员. *transit plug* 塞子. *transit point* 经纬仪测站. *transit ride* 乘公共车辆出行. *transit shed* 临时[转运]堆栈, 前方仓库. *transit station* 经纬仪测站. *transit system* 运输[传播]系统. *transit time* 过渡[渡越, 运送, 传输]时间. *transit time distortion* 信号传输时间引起的失真, 电子飞越时间引起的失真. *transit vehicle* 过境车辆. ▲*in transit* 在运输中.
transit-circle *n.* 子午环.
transite *n.* 石棉水泥板.
transit'ion [træn'sɪʒən] *n.* ①转变(换, 移, 接), 换回(型减), 变化(正, 换), 相变, 过渡(时期), 转让, 跃迁, 飞越[跃] ②(发动机推力)渐增(至额定值) ③渐变段, 过渡段, 变和 ④临界(转换)点, 转折(点) ⑤平移 ⑥(两异径导管间的)转换导管. *permitted transition* 容许跃迁. *transition capacitance* 渡越(过渡)电容. *transition curve* 缓和(过渡, 转弯, 转换, 转移)曲线. *transition effect* 瞬时(暂态)过渡, 跃迁(渡越, 暂态)效应. *transition factor* 过渡因素, 过渡(失配)因数. *transition fit* 过渡配合, 静配合. *transition frequency* 过渡(交叉, 界限)频率. *transition line* 转移线. *transition loss* 过渡(转换)损耗. *transition matrix* 转换(过渡, 跃迁)矩阵. *transition of double-socket* 双承大小头. *transition pipe* 大小头. *transition point* 转变(过渡, 转换, 临界, 失配)点. *transition rate* 跃迁率. *transition region* (半导体)渡越区, 过渡区, 跃迁区, 渐变区(段)

transition time 渡越[跃迁]时间. **turbulence transition** 湍流转变.

transit′ional a. 过渡(渡越、缓和、转移)的, 跃进(迁)的, 变迁的, 瞬息[瞬变、短暂]的, 不稳定的, 平移的, 直线的. ~ly ad.

transition-layer capacitance 过渡层电容.

transition-metal n. 过渡金属.

tran′sitive ['trænsitiv] I a. 传递的, 可迁(递)的, 有转移力的, 过渡的. II n. 传递物. ~ly ad.

transitiv′ity [trænzi'tiviti] n. 传递[转换], 可迁, 可递[代]性.

tran′sitman n. 经纬仪测量员.

transit-mix(ed) a. 运拌和(的).

tran′sitory ['trænsitəri] a. 暂时的, 瞬息[变]的, 短暂的, 片刻的, 过渡的. **tran′sitorily** ad.

transitrol n. 自动校频管, 自动频率微调管.

tran′sistron n. 负五[跨]导管, 碳化硅发光二极管; 变阈神经元模型.

transit-time tube 速调管, 渡越时间管.

transketolase n. 转羟乙醛酶, 转酮醇酶.

transla′table a. 能译的.

translate [træns'leit] v. ① (翻)译, 译出, 解释, 说明 ② 转化, 调(变)③ 转移[播], 发(自动)指拨(电报), 中继, 天线发送 ④ 移动, (使)平(位)移, 使(直(线)运)动. *be translated from 译自......* *translating gear* 译拍[中间]齿轮. *translating system* 转换系统. ▲*Kindly translate.* 请简单明了地说明你的意思. *translate....into....* 把...译为[变成, 转换, 表现为]...

transla′tion [træns'leiʃən] n. ①(翻)译, 译文[本, 码], 解释, 译码[调]换, 换算, 转化 ②平(定, 迁, 位)移, 移位. 平行位移(运动), 直动, 直线运动 ③ 调动[换, 任], 转移 ④ 转播[发], 中继, 传送, (电报)自动复拍. *literal translation* 直译. *motion of translation* 平移(运动). *translation cam* 直动[平移]凸轮. *translation exception* 转换失败[异常, 故障], *translation loss* 放声[平动]损失, 转换损耗. *uniform rectilinear translation* 匀速直线(或平)直运动. ▲*translation of M (from N) into P* M (从 N) 译成(转化为)P.

transla′tional a. 平移(动)的, 移动的, 直线的. *translational energy* 直线(平动)运动能量. *translational motion* 平移运动.

translationee′ n. 翻译术语.

transla′tion-free a. 无平移的.

translation-invariant a. 平移不变的.

transla′tive a. 转移(让)的, 翻译的.

transla′tor [træns'leitə] n. ①(翻)译者, 译员 ②译码器[机], 翻译机, 译码[翻译]程序, 细胞遗传信息译码器 ③转发[转播]器, 转移, 变换, 换算机, 发(自动)中继器(装置), 发射机, 带电机, 电视差转机. *direct translator* (可见)声谱显示仪. *frequency translator* 频率发射(转换)机. *translator device* 翻译机, 译码器. *translator program* 译码程序, 翻译程序. *translator station* 转播台, 中继站. *translator unit* 翻译器(译码机)组.

transla′tory a. 平移(动)的. *translatory resistance* 平动阻力. *translatory wave* 移进(推进)波.

translauncher n. 转移发射装置.

trans′less n.; a. 无变压器(的), 无变量器(的).

translit′erate [trænz'litəreit] vt. (按字母)直(音)译, 译音, 拼写(音). **translitera′tion** n.

transloading cost 转装费.

translocase n. 移位酶.

translocatable a. 可移位的.

translo′cate [træns'loukeit] v. 移位, 改变位置.

transloca′tion [trænslou'keiʃən] n. 改变位置, 易(转)位, 移位(作用), (位置)转移, 运输.

translocator n. 转位分子.

translu′cence [trænz'ljuːsns] 或 **translu′cency** [trænz'ljuːsnsi] n. 半透明(性, 度), 半透彻(性, 度).

translu′cent [trænz'ljuːsnt] 或 **translucid** a. (半)透明的, 半透彻的.

translucidus n. 透光(云).

translu′nar [trænz'ljuːnə] a. 超越月球(轨道)的, 月球轨道外的. *translunar trajectory* 越过月球的轨道.

transmarine′ [trænzmə'riːn] a. ①(来自, 生在)海外的, 在海外发现的 ②横穿过海的, 越海的.

transmem′brane a. 横跨膜的.

transmercura′tion n. 汞化转移作用.

trans-metalla′tion n. 金属转移作用.

transmethylase n. 转甲基酶.

transmethyla′tion n. 转甲基作用.

trans′migrant ['trænzmaigrənt] a.; n. 移居的, 移民.

trans′migrate ['trænzmaigreit] vi. 移居.

transmigra′tion n. 移居, 反式迁移(作用).

trans′migrator n. 移居者, 移民.

transmissibil′ity [trænzmisə'biliti] n. 可传(透)性, 传播(递, 染)性, 透过率, 传输率, 蓄水层输水能力.

transmis′sible [trænz'misəbl] a. 能传送(导, 达)的, 可传输(递)的, 能透射的, 可播送的, 可发射的, 可传染的.

transmis′sion [trænz'miʃən] n. ①传(递, 送, 达, 播, 输, 导)送, 发射(送), 推送, 运送, 转发, 输电, 输送, 通过(话), 透明(光)度, 透明性 ②传动(装置, 系), 变速(器, 箱), 联动机件 ③ 遗传, 传染. *automatic transmission* 自动变速装置, 自动换档. *double transmission* 双透射致动, 双工发送, 双波发送. *heat transmission* 传热, 热传导. *high transmission glass* 高透射玻璃. *hydrostatic transmission* 液压传动(作用), 液压静力传输, 静液压力传输装置. *image transmission* 传真, 图像传输. *multispeed transmission* 多级变速器(箱). *power transmission* 动力传动(装置), 输电. *spectrometer transmission* 分光计的发光度. *speed transmission* 变速器. *transmission bands* 传输频带, 通频带. *transmission bridge* 传输(电话)馈电(电)桥. *transmission case* 传动箱, 变速箱. *transmission countershaft* 传动箱中间轴. *transmission gear* 传动(变速)齿轮. *transmission gear box* 传动齿轮箱, 变速箱. *transmission line* 传输(馈电, 输电, 谐振, 波导)线. *transmission loss* 配水损失. *transmission mast* [pole] 输电(线)杆. *transmission of crystalline materials* 结晶材料的透射. *transmission speed* 发报(传动, 传输)速度. *transmission system*

transmis'sive 传输[发射,馈电]系统. 发送站. *variable transmission* 变速传动. *window transmission* (小)窗的透射性.

transmis'sive [trænz'misiv] *a*. (能)传送[导,达]的. (能)透射的. (可)传动的. (可)播送的. (可)发射的. *transmissive exponent* 透射指数. *transmissive viewing screen* 透过式银(屏,观看)幕.

transmissiv'ity [trænzmi'siviti] *n*. 透射比[率,系数]. 单位厚度层的内(被)透射系数. 过滤[传递,传输]系数. 透明性[度]. 透光度. 通过能力.

transmissom'eter *n*. 大气透射计. 混浊度仪.

transmit' [trænz'mit] (**transmit'ted; transmit'ting**) *v*. 传(递,送,动,播,输,导,热,寄,送,货等). 发射[送,报]. 播送(发射信号). 透射,透光,使透过,遗传. *Glass transmits light.* 玻璃能透光. *Water will transmit sound.* 水会传声. *transmitted energy* 透射能. *transmitted power* 辐射[发射,传,传输)功率. *transmitting line* 输电线路. *transmitting ratio* 传动比. *transmitting set* 发射[报]机. 发射装置. *transmitting station* 发射[报]台. 播送电台. *transmitting tube* 发射[送]管.

transmit'-receive *a*. 收发(两用)的. *transmit-receive switch* 收发转换开关.

transmit'tal [trænz'mitl] *n*. = transmission.

transmit'tance [trænz'mitəns] 或 **transmit'tancy** = transmissivity.

transmit'ter [trænz'mitə] *n*. ①变送[传感,发送,传递]器, (待测量)变换器, 测量发送器 ②发射[报]信话,送)机,传送机,送讯机 ③导(话)器,话筒 ④传送[达,播]者, 介质, 传送路, 传导物(质). *automatic transmitter* 自动发报机. *carbon transmitter* 碳精(粒)送话器. *data transmitter* 数据发送机, *electromagnetic transmitter* 电磁式话筒. *inset transmitter* 插入式话筒. *laser transmitter* 激光发射机. *pressure transmitter* 压力变送(传感)器. *pulse transmitter* 脉冲发射(送)机. *television transmitter* 电视发射机. *temperature transmitter* 温度变送[传感]器.

transmit'ter-recei'ver *n*. 收发两用机. 发射-接收机. 收发报机.

transmittiv'ity *n*. 透射率, 透射系数.

transmityper *n*. 导航(光电)信号发送机.

transmod'ulator *n*. 横贯[转化]调节器.

transmog'rify [trænz'mɔgrifai] *vt*. 使完全变形, 使完全改变样子(性质). **transmogrifica'tion** *n*.

transmountain diversion 穿岭引水.

transmu'table [trænz'mju:təbl] *a*. 能变形[质,化]的, 可改[嬗]变的, 可蜕化的.

transmuta'tion [trænzmju:'teiʃən] *n*. 转变[换,化]. 蜕(嬗,演,化,衍,变)变. 性, 状, 形, 态, 化), 交换. 所有权的让与[转移].

transmu'tative [trænz'mju:tətiv] *a*. 变形[质]的. *transmutative force* 引起变形(质)的力量.

transmute' [trænz'mju:t] *v*. 嬗[蜕]变, 变成(为,化,换], (使)变形(质). 改变(形状,性质). *transmuted wood* 变性木材.

transnat'ional [trænz'næʃənl] *a*. 跨国的, 超越国界的. *transnational corporation* [company] 跨国公司.

transnat'ural [trænz'nætʃərəl] *a*. 超自然的.

trans-nitroration *n*. 亚硝基转移作用.

transnor'mal [trænz'nɔ:məl] *a*. 超常(规)的, 异常的, 正常以上的.

transnucleosida'tion *n*. 转核甙作用.

trans'ocean'ic ['trænzouʃi'ænik] *a*. 越(过海)洋的, (横)渡(大)洋的. 远洋的, 大洋那边的.

transoid *a*. 反向的.

tran'som ['trænsəm] *n*. 横(棚,气,光,门顶)窗, (门,窗)亮子, 横档(梁,材]. 腕构架. 腕板连接构件. 固定座椅(柜床). *transom pier* 门式墩.

transon'ic [træn'sɔnik] *a*. 跨音[声]速的, 超声(速)的.

transon'ics *n*. 跨音速(空气动力)学. 跨音[声]速流.

transon'ic-superson'ic *a*. 跨声速超声速的.

transonogram *n*. 超声透射图.

transosonde *n*. 平移探空仪. 远程高空(无线电)探空仪.

transpacif'ic [trænspə'sifik] *a*. 在太平洋那边的, 横渡太平洋的. *transpacific cable* 横渡太平洋的海底电缆.

transpa'rence [træns'pεərəns] *n*. 透明(性,度), 透光度.

transpa'rency [træns'pεərənsi] *n*. ①透明(性,度), 透光度, 浊度, 透明性, 明晰度 ②透明物体, 透明的片, 幻灯片, 印有图片的玻璃, 背后装灯的透明画 ③简明, 明了. *colour transparency* 彩色幻灯片.

transpa'rent [træns'pεərənt] *a*. ①透明(透彻)的, 透光的, 清澈的, 半透明的 ②某种辐射线可以透过的, 可穿透的 ③明显[白,了]的, 坦率[白]的, 清楚的, 显而易见的. *transparent to radiation* 辐射可穿透的. ~ly *ad*. ~ness *n*.

transpassiva'tion *n*. 过钝化.

transpassiv'ity *n*. 过钝态, 超钝性.

transpeptida'tion *n*. 转肽作用.

transper'sonal [trænspə:'sənl] *a*. 非(超越)个人的.

transphos'phorylase *n*. 转磷酸酶, 磷酸变位酶.

transphos'phoryla'tion *n*. 转磷酸作用.

transpierce' [træns'piəs] *vt*. 刺[戳]穿.

transpire' [træns'paiə] *v*. ①蒸发(腾), 气化, 发散 ②泄露(漏), 被人知道. 发生 ③排出, 流逸. ▲*It transpired that ....* 结果(弄清楚)是. **transpira'tion** [trænspi'reiʃən] *n*.

transpirom'eter *n*. 蒸腾计.

transplan'etary *a*. 超行星的.

transplant' [træns'plɑ:nt] *v.; n*. ①移栽(植,种), 插秧 ②迁移 ③移植片, 被移植物, 移居者. **transplanta'tion** *n*.

transplant'er *n*. 移栽(栽植, 插秧)机.

trans-Pluto *n*. 冥外行星.

transpluto'nium *a.; n*. 超钚(的,元素).

transpo'lar [træns'poulə] *a*. 跨(北)极的.

transpolyisoprene *n*. 反式聚甲基丁二烯.

transpond' [træns'pɔnd] *v*. 转发. *pulse transponding* 脉冲转发. *transponding beacon* 应答信标.

transpond'er [træns'pɔndə] *n*. 转发(射)(机)-应答器, 应答器, 询问机, 脉冲转发机. 转换接收机, 两用机. (脉冲式)转发(显示)器. 差答机(台). *transponder beacon* (无线电)应答(器)信标.

transpontine *a*. 在桥那边的.

transport I [træns'pɔːt] vt. I ['trænspɔːt] n. ① 运输〔送〕,输送〔运〕,迁〔转〕移,移动,转〔搬〕运,传递〔送〕②运输船〔机,工具,装置〕,运送〔传送〕装置,走带〔拖带〕机构 ③使…激动 ④把…驱逐出境. *heat transport* 传热. *mass transport* 质量传递. *molecular transport* 分子迁移〔输送〕. *neutron transport* 中子迁移〔输运〕. *tape transport* 带传送机构,起带机构. *through transport by land and water* 水陆联运. *transport charges* 运输费. *transport crane* 转运起重机,转运吊机. *transport network* 运输网. *transport phenomena* 迁移现象. *transported soil* 运〔移〕积土.

transportabil'ity [trænspɔːtə'biliti] n. 可运输性,输送能力,(程度的)可移植性.

transport'able [træns'pɔːtəbl] a. 可运输〔送〕的,可传送的,可移动的,可移植的.

transporta'tion [trænspɔː'teiʃən] n. ①运输,输送,转〔搬,客,货〕运,转移,移置 ②运费,运输工具,输送装置. *transportation in assembled state* 配(成)套运输. *transportation planning* 交通〔运输〕规划. *transportation water* 输渣水.

transport'er [træns'pɔːtə] n. ①传〔输〕送带,输送器,转运机,传送〔转运,运载〕设备 ②桥式起重机 ③运送(者),运输工. *transporter-erector* 运输-竖起车. *transporter-launcher* 运输-发射车.

transporton n. 运送子.

trans'port-ship n. 运输船.

transpo'sal =transposition.

transpose' [træns'pouz] vt. ①使调〔互〕换(位置,次序),转置,移〔换〕位,换位〔转置〕符号,移动〔置〕,位移 ②〔数〕移(项)③(进行)更〔变〕换,代用 ④相交(线路,导线)交叉,跨接 ⑤变调. *transposed linear mapping* 转置线性映射. *transposed matrix* 转置换位,移项〕矩阵.

transpo'ser n. 换位〔移项,变调〕器. *transposer station* 中继〔转发〕站.

transpo'sing n. 置〔更〕换,代用(品).

transposit'ion [trænspə'ziʃən] n. ①互换位置〔次序〕,调〔转,更,置,对,变〕换,转〔换〕位,移动〔置〕,换位〔错,反〕位,移位(术),位移 ②〔数〕移项,重排(作用),重新配置 ②代用 ③相交(线路,导线,置换)交叉,交错,扭绞,综合 ④换〔变〕调. *machine transposition* 机器的线路交叉. *transposition circuits* 交叉电路. *transposition of terms of an equation* 方程的移项.

transpos'itive [træns'pozitiv] a. 互换位置的,移项的.

transposon n. 易位子.

transreactance 互(阻)抗(的虚部分).

transrectifica'tion [trænsrektifi'keiʃən] n. 交换整流,(变换,屏极,板极)检波.

transrec'tifier n. 电子管(阳极,板极)检波器.

transrector n. 理想整流器.

transresistance n. 互阻(抗的实数部分).

transship' [træns'ʃip] vt. 驳〔转〕运,换〔转〕船,转载,换运输工具,(把…)转载于另一船〔另一运输工具〕.

transship'ment n. 转船〔运输〕,转〔驳〕运,转口,驳〔转〕载. *transshipment bills of lading* 转船提单. *transshipment crane* 转运起重机.

transson'ic a. 超音速的.

trans-stereoisomer n. 反式立体异构体.

trans-substitu'tion n. 互替代.

transsulfurase n. 转硫酶.

transsuperaerodynam'ics n. 跨音速和超音速空气动力学.

transsuscep'tance 互(导)纳(的虚部分).

transsynap'tic a. 跨突触的.

trans-tac'tic a. 有规反式构形.

transtage n. 中间〔过渡〕级.

transtat n. 可调〔自耦〕变压器.

transthiola'tion n. 转硫醇作用.

transthor'ium n. 超钍元.

Transtro'jans n. 脱罗夕〔特洛伊〕群外小行星.

transubstan'tiate vt. 使变质. **transubstantia'tion** n.

transudate n. 渗出液,漏出物.

transuda'tion [trænsju'deiʃən] n. 渗漏,渗出(物).

transu'datory [træn'sjudətəri] a. 渗出的.

transude' [træn'sjuːd] v. (使)渗出.

transuran'ic [trænsju'rænik] a. 铀后的,超铀的. *transuranic element* 铀后〔超铀〕元素.

transuranide n. 超铀元素.

transura'nium [trænsjuə'reinjəm] I n. 铀后〔超铀〕元素. I a. 铀后的,超铀的. *transuranium element* 铀后〔超铀〕元素.

transus temperature 转变温度.

transvy = transverse.

Transvar coupler 可调定向耦合器.

transvec'tion n. 内积,(张量)缩并.

transver'sal [trænz'vəːsəl] I a. 横(向,过,切,断)的,贯〔横断〕线的. I n. 截(断)线,横断线,正割,割线,贯线. ~ly ad.

transversal'ity n. 横向性,横截〔相截,贯截)性.

trans'verse ['trænzvəːs] I a. 横(向,放,过,切,断,截)的. I n. 横向物,横向构件,横木,横梁〔轴,墙〕,(椭圆)长轴,格项. *transverse axis* 〔数〕横截轴,水平轴. *transverse current*(s) 涡〔环〕流,横向电流. *transverse mode-controller* 可控横模. *transverse planing machine* 滑枕水平进给式牛头刨床. *transverse section* 横截面. *transverse spring*(汽车底盘的)横置弹簧. *transverse strength* 横向抗弯,弯曲,挠曲)强度. *transverse stress* 横向〔弯曲)应力. ~ly ad. *transversely distributed line load*(弯桥的)横向(或径向)分布线荷载. *transversely loaded* 受横向〔弯曲〕荷载的.

transver'sion n. 换异(颠换),颠换.

transver'ter [trænz'vəːtə] n. 变换〔流,量,频〕器,换能(流)器,转换器,交直流互换器.

transvey'er n. 运〔输〕送机.

trans-vinylation n. 乙烯基转移作用.

transwitch n. pnpn 硅开关,传送开关,转换开关.

trap [træp] I n. ①(陷)阱,圈套,罗网,夹子,收集〔捕集,截除〕器 ②油〔气〕阱,储油〔汽〕构造 ③格〔叶,挡药〕栅阑,闸门,挡(渣)板,火药柱挡板,护〔吸尘〕罩,窗 ④天线阵,陷波器,带阻滤波器,吸收〔滤波电路,滤波节 ⑤圈闭,油捕,(混浆法用)捕采〔水〕器,(汽水)分离器 ⑥蒸汽〔防臭〕罐,存水弯(管),曲颈管,U形门瓣,防〔臭〕气瓣,凝汽阀〔罐〕,冷凝罐,虹吸(管),汽水阀,放泄弯管,弯管液封 ⑦活门,活〔地〕板门 ⑧暗色岩 ⑨(pl.)行李,随身携带之物,家具,什物. I

TRAP

vt. ①捕〔俘,截,陷〕获,拦〔网〕住,转移,中断,收〔捕〕集,吸收,抑制,阻挡,陷波 ②截〔集,留,聚〕,把…夹〔挤,关,封〕闭,密封;在里面 ③使〔水与气体〕分离 ④安装防汽阀〔凝汽罐〕于,用防治阀堵住,装活板门于,装存水弯于 ⑤设陷阱〔于,捕〕,捕捉,逮〔止,抓〕住,使堕入圈套,使陷于困境,使受限制. set a trap 设陷阱〔圈套〕. fall into [be caught in] a trap 坠入陷井,落入圈套. air trap 防气阀,防气弯管〔活门〕. 空气罩. beam trap 射线收集器〔收括桶〕,射束阱. cold trap 冷凝汽罐,冷阱〔槽〕,冷捕集器. drain trap 放油槽,放泄弯管. drip trap 滴阀. dust trap 除尘器,集尘器. echo trap 回波滤波器,回波抑制设备. electron trap 电子陷阱,电子捕集器. entrainment trap 雾沫分离器. fire trap 阻火器. flame trap 消焰器,阻焰装置. gas trap 凝气罐,气体捕集器. hydraulic trap 水力混采捕采器. impulse trap 冲力汽化阱. liquid trap 液体分离器. moisture trap 除湿〔脱水,水分分离〕器. noise trap 反干扰装置,静噪器. reaction trap 防逆阀,止回阀. sand trap 砂槽,除砂盘. sediment trap 沉淀〔物捕集〕器. 沉积阱. siphon trap 虹吸封闭气圈,虹吸阀门,虹吸阱. slag trap 挡渣板. sound trapping 吸〔陷〕声. steam trap 凝汽阀〔筒〕,阻汽排水阀. trap bottom wagon 活底货车. trap circuit 陷波〔扰〕电路. trap rock 暗色岩. trap valve 滤阀. trapping center 俘获〔陷获〕中心. trapping layer 阻挡层. water trap 聚〔除,脱〕水器. 聚水污门. wave trap 陷波器,陷波电路. wolf trap 行星上〔空气与土壤的〕取样装置. ▲ trap…between…. 把…挤〔夹〕在…之内. trap…in [within]….把…关〔密封〕在…里.

TRAP =terminal radiation program.

TRAPATT = trapped plasma avalanche triggered transit (diode) 俘获〔被陷〕等离子雪崩触发渡越(二极管).

trap′door′ [′træp′dɔː] *n.* 活板门,滑动,通气门,调节风门,天窗.

trapeze′ [trəˈpiːz] *n.* ①梯形,不规则四边形 ②吊架. 高秋干.

trape′zia [trəˈpiːzjə] trapezium 的复数.

trapeziform *a.* 四边形的.

trape′zium [trəˈpiːzjəm] (pl. *trape′ziums* 或 *trape′zia*) *n.* 〔英国〕梯形,〔美国〕不规则〔不等边,不平行〕四边形.

trapezohedron *n.* 偏方三八面体.

trap′ezoid [′træpizɔid] *n.;* *a.* 〔英国〕不规则四边形(的),〔美国〕梯形(的). ~al *a.*

trap′per [′træpə] *n.* 捕捉〔收集,陷获〕器.

trap′pings [′træpiŋz] *n.* 服饰,装饰,外部标志.

trap′rock *n.* 暗色岩.

trap-to-trap distillation 顺序蒸馏.

traser *n.* 〔生〕颁换.

trash [træʃ] I *n.* 废料〔物〕,垃圾,破碎物,残〔碎〕屑,渣滓,精粕,无价值的东西,劣货,捣乱行为. II *vt.* ①除去废料 ②把…关入,把…踢破. ③抗为废物,废弃. *trash can* 金属制垃圾箱. *trash chute* 废物滑槽. *trash rack* 拦废物栅,拦污栅. 垃圾架.

trash′ery [′træʃəri] *n.* 废物,垃圾.

trash′way *n.* 泄污道.

trash′y [′træʃi] *a.* 废物(似)的,垃圾(似)的,没用的,(毫)无价值的. **trash′iness** *n.*

trass [træs] *n.* 火山灰,粗面〔浮石〕凝灰岩. *trass cement* 火山灰水泥.

trau′ma [′trɔːmə] (pl. *trau′mas* 或 *trau′mata*) *n.* 外〔创,损〕伤,伤害.

traumat′ic [trɔːˈmætik] I *a.* 外〔创〕伤(用,性)的. II *n.* 外伤药.

traumatin *n.* (植物)创伤激素.

trau′matize [′trɔːmətaiz] *vt.* 使受外伤.

traumatonasty *n.* 感伤性.

trauma (to) taxis *n.* 趋伤性.

trauma (to) tropism *n.* 向伤性.

TRAV =traversing.

trav′ail [′træveil] *n.;* *v.* ①艰苦(的)努力,辛勤劳动,工作,苦劳 ②剧痛,痛苦.

trav′el [′trævl] I (*trav′el(l)ed; trav′el(l)ing*) *v.* I *n.* ①旅行,航〔运,飞〕行,行〔前〕进,行走〔驶〕②(使)移动,位〔转〕移,运〔活,自,调〕动,输送,运转,迁移,漂程 ③(光,声)传播,(依次)运动 ④行(冲,动)程,路径. 动作 ⑤ (pl.) 游记. *Light travels faster than sound.* 光比音音传得快. *accelerating travel* 加速行程. *armature travel* 衔铁动程. *crank travel* 曲柄行程. *flame travel* 火焰行程,波浪运动速度. *forward travel* 前进运动. *piston travel* 活塞冲(行)程. *return travel* 回程,反向行程. 反向运动. *tape travel* 磁(纸)带行程. *travel agency* [bureau] 旅行社. *travel forward* 向前运动. *travel line* 运行〔输送〕线. *travel long distances* 长途旅行. *travel mechanism* 迁移〔移动〕机构. *travel of zone* 熔区移动. *travel wave* 行波. *travelled lane* 行车车道. *travelled soil* 转积土. *travelled way* 车行道. ▲ *a travel about* 游动. *travel out of the record* 扯到题外,离开议题. *travel out (to)* 向外传播〔扩散〕〔到〕. *travel over* 越〔通〕过. *travel through* 穿〔透〕过.

trav′elable *a.* 可移动的.

travel(l)er *n.* 活动人行道.

trav′el(l)er [′trævlə] *n.* ①旅行者,旅客 ②桥式移动式起重机,行车,活动起重架,移动式脚手架,移动式(行)吊. 活动运物架,轮〔滚〕子,车〔行走部分〕 ③起重小车 ④导丝绞,铁杆(绳索)上的活动铁环 ⑤ (选购后合并结算用的)临时记帐单. *traveller's cheque* [check] 旅行支票.

trav′el(l)ing [′trævliŋ] I *n.* 旅行,游历. I *a.* ①旅行(用)的 ②移(活,游)动的,行进的,传播的. *travelling belt* 运输〔传送〕皮带. *travelling bridge* 移动(式)桥,桥式起重机. *travelling (bridge) crane* 移动(式)〔桥式〕起重机. 移动桥式吊车,行车. *travelling field* 行波场. *travelling hoist* 移动式起重〔卷扬〕机. *travelling load* 移动〔活动〕荷载. *travelling pan filter* 动盘滤机. *travelling screen* 带〔活动〕筛. *travelling shuttering* 移动式模板. *travelling staircase* 自动楼梯. *travelling stay* 随行〔扶〕架〔(移动)刀架〕. *travelling trolley* 滑车. *travelling wave* 行(进)波.

trav′elog(ue) [′trævəloug] *n.* 旅行记录片.

travel-time n. 走时. *travel-time curve* 时距〔走时〕曲线.

traverpass shaving method 对角线剃齿法.

trav′ersable ['trævəsəbl] a. 能横〔越〕过的, 可穿过的; 可拒绝的; 可否认的, 可反驳的.

trav′erse ['trævəs] I v. ①横过〔渡, 切, 断, 移, 动, 刨, 削, 截〕. 通〔经〕过 ②横向往返移动. 在……上〔沿……〕来回移动 ③切割〔断〕, 相交, 交叉 ④旋〔横〕转, 转动 ⑤横〔纵向〕进给 ⑥详细讨论〔考察〕. 全面研究 ⑦(对……作) 导线测量, 压力横向分布〕测定 ⑧反对, 否认. II n. ①横断〔物〕, 横向物, 横梁〔臂, 墙〕, 吊杆, 障碍〔物〕②(测地, 测量用, 经纬仪〕导线, 横截〔横切〕线 ③横〔移〕动, 枪炮水平转动, 旋转, 穿越 ④通廊 ⑤横穿风 ⑥否认, 反驳. III a. 横〔断, 截, 亘, 放, 过, 动〕的, 曲线的. *directional traverse* 方向线测定. *flux traverse* (探测器) 切割射线流. *head traverse* 摇臂钻进给箱横切 (手柄). *irradiation traverse* 辐照横切. *long itudinal traverse* 纵向移〔运〕动. *pitot traverse* 皮托管排 (梳状管), 皮托管横测, 管排气压计, 总压的横向分布. *pressure traverse* 压力横向分布. *temperature traverse* 温度变化. *traverse bed* 摇臂钻横向床面. *traverse grinding* 纵 (向走刀) 磨 (削), 横进磨法. *traverse measurement* 横向测量. *traverse method* 移测法. *traverse net* 导线网. *traverse planer* 滑枕水平进给式牛头刨床. *traverse survey* 导线测量. *traverse table* = traverse-table. *traversing crane* 桥式吊车. *traversing probe* 横向移动探〔测〕针. *The railway traverses the country.* 这条铁路横贯全国.

trav′erser ['trævəsə] n. ①横梁〔撑, 臂, 件〕, 横过〔断〕物 ②活动平台 ③(铁路) 转盘, 转〔移〕车台 ④转向装置〔传动机构〕.

traverse-table n. ①(铁路) 转盘, 转车台 ②(测量用) 小平台.

trav′ertin(e) ['trævətin] n. 石灰华, 钙华, 凝灰石.

trawl [trɔːl] n.; v. 拖网, 用拖网捕(鱼). *trawl winch* 拖网绞车.

trawl′boat 或 **trawl′er** n. 拖网渔船, 拖捞船.

trawl′net n. 拖网.

tray [trei] n. ①(浅, 托, 料, 底) 盘, 盘, 盆, 低浅容器, (溜) 槽, 沟 ②垫, 座, 托 (支, 盘) 架, 底板, 浅抽屉 ③发射架 (箱) ④退关箱 ⑤分馏塔盘 ⑥公文格. *column tray* 塔板〔盘〕. *cutting tray* 切屑盘, 承屑盘. *developing tray* 显像盘. *feed tray* 供料盘. *jet tray* 喷射分馏塔盘. *pusher tray* 推杆式料盘. *tray cap* 分馏塔盘的泡罩. *tray conveyer* 槽式运输机. *tray dumper quench conveyer* 料盘式淬火传送带. *weight tray* (运输) 承载底板, 配重 (压载) 箱.

tray′ful n. 满盘, 一盘子.

TRC = ①test readiness certificate 试验准备合格证 ②transmission and reception controller 发送和接收控制器.

TRD = test requirements document 试验要求文件.

TRE = Telecommunication Research Establishment 电信研究所.

treach′erous ['tretʃərəs] a. ①背叛的, 背信弃义的 ②靠不住的, 不可靠的, 有暗藏危险的. ~**ly** ad.

treach′ery ['tretʃəri] n. 背叛 (行为), 变节 (行为), 背信弃义.

trea′cle ['triːkl] n. 糖浆. *treacle stage*【塑】粘液阶段.

trea′cliness n. 粘(滞)性(度).

tread [tred] I (trod, trod(den)) I v. 踩 (碎, 出, 硬), 踏 (成, 扁, 车, 上), 践踏, 踩踏, 走上. II n. ①踩, 踏 ②踏板, 梯级, 梯面, 级宽 ③轮距, 轨顶 ④轮面 (底), 支撑 (滑动) 面, 车轮踏面, 外胎 (切轨, 轮辋着地面), (外, 胎) 花纹, 履带行走部分. *tread caterpillar* 履带. *tread pattern* 车胎花纹. ▲**tread awry** 弄错, 出差错, 失败. *tread down* 踩碎 (硬), 踏灭 (实), 抑制, 压迫. *tread in one's (foot)steps* 仿效, 步……后尘. *tread lightly* (*warily*) 小心处理, 轻轻地走. *tread on* 踩着, 践踏. *tread on one's heels* 紧跟……之后. *tread on the gas* 踩 (下汽车的) 油门, 加速, 赶紧. *tread out* 踏 (扑) 灭.

tread′le ['tredl] I n. (脚) 踏板, 轨道接触器. I v. 踩 (踏动) 踏板.

tread′lemill n. 脚踏传动式试验台, 脚踏传动式磨.

tread′way n. 跳板道.

treas = ①treasurer ②treasury.

trea′son ['triːzn] n. 叛逆, 通敌, 叛国罪. *a case of treason* 叛国案. ~**able** 或 ~**ous** a.

treas′ure ['treʒə] I n. 财产, 宝贵财富, 珍宝 (品), 宝贝 (贵重物品). I v. 珍 [储] 藏, 珍重 (惜) . *art treasures* 文物, 珍贵艺术品. ▲**treasure up** 珍藏, 铭记之.

treas′ure-house n. 宝库.

treas′urer ['treʒərə] n. 会计, 司库, 出纳员.

treas′ury ['treʒəri] n. 宝 (金, 国, 仓, 文) 库, 宝藏, 财富, 库存, 经费, 基金.

treat [triːt] I v. ①处理 [置, 治]. 对 [看] 待, 加工, 精制, 浸润 [渍], 活 [净] 化, ……涂保护层, 治疗 ②讨论, 研究, 论述, 协 [磋] 商 ③商谈, 交涉 ④视为, 以为 ④款待, 请客. II n. 款待, 高兴的事. *treated pole* 防腐 (电) 杆. *treated tie* (已防腐) 处理过的轨枕. *treated timber* 防腐处理过的木材. *treated water* 净 [已处理的] 水. ▲**treat about** 谈判. *treat…as…* 把……作为……来处理 [对待], 把……看作是…… *treat…as though…* 把……视作……, 把……看作是…… *treat of* [*upon*] 讨论 [及], 研究. *treat M with N* 用 N 处理 M, 以 N 对待 M. *treat with…for…* 同…… 商议 [谈] 判……

TREAT = Transient Reactor Test Facility 反应堆瞬态试验装置.

treatabil′ity n. 可处理度, 能治疗性.

treat′able a. 能处理 [治疗] 的, 好对付的.

treat′er n. 处理 [提纯, 净化, 精制] 器, 处理设备 [装置]. *Cottrell treater* 电收尘器.

treat′ise ['triːtiz] n. (专题) 论文, 论说, 论文丛集.

treat′ment ['triːtmənt] n. ①处理, (中间, 再) 加工, 对待 ②浓集 [缩], 选矿, (木材) 浸渍 ③论述, 分析, 作法. (处理) 方法 ④治疗, 疗程 ⑤待遇. *approximate treatment* 近似计算. *blast furnace treatment* 鼓风炉熔炼. *first treatment* 预 (初步) 处理. *fracture treatment* (油层的) 压裂处理. *graphical treatment* 图解法. *group treatment* 群近似法. *head-end treatment* 开始处理阶段. 头部处理. *heat treatment* 热处理. *mathematical treatment* 数学论

trea'ty ['tri:ti] n. ①条约, 协议[定], 合同 ②协商, 谈判. conclude a treaty 订立条约. provisional treaty 临时条约. treaty port〔条约规定〕通商口岸. ▲be in treaty with M for N 与M谈判N. enter into a treaty of M with N 与N缔结M条约.

treb'le ['trebl] Ⅰ a. ①三倍[重,层,排]的 ②高音, 尖锐刺耳声的. Ⅰ n. ①三倍[排,层], 三倍频率 ②高频, 高音(部), 尖音, 尖锐刺耳声. Ⅱ v. 三倍于, 增至[变成]三倍, 增加二倍, The number has trebled. 数目增加了两倍. We have trebled our output. 我们把产量提高到原来的三倍. treble control 高音控制. treble frequencies 高音频率. trebling circuit 三倍频电路.

treb'ler ['treblə] n. 三倍倍频器. 频率三倍器.

treble-slot a. 三隙缝的.

treb'ly ['trebli] ad. 三倍[重].

tree [tri:] n. ①树(木), 乔木, 木材[料], 木制构件 ②轴, 支柱, 纵梁 ③树状物, 语法树【电】树形网络. 【数】树(形), (熔模)蜡树. 【化】树状晶体 ④光柱 ⑤ (pl.) 树痕. axle tree 车轴木料, 车轮轴. pine tree 松树式〔设有定向反射器的水平偶极子〕天线阵. tree belt〔森〕林带. tree circuit 树形线路, 树枝形电路. 分支电路. tree dozer 伐木机, 除根机, 推树用的推土机. tree line 森林边界. tree nail 木栓[钉]. 定缝销钉. tree ordering 树形排序. tree ring 〔树木〕年轮. tree system 树形系统. 树枝形系统. 分支〔树枝形〕配电方式.
▲at the top of the tree 居最高地位. up a (gum) tree 进退两难, 处于困境, 上上不下下.

tree' dozer n. 伐木机, 除根机, 推树机.

tree' ing n. 海绵状〔不规则〕金属淀积〔丛生〕枝状生长. 树枝状组织〔晶体, 结晶〕.

tree'less a. 无树木的.

tree-like a. (树)枝状的. tree-like crystal (树)枝(状)晶(体).

tree' nail n. =trenail.

tree' ring (树木)年轮.

tree'-system n. 树枝式系统〔配电方式〕

tree' top n. 树顶(尖), (pl.) 树顶高度(线).

tree'-walk v. ; n. 【计】攀树, 树径.

tref'oil ['trefoil] n. 三叶形〔饰〕, 三叶花样, 三叶植物, 车轴草.

tre'halase n. 海藻〔蕈蜜〕糖酶.

tre'halose n. 海藻〔蕈蜜〕糖.

treillage n. 格栅, 格子墙〔篱〕.

trek [trek] Ⅰ (trekked; trek'king) v. Ⅱ n. 艰苦跋涉, 行军.

trel'lis ['trelis] Ⅰ n. 格子结构, 格子(架, 墙), 格构(拱道, 遮板), 棚, 架, 格子凉亭, 棚架式拱道. Ⅱ vt. ①装格子(架), 以格构为支, 为...建棚架 ②使交织成格状. trellis girder 格构(大)梁. trellis web 格状梁腹.

trel' liswork n. 格状〔工作, 细工, 工程〕. trelliswork bridge 格构〔桁架〕桥.

Trematoda n. 吸虫纲(扁形).

trem'ble ['trembl] vi. ; n. ①震动〔颤〕, 摇摆〔晃动〕, 发〔颤〕抖 ②忧虑, 担心. tremble with cold 冷得发抖. ▲in fear and trembling 提心吊胆地, 战战兢兢地. tremble in the balance 到达紧要关头; 处于极度危险中. 摇摇欲坠.

trem' bler ['tremblə] n. (自动)振动器, 振动〔颤〕片, 电震极, 振动子, 电振极板, 电铃, 断续〔蜂鸣〕器.

trem'bling ['tremblin] n. ; a. 震颤〔的〕, 颤振〔运动〕, 像颤振〔振动〕. 摇动. 发抖(的). trembling bog 颤沼. ~ly ad.

trem'bly ['trembli] a. 震颤的, 发抖的.

trem'ellose ['tremələus] a. 胶(冻)状的.

tremen'dous [tri'mendəs] a. 极[巨]大的, 非常的, 有力的, 惊人[可怕]的. tremendous difference 极大的差别.

tremen'dously ad. ①惊人(可怕)地 ②极, 非常, 十二分.

trem'ie ['tremi] n. (水下灌注混凝土用)混凝土导管, 漏斗管, 用串筒灌筑混凝土, 导管法. tremie concrete (用)导管灌注(的水下)混凝土. tremie seal 水下封底, 水下封泥.

tremogram n. 震颤描记图.

trem'olite n. 透闪石.

trem'olo ['treməlou] n. 颤音, 震音(装置).

trem'or ['tremə] n. 振[震, 颤, 微]动, 颤抖, 战栗, 地震. earth tremors 地动.

trem'ulous ['tremjuləs] a. ①震颤的, 发抖的 ②歪斜的, 不稳定的 ③过分敏感的. ~ly ad. ~ness n.

tren = triaminotriethylamine 三(氨乙基)胺.

tre'nail ['tri:neil] n. 木栓(钉, 键), 定缝销钉.

trench [trentʃ] Ⅰ n. 沟(槽, 渠, 道), 探槽, 深海槽, (堑, 战沟)壕, 管(地, 溜, 排水, 电缆), 壕, (深)海沟, 畦, 防火道, 地窖, 运河. Ⅰ v. 挖沟(于), 开槽(于), 挖壕, 挖翻田地, 耕. trench digger (excavator, cutting machine)或 trenching machine 挖沟机. trench gun (mortar) 迫击炮. trench method 槽式断面法, 开槽施工法. trench mortar steel tube 迫击炮钢管.

trench shuttering (timbering) 沟槽支撑. ▲trench on (upon) 侵占〔犯〕, 接近, 近似.

tren'chant ['trentʃənt] a. ①(锋)锐利的, 尖锐的 ②鲜明的(轮廓), 清晰的(图案), 果断的, 有力的 (证据). tren'chancy n. ~ly ad.

tren'cher ['trentʃə] n. 挖沟(开沟)机, 挖壕的人; 木盘, 垫板.

trend [trend] Ⅰ n. 方(走, 趋, 动, 倾)向, 方位, 趋势, 发展方向. trend analysis 趋势分析〔动向〕分析. trend of thought 或 ideological trend 思潮.
▲The trend of M is away from N. M 有摆脱N的趋向. trend to......的趋势〔倾向〕.
Ⅰ vi. 倾〔趋, 伸, 折, 转〕向. ▲trend away from ....有摆脱....的倾向. trend toward(s) 趋(倾)向于.

trend'ily ad. 时髦地.

trend'iness n. 时髦.

trend'y Ⅰ a. 新潮的, 有型的, 新颖的. Ⅱ n. 新潮人物, 穿着时髦的人.

Trentonian stage (中奥陶世)特登阶.

trepan' ['tri:pæn] Ⅰ n. ①凿井〔岩〕机, 钻(矿)井机, 打眼机. ②(圆)圆锯(床), 线锯, 环锯 ②圆套, 陷井. Ⅱ (trepanned; trepan'ning) vt. ①开〔穿, 套〕孔, 打眼, 从....中取出岩心, 挖深切削 ②把....诱入圈套.

trepan′ner n. 穿孔(打眼)机.

trepan′ning n. 开(套)孔，打眼，穿孔(试验). *trepanning method*【焊】(测动)圆槽释放法.

trephine′ [tri′fi:n] n. 圆(线)锯，环钻. vt. 用圆锯锯.

trephocyte n. 滋养细胞.

treponemin n. 梅毒螺旋体素.

treppe n. 阶段现象.

treppeniteration n. 梯子(楼梯)迭代.

tres′pass ['trespəs] vi.；n. 侵入(犯，害，占)，违犯，犯罪，罪过，侵害所行.

tres′tle ['tresl] 或 **tres′sel** ['tresl] n. (支，叉，台，栈，木排)架，架柱(台)，(栅)凳，(栈，旱，排架，高架)桥. *trestle (cable) excavator* 高架(索道)挖土机. *trestle crane* 门式起重机. *trestle for pipe* 管桥. *work trestle* 工件支架.

tres′tle-board n. 大绘图板.

tres′tlework n. 栈架结构，鹰架，栈桥，搭排架工程.

trevet =trivet.

TRF 或 **trf** =tuned radio-frequency 射频调谐，调谐射频.

TRF amplifier =tuned radio-frequency amplifier 射频调谐放大器.

TRG =trailing 追踪，拖曳.

TRI =①technical report instruction 技术报告说明书 ②triode 三极管.

tri- [词头] 三(重，倍，回).

tri′able ['traiəbl] a. 可试(验)的.

TRIAC 或 **tri′ac** ['traiɔk] n. 三端双向可控硅开关(元件)，三极管交流半导体，开关，双向三端闸流晶体管.

triacanthine n. 三刺(皂荚)碱.

triacetin n. 三醋精(脂)，甘油三乙酸酯.

triacid a. 三(酸)价的. n. 三元酸.

triacontahedron n. 三十面体.

triacontane n. 卅烷.

triac′tic a. 三同立构.

tri′ad ['traiəd] I n. 三个一组，三素(数，色)组，三(单元组，三合一，三伏元素(原子)，三价参数，三位二进制，三重轴，三合体，三重轴，三连音. II a. 三合一的. ~ically ad.

triadaxis n. 三次对称轴.

triage n. 筛余(料).

triakisdodecahedron n. 三角十二面体.

triakisoctahedron n. 三八面体.

triakistetrahedron n. 三角四面体，棱锥四面体.

tri′al ['traiəl] I n. ①试(验，用，探，算，车，飞，运转)，②检，查)验，鉴定，训练 ③近似解 ④审讯(判) ⑤考验，磨炼. II a. 试(验性，制)的，尝试(性)的. *on a trial basis* 在试验的基础上，试验性地. *trial and error (method)* 试错法【试】[试验，试探，试配]累试，尝试(-误差)，逐次逼近[]法；反复试验，不断摸索. *trial balloon* 测验风速(气流)的气球，试探舆论的行动. *trial flight* 试飞. *trial mix* 试拌. *trial pit* [hole] (试验性)钻孔，探(试)坑，样洞. *trial production* 产品试制，试生产. *trial run* 试车(航，验，)试

性运行. *trial table* [balance] 试算表. *trial test* 预(初步，探索性)试验. ▲*by way of trial* 试试. *give a trial* 试用(验一下). *make a trial* 试一试，进行试验. *make the trial of* 试验. *make trial of* 试验. *on trial* 在试验(试用)中，经试验后，试验性地，看试验结果(再)，带试验性质. *put....to trial* 试验[で]. *stand the trial* 经得起耐考验.

trial-and-error 见 trial 条 trial and error.

trialkyl n. 三烷(烃)基.

trialkylaluminium n. 三烷基铝.

trialkylamine n. 三烷基胺.

tri′al-manufac′ture vt.；n. 试制.

tri′al-produce′ vt. 试制.

trial-sale n. 试销.

triamcinolone n. 氟羟脱氢皮质(甾)醇.

tri-am′ine [trai'æmin] n. 三(元)胺.

tri′angle ['traiæŋgl] n. 三角(形，板，铁). *equilateral triangle* 等边三角. *isosceles triangle* 等腰三角形. *triangle belt* 三角皮带. *triangle file* 三角锉. *triangle of force* 力三角形. *triangle with the apex up* 顶点向上的三角形.

trian′gulable a. 可三角(可单纯)剖分的.

triang′ular [trai'æŋgjulə] a. 三角(形)的，三棱(脚)的，三者(国)间的. *triangular compasses* 三脚规. *triangular element* 三角单元体. *triangular lifting eye* 三角形吊孔. *triangular prism* 三棱柱(镜). *triangular thread* V形三角螺纹. *triangular treaty* 三边条约. ~**ly** ad.

trian′gularis [拉丁语] a. 三角的.

triangular′ity [traiæŋgju'læriti] n. 成三角形.

triangulariza′tion n. 三角化.

triang′ulate I [trai'æŋguleit] vt. 使(组)成三角形，(把...)分成三角形. 对...进行三角测量(剖分)，三角形化. II ['traiæŋgjulit] a. (由)三角形(组成)的，有三角形花样的.

triangula′tion n. 三角测量(剖分)，三角网.

trian′gulum n. ①三角(形) ②(T-) 【天】三角座.

trianion n. 三阴离子.

triano′pia n. 第三原色盲，蓝色盲.

Tri′as ['traiəs] 或 **Trias′sic** [trai'æsik] n.；a. 三叠纪(系)的.

triat′ic [trai'ætik] a. 由三部形成的. *triatic stay* 水平支索，桅间索.

triatom′ic [traiə'tɔmik] a. (含有) 三原子的，三代(元)的，三羟(基)的. *triatomic acid* 三价酸. *triatomic alcohol* 三元醇. *triatomic molecule* 三原子分子.

triax n. 同轴三柱器，双重屏蔽导线.

triax′ial [trai'æksiəl] a. 三度(元，维，轴，线)的，空间的.

triaxial′ity n. 三维(元)，三轴(向，性)，三向应力. *triaxiality factor* 三元(三轴向)因素.

tri′azole [trai'æzoul] n. 三唑，三氮杂茂.

triazomethane n. 叠氮甲烷.

tri′azone n. 二嗪酮.

tri′bar ['traibɑ:] n. 平行三脚混凝土预制块.

triba′sic [trai'beisik] a. 三价的，三碱(价)的，三元(代)的. *tribasic acid* 三(价，碱)酸. *tribasic al-*

cohol 三元醇.
tribe [traib] *n.* ①(种.宗)族 ②部落 ③(一)群.(一)批.(一)伙.(pl.)许多.
trib′let ['triblit] *n.* 心轴.
tribo- [词头]摩擦.
triboabsorp′tion *n.* 摩擦吸收.
tribochem′istry *n.* 摩擦化学.
tribodesorp′tion *n.* 摩擦解吸(作用).
triboelec′tric [traiboui′lektrik] *a.* 摩擦电的.
triboelectric′ity [traibouilek′trisiti] *n.* 摩擦电.
triboelectrifica′tion *n.* 摩擦起电.
triboemis′sion *n.* 摩擦发光发射.
trib′olet *n.* 心轴(棒).
tribol′ogy *n.* 摩擦学(说).关于摩擦(耗损)论.
tribolumines′cence *n.* 摩擦发光.
tribom′eter [trai′bomitə] *n.* 摩擦(力)计.
tribom′etry *n.* 摩擦力测量术.
tribophys′ics *n.* 摩擦物理学.
triboplasma *n.* 摩擦等离子体.
tribosublima′tion *n.* 摩擦升华现象.
tri′brach *n.* 三脚台.三叉形用具.
tribro′mide *n.* 三溴化物.
tribula′tion [tribju′leiʃən] *n.* 苦(患.磨)难.困苦.
tribu′nal [trai′bju:nl] *n.* 法庭.审判员席.*stand before the tribunal of public opinion* 受到公众舆论的制裁.
trib′une ['tribju:n] *n.* 讲台,论坛.*the Tribune* 论坛报.
trib′utary ['tribjutəri] Ⅰ *n.* 支流.附庸.附设局. Ⅱ *a.* 支流的.从(附)属的.辅助的.
trib′ute ['tribju:t] *n.* 礼物.赠品.贡(颂).献(颂)词. *one′s tribute of praise* 颂词. ▲*pay (a) tribute to*…向…(致敬(表示敬意).歌颂).
tributrinase *n.* 三丁精酶.甘油三丁酸酯酶.
tributylphos′phate *n.* 磷酸三丁酯.
tributyrin *n.* 三丁精.甘油三丁酸酯.(三)丁酸甘油脂.
tributyrinase *n.* (三)丁酸甘油脂酶.
trical′cium *n.* 三钙.
tricaprin *n.* (三)癸酸甘油酯.
tri′car ['traikɑ:] *n.* 三轮汽车.三轮机器脚踏车.
tricar′bonate *n.* 三碳酸盐.
tricarboxylic acid 三羧酸.
trice [trais] Ⅰ *n.* 瞬息.顷刻.一刹那.吊索. ▲*in a trice* 转瞬间.瞬息.立刻. Ⅰ *vt.* (用绳索.绞链)吊起.拉起. ▲*trice up* 卷.扎.拥.缚住.
tric′el ['trisl] *n.* 一种三醋酯纤维织物.
tricetin *n.* 3′,4′,5′,5.7-五羟黄酮.
tri′charged *a.* 三价电的.
trichino′sis *n.* 毛旋虫病.旋毛虫病.
trichlene *n.* 三氯乙烯.
TRICHLOR = trichlorethylene.
trichloreth′ylene *n.* 三氯乙烯.
trichloride *n.* 三氯化物.
trichloroacetonitrile *n.* 三氯乙氰.
trichloroben′zene *n.* 三氯苯.
trichloroethane *n.* 三氯乙烷.
trichloroeth′ylene *n.* 三氯乙烯.
trichloroethylglucuronide *n.* 葡糖三氯乙烷基酸.
trichloromethane *n.* 三氯甲烷.氯仿.

trichloromethyl *n.* 三氯甲基.
trichlorosilane *n.* 三氯(甲)硅烷.三氯氢硅.
trichocereine *n.* 仙影掌碱.
trich′ocyst *n.* 剌细胞.丝泡.线泡.
trichodermin *n.* 木霉菌素.
trichogramma *n.* 赤眼(蜂).
trich′ogyne *n.* 受精丝.
tri′chome *n.* 藻丝.
trichomy′cin *n.* 抗滴虫霉素.
trichophyta *n.* 发癣菌.
trichot′omous *a.* 三分的.分三部的.
trichot′omy [trai′kɔtəmi] *n.* 三分法.三切法.
tri′chroism *n.* 三色(现象).三晶轴异色性.三原色性.
trichromat′ic [traikrə′mætik] *a.* (用)三(原)色的.三色版的.天然色的.
trichro′matism *n.* 三(原)色性.三(原)色像差.
trichrom-emulsion *n.* 三色乳胶.
trichromoscope *n.* 彩色电视显像管.
trichter cathode 漏斗形阴极板.
trichuriasis *n.* 鞭虫病.
tricin *n.* 麦黄酮(4′,5,7-三羟(基)-3′,5′-二甲氧黄酮).
trick [trik] Ⅰ *n.* ①诡计.花招.巧(妙)计.策略.手段 ②旁门.秘诀.诀窍.特技.技巧 ③(镜面)刻度线 ④习惯 ⑤班次.值班期间. Ⅰ *a.* ①有诀窍的.特技的 ②欺诈的.弄虚作假的.靠不住的 ③有效的.能干的. Ⅰ *vt.* (欺.哄)骗.换班. *dirty*〔*mean, shabby, underhand*〕 *trick* 卑鄙手法. *double-dealing trick* 两面派手法. *expose all the tricks of the enemy* 揭露敌人的一切阴谋诡计. *trick photography* 特技摄影. *trick shot* (电影)特技镜头. ▲*do*〔*turn*〕 *the trick* 达到(预期)目的.获得成功. *know a trick worth two of that* 知道比那更好的方法.有更妙的办法. *the whole bag of tricks* 全部.统统. *trick of senses* 错觉. *trick of the imagination* 错觉. *trick out*〔*off, up*〕修〔装〕饰.打扮.装璜.
trick′ery ['trikəri] *n.* 欺骗.诡计.圈套.
trick-flying *n.* 特技飞行.
trick′ily *ad.* 欺骗地.耍花招地.狡猾地.
trick′iness *n.* 诡计多端.复杂.微妙.棘手.
trick′ish ['trikiʃ] *a.* 诡计多端的.耍花招的.狡猾的. ~ly *ad.*
trick′le ['trikl] Ⅰ *v.* ①(使)滴(下).(使)滴.(使)细流.一滴滴地流(出液体).②慢慢地移动. Ⅰ *n.* 滴(流).涓滴.细流. *The information trickled out.* 消息慢慢透露出来. *trickle charge* 点滴式涓流.微电流.连续补充〕充电. *trickle charger* 涓流充电器. *trickle oil into the gear* 把油滴入传动装置上. *trickle scale* 两钢板之间〔或端部的〕鳞片状氧化皮缺陷. *trickling charge* 涓流充电. *trickling filter* 滴滤池〔处理污水用〕洒滴地. ▲*trickle from* 从……一滴滴流出来. *trickle into* 一滴滴〔徐徐〕注入. *trickle out* 慢慢泄漏.
trickle-down *a.* 积极投资的.
trick′let *n.* 细流.
trick′ly *a.* 一滴一滴流的.
trick′ster ['trikstə] *n.* 骗子.魔术师.
trick′sy ['triksi] *a.* ①诡计多端的.欺骗的.狡猾的 ②(错综)复杂的.微妙的.棘手的.
trick′y ['triki] *a.* ①需要技巧的.诡计多端的.狡猾的

triclene n. 三氯乙烯.
triclin′ic [trai′klinik] I a. 三斜(晶)的,三斜(晶)系的. II n. 三斜(晶系).
tricoid a. 卷发状的.
tri′colo(u)r [′trikələ] a.; n. 三(原)色的,有三色的,三色旗. tricolor tube 彩色〔三色〕(显像)管.
tri′coloured a. (有)三色的.
TRICON 或 tricon = triple coincidence navigation (有三个地面台的)雷达导航系统,三台导航制.
tri′cone n. 三锥. tricone(ball)mill 三锥式球磨机,大型(圆)筒(圆)锥型球磨机. tricone bit 三牙轮钻头.
tri′corn(e) [′traikɔːn] a. (有)三(只)角的. tricorn bit 三角钻头.
tricornute a. 有三个角的,三突的.
tricro n. 太(拉), 10^{12}.
tricrot′ic a. 三波(脉)的.
tri′crotism n. 三波脉(现象).
tricus′pid [trai′kʌspid] a. (有)三(个)尖头(瓣)的. ~ic a.
tricuspidal quartic 三尖点四次线.
tricyanomethide n. 三氰甲基化合物.
tricyanovinyla′tion n. 三氰基乙烯化(作用).
tricyclal n. 三环萜.
tri′cycle [′traisikl] n.; v. 三轮(脚踏,摩托)车,骑三轮车. tricycle landing gear 三轮式(飞机)着陆架.
tricyc′lic a. 三环的.
tri′decane [′traidikein] n. 十三烷.
tridecanol n. 十三(烷)醇.
tri′dent [′traidənt] n. 三叉戟(式飞机),(电子偶产生的三叉(径)迹.三角曲线. a trident nuclear missile submarine 三叉戟导弹核潜艇.
triden′tate a. 三齿(叉)的.
tridepside n. 三缩酚酸.
tridimen′sional a. 三维的,三度的,立体的.
tridop n. 导弹弹道测定系统.
triduc′tor n. 三次倍频器,磁芯极化频率三倍器.
tridymite n. 鳞石英.
tried [traid] I v. try 的过去式和过去分词. II a. 经过试验〔考验〕的,证明了的,确实的,可靠的. old and tried 久经考验,完全可靠的. tried and true 经试〔考〕验证明是好的,实践证明可取的.
trielaidin n. 三反油酸甘油酯.
trien = triethylenetetramine 三乙撑四胺.
trien′nial [trai′eniəl] a.; n. 持续三年的(事物),每三年的,每三年一次的(事件),三周年纪念. ~ly ad.
tri′er [′traiə] n. ①试〔检〕验者 ②试验仪表,检验用具 ③试件〔料〕,试验物 ④采取试验样品.
triethanolamine n. 三乙醇胺(一种混凝土早强剂).
triethyl n. 三乙基.
triethylaminoethylcellulose n. 三乙胺基乙基纤维素.
triethylcholine n. 三乙基胆碱.
tri-ferrous n. 三铁的. tri-ferrous carbide 渗碳体,碳化三铁.
triflagellate a. 三鞭毛的.
tri′fle [′traifl] I n. ①小(项)事,无价值的东西 ②少许〔量〕 ③白,锡基合金,(pl.)白,制品. I v. 疏〔玩〕忽,不重视(with),浪费(away). ▲a trifle 稍微,有点儿,少量,一点点(of).
tri′fling a. 无关重要的,微不足道的,微小的,少许的,一点点. of trifling value 价值很小的. trifling error 小错误. ~ly ad.
trifluoride n. 三氟化物.
trifluorochloroethylene n. 三氟氯乙烯.
trifluorothymidine n. 三氟胸苷.
trifluperidol n. 三氟哌啶.
triflux n. 气-汽-汽三热交换器,三口质热交换器.
trifo′cal [trai′foukəl] a. 三焦点(距)的,三焦(距)透镜,(pl.)有三焦距透镜的眼镜,三光眼镜.
trifoli(ol)ate a. 有三小叶的.
trifo′lium (pl. trifo′lia) n. 三叶线.
tri′form(ed) [′traifɔːm(d)] a. 有三部分的,有三种形式的,有三种本质的.
trifuel a. (用)三(种)燃料的.
trifur′cate [trai′fəːkit] a. 有三叉的,分成三枝的,三向分岔的.
trig [trig] I n. 刹车,制轮具〔器〕,楔子. I (trigged; trig′ging) vt. ①刹(制)住(车轮滚动)②支撑,撑住 ③修饰,把....收拾整齐(out,up). II a. 整洁的,坚牢的,一丝不苟的. trig (trigonometric) function 三角函数.
TRIG 或 trig = ① trigger ② trigonometric ③ trigonometry.
trigamma n. 三γ.
trigatron n. 含气三极管(充气)触发管,引燃管,火花触发管(触发用的一种冷阴极充气管).
trig′ger [′trigə] I n. ①起动(器,系统,装置,设备,信号,电路,冲量),启动电路扳机,触发(电路,器,冲)②雷管,引爆器,引发物 ③扳机,发射装置 ④闸〔扳〕柄,掣〔子板〕,制动〔制动,制动〕器,(变速杆上的)倒车卡锁,锁定装置. II v①触发,起〔开〕动 ②扣扳机开(枪),发射,控制,松开扳〔闸〕柄 ③激发起,引起. trigger a chain reaction 引起连锁反应. trigger a missile 发射导弹. trigger a rifle 开枪. trigger into conduction 触发而导通. automatic trigger 自动起动线路〔设备〕,自动触发. door trigger 门开关. trigger action 制动效应,触发(作用,动作). trigger bit 带钩钻头. trigger circuit 触发(同步起动)电路. trigger gate 触发闸门,触发选通脉冲. trigger gate voltage 触发控制极电压,触发选通脉冲电压. trigger gate门电压. trigger generator 触发脉冲(信号)发生器. trigger inverter 触发脉冲变换器〔反相器〕. trigger shaper 触发脉冲波形成器. trigger spark 触发点火火花. triggered blocking generator 触发间歇振荡器. trigger(ing)level 触发〔启动〕电平. triggering pulse 触发脉冲. zerorange trigger 零距离起动脉冲. ▲trigger M from N 使(从)N激发出 M. trigger off 触〔激〕发.使启动,直接引起. trigger ... to + inf. (促)使.... trigger ...(做).
trig′gered a. 触发的,(带)起动(装置)的.
trig′ger-gate delay 选通脉冲延迟.
trig′ger-gate width 选通脉冲宽度.
trig′ger-selec′tor switch 触发脉冲选择开关.
trigger-timing pulse 定时触发脉冲.

trigistor n. 双稳态 pnpn 半导体组件,三端开关器件.
tri'glot ['traiglɔt] a. 用三国文字写的.
triglyc'eride ['traiglisəraid] n. 甘油三(酸)脂,三酸甘油酯.
triglyc'erin [trigli'sərin] n. 三甘油,三缩三酒醇.
triglycine n. 三甘氨酸,三甘肽.
triglycol n. 三甘醇.
triglyme =triethylene glycol dimethyl ether 三甘醇二甲醚.
tri'gon ['traigən] n. 三角形(板),三角日晷,测时用三角规.
trig(on) = ① trigonometrical 三角(法,学)的 ② trigonometry 三角(学).
trig'onal ['trigənl] a. 三角(形,系)的,三方的. *trigonal system* 三角晶系.
trigondodecahedron n. 三角十二面体.
tri'gone ['traigoun] n. 三角(区).
trigonelline n. 葫芦巴碱,N-甲基烟酸内盐.
trigonom'eter [trigə'nɔmitə] n. 平面直角三角形计算工具,三角测量者.
trigonomet'ric(al) [trigənə'metrik(əl)] a. 三角(法,学)的. *trigonometric leveling* 三角高程测量,三角测高法.
trigonomet'rically ad. 用三角(学)方法.
trigonom'etry [trigə'nɔmitri] n. 三角(学,法,术),三角学论文.
tri'gram n. 三字母组.
tri-gun colour television receiver 三(电子)枪彩色电视接收机.
tri-gun colour tube 三枪彩色显像管.
trihalide n. 三卤化合物.
trihed'ra [trai'hedrə] trihedron 的复数.
trihed'ral [trai'hedrəl] a.; n. (有)三面的,(有)三边的,三面体(形)(的),坐标三面形,三面角的. *trihedral angle* 三面角.
trihed'ron [trai'hedrən] (pl. *trihed'rons* 或 *trihed'ra*) n.; a. 三面体(形),三面的.
tri-hinges n. 三联铰,三支铰.
trihy'drate n. 三水合物.
trihy'dric a. 三价(元,酸式)的,含有三个 OH 基的.
trihy'drol n. 三(聚)水分子,三分子水.
trii'odide n. 三碘化物.
triiodothyronine n. 三碘甲腺氨(酸).
triiodothyropyruvic acid 三碘甲腺丙酮酸.
triisobutene n. 三聚异丁烯.
triisobutylaluminium n. 三异丁基铝.
tri-iso-octylamine n. 三异辛胺.
tri'jet ['traidʒet] Ⅰ a. 由三个喷气发动机发动的. Ⅱ n. 三喷气发动机飞机.
trike [traik] = tricycle.
trilam'inar 或 **trilam'inate(d)** a. 三层的.
trilat'eral ['trai'lætərəl] a.; n. (有)三边的,三角(边)形. *trilateral agreement* 三边协定. *trilateral figure* 三边形. ~ity n. ~ly ad.
trilatera'tion n. 三边测量,长距离三角测量.
trilaurylamine n. 三月桂胺.
tri'-lev'el a. 三层的. *tri-level grade separation* 三层式立体交叉.
tri'lin'ear a. 三线(性)的.
tri'lin'gual ['trai'liŋgwəl] a. (用)三国文字的,三种语言的,熟悉(或能使用)三种语言的,三种文字互相对照的.
trilit(e) n. 三硝基甲苯.
tri'lit'eral ['trai'litərəl] a.; n. 三字母的(词).
trill [tril] n.; v. (发)颤音,颤动.
tril'ling ['triliŋ] n. 三连晶.
tril'lion ['triljən] n. a. ①(美,法)兆,太(拉), 10^{12}, (英,德)艾(可萨), 10^{18} ②大量,无数.
tril'lionth n. (美,法)皮(可), 10^{-12},(英,德)阿(托), 10^{-18}.
tri'lobite ['trailəbait] n. (古生物)三叶虫.
tri-lock type 三齿防转(装配)式.
tril'ogy ['trilədʒi] n. 三部曲.
trim [trim] Ⅰ (*trim'mer, trim'mest*) a.; ad. 整洁(齐)的(的). Ⅱ (*trimmed; trim'ming*) v.; n. ①使整齐,整理(顿),装(修)饰物,点缀,布置,准(字)备 ②修(整,调)整,修理(边,剪,校,刻)整(铡)平,细凿,去(修整)毛刺,切毛边,打浇(冒)口毛边和飞边,去除焊疤 ③调整(平衡)位置,使飞机(配平,装稳(船只) ④调谐,微调 ⑤(船等的)平衡(度),纵倾,吃水差,倾差,潜艇的浮力 ⑥外表,装饰(物),汽车内部的装璜,贴脸,门(窗)框的细木工 ⑦修整下来的东西, (pl.) (影片或磁带)被剪去的部分,边角料 ⑧两面衬好见,见风使舵,走中间路线. *in fighting trim* 处于战备状态. *trim a budget* 削减预算. *trim a vessel* (将货物散装)平舱. *cold trim* 冷切边. *designed trim* (船的)设计纵倾. *dynamic trim* 动力调整,动平衡. *frequency trim* 频率微调. *trim angle* 纵倾(平衡)角. *trim filter* 补偿滤色片,可调谐色盘. *trim joist* 托(承接)梁. *trim plate* 调整(微调)片. *trim size* 实际尺寸. *trim stone* 镶边石. *trim tab* 平衡调整片,配平片,配平补翼. *trimmed value* 调整值. ▲*be in good (proper) trim* 或 *get into good trim* 准备就绪,整齐(匀称),情形不坏. *be out of trim* 有毛病,不整齐,准备不好,情形不好. *into trim* 成适宜状态. *trim by the bow* [*stern*] (船,轻航空器)头(尾)重,前(后)倾. *trim in* 嵌(镶)入. *trim M to N (shape)* 把 M 修整成 N (形状).
Trim = trimask technique 三次掩蔽技术.
TRIM transistor (采用)三次掩蔽(隔离的)晶体管.
trimask n. (采用)三次掩蔽的.
trime'non [trai'mi:nɔn] n. 三个月,三月期.
tri'mer ['traimə] n. 三聚物,三(聚)体,三联体. ~ic a.
trimerite n. 三斜石.
trimes'ter [trai'mestə] n. 三个月(左右)时间,三个月出版周期. **trimes'tr(i)al** a.
tri-met a. 三镜头航空摄影的.
tri'metal n. 三金属,三层金属轴承合金.
trimethoprim n. 三甲氧苄二氨嘧啶.
trimethyl n. 三甲基.
trimethylamine n. 三甲胺.
trimethylborate n. 硼酸三甲酯.
trimethylchlorosilane n. 三甲基氯硅烷.
trimethylene n. 环丙烷,三甲撑,丙撑.
trimethylethylene n. 三甲基乙烯.
trimet'ric ['trai'metrik] a. 斜方(晶)的. *trimetric projection* 三度投影.
trimet'rogon [trai'metrəgɔn] n. 三镜头航摄机,垂直倾斜混合空中照相.

trim'ly ['trimli] *ad.* 整齐〔洁〕地. 整顿者.

trimmabil'ity *n.* 可微调性, 可配〔可调〕平性.

trim'mer ['trimə] I *n.* ①调整〔配〕器. (粒料)推平机 ②修整〔剪〕器, 修边〔剪, 整, 平〕机, 剪刀, 剪切具〔机〕, 盘子 ③调整片, 微调电容器 ④堆煤器〔机〕, 物料堆装机 ⑤修理〔装货〕工, 修剪人, 回灶 ⑥托〔承接〕梁 ⑦两面讨好的人, 见风使舵的人. I trim 的比较级. *aerodynamic trimmer* 气动力调整片. *side trimmer* 圆盘式切边机. *trimmer condenser* [*capacitor*] 微调〔补偿〕电容器. *trimmer tape* 电感微调带.

trim'ming ['trimiŋ] *n.* ①整顿〔平, 理, 饰, 形〕, 修整〔边, 剪, 齐, 枝〕, 书边切齐, 冲边, 打浇口〔冒口和飞边, 去毛刺 ②装饰〔品, 物〕, 修饰 ③边角料, 切〔刨, 剪〕屑, (pl.) 附件, 配件 ④调整, 校正, 微调, 使平衡〔均衡, 均匀〕, 配平, 平衡调整 ⑤(齿轮的) 千涉. *lead trimming* 引线修齐. *rotary trimming shears* 圆盘式修剪原床. 旋转式修整剪切机. *trimming condenser* 微调电容器. *trimming filter* 补偿〔微调, 校正〕滤波器. 补偿滤色片, 可调滤色盘. *trimming heater* 微调加热器. *trimming moment* 平衡力矩. *trimming oil* 塔顶回流油. *trimming press* 整形〔修边〕压力机. *trimming punch* 精整〔切边, 修整〕冲头.

trim'ness ['trimnis] *n.* 整齐〔洁〕, 整顿.

trimor'phic 或 **trimor'phous** *a.* 三形〔现象〕的.

trimor'phism *n.* 三形〔现象〕, 三形性, 三晶〔现象〕.

tri'motor ['traimoutə] *n.* 三发动机, 由三个发动机发动的飞机.

trim'script *n.* 切标.

Trimuon event 三 μ (子) 事例.

tri'nal ['trainl] 或 **tri'nary** ['trainəri] *a.* 三〔倍, 重, 层, 元〕的, 三部分组成的.

trinaph'thylene *n.* 三撑萘.

Trin'comalee 或 **Trin'comali** ['triŋkouməli] *n.* 亭可马里(斯里兰卡港口).

trine [train] *a.*; *n.* 三倍〔重, 层〕的, 三部组成的, 三个一组.

trin'gle ['triŋgl] *n.* 挂帘子的横杆. 帐杆.

trinicon *n.* 托利尼康摄像管 (一种单管三色摄像管).

Trin'idad and Toba'go ['trinidæd ənd tə'beigou] 特立尼达和多巴哥.

tri'niscope ['trainiskoup] *n.* (彩色电视) 三枪显像管.

trinistor *n.* 三端 pp np np 开关 (一种可控硅整流器).

trinita'rian *a.* 三倍的, 具有三个部分的.

tri'nitrate [trai'naitreit] *n.* 三硝酸酯.

trini'tride [trai'naitraid] *n.* 叠氮化(合)物.

trinitrin *n.* 三硝基甘油, 三硝酸甘油酯.

trinitrocresol *n.* 三硝基甲酚.

trinitrol *n.* 三硝基醇四硝酸酯.

trinitron *n.* 单枪三(射)束彩色显像管, 栅条彩色显像管.

trinitrophenol *n.* 三硝基苯酚.

trinitro-resorcinol *n.* 三硝基间二苯酚.

trini'trotol'uene [trai'naitrou'toljui:n] 或 **trini'to'luol** [trai'naitrou'touljuəl] 或 **tri'nol** ['trainol] *n.* 三硝基甲苯 (炸药), 黄色炸药, 梯恩梯〔TNT〕炸药.

trin'ity ['triniti] *n.* 三个一组〔套〕.

trin'ket ['triŋkit] *n.* 小玩意儿. 无价值的琐碎东西.

trinodal quartic 三结点四次线.

trino'mial [trai'noumjəl] *a.*; *n.* 三项的, 三项式.

trinoscope *n.* 彩色电视接收装置, 三管式彩色投影机, 投影〔投影〕式彩色电视接收机的光学部分 (包括三个投射〔投影〕管、分光镜和物镜).

trinu'clear 或 **trinu'cleate** (d) *a.* 三环〔核〕的.

trinucleotide *n.* 三核苷酸.

trio ['tri(:) ou] *n.* 三个一组, 三件一套, 三位一体, 拼三小组, 三重奏〔唱〕. *dot trio* 三组圆点.

trioctahedron *n.* 三八面体.

trioctylamine *n.* 三辛胺 (C_8H_{17})$_3$N.

tri'ode ['traioud] *n.* 三(电)极管, 单栅管. *triode connected tube* 按三极管线路联接的电子管. *triode gas laser* 三极管气体光激射器. *triode gun* 三极式电子枪.

triode-driven pentode 三极管激励的五极管.

triode-heptode *n.* 三极-七极管.

triode-hexode *n.* 三极-六极管.

triode-pentode *n.* 三极-五极管.

triode-tetrode *n.* 三极-四极管.

triode-thyristor *n.* 三端子半导体开关元件, 三端晶体闸流管, 三端可控硅.

triolein *n.* (三)油酸三油酯.

Triolith *n.* 一种木材防腐剂.

Trio'nes [trai'ouni:z] *n.* 北斗七星.

Triop'tic *n.* 三元万能测长机.

triose *n.* 丙糖.

trioxan (e) *n.* 三聚杂环己烷, 三脂烷.

triox'ide [trai'ɔksaid] *n.* 三氧化物.

trioxymethylene *n.* 三聚甲醛.

trip [trip] I. *n.* ①(短距离) 行驶, 往返, 一次来回, 旅〔短〕行, 行(旅)程 ②释放, 松开, 断路〔开〕, 解扣, (自动) 跳闸, (自动) 分离, 关闭, 事故停堆 ③卡算〔勾〕, 固定器 (自动脱开不装置, 解扣〔脱〕装置, 安全开脱器, (自动) 跳闸机构〔装置〕, 自动停止机构, 自动分离机构, 释放 (离合器控制) 机构 ⑤倾翻器 ⑥ (矿车) 列车. II *v.* ①释放. 松开. 拨动. 撬动机构转动. 松开棘爪而开动 ②(使)跳开〔断〕, (使)跳闸, (使)解扣〔脱〕, (使)脱扣〔开〕, 切〔遮〕断, 关闭, (事故) 停堆 ③倾斜〔翻〕④绊 (倒), (使) 失足〔败〕, (使) 犯错误 ⑤【油】把一长串杆子或管子下入井中 (或从井中抽出). *boundary layer trip* 边界层激流线. *door trip* 门开关. *overload trip* 过载跳闸. *Beijing trip* 北京之行. *round trip* 来回〔往返〕的行〔路〕程, 周游. *safety trip* 安全断路. *time-lag trip* 延迟断开. *trip bolt* 紧固螺钉. *trip circuit* 解扣电路. *trip coil* 脱〔解〕扣线圈. *trip dog* 自动爪, 自动停车器, 绊挡, 脱扣〔止动〕钩, 跳(动) 档. *trip flare* 绊索照明弹. *trip free* 自动断路装置. *trip gear* 解扣装置, 释放. 跳闸〕装置, 放松〔去掣动, 脱扣, 倾卸〕机构. *trip hammer* 夹板落锤. *trip holder* 夹〔压〕紧模座. *trip key* 断路〔开路, 解扣〕电键. *trip map* 路程图. *trip meter* 增距离里程表. *trip paddle* 脱扣踏板. *trip rope* 桩锤活索. *trip shaft* 绊轴. *trip the rod* 释放 (控制) 棒. *trip wire* 绊网, 地雷拉发线. *tripping arm* (仪器上的) 行程杆. *tripping bar* 见 tripping bar. *tripping bracket* 防颤肘板. *tripping by charged condenser* (充电) 电容器解扣法. *tripping car* 自动倾卸车. *tripping device* 解扣〔释放〕装置.

tripping mechanism 脱扣[解扣,跳闸]机构. *tripping pulse* 起动[触发]脉冲. *tripping speed* 解扣速率. ▲*go tripping* 顺利进行. *trip off* 跳[断]开, 断路. *trip on [over]*....被....绊倒. *trip....open* 使....跳闸[解扣]. *trip out* 断路[开], 跳开, 关闭, 停止, (负载)减剥. *trip up* (使)摔倒, (使)犯错误.

TRIP = transformation-induced plasticity 变换诱生塑性.

trip n. ①test planned or in process 计划中的试验或正在进行的试验 ②triplicate 三倍[重]的. (一式)三份的, 三个一副.

tripalmitin n. (三)棕榈酸甘油酯, (三)软脂酸甘油酯, 棕榈精.

tri'par'tite ['traiˈpɑ:tait] a. ①分成三部分的, 三部分组成的, 三重的 ②一式三份的, 三者[方]之间的, 三个一组的. *tripartite indenture* 三联合同. *tripartite treaty* 三方条约.

tripartit'ion [traipɑ:'tiʃən] n. ①三分(裂), 分(裂)成三部分 ②三部分的划分, 三者之间的分摊 ③三个一组, 一式三份.

trip'dial ['tripdaiəl] n. 里程计.

tripentylamine n. 三戊胺.

tripeptidase n. 三肽酶.

trip-free relay 自动解扣继电器.

trip-hammer n. 杵锤, 夹板落锤.

tri'phase ['traifeiz] n.; a. 三相(的).

triphasic a. 三相的.

triphe'nyl [traiˈfi:nil] n. 三苯基.

triphenylam'ine n. 三苯胺.

triphenyl-arsine n. 三苯胂.

triphenylmethane n. 三苯甲烷.

triphenyl-phosphine n. 三苯膦.

triphib'ian [traiˈfibiən] n.; a. (海陆空)三栖的, 可在陆上、水上、空中、冰雪地上开动的. 陆海空联合作战的, 水陆雪三栖飞机. **triphib'ious** a.

triph'ylite 或 **triph'yline** n. 磷铁锰锂矿.

triplanar point 三切面重点.

tri'plane ['traiplein] n. 三翼机.

triplas'matron n. 三等离子体离子源.

trip'le ['tripl] Ⅰ a. 三倍[重, 次, 层, 行, 系, 联, 部分]的, 由三个组成的. Ⅱ n. 三倍数[量], 三元组, 三个一组. Ⅲ v. 三倍于, (使)增至三倍, (使)增加两倍. *triple band* 三键. *triple buff* 三折布抛光轮. *triple coaxial transformer* 三路同轴线变压器. *triple concentric cable* 三芯同轴电缆. *triple condenser* 三透镜聚光器. *triple dial timer* 三表轨计时器. *triple gear* 三联[合]齿轮. *Triple H* 镍铬钼耐热钢, 三因子交互影响. *triple interlace* 三间行扫描, 隔两行扫描. *triple jump* 三级跳远. *triple mirror* 三垂面反射镜. *triple of numbers* 三重数组. *triple point* 三态[相,重]点. *triple precision* 三倍精度(字长). *triple spiegel* 三角柱镜. *Triple steel* $W_4Cr_4V_2Mo_2$ 高速钢(碳 0.9%, 锰 0.4%, 铬 3.5～4%, 钼 2.5%, 钒 2.5%, 钨 3.5～4%). *triple superheterodyne* 三次变频超外差接收机. *triple the output* 把产量增加两倍. *triple thread* 三线(头)螺纹. *triple valve* 三通阀. *triple variable condenser* 三联可变电容器. ▲*triple M over N* 使 M 增至 N 的三倍.

triple-address n. 【计】三地址.

triple-band filter 三频带滤波器.

triple-component screen 三色荧光屏.

triple-control-grid gate tube 三控制栅门管.

trip'le-deck a. 三层的.

triple-decker n. 三层立体交叉, 三层道路.

triple-detection receiver 三检波接收机.

triple-diffusion technique 三次扩散技术.

triple-effect evaporator 三效蒸发器.

trip'le-expan'sion a. 三次膨胀的.

triple-flow a. 三汽门的, 三流的.

triple-frequency harmonics 三次谐波.

trip'le-grid a. 三栅(管)的.

triple-lap pile 三叠接桩.

triplen n. 三重结构, 三次谐波序列.

triplener n. 三工滤波器.

trip'le-pole a. 三极的. *triple-pole switch* 三极(三刀)开关.

triple-purpose a. 三用的.

trip'ler ['triplə] n. 三倍[重]器, 乘 3 装置. *tripler circuit* 三倍(压)电路. *frequency tripler* 三倍倍频器, 频率三倍器.

triple-section filter 三节滤波器.

triple-space v. (打字时)每空两行打(字).

triple-substituted a. 三取代的.

trip'let ['triplit] n. ①三个一组, 三件一套, 三份, 三元组(线), 三体联合 ②三联体(码) ③三重线(态, 峰), 三线紊点, 三线态, 三合(透)镜, 三重透镜, 三电子组, 三通(管), 三弹头, T形接头, 三点校正法, 三人脚踏车. *triplet exciton* 三重态激子. *triplet thin lens* 三合薄透镜.

triple-tuned coupled circuit 三重调谐耦合电路.

trip'le-withdraw'al n. 三重回收.

trip'lex ['tripleks] a.; n. 三倍(部, 联, 重, 次, 层, 缸, 线, 芯)的, 三部分的, 由三个组成的(东西), 三元件物体, 三层不碎玻璃, 三作用, 发生三种效果的. *triplex cable* 三芯电缆. *triplex glass* 夹层(三层)玻璃. *triplex process* 酸性转炉, 平炉, 电炉三联炼钢法. *triplex pump* 三(汽)缸(式)泵. *triplex row* 三列(行)的. *triplex system* 三工制. *triplex winding* 三分绕组.

trip'lexer ['triplekse] n. (三发射机共用天线时)互扰消除装置, 三工(滤波)器.

trip'lexing n. 三联(口)法, 酸性转炉, 平炉, 电炉三联炼钢法.

trip'licate Ⅰ ['triplikit] a. 三倍(重, 乘)的, (一式)三份的, 重复三次的, (一式几份中的)第三份的. n. 三个一副, 三件一套, 一式三份之一, 三个相同物中的第三个. Ⅱ ['triplikeit] vt. 使增至三倍, 加三倍, 使....作成一式三份. *file the triplicate copy* 把第三份副本归档. *triplicate agreement* 一式三份的协议. *triplicate ratio* 三重比. *triplicate ratio circle* 三重比圆. ▲*in triplicate* 一式三份. *be drawn up in triplicate* 写成一式三份. *type a report in triplicate* (用打字机)把报告打一式三份.

triplica'tion [triplikeiʃən] n. 增至三倍, 三倍量, 作一式三份.

triplic'ity [trip'lisiti] n. 三倍[重], 三个一组(套).

triploblastica n. 三胚层动物.

trip'loid ['triploid] *a.*; *n.* (染色体)三倍(数)的;三倍体〔态〕.

trip'loidy *n.* 三倍性.

trip'ly *ad.* 三重. *triply degenerate* 三度简并. *triply periodic function* 三周期函数. *triply primitive* 三基(的).

tri-ply wood 三(层)夹板.

triply-folded horn-reflector 三折喇叭反射器.

tri'pod ['traipɔd] *n.* 三脚架(台,桌),三角架,三面角,三脚支撑物, *tripod derrick* 三脚起重机. *tripod dolly*(安放摄像机用)三脚矮橡皮轮车. *tripod landing gear* 三轮起落架.

trip'odal ['tripɔdəl] *a.* 有三脚的.

tri-point rock drill 三脚架式钻岩机.

tri'po'lar *a.* 三极的.

tripole antenna 三振子天线.

tripole-slide *n.* 三分画面.

Trip'oli ['tripɔli] *n.* ①的黎波里(利比亚首都) ②特里波利(黎巴嫩港口).

trip'oli (te) *n.* 硅藻土〔石〕,风化硅石. *tripoli(te) earth* 风化硅石,板状硅藻土.

tripol'ymer *n.* 三聚体.

tri'pos ['traipɔs] *n.*(英国剑桥大学)荣誉学位考试.

tripos'itive *a.* 带三个正电荷的(离子).

tripoten'tial *a.* 三电位的.

trip'-out *n.* ①(负载)减弱 ②断路,断开:关闭,停止,切断,跳闸,脱扣,甩负荷.

trip'-over stop 跳挡.

trip'per ['tripə] *n.* ①倾卸〔开底〕装置,倾料〔倾翻,抛掷〕器,自动倾卸车,(输送机的)卸料小车,自动翻车机,自动翻底机,钩杆〔子〕②断路〔跳开〕装置,分离〔接合,自动转换,自动脱扣〕机构 ③安全器,保险装置 ④(铁路)发信号装置 ⑤旅行者,远足者. *tripper conveyor* 自动倾卸输送机.

trip'ping-bar *n.* 脱钩〔跳闸,跳动〕杆.

tripropylborate *n.* 硼酸三丙脂.

tripropylene *n.* 三聚丙烯.

trip'tane ['triptein] *n.* 三甲基丁烷(飞机用高抗爆燃料).

tripterygine *n.* 雷公藤碱,雷公藤红.

trip'ton *n.* 非生物性悬浮物.

triptycene *n.* 三蝶烯.

trique'trous [trai'kwi:trəs] *a.* 三角〔面〕形的,有三角形横断面的,三棱的.

trirectan'gular *a.* 三直角的.

triroll gauge 三滚柱式螺纹量规.

trisaccharidase *n.*

trisac'charide 或 **trisac'charose** *n.* 三糖.

trisat'urated *a.* 三相饱和的.

tri'secant *n.* 三度〔三重〕割线.

trisect ['trai'sekt] *vt.* 把……三等分,三分,把……分成三份,把……截成三段. ~**ion** *n.*

trisec'trix *n.* 三等分角线,三分角.

tri-service *a.* 三军(陆,海,空)通用的.

trisilalkane *n.* 丙硅烷.

trisil'icate *n.* 三硅酸盐.

trislot *a.* (带)三槽的.

triso'dium cell'ulose 纤维素三钠.

tri'some ['traisoum] *n.* 三倍体染色体.

trisomic *a.*; *n.* 三体生物,三染色体的.

trison'ic *a.* 三声速的(亚声速,跨声速和超声速).

trison'ics *n.* 三声速,三声速(气动力)学.

trispor'ous *a.* 三孢子的.

tri'square *n.* 曲尺,矩.

tri'stable *a.* 三稳态的,三(重)稳定的.

tristate buffer 三态缓冲器.

tristearin *n.* (三)硬脂酸甘油脂.

tristetrahedron *n.* 三四面体.

tristim'ulus *a.* 三色激励〔刺激〕的. *tristimulus system of colour specification* 三部分定色系统. *tristimulus value* 三刺激值,三色值,三(色)激励值,三色视觉值.

trisub'stituted *a.* 三取代的.

trisul'fide *n.* 三硫化物.

trisul'fonate *n.* 三磺酸盐〔酯〕.

tri'syllab'ic ['traisi'læbik] *a.* 三音节的.

trisyll'able *n.* 三音节词.

trit *n.* 三进制数(位).

tritan'gent plane 三重切面.

tritanomalous vision 色弱.

tritanope *n.* 色弱(患)者,黄蓝色盲(病)者,第三色盲者.

tritano'pia 或 **tritanopsia** *n.* 第三型色盲,黄蓝色盲.

trite [trait] *a.* 用坏了的,陈腐的,老一套的,平凡的. ~**ly** *ad.*

triterpene *n.* 三萜(烯).

triterpenoid *n.* 三萜系化合物.

tri'(-)tet ['traitit] *n.* 三极-四极管. *tritet circuit* 三极四极管〔多谐晶体控制〕电路. *tritet oscillator* 多谐晶体(控制)振荡器,三极-四极管振荡器.

trithionate *n.* 连三硫酸盐.

trithioozone *n.* 臭硫.

trithiophosphite *n.* 三硫代亚磷酸盐(或酯).

tritiate *v.* 氚化. 用氚(使……)饱和. **tritia'tion** *n.*

tritiated *a.* 氚标记的.

tritide *n.* 氚化合物.

trit'ium ['tritiəm] *n.* 氚 T,超重氢 H^3 或 3H.

tritium-labelled *a.* 用氚示踪的.

tritol *n.* 三硝基甲苯,TNT.

tri'ton ['traitn] *n.* ①氚核(同位素 H^3 的核) ②三通,三硝基甲苯,TNT.

tritox'ide [tri'tɔksaid] *n.* 三氧化物.

tri-truck *n.* 三轮(卡)车,三轮载货汽车.

trit'urable *a.* 可研成粉的,可以粉化的,可研制的,可研磨的.

trit'urate ['tritjureit] Ⅰ *vt.* 捣〔磨,粉〕碎,把……研成粉(末),研制. Ⅱ *n.* 磨碎物. *triturated clay* 成粉粘土.

tritura'tion [tritju'reiʃən] *n.* ①捣(粉,磨)碎,研成粉,研制(法,术),作用),研磨法 ②研碎的粉末,药粉.

trit'urator ['tritjureitə] *n.* ①捣碎器,研体 ②磨粉〔研制]者(人).

tritu'rium [tju'mjuəriəm] *n.* 分液器.

trityl- (词头)三苯甲基.

trityla'tion *n.* 三苯甲基化作用.

tri'umph ['traiəmf] Ⅰ *n.* (大)胜利,成功(就),凯旋. Ⅱ *vi.* ①获得胜利,战胜,成功 ②热烈庆祝胜利,在欢. ▲**triumph over** 战胜,击败,克服,对……的胜利.

trium'phal ['traiʌmfəl] *a.* 凯旋(式)的,成功的,(庆

trium'phant 祝)胜利的. 祝捷的.

trium'phant [traiˈʌmfənt] *a.* ①胜利的. 成功的 ②(因胜利而)狂欢的. 得意(洋洋)的. ~**ly** *ad.*

trium'virate [traiˈʌmvirit] *n.* ①三头政治 ②三人一组.

tri'une [ˈtraiju:n] *n.* 三人一组. 三个一套.

triva'cancy *n.* 三空位.

triva'lence [traiˈveiləns] 或 **triva'lency** [traiˈveilənsi] *n.* 三价.

triva'lent [traiˈveilənt] *a.* 三价的. 三价染色体的. *trivalent alcohol* 三元醇.

trivec'tor *n.* 三维矢量.

triv'et [ˈtrivit] *n.* 三脚架[台]. 矮脚金属架. 短脚金属盘. ▲(as) right as a trivet 丝毫不错. 十分正确.

triv'ia [ˈtriviə] *n.* 琐事.

triv'ial [ˈtriviəl] *a.* 琐碎(平凡. 普通. 通俗)的. 无价值的. 不重要的. 无足轻重的. 微不足道的. 些微的. 浅薄的. *put the trivial above the important* 轻重倒置. *trivial loss* 轻微的损失. *trivial matter* 琐事. *trivial name* 俗名. *trivial restraint* 无用约束. *trivial solution* 明显[无效. 平凡. 无意义的]解. ~**ly** *ad.*

trivial'ity 或 **triv'ialism** *n.* 琐碎[事]. 平凡. 不足道的东西.

Trivium charontis (火星)沙隆提三角地.

tri'week'ly [ˈtraiˈwi:kli] I *a.; ad.* ①每三星期一次(的) ②一星期三次(的). II *n.* ①每星期出版三次的出版物 ②三周刊.

trizoic *a.* 三胞虫的.

Trk ＝ truck 卡车.

TRL ＝ transistor-resistor [transistor resistance] logic 晶体管电阻逻辑.

TRM ＝ test requirement manual 试验要求手册.

trmt ＝ treatment 处理. 加工.

tRNA ＝ transfer RNA 转移核糖核酸.

TRNBKL ＝ turnbuckle(松紧)螺套. 松紧螺旋扣. 螺丝接头.

trnsp ＝ transport 运输.

troche [trou] *n.* 锭[片]剂.

troch'lear *a.* 滑车(状)的. 滑车神经的. 软骨轮的.

troch(o)- [词头] 轮. 转.

tro'choid [ˈtroukɔid] I *n.* ①(长短辐. 辐点)旋轮线. (余. 次)摆线. 摆动②摆线管. 枢轴关节. 【解剖】滑车关节. II *a.* 滑车形的. 枢轴状的. 圆锥形的. *trochoid pump* 次摆线泵. 余摆线齿轮泵.

trochoi'dal [trouˈkɔidl] *a.* 摆动的. (余. 次)摆线的. 螺形的. *trochoidal mass spectrometer* 余摆线质谱仪. *trochoidal wave* 摆动波. 余摆线波.

trochom'eter [trouˈkɔmitə] *n.* 里程[速度]表. 车程[路程. 轮转]计. 计距器.

trochotron *n.* 余摆(磁旋)管. 磁旋转管. 摆线(磁控)管. 多电极转换电子管. 电子转换器. (分光计型)摆动计. *coaxial trochotron* 共轴余摆磁旋管.

trochotron-trochoidal magnetron 磁旋[余摆]管.

troctolite *n.* 橄长岩.

trod [trɔd] *v.* tread 的过去式.

Trodaloy *n.* 铜镍合金(铜 97%. 镍 0.4%. 其余钴; 或铜99.5%. 镍 0.1%. 其余钴).

trod'den [ˈtrɔdn] *n.* tread 的过去分词.

troegerite *n.* 砷铀矿.

troi'ka [ˈtrɔikə] *n.* 三驾马车.

troi'katron *n.* 特罗伊卡特隆(计划达到三千亿电子伏的一种加速器).

troilite *n.* 硫铁矿. 陨硫铁.

Trojan asteroid 脱乙型央小行星.

Tro'jan horse 特洛伊木马.

troland *n.* 托兰. 特罗兰得(视网膜所受光刺激单位).

trolite *n.* 特罗里特(一种塑胶绝缘材料).

trolitul *n.* 一种聚苯乙烯塑料.

troll [troul] *v.; n.* 旋(轮)转. 回旋.

trol'(l)ey 或 **trol'ly** [ˈtrɔli] I *n.* ①手推车.(装有脚轮的)小车.(桥式起重机的)横行小车. 台车 ②运输车.(铁路)手摇小车. 搬运车. (铁路)巡道[查道]车. 矿车. (铁路)手摇[查道]车. (铁路)手摇货车皮. 轨道自动车. 轨道小车 ③(美国)有轨电车. 缆车. (英国)无轨电车. 车架电车. 空中吊运车. 桥式吊车 ⑤(电车上和架空电线接触的)触轮. 滚轮. 滑接点. 接触导线. 电车线. 辊轴①滚动. 轨道)式集电器. 杆形受电器[集电器]. II *v.* 用手推车[电车. 吊运车等]载运. 乘坐电车[手摇车. 查道车]. *crucible trolley* 坩埚推车. *lateral trolley* 侧滑车. *launching trolley* 发射车. 起动车. *towing trolley* 拖[牵引. 曳引]车. *trolley bus* 无轨电车. *trolley car* (触轮式. 无轨. 有轨)电车. *trolley conveyer* 吊式输送机. *trolley cord* 空中吊运车绳索. 电车绳索. *trolley exhaust* 活动排气台排气. *trolley ladle* 单轨吊包. 悬挂式浇包. *trolley pole* (电车)触轮杆. 接电杆. *trolley track* 门型滑轨. *trolley train* 电车. *trolley wheel* 触[滚. 滑]轮. *trolley wire* (电车)的架空(滑接)线.

trolley-launched *a.* 轨道车上发射的.

trollixanthin *n.* 金莲花黄质.

trombone' [trɔmˈboun] *n.* 【音】长号. 拉管.(长度)可调(节的)U 形波导节[回旋曲线].

trom'mel [ˈtrɔməl] I *n.* 鼓. 转筒(筛).(滚)筒. 滚筒[回转]筛. 洗矿(滚)筒. 扇车卷筒. II *v.* 转筒筛选

trommel roll (钢)管壁减薄轧机.

Tromolite 特罗莫赖特烧结磁铁.

tromometer *n.* 微震计. 微地震测量仪.

tro'na [ˈtrounə] *n.* 天然碱. 天然苏打. 碳酸钠石. 二碳酸氢三钠.

Trond'heim [ˈtrɔnheim] *n.* 特隆赫姆(挪威港口).

trond(h) jemite *n.* 奥长花岗岩.

troop [tru:p] I *n.* (常用 pl.)军[队]. 部队. II *v.* 聚集. 成群结队地走. *air troops* 空军. *missile troops* 导弹部队. *regular troops* 正规军. *station* [withdraw] *troops* 驻[撤]军. *troop carrier* 部队运输机[船]. ▲*a troop of* 一队[群. 团]. 大量. 许多. *a fresh troop of protons* 一群新质子. *troop together* [up] 集合. 聚拢. 群集.

troop'er [ˈtru:pə] *n.* ①骑兵. 伞兵 ②部队运输船.

troo'stite [ˈtru:stait] *n.* ①屈氏[托氏]体 ②锰硅锌矿.

troosto-sorbite 屈氏-索贝体.

trop [trou] 〔法语〕 *de trop* 多余的. 无用的. 不需要的. 不受欢迎的. 挡路的. 碍事的.

tropacocaine *n.* 托把柯卡因.

trop'adyne [ˈtrɔpədain] *n.* 超外差电路. 自身振荡超外差接收机.

tropane *n.* 托品烷. 莨菪烷.

trope [troup] *n.* ①【数】奇异切面 ②转义. 比喻.

Tropenas converter 侧吹转炉.
tropeolin D 金莲橙 D, 甲基橙.
trophallaxis n. 动物换食行为.
troph'ic a. 有营养的, 有关营养的.
trophobiont n. 营养共生者.
trophobio'sis n. 营养共生.
trophoblastohor'mone n. 营养膜激素.
troph'ocyst n. 营养孢囊.
troph'ocyte n. 营养细胞, 滋养细胞.
trophol'ogy n. 营养学.
trophonu'cleus n. 滋养核, 大核.
troph'ophase n. 生长期.
troph'ophyll n. 营养叶.
troph'oplasm n. 滋养质, 体质.
trophotaxis n. 趋营养性.
trophother'apy n. 营养疗法, 饮食疗法.
trophotropism n. 向营养性.
trophozoite n. 滋养体(原虫).
trop'ic ['trɒpik] Ⅰ n. 回归线. (pl.) 热带(地方), Ⅱ a. 热带(地方)的. *Tropic of Cancer* 北回归线, 夏至线. *Tropic of Capricorn* 南回归线, 冬至线. *tropic tide* 回归潮, 热带潮.
trop'ical ['trɒpikəl] a. ①热带(地方,似)的, 回归线下的 ②酷(炎)热的, 热烈的 ③转义的, 比喻的. *tropical climate* 热带气候. *tropical month* 【天】分至月. *tropical revolution* 【天】分至周. *tropical storm* 热带风暴. *tropical wood* 热带硬(木)材. *tropical year* 回归(分至, 太阳)年. ~ly ad.
trop'icalise 或 trop'icalize ['trɒpikəlaiz] vt. 使(设备)适应热带气候条件, 使热带气候处理, 对....采取防湿热措施, 使热带化. **tropicalisa'tion 或 tropicaliza'tion** n.
trop'icalized a. 耐热的, 不怕热的, 适于在热带工作的, 适应热带气候的.
trop'ide n. 托品(亚)交酯.
tropin n. 亲(菌)素, 调理素.
tropina n. 菌体蛋白.
tropine n. 托品, 莨菪碱.
tropinone n. 托品酮, 莨菪酮.
tro'pism ['troupizm] n. 趋性, 向性.
tropkd = tropically packed 热带包装.
tropo = tropospheric scatter communication 对流层散射通信系统.
tropo- [词头] 变化.
tropocollagen n. 原胶原(蛋白).
tropoelastin n. 弹性蛋白原.
trop'ogram n. 对流图(对流层内的高空气象图).
tropolone n. 托酚酮, 环庚三烯酚酮.
tropomyosin n. 原肌球蛋白.
troponin n. 肌钙蛋白.
tropopar'asite n. 转主寄生.
trop'opause ['trɒpoupɔːz] n. 对流层顶, 对流层上限, 休止层.
trop'oscatter n. 对流层散射.
trop'osphere ['trɒpəsfiə] n. 对流(运流)层.
tropospher'ic ['trɒpə'sferik] a. 对流层的. *tropospheric radio system* 对流层散射通信系统. *tropospheric wave* 对流层反射波.
trop'osystem n. 对流层散射通信系统.

trop'otactic a. (动物) 刺激趋应的.
tropotaxis n. 刺激趋应性.
tropotron n. 一种磁控管.
tropto (-) **meter** n. 测扭计, 扭转仪, 扭力计, 扭角仪.
TROS = transformer read-only store 变压器只读存储器.
trot [trɒt] n. 逐字译本. v. 小跑, 疾走. ▲*trot out* 炫耀, 提出....供考虑(批准).
trot'toir ['trɔtwɑː] (法语) n. 人行道, 步道.
tro'tyl ['troutil] n. 三硝基甲苯, TNT. *cast trotyl* 铸装 TNT.
trou'ble ['trʌbl] Ⅰ n. ①忧虑, 苦恼, 麻烦(的事), 困难(的事), 辛苦, 负担 ②故障, 事故, 毛病, 损坏(伤), 干扰, 失调(效, 灵), 微变化, 小挠动, 超载, 超负荷 ③效应(某种)的, 灾祸. Ⅰ v. (使)苦恼, (使)忧虑, (使)为难, 费心, 麻烦, 扰乱, 使激动. *microphony trouble* 颤噪声干扰. *sky-wave trouble* 天波干扰. *trouble back jack* 故障(障碍)信号塞孔. *trouble lamp* 故障指示灯. *trouble locating* 寻找故障, 排除故障. *trouble man* [shooter] 故障检修员, 消除故障的人. *trouble shooting* 探伤, 故障探寻(检修). *trouble spot* 弱点, (容易)出故障处, 故障点. *troubled waters* 混乱状态, 波涛汹涌的海. ▲*be a trouble to* 对....是一件麻烦(困难)的事. *be at the trouble of +ing* 特意, 专门(费劲地)去(做). *be beset with troubles both at home and abroad* 内外交困. *be troubled with* [by] 因....而苦恼. *get into trouble* 引起指责, 陷入困境. *get into trouble with* 弄得同....闹纠纷. *go to the trouble of +ing* 特意, 专门(费劲地)去(做), 不辞辛劳地(做). *have trouble to +inf.* (做)很费事. *in trouble* 为难, 处于困境. *shoot trouble* 寻找(消除)故障. *take the trouble to +inf.* 不怕麻烦去(做). *The trouble is that....* 麻烦的是, 困难在于. *The trouble is with....* 麻烦(问题)在于. *(to) fish in troubled waters* 混水摸鱼. *trouble oneself to +inf.* 不辞辛劳地(做), 特意. *What's the trouble with....?* ....出了什么毛病?
troub'le-free a. 无故障的, 无毛病的, 不发生事故的, 无错的, 不间断的, 不停顿的, 安全的, 可靠的.
troub'le-locating n. 故障检寻(找寻, 追查, 探测).
trouble-location problem 故障定位(试验)题.
troub'le-proof a. 防(无)故障的, 安全的, 不间断的, 不停顿的.
troub'le-saving a. 预防故障(事故)的.
troub'leshoot ['trʌbl∫uːt] v. 寻找(检查及排除)故障, 消除, 排除故障. 消除故障, 调试(整), 发现缺点.
troub'leshoot'er n. (故障)检修员.
troub'lesome ['trʌblsəm] a. 困难的, 麻烦的, 易出故障的, 讨厌的. *troublesome problem* 难题. ~ly ad. ~ness n.
troub'ling n. 浊度, 浑浊性.
troub'lous ['trʌbləs] a. 扰乱的, 动乱不安的, 多事故的.
trough [trɒf] Ⅰ n. ①(水, 油, 长, activ海, 地, 输送, 灰浆)槽, 盆, 长而浅的容器, (地, 海)沟, 渠, (低, 波)谷, 阱, 喇叭口, 溜子, 中间包, 中间流槽 ②凹点(处, 坑, 陷), 曲线上的极小值, (激波后的)尾流 ③导板, 电缆架(沟, 槽) ④槽钢 ⑤【气象】槽形低(气)压低压槽. Ⅱ a. 槽形的. Ⅲ v. 开槽(沟). *cable trough* 电缆(走线)槽, 电缆暗槽, 电缆走线架. *oil trough* 润滑油槽. *pneumatic trough* 集气槽. *potential trough* 势(位)谷. *splash trough* 溅油槽[滑油池]. *trough axis* 槽轴, 向斜轴. *trough beam* 槽形[双山形]梁. *trough bend* 弯槽. *trough limb* 向斜翼, 底翼, 槽翼. *trough plate* 槽形板. *trough roof* M形屋顶. *troughed belt (conveyer)* 槽式皮带(运输机). *trough(ing) conveyer* 槽式运输机. *wave trough* 波谷.

troupe [tru:p] n. 剧团, 杂技团, 马戏团. *Beijing opera troupe* 京剧团.

trou'sers ['trauzəz] n. (pl.)裤子; 整流具.

trout [traut] (pl. *trouts* 或 *trout*) n.; vi. 鳟鱼, 捕鳟鱼.

trow'el ['trauəl] Ⅰ n. 镘(泥, 瓦, 砂, 修平)刀, 抹子, 路面清缝镘, 小(泥)铲, 灰匙. Ⅱ (*trow'el(l)ed*; *trowel(l)ing*) vt. 用镘(泥)刀涂抹(修平, 拌和), 镘光, 勾缝. *trowel adhesive* 高粘度粘合剂. *trowel coating* 镘涂层. *trowel finish* 镘平, 镘抹面. *trowelled trowel surface* 镘光表面. ▲*lay it on with a trowel* 用镘刀涂抹, 大事宣扬.

troy [trɔi] Ⅰ n. 金衡(制). Ⅱ a. (用)金衡制(表示)的. *troy ounce* 英两(金衡. = 480格令. 约31.10261g).

TRPL = terneplate 镀铅锡钢(铁)板(镀以4:1的铅锡合金).

TRQ = total requirements 总需要量, 总要求.

TRR = tactical range recorder 战术距离(航程)记录器, 战术测距仪.

trs = transpose 移置(项), 调(变)换.

TRS = ①test requirement specification 试验技术规范 ②third readiness stage 三级准备阶段.

trt = ①heat treated 热处理的 ②turret 转台, 六角转头.

TRTL = transistor-resistor-transistor logic 晶体管-电阻器-晶体管逻辑.

truck [trʌk] Ⅰ n. ①卡车, 运货(载重)(汽)车 ②手推(老虎)车, 矿车, (摄像机)移动车 ③(铁路)敞车, (铁路)无盖货车 ④转向架 ⑤滚轮, 滚轴 ⑥交易(换), 打交道, 来往. 以物易物, 买卖 ⑦实物工资(制) ⑧蔬菜. Ⅱ vt. ①装上卡车, 用卡(货)车载运 ②驾驶卡(货)车 ③交换(易), 打交道. 以物易物. *air truck* 货运飞机. *coupled truck* 拖挂式载重车. *crane truck* 汽车(式)起重机. *flat truck* 平板车. *fork truck* 叉式起重车. *front truck* 前转向架, 导轮. *lift truck* 起重车. *motor truck* 载重(运货)汽车. *oil truck* 油罐(槽)车. *straddle truck* 龙门式(架下)吊运车. *tank service truck* 加油车. *tip truck* 自动倾卸车. *truck ladle* 浇包车. *truck loader* 自动装卸机. *truck system* 实物工资制. *truck trailer* 载重拖车. *truck tyre* 载重轮胎. *truck with bottom dump body* 底卸式货车. *truck with end dump body* 后卸式货车. *trucking area* 汽车货运服务区. *trucking operation* 汽车货运业务. ▲*have no truck with* 不跟....打交道(来往), 同....毫无关系.

truck'le ['trʌkl] Ⅰ n. 小(滑)轮. Ⅱ v. 靠小脚轮移动, 用小脚轮使移动.

truck-mixer 或 **truck-transit mixer** 汽车式拌和机, 混凝土拌和车.

truck-type switch-gear box 引出形配电箱, 无盖式配电开关箱.

truc'ulence ['trʌkjuləns] 或 **truc'ulency** ['trʌkjulənsi] n. ①好战(斗) ②致命性, 毁灭性. **truc'ulent** a.

trud count = time remaining until dive count (导弹从)发射到(达最高点开始)下落的计时.

trudge [trʌdʒ] v.; n. 长途跋涉.

true [tru:] Ⅰ a. ①真(实, 正)的, 实在的, (确)实际的, 纯粹的. 忠诚(实)的 ②正(确)的, 准(确)的, 平衡的 ③理想的, 确切的, 合法的 ④安装得正确的. Ⅱ n. ①选中(状态), 正确的位置[调节], 正, 准, 精确 ②真实(理) ③【数】成立. Ⅲ ad. 真实(真正, 正确)地. Ⅳ vt. 调整, 配准, 装准, 装准, 摆正, 校正, (精密)修整, 精修, 整形, 修正, 整平, 矫直, 配齐, 打砂轮. *true aim* 瞄准. *make a true estimate of* 对....作正确的估计. *tell the true from the false* 分辨真伪. *true airspeed* 实际空速. *true annealing* 全退火. *true colour fidelity* 彩色逼真度. *true complement* 真余(补)数, 补码. *true dip of a layer* 地层真倾角. *true fault* 真实故障, 实际误差. *true form* 真实的形状. 【计】原始形式. *true growth rate* 真(瞬时)生长率. *true horsepower* 实际(指示)马力. *true judgement* 正确的判断. *true power* 有效(实际)功率. *true rake angle* 真)前角. *true slump* 真坍落度. *true stress* 真(实际)应力. *true subgrade* 完全符合设计要求的路基. *true table* 真值表. *true time* 实时. *true to shape* 形状正确的. *true to size* 尺寸准确的. *true type* 理想类(体)型. *true value* 真实值. *tru(e)ing face* 修正面. *tru(e)ing unit* 整形(精密修整)装置. ▲*as true as a die* 绝对真实(可靠). (*as*) *true as steel* (flint, touch) 极其真实, 绝对可靠. (*be*) *in true* (装得)部位很正. 很准确. (*be*) *out of* (*the*) *true* 不准确. (机械的一部分)部位不正(有毛病). (*be*) *true for* (*of*)对....成立(适用). 符合于. 对....来说是正确的. (*be*) *true of all cases* 对所有情况都是适用的. (*be*) *true to nature* [*life*] 逼真(的). (*be*) *true to one's name* 名符其实. (*be*) *true to one's trust* 忠于其任务, 没有辜负....的信任. (*be*) *true to one's word* 不背其言, 守约. (*be*) *true to the original* 忠实于原文. (*be*) *true to type* 典型的, 标准型的. *come true* 成为事实. 实现. 达到. *hold true* 有效. 适用. 是正确(成立. 真实)的. *It is true, but* 果然不错. 但是. *make true* 调节, 校准. *say it were true* 假定属实. 倘若是真. *the opposite is true of* ....的情况(则, 却)相反. *the reverse is true* (情况)就[正好]相反. *the same is true* 同样如此(有效). *the same is true of* .... 也是同样正确. .....的情况也是一样的. *True* (*enough*)...., *but*.... 当然(固然), 的确, (果然)不错, 但是.... *true up* 校(调)准, 配准(一), 校(摆)正, 整形, 安装得正确.

true-amplitude recovery 真振幅恢复.

true-bred a. 有教养的, 血统纯正的, 纯种的.

true'hearted a. 忠实(诚)的.

true′ness n. 精〔准确〕度,真实(性),正確,认真,纯粹,忠实.

tru′er n. 整形〔校准〕器.

true′-up n. 校〔调,配〕准,整形,安装得正确.

truf′fle n. 松露(块菌).

tru′ism ['tru(ː)izəm] n. 自明之理,明明白白的事情,陈词滥调,老生常谈.

tru-lay (钢丝绳的)不松散.

tru′ly ['truːli] ad. ①真实地,确实地,完全地,正确地,有理地 ②老实说,事实上. *truly linear* 完全线性的. *Yours truly* 或 *Truly yours* (信末署名前用客套话)您的忠实的.

trump [trʌmp] I n. ①王牌,最后的手段 ②喇叭(声),管,号声. II v. ①出王牌,拿出最后手段 ②超〔胜〕过. ▲*hold some trumps* 手里还有王牌,有必胜把握. *play a trump* 出王牌. *play one's trump card* 拿出王牌,用最后的手段. *put one to his trumps* 使人打出王牌,逼得人束手无策. *trump up* 捏(假)造(出). *turn up trumps* 结果意外的好,结果较预期为好(出乎意料地)令人满意.

trumped-up a. 捏造的.

trum′pery ['trʌmpəri] I n. 废物(话),中看不中用的东西. II a. 华而不实的,虚有其表的,无用的,肤浅的

trum′pet ['trʌmpit] I n. 喇叭(声),小(军)号,喇叭形的东西,漏斗状(筒,浇口),中心锥的人喇叭形口,(铸锭)中注管,底注管. II v. 吹嘘,鼓吹,传播,吹喇叭. *a flourish of trumpets* 大肆宣扬. *exhaust trumpet* 喇叭形排气管. *speaking trumpet* 扩音器,喇叭筒. *trumpet bell* 浇注漏斗. *trumpet call* 号声,紧急的召唤. *trumpet log* 号角测井. *trumpet metal* 管乐(器)黄铜(铜 67～75%,锌 21～31%,硅 1.75～5%). *trumpet type interchange* 喇叭式立体交叉. ▲*blow one's own trumpet* 自吹自擂,自负.

trum′peter n. 号兵,吹鼓手.

trun′cate ['trʌŋkeit] I vt. ①切〔削〕掉...的头〔末端〕,截去...的顶端〔末端〕,截短头,尾,断,去),缩(修)短,截去(晶体的棱角)使成平面 ②【数】舍位(项). II a. 顶〔端〕平头的,平截的,截(顶,头,短,状)的,【数】斜截头的,缩短了的,不完全的.

trun′cated a. (斜,截)截的,截去顶的,平切的,缩短了的. *truncated anticline* 削蚀背斜. *truncated cone* (斜)截(头)锥(体). *truncated error* 截断误差. *truncated normal distribution* 截尾(截断)正态分布. *truncated octahedron* 平截八面体. *truncated paraboloid* 截抛物面. *truncated tip* 锥头电极.

trunca′tion [trʌŋ'keiʃən] n. ①截(断,去,尾),削,平切,切削,使尖端钝化,缺棱 ② 【数】舍位(项). *truncation error* 截断〔截短,舍位,舍项,不含入〕误差.

trun′dle ['trʌndl] I v. (使)滚(转)动,推〔拖〕动,使旋转. II n. ①小(脚)轮,滑(滚)轮,灯笼(式)小齿轮,转轴颈 ②手车,矮轮手推车,无盖货车.

trunk [trʌŋk] n. ①树(躯)干,主干,本,主体 ②主要部分,柱身(塞),筒形活塞,发动机,筒形结构,围壁通道 ③干线(管),简(风)道,中继(线),线路),连接线(路),局内线,(pl.)长途电话 ④信息通路 ⑤固定接头 ⑥(线,洗矿)槽,管(杆),(通风)筒,通风道 ⑦皮〔衣〕箱,(车厢)行李箱 ⑧【气】龙卷漏斗柱. I a. ①树(躯)干的,干线的 ②箱形的 ③有简管的. II v. ①封闭在管(筒)里 ②中继 ③在槽中洗选(矿石). *air trunk* 通风(气)总管. LD [long-distance] *trunk* 长途(长距离)中继线. *trunk boiler* 筒状火管锅炉. *trunk busy* 中继占线. *trunk call* 长途电话(呼叫). *trunk control* 通道控制. *trunk demand circuit* 立接(即时转接)电路. *trunk engine* 筒状活塞发动机. *trunk exchange* 长途电话局. *trunk hatch* 上升降口. *trunk hunting* 长途自动寻线. *trunk hunting connector* 中继线寻机机. *trunk junction* 长途中继线. *trunk line* 干线,中继(长途)线. *trunk piston* 柱塞,筒状活塞. *trunk road* 干线道路,干道. *trunk tone* (长途)拨号音. *vortex trunk* 涡核线.

trunk′-call ['trʌŋkɔːl] n. 长途电话.

trunk-engine n. 筒(状)活塞发动机.

trunk′ful n. 一满箱,许多.

trunk′ing n. 线槽,(通风)管道,中继. *trunking loss* 管道损失. *trunking scheme diagram* 中继(系统)图.

trunk-line office 长途电话局,干线局.

trunk′-piston n. 筒状活塞,柱塞.

trun′nion ['trʌnjən] n. 耳(枢)轴,炮耳,凸(简)耳,空枢,枢销,轴颈,箱轴,万向节 ③十字头. *bomb's trunnion* 还原弹的轴耳. *support trunnion* 支座(枢)耳. *trunnion carrier* (离心)管套座. *trunnion joint* 耳轴式万向接头.

trun′nioned n. 有耳轴的,有炮耳的.

truss [trʌs] I n. ①(一)捆,把,束,串 ②桁(构)架,桁梁,构架工程. II vt. ①捆,扎,系 ②用桁(构)架支持,用桁结构支持,增添刚性,加固. *arch truss* 拱桁. *composite truss frame* 组合桁架,混合构架. *deck truss* 上承(式)桁架. *girder truss* 桁架梁,梁构桁架. *jack truss* 次要桁架. *joggle truss* 拼接桁架. *king truss* 单柱桁(梁)架(接构架,主桁架. *truss roof* 屋架. *truss arch* 拱形桁架. *truss bolt* 桁架(地脚)螺栓,锚栓. *truss bridge* 桁架桥. *truss frame* 桁架. *truss head rivet* 大圆头铆钉. *truss head screw* 大圆头螺钉. ▲*truss up* 捆扎,扎紧.

trussed a. 桁架(构)的,构成的. *trussed bridge* 桁架桥. *trussed frame* 桁架式构架. *trussed pole* 桁构式杆(丁).

truss′framed a. 桁(构)架扎.

truss′ing n. 桁架系统,捆扎.

trust [trʌst] n.; v. ①信任(赖,用),相(确)信 ②委信任,托管,存放,依靠 ③责任,义务,职责 ④信心,希(企)望 ⑤赊售(给) ⑥信(委)托物 ⑦联合企业,托拉斯. *to be trusted* 可以信任的,信得过的. *trust company* 信托公司. *trust deed* 信(委)托书. *trust quark* t 夸克,可靠夸克. *trusted program* 受托(委托)程序. ▲*buy on trust* 赊购. *enjoy the trust of* ...得到...的信任. *fulfil one's trust* 尽责. *have [put, repose] trust in* ...信任(信赖,相信). *hold [be in] a position of trust* 担任负责的工作. *leave in trust* 委托. *on trust* 不加考察地,不看证据地,不作深究地. *sell on trust* 赊售. *take a trust on oneself* 负责任. *take...on trust*

对…不加考察信以为真. **trust M for N** 把 N 赊卖给 M. **trust in〔on〕** 信任〔仰〕,相信. **trust to** 依赖于. **trust M to N 或 trust N with M** 把 M 委托给〔托付给〕N. **trust to M for N** 信任 M 而托之以 N, 就 N 而信任 M.

trust'ful ['trʌstful] *a.* 信任(他人)的,深信不疑的. ~ly *ad*.

trust'ify ['trʌstifai] *v.* (把…)组成托拉斯.

trust'ily *ad.* 忠实的,可信赖的,确实的.

trust'ing ['trʌstiŋ] *a.* 相信的,信任(他人)的,深信不疑的. ~ly *ad.*

trust'worthy ['trʌstwə:ði] *a.* 值得信赖的,可信赖〔任〕的,确实的,可靠的. **trust'worthily** *ad.* **trust'-worthiness** *n.*

trust'y ['trʌsti] *a.* 可信赖的,可靠的,深信不疑的.

truth [tru:θ] *n.* ①真(实,相,理,值),忠实,事实,实际情况 ②真实〔正确,准确,精确〕性,精确度. *seek truth from facts* 实事求是. *stand truth on it's head* 颠倒是非. *the hard truth of facts* 铁一般的事实真相. *truth and falsehood* 真理与谬误. *truth function* 真值函数. *truth table* 真值表. *truth value* 真值. *universal truth* 普遍真理. *uphold the truth* 坚持真理. ▲*in (all) truth* 或 *of a truth* 说实在话,实际上,实在,的的确确如此. *out of truth*(安装中,调整得)不准确,有毛病. *speak〔tell〕the truth* 说真话, 说实话. *The truth is (that)* …真相〔实际〕是, 实则. *to tell the truth* 或 *truth to tell* 老实说,说实话,实际上. *truth to life* 逼真.

truth'ful ['tru:θful] *a.* 真(正,实)的,符合实际的,诚〔如)实的. *truthful cycle* 真循环. ~ly *ad.* ~ness *n.*

truth'less ['tru:θlis] *a.* 不忠实的,不可靠〔信〕的,虚伪的.

TRVM = transistorized voltmeter 晶体管(化)伏特计.

try [trai] I *v.* (**tried**; **try'ing**). Ⅱ *n.* ①(尝)试,试验(用,行),考验 ②试〔企〕图,力求,努力 ③(通过试验或调查)解决,决定 ④校准,为…最后加工,刨光 (up) ⑤审讯〔判〕. *cut and try method* 或 *try and error method* 尝试〔试探,试验,试凑,逐次逼近〕法. *Every instrument is tried before it is packed.* 每一件仪器包装前都经过试用检验. *try an experiment* 进行试验. *try plane* 平〔大,长〕刨. *try square* 矩〔曲,直角〕尺,验方角规〔尺〕. ▲*have a try at 〔for〕it* 试试看,试〔它〕一试. *try and + inf.* = *try to + inf. try back*(回来)再试一试,重新回到原来的话题). *try every means* 用各种手段,用尽方法. *try for* 企图达到,争取,立志要…(谋)求. *try…for + ing* 试验…以便(做). *try + ing* 试试看,试着(做). *try using* 试用. *try on* 试穿. *try one's best 〔hardest〕* 尽全力(做). *try one's hand at + ing* 着手试(做),试行. *try out*(彻底)检验[用],充分,完全试出,试出,量…的纯度,提〔精〕炼,筛矿. 参加选拔赛. *try the effect out* 完全试出结果〔效果〕. *try to + inf.* 设法(尽力试图)(做).

try-and-error method 试探〔尝试,逐次逼近〕法.

try'ing *a.* ①难受〔堪〕的,痛苦的,费劲的 ②考验的,困难的. *trying situation* 尴尬的局面,难处的情况.

try'off *n.* 铸型的试合箱,验箱.

try-on *n.* 试用〔验〕;耍花招,欺骗.

try'out ['traiaut] *n.* ①(示范性)试验,检验,试用,尝试 ②试〔预〕演,选拔赛.

tryp'afla'vine *n.* 吖啶堺,锥虫黄.

trypanosomato'sis 或 **trypanosomi'asis** *n.* 锥虫病.

Trypanosomidae *n.* 锥虫科.

tryp'sin *n.* 胰蛋白酶.

trypsiniza'tion *n.* 胰酶消化.

trypsinogen *n.* 胰蛋白酶原.

tryptamine *n.* 色胺.

tryptone *n.* 胰(蛋白)胨.

tryptophanase *n.* 色氨酸酶.

tryptophan (e) *n.* 色氨酸.

tryptophanyl *n.* 色氨酰(基).

tryptophol *n.* 色醇, β-吲哚乙醇.

tryp'tose *n.* 胰蛋白胨.

TS = ① taper shank 锥形柄 ② temperature switch 温度开关 ③ tensile strength 抗拉强度(极限),拉伸强度 ④ test solution 试(溶)液 ⑤ toll switching stage 长途电话转换级 ⑥ tool steek 工具钢 ⑦ top secret 绝密 ⑧ tracking system 追踪系统 ⑨ transient state 瞬态 ⑩ tumbler switch 翻转〔起倒〕开关,凸件起动开关.

ts = transient storage time 瞬态存储时间.

T/S = ① telescopic sight 望远镜式瞄准具 ② test stand 试验台.

TSA = two-step antenna 二级〔两节〕天线.

tsar [zɑ:] *n.* 沙皇,大权独揽的人物.

tsar = telemetry system application requirements 遥测系统使用要求.

tsar'ism ['zɑ:rizm] *n.* 沙皇制,专制统治.

tsar'ist ['zɑ:rist] *a.* 沙皇(式,时代)的,专制的.

tsat = temperature of saturation 饱和温度.

TSB = ① thrust section blower 推力舱增压器 ② twin sideband 双边(频)带.

TSC = two subcarrier system (彩色电视的)双副载波系统.

TSCO = top secret control officer 绝密控制〔管理〕员.

TSE = test support equipment 试验辅助设备.

TSE image multiplier 透射二次发射像增强器.

T-section *n.* T 形৷栅〔剖〕面, T 形钢, T 形(电路)节. *T-section filter* T 形(T 节)滤波器.

T-series *n.* 波导管串联 T 形结.

tsfr = transfer.

T-shaped *a.* T 形(截面)的,丁字形的.

tsi = tons per square inch 吨/英寸².

TSIL = time significant item list 时间性很强的项目单.

TSL = ① test stand level 试验台高度 ② three-state logic 三态逻辑 ③ thrust at sea level 在海平面的推力.

T-slot *n.* T 形槽.

TSM = tape supply motor 纸〔磁〕带供电动机.

tsmt = transmit.

TSO = ① technical standard order 技术标准规程 ② thrust section observer 推力舱观察者.

TSOSC = test set operational signal converter 试验装置操作信号变换器.

tsp = ①teaspoon 茶匙 (4mL) ②teaspoonful 一茶匙容量.

TSQ = time and super quick 时间和超速的.

T-square *n.* 丁字尺.

TSRE = tropospheric scatter ratio equipment 对流层散射无线电通信设备.

TSS = ①target selector switch 目标选择器开关 ② time sharing system 分时[时间分配]系统, 时分制.

TSs = terminal strips 端子板.

TS&SCP = task, schedule, and status control plan 任务、进度和情况控制计划.

TST = test 测验, 试验.

TST even = test even 偶次谐波测试.

TST odd = test odd 奇次谐波测试.

TST PRM = test parameter 试验参数.

TSTA = tumor specific transplantation antigen 肿瘤特异性移植抗原.

T-steel *n.* T 形钢, 丁字钢.

TSTR = transistor 晶体管.

TSTS = ①thrust structure test stand 推力结构试验台 ②tracking system test stand 追踪系统试验台.

TST-W = test-wire 测试线, C 线.

TSU = transfer switch unit 转换开关装置.

Tsugaresinol *n.* 铁杉树脂醇.

tsunami [tsu'nɑːmi] *n.* 海啸[震], 地震海浪, 津浪(波).

Tsu'shima Strait 对马海峡.

TSW = test switch 试验开关.

TT = ①target time (炮弹等) 飞行时间 ②telegraphic transfer 电汇 ③teletype (-writer) 电传打字(电报)机 ④thrust termination 推力结束 ⑤towed target 拖靶 ⑥triple formex 三轨录音放音磁带 ⑦true track 真方向.

T/T = telegraphic transfer 电汇.

TTA diagram 时间、温度、奥氏体化曲线.

TTA = thenoyltriflu-oroacetone 噻吩甲酰基三氟丙酮.

TTC = ①telephone toll call 长途电话呼叫 ②terminating toll center 终端长途电话局 ③terminating trunk center 终端长途电话局.

TTCE = tooth to tooth composite error 齿间[齿隙, 齿到齿] 组合误差 (例如齿厚的变化, 齿顶的偏差, 齿的调整误差, 相邻齿节的误差).

TTDR = tracking telemetry data receiver 追踪遥测数据接收机.

TTE = ①temporary test equipment 临时试验设备 ②tentative tables of equipment 设备暂定目录, 试行设备[装备] 表 ③trailer test equipment 拖车试验装置.

t-test *n.* t-检验, t 测验法.

T-time = ①time for test-firing 试验发射时刻, 发射前计时的终了时刻, 发射按钮时刻 ②the time measured before and after missile firing (e.g. T+1 hour, T-2 minutes) 导弹发射前后的测量时间 (如 T+1 小时, T-2 分钟).

TTL = transistor-transistor logic 晶体管-晶体管逻辑(电路).

TTL-compatible phototube 与晶体管晶体管逻辑电路相容的光电管.

TTPC = target trajectory preparation center

TTR = ①target track (ing) radar or target-tracking radar 目标跟踪雷达 ②thermal test reactor 热中子试验反应堆 实验件热中子反应堆.

T-track *n.* T(型)径迹, 锤形径迹.

T-traffic = truck traffic 货车交通.

ttst = teletypewriter station 电传打字电报站, 电传打字电报机电报局, 电传打字电报机用户.

TTT = time-to-target 接近目标时间.

T-T-T curve 时间温度变态曲线, 奥氏体等温度变态曲线.

TTT diagram 时间-温度-转变图, 奥氏体恒温转变曲线图, C 曲线.

TTU = tracer test unit 追踪试验装置.

T-tube *n.* T 形管.

TTY = teletypewriter 电传打字(电报)机.

T-type highway T 型[货运] 公路.

TU = ①thermal unit 热量单位 ②transmission unit 传输单位 ③tube 电子(真空)管 ④trade union 工会 ⑤training unit 训练单位 ⑥tuberculin unit 结核菌素单位.

Tu = ①thulium 铥 ②Tuesday 星期二.

Tu tandem Tu 串列式加速器.

tub [tʌb] Ⅰ *n.* ①(木, 浴) 盆, (木) 桶, 一桶 [盆] 的容量, 槽 ②(运输或提取煤矿砂的) 矿车, 旧自行车, 吊桶 ③导弹 (各级的) 外壳 ④洗澡, 沐浴. Ⅰ **tubbed; tub'bing**) *v.* 在盆中洗浴或洗物. 装进桶里.

Tu'ba ['tjuːbə] *n.* ·杜巴· (地面强力干扰台).

tu'ba ['tjuːbə] n. 土巴号, 大号, 管.

tu'bal ['tjuːbəl] *a.* 管的.

tubby *a.* 桶状的, 矮而胖的, 钝音的.

tube [tjuːb] Ⅰ *n.* ①管 (子, 路, 道), 软管, (炮) 身管 (镜) 筒, 壳体 ②电子 (真空, 离子) 管, (电视) 显[映] 像管 ③试 [锡, 颜料] 管, (pl.) 管材 ④地下铁道, 隧道, 风筒, (枪) (轮) 内胎. Ⅰ *vt.* ①装上管子, 把... 装置, 敷设管道. 把... 做成管形, 制管, 使通过管子. 用管道 [管子] 输送 ②乘地下铁道. *absorption tube* 吸收 (试验) 管. *adapter tube* 接管, 牛角管. *alimentary tube* 消化管. *ATR tube* ATR 管 (发射机阻塞放电管), 收发转换管. *aurora tubes* 辉光管. *ball tube* (滚珠丝杠的) 滚珠循环导管. *blast tube* 喷嘴管. *booster tube* 增压管, 火箭助推器壳体. *camera tube* 电视摄像管, *combustion tube* 燃烧室. *commutator tube* 整流管, 电子射线转换器. *counter (counting) tube* 计数管. *double tubes* 双路管 (筒). *expander tube* 胀管. *flame tube* 火焰管 (筒). *fractional distilling tube* 分馏柱 (塔), 部分冷凝器. *fuel tube* 燃料输送管, 油管. *G tube* 玻璃高压电子管. *hard tube* ·硬性·电子管, 高真空电子管. *image tube* 移像管, 图像管. *inner tube* 内胎. *launching tube* 发射导管. *light tube* 光调制管 (器), 光阀. *neon tube* 霓虹灯, 氖管 (泡). *optic tube* 光学镜筒. *pilot tube* 指示灯. *R-T tube* 谐振收发放电器. *S seamless steel tube* 无缝钢管. *sight tube* 观察孔. *speaking tube* 话筒, 传 [通] 话管. *switch-tube* (电子) 管转换开关, 开关管. *test tube* 风洞, 试管. *threat tube* 威胁管道. *tube axial fan* 轴流式风扇. *tube ball mill* (溢流式) 圆筒形球磨机. *tube base coil* 插入 [插拔, 管座] 式线圈. *Tube Borium* 碳化钨耐磨焊料 [碳化钨 60%, 钢 40%]. *tube caisson foundation* 管柱基础. *tube* *count* 计数管计数，计数脉冲. *tube culture* 试管培养. *tube expander* 胀管器. *tube face* 灯泡表面，(荧光)屏面. *tube fuse* 管状保险丝，熔丝管. *tube holder* 管(灯)座. *tube lamp* 管形灯泡. *tube mill* 制管厂，轧管机；管式磨，管磨机. *tube of force* 力管. *tube radiator* 管式散热器，管状辐射器. *tube railroad*〔*railway*〕地下铁道. *tube sample boring* 取(土)样钻孔. *tube storage* 储存(记忆)管. *tube well* 管井. *tube*(*d*) *railway* 地下铁道. *tubing brick* 空心砖，管砖. *voice tube* 传话管.

tubeaxial fan 轴流式风扇.
tube-controlled *a*. 真空管(电子管)控制的.
tube'-drawing *n*. 拔管. 管材拔拔.
tube-face illumination 摄像管靶面照度.
tube'-furnace *n*. 管式炉.
tube'less *a*. 无(电子)管的，无内胎的. *tubeless TV* 全晶体管电视机.
tube'nose *n*. 管状鼻.
tube'plate *n*. 管板.
tu'ber *n*. 制管机，制内胎机. 【化】块茎.
tubercidin *n*. 杀结核菌素.
tu'bercle *n*. 结节，小瘤.
tuber'cular [tju(:)'bə:kjulə] *a*. ①(小)瘤状的，结核〔节)状的 ②结核病的. *tubercular corrosion* 点状腐蚀.
tuber'culate(**d**) *a*. ①瘤状的，有结节的，结节(状)的，具小瘤的 ②结核病的.
tubercula'tion [tju(:)bə:kju'leiʃən] *n*. 腐蚀瘤，结核〔节)形成.
tuber'culin *n*. 结核菌素.
tuber'culose *a*. 多瘤的，结核性的.
tuberculosilico'sis *n*. 矽肺结核.
tuberculosin *n*. 结核菌素.
tuberculo'sis [tju(:)bə:kju'lousis] *n*. 结核(病)，肺结核.
tuber'culous [tju(:)'bə:kjuləs] *a*. ①结核(病)的 ②结节(状)的.
tuberiferous *a*. 生瘤的，生核的，有结节的.
tuberiform *a*. 瘤形，核形.
tuberin *n*. 马铃薯球蛋白，抗结核菌素.
tu'berose *n*. 夜来香，晚香玉.
tu'berous ['tju:bərəs] *a*. 有结节的，结节状的，隆凸的.
tube-symbol *n*. (电子管)符号.
tube-train *n*. 地下铁道列车.
tu'biform *a*. 管状的.
tu'bing *n*. ①管(子，路，系，材，工)，管道(系统)，导管(装置) ②软绝缘管 ③装(制)管，造管(法)，敷设管道(路). *capillary tubing* 毛细管. *hydraulic tubing* 液压管(系). *seamless steel tubing* 无缝钢管. *small-bore tubing* 小内径钢管. *tubing brick* 管砖，空心砖.
tu'bingless *n*. 无管道的，无油管的.
tubocurarine-chloride *n*. 氯化筒箭毒碱.
tu'bular ['tju:bjulə] *a*. 管(状，形)的，(圆)圆形的，筒式的，管制的. 用管造成的，由管构成(组成)的，空心的. *tubular axis* 管(式)轴. *tubular boiler* 管式锅炉. *tubular brick* 管(空心)砖. *tubular bridge* (圆)管(桁)桥. *tubular chassis* 管制汽车底盘. *tubular cooler* 管式冷却器. *tubular girder* 管腹工字梁，筒形梁. *tubular* (*heat*) *exchanger* 管式换热器. *tubular level* 水准管. *tubular mast* 套管天线杆. *tubular plasma display panel* 菠管(贴排)式等离子体显示板. *tubular rivet* 空心〔管形〕铆钉. *tubular turbine* 贯流式水轮机. *tubular vector field* 螺线管矢量场. *tubular well* 管井.
tu'bulate ['tju:bjuleit] Ⅰ *v*. 装管，焊(真空)管脚. Ⅱ *a*. 有管的，管状的.
tubula'tion *n*. 装管，焊(真空)管脚.
tu'bulature *n*. 装管，管系，管列.
tu'bule ['tju:bju:l] *n*. 小(导)管，细管.
tubulidentata *n*. 管齿类.
tubulin *n*. 微管蛋白.
tu'bulose ['tju:bjulous] 或 **tu'bulous** *a*. 管(状，形)的，有(小)管的.
tu'bulure *n*. 短管状开口.
tuck [tʌk] Ⅰ *n*. ①(横，缝)褶，褶缝 ②船尾突出部下方，船腰至船尾部的过渡区 ③发声，喇叭声 ④精力. Ⅰ *v*. ①褶〔卷，叠，藏〕起，打〔卷〕褶，翻转，缩拢 ②包，裹，卷 ③塞(扣)进，掖实. *tuck pointing* ▲*tuck away* 藏起，使隐藏. *tuck in* 把一端折进〔塞进〕，包〔卷〕入. *tuck into* 包〔卷，藏〕进，*tuck* (*up*) 折起一头，卷扎起一头，包.
tuck'er ['tʌkə] *v*. ①装填，填充〔塞〕②使精疲力尽(*up*).
tuck-pointed joint 嵌凸缝.
Tu'dor ['tju:də] *n*.; *a*. 都德式. *Tudor arch* 二心直线尖顶拱，四心拱. *Tudor plate* 都德阳(都德电池)极板.
tueiron 锻炉风嘴. (*pl*.) 锻工(红炉)钳.
Tues =Tuesday.
Tues'day ['tju:zdi] *n*. 星期二.
tu'fa ['tju:fə] *n*. (石灰)华，石灰质，凝灰岩，上水石，硅华. *calcareous tufa* 石灰华. *tufa cement* 凝灰岩水泥.
tufa'ceous *a*. (似)凝灰岩的.
tuff [tʌf] *n*. ①(火山质)凝灰岩，上水石，石灰华 ②极好的，第一流的.
tuffa'ceous *a*. 凝灰质的.
tuff'cret *n*. 凝灰岩水泥混凝土.
tuff'tride (氰化钾盐浴)扩散渗氮，软氮化.
Tufftriding *n*. 塔夫盐浴碳氮共渗法.
Tuf-Stuf *n*. 塔夫-斯塔夫铝青铜(铜 86.9%，铝 10%，铁 3%，镍 0.1%).
tuft [tʌft] Ⅰ *n*. 一簇，一团，一卷，一丛，线束. (目视)气流，水流用丝丛(絮). Ⅰ *v*. ①簇(丛)生，成簇球 ②用丝束钉住. *tuft observation* 丝丛法流谱观察. *tufts and vane* 流场丝丛观察法.
tufted *a*. 簇状的，丛生的.
tuft'y *a*. 成簇的，丛生的.
tug [tʌɡ] Ⅰ (*tugged*; *tug'ging*) *v*. Ⅱ *n*. ①(用力拖)，(使劲)拉，曳，牵引(at)，吃力地搬运 ②用拖船拖拽. 拖轮(船)，拖曳飞机 ③(拖，拉，牵引用的)绳索，链条. 装有滑车的铁钩 ④苦干，努力，挣扎. *give the rope a tug* 猛然拉一下绳索. *space tug* 宇宙拖船. *tug of war* =tug-of-war. *tugs and tow boat* 拖船.
tug'boat *n*. 拖船.

tugee' [tʌˈgiː] n. 被掩的船.
tug'ger hoist 拖拉式卷扬机.
tug'-of-war n. 拔河, 激烈的竞争.
tuit'ion [tju(ː)ˈiʃən] n. 教(海)、讲授, 学费. ~al 或 ~ary a.
tulare'mia n. 土拉菌病, 免热病.
tu'lip [ˈtjuːlip] n. 郁金香, 山慈姑.
tulip valve 漏斗形〔喇叭口〕阀.
tulipiferine n. 鹅掌楸碱.
tulipine n. 郁金香碱.
tulip-shaped a. 郁金香形的, 钟形的.
tulle [tjuːl] n. 薄纱.
tumblast 转筒喷砂.
Tumblast n. 图姆布来斯配连续抛丸清理滚筒(商品名).
tum'ble [ˈtʌmbl] v.; n. ①(使)跌〔摔〕倒, (使)跌落, 下跌, 倒塌 ②滚动, 转, 落, 下, 翻滚〔转, 倒, 筋斗〕, 倒板 ③磨〔抛, 滚〕光 ④用滚筒清理, 使〔工作, 材料〕在滚筒里转动, 把…放在扫荡圆筒里扫荡 ⑤终于明白, 恍然大悟, 觉察, 领悟, 了解, 同意(to) ⑥偶然遇见〔发现〕(into, upon) ⑦混〔弄〕乱, 扮散, 杂乱的一堆 ⑧仓促的行动, 匆忙倾倒出来. *tumble card* 翻转卡(片), 部分倒把卡. *tumbling barrel* 〔box〕(使工件、材料在里面相互摩擦而形成表面光洁的)滚筒, 扫荡圆筒. *tumbling basket* 回转洗涤筐. *tumbling mills* 滚(筒式)磨机, 翻转(报丸)机. *tumbling mixer* 转筒混合器. *tumbling star* (清理滚筒中的)五角星. *wet tumbling* 湿法抛光. ▲*all in a tumble* 很混乱, 混乱到极点. *tumble about* 打滚. *tumble down* 倒塌, 滚下, 跌倒, 破烂. *tumble in* 把…镶〔嵌〕进去, 嵌合〔入〕, 镶上(木料).
tum'bled-in course 对角砌层, 嵌砌砖层.
tum'ble-down a. 摇摇欲坠的, 倒塌的.
tum'bler [ˈtʌmblə] n. ①大玻璃杯, 杯 ②转臂〔筒, 鼓〕, 摆座, (清理、铸件磨光)滚筒, 颠动〔滚净、滚转〕筒 ③转向(摆动换向)(齿)轮, 齿轮换向器, 顺逆齿轮 ④(转换, 翻转, 起倒, 倒扳, 拨动式)开关, 逆转(回动)机构. *gear tumbler* 齿轮换向器, 转向轮. *ingot tumbler* 翻锭机. *solenoid tumbler* 电磁起倒开关. *tumbler bearing* 铰式支座, 摆动支座〔轴承〕. *tumbler cam* 逆顺换向凸轮. *tumbler gear* 摆动换向齿轮, 三星牙(齿)轮. *tumbler switch* 翻转〔转换, 拨动式, 倒扳, 凸件起动〕开关. *tumbler test* 转鼓试验.
tum'bril [ˈtʌmbril] n. 二轮马车, 粪车, 肥料车.
tu'mefy [ˈtjuːmifai] v. (使)肿起〔大〕, 肿胀. **tumefac'tion** n. **tumefa'cient** a.
tumes'cence [tjuˑ(ː)ˈmesns] n. 肿胀, 肿大(部分).
tumes'cent a. 略为肿大的, 稍许肿胀的.
tu'mid [ˈtjuːmid] a. ①肿大(胀)的 ②凸出的, 涨满的 ③浮夸的. ~**ity** n. ~**ly** ad.
tu'mo(u)r [ˈtjuːmə] n. 肿(块), (肿)瘤. **tu'morous** a.
tu'mulose n. 丘陵地.
tu'mult [ˈtjuːmʌlt] n. 吵闹, 喧哗, 骚动, 混乱. ~**uary** 或 ~**uous** a.
tu'mulus [ˈtjuːmjuləs] n. 钟状火山, 熔岩肿瘤, 冢, 古坟.
TUN =tuning 调谐〔整〕.
tun [tʌn] I n. 大桶. I (tunned; tun'ning) v. 置于桶中.

tu'na [ˈtjuːnə] n. 金枪鱼.
tunabil'ity n. 可调性力, 可调谐度.
tu'nable [ˈtjuːnəbl] a. 可调(谐、音)的, 和谐的. ~**ness** n. **tu'nably** ad.
tunami n. 海啸.
tun'dish [ˈtʌndiʃ] n. 【铸】浇口盘, 中间包, 中间流槽, 漏斗.
tun'dra [ˈtʌndrə] n. 冻(苔)原, 冻土地带, 冰沼土.
tune [tjuːn] I n. ①调子, 曲(音)调, 主题 ②语调, 态度 ③和谐, 协调, 一致 ④程度, 数量. I v. ①为…调音, (音律)调弦, 调音[准、节、整], 调谐 ②收听, 用无线电与…取得联系 ③协调, 使, 和谐, 使一致. *tuned amplifier* 调谐放大器. *tuned bolometer* 共振辐射热测量计. *tuned counter* 调谐加法器. *tuned counter poise* 调谐地网. *tuned feeder* 措振〔调谐〕馈(电)线. *tuned grid* 调谐栅, 巳调栅极的. *tuned plate* 板极⑧回路调谐, 板板调谐, 调板. *tuned plate circuit* 调阳〔板极调谐, 调板〕电路. *tuned radio frequency* 调谐高频. *tuned radio frequency receiver* 调谐高放式接收机. *tuning auxiliaries* 辅助调谐设备. *tuning circuit* 调谐电路. *tuning eye* 调谐指示管, 电眼. *tuning fork* (校速)音叉. ▲*be in tune with* …适合…, 与…协调. *be in tune with the times* 适合时代潮流. *be out of tune with* …不适合, 与…不协调. *change one's tune* 或 *sing another* 〔*a different*〕 *tune* 改变调子, 转变态度. *change…to such a tune as to make it look entirely different* 使…彻底改变面目. *in tune* 合调, 和谐, *keep…in tune* 使…处于良好的状态. *out of tune* 不合调, 不和谐, 走〔失〕调. *to the tune of* 总数达(到), 价格达…. *tune about for* …转动收音机租找…. *tune downward* 〔*upward*〕 往低〔高〕频调谐. *tune in* 调谐(入, 准)(到). 校准频率(波长). 收听, 开始. *tune in a directional beacon* 用无线电固定向信标台联络. *tune in on* [to] …收听…. *tune off* 中途断绝. *tune' out* 关掉, (使)失谐, 解谐. 解〔失〕调, 调出. *tune to* 使…适合(某一频率). *tune up* 调整(节, 准, 谐, 音). 定弦, 发挥效力[全部能力]. 用化学溶剂清除发动机中沉积物.
tune'able a. =tunable.
tuned-anode a. 板极(阳极)回路调谐的, 巳调阳极回路. *tuned-anode oscillator* 阳极调谐振荡器. *tuned-aperiodic-tuned circuit* "调谐-非周期-调谐"电路. *tuned-cathode oscillator* 阴极调谐振荡器.
tuned-grid a. 栅极(回路)调谐的, (巳)调栅(极)的. *tuned-grid oscillator* 调栅(栅路调谐式)振荡器.
tuned-phase-detector 调谐鉴相器.
tuned-plate-tuned-grid oscillator 调板调栅振荡器.
tuned-primary transformer 初级(电路)调谐变压器.
tuned-secondary transformer 次级(电路)调谐变压器.
tune'ful [ˈtjuːnful] a. 和谐的, 入调的, 悦耳的. ~**ly** ad. ~**ness** n.
tune'-in n. 调入[准, 谐].
tune'less a. ①不合调的, 不悦耳的, 不和谐的 ②无音调的, 无声的.
tune'-out n. 解[失]调, 解[失]谐.
tu'ner n. 调谐(音)器, 调谐设备(装置, 机构), 频率调

tune'-up n. 调准〔节，整〕. *tune-up oil* 清除〔溶化〕发动机沉积物用油.

TUNG 或 **tung**＝tungsten 钨.

tung oil 桐油，快干(干性)油.

tung tree 桐油树，桐油树.

tungalloy n. 钨(系硬质)合金.

tungalox n. 坦喀洛陶瓷(刀具).

tung'ar ['tʌŋɑ] n. (二极)钨氩(整流)管，吞加〔充电，整流〕管. *tungar bulb* 钨氩〔吞加〕整流管. *tungar charger* 钨氩(吞加)管充电机(器). *tungar tube* 吞加管，钨氩整流管.

tungate n. 桐油制成的催干剂.

Tungelinvar n. 腾格林瓦合金.

Tungsha Islands 东沙群岛.

tung'state ['tʌŋstit] n. 钨酸盐.

tung'sten ['tʌŋstən] n. 【化】钨 W. *inert gas tungsten arc welding* 惰性气体保护钨极弧焊(接). *tungsten arc cut* 钨极电弧切割. *tungsten bronze* 钨青铜(铜 90～95%，锡 0～3%，钨 2～10%). *tungsten carbide* 碳化钨(硬质合金). *tungsten carbide-titanium carbide-cobalt alloy* 钨钛〔碳化钨-碳化钛-钴〕硬质合金. *tungsten inert gas arc welding* 钨极惰性气体保护弧焊. *tungsten lamp* 钨丝灯(泡). *tungsten nickel* 钨(基)镍合金. *tungsten point* 钨接点. *tungsten steel* 钨(合金)钢. *tungsten target* 钨靶. *tungsten中间电极，钨对阴极.

tungsten-cobalt n. 钨钴合金(钨 75～95%，其余钴).

tungsten'ic [tʌŋs'tenik] a. (含，像)钨的.

tung'stenite n. 硫钨矿.

tung'stic ['tʌŋstik] a. 钨性的，(正，六价，五价)钨的.

tung'stite n. 钨华.

Tungum n. (英国制)吞喀姆硅黄铜(锌 14%，硅 1%，铝 1%，镍 1%，其余铜).

Tungwu movement (早、晚二叠世间)东吴运动.

tunicata n. 被囊动物.

tuning-fork circuit-breaker 音叉断路器.

tuning-meter jack 调谐灯塞孔.

tuning-stub antenna 带调谐短截线的天线.

Tu'nis ['tju:nis] n. 突尼斯(突尼斯首都).

Tunis'ia [tju(:)'niziə] n. 突尼斯.

Tunis'ian [tju(:)'niziən] a.; n. 突尼斯人(的).

tun'nage ＝tonnage.

tun'nel ['tʌnl] I n. ①隧(地，坑)道，岩石巷道，平峒，隧(山)洞②洞，(乳胶内的)管，烟道口，孔(管，风，道)道，轴隧，管沟，电爆沟，风洞③旋度. II (*tun'nel(l)ed*; *tun'nel(l)ing*) v. ①(在…)开〔挖，修建〕隧道，掘地道，建筑洞道②通过地道(through)，开隧道(into) ③去势. *induction tunnel* 引射(吸气)管，引射式风洞. *pressure wind tunnel* 高压风洞. *propulsion wind tunnel* 推进(试验)风洞. *tunnel a hill* 凿山开隧道. *tunnel borer* 隧道掘进机(挖凿机)，平巷掘进机(挖凿). *tunnel diode* 隧道二极管. *tunnel effect* 隧道效应. *tunnel face* (*front*) 隧道口. *tunnel furnace* 隧道式烘炉，隧道式退火炉. *tunnel machine* 隧道掘进机械.

tunnel rectifier 隧道二极管整流器. *tunnel test* 风洞试验. *tunnel warfare* 地道战. *wind tunnel* 风洞.
▲**tunnel one's way** (**through, into**) 挖隧道(地道)(通过，进入).

tun'nel-diode n. 隧道二极管.

tunnel-injection laser 隧道注入式激光器.

tun'nelite ['tʌnəlait] n. 一种快凝水泥.

tun'nel(l)er n. 隧道掘(水平巷道)掘进机，挖掘隧道的人.

tun'nellike a. 像隧(地)道的.

tun'nel(l)ing n. ①开挖隧道，隧道工程(掘进)，平峒〔水平巷道〕掘进 ②(通过势垒的)隧道效应(作用，现象)，隧(道贯)穿. *tunneling current* 隧道电流.

tun'neltron n. 隧道管.

tunnel-type n. 隧道式.

tun'ny ['tʌni] n. 金枪鱼.

tuno-miller n. 外圆铣削(工件慢转).

tun'oscope n. (对接收机进行调谐用的)电眼，调谐指示器.

tup [tʌp] I n. 撞锤，锤体，动力锤的头部，破碎机的落锤，冲面. II (*tupped; tup'ping*) v. 撞击. *spring tup* 弹簧锻模(上下锻模用带钢弹性连结成一体).

tu'pelo n. 美国紫树.

turacin n. 羽红素，羽红铜叶啉.

turanose n. 松二糖.

TURB ＝turbine.

Turbadium n. 船用锰黄铜(铜 50%，锌 44%，铁 1%，镍 2%，锰 1.75%，锡 0.5%).

türbator n. 带环形谐振腔的磁控管.

Turbellaria n. 涡虫纲(扁形).

tur'bid ['tə:bid] a. ①(混，污)浊的，不透明的②烟雾腾腾的，雾重的③充塞了的，混乱的.

Turbide n. 特比德烧结耐热合金(碳化钛为主要成分的耐热烧结合金).

turbidim'eter n. 浊度计，浑浊(计)，浊度计〔表〕，浑度仪，比浊计，混浊度计，涡旋测量计.

turbidimet'ric a. (混)浊度的，浊度计的，比浊的. *turbidimetric apparatus* 浊度测量仪.

turbidim'etry n. 比浊法，(浑)浊度测定法，浊度测量.

tur'bidite n. 浊流层，浊流沉积，浊流岩.

turbid'ity [tə:'biditi] 或 **tur'bidness** ['tə:bidnis] n. (混)浊度，混浊(性)，相片浊度，相片轮廓不清晰度，含沙量；不明了，混乱.

tur'bidostat n. 恒浊器.

tur'bine ['tə:bin] n. 涡轮(机)，透平(机)，叶(汽，水)轮机. *jet turbine* 喷射式涡轮. *radial(-flow) turbine* 径流式涡轮. *stage turbine* 分级涡轮. *turbine interrupter* 旋转式断续器. *turbine room* 轮机室.

turbine-driven a. 涡轮驱动的. *turbine-driven generator* 涡轮机发电机.

turbine-generator n. 涡轮发电机，汽轮发电机.

Turbiston n. 特比斯通高强度黄铜(锌 33～40%，铝 0.2～2.5%，锰 0.2～2%，铁 0.5～2%，锡 0～1.5%，其余铜).

tur'bo ['tə:bou] ＝ ①turbine 涡轮(透平)(机) ②turbosupercharger 涡轮增压机. *turbo grid tray* 叶栅塔盘. *turbo hearth* 涡旋敞炉，碱性转炉. *turbo wheel* 涡轮叶轮.

turbo- [词头]涡轮.

tur'bo-al'ternator n. 涡轮(交流)发电机(组),交流汽轮发电机.
tur'bobit n. 涡轮钻头.
tur'bo-blower n. 涡轮式鼓风机〔增压器〕,离心鼓风机.
tur'bocar n. 涡轮汽车.
tur'bocharge v. 涡轮〔透平〕增压.
tur'bocharger n. 涡轮〔透平〕增压器,燃气轮机增压器.
turbocompres'sor n. 涡轮〔汽轮式〕压缩机,离心压缩机,涡轮压气机,涡轮空气压缩机.
tur'bocopter n. 涡轮直升机.
tur'bodrier n. 涡轮干燥机.
tur'bodrill Ⅰ n. 涡轮钻具. Ⅰ v. 涡轮钻进.
tur'bo-driven a. 涡轮驱动的.
tur'bo-dy'namo n. 涡轮(直流)发电机.
turbo-exhauster n. 涡轮排气机.
tur'boexpan'der n. 涡轮冷气发动机,涡轮膨胀机.
tur'bofan n. 涡轮风扇发动机,涡轮风机,涡轮风扇.
tur'bofed a. 涡轮泵供油的.
turbo-feeder n. 透平式给水泵.
tur'bofur'nace n. 旋风炉膛.
tur'bogas gen'erator 涡轮气体发生器.
tur'bogen'erator n. 涡轮〔汽轮〕发电机(组).
tur'bo-interrup'ter n. 涡轮断续器,(采用泵的)旋转式断续器.
tur'bo-inver'ter n. 涡轮反用换流器(直流变交流).
tur'bojet' ['tə:bou'dʒet] n. 涡轮喷气(发动)机,涡轮喷气飞机.
tur'bolator n. 扰流子.
turbo-liner n. 涡轮螺桨式客机.
tur'bomachine 或 tur'bomachinery n. 涡轮机(组).
tur'bo-mill n. 涡轮研磨机.
tur'bo-mixer n. 叶桨式混合器.
turbomolecular pump 涡轮分子泵.
turbonada 〔西班牙语〕n. 大雷雨,狂风.
turbonit n. 胶纸板.
tur'bopause n. 湍流层顶.
tur'bo-power 涡轮动力.
tur'boprop n. 涡轮螺(旋)桨发动机,涡轮螺桨飞机.
tur'bo-propel'ler en'gine 涡轮螺桨发动机.
tur'bopump n. 涡(叶)轮泵.
tur'boramjet n. 涡轮冲压式喷气发动机.
tur'bo-reg'ulator n. 涡轮调节器.
tur'bosep'arator n. (汽鼓内的)旋风分离器,旋风子.
tur'boset n. 涡轮〔汽〕轮机组,涡轮发电机.
tur'boshaft n. (发动机)涡轮轴. turboshaft engine 涡轮轴发动机.
tur'bosphere n. 湍流层.
turbosupercharged a. 有涡轮增压器的,用涡轮增压器增压的.
tur'bosu'percharger n. 涡轮增压器.
tur'bosu'percharging n. 涡轮增压.
tur'bo-type n. 涡轮式.
turbo-unit n. 汽轮发电机组.
tur'boven'tilator n. 涡轮风扇.
tur'bulator n. 湍流(发生)器,扰流(发生)器.
tur'bulence ['tə:bjuləns] 或 tur'bulency ['tə:bjulənsi] n. 骚动(乱),扰动,混乱,颠簸 ②湍流(涡),涡流(旋),旋涡,湍涌. metal turbulence 液态金属混流. turbulence level 紊流度. 紊流界限. turbulence statistics 紊流统计学.

tur'bulent ['tə:bjulənt] a. 骚(扰)动的,湍性的,湍流的,涡旋的,汹涌的. turbulent arc 漂移电弧. turbulent condition 湍流工况. turbulent flow 湍〔紊〕流. turbulent fluctuation 紊动,紊流脉动. turbulent medium (影响图像质量的)紊动媒质. turbulent motion 涡(旋运)动,紊(流涡)动,湍动. ~ly ad.
turbuliv'ity n. 湍流度,湍流系数.
turbuliza'tion [tə:bjuli'zeiʃən] n. (产生)湍〔紊,涡〕流,紊流化.
turf [tə:f] Ⅰ n. 泥煤,泥(草)炭;草地(皮),草根土,跑马场. Ⅰ vt. 铺草皮,植草. turf moor 沼泽,泥沼地.
tur'fary n. 沼泽,泥沼地.
turf'y ['tə:fi] a. 草皮的,多草的,草地似的,含泥炭的,泥炭(似)的.
turges'cence 或 turges'cency n. ①肿(胀),膨胀 ②浮夸,张. turges'cent a.
tur'gid a. 肿胀的,浮肿的,膨胀的,胀满的,充满的,浮夸的. ~ity n.
tur'gograph 或 tur'goscope n. 血压计.
turgom'eter n. 肿度测定器.
tur'gor n. 肿胀,胀大(力),充实,充盈.
tur(i)cine n. 右旋水苏碱,右旋脯氨酸二甲内盐.
Turing machine 图灵(计算)机.
turion n. 【植】(具)鳞根出条.
tu'rite n. 图尔石,水赤铁矿.
Tur'key ['tə:ki] n. 土耳其.
turkey shoot 多站记录法.
Turk'ish ['kə:kiʃ] a.;n. 土耳其的,土耳其人(的),土耳其语.
turks (-) head 或 turks (head) roll 互成直角的四辊轮拉丝模装置.
Tur'ku ['tuəku] n. 土尔库(芬兰港口).
Turku cyclotron (苏)土库回旋加速器.
turmaline =tourmaline.
turmeric paper 姜黄(试)纸.
turmerone n. 姜黄酮.
tur'moil ['tə:moil] n. 骚动(乱),混乱. be in a turmoil 处于混乱之中. gold and foreign exchange turmoil 黄金外汇风潮.
turn [tə:n] Ⅰ v. ①转(动),旋(回)转,盘旋,蜷旋,拧,绕线 ②(使)转弯(向),变向,偏转,使偏斜,绕过,退回 ③(使)朝向,把…指向〔对准〕,把…用于 ④(把…)翻(转)(过来),倒(转,置),颠倒,倾倒,(使)弯曲,(曲),倾斜,养卷〔钝〕 ⑤车(削),加工 ⑥(把…)车外圆,被车(旋),使成圆形 ⑦(使)改变,变化(成,质),(使)成为,出现 ⑦(超)过,越上 ⑧(反复)考虑 ⑨翻译,改写 ⑩使流通,周转,兑换,出清,转(易)手,赚,挣. The wheel of history cannot be turned back. 历史的车轮不能倒转. This tap won't turn. 这龙头拧不动. The edge of the knife has turned. 刀口钝了(卷刃了). It has just turned six. 刚过六点钟. turn the wheel 使轮子转动. turn a tap 拧龙头. turn a screw tight 拧紧螺丝. turn a lead pipe 弯铅管. turn a corner 转(拐)弯. turn to this handbook for information on transistors 从这本手册查阅有关晶体管的资料. metal that turns easi-

ly 容易加工[车削]的金属. *turned bolt* 精制[旋成]螺栓. *turn home* 拧(紧)到头[位]. ▲*be turned (of)*一. *it turns out not to be the case* 原来并非如此. *it turns out (to be the case) that*……结果弄清楚是,原来(是). *scarcely know where [which way] to turn* 不知何往那里走[求援], 不知所措. *turn (....) +a.* (使……)变成. *turn rubber soft* 使橡皮变软. *turn about* 转来转去; 回转(方)向, 调向, 回头, 向后转, 折转; 转动; 反复思考. *turn against* ……转而反对……, 背叛[反对]……, 与……为敌, 对……不利. *turn a [the] matter over (and over) in one's mind* 再三考虑. *turn around* 回转, 转向. *turn aside* 转[拐]向一边, 拐弯, 闪[避]开, 迷失, 转[背]过脸去, 撇开, 把……搁置一边, 使……转开[改变方向, 架开]. *turn aside from*……偏离……, 撇开……(不谈). *turn away* (使)转变方向, 背过去, 避开[免], 防止, 拒在门外. *turn M away from N* 使 M 离开 N. *turn back* (使)折回, 返回(来), 拨慢(钟表); 翻回到, 重新提到(to). *turn back the clock* 把钟拨慢, 向后倒退, 开倒车. *turn colour* 改变颜色. *turn down* 翻下, 折起, 向下折叠; 使面朝下; 转入, 往下调[转], 调节(低), 扭小(灯火等); 拒绝, 摒弃, 驳回. *turn down into* (转入……). *turn down to* 拧入, 转入, 往下调[转]到. *turn in* 向里弯曲, (把……向里)折进, 向内, 进去, 归还, 交, 递, 作出, 降伏, 制出; 使用. *turn inside out* (把里向外)翻过来, 翻转, 把里面翻作外面. *turn (....) into....* (把……)变成[转化为]……. *turn M into N* 把 M 译成[转写成] N. *turn loose* (解, 释)放, 发射, 开(枪, 火), 放纵, 让……放任自由. *turn loose M on N* 放手让 M 做 N. *turn off* 关(闭, 掉), 断开[路], 截断, 停住; 转开[向], 折回, 躲[避]开, 改变方向, 分歧, 叉开; 完成, 制造[出]. 生产; 处理, 出售; 车削[成, 掉, 出], 旋掉, 变成, (使)失去(兴趣, 热情). *turn on* 打开, 打, 旋开[通](入), 开动, (话题)转于[绕], 取决于; 关于, 对……对准; 以……为转移, 依靠[赖]; 攻击; 反对. 取决于, 关键在于; 使激动, 使激动; 反对[抗]; *turn M onto N* 使 M 转向 N, 把 M 拧到[在] N 上. *turn one's attention to* 把……注意力转向, 使一个矛攻子之盾. *turn one's battery against himself* 以子之矛攻子之盾. *turn one's hand to* 试(试看). *turn out* 向外(弯曲), 出去[动]; 出现, 露出, 结果是, 原来是, 证明是; 倒[翻]出[向], 制(造)出, 生产, 培养, 训练; 车出, 旋孔; 关(闭, 掉), 切断, 断路[开]; 驱逐, 逐出. *turn out (to be)* +*a*, [*n*]. 结果弄清楚是, 原来或结果是. *turn over* 翻(阅), 把……逐件翻查, 打滚, 倾复, (交叉)翻转, 反复考虑; (录音)交叉频率; 营业额达. *turn…… over to* 移交(给), 把……交付, 把……(转)交给. *turn right round* 转一整圈. *turn (....) round* (使)旋转[转向, 调头, 朝向], 转变, 改变意见, 采取新政策. *turn round*……改变……. *turn the balance* 改变形势, 改变力量对比, 扭转局面. *turn the balance [scale (s)] in one's favo(u)r* 使……占上风, 改变力量对比使有利于. *turn the corner* 转过危机[难关], 情形好起来. *turn the scale (s)* 决定事情的结局, 起决定作用, 扭转局面. *turn the table (s)* 扭转乾坤, 转败为胜. *turn...... through an angle* 倾斜, 使……转过一定角度. *turn to* (把……)变成(译为], 转向, 转入[拐弯], 翻到[页], 着手[工作], 开始(工作), 求助于, 借助于, 依赖. *turn……to full [good] account* 充分[好好]利用……. *turn……to advantage* 有效地利用……, 把……转变为有利条件. *turn to…… for help* 求助于……. *turn…… to profit* 利用……, 靠……得到上算, 向上算, 加以转. 朝天, 仰起, 卷[翘, 折, 掘]起, 翻, 扩大(灯火); 使面朝上; (突然)发生, 出现, 到达, 转速达到; 参考, 查阅, 寻找; 被发现, 找到, 发现, 接通; 证明是, *turn upon*以……为转移, 依靠[据], 视……而定, 关键在于; 反对[抗]. *turn upside down* (上下)颠倒, 把……完全颠倒, 把……翻过来[倒置], 弄得乱七八糟], 扰乱. *turn up to* 往上转[调]到.

I *n*. ①旋转(运动), 盘旋, 蜷旋, 转动[向], 偏旋, 变(圆)向 ②弯曲, 转角, 弯曲处, 转折点 ③变化, 转变(期), 轮流(班), 顺序 ④(一)圈, (一)转, (一)回, 图数, 转数, 绕法, (线圈的)匝(数), 环 ⑤车床, 车床柄的门刀 ⑥形状, 样子, 性情, 倾向 ⑦行为, 举动. *make a turn* 拐一[转]弯; 转一圈. *make a right turn* 向右拐[转]弯. *take two turns* (拧)两圈. *take a turn to the left* 向左转弯. *take an explosive turn* 发生爆炸性的变化. *take a favourable turn* 有好转. *Matters have taken a bad turn.* 事情恶化. *take a turn for the better [worse]* 情况好转[恶化]. *take a turn of work* 做一会儿工作. *a coil of 500 turns* 五百匝的线圈. *ampere turn* 安(培)匝(数). *choking turns* 扼流[抗流]圈. *plate turn* 阳(极)线圈. *plate turn* 平变圈. *short-circuited turn* 短路线圈. *turn bridge* (平)旋桥. 平开桥. *turn brush* 试管刷. *turn buckle* (松紧)螺丝[螺旋]扣. 松紧螺套. 紧线螺丝. 拉线螺旋. *turn effect* (线圈的)匝效应. *turn key* 总控键. *turn lane* 转向车道. *turn layer short* 线圈短路. *turn layer short circuit* 匝间短路. *turn marking* 转向标志. *turn of speed* 速力. *turn prohibition sign* 禁止转向标志. *turn screw* 螺丝起子, 传动丝杠, 旋凿. *turn (s) ratio* 匝(数)比(率). ▲*at every turn* 到[处]处. 每次, 事事, 经常地, 总是. *at the turn of the century* 在一个新世纪开始的时候, 在进入一个新世纪的时候. *by turns* 轮流(交替)地, 轮班地, 时而……时而……. *call the turn* 喊口令, 发号施令. *come in its turn* 循序而来, 轮流. *do…… a bad turn* 给……帮倒忙, 拆……的台. *do…… a good turn* 帮……的忙. *give…… another turn of the screw* 对……施加压力. *in one's turn* 替代, 值班; 按其顺序, 依次, 也. *in the turn of a hand* 反掌之间, 立刻. *in turn* 依次, 按次序, 顺序地, 一个接一个地, 而(轮到). (本身)又, (同样, 本身)也, 再. *it is one's turn* (to + *inf.*) 这回轮到……(的). *on the turn* 正在变化. 正在转变中. *out of turn* 不按次序地, 不合时宜地, 轻率地. *serve one's turn* 合……之用, 有用, 适合于……的需要, 有助于达到……目的. *serve the turn* (合……管)用. *take…… turn (s)* 转一圈[转], 拧一转. *take turns at* 或 *take one's turn to* + *inf.* 轮流(依次)(做). *to a turn* 恰好, 恰到好处. *to the turn of a hair* 丝毫不差地. *turn (and turn) about* 轮流(交替)地, 依次, 轮番互回地.

turn'able *a*. 可转动[弯]的. *turnable bridge* 平旋桥. 平开桥.

turn'about *n*. ①转向[变], 180°转弯, 向后转, 转到另

一边 ②变节,叛徒.
turn-and-bank n. 转弯[弯道与内倾]指示器.
turn′around n. ①回车道[场],转盘 ②小修,(预防)检修,它机卸货,加油,检修再装货所需的时间,来回飞行时间,船只进港、卸货、装货、离港的全部过程 ③工作[检修]周期 ④转变,交接 ⑤活动(有效)半径,180°转弯 ⑥来回程,往返 ⑦往、往返周转. turnaround loop 转回环道,回车道. turnaround of unit (装置的)工作周期. turnaround speed 周转速度[速率]. turnaround taxiway (飞机)回旋滑行道. turnaround time 来回[往返,换(方)向,周转]时间,轮转[解题]周期,(一个题目的)整个的运算时间.
turn′-back n. 回转,反(向)转(动),反向扭矩,转身,交还.
turn′bench n. (可携带的)钟表工人用车床.
turn′buckle n. (松紧)螺套[紧扣],螺丝接头,紧线器,拉线(花篮)螺丝,拉丝螺杆[螺纹套]. turnbuckle screw 紧线(花篮),接合螺丝.
turn′button n. 旋(转式)按钮.
turn′cap n. (烟囱顶)旋帐帽,风帽.
turn′coat n. 变节者,叛徒.
turn′cock n. (有柄)旋栓.
turn′down I a. 折叠式的,可翻折的. II n. ①关闭,拒绝,衰落,萧条 ②调节 ③翻折物. turndown lamp 变光度灯泡. turndown ratio 调节比,燃烧设备的最大输出与最小输出比,开(关闭)度.
turn′er ['tə:nə] n. ①车(旋)工 ②(车床)刀夹,转塔头回转机构 ③旋转器,搅动(拌)器 ④旋转(翻拌)花,滚轮滚花. bar turner 棒料车削刀架. roller turner 滚轮滚花. turner sclerometer 回跳硬度计.
tur′nerite n. 独居石.
turn′ery ['tə:nəri] n. ①车床工厂,旋工厂,车削车间 ②旋工制品[工作,工艺,(粗)制工] ,车工(削)工艺.
turn′-in n. 折进物.
turn′ing ['tə:niŋ] I n. ①(旋,翻)转,变(转)向,弯曲 ②转弯(处),分歧处,转机 ③车削(工作),车制(工),切削外圆,车工工艺,(粗)加工 ④(pl.)(车)切屑,旋屑. II a. 旋变(转或)回转)的. copying turning 仿形车削. fine turning 精车,高速精密对研. finish turning 光车[削],精车[削]. rough turning 粗车[削]. smooth turning 光细[车]削]. taper turning 车锥体. turning bay 调向路头. turning block 转动(滑)块. turning (block) slider crank mechanism 旋转滑块曲柄机构,柄柄装置. turning circle (车辆)转车盘,(车辆)回转圆(以直径计). turning couple 扭转力偶. turning crane 旋臂(回转式)起重机. turning effort 转动力,旋转作用. turning engine 盘车机. turning error 回转(角位置)误差. turning gear 回转装置,盘车装置,转轴装置,转动机构. turning head 多刀转塔[架]. turning joint 活动关节,(转动)铰链. turning mill [lathe, machine] (立式)车床. turning moment 转(动力)矩,旋转[扭转,转向]力矩. turning mould 翻砂箱板,造型平板. turning pair (链系的)回转对偶,回转副. turning point 转折[转拨,转向]点,转机. turning radius 回转[转动]半径. turning strickle
车板,(回转)刮板. turning tool 车刀 turning vane 转动叶片,导向装置.
turn-insulating n. 匝间绝缘.
tur′nip n. 萝卜,芜菁. turnip tops 芜菁菜.
turn′key n. 监狱看守,总承包,总控钥匙. turnkey con-tract 包括规划、设计和管理的施工合同,整套承包(合同). turnkey delivery 承包(建筑安装工程的)安装及启用. turnkey job 承包(使建筑安装工程达到投产或使用),由一包商完全包办的工程. the turnkey delivery of complex installations in the various fields of generation, distribution and application of electric power 承包有关电力系统的电力生产、分配及应用等各方面的整套综合装置的安装及启用.
turn-key front panel 转键前面板.
turn′meter ['tə:nmi:tə] n. 转速[转率,回转]计,(回)转速(度)指示器.
turn′off n. 断开[路],切断,关(闭,断),扭弯 ②岔(避)开,岔道,支路 ③转向 ④成品. sweep turnoff 扫描停止. turnoff time 断开[切断,断路,关闭,关断,转换]时间.
turn′on n. 接通(入),(扭)开,开启,使通导. turnon delay 通导[接通]延迟. turnon time 接通时间. turnon voltage 阈值电压.
turn′out n. ①生产量,产额,产品,输出 ②岔口)道,避车道,分水闸(处),渠道分口 ③出清,扫除 ④设(装)备 ⑤到会者,观众 ⑥叫断,断开 ⑦罢工.
turn′over ['tə:nouvə] I n. ①回转,循环,整转,转370°②翻倒(物),翻转(物),倒置[向],颠倒,倾[颠]复,转向[回合]折翻,调动,移交 ③周转,营业额,周转额[率,量,变换],临时投管额,成交量,换换率 ④工程维持费 ⑤(录音)交叉频率 ⑥更新,代谢 ⑦遗会.II a. 卷起的. turnover frequency 交叉频率. turnover job 大修. turnover moulding 翻转[带湿芯的造型. turnover pickup 交叉拾音器,双拾音器. turnover study 周转率调查. turnover type pick-up 翻转式拾音器. turnover voltage 转折电压. turn-picture control 图像转换控制.
turn′pike n. 收税(高速公)路,收税闸,公路,大道,(铁路)跨线桥,高架桥.
turn′plate ['tə:npleit] n. 转(车)台,旋转盘,旋转台,(旋)转盘,回转板.
turn-rate control 转速控制.
turn′round =turnaround.
turn′-screw n. 旋凿,螺丝起子,传动丝杠.
turn′stile n. 绕杆,(旋)转(式)栅(门),回转栏.
turn′table n. ['tə:nteibl] n. ①转(车)台(盘),转车盘 ②(唱板)转盘,唱盘 ③回转台(机构) ④(广播用)录音转播机 ⑤转桌. engine turntable 转车台,发动机转台.
turn′-to-turn′ a. 匝(匝)间的.
turn′up a. (可)翻(卷,翘)起的. n. 翻起物,卷起部分;达到一定转速.
tur′pentine ['tə:pəntain] I n. 松(节,木)油,松脂,松香水. II v. 涂松节油于,(从…中)采集松脂,制松节油.
tur′pentole n. 精制石油.
turpidom′eter n. 浮沉测粒计.

turps [tə:ps] *n.* =turpentine.
tur'quois(e) ['tə:kwɑ:z] *n.*; *a.* 绿松石(色)，青绿色(的)，绿蓝色(的).
tur'ret ['tʌrit] *n.* ①塔〔角〕楼，角塔，(回转，活动)炮塔 ②(转)台，转盘，转动架，回转头〔塔〕，六角(转)头，(机床刀具)转塔，六角〔转塔〕刀架 ③六角车床 ④(摄影机的)透镜旋转头，六角盘 ⑤消防用水龙．*capstan turret* 六角刀架转塔．*lens turret* 透镜回转头〔旋转台〕．*6 position turret* 六位置回转头，六角头．*rocket-firing turret* 回转式火箭发射器，回转式导弹发射装置．*soldering turret* 焊钳．*turret index* 六角刀架转位．*turret lathe* 六角〔转塔〕车床．*turret lens镜头盘，透镜旋转头．*turret miller* 带六角头回转铣床，转塔式铣床．*turret punch press* 转塔式六角孔冲床，六角零件压力机．*turret tuner* 回转〔旋转〕式调谐器，旋转式频道选择器．
tur'reted *a.* 有塔楼(楼)的，有塔楼的，角塔状的，有六角台台的.
turret-front camera 镜头转盘式摄影机.
turric'ulate (d) *a.* 有小角塔的，小角塔状的.
tur'tle ['tə:tl] *n.* 元鱼，甲鱼，鳖，海龟，玳瑁．▲(*to*) *turn turtle* 大翻个儿，沉没.
turtle-back *n.* 龟背(式)，龟甲形石器，拱形甲板.
tusk [tʌsk] *n.* 獠牙，凸榫，尖牙，尖物，齿状物．*tusk and tenon joint* 镶尖榫接头．*tusk tenon* 多牙(尖)榫.
tus'socky *a.* 丛草状的，多丛草的.
tut [tʌt] *n.* 件．*by (the) tut* 或 *upon tut* 计〔按〕件.
tutamen (pl. **tutamina**) *n.* 保护器，防御物.
tutanaga (波斯语) *n.* 锌，白〔锌〕铁皮.
Tutania alloy 锡锑铋铜合金 (锡 25%，锑 25%，铋 25%，锌12.5%，铜 12.5%).
tutee' [tju:'ti:] *n.* 被(导师)指导者，学生.
tu'telage ['tju:tilidʒ] *n.* (个别)指导，教导，保护.
tutocaine-hydrochloride *n.* 盐酸土洛卡因.
tu'tor ['tju:tə] Ⅰ *n.* (私人，家庭，指导)教师，导师，教员，助教．Ⅱ *v.* ①个别指导〔教授〕，当指导教师 ②受个别指导 ③抑制.
tuto'rial [tju(:)'tɔ:riəl] Ⅰ *a.* (指)导(教)师的，个别指导的．Ⅱ *n.* 个别指导时间．*tutorial light* 指导〔指示〕灯．*tutorial system* 导师制．～**ly** *ad.*
Tuttle tube-factor bridge 脱特尔电子管参数电桥.
tut'ty ['tʌti] *n.* 未经加工的氧化锌.
tut'work *n.* 计件工作.
tuyère [twi:'jεə] (法语) *n.* (冶金学)风口〔嘴，眼〕，喷口，(炉排的)孔眼，吹风管嘴，测量喷管．*tuyere head* (沸腾炉)风帽嘴．*tuyere notch* 风嘴孔.
TV = ①tank vessel 油船 ②television电视 ③terminal velocity末速，终点速度，最大(的极限)速度 ④test vehicle 试验用飞行器，实验火箭，试验用车辆 ⑤test voltage 试验电压 ⑥time variation of gain 增益的时间变化 ⑦transportation vibration 运输振动 ⑧transport vehicle 运输车〔车，舰，工具〕.
TV automatic astro-navigation system 自动航天电视导航系统.
TV channel 电视信道.
TV CRT = television cathode-ray tube 电视阴极射线管.
TV service generator 电视接收机修理用振荡器.

TV via laser beam 激光电视.
TVA = Tennessee Valley Authority (美国)田纳西流域管理局.
TVC = thrust vector control 推力矢量控制.
TVE = test vehicle engine 试验用飞行器发动机.
TVG = time variation of gain 增益随时间的变化.
TVI = television interference 电视信号干扰.
TVIG = television and inertial guidance 电视与惯性制导.
TVL = tenth-value layer 十倍衰减层，十分之一值衰减层.
TVM = transistorized voltmeter 晶体管化伏特计.
TVOR = terminal very high frequency omnirange 终端甚高频全向(无线电)信标.
TVP = textured vegetable protein 植物性蛋白，植物结构蛋白.
TVQ = top visual quality.
TVR = television recording 电视录像.
TVX = target vehicle experimental 试验靶机.
TW = ①tail warning (雷达)尾部警戒 ②tempered water 软化水 ③tip-wire 第一线，a 线，塞尖引线，T 线 ④total weight 总重(量) ⑤travelling-wave 行波 ⑥twin wire 双芯导线 ⑦twisted 扭曲〔绞〕的，弯曲的 ⑧typewriter 打字机.
T-W = T-wire 塞尖引线，T 线.
T. W. tube 行波管.
TWA = ①Trans-World Airlines (美国)环球航空公司 ②transient working area 暂时工作区.
twain [twein] *n.* 二，两，一对〔双〕．*cut in twain* 一切为二.
T-wave *n.* T-波，横波.
TWC = Taylor worst case 泰劳最坏情况.
twc = total work cost 总工作费用.
tweeks [twi:ks] *n.* 大气干扰.
tween [twi:n] *n.* 非离子活性剂，吐温(一种用于细菌浸出的中性表面活性剂).
'tween [twi:n] *prep.*; *ad.* (在....)中间，当中．*'tween drive spindle* 中间传动轴.
tweet [twi:t] *n.*; *vi.* (发)啾啾声，吱吱声，吱吱地叫.
tweet'er ['twi:tə] *n.* 高频〔高音〕扬声器，高音喇叭，高音头，高音重发器．*tweeter horn* 高音号筒.
tweez'er ['twi:zə] Ⅰ *vt.* 用镊子钳．Ⅰ *n.* (pl.) 镊子(小) 钳子，钳，夹子，*tweezers* 一把镊子．*a pair of tweezer welding* 镊焊.
T-weld *n.* T 形焊接.
twelfth [twelfθ] *n.*; *a.* 第十二(的)，(某月)12日，十二分之一(的)．～**ly** *ad.* 第十二.
twelve [twelv] *n.*; *a.* ①十二(的)，十二个(人，物) ②十二气缸，十二点钟．*in twelves* 用十二开本．*twelve punch* 12 行穿孔．▲**strike *twelve*** 达到最高目标，获得大成功．*twelve score* 二百四十.
twelve-direction mixing unit 十二路混合设备.
twelve'mo 或 **12 mo** ['twelvmou] *n.*; *a.* 十二开(的).
twelve'month ['twelvmʌnθ] *n.* 年，十二个月.
twelve-ordinate scheme 十二纵标格式.
twen'tieth ['twentiiθ] *n.*; *a.* 第二十(的，个)，(某月)20日，二十分之一(的).
twen'ty ['twenti] *n.*; *a.* ①二十(的，个) ②(pl.)二十年代 ③二十点钟，下午八点 ④二十英镑〔美元)的

twen'ty-fold *a.* 二十倍的.
twenty-four-hour orbit 24小时轨道. 同步轨道.
twen'ty-fourmo 或 **24mo** *n.* 24开本.
twere [twəː] *n.* 风口.
'twere [twəː] = it were.
twi- 〔词头〕二(次), 双(重), 两倍(次).
twice [twais] *n.; ad.* ①两(再)次 ②两倍于. *have twice the strength* 力量大一倍. *M is twice as large as N.* M比N大一倍, M等于N的两倍. *twice actual size* 实际大小的两倍. 比实物大一倍. *twice as long a rope* 长(千)一倍的绳索. *twice as much* 〔many〕两倍之多. *Twice three is six.* 二三得六. ▲*at twice* 分两次(做), 在第二次时. *do not think twice about* + ing 对(做某事)不再考虑. 断然予以……. 忘掉, 忽视. *think twice* 分两次(做). *think twice* 重新(仔细)考虑. *think twice about* + ing 仔细考虑, 三思而行. *twice or thrice* 两两次.
twice-forbidden transition 二次禁戒跃迁.
twice-horizontal frequency oscillator 水平双频〔双行频〕振荡器.
twi'cer [twaisə] *n.* 某事做两次的人. 兼做两次的人.
twice-reflected *a.* 二次反射的.
twice-told *a.* 讲过两〔多〕次的. 数过两次的. 陈旧的. 众人皆知的.
twid'dle ['twidl] *v.; n.* 捻, 旋转着移动.
twi'fold ['twaifould] *a.; ad.* 两倍, 双重.
twi'-formed ['twaifɔːmd] *a.* 有两形的.
twig [twig] (**twigged; twig'ging**) I *v.* 观察, 注意. 看出, 懂得. P I *n.* 细〔小, 嫩〕枝, 枝条, 探矿条; (神经等)末梢; 款(时)式.
twig'gy *a.* 细枝的, 多小枝的, 小枝状的, 纤细的.
twi'light ['twailait] I *n.* 微明, 黎明, 黄昏, 薄暮, 曙(幕)光, 晨昏蒙影, 微弱的光. 半(昏)暗 ②没落(洪荒)时代 ③一知半解. I *a.* 微明的, 昏暗的, 有微光的, 朦胧的. II *vt.* 使微明. *twilight zone* 半明暗区, 微明区, 边缘地区, (难于明确划界的)过渡区. 衰减区.
twill [twil] *n.* 斜纹图案〔组织, 织物〕.
'twill [twil] = it will.
twin [twin] I *n.* ①双生子, 双生子之一, (pl.)一对 ②双晶, 孪晶 ③双发动机飞机. I *a.* (成)双的, 双〔孪〕生的, 双芯的, 双重的, (成)对的, 二(倍)的, 一双之一的, 两个相似(相关)部分组成的, 并联的, 复式的. 酷似的, 关系密切的. II (**twinned; twin'ning**) *v.* ①孪生, (与....)成对 (with) ②形成双晶, 二个以上结晶的集合 ③给....提供配好物, 使成对, 使相联. *annealing twin* 退火双晶. *compound twin* 复双〔孪〕晶. *twin axis* 双晶轴. *twin beams* 并梁. *twin boundary* 孪晶间界. *twin cable* (平行叠置. 非同轴)双芯电缆. *twin cantilevers* 双悬臂. *twin channel* 双波〔双信〕道的, 双路(的). *twin check* 双重校验. *twin cities* 孪生城市. *twin columns* 并置双柱. *twin conductor* 双股导线. 平行双芯线. *twin crystal* 孪〔双〕晶. *twin drive* 双电动机驱动.
twin engine 双发动机. *twin feeler* 二(双)线式馈线. *twin flexible cord* 双芯软线. *twin grip type centreless grinder* 双支承砂轮无心磨床. *twin lock* 双室(复式)船闸. *twin photogrammetric camera* 双镜测量摄影机. *twin pump* 双缸泵. *twin ring gauge* 双联环规. *twin rotor condenser* 双动片电容器. *twin serial camera* 双镜连续摄影机. *twin six motor* V型十二汽缸发动机. *twin spans* 双跨. *twin triode* 双三极管. *twin tube* 双极〔孪生〕管. *twin turbine* (二台水〔汽〕轮机组成的)双流式水〔汽〕轮机. *twin tyre* 双轮胎. *twin wire* 双线缆, 双股线.
twinax *n.* 屏蔽双导线馈电线. *twinax cable* 双股电缆.
twin-bucket *a.* 双斗(的).
twin-cathode ray beam 双电子束, 双阴极射线束.
twin-channel *a.* 双信道的.
twin-cone bit 双牙轮钻头.
twin-cyclone *a.* 双旋风子的.
twin-cylinder *a.* 双缸的.
twin-drum sorting 双鼓分类法.
twine [twain] *n.; v.* ①细(麻)绳, 双股(二股以上)的线, 网丝 ②盘(缠)绕. 蜿蜒 ③捻, 捻, 卷, 编(结), 交织, 纠缠.
twined *a.* ①成对〔双〕的, 双生的 ②捻成的, 搓成的. *twined grooves* 并槽(唱片缠绕的蛇病).
twin-furnace (-type) *a.* 双炉体的(锅炉机组), 双炉膛的.
twin-interlaced scanning 隔两行扫描.
twin-jaw crusher 双颚式破碎机.
twin-jet 双喷气发动机(的).
twin'kle ['twiŋkl] I *v.; n.* ①(烁, 亮, 耀, 动)的, 迅速移动. I *n.* ①闪烁(光) ②转瞬之间. 一刹那 ③快速移动. ▲*in a twinkle* 或 *in the twinkle of an eye* 一刹那, 一眨眼功夫. 转瞬之间.
twin'kler *n.* 发光体.
twin'kling ['twiŋkliŋ] I *n.* ①闪烁(光. 光) ②瞬间, 顷刻 ③并行. I *a.* 闪烁(亮)的. ▲*in a twinkling* 或 *in the twinkling of an eye* 转瞬之间, 顷刻, 一刹那.
twin-lead type feeder 平行双馈(电)线.
twin-lens film scanner 双镜头电视电影扫描器(电视电影机).
twin'ning ['twiniŋ] I *n.* ①孪〔双〕晶现象〔作用〕, 形成孪〔双〕晶. 二个以上结晶的集合, 孪生(作用), 成对 ②扭成对, 双股绞合 I *a.* 孪生的.
twin-plate triode 双板极三极管.
twin'plex *n.* 四信路制, 双路移频制.
twin'-roll *a.* 双滚筒的.
twin'-row *a.* 双行的, 双列的.
twin'-shaft *a.* 双轴(式)的.
twin-shell *a.* 双壳体的, 双层壁的.
twin-slab analog phase shifter 双板式模拟移相器.
twin-T bridge 双 T 电桥.
twin-track recorder 双轨(双声道, 双磁迹)录音机.
twin-tube *n.* 孪生管. 双联管.
twin-twisted wire strand 双股扭绞钢丝束.
T-wire *n.* 第一线, a线. T线. 塞尖引线.
twirl [twəːl] *v.; n.* ①(使)快速转动(旋转), 捻(弄) ②扭转, 卷曲 ③旋转(螺旋形)的东西. 花体

(字) ④复制的[万能]钥匙.

twist [twist] I v. ①搓(合), 捻, 拧, 绞(合), 编, 织 ②(使)扭曲, 扭(弯, 歪, 曲, 绞, 合), 弯[扭]曲 ③(使)转动[旋转] ④缠绕, 盘旋[绕], 转弯, 曲折, 迂回 ⑤(使)成螺旋形[漩涡形], 旋转着作曲线前进 ⑥曲解, 歪曲. *twist centre* 扭转[绞]composed 中心. *twist drill* 麻花钻. 螺纹钻. 扳钻. *twist iron* 纹钳. *twist joint* 扭[绞]接[头]. *twist pair type telephone cable* 双铰式电话电缆. 扭绞四芯电话电缆. *twisted bar* 扭转〔螺旋、螺纹〕钢筋. 扭杆. *twisted blade* 扭曲叶片. *twisted cable* 绞合电缆. *twisted enclosure* 曲径式扬声器箱. *twisted pair* 双扭[绞]线. 双心绞合线, 扭绞二股[双线]电缆. *twisted line* 扭绞线. 双线绞合传输线. *twisted steel* 螺纹钢筋. *twisted waveguide* 扭型[扭曲]波导管. *twisting force* 扭力. *twisting frame* 捻丝机. *twisting moment* [couple]扭转[旋转]力矩. 扭[转]矩. *twisting motion* 扭绞运动. *Wire twists easily* 铁丝很容易扭曲. ▲*be twisted through* ....穿过.... (旋转)前进, 拧进. *twist....into place* 把....拧进去. *twist off* 拧[扭]断, 拧开. *twist one's way through*....穿过....前进. 在....中穿过去. *twist round* 扭转. *twist....round as....* 把....弯曲成[改写为]..... *twist the tail* 使汽车开动. *twist....to....* 使....折向.... *twist up* 捻, 搓, 卷(成螺旋形), 盘旋而上.

II n. ①(一)搓[捻, 拧, 扭, 绞], (钢丝绳的)股, 扭(转, 弯曲, 曲), 缠绕, 曲折, 弯[扭]曲, 编, 织 ②拧扭, 扭, 缅, 卷曲, 扭, 捏, 绞, 纺, 扭曲度, 角动量, 动量矩, 螺旋状[形] ③螺旋运动, 旋转 ④拢线, 绳索 ⑤歪曲, 曲解 ⑥意想不到的转折, (新的)方法[观点]. *blade twist* 叶片扭转. *give the fact a twist* 对事实加以歪曲. *final twist* 终缠度, *inital twist* 初缠度. *S-twist* S形扭转. *twist boundary* 扭曲型[间界. *twist drill* 麻花钻[螺纹钻(头). *twist equalizer* 扭型均衡器. *twist iron* [pliers]绞钳. *twist joint* 扭接(头), 纹接(头). *twist system* 换位(消感)制. *twist waveguide* 扭旋波导管. ▲*a new twist* 一个新的情况[因素, 观点]. *a twist of the wrist* 熟练的技巧[手法]. *twists and turns* (迂回)曲折. *While the prospects are bright, the road has twists and turns.* 前途是光明的, 道路是曲折的. *develop by twists and turns in struggle* 在斗争中曲折发展.

twist'able ['twistəbl] a. 可搓捻[绳绞, 旋转, 扭卷]的.

"twist-and-steer" control 按极坐标法控制.

twist'-drill n. 麻花[螺纹]钻(头), 扳钻.

twisted-pair feeder 双绞式馈线.

twist'er 或 **twist'or** ['twistə] n. ①绞扭器, 打结器 ②磁扭线(存储器, 存储装置) ③编〔盘〕绕物 ④扭转车 ⑤陆(水)龙卷, 沙柱 ⑦难题(事). *twister bimorph* 扭转双层元件. *twistor feeder* 绞合馈电缆.

twist-free a. 无扭曲的, 无扭转的.

twist'y ['twisti] a. ①扭曲的, 弯弯曲曲的, 迂回的, 盘旋的 ②转弯抹角的, 狡猾的.

twit [twit] v.; n. 责备, 挖苦.

twitch [twitʃ] v.; n. ①急拉[扯], 抽[颤]动, 挛缩, (肌肉的)单肌颤搐, 骤然一抽 ②抽(阵)痛.

'twixt [twikst] prep. 在(两者)之间.

TWK = travelling-wave klystron 行波速调管.

TWMBK = travelling-wave multiplebeam klystron 多柱(束)行波速调管.

TWO = ①travelling-wave oscillator 行波振荡器 ②travelling-wave oscillograph 行波示波器.

two [tu:] n.; a. ①二, 两, 双 ②一付, 二者 ③两点钟. *two and a half dimension system* 二度半重合法. *two array* 二极排列(即单极-单极排列). *two bearings and run between* 双角测向法. *two bit wide slice* 二位式芯片. *two cycle* 二冲程, 二循环. *two cycle generator* 双频率(50赫和70赫)发电机. *two electrode thermionic vacuum tube* 热阴极二极真空管. *two input subtracter* 半减(法)器. *two light lamp* 双光(母子)灯泡. *two "OR" gate* 双"或"门电路. *two orthogonal antenna systems* 正交天线系统. *two parts* 三分之二, 两部分. *two party line* 两户合用线. *two pass assembler* 二次扫描汇编程序. *two rate register* 双价电度累计装置. *two's complement* 二进制补码. *two way array* 二向数组. *two way interleaved access* 二路交叉存取. ▲*by* [in] *twos and threes* 三三两两, 零零星星, 两三个一次. (*come, break, cut....*) *in two* (变, 分)裂, 切)为二. *in two twos* 立刻, 一转眼. *one or two* 一或两; 几个, 少许. *put two and two together* 根据事实推断[论]. *two and* [by] *two* 两个两个. *two by four* 小的, 不足道的, 两 *whoops and a holler* 不远的地方, 很短的距离.

two-address a. 【计】二地址的.

two-anode a. 双扫拍极的.

two-band receiver 两(双)波段接收机.

two-bearing computer 双方位计算机.

two-bit a. 便宜的, 无价值的.

two-bit-time-adder n. 双拍加法器.

two-blade chopper 双叶片式斩波器.

two-boson n. 双玻色子.

two-by-four a. ①2英寸(英尺)×4英寸(英尺)的 ②小的, 微不足道的.

two-cavity klystron 双腔速调管.

two-chamber filter 双腔滤波器.

two-channel a. 双通道(声道)的.

two-circuit a. 双回路(槽路)的. *two-circuit receiver* 双调谐电路接收机. *two-circuit winding* 双路绕组.

two-colour process 双色复制法.

two-compo'nent n.; a. 二元(的), 二分量(的), 二力的, 双组份的. *two-component alloy* 二元合金.

two-conductor line twin line 双线传输线.

two-cone bit 双牙轮钻头.

two-constraints fit 二约束条件拟合.

two-core a. 双(磁)芯的, 双活性区的.

two-core-per-bit a. 每位两个磁芯的.

two-course a. 双层的. *two-course beacon* 双向信标.

two-cycle scheme 推挽(双循环)电路.

two-cylinder electron lens 双(圆)筒电子透镜.

two-digit inflation 两位数膨胀.

two-dimen'sion n. 二维, 平面.

two-dimen'sional a. 二维的, 二度(空间)的, 平面的.

两因次的. *two-dimensional intensity-modulated display* 高度调制平面显示器. *two-dimensional memory* 线选法存储器. 两度（重合）存储器. *two-dimensional problem* 二维问题.

two-disk thermistor bridge 双片式热变电阻桥.
two-edged *a.* 双锋〔面〕的. 两刃的. 有两种相反作用的. 有双重意义的.
two-elec'trode *a.* 二〔双〕（电极）的.
two-element antenna 二元天线（有源振子和反射器）.
two-element cold-cathode tube 冷阴极二极管.
two-element-difference of frame-difference-predictor 帧差预测器两象素差.
two-element relay 二元〔双线圈〕继电器.
two-excimer *n.* 双激元.
two-faced *a.* 两面（派）的.
two-fluid *a.* 双流体的. 双液面的.
two'fold *a.*; *ad.* 两倍（的）. 双重的. 两重（的）. 两层的. 有两个（方面）的. *twofold degeneracy* 二重简并度.
two-gang 双联的（指电容器）. *two-gang saw* 双排锯.
two-generator equivalent circuit 双发生器等效电路.
two-grid *a.* 双栅（极）的.
two-hand'ed *a.* 有两只手的. 需要双手拿〔操作〕的.
two-han'dled *a.* 有两个把手的. 双柄的.
two-head video tape recorder 双磁头式磁带录像机.
two-high mill *n.* 二辊式轧机〔机座〕
two-hinged *a.* 双铰的.
two-hole *a.* 双孔的.
two-hop-E *n.* 第二E层波.
two-input adder 半加（法）器. 双输入加法器.
two-lay'er *a.* 双层的.
two-legged *a.* 有两条腿的.
two-lens ocular 双透镜目镜.
two-lev'el *a.* 二〔两〕级的. 二能级的. 双电平的. 两层的. *two-level return system* 二级归零记录系统.
two-line *a.* 双〔二〕线的. 比普通型大一倍的（铅字）.
two-lip end milling cutter 双面刃端铣刀.
two-loop induction sounding 双回线感应测深.
two-magnon *n.* 双磁畴.
two-man ladle 抬包.
two-mesh filter 双滤波器.
two-mo'tion *a.* 双动的. *two-motion switch* 两级动作（上升-旋转选择）开关.
two-out-of-five *a.* 五中取二的.
two-pair core 二对铁芯.
two-param'eter *a.* 双参数的.
two-part mould 两箱铸型.
two-party line 对讲〔两户合用〕电话线.
two-pass *a.* 双行程的. 双（通）道的. *two-pass assem'bler* 两次扫描的汇编程序.
two-path amplifier 双（信）道放大器.
two-path circuit 双路电路.
twopenny nail 四英寸长钉.
two-person game 二人博弈〔对策〕.
two-phase *a.* 二相的.
two-phonon process 双声子〔光子〕过程.
two-photon fluorescence 双光子荧光.
two-piece *a.* 二〔双〕片的. 两部分组成的. 剖分〔拼合〕式的. *two-piece bearing* 对开〔拼合. 可调〕轴承. *two-piece housing* 剖分〔拼合〕式外壳.
two-PL =two-party line 对讲〔两户合用〕电话线.
two-plus-one address 二加一地址.
two-ply *a.* 两层的. 双重〔股〕的.
two-point bearing 二点交叉定位.
two-pole *a.* 两〔二〕极的. *two-pole crystal filter* 双极点晶体滤波器.
two-port *a.* 二端对的. 四端的. *two-port parameter* 四端〔二端对〕网络参量. *two-port waveguide junction* 双口波导连接.
two-position *a.* 二〔双〕位置的.
two-prong(ed) *a.* 双尖〔叉〕的. *two-pronged star* 双支星.
two-pulse timer 双脉冲定时器.
two-range decca 双距离式台卡导航系统.
two-re'gion *a.* 双区的.
two-resonator klystron amplifier 双腔速调管放大器.
two-row *a.* 双行的. 二区间的.
two-scale *a.* 二进制（记数法）. 双标度的.
two-sec'tion *a.* 二节〔段〕的.
two-segment electrometer 双象限静电计.
two-sheeted *a.* 双叶的.
two-shot *n.* 双镜头拍摄. 双人特写镜头. 中近景（大致相当于中景）.
two-sided *a.* 双边〔侧. 面〕的. 两边的, 两方面的. 两面派的.
two-speed *a.* 双速的.
two-split head 双隙静电〔磁〕头.
two-stacked array 双层天线阵.
two-stage 或 **two-step** *a.* 二〔两. 双〕级的. 二阶段的. 分二期的. *two-stage diffusion* 两级〔两次〕扩散. *two-stage regulator* 两级调节器. *two-step relay* 两级〔两阶段. 二级动作〕继电器. *two-step isomeric transition* 二阶梯式的同质异能跃迁.
two-state *a.* 双（稳）态的. 两〔二〕态的.
two-storied *a.* 双层的.
twostream instability 双流不稳性.
two-stroke *a.* 二冲程的.
two-stub transformer 双芯〔双杆〕变压器.
two-sym'bol *a.* 二进位的.
two-ter'minal *n.*; *a.* 两个接头（的）. 二端〔极〕的. 双端的. *two-terminal network* 两端〔二端〕网络.
two-third *a.* 三分之二的.
two-three pull down system 2-3制电视胶片移动方式. 2-3制拉片式摄影系统（屏幕录像）.
two-throw crank 双拐曲柄.
two-tier *a.* 双重的. *two-tier foreign system* 双重汇率制. *two-tier gold price system* 黄金双重价格制度.
two-tone detector 双音检波器.
two-to-one frequency divider 频率减半器. 二比一分频器.
two-trace method 双线扫描法. 双迹法.
two-track recorder 双声迹〔双声道〕录音机.
two-tube lens 双筒透镜.
'twould [twud] =it would.
two-value(d) *a.* 二值的.
two-valuedness *n.* 双值性.

two-variable computer 双变量计算机.
two-vee *n.* 双 V 粒子.
two-vertex topology 二顶角拓扑.
two-way *a.* 双方(面)的, 双向的, 双程的, 双[两]路的, 二[双]通的, 两用[面]的, 双频道的, 双频道的. *two-way array* 双向阵列, 平面矩阵. *two-way beam pattern* 合成声束图案. *two-way double-triode clamp circuit* 双三极管双极性箝位电路. *two-way radio* 收发两用无线电设备(无线电台). 双向无线电通信. *two-way receiver* 交直流两用[双频道]接收机. *two-way speaker* 双频道扬声器. *two-way switch* 双向[双路]开关. *two-way television* 双向电视. *two-way traffic* 双向交通. *two-way valve* 双通阀, 双通活门.
two-way-shot *n.* (地震勘探)双向爆炸.
two-wheeler *n.* (两轮)挂[半拖]车.
two-winding transformer 双绕组变压器.
two-wire *a.* 二[双]线的, 双丝的. *two-wire channel* (每次在一个方向传送的)双向通道. *two-wire line* 二线制电路.
two-word list element 二字链表元.
two-zone furnace 双温区炉.
TWR = thrust to weight ratio 推力-重量比.
TWS = ①tactical warning system 战术警报系统 ② Tsunami Warning system in the Pacific (美国国内)太平洋海啸警报系统 ③track while scan 跟踪搜索, 扫描跟踪 ④translator writing system 编写翻译程序的系统.
TWT = ①transonic wind tunnel 跨音速风洞 ②travelling-wave tube 行波管.
TWTA = travelling-wave tube amplifier 行波管放大器.
TWU = trace watch unit 追踪监视装置.
TWX = ①teletypewriter exchange (message) 电传打字电报局(电报) ②teletypewriter exchanger 电传打字电报交换机.
twyer(e) *n.* 风口.
twy'stron ['twaistrɔn] *n.* 行波速调管.
tx = tax (es) 税.
T-x curve 时距曲线.
Tygon *n.* 聚乙烯(商品名).
tygoweld *n.* 环氧树脂复合粘合剂.
ty'ing ['taiiŋ] Ⅰ *v.* tie 的现在分词. Ⅱ *n.* 结, 系.
Tyler scale 泰勒式筛号尺寸.
tymp *n.* 水冷铁铸件(冷却渣口, 风口, 金属口的构件).
tym'pan ['timpən] *n.* ①鼓, 薄膜状物 ②(印刷机的)压纸格, 衬垫 ③门楣中心.
tym'pana ['timpənə] tympanum 的复数.
tym'panum ['timpənəm] (pl. *tym'pana*) *n.* ①鼓(皮), 鼓膜, 耳膜, 中耳, 鼓室 ②鼓形水车 ③(电话机)振动膜 ④门楣中心, 山墙的凹面, 拱与楣间之部分.
Tyndall light 廷德尔光(气体或液体中的分子反射光).
tyndallim'eter *n.* 廷德尔计, 悬体测定计.
tyndallim'etry *n.* 廷德尔法, 悬体测定法.
tyndalliza'tion *n.* 廷德尔作用, 廷德尔化, 分段[间歇]灭菌.
typ = ①typical ②typographical ③typography.

ty'pal ['taipəl] *a.* 类型的, 典型的.
type [taip] Ⅰ *n.* ①型(式, 号), 类[序]型(种)类(样), 模式, (等)级, 样式, 风格 ②典型, 榜样, 样本(板) ③记(符)号, 象征, 图案, 标志, 特性, 代表 ④打字(机) ⑤铅[活]字. Ⅱ *v.* ①用打字机打(出), 打字[印], 拍发(电报) ②代表, 成为...的典型 ③用阴模[模楣]压制. *a new type (of)* 新型的. *combined type* 复[组]合式. *conventional type* 习用型, 常见式样, 普通型式. *cycloid type* 周期型. *development type* 研制型. *furnace-roof type* 炉顶种类. *kickback type of supply* (利用回扫)脉冲(的)电源. *lattice type* 晶格类型. *standard type* 标准型. *step-by-step type* 步进制的. *tube type* 电子管型号. *type 0 control system* 零型控制系统. *type a document* 打一份文件. *type approval test* 定型试验. *type bar* (铅字)打印杆. (打字机上)装有铅字的连动杆. *type case* 铅字盘. *type code time-sharing* 附有类型代码的分时. *type curves* 标准[理论]曲线. *type drum* 打印鼓, 字轮. *type face* 字样. *type font* 字体(型). *type metal* 活[铅]字合金. *type of cooling* 冷却方式. *type of decay* 衰变型[图, 方式]. *type printer* 印字电报机. *type printing telegraph* 印字[打字]电报. *type reaction* 典型反应. *type script* 打字(件, 印)本, 打字原稿. *type section* 标准剖面. *type species* 典型种(类). *type specimen* 原始标本, 全型. *type standard* 体型标准. *type statement* 类型语句. *type test* type-test. *type wheel* (打字机, 电报机的)打字轮, 活字轮. *type wheel printer* 轮式打字机. *"yes-no" type of operation* "是-否"工作状态[工作方式]. ▲*all types of* 形形色色的. *each type of* 每种(类型)的. *in type* 用活字排成的. *one type of* 一种(类). *set...in type* 付排, 将....排版. *set (up) type* 排字. *true to type* 典型的. *type in* (用打字机)写入(指令), 输入. *type out* 用打字机打出, 输出.

type pr = type printer 印字机.
type trans meas set = type transmitting measuring set 记录式传输测试器.
type'bar *n.* (打字机上)装有铅字的连动杆. (铅字)打印杆. *type-bar printer* 杆式打印机.
type-basket *n.* 打印字球.
type'case *n.* 铅字盘.
type'cast *vt.* 浇铸(铅字).
type'casting *n.* 铸字, 浇铸[字].
type'face *n.* 铅字字面, 铅字印出的字样, (某种字体的)全部铅字.
type'founder *n.* 铸字工人.
type'founding *n.* 铸字(业).
type'foundry *n.* 铸字工厂[车间].
type'head *n.* 字模.
type'-high Ⅰ *a.* 与铅字标准高度(0.9187英寸)一样高的. Ⅱ *n.* 适印高度.
type'metal *n.* 印刷合金, 活字合金, 铸字铅.
type-palette *n.* 打字印盘.
type'printer *n.* 印字电报机.
ty'per ['taipə] *n.* ①打字[印]机, 印刷装置, 印刷机 ②打字员.

type'-script *n.* 打字〔打印〕体,打字原稿〔文件〕.
type'set *vt.* 把…排版.
type'set'ter ['taip'setə] *n.* ①字母打印〔印刷〕机,排字机 ②排字工人. *trade typesetter* 商业植字公司.
type' setting *n.*; *a.* 排字(用的). *typesetting equipment* 排[植]字设备. *typesetting machine* 自动排字机.
type-test *n.* 典〔定〕型试验,例行试验.
typetron *n.* (高速)字标管(一种具有字像存储能力的阴极射线管).
type-wheel *n.* 打印字轮.
type'write ['taiprait] (*type' wrote, type' written*) *v.* (用打字机)打字.
type'writer ['taipraitə] *n.* 打字机,打字员. *radio typewriter* 无线电传打字电报机. *typewriter ribbon* 打字机墨带,色带.
type' writing *n.* 打字(术,工作,稿,文件).
type' written *a.* 打字的.
typhli'tis [tif'laitis] *n.* 盲肠炎. **typhlit'ic** *a.*
ty'phoid ['taifɔid] *n.*; *a.* 伤寒(的),似斑疹伤寒的. ~al *a.*
TYPHON *n.* 反程程导弹系统.
typhon'ic [tai'fɔnik] *a.* 台风(性)的.
typhoon' [tai'fu:n] *n.* 台风.
ty'phus ['taifəs] *n.* 斑疹伤寒,集中营热. **ty'phous** *a.*
typ'ic(al) ['tipik(l)] *a.* 典型的,标准的,(具有)代表(性)的,常用的,模范的,独特的,特有的,象征(性)的. ▲*be typical of* 象征着,是…的特征〔典型〕,是…代表…的.
typical'ity [tipi'kæliti] *n.* 典型性,特征.
ty'pically *ad.* ①特有地 ②独特地,典型地,具有代表性地,一般.
typical-sample *n.* 典型样式.
typifica'tion [tipifi'keiʃən] *n.* 典型化.
typ'ifier *n.* 典型代表者,代表性事物.
typ'ify ['tipifai] *vt.* ①代表,作〔成〕为…的典型,具有…的特征,表示特征〔性质〕②象征,预示.
ty'ping ['taipiŋ] *n.* ①打字(术,工作,稿〔文件〕),印字 ②分〔定〕型,分类 ③压制阴模(模拟)法. *typing element* 铅字单元,(电动打字机的)打印字球. *typing reperforator* 打印复穿机.
ty'ping-paper *n.* 打字纸.
ty'ping-reperforator 电传打字收报凿孔机.
ty'pist ['taipist] *n.* 打字员者的.
ty'po ['taipou] *n.* ①排印工人 ②排印〔印刷〕错误.
typo- 〔词头〕①类〔典,模〕型 ②排字,排印,打字.

typo(g) = ①typographer ②typographic(al) ③typography.
typog'rapher [tai'pɔgrəfə] *n.* 印刷〔排印〕工人,印刷商.
typograph'ic(al) [taipə'græfik(əl)] *a.* 印刷(上)的,排印上的. *typographical error* 印刷上的错误. ~ally *ad.*
typog'raphy [tai'pɔgrəfi] *n.* (活版)印刷术,排印,印刷格式〔工艺,品〕.
typol'ogy *n.* 类型学,血(液)型学,体型学,病型学.
ty'poscript ['taipəskript] *n.* 打字原稿,打字文件,打字体.
ty'potron ['taipətrɔn] *n.* 显字管,高速字标管(一种具有字像存储能力的阴极射线管).
tyraminase *n.* 酪胺酶.
tyramine *n.* 酪胺.
tyre ['taiə] Ⅰ *n.* 轮〔车〕胎,轮箍. Ⅱ *vt.* 装轮胎在…上. *fortified tyre* 加强轮胎. *peel tyres* 突然加大油门. *pneumatic tyre* 气胎. *supporting tyre* 滚〔领〕圈. *synthetic rubber tyre* 合成橡胶轮胎. *tyre bender* 弯胎机. *tyre cord* 轮胎帘布(线). *tyre cover* 外胎. *tyre crane* 汽车起重机. *tyre cushion* 胎垫. *tyre gauge* 轮胎气压表,轮箍规. *tyre hot patch* 热补胎胶. *tyre pump* 轮胎打气泵. *tyre spoon* 撬胎棒. *tyre tube* 内胎. *tyre wheel* 罩胎轮. *tyred tractor shovel* 轮胎式拖拉铲土机.
tyre-curing *a.* 硫化轮胎的.
tyre'cut *n.* 轮胎割痕.
ty'ro ['taiərou] *n.* 初学者,新〔生〕手,经验少的人.
Tyroc screen 橡皮垫支架振动筛.
tyrocidine *n.* 短杆菌酪肽.
ty'rolite *n.* 铜泡〔天蓝〕石.
tyrosinase *n.* 酪氨酸酶.
ty'rosine *n.* 酪氨酸,3-对羟苯基丙氨酸.
tyrosino'sis *n.* 酪氨酸代谢病.
tyrosinu'ria *n.* 酪氨酸尿.
tyrosyl- 〔词头〕酪氨酰(基).
tyrothricin *n.* 短杆菌素,混合短杆菌肽.
Tyseley alloy 泰泽利饰用铸锌合金(铝 8.7%,铜 3.5%,硅 0.3%,其余锌).
tyuyamunite *n.* 钒钙铀矿.
tyvelose *n.* 伤寒菌糖,泰威糖,3,6-二脱氧-D 甘露糖.
tzar *n.* = tsar.
T-zero *n.* 发射时刻.
TZM = titanium-zirconium-molybdenum alloy 钽-锆-钼合金.

U u

U [ju:] (pl. *U's* 或 *Us*) *n.* U 字形(的东西). *U slot* U 形槽.
U = ①ullage 缺〔不足〕量,漏损(量),损耗(量) ②ultra 超 ③unclassified 不保密的,未分类的 ④unit 单位〔元〕,设备,装备,组(合)件,小分队 ⑤university 大学 ⑥upper 上(面)的 ⑦uranium 铀.
UA = ①ultra-audible 超音速的,超过可听的 ②United Airlines(美国)联合航空公司.

u/a =unassorted 未分类的.
uabain n. 乌本(箭毒)甙,G毒毛旋花甙.
U-abutment n. U形桥台[岸墩].
UAC =United Aircraft Corporation (美国)联合飞机(有限)公司.
UADPS = uniform automatic data processing system 标准[统一]自动资料[数据]处理系统.
UAE = United Arab Emirates 阿拉伯联合酋长国.
UAL =①unit area loading 单位面积负荷 ②unit authorization list 单位编制装备表.
UAM =underwater-to-air missile 水下对空导弹.
u-antenna n. U形天线.
UAS = unmanned aerospace [aerial] surveillance 无人空中监视.
UAT =*Union Aéromaritime de Transport* (法国)联合海空运输公司.
UATI = Union of International Engineering Organizations 国际工程组织联合会.
UAW = United Auto, Aircraft and Agricultural Implements Workers of America 美国汽车、飞机、农业机械工人联合会.
UAX =unit automatic exchange 自动电话交换设备.
UB =underwater battery 水下武器.
UBA = Union of Burma Airways 缅甸联邦航空公司.
U-band n. U(吸收光)带.
U-bar 或 U-beam n. 槽钢.
U-bend n. 马蹄[U形]弯头,U形管,U形河湾.
ubicon n. 紫外线摄像管.
ubi'ety [juːˈbaiəti] n. 所在,位置(关系).
ubi infra [ˈjuːbiˈinfrə] [拉丁语](书刊中参照用语)在下面提及之处,参见下文.
ubiquinone n. 泛醌,辅酶Q.
ubiq'uitous [juː(ː)ˈbikwitəs] a. (同时)普遍存在的,处处存在的,在数处同时出现的,随遇的. ~ly ad. ~ness n.
ubiq'uity [juː(ː)ˈbikwiti] n. (同时)普遍存在,无处不在,到处存在.
ubi supra [ˈjuːbiˈsjuːprə] [拉丁语](书刊参照用语)在上面提及之处,参见上文.
ubitron =undulated beam injector 荡注管,尤皮管,波动射束注入器.
U-boat [ˈjuːbout] n. 潜水艇.
U-bolt [ˈjuːboult] n. U形[马蹄]螺栓.
U-bomb [ˈjuːbɔm] n. 铀弹.
U-bond n. U形轨条接线.
UC =①umbilical cable 连接电缆,临时管缆 ②unit cooler 设备冷却器.
u/c =unclassified 未分类的,不保密的,未列入保密级的,普通的.
UCA =unitized component assembly 组件.
UCCRL =Union Carbide and Carbon Research Laboratories 碳及碳化物联合研究实验室.
u-centre n. 彩色中心.
Uchatins bronze 一种乌沙青铜(铜92%,锡8%).
UCL = upper control limit 控制[行动]上限.
U-clamp [ˈjuːklæmp] n. U(形)夹,U形压板.
Ucon oil 乌康(聚醇二醇)油.
U-core [ˈjuːkɔː] n. U型(磁)铁芯.
UCRL =University of California Radiation Laboratory 加利福尼亚大学辐射实验室.

UCS diagram UCS 色度图,均匀色度刻度的色度图.
UD tandem UD 串列式加速器.
UDC =①universal decimal classification 国际十进位分类法,通用十进制分类 ②upper dead center 上死点.
Udden grade scale 尤登粒级.
udell n. (冷凝水汽)接受器.
U-depleted residue 无铀残渣.
UDMH =①unsymmetrical diethyl hydrazine 不对称二乙肼 ②unsymmetrical dimethyl hydrazine 不对称二甲肼.
udom'eter [juːˈdɔmitə] n. 雨量计.
udomograph n. 自记雨量计.
UDOP =ultra-high-frequency doppler system 超高频多普勒系统.
UDPG-4-epimerase 尿甙二磷酸葡萄糖-4-差向(异构)酶.
UE =①unified equipment 统一标准装置 ②unit equipment 组合装置,单位装备 ③United Electrical, Radio and Machine Workers of America 美国电气、无线电和机器工人联合会.
UED = United Electrodynamics, Inc 美国电动力学公司.
UEE =Unit essential equipment 单位主要装备.
U-equivalence of matrices (矩)阵的酉等价.
UERA = umbilical ejection relay assembly 控制发射继电器组件.
UERD =underwater explosions research division 水下爆炸研究部.
UET =underground explosion test 地下爆炸试验.
UEW = United Electrical, Radio and Machine Workers of America 美国电气、无线电和机器工人联合会.
UF =①ultrafine 特细的 ②ureaformaldehyde 脲醛(树脂,塑料).
UF value 滤渣值.
ufertite n. 铈铀铁钛矿.
UFO = unidentified flying object(s) 未查明真相的空中飞行物,未识别飞行物,不明飞行物,飞碟.
ufol'ogist [juː(ː)ˈfɔlədʒist] n. 爱好研究未查明真相的空中飞行物的人.
ug 或 u/g =underground 地下.
Ugan'da [juː(ː)ˈgændə] n. 乌干达.
Ugan'dan a. ; n. 乌干达的,乌干达人(的).
U-gauge [ˈjuːgeidʒ] n. U型压力计.
Ugine-Sejournet process 玻璃润滑剂高速挤压法.
ug'lify [ˈʌglifai] vt. 丑化,弄得难看. uglifica'tion n.
ug'liness [ˈʌglinis] n. 丑(陋,恶).
ug'ly [ˈʌgli] I a. ①丑陋[恶]的,难看的 ②险恶的,阴沉的. II n. 丑陋的东西.
UGRR =underground railroad 地下铁路.
UGT 或 ugt =urgent (加)急电(报).
U-hanger n. U形挂钩.
UHE accelerator 超高能加速器.
UHF 或 uhf =ultra high frequency 超(特)高频(300～3000MHz).
UHF amplifier 超(特)高频放大器.
UHF heterodyne wave meter 超(特)高频外差频率计.
uhligite n. 锆钙钛矿;胶磷铝石.
uhp =ultra-high pressure 超高压的.
UH-quantum n. 超重量子.

Uhuru satellite 自由号卫星.
UHV =①ultra-high vacuum 超高真空 ②ultra-high voltage 超高（电）压.
u. i. =*ut infra*〔拉丁语〕如下（所述，所示）.
UIE =*Union Internationale d'Electrothermie* 国际电热协会.
Uig(h)ur ['wi:guə] *n.*; *a.* 维吾尔人（的），维吾尔语的. ~**ian** 或 ~**ic** *a.*
uintahite 或 **uintaite** *n.* （一种）硬沥青.
U-iron *n.* 槽铁〔钢〕，凹形〔U 型，水落〕铁.
UJB =umbilical junction box 连接电缆接线箱.
UJT =unijunction transistor 单结晶体管.
UK =United Kingdom 联合王国（即英国）.
UKAEA =United Kingdom Atomic Energy Authority 英国〔联合王国〕原子能委员会，英国原子能管理局.
UKCIS = United Kingdom Chemical Information service 英国化学情报处.
Ukr =Ukraine.
Ukraine' [ju:'krein] *n.* 乌克兰.
Ukrai'nian [ju:'kreinjən] *a.*; *n.* 乌克兰的，乌克兰人（的）.
ukulele *n.* 尤克里里（琴），四弦琴.
Ulan Bator ['u:la:n'ba:tɔ:] *n.* 乌兰巴托（蒙古人民共和国首都）.
Ulbricht sphere 乌布里奇球，积算球.
ul'cer ['Alsə] Ⅰ *n.* 溃疡，腐烂的东西，腐败的根源.
Ⅱ *v.* =ulcerate.
ul'cerate ['Alsəreit] *v.* （使）形成溃疡，（使）溃烂，（使）腐败. **ulcera'tion** *n.* **ul'cerative** 或 **ul'cerous** *a.*
Ulcony metal 由尔康铜铅系重载荷用轴承合金（铜 65％，铅 35％）.
Ulex *n.* 荆豆属.
ULF 或 **ulf** =ultra-low frequency 超低频.
U-line *n.* 无载荷线，U 线.
U-link *n.* U 形连接环，U 形插塞.
"U"-link mult. ="U"-link multiple U 形插塞复接.
ULL =unit local loading 单位局部加载.
ull'age ['Alidʒ] Ⅰ *n.* ①油罐油面〔水舱液面〕上部的空间，气腔，（容器的）缺量，不足量 ②漏损（量），损耗（量），漏电量（用测量蒸气-空气空间高度的方法）测定储罐中液体体积. **ullage foot** 缺量尺，测深尺. **ullage rule** 不浸入液内的测液尺.
Ⅱ *v.* 测定储罐中液面上的一点到液面的距离. *estimate 2％ for ullage* 损耗估计百分之二. ▲**on ullage**（桶）不满.
ull'aged *a.* （容器内液体）不满〔足〕的.
ullmannite *n.* 锑硫镍矿.
ULM =underwater launch missile (scale model) 水下发射导弹（比例模型）.
Ulmal *n.* 尤尔马铝合金（镁 0.5～2.0％，锰 0～1.5％，硅 0.3～1.5％，其余铝）.
ul'mic ['Almik] 或 **ul'mous** ['Alməs] *a.* 赤榆树脂的，棕腐质的. **ulmic acid** 赤榆〔棕腐，乌敏〕酸.
ul'min ['Almin] *n.* 赤榆树脂，棕腐质.
ULMS = underwater〔undersea〕longrange missile system 水下远程导弹系统.
ulrichite *n.* 方铀矿.
Ulsterian series （中泥盆世）乌耳斯得统.

ult =①ultimate 最后〔终〕的，临界的，极限的，根〔基〕本的 ②ultimately 毕竟，终究，最后，决定地.
ult =*ultimo*〔拉丁语〕上月的.
ult an =ultimate analysis 元素分析.
ult wpn =ultimate weapon 最后的〔决定性的〕武器.
ulte'rior [Al'tiəriə] *a.* ①在那一边的，较远的 ②以后的，将来的，进一步的 ③隐藏的，不明说的. *on the ulterior side of the river* 在河的那一边. *take ulterior steps* 采取进一步措施. *ulterior consequences* 后果. *with ulterior motive* 别有用心地.
ul'tex *n.* 鳖块双焦点镜.
ul'tima ['Altimə] *a.* 〔拉丁语〕最终〔后，远〕的，末尾的. ▲**ultima ratio** 最后的争论〔手段，争执，谈判〕，诉诸武力. **ultima Thule** 最远点，最终目的，最大限度，最高程度，天涯海角.
ul'timate ['Altimit] Ⅰ *a.* ①最后〔终，远〕的，终端的，结局的 ②基〔根〕本的，主〔首〕要的，不能再分解〔析〕的 ③极限〔端〕的，临界的，饱和的，最大的. Ⅱ *n.* ①极限，终极，顶点 ②基本原理. *an absurdity carried to its ultimate* 极端的荒谬. *ultimate analysis* 元素〔化学，最后〕分析. *ultimate bearing capacity* 极限承载量. *ultimate capacity* 最大功率，极限量. *ultimate compression strength* 极限抗压〔压缩〕强度. *ultimate design* 极限（状态）设计. *ultimate elongation* 极限伸长. *ultimate line(s)* 住留谱线. *ultimate motor fuel* 最优发动机燃料. *ultimate principles* 基本原理. *ultimate production* 总产量. *ultimate sensitivity* 最高灵敏度. *ultimate set* 相对伸长. *ultimate sink* 终端散热器. *ultimate stress* 极限应力. *ultimate (tensile) strength* (抗拉)强度极限，极限(抗拉)强度. *ultimate value* 极限(最大，最后)值. ~**ness** *n.*
ul'timately *ad.* 毕竟，终究，归根结底，决定地，极限地，最大地，最后地，主要地，基本地. *ultimately bounded* 【数】毕竟有界的. *ultimately dense* 终归稠密的.
ultima'tum [Alti'meitəm] (*pl.* **ultima'tums** 或 **ultima'ta**) *n.* ①最后通牒，哀的美顿书 ②最后的结论 ③基本原理.
ul'timo ['Altimou]〔拉丁语〕*a.* 上月（份）的，前月的.
ultisols *n.* 老成土.
ulto =ultimo.
ultor *a.* 最高压(极)的.
ul'tra ['Altrə] Ⅰ *a.* 极端的，过(度，激)的，超的. Ⅱ *n.* 过激派，走极端的人. *ultra audible sound* 超声. *ultra fax* 电视高速传真. *ultra harmonics* 高次谐波，特高频谐波. *ultra oscilloscope* 超短波示波器. *ultra porcelain* 超高频瓷. *ultra project meter* 超精度投影(光学)比较仪. *ultra rays* 宇宙线. *ultra stability* 超高稳定性.
ul'tra〔拉丁语〕*ne plus ultra* (已达到的，可达到的) 最远(之)点，极(顶)点，至高〔上〕(of). *ultra vires* (超) 越权(限)的.
ultra-〔词头〕超，对(度)，越，极端，界外，在…的那一边.
ultra-abyssal *a.* 超深海的，深渊的.

ultra-accelerator n. 超促进剂.
ultrachondriome n. 超线粒体.
ultra-acoustic a. 超声(的).
ultra-acoustics n. 超声学.
ul'tra-au'dible a. 超音速的,超声的,超过可听的.
ultra-audio wave 超声波.
ul'tra(-)au'dion n. 超三极管,回授栅极检波器. a. 超再生的.
ul'traband'width a. 频带特别宽的.
ul'traba'sic a. 超碱的,超(盐)基性的. ultrabasic rocks 超碱岩,超(盐)基性岩.
ultrabasite n. 辉银铅锑锗矿,异辉锑铅银矿.
ultra-calan n. 超卡兰(一种绝缘材料).
ul'tra(-)centrif'ugal a.; n. 超离心(的).
ul'tracentrifuga'tion n. 超(高)速离心(分离).
ul'tra(-)cen'trifuge vt. 用超(速)离心机使分离,超速分离. n. 超(速)离心机.
ul'trachromatog'raphy n. 超色谱法,超层析法.
ul'tra-clay n. 超粘土粒.
ul'tra-clean n. 特净的,超净的.
ul'traconser'vative a. 极端保守(主义)的.
ul'tra-conver'gence n. 超收敛.
ul'tracracking n. 超加氢裂化.
ul'tracryot'omy n. 冰冻超薄切片术.
ul'tracrys'tallite n. 超微晶.
ul'tra-democ'racy n. 极端民主化.
ul'tradyne n. 超外差(接收机).
ul'tra-ellip'tic a. 超椭圆的.
ul'trafash'ionable a. 极其流行的.
ul'tra-fast a. 超快的,超速的. ultrafast computer 超高速计算机.
ul'trafax n. 电视传真电报.
ul'trafiche n. 超微卡片,超缩微胶片.
ul'trafil'ter Ⅰ n. ①超滤器,超级滤网 ②超滤集. Ⅱ v. 超滤.
ul'trafil'trate n. 超滤液.
ul'trafiltra'tion n. 超(过)滤(作用),超过滤法.
ul'trafine a. 特细的. ultrafine filter 超细滤器.
ultrafinely granular emulsion 超微(颗)粒乳胶.
ul'trafines n. 超细粉末.
ul'trafining n. 超加氢精制(法).
ul'tra-form v. 超重整.
ultra-gamma ray 超γ射线,宇宙线.
ul'tragas'eous a. 超气体的.
ul'trahard a. 超硬的.
ul'traharmon'ic a.; n. 超调(和)(的).
ul'traharmon'ics n. 超(高频)谐波,(超)高次谐波.
ultra-heavy a. 超重的.
ul'trahigh' ['Altrə'hai] a. 超高的. ultrahigh frequency 超[特]高频. ultrahigh frequency waves 分米波.
ul'tra-high'-fre'quency a.; n. 超高频(的).
ul'tra-high-speed a.; n. 超高速(的).
ul'tra-hyperbol'ic a. 超双曲(线)的.
ul'tra-left Ⅰ a. 极"左"的,极激进的. Ⅱ n. 极左派,极激进派.
ul'tralim'it n. 超极限.
ul'tralin'ear a. 超(直)线性的.
ul'tralong spaced electric log 超长电极距测井.
ul'tra-low'-fre'quency n. 超低频(的).

ultralumin n. 硬铝(铜 4%,镁 0.5%,锰 0.5%,其余铝).
ul'tralumines'cence n. 紫外(荧)光.
ultramafic a. 超镁铁质的.
ul'tra-mag'nifier n. 超放大器.
ul'tramarine' Ⅰ a. ①在海那边的,(在)海外的 ②佛〔群〕青的,深蓝色的. Ⅱ n. 佛(群)青(一种合成蓝色颜料),深蓝色.
ultramat'ic drive 超自动传动装置.
ul'trami'cro a. 超微的,小于百万分之一的.
ultramicro-〔词头〕超微量,超微.
ul'tramicroanal'ysis n. 超微(量)分析.
ul'tramicrobal'ance n. 超微量天平.
ul'tramicrochem'ical a. 超微(量)化学的.
ul'tramicrochem'istry n. 超微(量)化学.
ul'tramicrocoacerva'tion n. 超微量凝聚.
ul'tramicrocrys'tal n. 超微结晶.
ul'tramicrodetermina'tion n. 超微量测定.
ul'tramicroelec'trode n. 超微电极.
ul'tramicroevolu'tionary a. 超短(期)进化的.
ul'trami'crofiche n. 超微缩照片,特超缩微胶片(1∶22500 的缩微胶片).
ul'tramicrom'eter n. (超级)测微计,超微计.
ul'trami'cron n. 超微(细)粒.
ul'tramicroor'ganism n. 超微生物.
ultramicropore n. 超微孔.
ul'tramicrorespirom'eter n. 超微量呼吸器.
ul'tramicrosam'pling n. 超微量采样.
ul'trami'croscope n. 超(高倍)显微镜,缝隙式超显微镜,电子显微镜.
ul'tramicroscop'ic a. 超显微(镜)的,超出普通显微镜可见度范围的,超微型的.
ul'tramicroscopy n. 超倍显微术,超倍显微镜检查法,电子显微镜检验术.
ultramicrosome n. 超微粒体.
ultramicrospectrophotometer n. 超微量分光光度计.
ul'trami'crostructure n. 超微结构.
ul'trami'crotechnique' n. 超微技术〔工艺〕.
ul'tra-mi'crotome n. 超薄切片机.
ul'tramicrot'omy n. 超薄切片术.
ul'trami'crowave n. 超微波.
ul'tramin'iature a. 微型的,极小的.
ul'tramin'iaturized a. 超缩微的.
ul'tramod'ern a. 超(极其)现代化的,最新(式)的,尖端的.
ul'tramun'dane a. 世界之外的,太阳系外的.
ul'traoptim'eter n. 超精度光学比较仪,超级光学计.
ul'traos'cilloscope n. 超短波示波器.
ul'trapas n. 三聚氰胺(甲醛)树脂.
Ul'traperm n. 超坡莫高透磁合金(内含铁,镍,钼,铜).
ul'traphagocyto'sis n. 超微吞噬作用.
ul'traphon'ic a. 超声的,超听的.
ul'traphot'ic a. 超视的,超光的.
ul'traphotom'eter n. 超光度计.
ultra-plankton n. 超微浮游生物.
ul'trapor'celain n. 超高频(绝缘)瓷(料).
ul'trapor'table a. 极轻便的,超小型的.
ul'trapower n. 超功率.
ul'traprecise' a. 超精密的.
ul'traprecis'ion n. 超精度.

ul'traproduct n. 超积.
ultra-project-meter n. 超精度投影(光学)比较仪.
ul'tra-pure a. 超高纯的.
ul'trapurifica'tion n. 超纯度.
ul'trapu'rity n. 超纯度.
ul'tra-ra'dio fre'quency 超射频(率),超无线电频(率).
ul'trarap'id a. 超(高)速的. *ultrarapid flash photography* 超速闪光摄影. *ultrarapid picture* (超速拍摄的)慢动作影片.
ul'trarays n. 宇宙(射)线,宇宙辐射.
ul'tra-reac'tionary a. 极端反动的.
ul'trared a. 红外(线)的.
ul'trarelativis'tic a. 极端相对论的(的).
ul'tra-right a. 极右的.
ul'tra-right'ist n. 极右分子,极右派.
ul'trasen'sitive a. 超灵敏的.
ul'tra-sensitiv'ity n. 超灵敏度,特高灵敏度.
ul'trashort a. 超短(波)的,极短的. *ultrashort waves* 超短波.
ultrasome n. 超微体.
ul'trasonator n. 超声振荡器,超声波发生器.
ul'trason'ic [ˌʌltrəˈsɔnik] I a. 超声(波)的,超音的,超音速的. II n. 超声(波). *ultrasonic bonding* (晶体管引线)超声(波)焊接法,超声波焊接. *ultrasonic control* 超声控制. *ultrasonic depth finder* 超声回声测深仪. *ultrasonic flaw detector* 超声波探伤器(仪). *ultrasonic generator* 超声波发生器. *ultrasonic inspection* 超声波探伤. *ultrasonic pen pointer* 超声指示笔. *ultrasonic pen-tablet* (超)声笔感应板. *ultrasonic soldering* 超声波焊接.
ul'trason'ically ad. 超声地,超音速地.
ul'trason'ics n. 超声(波)学(研究,使用).
ultrasonograph n. 超声图记录仪.
ul'trasonog'raphy n. 超声频录仪,超声波影像,超声波扫描术.
ul'trason'oscope n. 超声波(探测,探伤)仪,超声图示仪.
ul'trasonos'copy n. 超声显示技术.
ultrasonovision n. 超声电视.
ul'trasound n. 超声(波).
ultrasoundcardiogram n. 超声心动图.
ul'trasounding n. 超声处理.
ul'traspa'tial a. 超空间的.
ul'traspeed a.; n. 超(高)速(的).
ul'traspher'ical polyno'mial 特种球多项式.
ul'trastabil'ity n. 超(高)稳定性(度).
ultrastrength material 超强度材料.
ultrastrong interaction 超强相互作用.
ul'trastruc'ture n. 超显微)结构.
ultrasweetening n. 超级脱硫.
ul'trathermom'eter n. 阴外温度计.
ul'trathin a. 超薄的. *ultrathin membrane* 超薄膜. *ultrathin section* 超薄切片,膜片.
ultra-trace n. 超痕量.
ul'traudion n. (三极管)反馈线路.
ul'travacuum 超真空(10⁻⁶ 托).
ul'travi'olet I a. 紫外(线)的,产生[应用]紫外线的.

II n. 紫外线(辐射). *ultraviolet light* 紫外线(辐射),紫外光. *ultraviolet spectroscopy* 紫外线光谱法.
ultraviolet-sensitive image tube 紫外敏感成像管.
ultraviolet-visible interference method 紫外-可见光干涉法.
ul'travi'rus n. 超显微[滤过性]病毒,超病毒.
ultraviscoson n. 超声(振动式)粘度计.
ultra-white n. 超白. *ultra-white region* "白"外区,超白区.
ultra-X ray 超X射线.
ultron n. 波导耦合正交场放大管.
ultrophica'tion n. 富营养化.
ULV = ultra low volume 超低容量.
U/M = unscheduled maintenance 计划外的(不定期的)维修.
Umbelliferae n. 形科.
umbelliferone n. 形酮,7-羟(基)香豆素.
um'ber [ˈʌmbə] I n.; a. ①棕土(颜料),赭色(颜料)②红棕色(的),棕土,赭色的,焦茶色(的). II vt. 用棕土给…染色,把…着红棕色.
umbil'ic(al) I a. ①脐(状)的 ②控制[操纵]用的. II n. 地面缆线及管道,临时管(道及电)缆,供应联系缆;脱着插头. *umbilic point* 脐点. *umbilical cable* 连接电缆. *umbilical connector* 临时管道及电缆连接器. *umbilical cord* (引导发射前检验内部装置的)操纵缆,控制电缆,(与空间飞行器舱外工作的宇宙航行员联系并供氧的)供应联系缆.
umbil'icate [ʌmˈbilikit] 或 umbil'icated [ʌmˈbilikeitid] a. 脐状[形]的,中(间)凹的. *umbilica'tion* n.
umbil'icus [ʌmˈbilikəs] (pl. *umbil'ici* 或 *umbil'icuses*) n. ①脐,【数】脐点 ②中(核)心.
umbl = umbilical.
um'bra [ˈʌmbrə] (pl. *um'brae* 或 *um'bras*) n. ①本影,全影,阴影区 ②太阳黑子的中心 ③鬼,幽灵.
um'brage [ˈʌmbridʒ] n. ①树荫,荫影 ②细微的迹象 ③埋怨. ~ous a.
um'bral a. 本影的. *umbral index* 晖指标.
um'brascope n. 烟尘浊度计.
umbrel'la [ʌmˈbrelə] I n. ①伞,伞形物 ②(空中)保护(伞),(战斗机形成的)掩护幕,火力网 ③罐笼顶盖,烟囱顶罩,通风罩. II a. ①无所不包的,机构庞大的,综合的,总的 ②(似)伞的,伞状的. III vt. 用伞遮盖,用保护伞保护,掩护. *nuclear umbrella* 核保护伞. *umbrella arch* 隧道护拱[顶拱]. *umbrella barrage* 防空火网. *umbrella core* 伞状泥芯. *umbrella effect* 伞形效应. *umbrella stand* 伞架. *umbrella type* 伞型. *umbrella wire* 伞冒钢丝. ▲*under the umbrella of* 在…的保护下[庇护下].
umbrif'erous [ʌmˈbrifərəs] a. 投影的,有阴影的,成荫的. ~ly ad.
UME = ①unit mission equipment ②unit mobility equipment.
um'former n. 变换器,变流机.
umho n. 微姆欧.
umkehreinwand n. 洛喜密脱可逆性佯谬.
Umklapp process 碰撞过程.
U-mode U型(扩散信号).

umohoite n. 菱钼铀矿.

UMP =uridine monophosphate 一磷酸尿甙,尿甙磷酸.

ump [ʌmp] n. 裁判员. vi. 当裁判.

um'pirage ['ʌmpaiəridʒ] n. 裁判[决],仲裁.

um'pire ['ʌmpaiə] I n. 公断〔仲裁〕人,裁判员. II v. 公断,仲裁,裁判.

um'(p)teen ['ʌm(p)ti:n] a. 无数的,许许多多的.

um'(p)teenth ['ʌm(p)ti:nθ] a. (经过无数次后)又一次的. for the umpteenth time 无数次. make the um(p)teenth mistake 又犯了一次错误.

um'(p)ty ['ʌm(p)ti] n.; a. 几个的,若干的,很多(的). um(p)ty percent of 百分之几十的.

umpty-umph a. 又一个的,又一次的. for the umpty-umpth time 几十次.

UMW =United Mine Workers of America 美国矿工联合会.

UN =United Nations 联合国.

un 或 **'un** [ʌn] pron. 家伙,东西. a good un 好的〔非伪造的〕东西,好人.

un =unified 统一的,一元化的,联合的.

un- (词头) ①无,不,非,未,缺乏 ②相反 ③解除,取出,丢失 ④彻底.

Un Bal =unsymmetrical balance 不对称平衡网络.

UNA =United Nations Association of U.S.A. 美国联合国协会.

u'na [ju:nə] n. 加急〔紧急〕电报.

un'aba'ted [ˌʌnə'beitid] a. 未减(轻、弱)的,未降低的,不减少的,不衰退的,强劲如前的.

un'abbre'viated a. 未经省略〔缩写,删节〕的,全文拼写的.

un'abi'ding a. 不持久的,瞬息的,短暂的.

un'a'ble ['ʌn'eibl] a. 不能(会)的,无能(为)力的,无力的,弱的,不能胜任的,没有办法的. ▲(be) unable to +inf. 没有能力(做),不能〔不会〕(做).

unabr. =unabridged.

un'abridged' [ˌʌnə'bridʒd] a. 未删节的,未省略的,完整的.

un'absorbed' ['ʌnəb'sɔ:bd] a. 未(被)吸收的.

unaccel'erated ['ʌnək'seləreitid] a. 加速的.

unac'cented a. 无〔不发〕重音的.

un'accep'table ['ʌnək'septəbl] a. 不能接受的,难承认的,不受欢迎的,不合格的,不令人满意的.

un'accom'modated ['ʌnə'kɔmədeitid] a. 不适应〔合〕的,缺乏不供应〕必需品的,无(膳宿等)设备的.

un'accom'panied ['ʌnə'kʌmpənid] a. 无伴的,无随从的.

un'accom'plished ['ʌnə'kɔmplift] a. 未完成的,无成就的,无才能的.

un'accoun'table ['ʌnə'kauntəbl] a. ①无法解释的,不能理解的,莫明其妙的 ②没有责任的,不负责任的. ▲be unaccountable to M for N 在N上对M 不负责. **un'accountabil'ity** n. **un'accoun'tably** ad.

un'accoun'ted ['ʌnə'kauntid] a. 未说明的,未解释的(for).

un'accoun'ted-for ['ʌnə'kauntidfɔ:] a. 未说明的,未加解释的,未了解的,未发现的,未计入的,其它的.

un'accus'tomed ['ʌnə'kʌstəmd] a. 不习惯的,无惯例的,不寻常的,奇异的. ▲(be) unaccustomed to +ing 不习惯于(做).

un'acknowl'edged [ˌʌnək'nɔlidʒd] a. 不被人承认的,未公开承认的,未确认的,未答复的.

un'acquain'ted ['ʌnə'kweintid] a. 不知道的,不熟悉的,不认识的,陌生的. be unacquainted with 不了解,不知道,不熟悉,不认识.

un'ac'ted ['ʌn'æktid] a. 未付诸行动的,未实行的,未受影响的(on).

un'ac'tivated ['ʌn'æktiveitid] a. 未活化的,未激活的,不产生放射性的. unactivated state 未激活(状)态.

unactuated ['ʌn'æktjueitid] a. 未开〔推〕动的,未经鼓励的.

un'adap'table ['ʌnə'dæptəbl] a. 不能适应的,不能改编的.

un'adap'ted ['ʌnə'dæptid] a. 不适合〔合〕的,未经改编的.

un'adjus'ted a. 未调整的,未平差的.

un'admit'ted ['ʌnəd'mitid] a. 不让进入的,未被认可的.

un'adop'ted ['ʌnə'dɔptid] a. 未采用的.

unadorned ['ʌnə'dɔ:nd] a. 没有〔未被〕装饰的,不加渲染的,原来的,自然的,朴素的.

un'adul'terated ['ʌnə'dʌltəreitid] a. 没有搀杂的,纯粹的,真正的,道地的,十足的. ~ly ad.

un'advi'sable ['ʌnəd'vaizəbl] a. 不妥〔得〕当的,不适宜的,没有好处的. **un'advisabil'ity** n.

un'advised' ['ʌnəd'vaizd] a. 未经商量的,不审慎的,轻率的. ~ly ad.

UNAEC =United Nations Atomic Energy Commission 联合国原子能委员会.

un'affec'ted ['ʌnə'fektid] a. ①未受影响的,未感光的,未改变的,不变的 ②真实的,自然的. unaffected zone 原ља区(未受热影响区). ▲(be) unaffected by M 不受 M 影响.

u'naflow n. 单流,直流.

un'afraid' a. 不怕的,不畏惧的.

un'aid'ed ['ʌn'eidid] a. 无助的,独力的. unaided eye 肉眼,(无辅助的)目视.

unaka n. 残丘.

un'aligned' ['ʌnə'laind] a. 不结盟的.

un'allow'able ['ʌnə'lauəbl] a. 不能允许的,不能接受的. unallowable instruction check 非法组合校验. unallowable instruction digit 非法字符.

un'allowed' a. 不允许的.

un'alloyed' ['ʌnə'lɔid] a. 非合金的,没有搀杂的,纯(金属)的,无杂物的,完全的.

unal'terable ['ʌn'ɔ:ltərəbl] a. 不(可改)变的,难移的,坚定不移的. **unal'terably** ad.

unal'tered [ʌn'ɔ:ltəd] a. 未改变的,不变的,照旧的.

unambigu'ity n. 无歧义性.

un'ambig'uous ['ʌnæm'bigjuəs] a. ①明显〔确,白〕的,清楚的,不含糊的,不模糊的 ②单值的,单意的,无歧义的. ~ly ad. ~ness n.

un'-Amer'ican ['ʌnə'merikən] a. 非美(国)的,反美的.

unamycin n. 乌那霉素.

un'an'alyzable ['ʌn'ænəlaizəbl] a. 不能分〔解〕析的,不可分解的.

unanchored a. 非锚定的. unanchored sheet piling 无锚板桩.

unanim'ity [ˌju:nə'nimiti] n. 无异议,(全体)一致,一

致同意. *achieve unanimity through consultation* 通过协商达到一致. *reach unanimity of views on some problems* 在某些问题上取得一致意见.

unan'imous [juː(ː)ˈnænɪməs] *a.* (一致)同意的, (全体)一致的, 无异议的, 一个声调的, 同音的. ~ly *ad.*

un'annealed' [ˈʌnəˈniːld] *a.* 未(不)退火的, 未焖火的, 未熟炼的, 未经锻炼的.

un'announced' [ˈʌnəˈnaunst] *a.* 未经宣布的, 未通知的. *unannounced satellite* 间谍(秘密)卫星.

unan'swerable [ʌnˈɑːnsərəbl] *a.* 无法回答的, 无可辩驳的, 没有责任的(for).

unan'swered [ʌnˈɑːnsəd] *a.* ①未答复的, 无回答的, 未驳斥的 ②无反响(应)的.

UNAPDI = United Nations Asian and Pacific Development Institute 联合国亚洲及太平洋发展研究所.

un'appeal'ing *a.* 不能打动人的, 无吸引力的.

un'appea'sable *a.* 制止不住的, 不能满足的.

unap'plicable *a.* 不适用的.

un'appre'ciated *a.* 未得到欣赏的.

un'apprehen'ded *a.* 未被理解(领会)的.

un'apprehen'sive *a.* ①理解力差的, 反应迟钝的 ②不怀疑的.

un'approach'able *a.* 不能接近的, 难接近的, 无可匹敌的.

un'approved' [ˈʌnəˈpruːvd] *a.* 未经同意(承认, 允许)的, 未(经批)准的, 未核准的.

unapt' [ʌnˈæpt] *a.* ①不合适的, 不恰当的 ②未必的, 不至于的 ③迟钝的, 不善(适)于的. ▲*be unapt at* 不善于(不适于)(做). *be unapt to* + *inf.* 不善于 (不想), 不至于)(做).

un'ar'guable *a.* 不可论证的, 无可争辩的.

un'arm' [ʌnˈɑːm] *v.* 缴械, 解除武装, 放下武器, 未解脱保险.

un'armed' *a.* 非武装的, 手无寸铁的, 徒手的.

un'ar'mo(u)red [ʌnˈɑːməd] *a.* 非(无)装甲的.

un'artific'ial [ˈʌnɑːtɪˈfɪʃəl] *a.* 非人工(为)的, 自然的.

un'artis'tic *a.* 非艺(美)术的.

u'nary *a.* 一元的, 一项的, 一体的, 单种分子的. *unary form* 一元型, 一元形式. *unary minus operator* 一目减算符. *unary minus quadruple* 一目减四元组. *unary operation* 一元运算, 一元操作. *unary operator* 一元算子, 一(目)运算符. *unary predicate calculus* 单谓词演算.

unasgd = unassigned.

un'asked' [ʌnˈɑːskt] *a.* 未经要求的, 未受邀请的, 主动提出的.

un'assail'able [ˈʌnəˈseɪləbl] *a.* 攻不破的, 不容置疑 (否认)的, 不可辩驳的, 无争论余地的, 无懈可击的.

un'assail'ably *ad.*

un'assem'bled [ˈʌnəˈsembld] *a.* 未装配的, 未组装的, 未接合的, 未集合的.

unassignable node 非赋值节点.

un'assigned' *a.* 未分配的, 未给(指, 选)定的. *unassigned storage site* 非赋值存储位置.

un'assim'ilated [ˈʌnəˈsɪmɪleɪtɪd] *a.* 未同化的, 没有变成一样的.

un'assis'ted [ˈʌnəˈsɪstɪd] *a.* 无助的, 独力的.

un'asso'ciated [ˈʌnəˈsəʊʃɪeɪtɪd] *a.* 无联系的, 无缔合性的, 未缔合的.

un'assor'ted *a.* 未分选(级)的.

un'assured' [ˈʌnəˈʃʊəd] *a.* ①未有保证的, 无把握的, 不确定的 ②不安全的, 无保险单的, 未保险的.

un'attached' [ˈʌnəˈtætʃt] *a.* 自由的, 独立的, 无关(联)系的, 不连接的, 不附属(依附)于任何事物的, 与它物无关的.

un'attack'able *a.* 耐腐蚀(侵蚀)的.

un'attacked' [ˈʌnəˈtækt] *a.* 未受侵袭(攻击, 侵蚀)的, 抗(耐)腐蚀的.

un'attainabil'ity *n.* 不可到达性.

un'attain'able [ˈʌnəˈteɪnəbl] *a.* 达(做)不到的, 难达到的, 不能完成的.

unattendant office 无人值班局.

un'atten'ded [ˈʌnəˈtendɪd] *a.* 无人(看管, 管理, 监视, 值班, 出席, 驾驶)的, 自动(化)的, 未被注意的, 没有随员的. *unattended equipment* 自动(化)设备, 独立工作的设备. *unattended repeater* 无人站增音机. *unattended stand-by time* 空闲(非工作)时间. *unattended time* 待修时间.

un'atten'uated [ˈʌnəˈtenjʊeɪtɪd] *a.* 非(无)衰减的, 未变稀薄的, 未变细了的.

un'attrac'tive [ˈʌnəˈtræktɪv] *a.* 不引人注意的, 无吸引力的, 讨厌的. ~ly *ad.*

unauthd = unauthorized.

un'authen'tic [ˈʌnɔːˈθentɪk] *a.* 不确实(真实, 可靠)的, 没有根据的, 难信的.

un'au'thorized [ˈʌnˈɔːθəraɪzd] *a.* 未经批准(许可, 公认)的, 未被授权的, 越权的, 没有根据的, 独断的. *unauthorized access* 越权(非权威)存取.

un'availabil'ity *n.* 不能利用(性), 无效.

un'avail'able [ˈʌnəˈveɪləbl] *a.* ①不能(无法)利用的, 不得到的, 得(达)不到的, 没有的, 不能供应的, 无现货的, 无库存的, 不在手下的 ②无效(用)的, 废的. *unavailable energy* 无用能.

un'avail'ing [ˈʌnəˈveɪlɪŋ] *a.* 无益(效, 用)的, 白费的, 徒劳的.

un'avoid'able [ˈʌnəˈvɔɪdəbl] *a.* ①不可避免的, 不得已的 ②不能废除(取消)的. **un'avoid'ably** *ad.*

un'awa'kened *a.* 未醒的, 未被激发的, 潜伏(在)的.

un'aware' [ˈʌnəˈwɛə] *a.* ▲(*be*) *unaware of* [*that*] 不知道, 没有觉察到, 没有意识到, 没注意. ~ly *ad.* ~ness *n.*

un'awares' [ˈʌnəˈwɛəz] *ad.*; *n.* 不料, 意外, 没想到, 出其不意地, 突然, 忽然 ②不知不觉, 无意之中. ▲*at unawares* 忽然, 突然, 出其不意. *unawares to M* 没有给 M 发觉.

un'backed' [ʌnˈbækt] *a.* 无靠背的, 无支持(者)的, 无衬的, 无助的. *unbacked shell* 【铸】不填砂壳型.

un'baf'fled [ˈʌnˈbæfld] *a.* 无挡(阻)板的, 无导流片的, 未受阻的, 未失败的.

un'bal'ance [ʌnˈbæləns] Ⅰ *n.* 不平衡(性, 度), 失衡 (配, 调), 适配误差, 不平衡度(性). Ⅱ *vt.* 使不(使失去)平衡, 使不均衡不平均, 不对称), 使失衡(紊乱). *degree of unbalance* 不平衡度. *mass unbalance* 质量不平衡. *unbalance vane pump* 不平衡型(单作用)非荷式叶片(油)泵.

un'bal'anced *a.* 不平(均)衡的, 失衡的, 不稳定的, 不可靠的, 不匹配的, 未决算的. *unbalanced attenuator* 不平衡(非对称)衰减器. *unbalanced bridge* 失衡(不

平衡〕电桥. unbalanced factor 不平衡因素. unbalanced gasoline 分馏不良的汽油.
un'bal'ancedness n. 不平衡性〔度〕.
un'banked' ['ʌnˈbæŋkt] a. 未打火的,未筑堤的,未堆起来的.
un'bar' ['ʌnˈbɑː] (un'barred'; un'bar'ring) vt. 打开,扫除…的障碍,使畅通.
un'bea'coned a. 无标志的.
un'bear'able ['ʌnˈbɛərəbl] a. 不能忍受〔容忍〕的,忍〔经,承受〕不住的,受不了的,难堪的. **un'bear'ably** ad.
un'beat'able ['ʌnˈbiːtəbl] a. ①打不垮的,不会被击败的 ②不能锤成帕片的 ③无与伦比的.
un'beat'en ['ʌnˈbiːtn] a. ①未被打破〔击败〕的,未超越的,无敌的 ②未捣碎的,未走过的. unbeaten pulp 生纸浆. unbeaten track 从未走过的路,新路,未开辟的地区,未经探索的领域.
un'becom'ing [ʌnbiˈkʌmiŋ] a. 不相称〔合适,适当〕的,不(四)配的. ▲be unbecoming to 〔for〕对…是不相称〔适宜〕的. ～ly ad.
un'befit'ting [ˌʌnbiˈfitiŋ] a. 不适当〔合适,相称〕的.
un'beknown(st)' ['ʌnbiˈnoun(st)] a. 未知的,不为…所知的(to).
un'belief' [ˌʌnbiˈliːf] n. 不信,怀疑.
un'belie'vable [ˌʌnbiˈliːvəbl] a. 难以相信的. **un'belie'vably** ad.
un'belie'ving [ˌʌnbiˈliːviŋ] a. 不相信的,怀疑的,没有信心的.
un'bend' ['ʌnˈbend] (un'bent', un'bent') v. ①展平,伸〔弄,变,扳〕直 ②松弛,放松,解开,卸下.
un'bend'er n. 矫直机.
un'bend'ing ['ʌnˈbendiŋ] a. ①不(易)弯曲的,笔直的,坚硬的 ②坚定的,不屈不挠的 ③松弛的,不拘束的.
un'bent' ['ʌnˈbent] I unbend 的过去式和过去分词. II a. ①不弯的,直的 ②松弛的 ③不屈服的.
un'beseem'ing ＝unbecoming.
un'bi'as(s)ed ['ʌnˈbaiəst] a. 无〔不〕偏的,没有偏见的,公平的,不系统误差的,无(未加)偏压的,未加偏的. unbiassed critical region 无偏临界区〔域〕. unbiassed error 无偏〔非系统〕误差. unbiassed importance sampling 无偏重要性抽样. unbiased variance 无偏方差,均方差.
un'bi'as(s)edness n. 无偏性.
un'bid'den ['ʌnˈbidn] a. 未受命令〔邀请,指使〕的,自愿〔动〕的.
un'bind' ['ʌnˈbaind] (un'bound', un'bound') vt. 解〔松〕开,释放,拆散.
un'bit'ted a. 不受控〔约束〕的.
un'blank'ing ['ʌnˈblæŋkiŋ] n. ①(信号)开启〔锁〕,启通,不消稳 ②增辉. unblanking circuit 正程增辉电路. unblanking mixer 开锁混频器,开启混频管〔器〕. unblanking of forward sweep 正程增辉. unblanking pulse 启通脉冲.
un'bleached' [ʌnˈbliːtʃt] a. 未漂白的,原色的.
un'blem'ished ['ʌnˈblemiʃt] a. 无(瑕)疵的,没有缺点〔污点〕的.
un'blend'ed ['ʌnˈblendid] a. 未掺合〔混合〕的. unblended asphalt 未掺配(过)的地沥青.

un'block' ['ʌnˈblɔk] v. 开启〔放〕,接通,不堵塞,解(除封)锁. unblocked area 非堵塞截面. unblocked level 开启电平.
un'block'ing n.; a. 块的分解,分块,分组,接通,非封锁的.
un'bod'ied ['ʌnˈbɔdid] a. 无实〔形〕体的,脱离现实的.
un'bolt' ['ʌnˈboult] vt. 打开,取下〔卸掉〕螺栓,拉开…的栓〔闩〕,松栓.
un'bolt'ed ['ʌnˈboultid] a. ①未上栓的,卸掉螺栓的 ②未筛过的,粗糙的.
un'bond'ed ['ʌnˈbɔndid] a. ①未粘着〔粘合〕的,未砌合的 ②无束缚的,游离的,自由的.
un'born' ['ʌnˈbɔːn] a. 未诞生的,有待出现的,未来的.
un'bound' ['ʌnˈbaund] I unbind 的过去式和过去分词. II a. ①非〔未〕结合的,未连接的,未装订的,散装本的 ②无束缚的,无约束的,被释〔解〕放的,自由的,游离的. unbound water 非结合水.
un'bound'ed ['ʌnˈbaundid] a. ①无界的,无边〔际〕的 ②无限(制)的,无止境的,不受限〔控〕制的,非固定的 ③无束缚的,自由的,不束缚的. unbounded covering surface 无界覆面面. ～ly ad.
un'bound'edness n. 无界性.
un'bowed' ['ʌnˈbaud] a. 不弯的,不屈服的,未被征服〔打败〕的.
un'brace' ['ʌnˈbreis] vt. 放松,解开,松弛,使变懒,不加支撑. unbraced length 无支撑长度.
un'break'able ['ʌnˈbreikəbl] a. 不会破损的,不可破坏的,不易破碎的,不破裂的,牢不可破的.
un'bridge'able ['ʌnˈbridʒəbl] a. 不能架桥的,不可逾越的.
un'bri'dle v. 对…不加拘〔约〕束的,放纵.
un'bro'ke(n) ['ʌnˈbrouk(ən)] a. ①完整的,未破坏〔损〕的 ②连续(不断)的,不间断的 ③未被打破的,未违反的,未开垦的. unbroken curve 连续曲线. unbroken notch 不破裂缺口.
un'buck'le v. 解开扣子(带扣).
un'buf'fered ['ʌnˈbʌfəd] a. 无缓冲(装置)的,未加缓冲剂(的溶液),不含缓冲剂的.
un'build' ['ʌnˈbild] (un'built', un'built') vt. (毁)坏,拆〔摧〕毁,消磁,剩磁损失.
un'built' ['ʌnˈbilt] I unbuild 的过去式和过去分词. II a. 未建造〔建成〕的,无建筑物的. an unbuilt plot 一块空地. unbuilt area 未建(成)区,非建成区,未建成面积.
un'bun'dle v. 分门别类. unbundled program 非附随程序.
un'bur'den ['ʌnˈbəːdn] vt. 卸货,放下担子,卸去…的负担,吐露.
unburn ['ʌnˈbəːn] vt. 不燃,未燃烧〔尽〕.
un'burn'able a. 烧不掉的.
unburnedness n. 未燃尽(程)度.
un'burnt' ['ʌnˈbəːnt] I unburn 的过去式和过去分词. II a. 未燃(过)的,未燃烧〔尽〕的,未烧透的,欠火的. unburnt brick 欠火〔未烧透〕砖.
unbus'inesslike [ʌnˈbiznislaik] a. 无条理的,工作效率不高的.
un'but'ton ['ʌnˈbʌtn] v. 打开孔〔隙,顶盖〕,解开钮扣.
un'but'toned a. 钮扣解开的,放松的,无约束的.

un'by'passed ['ʌn'baipɑ:st] a. 无旁路[回路,分路]的,非旁路的,无旁通管[中联电阻]的. unbypassed cathode resistance 未加旁路阴极电阻(器).

UNC = ①undercurrent 电流不足,欠[暗,潜]流 ②unified coarse thread 统一标准粗牙螺纹 ③universal navigation computer 通用[万用]导航计算机.

UNC thread = unified coarse thread 统一标准粗牙螺纹.

un'cage' ['ʌn'keidʒ] vt. 放出笼来,[阻笼[罐],释放,松开[锁],放松,解除,分离,放出. uncaging signal 陀螺失锁信号.

un'cal'culated ['ʌn'kælkjuleitid] a. 未经事先考虑的.

un'called' ['ʌn'kɔ:ld] a. ①未叫到的 ②未被要求的,未经请求[邀请]的,不适宜的,不需要的(for),多此一举的 ③没有理由的,无缘无故的.

uncalled'-for ['ʌn'kɔ:ldfɔ:] a. 不必要的,不适宜的,多余的,没有理由的,无缘无故的.

uncam'bered ['ʌn'kæmbəd] a. 不向上弯的,不成弧形的,平的. uncambered bottom 平底(部).

un'canned' a. 无[剥去]外壳的.

un'can'ny ['ʌn'kæni] a. ①怪异的,可怕的,危险的 ②神秘的,离奇的,不可思议的 ③(打击)猛烈的,(创伤)严重的.

un'cap' ['ʌn'kæp] (un'capped'; un'cap'ping) vt. 移去…的覆盖物,打开…的盖子,取下冲帽,取出底火,揭晓,透露.

un'capped' a. 开盖的,未封骨壳的,无管帽的.

un'cared'-for ['ʌn'kɛədfɔ:] a. 没人照顾[注意]的,被遗忘[忽视]的.

un'cart' ['ʌn'kɑ:t] vt. 从车上卸下.

un'case' ['ʌn'keis] vt. 从盒[套,箱]中拿出,使露出,展示.

un'cased' ['ʌn'keisd] a. 露出的,未装箱的,无外[套管]的,未罩(已去)外壳的. uncased hole 裸眼,未下套管的井. uncased pile 无壳套桩.

un'cat'alog(u)ed ['ʌn'kætələgd] a. 未列入目录的,目录上没有的.

un'cat'alyzed ['ʌn'kætəlaizd] a. 未[非]催化的,未受触媒作用的.

uncate = uncinate.

un'caused' a. 无前因的,非创造的,自存的.

UNCDF = United Nations Capital Development Fund 联合国资本发展基金.

un'cea'sing ['ʌn'si:siŋ] a. 不停的,不断的,不绝的. ~ly ad.

un'cemen'ted a. 未胶结的.

un'cen'sored a. 未经审[检]查的,无保留的,不拘束的.

un'cen'tering ['ʌn'sentəriŋ] n. 拆卸拱架,未聚于一点,不在中心.

un'cer'tain ['ʌn'sə:tn] a. ①不(确)定的,含糊的,不明的,难于辨别的,不能断定的,刊名不详的,出版处或书名不确切的 ②易变的,多变的,不可靠的,不可辨. uncertain region 不确定范围[区域],不可辨区. ▲be uncertain about [of, as to] 不确知,不能断定…的.

un'cer'tainty ['ʌn'sə:tnti] n. ①不定(性,度,因素),不确定性[度],易变,不可知(性),不准(性),误差,测不准(原理),不可测性 ②不清楚,不明确,不确知,不确定(的事情),有疑问的事情. statistical uncertainty 统计误差. uncertainty principle 测不准[不确定性]原理. uncertainty relation 不定关系.

UNCESI = United Nations Centre for Economic and Social Information 联合国经济和社会资料中心.

UNCG = uncage 松锁[释放.

un'chain' ['ʌn'tʃein] vt. 解开锁链[束缚],释[解]放.

un'chal'lenged ['ʌn'tʃælindʒd] a. 不成为问题的,无异议的,没有引起争论的,没有受到挑战的.

unchamfered ['ʌn'tʃæmfəd] a. 未斜切的.

un'chan'cy ['ʌn'tʃɑ:nsi] a. 不幸的,倒霉的,危险的.

un'change'able ['ʌn'tʃeindʒəbl] a. 不(能改)变的. ~ness n. un'change'ably ad.

un'changed' ['ʌn'tʃeindʒd] a. 不变(化)的,没有变化的,未改变的.

un'chan'ging ['ʌn'tʃeindʒiŋ] a. 不变的. unchanging bench mark 固定水准基点.

unchannelized intersection 非渠化式交叉.

un'char'acterized ['ʌn'kæriktəraizd] a. 不特殊的,不表示特性的,不典型的.

un'charge' ['ʌn'tʃɑ:dʒ] v. 卸(起)货,卸载,解除负担,抛出,放电.

un'charged' ['ʌn'tʃɑ:dʒd] a. ①不带电(荷)的,未充电的 ②无(负)载的,无载荷的,没有负荷的 ③未装弹药的 ④不付费用的.

un'char'itable a. 严厉的,苛刻的,挑剔的. ~ness n. un'char'itably ad.

un'char'ted ['ʌn'tʃɑ:tid] a. ①(海)图上没有标明的,未经探查和绘图的 ②未知的,不详的.

un'chaste' a. 不清洁的. un'chas'tity n.

UNCHE = United Nations Conference on the Human Environment 联合国人类环境会议.

un'checked' ['ʌn'tʃekt] a. ①未受抑止[制止]的 ②未经检查[检验,核对]的. spread unchecked 自由蔓延[泛滥].

unchipped surfacing 不撒石屑面层.

unchock v. 除去楔子[塞块],除去堵塞[阻塞].

un'cho'king effect" 去[消]挹流作用.

unchopped beam 连续束.

un'cia (pl. un'ciae) n. [拉丁语]英两,英寸,(处方)盎斯.

un'cial n.; a. 安色尔(字体)(古代拉丁和希腊文稿上用的大形字体),安色尔字体字母;安色尔字体的.

unciferous a. 有钩的.

un'ciform a.; n. 钩形(状)的,钩骨(的).

un'cinate 或 un'cinal a. 钩形(状)的,有钩的.

uncinus n. 钩状(云).

unci'pher = deciper.

un'circumstan'tial a. 不详尽的,非细节的.

un'civ'il a. 不文明的,野蛮的.

un'civ'ilized ['ʌn'sivilaizd] a. ①未开化的,无文化的 ②野蛮的,荒野的.

uncl = unclassified.

un'claimed' ['ʌn'kleimd] a. 无人领取[认领]的,未经要求的,无人主张的.

un'clamp' ['ʌn'klæmp] vt. 松开(夹子等),放开.

un'clasp' ['ʌn'klɑ:sp] vt. 放松,解[松]脱,打,散]开,解扣.

un'classed' a. 未归类的.

un'class'ified ['ʌn'klæsifaid] a. ①不[未]分类的,无类别的 ②不保密的,未列入保密级的,公开的,一般的. unclassified document 非保密性文件. un-

un'cle [ˈʌŋkl] n. 伯(父),舅,姨(父),伯伯,叔,叔叔.

un'clean' [ˈʌnˈkliːn] a. 不洁的,肮脏的,含糊不清的,不洁净的. *unclean bills of lading* 不洁提单. *unclean surface* 不洁的(有缺陷)表面. ~ly ad. ；ad.

un'clear' [ˈʌnˈkliə] a. 不清楚的,不明白的,难懂的.

un'clench' [ˈʌnˈklentʃ] 或 **un'clinch'** [ˈʌnˈklintʃ] v. 弄(身)松开,(使)松开.

un'cloak' [ˈʌnˈklouk] vt. ①揭去…的覆盖物,脱去…的外套 ②揭示(露).

unclog v. 清除油污(堵塞物,障碍物).

un'close' [ˈʌnˈklouz] v. 打开,(使)露出,泄露.

un'closed' a. ①开着的,未关的,未闭合的,未结束的 ②开朗的.

unclothe' [ˈʌnˈklouð] (*unclothed* 或 *unclad*) vt. 脱去衣服,从…去除,暴露.

un'cloud'ed [ˈʌnˈklaudid] a. 没有云的,晴朗的,清澈的,明晰的.

un'co [ˈʌŋkou] Ⅰ a. ①不知名的,奇怪(异)的,异常的 ②值得注意的,显著的. Ⅱ ad. 非常,极. Ⅲ n. 奇怪的东西，(pl.)新闻.

un'coat'ed [ˈʌnˈkoutid] a. 无覆盖的,无涂(敷,被覆,镀)层的,裸露的.

un'coaxial'ity [ˈʌnkouæksiˈæliti] n. 不同轴性.

uncoded output 未编码输出.

uncoil' [ˈʌnˈkoil] v. 解开[卷],展开[卷],(弹簧,发条)松开,开[拆]卷,开[解]捆,伸展[直],拉直. *uncoiling of molecule* 分子的伸直.

uncoil'er n. 开卷[拆卷,展卷]机. *magnet-type uncoiler* 电磁直头式开卷机.

un'coined' [ˈʌnˈkoind] a. 非铸[捏]造的,天然的.

UNCOL =universal computer oriented language 通用计算机语言.

un'colli'ded [ˈʌnkəˈlaidid] a. 未经碰撞的,不抵触的.

uncol'limated [ˈʌnˈkɔlimeitid] a. 非(未经)准直的,未瞄准的.

un'col'o(u)red [ˈʌnˈkʌləd] a. ①无(本)色的,未着(染)色的,未加彩色的 ②未加渲染的,不夸张的,没有修饰的,原样的.

un'combined' [ˈʌnkəmˈbaind] a. 未化合[组合,结合,连接,耦合]的,无联系的,游[分]离的,自由的. *uncombined carbon* 游离碳. *uncombined oxide cathode* 简单氧化阴极.

un'come-at'-able [ˈʌnkʌmˈætəbl] a. 难达到的,难接近的.

un'come'ly a. 丑陋的,不恰当的,不合宜的.

un'com'fortable [ˈʌnˈkʌmfətəbl] a. 不舒适的,不方便的,不愉快的,不安的,不自由的.

un'com'mercial [ˈʌnkəˈməːʃəl] a. 非商业(性)的,非营利的,违反商业信誉的. *uncommercial call* 非商用通话.

un'commit'ted [ˈʌnkəˈmitid] a. ①不负义务的,不受约束的(to),未遂的 ②独[中]立的,自由的.

uncom'mon [ʌnˈkɔmən] a. 不普通的,不平常的,非凡的,罕有的,难得的,稀有的,显著的. *uncommon metal* 稀有金属.

uncom'monly ad. ①稀了,难得 ②极,非常,显著地.
▲*not uncommonly* 常常,非常,不稀罕.

un'compact'ed a. 未压实的,不密实的.

uncom'pensated [ʌnˈkɔmpenseitid] a. 无(补)偿的,非补偿的,无报酬的. *uncompensated amplifier* 无补偿放大器.

uncompleted orbit 未满轨道.

uncom'plicated [ʌnˈkɔmplikeitid] a. 简单的,不复杂的.

uncom'promising [ʌnˈkɔmprəmaiziŋ] a. 不妥协的,不让步的,不调和的,坚定[决]的. ~ly ad.

un'concern' [ˈʌnkənˈsəːn] n. 不关心,不感兴趣,冷淡,无关系. *with unconcern for* 抱着对…漠不关心的态度.

un'concerned' [ˈʌnkənˈsəːnd] a. ①不关心的,不感兴趣的,冷淡的 ②没有关系的,不相关的(in, with).
▲*be unconcerned in* 与…不相干. ~ly ad. ~ness n.

un'conden'sable a. 不可冷凝的,不凝结的.

un'condensed' [ˈʌnkənˈdenst] a. 不凝结[凝缩]的.

uncondition statement 【计】无条件语句.

uncondit'ional [ˈʌnkənˈdiʃənl] 或 **uncondit'ioned** [ˈʌnkənˈdiʃənd] a. 无条件的,无限制的,无保留的,绝对的. *unconditional branch* [jump, transfer] 无条件转移. *unconditional stability* 无条件稳定.

unconditional-jump instruction 【计】无条件转移指令.

unconditionally stable 无条件稳定的.

un'confined' [ˈʌnkənˈfaind] a. 无约束的,无[不受]限制的,无侧限的,不封闭的,敞口的,没有容器装着的,自由的,松散的. *unconfined compression test* 无侧限压缩[压力,抗压]试验. *unconfined compressive strength* 无侧限抗压强度. *unconfined water body* 非承压水体.

un'confirmed' [ˈʌnkənˈfəːmd] a. 未最后认可[确定]的,未证实的.

un'conformabil'ity n. 不整合.

un'conform'able [ˈʌnkənˈfɔːməbl] a. 不相[适,整]合的,不一致的,不相称的,不服从的. **un'conform'ably** ad.

un'conform'ity [ˈʌnkənˈfɔːmiti] n. 不相[适]合,不一致,不相称,偏离,不整合.

uncongealable a. 不可冻结的.

un'connect'ed [ˈʌnkəˈnektid] a. 不连接的,不连通的,不连贯的,分离的,支离破碎的,无亲属关系的.

un'con'querable [ʌnˈkɔŋkərəbl] a. 不可征服[战胜]的,克服不了的,压抑不住的.

un'con'scionable [ʌnˈkɔnʃənəbl] a. 不合理的,过度的,极端的,不公正的.

un'con'scious [ʌnˈkɔnʃəs] a. ①无意识的,不知觉的 ②不知道的,未发觉的 ③不省人事的,失知觉的. *be unconscious of* 不知道,没有发觉. ~ly ad. ~ness n.

unconser'vative a. 不稳健的,不防腐的.

un'consid'ered [ˈʌnkənˈsidəd] a. 未经思考的,不值得考虑的,可忽略的.

un'consol'idated [ˈʌnkənˈsɔlideitid] a. 松散的,未固结的,未凝固的.

un'con'stant [ʌnˈkɔnstənt] a. 无规则的,常变的,随机变化的,不恒定的,不坚定的.

un'constrained' [ˈʌnkənˈstreind] a. 无[不受]约束的,自由[压,发,动]的,非强迫的,出乎自然的. *unconstrained minimization* 无约束极小化. *uncon-*

un'constraint' ['ʌnkən'streint] *n.* 无约束，不受约束〔限制〕，自由〔压〕.
un'contam'inated ['ʌnkən'tæmineitid] *a.* 未〔没有被〕污染的，未沾染的，无有害物的，无杂质的，洁净的.
un'contamina'tion *n.* 非污染.
un'con'templated ['ʌn'kɔntempleitid] *a.* 未经思考的,未料想到的,意外的.
un'contes'ted ['ʌnkən'testid] *a.* 无(人)竞争的,无异议的.
un'continu'ity ['ʌnkɔnti'njuːiti] *n.* 不连续性.
un'contin'uous *a.* 不连续的. *uncontinuous chang* 阶段(有级)变速,间断变化.
un'controll'able ['ʌnkən'trɔuləbl] *a.* 难(不可,无法)控制的,不可调节的.
un'controlled' ['ʌnkən'trɔuld] *a.* 无控(制)的,不受控制的自由的,未经检查的. *uncontrolled intersection* 无管制交叉口. *uncontrolled rectifier* 未稳压整流器.
un'conven'tional ['ʌnkən'venʃənl] *a.* 非常规的,非规范的,破例的,异乎寻常的.
unconverged blue spot 失聚蓝荧光点.
un'conver'ted ['ʌnkən'vəːtid] *a.* 不变的,无变化的,未改变的.
un'conver'tible ['ʌnkən'vəːtəbl] *a.* 不能变〔兑〕换的,难变换的.
un'cool' ['ʌn'kuːl] *a.* 没有把握〔自信心〕的.
un'cooled' ['ʌn'kuːld] *a.* 未冷却〔凝〕的. *uncooled parametric amplifier* 常温〔非冷〕参量放大器.
un'coop'erative ['ʌnkou'ɔpərətiv] *a.* 不合作的,不配合的. *uncooperative satellite* 非协同式卫星,秘密卫星.
un'co-or'dinated ['ʌnkou'ɔːdineitid] *a.* 未测坐标的,不同〔对〕等的,不同位的,不并列的,不协调的,未调整的.
uncor = uncorrected.
un'cord' ['ʌn'kɔːd] *vt.* 解〔松〕开(绳子).
un'cork' ['ʌn'kɔːk] *vt.* ①拨去…塞子,开(瓶)口 ②透〔披〕露.
uncorr = uncorrected.
un'correct'able *a.* 不可挽回〔弥补〕的. *uncorrectable error* 不可校〔无法校正的〕错误.
un'correct'ably *ad.* 不可挽回地,无希望地.
un'correc'ted ['ʌnkə'rektid] *a.* 未改〔修,校〕正的,未调整的. *uncorrected error* 漏校错误.
uncor'related ['ʌn'kɔrileitid] *a.* 非束缚的,无关联的. *uncorrelated electron* 非束缚〔无关联,自由〕电子. *uncorrelated variables* 不相关变量.
un'corro'ded ['ʌnkə'rɔudid] *a.* 未〔没有,不受〕腐蚀的.
un'corrup'tible ['ʌnkə'rʌptəbl] *a.* 不易腐蚀的.
un'coun'table ['ʌn'kauntəbl] Ⅰ *a.* 不可(计)数的,无数的,数不清的,无法估量的. Ⅱ *n.* 不可数名词.
un'coun'ted ['ʌn'kauntid] *a.* ①无数的,数不清的 ②没有数的.
un'coup'le ['ʌn'kʌpl] *vt.* 拆〔脱,解,断,分,离,展〕开,分离,分解,松脱,拆〔分〕散,解除(…间的)连接〔联系,挂钩〕,接触,放掉,去耦(合),解糊合. *uncoupled axle* 不连轴. *uncoupled level chain* 起钩杆链. *uncoupled mode* 非耦合模式. *uncoupled oscillation* 自由振荡. *uncoupled particle* 解耦合〔非束缚〕粒子. *uncoupled wheel* 游滑轮.
uncoupler *n.* 解偶联剂.
un'coup'ling *n.* 拆离,脱开联轴节,去耦,非耦合联. *uncoupling lever* 互钩〔互钩〕离合器开关杆.
un'coursed' ['ʌn'kɔːst] *a.* 不分层的,乱砌的.
un'couth' ['ʌn'kuːθ] *a.* ①人迹稀少的,荒凉的 ②笨拙的 ③不舒适的.
un'cov'er ['ʌn'kʌvə] *v.* ①揭开(…的)盖子,移去(…的)覆盖物,除去盖上的,除去…的掩护 ②揭露,(使)露出,露面,剥离,开拓. *uncover mistakes* 揭露错误. *uncover station* (未被公认的)业余无线电台. *Thimble uncovers one millimeter in two turns.* 活动套筒每转两圈就露出一毫米.
uncov'ered ['ʌn'kʌvəd] *a.* ①无覆盖物的,无外壳的,无掩护的 ②未经保险的,不在服务范围之内的 ③不予采访报道的. *uncovered canal* 明渠. *uncovered symbol* 暴露〔未盖〕符号. *uncovered wire* 无绝缘导线.
uncovering *a.* 裸露的,未覆盖的.
uncowled *a.* 无罩的,无盖的.
uncracked ['ʌn'krækt] *a.* 未裂开的,无裂缝的. *uncracked asphalt* 未裂化沥青.
un'crate' *vt.* 拆箱(取出货物).
un'crea'ted ['ʌnkri(ː)'eitid] *a.* 非〔尚未被〕创造的,未产生的,未有的.
uncrit'ical ['ʌn'kritikəl] *a.* (毫无)不加批评的,不加鉴别的,无批判力的,~ly *ad.*
un'cross' ['ʌn'krɔs] *vt.* 使不交叉.
un'crossed' ['ʌn'krɔst] *a.* 不交叉的,未划线的,不受阻挡的.
un'crush'able ['ʌn'krʌʃəbl] *a.* 压不碎(住)的,揉不皱的.
un'crys'tallizable ['ʌn'kristəlaizəbl] *a.* 不能结晶的.
un'crys'tallized ['ʌn'kristəlaizd] *a.* 非晶的,未(不可)结晶的,未定形的.
UNCTAD = United Nations Conference on Trade and Development 联合国贸易和发展会议.
unc'tion ['ʌŋkən] *n.* ①涂油(膏),涂药膏,油膏,油脂(性),软膏 ②浓厚的兴趣.
unctuos'ity [ʌŋktju'ɔsiti] *n.* 油(腻)性,润滑性.
unc'tuous ['ʌŋktjuəs] *a.* ①油(性,似,质,滑,膏)的,含油脂的,腻滑(粘腻)的 ②塑性的 ③哗众取宠的. *unctuous clay* 油性粘土.
uncture *n.* 油(软)膏.
un'cul'tivated ['ʌn'kʌltiveitid] *a.* 未开垦的,未经耕作(培养)的,未开化的.
un'cul'tured *a.* 未受教育的,未耕作的.
un'cured' ['ʌn'kjuəd] *a.* 未处治的,未硫〔熟,固,塑〕化的.
un'curl' ['ʌn'kəːl] *v.* 弄〔变〕直,(使)伸直,伸长,(卷着的东西)解〔展〕开.
un'cur'tained *a.* 没有帘(幕)的,帘(幕)被拉起的,未遮蔽的.
un'cus ['ʌŋkəs] (pl. *unci*) *n.* 钩,(生物的)钩状部分.
un'cus'tomed ['ʌn'kʌstəmd] *a.* 未经海关通过的,未报关的,未交税的.
uncut' [ʌn'kʌt] *a.* ①未切〔割〕的 ②不可切〔分〕的 ③未琢磨的,未雕刻的 ④边未切齐的,毛边的 ⑤未

un'cut'table *a.* 不可切〔分〕的.
uncy'bernated *a.* 非电子化的.
und =under.
un'da *n.* 蚀蚀底.
un'daform *n.* 浪蚀底地形.
undam'aged [ʌnˈdæmidʒd] *a.* 未受损伤〔害〕的,没有破损的,无毙的.
undamped' [ʌnˈdæmpt] *a.* ①无(不,未)阻尼的,非减震的 ②无衰减的,不减幅的,等幅的 ③不受抑制的 ④未受潮的,不受潮湿影响的. *undamped oscillation* 无阻尼〔无衰减〕持续,等幅〕振荡. *undamped wave* 无阻尼〔无衰减,等幅〕波.
undark' [ʌnˈdɑːk] *n.* 夜间涂料.
un'date(d) [ˈʌndeit(id)] *a.* 波状的,波浪似的.
un'da'ted [ˈʌnˈdeitid] *a.* 未注明日期的,未限定日期的,无定期的.
undathem *n.* 浪蚀岩层.
unda'tion *n.* 陆地或海底大面积上的上升或下降运动.
undaun'ted [ʌnˈdɔːntid] *a.* 无畏的,勇敢的,大胆的.
UNDC = United Nations Disarmament Commission 联合国裁军委员会.
undec(a)- [词头] 十一.
undec'agon *n.* 十一边〔角〕形.
undecane *n.* 十一烷.
un'deceive' [ˈʌndiˈsiːv] *vt.* 使不再受欺骗,使免犯错误,使醒悟. *undeceive...of one's error* 使…认识(自己的)错误.
un'decidabil'ity *n.* 不可判定性.
un'deci'dable *a.* 不可判定的.
un'deci'ded [ˈʌndiˈsaidid] *a.* ①未(决)定的,不确定的,不稳定的 ②模糊的,(轮廓)不明确〔显〕的,不鲜明的 ③未下决心的.
undec'imal *a.* 十一进制的.
un'deci'pherable *a.* 不可译的〔密码〕,不可识别的.
un'decked' *a.* 无甲板的,无装饰的.
un'declared' [ˈʌndiˈklɛəd] *a.* 未经宣布的,不公开的,(货物)未向海关申报的. *undeclared identifier* 未说明标识符.
un'decompo'sable *a.* 不可分解的.
un'decomposed' [ˈʌndikəmˈpouzd] *a.* 未分解〔还原,腐烂〕的,未析出的.
un'defen'ded [ˈʌndiˈfendid] *a.* ①没有防备的,不设防的,无保护的 ②没有论据证实的.
un'defiled' *a.* 没弄脏的,未玷污的,纯粹〔洁〕的.
un'defined' [ˈʌndiˈfaind] *a.* 未(下)定义的,未规定的,不明确〔规定〕的,不确定的,未表示的,模糊的. *undefined record* 未定界〔不定长〕纪录.
un'definit'ion *n.* 无〔未〕定义.
undeflec'ted [ʌndiˈflektid] *a.* 未〔不〕偏转的.
un'deformed' *a.* 未变形的,无应变〔形变〕的.
un'degra'ded [ˈʌndiˈgreidid] *a.* 未慢〔退〕化的,未经碰撞的. *undegraded neutron* 未慢化〔未经碰撞的〕中子.
undelayed' [ʌndiˈleid] *a.* 瞬发的,未延迟的. *undelayed channel* 无延迟信道〔通路〕.
undeliv'erable *a.* 无法投递的,不可送达的.
undeliv'ered *a.* 未交付的,未送达的,未发表的,未被释放的.
un'democrat'ic *a.* 不民主的.
un'dem'onstrable [ʌnˈdemənstrəbl] *a.* 无法表明的,不可证明的,不可论证的.
un'deni'able [ˈʌndiˈnaiəbl] *a.* ①不能否认〔否定〕的,无可辩驳的,不会弄错的 ②确实的,优良的.
undepen'dent [ˈʌndiˈpendənt] *a.* 独立的.
un'deple'ted [ˈʌndiˈpliːtid] *a.* 未贫化的,未抽空的,未用尽的,非衰减的.
un'depre'ciated *a.* 未贬值(低)的.
un'der [ˈʌndə] Ⅰ *prep.* ①在…下面〔底下〕,在…之下,在…之中〔之内,里面〕②低于,少于,不足,未满,欠,负 ③在…指引〔导〕下,属于,在…一项〔标题〕下 ④在…(过程)中,在…期间 ⑤借助,依靠. Ⅱ *ad.* 在下,以下,少于,从属地. Ⅲ *a.* ①下(部,面)的 ②(位,一级)的,从属的 ③劣的,标准以下的. *10 ft. per sec. or under* 10 英尺/秒或以下. *under a head of* 在…水头下. *under age* 未成年,龄期不足,不成熟. *under Article 12* 根据第十二条. *under beam deflection* 电子束欠偏转,电子束偏转角小. *under carriage*(汽车)的底盘,底架. *under charge* 充电不足,装药不足. *under coat* 内〔底〕涂层,里〔底〕衬. *under coating* 底漆涂层,内涂层,底层. *under consideration* 在考虑〔研究,审议〕中. *under construction* 在建筑〔施工〕中,正在施工. *under cooling* 过冷. *under correction* 尚须改正,改正不足,难保无误. *under crossing* 下穿(式立体)交叉. *under current* 底流,潜流,电流不足. *under cut*(齿轮)根切扣,下挖,过渡切削,凹割,切去下部,切去齿根〔剥蚀前防止打刀〕;咬边(一种焊接缺陷),面部凹陷. *under cutting* 刨削 T 形槽,凹割. *under damping* 阻尼不足,欠阻尼,不完全减震. *under discussion* 在讨论〔审议〕中. *under excitation* 欠励磁,欠激励(状态),欠压工作状态. *under exposure* 曝光(露光,感光)不足,欠曝光. *under floor culvert* 闸底涵洞. *under flow* 地下水流,潜流. *under focus* 欠焦点,弱聚焦. *under frame* 底架〔框〕,车身底板. *under frequency* 降低了的〔低于额定的〕频率,频率不足. *under ground space* 地下空间. *under inflation* 瘪气〔胎〕,打气不足. *under investigation* 在视察〔研究,调查〕中. *under lap* 负〔欠〕重叠,欠遮盖,遮盖不足. *under load* 欠载,轻〔不满〕负载,承受荷载. *under oil* 浸油,没于油中. *under penalty of* 应受…处分,科以罚金. *under power* 功率〔动力〕不足,低功率,依靠〔借助〕动力. *under pressure* 受〔承〕压时,在压力下,减〔负〕压. *under proof* 不合格的,被试验的. *under reach* 短程动作. *under repair* 在修理中. *under review* 在考虑〔研究,审议,检查〕中. *under size* 尺寸不足,过小,减小尺寸;负公差尺寸;筛下产品. *under stress* 在受力时,在受力状态下. *under study* 在研究中. *under synchronous* 低于同步,次同步. *under test* 在试验中,处于试验阶段. *under the auspices of* 在…的指导下,得力于,由…主办〔主持〕. *under the circumstances of* 在…的情况下. *under the head of* 在…某(部分,项目)中. *under the influence of* 在…影响下. *under the pretence*(pretext) *of* 以…为借口. *under (the) water* 水中,在水底〔水下〕. *under this heading* 在这个标

题下. *under voltage* 欠压,电压不足. *under water run* 弹道的水下部分. *under way* 在进行(行动)中,进行着.
▲*be classed under* M 归入 M 之中. *be got under* 被扑灭. *be grouped under…headings* 分成…项目(题目). *be under the impression that* 有着…的印象. *come under this head* 包括在本项目下. *dispatch* (*send*) M *under separate cover* 将 M 另封寄发. *from under* 从…下. *get* M *under* 抑制 M. *go under* 沉下,降下,失败. *under any circumstances* 无论如何. *under one's eye* 显而易见.

un'der- ['ʌndə] (词头) 在(…)下,底(下),次,欠,不足,低.
un'derachieve' [ʌndərə'tʃiːv] vi. 未能充分发挥学习潜力,表现低于预期水准,失水准.
un'der-ac'tive a. 活化不足的,激活不足的.
un'derad'vertising n. 广告(宣传)不足.
un'deraf'ter a. 下列的.
un'derage I ['ʌndəridʒ] n. 缺乏,不足. II ['ʌndər'eidʒ] a. 未成年的.
un'der-age'ing ['ʌndə'reidʒiŋ] n. 硬化(凝固)不足.
un'der-assigned' ['ʌndərə'saind] a. 派工不足的.
un'derbaked a. 不烘透的.
un'derbalance ['ʌndə'bæləns] n. 欠平衡(的),平衡不足.
underbead crack 焊道下裂纹,内部裂纹.
un'derbeam ['ʌndəbiːm] n. 下梁.
un'derbed ['ʌndəbed] n. 底架(座,板,盘),基础板.
un'derbelly ['ʌndəbeli] n. 下腹部,物体的下方,薄弱的部分,易受攻击的区域.
underbid' [ʌndə'bid] (*underbid'*, *underbid'* (*den*)) v. 投标(喊价)低于,投标(喊价)过低.
un'derblower n. 鼓风机.
un'derboarding n. 垫板,衬板.
un'derbody ['ʌndəbodi] n. 物体下部,底部,车身底板,船体水下部分,飞行器底盘.
un'derbought' ['ʌndə'bɔːt] underbuy 的过去式和过去分词.
un'der-bra'cing ['ʌndə'breisiŋ] n. 帮桩,(电杆)杆根横木,下支撑.
un'derbridge ['ʌndəbridʒ] n. 桥(下),(立体交叉的)下穿桥,跨线桥. *underbridge clearance* 跨线桥桥下净空.
un'derbrush ['ʌndəbrʌʃ] n. 小丛树,矮丛林.
un'derbunch'ing ['ʌndə'bʌntʃiŋ] n. 群聚不足,聚束不足,聚束(束)不足,非理想群聚.
underburnt' ['ʌndə'bəːnt] a. 欠火(烧,熟)的.
un'derbuy' ['ʌndə'bai] (*un'derbought'*, *un'derbought'*) vt. 以比实价(标价,别人)便宜的价钱买.
un'dercal'cined a. 煅烧不足的,欠烧的.
un'dercapac'ity ['ʌndəkə'pæsiti] n. 强度(功率,能量,容量)不足,出力(产量)不足,非饱和(非满载)容量,非满载,生产不足.
un'dercap'italize ['ʌndə'kæpitəlaiz] v. (对…)投资不足.
un'dercar'riage ['ʌndəkæridʒ] n. 机脚,底盘(座),机脚架,起落架,下(支)架,行动(行走)部分,支重台车. *bicycle undercarriage* 自行车式起落架.
undercart n. 起落架.
un'der-ca'sing n. 底箱.

un'dercharge ['ʌndə'tʃɑːdʒ] vt.; n. ①非饱和充电,充电不足,制冷剂不足 ②未给…装足火药,装药不足,减装(火)药 ③(对…)少要某物的价钱,少算应收价款,索价较低. *undercharge…for shipments* 对…少算了运费.
un'der-chas'sis ['ʌndə'ʃæsi] n. 底盘,机脚,底部框架. *underchassis space* 座下空间.
under-cho'king [ʌndə'tʃoukiŋ] n. 阻气不足,未完全堵塞.
un'derclay n. 底粘土,煤层底粘土层.
under-clean'ing [ʌndə'kliːniŋ] n. 没有完全清洗(擦洗)干净.
underclear'ance [ʌndə'kliərəns] n. 桥下净空,下部间隙.
un'dercliff ['ʌndəklif] n. (滑坡,坍塌形成的)阶地,副崖,滑动崖脚坡.
un'derclothes ['ʌndəkloudz] 或 un'derclothing ['ʌndəklou-ðiŋ] n. 内(衬)衣(裤).
un'dercoat ['ʌndəkout] n. 内(底)涂层,里(底)衬. vt. 给…加内涂层.
undercolour n. 颜色不足,欠染.
undercommuta'tion [ʌndəkɔmju'teiʃən] n. 欠整流,整流不足,欠转换,延迟换向.
undercompensa'tion [ʌndəkɔmpen'seiʃən] n. 补偿不足,欠(不完全)补偿.
undercom'pound [ʌndə'kɔmpaund] a. 欠复励的. *undercompound generator* 欠复励(低复激)发电机. *undercompound winding* 欠复励绕法.
undercompounding n. 未完全复合,混合不充分.
underconstrained' [ʌndəkən'streind] a. 约束过少的,无定解的,小于限定的.
underconsump'tion n. 消耗不足,低消耗.
un'dercool ['ʌndə'kuːl] v. (使)过冷(指使液体冷到凝固点以下而不凝结).
undercorrect' [ʌndəkə'rekt] vt. 对…校正(改正)不足,校正不够,欠校正. *undercorrec'tion* n.
undercoup'ling [ʌndə'kʌpliŋ] n. 欠(不完全)耦合,耦合不足.
un'dercover ['ʌndəkʌvə] a. 暗中进行的,秘密地下的. *undercover payments* 贿赂,暗中给的钱.
undercrit'ical [ʌndə'kritikəl] a. 次(亚)临界的.
under-croft n. 地下室,地窖.
un'dercross'ing ['ʌndə'krɔsiŋ] n. 下穿(式立体)交叉.
un'dercure ['ʌndəkjuə] n. 欠处理(处治),欠熟,欠硫(塑)化,硫(固)化不足.
un'dercurrent ['ʌndəkʌrənt] n. ①电流不足,小电流,欠(低)电流,低于额定值的电流,强度不足的电流 ②暗(底,潜,下层)流,下流层 ③沉矿支撑,宽平的分支洗金槽 ④掩盖着的倾向,潜在势力. *undercurrent relay* 欠流继电器.
undercut I ['ʌndəkʌt] (*un'dercut'*; *un'dercut'ting*) v.; II ['ʌndəkʌt] n. ①底(槽,下)切,下部切割,从下部切开,切去下部,(伐倒)切口 ②潜挖,暗(挖)掘,掘(矿)层下,沉(凹,成)洞,基(粘,凹,掏)蚀,掏切(割)。【焊】咬边,(工具)咬噬 ④下(部凹)陷,凹进,侧凹,铸件侧面凹进去的部分,型腔下部,空刀 ⑤前(圆)角 ⑦雕出,浮雕 ⑧削低(价格),削价与…抢生意. *undercut slope* 暗掘坡,底切坡,(河湾)凹岸. *undercutting turning tool* 沉割车刀.
un'dercut'ter n. 凹形挖掘铲,截煤机.

underdamp [ˌʌndəˈdæmp] v. 弱阻尼[减幅,衰减],欠阻尼,阻尼不足,不充分减震,不完全减震[衰减].

underdamp′ing n.; a. 欠阻尼,弱阻尼,欠密的,亚密的.

un′derdeck n. 甲板下的,舱内的.

underdesign′ n. 欠安全的设计.

underdeter′minant [ˌʌndədiˈtəːminənt] n. 子列列式.

underdeter′mined sys′tem 欠定组.

un′derdevel′op [ˈʌndədiˈveləp] v. (使)不发达,未发展,(使)发展不充分,(使)显影[像]不足.

un′derdevel′oped [ˈʌndədiˈveləpt] a. ①不发达的,落后的,未充分发展[开发]的,不发育的 ②显影[像]不足的. *underdeveloped countries* 不发达国家.

un′derdevel′opment n. 发展不充分,显影[像]不足.

underdo′ [ʌndəˈduː] (*underdid*′, *underdone*′) v. 不尽(全)力做,少做,使做得不够,使不煮透.

un′derdraft n. 轧件下弯,上压力.

un′derdrain I [ˈʌndəˈdrein] n. 阴[暗,盲,地]沟,暗渠,地下沟道,地下排水管,聚水系统. II [ˈʌndədrein] vt. 用地沟排放,用暗沟排水,底部排水.

un′derdrainage [ˈʌndədreinidʒ] n. 地下[暗沟]排水.

underdraught = underdraft.

un′derdraw′ [ˈʌndəˈdrɔː] (**un′derdrew′**, **un′derdra-wn′**) vt. 在...下面划线,描写不够.

underdrawing n. 底稿.

un′derdrive n.; v. (压力机的)下传动,减速[低速]传动.

underdriv′en [ʌndəˈdrivn] a. 下(面)传动的,下部驱动的.

un′derearth′ [ˈʌndərˈəːθ] n.; a. 地(土)下(的),地面下层土.

un′dered′ucated a. 未受正常(或足够)教育的.

un′deremployed′ [ˈʌndərimˈplɔid] a. 就业不充分的,只有部分时间被雇用的,被雇用做低于本人技术水平的工作的.

un′deremploy′ment [ˈʌndərimˈplɔimənt] n. ①不充分就业,一部分工人失业的状况 ②部分时间被雇用,技术未充分发挥.

underes′timate I [ˌʌndərˈestimeit] vt., I [ˌʌndərˈestimit] n. (对...)估计过低[不足],低估,看轻. **underestima′tion** n.

underexcite′ [ˌʌndəriksˈait] vt. 欠励磁,励磁不足,欠激励,欠压. **underexcita′tion** n.

underexpan′sion [ˌʌndəriksˈpænʃən] n. 不完全膨胀,膨胀不足.

underexpose′ [ˌʌndəriksˈpouz] vt. 不充分照射,(对...)照射[感光,露光,曝光]不足.

underexpo′sure [ˌʌndəriksˈpouʒə] n. 曝光不足(的底片),欠曝光,照射不足.

underfeed′ [ʌndəˈfiːd] (**un′derfed′**) vt. 不充分供料,供料[进料,供给,流量]不足,下给[送,饲],下(底)部进料,下部供给,从底部给...加燃料. *underfeed stoker* 下给[下饲]加煤机.

un′derfill′ing [ˈʌndəˈfiliŋ] n. 不(未完)充,底层填料. (沼泽地)炸开孔穴填筑路基法.

underfill′ing [ˈʌndəˈfiliŋ] n. 不(未完)充,底层填料.

un′derfired′ [ˈʌndəˈfaiəd] a. 下部(自下)加热烧的,下加热式,热底式,火灰(烧)的.

un′derfloor [ˈʌndəˈflɔː] a. 地板[面]下的. *underfloor duct* [raceway] 地下管道,地下电缆管道,地板下线渠[配线]. *underfloor engine* 底架下的发动机.

un′derflow [ˈʌndəflou] n. ①地下水流,潜[底]层流,下溢 ②浓泥,浓浆,沉沙. *thickened underflow* 浓泥,浓缩底流. *underflow baffle* 底流挡板. *underflow of classifier* 分类器的下流.

underfo′cus [ˌʌndəˈfoukəs] n. 弱焦(点),欠焦点.

underfoot′ ad. ①在脚下,在地上 ②碍事,挡路.

underframe′ [ʌndəˈfreim] n. 底架[座,框].

underfre′quency [ʌndəˈfriːkwənsi] n. 降低(了)的频率,低于额定频率,频率过低.

un′dergauge n. 尺寸不足,短尺.

un′dergird [ˈʌndəˈgəːd] vt. 从底层加固,(从底层)支持,加强.

un′derglaze [ˈʌndəgleiz] a. 釉底的,用于涂釉前的.

undergo′ [ʌndəˈgou] (**underwent′**, **undergone′**) vt. 经历,经受(检查,疲劳,变化),体验,承[遭,忍]受,遭遇,受到,进行.

undergone′ [ʌndəˈgɔn] undergo 的过去分词.

undergrad′(uate) [ʌndəˈgrædˈ(juit)] n.; a. 大学生(的).

underground I [ʌndəˈgraund] ad. II [ˈʌndəgraund] a.; n. ①地(面)下的,(往,到,向,在)地下(的),地面下层 ②隐藏[秘密](的),隐蔽的,不公开的 ③地下(铁)道,地下(组织,空间). *underground cable* 地下(管道)电缆. *underground service conductor* 地下引出线. *underground water* 潜[地下]水.

un′dergrown a. 发育不全的,有灌木的.

un′dergrowth n. 下层林丛,下木,发育不全.

un′derguard [ʌndəˈgɑːd] n. 下部护板(保护物).

un′derhand [ˈʌndəhænd] ad.; a. 秘密(的),欺诈(的),暗中(的),手不过肩的. *underhand weld* 平焊焊缝,俯焊焊缝.

underhand′ed [ʌndəˈhændid] I a.; ad. = underhand. II a. 人手不足的. ~ly ad. ~ness n.

un′derheating n. 加热不足,欠热,过冷.

un′derhung [ʌndəˈhʌŋ] a. 在轨上滑动的,自下支承的,下颌突出的. *underhung door* 扣门. *underhung spring* 下悬.

un′der-infla′tion [ˈʌndərinˈfleiʃən] n. 打气[充气]不足,缺气.

underived′ [ʌndiˈraivd] a. 原始的,固有的,本来的,独创的.

underlagged a. 相位滞后欠调的.

underlaid′ [ʌndəˈleid] underlay 的过去式和过去分词.

underlain′ [ʌndəˈlein] underlay 的过去分词.

un′derlap v. 图像变窄[缩窄],欠连接.

underlay I [ʌndəˈlei] (**underlaid′**) vt. 垫,衬,铺在...下面[底层],放在...之下,做垫层,铺(路面)底层,打底,放在(横过)...的底部,从下面支撑. vi. (矿脉)倾斜,向下延伸. II [ˈʌndəlei] underlie 的过去式. III [ˈʌndəlei] n. ①(垫)在下面的东西,村底,基底层,垫物,下衬 ②下向延伸矿体 ③倾斜(余角).

un′derlayer n. 底基层,垫[下]层,底垫,下伏岩层[地层).

un′derlease [ʌndəˈliːs] n.; v. 转租[借],分租.

un′derlet′ [ˈʌndəˈlet] (**un′derlet′**, **un′derlet′ting**) vt. 廉价出租,转租[出租],分租.

underlie′ [ʌndəˈlai] (**underlay′**, **underlain′**; **underly′ing**) I vt. ①(横,放,埋)在...的下面,位于

…下面,构成〔作为〕…的基础,为…打下基础 ②支承 ③(权利,索赔等)优先于 ④屈服于。Ⅱ vi. 倾斜。

un'derlight n. 水下〔照明〕灯。

underline Ⅰ [ˌʌndəˈlain] vt. ①在(…下)划线,下边加底〔横〕线 ②加强,强调,着重指出,突〔显〕出 ③预告 ④作…的衬里。Ⅱ [ˈʌndəlain] n. 划在下面的线,底线,插图下的说明。underline mark 下线记号。underlined character 加下线字符。

un'derload [ˈʌndəloud] n.; v. 欠(低)载,轻〔不满〕负载,负荷过轻,负〔加〕载不足,不足〔部分〕装荷,未装足。underload switch 欠载开关。

un'derloaded a. 未装足〔满载〕的,荷载不够的,轻(负)载的。

un'derlustred a. 光泽不够的。

underly'ing [ˌʌndəˈlaiiŋ] Ⅰ underlie 的现在分词。Ⅱ a. ①(做)基础的,根本的 ②在下(面)的,在下(面)的,下伏的,潜在的 ③优先的。underlying distribution 初始分布。underlying metal 底层金属。underlying rock 下伏岩(石),底岩。underlying surface 下垫〔下伏〕面。

un'derman' [ˌʌndəˈmæn] (un'dermanned'; un'derman'ning) vt. 使人员配备不足。

undermanned' a. 人手〔人员〕不足的。

undermatching n. 不足匹配,欠匹配。

undermen'tioned [ˌʌndəˈmenʃənd] a. 下述的。

undermethyla'tion n. 甲基化不足。

undermine' [ˌʌndəˈmain] vt.; n. ①潜挖,暗掘,底切,基蚀,在…下挖坑道〔地道〕,削蚀…的基础,淘〔底部冲〕刷,洞穴 ②暗中破坏,逐渐损害。undermine TV 井下电视。

undermi'ner n. 挖坑道者,暗中破坏者。

undermix'ing [ˌʌndəˈmiksiŋ] n. 拌和不足,混合料的不均匀性。

undermod'erated [ˌʌndəˈmɔdəreitid] a. 慢化〔减速〕不足的,弱慢化的。

undermod'ulate [ˌʌndəˈmɔdjuleit] v. 调制不足,欠调制。undermodula'tion n.

under-moon n. 下幻月。

undermoun'ted a. (拖拉机)车架下悬挂的。

under-mulling n. 欠混。

underneath' [ˌʌndəˈniːθ] Ⅰ prep. ①在〔向〕…的下面〔底下〕②在…的形式〔乔装〕的 ③束属于,在…的支配下。Ⅱ a. 底下〔的〕,下面的。Ⅲ ad. 在〔向〕下面。Ⅳ n. 下部,下面。put the date underneath the address 把日期写在地址下面。with a solid foundation underneath (下面)有坚固地基的。

under-nourishment n. 营养不足。

undernutri'tion n. 营养不足。

underox'ide diffu'sion (氧化层下的)横向扩散。

underox'idize [ˌʌndəˈrɔksidaiz] vt. 氧化不足,欠氧化。

underpaid' [ˌʌndəˈpeid] underpay 的过去式和过去分词。

un'derpan [ˈʌndəpæn] n. 底,炉底,底盘(板),托盘。

un'derpart [ˈʌndəpɑːt] n. ①非重要构件,次要角色 ②(结构)下面部分,机体下部。

un'derpass [ˈʌndəpɑːs] n. 地(下过)道,下穿交叉(道),高架桥下通道,下穿线,地槽。underpass shaving 横向剃齿。

underpave'ment [ˌʌndəˈpeivmənt] n. 下层路面。

un'derpay' [ˈʌndəˈpei] (un'derpaid', un'derpaid') vt. 少付…工资,付给…不足额的工资。

un'derpick'ling n. 欠酸洗,酸洗不足。

underpin'ning n. ①在…下面加基础,托换(基础,基层,座墩),修建基础底脚 ②加强…的基础,(从下面)支撑,加固,支掘 ③支持,巩固。

underpin'ning n. 基础(材料,结构),托换基础(座墩),支掘路堑托换。

underplant'ing n. 植于…之下,种下。

un'derplate [ˈʌndəpleit] n. 基础,底座(板,盘),垫板。

un'derplay' Ⅰ [ˈʌndəˈplei] vt. 对…轻描淡写,冲淡…的重要性,掩饰。Ⅱ [ˈʌndəplei] n. 暗中的活动。

un'derplot n. 插曲,次要情节。

un'derpoled cop'per 插槽还原不足的铜。

un'derpop'ulated [ˌʌndəˈpɔpjuleitid] a. 人口稀少不足的。

un'derpopula'tion [ˌʌndəpɔpjuˈleiʃən] n. 人口稀少(不足)。

un'derport [ˈʌndəpɔːt] n. 底孔。

underpour type gate 下射式闸口。

un'derpower [ˌʌndəˈpauə] n. 低(欠)功率,功率(动力)不足。

un'derpow'ered a. 动力〔功率〕不足的,由功率不足的发动机驱动的。

un'derpress'ing n. 压制不够,欠压(榨)。

underpres'sure [ˌʌndəˈpreʃə] Ⅰ n. ①抽空,真空(度),降(减,欠,负)压 ②(空气)稀薄,负压力,压力不足,真空压压力,低(于大气)压力。Ⅱ v. 使稀薄。

underpriv'ileged a. 被剥夺社会权利的,贫困的,下层社会的。

un'derproduc'tion [ˌʌndəprəˈdʌkʃən] n. 生产不足,生产供不应求,减产。

un'derproof' [ˌʌndəˈpruːf] a. ①不合格的,不合〔低于〕标准的,标准强度以下的 ②被试验的。

un'derprop v. 顶撑,撑住,用立柱加固。

un'derpunch n.; v. 【计】下部穿孔。

un'derquench'ing [ˌʌndəˈkwentʃiŋ] n. 淬火〔淬炼〕不足。

un'derquote' [ˌʌndəˈkwout] vt. 对…开价低于别人(低于市场价格),开价比…低。

underramming n. 舂实不足。

un'derran' [ˈʌndəˈræn] underrun 的过去式。

underrate' [ˌʌndəˈreit] vt. 对…评价过低,低估,估计过低,轻视,看轻。

un'derream [ˈʌndəriːm] Ⅰ n. 较小的扩孔(眼),钻孔扩大不足。Ⅱ v. 扩孔不足。

un'derreamer a. 扩孔(眼)器。

underrefining n. 精炼不足,欠精炼。

un'derreinforced' [ˌʌndəriːinˈfɔːst] a. 加(配)筋不足的,配筋的。

un'der-relaxa'tion n. 低松弛(弛豫),弛豫不足。

un'derreport vt. 少报,低估。

un'derrepresen'ted a. 未能充分代表的。

un'derroas'ting n. 熔烧不足。

un'derrun' [ˈʌndəˈrʌn] (un'derran', un'derrun') Ⅰ v. ①在…下面(跑,穿) ②用手拉起并循序检查(电缆,软管等) ③欠载运行 ④削减播出时间。Ⅱ n. ①潜流,伏流,在底下通过的东西 ②低于估计的产量 ③欠载运行。

undersam'pled a. 采样过疏的。

un'dersanded [ˌʌndəˈsændid] a. 含砂过少的。undersanded mix 少砂混合料(含砂过少的混合料)。

undersand'ing n. (混凝土)含砂不足.

undersat'urated [ʌndə'sætʃəreitid] a. 欠饱和的.

undersatura'tion n. 欠[未]饱和,未饱和度,饱和不足量.

underscan'ning n. 扫描幅度不足,欠扫描.

underscore I [ʌndə'skɔː] vt. 在…下面划线,强调,着重说明的. II [ʌndəskɔː] n. 字下划线(表示强调).

un'dersea [ʌndəsiː] I a. 海(水,面)下的,水下的,海底的. II ad. 在海面下,在海底. *undersea boat* 潜水艇. *undersea cable* 海底电缆. *undersea delta* 潜下三角洲. *undersea pipeline* 水下[海底]管路. *undersea ranging* 海[水]下测距. *undersea satellite* 水下潜艇. *Undersea Warfare*, U. S. Navy 美国海军水下作战局.

un'derseal ['ʌndəsiːl] v.; n. 底封,基层处治. *underseal work* 底封,基层处治.

un'derseam n. 下(伏,岩)层,底部煤层.

underseas' [ʌndə'siːz] ad. 在海底,在海面下. *photograph taken underseas* 在海底拍摄的照片.

un'dersec'retary [ʌndə'sekrətəri] n. (美国的)副部长,次长,副国务卿.

underseep'age n. 下方渗流.

un'dersell' I [ʌndə'sel] (un'dersold', un'dersold') vt. 低价[廉价]出售,抛售,售价比…低.

un'der'rated a. (动刀片)底面刻齿的.

under-serviced a. 公共设施不足的.

underset I [ʌndə'set] (un'derset', un'derset'ting') vt. 支撑,支持,放在…下面. II ['ʌndəset] n. ①(和海面风向(流向)相反的)底(潜,逆)流 ②下层矿脉.

un'dershield n. 下部挡板,挡泥板.

undershoot' [ʌndə'ʃuːt] I (undershot') vt. II n. ①未达预定点(目的地),射击近(低)于(目标),失调度 ②行程不足,着陆未达(跑道),低于额定值 ③(低)插,下冲 ④负脉冲信号,(脉冲)负冲起,负尖峰(信号).

undershoot'ing n. 欠调制,欠控制,下方勘探,下方爆炸法.

undershot' ['ʌndəʃɒt] I undershoot 的过去式和过去分词. II a. 下冲(射,击)的,由下面水流冲击而转动的. *undershot distortion* 下过冲失真. *undershot water wheel* 下冲(式)水轮.

un'derside [ʌndəsaid] n. 下(内,底)面,下侧.

undersign' [ʌndə'sain] vt. 签名于…的末尾,签名于下.

un'designed' [ʌndə'saind] a. 在下面(末尾)签名的. *the undersigned* 签字(署名)人.

un'dersize' [ʌndə'saiz] n. ①尺寸过小(不足),尺度不够 ②筛底料,筛出物,筛下(物),细粒. a. 尺寸不足的,不够大的,小型的.

un'dersized a. ①尺寸不足的,尺寸过小的,不够大的,较一般为小的,小型的 ②降低的,不足的 ③筛下的,欠腔(浆)的.

under-skin-pass n. 轻光整冷轧.

un'derslung ['ʌndəslʌŋ] a. 悬挂(起)的,下悬式,吊着(起)的,车架下的,置于…下面的. *underslung charging crane* 悬臂式加料吊车. *underslung conveyer* 悬挂式运输机.

un'dersoil ['ʌndəsɔil] n. 下(亚)层土,底土.

un'dersold' [ʌndə'sould] undersell 的过去式和过去分词.

un'derson'ic [ʌndə'sɔnik] a. 次声的.

un'derspeed' [ʌndə'spiːd] n. 速度不足[过低,不快],低速,降低速度.

understa'ble [ʌndə'steibl] a. 欠稳定的,不够稳定的,人员太少不足的.

understand' [ʌndə'stænd] (understood', understood') v. ①懂,明白[了],理[了]解,熟悉,通晓 ②推测[断],以(认)为,相信 ③听说,获悉 ④省略[不用说,当然. *make oneself understood* 使了解自己的意思,说明(表达)自己的意思. *understand M by N* 将N指的是M,认为N是M,把N理解为M. *understand one another* 互相了解[谅解].

▲ *give M to understand that* … 通知[告诉]M…. M *is to be understood (after N)* (在N的后面)省去(省略了)M. *It is understood that* …据说,不用说,当然. *make oneself understood* 使了解自己的意思,说明(表达)自己的意思. *understand M by N* 将N指的是M,认为N是M,把N理解为M. *understand one another* 互相了解[谅解].

understand'able a. 可以理解[明了]的,能领会的,可懂的.

understand'ing [ʌndə'stændiŋ] n.; a. ①了解(的),理解(的),能谅解的,聪明的 ②领会,认识 ③理解[判断]力 ④协商[议](非正式)协定,谅解,条件. *acquire a deep understanding of Chairman Mao's teachings* 深刻领会毛主席的教导. *mutual understanding* 相互谅解. *subjective understanding* 主观认识. *verbal understanding* 口头谅解(协议).

▲ *an understanding of M (by N)*(N对M的了解[理解]). *come to* [*arrive at*] *an understanding with* 和…达成协议. *give M a good* [*better*] *understanding of N* 使M能很好[更好的]理解N,使M对N有很好[更深入]的了解. *have a secret understanding with* 同…有默契. *have the understanding to* +inf. 懂得怎样(做某事). *on* [*with*] *the understanding that* 以…为条件,条件是,如果. *on* [*with*] *this understanding* 根据这个条件,在这个条件下.

understand'ingly ad. 谅解地,聪明地.

understate' [ʌndə'steit] vt. 少说[报],未能充分地如实报道,有所保留地陈述,不尽言. **understate'ment** n.

un'dersteer [ʌndə'stiə] n.; v. 转向不足,对驾驶盘反应迟钝,不足转向.

understock I ['ʌndə'stɔk] vt. 未充分供应…存货,使存货不足. II ['ʌndəstɔk] n. 存货不足.

un'derstoke vt. 底部给煤.

un'derstoker n. 下倾煤炉排炉.

understood' [ʌndə'stud] I understand 的过去式或过去分词. II a. ①被充分理解的,取得同意的 ②含意在内的,不讲自明的.

un'derstorey n. 下层林木.

understra'tum [ʌndə'streitəm] (pl. *understra'ta* 或 *understra'tums*) n. 下层.

under-stream period 开工期.

un'derstrength' [ʌndə'streŋθ] a. 力量(兵员)不足的.

un'derstress ['ʌndəstres] v. 应力不足,加压不足.

un'derstructure [ʌndə'strʌktʃə] n. 基础,下层结构.

un'derstudy ['ʌndəstʌdi] I n. 熟悉某工作以便接替的人. II vt. 通过观察(实习)来掌握.

undersupply v. 供给[供应]不足,少供应.

undersur'face [ʌndə'səːfis] I n. 下(底,内,表)面.

Ⅱ a. 液〔水〕面下的,从下面的. *wing undersurface* 机翼下表面.

underswept a. 扫描不足,扫描线少.

un'derswing [ˈʌndəˈswiŋ] n. 负脉冲(信号),负尖峰(信号),负"尖端"(瞬时特性),下冲(信号),下击,下摆,(摆动)幅度不足.

undersyn'chronous a. 次〔低于〕同步的.

undertake' [ˌʌndəˈteik] (**undertook'**, **undertaken**) vt. ①承担〔办,揽〕,担任 ②约定,答应,接受,同意,担保,保证,断言,发誓 (for) ③着手不耽,从事,进行. *undertake experiments and calculations* 从事实验和计算. *undertake responsibility* 承担责任.▲*undertake that* …保证,断言. *undertake to*+*inf.* 同意,答应,答应,试图（做某事）.

underta'ken undertake 的过去分词.

un'dertaker n. 承办人,计划者,营业者,企业家.

un'dertaking n. ①任务,事业,计划 ②〔企〕业,行业 ③保证,担保,许诺,承担. *electric undertaking* 电（力工）业.

un'dertamping n. 夯实不足.

un'derten'ant n. 转租的承租人.

un'der-the-coun'ter [ˈʌndəðəˈkauntə] a. ①私下〔内部〕出售的,暗中成交的,走〔开〕后门的 ②违法的,禁止的.

un'der-the-ta'ble [ˈʌndəðəˈteibl] a. 秘密(交易)的,暗中进行的,不法的.

underthrow distortion 下冲失真.

un'derthrust n. 俯冲断层,下迭掩断层.

undertighten v. 拧紧〔扎紧〕不足.

un'dertint [ˈʌndətint] n. 淡〔浅,褪〕色.

un'dertone [ˈʌndətoun] n. 低调(音),次陪音,小声,淡〔浅〕色,底色,底影,含意,潜在倾向.

undertook' [ʌndəˈtuk] undertake 的过去式.

un'dertow [ˈʌndətou] n. 底流〔溜〕,退〔回头〕浪,下层逆流.

undertreat'ment n. 处理不足.

underu'tilize [ˌʌndəˈjuːtilaiz] v. 利用不足. **underutiliza'tion** n.

undervalua'tion n. 估计过低〔不足〕,评价过低,轻视,低估价值.

underval'ue [ˌʌndəˈvælju] vt. 低估,估计不足〔偏低〕,评价过低,降低…的价值,轻视,小看.

undervibra'tion n. (混凝土物质）振动不足.

under-volt'age [ˌʌndəˈvoultidʒ] n. 欠(电)压的,电压不足的. *under-voltage relay* 低压〔欠压〕继电器.

un'derwashing n. (河冲)冲刷.

underwa'ter [ˌʌndəˈwɔːtə] Ⅰ a. ①水下〔中,底〕的,海中的,潜水的 ②水线以下的. Ⅰ ad. 在水下,在水线以下. Ⅱ n. (海洋)水面下的水. *underwater acoustics* 水(下)声学. *underwater contour* 水下等深线. *underwater craft* 水下舰艇. *underwater explosion* 水下爆炸. *underwater gradient* 海〔水〕底坡度. *underwater illuminations* 水中照（明）度. *underwater liquid cargo carrier* 液体货物水下运输工具. *underwater pump* 潜水泵(俗称水老鼠). *underwater self-homing device* (导弹)水下自动导航装置. *underwater sound gear* 回声测深仪,水中发声设备. *underwater telemetry* 水下遥测（术）. *underwater topography* 水下地形. *underwater tunnel* 海〔水〕底隧道. *underwater TV camera* 水下电视摄像机. *underwater well* 水下油井.

underwateracoustic a. 水下声的.

un'derwater-fired a. 水下发射（爆炸）的.

un'derway' [ˌʌndəˈwei] n.; a. ①下穿道,水底通道 ②未完成的阶段 ③开始进行,正在发展 ④行进中（的）,行驶（航行）中的,途中的. *underway bottom sampler* 在航底质取样器.▲(*be*) *underway* 正在进行着,在航行途中.

underweight' [ˌʌndəˈweit] Ⅰ n. 重量不足〔过小〕,体重不足,足的〔不合标准的,不符合要求的,低于额定值的重量. Ⅱ a. 重量不足的,标准重量以下的.

underwent' [ˌʌndəˈwent] undergo 的过去式.

underwind' a. 下卷式.

un'derwood [ˈʌndəwud] n. 矮树丛,下层林丛,下木.

underwork' [ˌʌndəˈwəːk] Ⅰ n. ①省〔偷〕工,草率的〔质量不好的〕工作 ②根基,支持物,支持结构 ③附属性的〔不需要专门知识的〕工作,杂务. Ⅱ v. ①〔偷〕工,少做工作,工作马虎,对…草率从事 ②(使机器)不开足马力,没有充分发挥…的作用.

underworkings n. 地（井）下巷道.

un'derworld [ˈʌndəwəːld] n. ①地狱 ②对跖点(地球上某一点的相对点) ③黑社会,靠流氓盗窃等过日子的人们.

underwrite' [ˌʌndəˈrait] (**underwrote'**, **underwrit'ten**) vt. ①写在…下面〔末尾〕,签名于 ②保证,给…保险,同意负担…费用,承担全部〔一部分〕损失,认购〔捐〕,包销 ③赞同.

un'derwriter n. 担保人,承该支付者,保险业者,(海上)保险商.

un'derwriting n. (海上)保险业.

un'descri'bable [ˌʌndisˈkraibəbl] a. 难以形容的,模糊的,不明确的.

un'deserved' [ˌʌndiˈzəːvd] a. 不应该〔得〕的,不该受的,分外的,不当的. ~**ly** ad.

un'deser'ving [ˌʌndiˈzəːviŋ] a. 不配受到…的,不值得…的 (*of*). *undeserving of attention* 不值得注意.

un'designed' [ˌʌndiˈzaind] a. 不是故意的,非预谋人,无意中做的,偶然的.

un'design'edly ad. 无意中,偶然.

undesi'rable [ˌʌndiˈzaiərəbl] Ⅰ a. 不合乎需要的,不希望有的,不受欢迎的,不方便的,讨厌的,不良的. Ⅱ n. 不受欢迎的人. *undesirable effect* 干扰效应. **undesi'rably** ad.

un'desi'red [ˌʌndiˈzaiəd] a. 不希望有的,不希望得到的,非所要求的,不需要的. *undesired frequency* 寄生〔不需有的〕频率. *undesired sound* 噪声.

un'detec'table [ˌʌndiˈtektəbl] a. 未暴露的,不可发现的. **un'detec'tably** ad.

un'detec'ted [ˌʌndiˈtektid] a. 没有被发现〔识破,察觉〕的,未探获的. *undetected branch* 未检分支,未检测到的分支. *undetected error* 未被检出的错误〔误差〕. *undetected error rate* 漏检故障〔错误〕率,未检测误差率,剩余误差率.

undeter'minable [ˌʌndiˈtəːminəbl] a. 不可测定的.

undeter'minate a.; n. 未测定的(量).

undeter'mined [ˌʌndiˈtəːmind] a. 未(确,决)定的,待定的,性质未明的,形式未定的,缺乏决断力的. *undetermined multipliers* 待定〔未定〕因子,未定乘数. *undetermined value* 未定值.

undeter'minedness n. (静)不定性.

undeterred' [ˌʌndiˈtəːd] a. 未受阻的,未受挫折的.

undevel'oped [ˌʌndiˈveləpt] a. ①未开发的 ②不发达的,未发展的 ③未显影的. *undeveloped land* 未开发的地区,没有建筑物的空地.

unde'viating [ʌnˈdiːvieitiŋ] a. ①不偏离(正轨)的 ②坚定不移的. ~ly ad.

undid' [ʌnˈdid] undo 的过去式.

un'differen'tiated [ˈʌndifəˈrenʃieitid] a. 无差别的,未显出差别的,不分层的,未分化的,一致的. *undifferentiated dyke rock* 未分异墙岩.

undiffrac'ted [ˌʌndiˈfræktid] a. 非绕[衍]射的.

undiges'ted [ˌʌndiˈdʒestid] a. ①未(不)消化的,未充分理解的,未经整理(分析)的 ②未售出的,未被市场吸收的.

undilu'ted [ˌʌndiˈljuːtid] a. 未稀释的,未冲淡的,没有搀杂(水)的,纯粹的.

undimin'ished [ˌʌndiˈminiʃt] a. 没有减少(降低,衰减)的.

undirected graph 无向图.

undirected tree 不定向树,双向树.

undirec'tional [ˌʌndiˈrekʃənl] a. 不定向的. *undirectional approach* 双向(不定向)逼近法.

un'discern'ing [ˈʌndiˈsəːniŋ] a. 没有辨(识)别力的,分别不清的,感觉迟钝的.

un'discharged' [ˈʌndisˈtʃɑːdʒd] a. ①未放(排)出的,未发射的 ②未卸下的 ③未履行的,未偿清的.

undis'ciplined [ʌnˈdisiplind] a. 未受训练的,无纪律的.

un'disclosed' [ˈʌndisˈkləuzd] a. 未泄露的,未知的,保持秘密的,身分不明的.

un'discov'ered [ˈʌndisˈkʌvəd] a. 未被发现的,未勘探的,隐藏的,未知的.

un'discrim'inating [ˈʌndisˈkrimineitiŋ] a. 无鉴别力的,不加区别的. ~ly ad.

undisguised' [ˌʌndisˈgaizd] a. 没有假装的,毫不掩饰的,坦率的,公开的.

un'dispersed' [ˈʌndisˈpəːst] a. 不分散的,不消散的,集中的,聚集的.

undispu'ted [ˌʌndisˈpjuːtid] a. 无争论的,无异议的,毫无疑问的.

un'disso'ciated [ˈʌndiˈsəuʃieitid] a. 未离解的,不游离的.

undissolved' [ˌʌndiˈzɔlvd] 或 **undissol'ving** [ˌʌndiˈzɔlviŋ] a. 不(未)溶解的.

undistilled' [ˌʌndisˈtild] a. 未蒸馏的.

un'distin'guishable [ˈʌndisˈtiŋgwiʃəbl] a. 不能区别的,分辨不清的.

un'distin'guished [ˈʌndisˈtiŋgwiʃt] a. ①未经区别的,混杂的 ②不能区别(分辨)的,听(看)不清的 ③不显著的,不著名的,平凡的,普通的.

undistor'ted [ˌʌndisˈtɔːtid] a. 无(不)失真的,无(不)畸变的,未弄歪的,未曲解的. *undistorted model* 正态模型. *undistorted signal* 不失真信号. *undistorted wave* 无失真(无畸变)波.

undisturbed [ˌʌndisˈtəːbd] a. 原状(样,来)的,未受到干扰的,未扰动的,静的,平(宁)静的,静止的,安稳的. *undisturbed differential equation* 无扰动微分方程. *undisturbed settling* 未扰动沉降,原状沉淀. *undisturbed soil* 原状(未扰动)土.

undisturbed-one output 不干扰"1"输出.

undisturbed-zero output 不干扰"0"输出.

un'diver'sified [ˈʌndiˈvəːsifaid] a. 没有变化的,千篇一律的,单一的.

un'divi'ded [ˈʌndiˈvaidid] a. ①未分(开,割)的,不可分割的,完全(整)的,连绵的 ②专心(一)的. *give undivided attention to* 专心致力于. *undivided responsibility* 单独承担的责任.

undld =undelivered 未交付的.

undo' [ʌnˈduː] (*undid*, *undone*) vt. ①拆(解,打,松)开,脱去,拆卸,放松,使恢复原状,复旧 ②取消,废(消)除,使失效 ③毁灭,破坏 ④扰乱. *undo the cables* 解(拆)开钢索. *What's done can't be undone.* 事已定局,无可挽回.

un'dock' [ˈʌnˈdɔk] v. 使(船)出船坞,驶离码头,启航. *undocked module* 脱离对接舱.

undodged a. 未经光调的(卫星照相术语,指曝光时,未对光束进行调制).

undo'er n. 破坏者.

undog v. 松开夹扣(压马).

undone' [ʌnˈdʌn] Ⅰ undo 的过去分词. Ⅱ a. ①没有做的,未作(完,好)的,未完成的 ②解(松)开的,放松的 ③毁掉的.

undoped a. 无搀杂的. *un-doped polysilicon* 非搀杂多晶硅.

undor n. 广义旋量.

undosed a. 未给剂量的.

undoub'ted [ʌnˈdautid] a. (毫)无疑(问)的,确实的,肯定的,真正的. ~ly ad. 无疑地,毫无疑问,当然,确实.

undoub'ting [ˈʌnˈdautiŋ] a. 信任的,不怀疑的. ~ly ad.

UNDP = United Nations Development Program(me) 联合国开发计划署,联合国发展方案.

undrained' [ʌnˈdreind] a. 没有排泄的,无排水管路(设施)的. *undrained movement* 不排水沉降,瞬时沉降. *undrai-ned test* 不排水试验.

un'dramat'ic [ˈʌndrəˈmætik] a. 缺乏戏剧性的,平淡无奇的.

un'drape' [ˈʌnˈdreip] vt. 揭开,揭去…的覆盖.

un'draw' [ˈʌnˈdrɔː] (*un'drew'*, *un'drawn'*) v. 拉开,拉回来.

undreamed' 或 **undreamt'** [ʌnˈdremt] a. 梦想不到的,意外的 (of).

undreamed'-of 或 **undreamt'-of** [ʌnˈdremtɔv] a. 梦想(意想)不到的,完全意外的.

un'dressed' [ˈʌnˈdrest] a. 未加工的,未经处[整]理的,未修整的,剥除的,粗糙的,生的. *undressed ore* 原矿.

un'drew' [ˈʌnˈdruː] undraw 的过去式.

undried' [ʌnˈdraid] a. 未干燥的.

undrilled a. 未钻的.

undrink'able [ʌnˈdriŋkəbl] a. 不能喝(饮用)的.

undriv'en [ʌnˈdrivn] a. =not driven.

UNDRO = United Nations Disaster Relief Office 联合国救灾处.

undue' [ʌnˈdjuː] a. ①过度(分)的,不相称的,不适当的,非常的 ②未到(支付)期的 ③不正当的,非法的. *lay undue emphasis on* 过分强调. *with undue haste* 过急的.

un'dulant [ˈʌndjulənt] a. 波浪形的,波状的,波动的,起伏的.

un'dular a. 波态(形,状,纹)的. undular jump(流体的)波形水跃.
un'dulate ['ʌndjuleit] I v. ①(使)波动,(使)起伏 ②波荡,摇动 ③(使)成波浪形,形成波浪,成波浪形前进. II a. 波(浪)形的,波状的,波动的,起伏的. undulated sheet iron 瓦垄薄钢板. undulating current 波动[波荡,脉动]电流. undulating ground 起伏[丘陵]地. undulating quantity 脉动值,波荡[脉动]量.
undula'tion [ʌndju'leiʃən] n. 波(振,摇,摆)动,起伏,波荡(纹),波形,不平度,表面不平整.
un'dulator n. 波纹(收很,印码)机,波动(荡)器.
un'dulatory ['ʌndjulətəri] a. 波动(状,等)的,起伏的,波(浪,纹)形的,成波浪形前进的,因波动引起的. undulatory theory 波动(学)说.
un'dulatus a. 波形的. II n. 波状云.
undulipo'dium (pl. undulipo'dia) n. 波动足.
un'duloid n. 波状体.
undu'ly ['ʌn'djuːli] ad. 过度(分)地,非常,不相称地,不适[正]当地,非法地.
un'du'tiful ['ʌn'djuːtiful] a. 未尽职的,不顺从的.
undw = underwater 水下的.
undyed' a. 未染色的.
undy'ing [ʌn'daiiŋ] a. 不朽(灭)的,永恒的.
un'earned' ['ʌn'əːnd] a. 不劳而获的,分外的,不应得的.
unearth' [ʌn'əːθ] vt. ①发掘[现],掘出,使……出土 ②暴露,揭露 ③[无']未]接地.
un'earth'ly ['ʌn'əːθli] a. ①超自然的,非现世的 ②神秘的,可怕的 ③不合理的,荒谬的,不可思议的. un'earth'liness n.
un'ease' ['ʌn'iːz] n. 不舒适,不安定.
un'ea'sy ['ʌn'iːzi] a.; ad. 不舒服(的),(引起)不安(的),焦虑的 ②不稳定(的),不宁静的,淘涌的. uneasily ad.
uneconom'ic(al) [ʌniːkə'nɔmik(əl)] a. 不经济的,不实用的,不节省的,浪费的. ~ally ad. ~alness n.
UNEDA = United Nations Economic Development Administration 联合国经济发展局.
un'ed'ited ['ʌn'editid] a. ①未编辑的,未出版的,未刊行的 ②未经检查[审定,剪辑]的.
un'ed'ucated ['ʌn'edjukeitid] a. 未受教育的,文盲的,无知的.
UNEF = ①unified extra-fine (thread) 统一标准超细牙(螺纹) ②United Nations Environment Fund 联合国环境基金.
uneffic'ient [ʌni'fiʃənt] a. 无效的,效率低的.
unelas'tic [ʌni'læstik] a. 非弹性的,刚性的.
unelastic'ity [ʌniːlæs'tisiti] n. 非弹性.
unemployed' [ʌnim'plɔid] I a. ①不用的,未被利用的,闲置的 ②未被雇用的,失业的. II n. 失业者. a method as yet unemployed 至今尚未采用的方法. unemployed capital 游资.
unemploy'ment n. 失业(现象,状态,人数).
unencap'sulated a. 非(未)封装的,不用塑料封装的.
un'enclosed' a. 没有用墙围起的,公共的.
un'encum'bered [ʌnin'kʌmbəd] a. 没有阻碍的,不受妨碍的,没有(债务负担)的.
unend'ing [ʌn'endiŋ] a. ①无尽(穷)的,无终止的 ②不停[断]的,永远[恒]的,不朽的. ~ly ad.
un'endu'rable ['ʌnin'djuərəbl] a. 难忍受的,不能容忍的,不能持久的.
un'engaged' ['ʌnin'geidʒd] a. ①没有约定的 ②未占用的,有空的.
un'-En'glish ['ʌn'iŋgliʃ] a. 非英国式的,不合英语习惯用法的.
un'enlight'ened ['ʌnin'laitnd] a. ①未照亮的 ②落后的,无知的.
un'entan'gle vt. 解开,排解.
un'en'terprising ['ʌn'entəpraiziŋ] a. 没有进取(事业)心的,疲沓的,保守的.
UNEP = the United Nations Environment Programme 联合国环境规划委员会.
une'quable ['ʌn'ekwəbl] a. ①不调匀的 ②不稳定的,无规律的,易变化的.
une'qual [ʌn'iːkwəl] a. ①不(相,平)等的,不同的 ②(品质)不均匀的,不平均(衡)的,(参差)不齐的,不对称的,不一律的 ③不胜任的,不适合的,不相称的. I n. 不等同的事物. be unequal to the duty 不能胜任,不称职. be unequal to the task 不胜任这项工作. unequal angle 不等角,不等肢(边)角钢,不等边角铁. unequal stops 不对称截止. ~ly ad.
unequal-armed a. 不等臂的.
une'qual(l)ed a. 不等同的,不能比拟的,无比的,极好的.
unequivalence interrupt 不等价中断.
unequiv'ocal [ʌni'kwivəkəl] a. 不含糊的,明确的. ~ly ad.
un'er'ring ['ʌn'əːriŋ] a. (正确)无误的,没有偏差的,准确的,没有错的,确实的. ▲be unerring in M M(做得)正确(无误). ~ly ad.
UNESCO = United Nations Educational, Scientific and Cultural Organization 联合国教(育)科(学)文(化)组织.
un'escor'ted ['ʌnis'kɔːtid] a. 没有护卫(航)的,没有陪伴的.
un'essen'tial ['ʌni'senʃəl] I a. 非本质的,非必需(要)的,不重要的. II n. 非本质(不重要,不必要)的事物. unessential singularity 非本质(质)奇(异)点.
unetching n. 未侵蚀.
U-network n. U 形四端网络.
unevap'orated [ʌni'væpəreitid] a. 未蒸发的.
un'e'ven [ʌn'iːvən] a. 不平(整,坦,衡,静)的,不(均)匀的,(参差)不齐的,不一律的 ②不规则的 ③不稳定的,易变化的 ④不直的,不平行的 ⑤力量悬殊的 ⑥【数】奇数的,非偶数的,不能用二除尽的. uneven gauge 不均匀厚度. uneven in development 发展不平衡的. uneven length code 不均匀(不等长度)电码. uneven number 奇数. uneven surface 粗糙表面.
une'venness n. (厚度)不匀性,不均匀度,不齐,不平(整度),不平坦(性),不平顺性,地形崎岖度,【数】非偶性.
un'event'ful ['ʌni'ventful] a. 无重大事件的,没有事故的,平静的,平凡的.
unexam'pled [ʌnig'zɑːmpld] a. ①无先例的,(史)无前例的,空前的,未曾有过的 ②无(可比(拟))的,绝无仅有的.
unexcep'tionable [ʌnik'sepʃnəbl] a. 无可指摘的,无懈可击的,极好的,完全的. ~ness n. unexcep'tion-

ably *ad.*

unexcep'tional [ˌʌnikˈsepʃənl] *a.* ①非例外的,不特别的,平常的 ②不容许有例外的 ③=unexceptionable.

unexci'ted [ˌʌniksˈaitid] *a.* 未励磁的,未(加)激励的,欠激(励)的,未激发的. *unexcited state* 未激态.

un'ex'ecuted [ˈʌnˈeksikjuːtid] *a.* 未实(执)行的,未根据条款履行的.

un'exhaus'ted [ˌʌnigˈzɔːstid] *a.* 未(用)尽的.

un'expec'ted [ˌʌniksˈpektid] *a.* (意,料)想不到的,(出乎)意外的,突然的. ~ly *ad.* ~ness *n.*

unexpired' [ˌʌniksˈpaiəd] *a.* 未尽的,期限未满的,期限之内的.

unexplained *a.* 未解释的.

unexplored' [ˌʌniksˈplɔːd] *a.* 未勘查(勘探,探测,调查)过的.

unexplo'sive [ˌʌniksˈplousiv] *a.* 防爆的,不(易)爆炸的.

unexposed' [ˌʌniksˈpouzd] *a.* ①未曝[露,感]光的,未经照射的,未受辐照的 ②未暴[揭]露的,未公开的,未露出的.

un'expressed' [ˈʌniksˈprest] *a.* 不明说的,未表达的.

un'expres'sive [ˈʌnikˈspresiv] *a.* 未能表达原意的.

un'ex'purgated [ˈʌnˈekspəːgeitid] *a.* 没有删改过的,完整(全)的.

UNF =①unfuzed 未熔化的 ②unified fine thread 统一标准细牙螺纹.

UNF thread =unified fine thread 统一标准细牙螺纹.

unfa'dable [ʌnˈfeidəbl] *a.* 不褪色的,难忘的,不朽的.

unfa'ding [ʌnˈfeidiŋ] *a.* 不褪色的,不凋萎的,不衰退的,不朽的.

unfail'ing [ʌnˈfeiliŋ] *a.* ①(经久)不变的,无穷无尽的,无止境的,永远(恒)的 ②(确实,准确)可靠的. *unfailing supply of water* 源源不断的水的供应.

unfail'ingly *ad.* 永久(远)地,必然地.

un'fair' [ˈʌnˈfɛə] *a.* 不公平(正)的,不正当(常,直)的. *by unfair means* 用不正当的方法. *unfair stress* 过度应力,危险应力. *unfair treatment* 不公平的待遇. ~ly *ad.* ~ness *n.*

un'faith'ful [ˈʌnˈfeiθful] *a.* ①不忠于…的(to),不诚实的 ②不准确的,不可靠的. ~ly *ad.* ~ness *n.*

unfal'tering [ʌnˈfɔːltəriŋ] *a.* 不犹豫的,坚决(定)的,稳定的,专心的.

un'famil'iar [ˈʌnfəˈmiljə] *a.* ①不熟悉的,生疏的,新奇的 ②未知的,外行的,没有经验的. ▲*M is unfamiliar to N* N 对 M 不懂(不熟悉). *M is unfamiliar with N.* M 不懂(不熟悉)N. ~ity *n.* ~ly *ad.*

unfamil'iar-looking *a.* 外形奇特的,少见的,没有见过的.

un'fash'ionable [ˈʌnˈfæʃnəbl] *a.* 不流行的,过时的,旧式的.

un'fash'ioned [ˈʌnˈfæʃənd] *a.* 未成形的,未加工的.

un'fas'ten [ˈʌnˈfɑːsn] *v.* 放松,松[脱]开,拆[解]开,解脱.

unfath'omable [ʌnˈfæðəməbl] *a.* ①深不可测的,深不见底的 ②深奥的,难(不可)解的. **unfath'omably** *ad.*

unfath'omed [ʌnˈfæðəmd] *a.* 深度没有探测过的,未解决的,难理解的.

unfa'vo(u)rable [ʌnˈfeivərəbl] *a.* ①不(顺)利的,不适宜的 ②相反的,反对的,不同意的,令人不快的 ③(贸易)入超的. *unfavourable answer* 否定的回答. *unfavourable balance of trade* 贸易逆差,入超. *unfavourable wind* 逆风. ▲*be unfavorable for +ing* 不宜于(做). *be unfavorable to M* 对 M 不利,反对 M. **unfa'vo(u)rably** *ad.*

unfa'vo(u)red [ʌnˈfeivəd] *a.* 不利的,不良的,不适宜的.

unfea'sible [ʌnˈfiːzəbl] *a.* 不能实行的,难以行得通的.

un'feath'er *vt.* 逆(末)桨.

un'feath'ering [ˈʌnˈfeðəriŋ] *a.* 未顺桨的.

unfeel'ing [ʌnˈfiːliŋ] *a.* 无感觉(知觉)的,无情的. ~ly *ad.*

unfeigned [ʌnˈfeind] *a.* 不是假装的,真正(诚)的,诚心的. ~ly *ad.*

unfelt' [ʌnˈfelt] *a.* 没有被感觉到的.

unfenced *a.* 不设防的,无防御的,无围栏的.

un'fet'ter [ˈʌnˈfetə] *vt.* 去掉…的脚镣,解放. *unfetter the productive forces* 解放生产力.

un'filled' [ˈʌnˈfild] *a.* 空(缺)的,未占的,未布居的,未填充的. *unfilled level* 未满能级. *unfilled section* 欠缺断面.

un'filmed' *a.* 尚未拍成电影的,未敷膜的. *unfilmed tube* 屏幕未覆铝的电子束管,未镀铝屏电子管.

un'fil'terable [ʌnˈfiltədəbl] *a.* 非滤过性的.

un'fil'tered [ʌnˈfiltəd] *a.* 未滤过的.

unfin. =unfinished.

unfin'ished [ʌnˈfiniʃt] *a.* 未完成(工)的,未结束的,没有做好的,粗(未精)加工的,未琢磨的,未修整(修琢)的,毛(未磨光)的,未染色的,未涂饰的. *unfinished bolt* 毛面螺栓. *unfinished section* (未能轧至成品所报废的)未轧完品.

unfired' [ʌnˈfaiəd] *a.* 未(不)燃烧的,未点着的,未经(不用)熔烧的,生(欠)烧的,未用火(加热)的,未爆炸的,未发射(出去)的.

unfished *a.* 未捕捞的.

unfit Ⅰ [ˈʌnˈfit] *a.* 不适当的,不相宜的,不合适的,无能力的,不胜任的. Ⅱ [ˈʌnˈfit] (*unfit'ted*; *unfit'ting*) *vt.* 使不适当(不相宜),不合格. ▲*be unfit for use* 不适用. *be unfit to +inf.* 不能胜任(做),不适于(做…). ~ly *ad.* ~ness *n.*

unfit'ted [ʌnˈfitid] *a.* ①不合格的 ②未装备的,未供应的(with). *be unfitted for* 不宜于(无能力,不能胜任)(做…). ▲*unfitted with* 无…设备的.

unfit'ting *a.* 不相宜的,不合适的.

un'fix' [ˈʌnˈfiks] *vt.* ①解[拆,卸,摘]下,解开,拔去,放(松) ②使不稳定,没使定下来,使动摇.

un'fixed' [ˈʌnˈfikst] *a.* ①被解[拆,卸,摘,放]下的,被放松的 ②不固定的,动摇的 ③没确定(下来)的.

un'flag'ging *a.* 不松懈的,持久的,不减弱的. *unflagging preparedness* 常备不懈. ~ly *ad.*

unflanged' [ˈʌnˈflændʒd] *a.* 无突缘的.

unflat'tering [ʌnˈflætəriŋ] *a.* ①逼真的,正确的,准确(无误)的 ②坦率的,指出缺点的. **unflatteringly** *ad.*

un'fledged' [ˈʌnˈfledʒd] *a.* 年青而无经验的,未成熟的.

unflinch'ing [ʌnˈflintʃiŋ] *a.* 不畏(退)缩的,坚定的.

unflu′ted [ʌn'flu:tid] *a.* 无(凹)槽的. *unfluted shaft of column* 无槽立柱.
unfluxed′ [ʌn'flʌkst] *a.* 未熔化的,未流动的.
unfly′able *a.* 不能(宜)飞行的.
unfo′cused *a.* 未聚焦的.
unfold′ [ʌn'fould] *v.* ①打开,张,铺,摊,解)开,显露,展(呈)现 ②表(阐),说)明 ③开展,发展,伸展,隆笃.
un′forced′ [ʌn'fɔ:st] *a.* 非强制(迫)的,自愿的,自然的,不费力的,不勉强的.
unforeseen′ [ʌnfɔ:'si:n] *a.* (料)想不到的,未预见到的,难预知的,意(料)之外的,不测的,偶然的.
unforget′table [ʌnfə'getəbl] *a.* 不会被遗忘的,难忘的. **unforget′tably** *ad.*
unforgiv′able *a.* 不可原谅(饶恕)的. **unforgivably** *ad.*
unfor′matted *a.* 无格式的. *unformatted read*【计】无格式读.
un′formed′ ['ʌn'fɔ:md] *a.* 未(完)成形的,未形(组)成的,未充分发展的,不成熟的. *unformed point-contact transistor* 未经冶成的点接触晶体管.
un′fort′ified [ʌn'fɔ:tifaid] *a.* 未加设防的,未加强的,不稳定的,不牢靠的,(饮料)不浓的,体力(精力)不支的.
unfor′tunate [ʌn'fɔ:t∫nit] *a.* 不幸的,不凑巧的,不适宜(当)的,令人遗憾的.
unfor′tunately *ad.* 不幸,遗憾地,可惜,偏巧.
unfoun′ded [ʌn'faundid] *a.* ①无理由的,没有(事实)根据的,无稽的 ②未建立的.
UNFPA =United Nations Fund for Population Activities 联合国人口活动基金.
unfrac′tured [ʌn'fræktʃəd] *a.* 不(破)碎的.
un′free′ ['ʌn'fri:] *a.* 不(非)自由的. *unfree variation* 不自由变分.
un′freeze′ [ʌn'fri:z] (*un′froze′, un′fro′zen*) *vt.* 使融化,使解冻,解除对…的冻结,取消对使用(制造,设)…的管(限)制.
unfre′quent [ʌn'frikwənt] *a.* 很少发生的,难得的,偶尔的,罕有的,不寻常的.
unfre′quented *a.* 人迹罕到的.
un′friend′ly ['ʌn'frendli] *a.; ad.* 不友好(的),不相宜的,不利(的),不顺利的(to, for),(火势)控制不住的. *unfriendly weather* 恶劣的气候.
un′froze′ ['ʌn'frouz] unfreeze 的过去式.
un′fro′zen ['ʌn'frouzn] Ⅰ unfreeze 的过去分词. Ⅱ *a.* 不[篇]冻的,不冷的.
un′fruit′ful ['ʌn'fru:tful] *a.* ①没有结果的,无效(益)的,徒然的 ②不结果实的,不毛的. *unfruitful efforts* 徒劳. ~ly *ad.* ~ness *n.*
un′fun′ded *a.* 短期(借款)的,未备基金的.
unfurl′ [ʌn'fə:l] *v.* 揭[打],展)开,展示,显露,公开.
un′fur′nished ['ʌn'fə:nift] *a.* 无供给的,无装备的(with) ②无家具设备的. *unfurnished with tracks* 不铺铁轨的.
un′fuzed′ *a.* 未熔化的.
UNGA =United Nations General Assembly 联合国大会.
ungain′ly [ʌn'geinli] *a.; ad.* 笨拙(的),笨重(的),丑陋的,难看的. **ungain′liness** *n.*

ungal′vanized [ʌn'gælvənaizd] *a.* 未(木)镀锌的,未镀电的.
ungar′bled *a.* ①不歪曲的,没断章取义的 ②正确的,率直的 ③未经选择(筛分)的.
unga′ted [ʌn'geitid] *a.* 无(大)门的,闭塞的,截止的. *ungated level crossing* 无道口拦木的公路与铁路交叉.
un′gear′ ['ʌn'giə] *vt.* 把(齿轮,传动装置)脱开,脱扣,脱离啮合,退出咬合,分离,使脱节,卸下(马具等).
un′getat′able [ʌnget'ætəbl] *a.* 难到达的,交通不便的.
un′gird′ ['ʌn'gə:d] (*un′gird′ed* 或 *un′girt′*) *vt.* 解(松)开…的带.
un′girt′ ['ʌn'gə:t] Ⅰ ungird 的过去式和过去分词. Ⅱ *a.* 不缚带的,带子松开的,松弛的.
un′glazed′ ['ʌn'gleizd] *a.* ①未上釉的,素烧的 ②没有装玻璃的 ③(纸)无光的.
un′gloved′ ['ʌn'glʌvd] *a.* 没有戴手套的.
ungov′ernable [ʌn'gʌvənəbl] *a.* 难[不)能,无法)控制的.
ungra′cious *a.* 无礼的,讨厌的.
un′gra′ded ['ʌn'greidid] *a.* 劣质的,不合格的,非标准的,次级的. *n.* 次(级)品.
ungrad′uated [ʌn'grædjueitid] *a.* 不分等级的,没有刻度的.
ungrained *a.* 未研磨的,未颗粒化的.
un′grammat′ical [ʌn'ngrəmætikəl] *a.* 不合语法的,文理不通的.
ungrate′ful [ʌn'greitful] *a.* 徒劳的,白费力的,忘恩负义的. ~ly *ad.* ~ness *n.*
ungrease′ [ʌn'gri:z] *v.* 去脂(的).
unground′ [ʌn'graund] *a.* 不磨的,未磨过的.
un′groun′ded [ʌn'graundid] *a.* ①没有扎实基础的,没有(事实)根据的 ②没有理由的 ③虚假的,不真实的 ④不(未,非)接地的. *ungrounded bridge* 不接地电桥.
unguard′ [ʌn'gɑ:d] *vt.* 使无防备,使易受攻击.
unguar′ded [ʌn'gɑ:did] *a.* ①没有警卫(防备)的,无人看管的,不设值班人员的 ②不小心的,不谨慎的,不留心的,有隙可乘的.
unguem (*factus*) [拉丁语] *ad. unguem* (*factus*) 完美地,圆满地,精密地.
un′guent(um) ['ʌŋgwənt(əm)] *n.* 软(油)膏,(润)滑油.
un′gui′ded ['ʌn'gaidid] *a.* 不能控制(操纵)的,无(非)制导的.
Ungulata *n.* (pl.) 有蹄类.
un′gulate *a.; n.* 蹄状的,有蹄(类)的,有蹄动物(的).
unguligrade *a.* 蹄行性的,用足尖走路的.
UNH =uranyl nitrate hexahydrate 六水合硝酸铀酰.
un′hack′neyed ['ʌn'hæknid] *a.* 还没陈旧的,不平凡的,新鲜的,有创造性的.
un′ham′pered *a.* 无阻碍的. *unhampered flow of traffic* 无阻碍车流,畅行交通.
unhand′ [ʌn'hænd] *vt.* 把手从…移开,放掉.
un′han′dled [ʌn'hændld] *a.* 未经手触过的,未经处理过的,未讨论过的,未经驯服的.
un′hand′some ['ʌn'hænsəm] *a.* 不美观的,不好看的. ~ly *ad.*
un′han′dy ['ʌn'hændi] *a.* ①难使用(处理,操纵)的,不方便的,操作不便的,不灵巧的,笨拙的 ②不在手边的,

un'hang' ['ʌn'hæŋ] (un'hung', un'hung') vt. (从…)取下(悬挂物)(from).
unhap'pily [ʌn'hæpili] ad. 不快乐地,不幸(运)地,可惜,不适当地,拙劣地.
unhap'py [ʌn'hæpi] a. 不幸(福)的,不快乐的,不适当的,不凑巧的,拙劣的.
unhar'dened [ʌn'hɑːdnd] a. 未硬化的. *unhardened base*(无原子防护的)非硬基地.
unhar'dening [ʌn'hɑːdəniŋ] n. 未硬化.
un'harmed' ['ʌn'hɑːmd] a. 没有受伤(害)的,无差的.
unharm'ful 或 unharm'ing a. 无害的.
un'hasp' ['ʌn'hɑːsp] vt. 解开…的搭扣.
un'hatched' ['ʌn'hætʃt] a. 未准备就绪的,没实现的.
UNHCR = United Nations High Commissioner for Refugees 联合国难民事务高级专员办事处.
un'health'ful [ʌn'helθful] a. 有害健康的,不卫生的.
un'heal'thy [ʌn'helθi] a. ①有病的,不健康的,不卫生的 ②有害健康的,不良的 ③处境危险的,暴露在火力下的.
un'heard' ['ʌn'həːd] a. 没听到的,不予倾听的,前所未闻的,陌生的. *unheard sound* 听觉外[听不到]的声音.
un'heard'(-)of ['ʌn'həːdɔv] a. 前所未闻的,空前的,没有前例的,未曾有过的.
unheat'ed [ʌn'hiːtid] a. 不(受,发)热的,没烧旺的,不带电的,未烦碱的.
UNHEC = United Nations Human Environment Conference 联合国人类环境会议.
un'heed'ed [ʌn'hiːdid] a. 没有受到注意的,被忽视的.
un'heed'ing [ʌn'hiːdiŋ] a. 不注意的,疏忽的.
un'help'ful [ʌn'helpful] a. 不起帮助作用的,无用[益]的,不予帮助[合作]的. ~ly ad.
un'hes'itating a. 不犹豫的,断然的,迅速的,即时的.
un'hewn' ['ʌn'hjuːn] a. 未经砍削成形的,未琢磨的,粗糙的.
UNHHSF = United Nations Habitat and Human Settlement Foundation 联合国生境和人类住区基金会.
unhin'dered [ʌn'hindəd] a. 无阻的,不受阻碍[限制]的. *unhindered settling* 自由沉积(作用),无影响沉积.
unhinge' [ʌn'hindʒ] vt. ①把…从铰链上取下,把铰链从…上拆下 ②使移走,使分解,使裂开 ③使动摇,使失常.
unhip a. 无时代感的,不流行的.
unhistor'ical a. 非历史的,不符合历史事实的. ~ly ad.
un'hitch' ['ʌn'hitʃ] vt. 分离,脱开[钩],解开,放松,释放.
un'hook' ['ʌn'huk] vt. 使取钩[解扣],把…从钩上取下.
unhoped'(-for) [ʌn'houpt(fɔː)] a. (出乎)意外的,没有想到的,没有预期到的.
un'hu'man [ʌn'hjuːmən] a. 非人的,野蛮的,残酷的.
un'hung' ['ʌn'hʌŋ] unhang 的过去式和过去分词.
unhur'ried a. 从容不迫的,不慌不忙的.
un'hurt' ['ʌn'həːt] a. 没有受伤[害]的.
un'husk' ['ʌn'hʌsk] vt. 剥(荚,壳)去,暴露.
unhy'drated [ʌn'haidreitid] a. 未水合的.
unhydrogen-like a. 非氢状的,非类氢的.

unhy'drous [ʌn'haidrəs] a. 不含水(氢)的,无水的,干的. *unhydrous plaster* 干灰膏.
uni- [词头] 单,一.
u'nial'gal a. 单一藻的.
u'nialign'ment ['juːniə'lainmənt] n. 单一调整.
u'niax'ial ['juːni'æksiəl] a. 单轴(向)的,同轴的. *uniaxial anisotropy* 单轴各向异性. *uniaxial crystal* 单轴晶体.
u'niaxial'ity n. 单轴性.
u'nibus n. 单一总线.
UNIC = United Nations Information Organization 联合国情报组织.
u'nicell n. 单细胞(元件)的,单孔(槽)的.
unicell'ular a. 单细胞的.
u'niceptor n. 单受体.
unicharged a. 单电荷的.
unichassis n. 单层底板.
u'nichoke' ['juːni'tʃouk] n. 互感扼流圈.
u'nichrome pro'cess 光泽镀锌处理.
uniciliate a. 单纤毛的.
u'nicircuit n. 集成电路.
unic'ity [juː'nisiti] n. 单一性. *unicity theorem* 单(唯)一性定理.
u'niclinal a. 单斜[倾]的.
u'nicline n. 【地】单斜(层).
u'nicoil ['juːnikɔil] n. 单线圈.
u'nicol'o(u)r(ed) ['juːni'kʌlə(d)] a. 单色的.
u'nicompo'nent mag'ma 一元岩浆.
u'nicompu'ter n. 单计算机.
u'niconduc'tor n. 单导体.
u'nicontrol' ['juːnikən'troul] n. 单向控制[调整],单一控制[调整],单钮操作[调谐],同轴调谐,统调.
Unicracking-JHC 联合(石油公司)加氢裂化(法).
u'nicursal ['juːnikəːsəl] a. 单行的,有理的.
u'nicycle ['juːnisaikl] n. 单轮脚踏车.
unidan mill (内衬设计特殊的)(水泥)多仓式磨机.
UNIDAP = universal digital autopilot 通用数字自动驾驶仪.
un'iden'tifiable ['ʌnai'dentifaiəbl] a. 不能判明的,无法鉴别的.
un'iden'tified ['ʌnai'dentifaid] a. 没有辨别出的,不鉴(识)别的,组成(来路)未明的,身分(国籍)不明的.
UNIDF = United Nations Industrial Development Fund 联合国工业发展基金.
u'nidiameter a. 等(直)径的.
u'nidimen'sional ['juːnidi'menʃənəl] a. 线性的,一维的,一因次的,一度(空间)的,一次元的,直线型的. u'nidimensional'ity n.
u'nidirec'tion flow of informa'tion 单向信息流.
u'nidirec'tional ['juːnidi'rekʃənl] a. 单向的,单向(性)的,不反向的,单自由度的,单方面的. *unidirectional current* 直流电,单向电流. *unidirectional element* 单向元件. *unidirectional flow* 直流,单向水流. *unidirectional solidification* 单向凝固. *unidirectional spread* 单边排列. *unidirectional transducer* 单向换能器. *unidirectional video signal* 单向性视频信号,有直流分量的视频信号.
unidirectiv'ity n. 单向性.
UNIDO = United Nations Industrial Development

unif =uniform.

UNIF COEF =uniformity coefficient 均匀(一)性系数.

uni-factor theory 单一因子论.

UniFET 或 **uni-FET** =unipolar field effect transistor 单极性场效应晶体管.

u'nifiable ['ju:nifaiəbl] *a.* 可统一的,能一致的.

unifica'tion [ju:nifi'keiʃən] *n.* 统一(化),合一,联合,连结,一致,单一化. *achieve unity and unification* 达到团结和统一.

u'nified ['ju:nifaid] Ⅰ unify 的过去式和过去分词. Ⅱ *a.* 统一的,统一标准的,联合的,一元化的. *distribute in a unified way* 统一分配. *unified command* 联合指挥部. *unified leadership* 一元化领导. *unified thread* 统一标准螺纹.

u'nifier ['ju:nifaiə] *n.* 统一者,使一致者.

u'nifi'lar [ju:ni'failə] Ⅰ *a.* 单线(丝,纤维)的. Ⅱ *n.* 单丝可变电感计,单线(地)磁变计. *unifilar suspension* 单线悬挂,个别悬置.

uniflagellate *a.* 单鞭毛的.

u'niflow [ju:ni'flou] *n.*; *a.* 单(向)流(动)(的)(的),直流(式)(的),顺流.

u'niflux'or [ju:ni'flʌksə] *n.* 匀磁线(一种永久存储元件).

u'niform ['ju:nifɔ:m] Ⅰ *a.* 一致(样,式,律)的,相同样的 ②均匀(一)的,(相,均)等的,匀(质,速)的,齐的,(一直)不变(化)的,一定(不变)的,始终如一的 ③统一的,标准的,单一标准的. Ⅱ *n.* 制(军)服. Ⅲ *vt.* ①养成一样,使一致,使一律化 ②使穿制(军)服. *uniform acceleration* 匀(等)加速度. *uniform amplitude* 均匀(恒定)振幅,等幅. *uniform angular velocity* 匀角速度. *uniform automatic data processing system* 标准自动数据处理系统. *uniform beam* 均匀束,等截面梁. *uniform chromaticity scale system UCS* 测色系. *uniform burst* 等幅脉冲串. *uniform convergence* 均匀(一致)收敛,匀匀会聚. *uniform dielectric* 均匀介质. *uniform distribution* 均匀(一致)分布. *uniform encoding* 线性(均匀)编码. *uniform flow* 等速流,匀流. *uniform function* 单值(均匀)函数. *uniform gauge* 均匀厚度. *uniform geometry technique*(高密度装配中的)规则形状技术. *uniform lattice* 一致格. *uniform line* 均匀线. *uniform load* 均布载荷,均匀(连续)负载. *uniform magnetic field* 均匀(匀)磁场. *uniform motion* 匀(等)速运动. *uniform pressure* 等压力,(均)匀压力. *uniform random number* 均匀分布的随机数. *uniform scale* 等分标尺(度盘. *uniform space* 一致空间. *uniform temperature* 恒温.

U'niform ['ju:nifɔ:m] *n.* 通讯中用以代表字母 U 的词.

u'niform-geom'etry technique'(高密度装配中的)规则形状技术.

u'niformise =uniformize. **uniformisa'tion** *n.*

uniformita'rianism *n.* 均变说.

unifor'mity [ju:ni'fɔ:miti] *n.* ①匀称,均匀(性,度),均一(性),匀细度 ②一致(性),律(样,式),统一,无变化,单调 ③同类(样). *discharge uniformity* 排气(放电)的均匀性. *uniformity coefficient* 均匀(均等)度,均匀质系数.

uniformiza'tion *n.* 单值化,均匀(一致)化.

u'niformize *vt.* 使均匀,使一致,使成一样.

u'niformly ['ju:nifɔ:mli] *ad.* 均匀(一致)地,一律,无变化地. *uniformly accelerated* 等加速的. *uniformly continuous* 一致连续的. *uniformly distributed* 均(匀)分布的. *uniformly graded* 同一尺寸的,均匀级配的. *uniformly loaded cable* 均匀加感电缆.

u'nifre'quent ['ju:ni'fri:kwənt] *a.* 单频(率)的.

u'nifunc'tional cir'cuit 单功能电路.

u'nify ['ju:nifai] *vt.* 统一,使一致,使(合)成一体,使一元化,使同样.

u'igni'ted *a.* 未点燃的.

u'niguide *n.* 单向(波导)管.

u'nijunc'tion *n.* 单结. *silicon unijunction transistor* 单结硅晶体管. *unijunction transistor* 单结(型)晶体管.

UNILAC =universal heavy ion linac(西德)通用重离子直线加速器.

u'nilat'eral ['ju:ni'lætərəl] Ⅰ *a.* ①一方(边,侧)的,一面性的,片面的 ②单向(方(面)边,侧,独)的,单向作用的. Ⅱ *n.* 单向作用. *unilateral circuit* 单向(不可逆)电路. *unilateral conduction* 单向导电. *unilateral continuity* 单向连续(性). *unilateral contract* 单方承担义务的契约. *unilateral impedance* 单向阻抗. *unilateral importation* (exportation) 单边进(出)口. *unilateral surface* 单侧曲面. *unilateral transducer* 单向换能器. *unilateral variational problem* 单边变分问题.

unilateral-area track 单边面积调制声道,(电影)单边调制声迹.

u'nilateraliza'tion *n.* 单向化.

unilateralized amplifier 单向化放大器.

u'nilay'er ['ju:ni'leiə] *n.* 单(分子)层.

u'niline *n.* 单(一,相)线(路),单行[列].

u'nilin'ear ['ju:ni'liniə] *a.* 直线(分阶段)发展的.

Uniloy *n.* 尤尼洛伊镍铬钢(铬 12%,镍 0.5%,碳 0.1%),镍铬耐蚀不锈合金.

Unimag *n.* "优尼玛格"微型磁动力仪(商标名).

unimag'inable [ʌni'mædʒinəbl] *a.* 不能想像的,想不到的,难以理解的. **unimag'inably** *ad.*

U'nimate ['ju:nimeit] *n.* 通用机械手(一种机器人的商品名).

u'nimeter *n.* 多刻度电表,伏安表.

u'nimicroproc'essor *n.* 单微处理机.

u'nimo'dal ['ju:ni'moudl] *a.* (曲线)单峰的,单模的. *unimodal distribution* 单峰分布. *unimodal frequency curve* 单峰频率曲线. *unimodal laser* 单模激光器.

u'nimodal'ity *n.* 单一型式,单一种类单峰性,单峰函数.

unimode laser radiation 单波型激光辐射.

unimode magnetron 单模磁控管.

unimod'ular [ju:ni'mɔdjulə] *a.* 幺模的,单(位)模的,单组件的.

unimolec′ular [ˌjuːnimouˈlekjulə] a. 单分子的.
UNIMO-universal Underwater Robot 万能水下自动机.
unimpaired′ [ˌʌnimˈpɛəd] a. 未受损伤[损害]的,没有减少的,没有削弱的,不弱的.
un′impeach′able [ˈʌnimˈpiːtʃəbl] a. 无可指摘[怀疑]的,无懈可击的,无过失的. *news from an unimpeachable source* 来源可靠的消息. **un′impeach′ably** *ad.*
un′impe′ded a. 不妨碍的,不(受)阻碍的.
un′impor′tance [ˈʌnimˈpɔːtəns] n. 不重要,无价值. *a matter of unimportance* 无关紧要的事.
un′impor′tant [ˈʌnimˈpɔːtənt] a. 不重要的,无价值的,平凡的,琐碎的. ~ly *ad.*
un′impressed′ [ˈʌnimˈprest] a. 无印记的,没有印像的,未受感动的.
un′impres′sive [ˈʌnimˈpresiv] a. 给人印像不深的,不令人信服的,平淡的.
un′improved′ [ˈʌnimˈpruːvd] a. 没有改善[改良]的,未被利用的,没有坚实路面的,没有耕作的.
uninflam′mable [ˌʌninˈflæməbl] a. 不易燃烧[着火,点火]的.
uninfla′ted [ˌʌninˈfleitid] a. 未加压的,未膨胀的,未打气的,未升高的.
unin′fluenced [ˌʌnˈinfluənst] a. 不受影响的,自由行动的,没有偏见的.
uninfluen′tial [ˌʌninfluˈenʃəl] a. 不产生影响的.
un′informed′ [ˌʌninˈfɔːmd] a. ①没有得到通知的,没有获得适当情报的,未被告知的 ②无知的,不学无术的.
un′inhab′itable [ˈʌninˈhæbitəbl] a. 不适于居住的.
un′inhab′ited [ˈʌninˈhæbitid] a. 无人居住的,杳无人迹的. *uninhabited island* 荒岛.
un′inhib′ited [ˈʌninˈhibitid] a. 不受禁止的. ~ly *ad.*
uninit′iated [ˌʌniˈniʃieitid] a. 未入门的,外行的,缺乏经验的.
unin′jured [ʌnˈindʒəd] a. 未受损伤的.
uninked ribbon 无油墨色带.
un′inspec′ted a. 未经检查[检验]的.
un′inspi′red [ˈʌninˈspaiəd] a. 缺乏创见的,平凡的.
unin′sulated [ʌnˈinsjuleitid] a. 无[不,未]绝缘的,裸的(指导线).
un′insu′red [ˈʌninˈʃuəd] a. 未保过险的.
unintegrable a. 不能积分的.
unin′tegrated a. 未积分的.
unintelligent terminal 非智能终端(设备).
un′intelligibil′ity n. 不清晰(性,度),不可懂[不理解,难懂]度.
un′intel′ligible [ˈʌninˈtelidʒəbl] a. 难[不可]懂的,不清晰[明白]的,莫明其妙的.
un′inten′ded [ˌʌninˈtendid] 或 **uninten′tional** [ˌʌninˈtenʃənl] a. 不是故意的,无意识的.
unin′terested [ʌnˈintristid] a. 不感兴趣的,漠不关心的,不动于衷的.
unin′teresting [ʌnˈintristiŋ] a. 不令人感到兴趣的,无趣味的,令人厌倦的.
unintermittent a. 不间断[中断]的,连续的.
uninterrup′ted [ˌʌnintəˈrʌptid] a. 不停的,不(间)断的,连续的. ~ly *ad.* ~ness *n.*
u′ninu′clear a. 单核的.
u′ninu′cleate [ˈjuːniˈnjuːkliit] a. 单核的.
un′invi′ted [ˈʌninˈvaitid] a. 未被邀请的,未经请求的,多余的.
un′invi′ting [ˈʌninˈvaitiŋ] a. 不能吸引人的,讨厌的.
u′nioc′ular a. 单眼的.
u′nion [ˈjuːnjən] n. ①结[联,组,接,愈]合,合并 ②团结,一致,同[联]盟,联邦 ③协会,联合会,工会 ④连接(器),管(子),接头,管接,联轴器,(联)管节,管套节,连接管,活(节,螺纹)接头,接管嘴 ⑤【计】"或",逻辑和[加],逻辑和 ⑥并(集),联合目录 ⑦混纺织物 ⑧联合群落. *elbow unions* 直角弯管接头. *pipe union*(联)管节,管(子)接头. *three-way union* 三通管接头. *tube union* 管接头,管节. *union bound* 一致限. *union colorimeter* 联合比色计. *union coupling* 联管节,联轴节,管接合. *union gate* 【计】"或"门. *union joint* 管(子)接头,(连)接头,联管节,管接合. *union link* 连(结)环. *union melt* = unionmelt. *union metal* 铝基碱土金属轴承合金(钙0.2%,镁1.5%,其余铅). *union nut* 联管(管接)螺母. *union of linear element* 线素并集. *union of set* 集合并集,集的并. *Union of Soviet Socialist Republics* 苏维埃社会主义共和国联盟. *union of subintervals* 子区间的和. *union screw* 对动螺旋. *union station* 总(车)站. *union suit* 工作服. *union three way cock* 连接三通旋塞.
Unionarc welding 磁性焊剂二氧化碳保护焊.
Unionfining n. 联合(石油公司)加氢精制(法).
unioniza′tion n. ①不电离(作用),未离子化 ②成立联合组织,成立(加入)工会.
unionize *v.* 使不电离,(使)成立联合组织,(使)成立[加入]工会.
un′i′onized a. 未[非]电离的,未[非]离子化的,未游离的.
U′nionmelt weld′ing 埋弧[焊自剂层下]动焊.
u′niparen′tal a. 单亲的.
uniparous a. 初产的,每胎生一子的;每一分枝只生一茎轴的,单梗的.
u′niparted [ˈjuːniˈpɑːtid] a. 单个[叶]的. *uniparted hyperboloid* 单叶双曲面.
u′nipart′ite [ˈjuːniˈpɑːtait] a. 未分裂的,不能分割的.
u′nipath n. ; a. 单通路(的).
u′niped [ˈjuːniped] a. 独脚[腿]的.
u′niphase [ˈjuːniˈfeiz] n. ; a. 单相(的).
u′niphaser n. 单相交流发电机.
u′nipivot [ˈjuːniˈpivət] n. 单支轴,单枢轴. *unipivot pattern* 单支枢型.
unipla′nar [ˈjuːniˈpleinə] a. 单(平,切)面的,共平面的. *uniplanar node* 单切面重点.
u′nipod [ˈjuːnipɔd] n. ; a. 独脚架,独脚的.
u′nipo′lar [ˈjuːniˈpoulə] a. 单极(性)的,单(场)向的,含同性离子的. *unipolar field effect transistor* 单极场效应晶体管.
u′nipolar′ity n. 单极性.
u′nipole (anten′na) 各向等(辐)射天线,无方向性天线,单极天线.
u′nipol′yaddit′ion n. 单一加聚作用.
u′nipol′ycondensa′tion n. 单一缩聚作用.
unip′otent [juːˈnipətənt] a. 只能一个方向发展的,只能一个结果的.

u'nipoten'tial ['ju:nipə'tenʃəl] a. 单[等]势的,单[等]电位的. unipotential focus system 单[均一]电位聚焦系统.

u'nipro'cessing n. 单处理.

u'ni(-)pro'cessor ['ju:ni'prousesə] n. (一)处理机,单机.

uniprogrammed system 单道程序(控制)系统.

u'nipump n. 组合泵,内燃机泵.

u'nipunch n.; v. 点[单元,单孔]穿孔,单穿孔机[器].

unique ['ju:'ni:k] I a. ①唯一的,专门的,独特[有]的,无双[比]的,异常的 ②单值的,单价的 ③珍奇的,极好的. II n. 无双[独一无二]的东西. unique copy 初本,孤本. unique feature 特殊情况,特色[点,性]. unique handle 唯一句柄. unique opportunity 极难得的机会. unique transition 稀有跃迁. ▲unique to…只有…才有的. ～ly ad.

unique'ness n. 唯[单]一(性),单值(性),独特(重要)性.

u'nira'diate [ju:ni'reidiit] a. 单一放射线(形)的.

Uniray n. 单枪彩色显像管.

u'nirecord n. 单记录.

unirefringence n. 单折射,一次折射.

un'irra'diated ['Ani'reidieitid] a. 未经照射的,未受辐照的.

UNIS = United Nations Information Service 联合国情报服务处.

Unisar n. 联合(石油公司)芳烃饱和(法).

u'niselec'tor [ju:nisi'lektə] n. 多位置的换向开关,旋转式选择器[换向开关],旋转式寻线器,单(动作)选择器,单分离器. motor uniselector 机动旋转式寻线机.

u'nisep'tate a. 单隔(膜)的.

u'nise'rial a. 单系列的,单列的.

uniservo electronics 单伺服电子设备.

u'niset n. 单体机(一种远程输入输出机).

u'nisex'ual a. 单性的,雌雄异体的;限于一种性别的,非男女同校的.

u'nishear ['ju:niʃiə] n. 单剪机,手提电剪刀.

UNISIST = Universal System for Information in Science and Technology 通用(全球)科技情报系统.

u'nisolvent func'tion 唯一可解函数.

u'nison ['ju:nizn] n. ①同音(调),谐音,同声部,同度,齐唱(奏) ②调和,和谐,一致. ～ant 或～ous a.

u'nisource ['ju:nisɔ:s] a. 单源的.

u'ni(-)spark'er ['ju:ni'spa:kə] n. 单(一)火花发生器.

u'nispiral a. 单螺旋的.

u'nistrand ['ju:nistrænd] a. 单列[股,线]的.

u'nistrate a. 单层的.

u'nit ['ju:nit] I n. ①单位[元],一个,个[整]体,整数,基数 ②元[零,部,附,构件,组份,(装配)成(部)分 ③设备,装置,机器,机械,(机,仪)器 ④组(合),组合体,组(合)件,机组,成套装备,成套机床,部,集,群 ⑤电池,电源 ⑥滑车(轮) ⑦接头,枢纽 ⑧可逆元素 ⑨部分,小队,分队 ⑩(pl.)块体 ⑪遗传单位,基因. II a. ①单位[个,元,一]的,一元的,一套的,独的,组合的 ②比(率)的. ABC power unit 灯丝阳极栅极组合电源. accelerometer unit 加速度计,过载指示器. actuating unit 执行装置. air-breathing power unit 空气喷气发动机. air-mileage unit 空运英里数测量计. antenna matching unit 天线匹配器. arc dissociation unit(生产钛锆等的)电弧离解设备. arithmetic unit 算术运算单元. armour units 防护部分. atomizing unit 雾化设备. automatic cation exchange unit 自动阳离子交换设备. B unit 变址(数)部件. bar-rolled stock sorting unit 型钢分选机组. bathtub unit 盆[槽]形底盘. boring unit 镗削动力头. British Thermal unit 英国热量单位(=0.252 千卡). C.G.S. system of units 厘米·克·秒单位制. chamfering unit 钢棱清理机床. chart comparison unit 海图测绘板. coil lift-and-turn unit(带卷)升降-回转台. coil unit 线圈组. cold air unit 冷空气装置. complex unit 单位复数(模数等于1的复数). conditioning unit 空(气)调(节)设备. crank-type power unit 曲柄动力机构. deoxidation unit 去氧系统. display unit 显示器,显示部件(分). drive unit 驱(传)动装置,传动系. earphone unit 耳戴耳机. fine boring unit 精镗动力头. fraise unit 多叉铣(床),铣削动力头. frequency-identification unit 波长表. gear reduction unit (齿轮)减速器. half-track unit 半履带行走部分. half-way unit 半工业装置. heat unit 热量单位,加热装置. heating unit 加热元件. hot-air unit 热风炉,空气加热器. hydraulic unit 液压机构[装置]. imaginary unit 虚数单位. infra-red detection unit 热探头,红外线探测器. injection unit 压注单元[系统,]注射器. integrating gyro unit 陀螺积分部件. international sieve unit 国际筛规. line unit 接线盒. manual pumping unit 手动抽油(水)机. mechanized unit 机械化部队. modular unit 可互换标准件. (guided) missile unit 导弹分队[部队]. motor unit 运动单位. N unit 中子剂量单位(中子在 26 伦琴"维克托林"剂量计的微型电离室内产生相当于 1 伦琴 γ 射线所引起的电离作用). n unit 中子剂量单位(中子在 100 伦琴"维克托林"剂量计的微型电离室内产生相当于 1 伦琴 γ 射线所引起的电离作用). pilot plan unit 小型试验设备. plug-in unit 插入部件. point unit 质点. power unit 能量(功率)单位,电源部份(设备),发动机,执行机构(部件),动力装置(机组,设备). pressure unit 压力单位,增压装置,增压器,压力传感器,压力装置. probe unit 试探设备. quartz crystal unit (石英)晶体振子. rad unit 拉德(照射量单位)(每一克的组织吸收 100 尔格能量). reed unit 笛簧接点元件,笛簧接点器. refluxing unit 回流设备,回流塔. refueling unit 加注车,加油装置. rejector unit 带除滤波器. relay unit 继电器组件,中继装置. replacement unit 替换品. Rutherford unit 卢(瑟福)(放射性强度单位,每分钟 10⁶ 次蜕变). scale [scaling] unit 换算电路,换算器,比例尺单位. scintillation unit 闪烁计数器. scrubbing unit 刷洗(洗涤)机,洗涤器. seed unit 点燃[种子]栅格. shaping unit 整形部分,信号形成器. shipping unit 运输容器. shower unit 簇射长度.

signal mixer unit 信号混合装置, 混频器. *single-chamber unit* 单室式机组. *slave unit* 伺服装置〔马达〕. *source unit* (放射)源. *space unit* 晶胞, 空间单元. *spectrometer unit* 分光计. *streamlined unit* 流线型器件. *supply unit* 供电设备. *switch unit* 转换开关〔装置〕. *telemetry unit* 遥测装置〔设备〕. *threading unit* 螺纹车床. *three unit* 由三个机件组成的机组, 电动机、发电机、永磁发电机组成的机组, 电压调整器、电流调整器、充电继电器组成的电压调整器. *tuner* 〔*tuning*〕*unit* 调谐器, 调谐装置. *two unit* 双机组(起动电动机和充电发电机). *unit amplification* 单级. *unit amplifier* 组合放大器. *unit antenna* 单元天线〔半波〕天线. *unit area* 单位面积 *unit area acoustic impedance* 单位面积声阻抗, 声阻抗率. *unit automatic exchange* 小型自动电话交换台〔交换设备〕. *unit cable* 组合电缆. *unit call* 通话单位. *unit cell* 晶胞, 晶格单位, 单元. *unit class* 单元类. *unit construction* 独立装置, 单元〔独立, 组合〕结构, 独立构造, 部件, 组件. *unit construction computer* 组件〔部件〕式计算机. *unit control word* 部件控制字. *unit conveyor* 联合输送机; 传送装置(传送带板是由冲压件构成的). *unit cost* 单价, 单位成本. *unit crystal* 单晶. *unit dies* 成套模. *unit doublet* 双元. *unit doublet function* 二号阶跃函数. *unit doublet impulse* 双元脉冲. *unit dry weight* 干单位重. *unit element* 单位元素, 幺元. *unit elongation* 延伸率, 单位(相对)伸长. *unit fee area* 单一纳费区域. *unit function* 单元〔单位(阶跃)函数. *unit furniture* 成套家具. *unit head* (组合机床)动力头. *unit head machine* 组合头钻床. *unit heater* 供暖机组; 单元加热器. *unit Hertz calibrated oscillator* 显示-赫音粒振荡器. *unit hydrograph* 单位流量曲线图. *unit injector* 组合式喷射〔注射〕器(燃料泵与喷射阀组成一体). *unit interval* 单元时间间隔, 单位信号时间, 单位区间. *unit of construction* 建筑单元, 构件. *unit of structure* 构件, 结构单元. *unit offset* 单位跃变, 脉冲. *unit operation* 单元运行. *unit permeance* 单位磁导率, 磁导系数. *unit position* 个位数位置. *unit power plant* 成套动力〔发〕装置. *unit price* 单价. *unit record* 单元记录. *unit record equipment* 单位〔单元〕记录装置, 卡片装置. *unit resistance* 单位电阻, 电阻率. *unit sampling* 脉码调制选通. *unit sand* 单(统)一砂型. *unit separator* 单元分隔符. *unit source* 单位能源. *unit spike* 单元尖脉冲. *unit step signal* 单位阶梯信号输入, 跃变输入信号. *unit string* 单字字符串. *unit train* 专列货车. *unit triplet* 三元. *unit trust* 联合托拉斯. *unit under pressure* 密封(受压)部件. *unit under test* 单元〔单位〕value(s) 单位值, 单元矢量〔向量〕. *units order* 单位, *unit's place* 〔*order*〕个位. *universal function unit* 通用函数发生器. *variable-speed unit* 无级变速器, 无级变速装

置. *vertical roll unit* 立辊(轧机)机座. *weighing unit* 秤, 称重装置. *X unit* X 单位(波长单位= 10^{-11} 厘米). ▲*be a unit* (是)一致(的).

u′nitage *n.* 单位量.

UNITAP = United Nations Inter-Municipal Technical Assistance Programme 联合国市际技术援助方案.

UNITAR = United Nations Institute for Training and Research 联合国训练研究所.

unit-area *n.* 面积单位.

unita′rian [ˌjuːniˈtɛəriən] *a.* 单一的, 一元的.

unitar′ity *n.* 统一(单一, 幺正)性.

u′nitary [ˈjuːnitəri] *a.* ① 一个〔元〕的, 单一〔元〕的, 个体的 ② 【数】单式的, 酉的, 幺正的 ③ 一致的, 整体的, 不分的. *unitary basis* 酉基. *unitary clause* 单子句. *unitary code* 单代码, 一位代码. *unitary gas conversion process* 单元气体转化过程. *unitary group* 单式〔幺正〕群, 酉群. *unitary matrix* 酉〔单式, 幺正〕矩阵. *unitary operator* 单式(保范)算子, 酉(幺正)算子. *unitary spin* 幺旋, U 旋.

unit-cast *a.* 整铸的.

unit-distance code 单位间距(距离)码.

unite′ [juː(ː)ˈnait] *v.* ① (使)联(结, 接, 粘, 混)合, 统一, 一致, 合并, 合并〔连结, 连接〕② 兼备〔有〕③ 团结. *Workers of all countries, unite！* 全世界无产者, 联合起来！*Oil will not unite with water.* 油水不相融. *beunited as one* 团结一致. *united front* 统一战线, 联合阵线. *the United Arab Emirates* 阿拉伯联合酋长国. *the United Kingdom* 联合王国(即英国). *the United Nations* 联合国. *the United Republic of Tanzania* 坦桑尼亚联合共和国. *the United States of Mexico* 墨西哥合众国. *the United States of America* 美利坚合众国, 美国. *the United Nations General Assembly* 联合国大会. *the United Nations Security Council* 联合国安全理事会. *United Press International* (美国)合众国际社. ▲*unite into* 合并(统一)成. *unite*（M）*with* N (把 M)与 N 结合(连接)起来.

uni′tedly *ad.* 联合地, 统一地, 一致地.

unit-energy interval 单位能量间隔.

u′niterm *n.; a.* 【专利】单元名词, 名(的), 单项.

uniter′minal [ˌjuːniˈtəːminl] *a.* 单极的.

u′niterming *n.* 单项选择.

u′nitgraph *n.* 单位过程线.

unithiol *n.* 二巯基丙烷磺酸.

unit-impulse function 单位脉冲函数.

u′nitive [ˈjuːnitiv] *a.* 统一的, 团结的, 联合的.

u′nitize [ˈjuːnitaiz] *vt.* ① 统一(化), 规格化, 组〔联〕合, 合成, 使… 成套(成组), 装… 于同一体上 ② 单(一)元化, (包装)联(…(分, 合并)成件, 使成一个单位. *unitiza′tion* *n.*

u′nitized *a.* 成套〔组〕的, 合(组)成的, 统一(划一)的, 通用(规格)化的. *unitized construction* 组合结构.

u′niton *n.* 单子.

unitor *n.* 联接器, 插座连接装置.

u′nit-step func′tion 单位阶跃函数.

u′nitune [ˈjuːnitjuːn] *n.* 单钮(同轴)调谐.

unitunnel diode 单向隧道二极管.
u′nity [′ju:niti] n. ①一(=one),单(一,个),单数 ②唯一,独一,个体,整体 ③整数,不变乘数 ④单位(元),元素 ⑤一致(性),统一(性),协调(性) ⑥一贯性,不变性 ⑦联〔结〕合,团结 ⑧同质,均〔同,合〕一. *the unity of motive and effect* 动机和效果的统一. *the unity of opposites* 对立的统一. *unity between the army and the people* 军民一致. *Unity is strength, unity is victory.* 团结就是力量,团结就是胜利. *unity coupling* 全耦合,完整耦合. *unity gamma* γ 等于 1. *unity slope* 单位斜率. ▲*approach unity* 趋于一,接近于一. *close to unity* 接近于一,接近于整数.
unity-coupled coil 全耦合线圈(耦合系数等于1).
unity-gain frequency 单位增益频率.
Univ = university.
univ = universal.
UNIVAC 或 **univac** = universal automatic computer 通用自动计算机.
univa′lence [ju:ni′veiləns] 或 **univa′lency** [ju:ni′veilənsi] n. 一价,单价,(染色体)的单一性.
univa′lent [ju:ni′veilənt] a. 单(一)价的,单一的(特指单(染)色体的),单价(染色)体的,单叶的. *univalent mapping* 单叶映射.
u′nivalve a.; n. 单壳的;单壳(类)软体动物.
univa′riant [ju:ni′veəriənt] a. 单变(度)的.
univariata n. 单变量.
univariate search technique 坐标轮换法,单变选法.
univer′sal [ju:ni′və:səl] Ⅰ a. ①宇宙的,全世界的 ②普遍(通,适)的,一般的,全(体)的,泛的 ③万能〔向,有,用〕的,通用的,用途广的,全能的,多方面的 ④全称的 ⑤宇宙性的,世界性方面的. Ⅱ n. ①宇宙命题 ②一般概念. *universal agent* 全权代理人. *universal algebra* 泛代数. *universal angle* 普适角. *universal angle plate* 万向转台. *universal ball joint* 球形万向节,球形万向接头. *universal bender* 万能弯管机. *universal bevel* 通用〔组合〕斜角规. *universal chuck* 万能〔自动〕卡盘,万能夹头〔具〕. *universal class* 全类. *universal compensator* 万能补偿器. *universal constant* 普适常数〔恒量〕,通用常数. *universal contact* 万能接头. *universal coupling* 〔joint〕万向〔通用〕〔联轴〕节,万向接头,自由节. *universal coupling constant* 普适耦合常数. *universal crane* 万能起重机. *universal curve* 普适曲线. *universal decimal classification* 国际〔通用〕十进制分类法. *universal dividing head* 万能分度头. *universal equalizer* 多路音调补偿器. *universal focus lens* 固定焦距透镜. *universal gravitation* 万有引力. *universal instruction set* 通用指令组. *universal instrument* 万能仪. *universal joint* 万向接头,万向节. *universal joint cross* 〔spider〕万向节十字头. *universal melting and zone-refining equipment* 熔化和区域提纯的通用设备. *universal meter* 通用电表,万用表. *universal mill*(*er*) 万能铣床. *universal motor* 通用式〔交直流两用〕电动机. *universal plate* 齐〔轧〕边钢板,齐轧中厚板,万能板材,扁钢,钢条. *universal quantifier* 全称量词. *universal receiver* 通用〔交直流两用〕接收机. *universal scalar product* 泛纯量积. *universal screw-wrench* 活〔万能旋〕扳手. *universal set* 通用接收机,交直流收音机;论集,论域. *universal shunt* 通用分流器. *universal steel plate* 齐边钢板,万能钢板,通用钢板. *universal table* 万能工作台. *universal tester* 或 *universal testing machine* 万〔全〕能试验机. *universal time* 世界时,格林尼治时,国际标准时,通用时间. *universal time coordinates* 订正世界时坐标. *universal transistor* 通用晶体管. *Universal Transverse Mercator* 通用横向麦卡托图. *universal truth* 普通真理. *universal Turing machine* 通用图灵机. *universal use* 普遍应用. *universal validity* 普遍有效性. *universal valve* 万向阀,通用电子管.
univer′salism [ju:ni′və:səlizəm] n. 普遍性,一般性.
universal′ity [ju:nivə:′sæliti] n. 通用性,普遍〔适〕性,一般性,广泛性,多方面性.
univer′salize [ju:ni′və:səlaiz] vt. 使普遍〔一般〕化,普及. **universaliza′tion** n.
univer′sally ad. 普遍〔一般〕地,全世界,全体,在全宇宙内.
u′niverse [′ju:nivə:s] n. ①宇宙,世界,天地万物,全人类 ②整体 ③〔科学〕领域 ④银河系,恒星与星辰系. *universe of discourse* 论域. *universe point* 通用点.
univer′sity [ju:ni′və:siti] n. (综合性)大学.
u′nivertor n. 变频器(频段,100Kc~25Mc).
u′nivibra′tor [′ju:nivai′breitə] n. 单稳态〔单频〕多谐振荡器,单稳态触发器,单击振荡器.
univis oil 乌尼维斯油(含有提高粘度指数添加剂的润滑油).
u′nivisco′sity n. 单粘度.
u′nivo′cal [′ju:ni′voukəl] a. 只有一个意义的,单义〔一〕的. ~ly ad.
u′nivolt′age [′ju:ni′voultidʒ] a. 单电压〔电位〕的. *u-nivoltage lens* 单电压透镜.
univoltine 一化的,一抱的(一年生一代的).
u′niwafer [′ju:niweifə] n. 单(圆)片.
u′niwave [′ju:niweiv] a. 单频的,单波的. *uniwave signalling* 单频信号法.
un′jam′mable a. 抗〔防〕干扰的.
unjust′ [ʌn′dʒʌst] a. 非正义的,不公正〔平〕的,不正当的. *An unjust cause finds meagre* 〔little〕 *support.* 失道寡助. ~ly ad. ~ness n.
unjust′ifiable [ʌn′dʒʌstifaiəbl] a. 不合理的,无理的,不能认为是正当的,难承认的. **unjust′ifiably** ad.
un′kempt′ [′ʌn′kempt] a. 乱蓬蓬的,未加雕琢的,不整洁的.
un′killed [′ʌnkild] a. 沸腾的. *unkilled steel* 沸腾钢,不(完全)脱氧钢.
unkn = unknown.
un′know′able [′ʌn′nouəbl] a. 不可知的,不能认识的.
un′know′ing [′ʌn′nouiŋ] a. 无知的,不知道的,没有察觉的 (of).
un′know′ingly ad. 无意中,不知不觉地.

un'known' [ˈʌnˈnoun] I a. ①未知(数,元,量)的,待求的,没有被发现的,无名的 ②无数的,数不清的. II n. 未知数[元,量,物],未知的因素[东西]. on a scale unknown before in history 以史无前例的规模. unknown character 未识别字符. unknown number 未知数. unknown quantity 未知量. unknown term 未知项. ▲be unknown to M 是M所不知道的.

unla'bel(l)ed [ʌnˈleibld] a. 无(非)标号的,未作标记的,未分类的,非示踪的.

unla'bo(u)red [ʌnˈleibəd] a. 不费力的,容易的,自然的,流利的.

un'lace' [ˈʌnˈleis] vt. 解(松)开(带子).

unlade' [ʌnˈleid] (unla'ded, unla'ded 或 unla'den) (料,载)卸,卸…的货. unlade a ship 卸船上的货. unlade the cargo from a cart 把货从车上卸下.

unla'den a. 未载货的.

unlaid' [ʌnˈleid] unlay 的过去式和过去分词.

unlam'inarized a. 非层流化的.

unlapped' [ʌnˈlæpt] a. 未覆盖[包住]的,非重叠[叠合]的.

un'lash' [ˈʌnˈlæʃ] vt. 解[松]开.

un'latch' [ˈʌnˈlætʃ] v. 拉开…的插栓,未拴上.

un'law'ful [ˈʌnˈlɔːful] a. 不(非、违)法的,不正当的. ~ly ad.

un'lax' [ˈʌnˈlæks] v. (使)放松.

unlay' [ʌnˈlei] (unlaid', unlaid') v. 解(索),解开(绳股),松开(绳子).

unleach'able a. 不可浸出的.

unlead'ed [ʌnˈledid] a. 除[无、未加]铅的,无铅条的,未加四乙铅的.

unlearn' [ʌnˈləːn] (unlearnt' 或 unlearned) vt. 忘掉(却),(清)除掉,抛弃(掉).

unlearned' [ʌnˈləːnid] a. ①未受教育的,没有文化的 ②不熟练的,不精通的. n. 未受教育[没有文化]的人们. II [ˈʌnˈləːnt] a. 没有学习过的,没学好的,天然的.

unlearnt' [ʌnˈləːnt] I unlearn 的过去式和过去分词. II a. 没有学习过的,没有学好的,不熟练[精通]的.

unleash' [ʌnˈliːʃ] vt. 松[放]开,解[释]放,发动. unleash war 发动战争.

unless' [ʌnˈles] I conj. 如果不,要是不,如果没有,若非,除非(却). II prep. 除…之外. ▲unless and until 直到…才. unless otherwise mentioned [noted, stated] 或 unless stated otherwise 除非另有[另作]说明. unless otherwise specified 除非另有规定[说明].

unlet'tered [ʌnˈletəd] a. ①不识字的,无文化的,未受教育的,文盲的 ②无字的.

unlev'elled a. 未置平的,不整平的.

un'lev'elling a. 不匀[平]的.

unli'censed [ʌnˈlaisənst] a. 没有执照的,没有得到许可证的,未经核准印刷的.

unlike' [ʌnˈlaik] I a. 不同的,不像的,不相似的,(相)异的. I prep. 不像…,和…不同[不一样]. Unlike oil, sulfur occurs in a solid state. 不同于石油,硫呈固态出现. unlike dislocation 异号位错. unlike poles 异名极. unlike signed 异号的. ▲be (more) unlike in M 在M上(更)不相像.

unlike'ly [ʌnˈlaikli] I a. 未必可能的,不大可能的,可能性不大的,未必有的,靠不住的. II ad. 未必,不大可能. ▲be not unlikely 并非(未尝,未必)不可能,极有(为)可能. be unlikely but not impossible 可能性虽然很小,但又不是不可能. be unlikely to + inf. 未必,不像会(做),不太可能(做), it is unlikely that 未必(会),不见得. This is quite possible though somewhat unlikely. 可能性是有的,虽然并不很大. unlike'lihood 或 unlike'liness n.

unlim'ber [ʌnˈlimbə] v. 把(炮)从牵引车上拆下,(使)作好行动前的准备工作.

unlim'ited [ʌnˈlimitid] a. 无限(穷、边、尽)的,不定极大的,没有限制(约束)的. unlimited decimal 无穷(无限)小数. unlimited traffic source 无限话源. ~ly ad.

unlined' a. 无衬里(炉衬,镶衬,衬砌)的.

unlink' [ʌnˈlink] v. 解开(…的链节),分(打,拆)开,解环,摘钩,使脱出.

unliq'uidated [ʌnˈlikwideitid] a. 未结算的,未清偿的,未付的.

unlist'ed [ʌnˈlistid] a. 未列入表格的,未入册的.

unlit' [ʌnˈlit] a. 不发光的,未点燃(亮)的.

unliv'able [ʌnˈlivəbl] a. 不宜居住的,不舒适的.

unlive' [ʌnˈliv] vt. 使发生生命,消除…的痕迹.

unload' [ʌnˈloud] v. ①卸(下,除,荷,载,料,货),从…卸下货物,去(负)载,去(释)荷,放空(泄) ②除去,清除,抽出,退(取)出,排(卸)取下 ③转贮、转存(信息) ④抛售,倾销. unloaded antenna 无(负)载(空载)天线. unloaded chord 不载荷弦(杆). unloaded Q 固有(空载)品质因数,无载Q值. unloaded weight 空车重量.

unload'er n. ①卸载(货,料)机,卸料装置,卸荷(载)器,减负荷器,卸载输送器,减压器 ②卸货(工)人,卸货者 ③(在有自动塞汽阀的汽化器中,节流阀全打开,则塞汽阀也部分打开)阀连动装置. car unloader 卸车机. three arm unloader 三臂卸卷机. unloadervalve 卸荷(放泄,释荷)阀. vacuum unloader 气力[真空式]卸载机.

unload'ing n. 卸料(货,载,荷),去荷(载),从发射架上取下导弹. mould unloading 卸模. unloading auger 卸货用螺旋输送机. unloading line 卸油导管.

unlock' [ʌnˈlɔk] v. ①开(启),开(…的)锁,打(解,拆)脱,松,分,拆开,(使)松(解,去联锁)②分离,释放 ③揭(启)示,泄漏,显露,给…提供答案.

unlooked'-for [ʌnˈluktfɔː] a. 意外的,意想不到的. unlooked-for guest 不速之客.

unloose' [ʌnˈluːs] 或 unloo'sen [ʌnˈluːsn] vt. 解开,放(松,开),释放.

unlove'ly a. 不美的,丑的.

unlu'bricated a. 无润滑的.

unluck'y [ʌnˈlʌki] a. 不幸的,不凑巧的,不顺利的,令人感到遗憾的. unluckily ad. unluckiness n.

unmachinable a. 不能机械加工的.

unmachined a. 未(用机械)加工的.

unmade' [ʌnˈmeid] unmake 的过去式和过去分词.

un'mag'netized [ʌnˈmæɡnitaizd] a. 未(非)磁化的.

unmake' [ʌnˈmeik] (unmade', unmade') vt. ①

unman' [ʌn'mæn] (*unmanned'*; *unman'ning*) vt. 撤去…的人员;使泄气.

unman'ageable [ʌn'mænidʒəbl] a. 难以处理[控制,掌握,应付,管理,加工]的,难办[弄]的.

unmanned' [ʌn'mænd] a. ①无人(驾驶)的,不载人的 ②无人管理的 ③无人居住的. *unmanned plane* 无人驾驶飞机. *unmanned power station* 自动化[无人管理]电站.

unmarked' [ʌn'mɑːkt] a. ①没有标记(特征)的,未给记号的,没有标牌的,未经涂改或加注标记的 ②没有受到注意的,没有留心到的. *The mistake passed unmarked.* 这个错误被忽略过去了. *unmarked area* 未标志区.

unmarred' [ʌn'mɑːd] a. 未损坏[伤]的,未沾污的.

unmarried print 声画分离式影片(用双片放映机放映).

unmask' [ʌn'mɑːsk] Ⅰ v. ①撕下…的假面具,暴[揭]露 ②露出本来面目 ③使无屏蔽,中断屏蔽. Ⅱ n. 无屏蔽[掩蔽]. *unmasked hearing* 未受掩蔽的听力.

unmatch' v.; n. 未匹配,失配,不配对.

unmatch'able [ʌn'mætʃəbl] a. ①无(法)匹(敌)的,无(法相)比的,无可比拟的 ②无法配对[置]的,不可匹配的.

unmatched' [ʌn'mætʃt] a. ①无敌(比,双)的 ②不相配[匹配]的,失配的. *unmatched index demodulation* 去调(用混合锁相环调制解调). *unmatched load* 不匹配负载.

unmean'ing [ʌn'miːniŋ] a. 无意义的,无目的的.

unmeant' [ʌn'ment] a. 不是故意的.

unmeas'urable a. 不可测量的.

unmeas'ured [ʌn'meʒəd] a. ①未测定的,不可测量的,未计入的 ②无限的,无节制的,过度的,无边无际的,充裕的.

unmechanized a. 非机械化的.

unmeet' [ʌn'miːt] a. 不合适的,不相宜的.

unmel'ted [ʌn'meltid] a. 未(不)熔化的,未融化的.

unmend'able a. 不可修理[改正]的.

unmer'ited [ʌn'meritid] a. 不应得的,不配的,不当的. ~ly ad.

un'met'alled road (无硬质路面的)土路.

un'metamor'phic a. 不变化[态,性,形,质]的.

unmeth'odical [ˌʌnmi'ɔdikəl] a. 不讲方法的,不按程序的,没有组织[次序,条理]的,不规则的. ~ly ad.

un'mil'itary ['ʌn'militəri] a. 非军事的,不符合军事规程的.

un'mind'ed ['ʌn'maindid] a. 无人照管的,被忽视的.

un'mind'ful ['ʌn'maindful] a. 不留心的,不注意的,忘记的 (of, that).

unmista'kable [ˌʌnmis'teikəbl] a. 明显的,(清楚)明白的,无误的,不会(弄)错的,不会被误解的.

unmit'igated [ʌn'mitigeitid] a. ①没有和缓(减轻)的 ②绝对的,纯粹的,十足的. ~ly ad.

unmixed' [ʌn'mikst] a. 没有掺杂[混合]的,不[未,非]混合的,纯粹的.

unmixedness n. 不混合度[性].

unmix'ing n.; a. (混合物的)离析,分离,不混的.

un'mod'erated ['ʌn'mɔdəreitid] a. 未减速[慢化]的.

unmodifiable a. 不可改变的.

unmod'ified [ʌn'mɔdifaid] a. 不(改)变的,未变的,未改性的. *unmodified instruction* 非修改型指令. *unmodified polystyrene* 净(原)聚苯乙烯. *unmodified resin* 净(原,未改性)树脂.

unmod'ulated [ʌn'mɔdjuleitid] a. 未调整[节,制,谐,纹]的. *unmodulated carrier* 未调制载波. *unmodulated groove* 未调制(纹)槽,无声纹道,无声纹槽,哑纹(槽). *unmodulated keyed continuous waves* 键控未调等幅波.

unmoor' [ʌn'muə] v. 拔锚,解缆.

unmount'ed [ʌn'mauntid] a. 未安装[镶嵌]的,未上炮架的.

unmoved' [ʌn'muːvd] a. ①毫不动摇的,坚决[定]的 ②无动于衷的,镇静的.

unnail' [ʌn'neil] vt. 拆除…上的钉子,拆除钉子以松开.

unnam(e)able [ʌn'neiməbl] a. ①说不出名字的,不能命名的 ②难以说明(形容)的.

unnamed [ʌn'neimd] a. 未命名的,不知名的,无名的,没有提及的.

unnat'ural [ʌn'nætʃərəl] a. ①不自然的,勉强的,人造的,反常的,奇异(怪)的 ②恶毒的. ~ly ad.

unnav'igable a. 不能通航的.

unnec'essarily [ʌn'nesisərili] ad. 不必要地,多余地,徒然.

unnec'essary [ʌn'nesisəri] Ⅰ a. 不必(需)要的,多余的,无用(益)的. Ⅱ n. (pl.)多余(不必要)的东西.

un-nega'ted a. 非否定的.

unneu'tralized a. 未中和的.

unnotched' [ʌn'nɔtʃt] a. 无凹[缺,槽]口的.

unno'ticeable [ʌn'noutisəbl] a. 不引人注意的,不显著的,不足道的.

unno'ticed [ʌn'noutist] a. 不[未]被注意的,不引人注意的,被忽视的,未顾及的. ▲*pass unnoticed* 被忽略过去,被遗漏.

unnum'bered [ʌn'nʌmbəd] a. ①不可胜数[胜计]的,数不清的,无数的 ②未计数的,未编号的. *unnumbered command* 非记数(未标号)指令.

UNO = United Nations Organization 联合国组织.

uno animo (拉丁语) 一心一意.

UNOAEC = United Nations Organization Atomic Energy Commission 联合国原子能委员会.

unobjec'tionable [ˌʌnəb'dʒekʃənəbl] a. 不会招致反对的,无可非议的,不令人讨厌的. **unobjec'tionably** ad.

unobser'vable a. 不可见的,未观察到的,不可观测的.

unobser'vant [ˌʌnəb'zəːvənt] a. ①不注意的,不留心的,不善于观察的 ②不遵守的 (of). ~ly ad.

unobserved' [ˌʌnəb'zəːvd] a. ①没有观察到的,没有受到注意的 ②未被遵守的. *unobserved events* 意外事件.

unobstruc'ted [ˌʌnəb'strʌktid] a. 无阻[障]碍的,没有阻挡的,自由的. *unobstructed progress* 顺利的前进. *unobstructed sight* 无阻[无障碍]视线. ~ly ad.

unobtain'able [ˌʌnəb'teinəbl] a. 不能得到[获得,达到]的,无法配到的,不能及的.

unobtru'sive [ˌʌnəb'truːsiv] a. 不引人注目的,谦虚的. ~ly ad.

unoc′cupied [ʌnˈɔkjupaid] *a.* ①空着〔缺〕的,没有人住的,没有人使用的,未(被)占(用)的,未布居的 ②未满的(能级). *unoccupied band* 自由能带,未占频带,空带.

unode of a surface 单切面重点.

unoffic′ial [ʌnəˈfiʃəl] *a.* 非正式的,非官方的,非法定的. ～ly *ad.*

un′oil′ *v.* 〔去〕油,脱脂.

un′oiled′ *a.* 未浇油的.

uno′pened [ʌnˈoupənd] *a.* 没有(拆)开的,封着的,未〔不〕开放的. *send back a letter unopened* 原封不动地把信退回. *unopened port* 非开放港.

unop′erated *a.* 没有运转的,停车的.

un′opposed′ [ˈʌnəˈpouzd] *a.* 没有反对的,没有对立的.

unop′timizable *a.* 非优化的.

unordered symbol 无序符号.

un′organ′ic [ʌnɔːˈɡænik] *a.* 无机的.

un′or′ganized [ˈʌnˈɔːɡənaizd] *a.* ①未〔没有〕组织(起来)的 ②无机的. *unorganized ferment* 非生(物)酶,抗热酶,非机体酶素.

uno′riented [ʌnˈɔːrientid] *a.* 无一定位置〔方向,目的〕的,非取向〔定向〕的.

unorig′inal [ʌnəˈridʒənəl] *a.* 非原有的,无独创精神的,模仿的,抄袭的.

unor′thodox [ʌnˈɔːθədɔks] *a.* 非正式的,非正统的,非惯例的.

unostentatious *a.* 不傲慢的,朴素大方的.

U-notch *n.* U 形缺口〔刻槽〕.

un′owned′ [ʌnˈound] *a.* 无主的,没有得到承认的.

unox *n.* 过氧化聚烯烃类粘合剂.

un′ox′idizable [ʌnˈɔksidaizəbl] *a.* 不可氧化的,不锈的.

un′ox′idized [ˈʌnˈɔksidaizd] *a.* 没有氧化的.

unpack [ʌnˈpæk] Ⅰ *v.* ①打开(包裹,箱子等),解〔拆〕开,分割〔离〕,割离 ②取〔拿,分,掏〕出,析(取) ③启封,拆包,卸货 ④【数】除(去) ⑤揭示…的意义. Ⅱ *n.* 间距 ②除法.

unpack′aged [ʌnˈpækidʒd] *a.* 未包装的,散装的.

unpacked′ *a.* 从包里中拿出来的,内空的.

unpaged *a.* 未标页数的,无页码的.

unpaid′ [ʌnˈpeid] *a.* 未付〔还,缴〕的,无报酬的.

un′paired′ [ʌnˈpεəd] *a.* 不成对的.

unparallel *a.* 不平行的.

un′par′alleled [ˈʌnˈpærəleld] *a.* 无比〔双〕的,空前(未有)的,并列的,不平行的.

un′par′donable [ˈʌnˈpɑːdnəbl] *a.* 不可宽恕〔原谅〕的.

un′pa′tented [ˈʌnˈpeitəntid] *a.* 没有得到专利权的.

un′patriot′ic [ˈʌnpætriˈɔtik] *a.* 不爱国的.

unpaved′ [ʌnˈpeivd] *a.* 未铺路面的,未铺砌(装)的.

unpeg′ [ʌnˈpeɡ] (*unpegged*；*unpeg′ging*) *vt.* ①拔去…的钉子,拔钉子以松开 ②使解冻.

unpen′etrable [ʌnˈpenitrəbl] *a.* 不可入的,不能穿透的,贯穿不了的.

unpeo′ple [ʌnˈpiːpl] *vt.* 使减少人口,使成无人地区.

unpeo′pled *a.* 人口减少的,无人(居住)的.

unperceived′ [ʌnpəˈsiːvd] *a.* 未被发觉〔觉察〕的,没有受到注意的.

unper′fect [ʌnˈpəːfikt] *a.* 不完整(全,美)的,有缺陷的,减弱的,缩小的.

unpermeabil′ity *n.* 不透水性.

unpersua′dable [ʌnpəˈsweidəbl] *a.* 说服不了的,坚定不移的.

unperturbed′ [ʌnpəˈtəːbd] *a.* 未扰动〔微扰,动〕的,未受扰的,无扰的,平静的. *unperturbed resonator* 未激励谐振器.

unphysical amplitude 非物理振幅.

unpicked′ [ʌnˈpikt] *a.* ①未拣过的,未经挑选的 ②拆缝的.

unpick′led *a.* 未酸洗的. *unpickled spot* 未酸洗斑点.

unpig′mented rub′ber 素橡胶.

unpi′ler *n.* 卸垛机.

unpiloted *a.* 无人驾驶的.

unpin′ [ʌnˈpin] (*unpinned*；*unpin′ning*) *vt.* 拔去销钉,拔掉…的插栓,拔掉插栓而拆散,脱〔拆〕开.

unpitched sound 无调音,噪声,噪音.

unplaced′ [ʌnˈpleist] *a.* 没有固定位置的,未被安置的.

un′planned′ [ˈʌnˈplænd] *a.* 无计划的,意外的,在计划外的.

un′plas′ticized [ʌnˈplæstisaizd] *a.* 未增塑的.

un′pla′ted [ʌnˈpleitid] *a.* 未镀的,无涂层的.

unpleas′ant [ʌnˈpleznt] *a.* 使人不愉快的,不舒服的,不合意的,(使人)讨厌的. ～ly *ad.*

unpleas′antness *n.* 不愉快(事件),争执,冲突.

unplea′sing [ʌnˈpliːziŋ] *a.* 使人不愉快的,讨厌的.

unplug [ʌnˈplʌɡ] (*unplugged*；*unplug′ging*) *vt.* ①拔去…的塞子〔插头〕 ②去掉…的障碍物,疏通.

unplugged′ [ʌnˈplʌɡd] *a.* 未堵塞的,非封闭的.

unplumbed′ [ʌnˈplʌmd] *a.* 深度〔垂直度〕未用铅锤测量过的,(程度,意义)未经探测的.

unpo′larizable *a.* 不(可)极化的.

unpo′larized [ʌnˈpouləraizd] *a.* 未〔非〕极化的,非偏振的. *unpolarized light* 非偏振光.

unpo′larizing [ʌnˈpouləraiziŋ] *n.* 去极化(去偏振)(作用).

unpol′ished [ʌnˈpɔliʃt] *a.* ①未磨光的,未抛光的,粗糙的 ②没有擦亮的,无光泽的.

unpolit′ical [ʌnpəˈlitikəl] *a.* ①非政治的,无政治意义的,与政治无关的 ②不关心政治的,不参加政治活动的.

unpol′luted *a.* 未污染的.

unpop′ular [ʌnˈpɔpjulə] *a.* 不得人心的,不受欢迎的,不流行的. ～ity *n.*

un′pow′ered [ˈʌnˈpauəd] *a.* 无发动机的,非机(自)动的,无动力的,手(被)动的. *unpowered ascent* 被动段上升. *unpowered dart* 惯性飞行导弹.

unprac′tical [ʌnˈpræktikəl] *a.* 不切实际的,不现实的,不实用的.

un′prac′tised 或 **un′prac′ticed** *a.* ①未实行过的,未反复实践过的,未实际应用的,未试验过的,未使用的 ②不熟练的,无实际经验的.

un′prec′edented [ˈʌnˈpresidentid] *a.* ①无先例的,史无前例的,空前的,无比的,从未有过的 ②新奇的,崭新的. *on an unprecedented scale* 以空前的规模. ～ly *ad.*

un′predic′table [ˈʌnpriˈdiktəbl] *a.* 不可预见的,不能预料的,无法预言的,不可断定的. **un′predictabil′ity** *n.* **un′predic′tably** *ad.*

un′prej′udiced [ˈʌnˈpredʒudist] *a.* 没有偏(成)见的,公正的.

un'premed'itated ['ʌnpri:'mediteitid] a. 非预谋的,未经事先考虑(计划)的,不是故意的,没有预谋.
un'prepared' ['ʌnpri'pɛəd] a. ①没有准备的,即席的 ②没有预期的,没有想到的,尚未准备好的. ~ness n.
un'preposses'sing ['ʌnpripə'zesiŋ] a. 不吸引人的.
un'pres'surized ['ʌn'preʃəraizd] a. 不加(增)压的,非承压的.
un'priced' ['ʌn'praist] a. 无一定价格的,未标价的.
unprimed a. 无撤(号)的.
un'prin'cipled ['ʌn'prinsəpld] a. 无原则的.
un'print'able a. 不能(宜)付印的.
unprinted dot (针式打印机的)未打印点.
un'priv'ileged ['ʌn'privilidʒd] a. ①没有(享受不到)特权的 ②贫穷的,社会最低层的.
un'prized' a. 不被珍重的.
un'pro'cessed ['ʌn'prousest] a. 未加工(处理)的.
un'produc'tive ['ʌnprə'dʌktiv] a. ①非生产性的,不生产的,没有收益的 ②没有结果的,徒然的 ③不毛的. *unproductive area* 非生产面积,不产油地区. ~ly ad.
un'professed' a. 不公开宣称的.
un'profes'sional ['ʌnprə'feʃnl] a. 非职业性的,非专业的,外行的. ~ly ad.
unprof'itable [ʌn'prɔfitəbl] a. 无利(益)的,不利的,赚不到钱的,无效(益)用)的,无开采(工业)价值的. ~ness n. unprof'itably ad.
unprom'ising [ʌn'prɔmisiŋ] a. 没有希望(前途)的,结果未必良好的. ~ly ad.
unpro'moted a. 未激励的.
unpromp'ted [ʌn'prɔmptid] a. 未经提示的,自发的.
unprotec'ted [ʌnprə'tektid] a. ①无保护(层)的,未加保护(保险)的,无防护设备的,无装甲的 ②没有防卫的,未(下)设防的,无掩护的,不受关税保护的. *unprotected field* 非保护域. ~ly ad.
unprovabil'ity n. 不可推出(证明)性.
unprovable a. 不可证明的.
unproved' [ʌn'pru:vd] a. 未被证明的,未经证实(检验)的.
unprovi'ded [ʌnprə'vaidid] a. ①未做准备的,意料之外的 ②无供给的.
un'provoked' a. 无缘无故的.
unpruned' a. 未修剪的,未剪枝的,未删去的.
un'punched' ['ʌn'pʌntʃt] a. 未穿孔的,不打孔的,无孔的.
un'pun'ished a. 未受惩罚的.
un'pu'rified a. 未纯化(精制)的.
unqal =unqualified.
un'qual'ified ['ʌn'kwɔlifaid] a. ①不合格的,不适于...的,无资格的 ②无条件的,没有限制的 ③全然的,绝对的,彻底的. *unqualified steel* 经检查不合格的钢. *unqualified success* 彻底胜利. ▲*be unqualified to* +inf. 不能胜任,无资格….
unquantifiable a. 不可估量的,难以计算的.
unquan'tized [ʌn'kwɔntaizd] a. 非量子(化)的,未量子化的,未量化的.
unquen'chable [ʌn'kwentʃəbl] a. 不能消(熄)灭的,不能遏制的,止不住的.
unques'tionable [ʌn'kwestʃənəbl] a. 毫无疑问的,不成问题的,无可非议的,确实的,当然的. unques'tionably ad.

unques'tioned [ʌn'kwestʃənd] a. ①未经调查的 ②不成为问题的,无异议的,公认的 ③不被怀疑的.
unques'tioning [ʌn'kwestʃəniŋ] a. 无异议的,不提出疑问的,不犹豫的. ~ly ad.
un'qui'et [ʌn'kwaiət] a.;n. 不平静(的),动荡(的),焦急(的).
un'quo'table ['ʌn'kwoutəbl] a. 不能引用的.
un'quote' [ʌn'kwout] vi.;n. (电报,电话等中)结束引证,引用结束.
unram'ified [ʌn'ræmifaid] a. 非分歧的,无分枝的. *unramified field* 非分歧域.
unrammed a. 未夯(捣)实的.
unrated gauging station 未经率定的(临时)水位站.
unrav'el [ʌn'rævəl] v. ①解(拆)开,拆散,散开,松散 ②解决(释),阐明,澄清,探索.
unreach'able [ʌn'ri:tʃəbl] a. 不能到达的,不能得到的. *unreachable code* 执行不到的代码.
unreac'table a. 不(起)反应的,(化学)惰性的,不灵敏的,灵敏度低的.
unreac'ted [ʌn'riæktid] a. 未反应的.
unreac'tive [ʌn'riæktiv] a. =unreactable.
unreac'tiveness n. (化学)惰性,非活性.
unread [ʌn'red] a. ①未经阅读(审阅)的 ②不学无术的,无知的.
unreadable [ʌn'ri:dəbl] a. 不能读的,无法阅读的,难辨认的,模糊不清的,不值一读的. *unreadable signal* 不能分辨的信号.
unready [ʌn'redi] a. 没有预(准)备的,不灵敏的,迟钝的. unread'iness n.
unreal' [ʌn'riəl] a. 不真(现)实的,假的,不实在的,虚构的,空想(幻)的.
unrealis'tic [ʌnriə'listik] a. 不现实的,不真实的,不实际的,与事实不符的,幻想的. ~ally ad.
unreal'ity [ʌnri'æliti] n. 不真(现)实,空(幻)想,虚构的事物.
unrea'sonable [ʌn'ri:znəbl] a. 不合理的,无理(性)的,过度(高)的. *unreasonable demand* 不合理的要求. *unreasonable rules and regulations* 不合理的规章制度. unrea'sonably ad.
unrea'soning [ʌn'ri:zniŋ] a. 不合理的,不运用推理的,不加思量的.
unreceip'ted [ʌnri'si:tid] a. 未签收的,未注明已付讫的.
unreclaimed' a. 未收回的,未开垦的.
unrecognizable character 不可识别字符.
unrec'ognized [ʌn'rekəgnaizd] a. 未被认出(承认)的.
unrec'onciled a. 未取得一致的,不甘心的.
unreconstruc'ted a. 坚持旧观点的,保守的.
unrecor'ded a. 无记录的,未登记的,未注册的.
unrecov'ered [ʌnri'kʌvəd] a. 未恢复的,未还原的,不可恢复的.
unrec'tified [ʌn'rektifaid] a. 未改(修)正的,未调整的,未精馏的,未整流的.
unredeemed' [ʌnri'di:md] a. ①未履行的,未实践的 ②未偿还(还)清的,未补偿的,未挽救的,未恢复的.
unreduced' [ʌnri'dju:st] a. 未还原的,未约(简)化的. *unreduced matrix* 不可约矩阵.
unredu'cible [ʌnri'dju:səbl] a. 不可逆的,不可还原的,不可约(简)化的.
unreel' [ʌn'ri:l] v. 开(拆,退)卷,退绕,(原卷着的)松开,缠(解)开,(钢丝绳)解轴,放线.

unreeve' [ʌn'ri:v] (*unrove'*, *unreeved'*) v. (从滑车、心环等)拉回(绳子).
unreferenced field 未引用字段.
unrefined' [ʌnri'faind] a. 未精炼[制]的, 未提炼的.
unreflec'ted [ʌnri'flektid] a. 未经反射的, 无反射层的, 不反射的.
unreflec'ting a. 不反映的, 缺乏考虑的, 不顾前后的. ~ly ad.
unregar'ded [ʌnri'gɑ:did] a. 不受注意的, 被忽视的.
unregen'erate [ʌnri'dʒenərit] a. ①不能再生的 ②顽固不化的, 不悔改的.
unreg'ulated [ʌn'regjuleitid] a. 未校准的, 未调整[节]的, 不加稳定的. *unregulated rectifier* 未[非]稳压整流器. *unregulated supply* 未调电源.
un'reinforced' ['ʌnri:in'fɔ:st] a. 无(钢)筋的, 不加固的, 未加强的. *unreinforced (concrete) pavement* 无筋混凝土路面, 素混凝土路面.
unrela'ted [ʌnri'leitid] a. 没有联系的, 分开[解]的, 独立的. *unrelated perceived colour* 非相关性感色.
unrelen'ting [ʌnri'lentiŋ] a. 不屈不挠的, 不(松)懈的. ~ly ad.
unreliabil'ity n. 不可靠(性), 不安全(性).
unreli'able [ʌnri'laiəbl] a. 不可靠的, 难信任的, 不能相信的, 靠不住的, 不安全的.
unrelieved' [ʌnri'li:vd] a. ①未被减轻[缓和, 解除]的 ②无变化的, 单调的. *unrelieved stress* 残余应力.
unremar'kable [ʌnri'mɑ:kəbl] a. 不显著的, 不值得注意的, 平凡的.
unremarked' [ʌnri'mɑ:kt] a. 未被[受]注意的.
unremit'tance [ʌnri'mitəns] n. 不间断性, 非衰减性, 持续性.
unremit'ting [ʌnri'mitiŋ] a. 不断的, 不停的, 不间断的, 持续的, 不懈的.
unremu'nerative [ʌnri'mju:nərətiv] a. 无报酬的, 无利(可图)的, 不合算的.
unrenew'able [ʌnri'nju(:)əbl] a. 不能回收[更新, 再生]的, 无法再用的.
unrepresen'tative [ʌnrepri'zentətiv] a. 无代表性的, 非典型的.
unrequi'ted [ʌnri'kwaitid] a. 无报答[酬]的, 无偿的.
unreserved' [ʌnri'zə:vd] a. ①无限制的, 无保留的, 无条件的 ②没有预定的 ③坦率的, 完全的. *in unreserved agreement* 完全一致[赞同]. ~ly ad.
unresis'ted a. 不(受)抵抗的, 无阻力的.
unresolved' [ʌnri'zɔlvd] a. ①不坚决的, 无决心的, 未定的 ②未解决的, 悬而未决的 ③未分解的, 未加分析的, 未分辨的. *unresolved echo* 不清晰的回声.
unres'onance n. 非谐振[共振, 调谐].
unrespon'sive [ʌnris'pɔnsiv] a. 无答复的, 无反应的, 反应慢的, 感受性迟钝的. ~ly ad.
unrest' [ʌn'rest] n. 不安(宁, 稳), 纷乱. ~ful a.
unrestored television receiver 无恢复式电视机.
unrestrained' [ʌnris'treind] a. 无(不受)限制的, 不受约束的, 自由的, 过渡的.
unrestric'ted [ʌnris'triktid] a. 无(不受)限制的, 无[非, 不受]约束的, 无管制的, 无速率限制的, 自由的. *unrestricted intersection* 无管制交叉口.
UNRF = United Nations Revolving Fund for Natural Resources Exploration 联合国自然资源勘探循环基金.

unrid'dle [ʌn'ridl] vt. 解(谜), 阐明.
unrig' [ʌn'rig] (*unrigged*; *unrig'ging*) vt. 拆卸…的装备, 解去…的索具.
unrigh'teous [ʌn'raitʃəs] a. 不公正(平)的, 不正当的, 罪恶的.
unrip' [ʌn'rip] (*unripped*; *unrip'ping*) vt. 撕开, 扯开, 透露, 揭示.
unripe' [ʌn'raip] a. ①未(成)熟的, 生的 ②未准备的, 不适时的. ~ly ad.
unri'pened viscose 未熟成粘胶.
UNRISD = United Nations Research Institute for Social Development 联合国社会发展研究所.
unris'en [ʌn'rizn] a. 未升起的.
unri'val(l)ed [ʌn'raivəld] a. 无比的[四, 双, 敌]的. *unrivalled opportunities* 极好的机会.
unrivet v. 拆除铆钉.
unroas'ted a. 未经焙烧(处理)的.
unroll' [ʌn'roul] v. ①(铺[展, 打, 拆, 扭, 解])开, 展卷, 退卷, 回卷 ②显示, 展现.
unroof' [ʌn'ru:f] vt. 拆去…的屋顶, 去掉…的覆盖(物).
unroofed a. 无屋顶的, 露天的.
unroot' [ʌn'ru:t] v. 根除, 灭绝, 赶走, 迁离, 改变生活方式. *unrooted tree* 无根树.
unroun'ded a. 不(四)舍(五)入的.
unrove' [ʌn'rouv] unreeve 的过去式和过去分词.
UNRRA = United Nations Relief and Rehabilitation Administration 联合国善后救济总署.
unruf'fled [ʌn'rʌfld] a. 不混乱的, 不起皱的, 平静的.
unruled quadric 非直纹二次曲面.
unru'ly [ʌn'ru:li] a. 难驾驭的, 难控制的, 不守秩序的.
uns = unsymmetrical 不对称的.
unsafe' [ʌn'seif] a. 不安全的, 不可靠的, 不准确的, 危险的, 靠不住的. ~ty n.
unsaid' [ʌn'sed] Ⅰ unsay 的过去式和过去分词. Ⅱ a. 不说的, 未说明的.
unsal'aried [ʌn'sælərid] a. 不拿薪金的, 不取报酬的.
unsal(e)able [ʌn'seiləbl] a. 卖不掉的, 没有销路的, 非卖品的. ~ness n.
unsanc'tioned [ʌn'sæŋkʃənd] a. 未批准的, 不可接受的, 未经认可的.
unsan'itary [ʌn'sænitəri] a. 不卫生的, 有碍健康的.
unsaponifiable Ⅰ a. 不(能)皂化的. Ⅱ n. (pl.) 不皂化物.
unsatfy = unsatisfactory.
unsatisfac'tory [ʌnsætis'fæktəri] a. 不(能令人)满意的, 不能解决问题的, 不充分的.
unsat'isfied [ʌn'sætisfaid] a. ①不[未]满足的, 不满意的 ②不饱和的. *be unsatisfied with* 对…不满意. ~ly ad.
unsat'urated [ʌn'sætʃəreitid] a. 不(未, 非)饱和的.
unsatura'tion n. 不(未)饱和(现象).
unsa'vo(u)ry [ʌn'seivəri] a. 不好的, 难闻的, 令人厌恶的.
unsay' [ʌn'sei] (*unsaid*, *unsaid*) vt. 取消, 撤(收)回.
UNSC = United Nations Security Council 联合国安全理事会.
unscared a. 不害怕的, 吓不倒的.

unscathed [ʌnˈskeiðd] a. 未受损失的, 没有受伤的.
unscat'tered [ʌnˈskætəd] a. 不扩散〔散射〕的, 未〔非〕散射的, 集中的.
UNSCC = United Nations Standards Coordinating Committee 联合国标准调整委员会.
UNSCCUR = United Nations Scientific Conference on the Conservation and Utilization of Resources 联合国保存和运用资源〔资源保护和利用〕科学会议.
UNSCEAR = United Nations Scientific Committee on the Effects of Atomic Radiation 联合国原子辐射效应〔影响〕科学委员会.
unsched'uled [ʌnˈʃedjuːld] a. 不定期的, 没有预定时间的. *unscheduled maintenance* 不定期〔非预定, 计划外〕的维修, 出错〔故障, 修复〕维修.
unschooled [ʌnˈskuːld] a. ①没有进过学校的 ②没有受过训练的, 没有经验的.
unscientif'ic [ʌnsaiənˈtifik] a. 非〔不〕科学的, 没有科学知识的, 不按照科学方法的.
unscram'ble [ʌnˈskræmbl] vt. ①整〔清〕理 ②分解〔集成物〕使恢复原状 ③译出〔密电,使〔电视,模糊电图〕变得清楚. *unscramble rule* 非杂乱规则. *unscrambled method* 非杂乱法, 有序法.
unscram'bler n. 【轧】（坯料）自动堆垛台, 倒频器, 矫正器.
unscram'bling n. 非杂乱性.
unscreened' [ʌnˈskriːnd] a. ①未（过）筛的, 未筛选的, 未过滤的, 未分类的, 原煤的 ②没有用帘幕遮住的, 无屏蔽的 ③未经检查过的. *unscreened ore* 原矿.
unscrew' [ʌnˈskruː] v. 拧松〔旋出, 拔去, 卸下, 拧开〕（螺丝）, 拧下, 旋下, 拧出螺丝钉〕而拆卸.
unscrip'ted [ʌnˈskriptid] a. 不用稿子的, 不用广播稿的.
UNSDRI = United Nations Social Defence Research Institute 联合国社会防护研究所.
unseal' [ʌnˈsiːl] v. 开封〔启, 盖〕, 拆（开）, 未密封, 使解除束缚.
unsealed' a. 非密闭〔封〕的, 未（密）封的. *unsealed joint* 未封缝, 无封缝料的接缝.
unseal'ing n. 启封, 开封〔启, 盖〕, 拆开, 未密封.
unseam' [ʌnˈsiːm] vt. 拆〔撕, 割〕开, 拆…的线缝.
unsear'chable [ʌnˈsəːtʃəbl] a. 无从探索的, 探索不出的, 不可思议的, 神秘的. **unsearchably** ad.
unsea'sonable [ʌnˈsiːznəbl] a. 不合时令〔季节〕的, 不合时宜的, 不适时的. **unseasonably** ad.
unsea'soned [ʌnˈsiːznd] a. 未干透〔燥〕的, 未成熟的, 无经验的. *unseasoned wood* 新伐〔未干燥〕木材.
unseat' [ʌnˈsiːt] vt. 去职, 使退职, 使失去资格, 移位, 微微拍起, 打开.
unsea'worthy [ʌnˈsiːwəːði] a. 经不起〔不适于〕航海的.
unsecured' [ʌnsiˈkjuəd] a. 无担保的, 无保证的, 不牢固的, 不包装好的.
unseed'ed a. 未加晶种〔籽晶〕的.
unsee'ing [ʌnˈsiːiŋ] a. 不注意的, 视而不见的. *with unseeing eyes* 视而不见地.
unseem'ly [ʌnˈsiːmli] a. ; ad. 不适宜（的）, 不恰当（的）. **unseem'liness** n.
unseen' [ʌnˈsiːn] Ⅰ a. ①不看见的, 未被注意〔觉察, 发现〕的 ②看不见的, 不可见的, 观察不到的 ③未经预习的, 不用参考书的, 即席的. Ⅱ n. ①即席翻译（的章节） ②看不见的东西. *an unseen* (*passage, translation*) 当场〔即席〕翻译, 有待翻译的一段.
unseg'regated a. 未分离的.
unselec'ted a. 未经过选择的. *unselected core* 未选磁心.
unself'ish a. 无私的, 不谋私利的.
unsell' [ʌnˈsel] vt. 打消对…的信念, 打消…的念头.
▲*unsell M on N* 劝 M 别信 N.
unserviceabil'ity n. 不实用性, 运转不安全性, 使用不可靠性.
unser'viceable [ʌnˈsəːvisəbl] a. ①不能使用的, 不适用的, 没用的 ②运转中不安全的, 不耐用的, 使用〔运行〕不可靠的.
unserviced a. 无人保养〔看管〕的.
un'set' [ʌnˈset] Ⅰ a. ①不硬的, 未安装的, 不固定的, 未镶嵌的, 未凝固的. Ⅱ (*unset', unset'; unset'ting*) vt. ①使移〔松〕动, 扰乱 ②【计】复位, 置零, 清除, 复原.
unset'tle [ʌnˈsetl] vt. ①使不稳固, 使移〔松〕动, 离开固定位置 ②搅乱, 动摇, 使不安定, 使不确定.
unset'tled a. 不（稳, 安）定的, 易变的, 未固定的, 未解决的, 混（动）乱的 ②未付清的.
unsewered a. 无沟渠的, 无下水道的.
unshack'le vt. 解除…的桎梏〔枷锁〕, 解放〔开〕, 摘开, 使自由.
unshack'led a. 不受束缚的.
unsha'ded [ʌnˈʃeidid] a. ①无阴影（线）的, 气动力阴影之外的 ②无遮蔽的, 没有罩〔帘〕的 ③（声调）没有变化的. *unshaded region* 非阴影区, 空白区.
unshad'owed [ʌnˈʃædoud] a. 无暗影的, 没被阴影笼罩的.
unshak(e)able [ʌnˈʃeikəbl] a. 不能〔不可〕动摇的, 坚定不移的. **unshak(e)ably** ad. ~ness n.
unsha'ken [ʌnˈʃeikən] a. 不动摇的, 坚定〔决〕的. ~ly ad. ~ness n.
unshaped' [ʌnˈʃeipt] a. 未成形的, 粗制〔糙〕的.
unshape'ly a. 样子不好的, 不匀称的, 畸形的.
unshared' [ʌnˈʃɛəd] a. 未共享的, 未平分的, 非共用的, 不共同担负的. *unshared control unit* 非公用控制器. *unshared pair* 未耦合的电子偶.
unshared-electron n. 未共享〔价〕电子.
unsharp' [ʌnˈʃɑːp] a. 不清楚的, 不明显的, 模糊的, 钝的.
unsharp'ness n. 不清晰性, 非锐聚焦.
unshel'tered [ʌnˈʃeltəd] a. 无保护的, 无遮蔽的, 暴露的.
unshield'ed [ʌnˈʃiːldid] a. 无〔不设〕屏蔽的, 未〔无〕防护的, 未掩蔽的.
unshift-on-space n. 不印字间隔.
unship' [ʌnˈʃip] (*unshipped'*; *unship'ping*) v. ①从船上卸下（货）, 被卸下 ②被解下, 收起 ③解除…的负荷, 摆脱.
unshock' v. 无激波, 使不受冲击.
unshod' [ʌnˈʃɔd] a. 赤脚的, 无外胎的, 无铁包头的.
unshored' a. 无支撑的.
unshort'ing n. 排除〔消除〕短路（现象）.
unshrin'kable [ʌnˈʃriŋkəbl] a. 不会收缩〔缩小〕的, 防缩的.
unshroud'ed [ʌnˈʃraudid] a. （敞）开的, 开式的.
unshuf'fle v. 反移（从右向左移）.

unshun'ted *a.* 无(未)分路的,无(未)旁路的.
unsif'ted [ʌn'siftid] *a.* 未筛过的,未经详细检查的.
unsight' [ʌn'sait] *a.* 未见过的,未检查过的.
unsigh'ted [ʌn'saitid] *a.* ①未看见的,不在视野之内的,被遮住视线的 ②无(不用)瞄准器的.
unsight'ly [ʌn'saitli] *a.* 难看的,丑的.
unsignalized intersection 无信号交叉口.
unsigned' [ʌn'saind] *a.* 未署名的,未签字的,无符号的.
unsin'tered *a.* 未烧结的,不结渣的,未熔渣的.
unsized' *a.* 未分大小的,未筛分的,未过筛的,无浆(胶)的.
unskilled' [ʌn'skild] *a.* ①不熟练的,没有经验的,不灵巧的,拙劣的 ②不需要(特殊)技能的. *unskilled labour* 粗工(活),不需要特殊技能的劳动.
unskil'(l)ful [ʌn'skilful] *a.* 不熟练的,不灵巧的,拙劣的,笨拙的,不灵巧的,不行的. ~ly *ad.*
unslaked lime 生(未消化)石灰.
unsling' [ʌn'sliŋ] (*unslung*') *vt.* 从悬挂处取下,解开…的吊索,解开吊索放下.
unslip'pery *a.* 不光滑的.
unslug'gish *a.* 无磁滞的.
unsmoothed' *a.* 未平滑的.
UNSO = United Nations Statistical Office 联合国统计局.
unsodded slope 未铺草皮的边坡.
unsoil' [ʌn'sɔil] *v.* 剥离表土,除去表土.
unsoiled' *a.* 未弄脏的,洁净的.
unsolder [ʌn'sɔldə] *vt.* 拆[脱]焊,焊[烫]开,分离(裂.开).
unsolic'ited [ʌnsə'lisitid] *a.* 未经请求的,主动提供的.
unsolid'ified *a.* 不牢固的.
unsolvabil'ity *n.* 不可解性.
un'sol'vable [ʌn'sɔlvəbl] *a.* ①[数]不可解的 ②无法解释[答,决]的 ③不能溶解的.
unsolved' [ʌn'sɔlvd] *a.* 未解决[释]的.
unsophis'ticated [ʌnsə'fistikeitid] *a.* ①不复杂的,简单的,清楚易懂的 ②不搀杂的,真的,纯的,朴素的,质朴的.
unsor'ted [ʌn'sɔːtid] *a.* 未分类的,不[未]分级的,未加整理的,未(经)挑选的. *unsorted ash* 统灰,未筛分煤灰. *unsorted coal* 原煤.
unsought' [ʌn'sɔːt] *a.* 未经寻求而得到的,未经请求的,没有被要求的.
unsound' [ʌn'saund] *a.* ①不健全的,不健康的,有病的 ②不坚固的,不稳固的,不安定的,不安全的,不可靠的 ③不完整的,有缺点的 ④腐烂的 ⑤无固定体形的 ⑥无根据的,谬误的. *unsound arguments* 谬论. *unsound cement* 变质(不安定)水泥. *unsound knot* 朽节,不健全本节,木料死节. ~ly *ad.* ~ness *n.*
unsoun'ded [ʌn'saundid] *a.* ①未经探测的,未测过深度的 ②不发音的,未说出来的.
unspa'ring *a.* 严厉的,不吝惜的. *be unsparing in one's efforts* 不遗余力. *be unsparing of praise* 大加称赞. ~ly *ad.*
unspeak' [ʌn'spiːk] (*unspoke*', *unspo'ken*) *vt.* 取消(前言),撤(收)回.
unspeak'able [ʌn'spiːkəbl] *a.* 说不出的,难以形容的. **unspeak'ably** *ad.*
unspec'ialised 或 **unspec'ialized** [ʌn'speʃəlaizd] *a.* 非专门化的,不特(殊)化的,无特定功能的.

unspec'ifiable [ʌn'spesifaiəbl] *a.* 无法一一列举的.
unspec'ified [ʌn'spesifaid] *a.* 未指定的,未加规定的,未特别指出(提到)的,未详细说明的.
unspent' [ʌn'spent] *a.* 未用完的,未耗尽的.
unsplin'terable *a.* 不(会)(破)碎的.
unsplit' [ʌn'split] *a.* 不可分割的,整体的,整块的,不可拆卸的,无裂口(裂缝)的.
unspoiled mode 不失真(振荡)模式.
unspoilt' [ʌn'spɔilt] *a.* 未受损害(破坏)的.
unspoke' [ʌn'spouk] *unspeak* 的过去式.
unspo'ken [ʌn'spoukən] Ⅰ *unspeak* 的过去分词. Ⅱ *a.* 未说(出口)的,不表达出来的,无言的,缄默的.
unspot'ted [ʌn'spɔtid] *a.* 没有斑点(瑕疵)的,纯洁的.
unsprung' [ʌn'sprʌŋ] *a.* 没有安装弹簧的,不加弹簧(垫)的,非加在弹簧上的. *unsprung weight* 非悬挂(非加在底盘弹簧上的)重量.
unsquared' [ʌn'skwɛəd] *a.* 非方形的,非直角的.
unsqueezing *n.* 歪像整形.
unstabil'ity [ʌnstə'biliti] *n.* 不稳(安)定性,不安全性.
unsta'bilized [ʌn'steibilaizd] *a.* 不稳定的,未加稳定(措施)的,不能控制(操纵)的.
unsta'ble [ʌn'steibl] *a.* ①不稳定(固)的,不安(坚,固)定的,不坚定的 ②易变的,反复无常的. *statically unstable* 静(力)不稳定的. *unstable compound* 不稳定(易分解)化合物. *unstable state* 非稳态,不稳状态.
unstable-type gravimeter 不稳型重力仪.
unstain'able *a.* 不腐蚀的,不锈的.
unstained' [ʌn'steind] *a.* ①未染色的 ②纯净的,无瑕疵的,无污点的,未污染的.
unstall' *v.* 消除气流分离,消除流动中的不良现象,不失速. ~ed *a.*
unstamped' *a.* 未盖戳(章)的.
unstarred nonterminal 未加星号非终结符.
unsta'ted [ʌn'steitid] *a.* 未声明的,未明确说明的.
unstayed' [ʌn'steid] *a.* 未固定的,未加固的,无支撑的,未加支撑的.
unstead'iness *n.* 不(稳)定(性),不安定,不稳(度,固),不定常性,非恒(性),易变(性). *unsteadiness of image* 图像抖动(不稳).
unstead'y [ʌn'stedi] Ⅰ *a.* ①不稳(定)的,非恒的,不坚定的,非(最)恒的,不稳恒的,不[非]正常的 ②易变的,动摇的,跳变式的,阶跃式的,不连续的,不规则的. Ⅱ *vt.* 使(变)不稳[安]定,动摇. *unsteady flow* 非恒流,变量流,不定流动. *unsteady wave* 非稳态波.
unsteady-stage conditions 非稳定工况.
unsteady-state *a.* 非稳恒(状态)的,不稳恒的,非定常的.
unsteel' [ʌn'stiːl] *vt.* 使失去钢性,解除…的武装.
unstick' [ʌn'stik] (*unstuck*', *unstuck*) *vt.* ①扯(松,放)开,使不再粘着 ②起飞,离地. ▲come *unstuck* 弄糟,失败.
unstif'fened [ʌn'stifnd] *a.* 未加强(劲)的,未变硬的. *unstiffened suspension bridge* 未加劲悬索桥.
unstin'ting [ʌn'stintiŋ] *a.* 无限制的,慷慨的. ~ly *ad.*
unstitched' *a.* 未装订的,拆开缝线的,未缝合的,散页的.

un'stop' ['ʌn'stɔp] (unstopped; unstop'ping) v. 拔去…的塞子,打开…的口;除去…的障碍.

un'sto'ried ['ʌn'stɔːrid] a. 未载入历史的.

unstrained' [ʌn'streind] a. ①未〔产生〕变形〔变换〕的,无〔未〕应变的,未拘束的,未拉紧的 ②不紧张的,自然的 ③未滤过的. unstrained pile (head) 自由桩(头).

unstrap' ['ʌn'stræp] (unstrapped; unstrap'ping) vt. 解开…的带子.

unstrat'ified a. 不〔非〕成层的,不分层的,无层理的,非层状的.

unstreng'then v. 使变弱,削弱.

un'stressed ['ʌn'strest] a. ①不受力的,未加载〔负载〕的,没有〔产生〕内应力的,未受应力的,无应力〔变〕的,无张力的,放松了的 ②不强调的,不着重的.

un'stres'sing n. 放松,反应〔张力〕力.

un'string ['ʌn'striŋ] (un'strung, un'strung) vt. ①解开,放松,从线上取下 ②使混乱〔不安〕.

unstriped a. 无横纹的,不成条状的.

unstripped' a. 没有拆卸的,未经汽提的. unstripped gas 原料气体,富气,湿气.

unstuck' [ʌn'stʌk] Ⅰ unstick 的过去式和过去分词. Ⅱ a. ①未粘牢〔住〕的,未系住的,不固着的,松开的 ②失灵的,紊乱的.

un'stud'ied ['ʌn'stʌdid] a. ①非故意的,非人为的,自然的 ②即席的 ③未学得的,不通晓的.

un'subdued' a. 未被抑制的,未减低的,未缓和的,没有被征服的.

unsubscripted variable 无下标变量.

un'sub'sidized a. 没有补(交)助的.

un'substan'tial [ˌʌnsəb'stænʃəl] a. ①不坚固的,不结实的,空心的 ②没有实质的,不现实的,空想的. ~ity n. ~ly ad.

unsub'stituted a. 未被取代的.

unsubtracted dispersion relation 无减除色散关系.

unsubtract'edness n. 无减除.

unsuccess'ful [ˌʌnsək'sesful] a. 不成功的,失败的. ~ly ad. ~ness n.

unsuffic'ient a. 不充分的,不足(够)的.

unsuit'able [ˌʌn'sjuːtəbl] a. 不适合〔当,宜,用〕的,不相称的,不配的. unsuit'ably ad.

un'suit'ed [ˌʌn'sjuːtid] a. 不适宜〔宜,合〕的 (for, to),不相称〔容〕的,不配的.

un'sunned' ['ʌn'sʌnd] a. 不见阳光的,不受日光影响的,没有公开的.

unsupercharged a. 不增压的.

unsupervised crossing 不设交通岗的交叉口.

un'suppor'ted [ˌʌnsə'pɔːtid] a. ①没有支柱的,无〔未〕支撑的,净ящ的,支撑的,自由的 ②无载体的 ③未经证实的 ④未得到支持〔援〕的. unsupported distance 自由长度.

un'sure' [ˌʌn'ʃuə] a. ①缺乏信心的,没有把握的,不确知的(of) ②不稳定的,不可靠的,不安全的,危险的.

unsurfaced road 无路面的土路.

un'surmoun'table [ˌʌnsə'maʊntəbl] a. 不可克服〔战胜〕的.

un'surpassed' [ˌʌnsə(ː)'pɑːst] a. 无比的,最好的,卓越的,未被超过的.

unsurveyed a. 未测量的.

un'suspec'ted ['ʌnsəs'pektid] a. ①不〔受〕怀疑的 ②未知的,想不到的,未被发觉的.

un'suspec'ting [ˌʌnsəs'pektiŋ] n. 不怀疑的,未料想到的. be unsuspecting of the fact that… 没有料想到…的事实. ~ly ad.

unsvc =unserviceable.

un'swayed' ['ʌn'sweid] a. 不受影响的,不为所动的.

un'swept' a. 未扫过的,非后掠的.

unswer'ving [ˌʌn'swɜːvɪŋ] a. ①不歪的,不偏离的,直的 ②坚定的,不懈的. ~ly ad.

UNSYM 或 unsym =unsymmetrical.

un'symmet'ric(al) [ˌʌnsi'metrik(əl)] a. 非〔不〕对称的,偏位的,不匀称的,不平衡的. unsymmetric sampling gate 非平衡取样门. ~ly ad.

un'symmet'ry n. 不对称(性,现象). unsymmetry attenuation 不平衡〔不对称〕衰减.

un'sympathet'ic [ˌʌnsimpə'θetik] a. 不表示同情的,无反应的,引起反感的. ~ally ad.

un'systemat'ic [ˌʌnsisti'mætik] a. 无系统的,不规则的,紊乱的.

UNTAA =United Nations Technical Assistance Administration 联合国技术援助局〔管理处〕.

UNTAB = United Nations Technical Assistance Board 联合国技术援助理事会.

un'tamped' ['ʌn'tæmpt] a. 未夯实的,无反射层的.

un'tan'gle [ˌʌn'tæŋgl] vt. ①解〔松〕开 ②整〔清〕理,解决.

UNTAO =United Nations Bureau of Technical Assistance Operations 联合国技术援助业务局.

untapered pile 平头〔不削,无錐度〕的桩.

untapped reservoir 未打开的油藏.

un'taught' ['ʌn'tɔːt] a. 未受教育的,无知的,自然的.

un'taxed' ['ʌn'tækst] a. 未完税的,免税的,不负担过重的.

un'teach'able ['ʌn'tiːtʃəbl] a. 不能教的,固执的,不适合教学的,无法传授的. ~ness n.

un'tem'pered ['ʌn'tempəd] a. ①未回火的,未经锻炼的 ②没有调和的 ③无加控制的.

unten'able [ˌʌn'tenəbl] a. ①维持〔支持,防守〕不住的,②无根据的,站不住脚的 ③不能占据的.

un'ten'ded ['ʌn'tendid] a. 被忽略了的,未受到照顾的.

unten'sioned a. 未拉紧的,松弛的.

unter'minated a. 无(终)端接(头)的.

un'tes'ted a. 未试验的,未测试的,未勘探的.

untex'tured a. 无织构的.

un'think' ['ʌn'θiŋk] (un'thought') v. ①不想,不再思考 ②(对…)改变想法.

un'think'able ['ʌn'θiŋkəbl] a. 难以想像〔置信〕的,不能想〔像〕的,不可思议〔理解〕的,无法〔不堪〕设想的 ②毫无可能的,不必加以考虑的.

un'think'ing ['ʌn'θiŋkiŋ] a. ①未加思考的,不注意的,疏忽的,不动脑筋的 ②无思考能力的. ~ly ad.

un'thought' ['ʌn'θɔːt] unthink 的过去式和过去分词.

unthought'-of ['ʌn'θɔːtɔv] a. 没有想到的,意外的.

un'thread' ['ʌn'θred] vt. 从…把线抽出,使松脱,弯弯曲曲地走过.

unthreaded a. 无螺纹的.

un'thrif'ty ['ʌn'θrifti] a. ①不节省的,挥霍浪费的,奢侈的 ②无利可图的,不经济的,不兴旺的 不繁茂的,不壮实的,生长发育不良的.

unti′dy [ʌn'taidi] *a.* ①不整齐〔洁〕的,不简练的 ②不适宜的,不合适的.
un′tie′ ['ʌn'tai] *v.* 解开〔放,除〕,松开.
un′tight′ *a.* 未密封的,不紧密的.
un′tight′ness *n.* 不致密性,漏泄.
until′ [ən'til] *prep.; conj.* ①到,直到⋯为止 ②〔用于否定句中〕直到⋯才,不到⋯不,在⋯以前不. *I'll stay here until six o'clock.* 我将留在这里一直到六点钟 *This kind of instrument did not come into use until the 20th century.* 或 *Not until the 20th century did this kind of instrument come into use.* 或 *It was not until the 20th century that this kind of instrument came into use.* 这种仪器直到 20 世纪才开始使用. ▲ *unless and until* 直到⋯才. *until now* 或 *until the present time* 直到现在,至今. *until recently* 直到最近. *until then* 〔直〕到那时,在那以前. *up until* 直到.
un′tilt′ed *a.* 无倾斜的.
untimbered tunnel 无坑木支撑的隧道.
untimed *a.* 不定时的(广播).
untime′ly [ʌn'taimli] *a.; ad.* ①不合时(宜)(的),不适时的 ②过早(的),未成熟的,不凑巧的.
unti′ring [ʌn'taiəriŋ] *a.* 不倦的,坚持不懈的,不屈不挠的. ~**ly** *ad.*
un′ti′tled ['ʌn'taitld] *a.* 无标题的,无书名的,无称号的,无头衔的.
un′to ['ʌntu] *prep.* ①＝to(但不能代替表示不定式的 to)到,对 ②直到,到⋯为止. *Do unto him as he does unto others.* 以其人之道,还治其人之身.
un′told′ ['ʌn'tould] *a.* ①数不清的,无数〔限〕的,不可计量的,极大的 ②没有说到〔揭露,泄漏〕的.
un′tomb′ ['ʌn'tu:m] *vt.* 发掘,从墓葬中掘〔取〕出.
untouch′able [ʌn'tʌtʃəbl] *a.* ①不可接触的 ②达〔够〕不到的,碰不到的 ③未能开发的〔资源〕③禁止触动〔摸〕的,碰不得的 ⑤不可捉摸的,无形的.
un′touched′ ['ʌn'tʌtʃt] *a.* ①没有触动(过)的,未受损伤的,原样的,原原本本的 ②没有提到的,未经论及的 ③未受影响的 ④无与伦比的.
unto′ward [ʌn'touəd] *a.* 不顺的,不凑巧的,不适当〔宜〕的,困难重重的,麻烦的,难以忖的.
untrace′able [ʌn'treisəbl] *a.* 难追〔示〕踪不到的,难以发现的,难以查明的,难以解释的.
untrained′ [ʌn'treind] *a.* 没有经(受)过训练的.
un′tram′mel(l)ed ['ʌn'træməld] *a.* 没有受到阻碍的,不受妨碍〔限制,束缚〕的,自由的.
un′transfer′able [ʌntræns'fə:rəbl] *a.* 不可转移的,不可让与的.
un′transla′table [ʌntræns'leitəbl] *a.*; *n.* 难〔不能,不宜〕翻译的,不可译的(词).
un′trav′el(l)ed ['ʌn'trævld] *a.* 人迹不到的,未旅行过的.
un′tread′ ['ʌn'tred] (*un′trod′, un′trod′(den)*) *vt.* 返回,折回.
untreat′ed [ʌn'tri:tid] *a.* 未(经)处理的〔处治的〕,未浸渍过的. *untreated pole* 未经(防腐)处理的电杆,未浸渍电杆. *untreated rubber* 生橡胶. *untreated water* 原水,未经处理过的水.
un′tri′ed ['ʌn'traid] *a.* 未经试验〔用〕的,没有做过试验的,未经考〔检〕验的,没有经验的. *leave nothing (no means) untried* 试尽一切办法,用尽手段.
un′trim′med ['ʌn'trimd] *a.* 未经整理〔修整〕的,杂乱的,不整齐的.
untriv′ial [ʌn'triviəl] *a.* 非平凡的. *untrivial solution* 非零解.
un′trod′ ['ʌn'trɔd] Ⅰ untread 的过去式和过去分词. Ⅱ *a.* 没有踩踏过的,人迹罕到的.
un′trod′den ['ʌn'trɔdn] Ⅰ untread 的过去分词. Ⅱ *a.* ＝untrod.
un′troub′led ['ʌn'trʌbld] *a.* 未被扰乱的,平静的,无忧虑的.
un′true′ [ʌn'tru:] *a.* ①不真〔确,忠〕实的,(虚)假的 ②不正〔精〕确的,不合标准的,(安装)不正〔平〕的,不准的 ③不正当的. ▲ *be untrue to type* 不合规格.
un′trust′worthy ['ʌn'trʌstwə:ði] *a.* 不能信任的,不可靠的.
un′truth′ [ʌn'tru:θ] *n.* ①不真实,虚假〔伪〕,谎言 ②不正确〔确实〕性,不精确度. ~**ful** *a.* ~**fully** *ad.*
untuck′ [ʌn'tʌk] *vt.* 拆散,解开(褶子).
un′tu′nable *a.* 不可调(谐)的.
un′tuned′ [ʌn'tju:nd] *a.* 非〔未,不〕调谐的.
un′turned′ [ʌn'tə:nd] *a.* 不转动的,未翻转的,没有转向〔折回〕的,未颠倒的,没有(用车床)车过的. ▲ *leave no stone unturned* 用一切手段,千方百计,想尽方法.
un′twine′ ['ʌn'twain] *v.* 解开(缠绕物),散开.
un′twist′ ['ʌn'twist] *vt.* 解开,解缠,朝相反方向扭〔捻〕开. *untwisted blade* 非扭曲叶片. *untwisted silk* 未捻丝.
UNU ＝United Nations University 联合国大学.
unu′sable [ʌn'ju:zəbl] *a.* 无用的,不能使用的,不合〔可〕用的.
un′u′sed *a.* Ⅰ [ʌn'ju:zd] 不用的,未(利,使)用的,空着的,新的,未消耗的,积累的. Ⅱ ['ʌn'ju:st] 不习惯的. *unused code* 禁用代码,非法代码〔字符〕. *unused command* 非法组合(字符). *unused fund* 未动用资金. *unused portion* 未用部分. *unused time* 未使用时间,关(停)机时间. ▲ *unused to M* 不惯于 M 对 M 毫无经验的.
unu′sual [ʌn'ju:ʒuəl] *a.* ①不普通的,不平(寻)常的,异(寻乎)常的,稀有的,罕见的 ②例外的,独特的,奇怪(异)的.
unu′sually *ad.* 异乎寻常地,显著地,非常.
unut′terable [ʌn'ʌtərəbl] *a.* ①说不出的,难以形容的 ②坏透的,十足的,彻底的,极端的. **unut′terably** *ad.*
un′val′ued ['ʌn'vælju:d] *a.* ①不受重视的没有价值的,无足轻重的 ②未曾估价的,难估价的,极贵重的.
un′va′porized *a.* 不蒸发的,不汽化的.
un′va′ried ['ʌn'vɛərid] *a.* ①不变的,经常的,一贯的 ②千篇一律的,单调的.
un′var′nished ['ʌn'vɑ:niʃt] *a.* ①未油漆的,未修饰的,素朴的 ②不加修饰的,坦率的.
unva′rying [ʌn'vɛəriiŋ] *a.* 不变的,恒定的,经常的,一定的. *of unvarying validity* 一直有效的.
unveil′ [ʌn'veil] *v.* 揭开⋯的幕,揭〔显〕露,展出.
un′ver′ifiable ['ʌn'verifaiəbl] *a.* 不能证实的,无法验验〔核实,考证〕的. **un′ver′ifiably** *ad.*
un′versed′ ['ʌn'və:st] *a.* 无知的,不精通的,不熟练的,无经验的.

unvoice sound 非语言声,非语音.

un'voiced' a. 未说出的. *unvoiced* (*speech*) *sound* 清音.

un'vouched' a. 未加证明的,无担保的.

un'vul'canized a. 未硫化的.

unwant'ed [ʌn'bintid] a. ①不需[想,必]要的,不希望有的,无用的,多余的 ②有害的,有缺点的. *unwanted carrier* 干扰载波. *unwanted command* 假指令. *unwanted echo* 干扰回波信号. *unwanted lobe* (无用)副瓣. *unwanted sideband* 无用[干扰]边带.

un'warned' [ʌn'wɔːnd] a. 未受警告的,没有预先通知的,出其不意的.

unwar'rantable [ʌn'wɔrəntəbl] a. 无正当理由的,无法辩护的,不能保证的. **unwar'rantably** ad.

unwar'ranted [ʌn'bintid] a. 不必要的,不应有的,不正当的,没有根据的,不能承认的,没有(得到)保证的.

unwa'ry [ʌn'wɛəri] a. 不小(留)心的,不谨慎的,粗心(大意)的,不警惕的,疏忽的,轻率的.

un'washed' [ʌn'wɔʃt] a. ①未洗(过,涤)的,未清洗的,未被冲刷的,不靠海(河)的 ②无知的,卑贱的.

un'watched' [ʌn'wɔtʃt] a. 无人监视(值守)的,无人值班的,无人[不用]看守的,自动的.

unwater ['ʌn'wɔːtə] vt. 排水(干,泄),疏水,疏干,去湿,使干燥.

unwatered ['ʌn'wɔːtəd] a. ①缺水的,干燥的,去湿的,除去水分的 ②不加水冲淡的,未稀释的.

unwa'vering a. 不动摇的,坚定的. ~**ly** ad.

UNWC =United Nations Water Conference 联合国水事会议.

unwea'ried [ʌn'wiərid] a. 不倦的,不屈不挠的.

unwea'rying [ʌn'wiəriiŋ] a. 不会(使人)疲倦的,不倦的,坚持不懈的.

unweath'ered [ʌn'weðəd] a. 未风化的.

unweigh'able a. 不可称量的.

unweighed' a. 未称重量过的.

unweighted mean 未加权平均数.

unwel'come [ʌn'welkəm] Ⅰ a. 不受欢迎的,讨厌的. Ⅱ n. 冷淡. Ⅲ vt. 冷淡地对待(接受). ~**ly** ad.

un'whole'some ['ʌn'houlsəm] a. 不卫生的,有害的,含有毒素的,腐败的,令人不快的.

unwide'ly [ʌn'waidli] ad. 不广(泛)的,不远.

unwiel'dy [ʌn'wiːldi] a. ①笨重的,不灵巧的,庞大的 ②难操纵(控制)的,不实用的,难(不便于)使用的,不便利的.

un'will'ing [ʌn'wiliŋ] a. 不愿意的,不情愿的. ▲*be unwilling to* +*inf.* 不愿(意)(做),不情愿(做),勉强(做). ~**ly** ad.

unwind ['ʌn'waind] (*un'wound'*, *un'wound'*) v. (原来卷住的、缠住的)解(转,展,摊)开(from), (发条)走松(松开),放松,伸直.

unwindase n. 解旋酶.

unwinder n. 退绕(开卷,拆卷,解开)机.

un'wise' ['ʌn'waiz] a. ①不聪明的,愚蠢的,笨的 ②欠考虑的,不明智的,轻率的.

un'wished' (-for) ['ʌn'wiʃt(fɔː)] a. 不希望的,不想要的.

un'wit'nessed ['ʌn'witnist] a. 未被观察到的,未被注意的.

unwit'ting [ʌn'witiŋ] a. 无意的,不知不觉的. ~**ly** ad.

unwon'ted [ʌn'wountid] a. 少有的,罕见(有)的,不常有的,不常用的,非(异)常的,不习惯的,罕见的. ~**ly** ad.

un'work'able ['ʌn'wəːkəbl] a. ①不能工作(开动,实行)的,难以使用(处理,操作,运转,工作,实行)的 ②不切实际的. *unworkable concrete* 难灌筑的混凝土.

un'worked' ['ʌn'wəːkt] a. ①未(使)用(过)的 ②未制成形的,粗糙的.

un'worn' ['ʌn'wɔːn] a. 没有受损(磨损,擦破,用旧)的,没有受伤的,新的,原样的.

unwor'thy ['ʌn'wəːði] a. ①不足道(取)的,不值得…的,不配…的,与…不相称的(of) ②无价值的,拙劣的. *unworthy of being mentioned* 不值得一提. **unwor'thily** ad. **unwor'thiness** n.

un'wound' ['ʌn'waund] Ⅰ unwind 的过去式和过去分词. Ⅱ a. 未卷绕的,未上发条的,(从卷绕状态)松散的.

un'woun'ded ['ʌn'wuːndid] a. 完好无损的,未受伤的.

un'wrap' [ʌn'ræp] (*un'wrapped*; *un'wrap'ping*) v. 打(展)开,展开.

un'writ'ten [ʌn'ritn] a. ①非书面的,口头(传)的,未写下的,不成文的 ②空白的. *unwritten law* 不成文法法,习惯法.

un'wrought' ['ʌn'rɔːt] a. 没有制造(加工,整理,开采)的,未最后成形的,粗糙的,原始的.

unyawed' a. 无偏航的. *unyawed model* 正置(对称烧流)模型.

unyiel'ding [ʌn'jiːldiŋ] a. ①不能弯曲的,不沉陷的,不可压缩的 ②稳定的,坚固的,硬的 ③坚(顽)强的,不屈服的.

unyoke' [ʌn'jouk] v. 诉开,分散,停止工作.

un'zip' ['ʌn'zip] (*un'zipped*; *un'zip'ping*) v. 拉开(拉链).

un'zoned' ['ʌn'zound] a. 未分带的,未(划)分区(域)的,无约束的,无(不受)限制的. *unzoned metal lens* 简单(不分区)金属透镜(天线).

UOL =underwater object locator 水下物体定位器.

UOP =Universal Oil Products Company 美国环球石油产品公司.

up [ʌp] Ⅰ ad. ①向(朝)上,在上(面,部),在地(水)平线上. 700 *meters up* 高 700 公尺. *up* 700 公尺的上空. *4th row up* 下边数起第四排. *this side up* 这面朝上.

②(与动词连用,表示动作完全、彻底或结束)…完,…光. *burn up* 烧光. *finish up* 完成,结束. *use up* 用完,用光. *Time's up.* 时间到了.

③(表示出现,起来,上升,增加,加强)以供考虑. *bring a matter up for consideration* 提出问题以供考虑. *bubble up* 气泡上升. *go up* 上升,爬上. *speed up* 加速. *step up* 升高,升压. *Is anything up?* 发生什么事情没有? *The question came up for discussion.* 问题提出来讨论. *These values are up 7 db.* 这些值增加 7 分贝. *The structure is up.* 这建筑物已造起来了. *The sun is up.* 太阳出来了. *when the battery is up* 当电池电很足(充电)时.

④(在空间、时间、程度方面)赶上,达到,一直到,在…以上. *catch up with and surpass advanced world levels* 赶超世界先进水平. *keep up with the*

times 赶上时代. *range from 50 up* 范围〔量程〕从50以上.
⑤封起,锁起,贮藏起. *tie up a package* 打包.
▲ *all up* (*with*) 结束,终了,完了,完蛋. (*be*) *up against him* 一端朝上,上下直立;竖着. *be up to* 从事于;胜任,达到(标准,指标等),归…负责,是…的责任,由…决定. *effective up to* 有效(距离等)达…,有效(…)在…以内. *effective up to 3 miles* 有效距离达3英里左右〔在3英里以内〕. *right side up* 正面朝上. *right up until* 一直到…为止. *up and down* 上(上)下(下),起伏,忽上忽下,前(前)后(后),往返〔复〕到处,四面八方. *up in* 〔*on*〕 精通,熟悉. *up there* 在那里. *up to* (一)直到,最多到,最高(可)达,多达,…下,在…(范围,数值)以内,等于,同…不相上下,并排(相近,同[可以相比])(或 *up with*);胜任,适合于,达到(标准,指标等);轮到,该由;忙于,从事于. *from 1 up to 100* 从1(一直)到100. *take up to 200 tons of steel* 需要达200吨钢. *up to now* 至今. *up to spec*(*ification*) 合(平)规格. *up to standard* 合格,合乎标准. *up to this point* 直到现在为止,直到这时. *up with* 拥护,把…抬〔竖〕起来.
well up in 精通,长于.
Ⅱ *prep*. 向(在)…上,顺〔沿〕…而上,逆着…的方向. *roll up a gradient* 沿坡面向上滚动. *run up the pipe* 沿管道向上流动. *sail up a river* 向河的上游航行. *Smoke goes up the chimney*. 烟从烟囱冒出. *walk* 〔*climb*〕 *up the stairs* 上楼梯.
Ⅲ (*up'per, up'most* 或 *up'permost*) *a*. 向上(面)的,朝上的,上行的. *on up grades* 上坡上坡线. *up converter* (向)上变频器,增频变频器,向上变频器. *up cut* 上铣式,逆铣. *up cutting* 〔*milling*〕 仰逆,逆对向铣. *up down counter* 升降〔正反〕计数器. *up hole* 上向地眼. *up level* 高电平. *up line* 〔*link*〕 上行线(路). *up run* 上行(蒸汽,煤气). *up set* 上端局设备. *up shot* 近景摄影. *up slope time* 电流渐增时间,上升时间. *up station* 上端局. *up stream* 上游,上流. *up stroke* 上升冲程,上行程,上行运动. *up symbol* 升符号. *up time* 顺时,有效时间,可使用时间,正常运行时间. *up train* 上行(列)车.
Ⅳ *n*. 上升,上坡,上行列车(公共汽车),繁荣,全盛. *a difference between up and down* 上和下之间的差别. ▲ *ups and downs* 上坡下坡,高低,起伏,沉浮,盛衰,迂回曲折.
Ⅴ (*upped; up'ping*) *v*. ①(站)起来,跳起,突然做 ②举(起)(*with*) ③提(抬)高,上升(行),增加.
up = ①ultraportable 超便移式,超轻型的 ②under proof 或 underproof 不合格的,不合标准的,标准强度以下的 ③被试验的 ④upper 上(面)的.
U. P. = unbleached pulp 未漂浆,本色浆.
up- 〔词头〕向上,在上,向〔在〕高处.
up-and-down ['ʌpən'daun] *a*. 上(上)下(下)的,一上一下的,往复的,起伏的,变动的. *up-and-down movement* 上下〔升降〕运动.
up-and-up *n*. 不搞歪门邪道;越来越好.
up'beat ['ʌpbiːt] Ⅰ *n*. 上升,向上发展,兴旺. Ⅱ *a*. 乐观的.

up'blaze' ['ʌp'bleiz] *vi*. 燃烧起来.
upborne ['ʌp'bɔːn] *a*. 被高举起的,升高了的,被支持着的.
up-bound boat *n*. 上行船.
upbraid' ['ʌp'breid] *vt*. 谴责,责备.
upbuild' ['ʌp'bild] (*upbuilt', upbuilt'*) *vt*. 建立.
up'cast' ['ʌpkɑːst] Ⅰ *a*. (向)上抛的,上投的,朝上的. Ⅱ *n*. ①上抛(物),上抛(投) ②上风井(口),通风坑,排气坑,上升管,(锅炉)蒸发管,*upcast fault* 上投断层. *upcast shaft* 通风井,通风(竖)管. *upcast ventilator* 朝上通风筒.
up'coast' *n*. 上行海岸.
up'coiler *n*. (地上)卷取机,上卷机.
up'coming ['ʌpkʌmiŋ] *a*. 即将到来的. *upcoming event* 突发功能动作.
up'conver'sion *n*. 上变频,向上〔升频〕转换.
up'-conver'ter ['ʌpkənvəːtə] *n*. 上变频器,上变频器,增频变频器,向上杂频(变换器,上转换器.
up-country Ⅰ ['ʌp'kʌntri] *n*.; *a*. 内地(的). Ⅱ ['ʌp'kʌntri] *ad*. 在(向)内地.
upcurrent *n*. 上流(流),上升流.
upcurve *n*. 上升曲线.
up-cut *n*.; *vt*. 上切削,逆铣. *up-cut grinding* (砂轮与工件)逆(转)向磨削,逆磨. *up-cut milling* 仰(迎)对向铣. *up-cut shear* 上切式剪切机.
UPD = uniform probability design 均匀〔匀布〕概率设计.
update' ['ʌp'deit] Ⅰ *v*. ①(使…)现代化,使…适合新的要求,适时修正,不断改进,更新,革新,重(形枚)复 ②[计] 修改,校正. Ⅱ *n*. 现代化,(关于…的)最新资料(on),补充资料,更新材料. *updating formula* 校正公式.
upda'ted *a*. 适时的,修改的,更新的,校正的. *updated and revised edition* 最新修订本. *updated position* 追踪位置.
up'da'ter *n*. 更新器.
updip *n*.; *v*. 上倾.
up/down counter 可逆〔升降〕计数器.
up-down *n*. 升降. *up-down component* 目标俯仰(上升)分量. *up-down error* 垂直平面误差(导引).
up-down asymmetry 上下不对称.
up'draft 或 up'draught ['ʌpdrɑːft] *n*.; *a*. 向上排气〔通风,气流〕(的),上升(气)流,上曳气流,(向)上抽(风的),上风〔流〕式的,直焰(的). *updraft carburettor* 上吸式汽化器. *updraft furnace* 直焰(上向通风)炉. *updraft sintering machine* 鼓风烧结机. *updraft ventilator* 上风道式通风[抽气装置].
up'drift *n*. 迎流推移.
upend' ['ʌp'end] *v*. ①竖(倒)立,倒放,颠(倾)倒 ②顶〔顿〕锻,镦粗. *upend forging* 冲挤锻造. *upending test* 镦粗〔可镦锻性〕试验.
up'end'er ['ʌp'endə] *n*. 调头〔竖立,翻转〕装置,翻转机,(卸料)翻转机. *coil upender* 翻卷机.
uperiza'tion *n*. 超速消毒,瞬间消毒.
up'faul'ted block 断层上块.
upfield *n*. 高磁场.
upfloat *v*. 浮起,显露.
up'flow *n*. (向)上流(动),上升气流.

upfold n.; v.【地】隆皱.
upgliding n. 上升测滑,侧滑上升.
up′grade ['ʌp'greid] v.; n. ①提高(等级,质量,品位,标准),提升,升格,(使)升级,改良〔进〕,(变)高级〔复杂〕②上升〔坡〕,升级,增加,上累 ③浓缩,加浓 ④加强,加固. *upgraded design formula* 先进的设计公式. *up-grading silo* 加固〔超硬度〕地下井. ◆*on the upgrade* 上升的,进步的,欣欣向荣的,蒸蒸日上的.
up-grinding n. (砂轮与工件)逆转向磨削,逆磨.
up′growth ['ʌpgrouθ] n. 生长(物),发展(的结果),发达.
uphea′val [ʌp'hi:vəl] n. ①隆(抬,胀)起,上升 ②变革,剧〔激〕变,大变动,动荡〔乱〕③(岩层)移动.
upheave′ [ʌp'hi:v] vt. 隆〔胀,抬,举〕起,使上升,岩层隆起,(岩层)移动.
upheld [ʌp'held] uphold 的过去式和过去分词.
up′hill ['ʌp'hil] n.; a.; ad. ①上坡(山)(的),向上(的),上升的,上行(的),位于高处的,(倾)斜(面)②困〔艰〕难的,费力的. *uphill casting* 底浇〔注〕,底铸,叠箱铸造. *"up-hill" diffusion* "上坡"式扩散. *uphill furnace* 倾斜炉. *uphill gradient* (slope)升坡,向上的坡面. *uphill road* 上坡路. *uphill side* 山(坡)面,向上的坡面.
up′hold′ ['ʌp'hould] (*up′held′*, *up′held′*) vt. ①支〔维,坚〕持,赞成,拥护,主张,鼓励 ②举起,高举,抬高,支撑 ③证实,确认,保证. *uphold principle* 坚持原则.
up′hold′er n. 支持者,赞成者,支撑物.
uphole a.; ad. (向)井上. *uphole detector* 井口检波器. *uphole shooting* 炮井地震测井,自下而上射孔. *uphole stack* 垂直叠加. *uphole time correction* 井深时间校正. *uphole velocity* (泥浆)上返速度.
upho′lster [ʌp'houlstə] vt. ①装潢,布置,摆设 ②为…装垫子〔套子,弹簧〕. *back upholstering* 靠背. *upholstered chair* 软垫(弹簧)座椅.
upho′lsterer n. 家具〔室内装潢〕商.
upho′lstery ['ʌp'houlstəri] n. 室〔车〕内装饰(品,业),家具覆盖饰物.
UPI = United Press International(美国)合众国际社.
U-pipe n. U 形管.
up′keep ['ʌpki:p] n. 维护〔修,持〕(费),检修(费),保养(费),修理(费),管理(费).
up′land ['ʌplənd] n.; a. 高地(的),山地(的),高原的. *upland field* 旱地. *upland moor* 高地〔原〕沼泽. *upland water* 上游来水,地表水.
up-leg n. (弹道)上升段.
uplift I ['ʌp'lift] vt. II ['ʌplift] n. ①举〔抬〕起,(使)隆起,冻胀 ②提高,促进,振奋,使向上,上升 ③浮升 ④上举,扬压,浮托力 ⑤反向压力,被动土压力,向上的水压力,静升力(空). *uplifted shelf* 上升陆架.
up′line n. ①入站线,侧线 ②上行线路.
up-link n. 上行线路〔系统〕,对空通信. *up-link carrier* 上行载波. *up-link transmitter* 上信道发射机.
up′load n. 向上作用的负载. v. 加负荷.
up′looper n. 立式活套成形器,立式活套挑.
up-market a. (适于,进入)高档商品市场(的),高档的,高收入消费者的.
up′-mill n.; v. 逆铣.

up-on command 上行指令.
up′per ['ʌpə] a. ①上(面,头,位,部,层,级,限,流,游)的,较高的 ②地表层的,后期的 ③较早的 ④北部的. *upper accumulator* 上限累加器. *upper air* 高空(大气). *upper approximate value* 偏大近似值. *upper atmosphere* 上层大气(E 层和下层领域),高空大气层. *upper beam* 顶梁. *upper bearing* (轴承的)上轴瓦. *upper bend* 背斜,向上弓. *upper bosh line* 炉腹顶线. *upper bound* 上限〔界〕. *upper boundary* (大气层)上界,(飞行器)升限. *upper branch* 上半子午圈(子午圈经过天顶的支路). *upper brick paving* 立式砖块铺砌,立砌砖块路面. *upper case* (字母的)大写体. *upper class* 上部. *upper coat* 上层. *upper control limit* 控制上限. *upper course* 上层〔游〕. *upper curtate* (卡片孔横向划分的)上区段,高部. *upper cut* 细(二次)切削. *upper cut-off frequency* 上限截止频率,上限截频,通带〔频谱〕上限. *upper dead centre* 上死(静)点. *upper deck of bridge* 上层桥面. *upper edge of the band* 频段高端. *upper harmonic* 高谐波(音). *upper ionized layer* 高电离层. *upper keyboard* 键盘右侧. *upper limit* 上限,上点,上限〔最大〕尺寸. *upper limit of hearing* 最大可闻阀,最高听力限度. *upper limiting filter* 低通〔上限〕滤波器. *upper partial* 泛音. *upper plate* (顶)板,上盘. *upper point of accumulation* 最大聚点. *upper sample* 上层(取的)试样. *upper slide rest* 上〔复〕刀架,小拖板. *upper speed cone* 高速锥. *upper state* 高能态,上态. *upper tank air* 油罐上层空气蒸汽. *upper-thrust wall* 上游承推墙. *upper wall* (断层)上盘,顶壁. *upper water* 上游〔上层,顶部〕水. *upper wind* 高空风. *upper works* 水线以上的船体,干舷. *upper yield point* 上屈服点,塑性上限. ◆*get* 〔*have*〕 *the upper hand of* 胜过,比…有利〔占优〕.
up′per-adja′cent-chan′nel interfe′rence 上邻(频)道干扰.
up′per-brack′et a. 高级的,到顶的.
up′per-case I n.; a. 大写字母,大写体,大写(的). II vt. 用大写字母排印.
up′per-deck′ing n. 铺上层桥面.
up′per-frame n. 顶架〔框〕.
up′per-fre′quency lim′it 频率上限.
up′permost ['ʌpəmoust] (up 的最高级)a.; ad. 最上(的),最高的,最主要的,最突出(的),至上(的),在上面,最初,首先. *uppermost ionosphere* 上层电离层. *uppermost layer* 表层,最上层,最上面的地层.
up′per-side′band n. 上边带.
Uppsala synchrocyclotron (瑞典)乌普萨拉同步回旋加速器.
upraise′ [ʌp'reiz] vt. 举〔抬,耸〕起,升〔提〕高,向上掘进. n. (采矿)天井,暗井.
up′range ['ʌpreindʒ] n.; a. ①上靶场,靶区前段

(弹道)上(段)射程 ②至发射点的方向 ③在上(段)射程内. *uprange direction* 向靶区始段方向, 逆靶区弹道. *uprange facilities* 上航区设备.

uprate *vt.* 增长, 升级, 改善.

up'rated ['ʌpreitid] *a.* 大功率的.

uprear' [ʌp'riə] *v.* 举(抬, 升)起, 树(建)立, 赞扬, 抚养.

up'right ['ʌprait] Ⅰ *a.* *a.* ①(笔, 垂)直(的)(, 竖(立, 直, 式)(的)(, 直立(的), 立(式)(的), 铅直的, 侧砌的 ②正直的, 诚实的. Ⅱ *n.* ①(上)(区)柱, 支杆(柱), (直)立(铁)杆, 笔直的支撑物, 的东西) ②(pl.)(压力机)导架. Ⅲ *vt.* 立起, 竖(直)立. *bolt upright* 直立, 笔直笔直. *upright core* 直(立)(条形)铁心. *upright course* 竖(立)层岩. *upright drill (er)* 立式钻床. *upright engine* 立式发动机. *upright of a boring machine* 镗床柱. *upright projection* 垂直投影. *upright stanchion* 立杆, 立柱. ▲*be out of upright* 偏斜, 歪. *Keep upright!* 勿倾置! *set...upright* 把...竖立. ~*ly ad.*

uprise Ⅰ [ʌp'raiz] (*uprose', upris'en*) *vi.* Ⅱ [ʌp'raiz, 'ʌpraiz] *n.* ①起立(身, 床), 立起, 升(高)起, 向上 ②伸(竖)直, (直)立管 ③出(涌)现 ④起浪涌, 涌高, 膨胀, 变高 ⑤高起处, 上升) ⑥起义, 暴动.

upri'sing [ʌp'raiziŋ] *n.* ①起立, 上升 ②上升的斜坡 ③起义, 暴动. *Autumn Harvest Uprising* 秋收起义.

up'riv'er ['ʌp'rivə] *a.*; *ad.* 在上游的(, 向上游(的), 从上游的).

U-process *n.* 自旋反转过程, 重新取向过程.

uproot' [ʌp'ru:t] *v.* 连根拔除, 根除, 灭绝, 推翻, 赶(挖)出, 迁离, 改变生活方式.

uprose' [ʌp'rouz] *uprise* 的过去式.

uprouse' [ʌp'rauz] *vt.* 唤醒, 激起.

up'rush ['ʌprʌʃ] *n.* (气体, 液体)上冲, 猛增, 涌起, 突起.

upscale *a.*; *ad.* 偏向高刻度, 高标度端的.

up'scat'tering *n.* 导致能量增加的散射, 增能散射.

upset' [ʌp'set] (*upset', upset'; upset'ting*) *v.* Ⅰ *n.* ①镦锻(粗), 缩(顿, 顶)镦 ②加压(厚) ③缩锻用)陷型模, 缩锻钢条的粗大末端 ④弄(打, 搞, 翻)倒转, 倾复, 翻倒)乱 ⑤扰(打)乱, 扰动, 干扰, 弄糟, 破坏, 打击, 使失常, 失调, 不适. Ⅱ ['ʌpset] *a.* 打翻了的, 弄倒了的. *clamp upset*(施工时压下工件用的)弯压铁. *cold upsetting* 冷镦粗. *upset bolt* 膨径(镦粗)螺栓. *upset (butt) welding* 电阻对(接)焊, 镦焊. *upset current* 镦锻时的电流. *upset diameter* 镦锻直径. *upset drill pipe* 加厚钻探管 *upset frame* (砂)箱框. *upset pass* 立轧道次(孔型). *upset pressure* 顶锻压力. *upset rivet* 膨径铆钉. *upsetting machine* 镦粗(镦锻)机, 振实造型机. *upsetting moment* 倾覆力矩. *upsetting test* 顶锻(,扩口)试验. ▲*get upset* 弄得手忙脚乱.

upset'ter *n.* 镦锻(镦造)机, 镦粗机. *electric upsetter* 电热(加热)镦粗机. *upsetter forging press* 镦锻压力机. *upsetter machine* 镦粗(镦)机, 振实造型机.

up'shaft *n.* 往上通风的竖井, 气流向上排出的通风井.

up'shift ['ʌpʃift] *vi.*; *n.* 换高速档, 加速.

upshoot Ⅰ *v.* (向)上(喷, 发)射, 上升. Ⅱ *n.* 结果(尾, 局).

up'shot ['ʌpʃɔt] *n.* ①结果(尾, 局) ②结论, 要点. ▲*in the upshot* 最后, 终于.

up'side ['ʌpsaid] *n.* 上面(部, 边, 段)的, 上行线月台. *upside down* 颠倒, 倒转, 翻(倒)过来, 头(口)朝下, 混乱, 乱七八糟. *upside point* 回归点, 拱点.

up'side-down ['ʌpsaid'daun] *a.*; *ad.* 颠倒(的), 倒转(的), 翻(倒)的, 反)过来(的), 头(口)朝下(的), 倒立的, 倒置的, 混乱的, 乱七八糟(的). *upside-down mounting* (集成电路组装的)倒装(法).

up'sides ['ʌpsaidz] *ad.* 相等地位, 不分高低. ▲*be upsides with* 和...处在同等地位(, 不分高低).

upsiloid *a.* 倒人字形的, V字形的.

upsi'lon [ju:p'sailən] *n.* (希腊字母)r, v.

up'-slope *n.* 上坡.

up'stage ['ʌp'steidʒ] Ⅰ *n.* 末级, 顶级, 上层级. Ⅱ *a.* 傲慢的, 骄傲的.

upstair [ʌp'stɛə] *a.* =upstairs.

upstairs' [ʌp'stɛəz] Ⅰ *a.* (在)楼上的, 飞行中的, 高水平的(上机的). Ⅱ *ad.* ①向(在, 在)楼上, ②在高空, 往高处, 飞行中. Ⅲ *n.* 楼上, 上层. ▲*go upstairs* 上楼, 提交(请求)上级(解决).

upstand *n.* 竖柱, 竖立构件.

upstand'ing [ʌp'stændiŋ] *n.*; *a.* ①直立(的), 竖立的 ②固定的, 无变动的 ③强健的 ④诚实的. ~*ness n.*

upstart Ⅰ ['ʌpstɑ:t] *n.* 暴发户, 傲慢的人. *a.* 暴发的. Ⅱ [ʌp'stɑ:t] *v.* (使)突然跳起.

up'state' [ʌp'steit] *a.*; *n.* (在)远离大城市的(地区)的, (在, 向)州的北部, 北部的, 远离海岸线的, 偏僻的.

up'-sta'tion *n.* 上端局.

up'stream' ['ʌp'stri:m] Ⅰ *a.*; *ad.* (向, 在)上游的, 上游程序的(指石油从勘探到运往炼油厂的那段过程), 上流的, 逆流的, (而上的), 溯流(而上的). Ⅱ *n.* 上游, 上升气流, 向上液流, 逆向位移. *upstream apron* 上游(防冲)铺砌. *upstream batter* 迎水坡. *upstream end* 进汽(气)端. *upstream slope of dam* 坝的迎水面坡度. *well upstream* 远在上游的.

up-stripping *n.* 辅助(附加)剥离.

up'stroke' ['ʌp'strouk] *n.* 上行(往上)运动, 上行程, 上升冲程. *upstroke press* 上行压力机.

upsurge Ⅰ ['ʌpsə:dʒ] *n.* 高潮(涨), 汹涌, 举起; 正涌浪. Ⅱ [ʌp'sə:dʒ] *vi.* 高涨, 增长. *new upsurge* 新高潮. ▲*be on the upsurge* 在高涨中.

upsweep' [ʌp'swi:p] (*upswept', upswept'*) *vi.* 向上曲(卷)起.

upswell' *v.* 隆起, 膨胀.

upswept' [ʌp'swept] Ⅰ *upsweep* 的过去式和过去分词. Ⅱ *a.* 向上曲(斜)的. *upswept frame* 弓型框架, 上穹构架, 特别降低车辆重心的车架.

upswing Ⅰ ['ʌp'swiŋ] *n.* (*upswung, upswung*) *vi.* Ⅱ ['ʌpswiŋ] *n.* 提高, 增扬, 进步, 改进(善), 向上(摆动), 上升, 高涨.

up'take ['ʌpteik] *n.* ①道, 垂直(向上)的管道, 垂直孔道, 上升烟道, 上气道, 上风井(口), 吸风(通风)管, 烟喉 ②吸(收), 吸入, 摄取(量) ③了(理)解, 领会 ④让步, 让价. *cap uptake* 泡罩(泡烟)升气口. *gas uptake* (平炉)上气道, 煤气上升道. *uptake rate* 摄入率. *uptake casing* 烟喉外壳. *uptake header* 烟喉. ▲

be quick in [on] the uptake 理解很快.
up'throw ['ʌpθrou] n. 向上投,【地】上投(地),隆起. upthrow fault 逆(上投)断层.
up'thrust ['ʌpˌθrʌst] n. ①【地】上冲断层 ②隆起,向上推[冲]. upthrust fault-scarp 上层冲断崖.
up'tick n. 上升,兴旺.
up'tilt v. 翻成侧立状态.
up'time n. 正常运行时间.
up-to symbol 直到符号.
up'-to-date' ['ʌptə'deit] I a. 现代(化)的,最新(式)的,尖端的,当今的,直到现在的. II ad. 到现在为止.
up'-to-date'ness n. 现代化程度.
up'-to-size' a. 到[具有]标称尺寸的.
up'-to-the-min'ute ['ʌptə-ðə-'minit] a. 最近的,最新式的,很现代化的.
up'town' ['ʌp'taun] I n.; a. 近郊(的),住宅区(的),市中较高处的. II ad. 在[往]近郊,在[往]住宅区.
UPTP = universal package test panel 万能组[包]装测试台.
up'train n. 上行列车.
up'trend ['ʌptrend] n. 向上的趋势.
upturn I [ʌp'tə:n] v. ①(使)向上,(使)朝上 ②(向上)翻转[起,倒],倒翻. II ['ʌptə:n] n. ①(情况)好转,上升,改善 ②向上的曲线(趋势).
up'turned' ['ʌp'tə:nd] a. 朝上(翘)翻的,翻转的,雕刻的. upturned strata 倒翻层.
UPU = Universal Postal Union (联合国)万国邮政联盟.
UPV = unfired pressure vessel 非受火压力容器.
up'valua'tion n. (货币)升值.
up'val'ue vt. 将(货币)升值,抬高…的价值.
UPVC = unfired pressure vessel code 非受火压力容器代号.
up-voice demodulator 上行话音解调器.
up'ward ['ʌpwəd] I a. 向上的,朝上的,上升[涨]的,升高的. II ad. = upwards. upward arc [leg](弹道)升弧. upward continuation 向上延拓法. upward irradiance 向上辐照度. upward pressure 向上压(托)力,反(向压)力. upward valuation (货币)升值. upward welding in the inclined position 上坡焊. ~ly ad. ~ness n.
upwardly-inclined conveyer 上斜式运送机.
up'ward(s) ['ʌpwəd(z)] ad. ①向上(方),上升(地),向上游 ②在上(面部),在更高处 ③…以上. 10kg (and) upward(s) 10公斤和10公斤以上. upwards of 10 kg 10公斤以上,超过[多于]10公斤. go steadily upwards 稳步上升.
upward-sloping straight line 斜直线.
up'warp' n.; v. 向上翘曲,翘[隆]起.
up'wash ['ʌpwɔʃ] n. 上洗(流),(上)升流,上倾流,气流上洗. induced upwash 诱导上洗.
up'welling n. 喷(上)出,上喷(流),上升流.
up'wind' ['ʌp'wind] n.; a.; ad. 逆风(的),迎风(的),顶风(的),迎流向(的). upwind difference formula 上风差分公式.
U-quark n. U 夸克.
Ur = uranium 铀.

u'rac n. 脲-醛类树脂粘合剂.
u'racil n. 尿嘧啶.
uraconite n. 土硫铀矿.
U'ral ['juərəl] n. (苏联)乌拉尔.
u'ralite n. 水泥石棉板,纤(维)闪石.
uralitiza'tion n. 纤闪石化.
uramil n. 6-氨基巴比妥.
uramphite n. 磷铵铀矿,铀铵磷石.
uranami welding electrode 底层(封底)焊条.
uran-apatite n. 铀磷灰石.
uranate n. (重)铀酸盐. uranyl uranate 铀酸铀酰,铀酸双氧铀.
urane n. 尿甾(烷).
uranediol n. 马(尿)甾二酮.
ura'nia [juə'reiniə] n. 氧化铀.
uran'ic [juə'rænik] a. ①(含,正,六价)铀的 ②天(文)的. uranic acid 铀酸.
u'ranides n. 铀系.
uranif'erous [juərə'nifərəs] a. 含铀的.
uranin n. 荧光素钠.
uran'inite [juə'ræninait] n. 沥青[晶质]铀矿,天然氧化铀. primary uraninite 原生沥青铀矿.
u'ranite [juərənait] n. 云母铀矿,铀云母.
ura'nium [juə'reiniəm] n.【化】铀 U. carbon-free uranium 无碳铀. dingot uranium 直熔铀锭. enriched uranium 浓缩铀,同位素 U236 加浓的铀. fertile uranium 铀238. gamma uranium γ(铀的同素异形体,温度高于770℃时呈稳定状态). production-grade uranium 工业品位的铀. uranium dioxide 二氧化铀. uranium hexafluoride 六氟化铀. uranium I 铀I,UI(铀的同位素,U238). uranium II 铀II,UII(铀的同位素,U234). uranium X_1 铀 X_1, UX_1(钍的同位素,Th234). uranium X_2 铀 X_2, UX_2(镤的同位素,Pa234). uranium Y 铀 Y, UY(钍的同位素,Th231). uranium Z 铀 Z, UZ(同质异能素,Pa234).
ura'nium-actinium n. 锕铀,AcU (铀的同位素,U235).
ura'nium-bearing 或 **ura'nium-containing** a. 含铀的.
ura'nium-free a. 无[不含]铀的.
ura'nium-fuelled a. 装铀燃料的.
uranniobite n. 晶铌矿.
uranochalcite n. 铀钙铜矿.
uranocircite n. 钡铀云母.
uranog'raphy n. 星图学.
u'ranoide n. 铀系元素.
uranolepidite n. 绿铀矿.
uranolith n. 陨星.
uranol'ogy [juərə'nɔlədʒi] n. 天文学,关于天(体)的论文.
uranom'etry [juərə'nɔmitri] n. 天体测量,恒星编目.
uranophane n. 硅钙铀矿.
uranophanite n. 硅钙铀矿.
uranopilite n. 铀矾矾,水硫铀矿.
uranos'copy n. 天体观察.
uranospathite n. 水磷铀矿.
uranosph(a)erite n. 纤铀铋矿.

uranospinite n. 砷钙铀矿. *sodium uranospinite* 钠砷钙铀矿.
uranostat n. 普用定星镜.
uranotemnite n. 黑铀石.
uranothallite n. 铀(碳)钙石.
uranothorianite n. 方铀钍石.
uranothorite n. 铀钍矿石.
uranotile n. 硅钙铀矿.
α-uranotile n. α-硅钙铀矿.
u'ranous ['juərənəs] a. (亚)铀的,含(四价)铀的.
U'ranus ['juərənəs] n. 天王星,尤拉纽斯镍铬合金钢 (耐应力腐蚀).
u'ranyl n. 双氧铀(根),铀氧.
uranyl-TBP n. 硝酸铀酰磷酸三丁酯.
urao n. 天然碱,天然重碳酸钠.
urate n. 尿酸盐或酯.
urathri'tis n. 尿酸性关节炎.
uratu'ria n. 尿酸(盐)尿,结石尿.
urb n. 城市区域.
ur'ban ['əːbən] a. 城市的,都市的,市区〔内〕的. *urban facilities* 城市设施. *urban districts*〔*section*〕市区.
urban-centered a. 以城市为中心的.
ur'banism n. 城市规划,都市化.
ur'banist n. 城市规划专家.
urbaniza'tion n. 都市集中化,城市〔都市〕化,人口向城市集中.
ur'banize ['əːbenaiz] vt. (使)城〔都〕市化.
ur'banoid a. 具有大城市特点的.
urbanol'ogist n. 都市学专家.
urbanol'ogy n. 城〔都〕市学.
urbaryon n. 元重子.
urbici'dal [ˌəːbiˈsaidl] a. 对城市起毁灭作用的.
URBM = ultimate range ballistic missile 最远程弹道导弹(等于或略于超过绕地球周长的一半),射程无限制的弹道导弹.
urbmobile system n. 市区交通运输系统.
urceiform a. 壶形的.
ur'ceolate ['əːsiɔlit] a. 瓮〔缸,壶〕状的.
ur-defense n. 原始〔原始〕信念.
urdite n. 独居石.
u'rea ['juəriə] n. ①尿素,脲 ②(pl.)尿素塑料(类).
urea-formaldehyde resin 脲(甲)醛树脂.
u'rease n. 脲酶,尿素酶.
Uredinales n. 锈菌目.
urediospore n. 夏孢子.
uredostage n. 夏孢子期.
ureido-〔词头〕脲基.
ure'mia n. 尿毒症.
ureogen'esis n. 脲生成(作用).
ureom'eter n. 尿素计.
ureotelic a. 排尿素的.
ureotelism n. 排尿素(氮)代谢.
ureter n. 输尿管.
u'rethane n. 尿烷,氨基甲酸乙酯. *urethane elastomer* 尿胶〔氨基甲酸乙酯〕人造橡胶(弹性体).
urethra n. 尿道.
urg = urgent.
urge [əːdʒ] v.; n. ①推动(进),使劲干,驱策,激励 (on, onward, forward) ②加(负)荷,(发动机)加力,推动力,推进力 ③促使,催促,怂恿 ④(极力,坚决)主张,强烈(迫切)要求 ⑤强调.▲*urge against* 极力反对. *urge M into* +*ing*〔*to*+*inf.*〕催促〔怂恿〕M(做).
ur'gency ['əːdʒənsi] n. ①紧急,急迫,迫切 ②要求,坚持 ③紧急的事.
ur'gent ['əːdʒent] a. 紧急的,急迫的,迫切的,强求的,催促的. *urgent call* 加急电报,紧急呼叫. *urgent signal* 紧急信号. ▲*be in urgent need* 急需. *be urgent for M to* +*inf.* 急切地催促 M(做). *be urgent with M for*〔*to* + *inf.*〕坚持要求 M(做). ~*ly* ad.
urgneiss n. 古片麻岩.
u'ric ['juərik] a. 尿的. *uric acid* 尿酸.
uricase n. 尿酸酶.
uricogen'esis n. 尿酸生成(作用).
uricol'ysis n. 尿酸分解(作用).
uricolyt'ic a. 分解尿酸的.
uricotelic a. 排尿酸的.
uricotelism n. 排尿酸代谢.
uridine n. 尿(嘧啶核)甙.
uridylate n. 尿(嘌呤核)甙酸.
uridyltransferase n. 尿甙酰转移酶.
urinacidom'eter n. 尿 ph 计.
u'rinal ['juərinl] n. ①小便池〔器,槽,斗,处〕②尿壶.
u'rinary ['juərinəri] I a. (泌)尿的. II n. 小便池.
urinaserum n. 尿(蛋白)免疫血清.
u'rine ['juərin] n. 尿. **urinous** a.
urn [əːn] n. 缸,瓮,(茶水)壶.
urobilin n. 尿后胆色素,尿胆素.
urobilinogen n. 尿后胆色素原,尿胆素原.
urobilinuria n. 尿后胆色素尿,尿胆素尿.
urocanase n. 尿刊酸酶.
urocanylcholine n. 尿刊酰胆碱.
Urochordata n. 尿索动物纲.
urochrome n. 尿色素.
urochromogen n. 尿色素原.
urocon n. 醋碘苯酸钠.
urocortisol n. 尿皮质(甾)醇,皮甾四醇.
urocortisone n. 尿可的松,四氢可的松.
urodela n. 有尾(两栖)类.
uroerythrin n. 尿赤素,尿红素.
uroflavin n. 尿黄素.
urogastrone n. 尿抑胃(激)素.
urokinase n. 尿激酶.
u'ropod n. 尾足,腹足.
uroporphyrin n. 尿卟啉.
uroporphyrinogen n. 尿卟啉原,六氢尿卟啉.
uropterin n. 尿硫蝶呤.
urorosein n. 尿蔷薇红素.
urorubin n. 尿红质.
urostealith n. 尿脂石.
urothion n. 尿硫嘌呤.
urotoxin n. 尿毒素.
urotropine n. (环)六亚甲基四胺,六甲撑四胺,乌洛托品,H 促进剂.
uroxan'thin n. 尿黄质, β-吲哚硫酸钾.
uroxisome n. 尿酸酶体.

urpro′tein n. 原始蛋白质.

Ur′sa Ma′jor [′əːsə ′meidʒə] n.【天】大熊(星)座.

Ur′sa Mi′nor [′əːsə′mainə] n.【天】小熊(星)座.

URSI =〔法语〕*Union Radio-Scientifique Internationale* 国际科学无线电协会.

ur′sigram n. 国际科学无线电话协会关于地磁、无线电传送、太阳黑子等有关科学资料的无线电广播.

ur′silite n. 水钙镁铀石, 硅镁钙铀矿, 水硅铀矿.

ur′sine a. (像)熊的.

ur′text n. 原始资料.

urtica′ria n. 荨麻疹.

Uruguay [′uruɡwai] n. 乌拉圭.

Uruguayan [uru′ɡwaiən] a.; n. 乌拉圭的, 乌拉圭人(的).

urushiol n. 漆酚〔醇〕.

us [ʌs 或 əs] *pron.* (we 的宾格, 用作宾语或表语)我们.

US = ①Uncle Sam 山姆大叔 ②undersize 减少尺寸, 尺寸过小的, 小于一般尺寸的, 小型的 ③undistorted signal 不失真信号 ④United States (of America) 美国 ⑤unserviceable 不能使用的, 不耐用的, 无用的.

US 或 *us* = ①*ubi supra*〔拉丁语〕在上面提及之处 ②*ut supra*〔拉丁语〕如上所述〔示〕.

US gallon〔美〕(制)加仑(=3.78L).

USA = ①United States Army 美国陆军 ②United States of America 美利坚合众国.

US/A =ullage simulation assembly 气腺〔漏损〕模拟装置.

usabil′ity [juːzə′biliti] n. 合〔可, 可适〕用性, 有效性, (焊条的)工艺性, 使用性能, 使用能力.

u′sable [′juːzəbl] a. 可〔能, 合, 有, 适〕用的, 可〔便于〕使用的, 有效的. *usable direction* 可用方向. *usable life* 适用期. ~**ness** n. **usably** ad.

USAEC = United States Atomic Energy Commission 美国原子能委员会.

USAF = ①United States Air Force 美国空军 ②United States Army Forces 美国陆军部队.

USAFE = United States Air Force in Europe 美国驻欧空军.

u′sage [′juːzidʒ] n. ①使〔应, 运〕用, 处理, 对待, 管理 ②习惯, 惯例 ③用法, 用途, 用损, 损蚀 ④使用〔利用〕率. *long-term usage* 长期使用. *usage factor* 利用系数, 利用率, 使用百分率. ▲*by usage* 习惯上, 老是.

USAID = United States Agency for International Development 美国国际开发署.

u′sance [′juːzəns] n. ①惯例, 习惯 ②使用 ③利息 ④支付外国汇票的习惯期限. *usance draft* 远期汇票. *usance letter of credit* 远期信用证.

USAREUR = United States Army in Europe 美国驻欧陆军.

USASI = United States of America Standards Institute 美国标准研究所.

USASI basic FORTRAN 美国标准学会基本 FORTRAN 语言.

USB =upper sideband 上边带.

USBS = United States Bureau of Standards 美国标准局.

USC = ①ultra sonic cleaning 超声波清洗 ②United States Code 美国密码, 美国法典.

USCG = United States Coast Guard 美国海岸警卫队.

USD =ultimate strength design 极限强度设计.

USDA = United States Department of Agriculture 美国农业部.

USDC = United States Department of Commerce 美国商业部.

use Ⅰ [juːz] v. ①(使, 利, 运, 应, 采)用 ②行使, 使出, 发挥 ③消〔耗〕费 ④对待. ▲*use all one's efforts* 作出一切努力. *use all one's skill* 发挥一切技能. *use M as N* 把 M 用作〔作为〕N. *use care to* +*inf.* 小心〔注意〕(做). *use M for N*〔利〕用 M 表示 N, 把 M 用于 N. *use M for* +*ing*〔利〕用 M 来(做). *use M on N* 把 M 用到 N(上). *use one's brains* 用脑筋, 想. *use rollers* 在滚子上移动. *use up* 用完〔光, 尽〕, 耗尽, 用掉, 消耗, 耗费.

Ⅱ [juːs] n. ①(使, 利, 应, 采)用, 运用(能力) ②用途, 用处, 使用法(权), (使用)价值, 效用, 益处 ③习惯, 惯例. *use factor* 利用系数, 利用率. ▲(*be*) *available for use* 可以加以应用. *be in* +*a. use* …使用中, 被…使用. *be in common*〔*general*〕*use* 被普遍使用, 通用. (*be*) *in use* 在使用〔采用〕中(通行〕, 未废. *be no use* 没有用处. *be of* +*a. use for*〔*to*〕M 对 M 有…用处, …适用于 M. *be of great use for* M 对 M 非常有用. (*be*) *of no use* 无用, 无效. *be of practical use* 有实用价值. *be out of use* 没有人用, 不再使用, 作废, 被废弃不用. *by* (*the*) *use of* (通过)利用. *come into use* 获得应用, 开始(被)使用. *use* 采用. *fall out of use* 开始不(再被采)用, 逐渐作废〔被废弃〕. *find a use for* M 设法利用 M. *find wide use* 获得广泛应用. *for the use of* 供…应用, 应…要求. *for use as* (供)用作, 供作为…之用. *for use in* 供…之用, 供…里使用. *For use only in case of fire*! 只供火警时用! *for use with* 供…使用, 为了用在…上. *go*〔*get*〕*out of use* 开始不(再被采)用, 逐渐作废, 逐渐被废弃, 已不再使用. *have no use for* 不需要, 不用, 不喜欢. *have no further use for* 不再需要, 不再喜欢. *in the use of* 在使用…时. *in use for* 用在…上〔方面〕, 用于, 用来. *make* +*a. use of* (…地)使用〔使用〕. *make good use of* 很好地利用, 充分利用. *make the best use of everything* 使物尽其用. *make* (*very*) *poor use of* 对…利用得很差, 对…利用率很低. *make no use of* 不(使, 利)用. *make use of* 利用, 使用, 应用. *on use of* 利用…时, 用…, 就…. *put M* (*in*) *to* +*a. use* (…地)使用〔采用〕. *put M to* (*a*) *good use* 好好利用 M, 把 M 用于 +*inf.* 用 M 来(做). *There isn't much use for M*. M 没有多大价值(用途). **through the use of** 由于利用, 因为采用, 通过使用. *use and wont* 习惯, 惯例. (*when*) *in use* 在工作〔使用〕时. *with use* (随着不断的)使用. (由于)经常使用着, 利用.

useabil′ity =usability.

use′able =usable.

used [juːzd] Ⅰ use 的过去式和过去分词. Ⅱ a. ①用过的, 用旧〔了〕的 ②有效的, 使用(过)的 ③废的 ④ [juːst] 习惯于 (to). *used area* 占用区. *used effi-*

ciency 有效功率. *used heat* 废〔余〕热,用过的热量. *used life* 使用期,使用寿命. *used load* 有效〔作用〕荷载. *used sand* 〔废〕旧砂,烧坏了的型砂. *used work* 有用(的)功. ▲*be used as* (被)用作. *be used for* 用来作,用于. *be used in* +*ing* 用来(做). *be used to* M 习惯于 M,熟悉〔熟知〕M. *be used to* + *inf*. 用来(做). *be used up in* 完全用于. *be used with* 和…一起使用. *care should be used to* +*inf*. 应小心(做). *get* 〔*become*〕 *used to* (变得)习惯于,弄慣. *It used to be said that* 过去人们常说〔常曾认为〕. *There used to be* 过去常常有,原来这里有. *used to* +*inf*. 过去常常,向来. *used up* 用尽,筋疲力尽(的).

use'ful [ˈjuːsful] *a.* ①有用(效,益)的,实用的,有帮助的 ②有效率的,能干的,对…很熟练的(at). *useful area* 有效(工)用面积. *useful flow* 有效流量. *useful height* 有效高度. *useful life* 使用期限,有效〔有用〕寿命. *useful load* 有效荷载,实用负载,作用载荷. ▲*(be) useful for* 对…有用,可用于. *(be) useful to* 对…有用处(的). *be very useful at* 精通. ~ness *n*.

use'less [ˈjuːslis] *a.* 无用的〔效,益〕的,无价值的,无结果的. ~ly *ad*. ~ness *n*.

USEPA = United States Environment Protection Agency 美国环境保护局.

u'ser [ˈjuːzə] *n*. ①使用者,用户,买主,顾客 ②使用物. *user mode* 使用状态. *user program*【计】用户程序. *user test* 用户〔验收,使用〕试验.

USERC = United States Environment and Resources Council 美国环境和资源委员会.

user-coded virtual memory 用户编码的虚存.

user-defined 用户定义〔规定〕的.

user-determined form 用户决定形式.

user-oriented job control language 面向用户的作业控制语言.

user-programmable 用户可编程序的(的).

"Uses" = United States Earth Satellite 美国人造地球卫星.

USEUCOM = United States European Command 美国驻欧司令部.

USFU = unglazed structural facing units 未上釉的结构用砌面块.

USG = United States gauge 美国标准(线,量)规.

USGB = United States Geographic Board 美国地理委员会.

U-shaped *a*. U 形的,马蹄形的.

USHE = upstream heat exchanger 逆流式热交换器.

ush'er [ˈʌʃə] I *n*. 传达(招待)员,引座员. II *vt*. 招待,引导,向导,领,引达. ▲*usher in* 引进,通〔预〕报;迎接;宣告,展示.

USIA = United States Information Agency 美国新闻署.

USIB = United States Intelligence Board 美国情报局.

USIS = United States Information Service 美国新闻处.

U-skew matrices 【数】酉斜对称(矩)阵.

USM = ①underwater-to-surface missile 水下对地导弹 ②United States Mail 美国邮政 ③United States Marine(s) 美国海军陆战队.

USMA = United States Military Academy 美国陆军军官学校(即西点军校),美国军事学院.

USMC = United States Marine Corps. 美国海军陆战队.

USN = United States Navy 美国海军.

usnein *n*. 地衣酸.

USOM = United States Operations Mission 美国援外使团.

usonia *n*. 理想城,理想化的城市.

USP = ①United States Patent 美国专利 ②= US-Pharm 美国药典.

USPat = United States Patent 美国专利.

USPharm = United States Pharmacopoeia 美国药典(规格).

U-spin U 旋,幺旋.

USPO = US Patent Office 美国专利局.

uspulum *n*. 乌斯普隆(杀菌剂).

USS = ①United States Senate 美国参议院 ②United States Ship 〔Steamer, Steamship〕美国船 ③United States Standard 美国(工业)标准(规格) ④United States Steel Corporation 美国钢铁公司.

USSC = United States Supreme Court 美国最高法院.

USSG = United States Standard gauge 美国标准(线)规.

USSR = Union of Soviet Socialist Republics 苏维埃社会主义共和国联盟,苏联.

USSSG = United States Steel Sheet gauge 美国薄钢板规格.

USSt = United States standard 美国标准.

Ussuri [uˈsuːri] *n*. 乌苏里江.

U-steel *n*. 槽钢,U 字钢.

Ustiginales *n*. 黑粉菌目.

ustilaginoidin *n*. 黑曲定.

usu = usual(ly).

u'sual [ˈjuːʒuəl] *a*. 通〔平,惯〕常的,普通的,常见的,惯例的,正规的. *usual inventory rating* 定期清查额定载量. *usual picture area* 有效图像面积. ▲*as usual* 照例,像往常一样,仍然.

u'sually [ˈjuːʒuəli] *ad*. 通常,平常,一般. *usually but not always* 经常但不一定总〔永远〕,往往而不永远.

usu'rious [juˈzjuəriəs] *a*. 高利(贷)的.

usurp' [juː(ː)ˈzəːp] *v*. 篡夺,夺取,侵〔强〕占(up, upon). ~a'tion *n*. ~atory *a*.

usur'per *n*. 篡夺者.

u'sury [ˈjuːʒuri] *n*. 高利(贷,剥削),利益.

USW = ultrashort wave 超短波.

U-symmetric matrices 酉对称(矩)阵.

ut [ʌt] 〔拉丁语〕如. *ut dict*(*um*) 如所指示. *ut inf* (*ra*) 如下所述〔示〕. *ut supra* 如上所述〔示〕.

UT = ①ultra-thin 超薄型的 ②unemployed time 停歇时间 ③unipolar field-effect transistor 单极场效应晶体管 ④universal time 世界时.

UTA = *Union Transports Aériens* (法国)联合航空运输公司.

Utah [ˈjuːtɑː] *n*. (美国)犹他(州).

Utaloy *n*. 尤塔洛伊镍铬耐热合金(镍 35%,铬 12%,碳 ≤0.2%,其余铁).

UTC = United Technology Corporation (美国)联合

技术公司.
Ut dict =*ut dictum* 按照指示.
Utend. =*utendus* 用(于).
uten'sil [ju(:)'tensl] n. 器皿[具],用具.
uteroverdin n. 胆绿素,子宫绿素.
u'terus n. (pl. **u'teri**)〔拉丁语〕子宫.
util =utility.
utiliscope n. 工业电视装置.
u'tilise =utilize. **utilisa'tion** n.
utilita'rian [ju:tili'tɛəriən] a.; n. 功利的,实利的,功利主义的(者).
util'ity [ju:'tiliti] I n. ①有用[效,益],实[应]用(性),效用,功用,效用 ②有用的东西,有用(矿)物,有用物质 ③公用事业(公司),公用〔中心〕电站,公用事业设备(如:水,电,煤气),公用保障设施. II a. ①有多种用途的,通用的 ②实用的,经济(实惠)的 ③公用事业的. *electric utility* 电力事业. *management support utility* 管理后援应用程序. *power utility* 发电站. *public utility* or *utility service* 公用(服务)事业. *utility circuit* 生活用电电路. *utility character* 经济性状. *utility control console* 使用(操作)控制台. *utility factor* 设备利用系数,利用率. *utility generation* 工业用发电. *utility line (pipe)* 公用事业管线. *utility meter* 需给电表. *utility program (routine)* 应(实)用程序. *utility room* 杂用室. *utility type* 实用型,经济型. ▲*of no utility* 没用的,无益的.
utility-type unit 大〔电站〕型机组.
u'tilizable ['ju:tilaizəbl] a. 可(利)用的. *utilizable flow* 可用流量.
utiliza'tion [ju:tilai'zeiʃən] n. 利(应,使)用,使有用. *comprehensive utilization* 综合利用. *overall utilization* 总利用率. *oxygen utilization* 耗氧量. *utilization factor* 利用系数,利用率. *utilization logger system* 运行记录系统. *utilization of debris* 废物〔料,品〕利用.
u'tilize ['ju:tilaiz] vt. 利用,应用,使用,使有用,发现…的用途. *utilize waterfalls for producing electric power* 利用瀑布发电.
Utiloy n. 镍铬耐酸铜,镍铬耐蚀合金(镍29%,铬20%,铜3%,钼1.75%,硅1%,碳＜0.7%,其余铁).
UTL =United Test Laboratories(美国)联合测试实验室.
ut'most ['ʌtmoust] a.; n. ①极度(的),极端(的),极限,非常的 ②最大(限度)(的),最大可能,最高(的),(相距)最远(的). *utmost limits* 极限. ▲*at the utmost* 至多,最多. *do one's utmost* 竭力,尽全力,尽最大努力. *of the utmost importance* 极其重要的. *the utmost ends of the earth* 天涯海角. *to the utmost* 竭力(地),极力(地),极度. *to the utmost of one's ability* [*power*] 尽力(地),竭尽全力.
Uto'pia [ju:'toupjə] n. 乌托邦,理想的完美境界.

Uto'pian [ju:'toupjən] I a. 乌托邦的,空想的. II n. 空想家. *utopian socialism* 空想社会主义.
uto'pianism n. 乌托邦主义.
Utovue n. 乌托维等离子体数字板(一种交流型等离子体显示板).
U-trap n. 虹吸管,U形液封管,存水湾.
u'tricle n. 小囊〔胞〕,囊体,胞果,(内耳的)耳壶.
u'triform a. 囊状的,瓶状的.
UTS =ultimate tensile strength 极限抗拉强度,抗拉强度极限.
ut'ter ['ʌtə] I a. ①完全的,彻底的,全部的,十足的 ②无条件的,绝对的. II vt. ①说(出,明),讲,表达,发出(声音) ②使用,行使,流通 ③发〔喷〕射.
ut'terance ['ʌtərəns] n. ①发言〔声,音,表〕,表达 ②说法,语调,意见,言词 ③最后. ▲*give utterance to* 说(讲)出,表明(达). *fight to the utterance* 战斗到底.
ut'terly ['ʌtəli] ad. 全然,完全,十足.
ut'termost ['ʌtəmoust] =utmost.
U-tube ['ju:tju:b] n. U(形)管.
U-turn ['ju:tə:n] n. U形(180°)转弯,U形转折,调头,方向的改变.
UUE =use until exhausted 用完为止.
UUM =underwater-to-underwater missile 水下对水下导弹.
UV = ①ultraviolet 紫外线(的) ②under voltage 欠压,电压不足.
UV filter =ultraviolet filter 紫外线滤色器〔滤波器〕,紫外滤光片.
UV LT =ultraviolet floodlight 紫外线泛光灯.
U-vale n. (喀斯特地形的)干宽谷.
uvanite n. 钒铀矿.
uvarovite n. 钙铬榴石,绿榴石.
UVC =universal contact 万能接头.
UV-detector n. 紫外(光)检测器.
Uvicon n. 紫外二次电子导电管.
uviofast a. 抗紫外线的.
uviol (glass) n. 透紫(外线)玻璃,紫外线玻璃. *uviol lamp* 紫外灯.
uviolize v. 紫外线照射.
uviom'eter n. 紫外线测量计.
uvioresis'tant a. 抗紫(外线)的,不透紫外线的,不受紫外线作用的.
uviosen'sitive a. 紫外线敏感的.
UV-lamp n. 紫外线灯.
uvr =undervoltage relay 低压继电器.
UV-scanner n. 紫外扫描器.
uv-transmitting a. 透紫外线的.
UW = ①ultrasonic wave 超声波 ②underwater 水下的.
U/W =use(d) with 和…同用.
U-washer n. 开口〔U形〕垫圈.
Uwl =underwater launch 水下发射.
uwtr =underwater 水下的.
UXB =unexploded bomb 未爆炸的炸弹.

V v

V [vi:] (pl. V'S 或 Vs) ①罗马数字的 5 ②V 字形. *V beam* V 形波束. *magnetic V block* V 型磁铁,磁性 V 型块.

V = ①specific volume 比容(量) ②total volume 总容量 ③valve 电子管,阀 ④vanadium 钒 ⑤vector 矢量,向量 ⑥velocity 速度 ⑦victory 胜利 ⑧virus 病毒 ⑨voltage 电压 ⑩voltmeter 伏特计,电压表 ⑪volt(s)伏特 ⑫volume 容积,容量,体积.

v = ①valve 电子管,阀 ②verb 动词 ③version 译本,型式,变形 ④*versus*〔拉丁语〕…对…,与…相比,依…为转移,作为…的函数 ⑤very 很,非常 ⑥*vide*〔拉丁语〕见,参看 ⑦village 乡村 ⑧voice 声音 ⑨voltage 电压 ⑩volume 容积,容量,体积.

VA = ①value analysis 价值分析 ②variable area 可变区域 ③volt-ampere 伏(特)安(培).

Va. = Virginia (美国)弗吉尼亚州(州).

VAB = vertical assembly building 垂直装配间,垂直组装厂房.

Vac *n.* 瓦克(压强单位,= 10^{-3} 巴).

vac = ①alternating-current volts 交流电压 ②vacant 空(白)的 ③vacation 假日(期) ④vacuum 真空.

VA(C) = vinyl acetate 乙酸乙烯酯.

vac pup = vacuum pump 真空泵.

vacamat'ic *a.* 真空自动控制式. *vacamatic transmission* 真空自动控制变速箱.

va'cancy ['veikənsi] *n.* 空(虚,闲,缺,额,职,房间),空位(白,间,处,隙),虚位,空穴,空缺点. *electron vacancy* 电子空位. *lattice vacancy* 晶格内的空位. *shell vacancy* 壳层中的空位. *vacancy diffusion* 空位扩散.

vacancy-creep *n.* 空位蠕变.

vacancy-dislocation interaction 空位-错位的互作用.

vacancy-interstitial equilibrium 空位-填隙原子平衡.

va'cant ['veikənt] *a.* 空(虚,着,位,白,职,闲)的,未占的,闲的,没有被占有的,"无人". *vacant hours* 空闲时间. *vacant lattice site* 晶格内空位,点阵空位. *vacant room* 空房. *vacant run* 无载运行,空转. *vacant site* 空位. *vacant state* 空(位)态,未满状态. ~**ly** *ad.*

vacate [və'keit 或 'veikeit] *v.* ①弄空,使空出,腾〔撤,撤,退〕出 ②休(度)假 ③作废,取消 ④解除(职位),辞(职). *vacated cell* 腾空单元.

vaca'tion [və'keiʃən] I *n.* ①空(撤,撒,迁)出 ②假期(日),休假,辞去(职位). II *vi.* 度假,休假(in, at).

vac'cinable *a.* 可接种的.

vac'cinal ['væksinl] *a.* 牛痘的,疫(菌)苗的,接种的,有预防力的.

vac'cinate ['væksineit] *v.* 接种(疫苗)以预防(against),种牛痘.

vaccina'tion [væksi'neiʃən] *n.* 接种(疫苗),预防注射,种(牛)痘.

vac'cine ['væksi:n] *n.*; *a.* 菌苗,疫苗(的),牛痘(的)

vaccinether'apy 或 **vaccinother'apy** *n.* 菌苗疗法.

vaccin'(i)a *n.* 牛痘.

vaccinin *n.* 越橘酯,6-苯甲酰葡糖.

vac'illate ['væsileit] *vi.* ①摇摆,振荡,波动 ②犹豫于…之间,对…摇摆不定(between),拿不定(主意)(in). **vacilla'tion** [væsi'leiʃən] *n.*

vacion *n.* 钛泵电磁放电型高真空泵. *vacion pump* 钛泵.

Vac-metal *n.* 镍铬电热线合金.

vacrea'tor *n.* 真空杀菌器.

vac-sorb *n.* 真空吸附.

vac'ua ['vækjuə] vacuum 的复数.

vac'uate *v.* 抽(成真空)空,抽稀. **vacua'tion** *n.*

vacu-forming *n.* 真空造型.

vacu'ity [væ'kjuiti] *n.* ①空(虚),空隙(间,白,地,处)②真空(度),减压 ③内容贫乏,(pl.)愚蠢的行为.

vac'uo ['vækjuou]〔拉丁语〕 *n.* 真空. *vacuo heating* 真空加热. *vacuo junction* 真空热电偶(热丝结). ▲**in vacuo** 在真空中,真空地,用真空的方法.

vac'uo-junc'tion *n.* 真空热电偶,真空温差电偶,真空热转换元件.

vac'uolate ['vækjuəleit] I *vi.* 析稀,形成空泡. II *a.* 有空〔液〕泡的.

vac'uolated *a.* = vacuolate *a.*

vacuola'tion *n.* 析稀(作用).

vac'uole ['vækjuoul] *n.* 析稀胶粒,空〔液〕泡,空隙.

vac'uolar *a.*

vacuoliza'tion *n.* 空泡形成,空泡化.

vacuom'eter [vækju'omitə] *n.* 真空计,低真计.

vacu'on *n.* 坡密兰丘克粒子,坡密兰丘克极点,坡密子.

vac'uous ['vækjuəs] *a.* ①空(洞,虚)的,无意义的,真空的 ②愚蠢的无聊的. *vacuous basis* 空基. ~**ly** *ad. vacuously true* 空虚地点. ~**ness** *n.*

vac'uscope *n.* 真空仪,真空计.

vac'useal *n.*; *v.* 真空密封.

vac'ustat *n.* (旋转式压缩)真空计.

vac'uum ['vækjuəm] I (pl. *vac'uums* 或 *vac'ua*) *n.* ①真空(度,状态) ②真空装置,真空吸尘器 ③空处(白,间,虚). II *a.* 真空的,负压的,稀薄的. *extreme high vacuum* 极高真空($< 10^{-12}$ 乇). *fore vacuum* 预真空. *high [perfect] vacuum* 高真空. *highest attained vacuum* 极度真空. *inter-vacuum-valve coupling*(电子)管间耦合. *low*〔*coarse, rough*〕*partial vacuum* 低真空,部分〔部〕真空. *ultrahigh vacuum* 超高真空. *vacuum air pump* 真空气泵,真空抽气机. *vacuum annealing* 真

空退火. *vacuum bottle* 〔*flask*〕保温〔热水〕瓶. *vacuum brake*＝vacuumbrake. *vacuum casting* 真空铸造. *vacuum chuck* 真空吸盘. *vacuum chuck turntable*（翻片板）吸附转盘. *vacuum cleaner* 真空吸尘器. *vacuum cleaning plant*（真空）吸尘设备. *vacuum control* 真空控制. *vacuum corer* 真空采心管. *vacuum degassed* 真空除〔脱〕气的. *vacuum deposition* 真空淀积〔沉积〕. *vacuum extract still* 减压抽出器. *vacuum filtration* 真空过滤（作用）. *vacuum flask* 保温瓶, 真空瓶. *vacuum gauge* ＝ vacuum-gauge. *vacuum gear* 〔*power*〕 *shift* 真空换（排）档, 真空变速. *vacuum grown crystal* 真空（中）成长的晶体. *vacuum phototube* 真空光电管. *vacuum pump line* 真空力抽泵线路, 抽空线. *vacuum relay* 真空〔电子管〕继电器. *vacuum steel* 真空钢. *vacuum switch* 真空〔电子〕开关. *vacuum thermionic detector* 电子管检波器. *vacuum thermopile* 真空温差电堆. *vacuum tube* 〔*valve*〕真空〔电子〕管. *vacuum tube multiplier photicon* 电子倍增管式辐帖康（高灵敏度摄像管）

vac'uum-ba'king *n*. 真空烘焙法.
vac'uum-bot'tle *n*. 热水瓶.
vac'uumbrake *n*. 真空增力制动闸, 真空（加力）制动.
vac'uumcleaner *n*. 真空吸尘器.
vac'uum-des'icator *n*. 真空干燥器.
vacuum-fusion technique 真空熔融技术.
vac'uum-gauge *n*. 真空计.
vac'uum-impreg'nated *a*. 真空浸渍的.
vacuum-insulated *a*. 真空绝缘的.
vaccuumiza'tion *n*. 真空处理.
vac'uumize ['vækjuəmaiz] *vt*. ①在…内造成真空 ②真空包装 ③用真空装盲开干（净）.
vacuum-junction *n*. 真空热电偶.
vacuum-meter 或 **vacuumom'eter** *n*. 真空计, 低压计.
vac'uum-packed *a*. 真空包装的, 预抽真空密封的.
vac'uum-pump *n*. 真空泵, 排气唧筒.
vacuum-pumping *n*. 抽真空, 真空排气.
vac'uum-reduced' *a*. 降低真空的.
vac'uum-servo *a*. 真空伺服〔随动〕的.
vac'uum-ther'mal meth'od 真空热还原法.
vac'uum-tight *a*. 真空密闭〔气密, 密封〕的, 密闭真空的. *vacuum-tight cavity maser* 真空谐振腔量子放大器. *vacuum-tight chamber* 真空密闭室.
vac'uum-treated *a*. 真空处理的.
vac'uum-tube *n*. 电子（真空）管. *vacuum-tube rectifier* 电子管整流器.
VAD ＝velocity azimuth display 速度方位显示器.
VADE ＝versatile automatic data exchange 多用途自动数据交换机.
va'de me'cum 或 **va'deme'cum** ['veidi'mi:kəm] *n*. 便览, 手册, 必读, 须知, 随身携带备用之物, 袖珍指南.
va'dose *n*. 渗流. *vadose water* 渗流水.
Vaduz [fa:'du:ts] *n*. 瓦杜兹（列支敦士登首都）.
vag'abond ['vægəbɔnd] *a*. ; *n*. ; *vi*. 流浪(的, 者).

vagabond current 地电流. *vagabond electron* 杂散电子.
vaga'rious [və'gɛəriəs] *a*. 异想天开的, 奇怪的, 难以预测的. ~ly *ad*.
va'gary ['veigəri] *n*. 奇（幻）想, 异想天开的, 奇怪的行为, 难以预测的变化.
vagile-benthon *n*. 海底漫游动物.
vagot'omy *n*. 迷走神经切断术.
vagoto'nia *n*. 迷走神经过敏（症）.
va'grancy ['veigrənsi] *n*. ①流浪, 漂泊, 变化无常 ②离题.
va'grant ['veigrənt] *a*. ; *n*. 流浪的〔者〕, 无定向的, 变化无常的. ~ly *ad*.
vague [veig] *a*. ①不明白〔确〕的, 不清楚的, 含糊的, 不说明的 ②未定的, 不明的. *be in the vague* 没有确定. ~ly *ad*. ~ness *n*.
va'gus (pl. *va'gi*) *n*. 〔拉丁语〕迷走神经.
vagusstoff *n*. 迷走神经物质〔激〕素）.
VAh meter 伏安小时计.
vail *v*. ; *n*. 脱下（帽等）, 使下降, 使低落, 低垂; 遮掩现象, 遮掩物.
vain [vein] *a*. ①没用的, 无益〔效〕的, 徒然的, 没结果的, 无价值的, 空〔虚〕的 ②自以为了不起的. *vain efforts* 徒劳. ▲*be vain of* 炫耀, 对…很自负. *in vain* 白费（的）, 徒劳, 无效, 无结果地.
vainglo'rious [vein'glɔ:riəs] *a*. 自负的, 自以为了不起的. ~ly *ad*.
vainglo'ry [vein'glɔ:ri] *n*. 自负.
vain'ly ['veinli] *ad*. 白白地, 徒劳地, 无益〔效〕地, 无结果地, 自负地.
val *n*. 英国压力单位（＝ $10^5 N/M^2$）.
val ＝ ①value 数值 ②valve 阀, 电子管.
val'ance ['vælens] *n*. 帷幔, 布帘, 窗帘上部的框架.
val'anced *a*. 装有帷幔〔布帘〕的, 装有窗帘框架的.
valanginian *n*. 凡蓝今阶（早白垩世）.
va'le ['veili] 〔拉丁语〕*int*. 主, 再会〔见〕.
vale [veil] *n*. （溪）谷, 山谷, 山沟 ②小槽.
valedic'tion ['væli'dikʃən] *n*. 告别（词）.
valedic'tory ['væli'diktəri] Ⅰ *a*. 告别的. Ⅱ *n*. 告别词.
va'lence ['veiləns] *n*. ①（化合）价, 原子价, 效价 ②秩（张量的）③帷幔, 布帘. *absolute valence* 绝对价, 最高价. *coordination valence* 配（位）价. *valence band* 价（电子）带. *valence bond* （化合）价键, 价键耦合. *valence crystal* 价键晶体. *valence electron* （化合）价的子（的）.
Valen'cia [və'lenʃiə] *n*. ①巴伦西亚（西班牙港市）②（委内瑞拉）巴伦西亚（市）.
va'lency ['veilənsi] *n*. （化合）价, 原子价, 效价. *controlled valency* 受控价. *impurities with a valency of five* 五价的杂质. *valency charge* 价电荷. *valency crystal* 价键晶体.
Valensi（或 **Valency**）**system** 华连西（三色电视）系统.
va'lent *a*. （化合）价的. *valent weight* 当量.
valentian stage （早志留世）瓦伦特阶.
valentinite *n*. 锑华.
valeramide *n*. 戊酰胺.
valeranone *n*. 缬草烷酮.

valerin n. (三)戊酸甘油酯.
valerolactam n. 戊内酰胺.
valeronitrile n. 戊腈,丁基氰.
valerotoluidide n. 戊酰替甲苯胺.
valeryl n. 戊酰.
val′et n. 仆从,随从.
Valetta =Valletta.
val′iant [′væljənt] a.; n. 勇敢的(人),英勇的. ~ly ad. ~ness n.
val′id [′vælid] a. ①有效的,有法律效力的,经过正当手续的 ②真[正]确的,正当的,真实的,有(充分,确实)根据的,能成立的 ③(正相)符合的,强有力的. *valid argument* 正确的论点. *valid code word* 有用字码. *valid contract* 有效的合同. *valid evidence* 确凿的证据. *valid formula* 有效[永真]公式. *valid reason* 正当的理由.▲(*be*) *valid for* M 对 M 适用[有效,能成立了]. ~的effect期为 M.
validamy′cin n. 有效霉素.
val′idate [′vælideit] vt. ①使生效,有效,使合法化,使有充分根据 ②批准,确认,证实. **valida′tion** n.
valid′ity [və′liditi] n. ①有效(性,度,位),效力,正确(性),真实性,合法性 ②正当,确实(性),确定. *data validity* 数据有效性. *duration of validity* 有效期间. *prolong* [*extend*] *the period of validity* 延长有效期. *term of validity* 有效期. *validity check* 有效性[确实性]检查,有效度检验.
validol n. 戊酸冰酯.
valine n. 缬氨酸.
valinomy′cin n. 缬氨霉素.
valise [və′li:z] n. 旅行袋,旅行手提包,(军用)背包.
vallec′ula (pl. **vallec′ulae**) n.【解剖】谷,【植物】沟.
Vallet′ta [və′letə] n. 瓦莱塔(马耳他首都).
val′ley [′væli] n. ①(山,河,溪,海底)谷,山谷,沟,槽,陷处,凹地,谷沟 ②能谷 ③(曲线上的)凹部,谷[凹]值 ④流域,盆地 ⑤屋谷,屋顶排水沟. *valley bog* 低沼地. *valley current* 最小(谷值)电流. *valley flat* 河漫滩. *valley glacier* (山)谷冰川. *valley head* 谷源,谷脑. *valley line* 谷线. *valley moor* 低沼. *valley of corrugation* 瓦楞槽. *valley point* 谷(值)点. *valley point current* 谷值电流. *valley project* 流域规划,流域开发工程. *valley route* 谷线,山谷(线)路线. *valley storage* 河谷[谷槽]蓄水. *valley tolerance* 凹度容差[容限]. *valley wind* 谷风. *Yangtze valley* 长江流域.
valonex n. 橡椀栲胶(商品名).
valo′nia n. 橡椀.
valo′rem [və′lɔ:rem] (拉丁语) *ad valorem* 按价,照价,按照价格[价值](计税). *ad valorem freight* 从价计收的运费.
val′orous [′vælərəs] a. 英勇的,勇猛的,无畏的. ~ly ad.
val′o(u)r [′vælə] n. 英勇,勇猛.
Valparaiso [vælpə′raizou] 或 **Valparaiso** [balpara′iso] n. 瓦尔帕莱索(智利港市).
val′uable [′væljuəbl] I a. ①有价值的,重要的,贵重的,宝贵的,有用的 ②可评估(估)价的. I n. (pl.)贵重物的,珍宝. *valuable discovery* 有价值的发现.▲ (*be*) *valuable to* [*for*] 对…很重要[有价值]. ~ness n. **val′uably** ad.

valua′tion [vælju′eiʃən] n. ①评[估,定]价,鉴定,价值,估定的价格[值] ②计算,值(数)值 ③尊重,看法. *be disposed of at a low valuation* 廉价出售. *valuation vector* 赋值向[矢]量. ▲ *put* [*set*] *too high a valuation on* 把…估计得太高.
val′uator n. 估[评]价师.
val′ue [′vælju:] I n. ①价值(格,钱,额) ②(数)值,大小,尺寸 ③评(估,代)价,意[涵]义,重要性 ④交换(购买)力,有用成分 ⑤(生物)分类上的等级,(绘画)浓淡色度(色调),色彩变化,(音乐)音长,(pl.)标准,准则 ⑥分离均勻值,分离势(同位素). I v. ①估[评,定]价,把…作价为 ②尊重,看重,重视. *These data will be of great* [*little, some, no, particular, direct*] *value to us in our experiment*. 这些资料对我们的实验很有[很少,有,有一些,没有,特别有,有直接的]价值. *X and Y stand for different values*. X 和 Y 代表不同的数值. *value the machine at 5000 yuan* 估计这台机器价值五千元. *absolute value* 绝对值[量]. *adjusted value*【测】平差值. *allowed values* 容许值. *average value* 平均值. *calorific value* 卡值,热值,发热量. *characteristic value* 特征值,特性值. *circuit value* 线路参数. *commercial* [*economic*] *value* 经济价值. *crest value* 巅值,极值,峰值. *critical value* 临界值. *cutting value* 切削值,切削性能. *delivery value* 输送能力,通话能力. *design value* 设计参数(数值),结构参数,计算值. *effective value* 有效值. *estimated value* 估计值. *exchange* [*use*] *value* 交换[使用]价值. *face value* 票面价值. *fatigue value* 疲劳性能. *given value* 给定值,已知值. *gross output value* 总产值. *heat value*(燃料)发热量,热[卡]值,热当量. *heating* [*caloric, calorimetric, combustion*] *value* 发热量,卡值,热值. *integral value* 整数值,积分值. *limiting value* 极限值. *market value* 市价. *mean value* 平均值. *mean effective value* 平均有效值. *mean square value* 均方值. *nominal value* 标称(公称,额定)值. *nuisance value* 有害物指标. *numerical value* 数值,量值. *occupational tolerance value* 生产中允许照射剂量. *octane value* 辛烷值[数]. *optimal* [*optimum*] *value* 最佳值,最优值. *peak value* 峰值,最大值. *pH value* pH 值. *positive value* 正值,正数. *preirradiation value* (某量的)辐照前值. *probable value* 概值,可几值. *Q value* 等于 10^{18} 英热单位(252×10^{18} 卡)的热量,核反应能值. *radiation value* 辐射系数. *reciprocal value* 互易值,倒数. *root-mean square value* 均方根值. *saturation value* 饱和值. *scale value* 分度值. *spatial value* 空间坐标,空间值. *squared absolute value* 平方模数,绝对值的平方. *surplus value* 剩余价值. *the total value of industrial output* 工业总产值. *threshold value* 阈值. *tonal value* 影像的明暗度,(图像)亮度级,色调. *train value*(齿轮)

值,列值. *value added processor* 加值外围器. *value assignment* 赋值. *value call* 值调用,调值. *value engineering* 工程经济学. *value for a* a 值. *value number* 实价率. *value of colour* 彩色浓淡程度. *value of series* 级数的和〔值〕. *value of service* 服务价值. *value securities* 有价证券. *virtual value* 有效值. *yield value* 屈服值,屈服极限. ▲ *be of great 〔little〕 value to* … 对…有很大〔小〕价值,对…有很大〔小〕意义〔用处〕. *(be) of particular value* 特别有用. *of value* 贵重的,重要的,有意义的,有价值的. *put 〔set〕 a high value on 〔upon〕* 或 *put 〔set〕 much value on 〔upon〕* 重视,给予…很高的评价. *throw away a value* 忽略某量.

val′ued ['vælju:d] *a.* ①有价值的,重要的,贵重的,宝贵的,珍视的,受到重视的 ②估了价的,有价值的. *single-〔double-, multiple-〕 valued* 单〔双,多〕值的. *M valued at N* 估价为 N 的 M.

val′ueless ['væljulis] *a.* 没有价值〔用处〕的,不足道的.

val′uer ['væljuə] *n.* 估〔评〕价者,鉴定人.

valuta [vɑ:'lu:tɑ:] *n.* ①币值,货币兑换值 ②可使用的外汇总值.

valve [vælv] I *n.* ①篷〔门〕,活门,气门,开关,旋塞 ②闸门〔板〕,挡板 ③电子管,真空管 ④(壳,裂)瓣,瓣膜, (pl.)配件,附件. I *vt.* 给…装阀门,装阀于…,用阀〔挡板等〕调节〔液体〕流量. *air vent valve* 通气〔通风〕阀. *back〔check, non-return, one-way〕 valve* 单向阀,止回〔止逆〕阀. *back pressure valve* 止回〔回压,背压,单向〕阀. *balance(d) valve* 平衡〔均衡〕阀. *beam-deflection valve* 射束偏转管. *bright valve* 白炽灯. *butterfly valve* 蝶形〔节流〕阀,节气门. *clack valve* 瓣阀,止回阀. *control valve* 控制阀,控制管. *cut-off valve* 关闭〔断流,截流,切断〕阀. *discharge(-service) valve* 泄放〔排出,排气,排料,溢流〕阀. *electrolytic valve metal* 电解电子管金属. *gas valve* 进气阀. *gate valve* 闸阀,滑门阀. *head valve* 头〔顶置〕阀. *inlet valve* 进给〔进气,进料,入口〕阀. *intake valve* 进气阀. *isolating valve* 隔离〔关闭,切断〕阀. *light valve* 光阀管,光阀. *magnetic valve* 磁力〔电磁〕阀. *mercury pool valve* 汞弧〔槽〕整流管. *mixing valve* 混频管,混合阀. *pilot valve* 导阀,(伺服)控制阀. *power valve* 增〔动〕力阀. *rectifying valve* 整流阀. *release valve* 放泄阀. *relief 〔pressure-reducing, pressure-relief〕 valve* 安全〔减压,卸压,保险〕阀. *remote valve* 远距离操纵阀,远控真空管. *retaining valve* 止逆〔回〕阀. *rotary 〔rotating〕 valve* 回转阀. *slide 〔sliding〕 valve* 滑阀. *stop valve* 断流〔停气,停止,截止〕阀. *thermionic valve* 热阴极电子管,热离子管. *throttle valve* 节流阀,节气门. *valve action* 阀门,整流,电子管)作用. *valve action of diode* 二极管的阀作用. *valve base 〔seat, holder, socket〕* 阀〔管〕座. *valve bronze* 阀青铜(锡 2~10%,铅 3~6%,锌 3~6%,其余铜). *valve bush* 阀衬,阀(衬)套. *valve control* 阀门控制,气门分配. *valve control amplifier* 门控放大器. *valve detector* 电子管检波器. *valve diagram* 阀动(分配)图. *valve guide* 阀导(承,套,管),气门导管. *valve inside* (内胎)气门芯. *valve lifter* 起阀器,气门挺杆. *valve metal* 阀用铅锡黄铜 I (锡 3%,铅 7%,锌 9%,其余铜). *valve pin* 真空管脚. *valve piston* 阀门活塞(柱塞). *valve port* 阀口,气门口. *valve positioner* 阀位控制器. *valve resistance arrester* 阀电阻式避雷器. *valve shield* 电子管屏蔽. *valve silencer* 滑阀机构(的)消音(静噪)装置. *valve spring wire* 阀弹簧钢丝. *valve stem 〔rod〕* 阀杆. *valve the gas* 放气. *valve timing* 气门分配相位的调节,阀定时. *valve voltmeter* 电子管电压表(伏特计). *valve wattmeter* 电子管瓦特计.

valve-control *a.* 控制〔操纵〕阀门的.
valve-controlled *a.* 真空管〔电子管,阀门〕控制的.
valved *a.* (装)有阀〔瓣,汽门〕的.
valve-in-head *n.* 顶置〔吊挂〕气门.
valve′less *a.* ①无阀(式)的,无活门的 ②无电子管的. *valveless engine* 无阀式〔无气门〕发动机.
valvelet *n.* 小瓣,小阀,小爱片.
valve′-type *a.* 电子管式的.
valving *n.* 活门的配置,阀系.
val′vula *n.* (pl. *val′vulae*) (拉丁语)瓣,瓣膜.
val′vular ['vælvjulə] *a.* ①(有)的,活门的,阀状的 ②瓣(膜,状)的,有瓣的.
valyl-(词头)缬氨酰(基).
vam = voltammeter 电压电流(两用)表,伏(特)安(培)计.
vamp [væmp] I *n.* 补片. I *vt.* 修补,拼凑,捏造(up).
VAMP = visual-acoustic-magnetic pressure 可见光-声-磁压强,视听磁压.
vam′pire ['væmpaiə] *n.* 吸血鬼,敲诈勒索者.
van [væn] I *n.* ①篷车,有篷运货汽车,(有棚盖的)铁路货车,铁路棚车,搬运车,行李车,拖车 ②簸分机,风扇,选矿铲 ③前卫〔锋〕,先锋〔驱,列,头〕,前头部队. *luggage van* 行李车(厢). *van container* 大型集装箱. *van line* 长途搬运公司. I *(vanned; van′ning) vt.* ①选矿,淘矿(选) ②用货车运输. ▲ *in the van of* 站在…的前列〔头〕,作为先驱,领导者. *lead the van of* 担任…的领导人〔先驱,前卫〕.

VAN = variable area nozzle 可变截面喷管.
Van Allen belt 【天】范艾伦(辐射)带.
Van Arkel (and de Boer) method 碘化物熱离解法.
Van de Graaff accelerator 范德格拉夫静电加速器.
Van der Veen (test) 【焊】范德文测弯试验.
Van Veen grab 范文咬合采泥器.
van′adate ['vænədeit] *n.* 钒酸盐. *alkali uranyl vanadate* 碱金属铀酸铀酸. *carbonate-soluble complex vanadate* 溶于碳酸盐的络合钒酸盐. *uranium vanadate* 钒酸铀.
vanad′inite ['vænədinait] *n.* 【矿】钒铅矿.
vana′dium [və'neidjəm] *n.* 【化】钒 V. *vanadium bronze* 钒黄铜(钒 0.03%,锌 38.5%,锰 0.5%,铝 1.5%,铁 1.0%,其余铜;或铁 0.5%,锌 38.5%,其余铜). *vanadium iron* 钒铁合金. *vanadium steel* 钒

钢.
Vana′lium n. 钒铝铸造合金(铝80%，锌14%，铜5%，铁0.75%，钒0.25%).
vancomy′cin n. 万古霉素.
Vancouver [væn'ku:və] n. (加拿大)温哥华(市).
van′dal ['vændəl] n. (文化艺术的)破坏者.
vandal′ic [væn'dælik] a. 破坏性的,野蛮的.
van′dalism ['vændəlizəm] n. 破坏(文化艺术的)行为.
van′dalize ['vændəlaiz] vt. 摧残(文化艺术),破坏. **vandaliza′tion** n.
Van′denberg n. 范登堡(美国空军基地).
vandenbrandeite n. 绿铀矿°,水铀铜矿.
vandendriesschreite n. 橙水铀铅矿.
vandex n. 一种混凝土防水剂.
vane [vein] Ⅰ n. ①(导向)叶片,叶轮,轮叶,刀片,桨,(风敏)桨,机械的)翼,舵,(静电计的)翼形针②风(信,向)标,风杆(轮)③节气钢④瞄(准)板,觇板,(罗盘的)照准器,视准器,(pl.)导向器⑤变化不定的事物.Ⅰ vt. 装叶片. air vane 空气舵,风(扇)叶片,风标翼,风斗导向翼,风轮调速器. braking vane 刹车板. carbon vane 石墨〔燃气〕舵,(碳〔制〕)舵. diffuser vane 扩散(器)叶片,散气叶片. guide vane 导流叶片,导叶(板),导向器叶片. incidence vane 攻角传感器(指示片). jet vane 喷气导流控制片,燃气舵. shear vane 土壤抗剪强度环形测定仪. sight vane 瞄准孔(器),透视孔. stabilizer vane 稳定(安定)叶片,稳定翼. swivelling vane 回转叶片,风标. vane anemometer 翼式风速表. vane borer 涡轮式钻土机,(钻探用的)轮转钻. vane capacitor 旋转片式(可变)电容器. vane cascade 叶栅. vane channel 叶片间流道. vane compressor 叶片式压气机. vane motor 叶轮[片]液压马达. vane pitch 叶栅间距. vane pump 叶轮泵,活片式泵,旋片(机械)泵. vane strength value (土壤)十字板抗剪强度值. vane test (土壤)十字板试验. vane type pump 叶轮[片]泵,活片式泵,离心泵. vane type supercharger 转叶式增压器. vane wheel 叶轮. wind vane 风标翼.
vane-axial fan 翼式轴流风扇.
vaned a. (装)有叶(片)的,有(带)翼的. vaned diffuser 有叶扩压器. vaned drum 带叶片的转筒.
vane′less a. 无叶的. vaneless diffuser 无叶扩压器. vaneless space 无叶片空间.
vane′less-vaned diffu′ser 无叶-有叶混合式扩压器.
vane-shear apparatus 十字板剪力仪.
vane-shear test (土壤)十字板剪力试验.
vane-type instrument 叶片式仪表.
vane-type relay 扇形继电器.
vang [væŋ] n. 支索,桨索.
van′guard ['væŋgɑ:d] n. ①前卫,先头部队,尖兵②先锋(队),先驱.
vanilate n. 香兰酸盐或酯.
vanilione n. 香兰醛.
vanil′la [və'nilə] n. 香草,香子兰(植物),香(草香)精.
vanil′lic a. 香子兰的,香草醛的. vanillic acid 香草酸.

vanil′lin(e) n. 香草醛,香兰素.
van′ish ['væniʃ] vi. ①消失(没),(逐渐)消散,消灭(去,掉),突然不见,化为乌有②【数】变为零,等于零,得零,趋于零. have reached (the) vanishing point 已经用完了. identically vanishing 恒等于零. vanish from (out of) sight 消失不见. vanish in darkness 在黑暗中消逝. vanish into nothing 或 vanish into the void 化为乌有,成为零. vanish into the mist 化为烟雾. vanishing axis 没影轴. vanishing cycle 消没圈. vanishing line 没影(直)线. vanishing of thread 讯刀纹(扣),螺纹算扣. vanishing point 没影(消失)点,灭点(透视图中平行线条的会聚点),(事物的)尽头. vanishing spin 零自旋. vanishing target 隐靶,隐蔽目标.
van′ishingly ad. 趋(近)于零地.
van′ishing-point control 灭点控制,合点控制.
van′ity n. ①空(虚),无益,无用,无价值(的东西)②虚荣,自负③手提包.
Vanity steel 一种易焊锰钢(含有适量的钒,钛).
van′ner n. 淘矿机,淘选帧.
van′quish ['væŋkwiʃ] v. 制(克,征)服,打败,战胜.
van′quishable a. 能战胜的,可征服的.
van′quisher n. 征服者,战胜者.
van′tage ['vɑ:ntidʒ] n. 优越(势),有利(的)地位. a point(coign) of vantage 或 vantage ground 有利地位(形),要害. have M at vantage 比M处于有利地位,占M的上风. take (have) the enemy at vantage 出其不意攻击敌人. vantage point (靶场射向上的)有利点. ▲for the vantage 何况,加之. stand on a vantage point and have a farsighted view 站得高,看得远.
van′ward ['vænwəd] Ⅰ a. 先锋的,先导的. Ⅱ ad. 向前.
VAOR = very-high-frequency aural omnirange 甚高频音响全向无线电信标.
VAP = Voluntary Assistance Programme 志愿援助方案.
vap = vapour.
VAP PRF = vapour proof 汽密的.
Vapam = methyl-dithio-carbamic acid sodium salt 甲替二硫代氨基甲酸钠.
vap′id ['væpid] a. (枯燥)无味的,平淡的. ~ity n. ~ness n. ~ly ad.
vapometal′lurgy n. 挥发[气化]冶金.
Vaporchoc n. 高压蒸汽枪(商标名).
vaporif′ic [veipə'rifik] a. 发生(形成,多]蒸气的,雾(蒸气(状)的.
vaporim′eter [veipə'rimitə] n. 蒸气压(力)计,(酒精)气压计,挥发度计.
vaporus n. 凝结曲线.
vapotron n. 蒸发冷却器.
va′po(u)r ['veipə] Ⅰ n. ①蒸气,(水)(蒸)气,(烟)雾,吸(入)剂 ②气化液(固)物,气化物 ③ (pl.)(矿坑内的)污气废气 ④幻(空)想(物). Ⅰ v. ①(使)蒸发,(使)气化,变成(散发)蒸气 ②自夸,吹牛. aqueous vapour 水蒸气,水气. mercurial vapour 汞蒸气,汞汽. vapour coolant (喷)雾状冷却剂. vapour decomposition 汽相热分解. vapour degreasing 蒸

气脱脂,蒸气去油污. *vapour deposition* 汽相淀积. *vapourextractor* 抽汽器,蒸气提取器. *vapour growth* 汽相生长. *vapour lock* 汽封〔塞,阻〕,〔蒸〕气〔闭〕锁. *vapour phase* 蒸气相,气相〔态〕. *vapour plating* 汽化渗镀,汽相扩散镀. *vapour pressure*〔*tension*〕汽压〔强〕,蒸气压力. *vapour reaction* 汽态反应. *vapour rectifier*(充汽)汞弧整流器. *vapour seal* 汽封. *vapour tight* 不漏气的. *vapour trail* 雾化〔凝气〕尾迹.

vapo(u)rabil'ity *n.* 汽化性,挥发性.

va'po(u)rable *a.* 可汽化的,可蒸〔挥〕发的.

va'po(u)r-bath *n.* 蒸气浴(浴室,设备).

va'po(u)rblast *n.* 蒸气喷砂. *vapourblast operation* 蒸气喷砂处理.

vapo(u)r-bound *a.*; *n.* (泵的)汽化的,汽化极限.

vapo(u)r-cooled *a.* 蒸发冷却的.

vapo(u)rim'eter *n.* 挥发度计.

va'po(u)ring Ⅰ *n.* (pl.) 大话,自夸. Ⅰ *a.* 蒸发的,自夸的.

va'po(u)rish ['veipəri∫] *a.* 多(似)蒸气的,蒸气状的.

vapo(u)riza'tion 或 **vaporisa'tion** [veipərai'zei∫ən] *n.* 汽〔气〕化(作用),蒸发(作用),的雾的,挥发,放出. *batch vapourization* 分批(间歇)蒸发. *heat of vapourization* 或 *vapourization heat* 汽化热. *vapourization without melting* 升华.

va'po(u)rize 或 **va'porise** ['veipəraiz] *v.* (使)汽化,(使)蒸发.

va'po(u)rizer 或 **va'poriser** *n.* 汽化器,蒸馏,喷雾,雾化,化油)器.

vapo(u)r-laden *a.* 蒸气饱和的,蒸气充满的.

vapo(u)rom'eter *n.* 蒸气压力计.

va'po(u)rous ['veipərəs] *a.* ①汽化的,(多,似,形成)蒸气的,蒸气饱和的②雾(状)的,有雾的,气态的,汽状的③空(幻,想)的,无实际内容的,浮夸的. ~ly *ad.* ~ness *n.*

vapo(u)r-phase HCl etch 气相氯化氢腐蚀剂.

va'po(u)r-pres'sure type 汽压式.

va'po(u)r-react'ion film 汽相反应薄膜.

va'po(u)r-sat'urated *a.* 蒸气饱和的.

va'po(u)r-tight *a.* 汽密的,不漏气的.

vapourus *n.* 凝结曲线.

va'po(u)ry ['veipəri] *a.* 多〔含〕蒸气的,蒸气腾腾的,烟雾弥漫的,模糊的,朦胧的.

var [va:] *n.* reactive volt-amperes 或 volt-amperes reactive 乏,无功伏安(无功功率单位,电抗功率单位).

VAR = ①reactive volt-amperes 或 voltamperes reactive 乏,无功伏安 ②variometer 变感器,变压表 ③variable area 变面积 ④visual aural (radio) range 或 visual/aural range 可见可听式〔声影显示〕无线电航向信标.

var = ①variable ②variant ③variation ④variety 变种(生物),种类,品种 ⑤vary.

varac'tor [və'ræktə] *n.* (可)变(电)抗器,变容(可变)电抗)二极管. *varactor diode* 变容(参量)二极管. *varactor doubler* 变容二极管,二倍频器. *varactor tuner* 变容二极管调谐器,电调谐高频头.

var'ec(h) ['væræk] *n.* 海草,海藻(灰).

var-hour *n.* 无功伏安小时,乏-小时.

variabil'ity [vɛəriə'biliti] *n.* ①易(可,能)变性,变化〔更,易〕性,变异度 ②变率 ③改变,改进,(恒星)亮度变化.

va'riable ['vɛəriəbl] Ⅰ *a.* ①易〔常〕变的,变化(无常)的,变换(型),异)的,畸变的,(反复,方向)不定的,不同的 ②【电】可调(变)的 ③【数】变量的,【天】变光的,亮度变化的. Ⅰ *n.* ①【数】可变量,变量 ②变元,变数(词),参数 ②易变的东西,易变物 ③【天】变(光)星,(方向不定的)变风,不定风. *complex variable* 复变数〔量〕. *dependent variable(s)* 因(应,他)变数,他(因)变量. *design variables* 设计参数. *field variables* 场变量. *independent variable(s)* 自(独)变数〔量〕. *infinitely variable* 无级变速的,平滑调整的,无穷变量. *input variable* 输入变量. *isotopic variable* 同位旋变数. *numerical variable* 数变项〔词〕. *output variable* 输出变量. *random variable* 无规(随机)变数. *variable acceleration* (可)变加速度. *variable aperture shutter* 可变开度角遮光器,可变孔径快门. *variable area superimposed on wiggle trace* 波形加变面积叠合记录. *variable area track* 面积调制声道. *variable binary scaler* 可变比例的二进制定标器,二进制换算电路. *variable breakdown device* 变击穿器件. *variable capacitor* 可变电容(器). *variable carrier* 变幅载波. *variable composition resistor* 可变体电阻器. *variable connector* 可变连接点,可变连接指令,多路开关. *variable coupler* 可调〔可变〕耦合器. *variable cross-section* 变截面. *variable delay line* 可调延迟线. *variable density log* 变密度测井. *variable depth sonar* 可变深度声呐. *variable element* 可变参数. *variable elevation beam* 仰角可变的波束. *variable error* 变量(可变,不定)误差,可变(量)误差. *variable flow* 变流. *variable force* 变(量)力. *variable gain* 可变增益. *variable gear* 变速齿轮. *variable inclination* 不定坡度. *variable inductor* (可)变(电)感线圈,可变电感器. *variable length field* 可变长字段. *variable motion* 变(不稳定)运动. *variable motor* 变速电动机. *variable multiplier* 变量乘法器. *variable note buzzer* 变调蜂鸣器. *variable nozzle* 可变截面喷管. *variable of integration* 积分变量. *variable oscillator* 可变频率振荡器. *variable phase* 可变相位. *variable pitch* 变斜度,(可)变节(螺,栅)距. *variable power system* 变焦度系统,可变放大率系统. *variable pump* 变量泵. *variable quadricorrelator* (增益)可变自动正交相位控制器(线路). *variable quantity* 变量〔数〕. *variable range* 变量(可变,调节)范围. *variable ratio frequency changer* 可变频率比变频器. *variable ratio transformer* 可调变压器,可变变压比(的)变压器. *variable reluctance detector* 电磁(磁阻)地震检波器. *variable sensitivity* 可变灵敏度. *variable stator vane* 变distributor定子叶片,变距静叶. *variable speed device* 变速装置. *variable thrust* 可调推力. *variable transmission* 变速传动. *variable voltage* 可变〔调〕电压.

va′riable-an′gle noz′zle 可变角度的喷嘴,可旋导导叶.
va′riable-a′rea a. 可变截面的,可变面积的. *variable-area track* 面积调制声道. *variable-area recording* 调变面积式录音,(可)变(面)积式声(音),变面积记录.
va′riable-deliv′ery pump 变量输送泵.
variable-density recording 变密度制录音,疏密录声.
va′riable-den′sity track 密度调制声道,变密度迹.
va′riable-discharge′ tur′bine 可变流量涡轮机.
va′riable-displace′ment device′ 可变位移式仪器.
va′riable-displace′ment pump 变排量泵.
variable-duration impulse system 脉宽调制系统.
va′riable-elevation beam 可变仰角射束.
variable-erase recording 可消记录[录音].
va′riable-fre′quency trig′ger gen′erator 可变频触发信号发生器.
va′riable-gain am′plifier (可)变增益放大器.
variable-geometry spacecraft 几何形状可变航天器.
va′riable-inten′sity divice′ 可变强度式仪器.
va′riable-length pulse 可调[可变]宽度脉冲.
va′riable-length rec′ord 可变长记录.
va′riable-met′ric meth′od 可变度量法.
va′riable-mu pen′tode 变 μ 五极管.
va′riable-mu valve 或 variable-mu tube (可)变μ管,可变放大因数管.
va′riable-pitch grid (可)变(节)距栅极.
va′riable-point representa′tion 变点表示.
va′riable-preci′sion co′ding compac′tion 可变精度编码的数据精简法,可变精度编码(法)压缩.
va′riable-pres′sure drop 可变压降.
va′riable-reluc′tance a. (可)变磁阻的.
va′riable-resis′tance n. 可变电阻的.
variable-slope delta modulation 变斜度Δ调制.
va′riable-speed n.;a. (能,可)变速(的)的,速度能变换的,积分(式)的. *variable-speed gear* 积分装置,积分轮.
va′riable-tape-speed recorder 可变纸带速率记录器.
va′riable-thresh′old deco′ding 变阈[变门限]解(译)码.
variable-time fuse 可变定时雷管.
va′riable-μ characteristics 可变放大因数特性.
variable-μ vacuum tube 变μ(真空)管.
va′riably [′vɛəriəbli] ad. 易(可)变地,反复不定地.
va′riac [′vɛəriæk] n. (连续可调)自耦变压器,(自耦)调压变压器.

varian n. 瓦里安核子旋进磁力仪(商标名).
va′riance [′vɛəriəns] n. ①变化[异,更,动,迁,数,量,度],变异性[数] ②差异,不同,不符合,不一致,分歧,冲突,争论 ③方[偏,磁]差,标准离差的平方,数据的偏离值,离散,分散,色散. *serial variance* 系列离散,序列方差. *variance analysis* 方差分析. *variance ratio* 方差比. *variance test* 方差检(验). ▲*at variance* (with M) (与M)不同(不符,不一致,有分歧,相矛盾,相抵触]. *variance in M M* 的变化.
va′riance-ratio transforma′tion 方差比变换.
va′riant [′vɛəriənt] Ⅰ a. ①不同的,差异(别)的,相异的,变量的,二中择一的②各种各样的,多样的③变化(异)的,易变的,不定的. Ⅱ n. ①变形[种,型],派生,衍生,变样(本),转化,(变)异体 ②【数】

变式[量] ③异体(字),变体 ④附加条件. *variant scalar* 变量标量.
va′riate [′vɛəriit] Ⅰ v. (改)变,(使)变化(动,更,异],使不同. Ⅱ n. 【数】变量,(定)变数.
va′riate-dif′ference meth′od 变量差分法.
varia′tion [vɛəri′eiʃən] n. ①变化(动,更,易,异,种),变更方法,改变,调整 ②【数】变分(差],变量(位,度),偏(误,磁)差,偏转(向),不均匀度,(月球摄动)二均差. *allowable variation* 允许偏差(指尺寸),公差,允许变化. *annual variation* 岁变,周年变化,年变动(程). *daily variation*(s) 昼夜(一日内)的变化,昼夜差异. *experimental variation* 试验变数. *force variation* 力的变化,力变分. *infinite* (*stepless*) *speed variation* 无级调速. *lateral gauge variation*(轧件)横向厚度波动值. *linear variation* 线性变化(变分). *Mach number lift variation* 升力随马赫数的变化. *small finite variation* 小量有限变分. *smooth thrust variation* 推力缓变. *variation calculus* 变分法. *variation equation* 变分方程. *variation in level of supports* 支撑面变位. *variation magnetic field* 变化(交变)磁场. *variation of function* 函数的变差(变化量]. *variation of parameter* 参数变值法. *variation of pole* 极变动. *variation of sign* 号的变更,正负号替换. *variation of tolerance* 公差带. *variation principle* 变分原理. *variation without repetition* 无复变更. *variations of an admissible family of arcs* 适用弧族的变分. *variations of n-th order* n阶变分. *zenith-angle variation*(宇宙射线强度的)顶角变化. ▲*be capable of variation* 可能变化. *be liable to variation* 容易变化. *be subject to variation* 常有变化(改变],可能变更. *variation from* 偏离. *variation in M M* 的变化. *variation of M with N M* 随N的变化. *variation with M* 随M的变化.
varia′tional [vɛəri′eiʃənl] a. ①变化(异,种)的,因变化而产生的 ②【数】变分的,变量的. *variational calculus* 变分学]. *variational method* 变分法. *variational principle* 变分(法)原理. *variational sensitivity* 微分(变分)灵敏度.
va′riator [′vɛərieitə] n. ①(无级)变速器,变换(化)器,温度变化的补偿器 ②聚束器 ③(伸)胀缝,伸缩(些)缝. *speed variator* (无级)变速器.
va′ricap n. 变容二极管,压控[可变]变容器.
varicel′la [væri′selə] n. (拉丁语)水痘,禽痘.
va′ricolo(u)red a. 杂色的,五颜六色的.
varicond n. (铁电介质的)可变电容.
vari-directional microphone 可变指向性传声器.
vari-distant rigidity rib 变间隔加固肋.
va′ried [′vɛərid] a. ①各种各样的,不(相)同的,(有多)变化的 ②改变了的 ③杂色的,斑驳的. *varied curve* 变曲线. *varied flow function* 变流函数. ~ly ad.
va′riegate [′vɛərigeit] vt. ①弄成杂色,加彩色,染化,使斑驳 ②使多样化.
va′riegated a. ①杂色的,斑驳[点]的,不匀净的 ②多样化的. *variegated copper* (*ore*) 斑铜矿.

variega'tion *n*. 〔彩〕斑.

vari'ety [və'raiəti] *n*. ①变化,多样(性,化),多种(多样) ②衍变,变形〔型,种,体〕,品种,种类,项目,【឴】簇,流形. *composite variety*【数】合成簇. *operate with extraordinary variety of action* 以各种各样的方式工作. *variety studio* 杂艺节目播音室〔演播室〕. ▲*a* (*considerable, great, wide*) *variety of* 各种各样的,种种的,种类〔品种〕繁多的. *every variety of form* 各种形式. *for a variety of reasons* 因种种理由,由于种种原因. *varieties of* 各种(各样)的.

vari-focal lens (可)变焦距透〔物〕镜,变焦距镜头.

va'riform ['vɛərifɔ:m] *a*. 形形色色的,有多种形态的.

va'rigroove *n*. 变(槽)距(纹)槽.

vari-mu pentode 变μ五极管.

va'rindor ['vɛərində] *n*. (可)变(电)感器,交流电感器.

va'riocoup'ler ['vɛəriou'kʌplə] *n*. 可变耦合器〔腔〕,可变(电)感耦(合)器.

va'riode *n*. 变容二极管.

varioden'ser 或 **varioden'cer** *n*. (可)变(电)容器.

va'riogram *n*. 变量〔变化记录〕图.

va'riograph *n*. 变压〔量〕计,变量仪(变量变化自动记录仪).

va'riohm *n*. (可)变(电)阻器.

variola'tion *n*. 引痘,人痘接种.

va'riolite *n*. 球颗玄武岩.

varioliza'tion *n*. 球颗化(作用).

va'rioloid *n*. 拟天花.

variolosser *n*. 可变(控)损耗器.

variom'eter [vɛəri'ɔmitə] *n*. ①(可)变(电)感器 ②变压表,磁变计,(飞机)爬升率测定仪. *magnetic variometer* 磁性变感器. *plate variometer* 阳极可变电感器. *rotating coil variometer* 动圈式变感器. *variometer of mutual inductance* 互感式变感器.

va'rioplex *n*. 变路转换器,可变多路传输器,变工(制).

variopter *n*. (滑动)光学计算尺.

vario'rum [vɛəri'rɔ:m] *a*., *n*. ①集注版(本)的,集注本 ②附有异文的版本 ③引自不同来源的.

va'rioscope *n*. 镜式(地)磁变仪.

va'rious ['vɛəriəs] *a*. ①不同的,各种(式)各样的,种种的 ②多方面的,具有各种不同特征的,千变万化的 ③好几个(的),许多(种类)的 ④各个的,个别的 ⑤杂〔彩〕色的. *at various times* 在不同的时间〔代〕. *for various reasons* 因种种理由. *the peoples of various countries in the world* 世界各国人民. *various branches of knowledge* 多方面的知识. *various in kind* 种类繁多. *various opinions* 不同的意见. ~ly *ad*.

varipico *n*. 变容二极管.

va'riplotter ['vɛəriplɔtə] *n*. 自动曲线绘制器,自动作图仪,可变(尺寸)绘图仪.

Variscian movement (古生代后期)华力西运动.

va'risized ['vɛərisaizd] *a*. 各种大小的,不同尺寸的.

vari-speed drive 无级变速传动装置.

varis'tor 或 **varis'ter** [və'ristə] *n*. 压敏电阻,可变(非

线性,可调)电阻,变阻册,变阻二极管 *diode varister* 二极管可变电阻,二极管非线性电阻. *SiC varistor* 碳化硅可变电阻. *varistor rectifier* 变阻整流器.

varistor-compensated circuit 变阻补偿电路.

va'risymbol *n*. 变符板(一种字母、数字显示板),直流等离子体板.

va'ritran *n*. 自耦变压器.

va'ritrol ['vɛəritrɔl] *n*. 自动调节系统.

va'ritron ['vɛəritrɔn] *n*. 变(换)子,变光管.

va'rityper ['vɛəritaipə] *n*. 有多种可变字体的打字机.

Varley's loop method 华莱回路法(一种借电桥测定线路障碍的方法).

VARM = varmeter.

var'meter *n*. 乏(尔)计,无功伏安计〔功率计,瓦特计〕.

Var'na ['vɑ:nə] *n*. 瓦尔纳(保加利亚港市).

var'nish ['vɑ:niʃ] I *n*. ①(清,假,油,罩光)漆,涂料,凡立水,釉子,印刷调墨油 ②光泽面〔表面〕光泽 ③(*pl*.)(火车的)客车,卧车,特别快车 ④掩(粉)饰 ⑤积炭. I *vt*. 给…上(清)漆,涂(清)漆,给…上釉,使有光泽,装〔修,粉,掩〕饰. *lacquer varnish* 亮漆,凡立水. *thermosetting varnish* 热固性油漆. *varnish formation* 漆膜形成. *varnish paper* 涂漆绝缘纸,浸渍(绝缘)纸. *varnish silk* 浸渍绸. *varnish silk tape* 浸渍〔绝缘〕绸带. *varnish spray gun* 喷漆枪. *varnish tube* 浸渍纤维管. ▲*put a varnish on* 粉〔掩〕饰.

var'nished *a*. 浸渍过的,涂漆的. *varnished bias tape* 涂漆料纸带. *varnished car* (火车的)客车,卧车,特别快车. *varnished silk* 浸漆丝〔绸〕,浸漆丝. *varnished tube* 浸渍〔绝缘〕管,黄蜡套管. *varnished wire* 漆包线.

var'nisher *n*. 清漆工人.

var'sity ['vɑ:siti] *n*.; *a*. 大学、(大学)体育代表队(的).

varve [vɑ:v] *n*. 纹泥,季候泥.

varved clay 纹泥,成层粘土,季候泥.

va'ry ['vɛəri] *v*. ①(使)变化,(使)不同,使多样化 ②改变,变换〔动,更,易〕,修改 ③相异,违反,偏离,逸出. *opinions vary on M* 在 M 上意见分歧. *vary hourly throughout the day and daily throughout the week* 每日每时都有变化(都不一样). *vary one's method of work* 改变工作方法. *vary the speed* 变换速度. ▲*vary about M* 围绕 M(而)变化. *vary as M* 和 M 成正比(例地变化). *vary as the inverse square of M* 和 M 的平方成反比. *vary as the square of M* 和 M 的平方成正比. *vary directly as M* 和 M 成正比(例地变化). *vary from M to N* 从 M 到 N 不等. *vary from M to N* 一个 M 与另一个 M 之间各不相同(有差别),因 M 而异. *vary from unit to unit* 单位各不相同. *vary from person to person* 因人而异. *vary in M* (在)M 方面不同〔改变〕. *vary in size* 大小不同. *vary inversely as M* 和 M 成反比(地变化). *vary with M* 随 M 而变(化)的,因 M 而

va'rying *a.* 变化的,改变的,不定〔等〕的,各不相同的. *a varying number of* 数目不等的,数目各不相同的. *in varying degrees* 在不同程度上. *varying accelerated motion* 变加速运动. *varying duty* 变负荷,可变〔变动〕负载,不定载量,变动运行〔工况〕. *varying load* 不定〔可变量〕荷载.

vary-power telescope 可变倍数望远镜.

vas [væs] (pl. *vasa*) *n.* 〔拉丁语〕(导)管,脉管.

va'sal ['veisəl] *a.* (脉,血)管的.

Vasco = Vanadium Alloy Steel Co. 钨钒高速工具钢制造公司. *Vasco powder* 钨钒钢粉末. *Vasco steel* 钨钒钢.

Vascoloy-Ramet *n.* 碳化钨硬质合金.

vas'cular ['væskjulə] *a.* 脉〔血,导,维〕管的.

vascular'ity *n.* 血管分布.

vas'culum ['væskjuləm] (pl. *vas'cula*) *n.* 小管,植物标本采集箱.

vase [vɑːz] *n.* (花)瓶,瓶饰.

vas'eline ['væsiliːn] *n.* 矿脂〔石油冻,石油脂,软石脂〕,凡士林.

vasicine *n.* 鸭嘴花碱.

vasicinone *n.* 鸭嘴花碱酮.

vas'iform *a.* 管形的,管状的.

vasoconstric'tion *n.* 血管收缩.

vasoconstric'tor *n.*; *a.* 血管收缩剂,血管收缩神经,血管收缩的.

vasodepres'sion *n.* 血管减压.

vasodilata'tion *n.* 血管舒张.

vasodilatin *n.* 血管扩张素.

vasodila'tor *n.*; *a.* 血管扩张剂,血管扩张神经;血管扩张的.

vasomo'tor *a.*; *n.* 血管扩张(舒缩)的,血管舒张药.

vasopressin *n.* 后叶(血管)加压素,抗利尿激素.

vasotocin *n.* 管催产素,8-精催产素.

vast [vɑːst] I *a.* ①巨〔浩,很〕大的,广阔〔大〕的,深远的 ②大量的,许许多多的,巨额的,非常的. II *n.* 无边无际的空间. *a vast expanse of desert* 一大片沙漠. *a vast expanse of sea* 茫茫大海. *a vast sum of money* 一笔巨款. *vast scale* 大规模. *vast scheme* 或 *scheme of vast scope* 庞大的计划. *the vast of heaven* 万里长空. ▲*of vast importance* 非常重大的. *the vast majority* (绝)大多数. *vast difference* 天渊之别.

vast'ly ['vɑːstli] *ad.* 大大地,非常. ▲*be vastly superior to* M 比 M 优越得多.

vast'ness ['vɑːstnis] *n.* 广〔巨〕大,茫茫无际.

vasty ['vɑːsti] *a.* 巨〔庞,广〕大的,无边无际的.

vat [væt] I *n.* ①(大)桶,大〔槽,盆,(大,染)缸,箱,瓷盘,容器 ②瓮〔还原〕染料,瓮(染料)染料 ③比利时和荷兰的液量名. I (*vat'ted*; *vat'ting*) *v.* 把…装入大桶,在大桶里处理. *leaching vat* 浸出槽. *mixing vat* 混瓮桶. *vat dye* 〔colour〕瓮〔还原(性)〕染料.

VATE = versatile automatic test equipment 万能自动测试设备.

V-ATE = vertical anisotropic etch 垂直定向腐蚀.

Vat'ican ['vætikən] *n.* 梵蒂岗,罗马教廷.

vatic'inate [væ'tisineit] *v.* 预言〔告〕. **vaticina'tion** *n.*

vau = vertical accelerometer unit 垂直加速度表装置.

Vaucher alloy 锌基轴承合金〔锌 75%,锡 18%,铅 4.5%,锑 2.5%〕.

vault [vɔːlt] I *n.* ①拱(穹)顶,穹窿,拱形圆屋顶(房屋),拱形覆盖物,天〔苍〕穹,天空 ②圆窖〔拱〕室,拱顶窖,拱顶地下室,(加速器的)主厅 ③跳(跃),撑竿跳. I *v.* ①做成拱形,成拱状弯曲,覆以拱顶 ②跳(跃),撑竿跳. *cross vault* 交叉穹窿. *reactor vault* 反应堆(混凝土生物)屏蔽间. *safe-deposit vaults* 保险库. *storage vault* 贮存(储藏)室. *vault manhole* 局前人孔. *vault of heaven* 天空,苍穹.

vaul'ted *a.* (有)圆顶的,盖有拱顶的,拱状的,穹窿状的. *vaulted dam* 双曲拱坝,穹窿坝.

vault'ing ['vɔːltiŋ] *n.* ①拱顶,圆顶(建筑物),筒拱(术) ②(用于)跳跃的,向上跳的,过度的. *vaulting masonry* 筒拱圬工.

vaunt [vɔːnt] *v.*; *n.* 吹嘘,夸耀,自夸(of, over).

vaunt-courier *n.* 先遣者,先驱.

vaunt'ing *n.*; *a.* 自吹自擂(的),夸张(的). ~**ly** *ad.*

V-axis pulse V 轴(同步)脉冲.

VB = valve box 阀箱(体,盒).

vb = ①verb 动词 ②verbal 言语的,字句的,用词的,口头的,逐字的 ③vibrating 或 vibration 颤〔振,震〕动 ④vibrator 振动(捣)器,振子.

V-band = V-band frequency (46,000~56,000mc) V 频带,V 波段 (46,000~56,000 mc)

V-beam *n.* V 形射束(波束).

V-belt *n.* 三角(V 形)皮带.

V-block *n.* V 形块,V〔三角〕槽块,V 形(元宝)铁,V 形汽缸体.

VBN = volatile basic nitrogen 挥发碱性氮.

V-box *n.* V 形箱(斗).

V-bridge *n.* V 型电桥.

VC = ①critical volume 临界容量 ②variable capacitor〔condenser〕可变电容器 ③varnished cambric 黄蜡(绝缘)布 ④vertical curve 竖曲线 ⑤vice-chairman 副主席 ⑥vinyl chloride 氯乙烯 ⑦vital capacity 肺活量 ⑧vitrified clay 陶瓷土 ⑨volt-coulomb 伏(特)-库仑 ⑩volume of compartment 舱室容积 ⑪volunteer corps 志愿军.

VCB = vertical location of the center of buoyancy 浮(力中)心的垂向位置.

VCCO = voltage-controlled crystal oscillator 电压控制晶体振荡器.

VCG = vertical location of the center of gravity 重心的垂向位置,垂直重心.

V-characteristic *n.* V 形(特性)曲线.

vci = volatile corrosion inhibitor 挥发性防蚀剂.

VCL = vertical center line 垂直中心线.

V-clamp *n.* V 形夹.

vcnty = vicinity 附近,邻近.

VCO = ①vector controlled oscillator 航向控制振荡器 ②voltage controlled oscillator 电压控制振荡器.

V-connection *n.* V 形(开口三角形)接法, V 形连接.

VCP = vehicle collecting point 飞行器(在轨道上的)会合点,车辆汇集站.

VCT = ①vitrified clay tile 陶瓷瓦, 瓷砖 ②voltage control transfer 电压调整变换,电压控制转移.

V-curve *n.* V 形(特性)曲线.

V-cut n. V形切割〔开拙,刻法〕,楔形掏槽. *V-cut crystal* V截晶体,V切割晶片.
VCVS = voltage-controlled voltage source 电压控制电压源.
VCXO = voltage control X-tal [crystal] oscillator 电压控制晶体振荡器.
VD = ①vandyke 锯齿边 ②vault door 地窖门 ③ventilating deadlight 通风舷窗,通风用固定天窗 ④void 空的,空隙(率).
Vd = Vanadium 钒.
vd = vapour density 蒸汽密度.
VDA = video distributing amplifier 视频分布放大器.
VDC = ①vinylidene chloride 偏(二)氯乙烯,乙烯叉二氯 ②volts DC or direct-current volts 直流电压.
vdct = volts, direct-current, test 直流测试电压.
VDCW 或 **vdcw** = volts, direct current, working 或 direct-current working volts 直流工作电压.
v-depression n. V形凹槽.
VDF = ①video frequency 视频 ②voice distribution frame 话音配线盘.
VDG = vertical and directional gyro 垂直和航向陀螺仪.
VDI = [德语] Verein Deutscher Ingenieure 德国工程师协会.
VDI system 或 **vdi system** = variable-duration impulse system 可变宽度脉冲系统.
v-dipole n. V型偶极子.
VDLF = variable depth launch facility 可变深度发射装置.
VDR = voltage dependent resistor 压敏电阻.
V-drag n. 拖式V形刮铲.
V-drain n. V形边沟〔排水沟〕.
VDS = variable depth sonar 可变深度声纳.
VDT = ①variable density tunnel 变密度风洞 ②variable differential transformer 可变差接变压器 ③variable discharge turbine 变流量式燃气涡轮.
VE = vernier engine 微调发动机.
ve = voltage 电压.
've = have. *I've* = I have. *you've* = you have.
+ ve = positive 正的.
veatchine n. 维特钦,维钦碱.
VEB = variable elevation beam 仰角可变的波束,可调仰角射束.
Vebe consistometer 维氏稠度计.
vec = vector 矢量.
VECO = vernier engine cutoff 游标〔微调〕发动机停车.
vectodyne n. 推力方向可变垂直起飞飞机.
vec'togram ['vektəgræm] n. 矢〔向〕量图.
vec'tograph ['vektəɡrɑːf] n. ①矢量图,偏振立体图 ②(用偏光镜看的)立体电影〔照相〕,偏振相片,偏振光体视图. ~ic a.
vec'tolite ['vektəlait] n. 钴铁氧体 (Fe₂O₃ 30%, Fe₃O₄ 44%, Co₂O₃ 26%).
vec'ton n. 矢量粒子.
vectopluviom'eter n. 定向测雨器.
vec'tor ['vektə] I n. ①矢(量),向量 ②(交流电理论中)时间矢量,向量 ③飞机航向(指标),(飞机)航线 【天】幅,矢〔向〕径 ④媒介(物),病媒,带菌体(者), 运载体 ⑤动力,魄力. II vt. 引导,导航,制导,确定

航向,引向目标. *axial vector* 轴矢量. *bicirculation vector* 偶环流矢量. *buckling vector* 屈曲矢量. *drag vector* 阻力矢量. *lattice translation vector* 晶格平移矢量. *origin vector* 原点矢量. *radius vector* 向径,矢径,径向矢量. *resultant vector* 合成矢量. *time vector* 时间(直)线,时间矢. *unit vector* 基矢,单位矢(量). *vector admittance* 矢量导纳,复导纳. *vector analysis* 矢〔向〕量分析. *vector calculus* 矢算. *vector diagram* 矢量〔向量〕图. *vector equation* 矢量方程,向量方程(公式). *vector impedance* 复(数)阻抗,矢量阻抗. *vector mesons* 矢量(性,量)介子. *vector multiplication* 矢量〔向量〕乘法,成矢乘法. *vector potential* 矢量势〔位〕,矢势〔位〕,向量势. *vector product* 矢(量)积,向量积. *vector scope* 矢量(色度)显示器. *vector space* 矢〔向〕量空间. *vector sum* 矢(量)和,矢和. *vector triangle* 矢量三角形. *vector variable* 向〔矢〕量变量. *vector wave equation* 矢量波动方程. *vectored injection* 定向喷射. *vectored interrupt* 向量中断. *vetoring error* 导航矢量误差,引导误差. *wind vector* 风(速)矢量.
vectorcar'diogram n. 矢量心电图,心电向量图.
vectorcar'diograph n. 矢量心电图描绘器,矢量心电图示仪.
vec'torgram n. 向量图,心电向量图.
vecto'rial [vek'tɔːriəl] a. 矢(量)的,向量的,媒介物的. ~ly ad.
vector-impedance bridge 矢量〔复数〕阻抗电桥.
vectorizable serial computation 向量化串行计算.
vectoriza'tion n. 向量化.
vec'torlyser n. 矢量分析器.
vectormeter n. 矢量计.
vector-oriented a. 向量性的.
vec'torscope n. (色度)矢量显示器,矢量示波器,信号相位幅度显示器,(电视)偏振光立体镜. *vectorscope device* 矢量仪.
VECTRAN n. VECTRAN 语言.
vec'tron n. 超高频频谱分析仪.
vee [viː] n.; a. V字形(物,的),V型(的,坡口),V粒子,V(形)斜例. *angle of vee* 坡口角度. V形(砌)沟. *vee pulley* V形(皮带)槽轮,三角皮带轮. *vee support* V形支座. *vee way* V形导轨.
vee-angle n. 坡口角度.
vee-belt n. V形〔三角〕皮带.
vee-blender n. V形混合器〔混料板〕.
veeder counter 测程仪.
vee-die n. V形模.
vee-grooved a. (带)V形槽的. *vee-grooved pulley* V形(皮带)槽轮,三角皮带轮.
veer [viə] I v. ①转(方)向,(使)改变方〔航〕向,调向(round) ②顺〔时针〕转,风向按顺时针方向变化(在北半球),风向反时针方向变化(在南半球),顺着风转(舵) ③改变(from) ④放出(缆,绳等)(away, out). II n. 方向的改变. ▲*veer and haul* (把缆等)一会放松一会拉紧,一放一收,交互改变. ~ingly ad.
vee-rope n. V形绳索.

vee-shaped a. V形的,三角形的.
vee-thread n. 三角螺纹.
Veetol n. 垂直升降.
vee-trough n. V形槽.
Ve′ga ['vi:gə] n. 织女(星),织女一.
Vegards' law 费伽定律,固溶体晶格常数与溶质金属原子浓度正比定理.
veg′etable ['vedʒitəbl] n.;a. ①植物(的,性的) ②蔬菜(的). vegetable butter 人造黄油. vegetable glue 树(植物)胶. vegetable layer 植被层. vegetable oil 植物油. vegetable silk 植物丝,丝状植物纤维. vegetable soil 腐殖土,植土. vegetable wax 树(植物)蜡.
vegetable-feeder n. 食植物的动物,食植物者.
veg′etal ['vedʒitl] I a. 植物(性)的,蔬菜性的,生长的,营养的. II n. 植物,蔬菜.
vegetaliza′tion n. 植物化.
veg′etated ['vedʒiteit] vi. (植物)生长,无所事事. vegetated (stabilized) shoulder 植草加固路肩.
vegeta′tion [vedʒi'teiʃən] n. ①(植物)生长,增殖 ②植物(总),草木 ③营养体,增殖体,赘生物.
veg′etative ['vedʒitətiv] a. ①植物(性)的,营养体,元性的,蔬菜的 ②(有)生长(力)的,营养的,无性繁殖的 ③无所作为的. vegetative cover 利于植物生长的表土层,植物铺盖,植被. vegetative reproduction 无性繁(生)殖,营养体生殖.
vegeto-alkali n. 植物碱,生物碱.
vegeto-animal a. 动植物的.
veh =vehicle.
ve′hemence 或 ve′hemency n. 热烈(心),猛(激,强)烈. ve′-hement a. ve′hemently ad.
ve′hicle ['vi:ikl] n. ①(机动车(辆),交通(运输)工具,搬运(推进,运送)装置 ②载运(传载)工具,飞船,导弹,火箭,分导式多弹头,运动体 ③载体,载色体(剂)调节料,展色料,赋形剂 ④媒介物,媒液,溶剂,溶媒,粘合剂,填料,传达思想感情的工具. Language is the vehicle of thought. 语言是表达思想的工具. automotive vehicle 汽车,机动车,自动汽车. carrier vehicle 运载火箭,运载火箭,搬运汽车. firing vehicle 火箭发射装置. freight〔goods, commercial〕vehicle 运货汽车,货车. heavy vehicle 重型车辆. launch vehicle 运载火箭. launching vehicle 发射装置,发射车,运载火箭,两栖车辆. motor fire brigade vehicle 救火(消防)车. motor test vehicle 试验发动机用的飞行器. motor vehicle 机动车,汽车. orbital vehicle 人造卫星,宇宙飞船,轨道飞行器. overweight vehicle 超重车辆,大载重量汽车. pneumatic discharge vehicle 气动卸载式载重汽车. ramjet test vehicle 试验冲压喷气发动机的飞行器. rocket vehicle 装有火箭的飞行器. rolling test vehicle 滚动试验飞行器. satellite vehicle 人造卫星的运载火箭,人造卫星. sled test vehicle 试验(火箭)用滑橇车. sounding vehicle 高空探测火箭. space vehicle 宇宙飞船(飞行器) staged vehicle 多级火箭. structural test vehicle 结构试验飞行器. tipper〔tilting〕vehicle 倾卸式运输车,倾卸式载重汽车. towing vehicle 曳引(汽)车. transport vehicle 运输设备,传送装置,运输机〔车〕. unmanned rocket vehicle 无人驾驶飞行器,无人驾驶火箭. vehicle capacity 车辆容量,车辆载重量. vehicle detector 侦车器,车辆探测器,车辆感应器. vehicle maneuver effects 运载器机动效应. vehicle station 车载电台. vehicle turbine 车用涡轮. volatile vehicle 挥发性载体.

ve′hicleborne a. 飞行器上的. vehicle-borne battery 弹上蓄电池. vehicle-borne range safety receiver 飞船用安全距离测量接收机.
vehic′ular(y) [vi'hikjulə(ri)] a. ①车(辆)的,用车(辆运载)的,供车辆通过的 ②(作为)媒介的. vehicular bridge 公路〔车行〕桥. vehicular communication 移动式通信. vehicular equipment 活动〔车载〕设备. vehicular radio 流动无线电设备. vehicular tunnel 公路〔车行〕隧道. vehicular undercrossing 下穿式立交.
veil [veil] I n. ①面罩〔纱〕,帐,幕,幔,遮蔽〔用〕物,翳影,模糊 ②菌幕 ③口实,借口,假托. II vt. ①遮盖〔蔽〕,隐蔽〔匿〕,掩饰. a veil of mist 一层烟雾. flare veiling glare 杂光. veiling glare 令人一时模糊看不清的状光. veiling luminance 伞形照明. ▲draw a veil over 把…掩盖起来,避而不谈. under the veil of 在…的外衣下,假托….
veiled [veild] a. ①用幕〔帐等〕遮盖的,有遮蔽物的 ②隐藏的,不清楚的. veiled voice 不清楚的声音.
vein [vein] I n. ①脉(纹),叶脉,矿〔岩〕脉 ②(石)理,木纹,裂缝,缝原,毛刺 ③静脉,血管 ④性情,才干,风格,意向. II vt. ①使成脉络〔纹理〕②像脉络般分布于,布满四通八达的铁路线. vein bitumen 脉沥青. vein clearing 脉露病. vein dyke 岩墙矿脉. ▲in the vein for 想…,有心….
vein-banding n. 脉结病.
veined a. (有)纹理的,(有)矿脉的,脉状的, veined marble 有纹理的大理石. veined wood 纹理木.
vein′er ['veinə] n. 小 V 形凿.
vein′ing n. ①(结晶阴的)网状组织,晶畦,纹理的形成〔排列〕,凸壁〔脉纹〕化,脉状凸起 ②结瘤,毛刺,飞边,夹层,包沙,鼠尾.
vein′y ['veini] a. 有(多,显出)纹理的.
vel = ①vellum(精制)犊皮纸,上等皮纸 ②velocity 速度.
Ve′la ['vi:lə] n. 船帆(星)座. Vela satellite 维拉卫星. Vela Uniform 船帆座计划(研究用地震波确定核爆炸的计划).
velardenite n. 钙黄长石.
velella n. 帆水母.
VELG =velocity gain 速度增量.
veliger n. 面盘幼体,缘膜幼体.
vel′invar n. 镍铁钴钒合金.
velle′ity n. 微弱的愿望.
vel′lum ['veləm] n.;a. ①(精制)犊皮纸(的),(精制)羔皮纸(的),上等皮纸(的),仿羊皮纸(的).
velocim′eter [velə'simitə] n. 速度(流速,声速)计,测速仪(表).
veloc′ipede [vi'lɔsipi:d] n. ①早期脚踏车 ②(铁路维

velocitron n. 质谱仪.

veloc'ity ['vi'lɔsiti] n. ①速度〔率〕②快〔迅〕速 ③周转率. *angular velocity in roll* 滚动角速度. *at a velocity of 330m per second* 以每秒330m的速度. *blast velocity* （鼓）风速（度）. *coke velocity* 焦炭燃烧速度. *critical velocity* 临界〔最大〕速度. *cut-off velocity* 停车〔截止〕速度,发动机停车瞬时速度. *equal and opposite velocity*（大小）相等（方向）相反的速度. *escape velocity* 逃逸速度,脱离速度,第二宇宙速度. *free-fall velocity* 自由落体速度. *group velocity* 群速. *induced velocity* 诱体速度. *initial cross velocity* 初始横向速度,起始横向速度. *initial velocity* 出口速度,初速. *jet velocity* 射流〔喷气〕速度. *muzzle velocity* （腔,枪）口速度,子弹初速. *outlet velocity* 出口（流出）速度. *phase velocity* 相（位）速（度）. *resultant velocity* 合（成）速度. *rotational velocity* 角（旋转）速度. *terminal velocity* 终端（最大,末,稳定状态,悬浮,极限）速度. *velocity at burnout* 主动段末端速度,停止燃烧时的速度. *velocity at impact* 冲击速度. *velocity component* 分速度. *velocity condenser microphone* 振速（速度）式电容传声器,电容速式话筒. *velocity diagram* 速度（三角形）图. *velocity feedback* 速度反馈. *velocity head* 速（度）头,速位差,流速水头. *velocity hydrophone* 振速水听器,速（型）水中检波器. *velocity learning time* 确定速度时间. *velocity level* 速度级. *velocity meter* 速度计. *velocity microphone* 速率式话筒,振速（压差）传声器. *velocity modulated electron beam* 速调电子束. *velocity modulation* 速度调制,调速. *velocity of money* 资金周转率. *velocity package* 测速仪. *velocity pressure* 速度压力,速头,动压. *velocity profile* 速度分布图. *velocity rate* 天线缩短率〔天线实际长度对电长度之比〕. *velocity resonance* 速度共振. *velocity ratio* 速比,传动比. *velocity rod* 测流速浮标. *velocity sensor* 速度传感器. *velocity servo* 速度伺服系统,伺服积分器. *velocity voltage* 与速度（成）正比（的）电压. *vertex velocity* （弹道）顶点速度. *X-component velocity* 沿 OX 轴向的速度分量,X 向分速度. *zero forward velocity* 零向前速度.

velocity-modulated valve 速调管.
velocity-of-propagation meter 传播速度计.
veloc'ity-sen'sitive transdu'cer 振速灵敏式换能器.
velocity-staged a. 有速度级的（透平）.
velocity-to-be-gained n. （进入预定轨道）应增速度.
velocity-variation tube 变速管.
ve'lodrome ['viːloudroum] n. 摩托车竞赛场,（自行车等）室内赛车场.
velodyne n. "速达因"（一种转数表传感器）,伺服积分器,测速发动机.
velograph n. 速度记录仪,速度计.
velom'eter ['viːlɔmitə] n. 速度计〔表〕,测（调）速器.
velour(s)' [vəˈluə(s)] (pl. *velours*) n. 丝绒,天鹅绒,棉绒,拉绒织物.

Velox boiler 韦洛克斯（增压）锅炉.
velure' [vəˈljuə] n. 天鹅绒,似天鹅绒的织物.
velu'tinous a. 天鹅绒状的,有短绒毛的.
vel'vet ['velvit] n.; a. ①天鹅绒（似的,制的）,丝（立,绒）绒,丝绒制的,如丝绒的,绒状的,绒状似的东西 ②柔软（的）,光滑（的）.
velveteen' [velviˈtiːn] n. 绒布,棉（平,纬）绒,(pl.) 棉绒衣服.
vel'vety ['velviti] a. 天鹅绒似的,柔软的.
ve'na ['viːnə] n. 脉. *vena contracta* 缩脉,射流的最小截面段,收缩断面.
venac n. 聚乙酸乙烯酯树脂.
ve'nal ['viːnl] n. 贿赂（受贿）的,贪污的. ～ity n. ～ly ad.
venamul n. 聚乙酸乙烯酯乳液,共聚体粘合剂.
vena'tion [viːˈneifən] n. 脉络,纹理.
vend [vend] v. ①出售,贩卖 ②公开发表. *vending machine* （小商品）自动售货机.
vend'able = vendible.
vendee' [venˈdiː] n. 买主.
vend'ible ['vendəbl] a.; n. 可销售的（物）,可被普遍接受的. **vendibil'ity** n. **vend'ibly** ad.
vend'or ['vendɔː] n. ①卖主,小贩 ②自动售货机.
veneer [vəˈniə] I n. ①薄木片（板）,镶片 ②层板,胶（三）合板 ③饰（面）,外饰,表（面,薄）层,薄外层,皮毛. I vt. 镶嵌（面,饰）,粉饰,饰面,砌面,胶合. *a veneer of fairmindedness* 貌似公正. *rotary veneer* 旋制层（板）. *sawed* ['sɔːn] 锯制层板. *slice veneer* 切成层板. *veneer board* 镶板,胶合板. *veneer lathe* 旋板机. *veneer of mortar* 灰浆胶层. *veneer of the crust* 地壳表层. *veneer saw* 胶木板锯（床）. *veneer wood* 镶木,胶合板. *veneered panel* 镶板. *veneered wall* 镶（砌）面墙.
ven'enate ['venineit] v. 使中毒,放出毒液. **venena'tion** n.
venenos'ity n. 毒性.
ven'enous a. 有毒的,毒性的.
ven'erable ['venərəbl] a. ①可尊敬的,尊严的 ②历史悠久的,古老的. **venerabil'ity** n. **ven'erably** ad.
ven'erate ['venəreit] vt. **venera'tion** n. 尊敬,崇拜. *be filled with veneration for* 对…充满崇敬的心情.
Vene'tian [viːˈniːʃən] I a. （意大利）威尼斯（式,人）的. II n. ①威尼斯人 ②软百页帘,直贡呢,威尼斯缩绒呢. *Venetian blind* 活动百页窗,软百页帘. *Venetian blind interference* "条状波形"干扰,"百页窗形"干扰,(电视)同波道干扰,爬行（干扰）. *Venetian pearl* 人造珍珠. *Venetian red* 铁红,威尼斯红（一种颜料）,褐红色. *Venetian window* 三尊窗.
Venezia [veˈnɛtsja] = Venice.
Venezuela [veneˈzweilə] n. 委内瑞拉.
Venezuelan a.; n. 委内瑞拉的,委内瑞拉人（的）.
ven'geance ['vendʒəns] n. 报仇,惩罚. ▲*with a vengeance* 彻底（非常,极端,过分,激烈）地,很厉害. *The rain came down with a vengeance* 大雨滂沱.
vengicide n. 旺地杀菌素.
V-engine ['viːendʒin] n. （双汽缸排成 V 型的）内燃机,V 型发动机.

V-8-engine n. V型八缸式发动机.
ve'nial ['vi:njəl] a. 可原谅的,情有可原的,轻微的. venial fault小错误. ~ity n. ~ly ad.
Ven'ice ['venis] n. (意大利)威尼斯(港市).
venogram n. 静脉像,静脉描记图,静脉波图,静脉造影照片.
ven'om ['venəm] Ⅰ n. 毒液〔物〕,恶意,诽谤. Ⅱ vt. 放毒.
ven'omed a. 充满恶意的.
ven'omous a. ①有毒的,致死的 ②恶毒的,充满恶意的. ~ly ad.
ve'nous ['vi:nəs] a. 静脉的,有脉的.
vent [vent] Ⅰ n. ①孔(口),出口(路),通路〔道〕②通风(孔,口,管),排气口,放气孔,呼吸阀,烟囱(管),出烟孔,喷(发)口③漏洞〔孔〕,孔隙,裂口 ④火山口⑤泄漏,肛门. Ⅱ vt. 排出〔空〕,抽出,泄放,放空,排入大气,(由孔口)泄出,流出,通风,排放,换〔气,消除 ②给…开孔,给…一个出口打眼,打通气孔,在〔钻口〕孔于,把…的孔打开③发泄,吐露. air vent 气孔,通气口,通风口〔孔,管〕. oil tank vent filter 滑油箱通气管(的)过滤器. parachute vent 降落伞喷口〔通气孔〕. pressure relief vent 卸压孔,减压孔. screw vent 螺杆通风. shock relief vent 减震孔. static vent 静压孔. vent cap 通气孔盖. vent gas cooler 排气冷却器. vent gutter 通风道. vent line 通风管,出油路. vent pipe 通风管,排气管,通气管. vent shaft 通风井. vent valve 通风〔排油,泄水〕阀. vent wax (铸造)通气腊,通气腊线. vent wire 通气〔气眼〕针. vented enclosure 散开式扬声器箱. vented fuel element (开孔)透气式燃料元件. vented moulding pit 造型地坑,透气床,通气造型坑. vented reservoir 带通气孔的储油器(开放式储油器),无压油池. venting quality 透气性(率). venting valve 通风(稳压,通流)阀. ▲take vent 泄漏,被大家知道. vent M to N 使M出口通到N,把 M(泄)放到 N 中去.
vent = ① ventilate ② ventilating ③ ventilation ④ ventilator.
vent'age ['ventidʒ] n. 小孔(口),出口,气孔,通风孔(管,彩),孔隙.
vent'hole n. 通(排)气孔.
ven'tiduct n. 通气(风)管,通风道.
vent'ifact n. 风蚀(砾)石.
ven'tilate ['ventileit] vt. ①(使)通风(气),排气,使换气,使(空气)流通 ②装以通风设备,开气孔,开通风孔 ③充分(公开)讨论(意见),宣布. ventilating device 通风装置〔设备〕. ventilating duct [pipe] 通风管〔道〕. ventilating fan 通风(风)扇,排气风扇,通风机.
ven'tilated ['ventileitid] a. 风冷的,通风的.
ventila'tion [venti'leiʃən] n. ①通风(量,法,装置,设备),换〔通〕气 ②自由〔公开〕讨论. artificial ventilation 人工通风. inletduct ventilation 入口管道通风. natural draft ventilation 自然通风. ventilation facilities 通风设备. ventilation louver 通风百叶窗,放气窗(孔). vent'ilative a.
ven'tilator ['ventileitə] n. ①通风口(孔,管)通气孔,气窗 ②通风机〔器,设备,装置〕,送风机,(通气)风扇,通气装置,空气调节器. air-exhaust ventilator 排气通风机. suction ventilator 吸风机,吸入通风装置. ventilator cap 通风器帽. ventilator duct 通风器导管,通风筒. ventilator hood 通风器罩.
vent'less a. 无孔的,无出口的.
vent'-peg n. 通气孔塞.
vent'-pipe n. 通风(排气)管.
vent'-plug n. 通气孔塞,火门塞.
vent'ral ['ventrəl] a. 腹部(面,侧)的,前侧的,机腹的,机身(下部)的,下面的.
ventreàterre [va:trate:r] 〔法语〕全速地.
ven'ture ['ventʃə] n.; v. ①冒险(行动),冒险事业,投机,赌注 ②冒…的危险,冒险从事,拿…进行投机③大胆进行〔表示,提出,尝试〕(on, upon),敢于(做),冒险使用. venture an objection 大胆提出反对意见. I venture to say that 我敢(冒昧地)说. ▲at a venture 冒险地,胡乱地,随便地. Nothing venture, nothing have. 不入虎穴,焉得虎子.
ven'turesome a. 冒险的,投机的,大胆的,(有)危险的. ~ly ad. ~ness n.
ventu'ri ['ventju:ri] n. 文氏管,文丘里管,文丘里喷嘴,喷(射)管,缩喉管,细腰管. venturi flowmeter 文丘里管式流量表. venturi flume 文丘里量水槽.
ventu'rimeter n. 文丘里流量计. venturimeter coefficient 文丘里管系数.
venturi-tube = venturi.
ven'turous a. = venturesome. ~ly ad. ~ness n.
ven'ue ['venju:] n. ①集合〔聚会,会议〕地点,会场 ②犯罪〔案件发生〕地点.
venula n. 小静脉,支脉.
Ve'nus ['vi:nəs] n. 维纳斯(女神,雕像),〔天〕金星. Venus regulus 一种锑银合金(锑50%,铜50%).
Venus's-ear n. 鲍.
VEP = visual evoked potential 视诱发电位.
VER = ①verify 证实,检验 ②vernier 游标(尺) ③versed sine 正矢 ④vertex 顶点.
VE'RA 或 **Ve'ra** ['viərə] = vision electronic recording apparatus (录放电视图像和声音的)电子录像机,视频电子记录装置.
vera'cious [və'reiʃəs] a. 诚〔真〕实的,准确的,确凿的,可靠的. ~ly ad. ~ness n.
verac'ity [ve'ræsiti] n. ①诚〔确〕实 ②真实(性),准确(性),精确(性).
Veracruz ['vɛərə'kru:z] n. (墨西哥)维拉克鲁斯(港市,州).
veran'da(h) [və'rændə] n. 游廊,走廊,阳台.
veratramin(e) n. 藜芦胺.
ver'atrine n. 藜芦碱类,藜芦碱.
ver'atrol(e) n. 藜芦醚;邻二甲氧(基)苯.
verb [və:b] n., a. 动词(的).
verb et lit 〔拉丁语〕逐字逐句,直译.
ver'bal ['və:bəl] a. ①口头的,非书面的 ②词〔字〕(句)的,言(词)语的,逐字的,照字面的 ③动词的. verbal agreement (contract) 口头约定(协议). verbal error 用词的错误. verbal explanation 口头解释. verbal note 便条,(外交上)不签字的备忘录. verbal system 通话设备. verbal translation (逐字)直译. verbal understanding 口头谅解(协议). ~ly ad.

ver′balize ['və:bəlaiz] v.使变成动词,用词语描述〔表达〕,累赘. **verbaliza′tion** n.

verba′tim [və'beitim] a.; ad.逐字(的),完全照字面(的). *copy it verbatim* 逐字抄录. *report a speech verbatim* 逐字逐句报导一篇讲话. *verbatim translation* (逐字)直译.

verbatim et literatim 〔拉丁语〕逐字逐句,完全照字面,直译.

verbe′na n.马鞭草.

verbenaloside n.马鞭草甙.

verbenene n.马鞭草烯.

verbenone n.马鞭烯酮.

verbenope n.马鞭烯酮.

Ver′ber ['və:bə] n.维伯(电荷单位).

ver′biage ['və:biidʒ] n. ①累赘,冗长(词) ②措辞,用语. *empty verbiage* 空话. *indulge in verbiage* 夸夸其谈. *lose oneself in verbiage* 废话连篇.

verbose [və:'bous] a.罗嗦的,唠叨的,冗长的,累赘的. ~**ly** ad. ~**ness** or **verbos′ity** n.

verbo′ten [fə'boutn] 〔德语〕a.; n.被(无理)禁止的(事物).

ver′bum ['və:bəm] 〔拉丁语〕ad *verbum* 逐字. *verbum*(*sat*) *sap*(*ienti*) 可以(应该)举一反三.

verdan =①versatile differential analyser 通用微分分析器②versatile digital analyzer 通用计数式计算机(分析器).

ver′dancy ['və:dənsi] n. ①青葱,翠绿 ②生疏,没有经验,不老练. **ver′dant** a.

verd(e) antique 或 **verd-antique** n.(古)铜绿,(古)绿石,杂蛇纹石.

verde salt 无水王硝.

ver′dict ['və:dikt] n. ①判定(断),决定,定论,意见 ②判(裁)决. *final verdict* 定论. *popular verdict* 公众的意见. *verdict of history* 历史的结论. ▲*pass one's verdict upon* 对…下判断.

ver′digris ['və:digris] n.铜绿(锈),碱性醋〔碳〕酸铜.

ver′diter ['və:ditə] n.铜盐颜料,碳酸铜.

verdoflavin n.核黄素,维生素B₂.

verdohematin n.高铁胆绿素.

verdohemin n.氯铁胆绿素.

verdohemochrome n.胆绿素原.

verdohemoglobin n.胆绿蛋白.

verdoperoxidase n.绿过氧物酶(髓过氧物酶).

Verdun I ['vɛədʌn] n.(法国)凡尔登(市). II [və:'dʌn] n.(加拿大)凡尔登(市).

ver′dure ['və:dʒə] n.青葱,翠绿;新鲜,有生气,清新. **ver′-durous** a.

verfluent n.生物群落中的微小动物.

verge [və:dʒ] I n.边(界,缘,际),界限 ②接近,毗连 ③(钟表)摆轮的心轴 ④山墙突瓦,檐口(滴水,瓦)⑤环,圆周,路边,路边花坛,草地的围边草. I vi. ①接近,濒于(on, upon) ②斜(倾,趋,延)向,延伸(to, toward),下沉. *verge board* (挑檐,山头)封檐板. ▲(*be, stand*) *on the verge of* 将近,快要,即将,接近于,濒于,差一点就要. *bring M to the verge of* 使 M 濒于.

ver′gence ['və:dʒəns] 或 **ver′gency** ['və:dʒənsi] n.聚散度,趋异. *reduced vergence* 折合聚散度.

verge-perforated a.边缘穿孔的.

verge-punched a.边缘穿孔的.

ver′icon ['verikən] n.直像管,正析摄像管. *image vericon* 超〔移像〕正析摄像管.

verid′ical [və'ridikəl] a.诚(真)实的,非幻觉的. ~**ly** ad.

ver′iest ['veriist] (very 的最高级) a.十足的,绝对的,完全的,彻底的,极度的.

verifiabil′ity [verifaiə'biliti] n.能证明(实),可检验,可核实.

ver′ifiable ['verifaiəbl] a.能证明(实),可检验的,可核实的. ~**ness** n.

verifica′tion [verifi'keiʃən] n. ①检(校,查)验定,验证,核实(验),校(核)对,考证 ②证实(明,据),确定,探测,实验证明. *experimental verification* 实验验证. *load verification* 负荷校准. *mechanical verification* 机械检验. *verification relay* 校核〔监控〕继电器. *verification test* 证实试验. ▲*give the verification of*(对…加以)验证.

ver′ifier ['verifaiə] n. ①检〔校〕验机,检验器,(数据)核对器,检孔机,穿孔校验机,取样器,计量器 ②检验〔核实,证明〕者,核〔校〕对员.

ver′ify ['verifai] vt. ①检〔校〕验,鉴定,验〔查,考〕证,核实,查〔核〕对 ②证实,证明,确定,说明… 是正确的 ③实现(诺言). *verifying attachment* 检验用的附件. *verifying punch* 校孔穿孔机.

ver′ily ad.真正(实),确乎,无疑问地.

verisim′ilar a.似真的,逼真的,可能的.

verisimil′itude [verisi'militju:d] n.逼真(性,的事物),貌似真实的〔的事物〕.

veristron n.自旋量子放大器.

ver′itable ['veritəbl] a.真(实,正)的,实在的,正确的,确实的,的的确确的,名符其实的. ~**ness** n. **ver′itably** ad.

ver′ity ['veriti] n. ①真实(性),确实 ②事实,真理,确实存在的事物. ▲*in all verity* 确实. *in verity* 真的,的确. *of a verity* 真正,的确. *the eternal verities* 永恒〔绝对〕的真理.

verkhovodka n.季节(性暂留上层地下)水.

verm = vermillion 朱砂,朱红色.

ver′meil ['və:meil] n; a. ①朱红色(的),鲜红的 ②镀金的银(青铜)(线),朱砂.

vermes n.蠕形动物,蠕虫类.

ver′mian ['və:miən] a.(像)蠕虫的.

ver′micide n.驱虫剂.

vermic′ular [və:'mikjulə] a.蠕虫状的,虫蛀形的,蠕动的,(有)弯曲(线)的.

vermic′ulate I [və:'mikjulit] a. =vermicular. II [və:'mikjuleit] vt.使成虫蛀形,使成虫蚀状雕饰. *vermiculated work* 虫蚀状雕塑〔装饰〕.

vermic′ulite n.蛭石(绝热材料).

ver′miform a.蠕虫状的,蠕形的.

vermil′ion [və'miljən] I n. ①辰〔朱〕砂(的),银朱,硫化汞 ②朱红色(的). II vt.涂(染)成朱红色.

ver′min ['və:min] n. ①害虫(鸟,兽) ②寄生虫,害人虫,歹徒,坏分子.

ver′minous a.害虫的,有害的,污秽的.

ver′min-proof a.防虫的.

Vermont [və:'mɔnt] n.(美国)佛蒙特(州).

vernac′ular [və'nækjulə] I a.本国(语)的,用本国语写的,方言的,本地的,乡土的,地方(特有)的. II n.

本国语,本族语,方言,本地话,行话. vernacular arts 地方工艺.

ver′nal [′vəːnl] a. 春(天,季)的,春天生〔开〕的,青春〔年〕的,清新的. vernal equinox 春分(点). vernal point 春分点. ~ly ad.

vernaliza′tion 或 **vernalisa′tion** n. 春化(作用),春化处理.

Verneuil method 维尔纳叶焰熔法,火焰熔融法(蓝宝石、尖晶石、金红石等的制备方法).

ver′nier [′vəːnjə] I n. 游标(尺),游尺,微调发动机. I a. 微调〔动〕的. angular vernier 角游标. gear tooth vernier 齿距卡规. gear tooth vernier cal(l)iper 齿轮游标卡尺. long vernier 长游标〔分度值为 0.05 或 0.02mm〕. vernier acuity 游标〔轮廓〕视锐度. vernier bevel protractor 活动游标量角器. vernier cal(l)iper 游标游径规,游标卡尺. vernier condenser 微调〔变〕电容器. vernier control 微调,游标调节. vernier cutoff 微调〔游标〕发动机关车. vernier depth gauge 游标深度尺. vernier dial 微调〔游标〕刻度盘. vernier division 标分划分划,游标刻度. vernier drive 微调〔变〕传动. vernier engine 微调发动机. vernier focusing 微调〔微变,精确〕聚焦. vernier gauge 游标尺. vernier gear tooth gauge 游标齿厚尺. vernier height gauge 游标高度尺. vernier micrometer 游标千分尺,游标测微器. vernier of sextant 六分仪游标. vernier panel 精调整盘. vernier protractor 游标量角器. vernier range 微调测距. vernier scale 游标尺. vernier slide calliper 游标滑动卡尺. vernier tracking equipment 微变跟踪系统〔设备〕. vernier tuning 游标微调. vernier zero 游标零点.

vernin n. 蛛尔霉,蚕豆嘌呤核甙.

vernin(e) n. 鸟〔嘌呤核〕甙.

vernitel n. 精确数据传送装置.

ver′nix [′vəːniks] n. 护漆,清漆,涂剂.

Vero′na [vi′rounə] n. (意大利)维罗纳市.

verruciform a. 疣状的.

ver′rucose n. 被疣的,多疣的.

vers = versus…对…,与…比较,作为…的函数.

versa 〔拉丁语〕 vice versa 反之亦然,反过来也是一样.

Versailles [veə′sai] n. (法国)凡尔赛(市).

Versamid n. 低分子聚酰胺.

versamide n. 植物聚酰胺.

ver′sant [′vəːsənt] I a. ① 专心从事的,关心的 ② 有经验的,熟练〔悉〕的,通晓的. I n. 山侧〔坡〕,坡度. ▲be versant about 关心,be versant in 专心从事于. be versant with 专心从事于,熟悉.

ver′satile [′vəːsətail] a. ① 通用的,万能〔用〕的,多用途的 ② 活动的,万向的 ③ 多方面(适用)的,多能的 ④ 易〔可,多〕变的,反复无常的. versatile digital computer 通用数字计算机. versatile man 〔worker〕多面手. versatile spindle 万向轴. ~ly ad.

versatil′ity [vəːsə′tiliti] n. ① 通〔多〕用性,多面性,多功能性,多才多艺,多方面的适应性 ② 变化性,变换性,易变,反复无常.

verse [vəːs] I n. 诗(句,节,体),韵文,节. I v. 用诗表达,作诗. ▲give chapter and verse for 注明…所引的章节,注明…的出处.

versed [vəːst] a. 熟练的,通晓的,精通的(in). versed cosine 【数】余矢. versed sine 【数】正矢. ▲be (well) versed in M 精通 M,善于 M.

ver′sicolo(u)r(ed) [′vəːsikələ(d)] a. 杂[色,斑,虹]色的,(受光照射)颜色多变化的.

versiera n. 箕舌线.

ver′sify [′vəːsifai] v. 作诗,用诗表达,改写成诗. versifica′tion n.

ver′sine [′vəːsain] n. 正矢.

ver′sion [′vəːʃən] n. ①型(式),种(类),形式〔态〕,模变,改型,变形〔式,种〕② 方案,意见,说明〔法〕,见解,解释,描〔叙〕述 ③ 翻译(程序),复制的程序,译文〔本〕,改写本,版本 ④【医】侧转,转位术. a modern version 新型,一种现代化的(型式). a later version of 一种较新〔型〕的…,较新式的…. English version 英译本. make a Chinese version of M 把 M 译成汉文. simplified version 简化的型式,示意图,草图. the most usual version of 最常用的(一种)….

ver′so [′vəːsou] n. ① (书的)左〔反〕页,偶数页,封底 ② (硬币,徽章等的)反〔背〕面.

verst [′vəːst] n. 俄里(=1.067km).

ver′sus [′vəːsəs] prep. (=against) ①…对…,对抗,反对 ② 与…比较,与…的比值,…与…的关系曲线 ③ 作为…的函数,依…为转移 amplitude versus frequency response characteristic 幅度-频率特性曲线. analysis versus design 分析与设计.

VERT 或 **vert** = vertical 垂线,垂直的,立式的.

vertaplane n. 垂直起落飞机.

ver′tebra [′vəːtibrə] n. (pl. ver′tebrae 或 ver′tebras) ①脊椎(骨) ② 装甲波导管. ~l a.

ver′tebrae n. vertebra 的复数.

ver′tebrate [′vəːtibrit] a.; n. 有脊椎的,脊椎动物(的),结构严密的. ~d a.

vertebra′tion [vəːti′breiʃən] n. ① 脊椎形成 ② 结构的严密性.

ver′tex [′vəːteks] (pl. ver′texes 或 ver′tices) n. ① 顶(点,端,角),极(最高,汇聚,角)点,峰,绝顶 ② 角顶,【天】天顶 ③ 台风转向点. opposite vertex 对顶. vertex angle 顶角. vertex height 最大弹道高. vertex of a cone 锥顶. vertex of a triangle 三角形的顶点. vertex of mirror 镜顶. vertex power 镜顶屈光度. vertex scheme 顶点法.

ver′tical [′vəːtikəl] I a. ① 垂直[向]的,铅垂〔直〕的,直立的,立〔式〕的,竖〔式,向〕的,纵(向)的 ② 顶点〔端,上〕的,在高点的 ③ 纵的 ④ 垂直航空照片的 ⑤ 统管生产和销售全部过程的. I n. ① 垂(直)线、垂(直平)面,垂直圈,竖向 ② 竖杆 ③ 垂直仪 ④ 垂直航摄照片. gravity vertical 重力线. prime vertical 东西(卯酉)圈. vertical advance (磁带录象机)垂直超前电路. vertical amplifier 竖直(信号)放大器,帧[垂直扫描]信号放大器. vertical and horizontal countdown circuits 行场(垂直和水平)同步脉冲分频电路. vertical angle 直角,(竖,上)仰角,顶角,

(pl.)对顶角. *vertical axis* 立〔竖〕轴,垂直轴,纵坐标轴. *vertical bar generator* 直条信号发生器. *vertical blanking* 帧回描消隐〔熄灭〕,垂直回描消隐〔熄灭〕. *vertical bracing* 垂直支撑,垂直剪刀撑. *vertical casting* 立浇〔铸〕,垂直铸造. *vertical centering* 垂直定〔对〕中,竖直定心〔中心调整〕. *vertical circle* 垂直圆,竖圆,垂直度盘,【天】平经圈. *vertical complementary transistor* 纵向互补晶体管. *vertical control* 高程〔垂直高度〕控制. *vertical coverage* 仰角范围. *vertical (cross-) hair*〔十字线〕竖丝. *vertical curb* 场〔竖〕直立式路缘石. *vertical curtain* 天线"垂直障". *vertical (down) weld*〔向下〕立焊. *vertical extent* 深度,竖向延伸. *vertical feed* 垂向传送,垂直进刀,升降进给. *vertical field balance* 垂直分量磁秤. *vertical file* 立式档案箱,供迅速查阅的资料. *vertical fin* 垂直尾翼,垂直安定面. *vertical flow basin* 竖流池. *vertical foldover* 帧折边现象,卷边. *vertical format unit* 垂直走纸格式控制器. *vertical frequency* (美)帧频,(英)半帧频,场频,垂直频率. *vertical hair*〔十字线〕竖丝. *vertical hold* 帧同步,垂直同步,帧频微调. *vertical hunting* 图像上下摆〔晃〕动. *vertical indicating device* 高低目标指示器. *vertical intensity* 竖直强度,垂直磁强. *vertical joint* 竖缝,竖直缝. *vertical kiln*(水泥)立窑. *vertical lathe* 立式车床. *vertical line* 垂直线. *vertical linearity* 帧扫描线性,竖直线性. *vertical magnet* 升(电)磁铁,竖直〔直立〕磁铁. *vertical mill(er)* 立式铣床. *vertical milling head* 立铣头. *vertical motion* 垂直(上下),纵向,竖向)运动. *vertical motor* 立式电动机,立式发动机. *vertical off-normal spring* 上升〔竖直〕高位簧. *vertical ordinate* 纵座标. *vertical oscillator* 场〔帧〕,竖直扫描振荡器. *vertical parabola* 抛物线形帧信号,帧频〔垂直〕,抛物波. *vertical plane* 垂直(平)面. *vertical play* 上下游〔间〕隙. *vertical pump* 立式泵. *vertical rate*(隔行扫描中)场频,逐行扫描中)帧频. *vertical recording* 垂直(深刻)录音. *vertical rudder* 纵(方向)舵. *vertical sand drain* 砂井,竖向排水砂沟. *vertical scanning generator* 竖直(场),纵向扫描发生器,帧扫描振荡器. *vertical separator* 帧〔竖直〕同步脉冲分离器. *vertical shading signal* 竖直补偿〔垂直阴影〕信号. *vertical shaft* 井,立轴. *vertical shaper* 插床,立式牛头刨床. *vertical skip hoist* 立式〔垂直(提升)〕加料机. *vertical spacing* 场扫描间距. *vertical surface grinder* 立轴平面磨床. *vertical sync pulse* 帧〔竖直〕同步脉冲,帧同步信号. *vertical tabulation character* 直列制表字符. *vertical tracking angle error* 纵向循迹误差角. *vertical transition*(图象上)直线跃变,垂直跳变(过度). *vertical transistor* 纵向晶体管. *vertical turbine* 立式水〔涡〕轮机. *vertical up or down movement* 垂直上下运动. *vertical velocity gradient* 竖直速度梯度,铅直速度梯度. *vertical view* 俯视图. *vertical wave* 立〔竖〕波. *vertical yoke current* 纵偏电流,竖直(垂直,场)偏转电流. ▲*out of the vertical* 不垂直的.

vertical-beam width 竖直电子束宽度,纵〔垂直〕射束宽度.

vertical-deflection circuit 竖〔垂直〕偏转电路,帧扫描〔偏转〕电路.

vertical-deflection oscillator 场〔垂直〕扫描振荡器.

vertical-gating *n.* 狭缝〔垂直〕浇口,缝隙式浇口.

vertical-hold control 帧〔垂直〕同步调整.

vertical-incidence transmission 垂直入射输入.

vertical'ity [vəːtiˈkæliti] *n.* 竖,直立,垂(度,性,状态).

vertical-lift *a.* 竖向〔垂直〕升降的,直升的.

vertical-loop dip-angle method 垂直线圈倾角法.

ver'tically *ad.* 竖直地,直立地,竖. *vertically mixed estuary* 均盐河口,垂直混合河口. *vertically parabolic wave* 帧频抛物线型信号.

vertically-stiff bridge 竖向刚劲式桥.

vertical-stud *a.* 上插棒的.

ver'tices [ˈvəːtisiːz] vertex 的复数.

ver'ticil *n.* 菌丝轮,一轮孢子.

vertic'illate *a.* 轮生的,环生的.

vertic'ity *n.* 向磁极性.

ver'ticraft *n.* 直升飞机.

vertig'inous [vəːˈtidʒinəs] *a.* ①旋转的 ②(令人)眩晕的,(使人)眼花的 ③迅速变化的,不稳定的,易变的. ~ly *ad.*

ver'tigo [ˈvəːtigou] *n.* 眩〔头〕晕,眩头转向.

vertijet *n.* 垂直起落喷气式飞机.

vertim'eter [vəːˈtimitə] *n.* 升降速度表,上升速度计.

ver'tiplane *n.* 直升飞机,垂直起落飞机.

ver'tiport [ˈvəːtəpɔːt] *n.* 垂直升降机场.

vertisols *n.* 变性土,转化土.

vertistat *n.* 空间定向装置.

Vertol = vertical takeoff and landing 垂直起(飞和降)落.

vertom'eter *n.* 屈度计,焦度计,焦距计,焦距测量仪.

ver'toro *n.* 变压整流器(三相交流用变压器,变成多相交流后用整流子整流).

vertu = virtu.

Very 或 **Verey** *n.*(人名)维里. *Very light* 照明弹. *Very pistol* (维里)信号手枪.

ver'y [ˈveri] I *ad.* ①很,非常 ②(与最高级连用)极,最(最), 完全,充分地,真正地,最大程度地,实在 ③(not very)不怎么,不大,不很. I *a.*〔加强语气〕①正〔恰,就〕是那(个),甚至连〔的,真(正,实)的),极端〔度〕的,最 ③绝对的,完全的 ④仅仅的,只 ⑤特别〔殊〕的. (be) *not of very much use* 不怎么有用,不大有用,没有多大用处. *six o'clock at the very latest* 最迟在六点钟. *the very heart of the city* 市区的最中心. *the very reverse* 完全相反. *from the very beginning to the very end of the test* 从试验的最开始到最末了. *This is the very key for that lock, I lost it in this very room.* 这正是那把锁的钥匙,我就是在这房间里把它弄丢的. *This is the very best*[much the best] *of all.* 这是所有的当中最(最)好的一个. *very coarse sand* 极粗砂. *very good visibility* 很好能见度(20~

50km). **very high frequencies** 甚高频(VHF)(30~300MHz). **very high frequency omnidirectional range** 甚高频全向信标. **very high sea** 怒涛(海浪)(浪高达 20～40 英尺). **very intense neutron source** 超强中子流. **very large scale integrated circuit** 超大规模集成电路. **very low frequencies** 甚低频(VLF)(3～30kHz). **very rough sea** 巨浪(海况)(波高 8～12 英尺). ▲**at the very moment when** 正在…的那一瞬间，一…就…. **at the very time of** 就在…时候. **the very idea of** 一想起…就.

very-high frequency 甚高频. **very-high frequency band** 甚高频段，未波段(30～300MHz).

very-high speed computer 超高速计算机.

very-inelastic scattering 甚深度非弹性散射.

very-large data base 超大型数据库.

very-large-scale integration 超大规模集成(电路).

very-near infrared region 甚近红外区.

very-short wave 甚(超)短波(10～1m).

vescalagin n. 栎木鞣花素 $C_{41}H_{26}O_{26}$.

vescalin n. 栎木素 $C_{27}H_{20}O_8$.

ves′icant [ˈvesikənt] n.; a. 起疱(剂)，糜烂性的(毒剂)，起疱剂.

ves′icate [ˈvesikeit] v. (使)起疱. **vesica′tion** n.

ves′icatory = vesicant.

ves′icle [ˈvesikl] n. 疱，囊，气孔[泡]，小穴，泡[顶]囊，水疱疹.

vesic′ular [viˈsikjulə] a. 多孔[泡](状)的，小囊[囊]状的，蜂窝状的. **vesicular lava** 多孔状熔岩. **vesicular nature** 起泡性，发生小泡的特性. **vesicular tissue** 泡沫状组织.

vesic′ulate I [viˈsikjulit] a. 有小泡的，小囊[囊]状的. II [viˈsikjuleit] v. 使成小囊[小泡]状，使起小囊[小泡]，使形成气泡. **vesicula′tion** n.

ves′per [ˈvespə] n.; a. ①薄暮(的)，夜晚(的) ②(V-)金星，长庚星.

ves′peral [ˈvespərəl] a. 夜晚的，薄暮的.

ves′pertine 或 **vesperti′nal** a. 薄暮(似)的，傍晚的，(星等)日落时下降的.

ves′sel [ˈvesl] n. ①容[贮]器，器(皿)，罐，槽，杯，瓶，盘，桶，箱 ②船(只)，舰(只)，飞船，飞机，运输机 ③转炉炉身 ④脉(血)，导管，管 ⑤壳体. **accumulator vessel** 蓄电池瓮. **boiling vessel** 蒸煮器. **coasting vessel** 沿海商船. **condensing vessel** 冷凝(容)器. **containing** [**containment**] **vessel** (反应堆)密闭壳. **cooling vessel** (喷水)冷却器. **Dewar vessel** 杜瓦真空瓶. **furnace vessel** 前床. **melting vessel** 熔锅. **oceanic vessel** 远洋船. **oil vessel** 油桶[罐，杯]. **pressure vessel** 高压(承压，耐压)容器，高压罐. **pressurizing vessel** 增[加]压容器. **process vessel** 工作容器. **radio light vessel** 浮动无线电信标. **reactor vessel** 反应堆压(力)容器. **retort vessel** 蒸馏罐. **settling vessel** 沉降室(器). **vessel detection** 探测船舶. **vessel slag** 转炉渣. **vessel's fire control radar** 舰射击指挥雷达.

vest [vest] I n. (西装)背心，汗衫，内(衬)，防护)衣. II v. (使)穿衣服，授(给)，赋[与(with)，(归)属(…所有)(in). **steel vest gasket** 夹金属(钢)爪的石棉填密片. **vest pocket** 袖珍的照片书等，内衣口袋. ▲**play close to the vest** 把…保守秘密.

VESTA = vehicle for engineering and scientific test activity 科学技术试验用飞行器.

vestalium n. = cadmium 镉.

vest′ed a. 既得(定)的，法律规定的.

vestib′ular [vesˈtibjulə] a. 前(门)厅的，前庭的.

ves′tibule [ˈvestibjuːl] I n. 前(门)厅，前庭，(火车车厢末端的)连廊，通廊，客轮大厅进出口过道，气门室. II vt. 为…设置门廊，用通廊连接. **vestibule school**(工厂)的技工学校. **vestibule train**(各车厢相通的)连廊列车.

ves′tibuled a. 有前(门)厅的.

ves′tige [ˈvestidʒ] n. ①形(痕，遗)迹，残余(留)，剩余，证据 ②(常用于否定形式)丝毫，一点儿 ③退化器官. **have not a vestige of** 没有一点儿….

vestig′ial a. 残留(余)的，尚留有痕迹的，遗迹的，剩余的，发育不全的，退化的. **vestigial side-band** 残留(剩，余)边带的.

vestigial-sideband a. 残留(余)边带的.

vest′ment [ˈvestmənt] n. 外衣，制服，(pl.)衣服.

ves′tolit n. 氯乙烯树脂.

ves′topal n. 聚酯树胶. **vestopal binder** 聚酯树胶粘合料.

vest′-pock′et a. 袖珍的，小(型)的，适于装入内衣口袋的. **vest-pocket camera** 袖珍照相机. **vest-pocket calculator** 袖珍计算器. **vest-pocket edition** 袖珍版本.

ves′ture [ˈvestʃə] n.; vt. 覆盖(物)，(使穿)衣服.

vesu′vian [viˈsuːvjən] I a. 火山(性，般)的，突然爆发的. II n. ①耐风火柴 ②【矿】符山石.

Vesu′vius [viˈsuːvjəs] n. (意大利)维苏威(火山).

VET = verbal test 口头测验.

vet I n. 兽医(veterinarian 的俗称). II vt. 诊治(兽类)，检查.

vet = veteran.

vet′eran [ˈvetərən] n.; a. 老手，老练的(人)，老工人，老战士，经验丰富的(人)，退伍军人. **veteran worker** 老工人，熟练工人，富有经验的工人.

veterina′rian n. 兽医.

vet′erinary a. 兽医的.

vetivazulene n. 岩兰.

vetivone n. 岩兰酮，香根(草)酮.

ve′to [ˈviːtou] (pl. **ve′toes**) n.; vt. 否决(权)，禁止，反对合. **veto power** 否决权. ▲**exercise the veto** 行使否决权. **put a veto on** (upon)否决，禁止.

VEWS = very early warning system 极早期(超远程)预警系统.

vex [veks] vt. 使苦恼，使伤脑筋(about, at). ~**a′tion** n.

vexa′tious a. 使人烦恼的，伤脑筋的，使人焦急的，麻烦的，不安的.

vexed [vekst] a. 苦恼的，争论不休的. ~**ly** ad.

VF = ①fighter plane (美海军)战斗机 ②flash voltage 电弧(闪光)电压，正向电压降 ③variable frequency (可)变频率 ④velocity factor 速度系(因)数 ⑤very fair (fine)很好 ⑥video (vision) frequency 视频 ⑦viscosity factor 粘性系数 ⑧visual field

vf = ①velocity factor 速度系[因]数 ②video [vision] frequency 视频 ③voice frequency 音频.

v-f = ①velocity factor 速度系[因]数 ②video [vision] frequency 视频 ③voice frequency 音频.

VF/DC converter 音频直流转换器.

VF Dial = voice-frequency dialling 音频拨号.

VF Rep = voice-frequency repeater 音频增音机.

VFD Eq't = voice-frequency dialling equipment 音频拨号设备.

V-feel *n.* 速度感觉.

VFL = variable focal-length (lens) 可变焦距(透镜).

VFO 或 **vfo** = ①variable-frequency oscillator 可变频率振荡器 ②video-frequency oscillator 视频振荡器.

VFP bay = voice-frequency patching bay 音频转接架.

VFR = visual flight rule(s) 目视飞行规则.

VFT Eq't = voice-frequency terminating equipment 音频终端设备.

VFTf Rep = voice-frequency telephone repeater 音频电话增音机.

VFU = vertical format unit 垂直走纸格式控制器.

vfy = verify 检验,鉴定,证明.

VG = ①variable-geometry 可变几何形状的 ②vertical gyro 垂直陀螺仪.

vg = ①velocity-to-be-gained 应增速度 ②[拉丁语] *verbi gratia* 例如 ③very good 很好.

vge = ①very good condition 完好无损 ②viscosity-gravity constant 粘度比重常数.

VGI = vertical gyro indicator 垂直陀螺仪指示器.

VGO = vacuum gas oil 真空瓦斯油.

V-groove pulley V形(皮带)槽轮,三角皮带轮.

V-grooving and tonguing V形企口,V形雌雄榫.

VGS = velocity of gun station 枪身速度(随飞机的速度),枪固定点速度.

V-guide way V形导轨[路].

V. gutt = *vitrum guttatum* [拉丁语](点)滴瓶.

V-gutter *n.* V形(勘)沟,V形槽.

VGV = vacuum gate valve 真空闸阀.

VGW = variable geometry wing 可变几何形状机翼,变形机翼.

VH = ①vent hole 排气孔,通风孔 ②very hard 极硬的 ③Vickers hardness 维氏硬度.

Vh = vehicle 媒介物,载色剂.

VHF = ①very high fidelity 极高保真度 ②very high frequency 甚高频(30～300MHz).

VHF/DF = very high frequency direction finder 甚高频测向器.

VHF range = very high frequency range 甚高频无线电信标.

VHF television IF strip 甚高频电视中频部分.

VHN = Vickers hardness number 维氏硬度(数)值.

VHP = ①variable horse power 可变马力 ②very high performance 特优性能 ③very high pressure 超高压.

VHPS = vernier hydraulic power supply 微调(发动机)液压动力源.

VHS = very high sensitivity 甚高灵敏度.

VI = ①variable interval 可变[不定]间隔 ②vertical interval 垂直距离,垂直间隔,等高线间隔 ③viscosity index[indicator] 粘度指数[指示器] ④visual indicator 视觉指示器 ⑤volume indicator 音量计,音量指示器.

Vi = virginium.

vi = ①intransitive verb 不及物动词 ②visual indicator 视觉指示器 ③volume indicator 音量计,音量指示器.

vi = [拉丁语] *vide infra* 见下(后),参见下文.

vi'a ['vaiə] [拉丁语] I *prep.* ①经(过),(经)由,通过,取道 ②借助于. Ⅱ (pl. *vi'ae*) *n.* 道路. *escape via the hole* 通过小孔逸出. *go to Beijing via Shanghai* 经由上海去北京. *via centre* 长途电话中心局. *via circuit* 转接电路. *via contact hole* 通路接触孔. *via hole* 通路[辅助,借用]孔. *Via Lactea* 银河. *via media* 中间道路. *via meteors communication* 流星反射通信. *via pin* 通路引线. *via resistance* 通路电阻.

viabil'ity [vaiə'biliti] *n.* 生活(存)能力,生命(成活,发芽)力,生(长发)育力,生机,生存性,服务期限,耐久性,寿命.

vi'able ['vaiəbl] *a.* ①能生存的,能活(能维持)下去的 ②有生存力的,富有生命的,(植物)能发芽的,有生机的,活的,有活力的,有前途的 ③可行的,适用的. **vi'ably** *ad.*

vi'aduct ['vaiədʌkt] *n.* 高架(跨线,旱,栈)桥,高架铁道.

vi'al ['vaiəl] Ⅰ *n.* 小(玻璃)瓶,(小)药水瓶,管形瓶,长颈(管状)小瓶,指管. Ⅱ (*vi'al(l)ed, vi'al(l)ing*) *vt.* 把...放入小瓶中.

Vialbra *n.* 一种铝黄铜(铜76%,锌22%,铝2%)

vialog *n.* ①路程计 ②测震仪,路面平整度测量仪.

viam'eter [vai'æmitə] *n.* 路[车]程计,计里器,测震仪,路面平整度测量仪.

vi'ands ['vaiəndz] *n.* (pl.) 食品(物),粮食.

viat'ic [vai'ætik] *a.* 旅行的,道路的.

VIB = ①vertical integration building 垂直集装(装配)间 ②vibrator 振动器,振子.

vib = ①vibrate 振动 ②vibration 振动.

vibes [vaibz] *n.* (pl.) ①电颤振打击乐器 ②颤(振,震,摆,抖)动,摇摆.

vi'bra ['vaibrə] *n.* 振动. *vibra feeder* 振动给料器. *vibra shoot* 振动槽.

vibrac *n.* 维布拉克络铝镍,镍络钢.

vi'brafeeder = vibrating feeder 振动式供给器.

vibralloy *n.* ①镍钼铁弹簧合金(铁50%,镍40%,钼9%) ②维布拉合金(一种镍锰铁磁性合金).

vibramat *n.* 弹性玻璃丝垫.

vibram'eter *n.* 振动式计量器,振动计.

vi'brancy ['vaibrəns] 或 **vi'brancy** ['vaibrənsi] *n.* 振(颤)动,响亮.

vi'brant ['vaibrənt] *a.* ①振(震,颤)动的,振荡的 ②有声的,响亮的,有活力的.

vi'brapack *n.* 振动子换流器.

vi'braphone ['vaibrəfoun] *n.* 电颤振打击乐器.

vibrate' [vai'breit] *v.* ①(使)振(颤,抖,震)动,振荡(捣) ②摇摆,摆[振]动,用摆动测量[指示] ③犹豫,踌躇. *vibrate concrete* 振捣混凝土. *vibrated concrete* 振捣(过的)混凝土. *vibrated optimum value* 振动最宜值. *vibrating bell* 闹铃. *vibrating booster* 振动子升压器. *vibrating condenser* 振动片电容器.

电容量按周期变化的电容器. *vibrating contact* 振动接点. *vibrating contactor* 振动子换流器,振动接触器. *vibrating galvanometer* 振动电流计. *vibrating membrane* 振动膜. *vibrating needle* 插入式振捣器,振动杆,振捣棒. *vibrating plate* 振动片,唇管片,振动切入板. *vibrating rectifier* 振动式整流器. *vibrating reed* 振动片,振〔舌〕簧. *vibrating screen* 〔grizzly, sieve〕振〔摆〕动筛,摇筛机,振动筛分机. *vibrating string accelerometer* 振弦加速度计. *vibrating wire strain gauge* 线振应变仪. *vibrating wire transducer* 振线式换能器. ▲*vibrate over* 在…上来回振动.

vi'bratile ['vaibrətail] *a.* 能振动的,颤动性的.
vibratil'ity [vaibrə'tiliti] *n.* 振〔颤〕动(性).
vibra'tion [vai'breiʃən] *n.* 振〔颤,震,摆〕动,振荡,颤振,摇动〔度〕,犹豫. *80 vibrations per second* 每秒振动 80 次. *aero-elastic vibration* 气动弹性振动. *forced vibration* 强迫〔强制〕振动. *simple harmonic vibration* 简谐振动. *temperature vibration* 热振〔波〕动. *vibration absorber*〔damper〕减振〔震〕器,振动吸收器. *vibration frequency* 振动频率. *vibration gauge* 振动仪〔计,规〕. *vibration isolation* 隔振. *vibration meter*〔measurer〕测振仪,振动计. *vibration period* 振动周期. *vibration pickup* 振动传感〔拾音〕器. *vibration pickup point* 振动测量点. *vibration strength* 抗振〔动动〕强度,耐振性. *vibration TMT* 振动形变热处理. *vibration wave* 振动波.
vibra'tional *a.* ①振〔颤,震〕动的 ②摆动的,摇摆的. *vibrational energy* 振动能.
vibrational-level *n.* 振动能级.
vibra'tionless *a.* 无振〔颤〕动的.
vibra'tion-proof *a.* 耐振[防],防振的,耐〔抗,防〕震的.
vibra'tion-rota'tion(al) *a.* 振动旋转的.
vibra'tive [vai'breitiv] *a.* 振动性的,产生〔引起〕振动的,摆动的.
vibrato [vi'bra:tou]〔意大利语〕*n.* 颤音,颤动效果.
vibratom *n.* 振动(球)磨机.
vibra'tor [vai'breitə] *n.* ①振〔震,摆,抖〕动器,振捣〔荡〕器,振动筛 ②振〔动〕子 ③断续器 ④振动式铆钉枪,振动变流器 ⑤活套挑,活套成形器. *form vibrator* 外部〔附着式〕振动机. *internal vibrator* 插入式振动机. *non-vibrator* 无振子. *oscillograph vibrator* 示波器的振子. *panel vibrator* 仪表板振动器. *sonic vibrator* 声振器. *vibrator coil* 振动〔火花断续〕线圈. *vibrator feeder* 振动给料器. *vibrator horn vibrator* 喇叭(号筒).
vibratormeter *n.* 振动式计量器,振动计.
vi'bratory *a.* (产生,引起)振动的,震动性的,摆动的,振荡的.
vibratron *n.* 振敏管.
vibrin *n.* 聚酯树脂.
vib'rio *n.* 弧菌.
vibriocin *n.* 弧菌素.
vibro-bench *n.* 振动台.
vi'brocast *n.* (用超声波或高频声波的)振动压(力)铸(造). *vibrocast concrete* 振捣混凝土.
vibrocs *n.* 铁氧体磁致伸缩振动子.
vibro-driver extractor 振动打拔桩机.
vibrofinisher *n.* 振动轧平(平整)机.
vibroflot *n.* 振浮压实器.
vibroflota'tion *n.* (基础)振浮压实(法).
vi'brogel *n.* 振动凝胶.
vi'brogram *n.* 振动记录图.
vi'brograph ['vaibrəgra:f] *n.* 示振器,振动计〔仪〕,自记示振仪.
vi'broll ['vaibroul] *n.* 振动压路机.
vibromasseur *n.* 振颤按摩器.
vibrom'eter *n.* 振动(荡)计,测振计,示振计,观测计量震动仪,振动治谱器.
vi'bromotive force 起振力,振动势.
vibron'ic [vai'brɔnik] *a.* 电子振动的. *vibronic spectra* 电子振动频谱.
vi'bropack ['vaibrəpæk] *n.* 振动子整(换)流器,振动变流器.
vibropen'dulous error 振摆误差.
vi'brophone *n.* 鼓膜振动器.
vibro-pile driver 震动打桩机.
vi'brorammer *n.* 振捣板.
vi'brorecord *n.* 振动(记录)图.
vi'broroller *n.* 振动压路机,振动式路碾.
vibros *n.* 铁氧体磁致伸缩振动子.
vi'broscope ['vaibrəskoup] *n.* 示振仪,振动计,振动式纤度计.
vibroseis analysis 连续振动分析.
vibroseis process 连续地震振动法.
vi'broshear *n.* 高速振动剪床.
vi'broshock ['vaibrəʃɔk] *n.* 减振〔震〕器,缓冲器,阻尼器.
vibrosieve *n.* 振动筛.
vi'brospade *n.* 振动铲.
vibrostand *n.* 振动(试验)台.
vi'brotron ['vaibrətrɔn] *n.* 振敏管,压敏换能器,电磁共振器.
viburnitol *n.* 莱 醇;L-栎醇,环己五醇.
vic = vicinal 邻晶的,连(位)的.
Vicalloy *n.* 维卡钒钴铁磁性合金(钴 36～62%,钒 6～16%,其余铁).
vicariad *n.* 代替种(= vicarious species).
vica'rious [vai'kɛəriəs] *a.* 代替〔理〕的,替代的,错位的. ～**ly** *ad.* ～**ness** *n.*
Vicat apparatus (水泥稠度试验用)维卡仪.
vice [vais] I *n.* ①(老)虎钳,台钳,钳砧 ②恶习 ③缺点〔陷〕,毛病,瑕疵,错误. I *vt.* (用虎钳,台钳)钳住,夹〔压〕紧. *hand vice* 手虎钳. *inherent vice* 内缺陷,固有瑕疵. *parallel-jaw vice* 平口虎〔台〕钳. *screw vice* 螺旋虎钳. *vice bench* 钳工台,虎钳台. *vice clamp* 虎钳夹. *vice jaw* 虎钳口〔爪〕. ▲*as firm as a vice* 像虎钳一样夹紧的,无法移动的.
vi'ce ['vaisi]〔拉丁语〕*prep.* 代替〔表〕,取代,接替.
vice-〔词头〕副,次,代理.
vice'-ad'miral *n.* 海军中将.
vice'-chair'man *n.* 副主席,副委员长,副会长,副议长,(大学)副校长. *vice-chairman for* 负责…的副主席.
vice'-chan'cellor *n.* (大学)副校长.

vice'-con'sul n. 副领事.
vice'ger'ent ['vais'dʒərənt] a.; n. 代理的(人).
vice'-gov'ernor n. 副地方长官,副总督.
vice'-min'ister n. 副部长.
vic'enary a. 二十进制的.
vicen'nial [vai'senjəl] a. 二十年(一次)的,持续二十年的.
vice'-prem'ier n. 副总理,副首相.
vice'-pres'ident n. 副主席,副总统,副院长,大学副校长. ~ial a.
vice'roy n. 总督.
vice versa 或 vice-versa ['vaisi 'və:sə] 〔拉丁语〕 ad. 反过来也是一样,反之亦然.
vicianose n. 荚豆二糖.
vicilin n. 豌豆球蛋白.
vic'inage ['visinidʒ] n. 附近(地区),近邻,邻居.
vic'inal ['vәsinәl] a. ①附〔邻〕近的,邻接的 ②地方的,本地的 ③邻晶的,邻位的,连(位)的. vicinal face 邻晶面,近真面. vicinal position 连位.
vicine n. 蚕豆嘧啶葡萄糖式.
vicin'ity [vi'siniti] n. ①附近(地区),邻近,近处,周围 ②接近,密切的关系(to). vicinity map 附近地区图. vicinity of a point 点的邻(附)近. ▲in close vicinity to 紧挨着,靠近. in the vicinity of 附近,邻接,与…有密切的关系. in the vicinity of M 在 M 附近,靠近 M,大约 M,在 M 左右.
vic'ious ['viʃəs] a. ①恶(性,意,毒)的,烈性的,凶〔邪〕恶的 ②有缺点〔陷〕的,有毛病的,有错误的,不正确的,不完全的. vicious argument 错误的论点. vicious circle 恶性循环,循环论证. vicious syllogism 诡辩,恶性循环,恶性螺旋上升. vicious syllogism 诡辩. ~ly ad. ~ness n.
vicis'situde [vi'sisitju:d] n. 变迁(化),盛衰,沉浮,交替.
vicissitu'dinous a. 多变化(迁)的,饱经沧桑的.
Vick'ers n. 维氏硬度. micro Vickers 显微维氏硬度计. Vickers diamond hardness 维氏金刚石硬度. Vickers pyramid number 维氏棱锥数(一种硬度单位).
Vickers-hardness n. 维氏硬度.
vic'tim ['viktim] n. 牺牲(者),受害〔遭难〕者,受骗者. ▲fall [become] a victim to…做〔变成〕…的牺牲品.
vic'timize ['viktimaiz] vt. 使牺牲〔受害〕,欺骗. victimiza'tion n.
vic'tor ['viktə] n.; a. 胜利者(的),战胜者(的).
Vic'tor ['viktə] n. 通讯中代替字母 V 的词. Victor metal 维克多锌镍合金(铜 50%,锌 35%,镍 15%).
Victo'ria [vik'tɔ:riə] n. ①维多利亚(塞舌尔群岛首府) ②(澳大利亚)维多利亚(州) ③维多利亚(加拿大港市).
victo'rious [vik'tɔ:riəs] a. (获得)胜利的,战胜的. ~ly ad.
vic'tory ['viktəri] n. 胜(利),战胜,克服. ▲win a [the] victory over…战胜…,击败….
vict'ual ['vitl] Ⅰ n. (pl.) 食物〔品〕,粮食,饮料. Ⅰ (vict'ual(l)ed; vict'ual(l)ing) v. 给…供应〔储备〕食物,(船只等)装载〔储备〕食物. victualling bill 装载船上用品的(海)关单. victualling house 饭店,餐馆.

vict'ual(l)er n. 供应食物者,食物供应商,旅馆老板,补给船,粮食船.
VID 或 vid = video 电视(的),视频(的).
vid 或 vi'de ['vaidi] 〔拉丁语〕 v. 见,参看. quod vide 参看该条. vide ante 见前. vide infra 见下〔后〕,参看下文. vide p. 15 参看第 15 页. vide post 见后〔下〕,参看下文. vide supra 见上〔前〕,参看上文.
vide'licet [vi'di:liset] 〔拉丁语〕 ad. 即,就是(说),换言之.
vid'eo ['vidiou] n.; a. 电视(的,信号),视频(的,信号),影像(的),图像(的). colour video scope 彩色映像示波器. crystal video receiver 晶体电视接收机. video amplifier 视频放大器. video and blanking signal 复合消隐视频〔图像〕信号. video band 视频波段〔频段,视带〕. video beam 像束. video bits 图像比特. video cassette recorder 盒式磁带摄像机. video cast 电视广播. video circuit 视频电路. video control console 图像控制台. video control room 摄像机控制室. video converter 视频变频器,视频变换器. video data interrogator 显示数据询问器. video detector 视频检波器. video disc (电视)录像圆盘,电视唱片. video DPCM 视频差分脉冲编码调制,视频差分脉码调制. video engineer 电视(视频)工程师. video file 可见文件,视频外存储器. video film 电视录像片. video frequency 视频(率). video gain 视频(信号)增益. video head 摄像机前置放大器,(录像机)录像〔磁〕头,电视发射机预放大器,磁性阅读器,录像机预放器. video IF amplifier 图像信号〔视频信道〕中频放大器. video IFT 图像中频变压器. video information 视频〔图像〕信息. video integration 视频积累〔积分〕. video intercarrier 电视载波差拍,视频内载波. video interval 视频信号周期,电视正指回扫时间. video line booster 视频线路辅助放大器. video link transmitter 电视中继发射机. video long-play 密纹电视唱片. video magnetic tape recorder 磁带录像机. video mapping 全景显示,视频〔图谱〕扫描指示,光电法摄影. video operator 电视摄影师. video pair cable 平行线电视电缆,视频双芯平行电缆. video pair system 平行双线视频传输制. video picture 视频图像,显像,显示. video recording 录像. Video Scene 一种可以进行合成摄像的电子摄像机. video separator unit 视频电路分隔装置. video sheet 录像磁板. video sign 荧光灯广告牌. video signal 视频〔视觉,图像〕信号. video signal with blanking 复合消隐混合视频信号. video tape 录像磁带. video (tape) recorder 视频信号(磁带)记录器,(磁带)录像机. video (tape) recording 磁带录像. video telephone 电视(可视)电话. video transmitter 视频〔图像信号〕发射机. video tube 电视接收管,显示〔像〕管. video unit 视频装置,电视摄像器. video voltage 视频信号电压.
vid'eocast ['vidiouka:st] n. 电视广播.

videocor'der n. 录像机.
video-data interrogator 显示数据询问器.
videodensitom'eter n. 图像测密计.
vid'eodisplay n. 视频[视觉,电]显示,图像显示器.
video-gain control 雷达回波强度控制,视频增益控制.
videogen'ic a. 适于拍摄电视的.
vid'eogno'sis n. 电视 X 射线诊断术[照相术].
vid'eograph n. 视频信号印刷机,静电印刷法. *videograph display control* 视频字母数字显示控制系统.
video-IF amplifier 视频[图像信号]中频放大器.
video-mapping transmitter 光电图发送机.
videom'eter n. 视频表.
video-peaking circuitry 视频(信号)峰化电路.
vid'eo-phone ['vidioufoun] n. 电视电话.
videoplayer n. 电视录放机.
videoscan optical character reader 视频扫描光字符阅读器.
videoscanning n. 视频扫描.
vid'eoscope n. 视频[电视]示波器.
videosig'nal n. 视频信号.
video-speed A/D converter 视频模拟-数字转换器.
video-sweep detector probes 视频扫频仪检波头.
video-switcher n. 视频通道转换开关,视频切换器.
vid'eotape ['vidiouteip] Ⅰ n. 录像磁带,未经录像的磁带材料. Ⅱ vt. 把...录在录像磁带上. *videotape recorder* 视频信号磁带记录器,磁带录像机.
videotape-to-film conversion chart (录像)磁(带)转胶(片).
videotelephone n. 电视[可视]电话.
videotheque n. 录影带资料室.
videotransmit'ter n. 视频发射机.
videotron n. 单像管.
vid'eo-unit n. 视频装置[机件,单元],电视摄像器.
vidfilm n. 屏幕录像用胶片.
Vidiac n. 视频信息显示和控制.
vid'icon ['vidikɔn] n. 光导摄像管,视像管. *return beam vidicon* 返束视像管. *secondary electron conduction target vidicon* 次级电子导电视像管. *silicon electron multiplier target vidicon* 硅靶电子倍增视像管. *silicon-target vidicon* 硅靶视像管,硅靶光导摄像管. *tricolor vidicon* 三色视像管. *vidicon camera* 电视摄像管(视像管)摄像机. *vidicon readout* 摄像管读出.
Vidikey = visual display keyboard 影视键,视觉显示键盘(显示正在处理的数据或文字变成视觉显示的键盘装置).
vi'dimus ['vaidiməs] (拉丁语) n. ①检查 ②梗概,摘要.
vid'pic n. 电视图像.
vie [vai] (*vied*) (*vy'ing*) v. (使)竞争,使针锋相对,冒...危险. ▲*vie with each other* 互相竞争. *vie with M for N* 为 N 与 M 竞争. *vie with M in +ing* 与 M 争(的).
vie = visual indicator equipment 目视指示器设备.
Vienna [vi'enə] n. 维也纳(奥地利首都). *Vienna definition language* 维也纳定义语言.
Vientiane [vjen'tjæn] n. 万象(老挝首都).
vi'er n. 竞争者.

vierbein n. 四对称圆锥体钢筋混凝土管(防波堤上用).
Vierendeel pole 空腹杆.
Vierendeel truss 佛伦弗尔桁架,空腹大梁,空腹桁架.
Vierergruppe antenne (德语) 四面辐射式天线.
viescerotropism n. 趋内脏现象.
Viet Nam 或 **Viet(-)nam** ['vjet'næm] n. 越南.
Viet(-)namese [vjetnə'mi:z] a.; n. 越南的,越南人(的).
Vieth scale 维斯度标(测定乳汁密度用).
view [vju:] n.; v. ①看,望,眺[展]望,参观 ②观(视,考)察,检查(验),观测 ③考虑,估计,看做,认为 ④视力[野,界,域] ⑤视图,图表,图像,景(色,象) ⑥观点(念),见解,意见 ⑦目的,意图(向),企图,展望,希望 ⑧形(样)式,外形,种类 ⑨梗概,概观. *aerial view* 鸟瞰图,俯瞰. *auxiliary view* 辅助视图. *back view* 后视图. *bird's eye view* 鸟瞰图,下视图,底视图. *close-up view* 全貌图,近视(特景)图,特写镜头. *command an extensive view* 一望无际. *cut away view* 剖视图,内部接线图. *diagrammatic(al) view* 简图,图表示. *elevation view* 立视图,立面图,正视图. *end view* 端视图. *exploded view* (组合件,部件)展示(分解)图. *field of view* 视界(野). *front view* 正面图,前(主)视图. *general view* 全(视)图. *left view* 左视图. *perspective view* 透视图. *plan view* 平面图,顶(俯)视图. *private view* 预展. *radar view* 雷达视野,雷达的观察区. *rear view* 后(背)视图. *sectional view* 断面图,剖面图. *side view* 侧视图,侧面图. *top view* 上视图,顶视图. *vertical view* 俯视图. *view aperture* 取景孔. *view finder* 探视(取景,寻象)器,(相机)反光镜. *view integration* 意图综合. *viewing angle* 视(野)角. *viewing aperture* 观看孔. *viewing box* 束流观察装置. *viewing distance* 视距,观察距离. *viewing gun cathode* 显示电子枪阴极. *viewing hood* 取景器遮光罩. *viewing indicator* 目测指示器. *viewing mirror* 监视反射镜. *viewing oscilloscope* 示波器. *viewing ratio* 视距比,最佳观看距离. *viewing room* 预观看,审片室. *viewing screen* 观看(显像管荧光)屏,电视屏,银幕. *viewing test* (图像)观察试验. *viewing window* 观察(取景)窗. *views and sizes* 外表和尺寸. ▲*as viewed from* 从...角度(方面)来观察. *at first view* 初看,一见(就). *beyond one's view* 在...视界外,为...所看不见. *come in* [*into*] *view* 进入视界内,看得见. *exposed to view* 看得见,暴露. *fall in with one's views* 和某人意见一致. *from the point of view of* 从...观点看. *have in view* 考虑,观察,注意,记住,怀有. *in one's view* 或 *in the view of* 在...看来,按照...的观点. *in view* 看见,在考虑中,在观察中(作为目的...的地方). *in view of* 鉴于,由于,由...看来,考虑到,在看得见...的地方. *in view of what follows* 鉴于下述情况. *leave out of view* 不加以考虑. *lost to view* 再也看不见了. *on view* 陈列着,展览(示),上映中. *point of view* 观点,看眼点,见解. *take a critical view of* 批判地看待. *take a dim view of* 对...抱悲观看

法. *take a general view of* 综观, 通观. *take a graveview of* 认为…很严重, 很重视. *take a poor view of* 不赞成. *take a view* 拍摄, 观察. *take long〔short〕views* 从长远〔眼前〕看, 有〔没有〕先见之明, 目光远大〔短浅〕. *to the view* 公开. *view point* 视点, 观点, 见解. *view(s) on* 对…的观点〔看法, 见解〕. *with a view to* +ing 或 *with the view of* +ing 为了, 以…为目的, 目的在于, 以便, 希望. *with no view of* 不考虑…〔与否〕, 不计…〔与否〕. *with this end in view* 以此为目的, 为此, 所以. *with this〔that〕view* 因为这个〔那个〕〔目的〕. *within one's view* 在…视界内, 为…看得见.

view-cell n. 观察室.
view'data n. 图像数据.
view'er ['vju:ə] n. ①观察〔取景〕器, 指〔显〕示器, 观测仪器, 潜望镜, 窥视窗 ②电视接收机 ③观察〔看〕者, 检查者, 看电视者. *binocular viewer* 双筒观测镜. *envelope viewer* 包线指示器. *over-all viewer* 全貌窥视窗.
view'-factor n. 视角因数.
view(-)finder n. 探视〔寻像, 取景, 检景〕器, (相机)反光镜. *viewfinder tube* 寻像管.
view'foil n. 字幕白.
view'less ['vju:lis] a. ①看不见的 ②无意见〔见解〕的.
view'phone n. 电视电话.
view'point ['vju:pɔint] n. ①视点, 观察点, 着眼点 ②观点, 见解, 看法.
view'port n. 视见区.
view'y ['vju:i] a. 空想的, 反复无常的.
vigia n. 危险礁, 危险浅滩.
vig'il ['vidʒil] n. 值夜, 警戒, 监视.
vig'ilance ['vidʒiləns] n. 警戒, 警惕(性), 留心. *exercise vigilance* 提高警惕, 防范, 戒备, 警戒. *heighten〔sharpen〕one's revolutionary vigilance* 提高革命警惕性. *political vigilance* 政治警惕性.
vig'ilant ['vidʒilənt] a. 警惕〔备〕着的, 警戒的. *vigilant attention* 警戒. ▲*keep vigilant guard (over …)*(对…)保持警惕, 警戒.
Vigilant n. (野外地震队用的)个人处理机.
vignette ['vi'njet] I n. ①葡萄〔蔓叶花〕饰, 章头章尾小花饰, 装饰图案, 小插图 ②短文, 小品文, 简介, 有晕光的照片, 晕映图像〔照片〕. II v. 晕映〔逝〕, 渐〔弄〕晕, (图象)模糊, 简述. *vignetting effect* 渐晕效应. *vignetting stop* 挡晕〔护真〕光阑.
vignin n. 豇豆球蛋白.
Vignole's rail 丁字形钢轨, 阔脚轨.
vigor = vigour.
vig'orish ['vigəriʃ] n. (高利贷者等索取的)高额利息.
vig'orous ['vigərəs] a. (强)有力的, 强健的, 结实的, 使劲的, 用力的, 朝气蓬勃的, 精力充沛的, 活泼的. ~ly ad.
vig'our ['vigə] n. 精力, 活力, 力量, 效力. ▲*be full of vigour* 精力充沛. *be in vigour* 有效. *with vigour* 有力地, 精神饱满地.
vig'ourless a. 没有精神〔力〕的, 软弱的.
Vikro n. 维克劳镍铬耐热合金(镍64%, 铬15~20%, 碳1%, 锰1%, 硅0.5~1%, 其余铁).
vile [vail] a. ①可耻的, 卑鄙的 ②讨厌的, 恶劣的, 坏透的 ③无价值的, 不足道的. ~ly ad. ~ness n.
vil'ify ['vilifai] vt. 诬蔑, 诽谤, 贬低. **vilifica'tion** n.
vil'la ['vilə] n. 别墅, 城郊小屋.
vil'ladom ['vilədəm] n. 别墅和居住别墅的人们.
vil'lage ['vilidʒ] n. ①(乡)村(的), 村庄(的). *village exchange* 农村(自动)电话局, 小型自动交换台. *village industry* 农村工业.
vil'lain ['vilən] n. ①坏人〔蛋〕, 恶棍 ②反面人物〔角色〕.
vil'lainous ['vilənəs] a. 坏(人)的, 坏透的, 罪恶的, 卑鄙可耻的, 讨厌的. ~ly ad. ~ness n.
vil'lainy ['viləni] n. 邪恶, (pl.)坏事, 恶劣〔犯罪〕行为.
Villard circuit 维拉德(倍压整流)电路.
Villari effect 维拉利磁致伸缩逆〔效〕应.
villat'ic [vi'lætik] a. 别墅的, 乡村的.
vil'liform n. 绒毛状.
villikinin n. 肠绒毛促动素, 促肠绒毛运动素.
vil'lus n. 绒毛.
vil'nite n. 硅灰石.
vim [vim] n. 活力, 精力. *full of vim and vigour* 精力充沛的.
VIM = vinyl insulation material 乙烯基绝缘材料.
VIN = vehicle identification number 车辆〔飞行器〕认别号码.
vina'ceous [vai'neiʃəs] a. 葡萄(酒)(似, 色)的, 红色的.
vi'nal ['vainæl] n. 聚乙烯醇纤维, 维纳尔.
Vinayil n. 聚乙酸乙烯酯乳液共聚体粘合剂.
vinblastine n. 长春花碱(VLB).
vincaleucoblastine n. 长春花碱(VLB).
vincamedine n. 长春碱.
vincamine n. 长春花胺.
Vincent (press) n. 模锻摩擦压力机.
vin'cible ['vinsibl] a. 可克〔征〕服的.
vincristine n. 长春新碱(VCR).
vin'cula ['viŋkjulə] vinculum 的复数.
vin'culum ['viŋkjuləm] (pl. *vin'culums* 或 *vin'cula*) n. ①联系, 纽带, 结合(物) ②线括(号)(如 a-b+c), 大括号( ).
vindicabil'ity [vindikə'biliti] n. 可证明性, 可辩护性.
vin'dicable ['vindikəbl] a. 可证明的, 可辩护的.
vin'dicate ['vindikeit] vt. 证明(实)(…正确), 辩护(白), 维护. **vindica'tion** n.
vin'dicative [vindi'kətiv] a. 起辩〔维〕护作用的, 惩罚的, 报复的. ~ly ad. ~ness n.
vin'dicator ['vindikeitə] n. 辩〔维〕护者, 证明者.
vin'dicatory ['vindikətəri] a. ①维〔辩〕护的, 证明的 ②报复〔惩罚〕性的.
vindic'tive [vin'diktiv] a. 报复〔惩罚〕性的, 恶意的.
vine [vain] I n. 藤, 蔓, 葡萄(树)藤, 葛藤, 蔓茎状. II vi. 形成〔长成〕蔓藤.
vin'egar ['vinigə] I n. 醋 II vt. 加醋于.
vin'egary a. 醋(似)的, 有酸味的, 别扭的.
vi'nery ['vainəri] n. 葡萄园, 葡萄温室.
vineyard n. 葡萄园.
vinif'erous a. 产酒的.

vin'ificator n. 酒精凝结装置.

Viniti = All-Union Institute of Science and Technology Information 全苏科学技术资料中心.

vino ['vi:nou] n. 酒.

Vinoflex n. 乙烯异丁基醚与氯乙烯共聚物.

vinol n. 聚乙烯醇.

vinom'eter [vi'nɔmitə] n. 酒精比重计.

vinos'ity n. 酒质〔色,味〕.

vi'nous ['vainəs] a. 酒(的颜色)的,葡萄酒的,饮酒所引起的. ~ly ad.

Vinrez n. 乙酸乙烯酯共聚体乳液粘合剂.

Vinsol n. 纯木质素,松香衍生物,氧化松香. *Vinsol resin* 文苏尔树脂,松香皂(热塑料)树脂.

vin'tage ['vintidʒ] I n. ①酒 ②葡萄收获(期,量) ③酿酒(期,量) ④同年代的一批产品 ⑤寿命,开始存在的时期,制造的时期. I a. ①古典〔老〕的,老牌的 ②旧〔老式〕的,过时的 ③最好的,最典型的. *a book of the 1985 vintage* 1985 年出版的一本书. *vintage Lu Hsun* 鲁迅的代表作. *vintage year* 佳酿酒酿成的年分,有卓越成就的一年.

vi'ny ['vaini] a. 葡萄树的,葡萄藤(似)的.

vi'nyl ['vainil] n. 乙烯基,乙烯树脂. *vinyl acetal* 聚乙烯醇缩(乙)醛. *vinyl acetate resin* 乙酸(醋酸)乙烯树脂. *vinyl alcohol* 乙烯醇. *vinyl cabtyre cable* 乙烯绝缘软性电缆. *vinyl chloride* 氯乙烯. *vinyl disc* 乙烯塑料盘,维涅莱胶盘. *vinyl pipe* 乙烯塑料管. *vinyl plastic* 乙烯基塑料. *vinyl resin* 乙烯基树脂. *vinyl tape* 聚氯乙烯绝缘带.

vinyl-amine n. 乙烯胺.

vinyla'tion n. 乙烯化作用.

vinyl-coated sheet n. 乙烯基塑料覆面薄钢板.

vinylcyanide n. 丙烯腈.

vinylene n. 乙烯撑.

vinyl-formal resin 乙烯醇缩甲醛树脂.

vinyl'idene n. 乙烯叉,亚乙烯基.

vinylidene chloride plastic 偏二氯乙烯塑料.

vinylidene fluoride 二氟乙烯.

vi'nylite ['vainilait] n. 聚乙酸乙烯酯树脂,乙烯基树脂.

vinylogue n. 插烯物,联乙烯物.

vinyl'ogy n. 插烯(作用,原理).

vi'nylon ['vainilɔn] n. 维尼纶,聚乙烯醇缩醛纤维.

vinylpyrene n. 乙烯基芘.

Vinylseal n. 维尼西耳(聚乙酸乙烯酯树脂的商品名).

vinyon n. 维尼昂(商品名),聚乙烯塑料.

vio'la [vi'oulə] n. 中提琴.

vi'olable ['vaiələbl] a. 可(易受)侵犯的,可破坏的,可〔易〕违反的. **violabil'ity** n. **vi'olably** ad.

viola'ceous a. 紫罗兰色的. ~ly ad.

violan n. 青辉石.

violanin n. 堇菜甙,花翠素扁李葡糖甙.

violanthrene n. 蒽紫紫蒽.

violanthrone n. 蒽酮紫,紫蒽颜料,还原染料蓝色母体.

vi'olate ['vaiəleit] vt. **viola'tion** n. ①违犯〔背,章〕②妨碍,侵犯,破坏,扰乱,犯法. *act in violation of the stipulations* 违反条款. *violation of laws* 违法行为. *violation of signal* 违反交通信号.

vi'olator n. 违反〔犯,章〕者,扰乱者.

violaxanthin n. 堇菜黄质,紫黄质.

vi'olence ['vaiələns] n. ①猛烈(性),猛度,强(烈)度,激烈 ②暴力(行为) ③篡改,侵犯. ▲*do violence to* 告反于,以暴力对待,违背,犯,歪曲. *with violence* 猛烈地.

vi'olent a. ①猛〔激,强〕烈的,极端〔度〕的 ②用暴力的,强暴的 ③歪曲的,曲解的. *violent earthquake* 大地震. *violent galaxy* 强活动星系. *violent interpretation* 歪曲的解释. *violent oscillatory motion* 大幅度振动. *violent storm* 猛烈的风暴. ~ly ad.

violes'cent a. 带紫罗兰色的.

vi'olet ['vaiəlit] n. ; a. ①紫罗兰(色,色的),紫色(的). *violet cell* 紫光电池. *violet paste* 蓝(铅)油. *violet ray* 紫色光线. *violet wood* 紫(色)硬木.

vi'olet-sen'sitive a. 对紫光谱敏感的.

violet-shaded a. 紫遮降的,向紫端遮降的.

violin' [vaiə'lin] n. 小提琴. ▲*play first violin* 担任第一小提琴手,居首要职位,当第一把手.

violin'ist n. 小提琴手.

violoncello n. 大提琴.

violone n. 低音提琴.

vi'ols n. 提琴.

viomycidine n. 紫羰基二氢吡咯甲酸.

viomycin n. 紫霉素.

vios'terol n. 钙化(甾)醇,维生素 D_2.

VIP = ①variable information processing 可变信息处理 ②verification of input 输入验证 ③versatile information processor 多种信息处理器 ④very important person 要人,大人物.

vi'per ['vaipə] n. 毒(蝰)蛇,奸诈者.

vi'perine ['vaipərin] a. 毒蛇(似)的,恶毒的.

vi'perish 或 **vi'perous** a. 毒蛇似的,阴险的,恶毒的.

vir wire = vulcanized India rubber wire 硫化橡胶绝缘导线.

virement n. (剩余)基金挪用.

viremia n. 病毒血症.

vi'res ['vaiəri:z] *vis* 的复数.

vires'cence ['vi'resns] n. 开始呈现绿色.

vires'cent [vi'resnt] a. 开始呈现绿色的,带(淡)绿色的.

Virg = Virginia (美国)弗吉尼亚(州).

vir'ga n. 幡状云,雨幡,雪幡.

virga'tion n. 分(成多)枝,褶皱分支.

vir'gin ['və:dʒin] n. ; a. ①处女(的) ②纯(洁,粹)的,无污点的 ③新的,原(始)的,初始的,首次的,未用过的,未动过的,未掺杂的,未开发〔垦〕的,未提炼的(地区) ④直馏的,初榨的,由矿石直接提炼的. *virgin alloy* 原始合金. *virgin aluminium ingots* 原铝锭. *virgin coil* 空白纸带卷. *virgin curve* 初〔初始曲线. *virgin forest* 原始森林. *virgin gold* 纯金. *virgin ground* 〔land, soil〕处女地,生荒地,未开垦地. *virgin lead ingots* (原)铝锭. *virgin material* 纯净物料. *virgin medium* 未用介质〔媒体〕,空白媒体. *virgin metal* 原生〔由矿石直接取得的〕金属. *virgin neutron* 原中子. *virgin paper* 白纸. *virgin paper-tape coil* 无孔纸带卷.

Virgin'ia [və'dʒinjə] n. (美国)弗吉尼亚(州).

virgin'ium [vəˈdʒiniəm] *n.* 【化】铬 Vi(87 号元素钫的旧名).

Vir'go [ˈvəːgou] *n.* ①【天】室女座 ②维尔格铬镍钨(钼)系合金钢(碳 0.24%,铬 18%,镍 8%,钨 4.4%,其余铁;或碳 0.48%,铬 13%,镍 14%,钨 2.2%,钼 0.7%,其余铁).

vir'gule [ˈvəːgjuː] *n.* 斜(线)号"/".

Virial coefficient 维里(分解)系数.

viricide *n.* 杀病毒剂.

vir'id [ˈvirid] *a.* 青(翠)绿色的.

virides'cent [viriˈdesnt] *a.* 带(淡)绿色的.

virid'ian [vəˈridiən] *a.* (翠)绿色的.

viridin *n.* 绿胶霉素,绿毛菌素.

virid'ity [viˈriditi] *n.* ①碧绿,翠绿 ②新鲜,活力.

virilism *n.* 男性化现象.

virion *n.* 病毒粒子,壳包核酸.

virogene *n.* 病毒基因.

viroid *n.* 类病毒,无壳病毒.

virol'ogy *n.* 病毒学.

viropexis *n.* 吞饮病毒,病毒固定.

vi'rose *a.* 有病毒的,有毒的.

virosis *n.* 病毒病,病毒性疾病.

virosome *a.* 病毒颗粒.

virostat'ic *a.* 抑制病毒生长的.

vir-repression *n.* (病毒)抑制作用,干扰作用.

virtu [vəːˈtuː] *n.* 艺术品,古董.

vir'tual [ˈvəːtjuəl] *a.* ①实际(实质,事实)上的,现实的 ②【理】虚的,假(想,拟)的 ③潜伏的,可能的 ④有效的. *virtual address* 虚拟(零级,立即)地址. *virtual ampere* 有效安培. *virtual call* 虚拟呼叫,虚调用. *virtual cathode* 虚阴极. *virtual circle* 假圆. *virtual cycle* 虚循环. *virtual degree* 假次数. *virtual displacement* 虚位移. *virtual earth* 假(虚)接地. *virtual focus* 虚焦点. *virtual height* 有效高度. *virtual image* 虚像. *virtual leak* 虚(假)漏. *virtual location* 目视位置. *virtual memory* 虚拟存储器. *virtual phonon* 虚声子. *virtual photon* 虚(假想)光子. *virtual pitch* 虚螺距. *virtual plan-position indicator* 圆形扫描(消视差平面位置)指示仪. *virtual P. P. I. reflectoscope* 雷达海图比较器. *virtual reactor* 虚拟反应堆. *virtual reconstructed image* (可)重显(的)虚像. *virtual resistance* 有效电阻. *virtual storage* 虚拟存储器. *virtual value* 有效值. *virtual viscosity* 有效粘性. *virtual void declarer* 虚无值说明词. *virtual work* 虚功.

virtualiza'tion *n.* 虚拟化.

vir'tualized *a.* 虚拟化的.

vir'tually *ad.* 实际[实质,事实]上.

vir'tue [ˈvəːtjuː] *n.* ①优点,长处,美德,德性 ②效力(能),性能,功效. ▲*by* [*in*] *virtue of* 依靠(…的力量),由于,根据,借助于,凭借着.

vir'tueless *a.* 没有长处的,没有道德的,没有效力的,无效的.

virtuo'si [vəːtjuˈouzi] *virtuoso* 的复数.

virtuos'ic [vəːtʃuˈɔsik] *a.* 专家的,艺术家的.

virtuos'ity [vəːtjuˈɔsiti] *n.* (艺术方面的)精湛技巧,对艺术品的鉴赏力(或爱好).

virtuo'so [vəːtjuˈouzou] (*pl. virtuo'sos* 或 *virtuo'si*) 艺术能手[名家],艺术品鉴赏家(爱好者).

vir'tuous [ˈvəːtjuəs] *a.* 正直的,公正的,有效力[验]的. ~*ly ad.* ~*ness n.*

virucide *n.* 杀病毒剂,病毒扑灭剂,病毒中和抗体.

virucidin *n.* 病毒中和抗体.

vir'ulence [ˈvirulens] 或 **vir'ulency** [ˈvirulensi] *n.* 有毒,毒性[力],致命性,恶等,侵入性(指根瘤菌侵入根部).

vir'ulent [ˈvirulent] *a.* 剧[极],有毒素的,致命(死)的,易传染的,强[剧]烈的,有毒力的,恶性[毒]的. ~*ly ad.*

viruria *n.* 病毒尿症.

vi'rus [ˈvaiərəs] *n.* (滤过性)病毒,病菌,毒素,毒害,恶意[意].

viruse *n.* 病毒.

virusemenia *n.* 病毒精液症.

vis [vis] (*pl. vires*) (拉丁语)力. *vis a fronte* 前面来的力. *vis a tergo* 后面来的力. *vis elastica* 弹力. *vis inertiae* 惰性,惯性力. *vis major* 不可抗力. *vis motiva* 原动力. *vis viva* 活劲,活势,运动力(物体质量和速度的乘积),工作能力.

VIS = ①vibration isolation system 振动隔离系统 ② visibility 能见度.

vis silk 粘胶丝,纤维胶.

visa [ˈviːzə] *n.*; *vt.* 签证,(在…上)背签,签准. *entrance visa* 入境签证. *exit visa* 出境签证. ▲*get* [*have*] *one's passport visaed* 取得护照签准. *put a visa on* 签证.

vis'age [ˈvizidʒ] *n.* 面容,外表. *be fierce of visage and faint of heart* 外强中干.

visalgen = **visual alignment generator**(电视接收机校正用)测试图发生器,目视调整(接收机)用(的)振荡器.

vis-à-vis [ˈviːzəviː] Ⅰ *ad.*; *prep.* ①面对面,相对,在一起,在…对过,对着(to, with) ②关于,对于,和…相对,与…相比较. Ⅱ *a.* 相对(向)的,面对面的. Ⅲ *n.* ①相对的(对等的),面对面的人,对手,相对的(对等的)事物 ②面对面的谈话,密谈.

visbreaker *n.* 减粘裂化炉.

visbreaking *n.* 减粘裂化,减低粘度.

VISC 或 **visc** = ①viscosity 粘(滞)性,粘滞度 ②viscous 粘(性,滞)的.

visc- [词头] 粘.

vis'cera [ˈvisərə] *n.* ①内脏,脏腑(尤指肠) ②内容,内部的东西. ~*ly a.*

viscerotrop'ic *a.* 亲内脏的.

vis'cid [ˈvisid] *a.* 粘(性,滞,质)的,胶粘的,半流体的,稠液的,浓厚的. ~*ly ad.*

viscid'ity [viˈsiditi] *n.* 粘(滞,着)性,粘(稠)度,粘质.

visco- [词头] 粘.

Visco-Amylo-Graph *n.* 淀粉粘性测定仪(商品名).

Visco-Corder *n.* 粘性流变仪(商品名).

vis'coelas'tic [viskouiˈlæstik] Ⅰ *a.* 粘弹性的. Ⅱ *n.* 粘滞弹性体. *viscoelastic property* 粘弹性能.

vis'coelastic'ity [ˈviskouelæsˈtisiti] *n.* 粘弹性(力学).

vis'cogel *n.* 粘性凝胶.

vis'cogram *n.* 粘度图.

viscoid *n.* 粘烃体.

viscoloid *n.* 粘性胶体.

viscom′eter [vis′kɔmitə] n. 粘度计,流度计. *Brook-field viscometer* 布氏粘度计. *Ostward-type viscometer* 奥式毛细管粘度计.

viscomet′ric a. 测定粘度的,粘滞的.

viscom′etry [vis′kɔmitri] n. 粘度测定法〔学〕,测粘术.

visco-plastic a. 粘塑性〔体〕的.

visco-plasticity n. 粘塑性.

viscoplastoelastic a.; n. 粘塑弹性(的).

visco-plasto-elastomer n. 粘塑弹性体.

vis′corator n. 连续记录粘度计.

vis′coscope n. 粘度指示器,粘度粗估仪.

vis′cose [′viskəus] I n. 粘胶(丝,液,纤维),粘液丝,纤维胶(人造丝,赛璐珞等原料). II a. 粘胶的,(含)粘胶的,粘胶制的. *viscose filament yarn* 粘胶长丝. *viscose glue* 粘胶,胶水. *viscose paper* 粘胶纸. *viscose rayon* 粘胶(人造)丝,粘胶嫘萦. *viscose staple fibre* 粘胶短纤维.

viscosim′eter [viskou′simitə] n. 粘度(计)表,粘计,测粘计,粘度测定仪. *Mooney viscosimeter* 莫氏粘度计. *process control viscosimeter* 程序控制粘度计.

viscosimet′ric a. 测粘度的.

viscosim′etry n. 测粘法〔术〕,粘度测定(法).

viscos′ity [vis′kɔsiti] n. ①粘(滞)性,粘(滞)度,滞度 ②内摩擦 ③韧度〔性〕. *bath viscosity* 电介质粘度. *bulk〔volume〕viscosity* 体积粘度. *dynamic viscosity* 动(力)粘度. *kinematic(al) viscosity* 运动粘滞率,运动(动力)粘度. *limiting viscosity number* 特性粘度数(一种表示悬浮体粘度的数). *reduced viscosity* 比浓粘度,(温度)折合粘度. *specific viscosity* 比粘(度). *viscosity breaking* 减粘裂化,减低粘度. *viscosity factor* 粘度系数,粘滞因素. *viscosity index* 粘度指数. *viscosity index improver* 粘度指数改进剂. *viscosity meter* 粘度计. *viscosity number* 粘度值,粘度数. *viscosity resistance* 粘(滞)阻力. *viscosity test* 粘(滞)性〔度〕试验.

Viscotron n. 通用粘度计(商品名).

viscount [′vaikaunt] n. 子爵(式飞机).

vis′cous [′viskəs] a. 粘(性,滞,稠)的. *viscous damping* 粘滞阻尼,粘性阻尼. *viscous flow* (粘)滞流(动),粘性流. *viscous friction* 粘滞〔液体〕摩擦. *viscous loss* 粘滞损失. *viscous lubrication* 稠油〔粘〕润滑. *viscous oil* 粘性油. *viscous pour point* 粘滞倾点. *viscous resistance* 粘滞(阻)力. *viscous stress* 粘滞应力〔胁强〕. *viscous yielding* 粘性变形〔屈服〕. ～ness n.

viscousbody n. 粘带体.

vis′cous-damping n. 粘性阻尼,粘滞阻尼(与速度成正比的阻尼).

vise [vais] I n. (老)虎钳,台钳,夹具. II vt. (用虎钳,台钳)钳住,夹(压)紧.

visé [′vi:zei] = visa.

Visean n. 韦先阶(早石炭世晚期).

visibil′ity [vizi′biliti] n. ①能〔可,视〕见度,明视〔清晰〕度 ②视界〔野〕③(最远)视程,能〔可〕见距离 ④显著,明显(度) ⑤看得见的东西. *horizontal〔vertical〕visibility* 水平〔垂直〕能见度. *visibility curve* 可见度曲线,明视度曲线. *visibility distance* 能见距离,视距. *visibility function* 可见度函数. *visibility good* 能见度良好. *visibility meter* 视度计,能见度测定器. *visibility scale* 能见度等级.

vis′ible [′vizəbl] I a. ①可见的,看得见的,有形的 ②显著〔然〕的,明显的 ③显露式的,(为便于查阅)显露部分内容(摘要)的. II n. 可见物,直观教具. *visible to the naked eye(s)* 肉眼所看得见的. *be visible with a microscope* 可用显微镜窥见. *serve no visible purpose* 显然无用,看不出有什么好处. *the visible to the visible* 可见物,visible crack 可见裂缝. *visible dye(penetrant)* 染色渗透液. *visible file* 可见〔直观〕文件,可视存储档案,显露式档案夹子. *visible horizon* 视〔可见〕地平线,可见水平线. *visible line* 外形〔轮廓〕线. *visible oil flow gauge* 示〔目测〕滑油流量计. *visible radiation* 可见辐射(0.4～0.76μm),可见射线. *visible sensation* 视觉. *visible signal* 视觉(可见)信号. *visible size* 可见尺寸. *visible spectrum* 可见光谱(38～76nm). *visible speech* 可见语言. *visible window* 可见(光波)窗,能透过大气层的光波段.

vis′ibly ad. 看见地,明显地,显而易见.

visicode n. (遥控用)可见符号.

visilog n. 仿视机,人造眼.

visiogen′ic a. 适于拍摄电视的.

vis′ion [′viʒən] I n. ①视(线) ②视力〔觉〕,观察〔察〕,目击〔睹〕③影〔影像,幻像〔影,觉,想〕,梦想 ④眼光〔力〕,想像力,观〔洞〕察力. II vt. 想〔观〕察,幻〔梦〕见,想像 ②显示. *colour vision* 彩色视觉. *defects of vision* 视觉上的缺点. *electric vision* 电视. *field of vision* 视野. *persistence of vision* 视觉暂留. *vision amplifier* 图像(信号)放大器. *vision cable* 电视电缆. *vision carrier* 图像载波. *vision channel* 视频〔图像信号〕通道. *vision control supervisor* 图像监视员. *vision crosstalk* 图像通道串扰,串像. *vision distance* 明视距离. *vision electronics recording apparatus* (录放电视图像和声音的)电子录像机,视频电子记录装置. *vision on sound* 图像信号对伴音的干扰. *vision pickup tube* 摄像管. *vision receiver* 电视机,电视接收机. *vision signal* 视频〔视觉,电视〕信号. *vision studio* (电视)演播室. ▲*beyond … vision* 在…视力所不及的地方,在…视觉以外. *have the wide vision of* 具有…的高瞻远瞩. *have visions of* 想像到.

vis′ional a. 梦幻的,非实有的. ～ly ad.

vis′ionary [′viʒənəri] I a. 幻想〔觉,影〕的,想像的,非实有的,不实际的,空想的. II n. 幻〔空〕想家.

vis′it [′vizit] I n.; v. ①访问,拜访,看(探)望,逗留 ②视察,游览,常去 ③视察,巡视,调查,出诊(差) ④侵袭,降临 ⑤叙述(with). ▲*be visited by* 遭到. *(go) on a visit to* 去看…,去…(游)玩. *have(receive) a visit from* 受到(某人的)访问. *make〔pay, give〕a visit to* 访问,参观. *return a visit* 回访.

vis'itant ['vizitənt] n. ①访问者,来宾 ②候鸟.

visita'tion [vizi'teiʃən] n. ①访问 ②巡视,视察,检查 ③灾祸. *the right of visitation* (对中立国船舶的)检查权. *visitation of Providence* 天灾. ~al a.

visitato'rial [vizitə'tɔ:riəl] a. 访问的,探望的,巡视的,视察的,(有权)检查的.

vis'iting ['vizitiŋ] n.; a. 访问(的),探望(的),视察(的). *visiting book* 访客簿. *visiting card* 名片. *visiting day* 会客日,接见来客日. *visiting professor* 访问〔客座〕教授,外来短期讲课的教授. *visiting traffic* 过境性交通.

vis'itor ['vizitə] n. ①访问者,参观者,来宾,游客 ②检查员,视察员. *visitors' book* 来宾签名簿,旅〔游〕客登记簿. *Visitors not admitted.* 谢绝参观,游客止步.

visito'rial =visitatorial.

visnagin n. 威士奈京(=visnacorin).

viso-monitor n. 生理监察仪.

vi'sor ['vaizə] Ⅰ. n. ①护目镜,遮光〔阳〕板,透明护目板,挡板,风挡,帽舌,帽檐 ②保护盖,面盖,假面具 ③观察孔〔窗〕,瞭望缝. Ⅱ vt. (用护目镜等)遮护. *sun visor* 全景深阳光〔阳〕板.

viso-scope n. 生理示波器,长余辉示波器.

vis'ta ['vistə] n. ①远〔深,街〕景,透视图 ②展望,回忆 ③一连串的事件〔通讯,展望. *look back through the vista of the past* 回忆往事. *open (up) vast vistas (for)* (为…)开辟〔展示〕广阔的前景. *vista shot* 全景,远景拍摄.

vistac n. 聚异丁烯.

Vistacon n. 铅靶管,氧化铅视像管,聚烯烃树脂(商品名).

vistanex n. 聚异丁烯,聚丁烯合成橡胶〔纤维〕.

vis'tascope n. 合成图像(电视)摄像装置.

vistavis'ion n. 全景宽银幕电影,深景电影.

vis'ual ['vizjuəl] a. ①视(觉,力)的,目视的 ②(肉眼)可见的,看得见的,直观的,真实的,形象化的 ③光学的. *visual acuity* 视觉敏锐度. *visual aids* 直观教具. *visual alarm* 可见警报信号. *visual alignment generator* 测试图发生器. *visual angle* 视角. *visual aural (radio) range* 视听式(电线电)指向信标. *visual broadcast* 电视广播. *visual carrier* 图像载波. *visual communication* 可视通信. *visual course indicator* 目测航向指示器. *visual cut-off* 图象截止. *visual display* 可视(可见,视觉,直观)显示,目测〔视觉〕指示器,目视读出. *visual examination* 外部检查,表观检验,目测. *visual exposure meter* 视像曝光计. *visual field* 视野(场,界),可见区. *visual frequency* 图像(载波)频率,视频. *visual fusion* 视熔,目力配合. *visual gauge* 视规,影杯式测微仪. *visual ground sign* 地面定向标. *visual horizon* 可见地平线. *visual impedance meter* 阻抗显示装置,视觉阻抗仪. *visual indicator* 目视(视觉)指示器. *visual inspection* (用)目检(测),外观(视觉)检查,目测. *visual instrument* 目视仪器. *visual intensity* 可见(光)强度. *visual line* 视线. *visual measurement* 目测. *visual observation* 目(视观)测,外部观察,直观研究法. *visual omnirange* 光学显示全向无线电信标. *visual photometry* 直视光度学,主观计光术. *visual picture* 可见图象,视觉曲线〔图形,图象〕. *visual purple* 视紫青,紫光,视紫质. *visual radio* 光学显示无线电航向信标. *visual radio range* 光学显示无线电测向器. *visual range* 视距(可见). *visual ray* 可视光线,视线. *visual readout* 可见读出. *visual resolution* 目力〔视觉〕分辨率. *visual scanner* 可见〔视像,光学〕扫描器. *visual score* 目测评分. *visual signal* 视频〔视觉,图象〕信号. *visual system* 目视(光学)系统. *visual transmitter* 电视〔图像〕发射机. *visual tuning* 目视〔图像〕调谐.

visual-aural (radio) range 可见可听式〔声影显示,视听显示〕无线电航向信标.

visual-fusion frequency 熔接〔视熔,视觉闪〕频率.

vis'ualise =visualize. **visualisa'tion** =visualization.

visualiza'tion [vizjuəlai'zeiʃən] n. ①目测(方法),目视(观察),(用肉眼)检验 ②显像〔影〕,显〔形〕象(法)的,使看得见 ③形像(具体)化,(形像地)想像,超声场的显示. *flow visualization* 流动显形. *wave pattern visualization* 波型显形.

vis'ualize ['vizjuəlaiz] v. ①目测〔视〕,(用肉眼)检验〔观测〕,(目视)观察 ②设想(想像)(出) ③(使)可见,使看得见,(使)具体(形像,目视)化 ④显像(影,形). ▲*visualize(M) as N* (把 M)想象为 N,把(M)看作是 N.

vis'ualized a. 直观的,具体的,形像化的.

vis'ualizer n. 现测(家)汉,视象化,想像者.

vis'ually ad. 在视觉上,看得见地,用肉眼看. *visually inspect for* 用肉眼检查看有没有…. *visually inspect for sign of damage* 目视探伤.

visual-signal transmitter 图像信号发射机.

visual-tuning indicator 目测调谐指示器.

visuom'eter n. 视力计.

visus n. 视(觉,力),幻视.

VIT = ①vertical interval test (signal)(电视)垂直扫描插入测试(信号) ②vitreous 玻璃(质,状,体)的,透明的.

VIT signals 场逆程〔垂直扫描〕插入测试信号.

vita ['wi:ta:, 'vaitə] (pl. *vitae*) n. 个人简历,生活〔存,况〕.

vita ray 维他射线(0.32～0.29μm).

vitagen n. 维生食物.

vi'ta glass 或 **vi'taglass** ['vaitəglɑ:s] n. (透)紫外线玻璃,维他玻璃.

vitagonist n. 维生素拮抗物.

vi'tal ['vaitl] Ⅰ a. ①(生)活的,(有)生命(力)的,生机的,生动的,朝气蓬勃的 ②(维持生命的)必需的,不可缺少的,(极其)重要的 ③极为的,非常的,致命的,[Ⅰ n. (pl.) ①要害,命脉,命根子,核心,紧要处 ②(身体的)重要器官,(机器的)主要部件. *vital capacity* 肺活量. *vital circuit* 影响安全的电路. *vital communication lines* 交通要道. *vital force* 生命(活)力,生机. *vitals of a motor* 电动机的主要部件. *vital part* 要害部位. *vital question* 生死攸关的问题. *vital ray* 维他生命射线. *vital signs* 生命特征(脉情、呼吸、体温、血压). *vital statistics* 人口统计,重要资料. *vital wound* 致命伤. ▲*(be) of vital* importance(是)极其[非常]重要的. be vital to 是…所必需[不可缺少]的,对…极端重要. hit … in one's vitals 击中…的要害. tear the vitals out of a subject 抓住问题的核心. ~ly ad.

vital² n. 维特精炼铝系合金(锌 1.15%,硅 0.9%,铜 1%,其余铝).

vitalight n. 紫外光(0.32～0.29μm). vitalight lamp 或 vitalight light 紫外线灯(泡).

vi'talise = vitalize. **vitalisa'tion n.**

vi'talism n. 活力[生机]论.

vital'ity [vai'tæliti] **n.** ①生命(力),活力,生机,生动性 ②持续力,持久性,寿命. be full of vitality 充满生气. revolutionary vitality 革命朝气.

vi'talize ['vaitəlaiz] **vt.** ①赋予生命(力),使有生气[生机],给予活力 ②鼓舞,激发. **vitaliza'tion n.**

vitallium n. 维塔利姆高钴铬钼耐蚀耐热合金(碳<0.5%,锰<0.75%,硅<0.6%,铬 28～32%,钼 5～7%,其余钴),维太利钴基耐热合金.

vitamer n. 同效维生素.

vitameter n. 维生素分析器.

vi'tamin(e) ['v(a)itəmin] **n.** 维生素,维他命.

vitaminol'ogy n. 维生素学.

vitaminstoss n. 维生素大剂量治疗.

vi'taphone ['vaitəfoun] **n.** 维他风,利用唱片录放音的有声电影系统.

vitascan n. 简易飞点式彩色电视系统.

vi'tascope ['vaitəskoup] **n.** (早期的)电影放映机.

Vita-Soy n. 维它-珍伊一种高蛋白饮料).

vitasphere n. 生命层.

VITAT = viability data acquisition system 有关生存性方面的资料获取系统.

vitel'lin n. 卵黄素,卵黄磷蛋白.

vitellomucoid n. 卵黄(类)粘蛋白.

vitexin n. 牡荆碱.

vit'iate ['viʃieit] **vt.** ①损坏[害],弄脏[污] ②使腐败,使污浊,污染 ③使失[无]效,作废. vitiated air 污浊的空气. vitiated judgement 错误的判断. **vitia'tion** [viʃi'eiʃən] **n.**

vitiligo n. 白斑病,白癜风.

Vitis n. 葡萄属(植物).

vitochem'ical a. 生命[有机]化学的.

Vit'on [vitɔn] **n.** 氟(化)橡胶.

vit'rain ['vitrein] **n.** 镜煤,闪炭.

Vit'reosil ['vitriɔsil] **n.** 熔凝[真空,透明]石英.

vitresosol n. 透明溶胶.

vit'reous ['vitriəs] **a.** 玻璃(质,状,体)的,瑕态的,透明的,上釉的,陶化的. vitreous body〔humo(u)r〕(眼睛的)玻璃体,玻璃状液. vitreous copper 辉铜矿. vitreous electricity "玻璃"电,阳电. vitreous enamel 釉瓷,搪瓷,珐琅. vitreous enameling sheet 玻璃搪瓷用薄板. vitreous luster 玻璃光泽. vitreous silica 琉态硅土, vitreous silver 辉银矿. vitreous slag 玻璃状(的炉)渣. vitreous solder glass 透明焊料玻璃. vitreous state 瑕态,玻璃态. ~ly ad.

vit'reousness n. 玻璃状态,透明性.

vitres'cence ['vi'tresns] **n.** 玻(璃)态,玻(璃)状,玻璃质化.

vitres'cent a. 玻态的,玻状的,(会变,能化)成玻璃质的.

vitresosil n. 熔融石英.

vit'reum ['vitriəm] **n.** 玻璃体.

vitri- [词头]玻璃.

vit'ric ['vitrik] I **a.** 玻璃(状)的. II **n.** ①(pl.)玻璃制品,玻璃器类,玻璃状物质 ②玻璃(品)制造法. vitric tuff 玻璃[琉璃]凝灰岩.

vit'rics n. 玻璃器类,玻璃状物质,玻璃制造法.

vitrifac'tion [vitri'fækʃən] **n.** = vitrification.

vit'rifiable ['vitrifaiəbl] **a.** 能玻璃化的.

vitrifica'tion [vitrifi'keiʃən] **n.** 变成玻璃,玻璃[琉璃],透明,熔浆,陶]化(作用),上釉. vitrification point 玻璃化温度.

vit'rified a. 陶瓷的,玻璃化的,成玻璃质的,上釉的,陶化的. vitrified abrasive 陶瓷(结合剂)砂轮. vitrified bond 陶瓷结合剂. vitrified brick 缸[磁,陶,玻璃]砖. vitrified pipe 陶(土,制)管. vitrified resistor 涂釉电阻(器). vitrified tile 缸[陶(土),上釉]瓦砖.

vit'riform ['vitrifɔːm] **a.** 玻璃状的.

vit'rify ['vitrifai] **v.** (使)玻璃化,瑕化,透明化,使[变]成玻璃,使成玻璃物质. vitrifying of wastes 用粘土,玻璃或烧结陶瓷材料来吸附放射性废物.

vitri'na [vi'trainə] **n.** 半透明(玻璃样)物质.

vit'riol ['vitriəl] I **n.** ①硫酸(盐),矾(类),矾硫酸 ②讽刺,尖刻的批评. II **vt.** 把…浸于稀硫酸中,用硫酸处理. blue[copper] vitriol 蓝[胆]矾,五水(合)硫酸铜. green vitriol 绿矾,七水(合)硫酸铁,水合硫酸亚铁. nickel vitriol 碧矾,硫酸镍. oil of vitriol 矾油,(浓)硫酸. red vitriol 红矾,(天然)硫酸亚钴. white vitriol 皓矾,硫酸锌.

vitriol'ic [vitri'ɔlik] **a.** ①硫酸的,由硫酸得来的 ②讽刺的,尖刻的. vitriolic acid 硫酸. vitriolic remarks 尖锐的批评.

vit'riolize ['vitriəlaiz] **vt.** 用硫酸处理,使溶于硫酸,硫酸盐化. **vitriolization n.**

vitrite n. 镜煤,氯化氰和三氯化砷的混合物.

vitro [拉丁语] **in vitro** 在玻璃试管内,在玻璃器内.

vitrobasalt n. 玻璃玄武岩.

vitroclas'tic a. 玻璃(构造)的.

vitrolite n. 瓷板,瓷砖.

vit'rophyre n. 玻(基)斑岩.

vitrophyr'ic a. 玻璃状的,玻基斑状的. vitrophyric glass(玻基)斑状玻璃.

vitu'perate [vi'tjuːpəreit] **vt.** (谩,痛)骂. **vitupera'tion n. vitu'perative a.**

vi'va ['vaivə] **n.** 口试,口头测验.

viva [拉丁语〔意大利语〕] **int.** ; **n.** 万岁(的呼声).

viva'cious [vi'veiʃəs] **a.** ①活泼的,兴高采烈的,愉快的 ②多年生的. ~ly ad. **vivac'ity n.**

Vival n. 维瓦铝基合金(铝 98～98.6%,镁 0.6～1%,硅 0.5～0.8%).

viva'rium [vai'vɛəriəm] (pl. **viva'ria**) **n.** 动(植)物园.

vi'va vo'ce ['vaivə 'vousi] [拉丁语]口头的[地],口试,口头测验.

vive [viːv] [法语] **int.** 万岁.

vivianite n. 蓝铁矿.

viv'id ['vivid] *a.* ①(色,光等)强烈的,鲜明[艳]的,光亮的,闪烁的 ②活泼的,生动的,清晰的. *vivid description* 生动的描述. *vivid flash of lightning* 电光强烈的一闪. *vivid green* 鲜[嫩]绿色. ~ly *ad.* ~ness *n.*

viv'ify ['vivifai] *vt.* 使具有生气,使生动,使活跃,鼓励. **vivifica'tion** *n.*

vivipar'ity *n.* 胎生.

vivip'arous *n.* 胎生的(动物),(在母)株上萌发的(植物).

vivisec'tion *n.* 活体解剖.

vivistain *n.* 活染法.

vivo 〔拉丁语〕*in vivo* 在体内,自然条件下的(实验,化验).

viz = *videlicet* 〔拉丁语〕即,就是.

vizard n. = visor.

vizor n. = visor.

V-joint *n.* V形焊接〔接合,接头,连接〕,V形缝.

V-junction *n.* V形(道路)枢纽,V形交叉.

VKF = Von Karman (Gas Dynamics) Facility 卡门(气体动力学)设备.

VL = ①valve 阀,电子管 ②variable loss 可变损耗 ③vertical ladder 竖梯.

vl = *varia lectio* 〔拉丁语〕(稿本的)异文.

V/L = vapor-liquid ratio 汽(态)和液(态)比.

VLA = very low altitude 极(超)低空.

Vladivostok [,vlædi'vɔstɔk] *n.* 符拉迪沃斯托克(即海参崴).

VLB = visual laser beam 可见〔目视〕激.

vlcc = very large crude (oil) carrier(载重超过20万吨的)超级(巨型)油轮.

V-leveler *n.* V形整平机〔器〕.

VLF = ①vertical launch facility 垂直发射设备 ②very low frequency 甚低频(3~30千周)

vlf = very low frequency 甚低频.

Vlona 或 **Vlone** ['vlounə] 或 **Vlora** 或 **Vlore** ['vlourə] *n.* 发罗拉(阿尔巴尼亚港市).

VLR = very long range 极大范围,超远程.

VLV = ①vacuum landing vehicle 真空着陆飞行器 ②valve 阀,电子管.

VM = ①vapour treatment 蒸汽处理 ②velocity meter 速度计 ③velocity modulation 速度调制 ④vertical magnet 上升[垂直](电)磁铁 ⑤volatile matter 挥发物 ⑥voltmeter 伏特计,电压表.

vm = ①volatile matter 挥发物 ②voltmeter 伏特计,电压表.

V/M 或 **v/m** = volts per metre 每米伏特数,伏特/米.

v-mail = ['vi:meil] *n.* 缩印邮政(把邮件缩印成胶片,到达目的地后再放大).

VM and PN = varnish makers and painters naphtha 油漆涂料用石脑油.

VMC = velocity minimum control 最低速度控制.

VMGRD = voltmeter ground 电压表接地.

V/MIL = volt per mil 伏特/密耳.

V-mode *n.* V型(吸收信号).

V-MOS transistor 纵向金(属)氧(化物)半导体晶体管.

VMR = variable-moderator reactor 可变慢化剂液面反应堆.

VMREV = voltmeter reverse 电压表反接.

VMS = velocity-measuring system 速度测量系统.

VMSR = variance to mean square ratio 方差与均方比.

V/N = verification note 验单.

Vne = velocity never to exceed 不允许超过的速度.

V-notch *n.* V形缺口〔切口〕. *V-notch Charpy specimen* V形缺口冲击试件. *V-notch weir* V形槽闸,三角堰.

VO = ①verso 反面,偶数页 ②visa office 签证局 ③voice 话音,话[音]频的 ④volatile oil 挥发性油 ⑤volcanic origin 火山的起源.

vo = 〔拉丁语〕*verso* 左页,偶数页,封底.

VOA = Voice of America 美国之音(电台).

VOBANC 或 **vobanc** = voice band compressor 音频带压缩器.

vo'cable ['voukəbl] *n.*(作为音、形单位的)词,语.

vocab'ulary [və'kæbjuləri] *n.* ①词汇(表),符号集,密码,词表,汇编 ②用语(范围),语汇,词汇量. *vocabulary entry* 词目[条]. *vocabulary of technical terms* 专业词汇.

vo'cal ['voukəl] Ⅰ *a.* 声[音]的,有声的,发音的,口头[述]的. Ⅱ *n.* 元音. *vocal c(h)ords* [ligaments] 声带. *vocal communication* 口头传话. *vocal level* 语音声级. *vocal music* 声乐. *vocal solo* 独唱.

vocal'ic [vou'kælik] Ⅰ *a.* (含,多)元音的. Ⅱ *n.* (复合)元音.

vo'calise = vocalize. **vocalisa'tion** *n.*

vo'calist *n.* 歌唱者(家),声乐家.

vo'calize ['voukəlaiz] *v.* 发声[音,法],有声化,(使)发成元音,唱,说. **vocaliza'tion** *n.*

vo'cally *ad.* 用声音,口头.

voca'tion [vou'keiʃən] *n.* ①才能,禀性倾向 ②使命,天职 ③职[行]业,业务. ▲*have little vocation for* + *ing* 不大适于(做). *have no vocation for* + *ing* 不适于(做).

voca'tional *a.* 职业(上)的,业务的. *vocational school* 职业学校. *vocational study* 业务学习. *vocational work* 业务工作. ~ly *ad.*

vo'ces ['vousi:z] 〔拉丁语〕*vox* 的复数.

vocif'erate [vou'sifəreit] *v.* 呼喊,叫嚷,喧嚷,嘈杂. **vocifera'tion** *n.* **vocif'erous** *a.*

vocoded speech 声码语言.

vo'coder ['voukoudə] *n.* (= *voice coder*)声[音]码器,自动语音[言]合成仪. *channel vocoder* 谱带式声码器.

VODAS 或 **vodas** = voice operated device antisinging 话[音]控防鸣器.

vo'der ['voudə] = voice operation demonstrator 语音合成器.

vod'ka ['vɔdkə] *n.* 伏特加酒.

voe [vou] *n.* 小(海)湾.

Voegtlin *n.* 沃格林(垂体提液的药力单位).

VOGAD 或 **vogad** = voice-operated gain-adjusting device 音控增益调节设备,语音[声控]增益调整器,响度级调整装置;语声保持,长途无线电话声音保持法.

voglianite *n.* 绿铀矾.

voglite *n.* 铜菱铀矿,菱钙铜铀矿.

vogue [voug] *n.*; *a.* 流行(物,的),风行[气],时新,

yo′guish 1826 **Vol′ga**

时髦(的事物),普遍使用[接受]. ▲*all the vogue* 到处受欢迎,最新流行品. *(be) in vogue* 正在流行,时行. *be* [*go*] *out of vogue* 不流行. *come into vogue* 开始流行. *have a great vogue* 风行一时,受到很大欢迎. 大流行. *have a short vogue* 不大流行. *the vogue of the day* 风行一时的事物.

vo′guish ['vougiʃ] *a.* (一度)流行的, 时髦的, 漂亮的.

voice [vɔis] **I** *n.* 声(音), 话(语);语音, 嗓(音) ②声部 ③意见,愿望,表达[露];言者,代言人 ④语态. **I** *a.* 话频的,音频的. **II** *vt.* 发声(音), 表达, 讲出来, 口声. *automatic voice network* 自动电话网. *passive voice* 被动语态. *voice activity factor* 话路利用系数. *voice amplifier* 话频[口声频率]放大器. *voice answer back* 声音应答装置. *voice band line* 音频线路,话路. *voice carrier* 声频[话频,口声]载波. *voice channel* 电话声道,口声[音频],话言]信道, 话路. *voice coder* 声[音]码器,语音信号编码器. *voice coil* (动)音圈. *voice communication* 电话通信. *voice current* 话音电流. *voice frequency programme* 语言(广播节目). *voice grade音[频]. *voice operation demonstrator* 语言合成(示教)器. *voice radio* 无线电话. *voice rotating beacon* 音响旋转信标. *voice transmitter* 发话机. *voice tube* 话筒. *voiced sound* 浊音. *voice speech sound* 浊语言声. ▲*give voice to* 说出, 吐露, 表现. *give voice to one's opinion* 表示意见. *have a* [*no*] *voice in M* 对 M 有[没有]发言权. *with one voice* 异口同声地, 一致地.

voice-frequency *n.* 声(音,话)频,口声频率.

voice′ful *a.* 有(高)声的, 声音嘈杂的.

voice-grade channel *n.* 音频(级)通(信)道.

voicegram *n.* 录音电报.

voice′less *a.* 沉默的, 清寂的, 无发言权的.

voice-operated *a.* 音频控制的, 语控的. *voice-operated coder* (自动)语音合成编码器, 语控编码器.

voice-over *n.* (电视等的)旁外音.

voice′print *n.* (仪器记录下来的)声波纹, 语音声谱仪.

void [vɔid] **I** *a.* ①空(虚,闲,白)的, 真空的, 无人占用[担任]的 ②没有的, 缺乏的 ③无效的 ④无[作)废的, 无益的. **II** *n.* ①空隙(率), 孔隙, 孔率 ②空洞(穴, 腔, 窝, 位, 段, 处, 间, 白(点)), 汽(空)泡, 缩孔 ③真空, 太空 ④内腔, 中空 ⑤(符号说明用)脱墨. **III** *vt.* ①排泄,放出 ②使无效,(把…)作废, 取消 ③使空出, 退出, 离开. *fraction void* 疏松度, 空隙比. *steam void* 汽泡(穴). *void character* 空字符, 空白文字. *void class* 空类(集). *void content* 空隙(含)量. *void determination* [*test*] 空隙测定. *void filling capacity* 填隙量, 填隙性能. *void generator* 空段发生器. *void ratio* [*factor*] 空隙比. *void test* 空隙测定. *voided slab* 空心板. ▲*(be) null and void* 无效(的). *be void of* 缺乏, 没有. *emerge out of the void* 凭空出现. *vanish into the void* 消失得无影无踪. *void and voidable* 无效而且可作废的. ~**ness** *n.*

void′able ['vɔidəbl] *a.* 可作废[取消]的, 可以使无效的. ~**ness** *n.*

void′age *n.* 空隙(度,量,容积), 汽泡量, 空穴(现象), 空位(现象).

void′ance ['vɔidəns] *n.* ①排泄, 放出[弃], 出清, 撤出, 摈弃 ②宣告无效, 取消, 废除 ③空位.

void-cement ratio 水泥孔隙比.

void-free *a.* 无空隙的, 无(气)孔的, 密实的, 紧密的.

void′ing *n.* 空白, 无值.

voigt loudspeaker 沃伊特(动圈)扬声器.

VOIS =visual observation integration[instrumentation]subsystem 目(视观)测综合(仪表)子系统.

voiture [vwaty:r] *n.* [法语]轻便敞篷汽车, 轻便马车.

voiturette [vwatyrɛt] *n.* [法语](双座)小型汽车.

vol = ①volcanic 火山的 ②volcano 火山 ③volume 音量,体积,容积(量),卷 ④volunteer 志愿者[兵].

vol% =volume percent 体积百分数.

vo′la = ['voulə] *n.* 手掌, 足底.

vo′lant ['voulənt] *a.* ①飞行的,能飞的 ②快速的,敏捷的.

vo′lar ['voulə] *a.* 手掌(一边)的, 足底(一边)的.

vol′atile ['vɔlətail] **I** *a.* ①挥发(性)的, 易挥发(性)的 ②轻快的, 易变的, 短暂的 ③飞行的, 能飞的 ④【计】挥发性的(电源切断后, 信息消失), 无定保消灭型的. **II** *n.* 挥发(性)物(质). *volatile covering* 挥发性覆盖层, 【焊】造气的药皮. *volatile evaporation* 挥发性蒸发. *volatile file* 暂用外存储器, 易变文件. *volatile flux* 挥发性助熔剂. *volatile matter* 挥发(性)物(质). *volatile memory* [*store*] 易失[非永久性]存储器. *volatile oil* 挥发(性)油. *volatile spacing agent* 挥发增孔剂. ~**ness** *n.*

vol′atilisable =volatilizable.

vol′atilise =volatilize. **volatilisa′tion** *n.*

volatil′ity [vɔlə′tiliti] *n.* 挥发性[度], 发散性, 易失性 ②轻快, 易变, 短暂, 反复无常.

vol′atilizable *a.* 可(易)挥发的, 可发散的.

volatiliza′tion [vɔlətilai′zeiʃən] *n.* 挥发(作用), 发散, 蒸馏, 汽化. *preferential* [*selective*] *volatilization* 优先挥发. *volatilization loss* 挥发损失. *volatilization temperature* 挥发[汽化]温度.

volat′ilize [vɔ′lætilaiz] *v.* (使)挥发, (使)成为挥发性, 易失(动). *volatilizing lubricant* 挥发性润滑剂.

vol′atilizer *n.* 挥发器.

vol′atimatter *n.* 挥发(性)物(质).

volcan′ic [vɔl′kænik] **I** *a.* ①火山(性)的, 多火山的, 火成的 ②猛[激]烈的. **II** *n.* 火山岩. *volcanic cinders* 火山灰[渣, 岩屑]. *volcanic cluster* [*group*] 火山群. *volcanic ejecta* 火山抛出[喷出]物. *volcanic layer* 火山层. *volcanic vent* 火山道[口].

volcan′ically *ad.* 火山似地, 暴[猛]烈地.

volcanic′ity [vɔlkə′nisiti] *n.* 火山性, 火山活动(性).

vol′canism ['vɔlkənizm] *n.* 火山活动(作用, 现象).

volca′no [vɔl′keinou] (pl. *volca′no*(*e*)*s*) *n.* 火山. *active volcano* 活火山. *dormant volcano* 休眠火山. *extinct volcano* 死火山. ▲*sit on a volcano* 在火山顶上, 处境危险.

volcanogen′ic *a.* 火山所生成的.

volcanol′ogy *n.* 火山学.

vole [voul] *n.*; *vi.* (获)全胜. ▲*go the vole* 孤注一掷.

Vol′ga ['vɔlgə] *n.* (苏联)伏尔加河.

Volgian n. (侏罗系的)伏尔其阶.
volit'ion [vou'liʃən] n. 意志(力),决心(断),取舍. ▲*of one's own volition* 出于自愿.
volit'ional a. 意志的. *volitional power* 意志力. ~ly ad.
vol'itive a. 意志的. *volitive faculty* 意志力.
vol'ley ['vɔli] n.; v. 齐(连,进)发,齐发爆破,齐[群]射,排枪射击,冲动排,一列冲动. *fire a volley* 或 *fire by volleys* 齐射. *volley fire* 群射. ▲*a volley of* 一阵,一连串的. *at* [*on*] *the volley* 不经意地,顺便地,在运行[动]中.
vol'leyball n. 排球.
volom'eter [vou'lɔmitə] n. ①伏安表,伏(特)安(培)计,电压电流表,视在功率表 ②万能电表.
Volomit n. 佛罗密特超硬质碳化钨合金(钨 93.5%,碳 40.5%,铁 2%).
vol'plane ['vɔlplein] vi.; n. 滑翔,空中滑行.
vols = volumes.
volt [voult] n. 伏(特)(电压单位). *electron volt* 电子伏特. *too many volts* 电压太高. *volt box* 分压(电阻)箱,分压器.
volt = ①volatilize 挥发 ②voltage 电压,电位差,伏特数,伏 ③voltolize 高电压处理,电聚合.
Vol'ta ['vɔltə] n. 沃尔特(河). *Upper Volta* 上沃尔特.
volta cell 伏打电池.
voltage ['voultidʒ] n. 电压(量),电位(势)差,伏(特)数. *applied forward voltage* 正向外加电压. *applied reverse voltage* 反向外加电压. *arcing voltage* 跳火电压. *B plus voltage* 阳极[乙正]电压. *back bias voltage* 负偏压. *back voltage* 反电压,逆电动势. *breakdown voltage* 击穿(破坏)电压. *built-in voltage* 内建电压. *decomposition voltage* 分解电压. *filament voltage* 灯丝电压. *grid voltage* 栅压. *internal correction voltage* 极间校正电压. *Johnson noise voltage* 热噪声电压. *peak alternating gap voltage* 间隙交变峰压. *peak inverse voltage* 反峰(值电)压. *peak pulse voltage* 脉冲电压,脉冲峰值电压. *peak-to-peak voltage* 峰间电压,正负峰间电压. *puncture voltage* 击穿电压. *striking voltage* 起弧[点火]电压. *supply voltage* 供电(电源)电压. *vertical flyback voltage* 垂直回描电压,帧回描脉冲. *voltage across earphone* 耳机两端[跨耳机]电压. *voltage alarm* 电压(过压)警报. *voltage barrier* 势垒. *voltage behind transient reactance* 瞬态电抗内部电压. *voltage bias* 或 *bias voltage* 偏压. *voltage changer* 变压器,电压变换器. *voltage control system* 电压控制系统. *voltage cutoff regulator* 截止稳压器. *voltage dependent resistor* 压敏电阻. *voltage divider* 分压器. *voltage doubler* (二)倍压器. *voltage doubling rectifying circuit* 倍压整流电路. *voltage drive* 电压激励. *voltage drop* 电压降. *voltage gain* 电压增益. *voltage loop* 电压波腹[环路]. *voltage multiplier* 倍压器. *voltage node* 电压波节. *voltage pattern* 电压起伏图,图像电荷分布图. *voltage of microphone effect* 颤曝效应电压. *voltage pen pointer* 电压式指示笔. *voltage penetration cathoderay tube* 电压穿透式(多色显示)电子束管. *voltage per unit band* 单位频带电压. *voltage ramp generator* 锯齿电压发生器. *voltage rating* 额定电压. *voltage reducing device* 电击防止装置. *voltage reference* 参考(基准)电压. *voltage regulator* 稳(调)压器. *voltage resonance* 电压(串联)谐振. *voltage stabilizer* 稳压器. *voltage standing-wave ratio* 电压驻波比. *voltage takeoff* 移去[断掉]电压. *voltage transformer* 变压器. *voltage tripler circuit* 三倍增压电路. *voltage turns ratio* 角伏匝数,匝伏比. *voltage variable brightness diode* 随电压变化亮度的二极管. *Y voltage* (在星形连接中的)相电压. ▲*apply a voltage across M* 在 M 间加一电压. *voltage across M M* 两端间的电压(电位差).

voltage-controlled x-tal oscillator 压控晶体振荡器.
voltage-current characteristic 伏安特性.
voltage-depended capacitance 电压可控电容.
voltage-divider n. 分压器.
voltage-doubling circuit 二倍增压电路.
voltage-drop n. (电)压降.
voltage-operated a. 电压运行的,压控的.
voltage-proof a. 耐压的.
voltage-sawtooth time modulator 锯齿形电压时间调制器.
voltage-sensitive a. 电压灵敏的,对电压变化灵敏的.
voltage-sharing n. 均压.
voltage-stabilizing n. 稳压.
voltage-to-digit converter 电压-代码变换器,电压(模拟)数字转换器.
voltage-transfer characteristic 电压传输特性曲线.
voltage-tripling rectifier 三倍(电)压整流电路.
voltage-tuned crystal oscillator 电压调谐晶体振荡器.
voltage-variable capacitor 可变电压电容器.
voltage-withstand test 耐压测试.
volta'ic [vɔl'teiik] a. 动(流)电的,电的,电流(压)的,电镀的,伏打(式)的. *voltaic arc* 电弧. *voltaic battery* 伏打电池. *voltaic cell* 伏打[动电]电池. *voltaic electricity* 伏打电,动电. *voltaic pile* 伏打电堆. *voltaic wire* 导线.
vol'taism ['vɔlteizm] n. 伏打电(学),(直)流电.
voltam'eter [vɔl'tæmitə] n. (电解式)电量计,伏打表,伏特计. *copper voltameter* 铜电解式电量计. *gas voltameter* 气体(解)电量计. *silver voltameter* 银电解式电量计.
voltamet'ric a. 电量测量的.
voltam'meter n. 电压电流(两用)表,电压电量计,安培表,伏(特)安(培)计,视在功率计.
voltammet'ric a. 伏安测量的.
voltam'metry n. 伏安(测量)法,电量法.
voltamoscope n. 伏安器.
voltampere ['voult'æmpɛə] n. 伏(特)安(培)(电量单位,视在功率单位).
volt-ampere-hour [VAh] **meter** 伏安小时计.
voltamperemeter n. 伏安计[表].
volt-and-ammeter n. 伏特安培计,伏安表,电流电压

两用表.
voltascope n. 伏安计-示波器组件,(综合)伏特示波器,千分伏特计.
volte-face ['vɔlt'fɑːs] 〔法语〕n. 完全改变,彻底转变,转向,向后转. *perform a volte-face* 来一个180°的大转变.
Volterra dislocation 沃特拉位错.
volticap n. 变容二极管.
voltite n. 电线被覆绝缘物.
volt-line n. 伏特线,伏秒(磁通单位,$=10^8$麦克斯韦尔).
voltmeter ['voultmiːtə] n. 电压表,伏特计,伏特表. *electronic* 〔*vacuum-tube*〕 *voltmeter* 电子管电压表,(*graphic*) *recording voltmeter* 自动记录电压表. *iron-vane type voltmeter* 电磁式〔铁叶式〕伏特计.
volt-milliampere-meter n. 伏特毫安计.
volt-ohm-ammeter n. 伏欧安计,电压电流电阻三用表.
volt-ohmmeter 或 **voltohmist** n. 电压电阻表〔计〕,伏(特)欧(姆)计.
volt-ohm-milliamperemeter n. 伏欧毫安计.
voltohmyst n. 伏特-欧姆表,伏欧计,电压电阻表.
voltol oil 电聚合油,高压油.
voltoliza'tion [vɔltəlai'zeiʃən] n. 电聚,无声放电处理(法),高电压处理(法).
vol'tolize ['vɔltəlaiz] vt. 对…作无声放电处理,对…作高电压处理.
volt-ratio divider 分压器.
volts-to-digit converter 电压-数字(信息)变换器.
volubil'ity [vɔlju'biliti] n. 流畅〔利〕. ▲*with volubility* 流畅地,滔滔不绝地.
vol'uble ['vɔljubl] a. ①流畅〔利〕的,滔滔不绝的,善辩的 ②旋转性的,会〔易〕旋转的 ③(蔓)缠绕的. *voluble shrub* 藤本. **vol'ubly** ad.
vol'ume ['vɔljum] I n. ①体〔容〕积,(容,音,声)量,(音)响〔强〕度,音量,响度,电位器,一件存储媒体 ③(书,册,部,合订本,盘,叠 ④大量,许多,(pl.)大团. II a. 大量的. III v. ①把…收集成卷,把…装订成册 ②成团升〔起〕. *air volume* 空气量,空气容积. *atomic volume* 原子体积. *bulk volume* 毛体积,容积,包装体积. *disk volume* 磁盘组. *inverse volume* 体积倒数. *loose volume* 松体积,松方. *maximum hourly volume* 每小时最大容量. *molar* (*molal*) *volume* 克分子体积. *pore volume* 或 *porosity volume* 孔隙容量. *sensitive volume* (辐射计数管截面上电场很强的)灵敏体积. *sensitivity volume* (辐射计数管的)灵敏体积. *specific volume* 比容,体积比,单位体积. *unit volume* 单位体积. *void volume* 空隙率,空腔容积. *volume adjuster* 音量调节器. *volume basis* 容积基位. *volume box* 套筒扳手(别名). *volume change* 体积变化. *volume charge* 体(积)电荷,体积荷. *volume compressibility* 体积压缩系数. *volume conductor* 容积导体. *volume control* 容量调节,容积控制,音量〔振幅〕控制. *volume count* 交通量计数. *volume density* 体(积)密度,容量,体积密度. *volume distortion* 音量失真〔畸变〕,振幅失真〔畸变〕. *volume element* 体积

单元,体积元(素). *volume expansion* 体积膨胀,音量扩展,响度扩大. *volume flow* 容积流量. *volume hologram* 体积〔立体〕全息照相. *volume leakage* 绝缘漏泄. *volume level* 强〔响〕度级,声量级. *volume lifetime* 体积(内)寿命. *volume moulded per shot* 一次压注容量,一次压注模制的体积量. *volume of business* 交易量. *volume of excavation* 挖方体积. *volume of production* 产量. *volume of traffic* 交通量. *volume pipet*(*te*) 刻度吸移管. *volume preparation* 成卷准备〔配备〕. *volume production* 批量〔成批〕生产. *volume recombination rate* 内体复合率. *volume resistance* 体电阻. *volume resistivity* 体积电阻率(系数). *volume scattering function* 体积散射函数. *volume search* 立体搜索. *volume test* 【计】大量数据检(试)验. *volume unit* 音量〔响度〕单位,音量单位. *volume weight* 容量,容积重量. ▲*express volumes* 意味深长. *gather volume* 增大. *speak volumes* 很有意义,含义很深. *speak volumes for* 充分地表明,有力地说明,为…提供有力证据. *volumes of* 大量的. *volumes of smoke* 大量〔一团团〕黑烟.
volume-centered a. 体心的.
vol'umed a. ①成卷〔团〕的 ②大(量)的.
volume-limiting amplifier 动态限幅〔音量限幅〕放大器.
volumenom'eter [vɔljumi'nɔmitə] n. 排水容积计,体积计,视〔实〕容积计.
vol'ume-produce' ['vɔljumprə'djuːs] vt. 大量〔批量,成批〕生产.
volumescope n. (气体)体积计.
volume-search coverage 空域搜索.
volu'meter [vɔ'ljuːmitə] n. 容(体)积计,容量计〔表〕. *recording volumeter* 记录式容积计. *Scott volumeter* 斯科特容量计(测量粉末散装密度的装置).
volumet'ric(al) [vɔlju'metrik(əl)] a. 容量〔积〕的,体积的,测量容积〔体〕的,容量滴定工业的. *volumetric analysis* 容量〔滴定,体积〕分析(法). *volumetrical batcher* 〔*batch box*〕 按体积配料斗,体积分批箱. *volumetric cylinder* 量筒. *volumetric efficiency* 容积效率,体积效率(系数). *volumetric glass* (玻璃)量器. *volumetric radar* 立体(显示)(三度空间,三座标,空间显示多目标)雷达. *volumetric solution* 滴定(用)液. **~ally** ad.
volu'metry [vɔ'ljuːmitri] n. 容量测定,容量分析(法).
volume-weight n. 容量,单位体积重量.
volu'minal [vɔ'ljuːminl] a. 体积的,容积的.
volumina'tion n. 菌体膨大〔肿胀〕.
voluminos'ity [vɔljuːmi'nɔsiti] n. ①庞大,繁多 ②长,丰满 ③容积度 ④著作品多 ④卷绕. *rheological voluminosity* 流变容积度.
volu'minous [vɔ'ljuːminəs] a. ①容〔体〕积的 ②庞大的,体积〔容积〕大的,很多的,大量的 ③长篇的,多卷的,卷数多的 ④盘绕的. **~ly** ad. **~ness** n.
volumom'eter n. 容(体)积计,容量计.
vol'untarily ['vɔləntərili] ad. 自(志)愿地,自动(发)地.

vol'untariness [ˈvɔləntərinis] n. 自〔志〕愿,自动.
vol'untary [ˈvɔləntəri] I a. ①自〔志〕愿的,自动的,义务的,无偿的 ②有〔故〕意的 ③任〔随〕意的 ④民办的. II n. 自愿的行动,志愿者. *voluntary observance* 自觉遵守.
volunteer' [ˌvɔlənˈtiə] I n. 自愿(参加)者,志愿兵,义勇军 II a. 自愿参加的,志愿的. III v. 自愿(做、提供、参加等),当志愿军. *the Chinese People's Volunteers* 中国人民志愿军. ▲*volunteer for service* 志愿参军. *volunteer one's services* 自愿服务. *volunteer to* +*inf*. 自愿(做).
volute' [vəˈljuːt] I n. ①蜗壳,壳体,涡囊 ②螺旋形(小室),涡卷饰物,涡旋形(饰),盘蜗形,锥形,螺旋线 ③集气环. II a. 螺〔涡〕旋形的,盘旋的,旋卷的,锥形的. *double volute* 双蜗壳. *volute chamber* [casing] 蜗壳,涡旋室. *volute losses* 蜗壳损失. *volute pump* 螺旋泵. *volute spring* 锥形(螺旋)弹簧,涡旋弹簧.
voluted a. 螺〔涡〕旋形的,涡形〔卷〕的.
volutin n. 迂回体,迂回螺菌素.
volu'tion [vəˈljuːʃən] n. 螺旋形,涡旋(形),旋圈,螺环.
vol'va n. 菌托.
vol'vate a. 有菌托的.
Volvit n. 青铜轴承合金(铜91%,锡9%).
VOM = ①volt-ohm meter 或 volt-ohmmeter 伏欧计,电压-电阻表 ②volt-ohm milliammeter 伏欧毫安计.
vomax n. 电子管电压表〔伏特计〕.
vom'it [ˈvɔmit] v.; n. ①喷(发、吐)出,大量倾出(forth, up, out) ②呕吐(物),催吐剂. *factory chimneys vomiting smoke* 大量喷烟的工厂烟囱.
vom'itive 或 **vom'itory** I a. (使)呕吐的,令人作呕的. II n. 催吐剂.
von [fɔn] 〔德语〕 prep. (=of 或 from) …的,来自…的.
Voos method 乌氏硅热还原 V_3O_8 法.
VOPR = voice-operated relay 语控〔音频控制〕继电器.
VOR = ①very high frequency omnidirectional range 或 VHF omnirange 甚高频全向信标 ②VHF omnidirectional radio range 甚高频全向无线电信标 ③visual omnirange 目视全向无线电信标 ④voice-operated relay(话)音控(制的)继电器.
VOR antenna = very high frequency omni-range antenna 甚高频全向无线电信标天线.
VOR/DME = VHF omni-range distance measuring equipment 甚高频全向信标测距设备.
vora'cious [vəˈreiʃəs] a. 贪婪的,贪得无厌的. ~**ly** ad. ~**ness** 或 **vorac'ity** n.
voratile n. 无电源消失型.
VORTAC (system) = very-high-frequency omni-range and tactical air navigation (system) 或 VORDME and TACAN system 伏尔塔康导航制,短程导航系统,甚高频全向无线电信标与战术航空导航系统的军民两用联合导航制.
vor'tex [ˈvɔːteks] (pl. *vor'texes* 或 *vor'tices*) n. ①涡流(面),涡旋(体),旋转,涡动,旋涡风〔力〕②(动乱、争论等的)中心. *bound vortex* 附体涡流,附着〔束缚〕涡流. *concentrated vortex* 集中〔合成〕涡流. *lift(ing) vortex* 升力涡. *tip vortex* 翼〔叶〕梢旋涡. *vortex cone* 涡流锥,蜗锥体. *vortex drag* 涡阻. *vortex field* 涡场. *vortex filament* 涡旋线,涡〔旋〕丝. *vortex flow* 涡流,有旋流. *vortex fluid amplifier* 涡流型放大元件. *vortex gate* 整流栅. *vortex lattice* 涡旋点阵〔格子〕. *vortex line* 涡〔旋〕线. *vortex motion* 涡〔旋运〕动. *vortex pair* 涡偶〔对〕,双旋涡. *vortex path* 涡道. *vortex trail* 涡〔旋〕尾迹. *vortex tube* 涡〔旋〕管. *wake vortex* 尾涡流.
vortex-free a. 无旋(涡)的.
vortex-induced a. 涡流引起的,涡流诱导的.
vortex-ring n. 涡(旋)环,涡轮.
vor'tical a. 旋涡(似)的,旋风的,旋转的. *vortical activator of cement* 旋涡式水泥活化器. ~**ly** ad.
vorticella n. 钟形虫,钟虫属.
vor'tices [ˈvɔːtisiːz] n. vortex 的复数.
vortic'ity [vɔːˈtisiti] n. 涡旋(状态),旋涡,(涡流强)度,涡流强度,涡动性,涡〔环〕量. *body vortices* 体涡系. *free from vorticity* 无涡的. *infinitesimal vorticity* 无限小涡量. *total vorticity* (涡系)总涡量. *uniform vorticity* 均匀旋度.
vor'trap n. 旋流分级器.
vos = voice-operated switch 语(音)控开关.
VOT = VOR test signal 甚高频全向信标测试信号.
vo'table [ˈvoutəbl] a. 有选举〔投票〕权的,可付表决的.
vo'tary [ˈvoutəri] n. 支持某一事业的人,爱好者,眠倡者;献身于…的人(of).
votator n. 螺旋式热交换器.
vote [vout] n.; v. ①投票(决定,通过,选举),表决(权),选举(权),(选)票 ②建议,发表意见 ③决议事项,决议的金额〔拨款〕 ④〔卫星定位的〕优选系统. *affirmative vote* 赞成票. *negative vote* 反对票. *spoilt vote* 废票. *vote of confidence* 〔non-confidence〕信任〔不信任〕票. *voting element* 【计】表决元件. ▲*give one's vote to* 〔for〕投票成…的票. *pass by a majority of votes* 以过半数通过. *put M to the vote* 把 M 付诸表决. *take a vote on M* 表决 M. *vote against* 投票反对. *vote down* 否决. *vote for* 投票赞成. *vote in* 选举〔出〕. *vote(M) through* (使 M)表决通过,投票同意(M).
vote'able = votable.
vote'less a. 无投票〔选举〕权的.
vo'ter n. 选举〔投票〕人,表决器〔电路〕.
voter-comparator switch 表决比较器开关.
vo'ting [ˈvoutiŋ] n.; a. 投票(的),选举(的),表决(的). *voting circuit* 表决电路. *voting element* 【计】表决元件. *voting machine* 投票计算机.
voting-paper n. 选票.
vou = voucher.
vouch [vautʃ] v. ①担保,保证,证明,作证(for) ②确定,断定.
vouch'er [ˈvautʃə] I n. ①(保)证人,证明者 ②证明〔件,书〕,凭单〔证〕,收据〔条〕,传票. II vt. 证实…的可靠性,为…准备凭据. *invalid voucher* 无效凭单. *inventory cut-off voucher* 盘存截止凭单.

vouchsafe' [vautʃ'seif] vt. ①请,给予,赐(惠)予 ②允诺,答应. *Vouchsafe me a visit.* 请出席〔光临〕. *He vouchsafed (me) no reply.* 他没有给(我)答复〔回信〕. ▲*vouchsafe to* +inf. 答应〔做〕.

voussoir ['vu:swɑ:] n. (楔形)拱石,(拱)楔块,(砌拱用的)楔形砖,块材. *voussoir arch* 楔块拱,砖石砌拱 *voussoir brick* (拱)楔砖. *voussoir joint* 拱块缝. *voussoir key* 拱楔块键,拱楔石(砖).

vow [vau] n.; v. ①誓(言),起(发)誓,立誓要,许愿 ②承认,公开宣布. ▲*make* 〔*take*〕 *a vow* 起(发)誓.

vow'el ['vauəl] I n. 元音(字母),母音. II a. 元音的. III (*vow'el(l)ed*; *vow'el(l)ing*) vt. 加元音符号于. *vowel mark* 〔*point*〕元音符号.

vow'elize 或 **vow'elise** vt. 加元音符号于. **voweliza'tion** n.

VOX = voice-operated transmission (话)音控(制的)传输〔发送〕.

vox [vɔks] (pl. *voces*) [拉丁语] n. 声(音). *vox populi* 人民的声音,舆论.

voy'age ['vɔi(i)dʒ] n.; v. ①航海(空,行,程),水程 ②运行,旅行 ③渡(飞)过. *deviation from voyage route* 变更航程(跨越). *voyage charter* 航次租船. *voyage from Shanghai to Talien* 从上海到大连的航行. *voyage policy* 航次保险(单). ▲*make* 〔*take*〕 *a voyage to M* 航行到 M 去. *on the voyage home* 〔*homeward*〕 在归航途中. *on the voyage out* 〔*outward*〕 在出航途中.

voy'ageable a. 能航行的.
voy'ager n. 航行(海)员,旅行者.
VP = ①valve pit 阀坑 ②vapour pressure 蒸汽压力 ③variable pitch (propeller) 可变螺距(螺旋桨) ④vent pipe 通风管 ⑤vice-president 副总统; 副校长 ⑥vulnerable point (脆)弱点,易损坏点.
VPA = Vietnam People's Army 越南人民军.
V-particle n. V(矢量)粒子, V 介子.
VPC = vapor phase chromatography 气相色谱法.
vpci = vapor phase corrosion inhibitor 汽相腐蚀抑制剂.
VPH = ①vertical photography 垂直航空摄影 ②Vickers pyramid hardness 维氏角锥硬度.
vph = vehicles per hour 每小时通过车辆数,每小时下行车数.
VPI = ①vapour phase inhibitor 汽相腐蚀抑制剂 ②vendor parts index 售主部件索引.
VPL = ①variable pulse laser 可变脉冲激光器 ②vendor parts list 售主部件一览.
VPM = ①variation per minute 每分钟变化 ②vendor part modification 售主部件更改 ③vibrations per minute 每分钟振动次数 ④volts per meter 每米伏特数,伏/米 ⑤volts per mil 每密耳的伏特数.
vpm = ①vibrations per minute 每分钟振动次数 ②volts per mil 每密耳的伏特数.
Vp-meter = velocity of propagation meter 传播速度表(测定器).
VPN = Vickers pyramid-hardness number 威氏(钻石)角锥(体)硬度值.
VP/N = vendor part number 售主部件(编)号.
VPNL = variable pulse neodymium laser 可变脉冲钕激光器.
VPO = vapour pressure osmometer 蒸气压式渗透压力计.
V-port valve 带有 V 形柱塞的阀.
VPPB = vendor provisioning parts breakdown 售主备件分类.
VPR = virtual PPI reflectoscope 消视差平面位置显示器.
V-process n. (薄膜)负压铸造.
VPS = video phase setter 视频相位给定〔固定、调节〕器.
VPS = vibrations per second 每秒振动次数.
VQ = virtual quantum 虚量子.
VQA = vendor quality assurance 售主质量保证.
VQC = vender quality certification 售主质量合格证.
VQD = vendor quality defect 售主质量缺陷.
VR = ①reduced volume 还原容量,对比体积,缩小容积(体积) ②variable ratio 可变比例 ③variable reluctance 可变磁阻 ④variable resistor 可变电阻(器) ⑤viscosity recorder 粘度记录器 ⑥voltage regulator 稳(调)压器 ⑦voltage relay 电压继电器 ⑧vulcanized rubber 硫化橡胶.
VR head = variable reluctance head 可变磁阻头.
V-radar n. V 形波束雷达.
vraisemblance [法语] n. 逼真(的事物).
VRB 或 **VR/BCN** = voice rotating beacon 话音转动信标,音响旋转信标,音频旋转定向天线无线电信标.
VRD = voltage regulating diode 调压二极管.
V-rest n. V 形支架.
VRH = var-hour meter 乏(尔小)时计,无功伏安小时计.
VRI = ①visual rule instrument landing 目视(飞行)条例〔规则〕仪表着陆 ②vulcanized rubber insulated 橡皮绝缘的.
vrille [vril] n. 螺旋飞行(下降),旋转.
VRL = vertical reference line 垂直基准线.
VRMS = voltage root mean square 电压均方根.
vroom [vru:m] n.; vi. (机动车)加速时发出的声音,鸣地开走,发鸣声.
V-rope n. V 形үрзиэ.
VRPS = voltage-regulated power supply 稳压电源.
VRR = vertical radius of rupture 垂直的断裂半径.
VRS = vortex rate sensor 涡流速率传感器.
VR-tube n. 稳压〔调压〕管.
vs = vapour seal 汽封.
vs = ①*versus* [拉丁语] …对…,与…比较,作为…的函数 ②*vide supra* [拉丁语] 见上,参看上文.
VS = volumetric solution 滴定液.
VSA = ①vernier solo accumulator 微调发动机单用蓄电池 ②viscoelastic stress analysis 粘弹性应力分析.
VSB = vestigial sideband 残留边带.
vsby = visibility 能见度,能见距离,清晰度.
vsc = vendor shipping configuration 售主装运外形.
VSD = ①variable-speed drive 变速传动 ②vendor's shipping document 售主发货单据.
V-section n. 三角槽形断面.
VSG = vernier step gage 微调多级(内径)规.
VSG motor = variable speed gear motor 变速式电动机.

V-shaped *a.* V〔锥,楔,三角,漏斗〕形的.
VSHPS =vernier solo hydraulic power system 微调发动机单用液压动力系统.
VSI =①vendor shipping instruction 售主装运说明书 ②vertical speed indicator 垂直速度指示器 ③very slightly imperfect 极轻微缺陷.
V-slot *n.* V形槽.
VS/N =vendor serial number 售主顺序号码.
VSO =very stable oscillator 极稳定振荡器.
Vsol =very soluble 极易溶解的.
VSPS =vernier solo power supply 微调发动机单用电源〔动力源〕.
VSQ =very special quality 特级质量.
VSRBM =very short range ballistic missile 超近程弹道导弹.
VSS =variable sonar system 可变声纳系统.
VSSP =vendor standard settlement program 售主标准结算程序.
VSTOL =vertical and/or short takeoff and landing 垂直和/或短距离起落.
V/STOL =vertical/short takeoff and landing 垂直短距离起落.
VSW =①variable sweep wing 可变箭形翼,变掠形机翼,变后掠角机翼 ②very short waves 甚短波.
V-sweep *n.* V形〔箭〕形.
VSWR 或 **vswr** =voltage standingwave ratio 电压驻波比.
VT =①vacuum tube 真空管 ②variable thrust 可变推力 ③variable time 可变时间 ④variable transformer 可调变压器 ⑤visual tuning 视频调谐 ⑥voice tube 音频管 ⑦voltage transformer 变压器.
Vt =Vermont〔美国〕佛蒙特〔州〕.
vt= verb transitive 及物动词.
VT fuze〔fuse〕=variable timing fuze 无线电引信,变时引信,可变定时引信.
VTB curve =voltage-time-to-break-down curve 击穿电压对击穿时间的关系曲线.
vtc =vendor to conform 售主应遵守事项.
VTCS =video telemetering camera systems 视频遥测照相系统.
VTD 或 **Vtd** 或 **vtd** =vacuum tube detector 电子〔真空〕管检波器.
VTF =vertical test fixture 竖式试验〔测试〕装置〔夹具〕.
V-thread *n.* V形〔三角,牙形,管〕螺纹.
VTL =variable threshold logic(可)变阈(值)逻辑(电路).
VTO =vertical takeoff (飞机的)垂直起飞,(导弹的)垂直发射.
VTOL =vertical takeoff and landing 垂直起落(降).
VTOL port 垂直升降飞机场.
VTP =vendor test procedure 售主试验〔测试〕程序.
VTPR =vertical temperature profile radiometer 垂直温度(分布)辐射计.
VTR =video tape recorder 磁带录像机,视频信号磁带记录器.
VTS =video tape splicer 视频带接合器,录像磁带剪接机.
VTVM 或 **vtvm** =vacuum-tube voltmeter 电子管电压表,真空管式伏特计.
V-type *a.* V〔锥,楔,三角,漏斗〕形的. *V-type fan belt* V形(风)扇(皮)带. *V-type motor* V形发动机. *V-type snow plough* V形雪犁,V形双犁式除雪机. *V-type step pulley* V形塔〔锥〕轮. *V-type thread* 60°V形螺纹.
VU 或 **vu** =volume units 音量〔响度〕单位,容积〔量〕单位.
VU meter 音量〔响度〕单位计.
vug(g) *n.* 晶洞〔球〕,空心石核.
vuggy rock *a.* 多孔岩.
vug(h) *n.* 晶簇.
vul =vulcanize.
vulcabond *n.* 二异氰酸酯.
vulcalose *n.* 同硬橡皮一样的绝缘材料.
Vul'can ['vʌlkən] *n.* ①〔天〕祝融星 ②(vulcan) 锻冶者,铁匠. *Vulcan metal* 一种耐蚀铜合金(铜 81%,铝 11%,铬 0.7%,镍 1.5%,铁 4.4%,硅 1%,锡 0.4%).
vulcan'ic [vʌl'kænik] *a.* ①火山(作用)的,火成的 ②铁匠的.
vulcanic'ity *n.* 火山性.
vul'canisate =vulcanizate.
vul'canise =vulcanize.
vul'canism =volcanism.
vul'canite ['vʌlkənait] *n.* 硫化橡胶,硬橡胶〔皮〕,胶木.
vul'canizate ['vʌlkənizeit] *n.* 硫化产品,硫化(橡)胶,硫化〔橡皮〕胶.
vulcaniza'tion [vʌlkənai'zeiʃən] *n.* (橡胶)硫〔硬〕化作用,加硫,热补.
vul'canizator *n.* 硫化剂.
vul'canize ['vʌlkənaiz] *v.* ①(高温加硫使橡胶)硫〔硬〕化,加硫 ②热补(轮胎). *vulcanized fiber*〔fibre, paper〕硬(化)纤维,硫化纸板,硬纸,刚纸. *vulcanized rubber* 硫化橡胶,(硬)橡皮〔胶〕. *vulcanizing agent* 硫化剂. *vulcanizing machine* (橡胶)硫化机,补胎机.
vul'canizer *n.* (橡胶)硫化器〔机,剂〕,硬化剂〔器〕,热补机.
vulg =vulgar(ly).
vul'gar ['vʌlgə] *a.* ①大众的,通用〔俗〕的,普通的,一般的 ②庸俗的,粗陋的. *vulgar errors* 一般错误. *vulgar fraction* 普通分数. *vulgar interests*〔tastes〕低级趣味. ~ly *ad.*
vulgaris *a.* 〔拉丁语〕寻常的,普通的.
vul'garise =vulgarize. **vulgarisa'tion** *n.*
vul'garism *n.* 俗语.
vul'garize ['vʌlgəraiz] *vt.* ①使通俗〔大众〕化 ②使庸俗化. **vulgariza'tion** *n.*
vulnerabil'ity [vʌlnərə'biliti] *n.* ①易损(坏)性,易受伤,脆〔薄〕弱性 ②(薄)弱点,要害 ③致命性. *jamming vulnerability* 抗扰性不良,低抗扰性. *target vulnerability* 目标要害. *vulnerability to jamming* 易干扰性,干扰损害性.
vul'nerable ['vʌlnərəbl] *a.* ①易损伤的,易受攻击的,易受伤的,薄〔脆〕弱的,易毁的 ②有缺〔弱〕点的. *vulnerable range* 有效伤宫距离. *vulnerable spot*〔point〕弱点. ~ness *n.* **vul'nerably** *ad.*
vul'nerary *n.* 治伤的,创伤药.
vul'pine *a.* (像)狐狸的,狡猾的.
vulsinite *n.* 斜斑粗安岩.
vul'tex *n.* 硫化橡浆〔胶乳〕.

vul′tite *n.* 一种由沥青乳液、水泥、砂和水组成的混合防滑罩面材料。

vul′ture *n.* 座山雕,秃鹫,贪得无厌的人. **vul′turine** *a.*

vul′turish 或 **vul′turous** *a.* 像秃鹫的,贪婪的.

VUV spectra 远紫外谱线.

VV = ①vacuum valve 真空阀 ②valve voltmeter 电子管伏特计,真空管电压表 ③velocity vector 速度矢量 ④vent valve 通风阀.

vv = *vice versa*〔拉丁语〕反过来也是一样,反之(亦然),反过来.

v/v = % volume in volume 容积百分比.

VVSI = very very slightly imperfect 最最轻微的缺陷.

VVSS = vertical volute spring suspension 竖锥形弹簧悬设.

VWL = variable word-length 可变字长(电码长度).

VY = various years 不同年代.

vycol(glass) *n.* 硼硅酸耐热玻璃.

vy′cor [′vaikɔ:] *n.* (高硼硅酸)耐热〔火〕玻璃,石英〔高硅氧〕玻璃. *vycor cell* 耐火电解槽. *vycor glass* = vycor.

vy′ing [′vaiiŋ] I vie 的现在分词. I *a.* 竞争的.

Vynitop *n.* 涂聚氯乙烯钢板.

VZD = vendor zero defects 售主(质量)无缺陷.

W w

W 或 **w** [′dʌblju(:)] *n.* W 形.

W = ①(round) wire (圆)导线,金属线 ②tungsten (= wolfram) 钨 ③Wales 威尔士 ④warehouse 货栈,仓库 ⑤Washington 华盛顿 ⑥watt 瓦(特) ⑦wattmeter 瓦特计 ⑧Wednesday 星期三 ⑨weight 重量 ⑩west 西 ⑪western 西(部,方)的 ⑫Whitworth 惠氏螺纹 ⑬wide 宽的,广阔的 ⑭width 宽度 ⑮wind 风 ⑯wring 收缩量,收缩量.

W = ①watt 瓦(特) ②weak 弱的(射线) ③week (一)周,星期 ④wehnet 韦内(X 线硬度单位,X 线穿透力单位) ⑤weight 重量 ⑥wide 宽的,广阔的 ⑦width 宽度 ⑧with 以 ⑨work 功.

W 306 alloy 钨锡锰标准电阻丝合金.

W long = west longitude 西经.

W A = ①wainscot 护壁(镶)板 ②West Africa 西非 ③West Australia 西澳大利亚 ④Western Airlines 西部航空公司 ⑤wire-armoured 铠装线 ⑥with average 水渍险 ⑦workshop assembly 工厂装配.

WA Lt = wake light 航迹灯.

WAA = welded aluminum alloy 焊接铝合金.

wabble = wobble.

wabbler = wobbler.

wack′e [′wækə] *n.* 玄(武)土,玄砂石.

wad [wɔd] I *n.* ①(软)填块(料),填器器,心棒,塞头砖 ②锰土,石墨 ③(一)叠,(一)束,(一)卷 ④(pl.)大量,很可观的数目. I (*wadded*; *wad′ding*) *vt.* ①填塞(住),填料,用填料固定 ②把…弄成小块,把…卷成一卷,把…压成一叠.

wad′able *a.* 可涉水而过的.

WADAM = weigh-a-day-a-month 每月测一天.

wad′ding [′wɔdiŋ] *n.* 填塞(物),(软,纤维)填料,衬料.

wade [weid] *v.*; *n.* ①跋(步)涉的,蹚(水),涉水,浅水(滩) ②费力地地前进〔看完,读完,做完〕,困难地通过(through) ③插手,介入 ④猛烈攻击(in, into). *wade through thick and thin* 克服一切困难. *wading rod* 测流(测深)杆. *wading trough* (检验密封性用)涉过水槽.

wade′able = wadable.

wadeite *n.* 钾钙板锆石.

wa′der *n.* ①涉水鸟 ②(pl.)(涉水)高筒靴,涉水裤(衣).

Wadex = words and authors index 单词和作者索引.

wadi 或 **wady** [′wɔdi] (pl. *wadi(e)s*) *n.* ①旱谷,(干)河床,间歇河的干涸河道,沙漠中的绿地 ②涌向干涸河道的水流.

Waelz method 华尔滋回转窑烟化法.

WAF = wafer.

wa′fer [′weifə] I *n.* ①(薄,圆)膜)片,晶片,垫片 ②薄膜 ③(平)板,极板 ④干胶片,封缄纸 ⑤压块 ⑥饼式试样. I *vt.* 压片(块),切成薄片. *end wafer* 末端片. *germanium wafer* 锗片. *hot wafering* 热压块. *silicon wafer* 硅片. *wafer bonder* 片接合器. *wafer channeltron image intensifier* 薄片渠道像增强器. *wafer core* 易剥冒口芯片,隔片,颈缩芯片. *wafer matrix* 晶(圆)片矩阵. *wafer prober* 晶片检测器. *wafer process* 片(圆,薄)片加工. *wafer scriber* 划片,圆片划线器. *wafer socket* 饼形〔冲压〕管座. *wafer switch* 晶片开关. ▲ *as thin as a wafer* 极薄.

wafer-contact printing 干胶片接触印刷.

wa′ferer *n.* 压片(块)机,切片机.

waf′fle [′wɔfl] I *n.* ①蛋奶烘饼,华夫饼干 ②格栅结构形(的) ③空话. I *v.* 支吾,不稳定状态飞行. *waffle floor* 格纹楼(桥)面. *waffle ingot* 约 3 英寸见方 1/4 英尺厚的铝锭. *waffle iron memory* 华夫烘模式存储器,华夫铁片存储器. *waffle slab* 格子板.

waft [wɑ:ft] *v.*; *n.* ①吹(飘)送,(使)飘浮(荡),(使)浮动,波浪,波动 ②(海上)遇险(求救)信号 ③一阵风.

waft′age *n.* 吹(飘)送,飘浮(荡),传达(播).

waft′er *n.* 转盘风扇.

wag [wæg] I (*wagged*; *wag′ging*) *v.* I *n.* ①(使)摇(摆,荡),摆(颤)动,上下移动 ②变迁,推移.

WAG = wagon.

wage [weidʒ] I *n.* (常用 pl.)工资,薪金,报酬,代

价. Ⅰ vt. ①进〔实〕行,从事,(作〔战〕②搽(粘土).
piecewage 计件工资. *wage earner* 〔labourer, worker〕雇佣〔工资〕劳动者. *wage labour* 雇佣〔工资〕劳动. *wage rate* 工资标准,工资率. *wage scale* 工资等级〔标准〕. ▲*wage a struggle against* 对…进行斗争,开展对…的斗争. *wage war against* 〔with〕同…作战.

wa'ger ['weidʒə] *v.*; *n.* ①打赌,赌注 ②保证,担保.

wag'gery ['wægəri] *n.* 滑稽,诙谐,恶作剧,开玩笑.

wag'ging *n.* (左右)摆〔振〕动.

wag'gish ['wægiʃ] *a.* 滑稽的,恶作剧的. ~ *ly ad.* ~ *ness n.*

wag'gle ['wægl] *v.* (来回)摇摆〔动〕,(来回)摆〔振〕动. *wag'gling n.* *wag'gly a.*

waggon = wagon.

Wagner *n.* 华格纳(人名). *Wagner alloy* 华格纳锡基合金(锡 10%,铜 0.8%,铋 0.8%,锌 3%,其余锡). *Wagner code* 单差修正码. *Wagner ground* 华格纳接地(线路). *Wagner turbidimeter* 华格纳浑浊度仪.

wag'on ['wægən] Ⅰ *n.* ①(四轮,运,铁路)货车,(四轮)拖车〔马车〕,牵引(拉拽机)小车,运货车 ②旅行(汽)车,小型客车 ③(W-)北斗七星 ④衡量名(为 24 英担). Ⅱ *vt.* 用货车运输. *elevating wagon* (自动)升降装载车. *rear-dump wagon* 后卸车 *self-unloading wagon* 自卸拖车. *side-tip wagon* 侧卸车. *tank wagon* (牵引)槽车,油罐车. *tipping wagon* 翻斗车. *trailer wagon* 牵引小车,拖车. *wagon axle* 车轮轴. *wagon bridge* 公路桥. *wagon drill* 钻机车,汽车式〔移动式〕钻机,车钻. *wagon load* 货车(荷)载. *wagon number* 〈货〉车号. *wagon roof* 斜顶形屋顶. *wagon top* 斜顶,筒形顶. *wagon train* 运货列车. *wagon truck* 车〔厢式〕载重汽车,有篷运货车. *wagon vault* 筒形拱顶.

wag'onage ['wægənidʒ] *n.* 货车运输(费),运货车.

wag'on-lit' ['vægɔn'li:] *n.* (法语)(铁路)卧车.

waif [weif] *n.* ①漂流物 ②信号(旗). *waifs and strays* 流浪儿,零碎东西.

wail [weil] *v.*; *n.* 呼啸,尖啸.

wain [wein] *n.* 货车,(运货)马车,(*Charles's*) *Wain* 北斗七星. *wain house* (货车)仓库.

wain'scot ['weinskət] Ⅰ *n.* Ⅰ (*wain'scot*(*t*)*ed*); *wain'-scot*(*t*)*ing*) *vt.* ①壁板,壁板(镶)板,壁板(镶,护墙)板,装饰墙壁用材料(如瓷砖等) ②装(上)壁板(腰板),用护墙(镶)板装饰.

wain'scot(*t*)**ing** *n.* 护墙板(材料),装壁板.

waist [weist] Ⅰ *n.* 腰(部),中间细部,收紧部分,机身中部,上甲板中部,(束流)光腰. Ⅱ *v.* 收紧,减小直径. *waist deck* 中部上甲板. *waist shot* 半身镜头(至腰为止的),中景.

waist'-deep 或 **waist'-high** *a.*; *ad.* 深(高)到腰部的,齐腰深的.

waist'ed *a.* 缩腰的,腰形的,腰部变细的.

waist'ing *n.* 缩腰,收紧,腰腹(初轧坯缺陷). *waisting crack* 拦腰裂开.

waist-level *a.* 齐胸高的.

waist'line *n.* 腰围(线),腰身部分. *develop a waist-line* 腰部变细,中间成细腰形.

wait [weit] *v.*; *n.* ①等(待,待)②期待,等待,伺问,拖延,耽搁,暂缓 ③服侍,伺候. *wait a minute* 等一等. *wait and see* 等着瞧,观望. *wait condition* 等待条件. *wait for the rain to stop* 等待雨停. ▲*keep…waiting* 使…等着. *lay* 〔lie in〕 *wait for* 埋伏以待. *wait for* 等(待,候). *wait out* 等到…的末了,等到…结束. *wait until* 〔till〕 等到(之时). *wait upon* 〔on〕 招待,追随,拜访,随着…而产生.

wait'-and-see' *n.* 等着瞧的,观望的.

wait'er ['weitə] *n.* ①侍者 ②服务员 ③等候的人 ④托盘,盆,皿.

wait'ing ['weitiŋ] *n.*; *a.* ①等候〔待〕的(,)【计】等数 ②服侍(的) ③短时停车(一般指较长于上下客货所需时间的汽车停留). *waiting ellipse* 驻留椭圆. *waiting line* 等待线,排队. *waiting-line theory* 排队论. *waiting message indicator* 待发信息数指示器. *waiting room* 候车(候诊,候机,等候,等待)室. *waiting state* 等待状态. *waiting time* 等候〔待,停〕时间,(放射性)停留时间.

wait'list *vt.* 把…登入申请人名单.

wait'ress ['weitris] *n.* ①女侍者 ②女服务员.

waive [weiv] *vt.* ①放弃,不坚持 ②推迟考虑,延期举行 ③弃权,停止,撒开. *waive a claim* 放弃要求.

wai'ver *n.* 自动放弃,弃权(声明书).

wake [weik] *n.* ①船迹,痕(尾,航,迹,(流星)瞬现余迹,(水面)船迹,尾波 ②尾(伴)流,(气流中的)涡区. *eddying wake* 尾涡流. *laminar wake* 层流尾流. *stagnant wake* 【空】静(死)区,停滞区. *turbulent wake* 湍流尾流. *wake boundary* 尾流边界. *wake energy* 尾流能量. *wake front* 尾流前沿. *wake resistance* 尾流阻力. *wake strength* 尾流强度. *wake* (*traverse*) *method* 尾迹测量法,尾迹移测法. ▲*in the wake of* …跟在…后面,继…之后,(紧)跟(随)着…(之后,而来),仿效.

Ⅱ (*waked* 或 *woke*; *waked* 或 *woke*(*n*)) *v.* ①醒(来),觉(唤)醒 (up) ②(使)觉悟,激发,引起. ▲*wake* (*up*) *to* 发〔警〕觉,注意到,认识(到).

Wake [weik] *n.* 威克岛.

wake'ful *a.* 觉醒的,警觉的,戒备的,不眠的.

wake'light *n.* 航迹灯.

wa'ken ['weikən] *v.* ①(弄,唤)醒,醒来,(使)觉醒,(使)振奋,激发.

wake-survey method 尾迹测量法,尾迹移测法.

wake-up switch 〔计〕唤醒开关.

wa'king *a.* 醒着的.

wal = wide-angle lens 广角镜头.

walchowite *n.* 褐煤树脂.

wale [weil] Ⅰ *n.* ①横撑(挡),腰〔护〕板,(凸起的)条纹,条状隆起部 ②船舷的上缘 ③选择,精选 ④最好的部分,精华. Ⅱ *v.* ①撑(拥住 ②挑选.

wa'ler ['weilə] *n.* 横撑(挡).

Wales [weilz] *n.* (英国)威尔士.

wa'ling ['weiliŋ] *n.* 横撑,横夹木,水平木,支腰梁,支横挡,围圈〔令〕. *waling stripe* 横撑,水平支杆.

walk [wɔ:k] *v.*; *n.* ①走,步行,散步,步态 ②(行步似地移)(挪)动,【统】游动 ③步行距离,步步延伸 ④人行道,走道,步行小径 ⑤极慢的速度. *nonslip* *safety walk* 防滑走道. *people of* 〔*in, from*〕*all walks of life* 各界人士. *random walk* 随机走动. *walk a boundary* 步测边界线. *walk guard* 巡逻. *walk path* 人行道,(散)步道. *walk through* (电视摄象前的,走过场他的)预〔排〕演,敷衍了事地做完. *walk tracks* 查修路轨. ▲*at a walk* 用普通步子. *in a walk* 轻而易举地. *take a walk* 散(一会)步. *walk along* 沿…行走. *walk away* 〔*off*〕 顺手牵羊地拿走. *walk off* 离开,走掉,带走 *walk off the job* 罢工,离开工作(岗位). *walk out* 退席,罢工,走出. *walk up* 沿…走,走上,登上. *walk up to* 走近,走向. *walk upstairs* 走上楼.

walk′able *a.* 适于(步行)的.

walk′away *n.* 简单〔轻而易举〕的工作,轻易完成的事情,轻易取得的胜利,噪声检测.

walk′er ['wɔːkə] *n.*; 行人,步行者〔鸟,机〕,散步者. *walker excavator* 步行式挖土机. *Walker phase advancer* 沃克相位超前补偿器. *walker river* 不定床河流.

walkie-hearie *n.* 步听机,携带式译意风.

wal′kie-look′ie ['wɔːki'luki] *n.* 手提式电视摄影机,携带式电视发射机,便携式视像管摄影机,便携式光导摄像管摄像机,便携式电视(接收)机.

wal′kie-tal′kie ['wɔːki'tɔːki] *n.*(背负式)步谈机,携带式(轻便)无线电话机,步(行对)话机,便携式电视发射机.

walk′-in *a.*; *n.* 大得能走进去的,人进得去的冰箱(等).

walk′ing ['wɔːkiŋ] *n.*; *a.* ①步行(式)的,步态,行走,移动式的,可移动的 ②摆动的 ③解雇的. *walking beam* 摇〔摆动,平衡〕梁. *walking beam furnace* 步进式炉. *walking crane* 活动吊车 *walking distance* 步行距离. *walking dragline* 行动式拉铲挖掘机. *walking excavator* 行动式挖土机. *walking orbit* 飘移轨道. *walking pit props* 移动式坑(井)支柱). *walking rate* 步速. *walking scoop dredge* 行动式挖土机,行动式斗式挖泥机. *walking strobe* 移动脉冲闸门. *walking strobe pulse* 位移频闪(选择)脉冲. *walking tractor* 手扶拖拉机. *walking* "1″*s and* "0″*s* 走步 "1″和 "0″.

walk′ing-dic′tionary *n.* 活字典.

walking-out of mesh 自行脱档,任意脱离啮合.

walk-off angle 离散角.

walk′out ['wɔːkaut] *n.* 罢工,(表示抗议的)退席,蠕变.

walk′over *n.* 轻易取得的胜利.

walk′-through ①初排,预〔排〕演 ②地下步行道.

walk′-up ['wɔːkʌp] *a.*; *n.* 无电梯的(楼房,公寓,大楼),无电梯大楼的(楼上房间),临街的(不入内便能得到服务的).

walk′way *n.* 通(过,走,人行)道.

wall [wɔːl] Ⅰ *n.* ①墙(壁),围〔墙壁〕 ②器口,薄,水冷壁,间隔层,内侧,分界物,屏障 ③盘. Ⅰ *a.* 墙(上)的,靠墙的. Ⅰ *vt.* 用墙围住,筑墙,堵住〔塞〕,砌起(up.) *abutment wall* 桥台〔拱座〕墙. *back bridge wall* (反射炉)门坎,火挡烟桥. *blank wall* 无门窗的墙,平整 *breast wall* 护坡,挡土墙,胸(山,腰)墙. *containment* 〔*containing*〕 *wall* 防炸外

壁(壳层). *cylinder wall* 气缸壁. *exhaust partition wall* 排气隔板. *foot wall* 〔矿〕底帮,底壁. *glass wall* 玻璃墙,观察窗. *hanging wall* 〔矿〕上盘,悬帮. *nuclear wall* 核表面. *party* 〔*partition*〕 *wall* 隔墙. *pipe wall* 管壁. *the Great Wall* 万里长城. *training wall* 导流堤. *wall action* 壁作用. *wall anode* (内)壁阳极,管壁涂覆阳极. *wall arcade* 实心连拱廊. *wall bearing construction* 墙承重结构. *wall box* 墙箱. *wall bracket* 墙上托架. *wall bushing* 穿墙套管. *wall crane* 墙上(沿墙)起重机. *wall creep* 畴壁蠕移〔蠕变). *wall drilling machine* 墙壁钻床. *wall echo* 测壁回波. *wall effect* 器壁效应. *wall heat flux* 壁面热通量. *wall impedance* 墙壁声阻抗. *wall lining* 墙壁内衬,器壁衬里,墙衬. *wall motion coercive field* 畴壁移动矫顽场. *wall of computer case* 计算机箱板. *wall of partition* 隔墙,鸿沟,分界线. *wall pier* 墙墩,窗间墙. *wall plate* 承板. *wall plug* 墙上插头〔灯座〕. *wall post* 壁柱. *wall pressure* 侧压力. *wall pressure hole* 壁面测压孔. *wall rock* 围岩. *wall screw* 墙螺栓,墙螺钉. *wall shearing stress* 壁剪应力. *wall socket* 墙装〔壁式)插座,墙上灯座. *wall state* 【计】磁壁状态. *Wall Street* (美国)华尔街. *wall* (*telephone*) *set* 墙(式电话)机. *wall unevenness* 壁厚不均. ▲*create a wall of insulation between* …使…彼此隔绝(互不通气). *go to the wall* 碰壁,失败. *run into a blank wall* 碰壁. *run one's head against a wall* 试图做显然不可能的事,以卵击石,碰壁. *see through a brick wall* 有敏锐的眼光,有眼力. *up against the wall* 在非常困难的地境,碰壁. *with one's back against* 〔*to*〕 *the wall* 陷入困境,负隅顽抗. *within four walls* 在室内.

wall-accommodation coefficient 壁使应(调节)系数.

Wallachian movement (上新世)瓦拉赤运动.

wall-attachment amplifier 附壁型放大器〔元件).

wall-bearing *a.* 承重墙的,用墙承重的.

wall′board *n.* 壁(板).

wall′et ['wɔlit] *n.* (皮制)零星工具袋,皮夹(子),行囊,旅行袋. *wallet curve* 【数】钱囊线.

wall-eyed *a.* 外斜的,翻白眼的,眼球凸出的,目光炯炯的.

wall-hood *n.* 水冷壁悬挂装置,壁钩.

wall′ing *n.*; *a.* 墙,墙(板〕(体),砌墙. *walling board* 坑壁楦樟板. *walling masonry* 筑墙圬土.

walling-up *n.* 砌〔封〕墙,炉衬.

Wallman circuit 渥尔曼电路.

wall′news′paper(s) *n.* 墙报.

wal′lop ['wɔləp] *v.*; *n.* ①猛冲,重击,猛〔冲击力 ②颠簸 ③打败 ④乐趣.

wal′loper *n.* 猛击者,巨大的东西.

wal′loping Ⅰ *a.* (极)大的,极好的. Ⅰ *ad.* 极其,非常地.

wal′low ['wɔlou] *vi.*; *n.* ①颠簸,摇摆,笨重地行驶 ②(烟)冒起 ③打〔翻〕滚.

wall′paper *n.*; *v.* 糊墙纸(于).

wall′plate n. 承梁板.
wall′rock n. 围岩.
wall-to-wall a. 从此端到彼端.
wall′-washer n. 撑墙支架板.
wall′-winch n. 壁装绞盘.
wal′nut ['wɔːlnʌt] n. 胡桃(木,树).【铸】*walnut parting* 胡桃壳粉.
walpurgite n. 砷铀铋矿.
walt a. 空心的,不坚固的,无足够压舱物的.
wal′ter ['wɔːltə] n. 飞机应急[存放在橡胶救生艇中的电池动力]雷达发射机.
waltz [wɔːls] n.; a. 华尔兹舞(的),圆舞曲(的),轻而易举的事.
wamoscope =wave modulated oscilloscope 行波示波管,调视示波器.
wamp n. 浪涌,急变.
wan [wɔn] a. 苍白的,阴暗的 ②(光)淡[微]弱的,暗淡的,青的.
WAN =wanigan.
wand [wɔnd] n. 棍,杆,(指挥)棒. *tuning wand* 调谐棒.
wan′der ['wɔndə] v.; n. ①徘徊(about) ②漂[偏,迁]移,漂[游,移]动,游[离],流浪,(钻孔)偏斜,来波视在方向漂动 ③迷失,错乱,走岔,心不在焉 ④漫游(about, over, through) ⑤蜿蜒,曲折地流. *wander from the subject* 离(开正)题. *wander up and down* 上下游动.
wan′dering n.; a. 漫游(的),游荡(的),漂[迁,偏]移(的),曲折的,蜿蜒的,离题. *wandering dune* 游动沙丘. *wandering point* 游荡点.
wane [wein] vi.; n. ①变小,(月亮)亏,缺,呈下弦,月亏(期) ②减少[弱],衰弱[落],衰退(期),消逝 ③翘板,(木)桶,木材露出木皮的部分,(木材)缺损. *The current wanes*. 电流变小[弱]. *the waning moon* 下弦月. ▲(be) on the wane 渐渐变小[衰弱],日益衰落. *wane to the close* 接近尾声,即将完结. *wax and wane* 盈亏,盛衰.
wan(e)y a. ①不等径的 ②缺棱的,缺角的 ③宽窄不齐的,高低不平的. *wany log* 不等径圆木.
wan′gle ['wæŋgl] vt.; n. (用)不正当手段(取得,处理),使用诡计(获得),哄骗,虚饰,假造.
wan′igan ['wɔnigən] n. 贮物箱[柜],小寝室,小厨房.
Wankel engine 汪克尔引擎.
wan′ly ad. 苍白地,阴暗地,(光)淡弱地. **wan′ness** n.
want [wɔnt] v.; n. ①(想,需)要,应该,必须 ② 缺(乏,少,陷),欠缺,不足,缺点,没有,贫困 ③(pl.)需求,必需品. *meet a long-felt want* 满足长期以来的需要. *Show want of care* 表现出不够细心. *It wants some doing.* 这得费点劲儿(去做);这得花些工夫才做得好. *It wants 3 cm of 2m.* 两米差三厘米. *It wants 1 cm of the regulation length.* 比规定长度少一厘米. *It wants half an hour to the appointed time.* 到约定的时间还有半小时. *The machine is in want of repair.* 或 *The machine wants repairing* [repairs, to be repaired, to undergo repairs]. 这机器该修了[需要修理了]. *wanted signal* 有用(有效)信号. ▲*want…to* +inf. 要…(做). *want…done* 要别人把…做好.
want′able a. 称心的,有吸引力的.
want′-ad n. 征求广告.
want′age ['wɔntidʒ] n. ①所缺之物,必要物 ②所缺数量,缺少(量),欠缺,缺乏.
want′ing ['wɔntiŋ] I a. ①缺少的,没有的 ②缺乏,欠缺,短少 ③不够格的,不够标准的. II prep. ①短少,缺,差 ②无,没有. *A few pages of this book are wanting.* 这书缺了几页. *a year wanting three days* 一年差三天. *try…and find it (to be) wanting* 试用…发现它不够标准. *Wanting mutual support, victory is impossible.* 没有互相支援就不可能胜利.
wan′ton ['wɔntən] a.; v. ①恣意的,不负责任(的),变化无常的,胡乱的 ②乱花,挥霍. *wanton bombing* 狂轰滥炸. *wanton destruction* [damage] 恣意破[损]坏. *wanton profusion* 浪费.
wany =waney.
wap I n. (线卷的)圈. II =whop.
wap =work assignment plan 工作分配计划.
war [wɔː] I n. 战争(状态),战斗,战役,军事(学),斗争. II v. 作战,打仗(with, against). *a war of the elements* 暴风雨,自然灾害. *in war and in peace* 无论战时或平时. *oppose unjust war with just war* 用正义战争反对非正义战争. *the art of war* 战略战术. *the principles of war* 军事原则. *civil war* 内战. *conventional war* 常规战争. *nuclear war* 核战争. *protracted war* 持久战. *shooting war* 热战. *special war* 特种战争. *war baby* 由于战时需要而大大发展的工业[产品]. *war correspondent* 随军记者. *war craft* 军用(飞)机,战斗飞机. *war criminal* 战犯. *war game* 军事演习. *war hawk* 好战分子. *war industry* 军事工业. *war material* 军事物资. *war of movement* 运动战. *war production* 军工生产. *war reserves* 军需储备品. *war theatre* 战区. *war with* 战争. ▲*be at war (with)* (同…)处于交战状态,(同…)进行竞争. *be prepared against war* 备战. *declare war on* [upon] 向…宣战,表示反对. *go to war against* [with] 同…交战. *make* [wage] *war on* [upon] 对…进行战争,同…作战. *start war on* [upon] 向…开战,发动对…的战争. *war to the knife* 你死我活的搏斗,拼死的斗争.
war′bird n. 军用飞机[火箭].
war′ble ['wɔːbl] n. ①(发)啭音,(发)颤音,发出音乐般的声音,歌曲,颂歌. *warble rate* 调频度. *warble tone* 颤[啭]音,低昂音.
warbled a. 经过调频的,频率调制的. *warbled sine wave signal* 颤动正弦波信号.
war′bler n. 电抗管调制器,颤音器,频率摆动器.
war′craft n. ①军用飞机,战斗机,军舰 ②战略和战术,兵法.
ward [wɔːd] n.; v. ①监视[督],保护,守卫 ②挡住,防止,避免 ③防卫[选]地区 ④选举(区) ⑤病房 ⑥(pl.)钥匙的棒槽(凹缺部),锁中相应的凸凹部,锁孔. *children's ward* 小儿病房. *female ward* 女病房. *general ward* 普通病房. *infectious ward* 传染病

房. *isolation ward* 隔离病房. *male ward* 男病房. *medical ward* 内科病房. *observation ward* 观察病房. *ophthalmic ward* 眼科病房. *private ward* 特别〔单间〕病房. *surgical ward* 外科病房. *ward nurse* 病房护士. *ward visit* 或 *ward-round* 病室巡诊〔巡视〕. ▲*be under ward* 被监禁著. *keep watch and ward* 日夜〔不断〕监视, 日夜警卫. *ward off* 避开, 防止, 挡开.

war'den ['wɔːdn] *n.* ①看守人, 保管〔管理〕员 ②总督, 州长, 〔院〕长.

ward'room ['wɔːdrum] *n.* 军官室, 服装室.

ware [wεə] Ⅰ *n.* ①制〔造〕品, 成〔物〕品, 加工品, 器具〔用〕, 仪器, 磁器 ②(pl.) 商品〔货物, 色〕. Ⅱ *vt.* 当〔留〕, 小心, 注意. Ⅲ *a.* ①留心的, 注意的 ②知道的, 意识到的 (of). *Ware wire*! 当心铁丝网! *enamel ware* 搪瓷器皿. *glass ware* 玻璃器皿. *green ware* 半成品. *hard ware* 金属器件, 金属器皿, 铁器, 小五金, (计算机)硬结构件, 硬设备. *heavy wares* 重型物件(机械, 车辆). *lacquer ware* 漆器. *popular ware* 热门货. *small iron ware* 小型铁件. *white ware* 白色陶器.

ware'house Ⅰ ['wεəliaus] *n.* 仓库, 货栈, 栈房, 储存室. Ⅱ ['wεəhauz] *vt.* 送〔收〕入〔仓〕库, (把…暂时)储存于〔仓库〕. *ex bonded warehouse* 关仓交货. *ex warehouse* 仓库交货. *ware house* 问题. *warehouse receipt* 仓库收据, 仓单.

warehouse-in inspection 入库检验.

warehouse-to-warehouse clause 仓库至仓库条款.

war'fare ['wɔːfεə] *n.* ①战争(状态), 交战 ②冲突, 斗争, 竞争. *air warfare* 空战. *art of warfare* 战术. *electronic warfare* 电子战. *germ warfare* 细菌战. *guerilla warfare* 游击战. *mobile warfare* 运动战. *tunnel warfare* 地道战. ▲*wage warfare with* 同…斗争.

war'game *n.* 军事(实地)演习, 摹拟实际战争的教练演习(如图上〔沙盘〕作业).

WARHD = warhead.

war'head ['wɔːhed] *n.* (实弹)弹头, 战斗部. *H* 〔*hydrogen*〕 *warhead* 氢弹头. *missile warhead* 导弹弹头. *multiple warheads* 多弹头. *nuclear warhead* 核弹头. *thermonuclear warhead* 热核弹头.

wa'rily ['wεərili] *ad.* 警惕地, 谨慎地, 小心地.

wariness *n.* 警惕, 小心.

war'like ['wɔːlaik] *a.* ①战争的, 军事的 ②备战的, 有战争危险的 ③好战的. *warlike preparations* 军〔战〕备.

war'lord *n.* 军阀.

warm [wɔːm] Ⅰ *a.* ①(温, 保)暖的, 温〔暖〕和的 ②热的 ③热烈〔情〕的, 激烈的 ④带红〔黄〕色的 ⑤低放射性水平的, 低放的. Ⅱ *v.* ①使(变, 发), 变〔发〕暖 ②(使)升温, 取暖, 使(变)暖(up) ③使兴奋 ④(运转前)暖机, 预热(through, up) ⑤(橡胶)热炼 ⑥变得对…感兴趣, 热心于(to). Ⅲ. *n.* 变暖, 烤火, 保暖的东西 ⑤. *get warm* 暖起来. *give*…*a warm welcome* 热烈欢迎…. *space warming* 空间〔室内〕加热. *warm corner* 危险的地方. *warm electron* 温电子. *warm flow* 热〔暖〕流. *warm hardening* 人工硬化. *warm spring* 温泉. *warm support* 热烈的支持. *warm water port* 不冻港. *warm work* 辛苦〔有危险性的〕的工作.

warm-air pipe 热空气管, 热风管道.

warm-blooded *a.* 温〔热〕血的.

warm-bloodedness *n.* 温血动物.

warmed-over *a.* 重新提出来的, 陈腐的.

warm'er ['wɔːmə] *n.* 加温器, 加热器〔辊, 装置〕, 取〔回〕暖器, (橡胶)热炼机.

warm'house *n.* 暖室内, 温室.

warm'ing-up 加温〔热〕, 暖机, 预热, 烘炉.

warm'ly *ad.* 热烈地, 温暖地. *warmly welcome* 热烈欢迎.

warm'ness *n.* 温暖.

war'monger *n.* 战争贩子.

warm'-setting adhe'sive 中温硬化粘合剂.

warmth [wɔːmθ] *n.* 温暖, 暖和, 热(力, 烈, 情), 兴奋.

warm'-up *n.* ; *a.* 加温〔预热〕的, 升温〔的, 期的〕, 热炼〔的〕. *warm-up apron* (飞机场的)发动机加温场, (机场的)进场引导路. *warm-up drift* 加热〔温升, 准备时频率〕漂移.

warn [wɔːn] *vt.* ①警告, 告警 ②预告〔报〕, 〔预先〕通知. ▲*warn M against N* 警告 M 提防〔不要〕N. *warn*…*not to* + *inf.* 警告…不要(做). *warn M of N* 警〔预〕告 M 有 N.

warn'er *n.* 报警器, 警告者.

Warne's metal 白色装饰用合金(锡 37%, 镍 26%, 铋 26%, 钴 11%).

warn'ing *n.* ; *a.* 警告〔报, 戒〕(的), 报警, 预告〔报, 先〕的, (预先)通知, 探测. *danger warning* 或 *warning against danger* 危险警告. *early warning* 早期警报, 提前告警. *microwave early warning* 微波早期〔早发〕警报. *national warning system* 全国警报系统. *warning color* 警告〔颜〕色. *warning device* 警告装置. *warning signal* 警告标志, 告(警信)号. *warning stage* 警戒水位. *warning system* 告警系统. *warning tone* 通知音. ▲*at a minute's warning* 立刻. *give warning* (*to*) (对…发出)警告, 预告. *take warning by* 〔*from*〕 拿…当作教训〔前车之鉴〕. ~*ly ad.*

warp [wɔːp] *v.* ; *n.* ①(使)翘〔挠, 扭, 卷, 弯〕曲折, 弯翘, 反卷, 屈折, 卷绕, 歪曲〔斜〕, 凹凸, 变形, 弄〔变〕弯, 弄〔变〕歪 ②【纺】经(线, 纱), 【海】起〔绞〕船索, 纤, 用绳索牵, 拖緊, 牵引 ③放淤, 淤填〔灌〕, 沉积物, 冲积土 ④基础 ⑤偏差, 偏见. *There is a warp in the board.* 这块板有点翘. *warp of the economic structure* 经济结构的基础. *warp streak* 反卷〔经向〕条花. *warped account* 歪曲真相的叙述. *warped co-ordinates* 歪斜坐标. *warped judgement* (私心、偏见等造成的)不公正的判断. *warped surface* 翘〔挠, 扭〕曲面. *warping constraint* 翘曲约束. *warping winch* 牵曳绞车.

warp'age 或 **warp'ing** *n.* ①翘〔挠, 扭, 卷, 折, 弯〕曲, 弯翘, 变形 ②淤填〔灌〕, 放淤. *warping effect* 翘曲〔弯翘〕作用. *warping stress* 翘曲〔弯翘〕应力. *warping winch* 卷绕式绞车.

war'plane *n.* 战斗机.

war'rant ['wɔrənt] Ⅰ *n.* ①(正当)理由, 根据 ②保证, 保险(期) ③执照, 证明, 许可证, 付〔收〕款凭单,

war'rantable

委托书,栈单 ④授权,批准 ⑤耐火〔煤层下〕粘土. II vt. ①向…保证,对…的质量,担保,保险 ②证明〔认为〕…是正确〔当〕的,使有〔正当〕理由,成为…的根据 ③批准,承认. *be warranted (to be)* 保证是. *have no warrant for + ing* 毫无理由〔做〕. *warrant a detailed study of the question* 使有必要对这一问题作一详细的研究. *warrant one's attention* 值得注意. *dock warrant* 码头栈单. *warehouse warrant* 仓单. *warrant fuel consumption* 保证燃料耗量. *warrant it (to be) pure* 保证它是纯净的. *Nothing can warrant such an explanation.* 这种解释是毫无道理的. ▲*without a warrant* 毫无理由地.

war'rantable *a.* 可保证的,可认为是正当的,可批准的.

warrantee' [wɔrən'tiː] *n.* 被保证人.

war'ranter 或 **war'rantor** [wɔrən'tɔː] *n.* 保证人.

war'ranty ['wɔrənti] *n.* ①保证(书),担保(书),保单,证书,合法的保障 ②根据,理由 ③授权,批准. *give…a warranty of quality for* …向…担保的质量. *have warranty for + ing* 有理由〔有必要〕〔做〕. *make a warranty* 保证. *one-year warranty on a television set* 电视机保用一年的保单. *warranty period* 保用期,保证期.

war'ren ['wɔrin] *n.* 拥挤的地区〔房屋〕. *like (as thick as) rabbits in a warren* 拥挤得水泄不通.

Warren truss 瓦伦氏桁架,斜腹杆桁架.

Warrenite-bitulithic pavement 一种粗细料密切结合的双层式沥青混凝土路面.

war'ring ['wɔːriŋ] *a.* 交战的,敌对的.

War'saw ['wɔːsɔː] 或 **Warszawa** [vɑːˈʃɑːvə] *n.* 华沙(波兰首都).

war'ship ['wɔːʃip] *n.* 军舰.

war-surplus *n.* …战后剩余的(物资).

wart *n.* 瑕疵,缺陷,疣,肉赘.

war'time ['wɔːtaim] *n.* 战(争)时(期).

war'-weary *a.* 厌战的,疲惫的.

war'-worn *a.* 饱受战争创伤的,被战火破坏的.

wa'ry ['wɛəri] *a.* 警惕的,谨慎的,小心的,考虑周密的. *be wary of* 谨〔慎〕防,唯恐.

was [wɔz] be 的过去式,第一及第三人称单数.

wash [wɔʃ] *v., n.* ①洗(涤,矿,蚀),冲(洗,刷,涤,掉,击,成,掉),侵蚀 ②耐〔经〕洗,耐久,经得住考验 ③漂浮〔流〕,拍打,激荡,流〔扫〕过 ④(气流)扰动,洗〔涡,伴,尾,船尾〕流,冲击声,激浪,泼溅,搅镀,刷色,淡涂,涂浆〔料〕 ⑤洗浆,稀薄地涂 ⑥洗涤剂 ⑦冲刷物〔土〕,旧河床,海岸被淹地,浅水洼 ⑧含矿 ⑨ (pl.) 洗涤废水. *airplane wash* 飞机尾流. *distilled water wash* 蒸馏水洗涤. *graphite [black lead] wash* 石墨浆. *kerosene wash* 煤油提(非水溶液萃取). *ore wash* 洗矿. *wash and wear* 洗后不烫就可穿的. *wash ashore* (被波浪)冲到岸上. *wash board* 搓〔洗衣,壁脚〕板. *wash boring [drilling]* 水冲(式)钻探,冲洗钻孔〔掘〕. *wash bottle* (气体)洗涤瓶. *wash dissolve* 波纹叠化. *wash header* 洗涤集管. *wash heat* 洁洗. *wash load* 冲刷(泥砂)量. *wash mill* 洗涤装置,淘泥机. *wash pipe* 冲洗管. *wash primer* (金属表面)蚀洗用涂料. *wash primer process* 涂料蚀洗处理. *wash stuff* 含金泥土. *wash water* (钻探用)冲水,洗(矿,余)水,洗液. *washed finish* 次〔洗〕石子面. *wash sand* (洗)净砂. *white wash* 氢氧化铝浆液,白泥洗液,白涂料,白灰水. ▲*wash against* 洗刷,拍打,冲洗〔击〕. *wash away* 洗去〔掉〕,冲走〔掉〕,消去. *wash down* 冲洗〔刷,掉,净,蚀〕,洗清. *wash in* (机翼)内洗. *wash M off N* 把 N 上的 M 洗掉〔洗去,冲去〕. *wash out* 洗掉,冲洗(掉,蚀,淘汰,排斥,(机翼)外洗,(因故障)降落. *wash up* 刷洗.

WASH = ①washer ②Washington 华盛顿(美国首都).

Wash = Washington.

washabil'ity *n.* 可(耐)洗性,洗涤能力.

wash'able *a.* 可(耐)洗的,洗得掉的.

wash'basin 或 **wash'bowl** *n.* 脸盆.

wash'board *n.* 洗衣板,(道路)搓板(现象),【建】踢脚板,〔船〕防浪板,制荡板.

wash'burn core 隔片泥芯.

wash'burn riser 易割冒口.

washed-out *a.* 洗旧了的,褪了色的,模糊的,被…冲蚀的. *washed-out picture* 淡白〔模糊〕图像(明暗对比不清的图象).

washed-sieve anal'ysis 水冲筛分析.

washed-up *a.* 洗净的.

wash'er ['wɔʃə] *n.* ①洗净〔涤气〕器,洗涤〔矿,煤,砂,衣〕机,洗涤塔〔设备〕,清洗〔冲洗〕机,洗槽 ②洗涤者 ③衬垫,垫圈〔片,环,板〕,(填)圈,环. *air washer* 空气滤清器,洗涤器. *car washer* (动力)洗车机. *cyclone gas washer* 旋流式气体洗涤器. *gas washer* 净气器,气体净化器. *insulating washer* 绝缘垫片. *lock washer* 锁紧(弹簧)垫圈. *power washer* 动力清洗机. *pressure washer* 压力清洗装置. *psace washer* 间隔(定位)垫圈. *pslit washer* 开缝垫片. *spray washer* 喷射式清洗机. *spring washer* 弹簧垫圈. *thrust washer* 止推垫圈,止推环. *tower washer* 洗涤塔,塔式洗矿机. *washer element* 垫圈式滤清元件(将特殊用纸经树脂浸渍后制成垫圈状,再用拉伸弹簧串起来,其垫圈状纸片间隙就是过滤小孔). *wear washer* 抗磨垫片,耐磨垫圈.

wash'er-dri'er *n.* 清热干燥机,附有脱水机的洗衣机.

wash'er-gra'der *n.* 清洗分级机.

wash'ery *n.* 洗选〔煤〕工,洗涤〔选〕厂.

wash'-fast *a.* 耐洗的,洗不褪色的.

wash'-fastness *n.* 耐洗性(度).

wash-gas method 气体洗方法.

wash-in *n.* (机翼)加梢角,机翼正扭转,内洗,塌陷.

wash'iness *n.* ①水分多,淡,弱,稀薄 ②贫乏,空洞.

wash'ing *n.* ①洗涤,洗(涤,净,清),水洗,冲刷〔蚀〕,洗选,洗出的矿物 ②金属浓复 ③经洗的 ④ (pl.) 洗(涤)液,洗涤剂,洗涤物,涂料,薄涂层. *bear [stand] washing* 经(耐)洗. *filter washing* 洗滤. *pressure washing* 压力清洗. *spray washing* 喷射清(冲)洗. *tail washings* 最后洗液,尾液. *washing apron* 冲洗(护)护坦. *washing classifier* 洗涤(式)分级机. *washing machine* 洗衣机. *washing mark* 冲刷痕. *washing out* 洗去. *washing*

soda 晶[洗用]碱.
washing-away n. 冲刷[剥蚀]作用.
wash'ing-machine n. 洗涤[衣]机.
washing-round n. 环绕冲洗,冲刷四周,环洗.
Wash'ington ['wɔʃɪŋtən] n. ①华盛顿(美国首都) ②(美国)华盛顿(州).
wash'ingtonite n. 钛铁矿.
wash'-leather n. 洗革,(揩拭用)麂革,麂皮,软皮.
wash'out n. ①冲洗[刷,去],洗净,清除 ②冲溃[蚀](地段),冲刷[坏],侵蚀处 ③塌方,破产,完蛋,(被)淘汰,失败者 ④(飞机)减伸角,机翼负扭转,外洗 ⑤(录音磁带)消音[磁]. washout thread 不完整螺纹.
wash'over n. 冲刷[坏],小(波成)三角洲.
wash'room n. 盥洗室,厕所,洗涤间.
wash'trough n. 洗槽.
wash'water n. 洗矿[涤]水.
wash'-wear a. 耐洗的.
wash'y ['wɔʃɪ] a. ①水分多的,湿润的,稀薄的,淡的,(色)浅的 ②贫乏的,空洞的.
wasn't ['wɔznt] = was not.
waspaloy n. 一种耐高热镍基合金,沃斯帕洛依镍基高温耐蚀合金.
WASSP 一种爆炸导线(商标名).
wa'stage ['weistidʒ] n. ①损耗(量),损失,消耗(量),磨损(量),破损(量),渗漏,漏失(量) ②死亡率 ③耗蚀(金属底面逐渐均匀变薄的腐蚀过程) ④废物[料,品,水],边料,污水 ⑤副产品 ⑥(木材)干缩 ⑥(冰,雪)消融.
waste [weist] I a. ①废弃的,荒(芜)的,未开垦的 ②无用的,多余的,排泄的 ③排除(盛放)废物的. II n.; v. ①消耗(量),耗[烧]损,消失[耗,坏],浪费,未充分利用 ②废物[品,料,液,渣,土,屑],残渣[料],(干废)石,尾矿,垃圾,污水,排泄物,粪便,(棉)纱头,碎纱,回丝 ③(常用 pl.)荒地,未开垦地,沙漠,海洋. convert wastes into useful materials 废物利用. cold [cool] waste 低放射性废物. fire waste 烧损. high-level waste(s) 高放射性强度废物. hot waste(s) 强放射性废物. oil waste 浸过油的破布. process(ing) waste(s) 生产(燃料加工)废料. waste can 废油罐. waste canal 溢水沟. waste channel 退水渠. waste component 废物成分. waste disposal 废物处理. waste fluid 废液. waste gas 废气. waste heat 废热,余热. waste instruction 【计】空指令. waste land 荒地,空地. waste materials 废料. waste paper 废纸,衬页. waste pipe 废水管,污水管,排泄管. waste products (工业)废物(品). waste treatment 废料处理. waste weir 弃水堰,溢流堰. wasted efforts 徒劳. wasted energy 废能. wasted neutron 损失(未利用)的中子. wasted power 耗散(损耗)功率. wasted water 废水,污水,用过的水. waste(d) work 耗功. ▲a waste of 一大片,浪费. go [run] to waste 被浪费掉,未被利用. waste M on N 把 M 消耗(耗费)到 N 上,在 N 上浪费 M.
waste'bin n. 废物箱,垃圾箱.
waste'-disposer n. 废物清除器.
waste'ful ['weistful] a. 浪(耗)费的,挥霍的,不经济的. boiler wasteful of fuel 费燃料的锅炉. This is very wasteful of time. 这很浪费时间. ~ly ad. ~ness n.
waste-heating n. 废气加热.
waste'land n. 荒地(原),废墟.
waste'pipe n. 废(污)水管,排泄管.
wa'ster ['weistə] n. ①废物(品,件),次品,镀锡薄钢板,二级品,(有缺陷的)等外品 ②浪费者. a procedure that is a waster of time 浪费时间的程序.
waste'water n. 废水,污水.
waste'way n. 废(弃道)路,废水路.
wa'sting ['weistiŋ] I a. ①消耗性的,造成浪费的. II n. 浪费,滥用,损[消]耗.
wa'strel ['weistrəl] n. ①浪费者,挥霍者 ②废品.
watch [wɔtʃ] n.; v. ①(挂,手)表,钟,船上天文钟 ②(观)看,注意(视) ③看守,照管,监视,观测,保管,警戒,值班(夜) ④等(期)待 ⑤看守人,值班时间(人员),岗哨. wind [set] a watch 上[对]表. watch the situation 注意形势. watch the train pass by 看着火车开过去. watch to see what happens 注意观察发生的情况. maintain close watch over machinery developments 密切注意机械工业发展动态. watch television [a film] 看电视[影]. What time is it by your watch? 你的表是什么时间了? The watch is slow [is fast, is right, is wrong, gains, loses, has run down, has gained ten minutes since yesterday]. 这表慢了[快了,准,不准,走坏了,走慢了,停了,从昨天起快了十分钟]. chronograph stop watch 记时停表. hack watch 航行表,停表. luminous dial wrist watch 夜光字盘手表. moon watch 月球观察. stop watch 停(马,跑)表. watch cap 炮筒罩,炮座罩. watch compass 罗盘表. watch dog 监控器,监控设备,看门狗. watch glass [crystal] 表(面)玻璃,表面皿. watch glass test (测定油的干性或汽油中胶质的)表面玻璃试验. watch house 哨[守望]所,岗房. watch master 监工员,监视录音. watch oil 钟表(机器)油. watch receiver 听筒,耳机,受话器. watch room 警卫室. watch spring 表的发条. ▲be on [off] watch 在[不在办]值班(勤). be on the watch for 看守(注视,提防)着,等待(着). keep watch 看守,值班;留心,注意 (for). watch for 等待,注视,提防. watch one's time 或 watch one's opportunity 等待时机,伺机. watch out (for) 留神,(密切)注意,监视,警惕,戒备,提防. watch over 守卫,照管,监[注]视.
watch'able a. 值得注意[视]的.
watch'band n. 手表带.
watch'case n. 表壳(盘). watchcase receiver 表匣式受话器.
watch'-dog ['wɔtʃdɔg] I n. ①看门狗 ②监察人 ③监视器,监控设备. II vt. 为…看门,监督. watchdog timer 监视计时器,监视时钟,程序控制定时器.
watch'er ['wɔtʃə] n. ①看守人,值班员,哨兵 ②监视器,观察器,指示器 ③观(视)察者.
watch'-fire n. 营火.
watch'ful ['wɔtʃful] a. ①注意的,留心的(of) ②提防的,警惕(戒)的,戒备的(against). ~ly ad.

watch'-glass n. 表(面)玻璃,表(面)皿.
watch'-guard n. 表链(带).
watch'maker ['wɔtʃmeikə] n. 钟表工人,钟表制造[修理]人.
watch'man ['wɔtʃmən] (pl. *watch'men*) n. 看守人,值夜人,警卫员.
watch'-tower ['wɔtʃtauə] n. 瞭望塔,岗楼.
watch'word n. ①暗语(号),口令 ②标语,口号.
water ['wɔ:tə] I n. ①水 ②(常用 pl.)水体(面,域),海域,近海,河,潮,泽,泉 ③水深(位),潮(位) ④汗,尿,泪 ⑤(宝石)光泽(度),透明度,优质度,水色(金刚石色泽标准) ⑥(织品的)波(浪花) II a. 水①(用水)浇,泼,洒,浸,灌(溉),喷 ②加水,给水(喝),饮 ③掺水,冲淡 ④流泪,垂涎,渗漉. III a. 水(中,上,生)的,用水的,含水的,含液体的. *activated water* 受辐射作用的水,活化水. *back water* 壅水,回水,倒划桨. *bound〔combined〕water* 结〔化〕合水. *condensed water* 冷凝水. *distilled water* 蒸馏水. *eddy water* 涡流水. *free water* 非结合水,自由水. *gas water* 涤气用水. *heavy water* 重水. *high water* 高水位(洪水),高潮. *industrial waste water* 工业污水. *light water* 普通水,轻水. *make-up water* 补给水. *ordinary water* 普通水,轻水. *process water* 工艺用水. *raw〔crude〕water* 原水. *rocket water* 液体火箭燃料. *service water* 家〔生活〕用水. *solid water* 冰,固态水. *spent water* 废水. *standing water* 积水. *territorial〔home〕waters* 领海. *underground water* 地下水. *upper waters* 上游. *water absorber* 吸湿剂,干燥器. *water absorbing capacity* 吸水度,吸水能力. *water anchor* 浮锚. *water and soil conservation* 水土保持. *water ash* 重苏打. *water bag* 水袋,硫化〔煮沸〕室. *water ballast*(镇船)水载,压载水,水衡重. *water barrier* 防水层. *water bath* 水浴(锅),水浴器,水〔恒温〕槽. *water body* 水体. *water bosh* 水封. *water bottom〔ballasting〕*(油罐,油舱)水垫. *water break-free surface* 水膜不破表面. *water capacity* 水容量〔积〕,含〔保〕水容量,持水量. *water carrier* 运水船,含〔蓄〕水层. *water cart*(洒)水车. *water cell* 滤水器. *water cement* 水凝〔水硬〕水泥. *water check* 逆流截闭,阻水活栓. *water chlorination* 水的氯处理. *water circulation* 水的循环,水循环. *water clarity meter* 水明晰度计. *water closet*(冲水)厕所. *water conduit bridge* 渡槽,水管桥. *water conservancy* 水利(工程). *water conservancy works* 水利工程. *water constructional works* 水工构造物. *water consumption* 耗(水)水量,水耗量. *water contamination* 水(质)污染. *water content* 含水量〔率〕. *water cooler*(水)冷却器. *water coulometer* 水解电量计. *water course* 水道,水渠,航道. *water crane* 水鹤. *water curing* 湿治,水养护〔处理〕,热水硫化. *water cut* 水侵,出水,井中出水量. *water cut oil* 水滴油,含水原油. *water deprivation* 缺水. *water discharge* 流量,排水(量). *water divining* 用探杆测水. *water drive* 水驱(油)压. *water dropper*(测空中电位陡度用)水滴集电器,滴水器. *water electrode* 水(成电)极. *water engine* 水压机,水力发动机. *water engineering* 水道(水利,给水)工程. *water equivalent(of snow)*(雪的)水当量. *water factor* 油水比,含水系数. *water fall* 瀑布. *water finder* 地下水探寻者. *water finish* 水纹面饰. *water flush boring* 水中钻探. *water flushing* 用水冲洗. *water free well* 无水井,干井. *water front* 岸线,岸边线,江边,滨水区. *water gage* = *water gauge* 水标尺,水(位标)尺,水位计,量水表,水表. *water gas* 水煤气. *water gas welding* 液压焊. *water gate* 闸门,水闸. *water glass* 硅酸钠,水玻璃,水平表. *water glaze* 水光,水面般的光泽. *water hardening* 水淬硬化. *water head* 水头,水位差. *water heater* 温水器. *water hole* 水潭,水坑. *water impact*(飞行器回收时)坠入水中. *water in oil test* 油中含水量测试. *water in sand estimator* 砂内含水量测定仪. *water injection* 注水钻井,地层注水. *water jacket* 水(冷)套,水衣. *water jet* 水冲(注,射),注水,水力(射)喷(出),喷水式推进器. *water jet pump* 水喷射泵. *water jetting* 水冲法,射水法. *water joint* 防水接头. *water leg*(锅炉下部)水夹套. *water level* 水位,水平(准)面,水准器. *water level gauge* 水位计. *water level indicator* 水位标,水位指示器. *water lifts* 抽〔提〕水工具. *water line* 水线,吃水线,水管线路. *water lock* 存水湾,水闸. *water log* 积水(现象),水涝. *water loving* 亲水. *water lute*(液)封. *water main* 给水总管,给水干管,总水管. *water mangle*(压力)脱水机. *water mark* 水位标志,水印. *water meter* 水表,水量计,量水器. *water miscibility* 水混溶性. *water noise* 水噪声. *water nozzle* 喷(水)嘴. *water number*(粘度计)水值. *water outlet* 出水口,泄水结构. *water parting* 分水岭(线). *water permeability* 透水性. *water plane* 水面(位),地下水面,潜水面,油水接触面,水上飞机. *water pocket* 水窝(囊,泡). *water pollution* 水污染. "*water pouring*" *theorem* "灌水"定理. *water power* 水力,水能. *water power plant* 水力发电厂. *water power station* 水电站,水力发电站. *water purifier* 净水器. *water raising engine* 抽水机,升水机. *water ram* 水力夯锤,水锤扬水机. *water rate*(给)水费(率),水价,用水率. *water ratio* 含水率,(混凝土)水灰比,水汽比,冷却水与排气温度之比. *water regime* 水文特性,水情,水分状况. *water resistance* 抗水性. *water resources* 水利(力)资源. *water saturation* 含水饱和度. *water scouring* 冲刷. *water seal* 水封(密);止水. *water sealed joint* 存水弯,水力接头. *water segregator* 分水器. *water service* 供水. *water shed* 流域,分水岭(界),集水区. *water shoot* 水槽. *water shooting* 水中爆炸. *water softener* 软水剂,水质软化剂(器). *water softening by heating*

加热软水法. *water source* 水源. *water sprayer* 喷洒机,洒水机〔器〕. *water stage register* 水位(记录)表. *water standard* 水质标准. *water still* 蒸水器. *water stop* 止水剂,止水器. *water supply* 给〔供,自来〕水,给水工程. *water survey* 水文测量〔调查〕,水利勘测. *water switch* 水压开关. *water table* (潜)水位(面),地下水面(位),(门窗)披水,泻水台,承雨线脚. *water table level* 地下水位. *water terminal* 码头,港埠. *water to carbide generator* 注水式乙炔发生器. *water to oil area* 水油过渡地带. *water tolerance* 耐水性〔度〕. *water tower* 水塔. *water track* 水下跟踪. *water transport* 水上运输,水运. *water trap* 脱水器. *water treatment* (净,软)水处理,水的净化. *water uptake* 水的吸收. *water value* 水值. *water vapor permeability* 透湿性. *water wave* 唱片表面的光学效应. *water way lock* 船闸. *water works* n.水厂,自来水厂;给水设备. *water year* 水文年度(按931季开始月份起算,美国规定10月1日至次年9月30日). ▲*above water* 脱离困境〔麻烦〕. *back water* 从原有立场后退,让步. *by water* 由水路,乘船. *get into* 〔*be in*〕*hot water* 陷入困境. *go through fire and water* 赴汤蹈火. *hold water* 盛得住水,(理论等)无懈可击,站得住脚. *in deep water*(*s*) 在水深火热之中,陷入困境(的). *in rough*〔*troubled*〕*water* 很困难. *in smooth water* 顺利地. *like water off a duck's back* 不发生作用的,毫无影响的. *make water* 小便,(船)漏水. *of the first water* 品质最好的. *on the water* 在水(船)上.*take*(*the*)*water*(船)下水(典礼),上船,退却. *throw cold water on* 泼冷水. *water…down*(在…中)掺水,冲淡,把…打折扣. *water over the dam*(流过)坝上的水,(喻)难以挽回. *written in water* 昙花一现的.

water-absorbing a. 吸水的.
wa'terage n. 水运(费).
water-bailiff n. 船舶检查官,海关官员.
water-ballast n. (镇船)压载,水衡重,水压载,压舱水.
wa'ter-ga(**u**)**ge** n. 水浴(锅,器),热水锅,恒温槽.
water-based a.
water-bath n. 水浴(锅,器),热水锅,恒温槽.
water-bearing a. 含〔蓄〕水的.
water-blast n. 水力鼓风器.
water-blasting n. 水力清砂.
water-board n. 水利管理机构.
waterborne a. ①水生〔成,致,源,运〕的,带水的 ②水传播〔染〕的,水力输送的 ③位于水中的,水上的,漂流着的,浮于水上的. *waterborne sediments* 冲积层. *waterborne traffic* 水上交通.
water-bound a. 水结的.
wa'terbowl n. 饮水器.
water-break n. 碳流堤,防浪堤,退水口,断水,水断信号.
water-brush n. 造型用刷子.
Waterbury pump 沃特伯里轴向柱塞泵.
water-can n. 浇水壶.
water-carriage n. 水运(工具),(导管)送水.
water-carrier n. 含〔蓄〕水层.
water-carrying a. 含〔蓄〕水层.
wa'tercart n. 运〔洒〕水车.
water-clock n. 水钟,滴漏.

water-clogged a. 水附着的,水粘的,水阻塞的.
water-cock n. 水龙头,水旋塞.
water-colo(**u**)**r** n. 水彩颜料,水彩画.
water-column n. 水柱(高度).
water-control n. 治水.
water-cool vt. 用水冷却.
water-cooled a. 水冷(式)的,水散热的. *water-cooled all quartz reaction chamber* 水冷全石英反应式. *water-cooled cylinder* 水冷气缸. *water-cooled engine* 水冷式发动机.
watercooler n. (水)冷却器.
water-cooling n. 水冷(法).
wa'tercourse n. ①水流〔路,道,量〕,河〔渠〕道,溪 ②河床,底线.
wa'tercraft n. 水运工具,船(舶),筏,轮,舰.
water-curtain n. 水幕.
water-cushion n. 水垫.
water-drop n. 水滴,跌水.
water-dropper n. (测空中电位陡度用)水滴集电器,滴水器.
water-drying n. (炸药)水干,用水排代有机溶剂.
watered a. ①洒〔掺〕了水的,用〔浇,灌〕水的,灌溉的 ②有水的,有河流的 ③有水波纹的,有水泽的. *watered column* 充水塔,用水将油气赶尽的塔. *watered oil* 含(大量)水的石油.
watered-down a. 冲淡了的,打了折扣的.
watered-silks effect 网纹干扰.
wa'terer n. 饮水器.
water-extracted a. 水萃取的.
wa'terfall n. (小)瀑布,悬泉.
water-fast a. 耐水的,不溶于水的.
water-feed(**er**) n. 供水器.
water-finder n. ①探寻水(矿)脉的人 ②试水器,底部取样器.
wa'terflood I n. 洪水. II vi. 注水.
wa'terflooding n.; a. 淹水,泛滥,注水(的).
water-free a. 无水的.
water-gas n. 水煤气.
water-gate n. 水门,水闸,闸口.
wa'ter-ga(**u**)**ge** n. ①水(位)标(尺),水位表,水位指示器 ②(量)水表.
water-glass n. ①硅酸钠,水玻璃 ②盛水的玻璃容器,玻璃水标尺,(观察水底用)玻璃简镜 ③(古代计时用的)滴漏. *water-glass enamel*〔*paint*〕水玻璃搪瓷,硅酸盐颜料.
water-hammer n. 水锤(现象),水击作用. *water-hammer pressure* 水锤压力.
water-hardening n. 【冶】水淬硬化.
water-hating a. 疏水的.
water-head n. ①水头,水位差 ②水源.
water-holding a. 蓄〔含〕水的.
water-ice n. 冰,水造冰,冰糕,冰糕.
water-immis'cible a. 与水不混溶的.
water-inch n. 在最小压力下直径一英寸的管子24小时所放出的水量(约500立方英尺).
wa'teriness ['wɔːtərinis] n. ①水多,淡;稀薄 ②像下雨的光景.
wa'tering ['wɔːtəriŋ] n.; a. ①浇(洒,喷)水(用的),供(给,喂,加,渗,灌)水的 ②撑水,冲淡 ③灌溉,润湿,浸湿,排水泵 ④光泽,(轧)波纹 ⑤(焦炭的)水熄,

（对照相乳胶层）冲洗. *watering device* 饮水器.
watering-can n. 洒水罐,喷壶.
watering-place n. 饮水地,温泉疗养地,海滨浴场.
water-insoluble a. 不溶于水的.
water-jacket n. 水(冷)套,水衣.
water-jet Ⅰ n. 水注(冲,射),水力喷射,喷射水(器). Ⅱ a. 喷水的.
water-joint n. 水密(防水)接头.
wa'terlaid a. (左捻)三股绞成的.
water-leach v.; n. 水浸出.
wa'terless a. 无水的,干的,不用水的. *waterless (gas) holder* 无水储气器.
water-level n. ①水位,水平(准)面,地下水位 ②水准器 ③吃水线.
water-lime n. 水硬石灰.
water-line n. ①(吃)水线②(压印在纸里的)水印线③水管线路,输水管,(船舶的)上水道④海陆边界. *co-efficient of waterlines* 浸水(润)系数. *water-line attack* 吃水线处的浸蚀. *water-line paint* 水线漆(涂料). *water-line target* 水位标志.
wa'terlock n. 存水弯,水封, (pl.) 水闸.
wa'terlocked a. 环水的.
wa'terlogged [ˈbɔːlɔːw] a. ①浸(吸)饱水的,浸透(水)的②水渍的,积水的,地下水位过高的,半淹的③(船)进水的,因漏水而难以航行的.
water-logging n. 浸透(漏)水的.
water-loving a. 亲(喜)水的.
water-main n. 给水总(干)管,总水管.
water-man n. 船员,水手,运水人. *Waterman ring analysis* 华特曼环分析(石油的结构族组成分析).
wa'termark n. 水位标,水量标②(压印在纸里的)透明水印(花纹),水纹压印,水印,纸商标.
watermass n. 水团.
wa'termelon n. 西瓜.
water-meter n. 水表,水量计,量水器.
wa'termill n. 水车,水磨.
water-motor n. 水(力)发动机.
water-oven n. 热水式(谷较)干燥炉.
water-penetrating laser system 透水光激射器组.
wa'ter-pipe [ˈwɔːtəpaip] n. 水管.
wa'ter-plane [ˈwɔːtəplein] n. ①水上飞机②(地下)水面(位),潜水面,水线(平)面. *waterplane (area) coefficient* 水线面积系数.
water-polo n. 水球.
water-pot n. 水桶,水池.
water-power n. ①水力,水能②水力发电.
water-press n. 水压机.
water-pressure regulation 水压变动率.
wa'terproof [ˈwɔːtəpruːf] Ⅰ a. 防(耐,不透)水的,水密的,绝(防)湿的. Ⅱ n. 防水布(衣,物料,性),雨衣. Ⅲ v. 使不透水,涂防水物料,把…上胶,使防水. *waterproof cloth (canvas)* 防水布.
wa'terproofer n. 防(隔)水层,防水布,防水材料.
water-quenching n. (冶) 水淬火.
water-race n. 水道.
water-ram n. ①水力夯锤②水锤扬水机.
water-rate n. (自来)水费,耗水(汽)率.
water-recovery apparatus 水回收设备.
water-repellent a. 抗(防,拒,憎)水的. n. 防水剂.

water-resistant a. 抗(防,隔)水的.
water-resisting a. 隔水的,耐水的.
water-resources n. 水利资源.
water-retaining a. 吸(保)水的.
water-seal n. 水封,止水.
water-sealed a. 水封的.
water-separator n. ①水分离器②干燥剂.
wa'tershed n. ①流域,集(汇)水区②分水岭,流域分界线. *watershed dam* 源头坝(小河流域治理工程). *watershed divide* 分水线.
water-shoot n. 屋檐排水槽,滴水石.
wa'terside [ˈwɔːtəsaid] n.; a. 水边(的),水(河,湖,海)滨(的),水侧(的).
water-soak vt. 用水浸湿.
water-soaked a. 水浸透的,饱水的.
water-softener n. 软水剂(器).
water-solubility n. 水溶性.
water-soluble a. 水溶(性)的,(可)溶于水的.
water-source n. 水源.
wa'terspout [ˈwɔːtəspaut] n. (气) 海龙卷,水龙卷②水落管,排水口,(槽)口,水柱.
water-strainer n. 滤水器.
water-supply n. ①水源,给水(量)②自来水③蓄水与供给系统,蓄水池,水库.
water-system n. ①水系 ②＝water supply.
water-table n. ①(地下)水面(位),水平面②(门窗)披水,泻水台,飞檐,承雨线脚.
water-thermometer n. 水温表.
wa'tertight' [ˈwɔːtəˈtait] a. ①不漏(透)水的,防渗的,止(耐,防)水的,水密的,密封的②无懈可击的,无隙可乘的. *watertight flat* 水密平台,水密甲板. *watertight joint* 水密接缝. *watertight pitch* 铆接的水密间距,水密铆距. *watertight work* 水密工程.
wa'tertightness n. 不透水性,水密(封)性,闭水性.
water-top tank 顶部盖水油罐.
water-tower n. (自来)水塔,(救火用)高喷水塔.
water-tube n. 水管.
water-tunnel n. 输水隧洞,水洞.
water-use a. 用水(方面)的. *water-use ratio* (气象) 蒸腾率.
water-wag(g)on n. 运(洒)水车.
water-wall n. 水墙,水冷壁.
wa'terway n. ①水路(道,系),航道②出水道(口),排水渠(沟)③(木船)的梁压材. *waterway opening* (桥,涵)的出水孔(径).
water-wet a. 水润湿的.
water-wheel [ˈwɔːtəwiːl] n. 水轮,水车.
water-white a. 水白(色)的,无色透明的. *water-white acid* 水白酸,水白盐酸.
wa'terworks n. ①给水设备,供水系统,(自来)水厂,自来水工程(设备),水事工程②喷水装置,装饰用喷泉.
wa'tery [ˈwɔːtəri] a. ①水的,多水分的,水一般的 ②淡(稀)薄的,(干)淡的,浅色的 ③潮湿的,像要下雨的. *watery fusion* 结晶熔化. *watery stratum* 含水层.
watt [wɔt] n. 瓦(特)(电功率单位). *watt component* 有功部分. *watt consumption* 功率消耗. *watt current* 有效(功)电流. *watt loss* 功率损耗,电阻损失.

watt per candle 瓦/烛光. *watt per kilogram* 瓦特/公斤〔铁损单位〕. *watt's horse power* 英制马力.

wat'tage ['wɔtidʒ] n. 瓦(特)数. *wattage dissipation* 损耗瓦数, 功率耗散. *wattage output* （功率）输出瓦(特)数. *wattage rating* 额定功率.

watt-component n. 有功分量.

wattenschlick n. 潮泥.

watt'ful a. 有功的.

watt-hr 或 **watt(-)hour** n. 瓦(特小)时. *watthour meter* 电度表, 火表, 瓦(特小)时计.

wat'tle ['wɔtl] Ⅰ n. 枝(条), 篱笆(条). Ⅱ vt. 编织（成篱笆）, 扎(栾)排.

wat'tled a. 用枝条编织的, 篱笆的.

watt'less ['wɔtlis] a. 无功的. *wattless component* 无功部分〔分量〕, 电抗〔虚数〕部分. *wattless power* 无功功率.

wattling n. 柴排〔捆,笆〕.

watt'meter ['wɔtmi:tə] n. 瓦特计,电(力)表,功率表(计). *indicating wattmeter* 电力表, 瓦特指示表. *vane wattmeter* 翼式功率计.

watt-second n. 瓦(特)秒.

Wattson Zoom lens 瓦特逊可变焦距镜头.

wave [weiv] n.; v. ①(电,光,声)波,（波）浪②（成）波浪形,起波〔如,成〕,波纹③示波图④波(振,挥,飘)动,高潮〔涨〕,起伏,摇摆⑤（起伏）信号,挥动信号,波形曲线⑥气〔射〕流. *wave him away* 〔off〕挥之使去. *wave to him* 向他招手. *air-shock wave* 冲击波. *all wave* 全波（无线电接收机）. *associated wave* 缔合波, 德布罗意波. *ballistic wave* 弹道〔弹头〕波. *blanking wave* 消隐〔熄灭〕波. *bound wave* 合成波. *bow wave* 顶头〔头部,正〕波,弹道波,头〔弓形〕波,船首波. *capillary wave* 表面张力波. *carrier wave* 载波. *centimeter wave* 厘米波. *cold wave* 寒潮. *compression wave* 激〔压缩〕波, 等幅波, 连续辐射. *control wave* 控制信号〔脉冲〕. *cylindrical wave* 柱面波. *damped wave* 阻尼波. *detonating wave* 爆震波. *distress wave* 求救信号波. *dominant wave* 主波. *elementary wave* 元波, 基波. *high-amplitude wave* 强〔大振幅〕波. *incoming wave* 输入波, 来波. *Mach wave* 马赫波. *matter waves* 物质波. *medium short wave* 中短波(50～200m波长; 6000～1500 kc). *medium wave* (200～3000m 波长; 1500～100 kc). *modulated wave* 调幅波, 已调制波. *natural waves* 天电. *partial wave* 部分波. *plasma waves* 等离子体波. *power wave* 功率的波形曲线. *P wave* (= *primary wave*) 初波, P 波, 地震纵波. *quasi-optical wave* 准〔类〕光波. *rarefaction wave* 稀疏波. *shape wave* 浪形(薄板带缺陷). *sharp wave* 陡削波, 狭频带. *shock wave* 激波,冲(击)波. *square wave* 矩形波. *standing wave* 驻波. *subcarrier wave* 副载波. *S wave* (= *secondary wave*) 次波, S 波, 地震横波, 次相. *tidal wave* 潮波. *transverse wave* 横波. *travelling wave* 行波. *wave ab-sorber* 〔breaker〕电波吸收装置, 消波器. *wave acoustics* 物理(波动)声学. *wave analyser* 波形分析仪. *wave angle* 波传播〔波程〕角. *wave antenna* 〔aerial〕行波天线. *wave band* 波段, 波带, 频带. *wave changer* 波段转换〔选择〕开关. *wave clipper* 削波器. *wave clutter* 海面杂乱回波, 海浪回波干扰. *wave cut* 波〔浪〕蚀. *wave detector* 检波器. *wave director* 波导, 导波体. *wave drag* 波阻, 导波向器. *wave equation* 波动方程. *wave erosion* 浪蚀. *wave front* 波阵面, 波前. *wave guide* 波导(管,器). *wave guide lens* 波导透镜, 导波镜. *wave horse-power* 兴波有效马力. *wave launcher* 射波器, 电波发射器. *wave line* 电波传播方向, 传波方向. *wave loop* 波腹. *wave mass* 波质量. *wave mechanics* 波动力学. *wave meter* 波长计, 波频〔波长〕计, 示波器. *wave modes* 波相. *wave mode selector* 波型〔振荡型〕选择器. *wave node* 波节. *wave normal* 波(面)法线. *wave notation* （天然地震波）震波符号. *wave number* 波数. *wave of translation* 平移波. *wave packet* 射频脉冲, 波束(群). *wave pattern* 波形图, 波谱, 波型. *wave point* 波点. *wave scale* 波动标, 波级. *wave separator* 分波器. *wave soldering* 波焊. *wave spread*(*ing*) 波长分布范围. *wave surface* 波面. *wave tilt* 波前倾斜. *wave train* 波列〔串〕. *wave trap* 陷波器, 陷波电路, 防波阱. *wave wash levee* 防浪堤. *wave winding* 波状绕组〔绕法〕. ▲ *in waves* 波状地, 成波浪形. *make waves* 兴风作浪. *wave aside* 对…置之不理, 把…丢在一边, 丢弃, 排斥.

wave'band n. 波段, 频带.

wave-built a. 波成(浪积)的.

wave-changing switch 波段〔波长转换〕开关.

wave'crest n. 波峰.

waved a. 波浪形的, 起伏的, 有波纹的, 飘动的.

wave'-drag ['weivdræg] n. 波阻.

wave-echo n. 回波.

wave'form ['weivfɔ:m] n. (信号,振荡)波形. *balancing waveform* 平衡〔对称〕的〔补〕波形. *given current waveform* 给定形状电流, 给定的电流波形. *keying waveform* 键控(信号)波形. *trigger waveform* 触发脉冲形状〔波形〕. *waveform monitor* 波形监视器.

wave'front ['weivfrʌnt] n. 波前, 波阵面. *wavefront advance* 波前行进. *wavefront travel* 波前行程.

wave'guide ['weivgaid] n. 波导(管). *ridge waveguide* 脊形波导. *squeezable waveguide* 可压缩波导管. *waveguide branching filter* 波导管分波器. *waveguide corner* 折波导. *waveguide feed* 波导馈源, 抛物镜面天线. *waveguide hybrid junction* 混合波导管连接. *waveguide switch* 波导(管)转换开关.

waveguide-magnetron n. 波导磁控管.

waveguide-to-coaxial adapter 波导-同轴转接头.

wave-guide twist 弯形波导接头, 扭波导.

wave-hopping n.; a. 贴近地(水)面飞行(的).

wave-induced scour 波浪冲刷.

wave'length ['weivlenθ] n. 波长. *boundary wavelength* 边界波长. *cut-off wavelength* 截止波长. *spectral wave-length* 光〔频〕谱波长. *threshold wavelength* 临界〔限度,阈〕波长. *wavelength constant* 波长常数. *wavelength coverage* 波长范围〔覆盖面〕,频谱段. *wavelength of light* 光波长. *wavelength scan mid-point* 扫描光谱区中心点. *wavelength separation* 频率区分. *wavelength spectrum* 波长谱. *wavelength switch* 波段开关.

wave'less a. 无波浪的,平静的.

wave'let ['weivlit] n. 小〔子〕,弱〕波,波涟,成分波,弱激波,扰动线. *conical Mach wavelet* 锥形马赫子波. *small wavelet* 极弱波.

wave'like a.; ad. 波状(的),波浪般(的). *wave-like behaviour* (粒子的)波动性. *wavelike motion* 波状运动.

wave-mechanical a. 波动力学的.

wave-mechanics n. 波动力学.

wave'meter ['weivmi:tə] n. 波长计,波频计. *one-point wavemeter* 单点波长计. *resonance-frequency wavemeter* 谐振式波长计. *wavemeter using Lecher wire* 勒谢尔线频率计〔波长计〕.

wave'number n. 波数.

wave-packet n. 波包〔束,群〕. *wave-packet portion* 正弦信号群,波束部分.

wave-path n. 电波传播路径.

wa'ver ['weivə] vi.; n. ①摇(摆,晃,曳),颤动,闪烁 ②犹豫,踌躇,动摇 ③波段开关,波形〔段〕转换器. *square waver* 正弦波-矩形波转换器.

wave-range n. 波段.

wa'verer n. 动摇不定〔犹豫不决〕的人.

wave-resistant structure 稳波构造.

Waverlian stage (早石炭世)瓦体利阶.

wave'shape n. 波形. *waveshape kit* 简化波形式空气枪.

wave'shaping n. 波形形成〔整形〕. *wave-shaping circuit* 整形电路,信号形成电路.

wave-straightened coast 浪成平直海岸.

wave'strip n. 腹线.

wave'trap n. 陷波器,陷波电路.

wavevector n. 波矢.

wave-winding machine 波状绕组电机,波状绕线机.

wave-wound coil 波形绕组线圈.

wavicle n. 波粒子.

wa'viness n. 波动〔浪,形,性,状,度〕,波纹(度),余波,弯曲,起浪,成波浪形. *surface waviness* 表面波度.

wa'vy ['weivi] a. ①波状的,起伏的,有波纹的,起〔多〕浪的,波涛滚滚的 ②成波浪形前进的,动摇的,摇摆的,不稳定的. *wavy edge* (带材的)波浪边. *wavy trace* 起伏(蜿蜒)线.

wax [wæks] I a. 蜡的 (黄,蜡,石)蜡,蜡状物,蜡制的 ②塑性材料 ③唱片. I vt. ①涂(打,封,上)蜡 ②把…录成唱片. III vi. ①(月亮)变大,渐圆,盈增 ②渐渐变成,转为. *body wax* 车身擦〔抛〕光用蜡. *cake wax* 蜡盘. *ceresin(e) wax* (纯)地蜡,微晶蜡. *chloro-naphthalene wax* 卤蜡,氯萘蜡. *mineral* 〔*paraffin*〕 *wax* 石蜡. *ozokerite* 〔*earth*〕 *wax* 地蜡. *sealing wax* (密)封蜡,封瓶蜡,火漆. *synthetic wax* 人造蜡,合成石蜡. *wax and wane* 盈亏,盛衰. *wax block photometer* 蜡块光度计. *wax cloth* 蜡(油)布. *wax master* 〔*original*〕 (录音)蜡主盘,蜡盘(录音)原版. *wax vent* 灯芯,蜡线,蜡芯. *wax(ed) paper* (包装用)蜡纸. ▲*be in* 〔*get into*〕 *a wax* 发怒. *like wax* 操纵自如,似蜡的.

wax-coated paper 蜡(质记录)纸.

wax'en ['wæksn] a. 蜡(制,似,质)的,上(涂)蜡的,像蜡的,(柔)软的.

wax-free a. 无蜡的.

wax'iness n. 蜡质,柔软.

wax-like a. 似蜡的.

wax-lined a. 衬蜡的,蜡衬里的.

wax-sealed a. (用)蜡(密)封的.

wax'work ['wækswə:k] n. 蜡制品,蜡像.

wax'y ['wæksi] a. 蜡(制,质,状,似)的,(柔)软的,可塑的. *waxy luster* 蜡光泽.

waxy-looking a. 似蜡的.

way [wei] I n. ①路(线,径,途,程),通〔道,航〕路,(导)轨,轨道(迹),航线 ②方式〔法,向,面〕,途径,行动方针,手段,办法 ③式(样),型,样子,情形,状态(况),距离 ④习惯,作风,习俗 ⑤部,种,点,范围,规模,行业 ⑤(pl.)船台,滑道,(新船)下水台,(导)轨,电缆管道的管孔,槽,巷道 ⑥附近,…一带. I ad. 远远地,大大,非常,真,得多. *This is the right* 〔*wrong, best*〕 *way to do* 〔*of doing*〕 *the job*. 这是做这件事的正确〔错误,最好〕的方法. *He went this* 〔*that, the other*〕 *way*. 他向这〔那,另一〕边走去. *They are in no way similar*. 他们无一处相似. *aerial rope way* 架空索道. *companion way* 座舱走道,上下梯道,升降口. *flange way* 凸缘沟. *guide way* 导轨,导向体〔槽〕. *key way* 键槽. *Milky Way* 【天】银河. *oil way* 油路,permanent way* (铁路)轨道. *right of way* 通行权,优先行驶权. *slide way* 滑道(槽,台),导轨面. *slot way* 槽路. *steam way* 蒸汽道(槽). *three way* 三通管接头. *three way cock* 三通旋塞,三向龙头. *three-way piece* 〔*connection*〕 三路管. *three-way switch* 三路〔向〕开关. *two-way valve* 二〔双〕通阀,双行程活门. *way beam* (桥梁)纵梁. *way cover* 【机】导轨罩. *way in* 进路,入口. *waymark form* 〔*便*〕,同时,顺便〔顺带〕说说,另外,还有. *by way of* 当作,作为,以便,为了,用…方法,通过,取道,终由,处于…状态,做出…样子;(十

ing) 快要,行将. *carve out a way* 开辟道路. *clear the way for* 为…扫清道路,为…让路. *cut both ways* 模棱两可,互有利弊,对双方都起作用,两面都说得通. *either way* 总之,两种情况都. *every once in a way* 间或,偶尔(=every once in a while). *every which way* 四面八方,非常混乱地. *fall* (*come, lie*) *in one's way* 为…所碰到〔利用,经历,擅长〕. *find one's way* 设法到达,达到. *force one's way ahead* 硬往前挤〔挤,钻,冲〕. *from way back* 从远处;从很久以前,由来已久;彻底,完全. *gather way* 增加速度. *get in the way* 阻碍,挡道. *get out of the way* 避〔让〕开,解决掉,收拾,除去. *get under way* (使)开始,开动,开始进行. *give way* 让步(步,位),受损,破坏,溃决,坍塌,软化. *go a good* (*great, long*) *way to* (*towards, in*) 向…走了很长一段距离,大大有助(到于),非常有效,采取主动. *go a little way* 走一点路,不大有作用. *go* (*take*) *one's own way* 自行其是,一意孤行. *go one's way*(s) 动身,走掉. *go out of the* (*one's*) *way to* + *inf*. 故意,特意,不怕麻烦地(去做). *go some way* 走了一小段距离,有点用处〔效果〕. *have a way of* +*ing* 有(做…)的毛病〔习惯〕. *have it both ways* (参加双方争论时)忽左忽右,见风使舵. *have no way of* +*ing* 没办法(做). *have* [*get*] *one's own way* 自主行事;为所欲为,随心所欲. *have way on* 在航行中. *in a big way* 强调地,彻底地,大规模地. *in a general way* 概括地,总之,一般来说,大体上. *in a planned way* 有计划地. *in a rough way* 大约. *in a small way* 小规模地,节俭地. *in a* [*one*] *way* 在某点上,在某种意义〔程度〕上;有几分,稍微. *in all manner of ways* 用各种方法. *in an ordinary way* 按照常例,通常. (*in*) *every way* 在各方面,哪点都,完全,坚决. *in much the same way as* [*that*] 以和…大致相同〔类似〕的方式〔方法〕. *in no way* 决不,一点也不,无论如何也不,不会以任何方式,不会在任何方面. (*in*) *one way or another* 或 *in some way or other* 用种种方法,不管怎样样,朝各个方向. *in such a way that* [as to +*inf*.] 以这样的方式即,通过下述方式. *in the right way* 正确地. (*in*) *the way* (*in which*) 以…方法,沿…方向. *in the way of* 在…方面,对于,关于,在便于做〔得到〕…的地位. *in this way* 这样,由此可见. *keep out of the way* (使)避开. *know one's way around* 熟悉业务. *lead the way* 带路,示范. *lose the way* 迷路. *lose way* 减低速度. *make one's way* 前进,进行,获得成就. *make the best of one's way* 尽量快走,尽快进行,努力前进. *make way* 前进,进行〔展〕. *make way for* 为…让路. *no way* 无论如何,决不. *no way* (*inferior*) 一点也(不坏). *offer no way out of* 没有提出摆脱…的方法. *on the way out* 将变为过时,陈旧. *once in a way* 有时,偶尔. *one's way around* [*about*] 必须熟悉的业务知识. *out of harm's way* 在安全的地方. *out of the way* 向旁边,避〔离〕开不妨碍,离开正道,误,不便的,不恰当的,异常的,不寻常的,奇特的. *pave the way for* [*to*] 为…铺平道路〔作好准备〕. *put*…*in the way of* (+*ing*) 给某人以(做)的机会. *put it another way* 换句话说. *put oneself out of the way to* +*inf*. 不辞辛苦帮助别人(做). (*put*) *the other way round* 相反,反之,反过来. *see one's way* (*clear*) *to do*(*ing*) 有可能〔能设法〕(做). *shoot one's way* 用战争〔武力,威胁〕来达到目的. *show*…*the way* 给…指路〔作示范〕. *stand in the way* 碍事,挡道. *take one's way to* [*towards*] 向…走去〔出发〕. *the other way round* 相反地,从相反方向,用相反方式. *the parting of the ways* 岔路,抉择关头. *the permanent way* 铁轨,铁道全长. *the right way* 最正确恰当,有效)的方法,真相,事实;方向正确地,恰当地,有效地. *the way* 用这样的方式;从…样子来看. *the whole way* = all the way. *to my way of thinking*. 据我的想法,我认为. *under way* 进(航)行中. *work one's way* 排除困难前进.

way′bill ['weibil] *n*. 乘客单,(铁路等的)运货单.
way-board *n*. (两厚层当中的)薄煤板.
way′farer *n*. 走路人,旅客,(徒步)旅行者.
way′faring *a*. (徒步)旅行的,旅行中的.
waylay′ [wei'lei] (*waylaid, waylaid*) *vt*. 伏击;拦路抢劫.
way′leave *n*. 道路通行权,经过他人土地、产业之路权(如自矿场运煤等). *wayleave charges* 免费使用(电话)权.
way-operated circuit 分路工作线路.
way′out *a*. 通远的,非寻常的,试验性的.
way′shaft *n*. 摇臂轴.
way′side *n*.; *a*. 路旁(边)(的).
way-station *n*. (快车等不停留的)小站.
way-train *n*. 普通客车,慢车.
way′ward ['weiwəd] *a*. ①任性的,刚愎的 ②反复无常的,不定的. ~ly *ad*.

WB = ①wagon box (货)车箱 ②waybill 运货单,乘客单 ③Weather Bureau (美国)气象局 ④wet bulb 湿球(温度计) ⑤wheel base (轮)轴距 ⑥wideband 宽(频)带 ⑦wood base 木底座 ⑧work bench 工作台 ⑨World Bank (联合国)世界银行.
Wb = ①weber 韦伯(等于 10^8 麦克斯韦)②wheel base 轴距.
wb = ①warehouse book 仓库帐簿 ②water ballast 压舱水 ③westbound 向西行(驶)的 ④wet (and dry) bulb thermometer 湿球(干湿球)温度计 ⑤wheel base (轮)轴距.
W/B = waybill 运货单,乘客单.
WBAN = Weather Bureau, Air Force-Navy 海空军气象台.
WBC = Westinghouse Broadcasting Company (美国)威斯汀豪斯广播公司.
WBF = wood block floor 镶木地板.
WBL = wood blocking 木块.
WbN 或 **W by N** = west by north 西偏北.
WBNS = water boiler neutron source 沸腾式中子源反应堆.
W-boson *n*. W(弱)玻色子,中间矢量玻色子.
W-bridge *n*. W 型电桥.
WbS 或 **W by S** = west by south 西偏南.
WC = ①water-cooled 水冷却的 ②with care 小心 ③

working circle 工作轨道〔范围〕.

wc = ①water closet 盥洗室,厕所,抽水马桶 ②without charge 免费.

W/C = ①water-cement ratio (混凝土)水灰比 ② with care 请小心.

w/c =watts per candle 瓦/烛光.

WCEMA = West Coast Electronic Manufacturers Association 西海岸电子仪器制造商协会.

WCH =west coast handling 西海岸装卸.

WCI = white cast iron 白铸铁.

WCLD =watercooled 水冷(却)的.

WCOTP =World Confederation of Organization of the Teaching Profession 世界教育职业组织联合会.

WCP = ①wing chord plane 翼弦平面 ②work control plan 工作控制计划.

WCPC =World Culture Data Centre Australia 世界培植物品数据中心(澳大利亚).

WCS = writable control storage 可写(入)的控制存储器.

WCV =water check valve 水止回阀.

WD = ①War Department 陆军部 ②whole depth 齿全深 ③wiring diagram 布线图,线路图,接线图 ④ wood 木材 ⑤wood door 木板门 ⑥working depth 加工〔铣切〕深度

Wd =wood 木材.

wd =wiring diagram 布线图,线路图,安装图.

W/D = weight-displacement ratio 重量-位移比.

w/d =withdrawn.

WDC = World Data Centre on Micro-organism 世界微生物资料中心.

WDF =weapon defense facility 武器防御设施.

wdg = winding 线圈,绕组,卷扬.

WDI = warhead detection indicator 弹头检验指示器.

we [wi:] *pron.* (所有格 our,宾格 us) ①我们 ②(自称)本刊〔报〕,这〔泛指〕人们.

WE =Western Electric 西部电气公司.

We =weber number 韦伯数.

we =water equivalent 水当量.

W_e =weight empty 净(空,皮)重,空机重量.

W/E & SP =with equipment and spare parts 带设备和备件的.

wea =weather 天气.

wea T =weather tight 防(水)不透风雨的,风雨密的.

weak [wi:k] *a.* ①(微,软,衰,薄)弱的,易破〔弯〕的,不耐用的 ②稀薄的,淡薄的,软的 ③不充分的. *weak acid* 弱酸. *weak base* 弱碱. *weak battery* 电压不足的电池. *weak bridge* 不能受重载的桥梁. *weak coal* 脆(易碎)煤. *weak compactness* 弱紧性. *weak coupling* 疏〔弱,次〕耦合. *weak current* 弱电流. *weak electrolyte* 弱电解质. *weak homology group* 弱同调群. *weak link* 弱键〔环〕. *weak links* 薄弱环节. *weak machine* 功率小的机器. *weak mixture* 贫(燃料)混合物〔气〕. *weak object* 对对比度景物. *weak picture* "软"图像. *weak point* 〔side〕弱点,短处. *weak sand* 瘦(型)砂. *weak singularity* 弱奇性. *weak solution* 弱解,稀溶液. *weak variation* 弱变分. ▲(*be*) *weak in* ... (方面)的能力差〔弱〕. *weak in tension* 抗拉强度很低.

wea'ken ['wi:kən] *v.* ①削〔变,减〕弱,变〔弄〕稀,降低,减轻,弄稀薄 ②衰耗〔减〕,阻尼,消震,减幅〔振〕. *weakened plane joint* 弱面缝,槽(假,半)缝. *weakening of metal* 金属强度降低. *weakening of moulding sand* 型砂减强.

weak-eyed *a.* 视力差的.

weak'ly *a.* ; *ad.* (弱的). *weakly burned* 略微熔烧过的. *weakly-cemented* 弱结合的. *weakly compact* 弱紧. *weakly measurable* 弱可测.

weak'ly-cemen'ted *a.* 弱粘〔胶〕合的.

weak-minded *a.* 意志(精神)薄弱的.

weak'ness *n.* (脆,柔,衰,软)弱,弱(缺)点,无力,低强度,(特殊的)爱好.

weal [wi:l] *n.* 福利,幸福. *weal and* [or] *woe* 祸福甘苦.

weald [wi:ld] *n.* 森林地带,荒漠的旷野.

weald-clay *n.* 构成砂岩、粘土、石灰岩和铁矿石的矿床的上部地层.

wealth [welθ] *n.* ①财产〔富〕,资源 ②丰富,大量. *wealth of the oceans* 海洋资源. ▲*a wealth of* 大量的,丰富的,许多.

weal'thy ['welθi] *a.* ①丰富的,充分的,许多的 ②富裕的. *wealthy in resources* 资源丰富的. *weal'thily ad.*

weap'on ['wepən] Ⅰ *n.* ①武器,兵器,军械 ②斗争工具〔手段〕. Ⅰ *vt.* 武装. *air-to-air weapon* "空对空"导弹. *conventional weapons* 常规武器. *massive weapon* 原子〔热核〕武器,原子弹头的导弹,大规模毁灭性武器. *nuclear weapon* 核武器. *production weapon* 成批生产的武器. *weapon against* 对付…的武器.

weaponeer' *n.* (核)武器专家,投原子弹人员.

weap'on-grade ['wepəngreid] *a.* 武器级的,军用的,用于军事目的的.

weap'onless *a.* 无武器的,没有武装的.

weap'onry ['wepənri] *n.* 武器(系统),武器设计制造学.

wear [wɛə] Ⅰ (wore, worn) *v.* Ⅰ *n.* ①磨损〔耗,坏,蚀,破〕,消耗,耗损,损耗(量),用(变)旧,用(损)坏,穿破〔经〕②耐〔用〕的,耐磨(性),耐久(穿)的 ③(着),戴(着),衣服,服装 ④表(呈)现着,显出 ⑤逐渐变成. *wear a hole* 磨成了个洞. *It won't wear* 这东西不耐久. *There is no wear in this stuff* 这种材料不耐磨. *abrasion wear* 磨耗量. *O ring wear plate seal* 防磨板 O 型油封. *wear allowance* 磨损留量,容许磨耗. *wear and tear* 消耗〔磨〕,磨损,损耗,磨耗及损伤. *wear hardness* 磨损硬度,耐磨. *wear plate* 防磨耗板. *wear pump* 磨耗泵. *wear resistance* 耐磨性. *wear ring* (研磨机的)磨损圈,耐磨环. *wear value* 磨耗值. *wearing capacity* 耐磨性;磨损量. *wearing iron* 〔plate〕防磨(铁)板. *wearing resistance* 抗磨力,磨损阻力,耐磨性. *wearing ring* 耐磨环. *wearing strength* 抗磨强度. *wearing surface* 磨耗面;磨损面. *wearing test* 耐磨〔磨耗〕试验. *wearing value* 磨耗值. ▲*be the worse for wear* 被用坏,被穿破. *take the wear* 经受磨损. *wear* *away* 磨损[耗,薄,灭],消耗[磨],耗尽,消逝[磨]. *wear badly* 不耐[经]用. *wear down* 磨低[薄,平,损],损耗,消他,磨到 (to). *wear in* 磨合. *wear into* [to] 磨[擦]成. *wear loose* 磨松. *wear off* 磨损[耗,去,掉],耗损,擦去,消逝,(渐渐)变小,逐渐减弱. *wear on* (时间)消逝. *wear out* 磨损[耗,掉],消耗[磨],耗尽,穿破[旧],用坏[旧,完,光]. *wear thin* 消耗消失(无效). *wear through* 逐渐消耗(减少). *wear well* 耐[经]用.

wearabil'ity [wɛərə'biliti] n. 耐[抗,可]磨性,磨损性[度]. *specific wearability* 磨损率.

wear'able ['wɛərəbəl] a. 耐[经]磨的,可[适于]穿的.

wear-and-tear n. 消耗[磨],损[磨]耗,磨损.

wear'er n. 磨损物,穿戴者.

wea'riful a. 使人疲倦[厌烦]的.

wea'riless a. 不倦的,不厌烦的.

wea'rily ad. 疲倦地.

wear'-in ['wɛərin] n. 磨合.

wea'riness n. 疲劳[厌]倦.

wea'risome a. 使人疲劳的,使人厌倦的.

wearlessness n. 耐[抗]磨性.

wear-life n. 磨损期限,抗磨寿命.

wearom'eter n. 磨耗计.

wear-out n. 磨损,消耗,用坏[旧,完].

wear'proof a. 耐[抗]磨的.

wear-resistance n. 抗磨力,耐磨性.

wear-resistant 或 **wear-resisting** a. 耐[抗]磨的.

wea'ry ['wiəri] I a. (令人)疲[厌]倦的. II v. (使)疲[厌]倦. *weary willie* 飞机式导弹. ▲*weary out* 使精疲力尽.

wea'sel ['wi:zl] n. 水陆两用自动车,小型登陆车辆.

weath'er ['weðə] I n. ①天气[候],气象,大气[气象]条件 ②天气的影响,日晒风吹雨打,风化(作用) ③露风雨,恶劣天气 ④境遇,处境. II v. ①(使)经受风吹雨打[日晒风露],(使)风[老]化,风[侵]蚀 ②通风,晾[吹干] ③航行到 …上风,逆行 ④避退,推过,经受住,平安度过 ⑤(作坡)泻水,使(屋面等)倾斜(以排雨水). *all weather* 全气候性的,全天候的,常年候的,不论晴雨的. *broken weather* 阴天不定. *cloudy weather* 阴天. *fair weather* 晴天. *minimum weather* 最劣天气. *weather aging* 自然[气温]老化. *weather anomaly* 天气反常. *weather board* 风雨(封檐,墙面,护墙)板. *weather box* 晴雨指示器. *weather bureau* 气象局. *weather chart [map]* 天气[气象]图. *weather cock* 风(向)标,定风针,风信鸡,风向定位. *weather control* 天气控制. *weather deck* 露天[干舷]甲板. *weather detector* 天气预报器. *weather door* 外重门,坑门通气门. *weather effect* 气候影响. *weather exposure* 暴露于大气中,日晒风露,风化. *weather eye [orbiter]* 气象卫星. *weather forecast* 天气预报. *weather gauge* 气压计. *weather glass* 晴雨表,气压计. *weather joint* 泻水缝. *weather minimum* 最低气象条件,最低安全气象,最劣天气. *weather protected machine* 防风雨机器. *weather report* 天气预报,气象报告. *weather satellite* 气象卫星. *weather service* 气象预报广播,气象服务(站). *weather shore* 上[迎]风岸. *weather station* 气象站[台].

weather strip 挡风(雨)条,(塞在窗门缝中以防雨的)塞缝片. *weather vane* 风向标. *weather working day* 晴天工作日. *zero-zero weather* 零-零天气(能见度与云高皆为零). ▲*for all weathers* 各种天气都适用的. *in all weathers* 在各种天气条件下,不论晴雨,全天候,常年候. *keep one's weather eye open* 警戒,注意. *leave ... to weather* 把 ... 置之露天,听任 ... 经受风雨. *make good [bad] weather* 遇到好[坏]天气. *make heavy weather of* 对 ... 考虑过多,发现 ... 麻烦[困难,棘手]. *under stress of weather* 被迫于?恶劣天气,因恶劣天气[因暴风雨]影响. *weather out [through]* 耐天气变化,耐风雨. *weather permitting* 如果天气好的话. *weather the storm* 战胜暴风雨,克服困难.

weath'erabil'ity n. 耐气候性,经得住风吹雨打.

weather-avoidance radar 全天候雷达.

weath'er-beat'en a. 风雨侵蚀(损耗)的.

weatherboard I n. 檐板,挡风板,上风弦. II vt. 给 ... 装檐板.

weatherboarding n. 檐[屋面]板,装檐板,装屋面板.

weather-bound a. 被风雨所阻的,因天气不能起飞[航]的.

weather-chart n. 气象图,天气图.

weath'ercock n. 风(向)标.

weath'erdeck n. 露天[干舷]甲板.

weath'ered a. 风化的,晾干的,倾斜的,作坡泻水的. *weathered layer* 风化层,低速带.

weather-fast a. 被风雨所阻的.

weath'ergauge [ˈweðəgeidʒ] n. 气压计[表],上风的位置,有利的地位. *have [get] the weathergauge of* ... 比 ... 占据有利的地位.

weath'erglass n. 晴雨计.

weath'erguard n. 抗天气保护(装置).

weath'ering n. ①风化(作用,层),气候[自然]老化,大气侵蚀,自然[天然]时效,淬化,风[侵]蚀 ②泻水(斜度),泡水用的倾斜装置. *weathering quality* 耐风蚀性,耐老化性. *weathering test* 老化试验.

weath'erize vt. 使(机器,设备)适应气候条件.

weath'erman n. 气象工作者.

weathermom'eter n. (油漆涂层的)耐风蚀测试仪,风蚀计,老化试验机.

weatherom'eter n. 老化[耐风蚀]测试机,风蚀计,人工曝晒机.

weath'erproof I a. 经得起风雨[各种天气]的,全天候的,不受气候影响的的,抗大气天气[气候]影响的,耐风蚀的,防风雨的. II vt. 使防风雨[日晒]. *weatherproof cabinet* 防风雨箱. *weatherproof wire* (风)雨线.

weath'erproph'et [ˈweðəˈprɒfit] n. 天气预报器.

weather-protected a. 不受天气[气候]影响的,抗大气影响的.

weather-side a. 上风的,迎风的.

weather-stained a. 被风雨弄褪了色的.

weath'erstrip n. 挡风(雨)条,阻风雨带,塞眼片(塞在门窗缝眼里以防风雨的木片或橡皮片).

weath'ertight a. 防[不透]风雨的,风雨密的.

weath'ervane n. 风向标.

weather-wise a. 善于预测天气的.

weath'erworn a. 风雨损耗[剥蚀]的,被风雨弄坏了

weave [wi:v] I (*wove*, *wo'ven*) v. II n. ①织，编(成，推，进)，构成 ②编织法，编织型式 ③摆动，摇晃，【焊】横摆运动，运条 ④迂回，盘旋，曲折 ⑤(光栅的)波状失真，波形畸变，行间闪烁. ▲ *weave M into N* 用 M 织〔编〕成 N. *weave M out of N* 用 M 织〔编〕M.

wea'ver n. 纺织工人.

wea'ving n. ①编(纺，交)织 ②【焊】(横向)摆动，运条，横摆运动，(光栅的)波状失真. *weaving movement* 摆摆运动(机体振动). *weaving wire* 编织用钢丝.

weavy grain 卷纹，织纹.

web [web] I n. ①腹板(部)，壁板，(工字)梁腹板，T 形材的立股，连接板，轨腰 ②垂直背板，曲柄臂 ③缩颈 ④金属薄条(片)(如刀叶，锯片)，薄板条，散热片 ⑤(角铜的)股，边 ⑥辐板，轮辐，辋圈 ⑦连接带 ⑧蹼，膜，筋 ⑨钻心 ⑩棱角(线) ⑪丝(织，蛛)网，网膜，网状物 ⑫织品，⑬(织物)⑬卷筒纸，卷材，一卷，一筒 ⑭(留material)坯料 ⑮(阴谋等的)圈套. II (*webbed*; *web'bing*) v. 丝网般密布在…上，成丝网状，使落入圈套. *compression web* 压送式输送带. *crank web* 曲柄(柄)臂. *end web* 端腹板. *feeding web* 喂送(进料)输送带. *lifting web* 升运带. *shear web* 抗剪腹板. *side web* 侧腹板. *thrust web* 承推力壁，推力受力元件. *twist web* 麻花钻心. *web clearance* 曲柄臂间隙, *web grammar* 网络语法法. *web member* 腹杆. *web of conics* 二次曲线罗. *web of the rail* 轨腹，轨腹. *web press* 卷筒纸轮转印刷机. *web reinforcement* 抗韧钢筋，横向钢筋，箍筋，腹筋. *web splice* 腹板镶板〔搭接〕. *web stiffener* 梁腹加劲件. *web system* 腹杆系. *web thinning* 修磨横刃，将钻心厚度磨薄.

WEB =webbing.

web'bing n. ①带子，带状织物，织物带 ②膜，起粘丝 ③桁架腹杆构件. *spray webbing* 以塑料喷涂于网络上而成一整体.

web'bite n. 炼钢合金刚(钛 5～7%，其余铝).

we'ber ['veibə] n. 韦伯(磁通量单位＝10^8 麦克斯韦). *weber number* 韦伯数. *weber per square meter* 韦伯/米^2.

web-member n. 腹杆.

web'sterite n. 矾石，二辉岩.

web-type flywheel 盘式飞轮.

web-wheel n. (钟表)板轮，盘式轮.

WEC ＝Westinghouse Electric Corp. (美国)威斯汀豪斯电气公司，西屋电气公司.

WECO ＝①Western Electric Co. 西部电气公司 ②=WEC.

wed [wed] vt. ①使结合 ②结婚. ▲ *wed* … *to* 〔*with*〕…使…与…相结合.

Wed ＝Wednesday 星期三.

we'd [wi:d] ＝we had; we would; we should.

wed'ded a. ①坚持的，拘泥于…的 ②专心致志的，热爱的 ③结合在一起的，(一匹)结婚的. ▲ *be wedded by common interest* 被共同利益结合在一起. *be wedded to* 坚持，专心做，热爱. *be wedded to conventions* 墨守成规.

wedge [wedʒ] I n. ①楔(形物，形体，形图，块)，(尖) 劈，(中性)劈)光楔，光楔，V 形木片〔金属片〕，垫箱楔铁，斜铁 ②楔形(顶注)浇口，(测试卡上的)楔形线束，楔状地形 ③起因 ④月体 ⑤高压楔. II v. 楔〔插，嵌，桥〕入(into, in)，楔牢(住，固)(up)，加楔，推开〔进〕(away)，劈开，挤进. *absorbing wedge* 吸收光楔. *absorption wedge* 吸收楔. *adjusting wedge* 或 *wedge adjuster* 调整楔. *definition wedges* 清晰度测试楔形表. *double wedge* 双面楔，凸肋，菱形翼型. *dry wedging* 临时楔块. *entering* (*leading*) *wedge* 前缘. *fox wedge* 紧箍楔. *gate wedge* 楔，斜铁. *jaw wedge* 立式导床调整楔. *quartz wedge* 水晶劈，石英劈. *resonant wedge* 共振劈. *retardation wedge* 减速光楔. *tension wedge* 拉紧楔子. *wedge action* 楔紧作用. *wedge bonding* 楔形接合(点)，楔焊，楔形焊点. *wedge clamp* 楔形压板. *wedge contact* 楔形接点，插接触点. *wedge design* (消声室)尖劈设计，楔设计. *wedge film* 劈形膜，楔形膜. *wedge friction wheel* 楔形摩擦轮. *wedge gate* 楔形浇口. *wedge gauge* 楔规. *wedge joint* 楔接. *wedge key* 楔形楔. *wedge lines* 楔形高压线. *wedge photometer* 劈片光度计. *wedge slot* 楔形槽，尾锭孔. *wedge theory* (十压力的)+楔理论，楔体理论. *wedging block* 楔合块. ▲ *be wedged in between* 夹在…之间. *drive a wedge into* …中打进楔子，破坏. *the thin end of the wedge* 得寸进尺的开端，可能有重大后果的小事. *wedge* … *in* (*into*) 挤(轧，塞)进. *wedge out* 变薄，尖灭.

wedged a. 楔形的. **wedged tenon** 楔榫.

wedge-like a. 楔形的.

wedge-shaped a. 楔形的，劈形的，半面晶形的.

wedge'wise ad. 成楔形.

wed'gy ['wedʒi] a. 楔形的.

Wed'nesday ['wenzd(e)i] n. 星期三.

wee [wi:] I a. ①小(很，极，微)小的 ②很早的. II n. 一点点，一会儿. ▲ *a wee bit* 真正一点点，有些，相当，少许.

weed [wi:d] I n. 杂草，废物，没用的东西. II vt. 除去(草，害)，淘汰，消灭，分除，扫(肃)清，清除(out).

weed'er n. 除草器(机，工具)，除草人.

weed-filled a. 海藻丛生的(水域).

weed-free a. 无水藻的.

weedicide n. 除莠剂.

weed-killer n. 除草剂，除莠剂.

weed'y a. ①多杂草的，水草丛生的，杂草似的，蔓延的 ②没用的，没价值的.

week [wi:k] n. ①(一) 星期, (一)周 ②工作周(星期日以外的六天) ③比某日早〔晚〕一星期的一天，一周. *to-day* 〔*this day*〕 *week* 下〔上〕星期的今天. ▲ *a week about* 每隔一星期. *week in, week out* 一星期一星期地，连接许多星期.

week'day n. 平日，周日，工作日(除星期日或星期日、星期六以外的日子).

week'days ad. 在平时每天.

week'end a.; n.; v. 周末(的)，过周末，作周末旅行.

week'ends ad. 在每周末.

week-long run 持续一周之长.

week'ly a.; ad.; n. ①一星期的，一周一次(的)，每

周(的),按周计算的 ②周刊,周报. *be published weekly* 每周出版一次. *weekly cycle* (每)周循环. *weekly variation* 每周变化.

week-night *n.* 周日的晚上(指星期一至五各晚).

week'site *n.* (水)硅钾铀矿.

ween'(s)y *a.* 极小的.

weep [wi:p] (*wept, wept*) *v.; n.* ①(缓慢地)流,滴下(శ水),分泌(水分),漏(滴、渗)水,渗漏,渗出(液体),渗水孔,泛油 ②低垂、垂下,流泪,哭. *weep hole* 泄水孔(洞),排水(气)孔,滴水(渗水)孔. *weep pipe* 滴(泄)水管.

weep'age *n.* 水分的分泌(渗漏),渗出(液体),滴下.

weep'er *n.* 滴水(渗水)孔. *weeper drain* 渗水沟管,排(集)水盲沟,泄水沟.

weep'ing Ⅰ *n.* (水分的)分泌、泌(渗、漏)水,渗漏,滴落,泛油. Ⅱ *a.* ①泌(渗)出的,滴水(下)的 ②垂下的,垂枝的 ③下(多)雨的. *weeping pipe* 滴水管,排水孔管.

WEF =with effect from 自…起生效.

weft [weft] *n.* ①纬(线、纱),织物(品) ②信号旗,(求救)信号.

wehnelt ['weinelt] *n.* 韦内(X线硬度单位,X线穿透力单位).

wehnelt cylinder 文纳尔圆柱电极,(圆嘴形)调制极,控制极.

Wehnelt electrode 文纳尔〔控制,调制,聚焦〕极.

WEI =World Environment Institute 世界环境研究所.

Weibull distribution 维泊尔分布.

Weicap capacitor 印刷电路用陶瓷电容器.

wei'chi' ['wei'tʃi:] (汉语) *n.* 围棋.

weigh [wei] *v.; n.* ①称(…的重量),过秤,估(称)量 ②重(若干) ③对比,衡量,加权,权衡,考虑 ④悬浮,起(锚),启航 ⑤拔下,驮…压倒,使不平衡 ⑥有重要意义,重视,有分量,发生影响. *weigh anchor* 起锚. *weigh batcher* 按重量配料机,分批称料机. *weigh one plan against another* 权衡不同计划的优劣. *weigh the advantages and disadvantages* 权衡利弊. *weigh the pros and cons* 考虑正反两方面的意见. ▲*under weigh* 在进行中. *weigh against* 与…比较,对比,考虑,权衡,对…不利. *weigh down* 把…压低(下),倒,使低垂,使为难. *weigh heavy* (称起来)分量重. *weigh in* 参加,介入,称分量. *weigh in with* 成功地提出(议论,事实等),把…运用于讨论. *weigh light* (称起来)分量轻,不重要. *weigh nothing* 没什么,一点儿也不重要. *weigh on〔upon〕* 重压,压在…之上. *weigh out* 称(得)出,量出. *weigh up* 称(出),权衡,估量,重得使…翘起来. *weigh with* 对…关系重大,对…有影响.

weigh'able *a.* 可称的,有重量的.

weigh-a-day-a-month *n.* 每月测产一天.

weigh'-beam *n.* 秤(杆),平衡梁,天平杆,大杆秤. *drag weigh-beam* 阻力秤.

weigh'-bridge *n.* 桥(台,地)秤,地磅,秤杯,地(中)衡,秤量机,计量台.

weigh'er ['weiə] *n.* ①司〔记〕磅员,验〔司〕秤员 ②衡器,称量器,秤 ③自动(记录)秤. *stock weigher* 料称.

weigh'house *n.* 过磅处,计量所.

weigh'ing ['weiiŋ] *n.* 称(量,重),权衡,衡量,重压 ②加权,权重 ③悬浮,起(锚). *fission weighing* 裂变权重. *motion weighing* (车辆)行驶计秤. *weighing bottle* 称瓶,比重瓶. *weighing bucket* 称料斗,称桶. *weighing machine* 称量机,磅秤,台秤. *weighing room* (拌和厂)称量室,称料间.

weigh'lock *n.* 船舶称重闸门,衡闸.

weigh'-machine *n.* 秤杯,地秤.

weigh'shaft *n.* 摇臂轴,秤轴.

weight [weit] Ⅰ *n.* ①重(量,力),物,体,块,锤),负(载)荷,重(载)重 ②地心引力,趋向吸引中心的力 ③砝码,秤砣(锤),平衡块(锤,重),衡(量,制),重量单位(值),镇重,镇压物,压铁 ④【统计学】权(重),加权函数,加重(权)值,重要(性,程度),重大,分量,斤两,势力,(线条的)粗细轻重程度 ⑤负担,重担(压),责任,挂虑. Ⅱ *vt.* ①加砝码(重量,重锤)于,加负荷,加权,装载,使…重,使负重担,装载过重 ③(纺织)用金属盐使织物增加重量. *a matter of great weight* 重大事件. *all-up weight* 总重量. *assay ton weight* 试金吨砝码. *atomic weight* 原子量. *Avoirdupois weights* (英国)常衡制. *balance weight* 或 *balancing weight* 平衡重量,配重,平衡锤. *bare weight* 皮(空)重. *bob weight* 锤重. *counter weight* 配〔平衡〕重,平衡器(锤). *dead weight* 净(自)重. *equivalent* (combining) *weight* 化合当量. *full weight* 全(毛)重. *grammolecular weight* 克分子量. *gross weight* 毛(总)重. *hundred weight* 二十分之一吨(英国为 50.8kg,美国为 55.36kg). *isotopic weight* 同位素重量. *loading weight* 松装重量(密度). *net weight* 净重. *physical atomic weight* 物理原子量. *rough atomic weight* 粗略原子量. *specific weight* 比重. *standard weights* 标准重量(砝码). *tap weight* 摇(振)实重量. *troy weights* (英国)金衡制. *valent weight* 当量. *volume weight* 容重. *weight basis* 重量基位. *weight bridge* 轨道衡. *weight by weight* 重/重. *weight distribution* 权分布. *weight drop sources* 垂锤震源. *weight empty* 空(皮)重,空载. *weight enumerator* 权计计数子. *weight factor* 重量因数. *weight flow* 重量流量. *weight in least square* 最小二乘方的权. *weight in volume* 重/容. *weight memo* 重量单. *weight of tensor* 张量的权. *weight per cent* 重量百分比. *weight ratio* 体重比. *weight reciprocal* 权倒数. *weight thermometer* 重量温度计. *weight threshold element* 权阈文件. *weighting function* 权函数. *weights and measures* 度量衡,权度,计量制. *weights and measures act* 重量及计量条例. *wet weight* 湿重,动力装置总重. *wheel weight* 轮上配重,车轮附重(压载). ▲*by weight* 按重量(计算),论斤两. *carry no weight* 不重要,不受重视. *carry weight* 重要,有影响. *gain*〔*lose*〕*weight* 体重增加(减少). *give weight to* 给予重视. *have weight with* 对…重要,对…有影响. *lumping weight*(十)足重(量). *over weight* 过

重,超过分量. **pull one's weight** 努力做好自己分内的工作. **put on weight** 体重增加. **throw one's weight about** 仗势欺人,作威作福. **under the weight of** 因…的重量. **under weight** 不到分量,重量不足,过轻.

weight-drop n. 落锤法.

weight'ed a. ①受力的,负荷(载)的,载重的,处于重力作用下的 ②加[计]权的,权重的,(已)加重[载]的 ③已称重的. *weighted approximation* 加权逼近[近似值]. *weighted armature relay* 重衡铁继电器. *weighted average* 加权平均数. *weighted beaker* 已称重的烧杯. *weighted 4 bit code* 【计】加权的四位代码. *weighted error* 加[计]权误差,权重误差,权差. *weighted mean(s)* 加权平均(值,数),计权(平)均数. *weighted observation* 加权观察. *weighted silk* 加重丝(绸). *weighted sum* 加权和.

weight-formal a. 重量克式量(浓度)的.
weight'-formal'ity n. 重量克式浓度.
weight'ily ad. 重(要,大),强.
weight'iness n. 重(量),重要[大],重要性,严重性,势力影响.
weight'ing n. 加权[重],权重,称(量),加压铁,衡量,评价,*weighting factor* 权重[压缩]因数. *weighting function* 加权函数. *weighting material* 加重物,填料. *weighting network* 计权[权重]网络. *weighting of a mould* (加)压重[压铁]. *weighting platform* 秤台.
weight'less ['weitlis] a. ①失重的 ②无重力的 ③没有重量的,轻的,无足轻重的. ~ly ad.
weight'lessness ['weitlisnis] n. 失重(性,状态,现象),不可称量性.
weight-lever regulator 权杆调节器.
weight-lifting n. 提[举]重.
weight-molal a. 重量克分子(浓度)的.
weight-molality n. 重量克分子浓度.
weight'-normal a. 重规的,重量当量浓度的.
weight-normal'ity n. 重(量)规(度)的,重量当量浓度.
weight'ograph n. 自动记录式称重仪,自动(记录)衡量器.
weightom'eter n. 重量计,自动(皮带)秤,自动称重仪,自动称量试验装置.
weight-power ratio 重量马力(功率)比.
weight'y ['weiti] a. ①(沉,繁,严)重的,累人的,负担重的 ②重大的,重要的,有力的,有分量的,有影响的.
Weiler mirror screw 韦勒镜轮.
Weimer triode 薄膜三极管.
weir [wiə] I n. 堰坝(口)闸坝,拦河堰[量水,溢流]堰,鱼梁,溢洪道,溢[排]水孔,I v. 用坝挡住. *overflow* [*overflowing*] *weir* 土坝端的溢流堰. *tidal weir* 潮堰. *weir dam* 溢流[堰式]坝. *weir flow* 堰流,溢流量. *weir gauge* 堰顶水位计,流量计. *weir method* 堰口测流法,溢流测定法. *weir section* 溢流堰段. *weir tank* 溢流罐. *weir waste* 溢弃水量.
weird [wiəd] a. 离奇的,古怪的,神秘的.
weiss-beer n. 白啤酒.
wekon n. 弱子,中间玻色子.
welch =welsh.
Welch's alloy 锡银(牙)齿合金(锡 52%,银 48%).

wel'come ['welkəm] I a. 受欢迎的,可喜的. II vt.; n. 欢迎. *welcome experience* 宝贵的经验(经历). *welcome news* 好消息. *welcome opportunity* 好机会. *warmly welcome* 热烈欢迎. *Orders are welcome.* 欢迎订购. ▲*give...a warm welcome* 给予…以热烈的欢迎. *Welcome home.* 欢迎你(们)回来. *Welcome to Beijing.* 欢迎(你们)到北京来. *You are welcome.* 欢迎你随便(使用,做)(to),别客气.

Wel'con n. 威尔康高强度钢

weld [weld] I n.; v. ①(焊接),熔焊[接,合](on, up),锻接 ②焊牢,能熔接,可接焊接 ③焊缝,焊接点,焊接接头,(橡胶)胶接处,(塑料)熔接处 ④结合,使连成整体(into). II a. 焊接的. *argon arc weld* 氩弧焊. *back-hand weld* 右向焊,反手焊接. *backing weld* 底焊(焊缝). *butt weld* 对接焊(缝),电阻对接焊头,对顶(缝)焊接. *cluster weld* 丛聚焊缝. *cold weld* 冷焊(缝),冷压接. *copper weld wire* 铜包钢线. *fillet weld* 填(填)角焊. *flash butt weld* 闪光对接焊头(对焊焊缝). *full fillet weld* 满角焊缝. *groove weld* 坡口焊缝. *mash seam weld* 滚压焊. *overhead weld* 仰焊. *percussion weld* 冲击焊接(缝). *poke* [*push*] *weld* 手动挤焊. *root of a weld* 焊缝根部. *seam weld* 滚焊(焊缝),缝(线)焊. *slot weld* 切口焊缝. *spot weld* 点焊(接头,焊缝). *tack* [*positioned*] *weld* 定位(点住,暂)焊. *weld bead* 熔敷的焊道,(焊接的)焊道,熔缝. *weld bond* [*junction*] 熔合线. *weld buildup* 堆焊. *weld crosswise* 交叉焊接. *weld decay* 焊接接头晶间腐蚀,焊接侵蚀. *weld defect* 焊接缺陷. *weld edgewise* 沿边焊接. *weld gauge* 焊缝量规. *weld machined flush* 削平补强的焊缝. *weld metal* 焊缝金属. *weld time* (接触焊的)通电时间.

weldabil'ity [weldə'biliti] n. 可焊性,焊接性.

weld'able a. 可焊(接)的. *weldable steel* 焊接钢. ~ness n.

weld'ed a. 焊(接)的. *welded body* 焊接车身. *welded construction* 焊接结构. *welded flange* 焊接翼缘. *welded joint* 焊接(缝,点,头),熔接(缝,头). *welded seam* 焊缝. *welded tube* 焊缝[接]管.

welded-wire-fabric reinforce'ment 焊接钢丝网.

weld'er n. (电)焊工(人),焊机,焊接设备. *acetylene welder* 气焊机. *arc welder* 电(弧)焊机. *argon welder* 氩弧焊机. *motor-generator arc welder* 电动发电弧焊机. *spot welder* 点焊机. *welder's helmet* 焊工帽罩.

weld'ing n.; a. 焊接(的),定位焊接,熔接(的),焊缝,粘结,接合. *atomic hydrogen welding* 原子氢焊. *bead welding* 堆焊. *braze welding* 硬(钎)焊,钎接,铜焊. *butt* [*upset butt*] *welding* (电阻)对焊. *cold welding* 冷焊冷合,冷压焊. *die welding* 模焊. *down hand welding* 俯(水平)焊接. *electrical arc welding* 电弧焊. *fillet welding* 填(填)角焊. *flame* [*gas*] *welding* 气焊. *flash (-butt) welding* 火花对焊.

weld'ing-on

flat position welding (顶面)平卧焊. *flow welding* 铸〔浇〕焊. *forge* 〔blacksmith〕*welding* 锻焊,锻接. *gas shield welding* 气体保护弧焊. *gas welding* 气焊. *inert-gas metal-arc welding* 惰性气体保护金属极〔熔化极〕弧焊〔接〕. *metal inertia gas welding* 金属焊条惰性气体保护焊. *percussion welding* 冲〔击〕焊. *point* 〔spot〕*welding* 点焊. *poke* 〔push〕*welding* 手动挤焊. *roll welding* 滚压焊. *scarf welding* 斜面焊接,两端搭接焊,嵌接焊. *seam welding* 滚〔缝〕焊. *series spot welding* 单面双〔极〕点焊. *shielded welding* 气体保护焊,药皮电焊条焊接. *stud welding* 电栓焊. *welding alloy* 焊接合金. *welding base metal* 焊条金属. *welding bell* (焊管用的)碗模,拔管〔喇叭〕模. *welding connector* 电缆夹头. *welding electrode*(s) 电焊条,焊接电极. *welding flux* 焊剂〔料〕. *welding force* 电极压力. *welding furnace* 烧结炉. *welding glass* 黑玻璃. *welding ground* 地线. *welding head* 焊头〔枪〕,烙铁头. *welding helmet* 焊工帽罩. *welding motor generator* 电动旋转式电焊机. *welding operator* 自动焊工. *welding rod* 焊条. *welding sleeves* (焊接用)套轴. *welding spats* (焊接用)护脚. *welding thermit* (焊接用)(铝)热剂. *welding torch* 焊炬,烙〔焊〕接炬,(焊接)喷灯〔吹管〕. *welding wheel* 盘状电极. *welding wire* 焊条钢丝,焊丝.

weld'ing-on *n.* 焊合〔接,上〕,镶焊.

weld'less ['weldlis] *a.* 无(焊)缝的. *weldless steel tube* 无(缝)缝钢管.

weld'ment *n.* 焊(接,成)件,焊接装配.

weld'or = welder.

wel'fare ['welfɛə] *n.* 幸福,安宁,福利. *national welfare and people's livelihood* 国计民生.

wel'kin ['welkin] *n.* 天空,苍穹. *make the welkin ring* 响彻云霄.

well¹ [wel] I *n.* ①井,竖〔测,钻,水,油,矿〕井,楼梯井,升降机井道,井坑〔孔〕,竖坑,泉(源) ②凹处,凹下部分,(深)沉,(陷,势,电)井 ③【冶】炉底(缸),浇口窝,放出口 ⑤(插)孔,穴,槽,沟,渠,腔,储槽,室,池,温度计套管 ⑧【计】(信息)源. II *v.* 涌〔喷,流〕出 (up, out, forth, from). *drive* 〔sink〕 *a well* 开凿一口井. *artesian well* 自流井. *blast-furnace well* 高炉〔鼓风炉炉〕缸,炉底. *boring well* 钻孔井. *central well* 【冶】中心进料孔,(浓缩槽中的)缓冲圆筒,缓冲筒. *driven well* 管井. *exponential well* 指数(势)阱. *feed well* 给水井,给料孔. *ladle well* 【冶】桶底虹吸池. *loading well* 供料井〔室〕,加料室. *nuclear potential well* 核势阱. *oil well* 油井. *round-edge well* 圆角(边)势阱. *stilling well* (与闸渠等连通的)观测水位小井. *tensor well* 张量势阱. *thermocouple well* 热电偶孔道,热偶管套. *thermometer well* 温度计插孔. *well arrangement* 油井配置〔布置〕. *well base rim* 深钢圈,深陷轮辋,凹形轮缘. *well bore* 钻井,井身〔筒〕. *well borer* 凿井机,钻井工. *well casing* 井筒,套管. *well chamber* 检查井. *well completion* 完井. *well deck vessel* 井形甲板船. *well developed areas* 开发钻探地区. *well drilling* 钻〔凿〕井,井孔. *well gate* 浇口杯. *well head* 井源,井口. *well hole* 泉井,升降机井道,楼梯井. *well log* 钻井剖面,钻(油,测)井记录,测井,测井曲线(图),录井(图),岩油井剖面. *well logging* 测井,绘制井的地质剖面. *well point* (降低地下水位的)井点. *well potential* 电位阱,势井. *well pump* 井泵. *well rig* 钻〔凿〕井机,打井机具. *well shooting* 地震测井,井下爆燃. *well sinker* 凿井工,油井钻工. *well spacing* 井的布置,井距,井的排油范围. *well strainer* 网式过滤器. *well tie* 连井. *well tube* (钻井)套管. *well winch* 井绞车. *Yukawa-type well* 汤川阱.

well² [wel] I *a.* (*bet'ter, best*) *ad.*; *a.* ①好,正好,良好,合适,适(恰,相)当 ②很,够,完全,充分,彻底,十分,远远,大大 ③大概,有理由,很可以〔能〕. II *int.* 好吧,好啦,哩,唔,喑,唉呀. *Think well before acting.* 做让以前好好想想. *Well done!* 干得好! *Stir it well.* 把它充分搅匀. *It may well be true.* 这很可能是真的. *be well worth trying* 很值得一试. *may well be praised* 很值得表扬. *cannot well refuse* 难以拒绝. *know perfectly well that* 非常清楚地知道. *be well above that value* 远远超过那个数值. *well in advance* 适当提前,大大提前. *well arranged* 【数】良序的. *well formed* 【数】合式的. *well ordered* 安排得很好的,【数】良序的. *well posed* 提法恰当的,【数】适定的. ▲*as well* 同样,也,又. *as well as* … 除…之外(还), 既…又, 不仅…而且, 以及, 像…一样也. *be well on* 进行顺利. *be well out of* 安然摆脱. *can* 〔could〕 *well + inf.* (完全)可以, 很可以, 很可能. *do well to + inf.* (做,处理)得正好〔巧〕. *It is all very well* (*but …*) 好倒是好 (可是 …). *may* (*just*) *as well + inf.* 好比, 也对, 也行, 还是以…为好. *may* 〔*might*〕 *well + inf.* (完全)有可能. *might* (*just*) *as well* 等于, 不如. *pretty well* 几乎. *stand well with* …的意, 和…处得好. *well above* 高〔超〕出…很多. *well and truly* 周密而准确地, 确实地. *well before* 在…之前很久. *well enough* 相当, 很, 还好. *well nigh* 几乎. *well off* 或 *well to do* 富裕. *well over* 比…多得多, 大大超过.

we'll [wi:l] = we shall, we will.

well'-advised' *a.* 经周密考虑的,深思熟虑的,谨慎的,明智的.

well'-appoint'ed *a.* 配备齐全的,设备完善的,装备好了的,全备的.

well'-at'omized *a.* 雾化良好的.

well'-bal'anced *a.* 各方面协调的,匀称的,平衡的.

well'-behaved' *a.* 性能良好的.

well'-be'ing ['wel-'bi:iŋ] *n.* ①(机器)保持良好状态 ②幸福,平安,安宁,福利.

well'-bond'ed *a.* 粘合良好的.

well'-boring *n.* 钻(凿)井.

well'-cho'sen *a.* 精选的,恰当的.

well-cleaned *a.* 擦洗得很干净的.

well-collimated beam 直线性注流,准直良好的光束.

well-conditioned a. 良态的.
well'-content'(ed) a. 十分满意的.
well-coupled dynamite shot 与炮井耦合的炸药爆炸.
well'-defined' a. 轮廓〔界限〕分明的,清晰〔楚〕的,意义明确的,严格定义的.
well'-designed' a. 设计得好的,设计周到〔良好〕的,精心设计的.
well-done a. 干〔做,完成〕得好的.
well-drained a. 排水良好的.
well'-drill'ing a. 钻〔凿〕井的.
well'-earned' a. 劳动所得的,正当的,应得的.
well'-estab'lished a. 非常确实的.
well'-fa'vo(u)red a. 漂亮的,好看的.
well'-fit'ting a. 正合适的.
well-focused beam 强聚焦电子束,良聚焦注流.
well'-formed' a. 合式的,【冶】形成良好的,良好成形的,构造〔结构,形状〕良好的.
well'-found' a. 设〔装〕备完全的,全备的.
well'-found'ed a. ①有充分根据的,理由充足的 ②基础牢固的.
well-graded a. 良分选的,良分级的
well'-grate n. 炉栅.
well'-ground'ed =well-founded.
well-grown a. 生长良好的.
well'-informed' a. 见识广的,深〔熟〕知的,消息灵通的.
Wel'lington ['welɪŋtən] n. 惠灵顿(新西兰首都).
well'-judged' a. 判断正确的,中肯的,适宜的.
well'-knit' ['wel'nit] a. 结〔密〕实的,组织〔构思〕严密的.
well'-known' ['wel-'noun] a. 著名的,熟知的,众所周知的,公认的,显知的.
well'-look'ing a. 漂亮的.
well-made a. 做得〔样子〕好的,匀称的.
well'-marked' a. 明确〔显〕的.
well'-mea'ning ['wel'mi:niŋ] a. 善意的,好心的.
well'-nigh ['welnai] ad. 几乎.
well'-off' ['wel'o:f] a. 富裕的,处于有利地位的,供应充裕的.
well'-or'dered a. 安排得很好的,【数】良序的.
well'-paid' a. 高工资的,高报酬的.
well'-planned' a. 适当计划的,详尽规划过的.
well'-point n. (降低地下水位的)井点.
well-posed a. 适定的,提法恰当的.
well'-preserved' a. 保存〔养〕得很好的.
well'-propor'tioned a. 很均匀的,很匀称的.
well'-read' a. 博学的.
well'-recrys'tallized a. 再结晶良好的.
well'-refined' a. 精炼良好的.
well'-reg'ulated a. 管理良好的.
well'-remem'bered a. 被牢记的.
well'-rig n. 打井机具,钻〔凿〕井机.
well'-round'ed a. ①经过周密考虑的,各方面安排得很好的 ②流线型的,圆角的.
well'-sampling a. 钻井取〔土〕样.
well'-seem'ing a. 看上去令人满意的.
well'-seen a. 明显的,熟练的,精通的.
well'-sep'arated res'onances 清楚分离共振.
well'-set a. 安放恰当的,安装牢固的.
well'-shaped a. 正确成型的,很好修整过的,外形精美的.

well'-sinking n. 沉井,井筒下沉.
well'-spent a. 充分利用了的,使用得当的.
well'-spring n. 泉〔水〕源.
well'-stocked' a. 存货〔收藏〕丰富的.
well-sump type pumping plant 深井式抽水站.
well'-tim'bered a. 用木材撑牢〔加固〕的.
well'-timed' a. 适〔及,准〕时的,时机选得好的,调整好的,合拍的.
well'-to-do' a. 富裕的.
well'-trav'eled a. 交通量大的.
well'-tried' a. 经过多次试验证明的,经试验证明有用的.
well'-trod'(den) a. 用旧了的,陈旧的.
well'-turned' a. 车削得好的,措词巧妙的.
well-type a. 井型的,(竖)井式的.
well-ventilated a. 通风良好的.
well'-ver'ified a. 充分证实的.
well'-weighed' a. 经慎重考虑的.
well'-wish'ing n. 良好的祝愿.
well'-wood'ed a. 多森林的,森林(资源)丰富的.
well'-worn' a. 用旧了的,陈腐的.
Welsh [welʃ] n. ; a. 威尔士的,威尔士人(的).
Welsh'man n. 威尔士人.
Welt [velt] 〔德语〕n. 世界. Weltanschauung 世界观,人生观.
welt [welt] I n. 贴边〔缝〕,平铁皮的折边,盖缝条,衬板. II vt. 装上贴边. welted edge 搭接缝〔边〕,折〔贴〕边. "welts" and "furrows" 陡壁-沟槽型.
welt'er ['weltə] vi. ; n. ①翻滚〔腾〕,颠簸,起落〔伏〕②混〔扰〕乱,杂乱无章 ③浸湿,染污.
WEMA = Western Electronic Manufacturers Association 西部电子设备制造商协会.
wemco n. 威姆可(一种变压器油).
wend [wend] v. 行,走,去,往,向,前进. ▲wend one's way 走,往,赴.
Wenlock formation (中志留世)温洛克组.
Wenlockian n. (中志留世)温洛克统.
Wenner method 温纳(由频率互感精确测定电阻)法.
went [went] go 的过去式.
wept [wept] weep 的过去式和过去分词.
WER =weak echo region 弱回波区.
were [wə:] be 的过去式. Were this not so (=If this were not so), the flywheel would fly apart. 如果不是这样,飞轮便要四散碎裂了. ▲as it were 好像,仿佛,可以说,好比是. if (it were) not for 或 were it not for 〔that〕如果〔要是〕没有…的话,要不是.
we're [wiə] =we are.
weren't [wə:nt] =were not.
Werfener beds (早三叠世)韦尔丰层.
WES = Welding Engineering Standard (日本)焊接工程标准.
Wes'co pump 摩擦〔粘性〕泵.
Wes'sel al'loy 或 Wes'sel sil'ver 铜镍锌合金(镍19~32%,锌12~17%,银0~2%,其余铜).
west [west] I n. 西(方,部). II a. ; ad. 西(方)的,在西方(的),向西(的),(风)从西方. the West 西方(各国,集团),欧美各国,美国西部. mae west 救生背心. west excess 西超现象. West Germany 西德.

West Indies 西印度群岛. *west longitude* 西经. *West Point* (美国)西点军校. *West type motor* 韦斯特轴向回转柱塞(式)液压马达. *west wind* 西风. ▲ *be in the west of* 在…西部. *be on the west of* 在…西面. *(to the) west of* 在…以西.

west'bound ['westbaund] *a.* 向西行(驶)的.

west'er ['westə] I *vi.* 转向西面. II *n.* 西风,从西面来的暴风雨.

west'ering *a.* 向西的,西下的.

west'erlies *n.* 西风(带).

west'erly I *a.*; *ad.* 西方的,向西(的),在西方,从西方(吹来的). II *n.* 西风.

west'ern ['westən] I *a.* 西(方,部,欧)的,在(向,从)西的,从西方来的, II *n.* 西部的产品,西部人,西欧人. *Western panel type automatic telephone switch board* 西部板式自动电话交换机. *Western Samoa* 西萨摩亚. *Western Test Range* (美)西靶场.

west'erner *n.* 西方人,美国西部人.

west'ernize *vt.* (使)西(洋)化,(使)欧化. **westerniza'tion** *n.*

west'ernmost ['westənmoust] *a.* 最(极)西的.

west'ing ['westiŋ] *n.* ①西行航程,向西行进 ②(偏)西距(离).

Westing-arc welding 惰性气体保护金属极弧焊,西屋电弧焊.

Weston photronic cell 韦斯顿光电管(属阻挡层管的一种).

West'phal balance 韦氏比重天平.

Westpha'lian *n.* 威斯法阶(中欧上碳统).

West'phalt. 一种用沥青粉拌和的冷铺沥青混合料.

westrumite *n.* 溶油.

west'ward ['westwəd] I *a.*; *ad.* 西方的,向西(的). II *n.* 西方(部). ~**ly** 或 ~**s** *ad*.

wet [wet] I (*wet'ter, wet'test*) *a.* ①(潮)湿的 ②湿式的,用水(液体)处理的 ③含有大量石油气的 ④(下,多)雨的 ⑤弄错了的,无价值的,未成熟的,无经验的. II *n.* ①潮湿,湿气(度,天) ②水(分),液体,雨天. III *v.* 弄[润,浸,浇]湿 (down),湿润,打〔浸,沾〕湿 (out),湿透(through),用水(或其他液体)处理. IV *n.* 用水(或其他液体)处理. *wet ashing* 湿法灰化. *wet battery* (cell)湿电池. *wet blacking* 黑(碳素)涂料. *wet cap collector* 湿法集尘器. *wet cell* 湿电池. *wet chemical method* 化学湿选法. *wet cleaner* 湿法洗涤器,湿式除尘器,湿式滤清器. *wet clutch* 浸油离合器. *wet (combustion) chamber* 液态排渣式燃烧室. *wet combustion process* 湿法氧化(燃烧)法. *wet consistency (of concrete)* (混凝土)塑性稠度. *wet corrosion* 液体腐蚀,湿蚀. *wet cut* 湿下[下水下]切力. *wet density* 湿密度. *wet dock* 湿(泊,系船)船坞. *wet drawing* 湿法拉拔. *wet excavation* 湿(开)挖;水下挖土. *wet formations* 含水岩层. *wet gas* 湿天然气,含(大量)石油天然气,富气. *wet gas meter* 湿式气体计. *wet goods* 液体物质(油,油漆,酒等). *wet grinding* 湿磨法,通液磨法. *wet grout* 液状灰浆. *wet lab* (海底实验室的)增(降)压舱. *wet look* 光面(纤维表面涂尿后产生的光泽). *wet machine* 浆纸机. *wet mechanical method* 机械湿选法. *wet oil* 湿油,含水原油. *Wet Paint!* 油漆未干! *wet plate* (照相)湿板. *wet season* 湿季,雨季. *wet ship* 易上浪船,已装载油的运油船. *wet spell* 雨季,连续的阴雨天. *wet tumbling* 湿法抛光. *wet vacuum distillation* 真空蒸汽蒸馏. *wetted area* 受潮面积. *wetted surface* 湿润(表)面. *wetting agent* 湿润剂. *wetting power* 湿湿能力. ▲ *wet behind the ears* 未成熟的,无经验的.

wet-and-dry bulb thermometer 干湿(球)温度计.

wet-autoclaved *a.* 湿法压热处理的.

wet-bulb temperature 湿球温度.

wet-bulb thermometer 湿球温度计.

wet-chemical technique 湿化学技术.

wet-crushed *a.* 湿法破碎的.

wet-electrolytic capacitor 电解液电容器.

wet-filling *n.* 湿法填装.

wet-fuel *n.* 液体燃料[推进剂].

wet'land *n.* 湿地.

wet-lay-up *n.* 湿法敷涂层.

wet-milling *n.* 湿磨.

wet-mixing *n.* 湿法混合,湿拌.

wet'ness *n.* 潮湿,湿度(气,润),水分.

wet'-pit pump 排水泵.

wet-process porcelain 湿法制瓷.

wet'-processing *n.* 湿处理.

wet'-proof *a.* 防潮的.

wet'-scale disposal 湿法排除氧化皮,湿法去鳞.

wet-screened *a.* 湿(法过)筛的.

wet-season *n.* 雨[湿]季.

wet-skid resistance 湿滑阻抗(力).

wet-stable *a.* 湿稳定的.

wet-strength *n.* 湿强度.

wettabil'ity *n.* 可润,受[润]性,可沾性,湿润度,吸湿度.

wet'table ['wetəbl] *a.* 可(润)湿的.

wet'ter ['wetə] *n.* 润湿剂[器],增湿剂.

wet'ting ['wetiŋ] I *n.* (变,浸,浸)湿. II *a.* 润湿的. *wetting agent* 湿润剂.

wet'ting-off *n.* 湿下打下[玻璃吹制件].

wetting(-out) agent 润湿剂.

wet'tish *a.* 有点潮(湿)的,潮湿的,湿润的,带潮气的.

wet-type fettling plant 湿式修补炉床材料的准备装置.

wet-wick static dissipator 湿心天电耗散器.

WEU = Western European Union (NATO)(北大西洋公约组织)西欧联盟.

we've [wi:v] = we have.

WF = water finish 水纹面饰.

WFC = ① welded flange connection 焊接凸缘连接 ② World Food Council 世界粮食理事会.

WFCC = World Federation of Culture Collection 世界培植品采集联合会.

WFNA = white fuming nitric acid 白色发烟硝酸.

WFP = World Food Programme 世界粮食计划署.

WFPA = World Federation for the Protection of Animals 世界动物保护联合会.

WFSW = World Federation of Scientific Workers 世界科学工作者联合会.

WG = ①gas welding 气焊 ②water gauge 水表,水标,水位尺,水溪计 ③waveguide 波导(管,器) ④

wire gauge 线规.
wg = ①wing (机)翼 ②wire gauge 线规 ③worn gear 蜗轮.
WGC =Western Gear Corp. 西部齿轮公司.
WGEEIA =Western Ground Electronics Engineering Installation Agency 西部地面电子仪器工程安装公司.
WGI = world geophysical intervals 世界地球物理期.
WGL = ①Weapon Guidance Laboratory 武器制导实验室 ②wire glass 嵌丝[铁丝网]玻璃.
WGT = weapons guidance and tracking 武器制导及跟踪(设备).
WH = ①watt-hour 瓦(特)小时 ②white 白色.
wh = ①watt-hour 瓦(特)小时 ②which ③white 白色的 ④withholding 抑制,阻止.
W/H = warhead 弹头.
whack [hwæk] v.; n. ①重击(声),重打 ②砍,劈,削减 ③匆忙做好,赶紧凑成 (up, out) ④正常工作情况 ⑤尝试,机会 ⑥一份,一次,份儿. ▲ *be out of whack* 运转失常. *have a whack at* 试作.
whack'er n. 异常巨大的东西.
whack'ing Ⅰ n. 重击. Ⅱ a. 巨[极]大的. Ⅲ ad. 非常,极.
whale [hweil] Ⅰ n. 鲸(鱼),巨大的东西. Ⅱ v. ①捕鲸 ②猛击. *whale catcher* [*chaser*] 捕鲸船. *whale oil* 鲸油. *whaling ground* 鲸鱼场,捕鲸场. ▲ *a whale at* [for, on] 善于⟨热心于⟩…的,擅长…的. *a whale of* 非常的,大量的,极大[好]的,了不起的. *a whale of difference* 天壤之别. ~r n. 捕鲸船(者).
whale'man n. 捕鲸者(船).
wham [hwæm] Ⅰ (*whammed*; *wham'ming*) v. Ⅱ n. 重击(声),碰撞(声).
whang [wæŋ] vt.; n. ①(砰然)重击(声),用力撞 ②使劲工作 ③一大片,大块.
whap (*whapped*, *whapping*) v. =whop.
wharf [hwɔːf] Ⅰ (pl. *wharfs* 或 *wharves*) n. 码头,停泊处. Ⅱ vt. ①把(船)靠在码头,或(货)卸在码头上 ②为…设立码头 ③入坞. *deep water wharf* 深水(大型船)码头. *ex wharf* 码头交货. *lighter's wharf* 驳船码头. *open type wharf* 横栈桥码头.
wharf'age [ˈhwɔːfidʒ] n. 码头费,码头(设备),码头上货物的运输和储藏.
wharf'ie [ˈhwɔːfi] n. 码头工人.
wharfinger 或 **wharf'master** n. 码头管理人,码头老板.
what [hwɔt] *pron.*; a. ①什么. *What* [*Which*] *machine has gone wrong?* 哪台机器出毛病了? *What did he do?* 他做什么了? *What nuts are those in that bin?* 那个料箱里是些什么螺母? *What happened?* 发生什么事了? *Tell me what happened.* 告诉我发生什么事了. *What is he?* 他是做什么的? *Do you know what he is?* 你知道他是做什么的吗? *What time is it?* 现在是什么时间? *Ask him what time it is.* 问问他几点了. *What kind of steel is this?* 这是哪种钢? *What is this tool used for?* 这工具是做什么用的? *I don't know what this tool is used for.* 我不知道这工具是做什么用的.(*Of*) *what size is the largest room here?* 这里最大的房间的尺寸多大? *A question arose as to what we should do to debug the system.* 出现了一个问题,就是我们应做些什么,才能排除这系统中的故障.
②[等于 *that* [*those*] *which*; *the thing*(*s*) *which*; *the* [*any*]…*that*; *as much* [*many*]…*as*] …的…的任何…的…的. *What* [= *the thing that*] *is required is some castle nuts.* 所需要的是些槽顶螺母. *We need only what are called castle nuts.* 我们只需要所谓的槽顶螺母. *He gave me what I wanted.* 他把我所需要的给了我.(比较:*He asked me what I wanted.* 他问我需要什么.) *Give them what books* (= *the books that*; *any books that*) *we have on the subject.* 把我们关于这个题目的书都给他们. *This is what you are looking for.* 这就是你在寻找的东西. *What he says is all true.* 他说的都是真的.
③[引出插入语,what 指下文] *It weighs 100 lbs, or, what is the same thing,* 45. 4kg. 它重 100 磅,或者,换句话说也一样,45. 4kg. *The rules must be few, and, what is more important, simple.* 规则不要多,而且更为重要的是,要简单.
④[感叹] 多么. *What a good suggestion it is!* 这是多么好的一个建议!
⑤[用作 ad. 或 conj.] *What does it matter?* 这有什么关系? *What with moisture, what with lack of care, the instrument is badly damaged.* 部分由于潮湿,部分由于缺乏保养,这仪表损坏得很厉害. *A is to B what C is to D.* A 之于 B 正如 C 之于 D. *What two is to four, that is three to six.* 二之于四犹如三之于六.
⑥[but what,用于否定句] 1. 没有…的,不…的. *Not a thing but what changes.* 没有不变化的东西(不变化的东西是没有的). 2.(表示可能性或不确定性)说不定,未必不,除…这一点之外(就不). *I do not know but what I shall go.* 说不定我还会去呢. 3. (没到)不…的程度,不妨. *This job is not so difficult but what we may try it.* 这件工作没难到我们不能试试的程度. 4.[用于 doubt, fear 等动词之后,等于 that] *I do not doubt but what the data is reliable.* 我不怀疑这数据是可靠的. ⑦[用作 n.] 事物,对像. *the what, the how, and the where* 对像,方法和地点.

▲ *and* [*or*] *what not* 等等,诸如此类. *but what* (见前⑥). *not but what* 并非不,(虽然)但不是不. *What about* 或 *What of* 关于…有何消息?(你认为)如何? 怎么样? 怎么回事? *What about it?* 那是怎么啦? *what else* 还有什么(别的)? 非此而何? *what…for* 为了什么(而)…,为什么. *what for* 那一种. *what if* (=what would happen if…) 如果…那怎么办(怎么样),即使…又有什么要紧. *what is called* …所谓的,通常所说的. *what is known* [*referred to*] *as* 大家所熟悉的,所谓的,称之为…的. *what is more* [插入语]更有甚者,而且. *what is the same thing* [插入语]同样的是,换个说法 (也一样). *What next?* 还要什么? *What of it?* 这

便怎么呢？这有什么关系？*What then?* 那么怎么办呢？*what though* 即使…又有什么关系？*what we call* 所谓的，通常所说的．．*what with* … *and* (*what with*) … 一方面由于…，另一方面由于…，因为…和…的缘故．*What's done cannot be undone.* 事已定局，无可挽回．*what's what* 事情的真相．*find out what's what* 了解事情真相．*know what's what* 有常识，有鉴别能力．

whate'er [hwεt'εə] =whatever.

whatev'er [hwɔt'εvə] *pron.; a.* ①无论什么，不管任何，无论怎样的，任何一种的，凡是…的都，什么…都 ②〔用于否定句或疑问句〕什么都(不)，一点也(没)，究竟什么．③诸如此类．*We are determined to fulfil the task, whatever happens.* 不管发生什么事，我们决心完成任务．*Take whatever measures you consider best.* 采取你认为最好的任何措施．*Is there any question whatever?* 有任何问题吗？*There is no doubt whatever about it.* 这事是毫无疑问的，关于这一点，没有任何疑问．*Whatever do you mean?* 你究竟是什么意思？▲*any*… *whatever* 任何的．or *whatever* 或诸如此类．

what'man *n.* 一种高级绘画纸〔板〕．*Whatman paper* 瓦特曼纸．

what'-not [hwɔt'nɔt] *n.* 陈列书籍〔古董〕的架子，难归类〔描写〕的东西．

what's =what is, what has, what does.

what's-his-name 或 **what's-her-name** 或 **what's-its-name** *n.* 某某．

whatsoe'er [hwɔtsou'εə] =whatsoever.

whatsoev'er [hwɔtsou'εvə] 词义同 whatever，但语气更强．

WHE = water hammer eliminator 水锤〔击〕作用消除器．

wheal [hwi:l] *n.* (锡)矿，风团〔块〕．

wheat [hwi:t] *n.* 小麦．▲*good as wheat* 非常之好．

wheat'en *a.* 小麦(色，粉制成)的，淡黄色的．*wheaten bread* 面包．*wheaten flour* 面粉．

wheat'stone automat'ic tel'egraph 惠斯登自动电报．**Wheat'stone bridge** 单臂〔惠斯登〕电桥．

wheel [hwi:l] I *n.* ①〔车,齿〕轮，飞〔机,砂,手,叶,滚,滑,舵,转向,操纵〕轮，驾驶盘，轮对或陀螺，车轴，叶片 ②旋转(运动)，回旋 ③(pl.)自行车，汽车 ④机构，机关．I *v.* ①滚〔推〕动，(使)旋〔回〕转，回〔盘〕旋 ②装轮子 ③使转(变方)向，转弯．④用车子运 ⑤高速驾驶．*angular wheel* 锥〔伞〕齿轮．*auger drive wheel* 螺旋推运器的传动链轮．*balance wheel* 摆轮，均衡轮．*blower wheel* 鼓风机叶轮．*bond wheel* 结合剂砂轮．*carrier wheel* 托带〔链〕轮．*casting wheel* 圆形铸锭盘．*chopping wheel* 切割轮．*Clark casting wheel* 克拉克型卧式转盘铸锭机．(*colour*) *filter wheel* 滤色盘．*contour* (*feeler, finder*) *wheel* 仿形轮．*control wheel* 操纵盘，驾驶盘．*counter wheel* 计数(中间带)轮．*curling wheel* 卷边〔曲〕轮．*cutting wheel* 切割轮，切断圆板．*diamond cut-off wheel* 金刚石切割轮．*diamond wheel* 金刚石砂轮．*digital code wheel* 数字代码盘．*free wheel* 活(游滑)轮．*idle*(*r*) *wheel* 惰〔空转〕轮．*mitre* (*miter*) *wheel* 等径伞齿轮．*paddle wheel* 桨(叶)轮．*planetary wheel* 行星齿轮．*ratchet wheel* 爪轮，棘轮．*road wheel* 运输〔行走〕轮．*shrouded wheel* 封闭式叶轮，套壳式叶轮．*star wheel* 星(形)轮，棘〔链，制逆〕轮，(鞭状天线的)辐射叶．*steering wheel* 舵(操纵，导向)轮；操纵〔驾驶〕盘．*switch wheel* 机键盘．*stabilizing wheel* 支重(持)轮．*tooth*(*ed*) *wheel* 齿轮．*Walker casting wheel* 沃尔克型圆盘铸锭机．*water wheel* 水车(轮)．*wheel and axle* 差动滑轮，轮轴．*wheel and disc integrator* 轮盘积分器．*wheel and rack* 齿轮与齿条．*wheel axle* 轮轴．*wheel barrow* 手推车．*wheel base*(轴)轴距，前后轮距，(机车的)轮组组定距．*wheel bearing* 轮轴轴承．*wheel body* 轮体．*wheel cutting machine* 切齿机．*wheel cylinder* 车轮(液压)制动分泵缸．*wheel drag* 轮闸，轮阻力．*wheel felloe* 〔*rim*〕轮辋．*wheel gauge*(左右)轮距．*wheel guard* 护轮板，汽车挡泥板．*wheel mill* 轮碾机，碾磨机．*wheel printer* 字轮式打印机．*wheel puller* 卸轮器，拆轮器．*wheel rib* (*spoke*) 轮辐．*wheel rim* 轮辋．*wheel rotor* 转子，转动叶轮．*wheel screw* 手轮锁紧螺钉．*wheel track* 轮(车)辙，轮距，轮轨，链轮．*wheel traverse* 砂轮横动(横向进磨)．*wheel truing* 砂轮修正．*wheel*(*type*) *tractor* 轮式拖拉机，轮式牵引车．*wheels of government* 行政机关．*wire* (*spoke*) *wheel* 钢丝辐轮，辐条轮．*worm wheel* 蜗轮．▲*go* (*run*) *on wheels* 顺利进行．*the fifth wheel of a coach* 多余的东西．*the man at the wheel* 开车人，舵手，负责人．*wheels within wheels* 复杂的机构(情况)，形势错综复杂．

wheel'abrator *n.* 带(链)式喷丸清理机，抛丸(清理)机，打毛刺机，抛丸叶片．

wheel'abrator-type machine' 砂轮式清理机．

wheel'-and-ax'le *a.* 轮轴的，差动滑轮的．

wheel'barrow I *n.* (小，手)推车，独轮小车．I *vt.* 用手推车运送．

wheel'base *n.* 轴(轮)距，(机车)轮组定距．

wheelboss *n.* 轮心(毂)．

wheel'box *n.* 齿轮(变速)箱．

wheel'brake *n.* 轮闸，车轮制动器．

wheel-chair *n.* 轮椅，椅车．

wheel'cover *n.* 轮罩(箱)．

wheel'-driven *a.* (行走)轮驱动的．

wheeled *a.* 有(装)轮的，带行走轮的，轮式的．*wheeled scraper* 轮式铲运(刮土)机．*wheeled traffic* 车辆交通．

wheel'er *n.* (推)手车工(人)，(有)轮车，明轮船，车轮制造人，精明老练的经营者．*four wheeler* 四轮车．*side wheeler* 边轮式车．

wheeler-dealer *vi.* 推动及经营；精明地交易或策划．

wheel'erite *n.* 淡黄树脂．

wheel'head *n.* 砂轮头，磨头．*wheelhead set* 砂轮座．

wheel'house *n.* 舵手室，驾驶室，外轮罩，轮箱．

wheel'ing *n.* ①旋(轮,运,回)转 ②车(辆搬)运 ③道路的行车鉴定，道路的好坏．*wheeling machine* 滚压机，薄板压延机．

wheel'less *a.* 无轮的，无车辆的．

wheel′man n. 舵手[工], 汽车驾驶员, 骑自行车的人.
wheel′mark n. 轮迹.
wheel′-mounted a. 装有车轮的.
wheel′path n. 行车轨迹, 轮迹带.
wheels-down ad. 起落架放下.
wheel′seat n. 轮座.
wheel′-ski n. 轮橇(起落架).
wheel′-slip n. 车轮打滑(滑转).
wheels-locked testing 车轮刹住(滑行)试验.
wheels′man n. 舵手.
wheel′span n. 轮距.
wheel′spin n. 滑转, 打滑.
wheels-up ad. 起落架收起.
wheel′-tread n. 轮(辙)距, 轮胎花纹.
wheel′work n. 齿轮装置, (机器中的)转动装置.
wheel′wright n. 修造轮子(车辆)的人.
whelm v. 用…覆盖, 淹没, 压[吸]倒.
whelp [hwelp] n. (链轮)扣链齿.
when [hwen] Ⅰ ad.; conj. ①什么时候, 几(哪, 何)时 ②当…的时候, (当)…时 ③那[这]时, 到时候 ④尽管, 虽然, (然)而, 可是 ⑤如果 ⑥既然, 考虑到. Ⅱ pron. 什么时候, 那时. Ⅲ n. (事件发生的)时间, *When did the experiment begin?* 实验是什么时候开始的? *Do you know (the exact date) when the experiment began?* 你知道这实验是什么时候开始的(开始的准确日期)吗? *I was not on site when the experiment began.* 实验开始时我不在现场. *Till when will the experiment continue?* 这实验要进行到什么时候为止? *Keep hands out of the way when using any cutting device.* 使用任何切削机时, 手要避开. *Sand weighs more when wet.* 沙子在湿的时候称起来较重. *He walks when (= although) he might ride.* 他虽有车可乘, 却还是步行. *A meeting will take place tomorrow, when I shall express my views on the subject.* 明天要开会, 那时我将对这问题谈自己的看法. *Turn off the switch when anything goes wrong with the machine.* 如果机器发生故障, 就把电门关上. *How could you, when you knew that this might damage the apparatus?* 既然你知道这样会损坏仪器, 你怎么能这样做呢? *the when, (the) where and (the) how of the accident* 事故发生的时间, 地点和原因.
whence [hwens] Ⅰ ad. ①从哪里, 由何(而来), 出于什么原因, 何以, 为什么 ②从那里[个], 自该处, 由此 ③(由)…的地方. Ⅱ pron. 何处. Ⅲ n. 来处, 根源. *Whence comes it that…?* 怎么会? *Whence (come) the differences?* 分歧从何而来? *the source from whence it springs* 这事发生的根源.
whencesoev′er [hwensou'evə] ad. 无论来自什么地方, 无论由于什么原因.
whene′er = whenever.
whenev′er [hwen'evə] ad.; conj. ①无论什么时候, 随时, 一…就…, 每当…总是…, 每次…总是… ②究竟什么时候(= when ever). *whenever possible* 每逢(只要)有可能.
whensoev′er = whenever.
where [hweə] Ⅰ ad. ①(在, 往, 从)哪里, 在哪方面 ②那[这]里, 在这(那)个地方, 在这场合, 此处, (公)式中, 叫…之处, …的所在. Ⅱ pron. 哪里. Ⅲ n. 地点, 场所. *Where did the impurities come from?* 这些杂质是从哪里来的呢? *I wonder where the impurities came from.* 我纳闷这些杂质是从哪里来的. *The heavy solid lines in Fig. 4 indicate where to cut.* 图4中的粗实线条表示应从哪里切开(应切开之处). *That is the place where the accident occurred.* 那就是出事的地点. *There are many problems in engineering where the forces are known.* 工程方面有许多问题中力是已知的. *He lives ten miles from where I am living.* 他住在离我住处十英里的地方. *The river is smooth where deep.* 河的深处水流得平稳. *Where there is smoke, there is fire.* 有烟的地方就有火. *Other cutting tools may be designed for special jobs where occasion demands.* 在需要的场合, 可为特殊的工件设计另一些刀具. *Here is where much can be done to improve the design.* 这就是为改进本设计而有许多事情可做之处. *This is where the new design has the advantage.* 这就是新设计有优点的地方. *Circumference of a circle = $2\pi r$, where π - 3.1416, r-the radius of the circle.* 圆周长度 = $2\pi r$, 式中 π 为 3.1416, r 为该圆的半径. *the when and (the) where of the event* 事件发生的时间和地点. ▲*where it's at* [美俚] (主要活动, 发展中心)之处, 最大型活动的中心地带.
where′about(s) Ⅰ [hweərəbaut(s)] ad. ①在[近]何处, 在哪里, …之处 ②关于什么[那个]. Ⅱ n. 下落, 行踪, 踪迹所在. *We must first know whereabouts the line should be drawn.* 我们首先要知道这条线应划在那里.
whereaf′ter [hweər'ɑ:ftə] conj. 在…之后, 此后(= after which).
whereas′ [hweər'æz] conj. ①而, (同时, 在另一方面)却, 其实, 反之, 尽管…(但却) ②鉴于, 既然, 就…而论. *Water puts out fire, whereas alcohol burns.* 水可灭火, 而酒精却易燃. *Whereas water is liquid, ice is solid.* (尽管)水是液体, 而冰却是固体. *Whereas the following incidents have occurred* …鉴于下列事件已经发生.
whereat′ [hweər'æt] ad. ①为何 ②对此, 对那个, 在那里, 于是.
whereby′ [hweə'bai] ad. ①借[由, 因]此, 利用它, 根据这一点, 从而 ②在…旁, 附近 ③凭[为]什么, 怎什么. *a device whereby to get warmth* 取暖的设备. *The same principle is used in the nut and bolt, whereby great pressures are employed to hold two substances together.* 同样的原理还应用于螺栓和螺母, 利用螺栓和螺母可以把两个物体以很大的压力压在一起.
where′er = wherever.
where′fore [hweəfɔ:] Ⅰ ad.; conj. ①何以, 为什么 ②因[为]此, 所以. Ⅱ n. 理由, 原因. *the whys and wherefores* 原由, 所以然.
wherein′ [hweər'in] ad. ①在哪一点[方面], 在什么地方 ②在那里, 在那点上, 其中, 其时.

whereof' [hwɛərˈɔv] *ad.* ①什么的,哪个的,谁的 ②(关于)那个的,关于该人的. *the matter whereof we spoke* 我们所谈的事.

whereon' [hwɛərˈɔn] *ad.* ①在什么(上面),在谁(身上) ②于其上,在那上面 ③于是,因此.

wheresoev'er [hwɛərsouˈevə] *ad.* =wherever.

whereto' [hwɛəˈtuː] 或 **whereun'to** [hwɛərˈʌntu] *ad.* ①向哪里,为何目的 ②向那里,向该处,此外.

whereupon' [hwɛərəˈpɔn] *ad.* ①在哪(那)上面 ②因此,于是,随即.

wherev'er [hwɛərˈevə] *ad.* ①究竟在(到)哪里 ②在(到)任何地方,无论(在,到)哪里,任何(凡是…)…之处. *transmit electric energy to wherever it is required* 把电能输送到需要它的任何地方去.

wherewith' [hwɛəˈwið] Ⅰ *ad.* ①用以,用什么,何以 ②用那个,以此. Ⅱ *pron.* 用以…的东西. *metal tools wherewith to cut* 用来切削的金属工具.

where'withal [ˈhwɛəwiðɔːl] Ⅰ *ad.* =wherewith; Ⅱ *n.* (所需的)财力,手段.

whet [hwet] *vt.; n.* ①磨(快),研磨 ②刺激,促进,激励 ③一会儿. *a long whet* 好久.

wheth'er [ˈhweðə] *conj.* ①是不是,是否 ②不管,无论. *I wonder* [*It is doubtful*; *It depends upon*] *whether the material is stiff enough.* 我不知道〔可疑的是;这取决于〕这材料的刚度是否够大. *If the job is of small dimensions, whether to use planer or shaper will depend mainly on the quantity required.* 如果工作是小尺寸的,那么是用龙门刨还是用牛头刨主要取决于所需的数量. *The chemical composition of water is H₂O, whether it is solid, liquid, or water vapor.* 水的化学成分是 H₂O,不管它是固体、液体还是水蒸汽. *You must go whether or no.* 无论如何你得去. ▲ *whether … or …*=…还是;或者…,或者…,不管…还是…, *whether or no* 不管怎样,无论如何.

whet'stone [ˈhwetstoun] *n.* ①磨刀石,砥(油)石,砂轮 ②激励者(物),刺激品.

whey [wei] *n.* 乳清,(去酪后之)乳浆.

which [hwitʃ] *pron.*; *a.* Ⅰ〔疑问〕①哪个,哪些. *Which is heavier, iron or copper?* 铁和铜哪个重? *We must determine which tools to use.* 我们必须确定用哪些工具. *With this arrangement, there is no indication of which point has caused the alarm.* 这种(电路)布置方案中,没有表明是哪一点引起了报警. *We must find out which of these screws has worked loose.* 我们必须查明这些螺丝中是哪一个松了 ②随便哪儿,无论哪儿. *Turn that cock which way you like, it will not move.* 随你往哪边拧,那个旋塞总是拧不动.

Ⅱ〔关连〕这(些),那(些),它(们),该,其,…的 ①(当 which 离它所说明的名词较远时,主句中往往有 that〔those〕来指明这个名词). *Elasticity is that property of a body which enables it to resist deformation and to recover after removal of the deforming force.* 弹性是物体的这样一种性质,它使物体抵抗变形,并在变形力消除之后恢复原状 ②(主句中无 that 来指明的分离现象);*No machine exists which cannot be made reasonably safe.* 没有什么机器不能制造得足够安全可靠. *Supplies are materials used in the production process but which do not become a part of the product.* 消耗品是用于生产过程而又不转化成产品成分的各种物料 ③(which 从句,同主句之间无逗号分隔,关系比较密切,是限定性的;有逗号分隔,关系比较疏松,起附带或补充说明的作用). *The tractor which we got last year runs very well.* 我们去年得到的那台拖拉机很好用. *The tractor, which we got last year, runs very well.* 这拖拉机很好用,(它)是我们去年得到的. *We have seen many chemical changes, from which physical changes are different.* 我们见法许多化学变化,它们和物理变化不同. *The standard with which other things are compared is called a unit.* 别的东西和别的与之相比较的标准叫做单位. *Probable error is a plus or minus quantity within which limits the actual accidental error is as likely as not to fall.* 实际的偶然误差是很可能发生的范围叫概然误差,它是一个正的或负的量 ④(which 代替的可以不是某个名词,而是前面或后面的整个或部分的内容)*for which reason* 由于这个原因,因此. *in which case* 在这种情况下,在这场合,此时. *Electricity permits indication of measurements at a distance, which is very important in many fields.* 电可以在相隔一段距离的地方显示各种测量结果,这在许多场合都是重要的. *An electric iron may be marked 400W or, which means the same thing, 0.4kW.* 电熨铁上可能标明是 400W 或(标上)0.4kW,都是一回事.

whichev'er [hwitʃˈevə] *a.*; *pron.* 无论〔随便〕哪个,无论哪些.

whichsoev'er [hwitʃsouˈevə] =whichever.

whiff [hwif] *n.*; *v.* ①(一)吹(喷),吹送(起),喷出(烟,气) ②一点点.

whif'fet *n.* 轻吹(喷).

whif'fle [ˈhwifl] *v.*; *n.* ①一阵阵地吹,轻吹,吹(散),微风 ②闪(吹,摆,飘)动,动摇不定.

whif'fletree *n.* 横杠. *whiffletree multiplier* 又分式倍增器.

whigmaleerie 幻想,新奇古怪的东西.

while [hwail] Ⅰ *conj.* ①(正)当…的时候,在…的同时 ②(然)而,可是,却,但另一方面 ③虽然,尽管 ④只要. Ⅱ *n.* (一段)时间,一会儿. Ⅲ *vt.* 消磨(away). *Strike while the iron is hot.* 趁热打铁. *while statement* 【计】当语句. *Brakes become heated while stopping an automobile or a train.* 制动闸在刹住汽车或火车时会变热. *be pupils while serving as teachers* 一面当先生,一面当学生. *Motion is absolute while stagnation is relative.* 运动是绝对的,而静止是相对的. *Water is a liquid while ice is a solid.* 水是液体,而冰却是固体. *While new, such a spade is not good for use.* 这样的一把铁锹虽然新,并不好用. *There will be class struggle while classes exist.* 只要阶级存在,

就有阶级斗争. *It took us a good* [*great, long*] *while to calibrate those instruments.* 校准那些仪表花了我们好些时间. *It is quite worth our while to consider.* 这很值得我们考虑. ▲ *a* (*little*) *while ago* 前不久, 刚才. *after a while* 过了一会儿. *all the while* 一直, 始终. *all this while* 这一阵子. *at whiles* 有时, 间或. *between whiles* 时时, 时有. *for a while* 暂时, 一(段)时(间). *for a little while* 一会儿. *in a little while* 不久, 没多久. *once in a while* 偶尔, 间或. *the while* 其时, 当时, 与(此)同时. *while away* (*v.*) 消磨〔闲混〕时间. *while you are about it* 顺便, 在你做这个的同时. *worth* (*one's*) *while* 值得(某人)(花时间, 精力的).

whilst [hwailst] *conj.* =while.
whim [hwim] *n.* ①绞车(盘), 绕绳滚筒, 辘轳, 卷扬机, 起重装置 ②一闪念, 灵机一动, 怪念头, 幻想. ▲ *full of whims* 想入非非. *have* [*take*] *a whim for* +*ing* 突然想起(做).
whim'sical ['hwimzikəl] *a.* ①异想天开的, 想入非非的 ②毫无规律的. ～*ity n.* ～*ly ad.*
whim'sied ['hwimzid] *a.* 想入非非的, 异想天开的.
whim'sy ['hwimzi] *n.* 异想, 怪念头.
whin *n.* 金雀花, 荆豆.
whine *n.* (录音机或放音机转速抖动引起的)变调.
whin'(**stone**) *n.* 暗色岩, 粗玄岩.
whip [hwip] Ⅰ (*whipped; whip'ping*) *vt.; n.* ①拍〔抽, 搅, 鞭〕打, 鞭策, 激励〔起〕②搅起〔打成〕泡沫, 起泡沫 ③抖动, 急(骤)动(作), 突然移动, 急移〔取〕, 电视摄像机快速上、下、左、右移动, 作急速动作的机件, 风车翼 ④(缠, 紧)绕, 捆, 绞 ⑤滑轮吊车, 简单(马力)起 提升装置, 用小滑车提升, 滑车(索) ⑥鞭(子), 鞭状天线 ⑦垂曲, 易变性, 柔韧性. *oil whip* 润滑油起泡. *whip antenna* 鞭状天线. *whip crane* 动臂起重机. *whip guide* 防振控制(导向). *whip hoist* 动臂起重机. *whip pan* 快速遥拔. *whip saw* 狭边(钩齿)粗木锯. ▲ *have the whip hand* 占优势, 处于支配地位. *whip and spur* 以最快速度, 快马加鞭地. *whip hand* 优势, 主动地位. *whip off* 突然脱下〔拿去〕. *whip out* 猛然抽出, 咆哮着说出. *whip round* 猛然回头. *whip stall* 机头急坠失速. *whip up* 激起.
whip-and-derry *n.* (滑轮)简易起重机.
whip'cord *a.* 绷紧的, 坚强的, 肌肉发达的.
whip'-crane *n.* 动臂起重机.
whip'ping *n.* ①抖动, 撞(凹)击, 甩动(尾)②(曲轴, 焊枪)绳索(行动时)的振动 ③包〔锁〕缝, 捆扎. *whipping crane* 摇臂起重机. *whipping method* 抖焊运条法.
whipple truss 惠伯桁架, 多腹杆桁.
whip'pletree *n.* 横杠.
whip'py *a.* 易弯曲的, 有弹性的, (像)鞭子的.
whip'saw *n.* (双快钩齿)粗木锯, 双人横切锯.
whip'stall *n.* 机头急坠失速.
whip'stock *n.* 造斜〔斜向〕器
whip'stocking *n.* 用楔棒变深钻孔偏向(金刚石钻进).
whir [hwə:] Ⅰ (*whirred; whir'ring*) *v.* Ⅰ *n.* (使)飞快地旋转, 呼呼转动, 飞快旋转的呼呼声, 沙沙〔飕飕〕声, 喧声.
whirl [hwə:l] *v.; n.* ①(使)旋转, (使)回旋〔转〕, 急 (速旋)转, 旋转前进 ②旋转物, 转角度 ③急行, 飞驰(away, off) ④涡流(动), 旋涡〔流, 风〕, 卷成旋涡 ⑤繁忙, 混乱, 眩晕 ⑥尝试〔集渣包〕离心式(横)浇口, 旋涡侧浇口〔滤渣浇口〕. *ballistic whirl* 弹道风. *blast whirl* 爆冬波. *cyclonic whirl* 旋风形涡流. *fluid whirl* 流体旋涡. *jet-stream whirl* 喷射旋流. *oil whirl* 旋转油膜, 油膜旋涡. *whirl coating* 旋转浇覆法, 甩胶. *whirl gate* (集渣包)离心式(横)浇口, 旋涡侧浇口〔滤渣浇口〕. *whirl mix* (带搅生曲臂的)摆轮式混砂机. *whirl tube* 风洞, 风道. *whirl velocity* 涡流速度. *whirling current* 涡流. *whirling speed* 临界速度〔转速〕, 旋涡速度. *whirling test* 涡流离心力试验. ▲ *in a whirl* 旋转着, 混乱, 繁忙.
whirl(**M**) *around* [*round*] *N* (使 M)绕着 N 旋转.
whirl'about *n.* 旋转, 盘旋.
whirl'er *n.* 旋转(起重)机, 离心式滤〔净〕气器.
whirl'er crane 或 **whirl'ey** 回转式起重机, 旋臂吊车.
whir'lies *n.* 小风暴.
whirl'igig ['hwə:ligig] *n.* ①陀螺, 旋转(运动)②变迁, 循环.
whirl'pool ['hwə:lpu:l] *n.* 旋涡(流), 涡流, 混乱.
whirl'wind ['hwə:lwind] *n.* ①旋风(流), 涡流(风) ②猛烈的努力, 破坏性的事物. *whirlwind computer* 旋风型计算机.
whirl'y ['hwə:li] Ⅰ *a.* 回旋的, 旋(急)转的. Ⅰ *n.* 小旋风.
whirl'ybird *n.* 直升飞机.
whirr = whir.
whish [hwiʃ] *v.; n.* (发)飕飕声, 飕飕地迅速移动.
whisk [hwisk] *n.; v.* ①小笤帚, 挥〔掸〕掸, 扫(off, away) ②搅拌(器), 搅和 ③飞跑, 急速掠走, 突然带走(off). ▲ *be whisked out the window* 一下子白白浪费掉了.
whisk'er ['hwiskə] *n.* ①(胡, 触)须, 晶须(针), 金属须(晶), 点接触型晶体管的须触线 ②(仪表等所用的)盘(簧)(接)触(须)(弹)簧, 须触簧 ③(*pl.*) 鳃蓬管的寄生振荡(噪菌体)须簇. *cat*('*s*) *whisker*-(*s*) 触晶须, 寄生振荡. *whisker contact* 点接触. *whisker* (-*like*) *crystal* 须状晶体. *whisker technology* 晶须工艺学.
whisk'ered *a.* 有须的, 针须的.
whisk'(**e**)**y** *n.* 威士忌(酒).
whis'per ['hwispə] *v.; n.* ①耳语(声), (发)沙沙声 ②密谈, 谣传, 暗示. *whispered sound* 耳语声. *whispering mode* 耳语模, 耳语波型.
whis'tle ['hwisl] *v.; n.* ①汽〔警, 号〕笛, 哨子 ②(发)哨响, 汽笛声, 鸣(汽)笛, 吹口哨, 振鸣声, 尖叫, 呼啸而过. *exhaust whistle* 气笛. *resonant cavity whistle* 振腔响. *self-whistle* 自生啸声. *vortex whistle* 涡笛声. *whistle box* 消音箱. *whistling buoy* 发声(鸣笛)浮标. *whistle modulation* 啸声〔干扰信号〕调制. *whistling note disturbance* 啸声干扰. *whistling sound* 啸声.
whis'tler *n.* 哨声信号〔干扰〕, 通〔出〕气孔, 冒口, 排气孔.
whit [hwit] *n.* 一点点, 丝毫. *not* [*never*] *a whit* 一点也不, 一点没有. *There's not a whit of truth.* 没有一点点真实性.

white [hwait] I *a.*; *n.* ①白(的),白色的,白颜料,无色(透明)的 ②白种人(的) ③空白的(处),白噪声 ④蛋白. II *v.* 使⋯加白. *peak white* 白色电平峰值. *white after black* 黑拖白. *white alert*(空袭)解除警报. *white alloy* 假银,白(色)合金. *white alum* 明(白)矾. *white annealing* 光亮退火. *white arsenic* 三氧化二砷,砒霜. *white blood cell* 白细胞. *white bole* 高岭土. *white book* [*paper*] 白皮书. *white (cast) iron* 白(铸)铁,白口铁,白口铸铁. *white clip circuit* 白色电平限制电路,白电平削波电路. *white coal* 水力. *white colour temperature* 白场色温. *white compression* 白信号压缩,白色区域压缩. *white edge* 白色边缘,白框. *white elephant* 无用而累赘的东西,沉重的负担. *white film* 黑白影片. *white finished sheet* 酸洗薄板. *white fishes effect* "银鱼"效应. *white flake* 白(雪)点. *white gold* 白金. *white horse*(s)白浪. *White House*(美国)白宫. *white lead* 白铅(粉),铅白. *white light* 白光,公正的裁判. *white lime* 熟石灰. *white lime slag* 白渣. *white limitation* 白电平限制. *white metal* 白锡,白(冰)铜,(银白色低熔点)白色金属,白合金,巴氏合金,轴承合金,印刷合金,白⋯. *white modifying relay* 变更白色电平的中继方式. *white noise* 白噪声. *white paper* 白皮书. *white party* 白党,反动党派. *white peak* 电视图像最白点的信号电平,白峰. *white pig iron* 白口(生)铁. *white plaque* 白斑(变). *white point* 消色差点,白点. *white reference* 基准白(色). *white resin* 松香,白树脂. *white room* = whiteroom. *white scourge* 结核病,肺病. *white spirit* 石油溶剂. *white stretch circuit* 白色电平(信号)扩展电路. *white war* 经济竞争. *white water* 白水,回水. *white X-radiation* 连续X辐射. *white X-rays* 连续(白色)X射线. *white zinc* 白锌,锌白,氧化锌. *whiter than white* 白外. *zinc white* 锌生(白),氧化锌,80%氧化锌与20%硫酸锶的混合物. ▲ *call white black* 或 *call black white* 颠倒黑白.

white'-collar *a.* 白领阶层的(指不从事体力劳动的教师、职员等).
white-halo *n.* 白晕.
White'hall *n.* 白厅,英国政府.
white'handed *a.* 两手雪白的,不从事劳动的,清白的.
white'hot *a.* 白(炽)热的.
whi'ten ['hwaitn] *v.* 弄(变,使,涂,刷,漂)白,加白,镀锡,白噪声化.
white'ness *n.* (洁)白,白(色)度.
whi'tening *n.* 白(造型用,非碳素)涂料,加白,(加白)镀锡. *whitening filter* "白化"滤波器.
white'-noise gen'erator 白噪声发生器.
white-on-black writing 黑底白字书写,黑底白色记录.
white-phosphor screen(黑)白荧光屏.
white-phosphor tube 白色荧光质电子束管.
white'room *n.* (制造精密机械用)绝尘室.
white'smith *n.* 锡匠,(镀)银匠.
white-to-black-amplitude range 黑白(信号)振幅范围.
whiteware *n.* 白色〔卫生〕陶瓷.
white'wash *n.* ①刷白灰水,粉刷,涂白 ②粉〔掩〕饰,美化. II *n.* 石〔白〕灰水,白涂料.
white'wood *n.* 白木.
whith'er ['hwiðə] *ad.* ①往何处,到〔在〕哪里,无论到哪里 ②所⋯的(任何)地方. *n.* 去处.
whith'ersoev'er ['hwiðəsouˈevə] *ad.* 到任何地方,无论到何处.
whi'ting ['hwaitiŋ] *n.* 白(垩)粉,细白垩,白涂料,粉. *Whiting cupola* 燃煤预热送风冲天炉.
whi'tish *a.* 稍(带)白的.
Whit'ney key 半月销,半圆键,月牙键.
whit'tle ['hwitl] I *v.* ①切,削,斫(at),削成(形) ②逐渐减少,削减,耗费(down, away). II *n.* 屠刀.
whit'tler *n.* 削(木)者.
Whit'worth die 惠氏螺纹钢板.
Whitworth gauge 惠氏规号.
Whit'worth (screw) thread 惠氏(标准)螺纹.
whi'ty = whitish.
whiz 或 **whizz** [hwiz] I (*whizzed*; *whiz'zing*) *v.* I *v.* ①旋离,离心干燥〔分离〕,水气提取 ②(使)发飕飕声 ③极出色的东西 ④合同,契约. *a whiz of camera* 极出色的照相机.
whiz'bang *n.* ①小口径高速度炮的炮弹 ②自动操纵的飞弹 ③出色的东西. II *a.* 杰出的,出色的.
whiz'zer ['hwizə] *n.* 离心(干燥,分离)机.
whizz-pan *n.* (电影)快速遥摄.
WHM = watt-hour meter 瓦(特小)时计.
who [hu:] *pron.* (主格;其宾格用 whom) ①[疑问]谁,哪个(些) ②[关连]他(们),她(们),⋯的那个[些]人. *Who is he*〔*are they*〕*?* 他〔他们〕是谁? *Whom*〔*who*〕*did you see?* 你看见谁了? *a man who is of value to the people* 一个有益于人民的人. *unite with all those who can be united* 一切可以团结的人. *Who breaks pays.* 损坏者要赔. *In the shop there were several men, who were all busy at their work.* 车间里有几个人,他们都在忙着.
WHO = World Health Organization 世界卫生组织.
whoev'er [hu:ˈevə] *pron.* ①任何人,无论谁 ②究竟是谁,到底是谁.
whole [houl] I *a.* ①全(部,体)的,整(个,数,整)的,整个的,齐全的,所有的⋯的(人),无损〔缺〕的 ③纯粹的,未经减缩〔冲淡〕的. II *n.* 全部(体),整(统一)体,总数,整个(of). *a whole year* 整整一年. *the whole aim of present strategy* 当前战略的总目标. *the whole day* 整天,终日. *the whole time* 全部时间,自始至终. *whole coil* 全节线圈. *whole depth*(全)齿高,齿全深. *whole gale* 狂风,十级风. *whole meal* 保鲜〔无刻度〕吸量管. *whole step* 调和全音. ▲ *a whole lot of* 很多的. *on*〔*upon*〕*the whole* 总之,总的来说,整个地,大体上. *(taken) as a whole* 总之,总的来说,整个地,大体上,基本上,大致. *the whole lot* 全部. *with one's whole heart* 专心地,全心全意地.

whole-body dose 全身照射剂量.
whole-bred *a.* 纯种的.
whole'-colo(u)red *a.* 纯(单,一,全,原)色的,同一毛色的.
whole'-hearted *a.* 专心的,全心全意的. ~**ly** *ad.* ~**ness** *n.*
whole'-hog *a.* ; *ad.* 彻底(的),全部(的).
whole'-length *a.* 全长的,全身的.
whole'-meal *a.* 粗面粉制的. *whole-meal bread* 粗面粉面包.
whole'ness *n.* 全体,一切,完全,完整性.
whole'sale ['houlseil] *n.* ; *a.* ; *ad.* ; *v.* ①批发(的),成批售出(的)②大批(的),大规模(的)③整批的. *wholesale cut-off* 连续(全面)截弯. *wholesale price* 批发价(格). ▲ *by* (*at*) *wholesale* 按批发,整(成)批(地),大规模地,全部地.
whole'saler *n.* 批发商.
whole'some *a.* 卫生的,有益(于健康)的,健全的,安全的. ~**ly** *ad.*
whole'someness *n.* (药的)特效性.
who'lly ['houli] *ad.* 完全,全部,一概,统统,完整地,整个地. *wholly crystalline texture* 全晶体结构.
whom [hu:m] *pron.* (who 的宾格)①谁②…的那个(些).
whomev'er [hu:m'evə] *whoever* 的宾格.
whomp [hwɔmp] *n.* ; *vt.* (发)撞击(声),碾压声,(发)轰隆声. ▲ *whomp up* 激起,引起;匆匆(草草)做成.
whomsoev'er [hu:msou'evə] *whosoever* 的宾格.
whooping-cough *n.* 百日咳.
whoosh [hwu:ʃ] *v.* ; *n.* (使)飞快的移动,猛冲.
whop [hwɔp] I (*whopped*; *whop'ping*) *v.* II *n.* ①重击,撞击(声) ②打倒,征服.
whop'per ['hwɔpə] *n.* ①巨大的东西,庞然大物 ②弥天大谎.
whop'ping ['hwɔpiŋ] *a.* ; *ad.* ①巨大的,异常大的 ②异常地,格外地.
who're ['huə] =who are.
whorl *n.* 螺环,轮(生体),涡.
whorled *a.* 轮生的.
whort *n.* 越橘.
who's [hu:z] =①who is ②who has.
who's who *n.* 名人(录),人名词典.
whose [hu:z] *pron.* ①谁的 ②他(们)的,她(们)的,它(们)的,其. *Whose notebook is this?* 这是谁的笔记本？ *I wonder whose notebook this is.* 我不知道这是谁的笔记本. *A proper fraction is one whose numerator is less than the denominator.* 真分数是其分子小于其分母的一种分数. *the point whose distance is to be measured* 距离待测的那个点.
whose(e)v'er *pron. whoever* 的所有格.
whosesoev'er *pron. whosoever* 的所有格.
whosit ['hu:zit] *n.* 某某(即 *who's it*).
whosoev'er [hu:sou'evə] *pron.* 任何人,无论谁.
WHP = water horse-power 水马力.
whr = watt-hour 瓦(特小)时.
whse = warehouse 货栈,仓库.
WHT = white 白色.
why [hwai] I *ad.* 为什么. I *n.* 理由,原因. II *int.* 甚么！那末，嘿，咳，唷. *Why turn off the gas?* 为什么要把煤气关掉？ *Mechanics is not an explanation of why bodies move.* 力学不是用来解释物体为什么会产生运动的. *That is (the reason) why solids have fixed shapes.* 这就是为什么固体具有固定形状(的道理). *the why(s) and wherefore(s)* 原由.

WI =①The Welding Insttiute(英国)焊接学会 ②water injection (内燃机)注水减少污染,地层注水(采油) ③wrought iron 熟铁,锻铁.
WIC= wax insulating compound 蜡绝缘物.
Wichart truss 菱铰桁架.
wick [wik] *n.* ①灯(烛)心,芯子,灯带,(吸)油绳 ②导火线 ③"灯芯"效应. *lubricating wick* 润滑油芯. *oil wick* 油芯. *syphon wick* 吸油芯. *wick feed oil cup* 虹吸油芯注油杯. *wick for oil-syphon* 润油心. *wick lubricator* 油绳润滑器.
wick'ed ['wikid] *a.* ①坏的,邪恶的,恶(剧)劣的 ②显示高超技艺的. ~**ly** *ad.* ~**ness** *n.*
wick'er *n.* ; *a.* 柳条(制品,编制的),荣束(的),枝条(编的).
wick'et ['wikit] *n.* ①(大门上的)小门,角(便,边)门,就水(水闸)门,旋转栅门 ②小窗口,售票窗(处). *wicket gate* 导叶,窥门,征门. ▲ *be on u good* (*sticky*) *wicket* 处于有利(不利)地位.
wick'-feed oiler 虹吸油心注油器.
Wick'man gauge 凹口(威氏)螺纹量规.
wid'dershins ['widəʃinz] *ad.* 与太阳运行方向相反地,逆时针地.
wide [waid] *n.* ; *ad.* ①宽的,(宽)阔的,广(阔,大,泛)的 ②(充分)张开的,开得很大的 ③一般的,非专门化的,(离题)远远(的),差得远的,偏斜(的) ④全面地,充分地. *be of wide distribution* 分布较广. *be ten metres wide* 宽十米. *be wide of the mark* 离目标很远,打歪,离题太远,弄错. *wide angle diffuser* 大扩张角扩压段,大扩散角扩散段. *wide apart* 相距很远. *wide difference* 巨大的差异,天壤之别. *wide film* 宽(胶)片. *wide flange beam* 宽缘工字钢. *wide gate* 宽门(电路),宽选择脉冲,宽选通脉冲门闩,远的(的),差得远的,偏斜(的). *wide gauge* 宽轨距. *wide meter* 宽刻度仪表. *wide range* 大(宽)量程,高射程,宽波段,宽频带. *wide scope* 宽频带示波器. *wide strip* 宽带材(钢). ▲ *give a wide berth to* 离(避)开. *far and wide* 普遍,广泛.
-wide 〔词尾〕全面,宽. *organization-wide* 全机构的. *system-wide* 全系统的. *two-mile-wide* 两英里宽的.
wide'-angle *a.* 大角度的,广角的. *wide-angle deflection* 大角度(广角)偏转. *wide-angle lens* 广角(透)镜,广角镜头. *wide-angle long-shot* 全景镜头. *wide-angle scanning* 广角扫描. *wide-angle shot* 广角镜头摄像. *wide-angle system* 广视角系统.
wide'-aperture *a.* 大孔径的,宽散射角的. *wide-aperture gun* 宽散射角电子枪,宽孔蓝枪. *wide-aperture lens* 大孔径物(透)镜.
wide'-awake' *a.* 清醒的,机警的,警惕性高的.

wide′-band *a.* 宽(频)带的,宽波段.
wide-bore *a.* 大口径的,开大孔的,有阔孔的.
wide′-bottom flange rail 宽底钢轨.
wide′-cov′erage *a.* 宽幅(作业)的.
wide-cut gasoline 广馏份汽油.
wide-field-of-view telescope 宽视场望远镜.
wide-flange(d) *a.* 宽缘的.
wide-gap junction 宽禁带结.
wide-gap spark chamber 宽隙火花室.
wide-long shot 远距离宽拍摄.
wide′ly *ad.* 广(泛),很远,大大. *differ widely* 大不相同,相差悬殊.
widely-pitched *a.* 宽节距的,疏管距的.
wide′-meshed *a.* 大(筛)孔的,粗筛孔的,宽网孔的.
wide′-mouth *a.* 广口的.
wi′den ['waidn] *v.* 加(放,扩,展,变,拓)宽,弄(变)阔,扩展(大,张);膨胀,(板坯,板材的)横轧宽展. *widened planer* 〔*planing machine*〕宽式刨床. *widening circuit* 展〔加〕宽电路. *widening of curve* 曲线加宽. *widening on curve* 曲线(弯道)加宽.
wide-necked bottle 广口瓶.
wide-open *a.* 张开的,全开的,没有保护的,容易受到攻击的.
wide-range *a.* 宽波段的,宽频带的,宽量程的,宽调节范围的,高射程的.
wide′scope *n.* 宽频带示波器. *envelope widescope* 视频(包络宽带)示波器.
wide′-screen *a.* ; *n.* 宽银〔屏〕幕(的). *widescreen film* 宽银幕影片.
wide-sense stationarity 广义平稳性.
wide-spaced tube 宽极(间)距高频电子管.
wide′ spread ['waidspred] *a.* 普遍〔及〕的,广泛〔流传〕的,分布广的,广布的,蔓延的. *become less widespread* 不大普遍了.
wide-temperature core 宽温(度)磁心.
wid′get ['widʒit] *n.* ①小机械,小器具 ②未定名的主要新产品.
Widia *n.* 碳化钨硬质合金(用钻作粘结剂).
wi′dish ['waidiʃ] *a.* 稍宽的,有点宽的.
Widmanst tten pattern 或 **Widmanst tten structure** (钢中)魏氏组织.
width [widθ] *n.* ①宽(度),阔度,广度〔阔〕,幅(宽),(脉冲)持续时间 ②一块材料. *band width* 通带宽度,(频)带宽(度). *barrage width* 抑止脉冲宽度. *barrier width* 势垒宽度. *burst width* 闪光的延续时间. *clear width* 净宽,内径. *effective width* 有效〔工作〕宽度. *12 feet in width* 宽 12 英尺. *gate width* 门宽,选通脉冲宽度. *inner width* 空隙. *land width* 台面宽度. *mesh width* 筛格尺寸. *pulse width* 脉冲宽度,脉冲持续时间. *transport width* 运输状态外形宽度. *trigger-gate width* 选通脉冲宽度. (*wheel*) *track width* 轮距,轨距. *width between centers* 中心距. *width coding* (按)宽度编码. *width coil* (电视)调宽线圈. *width control* (选通脉冲)宽度调整,图像宽度调整,行幅度〔水平偏转〕调整. *width modulation* 脉宽调制. *width multivibrator* 脉宽多谐振荡器. *width of root face* 钝边高度.

width of row 〔*interrow*〕行距. *width of thread* 螺纹宽度. *width of tooth* 齿宽. *width of transition steepness* 前沿陡度.
width-pulse modulation 脉宽调制.
width-tapered pulse burst 宽度渐变的脉冲串.
width′wise *ad.* 横着,纬向地.
Wie′berg meth′od 坚炉海绵铁炼制法.
Wiechert method 维谢尔法,接地电阻测定法.
Wiegold *n.* (牙)齿黄铜(铜∶锌=2∶1).
wield [wi:ld] *vt.* 使用,行使,掌握,管理,运用,支配,指挥. *wield a baton* 挥舞指挥棒. *wield the pen* 执笔. *wield au-thority* 行使职权. *wield influence* 影响到,施加影响.
wield′y *a.* 易使用(掌握)的,有使用能力的.
Wien [vi:n] 〔德语〕*n.* 维也纳(奥地利首都).
Wien bridge 维氏(维恩)电桥.
wierload *n.* 越流负荷.
wife [waif] (*pl.* *wives*) *n.* 妻(子),爱(夫)人.
WIFNA =inhibited white fuming nitric acid 加阻化剂的白色发烟硝酸.
wig′an ['wigən] *n.* 帆布似的平纹棉布.
wig′gle ['wigl] *v.*; *n.* 摆〔抖,扭〕动,波形. *wiggle magnet* 扭轨磁铁.
Wigner effect 维格讷效应.
wig′wag ['wigwæg] (*wig′ wagged*; *wig′wagging*) I *v.* 摇动(摆),发灯光信号,打(旗语)信号. II *n.* 信号(旗,器,通信).
wig′wam ['wigwɔm] *n.* 棚屋.
wiikite *n.* 铁铌矿.
WIL =white indicating light 白光指示灯.
wil′co ['wilkou] *int.* (来电收到即将)照办.
wild [waild] I *a.* 野(生,蛮)的,荒(芜)的,无人烟的 ②(杂)乱的,无秩序的,未击中目标的 ③猛烈的,狂暴(烈)的,暴风雨的,强烈沸腾的 ④不切实际的,轻率的 ⑤(地震记录道)乱跳. II *ad.* 猛烈地,粗暴地,野蛮地,乱. III *n.* 荒地〔野〕,未开发的地方. *shoot wild* 乱射. *wild cat* 野猫井,无计划勘探. *wild dream* 狂想. *wild flooding* 浸灌,暴风雨泛滥. *wild goose* 公测(增益)曲线. *wild land* 荒地,未开垦的土地. *wild night* 暴风雨之夜. *wild park* 天然公园. *wild scheme* 轻率的计划. *wild track* 独立声带,非同步声波. *wild trajectory* "野"轨道,动坏 狂风. *wild work* 暴行,不法行为. ▲ *be wild about* 热衷于. *be wild to* + *inf.* 渴望(做). *in wild confusion* 混乱. *in wild disorder* 杂乱无章. *run wild* 出故障,控制失灵.
wild-card *n.* 通配符.
wild′cat ['waildkæt] I *a.* ①投机性的,空头的 ②靠不住的,不可信的,非法经营的 ③不按规定时间行驶的. II (*wildcatted*, *wildcatting*) *v.* ①投机②乱钻(油井),盲目勘探,盲目开挖勘探井(天然气井). III *n.* ①乱钻的②盲目开掘的油井(天然气井),野猫井②猞猁,(锚机)持链轮 ③(铁路)急救(特勤)机车 ④靠不住的冒险计划. *wildcat brands of* 冒牌的. *wildcat crea* 野猫探区(带有一定冒险的测区,依据不足或未经证实的勘探地区). *wildcat schemes* 空头计划.
wild′catter *n.* 盲目开采油井者.

wild'catting n. 钻野猫井.
wil'derness ['wildənis] n. ①荒(旷)野,茫茫一片 ②无数,大量,一大堆,许多(of). *a wilderness of waters* (*sea*) 茫茫大海,一片汪洋.
wild'fire ['waildfaiə] n. (燎原)大火,磷火,闪电,极易燃物. ▲ *spread like wildfire* 迅速传播(蔓延),势如燎原.
wild-flooding method 大水漫灌法.
wild life n. 野生生物.
wild'lifer n. 自然环境保护者,野生生物保护者.
wild'ly ad. 野,胡(紊)乱地,轻率地,荒芜地.
wild'ness n. 野生(蛮),荒芜,胡乱.
wild-track a. 配音的画外配音的.
Wilf'ley table 威尔弗莱型(盘面一半以上有格条的)摇床.
wil'ful ['wilful] a. ①任性的,固执的 ②故意的,存心的,蓄意的. ~ly ad. ~ness n.
wi'lily ad. 狡猾地,诡计多端地.
wi'liness n. 狡猾,诡计多端.
wilkeite 硅硫磷灰石.
wilk'inite n. 胶膨润土.
will [wil] I (过去式 *would*) v. aux. (否定式 *will not*, 缩作 *won't*)①将,将要,会 ②愿意,想,打算. *We will fight on until final victory is won*. 我们一定要战斗到赢得最后胜利. *This will be discussed at some length in Chapter 4*. 这将在第四章比较详细地讲. *Any time will do*. 什么时候都行. *This wood won't burn*. 这木头不会燃烧. *Press the button and the wheel will turn*. 按一下电钮,轮子就会转动.
II n. ①意志,决心,愿望,意愿 ②愿意,任意 ③遗嘱. *work with a will* 起劲地干. *have a will that surmounts all difficulties* 有克服一切困难的劲头. ▲ *at will* 任意,随意地. *of one's* (*own*) *free will* 自愿地.
willardin n. 尿嘧啶丙氨酸.
will'-call n. ; a. 预订零售部(的).
-willed (构词成分)意志…的. *ill-willed* 有恶意的. *strong-willed* 意志坚强的.
willemite n. 硅锌矿,(天然)硅酸锌(矿).
will'ful a. =wilful.
William stone 含镁蛇纹石.
Williams core (大)气压冒口泥芯.
Williams's plastometer 威廉氏塑度计.
Williams riser 气压冒口.
Williams's tube 静电存储管,威廉斯管.
Williamson amplifier 威廉逊型放大器,高保真度放大器.
will'ing ['wiliŋ] a. 自愿的,乐意的. ▲ *be willing to* +inf. 乐于,欣然(去做). ~ly ad.
will'ingness ['wiliŋnis] n. 志愿,意愿.
will'ow ['wilou] n. 柳(树),柳木(制品),梳料.
will'pow'er ['wil'pauə] n. 意志力,毅力.
wil'ly-nill'y ['wili'nili] a. ; ad. ①不管愿不愿意(的),无论怎样 ②强迫的,犹豫的,拖延的.
willy-willy ['wili-wili] n. 澳洲的大旋风,陆龙风,畏来风.
wil'mil n. 硅铝明.
wilt [wilt] n. 印戎,枯萎,萎蔫.

wi'ly ['waili] a. ①诡计多端的,狡猾的 ②灵巧的,办法多的.
wim'ble ['wimbl] n. ①锥,(手摇,螺旋)钻 ②钻孔清除器.
Wimet n. 硬质合金(钻<11%,碳化钛0~15%,其余碳化钨).
wim'ple n. ; v. 弯曲,折叠,(使)起微波.
wim'py a. 衰弱的,无能的.
Wimshurst (**influence**) **machine** 维姆胡斯(静电感应)起电机.
win [win] (**won** [wʌn] ; **win'ning**) I v. ①获胜,赢(博,获)得,得到成功 ②(经过努力)到达(达到),攀上 ③获(矿),发(采)掘,提炼(取),为(矿矿'而准备(竖井)④争取,说服(over, to). II n. 胜利,成功,获胜. *win the summit* 攀上高峰. *win by a small margin* 超过一点,大一点. ▲ *win against* 战胜. *win free* (*clear*) 摆脱困难. *win hands down* 轻易获得成功. *win honour for* 为…争光. *win one's way* 排除困难(障碍)前进. *win out* (*through*) 成功,克服. *win up* 攀登.
winch [wintʃ] I n. ①绞盘(车),起货机,卷扬机 ②曲柄,有柄曲拐. II vt. 用绞车拉动(提升,举起),用起货机吊起. *cable winch* 电(钢)缆绞车. *capstan winch* 绞盘. *hydraulic winch* 带液压马达的绞车. *hydraulically powered winch* 液力传动绞车. *linkage winch* 悬挂式绞车. *lorry mounted winch* 卡车上安装的绞盘式起重机. *motor winch* 机动绞车. *spike drawing winch* 道钉起拨器 *trailer mounted winch* 装在拖车上的绞盘. *well winch* 矿井绞车. *winch barrel* [*drum*] 绞车卷筒. *winch capacity* 绞车提升能力. *winch worm* 绞车蜗杆.
winchman n. 绞车手.
wind[1] [waind] I v. (**wound** [waund] 或 **winded** [waindid]), **wound** 或 **winded**) ①缠(盘,卷)绕,卷,裹(包卷,围)紧 ②(用绞车)绞(吊)起,提升,拖动 ③摇手柄,用曲柄摇动,上(开)发条 ④迂回,使弯(弯)曲 ⑤缠绕,扭曲,卷旋,使转向. II n. ①卷,缠绕,绕组(线,法)②缠绕机构(装置),绞车,手动卷扬机 ③一圈,一盘,一转 ④蜿蜒,弯曲. *level wind* 尺度索绕平机构. *shunt wind* 分路(并激)绕组,并激绕法. *wave wind* 波状绕组(法). *wind signal generator* 曲线(绕)信号发生器(测定彩色电视机相位失真的仪器). *wind spring* 卷簧,发条. *wind the altimeter down* 使高度计的指针(读数)下降. ▲ *a wind down* 逐步收缩(结束); 降级. *wind into* 绕成(团,卷). *wind off* 绕(放,松,卷,缠)开. *wind on* 卷上. *wind round* 绕在…上. *wind up* 卷紧(拢),缠绕,绞(吊)起(钟表)上弦; 上紧; 的发条,使操作(紧张,兴奋); 完结,结束(业),清理,解散.
wind[2] [waind] vt. (**winded** ['waindid] 或 **wound** [waund]) ①吹(响,起)②用号角发出(信号).
wind[3] [wind] I n. ①风,[海]上风,(空)气流,压缩空气(气体) ②(pl.) (四个)基本方位,方向 ③气(喘)息,呼吸,气味 ④管乐器(声) ⑤风声,传闻,空谈(话). II v. (**winded** [windid], **winded**) 透(通,嗅,吹)风,吹干,嗅(闻)出. *advance against the winds and the waves* 迎着风浪前进. *adverse wind* 逆(顶)风. *anabatic wind* 上升(坡)风. *beam wind*

横风. **big wind** 大风,强气流. **blast wind** 爆炸波. **constantwind** 稳定风. **contrary wind** 逆风. **cross(-)wind** 侧〔横〕风. **fair wind** 顺〔微〕风. **following** 〔**free**〕 **wind** 顺风. **head wind** 顶〔逆,迎面〕风. **head-on wind** 迎面风. **high wind** 狂〔强,疾〕风. **jet-stream wind** 喷气流,喷射流. **light wind** 软〔轻〕风. **off-shore wind** 离岸风. **on-shore wind** 向岸风. **opposing wind** 逆〔迎面〕风. **radar wind** 雷达风. **relative wind** 相对风,迎面气流. **second wind** (运动)喘气后恢复正常的呼吸. **tail wind** 顺风. **trade wind** 信风. **variable wind** 无定风. **wind action** 风力作用. **wind after** 尾后风. **wind belt** 防风林,风带. **wind box** 风箱. **wind break**＝windbreak. **wind channel** 风洞〔道〕. **wind charger** 风力充电器. **wind cone**＝wind-cone. **wind current** 气流. **wind desert** 风成沙漠. **wind force scale** 风(力)级. **wind furnace** 通风炉. **wind gauge**＝wind-gauge. **wind gusts** 阵风,迅急的风. **wind instrument** 管乐器. **wind lull** 风速暂歇. **wind of Beaufort force 2**〔蒲福风级〕二级风(即 **light breeze** 轻风). **wind of Beaufort force 7**〔蒲福风级〕七级风(即 **moderate gale** 疾风). **wind power** 风力. **wind rose** 风向(风力)图,风图,风玫瑰. **wind scale** 风级. **wind screen**〔**shield**〕风挡,挡风板,(汽车)挡风玻璃. **wind sea** 波浪. **wind sock** 风(向)袋. **wind tones** 吹奏音. **wind truss** 抗风桁架. **wind tunnel** 风洞〔道〕. **wind turbine** 风力涡轮机. **wind vane** 风向标.▲**a gust**〔**capful**〕**of wind** 一阵风. **against the wind** 顶〔逆〕着风. **before the wind** 顺风. **between wind and water** 在水线处(船身和水面相接处),在弱点〔要害〕处. **burn the wind** 飞速前进. **by the wind** 顺风. **cast**〔**fling, throw**〕**to the winds** 不予考虑,完全不顾. **down the wind** 顺风航行. **find out how the wind blows**〔**lies**〕看风向,观望形势. **from the four winds** 从四面八方. **get**〔**catch**〕**wind of** 听到…的风声,获得…的线索,风闻. **go like the wind** 飞跑〔驰〕. **have**〔**gain, get**〕**the wind of** 比…占上风,对…占优势地位. **in the teeth**〔**eye**〕**of the wind** 迎着风. **in the wind's eye** 逆〔顶〕着风. **in the wind** 将要发生,在(秘密)进行,将要成问题,未决定. **into the wind** 迎〔顶〕风. **know**〔**see**〕**how**〔**where**〕**the wind blows**〔**lies, sits**〕知道风向. **lose one's wind** 喘气. **off the wind** 顺风行驶〔航行〕. **on a wind** 靠着风. **on the wind** 几乎顶风,抢风. **put the wind up** 使吓一跳. **sail against the wind** 接近于顶风航行,几乎抢风驶船,在困难情况下工作. **sail near**〔**close to**〕**the wind**〔接近于顶风〕航行. **take the wind of** 占…的上风. **take the wind out of one's sails** 先发制人而占某人的上风. **take wind** 被人知道〔谈论〕,泄露. **under the wind** 在背风处. **up the wind** 顶着风. **wind abaft** 正后风. **wind ahead** 正前风. **with the wind** 跟〔顺〕着风,随风.

wind′age ['windɪdʒ] n. ①空气阻力,风阻 ②游隙(炮筒内径和炮弹外径之差率),间隙 ③(子弹因风而生的)偏差,风致偏差,风力影响,风力修正量 ④(子弹等飞过引起的)气流. **windage deflection** 风压变形. **windage losses** 通风损耗,风阻〔气流〕损失,风差修正量.

wind′bag ['windbæg] n. 空谈家.

wind′blast n. 气流吹袭.

wind′-blown a. ①终年被(一面来的)风吹的 ②风化〔积,蚀〕的.

wind′-borne a. 风送〔积,成〕的,腾升〔气垫航行〕状态的.

wind′-bound a. 因逆风不能航行的.

wind′-box n. 风箱.

wind′-break n. 防风墙〔篱,林,设备〕,风障.

wind′-breaker n. 防风外衣.

wind′-cheater n. 防风的(紧身)上衣,皮袄.

wind-chest n. (乐器)风箱.

wind′-chill v. 用风冷却,风力降温.

wind′-cock n. 风向标.

wind′-cone n. 风向袋,圆锥风标.

wind-cooled a. 风冷的.

wind-cracked a. 风吹裂的.

wind-down ['waind-daun] n. 逐步收缩〔结束〕;降级.

wind-drift sand n. 风沙,流沙.

wind′-driven a. 风(吹,驱)动的.

wind-electric n. 风生电的.

wind′er ['waində] n. ①缠绕者〔器,植物〕,卷线〔取〕机,卷簧〔纸,片〕器,绕线器〔机〕,线板儿 ②卷扬机,提升机,绞车 ③(楼梯的)斜踏步,盘(曲)梯 ④开发条的钥匙 ⑤拨不紧 ⑥蔓草. **coil winder** (线材)边拔机. **paper winder** 卷纸机. **spring winder** 卷簧器.

wind′-fall n. ①风吹落的果实 ②意外的收入,横财.

wind′-gauge n. 风速表,风力〔速,压〕计.

wind′head n. 风力发动机顶风向.

Windhoek ['vinthuk] n. 温得和克(纳米比亚首府).

wind′iness ['windinis] n. 有(多)风的,多台口风的,空谈.

wind′ing ['waindiŋ] Ⅰ a. 缠(卷)绕的,弯弯曲曲的,曲折的,蜿蜒的,迂回的. Ⅱ n. ①绕组〔线,法〕,线圈 ②卷(起,扬,卷绕,扬),绕绕,提升,绞,弯曲,上卷 ③一圈,一转,匝. **ampere winding** 安(培)匝(数). **bias winding** 偏压〔辅助磁化〕线圈. **heater winding** 灯丝〔电热丝〕线圈. **pile winding** 分层叠绕线圈. **shunt winding** 并激绕法,分流线圈. **winding displacement** 绕线〔绕组〕位移,排线. **winding engine** 卷扬〔提升〕机. **winding motor** 卷扬用电动机. **winding number** 分枝数. **winding pipe** 弯管,风管. **winding pitch** 绕组节,绕(组节)距. **winding reel** 卷(绕)线筒,电缆卷筒,辊式卷线机. **winding road** 弯曲道路,盘陀路. **winding rope** 起重索. **winding shaft** 卷轴. **winding staircase** 盘旋式楼梯. **winding stream** 曲折水流,分流线圈. **winding wire** 线圈〔绕组〕线. ▲**at a single winding** 绕(卷)一次,上一次发条. **in winding** (板等)弯曲着.

wind′ing-up ['waindiŋ'ʌp] n. ①(营业的)关闭,清理,结束 ②了结,解散 ③卷扬,绕緊.

wind′-in′strument ['wind'instrument] n. 管乐器.

wind′-laid a. 风(吹)积的. **wind-laid soil** 风积土.

wind′lass ['windləs] Ⅰ n. ①小绞车,绞盘,辘轳,卷扬机 ②起锚机. Ⅱ vt. (用卷扬机)提升,绞起,(用

wind'less a. 无风的, 平静的.

wind'mill ['windmil] n.; v. ①风车(般旋转) ②风力发动机 ③螺旋桨〔风车〕自转 ④旋翼机, 直升飞机. *jumbo windmill* 巨型风力发动机. *merry-go-round windmill* 转臂式风力发动机. *turbine windmill* 涡轮式风力发动机. *windmill anemometer* 风车式风速表. *windmill curve* 风车线. *windmill pump* 风车〔力〕泵.

wind'milling n. 风车旋转〔自转〕, (螺旋桨)自转, 自由旋转.

wind'-mixed isothermal layer 风成等温层.

Windom antenna 单线馈电水平天线.

wind'ow ['windou] I n. ①窗(户, 口, 孔, 隙), 橱〔车, 陈〕窗, 风挡 ②(窗)口, 玻璃窗, 观察窗〔孔〕③窗状开口, (信封上的)透明纸窗 ④雷达干扰带, (干扰箔)金属带, (反雷达的)金属干扰带, 偶极子〔反射体〕干扰 ⑤双重限制器, 上下限幅器 ⑥触发脉冲(电路) ⑦(火箭, 宇宙飞船的)发射时限, (发射)最佳〔恰好〕时间 ⑧(重返大气层的)大气层边缘通过区. II vt. 给…开〔装〕窗. *composite window* 组合(观察)窗. *counter window* 计数管窗. *dial window* 刻度窗. *end window* (计数管)端面窗. *housing window* (轧机)牌坊, (机体)窗口. *objective window* 物镜孔. *observation* 〔*viewing*〕*window* 观察孔. *open window unit* 敞窗单位(声吸收单位), 同 sabin 赛宾. *perspex window* 有机玻璃(观察)孔. *shielding winddow* 防护(观察)窗. *sliding window* 滑窗. *tuned window* 调谐膜片. *window amplifier* 上下限幅放大器,"窗"放大器. *window attitude check* (航天飞行器再入大气层时的)窗向检查. *window band* 最佳频段. *window cleaner* 〔*wiper*〕刮水器, 玻璃刷. *window cloud* 涂覆金属的纸带, 金属屑网. *window defroster* (汽车玻璃窗的)防霜装置, 风挡去霜器. *window dropping* 散布(雷达干扰)金属带. *window envelope* = window-envelope. *window frame aerial* 车窗天线. *window in guide* 波导窗〔孔〕. *window of the slope* 斜率窗口. *window of tube* 管窗〔屏〕, 荧光屏. *window opening* 窗口. *window pair* 窗口(函数)对. *window position* 窗口(脉冲)位置, 波门位置. *window regulator* 车窗开闭调节器. *window rocket* 撒布金属反射体的火箭. *window sash* 上下开关的窗扇, 窗框, 钢窗框. *window screen* 纱窗. *window signal* 窗孔信号, 触发脉冲信号. *wind tunnel window* 风洞观察窗. *window type current transformer* 穿圆法式电流互感器, 贯通式变流器. *window type restraint weld cracking test* 窗形约束抗裂试验. *window ventilator* 车窗通风器, 通风窗. ▲ *have all one's goods in the (front) window* 做表面文章, 华而不实.

wind'ow-blind n. 遮光帘.
wind'ow-curtain n. 窗帘.
wind'ow-dressing n. 橱窗装饰.
wind'ow-envelope n. (露出信里收信人姓名地址的)开窗信封.
win'dowing n. 开窗口.
wind'owless a. 无窗的. *counter windowless* 无窗膜计数管.
wind'ow-pane n. 窗玻璃.
wind'ow-range n. 窗频范围.
wind'ow-shade n. 遮光帘, 窗口遮阳篷.
wind'ow-shop v. 浏览橱窗, 逛商店.
wind'owsill n. 窗槛, 窗盘.
windowtron n. 高功率微波窗测试装置.
wind'pipe ['windpaip] n. ①(由喉至肺的)气管 ②风管.
wind'-powered a. 风力(动)的.
wind'-proof a. 防风的.
wind'-rode a. 顶风锚泊.
wind'row ['win(d)rou] I n. (长形)料堆, 条形长堆, 堆放一长条的筛过的砂, 砂堆, 风集土堆. II v. 按长堆推料, 堆成条〔行, 堤形〕, 铺成条〔行〕. *windrow equalizer* 分(料)堆器. *windrow evener* 料堆摊平机, 平堆机. *window loader* 料堆装卸机. *windrow sizer* 料堆断面整理机, 料堆断面测定样板.
wind'rower n. 料堆整形机, 堆行〔铺聚〕机.
wind'row type a 堆料式(的), 长堆铺筑法(的).
wind'sail n. 【船】帆布通风筒, 风车的翼板.
wind'-scale n. 风级.
wind'-screen ['wind-skri:n] 或 **wind'shield** ['wind-ʃi:ld] n. 风挡, 挡风板, (汽车)挡风玻璃. *windshield wiper* (汽车的)风挡刮水器.
wind-shaken a. 风裂的.
wind'shield n. 防风罩.
wind-slash n. 风害迹地.
wind'-sleeve 或 **wind'-sock** n. 风向袋〔锥〕, 套筒〔袋形〕风标.
wind'sock n. 袋形风标, 风袋, 风向锥.
Wind'sor ['winzə] n. (英国)温莎(市); (加拿大)温索尔(市).
wind'spout n. 龙卷风, (陆地)旋风.
wind'-storm n. 风暴, (不夹雨的或少雨的)暴风.
wind'-stream ['windstri:m] n. (迎面, 风洞, 定向)气流.
wind'-swept a. 挡风的, 被风乱吹的.
wind'throat n. 风扇〔鼓风机〕排气口.
wind'throw n. 风倒.
wind'-tight a. 不透〔通〕风的.
wind-tone horn 风哨喇叭.
wind'-tunnel n. 风洞〔道〕.
wind-tunnelless model 非风洞用模型.
wind'-up ['waind'ʌp] I n. 终〔完〕结, 结局〔束〕. II a. 靠发条发动的.
wind'-vane n. 风向标.
wind'ward ['windwəd] I a. 上(向, 迎)风的, 迎风的 II n. 上(向, 迎)风面, 迎风侧. III ad. 向(上)风, 上(迎)风. *windward bank* 向风岸. *windward side* 向风的一侧, 上风面. ▲ *to windward* 占上风, 处于有利地位.
wind'y ['windi] a. ①多(当)风的, 风大的, 狂风似的, 猛烈的 ②由风(由压缩空气)产生的 ③空谈的, 吹牛的 ④无形的. *windy downpour* 狂风暴雨. *windy side of the house* 屋子向风的一面.

wine [wain] Ⅰ n. ①(葡萄,果汁)酒,酒剂 ②深[紫]红色. Ⅱ v. (请)喝酒.

wine' glass ['wainglɑːs] n. 酒杯(容量名称,约等于2液两).

wing [wiŋ] Ⅰ n. ①翅(膀),侧,(机,弹)翼,翼板,翼形物,叶片(轮),盘 ②风向标 ③挡泥板 ④飞行(翔) ⑤侧面(布置),舷侧,上甲板外侧,侧厅,耳房,边房,突出物 ⑥(角铜的)肢,边 ⑦电子管阳极 ⑧(空军)联队 ⑨(铁路)翼枕. Ⅱ v. ①飞(行,过),空运,飞速行进(传播) ②装翼(翅膀),使飞 ③加快,(使)加速. *air wing* 风扇叶片,空气动力翼翼,空军翼队. *bat wing* 蝙蝠翼(天线的辐射翼). *latticed wing* 翼栅. *lifting wing* 升力机翼. *main wing* 主翼. *pivoting wing* 翼,可转动机翼. *rotary wing* 旋翼,升力螺旋桨. *submerged wing* 水翼. *uniform wing* 等截面机翼. *V wing* V形机翼. *wing abutment* 翼式(大字形)桥台,翼墙(座). *wing cascade* 翼(形叶)栅. *wing chair* (可挡风,靠头的)高背椅. *wing core* 【铸】下落式顶填泥芯,楔形芯头泥芯. *wing door* 侧门. *wing flats* 侧幕,背景屏. *wing gun* 机翼固定机枪. *wing light* 翼投灯光. *wing nut* 翼形[螺形,元宝]螺母. *wing of infinite span* 无限翼展机翼. *wing of the curve* 曲线翼. *wing panel* 翼板,附加在旁边的面板. *wing photograph* 偏斜像片,侧片. *wing plane* 僚机. *wing pump* 叶轮泵. *wing screw* 翼形螺丝. *wing skid* 翼桁橇. *wing span* (飞机)翼展,翼长. *wing spot* (电视的)侧投点照灯光. *wing tank* 机翼油箱. *wing wall* 翼墙,八字墙. *wing wheel* (飞机)翼轮. *winged mouldboard* 装翼模板. *zero-span wing* 零翼机翼,翼展为零的机翼. ▲ *in the wings* 在后方,在左近;在观众视线之外的舞台两侧. *lend* [add] *wings to* 加速[快],促进. *on the wing* 飞行中,旅行中. *on the wings of the wind* 飞快的. *on wings* 飞一般地,飘飘然. *take to itself wings* 或 *take wings to itself* 消失,不翼而飞,一会儿就没有了. *take under one's wing* 庇护. *take wing* 起飞,逃走. *under the wing of* 在…的庇护下. *wing it* 临时准备(凑成). *wing one's way over* 飞过.

wing'-duct outlet 机翼中导管的出口截面.

winged [wiŋd] *a.* 有(装,带)翼的,飞行的,飞航式的,迅(飞)速的. *winged headland* 双翼岬. *winged mouldboard* 装翼模板. *winged rocket* 带翼火箭. ~ly *ad.* ~ness *n.*

wing-fold n.;v. 翼折叠.

wingheaded bolt 翼形(双叶)螺栓.

wing'ing-out n. (隧道的)两翼开出.

wing'less *a.* 无翼的,没有翅膀的.

wing'let n. 小翼.

wing'man n. 僚机(飞行员).

wing'manship n. 飞行技术.

wing'-mounted *a.* 装于翼上的.

wing'rail n. 翼轨.

wing'span 或 **wing'spread** n. 翼展.

wing'tip n. 机翼端,翼尖(梢). *rotating wingtip* 转动翼梢,翼梢副翼.

wing'wall n. 翼墙,屏式凝渣(垂帘)管.

wink v.;n. ①闪烁(亮),霎[眨]眼 ②装作没看见(at) ③瞬间,一瞬(3/100秒) ④完结,熄灭(out) ⑤信号,(用灯号)打信号. ▲ *in a wink* 转瞬间,一刹那. *like winking* 转瞬间,很快地.

wink'er n. 信号灯(装置),汽车用闪光灯,(汽车)方向指示灯.

wink'le ['wiŋkl] v. ①抽出,砍掉(out) ②闪烁(耀).

Win'kler method 温克勒(溶解氧)测定法.

Winkler's hypothesis 文克勒假设(弹性地基计算的一种假设).

Winn bronze 一种含铅黄铜(铜62~68%,锌28~35%,镍2~2.3%,铅0.5~1%,铁0~0.5%).

win'nable *a.* 能赢得的,能取胜的.

win'ner ['winə] n. 优胜[获奖]者,冠军.

win'ning ['winiŋ] Ⅰ *a.* 获胜的,胜利的. Ⅱ n. ①获得,获胜,胜利 ②提煤(取),开采,回采,备采煤区 ③(pl.) 奖金. *winning cell* 电积槽. *winning of nickel* 镍的提取.

win'ning-post n. 终点.

Win'nipeg n. (加拿大)温尼伯(市).

win'now ['winou] *vt.* ①簸,扬,气流分送,风[簸,漂,流]选,使分离 ②辨(鉴)别. *winnow the false from the true* 或 *winnow truth from falsehood* 辨(鉴)别真伪,去伪存真. *winnowed sediment* 漂流沉积物.

win'nower n. 风选机,扬谷机.

win'some *a.* 有吸引力的.

win'ter ['wintə] Ⅰ n. ①冬(天,季) ②萧条期. Ⅱ v. 过(越)冬. *hard winter* 严冬. *this winter* 今年冬天. *winter building construction* 冬季建筑施工. *winter concreting* 冬季浇筑混凝土. *winter flower* 腊梅. *winter hardiness* 抗寒性. *winter jasmine* 迎春花. *winter oil* 冬季(润滑)油,耐冻(低凝点)润滑油. *winter resistance* 抗寒性. *winter service* 冬季防冰雪设施. *winter solstice* 冬至.

win'ter-beaten *a.* 冷伤了的.

winteriza'tion [wintərai'zeiʃən] n. ①准备过冬,耐寒(防冻)处理 ②提供防寒设备,安装防寒装置 ③冬季运行的准备,冬季运行条件试验.

win'terize ['wintəraiz] *vt.* 使准备过冬,使能适应冬季(低温)运转,给…安装(提供)防寒装置(设备),冬季改装. *winterized concrete plant* 冬季制造混凝土工厂,冬季混凝土搅拌厂.

win'terkill *vt.* 使冻死.

winter-killing n. 寒害,冻害.

win'terless *a.* 不像冬天的.

win'terly *a.* (像)冬(天)的,冷冰冰的.

win'ter-proofing n. 防寒(冻).

win'tertime n. 冬天.

win't(e)ry ['wintri] *a.* 冬(天)(似)的,寒冷的,荒凉的,冷淡的.

wip = work in progress 工作在进行中.

wipe [waip] v.;n. ①擦(净,去),拭,揩(干),抹(去)渐隐,划(变)(新图像出现逐渐占据整个画面) ②消除(灭,磁) ③抹(涂)上 ④拭接(铅管的接头) ⑤摩擦閉合(接触) ⑥擦(冲)击 ⑦辊式挤锌镀. *wipe grease over the surface of a machine* 在机器表面涂上一层油脂. *wipe circuit* 扫描(消除)电路. *wipe pulse* 短促脉冲. *wiped galvanizing*

(钢丝的)石棉抹镀锌. *wiped joint* 拭〔裹〕接,热〔焊〕接,焊接点. ▲ *wipe away* 〔*up*〕擦〔抹〕掉,擦干净. *wipe M clean* 把 M 擦干净. *wipe M dry* 擦干 M. *wipe in* (电视,电影)划入. *wipe M off* (N)把 M(从 N)擦掉〔去,干净〕. *wipe out* 把…的内部擦净,擦洗…的内部,除去,擦掉,消除〔灭〕,毁掉,封闭,(电视,电影)划出. *wipe up* 擦干净,消〔灭〕方.

wipe'-in *n*. (电视,电影)划入.
wipe'-out *n*. ①擦去,抹去,歼灭 ②封闭(电子管) ③(电视,电影)划出.
wi'per ['waipə] *n*. ①擦拭之物,擦〔揩〕器,毛巾,揩〔抹,擦〕布 ②滑动片,滑臂〔针〕,(自动电话交换机上)回转接触子 ③弧刷,(接触)电刷,滑线电阻触头,接舌 ④(汽车风挡的)刮水器,雨刷,擦净〔清除〕器,刮油器〔刀〕⑤电位计游标 ⑥涂覆工具 ⑦擦式者. *aerial wiper* 天线接触电刷. *air wiper* 风刷. *cylinder wiper* 油缸活塞杆刮垢器. *dust wiper* 除〔防〕尘器. *felt wiper* 毡刷. *line wiper* 线路弧刷〔接甲〕,a 和 b 接甲. *private wiper* c 接甲,第三接甲,试验弧刷. *rod wiper* 活塞杆刮垢器. *strip wiper* 带式擦拭器. *vacuum wiper* (汽车)真空式窗玻璃刮水器. *window* 〔*windshield, windscreen*〕*wiper* 车窗(风挡)刮水器,风挡雨刮子. *wiper arm* 接触臂. *wiper blade* (汽车风挡的)刮水片. *wiper chatter* 接触振动. *wiper seal* 压力(弹性,接触)密封. *wiper shaft* 弧刷轴.
wiper-closing relay 接甲闭合继电器.
wi'ping *n*. ①擦(净),拭,抹,挤下 ②(接触器的)摩擦闭合〔接触〕,接甲〔滑触〕作用 ③消除,消蚀 ④微擦损,磨耗. *wiping action* (电接触面)的接甲〔擦拭,滑触〕作用.
wipla *n*. 铬镍钢.
wi'rable ['waiərəbl] *a*. ①可装电线的 ②可用金属丝系〔捆,连接,连络的.
wire ['waiə] Ⅰ *n*. ①(铁,钢,铜,焊)丝,金属〔线〕,线材,钢丝索 ②金属绳,电缆),电线 ③【原子能】细圆棒,棒形器热元件 ④金属线制品,金属网 ⑤电信,电报〔话〕(系统). Ⅰ *vt*. ①布〔架,配〕线,敷设导线或电缆 ②上线,穿…线线,用电(导)线连接 ③用金属丝系〔捆〕④打电报,通报,电告. *live wire* 通电电线. *send M a wire* 打电报给 M. *send off a wire* 打电报. *aerial* 〔*air*〕*wire* 架空线,天线. *braided* 〔*litz*〕*wire* 编织线. *bright wire* 光面线,光亮钢丝. *cable wire* 钢丝绳,电缆心线. *chopped steel wire* 或 *clipped wire* 钢丝粒(切碎的钢丝). *conducting wire* 导线. *cross wire* 十字交叉线,十字丝. *dielectric wire* 介质波导管. *enamelled wire* 漆包线. *field wire* 被复线. *fire wire* 不锈钢中空线. *fuse wire* 熔丝,熔断线,保险丝. *German silver wire* 铜镍锌合金线. *ground wire* (接)地线. *guide* 〔*knotted, measuring*〕*wire* 尺度〔定距〕索,准绳. *hook-up wire* 架空电缆. *hookup wires* 电路耦合接线. *induced wire* 感应电路. *inlet wire* 入口线材. *inner wire* (通过外管的)内部金属线,内索. *iron wire* 低碳钢线. *Kanthal (resistance) wire* 铁铬铝电阻丝. *measuring* *slide wire* 测量用滑触电阻线. *merchant wire* 钢丝制品. *molybdenum support wire* 支承钼丝,钼质支承丝. *moving wire* 移动标线,移动丝. *open* 〔*bare*〕*wire* 明(线. *party wire* 【电话】合用电话. *pinion wire* 小齿轮线坯. *primary wire* 原(初级)电路. *safety wire* 保险丝. *service wire* 引入线. *shielded wire* 屏蔽电线. *slide wire* 滑(触电阻)线. *sounding wire* 测深索. *stadia wire* 视距丝. *standard wire* 或 *wire gauge* 线(径)规,金属线规. *stranded wire* 绞合线,绞线. *tie wire* 拉线,张线. *transition* 〔*trip*, *tripping*〕*wire* 管式导线,过渡线. *twisted wire* 绞合线. *weld wire* 铜包焊线. *welding wire* 焊条〔丝〕. *wire agency* 新闻电讯社. *wire antenna* 线状(金属线,电线)天线. *wire bars* 线材坯,线锭. *wire bonder* 丝焊器,引线接合器. *wire bridge* 缆式悬桥,悬索桥,铜索吊桥. *wire broadcasting* 有线广播. *wire cable* 钢缆,钢丝绳. *wire cloth* 〔*fabric*〕(过滤用)金属丝布,(铜)丝布. *wire configuration* 杆面(布线)形式. *wire cutter* 钢丝(轧断)钳,铁线剪. *wire drawing bench* 或 *wire drawing machine* 拔丝机. *wire drift chamber* 丝漂移室. *wire drive unit* 送丝装置. *wire edge* (刀口磨得过薄形成的)卷口(刃). *wire electrode* 线状电极. *wire fence* 铁线栅栏. *wire file* 成串文件. *wire gauge* 金属丝规,线规. *wire gauze* 金属丝网,铁线网. *wire glass* 线(铜)网嵌(铜)玻璃. *wire guide* 电焊丝导向(轨). 线导板,钢丝线道,针导管. *wire jumper* 跳线. *wire lock by satellite* 卫星线锁. *wire loop* 线环,钢丝圈,钢丝套. *wire man* 电工,线务员. *wire matrix printer* 针极印刷(打印)机. *wire memory* 磁线存储器. *wire mesh* 金属丝网,铁(线)钢网. *wire mill* 线材(活套)轧机. *wire nail* 圆铁钉. *wire netting* 金属网,金属栅栏. *wire photo* 传真照片. *wire printer* 针极打印(印刷)机,(针)式打印机. *wire recorder* 钢丝录音机. *wire reel* 绕线盘,焊丝盘. *wire rod* 盘条,线材,钢丝棒. *wire rope* 钢丝绞线,钢缆,钢丝绳. *wire rope tester* 电感式钢丝绳检测器(检查钢丝绳是否断线,腐蚀,磨损等情况的仪器). *wire screen* 金属丝(钢)网筛,金属丝方孔筛. *wire sieve* 金属筛网. *wire storage* 磁线存储器. *wire stretcher* 拉线机,钢丝拉伸机. *wire surface* (打印)针表面. *wire suspension* 悬索,吊索. *wire tip* (针式打印机的)针头. *wire tube* 电线导管. *wire type recorder* 钢丝录音机. *wire way* =wireway. *wire working* 金属线加工. *wire works* 金属线厂,制线厂. *wire wrap* 线(线连)接. *wire wrapping connection* 绞接. *wires* (*not*) *joined* 互(不)通电路. *Wollaston wire* 极细的导线,渥拉斯顿线. ▲ *wire in* 〔*away*〕…周围安设铁丝网〕拼命干,使劲工作. *lay wires for* 为…作好准备. *pull* (*the*) *wires* 拉线,暗中策划,幕后操纵. *wire back* 回电. *wire for M* 打电报要 M 来(去). *wire for in-*

struction 拍电请求. *inform by wire* 打电报通知,电告. *wire to* 打电报给. *wire M to N* 用导线把 M 连[接]到 N 上. *under the wire* 在终点线(的),在最后期限前(的). *under wire* 用有刺铁丝网拦住的.

wire-ANDing n. 线"与"(连接).
wire'-and-plate counter 线绕和板栅计数管.
wire-around rheostat 线绕变阻器.
wire'bar(s) n. 线锭,线材坯.
wire'-brush n. 钢丝刷.
wire'-control' n. 导线操纵.
wire'-cut'ter n. 钢丝钳,铁丝剪.
wi'red a. ①有[布]线的、装有电线的、有铁丝网的 ②用金属线缚[系,连接,加固]的. *wired AND* 线"与"(连接). *wired AND circuit* 布线"与"门电路,线"与"门电路. *wired back* 布线背面. *wired glass* 嵌合[铁丝网,络网]玻璃. *wired "OR"(circuit)* 线"或",布线"或"门电路,线连"或"电路. *wired program computer* 插接程序计算机. *wired radio* 有线射电[射频]的,有线载波(通信),有线广播. *wired tube* 编织套,电缆屏蔽套. *wired wireless telecommunication* 有线高频[载波]通信.
wire'-dancing n. 走钢丝.
wired-in a. 编排好的,固定的. *wired-in memory* 装定存储器. *wired-in program* 内装组件程序. *wired-in valve* (直接焊入线路的)无座管.
wired-program computer 插线程序计算机.
wire-drag method 热线测阻法.
wire'-draw ['waiədrɔ:] (*wire'-drew*; *wire'-drawn*) vt. ①把…拉成丝,拔丝 ②使延长,竭力拉 ③使过分细致. *wire-drawing die* 拉[拔]丝模.
wire'-drawer n. 拉丝工.
wire'less ['waiəlis] Ⅰ a.; n. 无线的,不用电线的,不用金属线的,无线电(的),无线电报[话](的),无线电收音机. Ⅱ v. 用无线电发送. *directional wireless* 定向无线电. *wired wireless (telecommunication)* 有线射频[载波](通信). *wireless bonding* 无引线接合法. *wireless communication* 无线电通讯. *wireless direction finder* 无线电定向器. *wireless fix* 无线电定位. *wireless message* 无线电讯[电报]. *wireless set* 无线电设备[收音机]. *wireless station* 无线电台.
wire'line log 无线电测井.
wire-link telemetering 有线遥测.
wire'man n. 电气装焊工,架线工[兵],线路工,线务员,(电路)维修工.
wire'-mesh n. 金属丝网,铁[钢]丝网. *wire-mesh reinforcement* 网状钢筋,钢丝网配筋. *wire-mesh screen* 金属丝网(筛),金属丝方孔筛.
wire-penetrameter n. 线型透度计.
wire'pho'to ['waiə'foutou] Ⅰ n. 有线传真(收发装置),照片). Ⅱ vt. 用有线传真发送(图片).
wire'-pull vi. 在幕后操纵,牵线.
wire-puller n. 幕后操纵者.
wire'-resis'tance gauge 电阻丝应变仪.
wire'-resis'tance strain gauge 线阻(电阻丝)应变仪.
wire'rope n. 钢丝绳,钢缆.

wire-screen flexible waveguide 金属网屏蔽可弯波导管.
wire'-strain gauge 电阻丝应变仪.
wire'-supported a. 张线式(金属线)悬挂的.
wire'tap n.; v. (装)窃听器,(装)窃听装置,(窃听)监视.
wire'tapper n. 从电话(报)上窃取情报者.
wire'-tie n. 扎钢筋,扎铁丝.
wire-to-wire capacitance 线间电容.
wire'tron n. 线型变感元件.
wire'way n. 钢丝(提升)绳道,电缆槽,金属线导管.
wire-weight gauge 悬锤水标尺.
wire'work n. ①金属丝制品,金属丝网,导线,电线 ②走钢丝 ③(pl.)金属线(制品)厂.
wire'wound ['waiəwaund] a. 线绕的,绕有电阻丝的. *wirewound resistance (resistor)* 线绕电阻.
wire'-wrap tool 绕接工具,绕枪.
wire'-wrapped panel 绕焊底板.
wire-wrapping machine 绕接机.
wi'ring ['waiəriŋ] n. ①线路,电路,导线 ②配[布,架,装,绕]线,装设金属线 ③钢丝连接(捆绑),加网状钢筋 ④用轴线卷边. *back wiring* 背面布线. *bare wiring* 用裸线连接. *control wiring* 控制线路. *etched wiring* 腐蚀法印制线路. *false wiring* 无轴线卷边. *interunit wiring* 部件间的接线. *open wiring* 明线布线. *radial wiring* 径向拉线. *wiring board* 接线板,插接板. *wiring capacitance* 接[引,布]线电容,分布电容. *wiring clip* 钢丝卡,线夹. *wiring diagram* 配[布,接]线图,线路[装配]图. *wiring layout* 安装[接线]图. *wiring pattern* 布线图案. *wiring topology* 接线布局.
wi'ry ['waiəri] a. ①铁丝似的,坚硬的,结实的,韧的 ②金属线(丝)制的 ③金属弦发出的.
Wis 或 **Wisc** = Wisconsin.
Wiscon'sin ['wis'kɔnsin] n. (美国)威斯康星(州).
wis'dom ['wizdəm] n. ①聪明,才智,智慧,明智,英明 ②知(学,常)识,学问 ③名言,格言. *the collective wisdom of the masses* 群众的集体智慧.
wise [waiz] Ⅰ a. ①聪(高,英)明的,(有)智慧的 ②合理的 ③明智的,有见识的,考虑周到的 ④领会了的,明白过来的,觉悟了的. Ⅱ n. ①方式(法),样子 ②【数】法则. Ⅲ v. ①知道,了解(up) ②告诉,教会,学习(up). *wise hook* 邮寄订购目录. *wise man* 智者. *wise precaution* 巧妙的预防措施. *wise saying* 名言. ▲(*be) wise after the event* 事后聪明,做事后的诸葛亮. *be [get] wise to* 懂得,明白,知道,了解. *in any wise* 无论如何. *in like wise* 同样地. *in no wise* 绝不,一点儿也不. *in some wise* 有点,总. *in [on] this wise* 这样,如此. *none the wiser* 或 *as wise as before* 依旧不懂,还是不明白. *put one wise to…* 把…完全告诉某人,使某人对…事先心中有数. ~ly ad. ~ness n.
-wise (词尾)①方向 ②状态,样子,方向,位置 ③懂得…道理的. *clockwise* 顺时针(方向)的. *likewise* 同样地. *regulation-wise* 懂得覆冰现象(冻结)的道理的. *surface-wise* 面与面地.
wise'acre ['waizeikə] n. 自作聪明的人.
wish [wiʃ] v.; n. ①祝(愿) ②想(需)要,希[愿]望

③但愿 ④命令,请求. *We wish to visit Yenan.* 我们渴望去延安参观访问. *wish for permission to go* 希望得到去的许可. *wish the conference successful* 祝会议成功. *We wish the work (to be) finished in time.* 我们希望按时完成这项工作. *It is to be wished that the system of work will soon be settled.* 希望工作制度不久就能定下来. *I wish (that) you would come and help us.* 要是你能来帮助我们就好了. *I wish to inform you that…* 兹通知…. *wish M on N* 把 M 强加于 N, 强迫 N 接受 M. *With best wishes*(信末用语)祝好,此致敬礼. ▲*at one's wish* 按照…的愿望. *get one's wish* 如愿以偿. *give*[*send*] *one's best wishes to* 向…致意. *grant one's wish* 满足…的愿望. *go against one's wish* 违背…的愿望. *have a wish to + inf.* 想(做). *to one's wish* 按照自己的希望,最大程度的满足愿望.

wish'ful ['wifful] *a.* 希(愿,渴)望的,想要的. *wishful thinking* 如意算盘,主观愿望,痴心妄想. ▲*be wishful for* 想得到. *be wishful to + inf.* 想(做). ~*ly ad.* ~*ness n.*

wish'y-wash'y ['wiʃi'wɔʃi] *a.* 淡(稀)薄的, 淡而无味的,空洞无物的.

wisp [wisp] I *n.* 小捆(束,把,缕),一条(片). I *vt.* 把…卷成一捆(束),把…捻成一条.

wispy *a.* 似小束的,稀疏的,纤细的,轻微的,模糊的.

wist'ful ['wistful] *a.* 希(渴)望的,沉思的. ~*ly ad.*

wit [wit] I *n.* ①智力,智慧,理(机,才)智 ②智者. I *v.* 知道. *A fall into the pit, a gain in your wit.* 吃一堑,长一智. ▲*(be) at one's wit's end* 智穷计尽,穷于应付,不知所措. *(be full) of wit* 富于机智. *be out of one's wits* 不知所措,神经错乱. *have not the wit(s) to + inf.* 没有(做)的能力. *lose one's wits* 丧失理智. *set one's wits to* 设法解决. *to wit* 即,就是.

wit = witness.

witch [witʃ] I *n.* 箕号线,巫婆. I *vt.* 迷(蛊)惑.

witch'craft *n.* 巫术,魔法,魅力.

witch'ery *n.* 巫术,魔法,魅力.

witch-hazel *n.* 金缕梅.

witch'-hunt(ing) *n.* 政治迫害.

witch'ing *a.* 有魅力的.

with [wið] *prep.* ①同与,和,跟…. *combine with oxygen* 同氧化合. *be parallel with the axis* 与轴线平行. *at an angle of M with the horizon* 与水平线成 M 角.
②〔说明表示动作的词,表示伴随〕随着,和,…同时. *change with the temperature* 随温度而变化. *increase with years* 逐年增加.
③〔说明表示动作的词,表示方式,工具,手段,或装填制作的材料〕用,以,借助,…地. *with (great) accuracy* (极)精确地. *Magnesium burns with a bright flame.* 镁燃烧时发出很亮的火焰. *The body moves with a constant velocity.* 物体作等速运动. *measure the current with an ammeter* 用安培计量测电流. *provide the tube with a small amount of water* 给管里注入少量的水. *be coated with tin or silver* 镀以锡或银.
④〔说明名词,表示事物的附属部分或所具有的性质〕(具)有…的,包括…在内. *circle with center F* 以 F 为圆心的圆. *waves with different wavelengths* 波长各不相同的波. *The atom is made up of a nucleus with negative electrons revolving around it.* 原子是由原子核和绕核旋转的若干负电子组成.
⑤对于,关于,在…方面,就…来说. *experiment with X-rays* X 射线的实验. *experience with a stop watch* 使用停(跑)表(方面)的经验. *With every kind of screw, a small force moves a much greater resistance.* 对于无论哪一种螺旋来说,一个小的动力都可以移动大得多的抗力. *so with…* 对…来说也是如此.
⑥〔表示原因,条件,结果,时间等〕由于(有),当(有),在…的时候,如果(有),虽然(有). *Equilibrium is often produced with frictional forces.* 平衡常常是由于摩擦力的存在而得到的. *With a constant force, the acceleration is inversely proportional to the mass.* 在作用力不变的情况下,加速度和质量成反比. *The atomic reactor could run wild with too many neutrons.* 倘若中子太多,原子反应堆就无法控制. *With all the precautions sometimes the drill does become hot.* 尽管采取了种种预防措施,钻头有时仍然变热.
⑦〔with + 名词 + 前置词短语(或形容词,副词,分词短语)〕由于,使,而由,及同时,随着,当…(时),如果,即使(常说明整个句子,也可说明名词或动词,常把 with 短语译成…的句子). *The density of the air varies directly as pressure, with temperature constant.* 当温度不变时,空气的密度同压力成正比. *Put the electromagnet in place with the end about 1/4 inch above the iron bar.* 把电磁铁装好,使其一端位于铁棒上方约 1/4 英寸的地方. *With the pressure removed, the molecules would spring back.* 若压力一撤除,分子就会弹回来. *With F determined* we can solve for the ratio F/A. 如果 F 已知,就能求出 F/A 的比值. *The orbit of each planet is an ellipse with the sun being at one focus.* 每一个行星的轨道都是椭圆形的,而太阳在它的一个焦点上. *With your eyes shut* you can recognize hundreds of things by their sound or their touch. (即使)闭着眼睛,你仍凭其声音或触感也能辨认几百种东西. Suppose a cylinder *with open end up* is closed by a piston. 假定一个开口朝上的气筒用一个活塞封闭起来. (说明名词 cylinder). A ship will float *with more of it under the surface in fresh water than in sea water.* 在淡水里船只没入水下的部分比在海水里要大. (说明动词 float). A more convenient method of using the transistor is *with the input fed into the base.* 使用晶体管一个更方便的方法是输入加在基极上.
▲*be with* 和…意见相同.

with- 〔词头〕(相)对,逆,向(后),反对,分(离),背离.

withal' [wi'ɔː1] I *ad.* ①同时(样),此外,而且,又,加之 ②然而,尽管如此. II *prep.* (置于宾语之后)用,以.

withdraw' [wið'drɔː] (**withdrew'**, **withdrawn'**) *v.* **withdraw'al** [wið'drɔːəl] *n.* ①取[抽,拔,排,推,退]出,提取[炼],抽水,(气流)回收 ②(收,撤,缩,回)回,拉动(开,下) ③移开,去除,取消,脱离,拆卸 ④拉晶. *gas withdrawal* 排气管. *heat withdrawal* 排(放)热. *rod withdrawal* 提(控制)棒,棒提动. *withdraw a demand* 撤消要求. *withdraw from a meeting* 离会,退席. *withdrawal mechanism* 取锭机构. *withdrawal resistance* 拔出阻力,抗拔力. *withdrawal roll* 拉辊. *withdrawal space* 拆卸空间. *withdrawing the pattern* 拨[取]模.

withdrawn' [wið'drɔːn] I withdraw 的过去分词. II *a.* 偏僻的,孤独的.

withdrew' [wið'druː] withdraw 的过去式.

with'er ['wiðə] *v.* 枯萎,干枯,凋萎,凋谢(up),(使)衰弱,减少(away).

with'ering ['wiðəriŋ] *a.* ①摧毁的,毁灭性的 ②用于进行干燥处理的. ~ly *ad.*

with'erite *n.* 毒重石.

withheld' [wið'held] withhold 的过去式和过去分词.

withhold' [wið'hould] (**withheld'**) *vt.* ①抑制,制[阻]止 ②扣留,不给,拒绝给予. *withhold information* 隐瞒(不发表)消息. *withhold payment* 不予支付. *withhold one's consent* 不同意,不许可. *withhold one's support* 不支持,不援助. ▲*withhold M from N* 从 M 隐瞒 N 不让 N 知道,对 N 隐瞒 M,不让 N 得到 M.

within' [wið'in] I *prep.* ①在…之内,在…里面[内部]的 ②在…范围以内,不超出. II *n.* 内部,里面. *contradictions within the ranks of the people* 人民内部矛盾. *remain within call* 留在近处. *within a mile of the station* 离车站不到一英里远. *within an hour* 在一小时之内. *The door opens from within.* 这门从里开. *For details, inquire within.* 欲知详情,请入内询问. ▲*within an ace of* 离…只差一点儿. *within and without* 里里外外,里面和外面. *within call* (hearing, sight) 在叫得应(听得到,看得见)的地方. *within one's reach* (力)所能及. *within reach* 可以达(够,得)到的. *within the bounds of possibility* 在可能范围内,有可能. *within the limits* (range) *of* 在…范围内.

without' [wið'aut] I *prep.* ①没有,无,不,如果没有(就) ②在…(范围)以外,在…外面(部),超过 ③未[不,没]经 ④(而)不致 ⑤户外. II *a.*; *n.* ①(在)外面,外部,外表上 ②在没有(缺少)…的情况下. III *conj.* 除非,如果不. *It goes without saying.* 不用说(的明白). *Without water nothing could live.* 没有水(就)什么都不能生长. *Forces may be exerted without producing motion.* 可以(做到)施加外力而不(致)产生运动. *stand without* 站在屋外. *things without us* 外界事物. *help from without* 外援. *not without reason* 不无理由. *as seen from without* 从外面看来. ▲*all without exception* 毫

无例外地…. *go* (*do*) *without* 不用,无需,没有也行. *without* (*a*) *parallel* 无比,无双. *without bias* 无偏性. *without compare* 无比的. *without consideration* (*of*) 不予考虑. *without contrast* 平淡. *without day* 没有日期,无限期. *without delay* 立刻. *without dispute* 无可争论,的确,无疑. *without distinction* 毫无差别. *without doubt* 无疑(地). *without measure* 非常,过度. *without number* 无数,极多. *without one's reach* 在…所及的范围之外. *without question* 毫无问题,无疑. *without reference to* 不管,不论. *without regard for* 不顾. *without so much as* 甚至不.

withstand' [wið'stænd] (**withstood'**) *v.* ①抵(反)抗,经受[住],经受(住),耐(得住),顶得住. *withstand test* 耐压试验. *withstand voltage* 耐(电)压. *withstanding fire* 耐火的.

withstood' [wið'stud] withstand 的过去式及过去分词.

wit'less *a.* 没有才智的,愚笨的,糊涂的. ~ly *ad.*

wit'ness ['witnis] *v.*; *n.* ①证明(实,据),作证,目击,亲眼看见 ②证人,目击者 ③表明(示)的,说明. *History is the most telling witness.* 历史是最好的见证. *witness line* 证示线. *witness mark* (测量)参考(标)点,联系点. *witness point* (测量)参考点. *witness* (*ed*) *corner* (测量)参考角,联系角. ▲*be a witness to M* 是 M 的目击者,证明了 M. *bear* (*stand*) *witness to* (*of*) M 证明 M,作为 M 的证人. *give witness on behalf of M* 替 M 作证. (*stand*) *in witness of M* 作为 M 的证据. *with a witness* 确实,无疑地,正是.

Witten process 威顿法(不锈钢熔炼系与电炉双联的精炼方法之一).

wittich(**en**)**ite** *n.* 脆硫铜铋矿.

wit'ticism *n.* 俏皮话.

wit'tily *ad.* 机智地,幽默地.

wit'ting ['witiŋ] *a.* 有(故)意的. II *n.* ①知道,察觉 ②消息,新闻.

wit'tingly *ad.* 有(故)意地. *wittingly or unwittingly* 无论有意无意,无论故意或偶然.

wit'ty ['witi] *a.* 机智的,幽默的.

wiz = wizard.

wiz'ard ['wizəd] I *n.* ①术士 ②奇才. II *a.* 有魔力的,极好的.

wiz'en(**ed**) *a.* 凋谢的,枯萎的.

wk = ①week 星期,(一)周 ②work 工作,功 ③worked 加工制造的.

WKB approximation (=Wentzel-Kramers-Brillouin approximation)**WKB** 近似(温侧-克喇末-布里渊近似).

wkr = ①worker 工人 ②wrecker 打捞船;救险车.

WL = ①water line 水(位,管)线 ②wave length 波长 ③west longitude 西经 ④wind load 风荷载.

W. L. 或 **W/L** = wavelength 波长.

WLO = water line zero 水线零点.

WM = ①water meter 水表,水量计 ②watt-meter 瓦特计 ③white metal 轴承合金,白合金,巴氏合金,白镴,白铜,铅锑锡合金 ④wire mesh 金属线网,铁(钢)丝网 ⑤words per minute 每分钟词数.

W/M = without margin 无边缘,不留余量.

WMC = ①weight molar concentration 重量克分子浓度 ②World Meteorological Centre 世界气象中心.

WMO = World Meteorological Organization (联合国)世界气象组织.

WMS =warehouse material stores 仓库贮存物质〔材料〕.

WMT = ①weighted mean temperature 加权平均温度 ②write magnetic tape 写入磁带.

WN = ①wave number 波数(导体中驻波数) ②winch 绞车〔盘〕,卷扬机 ③work notice 工作通知.

WNL =within normal limits 正常限度内.

WO = ①wipe-out 消除;抹去;封闭(电子管) ②wireless order 无线电指令 ③work order 工作单,作业〔工作〕指令 ④written off 注销.

wo =without 无,没有,…外.

W/O = ① weight per cent 重量百分率 ②without 无,没有,在…外.

wob'ble ['wɔbl] v.; n. ①(使)摆〔颤,振,摇,晃〕动,摇摆〔晃〕,震颤 ②行程不匀,不稳定运动〔转〕,不等速运动,摆动角 ③(声音)变音,变度 ④犹疑〔动摇〕不定,波动 ⑤摆频(扫描信号发生器). *This table wobbles.* 这桌子不稳. *wobble between two opinions* 拿不定主意. *wobble bond* 振动焊接. *wobble frequency oscillator* 扫(描)频(率)振荡器. *wobble input* 扫描输入. *wobble plate feeder* 摇楔板式进料器. *wobble pump* 手摇泵. *wobble saw* 摇摆锯. *wobble shaft* 滚转〔偏心〕轴,凸轮,桃》轴. *wobble wheel* (动)轮. *wobbled wheel roller* 摆动式轮胎压路机,摆轮式压路机.

wob'bler n. 摇动器,偏心轮,凸轮,摆(动)轮;摆摆板〔机〕,摇环机构,(轧制)梅花头. *square wobbler* 方辊头. *wobbler machine* 摇摆机构.

wob'bling n. 摆〔振,摇,颤〕动,摇摆,不稳定运转,不等速运动. *gyroscope wobbling* 陀螺仪摆动. *wobbling effect* 颤动效应. *wobbling lines* 微摆线. *wobbling system* 摇频制.

wob'bly a. 摇摆的,会摆动的,颤动的,不稳定的.

wob'bulate ['wɔbjuleit] v. 频率摆动〔跳动,振荡〕,射线偏斜,射束微跟. *wobbulated echo-box* 颤动回波谐振腔. **wobbula'tion** n.

wob'bulator n. 摆频振荡器,摆〔摇,扫〕频信号发生器,扫频仪.

wobbuloscope n. 摆动示波器.

W/OE & SP =without equipment and spare parts 不带设备和备件的.

Wofatit n. 离子交换树脂. *Wofatit C* 羧酸阳离子交换树脂. *Wofatit M* 弱碱性阴离子交换树脂. *Wofatit P*〔KS〕磺酚阳离子交换树脂.

WOG =water-oil-gas 水油混合气.

woggle joint 挠性连接.

Wohlwill method 沃威尔电解精炼法.

woke [wouk] *wake*的过去式及过去分词.

wo'ken ['woukən] *wake*的过去分词.

wold [would] n. 荒原〔野〕,山地,不毛的高原.

wolf [wulf] I (pl. *wolves*) n. 狼,贪婪〔残暴成性〕的人. II vt. 狼吞虎咽(down). *cry wolf* 发假警报,叫"狼来了". *wolf note* 狼音,粗厉声. ▲*a wolf in sheep's clothing* 披着羊皮的狼.

Wolf number 沃耳夫(相对)数,(相对)日斑数.

wolf'ish a. 狼似的,贪婪的,残暴的. ~**ly** ad.

wolf'ram ['wulfrəm] n. ①【化】钨 W ②钨锰铁矿,黑钨矿. *wolfram brass* 钨黄铜(铜 60%,锌 22～34%,镍 0.1～14%,钨 2～4%,铝 0～2.8%). *wolfram bronze* 钨青铜(铜 90～95%,锡 0～3%,钨 2～10%). *wolfram ore* 钨砂. ~**ic** a.

wolf'ramate n. 钨酸盐.

wolf'ramite n. 黑钨矿,锰铁钨矿.

wolframium n.【化】钨 W ②锑钨耐蚀铝合金(铝 97.6%,锑 1.4%,铜 0.3%,铁 0.2%,锡 0.1%,钨 0.4%).

Wollaston wire 渥拉斯顿线,测量仪表中用的极细的丝,粉冶铂丝,密闭于银鞘内的铂片.

wol'lastonite n. 硅灰石.

wolsendorfite n. 硅铅铀矿,亮红铀铅矿.

WOM =write only memory 唯写存储器

woman ['wumən] I (pl. *women*) n. 妇女,女子. II a. 妇女的. *women doctors* 女医生. *women Party members* 女党员. *International Labour Women's Day* 国际劳动妇女节.

womanaut n. 女宇航员.

womanhood 或 **womankind** n. 妇女(总称),女性.

women ['wimin] *woman* 的复数. *women's lib* 妇女解放运动.

womp [wɔmp] n.由光学系统内部反射产生的图像亮区,寄生光斑,(电视机荧光屏的)亮度突然增强.

won [wʌn] *win*的过去式及过去分词.

won'der ['wʌndə] I n. 惊奇〔异,讶〕,奇迹〔观,事〕. II v. ①对…感到惊奇,(对…)感到奇怪(at, that) ②迫切想要知道,不知道,感到纳闷(about, whether, what, why等). *do* [perform, work] *wonders* 创造奇迹,取得惊人的成就. *What wonder?* 有什么奇怪的? *What a wonder (it is)*! 啪啊怪事! 多么令人惊奇! *It is not to be wondered at.* 这是不足为奇的. *It is a wonder (that)*…令人奇怪的是,奇怪的是. ▲*a nine day's wonder* 轰动一时的事. *and no* [small] *wonder* 不足为奇. *be filled with wonder* 非常惊奇. *for a wonder* 说来奇怪,意料不到的. *(it is) no wonder (that)* 怪不得,无怪乎,难怪. *No* [*Little, Small*] *wonder (that)* 难怪…,不,不足为奇. *signs and wonders* 奇迹〔事〕. *wonder drug* 特效药.

won'derful ['wʌndəful] a. 奇妙〔异〕的,惊人的,可叹的,精彩的,出色的,极好的. *It's wonderful.* 好极了. *What a wonderful*… 多么好的,多么惊人的. ~**ly** ad.

won'dering a. 觉得奇怪的,感到〔表示〕惊异的. ~**ly** ad.

won'derland n. 仙境,奇境.

won'derment n. 惊奇〔异〕,奇怪〔事〕.

won'derstone n. 奇异石,一种水合硅酸铝.

won'der-struck 或 **won'der-strick'en** a. 惊讶不已的,大吃一惊的.

won'derwork n. 奇迹,惊人的东西〔行为〕.

won'derworker n. 创造奇迹的人.

won'derworking a. 创造奇迹的.

won'drous ['wʌndrəs] I a. 奇异〔妙〕的,令人惊奇

won'ky 的. Ⅱ *ad.* ①极,非常 ②惊人地,异常地. ~**ly** *ad.*

won'ky ['wɔŋki] *a.* ①不稳的,摇晃的,不可靠的 ②出错的.

wont [wount] Ⅰ *n.* 习惯,惯常做法. *a.* ①有习惯的 ②惯(常)于 ③倾向于,易于 Ⅱ (*wont, wont*(*ed*)) *v.* (使)习惯(于),惯,常. (*be*) *wont to* + *inf.* 惯于(做),经常(做). ▲*use and wont* (一般的)习惯,惯例.

won't [wount] = will not.

wont'ed ['wountid] *a.* 习惯的,惯(通)常的,惯例的.

woo [wu:] *v.* 追(恳)求,想得到,招致.

WOO = World Oceanic Organization 世界海洋组织.

wood [wud] Ⅰ *n.* ①木(材,料,柴,质) ②(常 pl.)树林,(小)森林,林地 ③木制品. Ⅱ *a.* 木制的. Ⅲ *vt.* 供木材给…. *air dry wood* 气干材. *clip wood* 薄木片. *glued wood* 胶合板. *laminated wood* 层压〔叠层〕板. *multi-ply wood* 多层板. *oil-impregnated wood* 机油浸煮木块. *ply wood* 胶合板. *red wood* 椿椁(*Sequoia sempervirens*). *three-ply wood* 三层〔合〕板. *wood alcohol* 〔*spirit*〕木精〔醇〕,甲醇. *Wood's alloy*〔*metal*〕伍德合金,铋基低熔点合金(铋 50%, 铅 25%, 镉 12.5%, 锡 12.5%). *wood block* 木块〔版〕. *wood borer*〔*drill*(er)〕*, boring machine, drilling machine*〕木钻床. *wood dye* 植物染料. *wood filler* 木质填充料. *wood filling* 油漆. *wood flour* 木屑,木粉. *wood free* 无(原料)木的,无木质的. *wood fretter* 蛀木虫. *wood gas* 木(煤)气. *wood gum* 树胶. *wood meal* 木粉填料. *wood oil* 桐油. *wood paper* 木制纸. *wood planking* 木(铺)板. *wood pulp* 绝缘用木材浆料,木(纸)浆. *wood shaper*〔*shaping machine*〕木斧头刨. *wood shaving* 刨花. *wood tar* 木柏油,木焦油沥青,木溚. *wood waste* 废木,木屑"废料". *wood wool*〔*excelsior*〕刨花. *wood working lathe* 木(工)车床. *wood working machine tool* 木工机床. *wood working tool* 木工工〔刀〕具. ▲*cannot* 〔*be unable to*〕 *see the wood for the trees* 见树不见林,顾小不顾大. *out of the wood*(*s*) 脱险,克服困难.

wood'block *n.* 【印】木版,铺〔版〕木,木砖,木块.

wood'bridge connec'tion 伍氏桥接,木桥形(由三相功率改为二组单相的变压器)变相接线法.

wood'coal *n.* 木炭,褐煤.

wood'craft ['wudkra:ft] *n.* ①木材加工(术),木工技术 ②森林知识,林中识路知识.

wood'cut *n.* 木刻,版画.

wood'cutter *n.* 伐木工人,木刻〔版画〕家.

wood'ed *a.* 多树木的,树木繁茂的,有森林的. *wooded area* 产木地区,森林面积.

wood'en ['wudn] *a.* 木(质,制)的,笨拙的. *wooden dowel* 木销钉. *wooden key* 木键〔楔〕. *wooden sleeper*〔*tie*〕枕木,木枕. *wooden separator* 木隔〔刮〕板. *wooden support* 木架.

wood'engra'ving *n.* 木刻(术),版画.

wood'enware *n.* 木器.

wood'flour *n.* 木屑,木粉.

wood'-free *n.* 无纤维纸(不含木浆成分的纸张).

wood'iness *n.* 多树(木),木质.

wood'land ['wudlənd] *n.* ; *a.* (森)林地(的),森林(的),林区.

wood'less *a.* 没有树林〔木〕的.

wood'man *n.* 护林〔伐木〕工人.

wood'pecker *n.* 啄木鸟.

wood'pile *n.* 柴堆.

wood-preserving *n.* 木材保存〔防腐〕.

wood'print *n.* 木版(画).

wood'ruff or **wood'roof** or **wood'row** 【植】(香)车叶草. *woodruff drill* 半圆沉钻. *woodruff key* 半圆〔月形〕键,月牙〔月牙,半月〕锁. *woodruff key seat cutter* 半圆键座铣刀.

wood'-run *n.* 木场.

woods'man = woodman.

wood'stone *n.* 石化木.

wood-wasp *n.* 木蜂,树蜂.

wood-wind instruments 木管乐器.

wood'wool *n.* 木丝〔毛,屑,纤维〕,(木,细)刨花,刨屑.

wood'work ['wudwə:k] *n.* 木制品,细木工(作),木工活. *woodwork construction* 细木工工程,木结构.

wood'working Ⅰ *n.* 木(材加)工. Ⅱ *a.* 木工的,制造木制品的. *woodworking instruments* 木工工具. *woodworking machine* 木工机械. *woodworking rip saw* 木工(解木)直锯.

wood'y ['wudi] *a.* 木(质,制)的,森林的,树木茂盛的. *woody fracture* 木纹状断口.

wood'yard *n.* 堆〔贮〕木场.

woof [wu:f] *n.* ①【纺】纬(线) ②布,织物〔品〕③基本元素(材料).

woof'er ['wu:fə] *n.* 低音扬声器,低音喇叭.

woofer-and-tweeter *n.* ①高低音两用喇叭 ②忠实的发言人.

wool [wul] *n.* ①羊毛(状物),兽(软,绒)毛 ②绒(毛)线,(呢)绒,毛织品 ③纤维,渣棉. *aluminum wool* 铝棉. *asbestos wool* 石棉绒. *cotton wool* 原(皮)棉,棉绒,脱脂棉. *glass wool* 玻璃棉〔绒〕,玻璃纤维. *graphite wool* 石墨"罢". *mineral wool* 矿〔石,炉〕渣〕棉,渣棉. *mullite wool* 富铝红柱石丝. *slag wool* 矿渣棉,矿棉纤维. *steel wool* 钢棉. *wool tuft technique* 丝线技术(以目测气流的流向). *wool waste* 夹杂物,羊毛废料,机械杂质. *wool yield* 净毛率〔量〕. ▲*all wool and a yard wide* 优质的,货真价实的. *dyed in the wool* 生染的,原毛(加工前)染色的,未织之前染的,彻底的,完全的. *go for wool and come home shorn* 弄巧成拙,偷鸡不着蚀把米.

wool'en = woollen.

wool'gathering *n.* ; *a.* 心不在焉(的).

wool'iness *n.* 混响过度,鸣声.

wool'(l)en Ⅰ *n.* (pl.) 毛织品,毛衣,呢绒. Ⅱ *a.* 羊毛(制)的,毛织(线)的. *woollen blanket* 毛毯. *woollen fabrics* 毛织品. *woollen mill* 毛纺厂.

wool'(l)y ['wuli] *a.* ①羊毛(状,制)的,生软毛的,绒状的 ②蓬乱的,模糊的,不清楚的. Ⅱ *n.* (pl.) 毛衣,毛线衫.

woolly-type engine (重型)低(转)速发动机.

woolpack cloud 积云.

Woomera DSIF station 武麦拉深空测量站.

woorara n. 箭毒.
WOR =water-oil ratio 油水比.
Worcestershire ['wustəʃiə] n. (英国)乌斯特郡.
word [wə:d] I n. ①字,单词,言词,(字,代)码,记号,电报用语 ②(pl.)话,(言)语,争论 ③消息,音信,谣言,传说 ④誓言,保证 ⑤标语,口号,命(口)令. II vt. 措辞,用言词表达. *What does this word mean?* 这个词是什么意思? *a play upon words* 双关语. *a strongly worded statement* 措词强烈的声明. *amount in words* 大写金额. *big words* 大话,夸张之词. *clipped word* 简化字. *coded word* 代码字(母),编码信息. *coin words*(生)造新词. *compound word* 复合(合成)词. *general service word* 常用词. *heavy duty word* 重点词. *information word* 信息字. *machine word* 计算机字. *new words* 生〔新〕词. *word address* 字(码)地址. *word book* 字典,词汇(表). *word capacity*【计】字长. *word code* 字代码. *word count* 字(记录)计数,词汇统计. *word delimiter* 字定义(定界)符. *word finder* 词汇集,词典. *word for word translation* 逐字翻译. *word formation* 构词(法). *word frequency* 字(出现)频率. *word length* 字长,字码(出字)长度. *word line* 字线. *word list* 词(汇)表. *word marking* 文字标记. *word memory module* 字存储模块,字存储微型组件. *word noise* 字噪声. *word order* 词序. *word organized memory* 字选存储器. *word per frame counter* 每帧字数计数器. *word picture* 生动的文字描述. *word size* 字号〔长〕,字的大小〔尺寸〕. *word space* 字间隔,字空间. *word time*【计】(取,出)字时间,电码输出时间. *word winding*(存储器的)数字绕组. ▲*at a 〔one〕word* 马上,立刻. *(be) as good as one's word* 守信,履约,言行一致. *be not the word for it* 不是恰当〔令人满意〕的描述,不是恰当的字眼. *(be) true to one's word* 不背其言,守约. *break one's word* 失信,食言. *bring word* 通知,告知〔诉〕. *by word of mouth* 口头地. *eat one's words* 收回前言,认错道歉. *from the word go* 一开始. *give 〔on〕 one's word of hono(u)r* 用名誉担保. *give the word for* [to +inf.]下令. *hang on one's words* 专心听某人的话,倾听. *have no words for* 无法用言语来形容,没有恰当的话表达. *have words with* 和…争论. *hot 〔high, warm〕 words* 争论. *I give you my word for it*. 或 *my word upon it* 或 *upon my word* 我向你保证确是这样. *in a few words* 简单地,简言之. *in a 〔one〕 word* 简言之,总(而言)之,一言以蔽之. *in other words* 换言之,换句话说,也就是说. *in so many words* 一字不差地,清清楚楚地,毫不含糊地,直截了当地. *in word* 口头上,表面上. *in word and (in) deed* 真正的,不只是口头上. *keep one's word* 遵守诺言. *leave word* 留言. *multiply words* 废话连篇. *put one's thoughts into words* 把自己的思想用词句表达,用言语表达. *say the word* 发命令. *send word* 捎信,告信,通知. *suit the action to the word* 怎么说就怎么

做. *the last word* 最后一句话,决定性的说明,定论,最新型式〔品种〕. *the last word on* 关于…(问题)的定论,有关…的最新消息(观点). *weigh one's words* 斟酌字眼. *word for word* 逐字逐句地,一字不改〔错〕地.
word'age ['wə:didʒ] n. ①字(数),词汇量 ②文字 ③(措)词 ④啰嗦,冗长(文献用语,terse 简洁的对称),(费,多)唇舌.
word'book n. 词汇(表),词典,单词表.
word'building 或 **word'-forma'tion** n. 构词法.
Worden n. 渥尔登重力仪.
word'-for-word a. 逐字的. *word-for-word translation* 逐字翻译.
word'-hoard n. 词汇表.
word'ing n. 措(用)词,字句.
word'less a. 无言的, 沉默的.
word'-of-mouth a. 口头表达的.
word'-order n. 词序.
word'-or'ganized store 字选存储器.
word'-painter n. 能用文字生动描述者.
word'-perfect a. 一字不错地熟记的.
word'play n. 双关语,俏皮话.
word-select memory 字选存储器.
word-serial n. 字串行.
word'smith n. 能言善道者.
word'-splitting n. 咬文嚼字,诡辩.
word'-time n. (取,出)字时间,字时.
word'y a. ①言词的,文字的, ①口头的 ②啰嗦的,冗长的. *wordy warfare* 争论,笔(舌)战.
wore [wɔː] wear 的过去式.
work [wəːk] I n. ①工作,劳动,操作,行为,加工,作业,事业,职业,业务 ②作用,【物】功 ③制(作,产,成,工艺)品,著作,成果 ④工作物,机(配)工,件,结(机)构 ⑤工作质量,工艺 ⑥(pl.)工厂,工程,工事,车间,机构,装置. II v. (worked, worked; 罕 wrought, wrought) v. ①(使)工作,劳动,运行〔转,算,用〕,操纵,操作,开动,使转动,经营,管理,使用,耕作 ②加工,处理,制造,使成形,切削,铸造,锤炼,压缩〔制〕,揉〔面,捏〕曲,毒打 ③研究,计算,算出,查勘,施工,开采 ④起作用,产生影响,见(奏)效,行得通,证实,(使)发酵 ⑤使逐渐弄〔变〕得,推进,造成,引起,激〔推,跳,抽〕动. *the works of Karl Marx* 卡尔·马克思的著作. *work hard for cause of socialism* 为社会主义事业努力工作. *There is something wrong with the works.* 机件出了毛病. *The machine works smoothly.* 机器运转正常. *The mine is no longer being worked.* 这矿现在已不开采了. *The screw has worked out of the joint.* 螺钉从接头处脱出来了. *Vibration has worked the screw loose.* 振动使螺钉松脱了. *The threads of the screw work hard.* 这螺丝的螺纹太涩. *The lift is not working.* 电梯失灵了. *The knot worked loose.* 结头松掉了. *The wood works easily.* 这木材很容易加工. *work a machine* 开机器. *work wonders 〔miracles〕* 创造奇迹. *oil the works* 给机器加油. *art work* 工艺品,原图. *available work* 可(资)用功. *bench work* 钳工. *brain work* 脑力劳动. *cable work* 敷设电缆,电缆工程, (pl.)电缆厂.

checker work 方格子,方格花纹. cold work 冷〔常温〕加工,冷作. compression work 压缩功. construction work 建筑工程. cut-and-try work 试凑工作,试凑试验. deep work 深耕. defensive work(s) 防御工事. deformation work 变形功. development 〔investigation〕 work 研制〔究〕工作. die work 模〔冲〕压. drove work (石工)粗凿. earth work 土方工程,防御工事. echo-sounder work 回波测深〔测〕量. engineering works 机械制造厂,机工车间. expansion work 膨胀功. exploratory work 探索性研究. face work 表面加工. frame work 框〔构,桁,机,骨〕架,机壳〔座〕. frame work of fixed points 【测】控制点网. health work 卫生保健工作,(原子能)剂量测定法. high-level work 强放射性物质的操作. idle work 无〔虚〕功. iron and steel works 钢铁厂. least work 最小功. lining work 砌筑内衬工作. link work 链系. machine work 机(械加)工. machine works 机械工厂. maintenance work 日常(技术)维护,小修,维修工作. mechanical work 机械功. metal work 金工. mighty works 奇迹. Ministry of Works 建筑工程部. motion work 运动传动机构. moulded work 模塑品. net work 绳功. piece work 计件工作. pilot plant work 中间(试验)工厂研究. precision oscillographic work 精确示波技术. progress of work 工作进程. public works 市政(公共建筑)工程,泵水站. repetition work 重复工作. report on work 工作报告. routine work 常规(日常)作业. sheet metal work 钣金(白铁)工. smith work 锻工. steel work 钢结构,钢铁工程. struck-joint work 随倒随勾平勾缝. virtual work 虚功. work bench 工作台〔架〕. work breakdown structure 任务分解结构(统筹方法,(计划的一揽分支,以最终目标出发,把这些目标分解为小分支). work done factor 作功因数,耗功系数. work factor 工作因数,工作系数,功系〔因〕数. work function 功函数,逸出功. work hardening index 加工硬化系数. work head (伞齿轮机床)摇〔转〕盘,工作盘. work hours 工时. work of resistance 阻力〔电阻,有效〕功,实功. work piece 工件,分部工程. work ratio 工作效率,有效功率比. work schedule 工作进度表. work sheet 加工单,工单(图,记录表). work shop 工场(厂),车间,专题讨论会,学术会议. work style 工作作风. work team 工作组(队). X-ray work X 射线照相(术). ▲all in the day's work 平凡的事,正常的,一般的,合理理的. at work 在工作(处),活动着,运动着,在使用〔运转,起作用〕;从事于,忙于(on, upon). be hard at work 正在努力工作. be in regular work 有固定工作. do its work 有效,起作用. fall to work 动手工作. go to work 上班. in work 在业,在工作;正在完成之中. make light work with (of) 轻轻易易地做. make sad work of it 做坏,搞糟. make short (quick) work of 很快完成(处理),迅速处理(解决). out of work 失业,(机器)有毛病. rough work 粗活,制作粗糙的东西. set (get) to work (使)开始工作. the work of a moment 易如反掌的事. work against 反对. work against time 抢时间完成工作. work at 从事,钻研,研究,做(题). work away 继续(不断)工作,(使)逐渐离开. work away at 不断(继续)地从事. work for 为…干,争取. work in (缓慢地)进入,(制造时)混入,插〔加,搀,织〕入;混〔配,综〕合,调和(with);抽出时间来(做);从事…方面的工作. work into 插入. work it (做〔弄〕好,完成,使发生. work off 清除〔理〕,排除,销〔卖,处理,发泄〕掉,处置;印刷,制造,改进,补做,(以工作)清偿. work on (upon) 对…工作,影响,感动,加工,处理,研制;分析研究;参与,从事;继续工作(努力). work one's way 排除困难前进,开路. work out 通过努力而达到(建立),完〔达,做,激励,解决(逐渐)引起;搜集,混合聚集;综合加工,整理,建立,升级,逐步发展. work over 彻底检查(改变),痛击,整理,复制,重做,翻新,加工. work through 看(弄)一遍,逐渐(困难地)进行. work up 逐渐达到(建立),完(达,做,激励,解决(逐渐)引起;搜集,混合聚集;综合加工,整理,建立,升级,逐步发展. work with 同…一道工作,以…为工作对象,同…打交道,使用(利)用,对…行得通(起作用),处理,研究,操作,加工.

workabil'ity [wəːkə'biliti] n. 可加工〔工作,操作,成形,使用〕性,施工性能,可塑性,和易性,工作度,工作能力,实用性. workability agent 增塑(塑化)剂.

work'able ['wəːkəbl] a. ①易(可)加工的,可塑的,和易的 ②可使用(工作,操作,运转)的,可经营的 ③(切实)可行的. workable moisture (型砂的)适合湿度. workable reflections 有意义的反射波. ~ness n. work'ably ad.

work'aday a. ①工作日的,平日的,日常的 ②普通的,平凡的 ③乏味的.

wrok'bag n. 工具袋.

work'-bench n. 工作台(架).

work'bin n. 零(加)件盒,料箱(斗).

work'blank n. 毛坯.

work'boat n. 工作船.

work'book n. ①练习〔笔记〕本 ②工作记事簿,工作手册,规则手册,(工作)规程,工作帐.

work'box n. 用(工)具箱.

work'day n. 工作日.

work'er ['wəːkə] n. ①工人,劳动者,无产者 ②工作人员,职工(员),工作者 ③电铸版. an industrial worker 产业工人. a skilled worker 熟练工人. a manual (brain) worker 体(脑)力劳动者. a worker with both socialist consciousness and culture 有社会主义觉悟的有文化的劳动者. scientific and technological workers 科技工作者.

work'er-cadre n. 工人干部.

worker-consistometer 打浆机型稠度计.

work'er-engineer' n. 工人工程师.

work'er-peas'ant a. 工(人)农(民)的. worker-peasant alliance 工农联盟.

wor'ker-technic'ian n. 工人技术员.

work'fare n. 劳动福利.

work'-force n. 劳动力,劳动大军.

workg pr =working pressure 工作压力.

work′hand *n.* 人手.
work′-hard′ened steel 加工硬化钢.
work′-hard′ening *n.* 加工硬化,冷作加工.
work′-hard′ness *n.* 加工硬度.
work′holder *n.* 工件夹具.
work-in *n.* 不按章工作.
work′ing [ˈwəːkiŋ] Ⅰ *n.* ①工作,劳动,操作,作业,运转〔行〕,转动 ②加工,处理,耕作 ③作用 ④维护⑤(船)破水开路 ⑥开〔回〕采,(pl.) 矿内巷道,矿内工作区. Ⅱ *a.* ①(从事)劳动的,工人的 ②工〔操〕作的,运转的,转动的,在使用的,营业的 ③施工用的,实行的 ④雇用的. *the working class* 工人阶级. *the working masses* 劳动群众. *a working party* 专门委员会,专题调查委员会,经营效率提高委员会. *in working order* 在可使用的状态,能适当发挥功用,担负任务的,进行顺利的. *abandoned workings* 废巷道,采空区. *active workings* 生产工作区,生产巷道. *automatic tandem working* 自动转接. *cold working* 冷加工,冷作. *duplex working* 双工通信(通报). *electric spark working* 电火花加工. *field working* 野外〔外〕作业,外业. *multiplex working* 多工制. *parallel working* 平行作业. *pay-roll working* 编制支付明细表. *piece working* 计件工作. *second working* 回采,二次耕作. *working age* 工龄. *working area* 【计】暂〔时〕存〔储〕区,中间结果存储区,工作区. *working asset* 运用资产. *working capital* 流动〔周转〕资金〔资本〕. *working cell (space)* 工作单元. *working conditions* 工作〔运转〕情况,生产〔工作,使用,加工〕条件. *working cost* 工作费用,经营〔使用,加工〕费. *working district* 作业区. *working drawing* 施工〔详〕图,工作〔工程,加工〕图. *working equations* 运算方程式. *working face* 工作面. *working flux* 工作(有效)磁通. *working gauge* 工作量〔测〕规. *working hourmeter* 工时计,运行小时计. *working hours* 工时,工时数. *working instruction* 操作规程. *working length* 实用〔工作,有效〕长度. *working life* 使用期〔寿命〕,工作年限〔寿命〕. *working load* 实用〔工作,活,作用〕荷〔负〕载. *working method* 操作〔工作〕方法. *working of a furnace* 炉况,高炉冶炼过程. *working operation* 工序. *working order* 工作〔正常运转〕状态,可使用状态. *working personnel* 工作人员. *working plan* 工作规划. *working power* 使用动力. *working properties* 加工性质. *working radius* 作用〔工作〕半径. *working range* (仪表)工作范围. *working slag* 初渣. *working space* 【计】暂〔时〕存〔储〕器,工作单元. *working specification* 操作规程. *working standard* 通用(现行,工作)标准. *working storage* 暂〔时〕存〔储〕器. *working stress* 实用〔工作〕应力. *working substance* 实用物质,工(作介)质(如:发动机的燃油,冷藏机的致冷气体). *working temperature* 工作温度. *working transmission* 工作〔信号〕传输量. *working wave* 工作〔符号〕波.
work′ing-class *a.* 工人阶级的.
work′ing-classize *vt.* 使工人阶级化. **work′ing-classiza′tion** *n.*
work′ingman 或 **work′ing man** *n.* 工人. *Working men of all countries, unite!* 全世界无产者,联合起来!
work′ing-out [ˈwəːkiŋ-aut] *n.* 规划,制订,作成,计算,算出.
work′ing-set *n.* 【计】工作组〔区〕.
work′ingwoman *n.* 女工.
work′load [ˈwəːkloud] *n.* 工作负荷,实用〔作用,活〕载,工作量,射线源能量.
work′man [ˈwəːkmən] *n.* (pl. **work′men**) 工人,劳动者,专业工人,职工,工作者.
work′manlike *a.* 工人似的,有技巧的,熟练的,精巧的.
work′manship *n.* ①工作质量 ②手〔技〕艺,(制造)工艺,技巧 ③制造物,作品,工艺(品).
work′mate *n.* 同事,共同工作者.
work′master *n.* 工长,监工,监督者.
work′out *n.* (工作能力测验,(体育)锻炼〔测验〕.
work′people *n.* (pl.) 工人们,劳动人民,体力劳动者.
work′piece [ˈwəːkpiːs] *n.* 工(作)件,分部工程,轧件,中间轧坯.
work′place *n.* 工作面,工作位置〔场所〕,车间,工厂.
work′point *n.* 工分.
work′room *n.* 工间,工作室.
work′seat *n.* 工作底.
work′shop [ˈwəːkʃɔp] *n.* ①车间,工场,现场,工厂,创作室,修配车 ②专题研究组,专门小组,学部,(专题)讨论会,学习〔短训〕班,实验〕班,讨论会会议记录 ③工艺. *electrical workshop* 电气(工)车间. *instrument workshop* 仪表修理间〔厂〕. *mobile workshop* 移动式修配间,修配车. *proceedings of the reliability workshops* 可靠性会议论文集. *repair workshop* 机修车间,修配间,机修厂.
work′-shy Ⅰ *a.* 工作懒惰的. Ⅱ *n.* 懒汉.
work′site *n.* 工地.
work′-soiled *a.* 由于工作而弄脏的.
work′-song *n.* 劳动号子.
work′space *n.* 工作空间.
works′-recondit′ioned *a.* 在工厂修理好的,厂修的.
work′stone *n.* (炼铅膛式炉)工作板.
work′stoppage *n.* (工人的)停工斗争.
work′study *n.* 工(作)效(率)的研究.
work′table *n.* 工作台.
work′ticket *n.* 工票.
work-to-rule *n.* 按章工作.
work′-up *n.* (印刷物表面的)污迹.
work′week *n.* 工作周,一周的总工时.
work′woman [ˈwəːkwumən] (pl. **work′women**) *n.* 女工,女工作者.
world [wəːld] *n.* ①世界,万物 ②地球,天体星球,宇宙 ③众人,世人 ④…界,领域 ⑤大量,许多: *people all over the world* 或 *people the world over* 全世界人民. *the expanding world* 日益发展(扩大)的. *the objective world* 客观世界. *the Third World* 第三世界. *the scientific world* 科学界. *the whole world* 全世界. *world line* 世界线(基本粒子在时空上通过的路径). *world outlook* 世界观.

world power 世界强国. **world** statistics 全球〔世界〕统计. **world** war 世界大战. ▲**a world of** 一个…的世界,许许多多的,无数〔限〕的. **a world too many**〔**much**〕太多,过多. **all the world** 全世界,举世. (**all**)**the world over** 或 **all over the world** (在)全世界,世界各处,遍天下. **All the world**〔**The whole World**〕**knows** 人人都知道. **be all the world to** 对…是最关重要的事,对…是无价之宝. **before the world** 在全世界面前,公然地. **carry the world before one** 迅速全面地成功. **come into**〔**to**〕 **the world** 问世,(被)出版. **for all the world** 完全,一点不差;(用于否定句)无论如何也(不),决(不). **give to the world** 出版,发表. **in the world** 世界上,天下;到底,究竟. **not…for the world** 或 **not for anything in the world** 决不. **the world's end** 天涯海角. **world without end** 永远,永久.

world'-beater n. 举世无双的事物.
world'-class a. 世界第一流水平的,世界级的,具有国际名望或质量的.
world'-famous a. 世界闻名的.
world-invariant a. 世界〔洛伦兹,相对论性〕不变量的.
world'ly a. ①物质的,世间的 ②世故的,善于处世的.
world'-old a. 极其古老的.
world'-power n. 世界强国.
world'shaking a. 震撼世界的.
world'wide Ⅰ a. (遍及)全世界的,世界范围的,全〔环〕球的,裹布全世界的. Ⅱ ad. 在世界范围内.
worm [wə:m] Ⅰ n. ①(蠕)虫,蚯蚓 ②螺(蜗)杆 ③螺纹,螺旋(推进器,升水器,输送机) ④(蒸馏器的)旋管,蛇管 ⑤[pl.]滑移线,(绕组的)匝,圈. Ⅰ a. 蛇形的. Ⅲ v. ①蠕动,爬行,缓慢前进 ②在(电缆,粗绳)的外面绕线 ③慢慢地探得④除虫;被虫侵蚀. **condensing worm** 冷凝蛇管. **conveying worm** 输送(运输)蜗杆. **feeder worm** 喂入〔送〕蜗旋. **multi-start worm** 多头螺纹蜗杆. **raising worm** 提升机构蜗杆. **two-thread worm** 双头螺纹蜗杆. **worm and (worm) gear** 蜗轮蜗杆. **worm auger** 螺旋钻. **worm bearing** 蜗轮轴承. **worm channel** 蛀眼〔孔〕. **worm conveyer** 螺旋式运输机,螺旋输送机. **worm drive** 蜗轮传动. **worm feeder** 螺旋供料器. **worm gear** 蜗轮(蜗杆)副,蜗轮(装置). **worm gear case** 蜗轮箱. **worm gear drive** 蜗轮传动. **worm gear (drive) ratio** 蜗轮传动(速)比. **worm gear hob** 蜗轮滚(铣,切)刀. **worm gearing** 蜗轮传动装置. **worm hole** 蛀孔(洞). **worm screw** 蜗杆螺钉. **worm steering gear** 蜗杆转向装置. **worm wheel** 蜗轮.
worm'-drive n.; v. 蜗轮传动.
worm'-eaten a. ①虫蛀的,多蛀孔的 ②过时的,陈旧的.
worm'-gear n. 蜗轮(传动装置,蜗杆副).
worm'-gearing n. 蜗轮传动装置.
worm'hole n. 条虫状气孔,虫孔,蛀洞.
worm'holed a. 多蛀孔的,虫蛀的.
worm'ing n. ①龟裂 ②参看 worm 条.
worm'-pipe n. 蜗(蛇)形管,盘管.
worm'wheel n. 蜗轮.

worm'y ['wə:mi] a. 生虫的,虫蛀的.
worn [wɔ:n] Ⅰ v. wear 的过去分词. Ⅱ a. ①(用)旧的,磨损的 ②耗尽的.
worn'out' ['wɔ:n'aut] a. ①磨损的,用旧〔坏〕的,不能再用的 ②精疲力尽的,耗尽的. **worn-out soil** 贫瘠土壤.
wor'ried ['wʌrid] a. 烦恼的,焦虑的.
wor'riment n. 烦恼,焦虑.
wor'risome ['wʌrisəm] a. 为难的,令人忧虑的.
wor'ry ['wʌri] v.; n. ①(使)烦恼〔苦〕恼,(使)担心,(使)焦虑 ②反复推〔拉〕,使改变位置,塞住. ▲**worry about**…操〔关〕心…,为…担心,过多地为…. **worry along**〔**through**〕不顾困难设法进行. **worry out** 绞尽脑汁解决(想出),千方百计设法.
wor'rying a. 使人担心的,着急的,麻烦的. ~**ly** ad.
worse [wə:s] Ⅰ (bad, badly, ill 的比较级) a.; ad. 更坏(的,差),的,更厉害,更恶〔猛〕劣(的). Ⅱ n. 更坏的事情(方面),不利,损失,失败. ▲**a change for the worse** 向更坏方面的转化,每况愈下,(更加)恶化. (**and**) **what is worse** 或 **to make matters worse**(而)更糟〔坏〕的是. (**be**) **worse off** 情况更坏,处境更糟. **for better for**〔**or**〕 **worse** 不论好坏,不管怎么样. **go from bad to worse** 愈来愈糟,日益恶化,每况愈下. **have the worse** 遭到失败. **none the worse** 并不更差,仍然,还是. **So much the worse** 更加糟糕. **worse and worse** 愈来愈坏,每况愈下. **worse off** 情况愈坏,恶化.
wor'sen ['wə:sn] v. (使)恶化,(使)变(得更)坏,使更加严重,损害.
worser =worse.
wor'ship ['wə:ʃip] n.; v. 崇拜,尊敬. **book worship** 书本崇拜,本本主义.
wor'shipful a. 可尊敬的.
wor'ship(p)er n. 崇拜者.
worst [wə:st] Ⅰ (bad, badly, ill, illy 的最高级) a.; ad. ①最坏(的),最差(的),最恶劣(的)②最不利(的),最不适合(的),最差的,效能最低的. Ⅱ n. 最坏的事,的事物,的部分,的情况,的状态,的结果). Ⅲ vt. 打败,战胜. **conquer the worst difficulties** 克服最最严重的困难. **keep the worst of the sun's heat out** 把太阳的大部分热量挡在外面. **the worst enemy** 最凶恶的敌人. **the worst flood in**〔**for**〕**80 years** 八十年来最大的洪水. **when things are at their worst** 当情况最恶劣的时候. ▲**at (the) worst**(即使)坏到极点,(就是)在最坏〔最不利〕的情况下. **be prepared for the worst** 准备万一,作最坏的打算. **if (the) worst comes to (the) worst** 如果情况坏到极点,如果发生最坏的情况. (**in**) **the worst way** 十分,非常,强烈地. **make the worst of (the) worst** 对…作最坏的打算. **the worst of it is that** 最坏〔最不幸〕的是. **worst of all** 最糟的.
worst'-case n. 最坏情况〔条件〕. **worst-case condition** 最坏条件. **worst-case noise** 最坏情况噪声.
worsted ['wustid] n.; a. 毛(绒)线(织)的,精纺(的,毛织物),厚呢.
wort n. ①野草,草本植物 ②麦芽汁 ③越橘(树).
worth [wə:θ] Ⅰ n. ①(价)值,(货币,物质,精神)价值

②性能,效用,有用成分. Ⅱ a.(作定语时,放在名词后面)①值⋯的,相当于⋯的价值的 ②值得⋯的,有⋯的价值的. *The instrument is worth 100 yuan.* 这台仪器值一百元. *It is worth reading* 它值得一读. *It is worth while discussing* [to discuss] *the question again.* 这问题值得再讨论. *be* (*well*) *worth notice* 值得注意. *be* (*well*) *worth an effort* 值得付出劳力. *be not worth a rap* [*damn*] 毫无价值. *be not worth refuting* 不值一驳. *discoveries of great worth* 非常有价值的发明. *transform wastes of little worth into industrial products* 把没有价值的废物变成工业品. *control-rod worth* 控制棒补偿性能. *net worth* 净值. *neutron worth* 中子"价值". *poison worth* (控制棒)吸收能力. *reactivity worth* 反应性能;以反应性单位表示的补偿或吸收能力. *worth of the fuel* 燃料的反应性能,燃料价值.
▲ *be worth it* 是值得的. *be worth* + *ing* 值得(做). *be worth much* [*little*] 价值很大〈小〉. *be worth nothing* 毫无价值. *be worth one's while* +*ing* [*to* + *inf.*] 值得(做). *be worth while* 是值得的. *for what it is worth* 不论真伪.

worth'ful *a.* ①有价值的,可佩〔敬〕的 ②荣誉的,有很大功劳的.
worth'ily ['wə:ðili] *ad.* 值得地.
worth'iness *n.* 值得.
worth'ite *n.* 沃赛特铬铬耐蚀合金,镍铬钼耐热不锈钢(铬 20%,镍 24%,碳<0.07%,硅 3.25%,钼 3%,铜 1.75%,锰 0.5%,其余铁).
worth'less ['wə:ðlis] *a.* 没有价值的,无用的,不足取〔道〕的. ~**ly** *ad.* ~**ness** *n.*
worth'while ['wə:ð'hwail] *a.* 值得做的,值得花时间〔精力〕的,相当的,很好的. *worthwhile experiment* 值得进行的实验.
wor'thy ['wə:ði] Ⅰ *a.* 有价值的,可敬的,值得⋯的,足以⋯的,应受⋯的(*of*),配得上的,相称的. Ⅱ *n.* 杰出人物,知名人士. *a worthy cause* 正义的事业. *a worthy man* 高尚的人. *be worthy of note* 值得注意. *be worthy of remembrance* 或 *be worthy of being remembered* 或 *be worthy to be remembered* 是值得纪念的. *be worthy of some consideration* 或 *be worthy to be considered* 值得加以考虑. *be worthy of the name* 名副其实,名不虚传.
wor'tle *n.* 拉丝模(板).
WOT = wide open throttle 节流阀全开.
would [wud] (*will* 的过去式) *v. aux.* (否定式 *would not*,缩作 *wouldn't*)(便,就)会,(就,将,想)要,打算,总〔老〕是,大概,可能,(照)理(该),想必. ①〔表示过去的打算或经常发生的事〕*He said he would go there the next day.* 他当时说他打算第二天到那儿去. *I looked at all of the spanners on the rack, but none of them would do.* 我看过架子上所有各个扳子,但没有一把合适. *In those days this door wouldn't open.* 那些日子里这门老是开不开.
②〔表示假设,推测或可能〕*That would be in March 1940.* 那大概是在 1940 年三月. *If a body had no weight, it would have no potential energy.* 如果物体没有重量,那末它就不会有势能. *If the clockspring were made of lead, with practically no elasticity, it would possess no potential energy when wound.* 如果钟表发条是用几乎没有弹性的铅做的,它上紧以后就不会有势能. *In any given case* $4\pi^2n^2$ *would be a constant.* 在任何的给定场合,$4\pi^2n^2$ 照理应是常量. *The barrel would hold 50 litres* 这桶能装 50 升. *The weight of the metal can plus the air inside would be much less than a similar volume of water.* 这个金属罐本身再加上其中的空气的重量会比同容积的水的重量要轻许多.
③〔表示请求、愿望〕 *Would you show me how to operate that lathe?* 请给我作个示范怎样开那台车床好吗?
▲ *it would seem* 好像,似乎,看来. *would that* 但愿,要是⋯就好了. *would* (*much*) *rather* [*sooner*] *M than N* 宁愿〔可〕M 也不愿 N,与其 N 不如 M.
would'-be ['wudbi:] *a.* ①将要〔想要〕成为⋯的,自封〔称〕的,所谓的,自充的 ②冒充的.
wouldn't ['wudnt] = would not.
wound Ⅰ [wu:nd] *n.*; *vt.* 伤(害,口),损〔创〕伤. Ⅰ [waund] wind 的过去式及过去分词. Ⅱ *a.* (缠)绕的,绕制的,已绕上了的. *n.* 绕法. *compound-wound* 复励〔绕〕. *got wounded in action* 战斗负伤. *helically wound* 绕成螺旋状的. *series wound motor* 串励电动机. *wire wound* 线绕的. *wound hormone* 愈伤激素,愈伤酸. *wound roller* 螺旋辊子. *wound rotor* 线绕转子. *wound type paper condenser* 卷式纸介电容器. *wounded and sick* 伤病员.
wound'ed ['wu:ndid] Ⅰ *a.* 受伤的. Ⅱ *n.* 受伤者.
wound'less *a.* 没有受伤的.
wound-rotor induction motor 转子绕组式感应电动机.
wove [wouv] Ⅰ weave 的过去式. Ⅱ *a.* 布纹的,纸的网纹. *wove paper* 布纹纸.
wo'ven ['wouvən] Ⅰ weave 的过去分词. Ⅱ *a.* 织〔编〕成的,纺织的. *woven fabrics* 纺织品. *woven type wire rod.*, *woven wire rope* 〔铁〕丝绳.
wow [wau] *n.* ①播泉,(频率)颤动 ②(复录音时因速度变化引起的)失真,变音〔声〕,抖动变调,计时变异 ③巨大的成功,十分有趣的事物. *wow and flutter* 抖晃度,速度不均匀性. *wow flutter* (录音)声波动,频率颤动,抖晃度. *wow flutter meter* 失调测定器,频率颤动计,抖晃仪.
WP = ①water propeller 水推进器 ②water-proof 防水的,不透水的 ③watt plug 插头 ④weatherproof 防风雨的,不受天气影响的 ⑤wettable powder 可湿性粉剂 ⑥white phosphorus 白磷 ⑦witness point 检验点 ⑧working point 工作〔作用,施力〕点 ⑨working pressure 工作压力.
WPA = with particular average 单独海损赔偿,担保单独海损,基本险,水溃险.
W-particle 中间玻色子.
WPB = war production board 军工生产局.

WPC = ①watt(s) per candle 瓦/烛光 ②wood plastics composite 木material复合塑料板 ③World Peace Council 世界和平理事会 ④World Power Conference 世界动力会议.

WPCF = Water Pollution Control Federation 水污染控制联合会.

WPCP = watts per candle power 瓦/烛光.

wpdb = weatherproof double braid 防风雨双层编包(线).

WPG = waterproofing 不透水的,防水的,水密的.

WPI = World Patents Index 世界专利索引.

WPJ = weakened plane joint 弱面缝,槽缝,假缝.

WPM 或 **wpm** = words per minute 字/分钟.

WPN = weapon 武器.

WPN SYS = weapons system 武器系统.

WPP = ①water-proof packing 防水填料 ②water-proof paper packing 防水纸包装.

WPS = words per second 字/秒.

Wq = water quenched 水淬的.

WR = ①war reserve 军需储备品 ②waveguide rectangular 矩形波导 ③wire rope 钢索 ④work request 加工申请(书).

wrack [ræk] *n.; vt.* ①(彻底)毁坏,(严重)破坏,失事(船只) ②残骸,残骸,失事船的残骸,漂来物,打上岸的海草. ▲*wrack and ruin* 毁灭.

wrack′ing *n.* 菱形畸变,彻底毁坏.

wraith *n.* ①幽灵,幻影 ②一股稀薄的烟雾〔气体〕.

wrap [ræp] I (*wrapped* 或 *wrapt*; *wrap′ping*) *v.* II *n.* ①包(裹,封,装,扎),打包,卷,捆,缠(环,盘)(in,up) ②覆盖,遮蔽,包围,隐藏(藏) ,掩饰,(伪装)(up) ③叠起,重(互)叠(up) ④外壳(罩),(线)匣,封皮,封套,抱围(度),包装纸 ⑤被覆物的一层,(缠绕物的,带卷的)一圈 ⑦(pl.)限制,约束,秘密 ⑧(pl.)罩衫,外衣,头巾. *The affair is wrapped (up) in mystery*. 这件事情真相不明. *The plan was kept under wraps*. 这计划是保密的. *The edges should wrap*. 边应该对齐互叠. *(stretch) wrap forming* 张拉成型(法). *wrap angle* 包角. *wrapped cable* 绕扎电缆. *wrapped electrode* 绕扎焊条. *wrapped joint* 缠绕接线头. ▲*be wrapped (up) in* 隐蔽在,(被)包(封)在…中,被牵涉在…之中,与…有联系;专心于,埋头于,对…有极大兴趣.

wrap′ around *a.* 卷〔环〕绕的,抱合的,包括一切的. *wraparound bend* 卷绕弯曲. *wraparound error* 回卷误差. *wraparound windscreen* [windshield] 曲面挡风玻璃.

wrap′over a′pron 外套围裙.

wrap′page ['ræpidʒ] *n.* ①包(卷),包皮,封套,包裹(物),包装(材料),外壳.

wrap′per ['ræpə] *n.* ①包装,包(装,书,皮)纸,封皮,包裹纸,包装板(物),覆盖物,助卷机,壳,外〔封〕套 ③包裹〔装〕者. *film wrapper* 薄膜〔软片〕包装. *wrapper roll* 外卷辊. *wrapper tube* 外套管.

wrap′ping *n.* ①包(装,件),包装,缠绕 ②包皮,包层,护层,涂层,封套 ③包装材料,垫料. *wrapping connection* 缠绕(接)(线)法. *wrapping paper* 包装纸. *wrapping plane* 包装板. *wrapping test* 卷解(往复弯折)试验.

wrapt [ræpt] wrap 的过去式和过去分词.

wrap′-up *n.; a.* 总结性的(新闻报导),最后的;收卷装置.

WRE = Weapons Research Establishment (英国)武器研究所.

wreak [ri:k] *vt.* 报(仇),施加.

wreath [ri:θ] *n.* ①花圈(环) ②(烟,雾)圈,圈〔环〕(状物),螺旋形物,涡卷(of).

wreathe [ri:ð] *v.* ①把…作成圈,编环(into) ②环(盘,缠,绕)绕,卷缠,旋卷(round),扭,拧 ③覆盖,包围.

wreck [rek] *n.; v.* ①(使)破坏,(使)遇难,故障,事故 ②(使)破坏,折毁,毁(幻)灭 ③沉(废)船,失事的船只(飞机,残骸,破损[漂来]物,遭严重破坏的建筑物. *wreck crane* 救险起重(车)机, 救援吊车. *wreck master* 捞救的失事船只的货物的指定管理人. *save a ship from wreck* 营救失事的船只. *wreck of one's plans* 计划的破产. *wreck on a rock* 触礁失事. ▲*go to wreck* 遭到毁灭.

wreck′age ['rekidʒ] *n.* ①失事(船),遇难 ②破坏(坏),折断,毁灭 ③漂流〔残余〕物,残骸,破片,船碎片,难船货物,失事船只所载物.

wreck′er ['rekə] *n.* ①救险车(船) ②打捞(营救)船 ②打捞者,救险车司机,寻找失事船只者 ③(船只)破坏分子,为行劫而使船只失事者.

wreck′ing I *n.* ①失事,遇难,破坏,故障,毁灭 ②营救(工作,者). II *a.* ①破坏性的,起破坏作用的,使失事的,使毁灭的 ②救险的,营救的,打捞的. *wrecking bar* 拔钉撬棍. *wrecking car* 救险车. *wrecking company* 打捞(沉船)公司,(旧建筑物)拆除公司. *wrecking crane* 救险起重〔车〕机,救险吊车. *wrecking crew* 打捞〔营救〕队.

wrench [rentʃ] *n.; vt.* ①扳手〔子,头,钳〕②偶单力组(猛)拧,扳去〔下〕(off, away),扳紧,扭转(伤),一拧,一扳,猛然一扭 ④歪曲,曲解 ⑤矢量螺旋. *adjustable* [coach, monkey] *wrench* 活动(合)扳手,活扳子. *alligator wrench* 管钳,管扳手. *box wrench* 套筒扳手. *cylinder wrench* 圆筒扳手. *deep socket wrench* 长套管型套筒扳手. *double end wrench* 双头扳手. *fork wrench* 叉形扳手. *hub wrench* 轮毂螺母扳手. *impact wrench* 套筒(机动)扳手,冲头. *open end wrench* 开口扳手. *pipe wrench* 管扳手,管钳(子). *ratchet wrench* 棘轮扳手. *set-screw wrench* 固定螺钉扳手. *socket wrench* 套筒扳手. *solid wrench* 死扳手,呆扳手. *spanner wrench* 开脚扳手,插头(插销)扳手. *spark plug wrench* 火花塞扳手. *speed wrench* 快速扳手. *Stillson wrench* 可调管扳钳. *tap wrench* 螺丝攻扳手. *union wrench* 管接头扳手. *wrench opening* [jaw] 扳子开度(口). ▲*throw a (monkey) wrench into* 阻碍,破坏.

wrest [rest] *vt.* ①拧(拨,拉),扭(曲),夺取 ②歪曲,曲解 *saw wrest* 扭锯器. *wrest fact* 歪曲事实. *wrest from Nature her secrets* 探索自然界奥秘. *wrest initiative* 夺取主动权. *wrest political power* 夺取政权.

wres′tle ['resl] *n.; v.* ①角力,摔(交)(with) ②(与…作)斗争,全力对付(with) ③深思,斟酌,仔细考

wretch'ed a. ①可怜的,不幸的 ②劣质的,恶劣的,肮脏的,坏的 ③极大的,严重的. wretched insufficiency 严重不足. ~ly ad. ~ness n.
wrick [rik] vt.; n. (轻度)扭伤.
wrig'gle ['rigl] v.; n. ①蠕(扭)动,蜿蜒(而行),起伏 ②(放电的)弯曲 ③摆脱,混入. wriggle out of a difficulty(千方百计)摆脱困难.
wright [rait] n. (构成复合词用)工人,木工,制造者. shipwright 造船工人.
wring [riŋ] (wrung, wrung) vt. I n. ①拧(出,入),绞(出),扭(紧,变形),榨(取),挤(出),勒索(out) ②(块规)粘合,研合 ③歪曲,曲解 ④折磨,使苦恼. wring(ing) fit 轻迫(紧)动,轻打,转入配合. ▲wring M from[out of] N 把N中的M绞[拧]出来,勒索 N 的 M. wring off 扭断[掉].
wring'er n. ①绞拧器,绞衣机,榨干机 ②绞拧者,勒索者.
wring'ing-wet a. 湿得可拧出水来的,湿得需要拧的.
wrin'kle ['riŋkl] I n. ①皱(褶),皱纹(皮),褶皱 ②缺点,错误 ③好建议[主意],妙计,消息 ④方法,技巧,(设备,技术的)革新,创新. II v. 使(起,折)皱,折叠. wrinkle resistance 抗皱性能. wrinkle varnish 皱纹漆.
wrin'kly a. 有(多)皱纹的,(易)皱的.
wrist [rist] I n. ①腕(关节) ②肘节(杆) ③(销,枢,耳)轴. II v. 用腕力移动(送出,抛掷). wrist pin 肘节(活塞,曲柄,偏心轮,十字头)销. wrist watch 手表.
wrist'band n. 袖口.
wrist'let ['ristlit] n. ①腕带,表带 ②手铐,手镯. wristlet watch 手表.
wrist' watch n. 手表.
writ [rit] n. ①写作,作品 ②命令,令状,票. Holy [Sacred] Writ (基督教)圣经. The writ runs. 法令有效.
wri'table a. 可写的.
write [rait] (wrote, writ'ten) v. ①(书,抄,编)写,写下,写(通)信 ②记录(载,入),填写,登记, 【计】写数(入),存入(储) ③写作,著(书) ④签署契约承担,签署订货单订购. write a letter to M 或 write M a letter 或 write(to)M 写信给 M. write us the result 把结果写信告诉我们. write a cheque 开支票. write a program 编程序. write an application for 填写… be written on a typewriter 在打字机上打出. be written on one's heart 铭记在心里. write addressing 写地址(访问). write circuit 写入[记录]电路. write current 写入电流. write driver 写(入,数)驱动器. write gun 书写(电子)枪. write halfpulse 写与脉冲. write head 写头,写入[记录]磁头. write key 写键字. write on alternative lines 隔行写. write one's name 写上名字. write operation 写入操作. write permit ring 允写环. write signal 写入[记录]信号. ▲write about [of, on] 写(关于),记述. write down 记录[下,载],写下,笔伐,把…描述成,贬低,减低…的帐面价值. write for 函[邮]购, 写信订购;替…写稿. write M for N 把 N 写成 M,用 M 表示 N. write in (把…)写入,写数,记[存]入,记录,向中心站[供应点]打报告提出(要求). write off 抹去,勾[注]消,划掉,削减,迅速记述;写信寄出. write out 誊[清],(全部,详细)写[开,列]出,写下. write out fair 誊清. write over 改[重]写. write up (补)写一到最近日期(为止),详细描写,记述,完成,揭示,(写文章)赞扬,把…写得有吸引力. written large 显而易见,容易识别.
write'-enable v. 【计】写入启动,允许写入,写信号.
write'-enable-ring n. 【计】允许写入环.
write-in n. 写入,记录.
write'-inhib'it ring n. 【计】禁止写入环.
write-off n. 因严重损坏而)报废,完全无用,销帐,取消,注消,削减,跌价.
wri'ter ['raitə] n. ①作[著]者,作家,记者,撰稿者 ②书写者,文书,抄写员 ③打字机,记录器 ④写作手册. ink writer(电报)印字机,油墨印码器.
write-read gun 记录-读数电子枪,记录阅读枪,写入-读出枪.
write-read head 写读头.
write-recovery time 【计】写入恢复时间.
write'-up n. (事件的)书面记录[述],捧场文章.
write-while-read n. 同时读写.
wri'ting ['raitiŋ] n. ①书写,写入(作)的动作 ②写法,登记 ③写法,手迹 ④文字,信件,(记)著作,作品. dextrad writing 向右书写. mirror writing 左右倒写,反写. order writing 写出指令. sinistrad writing 向左书写. writing beam 写入书写)电子束,记录[描绘]射束. writing gun 记入[写入,书写,记录,录]电子枪. writing head 写头. writing pointer 自动记录器. writing telegraph 传真电报. writing telegraph system 书写电报机. ▲in writing 用书面写. put…(down) in writing 写成书面文字. the writing on the wall 危机(灾祸)降临的预兆.
wri'ting-case n. 文具盒.
wri'ting-chair n. 扶手(写字)椅.
wri'ting-desk 或 wri'ting-table n. 写字台,书(办公)桌.
wri'ting-ink n. 墨水.
wri'ting-machine n. 打字机.
wri'ting-paper n. 写字纸,信纸.
wri'ting-telegraph n. 打字电报机,传真电报.
writ'ten ['ritn] I write 的过去分词. II a. 写成的,书写的,书面的,文字的. written application 书面申请. written approval 书面批准. written circuit 线路图. written form of order 指令的书写形式. written PROM 已写的可编程序只读存储器.
writ'ten-out pro'gram 输出程序.
WRM = war readiness material 战备物资[器材].
wrong [rɔŋ] I a.; ad. ①错(误)的,不正确(的),有毛病(的),不正常(的) ②(相)反的. II vt. 中伤,冤枉,委屈. twist a screw the wrong way 反着拧螺钉. in the wrong direction 按相反[错误]的方向. the wrong side of a card 卡片的反面. wrong channel 虚假信道,假通道. There's nothing wrong with the engine. 发动机没有毛病. ▲get

[have] hold of the wrong end of the stick 搞错,误解,颠倒. get it wrong 算〔弄〕错,误解. go wrong 出毛病,发生故障,失败. in the wrong 不对,(犯)错误,理亏. right or wrong 不管怎样,(不管)对错〔是非〕. Something is 〔goes〕 wrong with M. M 有点毛病. take the wrong way 走错 路. wrong side out 翻转,里面朝外.

wrong'ful ['rɔnful] a. 恶劣的,违〔非〕法的,不正当的. ~ly ad.

wrong'ly ad. 错误地,不正确地,不恰当地,不公正地.

wrote [rout] write 的过去式.

wrought [rɔ:t] Ⅰ v. work 的过去式和过去分词. Ⅰ a. 锻(制)的,制造的,精炼〔制〕的,精致的. Ⅱ n. 锻件,轧材和冷拔产品的总称. wrought alloy 可锻〔锻造,轧制〕合金. wrought aluminium 锻压〔轧制〕铝. wrought aluminium alloy 熟〔锻〕铝合金. wrought iron 熟〔锻〕铁. wrought nail 锻钉. wrought steel 锻钢,熟钢. highly wrought 精巧的.

wrt 或 **w-r-t** =with respect to 相对于,关于.

wr't iron =wrought iron 熟铁,锻铁.

wrung [rʌŋ] wring 的过去式和过去分词.

WRV =water relief valve 水泄放阀.

wry [rai] Ⅰ v. 扭歪. Ⅱ a. ①扭歪的,歪斜的 ②荒谬的,曲解的,坚持错误的.

WRY =(询问字符)Who are you?

ws =①water-soluble 可溶于水的 ②water solution 水溶液 ③water supply 供水 ④water surface 水面 ⑤weapon system 武器系统 ⑥weather-stripping 挡风(雨)条 ⑦wetted surface(潮)湿(表)面 ⑧wind speed 风速 ⑨wireless station 无线电台 ⑩work statement 工作报告 ⑪work stoppage(工人的)停工斗争 ⑫wrought steel 锻钢.

WS&T =water pressure test for strength and tightness 水压强度和紧密性试验.

WS and D =wind speed and direction 风速与风向.

WSAT =weapon system acceptance test 武器系统接收试验.

WSC =weapon system contractor 武器系统承包商.

WSCC =weapon system configuration control 武器系统外形控制.

WSCS =weapon system communication system 武器系统通信系统.

WSD =wear scar diameter 损坏伤痕直径.

WSDC =weapon system design criteria 武器系统设计准则.

WSDP =weapon system development plan 武器系统研制〔发展〕计划.

WSEC =watt-second 瓦(特)秒.

WSECL =weapon system equipment component list 武器系统设备部件一览.

WSEG =Weapon Systems Evaluation Group 武器系统鉴定(小)组.

WSFO =Weather Service Forecast Office 天气预报局.

WSIL =Weapons System Integration Laboratory (美国波音公司)武器系统综合实验室.

WSP =①water supply point 供水点〔站〕②weapon system plan〔program〕武器系统计划 ③working steam pressure 工作汽压.

WSPACS =weapon system program〔planning〕and control system 武器系统规划〔计划〕和控制系统.

WSPO =Weapon System Project Office 武器系统设计规划局.

WSR =①weapon system review 武器系统审查 ②weekly summary report 每周的总结〔摘要,综合〕报告.

WSS =weapon system specification 武器系统规范.

WSSA =Weed Science Society of America 美国杂草科学协会.

WSSC =weapon system support center 武器系统器材技术保证中心,武器系统支援中心.

WSSCL =weapon system stock control list 武器系统库存控制表.

WST =Whitworth standard thread 惠氏标准螺纹.

WT =①warning tag 警告标志 ②watertight 不漏水的,防水的,水密的 ③whiffle tree (structural test)车前横木(结构试验) ④winterization test 过冬〔防冻〕试验 ⑤wireless telegraphy 无线电报 ⑥wireless telephony 无线电话.

wt =①watt 瓦(特) ②weight 重量,衡量,砝码.

W/T =①wireless telegraphy 无线电报 ②wireless telephony 无线电话.

W/T cabin 值机员室.

wt% =weight percent 重量百分率.

wt hp =weight horsepower 以重力为单位的马力数,单位重量马力.

Wt Stn =Weather Station 气象站.

wtc =wireless telephonic communication 无线电话通信.

wtd av =weighted average 加权平均(值).

WTDC =Western Technical Development Center (美国)西部技术发展中心.

WTDF 或 **W/TDF** =wireless telegraphy direction finder 无线电报测向器.

wtm =wind tunnel model 风洞模型.

WTO =World Tourism Organization 世界旅游组织.

WTP =weapons testing program 武器试验规划.

w/u =water-uranium ratio 水铀质量〔体积〕比.

wul'fenite n. 钼铅矿.

wulstchialas n. 海水细碧岩.

wurtzilite n. 韧沥青.

wur'tzite n. 纤(维)锌矿.

wüstite n. 方铁矿,方铁〔魏氏,维氏〕体. magnetic dense wustite 磁性密致方铁体. porous wustite 多孔方铁〔魏氏〕体.

wüstite-iron n. 方铁〔魏氏〕体铁.

WUT =warming up time 加热〔暖机〕时间.

WUX =Western Union Exchange (teleprinter) (美国)西联电报公司(电传打字电报机).

WV =working voltage 工作电压.

W/V =weight in volume 表示有效组分在 100ml 溶液中的克数,单位容积中重量百分比.

WVa =West Virginia (美国)西弗吉尼亚(州).

wvd =waived 放弃的,延期进行的.

WVDC =working voltage, direct current 直流工作电压.

WW =①wet weight 湿重 ②wire way 钢丝〔提升〕绳道,电线槽,金属线导管 ③wire-wound 线绕的.

ww =①wire-wound 线绕的 ②worldwide 全世界的,世界范围的.

w/w =①%weight in weight 表示有效组分在 100g

溶液中的克数 ②weight or measurement 测定重量.
WWF =World Wildlife Fund 世界野生物基金.
WWP = ①water wall (peripheral jet)环形射流式水墙 ②working water pressure 工作水压.
WWSSN = world-wide standardized seismograph network 全球标准(化)地震仪(测量)网.
WWW = World Weather Watch(世界气象组织)世界天气监测网.
Wy =Wyoming.
wyartite n. 水碳酸钙铀矿.
WYCFD =World Youth Congress on Food and Development 粮食和发展世界青年会议.
wychelm n. 榆木.
wye [wai] n. Y字, Y形(物,连接,交叉,支架), 三通, Y形管接头, 星形(连接). *wye level* Y(形)水准仪, 回转水准仪. *wye track* Y形(三岔, 三角形)轨道.
Wyndaloy n. 锰镍青铜, 锰镍铜合金(铜60%, 镍20%, 锰20%).
Wyo =Wyoming.
Wyo'ming [wai'oumiŋ] n. (美国)怀俄明(州).
WZ alloy WZ碳化钛烧结合金.

X x

X或**x** [eks] Ⅰ n. ①罗马数字的10 ②【数】第一未知数 ③未知的事物, 未知的人, 未确定的因素[影响] ④【数】横座标 ⑤空中障碍.
Ⅱ (*x-ed*或 *x'd*; *x-ing*或 *x'ing*) vt. ①用"x"符号标出(答案,选择等)(in) ②用一个[连续几个]"x"符号划[删]去(out).
X = ①cross(如 X-roads = crossroads) ②crys-(如 X-tal = crystal) ③exchange 交换(机) ④exclusive ⑤experiment(al)实验(用,性)的 ⑥explosive 爆炸(物) ⑦extension 伸长,分机 ⑧extra(如 X-hvy = extra-heavy) ⑨frost 霜(冻) ⑩intersect(ion)交叉 ⑪magnifications 放大倍数(如 100X = 一百倍) ⑫parallactic angle 星位角 ⑬reactance 电抗(符号) ⑭research 研究(用,性)的 ⑮trans-(如 XMTR = transmitter 发射机,发送器).
X alloy 铜铝合金(铜3.5%, 铁1.25%, 镁0.6%, 镍0.6%, 硅0.6%, 其余铝), 铝(基)轴承合金, X合金.
X eliminator 静电消除器.
X particle X粒子, 介子.
X punch 11行穿孔, 负数穿孔, X穿机.
X ray X射线, X光(照片).
X unit X单位(波长单位)= 10^{-11}厘米.
XA = ①auxiliary amplifier 辅助放大器 ②transmission adapter 传输衔接器.
xa =experimental(美国空军)实验性的.
X-amplitude n. X轴幅度, X-幅度.
Xan'adu ['zænədu:] n. 世外桃园.
Xantal n. 铝青铜(铜81～90%, 铝8～11%, 铁0～4%, 镍0～4%, 锌0～1%).
X-antenna n. 双形V天线, X形天线.
xan'thacin n. 黄色球粘细菌素.
xan'thate Ⅰ n. 黄原酸盐[酯,根], 黄药. Ⅱ v. 黄(原)酸)化.
xantha'tion n. 黄化, 黄原酸化作用.
xan'thein(e) n. 花黄素.
xanthematin n. 血黄素.
xanthe'mia n. 胡萝卜素血.
xan'thene n. 沈吨, 二(英)氧杂蒽. *xanthene dye* 沈吨染料.
xan'thenone n. (农药)沈吨酮.
xan'thic ['zænθik] a. ①黄(色)的, 带黄(色)的 ②黄嘌呤的. *xanthic acid* 黄原酸, 氧荒酸.
xan'thin n. 花黄素.
xan'thine n. 黄质, 黄嘌呤.
xanthinin n. 苍耳素.
xanthoaphin n. 蚜黄素.
xanthogenate n. 黄原酸盐[酯].
xanthogena'tion n. 黄原酸化(作用).
xanthogen'ic ac'id (乙基)黄原酸, 氧荒酸.
xanthomato'sis n. 黄瘤病, 黄脂增生病.
xanthommatin n. (昆虫)眼黄质.
xanthomycin n. 链霉黄素.
xanthona'tion =xanthation.
xan'thone n. 沈吨酮, (夹)氧杂蒽酮.
xan'thophane n. 视黄素.
xan'thophyl(l) n. 叶黄素, 胡萝卜素.
xan'thopone n. 乙基黄原酸钠.
xanthopro'tein n. 黄色(黄化)蛋白.
xanthopsy n. 黄幻视, 黄视症.
xanthopterin n. 黄嘌呤钠, 2-氨基-4, 6-二羟基嘌呤.
xanthorhamnin n. 黄色鼠李武.
xanthosiderite n. 黄针铁矿.
xan'thosine n. (x, xao)黄(嘌呤核)武.
xan'thous ['zænθəs] a. 黄色(人种)的.
xanthydrol n. 二苯(并)吡喃醇, 沈吨氢醇.
xanthyletin n. 美洲花椒素.
xarm =cross arm 横臂, 横(线)担.
xas'er ['zæzə] n. X射线激射(器).
X-axis ['eksæksis] n. X轴(线), 横轴, OX轴, 横坐标(轴).
X-axle n. X轴, OX轴, 横(坐标)轴.
X-back n. 电影负片背部的导电支层.
X-bacterium n. X-杆菌(奶油制造中发现的细菌).
X-band n. = X-band frequency X(频)带, X波段 (5200～10900kc).
X-beam radar X型波束雷达.
X-bodies n. X-体(感病素细胞中似蛋白质物质).
X-brace n. 交叉支撑, 剪刀撑, X形柱条.
X-bracing n. ①十字(撑)架, X形拉条 ②十字头 ③交叉(X形)联接, 交叉(X)形支撑, X形拉条, 剪刀撑.
X-bridge n. X型电桥, 电抗电桥.
XBSW =crossbar switch 横杆开关.
X-burn n. (荧光屏)对角线烧毁, X形烧伤.

Xc = ①capacitive reactance(电)容(电)抗 ②inductive reactance(电)感(电)抗.
X-chromosome n. X 染色体.
X-component n. X(轴向)分量.
Xconn = cross connection 十字接头,交叉连接〔接合〕,线条交叉.
X-coor′dinate n. X 坐标,横坐标.
X-cut n. ①横切,捷径 ②X 截(切)割,垂直于 X 轴的石英晶体截割法. *X-cut crystal* X 截(割,式)晶体, X 切割晶片.
XCVR = transceiver (无线电)收发(两用)机.
XCY = cross country 横穿全国,越野.
X&D = experiment and development 实验与发展.
XDCR = transducer 变送〔换〕器,换能器,传感器,变频器.
XDCR SUP = transducer supply 变送器〔换能器,传感器〕电源.
X-deflection n. X 偏转,水平偏转.
X-direction n. X(轴)〔OX 轴,横轴〕方向,沿横座标. *X-direction force* X(轴)向分力.
XDP = X-ray density probe X 射线密度探头〔探测器〕.
xdw = development warhead 研制性弹头.
Xe = Xenon 氙.
xenate n. 氙酸盐.
xe′nia n. (种子)直感,异粉性(指胚乳).
xenic acid 氙酸.
xenobiol′ogy n. 宇宙生物学.
xenobiot′ics n. 宾主共栖生物.
xenoblasts n. 他形变晶.
xenocrys′t(al) n. 捕获晶.
xenog′amy n. 异株异花受精,杂交配合.
xenogeneic a. 异种的.
xenograft n. 异种移植.
Xenolit(e) n. 重硅线石($2Al_2O_3·3SiO_2$).
xen′olith n. 捕虏岩(体)〔异晶体.
xenol′ogy n. 氙测年法.
xenomor′phic a. (结晶岩石的组成部分)他形的. *xenomorphic-granular* 他形粒状.
xen′on [′zenɔn] n. 【化】 氙 Xe. *equilibrium xenon* 氙平衡中毒. *peak xenon* 氙最大中毒量. *solid xenon* 固态氙. *xenon lamp* (气)灯,氙(气)管.
xenon-krypton laser 氙-氪激光器.
xenopar′asite n. 异体〔宿主〕寄生物.
xenotime n. 磷钇矿.
Xer = xerox reproduction 静电印刷复制品.
xerad n. 旱生植物.
xeransis n. 【医】干燥,除湿.
xeran′tic a. 致干燥的,除湿的.
xeraph′ium [ziə′fiəm] n. 干燥粉,除湿粉.
xe′ric [′ziərik] a. 旱生的,干旱的,沙漠般的.
xer(o)- [词头]干(燥).
xerochasy n. 干裂.
xerocole n. 旱生动物.
xerocolous a. 喜旱的,旱生的.
xeroform n. 三溴酚铋,塞罗仿.
xerogel n. 干凝胶.
xe′rogram [′ziərəgræm] n. 静电复印刷本.
xerograph′ic [ziərou′græfik] a. 静电印刷的,干印的,硒板摄影的,硒鼓复印的. *xerographic printer* 干式〔静电照相〕印刷机,静电复印机.
xerog′raphy [zi′rɔgrəfi] n. 静电印刷〔复印〕(术),干印(术),(磁记录法)干印图,硒板摄影,硒鼓复印.
xeromorphosis n. 旱性变态.
xeromorphy n. 旱性形态.
xerophil a. 适(喜)旱植物.
xerophile n. 嗜旱生物.
xerophiliza′tion n. 旱生化.
xeroph′ilous a. 适(喜)旱的,旱生的. *xerophilous plant* 旱生植物.
xeroph′ily n. 适旱性.
xerophobous a. 避(嫌)旱的.
xerophthal′mia n. 干眼症.
xe′rophyte n. 旱地〔生〕植物.
xerophytia n. 旱生植物群落.
xerophyt′ic a. 适〔好〕干燥的,旱生植物(的). *xe′rophytism* n.
xeroprinting n. ; a. 静电印刷(的),静电复印.
xeroradiog′raphy [ziərəreidi′ɔgrəfi] n. 干式射线〔干放射性,静电电子放射线〕照相术,干法射线(X 光干法)照相.
xerosere 或 xerarch succession 旱生演替.
xero′sis n. 干燥病(症).
xerother′mic [ziərə′θə:mik] a. 干热的,适应干热环境的.
xe′rox [′ziərɔks] v. 干印,(用)静电印刷(术复制),硒鼓〔硒静电复印〕复印(机).
XF = extra fine 特细的(线等).
XFA = crossed-field acceleration 交叉场加速度.
XFER = transfer 【计】转移.
XFMR = transformer 变压器.
X-fracture n. 十字形裂口(轮胎).
X-frame n. X(交叉)形〔构〕架.
XGAM = experimental guided air missile 实验航空弹.
XH = extra hard 〔heavy, high〕特硬〔重,高〕的.
XHAIR = cross hair 十字准线.
XHV = extreme high vacuum 极高(度)真空 (< 10-12 毛).
xi [gzai, ksai, zai] n. (希腊字母)Ξξ.
XIC = transmission interface converter 【计】传输接口转换器.
Xi-hyperon n. Ξ 超子〔级联粒子〕(超子).
Xing n. = crossing 交叉(点),十字路口.
X-intercept n. X 截距.
Xiphin n. 箭鱼精蛋白.
Xiphosura n. 剑尾目.
XIR = extreme infrared 超红外.
X-irra′diated a. X 射线照射的.
X-irradiation n. X 射线辐照.
Xite n. 耐热镍铬铁合金(铬 17～21%,镍 37～40%,其余状).
xi-type 或 ξ-type n. 多字型.
X-joint n. X 形接合.
xl = crystal 晶体.
XL = ①extra large 特大号 ②inductive reactance (电)感(电)抗.
X-line n. X 轴(线).
XLWB = extra-long wheelbase 超长轴(轮)距.
XM 或 xm = research missile (科学)研究用导弹.

Xm(as) =Christmas 圣诞节.

Xmas-tree *n*. 圣诞树型的.

X-member *n*. =cross-member 交叉形构件,X 形架.

XMER =transformer 变压器.

XMIT =transmit 发射(送),传输.

X-mit'ter *n*. =transmitter (无线电)发射机.

X-mo'ment *n*. 绕 X 轴的力距,X(力)距.

X-mo'tion *n*. 在 X 轴方向运动.

X-mo'tor *n*. (使模拟机)沿 X 轴移动的发动机.

XMSN =transmission 传送〔输〕,发射,传动装置,变速器.

XMTR =transmitter(无线电)发射机,发报机.

xn =experimental(美国海军)实验性的.

X-net'work *n*. X 形网络.

XO =xylenol orange 二甲酚橙.

XOUT =cross out 删除.

X-parallax *n*. X 视差.

X-par'ticle *n*. 介子,X 粒子.

XPD =cross polarization discrimination(天线的)横极化鉴别(能力).

XPL =①explosive 炸药,爆炸的 ②XPL 语言.

X-plate *n*. X(水平偏转)极.

xpln =explanation 解释,说明.

XPN =expansion 扩张,膨胀,展开(式).

XPNDR =transponder 转发〔应答〕器.

XPS =expanded polystyrene 多孔聚苯乙烯.

X-quadripole *n*. X(斜格)形四端网络.

Xr =examiner 检查人.

X-radia'tion ['eksreidi'eiʃən] *n*. X 射线辐射,X 光,伦琴辐射〔射线〕.

X-radiog'raphy *n*. X(伦琴)射线照相术,X 光照相术.

X-ray ['eks'rei] I *a*.; *n*. X 射线(的),X 光(的),伦琴射线的,X 光机,X 光照片. II *vt*. 用 X 光检查〔照相,照射,处理〕,伦琴射线照射. *continuous* (general, white) *X-ray* 连续 X 辐射(射线). *X-ray analysis* X 射线分析. *X-ray cassette* X 光底片托架. *X-ray defectoscopy* X 射线探伤法. *X-ray examination* (inspection) X 射线检查(检验). *X-ray flaw detector* X 射线探伤器. *X-ray pattern* X 射线(摄影)图案. *X-ray spectrograph* X 射线摄谱仪. *X-ray spectrometer* X 射线分光计.

x-raying *n*. X 射线分析(检查,照射,透视).

x-rayogram *n*. X 射线图式(照片).

xref =cross reference 相互参照条目.

XREP =auxiliary report 辅助报告.

x-rota'tion *n*. 绕 X 轴旋转.

X's 或 **x's** =atmospherics 大气〔天电〕干扰.

X-section *n*. 横截面:交叉截面.

X-shape *n*. X(交叉)形.

X-shift *n*. 沿 X 方向的位移〔移动〕.

XSM =①experimental strategic missile 实验性战略导弹 ②experimental surface missile 实验性地〔水〕面发射的导弹.

X-spread *n*. 十字排列.

X-spring *n*. X 形弹簧.

XSSM = experimental surface-to-surface missile(地,水)面对(地,水)面实验导弹.

X-stopper *n*. (收音时)消除〔限制〕大气干扰的设备.

XSTR =transistor 晶体管.

XTAL 或 **X-tal** =crystal 晶体. *X-tal detector* 晶体〔硅钢矿石〕检波器.

XTAL OSC =crystal oscillator 晶体振荡器.

X-tilt *n*. X 倾角.

X-time *n*. 发射瞬间,火箭发射的准确时间.

XTLO =crystal oscillator 晶体振荡器.

xtrm =extreme 极端.

X-type *a*. X 形的,交叉形的. *X-type frame* X 形(车)架,交叉型架. *X-type groove* X 形(双面 V 形)坡口. *X-type V block* X 形(双面)V 形铁.

XU =X-unit.

X-unit *n*. X(射线光波)单位(波长单位, $= 10^{-11}$ 厘米,$= 10^{-3}$ 埃).

XUV =extreme ultra-violet 超紫外.

X-velocity component X 方向流速分量.

XVTR =transverter 变换〔流,频〕器,换能器.

X-wave *n*. X(轴向)波.

XWL =expendable wire link 消耗性通讯线路.

XWt =experimental weight 实验重量.

X-X =pitch axis 俯仰轴线,飞机横轴.

x+x time *n*. 发射后时间.

x-x time *n*. 到发射的时间.

xxh =double extra heavy 非常非常重,超特重.

xxs =double extra strong 非常非常坚实,超特强.

XXX =international urgency signal 国际紧急信号.

X-Y diagram 液相组成 X 与会相组成 Y 所构成的气液平衡线图.

X-Y plotter X-Y 绘图仪(器).

X-Y recorder X-Y 座标上的曲线计算装置,X-Y 轴记录器.

xy'lan *n*. 木聚糖,木糖胶,多缩木醣〔树脂〕.

xy'lanase *n*. 木聚糖酶.

xylanthrax *n*. 木炭.

xy'lem *n*. 木(质)部.

xy'lene *n*. 二甲苯.

xy'lenol *n*. 二甲苯(酚).

xylic acid 二甲苯(甲)酸.

xy'lidin(e) *n*. 二甲基(代)苯胺.

xy'litol *n*. 木糖醇.

xyl(o)- 〔词头〕木.

xy'logen *n*. 木质,木纤维.

xy'lograph ['zailəgrɑːf] *n*. 木刻,木(版)(印)画.

xylograph'ic(al) [zailə'græfik(əl)] *a*. 木刻的,木版(画,印刷)的.

xylog'raphy *n*. 木刻术,木版(印刷)术,版画印画法.

xy'loid *a*. (似)木质的,似木(质)的.

xyloketose *n*. 木酮糖.

xy'lol *n*. (混合)二甲苯. *m-xylol* 间二甲苯. *o-xylol* 邻二甲苯. *p-xylol* 对二甲苯.

xy'lolite *n*. (水泥和锯屑制成的)木花〔屑〕板,菱苦土木屑板.

xyloma *n*. 菌丝瘤,产孢菌结木质瘤.

xylom'eter *n*. 木材比重计(测容器).

xylom'etry *n*. 木材测容术.

xy'lon *n*. 木质,木纤维.

xy'lonite ['zailənait] *n*. 赛璐珞,假象牙.

xyloph'agous [zai'lɔfəgəs] *a*. 蚀〔蛀,蠹,噬〕木的,食木的.

xy'lophone *n*. 木琴,八管发射机.

xylophyta n. 木本植物.
xylopyranose n. 吡喃木糖.
xy′lose n. 木糖.
xy′loside n. 木糖甙.
xylosone n. 酮木(醛)糖.
xylot′omous a. 能蛀〔钻〕木的.
xylot′omy n. 木材解剖〔截片〕术.

xylulokinase n. 木酮糖激酶.
xy′lulose n. 木酮糖.
xy′lyl n. 二甲苯基,甲苄基.
xylylene n. 苯(撑)二甲基.
xys′ter n. 刮刀.
XYZ chromaticity diagram XYZ 色品〔度〕图,CIE 色度图.

Y y

Y [wai] n. ①Y形 ②【数】第二未知数 ③【数】纵坐标 ④亮度信号 ⑤导纳 ⑥原型,样机模型.
Y = ①yellow 黄(色)(的) ②Young's modulus 弹性模量 ③yttrium 钇.
y = ①yard 码 ②year 年.
¥ = ①yen(日本币)圆 ②yuan(人民币)圆.
Y antenna 对称馈电半波〔偶极子〕天线.
Y connection Y形接线,星形连接.
Y direction Y向.
Y level 亮度信号电平.
Y punch 12 行穿孔(卡片),Y 穿孔.
Y signal Y 信号,亮度信号(由 30%红,59%绿,11%蓝信号组成).
Y splice 分叉接头.
yacht [jɔt] Ⅰ n. 快艇,游艇. Ⅱ vi. (驾驶)快艇. racing yacht 竞赛用快艇. yacht rope 优质麻绳.
Yado n. 轰炸引导系统.
YAG = yttrium aluminum garnet 钇铝柘榴石. YAG laser 钇铝柘榴石激光(器).
Yagi antenna 八木(波道式,引向反射)天线.
YAl garnet = yttrium aluminum garnet 钇铝柘榴石.
yale brass 低锡黄铜(锌 7.5～8%,锡 0.5～1.5%,其余铜).
yale bronze 低锡青铜(锌 7.5～8%,锡 0.5～1.5%,铅 1%,其余铜).
Yale lock 弹簧锁,一种圆筒锁.
Y-alloy n. Y 合金,耐热合金(铝 91.3%,铜 4%,镁 1.5%,镍 2%,铁、硅各 0.6%).
Yalu River 鸭绿江.
Yalu Tsangpo River 雅鲁藏布江.
Yamato metal 亚马托铅锡锑轴承合金(锑 10～20%,锡 5～20%,其余铅).
Yangtze(-kiang) River [′jæntsi(′kjæŋ)′rivə] n. 长江,扬子江. the Yangtze Gorges 长江三峡. the Yangtze River Bridge 长江大桥.
Yank [jæŋk] 或 Yan′kee [′jæŋki] n. (俚)美国人,美国佬.
Yan′keedom n. 美国(人,佬).
Yan′keefied a. 美国化〔式〕的.
Yan′keeism n. 美国作风.
Yan′keeize vt. 使美国化.
Y-antenna n. Y 形天线,有对称馈电的偶极天线.
Yaoundé [jɑ:un′dei] n. 雅温得(喀麦隆首都).
yapp [jæp] n. 卷边装订.
yard [jɑ:d] Ⅰ n. ①码(英美长度单位,=3 英尺=

91.44cm),一立方码(砂,土) ②院子,场地 ③工(作)场,工厂,制造〔堆置,停车,露天)场,仓库,(铁路)车场,工地. Ⅱ v. 把(材料)保存在仓库里,库藏,把(木料)暂时集中堆放. inspecting yard (锭,坯)检查工段. railway [marshalling] yard (铁路)调车场,编车场. shipbuilding yard 造船厂. slab yard 扁(钢)坯堆置场,板坯仓库,板材车间,轧板厂. stocking yard 堆料场,成品仓库. yard crane 场内(移动)起重机. yard measure = yardmeasure. yard rope (帆)桁索.
yard′age [′jɑ:didʒ] n. ①方码数(以立方码为单位的体积),平方码 ②(英制)土方数 ③用码测量的长度,码数.
yardang n. 风蚀土脊.
yard-crane n. 移动吊车,场内(移动)起重机.
yard-dried lumber 场干木材.
yard′man n. ①(铁路)调度员 ②场地工作人员 ③车场工作人员.
yard′master n. (铁路)调度长,车场场长.
yard′measure n. 码尺(指直尺或卷尺).
yard′station n. 土方站.
yard′stick [′jɑ:dstik] n. 尺度,(衡量的)标准,码尺,杖尺. The yardstick of truth is practice. 检验真理的标准是实践.
yard′wand n. 码尺(指直尺).
yare [jεə] a. 轻快的,容易操纵的,操纵灵敏的.
yarn [jɑ:n] n. ①纱,(纱,毛)线,丝,细股(绳) ②故事,奇谈. asbestos yarn 石棉纱. cable yarn 钢索股绳. cotton yarn 棉纱. glass yarn 玻璃丝. jute yarn 黄麻线,电缆黄麻包皮线. wool(l)en yarn 粗纺毛线. yarn number 纱线支数.
yaroviza′tion n. 春化作用,春化处理(=venalization).
yaw [jɔ:] Ⅰ n. 偏航(角,运动),侧摆(角),(垂直尾翼的)迎角. Ⅱ vi. ①偏航(飞行),越出航线,航向不稳定,摇动,左右摇摆,(船)首摇 ②偏转 ③起泡沫. engine yaw 发动机偏动. shock-wave yaw 激波偏航. yaw rate control (自动操舵装置)首摇率控制.
yawed a. 偏航的.
yaw′er [′jɔ:ə] n. 偏航控制器〔操纵机构〕.
yawhead n. 偏航传感器.
yaw′ing n. 偏航(飞行),左右摇摆,摇头,摇船首,偏(转),(漂浮物)绕垂直轴摆动. wing yawing 机翼偏航(角). yawing derivative 偏航导数.

yawl [jɔːl] n. 小帆船,船载小艇,(舰、船携带的)杂用艇,水雷艇. *mine yawl* 布雷快艇.

yaw'meter n. 偏航〔流〕计,测向计,偏航指示器. *supersonic yawmeter* 超声速偏航计,超音速偏航计.

yawn [jɔːn] v.; n. ①开口,裂开〔缝〕,间〔缝〕隙 ②令人厌烦的人物 ③打呵欠. ~*ing* a. ~*ingly* ad.

Y-axis ['waiˈæksis] n. Y 轴〔线〕,OY 轴,纵轴,纵坐标〔轴〕,〔晶体的〕机械轴.

Y-azimuth n. 基准方向角.

YB = year book 年鉴,年刊.

Yb = ytterbium 镱.

Y-bend n. Y 形〔分叉〕弯头,二叉,Y 形管,Y 形接合,三通管.

Y-branch (fitting) Y 形〔分叉〕支管.

Y-chan'nel n. Y 通道〔通道〕,亮度通道调整.

Y-chromosome n. Y 染色体.

Y-connec'tion n. Y〔叉〕形接头,Y 形接法〔线〕,星形连接.

Y-coor'dinate n. Y 坐标,纵坐标.

Y-curve n. Y〔叉〕形曲线.

Y-cut n. Y 截〔切〕割,垂直于 Y 轴的石英晶体截割法. *Y-cut crystal* Y 截〔割〕晶体,Y 切割晶片.

Yd = yard 码,工场,堆置场.

yd = yard 码(= 3 英尺 = 91.44cm).

Y-△ starter Y-△形连接起动器.

Y-direc'tion n. Y 轴〔方〕向,沿纵轴.

YDL = Young Development Laboratories 杨格研制实验室.

YDS = Y-delta starter 星形-三角形开动器,Y-△起动器.

yds = yards 码数.

yea [jei] I ad. ①是 ②而且,甚至可说. II n. 肯定,赞成(票). ▲*yea and nay* 犹豫不决,优柔寡断.

year [jəː] n. ①(一)年,年度 ②(pl.)年龄,时代,数〔多〕年,长久. *academic* 〔*school*〕*year* 学年.(*be*) *20 years old* 〔*years of age*〕二十岁. *fiscal* 〔*financial*〕*year* 财政年度,会计年度. *in the year 1980* 在 1980 年. *last year* 去年. *leap year* 闰年. *light year* 光年(= 9.463×10^{12}Km). *New Year's Day* 元旦. *next year* 明年. *sidereal year* 恒星年. *solar year* 太阳年. *the next year* 第二年,翌年. *the year after next* 后年. *the year before last* 前年. *this day year* 去〔明〕年今日. *tropical year* 回归年. *years ago* 多年前. ▲*a year and a day* 满一年,一整年. (*all*) *the year round* 一年到头,全年. *for years* 好几年. *from year to year* 或 *year after* 〔*by*〕 *year* 一年一年(地),年(复)一年,每年. *give … year(s) of service* 能用…年. *in the year one* 很久以前,早年. *in* (*the*) *years to come* 在未来的岁月里,今后,将来. *of recent* 〔*late*〕 *years* 近几年来. *over* 〔*through*〕 *the years* 这些年来,在这〔那〕几年中,近几年来. *up to years of age* 长至… 岁. *year by* 〔*year*〕 *year* 年年,每年. *year in* (*and*) *year out* 年复一年地,一年到头,始终,不断地.

year'-book n.〔刊,报〕.

year'-end n. ; a. 年终(的).

year'ling I a. 一岁的. II n. 一岁小兽,一龄鱼.

year'long a. 一年间的,持续一年的,整整一年的,常年的.

year'ly ['jəːli] a. ; ad. 一年一次〔度〕(的),每〔按,年〕年(的),一年间的. *the earth's yearly circuit of the sun* 地球每年绕太阳一周的运行. *yearly maintenance* 年度养护,全年维修. *yearly output* 年产量. *yearly plant* 一年生植物.

yearn [jəːn] vi. 想〔怀〕念,向往(to, towards),渴望,极想(for, after).

yearn'ing ['jəːniŋ] n. ; a. 怀念(的),向往(的)(的). ~*ly* ad.

-year-old a. 一年前的,…岁的. *a 17year-old student* 十七岁的学生. *the 2,400-year-old marble plaque* 2,400 年前的大理石板.

year-round a. 全〔整〕年的,一年到头的.

yeast [jiːst] I n. ①酵母(菌),发酵粉 ②泡沫. II vi. 发酵,起泡沫. *yeast extract* 酵母萃.

yeast'iness n. 起泡,发酵.

yeast-like a. 似酵母的.

yeast'y a. ①酵母的,会发酵的,(会)起泡沫的 ②不安(定)的,无实质的,空虚的.

Yehudi n. 指向标触发发射机.

YEL = yellow 黄色.

yell v.; n. 呼喊,号叫.

yel'low ['jelou] I a.; n. 黄的,黄色的(颜料),黄种人,黄化病,蛋黄. II v. (使)变黄,染黄,发黄. *imperial yellow* 杏黄. *paper yellowed with age* 年久变黄的纸张. *yellow alert* (空袭)预备警报. *yellow arsenic* 硫化砷. *yellow book* 黄皮书. *yellow brass* 黄铜(铜 65%, 锌 35%). *yellow gold* 金银铜合金. *yellow light* 黄色灯光. *yellow metal* 黄铜(铜 60%, 锌 40%), 黄金. *yellow ochre* 赭黄(土). *yellow pewter* 低锑黄铜(锡巴合金). *yellow pigments* 黄色素. *Yellow River* 黄河. *Yellow Sea* 黄海. *yellow spot* 黄斑.

yel'lowcake n. 黄饼(U_3O_8).

yel'lowish ['jeloui ʃ] a. 带(淡)黄色的.

yel'lowly ad. 成黄色,带黄.

yel'lowness n. 黄(色).

Yel'lowstone n. (美国)黄石河,黄石公园.

yel'lowy ['jeloui] a. 黄(色)的,带(淡)黄的.

Yemen ['jemən] n. 也门. *The Arab Republic of Yemen* 阿拉伯也门共和国. *The People's Democratic Republic of Yemen* 也门民主人民共和国.

Yemeni ['jemeni] 或 **Yemenite** ['jemenait] a.; n. 也门的,也门人(的).

yen [jen] I n. (日本币)圆. II (*yenned*; *yen'ning*) vi. n. 热望,渴望.

Yenan ['jenˈɑːn] n. 延安.

yerbine n. 巴拉圭茶碱.

yes [jes] I ad. ①〔肯定、同意的回答是〕(的). *Do you speak English?* ——*Yes, I do*. 你会说英语吗? ——是的,我会. (如果对方问话采用否定方式,而回答是肯定的,仍用 *yes*,汉语习惯相反.) *Haven't you read the book?* 你没有读过这本书吗? ——*Yes, I have.* 不,我读过了. ——或 *No, I haven't.* 是的,我还没有读过. ②〔表示疑问或反问〕是吗? 真的吗? 怎么说? 不会吧? ③〔放在句末,用来征求对方的意见〕对不对? 是不是? 好不好?

yes-man

Ⅱ n. (pl. yeses)是，同意，肯定，赞成(票). yes(es) and no(es)是和非[否].

Ⅲ (yessed; yes'sing) v. 同意，赞成，(对…)说"是"．▲say yes (to)同意，允诺．

yes-man n. 唯唯诺诺的人．

"yes-no" type of operation "是否"式工作制．

yes-or-no-mark n. 是或否符号．

yes′terday ['jestədi] ad.; n. ①昨天[日] ②最近，近来 ③(pl.)过去(的日子)，往昔．

yet [jet] Ⅰ ad. ①还，仍(然)，尚，至今，至当时，迄早(会) ②已经 ③(与比较级连用)更，益发，比…还要，(与 once，again 连用)再 ④(与最高级连用)到目前[当时]为止(最) ⑤又，此外还 ⑥也 ⑦而(又)，然而. *a yet-to-be-built furnace* 尚待建造的一座熔炉. *a yet easier task* 更容易的工作. *a yet more complicated problem* 更为复杂的一个问题. *a yet more difficult task* 更困难的工作. *Has the train arrived yet?* — *No, it has not yet arrived.* 火车已到了吗？— 还没有到. *Is everything ready yet?* 一切都已准备好了吗？*Much yet remains (remains yet) to be done.* 还有许多事情要做. *The best is yet to come.* 最好的还在后头. *These are the best data yet available.* 这是到目前为止可得到的最好的资料. *We must work yet harder.* 我们应该益发努力工作. *This is the biggest hot spring yet discovered.* 这是迄今已发现的最大的温泉.

Ⅱ conj. 可是，(然)而，而又. *a glorious yet difficult task* 一项光荣而艰巨的任务. *We have won great victories, yet more serious struggles are still ahead of us.* 我们已取得了伟大的胜利，然而前面还有更严重的斗争.

▲**and yet** 可是，然而，但. **another and yet another**(一个接二连三. **as yet** 到目前为止(仍)，现在还，到当时为止(还). **but yet**(虽然)(但还是. **hardly yet** 几乎还没有. **nor yet** 也不，连…没有，何况. **not yet** 还没有到，尚未. **yet again** 再一次，又一次. **yet another**(除第二个外)还有另一个，又一个. *Yet another kind of telescope has been designed.* 还有另一种(指第三种)望远镜已设计成功. **yet once (more)**再一次．

yew [ju:] n. 水松(木材)，紫杉(木材)，紫杉属树木．

YGa garnet =yttrium gallium garnet 钇镓柘榴石．

YGL =yttrium-garnet laser 钇柘榴石激光．

Y-grade separation Y 形立体交叉．

Y-gun n. Y 字状防潜深水炸弹发射器．

yield [ji:ld] Ⅰ v. ①(产)生，(生)产，发(输，给，引)出，提供，(使我们)得出 ②让步(与)，给，同意 ③屈服于(to)，使(up) ④击穿 ⑤受到…(压)力，作用而弯曲(凹进，沉陷)(to)，有弹力. Ⅱ n. ①产量[额，品，生]，成品，流量[限]，发电量，开采量，回收量，熔化量，熔化生产率 ②受到…③当量，容量 ④二次放射线量⑤屈服[点]，极限 ⑦弯曲，沉陷 ⑧流(动)性，塑流. *Practice yields genuine knowledge.* 实践出真知. *A difficult situation yielded place to a favourable one.* 困难的局面让位于顺利的局面. *Integrating this equation yields* $n = n_0 e$. 对此方程式积分可得出 $n = n_0 e$. **counting yield** 读数，计数率，计算效率. **extraction yield** 提取(实收)率. **first yielded crystal** 初析晶体，开始产生的晶体. **fission yield** 裂变产物产额. **fluorescence yield** 荧光效应(产额). **high yield** 高产率. **lead yield** 铅产出量，铅的实收率. **over-all yield** 总产量[额]. **plastic yield** 塑性屈服，塑变值，塑流点. **power yield**(电解)电能效率. **secondary yield** 二次放射系数，次级发射产额. **thermonuclear yield** 热核反应产额. **tin yield** 锡的产出率. **titanium yield** 钛的实收率. **warhead yield** 弹头的 TNT 当量. **yield condition** 生长[屈服]条件. **yield curve** 产额曲线. **yield electricity** 发电. **yield limit** 屈服极限，屈服点，流限. **yield of concrete** 混凝土产量. **yield of counter** 计数器效率. **yield of radiation** 辐射强度，辐射量. **yield point** 屈服(流动，软化)点，击穿点. **yield point value** 塑变(流动，屈服)值. **yield ratio** 屈强[服]比. **yield strength** 屈服[抗屈，软化]强度. **yield value** 起始值，起始应变，塑变值. ▲**yield a (the) point** 让步. **yield consent to M** 答应 M. **yield no success** 不(能)成功. **yield one's consent** 同意. **yield precedence to** 让…居先. **yield submission** 服从，屈服.

yieldabil′ity n. 可屈服性，沉陷性．

yield′ing a.; n. ①易弯曲的，柔顺的，易受影响的 ②屈服(性的)，流动性的 ③易变形的，塑性变形的，可压缩性的 ，(沉陷)的 ③击穿的 ④产生，形[生]成 ⑤出产的. **yielding flow** 塑流. **yielding ground** 松软(易沉陷)的土地. **yielding of crystal** 晶体形成. **yielding of supports** 基础(支座)沉陷. **yielding point** 屈服(流动)点，拐点，击穿点. **yielding rubber** 缓冲(减振)橡皮(胶).

yield-limit n. 屈服极限．

yield-power n. 生产力．

yield-weighted a. 按产额量度的．

YIG =yttrium iron garnet 钇铁柘榴石．

y-intercept n. y 截距．

Y-intersection n. Y 形交叉(口)．

Y-joint n. Y(叉)形接头，Y 形接合．

Y-junc′tion n. ①Y 形(道路)枢纽，Y 形交叉 ②(波导管的)Y 形接头，三通管接头，三角分线杆．

ylem n. 全部化学元素的假想原始物质．

ylen(e) n. 烯式(如 $PH_3P = CR_2$ 腾烯举式)．

Y-level n. Y 形(活镜，回转)水准仪．

ylid(e) n. 内鎓(式)(如 $PH_3P^+ - CR_2$ 腾内鎓盐(式))．

Y-line n. Y 轴(线)，纵轴线．

YM =prototype missile 原型导弹．

Y-matching n. Y 形匹配．

Y-motion n. 在 Y 轴方向运动．

Y-motor n. (使模拟机)沿 Y 轴移动的发动机．

YOB =year of birth 出生年．

YOD =year of death 死亡年份．

yodowall n. 搪瓷面冷轧钢板．

yog(h)urt n. 保加利亚乳酪，酸奶．

yoke [jouk] Ⅰ n. ①轭(铁，架，状物)，横木，磁轭 ②叉臂[架，子]，架，刀杆支(吊)架，座 ③镜头板，护轨

yoke′ fellow 或 **yoke′ mate** 夹,箍圈,卡箍 ④偏转线圈 ⑤横能枘,飞机操纵杆 ⑥(可读写多条磁道的)一组磁头,磁头组 ⑦束缚,支配,管辖,压力,奴役,羁绊. I *vt.* ①加〔上〕轭,束缚 ②结〔配〕合,连接,匹配 (to). *clutch pedal rod adjusting yoke* 离合器踏板调整联杆. *clutch slipper yoke* 离合器拨叉. *deflecting yoke* 偏转轭,致偏〔偏转〕系统. *deflection yoke* 偏转系统〔线圈〕,致偏衔铁. *die yoke* 压模滑架. *drain yoke* 排油管套. *end yoke*(双铰节传动万向节的)外叉,尾轭. *fixed yoke* 固定偏转系统. *flanged yoke* 凸缘叉臂,法兰叉. *hitch yoke* 连接叉. *joint yoke*(接头轴的)叉槽. *magnet(ic) yoke* 磁轭,磁场偏转系统. *nozzle tube yoke* 喷管轭. *off-centering yoke*(电视的)偏心线圈. *propeller shaft splined yoke* 螺(旋)桨轴槽轭. *rod (end) yoke*(活塞)杆端连接叉. *terminal yoke* 蓄电池同性极板汇流条. *tie down yoke* 固定轭. *tie rod yoke* 系杆轭. *towing yoke* 连接叉. *universal(-joint) yoke* 万向节叉. *yoke ampere-turns* 轭安匝. *yoke assembly* 致偏系统组合件,致偏线圈组,偏转线圈组件〔部件〕. *yoke bolt* 系铁〔铗子〕螺钉,离合器分离爪调整螺栓. *yoke cam* 框形定轭凸轮机构(从动件呈框形). *yoke core*(偏转)轭. *yoke current* 偏转系统〔偏转轭〕,致偏线圈〔电流. *yoke end* 轭端. *yoke (magnetizing) method*(磁粉探伤的)极间法,磁轭法. *yoke of the magnet* 磁轭,轭跌. *yoke pin* 轭销. *yoke shifter* 齿轮拨叉. ▲*come* [*pass*] *under the yoke* 屈服〔从〕,认输,承认失败. *shake* [*throw*] *off the yoke* 摆脱枷锁〔束缚〕,反抗,拒绝服从.

yoke′ fellow 或 **yoke′ mate** *n.* 同事,搭挡,伙伴.
yoke′ lines 或 **yoke′ ropes** *n.* 舵柄操舵索,横舵柄索.
Yokohama [joukə'haːmə] *n.* 横滨(日本港口).
Yokosuka [joukə'suːkə] *n.* 横须贺(日本港口).
yolk [jouk] *n.* 蛋黄,卵黄,羊毛油(脂).
yolk′y *a.* 蛋黄(质)的,有羊毛脂的,油腻的.
Yoloy *n.* 铜镍低合金高强度钢(碳 0.08%,铜 0.9%,镍 2%,砷 0.04%).
YOM = year of marriage 结婚年份.
yon [jɔn] 或 **yon′der** ['jɔndə] I *a.; ad.*(在)那一边(的),(在)那里(的),在远处(的). II *pron.* 那边(的东西),远处(的东西).
Yorcalbro *n.* 尤凯尔布柔铝黄铜(铜76%,锌22%,铝2%,砷0.04%).
Yorcalnic *n.* 尤凯尔布克铝镍青铜(铜91%,铝7%,镍2%).
York′(shire) ['jɔːk(ʃə)] *n.* (英国)约克(夏,郡).
you [juː] *pron.*(所有格) *pron.* 你,您,你们 ②一个人,任何人. *You can't live without air.* 没有空气任何人都活不了. *you-know-what*(不必指明的)那个东西.
you'd [juːd] = ①you had ②you would.
Youden square 【数】尧敦方(区组).
you'll [juːl] = ①you will ②you shall.
young [jʌŋ] *a.* ①年轻的,青年〔春〕的,幼小的 ②未成熟的,没有经验的 ③初期的,新兴的 ④幼年的,受侵蚀尚少的. *be young in experience* 经验不足. *keep the engine young* 使发动机永远如新. *young blood* 青年,青春活力,新鲜血液. *young coast* 幼年海岸. *young stage* 幼年期.
Young *n.* 三色系中Y刺激素用的单位.
young′er ['jʌŋgə] I young 的比较级. II *a.* 较年轻的. II *n.* ①年纪较小的人 ②年轻人, (pl.) 子女. *younger brother* 弟弟.
young′est ['jʌŋgist] I young 的最高级. II *n.* 年纪最小的人.
young′ish *a.* 还年轻的.
young′ling ['jʌŋliŋ] *n.; a.* ①年轻人〔的〕 ②没有经验的(人),新手.
Young's modulus (of elasticity) 杨氏〔弹性〕系数,杨氏(弹性)模量.
young′ster ['jʌŋstə] *n.* 年轻人,小伙子,少〔青〕年.
your [jɔː] 〔you 的所有格〕 *pron.* ①你(们)的 ②一个人的,任何人的.
you're [juə] = you are.
yours [jɔːz] 〔you 的物主代词〕 *pron.* 〔您,你们〕的(东西,来信). *Is this* 〔*Are these*〕 *yours?* 这个〔这些〕是你的吗? *These tools are theirs, yours are over there.* 这些工具是他们的,你的在那边. *yours of 12th inst.* 本月十二日来信. *Yours is to hand.* 来信收到.
yourself′ [jɔː'self] (pl. *yourselves′*) *pron.* ①〔反身代词〕(你,您)自己 ②〔加强语气〕(你,您)亲自,你本人. *Tell us something about yourself.* 告诉我们一些关于你自己的情况. *Did you do it yourself?* 这是你自己做的吗? ▲(*all*) *by yourself* 单独,独自,独立地. *for yourself* 独立地.
yourselves′ [jɔː'selvz] *pron.* ①你们自己 ②〔加强语气〕你们亲自,你们本人.
youth [juːθ] *n.* ①青年(人),青春(时期),青少年时代 ②初期. *in youth* 在青年时代. *the Communist Youth League of China* 中国共产主义青年团.
youth′en ['juːθən] *v.* (使)变年轻.
youth′ful ['juːθful] *a.* ①年轻的,青年的,朝气蓬勃的 ②幼年的,受侵蚀尚少的. ~ly *ad.* ~ness *n.*
you've [juːv] = you have.
yo′-yo ['joujou] I 悠伏不定的. II *vi.* 动摇,起伏. III *n.* 蠢人. *yo-yo technique* 电缆收放技术.
YP = yield point 屈服〔流动,软化〕点,击穿点.
Y-parameter *n.* Y-参数,短路导纳参数.
yperite ['iːpərait] *n.* 芥子气,双氯乙基硫.
Y-piece *n.* 叉〔Y〕形肘管.
Y-pipe *n.* Y形〔叉形〕三叉,斜角支〔管.
Y-plate *n.* Y(轴偏转)板,垂直偏转板.
yp′siliform *a.* V字形的,倒人字形的.
yp′siloid *a.* Y字形的,倒人字形的.
Y-R = yaw roll.
yr = ①year 年(度) ②younger 较年轻的 ③your 你(们)的.
YRGB waveforms 亮度、红、绿、蓝(信号)波形.
yrs = ①years ②yours.
YS = yield strength 屈服〔抗屈〕强度.
Y-section *n.* 三岔形截面,三通管接头,三角分线杆,(波导管的) Y 形接头.
Y-shaped *a.* Y〔叉〕形的.
YSM = prototype strategic missile 原型战略导弹.
Y-stay *n.* Y形拉线.

Yt = yttrium 钇.
Y-terminals n. Y 信号输出端.
Y-tilt n. Y 倾角.
Y-track n. Y 形〔三叉形〕轨道.
ytter'bia n. 氧化镱.
ytter'bic a. 含镱的.
ytter'bium [i'tə:bjəm] n. 【化】镱 Yb. *ytterbium gallium garnet* 镱镓柘榴石.
yt'tria n. 氧化钇.
yttrialite n. 硅钍钇矿.
yt'tric a. (三价)钇的.
yttrif'erous a. 含钇的.
yt'trious a. (含)钇的.
yt'trium ['itriəm] n. 【化】钇 Y, Yt. *yttrium aluminum garnet* 钇铝柘榴石, *yttrium iron garnet* 钇铁柘榴石. *yttrium vanadate crystal* 钒酸钇晶体.
yttrocolumbite n. 钇铌铁矿.
yttrocrasite n. 钛钇钍矿.

yttrofluoride n. 钇萤石.
yttrogummite n. 钇脂铅铀矿.
yttrotantalite n. 钇(铌)钽(铁)矿.
Y-tube n. Y〔叉〕形管.
Y-type a. Y〔叉〕形的.
yuan [ju'ɑ:n] n. (sing.; pl. 同)(人民币)圆, ¥.
Yugoslav ['ju:gou'slɑ:v] a.; n. 南斯拉夫(人)的.
Yugoslavia ['ju:gou'slɑ:vjə] n. 南斯拉夫.
Yugoslavian ['ju:gou'slɑ:vjən] a.; n. =Yugoslav.
Yukawa particle 汤川粒子.
Yukawian n. 汤川量.
Yukon n. 汤川子.
Yunnan event 云南事例(宇宙线).
yurt(a) ['juət(ə)] n. 圆顶帐篷, 蒙古包.
yusho n. 油症(由聚氯联苯引起的一种皮肤播痒症).
Y-voltage n. (在星形连接中的)相电压, Y 电压.
Y-wing n. Y〔叉〕形翼.
Y-Y connection Y-Y 形接线, 双星形接法.

Z z

Z 或 **z** [zed, zi:] n. ①Z 形 ②第三未知数 ③原子(序)数 ④方位角 ⑤阻抗 ⑥相对粘度 ⑦断〔截〕面模量. ▲*from A to Z* 从头至尾, 彻底地.
Z = ①Zebra time 世界时, 格林尼治平均时 ②zenith distance 天顶距 ③zero 零 ④zinc 锌 ⑤zone 区域.
Z alloy Z 铝基轴承合金(铝 93%, 镍 6.5%, 钛 0.5%).
Z chart Z 形算图.
Z marker =zone marker 区域指标标.
"Z" number (元素)原子序数.
Z winding 顺时针方向绕法.
ZA =zero adjuster 零点调准装置.
zaffer 或 **zaffre** n. 钴蓝粕, 砷酸钴和氧化钴混合物, 钴熔砂, 花绀青.
zag [zæg] I (zagged; zag'ging) vi.; I n. =zig.
Zaire [zɑ'i:rə] n. ①扎伊尔 ②扎伊尔元.
ZAM =zinc alloy for antifriction metal 电动机电枢用合金, 抗摩锌合金, 锌基轴承合金(锌 95%, 铝 4%, 铜 1%).
Zam metal =ZAM.
Zamak n. 锌基压铸(锻)合金.
Zam'bia ['zæmbiə] n. 赞比亚.
Zam'bian a.; n. 赞比亚的, 赞比亚人(的).
Z-angle n. Z 形角铁.
zanthogenate n. 黄(原)酸盐.
za'ny ['zeini] n.; a. ①小丑 ②糊涂虫 ③滑稽的, 好笑的 ④愚蠢的. **za'nily** ad.
Zanzibar [zænzi'bɑ:] n. (坦桑尼亚)桑给巴尔(岛, 市).
Zanzibari [zænzi'bɑ:ri] a.; n. 桑给巴尔的, 桑给巴尔人(的).
zap I v. 迅速制造〔移动; 离去〕; 击溃; 对抗. II n. 活力; 攻击.
ZAP =zinc anode plate 锌阳极板.
zapon n. 硝化纤维清漆, 硝基清漆.

ZAR =Zeus acquisition radar 宙斯搜索雷达.
zaratite n. 翠镍矿.
zawn n. 洞穴.
zax n. 石斧.
Z-axis n. Z 轴(线), OZ 轴(线), Z 坐标(轴), 垂直轴, (晶体的)光轴. *Z-axis amplifier* Z 轴(调辉)放大器. *Z-axis modulation* Z 轴(亮度)调制.
z. B. =zum Beispiel (德语)例如.
Z-band n. 【生物】Z 盘, 肌间盘.
Z-bar n. Z 形钢(铁, 杆), Z 字钢, Z(字)条. *Z-bar column* Z 形钢柱.
Z-beam n. Z 形梁, Z 字钢. *Z-beam torsion balance* Z 形扭秤.
ZBR =zero branch 零转移.
ZC =zone center 区中心局.
ZCC =zinc-coated bolt 镀锌螺栓.
ZCN =zinc-coated nut 镀锌螺帽.
Z-connection n. Z 形接线, 曲折接法.
Z-coordinate n. Z 坐标.
Z-crank n. Z 形曲柄.
ZCS =zinc-coated screw 镀锌螺钉.
Z-cut n. Z 截(切)割, 垂直于 Y 轴的石英晶体截割法. *Z-cut crystal* Z 截(割, 式)晶体, Z 切割晶片.
ZCW =zinc-coated washer 镀锌垫圈.
ZD = ①zener diode 稳压二极管 ②zenith distance 天顶距 ③zero defect 无缺陷.
ZDC = ①Zeus defense center 宙斯防御中心 ②zinc die casting 锌压铸(件).
Z-direction n. Z 轴方向, 沿 Z 坐标, Z 分向.
ZEA =zero energy assembly 零功率装置.
zeal [zi:l] n. 热心(情, 忱). *revolutionary zeal* 革命热情. *with zeal* 热心(情)地.

Zea'land n. New Zealand 新西兰.
zeal'ous ['zeləs] a. 热心(情)的, 积极的. ~ly ad.
zeatin n. 玉米素; N^6 异戊烯腺嘌呤.
zeaxanthin n. 玉米[玉蜀]黄质.
ze'bra ['zi:brə] n. ①斑马 ②单枪彩色电视显像管 ③小型电子计算机. Ⅱ a. 有斑马一样斑纹的. zebra crossing 斑马线,黑白相间的人行横道线. Zebra time 格林尼治平均时,世界时. zebra (colour) tube 斑纹彩色显像管.
ZEBRA = Zero Energy Breeder Reactor Assembly 零功率增殖反应堆装置.
zebrine 或 zebroid a. (像)斑马的.
ZEC = ①zero energy coefficient 零功率系数 ②zinc electrochemical cell 锌(供打)电池.
zed [zed] n. (英语字母)Z,z; Z形铁[钢].
zee [zi:] n. ①(英语字母)Z,z ②(pl.) Z[乙]形钢.
zee-bar n. Z字钢. zee-bar pass Z字钢孔型.
Zeeman effect 塞曼效应(在磁场作用下气体光谱线分散效应).
Zeeman method 塞曼 X 线结晶分析法.
ZEEP = Zero Energy Experimental Pile 零功率实验性反应堆.
zee-type thing Z形扳桩.
zein n. 玉米[胶]蛋白,玉米[玉蜀黍]醇溶蛋白. zein fibre 玉米(蛋白)纤维.
Zeiss [zais] n. (德国)蔡司厂,蔡司透镜. Zeiss indicator 蔡司杠杆式测微头. Zeiss lead tester 蔡司导程(螺距)检查仪. Zeiss optimeter 蔡司光学比较仪.
zeitgeber n. 同步(定时)因素.
zeitter-ion n. 两性离子.
Zelco n. 铝焊料(铝 15%,铜 2%,锌 83%).
zelling n. 字长导轨发射.
zellon n. 四氯乙烯,泽隆塑料.
Zellwolle n. 嫘萦(粘胶)短纤维.
Ze'ner 或 ze'ner ['zi:nə] n. 齐纳. Zener breakdown 齐纳击穿. Zener current 齐纳电流. Zener diode 齐纳(稳压,雪崩)二极管. Zener effect 齐纳效应. Zener region 齐崩区. Zener voltage 齐纳电压.
zen'ith ['zeniθ] n. ①天顶,绝顶,上空②顶(点),最高点,顶峰. zenith angle 天顶角. zenith distance 天顶距. zenith telescope 天顶仪. ▲at the zenith of 达到…的顶[极]点,在…的顶峰.
zen'ithal ['zeniθəl] a. ①天顶的 ②顶点[上]的 ③高射的.
zenith-oriented detector 面向天顶检测器.
Zeo-Dur n. 硅酸盐阳离子交换剂.
Zeo-karb n. 阳离子交换树脂.
Zeo-karb 215 [215]磺酚阳离子交换树脂.
Zeo-karb 216 [216]酸酚阳离子交换树脂.
Zeo-karb 225 [225]磺化聚苯乙烯阳离子交换树脂.
Zeo-karb H (磺化碳)阳离子交换树脂.
Zeo-karb HI [Na]磺化煤阳离子交换剂.
ze'olite ['zi:əlait] n. 沸石. zeolite sorption pump 分子筛吸附泵. zeolite water softener 沸石软水剂.
zeolitiza'tion n. 沸石化(作用).
zeph'yr¹ ['zefə] n. ①西(和,微)风 ②轻飘的东西.
Zephyr² = Zero Energy Fast Reactor 零功率快中子反应堆.

Zeppelin antenna 齐伯林天线(一端馈电的双馈线水平半波天线).
zerk n. 加油嘴.
zerkelite n. 钛锆钍矿.
Zerlina = Zero Energy Reactor with Natural Uranium Fuel 零功率天然铀反应堆.
zermattite n. 叶蛇纹石.
ze'ro ['ziərou] Ⅰ (pl. ze'ro(e)s) n. ①零,0 ②零度,冰点,零值,(刻度)零[原]点,零位,零号,零高度 ③(坐标)原点,参考点,计算起点,计算起点,零元[素] ④最低点,天底 ⑤乌有,(全)无 ⑥没价值的东西. Ⅱ a. ①零的,零形态的 ②(云幕高度)小于 50 英尺的,(能见度)小于 165 英尺的. Ⅲ vt. ①调(整)零(位),定(对准)零点 ②把…的调节器调整到零,把…降低(减少,减低)到零(位) ③把…调整归零(in),把…对准目标,对…集中火力,把矛头集中指向(in on). air zero 原子弹空中爆炸中心. arbitrary zero 任意零值. balance zero 天平零点. current zero 电流零位. 40 degrees below zero 零下 40. fly at zero 超低空(在一千英尺高度以下)飞行. ground zero 爆心的地面投影点. physiologic zero 生理零度. simple zero 一阶零点,单零点. time zero 计时起点,时间零点. zero access 立即访问零点. zero access memory [storage, store] 超高速存取[立即存取,立即访问]存储器. zero adjustment 零点[位]调整(装置),调零. zero air void 零空隙(完全密实). zero allowance 无容差. zero angle cut X[零角]切割. zero axial 通过零点[坐标原点]的,零轴. zero bearing 零方位,零位前置. zero beat 零差,零拍. zero Bessel function 零次贝塞尔函数. zero capacity 起[乙]点电容,零(振辐)数波. zero centre instrument 正中零位[双向读数](仪表. zero circuit 零电路. zero clearance 无(间)隙. zero complement 补码. zero component 直流分量. zero count 归初(导弹等)计算时间的最后时间. zero cross switch circuit 过零(检查)翻转电路. zero crossing 零(点)交叉. zero date 起算日. zero decrement 零衰减量,无衰减. zero dimension 无量纲. zero dimensional 零维的. zero drift 零位偏移,零点漂移,零点位移,零位漂移. zero elimination 消零法. zero energy(零级)初始能量. zero energy level 零能级. zero first-anode current electron gun 第一阳极零电流电子枪. zero G[gravity]零(无)重量,失重. zero gage 零博奕. zero gate 置零门,置零开关. zero grade line (路基的)施工基准线,不填不挖线. zero heat current 无热交换变动. zero heat transfer 无换热交换. zero hour 行动开始[进攻发起]时刻,零时,决定性的时刻,紧急关头,危机. be waiting for zero hour 等待决战,时刻准备. zero indicator 零位[点]指示器. zero kill 零消失,消零. zero level 零(起点)电平,起点级. zero (能)level 级 zero level comma 零层逗号. zero line 零位(基准)线. zero mark 零位刻度. zero method 零点(衡消)法,平衡法. zero motor 低速马达(回转数多 0～300 转/分),带减速器电动机. zero norm 最低

限额. *zero of order 1* 一阶零点,单零点. *zero of order n* n 阶零点. *zero offset* 零点〔位〕偏移,零炮检距. *zero offset reflection time* 回声反射时间. *zero order wave* 零级波. *zero point* 零点,原点,坐标起始点;起点(温度)零度,致死临界温度. *zero potential* 零电位〔势〕. *zero potentiometer* 调零电位器. *zero reading* 零〔起〕点读数. *zero resistivity* 零值电阻率. *zero set(ting)* 零位调整(值),调〔置〕零,对准零位. *zero slope* 平坡. *zero span* 零档. *zero sum game* 零和对策〔博弈〕. *zero suppression* 消零,删去零. *zero thrust pitch* 无推力螺距. *zero to cut-off* 零截止. *zero wander* 零点漂移.

zero-access addition 立即取数加法,立即存取加法.
zero-address instruction 无〔无〕地址指令.
ze′ro-and-positive n. 零-正.
ze′roax′ial ['zɪərou'æksɪəl] a. 通过零点的,通过坐标原点的.
ze′ro-bal′ance bridge 零点〔零示式〕平衡电桥.
ze′ro-beat n. 零拍(差). *zero-beat reception* 零拍接收法.
ze′ro bi′as n. 零偏压.
ze′ro-cen′ter in′strument 中心零位式仪表.
zero-crossing n. 零十字,变号点. *zero-crossing detector* 过零检测器.
ze′ro-cross-lev′el n. 零交叉电平.
ze′ro-cur′rent n. 零(值)电流.
ze′ro-decrement Ⅰ a. 无衰减的. Ⅱ n. 零衰减量.
ze′ro-deflec′tion meth′od 零偏(移,转)法.
ze′ro-detec′tion cir′cuit 检"零"电路.
ze′roed a. (经过)调零点的(的),已归零的.
ze′ro-en′ergy den′sity effect′ 极低能密度效应.
ze′ro-en′ergy thermonu′clear assem′bly 零功率热核装置.
ze′ro-er′ror capac′ity 零误差容量.
zero-extraction n. (汽轮机)不抽汽,无抽气.
zero-field a. 无〔零〕场的.
ze′rofill v. 填零,补零.
zero-focus-current gun 聚焦零极电流电子枪.
ze′ro-force connec′tor 无插拔力接插件〔插头座〕.
zero-forcing equalization 迫零均衡.
ze′ro-free a. 无零点的.
ze′ro-fre′quency compo′nent 直流〔零频率〕分量.
ze′ro-fre′quency cur′rent 零频率电流,直流电流.
ze′rograph n. 一种打字电报机.
zerog′raphy n. 静电印刷术,干印术,一种早期电报.
ze′ro-grav′ity 或 **ze′ro-g** n. 无重量〔力〕,零重〔力〕,失重(状态).
ze′ro-hour n. (预定)行动开始(进攻发起)时刻,零时. *zero-hour mixing* 无间歇拌和(法).
ze′ro-impe′dance n. 零阻抗.
ze′roing n. 零位调整,调整,对准零点,调零点.
zero-initial bias 零起点偏压.
ze′roish a. 接近零度的.
ze′roize v. 填零,补零.
ze′ro-lag fil′ter 无滞后过滤器.
ze′ro-length rail 零长(超短型)导轨.
ze′ro-lev′el n. "零"级,零电平. *zero-level drift* 零点漂移.

ze′ro-load test 无载试验.
zerol′ogy n. 零位分析.
ze′ro-loss cir′cuit 无(损)耗电路,无耗线.
ze′ro-match gate "或非"门.
ze′ro-mem′ory chan′nel 零记忆信道.
zero-miss guidance 命中(理想)制导.
ze′ro-one distribu′tion 零-一分布.
ze′ro-one law 零一律.
ze′ro-or′der n. 零级〔次,阶〕. *zero-order mode* 零位(振荡)模式.
zero-over discriminator 过零甄别器.
ze′ro-permeabil′ity isolator 零导磁率隔离器.
zero-phase PT 零相变压器.
zero-power factor 零功率因数.
ze′ro-pres′sure a. 无压(力)的.
ze′ro-range selec′tor wave′form 零距〔零点〕选择器脉冲波形.
ze′ro-reac′tance line 零电抗线.
zero-reading indicator 零值〔位〕指示器.
zero-resetting device 零位重置装置.
zero-saturation colour 白色.
zero-set calibration 调零校准.
ze′ro-sig′nal n. 零信号. *zero-signal plate current* 静态〔零信号〕板流,无信号阳极电流. *zero-signal zone* 零信号区域,无信号区.
zero-spin n. 零自旋.
zero-strangeness a. 奇异数为零的,非奇异(的).
ze′ro-sum a. 零和的,一方得益引起另一方相应损失的.
ze′ro-suppres′sion n. 【计】消零.
zero-system n. 【数】零配系.
ze′roth a. (第)零的. *zeroth order* 零次〔阶〕. *zeroth period* (第)零周期.
zeroth-order a. 零次〔级,阶〕的.
zero-time reference 零时基准,计时起点.
ze′ro-voltage n. 零(电)压. *zero-voltage current* 零压(超导)电流.
ze′ro-work′ing n. 零下加工.
ze′ro-ze′ro ['zɪərou-'zɪərou] a.; n. 零视度(的),没有视程的,云层状况和能见度极差的,云幕高度和能见度等于零的,咫尺莫辨的. *zero-zero fog* 能见度等于零的浓雾. *zero-zero transition* 0-0 跃迁. *zero-zero weather* 咫尺莫辨的恶劣天气.
zest [zest] n. ①滋(风)味 ②热心(情).
zest′ful ['zestful] a. 有滋(风)味的,热心(情)的. ~ly ad. ~ness n.
ze′ta ['zi:tə] n. (希腊字母)Z,ζ.
ZETA 或 **Zeta** = Zero Energy Thermonuclear Assembly 零功率热核装置.
Ze′ta-poten′tial n. Z-电位(势),ζ-电位.
Zet′meter n. 拉丝模圆柱孔长度测量表.
ZETR = zero energy thermal reactor 零功率热中子反应堆.
zeu′gite n. 并(偶)核细胞.
Zeus = Zero Energy Uranium System 零功率铀装置.
Zeus discrimination radar 奈克-宙斯识别雷达.
Zeuto n. 双测量范围的α粒子计数管.
Z-even a. 带偶 Z 的,Z 为偶数的.

zeyssatite n. 硅藻石.
ZF = ①zero frequency 零频率 ②zone of fire 射击区域.
z-f =zero frequency 零频率.
zheltozem n. 黄埴.
ZI =zone of interior 后方地带,美国本土.
zianite n. 蓝晶石.
Zicral n. 高强度铝合金(锌 7~9%,镁 1.3~3%,铜 1~2%,铬<0.4%,锰 0.1~0.7%,硅 0.7%,其余铝).
ziehen effect (电解液中)离子牵制[引]效应.
ziehen phenomenon 频率牵制现象.
zig [zig] Ⅰ n. ①锯齿形转角,之字形路线的转折 ②改变方向,急转. Ⅱ (zigged; zig'ging) vi. (作之字形)转弯. *zigs and zags inevitable in the struggle* 斗争中必经的曲折道路.
zig'zag ['zigzæg] Ⅰ n.; a.; ad. ①锯齿形(的),Z形(的),屈折形,曲折形(的),之字形(的),之字线,折线,(作)锯齿状 ②交错 ③变压器中的一种绕组连接方式 ④蜿蜒曲折,盘旋弯曲. Ⅱ (zig'zagged; zig'zagging) v. (弄)成Z之形,作 Z 字形运行,使成锯齿形,(使)曲折盘旋. *zigzag connection* 交错[折]连接 *zigzag cracks* 不规则裂缝. *zigzag development* 之字展线法,盘旋展线法. *zigzag filter* 曲折频率响应(带通)滤波器. *zigzag form* 齿形透滤波器. *zigzag girder* 三角月梁. *zigzag leakage* 曲折[畸形]磁漏. *zigzag line* 之字形线,Z形线,锯齿形曲线. *zigzag moulding* 人字文饰,波浪饰. *zigzag pattern* Z形图案. *zigzag reflection* 曲折(多次)反射 *zigzag riveted joint* 交错铆接. *zigzag riveting* 交错铆接. *zigzag route* 之字路,Z 形线,回头线. *zigzag scanning* 折线扫描. *zigzag tooth* [teeth]交错齿. *zigzag wave* 锯齿波,曲折波. *zigzagging in feasible direction methods* 可行方向法的锯齿形前进.
zilch [ziltʃ] n. 无,乌有,零.
zil'lion[ˈziljən] n. 无穷(量)数,无限大的数目.
zillionaire' n. 亿万富翁.
Zilloy n. 齐洛伊锻造锌基合金(铜 1%,锰 0~0.25%,铬<0.8%,镁 0.1%,锌1%,其余锌).
Zimal n. 齐马尔锌基合金(铝 4~4.3%,铜 2.5~3.3%,锰 0.01%,硅<0.2%,其余锌).
Zimalium n. 齐马铝镁锌合金(铝 70~93%,镁 4~11%,锌 3~20%).
Zimbabwe [zim'ba:bwei] n. 津巴布韦.
zinc [ziŋk] Ⅰ n. 【化】锌 Zn. Ⅱ (zinc(k)ed; zinc'(k)ing) vt. 在…上镀(以)锌,加[包]锌,用锌包,用锌处理. *liquated zinc* 熔析(后的)锌. *slab zinc* 扁锌锭. *zinc based* 锌基合金. *zinc bath* 镀锌槽. *zinc blende* 闪锌矿. *zinc bloom* 水锌矿. *zinc cadmium plating* 镀锌镉. *zinc chloride* 氯化锌. *zinc coat* 镀锌. *zinc crown (glass)* 锌冕玻璃. *zinc current* 负[锌]电流. *zinc gauge plate* 厚度规. *zinc oxide* 或 *flowers of zinc* 氧化锌,锌华. *zinc pig* 锌锭. *zinc plate* 锌板,白(锌)铁皮. *zinc plating* 镀锌. *zinc sheet* 锌皮. *zinc-silicate glass* 锌冕[硅酸锌]玻璃. *zinc white* 锌华,白,氧化锌.
zin'cate n. 锌酸盐.
zincative n. 负电的.

zinc-base bearing metal 锌基轴承合金.
zinc-bearing a. 含锌的.
zinc'blende n. 闪锌矿.
zinc-coated a. 镀锌的.
zinc'-crust n. 锌壳.
zin'cic ['ziŋkik] a. (含)锌的. *zincic acid* 锌酸.
zincif'erous [ziŋˈkifərəs] a. 含[生,产]锌的.
zincifica'tion [ziŋkifiˈkeiʃən] n. 镀[包,加,渗]锌(法),锌饱合,锌腐蚀.
zin'cify ['ziŋkifai] vt. 在…上镀以锌,在…上包以锌,在…中加锌.
zin'cilate n. 锌滓,含锌粉.
zin'cite n. 红锌矿.锌石,氧化锌. *zincite detector* 红锌矿(石)检波器.
zin'city n. 镀锌.
zinc'ky a. (含,似)锌的.
zin'co [ˈziŋkou] =zincograph.
zin'code [ˈziŋkoud] n. (电池的)锌极.
zinc'ograph ['ziŋkougra:f] n. 锌版(画,印刷品). Ⅱ v. 把…刻在锌版上,用锌版印,制[刻]锌版,用锌版复制. —ic a.
zincog'rapher n. 制锌版者.
zincog'raphy n. 制锌版(术).
zin'coid [ˈziŋkoid] a. (似)锌的,像锌版的.
zin'colith n. 白色颜料,锌白.
zin'cotype [ˈziŋkoutaip] n. 锌版(画,印刷品).
zin'cous [ˈziŋkəs] a. 含锌的,(电池)阳极的.
zinc-rich paint 富锌涂料.
zin'cy =zincky.
zinc-yellow n. 锌黄(的).
zing n.; v. (发)尖啸声. ▲*zing up* 使充满活力.
zing'er ['ziŋə] n. 生气勃勃的人;正中要害的反击;超乎寻常的事.
zing'erone n. 姜油酮; 3-甲氧(基)-4-羟(基)苄丙酮.
zing'y [ˈziŋi] a. 极漂亮的.
zin'kenite n. 辉锑铅矿.
zink'ify v. 包[镀]锌.
zink'ing n. 包[镀]锌.
zink'y =zincky.
Zinn n. 齐恩锡基轴承合金(锡 99%,铅 0.7%,铜 0.3%).
Zinnal n. 双面包锡双金属轧制耐蚀铝板.
zinnober n. 辰砂,朱砂.
zinnwald mica 或 **zinnwaldite** n. 铁埋云母.
Z-intercept n. Z 截距.
Zi'onism n. 犹太复国主义.
Zi'onist n.; a. 犹太复国主义者(的).
zip [zip] Ⅰ n.; vi. ①(发)噬噬[嗖嗖]声,(发)尖啸声 ②给…速度[力量],使增加热情 ③拉链. Ⅱ (zipped; zip'ping) vt. 拉[开扣]上(…的)拉链. Ⅲ n. (=zip code)用五位号码划分美国邮区的制度,划分美国邮区的五位号码. *zip pan* 快速摇摄. *zip the bag open* 把袋子拉链打开. ▲*zip across the horizon* 平地一声雷,一鸣惊人.
Zipax n. 一种液相色谱用载体的商名.
zip-code v. 以邮区代码划分; 写上邮区代码.
zip'-fas'tener [ˈzipˈfɑːsnə] n. 拉链(锁).
zippeite n. 水铀钒.
zip'per ['zipə] Ⅰ n. 拉链(锁),闪光环. Ⅱ v. (被)用拉链扣上.

zip′pered *a.* 装有拉链的,拉链式的.
zip′-top *a.* 拉边开盖的.
ziram *n.* (农药)福美锌,二甲氨荒酸锌.
zir′caloy [ˈzæːkələi] *n.* 锆锡合金(含1.5%锡),(海绵)锆合金.
zir′cite *n.* 氧化锆.
zir′con *n.* 锆(英)石,锆土. *zircon cement* 锆-镁耐火水泥. *zircon sand* 锆砂.
zir′conate *n.* 锆酸盐.
zirco′nia *n.* (二)氧化锆,锆氧(土,砂). *zirconia tube furnace* 氧化锆管电炉.
zirconiated tungsten 锆钨电极.
zircon′ic [zəˈkɔnik] *a.* (像,含)锆的. *zirconic acid* 锆酸.
zir′conite *n.* (灰棕色)锆英石.
zirco′nium [zəˈkounjəm] *n.* 【化】锆 **Zr.** *sponge* [Kroll, feed-sponge] *zirconium* 海绵锆(料).
zir′conyl *n.* 氧锆基.
zir′fesite *n.* (硅)锆铁矿.
zir′kelite *n.* 钛锆钍矿.
zir′kite *n.* 斜锆石砾.
Zirkonal *n.* 泽康铝合金(铜15%,锰8%,硅<0.5%,其余铝).
Z-iron *n.* Z形铁,Z字钢.
Zirten *n.* 锆碳(烧结)合金.
Zisium *n.* 兹西高强度铝合金(锌15%,铜1~3%,锡1~0%,铝82~83%).
Ziskon *n.* 兹司康铝锌合金(铝25~33%,锌67~75%).
zith′er *n.* 齐特拉琴.
ZL = zero line 零位线,基准线.
Z-lay *n.* 右捻.
ZLC = zero lift chord 零举[升]力弦.
ZM = ① zone marker 区域指点标 ② zone melting 区熔 ③ zone metering 按区统计,分区计量[测量].
Z-magnetometer *n.* 竖直分量磁强计,Z磁强计.
Z-marker beacon 锥形静区无线电指示标.
ZMBI = zinc mercaptobenzimidazole 巯基苯并咪唑锌.
Z-motion *n.* 在Z轴方向的运动.
Z-motor *n.* (使模拟机)沿Z轴移动的发动机.
Zn = zinc.
zoalene (= 3,5-dinitro-ortho-toluamide) 3,5-二硝基邻甲苯酰胺.
Zobel filter 瑟贝尔滤波器(定K式,M推演式滤器).
zoccola *n.* 座石.
Z-odd *a.* 奇Z的,Z为奇数的.
zo′diac [ˈzoudiæk] *n.* 黄道带(在黄道南北各宽9度的带,分为十二等分,称十二宫,主要行星和月球均在此带内运动).
Zo′diac *n.* 佐迪阿克电阻合金(铜64%,镍20%,锌16%).
zodi′acal *a.* 黄道带的. *zodiacal circle* 黄道圈. *zodiacal light* 黄道光. *zodiacal signs* 黄道十二宫.
ZOE 或 **Zoe** = Zero Oxide Eau (法国)重水氧化铀零功率反应堆.
zoea *n.* (= zoaea) 蚤状幼虫(十足目甲壳动物幼体).
Zoelly turbine 复式压力冲动式透平,佐利汽轮机.
zoid *n.* 游动细胞.

zoi′site [ˈzɔisait] *n.* 黝帘石.
Zom′ba [ˈzɔmba] *n.* 松巴(马拉维首都).
zo′nal [ˈzounəl] *a.* ① 区域的,分区的,地区性的 ② 带(状)的,(形成)地带的. *zonal aberration* 带[域]像差. *zonal growth* (结晶)带状成长. *zonal harmonics* 带调和,球带(调和)函数,带谐函数. *zonal hyperspherical function* 超球带调和函数. *zonal light flux* 球面带光通量. *zonal melting* 区域熔炼,带熔. *zonal rate schedule* 地区价格制. *zonal sampling* 区域[球带]抽样. *zonal spherical harmonics* 球带调和. *zonal structure* 环带构造,带状组织[构造]. *zonal temperature* 纬圈温度.
zonal′ity *n.* 区分,分带,地带性.
zo′nary [ˈzounəri] *a.* 带(状)的,成带的.
zo′nate(d) [ˈzounit(id)] *a.* (有)环带的,有条[环]纹的.
zona′tion [zouˈneiʃən] *n.* 成[环]带(现象),分地带,分区(制).
zone [zoun] Ⅰ *n.* ① (地)带,(结晶的)晶带 ② 区域,(地)区,带,范围,存储区,(卡片顶部的)三行区,信息段 ③ 层,圈,环带. Ⅰ *v.* ① (将…)分成区,划分地区[带] ② 区域精炼 ③ (用带子)围绕. *active zone* (核反应堆)活性区,活动(作用)范围. *bearing zone* 定位范围,测向范围. *business zone* 商业区. *carburization zone* 碳化层. *cleaning zone* (轧件)清理工段. *closed security zone* 禁区,保密区. *cooling zone* 冷却区. *danger zone* 危险地带[地区]. *dead zone* (气流中)死区,死角地带,不灵敏区,静区,空穴. *dispersion zone* 散布区,散布椭圆. *eddy zone* 涡流区. *electrode zone* 电极区域. *fluxing zone* 助熔带. *forbidden zone* 禁区. *frigid zone* 寒带,冻结带. *frost zone* 冰冻区,冰冻地带. *hot zone* 高温带. *load influence zone* 荷载影响区域. *loading zone* 装卸区,站台,荷载区域. *melting zone* 熔区,熔化区. *oil zone* 含油带,油藏. *outlying zone* 外围地区. *pleistoseismic zone* 强震带. *pressure zone* 高压(压力,加压)区. *residence zone* 住宅区. *spherical zone* 球面带. *target zone* 目标地域. *temperate zone* 温带. *time zone* (等)时区. *tolerance zone* 公差范围. *torrid zone* 热带. *transition zone* 过渡区,缓和段. *water-bearing zone* 含水带[层]. *wave zone* 波带,波段. *zone axis* (晶)带轴(线). *zone bit* 标志[区段]位. *zone boundary* 区界. *zone center* 区长途电话局中心台,电话区域交换中心. *zone chart* 环带量板. *zone circle* (晶)带圈. *zone curve* 距离曲线. *zone leveling* 区域平均(法),逐区[区域]致匀. *zone of action* 作战地区. *zone of ambiguity* 不定区. *zone of fire* 射界. *zone of influence* 势力范围. *zone of preference for acceptance* [*rejection*] 合格[不合格]域. *zone of protection* 防护区域. *zone of reflections* 反射带. *zone of weakness* 弱点,弱带. *zone of welding current* 焊接电流调节范围. *zone plane* (晶)带(平)面. *zone plate* 波带(波流)片. *zone punch* 区段[顶部,三行区]穿孔. *zone purification*

zone-area method 分区面积法.
zone-bundle n. 晶带束.
zoned a. 分区的. zoned format 区位格式. zoned lens 分区透镜(天线). zoned decimal number format 区域式十进数格式.
zone-leveled a. 区域匀化的.
zone-leveler n. 区熔匀化(夷平)器.
zone-leveling n. 区熔匀化(夷平),区域致匀.
zone-melting n. ,a. (逐)区熔(融)化(的),区域制(融). floating zone-melting 悬浮区域熔炼. magnetic suspension zonemelting 磁悬区域熔炼. single-pass zone-melting 一次通过区域熔炼. temperature gradient zone-melting 温度陡度区熔.
zone-perturba'tion n. 区域扰动.
zone-plate n. 波带(域)片,同心圆绕射板.
zone-position indicator 分区位置指示器,辅助雷达.
zo'ner n. 区域提纯器.
zone-refine' v. 区域(区熔,逐区)提纯,区域(逐区)精炼.
zone-refi'ner n. 区熔精纯器.
zone-segrega'tion n. 熔区偏析.
zone-switching center 电话区域交换中心.
zone-trans'port n. (区域熔炼)熔区传输(输运).
zone-void n. (区域熔融)熔区空段. zone-void method (process)熔区空段法.
zo'ning n. ①分区(制,规则),区划,区域制(化),分地带,地带性 ②区域精炼,分区取样 ③透镜天线相位波前修整. Zoning Commission 城市规划委员会. zoning of primary halo 厚生晕的分带.
zonked a. (因麻醉而)失去知觉的.
zonolite n. 烧(金,锻水)蛭石.
zo'nule ['zounju:l] n. 小带,小环,小区域. zo'nular a.
zoo [zu:] n. 动物园.
zo(o)- [词头]动物(界,种类)游动的.
zoobenthos n. 底栖动物.
zoobiocenose n. 动物群系.
zoobiot'ic n. 动物寄生菌.
zoocenose n. 动物群落.
zoochore n. 动物传布(植物种子).
zoocoensis n. 动物群落.
zooecol'ogy n. 动物生态学.
zoogamete n. 游动配子.
zoog'amy n. 动物配子生殖,有性生殖.
zoogene n. 生物沉积环境.
zoogen'ic a. 动物(生成)的.
zoogeograph'ic(al) a. 动物地理学的. zoogeographical barrier 动物地理阻限.
zoogeog'raphy n. 动物地理学.
zoogloea n. 菌胶团,细菌凝集团.
zoogonidium n. 游动微生子,游动细胞.
zoog'raphy [zou'ɔgrəfi] n. 动物态.
zo'olite ['zouəlait] n. 动物化石.
zoolog'ical a. 动物学(上)的. ~ly ad.

zool'ogist n. 动物学家.
zool'ogy [zou'ɔlədʒi] n. 动物学.
zoom [zu:m] v.,n. ①图像(电子)放大 ②将电视摄像机(电影摄影机)迅速移向(离)目标,(快速)移镜头,推拉摄影,(快速)变焦距 ③(使飞机)陡直上升,(急)(跃)升飞行,攒升 ④激增,(连轧钢带时的)增速 ⑤(发)嗡嗡声(而动). zoom lens (可)变焦距(镜头). zoom shot 变焦距拍摄. zoom table 速查表. zoom type 可变(焦距)式,可调式. ▲zoom away 移离目标,拉变焦距镜头. zoom down 急降. zoom in 电视摄像机移向目标物,推变焦距镜头拍摄,移向. zoom out 移离,拉变焦距镜头拍摄. zoom to 陡然上升到,陡直地升到.
zoom'ar or zoom'er n. (电视)可变焦距透镜系统,可变焦距物镜.
zoom'finder n. 可变焦距摄像器.
zoom'ing n. (飞机利用)变焦摊升.
zoomor'phic a. 兽(动物)形的.
zoom'y a. 用可变焦距镜头拍摄的.
zoon'osis n. 人兽传染病,可传染人的兽病,动物病,寄生虫病.
zoop n. 调制噪声.
zoopar'asite n. 寄生动物.
zoophagous a. 食肉的,食动物的.
zoophoric column 兽形柱.
zo'ophyte n. 植物性动物,动物形植物,植形动物,植虫.
zooplank'ton n. 浮游动物.
zo'osphere n. 动藻孢子.
zoosporangiophore n. 游动孢子囊梗.
zoosporan'gium n. 游动孢子囊.
zo'ospore n. 游动孢子.
zoosporocyst n. 游动孢囊.
zoosterol n. 动物甾醇.
zootoxin n. 动物毒素.
zootaxy n. 动物分类学.
zootope n. 动物生境.
zootroph'ic a. 动物(式)营养的.
zoozygosphere n. 动接合子.
zores bar (beam) 波纹钢板,瓦垅铁.
Zorite n. 左利特耐热合金 (镍 35%,铬 15%,锰 1.75%,碳 0.5%,其余铁).
zp =zero power 零功率.
z-parameter n. (晶体管用)Z 参数.
ZPB =zinc primary battery 锌原电池(组).
ZPI =zone position indicator 分区位置指示器,区域位置显示器.
Z-pilling bar Z 字钢桩桩.
Z-pinch n. Z-箍缩,Z-收缩,Z 向箍缩效应.
Z-plane n. Z 平面.
ZPR =zero power reactor 零功率反应堆.
Z-profile wire Z 形剖面钢丝.
ZPT =zero power test 零功率试验.
Zr =zirconium 锆.
ZRE alloy ZRE 镁锌锆合金.
ZReg =zone registration 按区记录.
ZRP =zero radial play 零径向隙.
ZS =zero suppress 消零.
Z-section n. Z 形截面,Z(乙(字))形剖面.
Z-steel n. Z 形(字)钢.
Z-SUB 零减法指令.

ZT =zone time 区(域)时(间),地方时间.

Z-Time =Zebra time 格林尼治平时,世界时.

Z-truss n. Z 形桁架.

Z-twist n. Z 捻度,右捻.

Z-type piling bar Z字板桩.

zugunruhe n. 迁徙兴奋.

Zulu ['zu:lu:] n. 通讯中代表字母 Z 的词.

ZULU n. 格林尼治平均时.

Zungenbecken n. 盘谷,冰川舌状盆地.

z-variometer n. (地磁)Z-分量磁变计,竖直强度磁变计,垂直磁变记录仪.

zwischenferment n. 间酶;6-磷酸葡糖脱氢酶.

zwit'terion ['tsvitəraiən] n. 两性(阴阳)离子. ～ic a.

zyglo n. 荧光探伤(器). *zyglo inspection* 荧光探伤(透视)法.

Zygma projector 吉格玛投映机.

Zygnemataceae n. 双星藻科.

zygo- (词首)接合.

zygomema n. 合线.

zygomite n. 接合丝.

zygomor'phous a. 单调双称的.

zygomor'phy n. 左右对称.

zygophase n. 接合期,接合阶段.

zygophore n. 接合子梗.

zygo'sis n. 接合.

zy'gosperm n. 接合孢子.

zygosporangium n. 接合孢子囊.

zy'gospore n. 接合孢子.

zygosporophore n. 接合孢子柄.

zygotaxis n. 趋合子性.

zy'gote n. 接合子,受精卵.

zygot'ic a. (接)合子的.

zygotonu'cleus n. 合子核.

zygotropism n. 向合子性.

zy'lonite ['zailɔnait] n. 赛璐珞(的别名),(外科及牙科用)赛璐液.

zy'mase n. 酿(酒化)酶.

zy'mic a. 酵母的,酶的.

zy'min n. 胰提出物;酶制剂,致病酶.

zy'mine n. 胰酶制剂.

zymo- (词首)酶,发酵.

zymochem'istry n. 酶化学.

zymocyte n. 发酵体.

zymo-exciter n. 促酶素.

zymogen n. 酶原. ～ic 或～ous a.

zy'mogene n. 发酵菌.

zymogen'esis n. 酶生成作用.

zy'mogram n. 酶谱.

zymohexase n. 醛缩酶,醛醇缩合酶.

zymohexose n. 发酵己糖.

zymoid a. 类酶的.

zymolog'ical a. 发酵学的,酶学的.

zymol'ogy n. 酶学,发酵学.

zymol'ysis n. 发酵,酶解(作用). **zymolyt'ic** a.

zy'mophore n. 酶支持体,酶活性簇.

zymopro'tein n. 酶蛋白.

zymosan n. 酶母聚糖.

zymo(si)m'eter n. 发酵计,发酵检验器.

zymo'sis n. 酶作用,发酵,发酵病,传染病.

zymosterol n. 酵母甾醇.

zymotechnique' n. 发酵工艺,酿造术.

zymot'ic a. 发酵的,发酵病的,传染病的.

zy'murgy n. 酿造法(学).

附　录

附录1　希腊字母表

希腊字母	英　文　读　音		相当于英文字母
A α ∝*	alpha	[ˈælfə]	a
B β	beta	[ˈbiːtə, ˈbeitə]	b
Γ γ	gamma	[ˈgæmə]	g
Δ δ ∂*	delta	[ˈdeltə]	d
E ε	epsilon	[ˈepsilən, epˈsailən]	e
Z ζ	zeta	[ˈziːtə]	z
H η	eta	[ˈiːtə, ˈeitə]	ē
Θ θ ϑ*	theta	[ˈθiːtə]	th
I ι	iota	[aiˈoutə]	i
K κ	kappa	[ˈkæpə]	k
Λ λ	lambda	[ˈlæmdə]	l
M μ	mu	[mjuː]	m
N ν	nu	[njuː]	n
Ξ ξ	xi	[ksai, gzai, zai]	x (ks)
O o	omicron	[ouˈmaikrən]	o
Π π	pi	[pai]	p
P ρ	rho	[rou]	r
Σ σ s**	sigma	[ˈsigmə]	s
T τ	tau	[tau]	t
Υ υ	upsilon	[ˈjuːpsilən, juːpˈsailən]	u
Φ φ φ*	phi	[fai]	ph
X χ	chi	[kai]	kh
Ψ ψ	psi	[psiː]	ps
Ω ω	omega	[ˈoumigə, ouˈmiːgə]	ō

注：* 老体字母；** 字尾字母。

附录 2 英美拼写法对照表

英	美	英	美
-ae-	-e-	haemoglobin 血红蛋白	hemoglobin
-gg-	-g-	waggon（铁路）货车	wagon
-gue	-g	catalogue 目录	catalog
-ize （或-ise）	-ize	mechanise 机械化	mechanize
		oxidiser 氧化剂	oxidizer
-ll-	-l-	travelling 旅行	traveling
-l- （或-ll-）	-ll-	enrol 登记,编入	enroll
		instil 滴（注）入	instill
-l-	-ll-	fulfil 履行	fulfill
		skilful 熟练的	skillful
-mme	-m	gramme 克	gram
-our	-or	colour 颜色	color
-ph	-f-	sulphur 硫磺	sulfur
-pp-	-p-	worshipping 崇敬	worshiping
-que	-ck	cheque 支票	check
-re	-er	centre 中心	center
		metre 米,公尺	meter （但在 c 后仍用-re,如 acre 英亩）
-tt-	-t-	carburetter 增碳器,化油器	carbureter
-x-	-ct-	connexion 连结	connection
e 的省略		axe 斧	ax
其	他	draught 牵引	draft
		plough 犁	plow

附录3 常用的一些词尾

词尾	意义	词例
I 名词词尾		
-age	表示抽象概念,如性质、状态、行为等	voltage 电压
-al		removal 除去
-ance(-ence)		resistance 电阻,difference 差别
-ancy(-ency)		brilliancy 亮度,efficiency 效率
-cy		accuracy 精确性
-dom		freedom 自由
-hood		likelihood 可能性
-ic(-ics)		logic 逻辑学,physics 物理学
-ing		reading 读数
-ion (-tion,-sion,-xion)		action 作用,expansion 膨胀,connexion 连接
-ism		communism 共产主义
-ment		movement 运动
-ness		hardness 硬度
-ship		relationship 关系
-th		growth 生长
-ty(-ity)		certainty 肯定,probability 概率
-ure		mixture 混合物
-y		factory 工厂
-er	表示人或物	worker 工人,computer 计算机
-or	表示人或物	director 指导者,tractor 拖拉机
-ist	表示人	Marxist 马克思主义者
II 形容词词尾		
-able(-ible)	表示可能性	movable 可移动的,visible 看得见的
-al	表示"…的"	national 国家的
-ant(-ent)		important 重要的,dependent 从属的
-ar(-ary)		circular 圆形的,secondary 次的
-ed		aged 老化(了)的,large-sized 大尺寸的
-en	表示"制〔质〕的"	golden 金(色)的

词尾	意义	词例
-ful	表示"充满"	useful 有用的
-ic(-ical)	表示"属于"	atomic 原子的, physical 物理的
-ish	表示"稍微有点"	reddish 稍带红色的
-ive	表示性状	active 活泼的
-less	表示否定	useless 无用的
-like	表示相似	glass-like 玻璃似的
-ly		friendly 友好的
-ory	表示性状	refractory 难熔的
-ous		various 各种的, numerous 许多的
-y		woody 木质的, handy 灵便的
Ⅲ 副词词尾		
-ly	表示方式、程度	automatically 自动地, extremely 极度地
-ward(s)	表示方向	backward(s) 向后
-wise	表示方向、样子	clockwise 顺时针方向, likewise 同样地
Ⅳ 动词词尾		
-en	表示"使…"	broaden 加宽, harden 硬化
-fy		amplify 放大, verify 证实
-ize(-ise)		oxidize 氧化
Ⅴ 几个常见的构词成分和后缀		
-fold	…倍的,成…倍地	three-fold 三倍的,成三倍地
-free	无…的,免…的,不…的	oil-free 无〔不含〕油的, rust-free 无〔不〕锈的
-gram	表示记录下的东西	spectrogram (光)谱图
-graph	表示记录工具或结果	autograph 自动记录仪,手稿
		spectrograph 摄谱仪
-graphy	表示根据记录图像来研究的方法和学术	spectrography 摄谱学〔法〕
-meter	表示计量仪表	spectrometer 分光计〔仪〕
-metry	表示计量方法或技术	spectrometry 度谱术,能谱测定法
-ology	…学(科)	geology 地质学
-proof	防〔不怕〕…的	water-proof 防水的,不透水的
-scope	表示观测仪器	spectroscope 分光镜〔仪〕
-scopy	表示观测方法或学术	spectroscopy 光〔能,波〕谱学
-tight	不透…的	air-tight 不透气的,气密的
-tron	表示(电子)管、仪器、装置	plasmatron 等离子管,等离子流发生器,等离子电焊机

附录 4   常用数学符号及一些数学式的读法

$\dfrac{1}{2}$	a half 或 one half
$\dfrac{1}{3}$	a third 或 one third
$\dfrac{2}{3}$	two thirds
$\dfrac{1}{4}$	a quarter 或 one quarter; a fourth 或 one fourth
$\dfrac{1}{10}$	a tenth 或 one tenth
$\dfrac{1}{100}$	a [one] hundredth
$\dfrac{1}{1000}$	a [one] thousandth
$\dfrac{1}{1234}$	one over a thousand two hundred and thirtyfour
$\dfrac{3}{4}$	three fourths 或 three quarters
$\dfrac{4}{5}$	four fifths 或 four over five
$\dfrac{113}{300}$	one hundred and thirteen over three hundred
$2\dfrac{1}{2}$	two and a half
$2\dfrac{7}{8}$	two and seven over eight 或 two and seven eighths
$3\dfrac{1}{8}$	three and one eighth
$4\dfrac{1}{3}$	four and a third
$125\dfrac{3}{4}$	a [one] hundred twenty-five and three fourths [quarters]

0.1(及.1)	O point one 或 zero point one 或 nought point one
0.01(及.01)	O point O one 或 zero point zero one 或 nought point nought one
0.25(及.25)	nought point two five 或 point two five
0.045	decimal [point] nought four five
2.35	two point three five
4.$\dot{9}$	four point nine recurring
3.0$\dot{3}$2$\dot{6}$	three point nought three two six, two six recurring
45.67	four five [forty-five] point six seven
38.72	three eight point seven two 或 thirty-eight decimal seven two
0.001(及.001)	O point O O one 或 nought point nought nought one 或 zero point zero zero one 或 point nought nought one
+	plus; positive
−	minus; negative
±	plus or minus
∓	minus or plus
×(及·)	multiplied by; times
÷(及/)	divided by
=	is equal to; equals
≡	is identically equal to
≈(及≅;≐;≒)	is approximately equal to; approximately equals
≡	identical with
=或≠	not equal to
→或≒	approaches
<	less than
>	greater than
≪	much less than
≫	much greater than
≤	equal to or less than
≥	equal to or greater than
( )	round brackets; parentheses
[ ]	square brackets
〔 〕	angular brackets

{ }	braces
∩	intersection
∪	union
∈	is member of set
⊂	is a subset of
∼	similar to
~	difference
*	denotes an operation
⇔	is equivalent to
⇒	implies
{ } 或 ∅	empty set
→	maps into
∴	therefore
∵	because
:	ratio sign, divided by, is to
::	equals, as (proportion)
∝	varies as
∞	infinity
$\sqrt{}$	square root of
$\sqrt[3]{}$	cube root of
∥	parallel to
°	degrees
′	minutes
″	seconds
∠	angle
$\overline{AB}$	length of line from **A** to **B**
A×**B**	vector product of **A** and **B**; magnitude of **A** times magnitude of **B** times sine of the angle from **A** to **B**; $AB \sin \overline{AB}$
A·**B**	scalar product of **A** and **B**; magnitude of **A** times magnitude of **B** times cosine of the angle from **A** to **B**; $AB \cos \overline{AB}$
i 或 j	imaginary 或 square root of -1
ω 或 ω^2	the imaginary cube roots of 1
π	pi; the ratio of the circumference of a circle to its diameter, approx. 3.14159

e 或 ε	① the base of natural logarithms, approx. 2.71828 ② the eccentricity of a conic section
$x!$ 或 $\underline{x}$	factorial x
$\log_n x$	$\log x$ to the base n
$\log_{10} x$	$\log x$ to the base 10 (即 common logarithm)
$\log_e x$ 或 $\ln x$	$\log x$ to the base e (即 natural logarithm 或 Naperian logarithm)
M	modulus of common logarithms $\log_{10} e = 0.4343$, $(\log_{10} x = \log_e x \times 0.4343)$
M^{-1}	$\log_e 10 = 2.3026$, $(\log_e x = \log_{10} x \times 2.3026)$
x^n	$x \cdot x \cdot x \cdots$ to n factors; the nth power of x, x to the power n
$x^{\frac{1}{n}}$ 或 $\sqrt[n]{x}$	the nth root of x, x to the power one over n
$x \to a$	x approaches the limit a
θ	(the angle between the radius vector and the polar axis) the angle theta
$\sin^{-1} x$	(the principal value of the angle whose sine is x) arc sine of x
sinh	sinus hyperbolicus, the hyperbolic sine
Σ	the sum of the terms indicated; summation of; sigma
Π	the product of the terms indicated
$\|x\|$	the absolute value of x
$\bar{x}$	the mean value of x; x bar
b'	b prime
b''	b double prime; b second prime
b'''	b triple prime
b_1	b sub one
b_2	b sub two
b_m	b sub m
$\dot{x}$	x dot, first derivative of x with respect to time
$\ddot{x}$	x two dots, second derivative of x with respect to time
$\exp x$	$= e^x$ (e = naperian log base) (abbreviation for e^x)
b''_m	b double prime sub m
f 或 F	function
$f(x); F(x); \emptyset(x)\cdots$	function f (或 $\emptyset$) of x
$y = f(x)$	y is a function of x
Δ	(finite difference 或 increment) delta
Δx 或 δx	(the increment of x) delta x
dx	(an increment of x considered as tending to zero) dee of x; dee x; differential of x
$\dfrac{dy}{dx}$ 或 $D_x y$	the differential coefficient of y with respect to x; the first derivative of y with respect to x
$\dfrac{d^2 y}{dx^2}$	the second derivative of y with respect to x
$\dfrac{d^n y}{dx^n}$	the nth derivative of y with respect to x
$\dfrac{\partial y}{\partial u}$	the partial derivative of y with respect to u, u where y is a function of u and another variable (or

$F'(x)$	variables) the first derivative of function F of x with respect to x
∇	$i\dfrac{\partial}{\partial x} + j\dfrac{\partial}{\partial y} + k\dfrac{\partial}{\partial z}$; del; nabla; vector differential operator
∇^n	nth del (nabla)
∇^2	Laplacian operator
$\pounds$	Laplace operational symbol
$4!$	factorial $4 = 1 \times 2 \times 3 \times 4$
$\oint$	line integral around a closed path
$\int$	integral
$\int_a^b$	integral between limits a and b
$\vec{F}$	vector F
$x + y$	x plus y
$(a + b)$	bracket a plus b bracket closed
$a = b$	a equals b ; a is equal to b ; a is b
$a \neq b$	a is not equal to b; a is not b
$a \pm b$	a plus or minus b
$a \approx b$	a is approximately equal to b
$a > b$	a is greater than b
$a \gg b$	a is much [far] greater than b
$a \geqslant b$	a is greater than or equal to b
$a \not> b$	a is not greater than b
$a < b$	a is less than b
$a \ll b$	a is much less than b
$a \leq b$	a is less than or equal to b
$a \not< b$	a is not less than b
$a \perp b$	a is perpendicular to b
$x = \infty$	x approaches infinity
$a \equiv b$	a is identically equal to b ; a is of identity to b
$\angle a$	angle a
$a \parallel b$	a is parallel to b
$a \sim b$	the difference between a and b
$a \propto b$	a varies directly as b
$1 \times 1 = 1$	once one is one
$2 \times 2 = 4$	twice two is four
$6 \times 5 = 30$	six times [multiplied by] five equals [is equal to; are; makes; make] thirty
$30 = 6 \times 5$	thirty is five times as large as six
$s = vt$	s equals [is equal to] v multiplied by t; s equals v times t
$1 : 2$	the ratio of one to two
$12 \div 3 = 4$	12 divided by 3 equals [is] 4
$20 : 5 = 16 : 4$	the radio of 20 to 5 equals the ratio of 16 to 4; 20 is to 5 as 16 is to 4
$a : b :: c : d$	a is to b as c is to d
$a + b = c$	a plus b is [are; equals; is equal to] c

$c - b = a$	c minus b is [equals; is equal to] a; b from c leaves a
$v = \dfrac{s}{t}$	v equals s divided by t; v is s over t
$7+3<12$	7 plus 3 is less than 12
$12>7+3$	12 is greater than 7 plus 3
$72-16=56$	72 minus 16 is [equals; is equal to] 56; 16 from 72 leaves 56
x^2	x square; x squared; the square of x; the second power of x; x to the second power
$5^2 = 25$	the second power of 5 is 25; 5 square is 25; the square of 5 is 25; 5 to the second power is equal to 25
y^3	y cube; y cubed; the cube of y; y to the third power; y to the third
y^{-10}	y to the minus tenth (power)
$\sqrt{4} = \pm 2$	the square root of 4 is [equals] plus or minus 2
$\sqrt[3]{a}$	the cube root of a
$\sqrt[5]{x^2}$	the fifth root of x square
$\sqrt{518}$	the square root of five hundred and eighteen
$\sqrt[3]{930}$	the cubic root of nine hundred and thirty
$3x = 5$	three times x equals 5
$\dfrac{x^3}{5} = y^2$	x raised to the third power divided by five equals y squared
$x^2 + y^2 = 10$	x squared with y squared equals 10
$a = \dfrac{V_t - V}{t}$	a equals V sub t minus V over [divided by] t
$(a + b - c \times d) \div e = f$	a plus b minus c multiplied by d, all divided by e equals f
$(8 + 6\tfrac{5}{8} - 3.88 \times 4) \div 2\tfrac{1}{2}$	eight plus six and five-eighths minus three decimal [point] eight eight multiplied by four, all divided by two and a half
$4567 \div 23 = 198 余 13$	23 into 4567 goes 198 times, and 13 remainder
$45+70+152=267$	45, 70 and 152 added together are 267
%	per cent
2%	two per cent
‰	per mille
5‰	five per mille
$\dfrac{3}{8}\%$	three eighths (of one) per cent
0.3%	point three per cent
$\dfrac{1}{2}$ ton	half a ton

$\dfrac{2}{3}$ ton	two thirds of a ton
$\dfrac{3}{4}$ km	three quarters of a kilometer
1.75 km	one point seven five kilometers
60 mi/hr	sixty miles per hour
20°	twenty degrees
6′	①6 minutes ②6 feet
10″	①10 seconds ②10 inches
0℃	zero degree Centigrade [Celsius]
100℃	one [a] hundred degrees Centigrade
32°F	thirty-two degrees Fahrenheit

Mathematical notation

Mathematical logic.

$p, q, P(x)$	Sentences, propositional functions, propositions
$-p, \sim p, \text{non } p, Np$	Negation, read "not p" ($\neq$: read "not equal")
$p \vee q, p+q, Apq$	Disjunction, read "p or q," "p, q," or both
$p \wedge q, p \cdot q, p\&q, Kpq$	Conjunction, read "p and q"
$p \rightarrow q, p \supset q, p \Rightarrow q, Cpq$	Implication, read "p implies q" or "if p then q"
$p \leftrightarrow q, p \equiv q, p \Leftrightarrow q, Epq, p$ iff q	Equivalence, read "p is equivalent to q" or "p if and only if q"
n. a. s. c.	Read "necessary and sufficient condition"
$(\,), [\,], \{\,\}, \ldots, \cdot\cdot$	Parentheses
$\forall, \bigvee, \Sigma$	Universal quantifier, read "for all" or "for every"
$\exists, \bigvee\!\!\!\!\!\exists, \Pi$	Existential quantifier, read "there is a" or "there exists"
$\vdash$	Assertion sign ($p \vdash q$: read "q follows from p"; $\vdash p$: read "p is or follows from an axiom," or "p is a tautology"
0, 1	Truth, falsity (values)
$=$	Identity
$\text{Df}, \text{df}, =, \equiv$	Definitional identity
$\underset{\text{df}}{=}$	
▮	"End of proof"; "QED"

Set theory, relations, functions

X, Y	Sets
$x \in X$	x is a member of the set X
$x \notin X$	x is not a member of X
$A \subset X, A \subseteq X$	Set A is contained in set X
$A \not\subset X, A \subseteq X$	A is not contained in X
$X \cup Y, X + Y$	Union of sets X and Y
$X \cap Y, X \cdot Y$	Intersection of sets X and Y
$\dotplus, \dotplus, \bigcirc$	Symmetric difference of sets
$\bigcup X_i, \Sigma X_i$	Union of all the sets X_i
$\bigcap X_i, \Pi X_i$	Intersection of all the sets X_i
$\emptyset, 0, \Lambda$	Null set, empty set

X', CX, $\mathcal{C}X$	Complement of the set X
$X-Y$, $X\setminus Y$	Difference of sets X and Y
$\hat{x}(P(x))$, $\{x\mid P(x)\}$, $\{x:P(x)\}$	The set of all x with the property P
(x,y,z), $\langle x,y,z\rangle$	Ordered set of elements x,y, and z; to be distinguished from (x,y,z), for example
$\{x,y,z\}$	Unordered set, the set whose elements are x,y,z, and no others
$\{a_1,a_2,\cdots,a_n\}$, $\{a_i\}_{i=1,2,\cdots,n}$, $\{a_i\}_{i=1}^{n}$	The set whose members are a_i, where i is any whole number from 1 to n
$\{a_1,a_2,\cdots\}$, $\{a_i\}_{i=1,2,\cdots}$, $\{a_i\}_{i=1}^{\infty}$	The set whose members are a_i, where i is any positive whole number
$X\times Y$	Cartesian product, set of all (x,y) such that $x\in X$, $y\in Y$
$\{a_i\}_{i\in I}$	The set whose elements are a_i, where $i\in I$
xRy, $R\{x,y\}$	Relation
$\equiv$, $\cong$, $\sim$, $\simeq$	Equivalence relations, for example, congruence
$\geq$, $\geqq$, $>$, $\succ$, $\gg$, $\leq$, $\leqq$, $<$	Transitive relations, for example, numerical order
$f:X\to Y$, $X\overset{f}{\to}Y$, $X\to Y$, $f\in Y^X$	Function, mapping, transformation
f^{-1}, $\overset{-1}{f}$, $X\overset{f^{-1}}{\leftarrow}Y$	Inverse mapping
$g\circ f$	Composite functions: $(g\circ f)(x)=g(f(x))$
$f(X)$	Image of X by f
$f^{-1}(X)$	Inverse-image set, counter image
1-1, one-one	Read "one-to-one correspondence"
$\begin{array}{ccc}x&\overset{f}{\to}&y\\ \phi\downarrow&&\downarrow\varphi\\ W&\overset{g}{\to}&Z\end{array}$	Diagram: the diagram is commutative in case $\psi\circ f=g\phi$
$f\mid A$	Partial mapping, restriction of function f to set A
X, card X, $\mid X\mid$	Cardinal of the set A
, d	Denumerable infinity
c, $\mathfrak{c}$, 2	Power of continuum
ω	Order type of the set of positive integers
σ-	Read "countably"

Number, numerical functions

1.4; 1,4; 1.4	Read "one and four-tenths"
1(1)20(10)100	Read "from 1 to 20 in intervals of 1, and from 20 to 100 in intervals of 10"
const	Constant
$A\geqq 0$	The number A is nonnegative, or, the matrix A is positive definite, or, the matrix A has nonnegative entries
$x\mid y$	Read " x divides y "
$x\equiv y\bmod p$	Read " x congruent to y modulo p "
$a_0+\dfrac{1}{a_1}+\dfrac{1}{a_2}+\cdots$, $a_0+\dfrac{1}{a_1}+\cdots$	Continued fractions

$[a,b]$	Closed interval
$[a,b), [a,b[$	Half-open interval (open at the right)
$(a,b),]a,b[$	Open interval
$[a,\infty), [a,\rightarrow[$	Interval closed at the left, infinite to the right
$(-\infty,\infty),]\leftarrow,\rightarrow[$	Set of all real numbers
$\max_{x \in X} f(x), \max\{f(x) \mid x \in X\}$	Maximum of $f(x)$ when x is in the set X
min	Minimum
sup; l. u. b.	Supremum, least upper bound
inf, g. l. b.	Infimum, greatest lower bound
$\lim_{x \to a} f(x) = b$, $\lim_{x=a} f(x) = b$, $f(x) \to b$ as $x \to a$	b is the limit of $f(x)$ as x approaches a
$\lim_{x \to a-} f(x), \lim_{x=a-} 0 f(x), f(a-)$	Limit of $f(x)$ as x approaches a from the left
lim sup, $\overline{\lim}$	Limit superior
lim inf, $\underline{\lim}$	Limit inferior
l. i. m.	Limit in the mean
$\bar{z} = x + iy = re^{i\theta}$, $\zeta = \xi + i\eta$, $w = u + iv = \rho e^{i\varphi}$	Complex variables
z, z^*	Complex conjugate
Re, $\Re$	Real part
Im, $\Im$	Imaginary part
arg	Argument
$\dfrac{\partial(u,v)}{\partial(x,y)}, \dfrac{D(u,v)}{D(x,y)}$	Jacobian, functional determinant
$\int_E f(x) d\mu(x)$	Integral (for example, Lebesgue integral) of function f over set E with respect to measure μ
$f(n) \sim \log n$ as $n \to \infty$	$f(n)/\log n$ approaches 1 as $n \to \infty$
$f(n) = O(\log n)$ as $n \to \infty$	$f(n)/\log n$ is bounded as $n \to \infty$
$f(n) = o(\log n)$	$f(n)/\log n$ approaches zero
$f(x) \nearrow b, f(x) \uparrow b$	$f(x)$ increases, approaching the limit b
$f(x) \downarrow b, f(x) \searrow b$	$f(x)$ decreases, approaching the limit b
a. e., p. p.	Almost everywhere
ess sup	Essential supremum
$C^0, C^0(X), C(X)$	Space of continuous functions
$C^k, C^k[a,b]$	The class of functions having continuous kth derivative (on $[a,b]$)
C'	Same as C^1
$\text{Lip}^\alpha, \text{Lip}\alpha$	Lipschitz class of functions
$L^p, L_p, L^p[a,b]$	Space of functions having integrable absolute pth power (on $[a,b]$)
L'	Same as L^1
$(C, \alpha), (C, p)$	Cesàro summability

Special functions

$[x]$	The integral part of x
$\binom{n}{k}, {}^nC_k, {}_nC_k$	Binomial coefficient $n!/k!(n-k)!$
$\left(\dfrac{n}{p}\right)$	Legendre symbol
$e^x, \exp x$	Exponential function
$\sinh x, \cosh x, \tanh x$	Hyperbolic functions

sn$x$, cn$x$, dn$x$	Jacobi elliptic functions
$\wp(x)$	Weierstrass elliptic function
$\Gamma(x)$	Gamma function
$J_\nu(x)$	Bessel function
$X_x(x)$	Characteristic function of the set $X: \chi_x(x)=1$ in case x $\in$ X, otherwise $\chi_x(x)=0$
sgn x	Signum: sgn $0=0$, while sgn $x = x/|x|$ for $x \neq 0$
$\delta(x)$	Dirac delta function

Algebra, tensors, operators

$+, \cdot, \times, o, T, \tau$	Laws of composition in algebraic systems
e, 0	Identity, unit, neutral element (of an additive system)
e, 1, I	Identity, unit, neutral element (of a general algebraic system)
e, e, E, P	Idempotent
a^{-1}	Inverse of a
Hom (M, N)	Group of all homomorphisms of M into N
G/H	Factor group, group of cosets
$[K:k]$	Dimension of K over k
$\oplus, +$	Direct sum
$\otimes$	Tensor product, Kronecker product
$\wedge$	Exterior product, Grassmann product
$\vec{x}, x, r, \mathfrak{x}$	Vector
$\vec{x} \cdot \vec{y}, x \cdot y, (\mathfrak{x}, \mathfrak{y})$	Inner product, scalar product, dot product
$x \times y, [\mathfrak{x}, \mathfrak{y}], x \wedge y$	Outer product, vector product, cross product
$|x|, |x|, \|x\|, \|x\|_p$	Norm of the vector x
Ax, xA	The image of x under the transformation A
δ_{ij}	Kronecker delta: $\delta_{ii}=1$, while $\delta_{ij}=0$ for $i \neq j$
$A', {}^tA, A^t, {}^tA$	Transpose of the matrix A
$A^*, \bar{A}$	Adjoint, Hermitian conjugate of A
tr A, SpA	Trace of the matrix A
det A, $|A|$	Determinant of the matrix A
$\Delta^n f(x), \Delta_n f, \Delta_h^n f(x)$	Finite differences
$[x_0, x_1], [x_0, x_1, x_2], \Delta u_{x_0} \atop x_1, [x_0, x_i]_f$	Divided differences
∇f, grad f	Read "gradient of f"
$\nabla \cdot \mathbf{v}$, div v	Read "divergence of v"
$\nabla \times \mathbf{V}$, curl v, rot v	Read "curl of v"
∇^2, Δ, div grad	Laplacian
$[X, Y]$	Poisson bracket, or commutator, or Lie product
GL (n, R)	Full linear group of degree n over field R
O (n, R)	Full orthogonal group
SO (n, R), $O^+(n, R)$	Special orthogonal group

Topology

E^n	Euclidean n space
S^n	n sphere

$\rho(p,q), d(p,q)$	Metric, distance (between points p and q)
$\overline{X}, X^-, \text{cl} X, X^c$	Closure of the set X
$\text{Fr} X, \text{fr} X, \partial X, \text{bdry } X$	Frontier, boundary of X
int X, X	Interior of X
T_2 space	Hausdorff space
F_σ	Union of countably many closed sets
G_δ	Intersection of countably many open sets
dim X	Dimensionality, dimension of X
$\pi_1(X)$	Fundamental group of the space X
$\pi_n(X), \pi_n(X,A)$	Homotopy groups
$H_n(X), H_n(X,A;G), H_*(X)$	Homology groups
$H^n(X), H^n(X,A;G), H^*(X)$	Cohomology groups

Probability and statistics

X, Y	Random variables
$P(X \leq 2), Pr\{X \leq 2\}$	Probability that $X \leq 2$
$P(X \leq 2 \mid Y \geq 1)$	Conditional probability
$E(X), \mathscr{E}(X)$	Expectation of X
$E(X \mid Y) \geq 1$	Conditional expectation
c. d. f.	Cumulative distribution function
p. d. f.	Probability density function
c. f.	Characteristic function
$\bar{x}$	Mean (especially, sample mean)
σ, s. d.	Standard deviation
σ^2, Var, var	Variance
$\mu_1, \mu_2, \mu_3, \mu_i, \mu_{ij}$	Moments of a distribution
ρ	Coefficient of correlation
$\rho_{12 \cdot 34}$	Partial correlation coefficient

附录5 国际单位制中用以表示十进制倍数的词头及符号

I 词头及符号

词头	符号	中文名	数值	词头	符号	中文名	数值
tera	T	太(拉)	10^{12}	centi	c	厘	10^{-2}
giga	G	吉(咖)	10^{9}	milli	m	毫	10^{-3}
mega	M	兆	10^{6}	micro	μ	微	10^{-6}
kilo	k	千	10^{3}	nano	n	纳(诺)	10^{-9}
hecto	h	百	10^{2}	pico	p	皮(可)	10^{-12}
deca (deka)	da	十	10	femto	f	飞(母托)	10^{-15}
deci	d	分	10^{-1}	atto	a	阿(托)	10^{-18}

II 举例(以 metre 米为例)

```
1 Terametre         太米        =1 Tm  =   1,000,000,000,000 m = 10^12  metres
1 Gigametre         吉米        =1 Gm  =       1,000,000,000 m = 10^9   ″
1 Megametre         兆米〔百万米〕=1 Mm  =           1,000,000 m = 10^6   ″
1 Hectokilometre    十万米      =1 hkm =             100,000 m = 10^5   ″
1 Myriametre        万米        =1 mam =              10,000 m = 10^4   ″
1 Kilometre         千米〔公里〕 =1 km  =               1,000 m = 10^3   ″
1 Hectometre        百米        =1 hm  =                 100 m = 10^2   ″
1 Decametre         十米        =1 dam =                  10 m = 10     ″
1 Metre             米          =1 m   =                   1 m = 1      metre
1 Decimetre         分米        =1 dm  =                1/10 m = 10^-1  ″
1 Centimetre        厘米        =1 cm  =              1/100 m = 10^-2   ″
1 Millimetre        毫米        =1 mm  =             1/1,000 m = 10^-3  ″
1 Decimillimetre    丝米        =1 dmm =            1/10,000 m = 10^-4  ″
1 Centimillimetre   忽米        =1 cmm =           1/100,000 m = 10^-5  ″
1 Micrometre        微米        =1 μm  =         1/1,000,000 m = 10^-6  ″
1 Nanometre         纳米        =1 nm  =     1/1,000,000,000 m = 10^-9  ″
1 Picometre         皮米        =1 pm  = 1/1,000,000,000,000 m = 10^-12 ″
   1 micron            微米   =1 μ  = 10^-6  m = 10^-4 cm = 10^-3 mm
   1 millimicron       纳米   =1 mμ = 10^-9  m = 10^-7 cm = 10^-6 mm = 10^-3 μ
   1 Ångstrom unit     埃     =1 Å  = 10^-10 m = 10^-8 cm = 10^-7 mm = 1/10 mμ
```

Ⅲ 英美大数命名异同

数名	美	英	数名	美	英
million	10^6	10^6	duodecillion	10^{39}	10^{72}
billion	10^9	10^{12}	tredecillion	10^{42}	10^{78}
trillion	10^{12}	10^{18}	quattuordecillion	10^{45}	10^{84}
quadrillion	10^{15}	10^{24}	quindecillion	10^{48}	10^{90}
quintillion	10^{18}	10^{30}	sexdecillion	10^{51}	10^{96}
sextillion	10^{21}	10^{36}	septendecillion	10^{54}	10^{102}
septillion	10^{24}	10^{42}	octodecillion	10^{57}	10^{108}
octillion	10^{27}	10^{48}	novemdecillion	10^{60}	10^{114}
nonillion	10^{30}	10^{54}	vigintillion	10^{63}	10^{120}
decillion	10^{33}	10^{60}	centillion	10^{303}	10^{600}
undecillion	10^{36}	10^{66}			

附录6 外贸方面的一些名词

I 世界货币

Country/Region 国家/地区	Unit and Abbreviation 货币单位和缩写	Subdivision 辅币及进位
Afghanistan 阿富汗	Afghani (Af) 阿富汗尼	1Af＝100 Puls（普尔）
Albania 阿尔巴尼亚	Lek 列克	1 Lek＝100 Quintar（昆塔）
Algeria 阿尔及利亚	Algerian Dinar (DA) 阿尔及利亚第纳尔	1 DA＝100 Centimes（分）
Andorra 安道尔	French Franc (FF), Spanish Peseta (Ptas) 法国法郎和西班牙比塞塔	1 FF＝100 Centimes（分） 1 Ptas＝100 Centmos（分）
Angola 安哥拉	Angolan Kwanza(Kw) 安哥拉宽扎	1 Kw＝100 Lwei（勒韦）
Antigua and Barbuda 安提瓜和巴布达	East Caribbean Dollar (EC＄)东加勒比元	1 EC＄＝100 Cents（分）
Argentina 阿根廷	Argentine Peso(＄a) 阿根廷比索	1＄a＝100 Centavos（分）
Australia 澳大利亚	Australian Dollar(＄A) 澳大利亚元	1＄A＝100 Cents（分）
Austria 奥地利	Austrian Schilling (S) 奥地利先令	1 S＝100 Groschen（格罗申）
Bahamas 巴哈马	Bahamian Dollar(B＄) 巴哈马元	1 B＄＝100 Cents（分）
Bahrain 巴林	Bahrain Dinar (BD) 巴林第纳尔	1 BD＝1,000 Fils（费尔）
Bangladesh 孟加拉	Taka (Tk) 塔卡	1 Tk＝100Paise（派士）
Barbados 巴巴多斯	Barbadian Dollar(BD＄) 巴巴多斯元	1 BD＄＝100 Cents（分）
Belgium 比利时	Belgian Franc (BF) 比利时法郎	1 BF＝100 Centimes（分）
Belize 伯利兹	Belizean Dollar (B＄) 伯利兹元	1 B＄＝100 Cents（分）
Benin 贝宁	Franc de la Communauté Financière Africaine (CFAF) 非洲金融共同体法郎	1 CFAF＝100 Centimes（分）
Bermuda 百慕大	Bermuda Dollar (Bda＄) 百慕大元	1 Bda＄＝100 Cents（分）
Bhutan 不丹	Ngultrum (Nu) 努尔特鲁姆	1 Nu＝100 Chetrum（切特鲁姆）
Bolivia 玻利维亚	Bolivian Peso(＄b) 玻利维亚比索	1＄b＝100 Centavos（分）
Botswana 博茨瓦纳	Pula (P) 普拉	1 P＝100 Thebe（分）

Country/Region 国家/地区	Unit and Abbreviation 货币单位和缩写	Subdivision 辅币及进位
Brazil 巴西	Cruzeiro(Cr $) 克鲁赛罗	1 Cr $ = 100 Centavos(分)
Brunei 文莱	Brunei Dollar (BR $) 文莱元	1 RB $ = 100 Cents(分)
Bulgaria 保加利亚	Lev 列弗	1 Lev = 100 stotinki(斯托丁基)
Burma 缅甸	Kyat (K) 缅元	1 K = 100 Pyas(分)
Burundi 布隆迪	Burundi Franc (FBu) 布隆迪法郎	1 FBu = 100 Centimes (分)
Cameroon 喀麦隆	Franc de la Co-opération Financière en AfiqueCentrale (CFAF) 中非金融合作法郎	1 CFAF = 100 Centimes(分)
Canada 加拿大	Canadian Dollar (Can $) 加拿大元	1 Can $ = 100 Cents(分)
Cape Verde 佛得角	Cape Verde escuda (CVEsc) 佛得角埃斯库多	1 CVEsc = 100 Centavos(分)
Central African Republic 中非共和国	Franc de la Co-opération Financière en Afrique Centrale (CFAF) 中非金融合作法郎	1 CFAF = 100 Centimes(分)
Chad 乍得	Franc de la Co-opération Financière en AfriqueCentrale (CFAF) 中非金融合作法郎	1 CFAF = 100 Centimes(分)
Chile 智利	Chilean Peso(Ch $) 智利比索	1Ch $ = 100 Centesimes(分)
China 中国	Renminbi Yuan(RMB¥) 人民币元	1 RMB¥ = 10 Jiao(角) = 100 Fen(分)
Colombia 哥伦比亚	Colombian Peso(Col $) 哥伦比亚比索	1 Col $ = 100 Centavos(分)
Comoro 科摩罗	Franc de la Communauté Financière Africaine(CFAF) 非洲金融共同体法郎	1 CFAF = 100 Centimes (分)
Congo 刚果	Franc de la Co-opération Financière en Afrique Centrale (CFAF) 中非金融合作法郎	1 CFAF = 100 Centimes (分)
Costa Rica 哥斯达黎加	Costa Rican Colon(c) 哥斯达黎加科朗	1c = 100 Centimos(分)
Cuba 古巴	Cuban Peso(Cub $) 古巴比索	1 Cub $ = 100 Centavos(分)
Cyprus 塞浦路斯	Cyprus Pound(£C) 塞浦路斯镑	1£C = 1,000 Mils (米尔)
Czechoslovakia 捷克斯洛伐克	Koruna (Kcs) 捷克克朗	1 Kcs = 100 Hallers (赫勒)
Denmark 丹麦	Danish Krone (DKr) 丹麦克埃	1DKr = 100 ore(欧尔)

Country/Region 国家/地区	Unit and Abbreviation 货币单位和缩写	Subdivision 辅币及进位
Dominica, Commonwealth of 多米尼加联邦	East Caribbean Dollar (EC$) 东加勒比元	1EC$ = 100 Cents (分)
Dominican Republic 多米尼加共和国	Dominican Peso (RD$) 多米尼加比索	1 RD$ = 100 Centavos (分)
East Timor 东帝汶	Timor Escudo (Esc) 帝汶埃斯库多	1 Esc = 100 Centavos (分)
Ecuador 厄瓜多尔	Sucre (S/.) 苏克雷	1 S/. = 100 Centavos (分)
Egypt 埃及	Egyptian Pound (£E) 埃及镑	1 £E = 100 Piastres (皮阿斯特) = 1,000 Milliemes (米里姆)
El Ssalvador 萨尔瓦多	Salvadoran Colon (C) 萨尔瓦多科朗	1C = 100 Centavos (分)
Equatorial Guinea 赤道几内亚	Equatorial Guinea Ekuele (EK) 赤道几内亚埃奎勒	1 EK = 100 Centimos (分)
Ethiopia 埃塞俄比亚	Ethiopian Birr (Br) 埃塞俄比亚比尔	1 Br = 100 Cents (分)
Fiji 斐济	Fiji Dollar (F$) 斐济元	1 F$ = 100 Cents (分)
Finland 芬兰	Finnish Markka (Fmk) 芬兰马克	1 Fmk = 100 Penni (盆尼)
France 法国	French Franc (FF) 法国法郎	1FF = 100 Centimes (分)
Gabon 加蓬	Franc de la Co-opération Financière en Afrique Centrale (CFAF) 中非金融合作法郎	1 CFAF = 100 Centimes (分)
Gambia 冈比亚	Dalasi (D) 冈比亚达拉西	1 D = 100 Butut (布图)
German Democratic Republic 德意志民主共和国	GDR Mark (M) 民主德国马克	1M = 100 Pfennig (芬尼)
Germany, Federal Republic of 德意志联邦共和国	Deutsche Mark (DM) 联邦德国马克	1 DM = 100 Pfennig (芬尼)
Ghana 加纳	Cedi (C) 塞地	1C = 100 Pesewa (比塞瓦)
Greece 希腊	Drachma (Dr) 德拉克马	1 Dr = 100 Lepta (雷普塔)
Grenada 格林纳达	East Caribbean Dollar (EC$) 东加勒比元	1 EC$ = 100 Cents (分)
Guatemala 危地马拉	Quetzal (Q) 格查尔	1 Q = 100 Centtavos (分)
Guinea 几内亚	Guinean Syli (GS) 西里	1 GS = 100 Cauir (科里)
Guinea-Bissau 几内亚比绍	Guinea Peso (GP) 几内亚比索	1 GP = 100 Centivos (分)
Guyana 圭亚那	Guyana Dollar (G$) 圭亚那元	1 G$ = 100 Cents (分)
Haiti 海地	Gourde (G) 古德	1 G = 100 Centimes (分)
Honduras 洪都拉斯	Lempira (L) 伦皮拉	1 L = 100 Centavos (分)

Country/Region 国家/地区	Unit and Abbreviation 货币单位和缩写	Subdivision 辅币及进位
Hong Kong 香港(英占)	Hong Kong Dollar (HK$) 香港元	1 HK$ = 100 Cents (分)
Hungary 匈牙利	Forint (Ft) 福林	1 Ft = 100 Filler (菲勒)
Iceland 冰岛	Icelandic Krona (IKr) 冰岛克朗	1 IKr = 100 Aurar (奥拉)
India 印度	Indian Rupee (Re) 印度卢比	1 Re = 100 Paise (派士)
Indonesia 印度尼西亚	Indonesian Rupiah (Rp) 印度尼西亚卢比(通称盾)	1 Rp = 100 Sen (仙)
Iran 伊朗	Rial (RI) 里亚尔	1 RI = 100 Dinar (第纳尔)
Iraq 伊拉克	Iraqi Dinar (ID) 伊拉克第纳尔	1 ID = 1,000 Fils (费尔)
Ireland 爱尔兰	Irish Pound (£Ir) 爱尔兰镑	1 £Ir = 100 New Pence (新便士)
Italy 意大利	Italian Lira (Lit) 意大利里拉	1 Lit = 100 Centisimi (分)
Ivory Coast 象牙海岸	Franc de la Communauté Financière Africaine (CFAF) 非洲金融共同体法郎	1 CFAF = 100 Centimes (分)
Jamaica 牙买加	Jamaican Dollar (J$) 牙买加元	1 J$ = 100 Cents (分)
Japan 日本	Japanese Yen (¥) 日元	1 ¥ = 100 Sen (钱)
Jordan 约旦	Jordan Dinar (JD) 约旦第纳尔	1 JD = 1,000 Fils (费尔)
Kenya 肯尼亚	Kenya Shilling (KSh) 肯尼亚先令	1 KSh = 100 Cents (分)
Korea, Democratic People's Republic of 朝鲜民主主义人民共和国	Won 圆	1 Won = 100 chon (钱)
Kuwait 科威特	Kuwaiti Dinar (KD) 科威特第纳尔	1 KD = 1,000 Fils (费尔)
Laos 老挝	Liberation Kip (KL) 解放基普	1 KL = 100 At (阿特)
Lebanon 黎巴嫩	Lebanese Pound (£L) 黎巴嫩镑	1 £L = 100 Piastre (皮阿斯特)
Lesotho 莱索托	Rand (R) 南非兰特	1 R = 100 Cents (分)
Liberia 利比里亚	Liberian Dollar (Lib$) 利比里亚元	1 Lib$ = 100 Cents (分)
Libya 利比亚	Libyan Dinar (LD) 利比亚第纳尔	1 LD = 1,000 Dirham (迪拉姆)
Liechtenstein 列支敦士登	Swiss Franc (SF) 瑞士法郎	1 SF = 100 Centimes (分)
Luxembourg 卢森堡	Luxembourg Franc (LuxF) 卢森堡法郎	1 LuxF = 100 Centimes (分)
Macao 澳门(葡占)	Pataca (Pat or P) 澳门元	1 Pat = 100 Avos (分)

Country/Region 国家/地区	Unit and Abbreviation 货币单位和缩写	Subdivision 辅币及进位
Madagascar 马达加斯加	Madagasy Franc (FMG) 马尔加什法郎	1 FMG=100 Centimes（分）
Malawi 马拉维	Malawin Kwacha (MK) 马拉维克瓦查	1 MK=100 Tambala（坦巴拉）
Malaysia 马来西亚	Malaysian Ringgit (M $) 马来西亚林吉特	1 M $=100 Cents（分）
Maldive 马尔代夫	Maldivian Rupee (M Rp) 马尔代夫卢比	1 MRp=100 Laris（拉雷）
Mali 马里	Mali Franc (MF) 马里法郎	1 MF=100 Centimes（分）
Malta 马耳他	Maltese Pound (£M) 马耳他镑	1 £M=100 Cents（分） =1,000 Mils（米尔）
Mauritania 毛里塔尼亚	Ouguiya (UM) 乌吉亚	1 UM=5 Khoums（库姆斯）
Mauritius 毛里求斯	Mauritius Rupee (Mau Re) 毛里求斯卢比	1 Mau Re=100 Cents（分）
Mexico 墨西哥	Mexican Peso (Mex $) 墨西哥比索	1 Mex $=100 Centavos（分）
Monaco 摩纳哥	French Franc (FF) 法国法郎	1 FF=100 Centimes（分）
Mongolia 蒙古	Tugrik (Tug) 图格里克	1 Tug=100 Mungo（蒙戈）
Morocco 摩洛哥	Dirham (DH) 迪拉姆	1 DH=100 Franc（摩洛哥法郎）
Mozambique 莫桑比克	Mozambique Escudo (M Esc) 莫桑比克埃斯库多	1 MEsc=100 Centavos（分）
Namibia (South West Africa) 纳米比亚（西南非洲）	Rand (R) 南非兰特	1 R=100 Cents（分）
Nauru 瑙鲁	Australian Dollar ($ A) 澳大利亚元	1 $A=100 Cents（分）
Nepal 尼泊尔	Nepalese Rupee (NRe) 尼泊尔卢比	1 NRe=100 Paisa（派沙）
Netherlands 荷兰	Guilder or Florin (f.) 荷兰盾	1 f.=100 Cents（分）
New Zealand 新西兰	New Zealand Dollar (NZ $) 新西兰元	1 (NZ $)=100 Cents（分）
Nicaragua 尼加拉瓜	Cordoba (C $) 科多巴	1 C $=100 Centavos（分）
Niger 尼日尔	Franc de la Communauté Financière Africaine (CFAF) 非洲金融共同体法郎	1 CFAF=100 Centimes（分）
Nigeria 尼日利亚	Naira (N) 奈拉	1N=100 Kobo（考包）
Norway 挪威	Norwegian Krone (NKr) 挪威克朗	1 NKr=100 Ore（欧尔）
Oman 阿曼	Rial Omani (RO) 阿曼里亚尔	1 RO=1,000 Baiza（派沙）
Pakistan 巴基斯坦	Pakistan Rupee (PRe) 巴基斯坦卢比	1 PRe=100 Paisa（派沙）

Country/Region 国家/地区	Unit and Abbreviation 货币单位和缩写	Subdivision 辅币及进位
Panama 巴拿马	Panamanian Balboa (B) 巴拿马巴波亚	1 B=100 Centesimos（分）
Papua New Guinea 巴布亚新几内亚	Kina (K) 基那	1 K=100 Toea（托伊）
Paraguay 巴拉圭	Paraguayan Guaraní(c) 巴拉圭瓜拉尼	1c=100 Centimos（分）
Peru 秘鲁	Sol (S/.) 索尔	1S/.=100 Centavos（分）
Philippines 菲律宾	Philippine Peso(P) 菲律宾比索	1 P=100 Centavos（分）
Poland 波兰	Zloty (Z1) 兹罗提	1 Z1=100 Groszy（格罗希）
Portugal 葡萄牙	Escudo (Esc) 埃斯库多	1 Esc=100 Centavos（分）
Qatar 卡塔尔	Qatar Riyal (QR) 卡塔尔里亚尔	1 QR=100 Dirhams（迪拉姆）
Romania 罗马尼亚	Leu(L) 列伊	1 L=100 Bani（巴尼）
Rwanda 卢旺达	Rwanda Franc (RF) 卢旺达法郎	1 RF=100 Centimes（分）
San Marino 圣马力诺	Italian Lira (Lit) 意大利里拉	1 Lit=100 Centisimi（分）
Sao Tomé and Principe 圣多美和普林西比	Dobra (Db) 多布拉	1 Db=100 Centavos（分）
Saudi Arabia 沙特阿拉伯	Saudi Riyal (SRI) 沙特里亚尔	1 SRI=100 Halalas（哈拉拉）
Senegal 塞内加尔	Franc de la Communauté Financière Africaine(CFAF) 非洲金融共同体法郎	1 CFAF=100 Centimes（分）
Seychelles 塞舌尔	Seychelles Rupee (Sey Re) 塞舌尔卢比	1 Sey Re=100 Cents（分）
Sierra Leone 塞拉利昂	Leone (Le) 利昂	1 Le=100 Cents（分）
Singapore 新加坡	Singapore Dollar (S$) 新加坡元	1 S$=100 Cents（分）
Solomon Islands 所罗门群岛	Solomon Islands Dollar (SI$) 所罗门群岛元	1 SI$=100 Cents（分）
Somalia 索马里	Somali Shilling (So. Sh.) 索马里先令	1 So. Sh.=100 Cents（分）
South Africa 南非(阿扎尼亚)	Rand (R) 南非兰特	1 R=100 Cents（分）
Spain 西班牙	Peseta (Ptas) 比塞塔	1 Ptas=100 Centimos（分）
Sri Lanka 斯里兰卡	Sri Lanka Rupee (SL Rs) 斯里兰卡卢比	1 SL Rs=100 Cents（分）
Sudan 苏丹	Sudanese Pound (£S) 苏丹镑	1£S=100 Piastres（皮阿斯特） =1,000 Milliemes（米里姆）
Surinam 苏里南	Suriname Guilder(Sur. f.) 苏里南盾	1 Sur. f.=100 Cents（分）

Country/Region 国家/地区	Unit and Abbreviation 货币单位和缩写	Subdivision 辅币及进位
Swaziland 斯威士兰	Lilangeni (E) 里兰吉尼	1 E＝100 Cents（分）
Sweden 瑞典	Krona (SKr) 克朗	1 SKr＝100 Ore（欧尔）
Switzerland 瑞士	Swiss Franc (SF) 瑞士法郎	1 SF＝100 Centimes（分）
Syria 叙利亚	Syrian Pound (£S) 叙利亚镑	1£S＝100 Piastres（皮阿斯特）
Tanzania 坦桑尼亚	Tanzania Shilling (T Sh) 坦桑尼亚先令	1 T Sh＝100 Cents（分）
Thailand 泰国	Thai Baht (B) 泰铢	1 B＝100 Satang（萨当）
Togo 多哥	Franc de la Communauté Financière Africaine(CFAF) 非洲金融共同体法郎	1 CFAF＝100 Centimes（分）
Tonga 汤加	Pa'anga (T$) 潘加	1 T$＝100 Seniti（分）
Trinidad and Tobago 特立尼达和多巴哥	Trinidad and Tobago Dollar(TT$) 特立尼达和多巴哥元	1 TT$＝100 Cents（分）
Tunisia 突尼斯	Dinar (D) 第纳尔	1 D＝1,000 Millièmes（米利姆）
Turkey 土耳其	Turkic Lira (LT) 土耳其里拉	1 LT＝100 Kurus（库鲁）
Uganda 乌干达	Uganda Shilling (U Sh) 乌干达先令	1 U Sh＝100 Cents（分）
Union of Soviet Socialist Republics (U.S.S.R.) 苏联（苏维埃社会主义共和国联盟）	Rouble (Rub) 卢布	1 Rub＝100 Kopecks（戈比）
United Arab Emirates 阿拉伯联合酋长国	Dirham (Dh), Riyal, Dinar 迪拉姆，也用里亚尔、第纳尔	1 Dh＝100 Fils（费尔）
United Kingdom of Great Britain and N. Ireland (U.K.) 英国（大不列颠及北爱尔兰联合王国）	Pound Sterling(£) 英镑	1 £＝100 Pence（便士）
United States of America (U.S.A.) 美国（美利坚合众国）	United States Dollar (US$) 美元	1 US$＝100 Cents（分）
Upper Volta 上沃尔特	Franc de la Communauté Financière Africaine(CFAF) 非洲金融共同体法郎	1 CFAF＝100 Centimes（分）
Uruguay 乌拉圭	Uruguayan New Peso (NUr$) 乌拉圭新比索	1 NUr$＝100 Centesimos（分）
Vatican 梵帝冈	Italian Lira (Lit) 意大利里拉	1 Lit＝100 Centesimi（分）

Country/Region 国家/地区	Unit and Abbreviation 货币单位和缩写	Subdivision 辅币及进位
Venezuela 委内瑞拉	Venezuelan Bolivar (Bs) 委内瑞拉博利瓦	1 Bs=100 Centimos（分）
Viet Nam 越南	Dong (D) 越南盾	1 D=10 Hao（角）=100 Xu（分）
Western Samoa 西萨摩亚	Western Samoa Tala (WS $) 西萨摩亚塔拉	1 WS $=100 Sene（分）
Yemen, Arab Republic of 阿拉伯也门共和国	Yemeni Riyal (YRl) 里亚尔	1 YRl=100 Fils（费尔）
Yemen, People's Democratic Republic of 也门民主人民共和国	Yemeni Dinar (YD) 也门第纳尔	1 YD=1,000 Fils（费尔）
Yugoslavia 南斯拉夫	Dinar (Din) 第纳尔	1 Din=100 Paras（帕拉）
Zaire 扎伊尔	Zaire(Z) 扎伊尔	1Z=100 Makuta（马库塔）
Zambia 赞比亚	Kwacha (K) 克瓦查	1 K=100 Ngwee（恩韦）
Zimbabwe (Rhodesia) 津巴布韦（罗得西亚）	Rhodesian Dollar(R $) 罗得西亚元	1 R $=100 Cents（分）

II 外贸术语

about 大约(abt.).
above the line （预算中经常收支的）往来账目.
above the line payments and receipts 预算中经常收支账目.
acceptable offer 可接受的报价.
acceptance for honour 代〔参加〕承兑拒付汇票.
accepting bank 承兑银行.
accessory contract （合同附件）从契约.
accident and indemnity 意外事故及损害赔偿(A. & I.).
accommodation bill 通融（汇划）票据.
account 账户，账单(A/C 或 Acct.)
account of 某人账内(A/O).
accounting dollar 计account美元.
across-the-board tax-cut 全面减税.
act of God (acte de dieu) 天灾.
actual tare 实际皮重.
actual weight 实际重量(A/W).
ad referendum contract 草约.
ad valorem (according to value) 〔拉丁语〕从价.
ad valorem import duties 从价进口税.

additional premium 附加〔额外〕保费.
address 地址(Add.).
adequate insurance 充分保险.
adjustment brokerage 理算手续费.
advanced deposits 进口押金制.
advanced freights 预付运费(A.F.).
advancing （价格）趋涨.
advice of drawing 汇款通知书.
Aero Insurance Underwriters 空运保险承保人〔公司〕(A.I.U.).
affirmative covenant 保单.
afloat (in transit) 路货，在途.
after date 开(汇)票日后(a.d.).
after service 货品售出后的服务（如包修等）.
after sight 见票后.
agency trade 代理贸易.
agent 代理商(Agt.).
aggregate amount 总金额.
aggregate to … 总〔合〕计.
agreement of intent 意向协议书.
air(way) bill of lading 空运提单.
airway delivery note 空运提货单.

all risks insurance 全〔一切〕险.
allowance for damage 货损折价.
alongside B/L 靠船边提单.
ambiguous clause 含义不明条款.
amendment of contract 修改合同.
amount 总额 (**Amt.**).
amount of insurance in force 现行保险额.
analysis certificate 化验证明.
annual closing 年终结算.
antedate 倒填日期.
appraisal certificate 评价证明书(使用证明书).
appraiser of customs 海关检验人.
approximate 约计 (**Approx.**).
arbitration clause 仲裁条款.
arrival draft 货到后提示的汇票.
article 条款 (**Art.**).
Asian dollar 亚洲美元.
assessable to tax 应课〔应微〕税的.
"*at the market*" 照市价.
attachment 附件.
authority to pay 支付授权书(**A/P**).
authority to purchase 购买授权书(委托书)(**A/P**).
average 平均 (**av.**).
average agreement 海损分担协议.
average distribution clause 海损按比例分担条款.
average policy 海损保单.
average statement 海损理算书.
average survey record 海损证明.
backlog 未交订货.
bad cheque 空头支票.
bail 保证人.
bancorp(oration) 银行公司.
bank discount rate 银行贴现率.
bank rate 银行利率,银行贴现率.
bank transfer 银行转账.
basis (期货和现货之间的差价)基本差价.
batch number 批号,炉号 (**batch No.**).
bear and bull 买空卖空.
bear sale 卖空.
bearish 卖空,行情(价格)看跌.
bilateral central rates 两国货币的双边中心汇率.
bill after date 开票后.
bill at sight 即期票据.

bill at usance 远期汇票.
bill of exchange 汇票.
bill of freight 运单.
bill of lading 提(货)单.
bill of lading to bearer 不记名提单.
bill of lading to a named person 记名提单.
blank credit 空白式信用汇票(银行间的通融票).
blank power of attorney 空白委托书,空白授权书.
blanket insurance 总保险.
blocked mark balances 被冻结的马克存款.
blocked money 封存〔冻结〕账户.
blocked sterling 被冻结的英镑.
border customhouse 边境关卡.
both dates included 包括双方日期 (**B.D.I.**).
brain drain 智能〔人才〕外流.
brain industry 脑力产业.
branch office 分公司 (**B.O.**).
branded article 商标商品.
breach of contract 违反合同.
break 跌价.
break-up value 资产净值.
bundle 捆,扎,束,卷,盘(**Bdl.**).
business day 营业日.
buying order 购货单.
buying rate 买入价.
by separate mail 另邮.
by way of 经由.
by-laws 规章,章程,细则,法规.
calculation unit 核算单位.
calendar year 日历年度.
call for bid 招标.
call for funds 招股,集资.
call loan 活期贷款.
call rate 活期贷款利率.
callable in 24 hours 24小时内通知付款.
cancellation clause 撤销条款.
cancelling former order 撤销前期定货(**C.F.O.**).
capital equipment 固定设备.
capital goods 资本货物(生产资料).
capital investment 资本投资.
capital optimum 资本限额.
capital output ratio 资本与产量比.
car number 车号.

carbon copy 复写的副本(**CC**).
care of 转交(**c/o**).
cargo list 装货〔装船〕清单.
cargo single risk certificate 货物单程保险证书.
carload 整车货(**C.L.**).
carried forward 转下页(**c/f**).
carried over 结转下期(**c.o.**).
carrying vessel 载货船只.
carry-over rate 转期利率.
carte blanche 〔法语〕全权委托.
case number 箱号.
cash account 现金账目.
cash against bill of lading 凭提单付现(**Cash B/L**).
cash against documents 见单付现,凭单据付款(**C.A.D.**).
cash and carry 现金交易.
cash market 付现〔现货〕市场.
cash on delivery 交货付款(**C.O.D.**).
cash payment 现金支付.
cash sales 现售,现金销售.
cash with order 订购即付(**C.W.O.**).
cast number 浇铸号(**cast No.**).
casualty insurance 偶然事件保险,意外事故保险.
catalog price 商品目录价格.
catalogue 目录(**Catal.**).
caveat emptor 〔拉丁语〕货物出门概不退换.
ceiling price 最高限价.
certificate 证明.
certificate of competency 能力证书.
certificate of conformity 合格证,证明商品符合合同中的规格的证书.
certificate of delivery 交货证明书(**C/D**).
certificate of importation 进口证明书.
certificate of incorporation 注册〔登记〕证明书.
certificate of inspection 检查证明书.
certificate of insurance 保险证明书(**C/I**).
certificate of intention 意愿证明书.
certificate of loss 残损证书.
certificate of manufacturer 制造厂证明书.
certificate of origin 产地证明书(**c/o**).
certificate of quality 质量证明.
certificate of reasonable doubt 合理置疑证书.

certificate of receipt 收据.
certificate of service 劳务证明书.
certificate of soundness 合格证明书.
certified protest 抗辩证明.
ceteris paribus 〔拉丁语〕其他数值不变.
chains 联营公司.
change of title 权利人名义改变.
charge d'affaires ad interim 〔法语〕临时代办.
charge d'affaires en titre 〔法语〕代办.
charter party 租船合同〔合约〕(**C.P.**)
chartered bank 特许银行.
cheap money policy 低息贷款政策.
check without funds 空头支票.
citizenship papers 公民证书.
civil engineering contractor 工程承包人.
claim indemnity 索赔.
clerical error 笔误.
close down 关闭(企业),倒闭.
cloture 限制抗辩.
code number 代号(**Code No.**).
co-insurance 联合保险.
commercial counsellor 商务参赞.
commercial paper 商业票据.
commission (fee) 佣金,代理费.
commission charge 手续费.
commission house 代办行,交易委托行.
commodity inspection certificate 商品检验证明.
common law 习惯法,不成文法.
company 公司(**Co.**).
Company Limited 有限公司(**Co.Ltd.**).
comparative advantage 相对〔比较〕优势,相对〔比较〕利益.
comparative price 比价.
compensation trade 补偿贸易.
competent 主管单位批准.
complementary 补充协定.
complete sets of equipment 成套设备.
conditioning certificate 条件证书.
confidential communications 秘密来往信件.
confiscation 没收.
conjuncture 行情.
consideration for the protection 保护价格.
consignment note 委托书,运单.

construction 结构.
container 集装箱.
continuation clause 延期条款.(C.C.).
contraband 违禁品,禁运品,走私.
contraband traffic 走私,漏税.
contract 合同(Cont.).
contract number 合同号(Cont. No.).
contractural joint venture 契约式合资企业.
conversion rate 汇率,兑换率.
corporate body 法人.
correspond bank 代理银行.
correspondent bank 关系银行.
cost and freight 成本加运费(离岸加运费价)(C&F).
cost and freight free out 成本加运费船方不负担卸货费用(C&F FO).
cost, insurance and freight 成本加保险费运费(到岸价)(CIF).
cost of money 贷款利息.
cost-plus pricing 成本加成定价.
counter sample 对等货样,回样.
counterfoil (支票等的)存根,票根.
country of destination 目的国.
country of origin 原产国.
credit card 信用卡.
credit line 信贷限额.
credit sales 赊卖,赊销.
credit transaction 赊购交易.
creditor country 债权国.
criminal law 刑法.
cross rate 套汇率.
current exchange system 现行外汇制度.
current market price 市场现行价.
custom house administration 海关总署.
custom of foreign trade 对外贸易惯例.
customs area 关境.
customs declaration 海关报单(报关单).
damage assumption clause 损害承担条款.
data 数据.
date 日期.
date forward 倒填日期.
date of delivery 交货(日)期.
date of draft 出票日期.
days after acceptance 承兑后日期.(d/a)

…days after sight 见票××天付款.
days of grace 宽限日期.
dead freight 空舱费.
dead weight (总)载重量.
dear money 高息资金.
debtor country 债务国.
declaration 宣言,(海关的)申报.
declared value 申报价值.
deferred payment 延期付款,赊账.
deflator 通货膨胀扣除率.
delay clause 延迟条款.
delivered free at X 在X处交货.
delivery at port of shipment 启运港交货价.
delivery at seller's option 交货日期卖方选择.
delivery order 交〔出〕货单,出栈凭单,栈单,提货单(D/O).
delivery period 交货期限.
delivery receipt 送货〔送件〕回单.
delivery time 交货时间(d.t.).
demand bill 见票即付票据.
demand draft 即期汇票(D/D).
depreciation rate 折旧率.
depth 深度,进深度,厚〔宽〕度(D.).
description 说明(书).
destination 目的地(Destn).
detail 明细表.
determine (合同)终止,确定.
devaluation of dollar 美元贬值.
deviation clause 绕航条款.(D/C)
diameter 直径(Dia.).
dimension 尺寸(Dim.).
diplomatic privileges and immunities 外交特权与豁免权.
direct bill of lading 直接提单.
directories 公司行名录.
dirty bill of lading 不洁提单.
discount rate 贴现率.
dockage (或 wharfage) 码头捐.
documents of value 有价证券.
dollar gap 美元短缺.
dollar glut 美元过剩〔泛滥〕.
dollar shortage 美元荒.
dossier 记录文件,卷宗.

draw by lot 抽签.
draw on the International Monetary Fund 向国际货币基金组织提款.
draw on the reserves 动用储备.
drawee 受票人.
drawer 出票人.
drum 桶,卷(盘)(**Dr.**).
due date 到期日.
duplicate 副本(**dupl.**).
duplicate certificate 对账回单证书(副本证书).
duplicate sample 复样.
durables 耐用品.
duty-free article 免税物品.
duty-free entry 免税进口.
earnest（money） 定金,保证金,押金.
econometric model 计量经济模式.
econometrics 计量经济学.
enclosure 附件(**Encl.**).
endorsement in full 正式背书.
entrance visé 入境签证.
errors and omissions 误差和漏算.
errors and omissions excepted 差错待查(**E&O.E**; 或 **EOE**).
estimated budget 概算.
Euro-dollar 欧洲美元.
Euromark 欧洲马克.
exchange at equal value 等价交换.
exchange at unequal value 不等价交换.
exchange control 外汇管理.
exempt from taxation 免税.
ex factory 工厂交货价.
exit visé 出境签证.
ex quay 码头交货价.
extended facility 中期贷款.
extension 延期.
ex warehouse 仓库交货价.
face value 票面价值.
factor 代销商,代理商.
factoring 批发交易,贷款保收.
factors act 代销法案.
fail to deliver goods at the time stipulated 不如期交货.
fair average quality 良好平均品质(**FAQ**).

fair quality 中等质量.
fancy price 不合理价格.
favourable trade balance 贸易顺差,出超.
feasibility study 可行性研究.
fee of sample 样品费.
financial company 金融公司.
financial year 财政年度.
fine rate 最优惠贴现率.
fire policy 火险保单(**f. p.**).
first come, first sold 谁先来,谁先卖.
fiscal year 财政〔会计〕年度.
fixed capital investment 固定资本投资.
fixture 过时货.
flat rate 统一价.
floating exchange rate 浮动汇率.
floor 最低限额〔价格〕,汇价下限.
foreign affiliates 外国子公司.
foreign commercial policy 对外贸易政策.
foreign exchange 外汇.
foreign exchange control 外汇管制.
Foreign Quarantine Regulation 进口检疫规章.
formal law 成文法.
formality 手续,合法程序.
forward business 期货交易.
forward contract 远期合同.
forward delivery 远期交货.
forward rate 远期汇率.
forward sale 预售.
foul bill of lading 不洁提单.
franchise 特许,特约代理权,免赔,免税,品质公差特损免责条款.
frank 邮资先付,免费邮寄.
free alongside 船边交货价(**FAS**).
free convertibility（of the dollar for gold） (美元)自由兑换(黄金).
free exchange 自由贸易〔汇兑〕.
free in 船方不负担装货费用(**FI**).
free in and out 船方不负担装卸货费用(**FIO**).
free list 免税商品单.
free of all average 一切海损均不赔偿(**F. A. A.**).
free of general average 共同海损不赔(**F. G. A.**).
free on board 离岸价(船上交货)(**FOB**).
free on board stowed 离岸价(船上交货)包括理舱费

(FOB stowed).
free on board stowed and trimmed 离岸价(船上交货)包括理舱费和平舱费(**FOB stowed & trimmed**).
free on board unstowed 离岸价(船上交货)不包括理舱费(**FOB unstowed**)
free on plane 飞机上交货价(**F. O. P.**).
free on truck 敞车上交货(价)(**F. O. T.**).
free out 船方不负担卸货费用(**FO**)
free overside ship 目的港船边交货价(**F. O. S.**).
freezing of prices 价格冻结.
freight 运费(**Frt.**).
freight forwarder 运输代理行.
full discretionary power 空白授权书.
full [special] endorsement 全衔背书.
full set of bill of lading 整套提单.
futures market 期货市场.
garment trade 服装贸易.
general average contribution 共同海损分担.
general ledger 总账.
general list 总清单.
general merchandise 杂货.
Generalized System of Tariff Preferences 普遍优惠制(**GSTP**).
give notice (of termination) 预先通知.
give three days' termination 提前三天通知.
glut 供过于求,供应过剩,饱食.
gold parity of the U. S. dollar 美元和黄金的比价.
gold standard 金本位.
goods on the spot 现货.
grade 等级(**gd.**).
grade of steel 钢号(**gd. of S.**).
greenback 美钞.
Greenwich mean time 格林尼治时间(**G. M. T.**).
gross for net 毛作净重(**Gr. for net**).
gross for net weight 以毛作净.
gross tonnage 总吨位.
gross weight 毛重(**Gr.** 或 **Gr. Wt.**).
guaranty 保证(**guar.**).
handling charges 管理费用,手续费.
harbour dues 港口税,入港税.
hard goods 耐用品.
haulier 承运人.

head office 总公司(**H.O.**).
Health and Sanitary Regulation 卫生检疫规定.
heat number 熔炼炉号(**Heat No.**).
high priced 价格昂贵.
high seas 公海.
homeward freight 回程运费.
honour agreement 承兑协议.
horizontal organization 横向联合组织.
hospitality requirement 招待费.
hyperinflation 恶性通货膨胀.
illiquidity 非兑现性.
immediate delivery 立即交货.
immunity and privilege 豁免权和特权.
implied agreement 默示协议.
import permit 进口许可证.
impost bureau 税务局.
improper packing 包装不良.
improvement trade 加工贸易.
in bond 存海关栈,海关仓库交货价.
in duplicate [triplicate] 一式两份(三份).
in kind 以实物.
in our favor 以我方为抬头.
indemnity 罚金,赔款.
indent 订单(**ind.**).
indent number 订单号(**Ind. No.**).
indicator 经济统计数字.
indirect transit trade 间接转口贸易.
industrials 工业股票.
industrials average 工业股平均价格指数.
inferior quality 低档.
infringement 违章.
inland place of discharge 内陆卸货地点.
inner packing 内包装.
inpayment 订金.
inside diameter 内(直)径(**ID**).
inside dimensions 内部尺寸(**ID**).
insolvency 无力偿还,无支付能力,倒账.
inspection certificate 检查证明书.
inspector(s) 鉴定者.
instructions for use 使用说明书.
insurance 保险(**ins.**).
insurance claim 保险索赔.
insurance indemnity 保险赔偿.

insurance policy 保险单.
insurance premiums （保险人付给保险公司的）保险费.
intangible assets 无形资产（专利权,商誉等）.
integrated project 综合计划〔项目〕.
intensive investment 集约投资.
intention 内延型,集约型〔化〕.
inter nos 〔拉丁语〕在我们之间,不得外传.
inter se 〔拉丁语〕在他们之间.
intermediary trade 中间贸易,居间贸易.
intermediate credit 中期信贷.
international fairs 国际博览会.
international law 国际法.
International Monetary Fund （联合国）国际货币基金组织（**IMF**）.
International Organization for Standards 国际标准化组织（**ISO**）.
International Rules for the Interpretation of Trade Terms （国际商会编写的）国际贸易条件解释通则（**Incoterms**）.
invitation to bid 投标.
invitation to tender 招标.
invoice 发票（**inv.**）.
invoice number 发票号（**Inv. No.**）.
ipso facto 〔拉丁语〕根据事实本身.
issuing of bill of lading 出具提单.
item number 项次号,项（目）号（**Item No.**）.
itemized invoice 详细发票.
job lot 成批出售.
joint enterprises 合营〔联合〕企业.
joint stock enterprise 合股公司,合营企业.
joint venture 合营,合资经营.
junk 旧货.
jus cogens 〔拉丁语〕强制性法规.
jus legitimum 〔拉丁语〕合法权利.
keelage 入港税.
Keep Off 不保此物（**K.O.**）.
key money 小费.
kick-back 回扣,佣金,酬金.
know-why 技术知识的原理.
label 标签.
labour intensive 劳动集约〔密集〕型的.
landing certificate (for bonded goods) 关栈卸货证明书.

latent defect clause in bill of lading 提单上的潜在缺陷条款.
law of nations 国际法.
lay days (time) 装卸〔受载〕期限.
lease agreement 租赁协议.
legal competency 合法权力,法定资格.
lessee company 租赁公司.
letter of credit 信用证（**L/C**）.
letter of guarantee 信用保证书（**L/G**）.
letter of intent 意向书.
liability for maintenance 维修义务.
licence holder 领受许可证人,许可证执有人.
licencee 特许权受让人.
licensee 引进方,接受方,许可证买方,购证人.
licensor 输出方,许可方,许可证卖方,售证人.
life of a loan 借款期限.
life of contract 合同有效期.
lift-on/lift off system 吊上吊下法,吊装法（**Lo/Lo**）.
lighter （装卸货物用）驳船.
lighterage 驳船费.
lighterage free 不负责驳船费.
limited 有限（股份）（**Ltd.**）.
liquidity （国际）支付手段,清偿能力,流动性.
list of prices 牌价表.
Lloyd's average bond 劳埃德协会海损分担协议,劳氏海损契约.
Lloyd's certificate 劳氏证明.
loading list （集装箱）装货清单.
lobster shift 午夜班（午夜上工,清晨下工的班次）.
lodge [make] *a claim* 索赔.
long ton (Imperial ton) 长吨（英吨）（**I. tn.**；**Imp. tn.**）(1017.05kg).
long-term trade agreements 长期贸易协定.
lot number 批号（**Lot No.**）.
low grade 低档.
magna negligentia 〔拉丁语〕重大过失.
mail transfer 信汇（**M/T**）.
mail-order selling 邮购销售.
make delivery 交货.
make real 兑现.
maker 出票人.
manager 经理（**Mgr.**）.

manufactured by 由…制造（mfd. by）.
manufacturer 制造者，产品厂（Mfr.）.
manufacturer agents 厂家代理.
mare clausum 〔拉丁语〕领海.
mare liberum 〔拉丁语〕公海.
margin 垫头，押金，保证金，余额，赚头，幅度.
marine insurance certificate 海运保险凭证.
marine insurance policy 海上保险(水险)单（M. I. P.）.
maritime arbitration 海事仲裁.
maritime international law 国际海洋法.
market order 现市订单.
market price 市场价格.
market value 市价，通行价.
marketable value 有销售价值的.
marks 唛头，标记（mks.）.
material 原料，材料（mtl.）.
maturity 到期（支票，汇票等）.
maturity of one year 一年期.
means of payment 支付工具〔手段〕.
measure brief 尺码证明.
measurement ton 尺码吨(合四十立方尺).
meeting of minds 谅解.
memorandum 备忘(录).
memorandum bill of lading 备忘提单.
metallurgical certificate 冶金专业证明书.
metric ton; *tonne* 公吨（t. 或 mt. 或 M/T）(1000kg).
microeconomics 微观经济学.
middle price 平均行市.
ministerial order 政府规定.
money income 现金收入.
money standard 货币本位.
monoculture 单一经营，单一种植.
months sight 见票后×月…(m/s).
moratorium 延期偿付权.
mortgage deed 抵押契据.
most-favoured-nation clause 最惠国条款.
motor ship 内燃机船（MS）.
motor vessel 内燃机船（MV）.
multilateral trade negotiation 多边贸易谈判.
multimodal transport operator 多种方式联运经营人（MTO）.

mutatis mutandis 〔拉丁语〕作必要的修改后.
mutual agreement 双方〔相互〕协定.
"naked" transfer of technology 纯粹的技术转移，技术本身的转移.
negotiable B/L (bill of lading)可转让提单.
negotiable bills 可流通的证券.
net return 纯收益.
net weight 净重（Net 或 Net Wt.）.
net worth 净资产，净值.
new orders 新订货量.
no commercial value 无商业价值(n. c. v.).
nominal price 名义价格，定价.
nominal value 票面价值.
non profit institutions 非营利机构.
non-available 未查到，无资料，不详（n. a.）.
non-cash transactions 非现金交易.
non-compensatory transactions 非补偿性交易.
non-compliance 违约行为，不履行.
nondurables 非耐用品.
norm 标准.
nostro account 银行间转账账户.
notarial certificate 公证人证明.
note officielle 〔法语〕正式照会.
note verbale 〔法语〕普通照会.
notes 短期债券.
notice of delivery paid 已付款收货通知单.
Nuit (telegram to be delivered at once) 即送电报.
numéraire 〔法语〕定值标准，法币.
ocean B/L 海运提单.
official price 官价，官方牌价.
official seal 公章.
offsetting transactions 抵偿交易.
on account (暂)记账(上)，作为分期付款(o/a).
on the same terms 以同样条件.
on-board bill of lading 已装船提单.
one being accomplished the others to stand void 凭其中一份完成交货责任后，其余均作废.
one-year policy 一年保单.
open bids 开标.
open letter of credit 无特殊条件的信用证.
open-book account 未结账目.
operating rate at 50% of capacity 百分之五十的开工率.

option dealing 优先期货交易.
order bill of lading 指示提单.
order cheque 记名(抬头)支票.
order confirmation 订货确认书.
order form [sheet] 定货单.
order policy 记名保单(O.P.).
orders 订单,订货量.
original B/L 正本提单.
original premium 原始保险费(O.P.).
outlet 销路.
outside diameter 外(直)径(O.D.).
outside dimensions 外部尺寸(O.D.).
outstanding amount 未清(待结)金额.
outstanding claim 现存(未偿还)债务.
outstanding issue 悬而未决的问题.
outstanding share capital 现有资本[股本].
outturn sample 报样.
over-capacity 设备[生产能力]过剩,开工不足.
overcharge 超载(o/c).
overdraft 透支(O.D.).
overdue bill 到期未付票据.
overhead 经常[管理]费用.
over-the-counter market 场外交易.
over-the-counter trading 现货交易.
package 包装货物(pkg., pk.).
package transfer 成套转让.
packing list 装箱明细表,包装明细表(P/L).
packing mark 包装标志(唛头).
packing press 压榨打包.
packing slip 包装脱落.
paid 付讫(pd.).
paid-up policy 保费已付保单.
palletization 装运夹板化.
paper to bearer 不记名票据.
paper to order 可转让票据.
pari causa [拉丁语]同等权利.
parity price 平价.
parity rate 比价.
parity value 平价,票面价值.
part shipments prohibited 禁止分运.
partial delivery 分批交货.
partial shipment 分批装运.
particular average 单独海损.

partnership agreement [contract] 合夥合同.
patent royalty 专利权使用费.
patrimonial sea 承袭海(专用经济区域)
payable on demand 即付汇票,见票即付.
payable to bearer 付来人或持票人.
payment against documents 凭单支付.
payment by [on] installments 分期付款.
payment by wire 电付.
payment on account 赊账.
payment voucher 付款凭单.
payoff 贿赂.
perform the agreement 履行协议.
period of grace 宽限期.
period of notice 预见通知期限.
photocopy; photostat 影印副本.
photostatic copy 影印本.
piece(s) 件,个,只,支,根,块,片(Pe(s).).
piece price 计件价格.
place an order 定购.
place of delivery 交货地点.
place of origin 原产地.
please turn over 请看背面(P.T.O.).
pleins pouvoirs [法语]全权证书.
polyangular trade 多角贸易.
pool 合营,联营.
port dues 入港税[费].
port of debarkation 目的港(PD)
port of destination 目的港,目的口岸.
port of embarkation 发航港(PE).
positive law 成文法,人为法.
postdate 倒填日期.
postdated check 过期支票.
postpayment 以后付款.
pourparlers [法语]预备性谈判,非正式会谈.
power of attorney 授权书,代理证书.
preceding endorser 前背书人.
preferential duties 优惠关税.
preferential treatment 优惠待遇.
preliminary list of items 暂定项目表.
prepaid expense 预付费用.
prescription 质量要求,规定,说明.
price catalogue 价目表(P/C).
price cut 削价,减价.

price-gouging 价格欺骗.
primary commodities and manufactured goods 初级产品和制成品.
primary producer 初级产品生产者.
prime rate 优惠利率.
principal 本钱,货主,原主.
procès-verbal (或 procès-verbaux) 〔法语〕会议记录.
productiveness 赢利性.
products final 最后产品.
products subject to the agreement 协定产品.
pro-forma invoice 形式发票.
progress payment 分期付款.
progression (或 progressiveness) 累进课税.
progressivity 累进税.
promissory notes 期票,本票.
prompt day 交割日.
propensity to invest 投资倾向.
proprietary articles 商标商品,专利品.
pro rata freight 按里程比例计费.
protection and indemnity clause 保护与赔偿条款,保赔条款.
protest for non-payment 对拒绝付款提出抗辩,拒绝付款证书.
protocol 议定书.
provision for contingencies 意外条文.
proviso 〔拉丁语〕但书,限制性条款.
proxy 代理权.
proxy statement 委托书.
public tender 公开招标.
public weight master 官方过磅员〔验秤员〕.
purchase confirmation 购货确认书.
purchase contract 购货合同.
purchase forward 购买期货.
purchase on credit 赊购.
purchase sample 买方来样〔样品〕.
purchaser 买主.
put out to tender 发出招标.
qualification 附加条款.
qualificate 品质证明书.
quality 质量.
quality according to 质量按照.
quality as per buyer's sample 凭买方样品交货.

quality/quantity/weight 质量/数量/重量.
quality specification 质量说明书.
quantum 贸易量.
quarantine 检疫.
questionnaire 〔法语〕调查表.
quid pro quo 〔拉丁语〕交换条件,报酬.
quiproquo 〔法语〕误会,互相误解.
quota agreement 生产配额,配额协议.
quotations 市场行情.
quoted price 牌价.
quoted value 市价,通行价.
rallonges 〔法语〕额外支付〔补贴〕.
random sample 随意抽样.
rapporteur 〔法语〕指定在会议上作报告的人.
rate of conversion 兑换率.
rate of discount 折合率.折算率,贴现率.
rate of issue 发行价.发行价格.
rate of waste commodities 商品损耗率.
rate war 压价倾销竞争.
rateable 按比例的,该纳税的.
re 关于,事由.
real property 不动产.
reasonable 〔moderate〕*price* 合理〔公道〕价格.
rebate 回扣.
received for shipment bill of lading 备运提单.
receiver's certificate 收货人证明书.
reciprocal treatment 互惠〔对等〕待遇.
recital clause of the policy 保险单上的备考条款.
reconcile accounts 查账,对账.
recourse to a remote party 向汇票持有者追索.
red clause 红色〔预支〕条款.
redemption table 分期偿还表.
rediscount rate 再贴现率.
reduced tare 折成进口国皮重.
reefer container 冷藏集装箱.
reel 卷,筒.
reel number 卷号 (Reel No.).
refer to acceptor 询问承兑人,与承兑人接洽 (R/A).
refer to drawer 向开票人查询.
reference letter 参考字母(号).
reference number 参考号数.
reference value 参考值.

register ton 注册吨位.
registered tonnage 注册吨(容积吨,合2.83m3).
regular endorsement 正式背书.
remuneration 酬金.(劳动)报酬.
repout 报告.
representative 代表(rep.).
rescission of contract 撤销合同.
respite a payment 延缓付款.
retail delivery 零批〔小量〕交货.
retail distributor 代销人.
return freight 回程运费.
rock-bottom price 最低价格.
roll 卷,筒(**RL.**).
rubber cheque 空头支票.
ruling price 市价.通行价.
running cost 运转〔日常〕费用.
running stock 周转〔正常〕库存.
safe arrival 平安到达(s/a).
sailing goods 转口〔过境〕货物.
salable 适销,可销的.
sale on account 赊售.
sale on trial 试卖.试销.
sales by sample 凭样品买卖.
sales contract 售货合同.
sample 货样.
seaworthy packing 适航包装.
secondary industry 二次产业.第二产业.
securities 有价证券.
sell at a loss 折本出售.
sell by auction 拍卖.
sell by retail 零售.
sell by wholesale 批发.
sell short 卖空.
semi-manufacture 半制成品.
semi-turn-key 半成套项目.
serial number 序列号(**Ser. No.**).
set 套,组,台.
set of bill of lading 整套提单.
set price 订定价格.
shipbroker 海运经纪人.
shipowner 船主.船东.
shipper 托运人.
shipping mark 发货标记(**S. M.**).

shipping note 装船通知(**S/N**).
shipping order 装货单(**S/O**).
shipping weight 出运重量(**S/W** 或 **SW**).
short delivery 短交.
short form of bill of lading 略式〔简式〕提单.
short of cash 现金短缺.
short ton (**U. S. ton**) 短吨(美吨)(**sh. tn.**; **U. S. tn.**)(907.2kg).
short weight 缺(重)量.
shortage 缺额.
shorts 空头.
short-term notes 短期票据.
show-how 技术示范.
sight bill 见票即付汇票.
simple licence 普通许可证.
sine die 〔拉丁语〕不定期.无限期.
sine qua non 〔拉丁语〕必要条件,必具资格.
single trip certificate 单程凭证.
sluggish sales 滞销.
slump 暴跌.衰退.不景气.萧条.
soft goods 非耐用品.
solvency 清偿〔支付〕能力.
special delivery 特殊交运.
specific licence 特定〔特种进口〕许可证.
specification 规范,规格,详细说明(**Spec.**).
specimen copy 样本.
speculator 投机者,投机商.
spoilage rate 废品率.
spot 现货,即期外汇.
spot transactions 现货交易.
spread 扩展.幅度.差距.
stale bill of lading 过期提单.
stamp duty 印花税.
standard 标准(**Std.** 或 **Stand.**).
standard International Trade Classification 国际贸易分类标准(**SITC**).
standard specification 标准说明书.
stand-by agreement 支持协定.
stated price 规定价格.
statute law 成文法.
steaming goods 转口〔过境〕货物.
steamship 蒸汽机船(**SS** 或 **S/S**).
sticker 过时货.滞销货.

stock in [on] hand 现货.
stock-sheet 存货清单.
stop order 停止订单.
straight bill of lading 记名提单.
stuffing material (集装箱)装填材料.
subcontractor 分包商.
subject to approval 需经批准 (s/a).
subject to immediate reply 立即回答生效 (s. t. i. r.).
subject to our final confirmation 以我方最后确认为准.
sublet number 副约号 (Sublet No.).
subsidiaries 子公司.
subsidiary money 辅币.
substantive issue 实质性问题.
substantive law 实体法.
sub-total 小计.
suit 起诉.
sum total 总额.
sundry charges 杂费.
superior quality 优质.
supplementary agreement 附加协定.
supplier 供货人.供应人.
supply in full sets of ....成套供应.
surcharge 附加税[费].超载.
surcharges extraordinary 特别附加费.
suretyship contract 担保合同.
surrender of the policy 交付保单.
surveyor of the technical inspection 技术鉴定者.
surveyor of customs 海关检验人.
switch operations 转手交易.
switched transactions 转手交易.
tab 账单.
tacit agreement 默契.
tag 标签,标记.
tale quale 〔拉丁语〕按(商品)现状.
talon 存根.单据.票券.
tare 皮重 (Tr.).
target date 计算〔商定〕日期.
tariff schedule 税则.税率表.
tax year 财政年度.
tax-free 已付税.
technical assistance or technical consulting agree-ment 技术援助和技术咨询协议.
technical certificate 技术证明书.
technical manual 技术规范.技术手册.
technical order 技术指示.
technical regulation 技术规程.
technical specification 技术说明书,技术规范.
technical visa 技术签证.
technocrat 科技人员出身的行政官员.
telegram 电报 (tgm.).
telegram to be delivered at once 即送电报 (Nuit).
telegram to follow 随后电告 (F.S.).
telegram with notice of delivery by telegraph 电报通知交货.
telegraphic address 电报地址 (T.A.).
telegraphic transfer 电汇 (T/T).
teleprint 电传.
telex 用户电报.电报用户直通电路.
tender 投标.认购.
tender invitation 招标.
tenderee 招标人.
tenderer 投标人.
term of payment 付款〔支付〕条件.
term of shipment 装运条件.
terms of delivery 交货条件.
tertiary industrial sectors 三次〔第三〕产业部门.
test certificate 文本证书(检验证书).
test condition 试验条件.
test data 试验数据.
test number 试验号 (Test No.).
test piece number 试样号,试件号 (Test pc No.).
test result 试验结果.
testing certificate 检验证明.
third party guarantee 第三者担保.
this side up 此端向上!
three-cornered trade 三角贸易.
threshold price 入门〔起码〕价格.
through bill of lading 联运提单.
tied list 易货货单.
tie-in sale 搭卖(搭配别种商品).
till countermanded 直至取消 (T/C).
time letter of credit 远期信用证.
time of delivery 交货时间.
time of discharging 卸货时间.

time of payment 支付期限.
time of shipment 装船期,装运期.
time policy 定期保险单.
titre 〔法语〕(金银币)成色.
token delivery 象征性交货.
tolerance (或 franchise) 品质公差.
tonne (metric ton) 公吨 (mt, 或 M/T; 或 t) (1000kg).
total loss only 全损险,单独海损亦赔.(T.L.O.).
total price 总价.
total quality control 全面质量管理 (TQC).
trade deflection 贸易转销.
trade diversion 贸易转移.
trade mission 贸易代表团.
trade protocol 贸易议定书.
transfer of advanced technology embodied in product 产品先进技术的转让.
transfer price 内部调拨价格.
transferable sterling 可转账英镑.
transferee 受让人.
transferor 转让人.
transhipment not allowed 不允许转船.
transit 过境,过境运输.
transit port 转口港.
transnational corporations 跨国公司.
transport charges 运费.
transport contractor 承运人.
tripartite 三方.
triplicate 第三副本.
truck 物物交换.
truckage 卡车运输.
trustee 受托人.
turn-key 成套项目(交"钥匙"方式).
two-tier exchange rate 双重汇率.
type sample 标准样品.
ultra vires 〔拉丁语〕不在法律范围以内.
under separate cover 另寄.
underpriced 价格偏低.
underwriting price 认购价.
unequal value interchange 不等价交换.
unfavourable balance 逆差.
unfilled order 未交货定单.
uniform B/L 统一提单.

unilateral agreement 单边协定.
unit contract price 合同单价.
unit price 单价.
unitized cargo 成组货载〔货运〕,单位化货物.
unloading certificate 卸货证书.
unspent balance 未使用的余额.
unvalued policy 预约保单.
value as in original policy 原保单价值 (V.O.P.).
value as on ....(the date) 接(....日期)的价值计算.
value date 订值〔起息〕日期.
value engineering 价值工程.
value in use 使用价值.
value of exports 出口额.
value of shipment 装运总值.
valued policy 保额确定保单(定值保单).
venue 指明诉讼在何国进行的条款.
verbal agreement 口头协议.
verbal understanding 口头谅解.
version 译文,文本.
violation of contract 违反合同.
visé a passport 签证护照.
volume of business 营业额,交易量.
"vulnerable" products "敏感"产品.
wages in kind 实物工资.
waiting charges 待时费.
waive exchange, if necessary 必要时可免予交换 (W.E.N.).
waiver clause 放弃条款.
warehouse receipt 仓单 (W/R).
waybill 运货单.
ways and means 筹款.
wear and tear 损耗和折旧.
weather working day(s) 晴天工作日 (W.W.D.).
weight 重量 (Wt.).
weight or measurement 按重量或体积计收 (W/M).
weighted average 加权平均数.
welsh mortgage 抵押品.
welshing 赖账.
wharfage 码头设备,码头费.
white goods 家用电器.
white paper 白皮书.
wholesale delivery 整批〔批发〕交货.
wholesale market price 市场批发价格.

width 宽度,阔(W).
windmill 通融票据.
with average 海损险.
with particular average 单独海损险.
with recourse 有追索权.
withdrawable on demand 即可付款.
without recourse 不受追索,无道索权.
wording 措辞.
working capital 运转〔周转〕资本,流动资金.
working funds 流动资金.
working to rule 急工.
working under capacity 开工不足.
work's inspection certificate 工厂检查证明书.
worthless check 空头支票.
writ 正式证明.
write-off 摊提,勾销,销账.
year under review 本年.
yield net 纯收益.
zero growth 零增长.
zero hour 开始〔决定性〕时刻,紧急关头.

Zollverein 〔德语〕关税同盟.

Ⅲ 包装外表标志

bottom 下端,底部
care 小心.
Don't cast. 勿掷.
fragile 易碎.
Handle with care. 小心装卸;小心搬运.
haul 起吊(点),此处起吊.
Heave here. 从此提起.
inflammable. 易燃物,怕火.
Keep dry 保持干燥,怕湿.
Keep in a cool place. 在冷处保管.
Keep in a dry place 在干处保管.
Keep upright 勿倒置.
Not to be tipped 勿倾倒.
To be protected from cold. 怕冷.
To be protected from heat. 怕热.
top 顶端,上部.
Use rollers. 在滚子上移动.

附录7　化学元素表

原子序数	元素名称 英文	中文	读音	符号	原子量	K s	L s p	M s p d	N s p d f	O s p d f	P s p d	Q s	类族	中子数	原子序数
1	hydrogen	氢	轻	H	1.008	1							I	-	1
2	helium	氦	亥	He	4.003	2							-	2	2
3	lithium	锂	里	Li	6.939	2	1						I	4	3
4	beryllium (glucinium)	铍	皮	Be (Gl)	9.102	2	2						II	5	4
5	boron	硼	朋	B	10.81	2	2 1						III	6	5
6	carbon	碳	炭	C	12.01	2	2 2						IV	6	6
7	nitrogen	氮	淡	N	14.01	2	2 3						V	7	7
8	oxygen	氧	养	O	16.00	2	2 4						VI	8	8
9	fluorine	氟	弗	F	19.00	2	2 5						VII	10	9
10	neon	氖	乃	Ne	20.18	2	2 6						-	10	10
11	sodium	钠	纳	Na	22.99	2	2 6	1					I	12	11
12	magnesium	镁	美	Mg	24.31	2	2 6	2					II	12	12
13	aluminium	铝	吕	Al	26.98	2	2 6	2 1					III	14	13
14	silicon	硅(矽)	归(夕)	Si	28.09	2	2 6	2 2					IV	14	14
15	phosphorus	磷	邻	P	30.97	2	2 6	2 3					V	16	15
16	sulphur	硫	流	S	32.06	2	2 6	2 4					VI	16	16
17	chlorine	氯	绿	Cl	35.45	2	2 6	2 5					VII	18	17
18	argon	氩	亚	Ar (A)	39.95	2	2 6	2 6					-	22	18
19	Potassium	钾	甲	K	39.10	2	2 6	2 6 -	1				I	20	19
20	calcium	钙	盖	Ca	40.08	2	2 6	2 6 -	2				II	20	20
21	scandium	钪	抗	Sc	44.96	2	2 6	2 6 1	2				IIa	24	21
22	titanium	钛	太	Ti	47.90	2	2 6	2 6 2	2				IVa	26	22
23	vanadium	钒	凡	V	50.94	2	2 6	2 6 3	2				Va	28	23
24	chromium	铬	各	Cr	52.00	2	2 6	2 6 5	1				VIa	28	24
25	manganese	锰	猛	Mn	54.94	2	2 6	2 6 5	2				VIIa	30	25
26	iron	铁	铁	Fe	55.85	2	2 6	2 6 6	2				VIII	30	26
27	cobalt	钴	古	Co	58.93	2	2 6	2 6 7	2				VIII	32	27

原子序数	元素名称 英文	元素名称 中文读音	符号	原子量	K s	L s p	M s p d	N s p d f	O s p d f	P s p d	Q s	类族	中子数	原子序数
28	nickel	镍 臬	Ni	58.71	2	2 6	2 6 8	2				Ⅷ	30	28
29	copper	铜 同	Cu	63.54	2	2 6	2 6 10	2				Ⅰa	34	29
30	zinc	锌 辛	Zn	65.37	2	2 6	2 6 10	2				Ⅱa	34	30
31	gallium	镓 家	Ga	69.72	2	2 6	2 6 10	2 1				Ⅲ	38	31
32	germanium	锗 者	Ge	72.59	2	2 6	2 6 10	2 2				Ⅳ	42	32
33	arsenic	砷 申	As	74.92	2	2 6	2 6 10	2 3				Ⅴ	42	33
34	selenium	硒 西	Se	78.96	2	2 6	2 6 10	2 4				Ⅵ	46	34
35	bromine	溴 秀	Br	79.91	2	2 6	2 6 10	2 5				Ⅶ	44	35
36	krypton	氪 克	Kr	83.80	2	2 6	2 6 10	2 6				-	48	36
37	rubidium	铷 如	Rb	85.47	2	2 6	2 6 10	2 6 - -	1			Ⅰ	48	37
38	strontium	锶 思	Sr	87.62	2	2 6	2 6 10	2 6 - -	2			Ⅰ	50	38
39	yttrium	钇 乙	Y (Yt)	88.91	2	2 6	2 6 10	2 6 1 -	2			Ⅱa	50	39
40	zirconium	锆 告	Zr	91.22	2	2 6	2 6 10	2 6 2 -	2			Ⅳa	50	40
41	niobium (columbium)	铌(钶) 尼(科)	Nb	92.91	2	2 6	2 6 10	2 6 4 -	1			Ⅴa	52	41
42	molybdenum	钼 目	Mo	95.94	2	2 6	2 6 10	2 6 5 -	1			Ⅵa	56	42
43	technetium (masurium)	锝(锝) 得(马)	Tc (Ma)	(97)	2	2 6	2 6 10	2 6 6 -	1			Ⅶa	(54)	43
44	ruthenium	钌 了	Ru	101.1	2	2 6	2 6 10	2 6 7 -	1			Ⅷ	58	44
45	rhodium	铑 老	Rh	102.9	2	2 6	2 6 10	2 6 8 -	1			Ⅷ	58	45
46	palladium	钯 把	Pd	106.4	2	2 6	2 6 10	2 6 10 -	-			Ⅷ	60	46
47	silver	银 银	Ag	107.9	2	2 6	2 6 10	2 6 10 -	1			Ⅰa	60	47
48	cadmium	镉 隔	Cd	112.4	2	2 6	2 6 10	2 6 10 -	2			Ⅱa	66	48
49	indium	铟 因	In	114.8	2	2 6	2 6 10	2 6 10 -	2 1			Ⅲ	64	49
50	**tin**	锡 析	Sn	118.7	2	2 6	2 6 10	2 6 10 -	2 2			Ⅳ	70	50
51	antimony	锑 梯	Sb	121.8	2	2 6	2 6 10	2 6 10 -	2 3			Ⅴ	70	51
52	tellurium	碲 帝	Te	127.6	2	2 6	2 6 10	2 6 10 -	2 4			Ⅵ	78	52
53	iodine	碘 典	I (J)	126.9	2	2 6	2 6 10	2 6 10 -	2 5			Ⅶ	74	53
54	xenon	氙 仙	Xe	131.3	2	2 6	2 6 10	2 6 10 -	2 6			-	78	54
55	caesium (cesium)	铯 色	Cs	132.9	2	2 6	2 6 10	2 6 10 -	2 6 - -	1		Ⅰ	78	55
56	barium	钡 贝	Ba	137.3	2	2 6	2 6 10	2 6 10 -	2 6 - -	2		Ⅰ	82	56
57	lanthanum	镧 栏	La	138.9	2	2 6	2 6 10	2 6 10 -	2 6 1 -	2		Ⅱa	82	57
58	cerium	铈 市	Ce	140.1	2	2 6	2 6 10	2 6 10 2	2 6 - -	2		Ⅱa	82	58
59	praseodymium	镨 普	Pr	140.9	2	2 6	2 6 10	2 6 10 3	2 6 - -	2		Ⅱa	82	59

原子序数	元素名称 英文	中文读音	符号	原子量	K s	L s p	M s p d	N s p d f	O s p d f	P s p d	Q s	类族	中子数	原子序数
60	neodymium	钕 女	Nd	144.2	2	2 6	2 6 10	2 6 10 4	2 6 --	2		Ⅲa	82	60
61	promethium * (illinium)	钷 颇 (钋)(以)	Pm (Ⅰ)	(145)	2	2 6	2 6 10	2 6 10 5	2 6 --	2		Ⅲa	(84)	61
62	samarium	钐 杉	Sm	150.4	2	2 6	2 6 10	2 6 10 6	2 6 --	2		Ⅲa	90	62
63	europium	铕 有	Eu	152.0	2	2 6	2 6 10	2 6 10 7	2 6 --	2		Ⅲa	90	63
64	gadolinium	钆 轧	Gd	157.3	2	2 6	2 6 10	2 6 10 7	2 6 1	2		Ⅲa	94	64
65	terbium	铽 特	Tb	158.9	2	2 6	2 6 10	2 6 10 9	2 6 --	2		Ⅲa	94	65
66	dysprosium	镝 滴	Dy	162.5	2	2 6	2 6 10	2 6 10 10	2 6 --	2		Ⅲa	98	66
67	holmium	钬 火	Ho	164.9	2	2 6	2 6 10	2 6 10 11	2 6 --	2		Ⅲa	98	67
68	erbium	铒 耳	Er	167.3	2	2 6	2 6 10	2 6 10 12	2 6 --	2		a	98	68
69	thulium	铥 丢	Tm; Tu	168.9	2	2 6	2 6 10	2 6 10 13	2 6 --	2		Ⅲa	100	69
70	ytterbium	镱 意	Yb	173.0	2	2 6	2 6 10	2 6 10 14	2 6 --	2		Ⅲa	104	70
71	lutecium (cassiopeium)	镥 鲁 (镏)(留)	Lu (Cp)	175.0	2	2 6	2 6 10	2 6 10 14	2 6 1	2		Ⅲa	104	71
72	hafnium (celtium)	铪 哈	Hf (Ct)	178.5	2	2 6	2 6 10	2 6 10 14	2 6 2	2		Ⅳa	108	72
73	tantalum	钽 坦	Ta	180.9	2	2 6	2 6 10	2 6 10 14	2 6 3	2		Ⅴa	108	73
74	tungsten (wolfram)	钨 乌	W	183.9	2	2 6	2 6 10	2 6 10 14	2 6 4	2		Ⅵa	110	74
75	rhenium	铼 来	Re	186.2	2	2 6	2 6 10	2 6 10 14	2 6 5	2		Ⅶa	110	75
76	osmium	锇 鹅	Os	190.2	2	2 6	2 6 10	2 6 10 14	2 6 6	2		Ⅷ	116	76
77	iridium	铱 衣	Ir	192.2	2	2 6	2 6 10	2 6 10 14	2 6 9	--		Ⅷ	116	77
78	platinum	铂 博	Pt	195.1	2	2 6	2 6 10	2 6 10 14	2 6 9	1		Ⅷ	116	78
79	gold	金 今	Au	197.0	2	2 6	2 6 10	2 6 10 14	2 6 10 --	1		Ⅰa	118	79
80	mercury	汞 拱	Hg	200.6	2	2 6	2 6 10	2 6 10 14	2 6 10 --	2		Ⅱa	122	80
81	thallium	铊 他	Tl	204.4	2	2 6	2 6 10	2 6 10 14	2 6 10 --	2 1		Ⅲ	124	81
82	lead	铅 千	Pb	207.2	2	2 6	2 6 10	2 6 10 14	2 6 10 --	2 2		Ⅳ	126	82
83	bismuth	铋 必	Bi	209.0	2	2 6	2 6 10	2 6 10 14	2 6 10 --	2 3		Ⅴ	126	83
84	polonium *	钋 泼	Po	(209)	2	2 6	2 6 10	2 6 10 14	2 6 10 --	2 4		Ⅵ	(125)	84
85	astatine *	砹 艾	At	(210)	2	2 6	2 6 10	2 6 10 14	2 6 10 --	2 5		Ⅶ	(125)	85
86	radon * (niton)	氡 冬	Rn (Nt)	(222)	2	2 6	2 6 10	2 6 10 14	2 6 10 --	2 6		-	(136)	86
87	francium *	钫 方	Fr	(223)	2	2 6	2 6 10	2 6 10 14	2 6 10 --	2 6 -	1	Ⅰ	(136)	87
88	radium *	镭 雷	Ra	(226)	2	2 6	2 6 10	2 6 10 14	2 6 10 --	2 6 -	2	Ⅰ	(138)	88
89	actinium *	锕 阿	Ac	(227)	2	2 6	2 6 10	2 6 10 14	2 6 10 --	2 6 1	2	Ⅲa	(138)	89
90	thorium *	钍 土	Th	232.0	2	2 6	2 6 10	2 6 10 14	2 6 10 --	2 6 2	2	Ⅲa	142	90

1934

原子序数	元素名称 英文	元素名称 中文读音	符号	原子量	各层的电子分布 K s	L s	L p	M spd	N spdf	O spdf	P spd	Q s	类族	中子数	原子序数
91	protactinium * (protoactinium)	镤仆	Pa	(231)	2	2	6	2610	261014	26102	261	2	Ⅲa	(140)	91
92	uranium *	铀由	U	238	2	2	6	2610	261014	26103	261	2	Ⅲa	146	92
93	neptunium *	镎拿	Np	(237)	2	2	6	2610	261014	26104	261	2	Ⅲa	(144)	93
94	plutonium *	钚不	Pu	(244)	2	2	6	2610	261014	26106	26-	2	Ⅲa	(150)	94
95	americium *	镅眉	Am	(243)	2	2	6	2610	261014	26107	26-	2	Ⅲa	(148)	95
96	curium *	锔局	Cm	(247)	2	2	6	2610	261014	26107	261	2	Ⅲa	(151)	96
97	berkelium *	锫陪	Bk	(247)	2	2	6	2610	261014	26108	261	2	Ⅲa	(150)	97
98	californium *	锎开	Cf	(251)	2	2	6	2610	261014	261010	26-	2	Ⅲa	(153)	98
99	einsteinium * (athenium)	锿哀(锿)(牙)	Es (An)	(254)	2	2	6	2610	261014	261011	26-	2	Ⅲa	(155)	99
100	fermium * (centurium)	镄费(钲)(正)	Fm (Ct)	(253)	2	2	6	2610	261014	261012	26-	2	Ⅲa	(153)	100
101	mendelevium *	钔门	Md	(256)	2	2	6	2610	261014	261013	26-	2	Ⅲa	(155)	101
102	nobelium *	锘诺	No	(253)	2	2	6	2610	261014	261014	26-	2	Ⅲa	(151)	102
103	lawrencium *	铹劳	Lw	(257)	2	2	6	2610	261014	261014	261	2	Ⅲa	(154)	103
104	rutherfordium * (kurochatovjum)	(炉)卢	Rf	1969年发现	2	2	6	2610	261014	261014	26(?)	2	(?)		104
105	hahnium	(铪)罕	Ha	1970年发现	2	2	6	2610	261014	261014	26(?)	2	(?)		105
106	seaborgium	𰾊西	Sg	1974年发现	2	2	6	2610	261014	261014	26	2			106
107					2	2	6	2610	261014	261014	26	2			107
108					2	2	6	2610	261014	261014	26	2			108
109					2	2	6	2610	261014	261014	26	2			109
110					2	2	6	2610	261014	261014	26	2			110

〔注〕 ①标有 * 的元素不稳定
② 原子量尽可能都给至四位有效数字
③ 表末留有几个空白,以便填写新发现的元素
④ 中子数是按最常见的同位素计算的